U0201930

国家出版基金项目
NATIONAL PUBLICATION FOUNDATION

动物疫病防控出版工程

世界兽医经典著作译丛

默克兽医手册

第 10 版

THE MERCK
VETERINARY MANUAL

〔美〕Cynthia M. Kahn　Scott Line　组编

张仲秋　丁伯良　主译

中国农业出版社

本书简体中文版的翻译、出版、发行由 Merck & Co., Inc. 独家授权给中国农业出版社。

本书内容的任何部分，事先未经出版者书面许可，不得以任何方式或手段复制或刊载。

北京市版权局著作权合同登记号：图字 01-2014-7475 号

图书在版编目（CIP）数据

默克兽医手册：第10版 /（美）卡恩（Kahn，C.M.），（美）
莱恩（Line, S.）组编；张仲秋，丁伯良主译. —北京：中国
农业出版社，2015.10（2018.6重印）
　（世界兽医经典著作译丛）
　ISBN 978-7-109-20750-9

　Ⅰ.①默… Ⅱ.①卡… ②莱… ③张… ④丁…
Ⅲ.①兽医学—手册 Ⅳ.① S85-62

　中国版本图书馆CIP数据核字（2015）第 180212 号

中国农业出版社出版
（北京市朝阳区麦子店街18号楼）
（邮政编码100125）
策划编辑　邱利伟　黄向阳
责任编辑　神翠翠　郭永立　刘　玮
　　　　　肖　邦　周锦玉　王森鹤　张艳晶

北京通州皇家印刷厂印刷　　新华书店北京发行所发行
2015年12月第10版　　2018年6月北京第4次印刷

开本：787mm×1092mm 1/16　印张：124.5　插页：24
字数：4112千字
定价：498.00元
（凡本版图书出现印刷、装订错误，请向出版社发行部调换）

《默克兽医手册》翻译委员会

主　译

张仲秋　丁伯良

副主译

田文儒　金天明　崔恒敏　孙　研　黄向阳
马吉飞　梁智选　靳亚平　刘宗平　邱利伟

译者与校者（按姓名笔画排序）

丁伯良	于三科	于海霞	马吉飞	王　新	王春来	王春生	王晓钧
王建华	王利华	王冬英	尹　鑫	冯四清	石云良	孙东波	孙世琪
孙英峰	孙　研	白喜云	田文儒	刘宗平	刘长辉	刘国文	刘焕奇
刘　莹	李心慰	李小兵	李秀梅	李自力	李　桢	李　健	李　颖
陈京华	陈品	吴纲	张万坡	张雨梅	张　莉	张建斌	张仲秋
张小莺	张盛男	张彦明	张珂卿	何启盖	邱利伟	邱银生	庞全海
杨　广	武　瑞	金天明	金艺鹏	胡　月	赵光辉	郭慧琛	高　利
袁　燕	秦顺义	顾　敏	梁智选	曹荣峰	黄向阳	黄维义	崔恒敏
彭　西	彭大新	董秀梅	韩凌霞	焦小丽	靳亚平	路　浩	鄢明华
操继跃	薛文志						

《动物疫病防控出版工程》总序

近年来，我国动物疫病防控工作取得重要成效，动物源性食品安全水平得到明显提升，公共卫生安全保障水平进一步提高。这得益于国家政策的大力支持，得益于广大动物防疫人员的辛勤工作，更得益于我国兽医科技不断进步所提供的强大支撑。

当前，我国正处于加快建设现代养殖业的历史新阶段，人民生活水平的提高，不仅要求我国保持世界最大规模的养殖总量，以满足动物产品供给；还要求我们不断提高养殖业的整体质量效益，不断提高动物产品的安全水平；更要求我们最大限度地减少养殖业给人类带来的疫病风险和环境压力。要解决这些问题，最根本的出路还是要依靠科技进步。

2012年5月，国务院审议通过了《国家中长期动物疫病防治规划（2012—2020年）》，这是新中国成立以来，国务院发布的第一个指导全国动物疫病防治工作的综合性规划，具有重要的标志性意义。为配合此规划的实施，及时总结、推广我国最新兽医科技创新成果，同时借鉴国外先进的研究成果和防控经验，我们通过顶层设计规划了《动物疫病防控出版工程》，以期通过系列专著出版，及时将研究成果转化和传播到疫病防控一线，全面提高从业人员素质，提高我国动物疫病防控能力和水平。

本出版工程站在我国动物疫病防控全局的高度，力求权威性、科学性、指导性和实用性相兼容，致力于将动物疫病防控成果整体规划实施，重点把国家优先防治和重点防范的动物疫病、人兽共患病和重大外来动物疫病纳入项目中。全套书共31分册，其中原创专著21部，是根据我国当前动物疫病防控工作的实际需要而规划，每本书的主编都是编委会反复酝酿选定的、有一定行业公认度的、长期在单个疫病研究领域有较高造诣的专家；同时引进世界兽医名著10本，以借鉴世界同行的先进技术，弥补我国在某些领域的不足。

本套出版工程得到国家出版基金的大力支持。相信这些专著的出版，将会有力地促进我国动物疫病防控水平的提升，推动我国兽医卫生事业的发展，并对兽医人才培养和兽医学科建设起到积极作用。

农业部副部长

《世界兽医经典著作译丛》总序

　　引进翻译一套经典兽医著作是很多兽医工作者的一个长期愿望。我们倡导、发起这项工作的目的很简单，也很明确，概括起来主要有三点：一是促进兽医基础教育；二是推动兽医科学研究；三是加快兽医人才培养。对这项工作的热情和动力，我想这套译丛的很多组织者和参与者与我一样，来源于"见贤思齐"。正因为了解我们在一些兽医学科、工作领域尚存在不足，所以希望多做些基础工作，促进国内兽医工作与国际兽医发展保持同步。

　　回顾近年来我国的兽医工作，我们取得了很多成绩。但是，对照国际相关规则标准，与很多国家相比，我国兽医事业发展水平仍然不高，需要我们博采众长、学习借鉴，积极引进、消化吸收世界兽医发展文明成果，加强基础教育、科学技术研究，进一步提高保障养殖业健康发展、保障动物卫生和兽医公共卫生安全的能力和水平。为此，农业部兽医局着眼长远、统筹规划，委托中国农业出版社组织相关专家，本着"权威、经典、系统、适用"的原则，从世界范围遴选出兽医领域优秀教科书、工具书和参考书50余部，集合形成《世界兽医经典著作译丛》，以期为我国兽医学科发展、技术进步和产业升级提供技术支撑和智力支持。

　　我们深知，优秀的兽医科技、学术专著需要智慧积淀和时间积累，需要实践检验和读者认可，也需要具有稳定性和连续性。为了在浩如烟海、林林总总的著作中选择出真正的经典，我们在设计《世界兽医经典著作译丛》过程中，广泛征求、听取行业专家和读者意见，从促进兽医学科发展、提高兽医服务水平的需要出发，对书目进行了严格挑选。总的来看，所选书目除了涵盖基础兽医学、预防兽医学、临床兽医学等领域以外，还包括动物福利等当前国际热点问题，基本囊括了国外兽医著作的精华。

　　目前，《世界兽医经典著作译丛》已被列入"十二五"国家重点图书出版规划项目，成为我国文化出版领域的重点工程。为高质量完成翻译和出版工作，我们专门组织成立了高规格的译审委员会，协调组织翻译出版工作。每部专著的翻译工作都由兽医各学科的权威专家、学者担纲，翻译稿件需经翻译质量委员会审查合格后才能定稿付梓。尽管如此，由于很多书籍涉及的知识点多、面广，难免存在理解不透彻、翻译不准确的问题。对此，译者和审校人员真诚希望广大读者予以批评指正。

　　我们真诚地希望这套丛书能够成为兽医科技文化建设的一个重要载体，成为兽医领域和相关行业广大学生及从业人员的有益工具，为推动兽医教育发展、技术进步和兽医人才培养发挥积极、长远的作用。

国家首席兽医师

《世界兽医经典著作译丛》主任委员　张仲秋

译者的话

　　《默克兽医手册》是享誉全球兽医界的经典专著，以多语种面向全球读者发行，是兽医必备工具书。正如该书在1955年第1版中所定位的那样："……能够向兽医工作者提供动物疾病诊断和治疗方面的简洁、权威和快速有效的信息，让读者在使用过程中感到轻松和便捷"。

　　目前，《默克兽医手册》最新的版本是第10版。该版本组织了全球近400位行业专家和教授参与编写，涵盖了基础兽医、预防兽医、临床兽医等方面的相关学科知识。主要包括各系统疾病、行为学、临床病理学与检验程序、野生动物、实验动物及动物园动物，管理与营养、药理学、毒理学，以及单列出来的野生动物、实验动物及动物园动物疾病，禽病和人兽共患病等，共23章。本手册针对各种疾病，从病因（病原）学、发病机制、流行特点、临床表现、病理变化、诊断与防治等方面作了详细地介绍。另外，配有250幅精美的彩图与精细的绘制图片以及大量表格，书后还附有常用的参考数值及索引。内容丰富，图文并茂，反映了近年来国外动物疫病研究的新成果与新技术，达到了科学性、实用性、操作性的完美结合，具有较强的权威性和先进性的特色。

　　为了及时将这本权威专著引进到中国，我们在2011年与美国默克公司负责人联系取得版权授权。2012年7月10日，在北京召开了《默克兽医手册》（第10版）译著的启动会，成立了由全国18所高等院校、科研院所与动物疫病预防控制中心的70余名教授、专家与博士分工协作的翻译委员会。翻译委员会主译由国家首席兽医师张仲秋研究员和天津市畜牧兽医研究所丁伯良研究员担任。此后，翻译委员会于2013年6月、2013年12月、2015年3月、2015年10月在北京和天津召开了四次不同层次的审稿会议，为译著的出版奠定了坚实的基础。

　　鉴于《默克兽医手册》编排及写作风格与我国传统图书不同，因此译著在目录编排上作了一些调整，仍参照国内惯例按章节编排。为使读者便捷掌握并快速浏览各章节内容，在原版缩略语与相关符号表的基础上，从各章节中精选了约500条缩略语。为尊重原著风格，译著仍全部保留我国已在食品动物中禁用的氯霉素等药物的所有内容。凡译文中出现的所有拉丁文，均在中文后加括号标出。文中所有单位均改为国际单位制。对于原版本身的一些错误，译者也作了相应的更正。

　　翻译《默克兽医手册》如此的巨著，对全体翻译人员和出版工作者是巨大的挑战和压力。从该书立项到出版凝结了非常多参与者的心血。我们在此书出版之际，对参与此项工作的广大译者与校者无数个夜以继日的辛勤工作表示最崇高的敬意，是你们以国际化的视野站在我国行业发展和学科建设需求的高度上，始终保持工作激情才能完成此项工作；我们感谢国家首席兽医师张仲秋研究员全程指导翻译委员会工作，使得翻译团队有序工作；感谢丁伯良研究员为了本书付出的时间和精力，因为有您的全程调动，本书才能按质量和时间完成；感谢田文儒教授与金天明教授分别对手册的250幅插图与所有表格进行统一整理与精细校对；感谢中国农业出版社全体参与编辑和校对人员的职业精神；感谢国家出版基金项目和默沙东公司对本部译著的出版给予的经费支持。

　　《默克兽医手册》（第10版）既可供农业院校教学及科研人员、防疫检疫工作者学习与参考，也是广大临床兽医和基层畜牧兽医工作者的重要工具书。译著的出版必将对我国动物疾病防控、健康养殖和食品安全发挥重要作用，殷切希望我国广大兽医工作者再接再厉，为我国兽医学科的发展做出新贡献。

　　尽管全体参与者都付出了巨大的辛劳和才学，但文中也一定会有一些不当之处，敬请读者批评指正。

《默克兽医手册》翻译委员会

2015年11月

前言

我们生活在一个不断变革和创新的时代，而"最新"一直是这个时代最伟大的标志。我们每天几近生活在那些试图说服我们哪些产品更好、更快、更有效的信息轰炸之中。但非常可喜的是，在1955年首次出版的这本相对精简的《默克兽医手册》，却成为同类著作中持续畅销的兽医参考书。随着每一次成功修订，《默克兽医手册》在内容的广度和深度上日臻成熟，且每一次修订的目的都是一致的，正如本书的编辑在第一版中所述的那样："……即能够向兽医工作者提供动物疾病断和治疗方面的简洁、权威和快速有效的信息，让读者在使用过程中感到轻松和便捷"。

我们的编写宗旨始终如一，该书的篇章结构也将很快为以前的读者所熟悉，但新版《默克兽医手册》已经发生了显著的变化。为了更易于浏览和帮助读者快速定位信息页，我们重新调整该版本的版面。为了便于使用，表格亦做了重新设计。新版《默克兽医手册》的最显著变化是增加了约250幅彩色图片，这其中包括慎重选择了一定数量的原始插图、X线检查图、超声检查图、内镜图像和显微照片等，籍此增强读者的理解。

我们对该书的每一章节都作了认真的审阅和更新，以期适应日益普及的知识库，如对野生动物和实验动物部分的相关章节都进行了扩展，这其中包括玩赏鸟、鱼、平胸鸟、爬行动物和啮齿动物等，同时将非洲刺猬的相关内容作为一个新章节添加进来。实验动物这一章还新增了管理规则的讨论。为便于临床兽医使用，对免疫学和行为学部分进行了大范围的修订。为更易于参考查阅，对毒理学部分也进行了重新组合，并增加了有关毒蘑菇的新章节。人兽共患病参考表格，引用了最新的资料和近期发生的人兽共患病病例，通过相互比较以期对病例进行更全面的论述。此外，兽医学上潜在的人兽共患病在整部《默克兽医手册》中亦作为重点被反复强调。

新章节为兽医工作者提供了兽医行业最前沿专题的基本信息，这其中包括家畜的克隆以及兽药的使用和选择。另外，新章节还涵盖了某些疾病和机能紊乱病例，如马代谢综合征、钾代谢紊乱、公牛精囊炎和山羊假妊娠等。许多章节都被大幅修订或重写，如马跛行、心脏病和心力衰竭以及小动物胃肠道疾病等。

为更好地使用《默克兽医手册》，建议读者首先熟悉读者指南，先阅读目录部分。查阅索引是快速定位一个特定主题信息的第一步。为延续本书的既有风格，编辑简化了撰稿者所占的版面，且不附注参考文献。

《默克兽医手册》的覆盖广度及学术深度归因于近400名作者在这一版编写工作中的辛勤付出，他们的名字都出现在撰稿者名录中。此外，许多评论家对本书提出了可圈可点的意见和建议，并极大地促进了相关内容的改进。若无他们在时间和专业知识上的不吝赐教，很难想象该参考书能够成功出版。这本获得全球关注的参考书，由来自全球19个国家的作者参与编写，并被翻译成多种语言在多个国家出版发行。

同样感谢那些在他们各自的专业领域内对所有章节进行审阅的编辑部成员，他们为书中的新内容和作者提出了宝贵的建议。他们的集体智慧延续了本书的风格。在幕后，梅里亚动物保健有限公司的编辑人员和默克公司出版集团的共同努力，也是保证这项艰巨任务顺利完成的重要因素。特别要对Odilia Achu表示感谢，他事无巨细地负责了每一个编写阶段的工作；Scott Line审查了几千张影像，并从中遴选出最适用且与文中结论相符的图片，另外，他还担任了本书的副主编；Susan Aiello也对本书的编辑和出版工作做出了卓越的贡献。还要感谢默克公司的Gary Zelko和Pamela Barnes-Paul，感谢他们为《默克兽医手册》每一版的编辑和出版所提出的专业指导意见以及所付诸的热情关注。

一本新书的出版是令人欣慰的，但我们也意识到本书还应该以其他形式提供给学生和其他从业者，以增强其实用性。目前，《默克兽医手册》已经提供了几种电子版本，在这一版本发行期间，我们将继续探索更新的信息传递方式。我们将始终如一地期待着你对本书所提出的宝贵建议。

Cynthia M. Kahn

（金天明 译 丁伯良 田文儒 校）

1．在目录中列出了手册中每一章的章名作为总目录。在每章正文前，列出本章详细目录。读者可先找到总目录查找页码，然后到文中查找详细目录。

2．手册正文中常用的缩略语和符号在文前列出。文中使用的其他缩略语在首次使用时都已作了定义。

3．在很多情况下，手册中使用了多种药物的非商标（非专属）名称。

4．拟查找已知名称的某种疾病、症状或综合征的内容时，最好先查阅索引部分。

5．手册前半部分依据解剖系统编排，系统中某些特殊疾病的编排首先受影响，可能不止影响一个系统的疾病在"全身性疾病（GEN）"部分加以讨论。手册的后半部分以专题或细分学科编排。

6．作者、审稿人、编辑和出版商都倾力确保治疗方案、药物、剂量配伍和休药期的准确性，并且符合出版时的公认标准。**但是，由于连续的研究结果和不断积累的临床经验使得信息不断变化、权威人士间观点的迥异、个别临床状况的独特性，以及在编撰如此大量文字过程中出现人为错误的情况在所难免，这就要求读者在作出临床诊断时需自行判断，必要时还需要查阅或对照其他资料。特别需要注意的是，读者在开处方或使用之前，尤其是对不熟悉或是很少使用的药物，应认真核对制造商提供的每种药物的当前产品信息。许多药物的使用剂量被视为标签外剂量，而这恰恰是兽医−畜主−病畜间需要有效沟通之处。**

（金天明 译　田文儒 校）

原书作者

Stephen B. Adams, DVM, MS, DACVS
Professor of Surgery, Department of Veterinary Clinical Sciences, School of Veterinary Medicine, Purdue University, West Lafayette, IN

Lameness in Horses: Arthroscopy, Introduction, The Lameness Examination

Robin W. Allison, DVM, PhD, DACVP (Clinical Pathology)
Associate Professor, Clinical Pathology, Center for Veterinary Health Sciences, Oklahoma State University, Stillwater OK

Blood Parasites: Hemotropic Mycoplasmas

Gary C. Althouse, BS, DVM, MS, PhD, DACT
Professor and Chairman, Department of Clinical Studies-New Bolton Center, School of Veterinary Medicine, University of Pennsylvania, Kennett Square, PA

Management of Reproduction: Pigs

Frank M. Andrews, DVM, MS, DACVIM
LVMA Equine Committee Professor and Director, Equine Health Studies Program, Department of Veterinary Clinical Sciences, School of Veterinary Medicine, Louisiana State University, Baton Rouge, LA

Gastrointestinal Ulcers in Large Animals: Horses

John A. Angelos, DVM, PhD, DACVIM
Associate Professor, Department of Medicine and Epidemiology, School of Veterinary Medicine, University of California, Davis, CA

Infectious Keratoconjunctivitis

David A. Ashford, DVM, MPH, DSc
Assistant Area Director, International Services, APHIS, USDA, Amcogen Sao Paulo, APO, AA

Anthrax

Rick Atwell, BVSc, PhD, FACVSc
Professor, Brisbane, Australia

Tick Paralysis

Joerg A. Auer, DrMedVet, Dr h c, MS, DACVS, DECVS
Professor and Director, Equine Department, Vetsuisse Faculty, University of Zürich, Switzerland

Lameness in Horses: Disorders of the Tarsus and Metatarsus

David G. Baker, DVM, MS, PhD, DACLAM
Director and Professor, Division of Laboratory Animal Medicine, School of Veterinary Medicine, Louisiana State University, Baton Rouge, LA

Eyeworm Disease

Alejandro Banda, DVM, MSc, PhD, DACPV, DACVM
Associate Clinical Professor of Avian Virology, Poultry Research and Diagnostic Laboratory, College of Veterinary Medicine, Mississippi State University, Pearl, MS

Duck Viral Enteritis

Gad Baneth, DVM, PhD, DECVCP
Professor of Veterinary Medicine, School of Veterinary Medicine, Hebrew University, Rehovot, Israel

Leishmaniosis

Lisa G. Barber, DVM, DACVIM (Oncology)
Assistant Professor, Cummings School of Veterinary Medicine, Tufts University, North Grafton, MA

Antineoplastic Agents

Thomas Barrett, MSc, PhD, *Deceased*
Professor, Institute for Animal Health, Pirbright Laboratory, Surrey, UK

Peste des Petits Ruminants, Rinderpest

George M. Barrington, DVM, PhD, DACVIM
Associate Professor, Department of Veterinary Clinical Sciences, College of Veterinary Medicine, Washington State University, Pullman, WA

Metabolic Disorders Introduction, Parturient Paresis in Cows, Photosenitization, Transport Tetany in Ruminants

P.A. Barrow, PhD, DSc, FRCPath
Professor of Veterinary Infectious Diseases, School of Veterinary Medicine and Science, University of Nottingham, Leicestershire, UK

Salmonellosis

Joseph W. Bartges, DVM, PhD, DACVIM, DACVN
Professor of Medicine and Nutrition, The Acree Endowed Chair of Small Animal Research, Department of Small Animal Clinical Sciences, College of Veterinary Medicine, University of Tennessee, Knoxville, TN

Diagnostic Procedures for the Private Practice Laboratory: Urinalysis

Daniela Bedenice, DrVetMed, DACVIM, DACVECC
Assistant Professor, Cummings School of Veterinary Medicine, Tufts University, North Grafton , MA

Sepsis in Foals

Sylvia J. Bedford-Guaus, DVM, PhD, DACT
Assistant Professor in Theriogenology, Department of Clinical Sciences, College of Veterinary Medicine, Cornell University,

Ithaca, NY

Breeding Soundness Examination of the Male

James K. Belknap, DVM, PhD, DACVS
Professor of Equine Surgery, Department of Veterinary Clinical
Sciences, College of Veterinary Medicine, Ohio State University,
Columbus, OH

Lameness in Horses: Disorders of the Foot

Joachim Berchtold, DrMedVet, DECBHM
Bad Endorf, Germany

Problematic Bovine Recumbency (Downer Cow)

Alex J. Bermudez, DVM, MS, DACPV
Associate Professor, Department of Veterinary Pathobiology,
College of Veterinary Medicine, University of Missouri,
Columbia, MO

Feeding and Management Practices (Poultry), Poisonings (Poultry)

Simon Bewg, BVSc
Principal Veterinary Officer, Biosecurity Queensland, Primary
Industries and Fisheries, Department of Employment, Economic
Development and Innovation, Brisbane, Australia

Hendra Virus Infection

J. Dürr Bezuidenhout, DVSc
Sinoville, South Africa

Sweating Sickness

William G. Bickert, BS, MS, PhD
Professor Emeritus, Biosystems and Agricultural Engineering,
Michigan State University, East Lansing, MI

Ventilation

Rob Bildfell, DVM, MSc, DACVP
Associate Professor, Department of Biomedical Sciences,
College of Veterinary Medicine, Oregon State University,
Corvallis, OR

*Collection and Submission of Laboratory Samples, Pyrrolizidine
Alkaloidosis*

William D. Black, MSc, DVM, PhD
Professor, Department of Biomedical Sciences, Ontario Veterinary
College, University of Guelph, Guelph, Ontario, Canada

Pentachlorophenol Poisoning

Pat Blackall, BSc, PhD
Senior Principal Research Scientist, Department of Primary
Industries and Fisheries, Animal Research Institute,
Yeerongpilly, Australia

Infectious Coryza

Barry R. Blakley, DVM, PhD
Professor, Department of Veterinary Biomedical Sciences,
Western College of Veterinary Medicine, University of
Saskatchewan, Saskatoon, Canada

*Copper Poisoning, Lead Poisoning,
Quercus Poisoning, Sorghum Poisoning*

Shauna L. Blois, DVM, DVSc, DACVIM
Assistant Professor, Ontario Veterinary College, University of
Guelph, Ontario, Canada

*Diseases of the Stomach and Intestines: Gastric Dilation
and Volvulus, Gastrointestinal Neoplasia, Gastrointestinal
Obstruction, Gastrointestinal Ulcers in Small Animals,
Helicobacter Infections in Dogs and Cats*

Herman J. Boermans, DVM, MS, PhD
Professor of Toxicology, Director Toxicology Program, Ontario
Veterinary College, University of Guelph, Ontario, Canada

*Fluoride Poisoning, Mercury Poisoning, Metaldehyde
Poisoning, Molybdenum Poisoning*

Carole Bolin, DVM, PhD
Director, Diagnostic Center for Population and Animal Health,
College of Veterinary Medicine, Michigan State University,
Lansing, MI

Leptospirosis

Steven R. Bolin, DVM, MS, PhD
Professor, Diagnostic Center for Population and Animal Health,
College of Veterinary Medicine, Michigan State University,
Lansing, MI

Bovine Viral Diarrhea and Mucosal Disease Complex

Rosemary J. Booth, BVSc
Principal Conservation Officer, Department of Environment and
Resource Management, Queensland Parks and Wildlife Services,
Queensland, Australia

Sugar Gliders

Dawn Merton Boothe, DVM, PhD, DACVIM, DACVCP
Professor, Department of Anatomy, Physiology, and
Pharmacology, College of Veterinary Medicine, Auburn
University, Auburn, AL

*Antibacterial Agents, Antifungal Agents, Antiviral Agents and
Biologic Response Modifiers, Chemotherapeutics Introduction,
Pharmacology Introduction*

Davin J. Borde, DVM, DACVIM (Cardiology)
Staff Cardiologist, Veterinary Heart Institute, Gainesville, FL

*Congenital and Inherited Anomalies of the Cardiovascular
System*

**Jane C. Boswell, MA, VetMB, CertVA, CertES (Orth),
DECVS, MRCVS**
The Liphook Equine Hospital, Liphook, Hampshire, UK

Lameness in Horses: Disorders of the Stifle

Joan S. Bowen, DVM
Bowen Mobile Veterinary Practice, Wellington, CO

Management of Reproduction: Goats

R. Keith Bramwell, BS, MS, PhD
Associate Professor, Extension Breeder/ Hatchery Management,
Department of Poultry Science, University of Arkansas,
Fayetteville, AR

Artificial Insemination

Joseph M. Bricker, MS, PhD
Associate Director, Vaccine Design Group, Pfizer Animal
Health, Kalamazoo, MI
Erysipelas (Poultry)

Steven P. Brinsko, DVM, MS, PhD, DACT
Associate Professor and Chief of Theriogenology, Department
of Large Animal Clinical Sciences, College of Veterinary
Medicine and Biomedical Sciences, Texas A&M University,
College Station, TX
Hormonal Control of Erstrus

Scott A. Brown, VMD, PhD, DACVIM
Josiah Meigs Distinguished Professor and Head, Department
of Small Animal Medicine and Surgery, College of Veterinary
Medicine, University of Georgia, Athens, GA
Noninfectious Diseases of the Urinary System in Small Animals

**Cecil F. Brownie, DVM, PhD, DABVT, DABT, DABFE,
DABFM, FACFEI**
Professor and Director, Veterinary Toxicology Laboratory,
Anatomy, Physiology, and Pharmacology, School of Veterinary
Medicine, St. George's University, Professor Emeritus, College
of Veterinary Medicine, North Carolina State University,
Raleigh, NC
Plants Poisonous to Animals, Poisonous Mushrooms

David Bruyette, DVM, DACVIM
Medical Director, VCA West Los Angeles Animal Hospital, Los
Angeles, CA
The Adrenal Glands, The Pancreas

Marie S. Bulgin, DVM, MBA, DACVM
WI Program, Canine Veterinary Teaching Center, Department of
Animal and Veterinary Science, University of Idaho, Caldwell, ID
Lameness in Sheep, Scrapie

Kristine E. Burgess, MS, DVM, DACVIM (Oncology)
Assistant Professor, Cummings School of Veterinary Medicine,
Tufts University, North Grafton, MA
Antineoplastic Agents

Ray Cahill, MS, DVM
Gloucester, MA
Zinc Toxicosis

Robert J. Callan, DVM, MS, PhD, DACVIM
Professor, Department of Clinical Sciences, College of
Veterinary Medicine and Biomedical Sciences, Colorado State
University, Fort Collins, Co
Malignant Catarrhal Fever, Sporadic Bovine Encephalomyelitis

Ranald D. A. Cameron, BVSc, MVSc, PhD
Retired Associate Professor, School of Veterinary Sciences,
University of Queensland, Brisbane, Australia
Exudative Epidermitis, Parakeratosis, Pityriasis Rosea in Pigs

John Campbell, DVM, DVSc
Professor, Large Animal Clinical Sciences, Western College of
Veterinary Medicine, University of Saskatchewan, Saskatoon,
Canada
Respiratory Diseases of Cattle

Wayne W. Carmichael, PhD
Professor Emeritus, Seaside, OR
Algal Poisoning

James W. Carpenter, MS, DVM, DACZM
Professor, Zoological Medicine, Department of Clinical
Sciences, College of Veterinary Medicine, Kansas State
University, Manhattan, KS
African Hedgehogs

Christopher K. Cebra, VMD, MA, MS, DACVIM
Professor, Large Animal Medicine, College of Veterinary
Medicine, Oregon State University, Corvallis, OR
Pregnancy Toxemia in Cows

Sharon A. Center, DVM, DACVIM
Professor, Department of Clinical Sciences, College of
Veterinary Medicine, Cornell University, Ithaca, NY
Hepatic Disease in Small Animals

M. M. Chengappa, DVM, PhD, DACVM
Department Head, University Distinguished Professor, College
of Veterinary Medicine, Kansas State University, Manhattan, KS
Hemorrhagic Septicemia

Jens Peter Christensen, DVM, PhD
Associate Professor, Department of Veterinary Disease
Biology, Faculty of Life Sciences, University of Copenhagen,
Frederiksberg, Denmark
Fowl Cholera, Riemerella anatipestifer

Edwin Claerebout, DVM, PhD, DEVPC
Professor, Department of Virology, Parasitology and
Immunology, Faculty of Veterinary Medicine, Ghent University,
Merelbeke, Belgium
Anthelmintics, Giardiasis

Keith A. Clark, DVM, PhD
Retired Director, Zoonosis Control Division, Texas Department
of Health, Austin, TX
Toad Poisoning

Peter Clegg, MA, VetMB, PhD, CertEO, DECVS, MRCVS
Professor of Equine Surgery, Veterinary Teaching Hospital, School
of Veterinary Sciences, University of Liverpool, Neston, UK
Lameness in Horses: Disorders of the Hip

Johann (Hans) Coetzee, BVSc, CertCHP, PhD, DACVCP
Assistant Professor, Veterinary Clinical Sciences, Kansas State
University, Manhattan, KS
*Systemic Pharmacotherapeutics of the Ruminat Digestive
System*

Stephen R. Collett, BSc, BVSc, MMed-Vet
Assistant Professor, Poultry Diagnostic and Research Center, College of Veterinary Medicine, University of Georgia, Athens, GA

Sudden Death Syndrome of Broiler Chickens

Michael T. Collins, DVM, PhD, DACVM
Professor of Microbiology, Department of Pathobiological Sciences, School of Veterinary Medicine, University of Wisconsin- Madison, Madison, WI

Paratuberculosis

Peter D. Constable, BVSc (Hons), MS, PhD, DACVIM
Professor and Head, Department of Veterinary Clinical Sciences, Purdue University, West Lafayette, IN

Abdominal Fat Necrosis, Acute Intestinal Obstructions in Large Animals, Bovine Cystitis and Pyelonephritis, Coccidiosis, Cryptosporidiosis, Diseases of the Abomasum, Disorders of Potassium Metabolism, Grain Overload, Parturient Paresis in Sheep and Goats, Simple Indigestion, Traumatic Reticuloperitonitis, Vagal Indigestion

Robert W. Coppock, BS, DVM, MS, PhD, DABVT, DABT
President and CEO, Robert W. Coppock, DVM, Toxicologist and Associate Ltd., Vegreville, Alberta, Canada

Persistent Halogenated Aromatics Poisoning

Susan M. Cotter, DVM, DACVIM (Small Animal, Oncology)
Distinguished Professor of Clinical Sciences Emerita, Cummings School of Veterinary Medicine, Tufts University, North Grafton, MA

Blood Groups and Blood Transfusions, Hematopoietic System Introduction

Laurent L. Couetil, DVM, PhD, DACVIM (Large Animal)
Professor, Large Animal Medicine, School of Veterinary Medicine, Purdue University, West Lafayette, IN

Pulmonary Emphysema

Andrew L. Crawford, BVetMed, CertES (Orth), MRCVS
Equine Referral Hospital, Royal Veterinary College, Hawkshead Campus, Herts, UK

Lameness in Horses: Disorders of the Fetlock and Pastern

Kate E. Creevy, DVM, MS, DACVIM
Assistant Professor, Small Animal Internal Medicine, College of Veterinary Medicine, University of Georgia, Athens, GA

Canine Distemper, Canine Herpesviral Infection, Infectious Canine Hepatitis

Rocio Crespo, DVM, MSc, DVSc, DACPV
Associate Professor, Avian Health and Food Safety Laboratory, Washington Animal Disease Diagnostic Laboratory, Washington State University, Puyallup, WA

Urate Deposition (Gout)

Gary L. Cromwell, PhD
Professor, Department of Animal and Food Sciences, University of Kentucky, Lexington, KY

Iron Toxicity in Newborn Pigs, Nutrition: Pigs

Suzanne M. Cunningham, DVM, DACVIM (Cardiology)
Assistant Professor of Cardiology, Department of Clinical Sciences, Cummings School of Veterinary Medicine, Tufts University, North Grafton, MA

Heart Disease and Heart Failure: Heart Failure

Autumn P. Davidson, DVM, MS, DACVIM
Clinical Professor, Department of Medicine and Epidemiology, VMTH Small Animal Clinic, School of Veterinary Medicine, University of California, Davis, CA

Management of Reproduction: Small Animals

Sherrill Davison, VMD, MS, MBA, DACPV
Associate Professor, Avian Medicine and Pathology, New Bolton Center, University of Pennsylvania, Kennett Square, PA

Salmonelloses (Poultry)

Scott A. Dee, DVM, MS, PhD, DACVM
Professor, College of Veterinary Medicine, University of Minnesota, St. Paul, MN

Health-Management Interaction: Pigs, Necrotic Ear Syndrome in Swine, Porcine Cystitis-Pyelonephritis Complex, Porcine Reproductive and Respiratory Syndrome, Pseudorabies, Respiratory Diseases of Pigs

John Deen, DVM, MSc, PhD, DABVP
Associate Professor, College of Veterinary Medicine, University of Minnesota, St. Paul, MN

Gastrointestinal Ulcers in Large Animals: Pigs

Alice Defarges, DVM, MSc, DACVIM
Assistant Professor in Internal Medicine, Ontario Veterinary College, University of Guelph, Ontario, Canada

Diseases of the Stomach and Intestines: Colitis, Constipation and Obstipation, Inflammatory Bowel Disease

Fabio Del Piero, DVM, DACVP, PhD
Associate Professor of Pathology, Department of Pathobiology and Department of Clinical Studies, School of Veterinary Medicine, New Bolton Center, University of Pennsylvania, Kennett Square, PA

Congenital and Inherited Anomalies of the Reproductive System

Sagi Denenberg, DVM
North Toronto Animal Clinic, Thornhill, Ontario, Canada

Normal Social Behavior and Behavioral Problems of Domestic Animals

Jean-Marie Denoix, DVM, PhD, Agregé
CIRALE-ENVA, Goustranville, France

Lameness in Horses: Disorders of the Back and Pelvis

R. Page Dinsmore, DVM, DABVP (Food Animal)
Associate Professor, College of Veterinary Medicine and Biomedical Sciences, Colorado State University, Fort Collins,

CO Health-Management Interaction: Dairy
Herds

Stephen J. Divers, BVetMed, DZooMed, DACZM, DECZM (Herpetology), FRCVS
Professor of Zoological Medicine, Department of Small
Animal Medicine and Surgery, College of Veterinary Medicine,
University of Georgia, Athens, GA
Reptiles

Thomas J. Divers, DVM, DACVIM, DACVECC
Professor of Medicine, College of Veterinary Medicine, Cornell
University, Ithaca, NY
Noninfectious Diseases of the Urinary System in Large Animals

John E. Dohms, PhD
Professor, Department of Animal and Food Sciences, University
of Delaware, Newark, DE
Botulism (Poultry)

Thomas M. Donnelly, BVSc, DACLAM
The Kenneth S. Warren Institute, Ossining, NY
Rodents

Patricia M. Dowling, DVM, MSc, DACVIM, DACVCP
Professor, Veterinary Clinical Pharmacology, Western College
of Veterinary Medicine, University of Saskatchewan, Saskatoon,
Canada
*Systemic Pharmacotherapeutics of the Monogastric Digestive
System, Systemic Pharmacotherapeutics of the Muscular System,
Systemic Pharmacotherapeutics of the Respiratory System,
Systemic Pharmacotherapeutics of the Urinary System*

Michael W. Dryden, DVM, PhD
E. J. Frick Professor of Veterinary Medicine, Department of
Diagnostic Medicine/Pathobiology, Kansas State University,
Manhattan, KS
*Chemotherapeutics of Ectoparasiticides Used in Small Animals,
Fleas and Flea Allergy Dermatitis*

J. P. Dubey, MVSc, PhD
Microbiologist, Animal Parasitic Diseases Laboratory, Animal
and Natural Resources Institute, USDA, Beltsville, MD
Toxoplasmosis

Rebecca S. Duerr, DVM, MPVM
Staff Veterinarian, International Bird Rescue Research Center,
Cordelia, CA
*Management of the Neonate: Care of Orphaned Native Birds
and Mammals*

Gregg A. DuPont, DVM, Fellow AVD, DAVDC
Co-owner, Shoreline Veterinary Dental Clinic, Seattle, WA
*Dentistry in Small Animals, Diseases of the Mouth in Small
Animals*

Neil W. Dyer, DVM, MS, DACVP
Director and Pathologist, Veterinary Diagnostic Laboratory,

North Dakota State University, Fargo, ND
Aspiration Pneumonia, Mycotic Pneumonia

Jack Easley, DVM, MS, DABVP (Equine)
Equine Veterinary Practice, LLC, Shelbyville KY
Dentistry in Large Animals

Mahmoud El-Begearmi, PhD
Extension Professor of Nutrition and Food Safety, Cooperative
Extension, University of Maine, Orono, ME
Nutritional Requirements of Poultry

Steve Ensley, DVM, PhD
Veterinary Toxicologist, Iowa State University, Ames, IA
Toxicology Introduction

R. J. Erskine, DVM, PhD
Professor, Department of Large Animal Clinical Sciences,
College of Veterinary Medicine, Michigan State University, East
Lansing, MI
Mastitis in Large Animals

Paul Ettestad, DVM, MS
State Public Health Veterinarian, Epidemiology and Response
Division, New Mexico Department of Health, Santa Fe, NM
Plague

S.A. Ewing, DVM, PhD
Wendell H. and Nellie G. Krull Professor Emeritus of Veterinary
Parasitology, Department of Veterinary Pathobiology, Oklahoma
State University, Stillwater, OK
*Blood Parasites: Hepatozoonosis and American Canine
Hepatozoonosis*

Aly M. Fadly, DVM, PhD, DACPV
Research Leader and Laboratory Director, Avian Disease
Oncology Laboratory, USDA-ARS, East Lansing, MI
Neoplasms (Poultry)

Timothy M. Fan, DVM, PhD, DACVIM
Assistant Professor, Department of Veterinary Clinical Medicine,
University of Illinois, Urbana, IL
Canine Malignant Lymphoma

Hume Field, BVSc, MSc, PhD, MACVS
Principal Veterinary Epidemiologist, Biosecurity Queensland,
Department of Employment, Economic Development and
Innovation, Brisbane, Australia
Hendra Virus Infection

Margaret Finlay, BVMS, MRCVS
Department of Veterinary Pathology, Faculty of Veterinary
Medicine, University of Glasgow, Scotland, UK
Tumors of the Skin and Soft Tissues: Equine Sarcoids

Scott D. Fitzgerald, DVM, PhD, DACVP, DACPV
Professor, Department of Pathobiology and Diagnostic
Investigation, College of Veterinary Medicine, Michigan State

University, East Lansing, MI

Congenital and Inherited Anomalies of the Urinary System, West Nile Virus Infection in Poultry

James A. Flanders, DVM, DACVS
Associate Professor, College of Veterinary Medicine, Cornell University, Ithaca, NY

Prostatic Diseases

Sherrill A. Fleming, DVM, DACVIM, DABVP
Associate Professor, Food and Animal Medicine, College of Veterinary Medicine, Mississippi State University, Mississippi State, MS

Pasteurellosis of Sheep and Goats

Mark T. Fox, BVetMed, PhD, FHEA, DEVPC, MRCVS
Senior Lecturer in Veterinary Parasitology, Department of Pathology and Infectious Diseases, Royal Veterinary College, University of London, UK

Gastrointestinal Parasites of Ruminants

Ruth Francis-Floyd, DVM, MS, DACZM
Professor, Department of Large Animal Clinical Sciences, College of Veterinary Medicine, University of Florida, Gainesville, FL

Fish

Don A. Franco, DVM, MPH, DACVPM
Retired President, Center for Biosecurity Food Safety and Public Health, Lake Worth, FL

Congenital Erythropoietic Porphyria

Laurie J. Gage, DVM, DACZM
Large Cat Specialist, USDA APHIS Animal Care, Napa, CA

Management of the Neonate: Care of Orphaned Native Birds and Mammals

Maricarmen Garcia, BS, MS, PhD
Associate Professor, Poultry Diagnostic and Research Center, Department of Population and Health, College of Veterinary Medicine, University of Georgia, Athens, GA

Infectious Laryngotracheitis

Tam Garland, DVM, PhD, DABVT
Garland, Bailey & Associates, College Station, TX

Arsenic Poisoning

Jack M. Gaskin, DVM, PhD, DACVM
Associate Professor Emeritus, Department of Infectious Disease and Pathology, College of Veterinary Medicine, University of Florida, Gainesville, FL

Encephalomyocarditis Virus Infection

Clive C. Gay, DVM, MVSc, DVSc (Hons), FACVSc, DACIM (Hons)
Professor Emeritus, Department of Veterinary Clinical Sciences, College of Veterinary Medicine, Washington State University, Pullman, WA

Bloat in Ruminants, Colisepticemia, Intestinal Diseases in Ruminants, Jejunal Hemorrhage Syndrome, Health-Management Interaction: Sheep, Liver Abscesses in Cattle

Kirk N. Gelatt, VMD
Distinguished Professor, Department of Small Animal Clinical Sciences, College of Veterinary Medicine, University of Florida, Gainesville, FL

Neoplasia of the Eye and Associated Structures, Ophthalmic Emergencies, Ophthalmology

Gertruida H. Gerdes, BVSc
Acting Head, Department of Virology, ARC Onderstepoort Veterinary Institute, Onderstepoort, South Africa

Rift Valley Fever, Wesselsbron Disease

Thomas Geurden, DVM, PhD, DEVPC
Department of Virology, Parasitology and Immunology, Faculty of Veterinary Medicine, Ghent University, Merelbeke, Belgium

Giardiasis

Paul Gibbs, BVSc, PhD, FRCVS
Professor of Virology, Department of Infectious Diseases and Pathology, College of Veterinary Medicine, University of Florida, Gainesville, FL

Pox Diseases

Thomas W.G. Gibson, BSc, BEd, DVM, DACVS
Assistant Professor, Department of Clinical Studies, Ontario Veterinary College, University of Guelph, Ontario, Canada

Diseases of the Stomach and Intestines: Gastric Dilation and Volvulus, Gastrointestinal Obstruction

Robert O. Gilbert, BVSc, MMedVet, DACT, MRCVS
Professor, Reproductive Medicine, Department of Clinical Sciences, College of Veterinary Medicine, Cornell University, Ithaca, NY

Metritis in Large Animals, Retained Fetal Membranes in Large Animals, Systemic Pharmacotherapeutics of the Reproductive System, Ulcerative Posthitis and Vulvitis, Uterine Prolapse and Eversion, Vaginal and Cervical Prolapse, Vulvitis and Vaginitis

Alan Glazer, DVM, DACVIM
New England Animal Medical Center, West Bridgewater, MA

Diseases of the Esophagus in Small Animals

Eric Gonder, DVM, MS, PhD, DACPV
Veterinarian, Goldsboro Milling Company, Goldsboro, NC

Pendulous Crop

John R. Gorham, DVM, PhD
Professor, College of Veterinary Medicine, Washington State University, Pullman, WA

Mink

Louis Norman Gotthelf, DVM
Animal Hospital of Montgomery, Montgomery Pet Skin and Ear Clinic, Montgomery, AL

Tumors of the Ear Canal

Richard E. Gough, FIMLS, CBiol, MIBiol
Consultant in Avian Virology, Central Veterinary Laboratory,
New Haw, Weybridge, Surrey, UK

Goose Parvovirus Infection

Daniel H. Gould, DVM, PhD, DACVP
Professor Emeritus of Pathology, Department of Microbiology,
Immunology and Pathology, College of Veterinary Medicine and
Biomedical Sciences, Colorado State University, Fort Collins,
CO

Polioencephalomalacia

Gregory F. Grauer, DVM, MS, DACVIM
Professor and Jarvis Chair of Medicine, Department of Clinical
Sciences, College of Veterinary Medicine, Kansas State
University, Manhattan, KS

Ethylene Glycol Toxicity

Deborah S. Greco, DVM, PhD, DACVIM
Senior Research Scientist, Nestle Purina PetCare, New York, NY

The Pituitary Gland

Paul R. Greenough, FRCVS
Professor Emeritus of Veterinary Surgery, Western College of
Veterinary Medicine, University of Saskatchewan, Saskatoon,
Canada

Lameness in Cattle

Irene Greiser-Wilke, Dr rer nat
Professor, Department of Infectious Diseases, EU Reference
Laboratory for Classical Swine Fever, Institute of Virology,
University of Veterinary Medicine, Hannover, Germany

Classical Swine Fever

**Walter Gruenberg, DrMedVet, MS, PhD, DECAR,
DECBHM**
Assistant Professor, Department of Farm Animal Health, Utrecht
University, Utrecht, The Netherlands

*Disorders of Phosphorus Metabolism, Dystrophies Associated
with Calcium, Phosphorus, and Vitamin D, Fatty Liver Disease
of Cattle*

Jorge Guerrero, DVM, PhD, DEVPC (Ret)
Adjunct Professor of Parasitology, Department of Pathobiology,
School of Veterinary Medicine, University of Pennsylvania,
Philadelphia, PA

Heartworm Disease

**P.K. Gupta, BVSc, MSc, VM&AH (Gold Medalist), PhD,
Post Doc, PGDCA, FNA VS, FASc, AW, FST, FAEB, FACVT**
Director, Toxicology Consulting Services, Inc., and Former
Chief, Division of Pharmacology & Toxicology (IVRI) and
advisor to WHO, Bareilly, India

Herbicide Poisoning

Ramesh C. Gupta, DVM, MVSc, PhD, DABT, FACT, FATS
Professor and Head, Toxicology Department, Breathitt
Veterinary Center, Murray State University, Hopkinsville, KY

Insecticide and Acaricide (Organic) Toxicity

James S. Guy, DVM, PhD
Professor, Department of Population Health and Pathobiology,
College of Veterinary Medicine, North Carolina State University,
Raleigh, NC

Coronaviral Enteritis of Turkeys, Viral Encephalitides

Sharon M. Gwaltney-Brant, DVM, PhD, DABVT, DABT
Vice President and Medical Director, A.S.P.C.A. Animal Poison
Control Center, Urbana, IL

Food Hazards, Household Hazards, Snakebite

Carlton L. Gyles, DVM, PhD, FCAHS
Professor Emeritus, Department of Pathobiology, Ontario
Veterinary College, University of Guelph, Ontario, Canada

Edema Disease

**Caroline N. Hahn, DVM, MSc, PhD, DECEIM, DECVN,
MRCVS**
Senior Lecturer in Veterinary Clinical Neuroscience, Royal
(Dick) School of Veterinary Studies, University of Edinburgh,
Midlothian, UK

Dysautonomia

Daniel J. Hall, VMD
Cardiology Resident, Tufts Cummings School of Veterinary
Medicine, North Grafton, MA

Heart Disease and Heart Failure: Heart Failure

Edward J. Hall, MA, VetMB, PhD, DECVIM-CA
Professor of Small Animal Internal Medicine, Department of
Clinical Veterinary Science, University of Bristol, Bristol, UK

Malabsorption Syndromes in Small Animals

Jean A. Hall, DVM, PhD, DACVIM
Professor, Department of Biomedical Sciences, College of
Veterinary Medicine, Oregon State University, Corvallis, OR

Puerperal Hypocalcemia in Small Animals

Jeffery O. Hall, DVM, PhD, DABVT
Professor and Head of Diagnostic Toxicology, Utah State
University, Logan, UT

Selenium Toxicosis

Christopher Hamblin, CBiol, MSB
Hampshire, UK

Ephemeral Fever

Reid Hanson, DVM, DACVS, DACVECC
Professor of Surgery, Department of Clinical Sciences, College
of Veterinary Medicine, Auburn University, Auburn AL

*Congenital and Inherited Anomalies of the Musculoskeletal
System*

Joseph Harari, MS, DVM, DACVS
Staff Surgeon, Veterinary Surgical Specialists, Spokane, WA

Arthropathies and Related Disorders in Small Animals,

Lameness in Small Animals, Myopathies in Small Animals, Osteopathies in Small Animals

Billy M. Hargis, DVM, PhD, DACPV
Professor and Director, JKS Poultry Health Research Laboratory, Tyson Sustainable Poultry Health Chair, Department of Poultry Science, University of Arkansas, Fayetteville, AR

Ascites Syndrome, Round Heart Disease of Turkeys

D. L. Hank Harris, DVM, PhD
Professor, Department of Animal Science, Department of Veterinary Diagnostics and Production Animal Medicine, Iowa State University, Ames, IA

Intestinal Diseases in Pigs

Lynette A. Hart, PhD
Professor, School of Veterinary Medicine, University of California, Davis, CA

Human-Animal Bond

Katrin Hartmann, DECVIM-CA, DrMedVet, DrMedVetHabil
Professor, Clinic of Small Animal Medicine, LMU University of Munich, Germany

Feline Infectious Peritonitis and Pleuritis

Joe Hauptman, DVM, MS, DACVS
Professor of Surgery, Veterinary Teaching Hospital, Michigan State University, East Lansing, MI

Diaphragmatic Hernia

Jan F. Hawkins, DVM, DACVS
Associate Professor, Department of Veterinary Clinical Sciences, School of Veterinary Medicine, Purdue University, West Lafayette, IN

Diseases of the Esophagus in Large Animals, Diseases of the Mouth in Large Animals, Pharyngeal Paralysis, Pharyngitis

Marcus J. Head, BVetMed, MRCVS
Rossdales Diagnostic Centre, NewMarket, UK

Lameness in Horses: Disorders of the Shoulder and Elbow

Peter W. Hellyer, DVM, MS, DACVA
Associate Dean for the Professional Veterinary Medical Program, College of Veterinary Medicine & Biomedical Sciences, Colorado State University, Fort Collins, CO

Pain Management

Charles M. Hendrix, DVM, PhD
Professor, Department of Pathobiology, College of Veterinary Medicine, Auburn University, Auburn, AL

CNS Diseases Caused by Helminths and Arthropods, Diagnostic Procedures for the Private Practice Laboratory: Parasitology, Flies, Venomous Arthropods

Thomas H. Herdt, DVM, MS, DACVN, DACVIM
Professor, Department of Large Animal Clinical Sciences and Diagnostic Center for Population and Animal Health, Michigan State University, Lansing, MI

Ketosis in Cattle, Nutrition: Dairy Cattle

Karen Hicks-Alldredge, DVM
Sweetwater Veterinary Hospital, Sweetwater, TX

Ratites

Michael A. Hill, BVetMed, MS, PhD, MRCVS
Associate Professor of Swine Production Medicine, Veterinary Clinical Sciences, School of Veterinary Medicine, Purdue University, West Lafayette, IN

Lameness in Pigs

W. Mark Hilton, DVM, DABVP
Clinical Associate Professor, Veterinary Clinical Sciences, School of Veterinary Medicine, Purdue University, West Lafayette, IN

Health-Management Interaction: Beef Cattle

Katrin Hinrichs, DVM, PhD, DACT
Professor and Patsy Link Chair in Mare Reproduction, Department of Veterinary Physiology and Pharmacology, College of Veterinary Medicine and Biomedical Sciences, Texas A&M University, College Station, TX

Cloning of Domestic Animals

J. Christopher Hodgson, BSc, PhD, MBA
Principal Research Scientist, Moredun Research Institute, Penicuik, UK

Watery Mouth Disease in Lambs

Frederic J. Hoerr, DVM, PhD, DACVP, DACPV
Laboratory Director, Thompson Bishop Sparks State Diagnostic Laboratory, Auburn, AL

Breast Blisters, Cannibalism (Poultry), Mycotoxicoses (Poultry)

Charles L. Hofacre, DVM, MAM, PhD, DACPV
Professor of Population Health, Director of Clinical Services, College of Veterinary Medicine, University of Georgia, Athens, GA

Avian Encephalomyelitis, Necrotic Enteritis

Daniel F. Hogan, DVM, DACVIM (Cardiology)
Associate Professor, Chief, Comparative Cardiovascular Medicine and Interventional Cardiology, School of Veterinary Medicine, Purdue University, West Lafayette, IN

Cardiovascular System Introduction, Heart Disease and Heart Failure: Diagnosis, Thrombosis, Embolism, and Aneurysm

Steven R. Hollingsworth, DVM, DACVO
Associate Professor of Clinical Ophthalmology, Department of Surgical and Radiological Sciences, School of Veterinary Medicine, University of California, Davis, CA

Equine Recurrent Uveitis

Peter H. Holmes, BVMS, PhD, Dr HC, FRCVS, FRSE, OBE
Emeritus Professor and Former Vice-Principal, Faculty of Veterinary Medicine, University of Glasgow, Scotland, UK

Trypanosomiasis

Timothy N. Holt, DVM
Assistant Professor, Clinical Sciences, Food Animal Department, College of Veterinary Medicine and Biomedical Sciences, Colorado State University, Fort Collins, CO

High-Mountain Disease

Michael J. Huerkamp, DVM, DACLAM
Director, Division of Animal Resources, Professor, Pathology and Laboratory Medicine, Emory University, Atlanta, GA

Laboratory Animals

Basil O. Ikede, BVetMed, DVM, PhD, FCVSN
Retired Professor and Chair, Department of Pathology and Microbiology, Atlantic Veterinary College, University of Prince Edward Island, Charlottetown, Prince Edward Island, Canada

Bovine Petechial Fever

Tadao Imada, DVM, PhD
Retired Research Manager, Kyusyu Research Station, National Institute of Animal Health, Chuzan Kagoshima, Japan

Avian Nephritis Viral Infections

Walter Ingwersen, DVM, DVSc, DACVIM
Specialist, Companion Animals, Boehringer Ingelheim (Canada) Ltd, Vetmedica, Burlington, Ontario, Canada

Congenital and Inherited Anomalies of the Digestive System

Evelyn S. Ivey, DVM, DABVP
Staff Veterinarian, Four Corners Veterinary Hospital, Concord, CA

African Hedgehogs

Peter G. G. Jackson, MA, BVM&S, DVM&S, FRCVS
St. Edmund's College, University of Cambridge, Cambridge, UK

Prolonged Gestation of Cattle and Sheep

Mark W. Jackwood, PhD
Professor, Department of Population Health, College of Veterinary Medicine, University of Georgia, Athens, GA

Bordetellosis (Poultry)

Eugene D. Janzen, DVM, MVS
Assistant Dean, Clinical Practice, Community Partnerships, Faculty of Veterinary Medicine, University of Calgary, Alberta, Canada

Histophilosis, Lightning Stroke and Electrocution, Trichomoniasis

Cheri A. Johnson, DVM, MS, DACVIM (Small Animal)
Professor, Department of Small Animal Clinical Sciences, College of Veterinary Medicine, Michigan State University, East Lansing, MI

Canine Transmissible Venereal Tumor, Reproductive Diseases of the Male Small Animal

LaRue W. Johnson, DVM, PhD
Professor Emeritus, Colorado State University, Fort Collins, CO

Llamas and Alpacas

Richard C. Jones, BSc, PhD, DSc, FRCPath
Emeritus Professor, School of Veterinary Science, University of Liverpool, Leahurst, Neston, Wirral, UK

Malabsorption Syndrome (Poultry), Viral Arthritis

Wayne K. Jorgensen, BSc, PhD
Senior Principal Research Scientist (Parasitology), Department of Primary Industries and Fisheries, Queensland, Australia

Babesiosis

Maureen H. Kemp, BVMS, MVM, PhD, DCHP, DECBHM, MRCVS
Upper Mulben, Mulben, Keith, Banffshire, Scotland, UK

Laryngeal Disorders

Robert J. Kemppainen, DVM, PhD
Professor, Department of Anatomy, Physiology & Pharmacology, College of Veterinary Medicine, Auburn University, Auburn, AL

Endocrine System Introduction

Morag G. Kerr, BVMS, BSc, PhD, CBiol, FIBiol, MRCVS
SAC Veterinary Services, Midlothian, Scotland, UK

Diagnostic Procedures for the Private Practice Laboratory: Clinical Biochemistry and Hematology

Safdar A. Khan, DVM, MS, PhD, DABVT
Director of Toxicology Research, ASPCA Animal Poison Control Center, Urbana, IL

Strychnine Poisoning, Toxicities from Illicit and Abused Drugs, Toxicities from Over-the-counter Drugs, Toxicities from Prescription Drugs

Daniel J. King, DVM, PhD
Veterinary Medical Officer (retired), USDA-ARS, Southeast Poultry Research Laboratory, Athens, GA

Newcastle Disease

Rebecca Kirby, DVM, DACVIM, DACVECC
Executive Director, Animal Emergency Center, Glendale, WI

Emergency Medicine Introduction, Evaluation and Initial Treatment of the Emergency Patient, Fluid Therapy, Monitoring Procedures for the Critically Ill Animal, Specific Diagnostics and Therapy

Peter D. Kirkland, BVSc, PhD
Senior Principal Research Scientist, OIC, Virology Laboratory, Elizabeth Macarthur Agriculture Institute, Menangle, NSW, Australia

Akabane Virus Infection

Mark D. Kittleson, DVM, PhD, DACVIM (Cardiology)
Professor, Department of Medicine and Epidemiology, School of Veterinary Medicine, University of California, Davis, CA

Heart Disease and Heart Failure: Specific Diseases

Kirk C. Klasing, BS, MS, PhD
Professor of Animal Biology, Department of Animal Science, University of California, Davis, CA

Nutritional Requirements (Poultry)

Thomas R. Klei, PhD
Boyd Professor and Associate Dean for Research and Advanced Studies, School of Veterinary Medicine and Louisiana Agriculture Experiment Station, Louisiana State University, Baton Rouge, LA

Gastrointestinal Parasites of Horses, Helminths of the Skin

Nick J. Knowles, MPhil
Institute for Animal Health, Pirbright Laboratory, Woking, Surrey, UK

Swine Vesicular Disease, Teschovirus Encephalomyelitis, Vesicular Exanthema of Swine

Deborah T. Kochevar, DVM, PhD, DACVCP
Dean, Cummings School of Veterinary Medicine, Tufts University, North Grafton, MA

Antineoplastic Agents

Michelle Kopcha, DVM, MS
Associate Professor, Food Animal Medicine and Surgery, College of Veterinary Medicine, Michigan State University, East Lansing, MI

Respiratory Diseases of Sheep and Goats

Sarah E. Kraiza, DVM, DACVIM (Oncology)
Travelers Rest, SC

Anemia

Annemarie T. Kristensen, DVM, PhD, DACVIM (Small Animal), DECVIM-CA & Oncology
Professor of Small Animal Clinical Oncology, Department of Small Animal Clinical Sciences, Faculty of Life Sciences, University of Copenhagen, Frederiksberg, Denmark

Hemostatic Disorders

T. G. Ksiazek, DVM, PhD
Professor, Galveston National Laboratory, Department of Pathology, and Department of Microbiology and Immunology, University of Texas Medical Branch, Galveston, TX

Crimean-Congo Hemorrhagic Fever, Nipah Virus Infection

Ned F. Kuehn, DVM, MS, DACVIM
Section Chief, Internal Medicine, Michigan Veterinary Specialists, Southfield, MI

Respiratory System Introduction, Respiratory Diseases of Small Animals

Mahesh C. Kumar, BVSc, MS, PhD, DACPV
Consultant, Poultry Health & Food Safety, St. Cloud, MN

Dissecting Aneurysm

Nina Yu-Hsin Kung, BVM, BVSc, MSc, PhD
Senior Veterinary Officer, Department of Employment, Economic Development and Innovation, Biosecurity Queensland, Brisbane, Australia

Hendra Virus Infection

Robert A. Kunkle, DVM, PhD
Veterinary Medical Officer, National Animal Disease Center, USDA-ARS, Ames, IA

Aspergillosis (Poultry)

Gary Landsberg, BSc, DVM, MRCVS, DACVB, DECVBM-CA
Veterinary Behaviorist, North Toronto Animal Clinic, Thornhill, Ontario, Canada

Behavior Introduction, Normal Social Behavior and Behavioral Problems of Domestic Animals

Jimmy C. Lattimer, DVM, MS, DACVR, DACVRO
Associate Professor, Veterinary Medicine and Surgery, Veterinary Medical Teaching Hospital, University of Missouri, Columbia, MO

Diagnostic Imaging, Radiation Therapy

D. Bruce Lawhorn, DVM, MS
Visiting Professor, Swine Practice, Food Animal Section, Department of Veterinary Large Animal Clinical Sciences, College of Veterinary Medicine and Biomedical Sciences, Texas A&M University, College Station, TX

Potbellied Pigs

Dennis F. Lawler, DVM
O'Fallon, IL

Management of the Neonate in Small Animals

Margie D. Lee, DVM, PhD
Professor of Population Health, Poultry Diagnostic and Research Center, College of Veterinary Medicine, University of Georgia, Athens, GA

Avian Campylobacter Infection, Colibacillosis (Poultry)

Steven Leeson, PhD
Professor, Department of Animal and Poultry Science, University of Guelph, Ontario, Canada

Fatty Liver Syndrome, Nutritional Deficiencies (Poultry)

Nicholas W. Lerche, DVM, MPVM
Professor, Department of Medicine and Epidemiology, School of Veterinary Medicine; Associate Director for Primate Services, California National Primate Research Center, University of California, Davis, CA

Nonhuman Primates

Michael L. Levin, PhD
Rickettsial Zoonoses Branch, Centers for Disease Control and Prevention, Atlanta, GA

Ticks

Alicja E. Lew-Tabor, BSc (Hons), PhD
Principal Researchs Scientist (Molecular Biology), Agri-Science QLD, Department of Employment, Economic Development and Innovation, Brisbane, Queensland, Australia

Anaplasmosis

David H. Ley, DVM, PhD, DACVM, DACPV
Professor, Department of Population Health and Pathobiology, College of Veterinary Medicine, North Carolina State University, Raleigh, NC

Mycoplasmosis

Teresa L. Lightfoot, DVM, DABVP (Avian)
Chair, Avian and Exotics Department, Florida Veterinary Specialists, Tampa, FL

Pet Birds, Nutrition: Birds

Andrew Linklater, DVM, DACVECC
Clinical Instructor, Animal Emergency Center and Specialty Services, Milwaukee, WI

Emergency Medicine Introduction, Evaluation and Initial Treatment of the Emergency Patient, Fluid Therapy, Monitoring Procedures for the Critically Ill Animal, Specific Diagnostics and Therapy

John E. Lloyd, BS, PhD
Professor Emeritus of Entomology, University of Wyoming, Laramie, WY

Cattle Grubs, Lice

Jeanne Lofstedt, BVSc, MS, DACVIM (Large Animal)
Professor of Large Animal Internal Medicine, Department of Health Management, Atlantic Veterinary College, University of Prince Edward Island, Charlottetown, Prince Edward Island, Canada

Caprine Arthritis and Encephalitis, Necrotic Laryngitis, Winter Dysentery

Maureen T. Long, DVM, PhD, DACVIM
Associate Professor, Department of Infectious Diseases and Pathology, College of Veterinary Medicine, University of Florida, Gainesville, FL

Equine Encephalomyelitis, Meningitis, and Encephalitis

Michael R. Loomis, DVM, MA, DACZM
Chief Veterinarian, North Carolina Zoological Park, Asheboro, NC

Zoo Animals

Ingrid Lorenz, DrMedVet, DrMedVetHabil, DECBHM
Lecturer in Bovine Medicine, School of Agriculture, Food Science and Veterinary Medicine, University College Dublin, Ireland

Ruminal Drinkers, Ruminal Parakeratosis

Bertrand J. Losson, DVM, PhD, DEVPC
Professor, Department of Parasitology and Parasitic Diseases, Faculty of Veterinary Medicine, University of Liege, Belgium

Mange, Large Animals

Jodie Low Choy, BVMS
Veterinarian, Palmerston, Northern Territory, Australia

Melioidosis

Katharine F. Lunn, BVMS, MS, PhD, MRCVS, DACVIM
Assistant Professor, Department of Clinical Sciences, College of Veterinary Medicine and Biomedical Sciences, Colorado State University, Fort Collins, CO

Fever of Unknown Origin

Robert J. MacKay, BVSc, PhD
Professor, Large Animal Medicine, Department of Large Animal Clinical Sciences, College of Veterinary Medicine, University of Florida, Gainesville, FL

Equine Protozoal Myeloencephalitis

Charles Mackenzie, BVSc, BSc, PhD, FRCVS, FRCPath, DEd
Professor, Department of Pathobiology and Diagnostic Investigation, Michigan State University, East Lansing, MI

Besnoitiosis

Kenneth S. Macklin, PhD
Associate Professor and Extension Specialist, Department of Poultry Science, Auburn University, Auburn, AL

Helminthiasis

John E. Madigan, DVM, MS
Professor, Department of Medicine and Epidemiology, School of Veterinary Medicine, University of California, Davis, CA

Equine Granulocytic Ehrlichiosis, Potomac Horse Fever

Brian W. J. Mahy, BSc, MA, PhD, ScD, DSc
Senior Scientific Advisor, National Center for Emerging and Zoonotic Infectious Diseases, Centers for Disease Control and Prevention, Atlanta, GA

Foot-and-Mouth Disease

Linda S. Mansfield, MS, VMD, PhD
Professor of Microbiology, Department of Microbiology and Molecular Genetics, Michigan State University, East Lansing, MI

Campylobacteriosis

Richard A. Mansmann, VMD, PhD
Equine Podiatry & Rehabilitation Mobile Practice, Chapel Hill, NC

Prepurchase Examination of Horses

Steven L. Marks, BVSc, MS, MRCVS, DACVIM
Clinical Associate Professor, Department of Clinical Sciences, College of Veterinary Medicine, North Carolina State University, Raleigh, NC

Canine Nasal Mites, Health-Management Interaction: Small Animals

Bret D. Marsh, DVM
Indiana State Veterinarian, Indiana State Board of Animal Health, Indianapolis, IN

Prepurchase Examination of Ruminants and Swine

Guy-Pierre Martineau, DVM, DECPHM
Professor in Swine Medicine, Department of Animal Health,

Production and Economics, National Veterinary School, Toulouse, France

Postpartum Dysgalactia Syndrome and Mastitis in Sows

Herris S. Maxwell, DVM, DACT
College of Veterinary Medicine, Auburn University, Auburn, AL

Congenital and Inherited Anomalies of Generalized Conditions

Milton McAllister, DVM, PhD, DACVP
School of Animal and Veterinary Sciences, University of Adelaide, Roseworthy, Australia

Neosporosis

Dudley L. McCaw, DVM, DACVIM (Small Animal, Oncology)
Professor, Department of Clinical Sciences, College of Veterinary Medicine, Kansas State University, Manhattan, KS

Feline Leukemia Virus and Related Diseases

Diane McClure, DVM, PhD, DACLAM
Veterinarian, Animal Resource Center Veterinary Services, Goleta, CA

Rabbits

Larry R. McDougald, PhD
Professor, Department of Poultry Science, College of Agriculture and Environmental Sciences, University of Georgia, Athens, GA

Avian Spirochetosis, Coccidiosis (Poultry), Cryptosporidiosis (Poultry), Fluke Infections, Hexamitiasis, Histomoniasis, Trichomoniasis (Poultry)

Catherine McGowan, BVSc, MACVSc, DEIM, DECEIM, PhD, FHEA, MRCVS
School of Veterinary Science, Faculty of Health and Life Sciences, University of Liverpool, Leahurst, UK

Fatigue and Exercise

C. Wayne McIlwraith, BVSc, PhD, DSc, FRCVS, DACVS
Professor of Surgery, Barbara Cox Anthony University Chair in Orthopedics, Director Orthopedic Research Center, College of Veterinary Medicine and Biomedical Sciences, Colorado State University, Fort Collins, CO

Arthropathies in Large Animals, Lameness in Horses: Disorders of the Carpus and Metacarpus

Erica C. McKenzie, BSc, BVMS, PhD, DACVIM
Assistant Professor, Large Animal Medicine, College of Veterinary Medicine, Oregon State University, Corvallis, OR

Management of the Neonate in Large Animals

Jennifer H. McQuiston, DVM, MS
Epidemiology Team Leader, Rickettsial Zoonoses Branch, Centers for Disease Control and Prevention, Atlanta, GA

Rickettsial Diseases

Philip S. Mellor, OBE, DSc, FRES, FHEA
Professor, Head of Vector-borne Diseases Programme, Pirbright Laboratory, Institute for Animal Health, Pirbright, Woking, Surrey, UK

African Horse Sickness, Bluetongue

Mushtaq A. Memon, BVSc, MS, PhD, DACT
Theriogenologist, Department of Veterinary Clinical Sciences, Washington State University, Pullman, WA

Reproductive Diseases of the Female, Small Animals

Paula I. Menzies, DVM, MPVM, DECSRHM
Associate Professor, Ruminant Health Management Group, Department of Population Medicine, Ontario Veterinary College, University of Guelph, Ontario, Canada

Pregnancy Toxemia in Ewes, Management of Reproduction: Sheep

Sandra R. Merchant, DVM, DACVD
Professor of Dermatology, Department of Veterinary Clinical Sciences, School of Veterinary Medicine, Louisiana State University, Baton Rouge, LA

Dermatophytosis (Ringworm)

Samia A. Metwally, DVM, PhD
Head, Diagnostic Services Section, Foreign Animal Disease Diagnostic Laboratory, USDA, APHIS, Greenport, NY

Nairobi Sheep Disease

Patrice M. Mich, DVM, MS, DABVP (Canine/Feline), DACVA
OrthoPets Center for Animal Pain Management and Mobility Solutions, Denver, CO

Pain Management

Bernard Mignon, DVM, PhD, DEVPC
Assistant Professor, Faculty of Veterinary Medicine, Department of Infectious and Parasitic Diseases, Parasitology and Parasitic Diseases, University of Liège, Belgium

Mange in Dogs and Cats

Kelly D. Mitchell, DVM, DVSc, DACVIM (SAIM)
Toronto Veterinary Emergency Clinic, Scarborough, Ontario, Canada

Diseases of the Stomach and Intestines: Canine Parvovirus, Feline Enteric Cornavirus, Gastritis, Hemorrhagic Gastroenteritis

Harry Momont, DVM, PhD, DACT
Clinical Associate Professor, Department of Medical Sciences, School of Veterinary Medicine, University of Wisconsin-Madison, Madison, WI

Reproductive System Introduction

Donald R. Monke, DVM, MBA
Vice President, Production Operations, Select Sires, Inc., Plain City, OH

Seminal Vesiculitis in Bulls

James N. Moore, DVM, PhD
Distinguished Research Professor, Department of Large Animal Medicine, College of Veterinary Medicine, University of

Georgia, Athens, GA
Colic in Horses

Gastón A Moré, MV, DVM
Investigador asistente CONICET, Laboratorio de
Inmunoparasitología, Cátedra de Parasitología y Enfermedades
Parasitarias, Facultad de Ciencias Veterinarias, Universidad
Nacional de La Plata, Buenos Aires, Argentina
Sarcocystosis

Karen A. Moriello, DVM, DACVD
Clinical Professor of Dermatology, School of Veterinary
Medicine, University of Wisconsin-Madison, Madison, WI
*Acanthosis Nigricans, Congenital and Inherited Anomalies
of the Integumentary System, Cuterebra Infestation in Small
Animals, Dermatophilosis, Hygroma, Integumentary System
Introduction, Interdigital Furunculosis, Pyoderma*

Dawn E. Morin, DVM, MS, DACVIM
Professor, Assistant Dean for Academic Affairs and Curriculum,
College of Veterinary Medicine, University of Illinois, Urbana, IL
Otitis Media and Interna

Teresa Y. Morishita, DVM, MPVM, MS, PhD, DACPV
Associate Dean for Academic Affairs, and Professor, Poultry
Medicine and Food Safety, College of Veterinary Medicine,
Western University of Health Sciences, Pomona, CA
*Enterococcosis, Gangrenous Dermatitis, Listeriosis,
Staphylococcosis, Streptococcosis*

James K. Morrisey, DVM, DABVP (Avian)
Service Chief, Companion Exotic Animal Medicine Service,
Department of Clinical Sciences, College of Veterinary
Medicine, Cornell University, Ithaca, NY
Ferrets

W. Ivan Morrison, PhD, BVMS, FRSE
Professor, The Roslin Institute, Royal (Dick) School of
Veterinary Studies, University of Edinburgh, Scotland, UK
Theileriases

Sofie Muylle, DVM, PhD
Faculty of Veterinary Medicine, Department of Morphology,
Ghent University, Salisburylaan, Merelbeke, Belgium
Dental Development

Dusty W. Nagy, DVM, MS, PhD, DACVIM
Assistant Teaching Professor, Food Animal Medicine & Surgery,
College of Veterinary Medicine, University of Missouri,
Columbia, MO
Bovine Leukosis

T. Mark Neer, DVM, DACVIM
Professor of Medicine and Director, Boren Veterinary Medical
Teaching Hospital, Department of Clinical Sciences, Center
for Veterinary Health Sciences, Oklahoma State University,
Stillwater, OK
Demyelinating Disorders, Motion Sickness

Peter Nettleton, BVMS, MSc, PhD, MRCVS
Moredun Research Institute, Scotland, UK
Border Disease

Robin A. J. Nicholas, MSc, PhD, FRCPath
Head of Mycoplasma Group, Veterinary Laboratories Agency-
Weybridge, Addlestone, Surrey, UK
*Contagious Agalactia and Other Mycoplasmal Mastitides of
Small Ruminants*

Paul Nicoletti, DVM, MS
Professor Emeritus, College of Veterinary Medicine, University
of Florida, Gainesville, FL
Brucellosis in Large Animals, Brucellosis in Dogs

Jerome C. Nietfeld, DVM, PhD, DACVP
Professor, Department of Diagnostic Medicine/Pathobiology,
College of Veterinary Medicine, Kansas State University,
Manhattan, KS
Abortion in Large Animals, Intestinal Chlamydial Infections

Joeke Nijboer, PhD
Nutritionist, Rotterdam Zoo, Rotterdam, The Netherlands
Nutrition: Exotic and Zoo Animals

Robert A. Norton, MS, PhD
Professor, Department of Poultry Science, Auburn University,
Auburn, AL
Helminthiasis (Poultry)

Mark J. Novotny, DVM, MS, PhD, DACVCP
Senior Principal Scientist, Metabolism and Safety, Veterinary
Medicine Research and Development, Pfizer Animal Health,
Kalamazoo, MI
Systemic Pharmacotherapeutics of the Cardiovascular System

Frederick W. Oehme, DVM, PhD
Professor of Toxicology, Pathobiology, Medicine and
Physiology, Comparative Toxicology Laboratories, Kansas State
University, Manhattan, KS
Rodenticide Poisoning

Garrett R. Oetzel, DVM, MS
Associate Professor, Department of Medical Sciences, School
of Veterinary Medicine, University of Wisconsin-Madison,
Madison, WI
Subacute Ruminal Acidosis in Dairy Cattle

Gary D. Osweiler, DVM, MS, PhD, DABVT
Professor, Veterinary Diagnostic and Production Animal
Medicine, College of Veterinary Medicine, Iowa State
University, Ames, IA
*Coal-Tar Poisoning, Mycotoxicoses, Petroleum Product
Poisoning*

Raul E. Otalora, DVM
Production Manager/Veterinarian, Quail International, Inc.,
Greensboro, GA

Ulcerative Enteritis (Quail Disease)

Chris Oura, MSc, PhD, MRCVS
Head of the Non-Vesicular Reference Laboratories, Pirbright Laboratory, Institute for Animal Health, Pirbright, Woking, Surrey, UK

African Swine Fever

Rebecca A. Packer, MS, DVM, DACVIM (Neurology)
Assistant Professor, Neurology/Neurosurgery, Department of Veterinary Clinical Sciences, and Department of Basic Medical Sciences, School of Veterinary Medicine, Purdue University, West Lafayette, IN

Congenital and Inherited Anomalies of the Nervous System

David J. Paton, MA, VetMB, PhD, MRCVS
Director of Science, Pirbright Laboratory, Institute for Animal Health, Pirbright, Surrey, UK

Swine Vesicular Disease, Vesicular Exanthema of Swine

Sharon Patton, MS, PhD
Professor of Parasitology, Department of Comparative Medicine, College of Veterinary Medicine, University of Tennessee, Knoxville, TN

Amebiasis

Maurice B. Pensaert, DVM, MS, PhD
Emeritus Professor of Animal Virology, Faculty of Veterinary Medicine, Ghent University, Merelbeke, Belgium

Hemagglutinating Encephalomyelitis

Andrew S. Peregrine, BVMS, PhD, DVM, DEVPC
Associate Professor, Department of Pathobiology, Ontario Veterinary College, University of Guelph, Ontario, Canada

Gastrointestinal Parasites of Small Animals

Tilden Wayne Perry, BEd, BS, MS, PhD
Emeritus Professor of Animal Nutrition, Purdue University, West Lafayette, IN

Nutrition: Beef Cattle

Donald Peter, DVM, MS, DACT
Veterinarian/Owner, Frontier Genetics, Hermiston, OR

Bovine Genital Campylobacteriosis, Equine Coital Exanthema

Mark E. Peterson, DVM, DACVIM
Director, Animal Endocrine Clinic, New York, NY

The Parathyroid Glands and Disorders of Calcium Metabolism, The Thyroid Gland

James R. Philips, PhD
Associate Professor of Science, Math/ Science Division, Babson College, Babson Park, MA

Air Sac Mite, Ectoparasites (Poultry)

Carlos R. F. Pinto, MedVet, PhD, DACT
Associate Professor, Theriogenology and Reproductive Medicine, Department of Veterinary Clinical Sciences, College of Veterinary Medicine, Ohio State University, Columbus, OH

Embryo Transfer in Farm Animals

Robert E. Porter, DVM, PhD, DACVP, DACPV
Clinical Professor, Veterinary Population Medicine, College of Veterinary Medicine, University of Minnesota, St. Paul, MN

Perirenal Hemorrhage Syndrome of Turkeys

Karen W. Post, DVM, MS, DACVM
Director of Laboratories, North Carolina Veterinary Diagnostic Laboratory System, Consumer Services, Rollins Animal Disease, Diagnostic Laboratory, Raleigh, NC

Diagnostic Procedures for the Private Practice Laboratory: Clinical Microbiology

D. G. Pugh, DVM, MS, DACT, DACVN
Veterinarian, Waverly, AL

Nutrition: Goats, Nutrition: Sheep

Darryl Ragland, DVM, PhD
Associate Professor, Veterinary Clinical Sciences, School of Veterinary Medicine, Purdue University, West Lafayette, IN

Biosecurity, Erysipelas, Streptococcal Infections in Pigs, Lymphadenitis and Lymphangitis: Streptococcal Lymphadenitis of Pigs

Sarah L. Ralston, VMD, PhD, DACVN
Associate Professor, Department of Animal Sciences, School of Environmental and Biological Sciences, Rutgers University, New Brunswick, NJ

Nutrition: Horses

John F. Randolph, DVM, DACVIM
Professor of Veterinary Medicine, College of Veterinary Medicine, Cornell University, Ithaca, NY

Erythrocytosis and Polycythemia

Silke Rautenschlein, DVM, PhD
Professor, Clinic for Poultry, University of Veterinary Medicine-Hannover, Hannover, Germany

Avian Metapneumovirus

Willie M. Reed, DVM, PhD
Dean, School of Veterinary Medicine, Purdue University, West Lafayette, IN

Quail Bronchitis, Turkey Viral Hepatitis

Philip T. Reeves, BVSc, PhD, FACVSc
Principal Scientist, Residues and Veterinary Medicines, Australian Pesticides and Veterinary Medicines Authority, Canberra, Australia

Chemical Residues in Food and Fiber, Drug Action and Pharmacodynamics, Dosage Forms and Delivery Systems

Hugh W. Reid, MBE, BVM&S, DTVM, PhD, MRCVS
Moredun Research Institute, Pentlands Science Park, Penicuik, UK

Louping Ill

Douglas J. Reinemann, PhD
Professor, Department of Biological Systems Engineering, College of Agricultural & Life Sciences, University of Wisconsin- Madison, Madison, WI

Stray Voltage in Animal Housing

Christopher D. Reinhardt, MS, PhD
Assistant Professor, Extension Feedlot Specialist, Animal Sciences and Industry, Kansas State University, Manhattan, KS

Growth Promotants and Production Enhancers

Petra Reinhold, DVM, PhD
Friedrich-Loeffler-Institute, Federal Research Institute for Animal Health, Jena, Germany

Chlamydial Pneumonia

Márcio Garcio Ribeiro, DVM, PhD
Associate Professor, Infectious Diseases of Domestic Animals, Department of Veterinary Hygiene and Public Health, School of Veterinary Medicine and Animal Science, Sao Paulo State University-UNESP, Botucatu, SP, Brazil

Nocardiosis

Franklin Riet-Correa, MSc, PhD
Professor, Veterinary Hospital, Federal University of Campina Grande, Patos, Paraíba, Brazil

Lechiguana

Carlos A. Risco, DVM, DACT
Professor, Large Animal Clinical Sciences, College of Veterinary Medicine, University of Florida, Gainesville, FL

Cystic Ovary Disease, Management of Reproduction: Cattle

Narda G. Robinson, DO, DVM, MS, FAAMA
Director, Center for Comparative and Integrative Pain Medicine, Department of Clinical Sciences, Colorado State University, Fort Collins, CO

Complementary and Alternative Veterinary Medicine

Allan Roepstorff, DSc, PhD, MSc
Associate Professor, Department of Disease Biology, Danish Centre for Experimental Parasitology, Faculty of Life Sciences, University of Copenhagen, Frederiksberg, Denmark

Gastrointestinal Parasites of Pigs

Barton W. Rohrbach, VMD, MPH, DACVPM
Associate Professor, Department of Comparative Medicine, Veterinary Teaching Hospital, University of Tennessee, Knoxville, TN

Q Fever, Tularemia

A. Gregorio Rosales, DVM, MS, PhD, DACPV
Vice President of Veterinary Services, Aviagen Inc., Huntsville, AL

Disorders of the Reproductive System (Poultry)

Robert C. Rosenthal, DVM, PhD, DACVIM (Small Animal, Oncology), DACVR (Radiation Oncology)
SouthPaws Veterinary Referral Center, Springfield, VA

Mammary Tumors, Neuroendocrine Tissue Tumors

James A. Roth, DVM, PhD, DACVM
Distinguished Professor and Director, Center for Food Security and Public Health, College of Veterinary Medicine, Iowa State University, Ames, IA

Zoonoses

Stanley I. Rubin, DVM, MS, DACVIM
Staff Internist, Southern Arizona Veterinary Specialty and Emergency Center, Tucson, AZ

Digestive System Introduction, Diseases of the Rectum and Anus

Pamela L. Ruegg, DVM, MPVM, DABVP (Dairy)
Professor, Department of Dairy Science, College of Agricultural and Life Sciences, University of Wisconsin-Madison, Madison, WI

Udder Diseases

Charles E. Rupprecht, VMD, MS, PhD
Chief, Rabies Program, Centers for Disease Control and Prevention, Atlanta, GA

Rabies

Bonnie R. Rush, DVM, MS, DACVIM
Professor, Equine Internal Medicine, College of Veterinary Medicine, Kansas State University, Manhattan, KS

Respiratory Diseases of Horses

Y. M. Saif, DVM, PhD
Professor and Head, Food Animal Health Research Program, Ohio Agricultural Research and Development Center, Ohio State University, Wooster, OH

Infectious Bursal Disease, Rotaviral Infections in Chickens, Turkeys, and Pheasants

Jean E. Sander, DVM, MAM, DACPV
Associate Dean for Academic and Student Affairs, College of Veterinary Medicine, Ohio State University, Columbus, OH

Candidiasis (Poultry), Disposal of Carcasses and Disinfection of Premises, Omphalitis

Sherry Lynn Sanderson, BS, DVM, PhD, DACVIM, DACVN
Associate Professor, Department of Physiology and Pharmacology, College of Veterinary Medicine, University of Georgia, Athens, GA

Nutrition: Small Animals, Urinary System Introduction

Donald C. Sawyer, DVM, PhD
Professor Emeritus, Michigan State University, Okemos, MI

Malignant Hyperthermia

Charles M. Scanlan, DVM, PhD
Professor, Department of Veterinary Pathobiology, College of Veterinary Medicine and Biomedical Sciences, Texas A&M University, College Station, TX

Meat Inspection

K. A. Schat, DVM, PhD
Professor, Department of Microbiology and Immunology,

College of Veterinary Medicine, Cornell University, Ithaca, NY

Chicken Anemia Virus Infection

David G. Schmitz, DVM, MS, DACVIM
Associate Professor, Department of Veterinary Large Animal
Clinical Sciences, College of Veterinary Medicine and Biomedical
Sciences, Texas A&M University, College Station, TX

Cantharadin (Blister Beetle) Poisoning

Norman R. Schneider, DVM, MSc, DABVT
Veterinary Toxicologist, Ceresco, NE

*Cyanide Poisoning, Gossypol Poisoning, Nitrate and Nitrite
Poisoning, Nonprotein Nitrogen Poisoning*

Thomas Schubert, DVM, DACVIM, DABVP
Clinical Professor and Chief of Neurology Service, Small
Animal Clinical Sciences, College of Veterinary Medicine,
University of Florida, Gainesville, FL

Facial Paralysis, Limb Paralysis, Nervous System Introduction

James Schumacher, DVM, MS, DACVS, MRCVS
Professor, Department of Large Animal Clinical Sciences,
University of Tennessee, Knoxville, TN

Lameness in Horses: Regional Anesthesia

John Schumacher, DVM, MS, DACVIM
Professor, Department of Clinical Sciences, College of
Veterinary Medicine, Auburn University, AL

Lameness in Horses: Regional Anesthesia

**Philip R. Scott, BVM&S, MPhil, DVM&S, DSHP,
DECBHM, FHEA, FRCVS**
Royal School of Veterinary Studies, University of Edinburgh,
Midlothian, UK

*Contagious Ecthyma (Orf), Listeriosis, Ulcerative Dermatosis
of Sheep*

Joaquim Segalés, DVM, PhD, DECVP, DECPHM
Departament de Sanitat i d' Anatomia Animals and Centre de
Recerca en Sanitat Animals (CReSA), Facultat de Veterinària,
Universitat Autònoma de Barcelona, Bellaterra, Barcelona, Spain

Glässer's Disease, Porcine Circovirus Diseases

Debra C. Sellon, DVM, PhD, DACVIM
Professor, Equine Medicine, Department of Veterinary Clinical
Sciences, College of Veterinary Medicine, Washington State
University, Pullman, WA

Equine Infectious Anemia

Susan D. Semrad, VMD, PhD, DACVIM
Associate Professor, Department of Medical Sciences, School of
Veterinary Medicine, University of Wisconsin, Madison, WI

*Hepatic Disease in Large Animals, Malassimilation Syndromes
in Large Animals*

Patricia L. Sertich, MS, VMD, DACT
Associate Professor-Clinical Educator, School of Veterinary
Medicine, New Bolton Center, University of Pennsylvania,

Kennett Square, PA

Management of Reproduction: Horses

Linda Shell, DVM, DACVIM (Neurology)
Pilot, VA

Systemic Pharmacotherapeutics of the Nervous System

David M. Sherman, DVM, MS, DACVIM
Clinical Associate Professor, Cummings School of Veterinary
Medicine, Tufts University, North Grafton, MA

Health-Management Interaction: Goats, Lameness in Goats

Michael Shipstone, BVSc, FACVSc, DACVD
Queensland Veterinary Specialists, Herston, Australia

Systemic Pharmacotherapeutics of the Integumentary System

H. L. Shivaprasad, BVSc, MS, PhD, DACPV
Professor, California Animal Health and Food Safety Laboratory
System-Tulare, University of California, Davis, CA

*Hemorrhagic Enteritis of Turkeys and Marble Spleen Disease of
Pheasants*

Elizabeth A. Shull, DVM, DACVIM (Neurology), DACVB
Owner, Appalachian Veterinary Specialists, Knoxville, TN

Euthanasia

Wayne Simpson, MSc (Microbiology), BHort Sc, DHort
Research Associate, Endophyte Mycology, Forage Improvement
Section, AgResearch Limited, Palmerston North, New Zealand

Ryegrass Toxicity

Geof W. Smith, DVM, MS, PhD, DACVIM
Associate Professor of Ruminant Medicine, Department of
Population Health and Pathobiology, College of Veterinary
Medicine, North Carolina State University, Raleigh, NC

Actinobacillosis, Actinomycosis

Roger K. W. Smith, MA, VetMB, PhD, DEO, DECVS, MRCVS
Professor of Equine Orthopaedics, Department of Veterinary
Clinical Sciences, Royal Veterinary College, Hatfield, Herts, UK

Lameness in Horses: Disorders of the Fetlock and Pastern

Stephen A. Smith, DVM, PhD
Professor of Aquatic, Wildlife and Exotic Animal Medicine,
Department of Biomedical Sciences and Pathobiology, Virginia-
Maryland Regional College of Veterinary Medicine, Virginia
Tech, Blacksburg, VA

Health-Management Interaction: Aquaculture Systems

Janice E. Sojka, VMD, MS, DACVIM
Professor, Department of Veterinary Clinical Sciences, School
of Veterinary Medicine, Purdue University, West Lafayette, IN

*Equine Metabolic Syndrome, The Pituitary Gland:
Hirsutism Associated with Adenomas of the Pars Intermedia,
Nonneoplastic Enlargement of the Thyroid Gland*

Anna Rovid Spickler, DVM, PhD
Veterinary Specialist, Center for Food Security and Public

Health, College of Veterinary Medicine, Iowa State University, Ames, IA

Zoonoses

Sharon J. Spier, DVM, PhD, DACVIM

Professor, Department of Medicine and Epidemiology, School of Veterinary Medicine, University of California, Davis, CA

Hypocalcemic Tetany in Horses, Lymphadenitis and Lymphangitis: Corynebacterium pseudotuberculosis Infection

Richard A. Squires, BVSc (Hons), PhD, DVR, DACVIM, DECVIM-CA, MRCVS

Head of Veterinary Clinical Sciences, School of Veterinary and Biomedical Sciences, James Cook University, Townsville, Australia

Feline Panleukopenia

Henry R. Stämpfli, DVM, DrMedVet, DACVIM

Professor, Large Animal Medicine, Department of Clinical Studies, Ontario Veterinary College, University of Guelph, Ontario, Canada

Clostridial Diseases

Bryan L. Stegelmeier, DVM, PhD, DACVP

Veterinary Pathologist, Poisonous Plant Research Laboratory, USDA-ARS, Logan, UT

Bracken Fern Poisoning, Sweet Clover Poisoning

Jörg M. Steiner, DrMedVet, PhD, DACVIM, DECVIM-CA

Associate Professor and Director, Gastrointestinal Laboratory, Texas A&M University, College Station, TX

Tests for Pancreatic Disease, The Exocrine Pancreas in Small Animals

Allison A. Stewart, DVM, MS, DACVS

Assistant Professor of Equine Surgery, Department of Veterinary Clinical Medicine, College of Veterinary Medicine, University of Illinois, Urbana, IL

Musculoskeletal System Introduction

Allison J. Stewart, BVSc (Hons), MS, DACVIM-LA, DACVECC

Associate Professor of Equine Internal Medicine, Department of Clinical Sciences, John Thomas Vaughan Large Animal Teaching Hospital, College of Veterinary Medicine, Auburn University, Auburn, AL

Disorders of Magnesium Metabolism, Intestinal Diseases in Horses and Foals

Michael K. Stoskopf, DVM, PhD, DACZM

Professor of Wildlife and Aquatic Health, Director of the Environmental Medicine Consortium, College of Veterinary Medicine, North Carolina State University, Raleigh, NC

Marine Mammals

George M. Strain, PhD

Professor of Neuroscience, Comparative Biomedical Sciences, School of Veterinary Medicine, Louisiana State University, Baton Rouge, LA

Deafness

Reinhard K. Straubinger, DrMed-VetHabil, PhD

Professor and Head for Bacteriology and Mycology, Institute for Infectious Diseases and Zoonoses, Department of Veterinary Sciences, Faculty of Veterinary Medicine, LMU Munich, Germany

Lyme Borreliosis

Bert E. Stromberg, PhD

Professor, Veterinary and Biomedical Sciences, College of Veterinary Medicine, University of Minnesota, St. Paul, MN

Swine Kidney Worm Infection, Trichinellosis

David E. Swayne, DVM, PhD, DACVP, DACPV

Laboratory Director, USDA-ARS, Southeast Poultry Research Laboratory, Athens, GA

Avian Influenza, Avian Paramyxovirus Infections

Thomas W. Swerczek, DVM, PhD

Professor, Department of Veterinary Science, University of Kentucky, Lexington, KY

Tyzzer's Disease

Jane E. Sykes, BVSc (Hons), PhD, DACVIM

Professor of Small Animal Medicine, Department of Medicine and Epidemiology, School of Veterinary Medicine, University of California, Davis, CA

Chlamydial Conjunctivitis, Blood Parasites: Feline Infectious Anemia

Joseph Taboada, DVM, DACVIM

Professor and Associate Dean, Office of Student and Academic Affairs, School of Veterinary Medicine, Louisiana State University, Baton Rouge, LA

Fungal Infections

Jaime Tarigo, DVM, DACVP

Center for Comparative Medicine and Translational Research, College of Veterinary Medicine, North Carolina State University, Raleigh, NC

Cytauxzoonosis

Marcel Taverne, PhD

Emeritus Professor of Foetal and Perinatal Biology, Department of Farm Animal Health, Faculty of Veterinary Medicine, Utrecht University, Utrecht, The Netherlands

Pseudopregnancy in Goats

Mike A. Taylor, BVMS, PhD, MRCVS, DEVPC, DECSRHM, CBiol, MSB

Veterinary Consultant, Wildlife and Emerging Disease Programme, Food and Environment Research Agency, Sand Hutton, York, UK

Chemotherapeutics of Ectoparasiticides in Large Animals

Stuart M. Taylor, PhD, BVMS, MRCVS, DECVP

VetPar Services, Bangor, UK

Fluke Infections in Ruminants, Lungworm Infection

William Taylor
Consultant, Angmering, Littlehampton, UK

Peste des Petits Ruminants, Rinderpest

Brett Tennent-Brown, BVSc, MS, DACVIM, DACVECC
Assistant Professor, Large Animal Medicine, College of
Veterinary Medicine, University of Georgia, Athens, GA

Hypoxic Ischemic Encephalopathy

Charles O. Thoen, DVM, PhD
Professor, Veterinary Microbiology and Preventive Medicine,
College of Veterinary Medicine, Iowa State University, Ames,
IA

*Tuberculosis (Poultry), Tuberculosis and Other Mycobacterial
Infections*

William B. Thomas, DVM, MS, DACVIM (Neurology)
Professor, Neurology and Neurosurgery, Department of Small
Animal Clinical Sciences, University of Tennessee, Knoxville,
TN

*Diseases of the Peripheral Nerve and Neuromuscular Junction,
Diseases of the Spinal Column and Cord*

Larry J. Thompson, DVM, PhD, DABVT
Senior Research Scientist, Nestlé Purina PetCare Company, St.
Louis, MO

Salt Toxicity

Barry H. Thorp, BVMS, PhD, MRCVS
Midlothian, UK

Disorders of the Skeletal System (Poultry)

John F. Timoney, MVB, PhD, DSc, MRCVS
Keeneland Chair of Infectious Diseases, Gluck Equine Research
Center, Department of Veterinary Science, University of
Kentucky, Lexington, KY

Glanders

Peter J. Timoney, MVB, MS, PhD, FRCVS
Frederick Van Lennep Chair in Equine Veterinary Science,
Gluck Equine Research Center, Department of Veterinary
Science, College of Agriculture, University of Kentucky,
Lexington, KY

Equine Viral Arteritis

Ian Tizard, BVMS, PhD, DACVM
Professor of Immunology and Richard M. Schubot, Professor
of Exotic Bird Health, Department of Veterinary Pathobiology,
College of Veterinary Medicine and Biomedical Sciences, Texas
A&M University, College Station, TX

*Amyloidosis, Vaccination of Exotic Mammals, Vaccines
and Immunotherapy, The Biology of the Immune System,
Immunologic Diseases*

Susan J. Tornquist, DVM, PhD, DACVP
Professor and Associate Dean for Student and Academic Affairs,

College of Veterinary Medicine, Oregon State University,
Corvallis, OR

*Diagnostic Procedures for the Private Practice Laboratory:
Serology*

Sheila Torres, DVM, PhD, DACVD
Associate Professor, Dermatology, College of Veterinary
Medicine, University of Minnesota, St. Paul, MN

Diseases of the Pinna

Pierre-Louis Toutain, DVM, PhD, DECVPT
Professor, Ecole Nationale Veterinaire de Toulouse, Toulouse,
France

Anti-Inflammatory Agents

Josie L. Traub-Dargatz, DVM, MS, DACVIM
Professor, Population Health, Department of Clinical Sciences,
College of Veterinary Medicine and Biomedical Sciences
and the Animal Population Health Institute, Colorado State
University, Fort Collins, CO

Vesicular Stomatitis

Robert Tremblay, DVM, DVSc, DACVIM
Bovine/Equine Specialist, Boehringer Ingelheim (Canada) Ltd,
Burlington, Ontario, Canada

Management and Nutrition Introduction

Deoki N. Tripathy, DVM, MS, PhD, DACVM, DACPV
Professor Emeritus, Department of Veterinary Pathobiology,
College of Veterinary Medicine, University of Illinois, Urbana, IL

Fowlpox

Tracy A. Turner, DVM, MS, DACVS, DABT
Anoka Equine Veterinary Services, Elk River, MN

Lameness in Horses: Imaging Techniques

Jeffrey W. Tyler, DVM, MPVM, PhD, Deceased
Concentration Area Director, Veterinary Public Health,
Department of Veterinary Medicine and Surgery, University of
Missouri, Columbia, MO

Bovine Spongiform Encephalopathy, Chronic Wasting Disease

Wendy E. Vaala, VMD, DACVIM
Senior Equine Technical Service Veterinarian, Intervet Schering-
Plough Animal Health, Alma, WI

Health-Management Interaction: Horses

Stephanie J. Valberg, DVM, PhD, DACVIM
Professor, Department of Veterinary Population Medicine,
College of Veterinary Medicine, University of Minnesota, St.
Paul, MN

Myopathies in Horses, Myopathies in Ruminants and Pigs

Arnaud J. Van Wettere, DVM, MS, DACVP
Department of Population Health and Pathobiology, College of
Veterinary Medicine, North Carolina State University, Raleigh, NC

*Avian Chlamydiosis, Bloodborne Organisms, Myopathies
(Poultry)*

Jozef Vercruysse, DVM, DEVPC
Professor, Faculty of Veterinary Medicine, Ghent University, Merelbeke, Belgium

Anthelmintics, Schistosomiasis

Alice Villalobos, DVM, DPNAP
Director, Animal Oncology Consultation Service, Woodland Hills, CA; Director, Pawspice, Hermosa Beach, CA

Tumors of the Skin and Soft Tissues

Pedro Villegas, DVM, MS, PhD, DACVM, DACPV
Professor Emeritus, Department of Population Health, College of Veterinary Medicine, University of Georgia, Athens, GA

Egg Drop Syndrome, Inclusion Body Hepatitis/ Hydropericardium Syndrome, Infectious Bronchitis

Stephan W. Vogel, BVSc (Hons)
Ridge Animal Hospital, Pretoria, South Africa

Heartwater

Melissa S. Wallace, DVM, DACVIM
Regional Medical Director (MN, WI, IL, MO), VCA Animal Hospitals, Los Angeles, CA

Infectious Diseases of the Urinary System in Small Animals

Patricia Walters, VMD, DACVIM, DACVECC
New England Animal Medical Center, West Bridgewater, MA

Diseases of the Esophagus in Small Animals

Craig B. Webb, PhD, DVM, DACVIM
Associate Professor, Department of Clinical Sciences, Veterinary Teaching Hospital, Colorado State University, Fort Collins, CO

Vomiting

Glade Weiser, DVM, DACVP
Clinical Pathologist, Heska Corporation, Loveland, CO; Professor, Department of MIP, College of Veterinary Medicine and Biomedical Sciences, Colorado State University, Fort Collins, CO

Leukocytic Disorders

Nick Whelan, BSc, BVSc, MVSc, MACVSc, DACVCP, DACVO
Associate Professor, Department of Clinical Studies, Ontario Veterinary College, University of Guelph, Ontario, Canada

Systemic Pharmacotherapeutics of the Eye

Brent R. Whitaker, MS, DVM
Deputy Executive Director of Biological Programs, National Aquarium, Baltimore, MD

Amphibians

Trevor J. Whitbread, BSc, BVSc, MRCVS, DECVP
Abbey Veterinary Services, Devon, UK

Diagnostic Procedures for the Private Practice Laboratory: Cytology

Patricia D. White, DVM, MS, DACVD
Atlanta Veterinary Skin & Allergy Clinic, Atlanta, GA

Atopic Dermatitis, Otitis Externa

Stephen D. White, DVM, DACVD
Professor, School of Veterinary Medicine, University of California, Davis, CA

Food Allergy, Eosinophilic Granuloma Complex, Miscellaneous Systemic Dermatoses, Nasal Dermatoses of Dogs, Saddle Sores, Seborrhea, Urticaria

Chris Whitton, BVSc, FACVSc, PhD
Associate Professor, Equine Centre, University of Melbourne, Victoria, Australia

Lameness in Horses: Development of Orthopedic Disease

Mark L. Wickstrom, DVM, MS, PhD
Associate Professor, Department of Veterinary Biomedical Sciences, Western College of Veterinary Medicine, University of Saskatchewan, Saskatoon, Canada

Antiseptics and Disinfectants

Bo Wiinberg, DVM, PhD
Assistant Professor, Internal Medicine, Department of Small Animal Clinical Sciences, Faculty of Life Sciences, University of Copenhagen, Frederiksberg, Denmark

Hemostatic Disorders

Pamela Anne Wilkins, DVM, MS, PhD, DACVIM-LA, DACVECC
Professor of Equine Internal Medicine and Emergency/Critical Care, Section Head, Chief of Service Equine Medicine and Surgery, Department of Veterinary Clinical Medicine, College of Veterinary Medicine, University of Illinois, Urbana, IL

Equine Emergency Medicine

Lisa H. Williamson, DVM, MS, DACVIM
Associate Professor of Large Animal Medicine, College of Veterinary Medicine, University of Georgia, Athens, GA

Lymphadenitis and Lymphangitis: Caseous Lymphadenitis

Kevin P. Winkler, DVM, DACVS
Surgeon, Georgia Veterinary Specialists, Atlanta, GA

Wound Management

Thomas Wittek, PD DrMedVetHabil, DECBHM, MRCVS
Faculty of Veterinary Medicine, Scottish Centre for Production Animal Health and Food Safety, University of Glasgow, Scotland, UK

Peritonitis

Zerai Woldehiwet, DVM, PhD, DAgric, MRCVS
Reader in Infectious Diseases, Department of Veterinary Pathology, University of Liverpool, Wirral, UK

Tickborne Fever, Tick Pyemia

Peter R. Woolcock, BSc, MSc, PhD
Professor Clinical Diagnostic Virology, California Animal Health and Food Safety Laboratory System, School of Veterinary Medicine, University of California, Davis, CA

Duck Viral Hepatitis

缩略语

英文缩写	英文全拼	含　义
A		
AA	arachidonic acid	花生四烯酸
AA	amyloid A	淀粉样蛋白A
AAFCO	Association of American Feed Control Official	美国饲料控制协会
AAV	avian adenoviruses	禽腺病毒
ABPEE	acute bovine pulmonary emphysema and edema	牛急性肺气肿和肺水肿
ACE	angiotensin-converting enzyme	血管紧张肽酶
AchE	acetylcholinesterase	乙酰胆碱酯酶
ACTH	adrenocorticotropic hormone	促肾上腺皮质激素
ACLS	advanced cardiac life support	高级心脏生命支持
AD	atopic dermatitis	过敏性皮炎
Ad lib	as much as desired	随意（量）
ADH	antidiuretic hormone	抗利尿激素
ADF	acid detergent fiber	酸性洗涤纤维
ADG	average daily gain	平均日增重
ADI	acceptable daily intake	每日允许摄入量
ADP	adenosine diphosphate	腺苷二磷酸
AI	artificial insemination	人工授精
AI	avian influenza	禽流感
AGID	agar gel immunodiffusion assays	琼脂凝胶免疫扩散试验
AHS	african horse sickness	非洲马瘟
AKP	alkaline phosphatase	碱性磷酸酶
ALD	atopic-like dermatitis	过敏样皮炎
ALD	angular limb deformities	角肢畸形
ALT	alanine aminotransferase	丙氨酸氨基转移酶
ANA	antinuclear antibodies	抗核酸抗体
ANUG	acute necrotizing ulcerative gingivitis	急性坏死性齿龈炎
ANV	avian nephritis virus	禽肾炎病毒
APHIS	Animal-Plant Health Inspection Service	美国农业部动物卫生检查局
APSS	acquired portosystemic shunts	后天性门静脉分流
APTT	activated partial thromboplastin time	活化部分凝血酶时间
ARAS	ascending reticular activating system	上行网状激动系统
ARD	antibiotic-responsive diarrhea	抗生素反应性腹泻
ASF	African swine fever	非洲猪瘟
ASIT	allergen-specific immunotherapy	过敏原特异的免疫疗法
AST	aspartate aminotransferase	天门冬氨酸转氨酶
AT	antithrombin	抗凝血酶
ATMP	atypical myoglobinuria	非典型肌红蛋白尿
ATP	adenosine triphosphate	腺苷三磷酸
ATT	ammonia tolerance test	氨耐量测定试验（氨耐量试验）
AV	abomasal volvulus	真胃扭转
AV	atrioventricular	房室
AV	arteriovenous	动静脉连接
AV	artificial vagina	假阴道
AVMA	American veterinary medical association	美国兽医协会
AVP	avian polyomavirus	鸟类多瘤病毒
AVS	arteriovenous shunting	肝动静脉瘘
B		
BA	brown atrophy	褐色萎缩
BC	brahman cattle	婆罗门牛
BCLS	basic cardiac life support	基础心脏生命支持
BCS	body condition score	体况评分

英文缩写	英文全拼	含　义
BCV	bovine coronavirus	牛冠状病毒
BD	brachycephalic dwarfs	短头侏儒症
BER	basal energy requirement	基础能量需要
BES	balanced electrolyte solution	平衡电解质溶液
BHC	benzene hexachloride	六氯环己烷（六六六）
BHV	bovine herpesvirus	牛疱疹病毒
bid	twice a day	每日2次
BLV	bovine leukemia virus	牛白血病病毒
bpm	beats per minute	每分钟脉搏数
BPH	benign prostatic hyperplasia	良性前列腺增生症
BPV	bovine papillomavirus	牛乳头状瘤病毒
BRD	bovine respiratory disease	牛呼吸性疾病
BRSV	bovine respiratory syncytial virus	牛呼吸道合胞体病毒
BRT	*brucella* milk ring test	布鲁氏菌乳汁环状试验
BSE	bovine spongiform encephalopathy	牛海绵状脑病
BSE	breeding soundness examination	配种前雄性健康检查
BSP	sulfonic sodium bromide phthalein clearance	磺溴酞钠清除率
BTV	blue tongue virus	蓝舌病病毒
BUN	blood urea nitrogen	血尿素氮
BVD	bovine viral diarrhea	牛病毒性腹泻
BVDV	bovine viral diarrhea virus	牛病毒性腹泻病毒

C

英文缩写	英文全拼	含　义
°C	Celsius(Centigrade)	摄氏度
CAE	caprine arthritis and encephalitis	山羊关节炎与脑炎
Ca-EDTA	Ca-ethylene diamine tetraacetate acid	乙二胺四乙酸钙盐
cal	calorie(s)	卡路里（热量单位）
CAM	complementary and alternative medicine	补充替代医学
cAMP	cyclic adenosine monophosphate	环磷酸腺苷
CAR	congenital articular rigidity	先天性关节僵直
CAV	canine adenovirus	犬腺病毒
CAV	chicken anemia virus	鸡传染性贫血病病毒
CAVM	complementary and alternative veterinary medicine	补充替代兽医学
CBC	complete blood count	全血细胞计数
CCHF	Crimean-Congo hemorrhagic fever	克里米亚-刚果出血热
CCHS	cholangitis/cholangiohepatitis syndrome	胆管炎/胆管性肝炎综合征
CCV	canine coronavirus	犬冠状病毒
CCV	channel catfish virus	斑点叉尾鮰病毒
CDC	Centers for Disease Control and Prevention	疾病控制与预防中心（美国）
CDS	cognitive dysfunction syndrome	认知功能障碍综合征
CEM	contagious equine metritis	马传染性子宫炎
CFU	colony-forming units	菌落形成单位
CHF	congestive heart failure	充血性心力衰竭
CHV	canine herpesvirus	犬疱疹病毒
CID	combined immunodeficiencies	复合性免疫缺陷症
CIDR	controlled intravaginal drug-release	控制阴道内释放药物
CK	creatine kinase	肌酸激酶
CL	corpus luteum	黄体
cm	centimeter(s)	厘米
CMT	California mastitis test	加利福尼亚乳房炎检测法
CN	cranial nerve	颅神经
CNS	central nervous system	中枢神经系统
COP	colloid osmotic pressure	胶体渗透压
COX	cyclooxygenase	细胞色素氧化酶（环氧化酶）
CPA	cardiopulmonary arrest	心跳呼吸骤停
CPA	chlamydial polyarthritis	衣原体性多发性关节炎
CPCR	cardiopulmonary cerebral resuscitation	心肺脑复苏
CPE	*clostridium perfringens* enterotoxin	产气荚膜梭菌肠毒素
CPK	creatine phosphate kinase	肌酸磷酸激酶
cPLI	canine pancreatic lipase immunoreactivity	犬胰腺酯酶免疫反应
CPV	canine parvovirus	犬细小病毒
CRI	constant rate infusion	恒定速率输注

英文缩写	英文全拼	含　义
CRF	chronic renal failure	慢性肾功能衰竭
CRT	capillary refill time	毛细血管再充盈时间
CRTZ	chemoreceptor trigger zone	催吐化学感受区
CSF	colony stimulating factor	集落刺激因子
CSF	cerebrospinal fluid	脑脊髓液
CT	computed tomography	计算机断层扫描
cu	cubic	立方的
CUPS	chronic ulcerative paradental syndrome	慢性溃疡性牙周病综合征
CVP	central venous pressure	中心静脉压
CWD	chronic wasting disease	慢性消耗性疾病

D

英文缩写	英文全拼	含　义
DB	Dexter bulldog	德克斯特斗牛犬
DCAD	dietary cation-anion difference	日粮中的阴阳离子差
DGA	degenerative arthritis	退行性关节炎
DHI	dairy herd improvement	奶牛改良计划
DIC	disseminated intravascular coagulation	弥散性血管内凝血
DJD	degenerative joint disease	退行性骨关节病
dL	deciliter(s)	分升（100毫升）
DM	diabetes mellitus	糖尿病
DM	dystrophy-like myopathies	营养不良性肌病
DMI	dry matter intake	干物质摄入量
DMSO	dimethyl sulfoxide	二甲基亚砜
DNA	deoxyribonucleic acid	脱氧核糖核酸
DO	dissolved oxygen	溶解氧
DON	deoxynivalenol	脱氧雪腐镰刀菌烯醇
DSS	dioctyl sodium sulfosuccinate	琥珀酸二辛酯磺酸钠
DTM	dermatophyte test medium	皮肤真菌试验培养基
DUMPS	deficiency of monophosphate synthase	单磷酸合成酶缺陷症
DVE	duck viral enteritis	鸭病毒性肠炎

E

英文缩写	英文全拼	含　义
EAV	equine arteritis virus	马动脉炎病毒
EC	enzootic calcinosis	地方性钙质沉着
E. coli	Escherichia coli	大肠埃希菌
ECG	electrocardiograph	心电图
ECL	epitheliotropic cutaneous lymphosarcoma	嗜上皮型皮肤淋巴肉瘤
EDS	egg drop syndrome	产蛋下降综合征
EDTA	ethylene diamine tetraacetic acid	乙二胺四乙酸
EEE	eastern equine encephalitis	东方马脑炎
EFA	essential fatty acids	必需脂肪酸
EFF	elokomin fluke fever	埃洛科明吸虫热
eg.	exempli gratia (for example)	例如
EG	ethylene glycol	乙二醇
EGF	epidermal growth factor	上皮生长因子
EGUS	equine gastric ulcer syndrome	马胃溃疡综合征
EHBDO	extrahepatic bile duct obstruction	肝外胆管阻塞
EHV	equine herpesvirus	马疱疹病毒
EIA	equine infectious anemia	马传染性贫血
EIPH	exercise-induced pulmonary hemorrhage	运动性肺出血
ELISA	enzyme-linked immuno sorbent assay	酶联免疫吸附试验
EMBDO	extrahepatic bile duct obstruction	肝外胆管梗阻
EMC	encephalomyocarditis	脑心肌炎
EMP	exertional myopathies	劳累性肌病
EODES	erratic oviposition and defective egg syndrome	产蛋不稳定和畸形蛋综合征
EPA	Environmental Protection Agency	环境保护局
EPG	egg per gram	每克粪便虫卵数
EPI	exocrine pancreatic insufficiency	胰腺外分泌功能不全
EPM	equine protozoal myeloencephalitis	马原虫性脑脊髓炎
EPR	erysipelothrix rhusiopathiae	猪丹毒杆菌
EU	European Union	欧盟
EVA	equine viral arteritis	马病毒性动脉炎

英文缩写	英文全拼	含　义

F

°F	Fahrenheit	华氏度（温度）
FAO	Food and Agriculture Organization of the United Nations	联合国粮农组织
FAD	flea allergy dermatitis	蚤过敏性皮炎
FCoV	feline coronavirus	猫冠状病毒
FCS	feline caudal stomatitis	猫尾口炎
FCV	feline calicivirus	猫嵌杯样病毒
FDA	Food and Drug Administration	美国食品和药物管理局
FECV	feline enteric coronavirus	猫肠道冠状病毒
FeLV	feline leukemia virus	猫白血病病毒
5-FU	5-Fluorouracil	5−氟尿嘧啶
FHM	fat-head minnow	胖头鱼
FIC	feline idiopathic cystitis	猫原发性膀胱炎
FIP	feline infectious peritonitis	猫传染性腹膜炎
FIV	feline immunodeficiency virus	猫免疫缺陷病毒
fL	femtoliter(s)	飞升（1飞升=10^{-15}升）
FOD	fibrous osteodystrophy	纤维性骨营养不良
FOS	fructo-oligosaccharides	低聚果糖
FPT	failure of passive transfer	被动转移障碍
FPV	feline panleukopenia virus	猫泛白细胞减少症病毒
FLHS	fatty liver hemorrhagic syndrome	脂肪肝出血综合征
FLUTD	feline lower urinary tract disease	猫下泌尿道疾病
FMD	foot-and-mouth disease	口蹄疫
FRCVS	Fellow of the Royal College of Veterinary Surgeons	皇家兽医外科医师学会会员
FRCPath	Fellow of the Royal College of Pathologists	皇家病理学学院成员
FSH	folicle-stimulating hormone	促卵泡素
FSV	feline sarcoma virus	猫肉瘤病毒
ft	foot，feet	英尺
FVR	feline viral rhinotracheitis	猫病毒性鼻气管炎

G

g	gram(s)	克
GABA	γ -aminobutyric acid	γ−氨基丁酸
gal	gallon(s)	加仑
GBE	glycogen branching enzyme	糖原分支酶
GBED	glycogen branching enzyme deficiency	糖原分支酶缺乏症
GBI	gold bead implantation	金珠植入
GD	Glässer's Disease	格拉氏病
GDV	gastric dilation and volvous	胃扩张与扭转
GE	granulomatous enteritis	肉芽肿性肠炎
GFR	glomerular filtration rate	肾小球滤过率
GH	growth hormone	生长激素
GGT	γ -glutamyl transferase	γ−谷氨酰转移酶
GI	gastrointestinal	胃肠的
GI	glycemic index	血糖生成指数
GLDH	glutamic dehydrogenase	谷氨酸脱氢酶
GME	granulomatous meningo encephalomyelitis	肉芽肿性脑膜脑炎
GnRH	gonadotropin-releasing hormone	促性腺激素释放激素
GREP	the Global Rinderpest Eradication Programme	全球消灭牛瘟计划
GSD	glycogen storage disease	糖原贮积病或糖原病
GYBED	glycogen branching enzyme deficiency	糖原分支酶缺乏症
GYS	glycogen synthase	糖原合成酶

H

HACCP	Hazard Analysis and Critical Control Point	危害分析与关键控制点
HBS	hungry-bone syndrome	骨饥饿综合征
HC	hereford cattle	海福特牛
Hcg	human chorionic gonadotrophin	人绒毛膜促性腺激素
HCN	hydrogen cyanide	氢氰酸
HDP	hip dysplasia	髋关节发育不良
HE	hepatic encephalopathy	肝性脑病

英文缩写	英文全拼	含　义
HE	hemorrhagic gastroenteritis	出血性胃肠炎
H&E	hematoxylin and eosin	苏木精-伊红
HeV	hendra virus	亨得拉病毒
Hgb	hemoglobin	血红蛋白
HGE	hemorrhagic gastroenteritis	出血性胃肠炎
HGE	human granulocytic ehrlichiosis	人粒细胞性埃利希体病
HIE	hypoxic ischemic encephalopathy	缺氧缺血性脑病
HIV	human immunodeficiency virus	人免疫缺陷病毒
HL	hepatic lipidosis	肝脂沉积症
HP	highly pathogenic	高致病性
HP	hydropericardium syndrome	心包积水综合征
HPD	herd pregnancy diagnosis	群体妊娠诊断
HPP	hyperkalemic periodic paralysis	高血钾性周期性麻痹
HPLC	high performance liquid chromatography	高效液相色谱法
Hps	haemophilus parasuis	副猪嗜血杆菌
hr	hour(s)	小时
HRSV	human respiratory syncytial virus	人呼吸道合胞体病毒
HS	hemorrhagic septicemia	出血性败血症
5-HTP	5-hydroxytryptophan	5-羟色氨酸

I

IAD	inflammatory airway disease	炎性呼吸道疾病
IAHD	idiopathic acute hepatic disease	原发性急性肝病
IBD	inflammatory bowel disease	炎症性肠病
IBD	inclusion body disease	包含体病
IBD	infectious bursal disease	传染性法氏囊病
IBH	inclusion body hepatitis	包含体肝炎
IBR	infectious bovine rhinotracheitis	牛传染性鼻气管炎
IBV	infectious bronchitis virus	传染性支气管炎病毒
ICH	infectious canine hepatitis	犬传染性肝炎
IC50	median inhibitory concentration	半数抑制浓度
ie.	that is	即，就是
IFA	immunofluorescent assay	免疫荧光试验
IFN-α	α-interferon	α-干扰素
IFN-γ	γ-interferon	γ-干扰素
Ig	immunoglobulin(with class following:A,D,E,G,or M)	免疫球蛋白（A、D、E、G或M）
IGF	insulin-like growth factor	胰岛素样生长因子
IGR	insect growth regulator	昆虫生长调节剂
IHP	Idiopathic hypoparathyroidism	特发性甲状旁腺功能减退
IL	interleukin	白细胞介素
ILT	infectious laryngotracheitis	传染性喉气管炎
IM	intramuscular(ly)	肌内注射
IMHA	immunemediated hemolytic anemia	免疫介导的溶血性贫血
IMMP	immune-mediated myopathy	免疫介导性肌病
IMA	immune-mediated arthritis	免疫介导性关节炎
IMS	intermediate syndrome	中间综合征
in.	inch(es)	英寸
IP	intraperitoneal(ly)	腹腔注射
IPV	infectious pustular vulvovaginitis	传染性脓疱性外阴阴道炎
IU	international unit(s)	国际单位
IV	Intravenous	静脉注射

K

kcal	kilocalorie(s)	千卡
kg	kilogram(s)	千克

L

L	liter(s)	升
LCT	lower critical temperature	临界温度下限
LD	Lapland dogs	拉普兰犬
LD	lethal dose	致死量
LD50	medium lethal dose	半数致死量
LC50	median lethal concentration	半数致死浓度
LDA	left displaced abomasum	真胃左侧变位

英文缩写	英文全拼	含 义
LDH	lactate dehydrogenase	乳酸脱氢酶
LDH-5	lactate dehydrogenase isozyme-5	乳酸同工脱氢酶-5
LH	luteinizing hormone	促黄体素
LIRD	low initial rate of digestion	低初始消化率
LL	limber leg	软腿病
LMN	lower motor neurons	下位运动神经
LMWH	low-molecular-weight heparins	低分子量肝素
LP	low pathogenic	低致病性
LPE	lymphocytic plasmacytic enterocolitis	浆细胞-淋巴细胞性小肠结肠炎

M

m	meter(s)	米
M	molar	克分子的
MAb	monoclonal antibodies	单克隆抗体
MAC	minimal antibiotic concentration	最低抗菌浓度
Mcal	megacalorie(s)	兆卡
MCF	malignant catarrhal fever	恶性卡他热
MDI	metered-dose inhalers	定量吸入器
MDMA	3,4-methylene-dioxymethamphetamine	摇头丸（二亚甲基双氧苯丙胺）
ME	metabolizable energy	代谢能
MEED	multisystemic eosinophilic epitheliotropic disease	嗜酸性上皮细胞多系统疾病
mEq	milliequivalent(s)	毫克当量
mg	milligram(s)	毫克
MHC	major histocompatibility complex	主要组织相容性复合体
MIC	minimal inhibitory concentration	最小抑菌浓度
min	minute(s)	分钟
mL	milliliter(s)	毫升
MLV	modified live virus	致弱活疫苗（弱毒疫苗）
mm	millimeter(s)	毫米
MMA	mastitis-metritis-agalactia	乳房炎-子宫炎-无乳症
MNTD	maximum nontoxic dose	最大无毒剂量
mo	month(s)	月
MOD	metabolic osteodystrophies	代谢性骨营养不良
MOET	multiple ovulation and embryo transfer	超数排卵和胚胎移植
mol	mole(s)	克分子
MOS	mannanoligosaccharides	甘露寡糖
mOsm	milliosmole(s)	毫摩尔
MP	metabolizable protein	可代谢蛋白
MPH	mycoplasma hyosynoviae	猪滑液支原体
MR	milk replacer	代乳品
MRI	magnetic resonance imaging	磁共振成像
MRL	maximum residue limits	最大残留量
MS	muscular steatosis	肌肉脂肪变性
MSH	melanocyte-stimulating hormone	促黑（素细胞）激素
MTD	maximum tolerated dose or minimum toxic dose	最大耐受量或最小中毒量
MVD	microvascular dysplasia	微血管发育不良

N

NAC	N-acetylcysteine	N-乙酰半胱氨酸
NAD	new animal drug	新兽药
NAD	neuraxonal dystrophy	神经轴突性营养不良
NAD	nicotinamide adenine dinucleotide	烟酰胺腺嘌呤二核苷酸，辅酶Ⅰ
NDF	neutral detergent fiber	中性洗涤纤维
NDV	newcastle disease virus	新城疫病毒
NE	net energy	净能
NECL	nonepitheliotropic cutaneous lymphosarcoma	非嗜上皮性皮肤淋巴肉瘤
Neg	net energy for gain	增重净能
Nel	net energy for lactation	产奶净能
Nem	net energy for maintenance	维持净能
NFC	nonfiber carbohydrate	非纤维性碳水化合物
NGE	nodular granulomatous episclerokeratitis	结节肉芽肿性巩膜角膜炎
NK	natural killer	自然杀伤
nm	nanometer(s)	纳米

英文缩写	英文全拼	含　义
NMD	nutritional myodegeneration	营养性肌变性
NMD	nutritional myodegenerative disease	营养性肌变性
NMDA	N-methyl-D-aspartate	N-甲基-D-天冬氨酸
NOD	nutritional osteodystrophies	营养性骨发育不全
NOEL	no observed effect level	未观察到作用剂量
NPN	non-protein nitrogen	非蛋白氮
NPO	nothing per os	禁食
NRC	National Research Council	美国科学研究委员会
NSAID	non-steroidal anti-inflammatory drugs	非类固醇消炎药
NSD	Nairobi sheep disease	内罗毕羊病
NSP	nonstructural proteins	非结构蛋白
NTE	neurotoxic esterase	神经毒性酯酶
NTMP	nutritional myopathy	营养性肌病

O

OA	osteoarthritis	骨关节炎
OC	osteochondrotic conditions	骨软骨病
OCD	osteochondritis dissecans	分离性骨软骨炎
ODE	old dog encephalitis	犬老化性脑炎
OI	osteogenesis imperfecta	成骨不全
OIE	Office of International Epizootics	国际兽疫局
OP	organophosphate pesticides	有机磷农药
OTC	over-the-counter	非处方药
oz	ounce(s)	盎司

P

PABA	paraaminobenzoic acid	对氨基苯甲酸
2-PAM	pralidoxime iodine	碘化解磷定
PAS	periodic acid-Schiff	过碘酸-希夫染色
PBFD	psittacine beak and feather disease	鹦鹉喙羽病
PBO	piperonyl butoxide	增效醚
PBP	potbellied pigs	垂腹猪
PBPs	penicillin-binding proteins	青霉素结合蛋白
PCR	polymerase chain reaction	聚合酶链式反应
PCV	packed-cell volume	血细胞比容
PCV	porcine circovirus	猪圆环病毒
PCV2	porcine circovirus type 2	Ⅱ型猪圆环病毒
PD	Pacheco's disease	帕切科病
PDE	phosphodiesterase	磷酸二酯酶
PDD	proventricular dilatation disease	腺胃（前胃）扩张症
PE	perosomus elumbis	躯干畸形胎牛
PEA	pulseless electricalactivity	无脉性电活动
PEM	polioencephalomalacia	脑灰质软化病
PEOS	peripheral endogenous opioid system	外周内源性阿片类系统
PD	polydipsia	多饮
PED	porcine epidemic diarrhea	猪流行性腹泻
PG	prostaglandin	前列腺素
PG	propylene glycol	丙二醇
PGF$_{2\alpha}$	prostaglandin F$_{2\alpha}$	前列腺素F$_{2\alpha}$
pH	negative logarithm of hydrogen ion activity	酸碱度，氢离子浓度
PHA	persistent halogenated aromatic	长效卤代芳香剂
PHF	potomac horse fever	波托玛克马热
PHS	pulmonary hypertension syndrome	肺动脉高压综合征
PKD	proliferative kidney disease	增生性肾病
PLDO	peripheral leukocyte-derived opioids	外周白细胞派生的阿片物质
PLH	pharyngeal lymphoid hyperplasia	咽淋巴样组织增生
PLI	pancreatic lipase immunoreactivity	胰腺酯酶免疫反应
PMV	paramyxovirus	副黏病毒
PMWS	postweaning multisystemic wasting syndrome	断奶后多系统衰竭综合征
PNU	protein nitrogen units	蛋白氮单位
PO	per os	口服
POR	peripheral opioid receptors	外周阿片样受体
POTZ	preferred operating temperature zone	最适操作温度区

英文缩写	英文全拼	含　义
PPA	Phenylpropanolamine	苯丙醇胺
ppb	part(s) per billion	十亿分之一
PPD	purified protein derivatives	纯化的蛋白衍生物
PPE	porcine pulmonary edema	猪肺水肿
PPDS	postpartum dysgalactia syndrome	产后泌乳障碍综合征
ppm	part(s) per million	百万分之一
PPN	partial parenteral nutrition	部分肠外营养
PPR	peste des petits ruminants	小反刍兽疫
PRRS	porcine reproductive and respiratory syndrome	猪繁殖与呼吸综合征
PRDS	porcine respiratory disease syndrome	猪呼吸性疾病综合征
PSGAG	polysulfated glycosaminoglycans	聚硫酸氨基葡聚糖
PSM	polysaccharide storage myopathy	多糖贮积性肌病
PSVA	portosystemicvascular anomalies	门脉血管异常
PT	prothrombin time	凝血酶原时间
PTE	pulmonary thromboembolism	肺血栓栓塞症
PTH	parathyroid hormone	甲状旁腺素
PU/PD	polyuria and polydipsia	多尿和多饮
PUFA	polyunsaturated fatty acids	多不饱和脂肪酸
Q		
QH	quarter horses	夸特马
qid	four times a day	每日4次
qs ad	quantity sufficient to make	适量
R		
RAO	recurrent airway obstruction	复发性呼吸道阻塞
RAST	radiation allergens-sorbent test	放射过敏原吸附试验
RBC	red blood cell	红细胞
RDA	right displaced abomasum	真胃右侧变位
RDP	rumen degraded protein	瘤胃降解蛋白
RER	resting energy requirement	静止能量需要
RJS	rubber jaw syndrome	橡皮颌综合征
RMSF	Rocky mountain spotted fever	落基山斑疹热
RNA	ribonucleic acid	核糖核酸
RSH	renal secondary hyperparathyroidism	肾继发性甲状旁腺功能亢进症
RT-PCR	reverse transcriptase-polymerase chain reaction	反转录酶-聚合酶链式反应
RUP	rumen undegraded protein	瘤胃非降解蛋白
RVF	Rift Valley fever	裂谷热
S		
SAA	serum amyloid A	血清淀粉样蛋白A
SAC	South American camelids	南美骆驼科动物
SAP	serum alkaline phosphatase	血清碱性磷酸酶
SARA	subacute ruminal acidosis	亚急性瘤胃酸中毒
SARD	sudden acquired retinal degeneration	获得性突发视网膜变性
SARS	severe acute respiratory syndrome	重度急性呼吸综合征
SB	subchondral bone	软骨下骨
SBE	sporadic bovine encephalomyelitis	牛散发性脑脊髓炎
SC	subcutaneous	皮下注射
SCC	somatic cell counts	体细胞计数
SCFA	short-chain fatty acids	短链脂肪酸
SD	snorter dwarfs	发鼾侏儒症
SDH	sorbitol dehydrogenase	山梨糖醇脱氢酶
sec	second(s)	秒
SIBO	small-intestinal bacterial overgrowth	小肠细菌过度生长
sid	once a day	每日1次
SIRS	systemic inflammatory response syndrome	全身性炎症反应综合征
SI units	International System of Units	国际单位制
SIV	simian immunodeficiency viruses	猴免疫缺陷病毒
SIV	swine influenza virus	猪流感病毒
SLE	systemic lupus erythematosus	全身性红斑狼疮
SLS	spider lamb syndrome	蜘蛛羊综合征
SP	syndactyly and polydactyly	并指(趾)和多趾畸形
SPD	salmon poisoning disease	鲑鱼中毒病

英文缩写	英文全拼	含　义
SPF	specific pathogen free	无特定病原体
sq	square	平方
SRDC	swine respiratory disease complex	猪呼吸性疾病综合征
SVC	spring viremia of carp	鲤鱼春病毒血症
SVD	swine vesicular disease	猪水疱病
T		
TA	the total alkalinity	总碱度
TAN	total ammonia nitrogen	总氨氮
TAT	tatanus antitoxin	破伤风抗毒素
tbsp	tablespoon(s)	汤匙（约15毫升）
TCM	traditional Chinese medicine	中医学
TCVM	traditional Chinese veterinary medicine	中兽医学
TD	toxic dose	中毒量
TDN	total digestible nutrients	总可消化养分
TDS	total dissolved solids	总溶解固体
TEPP	tetraethyl pyrophosphate	焦磷酸四乙酯
TG	triglycerides	甘油三酯
TGE	transmissible gastroenteritis	传染性胃肠炎
TH	total hardness	硬度
THC	tetrahydrocannabinol	四氢大麻酚
tid	three times a day	每日3次
TLI	trypsin-like immunoreactivity	胰蛋白酶样免疫反应
TLR	toll-like receptor, toll	toll 样受体
TMR	totally mixed rations	全价混合日粮
TMS	trace mineral salt	微量矿物盐
TP	total protein	总蛋白
TPN	total parenteral nutrition	总肠外营养
TSE	transmissible spongiform encephalopathies	传染性海绵状脑病
TSBA	total serum bile acid	血清总胆汁酸
TSH	thyroid-stimulating hormone	促甲状腺素
tsp	teaspoon(s)	茶匙
TXA_2	thromboxane A_2	血栓素A_2
U		
U	unit(s)	单位
UAP	ununited anconeal process	肘突分离
UK	United Kingdom	英国
USA	the United States of America	美利坚合众国
USDA	United States Department of Agriculture	美国农业部
USP	United States Pharmacopeia	美国药典
USSR	Union of Soviet Socialist Republics(former)	前苏联
UTI	urinary tract infection	尿路感染
UV	ultraviolet	紫外线
V		
VD	vertebral deformities	脊柱变形
VES	vesicular exanthema of swine	猪水疱疹（猪传染性水疱病）
VFA	volatile fatty acids	挥发性脂肪酸
VMAT	vaginal mucus agglutination test	阴道黏液凝集试验
VWD	vomiting and wasting disease	呕吐消耗病
W		
WBC	white blood cell	白细胞
WEE	western equine encephalitis	西方马脑炎
WHO	World Health Organization	世界卫生组织
wk	week(s)	周
WNV	west nile virus	西尼罗病毒
wt	weight	重量
w/v	weight to volume	重量体积比
Y		
yr	year(s)	年

（金天明　丁伯良　田文儒 审校）

总目录

第一章　循环系统
Circulatory System

血液与淋巴

心脏与血管

■ 血液与淋巴

第一节　造血系统概述

血液可为细胞提供水分、电解质、营养物质和激素，并具有清除代谢产物、运输氧气（红细胞）、保护机体免受外来微生物和抗原入侵（白细胞）以及启动凝血系统（血小板）的作用。由于造血系统的多样性，分析造血系统疾病最好从其功能方面入手。造血系统功能可分为异常情况的正常反应（炎症时白细胞增多和左移）或原发性造血系统功能异常（如骨髓造血功能衰竭导致的全血细胞减少症）。此外，还有数量上的异常（如细胞太多或太少）以及性质上的异常（即功能异常）（见免疫系统）。正常的造血功能见图1-1。

一、红细胞

红细胞（RBC）的功能是携带氧气并在足够压力下向组织内快速释放氧气。此过程由载体分子——血红蛋白（Hgb），能够将完整血红蛋白输送到细胞水平的运输工具（RBC），以及确保载体分子和载运细胞免受损害的代谢系统共同完成。血红蛋白合成、释放及红细胞生成、存活或新陈代谢异常会引发疾病。

血红蛋白是一种复杂分子，由4个单位血红素与4个珠蛋白（2个α珠蛋白和2个β珠蛋白）组成，铁在亚铁螯合酶作用下，最后参与血红蛋白的合成。血红素或珠蛋白的正常合成受到干扰会导致贫血，病因包括铜、铁缺乏以及铅中毒。血红蛋白病，如地中海贫血症和镰状细胞性贫血症，是人的重要遗传性疾病，动物上还未见报道，这些疾病是因珠蛋白合成（α或β，或两者）与血红素合成不平衡造成血红蛋白不具备正常功能。卟啉症是动物中唯一有过报道的血红蛋白病，该病在多个物种中均有描述，在动物是非常重要的，也是引起牛感光过敏的原因。

健康动物的红细胞系，其输氧能力长期保持恒定。成熟红细胞的寿命有限，它们的产生和凋亡必须保持平衡，否则会引发疾病。

红细胞生成受促红细胞生成素调节，缺氧时促红细胞生成素分泌增加，调节红细胞的生成。对于大多数动物，肾脏既是促红细胞生成素的感受器官又是主要的合成场所，因此慢性肾功能衰竭会导致贫血。促红细胞生成素以及其他体液介质作用于骨髓，促使生成红细胞的干细胞数量增加，缩短红细胞成熟时间，并提前释放网织红细胞。一些因素也会影响红细胞的生成，如营养物质的供应（如铁、叶酸或维生素 B_{12}），造血微环境中红细胞前体、淋巴细胞和其他细胞之间的相互作用等。慢性退行性疾病以及内分泌紊乱（如甲状腺功能减退或雌激素过多症）等可抑制红细胞的生成。

衰老的红细胞可经两种机制去除，均能使细胞的主要成分得到循环利用。衰老的红细胞通常是由脾脏固定的巨噬细胞的吞噬作用去除。红细胞老化会改变其抗原性，老化抗原因ATP供应不足而失去活性，这些改变有助于增加脾脏巨噬细胞的识别和清除作用。老化红细胞经巨噬细胞作用后破坏其细胞膜，血红蛋白被分解为血红素和珠蛋白。部分血红素中的铁会释放出来，以铁蛋白和含铁血黄素形式沉积在巨噬细胞内，或释放进入循环系统被运回骨髓。其余的血红素转化为胆红素，由巨噬细胞释放到体循环后与白蛋白结合形成复合物运往肝细胞，经处理后以胆汁形式排出。血管外溶血性贫血，会导致红细胞寿命缩短并以上述方式快速转化。

大约1%正常衰老的红细胞在血液循环过程中发生溶血，释放出游离血红蛋白，血红蛋白迅速转化为血红蛋白二聚体，与肝珠蛋白结合运送到肝脏，与红细胞清除方式相同。红细胞在血液循环中的破坏（血红蛋白血）超过与肝珠蛋白结合会引起血管内溶血性贫血，多余的血红蛋白和铁会以尿的形式排出（血红蛋白尿）。

红细胞的主要代谢途径是糖酵解，大多数动物的主要能量来源于葡萄糖。葡萄糖通过胰岛素依赖机制进入红细胞，大部分通过糖酵解代谢产生ATP和烟酰胺腺嘌呤二核苷酸（NADH）。生成的ATP用来供应红细胞膜泵的功能，以保持细胞形状和柔韧性。高铁血红蛋白还原酶途径利用NADH还原电位维持血红蛋白中铁元素的还原态（Fe^{2+}）。

在糖酵解中未被利用的葡萄糖可通过第二个途

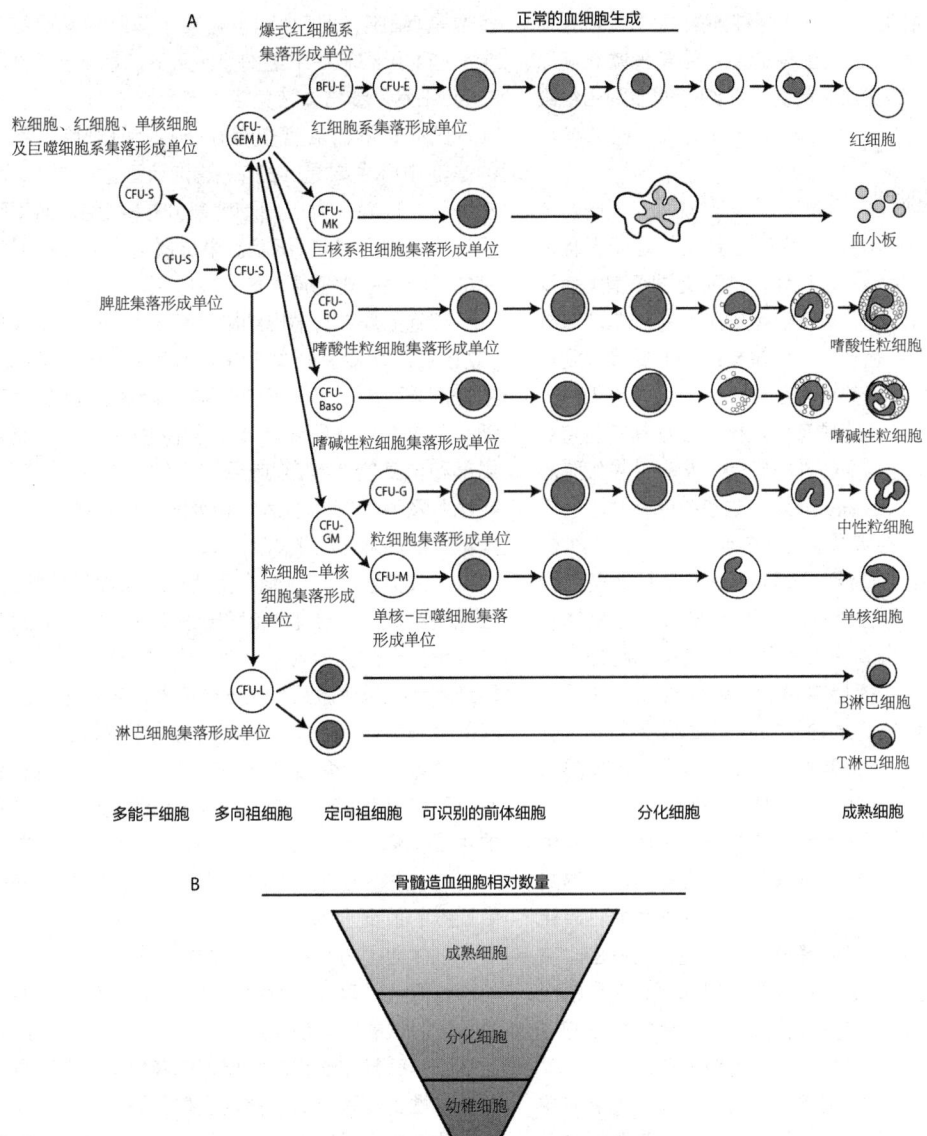

图1-1 正常的造血功能
（由Teton NewMedia提供）

径代谢即磷酸己糖（HMP）支路。HMP支路不生产能量，它的主要作用是维持烟酰胺腺嘌呤二核苷酸磷酸（NADPH）的还原状态。NADPH通过与谷胱甘肽还原酶/过氧化物酶系统联合，维持珠蛋白巯基的还原态。

一些疾病会导致红细胞代谢异常和糖酵解途径受到干扰。丙酮酸激酶是糖酵解的关键酶，该酶的遗传性缺陷将会导致ATP供应不足，这将引起红细胞寿命缩短和溶血性贫血。过度氧化应激可使保护性HMP支路或高铁血红蛋白还原酶途径负担过重，分别造成海因茨氏小体（Heinz body）溶血或形成高铁血红蛋

白。一些药物也会影响上述机制导致溶血性贫血，例如猫用醋氨酚（acetaminophen）（见贫血）。

失血、溶血以及红细胞产生减少会引起红细胞数量降低（贫血）。急性失血性贫血红细胞减少一般由循环血量减少引起，而不是红细胞生成减少。慢性失血导致铁元素不足进而引起红细胞生成减少。毒素、病原体、先天性异常以及存在抗红细胞膜抗原抗体均可引起溶血。红细胞生成减少与原发性骨髓疾病（如再生障碍性贫血、造血系统肿瘤或骨髓纤维化）以及其他原因（如肾衰、药物、毒素、抗红细胞前体抗体）有关。红细胞或红细胞前体恶变可分为急性（如

成红细胞恶性增生）和慢性两种（如真性红细胞增多）。患成红细胞恶性增生病的动物尽管骨髓充满原始红细胞，但仍然贫血。而真性红细胞增多则由红细胞增多引起。

二、白细胞

1. 吞噬细胞 吞噬细胞的主要功能是以吞食和消灭方式防御微生物入侵机体，从而促进细胞炎症反应。吞噬细胞有两种：单核巨噬细胞和粒细胞。单核巨噬细胞主要由骨髓产生，以单核细胞形式释放到血液，可能在血液循环数小时至数日后，进入组织并分化成巨噬细胞。粒细胞具有分叶核，根据其染色特点可分为中性粒细胞、嗜酸性粒细胞、嗜碱性粒细胞。中性粒细胞在进入组织之前只在血液中存在几小时。

现已明确，吞噬作用有5个明显的阶段：①趋化：接近微生物、抗原抗体复合物以及其他炎症介质；②吸附微生物；③吞噬；④细胞内的溶酶体与微生物和细菌融合并将其杀死；⑤消化。此外，一些吞噬细胞还有其他特定功能。单核细胞可递呈抗原到淋巴细胞和分泌某种物质（如白细胞介素-1，IL-1）与特异性免疫应答相联系。IL-1可引起发热，激活淋巴细胞以及刺激早期造血干细胞。

嗜酸性粒细胞具有吞噬细胞的作用，同时也有更多特定功能，包括防御寄生虫和调节炎症反应，嗜酸性粒细胞对组胺、免疫复合物、过敏症的嗜酸性趋化因子（由脱粒的肥大细胞释放）作出趋化性反应。嗜碱性粒细胞不是真正的巨噬细胞，但它含有大量的组胺和其他炎症介质。嗜酸性粒细胞和嗜碱性粒细胞可见于全身过敏反应和寄生虫感染的组织中。

与红细胞一样，吞噬细胞的生成和血液中的数量，受各种体液因子严格调节和控制，如集落刺激因子和白细胞介素。与红细胞不同的是，吞噬细胞不能在循环血液中长久停留，而只是将其作为进入组织的通道。因此，吞噬细胞在血液中的数量反映了组织的环境状况（如炎症）和骨髓增殖功能。骨髓衰竭、感染、药物或毒素等异常反应会造成中性粒细胞减少，可能会导致继发性细菌感染。某些情况下犬的"特发性"中性粒细胞减少可能由免疫介导引起。最后，吞噬细胞前体发生恶性转变，可导致急性或慢性粒细胞性白血病。

2. 淋巴细胞 淋巴细胞负责体液免疫和细胞免疫，在免疫系统中这两类细胞无法从形态上区分，但其生成和循环的动力学均有不同。哺乳动物的淋巴细胞起源于骨髓。一些参与细胞免疫的淋巴细胞迁移到胸腺，并在胸腺激素的作用下，进一步分化成为T细胞，具有辅助和细胞毒性等免疫功能。外周循环中大多数是T细胞，但T细胞也存在于脾脏和淋巴结。其余一些淋巴细胞在未经胸腺作用下，直接迁移到器官转为B细胞，参与体液免疫（产生抗体）。

因此，淋巴器官中存在B细胞和T细胞。淋巴结的滤泡中心主要是B细胞，滤泡旁区主要是T细胞。在脾脏，红髓中淋巴细胞大部分是B细胞，而动脉周围淋巴鞘中主要是T细胞。淋巴器官内的T细胞和B细胞的紧密关联对免疫功能至关重要。

细胞免疫中，淋巴细胞具有传入（受体）和传出（效应器）功能。外周血中，长寿T细胞是受体。在应答抗原之前，记忆细胞已被抗原致敏，应答后离开循环系统，并从母细胞转化成活化T细胞，从而导致局部和全身的其他T细胞母细胞化。中性粒细胞、巨噬细胞及淋巴细胞的活化和吸附，可刺激T细胞产生大量的活性淋巴因子。

体液免疫系统由能产生几种不同类型抗体的B淋巴细胞组成。当致敏的B淋巴细胞受到抗原刺激时，会增殖并分化为浆细胞，产生抗体。因此，每个B淋巴细胞受抗原刺激后产生一个克隆的浆细胞，同一克隆的浆细胞则产生同一类型的特异性抗体。

抗体分子（免疫球蛋白）可分为几类，每类都具有自己的功能特征。例如，IgA是呼吸道和肠道分泌的主要抗体；IgM可识别新抗原，是免疫应答中首次分泌的抗体；IgG是血液循环中的主要抗体；IgE是过敏反应的主要抗体。

抗体通过与刺激其产生的特异性抗原结合发挥功能。抗原抗体复合物对吞噬细胞有趋化作用，并能激活补体。该方式可使细胞溶解，产生对中性粒细胞和巨噬细胞有趋化作用的物质。体液免疫以上述方式与非特异性免疫系统相互作用、相互关联。

体液免疫系统也通过其他方式参与非特异性免疫和细胞免疫。"辅助性T细胞"（CD4）和"细胞毒T细胞"（CD8）已有过报道。辅助性T细胞能够识别、处理抗原并激活体液免疫。被抗原致敏的细胞毒T细胞是效应细胞，在抗病毒免疫中尤其重要。自然杀伤细胞是不同于T细胞和B细胞的一类淋巴细胞，可在未经致敏情况下杀伤外源性细胞（如肿瘤细胞）。经淋巴细胞识别后的抗原可被巨噬细胞处理。这些复杂的过程涉及日常监视肿瘤细胞和"自我"识别。

发生疾病时，淋巴细胞的反应可能是适度的（如激活免疫系统）或者是过度的（如免疫介导性疾病和淋巴组织恶性肿瘤）（见免疫系统）。免疫介导性疾病是由于免疫系统不能识别机体自身而引起，例如，在免疫介导引起的溶血性贫血，产生了抗自身红细胞的抗体。另一种过度反应为免疫系统介导的变态反应，在变态反应病例中，抗变应原的IgE抗体结合在嗜碱性粒细胞和肥大细胞的表面，当再次接触变应原时，形成抗原-抗体复合物，导致肥大细胞和嗜碱性粒细胞脱颗粒，释放血管活性胺。此种病理反应有时轻微（如荨麻疹或特异性反应），有时也可危及生命（如过敏反应）。

某些动物也会出现淋巴细胞增多症，尤其是猫肾上腺素分泌异常时。在受抗原刺激（如疫苗）的血液中可以看到非典型淋巴细胞。牛感染白血病病毒时，淋巴细胞数量会持续增多，此种淋巴细胞数量的增多为良性。淋巴组织恶性肿瘤包括淋巴瘤、急性和慢性淋巴细胞性白血病。淋巴细胞减少症通常与糖皮质激素的分泌有关。

三、血小板

血小板在动物出血时形成初级止血栓，同时也为凝血因子相互作用所形成的纤维蛋白凝集块提供磷脂。血小板是从骨髓巨核细胞脱落下来的，其生成受血小板生成素的调节。血小板生成过程如下：首先巨核细胞的细胞膜内陷，形成胞浆通道和岛屿，胞浆岛粒从巨核细胞裂解下来形成血小板。

成熟的循环血小板内充满含有ATP、ADP的致密颗粒、钙离子、5-羟色胺、溶酶体、糖原、线粒体以及胞内微管系统。线粒体和糖原参与能量产生，胞内微管可以作为颗粒成分的运输系统以及提供磷脂，磷脂大量存在于管道膜内壁。

血管壁受损后，暴露胶原蛋白和组织因子，循环系统中的血小板，在血管性血友病因子作用下黏附于损伤处，血小板变形并释放ADP。在ADP的刺激下，局部血小板发生聚集，最终形成初级血小板栓。纤维蛋白和血小板在局部集结即止血栓形成，在血小板内收缩蛋白的作用下，形成纤维蛋白凝集块。

血小板疾病可以是数量性的（血小板减少症或血小板增多症）或质量性的（血小板病）。血小板减少症是动物最常见的出血性疾病之一。通常，血小板数低于$3.0×10^{10}$个/L时会加重出血的风险。血小板的消耗、破坏或阻留会导致血小板减少，骨髓生成血小板增多。消耗性血小板减少症常见于大出血或弥散性血管内凝血（DIC），继发于多种疾病；血小板的破坏见于免疫介导的血小板减少症，血小板被抗血小板抗体包被，随后被固定吞噬细胞系统从循环系统中清除。脾脏增大（脾功能亢进），血小板可被过多阻留，例如，患有骨髓增生性疾病时药物、毒素以及原发性骨髓疾病会引起骨髓中血小板生成减少。原发性骨髓疾病包括骨髓发育不良、骨髓纤维化以及恶性血液病。原发性骨髓疾病往往多个造血细胞系生成量减少，导致全血细胞减少症。

血小板增多症较为罕见，常为自发性。该病与原发性骨髓疾病有关，如巨核细胞白血病。血小板增多症往往伴有慢性失血和铁缺乏症，因为血小板的不断消耗和损失，骨髓不断产生血小板，致使血小板增多。

血小板病是指一组尚未被确定的疾病，这些疾病的特点是血小板数量正常但是其功能受损。血管性血友病的主要特征是血小板黏附于血管内皮细胞的过程存在缺陷，但血小板本身是正常的。其他遗传性血小板功能障碍亦有报道，但比较少见。最常见的血小板功能缺陷为使用阿司匹林造成的不可逆的血栓素（是血小板聚集所必要的）抑制。

第二节　贫血

一、概述

贫血是指通过红细胞计数、血红蛋白浓度及血细胞比容（PCV）等方法，检测出红细胞数量的绝对下降。红细胞损失、破坏以及红细胞生成减少会引起贫血。贫血分为再生性贫血和非再生性贫血。再生性贫血，骨髓可通过增加红细胞的生成和释放网织红细胞对红细胞数量减少产生适当的回应。非再生性贫血，机体需求红细胞增加，骨髓不能充分回应。出血或溶血导致的贫血通常是再生性贫血。促红细胞生成素减少或骨髓异常引起的贫血一般是非再生性贫血。

【临床表现】　贫血动物的临床症状与贫血的程度、持续时间（急性或慢性）和病因有关。动物患急性贫血时，失血量超过血容量1/3且得不到补充时会导致休克甚至死亡。临床表现为心动过速、黏膜苍白、脉搏虚弱和血压降低。失血原因可能是明显的，如创伤；如果未发现明显的外出血，需检查是否存在内部出血或隐性失血，如脾肿瘤破裂、其他肿瘤、凝血功能障碍、胃肠道溃疡或寄生虫。出现溶血现象的患病动物常伴有黄疸。慢性贫血的动物需要经过较长时间才能表现出来，临床表现为倦怠、嗜睡、乏力、厌食等，检查可见黏膜苍白、心动过速、脾肿大或心杂音等体征。

【诊断】　获取完整的病史对贫血动物的诊断十分重要。问诊内容包括临床症状的持续时间、毒素接触史（如杀虫剂、重金属、有毒植物）、旅行史、既往史以及药物治疗和疫苗接种情况。

全血细胞计数（CBC）　包括血小板和网织红细胞计数，可以评价贫血的严重性和骨髓反应，以及其他细胞的情况。血涂片可以观察红细胞形态、大小的异常，以及红细胞中有无寄生虫。自动细胞计数仪可计算出红细胞指数（衡量红细胞的大小和血红蛋白浓度），并可针对动物种类进行校正。红细胞大小是通过每飞升中平均红细胞体积（MCV）计算出来的，能反映红细胞再生的情况，如巨红细胞症（红细胞平均体积增加），该病一般与再生性贫血有关。但是贵宾犬患有巨红细胞症不引发贫血，为遗传性疾病；贫血的猫感染猫白血病病毒会引发巨红细胞症。小红细胞是缺铁性贫血的特征。血红蛋白浓度可通过平均红细胞血红蛋白浓度测定，即每个红细胞的血红蛋白浓度，单位是克每分升（g/dL）。红细胞也存在异常形态，如铅中毒引起的红细胞碱性点彩；红细胞受到氧化损伤会形成亨氏体，继发于毒素暴露（表1-1）。猫比其他动物更容易产生海茵茨氏小体（Heinz body），甚至非贫血猫也会有少量的海茵茨氏小体。

网织红细胞计数　一般以红细胞质量分数表示，可校正贫血程度，用于评价红细胞再生程度。绝对网织红细胞计数（RBC/μL×网织红细胞百分比）大于 $5.0×10^{10}$ 个/L（猫）或大于 $6.0×10^{10}$ 个/L（犬）时，可认为患有再生性贫血。为确保网织红细胞百分比的准确性，可用下列公式校正。

校正的网织红细胞%＝观察的网织红细胞%×病畜PCV/该动物平均PCV

校正后的网织红细胞百分比大于1%，提示猫和犬患有再生性贫血。急性失血性贫血或溶血3～4 d

后，网织红细胞会发生显著变化。

血清化学平板和尿检可以评价器官功能。对粪便潜血和寄生虫检查可判断有无胃肠道出血。X线检查可以帮助确定隐匿性疾病，如患有溶血性贫血的幼犬胃中存在硬币（锌毒性）。凝血试验可判断瘀伤或出血是否由凝血障碍引起。溶血性疾病可通过自身凝集反应和库姆斯氏试验确诊。自身凝集反应的方法为：在载玻片上滴加一滴生理盐水和一滴患病动物的新鲜血液，轻轻旋转玻片使其混合，然后镜检判定凝集情况。血清学检查可确定传染性病原体所引起的贫血，如猫白血病病毒、埃利希体（Ehrlichia）、马传染性贫血病毒、巴贝斯原虫（Babesia）（表1-2）。

对任何动物不明原因的非再生性贫血，可进行穿刺或（和）活检评价骨髓情况。如果全血细胞计数（CBC）结果显示多个细胞系减少，预示骨髓发育不全，应抽取骨髓并进行活检。骨髓活检和穿刺是互补的，骨髓活检可以更好地检查骨髓的构造和骨髓细胞发育程度；穿刺可以更好地观察细胞形态。骨髓穿刺还可以评估红细胞系和白细胞系的有序分化情况、红白细胞前体的比例（M∶E）及血小板前体的数量。M∶E小于1则红细胞产量多于白细胞，M∶E大于1则相反。某个细胞系相对于另一个细胞系产生的抑制作用可能引起比例的变化，因此M∶E的分析要依据近期的CBC结果确定。普鲁士蓝染色可以测定铁含量。

表1-1　中毒引起的贫血

发病机制	药　　物	植物，食品	毒素，化学品	重金属
氧化作用	扑热息痛，苯唑卡因，对氨基双苯砜，硝基呋喃类药，伯氨喹，丙泊酚，阿的平	蚕豆，橡木，洋葱，红花槭，丙二醇	原油，萘	铜，锌
失血	阿司匹林，萘普生	蕨菜，草木犀	双香豆素	
免疫介导的溶血	先锋霉素，左旋咪唑青霉素，丙基硫氧嘧啶磺胺类药		抗蚜威	
溶血	芬苯达唑，肝素		吲哚	铅，硒
骨髓生成减少	两性霉素，叠氮胸苷，先锋霉素，雌激素，氯霉素，芬苯达唑，灰黄霉素，鲁米那，甲氯芬那酸，吩噻嗪	蕨菜	苯 三氯乙烯	铅

表1-2　传染引起的贫血

传染原	受感染动物	溶血性贫血	对骨髓的影响
细菌			
产气荚膜梭菌A	牛，绵羊	有	无
溶血梭菌	牛，绵羊	有	无
肾脏钩端螺旋体	牛，猪，绵羊	有	无
支原体属	猫	±	很少
血巴通氏体属	牛，猫	±	无

（续）

传染原	受感染动物	溶血性贫血	对骨髓的影响
病毒			
马传染性贫血病毒	马	±	很少
猫白血病病毒	猫	±	有
猫免疫缺陷病毒	猫	无	有
立克次体			
支原体属	牛，山羊，马驼，猪，绵羊[a]	有（仅见于仔猪）	无
无形体属	牛，山羊，绵羊	有	无
埃利希体属	犬	有	无
原生动物			
巴贝斯原虫属	牛，猫，犬，马，绵羊	有	无
泰勒虫属[b]	牛，山羊，绵羊	±	无
胞裂虫属	猫	无	有
锥虫属	牛，马，猪	有	无
枯氏肉孢子虫	牛	有	无

a. 成年动物中，临床上仅与脾切除或重症病例有关。

b. 在非洲、地中海、中东、亚洲和欧洲地区发现了泰勒虫属（*Theileria*）的致病性病原体。在北美发现的泰勒虫属无致病性。

二、再生性贫血

（一）出血性贫血

急性出血超过全身血量的30%～40%，并且未能得到静脉输液或输血等及时治疗，会引起休克甚至死亡（见输血）。急性出血的原因常见于创伤、手术等可见情况和隐匿性出血，隐匿性出血应从凝血功能障碍、出血性肿瘤、胃溃疡以及体内或体外寄生虫等原因逐一排查。胃肠道寄生虫感染，如反刍动物的血矛线虫（*Haemonchus*）和犬钩虫，会引起严重失血，尤其是幼年动物。轻微的慢性失血会导致缺铁性贫血，尽管网状细胞在一定程度上呈持续增多现象（甚至体内铁储存耗尽之后）。小细胞低色素性贫血是缺铁性贫血的重要标志。幼年动物的慢性失血与某些寄生虫有关（跳蚤、虱、肠道寄生虫），但老龄动物常见于胃肠道溃疡或肿瘤。

（二）溶血性贫血

溶血性贫血为典型的再生性贫血，由红细胞在血管内或血管外发生裂解引起。血管内溶血会导致血红蛋白血和血红蛋白尿，而血管外溶血则不会。这两种类型的溶血常伴有黄疸。虽然毒素、红细胞损伤、传染性因素以及红细胞膜缺陷均会导致溶血性贫血，但犬的溶血性贫血一般由免疫介导引起（60%～75%）。

1. 免疫介导的溶血性贫血　免疫介导的溶血性贫血（见IMHA）可能是原发性的，也可能继发于肿瘤、传染病、药物或接种疫苗。IMHA是指机体本身不能识别自身红细胞，并对循环系统中的红细胞产生抗体，致使红细胞被巨噬细胞和补体破坏。某些情况下，抗体直接作用于骨髓中的红细胞前体，导致单纯红细胞再生障碍性贫血和非再生性贫血。患病动物伴有黄疸，有时发热，可能出现脾脏肿大。血液检测表现为球形红细胞增多，自身凝集反应和库姆斯试验呈阳性。

流式细胞术可作为一种新的技术检测犬的抗红细胞抗体，该技术可以对红细胞表面结合的IgG、IgM进行检测和定量分析，具有88%～100%的特异性。有报道建议，可用流式细胞术监测犬的治疗情况，因为网状细胞或红细胞数增多之前，表面抗红细胞抗体数量会降低。

患有免疫介导性溶血性贫血的动物全身症状轻微、倦怠或是急性发病。因此对症治疗至关重要，可根据临床症状治疗其潜在的感染。如果没有匹配的血液可输注牛血红蛋白进行治疗。对因治疗可使用免疫抑制药物避免红细胞受到破坏。首选药物为强的松或强的松龙（2 mg/kg）与咪唑硫嘌呤（每日2 mg/kg，猫禁用）联用。最近的研究表明，利用咪唑硫嘌呤和强的松治疗时，加入低剂量的阿司匹林0.5 mg/kg，每日1次，能够延长犬的存活时间。

出现急性溶血时，使用环孢霉素（10 mg/kg，最初使用每日1次）或静脉注射人免疫球蛋白（IVIG，单次剂量0.5～1.5 g/kg）可能会有治疗效果。人免疫球蛋白需用无菌盐水稀释并缓慢输注，输注时间至少为6 h。输注过程中应注意犬是否发生过敏反应。人免疫球蛋白多次使用会引起致敏反应，因此不能重复使用。该化合物具有较好的渗透性，有心脏疾病的犬慎用。目前免疫介导性溶血性贫血无有效疗法予以根治，未来仍需长时间探索。

患有免疫介导性溶血性贫血的犬，存在肺血栓栓塞的风险，可通过输液和输血辅助疗法降低此风险，但作用机制不明。补液对维持肾灌注，保护肾脏免受循环中高浓度的胆红素的损害至关重要。当怀疑有血栓栓塞形成或存在血栓形成风险时，可以使用肝素（100～200 IU/kg，皮下注射，每日4次）进行治疗。如出现凝血酶原时间或活化部分凝血活酶时间延长、弥散性血管内凝血时，可用新鲜冷冻血浆治疗（10 mL/kg，每日2次），直至临床症状或凝血功能有所改善为止。

免疫介导性溶血性贫血的死亡率为20%～75%，取决于最初临床症状的严重程度。当出现PCV迅速下降、胆红素浓度高、白细胞中度（2.8×10^{10} 个/L）至明显增多（大于4.0×10^{10} 个/L）、血液尿素氮（BUN）升高、瘀斑、血管内溶血、自身凝集反应以及血栓栓塞并发症时，预示为预后不良。据报道，白细胞中度至明显增多与组织坏死有关，常继发于组织缺氧或血栓栓塞疾病。患病动物转至三级护理可提高生存率。

2. 同种免疫性溶血 新生仔畜同种溶血病（NI）是一种免疫介导的溶血性疾病，常见于新生马、骡、牛、猪和猫中，罕见于犬。NI是由摄入的初乳中存在抗新生仔畜某一血型抗原的抗体所引起。牛在早期妊娠、未经配型输血、接种巴贝斯原虫和边虫疫苗时，母源抗体会转为异种血型抗原。猫是特例，B型血的猫在不接触A型血时就能自然产生抗A抗体，幼龄猫哺乳A型血后，会引起溶血。马的常见抗原为A、C、Q，纯种马和骡的新生仔畜同种溶血病最常见。新生仔畜患该病时，出生时正常，但在2～3 d内发病，出现严重的溶血性贫血、虚弱、黄疸。通过筛检母畜的血清、血浆、抗父本或新生仔畜红细胞抗体的初乳来确诊。停止饲喂任何初乳，并给予输血辅助疗法可以达到治疗目的。如有必要，可给新生仔畜输注经过三次洗涤后的母体红细胞。可以通过不饲喂母体初乳或饲喂无母源抗体的初乳来避免该病。也可以在饲喂初乳前将新生仔畜的红细胞与母体血清混合，观察有无凝集反应。

3. 微血管溶血 微血管病性溶血是由于血液流经异常血管，引起湍流而继发的红细胞损伤。犬的这种病常继发于严重的心丝虫感染、血管瘤（血管肉瘤）、脾扭转以及DIC；犊牛的溶血性尿毒综合征会

导致微血管病性溶血；马传染性贫血、非洲猪瘟和慢性猪瘟也会引起其他动物发病。病畜的血涂片中常见裂红细胞。治疗时应注意纠正潜在的疾病。

4. 代谢性溶血 低磷血症引发牛、绵羊和山羊的产后血红蛋白尿和溶血，常发生于分娩后的2～6周。犬和猫低磷血症会引发溶血，常继发于糖尿病、脂肪肝、再灌食综合征。可依据低磷血症的程度口服或静脉补磷进行治疗。牛饮水过量（水中毒）存在着溶血的风险，继发于血浆渗透压降低，多于2～10月龄的犊牛发病，可见呼吸困难和血红蛋白尿，甚至出现抽搐和昏迷。通过犊牛的溶血性贫血、低钠血症、低氯血症、血清渗透压降低以及尿相对密度低可诊断水中毒。可给予高渗液体（2.5%生理盐水）和利尿剂（如甘露醇）进行治疗。

5. 毒素 毒素和药物可通过多种机制引起贫血。动物中常见毒物及其致病机制已在表1-1中列出。

6. 传染性因素 细菌、病毒、立克次体、原虫等许多传染原可引起贫血。上述病原会直接破坏红细胞，导致溶血或直接作用于骨髓中的前体细胞（见表1-2）。

7. 遗传性疾病 一些遗传性红细胞障碍会引起贫血。丙酮酸激酶缺陷在巴山基犬、比格犬、西高地白狷、凯恩狷和其他犬种以及阿比西尼亚猫与索马里猫中均有报道。磷酸果糖激酶缺乏在英国史宾格犬有过报道。缺乏这些酶将会引起红细胞寿命缩短和再生性贫血。犬缺乏磷酸果糖激酶会因过度兴奋或运动引起碱中毒，进而导致溶血危象。如果上述情况较轻，患病犬可能正常生活。丙酮酸激酶缺陷的犬无法医治，患病犬将因骨髓纤维化和骨髓硬化而缩短寿命；丙酮酸激酶缺陷的猫会产生慢性间歇性溶血性贫血，脾切除术和类固醇治疗有助于缓解症状，与犬不同，猫没有发展为骨髓硬化的报道。卟啉症是一种遗传性血红蛋白异常病，可导致机体卟啉增加，牛、猫和猪有过相关报道。荷斯坦牛最为普遍，会导致溶血危象。患病的犊牛无法茁壮成长、对光过敏，可通过骨髓、尿或血浆中卟啉升高的检测建立诊断。患畜的牙齿在紫外线照射下发出荧光。

三、非再生性贫血

（一）营养性贫血

营养缺乏性贫血是由红细胞生成时所需的微量元素不足而引起的贫血。贫血是逐渐发展的，可能由最初的再生性贫血转变成最终的非再生性贫血。营养缺乏可通过复合维生素、矿物质、蛋白质缺乏以及能量负平衡引起贫血。铁、铜、钴胺素（维生素B_{12}）、维生素B_6、核黄素、烟酸、维生素E和维生素C（主要为

灵长类动物和豚鼠）缺乏最有可能引起溶血。

缺铁性贫血常见于犬和仔猪，在马、反刍动物和猫中很少见。缺铁性贫血起源于营养物质缺乏，通常由继发性出血引起（见失血性贫血）。幼龄动物体内和乳汁中铁含量较少，因此补铁对于快速生长且在无铁条件下室内饲养的仔猪特别重要。口服铁是治疗缺铁性贫血的直接方法，但必须去除出血病因。

反刍动物长期饲喂铜缺乏地区生长的牧草会导致铜缺乏贫血症。铜是铁新陈代谢的必需元素，铜缺乏可能继发于牛饲喂高钼或硫酸盐的饲料及猪饲喂乳清。该病可通过血铜浓度或活检肝脏铜浓度降低进行诊断。治疗可以口服或静脉注射补充铜。

B族维生素缺乏贫血较为罕见，某些药物（抗痉挛药、干扰叶酸代谢的药物）与叶酸或钴胺素的缺乏有关，可导致正细胞正色素非再生性贫血。据报道，大型雪纳瑞犬的钴胺素吸收不良（肠黏膜上皮细胞不能吸收钴胺素），可用注射方法补充钴胺素。反刍动物饲喂缺钴的牧草也会继发钴胺素缺乏，治疗可口服钴元素或注射钴胺素。

（二）慢性贫血疾病

慢性贫血疾病的特点是发病轻度至中度，为正细胞正色素非再生性贫血，最常见于动物。该病继发于慢性炎症或感染、肿瘤、肝病、肾上腺皮质机能亢进或减退、甲状腺机能减退。该病由炎症细胞产生的细胞因子所介导，引起铁利用率降低、红细胞寿命缩短以及骨髓的再生能力下降。通过治疗潜在疾病可纠正贫血。利用重组人红细胞生成素可缓解贫血，但是内源性促红细胞生成素抗体形成的风险要超过其治疗作用。

（三）肾脏疾病

慢性肾脏疾病常引起动物非再生性贫血。促红细胞生成素是由肾皮质内皮细胞合成，肾脏疾病会引起促红细胞生成素减少，从而导致贫血。利用重组人红细胞生成素（44～132 U/kg，每周3次，最初用药量为88 U/kg）可以治疗慢性肾病引起的贫血，需每周检测PCV，直至贫血情况有所改善之后减少其使用剂量（PCV将会随最初的贫血情况发生改变）。使用重组人红细胞生成素治疗肾脏疾病引起的慢性贫血时，需要同时补充铁以保证红细胞生成时铁元素充足（见补血药）。

（四）原发性骨髓贫血症

任何原因引起的原发性骨髓疾病或障碍，均可导致非再生性贫血和全血细胞减少症。骨髓依赖性细胞、粒细胞最受其影响，其次是血小板，最后为红细胞。

1. 再生障碍性贫血　再生障碍性贫血在犬、猫、反刍动物、马和猪均有过报道，伴有全血细胞减少症和骨髓再生不良，造血组织被脂肪组织代替。多数情况为先天性，目前，已明确的病因有感染（猫白血病毒，埃利希体属病原引起）、使用某些药物、摄入有毒物质以及辐射（见表1-1和表1-2）。该病可以通过查找潜在病因并结合相应的辅助疗法进行治疗，如使用广谱抗生素（阿莫西林/克拉维酸，20 mg/kg，每日2次）或输血。也可利用重组人红细胞生成素和粒细胞集落刺激因子治疗（5 μg/kg，口服，每日1次）直至骨髓功能恢复正常。对于先天性再生障碍性贫血或通过治疗骨髓功能不能恢复的病例（如犬的苯基丁氮酮中毒）可进行骨髓移植。

2. 正红细胞再生障碍性贫血（PRCA）　该病仅影响红细胞系，其特点为非再生性贫血，且伴有骨髓中前体红细胞严重损耗，在犬和猫中均有过报道，可能是原发性和继发性。原发性病例大多为免疫介导而引起的贫血，常用免疫抑制方法进行治疗。患有白血病的猫可能会有PRCA。据报道，采用重组人促红细胞生成素疗法，可引发犬和马的PRCA，停止治疗后红细胞可能会恢复。

3. 原发性白血病　该病在犬、猫、牛、山羊、绵羊、猪和马中曾有过报道。反转录病毒可以引起牛、猫、灵长类动物以及鸡发病。白血病可影响骨髓细胞系或淋巴细胞系，可分为急性和慢性。大多数患病动物出现非再生性贫血、中性粒细胞减少症和血小板减少症，血液循环中往往有原幼细胞出现。急性白血病会出现原始髓细胞浸润现象，一般情况下化疗效果欠佳，虽然动物得到缓解，但缓解时间通常较短。患有急性淋巴细胞白血病的犬若采用化疗进行治疗，约30%的犬可以平均存活4个月。急性成髓细胞白血病少见，其治疗效果甚至比急性淋巴细胞白血病更差。在急性白血病中，细胞谱系形态难以鉴别，因此细胞化学染色或细胞表面标记物的免疫性评价对本病诊断十分重要。慢性白血病的特点为造血细胞系生成过多，临床很少引发贫血症状，对其治疗效果显著。

4. 脊髓发育不良（骨髓增生异常综合征，MDS）　该病为白血病发病早期的综合征，其特征为无效造血、非再生性贫血和其他血细胞减少，在犬、猫和人均有报道。此病可分为原发性和继发性，常见于猫白血病。原发性脊髓发育不良是由干细胞突变引起，而肿瘤和药物可引起继发性脊髓发育不良。一些猫和犬可利用重组人红细胞生成素和强的松治疗，也可联合使用输血和辅助疗法。该病可进一步发展为白血病，能否治愈尚未确定，多数动物会死于出血、贫血和败血症，或选择安乐死。

5. 骨髓纤维化症 该病为纤维组织代替正常骨髓组织而引起的骨髓功能衰竭。犬、猫、人和山羊中都有过报道，分原发性和继发性两种，常继发于恶性肿瘤、免疫介导的溶血性贫血、辐射以及先天性贫血（如丙酮酸激酶缺乏症）。可以通过骨髓活检进行诊断。对引起骨髓纤维化症的潜在疾病有不同的治疗方法，但通常结合免疫抑制疗法。

第三节　血型与输血

血型是指红细胞膜上受基因控制的多种抗原成分。把特定遗传位点的等位基因产物归为一个血型系统。有些血型系统由一个遗传位点的多个等位基因编码，因而十分复杂；而其他则仅有一个等位基因决定抗原。一般而言，每个血型系统都是相互独立的，在遗传上遵循孟德尔的显性定律。对于复式血型系统而言，子代会从父母双方各遗传一个等位基因，而且在一个系统中表达不会超过2个血型抗原；牛除外，牛为多倍等位基因或"表型群"遗传。通常情况下，动物个体对自身红细胞表面的任何抗原不会产生抗体，对同种动物血型系统中的其他血型抗原也不会产生抗体，除非通过输血、妊娠或免疫的诱导引起。在一些物种中（人、羊、牛、马、猫、犬、猪）有"自然产生的"同族抗体，不需输血或妊娠诱导，这种抗体可能滴度不一，但能检测出来。例如，B型血的猫存在天然抗A抗体；也可以通过输血诱导产生抗动物血型抗原的循环抗体。随机输血的犬，受血动物对血型抗原为DEA I，发生同种致敏的概率达30%～40%。在马中，来源于父本的不相容胎儿抗原会引起母畜的胎盘免疫。当用一些同源的血液样品作为疫苗时也可能会引起免疫反应（如牛的无浆体病）。

表1-3　临床需要的主要血型

动物种类	血型
犬	DEA1.1和7
猫	A, B mic
马	A, C, Q
牛	B, J
羊	B, R

表1-3为不同家畜公认的血型，牛最复杂，猫最简单。了解动物血型有助于输血时供血动物和受血动物的血型匹配，以及判断繁殖期后代出现溶血性疾病的潜在风险。由于血型抗原的表达是由基因控制，并且遗传模式清晰，因此在牛和马中，血型系统已被用来鉴定亲缘关系；但大多数情况下，亲缘鉴定常由DNA检测所代替。

一、血型分类

用于鉴别血型的抗血清（分型试剂）一般由同族免疫血清制得，不同物种的抗血清的体外血清学特性也不同。有一些分型试剂是血细胞凝集素；其他是溶血性的，并需要补体完成血清学反应，如牛（因为红细胞不易凝集）和马（因为红细胞叠连的问题）；其他分型试剂，既不能使血细胞凝集也不能使血细胞溶血，而是与红细胞抗原结合发生不完全反应。因为它们缺少凝集其他红细胞的附加结合位点，这些试剂需要加入特异性抗球蛋白才能凝集。

由于动物血型的不同以及市场上缺乏分型试剂，很难进行定型和配血，但这并不妨碍输血的临床应用。在马和犬，已经知晓影响输血不相容的最常见血型抗原，因此，通过挑选缺少这些抗原的供血动物或者匹配的受血动物，可使受血动物对最重要抗原的致敏作用降到最低。

二、交叉配血

不同物种的不同抗原试剂可用性，限制了隐性受血者识别抗原的能力。这些抗原试剂仅对一些抗原有效，最有可能的是受血动物对这些试剂敏感或天然存在抗体。例如，犬的血型超过12种，但仅有DEA 1.1血型制剂可用。最近发现另外一种抗原（dal），不含有dal抗原的大麦町犬，会与许多隐性供血动物血液发生反应，仅有很少的大麦町犬无反应。该抗原在大多数犬中是共同抗原，但在有些大麦町犬体内没有。由于多种血型抗原可共存，受血动物接受输血后，也许会暴露一些其红细胞不存在的其他抗原。

对于以前被致敏的受血者，可通过交叉配血试验检测排除与其不相容的血液。在美国，超过99%猫的血型都是A型，因此输血不相容的风险很低。然而一些品种猫B型血的比例也较高，包括阿比西尼亚猫、伯曼猫、英国短毛猫、德文雷克斯猫、喜马拉雅猫、波斯猫、苏格兰折耳猫和索马里猫。猫任何不相容的血液都会引起输入的血细胞被迅速破坏。因此，在输血之前必须做配型和交叉配血试验。在一些猫品种中发现一个新抗原（mic），无mic的猫会存在天然抗体。因此给猫首次输血前应进行交叉配血试验，即使它们都是A型或B型血。

对交叉配血程序适当控制的方法对所有物种的输血均有效。主侧试验可查出受血动物血浆中已存在的抗体，这种抗体在供血动物红细胞输入时会发生溶血反应，但不能检测潜在可能发生的致敏反应。收集供血动物和受血动物的血液样本，加入抗凝剂（乙二胺四乙酸二钠钙或柠檬酸盐），将供血动物的红细胞用0.9%的生理盐水洗3次后制成4%红细胞盐水混悬液。主侧试验是将供血动物红细胞悬浮液（0.1 mL）与受血动物的血浆等体积混合。在对照试管中加入等体积的受血动物的红细胞混悬液和血浆。将两组样品进行培养、离心，观察有无溶血和凝集反应发生。溶血试验主要是通过比较检测样品与对照样品上清液的颜色来判断是否溶血。将两组样品轻轻震荡，直到沉淀在试管底部的细胞恢复悬浮状态，然后比较两组样品，当血浆透明并且红细胞处于悬浮状态时，说明该反应呈阴性即配血相合；当溶血反应和凝集反应出现一种或两种同时出现，说明该反应呈阳性即配血不适合。对宏观判断血凝试验呈阴性的所有检品，需在低倍显微镜下做进一步证实。一些更新的交叉配血试验已经具有可用性，主要利用凝胶免疫技术，该技术对马的配血试验尤为重要，因为马的红细胞呈钱串样。

次侧配血与主侧配血正好相反，即将受血动物的细胞与供血动物的血浆相混匀。次侧交叉配血仅在一些动物配血中应用，例如，自身存在同族抗体的猫、二次输血的动物和再次妊娠的马。

三、输血

一般情况下，需要输血的都是急性病，如急性溶血和出血。输血对急性或慢性贫血也有适当的治疗作用。动物患有止血障碍疾病需要重复输注全血、红细胞、血浆和血小板。输血必须小心，因为输血对受血动物存在一些潜在的危害。

反复输注全血其结果并不理想。如需要恢复血液运氧能力，输入红细胞浓厚液最为合适；如需恢复循环血量，则可用晶体或胶体溶液来代替，并根据需要加入红细胞浓厚液。出血后血小板数会急剧增加，因此很少需要输注血小板。血浆蛋白可从胞间隙获得，从而达到平衡，除非大量出血（出血量在24 h内超过1 L），否则不需要输注血浆。需要凝血因子的动物，输入新鲜冰冻的血浆或冷沉淀品更有益，特别是凝血因子Ⅷ、血友病因子和纤维蛋白原。血小板减少症可用富含血小板的血浆或血小板浓缩液治疗，但对免疫介导的血小板减少症无效，因为输注的血小板可被脾脏迅速清除。

是否进行红细胞输注是由患病动物的临床症状决定而不是由红细胞比容（packed cell volume，PCV）决定。与慢性贫血的动物相比，急性贫血的动物会出现虚弱、心动过速、呼吸急促以及较高的PCV。当红细胞输注量使PCV达到20%以上时，可缓解临床症状。家畜的血容量占其体重的7%～9%，猫的血容量稍低，大约占其体重的6.5%。通过确定受血动物的血

容量和PCV，可计算所需红细胞的体积。例如，25 kg犬的全身血量大约为2 000 mL，PCV为15%，红细胞体积为300 mL，如果PCV需要增加到20%时，红细胞体积为400 mL，可输注100 mL红细胞或200 mL全血（PCV为50%）使受血动物的PCV达到所需水平。这些计算结果假设只有在出血或溶血反应时，红细胞无损失的条件下才成立。供血动物一次采血量应不超过血液总量的25%。

血液的采集、保存和输注都需在无菌条件下进行。选择的抗凝剂是枸橼酸盐（CPDA-1）。商业的输血袋（500 mL）中含有适量的抗凝剂是可用的。抗凝剂不可使用肝素，因其在受血动物体内半衰期长，易使血小板活化，而且肝素抗凝的血液不易储存。

以CPDA-1作为抗凝剂且添加Adsol营养液后的血液，可在4℃条件下保存4周。如血液不立即使用，可分离血浆冷冻储存后备用，可作为凝血因子或急性可逆性低白蛋白血症的白蛋白来源。

采集的血浆需在6 h内，经过-20℃至-30℃冷冻，可以确保血浆含有充足的凝血因子Ⅷ，保存期1年。输注血浆治疗慢性低白蛋白血症无效果，因为患该病动物的白蛋白缺失过多，而血浆中含有少量的白蛋白不足以补充。应用胶体溶液治疗该病效果显著，如羟乙基淀粉。人的白蛋白也可用于犬，但是有明显的过敏反应。

输血的风险：输血最严重的反应为急性溶血，在家畜中极少见。犬很少出现具有临床诊断意义的抗体反应，只有反复输血的犬才会发生危险。犬反复输血后最常见的溶血反应是迟发性溶血，临床上就像是输入的红细胞寿命缩短了，库姆斯试验呈阳性也证实这种反应。即使将血型相匹配的红细胞输给马或牛，红细胞也只能存活2～4 d。重复输血会引起急性溶血；血液采集或分离时操作不当、红细胞保存冻结或过热、通过小针头加压注射均会造成非免疫性溶血。

其他并发症包括血液污染造成的败血症、柠檬酸盐过多引起的低钙血症或血容量过多（特别是先前患有心脏病的动物或特别小的动物）。偶见荨麻疹、发热或呕吐反应。输血也可通过供血动物向受血动物传播疾病，如红细胞寄生虫病（如猫的支原体或犬的巴贝斯原虫）和病毒（如猫、马和牛的逆转录病毒）。也可以传播其他疾病，如供血动物感染立克次体或其他细菌引起的疾病。

四、血液替代品：血红蛋白类氧载体的解决方案

由于输血可以传播疾病，红细胞替代品的寻找已经持续了50多年，理想的替代品应像红细胞一样可以

携带和运输氧气，易于大量生产，无抗原性且可持续循环至红细胞功能恢复正常。

目前，牛源的血红蛋白氧载体可用于犬（人造血®）。血红蛋白应无菌收集，滤出红细胞所有基质成分，因其半衰期为36 h，聚合后的血红蛋白可在体内持续循环。已证实，此产品具有携带及运输氧气的能力，可立即使用，无需分型试剂和交叉配血，室温下可保存3年。因为各种动物之间血红蛋白微粒的构造相似，且牛血红蛋白是最小的抗原。尽管目前仅可批准犬使用，但在猫、马、马驼、鸟和人也有过报道。血红蛋白的胶体作用对创伤且急性失血病畜的恢复特别有效。

在健康动物中，红细胞内血红蛋白可从肺中获得氧，并且通过毛细血管微循环将氧储存于组织中，仅有极少量的氧溶在血浆中。贫血动物体内，每个红细胞内的血红蛋白都处于氧饱和状态，但是组织的氧合作用因红细胞数量较少而不足。毛细血管收缩或灌注减少会引起血压降低、血容量减少、组织局部缺血以及氧输送受损。如果输注血红蛋白，可提高血浆中氧含量，氧气可与内皮细胞接触，使其运输变得容易，但仅分散于组织中；输入血红蛋白后的血液黏性要比等量血液的黏性低，毛细血管灌注不足仍需改善。值得注意的是，血红蛋白代用品会将一氧化氮剔除，这可能会引起血管收缩和组织缺血携氧量减少。

第四节　血液寄生虫

一、边虫病

边虫病以前称为胆病，常见于反刍动物，是由立克次体目、无浆体科、边虫属（*Anaplasma*）的各种病原引起。牛、绵羊、山羊、水牛和一些野生反刍动物可通过红细胞内的边虫属寄生虫引起感染。边虫病常发生在热带及亚热带地区（约北纬40° 至南纬32°），包括南美洲与中美洲、美国、南欧、非洲、亚洲和澳大利亚等地区。

边虫属包括嗜吞噬无形体（*Anaplasma phagocytophilum*）（包括以前的嗜吞噬细胞埃利希体（*Ehrlichia phagocytophila*）、马埃利希体（*E. equi*）和人粒细胞埃利希体病的病原）、牛边虫（*A. bovis*）[曾称为牛埃利希体（*E. bovis*）]和血小板边虫（*A platys*）（曾成为血小板埃利希体（*A. platys*）。上述病原体在各自的哺乳动物宿主中，对其他血细胞的侵袭超过红细胞。牛边虫病严重危害养牛业。

【病原】　临床上牛边虫病常由边缘边虫（*A. marginale*）引起。带着皮肤附属物的边缘边虫称全形无浆体（*A. caudatum*），但不认为它是独立物种。中

央边虫（*A. centrale*）也感染牛，临床症状轻微。绵羊边虫（*A. ovis*）可能引起绵羊、鹿和山羊不同程度发病。也有过嗜吞噬无形体感染牛的报道，但自然感染罕见，不引起临床发病。

【传播与流行病学】　据报道，边虫属边虫的传播媒介有19种不同种属的蜱，包括牛蜱属（*Boophilus*）、革蜱属（*Dermacentor*）、扇头蜱属（*Rhipicephalus*）、硬蜱属（*Ixodes*）、璃眼蜱属（*Hyalomma*）和钝缘蜱属（*Ornithodoros*）。事实上，并不是所有种属的蜱都是重要的传播媒介，边缘边虫仅与特定的蜱共同进化。牛蜱属在澳大利亚和非洲是主要的传播媒介，革蜱属在美国是最主要的传播媒介。边虫主要通过三种方式传播：生物学传播、机械性传播和经胎盘传播。①生物学传播：蜱采食受感染动物的血液后，边虫可在蜱内复制，主要通过三种途径进行传播即发育阶段性传播、间歇性吸血传播以及经卵传播，但经卵传播较为罕见，即使是单一宿主的牛蜱属蜱虫；②机械性传播：边虫病可经双翅目昆虫叮咬或受污染的针头、去角器以及其他外科器械传给易感动物；③胎盘传播：可在牛妊娠的4~6个月或7~9个月引起急性感染。

边虫病的严重程度与牛的年龄有很大的相关性。犊牛与老年牛相比，对该病具有较强的抵抗力（即使不感染），这种抵抗力并不来源于免疫系统中的初乳抗体。在该病流行区，犊牛时期感染边虫病，此时损失最小。急性感染的牛病愈后仍是慢性感染携带者，但因其自身免疫作用而不会进一步感染。但当这些牛出现免疫抑制（如被类固醇抑制）、感染其他病原菌或脾脏切除时会再次复发。带虫动物也是该病的传染源。当成年牛由无感染区引入流行区或在不安全区域，牛群发生部分感染，会造成严重的经济损失。

【临床表现】　1岁以下的患病动物临床症状不明显；1~2岁动物临床症状的严重性呈中度；老年牛临床症状严重，常常死亡。边虫病的特征是破坏血管外的红细胞而引起贫血。边缘边虫引起的边虫病的潜伏期与感染剂量有关，一般潜伏期为15~36 d（也可长达100 d），潜伏期后可能会引起最急性（最严重但罕见）、急性或慢性边虫病。在对数增长期时，每24 h立克次体血症约增加1倍，达到高峰时有10%~30%的红细胞被感染，有的甚至高达65%，红细胞数量、PCV和血红蛋白值都急剧下降。在疾病的晚期，可见巨红细胞性贫血且循环系统出现网状细胞。

动物最急性感染可在几小时内出现临床症状，急性感染的动物身体状况迅速下降，母牛产奶量下降。在疾病后期会出现食欲不振、肌肉颤抖、呼吸急促以及洪脉。与巴贝斯原虫病和血红蛋白尿症不同，患病

动物的尿液呈棕色。病畜伴有短暂发热，立克次体血症高峰期体温很少超过41℃。黏膜苍白然后变为黄色。妊娠母畜可能会流产。痊愈牛的血液参数可在几周后恢复正常。

与欧洲土种牛（*B. taurus*）相比，非洲瘤牛（*Bos indicus*）对边缘边虫有较强的抵抗力，但是这两种牛每个个体的抵抗力有差异。边虫属菌株的毒力差异、感染程度以及立克次体血症持续时间对临床症状的严重程度也有影响。

【病理变化】　患病动物的典型病变是由吞噬红细胞作用引起的贫血。病牛尸检可见明显的贫血和黄疸，血液稀薄，脾脏肿大、软化，淋巴结肿胀。肝脏有斑点、呈黄橙色，肝脏淋巴结和纵隔淋巴结呈棕色。胆囊肿大，胆汁浓稠、呈棕色或绿色。体腔内有浆液渗出，肺水肿，心内、外膜和胃肠道有瘀血，其中胃肠道较严重。对器官网状内皮组织镜检，可见吞噬红细胞的吞噬细胞，急性死亡病例的红细胞中可见大量病原体。

【诊断】　边缘边虫、牛巴贝斯虫和双芽巴贝斯虫感染牛会引起蜱热，这三个物种有相似的地理分布，但在无巴贝斯原虫病发生的美国却可发生边虫病。经姬姆萨染色后的薄厚两种血涂片在显微镜下观察，可区别边虫病、巴贝斯原虫病和其他疾病［（如钩端螺旋体病和泰勒虫病引起的贫血和黄疸）］。加入抗凝剂的血液也可用于血液学检测，镜检经姬姆萨染色后的薄血涂片，可见致密、单一、蓝紫色的包含物，直径为0.3～1.0 μm。边缘边虫包含体常位于红细胞边缘，而中央边虫包含体位于红细胞中央。姬姆萨染色方法不能区分全形无浆体和边缘边虫，识别这些病原需要特殊的染色方法，可根据虫体的独特性来区别。全形无浆体仅在北美有过报道，可能是边缘边虫的一种形态，不是单独的物种。每个包含体内有1～8个原始小体，直径为0.3～0.4 μm，每一个原始小体都是一个立克次体。

为了保证检测潜伏感染的准确性，可使用补体结合试验、卡片凝集试验以及msp5酶联免疫吸附试验等血清学诊断方法。检测物种和虫体之间差异的最有效方法是DNA检测。

通过尸体剖检，可用显微镜观察肝、肾、脾、肺以及外周血液的薄血涂片。

【治疗】　四环素类抗生素和双咪苯脲可用于治疗边虫病。牛可用这些药物进行预防，使其对严重的边虫病保持免疫力至少达8个月。

在急性感染早期（如PCV大于15%）可使用四环素类药物进行控制（如金霉素、土霉素、氢吡四环素、强力霉素、二甲胺四环素）。最常用的治疗方法

为肌内注射长效土霉素，剂量为20 mg/kg。感染较严重的牛可通过输血来增加PCV，提高其存活率。病原携带期使用长效土霉素（20 mg/kg，肌内注射，每间隔1周至少注射2次）治疗有利于痊愈。四环素类药物适用于多数国家，颈部肌内注射比臀部更为常见。

单一注射二盐酸盐（dihydrochloride），1.5 mg/kg、皮下注射，或者咪唑苯脲二丙酸盐（imidocarb dipropionate）3 mg/kg，对治疗边缘边虫感染效果显著。在病原携带期，为达到根治目的应使用高剂量的咪唑苯脲（例如，每隔2周注射2次二盐酸盐，5 mg/kg，肌内注射或皮下注射）。该药可维持较长的抑制期，但疑似其为致癌物质，美国和欧洲禁用。

【预防】　在南非、澳大利亚、以色列和南美地区，使用中央边虫（起源于南非）制成的活疫苗，可预防部分牛的边缘边虫感染。一小部分牛使用中央边虫疫苗（单独使用）会产生严重的反应。在美国禁用活疫苗，以前的疫苗是由从患病牛的红细胞中分离出死的边缘边虫和佐剂组成，但目前不可用。可通过大剂量使用灭活疫苗预防牛的感染，但是仍受到变异边缘边虫的威胁。有例子表明：孕畜使用含有牛红细胞成分的疫苗，会引起哺乳期犊牛溶血。幼儿期接种立克次体活疫苗可有效预防边缘边虫感染，联合化学疗法可减轻不良反应。据报道，用边缘边虫致弱株制备的活疫苗，会引发严重的不良反应。培养蜱细胞内的边缘边虫制成活疫苗的研究正在进行中。同时，亚单位疫苗也正在研究中。在一些地区，严格执行消灭和清除节肢动物措施，可能是预防边虫病的有效措施；但一些区域则提倡免疫预防。

二、巴贝斯原虫病
（一）概述

巴贝斯原虫病是指巴贝斯原虫属（*Babesia*）寄生虫寄生于红细胞内而引起的疾病，该病以蜱为传播媒介，可感染大部分家畜和野生动物，偶尔也感染人。本病严重制约养牛业发展，也可感染其他家畜如马、绵羊、山羊、猪和犬。

寄生于牛的巴贝斯原虫主要有两种，即双芽巴贝斯原虫（*B. bigemina*）和牛巴贝斯原虫（*B. bovis*），其广泛分布在热带和亚热带地区，备受关注。不同的巴贝斯原虫属寄生虫引发的巴贝斯原虫病具有许多共同特征，这些特征可应用于各种巴贝斯虫病的诊断。

【传播与流行病学】　扇头蜱属是双芽巴贝斯原虫和牛巴贝斯原虫主要的传播媒介，经卵传播。可寄生于血液并经血液传播，不经昆虫或外科手术等机械传播。也有子宫内感染的报道，但罕见。

牛蜱属蜱采食被感染牛血液时摄入寄生虫，该虫

可在成熟雌蜱内进行有性和无性繁殖，侵入蜱卵母细胞后进入寄生阶段。可通过幼虫（牛巴贝斯原虫以此种方式）、若虫（双芽巴贝斯原虫以此种方式）或成虫（双芽巴贝斯原虫以此种方式）感染宿主。其中幼虫感染的百分率占0~50%或更高，这与雌蜱摄取血液时宿主体内的虫血症程度有关。在一些地区，蜱传播双芽巴贝斯原虫的比例要比牛巴贝斯原虫更高。

在流行地区，3个特征可决定牛群患病风险：①犊牛具有一定的免疫力，可持续约6个月（与母源抗体和年龄因素有关）；②巴贝斯原虫属寄生虫感染后，病愈的动物体内存在免疫力（4年）；③有些品种的牛对蜱和巴贝斯原虫属寄生感染有一定的抵抗力，如非洲瘤牛。然而，蜱传播盛行时，几乎所有新生犊牛都会感染巴贝斯原虫，临床症状不明显，随后可在体内产生免疫力。在多发季节可通过自然（如气候）或人工方法（如杀螨剂或改变种群组成）减少蜱的数量，将巴贝斯原虫属寄生虫对牛的感染降到最低。此外，环境因素也可导致该病的暴发，如易感牛引入流行区或进入以前蜱自由活动区域。菌种变异已经在免疫学得到证明，但可能没有实际意义。

【临床表现与发病机制】 急性病例病程约为1周，早期症状表现为高热（体温通常为41℃或更高），持续整个病程。随后病畜表现食欲减退、呼吸加快、肌肉震颤、贫血、黄疸、明显消瘦，后期出现血红蛋白血和血红蛋白尿。巴贝斯原虫黏附到牛脑部毛细血管，引起中枢神经系统疾病，可能出现腹泻或便秘。晚期病牛呈间歇热，可能导致妊娠母牛出现妊娠终止，公牛出现不育。

牛巴贝斯原虫病发病机制主要涉及牛巴贝斯原虫强毒株、低血压休克综合征、广泛性非特异性炎症、凝血功能障碍、红细胞吸附在毛细血管等。大多数双芽巴贝斯原虫的致病性主要是与红细胞破坏相关。

牛巴贝斯原虫感染的急性病例治愈后数年内仍具有传染性，双芽巴贝斯原虫感染的病例在数月后也具有感染性。病牛在病原携带期没有明显的临床症状。

不同品种的牛对于巴贝斯原虫的敏感性不同，例如，非洲瘤牛比欧洲牛对牛巴贝斯原虫和双芽巴贝斯原虫具有更高的耐受性。

【病理变化】 脾肿大、柔软，肝肿大，胆囊肿大、胆汁浓缩，肾脏充血变黑，高度贫血和黄疸。尿液变红，大脑和心脏等其他器官出现出血点或瘀血。

【诊断】 巴贝斯原虫常与其他引起发热、贫血、溶血、黄疸或红尿的病因混淆。因此，临床上通过使用显微镜观察，经姬姆萨染色后的血液或组织涂片进行检查十分必要。对活体动物应从耳尖或尾尖的毛细血管采样，做成厚血涂片和薄血涂片检查。

尸体剖检时，可从心肌、肾、肝、肺、脑及末端血管（小腿）采样做成涂片。

显微镜下观察巴贝斯原虫，可以从形态学角度鉴别其种类，但还需要对虫体进行专业鉴定，尤其少量巴贝斯原虫感染时。牛巴贝斯原虫是一种小型虫体，虫体成对连成钝角，大小为（1~1.5）mm×（0.5~1.0）mm；而双芽巴贝斯原虫虫体较大，虫体成对以锐角连接，大小为（3~3.5）mm×（1~1.5）mm。

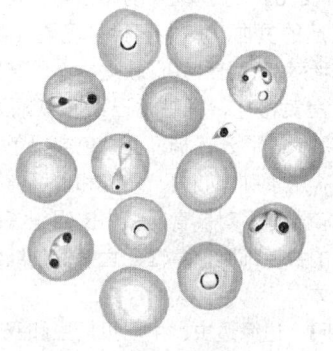

图1-2　牛巴贝斯原虫感染的红细胞（姬姆萨染色）
（由昆士兰州基础产业和渔业部门提供）

一些血清学方法可用来检测带虫动物的巴贝斯原虫抗体。目前，最常用的检测方法是间接荧光抗体试验和ELISA。也可用针对牛巴贝斯原虫和双芽巴贝斯原虫生产的商品化ELISA方法。还可采取疑似病原携带者的血液（约500 mL）接种易感动物来确诊本病，易感动物最好采用脾摘除的犊牛，接种后还要监控易感动物的感染情况。PCR和RT-PCR方法能够检测易感动物极少量的寄生虫感染，并且可区分寄生虫种类，但不能应用于常规诊断中。

【治疗与控制】 近年来，多种药物可用于治疗巴贝斯原虫病，但目前使用的药物只有三氮脒（diminazene aceturate）和咪唑苯脲二丙酸盐（imidocarb dipropionate）。其余药物不是对巴贝斯原虫病流行地区无效，就是被限制使用。厂家推荐治疗牛巴贝斯原虫病使用剂量如下：三氮脒，肌内注射，剂量为3~5 mg/kg；咪唑苯脲，皮下注射，剂量为1.2 mg/kg。使用3.0 mg/kg咪唑苯脲后，可以预防巴贝斯原虫病约4周，还可以清除病原携带动物体内的牛巴贝斯原虫和双芽巴贝斯原虫。长期使用四环素（20 mg/kg）可以降低感染后或治疗前巴贝斯原虫病的危害。

可采用辅助疗法治疗，尤其是对贵重动物，包括消炎药物、抗氧化剂、激素的使用。患病动物严重贫血时可采取输血疗法。

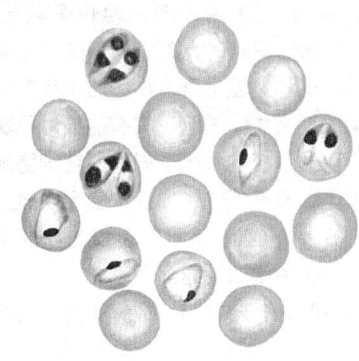

图1-3　双芽巴贝斯原虫感染的红细胞（姬姆萨染色）
注意大的单个虫体，这在牛巴贝斯原虫感染中少见。（由昆士兰州基础产业和渔业部门提供）

　　接种弱毒虫苗获得免疫已在一些国家成功应用，包括阿根廷、澳大利亚、巴西、以色列、南非和乌拉圭。该疫苗要求冷藏或冷冻。接种疫苗可以促进动物机体产生足够的免疫力，然而也有疫苗免疫失败的报道。几种重组抗原经试验研究表明，能产生一定的免疫力，但商品化疫苗还尚未问世。

　　切断中间传播媒介——蜱是防控本病的有效措施。但因为短期无法根除，长期无法坚持，缺乏可行性，使疫区的易感动物增加导致暴发疫病的危险性。

　　人兽共患病风险：人感染巴贝斯原虫病的病例也有报道，但所涉及的寄生虫还没有确定。分离巴贝斯原虫（*Babesia divergens*）、犬巴贝斯原虫（*B. canis*）、微小巴贝斯原虫（*B. microti*）和未命名的虫体（WA-1）都可以感染人。脾切除或免疫功能低下的病人感染本病后一般会导致死亡。

　　北美部分地区已报道多起巴贝斯原虫病，该病均从不同程度的隐性感染引起急性发病，这些病人有脾切除的和无脾切除的。引起发病的病原分别为啮齿动物寄生虫——微小巴贝斯原虫和以大角羊作为宿主的未命名的虫体（WA-1）。巴贝斯原虫病主要通过蜱的叮咬或输注受感染的血液感染人。

　　（二）引起家畜发病的其他巴贝斯原虫属寄生虫

　　1. 牛　分离巴贝斯原虫和大巴贝斯原虫（*B. major*）是两种温带物种，与牛巴贝斯原虫和双芽巴贝斯原虫相比，各具特点。分离巴贝斯原虫虫体较小，是在不列颠群岛和欧洲西北部较为重要的致病性巴贝斯原虫。而大巴贝斯原虫则是一种体型较大的低致病性巴贝斯原虫。分离巴贝斯原虫主要通过硬蜱属

篦子硬蜱（*Ixodes ricinus*）传播，大巴贝斯原虫主要由血蜱属长棘血蜱（*Haemaphysalis punctata*）传播。

　　2. 马　马巴贝斯原虫病是由泰勒虫属马泰勒虫（*Theileria equi*）（以前为巴贝斯原虫属）或马巴贝斯原虫（*B. caballi*）引起。泰勒虫属马巴贝斯原虫虫体较小，比马巴贝斯原虫致病性强。泰勒虫属马巴贝斯原虫在1998年被重新归类为泰勒虫属（见泰勒焦虫属）。在非洲、欧洲、亚洲、南美洲、中美洲和美国南部地区，马巴贝斯原虫病主要是通过扇头蜱属、革蜱属和璃眼蜱属软蜱传播。患病动物常见子宫内感染，尤其是泰勒虫属马巴贝斯原虫的感染。

　　3. 绵羊与山羊　小型反刍动物可被多种巴贝斯原虫属寄生虫感染，常见的有绵羊巴贝斯原虫（*B. ovis*）和莫氏巴贝斯原虫（*B. motasi*）两种。莫氏巴贝斯原虫是主要致病病原，在中东、南欧、中国等贯穿热带和亚热带的地区广泛发病。主要以扇头蜱属、血蜱属、璃眼蜱属、革蜱属、硬蜱属的蜱作为传播媒介。

　　4. 猪　曾记载，巴贝斯原虫属陶氏巴贝斯原虫（*Babesia trautmanni*）可引起猪严重发病，该虫在欧洲和非洲已有过报道。另一种物种——柏氏巴贝斯原虫（*B. perroncitoi*）具有相似的致病性，但在上述地区呈明显的局限性分布。猪巴贝斯原虫病的传播媒介还没有明确，尽管已经证实扇头蜱属蜱虫可以传播陶氏巴贝斯原虫。

　　5. 犬与猫　犬感染犬巴贝斯原虫病已在许多地区有过报道，引起犬巴贝斯原虫病的病原体主要有犬巴贝斯原虫（*B. canis canis*）、犬沃格尔巴贝斯原虫（*B. canis vogeli*）和犬罗氏巴贝斯原虫（*B. canis rossi*）。犬巴贝斯原虫在欧洲主要通过革蜱属网纹革蜱（*Dermacentor reticularis*）传播，犬沃格尔巴贝斯原虫在热带和亚热带国家主要通过扇头蜱属血红扇头蜱（*Rhipicephalus sanguineus*）传播，而犬罗氏巴贝斯原虫在南非主要通过血蜱属犬血蜱（*Haemaphysalis leachi*）传播。犬可不同程度感染犬巴贝斯原虫，呈现急性病变过程，犬迅速死亡。犬罗氏巴贝斯原虫疫苗已经在欧洲一些国家使用，但该疫苗对其亚种属无作用。

　　吉氏巴贝斯原虫（*B. gibsoni*）是寄生在犬体内的另一种重要的巴贝斯原虫。虫体较小。吉氏巴贝斯原虫分布有限，会引起慢性疾病以及严重的贫血，不能使用常规杀虫药治疗。

　　据报道，在非洲和印度，猫巴贝斯原虫（*B. felis*）会引起猫不同程度的发病。猫巴贝斯原虫病有个不同寻常的特点，即对常规杀虫药无效。磷酸伯氨喹啉（primaquine phosphate）治疗猫巴贝斯原虫病

有效，用量为0.5 mg/kg，肌内注射，每间隔24 h注射2次。

三、胞裂虫病

1976年美国首次报道了由胞裂虫属猫胞裂虫（*Cytauxzoon felis*）引起的胞裂虫病，从那时起，此病成为家猫的一种重要新型传染病。胞裂虫属（*Cytauxzoon*）胞裂虫是原生寄生虫，属于泰勒科，同科的还有泰勒虫属和刚得里亚原虫属（*Gonderia*）。目前，因其虫体的分子特征，对胞裂虫的分类存在分歧。胞裂虫在单核巨噬细胞（巨噬细胞）内分裂增殖，而不像泰勒虫属泰勒虫一样在淋巴细胞内分裂增殖，因此把它们分成一个独立的属。

【病原与传播】 在美国密苏里州、阿肯色州、佛罗里达州、佐治亚州、路易斯安那州、密西西比州、俄克拉荷马州、堪萨斯州、得克萨斯州、肯塔基州、田纳西州、北卡罗来纳州、南卡罗来纳州和弗吉尼亚州，均报道了家猫感染猫胞裂虫病的病例。家猫是急性、致命性胞裂虫病的异常宿主或终末宿主，但也有自然感染的家猫不治而愈的报道。短毛猫（赤猞猁）是病原体的自然宿主，临床表现为隐性感染和慢性寄生虫血症。其他野生猫科动物也有过关于本病的报道，如美洲狮和美洲豹，但无明显临床症状，不过也有少数狮子和老虎死于此病。

最近研究表明，该病原体可通过孤星花蜱——花蜱属美洲花蜱（*Amblyomma americanum*）传播。与其他的传播媒介如美洲彩蜱——革蜱属变异革蜱（*Dermacentor variabilis*）相比，美洲花蜱的分布与家猫的胞裂虫病的分布更为密切。此病主要流行在4～9月份，这主要与蜱的季节活动性有关。猫大多在树木繁茂、低密度住宅区生活，特别是无人区域，这些地方猫和蜱密切接触，是感染高危区。人工感染常通过注射（皮下注射、腹腔注射及静脉注射）急性感染猫的组织匀浆诱导，但胃内灌注组织匀浆不会引起感染。在无节肢动物作为传播媒介的情况下，未感染的猫与感染的猫放在一起也不会引起感染。

经蜱传播感染家猫后，该种寄生虫经历两个阶段：分裂生殖（无性繁殖）和卵囊发育。首先孢子体感染白细胞（单核吞噬细胞），经过分裂生殖形成裂殖体。在人工感染大约12 d后，可检测到裂殖体感染的白细胞，直径15～250 μm不等，最常见于淋巴结、脾脏、肝脏、肺及骨髓中，其他许多器官中也有过报道，偶尔也可在血涂片上观察到。裂殖体感染白细胞是胞裂虫病发病和致死的主要原因，受感染的白细胞通常黏附于血管内，阻塞血管。这些"疟原虫栓"会导致局部缺血和组织坏死。

裂殖体感染的白细胞破裂并释放梨浆虫（裂殖子），梨浆虫感染红细胞。虫血症（红细胞内梨浆虫）平均在1%～4%的范围内无害，但也有较高的报道（大于10%）。急性感染时，检测到裂殖子感染的红细胞是可变的，这与体温上升、白细胞下降有关。病愈后的动物仍长期带虫，试验证实有的猫对再次感染产生免疫力。可通过接种裂殖子感染的红细胞来复制慢性虫血症模型，患有慢性虫血症的猫无明显症状，但对孢子体/裂殖体再次感染没有免疫力，这表明家猫在该虫裂殖生殖的组织期建立免疫。

【临床表现与病理变化】 经蜱传播感染胞裂虫病的猫，在5～14 d（平均大约在10 d）后，出现临床症状。非特异性的症状有精神沉郁、嗜睡、厌食。体格检查常伴有发热和脱水体征，体温高达41℃。其他表现包括黄疸、淋巴结肿大和肝脾肿大等症状。病危时，猫一般体温降低、呼吸困难、痛苦嚎叫，如不进行治疗，高热后2～3 d内死亡。

尸体剖检可见肝肿大、脾肿大、淋巴结肿大、肾水肿、肺水肿。浆膜表面和间质有出血点，伴有静脉扩张，尤其是肠系膜静脉、肾静脉和后腔静脉。心包积液及心外膜点状出血。

首次报道猫胞裂虫感染时，死亡率接近100%。但在美国西北部阿肯色州和东北部俄克拉荷马州的一项研究表明，18只自然感染胞裂虫且存活的猫，在治疗和未经治疗的情况下，起初身体比较虚弱，体温不超过41℃，无低体温出现，在其他地区也有过类似报道。对这些幸存猫存在一些假设，包括非典型的感染途径、先天免疫、增加的传播媒介、新病毒毒力的降低、菌株的减少、传染性接种的剂量以及治疗的时间和类型等。

【诊断】 在疾病感染后期CBC常见的异常，包括伴有有毒中性粒细胞的白细胞减少症、具有正常红细胞的血小板减少症以及正色素性贫血。常见的生化异常有高胆血红素症和低蛋白血症，但这些异常可能会有所不同，这取决于寄生血栓、缺血性组织坏死对器官系统的影响。此外，少见肝酶浓度增加和氮质血症。

通过显微镜观察梨浆虫或裂殖体可作出快速诊断。血涂片镜检时梨浆虫是可变的，这与体温升高及死前1～3 d出现的典型症状有关。据报道，从微静脉（耳缘静脉）采血制备的血涂片具有更高的灵敏度。制备良好的血涂片，经染色后（瑞氏姬姆萨染色、姬姆萨染色、Diff-Quik染色），镜检可见到1%～4%的裂殖子或更高（大于10%）。梨浆虫具有多种形态，如圆形、椭圆形、梨形、双核形以及杆状，其中圆形（直径为1.0～2.2 μm）和椭圆形［（0.8～1.0）μm×（1.5～2.0）μm］较为常见，其虫体中央苍白，在其一边具有红色的轮状弯月形小核。当虫血症大于0.5%，可见马耳他交叉和成对的梨形。仔细观察，需要排除猫亲血支原体、毫-若小体、色斑沉淀以及水点的干扰。

裂殖体组织期在红细胞形成阶段之前形成，有时可能在外周血涂片上观察到裂殖体，特别是在血涂片的边缘，可能被误认为是大的血小板凝集。镜检血涂片，若红细胞内无梨浆虫和裂殖体，可用细针对外周淋巴结、脾脏或肝脏进行穿刺取样，确定其是否存在裂殖体。含有虫体的巨噬细胞直径为15～250 μm，有独特的卵形核，其卵形核较为突出且大，具有暗色的核仁。胞质通常含有大量且小的深色嗜碱性颗粒，该嗜碱性颗粒代表裂殖子的形成。

北卡罗来纳州立大学的虫媒疾病诊断实验室，在用上述方法看不到虫体的情况下，应用PCR方法进行诊断，该方法具有更高灵敏度和特异性，可应用于观察不到虫体的疑似病例，也可进行梨浆虫或裂殖子的鉴别。

【治疗与控制】　过去曾经尝试使用各种抗寄生虫药治疗本病，但效果不佳［如帕伐醌（parvaquone）、布帕伐醌（buparvaquone）、三甲氧苄氨嘧啶（trimethoprim）、磺胺嘧啶、硫肿氨纳］。使用三氮脒（美国禁用）或咪唑苯脲二丙酸盐（2 mg/kg，肌内注射，每间隔3～7 d注射2次）对7只猫治疗，有6只猫成功治愈。最近，有关本病的一系列病例（n=22）报道称，使用阿托夸酮（atovaquone）（15 mg/kg，口服，每日3次，连用10 d）和阿奇霉素（10 mg/kg，口服，每日1次，连用10 d）并结合辅助疗法，64%的猫得到治愈。

辅助疗法包括静脉输液和皮下注射肝素（100～200 U/kg，每日3次）。也可通过食管或鼻-食管饲管饲喂营养物质，该方法有利于口服药物吸收［如阿托夸酮（atovaquone）和阿奇霉素］。必要时应给予输氧及输血。在不发热的情况下，可使用消炎药物治疗，但患病猫伴有氮血症或脱水时，禁止使用非类固醇消炎药。诊断完成，治疗也随之开始，应给予最小的应激和处理。该病恢复比较缓慢，如退热一般需5～7 d，临床痊愈需要2～3周（包括血液和生化指标的恢复）。如果病愈动物内仍存在病原体，则还可能会成为传染源。

灭蜱可预防胞裂虫病，但也有猫发病。最好的预防方法是让猫远离蜱经常活动的区域。

四、附红细胞体

（一）概述

黏附红细胞的寄生虫原先认为是血巴尔通体属（Haemobartonella）和附红细胞体属（Eperythrozoon），将其分类为立克次体，但后来对该虫体16S rRNA基因序列进行分析，发现它们系统发育与支原体属成员更为接近。该虫体因描述不完全而划为暂定种，需重命名。附红细胞体在全球广泛感染各种脊椎动物，它们具有相似的特征和形态学特点，其体形多样，为革兰氏阴性菌，无细胞壁，不能在宿主体外培养。可吸附于红细胞表面，但不穿透细胞。

在兽医学上有几种附红细胞体非常重要（表1-4）。这些寄生虫能引起溶血性贫血，抗生素治疗后患病动物仍携带病原体。当动物受到应激或免疫功能低下将会复发虫血症。

表1-4　兽医学几种重要的附红细胞体

动物种类	附红细胞体
犬	支原体属犬亲血支原体（Mycoplasma haemocanis）［以前叫犬血巴尔通体（Haemobartonella canis）］ 支原体暂定种　犬亲血性支原体
猫	支原体属猫亲血支原体（Mycoplasma haemofelis）［以前叫猫血巴尔通氏体（Haemobartonella felis）］ 支原体暂定种　猫亲血支原体
猪	支原体属（附红细胞属）猪支原体［Mycoplasma（Eperythrozoon）suis］ 附红细胞属短小棒状杆菌（Eperythrozoon parvum）（也需要重命名）
牛	支原体属（附红细胞属）温氏附红细胞体［Mycoplasma（Eperythrozoon）wenyonii］
绵羊和山羊	支原体属（附红细胞属）绵羊支原体［Mycoplasma（Eperythrozoon）ovis］
马驼和羊驼	支原体暂定种　马驼和羊驼亲血支原体

【传播】　附红细胞体可通过血液（输血或使用污染的针头、手术器械、管理牛羊设备）或虱、蝇、蜱、蚊子等节肢动物传播。在猫、猪和骆驼中有过母畜-仔畜垂直传播的报道。猫的直接传播可能与打斗有关，研究表明受感染猫的唾液、牙龈、爪垫中存在附红细胞体的DNA，证实了该种可能。

【临床表现】　附红细胞体能引起溶血性贫血，但贫血程度有很大差异。通常健康成年动物感染无明显临床症状。脾切除、免疫功能降低、与其他疾病并发（如猫白血病或猫免疫缺陷病）或者多种附红细胞体混合感染时，会引发较严重的急性贫血。猫亲血支原体除外，本支原体可导致健康猫的急性溶血性贫血，该种贫血较为严重，有时可能危及生命。猫感染亲血支原体会出现嗜睡、厌食、发热、脾肿大等典型的临床症状，但较少发生黄疸。

脾切除的犬感染犬亲血支原体会引起急性溶血，但在健康的犬上感染通常无症状。猪支原体感染会引起新生仔猪、架子猪和妊娠母猪溶血性贫血，伴有黄疸。该支原体慢性感染会导致猪生长缓慢、妊娠率降低、繁殖障碍以及产奶量下降。牛感染温氏附红红细胞体通常无临床症状，但初产小母牛会出现乳房炎综合征、后肢水肿、产奶量降低、发热、淋巴结肿大，不发生贫血。绵羊和山羊感染绵羊支原体，通常无症状，但是羔羊会发生溶血性贫血，尤其是含有大量肠道蠕虫的羊，慢性感染会导致患病羊体重增加缓慢、运动障碍、羊毛产量降低以及轻度贫血。骆驼感染附红细胞体会引起幼龄骆驼严重的溶血性贫血。

附红细胞体感染会导致血管外溶血而引起再生性贫血。猫亲血支原体感染可能会引起红细胞凝集，库姆斯试验显阳性。脾切除且伴有急性溶血的犬，感染犬亲血支原体可能会出现凝集反应、球形红细胞增多症、库姆斯试验呈阳性。寄生虫严重感染的猪、羊、马驼和犊牛中，会因细菌消耗葡萄糖引起低糖血症，但体外细菌快速糖酵解也可引起血糖浓度下降。

【诊断】　以往可通过瑞氏染色的血涂片观察病原体确诊本病，在血涂片上会出现小的（0.5～3 μm）嗜碱性虫体，其形状有圆形、棒状以及圆环结构。该虫体单独或成链存在于红细胞上，在血涂片背景上也可观察到。然而，慢性感染时，虫血症具有周期性，虫体可在短短2 h内消失。此外，含有EDTA的血液中附红细胞体会从红细胞上分离并死亡，这干扰了样品的检测。目前，PCR具有较高的灵敏度，可对附红细胞体不同种类进行检测分析，提高了寄生虫的诊断水平，并可鉴定新的支原体物种。

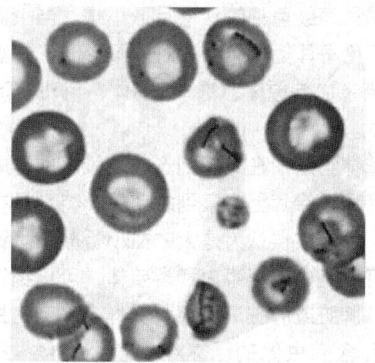

图1-4　感染犬亲血支原体的犬血液涂片

小的嗜碱性球菌单独或成链状附在红细胞表面。红细胞多染色性表明再生性贫血（罗氏染色）。（由Robin Allison博士提供）

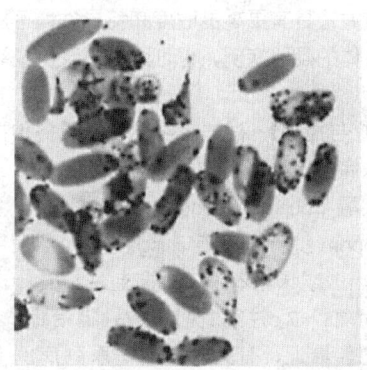

图1-5　感染附红细胞体的乌鸦血液涂片

可见大量小的嗜碱性球菌和环形生物体黏附在红细胞表面，少数游离在背景中（罗氏染色）。（由 Robin Allison博士提供）

【治疗与控制】　对于急性感染病例，可依靠四环素类抗生素（强力霉素、土霉素）治疗。恩氟沙星和马波沙星可有效治疗猫亲血支原体感染。严重溶血时，糖皮质激素可有效降低吞噬红细胞作用，一些动物也可能需要输血治疗，供血动物的血液应经过PCR方法筛选其有无病原体DNA，以避免传染给受血动物。治愈后动物仍带虫，并可周期性复发。使用严格消毒的针头与器械可以避免医源性传播，也可控制节肢动物使牛群与羊群的生活环境应激降到最低点。

人兽共患病的风险：除绵羊支原体感染绵羊与山羊及"支原体暂定种马驼和羊驼亲血支原体"感染马驼和羊驼外，附红细胞体的感染均具有种属特异性。有报道表明，人源的附红细胞体病来自中国内蒙古自治区，但是还无证据让人信服。然而，另据报道，通过分子生物学方法，可证实免疫力低下的人群中有附红细胞体的感染。最近的一份报告表明，艾滋病病毒阳性患者混合感染了巴尔通体属汉氏巴尔通体和附红细胞体（基因与猫亲血支原体类似）。该病人饲养过5只猫并多次被猫抓伤和咬伤。经PCR检测发现，5只猫均被巴尔通体感染，其中2只感染猫亲血支原体，这表明，附红细胞体病具有人兽共患的可能性。

（二）猫传染性贫血

附红细胞体可以引起猫的猫传染性贫血（FIA），以前认为是血巴尔通氏体病。大部分病例均为野外公猫。猫亲血支原体（M. haemofelis）[以前认为是俄亥俄菌株猫血巴尔通氏体（Haemobartonella felis）或大型猫血巴尔通氏体]是引起FIA最主要的病原微生物，该病原体可导致免疫功能正常的猫发生溶血性贫血。在所有猫科物种中，支原体暂定种猫亲血支原体（M. haemominutum）（以前认为是加利福尼亚菌株猫血巴尔通氏体或小型猫血巴尔通氏体）是最常见的附红细胞体，但该支原体与免疫功能正常的猫发病没有明确的相关性。在血涂片上还没有发现支原体暂定种猫亲血支原体（M. turicensis），其致病性尚不清楚。这两种病原体均可诱导患有免疫抑制性疾病的猫发生贫血，如猫白血病病毒感染。

猫亲血支原体感染的潜伏期为2～30 d，引起贫血，有些猫的PCV呈周期性变化，同时血涂片上出现大量病原体。未经治疗的猫，急性期持续3～4周，此后虽然PCV正常或接近正常，但体内仍存在慢性感染。当慢性感染携带病原的猫患有衰竭性疾病、受到应激以及接受免疫抑制疗法时会复发贫血。

任何贫血的猫都有可能患有传染性贫血。临床症状的严重程度与贫血发病速度密切相关。临床表现为虚弱、黏膜苍白、呼吸急促、心动过速，有时会出现死亡。急性病例可出现发热，濒死猫可能体温降低。其他体格检查伴有心脏杂音、脾肿大、黄疸等异常。在慢性感染或病程较长的病例中，体温正常或偏低、虚弱、精神沉郁、体重减轻或消瘦。

实验室检查可见中度至明显的再生性贫血，有核红细胞数升高、红细胞多染色性、红细胞大小不均、Howell-Jolly小体、网状红细胞增多等异常。血液感染寄生虫7～14 d后，库姆斯试验结果呈阳性，该结果贯穿整个急性期，但慢性感染携带病原的患猫，其检测结果呈阴性。

以往实验室检测猫亲血支原体的方法，是在光镜下观察外周血中是否存在病原体，但在急性病例中，仅有一半以下的概率能观察到虫体。一些实验室使用PCR法检测，与血涂片相比具有更高的灵敏性和特异性。与其他附红细胞体种类相比，通过PCR方法检测猫亲血支原体具有更重要意义（如支原体暂定种猫亲血支原体），因为其他两种与猫的贫血无太大的相关性。

如果不进行治疗，患病严重的猫1/3会死亡。治疗方法包括辅助疗法与特异疗法，辅助疗法包括输氧与输血，特异疗法使用强力霉素治疗（10 mg/kg，口服，每日1次，至少连用2周）。由于潜在的食管炎和食管狭窄，在服用盐酸强力霉素后，应迅速口服几毫升水；可用恩诺沙星代替盐酸强力霉素（每日5 mg/kg，口服）。对于PCR呈阳性的健康猫，目前不建议用药物治疗，这是因为尚无有效方法将病原体从感染动物体内完全清除。利用糖皮质激素可抑制免疫介导引起的红细胞损伤，其使用剂量存在争议，不过可以用于猫，但是该方法不能作为单独的抗菌疗法使用或治疗原发性免疫介导的溶血性贫血。

五、欧洲肝簇虫病与美洲犬肝簇虫病

【病原、流行病学与传播途径】　该病经蜱传播，由原生生物犬肝簇虫（Hepatozoon canis）引起野生及家养肉食动物感染。目前尚不清楚感染野生或家养的猫科动物的病原体是犬肝簇虫还是其他肝簇虫（Hepatozoon）引起。肝簇虫病通过棕色犬蜱——牛蜱属血红扇头蜱传播。在20世纪90年代后期，北美患犬表现出独特的临床症状表明：与世界的其他地区相比，由不同肝簇虫菌株或物种引起的该病，主要可能发生在北美。该种情况在1997年得到证实。在北美，该病由美洲肝簇虫（H. americanum）引起，经海岸蜱——花蜱属斑点花蜱（Amblyomma maculatum）传播而不是棕色犬蜱。因此，在北美该病现在作为一种单独的疾病，称为美洲犬肝簇虫病。

肝簇虫病的传播方式与传统蜱传播疾病的典型方式不同。该病原体首先感染终末宿主蜱，然后由中间宿主犬摄取（或其他脊椎动物），引起犬肝簇虫和美洲肝簇虫感染。在蜱血腔中成熟卵囊释放出子孢子，通过肠道进入脊椎动物。犬也可能通过摄入含有包囊体的转续宿主（转运宿主）而感染美洲犬肝簇虫病，该包囊体为静止期美洲肝簇虫。试验表明，囊殖子引起的感染，能导致犬摄入孢子化卵囊所表现出的相同的临床症状。目前尚不清楚犬肝簇虫是否具有相似的感染途径。

在世界许多地区（印度、非洲、东南亚、中东、南欧及太平洋和印度洋岛国），患有肝簇虫病的犬，一般呈现亚临床感染或仅表现轻微的临床症状。在这些地区当并发症或其他因素引起免疫抑制时，动物会表现出明显的临床症状。但在美国，在无免疫抑制及其他并发症存在的情况下，美洲犬肝簇虫病也会引起更严重的临床症状。

美洲犬肝簇虫病是一种新的疾病，主要在得克萨斯海湾东部和北部传播，最初发现于1978年。该寄生虫的分布与海岸蜱分布一致。大多数病例发生在美国得克萨斯州（主要是墨西哥湾沿岸）、俄克拉荷马州和路易斯安那州。亚拉巴马州也报道过多起。远东的田纳西州、佐治亚州和佛罗里达州也有该病的报道。在不同的地理位置如加利福尼亚州、华盛顿州和佛蒙特州也有零星的病例报道，上述地区发病可能是由于流行病区的犬迁移到该地区所致，因为海岸蜱不可能定居到如此远的地方。在美国中部地区和南部地区也发现美洲肝簇虫，这与该地区存在斑点花蜱（*A. maculatum*）有关，已经在美国南部地区证实，花蜱属卵圆花蜱（*Amblyomma ovale*）是犬肝簇虫的传播媒介。分子遗传表明，在北美洲犬肝簇虫的感染比以往更为常见，而现在新大陆美洲犬肝簇虫病仍是更严重、更为常见。

试验表明，4月龄以上的犬对犬肝簇虫感染具有抵抗力，而美洲肝簇虫会引起成年犬严重的临床症状。美洲肝簇虫比犬肝簇虫引起的临床症状更为明显。因此，本章以下内容主要描述的是美洲犬肝簇虫病。

【临床表现】 肝簇虫病原体的组织相，特别是美洲肝簇虫，会引起脓性肉芽肿炎症，从而导致临床症状。但其临床症状可能具有间歇性，包括发热、沉郁、消瘦、体况不良、肌肉萎缩、肌痛、僵硬、后肢无力，眼常见黏脓性分泌物，偶尔出现血性腹泻。但犬的食欲正常，如果直接将食物放置其面前，病犬一般不会移动食物，这与剧烈的疼痛有关。在椎旁区域体格检查时，表现出严重的感觉过敏和疼痛，如颈椎、关节或全身疼痛；感觉过敏表现为肢体僵硬，不愿移动，颈和/或躯体僵硬。临床症状主要为发热，体温在39.3～41.0℃波动，用抗生素治疗无效，会出现肾小球肾炎与淀粉样变性等长期后遗症。

【诊断】 实验室检查可见中性粒细胞增多，计数范围为$2.0 \times 10^{10} \sim 2.0 \times 10^{11}$个/L。中性粒细胞增多较明显，出现核左移，可见轻度至中度的正细胞正色素非再生性贫血。血小板升高、碱性磷酸酶轻度升高、血白蛋白减少以及肌酸激酶（CK）升高。有报道称会出现低血糖现象，这种现象可能与体外采样误差有关，样品中大量的白细胞引起葡萄糖消耗增加。X线检查可见所有的骨骼（包括头骨和椎骨）均出现骨膜反应。患有美洲犬肝簇虫病的动物骨膜反应与肥大性骨关节病类似，但多为长骨近端发生病变，而不是远端。骨病变的生理基础尚不明确。

该病可观察外周血白细胞有无病原体配子体（用罗曼诺夫斯基氏染色法），肌肉活组织检查有无包囊、分裂体或脓性肉芽肿进行确诊。还可以通过使用

美洲肝簇虫子孢子的血清抗体进行确诊。在一些犬中，需要多次或连续肌肉活组织检查观察病原体确诊。虽然实验室已经建立血清学诊断方法（用ELISA法检测美洲肝簇虫子孢子的抗体），但无法用于常规诊断。奥本大学和北卡罗莱纳州立大学，能提供PCR诊断检测肝簇虫病。试验证明，在北美由犬肝簇虫引起的典型肝簇虫病比先前所知的要更为常见。此外，根据被感染犬的18S rDNA序列的变化，对犬肝簇虫病提出了新的看法。犬患该病可能由更多菌株引起，这些物种间的致病性和/或生活史存在差异。

【治疗】 肝簇虫病是犬的终身性感染疾病，无有效方法完全清除体内病原体。以往对该病治疗效果不佳，大多数犬暂时好转，在3～6月内频繁复发，患病动物2年内死亡。目前，可通过联合治疗（简称TCP）来缓解临床症状，可应用三甲氧苄啶胺嘧啶-磺胺嘧啶（15 mg/kg，口服，每日2次）、克林霉素（10 mg/kg，口服，每日3次）、乙胺嘧啶（0.25 mg/kg，口服，每日1次）治疗，连续用药14 d。但这些药物只能起到缓解效果，犬在2～6个月内还会经常复发。可使用癸氧喹酯（大型动物抗球虫药）进行辅助治疗，临床上效果较好。癸氧喹酯虽不能彻底治疗该病，但在临床上可以预防该病的复发，因此该药作为TCP疗法，可改善临床症状。癸氧喹酯的推荐剂量为10～20 mg/kg，口服，每日2次，连服2年。患病犬使用TCP疗法治疗后，每日再服用癸氧喹酯，可见明显的好转。

此外，以往常用的治疗方法是双脒苯脲二丙酸盐（5 mg/kg，皮下注射，1次），双脒苯脲二丙酸盐（6 mg/kg，皮下注射，每14日1次）与四环素（22 mg/kg，口服，每日3次，连用14 d）或抗球虫药妥曲珠利（5～10 mg/kg，皮下注射或口服，每日1次，服用3～5 d或5 mg/kg，口服，每日2次，连服4 d）联合使用。双脒苯脲的治疗效果与疾病的严重程度、发生地理位置有关，主要是因为引起发病的病原体菌株不同，该药对其治疗效果存在差异。据报道，妥曲珠利有良好的初期临床治疗效果，但仍没有证据表明该药物能有效清除肌肉中的卵囊，犬肝簇虫病还会复发。

非类固醇类消炎药（NSAID）是治疗发热、疼痛最有效的药物，尤其是在TCP治疗的初期。该病应避免使用糖皮质激素，类固醇虽然可以暂时缓解症状，但长时间使用可能会使病情加重。

控制肝簇虫病的最有效方法是防止犬与蜱接触及捕食蜱。犬捕食或摄入蜱会增加患病风险。因为蜱可以感染皮肤并释放子孢子，蜱中含有包囊（至少在有美洲肝簇虫的情况下），也是该病的病原体。因此犬捕食蜱会诱发犬肝簇虫感染的双重风险。

肝簇虫病是否具有人兽共患病的危险性尚不明确。

六、血吸虫病

在非洲和亚洲，血吸虫病常感染牛，其他家畜罕见。血吸虫作为主要的病原体，可在所嗜环境下密集传播，流行地区多为隐性感染。隐性感染发病率高，长期影响动物的生长和繁殖，造成严重的经济损失。隐性感染也增加了动物对其他寄生虫或细菌性疾病的易感性。

血吸虫为裂体科裂体吸虫属（*Schistosoma*）。血吸虫成虫专性寄生于脊椎动物的血管系统。雌雄异体，雌虫较雄虫细长，雄虫体自腹吸盘以下由两侧向腹面卷曲，形成一纵行沟槽状构造，雌虫居于此沟中，称抱雌沟。

据报道，有19种血吸虫可自然感染动物，其中7种可感染反刍动物，因其在兽医学上具有重要临床的意义而备受关注，如梅氏裂体吸虫（*S. mattheei*）、牛裂体吸虫（*S. mattheei*）、柯拉松血吸虫（*S. curassoni*）、水牛裂体吸虫（*S. spindale*）、印度裂体吸虫（*S. indicum*）、鼻腔裂体吸虫（*S. nasale*）以及日本裂体吸虫（*S. japonicum*）。梅氏裂体吸虫分布于非洲南部，南非开普省、北至坦桑尼亚和赞比亚。牛裂体血吸虫分布于地中海地区和中东地区、刚果南部、非洲北部、西部和东部（埃及除外）向南延伸到中央安哥拉，赞比亚北部可能存在。柯拉松血吸虫分布于塞内加尔、毛里塔尼亚、马里、尼日尔和尼日利亚。水牛裂体吸虫分布于印度、斯里兰卡、印度尼西亚、马来西亚、泰国和越南。印度裂体吸虫分布于印度次大陆。鼻腔裂体吸虫分布于印度、斯里兰卡、孟加拉国和缅甸。据报道，不明裂体吸虫分布于印度、泰国、印度尼西亚。日本血吸虫流行于远东地区的几个国家。

可通过观察虫卵的形态（大小和形态）来区分血吸虫。不同物种间也可通过分类特征进行区分，例如血吸虫的形态（成虫）、生活史、行为特征、染色体、宿主特异性以及酶与DNA。一些物种可在他们共存区域相互作用，也有过种间杂交的报道。例如，寄生于牛的梅氏裂体吸虫感染人时，可与寄生于人的埃及裂体吸虫进行杂交。

【生活史、传播途径与流行病学】 血吸虫寄生于宿主的肠系膜静脉和肝门静脉中（鼻腔裂体吸虫除外，该虫寄生在鼻腔静脉），以血液为食，主要在门静脉终端和结肠内产卵。随粪便排出的虫卵必须进入水中，才能孵化逸出毛蚴，毛蚴在水中遇到适宜的中间宿主螺类即钻入其体内，经过母胞蚴、子胞蚴发育为尾蚴。尾蚴成熟后从螺体逸出，可在水中活动几个小时。反刍动物的皮肤与尾蚴接触，或饮用含有尾蚴的疫水均会发病。侵入皮肤后，尾蚴即发育为童虫，随淋巴液与血液移行到达所嗜部位。血吸虫的潜隐期与寄生虫的种属有关，但一般是45～70 d。

牛血吸虫病感染具有间断性，依赖于中间宿主螺、感染水平以及与疫水的接触频率。在有利条件下，牛感染率可达到40%～70%或更高。

据证实，牛感染血吸虫病会产生获得性免疫，抑制血吸虫虫卵的发育。对自然感染动物调查表明，患病动物虽对再次感染具有部分抵抗力，但血吸虫的获得性耐药性对疾病的感染强度也有影响。

【临床表现与病理变化】

（1）**内脏血吸虫病** 在流行病区的内脏血吸虫病多数是隐性感染，牛群具有高患病率，表现轻度至中度的虫卵感染。尽管内脏血吸虫病在短期内有很少或无临床症状，但由于慢性内脏血吸虫病的高患病率，对家畜生长及繁殖会产生潜在影响，增加家畜对其他寄生虫和细菌性疾病的易感性，从而给畜牧业带来巨大的经济损失。

据报道，梅氏裂体吸虫、牛裂体吸虫以及水牛裂体吸虫偶尔会引起临床肠内血吸虫病暴发。流行病区，该病会引起幼畜及成年动物较重的原发性感染。临床症状有腹泻、消瘦、贫血、低蛋白血症、高球蛋白血症以及虫卵排泄后嗜酸性粒细胞显著增多。感染严重的动物病情急剧恶化，一般在几个月内死亡。轻度感染的牛会转为慢性感染，导致动物体生长发育迟缓。

在肠型和肝型分体吸虫病中，成年血吸虫寄生于门静脉，肠系膜、肠黏膜下层和肠浆膜下层的静脉中，但血吸虫病的主要病变与虫卵有关，肠型分体吸虫虫卵穿过肠壁引起病变，肝型分体吸虫在组织中可见虫卵周围形成肉芽肿，其他病变还包括肝脏中度肿大、门静脉增生、整个肝脏周围形成淋巴样小结和滤泡。许多慢性病例出现门静脉周围纤维化，肠道内形成大量的肉芽肿。严重感染时肠黏膜可见大量出血点、弥漫性出血，在肠腔内可见大量变色的血液。寄生血管会出现扩张、屈曲。此外，严重感染动物的肺、胰腺、膀胱等器官也会出现血管病变。

（2）**鼻腔裂体吸虫病** 鼻腔裂体吸虫寄生于鼻腔内，呈菜花状生长，引起鼻腔部分阻塞、呼吸时伴有鼾声。本病特征是鼻黏膜出血或/黏脓性鼻涕。鼻黏膜血管中可见成虫。但主要病变与虫卵有关，可引起鼻黏膜脓肿，当脓肿破裂时，虫卵逸出使鼻腔内充满脓液，引起鼻黏膜广泛纤维化。此外，鼻腔中出现大的肉芽肿，堵塞鼻腔导致呼吸困难。

【诊断】 内脏血吸虫病不能通过症状和病史与其

他衰弱性疾病区分，但可通过检测患病动物粪便是否存在虫卵以及虫卵的鉴别进行确诊。尸体剖检时，可使用低倍镜观察肠系膜静脉有无成虫来确诊。也可通过显微镜检查肠黏膜刮取物或研碎的肝组织有无虫卵。

牛裂体吸虫与梅氏裂体吸虫的虫卵均为纺锤形；水牛裂体吸虫虫卵细长，一侧扁平；鼻腔裂体吸虫虫卵呈回旋镖形状；而日本血吸虫的虫卵呈较小的椭圆形，在其一侧有一个小棘。

慢性感染动物粪便中一般仅有少量的虫卵排泄，可用定量毛蚴孵化技术检测，该方法灵敏度高，且可观察到粪便中排泄的虫卵活性。

【治疗与控制】 吡喹酮（*praziquantel*）（25 mg/kg）治疗血吸虫病有很好效果，每间隔3～5周给药2次。然而由于实用性与经济的原因，家畜很少治疗。仅在中国，患病家畜常成为人感染的重要贮存宿主，因此吡喹酮被广泛使用。

在流行病区，控制牛血吸虫病的最有效方法是严禁动物接触或饮用疫水，提供清洁的饮用水，但在一些以管理为准的游牧地区比较困难。其他控制方法还有：在流行病区消灭中间宿主螺类，可利用化学和生物学方法灭螺或土埋灭螺法。也可采用生态措施改变螺类的生存条件进行灭螺，如排水、清除水草和增加水流量等。这些措施不仅能够控制血吸虫病的传播，也能控制发生在同地且以水中螺类为中间宿主其他吸虫的传播，如片形吸虫属大片形吸虫（*Fasciola gigantica*）与前后盘吸虫（*Paramphistomum*）。

七、泰勒焦虫病

泰勒焦虫病以泰勒虫属泰勒虫（*Theileria*）为病原体，蜱为传播媒介。在欧洲，大量家畜与野生动物感染泰勒焦虫病。环形泰勒虫（*T. annulata*）和小泰勒虫（*T. parva*）主要感染牛，引起东半球热带和亚热带地区的牛大量死亡。莱氏泰勒虫（*T. lestoquardi*）、吕氏泰勒虫（*T. lowenshuni*）、尤氏泰勒虫（*T. uilenbergi*）可感染绵羊，具有高死亡率。

泰勒虫属与巴贝斯原虫属均为梨浆虫目，巴贝斯原虫属主要寄生在红细胞，而泰勒虫属相继寄生于哺乳动物的白细胞与红细胞完成生活史。具有感染性的子孢子，可在蜱吸血时随蜱的唾液传给宿主。子孢子侵入白细胞并在几日内形成裂殖体，大多数泰勒虫属病原体（如环形泰勒虫和小泰勒虫）的繁殖阶段，主要在宿主的白细胞内进行，但也有少数在红细胞内。致病性泰勒虫裂殖体阶段的发育可引起宿主白细胞的分裂，随着分裂受感染细胞不断增多，且随血液移行遍布整个淋巴系统。感染后期，一些裂殖体进行裂殖

生殖，释放裂殖子感染红细胞，形成梨浆虫。蜱以患病牛血液为食，摄取受感染的红细胞，叮咬其他牛时开始新的一轮传播感染（间歇性传播）。不像巴贝斯原虫属经卵传播，本病的流行与蜱的地理分布相一致。在一些流行地区，本地牛具有一定程度的先天性抵抗力，这样的牛群死亡率相对低，但新引入牛易患病。

（一）东海岸热

东海岸热是牛的一种急性疾病，动物常有高热、淋巴结肿大、呼吸困难、死亡率高等特征。病原体为小泰勒虫，在非洲东部和中部较为严重。

【病原与传播】 小泰勒虫的子孢子可通过扇头蜱属非洲扇头蜱（*Rhipicephalus appendiculatus*）在牛体吸血时注入牛体内。根据临床症状与流行病学参数，可知小泰勒虫有3种亚型，但也有可能不是真正的亚种。小泰勒虫变种（*T. parva*）与牛小泰勒虫（*T. parva bovis*）主要在牛之间传播。小泰勒虫变种具有高致病性，可引起高死亡率，而牛小泰勒虫致病力较弱。水牛是小劳伦斯氏泰勒虫（*T. parva lawrencei*）的宿主，该虫具有高致病性，但无梨浆虫时期，不能通过患病牛进行传播。

【发病机制，临床表现与诊断】 感染的淋巴细胞在淋巴结涂片姬姆萨染色检出之前，有5～10 d的隐性感染期，随后感染的淋巴细胞数目急剧增加，并遍布整个淋巴系统中，约从14 d后可观察到细胞发生裂殖增殖，这与大量的淋巴细胞裂解、明显的淋巴损耗以及白细胞减少有关。小裂殖子感染的红细胞中梨浆虫可能有不同形状，但典型的虫体呈杆状或椭圆形。

该病的临床症状随感染程度不同而异，有隐性、中度、重度以及死亡。一般情况下，由蜱叮咬感染后7～10 d出现高热稽留，体温最高可达到42℃。淋巴结肿大变得明显，遍及全身淋巴结。淋巴结活检，经姬姆萨染色后，可见淋巴母细胞中出现多核裂殖体。患病动物出现厌食、迅速消瘦、流泪以及流鼻液。发病后期出现呼吸困难。濒死前体温急剧下降，鼻孔流出肺脏渗出液。该病多在发病后的18～24 d死亡。尸检剖检可见淋巴结肿大、肺脏水肿和充血。多数器官的浆膜和黏膜表面出现大量的出血点，有时淋巴结和胸腺会伴有明显的坏死灶。贫血不能作为诊断的依据（巴贝斯原虫病也如此），因为寄生虫在红细胞中分裂极小，不会大量破坏红细胞。

痊愈后的动物对该种菌株具有抵抗力，但会被一些异源性菌株感染。大多数痊愈或免疫后的动物仍是带虫体。

【治疗与控制】 临床早期采用帕伐醌（parvaquone）及其衍生物布帕伐醌类药物治疗，具有很好的疗效。

但病程后期出现淋巴和造血组织大面积毁坏时，该种药物效果不明显。牛可以采用免疫疗法防治小泰勒虫感染，该方法在一些区域具有可行性，被广泛接受。本疗法可联合使用冻干粉与单一剂量的长效土霉素，冻干粉是由感染蜱中分离的泰勒虫属菌株子孢子制备而成，虽然土霉素在发病后起不到治疗效果，但在感染初期可抑制寄生虫生长。牛应在进入疫区前3~4周内进行免疫。含有小泰勒虫和环形泰勒虫裂殖体的牛细胞，可在体外连续培养成细胞系，以环形泰勒虫为例，几千个体外培养细胞可诱发牛感染，经传代培养制成弱毒疫苗，已经被以色列、伊朗、印度和前苏联地区等应用。

可通过防止蜱与动物接触来降低东海岸热的发病率，但在一些地区，该方法因高频杀蜱所需要成本较高而不可行。

（二）热带泰勒焦虫病

环形泰勒虫可引发热带泰勒焦虫病，广泛分布在北非、地中海沿岸、中东、印度、前苏联地区和亚洲。通过璃眼蜱属的几种蜱虫进行传播。环形泰勒虫的致死率高达90%，但菌株不同其致病性也不同。其传染动力学和主要临床表现与小泰勒虫相似，但与东海岸热不同，贫血是该病的常见症状。特征性症状还包括发热、体表淋巴结肿大。如果该病进一步恶化可见病畜迅速消瘦。裂殖体和梨浆虫在形态上与小泰勒虫相似。患病动物痊愈后具有免疫力。治疗与防控与东海岸热相同。

（三）其他牛源泰勒焦虫病

东方泰勒类由东方泰勒虫（*T. orientalis*）、水牛泰勒虫（*T. buffeli*）和瑟氏泰勒虫（*T. sergenti*）组成，分布于世界各地。这些寄生虫通过血蜱属的蜱进行传播。该类寄生虫的梨浆虫比小泰勒虫和环形泰勒虫大，且通过红细胞分裂进行繁殖。该病死亡率低，尤其本地牛，但感染后会导致患病动物渐进性慢性贫血。

突变泰勒虫（*T. mutans*）和附膜泰勒虫（*T. velifera*）发现于非洲，通过花蜱属的蜱虫进行传播，

在红细胞内分裂进行繁殖。其梨浆虫从形态学上不能与东方泰勒虫和斑羚泰勒虫（一种寄生于非洲大羚羊和牛体内的寄生虫）相区别，但可通过间接荧光抗体等血清学试验和DNA技术加以区别。一些突变泰勒虫菌株同样具有致病性。此外，混合感染可增加小泰勒虫的致病性。

（四）绵羊与山羊泰勒焦虫病

莱氏泰勒虫（曾叫山羊泰勒虫）能引起绵羊和山羊发病，与环形泰勒虫引起奶牛发病很相似。莱氏泰勒虫可通过璃眼蜱属的蜱虫进行传播，且与环形泰勒虫的地理分布相似。死亡率接近100%。肿大的体表淋巴结组织涂片经姬姆萨染色后，很容易观察到裂殖体。

近年来已证实，泰勒虫属中的两类吕氏泰勒虫和尤氏泰勒虫，可引起中国的绵羊多种疾病。这两种寄生虫从形态学上无法区别且引起疾病相似，但是可通过DNA检测技术加以区别。由血蜱属的蜱虫进行传播，在多个组织中可见裂殖体，与其他泰勒虫裂殖体相比，出现较晚且数量较少。可在红细胞中检测到梨浆虫。已从引入流行地区的易感动物群中观察到，发病率和死亡率高达65%（吕氏泰勒虫）和75%（尤氏泰勒虫）。感染动物出现持续高热和贫血。

一些不具有致病性的泰勒虫如绵羊泰勒虫同样广泛分布，其梨浆虫是多形态的。

1998年，经DNA分析和其他生物学数据，人们将马巴贝斯原虫重命名为马泰勒虫（见巴贝斯原虫病）。

八、锥虫病

（一）采采蝇传播的锥虫病

该病是由锥虫属（*Trypanosoma*）的寄生虫所引起的一类疾病，所有家畜均可感染。主要的种类有刚果锥虫（*T. congolense*）、活动锥虫（*T. vivax*）、布氏布氏锥虫（*T. brucei brucei*）和猴锥虫（*T. simiae*）。由表1-5可见，经采采蝇传播的锥虫种类、主要感染的动物以及锥虫病发生的主要区域。

表1-5　采采蝇传播的动物锥虫

锥虫属	主要受感染的动物	主要分布区域
刚果锥虫	牛、绵羊、山羊、犬、猪、骆驼，马、大多数野生动物	非洲的采采蝇区域
活动锥虫	牛、绵羊、山羊、骆驼、马、大多数野生动物	非洲、中美洲和南美，印度群岛西部[a]
布鲁斯锥虫	所有的家畜和不同的野生动物；犬、马与猫感染最严重	非洲的采采蝇区域

（续）

锥虫属	主要受感染的动物	主要分布区域
猴锥虫	猪与野猪、骆驼	非洲的采采蝇区域

a. 该地区无采采蝇，通过蝇叮咬传播。

按影响牛、绵羊和山羊的致病性进行排序，其顺序是刚果锥虫、活动锥虫、布鲁斯锥虫。猴锥虫对猪致病性最强，布鲁氏锥虫可能对犬和猫致病性最强。对马和骆驼的致病性虫种难以排序。活动锥虫可见于采采蝇经常出现的非洲南撒哈拉地区。

由采采蝇传播，人的锥虫病（昏睡病）病原体为罗德西亚锥虫（*T. bruceirhodesiense*）和冈比亚锥虫（*T. brucei gambiense*），该类锥虫与感染家畜的布鲁氏锥虫非常相似，在人类日常生活中，应采取适当的方式避免与该虫接触，家畜可能是人类传染的贮主。

【传播与流行病学】 大多数采采蝇的传播具有周期性，当采采蝇吸入被感染动物的血液时即开始传播，虫体在采采蝇体内失去其表面包被后进行繁殖，然后重新获得表面包被，变成感染性虫体。布氏锥虫从肠经前胃到达咽，然后进入唾液腺。刚果锥虫的循环在咽喉部停止，不侵入唾液腺。活动锥虫的整个循环都在吻部。采采蝇唾液腺内感染动物的形式称后循环型。活动锥虫在采采蝇体内的生活周期短，仅1周，而布鲁氏锥虫可存活几周。

采采蝇（舌蝇属*Glossina*），生活在非洲北纬15°到南纬29°的地区。采采蝇的三个种属栖息在相对不同的环境中：①刺舌蝇常见于热带大草原国家；②须舌蝇喜爱江河湖泊的周围地区；③棕舌蝇生活在大森林地区。这3个种属均可传播锥虫，可在各种哺乳动物身上吸取血液。

采采蝇或其他吸血蝇类可以机械性传播锥虫病，在无采采蝇的中非与南非区域，活跃锥虫、虻类（*Tabanus*）和其他咬蝇是锥虫病最主要的传播媒介，机械传播中只需将含有锥虫血液从一个动物传给另一个动物。

【发病机制】 感染的采采蝇将后循环锥虫注入动物皮内，锥虫在此处发育数日后引起局部肿胀（下疳），然后进入淋巴结，再进入血液，并在此处通过二分裂迅速增殖。刚果锥虫感染后，锥虫进入内皮细胞，寄生于毛细血管和小血管。布鲁氏锥虫类和活动锥虫侵入组织，导致一些器官组织损伤。

锥虫可以引起机体产生较强的免疫反应，同时，形成的免疫复合物引起炎症，致使锥虫病出现临床症状和病变。抗表面糖蛋白的抗体可以杀死锥虫，但锥虫具有许多基因，可编码不同的表面包被糖蛋白，不同的表面糖蛋白不受免疫反应，这种抗原变异性可使锥虫存活。产生糖蛋白的抗原型数目还不清楚，但超过了几百种。抗原变异阻碍了疫苗的研制，当动物接触新的抗原型时会再次感染。

【临床表现与病理变化】 锥虫病病情严重程度与感染动物的年龄和种类、锥虫的种类有关。本病的潜伏期一般为1～4周，主要临床症状是间歇热、贫血和体重下降。牛常为慢性过程，死亡率高，尤其是营养不良或处在其他应激时。如果叮咬动物的采采蝇数量较少时，反刍动物可逐步自愈，但应激会引起本病的复发。

尸体剖检变化无特异性，在急性死亡病例中，浆膜广泛性出血，特别是腹腔。此外淋巴结和脾脏肿大。慢性病例表现为淋巴结肿大、脂肪萎缩和贫血。

【诊断】 流行地区根据贫血和消瘦可初步诊断为该病，在染色的血涂片或湿片上观察到病原体方可确诊，最灵敏、最快速的方法是将抗凝血离心沉淀后，检查PCV管的血沉棕黄层的湿片。本病可以通过血涂片染色与其他易引起动物贫血和消瘦的疾病进行鉴别诊断，如巴贝斯原虫病、边虫病和血矛线虫病。

各种血清学方法可检测锥虫抗体，与个体诊断相比，其适用于畜群和区域筛查。对外周血中锥虫特异性循环抗原检测，适用于个体病诊断和群体检测，尽管其可信度还未证实。虽然分子生物学技术已经应用于锥虫病的检测和鉴别，但应用于临床还存在一定的难度。

【治疗与控制】 常见治疗锥虫病的药物见表1-6，多数药物治疗指数范围狭窄，治疗量和中毒量相近，因此使用准确的药物剂量十分必要，但虫体可产生耐药性，治疗顽固病例应该考虑这点。

防控本病可从几个方面进行，包括消灭采采蝇和使用预防性药物，经常在动物体表喷洒药物或进行药浴，在采采蝇栖居所地面和空中喷洒杀虫剂，使用浸过杀虫药的滤网，清除灌木丛等，可有效控制采采蝇。自从桑给巴尔（坦桑尼亚港市）成功采用昆虫不育技术（SIT）消灭采采蝇后，与应用杀虫剂控制采采蝇数量相比，该技术有望大范围应用。非洲联盟倡议根除采采蝇和锥虫病的行动（PATTEC）又一次引起了国际的关注。采采蝇大量存在的地区应给动物使用药物预防，正在治疗的动物，必须经常检查血液中的锥虫，从而仔细监测其耐受性。

在西非，一些品种的牛具有与生俱来的抗锥虫病特性，这些牛可降低本地区锥虫病发生率。但是，营养不良或被大量采采蝇叮咬，都会降低这些牛抗锥虫病的能力。

减少采采蝇的叮咬和预防性药物的使用，是当前比较理想的防控措施。

（二）苏拉病

苏拉病是从采采蝇传播的疾病中所分离出，其常通过其他咬蝇来传播，并常发现于采采蝇生活的地区内、外。主要发生于北非、中东、亚洲、远东、中美洲和南美洲。在非洲，伊氏锥虫分布延伸到采采蝇地区，与布氏锥虫病很难区分。伊氏锥虫病是骆驼和马常见疾病，但可能对所有家畜都具有感染性，该病具有致命性，尤其对骆驼、马和犬。但对其他动物无致病性，只作为伊氏锥虫病的传染宿主。

伊氏锥虫病主要通过吸血蝇的叮咬进行传播，可能引起家畜停止采食。有几种野生动物较易感，并可作为本病的宿主。

本病的发病机制、临床表现、病理变化、诊断和治疗与采采蝇传播的锥虫病类似。

（三）马媾疫

马媾疫是由马媾疫锥虫引起马的一种慢性寄生虫病，主要是通过交配感染。本病分布广泛，在非洲地中海沿岸、中东地区、南非和南美发现此病，分布可能更广。

感染后数周或数月出现临床症状，早期表现为种公马的尿道和母马的阴道有脓性分泌物流出，随后病马生殖器出现水肿，后期皮肤出现直径2～10 cm的特异性疹块，病马表现消瘦。如不治疗死亡率可达50%～70%。

对尿道或阴道分泌物、皮肤的疹块、外周血液，通过离心能观察到虫体。感染的马匹可通过补体结合试验进行检测，但仅可在没有发现伊氏锥虫和布鲁氏锥虫的区域进行，因为他们具有相同抗原。ELISA试验也可确诊本病。

在疫区，病马可进行治疗（表1-6）。要根治本病，必须严格限制病马交配、清除流浪马。或用补体结合反应鉴定感染马，强制进行安乐死。

表1-6 用于治疗家畜锥虫病的药物

药物	动物	锥虫属					主要作用
三氮脒	牛	活动锥虫	刚果锥虫	布鲁氏锥虫			治疗
溴乙菲啶 氯乙菲啶	牛 马属动物	活动锥虫 氢溴酸盐	刚果锥虫	布鲁氏锥虫	活动锥虫		治疗，有时可作为预防
氯化氮氨菲啶	牛	活动锥虫	刚果锥虫				预防和治疗
喹嘧胺硫酸盐	马、骆驼、猪、犬	活动锥虫 马媾疫锥虫	刚果锥虫	布鲁氏锥虫	伊氏锥虫	猴锥虫	治疗
喹嘧胺硫酸二甲酯	马、骆驼、猪、犬	活动锥虫 猴锥虫	刚果锥虫	布鲁氏锥虫	伊氏锥虫	马媾疫锥虫	预防
苏拉明	马、骆驼、犬	布鲁氏锥虫	伊氏锥虫				治疗，有时可作为预防
美拉索明 二盐酸盐	骆驼	伊氏锥虫					治疗

（四）恰加斯病

本病常在负鼠、犰狳类动物、啮齿动物、野生的食肉动物之间循环传播，且以猎蝽科的臭虫为传播媒介。本病分布于中美洲和南美洲，集中在美国南部地区。恰加斯病在南美洲是很重要的一种疾病。家畜可能感染，并且在锥蝽（臭虫）流行区域，患病动物可将锥虫引入人类居住地，然后人通过眼部伤口污染或食用含锥虫昆虫粪便污染的食物而感染。本病对人有致病性，偶尔可使幼犬和幼猫发病，其他家畜可以作

为贮存宿主。当病区犬死于急性病或心肌炎，可以怀疑为克氏锥虫（T. cruzi）感染。

（五）非致病性锥虫

在牛的外周血培养物中可见泰氏锥虫（Trypanosoma theileri）或很类似的锥虫。在家养和野生水牛以及其他野生有蹄类动物中，也可检测到类似的锥虫感染。在一些地区的研究表明，该虫在虻的体内完成生活史，然后通过污染物传播。尽管大多数寄生虫血症不明显，但在血涂片或血细胞计数器内可见

泰氏锥虫。其致病性还未经试验证实。

绵羊蜱蝇锥虫（*T. melophagium*）分布全球，通过羊蜱蝇传播。山羊感染西奥多锥虫（*T. theodori*）与锥虫感染具有相同病状。

第五节　犬恶性淋巴瘤

犬恶性淋巴瘤是B淋巴细胞或T淋巴细胞恶性增殖所引起的致命性疾病。淋巴细胞瘤在不确定的解剖腔内转化，常涉及相关淋巴组织，如骨髓、胸腺、脾脏和淋巴结。除了这些初级和二级淋巴组织外，恶性淋巴瘤也会发生在结节外部位，包括皮肤、肠道、肝脏、眼、骨及中枢神经系统。据报道，淋巴瘤是犬最常见的造血肿瘤，老龄犬易感，发病率达0.1%。虽然淋巴细胞瘤普遍存在，但病因还不确定。推测本病的病因包括逆转录病毒感染、苯氧基乙酸除草剂引起的环境污染、磁场辐射、染色体异常、免疫功能紊乱等。随着犬基因组的构建完成，淋巴细胞瘤的起因及发病涉及的特定基因将会被确定并描述。

【临床表现】　犬淋巴瘤是一种异质性实体肿瘤，该病具有临床症状、治疗方式与存活时间等不同变化的特点。犬淋巴瘤的异质性部分与肿瘤数量和宿主自身因素有关，影响因素主要有解剖结构、病程、形态学亚型、宿主营养情况和免疫活性。犬淋巴肉瘤根据解剖位置分为多中心型、消化型、纵隔型和结节外型（肾、中枢神经系统、皮肤、眼、骨等）4种。

（1）多中心淋巴瘤　迄今为止是最为常见，占淋巴瘤的80%~85%。多中心型淋巴瘤典型临床表现是体表淋巴结进行性、无痛性肿大。除外周淋巴结肿大外，大多数犬还会出现恶心淋巴瘤，可通过敏感性诊断试验和从一些内脏器官（如脾脏、肝脏、骨髓和其他结节）中检测恶性淋巴瘤细胞。病情较重的患犬，具有明显的全身症状，包括精神沉郁、体质虚弱、发热、食欲减退以及脱水等。

（2）消化型淋巴瘤　在所有犬淋巴瘤中所占比例不到10%。灶性肠病变的犬可能会出现部分或完全管腔阻塞症状（如呕吐、便秘、腹痛）。伴有弥漫性肠损伤的消化道淋巴瘤的犬，由于吸收障碍和消化不良，会出现严重的胃肠道虚弱症状，如厌食、呕吐、腹泻、消瘦。

（3）单纯患颅纵隔型淋巴瘤　患该类病的犬只占诊断病例的一小部分，但患多发性疾病的犬常出现胸骨淋巴结肿大。纵隔型淋巴瘤的典型症状为颅纵隔淋巴结和胸腺单独或同时肿大。胸腺产生的纵隔淋型巴瘤主要由恶性T细胞组成，随着疾病的发展可能出现胸腔积液，直接压迫相邻的肺叶导致呼吸困难，也可

能引发下腔静脉综合征。除呼吸道症状外，患有纵隔型淋巴瘤的犬会因恶性高钙血症导致其多尿，继而出现多饮，10%~40%的患淋巴瘤的犬伴有副肿瘤综合征。

（4）不同的结节外淋巴瘤　包括皮肤、肺、肾脏、眼、中枢神经系统等结节外淋巴瘤，因器官浸润情况不同，致使其所表现出的临床症状也不同。最常见的结节外淋巴瘤为皮肤淋巴瘤。皮肤淋巴瘤（亲表皮性和非亲表皮性）可能单独出现，形成溃疡性结节或全身弥漫性鳞片状病变。这种情况常发生在外周淋巴结和皮肤黏膜交界处。发生其他部位的淋巴瘤时，对应临床症状包括呼吸困难（肺）、肾功能衰竭（肾）、失明（眼）、抽搐（中枢神经系统）和骨骼疼痛或病理学骨折（骨）。

【病理变化】　发生病变的各种内、外淋巴结的大小通常是正常淋巴结的3~10倍（多中心型）。患病结节呈游离状、质地较硬、灰黄色、切面隆起、无皮质和髓质分界。通常情况下，肝、脾呈弥漫性或多型性肿大，实质中可见大小不一的苍白色结节。在消化道中，胃肠道和肠系膜上的所有淋巴结都可能患病。骨髓、中枢神经系统、肾脏、心脏、扁桃体、胰腺和眼患淋巴结病变的病例很少见。

【诊断】　通过细胞学或组织病理学检查受损器官，很容易诊断淋巴瘤。从肿大的外周淋巴结或发生病变的组织器官，可通过穿刺技术获取细胞标本，进而作出明确诊断。细胞学检查、淋巴结或组织穿刺均可鉴定大、中、小各种类型的淋巴细胞。虽然传统细胞学检查便于诊断，但其对淋巴瘤形态学异构（弥漫性小泡，裂与无裂）和组织学分级（高与低）区分和分类还有一定的局限性。可利用特定细胞所具有的特异性抗体，区分B细胞淋巴瘤和T细胞淋巴瘤，并根据其免疫表型提供的信息进行预后判断。但由于细胞学固有的局限性，组织病理学评估仍然是淋巴瘤诊断的金标准，为淋巴瘤分类提供更多形态学信息，同时为正确治疗提供指导。

在极少数情况下，细胞学或组织学检查都不能对淋巴瘤做出明确诊断，这时需要更先进的分子生物学诊断技术。应用PCR扩增DNA序列技术，能够证实克隆、寡克隆或多克隆淋巴瘤细胞存在。由于大多数肿瘤副产物都是由恶性转化细胞不断无性扩增产生的，PCR技术能够诊断出淋巴细胞扩增是由癌症（淋巴肉瘤）引发的还是由炎症反应（反应性或增生性淋巴细胞增多）造成的。尽管PCR技术具有高度灵敏性，但应尽量在传统的细胞学和组织病理学检查不能确诊或疾病的临床症状及病情发展与检测结果不相符的情况下使用。

【治疗】 采用持续联合化疗方案，治疗犬多中心型淋巴瘤取得了较好的效果。90%以上的经化疗患病犬，肿瘤负荷减轻50%以上，常用的联合化疗药物有长春新碱、阿霉素、环磷酰胺、L-天门冬酰胺酶及强的松。不同药物的给药剂量、用药频率以及疗程各不相同，医学肿瘤学教科书上记载有每种药物的优缺点。经过多药联合化疗，患B细胞淋巴肉瘤的犬预计可存活12个月，患T细胞淋巴肉瘤的犬预计可存活6个月。尽管（B细胞与T细胞）免疫表型可为治疗预后作出指导，但患淋巴肉瘤犬的整个反应的持续时间和存活时间由多种因素（肿瘤和宿主）决定。对于那些对传统联合化疗不起作用或治疗后复发的犬，通过联合使用不同治疗药物（如环己亚硝脲、MOPP、ADIC、DMAC），可以起到缓解症状、延长生命的作用。

虽然全身化疗是治疗犬淋巴瘤的基本方法，但是，只有通过诱导并且维持化疗过程，才能达到长久缓解疾病的观念已经发生改变。在无病间隔的短期的密集化疗方案（如麦迪逊威斯康星方案）与长期维持化疗方案相比，存活时间相当。此外，半体辐射技术替代维持化疗安全有效，是不需长期治疗就能长久缓解疾病的另一种选择。

尽管对中心型淋巴瘤的治疗已获得成效，但是其他形式的淋巴瘤成功的治疗还很困难。如果消化道淋巴瘤是局灶性的，可以采用手术与化疗相结合的方法治疗。但是，如果肠道淋巴瘤是弥漫性的，会出现肠功能降低、严重的营养吸收不良和蛋白质流失的不良反应，而缩短存活时间（即不到3个月）。化疗与放疗相结合或单独使用，能延长患纵隔型淋巴瘤犬的存活时间并改善生存质量。其他部位的淋巴瘤（如皮肤）可以采用单剂口服环己亚硝脲（lomustine）或结合全身化疗（如CHOP）来治疗。但是这种疾病经常发生恶化，最终导致死亡。

第六节 红细胞增多与红细胞增多症

红细胞增多是指循环血液中红细胞（RBC）数目相对或绝对增加，导致PCV超出正常范围，红细胞增多又常称红细胞增多症，但红细胞增多症可能表明存在白细胞、血小板以及红细胞增多。

【病因】

（1）相对性红细胞增多 相对性红细胞增多表现为循环RBC数量增多，但红细胞总量不变。此病通常因血浆流失引起血液浓缩所致，比如呕吐、腹泻使体内严重缺水时。另外，当犬受到惊吓或刺激时，脾脏收缩，红细胞进入血液循环，可能与轻度或短暂的相对性红细胞增多无关。

（2）绝对性红细胞增多症 绝对性红细胞增多症是由RBC的总质量增加，而引起的红细胞数量的增多，可分为原发性和继发性。原发性红细胞增多症是一种骨髓增生性疾病（真性红细胞增多），发病原因尚不清楚，在犬、猫、牛和马中均有报道。RBC的产量显著增加，而血清促红细胞生成素（EPO）的活性通常较低或低于正常值。相反，继发性红细胞增多症一般由EPO过量引发。如果是全身缺氧导致EPO分泌增加导致的红细胞增多，属于正常代偿反应。这种情况可能发生于严重的肺部疾病或心脏畸形，如逆转动脉导管未闭和法乐氏四联症。如果没有发生全身缺氧而EPO分泌增加，则发生的代偿反应是不正常的。分泌EPO的肾脏瘤或其他器官肿瘤或非肿瘤性肾功能障碍引起的局部缺氧，都可能导致非正常的红细胞增多。继发性红细胞增多症的另一种类型称为内分泌失调性红细胞增多症，这是由于除EPO以外的激素（如皮质醇激素、雄激素、甲状腺素和生长激素）刺激红细胞生成导致的。肾上腺皮质机能亢进的犬以及甲状腺功能亢进或肢端肥大的猫患有轻度红细胞增多症时，一般不会出现临床症状。

【临床表现】 绝对性红细胞增多症的临床症状表现为黏膜呈红色、有出血倾向、多尿、多饮及神经功能障碍（共济失调、四肢无力、抽搐、失明和行为改变）。眼底检查可见血管迂回扩张。这些临床症状是由红细胞质量增加导致的高黏血症引发的。

【诊断】 相对性红细胞增多出现的脱水和血液浓缩可以通过临床观察（黏膜发干，皮肤失去弹性）、实验室指标（高蛋白血症，肾前性氮质血症）及补液后的反应作出诊断。兴奋的犬伴有脾收缩引发的轻度红细胞增多症，在随后不兴奋时采集到的血液样本PCV正常。与标准犬相比，锐目猎犬（如灵缇犬）通常有轻度红细胞增多症。

血清EPO被推荐用于区分绝对性红细胞增多症是原发性的还是继发性的。遗憾的是，正常动物与患原发性、继发性红细胞增多症动物之间，EPO活性范围存在明显的重叠。此外，目前EPO试验检测伴侣动物的有效性比较局限。骨髓常规检查不能区分原发性与继发性红细胞增多症，两种情况均显示红细胞增多。所以，一般需通过排除继发性因素来确诊原发性红细胞增多症。

评定组织的氧合作用可能有助于判断继发性红细胞增多症。动脉血氧分压低于80 mmHg、脉搏血氧饱和度低于90%～95%，与继发性红细胞增多症出现的低氧血症和组织缺氧是一致的。心脏和肺部听诊、X线检查、心电图、超声心动图检查，能揭示根本病因。选择性动脉造影或对比超声心动图技术，可用于确诊心脏的从右到左分流。如果排除全身缺氧情况，通过物理和神经检查、腹部超声检查、静脉注射尿路造影、CT（计算机断层扫描）或MRI（磁共振）检查，可以查出不利于产生EPO的潜在根源。

【治疗】 对于脱水造成的相对性红细胞增多，可以通过静脉补液治疗，同时找出病因进行治疗。

对于绝对性红细胞增多症，最初的治疗是进行放血（5~20 mL/kg，使PCV减少到50%~60%）同时补液。建议对患此病的犬、猫可在使用羟基脲处理（每日30 mg/kg，口服，连续7~10 d，随后改为每日15 mg/kg）或未使用羟基脲处理的情况下定期放血，羟基脲治疗期间应监测RBC、WBC和血小板数量。

对于不正常代偿的继发性红细胞增多症，应结合手术、化疗、放疗进行治疗EPO分泌肿瘤。通过放血使PCV恢复正常，有助于降低高黏血症的发生率。

对于正常的代偿性继发性红细胞增多症，应找出根本病因进行治疗。如果改善疗法不可行，放血（5~10 mL/kg）和羟基脲治疗可减轻高黏血症的临床症状。由于这种类型的红细胞增多症是缺氧的一种代偿性反应，所以PCV值会高于正常范围。

第七节　止血障碍

一、概述

能否有效止血取决于功能性血小板数量和浓度、血浆凝血活性、纤维蛋白活性及血管的正常应答。考虑到疾病的发展、血液成分的监测及/或抗凝疗法等因素，动物低凝血症或高凝血症的诊断、治疗及监测非常困难。兽药中常用加有柠檬酸盐的血浆样品检测纤维蛋白原浓度、活化部分凝血活酶时间（APTT）、凝血酶原时间（PT）、D-二聚体以及纤维蛋白降解产物（FDP）的浓度。细胞、组织因子（TF）/凝血因子VII-依赖模型的引入，使复杂的生化生理性止血便于理解，并对以往的生理性止血重新理解，将其划分为内源性途径和外源性途径止血。尽管柠檬酸钠血浆含有许多与凝血有关的因子，但全血中包括可溶性因子和血管内细胞，在生理性和病理性止血中具有活性，同时TF与含磷脂的细胞结合启动凝血，如血小板与白细胞结合。

（一）生理性止血

止血细胞模型的引入更好地阐述了生理性止血的复杂过程，即血管张力、血流量、血管内皮细胞、血小板、白细胞、凝血因子、纤溶因子、辅助因子和抑制因子的相互作用，血凝块在损伤部位的形成。根据动态模型显示凝血过程所需的调节细胞分3个阶段：启动、放大和传播。

携带TF的细胞启动止血。TF是存在血管外组织中的跨膜糖蛋白受体，如器官的纤维囊或血管壁细胞外膜。并以组成型表达在纤维细胞、活化细胞、血管平滑肌细胞、单核细胞和中性粒细胞中。携带TF的细胞与血小板膜附着于促凝血复合物细胞表面。当血管损伤暴露TF时，FVII与TF结合，激活FVII为因子FVIIa，FVIIa与TF进一步结合，激活FIX和FX为FIXa、FXa。最初，FXa的形成受携带TF的细胞的限制，FXa受组织因子途径抑制物或抗凝血酶的快速抑制，灭活FVIIa-TF复合物。

同时，FV激活为FVa，FVa与FXa在携带TF的细胞表面形成凝血酶原激活物。最初形成微量凝血酶可以激活血小板、FV、FVIII、FXI，其中FV和FVIII分别由血小板和血管性血友病因子释放。血小板也可经其他机制激活，如血管壁的胶原蛋白和血管性血友病因子，使其黏附并聚集在受伤的部位。

促凝磷脂磷脂酰丝氨酸在血小板激活过程中起着非常重要作用。最初生成的FIXa与活化的血小板的表面结合，形成由FVIII、FIX、磷脂及钙离子组成的复合物，激活FX为FXa，放大凝血过程。形成的FIXa因其仅受抗凝血酶缓慢抑制，不受TFPI抑制，可分布在血小板表面FXa。配合物与FVa在活化的血小板表面上形成的"凝血酶原酶复合物"，引起凝血酶原裂解，产生凝血酶，该凝血酶可裂解纤维蛋白原，形成止血栓。此外，FIXa可由血小板表面的FIXa提供。FXIa可激活抗纤溶途径。

随后，凝血酶激活纤维蛋白溶酶，启动纤维蛋白溶解途径，确保血凝块仅在受损部位形成。为了控制纤维蛋白溶解，经凝血酶活化的纤溶抑制因子（TAFI）可激活抗纤维蛋白溶解通路。TAFI通过抑制纤维蛋白溶酶活性减慢纤溶过程，防止血块过早溶解，使血块增大。纤维蛋白的形成和溶解平衡，可控制血块大小、质量及受伤部位形成，而血凝块质量对能否有效止血起决定性作用。

（二）临床止血方法

以往初级与次级止血阶段的划分，在生物学上并不精确，但应用于动物先天和后天止血障碍的诊断。初级止血完成血小板与暴露的内皮下表面相互作用过程。随后，活化的血小板提供磷脂，吸附血浆中的钙离子，激活血浆凝血蛋白，通过级联反应形成稳固的血凝块（次级止血）。血小板和凝血蛋白可激活血浆中的纤溶蛋白，确保在损伤部位形成血凝块并及时溶解。

过去通过血浆凝血试验，检测初级止血（血小板计数和颊黏膜出血时间）和次级止血情况来评定凝血功能，查找缺陷，如APTT（内源凝血途径）和PT（外源凝血途径）。一般通过检测降解产物（如FDP和D-二聚体）来评估纤溶系统，内源性抗凝血能力通过检测抗凝血酶、蛋白C和蛋白S进行评估。此外，特异性凝血因子试验可以进一步检测先天性缺陷，血浆凝血筛查试验可以检测凝血蛋白的缺陷或缺乏。尽管这些传统方法能够有效查出出血原因，但是从临床的角度来评估止血能力，预测、监测抗凝血剂或促凝血剂治疗的效果都比较困难。一部分原因是在止血系统中，次级止血浆凝血检测和纤溶系统仅针对特定点，忽略了后天性疾病中其他因素对整体止血能力的影响；另一点是APTT和PT的灵敏度低。通常，凝固蛋白活性必须低于30%，有时凝固蛋白发生异常之前其活性低于10%。

检测血栓形成的风险和趋势，仅可在一些实验室内进行。现在已有越来越多的实验室能检测抗凝血酶的活性。在一些家畜中已建立了某些物质的活性检测，如纤维蛋白溶酶原、α_2-抗纤维蛋白溶酶、组织纤溶酶原激活物和纤溶酶原激活物抑制剂。

（三）全血凝血功能的评估

由于全血中含有与生理性止血和病理性止血有关的所有血液因子和细胞，以及携带TF和磷脂的细胞，因此，全血检测比传统血浆凝血检测更加准确地反映出体内止血情况。但至今为止，在兽医学研究中，很少应用全血检测来评估初级止血和次级止血水平。

1. PFA-100 血小板功能分析仪PFA-100是一种相对新的检测方法，具有定量、快速、简单等特点。在高剪切应力作用下，可体外检测与血小板相关的初级止血水平。该试验需要很小体积（0.8 mL）的柠檬酸盐全血，真空下通过直径为200 μm的不锈钢毛细管和150 μm孔径涂有胶原和肾上腺素（CEPI）或胶原和二磷酸腺苷（CADP）混合物的硝酸纤维素膜。在高剪切应力和激动剂作用下，血小板聚集，最终导致血流停止和小孔闭塞。此过程所需的时间称闭孔时间。患有轻微遗传性血小板功能紊乱（如贮积病）或服用阿司匹林时，仅CEPI孔闭孔时间延长；但患有严重的遗传性血小板功能障碍和血管性血友病时，CEPI和CADP两孔闭孔时间都延长。PFA能够检测DDAVP和GPⅡb/Ⅲa颉颃剂的治疗效果。通过血液中浓缩血小板的质量，可以评估输血和血小板输注情况。PFA-100是检测血小板功能缺陷的一种良好筛选方法。最近，PFA-100已经在许多其他研究中评估了其效用。例如，评估药物治疗效果、不同临床疾病或外科手术的整体初级止血水平。

2. 凝血弹性描记法（TEG） TEG可以快速评估全血的止血功能，监测止血的所有步骤，包括凝血的开始、放大、形成血凝块以及纤维蛋白溶解，在纤维蛋白溶解时可见凝血级联反应中蛋白质、血小板和白细胞的相互作用。因此，TEG能够结合常规凝血血浆成分与细胞组分。TEG可在4～6 min内检测不稳定新鲜全血的血样，这是常规临床检查无法做到的。常规临床检查需使用柠檬酸盐稳定全血（分析前立即复钙），这样就延长了从采样到分析的时间。TF活化后，使用TEG测定含有柠檬酸盐犬的全血和常规血浆凝固的分析相比，与临床出血症状分析具有良好的相关性和较低差异性。

TEG可以检测犬患有DIC、肿瘤、细小病毒感染时的高凝状态以及犬低温时血小板功能障碍。TEG分析功能对动物不正常凝血能作出诊断提示，可弥补常规凝血试验的不足，如PT、APTT、D-二聚体以及纤维蛋白原的测定。

二、出血性素质

（一）血凝障碍

先天性或后天性脉管系统、血小板和凝血蛋白缺陷会引起出血性素质。血小板先天或后天性缺陷以及血小板不足引起的出血性素质可见表面瘀斑、出血点（尤其是黏膜）、鼻出血、黑粪症以及点注射和切口持续出血。凝固蛋白的先天或后天性不足时，临床常表现为深部组织出血延时和形成血肿。

原发性或遗传性抗凝蛋白因子障碍，以及继发性或获得性抗凝蛋白因子障碍，能引起病理性血栓。总的来说，这些情况被称为高凝状态。在动物身上，全身性综合征比遗传性疾病更为普遍，如弥散性血管内凝血（DIC），该病是由血小板或内皮细胞反应增强引起。其中血小板反应增强、激活凝血过程破坏了抗凝蛋白因子和促凝血蛋白因子间的平衡。

（二）血小板疾病

血小板疾病可分为先天性或后天性血小板减少症和先天性或后天性血小板功能障碍疾病（血小板疾病）。

1. 先天性血小板减少症 骑士查理王小猎犬易患遗传性巨血小板减少症，遗传性巨血小板减少症为良性疾病，接近50%这个品种的犬受到影响。在30%的病例中伴有巨血小板症状，在腺苷二磷酸作用下，血小板聚集量取决于血小板数量。据报道，巨血小板减少症与年龄、性别、阉割、毛色、体重、心脏杂音无关。可通过CBC诊断该病，患病动物凝固蛋白功能正常。

2. 灰色牧羊犬周期性造血作用 该病为常染色体隐性疾病，其特征是12 d为一个周期的血细胞减少。所有骨髓干细胞都受其影响，但中性粒细胞因其半衰期短（通常不超过24 h）而受影响最为严重。据报道，轻度至重度的血小板减少症均可见，失血过多是其潜在并发症。该病具有致命性，不足6月龄的患犬往往会死于暴发性感染。即使3岁的犬，在使用抗生素治疗后，也会因慢性抗原刺激反复感染继发淀粉样变性而死亡。利用重组粒细胞集落刺激因子疗法，只有对非犬源蛋白产生抗体，才能暂时缓解中性粒细胞在循环过程中的减少。

3. 胎儿和新生畜同种免疫性血小板减少症 本病产生的原因是母源抗体与来源于父本的胎儿血小板抗原发生反应，曾在1日龄的夸特马马驹有过报道。小马驹的血小板相关免疫球蛋白可以在母马的血浆、血清和乳汁中间接检测到，该免疫球蛋白可以进一步检测早于患病小马驹1年前产下的全部马驹的血小板抗原。当小马驹患有严重性血小板减少症且排除了其他原因时，应考虑是否由血小板相关免疫球蛋白引起。

人工饲喂牛初乳的一群羔羊，因耳标位置刺伤而出现出血时间延长、皮下青紫、四肢无力、黏膜苍白。该组羔羊在出生后48 h内全部死亡。全血检测可见血小板减少症，血涂片上血小板降低。存在血小板抗体的原因，可能是获取初乳的牛在以往试验中已经对羊血液产生了免疫。

4. 后天性血小板减少症 后天性血小板减少症常见于犬和猫，马较少见，其他动物更为罕见。大多数致病原因涉及免疫或血小板的直接破坏。

（1）**原发性间接免疫血小板减少症** 此病也称特发性血小板减少症或特发性血小板减少性紫癜，由免疫引起血小板或骨髓巨核细胞破坏，其中骨髓巨核细胞破坏较少见。该病常见于犬和马，临床症状可见牙龈或皮肤出血点、瘀斑、黑便和鼻出血，诊断时血小板浓度一般低于5.0×10^{10}/L，但常见低于1.0×10^{10}/L的情况。巨核细胞的检查（骨髓穿刺法）有助于确定循环血液中是否存在抗体破坏血小板或骨髓巨核细胞。但对血小板损伤释放的血小板第3因子的检测不具有可行性。巨核细胞免疫荧光法虽已完成对巨核细胞的抗体的检测，但需要足够的骨髓穿刺样本。据报道，用ELISA检测血小板相关抗体的方法可直接判断血小板抗体的存在，具有良好的灵敏度（94%），但对本病特异性不强。如果检测结果呈阴性，则排除该病引起血小板减少的情况；如果检测结果呈阳性，则存在两种可能引起血小板减少，即原发性免疫介导性血小板减少症或继发性免疫介导性血小板减少症（例如，血小板减少与自身免疫性溶血性贫血、淋巴组织增生性疾病和系统性红斑狼疮有关）。

患病动物应保持休息状态，在使用糖皮质激素治疗时，起初应给予高剂量，随后逐渐减少（见治疗免疫介导的溶血性贫血）。患病动物PCV小于15%可采用输新鲜全血疗法，但该病因全血输血补充的血小板在几个小时内随血液流动，达不到初级止血水平，效果不明显。脾切除术可治疗该病的反复发作。长春新碱可用来提高骨髓巨核细胞释放血小板的能力，但它能否有效减少血小板的免疫破坏尚不明确。

（2）**立克次体病** 血小板边虫、嗜吞噬无形体或犬埃立克体感染，可引起犬轻度至严重的血小板减少症。片状边虫感染（见埃立克体病及相关感染），发病多轻微，该病的急性期可见周期性血小板减少，慢性感染常伴有轻度至中度的血小板减少。有时可在患犬的血小板中检测到桑葚胚（单一到多样，圆形至椭圆嗜碱性内含物）。该病引起的血小板减少症很少严重到导致临床出血倾向的情况。蜱可作为此病的传播媒介。犬感染埃立克体时，其特征为总白细胞数、PCV和血小板数会发生变化。急性感染时通常表现为血小板减少，有可能出现贫血或白细胞减少。慢性感染时不一定会出现血小板减少或贫血现象，但白细胞数目增多，有时还会患有高球蛋白血症（单克隆或多克隆）。患犬出现鼻出血、黑便、牙龈出血、视网膜出血、形成血肿以及静脉穿刺或手术后的出血时间延长。

家畜和野生动物体内感染嗜吞噬无形体时，能出现发热、嗜睡、不愿行动等临床症状。血液参数发生改变，包括因血清碱性磷酸酶升高和血白蛋白浓度过低而引起的血小板和淋巴细胞减少。

（3）**肿瘤** 由于DIC、血管肉瘤、淋巴瘤和腺癌均与消耗性血小板减少症有关，机体免疫和炎症机制引起血小板消耗增加，血小板残存降低，进而引起血小板减少。但偶尔存在无血小板减少的出血倾向。获得性膜缺陷会引起血小板功能改变，主要与高球蛋白血症有关。血管炎也可引起止血障碍。

（4）**疫苗引起的血小板减少症** 犬多次接种腺病毒和副黏病毒弱毒疫苗，能引起血小板减少症。常发于再次接种疫苗后的3～10 d，短暂且轻微，无明显的出血倾向，除非存在另一种血小板疾病或血凝障碍。抗体与附着于血小板表面的病毒抗原发生反应，或抗原抗体复合物非特异性结合在血小板表面，均会引起血小板减少症。

（5）**药物引起的血小板减少症** 据报道，犬、猫、马等患有血小板减少症与服用一些药物有关。主要由两种机制引起血小板减少：①抑制骨髓巨核细胞或抑制骨髓干细胞（如使用雌激素、氯霉素、保泰松、二苯乙内酰脲和增效磺胺后）；②破坏血小板或使其消耗增加（使用磺胺异噁唑、阿司匹林、二苯乙内酰脲、醋氨酚、瑞斯托霉素、左旋咪唑、甲氧基苯青霉素和青霉素后）。药物反应具有特异性，因此不可预知。停药后，血小板一般能很快恢复正常，但一些药物也会延长骨髓抑制。

（6）**其他**　定量的血小板减少症在有或无凝固蛋白缺陷的肝病中报道过。在两项关于猫的血小板减少症研究中表明，29%～50%的猫患有传染性疾病，如猫白血病、猫传染性腹膜炎、猫瘟以及弓形虫病。在多数病例中，血小板减少症的发病机制还未确定。猫白血病病毒可在巨核细胞和血小板上复制和聚集。骨髓干细胞形成不全或发育不全、受感染血小板的免疫破坏或淋巴组织中血管外存留血小板，均能引起血小板减少症。

5. 先天性血小板功能障碍　先天性血小板功能障碍影响血小板的黏附、聚集或释放。可分为血小板内功能障碍和表面功能障碍。血小板内功能的检测需要谨慎处理样品和专门的设备，常规的实验室诊断无法完成，因此血小板内功能缺陷的发生率尚不确切。如果患病动物出现出血性病患（尤其黏膜出血或体表瘀斑），且该动物无药物治疗史，血凝筛选试验正常，血小板和血管性血友病因子浓度正常，则可疑似为血小板功能障碍。

血小板功能障碍无特异的治疗方法。在一些病例中，患病动物严重出血时，可输入新鲜、富含血小板的血浆。如果患病动物贫血可输全血。

（1）**血管性血友病**　该病主要由血管性血友病因子（vWF，也称为因子Ⅷ相关抗原）缺陷或缺乏引起，最常见于犬的遗传性出血性病患（几乎所有纯种和杂种的犬都有报道）。猫、兔、牛、马、猪也有过报道。犬血管性血友病根据临床严重性、血浆vWF浓度和vWF聚合物含量分为3种亚型：①Ⅰ型最为常见，临床症状轻度到中度，vWF浓度低，正常的vWF多聚体分布；②Ⅱ型为临床症状中度到重度，vWF浓度低，高分子量的多聚体减少；③Ⅲ型为临床症状重度，无vWF。有该病在多个品种的犬中频发的报道（10%～70%患病率），如德国杜伯文犬、德国牧羊犬、金毛寻猎犬、迷你雪纳瑞狗、彭布罗克威尔士柯基犬、喜乐蒂牧羊犬、巴吉度猎犬、苏格兰狗、标准贵宾犬和标准曼彻斯特狗。本病具有两种遗传方式，即常染色体隐性遗传和显性遗传，常染色体隐性遗传少见，纯合子遗传可危及生命，杂合子遗传无临床症状。该病以常染色体不完全显性遗传为主，两种遗传方式均有出血倾向。患病动物伴有牙龈出血、鼻出血、血尿等临床症状。一些幼犬在注射、静脉穿刺或进行断尾、剪耳、悬趾切除手术后会出现大出血

现象。

vWF以复杂的凝血因子Ⅷ（也称为Ⅷ型凝血剂）形式在体内循环，并介导血小板黏附至内皮下表面，即血块形成的第一步。血小板减少症或血小板功能障碍均可引起vWF缺陷或不足。如患病动物出现出血倾向且血凝筛选试验（APTT和PT）和血小板浓度充足、口腔黏膜持续渗血、血小板功能分析闭孔时间延长，可初步确诊为血管性血友病。定量检测vWF浓度也是诊断该病的一种方法，主要是对血浆中低浓度vWF的测定以及DNA筛选进行诊断。但患病动物也会出现体内凝血因子Ⅷ-促凝剂减少，APTT和ACT（活化凝血酶时间）延长的情况。疑似病例应避免使用干扰血小板正常功能的药物。输注新鲜血浆及冷冻沉淀品或新鲜全血输血，可以有效地缓解出血症状。Ⅰ型血管性血友病使用醋酸去氨加压素法治疗，会引起内皮层通过未知途径释放棒状小体（高分子量多聚体）发生不良反应。

止血异常会加重血管性血友病，甲状腺功能减退以往认为与血管性血友病有关。在许多相同品种的犬中均很普遍，如杜宾短毛猎犬和金毛寻回猎犬。一项研究表明，在给甲状腺功能减退且vWF不缺乏的犬服用甲状腺素后，vWF活性并未增加。实际上，在大多数犬的试验中，vWF活性均下降。因此，左旋甲状腺素不能作为治疗血管性血友病的药物使用，该药甚至会使疾病加剧。

（2）**切-东二氏综合征**　该病为常染色体隐性遗传疾病，其特点是白细胞、黑素细胞和血小板内形成异常颗粒，主要发生在微管形成期。该异常颗粒较大，但数量较少，在上述细胞中很明显。该病会导致黑素细胞功能缺陷引起毛稀疏、毛色淡，白细胞吞噬和杀死病原体（在不同动物体内不同）的能力下降以及血小板聚集和释放能力下降，血小板内致密颗粒缺乏，二磷酸腺苷和5-羟色胺含量显著降低。患病的蓝烟波斯猫在进行静脉穿刺或手术后出现出血时间延长。这些症状也可用于诊断水貂、牛和米色小鼠的类似出血倾向。

（3）**犬血小板紊乱**　此疾病在巴吉度猎犬上有报道。患病犬出现鼻出血、瘀点和牙龈出血。研究结果表明，该病为常染色体显性遗传，主要由血小板纤维蛋白原受体异常暴露和致密颗粒释放受损引起。如果巴吉度猎犬出现黏膜出血、瘀点、血小板数目和vWF浓度正常，可初步诊断为患有血小板紊乱。可通过特异的血小板功能检测方法诊断该病，血凝块收缩试验结果正常。

（4）**牛血小板紊乱**　该病为常染色体遗传的血小板功能缺陷病，主要由血小板聚集异常引起，常见于

西门塔尔牛。患病牛有轻度至重度出血，创伤或手术后出血更严重。牛病毒性腹泻病毒会引起牛的血小板紊乱。

（5）**格兰茨曼氏血小板病** 为常染色体遗传性疾病，由血小板机能不全而引起的血小板紊乱，在奥达猎犬、大白熊犬、纯种杂交马、夸特马和奥尔登堡小母马上已有报道。患病动物出血时间延长，在静脉穿刺或伤口处形成血肿。血涂片可见大量（血小板总量的30%～80%）异常且巨大的血小板。该病是由于糖蛋白IIb或IIIa的合成减少，导致血小板表面膜受体糖蛋白IIb-IIIa复合物减少或缺乏。目前所有患病动物都有IIb合成缺陷。

患病动物的血液在二磷酸腺苷、胶原和凝血酶刺激后，表现为血凝块回缩和血小板聚集异常。

6. 后天性血小板功能障碍 患有原发性间接免疫血小板减少症的犬，可能也会患有后天性血小板功能缺陷。患病犬表现为严重的出血倾向，血小板浓度降低不明显。患犬主要因血小板功能异常且血小板浓度降低，进而导致出血倾向。

一些疾病与后天性血小板功能障碍有关。如高球蛋白血症与多发性骨髓瘤引起血小板膜缺损，导致止血功能受损。尿毒症与肾病、血小板黏附和聚集能力下降有关。

许多药物可破坏血小板功能。已报道，能干扰血小板受体结合或改变血小板膜电荷和渗透性的药物有速尿、青霉素、羧苄青霉素钠、利多卡因、酚妥拉明和氯丙嗪；能抑制血小板表面接收信息转导的药物包括咖啡因、茶碱、潘生丁和罂粟碱；能抑制血小板反应（聚集、分泌或血栓素的产生）的药物有阿司匹林、吲哚美辛、醋氨酚、保泰松、噻氯匹定和磺吡酮。药物诱导的血小板功能障碍不会引起出血问题，除非存在另一种止血缺陷障碍。

（三）血管疾病

1. 先天性血管疾病 皮肤无力症（埃-达综合征、幼犬橡皮病）是由I型胶原成熟过程中的缺陷所导致。该病会引起血管脆弱、血肿以及血管易损伤，在犬、猫、水貂、马、牛、绵羊、人上曾有报道，但家畜罕见。最明显的临床异常为皮肤松弛，可过度伸展、易撕裂。无有效治疗方法。

2. 后天性血管疾病 一些疾病可引起严重且普遍的血管炎，其特点为出血性疾患。

（1）**洛基山斑疹热** 由立克次体引起，经革蜱属变异革蜱和革蜱属安氏革蜱（D. andersoni）传播。立克次体微生物可侵入血管内皮细胞导致细胞死亡，血管周围水肿和出血，凝血级联反应不同程度活化，血小板减少同时发生。患犬常出现鼻出血、瘀斑和斑点

状出血、血尿、黑便或视网膜出血。病情严重的犬，可出现DIC。

（2）**犬疱疹病毒** 通常感染7～21日龄的犬。一般坏死性血管炎会伴有血管周围出血。该病可迅速致命，仔犬可在出现临床症状后24 h内死亡。

（四）凝固蛋白障碍

1. 先天性凝固蛋白病 疾病早期可见凝固蛋白的严重缺乏或功能缺陷。凝固蛋白在止血中必不可少，其活性显著下降，具有致命性。凝固蛋白正常活性低于1%，动物会出现死胎或出生后不久因大出血而死亡。凝固蛋白产量不足或新生仔畜肝脏不成熟导致的维生素K缺乏，均会加剧凝血缺陷。如果所有特定凝固蛋白的活性是正常的5%～10%，新生仔畜可能存活，但是通常在6月龄之前表现出抗凝血迹象。在此期间，当这些动物进行常规操作（如疫苗接种、去爪术、断尾术、上爪去除术、断耳术、阉割术或卵巢子宫切除术）时，可能会出现明显的出血不止现象。

据报道，家畜的先天性凝固蛋白缺陷大多数是单一因素的缺陷或异常，双重或多重因素缺陷较为罕见。

（1）**先天性纤维蛋白原缺陷症（凝血因子I缺乏症）** 常发于萨能奶山羊中，在犬或猫中未见报道。已报道，圣伯纳犬和维兹拉猎犬患低纤维蛋白原血症。此病伴有ACT、APTT、PT和凝血时间（TT）明显延长。血纤维蛋白原异常在近亲繁殖的苏俄牧羊犬中有过报道，ACT、APTT、PT、TT延长，但在定量检测时，却可检测到纤维蛋白原。患犬有轻度鼻出血、跛行症状，但外伤或手术的出血可危及生命。静脉注射新鲜冷冻血浆或冷冻沉淀品是止血的最好方法。

（2）**凝血因子II（凝血酶原）异常** 比较罕见。据报道，拳师犬凝血酶原功能异常但浓度正常。这种缺陷呈常染色体隐性遗传。凝血因子II异常在英国可卡犬上有过报道，幼犬的临床症状（鼻出血、牙龈出血）随年龄的增大而减少，且成年犬容易挫伤或患有皮炎。患病的幼犬TT是正常的，而ACT、APTT、PT延长。可通过输注新鲜冷冻血浆进行治疗，如果需要红细胞，可以输注新鲜全血。

（3）**凝血因子VII缺乏症** 多发生在比格犬、英国斗牛犬、阿拉斯加雪橇犬、迷你雪纳瑞狸、拳师犬和杂交犬中，是常染色体不完全显性遗传。通常，它与自发的临床出血无关，但患犬在外科手术后可能出现瘀伤或出血时间延长等情况。也有报道称，患犬产后出血时间延长。凝血因子VII缺乏，可以通过凝固筛选试验进行诊断：PT延长，而APTT和其他测试的结果是正常的。

（4）**凝血因子VIII缺乏症（血友病A）** 是犬和猫

最常见的遗传性出血类疾病，据报道，该病还会在多个品种的马中发生，包括阿拉伯马、标准竞赛用马、季马、纯种马。这种病是X染色体遗传病，所以以通常雌性动物是无症状的携带者，而雄性动物患病。在罕见的高度近亲繁殖的种群中，患病雄性动物与雌性携带者交配后，也能产生患病的雌性后代。

患病幼犬在出生后出现脐血管出血时间延长、牙齿萌出时牙龈出血时间延长以及在断尾、悬趾切除、断耳手术后出血时间延长。凝血因子活性低于正常的5%时，犬会出现伴有间歇跛行的关节血肿、自发形成血肿和出血性体腔积液的常见临床症状。凝血因子活性在正常的5%～10%时，动物往往不会自发出血，但在外伤或手术后出血时间延长。患病的猫及偶有小型犬手术或创伤后，可能会出现出血时间延长，但很少自发出血，可能是因为其灵活性和体重轻。通常患病动物的凝血因子Ⅷ浓度非常低（低于10%）且ACT和APTT延长。血管性血友病因子（凝血因子Ⅷ有关抗原）的浓度正常或偏高。携带动物的凝血因子Ⅷ的浓度适中（40%～60%）时，通常凝固筛选试验结果正常。如果动物不到6月龄时，应谨慎诊断，因为未完全发育的肝脏合成凝血因子能力较低。一般携带动物的凝固筛选检测结果是正常的。

治疗出血性素质时，需要反复输注冷冻沉淀品或新鲜冷冻血浆（10 mL/kg，每日2～3次），直到出血情况得到控制。新鲜冷冻血浆或冷冻沉淀品比全血更可取，因为反复输全血可导致动物的红细胞抗原致敏。

（5）**凝血因子Ⅸ缺乏症（血友病B）**　在临床上比凝血因子Ⅷ缺乏症更少见。据报道，此病曾发生在纯种犬、杂交犬、喜马拉雅猫、杂交暹罗猫和英国短毛猫中。这种病是雌性携带和雄性患病的X染色体遗传，但在高密度近亲繁殖的种群中也会出现雌性动物患病。临床表现与动物凝血因子Ⅷ缺乏症状相似。凝血因子Ⅸ活性极低（不到1%）的动物，通常在出生时死亡或出生后不久死亡。当活性凝血因子Ⅸ在正常的5%～10%时，动物可能会自发地形成血肿、关节积血、出血性体腔积液或器官出血。牙齿萌出过程的牙龈出血、断尾后或悬趾切除术，都可能发生出血时间延长。有些动物只在外伤或手术时才有此症状。ACT和APTT延长。动物体内的正常凝血因子Ⅸ活性为40%～60%时，通常无症状表现，且凝固筛选试验结果正常。可以通过输注新鲜冷冻血浆（10 mL/kg，每日2次）进行治疗，直到出血情况得到改善。通常，只有患病动物危及生命时才有可能发现腹部、胸部、中枢神经系统或肌肉筋膜之间的内出血。

（6）**凝血因子Ⅹ缺乏症**　在美国可卡犬和杂交犬

可发生该病，其遗传方式为常染色体的显性遗传，且有可变的外显率。纯合子的动物通常在出生后不久即死亡，或由于大量的内出血导致胎死腹中。杂合子动物存在轻度至重度的出血问题。动物凝血因子Ⅹ的正常活性低于30%时，ACT、APTT、PT通常会延长。可输注新鲜或新鲜冷冻血浆来控制出血。

（7）**凝血因子Ⅺ缺乏症**　曾发生在凯利蓝㹴、雌性英国史宾格犬、大白熊犬、魏玛犬、荷斯坦牛中。通常少量缺乏不易被察觉。严重不足时，凝血因子Ⅺ的活性是正常活性的30%～40%或更少，外伤或手术后出血时间会有所延长。通常不会立刻出血，3～4 d后才出血，ACT和APTT延长。需要输注新鲜冷冻血浆（10 mL/kg），连续使用3 d才能有效止血。遗传方式为常染色体遗传，但基因是显性或隐性还尚未确定。患有系统性红斑狼疮的成年猫鼻出血的原因是，体内存在一个抑制凝血因子Ⅺ的循环抑制剂。

（8）**凝血因子Ⅻ（接触因子）缺乏症**　曾在德国短毛波音达猎犬、贵宾犬、迷你贵宾犬和猫中报道过。患病动物临床上无出血症状。该因子缺乏一般可通过凝血筛选试验进行诊断，并且APTT延长。患有凝因子Ⅻ缺乏症的人并没有出血症状，但易患血栓或感染，这是因为凝血因子Ⅻ在纤维蛋白溶解和补体激活中起到了一定作用。还没有关于动物血栓的形成或感染的报道。同时患有凝血因子Ⅻ缺乏症和血友病的犬与患有凝血因子Ⅸ缺乏症的猫，都有出血倾向但不会恶化。在鸟类、海洋哺乳动物和爬行动物的血浆中不存在凝血因子Ⅻ，但对其也无不良影响。

（9）**激肽释放酶原缺乏症**　在贵宾犬、小型马、比利时马中曾报道过。一般临床上无明显出血症状。有一匹马去势后曾发生过多出血。可通过凝血筛选试验进行诊断。通常ACT和APTT延长。

2. 获得性凝固蛋白症

（1）**肝病**　大多数凝固蛋白主要在肝脏中合成。因此，以坏死、炎症、肿瘤、肝硬化为特征的肝脏疾病往往伴随着凝固蛋白、抗凝血剂和纤溶蛋白的合成量减少。因为各种凝固蛋白都有一个相对较短的半衰期（4 h至2 d），当凝固蛋白出现轻度到重度不足时，能继发严重的肝病。患有严重肝病的犬，50%～85%的病例会出现APTT和PT延长，这意味着该凝固蛋白的活性低于正常的30%。然而，实际上有出血症状情况的还不足2%，通常与疾病并发时才表现出出血症状。凝血试验通常在肝脏活检之前完成。

严重的肝脏疾病也可导致DIC。肝脏外合成的纤维蛋白原、急性期反应物和血管性血友病因子均能加重肝脏疾病。

（2）**维生素K缺乏症**　维生素K在被动扩散到刷

状缘之前溶解在混合胶束内。脂肪吸收障碍与胆盐含量不足（如胆管梗阻）及淋巴管扩张或严重的绒毛萎缩，都可导致维生素缺乏，以及由于功能性维生素K依赖性凝血因子Ⅱ、Ⅶ、Ⅸ和Ⅹ合成减少而引起的血凝病。

（3）抗凝血杀鼠剂的摄入 犬和猫摄入一定量杀鼠剂，能引起凝血功能障碍（血凝病），主要是由于缺乏功能性维生素K依赖性因子的产生（见杀鼠药中毒）。非活性前体凝血因子Ⅱ、Ⅶ、Ⅸ和Ⅹ仍然由肝脏产生，但不会产生γ-羧基化的非活性前体，因为杀鼠剂抑制环氧化物-还原酶，而这种酶需要循环使用有活性的维生素K。通常有两类抗凝血杀鼠剂：香豆素类化合物（杀鼠灵、克鼠灵、溴鼠灵、溴敌鼠）和茚二酮类化合物（敌鼠、鼠完、杀鼠酮和氯敌鼠）。抗凝血杀鼠剂根据他们的毒性和半衰期，又进一步分为第一代和第二代。在一般情况下，香豆素类化合物的半衰期（达55 h）比茚二酮类化合物（15～20 d）短很多。同时服用不同药物并有共存疾病，都可能会加剧摄入的抗凝血剂的毒性。

患病动物可能形成血肿（特别是超过压力点时）、表面擦伤和深部组织损伤。通常情况下，动物在摄入毒素后最初的24 h不会出血，但APTT、PT、ACT会延长。维生素K依赖性凝固蛋白中凝血因子Ⅶ的半衰期最短，因此，PT通常在其他检测指标之前发生异常，可用来监测治疗效果。快速摄入催吐剂、吸附剂、泻药可以减少药物吸收。患病动物即使没有出现临床症状，也应首先考虑使用维生素K进行治疗。香豆素中毒的初期治疗，建议采用从不同部位皮下注射维生素K₁，剂量为2.5～5.0 mg/kg；后期应口服1.25～2.5 mg/kg，每日2次，如果摄入量最小时，应治疗4～6 d。终止治疗后的48 h后测定PT，如果测定时间延长，应延续治疗14 d。如果第一次的PT是正常的，应在48 h后再进行一次PT的测定，如果测定结果正常就可终止治疗。可用高剂量的维生素K₁治疗茚二酮毒性，5 mg/kg，口服，连用3～6周，但高剂量用药时应谨慎，因为已报道犬持续用药4 mg/kg，5 d后会诱发变性珠蛋白小体贫血症。因为维生素K₁可能会导致过敏性反应，所以不建议静脉注射。而使用维生素K₃进行治疗却无效。

（4）弥散性血管内凝血（DIC） DIC不是一种原发性疾病，多数继发于许多潜在疾病，如细菌、病毒、立克次体、原虫或寄生虫引起的疾病以及中暑、烧伤、肿瘤或严重创伤。潜在疾病会引起不受控制的全身炎症反应，其特征是凝固蛋白、内源性抑制剂、纤溶蛋白和血小板的大量活化和消耗。

在DIC的初期阶段，由于动物的循环血液中存在炎症介质，使血液处于高凝期，这些介质通过增加组织因子的暴露和抑制剂的消耗来激活止血作用。随着时间的推移，凝血因子不断消耗，如果不增加生产加以补充，可能导致低凝期并伴有明显的临床症状。由于DIC发展的渐进性，临床表现有很大的不同，范围从没有明显的疾病症状到器官衰竭。疾病没有明显症状时，在传统的止血参数（APTT、PT、D-二聚体、纤维蛋白原和血小板计数）中变化轻微或无变化；而器官衰竭与重要器官微血管形成血栓有关，最终导致明显的出血症状。传统上认为器官衰竭是DIC患者的特征，其中止血参数发生明显变化和血小板数目减少。

犬的凝血弹性描记法可以区分DIC的各个阶段。高凝血状态的犬比低凝血状态的犬存活的机会更大，这可能是及早的采取抗血栓治疗的结果，同时治疗了潜在的疾病。积极治疗可以降低血栓栓塞性并发症和延迟，甚至可阻止其发展成明显症状。

兽医学中，DIC的实验室诊断没有确切的方法，并且使用的止血剂功能检测也不一致。但是DIC的诊断可根据3种或更多异常的凝血参数，如APTT、PT、纤维蛋白原、D-二聚体、血小板计数、红细胞形态以及诱发的疾病，这是一种灵敏的、非特异性的诊断方法。但患病动物死后的纤溶会使剖检的诊断指标不准确。

治疗原发病时，经验疗法可用于纠正凝血系统中的不平衡。通过平衡电解质溶液和使用血浆膨胀剂来维持有效循环量是非常有必要的。新鲜冷冻血浆和肝素的使用尚存争议，因为无法预测使用其治疗时的反应。

三、病理性血栓形成

（一）原发性或遗传性抗凝疾病

家畜先天性缺乏抗凝蛋白的说法尚未得到认可。如果动物存在这种情况，生命将不会存在。

（二）继发性或后天性促凝血疾病

判断病危犬是否处于高凝状态比较困难，且在兽医方面还没有很好地认识到高凝状态和血栓栓塞性疾病的重要性。犬的血液高凝状态和整个止血阶段的止血变化的分析方法还需要改进。凝血弹性描记法（TEG）能够整体评估全血的止血功能进行，TEG的优势是可以对形成过程中的血凝块的黏弹性进行评估（包括血栓形成、动力学、强度大、稳定性和分辨率）以及对超凝或低凝阶段的即时检测。

动物的某些特定疾病会增加血栓形成的风险。猫患有较为常见的扩张型、肥厚型和限制型心肌病时，会在主动脉或肱动脉处形成大的血栓。犬患有肾脏蛋白质流失病、肾上腺皮质机能亢进、肿瘤、伴随动脉粥样硬化的甲状腺功能减退症及自身免疫性溶血性贫血病时，常会出现血栓。已经发现马患有全身性炎症疾病（如疝痛、蹄叶炎或结肠炎）和长期置入颈静脉导管和输液刺激血管时，常患有血栓和血栓栓塞。

肿瘤会引起高凝状态和与其相关的并发症，如血栓栓塞性疾病。许多参与止血的细胞和蛋白质也参与肿瘤的生长、侵袭、转移和血管再生。下肢深静脉血栓是癌症病人一种明显的临床并发症，但该结论在癌症患犬身上尚未得到证实。

已有记载，患有蛋白质流失的肾脏疾病（如肾小球疾病、肾病综合征、肾淀粉样变）会出现抗凝血酶缺乏。抗凝血酶的分子量是57 000 kD与白蛋白的分子量（60 000 kD）相近，因此，肾小球损伤会导致白蛋白流失，也可导致抗凝血酶的流失。已证实，肾脏疾病异常会出现血小板对激动剂反应的增加，促凝血活性增加和抗纤溶酶活性降低。目前，引起血栓形成的因素有很多。

高胆固醇血症可增加血栓栓塞的发病风险。假如内皮细胞和血小板膜磷脂含量发生改变，会分别导致血管的损伤和血小板对激动剂反应性增加。血小板环氧合酶途径可以增加血栓素产量。以高胆固醇血症为特点的疾病有肾上腺皮质机能亢进、糖尿病、肾病综合征、甲状腺功能减退和胰腺炎。上述疾病与增加血栓形成的风险相关，这些疾病往往会导致肺部血栓。

心肌病患猫能增加血栓栓塞的风险。心内膜心肌病变和急速流动的血液流经心室和心瓣膜时，可继发引起心肌功能改变形成血栓。尚未发现抗凝剂或纤溶蛋白的特异性缺乏。相反的是抗凝血酶显著增加也不能起到防护作用。猫患有心脏病继发的甲状腺功能亢进症时，通常使用药物（如心得安、氨酰心安或硫氮卓酮）来减轻心功能不全的临床症状。这些药物可通过改变血小板对激动剂的反应性来阻止血栓的形成。

患有疝痛并伴有内毒素血症的马，能使其体内的血纤维蛋白溶解原的活性降低，并且蛋白C抗原浓度减少。此病会增加病马的死亡率且增加形成血栓的风险。几种不同的全身性疾病最终会引发蹄叶炎。已证实，蹄叶炎初期蹄层的血管系统中存在微血栓。其中一种理论认为，内毒素直接作用于血管，并且在凝血级联反应中激活相关因子。由水肿、血管压迫、血液分路流经蹄冠所导致的蹄层局部缺血，可能损伤血管内皮细胞。当血流循环恢复、血液再次灌注损伤部位时，暴露的内皮下胶原蛋白能加速血栓的形成。

动物血栓或栓塞最适合的疗法就是诊断与治疗潜在疾病以及精心护理。维持足够的组织灌流量也至关重要。可使用抗凝血剂（如肝素和香豆素）溶解凝血块和预防血栓复发。肝素有利于抗凝血酶的活化，但只有在足够的抗凝血酶存在时才有效。对于犬患蛋白质流失肾病或马患内毒素血症来说，肝素治疗有效的前提是先输注一定量的血浆。香豆素一直被用于控制或预防血栓，而不是治疗。纤溶化合物有助于增强动物对血块的溶解。与链激酶或尿激酶相比，组织型纤溶酶原激活剂具有较多的纤维蛋白特异性，因此，它提供了更多局部纤溶效果（虽然不是整体）。不使用组织型纤溶酶原激活剂主要是因为成本较高。链激酶容易得到，而且比较便宜，但治疗剂量难以确定。动物以前被链球菌感染时，会自然产生链激酶抗体。链激酶的量足够可以中和所有抗体，但又不会产生全身性纤溶的出血倾向。

第八节 白细胞失调

在哺乳动物的正常血液中，白细胞（WBC）包括分叶核中性粒细胞、杆状核中性粒细胞、淋巴细胞、单核细胞、嗜酸性粒细胞和嗜碱性粒细胞。异常白细胞包括比杆状核细胞（如晚幼粒细胞、髓细胞、早幼粒细胞）成熟晚的中性粒细胞、任何血系的原始细胞、肥大细胞和来源于组织的肿瘤细胞。

白细胞因生成部位、循环的持续时间和白细胞经过血管床刺激的差异而发生改变。白细胞生理差异能够说明不同物种血液浓度及对疾病反应的差异（见表23-6）。

白细胞像是CBC的一个组成部分，包括样品中特定白细胞类型浓度在内的所有白细胞浓度的一个有序列表，也称为差分。白细胞生理知识和疾病发生过程为解释诊断信息中白细胞象异常奠定了基础。在特异性诊断中，白细胞象的解释发生了改变。大多数解释只是表明一种过程而不是一种特异性诊断。解释的过程一般分为四组：①改变血管血流动力学的生理反应；②炎症反应、感染反应和免疫反应；③骨髓损伤反应；④造血细胞瘤（见临床血液学：白血细胞）。

一、生理学与病理生理学
（一）血管系统

血管系统从概念上分为两个室：循环池和边缘池。边缘池由微循环组成，即组织界面的毛细血管。循环池由较大的血管组成。静脉穿刺抽取的血液样本，可以代表循环池内的血液。两池之间细胞浓度存在显著差异，这是由于血液流速、向血管外空间液体的流动及白细胞选择性黏附内皮细胞导致的。此外，两池之间及血管外在血液动力学方面是平衡的。因此，在这个平衡中，细胞运动或液体在两池之间的变化会导致白细胞浓度发生明显改变。对于大多数物种而言，白细胞平均分布在两个池内。猫体内的大多数白细胞分布在边缘池。某些机制可以增加循环池的白细胞，肾上腺素重新分配边缘池与循环池之间的白细胞，皮质类固醇抑制中性粒细胞的内皮细胞黏附和组织迁移。

（二）粒细胞

粒细胞包括中性粒细胞、嗜酸性粒细胞、嗜碱性粒细胞，这些粒细胞是骨髓中的一个共同干细胞产生的子细胞。增殖（有丝分裂）的基础细胞包括原粒细胞、早幼粒细胞和骨髓细胞。早幼粒细胞首先形成嗜天青颗粒（溶酶体），在后期阶段这种颗粒将变成隐性颗粒。存储细胞群（成熟）由功能成熟的晚幼粒细胞、杆状核中性粒细胞和分叶核中性粒细胞组成。髓细胞时期首先产生确定最终细胞类型的特定颗粒。人们公认的细胞类型分类方法是根据不同类型的细胞，对特定颗粒染色剂亲和力的不同来确定的，如有嗜碱性颗粒的为嗜碱性粒细胞，有嗜酸性颗粒的为嗜酸性粒细胞，无染色颗粒的为中性粒细胞。

1．中性粒细胞 血液中的中性粒细胞通常是成熟（分叶核）的，少部分是不成熟的杆状核形式。中性粒细胞从骨髓进入血液，并在血液里平均停留8 h。中性粒细胞常常黏附在微循环的血管内皮细胞上，然后再单向进入组织，并在组织中参与宿主防御。所以只有骨髓的稳定输送，才能保证血液中的中性粒细胞的迅速更新和血液中较高的中性粒细胞浓度。当炎症发展增加了组织消耗或干细胞损伤降低骨髓产量时，这种平衡可能会发生极大的改变。当发生炎性病变时，由局部单核细胞释放的集落刺激因子会迅速刺激骨髓释放储备的中性粒细胞，同时加速粒细胞生成。当组织对中性粒细胞需求量增大时，骨髓生成和释放中性粒细胞加速，会导致核左移和毒性变化。

在超过炎症反应上限时，可观察到极端中性粒细胞，这可能与慢性骨髓单核细胞性白血病、犬肝簇虫病及产生集落刺激因子的罕见肿瘤有关。

（1）**牛白细胞黏附缺陷病** 是荷斯坦牛的一种致命性常染色体隐性遗传病。它与缺少一种糖蛋白的特殊中性粒细胞有关，而这种糖蛋白在正常白细胞黏附和迁移中必不可少。反复性细菌感染以持续性高浓度的中性粒细胞（通常大于$1×10^{11}$个/L）和淋巴细胞增多然后死亡（通常发生在2周至8月龄）为主要特征。犊牛常常发育不良，并伴有反复性肺炎、口腔溃疡、肠炎、牙周炎。对一些组织的检查发现，除血管腔内以外，其他组织中的中性粒细胞很少，这是因为此时中性粒细胞始终处于循环状态，并不断到达受损组

织。检测时可测到载体。

组织对中性粒细胞的过度需求或中性粒细胞生成减少，都可能导致中性粒细胞减少。在所有物种中，细菌的过度感染都可导致上述情况的发生，尤其是革兰氏阴性菌引起的败血症或内毒素血症。机体其他的消耗性过程能够诊断（或者表明）免疫介导的中性粒细胞的破坏。引起猫干细胞损伤的原因有很多：如某些病毒感染、化学性损伤、特异性药物（磺胺类、青霉素类、头孢菌素类、氯霉素）反应等。通常这些原因会影响到所有的骨髓细胞系，但初步认为是中性粒细胞，因为它有相对较高的更替率。

（2）**灰色牧羊犬循环造血功能综合征** 这种病也被称为犬循环性中性粒细胞减少症，由中性粒细胞减少引起。这是一种常染色体隐性遗传病，其特征是中性粒细胞周期性减少、过度的反复性细菌感染、出血和毛色暗淡。在分子基础上，这种病被认为是多功能造血干细胞水平上的成熟骨髓循环缺陷病。每间隔11～14 d，成熟的中性粒细胞就会被捕获，外周中性粒细胞将持续减少3～4 d，随后中性粒细胞增多。因为包括淋巴细胞在内的所有其他造血细胞，都有相对较长的循环时间，所以他们是循环产生的。患犬经常在出生时或出生后的第1周内死亡，患犬很少能活到1年以上。即使幸存下来的犬也会出现发育不良和体弱，并在中性粒细胞减少期间发生严重的复发性细菌感染。

2．嗜酸性粒细胞 嗜酸性粒细胞有杀灭寄生虫的功能，其功能还包括在过敏性疾病中调节响应抗原的IgE受体的产物酶，该酶由肥大细胞释放。例如，嗜酸性粒细胞中的组胺酶可以调节肥大细胞释放组胺。嗜酸性粒细胞增多主要由过敏炎症反应和入侵组织的寄生虫感染引起。目前已有猫患嗜酸性粒细胞增多综合征的报道，这种罕见的综合征以持续高浓度嗜酸性粒细胞和与器官功能障碍相关的嗜酸性粒细胞组织浸润为特点，而肿瘤与癌旁组织诱导的嗜酸性粒细胞增多的情况较为罕见。局部的嗜酸性组织病变，不一定会使外周嗜酸性粒细胞增多，如嗜酸性肉芽肿类皮肤病和猫的口腔病变。嗜酸性粒细胞减少是类固醇诱导的白细胞象中的一部分。

3．嗜碱性粒细胞 在常见的家畜体内很少见到嗜碱性粒细胞。嗜碱性粒细胞含有组胺、肝素和硫酸黏多糖类，他们的功能尚不完全清楚。因此，目前关于嗜碱性粒细胞增多还没有明确的解释。嗜碱性粒细胞增多的情况不常见，但偶尔会伴随嗜酸性粒细胞增多现象。与血液学仪器分析结果相反，还没有大量数据或文件来说明这些仪器可以识别动物体内的嗜碱性粒细胞。尽管血液嗜碱性粒细胞与组织肥大细胞都有

类似的酶的成分，但嗜碱性粒细胞不能变成肥大细胞。他们可能来源于不同的骨髓干细胞系统。

（三）单核细胞

单核细胞是在骨髓中，从单核母细胞分裂为前单核细胞，再进一步分化成成熟单核细胞。单核细胞进入外周血管中，并在血液中停留24～36 h后迁移到周围组织中，并在组织中成熟为组织巨噬细胞。单核细胞和巨噬细胞，可以吞噬炎症和组织损伤部位的生物体和细胞碎片。他们可形成多核巨噬细胞，吞噬由肉芽肿形成的异物或复杂的生物体。单核细胞和巨噬细胞是集落刺激因子和调节炎症反应的细胞因子的主要来源，而且他们也起到抗原提呈细胞的功能。单核细胞与炎症有关，特别是慢性炎症。单核细胞增多也是发生类固醇反应的一种主要因素，犬表现得最为明显。

（四）淋巴细胞

淋巴细胞来源于骨髓造血干细胞，并在淋巴结、脾和其他皮下淋巴组织中成熟。成熟的淋巴细胞由两种主要细胞群组成，B细胞群和T细胞群。B细胞（存在于骨髓和腔上囊中）是体液免疫产生抗体的浆细胞的潜在前体。T细胞（存在于胸腺）参与细胞免疫（如组织相容性和迟发型过敏反应）。组织中的淋巴细胞可以返回到血管床并进行再循环。与其他的白细胞相比，一些淋巴细胞能长期存在。

1. 淋巴细胞增多症 淋巴细胞增多症常见原因是兴奋（肾上腺素）反应和淋巴细胞性白血病。与慢性炎症反应有关的免疫（抗原）刺激不能引起淋巴细胞增多，但可能会导致淋巴组织中反应的淋巴细胞变大。血涂片检查可检测出免疫刺激产生的反应性（免疫刺激）淋巴细胞。任何疾病中，中度到重度的系统性免疫刺激，都可能出现反应性的淋巴细胞。在健康的幼龄动物体内，存在较大的反应性淋巴细胞是正常的。偶尔出现大颗粒淋巴细胞也是正常的。据报道，在犬慢性犬埃利希体感染时，淋巴细胞数高达1.7×10^{10}/L，并伴有相当数量的大颗粒淋巴细胞。牛体内淋巴细胞数持续高于7.5×10^9/L时，常被称为持久性淋巴细胞增多症。这是由于B细胞在感染白血病病毒（BLV）的牛体内某个部位进行增殖的结果。病牛通常无临床症状。在个别牛体中出现持续性淋巴细胞增多，被认为是BLV感染的阳性迹象。部分感染BLV的牛，无论他们是否患有淋巴细胞增多症，都可能进一步发展为淋巴瘤或淋巴细胞性白血病。

2. 淋巴细胞减少症 淋巴细胞减少症是一种常见的白细胞象异常，这与内源性（应激）或外源性皮质类固醇有关。最有可能的原因是糖皮质激素诱导的淋巴细胞凋亡。一些其他原因如淋巴外渗（如淋巴管扩张、乳糜积液）、一些带有细胞快速分裂趋向的病毒感染和遗传性免疫缺陷病（如阿拉伯马驹的混合免疫缺陷病），也会引起淋巴细胞减少症。

二、白细胞象异常

（一）概述

白细胞象异常包括数量或浓度异常以及白细胞形态异常。

1. 数量异常 根据种间特有的参考范围评价白细胞浓度值。只有参照绝对数值才具有说服力。可参阅表23-6，"常见家畜的WBC总数与WBC分类计数参考值"。WBC总数较为多变，通常新生仔畜要比成年动物的数量多。与年龄相关的参考值应该用来评估幼龄动物的血象，特别是成年反刍动物淋巴细胞数量较多（而中性粒细胞数量较少）。一般情况下，达到性成熟年龄的动物应进行WBC分类计数。

WBC总数异常，可以提醒兽医寻找与分析白细胞分类与分布异常。当WBC总数不正常时，可能在白细胞分类中出现一种或多种的分布异常。当WBC总数正常时，仍可能在白细胞分类中出现一种或多种的分布异常。所以，白细胞分类数据的评估是白细胞象的最重要组成部分。

白细胞增多症是指白细胞总数增多，白细胞减少症是指白细胞总数减少。特定白细胞类型的浓度变化对临床症状的解释有重要意义。

中性粒细胞增多或中性粒细胞增多症是指中性粒细胞数量增加。淋巴细胞增多症是指淋巴细胞数量增加。单核细胞增多症是指单核细胞数量增加。嗜酸性粒细胞增多症和嗜碱性粒细胞增多症，是指嗜酸性粒细胞或嗜碱性粒细胞的数量分别增加。晚幼红细胞症是指血液中的有核红细胞（nRBC）增加。肥大细胞增多症是指血液中的肥大细胞增加。

细胞类型用后缀"penia"表示细胞减少，这仅适用于可能发生细胞减少的细胞类型。它并不适用于细胞数可能是0的细胞类型，如单核细胞、嗜碱性粒细胞、nRBC和任何其他异常细胞类型。因此，中性粒细胞减少症是指中性粒细胞的数量减少，淋巴细胞减少症是指淋巴细胞的数量减少，嗜酸性粒细胞减少症是指嗜酸性粒细胞的数量减少。血细胞减少症是指细胞数量减少的一种非特异性术语，但细胞类型没有详细说明。各类血细胞减少症是指所有类型的细胞均有所减少，通常表明已达到了严重的程度。

用来描述或证明与炎症反应相关异常情况的术语，包括各种核左移和白血病样反应。①核左移，是指未成熟、未分裂的中性粒细胞及典型的杆状核中性粒细胞数增多，但也可能包括晚幼粒细胞或更不成熟的形式。②再生性核左移，以中性粒细胞增多和核左移同时存在为特征。在这种情况下，分叶核中性粒细胞将比杆状核中性粒细胞数多，并且成熟性低。③退行性核左移，以中性粒细胞数由正常至降低为特征，但这种核左移表现为杆状核中性粒细胞和未成熟中性粒细胞多于分叶的中性粒细胞。这表明，在炎症反应中骨髓发挥出了最大释放量。白血病样反应描述了在慢性炎症反应中性粒细胞明显的增多，中性粒细胞的增多是诊断骨髓性白血病的参考数据。白血病样反应的中性粒细胞增多的参考数据为：犬大于$7×10^{10}$个/L，猫大于$5.0×10^{10}$个/L，马大于$3.0×10^{10}$个/L，反刍动物大于$2.0×10^{10}$个/L。

2. 形态异常 形态异常可能与后天获得性或遗传性疾病有关，许多形态异常并不常见。

（1）**毒性变化** 最好被定义为一系列的形态变化，通过观察血涂片可知，这种变化是由骨髓加速产生中性粒细胞所造成的，只有通过中性粒细胞才能被确定。该术语来源于对一些细胞特征的历史性观察，包括正常、过度生长、毒性状态等情况，如全身性细菌感染和严重的急性炎症损伤。毒性反应对中性粒细胞具有损伤作用的观点是错误的，其实这些细胞不但没有受到损伤而且功能正常。炎症较为严重，骨髓会加速产生中性粒细胞，同时这也是骨髓最大限度产生中性粒细胞的信号。形态变化包括（按发生频率）弥漫性胞质内嗜碱性粒细胞增多、杜勒（Döhle）小体和胞浆空泡化。较为罕见的变化包括胞浆嗜天青颗粒、巨型细胞和双核细胞显著增加。毒性变化总是与核左移同时发生。人们把毒性变化分为轻度、中度或重度3种情况。杜勒小体、灰蓝色胞浆内包含体都是内质网的聚集物。健康猫在临床检查时发现这些物质比较独特，不能认为这是毒性变化，除非还伴有其他特征。

（2）**反应性淋巴细胞** 该细胞增多时出现明显的嗜碱性细胞质，并且细胞核呈不规则分裂。反应性淋巴细胞的直径有很大差异。反应性淋巴细胞的染色质能被浓缩，所以不是胚细胞。他们被称为免疫刺激性B细胞。

（3）**颗粒状淋巴细胞** 该类细胞的染色质发生浓缩，淡蓝灰色的细胞质增加，这种细胞质中含有几个小粉红色颗粒或嗜天青颗粒。这种细胞的细胞核呈圆形，会发生分裂。这些细胞是大颗粒淋巴细胞，也可能是自然杀伤性淋巴细胞（NK）或T淋巴细胞。

如果机体内存在可再生的或大量的胚细胞，通常表明存在造血细胞瘤。通过形态学指标对其直系作出初步确定，再通过流式细胞分析仪进行最终确定。

伯曼猫的一种常染色体隐性性状，可能导致人们把中性粒细胞的正常胞浆内嗜酸性颗粒误认为是带毒颗粒。这种中性粒细胞的功能是正常的，所以这种异常被认为是细胞的一种偶然表现。

波斯猫、人、水貂、狐狸、海福特牛和白兰格斯牛、小鼠和虎鲸所发生的切-东二氏综合征，是一种与溶酶体颗粒有关的常染色体隐性遗传缺陷病。患病动物细胞内存在大量聚集的嗜酸性细胞质包含体。中性粒细胞和血小板功能异常，增加了细菌感染出血的可能性；同时黑色素颗粒形成异常，能导致局部眼皮发生白化症。然而，这种情况下猫可以保持适当的健康。

（4）**黏多糖贮积病** 是多糖降解缺陷的一组溶酶体贮存病。中性粒细胞和淋巴细胞含有胞浆内颗粒为紫色或异染性的聚集的黏多糖，淋巴细胞也可呈空泡样。黏多糖贮积病与全身性临床异常有关，常发生于犬和猫。

发生在犬和猫中的另一组溶酶体贮积症可能会导致胞浆空泡化，主要发生在淋巴细胞，偶尔也会发生于中性粒细胞。这些疾病包括神经节苷脂沉积症、α-甘露糖贮积症、变异的尼-皮病（Niemann-Pick disease）、脂肪酸酶缺乏和神经节岩藻糖血症。这些疾病由于神经组织中的蓄积产物而引起严重的、进行性神经疾病。

（5）**疯草中毒** 被认为是大动物后天性溶酶体贮积病，因为这种植物的有毒成分能够抑制一种或多种低聚糖代谢酶。疯草中毒可导致淋巴细胞空泡化。

（6）**佩尔格-休特核异常**（Pelger-Huët anomaly）是一种人、猫、兔和犬杂合子异常，而引起粒细胞核分叶过少的疾病。中性粒细胞有正常功能，但几乎没有分叶核的形态。几乎所有的中性粒细胞为杆状核粒细胞和晚幼粒细胞，在正常的白细胞象上会出现明显的核左移。患有杂合子的动物临床表现正常，但纯合子遗传是致命的。

（7）**中性粒细胞核分叶过多** 是一种被核细丝连接、由多核叶引起的核分叶程度增加的疾病。这是一种白细胞在血液中停留时间增加的非特异性指征，同时也是细胞的正常老化。可以通过类固醇白细胞象来观察这一现象。

（8）**白细胞凝集** 可影响中性粒细胞或淋巴细胞。在低倍镜下可观察到5~15个紧密成群的白细胞聚合体。快速凝集可能会导致一些细胞计数系统，出现白细胞总数降低的明显错误。快速凝集可能是因为体内存在天然冷凝集素，所以只有在室温下进行体外操作才有效。目前还尚不清楚其临床意义。

（9）**传染病包含体** 偶尔可见。犬瘟热的包含体可见于中性粒细胞、单核细胞和淋巴细胞以及在新生的红细胞内。不同动物的埃利希体病和犬肝簇虫病，可能都含有由蜱传播产生的胞浆包含体。

（二）白细胞象的解释类型

异常白细胞象是几种解释类型中之一，其中每一种类型由一种以上的分类异常组成。有些类型也可能与红细胞和血小板的同时变化有关。白细胞象反应的重要种间差异，描述如下。

1. 皮质类固醇诱导性或应激性反应 皮质类固醇诱导性或应激性反应，是最常见的白细胞反应。内源性类固醇释放或外源性糖皮质激素治疗，都会导致白细胞象产生多种变化。淋巴细胞减少是最一致的变化，通常成熟的中性粒细胞会增多。单核细胞增多和嗜酸性粒细胞减少是预料中的变化，但还存在较多的变数。中性粒细胞增多是由于黏附于血管内皮的白细胞减少，从而抑制其着边并增加其循环时间。在这种情况下，中性粒细胞可能会变成多叶核中性粒细胞，骨髓中性粒细胞的释放也可能增加，这种反应往往被误解为炎症反应。

2. 兴奋或肾上腺素反应 在运动或兴奋时白细胞会增多，此反应由增加的肾上腺素调节。肾上腺素能够促进细胞从边缘池到中心池。这一反应可能在几分钟之内就能使白细胞总数翻番。此外，脾感染后能将白细胞和红细胞释放入外周循环。白细胞增多通常是由于在无核左移的情况下，成熟的中性粒细胞增多所致。青年马或猫较易发生淋巴细胞增多症。猫的淋巴细胞高于参考标准上限的两倍时，才认为是淋巴细胞增多症。犬很少发生兴奋反应。

3. 炎症反应 当动物发生炎性疾病时，血液中的中性粒细胞高度可变且有活力。这种情况可以看作是各反应阶段中的炎性组织消耗与骨髓产生之间的平衡。与中性粒细胞储存和骨髓增殖能力有关的这种平衡有较大的种间差异。

炎症初期，骨髓通过血液输送储备的晚期成熟中性粒细胞来参与炎症反应，包括核左移。在急性期，如果消耗量超过骨髓所能提供的量时，中性粒细胞会减少并伴随明显的核左移。对于犬和猫来说，这是一种明显且严重的炎症病变迹象，以往被定性为退行性核左移。但在解释中，很少强调"退行性"的严格分类。犬和猫的中性粒细胞减少及核左移，能够提示人们考虑其是否发生了严重的炎症反应。

之后，骨髓需要2~4 d来加快中性粒细胞的生产，通过增加干细胞分化和扩大增殖阶段，进入成熟阶段并不断向血液中释放中性粒细胞。犬的急性期炎症反应会伴有轻度至中度的中性粒细胞增多，中性粒细胞的需求程度与核左移细胞的多少成正比。

几日之后，中性粒细胞的快速产生可伴随核左移

和毒性变化。当转为慢性炎症时，中性粒细胞的骨髓生产量和组织消耗量之间的平衡，有利于更成熟的中性粒细胞的发展。大多数慢性形式的炎症过程，称为"封闭腔"过程，将会持续数周或数月。病变较轻微时，会消耗较少的中性粒细胞，但它仍会刺激骨髓最大量的生产。犬的子宫蓄脓和牛的创伤性网胃腹膜炎（创伤性网胃心包炎）是解释"封闭腔"形成过程的较好例子。在此过程中，犬血液中由中性粒细胞组成的白细胞总数可高达$1×10^{10}$个/L。

与犬的炎症反应相比，牛和其他大多数反刍动物均有相对较少的中性粒细胞储备量和较差的骨髓加速粒细胞的生成能力，这是因为健康反刍动物血液中中性粒细胞数相对较低。因此，中性粒细胞减少是牛急性炎症时的主要特征，具有重要的诊断意义。但是，牛的中性粒细胞减少不能体现炎症的严重程度。几日后，通过骨髓反应可以向血液中输送适当数量的中性粒细胞，这些中性粒细胞以明显的核左移和毒性变化为特点。上述情况可能符合退行性核左移这个定义，但仍不能确定牛患病的严重程度。慢性的封闭腔炎性病变与中性粒细胞数量的多少有关，这些中性粒细胞在血液中很少超过$2.5×10^{10}$个/L。

猫和马的这些反应处于中间状态，猫与犬相似，马与牛相似。猪的炎症反应与犬相似。

单核细胞增多可能发生在炎症发展的任何阶段。但当炎症过程转为慢性时，单核细胞更容易增多并且增幅会更大。

4. 联合类固醇与炎症类型 炎性疾病通常诱发内源性类固醇反应，这由淋巴细胞的减少和炎性中性粒细胞类型来确定。中性粒细胞会抑制炎症反应，同时添加的类固醇会影响中性粒细胞。

5. 淋巴细胞增多 适度的淋巴细胞增多保持在$7×10^9$~$2×10^{10}$个/L范围内，能提高动物的兴奋反应，特别是猫科动物，如果不在此范围则会发生淋巴增生紊乱。淋巴细胞形态检查中出现前淋巴细胞和（或）胚细胞，说明该动物患有淋巴细胞性白血病。如果细胞都含有正常染色质的小细胞，则可能是慢性淋巴细胞白血病，但需要做进一步检查。犬的慢性埃利希体病可能会导致淋巴细胞数量增多。淋巴细胞不断增多是诊断白血病的准确依据。

6. 干细胞的损伤类型与全血细胞减少症 一些因素可能会导致可逆或不可逆的干细胞损伤。这些损伤会影响红细胞、血小板、淋巴细胞、粒细胞的生成。因为循环时间较短，所以中性粒细胞减少往往是第一个观察到的异常现象。不可逆的慢性损伤将导致3个主要的血细胞系减少，并且伴有白细胞减少、非再生性贫血和血小板减少的血象。具体原因分为以下

几种：①过量的辐射和抗肿瘤药物；②药物或植物中毒（如犬的雌激素中毒、牛的蕨类植物中毒、除马以外的其他动物的保泰松中毒）；③骨髓的造血细胞瘤（骨髓痨）；④急性损伤分裂细胞和可能引起中性粒细胞短暂减少的病毒感染（表1-7）。

表1-7 可能引起短暂性中性粒细胞减少的病毒性感染

动物种类	病毒性感染
犬	细小病毒，犬瘟热（急性期）
猫	细小病毒（猫泛白细胞减少），猫白血病病毒
马	马流感，马病毒性动脉炎（急性期），马疱疹病毒
牛	牛病毒性腹泻病毒
猪	古典猪瘟病毒，非洲猪瘟病毒

7. 嗜酸性粒细胞增多和嗜碱性粒细胞增多 无论是嗜酸性粒细胞增多还是嗜酸性粒细胞、嗜碱性粒细胞同时增多都提示我们考虑以下情况：过敏性炎症、寄生虫感染、自然情况下皮下过敏性（皮肤、呼吸道、胃肠道）炎症，排除上述情况的副肿瘤性疾病。大多数犬心丝虫病或犬和猫的跳蚤寄生病，能出现嗜酸性粒细胞增多。

8. 突变的晚幼红细胞症 晚幼红细胞有时会成为有核细胞的一个主要组成部分。其含量可能占有核细胞总量的10%~50%甚至更多，绝对数值达$5 \times 10^9 \sim 1 \times 10^{10}$个/L。这种剧烈的再生反应在早期阶段很少发生。它一般与骨髓内的有核红细胞异常释放率所导致的内皮细胞损伤（如中暑）有关。在有分类性能的细胞计数器上，大多数的有核红细胞作为淋巴细胞进行计数。这可能导致的初步结果是淋巴细胞增多，所以唯一的解决途径是在血涂片上测定淋巴细胞总数。

9. 造血细胞瘤与白血病 大多数淋巴或骨髓造血细胞瘤，在其血液中存在一定数量的异常细胞。有时，肿瘤细胞只是少量存在，并且这些细胞只能在低倍镜下扫描血涂片才能检测到。发现血液中有少量异常的造血细胞前体时，提示骨髓和其他造血组织可能存在肿瘤疾病。

与此相反的是带有异常（肿瘤）细胞群的白细胞显著增多。在这种情况下，检测血液即可诊断白血病。如果分化不良，这些细胞多归类为胚细胞，从形态学观察其细胞系谱分类不清。如果分化良好，从形态学观察其细胞系谱分类清晰。

与传统方法相比，单克隆抗体标记和流式细胞仪分析在建立细胞系谱方面有较大的进步，特别是对于不确定的细胞形态。上述方法可以准确分析在形态学上分类不清的低分化造血细胞，但很难区别分化良好

或慢性骨髓白血病以及危重的中性粒细胞增多。

第九节　淋巴结炎与淋巴管炎

一、干酪样淋巴结炎

干酪样淋巴结炎（CL）是由假结核棒状杆菌（*Corynebacterium pseudotuberculosis*）引起的慢性传染病。干酪样淋巴结炎在全世界范围内均有发病。在北美，小反刍动物养殖户非常关注该病。本病的特点是在主要淋巴结处或附近（体外型）或者在胸部和腹部（体内型）形成脓肿。内部型CL能引起动物不健壮、呼吸困难，这可与"瘦羊"综合征进行区分。本病经常在农场中呈地方性流行，因为被感染的动物很难彻底治愈，所以亚临床型动物会持续污染环境。因处理染病尸体、皮毛产量下降、扑杀染病动物、种畜销量的滑坡以及场内其他原因造成的死亡，均会造成很大的经济损失。虽然CL的易感动物主要是绵羊和山羊，但偶尔也会感染马、牛、骆驼、猪、水牛、野生反刍动物、家禽和刺猬。人偶尔感染该病，所以在处理感染动物及其受损的脓性渗出物时，应采取适当的预防措施。

【病原与发病机制】 假结核棒状杆菌是一种兼性厌氧的革兰氏阳性菌，为胞内寄生的球杆菌。根据细菌分解硝酸盐能力将其分为两种生物型：能感染绵羊和山羊的硝酸盐阴性型与能感染马的硝酸盐阳性型。牛中的分离菌为异型性。所有的菌株都可产生一种外毒素——磷脂酶D，磷脂酶D通过破坏血管的内皮细胞和增加血管的渗透性来增强细菌感染。这类细菌有一种辅助毒力因子，外部具有脂质层，能使细菌免受宿主吞噬细胞的水解酶作用。细菌在吞噬细胞内进行复制，然后细胞破裂并释放细菌。正在进行复制的细菌相互吸引，然后炎性细胞死亡，形成与CL相关的典型脓肿。

假结核棒状杆菌穿透皮肤或黏膜后即发生感染。大多数感染是由于接触外部破裂的脓性渗出物或肺脓肿引起。剪毛、打耳标、断尾、去势、环境危害（如木材碎片、金属刀具、尖锐的铁钉、电线丝）等，都能损伤皮肤而引起感染。对绵羊进行药浴也能传播疾病，因为假结核棒状杆菌可在药浴液中存活24 h。由于剪毛经常会导致皮肤损伤，所以剪毛后立即药浴会增加感染的风险。假结核棒状杆菌在外界环境中不繁殖，但它可以在干草、稻草和木材中存活2个月，在土壤中存活8个月，在阴暗潮湿的环境中存活的时间更长。

【临床表现】 CL是一种慢性复发性疾病。细菌接种1~3个月后，在接种皮肤部位或附近的淋巴结处

缓慢地形成包裹性脓肿。这种感染能扩散到血液或淋巴液，再扩散到内部的淋巴结和内脏，如肺脏、肾脏、肝脏、子宫和脑。乳房、阴囊和关节部位不太常见。感染初期表现为亚临床型，伴有发热和食欲不振，在感染部位出现蜂窝织炎。浅表脓肿最终发生破裂，并排出传染性脓汁污染环境。皮肤伤口愈合会留下疤痕。数月或数年后脓肿会再次复发。

可能是由于管理的差异，绵羊和山羊脓肿的分布有所不同。山羊常发生在外部的头颈周围，而绵羊较常发生于内脏。内部脓肿可被视为是"瘦羊"综合征的潜在诊断，这种病是成年的小反刍动物因营养差劣、体况下降所致。剪毛期间的羊群聚集加速了病菌的传播，主要是通过肺部感染的绵羊以咳嗽的形式进行传播。此外，其他的绵羊可以通过被化脓物质污染的剪刀，在剪毛过程中造成感染。

脓肿的发病率随年龄的增加而平稳上升，临床疾病在成年羊中较为盛行，有时在一群羊中发生浅表脓肿的可高达40%。

【病理变化】　绵羊的脓肿往往具有经典的"洋葱"层状结构，其中心纤维层被凝结成干酪样渗出物分离。山羊的脓肿通常是无序不分层的，并且渗出液通常呈柔软的糊状。

【诊断】　小反刍动物外部出现脓肿是CL的重要提示，尤其呈地方性流行时，但要确诊，需要将抽取的完整脓肿物进行细菌学培养。感染病畜应隔离饲养并等待培养结果。其他化脓菌（如化脓性肺链球菌、金黄色葡萄球菌、多杀性巴氏杆菌）和厌氧菌（如坏死梭杆菌）也可以引起脓肿。伴有内脏脓肿的动物给临床诊断带来很大困难。X线检查和超声波检查可以检测到内部的病变。从患有肺炎动物的气管获得的分泌物培养，可以帮助确定是否是CL引起的肺炎。

美国加州大学戴维斯诊断实验室采用的协同溶血素抑制试验效果很好。该试验可检测磷脂酶D外毒素的抗体。效价结果必须结合畜群发病史、有无临床表现以及CL的疫苗接种史等进行综合评估。效价在1∶8或更高，表示已经感染；效价在1∶256或更高，表明与内部脓肿有关。但血清学检测不能区别自然感染动物与接种疫苗动物。如果在动物血清型发生转变之前，暴露后的头两周内进行测试，可能会出现假阴性结果。同时，患有慢性封闭型脓肿的动物也会出现假阴性结果。如对效价为阳性的动物产生怀疑时，则应在2~4周内重复测定效价。如出现效价上升和临床脓肿症状，则可断定是由CL引起的。初乳的效价通常会在3~6月龄消失，所以对6月龄以内的绵羔羊或山羔羊进行血清学检查时应特别谨慎。

【治疗与控制】　一旦确诊为CL，对畜主强调疾病的持久性与周期性十分必要。对于被感染CL的动物，最实用的方法是尽快淘汰出畜群。但在脓肿消失和伤口愈合之前患病动物不能销售。患有CL的动物一般不采取治疗，因为CL是一种不能被治愈的疾病。对于一些具有经济与情感价值的动物的治疗，主要是出于审美原因以及限制其感染其他畜群。在可能的情况下，未被破坏的脓肿可以进行手术切除。另外，体表的脓肿可通过切口排除，再用碘溶液冲洗脓腔。应收集化脓物质并焚烧。外科医生应戴一次性手套，避免自身意外感染。经过治疗的小反刍动物应隔离观察，直至伤口愈合。

全身抗菌治疗的疗效是存在争议的。因为大多数治疗是在说明书（标签）之外，所以必须处理好畜主-病畜-兽医三者的关系。虽然体外试验表明，假结核棒状杆菌对青霉素较敏感，但是因为抗生素不能很好地渗入到脓肿内，所以临床治疗不一定有效。临床上长期（4~6周）使用青霉素（22 000 IU/kg，肌内注射，每日2次）和利福平（10~20 mg/kg，口服，每日1次）治疗体内的CL有一定的疗效。坚决禁止使用甲醛注射到脓肿部位，因为FDA规定，在食品动物中不能使用（零容忍）强力致癌物质。

目前允许在绵羊上应用商品化CL疫苗。对新生羔羊进行疫苗接种，能降低羊群中CL的发病率及流行率，但仍难以起到全面的预防及治疗效果。现有的疫苗大都含有磷脂酶D类毒素，也有一些含有灭活的全菌细胞。这种疫苗可作为单价苗使用，或与破伤风梭菌和D型假结核棒状杆菌制成多价苗使用。当初乳免疫力下降（约3月龄）时，应在腋窝下皮下注射初免剂量，4周后再次免疫。通过在妊娠母羊产前1个月加强疫苗注射，可以增强初乳免疫力。建议每年都应加强免疫。有资料显示：在感染率较高的地区（例如每年分娩后安置的哺乳区），增加羊群疫苗接种次数，如每4~6个月接种1次，非常有利。据报道，隐性感染的绵羊在免疫时会发生不良反应（如跛行和嗜睡），所以在疫苗接种时应格外谨慎。

对山羊使用标签外疫苗效果并不理想，而且能产生一些不良反应（如产奶量下降、发热、全身无力、共济失调、腹部水肿，偶尔还会发生死亡）。已有山羊接种商品CL疫苗取得良好效果的报道。据报道，在绵羊和山羊中使用自身CL疫苗，也取得较好的免疫效果。

牛群或羊群一旦发生CL，有必要采取有效的控制办法来降低发病率，如采取适当的方式淘汰已感染的动物，或者将未感染的动物进行隔离。在牛群或羊群中，由于存在处于潜伏期感染的动物，降低了上述方法的成功率，也是难以成功根除CL的原因。由感染母羊产下的绵羔羊或山羔羊，应吮吸经巴氏消毒的初乳，严禁吮吸感染母羊的乳汁。当经济条件允许时，应考虑给羔羊或犊牛进行疫苗接种，同时逐步淘汰被感染的老龄动物。一旦此病在低发地区流行，应马上停止疫苗接种，同时所有血清反应呈阳性的未经免疫动物应全部淘汰。在任何可能情况下，都应尽可能从CL预防程序较好的牧场引进动物。千万不要购买发病史未知的动物。只有无症状、无疤痕、附近淋巴结无脓肿且血清检测呈阴性的动物，才能被引入到本牛场或羊场。

饲养者应清除环境中的一些危险物品（如铁丝网、裸露的钉子和粗糙的料槽）来减少动物的伤害以及隐性CL感染的传播。养殖者应购买自己使用的剪毛工具及药浴液，不能与其他畜群混用。老龄动物和有脓肿的动物应该最后剪毛，且对剪毛过程中应对渗出液污染的器具进行彻底消毒。剪毛人员给羊群剪毛前应双手消毒且衣着干净。来自于与其他羊群接触的全部物品，都应进行消毒、更换或彻底清洗。

二、马与牛假结核棒状杆菌感染

假结核棒状杆菌能引起马溃疡性淋巴管炎（一种下肢感染），胸部、腹部脓肿以及内脏脓肿。该病是加利福尼亚州马的最为常见和经济上损失最为严重的一种传染病，而且该病在美国的西部和中西部各州不断流行。美国西部也有牛的零星暴发。假结核棒状杆菌常引起牛的皮肤脱落性肉芽肿。2%～5%的牛会发生类似于感染的肉芽组织和淋巴管炎的大面积的溃疡性皮肤损伤。动物的发病部位可变，但通常与皮肤损伤有关。在2～4周内无需治疗或仅限于局部治疗即可康复。病牛也可发生流产与乳房炎，但很少涉及内脏发病的报道。

【发病机制与临床表现】　马的溃疡性淋巴管炎的症状具有多样性，特别是下肢可能出现红、肿、热、痛，脓疱，溃疡或者跛行，并且水肿可能延伸至整个肢体。分泌物无味、浓稠、棕褐色，且比正常血色淡，通常涉及感染的仅为单腿。如果不及时采用抗菌剂治疗，病变及肿胀通常会发展为反复发作的慢性疾病。

在美国西南部，马感染假结核棒状杆菌常呈季节性变化，夏末与秋季是发病的高峰期。感染会导致胸部脓肿，并蔓延到腹部及内部器官。临床症状包括弥漫性或局部肿胀、腹部指压性水肿、腹中皮炎、跛行、破溃脓肿、发热、体重下降和精神沉郁。可出现白细胞增多症，并伴有中性粒细胞增多、高纤维蛋白原血症及高蛋白血症。动物出现高热或长期发热、厌食、体重减轻，则表明会发生深部或反复性脓肿、内

脏脓肿、伴有流产的全身性感染等后遗症。脓肿在破裂前其直径可达20 cm，需要数周或数月才能溶解。内脏脓肿可表现出体重减轻、腹痛、腹胀及嗜睡等症状。

细菌通过节肢动物（如螫蝇、角蝇、家蝇）或接触被污染的异物及土壤，由皮肤伤口进入而被感染。

【诊断】　从病灶处分离假结核棒状杆菌可确诊本病。马的所有类型的淋巴管炎的培养样品包括：脓肿的抽出物、毛囊炎结痂的脓性渗出物拭子以及钻取的活组织。鉴别诊断包括脓皮病、脓疮、其他细菌（如金黄色葡萄球菌、马红球菌、链球菌属、嗜皮菌属）引起的淋巴管炎、真菌皮肤病、孢子丝菌病、马隐球菌病、北美芽生菌病和盘尾丝虫病。

腹部超声检查可用于检测肝脏、脾脏、肾脏的内部感染。超声检查也经常用于检测和排出引起跛行的深部脓肿，特别是三头肌的肌肉组织。假结核棒状杆菌引起的肺炎需要用气管抽取物进行确诊。用血清学协同溶血抑制试验，检测由磷脂酶 D 外毒素引起机体产生的IgG抗体，是患畜内脏感染的辅助诊断方法。

【治疗】　淋巴管炎和内脏感染都应使用抗菌剂进行长期治疗（持续1个月，同时超声波配合治疗）。通常细菌对大多数抗菌剂均敏感，但简单的体表脓肿的抗菌剂治疗，可通过推迟脓肿成熟的方式来延缓疾病。外部体表脓肿在破裂或手术治疗前，可以采用热敷、药敷、水疗等方法。脓肿破裂或手术后，可用稀释的消毒液冲洗切口。三头肌、四头肌的深部脓肿，需要超声定位引流。可用保泰松减少疼痛和肿胀。应同时采用一般的辅助疗法和护理。

如果治疗成功，数日或数周后脓胀即可消退。即使采用恰当的治疗，内脏感染也有30%～40%的死亡率。严重或未经治疗的淋巴管炎常转为慢性，并引起腿部的纤维化与硬结。隔离感染的马、控制家蝇和良好的卫生条件，可以有效地预防本病。

三、猪链球菌性淋巴结炎

链球菌性淋巴结炎是一种以颈部、下颌及头部的淋巴结肿大为特点的传染性疾病。感染猪一般较强壮且生长状况良好。感染脓肿的头部会降低屠宰设备的工作效率，当脓肿破裂后会增加清洗屠宰设备的时间，检疫人员应对感染动物的胴体进行检查，从而判断是否适合销售。

尽管猪链球菌病一度被认为是限制养猪业发展的主要疾病之一，但并未引起人们的高度重视。近年来，由于猪链球菌可以引起人的泌尿生殖系统感染而得到广泛关注。猪链球菌对人的健康的现实意义还不清楚。有报道称，在实验室中由于识别错误导致猪链

球菌与无乳链球菌发生交叉反应，这被认为是感染人泌尿生殖系统的原因。有学者已对猪链球菌的8种血清型进行研究，并已将抗吞噬因子与链激酶确定为潜在的毒性因子。

【传播、流行病学与发病机制】　链球菌引起的淋巴结炎呈地方性流行，在猪场一旦发生，育肥猪群会连续不断地发生脓肿。猪链球菌病通过食入脓汁、被污染的饲料和水源进行感染，康复的带菌猪是重要的常见传染源。猪链球菌寄生在康复猪的扁桃体中，通过直接接触污染的饲料和水源传染给易感动物。猪在出生后3～4周内有抵抗力，这可能与被动免疫有关。

感染7 d后在下颌、耳、咽后淋巴结处出现分散的粟粒状脓肿。21 d后常见的脓肿直径达5～8 cm，他们破坏了患病部位的内部结构，也会延伸到周围组织中。脓肿进而到达皮肤，7～10周破裂，排出脓液。排出脓汁后愈合成结节，几周后留下致密的纤维性皮下束。有些组织深部的脓肿直到宰杀时才能发现，往往脓汁不会进入咽部。在很多猪场，随着流行条件的改变，可使猪的患病率在50%～100%的范围内变化。

【临床表现、病理变化与诊断】　通常情况下，脓肿是本病的唯一症状，脓肿常见于下颌和咽后淋巴结，很少会引起脑膜炎、关节炎或败血症。猪链球菌可以通过脓肿分泌物的分离与培养进行诊断。

【治疗与控制】　在患病猪群中，仔猪应在21 d断奶，后期放在特定环境中饲养，可以有效减少成年猪与仔猪间的疾病传播。根据经验，青霉素可有效治疗脓肿形成前的感染。饲料中添加400 g/t的四环素，也是减少脓肿数量的有效方法。但是，对于已形成脓肿的病例并不能有效地消除细菌。预防接种（自身疫苗）是可行的，但由于颈部的脓肿还未引起重视而没有广泛使用。

（武瑞 译　孙东波 一校　马吉飞 二校　丁伯良 三校）

■ 心脏与血管

第十节　心血管系统概述

一、概述

心血管系统包括心脏、静脉与动脉。房室瓣（二尖瓣和三尖瓣）和半月瓣（主动脉和肺动脉）保持血液定向流过心脏，同时大静脉瓣膜保证血液向心回流。心脏的收缩频率和力量以及血管收缩或舒张程度，均由自主神经系统与激素决定，该激素可由心脏与血管（即旁分泌或自分泌）产生，或从心脏与血管远处产生（即内分泌）。

兽医调查显示，略超过10%的家畜都有某种形式的心血管疾病。与其他器官系统的许多慢性疾病相似，心脑血管疾病通常也无法解决，但其进一步发展将最终导致动物死亡。心脏病的诊断有赖于对心音与心杂音、脉压与心尖搏动、心电图、X线检查、超声心动图的检查。

（一）心率与心电图

心脏跳动是由源于前腔静脉和右心房交界处的窦房（sinoatria，SA）结产生的去极化波引起的。休息时，马的窦房结放电约15次/min，猫的大于120次/min，而犬为60～120次/min。通常情况下，体型越大的品种窦房结的放电速度越慢，其心率也越慢。

当交感神经释放的去甲肾上腺素与窦房结上的$β_1$-肾上腺素能受体相结合时，窦房结的放电频率增加。这种心跳加速可以被$β$-肾上腺素能受体阻断剂如普萘洛尔（propranolol）、阿替洛尔（atenolol）、美托洛尔（metoprolol）、艾司洛尔（esmolol）阻断。当副交感神经（迷走神经）释放的乙酰胆碱与窦房结的胆碱能受体相结合时，窦房结的放电频率降低。迷走神经介导的心率减慢，可以被副交感神经（迷走神经松弛剂）阻滞剂（如阿托品、格隆铵）阻断。当窦房结放电并且去极化波传导整个心房时，心电图的P波产生。随后心房收缩，排出少量血液进入各自的心室。

安静时，健康犬的心率随着呼吸周期性变化称为呼吸性窦性心律不齐（respiratory sinus arrhythmia，RSA），原因是吸气时迷走神经功能减弱，而呼气时迷走神经功能增强。因此，迷走神经松弛剂、兴奋、疼痛、发热和充血性心力衰竭，通常可消除或减弱RSA。心率与呼吸同步变化是心脏健康的良好指标。同时伴有心力衰竭和RSA的动物很罕见。

心率与体动脉压成反比关系。当血压升高时，心率降低；当血压降低时，心率增加。这种关系就是已知的马雷反射（Marey reflex），其通过以下机制发生作用。当血压升高时，主动脉弓和颈动脉窦压力感受器检测到血压升高，并将该信息传入延髓，增加迷走神经对窦房结的作用，最终引起心率减慢。当心力衰竭时，由于压力感受器（携带Na^+/K^+-ATP酶）敏感性降低，因此减少了传入延髓的信号，导致迷走神经的传出信号减少。

一旦去极化波到达右心室（atrioventricular，AV）结，它会缓慢地通过AV结，使心房收缩并将血液排入心室。之后，去极化波快速传递到心室的心内膜和室间隔。由此可见，它缓缓地通过心室肌传递，产生了心电图（electrocardiogram，ECG）的QRS波群和随后的心室收缩。在极少数情况下，也有可能去极化但不收缩，被称为电机械分离。

心电图中P波起始部到QRS波群的起始部之间的间隔，被称为PQ间期或PR间期，它是窦房结开始去极化到达心室（最后传递到AV结）的时间。无论什么加速或减慢窦房结的放电速率（变时作用），传导通过房室结速度也加快或减慢（变传导作用）。因此，如果心率增加，则PR间期缩短；心率减慢，则PR间期延长。

心电图中T波代表心室复极化过程。它受电解质紊乱、心肌损伤或心室扩大的影响。心房的复极化（Ta波）很罕见，因为它发生在更大的QRS波群期间，偶尔能出现在房室结疾病（房室传导阻滞）中，看起来像P波后的"吊床"。

（二）心室收缩力

心室收缩力由多种因素决定，其中包括心室收缩前的血量容积即舒张末期容积（前负荷）以及心肌微观收缩单位的循环速度即心肌收缩性（收缩力）。

前负荷由心室舒张末期心室和胸腔腔间的压差决定，与心肌强度成比例。心室舒张末期压力由血容量及心肌顺应性的比例决定。前负荷主要是通过心脏和

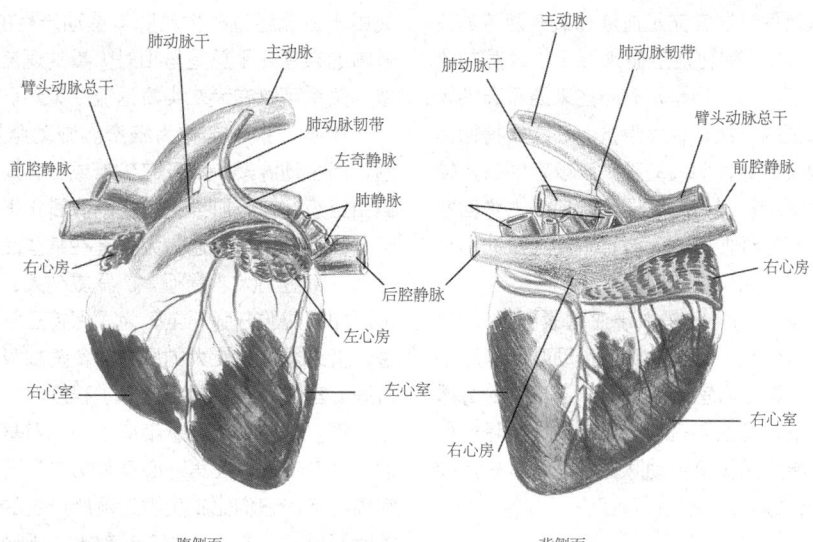

图1-6　牛正常心脏

（由 Gheorghe Constantinescu博士绘制）

大静脉的降压感受器调节。当这些感受器受到血量增加或组织膨胀的刺激时，身体通过多尿和扩张静脉，减少血容量，降低静脉扩张的静脉压。心房和心室感受器的牵张导致他们释放钠尿蛋白，钠尿蛋白来源于脑室的脑利钠肽（brain natriuretic peptide，BNP）和源于心房的心房利钠肽（atrial natriuretic peptide，ANP）。这些蛋白质也被称为心钠素，具有利钠、松弛平滑肌，对抗加压素和血管紧张素Ⅱ的作用。

心肌收缩力由能使肌球蛋白和肌动蛋白交联的可用性的ATP和钙决定。在某种程度上，源于ATP能量的释放率，可以通过去甲肾上腺素，结合到心肌 β_1-肾上腺素能受体的量来确定。心力衰竭时，其中最重要的因素之一就是 β_1-受体数量减少。

（三）氧气与心肌

氧气是维持机体功能的能量产生的基本要素。可产生能量的氧含量称为组织氧含量。心肌氧含量是心肌供氧量减去心肌耗氧量的差值。

心脏供氧量取决于肺功能如何，运输氧的血红蛋白（hemoglobin，Hgb）有多少，以及通过冠状动脉流入心肌的携带血红蛋白的血有多少。如果肺功能良好并且有足够的血红蛋白，冠状动脉的血流量会确定多少氧气被输送到心肌。冠状动脉血流量由主动脉（通常为100 mmHg）和右心房（通常为5 mmHg）的平均压差决定。由于冠状动脉血流在心舒期最大，因此，减慢心率（优先增加舒张期时间）可以提高心肌输氧量。

心脏消耗的氧气量称为心肌耗氧量，它主要通过壁张力和心率确定。壁张力通过拉普拉斯法表示，随着心室压力和直径增加而增加，并且随着心室壁厚度增加而减小。张力随着后负荷（压力）增加而增加，例如，肺动脉瓣狭窄、主动脉基部狭窄、全身或肺动脉高压，或者随着包括二尖瓣机能不全和扩张型心肌病的前负荷（体积）增加而增加。在缺少狭窄病变时，后负荷由动脉的相对弹性和收缩程度决定。血管平滑肌的紧张性取决于许多因素，有些可以收缩肌肉［如肾上腺素受体激动剂、血管紧张素（Ⅱ）、加压素和内皮素］，有些可以松弛肌肉（如去甲肾上腺素、心房肽、缓激肽、腺苷和一氧化氮）。后负荷往往增加心力衰竭，因此，治疗通常是针对减弱它来进行。

心率增加会导致心肌耗氧量增加，同时使冠状动脉血流量最大的舒张期缩短。这种组合使心肌氧需求和供应不平衡，导致心肌缺血。心力衰竭的特点是增加了交感神经系统的紧张性和心率，最终的影响是产生了一个有害重塑的低效率心肌。

氧气负责生产心肌收缩和舒张所需的绝大多数的ATP。钙必须迅速由细胞内储存（肌网）库释放出来以供肌肉收缩，与此同时，钙快速地转运回肌质网是肌肉舒张的必需条件，这两个过程的钙循环均依赖能量进行。

心力衰竭时，钙的不适当处理可能是导致收缩力和松弛率降低（即降低收缩压和舒张压功能）的最重要因素。

（四）血液流动的阻碍

来源于左心室和右心室的血流量，称为心输出量。血液流经体动脉（左心室）或肺动脉树（右心室）

是心功能良好以及保证器官充足血液和氧气灌流的关键。大多数（＞90%）的血流阻碍来源于小动脉的收缩程度，称为血管阻力，但是，有一些来源于弹性大动脉接近心室部位的干扰，称为阻抗。心室每搏输出量进入近端部的大动脉，则大动脉扩张以容纳每搏输出量；当心室舒张，扩张大动脉转位的后坐力弹回并保持血液通过动脉毛细血管。此时，主动脉瓣和肺动脉瓣关闭，防止每搏输出量流回心室。

心力衰竭最重要的特征是由于血管紧张素II、血管加压素和内皮素增加，导致动脉、小动脉和静脉平滑肌阻力增加。如果左心室无法搏出一个正常的每搏输出量和心输出量，那么心室功能可能会通过降低血管阻力来提高。减少后负荷（动脉血管舒张）是治疗心力衰竭的一个目标。

二、心血管系统异常

（一）概述

下列机制可导致心血管系统异常：①心脏瓣膜无法正常打开或关闭（瓣膜病）；②心肌泵过度无力或松弛过度（心肌病）；③心跳过慢、过速或不规则（心律失常）；④全身血管造成过大的血流阻力（血管疾病）；⑤左侧和右侧的腔室之间可能存在孔洞（心脏分流）；⑥与血管储备能力相比，血液过少或过多；⑦心血管系统的寄生虫病（如心丝虫）。根据他们的流行程度，这些疾病中最重要的是犬二尖瓣返流、猫肥厚型心肌病、犬扩张型心肌病、拳师犬心律失常性心肌病及心丝虫病。

1. 心脏瓣膜病 瓣膜闭锁不全可导致血液返流，其中最常发生的是二尖瓣返流或二尖瓣和三尖瓣返流。犬超过75%的心脏疾病由二尖瓣和/或三尖瓣返流造成。当血液通过任一组的房室瓣返流时，在第一和第二心音之间可听到一个典型的缩期杂音。当血液通过二尖瓣或三尖瓣返流时，过量的血液会在心室和心房之间来回移动。因此，二尖瓣返流时，经常可以看到左心房和左心室扩张。无论是X线或超声心动图均能显示左心房肥大，其程度都可以预测疾病的严重程度。二尖瓣或三尖瓣返流在年老的小型犬和马中最常见，此时瓣膜由于糖胺聚糖的浸润而增厚、粗糙。青年骑士查理王猎犬比其他任何品种的犬更常发生二尖瓣返流。

主动脉瓣返流最常在大型犬和年老马主动脉瓣感染（犬）或非炎症性变性后发生。主动脉返流会导致左心室扩张，且与返流程度成正比。由主动脉返流入左心室的血液产生的杂音始终是心舒期杂音，并于第二心音后立刻出现。在马，主动脉瓣返流的杂音，可以描述为由于返流的血液流动而产生的"鼓风音"，

或由于血流经过时主动脉瓣震动产生的"嗡嗡音"。嗡嗡的杂音几乎总是与相对少量的返流有关。这种类似的关系可以在犬二尖瓣返流中见到。

瓣膜开张不全称为狭窄。肺动脉瓣狭窄最为普遍，而主动脉瓣狭窄及二尖瓣或三尖瓣狭窄很罕见。但由组织纤维或肌纤维在主动脉瓣正下方引起的主动脉基部狭窄较为普遍，尤其是在某些品种犬（如纽芬兰犬、黄金猎犬、拳师犬、罗威纳犬、德国牧羊犬）中。如果瓣膜开张不全，为了保持正常体积的血液通过，就必须产生更大的压力。负责抽吸血液通过狭窄瓣膜心室的心肌肥大（增厚）程度与狭窄的松紧程度成比例。这种由肺动脉瓣或主动脉瓣基部狭窄而产生的缩期杂音可以在第一心音和第二心音之间听到，通常情况下，它们比二尖瓣返流所产生的缩期杂音持续的时间更短，并且在左心基部上方听诊效果更好。狭窄严重程度通常可以通过杂音的强度来预测。在一般情况下，杂音越大越狭窄。通过狭窄部的血流速度与狭窄的严重程度相关，这可以通过光谱多普勒超声心动图评估。

2. 心肌疾病 收缩力受损能降低收缩功能，最常发生于扩张型心肌病（典型缺乏牛磺酸的大型犬和猫）及长期的二尖瓣返流中。当这种情况发生时，心肌被认为是处在减小正性肌力状态或已减少收缩。在大型犬中，由于病因不详，因此通常被称为原发性扩张型心肌病。

心室舒张障碍称为舒张功能降低，其最常发生于心肌缺氧以及随后的能量缺乏时。在肥厚型心肌病或心包增厚及心包液干扰心室肌松弛的心包疾病时，心室肌同样松弛不良（即当心肌过厚时）。猫肥厚型心肌病最为常见，大约85%以上患有心脏疾病的猫均患有肥厚型心肌病。较少数量的猫患有所谓的限制性心肌病，该病由于心室壁较正常的心室壁硬，因此心室充血不良。心包疾病最常见于肿瘤出血后进入心包的老龄大型犬。

3. 心律失常 任何不符合正常窦性心律的心律，都称为心律失常。过快、过慢或不规则的心律失常，均可导致心输出量减少，从而引起包括运动不耐受、晕厥或充血性心力衰竭（CHF）恶化在内的临床症状。最常见的心律失常是心房纤维性颤动（通常见于马和大型犬左心房扩大）、室性早搏除极（最常见于拳师犬和杜宾犬）、病态窦房结综合征（主要见于老龄迷你雪纳瑞犬）和三度房室传导阻滞。

在心房纤维性颤动中，心房的去极化不协调，房室结的刺激频繁而随机，此时心脏的搏动速度快速而不规则。心室过早的去极化（也称为室性早搏或复合）由心室发炎区域产生。这样的刺激通常由纤维慢

性拉伸以及缺氧或药物反应引起。一个单一的早搏不会引起障碍，但早搏可能演变成长或短的暴发，导致血流动力学障碍和晕厥，甚至会引起一个复杂的心室肌痉挛（心室颤动），从而导致猝死。这通常发生在患有右心室心肌病导致的心律失常的拳师犬（以前被称为拳师犬运动性心肌病）中。无论是哪种病态窦房结综合征（即窦房结放电暂时停止）或完整的心脏传导阻滞（心房除极没有进入心室），心率均异常缓慢，并可能导致血流动力学障碍和运动不耐受或晕厥。

4. 血管疾病　阻碍血液流过小动脉往往会导致高血压，这种情况最常见于患有肾功能受损（犬和猫）、肾上腺皮质机能亢进（犬）或甲状腺机能亢进症（猫）的老龄动物中。确切的根本原因通常未知，但怀疑的原因包括钠潴留和血浆容量扩张、醛固酮增多症、交感神经紧张性增高以及血管紧张素II可能增加。不管原因如何，小动脉顺应性的降低，甚至在适当的临床治疗后依然存在，动脉血管扩张剂是抗高血压治疗的主要选择。

5. 心脏分流　循环的左侧和右侧之间的异常联络，称为心血管分流。这些表现为动脉导管未闭（主动脉和肺动脉干之间）、室间隔缺损（左、右心室之间）或房间隔缺损（左、右心房之间）。当血液通过这些缺损从左侧流入右侧，这些缺陷被称为左到右的旁路分流。它们导致肺脏过多循环，并使泵出或运输分流血液的心腔扩张。慢性扩张最终会导致心肌衰竭。

法洛四联症是一个复杂的先天性异常，包括右心室流出道和/或肺动脉干发育不良、主动脉骑跨于室间隔上（因此源于两个心室）、室间隔缺损、右心室肥厚。低氧合血液进入体循环、黏膜发蓝（发绀）和RBC数量增加（红细胞增多症）。法洛四联症最常见的形式是从右到左分流。

6. 心丝虫病　心丝虫病是另一种重要的心脏病，主要见于犬，但也见于通过蚊子传播的猫。在心丝虫病中，肺血管中的心丝虫成虫阻碍血液流经肺部，使血液滞留在右心和全身静脉中。该病可发生于任何年龄的犬，但通常感染2岁内的猫。这两个物种可能死于由部分阻塞血流通过病变肺血管所引起的肺动脉高压。

（二）心脏疾病的共同终点

上述任何疾病的症状都是由于器官灌注不足（如运动不耐受、乏力和晕厥）或器官静脉血液回流不充分（如肺水肿、腹水、指压性水肿和胸腔积液）引起的。某一动物由于心血管系统输送充足血液维持正常功能相对不充分而显示的症状被认为是心力衰竭。某一动物由于器官血液回流阻滞显示的症状也被称为充

血性心力衰竭（congestive heart failure，CHF）。当全身动脉血氧含量不足和有过多的还原血红蛋白时，黏膜出现紫绀，并且常常伴有红细胞增多症。

患心脏疾病的动物会由于最常见的肺水肿（疾病可能会逐渐恶化），也可能由于心律失常、腱索断裂或左心房撕裂而导致猝死。

（三）心力衰竭、瘀血性心力衰竭与心脏衰竭

心肌无力可以降低心肌收缩力，这可以通过由任何前负荷所引起的收缩力降低来确定。更客观的是，一个无力的心脏可以被看作是ATP分解释放能量的频率降低或假设心脏收缩无需对抗负荷时肌纤维缩短速度减慢。直接测量心肌收缩力和识别心肌衰竭很困难。几乎任何伴有心腔扩大或心壁增厚性心脏病的动物都有一个衰竭的心脏，但这种动物通常可以代偿，并没有明显的症状，因此，他们不在心力衰竭或CHF讨论范围之内。

心力衰竭和CHF是动物衰竭的心脏和血管之间相互影响所表现出来的临床综合征。心力衰竭时，心输出量不能有效供给器官充足含氧血以保证器官正常的功能，发生在安静状态时称为功能性IV级心力衰竭，发生在轻度运动时称为功能性III级心力衰竭，发生在适度的运动时称为功能性II级心力衰竭，或发生在剧烈运动时称为功能性I级心力衰竭。CHF时，血液通常阻塞在肺脏，但偶尔也发生在全身器官，并导致阻塞器官功能异常、发生水肿，或两者都存在。心力衰竭的该功能分级显示的是不同运动等级时，由于心脏疾病动物所表现出的症状（如呼吸困难、咳嗽和虚脱）。

三、心血管疾病的诊断

下列程序对于心血管疾病的诊断非常重要：病史和特征的描述、体检（如视诊、听诊和触诊）、X线检查、心电图检查和超声心动图检查。必须获得清晰的X线、心电图、超声心动图的图像，否则，不可能作出准确而有效的解释。大多数心血管疾病（如扩张型心肌病、二尖瓣反流）可以通过体检和X线诊断。心电图是诊断心律失常（如房颤、病态窦房结综合征）的特定方法。超声心动图对于猫心肌病的表征形式、心脏肿瘤或心包疾病或狭窄病变的严重程度的确诊至关重要。心丝虫疾病的诊断最好通过测定抗原或循环血液中雌性心丝虫（犬）的抗体或胸部X线检查（猫）来进行。

许多心脏疾病具有品种普遍性。一些伴有咳嗽、呼吸困难、运动不耐受的年老可卡犬或一些骑士查理王猎犬，很可能患有二尖瓣反流。应注意慢性阻塞性肺纤维化疾病会产生几乎相同的体征。一些患有咳

嗽、运动不耐受伴有快速以及不规则心率的中年杜宾犬，很可能患有扩张型心肌病。一些中老年的伴有昏厥的迷你雪纳瑞犬，可能患有病态窦房结综合征。一些伴有间歇性昏厥的拳师犬，可能患有心律失常性右心室心肌病或扩张型心肌病。一只伴有呼吸困难、不愿躺下的中年猫，可能患有心肌病（最常见的是肥厚型心肌病）。老龄猫可能有甲状腺功能亢进症。

如果在身体检查时有下列发现，应考虑是心脏病：①心率加快、变慢或不规则（而不是由呼吸性窦性心律失常引起）；②即使动物处于安静状态时（由于疼痛、发热或兴奋也发生）也不存在呼吸性心律失常；③在任何动物听到两种以上心音（如产生"奔马"节奏），但马除外（最常见的是猫心肌病）；④听到一种响亮的杂音；⑤心音减弱出现在非肥胖时（可能表明心包或胸腔积液）；⑥动脉搏动快速、无力或不规则的心脏跳动比动脉搏动多（脉冲赤字）；⑦当缺乏骨骼肌疾病或肥胖时，动物昏倒或运动耐受性降低；⑧当缺乏原发性肺脏疾病时，出现黏膜急性发绀。

对于发现心腔和大血管扩张，超声心动图比X线检查更有效，而X线检查比心电图更为有效。一般情况下，腔室扩大的程度与疾病的严重程度相关。通过X线检查肺静脉的充血程度、左心室壁的损伤程度或左心室游离壁变薄的程度，都可以预测心脏衰竭的严重程度。遗憾的是，血流动力学或超声心动图测量与两者中任一征兆之间的相关性或死亡的可能性不总是很好。似乎在心率、呼吸频率增加及无力的心脏疾病严重程度之间具有更好的相关性。具体的心血管疾病的诊断在各自的章节中讨论。

四、心血管疾病的治疗
（一）治疗原则
可参阅心血管系统全身药物学部分。

尽管是针对特定疾病的治疗，但对于心脏病也有一些一般的治疗目标：①应尽量减少慢性心肌纤维拉伸。因为慢性拉伸会伤害和刺激纤维，使它们消耗过量的氧气，导致其死亡并由纤维结缔组织替代（重塑）。②应清除水肿液。因为它使肺变湿、变重和硬化，最终导致通气－灌注的不平衡及换气肌肉疲劳。③应改善循环。同时减少回流量（二尖瓣返流最常发生）。改善循环能够提高重要器官的血流量，同时减少二尖瓣返流能够降低对左心房和肺静脉的拉伸、肺毛细血管压力及水肿的形成。④应该调整心率和心律。一次过慢的心跳不能射出足够的血液，而心跳过快又没有足够的时间充盈心脏，并且过少的冠状动脉血流量也会消耗过多的氧。极不规则的心跳可能恶变成心室颤动和猝死。⑤应改善血液的氧合作用。不充分的氧合作用会导致心肌收缩和舒张时能量不充分。心肌的氧合作用不足也可能导致心律失常。⑥应上调β_1-肾上腺素能受体。β_1-肾上腺素能受体的下调，能干扰与其他器官系统的疾病斗争的能力。⑦应尽量减少血栓栓塞的可能性。在猫肥厚型心肌病中，猫的死亡可能由于源自左心房扩张而脱落的栓子阻塞主要动脉分支造成。⑧应杀死成熟的心丝虫和微丝蚴。成熟的心丝虫可能引发肺动脉严重的病变，最终阻碍血液流经肺部。

心血管疾病治疗的最终目标是实现功能性 I 级心力衰竭动物治疗后，休息时呼吸和心率不会增加而仅有一种呼吸性窦性心律不齐。

（二）常用治疗药物
1. 呋塞米（furosemide） 是降低髓袢肾小管重吸收钠、氯、钾的袢利尿剂。静脉注射使用时，它也是一种静脉扩张药。它是消除动物心力衰竭时产生的水肿液最重要而有效的制剂，并经常能在短期内拯救生命。呋塞米的利尿作用可能会增强噻嗪类利尿剂（如氢氯噻嗪，hydrochlorothiazide）作用。噻嗪类利尿剂抑制远端肾小管重吸收钠和水。当使用袢利尿剂和远端小管利尿剂时，肾脏保存水分的能力显著降低，因此可能产生脱水、低钾血症，这可能是氮质血症恶化的信号。

2. 安体舒通（spironolactone） 是抑制醛固酮的保钾利尿剂。像噻嗪类利尿剂一样，其主要在远曲小管发挥作用。虽然安体舒通能有效地维持钾水平，但最新资料表明，它并没有显著的利尿作用。安体舒通能最大限度地减少血管和心脏重塑，像血管紧张素转换酶（angiotensinconverting enzyme，ACE）抑制剂和β-受体阻滞剂一样，已被证明可以减少心力衰竭病人的症状并延长病人的生命。阿米洛利（amiloride）和氨苯喋啶（triamterine）也是保钾利尿剂。

3. 洋地黄苷类 通过抑制细胞膜Na^+/K^+-ATP酶活性发挥作用。它可增加细胞内钠含量，从而激活增加细胞内钙离子的钠钙泵活性。地高辛（Digoxin）可增加心肌收缩力、减慢心率，因此可提高压力感受器的功能。

4. 依那普利 (enalapril)、贝那普利（benazepril）、雷米普利（ramipril） 均是血管紧张素转换酶抑制剂，常用于控制犬的心力衰竭。它们均能有效地抑制血管紧张素 I 转变为血管紧张素 II。它们可最大限度地减少血管和心肌的重塑。

5. 氨联吡喹酮（amrinone）、米力农（milrinone）、氨茶碱（theophylline）的类似物 均是抑制磷酸二酯酶活性的有效的静脉注射扩血管药。也就是说，它们均是正性肌张力药和血管扩张剂。匹莫苯

（piomendan）是一种钙增强剂和磷酸二酯酶抑制剂，也是血管扩张剂，已被证明可以改善心力衰竭患犬的生活质量及提高其生存概率。

6. 普鲁卡因胺（procainamide）和奎尼丁（quinidine） 属于ⅠA类抗心律失常药，以前用于控制室性心律失常，现已被β-受体阻滞剂甲磺胺心定（sotalol）和ⅠB类抗心律失常药美西律（mexiletine）取代。它们最常用于没有生命危险的室性心律失常。利多卡因（lidocaine）是ⅠB类抗心律失常药，仅使用于Ⅳ级急性室性心律失常。

7. 阿替洛尔（atenolol）、普萘洛尔（propranolol）、美托洛尔（metoprolol）及艾司洛尔（esmolol） 前三者是口服β-受体阻滞剂，后一种是静脉注射β-受体阻滞剂，它们均能降低心率、抑制心律不齐、上调肾上腺素能受体。卡维地洛（carvedilol）是β-肾上腺素能受体阻断剂和α-肾上腺素能受体阻断剂，能够清除氧自由基。像ACE抑制剂和安体舒通一样，卡维地洛已被证明既可以延长寿命又可以减轻心力衰竭病人的症状。

8. 地尔硫䓬（diltiazem） 是一种钙通道阻断剂，可有效地降低房颤动物的心室频率，也可用来改善猫肥厚型心肌病的心肌强直。胺碘酮对于控制所有形式的心律失常均极为有效，但使用它的临床经验相对比较少。而且，使用该药治疗犬时其肝脏酶通常会增加。

9. 阿托品（atropine）和格隆铵（glycopyrrolate） 能阻断迷走神经对窦房结的影响。由于迷走神经能够减慢窦房结放电速度及心率，而上述化合物可以加速心率，并且在心跳过慢时也可能有效。硝化甘油（nitroglycerine）是静脉扩张药，通常以膏剂形式涂擦于耳廓或大腿皮肤内侧，使血液淤积在扩张的外周静脉中，从而减少左心室前负荷和肺水肿。阿司匹林（aspirin）、氯吡格雷（clopidogrel）、达肝素（dalteparin，）、依诺肝素（enoxaparin）和香豆（coumadin）均是抗血栓药，可以阻止猫心肌病的血栓栓塞。牛磺酸（taurine）和L-肉碱（L-carnitine）是氨基酸，分别在防止猫和少数犬的扩张型心肌病中有效。美拉索明（melarsomine）可杀死犬丝虫成虫；伊维菌素（ivermectin）、米尔贝霉素（milbemycin）和司拉克丁（selamectin）可杀死微丝蚴。

10. 匹莫苯（pimobendan）和ACE抑制剂 已被证明在治疗犬心力衰竭或心律不齐中是安全有效的。呋塞米和地高辛也已被证明，可以治疗犬心力衰竭或心律不齐，但没有资料证明其安全性或有效性。使用其他药物控制心力衰竭或心律紊乱是基于轶事证据或无效、不受控制的报告。

第十一节 心血管系统先天性与遗传性异常

一、概述

心血管系统先天异常是在出生时就出现以及由遗传、环境、感染、毒物、药物、营养、其他因素或综合因素造成的缺陷。对于不同缺陷的遗传基础怀疑是建立在品种偏好和育种研究上。先天性心脏缺陷非常重要，不仅因为其产生的影响，同时也因为它们会通过育种遗传给后代，从而影响整个繁殖种群的潜在性。除了先天性心脏缺陷，许多其他心血管疾病已被证实或怀疑有遗传基础。在小型犬的疾病，如肥厚型心肌病、扩张型心肌病、退行性心脏瓣膜病可能有一个重要的遗传成分。

在一项犬遗传性心脏病的大型研究中，遗传性心脏病的患病率为0.68%。常见的缺陷包括动脉导管未闭（patent ductus arteriosus，PDA，28%）、肺动脉瓣狭窄（20%）、主动脉瓣下狭窄（14%）、持续性右位主动脉弓（8%）和心室室间隔缺损（7%）。较罕见的先天性心脏缺陷（5%以下的病例）包括法洛四联症、房间隔缺损、永久性左前腔静脉、二尖瓣缺损、三尖瓣缺损和三房心。近期的研究已经证实，主动脉瓣下狭窄的患病率增加，目前已经超过肺动脉狭窄，成为犬的第二种最常见的先天性心脏缺损。但由于地区差异，美国最常见的犬先天性心脏缺损不同于英国的报告，而且很可能也不同于欧洲和其他地区。

猫先天性心脏病的患病率估计为0.2%～1%，包括房室间隔缺损（包括室间隔缺损、房间隔缺损和心内膜垫缺损）、房室瓣缺陷、心内膜弹力纤维增生症、PDA、主动脉瓣狭窄和法洛四联症。在其他物种中最常见的缺损如下：牛室间隔缺损、异位心脏和心室缺损，绵羊室间隔缺损，猪三尖瓣缺损、房间隔缺损、主动脉瓣下狭窄，马室间隔缺损、PDA、法洛四联症和三尖瓣闭锁。阿拉伯马比其他品种有相对较高的先天性缺损发生率，这个品种含有已报告的多种缺损。

（一）检测、诊断与临床意义

先天性心脏缺损的早期检查是诊断的关键。一些缺损可以通过外科手术纠正，但应该在充血性心力衰竭（CHF）或不可逆的心肌损伤发病前进行治疗。近期购买的动物可能会被退回，以避免经济损失。先天性心脏缺损的宠物有可能过早死亡造成主人悲伤。并且为了动物性能所购买的动物潜力有限，很可能会不理想。早期发现还可以防止将遗传缺损遗传给繁育品系。

大多数患有先天性心脏缺损的动物诊断通常包括体格检查、心电图、X线检查和超声心动图检查。这对于严重缺损的确诊和评估是必须的。在大多数心脏缺损的评价中，多普勒超声心动图的使用，已经取代了微创插管术的使用。一旦诊断和严重程度确定后，就可以给出治疗方案及预后。

先天性心脏疾病的临床意义取决于特定的缺损和严重程度。轻度患病动物可能会表现出无不良影响并能正常的生活。造成重要循环紊乱的缺陷，可能会导致新生畜死亡。这些与生活不协调的缺陷，还可能导致胎儿死亡和产仔数减少。药物或手术治疗，最有可能使中等程度的先天性心脏缺损的动物受益。左至右分流的PDA是一个明显的例外；手术矫正显示最易患病的动物，只要没有并发疾病或异常，就能承受麻醉或手术的风险。

（二）病理生理学

先天性心脏缺损可通过多种病理生理机制产生心力衰竭的迹象。如肺动脉瓣狭窄和主动脉瓣下狭窄缺陷均可引起心室血液流出受阻，并分别可能导致右心衰竭与左心衰竭。PDA和室间隔缺损是体循环和肺循环系统之间异常联络的例子，并在大多数情况下是血液从左到右分流的结果。血液通过肺循环再次循环后进入左侧腔室，往往引起左心CHF（如肺水肿、咳嗽、疲劳）症状。较大的缺损通常会导致更多量的血液进入左侧腔室。PDA可能是一个例外，它所具有的较大缺损有时会导致肺动脉高压和右至左分流，也称为反向PDA。伴有从右至左分流缺损的动物（如法洛四联症、反向PDA）可发展为右心衰竭，但更常有与红细胞增多症相关的体征，其随后导致缺氧血灌注肾脏。这导致由肾脏和随之而来的红细胞增多症产生的促红细胞生成素增多。

（三）功能性杂音

必须了解，幼畜的一种心杂音对于先天性心脏缺损的诊断不具有特异性。许多幼畜会有低级的缩期杂音，它是轻微运动的结果，而与先天性心脏缺损无关。通常，这些杂音在犬和猫6月龄时消失。功能性杂音可在没有任何其他明显心血管疾病时听到。高级缩期杂音（静脉注射/Ⅵ级或更高的）和舒期杂音提示心脏疾病，应立刻做进一步的检查。

二、主动脉弓衍化异常

胚胎主动脉弓引起颈动脉（第三对弓）、主动脉弓（左第四弓）、肺动脉和动脉导管（第六对弓）。虽然第一主动脉弓变为上颌动脉的一部分，但其他的主动脉弓已退化。如果主动脉弓的发展或溶解中断，可能出现先天性缺陷。

（一）动脉导管未闭

在胎儿时期，肺主动脉内的氧化血液绕过非功能性的肺部，通过动脉导管未闭进入降主动脉。出生时，多个因素调解关闭动脉导管，使体循环和肺循环系统分开。肺部膨胀使肺循环作为低压系统，关闭导管防止血液从高压体循环系统进入肺动脉。

【病理生理学】 其他正常的体循环和肺循环的导管持续存在或未闭，能导致明显由左至右的血液分流，即体循环向肺循环。由于体循环血管阻力总是高于肺循环，因此分流是连续的。其结果是肺动脉、肺静脉、左心房和左心室容量超负荷。左心房和左心室扩张可能会导致心律失常。慢性容量超负荷及左心房扩张通常会引起左心CHF体征。因此，大多数未经治疗的病例会发展为难治疗的CHF。有轻微导管未闭的动物可能到成年也没有心力衰竭的体征，但是感染心内膜炎的危险性增加。在一些动物比较大的PDA，增加肺血流量可能会引起肺血管收缩和肺高血压的产生，其中有几个重要的影响：通过导管未闭分流减缓和逆转，从而导致杂音消失及出现尾紫绀（差异性紫绀）；右心室扩张及作为肺动脉高压结果的右心室肥大；肾脏缺氧血的灌注，导致促红细胞生成素过多释放和随后的真性红细胞增多症。因此，如果是明显的从右到左导管分流，那么，红细胞增多症的临床体征将占据主导地位。

【临床表现与治疗】 患有由左至右分流的PDA动物有一个突出的、连续性机器声样的杂音。杂音通常在第二心音时最响亮，在主动脉瓣区听诊效果最好，并常与心前区的震颤有关。舒期杂音比较轻柔，肺动脉瓣上区听诊效果最好，偶尔在腋窝区域最好（在某些情况下动物出生后几日内导管保持开放状态，因此，在新生畜体检中可以检测到连续的杂音）。偶尔，在舒张期末可能听不见舒期杂音。股动脉搏动是典型的跳动。大多数幼畜不表现出临床症状。而患有较大分流并且年龄较大的动物，往往有左心CHF症状。心电图在Ⅱ导联经常显示高R波，表示左心室扩张。同样可以见到心律不齐的频谱，包括房性早搏和室性早搏。影像学异常依赖于导管的大小，从左至右分流的PDA，可显示左心房和左心室扩张，明显的肺血管、主动脉和肺动脉瘤样扩张，以及不同程度的肺水肿。超声心动图在排除并发的先天性心脏缺陷及PDA具有重要价值。在主动脉内持续灌流是左至右分流PDA的特点。通常显示左心室和左心房扩张，并且可能存在轻度二尖瓣返流。

动脉导管未闭结扎手术对于从左至右分流的PDA患者来说，通常有效且总能得到证明。现在，CHF麻醉和手术之前必须进行药物治疗（利尿剂、血管扩张剂等）。介入闭合是手术结扎的一种替代疗法。这可以通过放置封堵设备（如弹簧螺旋线圈、Gianturco-Grifka血管阻塞装置）来实现，其结果导致血块形成或导管自然闭塞。

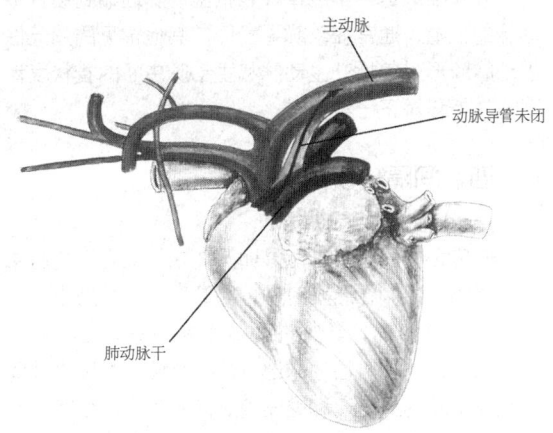

图1-7 犬动脉导管未闭
（由Gheorghe Constantinescu博士绘制）

由右至左分流PDA的动物通常有嗜睡、运动不耐受及昏厥的病史。仔细检查可能会发现不同程度的紫绀。第二心音可能会被分割，有可能是肺动脉瓣功能不全产生的柔和的舒期杂音。没有连续性杂音及股动脉搏动。必须对伴有以上临床症状和红细胞增多症的幼畜立刻进行进一步的心脏诊断。心电图显示严重右心室扩大和偶尔心律失常。在反向PDA中，需注意右心室扩张和降主动脉动脉瘤扩张。在这种病例中，超声心动图显示右心室扩张和肥大，右心室流出道扩大。对比超声心动图可以确诊。在外周静脉注射微泡生理盐水后，腹主动脉内将见到气泡，但在心脏里没有。禁忌导管结扎术，因为这将导致肺动脉血压增加（通过增加肺血管阻力）而死亡。在这些病例中，治疗包括通过定期静脉抽血控制红细胞增多症。长期病程预后较差。

（二）持久性右位主动脉弓

在这种血管环异常中，右主动脉弓仍然存在，这会导致在心脏基底水平位置上的食管受阻。食管由持久性右动脉弓、动脉韧带围绕其左侧和背面，而腹侧为心脏基部。

持久性右位主动脉弓（persistent right aortic arch，PRAA）在牛、马、猫和犬（特别是德国牧羊犬和爱尔兰雪达犬）上已有报道。

其他血管环异常也已报道，且研究结果与PRAA相似。这些先天性缺损不引起以返流和吸入性肺炎为主的心血管系统的临床症状。

三、流出道阻塞

本类先天性心脏缺损包括主动脉瓣狭窄、肺动脉瓣狭窄和主动脉狭窄。这些均能阻碍右心室血液流出或左心室血液流出。

（一）主动脉瓣狭窄

左心室排空阻碍可能发生在3个位置：①瓣膜下，也被称为主动脉基部，由左心室流出道内的组织纤维构成；②瓣膜；③瓣膜上或阻塞主动脉瓣的末梢。在犬最常见的形式是主动脉瓣下狭窄。已确定的易出现问题的品种有拳师犬、黄金猎犬、罗威纳犬、德国牧羊犬和纽芬兰犬。

【病理生理学】 主动脉瓣狭窄导致左心室肥厚，其程度取决于狭窄的严重程度。在严重病例中、尤其在运动时，左心室输出量可降低。左心室肥厚的主要结果是产生心肌灌注不良区。心肌缺血是形成危及生命的室性心律失常的主要因素。

【临床表现与治疗】 临床症状不总与狭窄严重程度相一致，可能有晕厥和运动不耐受的病史。没有病史的动物可能猝死，并且在尸体剖检时首次发现其缺陷。一个喷射型缩期杂音在主动脉瓣区听得最清楚。该杂音强度与狭窄程度极其相关，并且可能随着动物成长过程中狭窄的发展而增强。由于杂音在生命的头几个月可能很轻，因此6月龄前没有检测到杂音的犬不能被视为无病。在中度至重度情况下，股动脉搏动强度减弱。心电图可显示左心室扩大（高Ⅱ导联的R波）和可能在频繁运动时增加的室性早搏。应对晕厥或严重疾病的动物进行动态心电图监测，以明确是否存在心律失常，评估其严重程度，并协助确定猝死的危险性。动态心电图的复查可对随后抗心律失常治疗后的疗效进行评估。X线检查结果显示，左心室扩大和狭窄后的主动脉扩张。建议使用多普勒超声心动图确诊和排除其他心脏异常。左心室的肥厚程度及通过缺损的收缩期峰值流速，可以帮助确定狭窄的严重程度。

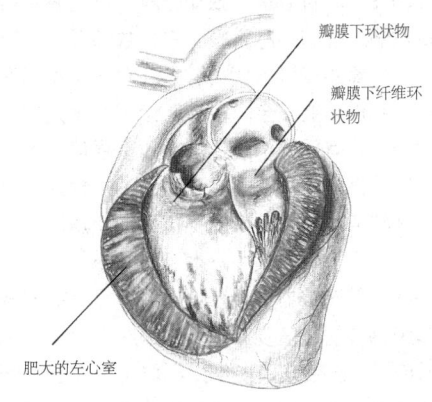

图1-8 犬主动脉狭窄（主动脉瓣下狭窄）
（由Gheorghe Constantinescu博士绘制）

治疗包括使用药物治疗心律失常，以减少锻炼不耐受及晕厥的临床症状的发生率；球囊瓣膜成形术（通常不是非常有效）和手术切除术（高发病率和死亡率、成本高、缺乏明显梯度下降）。主张使用 β-受体阻断剂如阿替洛尔，控制主动脉瓣下狭窄患病动物的室性心律失常及减少猝死的概率。轻症的患病动物通常不需要治疗，并且极轻微患病动物预后良好。患病动物不应留作种用。

（二）肺动脉狭窄

犬肺动脉狭窄较常见，但猫肺动脉狭窄比较罕见。肺动脉狭窄导致右心室血液流出受阻，在大多数情况下肺动脉瓣游离端发育不良。狭窄也能发生在漏斗部、瓣膜下区域或瓣膜上区域。

【病理生理学】 心室收缩期时右心室必须产生更大的压力才能克服狭窄，在中度至重度情况下，能够导致明显的右心室肥厚和扩张。由于右心室肥大、心室顺应性降低，导致右心房压力增加和静脉瘀血。血流速度的增加使肺动脉主干壁变形，导致狭窄后部扩张。在严重的情况下，可能出现右心充血性心力衰竭。肺动脉瓣膜上狭窄是罕见的，可能最经常在大型雪纳瑞犬上见到。有时肺动脉狭窄动物并发三尖瓣缺损。有时，在一些受肺动脉瓣狭窄影响的动物，如拳师犬和英国牛头犬，被检查出冠状动脉异常。通常情况下，冠状动脉左主干源于右冠状动脉并且环绕右心室流出道。

【临床表现与治疗】 患病动物可能有发育停滞和运动不耐受的病史。可能存在以腹水或末梢水肿为特点的右心CHF。有明显的喷射式缩期杂音，且在肺动脉瓣区听诊最清楚。相应的心前区震颤通常存在，颈静脉怒张和搏动也可能存在。在许多病例中，心电图显示右心室扩张。影像学异常包括右心室扩大、肺动脉主干的动脉瘤样扩张及肺灌注减少。在这些病例中超声心动图显示右心室扩张和肥厚，室间隔平整，增厚及相对静止的肺动脉瓣膜。在少数情况下，可以看到瓣上或分离的瓣膜下狭窄。犬肺动脉瓣狭窄有时可引起肺动脉瓣功能不全。多普勒诊断在确定狭窄严重程度过程中具有重要价值。根据严重程度（瓣膜两端压力梯度的报告）需要进行可评估的干预。中度或重度肺动脉狭窄的动物，可以受益于球囊瓣膜成形术或外科手术的干预（瓣膜切开术、植片修补术、部分瓣膜切开术或管道修补术）。外科手术程序的选择，取决于瓣膜存在的程度及瓣膜肌肉的肥大程度。如果存在右心CHF，必须开始使用如利尿剂和血管扩张剂等口服药物的姑息治疗。如果存在房颤或右心CHF，那么预后通常较差。如果存在房颤，有必要使用洋地黄苷。

（三）主动脉狭窄

犬和猫的这种罕见情况包括主动脉远端到锁骨下动脉的狭窄，通常在动脉导管区。其他罕见的先天性主动脉畸形，包括升主动脉和主动脉中断的管状发育不全。外科矫正已经报道。

四、间隔缺损

（一）心房中隔缺损

心房之间的联络可能是卵圆孔未闭或真正的房中隔缺损的结果。在胎儿时期，卵圆孔是一个房中隔上开放的卵圆形瓣，其允许血液由右心房向左心房分流，以绕过非功能性的肺部。这个卵圆形瓣膜由共同构成房中隔的原发隔和继发隔之间产生。出生时，右心房压力下降导致卵圆孔关闭因此分流停止。右心房压力增加可以重新开启卵圆孔，以至于隔膜无法封闭并恢复分流。这并不代表一个真正的房间隔缺损，因为隔膜形成是正常的。一个真正的房间隔缺损是连续开放的房间隔，使血液从心房中以较大的压力进行分流。接近卵圆孔的继发隔缺损在房间隔缺损中发生率高，并且是最常见的类型。在房间隔缺损中，接近房室交界区的原发隔缺损发病率低。

【病理生理学】 在大多数情况下，血液从左心房向右心房分流，造成右心房容量超负荷。其分流程度取决于缺损的大小及通过缺损的压力梯度。过多的血液流进右心房导致其扩张和肥厚。肺血管收缩可能是肺血流量过多的结果，并且可能诱发右心CHF。在右心房压力增加（如肺动脉瓣狭窄）的情况下，可能出现经开放的卵圆孔或房间隔缺损由右至左分流，并且引起紫绀及可能引起红细胞增多症。

【临床表现与治疗】 可能存在右心衰竭（如腹水、水肿、发绀）的体征。通常在肺动脉瓣区后出现喷射型缩期杂音，其反映通过肺动脉瓣的血流量增加。血液流经缺损本身不产生杂音。右心室射血时间延长可能导致第二心音分裂。心电图可显示右心室、右心房明显扩张（心电轴右偏，深S波，高P波），右束支传导阻滞及心律不齐。X线检查显示有不同程度的右心室扩大及肺过度循环的肺血管隆凸。在这些动物中，超声心动图显示右心房和右心室不同程度的扩张，依据房间隔回声的减少确定缺损位置。卵圆窝回声的正常损耗，不应该被解释为房间隔缺损。多普勒诊断证实，通过缺损的分流及肺动脉瓣的射血速度会增加。可以尝试手术矫正，但相关的费用和死亡率高。继发隔缺损的动物能很好地承受该缺损，并且这些缺损大部分在老龄动物中偶然被发现。较大的缺损，如原发隔缺损或心内膜垫缺损，更容易引起右心CHF；由于肺过度循环，因此也可能发生肺动脉高压。这种情况下通常预后不良。

（二）心室间隔缺损

心室间隔缺损最常见于隔膜周围、室间隔正下右方高位、左边的非冠状动脉主动脉瓣膜尖端及仅在右侧三尖瓣交界处的下面。其大小和血流动力学意义各有不同。肌肉隔的缺损也可发生。心室间隔缺损可能并发其他先天性心脏畸形。这个缺损在小型猪上具有遗传性。

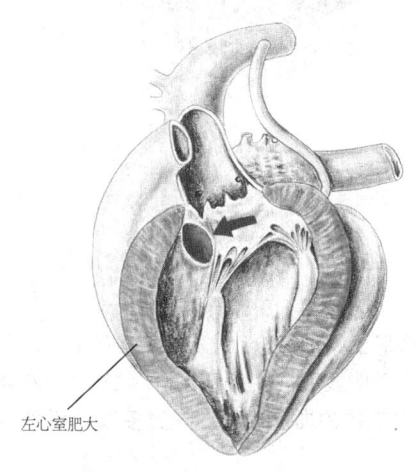

左心室肥大

图1-9　小型猪心室间隔缺损（箭头所示）
（由Gheorghe Constantinescu博士绘制）

【病理生理学】　大多数动物由于左心室具有更高的压力，因此血液从左心室向右心室分流。分流量取决于缺损的大小和心室之间的压力阶差。分流进右心室的血液重新通过肺循环和左心腔，从而导致左心腔扩张。右心室也可能扩张，尤其发生在有较大室间隔缺损或心室底部缺损（很少发生）的动物。小缺损（高抗室间隔缺损）限制分流的血液量，并且使血流动力学的影响降至最低，而大缺损通常会导致严重的循环系统紊乱和临床症状。大量分流通过肺动脉，可引起肺血管收缩。随着阻力增加，分流可能发生逆转（即抗右心室流出超过抗左心室流出，导致血液从右至左分流），引起发绀和红细胞增多症。由于肺动脉高压的结果，血液通过室间隔缺损，由右至左分流被称为艾森蔓格综合征（Eisenmenger' scomplex）。

【临床表现与治疗】　临床诊断取决于缺损的严重程度和分流方向。小缺陷通常影响极少或没有任何症状，较大的缺损可能会导致急性左心CHF。牛很可能出现右心衰竭的症状。艾森蔓格综合征的发展可引起紫绀、疲劳及运动不耐受。受影响最严重的动物有响亮的并能引起左侧广泛震颤的缩期杂音。当缺损非常

大或分流是从右至左时，该杂音不存在或微弱。有时，由于主动脉瓣下缺损可能会破坏主动脉瓣闭合，因此导致主动脉瓣发育不全。此种情况下，同时存在舒期杂音，并且缩期/舒期复合杂音（来回性杂音）可能会被误认为是一个PDA。由于缺损部位的长期湍流侵蚀血管内皮细胞，因此使易感动物感染心内膜炎。胸部X线检查可显示由于肺血管过量循环而导致的心脏肥大。虽然小缺损可能会被漏掉，但缺损通常可通过超声心动图显示。多普勒超声心动图或对比研究将确诊分流的存在。

治疗取决于动物的用途、临床症状的严重程度及分流的方向。小的室间隔缺损动物通常不需要治疗，并且预后良好。常出现临床症状的中度至重度室间隔缺损的动物必须进行治疗。外科手术闭合缺损；肺动脉环束术增加右心室流出道阻力，从而减少左至右分流；或者在治疗大的室间隔缺损及左至右分流的动物时，可以考虑使用药物（如血管扩张剂联胺肼，hydralazine）以减少全身血管阻力。右至左分流者，禁忌外科闭合缺损手术。放血可以缓解红细胞增多症的影响或使用羟基脲以减轻临床症状，但预后较差。诊断有室间隔缺损的动物不能留为种用，该缺损已被证明至少在1个品种（英国史宾格猎犬）中具有遗传性。

五、腹膜心包膈疝（PPDH）

腹膜心包膈疝（peritoneopericardial diaphragmatic hernia，PPDH）是犬和猫最常见的先天性心包疾病。它由背外侧横膈膜发育异常或侧胸腹部和腹正中部胸骨肌联合失败引起。其结果导致腹腔脏器进入心包形成疝。肝最常发生疝，其次是小肠、脾脏、胃。临床症状极其多变，许多没有临床症状的患畜，其缺损在尸体剖检时才被发现。胸部X线检查可显示小肠袢或肝穿过膈肌进入心包。使用口服钡对比X线检查也可以识别心包内的小肠袢或胃，通过超声心动图检查也可以对心包内的腹腔脏器作出诊断。有呕吐、肝性脑病的体征或其他由PPDH导致的不利情况的患畜必须手术复位疝。

六、法乐四联症

法乐四联症是最常见产生紫绀的缺损，包括肺动脉狭窄、高位大的室间隔缺损、右心室肥厚及主动脉骑跨四种畸形。单一的圆锥动脉干畸形（室间隔的上部向颅侧移位形成）是导致右心室流出道（肺动脉狭窄）狭窄、覆盖主动脉及室间隔缺损的原因。右心室肥大仅仅是这些异常的结果。肺动脉狭窄可能是在瓣膜部或漏斗部，或两者都有。易患法乐四联症的品种

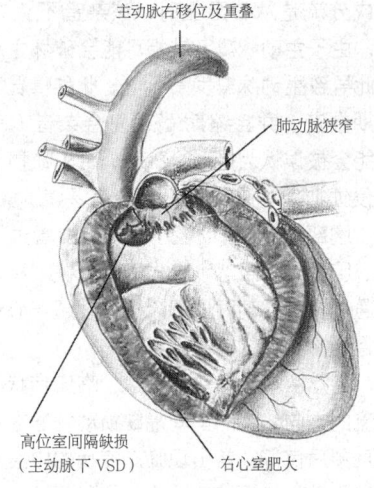

主动脉右移位及重叠

肺动脉狭窄

高位室间隔缺损
（主动脉下 VSD）

右心室肥大

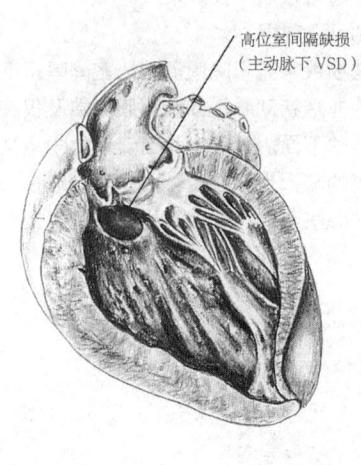

高位室间隔缺损
（主动脉下 VSD）

图1-10　猫法乐四联症
（由Gheorghe Constantinescu博士绘制）

包括荷兰卷尾狮毛犬、英国斗牛犬、小型贵宾犬、迷你雪纳瑞犬和硬毛狐狸犬。该缺损在荷兰卷尾狮毛犬中具有遗传性，或许在其他品种犬也具有遗传性。该缺损已被证实在其他品种的犬和猫也存在。

【病理生理学】　法乐四联症的血流动力学后果，主要取决于肺动脉狭窄的严重程度、室间隔的缺损大小（通常是大而无阻力）及全身血管阻力。通过室间隔缺损的分流的方向与流量，很大程度上取决于肺循环（由肺动脉瓣狭窄引起的阻力）和体循环之间血流的相对阻力。其后果包括肺血流量减少（产生疲劳、呼吸短促）和由主动脉中来源于右侧体循环中的缺氧血和左心室的含氧血混合的血液，引起的全身发绀（红细胞增多症、虚弱）。由于静脉血液分流进入主动脉和随之而来的缺氧，肾脏释放促红细胞生成素，导致红细胞增多症。与红细胞增多症相关的血液黏稠度增加，有重要的血流动力学影响，如血液淤积和毛细血管灌流减少。伴有严重红细胞增多症的动物经常有癫痫病史。

【临床表现与治疗】　典型的病史特征包括生长发育迟缓、运动不耐受、发绀、虚脱和癫痫发作。在肺动脉瓣区可能感受到心前区震颤，并且大多数情况下存在肺动脉瓣狭窄杂音。当存在严重红细胞增多症时该杂音强度变弱，甚至一些患病动物没有心杂音。心电图检查时，通常能看到右心室扩大的图形（左胸导联的深S波、电轴右移位），而心律失常较罕见。X线片显示右心扩大和短小的肺血管，通常包括主肺动脉。超声心动图检查可证实该诊断，覆盖（向右位移）的主动脉基底、右心室肥厚及室间隔缺损清晰可见。左心腔由于肺静脉回流减少而可能变小。常规对比超声心动图显示，在室间隔水平缺损处由右至左分流。通过缺损的血流也可以通过多普勒超声心动图检测。

β-肾上腺素能受体阻断剂已被用来减少右心室流出道梗阻，以减轻β-肾上腺素能介导的全身血管阻力的降低。全身血管阻力增加可降低分流程度。当PCV超过65%时，应通过定期放血控制真性红细胞增多症。预后需谨慎，轻度至中度分流的动物可能活到成年。

治疗方法包括外科手术和药物治疗。矫正手术在犬中已有报道，但很少进行。此外，包括产生肺循环吻合支的保守性手术，虽然能够缓解法乐四联症的临床症状，但临床也很少使用。这些常规方法可减少肺血流灌注不足和全身缺氧的症状。在某些情况下，减小肺动脉瓣狭窄是保守疗法。肺动脉瓣狭窄的手术成形术或球囊瓣膜成形术也是治疗的选择。

七、二尖瓣缺损

二尖瓣的先天性畸形（二尖瓣缺损）是猫的一种常见先天性心脏缺损。斗牛犬、德国牧羊犬和大丹犬是易感的犬种。二尖瓣缺损导致其关闭不全，从而使心脏收缩时血液返流到左心房。二尖瓣复合体（瓣叶、腱索和乳头肌）的任何一个组成部分都可能畸形，并且往往两个以上组成部分同时有缺损。

【病理生理学】　二尖瓣复合体畸形导致瓣膜明显关闭不全。慢性二尖瓣关闭不全导致左心体积超负荷，最终导致左心室和左心房扩张。当二尖瓣关闭不全严重时，心输出量减小，从而引起心力衰竭的症状。严重二尖瓣关闭不全也可以导致肺静脉瘀血和左心CHF。左心扩张易使患病动物产生心律失常。在某些情况下，畸形的二尖瓣复合体导致一定程度的瓣膜狭窄以及功能不全（见二尖瓣狭窄）。

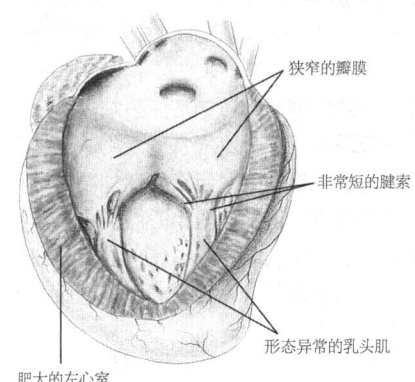

图1-11　犬二尖瓣缺损
（由Gheorghe Constantinescu博士绘制）

【临床表现与治疗】　临床症状与缺损的严重性相关。患病动物通常显示左心CHF的体征。在左心尖处有明显的收缩期二尖瓣返流杂音。一些病例中也存在舒张期心音（奔马节律）。患病动物在左心尖处存在心前区震颤。心电图显示房性心律失常（房性早搏，心房颤动），尤其是病情严重的动物。它们同样也是左心房（P波增宽）和左心室扩大的证据。胸部X线片可显示严重的左心房扩大。同时也可见左心室扩大和肺静脉瘀血。超声心动图显示畸形的二尖瓣复合体（融合的腱索及增厚的固定的瓣叶，形态异常的乳头肌）、左心房和左心室扩张、多普勒超声心动图可显示严重的二尖瓣返流，如果存在二尖瓣狭窄，也可通过该诊断方法确定（见下文）。

有临床症状及严重疾病的动物预后不良。患病较轻的动物可能保持数年无临床体征。对于左心CHF的发展的治疗可参阅心力衰竭治疗部分。

八、二尖瓣狭窄

二尖瓣狭窄是由二尖瓣畸形引起的一个缩小的二尖瓣口，其可引起左心室血液流入受阻。该先天异常在犬和猫中较罕见，并且可与其他先天性缺损，如主动脉瓣狭窄、二尖瓣缺损和肺动脉瓣狭窄并发。

【病理生理学】　该病导致左心房流出阻力增加，造成左心房和左心室之间的压力梯度。这导致左心房扩张及肺静脉和毛细血管压增加。最终发展为肺水肿，甚至在某些病例中发生晕厥。

【临床表现与治疗】　二尖瓣狭窄本身可引起舒张期心杂音，该杂音通常属于低级杂音（Ⅰ-Ⅱ/Ⅵ）。如果并发二尖瓣缺损，则在左心尖处可听到最强杂音。X线检查显示出不同程度的左心房扩张及左心CHF动物的肺水肿。心电图可显示增宽的P波（表明左心房扩大）和室上性心律失常。超声心动图可最终确诊。心室舒张时二尖瓣瓣叶向左心室隆起，左心房扩张，并且可看到增厚的二尖瓣瓣叶。多普勒超声心动图显示舒张期二尖瓣打开之初及持续开放时流经二尖瓣的血流，同时记录左心房和左心室舒张早期之间的压力梯度。

二尖瓣狭窄动物的药物治疗，包括使用利尿剂和限制饮食中钠的含量。由于利尿剂可严重减少心输出量，因此，应避免过多地使用利尿剂。外科手术或介入治疗可包括关闭的二尖瓣狭窄分离术（解除狭窄不使用旁路）、打开狭窄二尖瓣、二尖瓣置换术或球囊成形术（曾在三尖瓣狭窄的动物中报道）。因为涉及相当大的风险和费用，因此这些方法很少在犬和猫中应用。

九、三尖瓣缺损

三尖瓣复合体先天性畸形偶尔在犬和猫中可见。易感品种包括拉布拉多猎犬和德国牧羊犬。三尖瓣缺损导致三尖瓣关闭不全，因此心室收缩时血液返流进入右心房。在极少数情况下，可能存在三尖瓣狭窄。腱索通常缩短或不存在，三尖瓣瓣叶可能增厚或黏附到心室或室间隔内壁上。其他并发的先天性畸形如二尖瓣缺损、室间隔缺损、主动脉瓣下狭窄或可能存在肺动脉瓣狭窄。在Ebstein's畸形中，三尖瓣移向心尖，是一种与上述不同的三尖瓣缺损性疾病。

【病理生理学】　三尖瓣畸形导致瓣膜功能不全。慢性三尖瓣返流导致右心容积超负荷，右心室和右心房扩张。肺血流量可能会下降，从而导致疲劳和呼吸急促。由于右心房压力增加、静脉回流受阻，从而引起腹水。

【临床表现与治疗】　临床症状与缺损的严重程度相关。患病动物通常表现右心CHF体征。在右心尖处可明显听到刺耳的全收缩期三尖瓣返流杂音。房性心律失常，尤其是阵发性房性心动过速较常见，甚至导致动物死亡。心电图和X线检查通常显示出右心室和右心房增大。尾静脉可能明显扩张。超声心动图显示三尖瓣畸形及严重扩张的右心房和右心室。多普勒超声心动图显示严重的三尖瓣返流。

有临床症状的动物预后需谨慎，可能需要定期腹腔穿刺控制腹腔积液。也可使用利尿剂、血管扩张剂及地高辛。

十、异位心脏

易位心脏是心脏位于胸腔外，通常在腹侧的颈部区域。牛最常发生。通过缺损的胸骨或肋骨的移位，通常会导致新生畜死亡，然而其他类型的移位有可能使动物长期存活。

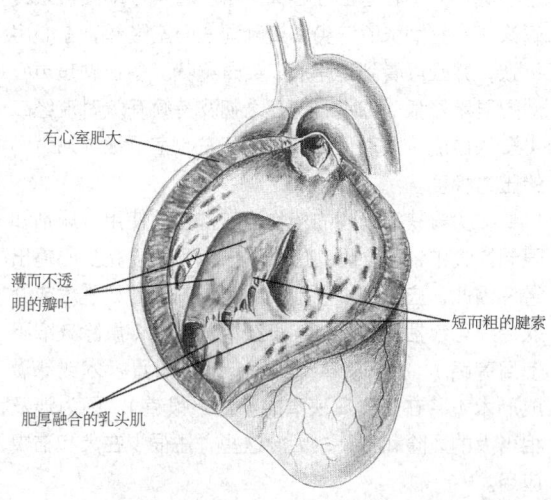

右心室肥大

薄而不透明的瓣叶

短而粗的腱索

肥厚融合的乳头肌

图1-12　犬三尖瓣缺损
（由Gheorghe Constantinescu博士绘制）

十一、各种先天性心脏异常

1. 肺静脉异位连接　是不同数量的肺静脉（从1支到全部）连接到右心房或全身静脉的一种先天性的异常。

2. 心内膜垫缺损　又称房室（atrioventricular, AV）管缺陷、持久性AV孔和AV室间隔缺损。包括心内膜垫异常发展，并且能够产生隔膜原发孔缺损、房室瓣畸形及室间隔缺损。

3. 左侧和右侧三房心　由纤维膜分别隔开左心房或右心房。左侧三房心在猫中有报道，而右侧三房心在犬中有报道。患病的心房被分成两个腔室。其中通常有一个或多个穿孔的隔膜，使心房的两部分之间保持联系。针对该病治疗成功的球囊瓣膜成形术已有报道。

4. 右位心　心脏位置在右胸腔，是先天性的心脏缺损并且通常是良性的。其也可以与内脏逆位（身体器官异常位置）合并发生。在动物中这些缺损通常与其他异常并发，如鼻窦炎、支气管炎、支气管扩张。

除了这些缺损，其他几种异常也有报道，包括右心室双出口（全部大动脉和多数大动脉均源自右心室）、主动脉弓中断、永久性左前腔静脉、肺动脉闭锁及大动脉转位。

第十二节　心脏病与心力衰竭

心脏疾病是指任何心脏的异常。广义它包括先天性异常（见先天性异常和遗传性异常），以及不同病因的解剖和生理障碍。心脏疾病通过不同病因特点区分，包括疾病是否发生在出生时（如先天性或后天性）、病因（如传染病、退化性）、持续时间（如慢性或急性）、临床状态（如左心衰竭、右心衰竭或双心室衰竭）或解剖畸形（如室间隔缺损）。

心脏衰竭是任何心脏异常的衰竭，其导致心脏不能提供充足的血量来满足组织代谢的要求。它是一种以外周组织灌流不足和瘀血为心脏疾病最终结果的临床综合征。心脏疾病能在没有任何心力衰竭的情况下存在，而心力衰竭仅仅发生在心脏疾病后，因为它是心脏疾病的后果。

一、诊断

心脏疾病的诊断通常包括特征描述的评价、病史和体检结果以及作为结果的诊断测试，如X线检查、心电图检查、超声心动描记术和电子显微放射自显影。偶尔，更专业测试例如心导管插入术或者核研究是必要的。

（一）病史与病征

对于疑似有心脏病的病畜的特征的描述（年龄、品种、性别）可以帮助提供一个鉴别诊断列表，这一特征描述对于潜在的心脏病（如心内膜炎在猫和犬罕见，但在牛和马中常见）及一些特定的异常（如某些品种的先天性缺损）诊断起着相对重要的作用。

有些患心脏病的动物没有临床症状，而有些有运动不耐受、虚弱、呼吸困难、呼吸急促、腹胀（腹水）、晕厥（昏倒）、紫绀或厌食和体重减轻的病史。其他病史结果具有更多的种属特异性，这包括外周或腹部水肿（马与牛）。猫在患有心脏疾病时很少表现出咳嗽，更常见的病史为呼吸困难（可能表现轻微，因此被忽视）和厌食；相反，犬充血性心力衰竭（CHF）时普遍表现出咳嗽、呼吸困难。

（二）体格检查

任何动物心脏疾病的评估或可能由心脏疾病所产生的症状的评估，都应进行一次完整的体检。胸部除了听诊，也应同时进行触诊，用以评估震颤的存在（能用指尖触诊的低频率震动）、强度或跳动位置的改变。同时也应对搏动进行听诊。黏膜的颜色和再充盈时间、颈静脉搏动以及过度扩张也被评估。应检查四肢是否水肿，腹部是否有腹水。由于产生腹水的原因很多，因此必须评估每一种腹水病例中的的颈静脉情况。如果是心脏疾病导致的腹水，那么就会有一种强制性的颈静脉扩张，因为右心压力升高会引起心源性腹水。如果存在腹水而无颈静脉怒张，那么应该继续检查产生腹水的心脏外病因。

1. 心音 心音是血液快速加速、减速和在心血管系统中再次振动所产生的声音。听诊能够潜在地听到四种心音。第一心音（S_1）与房室（AV）瓣关闭有关；第二心音（S_2）与半月（主动脉和肺动脉）瓣关闭有关；第三心音（S_3）发生在舒张早期，是由于迅速中断心室充盈的结果；而第四心音（S_4）与心房收缩有关（心房收缩和心房"kick"）。马四种心音都能正常听见。而牛在正常个体中仅能听见S_1和S_2，虽然有时也会听到S_3和S_4。给牛静脉输液可能会导致S_3或S_4加强。在犬、猫和雪貂中，S_1和S_2是唯一听得见的正常心音。虽然很少有关于山羊、绵羊和猪的相关报道，但是认为在这些动物中仅能听见S_1和S_2。

（1）**奔马律心音** 奔马律心音出现在S_1和S_2后的附加心音，声音比S_3或S_4、或比两者都强。可分为舒张早期奔马律（S_3）、收缩前期奔马律（S_4）或重叠性奔马律（S_3和S_4的融合）。最常见的奔马律心音见于S_3增强的犬，并且该心音通常继发于心脏疾病如扩张型心肌病、退行性瓣膜病或左至右分流如动脉导管未闭所引起的心室扩张。S_4奔马律心音（收缩前的）由心房收缩推动血液到压力相对高的心室引起。猫心肌病时最常见，尤其是肥厚型（尤指原发性的）心肌症中。由于猫的心率通常超过160～180次/min，因此，体检时很难确定奔马律是由S_3和S_4奔马律引起的。但猫S_3奔马律的出现比由猫的常见心脏病所引起的S_4奔马律更少见。收缩期咔嗒音短促、尖锐、通常短暂，其可能发生在收缩中期到晚期之间。该卡嗒音在犬及其他驯养品种中罕见。然而，如果出现时，该收缩期咔嗒音最常见于犬二尖瓣瓣叶脱垂的早期的黏液样变性。它们通常是单个但也可能是多个，并且可以不同的强度出现（甚至完全消失），这取决于心脏负荷情况。

（2）**S_1或S_2的心音分裂** S_1心音分裂由二尖瓣和三尖瓣不一致关闭引起，它可发生在左心室或右心室束支传导阻滞引起的心室异步收缩、心脏起搏以及某些异位室性早搏。S_1心音分裂还可以发生在正常的健康机体，特别是大型犬。肺动脉瓣延迟关闭（与主动脉瓣相比较）引起的S_2心音的分裂，可能会出现在犬吸气时（尤其是大型犬），由于胸腔内负压增加导致右心室充盈。马既不呼气也不吸气时，S_2心音分裂可以是一个正常的发现。异常的S_2心音分裂与肺动脉高压有关，如马肺气肿和犬心丝虫病。其他可能的原因包括房间隔缺损、右束支传导阻滞或左心源性的心室异位搏动。主动脉瓣的延迟关闭（反常的S_2心音分裂）

可以被看作左束支传导阻滞或右心源性心室异位搏动。

（3）**同步膈肌扑动** 膈膜可与心脏同步收缩产生能借助听诊器听到的响亮的砰砰声，并且肋侧区通常明显收缩。该综合征是心房去极化引起的膈神经兴奋的结果，并且主要发生在有明显电解质或酸碱失衡时，特别是低钙血症时。它常见于马和犬中，并且经常发生在惊厥时。最常见于犬胃肠道疾病引起的电解质紊乱。

2. 心杂音 心杂音是由心脏或主要血管产生的可听见的振动，并且通常是湍流的血液或心脏结构如部分瓣叶或腱索振动的结果。通常要明确杂音的时间、强度及位置，但也要清楚其频率（音调）、质量（如悦耳）、形态（如递增-递减）特征。

缩期杂音发生在收缩期，通常不是喷射性（递增、递减）就是返流性（全收缩期、递减型）。收缩中期喷射性杂音显示了最大强度，并且心音图中显示为菱形。它们可由半月瓣狭窄病变（如肺动脉瓣狭窄、主动脉瓣下狭窄）产生。返流性缩期杂音在整个收缩期显示出一种固定的强度，可由二尖瓣或三尖瓣返流（如二尖瓣黏液变性）或室间隔缺损引起。舒期杂音通常渐弱（通过舒张降低强度）并且是主动脉瓣或肺动脉瓣关闭不全（如主动脉瓣感染引起的犬心内膜炎或马的退行性疾病）的结果。连续性杂音通常由动脉导管未闭（先天性心脏病）引起，并且发生在整个收缩期和舒张期。连续性杂音强度随着时间的推移不断变化，通常在心室射血结束时最强而在舒张期减弱。动物的来回性杂音既是缩期杂音也有舒期杂音，并且可发生在动物的主动脉瓣狭窄和主动脉瓣关闭不全时。

马的收缩早期杂音和舒张期杂音可以发生在没有心脏病或贫血时。强度最大点通常位于左心底部。一种短促、高亢的舒张早期心杂音有时可在健康、青年马中听见。有时候，缩期杂音可继发于一些没有明显心脏疾病的右心室中水平面流速增加的猫。由于每搏输出量增加，良性的心脏杂音也常见于未成熟的猫和犬（<6月龄）。

心脏杂音分类：Ⅰ级-可听到的最低强度杂音，通常只有在安静的房间内听诊才能听到；Ⅱ级-轻度杂音，容易在特定的局部区域听见；Ⅲ级-当听诊开始时立即能听见的杂音；Ⅳ级-在开始听诊时就能立即听到的响亮的杂音，但不伴有震颤；Ⅴ级--个很响亮的杂音，听之震耳；Ⅵ级是极响亮杂音，当听诊器稍离开胸壁仍可听到。

3. 心律失常 心律失常是指速度、规律节律或心搏动形成位置的异常，并可在听诊时被检查出来。其他方面，如电节律紊乱和异位心律也用于形容心律失常。心律失常的存在不一定表示存在心脏疾病，许多心律失常临床症状轻微，因此不需要特别的治疗。但有些心律失常可能会导致严重的临床症状，如晕厥或导致猝死。许多全身性疾病可能与异常心脏节律有关。（具体见心律失常的讨论）。

4. 脉搏 脉搏是动脉有节律性的扩张，体检中可用手指触诊到（或可看到）。生理上，脉搏压是收缩压和舒张压之差。在犬和猫，脉搏通常触诊股动脉。尽管听诊心脏有跳动但无脉搏，也应该同时进行心脏听诊和脉搏触诊。这是异位收缩（心律失常）过早的结果，以至于心室充盈不足，导致每搏输出量减少，从而产生弱脉搏或没有脉搏。洪脉（脉搏压增加）通常由舒张压降低引起，并可检测到主动脉瓣关闭不全或动脉导管未闭。弱脉（脉搏压减少）通常由收缩压减少引起，并可检测到心脏收缩功能障碍、心包压塞及主动脉瓣狭窄。

犬重度主动脉瓣下狭窄，呈现出在心室收缩期缓慢增加，并在收缩后期达到峰值压力的脉搏压，该脉称为细迟脉。奇脉是指吸气时脉压减小并且呼气时脉压增加。这是动物的正常现象，但它通常太微弱，以至于体检时不易被观察到。但在心包积液和心包压塞的动物，该压表现得很明显。交替脉是当动物处在窦性节律时的一种强弱脉交替的脉搏，可出现在心肌衰竭或快速性心律失常的动物中（虽然很少）。二联脉是由心律失常所引起的一个强弱脉交替的脉搏，如室性二联脉。通常该弱脉（心室提前收缩时）之后有一个短暂的间隔，然后出现强脉。

正常动物的颈静脉搏动可以看到，该搏动延伸通常不超出动物站立姿势时颈部的上1/3。

5. 呼吸音 肺水肿可能是CHF的结果。体检时这可能表现为呼吸爆裂声和喘息，同时，也可观察到呼吸困难或呼吸急促。听诊时气流减少最常出现于心脏疾病所导致的胸腔积液动物。这导致呼吸音减弱，尤其是腹侧。继发于其他潜在疾病的呼吸系统疾病或胸腔积液也可出现这些临床体征。

6. 腹水 腹部膨胀可能是气体、软组织或液体积聚的结果。心脏疾病和右心衰竭（如心丝虫病、三尖瓣缺损和心包压塞）的动物可产生腹水。此种病例中，腹水常常伴随颈静脉扩张。

（三）X线检查

胸部X线检查在评估疑似有心脏病的动物中往往能提供有价值的信息。不过，胸部X线检查很少在马或牛中使用，因为其庞大的体型会降低图像质量。心脏整体肥大或特定心腔扩大的发现提示可能存在心脏疾病，甚至还可提供特定疾病存在的线索。心源性肺水肿常见于动物CHF，并伴有肺静脉瘀血；同时还可能出现胸腔积液，但这通常表示双心室衰竭，除了猫，因为猫显示的是左心CHF。这些异常的解析在随后的胸部X线检查中可作为一种治疗效果的指示。肺水肿的存在不能最终确定是心源性或排除其他源性，如肺部疾病。心脏整体大小可以使用椎体测量或评分进行评估。侧投影是最常使用的方法，可以测量心脏轮廓从头到尾的最大直径，以及从心脏轮廓（从背到腹）的心脊到心尖的投影距离。这些长度加在一起，并且测量胸椎椎体，因此，对于动物大小来说它们是标准的。椎体测量从第四胸椎椎体尾部开始。犬的正常范围是8.5～10.5个椎体，猫是6.9～8.1个椎体。

（四）心电图检查

心电图是身体表面的心脏电活动的记录。它不仅可以被用来识别心律失常和传导障碍，也可以识别心腔扩大。但小动物不同于大动物，在大动物中有一类B型心（小动物有A类），其中含有丰富的贯穿的浦肯野氏细胞群。这导致体表心电图复合波减弱，从而减弱了心电图精确检测心脏大小变化的能力。因此，大动物最常见的心电图表现形式是一种基于顶点的节律分析，其中所记录的偏差更大，因此诊断的重点是节奏测定。

1. 波形异常 腔室扩大可以由波形异常表示。在犬和猫Ⅱ导联时，P波增宽有切迹提示左心房肥大，而高大P波提示右心房肥大。左心室扩大的证据包括左侧的心脏在正极导联上的高的R波（导联Ⅰ、Ⅱ、AVF、CV6LL和V6LU）。在同一导联即正极是在左侧心脏的深S波或有右轴偏差提示右心室扩大。宽QRS波群出现在右心室肥大或左心室肥大的患者，但也可能由传导障碍（见下文）引起。尽管心电图可提示腔室扩大，但胸部X线检查和超声心动图检查敏感性更高。

2. 窦性节律 窦房结启动每一个正常动物的心脏收缩，设定了正常的速度和节奏，因此被称为心脏起搏器。正常的窦性节律是一种有规律的节奏，起源于窦房结，在心电图上显示P波先于每个正常QRS波群。窦性心动过缓可见于过量使用麻醉剂的动物，或者使用可以导致迷走神经紧张性增高或交感神经紧张性降低（如甲苯噻嗪、地高辛）药物的动物、低温动物、甲状腺功能减退的动物、病窦综合征的动物或继发于全身性疾病导致迷走神经紧张性增高的动物，如呼吸、神经、眼、胃肠道或泌尿道疾病患者。窦性心动过缓的动物，一般不需要治疗，除非有心动过缓并伴有如无力或衰竭的临床症状。在犬和猫，可以考虑使用阿托品（0.04 mg/kg，静脉注射、肌内注射或皮下注射）治疗心动过缓。发病原因也必须被纠正。

窦性心动过速是有规律的窦性节律速率过高的结

果。原因包括应激（导致交感神经兴奋）、甲状腺功能亢进、发热、疼痛、低血容量、心包压塞、心力衰竭或者使用可以增加窦房结放电速率的活性剂（如儿茶酚胺）。治疗包括解决其根本原因。

窦性心律不齐是窦房结不规则放电的结果，与呼吸循环相关。该冲动形成的位置仍然是窦房结，但放电的频率各不相同。窦性心律不齐在犬和马中是一种正常的现象，但在住院的猫中是不正常的现象，尽管它常见于家庭环境中的猫。窦性心律不齐的特征在于吸气时心率增加、呼气时心率减少。心脏节律随着迷走神经张力的强度变化而变化。它可被源于兴奋、运动或注射迷走神经松弛剂所引起的迷走神经减弱而消除。它可能与游走节律点有关，其特征是心电图在较快的速度时P波高和在较慢速度时P波更短或更平。

窦房传导阻滞发生于SA结的冲动无法通过周围组织传到心房和心室时。因此，心电图上无P波或QRS波群，在P-P间隔周围的窦性节奏间隔是正常P-P的间隔的整倍。这通常在犬中很难诊断，因为犬窦性心律不齐是普遍导致可变的正常P-P间隔的原因。

窦性间歇由SA结延迟放电引起，其导致窦性心律P-P间隔与正常P-P间隔的非倍数关系。

窦性停搏的心电图上短时间内（通常认为是超过两倍正常PP间期的间隔）缺少P波。长期的SA结骤停或暂停可以引起窦性停搏。

心房停顿的特点是心电图上完全缺少P波，是心房无法去极化的结果。即使没有P波，QRS波群最经常由产生窦室节律的SA结的去极化波引发。在某些情况下，由于同时存在窦性心律不齐，因此室性节律是可变的。患病犬心率通常缓慢（40～80bpm），这取决于准确的病因。病因包括阻止心房心肌去极化的高钾血症（短暂性心房停顿），心肌炎和心房肌被纤维组织所替代（持续性心房停顿）的心肌病的特有形式（房室心肌病）。解决高钾血症将会使心房停顿转变为正常的窦性心率。

病窦综合征是一系列的临床症状，包括心电图的改变（窦性停搏或阻滞、窦性骤停、交界性或室性逸搏复合物和可能的室上性心动过速）与虚弱或由心动过缓（最常见）产生的晕厥或心动过速（较少）。这一临床综合征的主要问题在于窦房结或周边组织，但心肌组织的其他特定传导部分，包括SA结也可受到影响。因此，也可以见到房室传导阻滞的证据。这种疾病在老年犬中常见，包括迷你雪纳瑞犬和可卡猎犬。药物治疗包括使用副交感神经阻断药［如溴丙胺太林（propantheline bromide），0.25～0.5 mg/kg，口服给药，每日2～3次］或拟交感神经药［如茶碱缓释剂（extended-release theophylline），10 mg/kg，口服

给药，每日2次；特布他林（terbutaline），0.14 mg/kg，口服给药，犬每日2～3次］以增加心率。但是，这些往往是无效或只在短时间内有效，或者有药物的不良反应。这些药物也可能导致室上性心动过速，并引起病窦综合征。对心动过缓最有效的治疗是心脏起搏器植入术。

3. 传导干扰　房室（AV）阻滞是指从心房到心室兴奋传导的改变。在一度房室传导阻滞（延长传导）中，传导时间增加并且心电图上PR间期延长。在二度房室传导阻滞（间歇性传导）中，冲动偶尔无法通过房室交界区，特点是偶尔P波不在QRS波后。在阻滞期内没有S1和S2，也没有动脉搏动。在马中，经常听到心房收缩音（S4），但心房收缩音（S4）不紧随其他的心音后，这是二度或三度心脏传导阻滞的特征。心房收缩音（S4）在犬的二度房室传导阻滞中也可能听见，但不常见。当上述所说的PR间期脱漏搏动逐步延长，这种状态被称作莫氏Ⅰ型二度房室传导阻滞或文氏现象。如果PR间期不发生改变，称为莫氏Ⅱ型二度房室传导阻滞。

三度房室传导阻滞或完全的心脏传导阻滞，冲动不能从心房传到心室。心房节律（P波）发生更迅速和独立的心室节律（QRS波群），它源于心室内的辅助起搏点。心率和脉搏率正常但缓慢，因此对通常会增加心率的因素（如运动、激动）或药物（阿托品）反应迟缓。由于心房心室收缩时间的不同导致心室充盈的变化和随之发生的S1强度的变化（炮轰音）及可能的动脉压。偶尔心房收缩处于心室收缩期时，会产生一个颈静脉的剧烈搏动（大炮A波）。

房室传导阻滞变化的意义取决于物种。一度和二度房室传导阻滞可能没有心脏病存在的外在证据。一度房室传导阻滞可能由迷走神经过度紧张引起，并且通常对于犬和马无意义，除非有其他的证据表明有心脏疾病或引起迷走神经紧张的病理原因存在（如中枢神经系统或肺疾病）。对于所有物种来说，二度房室传导阻滞可能提示有心脏病。但常见的马莫氏Ⅰ型是一种正常的导致迷走神经紧张的生理反应。莫氏Ⅱ型的二度和三度房室传导阻滞（完全）一直是所有物种的异常现象。

二度和三度房室传导阻滞可能由纤维化、肿瘤形成、房室结的损伤、缺氧损伤、使迷走神经张力增加的药物损伤或电解质异常引发。合理的治疗是纠正潜在的病因，尽管这通常是不可能的。高级的二度房室传导阻滞（许多不传导的P波）和三度房室传导阻滞往往与运动不耐受或晕厥有关。对于二度房室传导阻滞动物来说，茶碱缓释剂口服治疗（10 mg/kg，口服给药，每日2次）、特布他林（0.14 mg/kg，口服给

药，犬每日2～3次）或溴丙胺太林（0.25～0.5 mg/kg，口服给药，每日2～3次）也许偶尔是有效的，但对有症状的动物通常使用更积极的治疗（起搏器）。三度心脏传导阻滞通常和不可逆的损伤有关，心脏起搏器植入术是唯一有效的治疗。

4．心律失常　心律失常可分为使心率过慢的缓慢性心律失常和使心率过快的快速性心律失常。前者包括窦性心动过缓、窦性停搏、窦房传导阻滞、房室传导阻滞和心房停顿。根据病因位置的不同，心律失常可分为室上性心律失常和心室性心律失常。室上性过早的去极化是源自于心室过早的去极化，也被称为房性早搏/去极化。异位去极化可能的位置包括窦房结、心房肌及室上性房室结。心电图上，室上性过早的去极化包括一个相对正常的QRS波，但该波出现比下一个预期正常QRS波群早。变化的P波形态可能存在于室上性过早去极化的前后、被隐藏在窦性复合波之前或过早的去极化之中。室上性过早去极化最常由心房扩大、应激或其他引起的交感神经张力增高的原因引起。室上性心动过速是由一系列的室上性过早的去极化，并且时间相对延长且连续发生引起。旁路是先天性的异常情况，使心房和心室之间的电连接超出正常连接（房室结、希氏束）。这些途径和神经丛旁路已在犬和猫上得到公认，也可能是导致室上性快速心律失常的原因。治疗可能包括高频率的用导管消除旁路障碍物或口服药物如普鲁卡因胺、索他洛尔、地尔硫䓬。

心房颤动很罕见，通常是暂时性的心律失常，其要么恢复为窦性心律，要么发展为心房颤动。它由心房内一个大的圆形凹环引起，特点是在心电图上带有相对正常的QRS波的"锯齿"基线，可以产生一个规则或不规则的节律。心房放电时速率很快（通常＞400次/min），由于房室结的耐受性延长，因此仅是间歇性的心房冲动通过AV结。

心房颤动是由心房去极化紊乱，引起一种快速而极不规则的心房节律。在心房颤动时，房室结受到频繁的心房去极化的刺激，导致窦房结的耐受性延长以及心房大部分去极化无法传导。心房颤动的特点是心电图上缺失P波，即起伏的基线，出现的几乎都是平坦的（好）或很粗糙的（粗）线，并且相对正常QRS波的出现没有可识别的图形（不规则）。这种不规则导致心室舒张充盈期不规则变化。随着心房充盈不足，导致心音强度和动脉搏动振幅的变化。在犬和猫，心房颤动几乎总是与潜在的心脏病以及其他可以改变心脏节奏的因素（单纯的或原发性心房颤动）有关。值得注意的是一些大型犬例外，如爱尔兰猎狼犬、苏格兰猎鹿犬、大丹犬。

犬和猫心房颤动的治疗目标是控制心室反应的速率（即由房颤去极化波产生的QRS波群的频率）和不转换为窦性心律，因为这种节奏通常与潜在的心脏病相关。这通常是用地高辛与地尔硫䓬或β-阻滞剂如阿替洛尔联合使用，这些药物减慢房室结的传导，导致更少的心房去极化通过房室结到心室。胺碘酮也被用来控制心室反应速率，但其不良反应限制其在不耐受地高辛、地尔硫䓬/阿替洛尔的动物的二线治疗上的应用。在原发性心房颤动或新发生的继发于心脏疾病的心房颤动的犬，可以尝试使用这些药物转换为窦性心律。目前药物的选择包括奎尼丁（quinidine）、胺碘酮（amiodarone），而心脏直流电复律在教学机构得到了一些普及。

在反刍动物中心房颤动通常是突发性的，并且与胃肠道疾病（如迷走神经消化不良）有关，但它也可能是持久性的，作为肺心病或其他心脏病的后遗症发生。

在马中，房颤最常发生在没有潜在心脏疾病（初级的或单纯性心房颤动）的马，且与正常高的迷走神经紧张有关，常见于有心律失常倾向的马。其也可能继发于心脏疾病，如二尖瓣关闭不全、主动脉瓣关闭不全、心肌炎、心包炎或未经治疗的先天性心脏缺损。当没有潜在的心脏疾病时，静息心率通常在正常范围，而在潜在疾病时通常升高。因此，在体检时这可能有助于确定心律失常的原因。多数原发性心房颤动的马在休息或适度的运动/工作时无临床症状，但剧烈运动或工作可能导致马心输出量明显减少。这可见于比赛成绩突然下降的赛马评估中。这种情况下，临床症状也可能是由阵发性心房颤动引起，这仅能在运动时识别。原发性心房颤动马，转换为窦性心律时需使用奎尼丁，剂量为22 mg/kg，口服给药，最好的治疗选择是每2h 1次。对于较短时间房颤的马转换的成功率很大。如果持续的时间不到4个月，成功的概率很大；如果持续的时间超过4个月，成功的概率较大，虽然转换可能需要更长的时间并且容易引发奎尼丁中毒。大多数马可以在转换后恢复成功赛跑的性能。在马中，转换为窦性心律不代表马有潜在心脏疾病，因为转换和维持窦性心律的可能性很低。

心室过早的去极化产生于心室肌内或特殊传导系统内的一点。在心电图上，和正常的窦驱动QRS波相比，QRS波显得宽而畸形，并且出现在下一个预期窦驱动的QRS波群之前，而且始终没有一个与前面相应的P波。这些波群最常见于非心脏的原因，如电解质异常、急性中毒、肿瘤（如犬脾血管肉瘤）、胃扩张（如犬的胃扩张和肠扭转综合征）或创伤。它们也可能与心室肌疾病有关，如扩张型心肌病、致心律失常性右室心肌病（拳师犬心肌病）和心肌炎。

室性心动过速是由于很长一段时间内持续性心室过早去极化产生的现象。这可能是突发性的、不连续的（4～10）或持续的。心室颤动是由导致有效心室收缩减少的心室肌微折返电路引起的现象。因此，它是一个晚期的节律。一个加速的心室自主节律，常见于重症监护室中继发于疾病或外伤的犬。其特点是在心电图上出现一个相对慢（通常低于120次/min）的且与房室分离有关的心室节律，而窦性节律可见于窦率比心室节奏更快时。在大多数动物中，这是一种相对良性的心律不齐。然而应该找到潜在病因并进行必要的治疗，心律失常本身通常不导致临床症状，无须特殊治疗，解决潜在的疾病或创伤才是正确的选择。

（五）心脏超声检查

心脏超声检查是利用超声对心脏以及周围的大血管进行评估，通过心动周期的动态变化，补充其他诊断的方法。它可以确定心腔和心壁的尺寸；能看见瓣膜结构和运动；检测压力梯度、血流量，并能计算心脏的功能指标。心超声检查还能确定心肌组织缺血、纤维化变化、肿块描述、瓣膜赘生物、心包积液和许多其他的功能，而这些先前仅能通过心导管插入术或尸体剖检验证。

心超声检查有3种主要的类型：二维超声、M型超声和多普勒超声。二维超声心动图提供了一个楔形的、和心脏实时运动的二维图像。视图的获得是从标准的胸部成像窗口获得几条标准的长轴和短轴，在犬、猫、马、牛中已经得到了应用。M型超声心动图是由一个一维的超声波束穿过心脏产生，提供一种"碎冰锥"的视图。这是因为超声波束遇到的组织界面，然后绘制在屏幕上。这种评价的模式通常用作测量器官的大小、壁厚、瓣膜运动和大血管尺寸。多普勒超声心动图，采用改变超声波束的频率的原理，通过接触运动红细胞测量流速，从而确定湍流或高速流动，这也可以确定心杂音的位置。

（六）心导管插入术

心导管插入术需要安置专门的导管进入心脏和周围大血管。适应证包括诊断评估，如当其他的诊断测试不足以识别特定的心脏异常或无法识别损害的严重程度、术前评估、干预治疗及临床应用研究。术前心导管插入术诊断在很大程度上取代了超声心动图。

二、心力衰竭

（一）概述

心力衰竭产生于当心血管系统无法满足人体的代谢需要，或当它只能使充盈压升高，随后由一种或多种机制产生代偿时。因此，心力衰竭既不是一种特定

的疾病，也没有一种特定的诊断方法。它是一种逐步发展的疾病，其引起心脏功能降低，然后导致代偿机制试图维持组织灌注和细胞代谢。这些机制导致不良影响，其进一步降低心脏的功能，引起了一种恶性循环，导致心脏像泵一样衰竭。最终正常的外周灌注仅能维持充盈压升高。心力衰竭导致心脏收缩功能或舒张功能出现障碍，或两者都出现障碍。通常收缩功能和舒张功能都出现障碍，尤其是在疾病晚期。临床症状的出现是低输出（向前）或充血性（向后）心力衰竭（CHF）的结果。

心腔尺寸（体积）或壁厚度的初始变化与前负荷（舒张末期的静脉回流量使心室壁紧张）和后负荷（在收缩末期施加在室壁的张力）有关。前负荷或后负荷的改变可能是由心脏结构异常、系统的代偿机制造成的，或两者都存在。容量超负荷状态，如那些发生慢性心瓣膜病/瓣膜关闭不全、动脉导管未闭、心房或心室间隔缺损、外周的从左至右分流、贫血或甲亢引起前负荷增加，最终通过异常的肥厚心肌导致心室腔扩大（扩张）。压力超负荷状态，如那些发生肺或全身性高血压、肺动脉瓣或主动脉瓣狭窄、主动脉缩窄引起后负荷增加，最终通过向心性肥大导致心室壁增厚。容量超负荷和压力超负荷都不等同于心力衰竭，哪种状态能导致心力衰竭主要取决于超负荷的严重性和代偿程度。

1. 收缩性衰竭　收缩期心力衰竭产生于心室充盈量正常，伴随每搏输出量减少时，其反映心肌内在收缩性能降低，可最终导致心输出量减少的症状，如虚弱、低血压和低灌注器官受损。心肌衰竭可用超声心动图检查，如射血分数或百分率下降，这是因为与正常的相比，收缩末期内径增加或舒张末期内径增加的结果。但心室的前负荷严重影响这些收缩功能的指标，因此需要采用更先进的成像方案（如应变成像或组织多普勒成像）来描述容量超负荷时心脏的收缩功能。此外，还可以使用一些更先进的成像系统，观察局部或弥漫性变薄的室壁和减弱的室壁运动，并可对其做进一步的量化。

原发性心肌衰竭或原发性扩张型心肌病（dilated cardiomyopathy，DCM）是一种排除诊断性疾病。这种疾病会在几个品种的犬中看到，但以杜宾犬最常见，目前的研究已经确定这是一种遗传性疾病。原发性扩张型心肌病（DCM）在猫中很少见。一些医生认为，原发性DCM可能是由不明病毒感染或病毒性心肌炎长期作用的结果。然而传统的DCM被认为与收缩功能障碍有关，它是目前已知的舒张功能障碍疾病，也发生在疾病的早期。

继发性心肌衰竭是由一种或更多导致心肌细胞损

伤后，发生心脏重塑和纤维化的损害造成的。病因学包括持续性心动过速（室上性或室性心动过速）、浸润性疾病（肿瘤）、心肌梗死、营养缺乏（牛磺酸、肉碱和白肌病）、心肌炎（病毒、立克次体、螺旋体、寄生虫和真菌）、脓毒症、药物（阿霉素）、毒素（铅、钴和棉酚）或少见的内分泌疾病（严重的甲状腺功能减退）。此外，长期压力或容量超负荷状态，可导致心肌重塑和随后的一系列病变。

2. 舒张性衰竭 舒张性衰竭发生于心室充盈压升高，伴随心室收缩功能正常或代偿时。升高的心脏充盈压运输血液到肺循环或体循环，最终导致液体渗出和充血的迹象（水肿或积液）。当缺少导致心室受压或受限制的心包或心外组织的疾病时，舒张功能障碍反映了心室松弛的内在异常，可应用多普勒超声心动图较早地发现心脏疾病。舒张功能障碍可以发生在导致心脏受压的疾病（心包炎、心包积液病变）、心室强直或顺应性差的疾病（肥厚型心肌病、限制型心肌病）、心肌浸润（瘤）或继发于长期容量或压力过载情况导致重塑的疾病中。

功能性充血性心力衰竭（CHF）也可发生于肿瘤或其他组织梗阻，阻碍静脉回流到一个或两个心房时。引起心室充盈降低的心包疾病或心包积液也可能是导致低输出性心力衰竭的心外充血的原因。医源性容量超负荷（即强化利尿）可导致缺少原发性心肌收缩或舒张功能障碍的CHF；然而，这种情况可以被认为是"伪舒张功能障碍"，因为心室无法增加顺应性使其避免充盈压升高。

（二）代偿机制

在神经内分泌系统的严格调控下，全身的血液和氧运送到外周组织和器官。当血流减少或压力降低时，代偿机制迅速发挥作用。这些机制为代谢活跃的细胞提供短期的营养支持，但是长期激活这些机制对心血管系统和全身各系统会有伤害。不管心脏病的基本机制怎样，导致心力衰竭的级联反应都是通过心血管系统和外周组织上的压力感受器、机械感受器或化学感受器，感受心输出量减少启动的。这可以继发于慢性心瓣膜病、扩张型心肌病或任何上述原发性或继发性心脏病。更高的输出状态如贫血或甲状腺机能亢进可实现这个模型，同样由增加心输出量使外周组织新陈代谢赤字得到修正。

当每搏输出量减少可继发心功能障碍，心输出量减少。急性反应是交感神经兴奋，导致外周血管收缩、心率增加、心肌收缩力增加，这有助于恢复心输出量和保持全身血压。此外，肾素血管紧张素醛固酮系统（renin-angiotensin-aldosterone system，RAAS）由一个或多个条件激活：肾脏血流灌注减少、减少传递到致密斑（肾小球旁器内）的钠及增加交感神经张力。球旁细胞释放肾素，使血管紧张素原（在肝脏合成）转变为血管紧张素Ⅰ。血管紧张素催化酶（ACE）将血管紧张素Ⅰ催化为血管紧张素Ⅱ，该反应主要在肺内进行。在大脑、血管和心肌组织中，存在一种单独的肾素血管紧张素醛固酮系统（RAAS）的组织，它可以独立于肾或全身产生血管紧张素Ⅱ。

血管紧张素Ⅱ有广泛的作用，包括通过直管效应调节水钠潴留以及刺激合成醛固酮，通过促进抗利尿激素（antidiuretic hormone，ADH）增加口渴感，增加去甲肾上腺素和内皮素的释放，刺激心脏重塑和心肌肥厚。这些效应导致循环血容量增加（前负荷）和外周血管阻力（后负荷）增加，有直接的心脏毒性影响。此外，长期循环在血液中的血管紧张素Ⅱ、醛固酮、内皮素、抗利尿激素和儿茶酚胺，通过直接重塑作用或上调炎性细胞因子、细胞外基质和原癌基因等对心脏和外周血管造成损害。

反调节系统对代偿机制作出反应，即心房释放心钠素（atrial natriuretic peptide，ANP）、心室释放B型利钠肽（B-type natriuretic peptide，BNP）。ANP和BNP分别在心房和心室腔扩张时释放。这两种激素会增加尿钠的排出（随后利尿）和降低全身血管阻力，从而抑制RAAS的影响。遗憾的是，ANP和BNP的影响大大超过RAAS的影响，特别是在充血性心力衰竭的晚期阶段。因此，测量循环血液中ANP和BNP的含量可以作为一种诊断工具，具有潜在的临床诊断价值（见下文）。

循环血容量通过水钠潴留来增加，前负荷和每搏输出量增加，有助于恢复心输出量。在动物心力衰竭和长期RAAS激活状态时循环血容量总是增加，在疾病晚期时往往高达30%。但这种现象会导致舒张期充盈压升高，最终产生充血（水肿和积液）的症状。此外，如上所述，继发于外周血管收缩增加的后负荷能进一步降低心输出量，因此该循环会持续进行。

（三）心脏生物标记

生物标志物具有客观测量的特性，可作为正常器官功能、疾病过程或药物治疗反应的指示剂。生物标志物能提供有关疾病的存在和严重程度以及预后等信息。猫和犬的最新研究表明，血浆BNP、ANP和内皮素-1的升高水平是心脏病的敏感指标，该指标的升高与逐渐发展的心脏病和CHF成比例。心肌肌钙蛋白Ⅰ（cTnⅠ）是心肌细胞受损伤后释放的蛋白，也被认为是CHF的生物标志物，但其敏感性不如上面提到的物质。在犬中，ANP、BNP、cTnⅠ也被认为是隐性DCM的筛查工具（CHF发病前）。发现检测隐性DCM时BNP的升高是高度敏感的，而ANP和cTnⅠ相对较少。

氨基末端脑钠肽（NT-proBNP）与BNP成比例的释放，反映心脏充盈压的升高或心肌功能障碍，并且它有更大的稳定性和较长的半衰期，使其更适合作为一个诊断标志物来使用。一些研究已经证明了脑钠肽可用来鉴别犬呼吸困难的心脏原因和原发性呼吸原因。NT-proBNP 在猫CHF的诊断中同样有效，并且已被证明是确定猫心肌病的有效筛查工具，该病也可通过超声心电图诊断。

（四）临床表现

心力衰竭的血流动力学变化相对有限，因为临床综合征由这些变化引起。在很大程度上衰竭取决于心腔的位置以及物种的差异。

1. 左心衰竭 肺静脉血流入左心房，由于容量超负荷、二尖瓣狭窄或左心室充盈压升高，久而久之左心房压力增加（回心血流增加或循环血量增加）。左心房压力增加传到肺静脉，最终传到负责肺泡灌注的肺毛细血管。肺毛细血管流体静压不断增加，促进液体渗出，因此产生肺水肿。犬可表现出运动障碍、夜间或平时呼吸困难、咳嗽、呼吸急促，也可能出现晕厥，特别是慢性心瓣膜病的小型犬。这种情况的发生可能与咳嗽（咳嗽晕厥）或左心室机械性感受器受刺激后引起的迷走神经反应有关。在没有出现肺水肿时，左心房肥大和气道反应性增加引起的主支气管受压也可引发咳嗽（所谓的"心源性哮喘"）。

猫左心房也接收来自胸腔和心包腔的局部静脉回流。因此，猫左心衰竭的临床症状可包括胸腔积液或心包积液，这些情况似乎在双心室衰竭时发生的频率更高。猫心力衰竭时常见少量心包积液，并且通常没有血流动力学影响（通常不需要心包穿刺术）。与犬相比，猫心力衰竭可能不表现出明显的咳嗽，且罕见晕厥，除非是发生心律失常性疾病。运动障碍更难确定，因为猫通常不运动。最常见的临床症状是食欲不振、行为改变、呼吸困难和呼吸急促，许多主人直到猫心力衰竭晚期时才发现这些症状。

2. 右心衰竭 右心房接受全身静脉血和心脏静脉血，经颅静脉和尾静脉的淋巴回流，以及冠状静脉窦的血液。长时间的容量超负荷可能使右心房压增加（如三尖瓣关闭不全）、三尖瓣狭窄或右心室充盈压升高。右心衰竭的临床表现包括颈静脉扩张、肝肿大、胸腔积液、心包积液和腹水。犬更易产生腹水，而猫更常见胸腔积液和心包积液。虽然心力衰竭引起的积液是最常见的漏出液，但猫更可能产生乳糜性胸腔积液。

3. 心力衰竭在止血时的变化 犬和猫CHF的最新研究表明了血小板以及止血的生物标志物，如纤维蛋白原、D-二聚体、抗凝血酶、血管性血友病因子和蛋白C的功能变化。高凝状态是否与预后恶化有关，在犬和猫的研究中是未知的，尽管在犬和猫心肌病的尸体剖检中显示，其心肌及其他器官内存在微血栓。动脉血栓栓塞症是猫心肌病的破坏性的并发症，但该病中血栓的产生是否与全身或局部心内高凝状态有关仍然未知。

血栓形成与魏氏（Virchow's）三因素增加有关：血流改变、血管内皮损伤和血液高凝状态的改变。在CHF中，血流改变伴随心输出量减少、循环血容量增加、血管收缩及血管内皮机能障碍发生。此外，小血管疾病（动脉硬化）已被证实，在犬和猫心肌病的心肌中存在。血管内皮损伤可继发于心腔扩张或分裂（最常见的左心房），高速血流引起的剪切力（如可能发生在狭窄病变）及循环神经激素影响的血管重构。已证明高凝状态与血栓形成有关，并随循环中儿茶酚胺水平的增加而加剧。

（五）治疗

心脏衰竭的给药是针对控制与充血相关的临床症状（肺水肿、胸腔或心包积液和腹水）、减少心输出量和慢性神经激素的调节进行的。这通过降低前负荷和/或后负荷（利尿剂和血管扩张剂）、改善心脏功能（正性肌力药物、正性舒张性药物、拟交感神经药和抗心律失常药）及使用神经内分泌调节剂（血管紧张素转换酶抑制剂、β-受体阻滞剂、醛固酮受体颉颃剂和血管紧张素受体阻滞剂）来实现。

1. 利尿剂

（1）**髓袢利尿剂** 是减少循环血容量及充血现象的唯一最有效的药物。其通过抑制髓袢升支粗段Na^+/K^+/$2Cl^-$协同转运蛋白来发挥作用。这导致肾排泄钠和氯增加及随后游离水的流失。呋塞米是使用最广泛的髓袢利尿剂。当静脉注射给药时，它通过局部具有舒张血管作用的前列腺素的合成，直接降低肺毛细血管楔压（利尿开始前）。静脉注射5 min后开始起作用，峰值效应在30 min并可持续2 h；口服给药后60 min起效，作用与峰值出现在1~2 h时并可持续6 h。

肺水肿的紧急治疗通常需要静脉注射或肌内注射高剂量呋塞米（犬2~8 mg/kg；猫2~4 mg/kg），每30~60 min重复1次，直到充血的临床症状得到控制。由于担心呋塞米的过度给药引起低血压、氮质血症和明显的电解质紊乱，因此一旦CHF动物病情稳定，就应将药量逐渐降低至控制其症状的最低有效剂量。轻度氮质血症、电解质和酸碱紊乱（低钠血症、低钾血症和一种低氯性代谢性碱中毒）的情况并不少见，但只要动物饮食正常，通常能耐受这些变化。在动物之间口服剂量用于治疗慢性CHF可能会有明显的不同，应尽可能使用最低剂量。在犬，CHF最初剂量通常控制在1～2 mg/kg，每日1～2次；而猫对药物不良反应较敏感，因此通常要求更低的剂量（每12～48 h，0.5～2 mg/kg）。使用呋塞米或其他利尿剂长期治疗CHF会增加RAAS的活性，因此，推荐与ACE抑制剂联用。

呋塞米抵抗通常由持续性的充血症状确定，即使口服药物剂量为2～4 mg/kg，每日3次，仍然可能发生于CHF晚期。导致利尿剂抵抗的原因很多，包括减少了药物转运至肾单位、RAAS激活（抵制利尿剂的效果）及增加离子转运的远曲小管上皮细胞肥大。继发于右心充血性心力衰竭的胃肠道水肿，可减少口服利尿剂的吸收，促进利尿剂抵抗。对慢性口服高剂量呋塞米抵抗的动物，可能需要药物皮下给药或添加其他药物（"利尿剂叠加"）来提高利尿剂反应。

呋塞米给药的不良反应一般与血容量不足引起的脱水、电解质紊乱以及酸碱异常有关。不常见的不良反应包括呕吐、胰腺炎和快速静脉注射导致的耳聋。患有肾脏疾病的动物更容易产生不良影响，此时应减少呋塞米治疗量或适当的暂时停药。使用利尿治疗时（在刚开始和至少1周后）应经常监测肾值，慢性治疗时应每3～6个月重新评估。有些动物可能有轻度至中度氮血症，只要给它们提供适当的饮食，一般都能耐受。

其他的髓袢利尿剂包括托拉塞米和布美他尼。虽然这些药物的临床使用经验较少，但它们在呋塞米抵抗的顽固性心力衰竭或不耐受呋塞米的治疗中已被证实有效。与呋塞米相比，托拉塞米具有更长的作用时间和醛固酮阻断作用。托拉塞米和布美他尼都比口服呋塞米更有效，但它们没有被广泛地用作兽药使用。有趣的是，这两种药的起始剂量约是呋塞米的1/10。

（2）**噻嗪类利尿药** 如氢氯噻嗪（hydrochlorothiazide）和氯噻嗪（chlorothiazide），通过抑制远曲小管Na$^+$/Cl$^-$协同转运蛋白作用来减少钠的重吸收。这导致运送到集合管的钠和水增加，及随后氢和钾排泄的增加。虽然噻嗪类是相对较弱的利尿药，但同髓袢利尿药一同给药时会发挥协同效应，并且如果使用不当会导致严重的电解质异常（特别是低血钾）和脱水。氢氯噻嗪是较常用的药物，推荐剂量1～4 mg/kg，口服给药，每日1～2次。它联合保钾利尿剂安体舒通组合成产品安体舒通和双氢克尿噻的复方制剂，其使用剂量为1～4 mg/kg，口服给药，每日1～2次。许多动物不能耐受这个剂量范围的上限，因此应使用最低有效剂量。氯噻嗪的剂量为20～40 mg/kg，口服给药，每日1～2次。噻嗪类利尿药通常在动物对呋塞米这种药产生耐药性的情况下使用。

（3）**保钾利尿剂** 是最弱的一类利尿药物，在标准剂量内显示微弱，甚至有时觉察不到利尿的效应，尤其单独用药时。这类药物包括醛固酮抑制剂安体舒通、依普利酮（eplerenone）及阻断远端肾小管重吸收钠的药物，如氨苯蝶啶（triamterene）和阿米洛利（amilaride）。一些心脏病专家建议使用安体舒通剂量（0.3～1 mg/kg，每日1次）治疗犬亚临床扩张型心肌病和早期心肌衰竭，理论上有助于抑制醛固酮介导的重塑和心肌和血管的纤维化。一个大规模的人类心力衰竭临床试验表明，除了标准的心力衰竭治疗外，服用安体舒通与空白对照剂相比，显著地改善了患者的发病率和死亡率。虽然心力衰竭试验犬中已证明，依普利酮具有心肌保护作用，但是，在心肌病自然发病动物中已经证明，醛固酮颉颃剂没有临床帮助。猫肥厚型心肌病使用安体舒通临床试验揭示，用药4个月后没有降低心脏重塑或改善心肌功能。此外，使用安体舒通的猫，大约1/3有严重的溃疡性面部皮炎。因此，不推荐使用安体舒通对猫进行预防性反重塑。

安体舒通通常用于使用标准利尿剂剂量难以治疗并伴有腹水或明显低血钾的犬和猫。安体舒通的剂量为1～3 mg/kg，口服给药，每日1～2次。今后的研究要确认其在某些心脏病个体中的使用效果。依普利酮、氨苯蝶啶和阿米洛利是不常用的治疗心脏疾病的兽药。

2. 正性肌力药物

（1）**匹莫苯** 是由美国食品和药物管理局2007年批准的用于与房室瓣关闭不全或扩张型心肌病有关的犬充血性心力衰竭的新型药物。它是钙增敏性磷酸二酯酶（phosphodiesterase，PDE）Ⅲ抑制剂，增加正性肌张力效应主要是通过心肌细胞内少量增加的钙，对心肌细胞收缩结构（主要是肌钙蛋白C）的致敏作用。这与那些主要通过增加细胞内钙，能导致心律失常、心动过速，增加心肌耗氧量发挥作用的正性肌张力药物相反。平衡血管舒张通过血管PDEⅢ的抑制，导致血管内皮平滑肌松弛和钙流出。其他有益效应可能包括改善心肌松弛和舒张功能，消炎和抗细胞因子的影响及神经体液调节。

增加收缩力和降低后负荷的组合，导致心输出量显著提高及心脏充盈压明显降低。匹莫苯的临床疗效是显而易见的，包括提高生活质量、改进临床评分及延长生存时间。迄今为止，尚未见匹莫苯和血管紧张素转换酶抑制剂联合效果的研究，但大多数心脏病专家认为，这种组合会带来更多的临床效益。匹莫苯的收缩效果明显大于地高辛，在对犬CHF进行强心治疗方面，匹莫苯已经取代地高辛作为第一选择。

对猫使用匹莫苯还有一些争论，并且迄今为止还未见猫使用匹莫苯的研究报道。目前还没有批准对猫使用匹莫苯，因此，许多心脏病学家认为，对没有心脏收缩功能障碍的肥厚型心肌病猫禁用匹莫苯，尤其是对存在左心室流出道梗阻的猫（如二尖瓣收缩期前后运动或基底室间隔肥厚）。有趣的是，某些原因引起的难治疗的CHF猫可以接受匹莫苯，并且对可能发生在扩张型、限制性、未分类的或"终末期"心肌病中收缩功能降低的猫特别有益。

匹莫苯对于猫和犬的剂量是0.2～0.3 mg/kg，口服给药，每日2次。随着心力衰竭的发展，一些心脏病专家增加犬用药的频率到每日3次。不良反应很少发生，通常仅在高剂量的情况下发生，但可能包括血糖生成指数紊乱或可能增加心律失常。没有任何临床证据支持，使用匹莫苯会使患病动物产生明显的心律失常；尽管一些研究已经证实了这一趋势，而另外一些研究驳倒了这种说法。匹莫苯不可用于心力衰竭发病前，试验诱导二尖瓣回流的比格犬，在症状发生前应用匹莫苯治疗的研究显示，与应用贝那普利相比，匹莫苯能增加瓣膜的损伤。

（2）**拟交感神经胺** 包括多巴酚丁胺(dobutamine)和多巴胺（dopamine），通过β-肾上腺素受体激动剂的作用，提高收缩力和心输出量，并且在治疗急性心源性休克和继发于心肌衰竭的心力衰竭中发挥重要作用。刺激膜结合β-受体激活腺苷酸环化酶，导致环磷酸腺苷（cyclic adenosine monophosphate，cAMP）的产生及随后的肌膜（细胞膜）和肌质网上的膜结合钙离子通道磷酸化。这些细胞的运动增加了心肌收缩性、舒张及氧消耗。上述对心脏起搏细胞和传导纤维上的离子通道的影响导致去极化阈值降低、心率和传导速度的增加，所有这些均易导致心律失常。在外周血管，虽然α-肾上腺素能刺激（如产生高剂量多巴胺）并导致血管收缩，但是β$_1$和β$_2$混合刺激对血管阻力的影响极其微小。

多巴酚丁胺于5%葡萄糖液稀释后，持续以每分钟2.5～20 µg/kg静脉滴注，很少要求剂量超过每分钟15 µg/kg，这可能与心律失常增加有关。推荐开始时用低剂量，然后每15～30 min适当地增加用量。强烈推荐同时使用心电图监测，并且心律失常恶化时必须减少和撤销多巴酚丁胺。因为多巴酚丁胺能增加通过房室结的传导，应注意心房颤动。与多巴胺相比，多巴酚丁胺可以优先增加心肌血流量，而多巴胺往往增加肾和肠系膜血流量。此外，多巴酚丁胺相对于多巴胺，往往引起较少的心动过速。多巴胺以每分钟2～8 µg/kg持续滴注给药，高剂量（每分钟超过10 µg/kg）与高血压和心动过速有关。使用多巴酚丁胺时建议逐渐增加滴数。多巴胺和多巴酚丁胺均可导致胃肠功能紊乱。尽管多巴酚丁胺和多巴胺有相同的常规治

疗策略，而且开始剂量都较保守（每分钟约1 µg/kg），但这些药剂都不常用于猫。

（3）**吡啶化合物** 有米力农（milrinone）和氨力农（amrinone），是磷酸二酯酶Ⅲ抑制剂。抑制磷酸二酯酶Ⅲ减少cAMP的降解，其随后影响类似于拟交感神经胺类。这些药物通常用于严重的顽固性心肌衰竭的患者，因为它们的使用相对于拟交感胺类有更高的死亡率。由于缺乏对β-受体激活的依赖，PDEⅢ抑制剂不受β-受体下调或偶联的影响，该影响可出现在慢性心脏病中，因此，PDEⅢ抑制剂可能在拟交感神经治疗效果比预期差的临床中有效。此外，由于血管PDEⅢ抑制和缺乏α-肾上腺素刺激，可导致血管舒张。较高剂量的PDEⅢ抑制剂的不良反应包括心动过速、心律失常、血小板减少症、胃肠功能紊乱和低血压。氨力农静脉注射的剂量为1～3 mg/kg或持续每分钟滴注10～80 µg/kg。米力农比氨力农效力更显著，但由于其成本和有限的临床经验，使其在兽药使用上受到限制。

3. 强心苷 洋地黄强心苷（地高辛和洋地黄毒苷）是相对较弱的强心剂，有一个狭窄的无毒的治疗范围，并且与匹莫苯相比，有更显著的不良反应。洋地黄毒苷在市场上买不到。强心苷由于其正性肌力作用明显下降，临床已很少使用，现主要使用匹莫苯。但地高辛在心脏疾病方面仍然发挥着重要的作用，特别是在房颤或室上心动过速并发CHF时，因为它是唯一可用于减慢房室结传导没有负性肌力作用的药物。

快速静脉注射洋地黄通常能引起毒性，因而不被推荐使用。地高辛给药的保守起始剂量为每次0.003～0.005 mg/kg，口服给药，每日2次。给药3～4 d检测不到足够的血清水平，应在使用5～7 d后检测地高辛含量。剂量调整应慎重，并且最终要根据动物血清中地高辛的水平和临床反应来确定。如果给猫使用地高辛，其用量应该是：不到5 kg的猫，每3日口服给药1/4片，0.125 mg/片；超过5 kg的猫，每2日使用1次；一些相对较大的猫可以承受每日服用1次1/4片，0.125 mg/片。虽然猫一般不喜欢地高辛的味道，但是地高辛以药剂的形式是可以使用的。

地高辛的不良反应越来越可能发生在较高的血清学水平中，并且通常表现胃肠道、心脏和中枢神经系统紊乱。因为地高辛能减慢电传导以及增加细胞内钙离子，可以导致几乎任何心律失常，因此在房室传导阻滞、明显的心动过缓、快速室性心动过速的情况下禁忌使用地高辛。如果注意到了不良反应，应暂时停止使用（通常1～2 d）并且随后减少30%剂量。

4. 血管紧张素转换酶（ACE）抑制剂 ACE抑

制剂竞争性地抑制ACE，其使血管紧张素Ⅰ转换为血管紧张素Ⅱ。这能减弱全身血管阻力的增加、不良的心脏重塑和过度肥大以及由血管紧张素Ⅱ引起的醛固酮的释放。ACE抑制剂是最平稳的血管扩张药物，可降低体循环血管阻力达25%，在二尖瓣返流时增加心输出量及减少回流量。其他的作用包括降低左心室充盈压和肺静脉阻塞。ACE抑制剂产生的有利影响，除了血液动力学作用外，主要是神经内分泌调节。CHF犬研究表明，当ACE抑制剂添加到标准治疗（有或无洋地黄苷的利尿剂）中，犬CHF的临床分数有明显的改善，且对犬扩张型心肌病比对其他心血管疾病改善更显著。延长生命的趋势也同样见于一些研究中。

一般而言，心脏病专家赞同使用ACE抑制剂对CHF进行治疗。CHF发病前使用血管紧张素转换酶抑制剂的治疗效果比较有争议，并且应根据个别患病动物和潜在疾病而定。它可能适用于有明显心脏收缩功能降低（即隐性扩张型心肌病）并希望延迟重建的一些犬初期治疗时，或者用于患有心血管疾病和高血压的犬（体循环血压超过160 mmHg），但是没有明显对照研究支持这种说法。猫应用ACE抑制剂的研究有限，还没有一个准确的统计表明，对于治疗猫CHF使用ACE抑制剂的效果好于标准的利尿剂。此外，没有结果显示其有延缓隐性HCM发展的作用。尽管这些研究有少量的患病动物数，然而大部分心脏病专家在治疗猫CHF时，除了给予适当的基础治疗外还会开ACE抑制剂。

ACE抑制剂的不良反应通常与循环血容量不足和先前存在的肾功能不全时的肾小球滤过率（glomerular filtration rate，GFR）降低有关，如肾灌注减少时，血管紧张素Ⅱ促进肾传出小动脉收缩。动物最常见的不良反应是与心输出量过少、利尿过度或肾功能不全相关的氮质血症，也可能发生厌食、呕吐和嗜睡。尽管咳嗽是人使用ACE抑制剂时出现的普遍不良反应，但这种反应在猫和犬中未见。一些动物在开始使用ACE抑制剂后，可出现短暂的氮质血症或者高血钾。为此，建议在使用ACE抑制剂前5~7 d进行肾功能和电解质检查。

在美国，依那普利是唯一批准的用于犬CHF治疗的ACE抑制剂。对轻度心力衰竭的犬通常初始剂量为0.5 mg/kg，口服给药，每日1次，或者0.25 mg/kg每日2次；对于中度或者重度心力衰竭的犬随后的剂量可以增加到0.5 mg/kg，口服给药，每日2次。建议猫的长期给药剂量为0.5 mg/kg，口服给药，每日1次。通常在前2~3周无临床效果。当长期使用ACE抑制剂时需要定期检测肾功能（最少每6个月1次）。

其他用于治疗心力衰竭的ACE抑制剂，包括贝那普利（0.25~0.5 mg/kg，口服给药，每日1~2次）、卡托普利（0.5~2.0 mg/kg，口服给药，每日2~3次）、赖诺普利（0.5 mg/kg，口服给药，每日1~2次），不同于依那普利和其他的ACE抑制剂，它们均通过肾脏排泄，贝那普利通过有效的肝胆排泄（犬高达50%，猫高达85%）。对于肾功能不全的患病动物来说，贝那普利是否安全及更加有效仍有待进一步观察。

5．血管扩张剂

（1）**血管舒张剂** 通过降低前负荷和后负荷，在CHF中发挥积极的作用。这类硝酸盐包括硝普酸钠（sodiumnitroprusside）、硝酸甘油软膏（nitroglycerin ointment）和硝酸异山梨酯（isosorbidedinitrate），通过增加一氧化氮产量的共同端途径发挥作用，随后激活环磷酸鸟苷（cyclic guanosine monophosphatec，cGMP），最终使血管内皮平滑肌松弛。硝普酸钠是一种既作用于动脉又作用于静脉的有效的血管扩张药。多巴酚丁胺与硝普酸钠联合使用，在心源性休克和肺水肿上可能特别有效。当硝普酸钠急剧降低前负荷和后负荷时，可通过密切监控连续输注速率给药来限制它的使用。其主要的不良反应是全身性低血压（伴随或者无衰弱，心动过速或呕吐），因此建议在使用的同时使用血压计进行监控。将硝普酸钠于5%的葡萄糖溶液中稀释，起始用量为每分钟1 μg/kg，每5~10 min逐渐升高的滴定剂量直到预计的效果。每分钟5~7 μg/kg的剂量，通常可以充分地控制临床症状，因此很少需要超过每分钟10 μg/kg。持续使用（＞16 h）会增加氰化物中毒的概率。

如果不能使用硝普钠治疗或者治疗不能达到预期的结果，那么硝酸甘油和硝酸异山梨酯是有效的前负荷降低药，尽管临床效果通常不是很显著。虽然都与低血压相关，但是不良反应通常少见。在相当一部分患病的犬科和猫科动物上可能会出现抑郁。硝酸甘油可经皮肤吸收，因此使用时操作人员必须戴手套。使用方法为：犬或猫，每6~8 h，每4.545 kg体重，大约6 mm，涂擦于无毛的地区如内耳廓或者腹股沟区。后者对于外周静脉灌注少的动物可能是更好的选择，其耳廓和四肢可能会有凉感，这种药物应该在使用8~12 h后或下一次使用之前擦去。硝酸异山梨酯通常很少使用。它通常用于使用ACE抑制剂治疗无效的病畜。这种药物可口服，0.2~1.0 mg/kg，每日3次。硝酸盐的耐受性在犬实验模型中得到证明。

（2）**联胺肼** 是一种有效的动脉血管扩张药，通常用于ACE抑制剂治疗无效的动物或使用硝普钠无效的急性CHF动物。其推测的作用机制是通过产生前列腺素使血管扩张。联胺肼可减少体循环血管阻力高达40%。由于与低血压相关的不良反应（心动过速、虚弱、遗忘和腹泻）有升高的趋势，因此，治疗初始阶段通常建议医院监控。建议的起始剂量为0.5 mg/kg，口服给药，每日2次，逐渐增加至产生效果，如高达2.0 mg/kg，口服给药，每日2次。猫通常使用方法为每只猫口服2.5 mg，每日1～2次。

（3）**氨氯地平** 是外周血管选择性的钙通道阻滞剂，并且有适度的血管扩张作用。标准剂量对心脏的直接影响（减弱收缩力和传导）不常见。氨氯地平起效相对较慢，并且通常用于难治疗的，或对ACE抑制剂耐药，或那些中度至重度全身高血压的动物。不良反应通常与低血压相关，而这在逐渐加大剂量的过程中很少见。治疗犬的起始用量是0.1 mg/kg，口服给药，每日2次，逐渐在1周的时间将剂量提升到0.2 mg/kg，口服给药，每日1～2次。治疗猫通常起始剂量为0.625 mg（1/4个2.5 mg的小药片），每日1次，逐渐提高到有效剂量1.25 mg，有时每日2次。

（4）**磷酸二酯酶V（PDE-V）抑制剂** 包括西地那非（sildenafil）和他达拉非（tadalafil），是选择性的肺动脉扩张剂。这类药品的作用机制与硝酸盐相同，均能使第二信使cGMP水平升高。PDE-V抑制剂用于治疗中度至重度肺动脉高压。该药对犬的研究表明，极小的肺动脉压改善就能引起适度的临床改善。有趣的是，PDE-V抑制剂似乎对继发于肺动脉性高血压的晕厥有显著的临床效果。不良反应不常见，但是可能会出现肠胃不适和与低血压相关的反应（特别是和禁忌的硝酸盐联合使用时）。PDE-V抑制剂临床使用的一个最大的缺点是费用高，尤其对于较大的动物。西地那非对于猫和犬使用的剂量是1～2 mg/kg，口服给药，每日2～3次。他达拉非使用剂量是1 mg/kg，口服给药，每日1～2次。

6. 抗心律不齐药物 心律失常治疗的详细讨论见其他章节。许多抗心律不齐药物有负性肌力作用，有使显性CHF恶化的潜能。这最可能发生在治疗室上性心律不齐时使用钙通道阻滞剂和β-阻滞剂时。当怀疑存在快速性心律失常通过缩短舒张期心室充盈时间导致CHF恶化时，治疗受到质疑。心力衰竭的动物通常引起能恶化快速心律失常的交感神经兴奋，这一事实令人们更加困惑。因此，在关于是否有必要治疗中度至重度心力衰竭中的快速心律失常（心率高达180次/min）或等待更好地治疗心力衰竭的方法方面有一些争议。

关于是否需要治疗重度的持续性快速性心律失常（心率超过180～200次/min）的争论很少。如前所述，地高辛是大多数心房颤动和室上性心动过速患病动物的治疗选择。可是，地高辛通常在用药3～5 d仍不见效，并且在一些病例中，在房颤时地高辛只是适当地

减少心室率。地尔硫草和β-阻滞剂如阿替洛尔通常加入到地高辛中，使其进一步减慢房室结传导和减少心室率（当存在显性CHF时，禁止使用β-阻滞剂）。如果添加地尔硫草或β-阻滞剂导致充血加重，那么必须停止使用该药，直到动物不再出现CHF。CHF时心房颤动或室上性心动过速的其他治疗选择还有普鲁卡因酰胺和胺碘酮。

通常使用IB类抗心律不齐药物（利多卡因或美西律）或胺碘酮治疗CHF中严重的室性心律失常（连续的室性早搏表现的R-on-T现象）或心动过速（＞160次/min）。所有这些药物都具有极小或轻度的负性肌力作用。也可以使用甲磺胺心定，它是一种具有β-受体阻滞特性的III类抗心律失常药物，尽管它有更强的负性肌力作用，并且当存在严重心肌功能障碍或CHF时可能不耐受。

长期的缓慢性心律失常如房室传导阻滞（二度或三度）或病窦综合征也可能导致CHF，对这些动物而言，治疗方法是植入起搏器。如果植入起搏器不可行，那么可以给予抗胆碱能药物或拟交感神经药物。丙胺太林是一种口服抗胆碱能药物，其使用剂量是0.25～0.5 mg/kg，口服给药，每日2～3次。不良反应包括心动过速和肠胃不适。茶碱是一种具有适度变时作用的非选择性磷酸二酯酶抑制剂，犬使用剂量为9 mg/kg，口服给药，每日3～4次；猫使用剂量为4 mg/kg，口服给药，每日2～3次。也可以使用缓释配方，犬使用剂量为10～15 mg/kg，口服给药，每日2次；猫使用剂量为20 mg/kg，口服给药，每24～48 h1次。不良反应可能包括烦躁不安、兴奋、心动过速或肠胃不适。特布他林也是一种具有适度变时作用的β-激动剂，并且与茶碱具有类似的不良反应。犬使用剂量为1.25～5 mg，口服给药，每日3次；猫使用剂量为0.625 mg，口服给药，每日2次。试图采用口服方法治疗临床明显的缓慢性心律失常通常没有效果，尽管对于一些患畜来说，所有临床症状得到了改善。

7. 作为心血管保护剂的β-肾上腺素能阻滞剂 β-阻滞剂是否能提高动物心脏疾病的发病率和死亡率还有待观察，但是在人医的研究表明，有可靠的理论和试验基础支持其疗效。第三代β-肾上腺素能阻滞剂卡维地洛，在犬扩张型心肌病或心血管疾病的临床试验中，没有表现出显著的临床和神经激素方面的作用。试验诱导心力衰竭的犬表明，使用美托洛尔后心脏机能明显改善。但是这些是由扩张型心肌病引起的罕见的犬缺血性心肌病的例子。

许多心脏病专家常使用β-肾上腺素能受体阻滞剂，用于犬收缩或舒张功能障碍，而且认为如果在疾

病的早期就使用这些药物并且逐渐增加剂量，可能会获得更好的临床效果。具有隐性疾病或代偿性心力衰竭的动物，当谨慎地增加剂量时它们似乎耐受良好，在不引起乏力、嗜睡或与低血压、心输出量减少有关的临床症状的最高耐受剂量时停止增加。卡维地洛与美托洛尔是最常用的药物。通常卡维地洛的初始剂量为犬0.2～0.4 mg/kg，口服给药，每日2次，并且每1～2周逐渐增加剂量至最大剂量1.5 mg/kg，每日2次。美托洛尔初始剂量为犬0.5 mg/kg，口服给药，每日2～3次，逐渐增加剂量至每日1 mg/kg，口服给药，每日2～3次。美托洛尔对猫的推荐剂量为，每次 2～15 mg，口服给药，每日3次。阿替洛尔（6.25～12.5 mg/只，每日2次）对猫也具有心肌保护作用。研究显示，有些患有肥厚型心肌病和充血性心力衰竭的猫，使用阿替洛尔后表现更严重。因此，如果CHF进一步发展，必须降低剂量或停止用药。

8．营养因素　重要的代谢变化可能引起动物心力衰竭。RAAS的升高引起血浆容量增加，其主要通过增加钠潴留调节。增加炎性细胞因子如肿瘤坏死因子和白细胞介素Ⅰ的生成可以促进代谢增加，导致厌食症，从而恶化"心脏恶病质"。人医研究和最近一次关于犬的研究表明，在研究疗程中CHF患者体重减轻并且预后较差。在一些患者中，营养不足（牛磺酸、肉碱、辅酶Q_{10}）与心肌功能下降有关。在人与犬心力衰竭的研究中，记录了循环脂肪酸水平下降。在治疗心力衰竭动物时，整体营养水平应包括提供足够的热量、调节促炎细胞因子的生成、调节钠平衡以及补充可能缺乏的营养。

（1）**限制钠盐**　可减少循环血容量和前负荷的这种想法是公认的。然而，限制钠盐会激活RAAS，因此，出现了一些关于限制钠盐在无临床症状的心脏病动物或轻度或中度CHF动物中的作用的争议。相比之下，中度至重度的限制钠盐摄入，在晚期CHF动物中是被普遍接受的。仅在中至重度心脏重塑中，建议轻微限制钠盐（＜80～90 mg/100 kcal）[国际小动物心脏健康委员会（ISACHC）ⅠB类]，但尚不在CHF中建议。建议畜主避免高钠食物和治疗同样重要，因为急性的高钠负荷（可能发生在动物饲料和人的餐食）可能会导致代偿性心脏病动物突发CHF。对于轻度至中度心力衰竭（ISACHC Ⅱ类）动物，建议中度钠盐限制（50～80 mg/100 kcal）。对于患有严重的顽固性CHF动物，建议更强的钠盐限制（＜50 mg/100 kcal）。对于一些心脏恶病质动物的治疗，目前仍是一个难题，因为低钠食物很不适口。

（2）**补充n-3不饱和脂肪酸**　在CHF的人中表现出多重好处，最近对犬的研究表明，这种脂肪酸有抗心律不齐作用。这些脂肪酸可以减少循环炎性细胞的水平，并且提高心脏恶病质犬的食欲。建议每日的剂量为40 mg/kg EPA和25 mg/kg DHA。

（3）**补充氨基牛磺酸**　建议对氨基牛磺酸缺乏和扩张型心肌病的动物补充氨基牛磺酸。自从20世纪80年代末期，氨基牛磺酸缺乏被确定为扩张型心肌病的主要原因后，扩张型心肌病的发病率有了显著的降低。牛磺酸缺乏仍然见于一些喂食非商品化饲料的扩张型心肌病猫。在等待血浆和全血中牛磺酸水平的检测结果时，应给予猫牛磺酸的初始用量为250 mg，每日1～2次。犬可以合成内源性的牛磺酸，所以牛磺酸缺乏在犬中很少见。但美国可卡犬、金毛猎犬和纽芬兰犬相对来说更易患牛磺酸缺乏，尤其是当饲喂羊羔肉和大米，或者高纤维低蛋白质/牛磺酸食物时。怀疑患有牛磺酸缺乏性心肌病的犬，应该进行全血和血浆牛磺酸水平的检查，在等待结果时可以使用初始剂量500～1 000 mg，口服给药，每日2～3次。

（4）**L-肉碱**　在脂肪酸代谢和能量产生中起到非常重要的作用。肉毒碱缺乏在拳师犬家族中有记录，在其他品种的扩张型心肌病犬中，补充肉毒碱获得了有趣的成功。目前，尚不明确肉毒碱缺乏是这些心肌病犬的原因还是结果。肉毒碱缺乏的诊断很困难，并且需要心内膜活体检查。补充肉毒碱也很昂贵，而且人们对肉毒碱在心肌病中的作用了解也有限，因此，通常不建议常规补充肉毒碱。但对于患有扩张型心肌病的犬尤其是拳师犬，可以补充肉毒碱，50～100 mg/kg，口服给药，每日2～3次。

（5）**辅酶Q_{10}**　与线粒体产生能量有关，并且具有抗氧化特性。对于患有扩张型心肌病的人和犬补充辅酶Q_{10}的益处已经有报道，但是缺乏理想的对照研究，而且一些报道还有争议。目前在犬推荐的剂量为30～90 mg，口服给药，每日2次。

9．氧气疗法　CHF动物存在的肺水肿，增加了氧气进入肺毛细血管的肺泡-动脉扩散距离。补充氧气能增加肺泡-动脉扩散梯度，从而提高动脉血氧含量。氧气可以通过氧气罩、鼻管或氧环给予（由伊丽莎白项圈的50%～75%和塑料带包囊覆盖腹侧而构建的，沿着脖颈的腹侧缠绕的氧气管）。氧气罩对患病动物的应激较小但很贵，因为需要高流量纯氧以达到治疗浓度（有效含氧量大于40%）。氧环有获得极高吸入氧的潜能（高达80%），但是可能需要轻度镇静以增加患病动物的依从性。

10．胸腔穿刺术　胸腔积液会减少肺泡通气的有效面积，从而减少动脉氧合作用。胸腔穿刺术对大量积液和呼吸窘迫的动物是最有效的治疗方法。但需要特别注意那些应激性较强的患病动物，它们可能需要预先给予氧气、适量的呋喃苯胺酸和轻度镇静剂。利尿剂治疗急性大量胸腔积液是基本无效的，并且如果使用这种治疗方法，可能还会产生低血容量的氮质血症（如给予足够量的利尿剂以显著减少胸腔积液）。

11. 腹腔穿刺术 腹水可引起腹部不适，并且通过减少肺活量加重呼吸困难。在治疗动物持续性腹水时不应增加利尿剂的剂量，每2～4周进行一次腹腔穿刺可提高患病动物的舒适度和生活质量。

12. 辅助疗法

（1）**支气管扩张药物** 有茶碱和特步他林，通常用于慢性呼吸道疾病的动物，尤其是老龄的小型犬。由于这些药物有拟交感神经作用，因此对于CHF的动物要慎用，尤其是心动过速的动物。在心血管疾病和晕厥的犬中，由于茶碱的迷走神经松弛效应已经获得了部分成功，茶碱和特布他林治疗慢性心律失常的剂量如前所述。

（2）**镇咳药** 可帮助减少继发于左心房扩大的主支气管受压引起的咳嗽。咳嗽也可见于反应性气道疾病（心源性哮喘）。但对患有CHF的患病动物要谨慎使用，因为止咳可能会掩饰日益严重的肺水肿。心脏病犬的常见镇咳药包括布托啡诺0.05～0.3 mg/kg，口服给药，每日3～4次；氢因酮（hydrocodone）0.22 mg/kg，口服给药，每日2～3次。

（3）**抗焦虑治疗** 主要用于由CHF继发的严重呼吸困难的动物。由于吗啡同时具有镇静和静脉扩张（从而降低前负荷）的作用，传统上推荐用于缓解犬的焦虑和人的急性CHF。吗啡使用剂量为0.1～0.25 mg/kg，皮下注射。其最常见的不良反应包括呼吸抑制、恶心和呕吐。吗啡通常不用于猫，因为这种药物可能会引起烦乱和焦躁不安。布托啡诺（butorphanol）是一种伴有极小心血管效应的部分阿片受体激动剂/颉颃剂。犬和猫的镇静剂量给药为0.2～0.5 mg/kg，肌内注射或静脉注射。布托啡诺也可以结合苯二氮䓬类药物［地西泮（diazepam）、咪达唑仑（midazolam）］，后者剂量也可在0.2～0.5 mg/kg，肌内注射或静脉注射。吩噻嗪类药（如乙酰丙嗪，acepromazine）可用于缓解严重的焦虑，但它们能通过阻断效应导致血管舒张，因此应谨慎使用，如果必须使用，应用于严重血液动力学受损或全身性低血压动物中。如果需要有效地抗焦虑，可以使用低剂量的镇定剂0.01～0.1 mg/kg，静脉注射或肌内注射给药。

三、特殊性疾病

（一）退行性瓣膜病

退行性瓣膜病又称黏液样退行性主动脉瓣疾病、心内膜炎。

【病因】 这种心脏病的特点是心瓣膜小叶和尖段的结节状增厚，最严重的是在顶端。黏液瘤性变性通常作用于犬的二尖瓣和三尖瓣，瓣膜小叶的脱垂或者翻入（瓣膜小叶的突出物进入心房）也会发生。腱索也会受到退行性病变的影响，使得腱索易于破裂。该病因尚不明确，但在查尔斯王猎犬和腊肠犬中具有一种遗传特性。黏液样退行性瓣膜病是犬最常见的心脏疾病，并且占犬心血管疾病的75%。大约60%患病犬只有二尖瓣受到影响，30%的犬二尖瓣和三尖瓣都受到了损害，只有10%的犬有三尖瓣疾病。犬的这种疾病与年龄和品种有关，年长的小型犬有很高的发病率。马和猫也会受到这种疾病的影响（大多数通常影响二尖瓣），但不常见。对于马来说，退行性瓣膜病也影响主动脉瓣和瓣膜游离缘的瓣膜结节和纤维束，这种情况在年老的马中最常见。因为明显的主动脉返流不常见，所以可能无临床症状（如心力衰竭）。

房室瓣（AV）闭锁不全导致血液湍流，心脏收缩时（即在心室收缩的时候）能流过受影响的瓣膜。血液返流至心房导致心房血量增多，因此心房体积增大。当回流更严重时，心房压也会增加。如果二尖瓣闭锁不全，升高的左心房压会导致肺毛细血管压升高，压力足够高（即＞20 mmHg）时就会导致心源性肺水肿（即左心衰竭）。如果三尖瓣闭锁不全，严重的返流会导致全身静脉压升高和右心衰竭的症状（大部分犬通常会有腹水）。持续高速的返流血液通过受影响的二尖瓣时，机械性伤害左心房的心内膜，导致其严重受损。如果发生严重的二尖瓣闭锁不全，左心房的体积和压力的慢性增加，也会导致左心房破裂和严重的心梗，通常会导致动物死亡。

在病理生理学方面，机体主要通过肾脏的水钠滞留代偿瓣膜返流，造成血容量和静脉回流增加。这导致心室肥大。多重机制引起钠水潴留，但是肾素-血管紧张素-醛固酮系统（renal-angiotensin-aldosterone system，RAAS）是最有效且是研究最多的一种机制。肾小球旁器释放的肾素，作用血管紧张素原，产生血管紧张素Ⅰ，血管紧张素转化酶将血管紧张素Ⅰ分解成血管紧张素Ⅱ。血管紧张素Ⅱ的主要作用就是刺激肾上腺释放醛固酮。醛固酮刺激远曲小管上皮细胞重吸收钠，水跟随钠也回流至血液。血容量和静脉回流的增加长期地拉伸心肌，导致心肌细胞内的肌节复制，使肌细胞长的更长。并使患病的心室产生更大的空间（即离心或容量超负荷肥大）。这是瓣膜性返流的主要代偿机制。这种机制高度有效，使心脏不仅对瓣膜缝隙长期代偿，也对末端回流量进行代偿。例如，当高达75%的血液从左心室流向左心房，同时只有25%的血液流向主动脉的时候，一条小型犬完全可以代偿回流。

RAAS系统和其他的代偿机制的激活通常被视为机能失调和许多有害神经激素升高的结果，因为神经激素的明显升高通常见于代偿失效的心力衰竭犬。

【诊断】 尽管在心尖处可以听到最强的缩期杂音（I-V/VI级），但犬在疾病早期和中期没有临床症状。心杂音的强度与疾病的严重程度无关。当疾病加重和心力衰竭明显时，肺水肿引起的呼吸频率增加、呼吸困难和咳嗽是最常见的症状，也可能发生晕厥。猝死很罕见，但是可能由于左心房破裂而发生。体检发现患有左心衰竭的动物可能会有呼吸爆裂音和喘息，但这些症状在慢性支气管炎中更普遍、更明显，并且许多肺水肿患犬没有异常的肺杂音。如果三尖瓣退化明显，可能出现右心衰竭的症状（如腹水和颈静脉搏动）。

全血细胞计数、血清生化分析及尿液分析通常均在正常范围内。左心房肥大是动物二尖瓣黏液样变性时，可从胸部X线检查中观察到特征性的变化，并且小型犬左心房的大小与返流的严重程度直接相关。其他变化包括左心室和肺静脉的肥大。随着左心衰竭的发展，密度增加的肺间质压迫肺实质，随着严重程度的增加，通过肺支气管造影片发现肺泡病变（即严重的肺水肿）。

超声心动图显示增厚、扩大和正常回声的不规则的主动脉瓣叶。腱索可能破裂，导致在心室收缩期时房室瓣叶摆向（即瓣尖突出）心房。左心室腔扩大（即离心或者容量超负荷肥大）也与疾病的严重程度直接相关。在小型犬中，左心室收缩力和功能是否正常，一般通过收缩末期的内径和体积显示。舒张末期内径的增加与正常的收缩末期内径相结合，导致左心室短轴缩短率（即收缩量，而不是收缩力）增加。在一些小型犬和大型犬心力衰竭发病时心肌收缩力减弱以及小型犬心力衰竭开始治疗时，心肌收缩力也可能减弱。

心电图显示，轻度至中度退行性瓣膜病的动物有正常的窦性心律失常或者正常的窦性心律。当发生CHF时，交感神经兴奋性增强通常导致心率的增加（即窦性心动过速）。左心房扩大促进心房性心律失常如房性早搏、心房颤动的发展。室性心动过速并不常见。这可能是心电图上左心房扩大（二尖瓣P波或P波增宽）和左心室扩大（高且宽的R波）的证据，但这些变化不是心腔扩大的可靠指标。

【治疗】 对犬尚未发生心力衰竭的退行性二尖瓣疾病的最新研究证明，使用ACE抑制剂不能及时减少CHF的发病。因此，治疗小型犬时必须注重有心力衰竭临床症状的犬，也就是那些胸腔X线检查显示出心源性肺水肿的犬，和安静时呼吸急促但没有严重肺部疾病的犬。CHF的治疗包括给予利尿剂（主要是呋塞米）和辅助利尿剂治疗的ACE抑制剂。心源性肺水肿的治疗不能只单独使用ACE抑制剂。当犬不耐受最大剂量呋塞米（4 mg/kg，每日3次）以及心力衰竭发病时，应使用匹莫苯（0.25～0.3 mg/kg，每日2次）进行治疗。但其不能用于治疗尚未有心力衰竭的犬。安体舒通对因二尖瓣黏液变性而导致的心力衰竭的犬，可能有慢性的、长期的效果，但不能期望它产生临床相关的利尿作用。氨氯地平与联胺肼能减少返流次数并改善血流灌注，但最常用于常规治疗无效的犬。噻嗪类利尿剂与呋塞米联合，是治疗难治性心脏衰竭犬的另一种有效的手段。

如果存在异常心率不齐，如心房颤动或其他严重的持续的室上性心律失常，则应该使用强心苷和硫氮酮或β-受体阻断剂（如阿替洛尔），解决或控制速率以防止心跳过速导致心肌衰竭。最佳的治疗方案是为疾病的每个阶段制订计划。在急性及重度CHF中，氧气和积极地注射呋塞米是治疗的保证，硝普盐也同样有效。

一些患犬经过适当的治疗能存活1年以上，但存活时间是明显可变的，并且无法提供确定的判断。

（二）瓣膜血液囊肿或血肿

这些良性瓣膜损伤在3周龄内的犊牛发生率可高达75%。它们最常发生于主动脉瓣。

（三）心肌病

心肌病是主要涉及心肌的疾病的总称。动物的大部分心肌病是原发性疾病，而不是全身系统或其他原发心脏疾病的结果。在动物中（主要是犬和猫），心肌病分为扩张型心肌病、肥厚型心肌病、心律失常性右心室心肌病和限制性或未分类的心肌病。如果疾病的过程已确定了心肌功能障碍的原因，则可更准确地鉴定为继发性心肌病或在心肌病前有一个专门描述性术语（如牛磺酸敏感性扩张型心肌病）。

1. 扩张型心肌病（DCM）

【病因与临床表现】 这种获得性疾病以心肌收缩力不明原因地逐渐减弱为特征，尽管这个定义是从人医学转变而来，但基因突变已被确认是导致DCM的原因。已存在几种继发性DCM形式（如猫牛磺酸缺乏、阿霉素或细小病毒引起的犬发病）。犬的DCM有一段较长的亚临床期，而明显临床症状的出现时间相对较短。在亚临床期，可通过体积超负荷或离心性肥大这些代偿机制，维持正常的血流动力学。当心脏收缩功能逐渐减弱，心输出量和肾血流量也随之减少，然后肾脏重吸收钠和水增加、血容量和静脉回流增加，使心收缩功能又恢复正常，但患病的心室变大。

交感神经系统和RAAS兴奋性增加，作用多年后在疾病的后期能产生一些有害影响。交感神经过度刺激心肌，可以引起室性心律失常和肌细胞死亡，而RAAS的过度激活则导致血管过度收缩和钠水潴留。

DCM是犬的一种最普遍的获得性心脏病，尽管它仍远远不及退行性瓣膜病，而在世界的某些地区，心丝虫病是心血管疾病发病和死亡的主要原因。它最常影响大型犬，而不常见于小型犬（也有一些例外，如美国可卡犬、斯宾格犬和英国可卡犬）。多伯曼短毛猎犬、拳师犬、大丹犬、德国牧羊犬、爱尔兰猎犬、苏格兰猎鹿犬、纽芬兰犬、圣伯纳犬和拉布拉多犬，以及其他大型犬都是易感品种。葡萄牙水犬多以幼年犬发病为主。这种疾病通常见于中年至老年的犬，雄性犬比雌性犬更易受感染并更为严重。自从1987年发现牛磺酸缺乏，并在许多病例（牛磺酸敏感性心肌病）中起主要作用后，牛磺酸就被添加到所有的商业性猫粮中，猫的发病率已明显下降。现在，许多病例都不归咎于牛磺酸敏感性疾病，而是原发性（先天性）疾病所致，尽管这种疾病偶尔会在饲喂非商品化日粮（如素食、婴儿食品和自制食品）的猫中发生。

多伯曼短毛猎犬通常同时发生渐进性室性心律失常和渐进性收缩功能障碍。晕厥和突然死亡在多伯曼短毛猎犬中发生高达20%以上，并且最终产生左心衰竭的症状。大多数多伯曼短毛猎犬在昏厥发生时显示心肌衰竭的症状。其他品种犬，如大丹犬和纽芬兰犬，猝死和衰竭不太可能发生。左心衰竭的症状包括由于肺水肿产生的呼吸急促和呼吸困难、虚弱和明显的运动不耐受，但右心衰竭的症状（腹水）也可能存在。也可能出现胸腔积液，最常见于左、右心脏同时衰竭的犬。一项研究显示，35%患有扩张型心肌病的纽芬兰犬都有腹水。扩张型心肌病猫由于肺水肿或胸腔积液，会出现严重的呼吸道症状，通常临床症状发展迅速且难以治疗。

【诊断】 在左心尖处经常能听到一种轻微的心缩期杂音，第三心音或奔马心音也频繁出现。这一发现在犬中不明显，但通常在猫中明显。股动脉搏动可能很弱，因此心律失常可能与搏动不足有关。心律失常是杜宾犬心室异位的最常见结果，也是巨型犬心房颤动的结果。腹水、呼吸困难或咳嗽也可能出现，但取决于心脏衰竭的类型。

血液检查可能显示肾外性氮质血症（尿素氮和肌酸酐升高）。胸腔X线检查通常显示出中等至明显的心脏肥大。如果存在左心衰竭，则肺水肿就很明显，且左心房呈现中度到明显的扩大。超声心动图是确诊DCM最好的检查。严重DCM的患犬出现心力衰竭时，由于左心室收缩末期直径增加而引起左心室部分

缩短。而心腔、特别是左心房和左心室表现扩张。二尖瓣闭锁不全通常是左心室扩张，而引起瓣膜小叶分离的结果。异常心电图结果可能包括室性早搏和室性心动过速（尤其在多伯曼短毛猎犬）以及心房颤动（尤其是巨型犬）。也可能出现左心房扩大（二尖瓣P波或P波）和左心室扩大（高而宽的R波）的影像，在假定健康的杜宾犬的常规心电图上出现的室性早搏，明显表明其患有心肌病。

【治疗】 本病的治疗目的是控制CHF（如使用利尿剂）、提高心收缩力（如使用匹莫苯）、减少血管紧张素Ⅱ和其他神经激素变化的不良反应（如，使用ACE抑制剂）。在一些品种中可出现牛磺酸敏感性心肌衰竭，尤其是美国可卡犬及一些金毛猎犬、斑点犬、威尔士矮脚犬、西藏猎及其他品种。在这些犬中，牛磺酸缺乏可通过低血浆或全血药浓度来诊断。犬对牛磺酸添加量（这可能需要2~4个月）的反应可能很明显，并可避免使用其他心脏药物。肉毒碱反应性心肌病尽管已经报道，但几乎很少发生。辅酶Q_{10}的补充还尚未授权，并且一些人认为，它不适用疾病的治疗。给予鱼油可以降低扩张型心肌病患者的心源性恶病质的严重程度。

严重的CHF必须治疗，具体治疗方法见"心脏衰竭"。治疗严重的肺水肿时，可以口服呋塞米，氧气治疗需一直持续到临床症状得到控制为止。应首先使用匹莫苯和ACE抑制剂（如依那普利、贝那普利）。需要经常进行抗心律失常治疗，尤其对于患有严重室性心律失常的杜宾犬。动态心电图检测是评价心律失常的严重性和治疗效果的最好方法。对于室性心律失常并发心力衰竭的患者，使用美西律（5~10 mg/kg，每日3次）可能有效，因为其负性肌力比索他洛尔（1~3 mg/kg，每日2次）小。对于预防杜宾犬的猝死，胺碘酮可能是比美西律更有效的药物，但它的使用与该品种犬的肝毒性高发生率有关。

患有扩张型心肌病（不是牛磺酸敏感性）的猫常预后不良，平均存活时间为2周。牛磺酸敏感性猫同样有早期高死亡风险。然而，猫经牛磺酸治疗后，能存活足够长的时间（2~3周），而且预后良好。对牛磺酸敏感的犬，一旦CHF症状减弱，同样预后良好。大部分杜宾犬的预后都较差：以前曾出现过心力衰竭的犬，约25%在2周内死亡，65%在8周内死亡。匹莫苯能明显地延长存活时间，有时候非常明显（数月）。其他品种犬预后较好，但是仍需谨慎；75%的犬在6个月内确诊后发生死亡。正如所料，患有严重心力衰竭、尤其是左心衰竭的犬比那些症状较轻或有右心衰竭症状的犬预后较差。

2. 心律失常性右心室心肌病（ARVC） 这种

心肌病见于拳师犬，因此也被称作拳师犬心肌病。该病在猫中很少见。ARVC（arrhythmogenic right ventricular cardiomyopathy）以右心室心肌脂肪或纤维脂肪浸润为特征。在拳师犬中，该病最常见的表现是由非常快速（>400 bpm）的非持续性室性心动过速引起的晕厥。6~8 s没有血液流向大脑，即可导致意识丧失，因此心动过速必须持续较长时间才能出现昏厥。诊断以动态心电动图（24 h内大于100 PVC通常考虑ARVC）上室性早搏（premature ventricularcomplexes，PVC）的数量为依据。PVC的QRS波群通常是直立的，这意味着它们源于右心室。在许多患有ARVC的拳师犬中，心电图上的心脏看起来正常，实际上一些犬已发展成真正的DCM（扩张型心肌病）并转变成心脏衰竭。呈现晕厥而无DCM的拳师犬，可使用索他洛尔（1~3 mg/kg，每日2次）或与美西律（5~10 mg/kg，每日3次）和阿替洛尔（每条犬12.5~25 mg，每日2次）联合治疗。不耐受索他洛尔的犬可以添加美西律。患有ARVC而无DCM的拳师犬，往往预后良好，甚至一些犬经过抗心律失常治疗后能存活数年。而患有DCM且出现心力衰竭的犬预后较差。大多数仅存活几个月。

在猫科动物中，本病多表现为右心室、右心房扩大和右心衰竭，以及室上性和室性心律失常。患猫表现呼吸困难、呼吸急促和非特异性的临床体征，如食欲不振和嗜睡。本病治疗与扩张型心肌病的治疗较相似，长期预后普遍较差。

3. 肥厚型心肌病

【病因与临床表现】 肥厚型心肌病以原发性左心室肥厚（即厚的室壁）为特征，主要由先天性心肌疾病引起，而不是由压力负荷（如由主动脉瓣狭窄引起）、激素刺激（如甲状腺功能亢进或肢端肥大症）或其他非心脏疾病所致。猫左头肌肥大是本病的主要特点。人的肥厚型心肌病均由一些肌节基因突变引起。一种肌节基因突变，即心肌肌球蛋白结合C基因的突变，已经在缅因猫、布偶猫上得以鉴定。这些突变被认为是引起心肌细胞内功能失调性肌节产生的原因。该心肌随后产生新的肌节，以帮助功能失调的肌节，最终可能导致轻度至重度肥大。严重的肥大往往伴随着细胞坏死和替代性纤维变性（心肌疤痕形成）。

增生的纤维加上严重肥厚的壁增，可导致左心室舒张时更加僵硬，左心室舒张压可确定其舒张期容积增加。增加的压力在舒张时向后传递给左心房，引起左心房扩大，如果病情加剧，最终导致左心衰竭。猫左心衰竭常显示肺水肿和胸腔积液。心肌收缩力正常，但左心室收缩末期直径通常小于正常，甚至可能变为零（收缩末期腔闭塞），这是由于室壁厚度的增

加导致收缩期室壁张力变小（即后负荷）。严重的左心房扩大能够发展，最终引起血流停滞。这能够导致左心房血栓的形成和全身性血栓栓塞的可能性。

二尖瓣前叶在心室收缩时向颅侧位移，这种现象称为二尖瓣收缩期前向运动，常见于肥厚型心肌病的猫，它由明显肥大的乳头肌在心脏收缩时拖动二尖瓣进入左心室流出道引起。这种现象产生两种湍流，其中之一是动力性主动脉瓣下狭窄，另一种是二尖瓣返流。肥厚型心肌病的猫，收缩前向运动是引起心杂音最常见的原因。大体的病理学包括心脏重量增加（>20 g）、左心室壁厚度增加、乳头肌肥大以及常见的左心房扩大。

肥厚型心肌病是猫最常见的原发性心脏疾病，但在犬中罕见。该病在许多品种猫中具有家族遗传性，包括波斯猫、斯芬克斯猫、挪威森林猫、孟加拉豹猫、土耳其梵猫、美国和英国短毛猫。对于缅因猫和布偶猫，遗传方式被认为是常染色体显性遗传。该病见于3月龄至17周岁的猫，尽管大部分猫是在中年时发病。该病在出生时并未被发现，但随着时间延长才逐渐发病。外显率往往不到100%。雄性和雌性同样易感，但雄性在较早年龄易发生严重疾病。在缅因猫和布偶猫中，纯合子突变的猫早期（通常是1岁以前）通常发生肥厚型心肌病，且常发展为更严重的疾病。

很多患猫没有临床症状，尤其是那些轻度至中度疾病的猫。严重病猫可能也无临床症状，但通常可发生左心衰竭、全身血栓栓塞或猝死。心力衰竭的猫可继发肺水肿或胸腔积液，而出现呼吸急促和呼吸困难症状。全身性血栓栓塞的猫，最常见伴有剧烈疼痛的急性后肢麻痹/瘫痪、无脉和变温。心力衰竭的猫咳嗽并不常见。

【诊断】 体检常显示异常的心音，包括一种柔和的缩期杂音和奔马律心音。杂音通常是动态的、兴奋时强度增加。至少1/3的肥厚型心肌病猫无杂音。呼吸音增强可能提示肺水肿，而呼吸音减弱可能表明胸腔积液。脉搏正常或微弱，如果存在远端主动脉栓塞则无脉搏。X线检查也可显示左心房扩大及可变的左心室扩大。心脏轮廓通常看来较正常，甚至在左心室中度肥大时亦如此。超声心动图可对诊断及附加治疗的评估进行确认（如抗凝血剂可能对患有严重左心房扩大的猫更有效），也能指出左心室壁增厚（广泛的或局部的）和乳头肥大，二尖瓣收缩期前向运动也可能存在。心电图异常可包括室上性早搏、室性早搏和室性心动过速，严重的心房扩大以及心房颤动也可能发生，还可能存在电轴偏转。但许多肥厚型心肌病猫均有正常的心电图。NT-proBNP（B型利钠肽前体蛋白的裂解产物，用于心力衰竭的诊断）的血浆浓度在

患有严重疾病、尤其是心力衰竭的猫中升高，但在轻度至中度的疾病中，血浆浓度升高不明显（见心脏生物标志物）。

【治疗】 治疗主要针对控制CHF症状、改善舒张功能和降低全身性血栓栓塞发病率进行。急性CHF时，需要给予利尿措施和氧气治疗。对于慢性心力衰竭，需要给予呋塞米和ACE抑制剂如依那普利（0.5 mg/kg，口服给药，每日1次）治疗。对于无心力衰竭的猫，可不进行药物治疗。地尔硫草（7.5 mg，口服给药，每日3次）是一种钙通道阻滞剂，可以改善舒张功能，但通常疗效甚微，因此已很少使用。也可考虑使用β-受体阻滞剂，如阿替洛尔（6.25～12.5 mg，口服给药，每日1～2次）。肥厚型心肌病病人给予β-受体阻滞剂后，在运动诱发的心绞痛和呼吸困难，以及运动不耐受方面有明显的改善。该药在猫中很少发挥作用，因此不适用于猫。但β-受体阻滞剂能减弱二尖瓣收缩期前向运动，因此当这种异常严重时（经过动力性主动脉瓣下狭窄的压力梯度>80 mmHg）应考虑使用β-受体阻滞剂。ACE抑制剂在心力衰竭发病前没有治疗效果。

预防左心房血栓形成和全身性血栓栓塞，目前仅是一种目标，因至今仍没有有效药物。阿司匹林（80 mg，口服给药，每3日1次）疗效仍不明显。华法令（0.2～0.5 mg，口服给药，每日1次）也无疗效，且在一些猫中使用还会导致出血。氯吡格雷（猫每日18.75 mg）仍然处于研究中。氯吡格雷联合阿司匹林是人的常规的治疗策略。小分子量的肝素如依诺肝素（1 mg/kg，每日2次）可能是有效的，但其非常昂贵且必须是非肠道给药。

肥厚型心肌病患猫预后极其多变。许多轻度患猫预后长期良好。患CHF猫预后不良，平均存活时间为3个月，但高达20%的CHF患猫能生存更长时间。

4. 限制型/未分类心肌病 限制型/未分类心肌病是猫心肌病的不常见类型，其特点是左心室相对正常而左心房扩张。尽管从逻辑上认为，这些猫患有舒张功能障碍，而事实上并非如此。那些发生舒张功能障碍的猫，一般都患有某种限制型心肌病。但使用标准的二维超声心动图，不能对该病作出诊断，因此，最好将该病定为未分类心肌病，除非能证明舒张功能障碍的原因，通常使用组织多普勒超声心动图能确诊此病。限制型心肌病的特征是左心室僵硬、顺应性下降，通常由于左心室胶原蛋白（即疤痕）形成增多引起。僵硬度增加，舒张压对确定的舒张期容积也会增加。当发生肥厚型心肌病时，可引起左心房体积增加和左心衰竭。在一些有明显心内膜增厚或部分腔闭塞的猫中，使用二维超声心动图能轻而易举地对限制型

心肌病作出诊断，左心房血栓能明显可见。收缩功能一般正常。彩色多普勒超声心动图可显示出二尖瓣返流。

心脏衰竭的临床症状和治疗与那些肥厚型心肌病很相似，但预后较差，尤其是患有CHF的猫。限制型/未分类心肌病的原因目前未知。

（四）心肌炎

心肌炎是心肌局灶性或弥漫性炎症，伴有心肌细胞变性或坏死以及炎性细胞浸润。原因很多，包括多种病毒和细菌。犬细小病毒、脑心肌炎病毒和马传染性贫血病毒都容易引起心肌炎。心肌变性可发生于羔羊、犊牛、患有白肌病的马驹以及患有桑葚心脏病或肝坏死的猪。链球菌是引起马细菌性心肌炎最常见的原因。已确定的其他病原有沙门氏菌、梭菌、马流感病毒、伯氏疏螺旋体和圆线虫。矿物质缺乏（如铁、硒、铜）也可导致心肌变性。维生素E或硒缺乏还可引起心肌坏死。心脏毒素包括离子载体抗生素如莫能菌素、盐霉素、斑蝥素（见斑蝥中毒）、橡胶紫茉莉（橡胶藤）和泽兰（白色蛇根草）。这些疾病能引起典型的CHF症状。马属动物常见右心衰竭的症状，其包括腹水、静脉充血和颈静脉搏动。通常能听到二尖瓣或三尖瓣返流的心杂音及不规则的节奏。心房颤动较常见，也能见到室性早搏或房性早搏。超声心动图显示，心腔扩张及基本正常的瓣膜收缩不良。常见中性粒细胞增多和高纤维蛋白原血症，心脏同工酶（肌酸激酶、肌钙蛋白和乳酸脱氢酶）通常也升高。

本病的治疗目的在于增强心肌收缩力，缓解充血及减少血管收缩。地高辛和多巴酚丁胺是增强收缩力最常用的药物。控制肺水肿症状需要使用呋塞米。当心脏同工酶升高及非病毒感染时，可经常使用皮质类固醇。

1. 恰加斯心肌炎 克氏锥虫是一种原生动物，是恰加斯病的病原体。心电图显示严重异常，例如，一度、二度或三度房室传导阻滞，右束支传导阻滞，窦性心动过速和低凹的R波。急性期时的超声心动图一般显示正常，但要注意可能会发生猝死。犬的无症状潜伏期为27～120 d，随后是慢性期，表现出与扩张型心肌病很难区分的收缩功能障碍。慢性期治疗与扩张型心肌病治疗相同，但在控制渐进性心肌衰竭的症状上通常无效。

2. 莱姆心肌炎 莱姆病是由伯氏疏螺旋体引起的疾病，这种病原的感染一般很少引起心肌炎。继发于莱姆病的发生心肌病的动物，其心电图表现异常，如室性心律失常或传导障碍，如一度、二度或一过性三度房室传导阻滞。心肌衰竭与扩张型心肌病很相似。对患有完全性房室传导阻滞的动物，有必要进行

心脏起搏器植入。

（五）其他原因引起的心力衰竭

除以下疾病外，牛嗜组织菌病也能引起心肌梗死与脓肿。

1. 心房停顿 导致心房心肌（偶尔影响心室肌）受损的一种心肌病，曾在犬中，尤其是英国史宾格猎犬报道过。其他患病品种包括英国古代牧羊犬、西施犬、德国短毛猎犬和杂种犬。该病也见于一些并发心肌病的猫。最初，显示出心房肌受损，导致心房停顿和房室结逸搏心律。在该阶段，严重的二尖瓣返流可能经常出现。最终可产生心肌衰竭。临床症状与扩张型心肌病动物相似，同时能注意到左心或右心衰竭症状。心脏起搏器植入可提高心率和心输出量。其他治疗的目的是减轻CHF症状。这种疗法与引起其他心肌衰竭的疗法相似，但最终效果甚微。

2. 阿霉素诱导的心肌衰竭 阿霉素是一种常见的化疗剂，能引起公认的心脏毒性。心脏毒性倾向于剂量依赖性，但是，极少数患病动物在比其他患病动物剂量低得多的情况下仍能显示出毒性。异常情况包括单独的室性早搏（每日给药80 mg/m^2，共2 d，或每周给药25 mg/m^2，共4～11周，80%犬会发生）和室性心动过速时期。也可能发生心肌衰竭，并且有文献记载，试验犬每周给药25 mg/m^2，连续使用20周后全部患心肌衰竭（治疗给药17周后，65%的犬发生猝死和心力衰竭）。心脏毒性作用是不可逆的。而采用目前的化疗方案，严重的心脏毒性很罕见。

3. 心内膜弹力纤维增生症 这种病因不明的疾病特点是左心房、左心室和（或）二尖瓣心内膜弥漫性增厚。它是引起幼龄犬和猫心肌衰竭的罕见原因。患病动物年龄通常不到6月龄，且有左心衰竭的临床症状。已报道的品种包括拉布拉多猎犬、丹麦猛犬、英国斗牛犬、史宾格猎犬、拳师犬、斗牛犬及泰国猫和缅甸猫（该病在这些品种中具有遗传性）。超声心动图显示左心室和心房腔扩大，由于左心室收缩末期直径增加而引起左心室部分缩小和可能的弥漫性心内膜增厚。临床症状、治疗和预后与扩张型心肌病类似。

4. 杜氏型心肌病 这种遗传的X性连锁神经肌肉病已在犬中报道过，尤其是金毛猎犬。类似的疾病X连锁肌营养不良症，在爱尔兰猃犬、萨摩耶犬和罗特韦尔犬中也报道过。这些疾病可导致心肌以及神经肌肉疾病。心电图异常包括深而窄的Q波、PR间期缩短、窦性停搏及室性心动过速。超声心动图可显示左心室和乳头肌心肌局灶性的强回声病变。这通常发生在6～7月龄犬，病灶在未来的2年内缩小。病变常由钙化和纤维化引起。幸存的动物可能产生心肌衰竭。

（六）传染性心内膜炎

【病原与临床表现】 心内膜的感染通常涉及心瓣膜，但也可能发生壁性心内膜炎。血管内皮损伤是传染性心内膜炎的诱因，但犬心内膜炎最常见的内皮损伤发生在正常瓣膜上。当内皮细胞部分受损，底层的胶原蛋白暴露出来，血小板黏附，并产生一种微血栓。血源性细菌可被网入血栓之中导致局部感染，之后逐渐引起瓣膜的损伤最终导致瓣膜功能不全。心瓣膜上的这种赘疣状病变是最常见的，并可产生瓣膜狭窄及机能不全。对于犬、马和猫，主动脉瓣和二尖瓣最常受影响，而三尖瓣很少受到影响，且肺动脉瓣感染性心内膜炎极为罕见。与此相反，牛三尖瓣最常受到影响。猫感染性心内膜炎很罕见，且没有品种易感性。中年的大型犬易患性强，确诊为传染性心内膜炎的犬体重低于15 kg的不到10%。大多数患犬年龄超过4岁，且雄性的比雌性ithin易感。主动脉瓣下狭窄的犬发生传染性心内膜炎的风险更大。

从感染的主动脉瓣和二尖瓣脱落下来的感染性血栓进入循环系统，能够栓塞其他器官及四肢，因此，传染性心内膜炎能产生一系列临床症状，包括主要的心血管影响或与神经系统、胃肠道、泌尿生殖系统或关节相关的症状。经常出现慢性、间歇性或持续性的发热。曾报道过腿跛行，而体重减轻和嗜睡经常发生。急性至亚急性的二尖瓣或主动脉瓣返流，能导致左心衰竭（即肺水肿）和呼吸急促、呼吸困难和咳嗽的临床症状。如果三尖瓣受到影响，可能出现腹水和颈静脉搏动。患病奶牛可见乳房炎和产奶量下降，还可发现血尿和脓尿。大多数病例存在心杂音，确切的类型取决于所涉及的瓣膜。当主动脉瓣受影响时，出现低强度的心舒期杂音，最大强度在左心底部；也可能听到一种由每搏输出量增加引起的柔和的心缩期杂音。在此实例中，由于舒张径流和每搏输出量增加，而引起动脉脉搏跳动（即增加的脉压）。二尖瓣心内膜炎引起的心杂音与退行性瓣膜疾病——从低到高强度的心缩期杂音（强度主要取决于二尖瓣闭锁不全的程度）相似，在左心尖处听诊最清楚。

尽管可能涉及其他细菌，但在患病犬和猫中最常分离的细菌包括链球菌（*Streptococcus*）、金黄色葡萄球菌（*Staphylococcus*）、肺炎克雷伯菌（*Klebsiella spp.*）和大肠埃希菌（*Escherichiacoli*）。巴尔通体属也是公认的引起犬传染性心内膜炎的细菌。在人类中，60%～80%传染性心内膜炎患者有一种利于细菌黏附的诱发心脏病变的因素。但是犬感染出现时并没有瓣膜异常的迹象。链球菌和放线菌是从患病马中最常分离的细菌，而从患病牛中最常培养出来的是隐秘杆菌属化脓性链球菌。

【诊断】 全血细胞计数常显示中性粒细胞增多。急性感染可能同杆状中性粒细胞相关，而慢性感染同单核细胞增多相关（90%病例）。贫血在慢性疾病时常常出现。血清学分析异常能反映传染性栓子涉及的器官，也包括肝酶、尿素氮、肌酸酐的增加。对于发生免疫复合物性肾小球肾炎的动物，可出现蛋白尿流失和低蛋白血症。对患病动物应做敏感性的血液培养。在24 h内每间隔1~2 h，最好抽取2或3个血液样本，需要严格的无菌技术的操作。由于血液培养的结果时常为阴性（而在其他类型的败血症中为阳性），因此不能单独使用其作为感染性心内膜炎的诊断。

X线检查显示心腔扩大，这取决于所涉及的瓣膜位置及功能不全程度。如果主动脉瓣或二尖瓣严重感染，左心房腔和左心室腔将会扩大。当间质密度增加或出现严重的CHF、肺实质肺泡模式时，可见左心衰竭的迹象。如果三尖瓣或肺动脉瓣感染，右心腔将会扩大。超声心动图是诊断测试的首选，因为只有50%~90%的犬血液培养呈阳性。患病瓣膜通常容易被发现，累及的区域呈强回声（亮的）、增厚的、赘生状（即看起来像菜花）。糜烂性病变在一些动物中占主导地位。当瓣膜闭锁不全明显存在时，多普勒超声心动图能确认瓣膜的闭锁不全及患病瓣膜一侧的腔扩大。心电图可显示房性早搏和室性早搏，而其他心律失常是非常少的，如心房颤动或传导干扰。R波的高度增加（提示左心室扩大）和P波的宽度也增加（提示左心房扩大）。

【治疗】 治疗措施主要包括控制CHF的临床症状，解决任何明显的心律失常，对伤口进行消毒及消除感染的传播。如果主动脉瓣严重受损，心力衰竭可能是严重的且难以治疗，这些病例预后严重。当感染较轻且仅局限于一个房室瓣时预后良好。控制心力衰竭需要使用利尿剂（如呋塞米）、ACE抑制剂，并且当出现心力衰竭时需使用匹莫苯。最初应给犬使用非肠道抗生素（可能成本高昂）1~2周，随后口服抗生素至少6~8周。最初应使用广谱杀菌性抗生素（氨苄西林加庆大霉素或恩诺沙星，头孢菌素加庆大霉素联合使用），如果要更改用药，最好依据药物敏感性结果进行。由于庆大霉素具有肾毒性，因此使用时应监控肾功能。大多数犬预后不良。那些对治疗有良好反应的犬，通常需要长期使用心力衰竭药物（如利尿剂、血管扩张剂和匹莫苯），且需经常进行重新评估。对于大动物，利福平（5 mg/kg，口服给药，每日2次）与其他广谱抗生素联合使用已被证实可以提高短期效果。在大动物中，阿司匹林（100 mg/kg，反刍动物每日1次，马隔日1次，17 mg/kg）或肝素（30 U/kg，皮下注射，反刍动物和马每日2次）可阻碍血栓的进一步发展和赘生物生长。

做任何一种可能导致明显菌血症的操作时，需要对主动脉瓣下狭窄的患犬进行抗生素预防。对患有其他类型的心脏疾病的犬，尤其是患黏液瘤二尖瓣病变的犬，常规牙科预防是没有必要的，因为没有证据显示患牙病的犬对感染性心内膜炎易感。

（七）心包疾病

【病因与临床表现】 心包疾病最常引起心包内的液体蓄积（即心包积液）。蓄积可能是急性的或慢性的，但在兽医学中慢性的蓄积更为常见。当液体蓄积严重足以显著增加心包内压时，就会发生心包压塞。急性心包压塞（如，由于左心房破裂或胸壁创伤）主要引起心脏充盈减少和心输出量突然下降。慢性心包压塞主要是增加舒张期心室内压，这导致CHF症状。右侧舒张压-全身静脉压-毛细血管压仅从正常的5 mmHg升至10~15 mmHg，产生了右心衰竭的症状，而左侧压力必须从正常的不到10 mmHg增加至20 mmHg以上才能产生左心衰竭。因此，右心衰竭的症状占主导地位。

心包积液是犬后天性心血管疾病的一种较常见的形式，在牛中不常见，在马和猫中很罕见。该病在中年雄性的大型犬最常见。原发性心包炎和心脏肿瘤是引起犬心包积液最常见的原因。血管肉瘤和心脏基底肿瘤是心脏肿瘤最常见的形式，间皮瘤是心包肿瘤的一种不常见形式。在犬的右房室沟和右心房腔隙使用超声心动图显示，犬血管肉瘤最常见于右心耳上、右房室沟及右心房中。心脏基底肿瘤（化学感受器瘤或异位甲状腺癌最常见）通常见于主动脉和主肺动脉之间。猫最常见的心脏肿瘤是淋巴瘤，但最常见的心包积液原因是心力衰竭。猫心包积液的大多数病例没有严重到足以引起心包压塞。犬心包积液不常见的原因有感染（如球孢子菌病）、创伤、左心房破裂和CHF。牛最常见继发于创伤性网胃心包炎或心脏肿瘤（淋巴瘤）的心包积液。牛淋巴瘤同样可导致瓣膜闭锁不全。马化脓性心包炎和原发性心包炎最常见。

临床症状的严重程度取决于心包积液的速度。在犬中，腹水是最常见的临床表现。在马中，往往有呼吸道感染、发热、厌食和抑郁的病史。体检结果除了腹部膨胀以外，还包括全身乏力、颈静脉怒张、心音低沉，偶尔也有心包摩擦音。随着心包液的缓慢生成，心包能够伸展或扩大，直到心包积液严重时才会产生右心衰竭的临床症状。

【诊断】 全血细胞计数、血清生化分析和尿液分析的结果一般正常。马化脓性心包炎和心包积液时，可出现轻度贫血、中性粒细胞增多、纤维蛋白原血症和高蛋白血症。对于疑似败血性心包炎的马，必须进行液体培养与药敏试验。在败血性心包炎中将会有大量的中性粒细胞，其中一些中性粒细胞发生了变性。液体中蛋白含量将会升高，且可观察到细菌。马原发性心包积液的细胞学特征多变，以中性粒细胞、嗜酸性粒细胞和巨噬细胞数量多变。犬心包液的细胞学诊断，通常不能对心包积液的原因进行确诊，除非存在感染，而实际上这种感染很少见。

X线检查通常显示心影大小增加，该轮廓呈现一个圆形（球状）的外观。如果原因是心脏肿瘤，尤其是心脏基底肿瘤，倘若没有或只有少量积液存在，心影可呈现离心性扩大。如果存在心包压塞，后腔静脉可能扩张；也可能出现胸腔积液，如果间皮瘤是心包积液的原因，那么更常出现。在大多数情况下，心电图可显示正常的窦性心律至窦性心动过速，偶尔可能出现房性早搏和室性早搏。当存在大量积液时，通常R波高度降低（振幅小于1 mV，犬），并且也可能有R波振幅交替变化的图形，简称电交替。这是由心脏在心包积液内摆动引起的。超声心动图是检查心包积液最敏感和最特异性的方法。在大多数肿瘤性积液的情况下，超声心动图上能观察到肿瘤。当存在心包压塞时，右心房壁和右心室壁在收缩或舒张时会塌陷。

【治疗】 心包压塞的动物需要使用导管进行心包腔机械引流（心包穿刺术）。药物治疗在减少心包积液方面通常无效。对于急性心包压塞禁用利尿剂，因为它们能降低血容量，进一步导致心输出量减少。心包穿刺术通过右侧胸壁第四至第五肋间隙肋软骨交界处正上方放置导管进行。超声心动图可用来指引导管，放置在心包最接近胸壁和液体最膨胀的地方，但它不是必需的。可将一个注射器或带有阀门和注射器的延长装置（首选）连接到该导管。一旦胸壁穿透该系统必须一直与空气隔离，以避免发生气胸。间歇吸气时将导管直接穿向心脏，当进入心包，液体（通常是血样的）会自由流入注射器。应小心地将覆盖针的导管穿进心包。将液体放置于玻璃管中或是含有凝血酶的管中，以免由于血液从心脏吸入导管后发生凝固，一旦发生凝固要将导管从其插入的心腔中撤除。应尽可能多的抽出心包内液体，并且提交样品用于分析。对马进行心包穿刺时，应于左侧第五肋间隙进行，以避开心房、冠状动脉和右心室。有或没有抗生素的心包灌洗，经常在马心包穿刺后使用。心包穿刺术相对容易操作，且很少有严重的并发症。但在进行心包穿刺之前，建议使用超声心动图确认心包积液的存在。

在进行心包穿刺之前和之后，需要立即给予注射液。糖皮质激素对于犬原发性心包炎（良性的心包积液）没有效果，尽管它们已经在马中应用成功。大多数能引起肿瘤性积液的肿瘤，其化疗效果不佳。

当怀疑是原发性心包炎时（即超声心动图未见大量可见区），畜主应认真观察动物反复出现的症状。如果发生了这种情况，需要再次进行心包穿刺术。在进行第三次心包穿刺后，通常建议进行心包部分切除术。尽管犬心脏基底肿瘤能长到非常大，并可影响周围组织的功能，但其很少转移。如果继发于心脏基底肿瘤的心包积液复发，应考虑进行心包部分切除术。在心包部分成功被切除后，犬能够存活2年以上。发生右心房血管肉瘤后，常预后不良。许多患犬在诊断时，常出现转移或微小转移（最常转移至肺部，但X线检查不明显）。

（八）全身性高血压病与肺源性高血压病

全身性高血压病是指全身血压升高。全身性高血压病包括两种主要类型，即原发性高血压病与继发性高血压病。原发性高血压病在犬与猫中比较少见，但在人中常见。继发性高血压病由一种特定的潜在疾病所引起。犬高血压病最常见病因是肾脏疾病和肾衰竭；猫高血压病最常见病因是肾脏疾病、肾衰竭与甲状腺机能亢进。犬全身性高血压病的其他原因还包括肾上腺皮质机能亢进、糖尿病和嗜铬细胞瘤。

全身性高血压病的诊断可通过测量全身血压进行。最准确的方法是通过动脉穿刺直接测定，但该方法在大多数情况下不便应用。其次准确的方法（尽管仍不太精确）是使用多普勒探头，测定远端血压袖带位置（通常在前肢）的动脉血流量（通常为绕股动脉的掌前动脉分支），进而间接测定全身性血压。袖带的宽度应为猫前肢周长的30%、犬前肢周长的40%，剃毛面积至手掌掌垫大小时，多普勒超声探头测定的结果更精确。该方法也可应用于后肢，需要对胫骨尾动脉的足底前动脉分支进行评估。多普勒血压测量的缺点是仅有收缩压是可信的。其他测量全身血压的方法有脉冲式方法，该方法精确性比多普勒差，尤其是在小型犬与猫中。尽管间接血压测量没有直接测量方法准确，但在麻醉过程中它可以检测急性血压趋势。血压数值随着患病动物精神紧张而变化，对于一个因检查而精神紧张的患病动物而言，测定的数值会比正常预期数值高；除了某些例外，对于一个平常安静的患病动物，收缩压高于180 mmHg，可能是真实的全身性血压升高；而收缩压高于200 mmHg时，患病动物应被考虑是全身性高血压病。

除了急性失明外，患有严重全身性高血压病的犬和猫通常不表现出临床症状。研究显示，80%患有高血压病的猫出现视网膜病变（如视网膜出血、视网膜脱落、动脉迂曲、局灶性或弥漫性视网膜水肿）。高血压与机体一些异常表现直接相关（如在甲状腺功能亢进的猫中T_4上升，在患肾功能衰竭动物中尿素氮和肌酸升高）。对持续性严重的高血压患病动物或持续性肾功能衰竭高血压患病动物，都应进行治疗。在犬和猫中，全身性高血压病的出现是由于全身动脉的收缩所致，只有使全身小动脉扩张才可明显降低全身性高血压病。猫的治疗药物是氨氯地平（0.625～1.25 mg，口服给药，每日1次），其他药物依那普利、地尔硫草、β-受体阻滞剂（阿替洛尔）和利尿剂（呋塞米）在猫的治疗中无效。在犬中，氨氯地平（0.2～0.7 mg/kg，每日1次）和肼酞嗪（1～3 mg/kg，每日2次）是有效的药物。

肺动脉性高血压是肺循环血压升高形成的。其原因包括血液黏稠度增高（如红细胞增多症）、肺血流量增加（如室间隔缺损和动脉导管开放）以及因肺血管横截面积减少引起的肺血管阻力增加（如引起肺小动脉壁增厚、肺血栓栓塞和肺血管收缩）。

除了人之外，原发性肺动脉性高血压在其他物种中是罕见的。在牛中，常见的原因是在高海拔地区缺氧引起的肺血管收缩（见牛高山病）。慢性疯草中毒（棘豆属与黄芪属）或由支气管肺炎或肺丝虫感染引起的慢性肺部疾病，也能引起肺动脉性高血压，严重时可导致右心衰竭。在马中，肺动脉性高血压可继发于左心衰竭。在犬中，肺动脉性高血压最常继发于心丝虫病、肺血栓栓塞及由于原发性肺疾病引起的严重的低氧血症和左心衰竭。临床症状通常表现为典型的右心衰竭（腹水、运动障碍、虚脱）和晕厥。体检能发现犬腹水症状、牛腹部水肿和马颈静脉怒张与搏动。确诊需要直接测量肺动脉压（但很少进行）或根据多普勒超声心动图评估肺动脉压。超声心动图可显示室间隔扁平化、右心室腔扩张和（或）游离壁增厚、右心房扩大。根据病因进行治疗通常效果不佳，而且预后不良。在心丝虫病中，从肺动脉血管中清除成虫，通常能导致肺动脉压力降低和缓解右心衰竭。在犬中，如果能控制红细胞增多症，尽管有严重的肺动脉高压，患从右至左分流动脉导管未闭的犬，也能够存活几年。西地那非（1 mg/kg，每日2～3次）可能是降低犬肺动脉压最有效的药物。如疾病能及时诊断和治疗，则该药能长期使用并达到良好的治疗效果。

第十三节　心丝虫病（犬心丝虫病）

心丝虫病（heartworm，HW）是由犬恶丝虫感染引起的，70多种蚊子是该病的中间宿主，其中伊蚊、疟蚊和库蚊是最常见的传播媒介。心丝虫感染主要发生在野生动物和伴侣动物中。野生动物宿主包括狼、土狼、狐狸、加利福尼亚灰海豹、海狮和浣熊。在伴侣动物中，由于诊断技术差异和寄生虫在动物中的

寿命不同，心丝虫病感染主要在犬中诊断出，而在猫和雪貂中不易诊断。心丝虫病在温带、亚热带或热带的一些国家中已有报道，包括美国、加拿大、澳大利亚、拉丁美洲和欧洲南部。在伴侣动物中，流浪的犬和猫对心丝虫病最易感。尽管室内或室外的犬或猫均能感染心丝虫病，但是大多数感染发生在中型犬和大型犬（3～8岁）。

被感染的蚊子能将心丝虫传染给人，但此类感染报道尚未公开。心丝虫到达肺部后，感染性幼虫逐渐成熟，形成包囊，然后死亡。死亡的幼虫促使机体发生肉芽肿反应，这被称为"硬币样损伤"，这在医学上非常有意义，因为X线检查时它们和转移性肺癌相类似。

在相同地区，其他伴侣动物（如雪貂和猫）心丝虫病感染率与犬的一致。心丝虫病感染在雪貂和猫中没有年龄区别，但雄性猫比雌性猫更易感，室内和室外雪貂和猫均能被感染。在猫中，其他感染如猫白血病病毒或猫免疫缺陷病毒感染，不是心丝虫病的诱发因素。

【生活史】 当蚊子叮咬感染宿主时获得微丝蚴（心丝虫的幼虫），微丝蚴一旦被蚊子吞食，即在蚊子体内发育成第一期幼虫（L_1），根据环境温度的不同，一般在1～4周内，第一期幼虫主动蜕变成第二期幼虫（L_2），然后进入感染性的第三期幼虫（L_3）。当环境温度超过27℃，并且相对湿度为80%时，发育阶段所需时间（10～14 d）最短。当成熟时，感染性的幼虫迁移到蚊子的吻喙中，当蚊子进食时，感染性的幼虫通过含有少量血淋巴的吻喙前端到宿主皮肤上，幼虫移行到蚊子叮咬伤口后，开始他们在哺乳动物中的生命周期。伊蚊是唯一能在少量心丝虫幼虫完整发育周期中幸存的，每只蚊子体内一般不到10个幼虫。

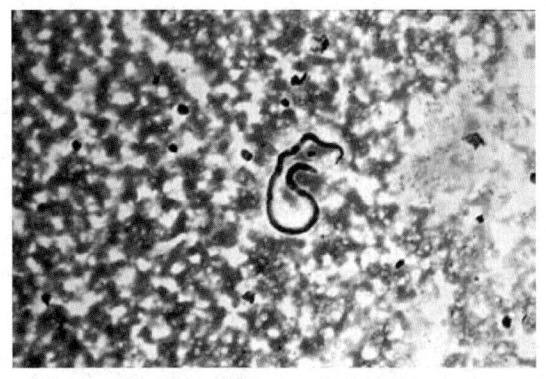

图1-13　犬恶丝虫微丝蚴血液涂片
（由梅里亚动物保健有限公司提供）

在犬和其他易感宿主中，感染性幼虫（L_3）在3～

12 d内蜕变成第四期幼虫阶段（L_4）。在皮下组织、腹部和胸部停留2个月后，L_4幼虫在第50~70天经过最后的蜕变成为年青成虫，在开始感染后的第70~120天到达心脏和肺动脉。只有长度达到2.5~4 cm的幼虫，才能在肺血管内迅速长成成虫（雄性长约15 cm，雌性长约25 cm）。当幼年的心丝虫第一次到达肺部时，血压迫使他们进入肺尾叶远端肺小动脉，随着他们的成长，占据越来越大的肺动脉，当成虫数量很多时，他们移动到右心室和右心房。在感染6个月时，雌性心丝虫繁殖产生微丝蚴，但更常见于感染后7~9月。

在没有经过大环内酯类药物预防感染的犬科动物中，约80%动物能检测到微丝蚴存在；而存在心丝虫感染并经过大环内酯类药物预防的犬中，偶尔也能检测到微丝蚴。循环血液中微丝蚴的数量与雌性心丝虫成虫的数量没有直接的关系。成虫通常能存活3~5年，而微丝蚴可在宿主犬中存活长达2年，等待着中间宿主蚊虫。

大多数犬对心丝虫高度易感，且感染性幼虫（L_3）大部分（平均56%）可发育成成虫。雪貂和猫是易感宿主，但感染性幼虫发育成成虫的比率很低（猫平均为6%和雪貂平均为40%）。在猫中，成虫数量是1~3个，呼吸系统中早期死亡的成虫是引起心丝虫病相关呼吸系统综合征的主要因素。

在猫中，成虫存活的时间通常不到2~3年。在所有能被感染的动物中，可能会出现异常幼虫的迁移，导致大脑、全身血管系统以及内脏和皮下的病变。

【发病机制】 犬心肺疾病严重程度由成虫数量、宿主免疫应答、感染的持续时间和宿主活动情况决定。活的心丝虫成虫可直接对内膜和肺动脉壁造成机械刺激，导致增生性动脉内膜炎、炎症细胞血管套现象，包括大量嗜酸性粒细胞浸润。活的成虫具有免疫抑制作用，然而死亡虫体导致的免疫反应及肺部的病理变化与死亡心丝虫没有直接关系。长期感染，由于所有因素刺激（直接刺激、成虫病毒死亡及免疫应答）最终导致慢性病变和疤痕形成。对于任何给定的成虫数量，活泼的犬比不活泼的犬病变严重。频繁的体力消耗能扩大肺动脉病变，并可导致明显的临床症状，包括充血性心力衰竭（CHF）。大量成虫通常是因为宿主与大量蚊子接触获得感染的结果。在温带气候条件下，高度暴露的幼犬感染严重，导致感染一年后出现腔静脉综合征。在一般情况下，由于成虫大而肺血管内径较小，因此小型犬不像大型犬那样耐受感染和治疗。

寄生在成虫体内的内共生菌沃尔巴克氏体（在成虫体内生活）的作用尚不明确，但这些细菌可能通过内毒素参与丝虫病的发病。最近研究表明，沃尔巴克氏体的一种主要表面蛋白，在心丝虫感染的宿主中能介导特异性的IgG反应。

诱导肺部和肾脏（免疫复合物性肾炎）免疫应答的心丝虫相关炎症介质，能引起血管收缩及可能的支气管收缩。血浆的渗出及小血管和毛细血管的炎症介质的渗出，能引起肺实质炎症和水肿。肺动脉收缩引起流速增加，尤其是劳累时，与生成的剪切应力进一步地损害血管内皮细胞。缺血引起的炎症，可导致不可逆的肾间质纤维化。

在猫和雪豹中，尽管小动脉发生较严重的肌肉肥大，但是肺动脉病理变化与犬的相似。有些猫可能从来也没表现出临床症状。在狭窄动脉管腔的血液凝块和寄生的成虫能引起动脉血栓。在猫中，心丝虫死亡病例的肺实质变化与犬和雪豹不同。与犬的I型细胞水肿及损伤也不同，猫能使II型细胞增生，从而导致氧合作用出现严重障碍。最明显的是，由于受肺血管容积和随后病理变化的影响，雪貂和猫更可能由于心丝虫感染而死亡。

【临床表现】 在犬中，心丝虫的感染在其临床症状出现之前能通过血清学检测鉴定。但需要注意的是，心丝虫抗原血症和微丝蚴血症分别在感染5个月和6.5个月后才出现。当犬没有接种疫苗及没有适时做检查时，能发生感染。心丝虫感染可能出现的临床症状有咳嗽、运动障碍、生长迟缓、呼吸困难、紫绀、咯血、晕厥、鼻出血或腹水（右心CHF）。临床症状发生的频率和严重程度与肺的病变及患病动物的活动程度有关。即使体内成虫数可能相对较高，但在久坐不动的犬中往往观察不到症状。在活动增加的犬中，心丝虫感染犬的临床症状表现明显。

根据犬的健康状况、生活方式和体内成虫数的临床评估，在临床上可分为低风险犬或高风险犬，这个取代了将犬分为I~IV的复杂分类方式。5~7岁的犬是体内携带大量成虫的高危险时期，发病率较高。其他健康因素（如患有肺脏或器官系统疾病）会影响疾病危险的评估。在康复期间限制运动程度，是另一重要的考虑因素。

感染的猫可能无症状或表现出间歇性咳嗽、呼吸困难、呕吐、嗜睡、食欲不振或体重下降。当症状明显时，感染通常形成两个阶段：①在感染3~4个月时，幼虫到达肺部血管；②心丝虫成虫的死亡。早期的症状与新到达的幼虫和死亡成虫的急性血管和脑实质的炎症反应有关。在初始阶段，往往被误诊为哮喘或过敏性支气管炎。但现在已将这些新发现的综合征，称为呼吸性疾病相关的心丝虫。猫早期的嗜酸性粒细胞肺炎综合征期间抗原检测结果呈阴性，但抗体检测呈阳性。随后，临床症状消失，可能在几个月内不会再出现这种症状。猫隐性成熟心丝虫病可能会出现间歇性呕吐、嗜睡、咳嗽或偶尔的呼吸困难。甚至1个心丝虫成虫的死亡就能导致急性呼吸困难和休克，这可能是致命的，并且是肺动脉血栓形成和（或）过敏性休克的结局。

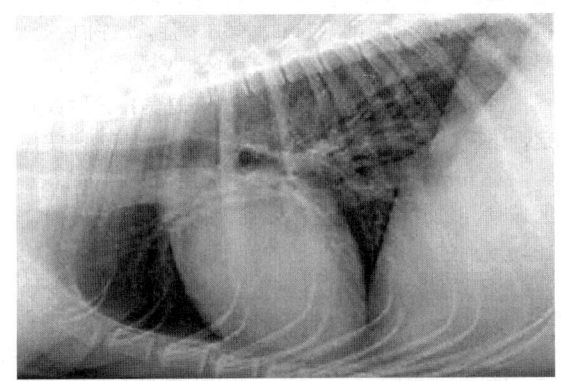

图1-14　5岁雄性德国牧羊犬心丝虫病
X线检查（侧面）可见轻微病变。（由佛罗里达大学提供）

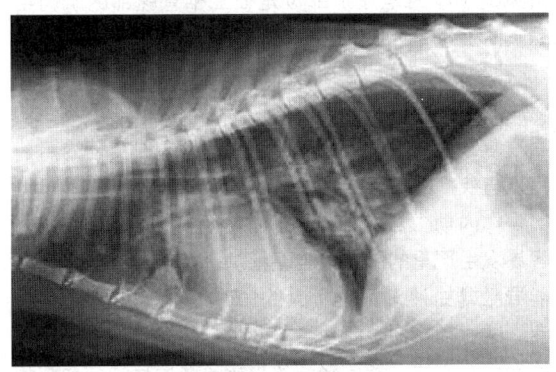

图1-15　猫心丝虫病，侧面
（由梅里亚动物保健有限公司提供）

【诊断】 抗原检测是常用的诊断方法，用于无临床症状的犬或心丝虫疑似感染的临床检测，该方法敏感性和特异性高，适合兽医人员使用。即使在心丝虫感染高发地区，20%以上的感染犬也可能无微丝蚴血症。这个数字在每月使用大环内酯类药物预防成年犬心丝虫的感染犬中还是比较高的，尽管该药能引起成熟雌性犬心丝虫胚胎停滞。

定期的抗原检测极其重要。在犬中，一般在7月龄前检测抗原或微丝蚴没有意义。为了确保不存在先天性感染，以前没有进行心丝虫预防的幼犬或犬，应在心丝虫病预防后6~7个月检测，建议每年进行一次抗原检测试验。

抗原水平与雌性成虫的存在数量直接相关，至少有90%的犬感染2个或以上成年雌性心丝虫，并检测到阳性反应。对于低数量的心丝虫疑似感染犬来说，采用微孔滴度测试的商品化试剂盒是最灵敏的。

在犬中，超声心动图不是一种相对重要的诊断工具。在右心和腔静脉中观察到的成虫，与伴有（或没有）腔静脉综合征的高载量感染有关。严重的慢性肺动脉高血压能引起右心室肥厚、室间隔变平、左心负荷不足、三尖瓣高速返流和肺动脉瓣返流。感染犬的心电图通常正常。当有严重的慢性肺动脉高血压时，能观察到右心室肥厚图像，这与即将出现的右心CHF（腹水）有关。心脏节律紊乱通常不出现或较轻微，但犬的房颤是一种偶尔发生的并发症。

猫的心丝虫疾病诊断依据既往史和阳性体征、可疑指数、胸部X线检查、超声心动图及血清学检查进行。猫在接种L_3 8个月后，可能会出现抗原阳性。但是，单独的抗原检测用于猫早期筛查是不可信的，因为无性别差异的感染在猫中是普遍的，轻微的感染发生于数量较少的雌虫感染，一些猫可能患有与心丝虫相关的呼吸系统疾病，应在抗原血症形成之前进行检测。

90%被感染猫所产生的抗心丝虫抗体，可在L_3感染后的2~3个月首次出现，通常可存在5个月。并且成虫死亡后，抗体还可以持续存在数月。此外，由幼虫介导产生的抗体，在使用大环内酯类药物进行预防并杀死早期阶段的幼虫后仍能持续存在。因此，抗体阳性表明有寄生虫感染，并提示心丝虫相关呼吸性疾病，但不一定是永久或持续性感染。与其他研究结果相结合，抗体血清阳性在猫心丝虫疾病临床诊断中是有效的。目前，没有发现交叉反应的假阳性结果。阴性抗体测试结果表明，没有感染的概率为90%或以上。Knott's试验（<10%）很少能检测到微丝蚴。在心丝虫流行地区，建议每年使用抗原和抗体两种检测方法，用于猫心丝虫病的筛查。

在猫科动物，心丝虫通常能在超声心动图检查中成像。可在右心和肺动脉中观察到心丝虫角皮的平行强回声线图像。大量的心丝虫可能与右心寄生的虫体有关。由于诊断难度的增加和检测的高度敏感，对于经验丰富的检验师而言，猫的超声心动图检查比犬更为重要。

在犬、猫中，除了特殊的诊断检测外，全血细胞计数、生化分析、尿常规和胸部X线检查也可用于心丝虫病的诊断。一般检测数据基本正常。嗜酸性粒细胞增多和嗜碱性粒细胞增多较常见，并且可一同提示隐性犬心丝虫病或过敏性肺疾病。当L_5幼虫到达肺动脉时嗜酸性粒细胞剧增，随后，嗜酸性粒细胞数量发生变化，但通常在免疫介导隐性感染的犬中嗜酸性粒细胞数量较高，尤其是发生嗜酸性粒细胞性肺炎时（低于总感染的10%）。

由于抗原的刺激，在犬和猫中也存在高球蛋白血症。在犬中，低蛋白血症与严重的免疫复合物性肾小球肾炎或右心CHF有关。血清中的谷丙转氨酶和碱性磷酸酶偶尔会升高，但与肝功能异常、杀虫药的效力、药物的毒性作用无关。尿液分析可显示有蛋白尿，其可通过尿蛋白的肌酐比值进行半定量测定。偶尔严重的肾小球肾炎或淀粉样变性，可导致低蛋白血症和肾病综合征。继发于肾小球疾病的低蛋白血症犬，也会失去抗凝血酶Ⅲ，因此容易发生血栓栓塞性疾病。血红蛋白尿与高风险的临床病例有关，主要发生于肺循环中纤维蛋白沉积引起的红细胞溶解时。使用肝素治疗对该病有效（75～100 U/kg，皮下注射，每日3次）。血红蛋白尿也是下腔静脉综合征的典型症状。

在犬中，胸部X线检查能为疾病的严重程度提供重要的资料，也是评价犬心丝虫病临床状况的一种必要的诊断工具。高危险感染以一种大的主肺动脉段和肺尾叶动脉扩张和弯扭为特征。如果第九肋骨在肺尾叶动脉重叠点上的直径大于或等于1.5倍，则表现出严重的病理变化，同时也可见右心室扩大。绒毛状、模糊的、不同程度的实质浸润通常围绕着肺尾叶动脉周围，在疾病晚期，肺右后叶最为严重。用或不用皮质类固醇消炎药，浸润都可能会随着支架边缘渗透。

在猫科动物中，心脏的变化不常见。正常的肺尾叶动脉通常相对较大，但在心丝虫感染后变得更大。在有呼吸道症状的猫中，也可能出现片状肺实质浸润。由于主肺动脉段靠近中线位置，通常难以见到。

【治疗】

1. 犬的治疗

（1）成虫杀虫药物治疗　效果取决于患病动物的临床状态，以及影响药物疗效的其他疾病。应收集临床试验数据，以选择性地补充病史、体格检查、抗原检测和胸X线照相的信息。

目前证明，直接影响成虫杀虫剂血栓栓塞性并发症的形成和治疗效果的两个重要因素是并发肺血管疾病程度和感染的严重性。心肺功能状态评估在患病动物预后评估中必不可少。成虫杀虫药肺血栓栓塞并发症最有可能发生于重度感染的犬中，尤其是在CHF严重感染的犬中，这些犬已经表现出严重肺动脉血管阻塞的临床症状和影像学特征。

在开始使用成虫杀虫药治疗之前，必须对心丝虫感染犬进行评估，评估杀虫药物使用后血栓栓塞形成的风险。患病动物分类如下：①低风险的血栓栓塞并发症，少量的成虫，没有任何实质和（或）肺血管病变的迹象；②高风险的血栓栓塞并发症。在第一种类型中的犬必须符合以下条件：无临床症状，胸部X线检查正常，低水平的循环抗原或循环微丝蚴抗原检测呈阴性，超声心动图检查不见成虫，没有并发症，动物主人能够限制患犬活动。高风险血栓栓塞并发症的犬，具有心丝虫感染相关的症状（如咳嗽、昏厥和腹部肿胀），胸部X线检查异常，高水平的循环抗原，超声心动图可见成虫，有并发症，动物主人几乎不能限制患犬活动。

目前仅有的心丝虫成虫杀虫药是美拉索明氟安定，该药对雌、雄心丝虫的成虫和幼虫均有效。美拉索明2.5 mg/kg，在腹轴（腰部）深层肌肉中的$L_3 \sim L_5$区域使用22 G针（10 kg以下的犬用2.54 cm长的针，10 kg以上的犬用3.81 cm长的针）肌内注射。在药物注射过程中施加压力，在拔出针头之前停留1min，防止药物从皮下渗出。该药物标准的使用方法是在用药24 h后，在注射部位对侧重复注射。注射后，大约1/3的犬在运动中会出现局部疼痛、肿胀、酸痛或注射部位出现无菌脓肿现象。局部纤维化的情况也是常见的（原因是注射部位是在上椎骨腹部的肌肉组织）。为了减少血栓栓塞的危险，强烈推荐二相疗法（交替给药方案）。在该方法中，单独注射美拉索明，随后2次注射，每次间隔24 h，治疗间隔时间至少30 d后重复1次。美国心丝虫协会认为，这种交替的用药措施与疾病的阶段或风险类别无关。

体内幼虫数量多的病犬，在注射后几日到6周内容易发生严重的肺血栓栓塞症。开始使用的药物剂量能导致幼虫逐渐死亡（大约50%），并减少肺部并发症。通过在初期杀死少量的幼虫，然后完成两个阶段的治疗的方法，能减轻心丝虫栓子对发病的肺动脉和肺的蓄积性作用。

其他的治疗方案建议，在服用美拉索明之前，服用预防性剂量的大环内酯类抗生素3个月。这种方法的基本原理是，消除骨迁移的心丝虫幼虫，允许2～4月龄的未敏感幼虫长到对美拉索明敏感的阶段。

美拉索明注射后4～6周内，应严格限制病犬的活动，以减少血栓栓塞性肺部并发症的出现。保持低的心输出量，以减少血栓形成和血管内皮损伤，促进肺部修复。除此之外，美拉索明的不良反应仅限于局部炎症反应、短暂的低热和流涎。美拉索明对肝和肾毒性作用很少见。

对高风险病畜，必须优先给予美索拉明使其稳定。在替换美索拉明治疗方案之前，病畜稳定期治疗措施包括笼养、氧气、糖皮质激素和肝素（75～100 U/kg，皮下注射，每日3次），持续1周。

右心CHF的病畜应用呋塞米（1～2 mg/kg，每日2次）和低剂量的血管紧张素转换酶（ACE）抑制剂，如依那普利（0.25 mg/kg，每日2次，1周后依据肾功能检查结果，可增加至0.5 mg/kg，每日2次），并限制钠盐饮食，不能使用地高辛、洋地黄毒苷和小动脉扩张剂如联胺肼和氨氯地平。地高辛对肺心病无效；小动脉扩张剂、有时甚至血管紧张素转换酶抑制剂也可能引起全身性低血压。

使用成虫杀虫药后，血栓栓塞性并发症会出现在治疗后的2～30 d，最有可能在治疗后14～21 d出现症状，其临床症状为咳嗽、咯血、呼吸困难、呼吸急促、嗜睡、食欲减退和发热。实验室检查可发现炎性白细胞象，血小板减少和凝血时间延长。同时，要注意注射后，血清肌酸激酶水平的升高。当血小板数少于10万/μL时，可能出现局部或弥散性血管内凝血。严重的血栓栓塞的治疗措施包括给氧、笼养、消炎剂量的皮质类固醇（如强的松，1.0 mg/kg，口服给药，每日1次）和低剂量肝素（75～100 U/kg，皮下注射，每日3次），疗程数日至1周。大多数犬在24 h内会出现反应。如果给氧疗法24 h后情况没有改善，且氧分压低于70 mmHg，那么就会出现严重的肺损伤。

标准美拉索明使用方案和二相治疗，可以杀死犬体内50%～85%的成虫。抗4个月的成虫的对照研究效果很差，感染犬体内的只有20%虫体被有效地清除。在标准注射方法的第1次两个剂量注射后6个月和交替治疗方法的第3次注射后6个月，应进行抗原检测，检测结果阳性的患畜应继续治疗（每间隔24 h，注射2次）。

长期使用大环内酯类抗生素的治疗方法，不能替代美拉索明药物的治疗，因为缓慢地杀虫可促使肺脏的病理变化呈间歇性发展。

在下腔静脉综合征的病例中，手术移除右心房及三尖瓣口的成虫，是挽救患犬生命的有效方法。这可以通过使用少量镇静剂、局部麻醉、硬或柔韧的鳄牙钳或血管内圈套器，通过右颈外静脉进行手术。如果条件允许，应在透视引导下找出所有成虫。一旦操作成功，病犬临床症状应减轻或消失。在危重病例中必需进行输液疗法，可使血容量减少的犬恢复血流动力学和肾功能。患犬手术恢复后的几周内，应使用杀虫药物清除体内剩余的成虫。在进行超声心动图检查时应特别注意，是否仍然有大量成虫存在。

（2）微丝蚴治疗 虽然未经FDA批准，但大环内酯类预防药物仍是治疗微丝蚴的有效药物。当微丝蚴数量较多时（＞40 000个/μL），犬会出现不良反应，具体取决于使用大环内酯药物的类型。然而，在微丝蚴数量较低时，约10%的犬会出现轻度不良反应。大多数不良反应仅限于短暂的流涎和排粪，常在几小时内发生并持续数小时。微丝蚴数量多的犬（＞40 000个/μL）犬，尤其是小型犬（＜10 kg），可出现心动过速、呼吸急促、黏膜苍白、嗜睡、呕吐、腹泻甚至休克。治疗包括静脉注射平衡电解质溶液和一种可溶性的皮质类固醇。当快速进行治疗时，患病动物通常也会迅速地恢复。由于对微丝蚴数量不进行常规计数，因此严重的不良反应很少能预测到。特异性针对循环微丝蚴的治疗，一般在成虫杀虫药物应用前3～4周进行。通常情况下，没使用成虫杀虫药物治疗的犬，经过数月的预防剂量的大环内酯类药物的治疗后，微丝蚴最终能被清除。如前所述，FDA尚未批准微丝蚴杀虫药，但是，如果存在一种有效的兽医－动物主人－患病动物的关系，执业兽医师可以使用一些标签外药物。按照惯例，每月要使用心丝虫病化学预防药物对微丝蚴进行预防。大环内酯药物是目前可用的最安全和最有效的杀微丝蚴药物。这些药物在畜群中应用时，不能为了获得较快的治疗效果而大量应用。在抗原检测时（杀虫药治疗后的6个月）建议同时进行微丝蚴检测。

2．猫的治疗 目前，猫心丝虫感染尚无理想的治疗方法。猫心丝虫病通常是致命的，尚未开发出一种安全、有效的美拉索明治疗方案。因此，在犬心丝虫病流行地区，所有的猫应该接受药物预防。在成年猫中，心丝虫的存活时间不到2年，所以患病猫自愈也是可能的。患猫可能无临床症状，偶而发生呕吐和（或）发作性呼吸困难（类似哮喘），也可能因肺血栓栓塞症导致突然死亡，但很少出现CHF。随着每一条成虫的死亡，也可发生肺部并发症。临床症状的出现与否或严重程度与急性并发症之间无关联。

许多猫采取限制活动和皮质类固醇的保守治疗，如泼尼松龙（每24～48 h，1.0～2.0 mg/kg，口服给药）。类固醇可减轻呕吐和呼吸症状的严重程度，指望成虫死亡时，肺部并发症对患猫不构成致命的伤害。排除重复感染后，利用这种方法治疗，25%～50%的猫可以存活。可使用一系列抗原和抗体检测（间隔6个月）来监测患病动物的状况。

对于超声心动图确定的含有大量成虫的病畜，可以尝试通过颈静脉切开术取出右心房、右心室及腔静脉内的成虫。在荧光透视检查下，内镜的探头或马鬃刷可通过右侧颈静脉向前推进。

【预防】 大环内酯类药物完全可以预防心丝虫感染。建议全年进行预防。推荐6～8周龄犬开始进行预防性治疗，在这个阶段没有必要进行疾病检测。从7月龄开始，建议进行抗原和微丝蚴的检测，6～7个月后进行另一种抗原检测。这一系列的检测，能够避免遗漏亚临床感染病例，并能制定有效的预防计划，因为在药物预防之前，直到第2次检测才能确定感染是否存在。

大环内酯类预防药物伊维菌素、米尔贝肟、莫西菌素和希拉菌素，是所有犬种指定的安全且有效的药物。伊维菌素/双羟萘酸噻嘧啶（钩虫、蛔虫）和米尔贝霉素（钩虫、蛔虫、鞭虫）对肠道线虫也有杀灭作用。在规定剂量范围内，米尔贝霉素可以迅速杀死微丝蚴，而针对高浓度的微丝蚴，可能会出现休克反应。因此，没有严密的监测条件，米尔贝霉素不能用于体内含有大量微丝蚴的犬的治疗。莫西菌素注射液也是一种有效药物，至少6个月注射1次，但不建议在微丝蚴患犬中使用。

考虑潜在的严重后果，在心丝虫病流行地区，无论住宅状况如何，建议对所有的猫进行心丝虫预防。伊维菌素口服给药，剂量24 μg/kg，每月1次，对于猫是安全有效的。该用量对管形钩虫与巴西钩虫也有效。预防性治疗应在6周龄的小猫开始，并持续终生。

西拉菌素制剂和吡虫啉/莫西菌素复合制剂，都可用于犬和猫的心丝虫病治疗。西拉菌素按每月6 mg/kg剂量局部给药，也可杀死成年跳蚤及预防跳蚤卵孵化长达1个月。西拉菌素也是治疗和控制犬、猫耳螨、疥癣、革蜱、变异革蜱、犬钩虫和猫弓蛔虫的有效药物。吡虫啉和莫西菌素局部联合用药，对犬的治疗量是10 mg/kg吡虫啉和1 mg/kg莫西菌素。莫西菌素对一些体内、外寄生虫也同样有效。

建议对所有病例每年进行抗原检测。

第十四节 牛高山病

牛高山病（bovine high-mountain disease，BHMD）又称"牛腩"疾病，大胸肉，水肿，高原病，肺动脉高压，充血性右心衰竭，是腹侧胸骨旁肌肉（胸部）发生水肿的非接触性传染病，该病发生在美国的科罗拉多州、怀俄明州、新墨西哥州、犹他州高海拔地区（> 1 524 m）饲养的牛群中。该病在世界一些山区饲养的牛群中也有发生，该病在海拔超过1 981 m的加拿大西部和南美洲普遍存在。所有年龄和品种的牛都能发生高山病，但疾病严重程度不同。

BHMD是高海拔地区肺缺氧引起的肺动脉高压的结果。缺氧引起肺小动脉血管收缩、血管增生、肺小动脉直径减小，从而导致肺动脉高压，继而发生右心室（right ventricular，RV）肥大。如果不采取措施降低缺氧性肺动脉高压，病情最终可发展为充血性右心室（RV）肥大/慢性心脏衰竭。类似病变很少在严重应激和寄生虫感染的羊和鹿中记载。病因学上类似的

缺氧相关的心力衰竭，也已经在安第斯山脉的鸡及生活在极端海拔的人中有记载。高山牧场牛的发病率为0.5%～5%、平均为3%，但在遗传易感性犊牛群中该病发病率可高达65%。

虽然普遍认为该病与海拔有关，但是其他遗传、生理、环境和有毒的因素，在疾病的发生和发展中也发挥着重要的作用。任何能阻碍肺部功能的急性或慢性疾病，均能导致类似于BHMD的缺氧状况。

【病因】 虽然许多因素可促使牛高山病的发生，但发病机制的直接因素是高海拔导致的缺氧。在缺氧的条件下，肺血管分流是一种正常的生理反应，这种反应在所有的动物中都存在，牛、马、猪反应明显，而人、犬、豚鼠和骆驼反应较弱。这些研究结果和牛高发病率显示，牛是唯一易感动物。分流的血管收缩机制是将缺氧血液转到肺部氧气丰富区域，并且远离肺部氧气少的区域。针对缺氧反应的过度分流、牛分叶状肺的解剖模式以及缩小的肺大小/体重的比例，都可造成肺功能的损害。

在急性缺氧阶段，肺血管分流最初通过肺小动脉收缩调节。慢性缺氧常持续3周以上。血管及肺小动脉中层（内侧肥厚）和外膜组织常发生增厚。血管重塑导致肺动脉末梢损伤，从而增加了肺阻力。这些因素共同作用，引起肺动脉压显著升高，从而导致心肌病变发生：右心室肥大，随后右心室扩张，最后右心CHF。

过度的血管收缩分流、动脉中层和外膜肥大以及引起肺动脉高压的血管闭塞的发病机制，似乎是一些牛的特性，且高度遗传。在牛中，某些个体和品种对该病具有先天的抗性。在缺氧诱导的肺血管阻力增加上，有明显的个体和种间差异。在动物个体、品种和其他动物品种之间，牛高山病敏感性显著差异的高家族发病率，证实了遗传在该病中的作用。有力的证据表明，牛对缺氧诱导的肺动脉高压的易感性具有遗传性。除了潜在的遗传因素，化学感受器活性或心肌代谢的改变也起到一定的作用。急性病毒性或细菌性呼吸道疾病可加重高原肺缺氧，导致右心快速衰竭。

各种牧场植物（包括放牧的和不放牧的）均与牛高山病的高发病率有关，但试验表明，仅有疯草可诱导该病的发生。当牛在高海拔地区采食时，疯草（某些含有生物碱-苦马豆素的棘豆属与黄芪属）能明显增加CHF的流行和严重程度，疾病发展迅速（1～2周内），发病率高达100%。疯草毒素——苦马豆素可分泌到乳汁中，从而诱发哺乳犊牛发生CHF。疯草中毒的母牛除显示高山病的症状外，还表现为习惯性流产，许多母牛出现严重的羊水过多。疯草中毒直接导致肺血管阻力增加和高血压。免疫组化和电镜研究表

明，疯草中毒会导致肺血管内巨噬细胞和内皮细胞严重的肿胀和胞浆空泡化。疯草也能损害心肌，导致心肌间质细胞出现广泛的空泡化。最后，苦马豆素通过改变糖蛋白代谢作用，调节全身内分泌和旁分泌的影响，这也是牛高山病的一种发病机制。

【临床表现】 牛高山病的右心CHF的临床变化，通常在几周内才能缓慢出现，一般是从低海拔转移到高海拔3~4周后发生。在北美地区，夏季和秋季牛在高海拔放牧，在秋末返回低海拔地区，高山病通常出现在夏末。常年生活在高海拔地区的牛，高山病发病高峰出现在晚秋、冬季或早春。在此期间，严寒或其他环境应激（如妊娠和营养变化），都可促进该病症状的突然出现。患病动物最初出现抑郁和不愿运动。随着病程的发展，在胸部出现亚急性水肿，随后扩展到下颌间隙，再到腹壁，出现大量的胸腔积液和腹水。患牛胸腔积液和腹水通常较多，颈静脉扩张和搏动明显，食欲下降，肠静脉高压引起频繁的腹泻。患牛呼吸困难时，可能会出现发绀。随着病情的发展，病牛不愿运动，喜欢躺卧。如果强迫运动，患牛可能会虚脱甚至死亡。在疾病晚期，病牛常表现厌食、卧位、无法站立。

【病理变化】 严重的全身性水肿主要发生在腹部皮下组织、骨骼肌肉、肾周围组织、肠系膜、胃肠壁等处，同时出现腹水、胸水、心包积液。渗出液体特性包括细胞成分锐减和低蛋白，与继发于心力衰竭的漏出液一致。由于慢性瘀血，肝脏病变从早期的"肉豆蔻"变成严重的小叶和血管纤维化。肺部有不同程度的肺不张、间质性肺气肿、水肿和肺炎。心脏有明显的右心室肥大和扩张，心尖向左移动，心脏膨大呈圆形。肺动脉血栓也较常见。光镜检查肺小动脉和微动脉中层肥大。

【诊断】 目前BHMD没有明确的诊断方法。在高海拔地区，可以根据牛CHF相关的临床症状作为诊断依据。如果没有其他潜在的炎症性病变，体温和全血细胞计数一般都正常。如存在胸腔积液，胸部听诊显示腹侧胸呼吸音强度减弱及低沉的心音。心率和呼吸频率通常均加快，如果右心室扩大导致房室瓣或肺动脉瓣闭锁不全，可听到缩期杂音。在CHF晚期，通常可听到奔马律。虽然颈静脉扩张是一种特征性的临床症状，但可能出现异常的颈静脉搏动，也可能不出现。常见的临床病理变化为肝酶活性升高，特别是谷草转氨酶和L-艾杜糖醇脱氢酶。动物的临床影响，可能是由于肾灌注减少，继发心力衰竭和脱水/血容量过低而引起氮质血症。

牛高山病应与其他CHF疾病鉴别，这些疾病包括心包炎、创伤性网胃心包炎、心脏淋巴肉瘤、瓣膜性心内膜炎、病毒性或细菌性心肌炎、心肌病（营养性、遗传性或特发性）、栓塞性肺炎的肺动脉阻塞、慢性缺氧和其他肺部疾病引起的肺心病。胸部水肿在最急性右心室CHF牛中不总是出现，这可能会导致犊牛高山病被误认为是急性病毒性或细菌性肺炎。

【治疗与控制】 患病动物应在最轻微的保定、最低限度的应激和兴奋条件下，转移至较低海拔地区。一般的辅助疗法包括利尿剂、胸膜穿刺术、抗生素和食欲刺激剂，如效果良好的B族维生素。胸膜穿刺术是唯一能显著提高患畜生存机会的治疗方法。在高海拔地区，对于珍贵动物可以考虑使用氧气或高压氧室。由于本病可能会再次复发，因此患牛不应重返高海拔地区。

由于存在遗传可能性，因此患牛不应留作种用。并发症的治疗包括呼吸/心脏疾病、胃肠道疾病、寄生虫病和植物中毒。因为疯草中毒与牛CHF直接相关，应尽量避免易感动物接触到疯草，确保动物选择优质牧草。一旦确定中毒，为防止病情严重及出现不可逆的损伤，应将动物尽快转移至没有疯草的牧场。

由于BHMD治疗费用较高，而且效果一般，因此应将预防放在首位。通过测量肺动脉压（pulmonaryarterial pressures，PAP）选择抗缺氧牛的遗传选育，是控制牛高山病的有效方法。鉴别受高原低氧影响的严重易感牛（测量结果为高肺动脉压），并将其从牛群中淘汰，是降低牛高山病流行的可行办法。肺动脉压测量方法是将柔韧的聚乙烯导管（1.19 mm内径×1.7 mm外径）通过大口径针（规格为约9 cm长的12或13号针头）插入颈静脉，导管通过颈静脉向前进入右心房，然后进入右心室，最后进入肺动脉。

在海拔1 524~2 133 m的地区，正常的肺动脉压平均测量值在34~41 mmHg。而出现肺动脉高压牛的肺动脉压的变化范围在48~213 mmHg。在心肌坏死导致的右心CHF末期，牛的肺动脉压和右心室压可能正常或低于正常。室间隔或房间隔缺损的牛，应进行数百次测量平均收缩压和舒张压。肺动脉压测量值大于48 mmHg的动物，可能有患牛高山病的危险并且可能是该病的潜在基因携带者，因此不应在高海拔地区留作种用。另外，应对这些牛进行心杂音的听诊，同时对可能的先天性心脏缺陷进行评估。通常在海拔高于1 524 m，肺动脉压低于41 mmHg的1岁以上的牛，能在高海拔维持正常的肺动脉压，因此，这些牛适合作为高海拔地区牛群中的优良种畜。肺动脉压测量值为41~49 mmHg的则难以判断，在高海拔地区应谨慎使用这些动物。

诸多因素能引起牛肺动脉压的变化，其中包括性别、年龄、体况、并发症、环境条件、海拔高度和遗传因素等。根据对20万头以上牛的调查结果显示，尽管一些品系牛能显示出自然耐受性，但实际上没有一个品种牛能真正耐受高原缺氧。在相同饲养环境中，公牛和母牛的肺动脉压有差异。公牛经常转化营养用于快速生长和肌肉形成，这可能会影响其肺脏功能，引起肺动脉高压。与未妊娠母牛相比，妊娠母牛有较高的肺动脉压。由于1岁内肺动脉压值变化很大并且难以预测，因此在进行肺动脉压测量时应考虑动物的年龄。在高海拔诱导的肺动脉高压易感性预测中，16月龄以上的动物测定结果显得最稳定和精确。任何一种并发疾病，尤其是呼吸系统疾病或任何一种引起暂时性或永久性肺部缺氧的原因，都能影响肺动脉压的测量。

一些牛似乎能产生右心CHF，而另外一些高海拔地区肺动脉压升高的牛从来没有临床问题。尽管这些牛可能不出现临床性BHMD，但他们能将易感性遗传给后代。该病多变的临床表现及基因外显率的多样性，使得所有高海拔地区的肺动脉压测定存在一定难度，甚至于海拔低于1 524 m地区，由于促进肺反应的缺氧条件不充分，使得肺动脉压测定也变得更为困难。在低海拔（约低于1 524 m）地区，肺动脉压测量值不应作为高山病的阳性筛选方法，仅用于鉴定对缺氧高度敏感和高血压的牛。从低海拔地区转移到高海拔地区的牛，应在高海拔地区饲养3周后进行肺动脉压测定。

第十五节　血栓形成、栓塞与动脉瘤

血栓是由血小板和纤维蛋白在一定条件下形成的聚合物。长期以来认为这些条件包括血瘀（血流减慢）、内皮损伤以及存在的高凝状态。血栓能在心腔中形成，黏附在壁上或形成游离度小的球形物，或者形成于血管内导致血管部分阻塞或者完全阻塞。血栓是根据它的位置和产生的临床症状（如在大动物中，颈静脉血栓形成与长期静脉导管插入有关；在犬中，肺动脉血栓形成与心丝虫疾病有关）而进行分类。

血栓整体或部分能够脱落，以栓子形式通过血流移动，运送至直径小于栓子的血管远端。注射不当或导管插入技术不过关，加之劣质导管材料，都能导致血管内血栓形成。然而，临床常见的血管内血栓，更常见于有潜在疾病的患病动物，这些疾病能导致血液凝固性过高，如全身性炎症、内毒素血症和抗凝血酶缺乏症。如果不及时治疗或控制，全身性血栓形成条件，能导致出血性素质或弥散性血管内凝血（DIC），以及由血栓沉积和凝血因子消耗引起的危及生命的出

血性疾病。

血栓可在大动脉、小动脉和静脉中形成。马和牛更容易患静脉血栓，而犬和猫易患动脉血栓。动脉血栓形成或栓塞会造成组织局部缺血。来源于感染环境如心内膜炎的栓子，被划分为败血性栓子（栓子中含有细菌）。败血性栓子可导致细菌的传播和末梢毛细血管床感染。虽然动脉血栓栓塞在家畜中常见，但原发性动脉闭塞性疾病（动脉血栓形成）极为罕见。在成年马和马驹中，导致跛行和坏疽的下肢动脉血栓形成已有报道，该病继发于高度凝血和全身炎症（如马驹败血症）。

动脉瘤是血管中膜弹性减弱引起的一种血管扩张性疾病。血管弹性减弱可能是原发性的，或者是由血管内膜损伤逐渐发展的退行性或炎性变化引起。假性动脉瘤由动脉壁三层损伤引起，造成血管外液体积聚。与真性动脉瘤相关的血管内皮损伤，能导致血栓和栓塞的形成，因此，动脉瘤、血栓和栓塞可能同时出现，然而动脉瘤在家畜中很罕见。

【临床表现与诊断】　急性呼吸困难往往与肺动脉血栓形成/栓塞有关，在此期间一些患畜可出现咯血，这与肺动脉疾病有关，如心丝虫感染。败血性心脏血栓与心内膜炎有关；非败血性心脏血栓与心肌梗塞有关，这在猫中最常见。泌尿生殖系统内的梗死能出现血尿和腹痛。内脏梗死通常会导致小动物腹痛并伴有呕吐。

动脉瘤不会引起临床症状，除非发生出血或产生相应的血栓。除了火鸡夹层动脉瘤、引起马猝死的主动脉瓣或主动脉窦破裂、马喉囊真菌病相关的出血或牛肺动脉瘤之外，自发动脉瘤破裂出血很罕见，并且临床症状通常与血栓形成有关。大动物腹主动脉瘤及其分支，在直肠触诊时表现为固定的、硬的肿胀物，该肿胀表面粗糙、形状不规则，同时具有心跳样搏动，也可能出现震颤。在过多的血栓形成中，肿胀远端的搏动可能延迟，当按压时搏动缓慢上升或者可能消失，其他辅助诊断方法包括超声波检查和血管造影术。

（1）牛　牛后腔静脉血栓形成与肝脓肿和血管脓肿的侵蚀有关。栓塞性肺炎及继发的肺脓肿、血栓栓塞和肺部动脉瘤是常见的后遗症。患牛可能出现咳嗽、呼吸急促、呼吸困难和异常肺音。含有败血性栓子的肺动脉瘤破裂后引起肺内出血，或者肺脓肿侵蚀支气管，导致呼吸道出血。这些疾病的后遗症可能包括鼻出血、咯血和死亡。临床病理资料可用于腔静脉综合征的诊断，但不是特异性的诊断方法。在该病中，可能见到纤维蛋白原升高、贫血及脓肿病例中的肝酶升高。肺动脉栓塞和栓塞性肺炎是牛三尖瓣或肺

动脉瓣膜性心内膜炎常见的并发症，但很少发展为动脉瘤。在栓塞溶解时，经常出现由菌血症引起的间歇性热和厌食症，且患牛通常伴有长期的慢性感染（如足脓肿、蜂窝织炎）。许多牛的右心心内膜炎病例均由细菌感染引起，这通常与三尖瓣最大强度的心杂音有关。超声心动图和血液培养可分别用于右心疣状病变和致病菌鉴定。牛前腔静脉血栓形成能引起双侧颈静脉怒张，头部、颌下区和胸部水肿以及明显的口腔黏膜充血。然而，类似的临床症状也出现于右心CHF时，这可能是三尖瓣心内膜炎的后遗症。也可能出现明显的舌、咽或喉水肿，并导致吞咽与呼吸困难。

（2）**马** 前腔静脉血栓形成可能由颈静脉血栓引起。马颈静脉血栓形成常与插管术和注射液外渗引起的静脉炎有关，可导致患区肿胀、发热和疼痛。双侧颈静脉血栓形成，可引起头部和颈部的水肿，酷似前腔静脉血栓形成症状。病变静脉的超声波检查，可以确定血栓大小和阻塞的程度。多普勒超声是一种较先进的、用于确定血液流动和血管通畅的技术。如果怀疑是导管相关的血栓性静脉炎，应进行血液培养和导管尖端培养。患结肠炎和其他胃肠道疾病的马，出现颈静脉血栓的风险性增加，而反刍动物不易形成颈静脉血栓。

迁移的普通圆形线虫幼虫可引起血栓性动脉炎，以及主动脉、肠系膜或髂动脉的蠕虫性动脉瘤。在一些马中，发生的栓塞可部分或完全堵塞肠系膜动脉的分支末端。患病肠段可出现从局部缺血到出血性梗死的变化。临床症状可包括腹痛、便秘或腹泻。腹痛通常会反复发作，因此侵袭可能剧烈而漫长。最近新研制出的驱虫药和改进的治疗方案，已经使寄生虫性动脉炎成为一种不太常见的疾病。

在马中，无论终末主动脉和近端髂内动脉内是否有动脉瘤，均可产生特有的综合征。虽然这与寄生虫病有关，但也有可能是其他原因。患马在休息时正常，但渐进性锻炼可导致后肢无力、单侧或双侧跛行、肌肉震颤和出汗。严重的患马可出现运动障碍、虚弱以及短暂休息后可缓解的非典型性跛行。随着动脉搏动的减少或消失，以及毛细血管充盈延迟和减少，可检测到患肢低于正常温度。直肠检查可显示髂动脉内部或外部（或两者）和非对称血管搏动幅度的变化。在严重病例中，在轻微运动时就能出现后躯肌肉萎缩且跛行。马主动脉远端完全栓塞或血栓性阻塞，могут可能产生急性双侧后肢麻痹，使其躺卧。患马表现焦虑、疼痛，并迅速出现休克。此时后肢冰冷，直肠检查发现两侧髂内动脉搏动消失。直肠超声检查有助于确定主动脉、髂内动脉的血流量。

（3）**犬与猫** 在犬中，心丝虫病可导致肺动脉血栓形成，这通常会引起呼吸困难和呼吸急促。该病在猫中少见。报道显示，患病动物突然出现咳嗽、呼吸窘迫或猝死。胸部X片可能正常，或出现感染肺泡的灌流较少、间质性浸润或胸腔积液。动脉血气分析显示，伴有二氧化碳浓度正常或偏低的低氧血症。采用放射性核素标记大颗粒聚合白蛋白的通气/灌注扫描以及气体或肺血管造影术，能够确诊该病。在犬和猫中，与肺栓塞相关的疾病还有肾小球性肾炎、肾上腺皮质机能亢进、免疫介导性溶血性贫血和肿瘤。

在猫中，心源性栓塞（动脉血栓栓塞）是心肌病的破坏性并发症，该心肌病包括肥大型、扩张型、限制型和未分类型。腔内血栓一般形成于血流缓慢的扩张的左心房中，左心室很少见。虽然没有详细的报道，这些猫科动物最有可能患有一些潜在的高凝性疾病，因为所有患心肌病的猫都不出现心源性栓塞。部分腔内血栓能脱落，形成阻塞动脉分支的栓子，常见于主动脉三叉分支（鞍状栓子）。临床症状包括疼痛和轻瘫或后肢下运动神经元麻痹。患肢动脉搏动（股动脉和足动脉）减少甚至消失，温度降低，肌腹硬而肿胀。这些临床症状可能是单侧的，也可能是双侧的，或者是双侧的但不对称。栓子也可梗塞其他动脉血管床，包括右前肢、肾脏、内脏、脑和心肌。潜在的心肌疾病代偿性失调并不少见，并且可能会导致充血性心力衰竭（肺水肿、胸腔积液）。梗塞的下肢肌肉组织缺血和坏死，导致血清肌酸激酶（creatine kinase，CK）和谷草转氨酶（aspartate transaminase，AST）升高。超声心动图是评估心脏结构、功能和心腔内血栓存在的首选影像学检查方法。利用非结合放射性同位素^{99m}锝的核灌注研究，能为骨盆四肢以及需要截肢区域的灌注程度提供敏感资料。

【治疗】 心内膜炎治疗包括长期使用抗生素（数周）以及某些情况下间断性给予解热药与消炎药。抗生素的选择应以血液培养获得的敏感结果作为参考。患病动物预后如何很难保证，因为即使能够控制有效感染，持久性衰弱的心脏疾病也是常见的。

（1）**牛和马** 在牛和马中，静脉血栓形成的治疗通常只限于保守疗法，包括静脉水疗法、消炎药以及控制继发感染的全身抗菌药物。已成功实施手术摘除马颈静脉血栓，除非两侧静脉病变严重，一般药物治疗即可消除炎症，并且侧枝循环的形成通常可引起充分的静脉循环。前腔静脉和（或）后腔静脉的血栓形成，能导致更严重的临床症状，且需要更积极的治疗方法，这些方法包括溶栓药物或血管内/外科手术切除，长期口服药物治疗通常反应不适，导致预后不良。

治疗过程中，应尽量减少创伤和细菌污染，以保持静脉最佳状态，防止静脉血栓形成。需特别注意置管和静脉注射。虽然抗血小板治疗（阿司匹林100 mg/kg，每日1次）、抗凝疗法（普通肝素40~80 IU/kg，皮下注射，每日2~3次）能防止进一步的血栓形成。低分子量肝素促进内在血栓溶解的效果尚不清楚。

在马中，很少见普通圆形线虫引起的动脉瘤，主要考虑的是伴随腹痛的肠道血管血栓栓塞。一般来说，动脉壁充分参与血栓清除是不现实的。抗菌治疗与杀死移行幼虫的驱肠虫药具有重要作用。马肠系膜和主动脉髂动脉血栓最合理的方法是预防和控制圆线虫病。

（2）猫 猫急性动脉栓塞的治疗方法有很多。即使没有特定的治疗，50%以上的心源性栓塞存活猫，能在4~6周恢复骨盆和四肢功能。更积极的治疗旨在通过溶栓药物或流变干预溶解血栓，提高患病动物的输出功能，但是患病动物存活情况不如保守疗法。保守疗法包括止痛（氢吗啡酮0.08~0.3 mg/kg，每2~6 h进行皮下注射、肌内注射或静脉注射；或盐酸丁丙诺啡，0.005~0.01 mg/kg，每日3~4次，皮下注射、肌内注射或静脉注射）和抗凝疗法（肝素，250~375 IU/kg，静脉注射，然后150~250 IU/kg，皮下注射，每日3~4次）。活化部分凝血活酶时间可用来监控肝素疗法，目标为1.5~1.7倍预处理值。应考虑使用抗血小板疗法（氯吡格雷75 mg，口服给药，一旦出现疗效，随后18.75 mg，口服给药，每日1次）进一步减少血栓形成的可能性，并且有助于侧支循环的形成。溶血栓疗法包括链激酶（每只猫90 000 IU，静脉注射20 min后，改为45 000 IU，持续静脉输注2~24 h）、重组组织型纤溶酶原激活剂（组织型纤溶酶原激活剂，每小时0.25~1 mg/kg，静脉注射，总剂量为1~10 mg/kg）或尿激酶（4 400 IU/kg，静脉注射10 min后，每小时4 400 IU /kg，静脉注射12 h）。这些药物通过将纤溶酶原转化为分解纤维蛋白的纤溶酶促进血栓溶解。链激酶是一种非特异性的纤维蛋白溶酶原活化剂，因为它能激活循环内以及血栓/栓子内的纤维蛋白，可以导致循环系统蛋白水解和出血。与链激酶相比，虽然尿激酶和组织型纤溶酶原激活剂是特异性的纤维蛋白溶解酶，但使用时仍然可见出血。试验研究及人类临床实践显示，使用抗血小板药物，如氯吡格雷，可加速血栓溶解，并能减少急性动脉血栓。然而，在猫科动物研究中溶栓率没有显著的差异。目前尚不清楚这些成果能否用于临床疾病治疗。溶栓治疗对于猫不完全梗塞或单侧梗塞反应最佳。然而，猫对没有再灌注损伤风险或昂贵药费的保守疗法反应也不错。虽然严重的完全梗塞的溶栓治疗更可能

产生再灌注损伤，但这些猫仅用保守疗法不太可能恢复，因此溶栓疗法可能是存活的最佳选择。

早期主动脉梗塞报道的幸存率在保守疗法（35%~39%）或溶栓疗法（33%）中相似。不管使用哪种疗法，单一下肢梗塞猫治疗效果（68%~93%）好于双侧下肢梗塞猫（15%~36%）。

阿司匹林（25 mg/kg，每48~72 h，口服给药1次；或5 mg/只，每48~72 h，口服给药1次）历来都被广泛用于猫心源性疾病的预防治疗中。它通过阻止血栓素A_2生成，从而不可逆性地抑制血小板聚集。然而，目前还没有证据表明，阿司匹林（或任何抗血栓药物）能够预防心源性栓塞初次或再次发生。在猫中，阿司匹林显得相对安全（只有20%的猫出现胃肠道的不良反应）且廉价，除混剂外。

氯吡格雷（18.75 mg/只，口服给药，每日1次）可抑制猫原发性和继发性血小板聚集，效果比阿司匹林更强。氯吡格雷也能阻碍血小板的释放反应，减少促聚集和血管收缩剂的释放。该药不良反应很少，但10%猫有呕吐症状；这可通过与食物一同给药来改善。与阿司匹林一样，目前尚无证据表明，它能预防原发性或继发性心源性疾病。以前，曾使用阿司匹林和氯吡格雷联合治疗方案。虽然该治疗方案没有客观地研究，但除了理论上出血危险性增高外，动物对其有很好的耐受性。

华法令（0.25~0.5 mg/只，口服给药，每日1次）也曾用于预防猫原发性或继发性心源性血栓。调整剂量后，该药能延长凝血酶原时间至1.5~1.7倍预处理值。因为凝血因子Ⅱ、Ⅶ、Ⅸ和Ⅹ减少之前，华法令能降低抗凝蛋白C和S，因此建议在华法令治疗的第5~7天与肝素联用。华法令治疗的问题包括大的个体间及个体内差异、用药剂量不易确定和致命性出血。由于华法令的这些缺陷以及缺乏客观的临床效果证明资料，该药通常是预防猫心源性血栓药物的第二选择。

虽然低分子量肝素（LMWH）的体积比普通肝素要小，但其保留了抑制凝血因子Ⅹa的能力，同时，大大地降低了对凝血因子Ⅱa的抑制作用。抗凝血因子Ⅱa活性的降低，对部分凝血激酶活化时间影响微乎其微，因此，可以使用抗凝血因子Ⅹa活性测量值。依诺肝素（1.0~1.5 mg/kg，皮下注射，每日1~2次）和达肝素（100 IU/kg，皮下注射，每日1~2次）被应用于猫中，它们对这些药物的耐受性很好，且罕见出血报道，但评估他们效果的临床研究尚未见报道。这些药物很少与阿司匹林或氯吡格雷组合用于抗血栓治疗。该治疗方案似乎有很好的耐受性，但也可见一些轻微出血。

猫在接受某种抗血栓治疗之后，报道的复发率为

17%～75%，1年内的复发率为25%～50%。心源性血栓初期后，猫的存活时间平均为51～376 d不等；虽然这些数字看起来让人望而生畏，但许多猫都可以治愈。急性病例应用安乐死，应局限于那些有严重梗死、且经过48～72 h治疗后没有产生严重CHF或再灌注损伤的患猫。

（3）**犬** 犬动脉血栓栓塞通常与低蛋白肾病和肿瘤有关。犬动脉血栓栓塞临床治疗经验很少，但应用链激酶，尿激酶和组织型纤溶酶原激活剂的溶栓治疗，在个别病例中已获得成功。目前，尚无评估预防犬动脉血栓栓塞的抗血栓疗效的临床试验，但阿司匹林（0.5 mg/kg，口服给药，每日2次）、

氯吡格雷（1～3 mg/kg，口服给药，每日1次）、华法令（0.22 mg/kg，口服给药，每日1次）、肝素（100 IU/kg，皮下注射，每日1～2次）和依诺肝素（1.0～1.5 mg/kg，皮下注射，每日1～2次）的给药方案已有报道。

犬肺栓塞的推荐治疗方法与猫心源性血栓病相似。然而，犬溶栓治疗尚未见报道。当将阿司匹林（0.5 mg/kg，口服给药，每日1次）添加到标准免疫抑制治疗药物中时，其可提高免疫介导性溶血性贫血患犬的存活率。

（孙东波 译 武瑞 一校 马吉飞 二校 丁伯良 三校）

第二章 消化系统
Digestive System

第一节 消化系统概述

一、概述

消化系统由口腔、口腔附属器官（唇、齿、舌、唾液腺）、食管、反刍动物的前胃（瘤胃、网胃、瓣胃）、真胃（所有动物）、小肠、肝脏、胰腺外分泌部、大肠、直肠和肛门组成。消化道附属的淋巴组织（扁桃体、集合淋巴结、弥散淋巴组织）沿着胃肠道分布。腹膜包裹着腹腔内脏，并与多种消化道疾病有关。消除消化道紊乱，主要应该致力于确定疾病发生的具体部位以及引起疾病的原因，只有这样才能制订出理性的治疗计划。

（一）功能

消化道的主要功能包括采食饲料和饮水，咀嚼、混合、吞咽饲料，消化饲料和吸收营养，维持体液平衡，排泄废物，包括4种基本功能（消化、吸收、运动、排泄），相应地有4种类型的机能障碍。

正常的胃肠运动模式主要是蠕动，通过肌肉活动将采食的食物从食管运送到直肠；通过分节运动，将食物搅拌和混合；通过阶段性阻力和括约肌紧张，延缓了肠道内容物向后运送。在反刍动物，主要由前胃承担这些功能。

（二）病理生理学

异常的胃肠运动通常表现为活动能力下降。分节阻力常常下降，食物通过率升高。运动依赖于对交感神经和副交感神经（中枢神经及其外周神经的活性）、胃肠道肌肉组织及其内在的神经丛的刺激。活力下降，总是伴随着肌肉组织衰弱、急性腹膜炎和低血钾，并发肠壁迟缓（麻痹性肠梗阻）。液体和气体积聚导致肠臌胀，粪便排出减少。此外，小肠慢性梗阻导致微生物群的异常增殖，由于细菌过度生长，可损伤肠黏膜细胞、竞争营养，引起胆酸盐早期分解、脂肪酸羟基化，可能导致吸收障碍。

呕吐是一种神经反射活动，导致胃内食物和液体从口腔喷出。呕吐总是伴有先兆，如预感、恶心、流涎、颤抖以及腹肌反复收缩。

反胃（返流）是被动性的，先前吞咽的食物从食管、胃或者瘤胃内返流。在那些出现食道逆流的病例，吞咽的食物可能不能到达胃内。

运动能力低下的主要后果之一是液性和气性胃肠臌胀（扩张）。大部分聚集的液体是唾液和在正常消化过程中分泌的胃液和小肠液。臌胀引发疼痛及相邻肠段的反射性挛缩，这也会进一步刺激液体分泌并进入肠腔，加重病情。当臌胀程度超过一定的临界点，肠壁肌的感应能力下降，痛感开始消失，形成麻痹性

肠梗阻，最后整个胃肠道肌肉紧张性消失。

胃肠扩张的主要后果是脱水、酸碱平衡失调、循环衰竭，积聚于肠道的液体刺激前段肠管分泌额外的液体和电解质，这会使异常进一步恶化，导致动物休克。

胃肠道疾病相关的腹痛常由肠壁伸展引起，消化道收缩直接引发疼痛或者导致相邻肠段反射性臌胀而疼痛，肠痉挛是某段肠道过度收缩，当蠕动波到达时，导致前段肠管立即发生臌胀。其他导致腹痛的因素包括肠系膜部分栓塞或者扭转时引发的水肿、局部血供不足等。

特定的疾病可能通过多种特定机制引起腹泻，认识到这一点利于理解、诊断和管理胃肠道疾病。腹泻的主要机制是通透性增加、过度分泌和渗透性增加。胃肠运动机能紊乱常是次要问题。在健康动物，水和电解质不断跨肠黏膜转移，同时发生分泌（从血液到肠）与吸收（从肠到血液）。在临床表现正常的动物，吸收超过分泌，即净吸收。肠道炎症可能伴有黏膜孔径的增大，允许跨膜渗出（渗漏）量增加，降低了从血液到肠腔的压力梯度。如果渗出量超过了肠的吸收能力，就会发生腹泻。肠黏膜漏出物的大小不等，取决于孔径增加的大小。孔径增大到允许血浆蛋白渗出时，可导致蛋白丢失性肠病（如犬淋巴管扩张、牛副结核病、线虫感染）。如孔径进一步增大导致红细胞丢失，可以形成出血性腹泻（如出血性胃肠炎、细小病毒病和严重钩虫感染）。

分泌过多（或过度分泌）可使肠道水和电解质丢失，它是肠道通透性、吸收能力或者外源性渗透梯度独立改变的结果（三者中有一种变化，就引起分泌增多）。肠毒素性大肠埃希菌病可以引起肠过度分泌超过吸收能力而引发腹泻。完整的肠绒毛，可以保持消化吸收能力正常，所分泌的是等渗的、游离的碱性液体，因此完整的肠绒毛是有益的。即使在分泌过度的情况下，口服用含葡萄糖、氨基酸和钠盐的液体均能被吸收。

当吸收不充分，导致肠腔内溶质聚积时，水分因为其渗透活性而被保留，这就引起渗透性腹泻。在任何情况下，渗透性腹泻都会发展成为营养吸收障碍或者消化不良。

吸收障碍是指由于消化细胞和吸收细胞（肠绒毛表面覆盖的成熟细胞）缺陷引起消化和吸收失败。一些嗜上皮病毒可以直接感染或者毁坏具有肠绒毛的吸收上皮细胞，如仔猪的冠状病毒、传染性胃肠炎病毒、犊牛呼肠孤病毒；猫传染性粒细胞缺乏症病毒、犬细小病毒破坏隐窝上皮细胞，导致绒毛吸收细胞更新失败及绒毛塌陷。细小病毒感染之后，肠绒毛上皮细胞再生要比其他病毒（如冠状病毒和呼肠孤病毒）

感染绒毛顶部上皮细胞花费更长的时间。肠吸收障碍也可能由任何一种损害吸收能力的病因引起，例如弥漫性炎性疾病（如淋巴细胞-浆细胞性肠炎、嗜酸性细胞性肠炎）或肿瘤（如淋巴肉瘤）。

其他吸收障碍疾病包括胰腺分泌功能障碍（可以导致消化不良）。当喂给新生仔畜或者幼龄动物初乳时，罕见有因乳糖消化失败（大多数具有量多、高渗效应）而导致腹泻。一些研究表明，仔畜肠绒毛顶端细胞表面的消化酶分泌减少是嗜上皮性病毒感染的特征。

胃肠道消化食物的能力依赖于胃肠自身的动力和分泌功能（马属动物）、前胃微生物群的活性（反刍动物）或盲肠和结肠（马和猪）微生物群体的活性。反刍动物的菌群可以消化纤维素，使碳水化合物发酵成为挥发性脂肪酸以及转换含氮物质为铵、氨基酸和蛋白质。在特定环境下，微生物群体的活性能够被抑制，消化变得异常或者完全停止。饮食不当，长期饥饿或食欲下降以及胃酸过多（也发生于过多采食谷物）都可影响到微生物消化。细菌、酵母、纤毛虫可能受到口服抗菌药物或者能强烈改变瘤胃内容物pH药物的影响。

（三）胃肠疾病的临床表现

消化道疾病的临床表现有过度流涎、腹泻、便秘或粪便减少、呕吐、胃返流、消化道出血、腹痛、臌胀、里急后重、休克、脱水以及亚健康表现。通过识别与分析临床表现，常可以确定引发功能障碍的病变部位和性质。此外，采食、咀嚼和吞咽异常通常与口腔黏膜、牙齿、下颌、头部其他骨性结构或者食道有关。在单胃动物，呕吐最为常见，通常由于胃肠炎或者非胃肠疾病（如尿毒症、子宫积脓、内分泌疾病）引起。反胃表示口咽或食道疾病，并不总是伴有先兆性呕吐。

大量液状腹泻通常与过度分泌（如新生犊牛肠毒素性大肠埃希菌病）或吸收障碍（渗透性）有关。粪中有血液和纤维蛋白管型，表明有出血、小肠或者大肠纤维蛋白性坏死型肠炎。例如牛病毒性腹泻、球虫病、沙门氏菌病或猪痢疾。黑色焦油样粪便（黑粪症）显示出血发生在胃或者小肠前段。消化道里急后重通常源于直肠和肛门的炎症。

少量稀软粪便表明小肠部分阻塞。由于运动不足（功能性阻塞，动力缺乏型麻痹性肠阻塞）或者物理性阻塞（如异物或者肠套叠），使得气体、液体或者摄入食物聚集引起腹部臌胀，但是臌胀也可能由暴食引起，听诊和叩诊时听到腹部"呼"样声音，说明有气体充满内脏。反刍动物突然发生的急性腹部臌胀通常由瘤胃臌气引起。当瘤胃和肠被液体所充满，冲击

式触诊和振荡式听诊可能出现击水音。当大量液体丢失时（腹泻或隐性肠阻塞），能够引发不同程度的脱水、酸碱及电解质平衡失调，这些均可能导致休克或者胃扭转、真胃变位。

腹痛是由于牵拉内脏与腹膜，引起或两者的浆膜表面的炎症引发；腹痛可能是急性的或者亚急性的；研究表明，不同动物的腹痛表现差异很大。马急性腹痛是一种常见的疾病（见马疝痛），而牛的腹痛更多表现为亚急性的，特点是不愿运动、每次呼吸时或者触诊腹部时会发出哼哼声。犬猫腹痛是急性或者亚急性的，特点是哀鸣（犬）、咪叫（猫）、姿势异常（如前肢伸展、胸部触地、后肢提举）。

（四）胃肠道的检查

完整准确的病史和常规临床检查通常能够确诊。家畜发生消化道疾病，最重要的是病史和流行病学调查结果。如果病史、流行病学及临床表现与消化道疾病一致，那么病变应该定位在消化系统内，就可以确定病变类型和病变原因。

表2-1 小肠性与大肠性腹泻的鉴别诊断

临床表现	小肠性腹泻	大肠性腹泻
排便频率	正常或者轻微增加	非常频繁
粪便量	块大或者稀薄	少量
尿急	无	常有
里急后重	无	常有
粪便黏液	常无	频繁
粪便潜血	暗黑色（黑粪症）	红色（鲜红色）
体重减轻	可能有	罕见

通过病史、病理学检查和粪便特征，可能将发病部位定位在大肠或者小肠（表2-1）。区别这些十分重要，因为它缩小了鉴别诊断的范围，决定了进一步诊断的方向。

临床和实验室技术及其应用包括：①肉眼检查口腔，观察腹部外形是臌胀还是收缩；②通过触诊腹壁或者直肠检查确定腹腔脏器的形状、大小和位置；③腹部叩诊检测"呼呼"音（鼓音），有这种声音说明内脏臌气；④听诊确定胃肠运动的强度、频率和持续时间以及击水音（见于液体充满胃和肠腔）、流水音（见于腹泻性疾病）；⑤振荡法确定击水音；⑥用手在腹壁来回移动触诊腹腔器官的密度和大小；⑦眼观可以检查粪便的体积、黏稠度、颜色以及是否存在黏液、血或者未消化的食物颗粒。

通过显微镜可以检查粪便中的寄生虫，直肠或结肠黏膜分泌物抹片进行细胞学检查，新亚甲蓝或者瑞

氏染色进行中性粒细胞检查，对于诊断炎性肠病很有价值。下列方法可能有用或有必要：①细菌培养与病毒分离；②内镜观察食道、胃、十二指肠、结肠和直肠黏膜表面；③腹腔穿刺术收集臌胀的脏器或者腹腔的液体，供检查使用；④X线检查诊断阻塞性疾病；⑤腹部超声检测小动物腹腔肿块、肠套叠、肠系膜淋巴结病以及检查马、牛等腹部疾病；⑥使用内镜、腹腔镜或者外科方法活组织采样获取病料，供显微镜检查使用（肝脏和小肠病料对于诊断慢性肠炎和肝病具有价值）；⑦消化和吸收检查，以判断和区别吸收障碍与消化不良。常见的吸收功能检验包括测量血清维生素B_{12}和叶酸。此外，小动物血浆叶酸浓度及维生素B_{12}下降与小肠细菌过度生长一致。胰脏功能可以依据检测血浆胰蛋白酶样免疫反应性决定，对于未确诊病例或者需要外科方法矫治病例可进行剖腹术与活检诊断。

二、传染病

胃肠道极易受到多重病原的感染，引起亚健康、疾病或者死亡，这是引起经济损失的主要原因（表2-2），这些感染经直接接触或者经粪口途径传播。许多病原是肠道微生物区系的一部分，在应激因素作用后导致疾病，如马在运输、麻醉或外科手术应激后易发生的沙门氏菌病。在出生后数小时就能建立肠道菌群，这说明早期摄入初乳可以为肠道提供保护，进而抵抗链球菌和肠道的感染。

表2-2　胃肠道的常见病原

	牛，绵羊，山羊	猪	马	犬和猫
病毒	牛腹泻病毒，轮状病毒，冠状病毒，牛瘟，恶性卡他热，蓝舌病，口蹄疫	传染性胃肠炎，猪圆环病毒II型，猪流行性腹泻病毒，轮状病毒，口蹄疫，水疱性口炎，疱疹	轮状病毒，水疱性口炎	犬细小病毒，犬冠状病毒，猫白血病病毒，猫肠冠状病毒，犬猫轮状病毒，犬猫星状病毒
立克次体			新立克次体（波托玛克马热，马单核细胞性埃利希体病）	蠕虫新立克次体（犬鲑中毒）
细菌	肠毒性大肠埃希菌，沙门氏菌，分支杆菌，副结核分支杆菌，梭菌属，坏死梭形杆菌，B型、C型和D型梭状芽孢产气荚膜梭菌，李氏放线杆菌，结肠耶氏菌，空肠弯曲杆菌	肠毒性大肠埃希菌，沙门氏菌，猪痢疾，B型和C型梭状芽孢产气荚膜梭菌，胞内劳森氏菌，艰难梭状芽孢杆菌	肠毒性大肠埃希菌，沙门氏菌，马红球菌，马驹放线杆菌，B型和C型梭状芽孢产气荚膜梭菌	沙门氏菌，结肠耶氏菌，空肠弯曲杆菌，毛状杆菌，梭状芽孢杆菌，分支杆菌，志贺杆菌
原虫	艾美耳球虫和隐孢子虫	艾美耳球虫，等孢子虫	艾美耳球虫	等孢子球虫，肉孢子虫，贝斯诺孢子虫，哈蒙球虫，弓形虫，贾第鞭毛虫，毛滴虫，阿米巴虫，结肠小袋虫，隐孢子虫
真菌	念珠菌属（牛）	念珠菌属	烟曲霉菌	荚膜组织胞浆菌，曲霉菌，白色念珠菌，澡状菌
藻类	原壁菌属	原壁菌属	原囊藻	原囊藻
寄生虫	见反刍动物胃肠道寄生虫病	见猪胃肠道寄生虫病	见马胃肠道寄生虫	见小动物胃肠道寄生虫

胃肠道传染性疾病病原学的诊断，取决于在被感染动物的消化道或粪便中检出病原。当群发性流行时，例如新生犊牛或者仔猪急性不明原因腹泻，最佳的诊断机会是在疾病初期，通过选择未经治疗的动物，进行尸体剖检以及将其肠道菌进行显微镜检查。当无法进行尸体剖检时，就要细心收集每日粪便样品，并送交诊断实验室，根据可能感染疾病的类型，通过特殊培养技术进行检查。ELISA已经用于检测粪便中某种病毒、细菌或原虫抗原，可以对疾病进行确诊（如犬细小病毒、沙门氏菌病、隐孢球虫病）。

（一）胃肠道寄生虫病概述

胃肠道可能是多种寄生虫寄生的场所。他们的生活周期可能是直接的，卵和幼虫经粪便传播，发育至感染阶段，最终被终末宿主摄入，未成熟阶段的虫体可能被中间宿主摄入（通常是脊椎动物），在中间宿主体内进一步的发育，当中间宿主或者营自由生活阶段的虫体从宿主体内脱落，被终末宿主摄入时，就会引发感染。有时，他们在转移宿主和中间宿主体内不发育，依赖于幼虫包囊化程度以及幼虫在组织内的存在情况。寄生虫病的临床表现取决于寄生虫的数量和致病力，而这两者又取决于寄生虫的生物潜能，在一定条件下，还取决于中间宿主类型、气候及管理措施；宿主的抵抗力、年龄、营养状况以及并发症也可影响寄生虫病感染的病程。家畜亚临床寄生虫病的经济重要性也由以上因素决定，研究表明，轻度感染寄生虫病的动物并不表现临床症状，但是在饲养场、奶牛场或者育肥舍中，其生产性能会明显下降。

患有轻度或中度感染寄生虫病的动物，饲料转化率升高，主要表现为食欲降低、蛋白和能量缺乏，胴体品质和大小也降低，经济回报降低。患有体内寄生虫病的伴侣动物，能够引起严重疾病或者造成体质消耗，这是人们不愿看到的；然而，有些寄生虫也能感染人。

因为寄生虫病极易与其他消耗性病因混淆，所以确诊应考虑寄生虫感染的季节性、既往病史以及粪检时是否有卵囊、虫卵、幼虫；血浆胃蛋白酶水平的升高能够提示一些真胃寄生虫感染，血浆肝脏酶的水平升高可以提示肝脏吸虫感染。虽然已经使用ELISA技术检测寄生虫，但是其他血清学技术（包括单克隆抗体）正在研发之中，随着检测特异性的提高，会更加频繁地进行血清学诊断，尤其用于那些患有人兽共患寄生虫病的伴侣动物。

随着流行病学的发展，特别是高效广谱驱虫药的发现，可以影响寄生虫的自由生活状态和生存的季节性发育因素，使得成功地治疗和控制胃肠道寄生虫病成为可能。通常情况下，除非有复发或损伤特别严重的病例，在一般情况下，采用单一抗寄生虫药物即可产生明显快速的治疗效果。对于大动物的寄生虫病的预防控制，对牧场进行驱虫处理；使用改良的驱虫方法有助于驱虫，如喷洒、使用持续式或者脉冲式药物释放装置。在任何现代健康畜群及种畜场，一个重要任务是采取措施预防寄生虫的感染和降低寄生虫引起的生产损失，这在宠物寄生虫病预防控制中也同样重要。寄生虫病的疫苗预防仅在肺丝虫病有应用。在欧洲的许多国家，允许使用牛的寄生虫疫苗，而在东欧及中东部分国家，允许使用绵羊寄生虫疫苗。

（二）传染病的治疗

抗生素可用于治疗细菌性疾病，驱虫药可用于寄生虫病，对病毒性疾病尚无特异性治疗方法。抗生素通常可以口服数日，直到明显恢复，但是仅有少量的客观证据来评价其疗效。有研究表明，过量或者持续服用抗生素可能危害机体（如细菌过度生长，肠道绒毛萎缩）。当出现明显的败血症或者可能出现败血症时，可经肠胃外途径给予抗生素。选择抗生素取决于可疑的疾病、以前的用药结果和费用情况。对于畜群流行病，抗生素可按照治疗量加入到饲料或饮水中，连用数日，随后，按照预防量继续给药一定时间，给药的持续时间取决于畜群感染压力的高低。为预防新的病例出现，对有接触感染的动物，可将药物加到饲料和饮水中（见消化系统的全身性药物治疗）。

传染病的控制

有效地控制消化道常见传染病，依赖于良好的环境和动物卫生条件，动物自身发展和维持的非特异性免疫力以及在某些特定情况下，通过给妊娠母畜或者易感动物接种疫苗，而获得特异性免疫力。

有效的环境和动物卫生主要通过以下途径获得：给动物提供足够的空间、定期打扫清洁圈舍、及时从圈舍清除粪便。非特异性抵抗力的形成和维持，依赖于动物的遗传选育，能够使动物获得先天性抵抗力，也依赖于提供足够的营养和圈舍，这些措施能够使动物应激降到最低，允许动物正常生长且有正常的行为习性。无临床症状的感染动物，能够向外界排毒数周或者数月，这是一些胃肠道传染性疾病的主要问题，例如沙门氏菌。较为理想的方法是对这些带毒动物通过微生物检验确诊，并从畜群中隔离出来，直到感染消除或者被淘汰。

虽然某些确定的疾病，能够在分娩前数周通过对妊娠母畜免疫接种得以控制，例如犊牛和仔猪肠毒性大肠埃希菌病，接种疫苗可使初乳中含有保护水平的抗体而产生免疫作用。但在大多数情况下，全身性的免疫并不能对传染性肠炎起到保护作用。对胃肠传染病有效的免疫依赖于在新生期后对局部肠道免疫能力的刺激，在新生期，其抵抗力能够经母源抗体而获得，例如从出生到断奶时期，母猪乳汁中的分泌型IgA的渐进性增加，为哺乳期仔猪提供了日常保护。

三、非传染性疾病

消化道非传染性疾病的主要病因包括过量采食或食入不易消化饲料、化学或物理因素、食入异物、脏器变位或消化道损伤引起的胃肠阻塞，这些病因可以影响食糜流动、导致酶缺陷，干扰正常消化功能的黏膜（如胃溃疡、炎性肠病、绒毛萎缩、肿瘤），先天性缺陷。消化道非传染性疾病的临床症状表现为呕吐与腹泻，这些症状可能继发于全身性疾病或者代谢病，例如尿毒症、肝病、肾上腺皮质功能减退。在一些疾病，致病因素尚未确定，包括牛真胃溃疡、猪和马驹的胃溃疡、犬胃扩张、急性肠梗阻、牛真胃变位。除了过量采食或者中毒发生畜群暴发疾病外，消化道的非传染性疾病通常为散发，即在某一时间仅有少数个体发病。

四、治疗原则

可参见单胃动物或反刍动物消化系统的全身性药物治疗学。

虽然消除致病因素是主要目的，但是治疗的主要部分是辅助疗法与对症疗法，目的在于缓解疼痛、矫正异常，促进康复。

消除原发性致病因素的方法包括使用抗生素、抗球虫药、抗真菌药、驱肠虫药、中毒病解毒药进行治疗，采用外科方法矫正脏器变位。

纠正胃肠运动亢奋或者抑郁都是合理措施，但是异常运动的性质和程度通常难以确定。而且，有效药物疗效也不持续有效地表现出来。抗胆碱药物和阿片类制剂作为缓解肠蠕动的药物，其临床效果的证据还不足。虽然腹泻可以排出有害微生物及其毒素，但是减缓肠蠕动与抑制腹泻有矛盾。一般来说，抗胆碱药物仅用于短期缓解症候性疼痛和直肠、肛门炎症引起的里急后重。对一些胃和结肠运动紊乱性疾病，可以使用甲氧氯普胺和红霉素等药物能够促进胃肠蠕动。

当腹泻、持续性呕吐、肠梗阻或者胃扭转引起脱水、电解质及酸碱平衡紊乱时，有必要补充液体和电解质，在这些情况下，机体通常会大量脱水和丢失电解质。

经胃管（如反刍动物的胃扩张）或者外科方法（急性肠梗阻、反刍动物和单胃动物的胃扭转）可以缓解胃肠的扩张。消化道可能由于物理性或者功能性阻塞而发生不同程度的气胀、液性臌胀或者食物性扩张。

当腹痛反射性引起机体其他系统紊乱（如心血管性虚脱）或者引起动物自体损伤时（打滚、踢蹬、摔打自身）时，应通过使用镇痛药减缓腹痛。动物使用镇痛药必须实施监控，确保疼痛得到缓解而又未掩盖真实的病情。当动物受到镇痛药的影响时，病情可能会逐渐恶化。

当瘤胃菌群严重的缺乏时（如长期厌食或者急性消化不良），应该考虑重建瘤胃菌群，具体方法是口服正常动物的瘤胃液，其中含有瘤胃细菌、纤毛虫和挥发性脂肪酸。

第二节 先天性与遗传性畸形

一、口腔

1. 腭裂或兔唇 这是由于在胚胎发育时期颌面部形成过程发生了紊乱。下唇裂较为罕见，通常在正中线出现裂缝。上唇裂通常发生在前颌骨和上颌骨结合部，可能是单侧发生或者双侧发生，分为完全唇裂和不完全唇裂两种类型，常与齿槽突与腭裂有关。上唇裂也可能仅与腭裂有关，影响软腭或者硬腭。约

8%患有唇腭裂犬猫的发育异常会影响其他器官。在大动物，同样能够见到唇腭裂患病动物常伴有其他器官缺陷。例如夏洛来牛关节弯曲，是一种单纯性的常染色体退化。特克赛尔绵羊有一种唇对称性分裂疾病，它同时伴有上颌骨缺陷，已有报道证实是属于常染色体退化。在小动物，比格犬、可卡犬、腊肠犬、德国牧羊犬、拉布拉多犬、雪纳瑞犬、喜乐蒂牧羊犬以及暹罗猫唇腭裂畸形率均较高。人们已经确定，布列塔尼猎犬有常染色体隐性特征，然而也怀疑斗牛犬（英国斗牛犬与法国斗牛犬）、西施犬、波音达犬患有常染色体不完全显性遗传缺陷。短头品种有高达30%的危险因素。在大动物已经报道，牛、羊、山羊和马均有复合型唇腭裂。虽然母体营养缺乏、使用药物或者化学物质、机械性因素均可对胎儿产生影响，但是主要原因还是遗传。此外，本病也与妊娠期间某些病毒感染有关。食入有毒物质也有一定影响，例如在牛妊娠的第二或者第三个月食入羽扇豆（*Lupinus sericeus* 和 *L.caudatus*）可潜在地引发"畸形犊牛病"（Crooked calf disease），患这种病的犊牛，基本上都发生唇腭裂。

吮乳困难、吞咽困难、鼻孔漏乳都是反映畸形严重程度的基本征兆，由于吸入食物也可以见到呼吸道感染，常预后不良。除马驹患有的软腭裂可能较难发现外，通过一般的口腔检查很容易发现这些问题。

加强护理，包括人工饲喂和胃食管等方法，以确保每日的净营养需求和净能量需求。此外，有时需要用适宜的抗生素疗法，以治疗鼻镜和下呼吸道的继发感染。如果小动物的缺陷很小，通过外科手术可以有效矫正，通常在8～12周龄进行手术，如果小于此年龄，其健康状态差且缺乏抵抗力。从简单缝合到皮瓣移植（sliding graft）或假体移植等多种外科技术都可用于矫正缺陷，采用哪种方法取决于缺陷的严重程度以及位置。对患有更复杂缺陷的动物，需要多种手术才能成功矫正。历来外科矫正常被人们认为是高风险的，但是新的技术（如双侧黏膜蒂状皮瓣遮盖术）能够提高犬软腭裂修复的成功率。外科方法的使用应首先要考虑到伦理问题，患病动物必须使用外科无菌术或者从种畜选择入手，消除唇腭裂畸形，以防止未来的后代出现异常。

2. 牙齿咬合异常 当下颌骨比上颌骨短时就认为是**短颌**（上颌突出、下颌短、或马鹦鹉嘴），在各种不同的动物类群之间，严重程度和发病率不同。牛的先天性多基因异常与多种疾病有关，如安格斯牛和西门塔尔牛的阻生齿（Impacted molar teeth）和骨硬化症，也与染色体畸变有关，例如三倍体，通常是致死性的。马驹短颌畸形是由于妊娠期间使用灰黄霉素

所产生的致畸效应的结果。在小动物，轻度的可能无临床症状，但是较严重的可能导致硬腭损伤，或者限制永久性犬齿长出后正常下颌骨生长，需要经过仔细的口腔检查诊断。治疗措施有多种，可以选一种或多种正畸或牙髓治疗程序，具体使用方法取决于疾病的严重程度。在小动物，常常去除下颌犬齿或者进行牙冠切除术（Crown reduction producedures），同时进行牙髓切除术或者根管切除术（With concurrent pulpotomy or root canal）。视病情而定，推荐使用早期截断矫正术，以提高短期和长期疗效。绵羊牙齿咬合缺陷的类型有短颌、下颌发育不全及无颌，是单染色体隐性遗传的结果。利木赞牛颅面发育异常的特征是鼻子凸出、短颌、额缝骨化不全、眼球突出和大舌头症。这是由于单一常染色体隐性基因纯合的结果。

当下颌骨比上颌骨长时，人们就认为是凸颌（下颌突出、马嘴呈现猴嘴样或者猪嘴样）。通过口腔检查，如果确定下颌切齿与上颌切齿相对或者下颌切齿包着上颌切齿，就可以认为是凸颌畸形。对于短头犬和波斯猫，这是品种特有的特征。尽管程度不同，但是很少需要特异性疗法。如果马驹的病情较重，可能就不能吮乳。如果简单地治疗一下，可以挫掉或剪掉咬合不良处或者凸出点。反刍动物常见出生时程度较轻，随着动物生长能够自发矫正。更加严重的畸形会损害采食和咀嚼能力，因而有更明显的临床症状。

安格斯牛犊面部畸形特点是脸宽而短，常伴有关节退化和复杂的基因转移。

3. 舌畸形 舌系带短缩，舌系带过短（Ankyloglossia）或小舌病（Microglossia）是指舌不完全发育或异常发育。在犬类常称为"鸟舌症"，可能是幼犬衰弱综合征（fading puppy syndrome）的症状之一。患病幼犬难以护理且体质很差。口腔检查发现舌侧及舌尖部分缺失或者发育不充分，这导致舌缠绕（Prehensile）与活动能力障碍。这种疾病是致死性的。巨舌症（Macroglossia）或大舌症见于白带格罗威牛（Belted Galloway cattle），但是随着年龄增长逐步消退，临床意义不重要。

上皮增殖不完全或者光滑舌（Smooth tongue），是舌丝状乳头不完全发育的症状，它是一种常染色体隐性遗传疾病，见于荷斯坦牛、黑白花牛及瑞士褐牛。本病导致过度流涎和生长发育不良。

4. 中国沙皮犬小唇病 一些沙皮犬下唇前庭较小或者缺乏下唇前庭。他们的下唇包裹着下颌牙齿，并越过下颌切齿顶端，朝向舌尖卷曲。上切齿和下唇之间的接触面使唇部位置更糟糕，这可能会有助于下切齿的舌异位。外科矫正要求手术做人造前庭，具体做法是水平释放切齿、分离黏膜，然后将游离黏膜皮瓣缝合到暴露的结缔组织上，以防止切口的边缘愈合，这可能导致复发。

二、牙齿

1. 数量异常 虽然犬猫臼齿和前臼齿可能不能发育或萌出，但在大多数物种，很少见到牙齿数量减少的情况（术语为先天性无齿症）。马的切齿区或者磨齿区偶然可见额外齿。犬的额外齿常在单侧发生，且大多数在上颌。犬永久齿齿弓萌出不当也罕见，但可能使牙胚一分为二，最终形成两个牙齿。结果导致牙齿过度拥挤以及后续的牙齿移位，这就必须拔除多余的牙齿，以预防或者矫正牙齿咬合异常。马辅生齿需要拔除，或者需要周期性进行挫齿。特别是辅生齿影响到了咀嚼，或者由于嚼头激怒马匹的情况发生以后。

2. 牙齿不规则脱落 反刍动物的前磨齿可能会有这样的情况，即乳齿的齿根被吸收，但是牙冠可能持续存在，覆盖于表面或者像一个杯盖一样阻碍永久齿萌出。如果这些"杯盖"还未自发分离开来，很容易用镊子去除。犬乳齿延迟脱落很常见，继发于牙周韧带不能与乳齿分离，犬永久齿呈鸟喙样萌出。这可能引起永久齿移位，常发生在2～3周内，最终导致咬合不全、食物残留（Entrapment）以及继发牙周疾病。因而，乳齿滞留应该及时去除，注意拔除过程中不要损伤永久齿牙胚。

3. 牙齿位置、形态及方向异常 在马类主要影响切齿，导致长轴旋转或者超过相邻的牙齿。虽然在短头犬种，上颌第三前磨牙可能旋转，也偶然发生于其他前磨牙和磨牙，通常无临床意义，但如果出现牙齿拥挤或者咬合不良，最好拔除相关牙齿。牙齿形态异常，包括牙中牙，见于多个物种和多个品种动物，根据严重程度不同，具有多种不同的临床意义，大多数属于偶然发现。

4. 釉质损伤 釉质结构发育不良与破坏见于小动物和大动物，常见的原因有发热、损伤、营养不良、中毒（如牛氟中毒）以及传染病（如犬瘟热）。损伤呈多样化，从釉质凹痕到牙齿不完全发育造成的釉质缺失，取决于严重程度和损伤的时期。患齿易于形成牙菌斑或聚集牙垢，随后细菌穿透和龋齿形成。在小动物，虽然经常进行口腔保健和家庭护理对于减低并发症具有重要作用，但是人们仍然在使用合成树脂修补牙齿缺陷。釉质也可能发生变色。在小动物、妊娠母畜或者不到6月龄的幼犬，使用四环素均可导致牙齿永久性黄褐色变色。在反刍动物，一些牙齿的釉质已证实有各种颜色的斑点。虽然人们认为这种情况与遗传有关，但是一般无明显的临床意义，一些人认为患齿倾向于磨损更快。

三、头颈部囊肿与窦道

在胎儿发育中出现甲状腺管囊肿，应与感染（如脓肿形成）进行鉴别。甲状腺管囊肿是生后早期胚胎甲状腺管的延续，这种罕见的囊肿为散发，通常位于颈部中段，在舌骨与喉水平线，它呈平滑圆块，与四周边界清楚。附着于舌骨与深层组织。除非伴发有感染，它很少与皮肤相连，不柔软且包含液体。

鳃裂（颈外侧）囊肿由鳃附属器官畸变而形成，通常是第二腮裂囊肿。单侧或者双侧的鳃裂囊肿占据了上颈部一侧位置，通常只能轻微的移动。他们的大小非常多变，随着它的内容物经小孔进入喉部或进入皮肤瘘管（鳃裂或颈部侧位瘘管），一个独立的囊肿可能周期性的改变大小。最近，针对马的追溯性研究揭示了本病呈两种模式，即不到6月龄的患马临床症状主要显示上呼吸道疾病，而8岁以上的马，主要的临床特征为食道阻塞。

马内部食道囊肿（Intramural esophageal cysts）或者食道囊性套叠（Cystic duplication of the esophagus）通常在生命早期即可发现并证实。外科切除或者网膜固定术（Omentalization）是可选的治疗方法。也曾报道冠状套叠畸形，临床症状主要表现反复发生吞咽困难和窒息。外科切除是常用的解决方法。

齿冠囊肿为表皮源性，起因于牙齿的异常发育。齿冠囊肿常常包含牙齿碎片，发生在上颌或者下颌，疾病的严重程度不同。这类囊肿见于不到3岁的马或者反刍动物（主要是绵羊）。对于青年马，可能很难将齿冠囊肿与囊肿性窦道（骨纤维性囊肿）区别开来，后者通常导致面部及下颌扭曲。

经组织病理学检查确诊后，应通过外科手术切除囊肿。

四、食道

一般从临床角度而言，一旦发现吞咽障碍或者返流即可确定食道疾病，特别是采食固体食物的时候。食道疾病，主要发生于小动物，可以分为先天性巨食道症、血管环截留异常（Vascular ring entrapment anomalies）以及食道迟缓。已确认，先天性巨食道症是食道的神经肌肉神经分布发育异常的结果。在中国沙皮犬、猎狐狸、德国牧羊犬、大丹犬、爱尔兰雪达犬、拉布拉多猎犬、迷你雪纳瑞犬、纽芬兰犬及暹罗猫，发病率较高。猎狐狸是属于染色体隐性，而在迷你雪纳瑞犬则是常染色体显性的结果。巨食道症也可能是一种多发的先天性神经病特征之一。已经报道，在幼年大麦町犬有一种喉麻痹多发性神经病综合征，常并发巨食道症。并且，那些确定有甲状腺机能减退或者肾上腺机能减退患病风险的犬类品种，也可能并发多发性神经病，也患有巨食道症，也可以认为是一种胸腺瘤瘤合并类肿瘤综合征。血管环截留异常最常见于胎儿发育时期的右侧第四大主动脉弓，导致食道在心脏基部被右侧第四大动脉弓、左心房、肺动脉、动脉韧带所拦截。这就阻碍了食物通过，使食物滞留，并发食道扩张。波士顿㹴、德国牧羊犬、爱尔兰雪达犬具有较高的品种易感性。在猫和马，这种情况罕见报道。环咽弛缓不能是环咽肌在吞咽时不能收缩或者不同时收缩所致，因而妨碍食团从咽喉末端到食道口的传递过程。此病主要发生在玩具犬种，如可卡犬和史宾格犬，猫很少发生。

一般确诊食道疾病主要根据临床特征（如返流）、X线造影或X线透视检查吞咽反射活动。特殊的潜在病因的诊断需要进一步的检查，例如内镜、内分泌功能检测以及排除重症肌无力。治疗主要针对原发病因。部分病症较轻的犬会随着时间的推移有所改善，最终会愈合良好。吸入性肺炎是一种时常发生的、致死性并发症。采用频繁地多次少量给予易消化的食物，如有一定稠度的粥，对其有一定帮助。畜主服从兽医诊疗是治愈成功的必要前提。外科矫正脉管畸形，一般要通过开胸术或者胸腔镜横断动脉韧带，如及早施行手术是有效的方法。否则，食物滞留会使食道扩张，会继发食道损伤，导致永久性食道动力障碍。

食道憩室可能发生在颈段食道（仅从头部到胸口）或者膈上段食道（从头到横膈膜），临床表现取决于严重程度，10%～15%的病例可见临床症状，主要包括食道阻塞、食道炎，罕见食道破裂或者气管食道瘘形成。如有必要，一般通过外科切除进行治疗。周期性的食道憩室形成仅见于从头到胸口这段食道，可能是正常英国斗牛犬品种变异的结果。

五、疝

腹壁疝通常在体外可以观察到，是指腹腔内容物经天然孔或者病理性孔突出于腹部皮下。腹壁疝可能是先天性疾病。后天获得性的疝，通常有损伤病史。先天性疝与横膈或者腹壁有关。与膈有关的疝主要分为三种类型：①腹膜心包疝，指腹腔内容物伸展进入心包腔；②胸膜腹膜疝，指腹腔内容物进入胸腔；③食道裂孔疝，指腹段食道、胃与食道连接部、连同部分胃经横膈上食道裂孔进入胸腔。临床表现从无症状到严重，变化不定，取决于疝内组织的量、疝对器官移位程度的影响。食道裂孔疝可能是可复性的，主要引起返流性食道炎（厌食、流涎、呕吐）的临床特征，这些表现可能是间歇性发作。通过X线诊断。确诊常需要进行造影试验。X线透视检查或者内镜有助于诊断可复性食道裂孔疝。矫正上述各类疝最佳的方法就是使用外科手术。对于食道裂孔疝，如果疾病轻微，可以通过药物治疗，包括使用全身性解酸剂、改善日粮可能得到控制。

腹壁疝包括脐疝、腹股沟疝、阴囊疝。脐疝继发于脐孔闭合不全，导致腹腔内容物突出于脐部皮下。脐疝的大小不一，取决于脐孔的大小以及疝内容物的量。不管在大动物还是小动物，脐疝的病因相似，都与遗传有关。然而，过度牵引体积过大的胎儿或者断脐部位离腹腔太近都是可能的原因。通常可以直接作出诊断，特别是在人工挤压可以变小的情况下。如果无法减小，脐疝就必须与脐部脓肿相鉴别诊断，在大动物，脐部脓肿很常见。特别是在牛和猪，脐疝和脐部脓肿通常一起发生。探针穿刺，例如使用细针活体采样，进行细胞病理学检查才能确诊。可选择手术的方法进行矫正。在小动物，如果疝很小，可以边消毒边做手术。犊牛脐疝，人们使用宽（10 cm）黏性绷带束缚脐部3～4周，也可获得成功。

马较小的脐疝（1～3 cm）随着时间的延长可以自发痊愈，然而，如果持续时间超过6个月，也可能需要手术矫正。应告诉畜主，此病具有遗传性。

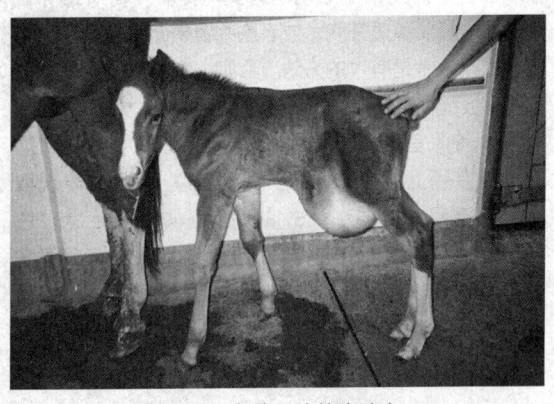

图2-1　新生马驹的腹壁疝
（由Sameeh M. Abutarbush博士提供）

腹股沟疝在公猪很常见，通常延伸进入阴囊内。手提仔猪前腿，轻轻摇晃，通常引发阴囊形成一个小的疝气臌胀，此时就可以确诊。母猪这种缺陷总是伴有生殖器发育停止，这样的动物通常不育。只有当缺陷会影响仔猪生长至出栏体重时，才考虑使用手术的方法。公马驹的腹股沟疝经常在1岁以前能够自行恢复，常需要人工反复地辅助复位。鉴于此，除非发生嵌闭或者影响到行走，一般不需要手术。种公马嵌闭性腹股沟疝常有发生，特征是持续而剧烈的腹痛。很容易经直肠检查确定，也可在全身麻醉的情况下经直检将其复位。如果复位失败，应立即进行手术。牛腹股沟疝很少见，有时公牛也会发生，使用外科矫正法保存公牛繁殖潜力，往往不一定会获得成功。

六、胃

除了食道裂孔疝（见上文）以外，最常见的胃部畸形就是幽门狭窄，其病因可能与遗传有关。幽门狭窄或者过度肥大是由于幽门括约肌增厚，这阻碍了幽门排空。患病品种包括短头的小型品种，如波士顿㹴及暹罗猫。临床症状显示胃排空延迟，通常在食后数小时吐出食物。可通过改善日粮、改变运动能力的药物进行治疗，比如胃复安和西沙比利。在较严重的病例，施行胃幽门肌切开术有一定效果。

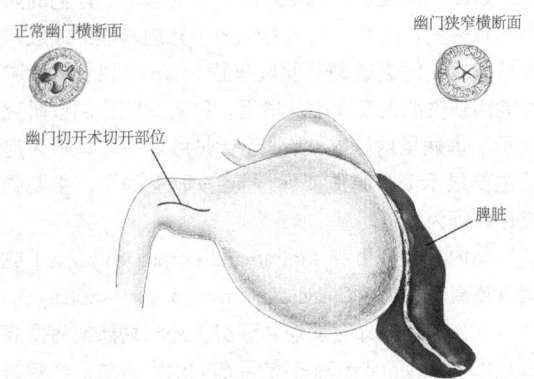

图2-2　幽门狭窄及幽门肌切开术位置
（由Gheorghe Constantinescu博士绘制）

七、小肠与大肠

消化不良与吸收障碍通常表现为慢性的、持续性的胃肠道症状，包括呕吐、体重减轻、小肠或大肠性腹泻或者所有以上症状都表现出来。有许多潜在的致病因素，可以归纳为两类，即遗传性因素和获得性因素，大多数情况下与炎性肠病有关。先天性的疾病与某些特定品种易感性有关。

爱尔兰软毛麦色㹴患蛋白丢失性肠病和肾病的概率很高，炎性肠病（IBD）与食物过敏都是这种综合征的并发症。虽然，最终的诊断主要依据肠和肾的组织病理学变化，但是确定粪便中 α_1 蛋白酶抑制剂浓度升高，有助于确定异常的蛋白从肠道丢失。尽管在炎性肠病和肾小球性肾炎治疗过程中，使用了低过敏性日粮方案与免疫抑制疗法，但预后不良。

据报道，爱尔兰雪达犬患有家族性疾病-麸质过敏性肠病，早在6月龄就开始出现临床症状，可以通过使用无麸质日粮证实并治疗小麦过敏。

巴辛吉犬常患一种不明遗传方式的免疫增生性肠病。重度淋巴细胞-浆细胞性肠炎是这种疾病的表现之一，最终可能会发展成淋巴瘤。确诊要依靠组织病理学检查消化道活检组织，通常使用内镜采样。在疾病早期开始使用免疫抑制药物和低敏性日粮进行治疗有一定疗效。

淋巴管扩张是一种肠道淋巴系统畸变，导致蛋白丢失性肠病，这可能是先天性的也可能是获得性的。挪威海雀犬（Norwegian Lundehunds）、巴辛吉犬、软毛麦色㹴和约克夏㹴，患淋巴管扩张的报道明显增多。受损的淋巴排出物导致肠壁乳糜管和淋巴管扩张。通过排除其他蛋白丢失性疾病进行诊断，并可通过小肠壁组织病理学进行确诊。大多数患病动物对于日粮控制和糖皮质激素的消炎剂量均具有良好反应。日粮应含有最低的脂肪、丰富的优质蛋白质，也可能补充有中链甘油三酯。其他疗法包括芸香苷，一种对乳糜胸和淋巴水肿有效的药物。在一些患畜均无疗效，最终死于蛋白质和热能严重营养不良。

胰腺外分泌部机能不全在德国牧羊犬、柯利犬、英格兰雪达犬的发病率较高，这是由于胰腺腺泡萎缩所致。猫的胰腺外分泌部机能不全是一种获得性疾病（继发于胰腺炎）。由于胰酶缺乏而导致渗透性腹泻，在这种情况下，脂肪痢是一种显著的特征。患病动物增重不明显，如果胰腺外分泌部机能不全为后天获得性疾病，则表现急剧的体重下降。可通过检测血浆胰蛋白酶样免疫反应进行诊断，该检测方法可用于犬和猫。近来，虽然人们发现包括犬胰脏脂肪酶免疫反应在内的检测方法，对于诊断犬胰腺炎更加敏感，但还是不如胰蛋白酶样免疫反应检测效果好。采用外源性胰酶以及饲喂极易消化的日粮效果较好。

组织细胞溃疡性结肠炎是一种炎症性疾病，常继发于与结肠组织细胞有关的免疫调节异常。与人类克罗氏病很相似。拳师犬与法国斗牛犬易患本病，主要临床症状为1岁时就开始出现慢性大肠腹泻。结肠活体采样可确诊本病。治疗措施包括日粮调整和使用免疫抑制药物与抗炎药。

已有报道证实，奥韦罗马（Overo horses）之间交配产生的白色马驹，可患有回肠结肠神经节细胞缺乏症（Ileocolonic aganglionosis）。虽然马驹在出生时看起来正常，但很快就会出现疝痛，并在次日死亡。患驹被毛白色，虹膜蓝色，发现结肠缺乏神经节即可确诊。直肠与肛门先天性的缺陷主要源于胚胎发育停滞。

在大动物，小肠和大肠的肠道闭锁相对较为常见，曾有佩尔什马患结肠闭锁的报道，闭锁部位在骨盆曲升结肠，也有瑞典高地牛发生回肠闭锁报道，小肠闭锁见于羔羊。上述出现的各种闭锁都是致命的。在妊娠早期（<45 d）直肠触诊是一种诱因，虽然近来发生率在降低，通过选择性育种也表明有潜在的遗传倾向。

锁肛在绵羊、猪、牛都有报道，由于分隔直肠和肛门的背侧膜不能破裂而引发。在出生时临床表现明显，包括里急后重、腹痛、腹胀、胎粪滞留以及无肛

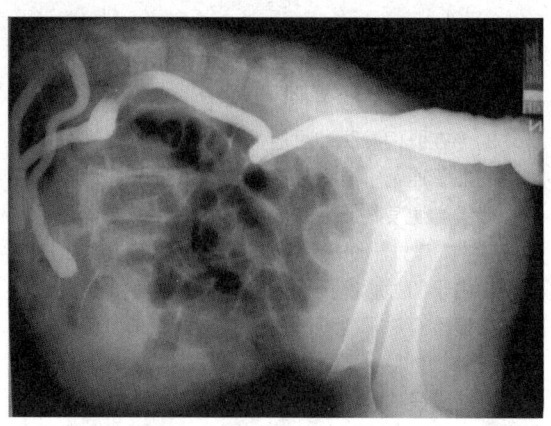

图2-3　犊牛结肠闭锁（直肠造影后X线片）
（由Sameeh M. Abutarbush博士提供）

门口。需外科手术切除隔膜。犬很少发生锁肛，但是有些品种也有报道，包括玩具贵宾犬和波士顿㹴，雌犬的发病率较高。需进行手术干预，但可能因排粪失禁而使病情恶化。

节段性发育不全（直肠发育不全）指直肠在到达肛门之前变成了一个盲端。外科手术矫正很困难，因为直肠终端部分的位置较复杂，可能发生对周围神经的医源性损伤。

结肠和直肠套叠较为罕见，患病动物一般表现大肠疾病症状。通过结肠造影可诊断本病。外科手术摘除套叠结肠和直肠是根治办法。也有一些病例具有多种并发的腹部发育异常，通常不能使用彻底的外科手术矫正。

据报道，英国斗牛犬、猫以及马都曾发生过直肠尿道瘘，其临床特征为同时从尿生殖器与肛孔排出尿液，并有慢性的尿道感染史。可通过尿道对比造影术或者逆行结肠造影术确诊本病，手术矫正是有效的方法。

直肠阴道瘘是阴道和直肠之间形成的瘘管，常与锁肛同时发生；从阴门排出粪便或者有结肠阻塞症状，可提示发生本病。通过钡灌肠可确诊本病，可见缺陷部位的线条延伸进入阴道。确定瘘管、外科矫正、重建正常的解剖结构势在必行。预后需谨慎。包括粪尿失禁在内的并发症比较常见。

尿和粪失禁常见于马恩岛猫，是遗传性脊柱裂的后遗症。

八、肝脏

最常见的先天性肝脏异常是门静脉分流（PSS）（见门静脉血管异常）。虽然这种病可发生于多个品种的犬，但据报道约克夏㹴、凯恩㹴、马尔济斯犬、巴哥犬、爱尔兰猎狼犬、拉布拉多猎犬、金毛巡回犬、迷你雪纳瑞犬患病率更高。据知，该畸形也易发

生于喜马拉雅猫和波斯猫。门静脉分流导致部分血液迂回通过肝脏，直接进入全身脉管系统。分流可能是单纯肝内的（多继发于胎儿特有的导管静脉）、单纯肝外的（在肝门静脉、后腔静脉与奇静脉之间有多种可能的血管通路）或者是多重的继发于肝内动脉和门静脉瘘管。通常临床症状表现为代谢性神经紊乱（肝性脑病），常见于幼龄动物饲喂高蛋白肉类以后。在后期，由于门静脉高压而导致继发腹水症。据报道，腹部超声检查对于检查肝内门静脉分流100%有效（虽然对肝外门静脉分流检出率稍低），其准确程度取决于超声检查者的技术水平。门静脉阳性造影术可确定分流的部位，是单一分流还是多重分流，最终可确诊本病。该诊断程序也用于评估外科矫正的可行性。因为多重分流的患病动物常继发潜在的器质性病变（如肝硬化）而预后不良。

肝门静脉微血管发育不良是一种肝内循环障碍性疾病，可导致门脉血分流进入体循环。虽然也有报道称马尔他犬、腊肠犬、玩具犬、迷你泰迪犬、卷毛比熊犬、北京犬、西施犬、诺福克与诺维奇狸、西藏狮子犬、哈瓦那犬、拉萨犬可能会患本病，但凯恩狸与约克夏狸最易患肝门静脉微血管发育不良。本病一般没有任何症状，因而很易与门脉分流进行鉴别；但这两种疾病，经胆汁酸试验均异常，只有通过肉眼检查，排除可见的分流血管才能确定。在犬，针对本病临床特征的药物治疗与门脉分流一样。如果没有确定的肉眼可见的分流血管，则不需外科方法治疗。

铜相关的肝病是一种肝脏铜储备代谢紊乱疾病，导致渐进性的肝细胞性铜蓄积，继发慢性肝炎和肝硬化。该病常发于贝德林顿狸，主要表现3种临床变化：幼犬（不到6岁）急性肝坏死，老年犬进行性肝功能衰竭，犬确已患病但无症状表现，已经发现大麦町犬、西高地狸、斯凯狸、杜宾犬患家族性肝病时铜水平升高，但是与贝德林顿狸一样还未找到病因。本病具有明显的地理品种差异性，贝灵顿狸和北美西高地狸肝脏铜水平更高。对于患有临床肝病的动物，可以使用铜耦合剂、低铜日粮以及其他辅助性措施治疗。

此外，肝脏发育异常疾病还包括肝囊肿，患病动物一般无明显症状，临床意义仅局限于与肝脓肿的鉴别。发现动物患有肝囊肿后，应进行肾脏结构检查，特别注意猫的肝囊肿可能与多囊性肾病并发。

原发性或家族性的高脂血症在犬和猫均有报道。柯利犬、喜乐蒂牧羊犬、伯瑞犬（Briards）还易患高胆固醇血症。据报道，根据生化指标测定，高达33%的迷你雪纳瑞犬患有高甘油三酯血症。患犬的临床特征通常不明显，包括腹部不舒适、行为改变、癫痫、与脂肪沉积有关的视力改变，以及患有胰腺炎的风险增加。

关于家猫高乳糜微粒血症在新西兰有报道，主要临床特征是外周神经病变和表皮黄瘤（Cutaneous xanthomas），不到9月龄的家猫多发。治疗原发性高脂血症，主要采用饲喂低脂肪日粮以及补充ω-3脂肪酸，对于严重病例，可以使用降脂药物，但是降脂药物用于动物上的安全性和有效性的报道不多。

第三节　牙科学

一、牙齿发育

所有的家畜都是双套牙系（Diphyodont dentition），即一套乳齿和一套永久齿。然而，哺乳动物牙齿外形及牙列式（Dental formula）多变（表2-3），与其食物类型密切相关。

表2-3　齿　式

	乳齿	恒齿
马	$2\,(\,\text{Di}\frac{3}{3}\,\text{Dc}\frac{0}{0}\,\text{Dp}\frac{3}{3}\,)=24$	$2\,(\,\text{I}\frac{3}{3}\,\text{C}\frac{1}{1}\,\text{P}\frac{3}{3}\,\text{M}\frac{3}{3}\,)=36\,(-44)^{a,b}$
牛[c]，绵羊，山羊	$2\,(\,\text{Di}\frac{0}{3}\,\text{Dc}\frac{0}{1}\,\text{Dp}\frac{3}{3}\,)=20$	$2\,(\,\text{I}\frac{0}{3}\,\text{C}\frac{0}{1}\,\text{P}\frac{3}{3}\,\text{M}\frac{3}{3}\,)=32$
猪	$2\,(\,\text{Di}\frac{3}{3}\,\text{Dc}\frac{1}{1}\,\text{Dp}\frac{3}{3}\,)=28$	$2\,(\,\text{I}\frac{3}{3}\,\text{C}\frac{1}{1}\,\text{P}\frac{4}{4}\,\text{M}\frac{3}{3}\,)=44$
犬	$2\,(\,\text{Di}\frac{3}{3}\,\text{Dc}\frac{1}{1}\,\text{Dp}\frac{3}{3}\,)=28$	$2\,(\,\text{I}\frac{3}{3}\,\text{C}\frac{1}{1}\,\text{P}\frac{4}{4}\,\text{M}\frac{2}{3}\,)=42$
猫	$2\,(\,\text{Di}\frac{3}{3}\,\text{Dc}\frac{1}{1}\,\text{Dp}\frac{3}{2}\,)=26$	$2\,(\,\text{I}\frac{3}{3}\,\text{C}\frac{1}{1}\,\text{P}\frac{3}{2}\,\text{M}\frac{1}{1}\,)=30$

a. 马的犬齿通常退化或者缺乏。

b. 常存在小前白齿（狼牙），特别是在上颌。

c. 家养反刍动物的犬齿也常计数为第四切齿。

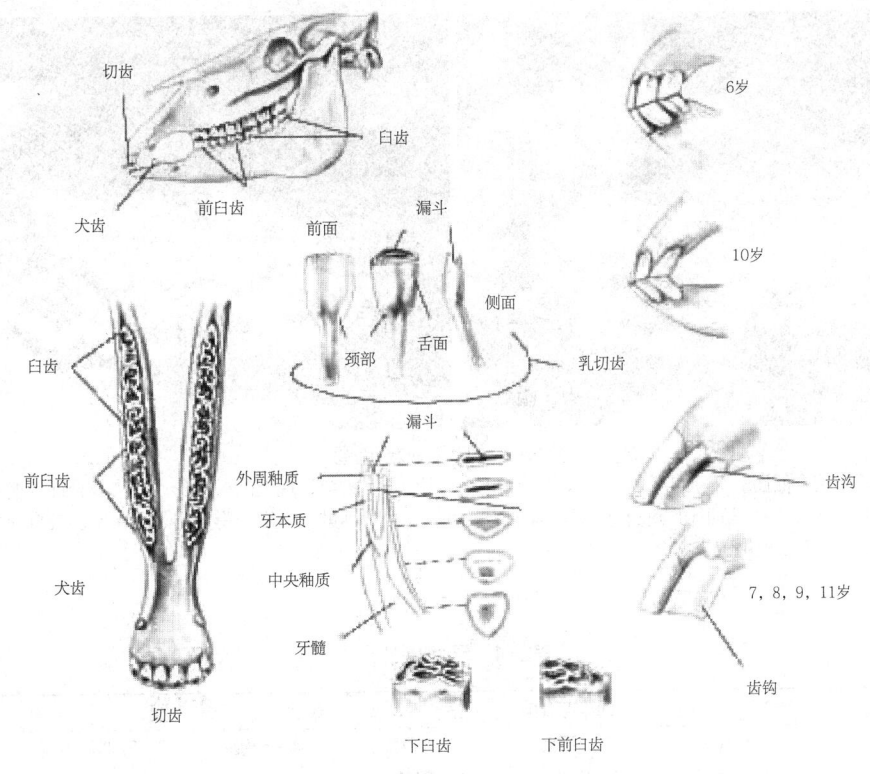

图2-4 马的齿式
（由 Gheorghe Constantinescu 博士绘制）

以前根据解剖位置来标识牙齿，切齿用"I"表示，犬齿用"C"，前臼齿用"P"，臼齿用"M"。现在兽医牙科专家常使用改良Triadan体系来表述牙齿齿式，即用一个三位整数来记录一个特定的牙齿。这种方法将动物的头部分为4个象限（Quadrants），其中右侧上方的齿区标注为"1"，其余的象限依据逆时针方向依次编号为"2"、"3"、"4"。数字1~4用以表示永久齿，数字5~8表示乳齿。第二和第三位数字用于确定牙齿的具体位置。例如，马左侧下颌第二磨牙标记是为"306"，右侧下颌最后一个磨牙标记为"411"。

检查牙齿估测年龄

马具有高冠齿形，可以根据牙齿（下切齿）的出牙时间、一般外形来估测马匹年龄。在切齿为低冠齿形的物种，如牛和犬，年龄的估测就不很准确，大多数根据牙齿萌出时间来确定年龄。

1. 马 马的下切齿最适合用于估测其年龄。然而，必须强调的是牙齿的外形各异，不同个体之间、不同种属之间有差别，在不同的环境条件下也有不同。乳切齿要比永久齿小，切齿的齿冠表面是亮白色，有纵向的嵴和沟。牙齿萌出的时间见表2-4。永久性切齿更大、形态也更加接近矩形。它们的齿冠表

面大部分由牙骨质所覆盖，外观浅黄色。上切齿唇面上有两条纵沟，下切齿只有一条。

马的切齿具有肉眼可见的特定的磨耗特征，因此常用于估测年龄。牙星由棕黄色的继生牙本质组成，它填充牙髓腔体，牙齿磨损时咬合面上出现牙星。它的形状、位置以及中心白点的出现都与年龄相关。齿窝（Cup）和釉斑（Mark）的形状、大小以及消失时间虽有助于判断年龄，但是有很大的不确定性。渐进性的牙齿磨损引起切齿咬合面形态的改变。新近萌出的切齿，咬合面呈椭圆形，但是随着年龄的老化，咬合面变成梯形、圆形，进而变成齿尖朝向舌面的三角形。下切齿齿弓的曲度也与年龄有关。年轻马的齿弓是半圆形，而老龄马齿弓形成直线。此外，上下颌相对应的切齿齿弓随着牙齿与齿槽相对位置的变化而变化，也会不断的磨损。年轻马匹的上下颌切齿成一条直线。随着年龄的增大，上下颌切齿之间的角度更加的尖锐。Galvayne氏沟与"七年钩"常被认为是年龄标记，它们形态多变，不统一，因此对马年龄判断的价值不大。下列按年龄排列的特征性变化对于齿龄判断更有用，如下文（图2-5）：

从出生至5岁，见表2-4。

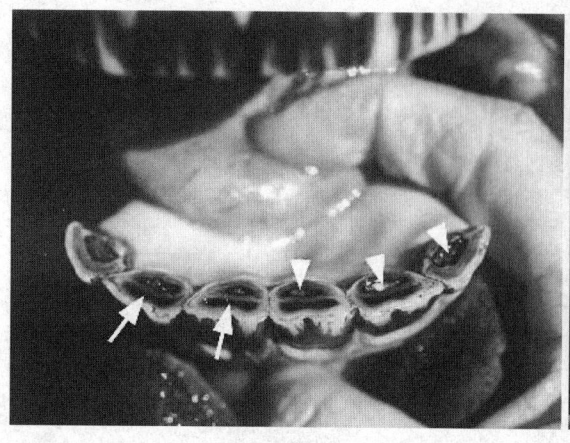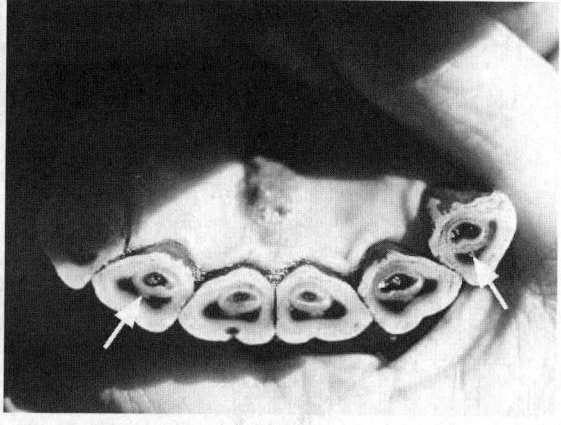

图2-5　马下切齿咬合面图

左图：6岁马下切齿咬合面图。牙星见于第一切齿和第二切齿（箭头），齿窝呈现大的椭圆形。切齿咬合面为椭圆形，齿弓的曲面呈半圆形。右图：12岁马下切齿咬合面图。齿星中央的白点清晰可见。齿窝变得更小、更狭窄。咬合面更接近三角形。（由Sofie Muylle 博士提供）

表2-4　牙齿的萌出[a]

	马	牛	绵羊与山羊	猪	犬	猫
Di 1	0~1周龄	出生前	0~1周龄	3~4周龄	4~5周龄	2~3周龄
Di 2	4~6周龄	出生前	1~2周龄	2~3月龄	4~5周龄	3~4周龄
Di 3	6~9月龄	0~1周龄	2~3周龄	出生前	3~4周龄	3~4周龄
I 1	2.5岁	2岁	1~1.5岁	12~15月龄	4月龄	4~7龄
I 2	3.5岁	2.5岁	1.5~2岁	16~20月龄	4.5月龄	4~7月龄
I 3	4.5岁	3.5岁	2~2.5岁[b]	8~10月龄	5月龄	4~7月龄
Dc	不萌出	0~2周龄	3~4周龄	出生前	3~4周龄	3~4周龄
C	4~5岁	3.5~4岁	2.5~4岁[c]	6~10月龄	5~6月龄	4~7月龄
Dp2	0~2周龄	0~3周龄	0~4周龄	4~6周龄	4~6周龄	5~6周龄（仅指上颌）
Dp3	0~2周龄	0~3周龄	0~4周龄	1，5月龄	4~6周龄	5~6周龄
Dp4	0~2周龄	0~3周龄	0~4周龄	1~5周龄	4~6周龄	5~6周龄
P 1	5~6月龄犬齿	—	—	5月龄	4~5月龄	—
P 2	2.5岁	2~2.5岁	1.5~2岁	12~15月龄	5~6月龄	4~7月龄（仅指上颌）
P 3	3岁	2~2.5岁	1.5~2岁	12~15月龄	5~6月龄	4~7月龄
P 4	4岁	2.5~3岁	1.5~2岁	12~15月龄	5~6月龄	4~7月龄
M 1	9~12月龄	5~6月龄	3~6月龄[d]	4~6月龄	4~5月龄	4~7月龄
M 2	2岁	1~1.5岁	9~12月龄	8~12月龄	5~6月龄	—
M 3	4岁	2~2.5岁	1.5~2岁	18~20月龄	6~7月龄	—

a. 平均数据，以具体变化情况为主。

b. 2岁山羊。

c. 2.5~3岁山羊。

d. 3~4月龄绵羊。

5岁：侧切齿萌出，中切齿出现牙星。

6岁：牙星见于中部切齿，中切齿齿窝消失。

7岁：侧切齿出现牙星。

8岁：中央切齿呈菱形，牙星有一个白点。

9岁：中部切齿呈菱形，牙星有白点。

10岁：中部切齿齿窝消失。中切齿呈明显的椭圆三角形。

11岁：侧切齿牙星出现白点，中切齿与中部切齿都出现舌峰（lingual apex）。侧切齿呈三角形，且出现唇峰（labial apex）。

12岁：所有下切齿齿窝均消失。

14岁：中切齿和中部切齿釉斑小而圆。

18岁：中切齿标记消失。

20岁：中切齿与侧切齿标记都消失。

2. **牛** 切齿萌出时间是判断牛年龄最有用的特点（表2-4）。虽然与品种有一定相关性，但是在估计年龄时牙齿萌出时间比牙齿磨损更具有参考价值。因为目测牙齿特点有不足（牙星）与差漏，也因为牙齿磨损受到营养的影响较大。

从出生到5岁，见表2-4。

5岁：所有切齿均磨损，中央切齿咬合面变平。

6～7岁：中央切齿变平，能够见到牙颈。

8岁：中部切齿变平，能见到牙颈。

9岁：边切齿变平，可见牙颈。犬齿（即第四切齿）可能变平。

10岁：犬齿已变平，可见牙颈。

随着牛年龄增大，牙齿磨损更短，能见到更多的牙颈。齿槽变松，最终完全脱落。

3. **犬** 下列数据在90%的大型犬是适用的。小型犬变化较大（特别是玩具犬），上颚突出或者下颚突出的犬也较多变。甚至，在上下颌水平的犬类，咬合通常导致牙齿过度的磨损。

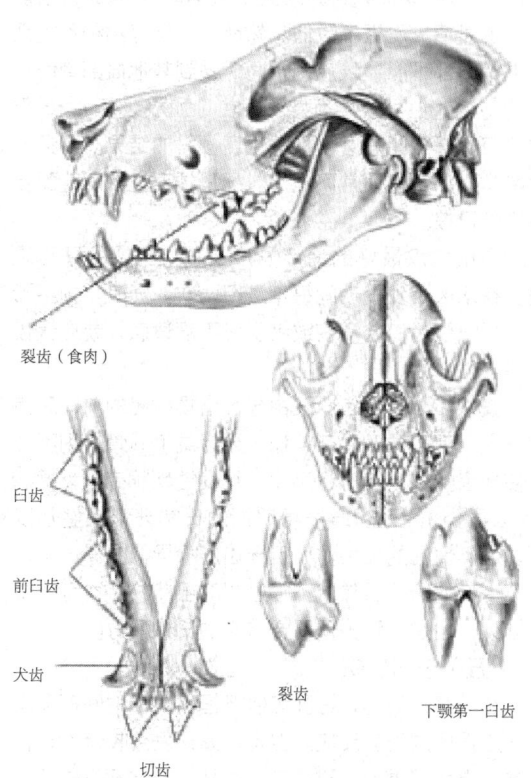

图2-6 犬的牙齿
（由Gheorghe Constantinescu博士绘制）

1.5岁：下中央切齿齿尖磨损。

1.5～2.5岁：下中部切齿齿尖磨损。

3.5岁：上中央切齿磨损。

4.5岁：上中部切齿磨损。

5岁：下边切齿轻度磨损，下中央切齿与中部切齿咬合面呈矩形，犬齿轻度磨损。

6岁：下边切齿牙尖磨损，犬齿变钝，下犬齿外形变的与上边切齿的相似。

7岁：下中央切齿咬合面沿着矢状面长轴呈椭圆形。

8岁：下中央切齿咬合面向前倾斜。

10岁：下中部切齿和上中央切齿都形成椭圆形咬合面。

12岁：切齿开始沉降（除非已经采取措施维护齿龈和牙周组织的健康）。

二、大动物牙科学

大多数大动物属于草食动物，有效的牙齿功能是采食食物以及维持正常体况的关键。经过进化，草食动物的牙齿已能适应由连续放牧和反刍导致的牙齿磨损。

磨损力由高冠齿发育过程中不断萌出的后备齿冠而抵消。齿弓（6个前切齿）上锋利的釉质边缘有规律的形成锯齿状凸起，用于咀嚼和磨碎饲料粗纤维。同时，脆性的牙齿釉质的也受到外周牙本质及牙骨质的保护。

在常见的大家畜中，马对牙齿护理的要求最高。在养猪业中，拔除或者截断仔猪乳切齿以及截断公猪獠牙是日常生产管理的一个环节。在马驼（美洲驼等）中，钝化斗齿（如上颌单切齿、犬齿与下颌犬齿）是降低争斗风险和后果的方法（也见于羊驼）；其他动物可能也有牙齿多变情况，例如青年象的阻生獠牙或者下沙袋鼠和袋鼠的上颌牙源性骨膜炎及放线菌病。

（一）齿科疾病概述

1. **齿科疾病的症状** 牙齿疾病（如牙骨折、牙列不齐等）可以导致饲料浪费、体况变差、繁殖力低下和饲养困难。

马齿科疾病的典型表现是采食困难或者缓慢，不愿意饮冷水。在咀嚼过程中，马可能停顿数分钟，然后重新开始咀嚼食物。有时，如果马有痛感，头会偏向一侧。偶尔，马表现安静，可能是在收回食物，马采食饲料形成食团，进行不完全咀嚼以后，食团从口腔掉出。有时，咀嚼不完全的食物团块可能填塞在牙齿和脸颊之间。为了避开使之疼痛的牙齿或者口疮，马可能匆匆咽下食物，随后发生消化不良、阻塞或者疝痛。这类患马可能不喜欢吃硬谷粒，且粪中混有未破碎的谷粒。马齿科疾病的其他表现包括过度流涎、口腔黏液中混有稀薄血液、伴有龋齿导致的口臭。大范围的龋齿可伴发牙槽骨膜炎、牙根脓肿，可能导致副鼻窦蓄脓、周期性的单侧鼻卡他。这可能会使面部或下颌肿胀、由下颌峡牙牙尖感染发展形成下颌瘘。

马不愿意带嚼子，当带上时会摇动头部或者反抗训练技术。因为嚼子不规律地磨损颊牙，使上颌颊牙变得锋利，常伴有颊黏膜撕裂。马的"狼牙"可能与反抗嚼子有关，也可能无关，要区别对待。

2. 牙齿检查 在大多数情况下，病史、年龄以及临床表现彼此相互关联，应首先进行完整的全身检查，然后再进行细致而又完整的口腔颌牙齿检查，包括马在内的多数大动物，可能需要使用镇静剂，特殊的动物可能要求全身麻醉，采用温水漱口、头灯照亮，用开口器撑开口腔，都是协助完整的口腔检查进行必不可少的步骤。齿镜或内镜相机可极大地提高口腔检查的质量。

3. 日常牙病预防与拔牙 马日常牙病预防在保健中占有重要地位。在永久齿形成期间，釉质边缘应该每年清除两次。此后，应根据需要及时进行护理，主要取决于马的管理情况。自由散养或者放牧的马，每年进行一次牙病预防，厩舍饲养的以干草和谷物为基本日粮的马，每年要求进行两次口腔检查和牙病预防。牙病预防目的是去除颊齿锐性的釉质边缘，以免引起软组织的刺激与任何咬合面的伸长。为维持正常咬合面，应抑制齿弓不规则磨损的发展。牙病预防在简单的保定下，即可进行或者使用镇静药和镇痛药。电动器械现在已经用于磨光、平衡、重建切齿与颊齿咬合面。仔细地使用自动化的牙科器械，可避免对牙本质和牙髓形成热损伤及压力损伤。使用低速钻，可减少接触时间、减轻压力，一般每3~6个月去除1次，咬合面长度不要超过3~5 mm。

大多数牙科治疗过程能够在马站立时完成，适度镇静，选择或者不选择局部麻醉均可。但是，有些牙科治疗过程（拔牙与断牙修复）通常要求全身麻醉。在大多数病例，X线检查和预防牙齿碎片误入气管都是必不可少的。一些龋齿可以经口使用磨牙分离器、拔牙钳及牙剪拔除。然而，某些病例更适合（从口外）进行外科显露后再拔除。许多患牙可以通过牙齿切除术和牙髓治疗保存下来，已证实大多数马龋齿病例，没有必要拔除牙齿。

（二）先天性发育异常

通常大多数马先天性畸形表现为鹦鹉嘴，与下颌相比，上颌要更长。在马属动物和牛，许多牙齿发育异常都是致畸毒素作用的结果。但是，也应该考虑潜在的遗传因素。

牛、绵羊牙齿不规则伴有全身性氟中毒。中等程度的氟中毒仅仅影响到牙齿。重度的氟中毒（如日粮中氟含量达40 mg/kg，连续数年）就会见到其他骨骼异常（趾骨骨折）（见氟中毒）。

临床也偶然能见到多生齿，马和牛都可能有双排切齿或者多生颊齿。治疗方法根据具体病情而定，可能需要拔除多余的牙齿。另见牙齿部分。

（三）牙齿萌出异常

永久齿异常萌出通常是下颌骨或者上颌骨损伤的后遗症。例如，马和牛切齿撕裂性骨折（Incisor avulsion fractures），此时发育中的牙胚被骨折本身损伤或者受到修复过程影响。马牙齿延迟萌出或者阻生齿是牙槽骨炎和诱发龋齿的常见原因，这会特别影响上下齿弓的第三颊牙（即108、208、308、408四颗前磨牙），也是中度牙齿拥挤的后遗症之一，第三颊牙中间移位是牙齿过密引起的另一种形式的牙齿萌出异常。

（四）牙齿磨灭不齐

除猪以外，多数大动物上下颌宽度不同，下颌宽度要比上颌狭窄。马上下颌骨活动能力有限，导致上颌齿弓颊缘和下颌齿弓舌缘形成釉质点（enamel points）。牛和绵羊的颞颌关节具有较大水平运动能力，上述情形发生率较低。然而，在所有物种不规则磨损最终都可能导致疾病，同时受到其他面部骨骼畸形的影响，也可能伴有感染发生（如放线菌）。严重的剪刀状嘴可能是磨牙板的过度倾斜的结果。可见于老龄马，疗效也通常不理想。牙科护理应该同时配合特殊的日粮。

马釉质点最好的治疗方法是进行定期的牙齿平整。在永久齿发育期间每年两次。同时，如果滞留的牙帽引起口腔溃疡或者引发不舒适感，就应该拔除掉。

波状齿、梯形齿以及由牙齿磨损引起的前、后齿槽不齐，都可导致局部疼痛、牙齿或下颌骨排列不齐或使牙齿受损。有时还可发生继发性齿龈病与齿槽病（即齿周炎）。可以通过周期性的日常牙齿保健加以预防这类情况的发生。一旦牙齿磨损异常变得严重，牙科治疗的结果通常就不很理想。虽然咬合面可能重新排列，但是齿科护理需要特殊的日粮配方。

（五）牙周疾病

在所有的动物，在乳齿以及恒齿萌出期间都会发生一定程度的炎症反应。但是，如果发生咬合不正，就难以避免严重的牙科疾病。在马，咬合不正是牙齿过稀、口腔损伤、牙齿破碎、阻生牙的后遗症之一，常伴有不规则磨损。

绵羊下颌吻突牙齿（切齿）牙周疾病主要涉及断裂嘴。有时，放牧绵羊的生存能力会受到严重影响。多数农场饲养的绵羊的生产周期通常是2年，要比放牧绵羊的长。所以，尽管采取了牙病预防和切齿咬合不齐修复措施，但对于这种渐进性发展的疾病的控制收效甚微。可通过使用牙齿研磨机或者锐利的牙棒进行治疗。

（六）龋齿

牙髓腔感染可能有多种途径，例如血液、牙周以及直接的牙冠损伤。在马的上颌颊齿，包绕釉质湖的牙骨质发育不全就可能使釉质湖更易发生龋坏，进而发展为牙髓炎和牙根尖骨炎。发生在不同的牙齿感染位点，可能并发不同的疾病，例如上颌窦炎、局部蜂窝织炎、骨膜炎、牙槽牙周炎以及瘘管。龋齿的病理学特点是非特异性的，因此，马驼或者马引流性下颌牙齿瘘造成的牙槽感染病因学并不清楚。许多动物直到发生感染都未接受检查，牙齿断裂大多为继发，而非原发。有人指出，在一些动物（如马）根尖骨炎和牙髓炎的初期特点是牙齿萌出异常与阻生齿。马驼与牛牙根尖骨炎的病因可能相同。

如果龋齿继续恶化，建议拔除感染的牙齿。马通常使用外科方法暴露龋齿，然后推出到口腔。最近经验显示可经口拔除牙齿，但须谨慎操作，应采取镇静或者神经传导阻断，避免推出造成的严重并发症和避免使用全身麻醉。应仔细清除干净感染牙窝内所有的骨质和牙齿碎片。应使用齿科丙烯酸酯、牙科用蜡或者辅料，以便将伤口与食物隔离开，以保证拔牙窝能够及时痊愈。在牙齿拔除以后，相毗邻的牙齿发生移位可以填补齿弓的空缺；然而，这种过程并不完整，对颌的牙齿会生长，在缺失牙齿相对应的位置形成一个台阶，末端形成一个钩子钩住缺牙间隙，从而阻碍下颌运动。马的这种咬合紊乱可通过挫牙以及定期（每隔6～12个月）重新定线齿弓加以矫正。

因为有这样的并发症，应重视保护牙齿的外科技术，至少对于马如此。在大动物，应在切除根端与牙髓治疗之前，考虑动物的年龄、局部疾病的特点。

三、小动物牙科学

（一）牙周疾病

牙周疾病是一个广义的术语，指支持和包绕牙齿的组织的炎症与感染。牙龈炎是指发生在齿龈的炎症。它是对于菌斑抗原的正常反应，影响着几乎所有的成年犬猫。牙周炎是较为严重的疾病，它涉及牙周韧带与牙槽骨的炎症。在一些特定的品种牙周炎更为多发，而且每个个体都有患病可能。

【病因与发病机制】　正常情况下，口腔有丰富的常驻菌群，大多数细菌在牙齿菌斑表面生长旺盛。牙齿菌斑不断的呈递抗原到牙龈边缘，刺激正常的炎性反应，导致牙龈炎。牙菌斑的细菌主要是无运动能力的革兰氏阳性需氧菌，包括葡萄球菌和链球菌，但也有其他细菌。当这些微生物群刺激形成免疫反应，使健康动物口腔存在的细菌与宿主呈和谐共生关系。他们的存在，也有利于抑制更多的病原微生物在口腔存活。如果由于口腔卫生不良，牙菌斑变得非常厚，随着无运动能力的厌氧菌柱（Rods）比率不断升高，细菌菌群可能更具有致病性。在发炎部位发现的细菌包括脆弱拟杆菌（*Bacteroides fragilis*）、消化链球菌（*Peptostreptococcus*）、卟啉单胞咽喉菌（*Porphyromonas gulae*）、唾液卟啉单胞菌（*Porphyromonas salivosa*）、牙周卟啉单胞菌（*Porphyromonas denticanis*）、中间普氏菌（*Prevotella intermedia*）、密螺旋体（*Treponema* spp.）、内脏拟杆菌（*Bacteroides splanchnicus*）、牙周臭味菌（*Odoribacter denticanis*）以及其他的细菌。有趣的是，人类一些常见的牙周病病原很少见于动物，例如放线菌。龈下菌斑也通常是多种类型的致病菌存在的场所。宿主对于龈下菌斑的反应而引起牙周炎。宿主产生的炎症介质，直接导致牙根周围的骨与组织损伤。细菌本身以及其代谢产物也能够导致骨损伤。牙周炎的发生也受到其他内源性因素（遗传、牙齿拥挤、牙槽骨薄、年龄）与外源性因素（日粮、应激、并发症、口腔卫生）的影响。

【临床表现与病理变化】　轻度牙龈炎（1级）的特点是牙龈边缘血管充血。中度的牙龈炎（2级）牙龈边缘水肿，外形如同鼓起的圆球，与牙齿毗邻的组织增厚。3级牙龈炎，在牙龈上皮表面形成溃疡。牙龈炎并不会疼痛，仅有的外部表现是发红与口臭。一些6～8月龄的猫常发生牙龈炎。这些猫通常有中等重度的牙龈炎，但幼龄动物不常见。

轻度的牙周炎（1级）以牙周支持组织受到损伤，早期牙周袋形成为特征。牙周袋可能延伸到牙根1/3处。中等程度的牙龈炎（2级），有1/3～2/3牙根附属结构的丢失。丢失超过2/3以上的牙根附属结构就被认为很严重（3级），常伴有牙齿松动与不适。除非牙齿松动或者形成牙周脓肿，一般牙周炎不会引起不适。牙龈萎缩，分叉暴露，牙槽骨丢失也时有发生。口腔X线片对于牙槽骨缺失的严重性及其模式，能提供有价值的诊断信息。

【治疗】　去除引起牙龈炎的细菌性牙斑能够解除炎症，使组织快速恢复健康。专业的牙齿清洁、刮除、抛光均需在全身麻醉状态下进行。对苏醒患畜的牙齿清洁能够改善牙冠的外观，但是并不能改善牙周卫生。如果牙龈炎没有消退，应进行进一步的检查，以确定有无其他病因，例如持久性龈下菌斑或龈下牙石，或者是否存在易感因素。一些不常见的牙龈炎病因包括全身性疾病（尿毒症口炎）、自体免疫性疾病、幼年牙龈炎等，可能需排除牙菌斑。

牙周炎需要更加积极的治疗措施。实施牙根刮治术（去除龈下牙石）和根面平整（刨光根面，去除感染牙质）。浅牙周袋可以进行闭合性刮治，如果袋深超过6 mm，要求外科方法暴露牙根表面以获得妥善的治疗。在牙周袋内局部放置抗生素有一定效果。对那些逐渐松动且被确定预后不良的牙齿，最佳治疗方法是拔除。牙周炎不像牙龈炎一样好治愈，需要骨外科、骨移植体与放置障碍膜，引导软组织和骨再生。对于上颌犬齿腭侧有牙周袋，已经形成口鼻瘘时，上述方法不是最好的选择。需要拔掉犬齿，并通过外科方法修复瘘管才能治愈。伴有骨丧失的骨下袋（骨上袋、骨下袋是牙周袋的两种类型），如果深达牙根分叉部位，则感染可能通过侧枝根管和副根管进入牙髓腔，导致继发性牙髓疾病。挽救这些牙齿要求牙髓治疗（见下文），预后情况根据牙周病的严重程度而定。

由于牙周附着和骨支持组织减少而松动的牙齿，应予以拔除。有时，这些牙齿可以通过骨移植、开放性牙周手术和牙齿夹板来保存。但是若缺乏改善口腔卫生的措施可能复发。拔牙能够使组织康复。犬猫能很好地调整牙齿功能，在无牙时，要比有感染牙齿或松动牙齿时更加健康舒适。

【预防】 预防牙龈炎与治疗牙龈炎原则相同，即去除和控制牙菌斑。牙菌斑是典型的生物被膜，由多种微生物组成，而又不同于他们的浮游形式。在生物被膜内，微生物对抗生素、消毒剂、抗菌制剂具有更强的抵抗力。然而，生物被膜很容易用牙刷机械性地去除。即使大量聚集的龈上菌斑，也很容易使用牙刷去除。应每日刷牙以去除牙菌斑、防止牙垢积聚。猫很难接受定期刷牙，因此应使用湿纱布擦拭牙齿，以去除牙菌斑，每2～3日1次。在大多数犬猫，只有上颌外表面牙齿需要刷牙。牙菌斑在牙齿上存在3日以上就会矿化形成牙结石，此时刷牙就难以去除。当牙结石出现在不健康的牙齿表面时，它对牙周疾病的影响较小。

日粮结构、玩具以及治疗方法，能够影响牙齿的自我清洁机制。在咀嚼时，坚实的纤维能够被牙齿穿透，牙表面的牙菌斑因此得以清除。除质地特殊的食物以外，一些处方日粮也包含有降低口腔微生物或者减慢牙菌斑矿化的成分。

那些能够减缓或预防菌膜附着或菌斑早期黏附的产品，可能对于疾病治疗也有一定的好处。

牙周炎的预防相当复杂。周期性的口腔卫生保健以去除龈下菌斑，有助于抑制龈下菌斑的形成，从而使牙周病发病程度降到最低。更重要的是，应确定去除患病因素。严重的牙齿拥挤现象，可以通过选择性的拔除得以缓解，应修正易于患病部位的解剖形态，应治疗与控制糖尿病、肾衰，应注意不恰当的行为或者习性异常可以损伤组织。

（二）牙髓病

【病因与发病机制】 当牙髓（牙齿中央的结缔组织、血管、神经）感染或发炎就会发生牙髓病。在健康动物体内，齿冠牙本质表面覆盖着不可渗透的釉质，由牙髓受釉质的保护而免除细菌感染。釉质受损、牙齿创伤或牙齿发育异常，均可为细菌到达牙髓创造条件，将导致牙髓炎或者牙髓坏死。超出牙髓修复潜能的钝性外伤也能损伤牙髓，使之难以愈合。如果牙齿断裂且牙髓直接外露，则需要进行牙髓治疗或者拔掉牙齿。牙齿断裂可由外力损伤（岩石、车撞、玩耍过度）或啃咬不适宜的物体（骨头、蹄、坚硬玩具、石头、栅栏或者笼子）所引起。已经发炎或者死亡的牙髓，通过根尖三角区或者侧枝根管，将炎症释放到根尖牙周组织而发病。这些部位的组织常形成肉芽肿、囊肿或者脓肿。龋齿也是一种牙齿硬组织的细菌性感染。这些病在犬并不常见，一旦出现会很快感染牙髓。

【临床表现与病理变化】 牙齿颜色改变，表明此前牙齿曾经受伤或牙髓出血。如创伤较小，则发炎的牙髓能够康复。但较重的外伤可引起不可逆的牙髓炎，最终导致坏死。因为牙髓没有侧支循环，受伤后不易恢复，渗出的血液存留在牙本质中，使之恶化。牙髓病最明显的征兆是牙齿断裂，且牙髓腔暴露。牙髓出血的时间很短。在损伤初期，如果牙髓有活力，暴露位点外观为红色圆点，如果牙髓暴露位点外观为黑色圆点，则说明已经坏死，这两种情况都需要治疗。虽然渗出物通常在损伤位点使用引流进行排出，但是如果受损的位点被堵塞，就可能形成根尖脓肿。内眦腹侧皮肤是常见的肿胀部位或第四前臼齿瘘管有脓性分泌物排出的位点，这里也可引起口腔内牙龈脓肿，表现为口腔黏膜连接处或者其上方有一持续溢脓的红色瘘管。上颌犬齿脓肿在犬类可引起患侧鼻翼肿胀。在猫可引起眼睛前部肿胀，与那些引起严重牙面疼痛综合征的人一样，患病动物通常也很少表现出任何不舒适。

牙髓病的X线片显示，典型的损伤牙根尖周围透明，围绕根尖部位有不规则的环形损伤，其阻止X线穿过能力降低。在动物的一生中，牙髓在牙髓腔内表面产生牙本质，使牙髓横断面积不断下降。牙髓坏死中止了正常牙本质的产生，外观也较对侧或者相邻牙齿的牙髓不成熟；相反，炎性的牙髓可快速产生牙本质。如果属于一般性牙髓炎，显著变化在于加速了整个牙齿的老化速度，牙齿根管空间变得异常狭窄或者牙髓腔狭窄。

【治疗】 具有不可逆牙髓炎或者牙髓坏死的牙齿，一般需要进行牙髓治疗（根管治疗）或者拔牙。除年幼患畜外，应对牙齿断裂造成牙髓腔暴露的每个牙齿，选择其中一种方法进行治疗。犬和猫的犬齿、犬的裂齿（上颌第四前磨牙、下颌第一磨牙）被认为是极其重要的牙齿。对于这些患病动物，根管治疗要比拔除牙齿更加舒适，并能保持其功能。工作犬，例如军犬、警犬或者表演犬，均要求全牙冠修复。为了保持牙周健康，大面积缺损的前磨牙或磨牙的患病动物，有时要求重建牙冠以修复牙颈部结构。

（三）牙齿吸收

牙齿结构的吸收发生过程中始终有破牙细胞在作用，破牙细胞实际上等同于破骨细胞。它能够发生在牙齿外表面或内表面，作为牙髓腔的衬里。在正常或者异常情况下，牙齿炎症、相邻组织产生的压应力刺激，都能激活破骨细胞的活性。特发性的牙齿吸收，可散发于多个物种（包括人），但家猫的发生率最高。

【病因与发病机制】 牙骨质覆盖于牙齿表面，牙齿吸收始于牙骨质的局部损伤。猫牙根极其微小的牙齿吸收通常可以自行修复。不管由哪种原因引起的牙齿吸收，自始至终都包括破牙细胞的作用，它去除了牙齿结构形成一个再吸收陷窝，从而发生牙齿吸收。多数损伤（并非全部）伴发有成骨细胞活动，最终新生的骨组织取代原有牙齿结构。不管怎样，吸收可以进一步穿过牙本质，能够逐渐引起牙齿表面牙釉质发生显著的临床缺损；虽然牙周病区域的牙齿吸收主要是由牙周炎症所引起，但是自发性牙齿吸收的病因尚未得到证实。从理论上讲，可能的病因包括牙的应力集中（咀嚼食物时，异常的水平力量作用于牙齿引起颈部微裂隙或损伤）和营养因素（日粮中维生素D过量），以及其他因素。

【临床表现与病理变化】 牙齿吸收的临床表现有多种形式。猫下颌第三前臼齿通常是最早感染该病的牙齿。犬前臼齿和臼齿感染此病也很常见。牙冠釉质的微小损伤通常开始于牙龈边缘，表现为牙龈边缘炎症或牙龈向上生长到齿冠。较大的损伤可见牙齿外形明显缺损，且被肉芽组织所填充。缺损部位的边缘有尖锐的釉质边缘凸起。在此阶段，肉眼可见的损伤仅是冰山一角，大多数缺损都会影响牙根或者更深层的牙齿组织。牙齿吸收的特征可根据严重程度（分期）和X线检查（分型）加以描述。第一阶段，猫齿颈损

伤，但没有累及牙本质。第二阶段，损伤影响牙本质但并没有损伤到牙髓。第三阶段，损伤影响牙髓。第四阶段，有明显的牙冠或牙根损伤，牙齿的完整性受到影响。第五阶段，完全丢失了整个牙冠，完整的牙龈覆盖牙冠缺失部位。

根据X线检查，损伤分为以下几种类型：1型，除了发生吸收的病灶部位以外，受累的牙根保持正常的X线阻射特性；2型，与邻牙相比，受累牙根的X线阻射性大大降低。在严重病例，牙根X线影像完全消失，或者只能看见一条貌似正常牙根外形的"影子"。这与骨组织取代牙根或类牙骨质组织这一病理变化相一致。

牙齿吸收造成的损伤暴露于口腔，可能引起不适。那些局限在牙根表面的损伤不可能引发不舒适或其他临床特征。牙周或牙髓炎症引发的牙齿吸收，则伴有相应疾病的典型症状。这两种情况都伴发炎症与感染，那些由牙髓病引起的炎症与感染也可能引起不适。

【诊断】 在不发生牙周炎的情况下，单个牙齿的边缘性牙龈炎，可能表示早期的牙龈下损伤。牙龈边缘的损伤可以通过锐性探查来确诊。较大的损伤可由牙齿表面典型的外观变化确诊。口外损伤是否影响到牙根和牙冠内部组织，只有通过X线检查来进行确诊。常可见X线阻性降低的病损区。

【治疗与预防】 大多数患有吸收性损伤的牙齿都应拔除。牙冠切断术适用于X线检查表现为2型损伤，且适用于无牙周炎、牙髓炎的患病动物（见口腔疾病）。口腔保健的目标是防止病损周围的炎症引发边缘性牙周炎，对患牙髓疾病的牙齿，进行根管治疗或采取拔除等措施，以防止根尖周炎引发牙根吸收。特发性损伤难以预防，因为病因未明。如果应力集中起到一定作用的话，那么将日粮稠度调节至与鸟类或小型啮齿类稠度相一致，或可预防损伤，但是这并未得到证实。

（四）牙齿发育异常

口腔正常的生长与发育依赖于一系列事件，这些事件必须正常且按照一定次序发生。影响发育组织或组织发育时机的遗传异常或损伤均能引发异常。牙齿缺损可降低动物的舒适感、健康水平或者功能，这些都需要进行治疗。那些只影响到美观的则不需要处理。常见的发育问题包括乳牙滞留、未萌牙、牙齿畸形、咬合不正、颌骨畸形。

【乳牙续存】 幼龄犬猫乳齿适应了其小嘴的功能（牙齿数目少，形状也小）。随着永久齿的萌出，在实施积极的口腔检查时造成的牙齿损伤，通常会造成受损牙齿的脱落。永久齿与乳齿相比外形更大、数目也更多，随着颌骨的延长，会不断地调整牙齿的萌出。

乳齿脱落是一个复杂的过程，紧贴着乳牙根下方的恒牙冠（对乳牙根）产生压力，这是乳牙脱落过程的一部分。如果永久牙萌出不在正常的位置上，乳齿就可能牢固的停留在原有位置上，可能病因包括先天性恒牙胚缺失、遗传性恒牙胚错位或外伤性恒牙胚移位。乳齿持久存在于较宽的空间可能不会引发任何问题。然而，如果乳齿引发永久齿拥挤（通常与犬齿有关），这些区域易感牙周炎。此外，移位的永久齿本身能够导致创伤性咬合，需要进行治疗。乳齿脱落的时间与永久齿替代的时间由遗传决定。在少数情况下，牙齿发育期间的损伤能够引起牙蕾移位，影响乳齿的脱落。

最常见两侧犬齿同时发生乳齿滞留。上颌恒尖牙在乳尖牙的近中（前部）萌出，表现为瘦小尖锐的乳尖牙前部，出现一个较宽大且圆钝的恒尖牙。在下颌则表现为恒尖牙在乳尖牙舌侧萌出，瘦小尖锐的乳尖牙朝向唇侧，而宽大圆钝的恒尖牙朝向舌侧。在前臼齿区域，常见乳齿在一个区域内，没有永久齿。比正常前臼齿更小，应使用X线检查评估其解剖及牙根结构，以确定是否是乳齿。

如果永久齿已经萌出，那些依然坚固地附着在牙床上的乳齿就应予以拔除。如果乳齿齿根很坚固，没有永久齿可更替持续存在的乳齿，乳齿就可能在原位滞留。然而，必须用X线检查，证实该位点没有埋伏的牙齿或阻生的永久齿、牙根也未被吸收。

因为大多数乳牙滞留与遗传有关，所以除非已经确定是由损伤引起的乳齿滞留，否则患有此病的宠物一般不要再去繁殖后代。

【未萌出牙齿】 牙齿萌出按照既定的遗传程序进行。在某些品种，特别是小型犬（马耳他犬），极易发生延迟萌出或不完全萌出。一些短头品种也易患第一前臼齿错位，因为位置异常牙齿不能萌出。损伤也能使牙蕾移位，使其不能萌出。因为移位后的牙齿可能与其他颌骨结构相对抗，阻止牙齿萌出。

在某些品种，特别是㹴犬，前臼齿缺失被认为是正常变异。但是，在大多数动物，应该长牙的那些无牙区，应该通过X线检查进行确定。这样，未萌出的牙齿轻易就能发现。

由于牙龈持久性覆盖引起的牙齿不完全萌出，可以通过牙龈切除重新整形至正常结构进行治疗。单个的牙齿，在成熟后，完全埋伏可能处在静止状态，仅需要进行监控。然而，它也可能形成齿冠囊肿，这种病能够损坏大面积的颌骨。第一前磨牙明显易于患有囊肿，特别是那些短头品种的犬，因此任何第一前臼齿的缺失都应进行X线检查，每一个发现的病牙都应该拔除或周期性进行X线检查监控。如果引发疾病，

其他埋伏的牙齿应拔除。外科拔除埋伏位置较深的下颌犬齿是极具挑战性的工作。

患有埋伏牙的动物一般不应繁育，除非确定埋伏牙由损伤引起。

【畸形牙齿】 牙齿形成期间，任何一种发育中断都会导致畸形牙齿。损伤可能包括创伤性、代谢性、感染性或者罕见的遗传性因素。对上皮增殖的损伤（如细小病毒、犬瘟热病毒、高热）出现在釉质发生期间，就会引起釉质发育不全或牙齿矿化不全。牙本质的损伤能够引起畸形或者牙根缺失。

釉质异常可能是局部性的，如环线样的釉质缺失（表面粗糙且染色），或者完全缺乏釉质。牙根发育不全时，牙冠虽具有正常外形，但牙齿整体具有移动性。使用X线检查很容易确定缺乏牙根的情况。有种单个牙齿的异常，表现为下颌第一臼齿牙根融合，具有遗传性，但这种异常通常很少累及别的牙齿。牙冠外形基本正常，或者从牙龈边缘延伸出一条小的颊面发育沟。在X线片上，可见牙根尖端聚集在一起，而非正常的分叉形态。与牙根大小相比，有时牙冠外形太大。牙根融合引起牙髓室底向下凹陷，进行X线检查，外形类似牙中牙或者牙内陷。这些牙齿的牙周韧带与牙髓腔在分叉部通常相互通连，导致牙髓疾病的比例非常高。许多其他独立牙齿异常也偶然可见，例如多生齿、孪生齿（两个多生齿占据了同一个位置）、不完全孪生齿（多生齿彼此融合）、多生齿根、楔形齿（短圆筒状牙齿）。

釉质发育不全或者矿化不全，主要使用早期牙本质封闭剂进行治疗，以预防细菌进入牙髓。复合型树脂贴面也能保护较为柔软的牙本质免受磨损，并提供一个光滑表面，减少牙斑菌的形成，但是最终他们都会被磨损和破碎。牙根发育不良表示预后不良。在严格的口腔护理、避免任何牙齿损伤和过度使用情况下，牙齿能够保存数年。单独的牙齿异常，应该使用病理学方法进行评估。有很多种情况不存在异常，也无需治疗。

畸形牙齿是损伤、感染或者遗传的结果。在牙齿发育期间应谨慎护理，就可以预防大多数畸形。

【咬合不正与颌骨畸形】 咬合不正几乎总是具有遗传性，然而，发育期间的损伤能干扰正常牙齿的生长。通过品种选育，上颌骨长度要比下颌骨长度更容易控制。选择长脸和长鼻会无意中选择上下颌骨远中牙合（如覆合牙、短颌、鹦鹉嘴），而选择较短头型或短鼻导致下颌骨近中牙合（如咬合不足）。上下颌骨发育速度不同，使牙齿萌出时间严格受限。在永久齿成长至足够的高度咬合时，如果上下颌骨彼此关系异常，齿列就可能锁定在异常的部位。如果这种情况

发生在单侧，它就会使一侧颌骨继续延长，而另一侧停止延长，导致中央切齿中线错位（即歪嘴）。

最常见的上颌骨-下颌骨间的错位是水平方向错位，导致下颌骨近中牙合或者下颌骨远中牙合。当下颌阻生的犬齿与腭相对，远中牙合常引起损伤性牙合。下颌犬齿的舌向错位常伴有这些问题，因为随着它们沿着上颌犬齿腭板表面萌出，它们直接朝向腭板。个别牙齿错位也可能由遗传导致，例如德国牧羊犬与喜乐蒂牧羊犬的犬齿近中错位。

在乳齿齿系期间，阻断口腔正畸学能够用于选择性拔除乳齿。如果发生牙齿互锁，应拔除已锁的牙齿，这样可以让颌骨得以充分生长。治疗乳牙反颌可以用拔除上颌切牙的方法。这不仅缓解了互锁，而且促使恒切牙萌出更加偏向唇侧（它们正常时应该萌出在脱落切齿的腭面）以帮助矫正咬合错位。同样，乳牙远中错颌可以通过拔除下颌乳犬齿进行治疗。此外，这不仅缓解了牙齿连锁而且鼓励下颌永久性犬齿萌出在更大的颌面角（它们正常应该萌出在乳犬齿的舌侧）以帮助矫正咬合错位。无论何时拔除乳齿，必须防止接触潜在的永久齿发育中的恒牙胚，以免损伤成釉器，影响釉质的形成。由于局部釉质缺陷，这类损伤能够引发永久齿产生棕色点。不要将器械插入上颌乳切齿的腭侧，或者下颌乳犬齿的舌侧，即使不存在技术问题，也可能出现釉质损伤。因为乳齿从齿槽中脱位时，可能将成釉上皮拖拽出来。

对于很多短头犬种而言，一般认为永久齿的近中牙合是正常现象，并不需要治疗，除非它导致了损伤性咬合错位。如果下颌阻生犬齿与第三或者第二上颌切齿腭板面相对，拔除接触位点上的上颌切齿将造成一个较宽的空位，犬齿可以填充到此处，即可解决错位问题。虽然反颌（如上颌切齿位于下颌切齿内侧）很少引起不舒适感或健康问题，但是下颌远中牙合常要求正畸或者外科的介入。犬齿能移入非损伤性的位置，在那里更舒适且功能正常。此外，还可以将牙齿截短，用直接覆盖牙髓的办法保存剩余的活牙髓，这种途径要求终身跟踪进行X线检查，以确定最终需要哪种牙髓治疗方法。

只有具有正常牙齿且健康咬合能力的动物才能进行繁育。

（五）牙面损伤

牙齿与颌骨非常强健，在动物与环境互动中承担着重要角色。这使它们易于受伤，常见到动物使用牙齿与其他动物搏斗。此外，汽车碰撞、篱笆刮伤、跌落硬地表面，也容易导致牙面受伤。下颌第一臼齿的重度牙周炎或者下颌新生肿瘤，均可导致下颌骨病理性骨折。

折断的牙齿在断面中心处有一个红色或黑色点，这表明牙髓已经暴露。外伤性失牙可能表现为牙齿被外力撕脱或者以牙根碎片的形式不断碎裂。这种情况通过X线检查可最终确诊。下颌骨折可引起严重咬合紊乱，以致不能采食。上颌中线通常错位，向骨折一侧偏移。嘴可能会持续张开。

牙折治疗如上文所述（见牙髓病）。如果治疗及时，脱位牙齿能够重新放回原位。畜主应立即将牙齿置于牙齿运输液或者牛奶中，不能触碰牙根。齿槽以及牙根表面，应该使用灭菌盐水轻轻冲洗，以去除污染物。然后，将牙齿放入到齿槽中，使用金属丝牙间结扎固定一个月。使用聚丙烯树脂或合成物等硬质材料固定，不利于牙周韧带的恢复（可导致骨性粘连），但这可能是保护植回牙齿不被过度使用的一个好办法。当拆除固定器后，就使用根管治疗。

软组织损伤使用可吸收缝线进行初期缝合。口腔软组织富有血管，所以恢复速度很快。每间隔2 d用0.12%洗必泰溶液冲洗口腔，有助于减少康复期间的口腔细菌。

上颌骨折可以使用钢丝和缝合线固定，下颌骨折更具有挑战性；如果有可能，可以结合使用牙间钢丝结扎与复合树脂或丙烯酸树脂来固定牙齿，应在骨折游离侧放置这种固定器，以避免对牙根的损伤，这类损伤在使用骨螺钉与骨板固定时十分常见，保留正常的咬合关系很重要，装上硬质的稳定器，宠物能够容易地采食软食物，直到6～8周去除这种装置。

下颌骨末端骨折如果发生在臼齿后方，问题就更加严重，由于在骨折部位两侧都没有牙齿，末端与上颌骨相连处的骨头也很细，可以使用金属板进行固定，但预后需谨慎，虽然颌间结扎术能够成功解决问题，但容易对呼吸造成威胁。如果实施颌间结扎术时动物有呕吐现象，可以使用饲管解决这种问题，直到去除结扎。

（六）龋齿

龋齿属于一种牙齿感染疾病。人的龋齿很常见，但是犬不常见，猫则非常罕见或者不存在龋齿，这可能与犬和猫的唾液比人的唾液碱性更强有关。龋齿最初的损伤是由于酸的作用导致釉质脱矿。其他因素也起着重要作用，例如口腔菌群的差异以及日粮缺乏可供发酵的碳水化合物。

犬龋齿常发生在臼齿咬合面，表现为棕色空洞病损，表面附有软组织，锐性探针能够穿透和刺入。

龋齿结构必须用龋齿刮匙或者牙钻去除。通过X线检查，以确定感染是否扩展到牙髓；如果累及牙髓，则需要根管治疗；对于缺失的牙齿结构，可使用汞合金或者复合树脂修复。

患有龋齿的犬常发生额外的损伤；可局部使用氟化亚锡治疗，每2周1次，可有助于预防龋齿的发生。由于犬不会咳出，他们可吞咽任何使用过的药物。氟能够引起胃炎，如果摄入量多，也会产生肾毒性。

第四节　咽麻痹

咽麻痹可能是由中枢神经系统或者外周神经系统疾病所致，或者继发于严重的局部疾病，最终引起咽部塌陷、梗阻和机能障碍。在中枢神经系统疾病中，狂犬病是引发病毒性脑脊髓炎的主要因素，尽管频率不高。中枢神经系统中毒、铅中毒、颅部损伤、颅内脓肿、颅内肿瘤可能也会导致多种动物咽麻痹。

咽麻痹的外周性因素包括咽创伤、咽附属器官异常，特别是包括马喉囊。导致咽麻痹的马喉囊疾病包括喉囊真菌病、喉囊积脓、喉囊肿瘤、颞舌骨关节创伤性关节病。马原虫性脑脊髓炎也能引发部分马的咽麻痹。咽麻痹的程度范围从完全麻痹到不完全麻痹，取决于是单侧异常还是双侧异常，是中枢性疾病还是外周性疾病。单侧损伤可能导致咽喉部分功能障碍。例如，马患有咽麻痹性疾病可能具有吞咽能力，但是可能仍然发展形成咽下困难的临床特征（如鼻端混有食物或水的鼻涕，咳嗽）。

【临床表现与病理变化】　咽麻痹的临床表现包括吞咽困难，伴有混合食物、水以及唾液的口鼻分泌物。其他临床表现包括咳嗽、呼吸困难、唾液过多、夜间磨牙症。感染动物有吸入性肺炎、脱水、心血管及呼吸系统性休克等风险。感染动物频繁的发生一种或者多种症状，包括发热、咳嗽、干呕以及与食道阻塞相似的症状。严重感染的动物可能死亡或应考虑安乐死。在执行任何临床诊断技术前，吞咽困难的动物，可能需要实施紧急气管切开术。

【诊断】　病史及临床表现是咽麻痹的常规诊断指示，应进行血常规和血液生化检测。典型的感染动物表现血液浓缩，电解质与酸碱平衡失调，可能表现肾前性氮质血症。可进行血清学检查、头部X线检查、胸部X线检查以评估吸入性肺炎，还可进行超声检查、CT、MRI等有价值的检测手段以确定潜在的病因是中枢性的还是外周性的。使用CT和MRI对于诊断咽麻痹有特殊的价值。使用CT和MRI对于评估中枢神经系统引起的小动物咽麻痹具有很好的参考价值。对可能患有狂犬病的动物应该进行适当的处理（见狂犬病）。

【治疗】　咽麻痹的治疗方案由于致病原因的不同而有很大差异。治疗一般包括使用抗菌药物与抗微生物药物。因为咽狭窄而不能吞咽，所以优先使用静脉

注射。对血液浓缩的动物应使用静脉注射液体。如果动物不能采食或无食欲时，应考虑经口外或者肠外途径给予营养。通过咽造口术、食道造口术、鼻胃管（鼻饲管）治疗或者临时性的瘤胃切开术等途径，给予口外营养方法是提供营养支持的经济而有效方法。其他治疗措施包括咽脓肿的局部治疗。

由于致病因素的不同，咽麻痹的预后不一。咽脓肿的预后良好，而喉囊疾病的预后须谨慎。如果感染动物在对症治疗4～6周后无明显改善，往往预后不良，应考虑安乐死。

第五节　肛门与直肠疾病

一、肛囊疾病

肛囊疾病是犬肛周区域最常见的疾病。小型犬种易感，大型或者巨型犬罕见（译者注：在中国的情况不同，大型犬中德国牧羊犬发病率也较高）。猫常见的肛囊疾病是肛门腺堵塞。

【病因与发病机制】　肛囊可能发生堵塞、感染、化脓或者形成肿瘤。肥胖犬在排粪时肛囊不能排出分泌物、肌肉紧张度缺乏、全身性皮脂溢导致肛囊内容物滞留（主要是引起腺体过度分泌）。这种内容物滞留容易使细菌过度生长、感染和发炎。

【临床表现与病理变化】　疼痛和不舒适与卧下有关，常表现急走、舔舐或者啃咬肛周，特别显著的是排粪痛苦并伴有里急后重症状。硬化、脓肿以及瘘道很常见。当发生肛囊堵塞时，在肛门区用手可以触摸到硬结。腺囊内充满黏稠、糊状、棕褐色的分泌物，外观呈淡红色并有巨大的压力。当囊肿感染和化脓时，表现重度疼痛，肛门腺区域皮肤会有脱色。瘘道常连通化脓的肛门腺与皮肤的破裂孔。应与肛周瘘进行鉴别。肛门腺赘生物通常无痛苦，伴发会阴部水肿、红斑、硬结，或者形成瘘管。典型的肛囊顶质分泌腺腺瘤见于老龄母犬。这些犬表现的症状继发于高钙血症，例如多尿、多饮以及与会阴部肿大相

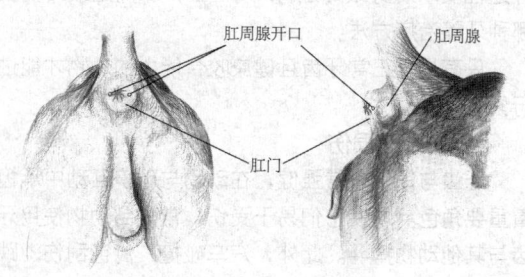

图2-7　犬肛周腺示意图
（由Gheorghe Constantinescu博士绘制）

关的问题。

堵塞、感染或者化脓的诊断可通过手指直检确定，在实施检查时肛囊能够排出分泌物。使用显微镜检查感染的肛囊内容物，显示有大量的中性粒细胞和细菌。如果肛囊坚实、扩大，即使在冲洗时也无内容物排出，在这种情况下，应通过活体采样确诊。应注意检查局部以及全身性的转移情况，检测血钙水平。

【治疗】 肛门腺堵塞应用手轻轻地疏通。如果内容物太干燥难以有效排除，可使用软化剂，或者耵聍腺清洗剂，或者用盐水输入肛门腺进行清洗。感染的肛门腺应用抗生素进行清洗，再使用局部和全身抗生素治疗。每隔8～12 h热敷1次，每次15～20 min，对于脓肿治疗有益。每周重复冲洗，有必要结合使用类固醇抗生素软膏。增加补充日粮纤维可增加粪便容积，使肛门腺压缩变空。如果药物治疗无效，或如果新生肿瘤，就可考虑采用外科手术切除。切除以后优先使用闭合术，发生并发症的概率很低。然而，排粪失禁是肛门腺手术的常见并发症，可能导致损伤会阴神经的直肠分支，如果双侧损伤，可导致神经完全损伤。当肛周瘘切除不完全或肛门腺破裂，可能形成慢性瘘管。肛门外括约肌有瘢痕形成可能源于外科损伤，可导致里急后重（见肛门腺源性的顶浆分泌腺肿瘤）。

二、肛周瘘

肛周瘘是肛周组织慢性化脓性炎症，有恶臭的溃疡，并形成窦道。在德国牧羊犬最为常见，雪达犬和金毛巡回猎犬也能见到。7岁以上犬的患病率较高。

【病因与发病机制】 虽然已经提出多种理论，但是病因却至今未明。粪便和分泌物污染肛周毛囊和腺体，可导致肛周皮肤和组织坏死，形成溃疡与慢性炎症。患病动物易发生全身性皮肤病。甲状腺机能减退、免疫缺陷或者免疫介导成分可能使某些动物易感本病。尾根较粗犬种患病的可能性要高一些。肛门皱褶较深能引起粪便存积在直肠腺，也是一个重要因素。与慢性炎症组织相连的排泄管道，常延伸到直肠和肛门黏膜。感染可能扩展到深层结构，包括肛门外括约肌，因而应及时治疗。

【临床表现】 犬表现为体态改变、里急后重、排粪困难、食欲减退、嗜睡、腹泻，企图舔咬肛门区域。猫与犬的表现相似，但是可能会包括垫毛或者偶尔坐立于小盒子上。

【治疗】 迄今，肛周瘘的管理对于兽医和宠物主人都是难题。传统的治疗方法为清除患病组织以及肛门腺摘除术。外科技术包括切除、清创术、电灼疗法、冷冻手术。曾经有人提出实施断尾术或者结合其他疗法。在瘘管不能用药物治疗时，可以采用外科方法治疗。外科手术的后遗症包括排粪失禁、直肠狭窄以及复发。

已经证实，环孢菌素是有效的治疗药物，通常需要使用16周为一个疗程，在肛周瘘明显愈合后4周内也应持续用药。目前，配合使用酮康唑能减低环孢菌素的用量以及费用。在疾病早期使用环孢菌素与酮康唑结合及时治疗，能减少复发的可能。比环孢菌素更廉价的方法是联合使用硫唑嘌呤与甲硝唑4～8周，随后外科切除残留的损伤组织，再使用药物治疗3～6周；一些犬种局部使用他克莫司（0.1%软膏，每日1～2次）也很有效，其他药物治疗措施包括使用多库酯钠胶囊，可减轻排粪困难。应做好肛周清洁与抗菌，以减少炎症发生。

三、肛周肿瘤

参见肝腺体肿瘤，肛门腺的顶浆腺肿瘤。

四、会阴疝

会阴疝是指腹膜疝囊侧向突出于肛提肌或者外括约肌或尾骨肌之间而发生的病理性变化。6～8岁公犬（未交配的）发病率特别高，威尔士矮脚犬、波士顿㹴、拳师犬、柯利犬、卡尔比犬及卡尔比犬杂交犬、德国猎犬及德国猎犬杂种、古牧犬以及北京犬的发病率也很高。

【病因与发病机制】 涉及许多因素，包括品种易感性、激素不平衡、前列腺疾病、慢性便秘，以及由于慢性用力过度导致的盆膈韧性降低。未配过种的公犬发病率明显较高，表明激素影响可能是主要原因，也与前列腺肥大相关的性激素失衡有关，雌激素与雄激素被认为是致病因素。

【临床表现与诊断】 共同表现是便秘、顽固性便秘、里急后重与排粪困难。痛性尿淋漓、尿路梗阻可继发膀胱与前列腺翻转。也可见到内脏绞窄。会阴部肿大，从腹腔外侧口到肛门有明显膨大。会阴疝可能是双侧的，但是2/3是单侧的，且80%以上位于右侧。

肿物柔软而又具有波动感，有时会有减小。坚实而又疼痛，膀胱和前列腺可能被推回到盆腔内。通过直肠检查与会阴穿刺术，可确定其内容物性质（确定是否有尿液）。90%的会阴疝包含有直肠移位，直肠肠袋进入疝囊，但直肠壁结构仍保持完整。

【治疗】 会阴疝一般不列在急诊范围，除非膀胱扭转、动物不能排尿。如果不能经膀胱导尿，就应使用膀胱穿刺术放出尿液，以减低疝的紧张程度。有必要留置导尿管，以确保尿道开放，防止梗阻复发。

通常需要外科手术矫正，同时进行去势术以减少复发的可能性。预后须谨慎，因为具有极高的复发率（10%～46%）以及术后并发症，如感染、直肠皮肤瘘、肛门囊瘘、坐骨与会阴神经嵌闭。

五、直肠与肛门狭窄

直肠与肛门狭窄是由于瘢痕组织导致的黏膜狭窄。异物或者创伤（如咬伤）或者炎性疾病并发症（如肛周瘘、组织胞浆菌病、炎性肠病、肛囊炎）均可导致黏膜受损。

形成的肿瘤、增大的前列腺、肛周瘘或之后形成的瘢痕组织、肛门囊脓肿，所有这些都会引发肛门外力性收缩。在小动物，肛门直肠狭窄要比直肠狭窄更加常见。但是两者发生率均不高。德国牧羊犬、比格犬与贵妇犬的狭窄较为常见。

牛直肠狭窄可能由于创伤、肿瘤、脂肪坏死或者与阴道和直肠狭窄有关的缺陷引起。猪直肠狭窄常继发于小肠结肠炎，在直肠脱整复之后，常发生沙门氏菌引起的溃疡性直肠炎后遗症。小动物的治疗包括狭窄部气性扩张后全身麻醉，结合损伤区注射长效皮质激素（曲安西龙），而大动物治疗则包括狭窄区切除术或直肠切除术。

六、直肠肿瘤

恶性直肠癌通常在犬表现为腺癌，而猫表现为淋巴癌。腺癌生长缓慢，有侵袭性。在出现里急后重、排粪困难、便血、腹泻前，可能已形成局部或全身转移灶。虽然外科手术是腺癌治疗可选择方法，但可能也疗效甚微，因为在确诊之前通常已经发生了转移。猫患有直肠淋巴癌时可使用抗肿瘤药物治疗。

七、直肠息肉

直肠腺瘤性息肉不常见，通常为良性，主要发生于小动物。息肉越大，恶性的可能性也越大。临床症状包括里急后重、便血与腹泻。通常可以触摸到息肉，有表面溃疡的时候很容易出血。周期性发生，息肉可能经肛门脱出。外科切除通常很快即可恢复，能获得较长的存活期，在术后也可能形成新的息肉。活体采样进行病理学诊断是常规措施。

八、直肠脱

直肠脱是由于肠道、肛门直肠或者泌尿生殖疾病引起的持续性里急后重，往往有一层或者更多层直肠脱出于肛门外。直肠脱可分为部分脱出与完全脱出。前者仅有直肠黏膜脱出，后者整个直肠层都脱出。

【病因】 直肠脱通常见于患有急性腹泻和里急后重有关疾病的幼龄动物。偶然性因素包括重度肠炎、体内寄生虫、直肠疾病（如异物、裂创、憩室、膨大）、直肠与结肠末端肿瘤、尿石症、尿道梗阻、膀胱炎、难产、大肠炎以及前列腺疾病。会阴疝、其他干扰肛门括约肌神经正常分布的因素均可导致直肠脱。

任何年龄、品种、性别的动物都可能发生。由于腹泻和盆腔内直肠支持组织变弱，猪直肠脱可能最常见于大多数消化道问题。牛直肠脱可能与球虫病、狂犬病、阴道脱和子宫脱有关。有时过度乘骑和跌打损伤，可能是引发年轻公牛发病的原因。短尾羊，特别是育肥羔羊也常见直肠脱，高营养含量日粮可能是诱因。使用雌激素作为生长促进剂，或者偶然暴露于雌激素样真菌毒素，也可能使大动物易患直肠脱。

【临床表现、病理变化与诊断】 凡能发现伸长的圆筒形团块突出于肛门外，通常就可作出诊断。然而，必须将它与脱出的回结肠套叠相鉴别，可使用钝性探针，或者手指放在脱出的肿块与直肠内壁之间。如果是直肠脱出，器械无法插入，因为存在穹窿。

常见溃疡、炎症以及直肠黏膜瘀血。在脱出的早期，脱出部分较短，为无溃疡的炎性片段；脱出后期，黏膜表面变黑，可能充血和坏死。

【治疗】 所有的动物，最重要的是确定和消除脱出的原因。

小动物治疗包括，使脱出部分复位或者将坏死肠段切除。脱出部分较小或者不完全脱出，能够在麻醉状态下使用手指或者探针复位，以减轻脱出。在整复之前，应使用温盐水灌洗或者使用水溶性凝胶润滑脱出组织。此外，局部应用高渗性糖溶液（50%葡萄糖或70%甘油醇）可用于缓解黏膜水肿。也可使用松软的肛周荷包缝合5～7 d。在减少脱出之前或者矫正脱出之后，可以使用局部麻醉（1%地布卡因软膏）预防过度努责，或者使用麻醉药硬膜外腔麻醉。在术后推荐使用泡湿的日粮和粪便软化剂（如磺琥辛酯钠）。术后出现腹泻需要立即治疗。

当直肠组织活力存在问题影响手工复位时，就应进行直肠切除和吻合术。当直肠组织有活力，但是不能顺从手工复位时，就需要剖腹术结合随后的结肠固定术，以防止复发，硬膜外麻醉可用于减少努责。

在大动物，建议使用尾部硬膜上腔麻醉，以降低努责程度，使脱出部分容易复位，并允许外科手术治疗，推荐使用荷包缝合方法复位与固定；猪和羊缝合时应足够松弛，留下一指宽的开口，牛和马的开口再稍大一些；如果因为人为疏忽没有及时发现马的直肠脱，可能发生小结肠脱出，小结肠的血液供应很容易中断，如果直肠脱发展成为小结肠脱出后，即使荷包缝合也往往预后不良。直肠脱治疗方法依据直肠脱出的情况而定。一般来说，除出现明显组织坏死或者损伤，或者脱出外翻部分坚实或变硬、无法缩小以外，直肠脱可通过保守性措施进行救助，否则应考虑切除黏膜下层或者实施肠管截断术。重度病例直肠切除术的使用应有所保留，完全切除术发生直肠狭窄的概率较高，特别在猪易发生。在外科切除猪和羊脱出的肠环时，可使用灭菌注射器或塑料管做支撑材料，术后配合使用抗生素。在马，应使用粪便软化剂；在羔羊，采用直肠脱出修复术，通常在经济价值上不具有可行性。

九、直肠撕裂

直肠或肛门黏膜出现缺口、裂缝或者裂创均是腔体受损的结果。异物（锐性的骨头、针、其他粗糙材料）也与之有关。大动物咬伤，以及直肠触诊是常见的原因。裂创可能仅仅涉及直肠表层（部分裂创）或者穿透全层（完全裂创）。

【临床表现与诊断】 便秘或排粪困难时通常表现疼痛。诊断依据里急后重、出血、会阴脱色、肛门与直肠检查，直肠检查手套上有新鲜血液或者直检后的粪便上有新鲜血液都是直肠裂创的极好证据，如果损伤持续存在，可能发生水肿。

【治疗】 对所有动物的直肠脱都应及时治疗。对直肠肛门区域彻底清洗，全身应用广谱抗生素；给予静脉补液和氟尼辛葡甲胺，以预防并治疗腐败性以及内毒素性休克；小动物的裂创应清创，可通过肛门缝合、经剖腹缝合或者联合使用两种方法，选择哪种方法主要取决于部位和裂创的程度。抗生素和粪便软化剂应在术后使用。

直肠检查时意外损伤牛和马的直肠，必须立即治疗，以降低腹膜炎和死亡的风险。直检时，避免使用指尖，避免在阻力较大的区域过度推送胳膊，根据穿透组织的层次，马直肠撕裂分为4种类型：一级撕裂创仅涉及黏膜层和黏膜下层损伤，二级撕裂创涉及肌层破裂，三级撕裂创涉及黏膜层、黏膜下层、肌层，也包括延伸到直肠系膜的损伤，四级撕裂创指全层穿孔，并延伸到腹膜腔。

一级撕裂创可使用广谱抗生素和输液疗法保守治疗。应给予氟尼辛葡甲胺预防并治疗内毒素性休克；经胃管投入液状石蜡，以软化粪便，日粮应由牧草或苜蓿组成；二级和三级撕裂创要求立即进行手术。四级撕裂创则预后危险，应在创口较小且没有对腹膜腔造成严重污染之前抓紧修复。

第六节 细菌性疾病

一、肠道弯杆菌病

弯杆菌为螺旋形的微需氧菌，为革兰氏阴性菌，能引起人和动物胃肠炎。有些弯杆菌在动物之间传播。多种家畜在摄入空肠弯杆菌以后感染急性胃肠炎，包括犬、猫、犊牛、绵羊、猪、雪貂、水貂、猴子以及多种实验室动物和人（见牛弯杆菌病）。世界范围内，感染空肠弯杆菌是胃肠炎最常见的原因之一。

【病原】 弯杆菌呈螺旋形或者弯曲柱状，为展现出螺丝状运动的特性，其运动由单极鞭毛调控。他们生长缓慢，90 min为一个生长周期，需要复杂的营养与富集培养基，微需氧条件，增加二氧化碳（3%~15% O_2，3%~10% CO_2，85% N_2）的量能够促进其生长。

弯杆菌科包含两个属：弯曲杆菌属（Campylobacter）与弓形杆菌属（Arcobacter）。弯曲杆菌属包含14个种，其中嗜热弯杆菌、空肠弯杆菌（或结肠弯杆菌）流行率最高与疾病影响力最大。然而，其他12种弯曲杆菌对人和动物也具有致病性：它们分别是胎儿弯曲杆菌（C.fetus fetus）、胚胎弯曲杆菌性病亚种（C.fetus venerealis）、豚肠弯曲杆菌（C.hyointestinalis）、红嘴鸥弯曲杆菌（C.lari）、乌普萨拉弯曲杆菌（C.upsaliensis）、瑞士弯曲杆菌（C.helveticus）、简明弯曲杆菌（C.concisus）、曲形弯曲杆菌（C.curvus），昭和弯曲杆菌（C.showae）、纤维类弯曲杆菌（C.gracilis）、唾液弯曲杆菌（C.sputorum）、直肠弯曲杆菌（C.rectus）以及黏膜弯曲杆菌（C.mucosalis）。其中，至少两种（胎儿弯曲杆菌与乌普萨拉弯曲杆菌）可通过消化道感染，但是大多数常经肠外感染。有多个种，包括简明弯曲杆菌、曲形弯曲杆菌、昭和弯曲杆菌、纤维类弯曲杆菌和直肠弯曲杆菌，均能够引起牙周疾病。某些非常相似的菌种已经从分类中去除，包括弯曲菌样微生物（Campylobacter-like organisms）、同性恋螺杆菌（Helicobacter cinaedi）、芬纳尔螺杆菌（H.fennelliae）和幽门螺杆菌（H.pylori）。最初，人们将回肠共生胞内弯杆菌（Ileal symbiont heliobacter intracellularis）称作弯曲杆菌属，后来被重新分类为弓形杆菌属（Arcobacter），如硝化弯曲杆菌（C. nitrofragilis）被命名为硝化弓形杆菌（A.nitrofragilis），嗜低温弯曲杆菌（C.cryaerophilus）被命名为嗜低温弓形杆菌（A.cryaerophilus）。最终，空肠弯曲杆菌（C. jejuni）的亚种继续存在，包括空肠弯曲杆菌空肠亚种（C. jejuni jejuni）和空肠弯曲杆菌德莱亚种（C. jejuni doylei）。

【流行病学与传播】 传播媒介有食物、水流或者经过粪-口方式传播；在世界各国，人和动物都是弯曲杆菌的贮存宿主，众多家养动物和野生脊椎动物消化道中弯曲杆菌处于绝对优势生态地位。肉用动物，特别是肉鸡，将动物性传染病从动物传播给人，可以导致食品安全问题。通常能从自由生活的鸟类分离到弯曲杆菌，包括迁移鸟类、水禽、乌鸦、海鸥以及家鸽，它们可污染放牧牲畜的环境。据报道，野生啮齿类动物和昆虫（如苍蝇）也可贮存病原、传播空肠弯杆菌。在适宜生存条件下，粪便污染环境，为这些微生物提供了无所不在的污染源。弯曲杆菌能在粪便、牛奶、水和尿液中持久存在，特别是在温度接近4℃的条件下。在相反的条件下，空肠弯杆菌转化成为一种有活力但不可培养的形式，在被摄入时能够再次激活。

人类食品能被弯曲杆菌污染，包括肉鸡、火鸡、牛肉、猪肉、鱼和牛奶。家禽是人空肠弯曲杆菌最重要的贮存宿主，可引发50%～70%的病例，鸡肉是第一位的来源。当食入夹生鸡肉时，犬和猫感染的概率通常和其主人一样。

【发病机制】 细菌运动、黏液聚集、毒素产生、附着、内在化、易位是空肠弯曲杆菌致病过程之一。感染源于摄入被空肠弯曲杆菌污染的水和食物。胃酸对细菌形成障碍，导致细菌必须到达小肠或大肠才能繁殖；空肠弯曲杆菌可侵入上皮细胞和黏膜固有层细胞。

【临床表现】 发现患病动物出现腹痛、发热、腹泻、粪中混血、粪中炎性细胞，表明已被感染。据报道，青年恒河猴、断奶日龄的雪貂、犬、猫和猪，自然感染空肠弯曲杆菌可导致肠炎。对肉鸡、啮齿类动物、雪貂、犬、灵长类动物、兔和猪，通过多种途径试验性接种空肠弯曲杆菌后，可以引起肠炎。临床报告显示，原发性感染能全身扩散、引发黏膜病或不引发疾病，但可引起短期细菌存活或者引起抗药性的产生但无细菌存活。这些报道表明空肠弯曲杆菌可产生一种疾病谱，是否致病取决于宿主的免疫状况、细菌毒力、基因表达和其他因素。

空肠弯曲杆菌、结肠弯曲杆菌、乌普萨拉弯曲杆菌、瑞士弯曲杆菌属于弯杆菌属，已认为与伴侣动物的肠道疾病有关。空肠弯曲杆菌可导致犬和猫腹泻，目前认为人群是细菌的主要来源。腹泻通常表现急性，而且能够复发。犬暴露于空肠弯曲杆菌可引起轻度腹泻，进而出现菌血症。在幼犬和幼猫，虽然弯曲杆菌是最常见的感染，但是弯曲杆菌也能从临床表现正常的成年犬和猫体内分离到（达30%以上）。在美国西部实施的确定动物源性传染病微生物的一项试验中，在206只猫的粪便中，有3只（1.5%）培养出了

空肠弯曲杆菌。不管猫有无腹泻症状，均能检测到细菌。此外，空肠弯曲杆菌也可通过纯培养，从妊娠晚期流产后的雌性德国牧羊犬阴道分泌物中分离到。主要临床表现为排出大量无色无味的血样阴道分泌物。

犬猫通常在空肠弯曲杆菌感染之后出现临床症状。在不到6月龄的患犬，最常见的临床症状是长达5～15 d的腹泻，粪便从水样到血色均有，带有黏液，有时也出现染料样胆汁。偶然会成为慢性腹泻，可伴随发热和白细胞数量增加。不到6月龄的患猫也常有腹泻，可排血样粪便。大多数猫有其他的虫体感染，例如弓形虫和贾第鞭毛虫。部分感染的猫无临床症状。

牛与绵羊的弯曲杆菌感染能引发肠炎和流产。有研究表明，在比较弯曲杆菌在健康牛流行率和"患病"牛流行率的试验中，弯曲杆菌出现的频率无明显差异。但是，在研究流产率的试验中，3.2%的牛和21.7%的绵羊在感染空肠弯曲杆菌后出现流产。肉牛和奶牛感染弯曲杆菌后的发病率为2.5%～60%。在许多研究中发现，肉牛屠宰后，在其胆囊、大肠、小肠和肝脏中均可检出弯曲杆菌。排出的粪便也可污染奶和牛肉。

已经证明，空肠弯曲杆菌与绵羊流产相关。在分娩季节，弯曲杆菌能从流产的病例分离到，依据生物化学、抗原与遗传的差异，将弯曲杆菌分为15种（包括14种空肠弯曲杆菌和1种胎儿弯曲杆菌）。

弯曲杆菌能引起断奶仔猪结肠炎。作为肠道共栖体，猪常携带有结肠弯曲杆菌和空肠弯曲杆菌。在美国、荷兰、英国、德国的研究表明，一半以上商品化饲养的猪排泄弯曲杆菌。结肠弯曲杆菌株大多数从猪分离获得。对无菌或缺乏初乳的仔猪，经口腔接种致病性的空肠弯曲杆菌，会导致急性肠炎。患猪出现食欲减退、发热以及腹泻1～5 d，随后临床症状有所缓解，但依然会从粪便中排出空肠弯曲杆菌。然而，具有免疫力并带有补体的猪，在生命早期暴露于肠道细菌时，能抵抗空肠弯曲杆菌的再次感染。对猪实施细菌、病毒与寄生虫合并感染试验发现，能够加重空肠弯曲杆菌引起的疾病及其病理学变化。

与其他动物相比，禽类弯曲杆菌的感染率和携带率较高，特别是空肠弯曲杆菌。在肉鸡，微生物可定殖到腭淋巴组织以及嗉囊，导致经共用水槽快速传播或经粪-口途径传播。微生物可从具有临床表现的发病禽类的小肠分离到，特别是鹦鹉目与雀形目，通常患有肝炎，表现嗜睡、食欲下降、体重减轻、排黄痢。死亡率也较高，弯曲杆菌也能从自由生活的鸟类分离到，包括候鸟、水禽、乌鸦、海鸥和家鸽。尽管

有较高比例细菌定殖，但禽类自然感染空肠弯曲杆菌所引发的疾病却很少见。

弯曲杆菌性胃肠道疾病已经在玩赏动物类有报道（如雪貂、水貂、灵长类、仓鼠、豚鼠、小鼠、大鼠）。虽然这些动物的临床特征表现多样化，但通常都包括排出黏液样、水样或有胆汁条纹的粪便（有时还混有血液），食欲减退，呕吐和发热。可能出现持久性感染，但并不常见；大多数感染均出现轻微症状。弯曲杆菌在雪貂引发的腹泻症状与人类似。在经口摄入空肠弯曲杆菌之后，多个品系的小鼠均能发病，并有特异性免疫系统缺陷，导致水样或带血粪便以及盲肠结肠炎。

【病理变化】 尽管大多数动物盲肠与结肠损害表现为盲肠结肠炎，但空肠弯曲杆菌能稳定地在小肠和大肠定殖。猪和小鼠发生空肠弯曲杆菌肠炎时，其肉眼病变可见盲肠扩大、充满液体，结肠近端肠壁增厚。淋巴结（回肠结肠和肠系膜）渗出，体积明显增大。空肠弯曲杆菌感染能产生带有黏液的血样渗出。组织病理学特点包括黏膜固有层明显的炎症，多形核中性粒细胞和单核细胞浸润，有时炎症可以扩展到黏膜下层。已经发现，在肠黏膜固有层，有少量的免疫细胞，如浆细胞，巨噬细胞、单核细胞等。损伤的黏膜表面，也会有腐肉和溃疡生成。大多数被感染的动物都出现水肿。猪和小鼠上皮表面损伤常与空肠弯曲杆菌有关。空肠弯曲杆菌存在于上皮底外侧、副基底上皮细胞连接点或腐蚀性和溃疡性损伤的肠上皮，常含有黏脓性中性渗出液与腐败脱落的、溶解的上皮细胞以及糜烂与溃疡性病变，空肠弯曲杆菌常与结肠基底层腐败脱落的肠绒毛顶尖细胞有关。隐窝脓肿、隐窝上皮损伤也很常见。

【诊断】 诊断空肠弯曲杆菌感染，要在微需氧的条件下，通过选择性培养基分离微生物。收集新鲜的粪便样品，如果送到实验室延迟，需置于培养基中，并在4℃储存，培养效果最佳。空肠弯曲杆菌对低pH（<5）、非冷藏真空干燥、氯化钠浓度高于2%以及长期处于10～30℃温度的环境非常敏感。在不良生长条件下，螺旋形会退化转变成球形。嗜热弯曲杆菌、空肠弯曲杆菌、结肠弯曲杆菌以及红嘴鸥弯曲杆菌能在37℃生长，但最佳生长温度为42℃。如果病料不能立即送到实验室检查，则需要采集更多的临床样品。

PCR对确定感染很有效，特别是细菌培养困难或样品操作失误的情况下。然而，阳性结果不足以确定疾病的起因，必须考虑要与临床症状相结合。

【治疗与控制】 克林霉素、庆大霉素、四环素类、红霉素以及氟喹诺酮类是抗弯曲杆菌的有效药物。青霉素、头孢菌素、甲氧苄氨嘧啶对弯曲杆菌一般无效；有报道显示，弯曲杆菌对氟喹诺酮类、四环素类、卡那霉素以及另外一些抗生素具有耐药性，其抗药性可经染色体或者质粒机制进行调控。弯曲杆菌的培养依赖性诊断，能够检测菌群的抗生素敏感性。然而，不管使用任何抗生素进行治疗，一些动物依然有弯曲杆菌定殖，并成为其永久的庇护所。如果治疗的目的是降低动物源性传播的风险，则单独使用抗生素治疗还远远不够。控制感染的方法包括患病动物治疗、环境清洁以及定期粪检以确定排菌状态，甚至低感染剂量和微生物独特的分布，这些都面临着巨大挑战。

二、肠道衣原体感染

在世界许多国家，已经从临床表现正常的牛、山羊、绵羊和猪粪便样本分离到了衣原体。临床上有隐性肠道感染的动物可能在数月或者数年内排出衣原体。相应地，胃肠道就作为衣原体的重要储库或者微生物传播的源头。衣原体可能引发流产与肺炎，可很容易从健康牛羊的粪便分离到，也能在患有多发性关节炎、脑脊髓炎、结膜炎的动物的肠道样品中发现。在大多数反刍动物粪便分离到的是兽类似衣原体，但是也能分离到流产亲衣原体。猪衣原体和鹦鹉热衣原体，分别是猪和禽类粪便最常见的种类。肠道感染在一系列衣原体诱导的疾病发病机制的启动事件中承担重要的角色，包括家禽衣原体病。

在野外条件下，当大多数肠道衣原体感染没有临床表现时，能够见到新生犊牛原发性的衣原体诱导的肠炎。这种感染也可能会导致消化道内大肠埃希菌数量发生变化，在真胃和小肠前段的数量特别大。断奶犊牛的症状更加严重，或者这些患犊仅有部分初乳免疫转移功能。感染的新生犊牛可能会使水样腹泻转换为黏液样腹泻，且有轻度发热和鼻分泌物。已有报道证实，与试验繁殖的无菌猪相比，感染猪衣原体的哺乳猪自然腹泻病例很罕见。但是，试验和田间研究都表明，断奶仔猪感染后均表现无症状。多数兽医诊断实验室一般不会将腹泻的粪便列为衣原体常规检查，因此，必须将此列入特殊检查项目。治疗时可以选择高剂量四环素，采用注射或者口服或两者均可。

三、沙门氏菌病

沙门氏菌病由多种血清型肠道沙门氏菌引起，特征性临床症状主要有两种：一种是全身败血症/伤寒，另一种是肠炎。临床上无感染的疾病也可能出现肠炎。

少数血清型沙门氏菌的特征是能产生临床伤寒病

症，在成年动物，病原体的宿主范围小。因此，伤寒沙门氏菌（伤寒杆菌）和甲型副伤寒沙门氏菌能引发人类伤寒，禽沙门氏菌能引起家禽患类似疾病，绵羊沙门氏菌感染绵羊，猪沙门氏菌感染猪，都柏林沙门氏菌感染牛等，这种细菌一般经口传播，细菌并不在肠道内大量繁殖，而是透过肠壁，由巨噬细胞系携带到脾脏和肝脏繁殖。临床疾病晚期，沙门氏菌重新进入肠道，排出体外。有些血清型沙门氏菌仅限于寄宿在生殖系统。

在临床上，虽然其他血清型一般不会导致健康成年未妊娠动物出现全身症状，但是这些细菌能在许多种类的动物肠道内繁殖，进入人类食物链，使人患胃肠炎（食物中毒）。鼠伤寒沙门氏菌和肠炎沙门氏菌是人类肠炎的最常见病因，值得注意的是，沙门氏菌还能引起小鼠典型的伤寒传染，但致病基础尚不清楚。后面这一类菌株还可导致更加严重的疾病，如果仔畜从母畜得到的保护性抗体不足或仔畜特别易感，均可产生类似伤寒的全身症状。分离到特定的宿主血清型沙门氏菌并不一定是唯一的宿主动物，因此，流行病学因素在确定患病率方面具有重要作用。

肠炎是全球所有动物的常见疾病。随着畜牧生产的发展，发病率也在增加。犊牛、仔猪、羔羊、马驹均可患肠炎和败血病（参见新生反刍动物的腹泻，马驹腹泻病，肠道沙门氏菌病）。成年马、牛、羊常患急性肠炎，生长猪可能患慢性肠炎，牛偶尔也患慢性肠炎。妊娠动物一般均可流产。临床正常带菌动物对所有宿主动物都存在着严重的危险性。沙门氏菌病一般很少在犬、猫发生急性腹泻，而且不伴发败血症。

【病原与发病机制】 多种沙门氏菌均可导致肠道炎症。在某种程度上说，依地理位置而异，对各种动物比较常见的菌种如下：牛——鼠伤寒沙门氏菌、都柏林沙门氏菌、纽波特沙门氏菌；绵羊与山羊——鼠伤寒沙门氏菌、都柏林沙门氏菌、绵羊沙门氏菌、鸭沙门氏菌、蒙得维的亚沙门氏菌；猪——鼠伤寒沙门氏菌、猪霍乱沙门氏菌；马——鼠伤寒沙门氏菌、鸭沙门氏菌、纽波特沙门氏菌、肠炎沙门氏菌、IIIa 18:z₄z₂₃血清型沙门氏菌；家禽——肠炎沙门氏菌、鼠伤寒沙门氏菌、鸡伤寒沙门氏菌、鸡白痢沙门氏菌。

虽然沙门氏菌造成的临床表现并不具有特异性，但不同沙门氏菌在流行病学方面却有所不同。质粒谱型及抗药性模式有时是流行病学研究中非常有用的标记。被感染动物的排泄物可污染饲料、饮水、乳汁、来自屠宰场的生肉和加工后的肉制品、用作肥料或饲料的动物产品、草场、牧场以及许多惰性材料。有活性的沙门氏菌在育肥猪圈、禽舍、水沟等潮湿温暖

的地方可存活数月，但在堆积的牛粪中存活却不到1周。啮齿类动物和野生鸟类也是家畜沙门氏菌病的传染源。饲料制粒后可降低沙门氏菌污染的水平，这主要是热处理的结果。

沙门氏菌在不同宿主动物、不同的国家的感染率不同，其感染率比临床疾病的发病率高得多。在食品动物中，常由一些应激引起，如突然停喂饲料、运输、干渴、拥挤、分娩、接受手术，以及使用某种治疗性、预防性药物或刺激生长的药物等。

肠炎的传染途径通常是口腔，感染后，病菌在肠道繁殖，导致肠炎。非常幼小的动物极为易感，原因可能是胃内pH高、肠道菌群不稳定、免疫力有限，细菌可突破肠黏膜，导致肠损伤与腹泻。这一复杂过程包括沙门氏菌的菌毛附着并向上皮细胞注射蛋白质，诱发肌动蛋白细胞骨架发生变化，进而导致细胞表面的胞膜边缘波动，这一过程诱捕了沙门氏菌，导致细胞分泌液体而吸收细菌。细胞感染后，信号分子探测到细菌表面蛋白质，宿主激活警报过程，继而诱发一种强烈的炎症反应，一般能将细菌限制在肠道内，能造成伤寒的血清型病菌，可调节宿主最初的反应，抑制炎症反应。随之发生细胞损害，细菌被巨噬细胞和中性白细胞等噬菌细胞吞噬。虽然中性粒细胞一般能杀死沙门氏菌，但这种病菌能存活并在巨噬细胞中繁殖，在感染过程中，巨噬细胞代表了宿主的主要细胞类型。

随着感染的持续，可能继而产生真正的败血症，随后定位于大脑和脑脊膜、妊娠的子宫、肢体远端、耳朵和尾巴末梢，分别导致脑膜脑炎、流产、骨炎、蹄子和尾巴干性坏疽。这种细菌还往往定位于胆囊和肠系膜淋巴结，幸存的受感染动物间歇从粪便中排出有活性的病菌。

犊牛携带病菌的情况很罕见，但几乎所有成年家畜在不同时期都携带病菌。10周龄的绵羊和牛、14月龄的马几乎都携带这种病菌。感染过都柏林沙门氏菌的成年牛，以后数年都会经粪便排泄有活性的病菌。即使粪便中没有沙门氏菌，淋巴结和扁桃体的感染仍会持续。潜伏病菌的携带者可能开始排泄有活性的病菌，在受到外界压力时，甚至可能发生临床病症。如果家畜受环境影响而感染却没有侵入机体，这种被动携带病菌的家畜在环境因素消除后，一般不再携带病菌。

【流行病学】

（1）**牛与绵羊** 都柏林沙门氏菌通常在特定的牧场上使犊牛和羔羊呈地方流行，而鼠伤寒沙门氏菌常与被感染农场引入犊牛有关，可呈散发性暴发，偶然暴发亚临床传染的畜群主要见于成年牛。促成临床疾病的应激因素包括：缺乏饲料与饮水、营养水平低

下、长途运输、产犊和预防性注射抗生素、育肥场混养与拥挤等。

（2）**猪**　猪败血性沙门氏菌病暴发较罕见，通常可追溯到具体购入的一头感染猪。应购买无沙门氏菌猪群的育肥猪，在肥育期，应将感染降低到最低程度，并采用"全进全出"方式。通常，采用舍外散养可增加环境中传染源的暴露风险。

（3）**马**　多数成年马均在手术应激或运输期间缺乏饲料与饮水、并在抵达目的地后过量饲喂而发病。母马可能是隐性排菌者，可在分娩时排出沙门氏菌，并感染新生马驹。马驹可发生败血性沙门氏菌病，可呈地方性流行，并有可能暴发本病。（参见马与马驹的肠道疾病）

（4）**犬与猫**　许多犬和猫都携带沙门氏菌，却无症状。临床疾病不常见，一旦发病，往往与住院治疗，或由另一只犬或猫传染，或成年动物体质虚弱，或幼犬与幼猫携带大量病菌，或发生肠炎等诸因素有关。

【临床表现】　肠炎伴发败血症是新生犊牛、羔羊、马驹、家禽、仔猪的常见综合征，猪在6月龄可暴发本病。当伴有肠炎的全身性疾病发生时，常导致缺乏免疫力，疾病可表现为急性发作并伴有精神沉郁、发热（40.5～41.5℃），在24～48 h内死亡。犊牛和仔猪可见神经症状和肺炎。根据宿主的遗传背景和菌株毒力，死亡率可达100%。

急性肠炎无广泛的全身性症状，比较多见于成年动物和1周龄以上的幼畜。发病之初是发热（40.5～41.5℃），继而表现严重的水样腹泻，有时有痢疾，常里急后重。在畜群疾病暴发时数小时后可开始腹泻，这时畜群不再发热。畜群排出的粪便差异较大，可能有恶臭味并伴有黏液、纤维蛋白条块、黏膜碎片，有些病例还可见鲜血。检查肛门时，动物严重不安并伴有里急后重。奶牛产奶量往往急剧下降。马常见腹痛且较为严重（疝痛）。死亡率不确定，但根据菌株毒力不同可高达100%。马患急性病的特征是白细胞与中性粒细胞显著减少。犬和猫临床疾病表现形式为急性败血性腹泻，偶尔见于幼犬和幼猫或患有并发症的成年犬猫。肺炎表现很明显。肠炎变为慢性后，妊娠的犬、猫、牛、马、绵羊可发生流产，存活的后代也可患肠炎。患病猫有时可见结膜炎。

毛皮动物与动物园中食肉动物也可受到感染，受污染的饲料往往是传染源。有些啮齿类动物（如豚鼠、仓鼠、大鼠和小鼠）和兔易于患病。在该疾病呈地方流行的农场中，啮齿类动物通常是传染的媒介。过去，宠物龟曾经是人类患此疾病的传染源，对宠物龟的商业走私实施打击后，这种传染源已被完全排除。

【诊断】　根据临床症状和被感染动物粪便或组织中病原体的分离，即可诊断本病。还可在饲料、供水以及饲养场（舍）可能寄居的野生啮齿类动物和鸟类粪便中寻找是否存在病原体。

该病的临床综合征通常具有特性，但必须与各类动物的几种类似疾病鉴别诊断：牛——由于大肠埃希菌引起的腹泻，由于毒素大肠埃希菌、球虫病、隐孢子虫症引起的痢疾，通过消化道传染的鼻气管炎，牛病毒性腹泻，由于B型和C型产气夹膜梭菌引起的出血性肠炎，砷中毒，继发性铜缺乏症（钼中毒），冬痢，副结核病，牛胃虫病，食物性腹泻。绵羊——肠型大肠埃希菌病，由于嗜血杆菌或巴氏杆菌引起的败血症，球虫病等。猪——肠型大肠埃希菌病，初生仔猪和断奶仔猪的艰难梭状芽孢杆菌症，猪痢疾（短螺旋体猪痢疾），弯杆菌病，成年猪败血症（包括丹毒、胞内劳森菌、古典猪瘟、巴氏杆菌病）。马——败血症（病因：大肠埃希菌、马驹放线杆菌、链球菌）。家禽——大肠埃希菌肠炎和伪结核耶尔森氏菌症。

【病理变化】　疾病对回肠下段和大肠造成的损害极为严重，损害程度从损失上皮组织造成肠绒毛缩短到肠道结构彻底损失不等，黏膜固有层存在中性粒细胞浸润，这一区域的血管中可见血栓；通常可见出血和纤维蛋白丝状物。一般需要使用抑制粪便中大肠埃希菌的选择培养技术，可能每日需要若干次日常粪便培养，才能分离出这种病原体。如果饲料等样品中病菌数量少，可能需要非选择性浓缩阶段，此后可在选择性液体培养基中做强化培养，用一种可抑制肠道内其他细菌的选择性琼脂表面分离出细菌菌落。对败血症动物做血液培养可能获得有用信息，但成本高昂。

通常可通过一系列生化试验鉴别细菌，如需要鉴别细菌的血清型，可采用对噬菌体（噬菌体分型）的易感性做进一步细分。

血清学测试结果难以对个体动物的感染作出解释，ELISA广泛用于监测家禽群体，通过测定肠炎沙门氏菌、鼠伤寒沙门氏菌、鸡沙门氏菌/鸡白痢沙门氏菌的血清型，确定是否存在感染，并在屠宰时监测猪肉液体中的抗体。

【治疗】　对于败血性沙门氏菌病，早期治疗至关重要，但是，对于抗菌药治疗肠道沙门氏菌病存在争议。口服抗生素可能不起作用，还会损害肠道菌群，具有干扰或颉颃作用，可延长排菌时间。人们还担心，口服抗生素会导致沙门氏菌产生耐抗生素菌株，继而会感染人类。通过抑制正常菌群的抗生素敏感成分，抗生素还可促进大肠埃希菌产生耐药菌株，向沙门氏菌抗生素耐药性转化。由于这一原因，许多国家已禁止用抗生素化学疗法刺激动物生长。

广谱抗生素可通过非肠道给药治疗败血病。使用抗菌剂疗法前，应了解当地先前发现的病菌抗药性类型。医院感染可涉及高度耐药的病原菌。甲氧苄氨嘧啶磺酰胺制剂可能有效，也可选氨苄青霉素、氟喹诺酮类药物，或三代头孢类药物。对氨苄青霉素、甲氧苄氨嘧啶、磺胺类药物、四环素和氨基糖苷类抗生素，一般均有质粒介导的耐药性，很容易在不同细菌之间转移。对喹诺酮类药物的耐药性是一种突变，但随机突变可通过使用抗生素进行选择，并可由噬菌体转移。应每日进行药物治疗，持续6 d。

口服药物应在饮水中给药，因为被感染的动物腹泻后会感觉口渴，而食欲通常很差，为纠正酸碱失衡和脱水，必须采用辅助液体疗法。犊牛、成年牛和马需要大量补液。氨苄青霉素或头孢类药物等抗生素会导致细菌溶解，释放出内毒素，可使用NSAID或氟胺烟酸葡甲胺盐，以降低内毒素血症的影响。对有酸中毒和血钠过低的动物，要采取对症治疗。

所有动物的肠道疾病都难以进行有效治疗。虽然临床可能实现治愈，但细菌学意义上的治愈却较为困难，由于病原体寄居在胆道系统中，间歇性排入到肠腔，或由于动物肠道正常菌群在抗生素治疗中所剩无几，并受病原体抑制而不能正常繁殖，使动物再次感染。理想的控制方法是口服专用无病菌益生菌，培养肠道菌群。

【疾病防控】　由于带菌动物和饲料与环境污染，使疾病防控难度加大。可对引流拭子或牛奶过滤器取样培养，监测畜群的沙门氏菌感染状况。防控原则包括预防病菌的传入，限制病菌在畜群中蔓延。在欧盟许多国家，采取了政府资助的控制项目，降低食品动物（尤其是家禽和猪）的感染水平。

（1）预防引入病菌　必须竭尽全力防止引入携带沙门氏菌的动物；较为理想的是，动物应直接从无病菌感染的农场购买，购买后需隔离1周以上，监测其健康状况。要保证从可靠渠道得到无沙门氏菌的饲料供应。一些国家对进口和国产饲料及饲料原料也进行检测控制。

（2）控制畜群的病菌传播　疾病暴发期间，在畜群中要采取措施限制疾病蔓延，应实施以下步骤：①应鉴别带菌动物，要么淘汰，要么隔离后积极治疗。治疗后的动物必须多次复检，才能确信不携带病菌。②可考虑在饲料或饮水供应中使用抗生素预防（各种危害上文已经提到）。③为了限制传播，畜群在农场活动时，每个群活动家畜的数目应尽量小，避免动物随机混杂。④需防止粪便污染饲料和饮水。

⑤必须大力清洁消毒受污染的畜舍。⑥应谨慎处理受病菌污染的材料。⑦所有工作人员必须意识到，在被感染家畜中工作的危险性以及个人卫生的重要性。应当制定严格的农场管理计划。⑧应考虑使用疫苗，在疾病暴发时涉及妊娠牛、妊娠猪或产蛋家禽时，尤其应当考虑使用疫苗。商品灭活疫苗或自家菌苗均可使用。弱毒疫苗效果相当好，但市场销售很少（见下文）。⑨尽可能降低对动物的应激。

（3）沙门氏菌疫苗　沙门氏菌是细胞内寄生菌，因此，活疫苗是抵御此病的最佳免疫保护剂；不过，一些证据表明，灭活菌苗仅能产生较低的保护力。一些研究表明，沙门氏菌弱毒疫苗可用于猪、牛和鸡，并能刺激产生一种较强的细胞介导免疫应答，保护动物免于全身性疾病和病菌在肠道内定殖。一种猪霍乱沙门氏菌弱毒疫苗已获生产许可证，该疫苗可有效降低病菌在组织中定殖，在自然条件下抵抗病菌，以保护猪群免遭病菌侵袭。通过滴鼻或皮下注射这种疫苗，可使犊牛免受都柏林沙门氏菌和沙门氏菌C1血清组。鸡沙门氏菌活疫苗不但能有效预防鸡沙门氏菌（禽伤寒），而且还能大大降低产蛋鸡沙门氏菌肠炎的感染率。

【人兽共患病风险】　近年来，人类患肠沙门氏菌病的病例有所增加，动物是主要贮主。通过受病菌污染的饮水、牛奶、肉类和加工后的食物及其原料传播给人，家禽及禽蛋尤其是重要的感染源。另外，被带病菌水污染的水果和蔬菜，也是其重要的传染源。

四、泰泽病

泰泽病是一种全球范围内多种动物均可发生的肠肝综合征。常见马驹呈散发性致死性感染，在实验动物中也呈急性致死性流行。此病在犬、猫、犊牛以及其他动物很少发生。虽然最初可感染处于应激状态的幼小动物，但是某些动物除非发生应激或者免疫抑制，否则可明显抵抗本病。日粮因素如过度含氮日粮，可引发免疫抑制，可使马驹更为易感。免疫抑制药物以及一些抗生素，特别是磺胺类药物，也可使动物对本病易感。

【病原与发病机制】　病原为泰泽氏梭菌（*Clostridium piliforme*），是一种能动的棒状芽孢杆菌，具有鞭毛，为专性细胞内菌群，不能在无细胞培养基生长，但能在鸡胚卵黄囊或组织培养细胞内培养。营养阶段非常不稳定，芽孢可在室温下于土壤中生长1年以上，也能在60℃的条件下存活1 h。内生孢子能抵抗70%酒精、3%甲酚以及4%洗必泰，然而他们对0.4%的过氧乙酸、0.015%普罗比妥钠、1%聚维酮碘和5%苯酚敏感。

致病机制尚未完全了解，感染最可能来自于口腔，如摄入感染动物粪便中的芽孢。可能的来源包括环境中传染性芽孢以及与患病动物接触，如新生马驹可能接触了母马粪便而受到感染。

有些泰泽氏梭菌分离株可产生毒素，而其他的芽孢杆菌却不产生毒素。这些毒素在泰泽氏梭菌发病机制中所起的作用尚不清楚，但有毒的分离株要比无毒分离株具有更强的致病性。菌株毒力越强，越可诱导小鼠肝损伤，而无毒性毒株则不会这样。

泰泽病可能在多种动物严重发生，但感染通常是亚临床症状或无症状。在不同的动物种群之间，他们可有不同的易感性。B淋巴细胞、T淋巴细胞、自然杀伤细胞，可在调控毒株易感性方面起到重要作用。使用单克隆抗体为基础竞争性抑制ELISA血清学分析表明，马泰泽病可能相对常见，至少对两种特异菌株易感。

感染的主要位点是肠道后段，随后通过血液或淋巴系统扩散。细菌对于肠道（上皮细胞与平滑肌细胞）、肝细胞以及心肌细胞具有亲和力。应激性因素，例如捕捉、过度拥挤、运输和环境卫生差劣，都可明显地使动物易感。磺胺类药物给兔使用后也能增加易感性。除马驹外，其他动物断奶阶段死亡率最高，感染发生于1~6周龄，大多数在1~2周龄之间。在一些动物中，泰泽病可与其他疾病并发，例如猫传染性腹膜炎、犬瘟热和犬真菌性肺炎、犊牛隐孢子虫病和冠状病毒性肠炎。

疾病常侵袭营养良好的动物，特别是应激期间饲喂高蛋白日粮的动物。在实验室条件下，通过免疫抑制药物或其他因素所产生的应激，都很容易进行鉴别。在许多试验中，应激可能仅涉及整个方案的一部分，在发生疾病时，应激具有破坏性。

【临床表现】 在试验性感染后，马驹的潜伏期为3~7d；在自然条件下，潜伏期未知。多数马驹发现时已昏迷或已死亡。临床病程较短，大约数小时至2d。临床表现不一，主要包括精神沉郁、食欲缺乏、发热、黄疸、腹泻以及斜卧。最终抽搐和昏迷。不同种动物之间，症状有略微不同。实验动物可表现抑郁、边缘被毛皱褶以及不同程度的水样腹泻；在疾病暴发初期，一些动物常在发现时已死亡。

对于实验动物，因为其死亡特别快，所以临床病理检查意义不大。患病马驹的血清山梨糖醇脱氢酶、AST、碱性磷酸酶、乳酸脱氢酶、γ-谷氨酸转移酶等活性均升高。同时出现高胆红素血症、白细胞减少症、血液浓缩、最终出现严重的低血糖。

【病理变化】 特征性病变见于肝脏、心肌与肠

道；在肝脏，可见白色、灰色或浅黄色坏死灶，直径2mm，从数量不多到弥散性发生。在马驹，肝坏死非常显著呈弥漫性，多个坏死灶均伴有轻微出血，几乎所有肝小叶均有明显的损伤。此外，肝脏明显肿大，肝淋巴结增生。在兔，严重的损伤发生在肠和心脏。回肠末端、盲肠、结肠近端扩散变红。弥散性出血常见于盲肠浆膜层。盲肠和结肠出现黏膜坏死，盲肠壁明显水肿。肠系膜淋巴结肿大与水肿。心肌出现白色的纹理，特别是近心尖处。肠和心脏损伤一般较轻，其他动物完全不会发生。

显微镜下，随机分布、融合的肝脏坏死灶与中性粒细胞和巨噬细胞的适度浸润有关。致病菌存在于坏死灶周围活肝细胞呈交叉分布处。兔的盲肠和结肠坏死斑常扩散深入到肠壁肌层，这与黏膜层与黏膜下层中性粒细胞浸润有关。也可在感染肠道的上皮、肌层黏膜层、肌层表面发现病原菌。心脏损害包括纤维断裂性病灶、空泡化、纹理不清以及轻度炎性细胞浸润。

【诊断】 临床上可采用血清学和PCR方法检测本病。必须结合临床症状进行诊断，否则难以确诊。也可根据组织切片与特殊染色检测病原体，以诊断本病。但用HE染色和革兰氏染色效果并不好。使用姬姆萨染色时，对肝脏和肠上皮以及一些感染器官的涂片上芽孢杆菌均染色良好，但对平滑肌和心肌细胞中的芽孢杆菌效果染色较差。采用沃斯染色（Warthin-Starry）或利瓦迪蒂（Levaditi）镀银染色，可使芽孢杆菌在所有被感染细胞的胞浆中染色良好。

【治疗与控制】 人们对抗生素治疗本病的效果知之甚少；一些抗生素可使疾病恶化，泰泽氏梭菌对四环素敏感，对链霉素、红霉素、青霉素和氯四环素部分敏感，它能抵抗磺胺类药物和氯霉素。

虽然有部分感染不严重的马驹可能存活下来，但新生马驹患病死亡率几乎可达100%。一旦在农场出现该病，就可能出现年复一年的散发感染。对怀疑感染本病的动物，应静脉注射50%葡萄糖，然后再注射10%葡萄糖（缓慢注射）、其他液体疗法和抗生素治疗。大多数马驹对葡萄糖治疗有明显反应，能很快出现昏迷，并在几小时内死亡。很少见到患病马驹在经长期使用葡萄糖和抗生素治疗后得以幸存。

由于马驹发病呈散发，并非高度接触性传播，所以通常无特殊的预防措施。在环境中存在内生孢子的区域，许多马驹可能会接触到病原菌；然而，仅有少数马驹因免疫抑制而发生急性感染。在疾病流行时，由于母马过度饲喂，特别是给予高蛋白日粮，可明显提高新生马驹的易感性。由于日粮高氮复合物可诱导免疫抑制，因此降低日粮氮质因素，可减少马驹的发

病率。一般来说，应降低引起应激和免疫抑制的因素。当实验动物发生疾病时，由于治疗后可能成为带菌者，所以不推荐进行治疗。最好扑杀该群体所有动物，消除环境污染，再引入无病动物。

第七节 原虫病

一、阿米巴病

阿米巴原虫能引发急性或慢性结肠炎，以持久性的腹泻或痢疾为特征，世界范围内，主要在热带及亚热带地区流行。在过去几十年，阿米巴病在美国的流行率已呈下降趋势，但此病在很多热带国家仍然很重要，特别在发生自然灾害时。它在人及非人灵长类都很常见，有时见于犬和猫，其他哺乳动物很少发生。在一些哺乳动物体内已发现有多种阿米巴原虫，但大家熟知的病原仅有溶组织内阿米巴原虫（*Entamoeba histolytica*）。人类是其天然宿主，也是家畜感染的主要来源。哺乳动物通过摄入粪便污染的食物和水感染疾病，粪便中包含有感染的孢囊。迪斯帕内阿米巴原虫（*E.dispar*）是非侵入性、非致病性阿米巴原虫，它在分子水平上不同于致病性溶组织内阿米巴原虫（*E.histolytica*），但是在形态上很难把两者区分开来。爬行类动物的侵袭内阿米巴原虫（*E.invadens*）形态上与溶组织阿米巴原虫相同，但不能传播给哺乳动物。

【临床表现】 溶组织内阿米巴原虫致病力呈多样性，它寄生于大肠和盲肠腔内，可产生不明显的临床症状或者侵入肠黏膜，产生中度到重度病变，引起溃疡性、出血性大肠炎。在急性期，可发生烈性痢疾并可致死，也可转成慢性病例或自发康复。在慢性病例，可能有体重减轻、厌食、里急后重、慢性腹泻或者痢疾，这些症状也可能时有时无。除了结肠和盲肠，阿米巴原虫还可侵入到肛周皮肤、外生殖器、肝脏、大脑、肺、肾脏和其他器官，临床表现类似于其他结肠疾病（如鞭虫病和小袋纤毛虫病）。由于免疫抑制的发生，侵袭性阿米巴虫病会导致病情加重或恶化。

【诊断】 在粪便中，发现溶组织内阿米巴原虫的滋养体或孢囊即可确诊。采用直接盐水粪便涂片，或者在已发生感染结肠组织切片染色后，可观察到滋养体。但是很难发现虫体，因为肠外感染阿米巴原虫的很多动物没有并发肠道感染。在诊断阿米巴性结肠炎时，与粪便检查阿米巴原虫相比，采用结肠镜检查术刮取或者溃疡面活体采样检查更加有效。由于寄生虫可在粪便中周期性传播，对于肠道感染的病例，有必要重复检查。

滋养体的大小范围由10~60 μm不等，但直径通

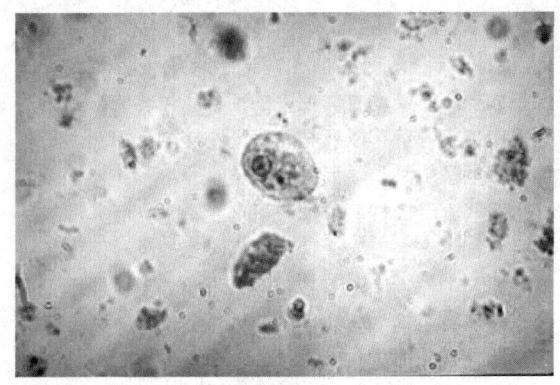

图2-8 溶组织阿米巴虫包囊（苏木素染色，1000×油镜）
（由Roger Klingenberg 博士提供）

常大于20 μm，有单一的泡状核（通常有中央染色质核仁）。滋养体能够活动，可含有摄入的红细胞。采集的粪便样品应及时检查，因为滋养体一旦离开机体即很快死亡。粪中白细胞可能会与阿米巴原虫混淆，因此对粪便样品涂片，固定并且染色（碘、三色试剂、铁离子、苏木精、过碘酸希夫反应）在鉴别时很有必要。

孢囊直径范围为10~20 μm，通常12~15 μm。成熟孢囊有4个核，而不成熟的孢囊可能有1个或者2个核。在灵长类动物，孢囊可通过硫酸锌漂浮法回收并确定，或者通过固定再染色（碘、三色试剂、铁离子、苏木精）确定；然而，如果从犬、猫采集粪样，很少见到溶组织内阿米巴虫孢囊。ELISA抗原检测试剂盒，已经用于检测人阿米巴原虫，也可用于辅助诊断其他哺乳动物。也可采用免疫染色法。

【治疗】 有关治疗本病的资料甚少。建议口服甲硝唑（10~25 mg/kg，每日2次，连用1周）。犬在治疗之后可能会连续排出滋养体。

二、球虫病

（一）概述

球虫通常呈急性侵入，艾美耳球虫或等孢子球虫可破坏肠黏膜。临床症状包括腹泻、发热、食欲不振、体重减轻、消瘦，在极端情况下甚至死亡。然而，许多动物感染后常呈亚临床型。球虫病对牛、绵羊、山羊、猪、禽类，也包括兔，在经济学上是重要的疾病，肝脏和肠道均可发生感染。通常，很少诊断犬、猫、马的球虫病，实际上，这类动物还是能导致临床疾病。其他属的球虫能否引发疾病，取决于宿主和原虫（见隐孢球虫病，肉孢子虫病，弓形虫病）。

【病原与流行病学】 典型的艾美耳球虫和等孢子球虫仅需一个宿主，在宿主体内完成它们的生活周

期。一些等孢子球虫有兼性中间宿主（旁栖宿主和转运宿主）。已提出从等孢子球虫属中新命名一属，名称为囊等孢虫属。球虫具有宿主特异性，不同的球虫之间无交叉免疫。

球虫病是常见病，最常见于定殖或局限于被虫卵污染的小范围内的幼龄动物。球虫是条件性病原；在球虫致病时，其毒力可能受到各种应激源的影响。因此，在营养缺乏、卫生条件差劣、过度拥挤、断奶应激、长途运输、突然更换饲料或者恶劣天气等情况下，最易发生临床性球虫病。

尽管高达80%的动物属于高危群体，可能显示临床症状，一般来说，多种农畜的感染率高，而临床发病率低（5%~10%）。大多数动物在1月龄到1岁期间可感染艾美耳球虫或等孢子球虫，其感染的严重程度不一。老龄动物通常能抵抗临床疾病，但可发生散在的隐性感染。临床健康的成年动物能成为幼龄动物与易感动物的感染来源。

【发病机制】 动物常因食入感染性卵囊而发生感染。卵囊随着感染宿主的粪便进入环境，但艾美耳球虫与等孢子球虫的卵囊无孢子形成，因此在经粪便传播的时候不会发生感染。在适宜的氧气、湿度和温度条件下，卵子形成孢囊，可在数日后发生感染。在孢子形成期间，无定型的原生质发育进入虫卵子囊的小体（子孢子）内部。在艾美耳球虫，其形成孢子的卵囊有4个孢子囊，每个含2个子孢子；在等孢子球虫，其形成孢子的卵囊有两个孢子囊，每个含4个子孢子。

当易感动物摄入形成卵囊的卵子，子孢子就从卵中逸出，在其他部位侵袭肠黏膜和上皮细胞，在细胞内发育成为多核裂殖体（也称分裂体）。每个核发育成为一个感染体，称为裂殖子。裂殖子进入新的细胞，并重复这个过程。在经历数代无性繁殖之后，裂殖子发育成为大配子母细胞（雌性）或小配子母细胞（雄性）。它们在宿主细胞内产生单个大配子母细胞和一定数量小配子母细胞。在小配子母细胞受精之后，大配子母细胞发育成为一个虫卵。虫卵的壁具有抵抗力，排出的粪中无孢子形成。虽然虫卵在-30℃以下或40℃以上均不能存活，但在适宜温度范围内，虫卵可生存1年或以上。

虽然大多数艾美耳球虫和等孢子球虫均能感染特殊宿主，但并非所有球虫都具有致病性。在两种或者两种以上球虫混合感染过程中，虽然一些球虫可能无致病性，但仍可发生临床疾病。在致病性球虫中，不同球虫的致病力差异很大。

【临床表现】 患病动物主要表现为小肠黏膜上皮细胞损伤，也常见黏膜下层结缔组织损伤。可能伴发肠腔出血、卡他性炎以及腹泻。临床症状包括排出血液或组织、里急后重和脱水。血清蛋白和电解质浓度（典型的血清低钠症）可能稍有改变，但仅在重度感染动物才会有血红蛋白或血细胞比容的变化。

【诊断】 通过盐水漂浮法或者蔗糖漂浮法能够鉴定虫卵。在粪中发现许多致病性球虫虫卵具有诊断价值（严重暴发时，每克粪中超过100 000个卵），因为腹泻可能发生在虫卵排出之前1~2 d，也可能在虫卵排出之后继续发生，此时虫卵减少到较低水平，但在单一的粪样品中仍可发现虫卵；应对单一动物粪样进行多次检查，或对饲养在同一环境中的动物进行单一粪便检查。影响粪中虫卵数量的因素包括该球虫遗传性的繁殖潜力、摄入的感染虫体数量、感染阶段、年龄、动物的免疫状况、提前暴露时间、粪便样本的一致性（不含水分）以及检查方法。因此，粪便检查结果必须与临床表现及肠道损伤（肉眼与镜检）相一致，从而确定球虫对各自宿主的致病性。已发现很多非致病性球虫虫卵并发腹泻，但他们不属于临床性球虫病的诊断范围。

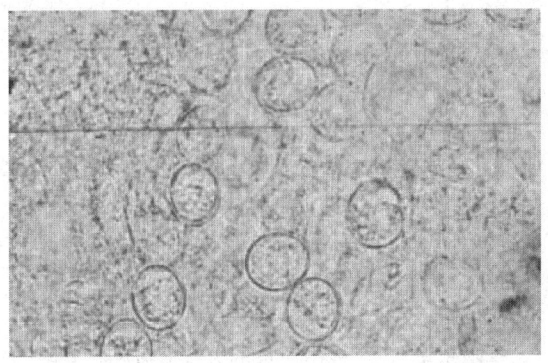

图2-9 犊牛粪便涂片中的艾美耳球虫卵囊
（由 Sameeh M. Abutarbush博士提供）

【治疗】 艾美耳球虫与等孢子球虫的生活周期是自我限制的，在数周以后自行终结，除非发生再感染。立即给药可减缓病情或由于再感染造成发育阶段抑制，这样能够缩短疾病时间，减少虫卵排出，减缓出血和腹泻，减轻继发感染与死亡的可能。患病动物应隔离并单独治疗，无论何时均应尽可能确保治疗性药物的药效，预防其他动物的感染。然而，迄今仍未证实哪种药物对临床球虫病具有治疗功效，虽然人们已广为接受的是，通过治疗能有效抵抗再次感染，并使动物尽快康复。

大多数抗球虫药在早期即第一阶段裂殖体具有镇静效果，因而更适合用于控制而非治疗。口服可溶性磺胺类药物常用于犊牛临床性球虫病，要比肠道氨苯磺胺配方（丸剂）更加有效。口服安普罗利，可用于治疗犊牛、绵羊与山羊的临床性球虫病。当使用药物对临床患病个体进行治疗时，也应考虑对健康动物的预防性治疗，这是一项重要的安全措施，它能更有效地降低发病率。

【预防】 预防措施主要是限制幼龄动物食入的虫卵数量，诱导产生免疫应答，而不产生临床症状。良好的饲养管理包括环境卫生，都有助于预防球虫。新生动物应该喝到初乳。幼龄易感动物应饲养于清洁而又干燥的圈舍。饲喂与饮水设备应保持清洁，避免粪便污染；这就要求饲料应放在高于地面的饲槽饲喂，这样粪便很难污染。应最大限度地降低应激反应（如断奶、突然更换饲料和运输）。

当动物处于多变的管理制度条件下饲养，并能预见可能发生球虫病时，建议使用抗驱虫药。事实上，所有的病例都可能涉及艾美耳球虫感染。地考喹酯和离子载体类抗生素，已广泛应用于预防幼龄反刍动物球虫病。已报道，在育肥期的第一个月，连续低水平饲喂地考喹酯、拉沙洛西、莫能菌素、安普罗铵，具有预防价值。另据报道，离子载体类抗生素和安普罗铵，如同磺胺嘧啶和安普罗铵预防猪球虫病一样，能有效预防羔山羊球虫病。

（二）牛球虫病

在世界范围内，已从牛粪中鉴定出12种艾美耳属球虫，但仅有3种最常见的球虫与临床球虫病有关。在试验条件下，其他艾美耳球虫能表现出轻度到中度的致病力，但不属于重要的病原体。

球虫病常发生于幼龄牛（1~2个月至1岁），在每年的潮湿季节呈散发。放牧牛"夏季球虫病"和"冬季球虫病"，可能由严重的天气应激和在有限的水源前拥挤所致，此时宿主和寄生虫被限制在一个区域。已经有报道表明，虽然育肥牛在特别寒冷的天气，球虫病的流行尤为严重，但实际上育肥牛在全年都可发生球虫病。通常球虫病暴发于限制饲喂的头1个月。临产前牛粪中虫卵的量会增加，此时牛可因牛艾美耳球虫卵污染环境而发病。在感染牛艾美耳球虫与邱氏艾美耳球虫后的16~23 d以及感染阿拉巴艾美耳球虫后3~4 d，开始发生腹泻，由球虫引发的典型临床疾病不会在出生后的前3周发生。因此，凡发生新生犊牛腹泻症，均不用考虑球虫感染。

球虫病最典型的综合征是慢性或亚临床型疾病，常发生于生长期牛群。犊牛表现生长缓慢，粪便污染会阴部外周。轻度感染的牛外观健康，正常排出的粪便中会有虫卵，但是饲料利用率下降。临床球虫病最典型的症状是排水样粪便，有少量血或无血，在数日内动物仅出现轻微的不舒适感。重度感染较少见。重度感染的牛常会变瘦，血样腹泻持续1周以上，或者稀薄粪便中有血色条纹或凝血块以及混有上皮碎片和黏液。病牛可出现发热、厌食、精神沉郁、脱水以及体重减轻。因为大多数重剧肠炎均发生于大肠，常见里急后重，牛致病性球虫也能损伤小肠后段、盲肠和结肠黏膜。在急性期，一些犊牛会发生死亡；有些犊牛还可因继发并发症（如肺炎）而死亡。重病存活下来的犊牛体重明显减轻，也不会很快恢复，并可留下永久性的发育障碍。并发肠道感染（如贾第鞭毛虫）的犊牛，可比单独感染球虫的犊牛更加严重。此外，管理性因素（如天气、圈舍、饲养方法、动物分组等）均影响牛临床性球虫病的发生。

一些患有急性临床型球虫病的犊牛可表现明显的神经症状（如肌肉震颤、感觉过敏、伴有头、颈部屈曲的阵挛性–强直性惊厥、眼球震颤）以及高致死率（80%~90%）。这种神经症状主要见于加拿大与美国北部的严冬季节；在其他地区，还尚未此类神经型的报道。被感染的犊牛可在痢疾或神经症状出现后不到24 h即死亡或许他们还能存活数日，常见侧位卧下并伴有轻度的角弓反张。试验性犊牛临床球虫病还未见报道出现神经症状，这表明神经症状可能与痢疾无关。

根据粪便漂浮法、直接抹片或麦克马斯特（McMaster）技术发现虫卵在粪中即可确诊。对同一牛栏内至少5头犊牛粪便中虫卵定量计数，有助于确定球虫病是临床疾病的起因。鉴别诊断包括沙门氏菌、牛病毒性腹泻、营养不良、毒素以及其他肠道寄生虫。

球虫病是自我限制性疾病，在繁殖阶段的球虫传播时，不经特异性治疗即可自然恢复是常见情况。

临床用于治疗感染动物的药物主要有磺胺喹噁啉（每日6 mg/0.45 kg，连用3~5 d）、安普罗铵（每日10 mg/kg，连用5 d）。磺胺喹噁啉特别适用于到达育肥场后发生出血性腹泻时的断奶犊牛。为预防球虫病，可使用安普罗利（每日5 mg/kg，连用21 d）、地考喹酯（每日22.7 mg/45 kg，使用28 d）、拉沙洛西（每日1 mg/kg至每头每日最大量360 mg）以及莫能菌素（每日100~360 mg/头）。使用抗球虫药的主要好处是可以提高饲料利用率和增长率。

一旦暴发球虫病，应马上隔离临床感染的动物，给予辅助性口服与注射液体治疗。应降低感染牛舍牛群密度。所有饲料和饮水应明显高于地面，以防止粪便污染。饲料和饮水中应提供大量的药物，以预防新的疾病，并减少流行病的影响。应将患有球虫病以及出现神经症状的牛迁到露天，保持牛舍温暖，并经口服或注射方式进行补液治疗。尽管使用大量的辅助疗法，患球虫病且有神经症状的犊牛死亡率仍很高。注射氨苯磺胺可控制寒冬季节犊牛因患球虫病而继发细菌性肠炎或肺炎的发生。应禁止使用皮质类固醇，因皮质类固醇会增加虫卵的排出，减低亚临床型犊牛的临床疾病。

球虫病比较难以控制。在牛群对球虫产生免疫力时，应避免过度拥挤。产犊区应排水良好，且尽可能保持干燥。应尽量减少粪便污染被毛。料槽和水槽位置应尽量加高，以免粪便污染。要控制进入拥挤育肥场的待育肥犊牛发生球虫病，这取决于饲养密度的有效管理、合适的饲槽或使用化学药物治疗，当产生有效的免疫力时，应控制动物食入虫卵的数量。

球虫药常用于控制自然发生的球虫病。理想的抗球虫药能抑制球虫的整个发育周期，能较好产生免疫力，不影响生产性能。饲料中磺胺类药物剂量在25～35 mg/kg，连续给药时间在15 d或以上，可有效控制犊牛球虫病。莫能菌素能有效抵抗犊牛球虫感染和促进生长。通过腔内连续释放装置给予莫能菌素，能成功地控制肉牛犊断奶后发生球虫病。拉沙洛西与莫能菌素有关，也是反刍动物的有效抗球虫药。在2～4日龄时，将拉沙洛西混于犊牛代乳品中，是控制球虫病的一种有效方法。当自由采食的牛日粮总盐合剂水平在0.75%时，拉沙洛西也是一种有效的抗球虫药。1 mg/kg的剂量是最有效和最快的，建议在球虫病暴发的紧急情况下使用。在试验性引发的犊牛球虫病中，地考喹酯用量在0.5～1.0 mg/kg时能抑制虫卵的产生。当持续干喂用量在0.5 mg/kg时，地考喹酯预防球虫感染效果最佳。在制造商推荐的剂量水平，莫能菌素、拉沙洛西和地考喹酯的使用效果相同。托曲珠利单次口服剂量在15 mg/kg，连用14 d以后，将牛转入牛舍中，能有效预防球虫病引起的腹泻。地克珠利（5 mg/kg）是正在研究的用于犊牛的口服抗球虫药。

控制感染应包括改变那些能发生临床疾病的管理因素。应纠正牛舍空间不足与通风不良，避免饲料被粪便污染，根据犊牛大小分槽饲养，犊牛从一个围栏迁到另一个围栏转栏时，应采用全进全出法。

（三）绵羊球虫病

感染艾美耳属球虫是绵羊经济上最重要的一种疾病。历史上曾认为，一些艾美耳球虫能在绵羊和山羊之间感染与传播，但现在认为，球虫具有宿主特异性。一些山羊球虫名称仍被错误地用于绵羊。克（兰多尔）氏艾美耳球虫和类绵羊艾美耳球虫（尼柯雅艾美耳球虫）通常是1～6月龄羔羊的病原。绵羊艾美耳球虫致病力似乎弱些。老龄绵羊是幼龄绵羊的感染源。绵羊的其他艾美耳球虫一般无致病性，即使粪中大量存在虫卵也是如此。

临床症状包括腹泻（有时带血液或黏液）、脱水、发热、食欲不振、体重减轻、贫血、脱毛以及死亡。

回肠、盲肠与上结肠通常最易感染，肠壁增厚、水肿以及发炎；有时黏膜出血。小肠可形成增厚的白色不透明斑块，含有大量的绵羊艾美耳球虫卵囊。因为卵囊存在于各个年龄阶段的绵羊的粪中，所以球虫病不能单独依据发现卵囊来确诊。据报道，8～12周龄羔羊粪便中卵囊数量峰值超过100 000个/g时表现依然正常。然而，腹泻且致病性卵囊数量超过20 000个/g，仍是绵羊球虫病的特点。免疫复合肾小球性肾炎也与球虫病有关。羊毛蝇蛆症及继发性细菌肠道感染也可伴发羔羊球虫病。

1～6月龄的羔羊在产羔舍、集约化牧场、育肥场风险最高，运输、日粮改变、拥挤应激、恶劣天气，以及母羊和其他羔羊中卵囊污染环境，都是诱发因素。因为球虫病的发生，在这些管理体系内是可预见的，所以抗球虫药应预防性地连用28 d，可在羔羊出生后数日即可开始给药。可用每吨含有15 g莫能菌素的浓缩料，从分娩前4周开始饲喂母羊直到断奶或投给4～20周龄的羔羊。莫能菌素对羔羊的中毒量为4 mg/kg；拉沙洛西（每日每只15～70 mg，根据体重而定）也可能有效。在育肥条件下，可联合使用莫能菌素与拉沙洛西，每次分别喂给22 mg/kg与100 mg/kg，能有效预防早期断奶的羔羊自然发生球虫病。

绵羊被确诊患有球虫病，治疗基本无效。但如果在感染早期治疗，能减轻其严重程度。单独使用托三嗪（20 mg/kg）治疗3周后，能明显降低自然感染羔羊的卵囊排出量。地克珠利（1 mg/kg）是治疗羔羊的一种有效的口服抗球虫药，应用于6～8周龄（最常见）1次或3～4周龄的羔羊2次，3周后重复1次。磺胺喹噁啉按0.015%的浓度加到饮水中，连用3～5 d，对于感染羔羊具有治疗作用。放牧羔羊频繁转换牧场，常进行寄生虫控制，这也有助于控制球虫感染。羔羊在出生早期，可从母羊或污染的羊舍感染球虫，同时可产生牢固的免疫力，只有在羊群密度非常高的时候，才可能出现问题。

（四）山羊球虫病

在北美以及其他一些地区，发现山羊有很多种艾美耳球虫。艾美耳球虫具有宿主特异性。绵羊感染后不会传播给山羊。

阿氏艾美耳球虫（E.arloingi），克（里斯坦森）氏艾美耳球虫（E.christenseni），与类绵羊艾美耳球虫（E.ovinoidalis）对山羊羔具有高度致病性。临床表现包括腹泻（有时带血或黏液）、脱水、消瘦、衰弱、厌食以及死亡。一些山羊患有急性便秘，无腹泻，常急性死亡。病变通常限定在小肠，表现充血、出血、溃疡，黏膜上有边界分散、黄色到白色的肉眼可见的斑块。组织学检查，肠黏膜上皮细胞脱落，在固有层和黏膜下层可见炎性细胞浸润。此外，已有数篇报道发现，肝胆管球虫可导致奶山羊肝损伤。肠球虫病诊断是基于在腹泻粪便中发现致病性球虫卵囊，通常每克粪便有1%或者0.001%的卵囊。在山羊羔粪便中，很易检出卵囊，卵囊数可达70 000个/g，虽然没有明显的症状，但增重可能会受到影响。

饲养于不同管理条件下的安哥拉山羊与奶山羊，其羔羊可能有相似的感染模式。在分娩后，保育舍及其周围环境，可被粪便中卵囊严重污染。在长途运输、突然更换饲料、新引入动物、将幼龄羊与老龄羊混合饲养，这些因素都可使羊群抗球虫感染的能力有所下降。应在确诊感染球虫病后，立即使用抗球虫药或者预防性使用抗球虫药。

本病的诊断及治疗与牛和绵羊的相似，每吨饲料加入55 g磺胺二甲嘧啶，对于控制山羊球虫病也有效。对非泌乳期的山羊，每吨饲料加入18 g莫能菌素能够预防球虫病。

（五）猪球虫病

在北美洲，猪可感染8种艾美耳球虫和1种等孢子球虫。5～15日龄仔猪的特点是仅感染猪等孢子球虫（I.suis），表现为肠炎和腹泻。这些病原必须与也能引起新生仔猪腹泻的病毒、细菌以及蠕虫进行鉴别。

猪等孢子球虫常在新生仔猪之间流行。感染以水样或油脂样腹泻为特征，通常粪便呈黄色到白色，带恶臭味。患病仔猪表现虚弱、脱水与发育不全，增重减缓，甚至发生死亡。引起仔猪死亡的因素是病猪被大量腹泻粪便沾污，全身潮湿。卵囊通常随粪便排出，可通过其形态、大小、孢子形成特点进行鉴别；然而，在最急性感染时，因为在卵囊形成之前猪就可能死亡，所以诊断必须根据小肠印压涂片或组织切片中发现的寄生虫发育阶段而定。严重感染的仔猪，组织损害限于空肠和回肠，以肠绒毛萎缩、绒毛变钝、灶性溃疡、纤维素性无坏死性肠炎，以及虫体寄生于上皮细胞内为特征。

已有报道证实，分娩前2周通过给母猪饲喂抗球虫药，虽然可以经泌乳预防性的控制球虫，或者新生仔猪从出生开始至断奶预防控制球虫，但是后者的效果还未经证实。尽管在逻辑上母猪是仔猪感染的来源，但还没有足够的证据。通过彻底地清除粪便，对不同胎次间的产仔设备进行消毒，能极大地降低感染概率。感染后康复的个体对于球虫有极强的抵抗力。

虽然德氏艾美耳球虫（E.debliecki）、新德氏艾美耳球虫（E.neodebliecki）、粗糙艾美耳球虫（E.scabra）以及有刺艾美耳球虫（E.spinosa）不常与临床球虫病有关，但已在1～3月龄的腹泻仔猪中发现球虫。疾病至少持续7～10 d，且患猪生长缓慢。

治疗球虫病包括饮水中加入磺胺二甲嘧啶。新生仔猪感染等孢子球虫后难以控制。建议在猪饲料中使用抗球虫药数日或者在产前、产后数周服用抗球虫药，但控制结果不尽相同。安普罗铵和莫能菌素在试验性预防仔猪球虫病中仍未见效果。人们推荐使用一种控制程序以降低卵囊数，包括彻底清洗、消毒以及蒸汽清洁产房。安普罗利（25%饲料级）以每吨10 kg的比例加入母猪饲料中，推荐在产仔前1周及直到生后3周连续使用，但结果并不满意。单剂量口服托曲珠利（20 mg/kg），能降低仔猪试验性球虫病中卵囊的排出、减少腹泻次数以及减慢增重。作为仔猪口服抗驱虫药，地克珠利（5 mg/kg）的效果正在研究中。

（六）猫犬球虫病

多种球虫能够感染猫犬肠道。所有种类球虫都具有明显的宿主特异性。感染猫的有等孢子球虫、贝斯诺孢子虫、弓形虫、哈蒙球虫以及肉孢子虫。感染犬的有等孢子球虫、哈蒙球虫以及肉孢子虫。犬和猫均不感染艾美耳球虫。

哈蒙球虫有两个宿主生活周期，犬和猫作为终末宿主，啮齿类和反刍动物作为中间宿主。哈蒙球虫卵不能与弓形虫卵和贝斯诺孢子虫卵区别开来，但对其宿主无致病性（参见贝斯诺孢子虫病，肉孢子虫病，弓形虫病）。

最常见的猫犬球虫是等孢子球虫。一些等孢子球虫能够兼性感染其他哺乳动物，并能在不同器官产生。它们的孢囊对犬和猫具有感染性。感染猫的两种等孢子球虫是猫等孢子球虫（I. felis）和犬等孢子球虫（I.rivolta）；根据卵囊大小和形态两者很容易鉴别。几乎所有的猫最终都能感染猫等孢子球虫。有4种等孢子球虫可感染犬：犬等孢子球虫（I.rivolta）、俄亥俄等孢子球虫（I.ohioensis）、伯罗斯等孢子球虫（I.burrowsi）以及新芮氏等孢球虫（I.neorivolta）。在犬中，只有犬等孢子球虫能通过卵囊结构进行鉴别；其他3种等孢子球虫外形与大小相近，仅能通过内在的发育特点加以区别。

临床球虫病虽然不常见，但幼猫和幼犬均有发病的报道。幼猫主要在断奶应激期间发生。最常见的临床表现是腹泻（有时混有血液）、体重减轻、脱水。通常球虫病与其他感染病原有关，也与免疫抑制或应激有关。因为患猫通常能自发的消除感染而不必治疗。对临床感染猫，可用甲氧苄氨嘧啶治疗，每日30～60 mg/kg，连用6 d。

据报道，在养犬场为预防犬的球虫病，可使用安普罗利而且很有效，但此药还未经许可用于犬。在严重病例，除了辅助性液体疗法外，可使用磺胺类药物，如磺胺二甲氧嘧啶，首日剂量50 mg/kg，然后每日25 mg/kg，连续使用2～3周。为预防和控制球虫病，应加强设施的卫生管理，特别是猫舍和犬舍或圈养大批宠物的场所。应防止粪便污染饲料和饮水。应对场地、笼具、器具每日消毒。不应喂给犬猫生肉。应建立控制昆虫的各项措施。

三、隐孢子虫病

世界各地都确认存在隐孢子虫病，主要发生于新生犊牛，但绵羊羔、山羊羔、马驹与仔猪也能患此病。隐孢子虫能在新生农畜中，引发不同程度的自然腹泻。隐孢子虫通常与其他肠道病原菌并发，造成肠道损伤与腹泻。

【病原与流行病学】 微小隐孢子虫感染常见于幼龄反刍动物，也见于包括人在内的多种哺乳动物。感染常见于犊牛。在1～3周龄的奶犊牛中，有70%检测到隐孢子虫。最早在5日龄便可检测到隐孢子虫感染，在9～14日龄时，大部分犊牛可排出隐孢子虫。许多研究报告表明，5～15日龄犊牛发生腹泻都与感染隐孢子虫有关。隐孢子虫常可造成绵羊羔与山羊羔的肠道感染。腹泻可以是单病原感染，但更常见的原因是混合感染。隐孢子虫感染与严重暴发腹泻有关，绵羊羔在4～10日龄、山羊羔在5～21日龄的死亡率均很高。猪发生隐孢子虫病感染的年龄范围比反刍动物宽得多，根据观察，猪在1周龄到出栏均可发生此病。大多数猪感染后无临床症状，虽然隐孢子虫对猪来说并不是一种重要的肠道病原体，却会造成断奶后仔猪吸收障碍性腹泻。在马驹中，隐孢子虫感染和流行性不太普遍，感染年龄比反刍动物晚，患病马驹在5～8周龄，隐孢子虫排泄率出现峰值。而1岁以上或成年马通常不会感染隐孢子虫。大量研究表明，隐孢子虫病不是马驹的一种常见病；具有免疫活性的马驹发生的感染，通常属于亚临床型。持续临床感染主要见于阿拉伯马驹，这种马具有遗传性联合免疫缺陷。有报道，隐孢子虫也见于仔鹿，能引起人工饲养的仔鹿腹泻。

【传播】 传染源是完全形成孢子的卵囊，经粪便排出后具有传染性。明显病例会排出大量的卵囊，造成严重的环境污染。传播可直接发生在犊牛之间，可间接通过污染物或人传播，也可经由污染的环境传播，也可由粪便污染的饲料或饮水传播。患病母羊临产时，排出的卵囊数量可明显增加。隐孢子虫不具有宿主特异性，也可通过污染的饲料，从其他动物感染（如从啮齿类动物、农场饲养的猫等）。

隐孢子虫的卵囊对大多数消毒剂有抵抗力，在凉爽潮湿环境中可存活几个月。氨水、福尔马林、冷冻干燥法、低温和高温（<0℃或>65℃），均可破坏

卵囊的传染性。氢氧化铵、过氧化氢水溶液、二氧化氯、10%甲醛盐溶液、5%氨水等，均可有效破坏卵囊的传染性。犊牛粪便干燥1～4 d后，传染性会降低。

本病常与其他肠道病原体混合感染，特别是常与轮状病毒和冠状病毒并发感染；流行病学研究显示，并发感染时腹泻比较严重。免疫功能低下的动物比具有正常免疫力的动物较易患病，但是，疾病与初乳免疫球蛋白未能被动转移之间的关系尚不明确。在羔羊中观察到与年龄相关的抵抗力，且与先前感染无关，但在犊牛中没有观察到这种相关性。感染能导致寄生虫特异性抗体的产生，但细胞介导与体液抗体以及新生畜肠道中的局部抗体，对预防感染都很重要。

如果不发生并发症（如合并感染、初乳和乳汁摄入不足造成的能量不足、不利天气条件下着凉等），隐孢子虫病的病死率一般较低。

【发病机制】 隐孢子虫的发育有6个阶段：卵囊摄入体内后，自囊中逸出（释放传染性孢子小体）、卵块发育（无性繁殖）、配子生殖（配子体形成）、受精、卵囊壁形成、孢子生殖（孢子体形成）。隐孢子虫的卵囊可在宿主细胞内形成孢子，进入粪便后具有传染性。在宿主的免疫反应消除这种寄生虫之前，感染会持续存在。在犊牛自然发生的病例和试验中人为感染的病例中，小肠下半段隐孢子虫数较多，在盲肠与结肠中则较少。犊牛的潜伏期为2～7 d，羔羊为2～5 d。卵囊进入犊牛的粪中，通常需3～12 d。

【临床表现】 犊牛通常有轻微到中度的腹泻；尽管接受治疗，腹泻仍会持续数日。发病的年龄一般较晚，腹泻持续时间往往比轮状病毒或肠毒性大肠埃希菌导致的腹泻时间长。粪便为黄色或苍白色，呈稀水样，有黏液。持续腹泻可导致明显的体重减轻和瘦弱。在大多数病例中，腹泻数日后具有自限性。患病动物表现出不同程度的呆滞、厌食、脱水。发生严重脱水、虚弱和衰竭的情况是罕见的，这与新生犊牛急性腹泻的其他病因不同。当犊牛腹泻期间，不喂牛奶、只喂电解质溶液时，患隐孢子虫病的牛群中病死率就非常高。在这种条件下，持续腹泻能导致明显的能量不足，犊牛会在3～4周龄时死于营养不足。

【病理变化】 犊牛持续腹泻时，小肠中绒毛会明显萎缩。组织学检查可见大量寄生虫嵌入有吸收能力的肠细胞微绒毛。感染程度轻时，只存在少数寄生虫，肠内无明显的组织结构变化。小肠绒毛常比正常时短小，常伴随腺管增生及混合的炎性细胞浸润。

【诊断】 诊断基于对卵囊的检测，采用的方法是粪便涂片，采用齐尼二氏染色法、排泄物浮选法、免疫辅助法等。根据建议，如果腹泻是由隐孢子虫所引起，每毫升粪便中的卵囊数量应为$10^5～10^7$个。通常

卵囊较小（直径5~6 mm），缺乏折射能力。卵囊在普通光镜下难以检出，但使用相差显微镜很容易观察到。

【治疗】 目前，对于食用动物隐孢子虫病，美国尚无明确的有效疗法。采用各种超出药物正常使用范围的复方疗法时有报道，但均未在对照试验中得到验证。试验中的治疗药物大多具有毒性或无疗效。据报道，对试验中人工感染的羔羊和自然传染或人工感染的犊牛使用常山酮，可明显降低卵囊排出，并有预防腹泻的作用。在临床田间试验中，给山羊羔口服硫酸巴龙霉素（100 mg/kg，每日1次，从2日龄开始，连用11 d），成功预防了自然病例的发生。

必要时，可给感染犊牛口服和肠道外给予液体和电解质，直至痊愈。为保持犊牛消化的最佳状态，并尽量减少体重损失，应每日数次少量饲喂母牛的全脂奶（保证足量供给）。在康复前，还需要进行数日的特别护理和饲喂。对于有价值的犊牛，可考虑通过注射补充营养。

【疾病控制】 本病难以控制。减少摄入的卵囊数量可减轻感染的严重程度，同时使免疫力得到提高。应在清洁的环境中产犊牛，出生后应摄入充足的初乳。至少在2周龄前应单独饲养，避免犊牛间接触，饲喂要严格注意卫生。在腹泻期间要将腹泻的犊牛与健康犊牛隔离，直到康复后数日。必须采取极为谨慎的措施，避免发生机械性传播感染。犊牛舍不应堆放物品，而且要定时清扫；应当采用"全进全出"的管理方法，要彻底清洁后干燥数日，再让下一批犊牛入住。尽可能控制大鼠、小鼠和苍蝇，严禁啮齿类动物和宠物接触犊牛的饲料和牛奶存放区。

对试验性感染的犊牛，使用人工高免疫牛初乳，可降低腹泻的严重程度，并缩短卵囊排出期。其保护力与血液循环中特异抗体水平无关联，但肠腔中需要长期保持高效价的隐孢子虫抗体。对1周龄犊牛进行攻毒试验后，采用口服冻干的隐孢子虫进行免疫接种，可产生部分保护力。在现场试验中，这并不能有效抵御自然中的疾病，也许是因为自然感染发生得太早，犊牛尚未产生免疫力。在同一试验中，能产生乳酸的益生菌还尚未产生保护作用。

【人兽共患病风险】 家畜可能是人类易受感染的传染贮主。隐孢子虫是相对常见的非病毒载体，可造成具有免疫力的人发生自限性腹泻，这种情况对儿童尤其明显。对于免疫力低下的人，可发生严重的临床疾病。人与人之间也可明显地传播，但动物的直接传播主要是通过饮用被家畜和野生动物粪便污染的地表水与饮用水，这是重要的传染途径。在犊牛场，直接与患犊接触的人，因感染隐孢子虫而发生腹泻的风险甚高。应限制免疫力低下的人接触幼龄动物，如有可能，应避免进入饲养场。

四、贾第鞭毛虫病

贾第鞭毛虫病（梨形鞭毛虫病、蓝氏贾第鞭毛虫病、贾第虫病）是一种慢性肠道原虫性感染，全世界均有发生，大多数家畜、野生哺乳动物、多种鸟类和人均可患此病。感染常见于犬、猫、反刍动物和猪。据报道，粪便样品中贾第鞭毛虫的检出率，宠物和棚舍中生活的犬猫为1%~39%，小反刍动物为1%~53%，牛为9%~73%，猪为1%~38%，马为0.5%~20%，幼龄动物的感染率较高。该病在农畜中的流行率为10%~100%不等。农场牛群和山羊群的贾第鞭毛虫病诊断出的累计发病率为100%，在绵羊群中诊断出的累计发病率接近100%。

贾第鞭毛虫有3个亚种，其中包括具有多种哺乳类动物宿主的十二指肠贾第虫（又称肠炎胎弧菌、贾第虫）。十二指肠贾第虫的分子特性显示，事实上它是一种复合体，包含7个群落（A到G），其中有些具有宿主选择性（如群落C、D的宿主是犬，F的宿主是猫），或宿主范围有限（如群落E为有蹄类家畜）。其他群落则感染范围较广，其中包括人类（群落A和B）。越来越多的证据显示，有些感染家畜的群落（A和B）可感染人，不过传播模式可能比预料的情况更加复杂。

【生命周期及传播】 贾第虫属的鞭毛原生动物（滋养体）寄生于小肠黏膜表面，依附在绒毛刷状缘，吸收营养，通过二分裂法繁殖。滋养体在小肠和大肠内，新形成的孢囊随粪便排出。潜伏期一般为3~10 d。可以连续数日甚至数周排出孢囊，但常呈间歇性，特别是慢性阶段的感染。包囊有传染性的阶段，可在环境中生存数周，而滋养体在环境中不能存活。

贾第鞭毛虫常通过粪-口途径传播，既可直接与感染宿主接触，也可经由污染的环境传播。以下特征对感染具有促进作用：被感染动物的排泄物中包囊数量众多，摄入少量包囊即可感染。此外，贾第鞭毛虫孢囊一经排泄立即具有传染性，而且具有抵抗性，常导致环境污染压力逐渐增加。高湿度能促进孢囊在环境中存活，孢囊密度高也对传播有利。

【发病机制】 贾第鞭毛虫感染能引起上皮渗透性升高，上皮淋巴细胞的数量增加，并激活T淋巴细胞。滋养体毒素和T细胞激活，能使肠黏膜微绒毛刷状缘发生一种弥漫性短缩，并使小肠刷状缘酶的活性降低，尤其是脂肪酶、某些蛋白酶和双糖酶。微绒毛弥漫性短缩，导致小肠整体吸收区减少，使水、电解质和营养物质的摄入受损。吸收能力下降和绒毛刷状缘酶不足，其综合效应导致吸收障碍性腹泻与增重减缓。脂肪酶活性降低与杯状细胞黏蛋白产出量提高，这可解释脂肪痢和黏液性腹泻的原因，黏液性腹泻见于被贾第鞭毛虫感染的宿主。

【临床表现与病理变化】 感染贾第鞭毛虫的犬和猫表现不明显，或有体重减轻、持续或间歇性长期腹泻或脂肪痢，这种情况在幼龄犬猫中多见。粪便通常稀软不成形，颜色苍白，有恶臭味，含有黏液，能看出含有脂肪。在无并发病例中很少出现水样腹泻，在粪中也未见血液。偶尔会发生呕吐。贾第鞭毛虫病应与其他营养不良症鉴别诊断（如胰腺外分泌物不足，肠道吸收障碍）。临床实验室检查，各项指标基本正常。

犊牛贾第鞭毛虫病导致的腹泻对抗生素或抗球虫病治疗无反应，在较小范围的其他生产性家畜中也是如此。如果患病动物排出的粪便苍白、稀软并有黏液，特别是幼龄动物（1~6月龄）发生腹泻，表明可能患贾第鞭毛虫病。除了腹泻外，贾第鞭毛虫病对家畜的生产性能也有影响。对山羔羊、绵羔羊和犊牛进行试验性感染，可导致饲料转化率降低，继而增重减慢。

肠道肉眼病变并不明显，显微病变可见肠绒毛萎缩、肠细胞呈立方形。

【诊断】 有活力的梨形滋养体［(12~15) μm×(6~10) μm］，偶然可在松散或水样粪便的含盐水涂片标本中看到。这种活动的滋养体不能与毛滴虫混淆，毛滴虫有单一的细胞核，而不是双核，有波状细胞膜，腹侧面没有凹面。这种椭圆形的孢囊［(9~15) μm×(7~10) μm］可从粪便中检测到，需要使用硫酸锌（相对密度1.18）通过浮式离心技术浓缩。氯化钠、蔗糖或硝酸钠这些悬浮介质渗透性太强，会使包囊变形。用碘为包囊着色有助识别。由于贾第鞭毛虫包囊是间歇性排出体外，如果怀疑患有贾第鞭毛虫病，就应当做若干次检验；例如，在3~5 d

内取3个样本。

要检测寄生虫抗原，可采用市售的免疫荧光试验与ELISA技术。对于犊牛，与光镜检查相比，这两种方法对于诊断感染都具有敏感性与特异性。现今常使用快速固相定量免疫色谱法，这种方法能对贾第鞭毛虫病做现场诊断。近来证明，一种商品化的室内ELISA已用于临床上诊断犬的感染，现已成为一种有效的诊断工具。市场上也有销售诊断犊牛感染贾第鞭毛虫病的浸染棒，但这种浸染棒法测试似乎缺乏灵敏度。总的来说，与免疫色谱检测法相比，基于实验室的免疫荧光测定和ELISA用于临床诊断贾第鞭毛虫病更为灵敏。

【治疗】 芬苯达唑（每日50 mg/kg，连用3 d）可从犬粪便中有效清除贾第鞭毛虫孢囊；已报道无副作用，而且对妊娠与哺乳动物都很安全。在欧洲，已准许使用这一剂量用于治疗犬贾第鞭毛虫病感染。芬苯达唑还尚未准许用于治疗猫，但使用每日50 mg/kg的剂量，连续3~5 d，可减轻临床症状并可减少孢囊逸出。奥芬达唑每日使用11.3 mg/kg，连续3 d，对于治疗犬有效，但还未批准用于治疗贾第鞭毛虫病。阿苯达唑使用剂量25 mg/kg，每日2次，对犬（连用4 d）和猫（连用5 d）的贾第鞭毛虫病都有治疗作用，但不允许用于这两种动物，因为阿苯达唑能导致骨髓抑制，而且该药还尚未批准用于犬猫。联合使用吡喹酮（5.4~7 mg/kg）、噻嘧啶（26.8~35.2 mg/kg）和苯硫脲（26.8~35.2 mg/kg），也可有效降低受感染犬孢囊的排出。在一种动物模型中验证了噻嘧啶和苯硫脲配伍的协同效应，应首选配伍用药，而不是单独使用苯硫脲。

甲硝唑（25 mg/kg，每日2次，连用5~7 d）对大约65%感染犬排出贾第鞭毛虫有效，但可能引起严重的食欲不振和呕吐，可能偶然发展成明显的全身性共济失调和眼球上下震颤。甲硝唑可用于治疗猫，剂量为10~25 mg/kg，每日2次，连续使用5 d。口服呋喃唑酮，剂量4 mg/kg，每日2次，连用7 d，对猫与小型犬也有效，不过可能有腹泻与呕吐等副作用，还可疑有致畸性。在美国可购买到犬和猫用的灭活疫苗，但是预防和治疗的疫苗，在降低临床症状方面以及降低包囊逸出到环境中的延续时间及包囊数的效力不一。

目前，尚无批准用于治疗反刍动物的贾第鞭毛虫病的药物。芬苯达唑和阿苯达唑（每日50~20 mg/kg，连续3 d）可明显降低包囊排泄的峰值和持续时间，对临床治疗犊牛有利。已证实，口服巴龙霉素（50~75 mg/kg，连续5 d）对犊牛疗效甚佳。

也可选用芬苯达唑，对一些禽类进行口服治疗。

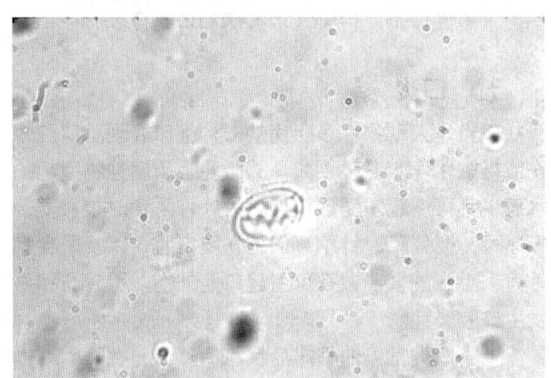

图2-10　一种亚洲锦蛇的贾第鞭毛虫孢囊（1 000×油浸法）
（由Roger Klingenberg博士提供）

【疾病控制】 贾第鞭毛虫孢囊一旦进入粪便和环境，立刻具有传染性。孢囊是一种传染源，可使动物受到感染，拥挤条件下的动物尤其易受感染（如在犬笼、猫舍或生产性动物的集约化饲养中）。随时除去粪便与随后消毒均可限制环境污染。大多数季铵盐类化合物、蒸汽和沸水均可杀灭孢囊。

为提高消毒剂的效力，应使消毒液在污染过的表面停留5～20 min，然后再清洗。在草坪或杂草区域，不可能彻底消毒，患犬在这些区域活动后，污染持续至少1个月。干燥对孢囊生存不利，应当让清洁过的区域彻底干燥。

（白喜云 译 吴纲 一校 田文儒 二校 马吉飞 三校）

第八节 大动物口腔疾病

一、唇撕裂

马的唇部和面颊部发生创伤很常见。其最主要的原因是外伤，也可因笼头或保定设备使用不当所致。无论有无牙齿折断和牙脱落，发生唇撕裂的马匹都可能伴有下颌骨或门齿骨折。当马匹用口部咬紧某种物体，受到惊吓并回撤时，就会发生这种创伤。对没有出现骨骼和牙齿损伤的唇撕裂可实施外科缝合术，通常预后良好。由于头部血液供应充足，因此，病畜可很快痊愈。那些经过二期愈合仍未痊愈的唇撕裂，可能会形成口腔瘘管，这时需要对其进行手术切除，并对原发性伤口进行缝合。在极少数的情况下，治疗口腔瘘管需要实施植皮手术和黏膜瓣。

二、舌麻痹

动物发生舌瘫痪或舌麻痹的情况并不常见。马发生该病的原因包括强行拉出新生幼驹时产科器械使用不当、马腺疫、上呼吸道感染、脑膜炎、肉毒梭菌中毒、脑脊髓炎、马脑白质软化症、原虫性脑脊髓炎和脑脓肿。舌下神经是舌部肌肉中的主要运动神经，任何导致舌下神经（第XII对脑神经）受损的疾病都可能引起舌麻痹。对于发生舌麻痹的新生幼驹，必须进行严格监控，以确保其能够正常进食。对进食受到影响的马驹，如有必要，应通过鼻胃管饲喂初乳，也可通过静脉输入血浆，以预防被动转运障碍。对于无法维持水合作用的马驹，需要通过静脉输液和使用抗炎药物进行治疗（如保泰松、氟胺烟酸葡胺或地塞米松）。同时，还需要注意预防胃溃疡。如果马驹出生后舌麻痹的持续时间超过10 d，则预后谨慎。炎症和创伤也可能会导致短暂性的舌麻痹。有时在对马进行牙齿手术时，对舌头进行长时间的过度牵拉也可能会引起短暂性的舌麻痹。舌麻痹的预后取决于对病马原发性疾病的治疗效果。

牛发生严重的放线杆菌病可引起舌麻痹。牛舌尖坏死也可导致舌完全麻痹。这些疾病偶见于育肥牛，并且可继发于病毒性口炎。

三、肿瘤

除病毒性乳头状瘤外，口腔和唇部的肿瘤并不常见，类似的肿瘤还包括黑色素瘤、肉样瘤和鳞状细胞癌。灰色马可发生黑色素瘤，并浸润口角结合部，出现硬化、增生和肿瘤样斑块。这些病变只有在疾病后期才能发现。患马的口唇部位可出现疣状、纤维状、无柄状或扁平状的肉样瘤。

口腔和唇部出现黑色素瘤时，应考虑使用二氧化碳激光器予以切除。没有必要为了追求良好的术后效果而对口腔和唇部的黑色素瘤进行完全切除。此外，某些马对于口服西咪替丁有一定疗效。也可以通过二氧化碳激光器对其进行彻底切除。在使用激光器切除肿瘤的同时，可考虑瘤内注射顺铂，以降低肿瘤的复发率。冷冻手术也是一种有效治疗方法。由于鳞状细胞癌具有浸润性，因此，一般很难治愈。在选择性病例中，使用二氧化碳激光器进行外科减瘤手术，并同时配合瘤内注射顺铂可取得较好的治疗效果。但无论采取何种治疗方案，口腔鳞状细胞癌的预后通常不良或谨慎（参见皮肤与软组织肿瘤）。

四、流涎素中毒

发生流涎素中毒的病因是由于动物采食了被豆类丝核菌（*Rhizoctonia leguminicola*）污染的草料，尤其是苜蓿，由于该菌可产生毒性生物碱-根霉胺。该病的唯一临床症状是大量流涎，病畜一般不出现口腔溃疡或其他形式的口腔病变。通常只要将动物远离受到豆类丝核菌污染的草料后，流涎即可得到缓解。大动物（特别是反刍动物）的类症鉴别诊断包括蓝舌病、水疱性口炎、传染性水疱病和口蹄疫。

五、口炎

口炎是大动物许多疾病的一种临床表现。口腔外伤或接触化学刺激物（如马舔舐腿上因腐蚀引起的水疱）都可引起短暂性口炎。另外，采食时被大麦、狐尾草、豪猪草、针茅草的芒伤及口腔，以及采食寄生有毛毛虫的植物，都可引起口腔外伤，引起马和牛发生口腔炎症。

急性口炎常见的临床症状包括流涎、吞咽困难，或对口腔检查抵触。因此，在检查口腔时，需要对病畜进行轻度麻醉，然后用带光源的口腔镜进行检查。

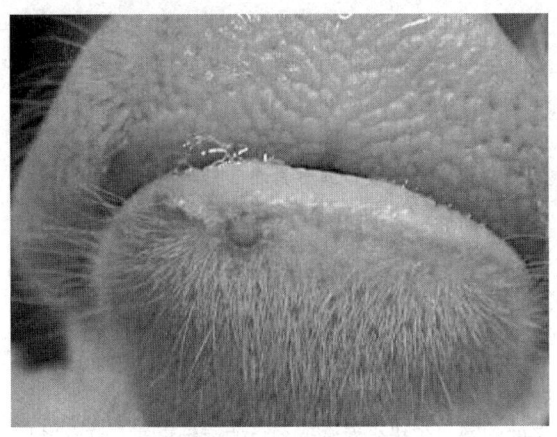

图2-11　牛乳头状口腔炎
（由Sameeh M.Abutarbush博士提供）

溃疡处需要采用眼观检查或指检来确定是否存在外源刺激物（如植物的芒）。如果病因是由于采食外源刺激物引起的，则应通过改变草类饲料的质量和数量，或将动物从多芒植物的牧场转移，这样即可使病畜的病情减轻并很快康复。

与口炎类似疾病的鉴别诊断包括放线杆菌病、口蹄疫、恶性卡他热和牛病毒性腹泻。在流行病学方面，反刍动物的蓝舌病、猪传染性水疱病和马水疱性口炎等应与急性非传染性口炎或接触性口炎的临床症状相区别。

六、牛乳头状口炎

病毒性乳头状瘤常见于幼龄动物，特别是1月龄至2岁的牛，其口腔和唇周围常发生病毒性丘疹（乳突状瘤）。有些畜群的发病率可高达100%。其特征病变呈白色或粉红色、表面隆起。大多数乳头状瘤可自行消退。但在有些病例中，病变可发生融合，形成较大的外观丑陋的肿块。在这种情况下，畜主可能要求对病畜进行治疗。

大肿块可通过外科手术予以切除，这样可以改善病牛的外观，缩短康复时间。小肿块也可通过手术清创或挑破，以刺激其免疫系统进而加速其康复。另外，冷冻手术和使用自家苗等方法也具有一定疗效。只要时间充足，大部分乳头状瘤最终都可消退。

第九节　大动物食道疾病

一、食道梗阻（阻塞）

（一）概述

当食道被饲料或异物阻塞时就会发生食道梗阻（阻塞）。这是大动物极为常见的一种食道疾病。马属动物常被谷物、甜菜根和干草阻塞。食道梗阻也可

因短暂的化学药物抑制或全身性麻醉所致。牛的食道容易被单个的固体物质所阻塞，例如苹果、甜菜根、马铃薯、萝卜、玉米秆或玉米穗。

【临床表现】　马发生食道梗阻的临床症状是鼻腔流出食物或唾液、吞咽困难、咳嗽或流涎。病马表现身体扭曲、弓颈和（或）呕吐。尽管病畜仍可继续进食和饮水，但病情将逐渐加重。

牛发生食道梗阻的临床症状是非泡沫性臌胀、流涎、从鼻孔流出食物或水。其他反刍动物表现膨气，因疼痛而侧卧，或伸舌、伸脖子、磨牙和流涎等。食道发生急性完全梗阻，属于急症，可以造成反刍动物出现嗳气停滞，进而导致膨气。病牛严重膨气时，由于胀大的瘤胃会压迫横膈，使其不能复位从而减少了心脏的血液回流，甚至会引起窒息。

【诊断】　食道梗阻的临床症状一般都具有特征性。与食道梗阻相关的临床症状还包括从鼻腔排出水和饲料状物，磨牙、流涎，以及可触诊到食道变粗。有时还可通过触诊来确定异物在颈部食道中的位置。如果发生食道破裂，还可能伴有皮下气肿、坏疽和发热。另外，若在临床检查时无法插入胃管（反刍动物）或鼻胃管（马），也可确诊该病。

内镜检查对于确定食道梗阻的位置、阻遏物的种类以及食道溃疡的程度均非常有效。由于发生食道梗阻时还存在发生吸入性肺炎的风险，因此，需要对呼吸道进行仔细检查，其中包括对心肺的听诊和胸部X线检查。对于复杂病例和转为慢性的病例，需要进行全血细胞计数和血清生化检查。全血细胞计数异常包括白细胞增多、核左移、毒性中性粒细胞，全血纤维蛋白原升高。生化指标异常包括由于唾液大量流失而造成的血钠、血氯和血钾过低。

【治疗】

（1）马　如果停止采食和饮水，大部分食道梗阻病例都可自行康复。也可以通过静脉注射镇静剂（如甲苯噻嗪和地托咪啶）来辅助食道梗阻的自行康复。催产素（0.11～0.22 mg/kg）被证实还具有放松食道平滑肌的功效。确定食道梗阻是否完全康复的标准是，所有疑似患有食道梗阻的马匹都能够使用鼻胃管插入到胃部或通过内镜检查进行确诊。

由于病马存在发生食道黏膜溃疡和吸入性肺炎的风险，因此，不建议在发病4～6 h后再插入鼻胃管。对于经过保守治疗（停止喂食和饮水，静脉注射镇定剂或催产素）后无效的马，应按照以下步骤进行食道灌洗治疗：即先静脉注射镇定剂，再将鼻胃管插入到接近阻遏物的位置，使用胃泵将水灌注至该部位，通过鼻胃管的缓进缓出对食道进行冲洗。此时，应使动物的头部低于躯干，并尽可能避免水被误吸入肺部。

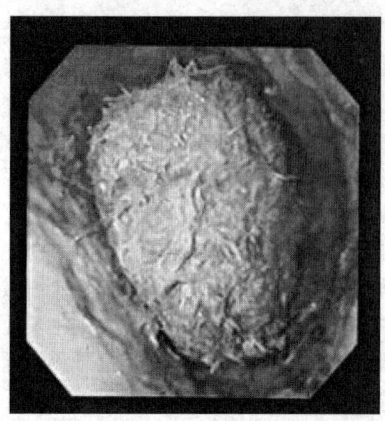

图2-12 咽后部的食道梗阻，内镜检查图
（由Sameeh M.Abutarbush博士提供）

通过采用鼻胃管灌洗法治疗食道梗阻的成功率一般不低于90%。

对于使用鼻胃管灌洗法治疗无效的病马，需进行麻醉，使其横向侧卧后，采用口腔插管法治疗。同样，头部需低于体位，以避免水被误吸入肺部。将一个带有套管的气管导管（18～22 mm）尽可能插入到食道阻遏处，然后使套管膨胀后将胃管插入导管内，再按上述方法进行食道灌洗。同样，确认梗阻是否完全痊愈需采用内镜检查或用胃管插入胃部进行确诊。仅有极少数病例需要实施食道切开术进行治疗。

所有患慢性食道梗阻的马，康复检查都需要利用内镜检查进行确诊。病马常会出现圆周状的食道溃疡，严重时黏膜溃疡会导致食道狭窄和反复发生梗阻。内镜检查也可以排除比食道梗阻更易发的食道憩室，食道憩室也可以通过对照食道造影进行诊断。

对未发生黏膜溃疡的病马，应投以切成小块并用水浸透的饲料饲喂至少7～14 d，可以明显降低食道梗阻复发的风险。发生黏膜溃疡的病马须采用上述饲料饲喂至少60 d，然后利用内镜检查黏膜溃疡是否康复，以及是否出现食道狭窄。对发生慢性黏膜溃疡并伴有食道狭窄的病马，需要实施外科手术进行治疗。

患吸入性肺炎的病马需采用静脉注射或口服抗生素和消炎药进行治疗。通常使用的抗生素类药物包括青霉素G钾或普鲁卡因青霉素G［22 000 U/kg，静脉注射（青霉素G钾）或肌内注射（普鲁卡因青霉素），每日2～4次］、甲氧苄啶磺胺甲基异噁唑（30 mg/kg，口服，每日2次），以及硫酸庆大霉素（6.6 mg/kg，静脉注射或肌内注射，每日1次）。口服甲硝唑（15 mg/kg，每日4次）对于抗厌氧菌感染很有效。常用的消炎药物有保泰松（2.2～4.4 mg/kg，口服或静脉注射，每日2次）以及氟尼辛葡胺（1.1 mg/kg，静脉注射，每日2次）。

（2）牛 发生食道梗阻并伴有瘤胃臌气的病牛属于急症，需要进行紧急处置，如果病牛临床症状出现痛苦表征，则需用套管针，从左腰下沟处对瘤胃臌气进行放气。一旦胀气消失，固体物体（如马铃薯）通常都会被按揉下去，或因其表面被唾液软化而自行滑落。在尝试使用咽喉探针将阻遏物推下时，可能会导致食道破裂或发生致命性的败血性纵隔炎，因此需要特别小心。

反刍动物发生长期食道梗阻时，可使用鼻胃管进行冲洗（见上文），也可在全身性麻醉时进行。体积较大的异物一般都可以被冲洗到瘤胃内，不会造成更多的问题，仅有少数食道梗阻的病例需要实施食道切开术进行治疗。

（二）食道梗阻并发症

马和牛发生慢性食道梗阻时，可引起吸入性肺炎和败血性胸膜肺炎并发症。发生慢性食道梗阻（超过24 h以上）时，由于食道黏膜与异物长时间接触，而引起压迫性坏死。食道黏膜发生的环状病变，也可造成食道狭窄。

慢性食道梗阻的一种常见致死性并发症是食道破裂。颈部食道破裂会导致局部蜂窝织炎、败血性纵隔炎或胸膜肺炎。胸内食道破裂通常都是致死性的。发生颈部食道破裂时，可以通过局部引流、冲洗伤口或在破裂处插入鼻胃管的方法进行对症治疗。如果形成牵引性憩室，则应将鼻胃管拔出。发生食道破裂后，采用口腔外营养疗法治疗后基本不会引起食道狭窄。发生败血性纵隔炎或胸膜肺炎时，由于无法成功治疗由此引起的细菌感染，因此，应考虑对病畜实施安乐死。

（三）继发食道外疾病的食道梗阻

颈部和胸前创伤可导致食道周围或食道的肌肉层纤维化。这样可引起食道狭窄和间歇性或反复性的食道梗阻。然而在有些情况下，并未见到颈部和胸前创伤的外部证据。在怀疑有非食道创伤时，内镜检查和对照食道X线片都是非常实用的诊断方法。对某些肌肉性食道狭窄的病例，一旦确定食道狭窄的具体位置，就可采用食道切开术或切除食道周围纤维化的结缔组织进行治疗。

二、食道狭窄

马驹可发生先天性食道狭窄。如果仅依据临床症状对原发性食道狭窄进行初步诊断可能会耽搁病情，因为吞咽困难还有其他更为复杂的病因，如先天性上腭变位、鼻腔溢奶、上腭开裂或咽囊肿。对鼻腔溢奶的所有马驹都应进行内镜检查。老龄马和反刍动物的食道狭窄，一般多由继发于食道梗阻的食道黏膜溃疡造成的。应根据食道狭窄是黏膜性狭窄还是肌肉性狭窄（包括肌肉层）来制定适当的治疗方案。黏膜性食道狭窄可采用改善饲喂管理（见食道梗阻）、带套管的气管导管扩张术、食道外科手术进行保守性治疗。肌肉性食道狭窄最好采用食道切开术进行治疗。对食道黏膜性狭窄进行手术治疗时，可将鼻胃管插入到狭窄部位，形成牵引性憩室，对黏膜部分进行切除和吻合，也可将该部位的食道全层切除和吻合。

三、食道肿瘤

马最常见的食道肿瘤是鳞状上皮细胞瘤，其预后谨慎。局灶性瘤体可采用食道切除术和吻合术进行治疗。遗憾的是，大部分鳞状上皮细胞瘤都无法通过手术治愈，需要考虑对病畜实施安乐死。

在反刍动物中，牛病毒性乳头状瘤（如疣）有时会引起食道和咽部嵌塞，在其他致病因子存在的情况下，可进一步发展为食道癌。在世界上的某些地区（如苏格兰和南美），这种疾病可能是由于采食天然的欧洲蕨植物毒素引起的。这种由欧洲蕨中毒引起的肿瘤也与牛膀胱瘤的发生存在一定的因果关系。

第十节　大动物胃肠溃疡

胃溃疡在成年马、马驹和猪都是很重要的疾病。成年牛和犊牛真胃溃疡的重要性也越来越受到关注。

一、马胃溃疡

胃溃疡（马胃溃疡综合征，Equine gastric ulcer syndrome，EGUS）常见于马和驹。该病多发生在有表演项目的马、饲养环境或群居关系发生改变的马以及病马。在未服药且训练积极的赛马中，该病的发病率至少为90%，而无比赛性科目马的发病率也在60%以上。几周龄的新生马驹，在胃黏膜还没有发育到足够厚度以前，发生穿孔性胃溃疡的风险较高。尽管已经发现穿孔性胃溃疡可自行康复，但如果将病马仍然饲养在可诱发EGUS的环境中，而不采取适当的医疗干预措施，病马很难自行康复。

EGUS是一种可侵害食道远端、胃及十二指肠入口处的广泛性炎症和对食道黏膜具有破坏性的病理生理学过程。内镜检查表明，大约有90%的病变都集中在胃非腺体区的鳞状上皮黏膜中，尤其是邻近褶缘的胃小弯处。另外，也可侵害胃大弯乃至胃基底部的大部分鳞状上皮黏膜，这种损伤还可能蔓延至胃窦和幽门处。成年马和马驹的十二指肠溃疡也被认为是EGUS，以及由此引起的消化道疾病的组成部分。其中，消化酶（酸性诱导）紊乱、十二指肠溃疡、穿孔和狭窄是由肠炎（十二指肠炎）单独引起的还是消化因素也是其诱因之一，目前尚不清楚。因此，一旦发生食道狭窄，就一定会出现胃溃疡和食道溃疡且很严重，随后病畜出现延迟性的胃排空障碍。

【病因】 非腺体区的鳞状黏膜发生溃疡，多是胃腺体部极低的pH对黏膜不断进行直接刺激造成的。由于胃部受压造成腹内压上升（与运动有关），导致胃内酸性物质增加。若胃下部的更多液体（和强酸性）内容物上涌，并接触到非腺体区的鳞状上皮黏膜，就会导致该部位发生炎症反应，并出现不同程度的糜烂。

目前，有关胃腺黏膜溃疡的病因尚无定论。研究表明，使用非选择性的非类固醇消炎药（NSAID）可以减少胃肠道的血流量，并导致胃腺黏膜产生的黏液-碳酸氢盐基质减少，进而形成溃疡。但是，这种结果并不一致。另外，有人试图从患有胃炎和胃溃疡的马以及健康马胃中分离出螺旋杆菌（*Helicobacter* spp.）作为相关证据，但这些研究结果也是模棱两可或自相矛盾，况且这些微生物在马胃溃疡中所起的作用尚未得到最后确定。

【临床表现】 大部分患有胃溃疡的马驹都不表现明显的临床症状。只有溃疡面扩大或病情严重时才会出现明显临床症状。马驹胃溃疡的典型临床表现为腹泻、夜间磨牙、不易哺乳、侧卧以及流涎。然而，即便出现上述全部症状，也不能说明一定发生胃溃疡。实际上，流涎也是食道炎的一种临床表现，因为发生胃梗阻和胃逆流症的马驹大部分都会继发食道炎。另外，还应考虑到食道阻塞和念珠菌（*Candida*）感染等原因。尤其需要指出的是，在马驹表现出临床症状时，胃溃疡就已经相当严重了，需要立即进行诊断和治疗。马驹偶尔也可发生无先兆性的急性胃穿孔。

发生溃疡的成年马一般可表现出腹部不适（急腹症）、食欲不振、体重微降、体质减弱和性情改变等非特异性临床症状。出现严重腹痛或疝痛的马可能患有胃溃疡，但胃溃疡并不一定就是腹痛或疝痛的主要原因。也就是说，胃溃疡的严重程度与临床症状之间并没有密切的相关性。

与马驹胃溃疡相关的并发症非常频繁，也很严重，包括胃穿孔、胃排空障碍、胃食道逆流、食道炎，以及继发于慢性胃食道逆流的巨食症症。十二指肠近端或幽门处的溃疡会导致该部位发生纤维变性或狭窄。而十二指肠和幽门狭窄还会引起马驹和成年马发生胃排空障碍。由严重胃溃疡引起的胃纤维变性和胃萎缩的病例极为罕见。

【诊断】 无论是临床症状，还是临床病理学的实验室检测，对胃溃疡的确诊都不具有特异性，而且实验室检测结果异常也并不能排除存在其他疾病的可能性。胃溃疡可能是继发于应激因素造成的，而应激可能是由于多种器官系统的疾病引发的，也可能是住院治疗和围栏内饲养造成的。通过内镜检查和造影术，发现空腹动物胃内溃疡灶是确诊的唯一方法。在溃疡完全破坏上皮细胞之前，利用配有不同波长光源的内镜，可以很容易确定炎症所处的阶段。使用可有效提高胃内pH和促进胃黏膜愈合的药物进行治疗数日后，如果临床症状得到明显减轻，也可合理作出初步诊断。

【治疗】 治疗的主要目标是抑制胃酸以及将胃内pH维持在4～5之间。研究已经证明，黏膜保护剂、抗酸剂与组胺乙型受体颉颃剂（雷尼替丁和西咪替丁）以及质子原抑制剂奥美拉唑的联合应用是很有效的，一般都用一种载体将质子原抑制剂包裹在其中，以帮助药物通过胃酸进入小肠后再被吸收。奥美拉唑是唯一能够治愈马胃溃疡并使其继续进行常规训练的有效药物。该药也是目前唯一被FDA批准的马胃溃疡的治疗（4 mg/kg，口服，每日1次）或预防（1 mg/kg，口服，每日1次）药物。尽管硫糖铝（溃疡宁）在治疗成年马或马驹胃溃疡时并没有获得理想的效果，但在与胃腺黏膜结合时可促进其愈合。因此，使用硫糖铝在马胃溃疡治疗上的作用是值得商榷的。抗酸剂既可用于治疗胃溃疡，也可用于预防胃溃疡的疗效已被临床病例所证实，但必须每隔2 h就要给服较大剂量，以中和胃酸。对于马匹，采用雷尼替丁（6.6 mg/kg，口服，每日3次）可有效治疗停止训练马的胃溃疡。临床研究表明，甲氰咪胍对马胃溃疡无效。

二、猪胃溃疡

猪胃溃疡可侵害猪的食道部，也可引起急性胃出血的散发病例并导致死亡，或由于慢性溃疡而导致生长迟缓。

【病因】 目前，尚未发现与猪胃溃疡相关的特定病因。所有年龄的猪均可发病，但最常见于饲喂颗粒料或细粉料的育肥猪（45～90 kg）以及大量饲喂脱脂乳或乳清的猪。一般认为，能够促进胃酸分泌过多的因素均可能引起胃溃疡。细粉料日粮、运输、高温、缺食和缺水以及混群等都能引起育肥猪群胃溃疡的发病率出现明显升高。全身性疾病，特别是由于肺炎引起的日采食量变化不定，也能导致胃溃疡的发病率升高。集中在屠宰场内的待宰猪，该病尤为明显，特别是那些经过长途运输后的猪。

【临床表现】 当发生最急性病例时，猪常突然死亡。死亡猪的唯一临床症状是全身苍白。在急性病例中，可发生出血，引起厌食、虚弱、贫血和粪便呈黑焦油状，多于数小时或数日后死亡。慢性型病例的特征是消瘦、贫血和粪便呈黑焦油状，病猪可存活数周。

亚临床型的猪一般不能存活至预期出栏时间。这类病猪的溃疡通常可痊愈，但会留有瘢痕。在有些猪群中，约90%都有可能发生该病，而在另一些猪群中，发病为散发。在屠宰场进行的调查结果表明，尽管一些溃疡是在运输过程中发生的，但正常育肥猪群中，胃溃疡的发病率仍相当高，只是一些临床症状仅在溃疡出血后才显现出来。

【病理变化】 猪胃溃疡后期，典型的病理变化发生在靠近食道口处，即胃黏膜上一块由鳞状上皮组织构成的矩形白色发光的非腺体区，在环绕食道的入口处也可见一块直径2.5～5 cm的溃疡灶。溃疡灶呈灰白色鸟眼状或奶油状，内含血凝块或组织碎片。在急性出血性病例中，胃和小肠上段可能含有黑色血液。溃疡早期的病变多以食道到胃部入口处的鳞状上皮黏膜发生角化过度和角化不全为特征。后期溃疡灶逐渐出现增生性病变，形成溃疡。溃疡愈合后呈星状瘢痕。

【诊断与治疗】 如果在一栏猪中，有一两头精神倦怠、食欲不振的猪出现体重下降、贫血和黑色粪便，有时出现呼吸困难，外表健康的猪突然死亡，则预示可能有胃溃疡发生。类症鉴别诊断包括肠道出血、附红细胞体病、红色猪圆线虫（Hyostrongylus rubidus）感染以及猪胃肠炎。

目前，该病尚无行之有效的治疗方法。可以尝试采用缓解疗法，如将病猪从猪栏中隔离或饲喂粗饲料和高纤维饲料。也可考虑提前出售病猪，并同时做好慢性呼吸道疾病的控制。最好饲喂颗粒饲料而不使用粉料，饲料颗粒直径应为600～700 μm，可获得一定效果，但这可能会影响到饲料转化率。然而，对处于胃溃疡高风险阶段的病猪，合理使用这种饲料还是有一定效果的。

第十一节 反刍动物前胃疾病

一、单纯性消化不良

单纯性消化不良（轻度饲料消化不良）是对反刍动物胃肠道功能影响不太严重的一种疾病，该病最常见于牛，偶见于绵羊和山羊。单纯性消化不良属于一种排除性诊断，多与饲料质量或数量突然改变有关。

【病因】 几乎任何一种引起反刍动物瘤胃内环境改变的饲料因素，都能引起单纯性消化不良。由于人工喂养奶牛和肉牛时，饲料数量和质量变化较大，因此常发生单纯性消化不良。奶牛可能会突然过度采食一些适口性非常好的植物，如青贮玉米或青贮牧草等；肉牛在冬季也可能过度采食一些难以消化的劣质粗饲料。在干旱季节，牛羊不得不采食大量劣质稻草、麦草或谷物。上述这些突然更换饲料、采食变质或冰冻的饲料、在日粮中添加尿素、将牛转场到富含谷粒的牧场或用富含谷物的饲料饲喂舍饲牛时，都会引起单纯性消化不良。

单纯性消化不良通常与瘤胃内容物的pH突然改变有关，如由于发酵过度而导致瘤胃内pH下降或采食的饲料发生腐败，而引起瘤胃内容物的pH升高。该病也可能是由于瘤胃中积累了对其生理功能造成损害的大量难以消化的饲料所致。由于引起单纯性消化不良具有相同的营养基础，因此，多数动物可能会同时发病，但其严重程度却表现各异。

【临床表现】 临床症状取决于发病动物的种类和病因。过度采食青贮饲料可引起厌食和产奶量中度下降。病畜瘤胃通常臌胀、坚实如生面团状。瘤胃第一相收缩的频率下降或消失，第二相收缩可能依然存在，但强度会有所下降。体温、脉搏和呼吸正常。粪便正常到坚实，但粪量减少。多数病畜通常可在24～48 h内自行康复。

采食谷物过多而引起的单纯性消化不良，可导致病畜出现厌食和瘤胃衰弱甚至弛缓（停滞）。此时瘤胃并不一定充满饲料，也可能含有大量液体。粪便通常稀软并伴有腐败气味。病畜较为好动和警觉，通常在24 h内开始进食。因采食过量谷类而引起的一种更为严重的消化不良是过食谷物（见下文）。

【诊断】 可依据饲料种类和数量在近期突然改变，是否多数动物同时发病，以及排除前胃功能紊乱的其他病因后，可对单纯性消化不良作出诊断。也可以通过采集瘤胃液，如发生该病时pH异常（<6或>7）、原生动物数量减少且体积变小，或美蓝还原试验时间延长（一种检测细菌活力的方法）等进行确诊。

深触诊剑状突起未出现全身性反应和疼痛反应时，可排除创伤性网胃腹膜炎。通过病畜的酮尿病史和未检测出酮尿症，可排除酮病。真胃左移可通过同时进行叩诊和听诊予以排除。

迷走神经性消化不良、真胃扭转和盲（结）肠扭转可随着病情的发展而被快速诊断。过食谷物与单纯性消化不良的区别在于，过食谷物更严重，瘤胃内容物的pH显著低于5.5。

【治疗】 治疗主要针对及时纠正可疑的饲料因素。当动物重新饲喂反刍动物常用饲料后，单纯性消化不良一般可自行康复。对成年牛，通过胃管灌服大约20 L温水或生理盐水后，再对瘤胃进行强力按揉，有可能使瘤胃的功能恢复正常。当过度采食谷类饲料时，口服氢氧化镁也可获得一定效果，但前提是仅对瘤胃pH过低（<6）的牛适用，否则会导致前胃和全身性碱化过度。并不建议将一些谣传的瘤胃剂（如马钱子、生姜、吐酒石、拟副交感神经药物）作为辅助治疗。如果牛采食了过量尿素或蛋白质，可通过口服食醋（醋酸）使瘤胃pH恢复正常。当瘤胃微生物的数量或活力下降时，口服4～8 L健康牛的瘤胃液可获得一定效果（见瘤胃液转移）。特别是对于那些发生脱水的牛，还需要通过口腔或静脉输液对电解质和酸碱异常予以纠正。

二、过食谷物

过食谷物（乳酸酸中毒、暴食碳水化合物饲料、瘤胃炎）是反刍动物的一种急性疾病，临床表现为瘤胃运动减弱至弛缓、脱水、酸血症、腹泻、毒血症、共济失调、衰竭，严重的甚至出现死亡。

【病因与发病机制】 该病最常见于偶然采食大量易于消化的碳水化合物类饲料的牛中，特别是采食谷物。过食谷物在突然大量采食谷物含量高的饲料的舍饲牛中也很常见。小麦、大麦和玉米都是最容易消化的谷物；燕麦是不太容易消化的谷物。不太常见的原因有暴食苹果、葡萄、面包、糊状面团、甜菜、马铃薯、饲用甜菜，或在啤酒厂发酵不完全的酸性湿啤酒糟。引起急性病例发生所需的饲料量取决于谷物的种类、动物之前是否食用过这种谷物、动物的营养状态和体质以及瘤胃微生物区系等因素。对已习惯于采食大量谷物的成年牛，只有在采食的谷物量达到15～20 kg时才有可能发展为中度疾病，而其他动物采食10 kg谷物后，即可出现急性发病和死亡。

动物在采食了极易发酵的碳水化合物达到中毒剂量后，瘤胃的微生物群体会在2～6 h内发生改变。革兰氏阳性菌（牛链球菌，*Streptococcus bovis*）的数量会明显增多，产生大量乳酸。导致瘤胃内pH下降至5以下，造成原虫、分解纤维素和利用乳酸的微生物受到破坏，并削弱了瘤胃的运动力。乳酸杆菌在低pH条件下能够充分利用碳水化合物，合成大量乳酸，其溶解于瘤胃液后使原溶液中的乳酸和盐类增加，引起L-乳酸盐和D-乳酸盐的渗透压突然升高，导致过多的液体进入瘤胃，引起动物发生脱水。

低pH可引起化学性瘤胃炎并导致乳酸盐的吸收增加，特别是D-乳酸增加会导致乳酸中毒和酸血症。除了发生代谢性（强离子）酸中毒和脱水外，病理生理学表现还有血液浓缩、心血管性虚脱、肾衰竭、肌无力、休克和死亡。存活动物在数日内会发生真菌性瘤胃炎，数周或数月后会发展为肝脓肿。在屠宰时可见有瘤胃上皮细胞损伤的痕迹。目前，有关过食谷物与牛慢性蹄叶炎之间的相关性尚无定论。

【临床表现】 暴食碳水化合物类饲料可导致单纯性消化不良到急性致死性酸血症和强离子（代谢性）酸中毒等不同疾病。暴食粉料后与出现临床症状的时间较饲喂全谷物的要更短，且严重程度随着采食量的增加而加重。暴食后数小时，可见到的异常表现仅为瘤胃扩张或腹痛（表现为踢腹或后蹄踩踏）。轻微病例表现为瘤胃运动减缓，但尚未完全停滞，牛出现厌食，但仍然活泼且警觉，常伴有腹泻。在不进行任何针对性治疗时，病牛常在3～4 d后开始进食。

发生严重谷物过食后的24～48 h内，一些动物开始出现侧卧，另一些表现为步履蹒跚，而有些则表现为静立不动。所有动物都表现食欲废绝。牛在大量采食干燥的谷物后即会开始大量饮水，一旦患病，则饮水完全停止。

病牛体温通常低于正常，36.5～38.5℃，但在炎热天气中暴露在太阳下的牛，体温可高达41℃。呼吸变浅变快，高达每分钟60～90次。心率也会随着酸血症的严重程度而加快，心率每分钟超过120次的牛，通常预后不良。病牛多出现腹泻，粪便稀软或水样，呈黄色或褐色，量大，并伴有恶臭，有明显的酸甜气味。粪便中常混有未消化的谷粒。轻度病例中，脱水可使体重下降4%～6%，严重时可达到10%～12%。

过食谷物严重的患畜，尽管用听诊器仍然可以听到气体通过大量液体时发出的咕噜声，但此时瘤胃的第一相收缩已完全消失。在对左侧胁腹进行冲击式触诊和听诊时，可能会听到瘤胃液的飞溅音。对已经采食粗饲料和大量谷物的牛，在对左侧腰椎窝进行触诊时，可感觉到瘤胃内容物充实、呈面团状。对于那些采食少量谷物而发病的牛，其瘤胃并不一定充盈，但会因瘤胃内充满多量液体而感到弹性较强。发病严重的牛，可出现步履蹒跚，可能会撞上物体；病牛的眼睑反射迟钝或消失，一般仍然存在瞳孔光反射，但较正常的要慢。病牛常出现静卧，头常转向肋腹部，对刺激的反应迟钝，这一点与产后瘫痪的症状极为相似。

该病一般伴有急性蹄叶炎，在患病不严重的牛比较常见。病牛数周或数月后可能会发展为慢性蹄叶炎。急性病例多表现为无尿症，输液治疗后若出现多尿，则预后良好。

牛患病24～72 h内可出现死亡，若突然出现一些急性症状，特别是侧卧，则提示需要采取积极的治疗方法。治疗后心率下降、体温升高、瘤胃运动恢复和排出大量软便都是预后好转的迹象。但有些牛在治疗后表现出暂时性的好转，3～4 d后病情又加重，这可能是由于严重的细菌感染和真菌性瘤胃炎所致，发生急性弥漫性腹膜炎的病牛，多在2～3 d后死亡。对发生严重疾病后存活的妊娠牛，可能会在10～14 d后发生流产。

【诊断】 如果有病史可查或多头牛发病，一般可作出明确诊断。通过临床症状，瘤胃pH较低（对高谷类饲料不太习惯的牛，其pH在5.5以下），以及检查瘤胃微生物体系中的活原生动物的数量，可以进行确诊。如果仅有一头牛患病，且没有过度采食谷物的情况，诊断较为困难。但可以通过一些特征性临床症状，如瘤胃停滞并伴有咕噜的液体流动音、腹泻、共济失调和正常体温等进行诊断。一般情况下，过食谷物的确诊还应该对瘤胃液进行检查分析。

虽然产后瘫痪的症状与过食谷物类似，但一般不会出现腹泻和脱水，心音强度下降，且使用注射钙制剂后的疗效极为明显。另外，超急性大肠埃希菌性乳房炎和急性弥漫性腹膜炎的症状也与过食谷物相似，但仔细检查后通常可以找到毒血症的病因。

为了避免瘤胃液与空气接触后造成pH升高，应当对通过胃管或瘤胃穿刺采集的瘤胃液立即进行pH快检。一般情况下，采食粗饲料的牛，其瘤胃pH为6.0～7.0；采食高谷物饲料的牛，其瘤胃pH为5.5～6.0。pH低于5.5时则强烈提示发生有过食谷物。若瘤胃pH在5.0以下，则表明发生严重的酸血症和代谢性酸中毒。宽量程的pH试纸（2～11）适合于现场使用。如果实验室条件允许，还应对瘤胃液进行微生物学检测，此时病牛瘤胃液中的原生动物数量一般会有所下降（尤其是大型和中型原虫）。对瘤胃液进行革兰氏染色检查时发现，过食谷物牛瘤胃的优势细菌由革兰氏阴性菌转变为革兰氏阳性菌，同时还伴有细菌多样性的减少。

病畜也可出现血液D-乳糖、L-乳糖和无机磷酸盐浓度升高，轻微的低钙血症和尿液pH下降，但一般没有必要通过检测这些指标来确诊。诊断的问题在于要正确判断哪些动物需要进行积极治疗（或扑杀）；哪些只是发生轻微的过食谷物，仅通过控制饮水、谷物的摄取、提供干草、加强运动即可自行康复；而哪些病例只需提供常规的护理和饲料供给即可恢复。若多头牛暴食过食谷物，就必须找出哪些牛需要进行强化治疗，哪些牛仅需进行简单治疗即可康复。

如果发现牛群仍在进食，那么这群牛中的一部分应该分别归类到上述某一类型中，并需要密切监视以减少损失。如果发现病牛正在大量采食谷物或刚刚采食完，则不能再向其提供精料和饮水，在这期间要保证24 h充足的优质干草供给，同时要定期强迫其进行运动。在第一日结束时表现正常的牛很可能是健康的，但即便是仅有一头牛发病，也要对所有牛进行密切监控48 h。由于采食过量精料而严重发病的牛，大部分通常在6~8 h内表现出典型的临床症状。

【治疗】 尽管尚未被证实，但对那些怀疑因采食大量浓缩料而发病的所有牛，在最初18~24 h内禁水将有助于缓解病情。如果过食谷物特别严重，应考虑宰杀以挽回经济损失。特别是对接近出栏期的育肥牛而言，这种做法或许是最经济的。患病严重的牛，如在早期未采取积极主动的治疗，其死亡率通常很高。对这类病牛，有必要清除瘤胃内容物，并接种正常牛的瘤胃内容物。对仍能站立的病牛，瘤胃切开术比瘤胃灌洗的效果更好，因为灌洗过程中可能会引起误吸，而只有采用瘤胃切开术，才能确保彻底清除摄入的全部谷物。如果水量充足，也可使用一个大号胃管进行瘤胃灌洗，使用时应选用一个大口径（内径2.5 cm，长3 m）的胶管，加入足量水，使左腰椎窝膨胀起来，通过重力流动即可使其排空。上述步骤需要重复15~20次，可获得与瘤胃切开术相同的疗效（且需要的时间也大致相同），瘤胃切开术过程中需要使用吸管对瘤胃进行排空和冲洗。

瘤胃排空后，需要对瘤胃接种微生物，如果在典型症状出现之前还没有完成接种，可采用严密的输液疗法来纠正代谢性酸中毒、脱水和恢复肾功能。在最初大约30 min内，应该静脉输液5%的碳酸氢钠溶液（剂量为每450 kg体重5 L）。在随后的6~12 h内，可采用静脉输注平衡电解溶液或含有1.3%的碳酸氢钠溶液的生理盐水（剂量最高为每450 kg体重60 L）。在此期间病畜通常可恢复排尿。一般情况下，在静脉注射碳酸氢钠期间，口服（或瘤胃内给药）抗酸药毫无必要，甚至是不可取的。为了预防细菌性瘤胃炎和肝脓肿，应对所有病牛肌内注射普鲁卡因青霉素G，连续5日。另外，还应肌内注射硫胺素（维生素B_1）以促进L-乳酸通过丙酮酸和氧化磷酸化途径进行代谢。发生过食谷物的牛，会因为瘤胃细菌产生的大量硫胺素分解酶而导致瘤胃液中硫胺素的含量降低。目前，对于真菌性瘤胃炎尚无有效的防治方法。

对于不太严重的病例，一般无需对瘤胃进行排空处理。对于这类病牛，应向瘤胃灌注用温水溶解的氢氧化镁溶液（每450 kg体重500 g），并通过揉捏腹侧腰窝部，使其充分混合。这种治疗方法对于那些过食谷物后瘤胃内pH大于5、仍能站立、过食数小时后

保持适度警觉的病牛非常必要。特别是心率在70~85次/min，瘤胃收缩减弱但体温正常的病牛，以及有主动采食意愿的患牛都可采取上述治疗方法。如果治疗后症状仍然存在，应进行补液治疗。康复期可持续2~4 d，期间只能饲喂优质牧草，但禁止饲喂谷物，谷物可以在以后逐渐添加到草料中。如果3日内病畜食欲恢复，则预后良好。如果治疗不及时而导致瘤胃内容物酸化，并继发瘤胃壁真菌感染时，则在3~5 d内很有可能复发，且预后不良。

【预防】 应防止由于牛偶然接触精料而养成过食的不良嗜好，并避免动物暴食。对于舍饲育肥牛，应在2~3周内逐渐添加精料，在混合粗粮的饲料中，精料应从小于50%的量开始逐步添加。

三、亚急性瘤胃酸中毒

反刍动物适合消化和代谢以牧草为主的饲料，当采食谷物含量高的饲料时，其生长速度和产奶量都会升高。当给反刍动物饲喂大量可发酵的碳水化合物饲料，再加之纤维素不足，所造成的后果之一是发生亚急性瘤胃酸中毒（慢性瘤胃酸中毒，亚临床瘤胃酸中毒），其特征是瘤胃pH下降、采食量降低以及随后的疾病问题。继发于亚急性瘤胃酸中毒的慢性疾病，可能会抵消饲喂高谷物所带来的产量收益。奶牛、肉牛和肉羊发生亚临床瘤胃酸中毒的风险都极高。尽管奶牛相对于肉牛而言，其饲料以富含牧草和纤维素为主，但这种优势也会被所采食干物质含量较高的饲料所抵消。

【病因】 瘤胃pH在24 h内会有一些波动（一般pH为0.5~1.0），这种波动取决于可发酵碳水化合物饲料的摄入量、瘤胃的缓冲能力与瘤胃对酸的吸收速度之间的动态平衡。如果在一日之内瘤胃pH低于5.5（正常生理的最低点）的时间达数小时之久，就可以认为发生了亚急性瘤胃酸中毒。按照惯例，如果瘤胃低pH是由挥发性脂肪酸（VFA）蓄积过多引起的，而不是因乳酸持续积累造成的，以及瘤胃低pH可以通过动物自身的生理反应得以恢复正常，都被认为是亚急性瘤胃酸中毒。

瘤胃快速吸收有机酸的能力有助于维持瘤胃pH的稳定。尽管周围组织很容易利用从瘤胃吸收的VFA，但从瘤胃吸收VFA也是一个异常艰巨复杂的过程。

瘤胃内VFA是通过瘤胃壁以被动转运的方式吸收的。这种被动转运过程会被瘤胃内的指样乳头所强化，这一特殊结构从瘤胃壁突出，使瘤胃的吸收面积扩大。当反刍动物采食谷物含量高的饲料后，其瘤胃指样乳头的长度可增长，使瘤胃的表面积和吸收能力

大大增强，因而不会造成瘤胃内酸性物质的蓄积，使动物的瘤胃得以保护。如果上述细胞的吸收能力遭到损坏（如发生纤维化的慢性瘤胃炎），可导致动物进食后无法维持瘤胃pH的稳定。

治疗动物瘤胃酸中毒和恢复瘤胃pH的一种常用方法是选用长牧草饲料，即可优先选用长的干草，也可选用长牧草饲料为主的混合饲料。另一种方法是降低采食量。如果瘤胃pH低于5.5，则动物对干物质的采食量就会明显下降。采食量下降可能是由瘤胃内的pH受体和/或渗透压受体调控的。在亚急性瘤胃酸中毒期间，瘤胃上皮细胞发生的炎症（瘤胃炎）常引起疼痛，同时也会对采食产生抑制作用。

随着瘤胃pH的下降，VFA的吸收自然会随之增多。VFA只有在质子化的状态才能被吸收。由于VFA的pK_a约为4.8，因此，当瘤胃pH降至5.5以下时，这些VFA被质子化的比例会显著升高。恰恰在低pH的条件下（大部分是由于牛链球菌增殖后，产生的无机酸转变为乳酸，而不是生成VFA），瘤胃内碳水化合物发酵产生乳酸，这些情况都可以抵消瘤胃对VFA的吸收效率。由于乳酸的pKa比VFA要低得多（3.9比4.8），因此，瘤胃内生成乳酸是极为不利的。例如，乳酸在pH为5.0时，其质子化程度比VFA低5.2倍，结果是乳酸在瘤胃中存留的时间更长，导致瘤胃pH出现螺旋式下降。

如果乳酸的产生能够引起另外一种适应性反应，那么，一些可利用乳酸的细菌如埃氏巨型球菌（*Megasphaera elsdenii*）和反刍月形单胞菌（*Selenomonas ruminantium*）便开始大量繁殖。这些有益菌可将乳酸转化成易于质子化和吸收的VFA。然而，乳酸分解的周期远比乳酸合成的要短。因此，这种机制并不能迅速稳定瘤胃内的pH。在瘤胃pH非常高的时期，如同限饲一样，可以抑制利用乳酸菌群（对瘤胃较高pH敏感）的数量，此时，动物更易患严重的瘤胃酸中毒。

限饲不仅可以破坏细菌种群的平衡外，还会导致牛重新采食后出现过量采食。这无形中又加剧了瘤胃pH降低的程度。因此，这种限饲后又过食的恶性循环将极大地增加发生亚急性瘤胃酸中毒的风险。

发生亚急性瘤胃酸中毒时，尽管瘤胃的低pH条件可使瘤胃内细菌种群的数量减少，但瘤胃内存活细菌的代谢活性仍然很强。原虫种群的数量特别受限于瘤胃的低pH。发生亚急性瘤胃酸中毒时，瘤胃中基本没有纤毛虫。当细菌和原生动物的种群数量很少时，瘤胃微生物区系便丧失了稳定性的基础，在饲料突然变化时就难以维持瘤胃的正常pH。因此，这也是患有亚急性瘤胃酸中毒的动物更易发生瘤胃酸中毒的原因。

【发病机制】 瘤胃内的低pH可引起瘤胃上皮发生瘤胃炎、糜烂和溃疡。瘤胃上皮一旦发炎，细菌就会在瘤胃壁状突起上大量繁殖，并渗透到门脉循环。这些细菌可能诱发肝脓肿，并最终在脓肿部位周围引起腹膜炎。如果瘤胃细菌通过肝脏（或在肝脏感染的细菌被释放到循环系统），就可定植在肺脏、心脏瓣膜、肾脏或关节。这样造成的肺炎、心内膜炎、肾盂肾炎和关节炎在病牛临死前很难作出诊断。对宰杀、淘汰或死亡的病牛，进行尸体剖检具有重要意义。

后腔静脉综合征是由肝脓肿脱落的脓毒性栓子引起的，这些脓毒性栓子可通过后腔静脉移行到肺部，使细菌在肺组织中繁殖，最终可能侵袭到肺部血管，引起血管破裂。临床上常见有咯血，甚至因肺脏大量出血而引起超急性死亡。

亚急性瘤胃酸中毒常会引起蹄叶炎，以及随后出现的蹄部过度生长、足底脓肿和溃疡。蹄叶炎的严重程度取决于代谢性损害的持续时间和频率。蹄病通常发生在亚急性瘤胃酸中毒开始后的数周或数月，但有关亚急性瘤胃酸中毒是如何增加动物发生蹄叶炎风险的机制，目前尚无值得信服的解释。

【临床表现】 亚急性瘤胃酸中毒的主要临床症状是采食量下降或周期性的采食下降，或二者兼有。与之相关的症状还有产奶量下降、乳脂率降低，尽管能量摄入充足但体况评分较低，以及不明原因的腹泻和蹄叶炎。另外，畜群中还出现高淘汰率和原因不明的死亡，也可见由后腔静脉综合征引起的散发性衄血。但临床症状一般都具有滞后性且不典型，如本应出现的瘤胃低pH也并没有检测到。实际上，当观察到动物采食停止时，其瘤胃pH很可能已经恢复正常。在瘤胃低pH时，病畜随后可能会出现腹泻。然而，这些现象也可能会与实际情况相矛盾，因为这些表现也可能与其他饲料因素有关。

【诊断】 亚急性瘤胃酸中毒的诊断要依据动物的群体状况而非单一个体情况。从一群外观健康的奶牛中取一部分作为代表进行瘤胃pH检测，可以确诊奶牛群中亚急性瘤胃酸中毒的发病情况。在检测时，应该选择那些具有高风险的群体。采用按日粮成分分别进行饲喂的牛群，在泌乳期15～30 d进行；采用TMR（全混合日粮）饲养的牛群，在泌乳期50～150 d进行。一般采用瘤胃穿刺法抽取瘤胃液，用pH计检测其pH。在采食精料后2～4 h内（按日粮成分分别进行饲喂的牛群），或对第一日首次进行TMR饲喂后6～10 h内的牛群，一般应至少采集12头牛的样本。如果瘤胃pH小于5.5的动物头数超过25%，则认为该牛群发生亚急性瘤胃酸中毒的风险很高。这种诊断方法还应与其他影响因素相结合，例如日粮分析、饲养管理评估和群体健康状况。

在诊断奶牛群亚急性瘤胃酸中毒时，牛奶的乳脂率降低并不是一种准确且灵敏的检测指标。发生严重亚急性瘤胃酸中毒的奶牛和牛群，其牛奶乳脂率很可能正常。因此，对乳脂率正常的奶牛仍进行亚急性瘤胃酸中毒的诊断是至关重要的。

【治疗】 由于亚急性瘤胃酸中毒时并不一定检测到瘤胃pH降低，故目前对该病尚无特效的治疗方法。可根据具体情况对继发性疾病进行治疗。

【预防】 预防该病的关键是减少动物每次采食易发酵碳水化合物饲料的量。这不仅需要合理的饲料配方（粗料和精料之间的适当平衡），也要求优良的饲槽管理方案。尽管饲料配比合理，但由于动物对饲槽空间的剧烈争抢和限饲之后出现大量采食，牛依然存在极高的发生亚急性瘤胃酸中毒的风险。

对按饲料成分分别饲喂的奶牛，在泌乳期的最初3周，饲喂充足精料的做法是不可取的。精料过量和饲草不足都可造成日粮中纤维配比缺乏，极有可能诱发亚急性瘤胃酸中毒。在分娩前的最后几日，单独饲喂饲料中的单一成分也可出现相同的情况，因为牛在分娩前对干物质的采食量下降，且干奶期奶牛更倾向于采食精料而非饲草，进而易引起瘤胃酸中毒。

亚急性瘤胃酸中毒还可能是由于饲料的日粮配比错误，或饲料配比中含有过多的可快速发酵的碳水化合物类饲料或缺乏纤维素等原因引起的。在国家研究委员会《奶牛的营养需求》报告（见营养学-奶牛）中有关纤维素类饲料的建议内容里指出，在TMR中干物质的含量出现错误，通常是由于没有对草料这种湿物质的配比进行相应的调整而造成的。

通过在日粮中添加长纤维饲料，可以使牛在咀嚼时刺激唾液的分泌和采食后的反刍行为，进而降低发生亚急性瘤胃酸中毒的风险。虽然提供足量的长纤维饲料可以减少发病的风险，但并不能使其完全消除。如果完全饲喂TMR，很重要的一点是要确保长纤维饲料与其他饲料混合均匀，这样可以避免牛在当天晚些时候才采食到长纤维饲料，或完全不被采食。长纤维饲料的长度不应超过5 cm，TMR的含水量应适宜（50%～55%），以及添加能使饲料成分粘在一起的原料，如液体糖蜜都可以防止上述挑食现象的发生。

反刍动物的日粮必须按照配方配制，以便为瘤胃提供足够的缓冲。这可通过选择饲料中原料成分和（或）添加碳酸氢钠或碳酸钾等食物缓冲剂来实现。日粮中的阴阳离子差（DCAD）常被用作日粮缓冲能力的量化指标，对发生瘤胃酸中毒风险较高的牛配制的日粮，其干物质中的DCAD应大于250 mEq/kg，计算DCAD使用的公式是（Na+K）-（Cl+S）。

在日粮中添加可直接饲用的微生物来提高瘤胃对乳酸盐的利用率，可以降低动物发生亚急性瘤胃酸中毒的风险。可用于该用途的微生物有酵母、丙酸杆菌、乳酸菌和肠球菌。离子载体类（如莫能霉素钠）添加剂可通过有选择地抑制瘤胃乳酸产生菌，减少采食量，从而也可降低发病的风险。

四、瘤胃臌胀

瘤胃臌胀（瘤胃臌气）是指瘤胃网胃在发酵气体的作用下造成的过度膨胀。该病有两种类型，一种是气体与瘤胃内容物混合在一起的持续性的泡沫性臌胀，称为原发性或泡沫性瘤胃臌胀；另一种是以源自食物的游离气体引起的臌胀，称作继发性或游离气体瘤胃臌胀。该病是牛的一种主要疾病，绵羊也可发病。牛对瘤胃臌胀的易感性是由个体的遗传因素决定的。

有记录显示：在易发生瘤胃臌胀牧场放牧的牛，死亡率可高达20%；在牧区放牧的奶牛，因瘤胃臌胀而造成的年死亡率接近1%。奶牛即便是没有死亡也会出现产奶量下降，对易引起瘤胃臌胀的牧场的利用率下降，进而造成一系列经济损失。另外，瘤胃臌胀也是舍饲育肥牛死亡的主要原因。

【病因与发病机制】 引起原发性瘤胃臌胀或泡沫性瘤胃臌胀的原因是瘤胃正常发酵产生的气体，以稳定泡沫的形式滞留在瘤胃内，抑制了小气泡的融合，导致嗳气障碍，使瘤胃内压力升高。动植物方面的因素都可以影响到稳定泡沫的形成。可溶性植物叶蛋白、皂甙和半纤维素都被认为是主要发泡剂，可以在瘤胃气体泡沫周围形成单分子层，且这种泡沫在pH为6.0左右时的稳定性最高。唾液黏蛋白可以阻止泡沫的形成，但多汁草料可造成唾液分泌量减少，使瘤胃臌胀的牧草消化速度非常快，释放出大量可捕捉小气泡并防止其聚集的叶绿素。饲喂上述饲料的直接效果可能为突发的微生物发酵提供营养物质。但决定瘤胃臌胀是否发生的主要因素是瘤胃内容物的性质。饲料蛋白质含量、消化率和瘤胃对草料的反应决定发生瘤胃臌胀的程度，采食24 h内，引起瘤胃臌胀的牧草和未知的动物因素共同造成饲料小颗粒的浓度上升，并使瘤胃臌胀的易感性增强。

瘤胃臌胀常见于采食豆科植物或以豆科植物为主的牛，尤其是苜蓿、拉定三叶草以及红白色三叶草，但在采食嫩绿谷物、油菜、羽衣甘蓝、大头菜以及豆类作物的动物中也很常见。豆科植物，如紫花苜蓿和三叶苜蓿，富含蛋白质，更易于动物消化。其他豆科植物，如红豆草（驴喜草）、小冠花、紫云英、胡芦巴和百脉根也富含蛋白质，但却不会引起瘤胃臌胀，这可能是由于这类植物含有浓缩单宁酸，可促使蛋白质沉淀。与紫花苜蓿和三叶苜蓿相比，其消化时间会更长。在生长繁茂的草场上放牧时，特别是处于以豆科植物生长期和萌芽期为主的草场，最易发生豆科植物性的瘤胃臌胀。但饲喂优质干草时也常见有该病。

饲喂谷物含量高的日粮时，舍饲育肥牛也可发生泡沫性瘤胃臌胀，但奶牛却很少发生。舍饲育肥牛发生泡沫性瘤胃臌胀的病因尚无定论，但据认为其原因无非两种，一种是由于牛在采食碳水化合物含量高的日粮后，其瘤胃中某些特定的细菌可产生不溶性黏液；另一种是由于粉料中的细小颗粒对发酵气体的富集作用所致。精细颗粒物质，如细磨的谷物与采食低含量粗饲料一样具有显著提高泡沫稳定性的作用。在饲喂谷物饲料1～2月的育肥牛中最常见有瘤胃臌胀，这一时期恰好可能是谷物饲料投料量增加到一定水平或瘤胃中产生黏液的细菌增殖到足够数量所需要的时间。

继发性瘤胃臌胀或游离气体性瘤胃臌胀是由于食道梗阻导致嗳气发生物理性障碍引起的。物理性嗳气障碍是由于异物（如土豆、苹果、大头菜和猕猴桃）、食道狭窄或食道外部肿大（如来自淋巴结病变或散发性幼畜胸腺淋巴瘤）而造成食道受压所致。迷走神经性消化不良引起的食道沟功能障碍和膈疝，都有可能导致慢性瘤胃臌胀。发生破伤风时也会诱发该病。阻塞性瘤胃臌胀不太常见的病因是由牛放线菌（*Actinomyces bovis*）感染引起的肿瘤和食道沟或网胃壁的损伤，还有可能是由于嗳气反射的相关神经通路障碍所致。网胃壁损伤（包括网胃壁上含有的压力和辨别气体、泡沫和液体的感受器）可能会阻断正常的嗳气反射。

瘤胃臌胀也可继发于过敏症和过食谷物所致的急性瘤胃弛缓，这种情况可引起瘤胃pH下降，也可能会引起食道炎和瘤胃炎，使嗳气受阻。另外，发生低钙血症时也会引起瘤胃臌胀。6月龄及以下的犊牛常出现频繁的无明显病因的瘤胃臌胀，但通常可自行恢复。

姿势不正常，尤其是侧卧常可引起继发性瘤胃臌胀。如果反刍动物意外跌倒呈背位姿势或者在装卸设备、拥挤的运输工具或灌溉水渠内，使其处于其他禁忌的限制性体位时，都有可能死于瘤胃臌胀。

【临床表现】 瘤胃臌胀是猝死的常见原因。如果检查不够仔细，放牧和舍饲的育肥牛以及干奶期的奶牛，通常会死于瘤胃臌胀。在对泌乳期奶牛进行定期观察时发现，通常被转移至易引起瘤胃臌胀的牧场

1 h后，即可开始出现瘤胃臌胀。在草场放牧的第一日即可发生瘤胃臌胀，但以第二日或第三日更常见。

发生主要由牧草原因引起的瘤胃臌胀时，瘤胃可突然出现明显的膨胀，特别是左侧，由于张力作用而使腰椎窝的轮廓突出并高过脊柱，造成整个腹部膨大。随着瘤胃臌胀的进一步发展，左侧腹部的皮肤逐渐绷紧，在重症病例中甚至都无法"牵拉"皮肤，病牛出现明显的呼吸困难和咕噜声，并伴有张口呼吸、吐舌、伸头和尿频，有时会发生呕吐。直至发生严重瘤胃臌胀时，才会出现瘤胃蠕动减弱。若瘤胃臌胀继续恶化，动物会因衰竭而死亡。死亡可能会发生在放牧1 h后，但更多病例发生在临床症状出现后的3～4 h内。在一群发病牛中，通常仅有几头出现瘤胃臌胀的临床症状，而另一些仅见有轻度至中度的腹部膨胀。

发生继发性瘤胃臌胀时，在瘤胃内固体和液体内容物的上方常游离大量气体。尽管在瘤胃动力增强时可见有迷走神经性消化不良引起的泡沫性瘤胃臌胀病例，但继发性瘤胃臌胀属于零星的散发性病例。在对病畜腹部正中线偏左进行叩诊时，通常可听到鼓音。与泡沫性瘤胃臌胀相比，叩诊时由游离气体发出的鼓音音调更高。也可以通过直肠检查对瘤胃膨胀进行确诊。对于游离气体性瘤胃臌胀，插入胃管或套管针时能排出大量气体，并可使瘤胃膨胀的症状减轻。

【病理变化】 尸体剖检时的病变具有特征性。如头颈部淋巴结、心包膜和上呼吸道可见有明显的充血和出血。肺脏受压迫，有时支气管内可见有出血。颈段食道充血和出血，胸部食道暗淡呈苍白色，将出现在食道处的界限称为食道的"瘤胃臌胀线"。瘤胃扩张但其内容物中的泡沫一般要比死前少得多。由于血液被从器官中挤出，故肝脏表面苍白。

【诊断】 一般情况下，通过临床症状即可对泡沫性瘤胃臌胀作出确诊。而继发性嗳气则需要通过临床检查并确定嗳气受阻的病因后才能予以确诊。

【治疗】 对于已危及生命的病例，需要立刻对病畜实施瘤胃切开术。这种方法可瞬间释放大量瘤胃内容物，使病牛的症状明显缓解，一般都可顺利康复，仅偶尔出现轻度的并发症。

套管针和插管可用于紧急救助。由于标准规格套管针的尺寸不足以迅速释放最急性病例瘤胃中黏稠的稳定泡沫，因此，大口径的套管针和插管（直径2.5 cm）是牛场必备的施救工具，但前提是必须先切开皮肤，再通过肌肉层，将插管插入到瘤胃内。如果插管术不能减轻瘤胃臌胀，且病畜的生命已受到威胁时，则需要实施紧急的瘤胃切开术。如果插管术能够使瘤胃臌胀的症状得到一些减轻，可通过插管向瘤胃

内注入消泡剂，此时也可将插管继续留置在原位，直到病情恢复正常，插管的留置时间通常以几小时为宜。

当病畜暂时没有生命危险时，建议插入一根口径足够大的胃管。通过向胃管吹气以尽量保证胃管通畅，通过前后移动胃管确定瘤胃内富含气体的大气囊，使其中的气体释放出来。发生泡沫性瘤胃臌胀时，使用胃管减压的可能性不大，但可通过胃管向瘤胃内注入消泡剂。如果使用消泡剂不能立即消除瘤胃臌胀，则需要对病畜进行密切观察数小时，以便确定上述治疗是否有效，或是否有必要采取其他治疗措施。

许多消泡剂都非常有效，包括植物油（如花生油、玉米油、大豆油）和矿物油（液状石蜡），使用剂量为250～500 mL。二辛基硫化琥珀酸钠（多库酯钠）也是一种表面活性剂，常与上述油类中的某一种联合使用，是一种具有抗臌气的专利疗法，早期使用效果显著。泊洛沙林（25～50 g，口服）可有效治疗豆科植物引起瘤胃臌胀，但对舍饲牛的瘤胃臌胀无效。放置瘤胃瘘管对于外部性食道梗阻引起的游离气体性瘤胃臌胀的病例，在短期内有缓解作用。

【控制与预防】 预防牧草性瘤胃臌胀一般比较困难。因此，需要采取一些日常管理措施来减轻臌气的风险，包括将牛转至草场之前先饲喂牧草，特别是青草，以保持草场上的牧草优势，或采用条带放牧限制采食量，不要在早晨而是在下午将动物移到新草场。投喂干草一般有效，但干草的饲喂量必须至少占日粮的1/3以上，才能有效降低发病的风险。对于不易引起瘤胃臌胀的草场，投喂干草或条带放牧都是可靠的方法，但对处于开花前期的牧场和发生瘤胃臌胀可能性较大的草场，采用这些方法就不太见效。与幼嫩牧草或快速生长的牧草相比，成熟牧草一般不太可能引

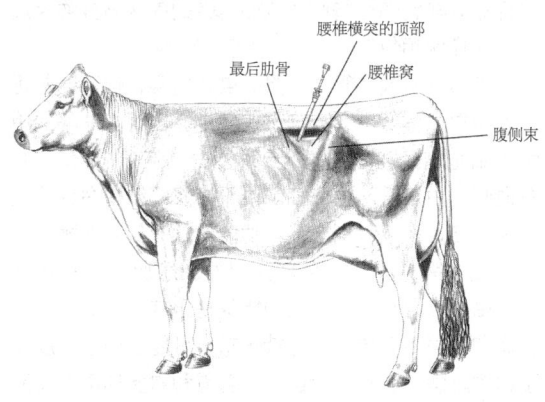

图2-13 母牛瘤胃插管术
（由Gheorghe Constantinescu博士绘制）

起瘤胃臌胀。

防止牧草性瘤胃臌胀唯一行之有效的方法是在牛臌气的高风险期连续使用消泡剂。这种方法在一些草原国家（如澳大利亚和新西兰）已被广泛采用。最可靠的方式是用消泡剂喷淋草场，每日2次（在挤奶时进行）。把消泡剂喷洒到易致臌气的草场上同样有效，且仅对动物开放喷洒后的草场。这种方法对条带放牧的牧场比较理想，但对开放式放牧无效。也可将消泡剂添加到饲料或饮水中，也可添加在饲料块中，但这种方法需要动物个体采食到充足的剂量后才有效果。也可将消泡剂涂抹在牛能够舔舐到的胁腹面，但这种方法对于那些不舔舐的牛无效。

有效的消泡剂含有动植物油和脂肪以及合成的非离子表面活性剂。动植物油和脂肪的使用量是每日每头60～120 mL，在危险期也可将剂量提高到240 mL。泊洛沙林是一种人工合成的聚合物，一种高效非离子表面活性剂，使用剂量是每日每头10～20 g，在高风险期的使用剂量可以提高到每日每头40 g。特别对处于易患期的动物是一种安全和经济的方式，每日可以通过添加到水、谷类混合料或糖蜜中，在易发病阶段每日供动物使用。一种类似的聚合物（Alfasure®），如乙醇乙氧基化物与普朗尼克去污剂的水溶性混合物（Blocare 4511）也同样有效，遗憾的是他们目前尚未得到FDA批准。离子载体类药物也可有效预防瘤胃臌胀，通过一种缓释胶囊将莫能菌素递送到瘤胃，使用剂量为每日每头300 mg，能够为牧场性臌气提供连续100 d的安全保护期，同时还能在易致臌气的草场上提高奶牛的产奶量。

控制该病的最终目标是开发出产量高，且能使瘤胃臌胀发生率低的牧草。三叶苜蓿与禾本科植物的含量大致相当的牧场是最接近这一目标的牧场。牧场性瘤胃臌胀的发病率因苜蓿的品种而异。目前市场上已经有低风险性的低初始消化率（LIRD）栽培品种出售。采用条带放牧时，在牧草播种的混合牧草种子中（10%红豆草）添加富含浓缩单宁酸的豆科植物种子，可以降低发生瘤胃臌胀的风险。在饲喂红豆草颗粒饲料中添加也可获得同样的效果。

为了预防舍饲育肥牛发生瘤胃臌胀，至少应在全价日粮中添加10%～15%切碎或剁碎的粗饲料。最好的粗饲料是谷类植物、谷草、干草或类似物。谷物应被轧碎或碾碎，但不能磨得太细，应避免使用细磨谷物制成的颗粒料日粮。在日粮中添加动物油脂（占日粮的3%～5%）有时可能有效，但在对照试验中并无明显效果。非离子型表面活性剂（如泊洛沙林）在预防舍饲育肥牛瘤胃臌气上没有效果，但离子载体类药物（如拉沙洛西）在控制该病上具有一定的疗效。

五、创伤性网胃腹膜炎

创伤性网胃腹膜炎（创伤性网胃心包炎，创伤性网胃炎）是由于网胃穿孔而引起的一种疾病。由于该病与胃肠道阻塞具有相似的临床症状，因此，进行类症鉴别诊断是非常重要的。创伤性网胃腹膜炎在成年奶牛中比较普遍，肉牛偶发，但在其他反刍动物中较罕见。

由于牛不能将饲料中混杂的金属异物挑出来，且在吞咽前也不能进行充分咀嚼，导致牛常会采食一些异物。此病常见于在新建、烧毁和拆卸建筑物的地方采食了混有生锈栅栏和铁丝等碎草和青贮饲料的动物。谷物日粮中不小心混入金属异物，也可能成为该病一种诱因。

【病因】 误食的金属物体（如铁钉或铁丝），直接落入网胃或先进入瘤胃，在瘤胃蠕动下携裹进入瘤胃皱襞，随后沉积在网胃底部。由于网胃-瓣胃口的位置高于胃底部，导致异物滞留在网胃，且呈蜂窝状的网胃黏膜也容易使尖锐物体滞留其中，在网胃的强力收缩中，就会使异物刺穿胃壁。另外，妊娠后期和分娩时的压力，分娩时的牵拉作用，发情期的交配都增加了网胃初次刺穿的风险，也有可能会使原先因穿刺引起的粘连发生破坏。

网胃壁穿孔使食物和细菌泄露并污染腹腔。由此引发的腹膜炎常呈局灶性并可引起粘连。一般情况下，很少发生严重的腹膜炎。异物可能会穿过隔膜进入胸腔（导致胸膜炎和有时出现肺脓肿）和心包膜（导致心包炎和随后的心肌炎）。偶尔会刺到肝或脾而引起感染，并可能发展成败血症。

【临床表现】 网胃穿透初期的临床症状多为突发瘤胃和网胃弛缓以及产奶量急剧下降、粪量减少、直肠温度轻度升高、心率正常或轻微增加、呼吸变浅变快。初期病牛弓背、痛苦、不愿运动、不安、步态拘谨。对病畜突然驱赶以及排粪、排尿、起卧或跨栏时，常伴有呻吟声。按压剑状软骨或用力挤压肩骨间的隆起部，造成胸腔和下腹部伸展时，都可发出咕噜音。将听诊器放在气管上方，挤压肩骨间的隆起部，即可在每次吸气末听到咕隆声。另外，还可见病畜三头肌震颤和肘部外展。

发生慢性创伤性网胃腹膜炎时，病畜采食量和排粪量均减少，产奶量一直较低。随着急性炎症的消退和腹膜污染区被包裹隔离，前腹部疼痛症状表现的不明显，直肠温度接近正常。特别是由于异物穿透后在腹正中的网胃处形成的粘连，使有些病畜发展为慢性迷走神经性消化不良综合征（见下文）。

因异物穿刺造成胸膜炎或心包炎的病牛，通常出现精神沉郁、心动过速（90 次/min以上）和发热（40℃）。胸膜炎的临床症状表现为呼吸快而浅、肺音低沉和出现胸膜炎性摩擦音。进行胸腔穿刺时，可流出大量腐败性液体。创伤性心包炎的临床症状表现为听诊时心音低沉，发病初期可出现心包膜摩擦音，有时也可听到气体和液体的撞击音（如同洗衣机的潺潺声）。发生创伤性网胃心包炎后，常见有颈静脉怒张和充血性心力衰竭，并常伴有下颌部及胸部水肿。出现上述并发症的病畜多预后不良。如果异物通过心包膜穿透心肌，则可导致围心包大量积血，动物会出现室性心律失常和猝死。

【诊断】 可以根据病史（如果有的话）及早期的临床症状进行诊断。若无确切的病史可供查询，且动物已患病多日或更长时间，则诊断会稍有困难。腹膜炎的其他病因，尤其是穿孔性真胃溃疡，很难与创伤性网胃腹膜炎相区分。鉴别诊断应包括可引起不同程度或非特异性的胃肠道疾病，如消化不良、淋巴肉瘤和肠梗阻。真胃变位或肠扭结可以通过听诊和叩诊予以排除。非创伤性胸膜炎或心包炎的症状与异物穿透引起的症状相似。

实验室检验尽管并不是必需的内容，但有时却可为诊断提供佐证。如在许多病例中会出现核左移的中性粒细胞增多症，血清结合珠蛋白、淀粉样A蛋白和总血浆蛋白浓度明显升高。由于血浆纤维蛋白原浓度出现升高，病牛可出现凝血功能异常，如凝血酶原时间、凝血酶时间和活化部分促凝血酶原时间都被延长。由于真胃和小肠吸收功能保持正常，因此，酸碱状态和血清电解质水平保持正常。可能是由于胸膜炎引起的麻痹性肠梗阻会影响到真胃和胃肠蠕动以及真胃分泌物的重吸收，因而会发生典型的低血钾和低血氯性质的代谢性碱中毒。在使用碱性药物如氢氧化镁作为泻药治疗时，能够引起或加重代谢性碱中毒。通

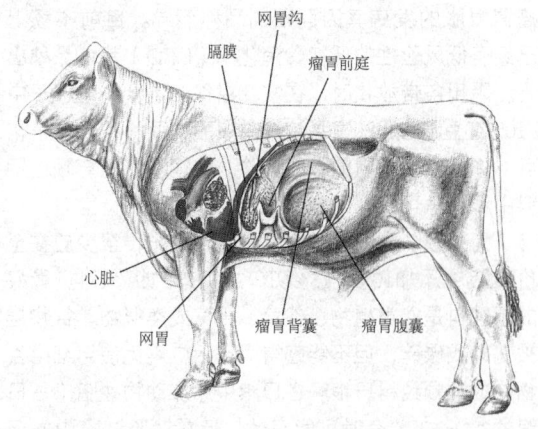

图2-14　大型反刍动物的网胃、膈膜和心脏/心包之间的关系
（由Gheorghe Constantinescu博士绘制）

过腹膜穿刺术检验腹水中D-二聚体的含量和中性粒细胞的百分比，都有助于确诊是否患有腹膜炎。腹膜炎时常会形成包裹，如果没有再次造成损伤，则这类病例中的腹水检验指标可能都在标准参考范围之内，除非从病变内部采集样品进行检验。通过将磁性罗盘在前腹部区域反复移动，可确定网胃中是否有金属物体。除非穿刺物不是金属，否则在网胃内投放一块磁铁就会降低发生创伤性网状腹膜炎的可能性。

腹部的超声检查是准确诊断网胃附近局灶性腹膜炎和判定网胃收缩频率的最好方法。但这种方法无法确定是否存在穿刺物。在诊断创伤性网胃腹膜炎是否发生胸膜炎和心包炎后遗症时，对心脏和胸腔进行超声检查也是非常有必要的。

采用腹部X线侧位平片可以确定金属物体在网胃中的位置，但必须要在投服磁铁后进行X线检查。要确定网胃是否穿孔，必须在超出网胃外缘处检测到异物，且未与网胃中的磁铁黏连或未位于网胃底部。另外，网胃底部出现凹陷或颅腹部出现溃疡（此时，内脏外有气体积聚）、软组织肿块以及腹腔顶部气液界面的X线都是对穿刺确诊的可靠依据。便携式X线透视仪，不能穿透站立成年牛的网胃区，因此，需要将牛转运至有大功率设备的地方进行检查。即便是为了获得较好的X线检查时，也不应该让母牛采用背卧姿势进行，因为这种操作方法会对腹腔的粘连形成弹性牵拉，也可因重力作用下的感染扩散，使局灶性腹膜炎转变为弥漫性腹膜炎。

使用电子金属探测器，也能够检测到网胃内的金属异物，但不能区分贯穿性异物和非贯穿性异物。

【治疗】 典型病例的早期，可以采用手术或药物进行治疗。两种方法都可使该病的治愈率由未经治疗时的大约60%提高到80%～90%。外科手术是采用瘤胃切开术，用手将网胃内的异物取出。如果网胃黏附有脓肿，首先应抽吸内容物（以确认是否为脓肿），再使其复位，同时在手术前后应使用抗生素。药物治疗就是使用抗生素控制腹膜炎，并结合投服磁铁以防止复发。由于伤口处混有多种细菌，因此，应使用广谱抗生素，如土霉素（16 mg/kg，静脉注射，每日1次）。尽管青霉素（22 000 IU/kg，肌内注射，每日2次）的抗菌谱有限，但其使用广泛并对多种病例有效。病牛应限制活动1～2周并将其置于斜坡上（前高后低），这样可避免异物再次对网胃造成穿孔，但此法尚无研究资料的支持。必要时可采用支持疗法，如口服补液或有时采用静脉输液和皮下注射硼葡萄糖酸钙。对于发生长期性瘤胃停滞或正常菌群丧失的病牛，进行瘤胃微生物接种是有益的做法。

对出现明显继发性并发症或对初步药物和手术治疗没有明显效果的严重病例，应从经济角度予以评估。对已经失去饲养价值的病牛，如果认为其胴体可通过检疫，应考虑进行屠宰。

【预防】 该病的预防方法包括避免使用铁丝捆扎草料，使用磁铁去除饲料中的金属异物，使动物远离新建筑物、彻底拆除的旧建筑或围栏。另外，也可以在禁食18～24 h后投服小磁棒。磁棒一般都会滞留在网胃内，并将强磁性异物吸附在表面。有足够的证据表明，给所有1岁的后备母牛和后备公牛投服磁棒，可以有效降低创伤性网胃腹膜炎的发生率。

六、迷走神经性消化不良综合征

迷走神经性消化不良综合征（慢性消化不良）是一种以继发于瘤胃膨胀的渐进性腹部膨胀为特征的疾病。最初认为这种腹部膨胀是由于迷走神经损伤所致。该病在牛最常见，但在羊也曾有过相关报道。

【病因与发病机制】 许多疾病都会对迷走神经造成损伤，如炎症或压迫都可引起迷走神经性消化不良综合征的一些临床症状。然而，在迷走神经性消化不良综合征的大多数病例中，并不一定出现迷走神经损伤，最常见的病因是创伤性网胃腹膜炎。在发生瘤胃网胃臌胀且呈亚急性到慢性经过时，可造成贲门或网瓣胃口发生机械性梗阻（乳头状瘤或摄入胎盘），也可引起迷走神经性消化不良。

依据发生功能性梗阻的大概部位，可将迷走神经性消化不良综合征分为4种类型：Ⅰ型是嗳气障碍或游离气体性瘤胃臌胀；Ⅱ型是瓣胃转运障碍；Ⅲ型是继发性真胃阻塞；Ⅳ型是妊娠晚期发生的消化不良。Ⅰ型和Ⅳ型罕见。

Ⅰ型迷走神经性消化不良，又称嗳气障碍，可引起游离气体性瘤胃臌胀，其病因是由迷走神经周围的炎症性损伤引起的。例如局部腹膜炎、粘连（通常发生在创伤性网胃腹膜炎之后）或伴有前纵隔炎的慢性肺炎。Ⅰ型迷走神经性消化不良的其他潜在病因，还包括咽部创伤引起的近心端迷走神经的多处感染，以及脓肿或淋巴肉瘤对食道造成的压迫。家畜真胃扭转（而不是挤压）后常发生迷走神经性消化不良。通过上述病例可以推测出Ⅰ型迷走神经性消化不良是由网胃和瓣胃附近的迷走神经发生损伤引起的。

Ⅱ型迷走神经性消化不良，更确切的定义应该是瓣胃转运障碍，是由任何造成食糜经由瓣胃转运到真胃发生障碍的疾病引起的。最常见的原因是粘连和脓肿（网胃脓肿或单纯性肝脓肿），病变位置通常靠近迷走神经的网胃右侧或内侧壁。网胃脓肿和粘连几乎是创伤性网胃腹膜炎的必然结果。由摄入物（如塑料袋、绳子和胎盘）或肿块（如淋巴肉瘤、鳞状细胞癌、肉芽肿或乳头状瘤）引起的机械性瓣胃管梗阻，也可因瓣胃转运障碍而发展为慢性瓣胃网胃膨胀。

Ⅲ型迷走神经性消化不良是一种继发性真胃阻塞。原发性真胃阻塞是由于采食剁碎或磨碎的干燥粗饲料，如秸秆，且饮水受限。上述情况特别是在极度寒冷的天气情况下多发（见真胃食物阻塞）。继发性真胃阻塞常见于创伤性网胃腹膜炎，有时也可能是真胃扭转的后遗症。由于患网胃腹膜炎的奶牛，其网胃被机械性地固定在腹腔底部，影响到网胃对食物的正常过滤作用，进而导致大的纤维颗粒（2 mm以上）进入真胃，使饲料的黏度逐渐增加，真胃难以排空大颗粒料，使饲料积聚在真胃，从而造成真胃梗阻。

Ⅳ型迷走神经性消化不良又称贲门窦部分梗阻，其定义不太明确。牛的典型症状出现在妊娠期，更准确地应称为妊娠后期消化不良。该病可能与子宫增大将真胃向前推挤，引起真胃排空受限有关。

【临床表现】 临床症状在一定程度上因阻塞位置的不同而异。在所有病例中，都有腹部膨胀后继发瘤胃网胃膨胀的渐进式发展过程（数日至数周）。瘤胃背囊或腹囊出现膨胀，在直肠检查时可触摸到"L形"的瘤胃。在牛后侧观察时，可见腹部左侧背面和左右两侧腹面因腹部出现膨胀所形成的类似"苹果梨"（梨加苹果）的形状。

患迷走神经性消化不良的牛食欲减退，通常膨胀消除后食欲可暂时得到缓解。产奶量逐渐下降，粪量减少，瘤胃内出现"泥泞状"黏液。粪便稀少呈黏稠状，混有未消化的长纤维饲料。瘤胃收缩强度减弱，但蠕动频率加快（3～4次/min）。通过观察左腹壁的运动，一般可见有瘤胃蠕动加快。由于瘤胃收缩时间延长且无法排空，导致其内容物泡沫增多，因此，听不到瘤胃收缩音。

病畜的体温和呼吸频率一般正常。但由于发病原因不同，也可能随着病情的发展而出现体温升高和呼吸加快。有25%～40%的病例可出现心动过缓，但此时的心动过缓并不是由于直接刺激迷走神经引起的，而是因为采食减少造成的。随着疾病的发展，病牛也可出现心动过速和脱水。患病时间过长时，病畜可出现被毛粗乱、体质下降和衰弱（有时可达到侧卧的程度），并伴有明显的脱水。

直肠触诊时瘤胃膨胀并充满气体或泡沫，可占据整个左腹部，并将左肾挤到中线右侧。瘤胃腹囊膨胀时，可触摸到中线右侧呈特征性的"L"形瘤胃。发生迷走神经性消化不良的重要诊断依据是，必须检查到瘤胃网胃的容积显著增大。对肋骨软骨交界处的腹部右下方进行触诊时，可检查到压实呈生面团状的真胃。血液学检查结果因病情不同而异。红细胞比容（PCV）可能因脱水而升高，或因骨髓功能抑制（慢性疾病引起的贫血）而下降。白细胞数可能正常、升高或降低。如果发生类似腹膜炎的炎症过程，中性粒细胞与淋巴细胞的比例发生反转，还有可能出现中性粒细胞增多症。淋巴肉瘤引起的迷走神经性消化不良可导致淋巴细胞增多。弥漫性腹膜炎会诱发白细胞减少症。脓肿可引起血清球蛋白和总蛋白升高。

代谢一般正常，也可能会出现代谢性碱中毒。血氯浓度会因阻塞位置而异。如果阻塞靠近真胃，则血氯浓度正常。出现低血氯一般说明氯化物从真胃向瘤胃逆流（逆呕），或在真胃处发生梗阻（Ⅲ型迷走神经性消化不良）。代谢性碱中毒的典型症状是血氯浓度下降。在Ⅲ型迷走神经性消化不良过程中，瘤胃内氯化物的浓度增加，这为区分Ⅱ型和Ⅲ型迷走神经性消化不良提供了有效方法。血钾浓度通常会随饲料中钾摄入量的减少而下降。由于泌乳等原因，因此可出现血钙浓度轻微下降，但血钙浓度降低的程度尚不足以导致牛出现瘫痪。血清尿素和肌酸酐会因肾前性氮血症引起的脱水而升高。

【诊断】 可依据出现的亚急性至慢性瘤胃网胃膨胀和腹部膨胀所表现的临床症状进行诊断。根据定义可知，迷走神经性消化不良是一种亚急性至慢性的疾病过程。患牛至少患病数周并被排除了急性瘤胃臌胀和急性泡沫性瘤胃臌胀后方可对其确诊。对于腹部膨胀（如腹水）和子宫增大都应进行鉴别诊断，可通过直肠触诊瘤胃是否膨胀予以排除。有的病例因长期盲肠梗阻或小肠梗阻而引起严重的瘤胃和腹部膨胀，也可以通过直肠触诊确定盲肠和小肠膨胀。另外，发生迷走神经性消化不良时瘤胃膨胀但不呈"L"形。在发生盲结肠扭转的情况下，听诊时会发出特征性的声响。

确诊迷走神经性消化不良的病因非常困难，但确诊有助于对症治疗和预后。体检、直肠检查，全血细胞计数（CBC）、血液酸碱测定和血液生化检测等都对确诊有辅助作用。检测腹水时，如果蛋白总量和有核细胞数上升，则可确诊为腹膜炎；网胃侧位平片检查可用来鉴定不透明的线性异物（如铁丝）或网胃脓肿；腹部超声波检测可用来定位腹膜炎病灶和网胃收缩频率。但确诊通常需要借助外科探查（左侧腰椎窝的剖腹手术和瘤胃切开术）进行确定。

【治疗与预后】 评估动物是否具有治疗价值，通常需要通过外科手术对其潜在病因予以鉴定。采用药物治疗一般无效。左腰椎窝的剖腹术和瘤胃切开术通常可为一些病例的治疗提供可能。手术时将瘤胃排空有助于使瘤胃恢复正常蠕动。刺激瘤胃低电位张力感受器，能够引起活力低于正常的网胃发生反射性收缩。严重膨胀会对高电位感受器造成刺激，并可引起相反的效应（即抑制收缩）。

所有病例都需要提供辅助性或对症治疗，一般包括口服液体和电解质来纠正脱水以及钙和电解质缺乏。严重脱水和长期患病的病畜需进行静脉输液。应保证充足的新鲜饮水和饲料供应。发生慢性食欲不振的病畜，在手术过程中通过胃管接种微生物，有助于瘤胃正常菌群的重建。如果存在潜在感染和形成瘤胃瘘管的风险时，应该使用抗菌剂（普鲁卡因青霉素G和土霉素）进行对症治疗。

治疗Ⅰ型迷走神经性消化不良（嗳气障碍）时，需要创建瘤胃瘘管来释放游离的气体。如果外科手术在经济上不可行，且迷走神经性消化不良的潜在病因已经确诊并已进行处置，则可暂时放置一根瘤胃套管针，套管针应该在市场上很容易购买到且安全有效，并具有防止可能的致命性瘤胃内容物泄漏到腹腔的自身保护功能。套管针至少保留2周方能移除，以便能够在瘤胃和体壁间形成结实的粘连。

Ⅰ型迷走神经性消化不良的动物通常预后良好。在瘤胃安插瘘管后，几乎所有病畜的相关症状都会消失。但患有慢性呼吸系统疾病或咽部创伤的动物可能不会从潜在的疾病中康复。饲料从瘘管泄漏出来时，可能会使牛奶中混有异味。瘘管周围的泄漏物或瘤胃切开术都有诱发腹膜炎的风险，但这种情况在外科手术技术精湛的情况下是不会出现的。

除了对病畜实施外科手术外，辅助治疗或对症治疗一般对Ⅱ型迷走神经性消化不良（瓣胃转运障碍）无效。左侧腰椎窝的剖腹术和瘤胃切开术可用来检查网胃周围的粘连、网胃或肝脏脓肿以及瓣胃沟梗阻等。在手术中移除异物、铁丝以及切掉网状纤维状的脓肿能够保证预后良好。手术中若诊断出淋巴肉瘤则提示预后不良。手术中确诊为网胃脓肿时，应小心地将其引流出网胃，再使用抗生素10～14 d。报道称发生网胃脓肿的患牛，治疗后83%表现预后良好。发生在网胃周围的粘连，若采用外科手术、抗生素治疗以及适当的支持治疗，则预后良好。肝脏脓肿必须实施二次手术予以清除。可将大口径插管通过体壁和粘连物进入脓肿部位对脓汁进行引流，但肝脏脓肿比网胃脓肿更易复发、更棘手。

未经手术确诊的Ⅲ型迷走神经性消化不良（继发性周围阻塞）的病畜无需进一步治疗，因为多数预后不良。特别对于那些患有创伤性网胃腹膜炎或真胃扭转病史的病畜，如果通过手术确诊该病或认为真胃阻塞是食源性的，则在排空瘤胃后，可通过

网胃-瓣胃孔向真胃直接灌输多库酯钠（泻药）或硫酸镁。手术中还可向真胃插入一根鼻胃管，留作后续治疗时使用（每日4.546 L液状石蜡，连续使用3～5 d）。如果条件允许，应将阻塞在网胃-瓣胃孔处的东西移除。其他类型的损伤，如网胃内侧壁的脓肿，应确诊并进行引流。在清除真胃内容物时，应对左侧卧的患牛在右肋旁实施真胃切开术。即便如此，阻塞的复发仍很常见。牛的幽门阻塞很少见，一般多因异物阻塞瘤胃而诱发。幽门切开术几乎对真胃阻塞无效。

无论病因或治疗结果如何，Ⅲ型迷走神经性消化不良一般预后不良。尽管对严重病例无效（见饲料性真胃阻塞），但对有些患有温和型原发性真胃阻塞的患牛还是具有一定疗效。由创伤性网胃腹膜炎、真胃左移或真胃扭转所致的继发性真胃阻塞一般不易康复。被异物（如毛团）阻塞幽门的动物若能及时移除异物，则预后良好。

治疗Ⅳ型迷走神经性消化不良（妊娠后期消化不良）一般推荐进行治疗性诱导分娩，有的病畜经治疗后病情会有所改善。但由于Ⅳ型迷走神经性消化不良的病因仍不明确，故预后慎重。可根据对治疗过程中的反应和使用探查性剖腹术或瘤胃切开术鉴别具体的损伤后，则会有更确切的预后。

【预防】　迷走神经性消化不良综合征最常见的病因是创伤性网胃腹膜炎，所致的粘连和脓肿会影响到迷走神经的功能，使饲料颗粒分层进入真胃。因此，预防创伤性网胃腹膜炎显得尤为重要。若管理措施得当，则能够预防一些由慢性肺炎引起的迷走神经性消化不良综合征。对真胃扭转进行早期诊断，并在确诊当日立即进行手术治疗。

七、瘤胃饮奶病

瘤胃饮奶病是采食流质饲料的犊牛因食道沟反射失败所引起，并最终因瘤胃酸中毒而导致的一种疾病。该病是犊牛的一种原发性慢性疾病（瘤胃饮奶病综合征），急性型以许多新生犊牛疾病出现继发性并发症为特征。其中，最常见的疾病是新生犊牛腹泻。该病也可见于人工饲养的羔羊。

食道沟是从贲门延伸到网胃—瓣胃孔的一种发达的肌肉组织。其正确的闭合是牛奶或牛奶替代物直接进入真胃的前提条件。当发生食道沟部分闭合或闭合完全失败时，牛奶会流入网胃，发酵生成短链脂肪酸或乳酸。随后瘤胃内容物的pH会暂时性的下降到4以下，引起前胃和真胃黏膜发生不同程度的炎症反应。在慢性病例中，瘤胃黏膜角化过度或角化不全都会导致瘤胃运动力受损并伴有复发性臌胀。另外，也可见

小肠绒毛萎缩或由于刷状缘酶活性下降引起的消化不良或吸收障碍等。

急性瘤胃饮奶病的系统性后果主要来自对消化道中有机酸的吸收。特别是L-乳酸或D-型乳酸可能会导致代谢性酸中毒，其原因是哺乳动物缺乏特异的代谢D-型乳酸盐的酶而导致其积累。近期的研究表明，D-型乳酸盐的积累是抑郁、运动失调和一般性虚弱等临床症状的诱因。

原发性食道沟功能障碍是引起应激的一个主要原因（持续的运输、集聚、改变喂食方式），特别是对于那些用饲养桶饲养的肉用犊牛。犊牛通常在到达育肥场后数周开始出现临床症状，表现为食欲不振、抑郁、生长缓慢、脱毛、复发性臌胀、腹部膨胀以及排黏土样粪便等。振荡患牛左侧可听见液体溅落音。通过胃管获取发酵的瘤胃内容物可作为诊断依据。慢性病例的晚期，一般预后不良。如发现及时，用带奶嘴的饲喂瓶或桶喂以少量的牛奶即可治愈。另外，食道沟可通过在喂奶前用手指诱导犊牛产生吸吮动作而触发其提前闭合。

急性瘤胃酸中毒可继发于其他疾病。最常见的是新生犊牛的腹泻病，但也可在其他引起疼痛或虚弱的疾病中继发，故急性瘤胃酸中毒的临床症状通常被原发病所掩盖。对患有严重瘤胃炎的犊牛，有可能会出现磨牙、弓背以及轻微的腹部膨胀。对食欲不振或原发性食欲缺乏的患牛进行强制喂食也会引起瘤胃酸中毒，饲喂易于发酵的饲料可使病情恶化。

继发性瘤胃饮奶病的预后主要取决于是否有效治愈了原发性疾病。因患新生犊牛腹泻并伴有代谢性酸中毒和脱水的犊牛，瘤胃饮奶病通常在充分治疗后多自行康复，但随后的状况通常无法预知。对于强制采食或对治疗无效的患牛，应考虑到会有可能是瘤胃饮奶病，应对其瘤胃液进行检测。清除瘤胃内容物并通过胃管用温水洗胃可能有一定效果，特别是在长期强制饮食之后采用此法效果会更明显。瘤胃饮奶病的预防方法包括犊牛的早期治疗、恰当的喂食技术和在购买犊牛时尽量减少应激等。

八、瘤胃角化不全

瘤胃角化不全是以瘤胃乳突变硬增大为特征的一种牛羊疾病。该病常见于在饲养末期喂以高浓缩日粮的动物。在给牛投喂经热处理过的苜蓿时也可发生该病。瘤胃角化不全除了因瘤胃饮奶病引起的长期瘤胃酸中毒外，一般与是否使用抗生素或蛋白精料无关。有时动物的发病率可高达40%，病变可能是由于瘤胃液中的pH降低和VFA的浓度升高所引起。一般情况下，以采食未经处理的全谷物饲料（易

增加动物体重）的牛通常不会发生病变，这可能是因为瘤胃液高pH较之长链挥发性脂肪酸有较高浓度乙酸的缘故（见单纯性消化不良，反刍动物的肠道疾病）。

瘤胃角化不全中许多瘤胃乳突增大变硬，有些可能会粘连成束。前腹囊的乳突一般会出现病变，背囊顶部也可见许多角化不全的病灶（每个2～3 cm²）。羊的瘤胃中可见不规则的乳突，对瘤胃壁进行全面触诊可以触摸到。病变的乳突由角化的上皮细胞、饲料颗粒以及细菌等多层结构组成，患牛的瘤胃在制备内脏标本时很难被清除干净。尽管没有证据支持，但由于上皮细胞病变影响到动物的吸收功能，一般可能会降低饲料的利用率和动物的增重速度。

预防瘤胃角化不全，可以采用未经细磨的1份粗饲料添加3份精饲料的配方饲喂育肥牛（羊）。但这种预防方式的必要性和经济性尚未得到临床验证。

第十二节　真胃疾病

真胃疾病包括真胃左侧变位（LDA）、真胃右侧变位（RDA）、真胃扭转（AV）、真胃溃疡和真胃阻塞。变位和扭转在奶牛最常见，但在公牛和犊牛也时有发生。肉牛常发生真胃扭转，其他类型真胃变位均很少发生。例如，在幼年反刍动物中一般很少发生真胃变位。溃疡常见于奶牛、肉牛以及妊娠母牛和羔羊，一般在幼年反刍动物中很少发生。真胃阻塞较普遍，最常见于肉牛。另一种普遍发生的疾病是迷走神经性消化不良，该病在奶牛中最常见。某些黑脸绵羊的真胃积食一般多与遗传因素有关。

一、真胃左侧或右侧变位及真胃扭转

因为真胃是由大、小网膜松弛地悬挂于腹腔中，因此真胃可从腹腔右侧的正常位置向左侧或右侧移动，或围绕肠系膜的轴线向右侧旋转。在相对短的时间内，真胃可从正常位置移至左侧后，再移至右侧，真胃扭转即可快速发生，也可由未经矫正的真胃右侧变位缓慢发展而成。

【病因】　尽管通常认为真胃左侧变位、右侧变位和真胃扭转（真胃右转以前也被称为RTA）彼此互不相关，但有证据显示，三者之间具有相同的病因，在疾病过程中也会表现出相同或相似的临床症状。

尽管真胃弛缓和自主神经系统的功能紊乱均会引起真胃变位和扭转，但真胃弛缓在病因学上是由多种因素导致。最重要的致病因素有低钙血症引起的真胃弛缓、内毒素血症的并发症（乳房炎、子宫炎）、瘤胃内容物减少，以及临产前腹腔器官位置的变化和遗

传易感性等。特别是对体型较大的牛，遗传易感性与产奶量有关。有证据表明，目前对奶牛产奶量的选择训练，增加了真胃变位的发生风险。真胃弛缓还与高精粮和低粗粮的饲料配比有关，但真胃运动性减弱的机制尚未确定，很可能与高胰岛素血症或挥发性脂肪酸浓度升高有关。另外，高精粮饲料会引起产气量直线上升（主要是二氧化碳、甲烷和氮气）。最后，亚临床和临床性酮病也会增加真胃变位的风险，其作用机制仍不明确，但可能与瘤胃内容物减少有关。

真胃变位在动物生长过程中的各个阶段均可发生，约80%的变位发生在产后泌乳的第1个月内。真胃左侧变位比右侧变位更普遍（比例约为30∶1），真胃扭转同样比真胃右侧变位更常见（左侧变位与真胃扭转的比例为10∶1）。一般情况下，真胃扭转是由真胃右侧变位发展而来。

【发病机制】 真胃左侧变位是由真胃弛缓和产气造成的，部分胀气的真胃沿着左侧腹壁上移至瘤胃处，最初是真胃的胃底和胃大弯发生变位，然后依次是幽门和十二指肠变位。瓣胃、网胃和肝脏同样可发生不同程度的旋转。真胃阻塞多为不完全阻塞，尽管其中含有一定量气体和液体，但真胃仍可以使一定量的内容物通过。通常情况下，这种扩张并不严重，除非胀气特别显著，一般很少影响到血液供给。真胃变位主要是干扰了饲料的消化和通过，引起食欲下降和脱水。真胃变位时常出现轻度的代谢性碱中毒，伴有低氯血症和低钾血症。低氯血症引起的代谢性碱中毒

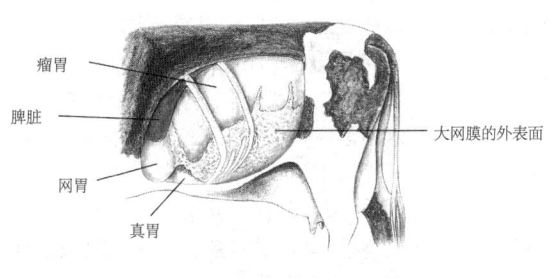

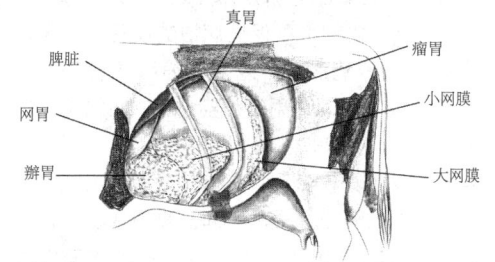

图2-15　A.腹腔内脏正常局部解剖图　B.真胃左侧移位图（由Gheorghe Constantinescu博士绘制）（引自DeLahunta and Habel，《实用兽医解剖学》，1986，经W. B. Saunders许可使用）

与真胃弛缓、真胃内盐酸的持续分泌障碍，同时氯化物在真胃内聚集，并逆流进入瘤胃有关。低血钾症可能是由于高钾饲料的摄入量减少，钾在真胃滞留以及脱水等原因所引起。真胃变位后常继发酮病，并发脂肪肝综合征（见脂肪肝）。

如同和真胃左侧变位同时发生一样，真胃弛缓、胀气、部分充气性真胃移位和真胃右侧变位也可同时发生，并同时出现轻度低钾血症、低氯血症和代谢性碱中毒。随着真胃膨胀的逐渐加剧，真胃围绕肠系膜的轴线旋转并导致真胃扭转、局部循环障碍和缺血（出血性阻塞障碍）等。从动物的后方和右侧观察时，扭转通常呈逆时针方向。若出现中等程度瓣胃变位时，常会出现伴有血液循环障碍性质的扭转（称为瓣胃-真胃扭转）。肝脏以及网胃也会发生一定程度的变位。在极少数的病例中，网胃也能发生扭转（称为网胃-瓣胃-真胃扭转）。

大量富含氯化物的液体在真胃内蓄积（可多至50 L），并同时发生低氯血症性和低钾血症性的代谢性碱中毒，使真胃的血液供应受到影响，可波及瓣胃及其最接近的十二指肠，并最终引起真胃的缺血性坏死、脱水和循环衰竭等。

当循环系统发生衰竭时，会同时发生由高L-乳酸血症引起的代谢性酸中毒，酸中毒的严重程度可超过代谢性碱中毒。

【临床表现】 真胃移位的典型症状是厌食（最常见的是对谷物食欲不振或对粗粮食欲正常或降低）和产奶量下降（但没有创伤性网胃腹膜炎和其他种类的腹膜炎等那样显著）。发生真胃扭转的病畜食欲废绝，产奶量呈明显的渐进性下降，病情恶化迅速。发生真胃变位时，体温、心率和呼吸频率一般正常。发生在肋骨近尾端变位时，躯体一侧呈现"突起"状，除个别病程较长的病例外，真胃变位时瘤胃的水合作用和运动性常保持正常，但一般频率低且收缩强度减弱。粪量锐减，且较正常时含有更多的液体。

最重要的诊断性体检特征是，在叩诊腹部并同时听诊腹部时，可听到砰砰声，叩诊和听诊部位应该从髋骨结节到肘部，以及肘部到后膝关节连线区域内同时进行。左侧变位发出的砰砰声主要发生在腰中部至左腹部上1/3的第9至13肋骨之间的区域。不过，砰砰声也可能较接近腹侧或尾侧。叩诊瘤胃气体顶部引起的砰砰声通常较接近背侧，声音一般较弱，并可一直向后侧延伸并穿过腰椎窝。在这种情况下，直肠触检可发现气体充满瘤胃或与砰砰声相关的极度空虚的瘤胃。而腹腔积气的砰砰声表现为声音较弱，可同时出现在腹部两侧，且重复检查时腹腔积气的位置不固定，多数情况下会继发酮病，在尿液和奶中发现酮类

物质。在真胃变位时继发的酮病，治疗效果一般都是暂时的，且易于复发（与原发性酮病相比，原发性酮病可早发于哺乳期高产母牛，若早期治疗，则疗效持久）（见酮病）。

发生真胃右侧变位时的砰砰声一般位于腹部右侧第10至13根肋骨区。多数情况下，肝脏因内脏膨胀而发生中度变位，故肋骨上方的砰砰声表明发生了真胃扭转，但要将引起腹腔右侧这种砰砰声的诸多病因区分开非常困难。在发生由多种原因引起的功能性肠梗阻的患牛，常可听到在第12或13肋骨并延伸至第10肋骨处微弱的砰砰声，这种砰砰声常与升结肠的胀气有关，可随着原发病的纠正而消失。盲肠出现膨胀和扭转的典型特征也是右侧叩诊时出现砰砰声。盲肠膨胀时，砰砰声可以向后延伸至背侧的腰椎窝，与右侧变位相比，盲肠膨胀的砰砰声通常出现在略靠后的位置（接近腰椎窝）。直肠触诊有助于鉴别真胃右侧变位和盲肠扩张或旋转。另外，气腹以及直肠、降结肠、十二指肠或子宫中的气体都能引起腹部右侧的砰砰声。

在腹部发出砰砰声的区域听诊或在腹部触诊（连续的）的同时进行听诊，可以听见自发的液体飞溅声或气体的叮叮声。直肠触诊真胃左侧变位时的特征性病变包括瘤胃和肾脏的中度变位。在真胃左侧变位时很难触诊到真胃，真胃右侧变位时只在偶然情况下才能触诊到真胃。

由于真胃扭转时出现血管损伤，因此，其临床症状要比单纯真胃变位的临床症状更严重。然而，除通过外科手术和第10肋骨上方右侧出现砰砰声（表明真胃扭转造成肝脏的中度移位）来确定解剖位置外，很难区分早期的真胃扭转和真胃右侧变位。与单纯真胃变位形成鲜明对比的是，患有真胃扭转的动物一般会出现与疾病严重程度相一致的心动过速。砰砰声的区域通常较大（可向前延伸至第8肋骨），且发出震荡音的液体量较多。随着疾病的发展，病畜出现精神沉郁、衰弱、毒血症和脱水。真胃的后侧范围常可通过直肠触诊进行检查。若治疗不及时，动物在发生扭转48~72 d后多呈斜卧姿势，可因休克和脱水而发生死亡。发生局部缺血性真胃破裂时，病畜可突然死亡。

【诊断】 对于真胃变位和扭转，一般可根据触诊同时进行听诊发现特征性砰砰声进行诊断，在排除引起左或右侧腹部砰砰声的其他病因后可以确诊。超声波检查有助于确诊真胃左侧变位、右侧变位或真胃扭转，但不能准确区分真胃右侧变位和扭转。近期分娩、轻度厌食和产奶量下降通常提示发生了真胃变位。疗效短暂的酮病与真胃变位的发病情况一致，因

为真胃变位也可能是间歇性的。通过体检（除了砰砰声外）、直肠触诊和实验室检测后的典型症状也可为诊断提供佐证。真胃左侧变位时病畜出现黑便或腹膜炎等症状（如发热、心动过速、局部腹痛和气腹）时，可能分别预示患有出血性或穿孔性真胃溃疡。

【治疗】 开放（外科手术）和保守（经皮）方法均适用于矫正真胃变位。尽管让牛侧倒并沿70°的弧线进行滚转可以纠正大多数的左侧变位，但通常会复发。真胃左侧变位还可以通过外科手术进行矫正，如幽门网膜固定术、中线右侧真胃固定术、腰椎左侧真胃固定术，或者同时进行腰椎左侧和右侧的腹腔镜检查（两个步骤），或左侧腹腔镜检查（只有一个步骤）。不可视缝合技术（栓钉固定或暗针方法）是闭合矫正真胃左侧变位的方法，该方法在中央靠右区域进行，但一般无法准确确定缝合的位置，不可视缝合后可能会引起致命的并发症。与右侧幽门网膜固定术的外科矫正术相比较，不可视缝合术的成功率要略低。在使用栓钉固定真胃时，可通过检测真胃内的pH来确认栓钉是否位于真胃内，以此降低栓钉进入毗邻的瘤胃、小肠或体壁网膜的可能性。通过外科手术（腰椎窝右侧网膜固定术）矫正真胃变位和扭转是经济可行的。中线右侧真胃固定术仅适用于不能站立牛的真胃右侧变位和扭转。

对已发生真胃变位的病牛进行辅助治疗，主要包括治疗所有的并发症（如子宫炎、乳房炎和酮病）。在大多数情况下，皮下注射二硼葡萄糖酸钙盐或口服钙凝胶剂，可以恢复病牛正常的真胃运动功能。外科手术时肌内注射红霉素（10 mg/kg）可以加快真胃的排空速度，提高术后的产奶量。由于矫正真胃变位或扭转的外科手术通常在农场实施，红霉素的促运动效果使其成为手术过程中预防感染的首选抗菌药。

对于单纯性的水和电解质异常病例而言，通过替代液即可纠正水和电解质紊乱。对病程较长的病例，通过胃导管灌服电解质水（每19 L水中加入60 g氯化钠和30 g氯化钾）可促进病情的恢复。已出现明显脱水和代谢紊乱的病牛则需要静脉注射药物进行治疗，通常情况下以注射高渗盐水（7.2%的氯化钠，5 mL/kg，静脉注射超过5 min）为主。

有时，发生真胃变位和扭转的病牛会出现心悸，一般认为是由代谢性原因所引起。真胃变位和扭转在矫正1周后心悸现象即可得到矫正。在真胃变位矫正过程中，对酮病进行主动治疗，对病情的恢复至关重要，因为大多数患牛在左侧或右侧变位外科矫正后会由于酮类代谢造成的长期厌食而死亡。

通常情况下，单纯的真胃左侧或右侧变位的病例

预后良好，治愈率可高达95%。真胃扭转一般表现为多种多样的预后（平均治愈率为70%）。出现真胃积液、心率升高、中等至重度脱水、病程延长，以及瓣胃-真胃和网胃-瓣胃-真胃扭转，通常预后不良。

【预防】 可以通过以下措施来降低真胃变位的发生率：确保产犊后瘤胃的体积快速回升，饲喂全价日粮以避免每日两次饲喂谷物，避免迅速改变饲料，饲料要含有足够的粗饲料，避免产后出现低钙血症，以及减少或立即治疗并发症和酮病。

二、真胃溃疡

真胃溃疡可发生在成年牛以及犊牛，常出现多种不同的临床表现。

【病因与发病机制】 除真胃淋巴肉瘤和病毒性疾病（如牛病毒性腹泻、牛瘟和牛恶性卡他热）引发的真胃黏膜糜烂外，真胃溃疡的其他原因尚不明确。许多病因都可能与真胃溃疡有关。尽管本病可发生于泌乳期的任何阶段，但真胃溃疡多发于分娩后最初6周内的成年高产奶牛。最可能的原因是持续性食欲不振，而持续性食欲不振又会引起真胃内长期低pH。这即是俗话所说的"无酸无溃疡"。

真胃溃疡常伴发有淋巴肉瘤、真胃异常（变位或扭转）或血管内压上升引起的真胃黏膜局部缺血；在与其他疾病无关时也可发生。

真胃溃疡常发生于断奶（或奶替代品）4~12周后开始采食粗饲料的人工饲喂犊牛。患牛多呈亚临床性经过，一般不表现出血症状。偶然情况下，饲喂牛奶的两周龄以下的犊牛患急性出血性真胃溃疡时，可引起真胃穿孔并导致迅速死亡。2~4月龄营养状态良好的肉用犊牛也可发生急性真胃溃疡。在这些患犊的真胃中常出现毛粪石，但毛粪石一般不会增加发生溃疡的风险。

【临床表现】 根据溃疡是否并发出血或穿孔，真胃溃疡综合征表现出不同的临床症状，通常与出血或腹膜炎的严重程度有关。

一般根据穿孔的深度或溃疡引起出血或腹膜炎的严重程度进行分型：Ⅰ型为糜烂或溃疡（而不是出血性溃疡）；Ⅱ型为出血性溃疡；Ⅲ型为穿孔并发急性局部腹膜炎；Ⅳ型为穿孔并发急性弥漫性腹膜炎；Ⅴ型为伴发网膜囊腹膜炎的穿孔。真胃溃疡时可能只发生一种类型的溃疡，但也可能同时发生多种类型的急性和慢性溃疡。

患出血性真胃溃疡的牛，有的仅表现有间歇性粪便潜血，通常无其他临床症状，有时又因为大出血而发生急性死亡。常见的临床症状有轻微腹痛、磨牙、突然食欲减退、心动过速（每分钟90~100次）、粪

便潜血或出现间歇性黑便。病畜大量出血时表现失血症状，如心动过速（每分钟100~140次）、黏膜苍白、脉搏微弱、肢端发凉、呼吸浅而急促以及排黑便等。更严重的症状包括急性瘤胃淤滞、泛发型真胃疼痛、不愿走动、呼吸时发出呼噜声和呻吟声、衰弱和脱水等。随着病情的发展，病畜体温下降，呈斜卧姿势，6~8 h内死亡。

一般而言，出血性溃疡一般不会诱发穿孔，而穿孔性溃疡一般不在肠胃内形成可以产生黑便的血液。出血和穿孔有时也可同时发生，这种病例常见于病程较长的病例，且多与真胃变位有关。

患有真胃溃疡且胃内有毛粪石的犊牛，真胃可能会被气体或液体充满而膨胀，很容易在右侧肋弓后面触诊到。深部触诊时病畜可出现因穿孔性溃疡引起的局灶性腹膜炎有关的真胃疼痛。犊牛发生穿孔性溃疡的病例较出血性溃疡更为常见。

【病理变化】 成年牛真胃溃疡通常发生在胃底部，而喂奶的犊牛溃疡常发生于幽门窦处。单个或多个溃疡的直径从几微米到5 cm不等。采食后，溃疡处的血管会变得非常明显，坏死组织可以从出血性溃疡灶脱落。大多数穿孔的病例不会造成网膜穿孔，从而形成直径12~15 cm的凹陷，凹陷内含有瘀血和坏死组织碎片。凹陷内的物质可广泛浸入网膜的脂肪组织，溃疡与附近的组织器官或真胃壁之间可形成粘连。

【诊断】 一般情况下，对仅表现轻微出血和中度临床症状的病例很难作出诊断，还需要对病畜粪便中的潜血进行多次检测。其他情况下，如病畜部分发生食欲不振和产奶量下降时，则需要进行体格检查和实验室检验，包括腹腔穿刺。在发生黑便的病例中，只需进行体格检查即可确诊。通过检测PCV可有效判断出血的程度，但是，急性出血至少需要经过4 h后，血细胞比容（PCV）才开始出现下降。粪便的潜血检

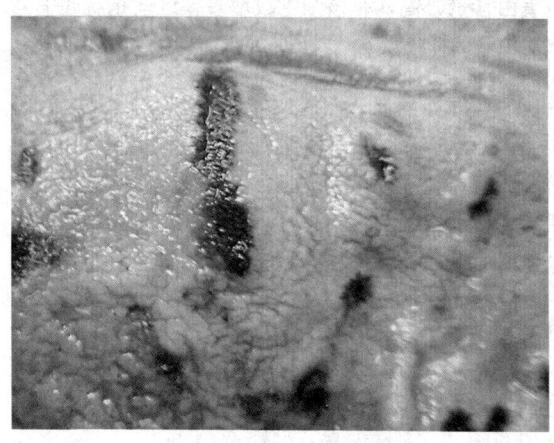

图2-16 真胃溃疡和损伤
（由Sameeh M. Abutarbush博士提供）

验可以证明发生了黑便，但还要排除其他可导致血便的疾病。胃肠道末端及真胃的血液都可以进入粪便，可造成潜血检验呈阳性。如果出血位于大肠，则粪便中的血液是鲜红色的；如果出血位于小肠，粪便中的血液颜色则为山莓样的暗红色。患有淋巴肉瘤的病牛会发生出血综合征，这种综合征与病牛发生真胃溃疡时的出血相似，但治疗对这种综合征无效。有时口腔、咽部和喉部的出血性损伤，以及吞咽下的血液也可能出现在粪便中，与之相似的情况如瘤胃炎后遗症形成的肺部脓肿可能堵塞肺部和肝脏，并破坏该处组织内的血管并引起咯血，如果血液被吞咽后，同样可引起血便。另外，真胃扭转或吸血类寄生虫同样有可能导致粪便潜血。

穿孔性真胃溃疡的诊断需要通过体格检查，并在已排除腹膜炎的其他病因后方可确诊。穿孔性真胃溃疡和局灶性腹膜炎很难与慢性创伤性网胃腹膜炎相区分。向网胃内放入一块磁铁（通过罗盘进行确定）或在牛出现临床症状之前已经准确地放入一块磁铁，可以减少发生创伤性网胃腹膜炎的风险。网胃X线片可以确认或排除网胃中存在不透射线的异物。某些病例会出现中性粒细胞增多，并伴有核左移。对腹水进行检验时，如发现总蛋白和有核细胞数升高，即可确诊为腹膜炎。在大多数病例中，感染得以迅速隔离，因此很少见有胞内菌或变性的中性粒细胞。穿孔引起的弥散性腹膜炎需要进行体检并排除其他病因才能进行诊断。发生真胃扭转和盲肠旋转时可能会导致内脏扩张和破裂，这时，二者通常表现出相似的临床症状。不管发生弥散性腹膜炎的病因如何，预后都应谨慎，因为它会继发严重的感染以及心血管系统疾病。发生弥散性腹膜炎时还出现伴有核左移的中性粒细胞增多症和血液浓缩等现象。此时真胃内通常很容易出现大量积液，且蛋白含量升高，有核细胞数增多，这些指标也有可能由于稀释或吸收而表现正常。

【治疗】 大部分患有真胃溃疡的病畜都很难确诊，因此，也就很少对其采取治疗措施。有时可作出初步诊断并制定相应的药物治疗方案。最有效的治疗是促进病牛进食，因为饲料是最好的缓冲物，前胃内容物（pH为6~7）持续地流入真胃有助于提高真胃内的pH。广谱抗生素（持续5 d或以上，直到直肠温度恢复正常达48 h以上）可用于治疗穿孔性溃疡。通过每隔4 h或6 h注射1次抗酸剂诱导食道沟闭合的方法，可有效提高饲喂牛奶犊牛的真胃pH。但抗酸剂对成年牛溃疡的效果还不确定，因为成年牛的瘤胃对药物具有稀释作用。H_2受体颉颃剂可以有效提高喂奶犊牛的真胃pH，但口服甲氰咪胍（100 mg/kg，每

日3次）和雷尼替丁（50 mg/kg，每日3次）时需要的剂量较高，可能会增加治疗成本。质子泵抑制剂，如静脉注射奥美拉唑（2 mg/kg），可有效提高瘤胃内的pH，但后续治疗费用较昂贵。成年反刍动物口服奥美拉唑（4 mg/kg）的效果尚不确定，但对哺乳期犊牛有效。由于NSAID会引起溃疡，因此被禁用。由穿孔性真胃溃疡引起的局部腹膜炎，经过药物治疗和改善饮食后一般预后良好，该病一般需要1~2周即可恢复，且痊愈后一般不会复发。只有真胃变位时的穿孔性真胃溃疡才需要进行外科手术治疗；即便如此，在分离粘连组织、切除或在缝合溃疡的过程中，都有可能引起严重的腹腔感染。病畜实施切除或手术缝合的部位一般可恢复正常。

由穿孔性真胃溃疡引起的弥散性腹膜炎进行治疗很少有效，预后不良。治疗方法包括快速和持续性的静脉输液（根据患牛的代谢状况）以及静脉注射广谱抗生素。患有弥散性腹膜炎的病牛即便恢复后，也会发生大面积的腹腔粘连。

对于出血性溃疡而言，除了提高日粮管理、单圈管理以及口服抗酸剂外，输血和输液治疗也是非常必要的。如果是急性出血，则PCV的检测结果一般不能反应出血的严重程度，因为失血后血管内外液的平衡被破坏至少需要4 h。一般而言，只要出现虚弱和嗜睡时就需要进行输血治疗，决定进行输血时还需要配合PCV之外的其他临床症状。交叉配血一般没有必要，通常一次需要输血4~6 L。有些牛需要在几日中多次输血。病牛完全恢复一般需要1~2周，如果经过治疗后虚弱和嗜睡症状没有加剧，则预后良好。

【预防】 需要对患牛进行连续饲喂，以防出现持久性食欲不振和真胃内较低的pH。

三、食物性真胃阻塞

真胃阻塞最常见于妊娠肉用母牛，一般发生在动物饮水减少并饲喂劣质粗饲料的寒冷冬季。也可见于饲喂多种含切碎或磨碎粗饲料（稻草、干草）以及含有谷物的混合日粮的舍饲育肥牛和妊娠后期的奶牛。幽门窦阻塞是泌乳早期奶牛的一种被低估的疾病。

【病因】 病因尚不明确，但通常认为是由于采食了过量的易消化蛋白质和能量低的饲料所引起。如果牛采食了沙土上的干草或青贮饲料，以及含沙或含土的植物根茎，可能会引起沙土性阻塞。当气温降至−26℃以下并持续多日时，可导致在个别农场暴发真胃阻塞（甚至波及15%的妊娠牛）。而产后奶牛的发病一般与真胃弛缓有关。

【发病机制】 该病发病机制不明，但多与日粮有关。一旦发生真胃阻塞，上消化道即发生亚急性的阻塞。随着阻塞的进展，持续分泌的氢离子和氯离子进入真胃，导致真胃弛缓和碱中毒，同时发生低氯血症。由于阻塞使液体无法通过真胃进入十二指肠而被吸收，因此，会发生不同程度的脱水。真胃中钾离子的聚集可能会导致低钾血症、脱水、碱中毒、电解质紊乱和渐进性饥饿。真胃阻塞也可引起非常严重的后果，最终导致出血和不可逆的真胃弛缓。

【临床表现与病理变化】 病畜最初的临床症状表现为食欲废绝、排粪量少、真胃适度扩张、体重下降和衰弱。体温一般正常，但在寒冷季节也可能比正常体温偏低。外鼻孔和鼻镜常常聚集黏液性鼻漏，由于患牛不能舔到鼻孔以及脱水等原因，鼻镜通常干燥并开裂。心率可能加快，并伴有中度脱水。

最常见的症状是瘤胃运动停滞、膨胀并充满干燥的内容物，若饲喂经细料，瘤胃内还可能出现积液，瘤胃液的pH一般正常（6.5～7）。瘤胃内原生动物数量（低倍镜检）和活力显著下降。发生阻塞的真胃一般位于腹底的右下部。深部触诊和腹腔右侧的强力叩诊可感知到大块的阻塞物（阻塞的真胃），并可发出一种与急性创伤性腹膜炎相似的"咕噜声"，这多与真胃膨胀和真胃浆膜的延伸有关。

严重病例多在出现症状的3～6 d内死亡。有些病例出现真胃破裂。急性扩散性腹膜炎和休克可引起病畜在几小时内突然死亡。在发生沙土性阻塞的病例中，病畜体重急剧下降、粪便含沙的慢性腹泻、虚弱和斜卧等，多于数周内死亡。

病畜常见代谢性碱中毒、低氯血症、低钾血症和血浓缩等症状，WBC的数量和分类正常。尸检时，真胃一般发生扩张（可扩张至正常大小的8倍），并且被瘤胃干燥的内容物阻塞，瓣胃扩张且发生阻塞。瘤胃通常膨大并充满干燥的内容物或液体。幽门后的肠道显著空虚，外表干燥，同时出现不同程度的脱水和消瘦。若真胃发生破裂，会出现急性弥漫性腹膜炎。泌乳早期的奶牛，典型性病变是发生幽门窦阻塞。

【诊断】 临床诊断需要根据动物的营养史、阻塞的临床症状以及实验室检测结果予以确诊。该病必须与迷走神经性消化不良诱发的继发性真胃阻塞相区分。

作为创伤性网胃腹膜炎的一种并发症，真胃阻塞通常发生于母畜妊娠后期，多呈偶发。病畜可能会出现轻微发热，但体温也可能正常。在对剑突处进行深部触诊时可发出咕噜声。瘤胃通常膨大，而且可出现运动性亢奋（早期）和弛缓（晚期）。在很多病例中，一般不能区分引起阻塞的两种病因，需要从右腹侧进行剖腹术以探查其他病因引起的腹腔病变。

【治疗】 应当对治疗无效或有效病例进行准确识别，从而确定哪些病畜应该立即进行屠宰或抢救。发生严重真胃阻塞且表现虚弱和心动明显过速（每分钟100～120次）的母牛，一般治疗风险较大，常需要实施右侧剖腹术，进行确诊后再采取药物治疗。对病畜进行合理治疗时，通常包括纠正代谢性碱中毒、低氯血症、低钾血症和脱水等。可以使用润滑油来推送阻塞物，只有出现严重阻塞的牛才使用外科手术来排空真胃。连续用药通常需要达到72 h以上，每日静脉输液80～120 mL/kg，用以平衡电解质溶液，对该法有效的动物可在治疗48 h以内开始出现反刍和排便。

也可口服矿物油，每日4 L，连续3 d。或在腹腔右侧进行剖腹术时通过胃管一次性注入硫代丁二酸二辛钠（DSS），1头450 kg牛的用量为25%的药液60～100 mL，但这个剂量不能直接注射，因为DSS会杀死瘤胃内的原生生物。牛采用这种方法时，24 h内很难出现预期的效果，一般治疗3 d后病情才会出现好转。对于采用外科手术，使用矿物油或物理方法排出阻塞物后仍不见效的病牛，可将红霉素（10 mg/kg，肌内注射，每日1～2次）作为一种促运动性药物。

可以考虑进行外科手术，但手术结果一般不很理想，其原因是在外科手术后可能会进一步加剧真胃弛缓。另一种方法是采取瘤胃切开术，以排空瘤胃，并通过网胃—瓣胃口向真胃内直接注入矿物油，从而促进真胃内容物的排出。继发性真胃阻塞是创伤性网胃腹膜炎和真胃扭转的后遗症，表现为迷走神经性消化不良；在进行探查手术时，可以对发生继发性真胃阻塞和原发性真胃阻塞的病牛进行确诊。

建议肌内注射地塞米松（20 mg），对距分娩期不超过两周且经过几日治疗后效果不理想的患牛进行诱导分娩，分娩后病牛的腹内压下降，故有助于病牛的康复。对沙土性阻塞的动物而言，应该避免患牛接触沙土，并饲喂优质干草和含有糖蜜或矿物质的青草混合物。病情严重的患牛应使用矿物油进行治疗（每日4 L，连服3 d）。

【预防与控制】 为越冬妊娠肉牛提供充足的营养，有可能控制该病的发生。当使用劣质粗饲料时，应对粗蛋白和可消化的能量进行分析，根据分析结果，再确定动物日粮中加入多少谷物，方可满足动物对能量和蛋白质的需求。

肉牛的营养需要是在一般条件下的参考指标，有时候动物可能需要比建议的指标还高的营养水平，尤其是在寒冷应激阶段。务必始终提供足够的新鲜饮水，给过冬母牛饲喂劣质粗饲料，强迫其采用吃雪的方式来满足对水的需要的做法是极其危险的。

第十三节 大动物急性肠梗阻

肠梗阻可发生于各种大动物，最常见于马。牛是最常发病的反刍动物，除了疯羔病发生肠扭结外，绵羊和山羊一般很少发病。相较于腹股沟疝，猪很少发生肠梗阻。

梗阻可以干扰消化物顺利转运，其本质是机械性或功能性的。机械性肠梗阻以肠腔内或肠腔外的梗阻为特征。肠腔外梗阻包括由胃肠扭转或缠绕引起的出血性钳夹性梗阻，或因腹部的块状膨胀，如淋巴肉瘤或脂肪坏死而导致动物单纯性肠腔外压迫。功能性肠梗阻总体上无异常变化，但典型症状以全身性运动减退或肠阻塞为特征。一般情况下，功能性梗阻比机械性梗阻发病率更高，特别是腹部手术后的马最常见。

【病因与发病机制】 肠梗阻的病因尚不明确。功能性梗阻与肠能动性的改变有关，多因饲料或管理因素、寄生虫感染、肠炎或腹膜炎所致。机械性梗阻（饲料的生理性阻塞）是由肠腔、肠壁或肠道外出现异常所致。先天性梗阻（牛的空肠、大肠、直肠和肛门闭锁，羊和猪的肛门闭锁）可导致出生后无法排泄粪便。

马的暂时性功能性梗阻同饲料嵌塞一样常见，这种梗阻通常发生在骨盆屈曲处，通常与寄生虫感染或移行、牙齿异常、饲料或管理因素有关。粗饲料、饮水减少、肠结石或摄入异物均可导致嵌塞和其他腔内梗阻。除骨盆屈曲外，嵌塞的部位还可出现在小结肠、横结肠、右背侧结肠、盲肠和回肠等处。马肠道梗阻的其他原因还包括大结肠升支的扭转（以肠系膜为轴的扭转）、捻转（沿肠的长轴扭转）和变位，以及小肠部分或全部扭转，起因可能是运动性改变、剧烈运动和翻滚等。种母马在妊娠期和分娩后不久易发结肠升支扭转、捻转和变位。梗阻多见发生在腹股沟管、隔膜、肠系膜缺陷、脐或网膜孔的疝造成的肠道（通常是小肠）嵌闭或纤维束（粘连物、中间带憩室的纤维束或有蒂的脂肪瘤）引起。标准赛马的种马和马驹，比其他品种的马更易发生腹股沟疝和阴囊疝。膈疝和肠系膜缺陷可能是先天性的或由创伤引起的。粘连通常是寄生虫移行和腹腔手术的后遗症。但多数粘连不表现出临床症状。老龄马常发生有蒂的脂肪瘤，也可发生回盲肠和盲肠疝、盲结肠和小肠套叠。淋巴肉瘤和其他腹腔肿瘤以及腹腔脓肿也可引起肠梗阻。

牛肠梗阻的特殊病因还包括肠套叠、空肠回肠的扭转和肠系膜根部扭转。腔内堵塞是由出血性空肠炎、盲结肠扭转、结肠闭锁以及小肠内直肌受到急性刺激形成的血凝块所致。肠套叠被认为是由于肠炎、肠道寄生虫、采食障碍和肠道肿瘤引起的蠕动紊乱造成的。快速采食易发酵的饲料引起的肠扭转，可导致肠的能动性发生改变。小肠梗阻也可由许多纤维束（如粘连物、卵巢旁带、镰状韧带、手术去势后的精囊索回缩至腹腔）、腔壁增厚（如肠腺癌）、壁外团块（如淋巴瘤、脂肪坏死、腹腔脓肿）、疝（腹股沟疝或脐疝）以及出血性空肠炎（可导致肠壁血块和梗阻）。粘连和腹腔脓肿可由腹膜炎、腹腔内注射或先前的腹腔手术引发。由高精料日粮或突然提高粗饲料比例引起的挥发性脂肪酸积累，从而导致肠道蠕动下降，被认为是牛盲结肠扭转的病因。该病也与进行性妊娠和并发症引起的肠梗阻有关。在黑白花奶牛中出现的肠闭锁，仅次于因进行性结肠扭转导致的子宫缺血。

【临床表现与诊断】 马的肠梗阻一般表现为绞痛形式的腹痛（见疝痛）。牛的腹痛症状包括后肢踩踏、伸腰、烦躁、踢腹，偶尔翻滚和吼叫等。牛肠梗阻的这些症状较之于马更加难以察觉，通常是由小肠膨胀、肠系膜拉伸（由膨胀的肠道重量所致）或脉管损伤引发。在发生肠套叠和盲肠扭转的病例中，二者在短暂的疼痛症状上有着高度的一致性。牛发生肠系膜根部的小肠扭转时病情严重。

牛发生肠梗阻时通常食欲减退，排便减少或不排便，泌乳母牛产奶量迅速下降。排出的粪便可能覆盖有黏液并混有血液或被血液包裹。小肠出血的临床症状是粪便稀少且混有浓稠的红褐色血液，特别是发生肠套叠和出血性空肠炎时尤为严重。出血来自结肠和直肠时，粪便中的血液通常是鲜红色的。黑色粪便是真胃出血的典型症状。发生肠嵌闭的犊牛在出生几日内表现正常，在随后的几日内出现渐进性腹胀以及食欲下降等症状（见消化系统的先天性和遗传性畸形）。

发生腹部膨胀时，在对腹部右上部1/4处同时进行叩诊和听诊，能到听到砰砰声时，则预示发生盲结肠扭结。盲肠膨胀一般并不引起腹胀，但在尾部背侧的腰椎窝叩诊时通常有砰砰声。发生盲结肠扭结时，经直肠触诊大肠可感知一个或多个大的膨胀环。瘤胃蠕动一般正常。除长期的盲结肠扭结外，代谢和心血管紊乱都趋于温和。

右下腹部有时可见伴有小肠膨胀性的腹胀。直肠检查可触摸到明显膨胀的肠道环，在对右腹部同时进行冲击触诊和听诊时，可听到液体的流动声。同时进行叩诊和听诊时，可听到小范围的鼓音。在25%的病例中，直肠检查时，可触诊到引起小肠梗阻的肠套叠和纤维束。通过右腰椎窝和直肠对腹部进行超声波检查，可帮助诊断小肠膨胀、肠梗阻和腹水等临床症状，有时超声波检查还可诊断出肠套叠。

心血管指标进一步发生改变，如心动过速、黏膜颜色异常、毛细血管再充盈时间延长和脱水等，上述症状常与小肠出血性嵌闭性梗阻有关，如空肠或回肠边缘扭转等。小肠扭转和肠系膜根部扭转的临床症状是发病突然，并伴有心血管系统的病情迅速恶化。这种情况与盲结肠扭转和肠套叠时的症状不同，患牛的病情一般可持续数日。

代谢紊乱可从小肠和十二指肠长期梗阻时的低钾血症、低氯血症性代谢性碱中毒，发展到嵌闭性梗阻时出现的严重代谢性酸中毒。温和型的功能性梗阻和早期（单纯性）机械性梗阻，特别是梗阻发生在肠道末端时，通常不会发生代谢性紊乱。然而，可能由于从十二指肠吸收的钙降低，病畜表现低钙血症。

腹水变化反映腹膜炎的严重程度，可为牛和马的诊断提供佐证，然而，牛的检测结果变化很大。因肠壁外渗作用引起腹水的总蛋白浓度和有核细胞总数增加是出血性嵌闭性梗阻的典型特征。当肠壁的完整性遭到破坏时，中性粒细胞会发生变性，且在腹水中可见到革兰氏阳性和革兰氏阴性细菌。腹腔中出现植物性物质，提示发生肠破裂或肠穿刺发生意外。大部分单纯性机械性和功能性梗阻的腹水检测结果正常。发生肿瘤时，可发生肠腔外梗阻，一般在腹水中能够检出肿瘤细胞。

【治疗】 对于马梗阻的治疗见其他章节的内容（见疝痛部分）。牛功能性梗阻一般在查明和清除原发病因（如低钙血症、低钾血症和过食谷物）后进行对症和辅助治疗，并给以一定时间以恢复正常的肠蠕动。如果病畜出现脱水和电解质失衡，应当采用适当的液体疗法（口服或静脉注射）予以纠正。口服氯化钙凝胶剂或皮下注射硼酸葡萄糖酸钙对泌乳母牛是有益的，对出现的继发性酮病应当及时治疗。在增加牛真胃排空方面，肌内注射红霉素（10 mg/kg，每日2次）最有效（据推测，还能够增加小肠的蠕动）。但研究显示，在治疗功能性梗阻上效果一般。由于可增加梗阻物附近肠部位发生破裂的风险，故在治疗牛机械性梗阻时慎用促运动疗法。特别是在病因被诊断和清除后，大多数功能性梗阻经辅助疗法后都预后良好。

机械性梗阻几乎都需要进行外科手术治疗。术前需采用抗菌疗法。根据需要还应采取辅助疗法如补液、电解质和钙等。

马需要通过剖腹术探查和纠正肠梗阻，这样存活率可以到达50%。患出血窦嵌闭性梗阻和小肠机能障碍马的存活率比单纯性梗阻的患马更低，但是早期手术治疗预后较好。

尽管有10%患盲结肠扭结的牛会复发，但70%～80%的牛能够康复。对于患小肠梗阻的牛进行切除吻合术后，其中有30%～40%康复并且多产。对于在空肠和回肠边缘发生扭转或在肠系膜根部发生扭转的患牛，如果在发病后数小时内进行手术治疗，则存活率可达50%。患结肠闭锁的牛仅有不到30%能存活到成年。一般在胚胎发育的前6周，虽然继发于羊膜囊触诊的血管损伤会导致牛的肠道坏死和闭锁，但出现这种情况的黑白花奶牛很可能是由品种遗传因素造成的，故不建议进行手术矫正治疗。

【预防】 不可能对所有的甚至大部分的肠梗阻进行预防。但是应当避免或纠正饲料和管理突然改变、饮水不足、寄生虫感染、牙齿异常、接触粗饲料和易发酵的谷物或异物等情况的发生。

第十四节 马疝痛

一、概述

从严格意义上讲，"疝痛"多指腹痛。多年来，它已经成为在各种条件下引起马出现腹痛等临床症状的广义术语，通常被用来指示病因的变化和严重程度。为了解病因，作出诊断并进行适当的治疗，兽医首先必须掌握有关马胃肠道的解剖知识，包括饲料和液体在胃肠道内运动的相关生理学过程，以及马对正常存在于肠道内的细菌内毒素毒害作用的敏感性等。

（一）胃肠道解剖学

马是一种单胃动物，在肋骨架下方左侧腹部有一个相对较小的胃（容积8～10 L）。食道末端和贲门连接处有一个单方向的瓣膜，只允许气体和液体进入胃部但不能逆流。因其位置特殊故很难采用X线片和超声波扫描来对成年马的胃部进行成像。因此，凡能阻止气体和液体正常通过小肠的疾病，都有可能导致严重的胃膨胀和破裂。对体型较小的马驹，可以利用X线造影术对胃排空进行评估。

小肠包括十二指肠、空肠和回肠，后者在回盲肠交接处与盲肠连接。十二指肠主要位于马的右侧背部，通过3～5 cm的一小段肠系膜悬挂于腹腔顶壁。因此，与肠系膜（扭结）相关的小肠移位并不包括十二指肠。在右腰椎窝内的盲肠底部，十二指肠转向中线，也就是在十二指肠的这个部位，通过直肠检查可触诊到因气体或液体引起的膨胀（如马肠炎）。

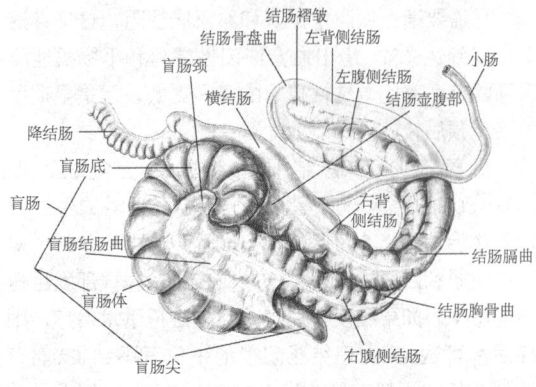

图2-17 马的大肠
（由Gheorghe Constantinescu博士绘制）

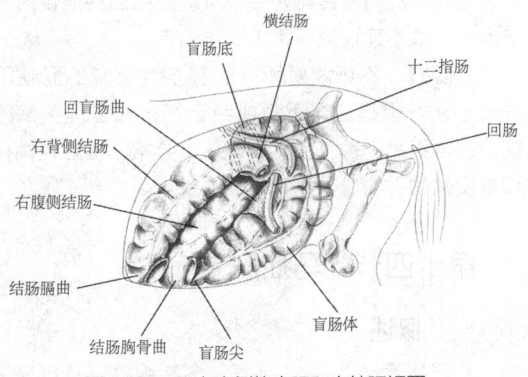

图2-18 马左内侧位盲肠和右结肠视图
（由 Gheorghe Constantinescu博士绘制）

小肠到达背部中线以后是空肠。其特征是冗长的肠系膜可以让空肠肠袋悬挂于腹部顶壁。空肠的长度约为19.5 m，其长度与冗长的肠系膜相匹配，因此，也进一步增加了小肠扭转和嵌闭的风险。在空肠的末端，肠壁肌肉更发达，肠腔变得更加狭窄，额外的肠系膜附属物也更明显。在小肠的最后45 cm处，空肠在其背侧中部与盲肠连接。连接处可以通过回肠与盲肠背侧带之间的回盲襞附属物进行识别。外科手术中可以通过回盲襞对回肠进行定位。

饲料从回肠进入盲肠，在马的右侧起始部有一个大的盲端发酵腔，从腰椎窝一直延伸到腹侧中线的剑状突起处。盲肠长1.2～1.5 m，能够容纳27～30 L的饲料和液体。在盲肠肌肉组织的作用下，可对盲肠内的饲料进行按揉，并使之与能够分解纤维素的微生物不断进行混合，并最终通过盲肠孔到达右腹侧结肠。盲肠与腹部顶壁间的系带较宽，因此，可以减小盲肠自行移位和扭结的可能性。

右腹部的结肠被分为许多囊袋，它有助于混合和保留植物纤维直至被消化。这些囊袋被固定在从侧面到肋骨架的腹部腹侧区域。腹侧结肠转向左侧成为胸骨屈曲，紧接着是腹部左侧结肠。左侧结肠的体积大

并有许多囊袋，经尾部到达左侧区。在骨盆附近，结肠直径显著下降，并自行折叠，该区域称为骨盆屈曲，同时也是结肠左背侧无囊袋部分的起始部。可能是由于该处结肠的直径突然减小的缘故，使得左侧结肠和骨盆屈曲之间的连接部成为发生嵌闭的最常见部位。

背侧结肠在隔膜屈曲或在右侧背部处的直径最大。左侧或右侧背部结肠都没有囊袋结构。右侧背部结肠与右侧腹部结肠通过短的结肠褶皱紧密连接，再通过一个结实的共同肠系膜在盲肠底部与体壁连接。相比较而言，左腹侧和左背侧的结肠都不直接与体壁相连，这就导致这部分结肠更易发生移位和扭转。

饲料从大的右背侧结肠进入短的横结肠，此处的横结肠直径约10 cm，通过短而结实的纤维性肠系膜与大部分腹腔的背面连接。横结肠的动脉与肠系膜的动脉彼此相连。饲料最终进入一段长3～3.6 m呈囊袋状的降结肠。

（二）胃肠道的血液供应

腹腔和背部肠系膜动脉（腹主动脉分支）向胃肠道提供血液。腹腔动脉向胃、胰脏、肝脏、脾和十二指肠的起始段供血。背部肠系膜动脉向其余的十二指肠、所有空肠、回肠、盲肠、大结肠、横结肠以及降结肠的第一段供血。由于大结肠只在背部肠系膜动脉附近区域与体壁相连，因此，在对结肠供血时必须横穿整个结肠。背部肠系膜动脉的2个分支向骨盆屈曲处供血，其中一个分支在到达骨盆屈曲之前向左背侧和右背侧结肠供血，另一个分支在到达骨盆屈曲之前向左腹侧和右腹侧结肠供血。因此，在结肠和盲肠连接处发生的大结肠扭转可能会阻碍整个左侧结肠的血液供给。

背部肠系膜动脉的主要分支会被迁移来的普通圆形线虫（*Strongylus vulgaris*）破坏。

（三）腹部的天然孔

腹腔内的几处天然孔和空隙是引起疝痛的重要诱因。腹股沟管为肠道通过提供一个开口的同时，也可能锁住肠道并引起疝痛。尽管马驹的腹股沟疝很普遍，但很少引起临床疾病（但对于种马就不一样了）。同样，如果马驹在发育过程中未能在脐周围恰当地形成腹侧壁，就会在脐部留下空隙，并有可能继发脐疝。网膜孔是位于门静脉、后腔静脉和肝脏尾叶间的天然孔，也是发生肠嵌闭的位点。最后，在脾的背侧面和左肾间也存在一个以肾脾韧带为界的天然孔。肾脾韧带是连接脾的向背中线面和左肾纤维囊的组织韧带，该韧带为大结肠移位提供了一个"支架"。

（四）结肠的蠕动方式

左腹部结肠的蠕动将被摄取物推向左背部结肠，

左背部结肠壁肌肉的收缩，又将被摄取物推向横隔膜的弯曲部。有证据表明，位于骨盆屈曲到胸骨曲处的左腹部结肠肌肉可发生退行性收缩，且这种收缩是源于骨盆屈曲的起搏区。推测认为，这个起搏点能够感知被摄取物中饲料颗粒的大小和黏度，进而启动适宜的结肠蠕动模式。如果被摄取物已被充分消化，它将沿着既定的正常方向移动。如果饲料还需要继续消化，被摄取物将被退行移动至腹侧结肠，这一理论已经被用来解释临床上在骨盆屈曲或其附近发生的梗阻现象。

（五）临床表现

疝痛会引起许多临床症状。最常见的是前肢反复刨地、回顾腹区、翻卷上唇和弓颈、后腿反复抬举或踢踏腹部、倒地、翻滚、盗汗、排尿时腹部伸展、努责、腹胀、食欲废绝、精神抑郁以及肠蠕动减弱等，然而并不是患有疝痛的马都表现上述症状。尽管这些症状都是腹痛的示病指标，但是这些特殊的临床症状并不能确定胃肠道的具体患病部位或是否需要实施外科手术治疗。

（六）诊断

只有在对患马进行全身检查，并同时参考先前的病史或治疗方法，确定患病肠道发生疝痛的特定病因，后方可对疾病作出确诊，并采取适当的治疗方案。在多数情况下，疝痛多由下面4种原因之一所引起：①肠壁被气体、液体或饲料过度拉伸。这会刺激位于肠壁内对张力敏感的神经末端，并将疼痛传递到大脑皮层；②肠系膜过度拉伸而引起的疼痛；③由肠道嵌闭或严重扭转而导致的局部缺血；④整个肠壁的炎症（肠炎）或肠道纤维性炎（腹膜炎）。在这些情况下，肠壁中的促炎症反应介质降低了疼痛刺激的阈值。

可导致疝痛的因素很多，合理的做法是首先确定疾病最可能的类型，并进行适当的治疗，随后再作出更加明确的具体诊断。能够引起疝痛的疾病，通常包括肠腔内的气体过多（气胀性疝痛）、单纯肠道阻塞、肠道内腔和肠道血液供给同时受阻（嵌闭性阻塞）、单纯肠道血液供给受阻（非嵌闭性阻塞）、肠道炎症（肠炎）、腹腔炎症（腹膜炎）、肠黏膜糜烂（肠溃疡），以及"潜在的疝痛"等。通常情况下，对患有嵌闭性阻塞和完全梗阻的马需要立即实施腹部手术，而其他类型疾病所致疝痛的患马，则可通过药物进行治疗。

诊断时需要了解患马现在和之前的疝痛病史，以确定是否有反复发作或类似的病情出现，或这种病情是否是一种孤立的事件。另外，病情的持续时间，心血管系统的恶化状态，疼痛的严重程度，是否排便以及对治疗的反应程度等，都是重要的诊断信息。确定马的驱虫史（日程安排、治疗日期、使用药物），何时牙齿出现磨损，饲料或饮水有无发生种类和数量的改变，当疝痛发作时马是处于休息还是运动等情况，对诊断都非常重要。

体检时应包括心肺和胃肠道系统的检测。另外，还要对口腔黏膜的颜色、湿度以及毛细血管再灌注时间等指标进行检查。发生急性心血管损伤时，黏膜通常会发绀或发白，最终因外围血管舒张而发生充血或瘀血，并导致病畜发生休克。毛细血管再灌注时间（正常约1.5 s）可能会缩短，但有时也会因血液淤滞（静脉淤积）而延长。当马发生脱水时，黏膜发干，疼痛会导致心率上升、血液浓缩以及低血压等，故肠道问题（嵌闭性阻塞）越严重，则心率越快。但并非所有伴有心率加快的病情都需要实施手术治疗。

体检的另一个项重要内容是实施鼻胃管术。因为马既不能吐出也不能逆呕，所以当发生麻痹性肠阻塞、小肠阻塞、胃因气体或液体膨胀而导致胃破裂时，通过采用鼻胃管术，在有可能拯救马生命的同时也可以对上述疾病进行辅助诊断。在诊断过程中，如果出现液体回流，应留意回流液体的容量和颜色。

应对病畜的腹部和胸部进行听诊并对腹部进行叩诊。腹部叩诊包括以下区域：右侧盲肠、左上方的小肠和左下方的结肠。肠音高亢并伴有阵痛表明管腔内梗阻（如嵌闭和肠结石）。伴有气体音则表明肠梗阻或内脏膨胀。有液体流动音表明将发生伴有结肠炎性质的腹泻。无听诊音时一般与麻痹性肠阻塞或局部缺血有关。叩诊有助于诊断严重的局部肠道膨胀（左侧为盲肠，右侧为结肠），当发生这种情况时需要通过套管针进行治疗。呼吸频率可能会因发热、疼痛、酸中毒或潜在的呼吸系统疾病而加快。另外，膈疝也可能是疝痛的另一种病因。

疝痛最具权威性的检查方法是直肠触诊。兽医应该养成以下始终如一的直肠触诊顺序：主动脉、顶部肠系膜动脉、盲肠底部和腹侧盲肠韧带、十二指肠、膀胱、腹膜表面、种马和去势马的腹股沟环，以及母马的卵巢和子宫、骨盆屈曲、脾和左肾。肠道触诊应包括内容物（气体、液体或阻塞的采饲料）的大小、稠度、膨胀、水肿程度以及触诊时的疼痛感等几个方面。

腹水样本（通过正中线无菌穿刺术采集）通常可反映出肠道损伤的程度。应对其颜色和细胞计数以及总蛋白浓度等指标进行检测。正常腹水的颜色应介于清澈与淡黄色之间，白细胞数小于5 000个/μL，且主要以单核细胞为主。蛋白质含量小于2.5 g/dL。

由于许多与年龄相关的疾病都会引起疝痛，因此马的年龄至关重要。这些因素有如下共性：马驹结肠闭锁、胎粪秘结、尿道周围腹膜炎和胃十二指肠溃疡等；1岁马发生蛔虫性阻塞；幼畜发生小肠套叠、非嵌闭性阻塞和异物梗阻；中年马发生盲肠阻塞、肠结石、大结肠扭转；老年马发生菜花样脂肪瘤和结肠系膜破裂等。

腹部超声波检查有助于区分疾病是需要药物治疗还是手术治疗。通过超声波检查技术可对直肠触诊结果进一步确诊。对于马驹，大结肠和小肠的回音通常来自腹侧腹壁，而对于成年马通常只有大结肠回音。大结肠可通过其囊袋外形进行辨别。十二指肠位于第10肋间隙和左肾的尾部附近。正常成年马的腹部超声波检查很难辨别空肠，而厚壁的回肠能够通过直肠超声波检查予以辨别。

超声波检查过程中，最常见的异常情况包括腹股沟疝、肾脾间大结肠截留、沙土性疝痛、肠套叠、小肠结肠炎、右背侧结肠炎和腹膜炎。患有腹股沟疝的种马在其感染侧发生肠嵌闭，可通过对各段肠道的辨别，而获取有关肠壁厚度以及有无蠕动的相关诊断信息。对于患有肾脾间大结肠截留的马，超声波成像看不到脾脏后部或左肾，或者在肾脾间的腹部区域呈现充满气体的大结肠。患有沙土性疝痛的马在结肠段伴有颗粒性的强回音。

马发生肠套叠时，超声波检查的典型变化是患病小肠处的图像呈"牛眼"状。肠套叠邻近区域通常膨胀，套叠部位肠段增厚。马发生结肠炎时，肠蠕动增强，局部肠壁增厚和肠道因液体充盈而膨胀。与之相比，患有右背侧结肠炎的马，结肠壁显著增厚。患有腹膜炎的马，于腹水处听诊无回音，或在内脏的浆膜表面出现絮凝物和纤维蛋白。

（七）治疗

患疝痛的马既需要药物治疗也需要手术治疗。几乎所有的病例都需要配合药物治疗，一般仅对那些明显出现机械性肠阻塞的患马才实施手术治疗。通常根据疝痛的病因及其严重程度来决定采用何种药物进行治疗。而对于有些病例，可能需要先对患马进行药物治疗并评价治疗效果，这种方法适用于那些出现轻微疼痛且心血管系统功能正常的患马，可以利用超声波成像技术来评估非外科手术治疗的效果。如有必要，应对患马实施外科手术。

在直肠检查时如果发现肠道阻塞并伴有干燥的内容物时，则治疗的主要目标是使内容物成水合状态并排空肠道。如果患马出现剧痛并伴有明显临床症状，说明血液中有液体流失（心率加快，毛细血管再灌注时间延长以及黏膜变色），这时，治疗的主要目的是缓解疼痛，恢复组织血液灌流以及纠正血液和体液组分的异常（表2-5）。如果怀疑肠壁出现损伤（严重炎症、移位或嵌闭性肠阻塞），应该采取一切措施预防或阻止细菌内毒素从肠道扩散进入血流。最后，如果有证据表明疝痛是由寄生虫引起的，治疗的目标之一是清除寄生虫。

表2-5 马脱水时体液需求的通用指标

决定因子	处方	500 kg马的用量
体液缺乏量	脱水百分比×体重(kg)	4%～10%×500 kg=20～50 L
维持量	50 mL/（kg·24 h）	50×500=25 L/24 h
体液丢失	依呕吐或腹泻量计算	
补充比率	50%在1～2 h内给予；余下的50% 1 d给完	20～35 L在1～2 h；余下的在23 h内给完

经Zimmel D.N许可和改编，疝痛患马疼痛和脱水的治疗方法，"Current Therapy in Equine Medicine"，5，2003，Robinson N.E.，（ed.），Elsevier.

1. 缓解疼痛 在大部分疝痛的病例中，疼痛多是轻微的，只需要进行适当的镇痛即可。这些病例可能是由于肠道肌肉痉挛或局部肠道气体过量所致。如果疼痛是由肠扭转或移位导致的，有些强效镇痛药会掩盖有助于诊断的一些临床症状。因此，在使用任何药物治疗前都应对病畜进行全面体检。又由于患有严重结肠炎或疼痛的马，有可能会对自身或周围的人造成伤害，所以在治疗前应首先使用镇痛药。另外，对于许多病情不严重的患马，在进行其他治疗方案之前先缓解疼痛，应首选那些不良反应最小并对马的性情改变最少的镇痛药。

治疗腹痛最常用的药物是能够减少前列腺素生成的NSAID。按照推荐剂量使用这些药物一般很少引起肾脏和胃肠道的毒副作用。临床试验表明，氟胺烟酸葡胺会掩盖一些需要手术治疗病畜的早期症状，因此必须对出现疝痛的马进行全面仔细的检查。

疝痛时最常用到的镇痛剂是甲苯噻嗪（一种α_2-激动剂）。在给药后几分钟内，马即出现静立并对疼痛反应减轻，但甲苯噻嗪的药效短暂，还会对肠道肌肉产生抑制作用，降低心输出量，减少组织的血液供给。地托咪啶是一种药效更强、作用更持久的α_2-激动剂，对于上述类似疾病的疗效显著。

马疝痛最常用的麻醉性镇痛剂是布托啡诺。布托啡诺对于胃肠道或心脏的不良反应较小。但当大剂量使用后，会引起动物兴奋和不安。为达到长效止痛的目的，临床上经常将布托啡诺与α_2-激动剂联合使用。

临床上除使用止痛药缓解疼痛外，还可采用其他方法用来减轻疼痛。如使用鼻胃管术（也是诊断步骤的一个重要部分）可以清除因小肠阻塞蓄积在胃部的液体。液体清除后不仅可以缓解因胃部膨胀引起的疼痛，还能防止由此导致的胃破裂。

2. 输液疗法 许多患疝痛的马需要通过输液治疗，防止脱水以及维持肾脏和其他重要器官的血液供应。根据肠道病情的具体情况，可通过鼻胃管或静脉输液两种方式进行补液（表2-5）。由于病畜肠道的液体吸收减少，且肠壁内的液体有可能分泌到肠腔，因此，需要对患有嵌闭性阻塞或肠炎的马进行静脉输液。由于后一种机制会导致肠道内液体的蓄积，故必须通过鼻胃管予以清除。循环性休克是导致腹部体液向肠道异常流动的主要原因，严重时还可导致死亡。

大部分液体会在盲肠和结肠处的代谢物中被重吸收。事实上，正常进入大肠肠腔的液体约有95%被重吸收回血液。因此，在骨盆屈曲发生肠阻塞的患马通常仅需小剂量的静脉输液，而患小肠阻塞的马则需要大剂量的静脉输液。

液体的体积和种类根据疾病的严重程度和病因所决定。实验室检测血液的浓缩程度以及电解质浓度等指标，对于准确治疗患有严重腹痛的马至关重要。可通过静脉输液（根据所缺电解质配制的液体）来重建体液平衡。对大部分病例而言，在实验室化验结果出来之前就应当采取输液治疗，特别是当患马出现循环性休克等临床症状时，输液治疗显得尤为必要。

当病畜需要静脉输液而临床症状仅表现轻微至中度时，通常给马输8～10 L含有与血液相同浓度电解质的无菌替代液。按照这个剂量输液1～2 h后，需再对患马的病情重新评估以确定是否需要追加液体。患循环性休克的马需要静脉注射更多的液体，其作法是尽快在1 h内输液20 L以重建组织的血液灌注。对于严重病例，需要注射高渗盐水（7% NaCl）来快速提高血浆容积。根据疝痛的病因，可能需要连续数日静脉输液直至肠道功能恢复为止。当电解质浓度恢复平衡后，马即可以通过饮水来维持其体液的需求，在这种情况下，每日静脉输液量可维持在30～100 L不等。

有时需要通过鼻胃管灌注的方法治疗结肠阻塞，许多临床兽医认为，通过大剂量静脉输液也可以达到相同的治疗效果。如果马不能自行饮水，且无小肠阻塞症状时，可通过鼻胃管灌注液体来维持其体液平衡。如果胃内有液体并由鼻胃管逆流而出，则说明胃部或小肠还没有被完全排空，此时不应通过鼻胃管灌注液体或药物。

3. 抵御细菌内毒素 内毒素是肠道革兰氏阴性菌外膜的一部分，在细菌死亡或快速繁殖时被释放出来。通常情况下，内毒素仅局限于肠腔，但如果肠道

黏膜由于局部缺血而受到破坏时，内毒素就会转移到腹腔或血液中。然后与单核吞噬细胞相互作用，并激发炎症反应，引起发热、抑郁、低血压、血凝异常，最终引起死亡。因此，减小病畜对内毒素血症的炎症反应是治疗疝痛的重点。

前列腺素与内毒素导致的早期疾病症状之间的关系密切。氟胺烟酸葡胺可减少细胞产生前列腺素，能够阻止一些内毒素效应的出现。由于使用低于推荐剂量（1.1 mg/kg）的氟胺烟酸能够避免内毒素血症的一些早期症状，因此使用较小剂量（0.25 mg/kg）不会掩盖与手术治疗相关疾病的临床症状。

关于血浆或血清中含有的内毒素中和抗体的效力尚存很多争议。这些抗体能够中和不同革兰氏阴性菌内毒素中的一定组分，但在使用这种抗体后所得出的临床研究结果间相互矛盾，有的研究结果证明有保护效果，而有的则没有。由于内毒素本身能够刺激机体产生许多最终导致病理生理变化的炎症产物，因此在疾病过程中应该尽早使用中和抗体。

多黏菌素B作为一种备选治疗方法，已用于抑制马的炎症细胞和内毒素反应。尽管多黏菌素B具有肾毒性，但在抑制内毒素时，多黏菌素B的浓度远低于导致肾毒性的浓度。据许多近期在内毒素血症研究中对多黏菌素B的评估显示，目前在临床上使用剂量多为1 000～5 000 U/kg（每日2～3次），在疾病过程中应尽早开始使用这种治疗方法。另外，对于血容量减少的病畜应持续使用补液疗法，并密切监视血清中肌酸酐的浓度，其中后一个指标与患氮质血症的新生马驹有关，因为新生马驹对于多黏菌素B的肾毒性更加敏感。

4. 肠道润滑剂和泻药 马疝痛的常见病因是采食干燥或混有沙土饲料所致的单纯性大肠阻塞。这种大肠阻塞常发于骨盆屈曲或右背侧结肠附近，但也可能累及到大结肠、降结肠或盲肠。在大多数病例中，通过鼻胃管给以润滑剂或粪便软化剂可以软化阻塞物，并使之顺利通行。同时静脉输液也可作为胃鼻管给液的辅助治疗手段。建议在阻塞物被软化期间给患马套上口套以防止进一步的饲料阻塞发生。

治疗大结肠阻塞时最常用的药物是矿物油。它能够覆盖在肠道内壁上，辅助草料沿胃肠道正常移动。也可以通过鼻胃管给药（约4 L，每日1～2次），直到阻塞治愈为止。尽管矿物油很安全，但在治疗严重阻塞或沙土性阻塞时的效果并不好，因为它能直接通过阻塞物而不对其进行软化。

多库酯钠（DSS）是一种肥皂样的化合物，它能将水分吸收到干性食入物中，因此在软化阻塞物方面比矿物油更有效。但这种药物有可能会干扰结肠对正

常液体的吸收功能，且具有毒性。因此，为确保安全，应每隔48 h使用2次小剂量的多库酯钠。

车前子亲水胶浆是一种治疗阻塞，特别是治疗沙土性阻塞极为安全有效的化合物。当与水混合后，能够形成凝胶状的块状物，并挟裹着食入物通过胃肠道。车前子既可以通过鼻胃管对患肠阻塞的马给药，也可以干粉状混合到饲料中作为预防性药物使用。对于那些饲养在沙土环境中或经常发生阻塞的马应饲喂车前子粉，每500 kg饲料中添加量为400 g，每日1次，连用7日。每年重复治疗2~3次，即可有效预防沙土性阻塞的发生。

疝痛治疗过程中通常不宜使用刺激肠道收缩的强效泻药。事实上，这样只会加重病情。偶尔会用硫酸镁治疗严重阻塞的患马，硫酸镁虽能将体液吸引到胃肠道中，但其引起脱水和腹泻的不良反应也不容忽视。

在治疗结肠或盲肠阻塞时，通过鼻胃管和静脉输液都是很主要且有效的方法。若治疗3~5 d阻塞仍未见消退，则有必要通过外科手术来疏通肠道，并采用辅助疗法以恢复肠道的正常运动功能。

5. 除蚴性驱虫 已经证明大的血液寄生虫，特别是普通圆形线虫（Strongylus vulgaris）虫卵的正常迁移路径与疝痛有关。由于寄生在背部肠系膜动脉内的幼虫适宜迁徙和成熟，可导致动脉壁增厚并形成疏松的炎性组织斑块。据推测，这些斑块能够激活凝血过程，引起血栓性栓塞，使肠道的供血减少，导致肠道的运动性发生改变，进而使肠道对营养物质的吸收发生障碍，严重时可引起肠道坏死。因此，血栓性栓塞是疝痛反复发作和体重下降的又一个可能诱因。

目前使用的驱虫药如伊维菌素和莫昔克丁，均对普通圆形线虫迁移中的虫卵有效。按照推荐剂量，每日2次，连续5 d，或每日10次，连续3 d，给以芬苯达唑，即可杀死迁移中的圆形线虫。使用这些驱虫药之后，马训练期间由于血栓性栓塞或寄生虫虫卵迁移所致的慢性间歇性疝痛会大大降低。

有很多证据支持杯口线虫所致的损伤能够引起马（特别是年轻马）的疝痛、腹泻和体质下降等。但这些症状具有季节性，且与大量包蚴进入大结肠同时发生。在北半球的温暖地区，冬季幼虫被包裹在被囊中，在晚冬或春季孵出，引起大结肠黏膜溃疡、水肿和炎症，还可引起腹泻、蛋白质丢失、体重下降、轻微的间歇性疝痛和发热等。患杯口线虫病的马需要使用杀死幼虫剂量的驱虫药进行治疗（如伊维菌素、莫昔克丁和芬苯达唑）。一些患马还需要进行配合镇痛、辅助疗法和适当的营养支持。

有关大圆线虫和小圆线虫治疗的讨论，详见马的肠胃道寄生虫。

6. 手术治疗 如果药物治疗对机械性阻塞无效或阻塞已经影响到肠道的血液供应时，就有必要使用外科手术治疗方案。如果不及时进行手术治疗，后一种病因可能会引起死亡。偶尔也可以对那些经常规药物治疗无效的患慢性疝痛的马，通过手术进行探查性诊断。

大多数情况下，对镇痛治疗没有反应且具有严重腹痛症状的马，需要实施紧急的腹部手术。通常情况下，由嵌闭性阻塞或严重移位所导致的肠道阻塞多为完全阻塞。与此相似，直肠检查出患有肠道异常膨胀以及腹水总蛋白含量和红细胞数上升的马，可能患有嵌闭性损伤，需要进行手术矫正治疗。这些需要紧急手术治疗的患马出现的症状，通常是个例而非典型症状，因此必须根据全身体检和其他检查结果进行诊断。一些需要进行手术治疗的患马，常出现的症状包括无法控制的疼痛，胃部液体回流量超过4 L，听诊时无腹鸣音，腹水中蛋白质增加、红细胞和毒性中性粒细胞上升。直肠触诊时可发现肠道膨胀、结肠移位、肠石或异物等。

尽早实施手术治疗（如果确诊）对于有效治疗和预后存活是至关重要的。因此，决定是否将马移送到可以施行手术治疗的诊所，比尝试着是否需要进行紧急手术更重要。通常决策时需谨慎遵从以下原则：①对最初的镇痛治疗有反应，但是几小时后还需要增加镇痛药的马；②尽管已进行镇痛治疗但仍持续表现疼痛症状的马；③腹水正常但仍持续疼痛的马；④直肠检查时小肠膨胀但没有液体回流的马；⑤从胃部移除了大量的液体但直肠检查时小肠不膨胀的马。

在进行外科手术时，将马麻醉后以背位姿势固定，沿腹中线切开腹腔。一旦打开腹腔，就可以对肠道的各个部分进行检查以确定疝痛的确切病因。纠正的方法包括使移位的肠道复位，排除阻塞物或切除肠道的坏死部位。当肠道的坏死部位已被切除或实施肠切开术后，术后护理要求使用抗生素、静脉输液、多黏菌素B、内毒素抗体和NSAID，以阻止内毒素血症。当移位的肠段复位后，下一步的术后护理将会更轻松。每匹马必须单独处理，应根据其对手术治疗的反应和所发生的并发症来决定治疗方案。

（八）预后

根据美国文献的回顾性研究显示，患疝痛马的总存活率在60%左右，这些马中的50%曾进行过腹部手术，这其中也包括那些在手术过程中病情改善，但最后治疗无效的病例。患嵌闭性肠阻塞和炎症疾病的马存活率分别为24%和42%。相比较而言，因不确定因素所致疝痛的存活率为94%。如果考虑到胃肠道的患病部位时，那么与患病部位发生在大结肠处相比，患病部位出现在小肠和胃部时的存活率要更低。另外，在阻塞了食入物的通道和肠道血液供应的病例中，其存活率会大幅下降。最近的研究结果更加乐观，在使用紧急腹部手术治疗的患马中，其存活率一般在80%以上。此外，据文献报道，嵌闭性小肠阻塞的患马进行切除手术或纠正大结肠扭转后的存活率为70%。根据早期的回顾性研究，上述病例的存活率还不到30%。尽管很难取得长期存活的数据（如马恢复到预期使用）。但最近的研究结果表明，死亡的大部分马，或因病情严重而实施安乐死的马，都是在手术治疗3个月后发生的。

通常可以结合许多因素来预测患疝痛马的存活情况。预后因素包括疼痛评估、肠道膨胀、黏膜颜色、心血管功能等。有轻微腹痛的马的存活率最高，有严重腹痛的马的存活率则最低，有明显肠道膨胀的马的存活率比无肠道膨胀迹象马的存活率低，而腹部听诊时听不到肠鸣音的马，存活率则更低。心血管系统功能可反应休克的严重程度，因此，这些因素都与预后存活率相关。如心脏收缩压低或心率快的马存活率则较低。

用于预测存活率的实验室检测指标中，最常用的是血液乳酸盐浓度和阴离子间隙。血液乳酸盐检测反映组织血液灌注的程度，乳酸盐浓度上升说明组织血液灌注较差。与之类似，阴离子间隙（检测阳离子浓度与阴离子浓度之差）则反映了器官产生阴离子以及由于组织灌注下降而产生乳酸的情况。腹水中蛋白质浓度也可用于预测存活率，一般蛋白质浓度越高，预后越差。

二、按解剖位置分类的疝痛相关疾病

（一）胃

1. 胃扩张和胃破裂 引起马胃扩张的最常见的病因是大量气体导致的胀气或肠阻塞。胃扩张可能与过量采食易发酵的饲料，如谷物、多汁的牧草及甜菜等有关。可能的原因是由于大量生成的挥发性脂肪酸阻碍胃的排空。如果不进行有效治疗，由过度采食引起的胃扩张，能够迅速发展成为胃破裂。如果病因是肠阻塞，则这种阻塞通常发生在小肠。来源于阻塞小肠的液体会积聚在胃内，从而引起胃扩张，且在插入鼻胃管时出现液体回流现象。特别是在发生围绕盲肠周围的结肠右背侧移位时，一些患有结肠移位的马也可能会发生胃扩张。据此推断，结肠移位可能阻塞了十二指肠内容物的排出。由液体引起的胃扩张也是近侧肠炎-空肠炎的特有症状。

胃破裂是胃扩张的一种致命并发症。胃破裂一般出现在胃大弯处。大约有2/3的胃破裂继发于机械性阻塞、肠梗阻和创伤，其余的则归因于采食过多或一些先天性原因。与胃扩张相关的临床症状包括剧烈腹痛、心动过速、干呕和黏膜苍白等。发生胃破裂后，这些急性症状会出现缓解，或者被精神不振和毒血症所代替。大部分胃扩张幸存病例的预后良好，而胃破裂往往是致命的。

2. 胃阻塞 胃阻塞是引起疝痛的一种罕见病因。尽管本病可能与采食某些饲料（如甜菜、颗粒饲料、柿子的种子、秸秆和大麦等）有关，但其他影响因素（如齿病、饮水不足和采食过快等）也应被纳入考虑范围。鉴于这类疾病的发病率较低，所以很难确定哪种病因起主导作用。与本病相关的最明显的临床症状是剧烈腹痛。由于缺乏其他特征性症状，通常只能在进行手术时才能确诊。病畜疼痛期长短是决定是否实施手术的依据。

治疗方案是通过注射针头将生理盐水或水注入阻塞物中，待液体注入阻塞物后，对胃部进行按摩直到阻塞物分解。如果在手术过程中可插入胃管，可通过胃管向胃内注水，再按摩阻塞物。术后仍需继续灌胃，以期排除一些压紧的物质。如果较早决定实施探测性手术疗法，则预后良好。在手术中可以用手掰开阻塞物。

（二）小肠

疝痛临床症状可由小肠阻塞、炎症或嵌闭性梗阻所致。这种情况下，小肠阻塞预后需谨慎。因此，对其进行快速诊断和适当治疗至关重要。

1. 回肠阻塞 引起小肠单纯性阻塞的最常见病因是回肠阻塞。本病在美国东南部、德国和荷兰都较为常见。尽管富含高纤维的干草在回肠阻塞的发病机制中起重要作用，但其因果关系尚未得到证实。英国最新的临床研究结果表明，肠道内叶状裸头绦虫（*Anoplocephala perfoliata*）感染与回肠阻塞联系密切。在美国进行的相似研究中也发现，引起回肠阻塞的两种危险因子：其中之一是3个月内没有给动物使用双羟萘酸噻嘧啶，该药对驱除叶形裸头绦虫比较有效；其次是以百慕大沿海岸线的干草作为动物的饲料。除此之外，阻塞还可继发于饲料消化过程中回肠肌肉的痉挛性收缩。

回肠阻塞的临床症状包括：发生轻微至剧烈的腹痛，以及随后出现的肠音减弱、胃液回流和心动过速等。尽管早期直肠触诊可鉴别出靠近尾部的腹部右侧的回肠阻塞，但随后发生的空肠膨胀会使诊断变得异常困难，甚至不可能。最常见的鉴别诊断是近侧空肠炎，但临床上这两种病是很难鉴别诊断的，因为马在患病初期的情况可能是稳定的，且腹痛的程度也比较轻微，以至于许多病马超过18 h得不到特别护理或手术治疗。若阻塞持续时间过长，腹水的蛋白质浓度可能会升高。

本病在早期确诊后，尽管使用液体和矿物油的疗效较好，但通常大部分病畜都还需要进行手术治疗。如果已确定实施手术，可将阻塞物用生理盐水或羧甲基纤维素进行混合，再将其按摩进入盲肠。或对远端空肠进行肠切开术，再从切口处移除阻塞物，但手术后还可能复发肠阻塞。在手术几周后，根据手术过程中对小肠浆膜表面的损伤程度，也可能因腹内粘连而出现并发症（见下文）。

2. 粘连 腹腔内的粘连通常会影响到小肠并导致肠阻塞，还可能会引起嵌闭性阻塞。这种粘连常由腹膜损伤引起，但在多数情况下，还可能是先前进行的小肠手术、慢性小肠膨胀、腹膜炎或寄生虫幼虫移行的结果。同时也是这些组织对局部缺血、外伤组织处理、异物、出血或脱水等原因形成的纤维性粘连（随后是纤维素性的）所作出的防御性反应。如果粘连引起肠道扭结、压迫或狭窄时，病畜则表现出临床症状。

如果马先前有过腹部手术的病史，并伴有近期反复发作的腹痛症状，则首先应考虑粘连。与腹内粘连相关的病程一般包括从轻微和反复发作的腹痛到剧烈的疼痛。大多情况下，如果粘连是马的一种重要疾病，那么在手术后的90 d内，由腹内粘连所导致的临床症状才会出现。

手术治疗包括粘连的横切、切除患病肠道，以及通过吻合术实现食入物的正常流动等。为减少随后可能出现的粘连，应对病畜采用相应的药物治疗。这些药物包括全身性的抗菌药物、NSAID以及在手术结束时对腹部灌注无菌的羧甲基纤维素（钠）。应事先告知畜主可能还会复发粘连，大面积的粘连会导致患马长期预后不良。

3. 马蛔虫性阻塞 青年马，特别是那些并未充分防控寄生虫的农场内的马，可能会发生小肠蛔虫性阻塞。这类阻塞常发生在给马使用了一种高效马副蛔虫（*Parascaris equorum*）驱虫药之后。与治疗本病相关的最常见驱虫药有伊维菌素、哌嗪和有机磷酸酯类药物。这些药物可使蛔虫麻痹，从而导致蛔虫在小肠肠腔内累积成团。据悉，蛔虫表面分解并释放的抗原液会抑制肠道肌肉的活性，这又增加了肠道阻塞的风险。

马蛔虫性阻塞的临床症状包括由轻至重的腹痛、毒血症倾向和胃回流液中出现蛔虫等。如果患马刚断奶或1岁龄，身体状况不佳且最近有驱虫史，则应怀疑有蛔虫性阻塞。在一些病例中，使用液体和肠道润滑剂进行治疗有效。其他患马可能需要实施手术治疗，通过多点的肠切开术清除蛔虫。被迫实施手术治疗的病马，一般预后谨慎。应建议畜主对同一个畜舍内的其他马驹使用低效力的驱蛔虫药（如芬苯达唑）。在进行了初步治疗后，可紧接着使用更为有效的复合药物进行治疗。

4. 马近侧肠炎-空肠炎 这种尚未被充分了解的疾病多感染马近侧小肠，且有许多不同的名称，如近侧肠炎-空肠炎、前端肠炎以及十二指肠炎-空肠炎。本病在美国东南部、美国东北部、英国和欧洲大陆都曾有过报道，但病因未知。患病肠道的病变包括从充血到坏死，以及黏膜下层的炎性细胞浸润等多种形式的损伤。肠壁的各层都存在不同程度的水肿和出血。

本病的临床症状包括程度不同的轻微至剧烈的腹痛。本病的流行高峰期出现在20世纪80年代，其特点是胃液大量回流，病程由疼痛到抑郁呈渐进性发展，通过直肠触诊小肠可见中度到严重的膨胀。除此之外，当十二指肠缠绕在盲肠基底部时，直肠触诊可感知到膨胀感。腹水中蛋白浓度会升高（＞3 g/dL），而白细胞数一般正常，但上述结果并不能将本病与小肠疾病的其他病因区分开来。一些未经证实的报道称，本病的流行性和临床严重程度在过去十年间呈下降趋势，但至少本病在病情较为严重且伴随有蹄叶炎高发国家的一些地区中存在这种倾向。

该病可通过药物或手术进行治疗。药物治疗包括对胃部持续减压直至胃回流缓解，静脉输液以及服用必要的镇痛药。许多临床兽医使用青霉素和低剂量的氟胺烟酸葡胺，有人使用新斯的明、利多卡因或甲氧氯普胺刺激小肠的运动活力。有的外科兽医，特别是在英国，认为探测性剖腹手术和肠道降压术能使病畜尽快恢复。据报道，近侧肠炎-空肠炎的存活率为44%。

因为急性蹄叶炎是近侧肠炎-空肠炎的一种常见并发症，所以应对病畜的蹄部进行特别护理。据报道，患近侧肠炎-空肠炎的马发生急性蹄叶炎的比率约为25%。

5. 肠套叠 大多数发生在马的肠套叠包括空肠与空肠套叠、回肠与回肠套叠以及回肠与盲肠套叠。肠套叠部分（肠套叠套入部）嵌入远端部分（肠套叠鞘部）的长度可从几厘米到1 m不等。尽管大多数引起肠套叠的确切病因尚待推敲，但极有可能是由于肠炎、手术创伤、寄生虫损伤、驱虫药以及叶状裸头绦虫（*Anoplocephala perfoliata*）感染等原因使肠蠕动发生改变所引起。3岁以下马发生肠套叠的情况一般较常见。

腹痛可因肠腔完全性阻塞引起的急性腹痛或由于肠腔部分嵌闭性阻塞引起的慢性腹痛诱发。如果肠腔阻塞属于完全性的阻塞，则马会出现剧烈疼痛和胃液回流，经直肠检查可触摸到小肠的环状膨胀。特别是回肠发生套叠时，直肠检查可触摸到肿胀的套叠肠段，因为较窄的肠套叠套入部被包含在肠套叠鞘部内，故腹水的白细胞数并不能反映肠道损伤程度。

需要实施手术治疗以使肠套叠部分复位，如有可能，还需要进行切除术和缝合术。由于出现病变的肠壁发生水肿和出血，故很难对术后肠道的生存能力进行评估。此外，肠套叠套入部的损伤可能会导致粘连。如果肠套叠发生在空肠，必须实施空肠-空肠吻合术。如果肠套叠仅发生在回肠，则病变的肠段必须予以切除，再实施一个空肠-盲肠吻合术。如果回肠套叠入盲肠，则应将靠近盲肠的回肠末端横断切除，然后再实施一个空肠-盲肠吻合术。如果在难以复位前实施手术，则存活的病畜预后良好。如果因肠套叠发展成腹膜炎、肠阻塞、粘连以及形成脓肿等而无法复位时，则预后不良。

6. 肠扭转 当小肠围绕其肠系膜轴线旋转超过180°时，常会引起小肠扭转。随着扭转程度的加大，导致小肠的血液供应不足。据推测，因为小肠依附于盲肠，所以在大多数病例中，发生扭转的远端部分发生在回肠。

患小肠扭转的马表现剧烈疼痛、心率增加、毛细血管再充盈的时间延长，以及胃液回流等临床症状。因为损失的液体进入胃肠道，患马通常会发生脱水，血细胞比容及血浆蛋白浓度上升。患马的病情可能会因血容量减少和内毒素血症而迅速恶化。直肠检查可触诊到小肠因浮肿形成的膨胀环。腹水中的白细胞数和蛋白浓度升高。

可实施经由腹中线的剖腹术对肠扭转实施外科矫正治疗。如果病变的肠段已无法恢复其正常的生理功

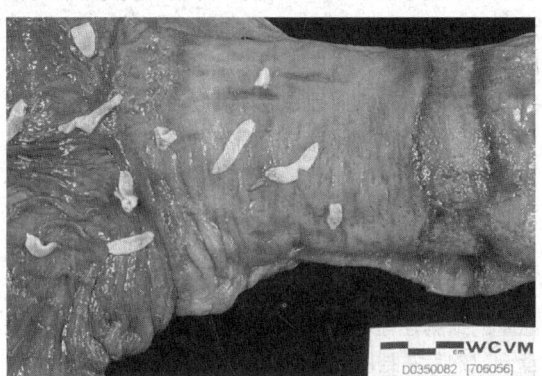

图2-19 马叶状裸头绦虫和回肠阻塞
（由Sameeh M. Abutarbush博士提供）

能，应予以切除并缝合。病畜术后的存活率取决于疾病持续时间的长短及必须切除肠段的长度。如果本病能够得到早期诊断并进行手术治疗，则预后良好。如果马术前患病时间过长，或术后继发肠阻塞和腹膜炎，都会增加粘连的风险。如果切除的肠段已经超过小肠总长度的50%时，则建议对患马施行安乐死。然而，有试验性的研究结果表明，即便是切除了70%小肠的矮马，每日喂以数次（8次）压缩饲料，并未引发矮马的吸收障碍。

7. 有蒂脂肪瘤 由有蒂脂肪瘤引起的急性腹痛常发于10岁以上的马。有蒂脂肪瘤通过其茎和蒂从肠系膜垂掉下来，缠绕住一段小肠，封闭小肠腔，影响血液供应。脂肪瘤还常常会形成一些有蒂的结节。

临床症状包括精神沉郁、剧烈腹痛、胃液回流以及代谢状况迅速恶化等。直肠检查可触摸到小肠的膨胀环。有些病例，经直肠给药时也能感知脂肪瘤的存在。腹水检查时白细胞数、红细胞数及蛋白含量均升高。

治疗时需要对脂肪瘤的蒂部实施横切，如有必要，还需对病变肠段予以切除。预后取决于出现临床症状与实施手术之间的时间间隔。如果手术进行得较早，则预后良好。如果直到心血管恶化的症状出现后才开始手术，则存活下来的马通常预后不良。

8. 肠内嵌闭 肠内嵌闭最常发生的部位是肠系膜的缝隙和网膜孔。肠系膜的缝隙是小肠肠系膜的缺陷。当一部分小肠穿过肠系膜的这处缺陷时，小肠段被嵌闭，嵌闭肠道因充满液体和血液而膨胀，导致肠道频繁发生扭转。各个年龄段的马都存在这种肠系膜缝隙。

网膜孔是一个周围被肝尾状叶、门静脉和后腔静脉围绕的天然孔。远端的回肠和空肠是穿过网膜孔而发生嵌闭的最常见的肠段。尽管在正常情况下，肠道是由右至左进入网膜囊，它也有可能会反向进入，并将网膜推到它的前方。尽管有报道称，7岁以上的马最易患本病，但7岁以下的马也很常见。

本病的临床症状并不十分典型，且与近侧肠炎和有蒂脂肪瘤患马的临床症状极为相似，必须通过手术才能确诊。此外，在有些病例中，由于病变的肠段在网膜囊内，腹水检测可能正常。

不管患马发生的肠嵌闭是在肠系膜缝隙内还是网膜孔内，都需进行手术治疗。病变的肠段必须从腹中取出，并对其生理活性进行评估，如有必要，需对病变部分予以切除并缝合。手术后存活的马，其预后取决于疾病发生和施行手术之间的时间间隔。如果在早期即已施行手术治疗，则预后良好。但如果因为临床症状不明确，而使手术出现延误，则预后不良。

9. 腹股沟疝 腹股沟疝常发生在与母马配种、有外伤或剧烈训练后的种马。本病多发于田纳西州走马、美国乘骑用马以及标准竞赛用马。在大多数病例中的疝痛都会引发急性绞痛。多数情况肠道通过鞘膜环下陷到睾丸和附睾附近。全身检查时，可触诊到坚实、冰凉的肿胀睾丸。如果腹股沟疝发生在数小时内，在腹股沟管内可触诊到小肠。这种情况下，应尝试将睾丸向下拉以使腹股沟管的边缘绷紧，再将肠道推出鞘膜环，以此来缓解疝痛。一般发生嵌闭的肠道都包括回肠，一旦发生嵌闭时，肠道会出现水肿，故无法手动缓解疝痛。直肠检查显示小肠出现膨胀环，并伴有小肠环回到鞘膜环的病变一侧，这会导致胃液回流和病情迅速恶化。腹水通常反映局部缺血的严重程度。

用来缓解疝痛的手术治疗包括沿腹中线实施的剖腹术和腹股沟手术。通常需要对病变一侧的睾丸予以摘除，并同时切除病变肠道。患马存活率可能与马的品种有关，标准竞赛用马的预后良好，而田纳西州走马的预后不良。这可能也反映了一个事实，即患腹股沟疝的田纳西州走马的种马疼痛症状不明显。

（三）盲肠与大肠

1. 阻塞 阻塞最常发生在左结肠的骨盆屈曲、横结肠和右结肠的连接处、盲肠底部以及盲肠体等部位。在解剖学上，由于在骨盆屈曲和横结肠处的肠径尺寸发生急剧的改变，因此这些部位很容易诱发阻塞。尽管有报道推测马发生盲肠阻塞时，其盲肠肌肉活动发生异常，但导致盲肠发生阻塞的确切原因仍不明确。导致阻塞的其他诱因还包括动物饲料过于粗糙、牙齿患病或饮水不足等。在马的临床研究中，摩根、阿拉伯和阿帕卢萨品种更易发生盲肠阻塞，但这种情况多被认为是叶状裸头绦虫继发感染所致。阻塞同样可以继发于其他肠道疾病，并且还可能与长期的

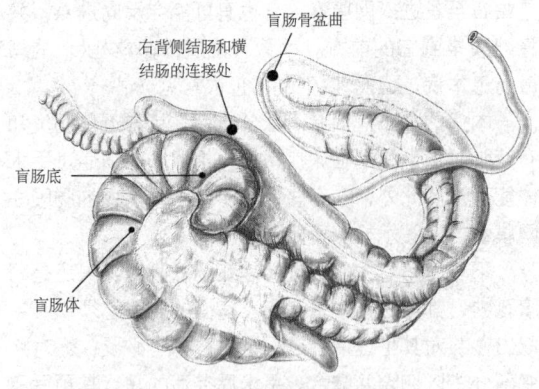

图2-20 马阻塞常发部位——盲肠和大肠（大点表示该部位阻塞发生频率高）
（由Gheorghe Constantinescu博士绘制）

住院治疗有关。因此，应每日例行检查由于异常情况而治疗马的粪便，特别是那些在日常治疗中使用过NSAID的马匹。

患有单纯盲肠或大结肠阻塞的马，通常表现中度的间歇性疝痛，如果阻塞的病程没有延长，这便是疾病全身性恶化的最基本的临床表现。这时心率一般会轻微加快，腹部听诊时可听到肠音，这可能与肠道阻塞部位发生疼痛有关，上述这些症状都可通过直肠触诊进行诊断。尽管最常发生阻塞的部位被认为是大结肠的骨盆屈曲，但饲料通常会充满大部分或全部的左腹侧结肠，这样会使阻塞物向腹腔上部扩张，因此可以通过对腹侧结肠表面的纵向带触诊，来确定发生阻塞的肠段。相对而言盲肠阻塞较易辨别，因为盲肠阻塞块位于腰椎旁右侧的区域，盲肠可以通过对拉紧的腹侧盲肠带和覆盖在中间盲肠带上的脂肪和血管的触诊予以确认。通常需要对腹水进行常规检测，随着病程的进一步延长，病畜的总蛋白浓度会升高。

8岁以上马发生的盲肠阻塞通常是由疝痛引起的。除此之外，阻塞也可发生在由于其他病因住院的马，并且这种阻塞通常会引起盲肠突然破裂。因此，哪种治疗方法是盲肠阻塞的最佳方案目前尚存争论。因为在某些临床研究中，药物治疗的失败率可达50%，故通过回结肠造口吻合术移除盲肠阻塞块的外科手术法获得了业内人士的强力推荐。另外，据其他兽医报道称，采用积极主动的药物治疗对盲肠阻塞的疗效也很显著，特别是当病畜由于盲肠阻塞而发生腹痛时，都要引起兽医人员的高度重视。

在药物治疗过程中，对患有盲肠或大结肠阻塞的马注射镇痛药非常必要，药物治疗包括大剂量静脉注射生理盐水，胃内灌服液状石蜡、磺琥辛酯钠和水。在阻塞出现缓解之前，患马的饮食必须受到严格的限制。很多兽医都认为主动的液体疗法是首选的最佳治疗方案，一般通过注射平衡电解质溶液以促进血浆中的液体流向肠腔。以450 kg的马为例，使用这种方法进行治疗时需要每日输入超过50 L的电解溶液，直至阻塞缓解。目前，临床上越来越多地使用灌肠疗法治疗马结肠阻塞，其原因是液体灌肠治疗比静脉注射治疗更经济。液体灌肠疗法的临床效果非常理想，通过对健康马匹的试验显示：与静脉注射疗法相比，液体灌肠疗法在促进结肠内容物水合作用方面效果显著。

如果大结肠阻塞经药物治疗无效时，则需要对病畜施以外科手术治疗。一般来说，通过剖腹术将发生阻塞的结肠轻轻地从腹腔中取出，置于无菌的结肠托盘上，然后在结肠的骨盆屈曲处进行肠切开术，同时取出结肠中的内容物。

在对盲肠阻塞的马进行外科手术治疗时，需要对

其进行全身麻醉,然后再行腹中线剖腹术。在剖腹术位置对分盲肠,通过肠切开术取出盲肠内容物。由于简单剔除内容物后阻塞会复发,因此,需要通过回结肠造口吻合术绕过盲肠。

通常大结肠阻塞预后良好,治愈率可高达95%以上。与此相反,盲肠阻塞的治愈率仅为50%~55%,而在住院治疗期间发生的马盲肠阻塞,可能预后不良。

在某些地方,最常见的阻塞物是沙子。尤其在牧草不足,马群通过放牧饲喂的地区。沙子在右背侧结肠和横结肠部位蓄积,在沙子重力作用下可能会引起间歇性腹痛。当横结肠中阻塞物封闭肠道内腔时,会引起更剧烈的腹痛。在这种情况下,最靠近阻塞部位的结肠容易发生胀气,此时患马会感受到剧烈痛感。一旦出现这种情况,通常很难与肠变位或肠扭转相区分。常用的做法是将排泄物和水混合后,若在一个塑料直肠检查套筒中发现沙子时,即可予以确诊。

发生沙土性阻塞的病马可以通过药物或外科手术进行治疗。药物治疗一般包括胃内灌服车前草(每500 kg体重400 g,每日1次,连用7 d)以清除肠内的沙子。使用时将车前草片剂溶解于7.5 L的温水中,然后迅速灌入胃中。如有必要,在进行药物治疗的同时还应该配合使用镇痛药,或者通过静脉输液以促使体液进入肠腔。

如果沙子已使横结肠的内腔完全堵塞,那么,通过腹中线剖腹术进行外科矫正是非常必要的。将左结肠轻轻地从腹腔内取出并放置于无菌的结肠托盘上,然后通过肠切开术取出肠腔内的沙子,术后一般预后良好。但外科手术过程中也会出现由于沙子过重或从肠腔转移沙子的过程中发生结肠损伤等意外情况。

2. 肠结石 肠结石是磷酸铵镁结晶围绕病灶(如金属丝、石头和钉子)形成的结石。马的肠结石可以散发也可群发。在美国,肠结石一般常发生于加利福尼亚州、西南部各州、印第安纳州和佛罗里达州等。肠结石通常多发于阿拉伯马,但实际情况是阿拉伯马在上述提到的地区非常普及,因此,使上述问题混淆了,而被误认为与品种有关。一般在10岁左右的马易患肠结石,4岁以下的马则很少发生。尽管导致肠结石发生的所有因素尚未完全确认,但目前的临床研究显示,与患有非肠结石导致疝痛的马相比,患有肠结石的马大结肠内容物中,矿物质(镁、钙和磷)成分和pH均较高。引起肠结石的一个共同因素是过度饲喂苜蓿干草,这引起大结肠内pH升高以及钙、镁和硫等浓度升高。

很多患有肠结石的马都曾经有过反复发作的疝痛病史,据此可预示,肠结石可能会引起局部或暂时性

的结肠阻塞。如果肠结石固着于横结肠的起始部位,则靠近结石的结肠部位会发生胀气,并同时伴有剧烈的疼痛。病马腹部显著膨胀,心率和呼吸频率升高,黏膜苍白或粉红色。故一般情况下,结肠和盲肠的扩张可通过直肠检查诊断。由于弧形横结肠位于肠系膜动脉的顶部,一般很难触诊到结石块。除非随着肠结石的发展导致结肠壁发生局部缺血,否则腹水的检测结果一般在正常范围内。在发生地方性肠结石的地区,还可以通过X线检查来诊断肠结石。

外科手术治疗肠结石时,通常采用腹中线剖腹术,为结石和盲肠解压后取出结石。手术过程中首先从腹腔内取出大结肠的左半部分,并放置在一个无菌的结肠托盘上,然后通过肠切开术取出肠腔内容物,最后取出结石。如果结石呈一个直边或多面形,则需要对大结肠和小结肠进行彻底检查,进而清除其他所有结石。病畜术后一般预后良好,在发病地区的临床报告显示,治愈率可高达95%。

3. 结肠左背侧变位 当结肠的骨盆屈曲或整个左结肠的任一部分移位,并绕过肾脾韧带时,即发生结肠的左背侧变位。这是由于肾脾韧带并不与脾脏的大部分背侧部连接,且在脾脏和左侧肾脏之间存在一个天然的裂缝。尽管所有年龄和性别的马发生左背侧变位的概率相同,但临床研究显示,这种变位通常更易发生在马驹。

由于左背侧变位仅引起横过悬挂韧带的结肠出现单纯性阻塞,因此,发生左背侧变位时,常伴随着中度的腹痛或者长时间的间歇性腹痛,黏膜基本正常,心率稍快,一般通过直肠检查即可确诊(穿过韧带触诊骨盆屈曲,沿着背侧方向至左侧肾脏对左背侧结肠区域进行触诊,可发现脾脏移位至腹腔中部)。同样也可通过超声波检查确诊左背侧变位。如果脾脏移向腹腔中部,穿刺时会采集到血液。

可以通过以下四种方法治疗结肠左背侧变位:①在决定清除肠内容物之前,通过禁饲可使结肠复位;②翻转马的身体,可使结肠离开韧带;③注射苯肾上腺素或驱使马慢跑,从而使脾脏收缩,可矫正变位;④实施外科手术使结肠复位。实施翻转操作时需对患马进行短时麻醉(甲苯噻嗪或地托咪啶和氯胺酮)后,抬高马的后肢并使马翻转一周。外科手术一般采用腹中线剖腹术,其优点是可以保证术后结肠的活力。总的来说,结肠左背侧变位的预后良好,大多数研究报告显示,治愈率超过80%。

4. 结肠右背侧变位 右背侧变位是左结肠围绕盲肠底部移动,并移位至盲肠和右体壁的中间。在右背侧变位中,结肠的骨盆屈曲通常最后移位至隔膜附近。在很多病例中,右背侧变位通常伴有发生在盲肠底部附近

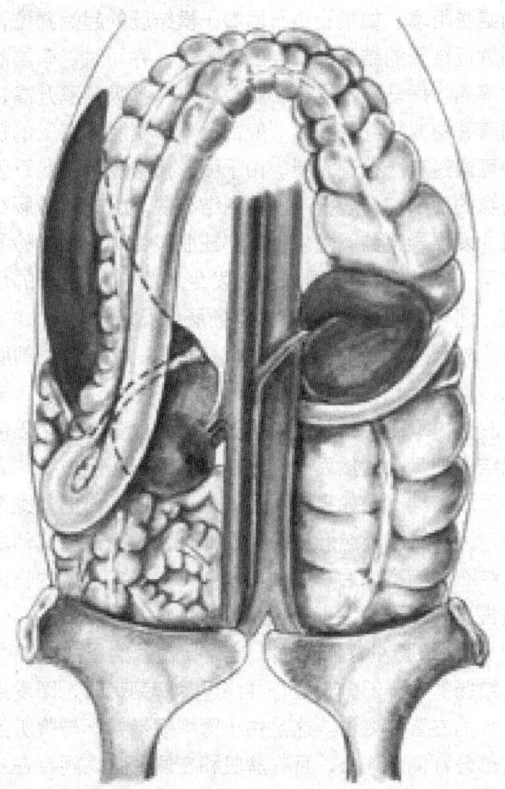

图2-21 结肠的左背侧变位（肾脾固定包埋术），马背面观
（由Gheorghe Constantinescu博士绘制）

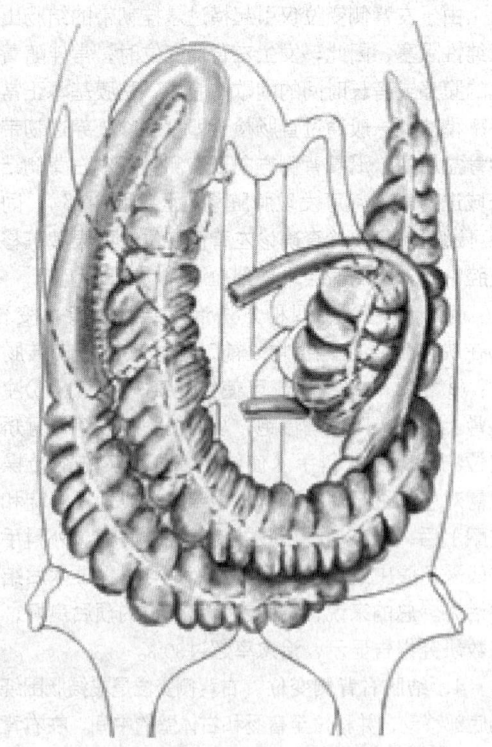

图2-22 结肠扭曲和扭转引起的右背侧变位，马背面观
（由Gheorghe Constantinescu博士绘制）

的结肠扭转。尽管发生变位的结肠静脉血液回流会受到一定干扰，但动脉的供血功能一般保持完整。

大多数患有右背侧变位的马都会表现出中等强度的疼痛，并发生缓慢的全身性衰弱。但在某些病例中会出现剧烈疼痛。直肠检查时可能会触摸到横穿骨盆入口处结肠中的绦虫，但一般不可能触诊到腹侧盲肠。部分患有右背侧变位的马会发生胃内容物逆流，这可能是由于十二指肠阻塞所引起。

一部分患马的病情稳定，并可能出现与温和型腹痛相似的间歇性症状。一般应采取保守治疗，并注意患马的饮水和注射适量的镇痛药。尽管如此，对已出现疼痛的患马，必须对骨盆屈曲处实施外科手术，从腹腔内取出结肠的左半部，并为其解压。如果可能，可通过旋转结肠，使其绕过盲肠底部，从而迁移结肠恢复至正常位置。结肠扭转必须尽快确诊并及时矫正，若外科手术过程中结肠壁未受损伤，则一般预后良好。

5. 右背侧结肠炎 近年来，右背侧结肠炎的发病率呈规律性上升，特别是无限制地大剂量使用NSAID的马尤为显著。即便是使用推荐剂量的马中也会出现这种情况，其原因是一些马对此类药物的毒性作用特别敏感。一般治疗右背侧结肠炎最常使用的药物是苯丁唑酮，尽管苯丁唑酮也会出现上述类似的不良反应，但可以考虑长期使用该药。患有右背侧结肠炎的马最常见的病变包括患部溃疡，以及右背侧结肠壁增厚和（或）纤维化。

患马一般出现腹痛、厌食和嗜睡等症状。在很多病例中，临床症状表现为剧烈腹痛、发热、内毒素血症和腹泻。患有极慢性右背侧结肠炎的马，则表现为间歇性的腹痛、体重减轻、嗜睡和厌食。在大多数病例中，出现低蛋白血症是血液学检查中的一个常见指标，也是引起患慢性结肠炎的马发生腹部水肿的原因。一般通过病史、临床症状和血液学检查结果即可诊断。而在另外一些病例中，在通过对第12至第15肋间隙进行超声波检查时，可发现结肠壁的特征性增厚。

对患马的治疗方法包括，停止使用NSAID、加强休息和将饲料换成含30%以上饲料纤维的全颗粒饲料。有些临床兽医建议病马应少食多餐，还有很多兽医提出，含车前草的日粮能够促进肠黏膜的康复，或同时注射硫糖铝和甲硝唑等都有一定效果。对伴有难以控制疼痛的患马，应考虑通过外科手术切除或绕开右背侧结肠的患病部分。通常患有右背侧结肠炎的马预后需谨慎。

6. 结肠扭转 尽管术语"扭转"一词被用于表示结肠扭转已有数年，但只有在出现包括腹侧和背侧结肠间的肠系膜扭转时，才表明动物发生了肠扭转。

在观察扭转最常发生部位（右背侧结肠和盲肠的结合点）时发现，顺时针方向的扭转最常见，盲肠发生或不发生扭转的情况均存在。如果扭转的角度小于270°，肠腔会发生不伴有局部缺血的阻塞。如果扭转的角度大于360°，整个左结肠将会发生完全阻塞。

疝痛多突然发生，如果扭转仅仅导致肠腔阻塞，那么疼痛程度会从轻微到中度不等。当扭曲进一步加剧时，病马表现为剧烈疼痛，这时对患马使用镇痛药时一般无效。直肠检查可见结肠极度扩张，腹侧和背侧结肠间的肠系膜水肿，心率加快。患马的病情急剧恶化，且末梢血管灌流不足，腹部通常显著扩张。一般来说，腹水检查结果和结肠扭转程度之间缺乏相关性。

尽管结肠扭转的病因尚未全部弄清，但推测可能与结肠内一定比例的气体有关。在种母马场，大结肠扭转常发生在母马分娩前（90 d之内）或者即将分娩时，且与饲喂青草饲料或者含有大量可发酵饲料的日粮有关。马驹位于母马身体的一侧时（分娩前的情况）会增加母马结肠扭转的风险。

根据病情需要，结肠扭转可通过外科手术进行矫正，同时切除患病肠段。尽管对健康马切除90%结肠的技术已经很完善，但对出现结肠水肿时的肠段实施切除手术还是十分困难的。因为一些临床研究发现，该病的复发率可高达20%，因此通过结肠固定术可减少种母马大结肠扭转的复发率。尽管统计几个综合性兽医院的数据后表明，结肠扭转的治愈率仅为27%，但在种母马场近期进行的实践结果表明，治愈率一般都保持在85%以上。

7. 降结肠积食与异物性阻塞 降结肠（小结肠）发生异常情况的病例非常罕见，有研究显示，出现结肠疝痛的比例一般不到5%。最常见的病因包括胎粪滞留、积食和异物阻塞。胎粪滞留常见于马驹出生后的24 h内，发生胎粪滞留的马驹尾巴不停地在两侧甩动，排粪困难并且打滚。通常需要通过数字化的检查方法进行确诊。治疗方法是使用温热的肥皂水灌肠剂，一般病马预后良好。

降结肠阻塞见于矮种马、小型马和限制饮水或由于其他原因引起肠内淤滞的成年马。最近发现，降结肠阻塞还与沙门氏菌病有关，不过二者之间的因果关系尚未被证实。若肠道完全阻塞时，病马通常出现剧烈疼痛。在某些病例中还会发生结肠臌气，以及因其诱发的肠阻塞。成年马可通过直肠触诊腹腔腹侧的阻塞块进行诊断。如果患马不足3岁，则需要考虑降结肠的异物性阻塞，其常见的阻塞物包括栏杆的橡胶、缰绳、吸嘴杆的尼龙纤维或装饲料的麻布袋等。患马可采用镇痛药、静脉输液和温和灌肠方法进行治疗。

由于患马伴有剧烈疼痛和臌气，故最常用的方法还是对患马实施外科手术。除非在移除阻塞物后病马并发严重的结肠炎，一般预后良好。而发生异物阻塞的病马一般预后较好。

第十五节 反刍动物肠道疾病

一、牛肠道疾病

牛肠道疾病的病因应根据临床症状、流行病学调查和实验室检测来确定。非特异性疗法包括补充体液和电解质。以下给出的是概述；具体治疗和预防方法的详述见每个具体疾病的描述。虽然有些病因也可引起成年牛发病，但新生犊牛的肠道疾病仍单独进行描述。

（一）牛病毒性腹泻-黏膜病综合征

牛病毒性腹泻病（BVD）最常见于青年牛（6～24月龄），临床症状包括发热、食欲不振、腹泻及典型的黏膜损伤。BVD必须与引起腹泻和黏膜病变的其他病毒性疾病相区别。其中包括成年牛群散发的恶性卡他热和在大多数国家都极为罕见的呈暴发式流行的牛瘟。

引起牛病毒性腹泻-黏膜病综合征的牛病毒性腹泻病毒（BVDV）属于黄病毒科瘟病毒属的成员。尽管牛是BVDV的第一宿主，但是一些研究表明，大多数偶蹄动物也是易感动物。根据接种细胞培养物后细胞出现病变的情况，可将BVDV分为致细胞病变型和非致细胞病变型2种典型的生物型。另外，还存在有第3种类型的BVDV，这种病毒在非淋巴样细胞系中培养时是非致细胞病变型，而在淋巴样细胞系中培养则是致细胞病变型。在自然界中，BVDV主要以非致细胞病变型为主，致细胞病变型BVDV则相对比较罕见，患牛通常是由于持续感染非致细胞病变型BVDV所致。病毒生物型之间的转变是由突变所引起，通常是由非致细胞病变型BVDV自身同源重组，或者是非致细胞病变型BVDV与异源病毒RNA或宿主细胞RNA重组产生的。

依据病毒RNA的核苷酸序列比对，BVDV至少有2种基因型（不同的基因群），可进一步划分出亚基因型或基因组。其病毒的基因型被称为BVDV-1和BVDV-2，每一个基因型中还可分出致细胞病变型BVDV和非致细胞病变型BVDV2种类型。同群的亚基因型BVDV之间的RNA核苷酸序列具有高度同源性（亚基因型用小写字母表示，因此BVDV-1的基因亚型用1a，1b，1c等表示）。目前，病毒亚基因型的数目尚不清楚。根据在病毒RNA中选取的数百个核苷酸序列的分析结果显示，BVDV-1至少有12～15个亚型，BVDV-2至少有2个亚型。

BVDV-1和BVDV-2呈世界性分布，但是每种类型病毒的发病率在不同地区间差别很大。病毒基因亚型间分布的限制性较大，例如许多病毒的基因亚型仅出现在世界的某些区域，而在某些情况下，则仅在一个国家的某个地区存在。所有的BVDV，无论是基因型或亚型都具有抗原相关性。但是，使用康复牛的血清进行血清学检测可以将BVDV-2与BVDV-1鉴别开。不同基因型和亚基因型BVDV之间的抗原变异程度尚不清楚，然而人们担心这种BVDV之间的抗原差异性可能会影响疫苗接种的免疫保护效果。

【病因与流行病学】 血清学调查显示，BVDV呈现全球性分布。不同国家之间病毒抗体的流行率各不相同，同一国家不同地区之间的差别也较大。在普遍采用疫苗免疫接种的地区，病毒抗体的流行率在90%以上。尽管各年龄段的牛都属易感动物，但出现明显临床症状的病例多为6月龄至2岁的牛。

持续感染非致细胞病变型BVDV的牛是该病毒的自然宿主。非致细胞病变型在通过胎盘传播给4月龄之前的胎儿时，可引起持续性感染。这样的犊牛一出生即携带病毒，可终生带毒，对非致细胞病变型BVDV具有免疫耐受。母牛妊娠期感染BVDV时，病毒经胎盘传播后，可引起流产、胎儿先天性畸形或初生正常的犊牛携带BVDV抗体。BVD在不同国家或同一国家不同地区，持续感染后的发病率差异较大。近期研究报告显示：在美国中部，已进入饲养场的犊牛持续感染BVDV后的患病率在0.1%～0.3%之间。持续性感染在初生犊牛中的患病率可能会更高，发生地方流行性BVDV感染的奶牛场，患病率接近4%。在某一特定的牛场，经常发现持续性感染的牛多为一些年龄大致相同的群体。持续性感染的牛，可通过分泌物和排泄物排出大量BVDV，进而感染易感牛群。当健康牛群与持续性感染的牛接触后，常表现出明显的临床症状和繁殖障碍。而持续性感染的牛是BVDV的主要传染源。病毒还可通过昆虫叮咬、污染物、精液、生物制品和其他动物（包括猪、绵羊、山羊、骆驼甚至是野生反刍动物）进行传播。

【临床表现与病理变化】 BVDV引起的疾病在严重程度、持续时间和器官系统病变方面都各不相同。急性病例多由易感牛群感染非致细胞病变型BVDV或致细胞病变型BVDV引起。急性BVD又称一过性BVD，常表现为高感染率和低死亡率的温和型至隐性疾病过程。急性BVD的典型临床症状包括双相热（约40℃）、精神沉郁、产奶量下降、暂时性食欲不振、呼吸急促、鼻漏、流泪和腹泻。BVD的临床症状通常出现在感染后6～12 d，持续时间为

1～3 d。开始出现症状时可见有短暂的白细胞减少症。随着病毒中和抗体的产生，病牛可很快痊愈。温和型病例很少出现眼观病变。淋巴组织是BVDV复制过程中的主要靶组织，可造成免疫抑制，加重并发感染。

一些BVDV毒株引起的严重临床症状，包括高热（41～42℃）、口腔溃疡、趾间皮肤及蹄冠出现急性弥漫性炎症、腹泻、脱水、白细胞和血小板减少症。患血小板减少症的牛，在眼结膜、虹膜、瞬膜和口腔黏膜及外阴黏膜表面等部位可见点状出血，同时，注射部位的出血时间也会延长。发生急性BVD时，常伴有淋巴结肿大、胃肠道糜烂溃疡、内脏浆膜表面斑状出血、瘀血以及广泛的淋巴细胞衰竭等临床症状。显性疾病一般可持续3～7 d。常见的是发病率高而死亡率不高。急性BVD的严重程度与感染动物的病毒株毒力有关，而与病毒的生物型或基因型无关。

对于妊娠母牛，BVDV能够通过胎盘屏障感染胎儿。胎儿感染BVDV的症状一般会在感染后数周至数月才能显现出来，其严重程度与胎儿发育阶段和感染BVDV毒株的类型有关。在受精阶段感染BVDV时，可导致母牛妊娠率降低。在胚胎发育的前4个月感染时，通常会导致胚胎自溶、流产、发育迟缓或持续感染。当胚胎发育到4～6个月感染时，会造成眼睛和CNS的先天性畸形。另外，胚胎感染后还会出现木乃伊胎、死胎、早产或弱犊。

胚胎感染非致细胞病变型BVDV的一个主要后遗症就是持续感染。持续感染的犊牛可能外表健康且与正常犊牛大小一致，也可能表现发育不良并易患呼吸道或消化道疾病。患牛的寿命通常很短，一般不超过2岁。持续感染的母牛可产下持续感染的犊牛，但大部分持续感染的公牛后代则不会在子宫内发生感染。对病死牛进行尸检时，往往看不到BVDV引起持续性感染牛的病理变化。持续感染牛在未接种疫苗或没有发生同型BVDV复发感染时，很少能检测出BVD抗体。发生持续感染的牛，如感染与原非细胞致病变病毒具有不同抗原性的病毒时，可诱导产生病毒抗体。因此，使用病毒中和试验对持续感染进行筛查，以鉴别无病毒抗体的病牛时，可能无法查出部分持续感染牛。

黏膜病是一种高度致死型BVD，可表现为急性或慢性，持续性感染牛通常很少发生。当持续感染牛再次感染致细胞病变型BVDV时，就会引起黏膜病。致细胞病变型BVDV通常是内源性的，是由原持续感染的非致细胞病变型BVDV突变所致。因此，在这些病例中，致细胞病变型病毒与原非致细胞病变型BVDV

在抗原性上是相似的。致细胞病变型BVDV的外部来源包括其他牛以及弱毒疫苗。由于感染外源致细胞病变型BVDV而发生黏膜病的牛能产生抗体。因此，持续性感染的流行率较低，许多持续性感染牛，无论是否暴露于外源致细胞病变型BVDV，都不会发生黏膜病。急性黏膜病的特征是发热、白细胞减少、痢疾性腹泻、食欲不振、脱水、口腔和鼻糜烂性病变，发病后于数日内死亡。尸检时可见整个消化道出现糜烂和溃疡。集合淋巴结上的黏膜有出血和坏死。显微镜检查可见淋巴组织，尤其是肠道相关淋巴组织大量坏死。

慢性黏膜病的临床症状严重程度少于急性黏膜病，可持续数周至数月不等。常表现为间歇性腹泻和渐进性消瘦。蹄冠炎和趾间皮肤裂口处的糜烂性炎症能导致一些牛出现跛行。尸检所见病变并不明显，但与急性黏膜病类似。通常，唯一可见的大体病变是盲肠、结肠近端或直肠黏膜出现灶性溃疡，集合淋巴结所在的小肠黏膜出现凹陷。

【诊断】 根据患牛的病史、临床症状、眼观及显微病变，可以对BVD作出初步诊断。在临床症状和眼观病变很少时，必须利用实验室检测。当暴发黏膜病或出现严重BVD的临床症状时，由于这2种疾病的临床症状与牛瘟和恶性卡他热极为相似，因此也需要采用实验室检测。

BVDV的实验室检测方法有从血清抗体检测阳性的临床样本中进行病毒分离和鉴定，也可从病毒RNA或病毒抗原检测阳性的临床标本和组织中分离病毒。由于牛群中普遍存在BVDV抗体，因此，单一的血清学诊断还不足以对BVD进行判定。间隔采集双份血清样本，得到增加4倍以上抗体效价的试验，是验证近期感染的必要试验。如果从血液、鼻拭子样本或组织中分离到BVDV，即可证明是活动性感染。鉴定持续感染的病例，必须能从临床样本中检测到BVDV，每次样本采集至少相隔3周。在尸检时，分离病毒的首选组织包括脾脏、淋巴结和胃肠道溃疡灶。

病毒分离的替代方法有，采用抗原捕获ELISA从血液、血清或活体组织切片中检测病毒；采用免疫组化法检测冷冻组织或固定组织中的病毒蛋白；采用RT-PCR方法检测临床样本中的病毒RNA；用RT-PCR或原位杂交法检测分解或固定组织中的病毒RNA，单独采用RT-PCR方法，或先利用RT-PCR，之后再进行核苷酸序列分析、限制性片段长度多态性分析或回文核苷酸置换方法，可以完成病毒基因型或基因亚型的鉴别。单克隆抗体结合试验和病毒中和试验也能够用于病毒基因型的鉴别。

【治疗与控制】 BVD的治疗主要仍限于辅助疗法。控制则基于健全的管理规范，如生物安全措施的实施、淘汰持续感染牛和疫苗接种。后备牛进入牛群之前应进行持续感染的相关检测。后备牛进入原有牛群之前还应考虑实施2~4周的检疫或物理隔离，并同时进行BVD疫苗免疫。胚胎移植时也要对胚胎的供体和受体进行持续感染检测。如果必须对胚胎的供体和受体进行疫苗免疫，那么疫苗免疫至少在胚胎移植前的一个发情周期进行。由于BVDV能够进入精液，因此，在使用种公牛前应进行持续感染检测。人工授精的精液必须来自无持续感染的种公牛。

筛选牛群中持续性感染牛的最常用方法：利用皮肤活检组织或血液进行RT-PCR检测，利用经典的病毒分离法从血清或血沉棕黄层细胞中分离病毒，利用血清、血沉棕黄层细胞、皮肤活检组织进行抗原捕获ELISA，以及利用免疫组化法对组织或皮肤活检组织进行抗原检测。上述几种用于筛选畜群中持续感染病例的检测方法应根据畜群大小、畜群类型、畜主财力和实验室检测能力等酌情使用。一旦被确诊持续感染BVDV，应尽快淘汰感染牛。

灭活疫苗和弱毒疫苗对BVD是有效的。其中含有多种不同生物型和基因型（BVDV-1和BVDV-2）的BVDV毒株。特别是当疫苗病毒或病毒与攻击病毒具有显著差异时，BVDV之间的抗原多样性就能够影响特定疫苗的免疫效果。牛群免疫接种灭活疫苗或弱毒疫苗时，应根据疫苗使用说明书的要求进行。由于BVDV对胎儿易感并可出现免疫抑制现象，因此，对于妊娠母牛及表现临床症状的牛，不推荐使用弱毒疫苗进行免疫。灭活疫苗可用于妊娠母牛。灭活疫苗产生的保护期较短，因此可通过多次免疫接种预防疾病或繁殖障碍。牛初乳抗体能够为大多数初生犊牛提供3~6个月的部分或完全保护。给已获得初乳抗体的新生犊牛接种疫苗可能不会产生保护性免疫应答，需要在5~9月龄时进行强化免疫。一般应在首次配种之前进行一次强化免疫，在下一年进行配种之前再进行一次强化免疫接种。

（二）空肠出血综合征

空肠出血综合征（牛肠道出血综合征）是新近出现的一种牛的散发病。其临床症状是突然腹痛、胸位斜卧、休克和死亡。

【病因与发病机制】 空肠出血综合征的病因不详，但从自然发病牛的肠道中分离的A型产气荚膜梭状芽孢杆菌（*Clostridium perfringens*）释放的β_2-毒素基因的概率，比从患其他肠道疾病的牛中分离出的要高得多。其原发症状与产气荚膜梭状芽孢杆菌（*C. perfringens*）在快速生长的幼龄动物中引起的症状相似，包括急性、局灶性、出血性肠炎以及小肠出血引起的肠腔内血凝块等。血凝块使肠内的液体和气体在血凝块附近积聚并引起物理性阻塞，可导致低血钾、低血氯、脱水和不同程度的贫血等，进一步发展为出血性肠炎。局部缺血和坏死延伸至整个肠壁，在24～48 h内出现纤维素性腹膜炎，持续的电解质失衡，可引发重度毒血症甚至死亡。

【流行病学】 本病多呈散发，主要见于北美的成年泌乳奶牛，但在肉牛和欧洲牛中也曾有过报道。多数病例发生在成年奶牛泌乳期的头3个月。致病的风险因素可能与提高产奶量等管理措施有关，如饲喂全混合日粮和牛生长激素等。增加高能量日粮被认为是为A型产气荚膜梭状芽孢杆菌的增殖和产生肠毒素提供良好的肠道内环境，并增加了空肠出血综合征的发病风险。

【临床表现】 患牛常出现突然厌食以及精神沉郁，产奶量明显下降、腹胀、踢疼痛的腹部和因虚弱导致的斜卧等。临床症状包括沉郁、脱水、心脏和呼吸频率加快以及黏膜苍白等。腹部右侧轻度膨胀、瘤胃弛缓以及当振荡右侧腹部时出现流水音。血便、呈暗红色，有时排出少量干燥的粪便。在深部直肠检查时，可触及肿胀而坚实的肠环状囊袋。剖腹手术时，小肠段呈暗红色、肿胀以及浆膜表面出现纤维素性炎，小肠部位感染与真胃扩张并充满气体和液体。超声波检查可对疾病进行辅助诊断。

尽管给予大量液体和电解质治疗，但多数病例会于2～4 d内死亡。有时也会出现无明显临床症状的突然死亡病例。血象各不相同，血清生化检测结果反映出小肠上部阻塞以及真胃分泌封闭造成的低血钾和低血氯。

【病理变化】 伴有肠腔内出血的坏死空肠炎是最严重的。病变的小肠段呈暗红色，膨胀的黏膜表面覆以纤维蛋白样物质，肠腔内含有附着于黏膜上的坚硬血凝块，病变肠段发生坏死。

【诊断】 鉴别诊断应包括其他原因引起的小肠物理性或功能性肠阻塞，如肠套叠、盲肠扩张、肠扭转、弥漫性腹膜炎、右侧真胃扭转、肠系膜根部扭转以及因真胃溃疡引发的黑便症等。

【治疗与控制】 输液和电解质治疗以及剖腹术切除病变肠段，是针对有价值动物的首选治疗方案。即便是在已采取这些治疗措施的情况下，病畜的死亡率仍然会很高。没有任何一种预防措施是得到证实的。

（三）冬痢

冬痢是一种急性、高度传染性的胃肠道功能紊乱性的疾病，成年舍饲奶牛易感，主要在冬季流行。临床症状包括突然腹泻（有时伴有痢疾）、产奶量骤降、不同程度的厌食、沉郁以及轻度呼吸道症状（如

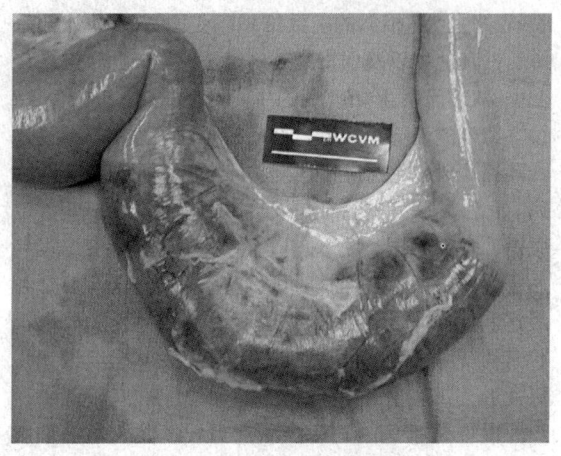

图2-23 空肠出血综合征
（由Sameeh M. Abutarbush博士提供）

咳嗽）等。该病的发病率高，而死亡率较低，通常可在发病后数日内自愈。

【病因】 冬痢确切的致病原因目前尚不清楚。近年来，由于牛冠状病毒（BCV）与引起犊牛腹泻的病毒间存在密切联系，所以被连带着认为是冬痢的病原体。认为BCV引起冬痢的证据还包括以下几点：①冬痢的临床症状和病理变化与BCV引起的疾病基本一致；②在患冬痢的牛中已证实存在有BCV血清转阳现象；③BCV病毒经常从表现冬痢临床症状牛的腹泻物中被分离出来；④用患有冬痢奶牛的粪便对泌乳期奶牛到犊牛的感染性试验显示，凡被短暂暴露于血清学阳性的BCV环境中的实验牛，都可以复制出冬痢的典型临床症状。尽管存在上述有力的证据，但成年奶牛通过口服接种BCV并不能始终如一的重现冬痢。但二者相同的致病因子包括饲料的改变、气温下降以及其他微生物的存在等，都可能是BCV引起成年牛出现临床症状所必需的致病因素。已确认能够引起冬痢的病原体有空肠弯曲杆菌（Campylobacter jejuni）、牛细小病毒、肠道病毒、牛传染性鼻气管炎病毒和牛病毒性腹泻病毒。

【传播、流行病学与发病机制】 BCV通过粪-口途径进行传播，通常是由于采食被病牛或携带病毒的正常牛粪便污染的饲料或水所引起。当感染动物呼吸道的分泌物中存在病毒粒子时，能够加快传播。邻近分娩期的动物发病风险更高。冬痢是一种高度接触性传染病，可通过参观者、带毒动物和污染物等传入畜群。冬痢多发于北温带，在冬季这些地区的动物通常被圈养在室内。冬痢常见于美国北部、加拿大、英国、欧洲、澳大利亚、新西兰、以色列和日本等地区。冠状病毒最适易生存在低温和紫外线强度较低的环境中，寒冷的季节能够导致病

毒的累积。一般初产成年泌乳奶牛最易感，也可感染青年牛、成年牛和公牛。冬痢引起的死亡率通常很低（1%~2%），但在已感染畜群中的发病率却很高，通常情况下，数日内一个牛群中20%~50%的牛都会表现出明显的临床症状，1周内几乎100%的牛都会出现明显的临床症状。从冬痢的复发过程来看，病牛能够产生一定的抵抗力。如果在同一个牛群中出现相同的病例，则意味着冬痢距上次发病已间隔了1~5年。

对于患有冬痢的牛，引起小肠和结肠过度分泌的炎性介质被认为是导致腹泻的主因。另外，被破坏的结肠隐窝上皮细胞能够导致细胞外液和血液外渗，这也可解释在一些病例中出现的血便现象。

【临床表现】 临床综合征多以急性发作的水样腹泻和产奶量骤降（产奶量减少25%~95%）为主要特征。粪便呈均质液状，气味小，呈墨绿或黑色，极少带有血液或黏液（特别是初产泌乳牛）。当牛舍出现大量病牛时，会散发出一股甜味和霉味混合在一起的难闻味道。患牛可出现流泪、流鼻涕或咳嗽以及此前出现的腹泻症状。其他症状如轻度腹痛、脱水、沉郁、短暂的厌食以及某些机能下降等。有时病牛也会表现出一些严重的临床症状，如带有大量血液的粪便、脱水和虚弱，但一般很少出现死亡病例。对牛个体而言，腹泻通常是一种短期行为，大多数病牛的粪便会在2~3 d恢复正常。牛群的腹泻症状多在1~2周内好转，但产奶量可能要经过数周至数月方能恢复正常。

【病理变化】 小肠可能发生膨胀和弛缓，但病变主要集中在大肠，同时还包括盲肠和结肠黏膜充血，以及集中于结肠黏膜褶的线性或针尖状出血和大肠肠腔内出血等。组织学检查显示，病变可能还包括结肠腺上皮细胞在内的广泛变性和坏死。

【诊断】 利用ELISA或电镜检测到粪便样品中的冠状病毒粒子，即可确诊。若检测出相隔8周的急性期和恢复期血清样本中冠状病毒的血清转阳现象，也有助于冬痢的确诊。

成年牛急性腹泻的鉴别诊断包括牛病毒性腹泻、肠道沙门氏菌病和球虫病。这些疾病可通过黏膜损伤（牛病毒性腹泻）、粪便培养呈阴性（Salmonella spp., 肠道沙门氏菌病）、排泄物悬浮法培养呈阴性（球虫病）以及冬痢的典型临床症状予以排除（短期牛群出现急性发作的腹泻性痢疾并伴有高发病率和低死亡率）。

【治疗与控制】 大部分患牛都能自愈。要随时保证充足的饮水、优质的饲料和食盐。收敛剂、保护剂和吸附剂的使用尚存争议。静脉输液疗法或输血疗法可能会对病情严重的牛具有一定疗效。

目前，还没有相应的疫苗用于冬痢预防接种。对于新引种的牛群需要2周的隔离期，并对所有出现腹泻的成年牛进行隔离，以减少将疾病引入牛群的风险。在疾病暴发时，要对进出养殖区的人员进行严格控制，所有能够接触到病牛的人员，要确保离开发病场时鞋和衣物的清洁。

（四）牛其他肠道疾病

沙门氏菌（Salmonella spp.）感染各年龄段的动物后均可引起腹泻，特别是当动物处于应激状态、饲养密集或接触被严重污染的饲料或水源时，腹泻症状便越发明显。对于年龄较大的动物，一般表现为腹泻和毒血症，并伴有较高的死亡率。

轮状病毒和冠状病毒有时会引起2~3月龄的犊牛暴发腹泻，患犊粪便量大，并混有黏液。虽然不表现明显的毒血症，也很少出现死亡，但会导致患犊生长缓慢（参见新生反刍动物腹泻）。

病因不明的坏死性肠炎常见于5~12周龄的肉牛，通常能引起牛群中多头犊牛感染发病。患病犊牛突然出现发热，沉郁和剧烈腹泻。粪便初期呈深绿色并混有血液，常污染会阴部。口腔黏膜出现圆形糜烂。一部分犊牛可在出现临床症状后3~5 d恢复正常。死亡病例的临床过程较长，患犊表现里急后重，排出带有少量黏膜的血性粪便，并可进一步发展为严重的非再生性白细胞减少症以及纤维素性支气管肺炎。尽管采用大剂量的抗生素治疗，但死亡率仍较高的。尸体剖检时，大肠和小肠末端出现溃疡性坏死灶。

球虫病常见于1岁以内的犊牛，特别是在牛群饲养密度过高和放牧过度的情况下多发。临床特征为痢疾、里急后重以及可能出现神经症状等。肠道蠕虫病，特别是奥斯特塔格线虫病（Ostertagiasis）常见于同一年龄段的牛群。I型奥斯特塔格线虫病多见于在牧场放牧牛群，而II型奥斯特塔格线虫病常见于圈养牛群。

成年牛群暴发腹泻多与冬痢有关，但有时也与被沙门氏菌严重污染的饲料和水源有关。

伴有机体消瘦的慢性腹泻通常被认为是一种偶发病，多被认为与副结核杆菌病有关，但也可能是由慢性沙门氏菌病或慢性BVD感染所引起。伴有消瘦症状的腹泻也可能出现在充血性心力衰竭、尿毒症或慢性腹膜炎的患牛中。伴有瘦弱症状的持续腹泻以及偶尔在1岁左右牛和成年牛中出现消瘦症状的腹泻，多与摄入含有过量钼元素的牧草所致的再生性铜缺乏症有关。在育肥牛中，患有腹泻的牛常伴有恶性硒敏感综合征。

个别发生腹泻的病例可能与日常饲养管理不当有关。腹泻还可能继发于单纯性消化不良，一般常见于过食谷物等。也可见于摄入一定量的有毒化学物质（如砷、铜、锌、钼等）或某些有毒植物、真菌毒素以及联吡啶或有机磷酸中毒。

牛可能携带一些潜在的病原微生物，如肠道中的大肠埃希菌O157:H7（*Escherichia coli* O157:H7）、耶尔森氏菌（*Yersinia enterocolitica*）和空肠弯曲杆菌（*Campylobacter jejuni*）。虽然它们与奶牛的临床疾病关联不大，但被排泄物污染的牛奶则可能引起人群暴发胃肠炎，特别是当人食用被污染了却又未经高温消毒的牛奶或奶制品时情况尤为严重。另外，如果这些病原微生物在屠宰场污染了零售的肉制品，也能引起人群感染。

肠腺癌常与牛地方性血尿关系密切，常被认为是蕨（*Pteridium spp.*）和乳头状瘤病毒相互作用所引起的。

肠阻塞常被认为是偶发性疾病。盲肠扩张和扭转常见于分娩后的成年牛。发生在空肠远端或回肠近端的肠套叠，是导致成年牛和犊牛发生完全性阻塞的最常见病因。犊牛一般不易出现回盲结肠、盲肠结肠和结肠套叠。成年牛几乎不出现上述的肠套叠，原因是坚韧的回盲肠韧带和肠系膜脂肪的沉积，使成年牛肠道中的这一区域比较稳定。肠扭转和肠系膜根部扭转会在各年龄段的牛中散发。极少数肠阻塞是由于持续性脐尿管或脐带残余物造成的小肠嵌闭和截留所致，或由于植物毛粪石和肠结石造成的小肠或降结肠阻塞形成的，也可能是由于脂肪坏死或脂肪瘤压迫所致。肠阻塞也可能由一些先天性疾病引起，最常见的病因不仅有结肠闭锁（常偶发于某个农场或集中发生于某个农场，可能是由于在母牛妊娠35～41 d时，直肠触诊检查羊膜囊时所致），而且还有锁肛（可能是由于泌尿生殖系统缺陷和尾部缺陷导致的）。

二、绵羊与山羊肠道疾病

新生羔羊腹泻的病因和发病情况与新生犊牛很相似。密集产羔和散养产羔，都增加了疾病和病原体累积以及暴发严重腹泻的潜在风险。通常情况下，引起犊牛严重腹泻的致病性血清型大肠埃希菌（*Escherichia coli*）同样能够引起羔羊发病，因此，二者在疾病诊断、治疗和防控等方面的措施也是相似的。同样，轮状病毒、冠状病毒和隐孢子虫也能够引起羔羊暴发腹泻（见新生反刍动物腹泻）。由B型产气荚膜梭菌（*Clostridium perfringens*）引起的羔羊腹泻是初生羔羊第1周所特有的肠道疾病，它主要见于英国丘陵地区养殖的绵羊，其主要特征是突然死亡、腹泻、痢疾和毒

血症。在美国，C型产气荚膜梭菌（*C.perfringens*）也能引起同样的综合征，病羊出现流涎及腹部啰音（参见下文），这种由不明病因引起并伴有循环系统免疫球蛋白浓度降低的疾病多见于英国，在感染幼龄羔羊时主要表现为胃肠道停滞。球虫病和胃肠道蠕虫病，特别是血矛线虫病是成年和刚断奶绵羊腹泻的最主要原因。末端回肠炎和绒毛萎缩的病因尚不明确，但病变通常发生在因生长缓慢而被宰杀羔羊的小肠内。

胃肠道蠕虫病通常是引起牧场绵羊腹泻的主要病因。球虫病与过度放牧、室内密集饲养以及恶劣的卫生条件有关。沙门氏菌病能引起各年龄段的羊发生腹泻，羔羊的情况与犊牛相似。沙门氏菌也可引起妊娠后期的母羊暴发腹泻，进而出现流产。沙门氏菌病还常见于山羊和绵羊密集饲养时或应激反应过程中，特别是在航运过程中尤其明显。假结核耶尔森氏菌（*Yersinia pseudotuberculosis*）和结肠耶尔森氏菌（*Y. enterocolitica*）都与小肠结肠炎以及因饥饿或寒冷天气引起的虚弱所致的羔羊腹泻有关。腹泻也可能发生在患有蓝舌病的绵羊中，并同时伴有典型的黏膜损伤。山羊腹泻常与D型产气荚膜梭菌引起的肠源性毒血症有关，对绵羊来说，这并不是典型的临床症状，但上述症状也可能存在于感染的羊群中。对于饲养场的绵羊而言，腹泻常与过食谷物、沙门氏菌病或球虫病有关。

成年绵羊的其他肠道疾病也可能表现出明显的腹泻症状。绵羊感染C型产气荚膜梭菌（绵羊猝死）时会出现腹痛、里急后重和猝死的临床症状。肠阻塞通常是由偶发的肠道疾病所引起，但一般不表现临床症状。绵羊发生副结核病通常表现为非腹泻性的渐进性消瘦。渐进性消瘦同样也是成年绵羊肠道癌的最主要特征，可在某些特定的地区流行，通常多与采食欧洲蕨有关。

羔羊流涎症

在英国，羔羊流涎症（湿嘴病、羔羊腹部啰音）常导致羔羊死亡，占舍饲密集产羔系统中羔羊死亡数的25%，而这种疾病在粗放式放养的羊群中一般不会出现。当羊群中该病的发病率高达30%时，如果不采取治疗措施，大部分感染羔羊都会发生死亡。与之相似的综合征在西班牙羔羊以及法国和加拿大山羊的羔羊中也曾有过相关报道。

【病因与发病机制】 初生12～72 h的羔羊，由于相互之间的争斗、虚弱、过早阉割、母羊卫生条件差或产奶量不足等原因导致初乳摄入不足，或延迟哺乳而使发生本病的风险升高。由于新生羔羊吸收母源抗体的量较低及其独特的消化生理特点，能够使摄入的

细菌得以生存，并从肠道向血液循环转移，使其易感染革兰氏阴性菌，特别是从受污染的羊毛或草垫上偶尔摄入的大肠埃希菌（*Escherichia coli*），可从消化道转移至血液。所涉及的大肠埃希菌菌株K99为抗原阴性，通常被认为是非肠道致病菌和非产肠毒素细菌，由此产生的菌血症在最初阶段是能够被羔羊所耐受，但当菌血症大于10^4 CFU/mL时，即伴有内毒素的释放，随后迅速导致羔羊发生内毒素性休克。

【临床表现】　感染该病的羔羊会表现为体温较低、呆滞、停食以及典型的口角过度流涎等，病羊很少出现湿鼻症状。其他情况下则不会表现出过度流涎等外部症状，但嘴部触诊冰冷并有泡沫样的唾液流出，有时伴有流泪现象。随着病情的发展，羔羊会出现体温下降、肠蠕动减缓或消失，真胃因充满气体和液体而膨胀，但通常表现出营养充足的假象。如果将这些羔羊抬起或轻轻摇晃，能听到胃内杂音，称之为"腹部拨浪鼓音"。病羊出现腹泻的情况通常并不多见。

【病理变化】　尸体剖检，可见胃肠道臌胀、发炎，胎粪滞留、肾脏和肌肉苍白，尸体脱水，以及肠系膜淋巴结肿大。

【诊断】　患病羔羊的生化和血液学检测结果以及尸体剖检变化，与内毒素血症和内毒素休克的临床症状一致。羔羊最终表现内毒素血症、白细胞减少症、低血糖症、乳酸血症和代谢性酸中毒。鉴别诊断包括关节病或脐病、体温过低、原发性饥饿以及传染性肠炎。

【治疗】　该病没有特效的治疗方案。通过胃管给予羟嗪类抗生素、NSAID、50～200 mL电解质和含有水溶性抗生素（新霉素和/或链霉素）的10%葡萄糖，每日3次，可取得一定疗效。但应该在新生羔羊出现菌血症之前用抗生素进行治疗，最好是在出生后4～8 h内注射，以减轻细菌溶解后的血液负荷以及内毒素沉淀引起的休克。口服泻药或灌肠剂可以帮助疏通胃肠道积瘀和清除感染菌。治疗应持续到症状消失和羔羊开始吸吮为止。可以通过物理方法进行外部升温以辅助提高体温。然而，这种方法耗时费钱，且不一定会取得理想的效果。

【预防】　该病应以预防为主。应保证给母羊提供充足的营养以确保能分泌足够的初乳。在产羔时，应始终保持养殖场、围栏、母羊和设备的清洁，以此控制大肠埃希菌（*E.loli*）的增殖和发病率。羔羊的补充饲喂应使用储存的初乳（母羊、奶牛或山羊的初乳）或商品化的初乳替代品，以确保羔羊在出生后6 h内吸吮至少50 mL/kg的初乳。羔羊出生24 h内不能阉割去势，以免影响对初乳的摄入量。

在对照试验中，将没有摄入初乳的羔羊在出生2 h内口服一次抗生素后，再将其放入污染的室内环境中，尽管缺乏母源抗体，但到3日龄之前，所有羔羊在预防羔羊疾病和避免死亡方面与吸吮初乳羔羊的效果完全相同。抗生素可以对羔羊流涎症提供简单、快速和廉价的防治方法，这对于工作忙碌的养殖人员而言，是一种很好的选择方案。但是，非常重要的是，由于滥用抗生素可能会造成抗药性问题，因此这种抗生素治疗方法只能用于高发病风险地区的羔羊。

三、新生反刍动物腹泻（家畜腹泻病）

新生犊牛、羔绵羊和羔山羊的腹泻比较常见。急性病例的特征是渐进性脱水和死亡，有时出生12 h内即发生死亡。对于亚急性病例，腹泻可持续数日，并导致营养不良和消瘦。在此论述的重点是犊牛，但其病理生理学原理和治疗原则同样适用于羔绵羊和羔山羊。

病原：　多种肠道病原菌都与新生幼畜的腹泻有关。其相对流行率与地理位置的关系不大，但在大多数地区，最流行的腹泻是由大肠埃希菌、轮状病毒、冠状病毒和微小隐孢子虫（*Cryptosporidium parvum*）感染所引起。新生幼畜腹泻常与多种病原体感染有关，大多数病例暴发的原因是多种因素共同引起的。由于特异性治疗是有效治疗暴发性腹泻的最佳方案，因此，确定引起腹泻的特异性病原体是非常重要的。此外，一些病原体还具有人兽共患病的风险。同时，腹泻也会出现在大肠埃希菌引起的败血症病例中。

细菌：大肠埃希菌是引起犊牛痢疾的最主要细菌。至少有2种类型的腹泻性疾病是由不同菌株引起的。其中，一种类型与产肠毒素大肠埃希菌有关，产生的2种毒力因子与腹泻的形成关系密切，菌毛抗原使其吸附并定居在小肠绒毛上。引起犊牛发病的最常见菌株是具有K99（F5）抗原和F41菌毛抗原或二者兼而有之的菌株。这些抗原是免疫保护的靶点。产肠毒素大肠埃希菌还可产生一种耐热的、非抗原性肠毒素（sta），能够通过影响肠道离子和液体的分泌，从而引起非炎性分泌性腹泻。犊牛和羔羊的腹泻常与能够黏附在肠道内的致病性大肠埃希菌有关，这些细菌可导致黏附部位刷状缘溶解和微绒毛结构破坏、酶活力降低以及肠道内离子转运发生改变，因此，这些病原菌又被称为"黏附与消除大肠埃希菌"。有些细菌能够产生外毒素，这又会加剧更加严重的出血性腹泻。最常见的感染部位是盲肠和结肠，但小肠末端同样也可受到感染。一些严重感染的病例还可出现水肿、黏膜糜烂和溃疡等，并进一步导致肠腔内出血。

沙门氏菌（*Salmonella* spp.），特别是鼠伤寒沙门氏菌（S.Typhimurium）和都柏林沙门氏菌（S.Dublin）（另外，其他的一些血清型有时也能导致腹泻）都可引起2～12周龄的犊牛腹泻。沙门氏菌产生的肠毒素也能侵入肠道并导致肠道内出现炎症变化。犊牛感染常可发展为菌血症（参见沙门氏菌病）。

A、B、C和E型产气荚膜梭菌（Clostridium perfringens）能够产生多种坏死性毒素，并引起犊牛出现迅速死亡的出血性肠炎。不过这种疾病对于犊牛来说是罕见的，且常呈零星发病。B型或C型产气荚膜梭菌是引起羔羊肠炎和痢疾的常见病因。空肠弯曲杆菌（Campylobacter jejuni）和耶尔森氏菌（Yersinia enterocolitica）可在腹泻犊牛和羊羔的粪便中检测到，但也有可能出现在健康动物的粪便中。

病毒： 轮状病毒是引起犊牛和羔羊腹泻的最常见的病毒。A型和B型轮状病毒是其中最主要的类型，但以A型轮状病毒最为流行，同时也是临床上最重要的病毒类型，它包含有多种不同毒力的血清型。轮状病毒可在成熟且具有吸收能力以及产酶的小肠绒毛上皮细胞内复制，并导致肠上皮细胞破裂和脱落，进而释放病毒，感染毗邻的细胞。一般轮状病毒不会感染未成熟的隐窝细胞。在感染轮状病毒强毒的过程中，当肠上皮细胞的损伤程度超过肠道隐窝的修复能力时，可引起肠绒毛的高度降低，从而导致肠道的吸收表面积和肠道消化酶的活性降低。

冠状病毒常引起犊牛腹泻。病毒在上呼吸道上皮细胞和肠上皮细胞内复制，并在上述部位引起与轮状病毒类似的病变，并使感染的肠上皮细胞出现结肠脊状萎缩。

其他病毒如布雷达病毒（环曲病毒属，属于冠状病毒科）、嵌杯样病毒、星状病毒和细小病毒等，已被证明存在于腹泻犊牛的粪便中，并在腹泻试验中能够引起犊牛腹泻。然而，这些病原体同样也能在健康犊牛的粪便中分离到，故这些病原体在新生犊牛腹泻综合征中的重要性还有待确定。有报道称，牛病毒性腹泻病毒和牛传染性鼻气管炎病毒可引起腹泻，但这并非其常见临床症状。

原虫： 微小隐孢子虫（Cryptosporidium parvum）常引起犊牛和羔羊腹泻。这种寄生虫不但能侵入，而且可黏附在小肠末端和结肠上皮细胞的顶端表面，导致微绒毛破坏，黏膜酶活性降低，绒毛变钝并相互融合（使绒毛吸收面积减少），以及在黏膜下层发生炎症反应。哺乳动物隐孢子虫属没有宿主特异性。

十二指肠贾第鞭毛虫（Giardia duodenalis）常在犊牛和羔羊肠道内引起无症状感染。已证实，存在于患有慢性黏液性腹泻的生长不良的犊牛粪便中，但几乎没有证据表明这种寄生虫能够诱发犊牛和羔羊腹泻。

其他病因： 当犊牛饲喂大量牛奶或用不适当的配方制成的牛奶替代品时，可导致稀便，但这种稀便并不引起体重下降。同样，犊牛吸吮了采食丰富牧草的高产肉牛的牛奶时也会出现软便。另外，饲喂质量较差的牛奶替代品、热变性蛋白或含有过量大豆、鱼蛋白或碳水化合物的无牛奶制品时，同样也会增加犊牛发生腹泻的风险。

一些证据表明，当给3～5日龄的犊牛口服新霉素或四环素时，能够导致犊牛肠绒毛发生改变，出现吸收障碍和轻度腹泻。长期大剂量使用抗生素治疗时，能够引起犊牛肠道细菌的二重感染并导致腹泻。大肠埃希菌性败血症和过量饮水也可引起犊牛发生腹泻。

【流行病学与传播】 在健康牛的粪便中常可分离出与腹泻有关的肠道病原体，肠道感染能否引起腹泻取决于多种因素，其中包括病原体不同毒株间的毒力差别，以及一种以上病原体在这一过程中发挥作用等。决定犊牛抵抗力的一个十分重要因素，是能否获得足够数量的初乳免疫球蛋白。未吸吮初乳的犊牛极易受到病原体的侵染，并引起严重的疾病，这对于犊牛而言是非常致命的。

感染的进程、病变的严重程度以及腹泻的剧烈程度，都受到从初乳摄取的免疫球蛋白的影响。肠道摄取初乳及其之后的一段时间内，免疫球蛋白能够直接作用于病原体，因为大量的循环免疫球蛋白能够被重分泌到肠道，特别是在循环免疫球蛋白浓度较高时，这种重分泌的量会更大。当机体由于被暴露于足够数量的病原体也未进行疫苗免疫而没有产生特异性抗体时，可进一步影响这种情况。由恶劣的环境诱发的应激、气候变化、采食不足或不当而未得到良好保护等情况，同样能够增加畜群感染疾病的风险。

对所有的病原体而言，健康成年牛都可能是其病原携带者，且可周期性地通过粪便排出病原体。分娩时的应激反应可以进一步增强排毒，初胎分娩牛的排毒更为频繁。这无形中会导致产房污染，并使乳房和会阴发生感染。其他传染源还包括健康犊牛的粪便，以及病程初期含有大量病原体的腹泻犊牛的粪便。个别腹泻的犊牛会使饲养区发生严重污染，并能够通过粪－口接触、粪便悬浮微粒（气溶胶）和与冠状病毒传播途径相同的呼吸道气溶胶进行传播。

【发病机制】 初生反刍动物腹泻通常与小肠疾病以及分泌过多或吸收障碍有关。当机体分泌过多的体液进入肠道，且数量又超过肠道细胞的重吸收能力时，就会形成分泌过度性腹泻。在吸收障碍性腹泻过程中，由于肠黏膜吸收液体和营养素的能力受到某种程度的损害，从而不能协调正常的液体摄入和分泌。上述情况通常是由肠绒毛萎缩引起，包括由肠绒毛顶端成熟的肠上皮细胞损伤导致的肠绒毛的高度降低（导致吸收表面积减少）和刷状缘消化酶类的损失两方面因素。由于不同病原体导致肠绒毛萎缩的程度和分布不同，因此可以合理解释临床疾病发生的严重程度。吸收障碍性腹泻可能还因为正常时应在小肠消化的营养物在结肠发酵而使病情加重。发酵产物（尤其是乳酸），在渗透压的作用下使水被吸收进入结肠，从而又加重了腹泻。

炎症在大多数肠道感染的腹泻病例中都会导致病理生理学病变，炎性介质可影响肠道内的离子流动，炎症还会使血管和淋巴管以及隐窝绒毛单位发生损伤。大多数由传染病引起的腹泻，可能都含有分泌过度性、炎症反应和吸收障碍性的成分，但常以其中一种因素占优势，这些因素都会导致水、钠、钾和碳酸氢盐的丢失。如果病情严重，犊牛可发展成血容量减少症、低钠血症、酸中毒和肾前氮血症。

产肠毒素大肠埃希菌能够产生稳定的肠毒素，通过激活鸟苷酸环化酶和诱导净分泌钠或氯造成明显的过度分泌。具有葡萄糖-钠协同运转系统的膜性结构仍保持其生理功能。沙门氏菌也能够产生肠毒素和引起炎症反应，并导致肠道上皮细胞发生坏死，黏膜下层炎性浸润和绒毛萎缩。与肠致病性大肠埃希菌和产毒素产气荚膜梭菌引起的腹泻一样，炎症也是沙门氏菌引起腹泻的一种主要病理生理学病变过程。由肠致病性大肠埃希菌分泌的志贺样毒素能够导致液体在大肠积聚，以及大肠黏膜出现水肿、出血、腐烂和溃疡等大面积损伤，并使肠腔充满血液和黏液。

病毒常通过损伤黏膜的吸收细胞引起病畜发生吸收障碍性腹泻，进而导致肠绒毛缩短。隐孢子虫引起腹泻的机制尚不完全清楚，但能引起吸收障碍性腹泻及其炎症反应。

饲喂配制不当的牛奶替代品引起腹泻的机制有2种，且都与吸收障碍有关。植物性（特别是大豆）产品在牛奶替代品的生产中常被用作蛋白质来源，根据其精制的程度，这些产品中含有的碳水化合物难以在犊牛的小肠被消化吸收，这些不被消化吸收的碳水化合物通过结肠发酵后可引起犊牛发生腹泻。此外，大多数3周龄以下犊牛似乎对豆类蛋白表现有过敏反应，导致绒毛萎缩，从而引起吸收障碍性腹泻。

【临床表现】 主要临床症状是腹泻、脱水、极度衰弱和发病后一至数日内出现死亡。

肠毒性大肠埃希菌多见于3～5日龄以下的犊牛，再小日龄的牛则较为罕见。但是，在有其他病原体存在时，易感日龄可能会延后。病畜发病突然、排大量水样粪便、迅速出现精神沉郁和斜卧姿势等。犊牛可能会损失相当于体重12%的体液，并于12～24 h内出

现低血容量性休克和死亡。病畜体温可能升高，但一般正常或偏低，如果及时采取输液和电解质治疗，则预后良好。由"黏附和消除大肠埃希菌"引起的疾病多见于4日龄至2月龄犊牛，其主要临床表现为腹泻或粪便中带有血液或黏液的痢疾，临床病程较短。

由沙门氏菌引起的腹泻通常不发生在14日龄内的犊牛。病畜排出恶臭且含有血液、纤维素和大量黏液的粪便，并出现由高热和沉郁发展而来的虚脱和昏迷性质的败血症，这些都是犊牛沙门氏菌病的典型临床症状，尽管也存在腹泻，但死亡多由败血症而非低血容量性休克引起。通常患有沙门氏菌病的犊牛体重迅速下降，尽管采取强力的治疗措施但死亡仍然在所难免。

B型和C型产气荚膜梭菌引起的出血性肠毒血症的临床表现是发病急、精神抑郁、衰弱、血样腹泻、腹痛以及数小时后出现死亡等。在食欲旺盛和奶源充分的条件下，该病多发于几日龄的强壮犊牛。感染产气荚膜梭菌的犊牛常于采取治疗措施前死亡。

轮状病毒、冠状病毒和其他病毒引起的腹泻多见于5～15日龄的犊牛，但也可感染数月大的犊牛。患病犊牛仅表现轻度沉郁，常能继续吮吸和饮水，粪便量多，稀软至水样，并含有大量黏液。腹泻通常持续3日至数日，有些冠状病毒性腹泻可转为慢性经过。出现病毒性腹泻的患牛若不并发其他病原体感染，一般经过数日的输液和电解质治疗，同时补充适当的营养，都可以治愈。

隐孢子虫病常发于5～35日龄的犊牛，但以2周龄的犊牛多见。其临床特征是治疗无效的持续性腹泻。尽管疾病的严重程度可能与犊牛的体质和原虫的感染程度有关，但单独由隐孢子虫（Cryptosporidium spp.）引起的腹泻常常是温和型和自限性的。隐孢子虫和牛轮状病毒或冠状病毒的混合感染常引起以消瘦和死亡为临床症状的顽固性腹泻。低血糖症引起的死亡依然可以看作是3～4周龄犊牛感染隐孢子虫的一种后遗症，尽管腹泻已经转归，但患病犊牛仍然表现虚弱。死亡可能发生在新一轮的寒冷天气之后，但更有可能出现在因犊牛腹泻而减少牛奶饲喂的农场。

食源性腹泻多发于3周龄以内的犊牛，其特征是排大量糊状乃至胶冻样粪便。病初，犊牛的精神和反应正常，食欲良好。后期，如果饲料配方未得到及时调整，患牛会变得虚弱和消瘦。饲喂劣质饲料或营养摄入不足，常并发因传染病引起的腹泻。

【诊断】 仅依据临床症状很难给出准确的病原学诊断。然而，通过分析病史、动物的发病年龄和临床症状，可作出初步诊断。粪便样本可用于常见肠道病原体的分离鉴定。粪便样本应该取自多个未经治疗的

早期腹泻犊牛。在鉴定病毒、隐孢子虫和带K99菌毛的大肠埃希菌时，需要使用特殊方法。由于病畜易发生混合感染，以及健康犊牛的粪便中通常也存在肠道病原体等原因，因此很难对粪便中的微生物进行合理的解释。

最好的诊断是通过分析未经治疗病例获取的信息。例如，对急性感染动物进行尸体剖检时，通过检查肠黏膜即可发现诊断性病理变化以及肠道病原体（如隐孢子虫）等诊断依据。这可能是某种疾病如"黏附和消除大肠埃希菌"菌株的唯一诊断方法。剖检的诊断价值随着死后时间的延长而迅速降低，特别是一些重要的病理变化可随着尸体自溶在数分钟内消失。

完全的实验室检查是非常昂贵的，除非通过检查信息获得可应用于控制疾病进程的特效药，否则花费大量经费用于诊断几乎没有任何价值的疾病的做法或多或少会存有争议。对于上述各种情况，还应收集食用全乳或牛奶替代品的相关信息。当饲喂牛奶替代品时，应对其成分进行分析。并通过分析血清中免疫球蛋白和维生素A的含量，进而对非特异性免疫作出综合评价。

【治疗】 与疾病抵抗力有关的许多因素都是非特异性的，因此，在作出病因学诊断之前，就应该采取必要的预防措施，并着手进行对症治疗。治疗包括输液和补充电解质、更换饲料、注射抗生素和免疫球蛋白以及使用抗腹泻药物和吸附剂。

补液和电解质治疗是非常重要的措施。无论病畜是否已经出现脱水现象（临床脱水现象要待犊牛缺失至少占体重6%的水分时才能显现出来）都应该尽快制定补液方案。如果犊牛仍然能够站立并且可自主吸吮，可以只采用口服电解质进行治疗。在口服补液过程中，应该注意促进钠和葡萄糖、氨基酸的协同转运。同时还要补充钠、葡萄糖、氨基酸（或丙氨酸）、钾、碳酸氢盐（或柠檬酸盐）以及作为碳酸氢盐前体的醋酸盐等。另外，一些商品化药物也是有效的，可通过带奶头的吸瓶给药，必要时也可使用胃管给药。治疗的关键是大量补液，直至病畜从脱水状态中恢复为止。

在脱水恢复阶段，是否应该饲喂牛奶仍存在争议。饲喂牛奶可能会增加排粪量，但也能给犊牛提供能量并促进肠道恢复。犊牛的能量需求大而储备量小，且电解质溶液不能满足犊牛的能量需求，因此，如果对其限制喂奶，一般不应该超过24~36 h。

处于躺卧和衰弱状态的犊牛，若发现失水大于体重的8%或以上时，需进行静脉输液和电解质治疗。在这一过程中，犊牛常发生酸中毒，初期可通过给予等渗碳酸氢钠溶液（13 g/L）进行治疗。纠正体液和碱缺乏的理想方法，是每千克体重给予100 mL碳酸氢钠溶液，补液时间应超过4~6 h。鉴于犊牛经常出现低血糖，应在碳酸氢钠溶液中加入25~50 g葡萄糖对治疗是有益的。静脉注射碳酸氢钠溶液后，紧接着应继续静脉注射生理平衡电解质溶液，剂量为每小时5~8 mL/kg，持续给药20 h。应将腹泻的严重程度作为药物大剂量使用的依据。在静脉注射给药的同时，可以允许口服电解质溶液进行辅助治疗。

抗菌剂的应用并不被大多数的临床实践所支持，对病毒性或原虫性腹泻均无效。抗生素治疗肠毒素大肠埃希菌或"黏附和消除大肠埃希菌"引起的腹泻是非常有效的。给药途径为口服，应通过药敏试验选择药物。由于缺乏循环免疫球蛋白而发生败血病时，应首先怀疑这是一种疾病的并发症，经注射途径给予抗生素也可对疾病进行治疗性诊断。对沙门氏菌病应采用非肠道途径给予抗生素进行治疗。

一些药物，如氟胺烟酸、吲哚美辛、氯苯哌酰胺、地芬诺酯和碱式水杨酸铋等具有抗分泌和消炎活性，也可用于上述疾病的治疗，但在犊牛的临床试验过程中并没有显示出确切的功效。肠道凝胶剂和吸附剂（如白陶土和果胶）的应用比较广泛，但仅具有增加粪便稠度的作用，并不能减少水分和离子的损失。

【预防与控制】 由于新生反刍动物腹泻病十分复杂，因此完全控制是不切实际的，预防与控制的主要目标是减少经济损失。疾病的临床发病率及死亡率，取决于病原的暴露程度与新生动物对疾病抵抗力之间的平衡关系。由于畜群大小、设施的可利用性、占地、劳力及管理目的不同，因此很难推荐一种适合于所有情况的特效管理措施。但有3条原则可适用于所有畜群：①减少新生幼畜被感染程度，隔离病畜或将健康母牛和犊牛转移至隔离的饲养区，并确保良好的卫生环境；②通过给母畜和新生幼畜提供良好的营养，并保证新生幼畜最好能在出生2 h内，最迟不超过6 h吸吮到超过其自身体重5%的高质量初乳，以后每12 h喂食相同的量并持续48 h，以此为幼畜提供最佳的非特异性免疫；③通过给母畜或幼畜接种疫苗来增强幼畜的特异性免疫力。有很大一部分自然采食初乳和人工喂乳的犊牛，就因为没有及时得到初乳或得到的初乳量不足或采食到含有劣质免疫球蛋白的初乳，而没有获得足够的免疫球蛋白。当初生犊牛较弱且不能通过奶瓶自主吸吮足够量的初乳时，最佳的初乳喂养方案是在其出生2 h内通过胃管灌入3.8 L初乳（参见繁殖管理：牛）。

给妊娠母牛接种大肠埃希菌疫苗可以控制肠毒性大肠埃希菌病。妊娠母牛在分娩前6周和2周分别接种肠毒性大肠埃希菌疫苗，其产生的抗体可以通过初乳传递给新生犊牛（犊牛通过吮吸初乳获得），以后几年再进行1次强化免疫。犊牛一出生就可以口服商品化抗大肠埃希菌K99的单克隆抗体，这是免疫母牛初乳中K99特异性抗体的有效替代品。但犊牛口服单克隆抗体制剂后仍需摄入初乳，以便获得足够的非特异性保护。

用轮状病毒及冠状病毒疫苗对妊娠母牛进行免疫接种，同样可以增加初乳和牛奶中特异性抗体的数量，但是疫苗刺激所产生的抗体，在初乳中的含量并不足以在发病高峰期对5～15日龄犊牛的肠道起到局部保护作用。商品化疫苗的对照试验结果并不一致。在易感期向牛奶中添加少量初乳，可为犊牛提供一定的免疫保护作用。

【人兽共患病的风险】 一些导致犊牛产生腹泻的病原体也能够使人类产生腹泻。微小隐孢子虫（Cryptosporidium parvum）和鼠伤寒沙门氏菌（Salmonella Typhimurium）都能引起严重的疾病，尤其是对免疫功能低下的个体。上述微生物普遍存在于亚临床感染的犊牛和羔羊的肠道内，因此，免疫能力低下的人群，应避免接触幼龄乌动物甚至所有的农畜。

包括犊牛在内的所有牛都是产志贺毒素大肠埃希菌O157：H7的贮存宿主，这是引起人类出血性结肠炎和溶血性尿毒综合征的一类细菌。人类通过食用受到污染的食物而发生感染，但一般感染率较低。另外，人类也可通过直接接触而感染。其他与人类疾病有关的产志贺毒素大肠埃希菌也能从健康牛的粪便中分离出来。通常看似普通的一次参观（有关畜牧博览会、宠物动物园和农场教育性旅游等）而感染上家畜肠道病原体，并导致人类患病的情况已被证实。参观过后，要注意手的清洗和消毒。

第十六节 马和马驹肠道疾病

马和马驹肠道疾病主要表现腹泻、体重减轻、血液蛋白不足和腹痛。（参见疝痛）

一、马的腹泻

仅有不到50%的病例能够找到确切的病因。尽管无法确诊，但对于大多数马和马驹的腹泻治疗方法都类似，通常多采用支持性疗法。

成年马的腹泻可呈急性或慢性。引起成年马急性腹泻的可能传染源包括：不同血清型的沙门氏菌（Salmonella）、新立克次体（Neorickettsia risticii）、艰难梭菌（Clostridium difficile）、C型产气荚膜梭菌（C perfringens）、气单胞菌属（Aeromonas spp.）以及

杯口线虫（Cyathostomiasis）等。需要对马的急性腹泻与其他疾病引起的腹泻进行鉴别诊断，如采食毒药或抗生素引起的结肠炎，NSAID引起的中毒以及因沙土性阻塞实施的小肠结肠吻合术等。未知病因的急性致死性腹泻疾病被称作X-结肠炎。持续1个月以上的腹泻被称作慢性腹泻，同时也是很难确诊的疾病。久泻不止可由小肠相关炎症、肿瘤以及肠内正常的生理过程被破坏而引起。鉴别诊断包括因沙土性阻塞而实施的小肠结肠吻合术以及渗透性障碍等，如那些与肠炎或肠道淋巴肉瘤相关的疾病。患慢性腹泻的马，其饲料中的特定成分可能对机体的某些反应过程发挥着重要作用，但这仍未被确定为腹泻病病因。

结肠非炎症性疾病也可引起腹泻。包括由抗生素治疗导致肠道菌群及微环境失调引起的大结肠发酵状态改变、饲料变化以及其他一些未知病因。引起慢性腹泻的非肠道性因素有充血性心力衰竭和慢性肝脏疾病。对上述疾病的诊断重点是将肠道的浸润性疾病与腹泻的生理性因素区分开。

由于马的结肠和盲肠的容量大，可在短时间内造成大量液体外流。故成年马发生腹泻多呈暴发性，发病率和死亡率远超过其他动物和人的腹泻性疾病。

（一）沙门氏菌病

沙门氏菌病是引起成年马腹泻最常见的传染性病因之一。临床表现从无异常临床症状（亚临床）到急性和剧烈腹泻甚至死亡。本病多呈散发，但也可能因病原体的毒力、接触程度和宿主等因素而发展为地方流行病。病马一般通过污染的环境、饲料或饮水以及与排菌期的动物直接接触而发生感染。应激因素在该病的发病机制上扮演着重要角色，如手术史、运输或更换饲料；并发症；特别是肠道疾病（疝痛）；使用广谱抗生素，都可引起腹泻。

血清群B中的肠沙门氏菌（Salmonella enterica），包括鼠伤寒沙门氏菌（S.enterica serovar Typhimurium）和阿哥拉沙门氏菌（S.enterica Agona），是2种最易从患马中分离出来的血清型。掌握沙门氏菌的血清型和抗菌谱，有助于追踪或监测引起马种群感染沙门氏菌的血清型（如在兽医院内追踪医源性传播情况）。在应对医源性感染和人兽共患病时，都应考虑到肠沙门氏菌（S.enterica）的多重耐药菌株的出现。

【临床表现】 在成年马中被分为3种类型。

第一种是亚临床携带者。病畜也许并没有主动地排泄和传播病原菌，但却存在通过直接接触或污染的环境、水或饲料，向易感动物传播病原菌的潜在风险。由于通过粪便间歇性地排出少量细菌，因此需要

对携带者的粪便进行多次培养方可予以鉴别。如果伴有应激因素，携带者可能会出现临床症状。在美国，由健康马通过粪便排出的肠沙门氏菌引起全国范围的流行率不足2%，然而，住院马排出病原菌的比例要高得多。但在一般马群中鉴定出的最常见的血清型是慕尼黑肠沙门氏菌（S.enterica Muenchen）和纽波特肠沙门氏菌（S.enterica Newport），这两者都属血清型C_2。

第二种临床特征以温和过程为主，临床症状包括精神不振、发热、厌食和排非水样的软粪，患马可能发生中性粒细胞减少症，上述临床症状可持续4~5 d，通常可自愈，但此时还能够从粪便中分离出肠沙门氏菌（S. enterica）。康复马可通过粪便持续排菌数日乃至数月，因此，建议将排菌的马进行隔离，并对污染区域进行彻底清洁或彻底消毒。

第三种多以急性发作为特征。病马精神极度沉郁、厌食、严重的中性粒细胞减少症和频繁的腹痛。通常在出现发热后6~24 h内会发生腹泻，粪便呈水样并伴有恶臭。患马迅速脱水，并随着病情恶化发生代谢性酸中毒和电解质流失。内毒素血症和循环血容量减少引起休克的临床症状持续恶化，还可能出现继发于肠阻塞、胃膨胀、结肠炎和可能由阻塞引起的腹部不适、变形或剧烈疝痛等的临床症状。在腹泻发生几日后，伴有蛋白质流失性质的肠道疾病，可导致马血浆蛋白浓度急剧降低（白蛋白<2 g/dL），患马最终因肠内细菌转移而出现菌血症，或由于血液凝固异常引起的弥散性血管内凝血。如治疗不及时，这类沙门氏菌病通常是致命的。

沙门氏菌（Salmonella）菌血症可发生于新生马驹，尤其是来自流行沙门氏菌病农场的新生马驹（见马驹的细菌性腹泻）最易发病。

【诊断】 可根据临床症状、严重的中性粒细胞减少症，以及从粪便、血液或组织中分离到沙门氏菌，作出诊断。在分离沙门氏菌时，最好送检10~30 g粪便，比选择粪便拭子效果更好。严格按照细菌培养实验室的要求，对粪便进行采集和运送是至关重要的。建议与实验室密切配合，使用选择性琼脂培养基尽量富集沙门氏菌。因为不一定能从粪便中培养出沙门氏菌，因此需要对每匹马每日内进行多次（一般3~5次）采样。另外，通过对直肠黏膜活检组织进行培养，可在一定程度上提高病原菌分离的概率，但这种操作方法必须基于不能威胁到患马的生命安全的前提下方可进行。需要邮寄的粪便样本，在采集时应将样本置于适合肠道病原菌生长的运输培养基内（并置于冰上）。也可采用PCR方法，根据所使用的引物，其鉴定沙门氏菌的敏感性比常规细菌培养法更高。

【治疗】 急性型沙门氏菌病的治疗方法，是通过静脉输液和补充电解质来控制患马对内毒素血症的宿主反应。多离子等渗液可用作血浆替代品，因为体液和电解质会主动分泌进入肠腔，一般需要每日静脉输液40~80 L。在疾病过程中发生电解质和酸碱失衡是非常普遍的现象，可通过口服或静脉输注电解质予以矫正。通常很难预测患马体内的电解质状况，需要通过血清生化分析的检测结果予以确认。如果出现电解质缺乏，则需要注射含有氯化钠、氯化钾、葡萄糖酸钙、硫酸镁以及偶尔加入碳酸氢钾的补充液。

对成年马沙门氏菌病进行抗菌治疗一直存在争议，因为这种疗法不能使结肠炎的病程发生改变或使沙门氏菌的排泄量减少，但有可能降低患菌血症的可能性。对抗生素的选择并非易事，最佳方法是根据分离病原菌的敏感性进行药物选择。耐药性会因所分离的沙门氏菌菌株不同而异，同时还会随着疾病暴发的病程而发生变化。当给体液耗尽的患马使用氨基糖苷类抗生素时，可能会导致肾中毒。因此，在选择抗生素时需要考虑患马的水合状态，理想的抗生素应该是脂溶性的。

使用胃肠道保护剂（如生物海绵、水杨酸亚铋、活性炭）可能会有一定效果，因为这些物质可能会结合一些生物毒素。NSAID如氟胺烟酸，具有中和内毒素、控制疼痛以及预防蹄叶炎的功效。NSAID的使用剂量在实际应用时变化较大。NSAID在使用过程中可产生严重不良反应，如胃和结肠溃疡以及肾中毒等，所以临床建议使用最小有效剂量。使用马血浆可纠正低蛋白质血症，补充凝血因子，依据血浆的来源不同，还可提供抗内毒素和沙门氏菌的特异性抗体。胶体血浆替代品如羟乙基淀粉，可用于维持因大量蛋白质流失进入胃肠道的患马的正常血浆胶体渗透压。这些胶体血浆替代品价格便宜，并且比一些马血浆具有更好的耐受性。通常情况下，马血浆和胶体血浆替代品，都可用于因结肠炎引起的血液蛋白减少症的患马。

也可使用低剂量的多黏菌素B（6 000 U/kg，每日2次），以结合循环系统中的内毒素。在对照试验中，多黏菌素B能有效改善马内毒素中毒引起的一些临床症状。用于抗菌时使用的多黏菌素B剂量比用于结合内毒素时要高很多，因此，病马有可能出现肾中毒。但如果使用低剂量的多黏菌素B对水合作用充分的患马进行静脉输液治疗，一般不会引起肾中毒。

【预防】 由于沙门氏菌不但存在于环境中，同时也存在于健康动物的粪便中，故沙门氏菌病的预防比较困难。在兽医院，动物因为运输应激有可能出现食欲不振，在接受抗菌治疗的过程中，需要主动鉴别并隔离被沙门氏菌感染的患马，同时有必要采取一些生物安全措施，以减少就诊马之间的交叉感染。

畜主应该意识到沙门氏菌感染的人兽共患病风险。与感染动物接触的工作人员需要严格遵守卫生操作规范。

（二）波托玛克马热

波托玛克马热（PHF）（马单核细胞性埃利希体病，沟渠热，沙士达病，马埃利希体结肠炎）是一种引起轻微腹痛、发热和腹泻的急性小肠结肠炎综合征。所有年龄的马对本病都易感，妊娠母马可发生流产。本病的病原体为新立克次体（*Neorickettsia risticii*）。大肠和小肠的肠上皮细胞感染后可出现急性结肠炎，这也是PHF的主要临床症状之一。本病多发生在春季、夏季以及早秋，溪流和河流旁边的青草与本病的发生有关。最新的PHF流行病学调查结果表明，该病与一种吸虫媒介有关。犬与猫中有散发性感染新立克次体（*N.risticii*）的报道，牛对该病原菌感染具有抵抗力。利用间接荧光抗体试验进行暴露检测表明，在美国和加拿大的许多地区均报告有PHF。但最近的研究表明，用这种检测方法得到的结果出现假阳性的比例较高，而且该病确切的地理分布范围仍未知。使用传统细胞培养或PCR试验对PHF临床病例中的病原体进行分离或检测，仅见于加利福尼亚州、伊利诺依州、印第安纳州、肯塔基州、马里兰州、密歇根州、纽约州、新泽西州、俄亥俄州、俄勒冈州、宾夕法尼亚州、德克萨斯州和弗吉尼亚州。

【病原与发病机制】 新立克次体（*N.risticii*）是一种以单核细胞为营养的专性细胞内寄生的革兰氏阴性菌。最初根据经细胞培养分离到的病原体的形态学研究以及新立克次体的血清学反应结果，曾将其划入埃利希体属（*Ehrlichia*）。但最近的DNA分析结果揭示，新立克次体与蠕虫新立克次体（*N.helminthoeca*，引起犬的鲑中毒的病原体）以及腺热埃利希体（*Ehrlichia sennetsu*，发生于日本的一种人类疾病）更接近。在临床病例血液涂片中的单核细胞内无法检测到该病原体，而与此相反，在患该病的马的粒细胞中很容易辨认出单核细胞对无形体属（*Anaplasma phagocytophilum*）病原体的吞噬现象。

最近，已经从淡水蜗牛中鉴定出新立克次体，从蜗牛排出的吸虫中也已分离到该病原体。从13种未成熟或成年的毛翅蝇（毛翅目），蜉蝣（蜉蝣目），蜻蛉（蜻蜓目，束翅亚目），蜻蜓（蜻蜓目，差翅亚目）以及石蝇（襀翅目）中已经检测到新立克次体的DNA。用新立克次体对石蚕蛾进行感染试验，已经复制出临床病例。通常认为不经意采食携带有被新立克次体的囊蚴期吸虫污染的水草是感染该病的途径之一。本病的潜伏期为10～18 d。在试验性感染马的粪便中存在这种致病微生物，但其生物学意义尚不明确。已表现出临床症状的马并不具有感染性，因此，可与易感马一起饲养。为了阐明媒介和寄生虫宿主在新立克次体复杂的生活周期中的确切作用，还需要做更深一步的研究工作。

【临床表现与病理变化】 典型PHF的临床症状包括病初轻度沉郁和食欲减退，随后出现发热（38.9～41.7℃）。在这一期间，肠鸣音减弱，在24～48 h内发生中度至剧烈腹泻，母牛粪便的黏度从正常至水样不等，在感染马群中通常约有60%出现上述症状，腹泻初始时常伴有轻度的腹部不适。部分马会发展为严重的毒血症和脱水。高达40%的患马发生PHF时会继发严重的蹄叶炎。在PHF的早期阶段，其血液学的检测值在白细胞减少症（以中性粒细胞减少症和淋巴细胞减少症为特征）与正常血象之间变动，但此时病畜已经出现全身性中毒的迹象。PHF病例一种常见的症状是白细胞显著增多，这种现象在病初的几日内都能观察到。发生PHF时，可能出现上述全部临床症状或其中几个症状的组合。

妊娠母马出现临床症状数月后，可能因感染新立克次体而发生流产。试验表明，母马在妊娠期的100～160 d感染新立克次体后，会在妊娠期的190～250 d发生流产。流产同时伴有胎盘炎和胎盘滞留。致命性的病理变化包括肠炎、门静脉周性肝炎以及肠系膜淋巴结和脾脏淋巴样增生。尸检发现，未妊娠的马常患有非特异性小肠结肠炎以及多发生于大肠的弥散性炎症。

【诊断】 根据出现的典型临床症状以及本病发生的季节性和地域性，可对PHF作出初步诊断。通过细胞培养或PCR，对患马的血液和粪便样本中的新立克次体进行分离和检测结果可作出确诊。尽管许多患马在感染期间抗体滴度较高，但如果仅以血清学检测结果作为诊断依据，其可信度具有一定的局限性，因为出现假阳性的比例非常高，故无法对个别马的间接荧光抗体检测结果进行合理的解释。尽管对病原体进行细胞分离培养后可用于诊断，但该法比较耗时，同时也并非是大多数诊断性实验室所采用的常规方法。最近开发出的实时PCR能够在2 h内检测出新立克次体的DNA，使之成为一种更为行之有效的常规诊断方法。由于病原体不一定同时在血液和粪便中存在，为了进一步增加新立克次体的检出概率，因此，必须对血液和粪便样本同时进行检测。

【治疗】 在发病初期静脉注射土霉素（6.6 mg/kg，每日2次）有一定治疗效果，一般在12 h内即可见到明显的疗效。首先是直肠温度下降，随后是行为、食欲和腹鸣音的改善。如果能够再早些治疗，通常经过3 d的治疗后，其临床症状可消退，但抗菌治疗一般不能超过5 d。对于已出现小肠结肠炎临床症状的病畜，可使用输液和NSAID进行治疗。一旦发生蹄叶炎通常都是非常严重的，一般很难治愈。

【预防】 市场上已有许多同型新立克次体的灭活苗与细胞苗出售。尽管有报道称，疫苗对实验性感染矮马的保护率约为78%，但在临床实践中仅有很小的保护效果。疫苗接种失败可能与从自然病例中分离到的14种以上新立克次体在抗原性和基因上存在异质性有关。除此之外，因为已证实PHF的自然传播途径是经口摄入病原体而发生传染的，所以免疫失败的原因，可能与暴露部位缺乏抗体保护有关。减少河流和沟渠中蜗牛的数量有可能削弱感染源。建议在夜晚关闭能够吸引昆虫的谷仓内的灯，以此减少马对昆虫的摄入量。

本病无人兽共患病风险。

（三）梭菌性小肠结肠炎

艰难梭菌（*Clostridium difficile*）和产气荚膜梭菌（*C.perfringens*）都是引起马和马驹小肠结肠炎的常见病原体。抗生素的使用也与艰难梭菌引起的腹泻有关。一些报道认为，马驹中50%的腹泻是由产气荚膜梭菌引起。艰难梭菌能产生毒素A和/或毒素B，毒素可引起肠道体液的分泌，诱发肠道炎症。新生驹的胃肠道内经常会迅速定植艰难梭菌，采用灵敏的厌氧培养技术就可以从粪便中分离到该菌。非产毒素菌株是共生菌。由于大约1/3的健康种母马和超过90%的普通马群中的马驹，排出的粪便里含有产气荚膜梭菌，因此确定产毒素菌株的存在是非常重要的。

根据产生毒素的种类可以对产气荚膜梭菌菌株进行分类。产气荚膜梭菌和艰难梭菌的毒素及其产毒素菌株，在健康马或腹泻马和马驹中都能够检测到。产气荚膜梭菌的最常见的类型为A型；C型很难在健康种母马及其马驹的粪便或生活环境中被检测到，但与之相关的死亡率却最高。抗生素的使用，饲料缺乏以及其他应激因素，都会使马更易感染艰难梭菌和产气荚膜梭菌中的1种或2种，并最终引起肠道疾病。有报告显示，马驹在使用红霉素进行治疗时，极易引发与艰难梭菌有关的致命性小肠结肠炎。由于梭菌的孢子可在环境中持续存在，且可对许多消毒剂具有抵抗力，因此在污染的环境中可发生医源性感染。

【临床表现】 临床症状包括突然死亡、血便或无血的腹泻、疝痛、发热、采食量下降和嗜睡等。病程从出现亚临床症状到严重的小肠结肠炎，再至腹泻出现之前的急性死亡不等。采用先进的诊断技术，可为之前大量未被确诊的梭菌感染（被称为"X-结肠炎"）的疾病作出合理解释。由于肠黏膜完整性受到破坏，整个胃肠道可发生细菌易位，引起由梭菌或其他肠道细菌导致的菌血症。败血症或全身性炎症反应的临床表现，常与其他原因引起的小肠结肠炎的临床症状一致，在临床上并不能将梭菌病与沙门氏菌病区分开。3日龄以下马驹发生产气荚膜梭菌诱发的小肠结肠炎时，常出现血痢和疝痛。超声波或X线检查可见有肠道内充满液体和气体。在严重病例中，发生坏死性小肠结肠炎病畜的小肠壁增厚，甚至在肠壁内也明显充满气泡。个别农场内可能仅有几匹马驹发生感染，故本病的典型特征为散发。

A型产气荚膜梭菌在新生马驹小肠结肠炎发病过程中的致病机制尚不清楚。有报道称，3日龄以上的马驹有超过90%经粪便排菌，在未考虑卫生学相关规定的前提下，A型产气荚膜梭菌很可能是最先在新生马驹肠道中繁殖的细菌之一。

艰难梭菌很可能与马驹和成年马的小肠结肠炎有关。该菌已被认定为人医源性感染的病因，马也可见有医源性感染。

尽管经过强化治疗，艰难梭菌和产气荚膜梭菌，特别是C型所引起的小肠结肠炎的死亡率依然很高。

【诊断】 根据在新鲜粪便样本、呕吐物、肠内容物或组织中分离鉴定出的产毒素梭菌可以对该病作出诊断。患有严重小肠结肠炎的马驹和成年马，可用血液培养基进行细菌培养鉴定。用于培养的粪便样本和需要检测的毒素或产毒素基因等应直接运送到实验室，如需过夜运送的样本，应将其冷藏（不是冷冻）于冰上。凡用于培养的样本都必须置于厌氧环境中进行保存。梭菌属微生物的分离需要在厌氧条件下进行，且需要特殊培养基进行培养。顾名思义，艰难梭菌是非常难培养的。除非特别要求，否则许多兽医实验室不会在常规厌氧的条件下对粪便样本进行细菌培养，因此，实验室之间关于梭菌性小肠结肠炎鉴别诊断的信息交流是非常重要的。

因为梭菌的非致病性血清型也比较常见，若确定培养的艰难梭菌和产气荚膜梭菌为阳性时，则必须对其毒素或基因进行鉴定。一流实验室可进行的一种PCR检测方法，可根据α、β、ε或ι毒素的组成来鉴别A、B、C、D、E型产气荚膜梭菌，以也可以对β2毒素的编码基因进行鉴定。市场上可用于检测梭状芽孢杆菌毒素的试验方法有艰难梭菌毒素A和产气荚膜梭菌肠毒素的ELISA试验，以及用于检测产气荚膜梭菌肠毒素的乳胶凝集试验。梭菌的毒素试验通常在实验室中进行，这种方法不但快捷，而且对艰难梭菌是非常敏感且具有特异性。梭菌性小肠结肠炎的临床诊断主要通过尸体剖检进行，并同时基于在肠道涂片观察到的与革兰氏阳性杆菌有关的肠道坏死等情况予以确诊。组织和粪便样本需在动物死后立即采集，以避免毒素降解或梭菌的过度繁殖。

【治疗】　口服甲硝唑（15～20 mg/kg，每日3～4次）对肠道梭菌感染进行治疗可收到一定的临床疗效。尽管没有对马驹开展药代动力学方面的研究，但口服甚至静脉注射甲硝唑通常是比较安全的。在某些地区，已出现抗甲硝唑的艰难梭菌的耐药菌株，但这些菌株对万古霉素敏感，尽管如此，在治疗该病时还应该尽可能地使用甲硝唑。

辅助疗法与那些由其他原因引起的马小肠结肠炎的治疗方法类似，通常需要大剂量静脉注射多离子液体，并同时补充电解质（钾、镁、钙）和血浆以及为治疗胶体渗透压过低而注射人工合成的胶体物质。如果患马出现白细胞减少或胃肠道发生细菌移位时，消炎药应选择氟尼辛葡甲胺，并配合使用广谱抗生素。多黏菌素B可用来结合全身的内毒素。可为母乳停滞或减少的马驹提供全部或部分营养支持，并同时使病畜的肠道得到休整。马驹出现腹痛或剧烈腹泻症状，通常是由于停止饲喂牛奶引起的，连续静脉输液和注射营养物质是最理想的治疗方案，但这种治疗方法的劳动强度大，并且需要将马驹和母马进行隔离管理。然而，经上述处理后，腹泻的病程会显著缩短，从而从另一方面证明饲养密度与严重病例的发生有关。

已证实，布拉氏酵母菌（Saccharomyces boulardii），可用于预防梭菌属其他种类引起的腹泻。这种酵母菌能产生一种特异性降解艰难梭菌毒素A和B的蛋白酶。DTO蒙脱石散剂可吸附梭菌毒素，因此，对发生腹泻的马可能有一定疗效。

尽管针对C型和D型产气荚膜梭菌的抗毒素特效药，已被用于马驹的治疗，但它尚未被批准使用。C型和D型抗毒素在治疗A型或β2毒素引起的相关疾病方面的疗效尚不清楚，但根据毒素的产生方式，在这些毒素中不可能存在较高水平的α和β2毒素。

【预防】　目前尚无有效的生物制品，可用于有效预防马和马驹的梭菌性小肠结肠炎。当某个农场中有数匹马驹感染该病时，通常都会采取一些预防措施，但这些方法的有效性和安全性还存有争议。预防措施包括为刚出生的马驹口服益生菌，用C型和D型产气荚膜梭菌类毒素（应避免使用菌苗和油佐剂的生物制品）在分娩前1个月对妊娠母马至少免疫接种2次（每次间隔2～4周），给新生马驹口服C型和D型产气荚膜梭菌抗毒素用于该病预防。注射抗菌剂（如甲硝唑）也可用于3～5日龄马驹的疾病预防。C型和D型产气荚膜梭菌类毒素和抗毒素尚未获得批准用于成年马。但是，因发生梭菌性小肠结肠炎的死亡率高，农场主通常会使用这些制品。有报道称C型和D型产气荚膜梭菌类毒素对种母马有不良反应。

最重要的预防措施是保持农场良好的卫生环境。梭菌的芽孢对环境的适应能力很强，并且对许多消毒剂都具有抵抗力。在围产期内尽可能地保持产区和母马的清洁，确保出生1 h内的新生马驹快速摄入（如有必要可通过胃管）初乳，可有效减少一些受污染农场中该病的发病率。母马在产驹后需要立即用肥皂水冲洗后肢、尾巴和乳房，以减少新生马驹对排泄物的摄入。患病动物应被隔离饲养，以便限制交叉感染以及牧场和畜栏的污染。

（四）X-结肠炎

X-结肠炎实际上并不是一种疾病，而是一个具有历史意义的术语，用来描述未确诊病因的马的急性和致死性小肠结肠炎。马发生这种小肠结肠炎的临床症状以突然发生大量水样腹泻以及低血容量性休克为特征，大多数患马有应激病史。应注意本病与急性沙门氏菌病、梭菌性小肠结肠炎、气单胞菌（Aeromonas spp.）性结肠炎、内毒素血症之间的鉴别诊断。很难从液体排泄物中分离培养出沙门氏菌和艰难梭菌（Clostridia difficile），故沙门氏菌病或梭菌性小肠结肠炎很容易被误诊。除了从尸检病例的肠内容中分离培养外，还建议对胃肠道组织样本和肠系膜淋巴结进行培养以分离上述病原菌。当梭菌属细菌培养及其毒素检测结果均为阴性时，并不能完全排除上述疾病，因此，在任何情况下对房屋、医院设施和拖车进行彻底消毒的做法都是非常必要的。

在临床上，X-结肠炎可能出现短暂的发热期，但随后体温会很快恢复到正常或略低于正常，同时还伴有呼吸急促、心动过速和明显的精神沉郁。病畜出现剧烈腹泻以及随后的严重脱水，有时在出现明显腹泻之前即发生死亡。尸检时可见明显的、严重的小肠结肠炎。由于毛细血管再灌注时间不足，常导致病畜发生血容量减少症和内毒素性休克，此时病畜表现为黏膜发紫和四肢冰冷等，病畜一般在临床症状出现3 h后即发生死亡。极少数急性病例可在24～48 h内死亡，死亡率接近100%。尸检时大结肠壁和盲肠壁显著水肿和出血，肠道内容物呈液状并混有血迹。

在临床症状发生后，短期内PCV会超过65%。白细胞血象在正常至伴有退行性核左移的中性粒细胞减少症之间变动，同时还会出现代谢性酸中毒和电解质失调等症状。

疾病初始时常与应激因素密切相关，如手术或运输等。临床症状与最急性沙门氏菌病、梭菌引起的毒血症、波托玛克马热、试验性内毒素休克以及过敏性反应等腹泻疾病相似。另外，在给马服用林可霉素时也可出现类似临床症状。概括而言，X-结肠炎是用于描述那些未能作出明确诊断的病例和死亡情况的术语。

对X-结肠炎的治疗通常没有效果，但其治疗方法与沙门氏菌病相似。大剂量静脉输液可用于补偿严重脱水，并对恢复电解质平衡至关重要。若出现继发于蛋白质流失性的肠道疾病（如低蛋白血症），则需要使用血浆或人工合成的胶体物质以维持血浆胶体渗透压。氟尼辛葡甲胺可以减轻炎症过程，多黏菌素B能帮助结合内毒素，广谱抗生素可用于治疗继发于胃肠道损伤的细菌易位而引起的菌血症。

（五）寄生虫病

已确认大、小圆形线虫是引起大马和马驹慢性腹泻的病因之一。与马小圆线虫相关的疾病称为盅口线虫病（Cyathomostomiasis），有报道显示，本病可引起复发性腹痛、腹泻和体重减轻等临床症状。

由梨形鞭毛虫引起马间歇性腹泻的报道并不多见。然而，梨形鞭毛虫还可在少数健康马的粪便中被检测到，但很少被认为是引起马腹泻的病因之一。隐孢子虫也曾在健康和患腹泻马驹的粪便中被发现。有证据表明，隐孢子虫（Cryptosporidium spp.）可引起具有免疫力的马驹发生腹泻甚至死亡，它们已被认为是某些农场暴发马驹腹泻的病因之一。

（六）沙粒性结肠病

马采食时摄入的大量泥沙积聚在大肠中，可引起腹泻、体重减轻或急性腹痛等临床症状。当马或马驹经常在沙质牧草上放牧或在沙土地区（小牧场，畜栏或草场）采食干草或谷物时，都会将沙土摄入体内。如果在环境中存在沙土，一些马或马驹都倾向于首先采食沙土。因此，可根据病马在沙土环境中的生活史、粪便含沙、腹侧听诊发出"砂"音，或在对腹部进行X线检查（如果条件允许）时发现大结肠中含有泥沙即可作出诊断。可通过胃管输入或每日在谷物饲料中添加半纤维素制品（车前籽壳）治疗该病。通常在治疗2~3 d后，腹泻会有所缓解。一般情况下，治疗需要持续3~4周，方能排除已摄入的所有沙土。如果马或马驹没有及时迁离沙土区域，则需要进行反复治疗。在沙土性小肠结肠炎频发的地区，需要用车前草进行预防性治疗（每个月中治疗1周）。市场上有数种车前草制品，与粉末状的制品相比而言，大多数马更喜欢吃颗粒状的车前草制品。

（七）习惯性腹泻

有些马在被首次转移到长满茂盛青草和苜蓿干草的地区或短时应激（如拉车、比赛、展览或去兽医院看病）时常排出半固体粪便。只要马在其他方面的表现是健康的，粪便在稠度上的变化并没有临床诊断意义，但畜主多少会存在一些担心。对于出现腹泻的马，应进行体检以及适当的实验室检测以排除传染性病因，并据此决定是否采取治疗措施。通常情况下，当马逐渐适应了新饲料或应激状况有所缓解后，其粪便稠度可逐渐恢复正常。

（八）浸润性结肠病

任何导致大结肠肠壁增厚的过程，都有可能会干扰到液体的吸收，从而引起慢性腹泻、体重减轻以及有时发生的低蛋白血症。增厚可能是由于肿瘤、炎症细胞（例如淋巴细胞、浆细胞、巨噬细胞或嗜酸性粒细胞）或之前急性结肠炎留下的疤痕所引起。

直肠触诊有助于对肠壁增厚和肠系膜淋巴结病进行检测。腹部液体的细胞学检查有助于发现赘生性细胞。超声波检查可用于判断肠壁的增厚程度（如果病变的肠区能被成像），并同时发现肝脏、脾脏或腹膜表面的肿块。经皮活组织检查，能够为肿瘤形成或炎症细胞浸润提供组织病理学诊断依据。对直肠黏膜和十二指肠黏膜进行的活组织检查（通过3 m内镜）有助于对炎性肠病进行诊断，并可同时对沙门氏菌（Salmonella）进行分离培养。利用空肠、结肠、盲肠的全层活组织检查结果诊断炎性肠病是极为可靠的检测手段，活组织可通过施行站立的侧面剖腹手术或仰卧的腹正中剖腹术获得。外科开腹探查术可提供有价值的信息，但价格昂贵，并且还有可能发生低蛋白血症而预后不良。

对腹部肿瘤或炎性肠病进行的相关治疗通常无意义。但在发生炎性肠病时，有时使用地塞米松可缓解疾病的临床症状。据报道，对3匹出现消化道T细胞浸润性淋巴瘤的马使用高剂量地塞米松（0.1 mg/kg，每日1次）进行治疗，能够改善临床症状和实验室检测参数。其中，2匹马在临床症状有所改善后，使用低剂量的地塞米松（0.01~0.95 mg/kg，每日1次）治疗，症状好转一直持续9个多月。但第3匹马在整个治疗过程中都需要使用高剂量的地塞米松，因为一旦改为使用低剂量，临床症状就会复发，即便是再使用高剂量的地塞米松，临床症状还会复发，并在经过2个月的治疗后，对第3匹马实施了安乐死。据推测，类固醇药物的作用机制可能控制了与炎症相关的疾病过程，同时抑制了糖皮质激素诱导的细胞凋亡。

（九）各种原因引起的马腹泻

能引起马腹泻或粪便呈半固体状至水样的病因包

括：过食谷物、结肠血栓栓塞性疾病、腹膜炎、抗生素治疗、肾衰竭、许多中毒症［如斑蝥-斑蝥素、食盐中毒、根霉菌胺、阿米曲士、丙二醇、磷、硒、尼古丁、利血平、砷、汞、莫能菌素、有机磷酸盐、夹竹桃、日本紫杉、蓖麻子、鳄梨、曼陀罗、马铃薯、石南、藻类、橡子或橡木、金丝桃（*Hypericum*）、麦仙翁、真菌毒素中毒、马尾草、引起家畜腹泻的灯心草］、高血脂以及大肠嵌闭性阻塞等。

二、马驹腹泻病

（一）马驹热腹泻

出生后4~14 d的马驹常发生一种轻度的、可自愈的腹泻病。这期间，母马正处于其第一个动情周期，故命名为"马驹热腹泻"。然而，腹泻也可在失去双亲的孤驹中发生。因此，母马的激素活力不太可能与发病机制有关。尽管病因未知，但可能与马驹的肠道微生物群或马驹饲料的改变（开始采食少量的干草和谷物）有关。食粪癖也可能在疾病过程中发挥一定作用。

在这期间，马驹保持活跃而警觉，食欲及生命体征也保持正常。粪便呈半固体状至水样，无恶臭。对马驹的病情进行监护，并确保不进一步恶化是非常重要的。通常没必要实施特异性治疗，但对会阴周围的皮肤使用保护剂将有助于预防臀部发生损伤。

（二）马驹细菌性腹泻

细菌性小肠结肠炎是新生马驹败血症的一个重要组成部分，由任何原因引起的菌血症都会引发腹泻，因此，与新生马驹腹泻相关的病原微生物包括：沙门氏菌、大肠埃希菌、克雷伯氏杆菌和梭菌。尽管大肠埃希菌是新生马驹全身性败血症中最重要的介质，但它不是引起马驹腹泻的主要原因，而在犊牛和仔猪中的情况却恰好相反。

大剂量的抗生素治疗、纠正体液丢失、恢复电解质平衡以及精心的护理，对该病的预后都是极为重要的。应当对马驹进行评估，以确定其是否有充足的被动传递的母源抗体；如果抗体不足，就应进行输血（见马驹败血症）。给出现显著低蛋白血症性水肿的马驹静脉注射血浆和/或血浆替代品（如羟乙基淀粉），用以改善血浆胶体渗透压的做法对病情的缓解是有益的。仅使用静脉注射治疗而不纠正严重的低蛋白血症，有可能会引起马驹出现肺部或外周性水肿。

凡能引起3日龄以下马驹发生高死亡率，并导致10日龄以下马驹出现急性暴发的出血性腹泻综合征，多与C型产气荚膜梭菌（*C. perfringens*）感染有关。A型产气荚膜梭菌（含或不含β₂毒素基因）与小肠结肠炎的发生有关。基于农场的研究报告显示，在高于90%的健康新生马驹的粪便中，都可以分离到A型产气荚膜梭菌，所以A型与本病的关联性不如C型的清晰。细菌的感染数量及其生长阶段，都能影响到马驹对A型产气荚膜梭菌的易感性。本病多呈散发，或者在一个马场中的几匹马中突然暴发，大多数病例的临床症状表现为严重嗜睡，心血管系统状态急速恶化，随后在24~48 h内出现死亡。尸检时可见肠道出血和小肠黏膜弥漫性坏死。在有些病例中，结肠也可出现类似的症状。

能够引起腹泻的其他病原菌还有：脆弱拟杆菌（*Bacteroides fragilis*）、艰难梭菌（*C. difficile*）、嗜水气单胞菌（*Aeromonas hydrophila*）以及马红球菌（*Rhodococcus equi*）等。尽管马红球菌是引起呼吸道疾病的主要病原，但急性和慢性肠炎也可引起1~4月龄的马驹发生腹泻。如果发生肺炎，可对其直接作出诊断。当从气管冲洗液中培养并检出此菌时，即可将马红球菌确定为病原菌，但阳性培养结果无助于对该菌的诊断，因为健康马驹的粪便中本身就含有马红球菌。其他大环内酯类药物如阿奇霉素或红霉素，可用于治疗该病，但红霉素易引起马驹的腹泻和高热。

（三）胞内劳森菌感染

由胞内劳森菌（*Lawsonia intracellularis*）感染肠道引起的增生性肠道疾病，可引起刚断奶马驹突然腹泻、体重锐减、腹痛、嗜睡、皮下水肿、蛋白质流失性肠病。劳森菌在全球范围均有分布，且能感染许多种类动物，如猪、啮齿类和走禽类。该菌在环境中可存活2周。据推测，病原体可通过粪-口感染途径进行传播。胞内劳森菌可进入肠上皮细胞，从而避免被溶酶体溶解。被细菌感染的细胞可继续分裂，使未成熟上皮细胞的隐窝增生，引起刷状缘发育不良并导致酶活性以及吸收能力下降。双糖酶活性的降低可引起消化不良，以及随后出现的结肠内碳水化合物的过度蓄积和渗透性腹泻。氨基酸吸收障碍和小肠渗透性增加组合在一起，可引起低蛋白血症，从而导致血浆胶体渗透压下降和随后的腹部水肿。营养物质消化吸收障碍以及蛋白质流失性肠病，最终可导致马驹体重减轻和生长发育迟缓。

本病主要感染3~12月龄的马驹，但尤以4~6月龄的马驹最易感，应激可能是该病的另一个诱因。由于感染马驹体质虚弱，故更易于继发肠道、皮肤和呼吸道感染。尽管有过突然死亡的相关报道，但如果治疗方法适当，该病的发病率和死亡率通常很低。显著的低蛋白血症（<4.0 mg/dL）并伴有白蛋白减少（<1.5 g/dL）是最常见的实验室检测结果。白细胞计数和纤维蛋白原浓度趋于正常或中度增加。病驹可能出现贫血、低钠血症、低氯血症以及低钙血症，胆碱

激酶的浓度一般适度增加。

尸检时，若在银染的组织中观察到有特征性的胞内细菌即可确诊。对尸检过程中收集到的组织样本，通过PCR检测和免疫组织化学观察到胞内劳森菌时也可对该病予以确诊。由于劳森菌是一种胞内微生物，故并不能在普通微生物培养基上生长，在对其进行分离时需要使用专用细胞系。PCR检测技术可用于检测粪便中胞内劳森菌的DNA，但结果有可能会出现假阴性。利用血清学方法检测胞内劳森菌的抗体虽然比粪便PCR更敏感，但要从暴露马驹中鉴别出感染驹是很困难的。间接荧光抗体试验和免疫过氧化物酶单分子层抗体试验，是目前使用的最好的血清学试验方法。另外，还可以利用ELISA进行诊断。利用粪便PCR和血清学试验都是非常实用的检查方法，如果其中任一试验结果出现阳性，即可确定低蛋白血症的存在，而随后采取的对症治疗是必不可少的环节。即使在临床症状缓解后，马驹仍能保持血清阳性反应长达6个月之久。一般通过腹部超声波检查技术，可探测到显著增厚的小肠壁。

增生性肠病的鉴别诊断包括：沙门氏菌病、梭菌病、新立克次体、马红球菌、寄生虫感染以及任何原因引起的浸润/炎性肠病等。也可依据对治疗的反应程度对该病予以确诊，对经过7～10d治疗缺乏反应的病例，提示应对疾病进行重新诊断。

劳森菌是一种胞内病原体，所以抗菌剂必须是可在宿主细胞质内凝集的亲脂性或兼性药剂。静脉注射土霉素（6.6 mg/kg，每日2次，持续3～7d）进行治疗后，接着使用多西环素（10 mg/kg，每日2次，持续14d）治疗是非常有效的。轻度感染病例仅口服多西环素即可获得良好的效果。其他备选方案为红霉素（单独或联合利福平使用）持续使用3～4周。只有严重感染的马驹才需要实施输血浆疗法。一般不推荐使用糖皮质激素。对治疗的反应一般表现在精神状态和食欲改善以及体重增加等方面。低蛋白血症的恢复可能需要4～5周，而增厚的小肠壁的恢复则需要4～8周。

（四）马驹病毒性腹泻

病毒可引起马驹出现腹泻，但对成年马没有影响。轮状病毒是导致马驹病毒性腹泻的主要病因，但其他病毒（如冠状病毒）也可能参与其中。由轮状病毒感染导致的腹泻多以精神沉郁、食欲不振、排大量水样恶臭的粪便为特征，这种腹泻常见于2月龄以下马驹，而更年幼的马驹会表现出更严重的临床症状。尽管腹泻能够持续数周，但通常情况下多为4～7d。

轮状病毒通过破坏小肠绒毛顶端的肠上皮细胞，从而引起吸收障碍。加之乳糖酶的缺失，导致乳糖进入大肠并诱发渗透性腹泻。通过使用电镜或用于检测人轮状病毒的商品化免疫检测试剂盒，从粪便中检出病毒，即可作出诊断。检测时有如下几个特殊要求：对轮状病毒应采用实验室的特异性检测；在疾病早期采集粪便；以及采集多份粪便样本以提高病毒的检出率等。

治疗时一般采用辅助疗法。在本病暴发时对农场采取一定的管理措施和消毒，可有效控制轮状病毒的扩散。患病的马驹具有高度的感染性，应被隔离在最初发病的畜栏中，或将其转移到一个特定的隔离设施内。工作人员在处理腹泻马驹前后应戴一次性手套，穿清洗的靴子并用肥皂洗手。应当在患病马驹的畜栏外放置含苯酚的消毒剂，用以浸泡进入前后的鞋子。应设计特殊的清洗设施对患腹泻马驹的畜栏进行清洗。一旦畜栏被腾空，应使用洗涤剂及时清除粉尘微粒，然后再用符合美国环保署标准（EPA，Environmental Protection Agency）的酚类化合物消毒。漂白剂、氯己定以及四价化合物等消毒剂对轮状病毒无效。患病马驹排出的粪便与从畜栏移出时，不能撒落在平时放牧的草场上，并且要小心处理并避免粪便污染通道。所有的畜栏清理装置都应被消毒。一般很难完全清洗和消毒被排泄物污染的畜栏地板，可将上层较脏的一层予以清除。

新引进的马和马驹，也包括那些从兽医院治疗回来的马和驹，都应至少隔离7d才能引进畜群。可对妊娠母马进行疫苗接种，通过诱导初乳中产生母源抗体的方法，降低马驹感染轮状病毒的风险。

（五）马驹腹泻的其他病因

采食过度（如隔离一段时间后马驹再次回到母马身边）以及营养不当（如孤马驹被喂以牛奶的替代物或蔗糖）可导致营养性腹泻。马驹很少发生乳糖不耐受症，该病可通过乳糖耐受激发试验或对补充乳糖酶的临床反应进行确诊。当马驹采食了不易消化的物质如粗饲料、沙子、泥土和石头时，也会引起腹泻。据报道，马驹的腹泻也与韦氏类圆线虫（*Strongyloides westeri*）、马蛔虫（*Parascaris equorum*）、隐孢子虫（*Cryptosporidium* spp.）的感染有关（参见马的胃肠道寄生虫病）。

三、体重减轻与低蛋白血症

许多原因都可引起马的体重减轻，且多数情况与身体因素有关。这里仅限于讨论胃肠道疾病引起的体重减轻。蛋白质流失可能（或可能不）与体重减轻有关。一般引起这2种症状之一的相关疾病包括肿瘤形成、炎性肠病以及使用NSAID治疗时引起的中毒病等。

（一）胃肠道肿瘤

胃的鳞状细胞癌和淋巴肉瘤的滋养形式，是马胃肠道肿瘤形成的最常见的方式。其中，慢性体重减轻是该病的主要临床症状。当淋巴肉瘤浸润肠壁时，病畜可能出现慢性腹泻和低蛋白血症。

由于胃肠道肿瘤的发生率很低，因此首先应调查是否存在其他原因导致的体重下降。通过排除其他原因引起的体重减轻，以及在对探查性外科手术或尸检时采集的组织进行病理组织学检查后可作出诊断。胃的鳞状细胞癌可通过胃镜检查进行诊断，可用2～3m长的内镜检查成年马的胃黏膜。对于患有淋巴肉瘤的马，通过直肠触诊或超声波检测，可检查到肠系膜淋巴结肿大或肠壁增厚。有时对腹腔液体进行细胞学检查可发现肿瘤细胞。超声波检测能够显示肝或脾等部位的肿块，并通过经皮穿刺活检配合对肿块进行辅助诊断。依据小肠或其他肿块的剖腹探查术并同时伴有活组织检查，可对疾病予以确诊。

一般不提倡对马胃肠道肿瘤进行治疗，该病常预后不良。目前仅有少数关于手术切除病变肠段的报道。对一些病例来说化疗也是一种首选治疗方法，使用皮质类固醇治疗可以延长某些病例的存活时间。

（二）炎性肠病

这类疾病包括肉芽肿性肠炎（GE，Granulomatous enteritis）、淋巴细胞-浆细胞性小肠结肠炎（LPE，Lymphocytic plasmacytic enterocolitis）、嗜酸性上皮细胞多系统疾病（MEED，Multisystemic eosinophilic epitheliotropic disease）和自发性嗜酸性小肠结肠炎（IFEE，Idiopathic focal eosinophilic enterocolitis）等。本病的特征是小肠和大肠出现炎性细胞浸润，其中主要包括淋巴细胞、浆细胞、巨噬细胞和嗜酸性粒细胞等。炎症病灶仅局限于部分肠道或略有扩散，可导致吸收障碍以及小肠结肠吻合术引起的蛋白质流失性肠病，此时病畜可能（或可能不）出现腹泻等临床症状。应注意将炎性肠病与体重减轻、急性腹痛或低蛋白血症以及广泛性皮炎等疾病进行鉴别诊断。

可根据临床症状、血清蛋白浓度降低、可能出现肠壁增厚（经超声波检查或直肠触诊鉴定）、吸收障碍、肠道或直肠活检等作出诊断。碳水化合物吸收障碍常继发于严重的小肠绒毛的大面积萎缩。当小肠无法吸收口服的葡萄糖和D-木糖时即可确诊为吸收障碍。

组织学诊断具有主观性，应由一位有经验的病理学家对马肠道活组织的检查结果进行鉴定。直肠黏膜活检对大约50%的GE和MEED病例的诊断是有效的，但在对LPE和IFEE进行诊断时几乎没有帮助。可观察到大量的嗜酸性粒细胞和淋巴细胞在健康马的肠壁上

皮细胞中，但对这种情况应避免进行过多的说明。当出现嗜酸性肉芽肿、血管炎和血管内的纤维素样坏死时，可对MEED进行诊断。患MEED的马可能会出现严重的皮炎以及肝脏和胰腺的嗜酸性细胞浸润，有时还会出现嗜酸性粒细胞显著增多。患IFEE的马发生嗜酸性粒细胞浸润仅局限于肠道，幸存者预后良好。肠的全层活检样本，可通过一个侧面切口的腹腔镜手术或沿腹中线剖腹术获得。由于多数马在诊断时已经出现严重的低蛋白血症，因此，切口的愈合可能会存在问题。

各种综合征的病理生理学机制尚不清楚。通常涉及由于肠道因素（如饲料、寄生虫、细菌）引起的免疫反应的改变。马的GE、牛的约内氏病（Johne's disease）和人的克罗恩病（Crohn's disease）之间存在着组织病理学的相似性。标准赛马似乎更易患GE和MEED，说明本病可能存在遗传倾向。

尽管尝试使用过各种内科疗法，但极少获得成功。糖皮质激素、日粮改变、甲硝唑和抗代谢药物硫唑嘌呤等已被应用于临床。羟基脲或长春新碱对人类的嗜酸性粒细胞增多综合征具有一定疗效，有时也会配合使用干扰素-α和环孢霉素。辅助性的营养护理包括经常饲喂高质量、高能量的饲料，但一般预后不良。如果病畜发生感染的肠段易于触及，实施手术予以切除可能会取得成功，这种情况在IFEE中更常见，此时患马常出现急性腹痛而不是体重减轻，肠壁局部增厚或增厚仅局限于肠袢的周缘。可通过开腹探查术或尸体剖检进行确诊，也可通过随后的组织病理学检查予以确诊。通常在对患IFEE的马的肠道病变部分进行切除后，其预后良好。若未实施切除术，仅对小肠进行减压处理，通过糖皮质激素进行药物治疗和少食多餐，一般可缓解临床症状。

（三）非类固醇类消炎药中毒

非类固醇类消炎药（NSAID）的毒性与环氧化酶（COX）的选择性剂量以及持续时间（参见非类固醇类消炎药）有关。据推测，使用非选择性的环氧化酶抑制剂引起中毒的风险比环氧化酶的选择性药物更大。COX抑制剂可延缓胃肠道的康复，胃肠道和肾脏最易受到NSAID的毒性影响。NSAID诱导的病变，可发生在消化道的任何部位，但大结肠（尤其是右背侧结肠）和胃黏膜是最为敏感的部位。苯基丁氮酮的致溃疡性比氟尼辛葡甲胺更强，而氟尼辛葡甲胺的致溃疡性要强于酮洛芬。大结肠溃疡性病变引起的蛋白质流失性肠病，常伴有腹部水肿、厌食、嗜睡、体重减轻、腹泻和腹痛等临床症状。右背侧结肠形成的瘢痕可导致大结肠嵌闭，有时还需要施行大结肠切除术。

大剂量或长时间的使用苯基丁氮酮，能引起马蛋白质流失性的肠道疾病。但有些马天生就对NSAID敏感，即便是使用比推荐剂量还低的NSAID，仍可引起右背侧结肠炎。因此，不管是通过口服还是注射NSAID，都可能引起中毒。由于流失的蛋白质进入肠腔，可诱发低蛋白血症，但不能引起肉眼可见的溃疡，有时还可能会观察到肾乳头坏死。大剂量或长时间使用氟尼辛葡甲胺，也会引起相似的中毒症状。

NSAID中毒的临床症状包括：咀嚼困难（由于口腔和舌溃疡引起的）、唾液分泌过多以及疼痛（吞咽时由于食道溃疡引起的）等。胃溃疡可引起患畜采食后斜卧、腹痛和厌食等症状。发生结肠溃疡的马会出现稀便、腹泻及腹部水肿等症状。若肠溃疡发展到一定程度，会发生内毒素血症和细菌易位及全身性炎症和败血症等症状。脱水、发热、心动过速也可在严重病例中出现。临床症状一般出现在使用NSAID治疗数周后，而更多的慢性病例则呈现反复发作的腹痛、体重减轻和软便等。

可依据使用NSAID的病史、临床症状、低蛋白血症等作出初步诊断。严重病例还会出现低钠血症、低氯血症、低钙血症及除了血容量减少以外的酸血症等。超声波可检测出增厚的结肠壁。胃肠溃疡要通过胃镜进行检查，但需要准备一个长2~3 m的内镜。

治疗方法包括停止使用苯基丁氮酮或其他NSAID。对于急性中毒的病例，在发病2 h后，反复使用4.55 L的液状石蜡可减少药物的吸收。为了预防胃肠溃疡，使用H_2受体阻断剂（如雷尼替丁）或质子泵抑制剂（如奥美拉唑）可有效减少胃酸的生成。此外，硫糖铝也具有同样的作用。使用米索前列醇（一种合成的前列腺素类似物）可能对溃疡具有一定效果，但可引起腹泻和腹痛等不良反应。静脉输液适用于血容量减少的病例，特别是并发氮血症的病畜。注射血浆或人工合成的胶体物质，可用来提高血浆胶体渗透压。

建议长期每日多次定量饲喂由低纤维组成的完全颗粒饲料，并且需要将饲料中的粗饲料去除。玉米油用于提供和补充热量，并能帮助受损肠道黏膜的愈合。车前草胶浆剂可通过增加短链脂肪酸的浓度进而促进结肠的康复。如果疤痕引起肠道部分阻塞，则应考虑实施手术治疗。

NSAID中毒的预防措施包括：限制使用NSAID的治疗剂量和持续时间，使用替代的止痛剂进行治疗，以及监测粪便的稠度和血清白蛋白的浓度等。

（四）小肠纤维化

在美国科罗拉多州的北部牧场，成年马发生的体重减轻和反复发作的腹痛与肠黏膜下层的大面积的纤维变性有关。所有患马最终都会死亡，或由于体况逐渐恶化而被施行安乐死。目前，该病的病因尚不清楚。

第十七节　猪肠道疾病

所有日龄的猪都可感染肠道疾病，所有这些疾病的共同临床症状是腹泻。引起肠道疾病的传播途径主要是粪-口途径。至少有16种病原体能够引起猪的肠道疾病，这主要包括细菌、病毒和寄生虫等在内可引起原发性肠道疾病的病原体。已从发生腹泻猪的肠道中分离出2型猪圆环病毒（PCV 2，Porcine circovirus type 2）。PCV 2是引起猪的几种多系统疾病的病因，如断奶仔猪多系统衰竭综合征。已在其他章节对PCV 2进行过详细的讨论。某个畜群的腹泻可能是由单一病原引起的，但混合感染的情况较为常见。由于有些肠道疾病与日龄有关，故鉴别诊断时最好根据年龄进行分组（表2-6）。

一、艰难梭菌性肠炎

艰难梭菌（C. difficile）是一种新发现的重要病原菌，主要引起初生仔猪腹泻。艰难梭菌最初是在伴有抗生素性腹泻的人群中发现的。该病原菌也是1~7日龄初生仔猪及其他家畜或实验动物发病的主要原因。

【病原与发病机制】艰难梭菌是一种厌氧的粗大芽孢杆菌，革兰氏染色阳性，能形成芽孢，该病原菌对氧的敏感性比产气荚膜梭菌更高。通过对动物肠道涂片进行革兰氏染色可发现该病原菌。已确认，在自然界环境中广泛分布的艰难梭菌和带菌母猪是重要的传染源。艰难梭菌能产生A型和B型"大梭菌毒素"，二者常被认为与病变的发生有关。A型毒素是一种引起体液分泌进入肠腔的肠毒素，而B型毒素是一种细胞毒素。

【临床表现】患病仔猪可出现呼吸困难、腹部膨胀以及阴囊水肿等。但感染猪并不一定都表现出腹泻症状。

【病理变化】病变多为腹水、胸膜腔积液和升结肠水肿，肾内常出现尿酸盐，结肠内容物呈糊状至水样。显微镜观察可见结肠内由黏液和纤维蛋白渗出物形成的多发性病灶以及黏膜下水肿等。

【诊断】肉眼可见病变并无特异性，因此，必须通过细菌培养，并同时对A或B型毒素及其病理组织学检测后方能确诊。艰难梭菌可用含有头孢噻吩（Cefoxitin）、环丝氨酸（Cycloserine）、牛磺胆酸盐

（Taurocholate）及果糖（Fructose）的选择性培养基在厌氧条件下进行培养。通过PCR可对A和B型毒素的基因进行鉴定。也可通过酶联免疫测定法对肠内容物中的毒素进行直接检测。

【治疗与控制】根据对抗菌药物最低抑菌浓度的测定，临床建议使用红霉素、四环素、泰乐菌素（Tylosin）等对哺乳期仔猪进行治疗，泰妙菌素（Tiamulin）和维吉尼霉素（Virginiamycin）可有效降低成年猪体内艰难梭菌的含量。目前，尚未有抗生素对临床病例治疗效果的相关研究报道。

二、A型产气荚膜梭菌性肠炎

小肠感染A型产气荚膜梭菌（*C. perfringens* type A）

后引起的临床症状较为轻微，但C型产气荚膜梭菌（*C. perfringens* type C）感染的情况较为罕见（参见下文）。未断奶和刚断奶的仔猪有时会发生感染，感染后一般排出带有黏液和血块的黄色粪便。患病仔猪的生长受到抑制，但死亡率极低。相对于C型产气荚膜梭菌性肠炎，仔猪尸检时肠道病变较轻微且没有出血现象。A型产气荚膜梭菌性肠炎的诊断、治疗和控制与C型产气荚膜梭菌性肠炎相同。

三、C型产气荚膜梭菌性肠炎

C型产气荚膜梭菌是引起初生仔猪发生高死亡率的出血性坏死性肠炎的病原菌。本病常发于1～5日龄的仔猪，也可见于3周龄以内的仔猪。

表2-6 猪腹泻疾病的年龄分布

	年龄组		
	哺乳期	断奶期	生长-育肥期或繁殖期
细菌性疾病			
艰难梭菌性肠炎	+++	+	+
A型产气荚膜梭菌性肠炎	++	+	+
C型产气荚膜梭菌性肠炎	++	-	-
肠溶性大肠埃希菌病	+++	+++	-
肠螺旋体病	-	++	+++
猪增生性肠炎	-	++	+++
沙门氏菌性肠炎	-	++	+++
猪痢疾	+	++	+++
寄生虫病			
隐孢子虫	+	+	-
猪等孢球虫	+++	+	-
兰氏类圆线虫	+	+	+
猪鞭虫	-	-	++
病毒性疾病			
猪圆环病毒腹泻	+	++	+
猪流行性腹泻	+	++	+++
轮状病毒性肠炎	+++	+++	+
传染性胃肠炎	+++	+++	++

注：- 罕见或几乎不发生；+ 不常见；++ 常见；+++ 非常常见。

【病原与发病机制】病原菌渗透进入前段空肠的吸收细胞内，并分泌β毒素。β毒素是一种烈性的、不耐热的、对胰蛋白酶敏感的内毒素，能导致绒毛的所有结构发生坏死。坏死性炎症通常可蔓延至黏膜隐窝，感染还有可能延续到空肠末端，甚至波及回肠，但很少感染到结肠。黏膜坏死常伴有血液流失进入小肠壁和肠腔的情况。

【临床表现】1～3日龄的仔猪以突发出血性腹泻，以及随后出现的衰竭和死亡为特征。在少数急性病例中，在发病3～5 d时，病猪出现较典型的腹泻症状，粪便呈褐色、水样。其中极少数病猪还会排出含有灰色黏膜组织碎片的红褐色水样稀便，并逐渐消瘦、衰竭。在急性病例中，患猪会阴部常附有血迹。

【病理变化】空肠呈暗红色，肠腔内充满带血的内容物。少数急性病例在发病3～5 d时，空肠肠壁内出现气泡以及空肠和回肠黏膜坏死。亚急性病例中，小肠壁增厚，一层淡黄色或灰色的坏死性伪膜紧密地黏附在黏膜下层。

【诊断】对最急性出血性病例和空肠气肿的急性病例，通过尸体剖检即可确诊。对肠黏膜的内容物抹片染色，镜检发现带有荚膜的革兰氏阳性大杆菌，即可迅速作出初步诊断。组织学检查可见肠绒毛坏死，6～14日龄猪的亚急性和慢性病例的尸体剖检结果易与猪等孢子球虫肠炎相混淆，但通过对空肠和回肠进行组织学检查，或者对黏膜抹片进行革兰氏或姬姆萨染色，观察到梭状芽孢杆菌后，即可作出鉴别诊断。分离到的产气荚膜梭菌，可根据β毒素的编码基因来确定其基因型。

【治疗与控制】对出现临床症状的猪进行治疗常常是无效的，因为腹泻一旦发生，出现的病变通常是不可逆的。对急性暴发的病例，如果立即给刚出生2 h以内的仔猪经非肠道途径或口服C型抗毒素或抗生素（或二者兼用），常可获得一定的保护作用。已发生感染的猪舍，有复发本病的可能性。在产前6周和3周给妊娠母猪接种C型菌苗–类毒素，则初生仔猪可通过吮吸初乳获得免疫保护。对于已经接种过2次菌苗–类毒素免疫的母猪，在生产前3周应进行一次加强免疫。

四、水肿病

水肿病又称大肠埃希菌性肠毒血症（Escherichia coli enterotoxemia）。

猪水肿病（Edema disease）又称猪大肠埃希菌性肠毒血症，是常发于断奶后5 d至2月仔猪的一种急性、高致死性、神经紊乱性疾病，该病还可能伴有腹泻症状。

五、肠道大肠埃希菌病

肠道大肠埃希菌病（Enteric colibacillosis）常发于哺乳期母猪或断奶仔猪，它是由大肠埃希菌的产毒素型菌株在小肠繁殖而引起的一种疾病。

【病原与发病机制】大肠埃希菌的某些特定菌株，具有能使其在空肠和回肠上皮吸收细胞上附着或繁殖的菌毛或纤毛。与致病性相关的最常见的菌毛抗原有K88，K99，987 P和F41。病原菌能够产生肠毒素，这种肠毒素可将体液和电解质分泌入肠腔，并最终引起腹泻、脱水和酸中毒。新生仔猪的感染多由K88和987 P菌株引起，而断奶后仔猪的大肠埃希菌病多由K88株引起。

【临床表现】该病常见的临床症状有大量水样腹泻、迅速脱水、酸中毒，最终死亡。在极少数病例中，仔猪尚未开始出现腹泻之前，即已出现衰竭和死亡。

【病理变化】病变的典型特征是小肠脱水和膨胀，且小肠内混有少量淡黄色黏液，结肠中也混有类似的液体。胃黏膜的基底部通常发红。突然死亡的仔猪可能出现皮肤斑状红疹。组织学检查显示，小肠绒毛长度正常，但有许多小的细菌菌落附着在吸收性肠上皮细胞表面。

【诊断】可根据组织学观察到的小肠绒毛上覆着的一层绒毛样细菌；通过免疫荧光试验或其他免疫学方法，检测肠道刮片上的K88、K99、987 P或F41等纤毛抗原；以及从小肠中分离到的病原菌等几方面进行诊断。由于大肠埃希菌病多为继发性传染病，因此，在诊断过程中还应当考虑到病毒或球虫感染的可能性。

【治疗与控制】治疗包括及时使用抗菌药，恢复体液和电解质平衡，同时结合药敏试验确定抗菌药物。预防措施包括减少疾病诱因（如潮湿和寒冷），改善畜舍卫生环境（如用线性筛网地板替换坚固的板状水泥地板），给妊娠母猪接种大肠埃希菌特异性菌毛疫苗。缺失大肠埃希菌K88菌毛受体的猪对肠毒素阳性的大肠埃希菌K88株具有抵抗力。

六、肠出血性综合征

肠出血性综合征（小肠肠系膜扭转）常见于快速生长的4～6月龄育肥猪。患猪多在没有出现腹泻症状的情况下突然死亡。尸体剖检可见小肠壁变薄，局部肠管瘀血肿胀。大肠常滞留有黑焦油样的粪便，黏膜表面无损伤。诊断时应注意与猪痢疾、沙门氏菌病、增生性胃肠炎或肠道螺旋体病相区别。猪小肠扭转引起的出血，可以通过在饲料中添加杆菌肽或金霉素进行预防。尸体剖检时，在打开腹腔之前，应对肠系膜底部进行触诊，增生性胃肠炎的最急性病例，可能会有相似的临床症状和肉眼可见的病变，但通过对肠道进行组织学检查和肠内容物的细菌分离培养，即可辨别肠上皮是否增生以及有无胞内劳森菌（Lawsonia intracellularis）。

据信，大多数病例是由肠扭转引起的。发病诱因可能包括剧烈运动、训练、打斗、挤压或饲喂不规律等。长体型的猪比短体型的更易发生肠系膜扭转。整个肠道的扭转，包括十二指肠后部和直肠前部，可使其环绕在肠系膜的根部，阻塞静脉血的流出，引起血液在阻塞肠道处滞留和淤积，最后导致阻塞。有时也可能出现局部扭转，但在剖检时很难发现，因此使诊断变得更加困难。

七、肠沙门氏菌病

肠致病性沙门氏菌能够引起小肠和大肠出现炎症和坏死，导致腹泻，并可能导致全身性败血症。所有日龄猪都易感，但尤以刚断奶和生长期的猪最易发。

【病原与发病机制】猪霍乱沙门氏菌（*S. cholerae-suis*）是最常见的一种猪源性的沙门氏菌株。这种病原菌有时会导致坏死性小肠结肠炎，患病猪主要以肝炎、肺炎和脑血管炎等败血性疾病为特征。肠道感染猪伤寒沙门氏菌（*S.typhisuis*）可引起回肠、盲肠和结肠黏膜以及黏膜下层的坏死性或非化脓性炎症，感染猪的局部淋巴结增生，有时出现全身性败血症。猪霍乱沙门氏菌和猪伤寒沙门氏菌的传染源主要为无症状的带菌猪，也包括啮齿动物以及受到污染的饲料和畜舍等（参见沙门氏菌病）。

猪沙门氏菌有许多血清型，其中一部分与人类的食源性传染病有关。常见的血清型有鼠伤寒沙门氏菌（*S.typhimurium*）、德尔俾沙门氏菌（*S.derby*）、海德堡沙门氏菌（*S.heidelberg*）、沃丁登沙门氏菌（*S.worthington*）和幼稚沙门氏菌（*S.Infantis*）。这些血清型可引起猪的轻度至中度腹泻，并且对许多药物具有多重耐药性。

【临床表现】哺乳仔猪可发生腹泻，但通常死于全身性败血症。刚断奶或生长猪的临床症状为发热和排出含有黄色及坏死组织碎片的水样粪便。

【病理变化】感染霍乱沙门氏菌猪的回肠和结肠增厚并伴有炎症反应，且黏膜表面常附有坏死组织碎片，肠系膜淋巴结肿大、水肿和发红。黏膜溃疡有时（或不）明显，在急性病例中，黏膜可见少量出血，偶尔会发生直肠阻塞。除猪伤寒沙门氏菌以外，其他肠致病性沙门氏菌引起的病变都较为相似，但一般没有猪霍乱沙门氏菌所引起的病变严重。由猪伤寒沙门氏菌引起的特征性的肠炎病变，是结肠和盲肠出现典型的黄色圆形（纽扣状）溃疡，但这种形式的病变很少发生在回肠。

【诊断】可使用选择性培养基对猪的粪便或肠道黏膜进行病原分离培养。如果从增生的肠系膜淋巴结取样，在选择性培养基上（如亮绿琼脂培养基）划线或接种于富集培养基后分离得到沙门氏菌，其可信度会更高。通过对肠道和肝脏进行组织学检查，可将沙门氏菌病与增生性肠炎和猪痢疾相区分。

【治疗与控制】通过鼻腔或饮水接种弱毒活苗，能够有效预防由猪霍乱沙门氏菌引起的疾病。其中，弱毒苗也可有效降低屠宰猪组织内沙门氏菌的水平。通过非肠道途径以及饮水或饲料对感染猪群给予抗菌药物，可有效降低该病的发生率。常用于饮水的药物有新霉素，林可霉素-大观霉素。也可在饲料中添加卡巴多司来预防该病。对分离得到的病原菌进行药敏试验，有助于选择合适的抗菌药物。通过对污染的设施进行清洗和消毒以及清除细菌来源，可有效降低本

病的复发。

八、肠道螺旋体病

肠螺旋体病是大肠感染短螺旋体属螺旋体（*Brachyspira hyodysenteriae*）的一种疾病（参见猪痢疾）。这种疾病综合征目前已呈全球分布。

【病原与发病机制】肠道螺旋体病的主要病原体是肠道螺旋体（*Brachyspira pilosicoli*）。有报道称其他的短螺旋体属（*Brachyspira*）也与本病的发生有关，但最近的分子生物学分析发现，良性螺旋体（*B. innocens*），*B. murdochi*和中间型螺旋体（*B. intermedia*）可能都不是致病菌。已确认，肠道螺旋体是人类的一种重要病原体，特别是在一些土著人、同性恋者和免疫抑制的病人中易发。病原体可经口传播，且在环境中适应力极强。已经从许多动物（包括水鸟、啮齿动物和犬）中分离出肠道螺旋体。自然感染和人工感染试验发现，它可引起猪、鸡和人发生腹泻。其致病机制尚不明确，但研究发现，肠道螺旋体末端与肠黏膜表面的黏附明显干扰了结肠的正常吸收能力，进而引起腹泻。

【临床表现】患病初期，猪会阴部黏有黏性的粪便。当粪便表现为湿的混凝土状时，可能发生了轻微的腹泻。患病猪食欲不振，生长缓慢。

【病理变化】本病所造成的大肠病变，相较于猪痢疾螺旋体（*B. hyodysenteriae*）所引起猪痢疾的病变要轻微得多。大肠黏膜因增生而膨胀。偶尔发生伴有肠系膜淋巴结肿大的出血性结肠炎。通过显微镜观察可见，螺旋体末端结合在黏膜表面，呈刷状。黏膜表面出现局灶性腐蚀并伴有少量的卡他性渗出物。另外，肠内螺旋体还可引起结肠隐窝膨胀。

【诊断】类症鉴别诊断包括沙门氏菌病、增生性肠炎、猪痢疾和鞭虫感染等。在厌氧条件下，使用含有壮观霉素的选择性培养基可分离到肠道螺旋体。对短螺旋属进行生化试验和PCR检测可鉴定出螺旋体的种属。

【治疗与控制】肠道螺旋体病的治疗和预防与猪痢疾相似。治疗药物可选用泰妙菌素、林可霉素和卡巴多司。由于肠道螺旋体储存宿主对环境适应能力的不确定性，因此，对猪痢疾流行的猪群不采取捕杀的做法是否能全部清除这种病原体尚不明确。

九、寄生虫病

猪蛔虫（*Ascaris suum*）是猪感染的最常见的肠道线虫。肠道内的成虫使饲料的利用率降低，严重感染时可引起猪消瘦，幼虫移行可引起肝脏和肺脏出现炎症反应。

隐孢子虫（*Cryptosporidium* sp.）是吸附在10日龄以上仔猪肠道黏膜上皮上的一种球虫，可导致小肠绒毛萎缩、吸收障碍和腹泻。

艾美球虫属（*Eimeria* spp.）常感染猪，但很难观察到明显的病变。严重感染时可引起处于生长阶段的仔猪发生明显的小肠结肠炎。

淡红猪圆线虫（*Hyostrongylus rubidus*）在放牧猪的胃中多见。但对猪的危害不大。

等孢子球虫（*Isospora suis*）是导致6日龄至3周龄仔猪球虫病的一种常见的重要病原体。可引起回肠和空肠绒毛发生坏死和萎缩。肠道黏膜损伤易继发细菌感染，一般死亡率可达20%~25%，病猪大多发育不良。可根据小肠黏膜病变部位的直接涂片和姬姆萨染色观察以及组织学检查，对肠黏膜上未成熟球虫的类型进行鉴定。预防该病最常用的方法是改善产房设施及其环境卫生，以此减少球虫卵囊的数量，再用50%漂白剂进行彻底消毒。有时可对产前2周的母猪或刚出生至3周龄的仔猪口服抗球虫药来预防该病。

大肠中的结节线虫属（*Oesophagostomum* spp.）的成虫危害较小，但当肠壁被包蚴严重感染时，可引起患病动物消瘦。

兰氏类圆线虫（*Strongyloides ransomi*）（肠道线虫）的幼虫可通过初乳或从皮肤损伤的污染处感染。10~14日龄的仔猪发生严重感染时，可出现剧烈腹泻，死亡率很高。可根据肠黏膜刮片的显微镜观察进行诊断。

猪鞭虫（*Trichuris suis*）（鞭虫）可穿透盲肠和结肠黏膜，诱发多病灶的炎症反应。当严重感染时，可引起腹泻、消瘦和血便。鞭虫严重感染时的临床症状易与猪痢疾或增生性肠炎的临床症状相混淆，可根据大肠或粪便悬浮液中直接观察到的鞭虫予以确诊。

十、猪流行性腹泻

猪冠状病毒性腹泻（目前在西半球尚无报道）可见于各年龄阶段的猪，其临床症状与传染性肠胃炎（Transmissible gastroenteritis，TGE）相似。

【病原与流行病学】猪流行性腹泻（Porcine epidemic diarrhea，PED）病毒属于冠状病毒科的成员。猪是流行性腹泻病毒目前已知的唯一宿主。在野猪或其他动物尚未发现流行性腹泻病毒的抗体。感染主要发生在大多数欧洲国家和中国。1969年本病曾在欧洲发生过一次大流行，但在此前采集的血清样本中并未发现该病毒的抗体。目前，该病毒的分布非常广泛，并且逐渐在欧洲一些国家开始流行，急性暴发一般很少。在大型饲养场，病毒可在无母源抗体保护的断奶仔猪中持续存在，因此，断奶后的仔猪腹泻可能与该病毒有关。在比利时，病毒通常与架子猪的腹泻有关，特别是将来源于不同饲养场的架子猪混养于大型养殖场后极易暴发该病，从这种猪群中80%的粪便中可分离到该病毒。该病毒在其他国家的流行病学数据较少，其传播方式主要通过病猪的直接传染以及被病毒污染的媒介和运输工具的间接传染。

【发病机制】本病的发病机制和免疫机制与猪传染性胃肠炎相似。经口感染导致病毒在小肠绒毛上皮细胞内复制。结肠绒毛上皮细胞也可发生感染。目前，尚未发现本病毒对其他组织的趋向性。病毒可通过粪便排至体外。

【临床表现】腹泻是病毒直接感染后能够观察到的唯一临床症状。在易感饲养场暴发的急性病例与猪传染性胃肠炎暴发时的症状相似，都以各年龄段的猪出现水样腹泻为特征。但同传染性胃肠炎相比，猪流行性腹泻的潜伏期更长（3~4 d），同窝哺乳期仔猪部分发病，新生仔猪的死亡率也稍低（平均50%），并且在猪场中传播速度也更慢。猪流行性腹泻常以暴发性腹泻的形式，发生在非免疫断奶仔猪或各年龄段的猪群中。相对于患传染性胃肠炎的成年猪，患流行性腹泻的成年猪更易出现嗜睡和精神沉郁。病猪还可能伴有腹痛症状。

急性暴发时，易感的育肥猪以出现水样腹泻为特征，特别是在那些育成后期和对应激敏感品种的猪，死亡率显著上升，甚至在潜伏期内即可出现死亡。

【病理变化】眼观病变仅以小肠绒毛严重萎缩为主要临床特征。这些病变与传染性胃肠炎的病变非常相似，结肠未见病变。特征性病变是背部肌肉的急性坏死。

【诊断】临床上本病很难与传染性胃肠炎相区别。传染性胃肠炎的典型特征是可引起所有年龄段的猪发生腹泻，新生仔猪死亡率较高。而猪流行性腹泻的传播速度较慢。尽管在架子猪中已经出现腹泻，但仔猪在缺乏免疫的情况下，仍能保持相对健康的状态。猪流行性腹泻在成年猪的发病率为100%，且发病急促。成年猪和育肥猪会因肌肉坏死而发生急性死亡，这是猪流行性腹泻的典型特征，且这一症状在其他传染性腹泻中不易出现。

实验室诊断方法是对新生仔猪小肠或结肠的冰冻切片，进行直接免疫荧光试验。对育成猪可利用ELISA，对粪便或肠道内容物中的猪流行性腹泻病毒抗原进行直接检测。也可用酶联免疫吸附阻断试验对双份血清样本中的抗体水平进行检测。

【控制】本病目前尚无特效药。疾病暴发时可采取一些常规的治疗措施，如对出现腹泻症状的猪应及时补液,防止其脱水。育肥猪应至少禁食1~2 d。

在饲养场暴发疫情时,应采取严格的消毒措施以避免病毒向产房扩散,同时对感染的妊娠母猪采取相应的治疗措施,新生仔猪的死亡率通常会降低。目前尚无有效预防该病的疫苗。

十一、猪增生性肠炎

猪增生性肠炎(猪肠腺瘤病,增生出血性肠病,回肠炎)是发生于生长育肥猪和青年种猪的一种常见腹泻病,其特征是结肠和回肠增生和炎症。通常情况下,多数病猪可出现(或不出现)临床症状,有时仅出现轻微腹泻,但有时也会引起持续性腹泻、严重的坏死性肠炎以及高死亡率的出血性肠炎等。

【病原与发病机制】病原体是一种细胞内寄生的革兰氏阴性短杆状细菌——胞内劳森菌(*Lawsonia intracellularis*)。这种细菌只能通过细胞进行培养,尝试使用不含细胞的培养基进行细菌培养时多以失败告终。依据柯赫法则,用纯培养的胞内劳森菌(*L. intracellularis*)接种常规饲养的猪,可出现本病的典型病变,从病变处可再分离到胞内劳森菌。将胞内劳森菌接种于无菌猪并不能诱发本病,因此常规饲养猪的其他因素可能会导致病变的发生。

【临床表现】猪增生性肠炎流行性广,本病的非出血型一般出现在18~36 kg的猪,多以急性腹泻为特征。粪便呈水样或糊状,呈褐色或略有血迹。发病2 d后,病猪会排出回肠中黄色纤维素样坏死块。大部分病猪通常可自愈,但是也有相当一部分病猪会出现进行性消瘦的慢性坏死性肠炎。本病的出血常以皮肤苍白,体质虚弱和排出带血或黑色焦油状粪便为特征。妊娠母猪可发生流产。

【病理变化】病变可出现在小肠、盲肠、结肠下半部,但以回肠的病变最明显。小肠壁增厚,肠系膜水肿,肠系膜淋巴结肿大,肠道黏膜增厚、皱褶增多,黏膜上有时覆盖有棕色或黄色的纤维素性伪膜,有时可见点状出血。回肠或结肠内有黄色坏死块。在慢性病例中,黏膜坏死导致肠段变得肿胀而坚硬。剖检发现肠黏膜增厚。在大量出血性的病例中,在结肠内有红色或黑焦油样的粪便,回肠内混有血凝块。

【诊断】可根据组织学观察到的黏膜隐窝增生和炎症反应的特点进行确诊。通过银染法能够检测到胞内劳森菌[呈逗点状,与弯曲杆菌(*Campylobacter*)相似]。利用PCR对病变处的胞内劳森菌进行检测。对肠道和淋巴结取样后进行细菌培养,可排除沙门氏菌感染,配合组织学检查以及对盲肠和结肠样本的培养可以排除猪痢疾,上述这些试验都是必要的检测程序。同时,还应检查结肠内是否有鞭虫。由于胞内劳森菌普遍存在于正常猪群中,因此,对粪便进行PCR检测以及对临床表现正常猪体内的抗体进行检测,其临床诊断意义不大。

【治疗与控制】对出现急性感染的猪,可经非肠道途径给以各种抗菌药。而对猪群内的其他猪,通过饲料或饮水给药可降低肠炎的严重程度,并且可防止慢性的、不可逆的、坏死性肠炎的发生。猪增生性肠炎是首次在猪群中通过外科手术发现的疾病之一。通常经饮水免疫弱毒活苗有一定的预防效果,特别是在引入新猪群之前,应对母猪和公猪提前免疫。

十二、直肠狭窄

育成猪的直肠狭窄是由严重创伤导致的直肠脱垂或因干扰了直肠血液供应的感染引起的后遗症。前者为散发病例,后者为传染性病例。其中,鼠伤寒沙门氏菌(*Salmonella* Typhimurium)的感染可导致溃疡性直肠炎,这种直肠炎即便是在治愈后,其直肠功能的恢复也是不可逆的。据报道,直肠狭窄多由于血液供给被阻断,引起持续性的局部缺血,并最终导致直肠组织发生纤维素变性。

【临床表现】在育肥猪群的不同消瘦阶段中常见多头身体浮肿的猪,其他临床症状还包括早期发生的剧烈水样腹泻等,尽管这种临床现象具有普遍性,但却鲜有报道。由于直肠狭窄造成的阻力,因此,很难进行直检。

【病理变化】剖检可见结肠显著肿胀,肠道内充满气体和绿色粪便。主要病理变化是直肠管腔狭窄,其多因环状纤维性溃疡或距肛门处2~5 cm的直肠狭窄所致。

【诊断】无直肠脱出的传染性直肠狭窄,可考虑鼠伤寒沙门氏菌感染。对粪便和局部淋巴结进行培养,常可检出鼠伤寒沙门氏菌。但即便如此,也不能确定鼠伤寒沙门氏菌即是损伤和感染的原发病因。

【预防与控制】早期诊断和对腹泻的治疗,是控制本病极为必要的手段。优良的猪舍、管理和卫生条件以及"全进全出"的做法,都是预防本病的最佳方案。对本病实施外科手术治疗在经济上不具有可行性。

十三、轮状病毒性肠炎

轮状病毒性肠炎是一种常见的猪消化道传染病。所有日龄的猪都易感,但急性腹泻通常仅在哺乳仔猪和断奶仔猪中出现。

【病原与发病机制】轮状病毒可感染整个小肠,

并损伤肠绒毛上皮细胞。病变主要出现在小肠中段1/3处。肠黏膜绒毛上皮细胞的损伤，可引起部分微绒毛萎缩、吸收障碍和渗透性腹泻。轮状病毒的多种抗原型均可感染猪，病毒主要通过直接接触的方式进行传播。携带病毒的健康母猪在围产期内，可排出大量含有病毒的排泄物，并可将病毒传染给哺乳仔猪。

【临床表现】如果初生仔猪缺乏有效的母源抗体保护，通常在出生后12～48 h内发生急性水样腹泻。初生仔猪的轮状病毒感染常呈地方性流行。由于母猪在初乳和奶中提供的母源抗体水平不同，因此给哺乳仔猪提供的被动免疫保护程度亦不同。腹泻常发生于5日龄至3周龄的仔猪，或于断奶后立即发生。在发病初期，哺乳期仔猪的粪便呈黄色或灰色、糊状，2 d后逐渐变为灰色、糊状。腹泻持续2～5 d后，病猪变得枯瘦、身体虚弱，但死亡率很低。断奶仔猪排出含有未被充分消化饲料的水样稀便，患猪食欲下降、活力较差、身体消瘦、发育不良，从而易患肺炎和其他疾病。

【病理变化】小肠肠壁变薄，盲肠和结肠内充满水样稀便。

【诊断】实验室诊断是必不可少的。可通过组织学检查空肠绒毛发生萎缩，电镜观察肠内容物中的病毒粒子，以及利用免疫学诊断方法检测肠黏膜和粪便样本中的病毒抗原等方法，即可对该病予以确诊。注意本病与其他疾病如地方性传染性胃肠炎、等孢子球虫肠炎（ Isospora suis enteritis ）以及大肠埃希菌性肠炎（ Enteric colibacillosis ）的鉴别诊断。

【治疗与预防】本病尚无特效的治疗方法。保温和补液，维持电解质平衡以及对母猪进行免疫接种，都是切实可行的预防措施。由于易发产肠毒素大肠埃希菌的混合感染，因此，使用抗生素治疗可降低死亡率。给腹泻的断奶仔猪提供温暖、干燥和通风良好的环境以及规律性饲喂，可预防饥饿、继发感染和发育不良等。

十四、不对称链球菌性肠炎

5～10日龄仔猪的腹泻性痢疾，通常是由于小肠感染不对称链球菌（ S. dispar ）所引起。通过镜检若在小肠绒毛上皮细胞上发现革兰氏阳性菌，则有助于该病的诊断。使用抗菌药物（如青霉素）治疗具有一定效果。

十五、猪痢疾

猪痢疾（血痢）是一种导致黏膜出血性腹泻的猪肠道传染病。

【病原与发病机制】猪痢疾是由猪痢疾密螺旋体（ Brachyspira hyodysenteriae ）引起的原发性疾病，病原体是能够产生溶血素的厌氧性螺旋体。虽然其他病原体也可以引起机体的严重损伤，但猪痢疾密螺旋体可在大肠内增殖，并引起肠黏膜表面发生变性和炎症反应，导致黏膜上皮细胞分泌过多黏液以及肠黏膜的点状出血，使病变黏膜从未受感染的小肠中重吸收内源性内容物的能力下降，并最终引起腹泻。

【临床表现】最初的症状是部分猪食欲减退、排软粪以及可能出现的高热等，病程差异很大。有些猪可出现急性死亡。最常见的临床症状是粪便中混有血块和黏液性分泌物，以及伴有黏膜出血性的水样腹泻。数日后，粪便变为褐色，并混有黏液及纤维素样的坏死性伪膜。病猪表现脱水、极度衰弱和瘦弱。

【病理变化】弥散性病理损伤局限于盲肠、结肠袢和直肠。病变的肠黏膜表面覆盖有一层透明的灰色黏液。疾病初期，黏液中常混有血凝块。随着病程的发展，逐渐变成血凝块、纤维素和坏死物的混合物。疾病后期，转变为黄色、坏死的组织碎片。

【诊断】根据临床症状和尸体剖检可作出初步诊断。依据大肠的典型组织学病理变化以及通过厌氧分离培养获得的猪痢疾密螺旋体，即可对该病予以确诊。在对猪痢疾密螺旋体进行培养时，需要与其他厌氧螺旋体相区分。对短螺旋体分离株进行种属鉴定，最好采用PCR方法，也可利用生化试验方法。临床上发生混合感染的情况最为常见。应注意与增生性肠炎、沙门氏菌病和严重鞭虫感染等疾病相鉴别。

【治疗与预防】发病初期使用抗生素治疗有一定效果，其中通过饮水给药是首选的给药方式。由于耐药菌株的出现，故必须通过药敏试验确定对该病有效的抗生素。常用的抗生素包括杆菌肽、卡巴氧、林可霉素、泰乐菌素、泰妙菌素和维及尼霉素等。患病猪群无需全部捕杀，仅需一个持续而严谨的防治程序即

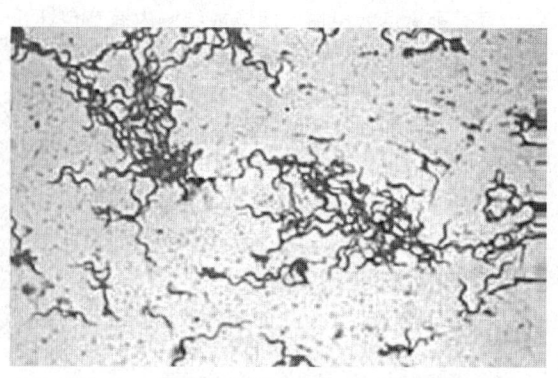

图2-24　短螺菌属（密螺旋体）痢疾密螺旋体
（由爱荷华州立大学Joann Kinyon提供）

可从感染猪群中消灭猪痢疾，这其中包括使用抗菌药治疗带菌猪，以及对养猪设备及腾空的场所进行彻底清洗和消毒等。老鼠是猪痢疾密螺旋体感染的一个重要宿主，因此，根除本病的方法也应包括消除/减少农场内老鼠的数量。另外，在冷藏条件下猪排泄物中的猪痢疾密螺旋体可存活超过60 d。

十六、传染性胃肠炎

传染性胃肠炎（Transmissible gastroenteritis，TGE）是猪常见的一种小肠病毒性传染病，可引起所有日龄的猪发生呕吐和腹泻。

【病原与发病机制】TGE的病原为冠状病毒，它可损伤空肠和回肠的上皮细胞，导致严重的肠绒毛萎缩、吸收障碍、渗透性腹泻和脱水等。TGE的潜伏期为18 h，病毒可通过气溶胶和直接接触而迅速传播。由于该病毒在低温条件下仍可存活，因此本病更易于冬季流行、暴发。

【临床表现】在未免疫的猪群，最初的症状是呕吐，继而出现大量的水样腹泻、脱水，病猪极度口渴，哺乳仔猪的粪便中常含有未消化的凝乳块。1周龄以内的仔猪死亡率可达100%，1月龄以上的仔猪则很少出现死亡。妊娠母猪有时出现流产，哺乳母猪常出现呕吐、腹泻和无乳等症状。幸存的仔猪可持续腹泻达5 d之久，而年龄稍大仔猪的腹泻时间较短。

在大猪群中发生地方流行性TGE时，根据免疫水平和病毒的暴露程度，其临床症状差异较大。初乳被动免疫常可使4~5日龄内的仔猪免受感染。随着乳汁中抗体水平的下降，仔猪将逐渐发生感染和轻度疾病。依据免疫水平和病毒的暴露强度，有的架子猪会出现比较轻微的腹泻，而有的则很严重。如果母源抗体能在整个哺乳期为仔猪提供足够的被动保护，那么在仔猪断奶后的最初几日即可出现腹泻。

【病理变化】死于TGE的仔猪严重脱水，皮肤被水样粪便污染。胃中常含有凝乳块，小肠壁变薄，整个肠腔内充满绿色或黄色的水样液体。年龄稍大的猪，结肠内充满液体（而不是成形的粪便），其他组织器官未见明显的病理变化。使用放大镜观察小肠黏膜，可见肠绒毛萎缩。

【诊断】根据传染性胃肠炎流行期间的临床症状可作出初步诊断。当表现轻度地方性流行时，则需要进行实验室检测。在对小肠进行组织学和免疫荧光检测时，一旦发现典型的病理变化和传染性胃肠炎病毒抗原时即可确诊。在疾病暴发期间，能够使红细胞凝集的脑脊髓炎也可出现上述类似的症状。

【治疗与预防】目前尚无针对本病的特异性治疗

方法。提高产房的温度及补充电解质溶液防止脱水的做法有一定效果。据报道，注射猪免疫球蛋白对本病也具有一定的帮助。对年龄较大的断奶仔猪控制饮食也可降低仔猪的死亡率。

保护性免疫取决于小肠中抗体的水平。仔猪的被动免疫保护是由免疫母猪持续哺乳来提供的。仔猪消化道黏膜感染传染性胃肠炎病毒后，能获得主动的免疫保护。消化道主动感染强毒后，由于可产生分泌性IgA，因而免疫保护期可达6~18个月之久。对自然免疫母猪进行疫苗接种，所产生的免疫力可以为新生仔猪提供足够的免疫力，这种方法对呈地方流行性的猪群是非常有用的。给没有发生TGE的猪群进行疫苗接种，在经济上是无益的，因为疫苗不能诱导产生完全的免疫反应。

使用强毒株对产前2~4周的妊娠母猪进行计划免疫，常可为其提供足够的免疫保护。在母猪妊娠期，可将传染性胃肠炎病毒感染的肠道和粪便混合研磨后的混合物用于免疫。由于这个免疫程序明显带有的风险性，因此，只有在近期产房中疾病的流行已不可避免时方予以实施。一般传染性病料应采自同批猪群，且保证组织样本没有受到其他病原体的污染。因此，通过对母猪群进行有计划感染并使之最大限度获得主动免疫，可以通过不对猪群捕杀的方式，达到净化猪传染性胃肠炎病毒的目的。另外，还要对新生仔猪、哺乳仔猪和育肥猪采用"全进/全出"的管理方法，并同时保证良好的饲养卫生环境。

由于传染性胃肠炎病毒在流行期间极易通过人、动物和污物等进行传播，因此，必须采取一定的预防措施，防止病毒向健康猪群和邻近猪群传播、扩散。

十七、猪其他肠道病毒

已经从猪肠道中分离出其他病毒，但这些病毒一般不会引起重大经济损失性的疾病。这些病毒包括腺病毒和肠病毒等。

第十八节 反刍动物胃肠道寄生虫

【临床表现与诊断】反刍动物胃肠道寄生虫感染的临床症状与许多其他疾病和状况非常相似，可根据症状、放牧记录和季节等作出具有理论依据的初步诊断。在粪便检查中若发现线虫卵或绦虫节片，一般即可确诊。但在临床上对粪便进行检测时，需要注意以下两点：①每克粪便虫卵（EPG）计数并不能够说明现有的成虫数量，除非有专业实验室的配合，否则对某些线虫虫卵（如圆线虫）的特异性诊断是不切合实际的。②如果存在大量未成熟的寄生虫，则虫卵计数不准确或偏低。即使在有大量成虫存在的情况下，如果产卵量被宿主的免疫反应或之前的驱虫治疗所抑制，计数也会很低。由于不同种类寄生虫的产卵能力不同［毛圆线虫属（*Trichostrongylus*）、奥斯特属（*Ostertagia*）、细颈线虫属（*Nematodirus*）比血矛线虫属（*Haemonchus*）明显偏低］，也可导致虫卵计数的结果不准确。细颈线虫（*Nematodirus*）、口线虫（*Bunostomum*）、类圆线虫（*Strongyloides*）和鞭虫属（*Trichuris*）的虫卵都很有特点，但对反刍动物最普通的线虫虫卵进行准确的种属鉴定尚有一定困难。依据粪便培养时出现明显特征的第三期幼虫，即可鉴别出寄生虫感染的类型。

安全有效的广谱驱虫药的上市，极大地减少了对所感染寄生虫种属鉴定的必要性。在胃线虫属线虫（*Ostertagia* spp.）占优势的地区，当检测到血清中胃蛋白酶原水平上升时，则有助于疾病的诊断。通常情况下，酪氨酸水平大于3 IU时，说明胃蛋白酶原活性与临床症状有关。当免疫过的动物感染寄生虫时，则对检测结果解释的难度将增加，因为这些动物可能并没有明显临床症状，但发生在真胃黏膜的过敏反应，可能会导致蛋白酶原的水平升高。在血矛线虫属线虫（*Haemonchus* spp.）占优势的地区，对PCV的检测能够快速评价动物的贫血程度。而在有些国家，有必要通过血清学方法（ELISA）对一些重要的线虫种类进行鉴定，如牛的胃线虫属（*Ostertagia*）和古柏线虫属（*Cooperia*）感染等。目前，关于血清学滴度和寄生虫载荷之间的相关性还没有充足的理论依据。

特别是在特定季节里出现适宜的温度和降雨后，发生危害程度较高的寄生虫感染也是意料之中的事情。当有感染史和症状提示有感染，但虫卵很少或看不到时，建议进行"诊断性灌服驱虫药"。使用广谱驱虫药在临床症状得到控制后，允许再作一次回顾性诊断。应将康复后的动物放置在"干净"的牧场上饲养，以避免二次感染。

通过常规的尸体剖检，能够为畜群提供有价值的寄生虫学诊断数据。剖检时，很容易看到血矛线虫属（*Haemonchus*）、仰口线虫属（*Bunostomum*）、食道口线虫属（*Oesophagostomum*）、鞭虫属（*Trichuris*）、夏伯特线虫属（*Chabertia*）的成虫（或高等的未成熟蠕虫）。奥斯特胃线虫属（*Ostertagia*）、毛圆线虫属（*Trichostrongylus*）、古柏线虫属（*Cooperia*）和细颈线虫属（*Nematodirus*），除非通过其在消化道液中运动时才能发现，这些线虫属虫体的临床感染很容易被忽略。应将全部的内容物和所有的洗涤液混合到一定容积的容器中，然后再利用寄生虫计数来评价感染的严

重度。还应该在显微镜下，用弱光检查已经处理过的胃肠道内容物和黏膜刮屑样本。这些小线虫可被浓碘溶液染色（5 min）。当背景被消化和组织用5%的硫代硫酸钠脱色后，即可轻易地观察到小线虫。线虫数目的变化依据寄生虫和宿主的种类不同而异。例如，仅仅100个血矛线虫就对羔羊具有重要的临床意义，而胃线虫属线虫需要5 000～10 000个才会对羔羊寄生虫病的诊断具有临床意义。如果动物持续数日腹泻，则线虫已由粪便排出，那么肉眼可见的病变类型和严重程度可具有一定的临床诊断价值。

在评估实验室和临床剖检结果时，应该考虑到多方面的病因。一般情况下，混合型寄生虫感染应占主导地位。

在幼虫抑制期，对牛胃线虫病的诊断具有一定的技术难度，特别是在美国的肉牛业。由于在幼虫摄入后的头几天内已经发生抑制，此时不是在已经达到成虫产卵期之前，就是血浆胃蛋白酶原浓度升高之前，因此粪便虫卵计数和血浆胃蛋白酶原检测并不能提供有价值的信息。能够抑制幼虫的易感性因素，包括牛的年龄和地域、牛到达的时间或季节、之前的放牧史和管理水平，以及最近放牧期的主要天气情况或疫源地胃线虫属线虫的流行情况等。但这些影响因素一般不适用于肉牛。例如，在美国南部春季放牧的牛或在美国北部秋季放牧的牛，在抵达饲养场时，可能会携带有大量的受抑制的虫卵。来自寄生虫流行地区的体重较轻的牛也会有类似的情况。寄生虫病已被公认是临床继发病或饲料利用率降低的主要原因（尤其是牛胃线虫病）。当从疑似为奥氏奥斯特线虫病（*Ostertagia ostertagi*）的疫区或流行时间段引进牛时，建议最好使用能有效抵抗潜伏期虫卵的驱虫药。

【治疗】单纯靠药物并不能有效控制寄生虫。尽管如此，驱虫药还是在这一过程中发挥了重要作用（参见驱虫药）。驱虫药可用于降低牧草污染，特别是在播种混有寄生虫虫卵的草种时，这些草种就成为引起临床传染性寄生虫病的先决条件。在使用驱虫药的同时，协同采用其他的控制方式，如不同种类宿主之间的交替放牧，对单一动物品种间整合不同年龄段的轮流放牧（包括围栏放牧），或者交替放牧和对草场修剪等，都是从管理方式上为动物提供安全的牧草和经济效益的有效方法。

理想的驱虫药应该对临床上重要寄生虫的成虫和未成熟阶段（包括虫卵）都具有安全高效的抑制作用，配方应简单易得、经济实惠且与其他常用的化合药物能够配伍。目前常用的驱虫药全部或大部分都符合这些要求。噻苯咪唑是现代驱虫药的先驱，为驱虫药的药效和安全性树立了一个参照标准。尽管该药对

牛的奥氏奥斯特线虫幼虫以及1或2个其他种类的寄生虫无效，但仍被业界广泛使用。在噻苯咪唑和甲苯咪唑之后，已开发出苯并咪唑类药物（如芬苯达唑、奥芬达唑和阿苯达唑）以及正苯咪唑类药物（硫菌灵、苯硫脲和奈韦拉平），这些化合药物对反刍动物的主要胃肠道寄生虫都有效，对于虫卵也具有不同程度的疗效。左旋咪唑、莫仑太尔和噻吩嘧啶也是安全高效的广谱驱虫药，但对牛体内的虫卵则效果较差。阿维菌素和米尔贝霉素对寄生虫的成虫和虫卵阶段（包括所有反刍动物常见的胃肠道线虫的虫卵和一些重要的体表寄生虫）都具有很高的效力。对一些反刍动物进行单纯皮下注射或局部注射阿维菌素和米尔贝霉素后，药效可持续一段时间，并能在这一时期防止再次感染。口服莫昔克丁也能为动物提供长效保护。一些窄谱驱虫药如水杨苯胺、氯氰碘柳胺、雷复尼特对绵羊的捻转血矛线虫（*Haemonchus contortus*）效果很好，能在宿主体内存留较长时间，可在给药后发挥重要的预防作用。

喷洒和注射方式的给药途径（如混入饲料、饮水和矿物或营养食块）可节约劳力，多用于饲养场的动物，或通过食草动物补料时将药物添加到饲料中。这种"饲料内"给药途径的另一个优点，是能够达到持续低水平的给药，并在寄生虫最佳的自生生活期间降低草场污染。缺点主要是驱虫药用药量不稳定，组织内残留（需要对建议的停药期进行观察），以及可能因持续用药而产生耐药性等。另一种省力的治疗方式是"倾洒"式局部给药，这包括一些有机磷酸酯类药物（如敌百虫）、左旋咪唑和阿维菌素等药物。还可通过制备一些大丸药剂（如莫仑太尔、左旋咪唑、伊维霉素或苯并咪唑）使之持续释放，或间歇性地根据大多数重要胃肠道寄生虫的潜伏期同步脉冲式给药。如果特意在移出固定放牧场的牛群中使用大药丸剂，可对温和区域的整个放牧季节提供有效的防护。大药丸剂可为那些已经受到寄生虫污染的草场中的动物，或已经携带寄生虫的动物，提供有效的治疗和预防作用。羊使用大药丸剂可降低临产期粪便中虫卵的排出量，同时也可降低在随后的放牧季节中，可能因牧场污染引起羔羊感染寄生虫的风险。无论是牛还是羊，大药丸剂都具有一定的防治效果，但是由于成本原因，这些药物已经退出了市场。

氯硝柳胺、莫仑太尔、吡喹酮以及最新的苯并咪唑类药物（阿苯达唑、芬苯达唑和奥芬达唑）都可有效抵抗牛和羊的绦虫感染［莫尼茨绦虫（*Moniezia* spp.）］。而对放射状缒体绦虫（*Thysanosoma actinioides*）的治疗都有一定的难度。但据报道，氯硝柳胺（250 mg/kg）对绦虫有效。另外，还可以使用硫氯酚（200 mg/kg）。

在临床治疗上若出现寄生虫感染的动物时，应注意以下几点：①提供适量营养；②作为预防措施之一，应尽量减少牧场感染，并同时对畜群中的所有动物进行治疗；③将畜群迁移到干净的草场以减少再次感染。安全牧场的定义因气候而异，通常依据当地已知的感染性虫卵的季节性死亡率予以判断。但有些权威部门只建议对畜群中感染最严重的动物进行治疗。一般仅通过对患有血矛线虫病绵羊的虹膜颜色予以观察，即可评估病羊贫血症的严重程度（即FAMACHA值）。这种由血矛线虫（*Haemonchus contortus*）造成的异常眼部贫血症，可以作为绵羊或山羊是否需要驱虫的一种衡量标准。对患寄生虫性胃肠炎的羊或牛，根据其腹泻的严重程度或粪便的虫卵计数，同样可以确定感染动物是否需要进行治疗。这种策略的理论基础是，在排出的寄生虫虫卵中（因此导致牧场污染），能导致很小一部分宿主感染的虫卵所占比例非常高。仅针对这一小部分动物进行治疗就可以减少牧场的污染程度，也可以降低使用一种驱虫药对寄生虫耐药基因所造成的整体选择压力。关于长期治疗和将畜群转移到干净牧场之间的关系仍需商榷。如果具有抗性基因的寄生虫从治疗中存活下来，那么，这个曾经未污染的牧场剩下的将全部是具有抗性基因的寄生虫种群。

最后，有证据表明，绵羊和山羊中的血矛线虫属、毛圆线虫属和奥斯特（线虫）属的寄生虫已出现针对苯并咪唑、左旋咪唑、阿维菌素/米尔贝霉素的多重耐药性。虽然这种耐药性目前仅是某些地区的一大问题，但在治疗无效和排除其他因素（如剂量不当、很快发生再次感染、营养不良、非寄生虫病的某些疾病）时，也应考虑耐药性问题。牛的寄生虫也有耐药性，应当避免过度使用药物以及在寄生虫种类不明的情况下的随意治疗等。

鉴于开发新驱虫药的成本较高，因此，研究者开始寻找控制胃肠道寄生虫的其他途径。例如开发一种针对血矛线虫的"隐蔽抗原"疫苗，以及饲喂富含鞣酸的饲料（如苜蓿和紫花苜蓿）等都具有良好的驱虫效果。

常规的控制方法

"控制"通常是指抑制宿主体内寄生虫的负载量，并使之低于引起经济损失的水平。为了做到有效控制，需要掌握影响牧场幼虫种群数量的流行病学和生态学因素，以及宿主对感染的免疫反应等方面的综合知识。

控制的目标包括：①防止易感宿主的强暴露（通常从严重感染中康复很慢）；②降低牧场的总体污染

水平；③减小寄生虫载量；④刺激动物产生免疫力（繁殖动物比育肥动物更重要）。

利用驱虫药有计划地降低寄生虫负载量，并以此降低牧场的污染程度。给药时间应根据感染的季节性变化，以及不同寄生虫的地方流行病学常识而确定。快速识别适宜寄生虫发病的因素（如气候、放牧行为、体重和体质下降以及环境因素等）同样也是非常重要的。

例如，在英国，绵羊细颈线虫（Nematodirus battus）感染的疾病模式已经明确，建议在疾病典型症状出现前每隔2～3周使用一次2～3个剂量驱虫药的治疗方案。用药时间安排在春季牧场上细颈线虫的数量达到峰值时。对随后用药时间的确定，可通过一个结合当地3月份0.3 m以下土壤温度的简单公式即可精确地推算出来。同样在美国北部、加拿大或西欧，草场的胃线虫和其他寄生虫水平在7月中旬后会大幅度上升。例如，一般牧场的寄生虫传染性在春季最小，但在夏末和早秋时迅速升至顶峰。这些地区的牛在春季给予草场2次或更多次的驱虫治疗（通常间隔3～5周）时可有效控制病情。通过阿维菌素/米尔贝霉素治疗4～5周，可对排出的虫体产生持续性的药效，并对秋季虫卵的排出量形成有效的控制，并且能使牧草上幼虫的数量维持在最低限度。一次治疗后将动物转移到安全的草场，并同时推迟春季外出放牧时间的做法，也能实现对疾病的有效控制。

无论是在气候寒冷还是温暖的国家，在掌握了寄生虫病的季节性模式后，也同样可以使用类似控制方法。但在多数地区（如在环境温暖潮湿的情况下）应该对驱虫药的使用策略进行适当的调整。

牛-特别注意事项

寄生虫病最常见于断奶时及断奶后数月内的青年肉牛，以及首次放牧的分群后的乳用犊牛。牛获得对胃肠线虫的免疫力较慢，可能需要2个放牧季节才能获得较高水平的免疫力。在疫区的牛可能持续负载低水平的寄生虫，这使得牛达不到最佳的生产效率。使用广谱驱虫药并结合牧场管理措施来限制再次感染，可有效控制犊牛群的胃肠道寄生虫病，后一种方式包括将动物迁移到干净的牧场（如牧草保护区、青贮饲料或再生干草），与其他种类的宿主交替放牧或将易感牛跟随在免疫牛后面的整合轮流放牧等。如果一个地区的寄生虫种类［如细颈线虫属（Nematodirus）］能够感染2种不同的动物，那么对这2种动物采用交替放牧的做法，对防控寄生虫病常常是无效的。单纯的轮换牧场对防控作用甚微，因为牛粪便团块可保护幼虫在不利的条件下持续存活数月之久，由此可能会对后期轮流放牧的牛群形成再次感染。

对肉牛，在断奶期对犊牛进行驱虫治疗是有效果的，特别是当育成牛需要留用的时候，例如，用作后备母牛群或作为阉牛饲养。牧场饲养的育肥牛应在断奶时，以及随后的12个月内定期接受驱虫治疗。如果条件允许，还应将牛群转移至安全的牧场进行饲养。

当不便于将牛转移到其他牧场饲养时，则需要采用策略性的治疗方案，来降低牧场的污染和动物的二次感染。在一些已批准使用大丸药剂的国家，可使用瘤胃大药丸剂。在一些气候温暖的地区，如澳大利亚、新西兰、美国南部、饲养大型牛的巴西南部、乌拉圭以及阿根廷等地，在夏末和秋季，以及冬季和春季寄生虫大量感染的上升期，对犊牛进行2次以上的驱虫治疗，可有效防止牧场发生大量污染。通过2或3次间隔期很短的策略性治疗，对处于寒冷地区的断奶期犊牛的治疗效果与在春季进行的基本相同。但在秋季断奶期间，处于温暖地区牧场中有感染力的虫卵常可以持久存活，因此，治疗间隔期越长（如断奶时、冬季、春末）则效果越好。但在许多地方，仅在断奶后定期给予驱虫药。治疗间隔期随当地寄生虫的流行病学和驱虫药的预防效果不同而异。当感染Ⅱ型牛胃线虫后，建议在疾病暴发之前，对低活力的虫卵使用驱虫药进行治疗。

绵羊-特别注意事项

为了应对母羊产后免疫力下降（临产前上升等），在许多地区需要实施一种特殊的策略性驱虫疗法，这种治疗方法的准确时间，会因地区和寄生虫的种类不同而异。但总体而言，多在母羊产前1个月进行，并于分娩后1个月内再次治疗可达到满意的效果，并能基本保证母羊的正常生产性能。偏巧的是，有些母羊在临产前的免疫力升高并可持续约8周的时间，这导致大多数驱虫药在经过2次治疗后并不能有效降低牧场污染，从而不能确保在放牧季节为其后代提供安全的放牧环境。在有些国家允许制备含有阿苯达唑或伊维菌素的大药丸剂，这种作法常可取得非常好的防治效果。此外，莫昔克丁可对一些重要的寄生虫病提供足够的持续性保护。在繁殖前2周进行治疗，可作为母羊催情程序中的一部分，同时也是一种驱虫策略的补充方法。治疗后的管理措施，包括将羊群从受到污染的牧场移到牛群放牧的牧场，保存牧场草料区和块根作物以及停止放牧数月。后者的措施可根据不同国家虫卵死亡率的季节性模式，可能会在一些气候温暖的国家持续1年以上。

绵羊比其他家畜对寄生虫的不良反应更敏感，且临床疾病也更为常见。羊对寄生虫的免疫力获得很慢且普遍不完全，特别是绵羊在出生后的第1年，可能需要对其进行多次驱虫治疗。

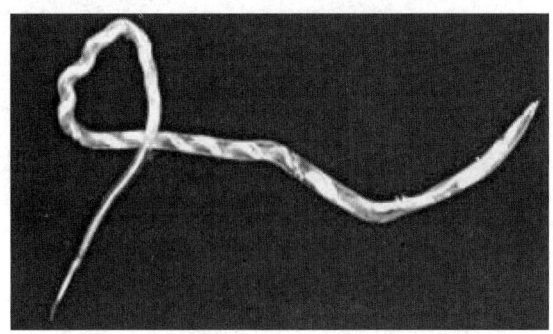

图2-25 帕莱斯（氏）血矛线虫，雌性成虫
（由 Dietrich Barth博士提供）

一、牛胃肠道寄生虫

（一）血矛线虫、奥斯塔线虫与毛圆线虫

常见的牛胃线虫有帕莱斯（氏）血矛线虫（*Haemonchus placei*）[牛捻转血矛线虫、大胃线虫]、奥氏奥斯特线虫（*Ostertagia ostertagi*）（中等或棕色胃线虫）以及艾克毛圆线虫（*Trichostrongylus axei*）（小胃线虫，毛圆线虫）。在一些热带国家，有一种长达40 mm的大型线虫，被称为指形长刺线虫（*Mecistocirrus digitatus*）。帕莱斯（氏）血矛线虫是热带地区的一种主要线虫，而奥氏奥斯特线虫和流行范围更小的艾克毛圆线虫则多见于温带地区。血矛线虫的成年雄虫长达18 mm，雌虫可达30 mm；奥斯特线虫长6～9 mm；毛圆线虫长约5 mm。

这3类线虫的寄生前生活史大致相同。在温度适宜（24℃）的情况下，虫卵随粪便排出后不久便可孵出幼虫，约经2周即可发育到感染期。寒冷天气时虫卵的发育被延迟。在昼夜温差小的地区，平均最高气温为18℃和降水量超过5 cm的月份，则更有利于自由生活期的帕莱斯（氏）血矛线虫幼虫的发育。但在温差较大的地区，平均最低气温在10℃时，可有效抑制寄生虫虫卵的发育。在低温条件下，奥氏奥斯特线虫和艾克毛圆线虫可发育为寄生前期幼虫，且这种幼虫也更容易存活，其存活的温度上限要低于帕莱斯血矛线虫幼虫。如果温度不适或气候干燥，感染性幼虫会在粪便中休眠数周，直至条件适宜后再开始孵化，随后会出现大量的感染性幼虫。

奥氏奥斯特线虫的潜伏期一般为18～25 d。被摄入的幼虫进入真胃腺体内腔并于第4 d完成蜕皮。在潜伏期它们会停留在此并继续成长，在完成最后一次蜕皮并成为成虫后进入真胃。腺胃中的虫卵可引起上皮细胞增生并形成连续的或分散的结节，当幼虫从结节中溢出时，会导致上皮细胞溶解，此时壁细胞会被快速分裂的分化不良型的细胞所代替。严重感染的结果是真胃pH从2上升至6以上。同时出现一种蛋白丢失性的胃病，加之病畜食欲减退和蛋白吸收障碍，引起动物出现低蛋白血症和体重下降，病畜持续性腹泻。

Ⅰ型奥斯特线虫病是由近期感染所致，感染中的大部分寄生虫为成虫形态且对驱虫药敏感。该病多发生在7～15月龄牛，特别是在犊牛断奶时最为常见，可在气候温暖时持续数月之久。该病在气候寒冷地区的夏季和早秋的犊牛中也较为常见。

Ⅱ型奥斯特线虫病例中，处于休眠或被抑制状态的大量幼虫于第四期幼虫开始发育，并从真胃腺体中逸出，这种现象主要发生在12～20月龄牛。在气候温暖的地区，大量被抑制的虫卵在春季孵化，并于夏末或秋季当大量虫卵继续发育到成虫阶段后即会诱发该病。在气候寒冷的地区，幼虫在秋末被抑制，并于冬末或早春发育成熟。

已确认，奥氏奥斯特线虫和其他线虫的幼虫抑制（低生活力）作用与昆虫的滞育现象相似，这常被解释为是寄生虫的一种生存机制。处于牧场潜伏期阶段的寄生虫，可通过此机制，躲避寒冷地区的冬季以及温暖地区的干热环境（或热、干、湿交替）。目前，引起抑制的因素尚不完全清楚，但在寒冷地区，试验证实，冷处理是引起感染性虫卵发生抑制的一种重要因素。在北半球和南半球的温暖地区，在潜伏期发生抑制的条件主要取决于夏季干热环境来临之前的春季气候状况。已确定被抑制的虫体恢复发育或成熟的因素可能与寄生虫的遗传倾向有关，但还可能包括分娩、营养、并发感染以及宿主的免疫应答等。

帕莱斯（氏）血矛线虫在冬季休眠，于春季恢复发育，并开始产卵并污染牧场。由于幼虫和成虫都具有吸血特性，因此，二者皆具有致病性。艾克毛圆线虫可引起以黏膜表面糜烂、充血和腹泻为特征的胃炎。由于黏膜受损而引起的蛋白流失和食欲下降，最终会引起低蛋白血症和体重降低，但二者引起虫卵发生低生活力的程度不同。

【临床表现】幼畜更易患该病，但之前未发生感染的成年动物也常表现出临床症状甚至死亡。奥斯特线虫和毛圆线虫感染的临床症状是持续出现大量水样腹泻。血矛线虫病和长刺线虫感染时很少发生腹泻，但可出现间歇性便秘。这2种感染的典型症状均发生不同程度的贫血。

奥斯特线虫和毛圆线虫感染引起的腹泻并继发由血矛线虫严重感染引起的贫血，常引起患病动物出现低蛋白血症和水肿（罕见于奥氏奥斯特线虫感染），特别是在下颌部（称空腭病），有时也可出现在腹部。感染非常严重的动物在临床症状出现之前常发生死亡。其他临床症状还包括进行性消瘦、虚弱、被毛粗乱以及食欲不振等。

【病理变化】在真胃中的寄生虫易于被发现和辨认，通常在虫体采食的部位可见小瘀点。奥斯特线虫感染最典型的病理变化是整个真胃布满小的、直径为1~2 mm呈脐形凹陷的结节，这些结节可能是分散的，但在严重感染时，它们会趋于融合并形成"鹅卵石"或"摩洛哥皮革"样外观。出现在胃底部的结节较为明显，并可能覆盖整个真胃黏膜。pH可能上升至6~7，此时胃蛋白酶原转化为胃蛋白酶的效率极低，并可通过受损上皮处渗出，故在血浆中可检测到高水平的胃蛋白酶原。也有证据表明，奥斯特线虫成虫的存在可直接引起胃蛋白酶原分泌加强。真胃pH升高同样可能会刺激胃泌素分泌，因此可引起高胃泌素血症，这种情况可能与导致并发感染的食欲不振密切相关。这种由寄生虫病引起的吸收障碍，会导致患病动物增重降低及明显水肿。在严重病例中，水肿还可能会延伸至真胃以及小肠和网膜。

在艾克毛圆线虫感染的病例中，真胃黏膜可见出血和糜烂，有时表面会覆盖一层纤维素性坏死性渗出物。

（二）古柏线虫

许多古柏线虫（*Cooperia* spp.）存在于牛的小肠内，最常见的有点状古柏线虫（*C. punctata*）、瞳孔古柏线虫（*C. oncophora*）和栉状古柏线虫（*C. pectinata*）。成虫呈红色，卷曲，长5~8 mm，雄虫有一个大的黏液囊，肉眼很难发现虫体。其生活史与毛圆线虫基本相同，但古柏线虫不会吸血。大多数虫体寄生于小肠前段3~6 m内，潜伏期为12~15 d。

一般而言，古柏线虫的虫卵和其他常见胃肠道线虫虫卵不同，古柏线虫虫卵的两侧几乎是平行的。对患病动物进行确诊，必须对粪便中的幼虫进行培养。在发生点状古柏线虫和栉状古柏线虫严重感染时，动物可发生剧烈腹泻、厌食和消瘦等临床症状，但不出现贫血。小肠前部黏膜有明显的充血以及小出血点。黏膜可能出现细小的、带状的浅表性坏死。瞳孔古柏线虫引起的疾病较轻微，但会导致动物体重下降和生产性能降低。一般需要通过检测黏膜刮取物才能发现古柏线虫，因此，需要与毛圆线虫（*Trichostrongylus* spp.）、乳突类圆线虫（*Strongyloides papillosus*）和未成熟的细颈线虫（*Nematodirus* spp.）进行鉴别诊断。

（三）仰口线虫

牛仰口线虫（*Bunostomum phlebotomum*）的雄虫长约15 mm，雌虫长约25 mm。钩虫通过发育良好的口囊钩住并进入黏膜，口囊前缘的切板用于在采食时擦破黏膜。仰口线虫的潜伏期为2个月，通过采食或穿透皮肤进行感染，但后一种方式更常见。

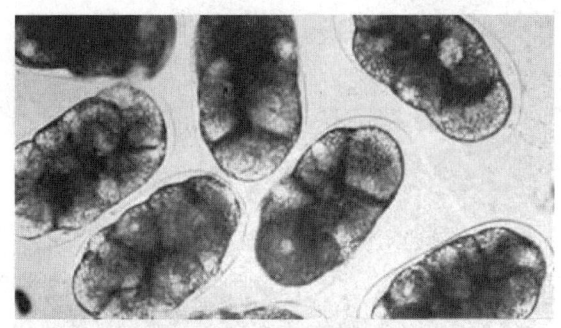

图2-26　牛仰口线虫卵
（由Dietrich Barth博士提供）

当幼虫钻入下肢皮肤时，会引起动物特别是舍饲牛表现不安或顿足。成虫能引起动物贫血和体重急剧下降，以及下痢和便秘交替出现。病畜可能出现低蛋白血症性水肿，但不如因血矛线虫病引起的空颚病常见。在急性期可通过检查粪便内特征性的虫卵进行诊断。

尸体剖检时可见黏膜充血和肿胀，在虫体吸附部位常见许多出血点，虫体常见于小肠前段约1 m处，其肠内容物常混有血液。牛仅需感染2 000条虫体即可发生死亡。当幼虫穿透具有抵抗力的犊牛皮肤时，会引起局部斑点、水肿以及形成痂皮等。

（四）类圆线虫

类圆线虫（*Strongyloides papillosus*）是一种生活周期独特的肠道线虫。只有该线虫的雌虫可寄生于小肠内。虫体长3.5~6 mm，寄生于小肠前段的肠黏膜内。随粪便排出的小胚卵，可快速发育成具有感染性的幼虫或自由生活的成虫。这些成虫的后代可再发育为另一代具有感染性的幼虫或自由生活的成虫。宿主通过穿透皮肤或采食而被感染。同此属的其他种线虫一样，感染性幼虫也可通过初乳进行传播。该病的潜伏期约为10 d。

犊牛易感该病，特别是在奶牛中较为常见。尽管临床症状不明显，但有时会出现间歇性腹泻、食欲减退和体重下降，以及偶见混有血液和肠黏膜的粪便等。肠内大量的虫体可引起伴有瘀点和瘀斑的卡他性肠炎，特别在十二指肠和空肠尤为明显。

（五）细颈线虫

尽管牛易感多种细颈线虫［如钝刺细颈线虫（*N. spathiger*）和有棘细颈线虫（*N. battus*）］，但已确认，鞍肛细颈线虫（*Nematodirus helvetianus*）是牛最易感的种类。其雄虫长约12 mm，雌虫长18~25 mm。虫卵发育缓慢，经2~4周可发育成感染性的第3期幼虫，第3期幼虫可在虫卵内停留数月之久。虫卵在牧场中蓄积，雨后大量孵化，可在短期内引起严重感染。虫卵具有很强的抵抗力，上一个季节由病牛排出的虫卵，在下一个季节仍具有发育能力和感染能力。幼虫被采食后，经3周左右发育为成虫。在距离幽门3～6 m处的肠管内的虫体数量最多。

患畜出现临床症状多发生在感染的第3周（虫体还未性成熟时），表现为腹泻和厌食。奶犊牛在感染6周后出现临床症状。在潜伏期的诊断比较困难，但在急性期，通过虫卵的典型特征可予以确诊。细颈线虫产卵数相对较少，当动物再次感染时能迅速产生免疫力。剖检时可见小肠黏膜增厚和水肿。

（六）弓蛔虫

犊弓首蛔虫（*Toxocara vitulorum*）是一种厚实粗大的白色寄生虫（雄虫长20～25 cm，雌虫长25～30 cm），常出现在6月龄以下犊牛的小肠。成年牛具有抵抗力。被吞食的虫卵孵化为幼虫后进入组织，幼虫在患牛妊娠后期开始活动，通过乳汁感染犊牛，在3月龄犊牛的粪便中即可见到虫卵。因其卵壳厚实且带有凹痕，因此，极易辨认。在全球的一些地区，特别是在水牛犊中，弓首蛔虫的感染相当严重。

（七）结节线虫

辐射结节线虫（*Oesophagostomum radiatum*）［结节状蠕虫（Nodular worm）］的成虫长12～15 mm，头部弯向背侧。由于其虫卵同帕莱斯（氏）血矛线虫（*Haemonchus placei*）的极为相似，因此，在常规的粪便检查中常将其归为一类。具有直接的生活周期，幼虫首先穿透进入小肠后段3～6 m处的肠壁内，也可进入盲肠和结肠壁内并在此停留5～10 d，随后发育成第4期幼虫并返回到肠腔。在易感动物中的潜伏期约为6周，但当再次感染时，幼虫可停滞一段时间，但其中的绝大多数则再不能返回到肠腔（宿主形成包囊）。

成虫对年幼动物的危害较大，而成年动物发生感染时在肠壁上形成的结节所造成的危害更为严重。感染常导致厌食、黑色恶臭血便、体重下降以及死亡等。在具有抵抗力的动物体内，包裹幼虫的结节出现干酪样坏死和钙化，导致肠道的蠕动性减弱，病畜有时会发生肠道狭窄或肠套叠。经直肠检查可触诊到结节，在尸体剖检时很容易辨别出寄生虫和结节。

（八）夏伯特线虫

绵羊夏伯特线虫（*Chabertia ovina*）的成虫具有大口囊，长约12 mm，虫体前端向腹部弯曲。具有典型的直接生活周期，幼虫被吞食后很快穿透小肠黏膜，随后出现在结肠中，潜伏期约为7天。幼虫和成虫寄生的部位常见出血点，并伴有结肠水肿以及肠道附着黏液。临床上很难见到牛的夏伯特线虫感染。

（九）鞭虫

鞭虫（*Trichuris spp.*）感染常见于犊牛和1岁的小牛，但寄生虫的数量并不多。虫卵具有一定的抵抗力。在卫生条件差的圈舍中，线虫感染会持续存在。牛感染毛首鞭形线虫的临床症状不明显，但在严重感染时，偶尔可见黑色粪便、贫血和食欲不振等临床症状。

（十）绦虫

感染犊牛的绦虫主要有裸头绦虫科的扩张莫尼茨绦虫（*Moniezia expansa*）和贝氏莫尼茨绦虫（*M. benedeni*）。这两类绦虫的特点是没有顶突和钩，节片宽度大于长度。虫卵呈三角形或矩形，可被自由生活在土壤和草地中的地螨所吞食，在地螨体内经过6～16周后发育成具有感染性的似囊尾蚴。宿主因吞食地螨而发生感染，潜伏期约为5周。一般认为莫尼茨绦虫对犊牛无致病性，但也有引起肠道弛缓方面的相关报道。

二、绵羊与山羊胃肠道寄生虫

多种线虫和绦虫都可引起绵羊和山羊的寄生虫性胃炎和肠炎。其中，可能对绵羊有致病性的线虫主要有捻转血矛线虫（*Haemonchuscontortus*）、

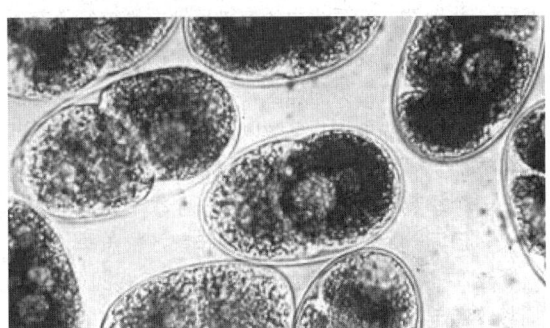

图2-27 辐射结节线虫卵
（由Dietrich Barth博士提供）

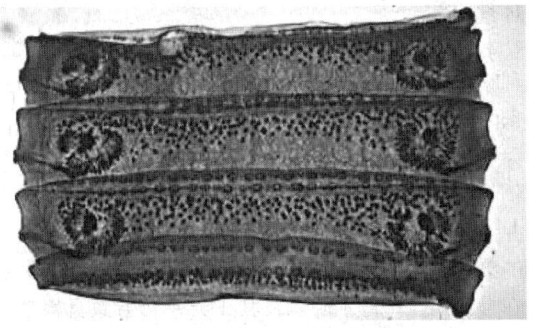

图2-28 扩展莫尼茨绦虫成熟节片
（由Dietrich Barth博士提供）

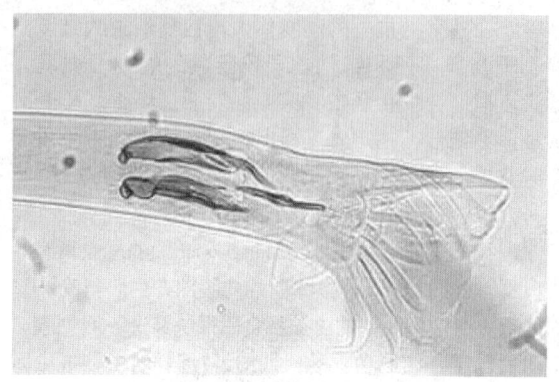

图2-29 艾克毛圆线虫前部
（由梅里亚动物保健有限公司提供）

背带线虫属奥斯特线虫［Teladorsagia（Ostertagia）circumcincta］、艾克毛圆线虫（Trichostrongylus axei），以及肠内寄生的其他毛圆线虫（Trichostrongylus）、细颈线虫（Nematodirus spp.）、羊仰口线虫（Bunostomum trigonocephalum）和哥伦比亚结节线虫（Oesophagostomum columbianum）、短古柏线虫（Cooperia curticei）、乳突类圆线虫（Strongyloides papillosus）、绵羊毛首线虫（Trichuris ovis）和绵羊夏伯特线虫（Chabertia ovina）。上述这些线虫及其相关种类在牛胃肠道寄生虫部分已经论述。

（一）血矛线虫、奥斯特线虫与毛圆线虫

捻转血矛线虫、普通奥斯特线虫、三叉奥斯特线虫（Ostertagia trifurcata）和艾克毛圆线虫是引起绵羊和山羊胃部感染的主要寄生虫，在一些热带地区还包括指形长刺线虫（Mecistocirrus digitatus）。血矛线虫可在羊和牛之间交叉感染，但传播不如在同种动物之间迅速。与牛对绵羊的血矛线虫相比，绵羊对牛的血矛线虫更易感。有关该种寄生虫的生活周期及其描述，详见牛的胃肠道寄生虫。

血矛线虫在热带和亚热带地区以及这些地区夏天雨季最为常见，而奥斯特线虫和艾克毛圆线虫则在冬季降雨地区更常见。后2种线虫同样也是温带地区的优势种属。

绵羊的血矛线虫病可分为最急性、急性和慢性3种临床类型。在最急性病例中，严重感染绵羊可在1周内死亡，且无明显临床症状。急性病例的典型症状为严重贫血并伴有全身性水肿。贫血同时也是慢性病例的典型症状，但在慢性感染时虫体数量通常很少，并伴有渐进性体重下降。腹泻不是绵羊感染血矛线虫的典型症状，其所表现出的病理损伤多与贫血有关。在慢性期，真胃水肿以及其pH升高可导致真胃功能障碍，特别是泌乳期的成年羊在感染血矛线虫时常发生死亡。

羊奥斯特线虫和艾克毛圆线虫的致病性、发病机制和症状同牛的相似。即使是亚临床感染也会影响食欲和胃消化功能，并降低对可代谢能量和蛋白质的利用率。围产期绵羊粪便内虫卵排出量增加，其主要种属为胃线虫。严重感染时可引起腹泻并导致母羊产奶量下降。产出的大量虫卵可能成为羔羊的主要传染来源。在牛中可见到这2种类型发育停滞的现象（低生活力），绵羊在感染奥斯特线虫和血矛线虫时发育迟缓。

（二）肠道毛圆线虫

肠道毛圆线虫（Trichostrongylus）［蛇形毛圆线虫（T. colubriformis）、透明毛圆线虫（T. vitrinus）和皱纹毛圆线虫（T. rugatus）］具有直接发育的生活周期。已发育的幼虫在肠黏膜表层的隐窝内打洞，并于18～21 d后发育成产卵的幼虫。

肠道毛圆线虫感染的主要临床症状为厌食、持续性腹泻和体重下降，绒毛萎缩进而引起消化吸收障碍，导致蛋白质从受损黏膜处流失。肠道毛圆线虫感染时一般不会出现具有诊断意义的病理变化，应通过总寄生虫计数对感染情况进行评价。

（三）仰口线虫与盖格线虫

羊仰口线虫（Bunostomum trigonocephalum）的成虫（钩虫）常寄生于羊的空肠。其生活周期和临床症状与牛的钩虫基本相同。羊体内约有100条虫体寄生时即可出现临床症状。粗肋盖格线虫（Gaigeria pachyscelis）常见于非洲和亚洲，虫体大小（2～3 cm）和形态与仰口线虫相似。通过幼虫穿透宿主皮肤是其唯一的感染方式。作为一种嗜血线虫，粗肋盖格线虫可能是致病性最强的钩虫。

（四）细颈线虫

寄生于绵羊小肠内的细颈线虫（Nematodirus），其形态和生活史都与牛的鞍肛细颈线虫（N. helvetianus）相似。在英国、新西兰和澳大利亚，这种线虫的感染具有重要的临床意义，在这些国家的感染羊群中，羔羊的死亡率可达20%。在美国洛杉矶山脉的一些地区，细颈线虫的感染呈地方性流行，有时也可引起羔羊出现临床疾病。

在临床感染常见的地区，疾病多呈季节性变化。患病羔羊排出的虫卵，多数以休眠形式度过放牧季节和冬季，并于来年的放牧早期孵化出大量幼虫。因此，一个季节的患病羔羊将对下一个季节的羔羊造成感染，但同一片牧场如果不是每年都放牧羔羊，则可打断这种寄生虫的生活周期。临床感染多见于6～12周龄的羔羊。

在英国、欧洲的其他地区以及北美，都可见到有棘细颈线虫（N. battus）感染。一段寒冷时期过后，

当环境中的昼夜平均温度升至10℃左右时虫卵开始孵化。而温暖地区的虫卵则在春末开始孵化。虽然在英国偶尔也有秋季暴发该病的报道，但其孵化条件表明，巴特斯细颈线虫每年仅繁育一代。该病的发生与虫卵的发育阶段有关，常在虫卵侵入2周后发病。在降水量较少的地区（例如，南非的台地高原和澳大利亚）还可见到其他细颈线虫引起的感染，但这些地区却极少见到其他种类的寄生虫。

细颈线虫感染（Nematodirosis）的临床症状为发病迅速、被毛粗乱、体质衰弱、大量腹泻和显著脱水，病羊多于发病2～3 d后死亡。细颈线虫通常只感染羔羊或断奶后的绵羊，但在降水量少的地区，疾病多呈散发，年龄较大的羊也可能发生严重感染。该线虫感染后的病理变化一般包括脱水和轻度的卡他性肠炎，有时整个小肠都可发生急性炎症。当寄生虫计数超过10 000且表现出典型的临床症状及病史时即可予以确诊。患病羔羊可排出大量易于鉴别的虫卵，但由于疾病症状可能在雌虫成熟前出现，故这一特征并不是必然出现的临床症状。

（五）结节线虫

羊的哥伦比亚结节线虫（Oesophagostomum columbianum）又称结节状蠕虫（Nodular worm），与牛结节状蠕虫的形态和生活周期相似。

感染第2周后常出现腹泻，粪便中可混有大量的黏液和血丝。剧烈腹泻可导致病羊消瘦和虚弱。在潜伏期末，这些症状通常会减弱，但病羊仍持续携带大量的成虫，并可引起数月无症状的慢性感染。尽管病羊食欲良好，但仍表现出体质虚弱，体重下降和交替出现的腹泻和便秘等症状。

当动物对寄生虫获得免疫力后，会在幼虫周围形成干酪样坏死和钙化结节。与牛相比，在羊体内形成的结节通常会更明显。感染食道口线虫的绵羊步态僵硬，时常弓背。严重感染时可发生肠道狭窄和肠套叠。病羊在潜伏期的很难作出诊断，一般还需要结合临床症状进行确诊。

（六）夏伯特线虫

夏伯特线虫（Chabertia sp.）的成虫可对结肠黏膜造成严重损伤，并引起黏膜表面充血、溃疡和点状出血。患病绵羊体质虚弱，粪便稀软并含有大量黏膜，有时也会伴有血丝。感染绵羊可快速产生免疫力，在严重感染的情况下才会呈暴发式流行。

（七）类圆线虫

类圆线虫成虫（Strongyloides sp.）严重感染所导致的疾病与毛圆线虫病很相似。类圆线虫一般通过幼虫穿透皮肤或通过乳汁感染幼畜。由钻入皮肤的幼虫引起的趾间皮肤损伤与腐蹄病的早期症状相似，腐蹄

病病原体可借助损伤部位侵入动物机体，但多数感染的症状短暂而轻微。

（八）鞭虫

鞭虫（Trichuris spp.）的严重感染并不多见，但可感染羔羊或干旱环境下饲喂谷物的地面平养绵羊。虫卵抵抗力强，动物感染时出现盲肠黏膜充血和水肿，并伴有腹泻和虚弱等临床症状。

（九）绦虫

长期以来，绵羊扩展莫尼茨绦虫（Moniezia expansa）的致病性一直存在争议。早期的研究认为，绦虫感染可引起腹泻、消瘦以及体重下降等，但当时并没有鉴别这些症状是由绦虫还是由某些小线虫 ［如蛇形毛圆线虫（Trichostrongylus colubriformis）］感染所引起。现在的研究认为，绦虫致病力相对较弱，但在严重感染时会引起绵羊的生产性能下降和胃肠功能紊乱。当在粪便中发现浅黄色或珍珠色贝状节片，或见到节片伸出肛门，或在粪便检查中发现典型的虫卵时均可作出确诊。其生活史与生活在牧场草皮中的一种地螨有关，该病的潜伏期为6～7周。羔羊感染后能迅速产生免疫力，4～5月龄及以上的羊一般不发生感染。

放射状缫体绦虫（Thysanosoma actinioides）也称作"花边绦虫"，可寄生于小肠、胆管和胰管等处。美国洛杉矶地区的羊群常发该病。尽管没有明显的临床症状，但当在胆管中发现绦虫时就已经出现了严重的肝脏损伤，因此，对绦虫的早期诊断具有重要的经济意义。

三、马胃肠道寄生虫

（一）马胃蝇

马胃蝇（蛆）病是由寄生于马胃内的马胃蝇（Gasterophilus spp.）幼虫（马胃蝇蛆）引起的一种寄生虫病。世界范围内主要分布有3个马胃蝇品种。另

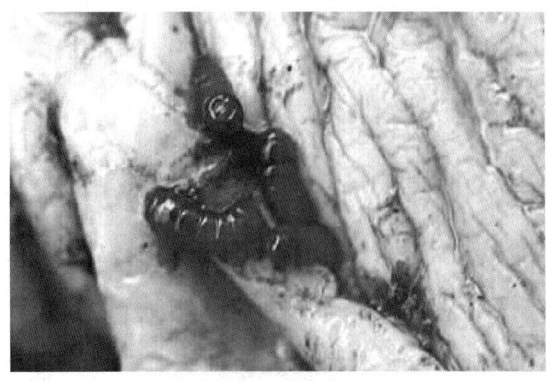

图2-30 马胃蝇，马胃
（由Dietrich Barth博士提供）

外，在欧洲、非洲和亚洲的一些地区还存在一些其他的种属。成蝇不寄生也不摄食，胃蝇依赖幼虫期保存的营养维持生命，通常可维持大约2周时间，但这些营养已足够它们活到交配和产卵，一旦营养耗尽则很快死亡。3个主要品种在其发育的任何阶段都很容易被区分开。肠胃蝇（*G. intestinalis*）（普通胃蝇）的虫卵几乎可黏附在动物身体任何部位的被毛上，特别是前肢和肩部，在虫卵受到动物舌舐刺激后，通常约经1周时间便孵化出幼虫。赤尾胃蝇（*G. haemorrhoidalis*）（鼻或唇的胃蝇）的虫卵黏附在唇部的被毛上，无需接受任何刺激，便可在2～3 d内孵出幼虫并爬入动物口中。鼻胃蝇（*G. nasalis*）（喉胃蝇）于下腭部的被毛产卵，虫卵不经刺激即可1周左右孵化出幼虫。

3种胃蝇的幼虫可嵌附在舌表层组织或口腔黏膜内寄生1个月左右，之后移行至胃部，并黏附在贲门和幽门部，但鼻胃蝇蛆的幼虫常黏附于小肠前段的黏膜上，经过8～10个月的发育，幼虫随粪便排出体外，在土壤中经历3～5周的蛹期后发育成为成虫。

胃蝇感染的主要病理变化是由幼虫所引起，幼虫借助口前钩黏挂在胃黏膜上，口前钩黏挂部位能形成糜烂和溃疡以及周围组织增生。然而在幼虫嵌附口腔期，特别是沿着最后面臼齿的舌上部，可能会出现伴有黏脓性排出物的窦道。

【临床表现与诊断】胃蝇蛆可引起轻度胃炎，但也有可能在大量虫体存在的情况下并不表现临床症状的病例。在口腔内移行的第1期幼虫可引起口炎，动物采食时常表现疼痛。成蝇在产卵时可对马构成侵扰。一般情况下很难对胃蝇蛆进行确切的诊断，除非在马排出的粪便中发现幼虫方能作出确诊。在美国冬季常发生胃蝇蛆引起的胃部感染。个别马的病史、成蝇在当地的季节性活动周期以及马体毛中出现黄色或乳白色的虫卵（1～2 mm）等都有助于对特定马群作出诊断。

【治疗】在温带地区，大部分马常于夏末感染胃蝇。伊维菌素对治疗口腔和胃部感染阶段的马蝇蛆有效，当将其作为常规控制程序的一部分时，可有效控制整个放牧季节的马蝇蛆感染。在亚热带或热带地区，在一年时间内可能会发生数次感染，莫昔克丁可有效控制胃部阶段的马蝇蛆。目前，推荐的防控措施是每年至少在马蝇感染季节的末期作一次治疗。在一些马蝇感染季节较长的地区，还需要追加治疗。尽管目前还没有令人满意的方法阻止暴露的马被成年马蝇侵扰，但当对所有的马实施马蝇蛆局部控制后，可显著降低马蝇的数量及幼虫的感染。

（二）丽线虫

广泛分布的胃线虫包括丽线虫（*Habronema muscae*）、小口胃线虫（*H. microstoma*）、德拉西线虫（*Draschia megastoma*）。丽线虫成虫长6～25 mm。德拉西线虫寄生于胃壁内肿瘤样的肿块内，其余2种游离于肠黏膜表面。虫卵或幼虫可被作为中间宿主的家蝇或厩蝇的幼虫吞食。马可因吞食受感染的蝇或采食的马蝇散播的游离虫卵所感染（见马丽线虫皮肤病）。

当发生成年线虫严重感染时，可能会引起马出现卡他性胃肠炎。德拉西线虫可造成直径达10 cm的肿瘤样的严重病理变化。充满坏死组织和大量虫体的病理损伤被完整的上皮组织所覆盖，而肿瘤样的表面仅留供虫卵排出的小孔。在极少数情况下，这些肿瘤样肿块破裂后可引起致命性的腹膜炎。已在患有马红球菌性脓肿的马驹肺部，发现丽线虫和德拉西线虫的幼虫。在感染丽线虫后，马通常无明显的临床症状，但当发生德拉西线虫感染时，可能会由于胃部机械性阻塞或破裂而出现肉芽肿。

由于在粪便检查时薄壳的虫卵或幼虫很容易被漏检，因此，很难在动物生前对丽线虫感染作出确诊。目前已经建立起一种分子生物学检测方法，但不适用于常规检查。通过洗胃有时会发现虫体和虫卵。尽管伊维菌素对皮肤阶段的幼虫和小口胃线虫的成虫有效，但大部分驱虫药对治疗丽线虫和德拉西线虫的效果尚未得到验证。莫昔克丁可有效治疗小口胃线虫。

（三）尖尾线虫

马蛲虫（*Oxyuris equi*，即马尖尾线虫的成虫）常见于18月龄以下的马，主要寄生于马大肠的末端。雌虫长7.5～15 cm，雄虫体积较小，数量较少。孕卵的雌虫移行至直肠并产卵，虫卵黏附于肛门周围的会阴部，使附有虫卵和黏液的肛门周围，出现白色至黄色的痂皮样外观。虫卵一侧扁平，仅需数小时即可孵化成胚胎，4～5 d后发育至感染期。

在肠内寄生的成虫并不引起明显的临床症状，但在肛门处产卵后可引起阴部瘙痒。马常因瘙痒而摩擦尾部和肛门，导致尾部和臀部的体毛断裂，形成无毛斑，这一点可作为该病的典型特征，多提示可能发生了蛲虫感染。有时粪便检查可检出蛲虫，但有时也可能无法检出。从会阴部采集的样本中可能会含有干燥的雌虫或虫卵。

用透明胶带粘贴或用压舌板刮取会阴部采集到的样本，镜检时可能会观察到虫卵，但是这种方法也有可能会出现大量假阳性的检测结果。

推荐用于治疗蛲虫的大多数广谱驱虫药都是有效的（见下文）。

（四）副蛔虫

马副蛔虫（*Parascaris equorum*）的成虫是一种大型的白色线虫，长达30 cm，头部有3片突起的唇。其生活周期同猪蛔虫相似（猪蛔虫），潜伏期为10～12周。大量感染性虫卵可在土壤中存活数年。一般成年动物体内寄生虫的数量很少。马驹的主要传染源是被上一年马驹排出的虫卵所污染的牧场或畜栏等。

在严重感染病例中，移行的幼虫可引起呼吸道症状（夏季感冒）。肠内寄生大量虫体时，马驹表现瘦弱、精神委顿以及偶发疝痛等，也有关于肠阻塞和穿孔的报道。肠道内的幼虫可与宿主竞争性吸收必需氨基酸，因此，可根据粪便检查中出现的虫卵予以确诊。如果怀疑已经感染并处于潜伏期，可通过投服驱虫药的方法进行治疗性诊断，若确有感染存在，用药后会在粪便中发现大量未成熟的虫体。

在普遍感染副蛔虫的牧场，大多数马驹出生不久即可发生感染，当马驹生长至4～5月龄时，大部分虫体相继成熟。因此，应在马驹8周龄时即开始治疗，并且间隔6～8周再重复治疗1次，直到马驹满1岁为止。所有的广谱驱虫药，都可有效驱除马小肠内寄生虫的成虫或未成熟的虫体，因此，常规的驱虫治疗很容易控制马副蛔虫感染。但也有报道称，北美和欧洲的副蛔虫已对伊维菌素产生耐药性，因此，需要通过粪便虫卵计数对实施治疗过的马场进行疗效评价。针对马副蛔虫移行引起的寄生虫性肺炎，通过伊维菌素或芬苯达唑（每日10 mg/kg，连用5 d）同时配合抗菌治疗可取得良好的临床效果。一旦马驹开始正常采食谷物饲料，则每日给以酒石酸噻吩嘧啶可有效防止副蛔虫感染。

（五）大圆线虫

马的大圆线虫也称血液蠕虫、栅栏线虫、硬口线虫或红色线虫。3种主要的大圆线虫分别是：普通圆线虫（*Strongylus vulgaris*）（长达25 mm）、无齿圆线虫（*S. edentatus*）（长达40 mm）和马圆线虫（*S. equinus*）（长达50 mm）（三齿线虫属，见下述）。在适宜的条件下，虫卵在随粪便排出后的1～2周内即可发育成感染性幼虫，马摄入感染性幼虫后发生感染，幼虫在肠道内蜕皮后需经过复杂的移行，最后抵达大肠并发育成熟，大圆线虫的潜伏期为6～11个月。普通圆线虫的幼虫在前肠系膜动脉及其分支内移行，引起寄生虫性血栓和动脉炎。其他2种线虫的幼虫可见于身体的各个部位，包括肝脏、腹壁组织、肋腹部和胰脏等。这些种类的线虫一般不会引起肠系膜动脉发生病理变化。大圆线虫和小圆线虫混合感染的病例较为常见。

【临床表现】大圆线虫的成虫具有一个巨大的口

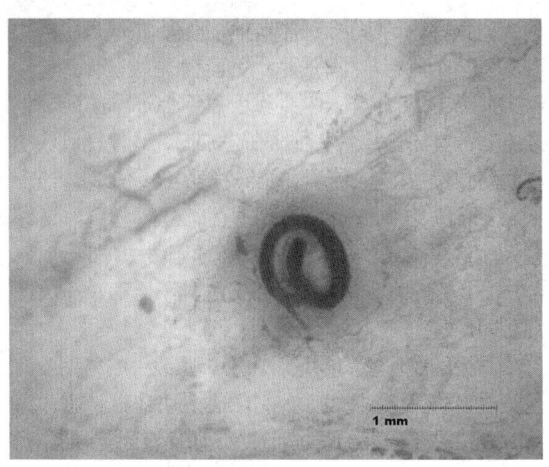

图2-31　马大结肠中具硬壳的杯口线虫幼虫
（由Sameeh M. Abutarbush博士提供）

囊，主要靠吸食宿主血液为生。当其在肠道内移行时，可引起栓塞。由此引发的失血可导致马出现贫血、虚弱、消瘦和腹泻。普通圆线虫主要对前肠系膜动脉及其分支造成病理损伤，故感染的后果较为严重。线虫干扰血液流向肠道及形成血栓后，可引起一系列的严重损伤，如疝痛、坏疽性肠炎、肠淤滞、肠扭转或肠套叠以及可能的肠破裂等。脑脊髓线虫病引起的临床症状和病理变化因侵害CNS的部位不同而异。

【诊断与治疗】圆线虫引起的混合感染，可通过对粪便中虫卵的检查而作出诊断。也可通过培养鉴定出的感染性幼虫而作出特异性诊断。基于β-球蛋白升高的血清学检测方法，也可对疾病进行诊断，但这种方法对普通线虫不具有特异性。用动脉造影术可观察到马驹因寄生虫造成的动脉损伤。

驱虫药可有效控制因动脉病理损伤所引起的腹痛。标准剂量的伊维菌素和莫昔克丁可有效控制普通圆线虫的第4期和第5期幼虫。使用比标准剂量稍高的芬苯达唑（Fenbendazole）和奥芬达唑可有效控制寄生虫的成虫和幼虫引起的感染。每日给以酒石酸噻吩嘧啶可有效防止普通圆线虫在动脉期的聚居。许多驱虫药如苯并咪唑、噻嘧啶和伊维菌素，可有效治疗大圆线虫的成虫感染。已有关于使用伊维菌素，将大圆线虫成功地从密闭饲养马群中清除的报道。

寄生虫病的主要控制措施是减少牧场的污染水平，并以此降低幼虫在迁移过程中出现的一系列风险。常规的驱虫药可用于预防粪便中圆线虫虫卵的污染（参见"小圆线虫"，下述）。

（六）小圆线虫

驯养马的盲肠和结肠内常可寄生40种以上的小圆

线虫，这些小圆线虫可分为若干个属，每个属的线虫都有各自的寄生部位。这些小圆线虫常被认为是毛线虫属（Trichonemes）、杯口线虫属（Cyathostomes）以及普通的杯口线虫属（Cyathostomins），均属于圆线虫科的杯口线虫亚科，其中较为流行的约有10种。除三齿线虫（Triodontophorus spp.）（有时被划分到非迁移性大圆线虫中）的体积几乎与普通圆线虫（Strongylus vulgaris）相近外，其中的大部分在体积上略小于大圆线虫。

与大圆线虫不同的是，由于小圆线虫的早期发育是在肠壁中进行的，因此，小圆线虫并不在肠道内移行。幼虫在无干扰的情况下由第3期发育到第4期，也可能会进入低生活力的休眠期，并在漫长的休眠期后重新开始发育。这些从肠壁中逸出的寄生虫主要在黏膜表面采食，有时会引起毛细血管破裂，因其口器较小，故致病力比大圆线虫弱。但细颈线虫则不同，它会导致结肠壁出现严重溃疡，但在通常情况下，黏膜的溃疡程度轻微且难以观察。因此，从接受驱虫治疗后外观正常的马体内，分离到上千条寄生虫成虫的情况也属正常。在发生更严重感染时，广泛的损伤足以影响病畜的消化和吸收功能，并导致体质下降，甚至可引起大肠发生卡他性肠炎。

杯口线虫幼虫感染：在温暖地区的冬末和春季，特别是马驹和5岁以下马，可出现伴有严重腹泻和体重急剧下降的急性综合征。这种疾病与肠壁中出现大量低生活力的幼虫有关，发生率相对较低，但通常易复发，因此，即使进行了强化治疗，预后仍需加强监护。杯口线虫幼虫感染在欧洲比在美国发生的更频繁，特别是在美国的纽约州、肯塔基州和田纳西州都曾有过相关的报道。

感染杯口线虫幼虫的马，通常患有中性粒细胞

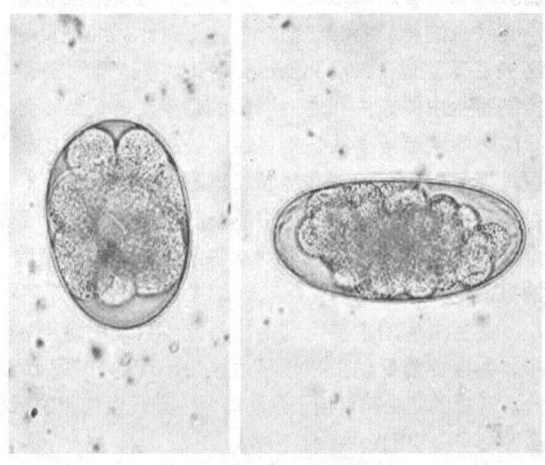

图2-32 小圆线虫卵（左）和大圆线虫卵（右），400×
（由Dietrich Barth博士提供）

增多症和低蛋白血症。有报道称，高蛋白血症是杯口线虫幼虫感染的一种典型特征，但β-球蛋白发生变化并不是该病的共同症状。嗜酸性粒细胞增多症同样也不是该病的共同症状。粪便检查通常观察不到圆形线虫卵，但在粪便中可明显观察到呈亮红色的第4或第5期幼虫，这对该病的诊断具有重要的辅助作用。

通过剖腹术对大肠进行活检也可对该病进行辅助诊断。典型的病理变化包括伴有黏膜充血的盲肠炎或结肠炎，以及黏膜出血、充血、溃疡或坏死。顽固病例中可能还伴有黏膜增厚。剖检时可在黏膜上观察到呈小灰点状（1～2 mm）的杯口线虫虫卵，触摸时有沙粒感。从浆膜表面对黏膜进行透射光照时，可有助于对幼虫进行观察。

【治疗】如果寄生虫种群对所选择的驱虫药敏感，则许多驱虫药都可轻易地将杯口线虫的成虫从肠腔中清除。在某些地区的小圆线虫虫株普遍对苯并咪唑具有耐药性，而在另一些地区的虫株则对噻嘧啶有耐药性，尽管尚未发现对大环内酯类药物存在耐药性的报道，但这也一直是人们关注的热点。驱虫药的效果和虫株对药物的耐药性，可通过在治疗时与治疗10～14 d后虫卵计数的对比进行检验。有效的药物治疗可将虫卵数降至0或一个非常低的水平。如果存在耐药性，则必须选用其他种类的驱虫药，即便如此，虫株对同一种化学药物也会具有部分耐药性。

驱虫药难以有效驱除肠道黏膜中小圆线虫的幼虫。使用伊维菌素的驱虫效果不一，即使是在说明剂量或大于说明剂量使用时仍可能无效。据报道，使用大剂量的芬苯达唑（10 mg/kg，连用5 d）或莫昔克丁具有一定效果，可在冬季用于降低杯口线虫幼虫感染的风险。如果黏膜下层的炎症过于严重，患马可能会对治疗没有反应。因此，需要配合使用皮质类固醇类药物或其他适当的辅助性疗法来增强疗效。

【预防】通常采用常规或间隔治疗进行预防，目的是通过降低牧场污染程度来减少幼虫和成虫的积累以及动物感染的风险。也可通过每日给予酒石酸噻吩嘧啶来预防。应根据使用后的无虫期来确定常规治疗的时间间隔，一般为4～13周。治疗的频次取决于马的体质和感染程度，这些情况会因牧场的开放性、饲养密度以及管理措施的不同而异。采用的防控方法应有利于降低寄生虫群体产生耐药性的风险。其中包括寄生虫残遗种区的保护，也就是使寄生虫不暴露或接触到驱虫药，从而降低了药物的选择性压力。这些有耐药性的寄生虫主要是滞留于黏膜的幼虫以及牧

草上第3期的幼虫。根据当地的流行病学和气候因素采取策略性的治疗或许更有效。3～4岁及以上的成年马，大多数具有抵抗再次感染的免疫力，因此，马群中仅寄生有很少一部分寄生虫的成虫，可通过排出的虫卵污染牧场。对这些感染马进行选择性治疗，同样可有效降低驱虫药作用于寄生虫种群以及寄生虫种群的选择耐药性。及时清除运动场和牧场中的粪便有助于控制疾病，并可同时减少驱虫治疗的次数。

在寄生虫的防控程序中，一般需要对牧场中所有的马进行治疗，另外，对于饲喂于同一片草场或小牧场混养的其他动物也应同时进行治疗。对其他牧场转移过来的马，或离开牧场相当一段时间的马，在再次回归牧群前也需要进行隔离和驱虫。投喂驱虫药时，应对所有的马给服适当剂量的驱虫药，剂量需要根据精确估算马体重来确定。快速（每几个月）或慢速（每年）轮流更换不同种类的驱虫药，是广泛用于防止寄生虫虫株产生耐药性的有效方法，但很少有支持这种做法的相关报道。无论使用何种驱虫药，都需要对马群的粪便样本进行定期检查，从而对驱虫程序的效果进行监控。如果检测到马群中的虫卵计数结果为阳性，则需要对这些马进行治疗。

（七）类圆线虫

韦氏类圆线虫（*Strongyloides westeri*）常寄生于马驹的小肠内。成年马很少发生显性感染，但当母马的组织内寄生有处于幼虫阶段的类圆线虫时，幼虫可伴随分娩而被激活，随后移行到乳腺组织，通过泌乳传染给马驹。目前，韦氏类圆线虫感染与10日龄马驹腹泻之间的关系尚不明确。这种寄生虫在马的生活周期与猪的类圆线虫的生活周期没有明显区别。当观察到椭圆形的虫卵较多或出现为虫卵长度1/3的幼虫时即可作出诊断。伊维菌素和奥芬达唑可有效清除韦氏圆形线虫，对母马于产后24 h内进行常规驱虫，可有效防止幼虫通过母乳感染马驹。

（八）绦虫

在马中已发现有3种寄生性绦虫，即大裸头绦虫（*Anoplocephala magna*）、叶状裸头绦虫（*A. perfoliata*）和侏儒副裸头绦虫（*Paranoplocephala mamillana*）。它们长8～25 cm（通常第1种最长，第3种最短）。大裸头绦虫和侏儒副裸头绦虫，通常寄生于小肠，但有时也可寄生在胃内。叶状裸头绦虫多寄生于盲肠，但也可寄生于小肠。其生活周期同反刍动物的莫尼茨绦虫（*Moniezia* spp）相似，常以自由生活的地螨为中间宿主。若在粪便中检查到特征性虫卵即可作出诊断。由于节片破裂所释放的虫卵多零星出现，因此，单纯的粪便检查并不能作出确诊。轻度感染时一般并不表现

临床症状。重度感染时可能会出现胃肠道功能障碍。已有关于马感染后出现萎靡和贫血的报道。叶状裸头绦虫附着部位的黏膜常发生溃疡，有人认为这是引起肠套叠的病因之一。裸头绦虫感染的相关症状包括肠穿孔、腹膜炎和随后出现的腹痛。感染绦虫的马比健康马更易发生因回盲肠功能受阻所致的腹痛，并且由绦虫感染所引起的腹痛多易复发，绦虫黏附部位经常发生二次感染或形成脓肿。噻嘧啶盐可有效治疗裸头绦虫感染，正常剂量（6.6 mg/kg）的双羟萘酸噻嘧啶可以驱除87%的寄生虫，双倍标准剂量则可以达到93%以上。每日给以酒石酸噻嘧啶（2.65 mg/kg）可有效控制裸头绦虫感染。吡喹酮（0.75～1 mg/kg）可以驱除89%～100%的叶状裸头绦虫。吡喹酮（1 mg/kg）对治疗侏儒副裸头绦虫有效，而噻嘧啶盐则无效。联合应用大环内酯类药物和伊维菌素或莫西菌素和吡喹酮，可有效治疗叶状裸头绦虫。

在绦虫流行的地区，可用噻嘧啶盐类药物缓解绦虫感染的临床症状，主要做法是在放牧季节，每日常规给药或在驱虫程序中给以标准剂量或双倍标准剂量的驱虫药。在驱虫程序中，于放牧季节末或放牧季节开始前，使用双羟萘酸噻嘧啶对马进行治疗的效果较好。

（九）毛圆线虫

艾克毛圆线虫（*Trichostrongylus axei*）是马的一种小型胃线虫，也可见于反刍动物，是混合放养或轮流放牧的马和反刍动物牧场中的常见病。成虫纤细，长约8 mm。还没有关于该类线虫在马的生活周期中的详细研究，但已明确幼虫是以穿透黏膜的方式进行感染的。这些寄生虫可引起慢性卡他性胃炎，并导致马体重下降。病理损伤包括一些由增厚的黏膜形成的、周围充血的结节区，表面覆盖一层黏液，损伤处病理变化轻微，且界限不规则或发生融合，甚至会导致胃腺体部分脱落，有时可出现糜烂和溃疡。

由于毛圆线虫的虫卵与一些圆形线虫的虫卵极为相似，故很难通过粪便检查予以确诊。但通过粪便培养，约经7 d即可鉴别出感染性幼虫的种类。一些苯并咪唑类药物和伊维菌素可有效控制艾克毛圆线虫。

四、猪胃肠道寄生虫

参见猪球虫病。

猪胃肠道发生寄生虫感染的情况非常普遍。主要表现为食欲降低、日增重下降、饲料利用率下降以及对其他病原体的易感性增强等，患猪一般极少出现死亡。

除了强调保持猪舍良好的基础卫生条件外，猪胃肠道寄生虫感染的控制应包括抗虫治疗和预防管理，如将猪与中间宿主分开等。为了避免产生耐药性，应对具有代表性数量的动物进行寄生虫的监测，根据结果再确定是否使用抗虫药，并且仅对那些已经检查过的、粪便中出现寄生虫卵的抽检组进行对症用药。在饲料中添加的药物包括苯并咪唑、伊维菌素、左旋咪唑和敌敌畏等。采用简单的驱虫程序对母猪和初产母猪在配种前10 d和分娩前进行抗寄生虫治疗，并在产仔前对母猪以及断奶仔猪入圈前的断奶器和供料器进行再次处理，公猪至少要隔离饲养4～6个月。除此之外，在发病时还可以通过注射伊维菌素进行治疗，注射伊维菌素可对虱（Lice）和疥螨有效。另一种治疗方法是对猪舍中的所有猪在同一日进行治疗，并每隔3～6个月或更短时间重复治疗一次，可通过粪便虫卵计数来确定用药的间隔时间。上述2种方法在治疗效果上基本相同，因为在现代化饲养条件下，通过妊娠母猪传染给小猪的情况几乎可以忽略不计，但通过给分娩前的妊娠母猪进行预防注射，以控制该病的做法尚无理论依据。尽管如此，旨在防止感染的优良的管理方法是不可或缺的，但切勿将使用驱虫药治疗作为控制寄生虫的唯一方法。

（一）蛔虫

猪蛔虫（*Ascaris suum*）是一种大型线虫，成虫通常寄生于小肠，但也可在蠕虫排出期短暂的寄居在大肠。蛔虫长15～40 cm，颜色发白，较厚，能产生大量的虫卵（每个雌虫每日产卵多达200 000～1 000 000）。在适宜环境中虫卵经3～4周可发育为感染性幼虫（保持在第3期幼虫阶段）。虫卵在冬季处于休眠状态（低于15℃），并在温度回升的春季开始孵化。虫卵对化学试剂具有极强的抵抗力，但干燥、高温或阳光直射等会显著降低虫卵的存活率。如果条件适宜，虫卵一般可存活5～10年。当虫卵被动物摄入后，幼虫在肠道中孵化，并穿过大肠壁进入门脉循环。在肝脏中生活一段时间后，幼虫经循环系统进入肺，并在肺部穿过毛细血管进入肺泡腔。在被摄入9～10 d后，幼虫离开支气管再返回到胃肠道。当到达小肠后，大部分幼虫被排出，剩余的幼虫则发育为成虫。虫卵一般在感染后6～7周产生第一批成虫。

【宿主范围与分布】 猪蛔虫病在全球各地均有发生。蛔虫也可以感染新生羔羊或牛犊，成虫常寄生于胆管。蛔虫病是一种人兽共患性疾病，与猪群接触过的学龄前儿童体内常发现成虫。寄生于内脏的幼虫移行时可在脏器表面形成虫道。

【临床表现】 成虫会明显影响仔猪的生长速度。在少数病例中，虫体可能会引起肠道发生机械性阻

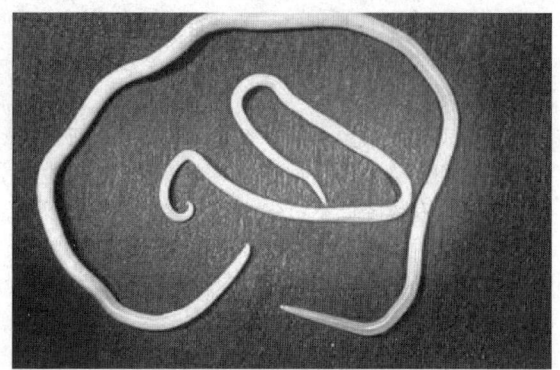

图2-33　猪蛔虫，成年雄虫及雌虫
（由Dietrich Barth博士提供）

塞。虫体在肝脏表面移行时会引起出血、纤维变性和淋巴细胞蓄积，并于肝脏被膜下形成"白斑"，屠宰时肝脏被废弃。白斑一般在1～4周内可治愈。因此，当出现白斑时，表明动物近期被蛔虫再次感染过。对蛔虫有抵抗力的猪除持续性感染外，仅有很少一部分幼虫可以抵达肝脏，并且白斑的数量很少。因此，白斑数量和肝脏废弃率都不能作为衡量猪群感染水平的良好指标。当发生严重感染时，幼虫会导致肺水肿，并继发猪流行性感冒和地方流行性肺炎。高度接触的易感猪表现为腹式呼吸，通常称为"猪肺蛔虫性呼吸困难"。除呼吸症状之外，患猪还表现明显的不适和体重下降。已感染猪常会产生针对再次感染的抵抗力，育肥猪的发生率较高。如果治愈率低，同时猪群的免疫力低下，蛔虫病在种猪中的流行可能会非常严重。

【诊断】 在发病期，可根据粪便中观察到的寄生虫或者粪便分析检测出的特征性虫卵［金棕色、厚且带有凹痕的外壁，（50～70）μm×（40～60）μm］进行诊断。根据肝脏上的白斑样病变可以作出初步诊断，然而，其他的移行性寄生虫［如犬弓蛔虫（*Toxocara canis*）的幼虫］同样也可引起相似的症状。尸体剖检时，可以在肺（发育不全的小幼虫）和小肠（发育不全的大幼虫或成虫）中发现寄生虫。

【治疗】 在呼吸道感染期，应当采取辅助治疗措施，包括对继发细菌感染的治疗。用于驱除蛔虫成虫的药物很多，如哌嗪类药物的毒性较小，价格适中。苯并咪唑类和前苯并咪唑类药物、敌敌畏、伊维菌素、左旋咪唑和噻嘧啶都具有一定效果，且与哌嗪相比更为广谱。另外，在饲料中添加少量的潮霉素可有效驱除蛔虫。关于移行期蛔虫的控制方法少有报道，但噻嘧啶和芬苯达唑具有一定疗效。

（二）巨吻棘头虫

猪巨吻棘头虫（*Macracanthorhynchus hirudinaceus*）

常寄生于小肠。虫体长约10 cm（雄性）至65 cm（雌性），宽3～9 mm，虫体外表面为略带粉红色的横行皱纹。前端有带刺的、可以伸缩的吻突或顶突，并借此固定和附着在肠壁上。作为中间宿主的各种甲虫摄入虫卵［深棕色，胚胎由3个胚性囊膜包裹，（90～110）μm×（50～65）μm］。猪摄入甲虫的成虫或幼虫后感染，因此感染仅限于户外散养的猪。潜伏期一般为2～3个月，雌性成虫每日产卵260 000个并可持续数月。

由于临床症状不典型，而且虫卵在盐溶液中不易被悬浮，只能从沉积物中检测，所以在活猪很难作出生前诊断。虫体吸附的肠壁会发生局灶性炎症，并可在炎症中心发生坏死。上述损伤同样也可发生在浆膜。其顶突可穿透肠壁，引起腹膜炎甚至死亡。

左旋咪唑和伊维菌素对巨吻棘头蛴有治疗效果。该病可通过避免使用污染的猪栏或牧草，或在小栏饲喂时定期除粪加以控制。

（三）结节线虫

结节线虫（*Oesophagostomum* spp.）呈全球性分布。其中，猪肠结节线虫（*O. dentatum*）是最常见的种类，四棘结节线虫（*O. quadrispinulatum*）通常是致病的，且所有结节线虫都具有宿主特异性。成虫常寄生于大肠，虫体长8～12 mm，外形纤细，白色或灰色。生活史单一，动物通过摄入第3期幼虫而感染，吞食后几个小时内幼虫可穿过大肠黏膜，经6～20 d后再返回肠腔，潜伏期一般为17～35 d。在母猪分娩前2周到产后断奶期间，虫体的排卵数量增加。这种现象绵羊比猪更常发生，其流行病学意义尚无定论。大多数感染猪不表现临床症状，但严重感染猪会出现厌食、消瘦和胃肠道功能紊乱等。

病猪的肠道黏膜表面可见小结节，其形状反映出感染线虫的种类以及感染史。在严重病例中，肠壁增厚和坏死。严重感染还可导致母猪的哺乳能力降低和育肥猪体重下降。感染一般仅导致猪的免疫力下降，因此，在高龄猪群（母猪，公猪）中结节线虫的流行更普遍。在感染后的发病期，粪便中常可见到典型的圆形线虫虫卵［（66～80）μm×（38～47）μm］，且数量巨大，可通过幼虫培育的方法与猪圆形线虫进行区分（结节线虫的第3期幼虫较短、较厚，且移动缓慢）。在尸体剖检时，很容易见到虫体及其引起的病理变化。苯并咪唑、左旋咪唑、哌嗪、敌敌畏、酒石酸噻嘧啶和伊维菌素对该病都有一定的治疗效果，但已发现虫体对苯并咪唑、左旋咪唑和噻嘧啶等驱虫药具有一定的耐药性。含有大量可降解的碳水化合物日粮，能够形成不利于寄生虫的生活环境，使寄生虫的生长受到限制，从而在一定程度上削弱寄生虫的寄居

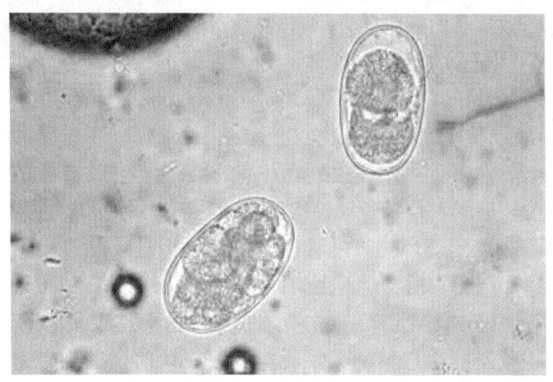

图2-34 结节线虫卵
（由Dietrich Barth博士提供）

和繁殖能力。

（四）捻转血矛线虫

常见于猪的捻转血矛线虫有3种：一种是细小捻转血矛线虫，又称红色猪圆线虫（*Hyostrongylus rubidus*）（红色胃线虫），另外2种粗大捻转血矛线虫是圆形螺咽线虫（*Ascarops strongylina*）和六翼泡首线虫（*Physocephalus sexalatus*）。红色猪圆线虫长约6 mm，体细长，生活史简单。粗大捻转血矛线虫长10～20 mm，个体较粗大，以食粪甲虫为中间宿主。所有这3种捻转血矛线虫均呈全球分布，但主要发生于散养猪群。

【临床表现】 当寄生虫大量寄生、营养不良或其他因素导致宿主体质虚弱时，可引起宿主食欲减退、贫血、腹泻或体重减轻，并可导致母猪瘦弱综合征。在严重卡他性和黏液性的渗出物中可发现特异性的猪圆线虫，也可产生与反刍动物胃线虫相似的黏膜损伤，但出血更为常见。在黏膜内的幼虫期发育迟缓，同奥斯特线虫相似，发育受阻的幼虫在母猪分娩前恢复发育，并可引起严重的胃炎。除此之外，还可对仔猪的生活环境造成污染，但与其他种类的线虫相比，猪圆线虫雌虫的排卵数一般较少。

【诊断】 患猪除表现个体虚弱外，无其他明显临床症状。粪便检查可见六翼泡首线虫和圆形螺咽线虫的特征性虫卵，其中，小型个体［（35～40）mm×（17～20）mm］的卵壳厚，卵中有一个活动的幼虫。猪圆线虫的虫卵和其他圆线虫（如结节线虫）的非常相似，故鉴别诊断时需对粪便进行培养，以便获取有诊断意义的感染性幼虫。

在尸体剖检时，很容易见到成虫，特别是六翼泡首线虫和斜环咽线虫的成虫。为了检出未成熟的猪圆线虫，需要采集黏膜刮取物进行显微镜观察。

【治疗】 新苯并咪唑、前苯并咪唑和伊维菌素对猪圆线虫的成虫和未成熟的幼虫（包括退化的幼虫）的

疗效显著。伊维菌素可有效治疗斜环咽线虫的成虫。

（五）类圆线虫

兰氏类圆线虫（*Strongyloides ransomi*）（猪线虫）的生活史同牛的乳突类圆线虫（*S. papillosus*）非常相似。在寄生虫中线虫是唯一有2种寄生世代（雌性的位于小肠）且每一世代均可自由生活（雄性和雌性生活在周围环境中）的种类，可通过穿透皮肤进行传播，因此，需要对卫生条件予以重视。另外，线虫还可通过在母猪初乳中的感染性幼虫进行感染，故摄取初乳是初生仔猪感染兰氏类圆线虫较常见的感染途径，即便是母猪没有发生再次感染，其乳房中休眠的幼虫也可以传染给初生仔猪。成虫通过钻入小肠壁的方式进行寄生。根据感染方式不同，潜伏期为4~9 d不等。在轻度和中度感染时，患猪一般不表现临床症状。重度感染时，出现腹泻、贫血和消瘦。感染可诱导机体产生较强的免疫力，故临床上稍大点的猪一般很少发生感染。

当在粪便内发现具有特征性的小而壳薄且内含胚胎的虫卵 [（20~35）μm×（40~55）μm] 时，即可对该病进行确诊。需要注意的是，一般需要从直肠采集粪便，因为已排出体外的粪便，通常会被环境中自由生活的线虫污染，从而混有不易与体内类圆线虫相区分的其他虫卵。此外，为了防止虫卵孵化，应将采集到的粪便立刻冷冻保存。尸体剖检时，可在肠黏膜刮取物中检测到成虫，也可将剪碎的组织置于贝尔曼分离装置中检查未成熟的虫体。

苯并咪唑和左旋咪唑对肠道感染有效。如果在分娩前后几日通过拌料给药，可大大减少哺乳仔猪的感染。伊维菌素对成虫有效，如果在母猪产仔前1~2周内给药，可有效控制仔猪的感染。良好的卫生条件，对于抑制仔猪体内幼虫的发育以及自由生活世代的繁殖是非常重要的环节。

（六）鞭虫

猪鞭虫（*Trichuris suis*）呈全球分布。成虫长5~6 cm，呈鞭状，细长的头部可嵌入大肠的上皮组织细胞中（尤其是盲肠），而后面增厚的1/3游离在肠腔内。动物通过摄入含胚的虫卵而感染。严重时可引起盲肠和临近大肠出现炎症变化，并伴有腹泻（血性）和衰弱。感染常见于幼龄动物，抵抗力与主动免疫和年龄有关。检查过程中若发现有双塞壳的微黄色的虫卵 [（50~68）mm×（21~31）mm]，则具有诊断意义。在感染后6~7周一般开始排卵。但是，鞭虫的产卵期很短（2~5周），随后通过免疫介导反应被排出体外，因此对排虫卵百分比和每克粪便中的虫卵数量几乎没有影响。敌敌畏、左旋咪唑、苯并咪唑和伊维菌素对成虫有效。在生物学上，鞭虫卵与蛔虫卵相似，二者对药物都有较强的耐药性且感染活性可保持11年之久；因此，可以通过对感染区进行彻底净化，以及将动物转移到干净圈舍的方法予以控制。鞭虫卵发育极其缓慢（在最适条件下为10~12周），在温度低于16℃时停止发育，在温带地区一年仅繁殖一代。

猪鞭虫的幼虫可在人的大肠内孵化，并能够在大肠内短时间寄生，但成虫罕见。

第十九节 反刍动物吸虫病

肝片形吸虫（*Fasciola hepatica*）是反刍动物肝吸虫病的最重要病原生活在温带地区。肝片形吸虫沿海岸线呈地方性分布，在美国主要分布于西海岸、落基山及其他地区。巨型肝片形吸虫在加拿大东部、不列颠群岛、哥伦比亚和南美洲也均有分布，且对不列颠群岛、东欧、澳洲和新西兰地区的经济造成重要影响。在非洲和亚洲，对经济造成危害的吸虫种类主要是大片形吸虫（*F. gigantica*），大片形吸虫在夏威夷也有分布。大拟片形吸虫（*F. magna*）则分布于欧洲和美国的至少21个州。在北美，矛形双腔吸虫（*Dicrocoelium dendriticum*）主要分布于纽约州、新泽西州、马萨诸塞州和加拿大的大西洋省份。矛形双腔吸虫在欧洲和亚洲也有广泛分布。在巴西和亚洲部分地区，阔盘属吸虫（*Eurytrema* spp.）主要寄生于绵羊、猪和牛的胰腺。而前后盘吸虫（*Paramphistomes*）中的几个类型和瘤胃吸虫在世界大多数地区均有发现。

一、肝片形吸虫

【病原】肝片形吸虫（*F. hepatica*）（普通肝片吸虫）[30 mm×（2~12）mm，呈分叶状] 呈全球分布，其宿主范围广泛（包括人）。肝片形吸虫主要感染牛羊，根据感染后的危害程度不同，可分为以下3种类型：慢性型，一般牛感染后很少致命，但对羊是致命的；亚急性型或急性型，主要感染羊，通常可引起死亡。亚急性和急性肝片形吸虫病通常与黑疫（传染性坏死性肝炎）混合感染，黑疫同样仅感染羊，且易引起死亡。

虫卵一般随粪便排出，根据环境温度不同，需要经过2~4周的时间才能在水中孵化成毛蚴，毛蚴感染陆地螺后，在其体内发育增殖，分别经过胞蚴、雷蚴（有时存在子雷蚴）和尾蚴3个阶段。2个月后（如果温度低则需时更长），尾蚴形成包囊并由螺体逸出后附着于水生植物上。当陆地螺在冬眠时，此阶段会相应延长。包囊内的尾蚴（后期囊幼虫）在变干之前可存活数月之久。

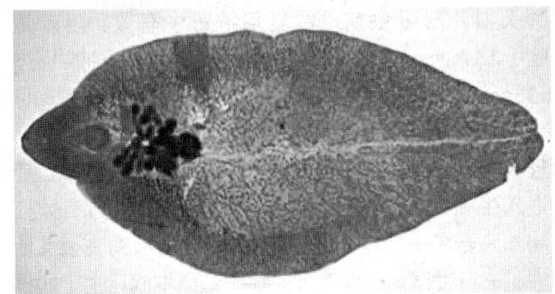

图2-35　肝片形吸虫，成虫，Corazza染色
（由Raffaele Roncalli博士提供）

尾蚴同草本植物一起被宿主摄入体内后，在十二指肠释出，渗透并穿过小肠壁进入宿主的腹腔，并进入肝脏。该转移过程所需时间各异，但会影响到吸虫的后期发育、延缓吸虫的发育过程以及影响到某些治疗方法的临床效果。吸虫幼虫通过肝脏的被膜进入肝脏实质，在其中游离和繁殖数周，并对肝脏组织造成损伤。吸虫幼虫常在感染6～8周后进入胆管，居此并成熟产卵。根据感染吸虫数量及种类不同，吸虫病的潜伏期为2～3个月不等。成年吸虫可以在羊的胆管内存活数年，而牛在感染吸虫后的5～6个月内一般即可被排出。曾有报道称牛可通过母体将吸虫垂直传播给胎儿。

【临床表现】吸虫病的临床表现差异较大，羊感染吸虫常常是致命性的，而牛一般不表现临床症状。病程通常取决于短时间内摄入囊蚴的数目。羊吸虫病呈季节性流行，临床症状为腹胀、腹痛、贫血以及突然死亡等。一般在感染吸虫6周后即可引起死亡。急性吸虫病的综合征必须与"黑疫"相区分。亚急性吸虫病持续时间更长（7～10周），同时还可能伴有典型的肝脏损伤，但死亡通常是由于出血和贫血引起的。慢性吸虫病可发生于各个季节，临床症状为贫血、瘦弱、下颌水肿以及泌奶量下降，虽然严重感染吸虫的奶牛不表现任何临床症状，但对其他病原（如沙门氏菌）的免疫力，以及对单剂量结核菌素皮内试验的反应程度会降低。但即便是慢性感染对绵羊来说也是致命的。

羊感染吸虫后不能产生抗体，慢性肝组织损伤常可累积数年。而牛可以在肝脏组织纤维变性以及胆管钙化后对吸虫的易感性降低。

【病理变化】未成熟的游动吸虫可损伤肝脏组织并引起出血。急性型吸虫病可对肝脏组织造成广泛的损伤，引起肝脏包膜表面纤维蛋白的堆积，导致肝脏肿大、易碎，表面凸凹不平，并可见吸虫移行的痕迹。慢性型吸虫病可引起宿主发生肝硬化。成熟吸虫可损伤胆管，造成胆管扩张，甚至发生囊肿，引起胆

管壁增厚和纤维化。牛感染吸虫时，胆管壁一般出现钙化和明显增厚，在病变组织（如肺等部位）通常可分离到吸虫。肝片形吸虫还可与大拟片形吸虫引起牛的混合感染。

游动吸虫对组织造成的损伤，可为梭状芽孢杆菌孢子的活化提供一个微环境。

【诊断】肝片形吸虫的虫卵为椭圆形[（130～150）μm×（65～90）μm]、有卵壳、金棕色。应将其与前后盘吸虫虫卵（瘤胃吸虫）相区别，只是肝片形吸虫的虫卵比前后盘吸虫的更长、更透明。在发生急性型吸虫病的病畜粪便中一般不能分离出肝片形吸虫的虫卵。但牛发生亚急性和慢性吸虫病时，吸虫的数量每日都发生变化，因此，需对粪便进行多次重复检查。吸虫感染2～3周后（即潜伏期之前），可通过ELISA（在欧洲市场有售）对吸虫病进行辅助诊断。当胆管发生损伤时，血浆中谷氨酰转移酶的浓度会升高，故可在吸虫进入胆管时的最后成熟期对吸虫病进行检测。尸检时，可通过肝脏损伤程度予以确诊。成年吸虫在胆管中即可直接看到，而未成熟的吸虫则需要在切面处通过挤压或挑出后方能观察。

【控制】肝片形吸虫理想的控制措施包括驱除感染动物体内的吸虫，减少中间宿主螺的数量，防止家畜接触并摄入被螺类寄生的牧草。但在实践中仅上述第一条被经常使用，因为杀螺剂虽然可以杀死陆地螺，但这些行之有效的方法都或多或少地存在一些弊端，从而限制了它们的使用。如：在每年螺类繁殖前使用硫酸铜可有效控制陆地螺的数量，但硫酸铜对羊是有毒的，因此，使用硫酸铜以后的6周时间内，必须避免羊接触采食硫酸铜处理过的牧草。其他化学类药剂通常过于昂贵，且会对生态环境造成不良后果。防止家畜接触螺类感染牧草的做法通常是不切实际的，因为牧场的范围太大，安装大量围栏的费用也过于昂贵。

可以有效治疗反刍动物吸虫病的药物有三氯苯咪唑、氯舒隆（仅用于牛羊）、阿苯达唑、奈托比胺、氯氰碘柳胺、雷复尼特和羟氯扎胺等，但上述药物有些未被批准使用（例如，在美国只有氯舒隆和阿苯达唑被准予使用）。屠宰前的肉用动物或产奶的动物，在使用上述大部分药物时都需要有一个较长时间的休药期。一般根据使用药物的药代动力学来确定清除吸虫的最佳治疗时间，故在对抗不同种类的吸虫卵时，每种杀虫剂的药效各不相同。一般情况下，采用哪种治疗办法通常取决于当地流行病学的影响因素，适宜的辅助疗法一般视寄生虫增殖情况而定。例如，在美国墨西哥湾岸地区，需要在雨季之前和第二年春天分别给牛服用一次药物。在美国西北和北欧，必须在放

牧季节结束时给牛服药一次，若效果不理想，则还需要在来年1月或2月再用药1次。在拥有大量易感绵羊的欧洲，利用降水量和气温为依据的计算机预测系统，对肝片形吸虫病的患病率进行预测，在预测患病率较高的地区，绵羊需要分别在9月或10月，来年的1月或2月，以及4月和5月多次用药治疗，从而降低急性或慢性吸虫感染的风险，以及后期引起疾病的吸虫卵的数量。

二、大片形吸虫

大片形吸虫（F. gigantica）（大肝片吸虫）的形状与肝片形吸虫（F. hepatica）类似，但比肝片形吸虫稍大，其长75 mm，宽12 mm，前端没有明显的锥状突起。大片吸虫常感染在温带气候条件下（亚洲、非洲）生活的牛和水牛，并引起上述动物出现慢性吸虫病，而绵羊感染时通常为急性型且致命。除了中间宿主螺的种类不同外，大片吸虫的生活史与肝片形吸虫相似。该病原的传播途径、诊断程序以及控制措施均与肝片形吸虫相同（见上述）。

三、大拟片形吸虫

大拟片形吸虫（F. magna）（美洲大片吸虫，大肝片吸虫）长100 mm，厚2～4.5 mm，宽11～26 mm，椭圆形。其与肝片形吸虫的区别是缺少前面的圆锥突起。大拟片形吸虫常感染家畜和野生反刍动物，鹿是其最主要的宿主。其生活史与片形吸虫属（Fasciola spp.）的其他吸虫相似。

大拟片形吸虫的生活史中的一部分在牛体内。感染牛时，其致病性较弱，且损伤部位主要局限于肝脏。在绵羊和山羊中，由于吸虫在肝实质中的大面积移行，故即便是少许的吸虫也可引起死亡。大拟片形吸虫感染鹿时，只有轻微的组织反应，吸虫被附着在与胆管相通的薄纤维包囊中。感染牛时，大拟片形吸虫会引起严重的组织反应，出现不与胆管相通的厚壁包囊。绵羊感染时通常不形成包囊，但吸虫移行于肝脏和其他器官表面会引起严重的组织损伤。在组织学上，感染吸虫的牛、绵羊和鹿的肝脏变黑。幼吸虫移行时，可在器官表面形成弯曲的虫道。

虽然大拟片形吸虫的卵与肝片形吸虫相似，但其应用价值有限；大拟片形吸虫虫卵一般不会进入牛和绵羊的体内。确诊需要在尸检时发现寄生虫，以及对肝片吸虫和大片形吸虫进行鉴别。当反刍动物和鹿食用被污染的牧草并发吸虫病时，应首先考虑大拟片形吸虫感染。牛常发生大拟片形吸虫和肝片形吸虫的混合感染。

曾有报道证实，羟氯扎胺可有效治疗白尾鹿的大拟片形吸虫病，雷复尼特对牛有效。阿苯达唑（7.5 mg/kg）、氯舒隆（15 mg/kg）和氯氰碘柳胺（15 mg/kg）可有效控制绵羊的大拟片形吸虫病。目前，在美国尚没有批准用于该病防治的药品。大拟片形吸虫必须通过鹿完成其最后的生活史，如果禁止鹿进入牛和山羊的放牧区，就可以对该病进行有效控制。只要在一个地区发现有中间宿主，且对其栖息地性质进行过调查，就有可能控制这类中间宿主（如椎实螺）。

四、支双腔吸虫

支双腔吸虫（Dicrocoelium dendriticum）（矛形双腔吸虫，小肝片吸虫）虫体细长，长6～10 mm，宽1.5～2.5 mm。在很多国家均有发现，并可感染包括反刍动物在内的大多数终末宿主。其另一个种属客双腔吸虫（D. hospes）主要分布于非洲。

支双腔吸虫的第一中间宿主是陆地螺［在美国，陆栖蜗牛（Cionella lubrica）］，在其体内形成无尾尾蚴，并在大量黏液中聚集成团（黏球）。尾蚴被第二中间宿主蚂蚁［丝光蚁（Formica fusca），美国］摄入后在其腹腔内形成包囊。在丝光蚁食道下神经节中的一到两个囊蚴，即可引起蚂蚁将自身贴在牧草上的异常反应，这无形中又增加了终末宿主摄入囊蚴的机会。未成熟的支双腔吸虫不能在肝脏组织中移行，但会从肠道抵达胆管，并在感染后10～12周开始产卵。

宿主感染支双腔吸虫后不会产生免疫力，严重的感染可能会累积（一只成年绵羊体内可达50 000只吸虫）。宿主感染后一般表现为肝硬化、胆管增厚和扩张。经济损失主要是由肝脏病变引起的。病畜的临床症状并不明显，一般仅在大量感染时能够观察到。卵中包含一个非常小的（40 μm×25 μm）、不匀称的、浅棕黄色的毛蚴。

支双腔吸虫复杂的生活史，使得对中间宿主的控制几乎是不可能的，因为大范围的使用化学试剂，已经对相似物种生态环境造成破坏。有效的驱虫疗法是对牛或羊一次使用15 mg/kg或两次7.5 mg/kg剂量的阿苯达唑，连用数日，或按20 mg/kg剂量使用奈托比胺，可有效驱除病畜体内的支双腔吸虫。

五、阔盘吸虫

阔盘吸虫（Eurytrema spp.）（胰腺吸虫）虫体较厚，长8～16 mm，宽6 mm。在巴西和亚洲，阔盘吸虫主要寄生于绵羊、猪和牛的胰管内，偶尔也可寄生于胆管。该类吸虫可分为3种类型，分别是胰阔盘吸虫（E.urytrema pancreaticum）、腔阔盘吸虫（E. coelomaticum）和羊属阔盘吸虫（E. ovis）。其第一中间宿主是陆地螺［阔纹蜗牛属（*Bradybaena* spp.）］，在第二中间宿主草螽［草螽属（*Conocephalus* spp.）］体内形成尾蚴包囊。动物摄入草螽后，未成熟的吸虫被释出，移行至胰管，经7～14周后在胰管内成熟并产卵。

动物感染阔盘吸虫时一般不表现明显的临床症状，与双腔吸虫属相似，均可以在粪便中分离出虫卵。轻度感染会引起胰管出现增生性炎症，进而导致胰管扩张和堵塞。重度感染时，胰管发生纤维化、坏死灶以及退行性病变。胰管损伤会造成血浆中谷氨酰转肽酶和AST（天门冬氨酸转氨酶）浓度升高。胰腺废弃会造成经济损失，致病机制提示还会造成其他生产损失。

对于双腔属吸虫而言，试图通过控制中间宿主来控制病情是不切实际的。有报道显示，吡喹酮（20 mg/kg，连用2 d）或者阿苯达唑（绵羊7.5 mg/kg，牛10 mg/kg）可有效控制该病。

六、前后盘吸虫

在全球范围内，感染反刍动物的前后盘吸虫（端盘吸虫，瘤胃吸虫，圆锥吸虫）有许多种［前后盘吸虫属（*Paramphistomum*），杯殖吸虫属（*Calicophoron*），殖盘吸虫属（*Cotylophoron*）］。成年前后盘吸虫为梨形，粉色或红色，体长约15 mm，吸附在瘤胃的皱襞中。未成熟的幼虫长1～3 mm，主要分布于十二指肠。

虫卵随粪便排出，在水中孵化成毛蚴并感染扁卷螺或沼泽泡螺。其随后在上述螺体内的发育过程与肝片形吸虫的生活史相似，最后，尾蚴由螺体内释出，并散布在草木中。被反刍动物采食后，在宿主体内，尾蚴脱囊变为童虫，在网状组织中移行至瘤胃前可在小肠中停留3～5周，一般在感染宿主7～14周后开始产卵。

动物即便是大量感染成虫，也不会表现出明显的疾病症状。未成熟的吸虫通过尾部的一个大吸盘吸附于十二指肠，有时也可吸附于回肠黏膜，引起肠炎、坏死和出血等。感染动物表现厌食、多饮、消瘦和腹泻，随后出现大批死亡，此现象在犊牛和绵羊中尤甚。成年牛羊感染后会对再次感染产生抵抗力，但可成为大量成虫的携带者。

前后盘吸虫的虫卵有卵盖、个体大、透明、极易辨认。但在发生急性感染的宿主粪便中一般没有虫卵。了解该地的发病情况以及对液粪进行检验一般可发现未成熟吸虫，许多吸虫都是通过液粪排出的。而诊断通常是在尸体剖检后才能作出。

采取降低宿主螺数量的控制措施与肝片形吸虫的

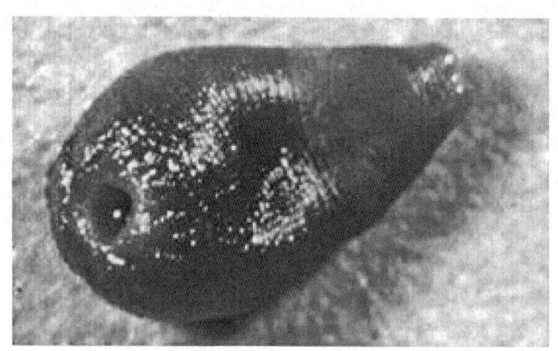

图2-36 鹿前后盘吸虫
（由Dietrich Barth博士提供）

方法类似。已有报告显示，羟氯扎胺（间隔3 d，2次用药）以及硫氯酚和左旋咪唑联合使用，都可有效治疗前后盘吸虫病（有效率高达90%以上）。

第二十节 大动物肝脏疾病

肝脏疾病在大动物中多发。血清中的肝脏酶类和总胆汁酸浓度升高常预示着肝脏功能出现障碍、损伤、疾病或衰竭。虽然肝脏疾病在马和幼驹中也较为常见，但一般不会发展为肝衰竭。

引起马肝脏衰竭的疾病通常有泰勒焦虫病、泰泽氏病（马驹）、双稠吡咯啶生物碱中毒、肝脂沉积症、化脓性胆管炎、胆管周炎、胆石病及慢性活动性肝炎等。阻塞性疾病（胆结石、右背侧结肠移位、肿瘤、十二指肠溃疡和狭窄、肝扭转、门静脉血栓）、黄曲霉毒素中毒、脑脊髓白质病、胰腺疾病、花稷或杂三叶草中毒、门腔静脉吻合、肝脓肿、肝肿瘤和围产期感染I型疱疹病毒都能偶发肝衰竭。而内毒素血症、使用类固醇激素、吸入麻醉剂、全身性肉芽肿疾病、药物引起的淀粉样变性、摩根小马驹的高氨血症、寄生虫损伤、铁中毒、新生仔畜溶血性贫血等疾病一般与发生肝衰竭的关系不大。

反刍动物的肝胆管疾病往往与肝脏脂肪沉积症、肝脓肿、内毒素血症、双稠吡咯啶生物碱和一些植物中毒、某些梭菌性疾病、肝吸虫、真菌毒素中毒、矿物质中毒（铜、铁、锌）或缺乏（钴）有关。维生素E或硒缺乏（饮食性肝功能障碍）、黄曲霉毒素中毒、蛔虫移行、细菌性肝炎、摄入有毒物质（如煤焦油、氰胺、蓝绿藻、一些植物和棉酚）都可引起猪的肝脏损伤。

虽然骆驼科动物（马驼、羊驼）肝脏疾病的具体发病率尚不清楚，但该病在北美似乎较为多见。据报道，肝脂沉积症（继发多于原发）是马驼和羊驼最常见的肝脏疾病，成年骆驼和幼畜都可发生。在骆驼科动物中，细菌性（沙门氏菌、大肠埃希菌、李斯特菌、梭状芽孢杆菌）胆管肝炎、腺病毒性肝炎和肺炎、真菌性肝炎（球孢子菌病）、中毒性肝病（铜）、氟烷引起的肝坏死、肝肿瘤（淋巴肉瘤、血管内皮瘤、腺瘤）和肝吸虫病也常见报道。

肝脏损伤的治疗措施仅有为数不多的几种方法。肝脏中的脂滴是疾病早期通常可逆转的一项指标。如果损伤在早期即被清除，则胆汁的异常增多也是可逆的。肝细胞坏死预示近期发生过新的损伤。通过炎性反应，坏死的细胞被清除，取而代之的是新生肝细胞或细胞发生纤维变性。除非肝功能障碍以急性型出现，且肝细胞再生明显，否则患肝衰竭的动物通常预后不良。通过对其进行快速诊断和介入性治疗后，早期的肝细胞纤维化是可逆的。患有慢性病的动物，当发生大范围的肝实质细胞缺失和肝实质纤维变性，特别是病变发生在肝脏门脉分支部位时，预后不良。

【临床表现】 当60%～80%及以上的肝实质失去功能，或由其他器官系统疾病引发肝功能障碍时，才会出现肝脏疾病的临床症状。由于病程（急性或慢性）与损伤（肝细胞，胆汁）的原发部位和特定病因不同，因此肝脏疾病的临床症状表现各异。无论肝脏疾病是急性还是慢性过程，在发生肝性脑病和肝功能衰竭时常表现为急性临床症状。临床症状和肝脏病变的严重程度，常预示着一种或多种肝脏生理机能的损伤程度，这些生理机能包括血糖调节，脂肪代谢，以及凝血因子、白蛋白、纤维蛋白原、非必需氨基酸和血浆蛋白的生成，胆汁的形成和分泌，胆红素和胆固醇代谢，将氨转换成尿素，多肽和类固醇激素的代谢，25-羟胆钙化醇的合成及代谢和/或对许多药物和毒素进行的解毒功能等。

患有肝病和肝衰竭的马，常见临床症状是黄疸、体重减轻或行为异常。当马出现急性肝衰竭时，主要临床症状最先出现在中枢神经系统，但在大多数（并非全部）患慢性肝病和肝衰竭的马中，体重减轻是一个明显的临床症状。光敏作用通常较少出现，双侧咽麻痹引起的吸入性喘鸣、腹泻或便秘等症状也时有发生。

病牛常出现食欲不振、产奶量下降和体重减轻。患牛常出现里急后重和腹水，但患马的这种情况并不常见。体重减轻可能是唯一与肝脓肿有关的临床症状。常表现明显黄疸，但当胆道系统出现病变时，黄疸在患急性肝衰竭的马中则较为常见。患慢性肝脏衰竭的马以及反刍动物也会不定期地出现黄疸。马空腹时高胆红素血症是诱发黄疸最为常见的病因，但与发生肝病的关系不大。有时健康马（特别是纯种马）也可出现持续的高胆红素血症（主要是间接或非结合胆红素），但通常并不表现出溶血或肝病的症状。由于溶血和间接（原发性）胆红素的增加，使得黄疸在反刍动物中更为常见。由胆道阻塞引起的高胆红素血症，在山羊和绵羊中是极为罕见的。

马、反刍动物和猪的肝性脑病多表现行为异常。肝性脑病的严重程度常常反映肝衰竭的严重程度，但并不能据此区分究竟是急性还是慢性肝衰竭。肝性脑病的临床症状包括：非特异性的沉郁和昏睡、前冲、绕圈、盲目行走、吞咽困难、共济失调、辨距不良、顽固性哈欠、异食癖、敌视及攻击性行为增加、昏睡、癫痫发作及至昏迷等。某些患肝衰竭的马常发生咽或喉萎缩，呼吸困难以及吸气时伴有呼噜声等，这些症状特别是在马驹中较常见。肝性脑病的发病机制尚不清楚，但有些理论认为，氨作为一种神经毒素，改变了单胺的神经传递（5-羟色胺，色氨酸）或儿茶酚胺神经递质，导致芳香族和短支链氨基酸失衡，从而增强了抑制性神经递质（γ-氨基丁酸，谷氨酸），加之脑中产生的内源性苯（并）二氮䓬类似物的水平增加导致神经细胞营养不良，增加了血脑屏障的通透性，进而损害了中枢神经系统的能量代谢。尽管临床症状多为突发性，但如果潜在的肝脏疾病得以及时治疗，则肝性脑病通常是可以好转的。

必须将可能伴随慢性或急性肝衰竭的光敏作用，与原发性光敏作用相区分。当肝脏功能受到损害时，一种叶绿素的光能代谢物——叶赤素进入皮肤后，可导致肝原性光敏作用的发生。进入皮肤的叶赤素与紫外线相互作用，并释放能量，引起炎症反应和皮肤损伤。光敏作用的表现往往是多种多样的，包括不安、疼痛、瘙痒、轻微到严重的红斑皮炎、广泛的皮下水肿、皮肤溃疡和脱落、伴有流泪的眼炎、畏光和角膜晦暗等。在无色素、浅色或无毛的部位以及暴露于阳光下的区域，皮炎和水肿特别明显。黏膜与皮肤的交界处以及带斑块的白毛区是牛发生光敏作用的最常见部位。有时舌背面也可发生感染。失明、脓皮病、条件性损伤和偶发死亡，都是光敏作用可能出现的后遗症。瘙痒可能源于光敏作用，或者继发于肝脏分泌机能的改变所致的皮肤内胆汁盐的沉积。

患肝脏疾病的动物可出现腹泻或便秘症状。牛更常见腹泻，发病率明显多于患慢性肝病的马，也比患慢性肝片吸虫病和肝毒性植物中毒的动物多发。患高脂血症和肝衰竭的马驹和成年马，可能会出现腹泻、蹄叶炎和腹部水肿等症状。一些患有肝脏疾病的动物常交替出现腹泻和便秘。患有肝衰竭和肝性脑病的马，由于饮水量下降，通常会发生结肠嵌入（肠套叠）。便秘通常是山羊和其他反刍动物发生马樱丹属植物中毒的主要临床特征。

由于胆石阻碍了胆总管中的胆汁循环，故可从患胆石症的马中观察到反复发作的疝痛、间歇热、黄疸、体重减轻和肝性脑病等症状。当患传染性或炎性肝病以及肝衰竭后，不能阻止内毒素进入体循环时，也可能导致患病动物发生间歇热和疝痛。患急性弥漫性肝炎或肝包膜损伤的动物，由于肝实质肿胀对肝包膜造成的压力，病畜常发生腹痛、拱背站立、不愿移动或出现疝痛等。通过对反刍动物腹外侧区或右侧的最后几根肋骨进行触诊，可发现疼痛仅局限于肝脏。出现里急后重以后，紧接着直肠脱垂的情况，可在一些患有肝脏疾病的反刍动物中发生。这种情况常与腹泻、肝性脑病或因门脉高压引起的肠道水肿有关。

如前所述，患肝脏疾病的马中并不常见低白蛋白血症。由于白蛋白的半衰期（在马为19～20 d，在母牛约为16 d）较长，且肝脏能够对其进行储备，故低白蛋白血症通常出现在疾病的晚期。患肝脏疾病的马，其血清总蛋白的浓度可能正常，也可能在疾病过程中因β-球蛋白的增加而升高。在慢性肝病的发生和发展过程中，经常出现低白蛋白血症及低蛋白血症，这种情况在患肝病的马驼中较常见。全身性的腹水或坠积性水肿也时有发生。腹水多与静脉阻塞和流体静力压升高引起的门脉高压及蛋白渗漏至腹膜腔有关。伴随肝脏疾病出现的腹部液体通常是变性的渗出液。低白蛋白血症可加重腹水症状，如果只出现低白蛋白血症，它更有可能引起下颌间肌、胸肌或腹部出现水肿。除非腹水是迁延性的，否则很难在马和成年牛中予以确诊。另外，患有肝硬化的犊牛也常出现腹水。

寄生虫病、慢性铜中毒（在反刍动物）、一些植物中毒或慢性炎性疾病引起动物的肝功能障碍，常见有贫血。急性布氏姜片吸虫引起的贫血，常常是由于幼虫穿透肝包膜，移行至腹腔并引起严重出血所致。吸虫（成虫）在胆管内移行引起的损伤以及吸虫的采食活动，都会引起患慢性肝片吸虫病的动物出现贫血和低蛋白血症。慢性炎性疾病（如肝脓肿和肿瘤）尽管不引起低蛋白血症，但有可能会引起贫血。

严重肝衰竭或肝衰竭末期的临床症状包括凝血障碍和出血。凝血障碍的原因往往是由于肝脏产生凝血因子的量减少，或者在感染或炎症反应过程中，肝脏对凝血因子的利用率增加所致。由于凝血因子Ⅶ的血浆半衰期最短，因此最早见到的可能就是凝血时间延长。马能出现由于红细胞脆性增加而引起的末期溶血，这些情况在反刍动物中尚无报道。

患肝病的成年草食动物，其粪便颜色很少发生变化。在幼年反刍动物和单胃动物中，由于尿胆素（一种胆红素的代谢物）缺失以及胆汁淤积，可能会排出颜色较浅的粪便。

在出现非特异性临床症状（如沉郁、体重减轻、间歇热和反复发作的疝痛）而没有确切病因时，应考虑肝脏疾病。在出现明显临床症状之前，根据临床症状的持续时间区分的急、慢性肝炎或肝衰竭，往往会对疾病诊断产生误导，其原因是在出现明显临床症状之前，疾病进程常常又进一步得到发展。疾病早期出现的一些不明显的精神抑郁和食欲下降等临床症状常会被忽略。为了确定治疗方案和准确判断预后，进行肝脏活检非常必要，可以利用肝脏活检对病理类型、肝脏纤维化程度以及肝实质的再生能力等进行诊断。

实验室检验：实验室检验常用于检测在肝衰竭发生之前的肝脏疾病。常规的生化检验如血清酶浓度是检测肝脏疾病的敏感指标，但不能用于评估肝脏功能。用于评价肝脏清除率的动态生化试验可以提供肝脏功能的量化信息。肝脏功能检测是非常有价值的诊断方法和准确判断预后的工具，也可为给药方案的调整提供理论指导。

血清酶浓度：在急性肝脏疾病过程中，肝脏特殊酶类的血清浓度常高于慢性肝脏疾病。在亚急性或慢性肝脏疾病的晚期，酶浓度可能维持在正常值范围内。不应用肝脏酶类（尤其是γ-谷氨酰转肽酶）浓度升高幅度来判断疾病的预后。肝脏酶类浓度可用于疾病诊断，但不能说明肝脏功能障碍的严重程度。结合临床症状以及对实验室试验的检测值进行仔细分析后获得的诊断结果，对肝脏疾病的诊断将是非常有益的。

对血清γ-谷氨酰转肽酶或转移酶（GGT，γ-glutamyl transpeptidase）、山梨糖醇脱氢酶（SDH，也叫艾杜糖脱氢酶，IDH）、AST（天冬氨酸氨基转移酶）、胆红素和胆汁酸进行连续检测，常用于评估大动物肝脏功能障碍和肝脏疾病。对犊牛而言，其血清GGT、胆红素和总胆汁酸浓度、磺溴酞钠的清除率（BSP®）并不是检测肝脏疾病的敏感指标。尽管GGT的生成主要与胆道上皮的微粒体膜有关，但也可出现在肝细胞、胰腺、肾脏和乳房微管的表面。由于尿液和乳汁中都含有GGT，加之胰腺炎病例极为罕见，大动物血清GGT浓度升高常预示着胆管或肝脏疾病，因此认为GGT在成年大动物的肝脏疾病检测中是最敏感的单一试验指标。GGT浓度显著升高往往预示有阻塞性胆道疾病。在马的急性肝脏疾病中，尽管临床症状有所改善，甚至其他实验室测试值已下降至正常水平，但GGT仍可持续增加7～14 d。据报道，血清GGT的浓度会在数日内持续上升，然后一直居高不下至肝脏损伤的末期。在GGT浓度未出现异常升高时，唯一可确诊的肝脏疾病就是肝脏慢性纤维化。新生马驹和青年马，特别是那些在训练中的马驹和青年马，也可能出现GGT的浓度非特异性升高的情况，这种非特异性升高与肝脏疾病或其他肝脏酶类或血清胆汁酸浓度的升高无关。依据GGT的浓度值来诊断新生犊牛或羔羊的肝脏疾病毫无意义，其原因是GGT仅存在于初乳和牛奶中。GGT活性也可能随着结肠的移位或药物（如皮质激素、利福平、苯并咪唑、驱虫药）的使用而增加。有些肝脏酶类在犊牛中［如GGT、碱性磷酸酶（AP）、谷氨酸脱氢酶、乳酸脱氢酶］和马驹中（AP、GGT、SDH、AST）的水平会更高，但多是暂时性的升高，或除了肝脏以外还有其他来源。不同年龄、品种和性别的山羊，其血清肝脏酶类也存在差异。因此，在对酶的水平进行评估时，其参考值的范围必须与动物种类及其年龄相对应。

SDH、精氨酸酶、鸟氨酸氨甲酰基转移酶（OCT）、AST、乳酸脱氢酶同工-5（LDH-5）、谷氨酸脱氢酶（GLDH）和AP也常用于对肝功能障碍和疾病的评估。其中，精氨酸酶、SDH、OCT是马、大多数反刍动物和猪肝脏中的特殊酶类。SDH对肝细胞疾病最具预测性，在肝细胞发生损伤后SDH酶的活性往往会显著增加。阻塞性胃肠道病变、内毒素血症、休克引起的缺氧、急性贫血、高热和麻醉也可引起SDH的轻度增加。由于SDH和LDH-5的半衰期短，因此，可用于对肝损伤的消退和进程进行评估。在发生肝损伤后的第4 d，这2种酶通常会下降并接近正常值，但当发生慢性肝病时，这2种酶的水平一般不会升高。在发生严重肝衰竭的病例中，尽管结果是致命的，但SDH可恢复至正常值。由于肝脏中精氨酸酶和GLDH的浓度较高且在血液中的半衰期较短，因此，被认为是发生急性肝病的特异性酶。由于高浓度AST不仅来源于肝脏，也可源自于骨骼肌，因此AST在评估肝病时敏感性非常高，但特异性极差。AST还有其他来源，包括心肌、红细胞、肠细胞和肾脏。在同时检测CK以排除肌肉疾病，且血清未出现溶血时，AST和LDH-5升高就是由肝脏疾病所造成的。在肝脏发生短暂的急性损伤时，AST的浓度可持续升高10~14 d甚至更长时间。在慢性肝脏疾病中，AST值一般正常。发生肝内胆汁淤积时，SDH和AST都会显著升高，而发生肝外胆汁淤积时通常会轻度升高。AP和GGT升高与胆道上皮和胆道阻塞的刺激或破坏有关。AP可来源于胎盘、骨、巨噬细胞、肠上皮细胞和肝脏。犊牛和马驹出现AP升高时，其来源可能是胎盘或骨髓。犊牛出生时AP的水平可升高至1 000 IU/L，而在几周龄时浓度为500 IU/L的情况也属

正常。据报道，马驹（出生12 h内）的AP水平可保持在152~2 835 IU/L范围内，而小马（1~2月龄）的AP活性与成年马相比仍维持在一个较高的水平。但对犊牛（<6周龄）而言，在评价肝脏损伤或肝脏功能的所有常规检测项目（胆红素、GGT、GLDH、AP、LDH、AST或丙氨酸转氨酶），在单独使用时，均不能用于临床肝脏疾病的诊断。AST和GLDH是肝脏损伤过程中最敏感的酶，但AST的增加也可能与肌肉损伤有关。与成年马相比，马驹AST的浓度升高可持续数月之久。但这很可能与肌肉发育有关。在某些马驹（不到2月龄），也曾有过SDH的活性发生短暂和轻度增加的相关报道。

血清总胆汁酸浓度： 血清胆汁酸浓度在肝功能障碍检测过程中是一个特异性的指标，但并不能说明肝脏损伤或疾病发生的类型。血清胆汁酸浓度升高与肝细胞损伤、胆汁淤积或门腔静脉短路有关。当发生胆道阻塞和门腔静脉短路时，血清胆汁酸浓度升高达到最高峰。在发生肝脏疾病的早期，血清胆汁酸浓度升高，且会一直持续到疾病后期。

发生慢性肝病的马，其总胆汁酸浓度一直较高。马的胆汁酸浓度不会发生昼夜变化，也不会于餐后上升，且每小时的变化并不明显。健康马的血清胆汁酸浓度低于10 μmol/L。当血清胆汁酸浓度超过20 μmol/L时，对马的肝脏疾病检测就具有较高的灵敏度和积极的预测价值，但这一指标并不适用于反刍动物的肝脏疾病检测。虽然当胆汁酸浓度超过30 μmol/L时，即可对肝衰竭进行提前预测，但必须对这种胆汁酸浓度的轻度升高进行具体分析，因为患厌食症的马，其胆汁酸浓度也可高达20 μmol/L。另外，长时间而非短期（不到14 h）的禁食也会引起马的血清胆汁酸浓度增加。

对1周龄以下的马驹体内的总胆汁酸浓度进行分析是比较困难的。相对于健康成年马，健康马驹在最初6月龄内的血清胆汁酸浓度要高得多。当对患病马驹的血清胆汁酸浓度进行检测时，最重要的步骤是设置与试验组年龄相匹配的健康对照组，或将与年龄存在依从关系的临床病理学数据作为参考。

依据血清胆汁酸浓度对奶牛的脂肪肝、肝脏疾病或肝衰竭进行诊断毫无意义，因为其数值随时都会发生显著变化。新近产犊的母牛，体内的血清总胆汁酸浓度明显高于泌乳中期的奶牛或6月龄的小母牛。

总胆汁酸浓度可以作为检测犊牛肝脏疾病的最好的单一指标。当妊娠母牛的总胆汁酸浓度超过35 μmol/L时，即预示发生了肝脏疾病、胆汁阻塞或门腔静脉短路。

相关报道显示，超过1岁的马驼，其血清胆汁酸

浓度的正常参考范围是1.1～22.9 μmol/L，而1岁以下马驼的正常参考范围是1.8～49.8 μmol/L。随着饲喂和每日的抽样时间不同，马驼的胆汁酸浓度也存在个体差异，但其变化值仍保持在参考范围内。

血清胆红素：检测血清胆红素（直接和间接）浓度，有助于确定马和反刍动物是否患有肝功能障碍。溶血、肝细胞疾病、胆汁淤积以及生理性原因都可能导致胆红素升高。马厌食症可引起血清总胆红素的生理性升高，但通常低于6～8 mg/dL，很少有高达10.5～12 mg/dL的状况。当间接胆红素增加2～3倍时，直接胆红素值仍可保持在参考范围内。早产、新生仔畜溶血性贫血、败血症或门腔静脉分流术可导致间接胆红素而非直接胆红素升高。肠炎、脐带感染、肠阻塞以及某些药物（糖皮质激素、肝素钠、氟烷）的使用也可诱发高胆红素血症。新生马驹和犊牛可出现轻度和短暂的生理性高胆红素血症和黄疸。尽管发病机制尚不完全清楚，但可能的病因包括早产性"肝细胞过载"，出生前后RBC自然破碎率升高，胆红素分泌不足以及新生马驹（相对于成年马）的肝细胞配体蛋白浓度过低等。出生不足72 h的健康犊牛，其总胆红素可能高达1.5 mg/dL，而1周龄犊牛可达0.8 mg/dL。犊牛的直接胆红素通常低于0.3 mg/dL。健康马驹（＜2日龄）总胆红素的浓度范围为0.9～4.5 mg/dL，其中大部分为非结合胆红素（0.8～3.8 mg/dL）。早产或疾病（非肝脏疾病）也可能会增加马驹间接胆红素的比例。2周龄以上的健康马驹，其胆红素浓度的参考范围与成年马相近。山羊总胆红素的正常范围为0～0.1 mg/dL。

患肝脏疾病和肝衰竭的马，常伴有直接或间接胆红素的显著增加。发生肝损伤的马或反刍动物，其体内的胆红素大多数是间接胆红素（非结合的），而直接胆红素的比率通常不到0.3 mg/dL。由肝坏死引起的急性肝衰竭，可导致直接或间接胆红素比例的增加。当马发生急性肝衰竭时，胆红素的升高主要是由间接胆红素的比例增加引起的。当直接胆红素的比例大于总胆红素的25%时，则预示肝细胞出现病变。马的直接胆红素比例很少有超过总胆红素25%～35%的情况。超过这一比例时，通常预示可能发生了原发性的胆道疾病或阻塞。当发生胆汁阻塞或肝内胆汁淤积时，马直接胆红素与总胆红素的比例可能超过0.3 mg/dL，而母牛可超过0.5 mg/dL。在发生肠阻塞的败血症马驹中，可检测到直接胆红素升高，同时这也是发生肝细胞功能障碍时最细微的迹象。

发生慢性肝脏疾病时，胆红素浓度通常在正常范围内。成年牛和犊牛发生严重肝脏疾病时，血清胆红素的浓度可能不会升高。牛、山羊和绵羊发生严重的

广泛性肝脏疾病时，血液胆红素水平仅略有升高。血清或血浆胆红素浓度的急剧升高多是由于发生了严重溶血，而并不是因肝功能障碍造成的。未发生溶血且血清总胆红素浓度超过2 mg/dL时，通常预示反刍动物发生了肝功能损伤。

尿胆素原：健康马的尿胆素原可以使用试纸条进行检测。当尿液中尿胆素原水平升高但没有发生溶血时，往往预示发生了肝功能障碍、门腔静脉吻合或肠道细菌感染后的产物增加等。尿液中出现尿胆素原还表明胆管没有完全闭合。尿胆素原缺失则表明胆管完全堵塞、肝脏疾病或胆红素排入肠管发生障碍、肠道细菌导致的尿胆素原减少或在回肠中被吸收等。尿胆素原与动物发生肝细胞疾病的关系不大。尿液中的尿胆素原通常不稳定，因此，检测必须在1～2 h内完成，否则其数值将会下降甚至无法检测。

血清和血浆蛋白质：马和牛发生肝脏疾病时，血清白蛋白和蛋白质浓度变化较大。患急性肝脏疾病的马一般不会出现低蛋白血症。由于肝实质功能降低，在患慢性肝脏疾病的动物体内，血清白蛋白量下降。在对84匹马的研究显示，13%的马出现低白蛋白血症。约有18%患慢性肝脏疾病的马和6%患急性肝脏疾病的马，其白蛋白浓度低于最低参考值。有64%马的球蛋白浓度升高。患有严重急性或慢性肝脏疾病的马，可出现由于血球蛋白增加症（多克隆丙种球蛋白病或β-球蛋白增加）导致的高蛋白血症。有时总血浆蛋白浓度表现正常，但是白蛋白与球蛋白的比率可能会下降。

血浆纤维蛋白原浓度并不是马肝衰竭的一个敏感指标。低纤维蛋白原浓度可能是由于肝脏实质功能不全或弥散性血管内凝血造成。高纤维蛋白原浓度与马发生胆管肝炎时的炎性反应有关。

凝血酶原时间：由于凝血因子Ⅶ，肝脏合成的一种维生素K凝血因子，半衰期最短，因此首先发现的常是凝血酶原时间（PT）异常。在发生肝衰竭时，血清PT会被迅速延长，同时在急性肝脏疾病恢复到正常时，PT也是首先进行功能测试的指标之一。即便是在PT诊断正常时，也并不排除由于维生素K缺乏造成的凝血障碍。发生严重肝病时，可见有活化部分凝血活酶时间（APTT）延长或其他凝血障碍的迹象。有许多因素都可影响到马的APTT或PT值的测定，因此，在测定过程中，当疑似患肝脏疾病马的凝血时间与健康马的比值超过1.3时，就应将其视为异常。

尿素、葡萄糖、氨及其他指标：发生急性和慢性肝衰竭时，血清尿素浓度会下降。患肝衰竭的马驹几乎都会出现低血糖。患肝脏功能障碍的成年马血糖浓度多表现正常或升高。患肝功能障碍的成年马和反刍

动物中并不常见有低血糖症，但在患慢性肝脏疾病的病例中多见。患肝脂沉积症的马驹、矮马、驴和成年马，其血浆甘油三酯浓度会显著升高。血清甘油三酯浓度升高的幅度与马的预后有关。与发生肝功能不全的马相比，反刍动物更常见有甘油三酯、极低密度脂蛋白和酯化胆固醇浓度的变化。而相对于成年马，新生马驹血液中的胆固醇和甘油三酯的浓度一般会升高。

血氨浓度升高与肝功能不全有关，但与肝性脑病的严重程度无关，除非是在门静脉分流术期间。已报道，患有高鸟氨酸血症、高氨血症和同型瓜氨酸尿症的断奶摩根马，以及患原发性或先天性高氨血症的成年马，均可出现血氨浓度升高和肝性脑病的症状，但无肝衰竭症状。相对于马而言，尿素或铵盐的摄入，更易引起牛的血氨浓度升高和肝性脑病的发生。

患严重肝脏疾病马的PCV和血清铁浓度通常较高。即使采用输液疗法，且水化状态正常，但在可能存在的肝病得到治愈之前，血细胞压积一直都较高。曾有关于一些患脏肿瘤的马继发红细胞增多症（有或无红细胞生成素浓度升高）的报道。血清铁浓度升高常见于患肝脏疾病或/和溶血性疾病的马中。

染料排泄和清除试验：磺溴酞（BSP®）或吲哚菁绿染料可用来评估肝胆管的运输功能。当50%以上的肝脏功能丧失时，BSP的半衰期会延长。正常马BSP清除率的半衰期在3.7 min以下，山羊是2.13±0.19 min，绵羊在4.0 min以下。犊牛（5～15 min）的BSP清除率比成年牛（≤5 min）长。尽管在发生肝功能障碍时，染料排泄能力试验的时间通常延长，但仍可保持在正常参考范围内。高胆红素血症、肝脏血流量的减少和明显的胆汁淤积症都可能造成BSP清除试验假性延长，而低白蛋白血症也可能造成BSP清除试验假性缩短。山羊BSP清除率延长，通常与继发于妊娠期毒血症的广泛性肝脂沉积症有关。据报道，测定BSP的清除时间，而不是半衰期对诊断肝脏疾病意义更大。正常饲养和禁食3 d的马，其BSP清除时间分别为10 mL/（min·kg）和6 mL/（min·kg）。然而，由于市场上不能买到药品级的BSP，故极大地限制了这些测试方法在临床实践中的应用。同样，由于费用和程序上的局限性，以及吲哚菁绿清除率定量过程中对设备的要求，也限制了BSP在诊断性试验中的应用。

闪烁扫描术：胆汁输送以及肝细胞功能、结构和血流量等指标，都可以通过肝胆管闪烁扫描术予以评价。放射性同位素标记的肝扫描和胆汁扫描，可分别用于检测血流量的变化以及肝脏肿块和胆道梗阻（闭锁、胆管炎、胆石症）等。在猪、马驹和羔羊中，已采用闪烁扫描术进行高胆红素血症的其他原因造成的胆道梗阻的鉴别。

超声波检查法：在马和反刍动物，通过超声波对肝脏大小、外观（形状、纹理）和体内定位的检查，可用于诊断肝脏肿大、肝内胆管结石、胆道扩张、胆石症和局部病变。肿瘤、囊肿、脓肿和肉芽肿也可据此进行观察。在通常情况下，由于弥漫性疾病仅可引起一部分正常肝组织的结构出现病变，故弥漫性疾病过程较局部病变更难以观察。应通过活组织检查和病理组织学检查确诊肝弥漫性疾病。超声波可用来指导肝脏活检标本的采集，进行胆囊穿刺术以及脓肿、脓肿包块或胆汁样品（吸虫卵、胆汁酸、培养物）的抽吸术等。该方法也是用于监测疾病进展或治愈的一种准确和无创的方法。在对马进行检查时，应从肝脏的左、右两侧成像。

肝脏活组织检查：经皮肤穿刺进行肝脏活组织检查，是诊断肝脏疾病最准确的方法。肝脏活组织检查可提供有关病因和疾病严重程度的一些有价值的信息。在大多数情况下，肝脏疾病都呈弥散性，所以采集的样本都具有代表性。但采用肝活检取样的方法多少具有一定的盲目性，而超声波检查可减少发生并发症的风险（由于胆汁渗漏或肠道穿刺、出血或气胸造成的腹膜炎）。在进行腹腔镜检查的过程中同时采用肝脏活组织检查，这就使得在检查时，能顺便观察到肝脏和其他腹部器官的表面是否发生病理变化。

用于细菌培养和药敏试验的样品应置于培养基中，用于组织学检查的样本应浸泡在福尔马林溶液中。为减少出血的风险，应在肝脏活组织检查之前进行各种凝血指标的测定（凝血酶原时间、部分促凝血酶原时间、纤维蛋白原、纤维蛋白降解产物、血小板计数）。对已出现凝血障碍和肝脓肿以及表现出临床病理变化的动物不应进行肝脏活组织检查，因为这样可能导致动物出血或腹膜腔感染。

X线检查：对马驹进行腹部X线造影检查有利于诊断胃十二指肠阻塞和继发性胆管肝炎。马驹或犊牛的门体循环分流术与将硫酸钡造影液注入空肠的肠系膜门静脉造影术相同，随后进行X线检查或连续X线片检查，以监测肝脏的血流量。即可采用肠系膜门静脉造影术对马驹和犊牛的门静脉分流术进行鉴别。

【治疗与管理】对出现肝脏疾病或肝衰竭迹象的动物，在确定病因和肝损伤程度之前，首先应选择辅助疗法。病史、临床表现和实验室数据，可为肝脏疾病提供诊断线索，但肝脏活组织检查是用来确诊该病以及确定肝脏损伤程度的必要方法。对肝脏疾病进行特异性治疗常取决于病原、肝衰竭程度、病程、肝纤维化程度、胆道梗阻和动物品种。当肝脏酶类含量增加但没有发生肝脏疾病时，一般不需要对肝脏采取特异性治疗。相反地，要对其原发性疾病进行对症治疗。

在疾病早期进行干预时，治疗的成功率往往最高，肝纤维变性的程度最小，并有证据显示肝脏细胞出现再生现象。患有严重或连接部发生纤维变性的马，由于肝脏潜在的再生能力不足，因此，肝脏再生较慢。治疗患肝脏疾病或机能不全大动物的目标是控制肝性脑病，在治疗原发病的过程中，采用辅助疗法为肝脏再生提供足够的时间。尤为重要的是保证动物和兽医人员不受到伤害，因为患肝性脑病的动物，经常会出现攻击性和不可预知的行为，使自身或兽医人员受到伤害。

肝性脑病与肝衰竭：患肝性脑病的马，可能会出现攻击性或重复性行为，造成很难保定。为确保动物和兽医人员的安全，有必要对动物采取镇静措施。因为大多数镇静药和镇定剂是由肝脏代谢的，其半衰期在患肝衰竭的动物体内可能会延长，因此，应将注射剂量降至最低。最初可以采用较小药物剂量，用于评估其药效。使用小剂量的甲苯噻嗪或地托咪定，可用来控制马的异常行为。由于安定可以增强 γ-氨基丁酸对抑制性神经元的作用，并且会恶化神经系统的症状，故患肝性脑病的动物应避免使用。乙酰丙嗪也应禁忌使用，因为可能会降低癫痫发作的阈值。

发生脱水、酸碱和电解质紊乱以及低血糖时，应采用适当的静脉输液予以纠正。初期，可使用一种均衡的多离子溶液（最好不含乳酸）进行补液。如果动物出现机能亢进、低钾或食欲不振，可补充钾（$10 \sim 40$ mEq/L，取决于灌注速率）。若反刍动物不能进行静脉注射且瘤胃功能正常，可通过口服途径进行补液。有些患肝脏疾病的马会出现红细胞增多症，因此，很难通过PCV对其水合状态进行评估。此时病畜也可能会出现严重的酸中毒。由于快速缓解酸中毒可能会加剧神经症状，因此，酸中毒应该使用高浓度的电解质静脉输液以使其逐渐缓解。如果这种办法没有成功或血液pH小于7.1（碳酸氢盐＜14 mEq/L），可能需要谨慎地使用碳酸氢盐溶液。在补液时也可以适当添加维生素，如果动物吞咽正常，应提供充足的淡水。

应消除引起肝性脑病的病因。如果存在低血糖，应使用5%～10%的葡萄糖进行补液。此外，利用葡萄糖补液可以帮助降低血液中的氨浓度，并减少葡萄糖异生的分解代谢、蛋白质的分解代谢和肝糖原异生作用。除非动物出现高血糖症状，否则与非低血糖动物的治疗方法一样，应连续静脉注射葡萄糖（注射5%时按照每小时2 mL/kg，或注射10%时按照每小时1 mL/kg）。通过调整输液速率可以维持正常的血糖浓度。一旦因输液诱发中度至严重的高血糖症状，应迅速调节葡萄糖的输液水平，可及时避免出现糖尿。在进行葡萄糖静脉输液时，不应仅使用单一来源的溶液，还应配合使用添加有均衡电解质的溶液。

治疗目标是既要降低氨的合成量，又要减少从肠道吸收氨的量，包括使用矿物油、新霉素、乳果糖和甲硝唑等方法。使用矿物油可减少从肠道吸收的氨，并可促进氨的清除。在对患肝性脑病动物通过鼻胃管实施灌胃时，必须小心谨慎，因为一般很难控制由于凝血因子减少引起的鼻出血。此外，血液流失（吞咽）可能会加剧神经系统的症状。口服新霉素（$10 \sim 30$ mg/kg，每日2～4次，连用1～2 d）可用于减少肠道中的产氨菌。口服乳果糖（0.2 mL/kg，每日2次；0.3 mL/kg，每日4次；或90～120 mL/450 kg，每日3～4次）可在回肠和结肠内由细菌代谢成为有机酸。有报道称，结肠pH降低，促进了细菌对氨的同化作用，减少了氨的生成，氨进入肠道后可使小肠微生物群落和渗透作用发生变化。据报道，口服醋（乙酸）对结肠的pH和消化道内氨的浓度也具有相同的作用。口服甲硝唑（$10 \sim 15$ mg/kg，每日2～4次）也能减少马体内产氨菌，但甲硝唑不能用于治疗食源性疾病。如果动物吞咽正常，在口服药物时可混合西兰树胶糖浆或糖蜜，通过注射器定量给药，从而避免通过鼻胃管灌胃引起的损伤，同时也可降低出血的风险。使用新霉素、乳果糖和甲硝唑时，由于破坏了胃肠道正常菌群，有可能引起轻微至严重的腹泻（沙门氏菌病），且联合用药比单一用药更有可能引起腹泻。由于灭滴灵是经肝脏代谢，故对患肝衰竭的马使用该药时必须小心。另外，甲硝唑中毒引起的神经症状与肝性脑病的症状相似。

若怀疑患有传染性肝炎，应在了解清楚潜在肝脏疾病的实质之后，才可以批准使用广谱的抗微生物剂进行治疗。依据临床经验，甲氧苄氨嘧啶-磺胺联合用药时，因其对革兰氏阴性菌具有抗性以及在胆汁中浓度高，故将其作为治疗传染性肝炎的首选方案。如果怀疑发生链球菌属（*Streptococcus sp.*）或厌氧菌或革兰氏阴性大肠埃希菌感染时，使用青霉素联合氨基糖苷类药物，具有较广的抗菌谱，且疗效显著。该病也可推荐使用恩诺沙星。第一代和第二代头孢菌素已被用于马驹和其他种类动物。当怀疑马发生厌氧菌感染时，推荐使用甲硝唑。如果肝脏活组织检查的细菌培养和药敏试验结果理想，可采用特定的抗菌疗法。

可使用低剂量的NSAID（如静脉注射或肌内注射氟尼辛葡甲铵，0.5 mg/kg，每日2～3次）控制疼痛。

对于马驹，静脉注射布托啡诺（0.01~0.05 mg/kg，肌内注射0.04~0.07 mg/kg）可作为首选药物。当发生凝血障碍或低白蛋白血症时，可适当给予维生素K_1（高达1 mg/kg，皮下注射；40~50 mg/450 kg，皮下注射）和血浆（1~2 L/100 kg）。在一些患急性肝脏疾病和肝衰竭的马，可以使用抗氧化剂［二甲亚砜、乙酰半胱氨酸、维生素E、S-腺苷甲硫氨酸（腺苷蛋氨酸）］和消炎疗法（氟尼辛葡甲胺、己酮可可碱）进行对症治疗。甘露醇已被推荐用于治疗暴发性肝性脑病中的疑似脑水肿病例。另外，患肝脏疾病的马应当免受阳光照射。

日粮管理：对于患肝性脑病或急慢性肝病的动物而言，合理的日粮管理是必不可少的环节。患病动物应小心饲喂，因为吞咽困难本身即是一个非常棘手的问题，应采用少食多餐的饲喂方式。饲料中应包含容易消化的碳水化合物，以满足牲畜对能量的需求，提供充足但不过量的蛋白质，高比率的支链氨基酸：芳香族氨基酸，补充适度至高含量的淀粉以减少肝脏合成葡萄糖的需要。饲料中不应该添加脂肪和盐类物质，但添加草、燕麦、干草、玉米和高粱饲料对马很有必要。添加少量糖蜜可以改善适口性并增加能量，但大量添加糖蜜会使饲料质量变差并引起腹泻。亚麻籽粉和大豆粉含有比例极高的支链氨基酸：芳香族氨基酸，可用于少量补充蛋白质。甜菜粕可用于取代燕麦或草花粉，在饲喂甜菜粕前应该先浸泡至完全膨胀后再使用。有些动物在吃甜菜粕时可能会出现窒息。

用紫花苜蓿干草、含有紫花苜蓿的饲料，或其他豆科植物干草饲喂患肝脏疾病的马的做法尚存争议。尽管苜蓿干草比牧草具有更高比例的支链氨基酸：芳香族氨基酸，但苜蓿中的蛋白质含量太高，因此，给患高血氨或出现肝性脑病迹象的动物饲喂牧草是最好的方法。如果出现体重减轻，混合草/苜蓿干草可用来饲喂没有中枢神经系统症状的马，也可在饲料中添加一定比例的蛋白质饲料。只有当动物的肝性脑病症状被有效控制后，才允许动物在牧场中进行放牧，但这类动物应避免过度暴露于阳光下。

其他富含支链氨基酸的饲料还包括高粱、麦麸或含粗蛋白质的牲畜饲料等。通过肠内与肠外补充支链氨基酸的做法，可帮助恢复支链氨基酸：芳香族氨基酸的正常比例。在补充维生素C和维生素E的过程中，添加维生素A、维生素D、维生素B_1和叶酸也有一定效果。给患凝血障碍的动物饲喂添加富含维生素K_1的饲料也是行之有效的方法。由于过多的脂肪类饲料会引起脂肪肝，因此，在饲料中不能采用添加大量脂肪的做法用来满足动物对能量的需求。

将从健康牛获取的瘤胃液输入患牛的瘤胃中，可以帮助重建患病牛瘤胃的正常菌群，也可增强食欲。由于病牛不能自主采食，因此，必须强制饲喂。马和猪可通过鼻胃管强制灌喂稀粥样饲料。反刍动物可通过胃管或瘤胃瘘管进行灌喂。对反刍动物还推荐强制饲喂紫花苜蓿干草（含15%的蛋白质）以及富含氯化钾和正常瘤胃液的晒干啤酒谷物或甜菜根。患肝脏疾病的牛比马更适合饲喂紫花苜蓿干草或含有紫花苜蓿的饲料。静脉注射富含5%的葡萄糖、氯化钾和B族维生素等多离子液体，对于不能采食足够饲料的动物来说是非常必要的。

一、急性肝炎

传染性、中毒性和一些不明病因都可能引起急性肝炎。马患急性肝炎时，突然出现嗜睡、食欲不振和黄疸，也可能同时伴有肝源性光敏反应、腹泻和凝血异常等临床症状。患急性暴发性肝脏疾病的动物，由肝性脑病和/或低血糖引起的神经系统症状会十分严重。依据潜在的病因以及枯否氏细胞清除循环系统中内毒素的能力，可能会出现内毒素血症症状。血清中SDH和AST活性升高，预示已出现了急性肝细胞损伤。GGT升高和胆汁淤积，均继发于肝细胞肿胀。马直接（游离的）胆红素与总胆红素的正常比例范围为15%~35%，胆汁淤积最终可能会引起高胆红素血症。随着血清总胆汁酸浓度的增加，血糖和尿素氮（BUN）浓度可出现下降，凝血时间的显著延长，肝脏功能将逐步恶化。长期厌食可导致低钾血症。全血细胞数（CBC）的改变，可能伴有一种中性粒细胞增多症性质的炎症反应，也可能出现一种伴随着中性粒细胞减少症、中性粒细胞增多以及毒性发生改变的内毒素血症。

（一）原发性急性肝病

原发性急性肝病（IAHD）（泰勒虫病、血清性肝炎、疫苗接种后肝炎）是引起马急性肝炎的最常见原因，是主要危害成年马的一种疾病。

【病因与流行病学】 患有原发性急性肝病的马，在注射马源性生物制品如破伤风抗毒素4~10周后，出现肝衰竭等临床症状。而在另一些病例中，有些病马可能并没有注射破伤风抗毒素，但可能由于与那些注射了破伤风抗毒素的马有过接触而发病。据报道，在使用任何马的血浆或血清制品（包括商业用的马血浆）之后，IAHD可能会以一种潜在的并发症的形式出现。而在此之前没有接触过这些制品的马则不会出现上述临床症状。注射破伤风抗毒素后，也可能出现亚临床性IAHD。最常见的情况是，尽管可能暴发IAHD或马场内其他马已出现无临床症状的肝病迹象（体内酶水平升高），但马厩中仅有一匹马发病。IAHD通常感染成年马，多于夏末或秋初（8～11月）发病。尽管缺乏数据支持，但感染宿主的年龄和发病季节仍可表明，该病的病原是一种传染性病毒或该病是由媒介传播的。IAHD发病的季节性反映出一个事实，即许多刚产下马驹的母马和于春季注射过破伤风抗毒素后的新生马驹开始发病。哺乳期母马在注射破伤风抗毒素以后，似乎比刚产下马驹的母马更易感染IAHD。也有资料显示，这是一种Ⅲ型（由免疫复合物介导的）超敏反应。

【临床表现】IAHD表现出的临床症状非常严重。发生IAHD的马总死亡率可高达88%，而急性感染导致的死亡率为50%～60%。患IAHD的马常出现厌食症、肝性脑病和黄疸等临床症状。CNS的症状变化无常，可从开始时的昏睡，到随后出现的攻击性或躁狂行为，以及最后出现的中枢性失明和共济失调等。由于胆红素浓度偏高，可能会观察到皮肤的光敏反应和尿液的颜色变化。接近50%的病例会出现发热。一些患IAHD的马，还可能会出现体重下降（不常见）、腹部水肿、颈静脉搏动、肠阻塞和急性呼吸窘迫等症状。上述调查结果表明，在出现明显肝衰竭之前，疾病可能会处于亚临床阶段。在一些病例的病程末期，可见有血管内溶血与血红蛋白尿。IAHD多呈散发，但也有关于IAHD暴发的报道。一旦畜舍中有一匹马被确诊为IAHD，那么必须对畜舍中的其他马进行仔细观察，是否有肝脏疾病的临床症状，或其血清生化指标是否发生改变。

患IAHD的马，其血清中的GGT、AST和SDH的浓度都会升高。在疾病发生的最初几日，GGT通常会进一步升高，除非患马的临床症状得到改善并最终康复。AST超过4 000 IU/L的马通常预后不良。病情逐渐好转的患马，AST的水平可在3～5 d内迅速下降，而SDH的水平会下降得更为迅速。患IAHD的马总血清胆红素浓度通常远高于患厌食症的马。以非结合（游离的）形式存在的胆红素浓度超过总胆红素浓度70%的高胆红素血症也很常见。血清中总胆汁酸浓度的升高、中度到重度的酸中毒、低钾血症、红细胞增多症、等离子体芳香族氨基酸增加及高氨血症也可能出现。

【病理变化】尸体剖检可见有黄疸和不同程度的腹水。发生病变的肝脏一般比正常肝脏体积小，但有时也可能发生肿大（最急性病例），肿大的肝脏表面呈花斑状并被胆汁所污染。组织学检查，从肝小叶中心到中心带可见有明显的肝细胞坏死、轻度至中度单核细胞浸润。一些慢性病例还可见到轻度至中度的胆管增生。

【诊断】依据病史、突然出现的临床症状以及在

实验室检查时观察到的肝衰竭等，可对IAHD作出初步诊断。在一些病例中，由于肝脏萎缩，因此通过超声波检查很难对其辨认，因此，只能通过肝活组织检查予以确诊。应注意与生物碱中毒、肝毒素中毒、急性传染性肝炎、急性真菌毒素中毒、脑病和溶血病等进行鉴别诊断。

【治疗与预后】目前，IAHD仍无特效疗法。对本病采取的辅助疗法（在静脉注射时添加葡萄糖和钾）和对症治疗，治疗效果通常较好。应尽量避免动物的应激反应，如转移动物或强行给马驹断奶等，都有可能加重肝性脑病的临床症状。使用镇静剂用于控制动物的伤害行为，以保证治疗的顺利实施。

病马能否痊愈取决于肝细胞的坏死程度。症状在3～5 d内稳定且可持续进食的病马通常可康复。血清SDH和凝血酶原时间降低，加上有食欲恢复，是积极康复的预测指标。当病马出现迅速恶化的临床症状、无法控制的脑病、出血以及溶血症时，通常预后不良。病马状况一旦好转，则预后良好。在有些病例中，病马在出现临床症状之后的数月，会发生进一步的体重下降甚至死亡。

【预防】破伤风抗毒素（TAT）的使用并不是没有风险。按照日常惯例，对即将分娩的母马进行破伤风抗毒素注射的做法是被业界强烈反对的。破伤风抗毒素的使用，应仅限于对已经出现破伤风的病例，而使用有活性的破伤风类毒素（破伤风杆菌疫苗）进行免疫接种尚无先例且结果不详。

（二）牛急性肝坏死

【流行病学与发病机制】牛急性肝脏疾病和肝衰竭通常是由中毒性损伤所引起。患乳房炎或子宫炎的牛，在出现内毒素血症的临床症状以后，可能会出现肝细胞坏死，伴有肝衰竭的临床症状和实验室检测指标异常。内毒素通过对肝脏的直接或间接影响，进而诱发肝细胞坏死。内毒素一方面能使肝单核巨噬细胞释放损伤肝细胞的溶酶体酶、前列腺素和胶原酶等物质。另一方面，又可以直接作用于肝细胞，导致溶酶体损伤，线粒体功能下降，最后诱发肝细胞坏死。与内毒素作用有关的肝细胞坏死，其部分原因是肝脏血流量下降和肝组织缺氧。

【临床表现与病理变化】牛急性肝坏死的临床症状包括体重减轻、食欲减退和产奶停止。有时可出现光敏作用和轻度黄疸。病畜血清中SDH、GGT、AST的浓度大幅度升高。脂肪肝或酮血症并不是本病的特征性病变。肝脏的大小可能正常或略微肿大。组织学观察，可见有肝胆小肿，伴有不同程度坏死。

【诊断】根据病畜并发肝病的病史，或在原发性疾病和内毒素血症出现之后，可对该病作出诊断。根

据肝脏和胆汁酶浓度的升高，但未发生酮症的情况，可对诊断具有辅助作用。在排除其他传染性、中毒性因素和炎症引起的肝功能障碍后，并同时依据肝脏活组织检查结果即可予以确诊。鉴别诊断包括亚急性或慢性肝脏疾病（如肝脏毒素和肝脂沉积症）、体重减轻以及食欲不振的其他疾病等。

【治疗】当肝脏出现短暂损伤后，给患急性肝坏死的牛饲喂富含营养的流食，可对病情的缓解具有一定的效果。建议给病牛强制饲喂苜蓿草粉（15%的蛋白质）、干啤酒谷物、富含氯化钾的甜菜根以及适于瘤胃消化的流食。也可静脉注射含有5%葡萄糖、氯化钾和B族维生素的多离子液体。同时，控制内毒素血症和治疗原发病也非常必要。

二、传染性肝炎与肝脓肿

（一）泰泽病

泰泽病是由泰泽氏梭菌（*Clostridium pili-forme*）引起的急性坏死性肝炎、心肌炎和结肠炎。该病主要发生在8~42日龄的马驹（参见泰泽病）。已有关于2头犊牛感染泰泽氏病的报道，其中一头为患有坏死性肠炎和多灶性肝炎的1周龄娟姗公犊牛；另一头是并发隐孢子虫病和冠状病毒性肠炎的犊牛。在后一个病例的肝细胞、上皮细胞、回肠和盲肠平滑肌细胞中检测出引起泰泽病的梭状芽孢杆菌。主要临床症状是食欲不振、体质虚弱、反应迟钝和肠道内容物减少等。

（二）胆管肝炎

胆管肝炎是发生在胆汁通道和毗邻肝脏的一种严重的炎症反应，有时也可引起马和反刍动物出现肝衰竭。马发生该病时可继发于胆石症、十二指肠炎、肠阻塞、肿瘤、寄生虫病和某些中毒症。由皮思霉属（*Pithomyces chartarum*）产生的真菌毒素葚孢菌素可引起绵羊和牛的胆管肝炎。

【病因】小肠障碍或肠梗阻造成胆管发生上行性感染，此时胆汁中的细菌（如沙门氏菌）引起的菌血症，被认为与胆管肝炎的发生有关。马驹发生十二指肠溃疡和十二指肠炎时，可能会出现胆汁淤积、肝管梗阻和胆管肝炎。在有些动物体内，当寄生虫移行通过肝脏时也易诱发胆管肝炎。常可从肝脏中分离出一些革兰氏阴性菌，如沙门氏菌、大肠埃希菌、假单胞菌（*Pseudomonas spp.*）和马驹放线杆菌（*Actinobacillus equuli*）。但在肝脏中少见有梭状芽孢杆菌、巴氏杆菌和链球菌。

【临床表现】根据感染的严重程度和病原体的毒力，胆管肝炎的临床症状可分为3种类型：严重急性毒血症型、亚急性型和慢性型。最典型的胆管肝炎是一种亚急性或慢性疾病，患病动物出现体重减

轻、食欲减退、间歇或持续发热以及疝痛等临床症状。黄疸、光敏作用和高氨血症性质的肝性脑病的临床症状表现各异。SDH、AST、GGT、结合胆红素和总胆汁酸浓度升高。外周白细胞各不相同，这取决于炎症反应的严重程度以及是否发生内毒素血症。急性化脓性胆管肝炎有时会引起急性败血症或死亡。

【病理变化】在一些急性病例中，肝脏常出现肿大、质地柔软、表面苍白。在肝脏的被膜下或切面上可见化脓灶。其他系统的病变多表现为败血症和黄疸。用显微镜观察急性病例的组织切片，在汇管区和退化的实质组织中可见有中性粒细胞，胆管可见有明显的脓性渗出物。在亚急性型和慢性型的胆管肝炎病例中，炎症反应和胆管增生更加明显，并可明显地观察到萎缩、再生性增生以及门静脉周围的纤维变性等。

【诊断】通过肝活组织检查可对该病进行确诊，将采集的肝脏样本在有氧和厌氧条件下进行细菌培养和药敏试验。还应注意本病与其他原因造成的急性与慢性肝脏疾病、体重减轻、急性腹痛或脓毒症等进行鉴别诊断。如果出现神经系统症状，必须考虑是否发生了脑病。由于马胆管肝炎的发生常与胆石症有关，因此，必须排除病畜是否有一个或多个结石。

【治疗】依据肝组织的细菌培养和药敏试验结果进行治疗的效果较好。治疗方案包括长期（不少于4~6周）使用抗菌药物，通过静脉输液的辅助疗法以及对存在的肝性脑病进行治疗。病初对革兰氏阴性菌、革兰氏阳性菌和厌氧菌，使用广谱抗生素是有效的。青霉素与甲氧苄氨嘧啶–磺胺类抗生素、氨基糖苷类抗生素或恩诺沙星的任一组合，都可以用于该病的临床治疗。也可用氨苄青霉素或头孢菌素替代青霉素。甲硝唑可用于马的厌氧菌治疗。抗菌疗法可随肝活检得到的组织培养结果而作出相应的调整。若病畜发生纤维变性的程度不严重，则预后良好。但如果门静脉周围及其连接部位发生严重的纤维变性，则预后不良。

（三）马鼻肺炎

马鼻肺炎是由马的1型疱疹病毒引起的一种疾病，有时也可引起间质性肺炎和肝脏疾病，并导致刚出生的马驹发生死亡。

（四）传染性坏死性肝炎

传染性坏死性肝炎（黑疫）是由B型诺维氏芽孢梭菌（*Clostridium novyi*）（诺氏梭菌）引起的一种疾病，主要感染绵羊，也可感染牛、马和猪。

（五）细菌性血红蛋白尿

D型诺维氏芽孢梭菌（*Clostridium novyi*）（溶血梭

菌，*C. haemolyticum*）是一种可引起牛和其他反刍动物以及极少数马发生细菌性血红蛋白尿（红尿病、黄疸血红蛋白尿）的厌氧菌。

（六）肝脓肿

肝脓肿通常是由多种微生物引起的混合感染性疾病，这些微生物多为厌氧菌。引起牛发生肝脓肿的病原体主要是坏死梭形杆菌（*Fusobacterium necrophorum*）。而在山羊则主要是棒状杆菌（*Corynebacterium pseudotuberculosis*）、化脓放线菌（*Arcanobacterium pyogenes*）和大肠埃希菌。包括变形杆菌（*Proteus sp.*）、溶血性曼氏杆菌（*Mannheimia haemo-lytica*）、表皮葡萄球菌（*Staphylococcus epidermidis*）、金黄色葡萄球菌（*S. aureus*）、马红球菌（*Rhodococcus equi*）、猪丹毒丝菌（*Erysipelothrix rhusiopathiae*）、克柔念珠菌（*Yeast Candida krusei*）一般很少能单独引起感染。当马属动物发生胆管肝炎或肠道疾病后，诱发肝脓肿的细菌多为链锁状球菌（*Streptococcus spp.*）（链球菌、链球菌亚属，*S. equi equi*，*S. equi zooepidemicus*）、假结核棒状杆菌（*C. pseudotuberculosis*）或肠道细菌。猪体内的蛔虫迁移至胆管后常可引起肝脓肿。

由于胎儿和新生畜的肝脏的血液来自于肝动脉、门静脉和脐静脉，因此肝脏特别容易形成脓肿。反刍动物发生肝脓肿的现象非常普遍，但在马属动物中却极为罕见。肝脓肿经常与瘤胃炎（瘤胃炎-肝脓肿并发）、菌血症、脓毒性门静脉血栓形成、寄生虫迁移或肠道疾病的迁延有关。另外，也可能以腹部手术后遗症的形式出现。新生和幼龄动物发生的肝脓肿可能继发于蛔虫移行、细菌感染导致的败血症或脐静脉的上行性感染。在马和牛中也可观察到与其他腹部脓肿类似的临床症状，如间歇性腹部疝痛、间歇性发热和体重减轻等。牛肝脓肿常表现为亚临床症状。由于抗菌疗法的效果较差或不完全康复，因此预后一般不良（参见牛的肝脓肿）。

三、肝毒素

肝毒素可通过一种或多种机制显示其毒性：如腺泡周（小叶中心的）的坏死、中心区域的坏死、门静脉周围的坏死、胆汁淤积、胆道增生、坏死区附近的脂肪变性或浮肿以及静脉闭塞等。如果最初的损伤为急性发作且很严重，可能会导致病畜发生致命性的肝功能衰退。由毒素造成的肝脏损伤通常多为亚急性或慢性。在慢性疾病过程中，疾病的长期后果可能导致肝硬化，特别是一些植物中的许多肝细胞毒素，可对多个器官（尤其是肾脏、肺和胃肠道）引起毒性反应。

确诊很难。要确定病因，需要仔细调查病史、环境检测、实验室鉴定、肝脏活组织检查以及尸体剖检。发生急性植物中毒时，可在胃内容物或瘤胃中检查到残留的含有肝毒素的植物。

肝毒素的特异性解毒药具有一定的局限性。让动物远离毒源以减少过度接触是非常有效的预防措施。应用吸附剂（如活性炭）、泻药（如矿物油、硫酸镁）或实施瘤胃切开术，都可减少急性中毒动物对毒素的吸收，但这些方法对于慢性中毒（即双稠吡咯啶生物碱中毒）的动物没有作用，其原因是有毒物质在摄入数周或数月后才会出现明显的中毒迹象。辅助疗法包括通过液体疗法以及日粮管理，纠正电解质和新陈代谢，改善葡萄糖吸收障碍。必须对出现的肝性脑病予以控制。如果发生光敏作用，患病动物应避免光照。常用抗生素预防继发性脓皮病。根据肝毒素的特性，通常预后需谨慎。

（一）化学品与药物引起的中毒性肝病

参见煤焦油中毒。

铁中毒： 新生马驹（<3日龄）对高浓度铁离子尤为敏感，因为马驹出生时，其血清中就含有很高浓度的铁离子，对铁的吸收能力较强，并且具有过饱和的转铁蛋白。对成年马而言，通过注射铁来增加体内的铁浓度，实际上比大多数通过口服补铁的效果要好得多。有报道称，给犊牛和青年公牛单独注射三价的柠檬酸铁或结合葡萄糖酸亚铁一起注射时可引起铁中毒。

给刚出生的马驹补铁，特别是在接受初乳之前补铁时，即可在2~5 d内出现急性中毒性肝性脑病的一系列临床症状，其后果往往是致命的。血清胆红素和血氨浓度升高，凝血酶原时间延长。血清肝酶的浓度变化各不相同。成年马发生急性中毒的情况虽不常见，但也可能因肠道过敏和心血管系统紊乱而发生突然死亡。慢性肝衰竭的临床症状包括体重减轻、黄疸和精神沉郁。在通常情况下，这些病畜可能都曾有过重复口服补铁的经历。过量铁的可能源于不当补充、高铁饲料、注射铁制剂、饮水或饲料中浸入铁元素。患有铁中毒的犊牛常出现颤抖、哞叫、磨牙症、腹痛以及抽搐等症状。

肝脏病变各不相同。多数肝脏表现为易碎、肿胀或萎缩。肝脏呈浅黄褐色或带有红褐色斑点。胃、肠和膀胱可能出血。

诊断主要基于病畜补铁的病史、临床症状和尸体剖检。血清和肝脏中的铁浓度可能正常或升高。马血清和肝脏中铁浓度的正常范围分别是66~204 μg/dL和100~300 mg/kg。因为血清铁浓度与总铁存储量的相关性极差，所以最好采用血清铁蛋白水平来估计总铁水平。

治疗方案常采用液体辅助疗法和营养补充法。使用铁离子螯合剂疗法对急性铁中毒或慢性血色素沉着症的疗效不明显。当发生血色素沉着症时，可尝试通过反复放血的方法进行治疗，但本病一般预后不良。

铜中毒： 牛注射铜盐1～4 d后，即可出现由于急性铜中毒引起的严重肝脏坏死或死亡。绵羊和犊牛采食含有过量铜元素的饲料，或羔羊采食含铜的代乳品后都会出现铜中毒。与铜中毒有关的主要病因包括溶血性贫血和肝损伤。在骆驼科动物中，也可由于采食日粮中不合适的铁含量，而出现急性死亡的情况，但一般动物死前并不表现出临床症状和溶血现象。

其他化学品与药物引起的肝中毒： 长期接触四氯化碳、氯化烃类化合物、六氯乙烷、二硫化碳、砷、莫能菌素、五氯苯酚、苯酚、百草枯、氟烷（山羊、马驼）、异氟烷、苯巴比妥、鞣酸、铜、钠和高剂量的伊维菌素等都可引起肝小叶中心坏死和肝衰竭。磷主要引起门静脉周围发生病变。在给大动物使用异烟肼、硝基呋喃、氟烷、阿司匹林或硝苯呋海因（Dantrolene）等药物后，可观察到急性肝炎至肝硬化等一系列的临床症状。红霉素、利福平、合成代谢类固醇、吩噻嗪镇静剂、利尿剂、奎尼丁硫酸盐（Quinidine sulfate）和安定等常与胆汁淤积和黄疸有关。

（二）真菌毒素中毒

黄曲霉毒素和伏马菌素都能引起反刍动物、猪和马的肝脏损伤和肝衰竭。镰刀菌素是导致马肝脏功能衰竭的最常见真菌毒素，而黄曲霉毒素偶尔可引起马发生肝衰竭。（参见真菌毒素中毒）。

（三）蓝绿藻中毒

急性肝中毒多在动物采食了含有肝毒素的蓝藻菌后发生（参见藻中毒）。

（四）肝毒性植物

双稠吡咯啶生物碱中毒： 双稠吡咯啶生物碱中毒常可诱发一种慢性的渐进性肝病，但有时也可导致急性中毒（参见双稠吡咯啶生物碱中毒）。

着色稷（花稷）中毒： 着色稷（蓝黍，*Panicum coloratum*）可导致马及反刍动物中毒。在美国西南部，从晚春到初秋，着色稷中毒一直都是一个非常棘手的问题。尤以正处于生长阶段的植物最为危险，因为这一时期的植物常含有高浓度的有毒成分皂苷元。在美国东部，因秋季放牧或饲喂的干草中含有高浓度的秋季类植物，故类似的综合征在马中也很常见。

临床症状包括黄疸、光敏作用、间歇性腹痛、发热、体重减轻以及肝性脑病等。光敏作用多发生在冠状带周围，并可引起病畜跛行。病理变化包括肝脏和门静脉的纤维变性和胆管增生。GGT、胆红素和血氨水平都有所升高。羊发生因摄入着色稷所致光敏作用，常在胆管、胆小管见有晶体物质和巨噬细胞。

依据在一个农场或一个地区内，多种发病动物摄食相关植物的病史，可以对植物中毒性肝病作出初步诊断。患病动物应远离长有着色稷的草场，多饲喂优质干草，免受阳光照射。对严重病例中的光照性皮炎进行局部治疗时，可配合使用抗菌剂或软化剂。

杂三叶草中毒： 在美国和加拿大，杂三叶草（车轴草属，*Trifolium hybridium*）可引起马出现两种综合征，即光敏作用（三叶草中毒）和杂三叶草中毒（"大肝病"）。杂三叶草在重黏土的土壤中生长良好，据报道，雨季的发病率较高。当杂三叶草的花被动物采食或这种植物被作为主料时，即可发生中毒。有毒成分为一种未知的光毒素。已报道，马、绵羊、牛和猪都存在光敏作用。

杂三叶草引起的光敏作用也称为"露水中毒（紫苜蓿感光过敏）"，尤其是当牧场的三叶草湿润且马的皮肤潮湿时，常发生杂三叶草中毒。其临床特征是：日晒后皮肤会变红，随后皮肤可出现干性坏死或水肿，并有浆液渗出。病变可累及口鼻、舌和蹄等部位。如果患病动物的口腔炎严重，则还会出现食欲减退和体重减轻等症状。

当出现体质渐进性消退、肝衰竭和神经紊乱等症状时，杂三叶草中毒多为致命性的。病畜常出现疝痛、腹泻和胃肠功能失调等临床症状。患马还可能出现明显抑郁或兴奋。通常只有在长时间接触到这种植物时，才会表现出明显的肝衰竭症状。血清学变化包括GGT和AST的活性增加，伴有直接胆红素常高于胆红素总量25%的高胆红素血症。

依据在一个农场或一个地区内，多种发病动物摄食相关植物的病史，可以对植物中毒性肝病作出初步诊断。当离开杂三叶草生长的区域后，发生光敏作用的马多很快痊愈。对患有严重口炎或皮炎的马，需要采取辅助疗法，并对口炎进行局部治疗，直至痊愈为止。

羽扇豆中毒： 绵羊和牛的羽扇豆中毒是一种全球性的疾病，该病是由于动物采食了含有肝脏嗜性真菌毒素的羽扇豆属植物所引起，这种肝脏嗜性真菌毒素是由细基拟茎点霉（*Phomopsis leptostromiformis*）所产生。

苍耳属（苍耳）中毒： 苍耳属植物（*Xanthium strumarium*）（包括苍耳等植物）呈全球分布。动物常在采食了适口的2叶幼苗期的植物或地面的种子后发病。这种植物的芒刺含有剧毒，但极少被采食。成熟植物的毒性较小，适口性较差。有毒成分为胶苍术苷，可直接引起肝脏病变。

猪、牛和马在采食毒素后数小时，会出现沉郁、恶心、虚弱、共济失调，体温降低，并同时出现颈部肌肉痉挛、呕吐、呼吸困难以及惊厥等临床症状。在出现临床症状后的数小时即可出现死亡。最初发生急性中毒而存活下来的动物，通常会发展成为慢性肝脏疾病，因此，患病动物需要采取强力的辅助疗法。口服矿物油或活性炭可延缓有毒成分的吸收。同时，也推荐肌内注射毒扁豆碱（5～30 mg）进行治疗。

其他植物引起的肝中毒： 在许多植物中都发现含有肝毒素，这其中包括熊草（*Nolina texana*）、龙舌兰属植物（*Agave lecheguilla*）、反常叶下珠（*Phyllanthus abnormis*）和马缨丹属植物（*Lantana camara*）（参见温带北美洲的植物分布区）。

四、胆石病、胆总管石症与肝石病

【病因与流行病学】 马胆石病常引起胆道阻塞，也可于尸检时偶见与肝脏疾病并发的病例。该病最常见于中年马（6~15岁），没有性别或品种易感性差别。在胆总管（胆总管结石病）、肝内胆管（肝内胆管结石病）或反刍动物的胆管或胆囊（胆石病）内可出现单个或多个结石。在大动物，胆总管结石病是导致胆道阻塞的最常见原因。马胆石形成的确切原因尚不清楚。可能与此有关的是，胆道上行（胆管肝炎）、肠道细菌感染引起的胆汁淤积以及胆汁成分和胆固醇的浓度发生变化。异物或寄生虫周围形成的胆结石也可堵塞胆总管。据报道，临床上对绵羊和山羊的胆石病和肝内胆管结石病还没有被充分认识。骆驼科动物的发病率还尚不清楚。

【临床表现】 患胆结石或胆管肝炎的马，其临床症状通常包括体重减轻、腹痛、黄疸、沉郁和间歇热等。肝衰竭的临床症状包括脑病、光敏作用和凝血障碍等，但上述症状并不常见，通常出现的临床表现多为间歇性。胆总管的完全阻塞常伴随有持续性的腹痛。实验室检查结果异常包括由于直接（结合的）胆红素的升高而引起的高胆红素血症，血清GGT的活性显著升高，以及血清总胆汁酸浓度升高等。SDH和AST的活性也会升高，但升高幅度较小。BUN、葡萄糖和钾的浓度下降。代谢试验结果显示肝脏功能下降。部分促凝血酶原激酶时间和一期凝血酶原时间延长。由于炎症反应，可能会引起白细胞增多症、慢性疾病引起的贫血、高蛋白血症、高球蛋白血症和高纤维蛋白原血症等。组织学变化包括门静脉周边和肝小叶中心的纤维变性、中度的胆管扩张和增生以及胆汁淤积等。通过肝脏组织培养，可判断是否存在细菌感染。

【病理变化】 尸体剖检时，肝脏可能出现肿大或缩小，颜色由红色至绿褐色，且质地坚硬。肝胆管和胆总管扩张，并可能含有一个或数个结石。

【诊断】 若马有发热、黄疸和复发性腹痛的病史，应考虑发生胆石病的可能性。发生胆结石时，很少见有肝衰竭的其他临床症状（脑病、光照性皮炎、体重减轻）。发生高胆红素血症（直接胆红素＞25%）时，血清GGT明显升高具有诊断意义。有时也可出现SDH、AST、碱性磷酸酶升高。伴有球蛋白和纤维蛋白原浓度不同步升高的中性粒细胞增多症常在白细胞像中出现。由于肝脏的回声强度增加，超声波检查可显示肝脏肿大、胆管扩张和增生，据此可同时定位胆结石所在的区域。马的胆结石多于肝右叶贴近上腹部的区域常见，特别是在第6肋骨到第8肋骨的肋间隙中最易出现。超声波检查，胆结石回声增强、有圆柱形声影区或超声透过的情况出现。在胆道内，胆石会表现为分散的结石或少量分散沉积的碎石。当毗邻的门静脉通道发生扩张时，胆管也会随之增厚、扩张。由于马肺区的面积较大，故在超声波检查时可能漏诊胆结石。

【治疗】 尽管马的胆道阻塞常为致命性的，但通过施行胆总管碎石术和胆总管石切除术可以成功治愈该病。施行胆总管石切除术的预后，取决于并发胆管肝炎的严重程度和马的个体大小。由于肝胆管的暴露部分很小且可见度很低，因此，使手术过程变得极为困难。并发症包括胆汁污染、胆汁性腹膜炎、切口开裂、胆管狭窄、胆石重新形成和肠炎（如应激、沙门氏菌病）等。如果胆总管碎石术成功地纠正了胆道阻塞，则预后良好。

当发生小结石或少量分散的泥沙状结石时，通过药物疗法对其进行溶解常有一定效果。除此之外，在治疗马结石过程中同时静脉注射二甲基亚砜（浓度＜20%的溶液，0.5～1.0 mg/kg）可促进胆红素结石的分解。出现凝血障碍或者溶血现象的马，应慎用二甲基亚砜，有时甚至禁止使用。使用消炎药有助于减少炎症和疼痛，由于胆管炎症较为常见，故需要进行长期的广谱抗菌治疗。对从肝脏活组织检查、胆管抽吸物或胆石中得到的细菌进行培养和药敏试验的结果，将有助于抗菌剂的筛选。辅助疗法可用于控制任何程度的继发性肝衰竭。

五、慢性活动性肝炎

慢性活动性肝炎是指肝脏各种渐进性的炎症过程。这是一种组织病理学诊断，可见有持续性、进行性和慢性肝脏疾病的表现。由于炎症反应主要发生在门静脉周边的区域，故组织学上常将其诊断为胆管肝炎。

【病因】慢性活动性肝炎的确切病因尚不清楚。其中，传染性的、免疫介导的，以及中毒等过程都与本病有关。疾病的早期阶段可能与胆管和肝脏门管区的炎症有关。细菌感染通过胆管或门静脉分流造成的扩散，常会导致患化脓性胆管肝炎动物发生病变。因此，该病更有可能是一种由免疫介导的淋巴细胞和浆细胞浸润为主的炎症过程。许多急性肝衰竭最终都能发展成为慢性活动性肝炎。

【临床表现】主要临床症状为体重减轻、厌食、沉郁和昏睡。黄疸、行为异常、腹泻、光敏作用以及出血症状各不相同。发热可能是持续性的或间歇性的，这取决于胆管肝炎的严重程度或是否出现纤维变性。花冠状皮炎还常伴有皮肤腐蚀。常报道有近期或并发的腹部疾病。该病的病程从持续数日至数月不等。即使有慢性病的组织学证据，但也可能突然出现神经系统症状。与SDH和谷氨酸脱氢酶类似，GGT和AP出现中度升高，这多预示存在有持续性的肝细胞损伤。在出现明显肝纤维变性的病例中，肝脏酶类的活性可能正常，但BUN和白蛋白浓度却可能下降。血清总蛋白浓度可能升高或正常，球蛋白一般升高，血清总胆汁酸浓度升高，BSP®清除时间延长。胆汁淤积可导致高胆红素血症，其中总胆红素中25%以上为直接胆红素。随着肝脏功能的逐渐降低，血清中葡萄糖和凝血因子也会随之减少。一期凝血酶原时间和活化部分促凝血酶原激酶时间可被延长。血氨水平升高。如果发生内毒素血症，常出现中性粒细胞增多或伴有核左移的中性粒细胞减少症。食欲减退可导致低钾血症。超声波检查时，在肝脏部位常出现回声增强的现象，往往预示肝脏发生了纤维变性，此时病变肝脏的体积较正常肝脏要小。

【病理变化】病变极为严重时，肝脏质地坚实，颜色由淡棕色变为绿色，体积小于正常。肝脏切面不规则。组织学病变主要发生在门静脉周围的区域。浸润的炎性细胞可能主要由单核细胞、伴随细菌感染（通常大肠埃希菌群）的中性粒细胞或淋巴细胞和浆细胞组成。炎性细胞浸润的特性常预示着主要疾病过程的性质。如果发生胆管肝炎，则胆汁显著增加，并同时出现不同程度的坏死和纤维变性。

【诊断】确诊需要采集肝脏活组织进行组织学检查。尽管大多数病例中都没有分离鉴定到明显的菌株，但仍然需要采集组织进行培养。

【治疗】治疗应采用辅助疗法，包括使用含有氯化钾、葡萄糖和维生素补充剂进行的补液疗法，以及适当的饲养管理（饲喂一种含有低蛋白、高支链氨基酸和高碳水化合物的饲料）。如果动物发生光照性皮炎，应避免过度日晒。

在对患马进行肝脏活组织检查时，若肝脏发生淋巴细胞或浆细胞浸润，使用皮质类固醇进行治疗是有效的。据报道，使用类固醇药物可增强食欲、维持细胞膜的稳定、减少炎症反应和形成结缔组织。推荐使用氢化可的松和地塞米松2种不同的治疗方案。一种方案是使用0.04~0.08 mg/kg剂量的地塞米松，连用4~7 d，在接下来的2~3周内，根据治疗效果逐步降低地塞米松的剂量。在随后的2~4周内再口服氢化可的松（0.5~1 mg/kg，每日1次）进行治疗。在治疗之前必须先告知畜主，妊娠动物在使用糖皮质激素后，可能会出现蹄叶炎或流产。另外，也可推荐口服抗纤维化的药物——秋水仙素（每日0.03 mg/kg），但还没有证据证实秋水仙素对抗肝衰竭的功效以及对妊娠动物是否安全。马使用秋水仙素后出现的不良反应包括蹄叶炎和腹泻，以及很少发生的可影响到所有细胞的骨髓抑制等。另外，诸如不安、呕吐、腹泻、腹痛、肌病、脱毛症、骨髓抑制等现象在人类和其他物种中都曾被报道过。推荐口服抑制和减缓纤维化的药物，包括己酮可可碱（7.5 mg/kg，每日2次）和口服S-腺苷甲硫胺酸（5 g，每日1次）。对并发脓毒性胆管肝炎的病例，一般推荐使用广谱抗生素。理论上，抗菌疗法应基于肝脏活检标本中得到的细菌培养和药敏试验结果。

【预后】该病预后各不相同，主要取决于肝脏活组织检查及对治疗的反应等因素。病畜损伤不太严重时，通常预后良好。尤其是那些出现淋巴细胞-浆细胞浸润，且对皮质类固醇治疗反应良好的动物，往往预后良好。然而，患有肝衰竭，广泛性的纤维变性（或严重的接连部位纤维化），且正常的肝实质细胞出现损伤的马，则预后不良。

六、高脂血症与肝脂沉积症

【流行病学与发病机制】饲料质量不好或饲料摄入量减少，特别是对近期有高能量需求（如妊娠、全身性疾病）的动物，可能会引起高脂血综合征。高脂血症在矮种马、微型马和驴中易发，而在正常大小的成年马中则很少出现。高脂血症的发病机制复杂，通常是由于能量不平衡诱发脂肪组织中的脂肪酸过度动员，从而导致肝脏甘油三酯的合成增加以及极低密度脂蛋白的分泌，并同时伴有高甘油三酯血症及肝脏的脂肪浸润等。高脂血症的生物化学原因是甘油三酯的过度生成，而不是甘油三酯的分解代谢失常。

疾病的发生与应激、饲料摄入量减少、肝脏脂肪动员和沉积，以及由于胰岛素耐受性引起的过量甘油三酯沉淀有关。矮种马的高脂血症通常是一种与肥胖、妊娠、哺乳、应激或运输有关的原发性疾病过程。高脂血症也可继发于任何一种能引起食欲缺乏和能量失衡的全身性疾病。在微型马，继发性高脂血症较原发性的更为常见。任何环境和所有年龄的马都可能出现继发于全身性疾病的高脂血症。雌性、应激和肥胖的驴不管是否妊娠，其发生高脂血症的概率都最高。高脂血症最常见于冬、春两季。

羊驼和马驼，在妊娠晚期或继发于某些疾病时，可出现高脂血症和酮尿。患病的成年骆驼科动物甚至年幼骆驼科动物，都易发肝脂沉积症。

脂肪肝是一种复杂的代谢性疾病，主要以奶牛多发。

山羊肝脂沉积症的发生与钴元素的缺乏有关，其组织学病变与绵羊白肝病的临床症状相似。

【临床表现】 该病的临床症状无特异性且变化多端，其发生与肝功能的损伤无关。临床症状包括嗜睡、虚弱、食欲不振、饮水减少和腹泻。患病动物一般患有长期厌食、快速消瘦和之前的肥胖病史，也可能出现消瘦、腹部水肿、疝痛和震颤等症状。患高脂血症的小型马和矮种马，其血清生物化学指标和凝固试验都显示肝脏功能普遍受到损伤。患病动物的血液发乳白光且血浆浑浊。血液中所有脂质的浓度均升高，特别是甘油三酯、未酯化的脂肪酸和极低密度脂蛋白上升尤为明显。驴与其他马属动物相比，其血浆甘油三酯的浓度更高。低血糖症在小型马中较常见，但在患高脂血症的马中罕见。总胆汁酸浓度和BSP®清除时间一般正常，但在另一些动物中，BSP清除时间也可能延长。活化部分促凝血酶原激酶时间和一期凝血酶原时间可能被延长。AST和SDH正常或升高。肌酐升高、等渗尿和代谢性酸中毒可能继发于肾脏疾病。BUN和肌酐的值各不相同。厌食症可引起病畜出现低钾血症。病畜可能会随着杆状中性粒细胞的增加而出现中性粒细胞减少症。据报道，有时该病可与胰腺炎并发。

血清中甘油三酯浓度的长期升高与肝、肾、心肌、骨骼肌的脂质积累有关，可造成这些器官出现功能性损伤。肝脏和肾脏变得易碎，急性肝破裂可导致病畜突然死亡。

羊驼和马驼的高脂血症和酮尿可发生在妊娠晚期、哺乳期或继发于其他疾病。非特异性的临床症状包括嗜睡、厌食和卧地不起。也可能出现高甘油三酯血症、高胆固醇血症、SDH活性增加、代谢性酸中毒、氮血症和酮尿。也可发生继发性肾功能衰竭。骆驼科动物的症状与马（高脂血症）和牛（酮血症）在妊娠晚期出现严重能量失衡时的症状相似。肝脂沉积症是马驼和羊驼最易发生的肝脏疾病。各年龄段和不同能量需求的骆驼科动物都对该病易感，其发病机制多种多样。常见的临床症状包括厌食、体重减轻，胆汁酸、未酯化的脂肪酸和β-羟基丁酸的浓度升高，GGT和AST的活性增加以及低蛋白血症。

【病理变化】 肝脏和肾脏苍白、肿胀、易碎且有油腻感。在显微镜下可观察到肝细胞和胆管上皮出现脂肪沉积。肝窦状隙被挤压成扁平状，贫血且伴随着严重的脂肪浸润。矮种马和普通马的原发性疾病，主要通过大体病变和显微镜观察予以确诊。

【诊断】 对马属动物，通常根据特征性描述、病史、临床症状以及观察到血浆中存在的由白至黄的变色过程等指标进行临床诊断。当血浆或血清中的甘油三酯超过500 mg/dL时即可对该病进行确诊。胆固醇升高则预示着脂蛋白也同样升高，未酯化的脂肪酸、极低密度脂蛋白、β-羟基丁酸（骆驼科动物）也会随之升高。因此，实验室数据在发生肝脏功能障碍时，是最有说服力的诊断证据。

【治疗】 治疗高脂血症时，对病畜纠正原发病、静脉补液、补充营养等都是最基本的治疗方案。营养辅助疗法能改善能量失衡，提高血糖浓度，促进内源性胰岛素释放，并可同时抑制外周的脂肪动员。建议对发生低血糖、低钾血症的马静脉注射含葡萄糖补充剂（450 kg，马按50 g/h）和钾（氯化钾20～40 mEq/L）的富离子电解质溶液。使用葡萄糖可能会导致患胰岛素抗性的动物发生难以治愈的高血糖症。因此，应对动物的葡萄糖水平、肾功能、尿排出量和血清电解质浓度进行密切监测。患肝脂肪沉积症的骆驼科动物，在进行静脉注射和使用葡萄糖时必须谨慎，因为此时许多骆驼科动物已经发生了低蛋白血症，因此，对其体内的葡萄糖进行调控是比较困难的。间歇性静脉注射大剂量的多离子液体，比连续输液在保持水合作用方面更有效，并且不会造成原有的低蛋白血症恶化。

如果患病动物能够采食足量营养价值丰富的饲料，那么，使动物主动从肠内吸收营养的做法是首选方案。然而，大多数病畜此时多不会主动采食。专家的建议是经常饲喂含有高碳水化合物和低脂肪的饲料。如果动物经口摄入的饲料不足，通过胃管喂食也是有必要的。使用商品化的高热量肠内配方饲料，可在短期内为病畜提供充分的营养支持。利用自制的饲料配方，通过胃管对马饲喂流体饲料也是可行的。在没有超过消化道负荷的情况下，低频率的喂食以满足动物热量的需求也是可行的。在每次饲喂后，应观察动物是否出现腹部不适。每日都应对动物的体重、液体总摄入量和粪便的稠度进行监测。存活下来的动物，尽管高脂血症通常在5～10 d内消退，但还应坚持持续的肠道给养，直至动物能主动采食足够的饲料

图2-37　高脂血症，患高脂血症马的血浆（右）
（由Sameeh M. Abutarbush博士提供）

为止。治疗微型马和驴的高脂血症时，采用肠内营养补充及对原发病进行治疗的做法，通常会取得较好的效果，但该方法对矮种马的治愈率较低。

对食欲废绝的马，可通过静脉注射补充营养，但补充液中的脂类成分应予以清除。对血糖浓度至少每日监测2次，以确保血糖浓度维持在正常水平，并且可避免出现实质性的高血糖症（≥180 mg/dL）。

对骆驼科动物而言，外周静脉输液给养同时配合肠内补充营养，可维持动物充足的能量需求，并且可最大限度地减少脂肪动员。由于骆驼科动物特殊的新陈代谢方式，因此，若经静脉给予营养补充剂，相对于其他物种的传统配方而言，必须含有大量的氨基酸成分（相对于非蛋白质能量）。又由于这些动物对外源性的葡萄糖吸收效果不佳，故应同时对其血液中葡萄糖的浓度进行仔细监控。

外源性胰岛素多被推荐用于治疗医源性的高血糖和高脂血症。通过刺激蛋白脂肪酶活性和抑制脂肪细胞激素敏感脂肪酶的活性，进而减少胰岛素对外周脂肪组织的动员过程。胰岛素用于马的适宜剂量尚未确定。在使用胰岛素后，必须密切监测动物对治疗的反应（如血糖浓度等），并据此相应地调整胰岛素的使用剂量。当患高脂血症的动物出现胰岛素抗性时，使用胰岛素通常无法降低其血清中甘油三酯或葡萄糖的浓度。据报道，骆驼科动物所使用的胰岛素治疗方案，对于治疗患肝脂肪沉积症的其他动物也是有效的。

肝素可用于治疗高脂血症，因为它能提高外周甘油三酯的利用率，且可通过刺激脂蛋白脂肪酶的活性来增加脂肪的合成。肝素可按照推荐剂量40～100 IU/kg，通过静脉注射或皮下注射方式给药，

每日2次。但对于肝脏内甘油三酯生成增加和外周甘油三酯的清除未受到损伤的动物，使用肝素后的疗效多存有疑问。使用肝素会增加出血并发症的概率，因此禁止用于因肝脏功能障碍而引起凝血障碍的动物。

当微型马、驴、矮种马、普通马和骆驼科动物出现与食欲废绝以及高代谢需求相关的全身性疾病时，使用营养补充剂可有效预防高脂血症的发生。

【预后】患高脂血症的矮种马，临床生化指标并不是预测动物能否存活的指标。在微型品种马中，因高脂血症引起的死亡较为罕见。在大多数情况下，存活率取决于是否成功治愈了原发性疾病。患该病的矮种马、正常标准的马和骆驼科动物，一般预后不良。

七、肝肿瘤

马和反刍动物的原发性肝肿瘤并不常见。原发性肝肿瘤包括肝细胞癌、胆管癌、罕见的淋巴瘤、肝母细胞癌（马驹、青年马、羊驼）和混合型错构瘤。肝肿瘤以主要发生在中年或老年马中的胆管癌最为常见。肝细胞癌源于肝细胞、胆管或转移灶。肝细胞癌常发生在1岁至青年马中，也曾报道马驼和山羊的肝细胞癌。牛的肝脏腺瘤或腺癌也多有报道。山羊的肝纤维肉瘤和胆管癌转移至肺的病例也有报道。有报道显示，患肝母细胞瘤的马可出现红细胞增多，大面积的骨髓外造血，并且肿瘤能够转移到胸腔的现象。

淋巴肉瘤是马造血系统中最常见的肿瘤。在患淋巴肉瘤的马中，有高达37%的马脾脏出现肿瘤，41%的马肝脏有肿瘤。在牛、马驼、羊驼和山羊中都曾发生过淋巴肉瘤转移至肝脏的报道。

肝癌的主要临床症状是嗜睡和体重减轻，也可出现腹部逐渐膨大、红细胞增多、持续性低血糖、黄疸、肝衰竭等症状。在肝衰竭出现之前，胆管癌可引起体重明显减轻。发生肝癌或胆管癌时，肝细胞内和胆汁内的酶类都会增加，血清GGT活性常急剧升高。在超声波检查时，肝细胞癌的回声区呈现均匀一致的特性。

患淋巴肉瘤的马，其临床症状变化无常。病初，出现体重减轻、厌食和嗜睡等非特异性症状。淋巴瘤有时可扩散浸润到肝脏，并引起肝衰竭、黄疸、精神沉郁等。实验室检查结果包括低血糖、肝脏酶类轻度至中度增加、高胆红素血症和IgM异常低。超声波检查有助于鉴别脾脏和肝脏肿瘤。对于反刍动物，最主要的是其他器官（淋巴结、真胃、心脏、子宫、脊髓）生长肿瘤所引起的一系列其他临床症状。

肝肿瘤的发生及其临床特征，可通过肝脏活组织检查和肝组织的显微镜观察予以确认。在某些患病

动物中，可在其腹水和外周血液中观察到非典型的淋巴细胞或淋巴母细胞。血清中α-甲胎蛋白浓度升高对肝母细胞瘤的诊断具有一定的辅助作用。但这并不是结论性的示病指标，因为在发生肝细胞癌时，血清中α-甲胎蛋白的水平也有可能升高。

八、其他疾病

（一）胆管炎

反刍动物发生胆囊疾病的情况极为罕见。胆囊阻塞可能与肝吸虫感染、异物、脓肿、肿瘤、化脓性胆囊炎或腹部脂肪坏死有关。曾有关于奶牛胆囊破裂病例的报道。也曾有人报道过患慢性活动性肝病的马发生胆管炎（胆道系统炎症）的病例，患马可出现轻微的行为异常、体重减轻、不规律的腹痛、黄疸以及肝脏酶活性变化等。治疗方案如前文所述，即采用长期的抗生素疗法和辅助疗法。

（二）马驹肝衰竭

在发生败血症［尤其是马驹放线杆菌（*Actinobacillus equuli*）］、内毒素血症、围产期窒息、波蒙纳型钩端螺旋体（*Leptospira* Pomona）感染、马的1型疱疹病毒感染、继发于胃十二指肠阻塞的肝管阻塞、胆道闭锁和铁中毒后，紧接着都可能诱发新生马驹发生肝衰竭。马驹的胃溃疡和十二指肠炎可引起十二指肠狭窄，随即出现因胆汁淤积导致的胆管肝炎。新生幼畜溶血性贫血和溶血，可引起缺氧性和胆汁淤积性的肝脏疾病。完全通过非肠道补充营养物质可引起胆汁淤积，并且易并发肝脏疾病。

（三）胆道闭锁

曾有关于新生马驹和羔羊发生胆道闭锁（肝外）的病例报道。患胆道闭锁的马驹在1月龄时出现厌食、精神沉郁、嗜睡、生长缓慢、腹痛、烦渴、多尿、发热和黄疸。血清GGT和胆红素明显升高以及SDH轻度升高，都预示着发生了胆道阻塞。通过尸体剖检可对胆道闭锁进行确诊。

（四）血色素沉着病

血色素沉着病是含铁血黄素沉积于实质细胞中的一种铁贮积性疾病，可导致肝脏和其他组织发生损伤或机能障碍。该病既可以是原发性的（自发性的）也可以是继发性的。血色素沉着病在人类、八哥、萨勒牛和马中都曾有过相关的报道。

【病因】萨勒牛的发病原因是由于纯合子隐性的牛，以不适当的方式从肠道吸收铁，从而导致肝脏蓄积过量，最终引起肝功能障碍。对马而言，尚没有证据表明，存在遗传性倾向或者在日粮中摄入了过量铁而诱发该病。相反，血色素沉着症的出现似乎与继发性铁过载性肝硬化有关。马和牛体内过多的铁可被储存于肝脏内。

【临床表现与病理变化】马血色素沉着症的主要临床症状为体重减轻、嗜睡以及间歇性食欲减退。牛的临床症状为增重减慢、体质不良、被毛黯淡和腹泻等。在这2种动物中，肝脏酶类如GGT、碱性磷酸酶、AST和SDH均升高。患马的血清总胆汁酸浓度升高，而血清铁含量、总铁结合力（TIBC）和TIBC饱和度的百分比一般正常。在有些情况下，血清铁和铁蛋白的浓度可能升高，但TIBC不处于饱和状态。牛的总血清铁、TIBC和转铁蛋白的饱和度增加。马（正常值为100～300 mg/kg）和牛（正常值为84～100 mg/kg）的肝脏组织中铁含量均大幅度增加，并出现肝脏肿大以及含铁血黄素蓄积在肝脏、淋巴结、胰腺、脾脏、甲状腺、肾、脑和腺体组织内的典型症状。

【诊断】应根据病畜的病史、临床表现以及实验室检查结果进行诊断。通过对肝脏活组织的病理组织学检查，若在肝细胞内发现大量含铁血黄素沉积，有助于对该病进行确诊。如果在动物肝脏内发现大量铁，也有助于确诊。应注意与外源性铁中毒、疾病导致的慢性体重减轻、肝脏功能障碍或肝脏疾病等进行鉴别诊断。

【治疗】实施静脉切开术进行放血以降低铁蓄积的方法，已被应用于治疗患有血色素沉着病的病人。但对马和牛进行类似治疗多以失败告终。去铁敏可用于病人诱导负离子失衡，借以减少铁沉积的速度，但该药对牛和马的疗效仍属未知。

（五）马右侧肝叶萎缩

青年马的肝脏右叶是肝脏中最大的叶，但在老龄马中会经常出现肝右叶萎缩和纤维变性。肝右叶萎缩以前被认为是尸体检查时出现的一种偶然现象，但一些人却认为它是一种病理状态。

肝右叶萎缩的原因是由于右背侧的结肠和盲肠基部对这一部位肝脏的慢性压迫所致。给马饲喂高浓缩或低纤维的饲料，可能会导致由消化产物膨胀所致的右背侧结肠弛缓，这使得肝脏右叶于隔膜处的内脏表面构成挤压。虽然没有形态学证据表明，血管的直接损伤对肝脏右叶造成的影响，但血管损伤很可能继发于该部位的组织压迫。长期的肝脏右叶门静脉循环系统的病理损伤，可导致肝脏缺氧，营养供给减少，致使肝脏右叶逐渐萎缩。也曾报道无临床症状的胆道疾病。一些马会出现腹痛以及与胃肠道疾病无关的一些临床症状。

（六）肝叶扭转

肝叶扭转可引起马疝痛，肝脏酶类和纤维蛋白原增加，但腹水的检测指标各不相同。另外，都可在肝脏坏死部位检出包括梭状芽孢杆菌等在内的细菌。探查性剖腹术可用于该病的诊断。

（七）肝脏淀粉样变性

淀粉样变性是指一种以淀粉样蛋白质在细胞外沉积为特征的疾病，这种淀粉样蛋白是存在于组织中的一种蛋白纤维样物质。淀粉样蛋白质一旦在某个器官内沉积，即破坏其正常的组织结构，并可进一步影响到该器官的功能。马的肝脏和脾脏是发生全身性淀粉样变性最常见的器官。马的反应性或继发性全身淀粉样变性和肝脏的淀粉样蛋白A纤维沉积多与严重的寄生虫病、慢性感染或炎症反应有关。

（八）先天性肝纤维变性

在伯恩大学的动物病理学研究所的追溯性研究中，记录有30匹患先天性肝纤维变性的瑞士弗赖伯格马驹的病理资料。患病马驹的年龄为1～12月龄（平均为3.7月龄）。大多数病马表现出临床症状，并伴有严重肝脏损伤的临床病理学变化。谱系分析可将该病追溯到一匹成年种公马。进一步的研究结果表明，瑞士弗赖伯格马驹的先天性肝脏纤维变性，是一种常染色体隐性遗传基因的缺陷性疾病。在犊牛也曾有过类似疾病的报道。

（九）成年马原发性高氨血症

患高氨血综合征的成年马，常出现失明和严重的神经系统症状，其病因不明，但由一种能产生脲酶的细菌过度生长而引起的原发性肠道疾病，多与该病的发生相关。

这种综合征几乎总是伴随着肠道疾病、腹泻或腹痛等同时出现。在某些病例中，腹泻伴有蛋白质丢失性的肠下垂可能会持续数日。大多数腹泻或腹痛病例，一般发生在出现神经症状之前的24～48 h内。实验室检查结果异常，包括血氨（200～400 μg/L）升高、严重的代谢性酸中毒、血浆碳酸氢盐（≤12 mEq/L）浓度降低，以及显著的高血糖症（250～400 mg/dL）等。肝脏酶类、总胆汁酸及血清胆红素浓度正常。

大多数病马在实施辅助疗法后（静脉输液，氯化钾，葡萄糖，碳酸氢钠），神经症状会在2～3 d内有所缓解，并且药物（乳果糖，新霉素）的使用可降低机体对氨的吸收。

（十）先天性门静脉分流

先天性门静脉分流可发生在马驹和犊牛中。但由肝脏功能障碍引起的高血氨和神经症状，一般与肝脏疾病的实验室检测结果或显微镜观察到的结果无关。

【临床表现与病理变化】临床症状最先出现在刚开始大量采食谷物和饲草的2月龄马驹中。其中，神经症状包括步履蹒跚、神志不清、失明、绕圈打转和癫痫等。也有2～3月龄的患病犊牛出现生长缓慢和间歇性神经症状（共济失调、虚弱、精神沉郁、磨牙、里急后重）的报道。肝脏酶类的血清浓度一般正常，血氨和总胆汁酸的浓度升高，BSP®清除时间延长。

肝脏体积缩小，表面光滑，颜色和质地正常。镜检肝细胞缩小，汇管区的门静脉缩小或缺失。肝动脉常显著扩张且为正常的数倍。

【诊断】如果马驹或犊牛呈现出反复发作的神经症状而无明显的病因，应怀疑发生了门体静脉分流。本病最明显的症状与饲养有关。将导管插入肠系膜静脉施行门静脉造影或放射性闪烁扫描术可确诊，并可定位分流发生的位置。在某些病例中，通过肝脏超声波检查也可发现门体静脉分流。

【治疗】当确定患病动物发生分流的位点后，可尝试对患病动物进行外科修复术，但预后须谨慎。有些马驹的临床症状，可通过限制蛋白质的摄入和细心的饲养管理予以控制。给动物口服新霉素或乳果糖可降低肠道中氨的生成量。利用多离子液体、钾、葡萄糖等辅助疗法可减轻病畜的神经症状。

（十一）摩根断奶马驹高氨血症

摩根断奶马驹高氨血症是一种马驹精神不振、体重减轻、高血氨，并同时伴有肝脏不同程度损伤的综合征。但引起综合征的病因仍未确定。临床症状通常最先出现在马驹断奶前后，在进行积极的辅助性治疗后，脑病可暂时好转，但在停止治疗后又会复发。肝脏酶类和血氨升高，胆红素浓度一般正常。肝脏的病理损伤包括肝门及其连接部位纤维变性、胆管增生、核巨大和肝细胞增大等。该病多为致命性。

九、高胆红素血综合征

（一）吉尔伯特综合征

吉尔伯特综合征是发生在人类和无角短毛羊中的一种先天性高胆红素血症，该病是人或动物常染色体显性遗传病，导致高浓度的非结合（直接）胆红素出现在正常的红细胞周期中。也有人怀疑可能是蛋白质载体或结合胆红素酶发生缺陷所引起的。患该病的无角短毛羊血浆内的结合和非结合胆红素的水平均升高。肝胆红素的清除发生障碍，可导致患病绵羊不能将BSP®分泌入胆汁。黄疸的发生是不确定的，除了色素沉着于肝细胞外，其他组织不出现病理变化。

（二）杜-约二氏综合征

杜-约二氏综合征（黄疸肝脏色素沉着综合征）可零星散发于人和考力代（Corriedale）绵羊中。其原因是结合胆红素不能进入胆小管，导致胆红素和与其结合的有机阴离子的分泌发生障碍。患病绵羊出现黄疸或高胆红素血症，其血清中直接和间接胆红素的浓度升高，BSP清除时间和胆汁酸的分泌均被延长。

组织学检查发现肝细胞上含有黑色素样的沉积物。

十、牛肝脓肿

肝脓肿可发生在于任何地点饲养的任何年龄和品种的牛，特别是在饲养场中因定量供应日粮而诱发瘤胃炎的奶牛中最为常见。患肝脓肿牛的生产性能下降。病变的肝脏在屠宰时常被废弃，且与肝脏粘连的周围器官或膈膜需要进行修整。肝脓肿还可导致与后腔静脉血栓形成有关的综合征。

【病原与发病机制】梭形杆菌属坏死厌氧丝杆菌（*Fusobacterium necrophorum*）是一种专性厌氧的革兰氏阴性菌，它是一种正常瘤胃微生物菌群的组成成分，也是本病的主要病原体。肝脏感染通常起源于坏死杆菌性瘤胃炎。坏死梭杆菌的2个亚型都与本病相关。生物型A［坏死厌氧丝杆菌（*F. necrophorum necrophorum*）］的毒性更强，是一种主要的正常瘤胃微生物菌群，常在大多数肝脓肿病例的纯培养物中被分离出来。生物型B［坏死厌氧丝杆菌（*F. necrophorum funduliforme*）］常从瘤胃壁的微脓肿中分离到，但几乎不能从肝脓肿的病例中分离到。在肝脓肿中分离出的细菌常与生物型A或其他种类的细菌在混合培养时被发现。经常从混合培养物中分离出化脓放线菌（*Arcanobacterium pyogenes*）、链球菌、葡萄球菌和拟杆菌（*Bacteroides* spp.）。

瘤胃日粮中的碳水化合物饲料在迅速发酵后可产生大量乳酸，导致瘤胃液的酸度增加，从而引起瘤胃炎。高水平碳水化合物日粮是奶牛和育肥牛发生本病的最主要原因，但饲料品质和饲喂方式也是引起上述变化的另一个因素。当育肥牛的饲料直接从粗料配给转换到精料（肥育）配给，且这一时期的投料管理不当时，则能使育肥牛瘤胃炎的发病率显著升高。坏死厌氧丝杆菌单纯感染或与其他细菌混合感染，可在瘤胃表面形成酸性瘤胃内容物，致使瘤胃区域性坏死。白细胞毒素也可促进抗吞噬作用。来自于病变部位的细菌侵入肝门静脉系统，并随血液循环运输至肝脏，在此形成坏死杆菌病的传染性病灶，最终发展成为肝脓肿。

肝脓肿的其他感染源包括从网胃穿过的异物、新生犊牛脐静脉炎的直接扩散以及菌血症。

【临床表现、病理变化与诊断】牛的肝脓肿很少表现出临床症状。对病畜详细的临床检查可见周期热、食欲不振、按压剑胸和身体右侧靠后的肋骨时表现明显疼痛等症状。当动物移动或躺下时，会发出"呼噜"音并表现其他疼痛症状。曾有关于患病奶牛在产奶时突然倒地的病例记载。

当发生由脐静脉炎扩散导致的肝脓肿时，通常也会出现脐静脉炎的临床症状。该病急性期的早期，蛋白含量升高，而血清唾液酸浓度常被用于濒死期的诊断指标。当出现数个脓肿或一个大脓肿时，白细胞会增多，并同时伴有中性粒细胞增多症及纤维蛋白原的水平升高，以及血清球蛋白的浓度也同时升高。超声波检查常用于辅助诊断，但发生在肝脏左侧的脓肿通常不易被检查到。若育肥牛出现肝脓肿，则其饲料报酬会大大降低。与那些没有发生肝脓肿的牛相比，患病牛日增重约减少5%～15%。大多数肝脓肿都可恢复到无菌疤痕状态的隐性病变。难以应付的后遗症包括：脓肿破裂以，脓汁流入腹腔引起腹膜炎，以及脓肿破裂进入肝脏血管，引起的过敏或中毒反应导致的突然死亡。脓肿破裂进入肝静脉，也可引起后腔静脉血栓性静脉炎，以及血栓栓塞性疾病、心内膜炎、肺血栓栓塞症、多灶性肺脓肿和慢性化脓性肺炎。发生双侧肺血栓栓塞的后果是诱发肺动脉瘤，肺动脉瘤破裂进入呼吸道，可引起动物咯血、鼻出血以及死亡。尾腔静脉血栓可导致门静脉高压，并导致肝肿大、腹水和腹泻综合征。

瘤胃损伤多以出现明显的炎症反应和坏死为特征。脓肿也可偶尔出现在较深层的瘤胃壁。当肝坏死杆菌病病变持续时间不到6 d时，病变部位常呈淡黄色、不规则球形，病变的肝细胞凝固性坏死，且坏死区周围出现严重充血和炎症反应。当脓肿持续时间较长时，形成逐渐被纤维结缔组织包裹的核心，脓肿的直径通常为4～6 cm，病变的肝脏常有3～10个脓肿，有的甚至可高达100个。

对美国屠宰厂的牛进行大范围的调查显示，发生肝脓肿的比例可高达40%。在疾病诊断过程中很少采用细菌培养。有时，由坏死厌氧丝杆菌引起的肝脓肿需与创伤性网胃腹膜炎进行类症鉴别诊断。

[治疗与控制] 将泰乐菌素磷酸盐按每吨10 g的比例拌料，可显著减少肝脓肿的发病率，同时可增加采食率，提高增重，且对瘤胃造成的损伤极小。在育肥阶段，将维吉尼霉素按每吨16 g的比例，或金霉素按每日每头70 mg的比例添加到饲料中，也可有效预防该病。对奶牛可尝试采用经皮穿刺的引流术和长时间使用普鲁卡因青霉素G（22 000 IU/kg）进行治疗，但通常预后不良。当牛进入肥育场后，给牛注射含有坏死厌氧丝杆菌的白色类毒素和生脓细菌的疫苗，也可有效降低脓肿的发病率及其严重程度。

主要防控方法是通过饲喂方法、调整日粮组分、加强饲喂时的投料管理和利用日粮中的缓冲液等来控制瘤胃酸中毒。降低精饲料和粗饲料的比率，以及延长粗饲料转换到精饲料的过渡期等作法都可减少瘤胃的损伤。增加饲料中粗饲料的比率和每日的饲喂次数，增加动物咀嚼的时间和唾液的分泌量，都可以增加瘤胃的缓冲时间，并且能够提供一个持续而统一的发酵过程，进而降低瘤胃内的酸度以及瘤胃损伤的程度，可间接减少发生肝脓肿的风险。

第二十一节　大动物同化不良综合征

同化（吸收）不良是一种由于吸收障碍或消化不良导致胃肠道无法将营养物质输送入机体的一种机能障碍性疾病。吸收障碍是无法将肠腔内的营养物质输送到血液的一种机能障碍性疾病，而消化不良是由于胰腺的外分泌功能障碍、胆汁酸含量和刷状缘酶缺乏，导致膳食成分不能在管腔内降解的一种机能障碍性疾病。吸收障碍很少单独引起大动物的同化不良。相对于其他物种，消化不良综合征在马并不常见。

马的胰腺仅能分泌低浓度的消化酶，故在对营养物质进行消化时，发挥的作用很小。一些疾病过程也同时包括了消化不良和吸收障碍的一些症状，譬如小动物的乳糖酶缺乏症等。马出现吸收障碍比消化不良更常见。

【病原与发病机制】 许多疾病通过改变小肠的正常吸收机制，进而诱发吸收障碍综合征。能够引起马出现吸收障碍综合征的疾病有如下几种：①炎症或渗透性紊乱：小肠的弥散性淋巴肉瘤（饮食性淋巴瘤），以及由嗜酸性粒细胞、淋巴细胞-浆细胞或嗜碱性粒细胞浸润引起的肠炎，多系统嗜酸性粒细胞浸润所致的小肠结肠炎，肉芽肿性肠炎（炎症性肠病），由胞内劳森菌（Lawsonia intracellularis）引起的增生性肠炎（刚断奶的马驹，1岁的动物），由普通圆线虫幼虫、小型圆线虫移行及卫氏圆线虫（Strongylus vulgaris）（马驹）感染引起的肠道缺血和损伤，隐孢子虫感染，炎性梗塞，与淀粉样蛋白相关的胃肠疾病，多病灶肠脓肿，结核病，组织胞浆菌病，肠道红球菌感染，以及浸润性小肠结肠炎（沙门氏菌）；②生物化学因素或基因异常性疾病：先天性或后天性乳糖酶缺乏症（乳糖不耐症），饮食诱导的肠下垂、单糖运输障碍以及胰腺外分泌不足；③疾病导致的吸收面积减少：由病毒感染（轮状病毒，冠状病毒）引起的绒毛损伤或萎缩，马驹的细菌性肠炎、隐孢子虫病和肠切除术；④心血管疾病：充血性心力衰竭和肠缺血；⑤淋巴管阻塞：淋巴肉瘤、肠系膜淋巴结病、肠淋巴管扩张、化脓、胸导管阻塞；⑥其他：药物引起的疾病、重金属中毒和锌缺乏症。

牛发生吸收障碍综合征的情况并不多见，但在出现腹泻症状的犊牛中较为常见。可引起反刍动物和猪

出现吸收障碍综合征的疾病包括：病毒病（轮状病毒、冠状病毒）、隐孢子虫病、局部或全身性缺血、蛋白质营养不良、小肠切除（短肠综合征）、充血性心力衰竭、淋巴管阻塞、寄生虫病（绵羊和牛的毛圆线虫病）、肺结核、反刍动物的副结核性肠炎以及猪的增生性肠下垂（胞内劳森菌）。口服抗生素虽可改善上皮细胞的吸收能力，但也可能导致胃肠道菌群失衡。在犊牛口服葡萄糖耐量试验中，使用大剂量的氨苄青霉素、新霉素或四环素进行治疗，可大大降低和延缓葡萄糖的吸收。

能引起骆驼科动物发生吸收障碍综合征的疾病与引起反刍动物的大致相同。幼龄骆驼科动物的冠状病毒感染是一种相当严重的疾病。幼龄和成年骆驼科动物在被马库沙里艾美耳球虫（Eimeria macusaniensis）感染后的潜伏期或发病期内，可出现体重减轻、低蛋白血症和严重的体质衰弱等症状。

大动物的消化不良综合征鲜为人知且极为罕见。其可能的病因包括：胃功能或瘤胃内微生物区系的活性发生变化、小肠内的异常细菌增殖、小肠刷状缘的酶活性（乳糖酶缺乏症）降低或缺乏。不太可能的病因包括：药物引起的胆汁盐分泌或排泄发生改变（药物以及肝脏或肠道疾病所致的），以及胰脂肪酶缺乏或失活。胆汁盐浓度的变化并不会影响成年草食动物的消化，但可加剧新生幼畜的腹泻。外科切除术或远端小肠搭桥术，可促进与胆汁盐异常有关的细菌过度生长。

乳糖是一种由葡萄糖和半乳糖组成的二糖。马驹和犊牛小肠内的刷状缘酶包含有乳糖酶，该酶可催化乳糖降解成单糖并被肠道吸收。人类的原发性乳糖酶缺乏症是一种常染色体隐性遗传性疾病，但在大动物，几乎没有关于该病的发生及其遗传模式的记载，但以获得性或继发性的乳糖酶缺乏症则更为常见。该病可在马驹、犊牛甚至幼龄骆驼科动物中发生，多由病毒、原虫性疾病和细菌性肠炎诱发的肠黏膜改变所引起，可导致小肠上皮细胞脱落、上皮绒毛脱落以及部分或所有的隐窝细胞脱落，引起分泌乳糖酶的上皮细胞减少，并最终发生一定程度的乳糖酶缺乏症。组织形态学的变化包括部分绒毛萎缩、隐窝增生和固有膜浸润等。患乳糖酶缺乏症的马驹和犊牛发生渗透性腹泻，是由于不断增加的未消化/未被吸收的营养物质进入小肠的末端，增强了细菌的发酵作用，引起渗透活性粒子的浓度升高，最终导致水和电解质滞留在肠道，从而引起腹泻。

吸收障碍在患胃肠道疾病的动物中多见。其发生通常是由于小肠的结构和功能发生障碍所致，或者是由于其他方面的因素所引起。吸收障碍通常伴随肠溶

蛋白缺失一并出现。该病可导致因营养物质随排泄物流失而引起的体重减轻。尽管腹泻可能是吸收障碍的临床特征，但吸收障碍并不等同于任何类型的腹泻。大肠功能的改变可继发于小肠功能的变化。当大量的胆酸、脂肪酸和碳水化合物进入回肠时，可引发一过性腹泻。这些物质可直接或间接的增强肠道的分泌功能或减少肠道的吸收率。

营养物质吸收障碍的原因包括：肠吸收面积不足、小肠壁的黏膜层或黏膜下层的实质性缺陷以及淋巴管阻塞。小动物轮状病毒感染可引起肠道绒毛上皮细胞发生损伤，也可引起因刷状缘二糖酶的活性降低而引起的消化不良，以及由于吸收面积减少引起的吸收障碍。冠状病毒和隐孢子虫感染，也可出现类似症状。吸收面积减少还可能源于小肠切除术（短肠综合征）或由于肉芽肿性肠炎引起的绒毛萎缩。继发于局部或全身性的渗透性或炎性疾病、水肿和淋巴管阻塞（肉芽肿性肠炎、淋巴肉瘤）等也可干扰肠壁对营养物质的吸收。由于细胞损伤引起黏膜渗透性不断增加，可导致吸收效率低下。代谢异常会使上皮细胞的结构发生改变，并降低其主动转运的能力，并且可削弱载体蛋白或刷状缘酶的活力。对于出现在正常肠微绒毛上酶的先天性缺陷，目前对这样的家畜仍没有引起足够认识。值得一提的是，新生幼畜和反刍动物麦芽糖酶的水平较低，而反刍动物恰好缺乏这种蔗糖酶。对大多数种类的动物而言，乳糖酶水平会随着年龄的增长而下降。

【临床表现】临床症状各不相同，这取决于原发病的严重程度以及是否出现并发蛋白质运输失调所致的肠下垂。能量失衡、体重减轻以及可能出现的低浓度血清蛋白，都是同化障碍综合征的特征病变。慢性体重减轻或增重减少是该病的主要临床症状。肠内蛋白质流失也常可出现。相对于发生吸收障碍的动物，患同化障碍综合征动物的体表表现得更为虚弱。

患病动物的食欲一般正常，但也有可能增加或减少。由于吸收的营养物质无法刺激饱感中枢，病畜可出现多食症。也可能由于原发疾病引起的食欲不振导致更为常见的小肠吸收障碍、食欲下降或厌食。粪便黏度和排泄量通常正常。还有可能出现腹泻，但已不是该病的主要症状。发育成熟的动物在出现腹泻之前，小肠疾病可能呈泛发性发作，因为结肠可以代偿并吸收增多的液体负荷。在成年马和反刍动物中，腹泻常预示发生了大肠疾病。幼龄动物由于结肠功能尚未完全发育成熟，因此，小肠和大肠的疾病都可以引起腹泻。

临床症状还包括体质虚弱、肌肉萎缩、不愿运动、正常或昏睡状态以及烦渴等。生命体征直至疾病晚期一般都正常。当动物发生炎症和肿瘤时多出现发热。腹部疼痛可能源于肠道炎症、肠系膜或肠壁的脓肿、粘连及局部梗阻等。特别是出现肠蛋白质流失时，在疾病过程的后期可能出现腹水、坠积性水肿和体质虚弱等。当发生皮肤和眼部病变、血管炎、关节炎、肝炎和肾病，特别是发生炎性肠病时，表明机体已经出现了免疫反应。与吸收障碍相关的皮肤损伤包括被毛稀少、不规则的脱毛，以及常呈对称分布的蜕皮和结痂区。

患乳糖不耐症的马驹和犊牛常出现腹泻、增重缓慢和萎靡不振。有些幼畜在摄入母乳后，可能会出现胃肠胀气、轻度的腹部不适或膨胀。患获得性乳糖不耐症的幼畜，出现的临床症状（腹泻、脱水、体重减轻）和临床病理变化（酸中毒、低血糖症、电解质异常）很难与原发性肠下垂相区分。当给幼畜停乳或将牛奶用酶处理后再饲喂时，体况可迅速好转，腹泻症状也会有所改善。

【病理变化】患病动物的尸体是否消瘦或虚弱，多由同化不良的持续时间及其严重程度所决定。具体病变取决于原发性疾病过程。吸收障碍的外表症状并不总是与眼观病变和病理组织学变化相关，更着重于功能紊乱在疾病过程中的重要性。

【诊断】小肠吸收障碍不能仅通过临床检查或常规的实验室检查数据进行诊断。在将患病动物确诊为同化不良综合征之前，必须排除其他可引起动物体重减轻的病因。确定原发性潜在疾病的过程，也是确立适宜治疗方案和准确判断预后的必备程序。

完整的病史应包括动物发病的持续时间、诱发因素、营养史、驱虫和日常护理程序、以往疾病或并发病、动物编号、年龄以及是否接触过其他患病动物。应对动物进行全面体检，以便将体检结果与临床症状及病史联系起来。直肠检查可用于确定是否有腹内包块、淋巴结肿大、粘连、肠段位置异常或增厚，以及弧形肠系膜动脉异常等情况。也需要检查肾脏、膀胱以及相关组织结构。

全血细胞计数、纤维蛋白原及一系列的血清生化值等，都有助于评价动物的总体健康状态；是否发生了炎症或存在感染过程；是否累及到全身系统，以及代谢、电解质和血清蛋白的状态。尿液分析、腹腔穿刺术、粪便检查可用于检测是否有寄生虫卵、幼虫、原生动物感染以及发生潜血。同时还需要进行血浆蛋白电泳、粪便pH检测、微生物的培养、白细胞计数及免疫学研究。马驹和犊牛吸收的碳水化合物在结肠内发酵，通常会降低粪便pH。当排除其他可能导致蛋白丢失性肠病的病因，例如肾脏疾病或丢失的蛋白进入第三间隙（腹膜、胸膜腔），并同时排除白蛋白合成减少（例如，由肝脏疾病所致）的其他可能性后，可将疾病推断性诊断为蛋白丢失性肠病。对马驹和小型矮马，可进行肠道X线照相对比。超声波检查可用于确定肠壁厚度和肠蠕动性，以及是否存在过多的液体、包块、肠粘连、腹腔内肠的位置异常和弧形肠系膜动脉的血管病变。

当怀疑是同化不良时，可通过碳水化合物吸收试验对小肠的功能进行评估。吸收试验具有诊断性，因为肠道疾病要么是弥散性的，要么就是影响到营养物质经小肠时的传递和运输。吸收曲线异常或平缓，多预示小肠发生了机能障碍。胃窥镜可用于排除是否患有胃（肉芽肿、肿瘤、溃疡）和十二指肠病变，或是否发生营养物质滞留，但胃镜检查必须在吸收试验之前进行，因为上述疾病都可引起吸收延迟或吸收曲线平缓。

虽然吸收试验表明可能发生了同化不良，但在病原诊断时，仍需要对肠黏膜和淋巴结进行活组织检查。在一些病例中，通过直肠穿刺活检，可发现存在于局部或弥漫性的炎性浸润。取样后进行微生物培养，并同时对含有白细胞和上皮细胞的排泄物进行检查，也可证明是否发生了沙门氏菌或其他微生物感染。在许多病例中，为了获得肠道或淋巴结的活组织样本，需要进行腹腔镜手术或探查性剖腹术。对十分衰弱的动物施行手术是极为不明智的做法，因为术后伤口的愈合情况不好，并且还有可能出现伤口开裂的情况。对手术过程中获得的肠和淋巴结活组织样本，可进行微生物培养、组织病理学、酶学和免疫学检查。鉴于获取适量的活组织样本的风险和成本很高，因此，同化不良综合征通常仅采用吸收试验进行假定性诊断。

临床上可采用的吸收试验包括D-葡萄糖（右旋葡萄糖）和D-木糖（右旋木糖）吸收试验。这些试验对未开始反刍的犊牛、马驹、骆驼科幼龄动物以及发育成熟马的小肠功能进行评估是有效的。由于糖类物质可在反刍动物的瘤胃内被分解，因此，对反刍动物进行口服糖耐量的研究毫无意义。D-葡萄糖吸收试验的优点是简单经济，这种用于确定血糖浓度的方法被大多数临床实验室所采用。但该试验的主要缺点是：其试验结果易受细胞吸收葡萄糖和葡萄糖代谢，以及通过肠道吸收的葡萄糖的影响。D-木糖吸收试验能更直接地检测肠道的吸收能力，且不受内源性因素和肠道酶活性的影响。由于D-木糖比较昂贵，因此，能进行血浆木糖试验的实验室大多会受到一定的限制。葡萄糖或半乳糖可抑制D-木糖的吸收，因此，在测试前动物需要禁食。进行上述2个试验都需要延长禁食时间，这对生病的马驹和犊牛是非常有

害的。胃排空率、小肠转运时间、动物的采食以及进行试验前禁食时间的长短，都可能影响到这2种试验的测试结果。马驹D-木糖吸收曲线的形状受肾清除率、缺氧、贫血、全身性的细菌感染及免疫球蛋白浓度等因素的影响。动物的年龄也会影响到葡萄糖、乳糖及木糖的消化和吸收。因此，对照组动物必须与患病动物的年龄相符，否则参考值范围就不适用于这个年龄阶段的动物。

在D-葡萄糖和D-木糖试验的吸收曲线中出现一个延迟的波峰，可能是源于胃排空延迟。造成胃排空延迟的原因包括葡萄糖或木糖混合物的高渗透性、兴奋、疼痛、胃内容物滞留、胃肠道转运时间和转运能力的改变以及局部梗阻等。具有正常吸收功能的马也可出现平缓的吸收曲线，而吸收能力的正常往往是由于肠道血流量的瞬间减少，或者小肠内的细菌分解了被测试的糖所引起。木糖可迅速与体液达成平衡（如腹水），从而降低血液中木糖的浓度，并出现平缓的吸收曲线。马驹、犊牛和骆驼科幼龄动物，在口服D-木糖的吸收试验中可能出现的适应证包括：非传染性病原体引起的持续性腹泻，采食正常但增重缓慢，以及其他消化不良等症状（反复发作的气性疝痛、腹胀和肠梗阻）。

D-木糖吸收试验：由于功能性肠上皮细胞，能将木糖从肠黏膜主动转运到血液循环，因此，这个试验可检测小肠黏膜的吸收能力。低于正常的吸收即可确定为吸收障碍。年龄和日粮也会影响健康马的木糖吸收。相对于成年马，不到3月龄的马驹在饲喂木糖后有一个更高的峰浓度。相对于饲喂高能量饲料的马而言，给成年马长期饲喂含有粗饲料和低能量饲料，也可出现一个更高的峰浓度。停食后，可改变无明显胃肠道疾病的马对D-木糖的吸收。因此，在解释不管任何原因导致马发生厌食症的病例时，都应该考虑上述原因所造成的影响。

应通过鼻胃管对通宵禁食（18～24 h）的马灌服D-木糖（0.5～1 g/kg，溶入10%的溶液）。在木糖灌胃之前（时间为0 h），先采集肝素化的静脉血液样本，在木糖灌胃之后的4 h内（±6 h内），每隔30 min再采集一次血液。预计的峰值（20～25 mg/dL）应该出现在给予木糖后的60～120 min内，正常的曲线应该呈钟形或倒V字形。而给药后确定的血浆木糖浓度的峰值应出现在1～2 h后。健康马的血浆绝对峰值应该在15 mg/dL以上，且高于基线值。

D-葡萄糖吸收试验：相对于那些饲喂高能量日粮饲料的马而言，放牧饲喂马的葡萄糖吸收曲线更陡峭。饲喂高浓缩饲料的马可能会出现一个较低峰值。检测前禁食时间的长短也会影响到吸收曲线的形状。

禁食时间过长可能会推迟或降低葡萄糖的峰浓度，从而可能出现假阳性结果。在2项研究中，大于90%的患有"总"葡萄糖吸收障碍的成年马在小肠中出现严重的渗出性病变。大多数（18/25）被认为患有"部分"葡萄糖吸收障碍的马，其小肠也出现明显的病理异常。

D-葡萄糖吸收试验的操作方法与D-木糖基本相同，唯一的区别是前者的样品应使用氟化钠管进行采集。健康马血糖浓度的峰值应该出现在给予葡萄糖后的90~120 min之内，这个峰值应超过85%以上的动物在静息时的葡萄糖水平。据报道，当峰值小于15%以上的静息浓度时，可确定为完全吸收障碍；当峰值的15%~85%都在静息浓度范围内时，可确定为部分吸收障碍。口服葡萄糖吸收试验的主要缺点是仍在使用传统的方法，且取样时间超过6 h。另据报道，有人采用改进后的试验方法，仅需在给药后的0 min和120 min进行2次采样即可完成，并且这一改进方法并没有影响到检测结果的可靠性。

口服乳糖耐量试验：获得性乳糖酶缺乏症通常根据病史、临床表现以及鉴定出相关病原体等进行初步诊断。确诊则需要进行口服乳糖耐量试验。在乳糖被吸收前，可被小肠上皮细胞的刷状缘分泌的乳糖酶分解成D-葡萄糖和D-半乳糖，因此，口服乳糖耐量试验可用于直接评估乳糖酶是否存在活性。成年马（>3岁）有乳糖不耐症，该检测也不适用于反刍动物。口服乳糖耐量试验对评估幼龄马驹和未开始反刍犊牛的腹泻或增重缓慢具有诊断意义。据文献记载，乳糖不耐症可在马驹、犊牛和山羊羔中发生。

口服乳糖耐量试验并不能区分吸收障碍和消化不良，并且需要在进行试验之前对动物禁食数小时。在进行试验之前，动物需要先禁食（12~18 h），在疑似患病动物长时间禁食之前，可尝试给疑似患有乳糖不耐症的动物，饲喂经酶处理过的牛奶。在进行口服乳糖不耐量试验之前，母畜和马驹应至少停止饲喂精料和干草18 h。犊牛或马驹应设置防护装置（罩以口套）护理4 h以上，再通过鼻胃管灌服D-乳糖（以1 g/kg剂量配制的20%溶液）。在整个检测时间内，动物的口套应保持在同一个位置。采集的血液样本应放入含有氟化草酸盐的试管中，并于30 min内检测血糖浓度，在随后的3~4 h内，每隔30 min进行一次采样和检测。在乳糖灌胃60~90 min后，血糖浓度应该是动物静息时的血糖浓度值的2倍。葡萄糖浓度峰值应达35 mg/dL以上，并明显高于健康马驹的对照值。乳糖不耐症的异常结果预示：与对照值比较出现一个延迟的、延长的或没有血糖浓度增加

的曲线。

给予乳糖后的血糖浓度并未上升的原因，可能是消化不良或吸收不良。因此，如果乳糖耐量试验出现异常，需要进行D-葡萄糖和D-木糖吸收试验，以确定吸收障碍或消化不良是否单独发生。酪蛋白的高敏感性，可通过动物对经酶处理的牛奶和没有经酶处理的牛奶的反应进行评估，并以此区分乳糖不耐症。最终确诊乳糖酶缺乏症，是通过对肠道组织黏膜上的乳糖酶活性进行直接测定获取的。然而，这种作法在临床上却很少采用，因为要采集黏膜上的活组织，必须实施外科手术。

氢呼吸试验也用于检测马的碳水化合物吸收障碍。临床研究显示，相对于健康马，患病马快速呼吸氢气的水平更高。但在具体的临床实践中，这种测试方法的有效性尚待确定。

【治疗】在进行特异性治疗前，必须确定主要的潜在疾病过程的病因。除寄生虫感染引起的损伤外，特异性治疗对于大多数原因引起的同化不良是无效的。伊维菌素、莫西菌素或高剂量的芬苯达唑，可用于驱除寄生虫的幼虫和蠕虫。消炎药物（如NSAID、糖皮质激素）对减少患病动物肠道内的炎症反应也是有益的。

患病毒性肠炎的马，可能会发生吸收障碍和体重缓慢下降。肠黏膜绒毛及肠上皮细胞脱落，会导致肠道吸收面积不足，进而无法从消化道吸收充足的营养物质。直至肠上皮细胞恢复并产生新的绒毛之前，辅助性护理与促进后肠吸收营养物质的方法都是行之有效的做法。在严重病例中，从肠黏膜出现化脓至痊愈，需要数周到数月。

患获得性乳糖酶缺乏症的犊牛和马驹，在出现腹泻（病毒、细菌、原虫引起）后采取辅助性护理（酸碱度、电解质、葡萄糖异常的矫正）的效果较好，并且一直给动物饲喂经酶处理的牛奶，直至小肠黏膜再生为止。给马驹和犊牛饲喂少量优质的粗饲料或谷物，以满足其对能量需求的做法也是可行的。虽然应当尽可能连续进行肠道饲喂，但是对于不能耐受饲喂牛奶或酶处理牛奶的马驹和犊牛，进行短期（24h之内）停喂牛奶可能有一定好处。对这些动物需要改变其能量和营养的来源，如短期饲喂（≤24 h）包含葡萄糖电解质的溶液，或者在更严重的病例中，全部或部分依赖静脉注射补充营养物质。日粮应变成以大豆成分为主且不含乳糖的代乳品，并同时建议患有乳糖不耐症的动物尽早断奶。

已经尝试过多种针对马炎性肠病的治疗方案，如使用大剂量的皮质类固醇激素进行治疗通常无效。推荐使用柳氮磺胺吡啶和异烟肼，但其疗效尚未被证

实。同样，用二甲亚砜治疗肠道淀粉样变性的疗效也属未知。出现厌氧细菌或需氧细菌过度生长的动物，对使用抗生素进行治疗也存在问题。抗生素是否能充分地渗透入肠道的炎性病变部位（马驹的马红球菌病，反刍动物的副结核性肠炎），仍不能确定。长期使用抗生素［红霉素、阿奇霉素、克拉霉素、强力霉素］对马驹劳森菌病的治疗有效，并同时根据动物的临床症状采取积极的辅助性护理（液体、血浆）。感染马库沙里艾美耳球虫的骆驼科动物，如果能在早期确诊，并及时进行治疗，可取得成功。目前的治疗方案包括：使用氨丙啉和/或泊那珠利以及适当的辅助疗法。

患吸收障碍的马，由于在疾病过程或进行小肠切除术后，必须饲喂能在大肠中优先消化的饲料，因此，饲料中应包括易吸收的蛋白质、碳水化合物、脂肪和水溶性维生素，并同时维持矿物质的平衡。应避免提高饲料中精饲料的比率，否则会降低饲料在大肠中的消化作用。饲喂富含纤维成分的饲料对患病马是有益的。为增强饲料在大肠中的消化，应饲喂容易发酵的粗饲料（如紫花苜蓿）。高质量的纤维可在盲肠和结肠中代谢生成挥发性脂肪酸，可代偿小肠的部分损耗。如果幼龄动物没有发生乳糖酶缺乏症，可在饲料中补充牛奶蛋白。可将脂肪添加到饲料中，以增加动物对能量的摄入量。由于钙、镁、磷、锌、铜和铁等只能在马的小肠中被吸收，因此还需要补充上述元素。应根据需要通过非口服的方式补充水溶性（特别是维生素B_{12}）和脂溶性维生素，但应避免因过度补充而导致的中毒现象。

对不愿采食的马，必须强制从鼻胃管灌入稀粥样饲料。但对马而言，应少食多餐，充分利用小肠有限的吸收能力，且不会造成负担过重。未开始反刍的犊牛，反复通过鼻胃管喂食，会因可发酵饲料在瘤胃而不是在真胃沉积而导致的瘤胃酸中毒。静脉注射（使用非肠道注射的方式）进行全部或部分营养补给的做法，对那些拒绝采食或不能接受强制灌胃的动物来说是极为必要的。但是，静脉营养价格昂贵，难以长期维持。

【预后】应尽力采用病因诊断，一旦被确诊为同化不良，就能给出准确的预后，并可采取适当的治疗方案。在大多数情况下，发生同化不良的成年动物常预后不良，且一般难以治疗。但肠道寄生虫感染或血液供给状况可以反应驱虫药的疗效。有时糖皮质激素对肠道内非肿瘤性浸润的治疗效果较好，而在另一些病例中的疗效却比较短暂。患有乳糖酶缺乏症的犊牛、马驹及山羊羔对辅助性疗法和日粮管理的反应较好。患吸收障碍的马由于发生炎性肠病，其预后通常

不良。据报道，大多数病例都是致死性的。

第二十二节　腹部脂肪坏死（脂肪过多症）

成年牛，特别是河间岛品种牛、日本黑牛以及长期饲喂羊茅草的肉牛，其腹膜腔常见由坏死脂肪形成的硬肿块。该病也可见于以高羊茅草为主的牧场中放牧的鹿和山羊。由于肿块摸上去和胎儿绒毛叶相似，因此常被误认为是发育中的胎儿。坏死脂肪肿块不会引起临床症状，但是在某些晚期病例中可能会出现以中度腹痛、接近脂肪块的肠段发生扩张，或以少量粪便为特征的一系列小肠阻塞等临床症状。

患牛的坏死脂肪成分与正常牛相同，腹部的坏死脂肪是一种异化的正常脂肪，目前较一致的说法是，动物对腹部脂肪的调控方式与身体其他部位的脂肪不同。脂肪坏死一直以来都被称为脂肪过多症，但是现在认为这种说法已经不适用了，因为脂肪肿块并不属于瘤性或增生性的疾病过程。

该病的病因目前尚不明确，但可能与动物饲料中含有过多的长链饱和脂肪酸有关。脂肪坏死主要发生在2岁以上的牛，患牛曾长期采食感染有合瓶支顶孢霉［Neotyphodium（Acremonium）coenophialum］的高苇状羊茅（见苇状羊茅中毒）。有65%甚至更多的脂肪坏死都与植物内的寄生菌有关，几乎在全美国以高羊茅草为主的草场都会发生该病。

坏死性脂肪肿块主要位于网膜、肠系膜和肾脏脂肪周围。当硬肿块压迫到瘤胃、小肠和升结肠，或阻塞产道以及偶尔压迫尿道时，会表现出一定的临床症状。可经直肠检查诊断该病，并同时推测畜群的患病率。在老龄奶牛的晚期病例中，需要采用腹部冲击触诊法对腹部的硬肿块进行检测。将牛从感染有寄生虫植物的草场转移，或者添加豆类及其他牧草来稀释摄取的饲料，可以使肿块缩小。口服Isoprothiolone（50 mg/kg，每日1次，连用8周）可有效缓解日本黑牛的脂肪坏死。

在发病的鹿群中，90%的母鹿都可发病。其临床症状包括食欲不振、精神沉郁，以及因大块腹部坏死的脂肪肿块挤压输尿管所致的尿毒症，进而引起输尿管和肾脏积水。

腹部脂肪坏死的第二种形式，目前还未被确定。尽管没有出现相关的临床综合征，但病变（离散性的或融合性的脂肪组织坏死肿块）常限于胰腺脂肪。尽管如此，也可见整个腹腔都发生脂肪坏死的病例。

腹部脂肪坏死的第三种形式是发生在腹部和腹膜后部脂肪的局灶性坏死。该病以绵羊最为常见，但在

猪、马、猫和其他动物中也时有发生，有关这类动物的症状很少有值得利用的信息，但腹部X线检查或超声波检查，有助于猫腹部局部坏死脂肪的诊断。

（金天明译 马吉飞一校 田文儒二校 梁智选三校）

第二十三节 小动物口腔疾病

有关口腔疾病的发生见第144页。要了解嗜酸性肉芽肿综合征见第855页。口腔最重要的功能是获得食物并将食物送入消化道，其余的功能包括信息沟通和社会联系、清洗保护、调节体温（在犬特别重要）、撕咬物体等，这种撕咬功能对于巡猎犬、警犬和军犬尤其重要。与其他部分消化道一样，健康犬的口腔表面存有大量的活细菌，作为微生态生物膜保护口腔。与身体其他部位不同的是，口腔含有非常重要的表面（如牙釉），既无局部的免疫防御系统，又无通过细胞分裂形成的再生能力。齿龈和黏膜具有很好的血液供应，齿龈紧紧连接在齿骨的表面，可以保护齿骨免受创伤、热损伤、细菌的侵袭。采食需要口腔咀嚼肌、牙齿、舌头、咽部肌肉的复杂配合过程。当口腔患病、创伤、营养不良、脱水时，均可以引起采食障碍。对于口腔疾病需要进行口腔全面检查，如果发现较早，可以有效治疗；但是，口腔疾病初期症状往往不明显，待发现明显症状后已经到了后期。

一、口腔炎症与溃疡

口腔的炎症可以分为原发性和继发性，口腔炎症的主要类型为齿龈炎和牙周炎。包括口腔黏膜（口腔炎），舌（舌炎）以及覆盖在翼突下颌缝、舌腭弓组织（口腔后部炎症）、从咽部到喉部的组织（咽喉炎），上腭（腭炎），或咽部（咽炎），这些部位炎症性质以及严重程度取决于病原的种类和病程长短。

牙周疾病（包括齿龈炎和牙周炎）是小动物常见的口腔疾病，齿龈炎是正常的齿龈组织对邻近牙齿表面菌斑的炎症反应，牙周炎（是牙周韧带伴随牙周附着丧失的炎症）是由牙周的细菌损伤和易感个体的免疫反应损伤造成牙齿及其周围支持组织的损害（见牙周疾病）。

幼犬左上颌非永久性犬齿断裂，引起牙髓病、牙周炎、齿龈脓肿，注意在第一前臼齿上部可见增生性、中心带瘘管的环状损伤。由Gregg A.DuPont博士提供。

牙髓疾病引起的牙尖周围组织感染常导致齿龈脓肿。在齿龈上可见一环形、隆起的炎性肉芽组织区，有一中央瘘管，此瘘管易导致牙周的炎症，但是牙周

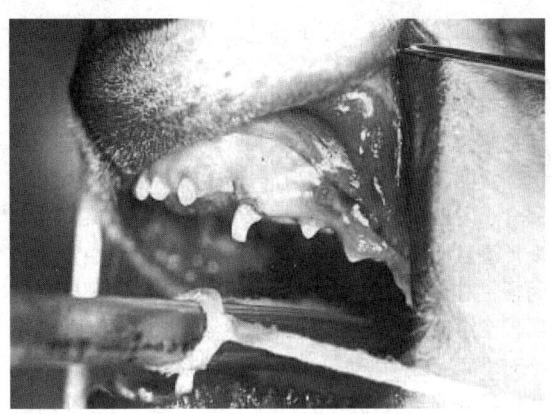

图2-38 齿龈脓肿

幼犬左上颌非永久性犬齿断裂，引起牙髓病、牙周炎、齿龈脓肿，注意在第一前臼齿上部可见增生性、中心带瘘管的环状损伤。（由Gregg A. DuPont博士提供）

脓肿很少导致齿龈脓肿。其病原见牙髓病。

引起口腔炎症的其他病因包括免疫性因素（自身免疫病、免疫缺陷病）、化学性因素、传染性因素、损伤、代谢病、发育异常或解剖结构异常，这些因素使口腔易遭受刺激、炎症、烧伤、辐射或发生肿瘤。

与口腔炎症（舌炎、口腔炎、口腔溃疡）有关的传染病病原包括猫疱疹病毒、猫冠状病毒、猫白血病病毒、猫免疫缺陷综合征病毒、犬瘟热、巴尔通体、某些血清型的螺旋体。创伤性口腔炎主要因动物误食植物的芒刺或碎玻璃纤维引起，由于采食物的种类不同可以导致口腔炎或口腔溃疡。铊是导致口腔疾病的重金属，可以引起口腔溃疡。这种中毒病的病程很长。尿毒症可以引起口腔炎和口腔溃疡。在灰色牧羊犬可见反复发作的口腔溃疡和周期性出血。

口腔炎的临床症状随病因和炎症程度不同而有很大差异。厌食是常见的症状，在猫表现更为突出。在口腔后部炎和舌炎的病例中，常见口臭、流涎，唾液为淡血红色。患病猫常用前爪挠嘴，并且易怒；由于疼痛，病猫不愿配合口腔检查，局部的淋巴结肿大。

（一）猫口腔后部炎症

猫口腔后部炎症（Feline Caudal Stomatitis，FCS）（包括溃疡性增生性咽喉炎/口腔炎，腭舌炎，浆细胞性口腔炎，淋巴细胞性浆细胞性口腔炎）在临床上不常见，仅占牙病的3%，但是表现严重。患病猫表现为进行性坏死性口炎和口腔不适症状，在舌腭弓周围与翼突下颌脊表面，可见溃烂发炎或增生；在FCS典型病症表现为口腔背侧出现对称的溃疡增生性炎症。引起FCS的病因不清，怀疑与猫的过敏体质有关，可能是猫对一种或几种抗原异常反应的结果。据报道称，达100%的患猫长期携带猫冠状病毒，FCS可能

与牙表面及其牙周组织的多种过敏原引起的过敏反应有关。

口炎最明显的症状是严重的张口疼痛，当猫张口打哈欠或采食时，出现尖叫或乱跳，可见口臭、流涎、吞咽困难。常见患病猫虽然饥饿，但是不愿张口采食，发出嘶叫并逃走，提示口腔不适；如果口腔病变严重且持续时间长，可见猫的体重变轻。由于此病为慢性进行性疾病，初期症状不明显，到表现出症状后，已经甚为严重。有时出现下颌淋巴结肿大。如果不对患病猫进行镇静或麻醉，很难进行口腔检查。

【诊断】需进行口腔检查，重点观察舌腭部周围对称组织区的溃疡增生性病变。典型病例中，患病猫不愿配合开口检查。其他检查包括病毒分离鉴定（如冠状病毒、疱疹病毒）、反转录病毒检测、器官系统疾病检查（如肾脏衰竭）、巴尔通体检测；在非典型病例，如单侧性溃疡或灶状增生性炎，可以采用活组织检查或病理组织学检查，以区分肿瘤性疾病或其他口腔疾病。来自于慢性炎症或溃疡性炎症的活检组织，典型表现为淋巴细胞和浆细胞浸润，在未明确病因的情况下，这些变化提示为慢性炎症的特征。

【治疗】通过齿槽刮除手术，拔出所有前臼齿和臼齿，去除周围的韧带，这是唯一的治疗方法，对于长期控制口炎很有效。

如果能早发现患病猫，早拔出患病牙齿，不留牙根及其碎片，对80%患病猫的治疗均有明显效果。经过多种方法治疗的慢性病例早期诊断较难，在检查口腔时，如果发现牙齿少了，应做X线检查，以确定是否有牙根残留，如果是，会妨碍后期治疗，应拔除牙根。在手术后，为防治细菌的原发感染或继发感染，可在1周的时间内给予阿莫西林、氯洁霉素或甲硝唑。对慢性口腔炎或复发性口腔炎的病例，很少做细菌分离和药敏试验。对口腔炎的病例可以采用抗生素控制感染、加强营养、患处局部消毒（如0.1%的洗必泰溶液或洗必泰胶）；对不能采食或不愿采食的动物，应静脉或皮下注射，以补充水分和营养（给予无过敏的软食物），以防脱水。

在特别虚弱的患病猫，可以通过鼻、咽食管造口或胃造口，插入饲管喂食，多次少量给予流体食物，然后给予半固体食物，增加食欲。拔出牙后，疼痛持续时间较长，应给予泼尼松或去炎松治疗，很有效地减轻疼痛并能消炎。

对于FCS治疗方面的报道较多，包括保持口腔卫生、治疗牙周疾病、经常性的牙病预防、使用苯甲酸氮芥、环孢霉素、激光疗法、牛乳铁传递蛋白、孕酮、氯金酸钠、咪唑硫嘌呤药物，投给低过敏原的食物，采用二氧化碳激光治疗、冷冻疗法、电灼疗法、

放射外科法，目前尚无永久性的解决方法。一些学者报道，使用猫重组干扰素治疗效果较好，很有前景。虽然使用糖皮质激素可以迅速而明显地改善口腔过度炎症反应，但是仅可以作为无其他方法的最终手段使用。如果不用外科手术，需要通过反复注射甲基强的松龙和去炎松或经常口服强的松（泼尼松）、氢化泼尼松来控制口炎。对于慢性进行性口炎，用以上方法往往效果差或无效。此外，接受糖皮质激素反复治疗的猫在拔牙后治疗效果差；如果在疾病的早期或大量使用糖皮质激素治疗之前，将前臼齿和臼齿，甚至全部牙齿拔除后，可以明显地改善或完全解决口腔炎问题。

（二）慢性溃疡性口炎

慢性溃疡性口炎（也称慢性溃疡性牙周病综合征）包括严重的齿龈炎，多灶性齿龈裂或萎缩，靠近大牙的唇表面黏膜出现大面积糜烂；这种病常见于美国灰犬（一种猎犬），也见于马尔济斯犬、小髯犬、拉布拉多寻回猎犬或其他犬种。

【诊断】本病可以通过临床观察口腔典型病变进行诊断，需要鉴别其他病因引起的类似病病，如尿毒症性口炎、腐蚀性口炎、特殊病原感染引起的口炎。典型病变溃疡可从唇或颊与牙齿接触处开始发展，常见由上唇与上犬齿连接的内表面开始发展。这样的溃疡沿着与牙齿接触口腔黏膜的部分分布，又称为采牡蛎划艇样溃疡，需要进行免疫学检查，或活检取样做病理组织学检查。

【治疗】本病是免疫系统对牙菌斑的局部过敏性炎症反应的表现，是一种免疫性疾病；通过专业洗牙工具清理或采用家用牙刷（每日2次）能够完全清除

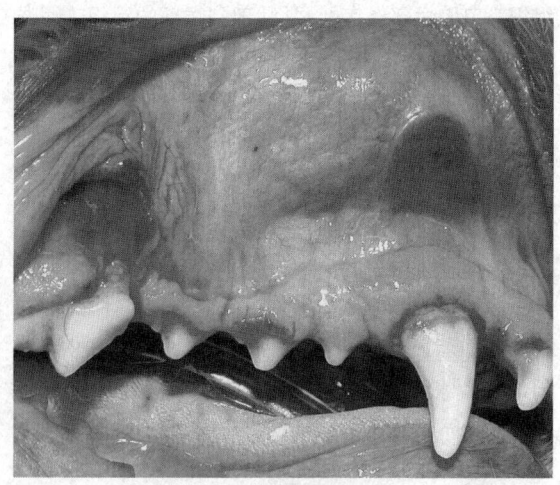

图2-39　慢性溃疡性口腔炎
在唇和颊与上犬齿和上前臼齿接触的黏膜可见溃疡。
（由Gregg A.DuPont博士提供）

或尽量减少牙菌斑形成，可以解决牙菌斑引起的口腔疾病问题。牙齿表面有轻度的牙菌斑会导致口腔黏膜炎症或溃疡，应配合使用抗生素，局部采用洗必泰液体或膏剂处理，在可能的情况下配合使用甲硝唑抗菌消炎，效果更好。在严重的口炎病例，局部消炎可以减轻口炎的疼痛；因溃疡引起的不适，可以导致刷牙或局部给药困难。在这些严重的病例，宠物主人不愿意或不能给动物刷牙，在拔出所有的牙齿后，需要清除溃疡周围积累的牙菌斑。虽然以上措施可以控制炎症，但是在口腔表面与舌表面可以不断形成菌斑，口炎仍然难以治愈。在一些拔掉牙的病例，由于口腔黏膜对菌斑的过敏反应，仍可以发生溃疡性口炎。

（三）唇褶皮炎与唇炎

唇褶皮炎和唇炎是慢性湿性皮炎，在各种犬均常见，表现为唇下垂或一侧性唇偏低，可见于猎犬（一种西班牙猎犬），英国斗牛犬、圣伯纳犬，这些犬的唇长久接触唾液。如果口腔卫生不好，唾液中的细菌数量多，易引起口腔炎症，表现为唇部皱褶有恶臭味、红肿，有不适感。

唇损伤多见于动物间互相斗殴或误食入尖锐的物体，如荆棘、草芒刺、带刺的植物种子、鱼钩等，这些物体可以刺伤唇或残留在唇内，引起明显的刺激反应或严重的损伤。塑料性和植物性的损伤可以引起唇的炎症反应，唇部感染继发的炎性损伤可以扩展到邻近区域。严重的牙周疾病或口炎可以直接导致唇炎。细菌性的皮肤炎或感染性创伤可以引起邻近唇和唇部皱褶的感染。唇的炎症原因还包括寄生虫感染、自身免疫病或肿瘤。

【临床表现与诊断】唇和唇部皱褶炎症有急性和慢性之分，可见发生唇炎的动物用爪抓或挠或擦自己的唇和嘴，呼出的气体带有臭味，偶尔见大量流涎和食欲不振。在慢性病例，可见唇边缘或唇部皱褶上的被毛脱色变湿，覆盖一层厚的、黄色或棕色恶臭的分泌物，皮肤充血变红，有时可见溃疡；由原发性口部或身体其他部位的感染蔓延而引起唇炎。

【治疗】唇褶性皮肤炎的治疗手段包括去除病变部毛，用过氧化苯甲酰清理唇褶，每日1~2次，或用温和的皮肤清洗剂清理，保持局部干燥。也可以局部使用湿疹膏剂，效果较好。对于唇褶深的犬采用外科矫正术（唇成形术），可以达到永久治愈的目的。

与唇部皱褶无关的唇炎常用温和的清理方法处理，如果有细菌感染可以使用抗生素治疗，如果有特殊病原的自身免疫性皮炎可以采取特殊治疗方法处理。如果唇部有较大的伤口应清理并缝合，牙周疾病和口腔炎的治疗有助于防止唇炎复发。由其他部位炎症蔓延引起的唇炎，在治疗局部唇炎的同时应治疗

发病。如有严重的感染，应清除炎症局部的被毛，温柔地处理患处，使之干燥，配合使用抗生素，以控制严重的局部感染或全身感染。

（四）真菌性口腔炎

真菌性口腔炎由假丝酵母（机会性真菌）的过度生长所引起，在犬和猫不常见。本病的特征为口炎、口臭、流涎、厌食、口腔溃疡并出血，研究表明，本病与其他口腔疾病、长时间使用抗生素、免疫抑制性疾病有关。对于本病的诊断，可以从患处采取病料，进行真菌培养鉴定或进行病理组织学检查。

应治疗任何影响口腔的潜在的局部或全身性疾病。在停止使用抗生素后，可用酮康唑或苯丙咪唑治疗，直到痊愈。保持一定营养水平的食物供给；如果前期的疾病不能治愈或得到控制，本病的预后不良。

（五）急性坏死溃疡性齿龈炎

也称坏死溃疡性齿龈口炎、溃疡性膜性口炎、坏死性溃疡性口炎、文森特口炎、战壕口炎。

在犬，这种疾病相当少见，其特征是严重的齿龈炎、溃疡、口腔黏膜坏死，梭菌属和螺旋菌（包柔氏螺旋体菌）为常在菌，在一些条件下，当机体口腔局部抵抗力下降或其数量增加而致病。尚不清楚这些病原的致病作用机制，人的产黑色素类杆菌在齿龈炎致病中有重要作用，其他潜在病因包括应激、对过敏体质的犬过量使用糖皮质激素以及营养不良。

急性坏死性齿龈炎病初表现为齿龈边缘和齿间乳头红肿、疼痛、易出血，可以发展成齿龈凹陷，口腔内其他部分的黏膜出现溃疡、坏死膜，在严重的病例露出骨骼。出现口臭，由于疼痛而厌食，有时流涎，唾液为淡血红色。鉴别诊断包括严重的牙周疾病、自身免疫性皮肤病、尿毒症、肿瘤、与口腔疾病有关的其他系统疾病。可以通过其他病因排除法进行鉴别诊断。

治疗方法包括：牙周疾病的治疗，局部清创，保持口腔卫生，使用抗生素（阿莫西林、氨苄西林、氯洁霉素、甲硝唑、四环素）控制感染，局部使用口腔清洗剂（0.1%洗必泰溶液或洗必泰胶）。

（六）舌炎

舌炎是舌头的一种急性或慢性炎症过程，主要病因包括传染性因素（冠状病毒、疱疹病毒、鼻气管炎病毒、螺旋体）、物理因素（过量的牙结石或牙周疾病）、机械性因素（外界异物穿入舌或留在舌内引起外伤）、化学性因素、代谢病（尿毒症、甲状旁腺机能降低、糖尿病），其他病因有电流、昆虫叮咬。在长毛犬，当犬用舌清除被毛上的植物芒刺时，易引起舌的损伤，从而导致异物性舌炎。

患病动物流涎、厌食是常见的症状，但是如果不对口腔进行细致的检查，很难发现舌炎病变。牙周炎

可以见到红肿、偶尔在舌的边缘看到溃疡；在舌下可以见到线状、丝状的异物；这些病例往往在舌的背面看不到病变，检查腹面时可以发现异物，动物有痛感，显示出急性或慢性炎症病变。有时来自豪猪刺、植物或其他的异物在舌深部组织内，表面病变不明显。昆虫叮咬可以引起舌急性肿胀。

在慢性舌炎病例，可见患处有厚的、棕色的、带有恶臭味的分泌物（偶尔见到血样物）附着，患病动物不愿配合开口检查。

需要取出口腔中的任何物体或毛发，除去或治疗断裂和患病的牙齿，对于细菌感染引起的舌炎，要全身使用合适的抗生素治疗；在一些病例中最好进行清创手术和用0.12%的洗必泰消毒液消毒。如果外界异物进入舌组织深部，有时需要进行刮除手术取出异物。需要给予患病动物软的和流体食物；如果动物长期不能采食，应考虑进行鼻饲或咽部食道造口或胃部造瘘术，通过管道给予食物，由异物刺入引起的急性舌炎需要紧急处理。

如果舌炎由继发性因素引起，应首先治疗原发病，当清除任何刺激以及感染性因素后，舌损伤很快痊愈。

二、软组织损伤

（一）咬颊症

当动物咀嚼时，上下牙齿对颊部组织造成损伤，此为自我损伤，可以沿着颊的咬肌面出现一种增生性疣。这种损伤与人的咬颊症或咬唇症相似。在犬和猫，这种损伤可以影响到舌下组织，可以通过外科手术切除多余的增生组织，可以防止损伤进一步发展。

（二）口腔灼伤

口腔灼伤，虽然动物口腔的热损伤、化学或电流损伤不常见，但是这些因素在生活中存在，具有潜在的威胁性，需要全面考虑和认真处理。在动物的舌、唇、口腔黏膜、硬腭常见电流的烧伤。由电流引起的损伤，一些表现为损伤很轻，动物有短暂的不适；而一些损伤很严重，导致组织缺失和疤痕的形成，最终引起变形和组织失去功能；常见到幼龄犬和宠物兔咀嚼电线，导致电流引起损伤，这些被电伤的动物舌的背面有一条线状的疤痕，唇部一侧或两侧也可见到疤痕或大的烧伤，犬齿出现变色，最终需要治疗牙髓疾病。

如果动物主人在家，也许可以观察到动物出现灼伤的事故，但是这些事故往往发生在主人不在家时。动物被灼伤后表现为不愿采食或饮水，用爪抓挠口腔和面部。如果损伤明显，可继发细菌感染，从而形成溃疡性或坏疽性口炎；如果发现是碱性化学物质灼伤

口腔，可以速用食醋或橘子汁冲洗口腔；如果是酸性物质造成的烧伤，可以速用苏打水冲洗口腔；用大量的清水冲洗口腔可以除去大部分的化学物质，用大量中性液体冲洗动物口腔后，可以见到明显的治疗效果。有口腔黏膜炎症而没有溃疡的动物不需要特殊辅助疗法，而是给予软的或液体的食物，直到痊愈。如果损伤重、范围大，需要用洗必泰消毒液冲洗并清除坏死组织碎片，应连续全身性使用几日抗生素，以控制口腔继发感染。

三、病毒性疣与乳头状瘤

病毒性疣是由病毒引起的良性肿瘤。口腔黏膜和唇的结合部常发生此肿瘤，通常情况下，多发性的肿瘤或有时单个肿瘤会扩大到硬腭和口咽部。病毒性疣多发生在青年犬，突然出现，迅速地生长和扩散，当肿瘤的生长影响到抓、咬和吞咽时，可以表现出临床症状。偶尔见到肿瘤生长的数量多，由于犬的自咬，造成出血和感染。在几周内可以出现自发性的退化，不需要外科手术清除。如果需要手术，可以采用电灼烧或放射外科、锋利的手术刀片切除外生物。通过外科手术切除一个或数个疣，可以诱发疣的退化。市售的疫苗或自体组织软疣疫苗的效果常常不理想，这种肿瘤自我限制的生长方式使得难以评价对肿瘤的治疗效果。

乳头状瘤是良性的外生性鳞状上皮组织肿瘤，临床上与病毒性疣不宜区别，不像病毒性疣，肿瘤生长慢且较硬实，大多数肿瘤为良性，采用外科手术切除可治愈。

四、口腔肿瘤

（一）口腔良性肿瘤

纤维瘤是口腔常见的良性肿瘤，虽然为良性肿瘤但是炎性纤维瘤可以生长得很大。外周生牙组织纤维瘤（也叫纤维瘤或骨化齿龈瘤）是硬实的，涉及邻近的牙龈组织。这些肿瘤在任何年龄的犬均可以发生，以6岁以上的犬多发。一些肿瘤中心发生骨化，当齿槽骨增生形成团块后，即肉眼可见。虽然出现多处炎症，但是这些肿瘤很硬实，不转移，但是可能停止扩大或向周围牙组织侵袭。它们由牙齿下部的外周韧带开始生长，如果实施外科手术，需要切除肿瘤组织及其周围的韧带组织，同时除去受到侵袭的牙齿，手术彻底切除是治疗该肿瘤的一种方法。

犬棘皮瘤型成釉细胞瘤（之前称为棘皮瘤型龈瘤）具有局部侵袭性，很快地侵入周围组织（包括骨组织），这些肿瘤虽然不转移，但是外科手术时由于其局部的侵袭性，需要切除眼观肿瘤及其周围1 cm

范围临床上正常的组织，包括骨的周边，以防止其复发。当治疗较大的肿瘤，放射疗法可以最大限度地降低变形，用外科手术切除肿瘤是有效的治疗方法。

（二）口腔恶性肿瘤

在犬，3种最普通的恶性口腔肿瘤是恶性黑色素瘤、鳞状细胞癌和纤维肉瘤，8岁以上的老龄犬发生率较高。到目前为止，猫最常见的恶性肿瘤是鳞状细胞癌，常常发生在齿龈和舌，具有高侵袭性；第2种常见的肿瘤为纤维肉瘤，也具有局部侵袭性，预后较差。

【临床表现】 临床症状依赖于肿瘤发生的部位和扩散程度，常见口臭、不愿采食、流涎多；如果肿瘤出现在口咽部，有吞咽困难症状，肿瘤部位常出现溃疡和出血，当肿瘤增大并侵袭到周围组织时，面部出现肿胀。在口腔和咽部肿瘤被检出前，局部淋巴结常常肿大。

【诊断】 由于齿龈生长，外科手术前需要确定手术的范围，活检是一种现实有效的诊断方法，因此，在一些病例可以采用细穿刺针吸取肿瘤组织制成涂片，染色镜检后进行细胞学诊断，恶性的黑色素瘤细胞表现为多形性、有或无色素。采用这种方法可以鉴别任何口腔肿瘤，鳞状细胞癌常常侵害齿龈或咽扁桃体；扁桃体出现肿大是否为淋巴肉瘤，需要通过观察是否转移局部淋巴结和肺脏来进行鉴别。

【治疗】 恶性黑色素瘤具有高度的侵袭性并转移迅速，预后不良；特别是口角的大块状肿瘤，外科切除可以延缓生存期，也可能被治愈，但是常见复发。虽然有许多针对黑色素瘤的免疫学治疗方法，但是效果均不理想。有资料表明，新的方法，如树突细胞疫苗和异体DNA疫苗有一定效果，结合自毁基因辅助疗法的效果还在评价中。犬非扁桃体性鳞状细胞癌具有局部侵袭性，转移性较低，通过彻底的外科手术治疗和放射治疗，或二者结合治疗，预后较好；犬扁桃体性鳞状细胞癌具有侵袭性，预后很差；虽然对纤维肉瘤局部的侵袭性，可以准确预后，但是切除后很容易复发。猫鳞状细胞癌预后很差，如果给予早期诊断和治疗，可以延缓生存期。采用下颌骨切除术清除局部肿瘤。

五、唾液腺疾病

（一）流涎

在临床上表现为唾液分泌过多而流口水；由于继发性的口腔结构异常或吞咽障碍，即使唾液正常分泌，也可导致假性流涎。下面将这两种情况放在一起分析。

导致流涎的原因包括：①药物，如有机磷或毒物；②局部刺激，与口腔炎和舌炎（特别是猫）相关的炎症、口腔异物、肿瘤、损伤或黏膜溃疡；③传染性疾病（如狂犬病），神经型犬瘟热，其他痉挛性疾病；④运动性疾病，恐惧，神经性过敏或兴奋；⑤由于食道病变的刺激或食道阻塞，或由于胃炎和肠炎引起胃肠道受体的刺激，不愿采食；⑥舌下损伤（如线形异物进入舌内，舌肿瘤）；⑦扁桃体炎；⑧食入药物（特别是猫）；⑨口腔解剖结构异常；⑩代谢性疾病，如肝性脑病（特别是猫），或尿毒症；⑪脓肿，其他腮腺炎或腮腺结构异常引起的阻塞。

在检查口腔前，应首先排除狂犬病，然后确定病因，分析局部或全身情况，再进行治疗。如果唇部皮肤不能保持干燥，则唇部和面部可以出现急性湿性皮肤炎。采用低浓度的洗必泰或过氧化甲酰消毒。

（二）唾液腺黏液囊肿

正常情况下，唾液来自下颌间或头颈部区域。唾液腺黏液囊肿，是在唾液腺的分泌管或腺体受到损伤后，黏液性唾液积聚在皮下组织形成的；本病在犬最常见，任何唾液腺均可被感染，其中舌下腺、颌下腺常被侵害。在咽部很少发生黏液囊肿。

导致唾液腺黏液囊肿的病因来自舌下腺、腭腺、腮腺、颊腺的腺管破裂、炎症阻塞或外伤。犬有一种易患多发唾液腺囊肿的发展倾向，但其原因不清。

唾液腺囊肿的临床症状与唾液积聚的位置有关，急性唾液腺囊肿初期，可见发炎部位肿胀和疼痛，在初期，动物主人往往观察不到这些病变，直到在颈部形成无痛性、慢慢增大、有波动的肿物后才会发现。舌下囊肿只有到了损伤破裂出血后才会被发现，咽部囊肿可以阻塞气管，导致中度或重度的呼吸困难。

唾液黏液囊肿表现为柔软、波动、无痛的团块状，应与脓肿、肿瘤和其他囊状物区别开；如果黏液囊肿被细菌感染，可以出现局部疼痛或发热，将动物侧卧，进行细致的叩诊，可以确定感染的部位，穿刺囊肿可见穿刺物为金黄色或浅血红色的黏稠液体；如果以上不能确诊，也可采用唾液腺管的造影术进行诊断，此方法效果较好。建议使用外科手术切除损伤的唾液腺及其导管；如果颈部的黏液囊肿不宜手术，可以采用定期引流排出积液。对于舌下囊肿可以采取引流或造瘘术或摘除腺体的方法治疗。对于咽部的黏液囊肿建议采用外科手术切除腺体和导管，可以避免囊肿进一步发展后阻塞气道。

（三）唾液腺瘘

唾液腺瘘很少见，发生的原因为硬腭、颊骨或舌下腺的损伤。腮腺的损伤可能发展为瘘，其损伤的原因见于腮腺管的损伤（如咬架引起的损伤）、脓肿引流、因医生外科治疗引起的损伤；唾液流出的时间长而妨碍愈合，进而形成瘘管。

在唾液腺瘘，唾液腺体损伤史、瘘管的物质和分泌物性质具有特征性，唾液腺瘘必须与颈部鼻窦瘘（由于外界异物穿透鼻窦或下颌颊齿牙髓疾病）以及先天性缺陷引起的窦相区别，应采取外科手术结扎唾液腺导管，切除有关的腺体来治疗本病。

（四）唾液腺肿瘤

唾液腺肿瘤在犬和猫很少发生，猫比犬发生率高2倍，多见于10岁以上的猫与犬，没有品种和性别差异，但是在狮子犬和西班牙猎犬发生较多；大多数唾液腺肿瘤是恶性的，以癌和腺癌多见，易发生局部侵袭，并可转移到附近的淋巴结和肺脏，外科手术切除后容易复发；对患病动物采用放射方法结合手术或非手术进行治疗，预后较好。

（五）唾液腺炎

临床上唾液腺炎在犬和猫发生少，常常在尸体剖检后组织病理学观察时才发现其病变。其发生的原因包括损伤，常见的有咬伤引起的唾液腺穿透伤、影响唾液腺及其周围组织的全身感染性疾病、表现唾液腺炎的全身感染性传染病包括狂犬病、犬瘟热、引起人腮腺炎的副黏病毒。

唾液腺炎的临床症状包括发热、精神沉郁、疼痛、唾液腺肿胀。脓肿性唾液腺破溃后脓汁可以进入周围组织或口腔内，脓汁通过皮肤可以形成瘘管。可见在耳下的腮腺肿胀最明显，颌下腺、颊腺到眼部均出现肿胀。颊腺肿胀引起眼球后肿胀，由于感染差异，出现不一致的斜视，眼球突出、过度的流泪、不愿开口采食。由于颊腺和腮腺脓肿引起剧烈疼痛，头部僵硬，患畜拒绝兽医对头颈部的任何检查。通过检查脓肿渗出液可以作出诊断，但是采用X线检查和其他实验室检查方法诊断唾液腺炎的效果不理想。唾液腺的组织病理学检查可以确定急性或慢性炎症或坏死。

轻度的唾液腺炎不需要治疗，很快可以痊愈，如果在最后臼齿上发生颊腺脓肿，可以通过感染侧的皮肤引流，同时进行全身抗生素治疗。对穿刺物、活检物或外科手术腺体切除物必须进行细胞学检查，以便确定解决方法以及是否易复发。

（六）犬唾液腺坏死

犬唾液腺坏死比唾液腺炎更严重，唾液腺坏死表现为硬实、肿大、疼痛，往往伴随干呕和反胃。多数感染的犬有食管疾病，如巨食道症、食管憩室或食道炎。在这些病例中，随着食道炎的治愈，唾液腺肿大的现象可消除，用细针抽取物进行细胞学和组织病理学检查，见不到异常、导管增生或炎症现象。

（七）苯巴比妥反应性多涎症

苯巴比妥反应性多涎症（边缘系统癫痫）的临床表现为唾液腺肿大，有触痛、体重减轻、流涎、干呕和呕吐。用细针抽取物检查显示唾液腺无异常，诊断需要排除其他原因引起的唾液腺肿大以及对肌内注射苯巴比妥（5 mg/kg，每日2次，连续4 d，然后口服2 mg/kg，每日2次）的反应。一些动物在6个月后才能去除苯巴比妥的反应，且容易复发。

（八）坏死性唾液腺增生

坏死性唾液腺增生为特殊的良性肿瘤，是腭微小唾液腺的自我限制性的炎症，临床上可见腭溃疡或黏膜下层肿胀，可以自行消失。由于此病变在临床上和显微镜下与鳞状细胞癌和黏液性表皮样癌相似，需要进行鉴别；如果仅为坏死性唾液腺增生，不必进行外科手术切除。

（九）口腔干燥

口腔干燥或口干症是指口腔唾液分泌减少，导致口干为特征。口腔干燥可以导致明显的不适和采食困难。在犬和猫不常见，在人很常见，见于人的头颈部肿瘤采用放射疗法，放射线损伤唾液腺所致。当放射疗法在动物中广泛应用后，这种与人相似的口干疾病会同样频繁出现。唾液分泌减少也是由于使用某些药物（如阿托品）、过度脱水、发热、麻醉等所致，某些患角膜结膜炎的犬也有口干症状，可能与免疫有关。口干病例偶尔与唾液腺炎有关。

对于口干的治疗，首先应确定病因和治疗方法，用生理盐水漱口也可以缓解口干，如果怀疑脱水，通过输液疗法补充水分。如果怀疑与免疫有关可以使用免疫抑制剂。

第二十四节　小动物食道疾病

一、环咽弛缓不能

环咽弛缓不能是由于环咽肌松弛异常，导致吞咽食物和饮水困难的疾病，本病最早见于幼龄犬先天缺陷性疾病，偶尔见于成年犬。患病犬表现为反复试图吞咽食物，继而出现窒息或食物返流现象，往往形成异物性肺炎并发症，其发生原因不清。在成年动物与后天获得性的环咽肌功能紊乱有关，确诊需要口服对比剂（造影剂）进行吞咽功能检查，在钡餐造影结果显示咽喉有钡餐的潴留。

环咽肌切开术可以治疗本病，术后吞咽功能可以很快恢复，外科手术成功率接近65%。患有后天性环咽肌疾病的犬，采用此手术方法效果不好，但是可以进行继发性疾病的治疗，如果出现吸入性肺炎，需要使用抗生素治疗。

二、巨食道症

巨食道症（食道扩张）是一种先天性疾病，也见于成年犬的后天性疾病。巨食道症的先天缺陷表现为血管环异常、食道变位、先天性肌无力（参见先天性或遗传性异常）；成年动物的巨食道症可以是先天性疾病，也可继发于全身性疾病。继发性的巨食道症病因包括肌无力、系统性红斑狼疮、多发性肌炎、肾上腺皮质机能减退、重金属中毒（如铅中毒）、家族性自主神经异常、中枢神经系统紊乱（包括肿瘤），可能包括甲状腺机能降低。巨食道症也可以继发于食道的损伤，如食道狭窄、食道异物、食道肿瘤、环咽肌收缩。

巨食道症的主要症状是返流食物。患有先天性巨食道症的幼龄犬，在断奶后，如果采食固体食物，首先出现返流现象；一般患病犬的生长速度慢，身体比同窝的犬小，如果按压腹部，可见胸部食道入口部分出现气球样肿物；如果出现吸入性肺炎，可见发热、咳嗽、有时流鼻涕。患有巨食道症的成年犬，也可见返流食物和体重减轻以及明显的呼吸系统症状，很少出现或不出现返流物现象。胸部X线检查显示，在扩张的食道内可见气体、液体或食物。食道扩张情况不一致，在心脏前部的食道，由于扩张食道，使腹侧位置扩大。继发于食道狭窄、异物阻塞、肿瘤或动脉环异常引起的巨食道症，可以通过食道X线检查或食道内镜进行鉴别诊断。

在成年犬，应与本病相关的其他疾病（如食道肌肉无力导致的食道扩张）进行鉴别诊断并进行治疗。血管环异常可以通过外科手术治疗，但是在一些病程长、食道前部严重异常扩张的病例，外科手术不能有效缓解症状；不论是先天性的还是后天性的巨食道症应做好医学护理。先天性的巨食道症患犬，可以在动物的任何年龄进行手术治疗，在6月龄前进行手术较好。对不同的患病犬应制定不同的饲喂方法，一些犬可以给一些软的食物，另一些犬可以给一些硬的食物，可以将一些罐装的食物做成丸状。

对于多数患病犬应采取每次少喂，但增加饲喂次数，此种方法很有效。饲喂患犬时，应让犬的前肢位置比后肢高，动物采食完后，保持至少10~15 min，以便食物顺利通过巨食道的部位进入胃内；这种方法既不用手术也不用治疗，有助于食道功能的恢复。在临床上，多数动物易出现吸入性肺炎，反复发炎的肺脏可发生纤维化。

三、食道运动功能障碍

最近的研究证实，虽然青年犬没有明显的巨食道症，但是有食道运动障碍性疾病，临床症状上与巨食道症相似；虽然一些犬在食道X线检查有异常的食道活动，但是没有临床症状，超过50%的病例随着年龄的增大而临床症状改善或消失，这种病在小猎犬发生较多。

四、食道狭窄

食道狭窄是指食道腔变小，发生原因包括食道的创伤（如异物、腐蚀性物质、一些药物如强力霉素或氯洁霉素）、食道炎、胃食道返流、肿瘤侵袭。多数狭窄发生在胸部的食道。食道的肿瘤很少见，但是可以发生与犬旋尾线虫感染引起相关的食道肉瘤，在一些地区应考虑此寄生虫的存在情况。有血管环异常或其他肿瘤引起的食道狭窄与以上症状相似。

临床症状与异物阻塞引起的症状相似，包括返流和流涎、吞咽困难和疼痛；X线检查可用于诊断，可以观察到食道狭窄的长度、位置、狭窄的严重性；也可以用食道内镜诊断，但是在食道狭窄区不宜使用，可以在食道扩张后使用。

在治疗方面，可以使用带有球状泡的导尿管，成功率很高；使用探针往往效果不好，在理论上易引起食道黏性摩擦应激，在引起并发症方面，未见两种方法有明显差别。对于单一的狭窄可以采用手术方法治疗，但是效果也不好；这些治疗方法均可以导致一定程度的食道炎，但是可以降低食道狭窄的概率；采用皮质类固醇激素进行全身性或局部治疗可以防止狭窄的形成，但是治疗效果有争议，还没有资料表明，有治疗犬和猫食道狭窄成功的例子。人使用上述药物可以降低食道狭窄的发生率。

五、食道炎

食道炎常常由外界异物、胃食道返流、偶尔由某些药物（如强力霉素）引起。胃食道返流常常由麻醉或降低下部食道括约肌张力的药物（如阿托品、乙酰丙嗪）、急性或慢性呕吐引起。食道炎的其他原因包括食入刺激性或腐蚀性的物质、肿瘤和狼旋尾线虫（*Spirocerca lupi*）感染；穿过胃食道连接的饲喂管也可以引起返流现象；猫的冠状病毒也可以引起食道炎。

返流是食道炎常见的症状，其他症状包括流涎、反复吞咽、疼痛、沉郁、厌食、头颈前伸。轻度的食道炎可能没有上述症状。

内镜检查是诊断食道炎的方法之一，它可以对引起食道炎的病因进行直接可视化检查（如外界异物），能够直接评估食道损伤情况；X线检查对于食道炎的诊断价值很小或没有；食道造影检查可以检查继发于食道炎的食道运动缺陷情况，如果有严重食道炎，可见到食道壁缺损。

轻度食道炎不需要治疗，如果出现临床症状，应制订治疗方案。继发于胃食道返流的食道炎可以通过降低胃酸、增加食道括约肌的收缩力、加强胃的排空、控制疼痛的方法进行治疗；在大多数病例中，H_2受体颉颃剂（如雷尼替丁、法莫替丁）能够有效降低胃酸的产生。不管怎样，在严重的食道炎病例，应首先选用一种质子泵抑制剂（如奥美拉唑）进行治疗。西沙必利与胃复安能够增加下部食道括约肌的收缩力，提高胃排空能力。西沙必利比胃复安更有效，有资料表明，口服硫糖铝浆可以保护食道细胞。对于患病动物可以用软的低脂肪、低纤维食物，每次少喂，增加饲喂次数；使用止痛药进行缓解食道炎的疼痛。

如果食道炎严重，可以采用胃造瘘饲喂食物，以避开食道。使用皮质类固醇药物防止食道狭窄的效果争议很大。为了防止细菌侵入和感染的发生，常用广谱抗生素治疗中度或重度的食道炎。

六、食道异物

在犬和猫，最常见食道异物为骨头，其他包括针、鱼钩、木头等，这些物体均可以阻塞食道，异物常常阻塞到胸部和心脏基部或膈前的狭窄食道处。偶尔也可阻塞到食道前括约肌处。

有食道异物的患畜表现为流涎、窒息、咽下困难、食物返流、反复试图吞咽动作，动物主人经常可以见到动物食入的异物；患病动物的症状表现依赖于异物阻塞的部位以及阻塞的程度和时间；当食道未完全阻塞时，动物可以食入流体食物，但是不能使固体食物通过食道。如果为慢性经过时，常见患病动物表现为厌食、体重减轻、精神不振。

颈部食道的穿孔可以导致局部脓肿或皮下气肿，胸部食道穿孔可以导致胸膜炎、纵隔炎、脓胸或气胸、气管食道瘘管形成，进而可能引起并发症如食道炎、黏膜溃疡、食道狭窄、食道憩室。在异物性食道病中常发生食道狭窄并发症。如果出现食物返流则可能发生吸入性肺炎。

许多食道内异物不能透过X射线，可在X线检查时见到，对于能使X射线透过的异物，需要采用内镜或造影进行诊断；如果怀疑有食道穿孔，应采用碘酸盐作为造影剂，不能使用硫酸钡造影剂作为对比剂诊断；食道内镜可以评价异物种类和食道壁的损伤情况，也可以作为治疗辅助方法使用。

一旦有确切的诊断结果，需要立即取出食道内的异物，常用易弯曲的纤细内镜及其镊子取出异物。如果软的内镜不能取出，可以用硬的内镜取出，但是需

要技术娴熟，不损伤食道或造成穿孔。如果异物平滑，可以通过口腔进入食道用带球的导尿管穿过异物，给球充气后，拉出异物；如果像鱼钩样的尖锐异物，需要插入带内镜的气管插管，用内镜的镊子取出尖锐物（如鱼钩），通过气管插管带出口腔，不会造成食道的损伤。如果不能通过以上方法取出异物，可以将异物推到胃内，一些异物（如骨）可以被胃消化、通过消化道排出或通过胃切开术取出异物。如果异物已经引起食道穿孔或不能通过内镜取出时，可以采用外科手术治疗；通过研究表明，外科手术后恢复率达93%。但有时会出现食道狭窄，与食道炎引起的食道愈合能力差等状况。如果出现食道炎，可以按照上述方法治疗。

七、食道憩室

食道憩室是指在食道壁形成囊样扩大，这种疾病可先天或后天获得。在犬和猫很少发生，出生后发生的食道憩室有2种类型：推进式或牵引式，推进式憩室多见于黏膜内压力增加，或食道深部的炎症反应，这些原因可在食道形成疝。形成食道憩室的疾病见于食道炎、食道狭窄、食道异物、血管环异常、巨食道症和疝；这种类型的憩室含有食道上皮组织和结缔组织。牵引式憩室见于与食道相连胸腔的炎症，由于纤维组织的产生与收缩，牵引食道外部扩张，这种憩室壁与食道结构相似。小的憩室临床症状不明显，大的憩室可以引起食物进入憩室囊中，导致患病动物采食后呼吸困难、食物返流、厌食。如果憩室内充满食物或空气，采用X线检查可以观察到憩室；最好采用造影剂检查憩室情况，也可以采用内镜观察憩室，鉴别食道的溃疡和疤痕情况。

治疗小憩室时，可以使动物前部站在较高的位置，饲以味道好、柔软的食物，大的憩室需要进行外科手术切除或重建食道壁的结构。通过外科手术方法治疗憩室预后很好。

八、支气管食道瘘

气管食道瘘在犬和猫很少发生，常常继发于异物刺破食道壁和气管及其分支。先天性的气管食道瘘病例在凯安梗类犬多见。常见的临床症状为饮水或进食后出现咳嗽、返流、厌食、发热、呼吸困难甚至出现肺炎。

X线检查可以观察到异物与肺炎，采用造影对比剂的X线检查可以观察到食道与气管的情况，采用少量的钡餐与碘酸盐对比剂可以引起犬过敏、肺脏水肿，通过外科手术切除肺叶、修复食道缺陷，预后较好。

第二十五节　小动物胃肠道疾病

一、犬细小病毒

【病原与病理生理学】 犬细小病毒（CPV）具有高度传染性，是幼龄犬急性传染性胃肠病（GI）的常见原因，虽然它的来源不清，但认为它来源于猫的泛白细胞减少症病毒或其他非家养动物的相关病毒。CPV没有外膜，为单链DNA病毒，对许多清洁剂和消毒剂有抵抗力，病毒在室内的室温条件下可以存活2个月，在室外，如果没有阳光照射和消毒剂可以存活5个月；在北美，大多数临床病例由CPV-2b引起，但是一种新的毒力与CPV-2b相似的CPV-2c病毒感染率增加。

6周龄到6月龄的犬，如果没有免疫或不完全免疫，最易感染CPV，罗特韦尔犬、杜宾犬、美国斗牛犬、英国史宾格犬、德国牧羊犬感染较严重，幼犬出生后吃到初乳，可以获得抗CPV母源抗体，在生后几周内保护幼龄犬抵抗CPV的感染。不管怎样，幼龄犬对CPV的易感性随着母源抗体的减少而增加。

应激因素（如断奶应激、拥挤应激、营养不良应激等），并发的肠道寄生虫或肠道传染性病原（腐败梭菌、弯曲杆菌、沙门氏菌、鞭毛虫、冠状病毒）与严重的临床症状有关。大于6月龄的未去势公犬比未去势的母犬更易患细小病毒性肠炎。

患病犬感染病毒4~5 d内（常常在临床症状出现前）由粪便排出，持续整个发病期，在临床恢复的10 d内同样排出。健康犬通过直接接触患病犬的粪便或间接接触患病犬的污染物（如环境、人员、设备）感染。病毒最初在咽喉部的淋巴组织，随后病毒经血液扩散感染全身组织导致疾病。CPV主要感染和损害迅速分裂的肠腺上皮细胞、增生的淋巴组织和骨髓，肠腺上皮组织的损伤导致上皮细胞坏死，肠绒毛萎缩，损害肠道的吸收功能，损坏肠道对细菌的屏障作用，导致细菌血症。

淋巴细胞减少、中性粒细胞减少继发于骨髓和淋巴组织（如胸腺、淋巴结等）中造血干细胞的损伤，虽然在疾病过程中，白细胞需求最多，但是产生较少。在子宫内感染、不到8周龄或出生后没有免疫的母犬，不能产生母源抗体，这些幼龄犬易患心肌感染、心肌坏死、心肌炎。心肌炎表现为急性心肺衰竭或慢性进行性心衰，或伴有肠炎或无肠炎表现。不管怎样，由于大多数母犬通过免疫或自然感染带有抗CPV抗体，所以CPV-2导致的心肌炎不常发生。

【临床表现】 细小病毒性肠炎一般病程为3~7 d，初期的临床症状为非特异性的，如精神不振、厌食、发热，随着疾病发展，在24~48 h内出现呕吐与出血性腹泻，体检发现患病犬精神沉郁、发热、脱水、肠道蠕动快（肠道扩张和充满液体），应进一步观察腹痛情况，是否有肠套叠并发症。严重感染的犬如果出现血管充盈时间延长，脉搏弱，心动过速、体温降低，预示着可能发生败血性休克。虽然已有与CPV相关的脑白质软化发生情况的报道，但中枢神经症状与血糖过低、脓毒血症、酸碱平衡障碍有关。常见不明显或亚临床感染发生。

【病理变化】 眼观变化包括肠壁变厚、无光泽、肠道内可见水分、黏液或出血性的内容物，腹腔和胸腔的淋巴结充血、水肿，胸腺萎缩，在心肌炎病例可见心肌上有白色条纹。组织学检查，肠腺上皮呈多灶性坏死，腺腔结构破坏，微绒毛变小脱落，淋巴组织和皮质淋巴细胞（集合淋巴结、外周淋巴结、肠系膜淋巴结、胸腺、脾脏）消失，骨髓发育不良；死于急性呼吸衰竭综合征、全身性炎症反应综合征、内毒素血症或败血症的病犬可见肺脏水肿、齿槽炎、肝脏和肺脏有细菌团块。

【诊断】 在未经过免疫或不完全免疫幼龄犬，如有肠炎的相关症状均可怀疑感染CPV。在疾病过程中，中度或严重的白细胞减少，主要是淋巴细胞和中性粒细胞减少；如果患犬在治疗24 h内未见明显的带状核中性粒细胞，则预后不良；可见肾前氮质血症、低蛋白血症（胃肠蛋白损失）、低钠血症、低钾血症、低氯血症、低血糖，肝脏酶活性增加；用商品化的ELISA可以检测粪便中的CPV。多数患病犬通过粪便释放大量的病毒，但是在疾病发生的早期（病毒释放高峰期前）或在感染后10~12 d病毒释放减少，往往出现假阴性的检测结果。假阳性的检测结果也出现在犬免疫接种CPV弱毒疫苗4~10 d的犬。检测粪便中CPV的其他方法包括PCR、电镜、病毒分离；血清学诊断方面，在近期（4周内）未进行疫苗免疫的犬血清中检测IgM抗体，或免疫超过14 d血清中检出IgG抗体滴度有成倍的增加，均表明CPV的感染。

【治疗与预后】 对于细小病毒性肠炎，主要治疗方法包括补充水分、电解质、保持酸碱平衡，控制继发细菌感染；呕吐症状不明显的患犬，可以采用口服补充水分和电解质；体液损失小于5%时，可以采取皮下注射补充电解质；中度和严重脱水的患病犬应采取需要通过静脉输液治疗，给予平衡电解质溶液纠正脱水，也可补充由于腹泻引起的体液损失。必须注意低血钾和低血糖的发生，如果电解质和血糖水平下降，需要适当静脉输液补充钾（氯化钾20~40mEq/L）和葡萄糖（2.5%~5%）。

如果胃肠蛋白损失过多（白蛋白总量<20 g/L，总蛋白<40 g/L，外周皮肤水肿、腹水、胸膜渗出物），应考虑同时补充蛋白，维持胶体渗透压；非蛋白的

胶体（如喷他淀粉，羟乙基淀粉）应以5 mL/kg（最大量20 mL/kg）在15 min内输完。以20 mL/kg的剂量24 h连续输入非蛋白的胶体，电解质的输入逐渐降低到40%～60%。当提供血清白蛋白酶抑制剂控制全身性炎症反应时，应选择新鲜或冰冻的血浆，可以部分取代血清白蛋白输入。还没有证据表明，使用康复犬血清或高免血清能提供有效的被动免疫。

由于肠道黏膜破坏，细菌容易侵入，同时白细胞减少，应使用抗生素进行治疗，静脉注射β-内酰胺酶抗生素（如阿莫西林、头孢唑啉22 mg/kg，每日3次）可以有效控制革兰氏阳性菌和厌氧菌的感染。为了控制严重的临床症状和明显的白细胞减少，也应肌内注射或静脉注射抗革兰氏阴性菌的药物（如恩诺沙星5 mg/kg，每日1次；庆大霉素6 mg/kg，每日1次）。如果脱水被纠正、体液平衡恢复后，可以使用氨基糖苷类抗生素；有报道表明，在2～8月龄生长迅速的幼龄犬，沙星类抗生素与关节软骨的损伤有关，如果关节疼痛或肿胀消失，应及时停用沙星类抗生素。

止吐药能减轻呕吐症状，加剧脱水、电解质平衡障碍，限制口服药物或营养物质摄入。皮下注射抗肾上腺素药（如氯吡嗪，0.1～0.5 mg/kg，每日3次）可导致血容量低的动物血压降低。而口服或皮下注射促进肠运动的药物（如胃复安0.3 mg/kg，每日3次或每日1～2 mg/kg，连续输液）可以增加肠套叠的危险性，应注意观察动物反应，控制使用以上药物，防止再脱水。安全和有效的新止吐药，如枢复宁（0.1～0.2 mg/kg，慢慢静脉注射，每日2～4次）和马罗匹坦（1 mg/kg，皮下注射，每日1次，连续5 d），这些药物用于治疗CPV肠炎的效果未见报道。尽管使用了止吐药，但是仍有呕吐出现，抗腹泻药物也不建议使用。由于肠道紧张性降低和扩张，肠道内容物停留时间长，增加了肠道细菌转移和全身并发症的发生。

以往建议对患病犬进行营养控制，直到病毒肠炎引起的呕吐停止后才允许进食和饮水；但最近的证据表明，早期的肠内营养与早期临床症状好转、体重增加、肠屏障功能改善均有关系。对于厌食的犬，在患病后入院12 h内，给犬安置鼻食道管或鼻胃管，饲喂小块食物或流质食物［如诊所出售的（Clinicare®），或稀释液，混合罐装食物］。一旦呕吐消失后12～24 h，建议逐步用水和软的、低脂肪容易消化的商业或自制的食物（例如熟鸡或牛奶酪和大米）。对于犬厌食超过3 d以上，应进行部分或全部的肠外营养喂养。

初步证据表明，建议静脉注射重组猫干扰素（2.5 U/kg，每日1次，连续3 d），可以减轻临床症状，降低CPV病毒性肠炎的死亡率。应考虑口服奥塞米韦（抗病毒药，2 mg/kg，每日2次，连续5 d），有关这种方法的疗效缺乏资料。有人建议，虽然奥塞米韦具有潜在的诱导或选择性抵抗流感病毒，但是不宜用于治疗病毒性肠炎。使用奥塞米韦3 d后，患犬表现为：嗜睡、腹痛、腹泻、烦躁不安、胃扩张。其他辅助疗法，如重组人粒细胞集落刺激因子和重组杀菌通透性增加保护因子，但是这些药物尚未见疗效方面的报道。

潜在CPV肠炎并发症，包括肠套叠、静脉插管引起的细菌感染、血栓形成、尿路感染、败血症、内毒素血症、急性呼吸窘迫综合征、突然死亡。如果大多数患病幼龄犬，经3～4 d后能存活的话，通常在1周内完全恢复。如果采用适当的辅助疗法，68%～92%的患有CPV肠炎的犬可以存活，犬的恢复时间延长，可能获得终身免疫。

【预防与控制】为了控制病毒对环境的污染和感染易感动物，对于确诊的或可疑的患CPV肠炎病犬，必须进行严格的隔离措施（如房间隔离、人员戴手套和穿工作服、经常进行彻底清洁等）。应采用漂白剂（1：30），过氧化物或过氧化氢消毒剂消毒犬舍及用具的表面。该解决方案可用于鞋底消毒。

为了预防和控制CPV，应在6～8周龄、10～12周龄、14～16周龄接种弱毒活疫苗。1年后加强免疫，以后每隔3年免疫1次。因为CPV对心肌或小脑细胞具有潜在的损害，在妊娠的犬或未吃初乳在6～8周龄免疫的犬，使用灭活疫苗比弱毒疫苗更安全。CPV母源抗体可能会干扰小于8～10周龄幼犬的疫苗免疫效果。目前CPV弱毒活疫苗对于低水平母源抗体干扰的犬，可以提供有效的免疫保护。在美国，至少有两种针对CPV-2 c变异株的商业疫苗为犬提供保护。

当近期患CPV的犬群体，临床症状消失，经过1个月的观察，无新的病例出现时，可以引进新的幼龄犬，此幼龄犬应在6周龄、8周龄和12周龄进行疫苗免疫。当引入不完全免疫成年犬时，应用同样疫苗免疫处理。新的细小病毒疫苗对健康犬可以提供合理的主动免疫。

二、结肠炎

结肠具有保持液体和电解质的平衡、吸收营养、储存粪便的功能，为微生物提供生存环境，如果结肠出现病变，可以损害上述功能，导致腹泻。已经证实，约1/3患有腹泻的犬有结肠炎，结肠的炎症发生达2周或以上时即定义为结肠炎，结肠炎可以降低水和电解质的吸收，改变结肠混合和捏揉内容物的功能，加大了后推内容物的能力。犬和猫结肠炎分为4种类型：浆细胞和淋巴细胞性结肠炎、嗜酸性粒细胞性结肠炎、中性粒细胞性结肠炎、肉芽肿性结肠炎。浆细胞和淋巴细胞性结肠类最常见于犬猫，中年犬多见，无性别差异。德国牧羊犬的结肠炎与肛门瘘管有关；患有慢性结肠炎的猫，常为中年猫，更多发于纯种猫。常见结肠固有层淋巴细胞和浆细胞数量增加（这种情况少见于黏膜下层和肌层）。

嗜酸性粒细胞结肠炎的特点是固有层嗜酸性粒细胞数量增加。这种情况在淋巴细胞性浆细胞性结肠炎少见，患病的犬猫越年轻越难以治疗。传染性因素、寄生虫和食物过敏可能是激发因素，但没有证据表明。全血细胞计数（CBC）可显示嗜酸性粒细胞增多。猫嗜酸性粒细胞增多症是嗜酸性粒细胞性肠炎的一种变异型，嗜酸性粒细胞增多不仅见于结肠，也见于肝脏、脾、肿大的肠系膜淋巴结、肾、肾上腺和心脏。

肉芽肿性结肠炎是罕见的，表现为节段性、增厚、部分结肠阻塞（常发生于回肠和结肠）。它的特点是固有层有巨噬细胞和其他炎症细胞浸润。这些巨噬细胞没有高碘酸雪佛氏染色法阳性反应。根据其组织学特征，重要的是可以鉴别炎症是否继发于真菌病、肠道寄生虫、猫传染性腹膜炎和异物。对于后者的治疗，虽然常选择手术治疗，但是争议很大。

【病原与病理生理学】 结肠的炎症分为急性结肠炎和慢性结肠炎，在多数病例，其诱发因素不清，可能包括细菌、寄生虫、真菌、创伤、尿毒症、过敏反应。结肠炎是黏膜免疫调节缺陷的表现。在黏膜损伤初期，黏膜下层淋巴细胞和巨噬细胞提呈抗原，然后诱发炎症反应，对肠道内食物和细菌的过敏反应，具有遗传倾向性，影响肠道的神经营养和血液供应，最后导致传染病或寄生虫病。

在急性结肠炎，黏膜内有中性粒细胞浸润和上皮细胞坏死脱落和溃疡；慢性结肠炎常见黏膜浆细胞和淋巴细胞浸润、纤维化，有时可见溃疡。杯状细胞受刺激分泌多量黏液，水分和电解质吸收障碍，肠道运动能力降低，炎症损伤了细胞间连接，跨膜电位差降低，影响结肠对钠的吸收，抑制肠道的正常分节段运动；结肠的肌肉收缩加强，促进结肠迅速排出内容物。发炎肠道对收缩更敏感，内容物进入结肠后，强烈刺激肠道肌肉收缩，进一步促进排便，导致腹部不适。

低聚果糖能提高结肠菌群数量，可以预防和治疗结肠疾病。这些复杂的碳水化合物在小肠不能被消化。在结肠内由结肠菌发酵，利用它们作为能量来源。低聚果糖可促进有益细菌的生长，抑制有害细菌的生长。这些细菌可以生产短链脂肪酸（Short-chain fatty acids，SCFA）。

短链脂肪酸（包括乙酸、丙酸、丁酸）是维护正常黏膜健康的重要能量来源，短链脂肪酸有助于维持肠道蠕动，改善肠道炎症状态。脂肪酸的改变会导致黏膜萎缩和损伤。

【临床表现】 患有慢性结肠炎的犬最常见腹泻，粪便上附有黏液，有时见有血液，粪便量少较稀，里急后重，偶见排粪时腹痛；常见随着每一次肠道运动，排粪动作和次数增多，粪便量少；在结肠炎时，少见体重减轻和呕吐，但是在小肠炎时，常发生呕吐和体重减轻。临床症状表现为由轻到重，病初临床症状时有时无，随着疾病发展症状表现出来；在多数病例，体检时症状不明显。通过直肠检查可以检出直肠息肉或恶性肿瘤，这些病变表现出的症状与结肠炎相似，应注意鉴别。

【诊断】 对患病犬初步检查方法包括进行病史调查和体检，包括直肠触诊、粪便检查。采用粪便涂片法检查贾第虫和真菌（荚膜组织胞浆菌、腐霉菌）；在慢性结肠炎病例，采用粪便漂浮法鉴定寄生虫卵（犬鞭虫、猫胚胎三毛滴虫），细菌培养法分离鉴定细菌种类（弯曲杆菌、沙门氏菌、产气荚膜梭菌）。直肠脱落细胞学检查在排除其他原因引起的结肠腹泻方面很重要，可以观察到炎性细胞、赘生细胞、一些传染性病原（如荚膜组织胞浆菌）。可疑的梭菌性结肠炎（在粪便镜检中，每个视野大于5个芽孢时）需要通过市售的ELISA试剂盒，鉴别粪便培养后的产气荚膜梭菌内毒素A和B的种类。

为了获得确切的诊断结果，应进行一些特殊的检测。如果临床症状持续存在，可以测定CBC、生化指标及尿液分析排除其他疾病。然而，在多数慢性病例，以上结果都是正常的。对猫来说，应做猫白血病病毒/猫免疫缺陷病病毒检测；如果考虑年龄因素，应进行甲状腺水平检测。常规的腹部X线检查常常观察不到结肠异常。造影检查偶见肠道腔狭窄，可以提示浸润性疾病过程，超声波检查可见结肠黏膜局灶损伤以及淋巴结的体积和回声变化。

采用结肠镜可以目视检查结肠黏膜表面和获取活检标本。为了避免结肠内粪便影响观察细小或微小病变，首先禁食24～48 h，灌肠或口服结肠清洗剂清理结肠。从盲肠、结肠（升结肠、降结肠、横结肠）可以得到多个样本，不应过多考虑外观形态，因为眼观病变和组织病理差异较大，应通过体检和病史判断结果。如果活检结肠黏膜，可能观察到黏膜上皮细胞增生。如外周血嗜酸性粒细胞增多，可考虑是猫嗜酸性粒细胞增多综合征。

【治疗与控制】 应鉴别和清除致病因素。患有急性结肠炎的动物，应禁食24～48h，以便使肠道得到"休息"。

由于鞭虫卵的不定期释放，治疗应根据粪便检查结果来控制（如采用芬苯哒唑，50 mg/kg，每日1次，连续3 d，在3周后重复1次，如果粪便仍有虫卵，3个月后再重复驱虫1次）。

在饮食上补充纤维素（1～6汤匙亚麻籽、车前子种皮的亲水性胶状物或1～4汤匙粗麦麸饲喂）可以改善动物的腹泻症状。日粮中的纤维素可以降低游离粪水，延长食物经过肠道的时间（增加水分的吸收机会），有利于吸收毒素、增加粪便成型、增强结肠平滑肌的收缩能力。因此，在患病犬添加纤维素很少能够解决结肠腹泻的临床症状，至少应在使用6周后才能产生有益的效果。在一些犬添加纤维素一定时间后，应减少用量，直到最后不添加纤维素，逐渐转入正常的日粮，不会引起腹泻的复发。

在控制犬和猫结肠炎的临床症状方面，使用含有新蛋白的食物很有效，这种蛋白对于犬猫来说以前未接触过。一项研究表明，在患有淋巴细胞性浆细胞性结肠炎的犬，在饲喂2周的低残留、易消化、低过敏性日粮（1份脱脂奶酪和2份熟的白米饭配合）以后，其临床症状恢复正常。因此，大多数犬饲喂以前未吃过的商业处方粮后，其结肠炎的临床症状不会复发，能够维持正常。目前有许多商业日粮中含有羊肉、羔羊肉、鹿肉、兔肉。

有报道表明，在治疗结肠炎的病例，应用含有水解蛋白的日粮有效。这种特殊的日粮破坏了日粮的蛋白结构，有效地去除了过敏原和过敏抗原决定簇，可以预防过敏性免疫反应的发生。

如果饲喂高纤维素或新蛋白的日粮不见效，可以使用一种市售的低残留日粮，如含有低聚果糖（FOS）的日粮。

患有淋巴细胞性和浆细胞性结肠炎的猫，可能对日粮中的单一成分有反应（如羔羊肉或大米、马肉或一种商品日粮）；一项研究表明，对于患病初期的猫，可以饲喂含有纤维素的常规日粮、特殊添加纤维素的日粮，结合处方药物（强的松、泰乐菌素或柳氮磺胺吡啶），大多数猫最终需要维持高纤维或易消化的日粮。

对猫慢性结肠炎，甲硝唑是主要的治疗药物之一，这种药物具有抗原虫、抗微生物作用，抑制一些细胞介导的免疫反应，不常作为单一药物使用，而是结合饮食控制或结合其他药物使用。虽然在犬、猫使用甲硝唑效果好，但应注意其长期用药或高剂量用药时的不良反应（多数为神经性眼球震颤，共济失调，前庭神经症状，抽搐）；甲硝唑的神经毒性反应在治疗5～7d后消失。

泰乐菌素为α-大环内酯类抗生素，泰乐菌素对犬猫的毒性小，可以干扰细菌对黏膜的黏附，有一定的抗菌和免疫调节作用，主要用于食用动物，在慢性肠道病方面疗效好，主要治疗兼性的革兰氏阳性厌氧

菌和革兰氏阴性菌。但大肠埃希菌、沙门氏菌对泰乐菌素具有抗药性。犬猫对泰乐菌素也有一定耐受性。

磺胺类药、泼尼松、强的松龙、（硝基）咪唑硫嘌呤常用于本病的治疗，当给予消炎治疗后，临床症状迅速缓解，食欲好转。在犬，常用磺胺类药剂治疗淋巴细胞性浆细胞性结肠炎（12.5 mg/kg，每日4次，连续用药14 d；然后12.5 mg/kg，每日2次，连续用药28 d），不建议长期使用泼尼松，因为泼尼松可以导致干燥性角结膜炎，可以抑制前列腺素的合成和抗白细胞三烯的活性，其5-氨基水杨酸与磺胺嘧啶以含氮的化学键相连，这种连接可以防止上消化道吸收，允许大多数药物转入结肠，一旦药物进入结肠，它可以被盲肠和结肠细菌代谢，释放出两种物质，在局部产生5-氨基水杨酸，可以减轻结肠的炎症。一般认为，磺胺嘧啶可以全身性吸收，但是在结肠炎治疗中没有局部作用，对于结肠有不良反应；虽然水杨酸盐通过肝脏葡糖醛酸基转移酶代谢，但是猫的葡糖醛酸基转移酶的活性不足，由于具有水杨酸的毒性反应，在猫结肠炎治疗中不能使用磺胺嘧啶药。

可以使用糖皮质激素结合饮食控制和甲硝唑治疗。在犬，当预先安排的治疗方法效果不好时，或使用5-氨基水杨酸出现不良反应时，可以使用与猫相似的治疗方法。如果磺胺类药物和甲硝唑、强的松龙结合使用时，应降低使用剂量，强的松龙开始剂量为口服每日2 mg/kg，连续使用2周，症状可以消失；每隔2～4周，强的松龙的剂量降低到原来的25%，直到最终不用。

猫对糖皮质激素有耐受性，对犬则不良反应强，犬可以表现为多尿、烦渴、多食、胃肠道出血，并且增加对传染病的易感性、医疗性肾上腺皮质机能亢进、垂体肾上腺皮质抑制。

布地奈德是一种非卤化的糖皮质激素，已经用于人的克罗恩病的治疗，布地奈德在肝脏进行第一级代谢，由于全身用药仅需要少量活性的药物，理论上这种代谢可以降低传统使用糖皮质激素的不良反应。在10条健康犬的试验研究中，该药可以抑制垂体-肾上腺皮质轴，未观察到其他的不良反应。

当使用单一药物无明显的效果时，免疫抑制药物多与糖皮质激素联合使用。在犬猫，最常用的药物是咪唑硫嘌呤和苯丁酸氮芥，咪唑硫嘌呤（2 mg/kg，每日1次，然后减缩剂量）单一使用或配合强的松龙使用，可以控制淋巴细胞性浆细胞性结肠炎相关的临床症状。在一些病例，咪唑硫嘌呤对强的松龙或强的松龙与磺胺类药的结合使用反应差。在猫中，咪唑硫嘌呤的不良反应包括抑制骨髓和肝毒性反应，这些不良反应限制了本药在治疗猫结肠炎的使用。苯

丁酸氮芥无此作用（在猫初期使用0.1～0.2 mg/kg或每只猫1 mg，每日1次，连续4～8周，直到症状明显改善），如有必要，可以配合使用强的松龙，用于4～8周龄猫。

环孢素，对类固醇难治疗的结肠炎有效，但在猫尚未评估其作用效果。不良反应包括胃肠道紊乱、牙龈疾病、脱毛等。

有些动物也需要短期使用肠道运动调节剂，直到炎症控制。洛哌丁胺（0.1～0.2 mg/kg，每日2～4次）可以刺激节段性活动和减缓粪便移动。它也可减少结肠分泌，增加盐和水的吸收，并增加肛门括约肌收缩，禁用于由沙门氏菌、弯曲杆菌、产气荚膜梭菌所引起的传染性结肠类。

【预后】在犬和猫的慢性结肠炎短期预后好，然而长期的预后较差，不能完全治愈，可以复发。由于大多数情况下，炎症性肠病是不可治愈的，因此一些治疗方法可能需要长期的使用。有些动物，特别是猫的慢性结肠炎，需要长期控制单一的饮食。

许多自发性淋巴细胞性浆细胞性结肠炎病例，对适当的饮食和药物变化有好的反应。如果出现狭窄和广泛纤维化，预后需谨慎。患嗜酸性结肠炎的犬，对控制饮食和糖皮质激素治疗反应较好；但患嗜酸性结肠炎的猫，预后应慎重，需要更积极的治疗，并与免疫抑制药物配合使用。嗜酸性粒细胞增多症是一种进行性、致命性疾病，对患畜无有效的治疗方法。

在患有组织细胞性结肠炎的斗牛犬，如果在疾病初期未进行治疗，预后应慎重。患有免疫增生性肠炎的贝吉生犬预后较差，大多数犬在2年内死亡，也有报道称患病犬可以活到5岁。同样，在患有腹泻综合征的挪威海雀犬预后也较差。

三、便秘与顽固性便秘

便秘是粪便排出少或难以排出粪便，特征为干硬。小动物便秘是一种常见的临床问题。在大多数情况下，该病很容易控制；然而，在许多身体衰弱的动物，便秘伴随的临床症状可能很严重。如粪便在大肠，会变得较干燥而硬实，更难排出体外。顽固性便秘，其特点是不能排出干硬粪便，可从直肠阻塞到回盲瓣。巨结肠是由大肠的运动性降低和扩张形成的一种病理现象，可以导致便秘和顽固性便秘。

【病因与病理生理学】结肠蠕动波可推动粪便运动。间歇性的巨大推动使粪便后送更快，这些蠕动波构成的"胃结肠反射"，在采食后即可发生。在大肠，这些蠕动波的减少或丧失均可导致便秘。同样，在一个节段的运动波增加也可能易患便秘。所以，饮食是影响结肠功能的最重要的局部因素。

慢性便秘可能是由于肠腔内外或肠壁内在因素（神经肌肉）引起。肠腔内阻塞是最常见的，主要是由于不能很好地消化，经常是一些硬实的异常物质（例如毛发、骨头、杂物）与粪便混合后无法通过肠道所致。饮水少或因为环境应激或行为因素（如脏垃圾箱）或肛门直肠疾病引起的疼痛，使犬不愿意按时排便，易于形成硬而干燥的粪便；肠腔肿瘤也可阻碍粪便排出，导致便秘。腔外阻塞的原因可能由于骨盆骨折愈合不良，导致骨盆入口狭窄或淋巴结或前列腺肿大，导致结肠或直肠受压，也应考虑大肠损伤或肿瘤引起的狭窄；一些动物（通常是猫）患有慢性便秘或顽固性便秘，可能与巨结肠症有关，可造成结肠神经肌肉层炎症性损害，此巨结肠症的病因不清楚。其他影响结肠和直肠神经肌肉控制的疾病，包括甲状腺功能减退、自律神经失调和脊髓（如马恩岛骶脊髓畸形）或盆腔神经病变。低钾血症和高钙血症对肌肉的运动控制也可产生不利影响。某些药物（如阿片类药物、利尿剂、抗组胺、抗胆碱能剂、胃溃宁、氢氧化铝、溴化钾和钙通道阻断剂）可通过不同机制导致便秘。

【临床表现】典型的临床症状为便秘、里急后重和粪便硬实且干燥。如果前列腺肥大或腰下淋巴结肿大阻碍粪便通过，粪便会出现薄或"带状样"外观。腹部直肠触诊可摸到大量存积的粪便。排出的粪便非常恶臭。有些动物病情较重，出现嗜睡、抑郁症、厌食、呕吐（尤其是猫）和腹部不适症状。

【诊断】根据饮食不良的病史和粪便积存可以进行初步诊断。应详细了解便秘时间长短及各种影响因素，可以帮助确定原因；如果摄入不易消化的异物，可能增加粪块体积或导致疼痛并抑制排便反射。其他相关的病史方面包括近期手术状况、早期骨盆创伤、放射治疗情况。应进行全面的神经系统检查，特别注意检查尾髓功能，确定神经性便秘的原因，如脊髓损伤、骨盆神经损伤、荐髓畸形。

腹部触诊和直肠检查，包括评价前列腺和腰淋巴结是否肿大，有无会阴疝、异常物、疼痛或粪块。腹部X线检查可以诊断是否有粪便积存和异常物（如骨头）。通过灌肠造影或结肠镜检查、超声检查可以判断阻塞性病变的类型或诱发慢性便秘的原因。在慢性或复发性的便秘病例，应进行全血细胞计数、生化检查，包括血清甲状腺素T_4水平、尿液分析以及详细的神经系统检查。

【治疗与控制】患病的动物应该给予充足的饮水。轻度便秘通过饮食调整往往可以治愈，应避免不当的饮食，准备含有水和高纤维的易通过肠道的食物或使用缓泻栓剂。除非有必须治疗便秘的需要，否则应避免持续或长期使用泻药。

轻度至中度或经常发生的便秘，可能需要灌肠或手工取出粪便或二者结合使用。灌肠包括温自来水（5～10 mL/kg）、温生理盐水（5～10 mL/kg）或凉的肥皂水作为一种刺激，葡聚糖硫酸钠盐DSS（每只猫5～10 mL）、矿物油（每只猫5～10 mL）或乳果糖（每只猫5～10 mL）。通过10～12号的法国橡胶导尿管或胃管进行灌肠。

如果灌肠不成功，可能需要手工取出蓄粪。在经过适当补液后，动物应该进行气管插管麻醉，防止呕吐物进入气管导致吸入性肺炎。彻底清除所有的粪便可能需要2～3 d，同时纠正脱水和电解质异常。

通便剂泻药可分为解块剂、润滑剂、渗透剂或刺激剂类型。虽然这些药物大多数通过对促进液体的流动和刺激结肠运动实现通便，但是在脱水情况下应避免使用这些药物。可在食物中加入泻药，利于通便。这些产品是膳食纤维补充剂，含有不易消化的多糖和纤维素，均来源于谷物、小麦麸和车前子。它们吸收水分，软化粪便，增加体积，使拉伸的结肠平滑肌收缩，并改善收缩功能，对便秘猫的疗效较好。膳食纤维优点多，具有很好的耐受性，比其他泻药疗效好。可使用市售的纤维素补充剂，或宠物主人在食物中添加车前子（1～4汤匙/餐），小麦麸皮（1～2汤匙/餐），或南瓜（1～4汤匙/餐）罐头食品。在动物应充分补充水分后，即开始之前的纤维素补充剂，可以减少便秘结肠。

润滑性泻药是阴离子洗涤剂，可以增加水和脂肪混溶，从而提高脂质的吸收和减少水的吸收。在口服和灌肠时，可用DSS和钙磺酸钠作为润滑性泻药。其他润滑性泻药，如50 mg多库酯钠胶囊（猫每日投给1粒；犬每日投给1～4粒）和50 mg多库酯钙胶囊（猫每日投给1～2粒；犬每日投给2～3粒）。

矿物油和白油为润滑性泻药，可以阻碍大肠对水的吸收，便于较大粪便块排出。这些药物作用温和，只在动物患有轻度便秘时使用。因为矿物油口服有吸入性肺炎的危险，因此其使用范围应限于直肠给药。

高渗性泻药包括多糖（如不易吸收的乳果糖，0.5 mL/kg，口服，每日2～3次），镁盐（如柠檬酸镁，氢氧化镁，硫酸镁）和聚乙二醇。在这些泻药中果糖是最好的，乳果糖发酵产生的有机酸，可以刺激大肠的液体分泌和后推运动。半乳糖果糖苷通过高渗透压保持肠道水分、软化粪便；因为半乳糖果糖可降低肠道内的pH，减少氨的生产，并有利于难吸收的铵离子形成，所以半乳糖果糖也是治疗肝性脑病药物之一。刺激性泻药产品（如比沙可啶，猫和幼犬投给5 mg，中型犬10 mg，大型犬15～20 mg）可以增强大肠的后送粪便的推力，在出现肠道阻塞时，不宜使用此类药物。

在多种动物，大肠的促动力剂（如西沙必利）通过激活结肠平滑肌的5-羟色胺-2A受体增强结肠推进运动。经验表明，在猫中度至重度便秘时，西沙必利（0.1～0.5 mg/kg，口服，每日2～3次）可有效刺激结肠推进运动，在中等到严重的便秘病例中，应使用高剂量（1 mg/kg）。给猫口服西沙必利（0.1～1 mg/kg，每日2～3次），未见明显不良反应，但是，如猫患有长期便秘和巨结肠病，用西沙必利治疗效果不明显。

据报道，雷尼替丁和尼扎替丁、H$_2$受体阻断剂，通过抑制乙酰胆碱酯酶活性，通过增加乙酰胆碱结合到平滑肌毒蕈碱胆碱能受体的量，刺激大肠运动。为了防止便秘复发，应让动物采食高纤维食物，提供充足饮水，促进多次排便。单纯肠腔内梗阻，饮食不当引起排粪困难，在未来应考虑改变不当的饮食习惯。对治疗没有反应的慢性便秘病例（例如患有巨结肠的猫），需要部分或全部肠道切除，根据疾病程度可以切除结肠、回结肠或盲肠结肠连接处。在外科手术后，可能偶尔会出现持续几周到几个月的轻度至中度腹泻后，有些猫可能出现经常性便秘。在猫，患有骨盆骨折畸形愈合和增生性巨结肠病，病程少于6个月的，建议进行骨盆切开术。在这些早期的病例中，肠道的病理性肥厚是可以恢复的。如果病理性肥厚超过了6个月，推荐使用结肠切除术；因为在这些病例中，肥厚由肌肉变性和病理肿胀引起，骨盆切开术不能解决便秘疾病。

四、猫肠道冠状病毒

猫肠道冠状病毒（Feline enteric coronavirus，FECV）是一种有包膜，单链核糖核酸病毒，在全球范围内，家猫具有高度的流行性。感染的特点常常是亚临床型的或一过性的，在幼龄猫呈现轻度胃肠疾病。FECV突变I型能感染巨噬细胞并在其内复制，导致猫传染性腹膜炎（FIP），该病是一种高度致命的多系统疾病。

【病因与病理生理学】在感染最初1周内，FECV由粪便排出，排毒高峰期维持至少2个月，低水平排毒持续5～24个月，可能是间歇性排毒。至少13%的患病猫不定期排毒。

猫通过采食或嗅闻含有病毒的粪便或通过接触污染物（如垃圾箱、公用梳洗工具、犬舍、饲养人员）而发生感染。FSCV虽然相对脆弱，但可以在干燥的环境中生存期长达7周。猫之间的密切接触（如猫舍和多猫家庭）有利于FECV的传播。虽然幼龄猫在9周龄前一般不散播病毒，但是患病母猫可通过垂直传播方式感染幼龄猫。感染后，病毒在口咽组织很快进行复制，通过唾液一过性的散播病毒（持续数小时到数日）。FECV在成熟小肠上皮细胞表面的绒毛感染并复制，导致刷状缘的缩短和破坏。

【临床表现】大多数病例为无症状的隐性感染或有轻度的自限性胃肠炎。在急性和重症病例中偶尔出现呕吐和腹泻，治疗效果不明显。在幼龄猫，最常见症状为腹泻，也有报道可见到上呼吸道症状。

【诊断】通过逆转录聚合酶链反应可检测粪便中的病毒基因。因为慢性FECV携带者往往无症状，FECV不是造成腹泻的唯一病因，其他原因也可以导致腹泻（如感染、食物、肠炎、肿瘤等）。在临床上，应用血清学评价FECV抗体值得怀疑，在高达30%的宠物猫可以检出阳性冠状病毒抗体，在90%养猫场猫可以检出FECV抗体。病猫比健康猫的FECV抗体滴度低。阳性FECV抗体滴度表明病毒感染，而不患病，与猫的FIP发生危险不相关，因此不是诊断的指标。组织学病变显示，FECV肠炎病变包括肠绒毛融合、萎缩或脱落。由于这些病变为非特异性病变，确诊需要通过免疫组织化学或免疫荧光检测肠上皮细胞病毒抗原。

【治疗、控制与预防】如果临床症状轻且病程短，可能不需要治疗即可恢复；如果需要治疗的话，应采取对症和辅助疗法（如采取输液、口服电解质溶液和止吐药等），但不进行具体的抗病毒治疗；患病猫可能死于FECV性胃肠炎。

FECV控制和预防通常应注意猫舍和养猫场的消毒，尽可能避免猫食入粪便中的病毒。减少环境中粪便污染到最低限度，准备有足够的垃圾箱，保持垃圾箱的日常清洁，每周进行垃圾箱消毒，对长毛猫和后腿应及时修剪和清洁毛皮。在室内干燥环境条件下，FECV可以存活长达7周，大多数市售的消毒剂均可以灭活本病毒。

猫在室内应分小群（3~4只猫）、封闭环境下饲养最为合适。所用笼子、垫物、垃圾箱应彻底消毒。如果不能满足以上要求，猫群应按照其抗体情况（免疫荧光抗体试验阳性或阴性的结果）和病毒排出（根据粪便病毒的聚合酶链反应检查结果）状态，进行分群饲养。血清反应阳性猫可以每隔3~6个月进行重新检测1次，抗体滴度下降后转移到阴性组。对于被救助或避难的猫，须单独喂养。如果猫为FECV携带者，应用PCR检测粪便，每月1次，连续9次检测。当连续5次粪便PCR检测结果为阴性，说明已经排除了FECV的感染。

血清反应阳性猫仅能与其他阳性猫交配，血清反应阴性猫与血清阴性猫交配。由父母均为血清阳性反应交配生出的猫仔，其母源抗体可以维持到6周龄。由血清阳性反应父母所生的猫仔，如果在第6周断奶，可能由母体获得感染机会很小，应推迟到10~11周龄进行血清学检测，这个时间可能出现血清学变化。

在新引进的猫进入笼舍或进入繁殖计划前，应该进行血清学检测。只有血清学反应阴性和无病毒的（粪便PCR检测）猫，才可以进入无病毒的房舍或已经排除病毒的房舍。在无FECV环境下，血清阳性反应的猫发生FIP的可能性比阴性猫还小。FECV变异株疫苗，通过滴鼻免疫，该疫苗对温度敏感，一般建议在大于16周龄的血清反应阴性的猫使用。接种疫苗会导致血清转化，并不能完全防止猫先前感染FIP而发展成的FECV。

五、胃气胀与胃扭转

胃气胀、扭转（Gastric dilation and volvlus, Bloat, GDV）又称臌胀病，是急性的危及生命的疾病，主要发生于大型和巨型品种的犬。发生此病后，需要迅速进行内科检查和实施外科手术救治。

【病因与病理生理学】虽然GDV的病因不清，但有几个品种和环境危险因素已被确定为促发因素。易患GDV品种的犬包括大丹犬、德国牧羊犬、爱尔兰长毛猎犬、戈登犬、威玛犬、圣伯纳犬、标准贵宾犬和巴吉度猎犬；此病发生无性别差异，随着年龄增加患病率增加。据报道，其他易感因素包括体弱、深或窄胸、曾有GDV病史、应激、好斗或怯懦，每日1次饲喂、干食饲喂、吃食过快，患有脾疾病和胃韧带松弛疾病。

目前，在GDV发展中，对扩张和扭转发生先后的机制还不清楚。假设扭转先发生，引起扩张的胃内气体和/或液体大量积累，扭转后这些成分难以释放。在扭转过程中，造成幽门和十二指肠首先向腹前部迁移。从后往前方向，在食管末端的胃沿顺时针的方向可旋转90°~360°。这种旋转使幽门偏向中线的左侧，使十二指肠进入食管末端和胃之间。根据不同的扭转程度，脾脏可能在不同的位置从腹腔左前部到右后部。当胃扭转大于180°时，会使贲门闭塞。

胃扭转后，气体积聚不能排出，增加了胃内压力。由于受到扩张胃的压迫，十二指肠被挤向腹壁，造成胃内容物不能进入肠内。伴随着GDV的发生，脾脏往往受压迫。逐步扩张的胃影响尾腔静脉血回流，造成内脏器官、肾脏瘀血及肌肉毛细血管床的扩张瘀血导致门静脉瘀血、胃肠道缺血、低血压、低血容量及全身性低血压；这些因素结合胃液的损失和水摄入量不足而引起低血容量性休克。犬可发生危险的内毒素血症、低氧血症、代谢性酸中毒和DIC。

【临床表现】犬可能出现非生产性干呕，唾液分泌增多，坐立不安；有急性或渐进性腹胀，或见到犬侧卧、精神沉郁和腹部扩大。体检可见腹部扩大或臌胀，腹痛或脾肿大；从胃气胀发展到胃扭转过程中可见低血容量性休克；常见的休克症状包括脉搏弱、心动过速、毛细血管再充盈时间延长、黏膜苍白和呼吸困难。常见心律不齐和脉搏减少，表明心脏功能失常。此外，胃气胀可能压迫胸腔和抑制膈肌运动，导致呼吸窘迫。

【诊断】依据病史、典型特点和临床症状，可初步诊断为GDV。确诊需要进行X线检查，可以区分为扩张和胃GDV。采用背腹位的影像学检查确定胃左旋扭转情况，使用腹背位检查胃内容物进入气管形成吸入性肺炎并且压迫后腔静脉；右侧卧的X线检查显示胃膨大、扩张、充满气体的阴影，幽门位于背侧向前接近胃底；胃内气体形成的阴影常被分成条块状，或见阴影被幽门和胃底软组织形成的"支架"分隔。这个"支架"或呈"C"型标志，是由折叠的幽门窦壁形成。也可以显示脾脏肿大和移位。如果胃壁内出现气体，提示胃壁组织损伤，如果游离气出现在腹腔，提示已出现胃破裂。

应对PCV、总干物质、电解质、血糖、血清乳酸水平进行评价，其次对全血细胞计数、血清生化、凝血情况进行检测；建议对心电图和血压进行连续监控。

全身性低血压常导致肾前性氮质血症，横纹肌损伤导致肌酸激酶（CK）水平升高，随着细胞膜的进一步损伤引起血钾水平升高，缺氧发展导致血清转氨酶（ALT、AST）水平升高。全身性低血压和炎症导致乳酸水平升高，是一种常见的临床表现，高乳酸血症（大于6.0 mmol/L）可能会引起胃的严重坏死，需要进行部分胃切除。

【治疗】紧急的治疗措施包括恢复循环血容量和胃减压，快速实施手术纠正胃扭转保持胃的稳定。由

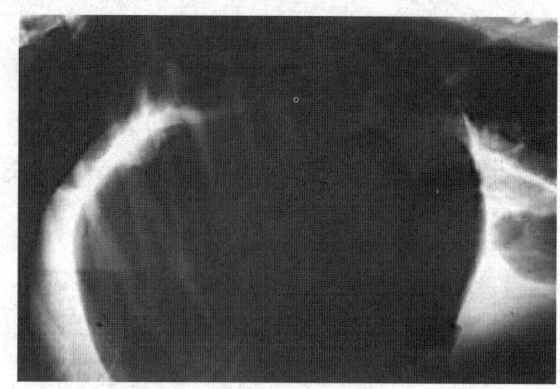
图2-41 3岁大丹犬胃扭转，右侧X线检查
（由Ronald Green博士提供）

于GDV的发病快，必须注意患病犬有死亡的危险，应立即确诊并进行治疗。

通过快速补液纠正低血容量，在颈内静脉或头静脉留置针（16～18号针头）是治疗的首选。以在适当治疗休克的输液速度（每小时90 mL/kg）输入晶体电解质，达到迅速补充的目的。

在严重的休克病例中，输入静脉的液体包括晶体、胶体（如羟乙基淀粉代血浆或喷他淀粉，5 mL/kg，可以重复输入20 mL/kg）或高渗盐水（例如，7%高渗盐水右旋糖酐，在15 min以上，按照以5 mL/kg的量进行输液）；如果以上药品全部使用，晶体输液量可减少40%。治疗过程中应提供稳定氧气流。通过适当的液体疗法和胃减压可以纠正电解质和酸碱紊乱，还应注意内毒素血症和胃肠道细菌迁移的潜在风险，通常给予抗生素（如氨苄青霉素，22 mg/kg，每日4次，手术后持续2～3 d）加以控制。

随着液体补充。应采用胃管进行初步减压，插胃管前应先使用镇定剂，如芬太尼（2～5 μg/kg，静脉注射）或氢吗啡酮（0.05～0.1 mg/kg，静脉注射），或配合使用安定（0.25～0.5 mg/kg，静脉注射）。避免使用导致血管舒张功能（如吩噻嗪）的药物。采用从切齿到最后肋骨的长度的胃管，并做好标记，投入胃管时不能超越这个标记的长度。将犬呈坐姿或卧姿，涂上润滑剂的胃管由口投入（通常使用开口器或一卷胶带或绷带打开口腔），在食管括约肌通常会遇到一些阻力，采取温和的方法操纵并逆时针旋转胃管，可以使导管进入胃，应避免胃管引起食道穿孔。一旦胃管进入胃，胃气体迅速排出。但是通过胃管顺利进入胃内不能解决胃扭转。在胃内气体和内容物通过胃部管排出后，用温水洗胃，以清除胃酸和内毒素，防止扩张的复发。

如果经口不能将胃管插入胃，可以采取经胃部皮肤切口释放胃中的气体。在右侧腹壁、左后肋骨后选择（10 cm×10 cm）腹部剪毛和消毒，叩诊区域应显示鼓音，

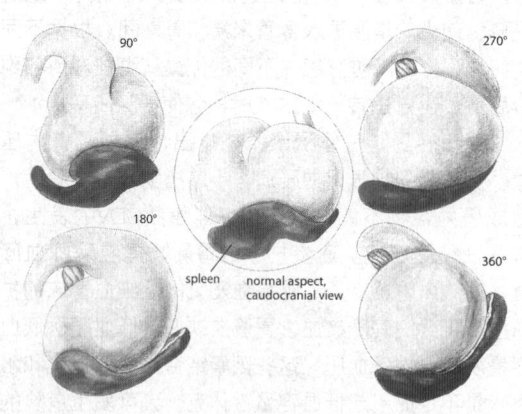
图2-40 犬胃气胀与胃扭转
（由Gheorghe Constantinescu 博士绘制）

这有助于避免意外穿刺到覆盖在胃上的脾脏。如果臟气区域不能确定，应在左侧的胃区进行评估。使用大号针头（14~16号针头）或留置针，通过皮肤和体壁进入胃区最大膨胀处。胃减压后，再通过口插入胃管洗胃。

对于GDV，可以采取手术矫正使胃稳定。腹部手术前，切口选择腹部中线位置，采取无菌手术。对胃扭转纠正前，应先经口插入胃管或胃穿刺术使胃减压。将胃恢复到正常位置，对胃和脾的贫血情况进行评价。如果胃的任何部位出现缺血性病变，应进行胃切除；如果脾脏出现梗死，应进行脾脏切除；如果出现广泛的胃坏死和胃贲门坏死以及脾梗死，则表明预后不良。清空胃内容物后，应进行胃位置固定术，减少胃扭转复发的危险。据报道，有几种胃切除方法，包括切口位置、腰带袢、胃管固定。

在术前、手术期间以及手术后，应进行监测，监测指标包括连续心电图检测、间断性的血压监测、经常评估的重要血液参数［PCV（红细胞压积）、总固体量、电解质、血糖、血清乳酸］变化情况。

术后管理包括静脉输液和镇痛，手术后禁食12~24 h。在持续呕吐的情况下，应皮下注射止吐药（如胃复安0.2~0.5 mg/kg，或每日恒速静脉注入1~2 mg/kg；皮下注射马罗皮坦1 mg/kg，每日1次）。在术前、术中和手术后常出现心律失常，多见于心室疾病。心律失常的治疗作用常常不明显，但是如果出现的情况符合1个或更多的标准，应引起注意：持续性的心动过速（＞140 次/min），血压过低（收缩压＜90 mmHg*），灌流不足（毛细血管充盈时间延长，脉搏弱），"R-T"波现象（一种心室颤动现象），多灶性心室早期收缩。通过静脉缓慢注射2%利多卡因（2~4 mg/kg），如有必要，可以在30 min内重复使用一次。已经证实，每分钟连续以30~80 μg/kg静脉注射利多卡因可以控制心律失常，但是与GDV有关的心律失常常难于控制。如果用利多卡因治疗心律失常效果不好，可以使用普鲁卡因（6~10 mg/kg，静脉注射，输液时间应超过15 min）。对于有生命危险的心律失常，可以采用20%的硫酸镁（0.15~0.3 mEq/kg，或12.5~35 mg/kg，静脉输液时间应超过15~60 min）。口服甲磺胺心定（1~2 mg/kg，每日2次），可以控制室上性和心室性心动过速。

不常见的术后并发症，包括危及生命的情况如败血症、腹膜炎和弥散性血管内凝血。

与GDV相关的总死亡率25%~30%，由GDV引起的短期死亡危险因素，包括在临床症状出现后超过6 h才检查、脾切除和部分胃切除、在住院期间低血压、腹膜炎、败血症、弥散性血管内凝血情况。

在GDV发生的中期，可以采用预防性胃固定术，但是不能确定能否防止GDV的发展，但是在GDV发生初期，采用胃纠正（预防性固定）有助于防止复发。应当指导动物主人充分认识GDV的高危险性；如果观察到犬出现临床症状时，建议立即就诊，并采取其他措施，包括避免应激，饲喂多样化的食物，避免单一食物，避免喂食后立即运动，不投给高营养食物。

六、胃炎

胃炎是通用术语，用来描述继发于胃黏膜炎症的急性或慢性呕吐的一种综合征。胃黏膜受到刺激、感染、抗原刺激或损伤（例如化学性损伤、腐蚀性损伤、溃疡）时，释放炎症介质和血管活性介质，导致胃黏膜上皮细胞破坏，胃酸分泌增加和胃黏膜屏障功能受损。内脏受体对胃扩张敏感，胃黏膜炎症和大量的胃内容物刺激迷走神经和交感神经传到延髓呕吐中枢，从而刺激呕吐反射。

急性胃炎：由于急性胃炎时胃黏膜炎症，患畜可突然出现呕吐。胃炎的病因包括饮食不当或管理不当（如食入异常的、腐败的或污染的食物或含有外界异物），药物或毒素的食入（如抗生素、NSAID、皮质类固醇、植物、化学制剂），全身性疾病（如胰腺炎、尿毒症引起的胃病、肾上腺皮质功能减退）、体内寄生虫（如犬泡翼线虫、猫沃鲁线虫）或细菌（例如幽门螺杆菌相关疾病）或病毒（例如犬细小病毒性胃肠炎、猫泛白细胞减少症）。本病的主要特点是突然发生呕吐，呕吐物可能含有胆汁、食物、泡沫、血液（原血液或消化过的），或采食异常物质（如草、骨头、外界异物等）。其临床症状取决于呕吐的严重程度和频率以及潜在的病因。

诊断通常是基于全面的病史调查、临床症状检查以及对症治疗反应情况。确切诊断应检查动物是否食入外界异物或毒素中毒，是否在对症治疗2 d后临床症状未见缓解，是否出现呕血或黑便，是否动物全身状态不佳，是否腹部触诊有异常。犬可能存在腹前部不适，采用"祈祷"的姿势（后腿抬起，胸部、前肢抬起接近地面），这似乎出现了缓解现象。需要进行CBC、血清生化、尿液检查，其次进行更具体的临床试验［例如胰脂肪酶免疫活性检查，血清皮质醇浓度、促肾上腺皮质激素（ACTH）刺激试验，呕吐物的特殊毒素检查］。影像学诊断包括腹部X线检查和造影对比检查、腹部超声波检查。

治疗急性胃炎一般采取对症及辅助疗法，经常喂给少量口服液，随着呕吐的减少，增加口服液的给

---

* mmHg 为非法定计量单位，1mmHg = 133.322Pa。

量；如呕吐消退，可以给一些碎冰块补水。当脱水低于5%，可以通过皮下注射等渗电解质，纠正酸碱平衡。如果发生中度脱水或严重脱水时，应进行广泛的脱水情况评价，通过静脉输液补充水分和电解质。如果患病动物出现急性呕吐，应停止进食24 h以上。可以给予少量清淡、味道好的低脂肪、容易消化的食物（例如煮瘦牛肉、鸡肉或奶酪或商用处方日粮）；采用多次少喂的方式，连续3～5 d以上，再逐渐过渡到正常饮食。

当病因得到确切诊断，持续或严重呕吐导致脱水或电解质失衡时，应当使用止吐药物来控制呕吐。口服或皮下注射胃复安（0.3 mg/kg，每日3次或每日1～2 mg/kg，以恒定速度输液给药）可以增加胃幽门括约肌收缩和扩张；增加胃、十二指肠和近端空肠蠕动。胃肠功能障碍时禁用此药。其他止吐药包括枢复宁（0.1～1.0 mg/kg，口服，每日1～2次）；马罗皮坦（1 mg/kg，皮下注射，每日1次或1～2 mg/kg，口服，每日1次，连续5 d）和氯丙嗪（0.5 mg/kg，静脉注射，肌内注射或皮下注射，每日3～4次）。

慢性胃炎： 一般认为动物有间歇性或持续呕吐症状7 d以上即可称为慢性胃炎，不包括如下情况：饮食不当、药物或毒素、全身性疾病、内寄生虫感染、感染（细菌或病毒）或肿瘤。最常见的临床表现是间歇性呕吐，呕吐物中可见食物或胆汁；慢性胃炎中不常见全身性疾病、体重减轻、消化道溃疡等，应高度重视症状和弥漫性胃肠炎的发生（例如炎性肠病、腐霉枯萎病等）。

诊断慢性胃炎可进行CBC、血清生化、尿液、总甲状腺激素浓度（猫）、血清皮质醇、促肾上腺皮质激素刺激试验（排除犬肾上腺皮质功能减退）和内寄生虫粪便检查，结果往往显示以上指标变化不明显。通过内镜或外科手术获取胃活检材料，进行组织学评价可以得出明确的诊断，并对慢性胃炎进行分类。但是，如要得到明确的病理诊断，应进行如下观察：使用传统广谱驱虫药进行驱虫效果观察；采用腹部X线检查（平片/或钡餐对比剂造影片）和腹部超声（确定异物、肿瘤、幽门狭窄、胃窦黏膜肥厚、散在或多灶性黏膜或胃壁异常，腹内淋巴结肿大情况或其他腹内器官病理学检查）进行检查。

淋巴细胞-浆细胞性胃炎和嗜酸性细胞性胃炎： 特点是，胃黏膜固有层可见淋巴细胞和浆细胞或嗜酸性粒细胞弥漫性浸润；在小肠也可见到类似炎性细胞的浸润现象。随着淋巴组织增生，很少见到胃黏膜萎缩或黏膜纤维化。可能的病因包括食物过敏或饮食不当，隐性寄生虫感染或对正常抗原的超敏反应。嗜酸性粒细胞胃炎伴有嗜酸性粒细胞增多或皮肤损伤，应

重点怀疑食物过敏或嗜酸性粒细胞增多症（猫）。

在轻度临床症状和轻度病变的动物，应排除喂低过敏性日粮或饲喂新的蛋白质（如自制的平衡日粮或许多市售日粮）的情况。除了对症和辅助治疗以及饮食的调整外（见上文），对于有中度至严重疾病的动物，通常需要免疫抑制方法治疗。在治疗开始时，给猫口服泼尼松（或强的松龙）2 mg/kg，每日1次，以后逐渐降低到最低剂量控制临床症状。假如临床症状得到持续缓解，应最终停止泼尼松治疗，同时采取严格的饮食控制治疗。尽管可以使用饮食调整和泼尼松治疗，但是有些病例的临床症状仍然不能缓解，应考虑进行免疫抑制剂治疗（给犬口服硫唑嘌呤2 mg/kg，每隔24～48 h 1次；超过4 kg的猫，口服2 mg剂量苯丁酸氮芥，每隔48 h 1次，持续2～4周，然后减量，以后每隔72～96 h 1次，按2 mg的剂量给予治疗；对于4 kg以下的猫，口服2 mg苯丁酸氮芥，每隔72 h 1次）；胃保护剂如H$_2$受体阻断剂（如雷尼替丁2 mg/kg或法莫替丁0.5～1 mg/kg，口服，皮下注射或静脉注射，每日2～3次），口服质子泵抑制剂（如奥美拉唑，0.7～2 mg/kg，每日1次；胃溃宁，0.5～1 g，每日3次）。

慢性萎缩性胃炎： 特点往往是明显的单核细胞浸润、胃黏膜变薄和胃腺体萎缩。在挪威海雀犬中，一种典型的萎缩性胃炎尚未观察到与幽门螺旋杆菌感染有关，但与胃腺癌有关。幽门螺旋杆菌感染是否对萎缩性胃炎的发展有影响，尚不清楚。然而，如果在胃癌活检标本中检出幽门螺旋杆菌，应采取治疗措施（见螺杆菌感染）。其他的治疗方案，包括饮食调整和使用免疫抑制，治疗淋巴细胞性浆细胞性胃炎和嗜酸性粒细胞性胃炎（见上文），但是尚缺乏疗效和预后方面的数据。

慢性肥厚性胃病： 特点是弥漫性或局灶性胃黏膜肥大，肌层或肌层与黏膜的炎性细胞浸润。在幽门区病变往往最明显，造成胃出口阻塞。在采食后数小时内出现喷射状的呕吐。在老龄、雄性的小品种犬发生多（如拉萨犬、西施犬、马耳他、小型狮子犬）。由于高胃泌素血症（如犬胃肿瘤引起的胃泌素分泌或胃肠道疾病）或胃泌素清除功能障碍（如肝或肾疾病或胃酸缺乏）可导致黏膜肥厚。可通过幽门成形术进行手术矫正或手术切除肥厚的胃组织，进而缓解临床症状。

七、胃肠道肿瘤

犬猫胃肠道肿瘤很少见，在所有肿瘤中，胃肿瘤不到1%，肠道肿瘤不到10%。犬猫肿瘤往往是恶性的，患消化道肿瘤发病的平均年龄为6～9岁（犬）与

10～12岁（猫）。

【病因与病理生理学】 尚未确定引起犬猫消化道肿瘤的特殊病因。在比利时牧羊犬、暹罗猫胃癌、小肠腺癌及淋巴瘤发生率高，可能有遗传倾向。在猫胃肠道淋巴瘤发展过程中，即使带有反转录病毒，猫白血病仍是一个潜在因素。幽门螺杆菌感染与人的胃癌肿瘤有关，在犬或猫尚未确定有这种直接关系。

腺癌是最常见的犬消化道肿瘤，最经常发现在十二指肠、结肠、直肠；胃腺癌往往影响胃的下1/3（即胃小弯和幽门）区域。猫腺癌常见于空肠和回肠，腺癌具有侵袭性，经常转移到局部淋巴结以及肝、肺。在确诊的犬胃腺癌病例中，高达44%的肠腺癌和高达95%的胃腺癌出现转移。

犬和猫腺瘤和原位癌很罕见。犬结肠或直肠内，有些息肉样肿块通常孤立存在，被认为是局灶性的疾病，但有人猜测随着时间推移，它们可能转化为恶性的腺癌。

淋巴瘤是猫最常见的胃肠道肿瘤，也常见于犬。犬淋巴瘤最常累及小肠以及肠外器官，如肝脏。据报道，有两种亚型的猫胃肠道淋巴瘤：低分化性小淋巴细胞性淋巴瘤，低分化侵袭性淋巴瘤的亚型。犬的胃肠道淋巴瘤通常具有低分化性和侵袭性。

犬子宫肌瘤和子宫平滑肌肉瘤很罕见，而在猫极为罕见。肿瘤生长缓慢；诊断时发现80%的平滑肌肉瘤未见转移。这些实质肿瘤与类肿瘤性低血糖有关，一旦切除肿瘤则低血糖症状消失。据报道，犬和猫其他不常见的胃肠肿瘤包括纤维肉瘤、肥大细胞瘤和浆细胞瘤。

【临床表现】 胃肠道恶性淋巴瘤的临床表现，取决于肿瘤的部位和程度及其可能的转移或类肿瘤综合征（如高钙血症、低血糖症）。与胃肠道肿瘤相关的最常见的临床症状包括呕吐（带血或不带血）、厌食、体重减轻、腹泻、精神沉郁、结肠直肠肿瘤可伴有便秘、里急后重症状。腹部可触及肿块或器官肿大。肿瘤性肠破裂可以引起腹膜炎，导致腹痛、腹水。

【诊断】 常规实验室检查及X线检查不显示与胃肠道肿瘤相关的具体病理变化。低血糖常与平滑肌瘤/平滑肌肉瘤相关。在一些非淋巴瘤病变，观察到胆固醇升高和碱性磷酸酶活性升高。

在肿瘤块溃疡和慢性失血的病例，常见小细胞性贫血，伴有或不伴有低蛋白血症。持续呕吐可以导致电解质和酸碱平衡紊乱，包括低氯血症、低钾血症和代谢性碱中毒或酸中毒。类肿瘤性高钙血症常与淋巴瘤、肠腺癌有关。

通过腹部X线检查可以观察到胃肠道的肿物或溃疡的范围。腹部超声检查可显示胃肠道的局灶性或弥漫性增厚和正常分层图像缺失。在某些胃肠道淋巴瘤病例可能观察到局部淋巴结肿大、脾肿大和/或肝肿大。超声引导细针穿刺或活检取样可以对肿物进行细胞学或组织学病变分析。

对上、下消化道内镜检查、取样活检，可观察到局部增厚情况。由于某些肿瘤位于黏膜下层，如果活检标本收集量小、仅为表面组织，往往不能检出肿瘤。如果有肿瘤的胃肠道表面黏膜发生炎症，常常被认为是胃肠炎，而忽略对肿瘤的诊断。经腹腔镜或开腹手术，采取全层的胃肠道活检材料适合建立确切的诊断，也可以评估局部淋巴结和肝的转移情况。

【治疗与预后】 对于非转移性的、非淋巴细胞型肿瘤，如果直径大于或等于4 cm的肿瘤，如果可能的话建议手术切除。

在犬的胃肠道腺癌，如果肿瘤完全切除，平均存活时间为10～15个月；如果转移则平均存活时间只有3个月；还未见对胃肠道腺癌病例进行有效化疗的报道。

胃肠道淋巴瘤通常用化疗治疗。分化较好，分化程度低的小细胞淋巴瘤的治疗，可以口服泼尼松（5 mg，每日1～2次）和苯丁酸氮芥（每隔1日，口服2 mg或按表面积15 mg/m²，每日1次，连用4 d，每隔3周重复1次）。胃肠道的小细胞淋巴瘤治疗后预后较好，平均存活期为765 d。最近的研究报告表明，犬和猫的低分化胃肠道淋巴瘤对化疗不敏感；如果必须进行治疗，建议采取多药化疗方案（例如威斯康星－麦迪逊），但是通常平均存活时间不到2个月；局灶性淋巴瘤可以通过外科手术切除，然后根据肿瘤的类型和性质进行化疗。

对于恶性胃肠道肿瘤，即使进行手术和药物治疗，通常预后不良（即存活期不到6个月）。良性肿瘤如子宫肌瘤、结（直）肠腺瘤，通过手术切除，预后良好。

八、胃肠道梗阻

胃肠道梗阻常导致顽固性呕吐，其后果可能危及生命的症状包括呼吸困难、电解质和酸碱紊乱、脱水。由于梗阻的病因，阻塞局部组织损伤情况不同，可以出现穿孔、内毒素血症、低血容量性休克。因此，胃肠道梗阻应视为危重急症。

【病因与病理生理学】 可能有许多外部、腔内病因或管腔内的原因。最常见的原因是肠套叠，肠道内陷段被顺行或逆行地包裹着。引起肠套叠的病因包括寄生虫感染、细小病毒感染、误食异物或肿瘤，但往往是突发性的。肠套叠最常见的部位是回盲肠。虽然胃食管、胃幽门的肠套叠是罕见的，但它是急性肠套叠的严重形式，与高死亡率有很大关系。胃食管和肠套叠是罕见的，急性的严重的肠套叠死亡率高。德国牧羊犬易患胃食管套叠。疝或由肠系膜引起的肠道嵌闭可导致肠绞窄，可以迅速发生低血容量性休克。

壁内的阻塞原因包括浸润性疾病如肿瘤、真菌感染（如腐皮病）和肉芽肿（如由猫传染性腹膜炎引起）。已有报道，短头犬幽门狭窄可以导致胃出口梗阻，该病与遗传有关。

犬和猫部分或完全的腔内阻塞通常继发于吞食异物后。线性或小的异物有可能导致部分阻塞，而大的、圆形的物体往往导致完全梗阻。异物通常是不能被消化的物体（如塑料或石头），缓慢消化的食物（如骨骼），或是太大不易通过胃肠道的物体。犬常常不择食物，易患这种疾病，在猫喜欢玩线球，易吃入线性异物（如棉线、纱、牙线）。

不管潜在的病因怎样，胃肠道梗阻可以导致液体积聚和近端胃肠道臌气。继发于疝或肠系膜扭转的胃肠道祥，可以引起胃肠道绞窄或嵌闭，导致静脉回流受阻、组织瘀血、缺氧和坏死。胃肠道组织坏死和肠道内的大肠埃希菌和梭菌从肠道内转移到组织中。如果不采取治疗措施，可能出现肠道水肿、出血、黏膜坏死脱落，最终出现肠坏死。

【临床表现与诊断】 幼龄犬肠套叠最常见。肠套叠通常会导致腹痛、呕吐和腹泻，伴有或不伴有便血。近端肠套叠（即胃食管的，胃幽门）引起呕吐和返流。

幼龄动物异物阻塞更常见。临床表现取决于持续时间、程度和异物的位置，常见呕吐和厌食。发生在远端的小肠梗阻，不常见呕吐。不常见到腹泻、体重下降、精神不振和脓毒性败血症休克。临床常规检查表现症状不明显，或能观察到腹痛或触摸到肠内容物。通过口腔检查可以观察到线性异物，这些异物可能锚定到猫的舌根部。在肠道嵌闭的病例常出现低血容量性休克、腹痛症状。

胃肠道异物的实验室检查可见，轻度的白细胞增多且核左移。在胃肠道穿孔的病例中，由于继发细菌性腹膜炎或败血症，出现白细胞增多或白细胞减少且核左移。近端胃肠道梗阻通常出现低氯血症、低钾血症和代谢性碱中毒；更远端胃肠道的梗阻可以出现代谢性酸中毒。近期报道表明在犬胃肠道梗阻，无论梗阻到哪个部位，均常见低氯血症和代谢性碱中毒，也可以见到高乳酸血症和血液浓缩（PCV和总固体量升高）。

X线检查可协助定位X射线不能穿透的异物。完全性梗阻可能导致影像学改变，如肠梗阻、肠积聚液体气体而扩张，在肠道的皱襞处可见线性异物。然而，这些X线检查结果对于消化道异物或其他原因引起的消化道阻塞现象，如肠狭窄、粘连肠套叠和肿瘤，不是特异的方法。在肠道扩张小的肠套叠病例中，可以采用腹部X线检查异物，硫酸钡是常用的对比剂；如果怀疑有胃肠道穿孔，不能使用硫酸钡造影剂，应该用碘液或碘海醇来做造影剂。

腹部超声检查可以帮助确定胃肠道异物与肠祥内液体扩张情况。肠套叠横切面往往表现出一种同心环的"靶标样"的回声和低回声病变。大量的肠内积气可能掩盖以上影像。使用X线或超声检查胃肠道穿孔、腹膜炎病例，可见腹部积液或含有游离气体。在脓毒败血性腹膜炎，如果腹腔存在积液，应进行腹腔液脱落细胞学检查。内镜检查可确定异物性质及肿块损伤等。

【治疗】 因为异物在肠内易导致阻塞或穿孔，大多数异物应经内镜或手术方法清除，一些小的光滑的异物可能通过消化道运动而排出，对机体影响不大；也可以用腹部X线检查监测在肠内的移动情况。如果异物不移动，可能出现梗阻或临床症状明显恶化时，必须进行手术治疗。在口腔内线性异物必须手术切除，不要直接拔出。

临床上常见一些结肠内的异物，通常不需要手术即可自行排出。如果在结肠异物阻塞，引起了临床症状，应首选内镜取出，其次采用外科手术取出。如果可能的话，在手术麻醉前，应纠正液体电解质和酸碱平衡紊乱。

通过内镜或外科手术取出胃肠道异物，动物存活率很高。内镜的应用通常局限于胃内异物取出，尽可能让内镜进入小肠远端，取出异物。当动物被麻醉后，通过X线检查其他异物的位置。

如果有异物在幽门远端区，在多个位置有异物或感染性腹膜炎的迹象，不能使用内镜检查胃肠道幽门或十二指肠近端。应采取剖腹探查术。如果内镜检查出可疑肠套叠或肿块阻塞，应选择剖腹探查术。在手术过程中，必须检查整个消化道内可能会造成阻塞的异物，观察阻塞部分的胃肠道运动、穿孔或缺血坏死范围。如果一个线性异物在胃到小肠区域，可以在胃切口，用轻柔手法将异物从其远端的小肠推到胃内取出，否则需要多个胃肠切口。以尽可能小的切口取出异物，可以减少术后切口裂开的风险。常通过一个切口，将多个光滑的固体异物，用"挤奶"方式取出。线性异物更容易引起黏膜损伤或坏死，并会影响大段胃肠道。应手术切除坏死的或穿孔区域，并进行胃肠道吻合术。常用手术方法人工纠正肠套叠区域或切除已经坏死的区域；如果人工纠正效果不好或肠祥环紧，应手术切除，其余肠段吻合术连接。采用肠折褶术可以帮助降低复发的风险。

使用抗生素控制腹膜炎的发生，采用封闭腹腔负压引流或开腹引流方式进行术后护理。如果没有呕吐，可以在术后12 h恢复后给予食物和水。

【预后与预防】如果胃肠道梗阻由异物引起，早发现早治疗，预后良好。如果有腹膜炎或败血症的动物，手术后有很多并发症，肠道裂开的可能性很大。如果术前有低蛋白血症，也可能有较高的术后裂开发生率。如果有腹膜炎或导致大肠缩短的动物，会出现肠道缩短综合征，预后应谨慎；如果术后切口裂开，需要进行第二次紧急手术，但是死亡率高。

胃食管套叠、胃幽门肠套叠具有高死亡率，采用快速诊断及外科手术是提高存活的方法。胃肠道梗阻继发肿瘤很罕见，其预后取决于肿瘤的类型。

九、胃肠溃疡

众所周知，有些药物和疾病可以导致小动物胃肠黏膜溃疡和屏障破坏，因此，需广泛使用胃肠道保护疗法。

【病因与病理生理学】胃黏膜屏障具有复杂的防卫机制，可以保护正常的黏膜免受胃内有害化学物质的刺激。在胃内pH为2，胃酸、胃蛋白酶、蛋白水解酶可以发挥正常功能活动，黏膜层提供一个缓冲环境，可以中和胃内的酸性物质，保持pH4～6。胃肠道屏障的保护层，包括黏膜上皮细胞、紧密连接结构、厚厚的黏液层。高速血流支持这个区域细胞的代谢、受损细胞的快速更新。前列腺素（主要是前列腺素E和前列腺素I）帮助保持胃肠黏膜血流量和完整性，增加黏液和碳酸氢盐分泌，降低胃酸分泌，刺激上皮细胞的分化。紧密连接有助于胃黏膜细胞层的密封，保证管腔内容物不漏入细胞或进入这些细胞周围。扩散到上皮细胞少量的胃酸可以被快速进入该区域的高血流量清除。

胃肠黏膜屏障的缺陷导致了黏膜损伤的自我循环，这一屏障损伤使盐酸、胆汁酸和蛋白水解酶降解上皮细胞，导致脂质膜的破坏，引起炎症反应和细胞凋亡。通过紧密连接肠腔内容物的逆扩散导致的胃肠道细胞的炎症和出血，随着胃酸进一步分泌以及炎性细胞因子介导，肥大细胞发生脱颗粒，引起组胺释放，使胃酸进一步分泌，炎症也造成血流量减少（也是造成心肌缺血的原因），降低细胞的修复能力和前列腺素分泌黏液的细胞保护，暴露出黏膜下层或更深的肌层，导致黏膜溃疡。

犬和猫胃肠溃疡的发病机制不清楚；犬最常见的病因包括NSAID食入、肿瘤、肝脏疾病。NSAID能造成局部胃肠黏膜直接损伤，抑制环氧化酶（COX）-1，减少降低保护性的前列腺素的产生。虽然使用COX-2-特异性NSAID专用药可降低胃肠溃疡，但是使用这些药物可以导致溃疡、穿孔的发生。糖皮质激素通过刺激胃泌素（和酸）、降低细胞的分化和黏液产生，导致黏膜损伤增强。

肝脏疾病和胃酸分泌增加与胃黏膜血流量的改变有关，可能导致溃疡的形成。原发性胃肠道肿瘤如淋巴瘤、腺癌、子宫肌瘤与平滑肌肉瘤可导致溃疡。此外，在犬继发肥大细胞瘤、胃泌素瘤（卓-艾综合征）的类肿瘤综合征与胃酸分泌增加和溃疡相关。

在犬，与胃肠溃疡相关的病因包括肾脏疾病、肾上腺皮质功能减退、应激、原发性胃肠道疾病包括炎症性肠病、极限运动（如拉雪橇比赛）、休克、脓毒症。已经发现在健康的犬和猫胃中有幽门螺杆菌，然而它们对于胃肠溃疡的作用尚不清楚。有关猫溃疡的报道很少。肿瘤（如淋巴瘤、腺癌）已与猫的胃肠溃疡相关，但其病原未知。

【临床表现】胃肠溃疡的特殊临床症状包括黑便、呕血、便血。还可出现腹痛、厌食及其他疾病的症状。猫患有胃肠溃疡，很少有特殊的临床表现，如便血或呕血，但经常出现危及生命的出血现象。动物有严重的溃疡和/或胃肠道穿孔，可能出现疼痛、乏力、面色苍白和休克。通过引起临床体征病因的观察，某些患有消化道溃疡的犬和猫不表现任何临床症状。

【诊断】依据CBC、血清生化测定和尿液分析，有助于鉴别原发性胃肠病与非胃肠道疾病，并可以确定胃肠道疾病所引起的代谢紊乱。可根据临床症状和初步的试验结果进行其他的检测，如肝功能试验或促肾上腺皮质激素刺激检验。

在诊断胃肠溃疡时，虽然使用腹部X线检查，一般不会有帮助，但有助于排除消化道阻塞、肠套叠、腹膜炎。腹部超声波检查可以观察胃肠壁厚度情况或肿物情况，主要用于非胃肠病变的鉴别。采用内镜能够可视化检查食道、胃、十二指肠、结肠黏膜病变情况，并识别黏膜炎症和溃疡。虽然采用手术切除可确定肠壁全层浸润性疾病和肿瘤情况，但用内镜可活检并收集细针抽吸黏膜病变样品。为了避免造成穿孔，只能在溃疡外围的地方进行活检取样。胃液pH测定，可帮助诊断胃酸的高分泌状态。

【治疗与控制】胃肠溃疡的治疗主要是针对病因，而辅助性治疗，包括输液纠正代谢紊乱。使用治疗溃疡药物可以减少胃酸，防止进一步破坏胃肠道黏膜，促进溃疡愈合。在一般情况下，抗溃疡的治疗应持续6～8周。

组胺（最有效的）、胃泌素和乙酰胆碱可刺激胃酸的分泌。为了减少胃酸分泌，帮助保护受损胃肠道黏膜的药物H₂受体阻断剂（如西咪替丁、法莫替丁）可以促进黏膜愈合。某些药物也作为促动力药（如雷尼替丁）。虽然尚未发现临床上非常有效的药物，但法莫替丁（0.5～1 mg/kg，口服，皮下注射或静脉注射，每日2次）在降低胃内pH方面比西咪替丁（10 mg/kg，口服，肌内注射或静脉注射，每日3次）或雷尼替丁（犬，2 mg/kg，口服或静脉注射，每日3次；猫，2.5 mg/kg，静脉注射，每日2次，或3.5 mg/kg，口服，每日2次）更有效。对于严重的溃疡治疗，可以使用质子泵抑制剂（如口服奥美拉唑0.5～1 mg/kg，每日1次）控制胃酸分泌很有效。有报道认为，对犬和猫可以静脉注射质子泵抑制剂泮托拉唑（0.5～1 mg/kg，每日1次）。预防性使用H₂阻断剂和质子泵抑制剂，可能不会降低胃肠溃疡形成的风险。

细胞保护剂包括抗酸剂与硫酸铝。抗酸剂为弱碱，能在胃内中和胃酸；抗酸剂还可促进胃内前列腺素的产生。虽然含有铝或镁的抗酸剂可导致便秘，但仍公认是最有效且不良反应小的药物。由于其半衰期短，胃液酸度经常发生反复。因此，此类抗酸剂不常使用。口服的蔗糖硫酸铝（犬给0.5～1 g，每日2～3次；猫给0.25 g，每日2～3次）可以与胃肠道黏膜区溃疡、糜烂区结合发挥药效。因为它抑制吸收，应在喂食物或其他药物2 h后给药。前列腺素E₂、迷索前列醇是用来帮助预防NSAID相关溃疡制剂，但不促进黏膜愈合或减少胃酸分泌。

在胃肠黏膜屏障被破坏或发生休克时或当临床症状出现发热、便血、白细胞减少症与中性粒细胞增多时，提示细菌感染，可以预防性使用抗生素，β-内酰胺类药（如氨苄青霉素22 mg/kg，静脉注射，每日3～4次）是首选抗生素，如果需要，可以选用抗革兰氏阴性菌的抗生素进行治疗。

【预后】如果经过适当治疗或去掉病因，轻度溃疡或早发现早治疗，犬胃肠溃疡预后良好；如果溃疡严重或处于危重期（如肝功能不全），则难以控制。70%死亡病例与胃肠道穿孔有关。

猫的胃肠溃疡往往与肿瘤相关，其明显症状是出血。在一份报告中显示，患有胃溃疡的猫，采用手术和保守疗法平均存活时间为12～15个月。患有非肿瘤型胃肠溃疡的猫，如果临床症状轻，则预后良好。

十、幽门螺杆菌感染

在健康和有呕吐症状的犬和猫胃内常见幽门螺杆菌。人幽门螺杆菌感染已与胃炎、消化性溃疡和胃肿瘤高发有关；在犬和猫，是否有幽门螺杆菌感染和胃肠道疾病之间类似人的直接因果关系还不清楚。

【病因与病理生理学】幽门螺杆菌呈螺旋形或弯曲，革兰氏阴性，能运动，具有鞭毛。在人的胃肠道，幽门螺杆菌是最常见的致病菌，但在猫和犬中更常见幽门螺杆菌（如猫的海曼螺旋菌和海尔曼螺杆菌）。在动物已被确定幽门螺杆菌至少有38种，受感染的动物能够携带多种螺旋杆菌。

在犬和猫的胃组织，最常见到幽门螺杆菌，特别在胃底和贲门处，但也可以在肠道发现幽门螺杆菌。幽门螺杆菌似乎喜好在胃黏膜表面的黏液层定植，也存在于胃腺体和壁细胞内。有一些报道表明，在患有多灶性坏死性肝炎的犬的肝组织中，以及健康猫与患有胆管肝炎的猫中均鉴定出幽门螺杆菌。

【临床表现与诊断】虽然胃炎、呕吐、腹泻与幽门螺杆菌感染有关，但尚未确定其直接的因果关系。在犬和猫，消化性溃疡很少与幽门螺杆菌感染有关。

诊断方法包括上消化道内镜检查或剖腹探查。可以通过内镜的样品刷从胃的大面积表面黏液取样，进行细菌检查。因为样品刷取的胃细胞区域面积大，如果有微生物存在，可通过光镜100×（油浸法）很容易识别，这种检查的灵敏度高。

由于微生物的分布可能是片状，胃黏膜活检样品应在胃区多处取样。常规苏木精-伊红染色（HE染色）足以识别此微生物；如果在腺体内，可以通过特殊银染色法鉴别。黏膜炎症、腺体退化和淋巴滤泡增生与幽门螺杆菌感染有关。细胞学和组织病理学不能鉴别特定的微生物种类。市售的快速尿素酶试验盒，能够检测胃活检样品幽门螺杆菌产生的脲酶，但是细胞学和组织病理学是检测幽门螺杆菌感染的敏感方法，而尿素酶检测对于确诊作用不大。

幽门螺杆菌感染的无创检查方法包括，尿素微量试验、粪便抗原和血清学检测。

【治疗】有关犬和猫感染致病性幽门螺杆菌的机制不清楚，很难确定治疗方法。人感染幽门螺杆菌的治疗，常采用2倍或3倍的抗菌剂结合酸分泌抑制剂（如克拉霉素、阿莫西林、铋制剂和雷尼替丁）连续2周治疗，此类似的治疗方法已经在动物疾病中应用。

然而，在犬和猫尚无具体的治疗方法，很难消除幽门螺杆菌感染。一些临床研究表明，感染幽门螺杆菌的犬和猫，在治疗后其慢性胃炎和呕吐症状得到改善，这说明临床症状的改善是治疗效果的重要指标。

【人兽共患病风险】幽门螺杆菌感染在犬和猫之间的传播途径不清楚，其宿主不清。由于人与幽门螺杆菌感染相关的疾病的发病率和死亡率增加，人们对此人兽共患病传播很担忧。有报道表明，在一个试验研究的猫群体中，检测出幽门螺杆菌感染；在犬，还没有确定类似的感染情况。虽然一些研究表明，人与犬和猫接触使得幽门螺杆菌感染的风险较高，但另一些研究则不同意这种观点。因此，幽门螺杆菌感染可能通过人兽传播，但感染的风险很低。因此，需要建立良好的卫生习惯，注意观察犬和猫的慢性胃炎、呕吐表现，监测幽门螺杆菌可能感染的情况。

十一、出血性胃肠炎

犬出血性胃肠炎（Hemorrhagicgastroenteritis，HGE）是一种临床上以急性出血性腹泻和血液浓缩为特征的疾病。小宠物犬多发。已确定没有性别或年龄差异。

【病因与病理生理学】 出血性胃肠炎的病因不明，可能与肠道过敏或产气荚膜梭菌感染和肠毒素产生有关。不能排除对其他细菌或食物、寄生虫抗原的过敏反应有关。肠道通透性的增加导致液体、血浆蛋白、红细胞渗出进入肠腔。

【临床表现】 在小宠物犬，患病特点为急性发生，出现大量出血性腹泻（粪便似红莓果酱样）。在患病犬，常表现为呕吐、厌食、嗜睡和腹部疼痛。在临床上出现明显的脱水症状前，可见极严重的体液流失，可能会出现低血容量性休克。但是其他既往史表现（如饮食不当、疫苗接种反应等）不明显。一般认为HGE无传染性。

【诊断】 根据临床症状特征如突然发生和血液浓缩（PCV感染占55%）和血浆总蛋白浓度轻度降低，可以考虑本病发生的可能。可采取粪便，进行选择性细菌培养（如梭状芽孢杆菌、沙门氏菌、耶尔森氏菌、空肠弯曲菌、产肠毒素大肠埃希菌等）和肠毒素的ELISA检测。在血液浓缩和中性粒细胞增多时，可检测异常的CBC；如果中性粒细胞减少，可能出现败血症和/或细小病毒性肠炎。血清生化指标检测可能不明显或出现轻度低蛋白血症、低血糖（脓毒症，由于限制肝糖原储存引起的低血糖）和电解质异常，伴随低钙血症、血清低钠症、低氯血症。有报道表明，轻度（小于10%）凝血时间延长（活化凝血时间、凝血酶原时间、部分凝血活酶时间）与炎症或血液浓缩有关。如果是中度或明显凝血时间延长，应进行凝血功能障碍或DIC检测。通过肾上腺皮质功能减退筛查检测方法，检测血清皮质醇浓度正常或升高情况。X线检查与超声检查，主要用于检查弥漫性肠梗阻和阻塞的肠袢异常。鉴别诊断包括细菌、病毒（如细小病毒、冠状病毒）、寄生虫（如犬鞭虫、钩虫）引起的胃肠炎；伴有胃肠疾病的全身疾病（如肾上腺皮质功能减退、胰腺炎、肾功能衰竭、肝脏疾病等）；凝血病（如杀鼠药中毒、血小板减少症、血小板病等）；严重的胃肠溃疡、肿瘤以及任何原因的胃肠道穿孔。

【治疗与预后】 静脉输液是主要的治疗方法，可根据患病动物接受液体的能力、脱水程度和持续的损失量输入等渗液体。如有明显的低蛋白血症或休克的犬，需要用合成或天然胶体输液剂（如保存或新鲜冰冻血浆）治疗。采用抗生素治疗，可以有效对抗梭状芽孢杆菌感染（例如静脉注射氨苄青霉素22 mg/kg，每日3～4次）和降低继发于肠道细菌易位可能引起的脓毒症。根据血清钾的缺乏量，补充氯化钾20～40 mEq/L，防止发生低血钾。患有低血糖的犬需要通过静脉输入葡萄糖（2.5%～5%）。其他辅助性治疗，包括止吐疗法和改善饮食（见犬细小病毒，急性胃炎）。

经过适当的治疗预后良好，但也可发生严重的并发症，如明显的低蛋白血症、DIC、败血症、休克和死亡。

十二、炎症性肠病

炎症性肠病（Inflammmatory bowel disease，IBD）是一组胃肠道疾病，其特点是持续的临床症状，组织学检查可见病因不明的炎性细胞浸润。依据解剖位置和主要浸润炎性细胞的类型对炎症性肠病进行分类。在犬和猫，最常见的是淋巴细胞浆细胞性肠炎，其次是嗜酸性粒细胞肠炎。偶尔见有肉芽肿炎症报道（局限性肠炎）。中性粒细胞在炎性浸润中不占优势。在许多病例，可见多种细胞混合浸润。一些品种更常发生某些独特的炎症性肠病综合征，如软毛麦色獚的蛋白丢失性肠病、肾病综合征，巴塞恩金犬的免疫增生性肠病，挪威海雀犬的炎性肠病和斗牛犬的组织溃疡性结肠炎。

【病因与病理生理学】 目前IBD病因不清，可能参与的病因有胃肠道淋巴组织（GALT）缺陷、遗传、贫血、生化紊乱以及心身症、传染病和寄生虫病、食物过敏原、药物不良反应。炎性肠病也可能是由免疫介导的炎症引起。肠黏膜具有屏障功能，控制着GALT抗原暴露，后者可以刺激病原体的免疫保护性应答，而对其余无害抗原（如共生细菌、食物）产生耐受。GALT免疫缺陷可以导致抗原暴露和不良反应，但是正常情况下不产生免疫反应。虽然在IBD疾病中食物过敏较少见（嗜酸性粒细胞性胃肠炎除外），但是它可以增加黏膜通透性，提高对食物的过敏反应。

目前的证据表明，在小肠黏膜可能与过敏反应的抗原（如食物、细菌、黏液、上皮细胞）有关。可能有一种以上的过敏反应参与炎症性肠病。例如，Ⅰ型变态反应参与了嗜酸性粒细胞性胃肠炎，而Ⅳ型超敏反应可能参与肉芽肿性肠炎。过敏反应引起的炎症细胞的参与，导致黏膜炎症损害黏膜屏障，反过来促进肠道对异常抗原通透性的增加，持续的炎症反应可能会导致肠道纤维化。

【临床表现】 炎性肠病没有明显的年龄、性别或品种易感性，但是较常见于德国牧羊犬、约克夏犬、可卡犬和纯种猫。据临床报道，患病动物的平均年龄是6.3岁（犬）与6.9岁（猫），但也有不到2岁的犬患病。临床症状表现为慢性，有时周期性或间歇发生；可见呕吐、腹泻、食欲改变、体重减轻。与淋巴细胞浆细胞性肠炎有关的回顾性病例研究中，最常见到猫体重减轻、每日有间歇性呕吐或频繁呕吐、腹泻、厌食。在胃十二指肠溃疡和糜烂的病例常见呕吐、便血，腹前部疼痛。在蛋白丢失性肠病的病例可见体重减轻、呕吐、腹泻、腹水和四肢末端水肿。肺血栓栓塞症是一种罕见的并发症，有严重的肠道蛋白丢失发生（抗凝血酶Ⅲ损失）。大肠腹泻的临床症状并不少见，表现厌食、水样腹泻。

现已明确，犬IBD与胃扩张和扭转密切相关。在这种情况下，肠道炎症可能会导致胃的蠕动和排空及胃肠运动时间的改变，从而诱发扩张和扭转。

已报道，猫炎性肝病、胰腺炎与IBD有关联，虽然这3种疾病的病因尚未确定。因此，在检查猫胆管肝炎的同时，也应进行IBD和胰腺炎评估检查。虽然尚未证实，但是已有迹象表明，猫的重度IBD可发展为淋巴肉瘤。

【诊断】 全血细胞计数、生化指标、X线检查无异常。

由于饮食不足，可以导致营养不良，或者通过胃肠道丢失量增多导致低蛋白血症。由于吸收障碍导致低钙血症和低胆固醇症。肠炎伴随血浆淀粉酶增加。呕吐、腹泻丢失大量钾离子导致低血钾症，继而引发厌食症。肝脏酶的血清水平缓慢增长，血清中叶酸和维生素B$_{12}$含量降低。

嗜酸性粒细胞增多症与嗜酸性粒细胞性肠炎有密切联系；当然，这并不是特征性指标。小血红细胞性贫血可能与铁减少和慢性失血有关。一旦存在非典型性贫血，很可能导致慢性贫血和炎症。

呕吐、腹泻使机体丢失水分致红细胞增多，可见应激的白细胞像。X线检查，其变化包括胃的气性、液性膨胀以及小肠袢整体直径的增加。渗透性炎症的影像显示弥散性的、局灶性的黏膜不规则。若看不见此影像，应怀疑有腹水。

粪便检查很重要，可排除其他原因引起的黏膜性肠炎，比如线虫、梨形虫感染还有细菌感染。由于梨形虫间歇性脱落，很难检测出，一般对所有病例都用苯硫咪唑治疗。

腹部超声波检查可以用于诊断所有腹腔内器官，检查整个肠道，测量壁厚（壁厚的测量对肠炎诊断无重要价值）。小肠黏膜明条纹表明有炎症和蛋白缺乏性肠下垂。超声波扫描术可排除其他脏器疾病的可能性，定位病变，然后结合内镜技术对病变部位的组织进行检查。

内镜检查法可用于食管、胃、十二指肠的检查，有时可根据动物的大小对空肠进行检查。结肠镜检查法用来观察结肠。在一些病例中，明显的黏膜损伤可通过内镜观察到，包括黏膜红斑、脆性、黏膜变宽、糜烂及溃疡。大多数病例中，内镜检查是常规的检查方法。但是，在肠黏膜宏观和微观特征不明显时，就需要做活组织切片检查。在胃肠道部分，建议至少做6个部位的活组织切片。内镜检查法是获取活组织样本的最简单的方法，这些样本只是小肠黏膜上皮。在一些病例中，需要剖腹检查和全层活组织切片检查。若损伤愈合过程中出现高蛋白血症，需用类固醇药物来紧急治疗。

正常小肠黏膜组织中含有少量淋巴细胞、浆细胞、嗜酸性粒细胞和中性粒细胞。肠炎时可见黏膜固有层中浆细胞、淋巴细胞、嗜酸性粒细胞和中性粒细胞增多。然而，这些形态特征在胃肠道其他病（如梨形虫病、弧菌病、沙门氏菌病、淋巴扩张和淋巴肿瘤）中也可见。小肠活组织切片的组织病理学诊断是许多肠炎病确诊的黄金标准，但是也有其局限性。由于样本特征变化，会导致病理学诊断结果不一致，而且正常组织样品和肠炎及淋巴肿瘤的组织样很难区分。活组织切片通常是直接有效的临床指标，可以据此诊断结果进行动物治疗。

【治疗与控制】 治疗的目标是减少腹泻和呕吐，增加食欲和体重，降低肠道炎症。如果一旦确定病因（如饮食、寄生虫、细菌过度繁殖、药物反应等），就应立即消除病因。

在一些病例中（如慢性结肠炎），动物本身的饮食控制是简便而有效的方法；另一些病例中，减少药物的剂量或一旦症状消失，停止使用药物，均可提高治疗效果。治疗炎性肠道疾病最常用的药物为皮质类固醇、咪唑硫嘌呤、柳氮磺胺吡啶、泰乐菌素和灭滴灵。

如果动物不是很衰弱，最好制订一个连续性治疗模式。注意监视临床症状的变化情况，及时调整治疗方案。在治疗上，首先使用驱虫药（口服硫苯达唑，

50 mg/kg，每日1次，共3~5 d)，随后为3~4周的变更饮食（使用限制抗原或水解蛋白的饮食更好），然后是3~4周抗菌治疗（口服泰乐菌素，通常为10 mg/kg，每日3次；或口服灭滴灵10 mg/kg，每日2次），最后进行免疫抑制疗法（优先使用氢化泼尼松口服，1 mg/kg，每日2次）。

一般来说，食物变更包括饲喂一种动物从来没有食用过的低过敏性的源蛋白或采用排除法改变饮食（例如自制的羊肉大米、鹿肉大米或商业化食物）。这种食物可以作为唯一的食物来源，应该最少饲喂4~6周，其他种类的食物不应该饲喂。患有大肠腹泻的犬，以饲喂不溶纤维含量高的食物较好（见结肠炎）。在患有严重炎性细胞浸润的犬，单独补充膳食纤维很难有效。

当犬炎性肠道疾病仅限于大肠时，通常使用柳氮磺吡啶。这种药物在结肠中被分解为可以在黏膜中发挥消炎作用的5-氨基水杨酸，对犬的初期不良反应是干性角膜结膜炎和血管炎。由于水杨酸盐毒性（见结肠炎）的缘故，柳氮磺吡啶不用于治疗猫结肠炎。新的无硫酸盐不良反应的氨基水杨酸药物是可以使用的，例如，口服偶氮水杨酸（犬10~20 mg/kg，每日3次）；口服5-氨基水杨酸（犬10 mg/kg，每日3次）。

对于治疗任何肠病原体，抗生素的使用是有潜在的合理性的。在小动物中，对于大多数炎性肠道疾病，口服灭滴灵（10~20 mg/kg，每日2次）为首选，这种药物有免疫调节作用。在犬的炎性肠道疾病中，口服泰乐菌素（10 mg/kg，每日3次）可能也有免疫调节作用。对斗犬的组织溃疡性结肠炎，使用恩诺沙星治疗有效，这支持了特殊的炎性肠道疾病是特殊组织被感染的假说。

皮质类固醇对小肠或大肠疾病可能有效，氢化可的松或泼尼松龙初期剂量是每日2 mg/kg，地塞米松是每日0.25 mg/kg，其不良反应包括多尿、多饮、多食和胃肠道疾病（例如呕吐、黑粪、腹泻），经过7~10 d应调到可以控制临床症状的最低剂量，如果允许的话，也可以中断使用以上药物。在人的炎性肠道疾病中，一种包有肠溶衣形式的糖皮质激素已经成功运用到临床；在犬和猫的炎性肠道疾病，一项初步的研究已证明，这种糖皮质类固醇显示出明显的作用，但是关于这种药物的使用情况资料有限；这种糖皮质类固醇通过在肝中迅速转化进行首过清除，生物活性降低，在下丘脑-垂体-肾上腺轴的效果降低，这使医源性的肾上腺皮质功能亢进比其他糖皮质激素更少见，在犬使用的理想剂量还不清楚，在一般情况下，犬按1 mg/m² 口服，每日1次；猫的推荐剂量为每日口服1 mg/只。

在顽固性病例中，添加一种免疫抑制药物对于类皮质甾酮治疗是有益的。硫唑嘌呤（犬）和瘤可宁（猫）可以使用，硫唑嘌呤的剂量是口服2.2 mg/kg，每日1次；其不良反应包括骨髓抑制、胰腺炎和肝毒性；硫唑嘌呤的治疗剂量在使用几周后可以减量。通常泼尼松一般每隔2~3周减量25%。如果每隔1 d泼尼松减量至0.5 mg/kg未见复发时，可以每隔1 d使用硫唑嘌呤1次。

由于猫对硫唑嘌呤的不良反应敏感，故不推荐使用；对于猫，通常使用泼尼松和瘤可宁的联合疗法（0.1~0.2 mg/kg 或每只猫1 mg），在使用3~5周后，即使临床症状有所改善，但还需要4~8周的持续治疗，为了监测骨髓抑制情况，每两周应该做1次CBC检查。

猫的辅助治疗包括口服熊脱氧胆酸（每日10~15 mg/kg），犬和猫皮下注射钴胺素（20 mg/kg，每7 d 1次，共4周，然后每28 d 1次，共3个月），还需要其他辅助疗法。

如果对炎性肠道疾病治疗效果不确定，患病动物的生活质量不好，预后要谨慎。血蛋白减少症是一种预后不良的症状。如果动物患有严重的组织学病变、黏膜纤维化、嗜酸性粒细胞性肠炎、蛋白丢失性肠病或嗜酸性粒细胞增多综合征，预后较差。饮食不当最易引起复发。

十三、吸收障碍综合征

吸收障碍是食物成分吸收障碍，多是由于胰腺外分泌功能不全（EPI）或小肠疾病所引起。吸收障碍可以导致腹泻、食欲改变、体重减轻。小肠的主要功能是在连续的肠道内对营养物质的消化和吸收，通过在腔内和黏膜上的消化和吸收，将养分吸收进血液循环。许多慢性小肠疾病通过干扰这些消化吸收过程导致吸收障碍。在犬，吸收障碍综合征研究得最详细，其基本的诊断和治疗方法对其他动物吸收障碍疾病有参考价值。

【生理学】正常的消化过程将食物中的聚合物转换成可以穿越管腔表面或小肠上皮细胞的刷状缘（即肠黏膜上皮细胞）的单体形式。大部分消化酶由胰腺分泌；因此，胰腺外分泌功能不全（EPI）是吸收障碍的一个主要原因，可以阻断黏膜上皮细胞的刷状缘酶的消化吸收活动。

食物内主要的膳食碳水化合物包括淀粉、糖、蔗糖、乳糖。淀粉和糖原首先被胰淀粉酶水解成低聚麦芽糖、麦芽三糖和α-限制糊精。通过位于肠上皮细胞的刷状缘酶，低聚糖和摄入的糖（蔗糖、乳糖）进一步水解成单糖。动物断奶后，尤其是猫，刷状缘乳糖酶活性下降；应特别注意，如果刷状缘已被另一个疾病破坏，动物可能发展成为乳糖不耐受症。黏膜水解终产物（葡萄糖、半乳糖、果糖）通过蛋白质载体介导的过程主动运送到细胞内。一旦进入细胞，葡萄糖不通过糖酵解途径被利用，而是通过浓度梯度促进扩散进入固有层，然后通过扩散进入门静脉循环。

蛋白质的消化和吸收模式变化与以上类似。从胃、胰蛋白分泌的水解酶降解蛋白为短链低聚肽、二肽和氨基酸的混合物，寡肽被刷状缘肽酶进一步水解为二肽和氨基酸，通过特定的载体蛋白穿过刷状缘膜进入细胞。

脂溶性分子，不需要特定的载体就可以通过刷状缘磷脂屏障。然而在肠腔内，大脂质分子的降解是必不可少的。在十二指肠内的脂肪，刺激胆囊收缩素的释放，从而刺激胰腺酶的分泌。由分泌的胆汁酸盐溶解后，经胰脂肪酶作用甘油三酯被降解为甘油酯和游离脂肪酸。在细胞膜上分解为甘油一酸酯和游离脂肪酸然后通过被动吸收进入细胞。管腔内存有释放的胆汁酸并最终被回肠吸收进入再循环。一旦进入细胞，甘油一酸酯和游离脂肪酸酯转化为甘油三酯，再掺入乳糜微粒，随后进入绒毛的中央乳糜管，汇聚到胸导管输

送到静脉循环。中链三磷酸甘油酯（C8~C10）可以直接吸收进入门静脉血，为淋巴管阻塞情况下摄取脂肪的另一途径，但一些正常情况下经胸导管进入流通。

【病因与病理生理学】吸收障碍是降解或吸收的食物功能受到影响的结果（表2-7）。

影响合成或消化的胰腺酶疾病引起消化不良，最后导致吸收障碍，最终的结果是相同的。如果有85%~90%外分泌胰腺损失，一个重要原因是EPI，EPI的特点是淀粉、蛋白质消化不良和吸收障碍，最值得注意的是脂肪发生严重的消化不良和吸收障碍。在犬，EPI最常由于胰腺腺泡萎缩引起，虽然慢性胰腺炎并不常见，但在老龄动物可见；胰腺发育不全是一种少见的先天性疾病。患有EPI的犬，常伴有继发性小肠细菌过度生长（SIBO），这进一步扰乱了营养的消化吸收。猫较少发生EPI，常发生慢性胰腺炎。

细菌在肠腔内有重要的作用，细菌可以降解胆盐影响乳糜的形成，导致脂肪吸收障碍；降解的胆汁酸盐和羟基脂肪酸通过刺激结肠分泌加剧腹泻；SIBO可继发于胃酸分泌缺陷，干扰正常的肠道运动造成机械性阻塞肠道，干扰回盲瓣的功能，引起局部的免疫缺陷。

表2-7 吸收障碍的机制

位置	疾病	机 制
肠腔	胰腺外分泌障碍 小肠细菌过度生长（抗生素反应性腹泻）	胰酶缺乏（消化不良） 细菌活性：胆酸盐降解、脂肪酸、羟基化；与维生素B_{12}和营养竞争
黏膜	炎性肠病，传染性肠病，食物过敏，肿瘤浸润 绒毛萎缩 刷状缘酶缺陷	黏膜损伤：炎症，刷状缘缺陷，肠道细胞功能紊乱，黏膜表面积减少 表面积减少 乳糖酶缺乏，弥漫性小肠疾病
黏膜下	淋巴管扩张 脉管炎，门静脉高压	淋巴管阻塞 外运障碍

在其他情况下，原因未明确的SIBO，采用抗生素治疗有效。缺乏明显的黏膜损伤表明，吸收障碍是由细菌活性增加所引起，最初称之为特发性SIBO，这种综合征最好称为抗生素反应性腹泻（Antibiotic-responsive diarrhea，ARD）。

脂肪吸收障碍是由于胆汁淤积性肝病、肠腔缺乏胆汁盐，胆道梗阻或肠道阻塞疾病导致胆汁盐不足，小肠疾病中特殊的肠道细胞数量减少或功能减退导致脂肪吸收障碍。

弥漫性的黏膜疾病可以导致刷状缘酶活性减小，载体蛋白的功能下降，黏膜吸收表面积降低，影响营养物质最终运输到血液循环。因食欲不振，营养摄入

量减少，引起体重减轻。

此外，吸收不良的肠道内容物可以产生强烈的腔内渗透效应，减少小肠和大肠水和电解质的吸收，导致腹泻。如果黏膜损伤伴有肠道炎症，可引起分泌性腹泻。

黏膜损伤的潜在原因包括炎症性肠病，肠道病原体（如肠道病毒、致病性细菌、贾第虫属、组织胞浆菌、腐霉属）、食物过敏、SIBO和肠道肿瘤（如淋巴肉瘤）。组织学变化如绒毛萎缩和炎性细胞浸润，表明肠道有病理变化，但不能确定潜在的原因。例如，淋巴细胞浆细胞性肠炎可能是一个共同的肠黏膜的多种病因的反应，特别是微生物和食物抗原。研究表明，犬的淋巴细胞浆细胞性肠炎与寄生虫、细菌和食

物过敏有关，但真正病因不清。

在光镜下，可见黏膜损伤，也可能无明显的病理变化，这是典型致病性大肠埃希菌的感染（特殊原因是损伤微绒毛超微结构），有时ARD引起近端小肠的类似病变（在犬中能导致肠刷状缘生化损伤影响肠上皮细胞的功能）。

据报道，刷状缘酶缺陷是相对的乳糖酶缺乏，可以导致成年犬和猫对乳汁的不耐受性。获得性刷状缘酶缺陷也可能发现于广泛性小肠疾病过程中。

肠道黏膜下的阻塞可能出现淋巴管（特别是淋巴管扩张症）和血管阻塞问题（门脉高压、血管炎）。小肠淋巴管扩张症引起肠道蛋白的丢失以及严重的脂肪吸收障碍。

通常由于一些成分吸收障碍导致腹泻；但是对单一成分吸收障碍的胃肠道症状是少见的（如巨型雪纳瑞犬和边境牧羊犬选择性地对钴胺素吸收障碍）。虽然腹泻可以引起吸收障碍和体重减轻，但是结肠的吸收能力增强可以防止过度腹泻。

【临床表现】 吸收障碍的临床症状主要是养分吸收缺乏和粪便中的养分损失。吸收障碍的持续时间、严重程度和病因与症状的严重程度有关，临床症状通常表现为慢性腹泻、体重下降、食欲改变（出现厌食症或贪食）。在无腹泻的情况下不排除严重的胃肠道疾病的可能性。尽管食欲良好，但是体重减轻，有时出现食粪症、异食癖的症状表现。通常情况下，患有吸收障碍疾病的动物，如果没有严重的炎症或肿瘤，全身状况良好。非特异性的症状可能包括脱水、贫血、腹水或低蛋白血症引起的水肿。可见增厚的肠管或肿大的肠系膜淋巴结，尤其发生在猫。

【诊断】 慢性腹泻和体重减轻是各种全身性和代谢性疾病以及吸收障碍的非特异性症状。在犬和猫的全面诊断中，需要排除可能与吸收障碍有关的潜在的全身性疾病或代谢性疾病。确切诊断对于确定治疗方案及预后的判断很重要。

了解病史特别重要，因为它可能表明患病动物有特定的饮食不当或食物过敏。体重减轻可能表明吸收障碍或蛋白丢失性肠病，但也可能是由于厌食、呕吐或其他胃肠道疾病引起。小肠和大肠腹泻特征区别很多（表2-1），与猫相比较，这些区别对犬诊断罕见的大肠腹泻疾病更有帮助。在可疑大肠疾病的犬中，可以通过结肠镜进一步检查；如果患有大肠疾病的犬伴有体重减轻或排出大量粪便，说明小肠也有可能同时患病。

对患病犬应进行全身检查，通过触诊检查腹部异常情况，当怀疑无大肠疾病症状时，应进行直肠检查，采集粪便样本检查，可能检出未报告的黑粪症情

况；在老龄猫，出现甲状腺功能亢进症引起的吸收障碍时，应仔细进行甲状腺的触诊和血清T₄水平测定。

初始评估应包括CBC、生化测定、尿液分析、粪便检查、腹部超声检查，也可通过临床症状或异常腹部触诊及X线检查进行诊断。与小肠疾病相关的血液病包括慢性失血性贫血（低色素小细胞性贫血）或慢性炎症（正红细胞性，正色素性）；与炎性肠病、传染性肠病或肿瘤相关的中性粒细胞增多症和/或单核细胞增多症；与寄生虫病、嗜酸性粒细胞性肠炎或皮质类固醇缺乏症有关的嗜酸性粒细胞增多症；以及可能与犬的小肠淋巴管扩张症相关的淋巴细胞减少症。

生化检查和尿液分析有助于排除全身性疾病引起的慢性腹泻，尤其是肾上腺皮质功能减退、蛋白质丢失肾病和肾功能衰竭和肝脏疾病。低蛋白血症常继发于蛋白丢失性肠病。在大多数情况下，血清白蛋白和球蛋白均较低，但不排除仅仅白蛋白低的情况；炎性肠病和肿瘤偶尔与高球蛋白血症和低白蛋白血症有关。肝酶（ALT，AST）升高可能是肠道通透性增加的结果，可允许更多的抗原到达肝脏；在这种情况下，应通过胆汁酸刺激试验以及超声检查排除原发性肝病。低胆固醇血症可能与脂肪吸收障碍有关，应注意淋巴管扩张症。通过尿液检查，排除肾功能障碍引起低蛋白血症或肾疾病。有时可能同时出现低蛋白血症和肾疾病（如家族蛋白丢失性肠病和软毛麦色猎肾病）。在猫，应进行猫白血病和猫免疫缺陷病毒血清学检测，这些疾病不仅可能与继发性慢性腹泻有关，而且也可以影响疾病的预后。猫中偶见传染性腹膜炎、弓形虫为慢性腹泻的原因。通过测量血清T₄可以排除猫甲亢病。

应检查粪便寄生虫（尤其是弓形虫和贾第虫）和潜在的致病菌（包括沙门氏菌和弯曲杆菌）。犬致病性大肠埃希菌是一种新的潜在的重要病因，可通过分子生物学技术来识别基因编码致病基因。可以采用硫酸锌溶液粪便漂浮法或市售ELISA试剂盒检测贾第虫，其中ELISA试剂盒更容易使用，比没有经验的人员进行粪便漂浮法检测的灵敏度高。粪便中如果出现脂肪滴、未消化的肌纤维或淀粉颗粒为吸收障碍的间接证据，但这些都不可靠。如果通过粪便细胞学检出过多白细胞，则表明可能发生慢性炎性肠病或存在肠道病原体。通过直肠刮除进行细胞学检查，可发现组织胞浆菌。

在出现呕吐时或腹部有明显的异常时，应实施腹部X线检查。大多数病例诊断中，超声检查是诊断小肠疾病的一个重要手段，它可以用来测量肠壁厚度、分层和管腔直径，并可以检测其他肠道病变（如肿物、肠套叠）、肠系膜淋巴结肿大（在肿瘤和炎性肠病）和其他器官的异常。

一旦排除由饮食不当、全身性疾病、寄生虫感染引起的慢性小肠腹泻的原因，下一步是区分肠吸收障碍性EPI，EPI的诊断相对简单，而小肠疾病诊断较复杂。将诊断犬和猫EPI的实验方法，用于诊断小肠疾病是不准确的或不切实际的，不建议使用。对于EPI的诊断，血清胰蛋白酶样免疫反应检测（TLI）是一个高度敏感和特异方法，主要测定胰蛋白酶原，其原理是在EPI病例中，胰腺分泌的胰酶由于泄漏进入血液，血中胰蛋白酶的测定可以间接评估胰腺组织的功能。在EPI病例，外分泌组织功能严重枯竭和血清TLI浓度极低，可以明显地与吸收障碍疾病区别。这个快速测试方法需要禁食后的血清样品，犬和猫可以使用种属特异性的TLI测试。

由于常规检查的局限性、活检的需要以及经常缺乏具有诊断意义的组织学变化，使诊断小肠疾病的难度加大。

在初步诊断为小肠疾病后，可以采用连续的测定血清叶酸和钴胺素（维生素B_{12}）的浓度，对诊断小肠疾病很有帮助。叶酸主要由近端小肠吸收（空肠），而钴胺素由远端小肠吸收（回肠）。因此，血清叶酸浓度在近端小肠疾病时下降，血清钴胺素的浓度在远端小肠疾病时下降，在整个小肠病时叶酸和钴胺素均减少。血清叶酸和钴胺素的浓度受到疾病的严重程度、持续时间和黏膜病变、食物种类和是否补充维生素等因素的影响。此外，EPI可以影响血清叶酸和钴胺素水平的浓度，在对ARD和继发性的SIBO诊断方面，采用血清叶酸水平的变化是不可靠的。在猫的小肠疾病中，血清叶酸和钴胺素的检测有效性评价标准尚不明确；如果血清钴胺素浓度低，可能作为小肠疾病和EPI的补充诊断参考指标。对小肠疾病进一步检测的间接方法是肠功能评估和通过口服试验物质检测其渗透能力，随后测量血液或尿液样本；从研究资料上看，木糖吸收试验可以被用来评估肠道功能，但它不敏感，尤其是在猫。测量D型木糖/ 3-O-甲基-D-葡萄糖的吸收差异是评价小肠疾病更有效的方法，但技术要求高，不适合一般的实验室。同样，肠道通透性的测量，由于需要提供有关的体检信息而不是黏膜的通透能力，一般不使用；该试验采用口服标志物，通过测定尿液和血液中标记物的浓度，测定标记物直接通过2个可能的途径（细胞间和细胞）穿过肠黏膜的能力。

对不同大小的混合标志物进行尿排泄率计算，如乳果糖和鼠李糖标志物已成功应用于犬，不仅用于犬小肠疾病的诊断，还用于治疗反应监测（如确诊食物过敏或SIBO）。因为以上两种标志物在健康猫的肠道通透性高，不能使用这种方法诊断小肠疾病。

对犬蛋白丢失性肠病，可采用静脉注射^{51}Cr标记的白蛋白（或^{51}CrCl$_3$标记内源性白蛋白）。连续3 d进行粪便排泄放射性标记物的检测，可以评估进入肠腔的蛋白质损失情况。然而，因为使用放射性物质标记，这种方法的使用非常有限。另一种方法是测量粪便α_1蛋白酶抑制剂，这种血浆蛋白与白蛋白一起进入肠腔，不像白蛋白那样，这种蛋白具有抗蛋白酶的作用，在排泄的粪便中保持原来的结构，可以在粪便中检出，已开发出了种属特异性的α_1蛋白酶抑制剂检测方法。需要采取3个自然排出的新鲜粪便样品进行检查；但任何胃肠出血的结果均无效。

在人中可以通过口服单糖，评估小肠细菌定植的情况和糖吸收障碍情况，但是任何部位的胃肠道出血会导致氢呼气测定试验失败，这个实验的原理是肠道细菌发酵肠腔内的糖形成碳水化合物和产生氢气，其中的一些氢气被吸收入血，由肺排出体外。口服碳水化合物后，呼气中氢浓度增加可以反映细菌定植在近端小肠情况或碳水化合物的吸收障碍情况（通常存在于大肠菌群），这是检测吸收障碍和评估肠道输送时间的一个简单的程序，但只能在专科中心可以此测定项目。

因为在ARD过程中，实际上细菌数量可能不会增加，所以通过呼气氢浓度变化测定或血清非结合胆汁酸检测诊断SIBO不可靠。

慢性小肠疾病的确切诊断需要通过内镜，或是经剖腹探查术采集肠道组织活检样品，进行组织学检查。内镜损伤小，可以观察肠黏膜变化并进行活检取样，然而，内镜下黏膜活检情况可能对肠道深层病变代表不够，仅限于小肠（十二指肠，有时近端空肠，通过结肠镜可以检查回肠）疾病的可视化诊断。由于虚弱、营养不良或低蛋白血症性动物，肠道伤口裂开的危险超过10%，可以首选内镜活检，但是，当有更深层次的肠道损伤、肠外疾病或局灶性损伤时，应首选外科手术。如果进行剖腹探查，应从十二指肠、空肠和回肠收集活检标本，一同检查肠系膜淋巴结和其他器官。

肠道活检标本的组织学检查，可确定在炎症性肠道疾病的形态学变化，包括淋巴细胞浆细胞性肠炎和嗜酸性粒细胞性肠炎、肠淋巴管扩张、绒毛萎缩、肠肿瘤。如果能对小肠进行顺序活检，形态变化可能用于评估治疗效果。因为更严重的肠病往往更难治疗，形态变化也可能为预后提供信息。尽管肠功能相当紊乱，在某些疾病（如ARD）的肠道可能有很少或没有明显异常。组织学变化仅提供可能的病因或很少的损伤机制，这显然会协助有效管理。此外，病理学专家之间对组织学变化描述的不一致，这是公认的问题。然而，世界小动物兽医协会胃肠标准化小组发表了一种病变描述的模板，作为病变标准化描述基础。

通过十二指肠内镜或开腹手术取样进行细菌学培养方法，已可用于确诊SIBO。然而，在如何认定小肠细菌数方面仍有争议，因为在临床健康（根据环境、饮食和卫生、消毒等情况）的犬中的细菌总数超过10^5，或专性厌氧菌落形成单位（CFU）超过10^4个/mL。

【治疗】治疗吸收障碍涉及饮食治疗、并发症的控制以及主要病因消除（如果已经确定病因）。在犬的EPI控制相对简单，应包括喂给含有低纤维食物，含有中等水平的脂肪或高消化率的脂肪、易消化的碳水化合物和优质蛋白质，具体的治疗包括终身需要每餐补充胰腺提取物。胰腺的粉状提取物（1茶匙/10 kg）包括片剂、胶囊和肠溶制剂，新鲜的或冷冻的胰腺可以用来作为一种添加剂（每餐100 g，成年德国牧羊犬）。如果对胰腺替代疗法反应不大，应怀疑可能是继发性的SIBO，应口服抗生素治疗1个月或超过1个月的动物（见下文）；进食前20 min用药，使用药物为H_2受体阻断剂，如西咪替丁或雷尼替丁，这些药可以抑制胃酸分泌、降低胰腺提取物的降解，这种治疗方法的费用高，其疗效有争议。口服维生素补充剂可作为辅助疗法，对于钴胺素（$500 \sim 1\,000$ μg/周，直到正常）应经静脉（非肠给药）给药。

虽然饲喂市售日粮即可满足EPI患猫的要求，但仍然需要用胰腺替代疗法，若猫的血清钴胺素水平低，应静脉补充钴胺素。

对小肠疾病有效的治疗效果依赖于疾病的性质，当没有明确的诊断结果时，应根据经验进行治疗。对患有ARD的犬，给予低脂饮食可减少由于细菌对脂肪酸和胆盐代谢引起的分泌性腹泻。口服广谱抗生素如土霉素（$10 \sim 20$ mg/kg，每日3次，连用28 d）治疗很有效。甲硝唑（$10 \sim 20$ mg/kg，每日2次）和泰乐菌素（20 mg/kg，每日3次）是有效的土霉素替代性抗生素。

患有原发性ARD的犬，需要进行反复或长期治疗，特别是对维生素B12缺乏的动物，应给予维生素补充剂。若继发SIBO，通常需要适当治疗潜在疾病，但原发性SIBO是难以控制的，特别是年轻的德国牧羊犬，它倾向于患有原发性的SIBO。

在犬与猫，食物控制是治疗小肠疾病的一个重要方面。食物通常含有中等水平的限制蛋白和高度可消化的碳水化合物（为了减少蛋白的抗原性，降低渗透压的影响，提高养分有效性）和低到中等水平的脂肪。此外，这些食物不含有乳糖和麸皮，并且限制纤维的量；并可能含有高水平的抗氧化剂、益生素（如低聚果糖）或ω-3脂肪酸，据认为，这些添加剂可调节炎症反应和增强肠道菌群和肠道细胞健康。在可疑食物过敏时，应采用排除食物中新的蛋白质源方法

进行治疗。此外，有时肠道炎症是食物过敏的一种表现，对轻度患病动物其他方法治疗前，应初步采用排除食物法进行炎症性肠病诊断试验。根据动物饮食的历史，煮熟的白米饭和土豆是食物合适的碳水化合物来源，而羊肉或者鸡肉通常作为蛋白质的来源。奶酪、马肉、兔、鹿肉或鱼是可接受的替代品。在不必要的诊断食物过敏情况下，可以使用商业除敏食物；然而，这些均为维护健康减少饮食失衡的首选食物。含有水解蛋白的食物可能是检测食物过敏种类的有效食物。一般食物限制法不需要超过3周。在动物的炎症性肠病治疗中怀疑食物过敏时，口服强的松龙（1 mg/kg，每日2次，连续$2 \sim 4$周，逐渐减少剂量）与食物限制法结合是很有效的。

原发性炎症性肠病的治疗，应首先尝试消除或控制相关过敏原刺激，这些过敏原在损伤过程中承担主要的或次要的角色。在可疑食物过敏的动物，应采取以上描述的排除过敏原法或使用水解蛋白食物方法进行治疗。食物应包括可消化的碳水化合物（最好、易消化的大米）和优质蛋白质。脂肪含量的限制也可能是有价值的，可以最大限度地减少脂肪酸和胆酸盐被细菌代谢形成的分泌性腹泻。在肠道疾病有炎症明显的反应时，如淋巴细胞-浆细胞性肠炎和嗜酸性肠炎，应口服强的松龙（1 mg/kg，每日2次，连用1个月，逐渐减少剂量）治疗效果好。在更严重病例，在猫需要添加苯丁酸氮芥口服（$2 \sim 6$ mg/kg，每日1次，直到症状减轻，逐渐减量）或在犬需要使用硫唑嘌呤（$2 \sim 2.5$ mg/kg，每日1次）。

在猫中经常使用甲硝唑（10 mg/kg，每日2次）进行治疗，甲硝唑的有益作用可能是抑制细胞介导的免疫反应、具有抗厌氧菌的活性。

对于淋巴管扩张症，通过严格限制脂肪、热量高、易消化的饮食能够减少腹泻，但是易导致体重减轻。应补充脂溶性维生素和额外的中链甘油三酯；有报道表明甘油三酯为一种容易吸收的脂肪源，因为它可以通过旁路绕过淋巴管进入血液，但是该机制可疑。使用泼尼松治疗对于消炎和免疫抑制可能有益，特别在脂肪肉芽肿性淋巴管炎。对泼尼松治疗的反应有很多差异；有时临床症状可能会减轻几个月甚至几年的时间，但远期预后严重。

对于贾第虫病可以用甲硝唑或芬苯达唑治疗，对于组织胞浆菌病可以用伊曲康唑（猫）或酮康唑（犬），配合使用或不使用两性霉素B。淋巴肉瘤病例治疗包括适当的化疗方案，但在患有成淋巴细胞性肉瘤的犬和猫治疗效果较差。在猫的小细胞绒毛淋巴瘤的病例中，口服强的松和苯丁酸氮芥进行治疗可以延缓生存期。

第二十六节 胰腺外分泌部

胰腺具有内分泌和外分泌功能。胰腺外分泌部由胰腺腺泡细胞和导管开口于十二指肠近端系统。胰腺腺泡细胞合成和分泌消化酶,可以消化复杂的营养成分如蛋白质、甘油三酯和复杂的碳水化合物。胰腺外分泌也分泌其他必需的物质如分泌的大量碳酸氢盐可以缓冲胃酸,稳定内环境,有利于钴胺素的吸收,辅助脂酶消化,利于脂肪吸收。

一、胰腺炎

猫和犬胰腺炎是最常见的胰腺外分泌疾病。它可以是急性或慢性的,取决于疾病是否导致胰腺实质永久的改变,主要是萎缩和/或纤维化。急性和慢性胰腺炎可能是严重的或伴有胰腺坏死和全身并发症。因此在临床上两者之间的区别不大。

【病因与发病机制】大多数犬和猫胰腺炎病例是原发性的。然而,饮食不当被认为是犬常见的危险因素。严重的胰腺钝性创伤,如交通事故或猫恐高综合征,也可导致胰腺炎。手术被认为是胰腺炎的另一个危险因素;但是,现在认为麻醉期间由于胰腺缺血而导致胰腺炎。胰腺炎与传染性疾病有一定的关系,研究表明,在大多数情况下,传染病与胰腺炎因果关系较小。已有报道表明,犬胰腺炎与犬巴贝斯原虫感染有关,猫的胰腺炎与弓形虫、肝吸虫和猫传染性腹膜炎有重要关联。

在人,许多药物与胰腺炎有关,在犬和猫中很少被证实。一般情况下,大多数药物应被视为最有可能导致胰腺炎的潜在病因:胆碱酯酶抑制剂、钙、溴化钾、苯巴比妥、L-门冬酰胺酶、雌激素、水杨酸、硫唑嘌呤、噻嗪类利尿药和长春花生物碱,许多不同的病因可能最终通过相同途径导致了胰腺炎。

在胰腺炎的初始阶段,胰液分泌减少。通过两个酶原颗粒和溶酶体的共定位,胰蛋白酶原被激活并转变为胰蛋白酶,胰蛋白酶反过来激活更多的胰蛋白酶原和其他酶原,过早地激活消化酶导致局部的胰腺损伤,表现为水肿、出血、炎症、坏死和胰周脂肪坏死;随之而来的炎症过程导致白细胞浸润和细胞因子的产生;激活的酶,更重要的是在血液中循环细胞因子,导致远处器官组织发生并发症,如广泛的炎症反应、弥散性血管内凝血、弥漫性脂肪代谢障碍、胰性脑病、低血压、肾功能衰竭、呼吸衰竭、心肌炎,甚至多器官功能衰竭。

【临床表现】在犬的重症胰腺炎,厌食(91%)、呕吐(90%)、体弱(79%)、腹痛(58%)、脱水(46%)、腹泻(33%)是最常见的临床症状;在猫重症胰腺炎的临床症状是不特定的,其中厌食(87%)、精神沉郁(81%)、脱水(54%)、体重减轻(47%)、体温低(46%)、呕吐(46%)、黄疸(37%)、发热(19%)和腹痛(19%)最常见。在犬猫,腹部疼痛发生率低,但是超过90%的胰腺炎患者(人)有腹痛。

【诊断】如犬有饮食不当病史,结合呕吐和腹痛症状可提示胰腺炎,但是大多数的猫出现非特异性的病史和临床症状。虽然CBC和血清生化指标检测可能表明一种炎性病变过程,但都是非特异性的。常见患犬血小板减少和中性粒细胞核左移;在犬和猫,也常见氮质血症和肝转氨酶和胆红素升高,但是这些为非特异性表现。腹部X线检查可以显示,在近端腹腔器官下降位移变化,但这些研究结果也是非特异性,影像学诊断检查结果并不可靠。腹部超声检查,如果应用严格标准,对诊断胰腺炎有高度特异性,但对单纯性胰腺炎中胰腺肿大和液体积聚不易作出诊断。如果胰腺肿大形成肿块、液体积累在回声上发生变化(即低回声或回声增强提示胰腺坏死,胰腺周围显示胰周脂肪坏死)具有高度的特异性。虽然现代超声设备具有很高的分辨率,应注意不要过度解读结果。如果胰腺出现结节性增生,可能导致变化的回声,也可错误提示胰腺炎的存在。同时,腹部超声检查的正确性高度依赖于操作人员的技术水平,最有经验的技术人员对犬胰腺炎的诊断准确率为35%,对猫胰腺炎的为68%。

在犬和猫中已经评价了几种胰腺炎的诊断标志,在犬胰腺炎临床诊断中,血清淀粉酶和脂肪酶的活性检测很有帮助。但是在猫这种方法不能用。在犬,血清胰脂肪酶的免疫反应半定量测定检测试验(SNAP cPL)很有效。如果SNAP cPL试验表明阴性,说明犬没有发生胰腺炎。如果此时结果为阳性,说明已经发生胰腺炎;通过血清对犬胰脂肪酶的免疫反应(cPLI,由商业法测量,Spec cPL®)测定其浓度,进而确定诊断的基准浓度。可以使用这个基准血清cPLI浓度水平为疾病监测标准。在犬和猫,测定的血清cPLI浓度(在犬用Spec cPL方法,在猫使用Spec fPL®方法)对于胰腺外分泌功能状态具有高度特异性反应,也是目前可用的最敏感的诊断测试方法(其灵敏度超过80%)。

腹部探查手术可明确诊断胰腺炎,即使胰腺炎的存在似乎是显而易见的(如胰腺充血,容易误诊为胰腺炎),也要收集活检标本,组织病理学需要鉴别炎症浸润情况才能明确胰腺炎的诊断。即使采取腹腔探查甚至胰腺活检也很难排除胰腺炎,因为在许多情况下,胰腺仅局限于一叶的胰腺,当进行单一活检收集样本时,易漏检;同时,重症胰腺炎动物往往麻醉风险大，剖腹探查很危险。

【治疗】对重症胰腺炎的治疗主要是辅助性输液治疗，积极监测和早期用药，以防止全身并发症的发生。在这些病例中，如果确定了病因，可以启动病因疗法。使用抗生素作用效果不清，不应按照常规使用；如果无法控制动物的呕吐，建议应静息胰腺（见呕吐）。如果出现腹痛，应采取治疗方法直到腹痛消失。对轻度或中度腹痛动物可以间歇使用哌替啶或布托啡诺。在重度疼痛的动物，常使用芬太尼、氯胺酮、利多卡因以一定速度配合输液治疗。严重病例可以输入血浆，这有助于犬胰腺炎恢复。应该每日输液直到腹痛缓解或不良反应消失。在犬、猫和人，有许多其他治疗方法报道，遗憾的是这些方法还没有被证明对治疗胰腺炎有用。

对于轻度胰腺炎的动物，应仔细评估风险因素的存在（例如高甘油三酯血症、高钙血症、用过引起胰腺炎的药物病史）和并发疾病（例如胆管炎或肝炎、炎性肠病或糖尿病）。给犬饲喂含超低脂肪食物，是治疗胰腺炎成功的关键。建议给猫使用适当的低脂肪食物。如果动物由于恶心不采食，可以使用止吐药物。

如果动物对于以上治疗没有效果，应试用强的松或强的松龙进行治疗。然而，不建议在这些病例滥用糖皮质类固醇。

轻症病例，预后良好；但在猫和犬胰腺炎的严重病例中，预后应谨慎。在早期鉴别严重病例以及防止并发症的发生，也是一个棘手的难题。

二、胰腺外分泌部机能不全

胰腺外分泌部机能不全（EPI）是一种通过对胰腺外分泌部合成和分泌的消化酶不足引起的综合征，虽然在犬少见，在猫也不常见，但在犬猫是第二种常见的胰腺外分泌障碍疾病。

【病因与发病机制】患有胰腺腺泡萎缩的犬，EPI是最常见的病因，在猫慢性胰腺炎是最常见的病因，在犬是第二个最常见的病因。在犬和猫EPI，其他不常见的病因有胰腺或胰外有肿物，导致胰腺梗阻。胰腺外分泌具有很强的储备功能，约90%胰腺功能丧失后，才出现EPI临床症状。胰腺腺泡中消化酶在所有主要营养素的吸收中发挥着不可或缺的作用；如果缺乏胰腺消化酶，主要导致消化障碍。然而，患有EPI的动物，临床表现为吸收障碍，其发生机制不清（见吸收障碍综合征）。残留在肠腔内的营养成分导致松散、大量的粪便积存和脂肪性腹泻。营养的缺乏也导致体重减轻，可能会引起维生素缺乏。在慢性胰腺炎引起的EPI患病动物，其胰腺组织的破坏可以不局限于腺泡细胞，可能并发糖尿病。

【临床表现】在年轻的成年德国牧羊犬，最常见由于胰腺腺泡萎缩引起的EPI；但在粗毛牧羊犬也有报道。在犬和猫，由其他原因引起的EPI，通常发生于任何品种的中年到老年动物，最常见的临床症状是多食、消瘦、腹泻。在一些动物中观察到的呕吐和厌食，可能是并发症而不是EPI。粪便通常为苍白的而松散、粪便量多且恶臭。水样腹泻病例较少见。一小部分患有EPI的猫的粪便中出现较多脂肪，常导致被毛油腻，特别是在肛门周围及尾部被毛最明显。

【诊断】对于EPI诊断，可以采用血清胰蛋白酶样免疫反应（TLI）方法，犬的TLI浓度为（≤2.5 μg/L），猫的浓度为（≤8 μg/L），可以确诊EPI。由于多种营养成分的消化往往可以由多种酶来完成，因此仅胰液的缺乏并不一定导致临床症状。例如，已报道几种德国牧羊犬的亚临床EPI。这些犬的血清TLI浓度严重降低和缺乏胰腺外分泌组织，但没有或只有间歇的EPI临床体征。

检测犬粪便弹性蛋白酶的方法很有诊断价值，但是一些健康的或慢性肠道疾病的犬，也可能会出现粪便弹性蛋白酶浓度严重降低，使这种检测的可靠性比血清TLI浓度检测方法还低。

【治疗】大多数患有EPI的犬和猫可以通过补充胰酶治愈。胰酶的粉剂比片剂、胶囊更有效，特别是肠溶性产品。最初，对于患病犬按照每餐每10 kg体重1茶匙药物，对患病猫每餐1茶匙药物。一旦临床症状已经完全缓解，缓慢减少药物量到最低有效维持剂量。应该指出的是，不同批次的酶最低有效剂量之间有很大差别。已有报道，在治疗25只犬中的3只，使用胰酶治疗后出现口腔出血，减量后出血停止；如果将食物湿润与胰腺粉充分拌匀，也可以减少这种不良反应发生的概率。

使用新鲜胰脏粉的替代方案为30～90 g切碎的胰腺，可以取代1茶匙胰腺提取物。原新鲜的胰腺可以冷冻保存几个月，不会损失胰酶的活性。在以上药物使用时，没有必要将食物用胰酶或胰酶替代物结合胆酸盐进行处理。因为几乎所有患EPI动物不必进行抗酸治疗，如果同时进行抗酸治疗，对总体消化能力的影响不大。

在大多数动物，虽然补充胰酶制剂使临床症状好转，但是对营养的充分吸收，尤其是对脂肪的吸收仍然不好。因此饲喂低脂食物可以恢复受损的脂肪消化功能，但这些低脂肪食物可能进一步导致脂肪吸收减少，进而引起脂溶性维生素和/或必需脂肪酸的缺乏。由于某些类型的膳食纤维干扰胰腺酶活性，因此应补充含有溶解度低或发酵的纤维性食物。

如果酶制剂不能完全缓解临床症状，应考虑维生素B$_{12}$缺乏的可能性。钴胺素的吸收依赖于适当的内在因子合成和分泌。特别是在犬和猫，大多数内在因子的合成和分泌由胰腺外分泌腺完成，超过80%的患有EPI犬和几乎所有的猫均表现维生素B$_{12}$（钴胺素）缺乏。同时，对犬EPI病例的研究表明，钴胺素缺乏症是预后不良的唯一危险指标。因此，小动物疑似EPI病例应定期检测血清钴胺素和叶酸浓度。在犬和猫的钴胺素缺乏症中，如果血清钴胺素浓度严重降低，应静脉补充维生素B$_{12}$。也有报道在EPI动物中，其他类维生素含量也降低。例如，在某些患有EPI的猫，出现维生素K缺乏导致凝血功能障碍。

在有些动物酶制剂和钴胺素治疗中可能没有任何效果，这可能与并发小肠疾病有关。患有EPI的犬，常常并发小肠细菌过度生长，需要使用抗生素治疗，但是在患有EPI的猫常并发炎症性肠病。

【预后】大多数EPI病例均有胰腺腺泡组织损伤，很难达到完全恢复。然而，如果采取适当的管理与监测，这些动物通常能表现为增重加快，粪便正常，并能恢复到正常的生活过程中。

三、胰腺肿瘤

胰腺肿瘤可为原发性或继发性，分为良性肿瘤或恶性肿瘤。犬和猫的大多数外分泌胰腺肿瘤都是继发的。胰腺腺瘤通常是良性而单一的，可观察是否存在囊，应与胰腺增生结节相区别。在犬和猫胰腺外分泌部，胰腺癌是最常见的原发性肿瘤，但在犬和猫发生率很低。

【发病机制】胰腺外分泌部的良性肿瘤可以导致腹腔前部器官移位。然而，大多数病例的这些变化都呈亚临床型，仅在尸检过程中可以发现。在少数病例中，肿瘤的生长可以阻碍胰管，导致阻塞部分的胰腺外分泌部继发性萎缩，最后引起EPI。胰腺的腺癌可能导致组织坏死，如果肿瘤血液供应过多，肿瘤的坏死将引起局部炎症，这可导致急性胰腺炎的临床症状。恶性肿瘤也可能扩散到邻近或转移到远处器官。

【临床表现】犬和猫胰腺外分泌肿瘤的表现为非特异性的，在许多情况下一直保持亚临床型直到晚期。一些动物显示胰腺炎的临床体征。如果胆管梗阻发展，可以出现阻塞性黄疸。在一些胰腺癌病例，也有转移性病变相关的临床报道，可表现为跛行、骨骼疼痛或呼吸困难。最近，已有报道认为猫类肿瘤性脱毛与胰腺癌有关。

【诊断】犬和猫胰腺腺癌非特异性的临床表现为中性粒细胞增多、贫血、低钾血症、胆红素血症、氮质血症、高血糖以及肝酶活性升高，但是常规血液检查

结果变化不明显。未见有犬或猫胰腺癌血清脂肪酶和淀粉酶、TLI和PLI活性升高的报道，但在犬和猫可能出现升高现象。

大多数病例的X线检查是非特异性的。异常发现包括，腹前部对比度降低提示腹腔积液、脾移位、幽门区出现阴影。在某些情况下，腹部X线检查显示腹前部出现肿物。但在许多情况下，腹部超声检查可以显示肿块在胰腺附近，但是无法确定与胰腺组织的联系范围。同时，邻近器官肿瘤性病变可能会被错误地认为是来源于胰腺癌。患有重症胰腺炎的动物，在腹部超声检查可能会显示胰腺上存在肿物，不要与胰腺肿瘤相混淆。

如果有腹腔积液，应吸取液体样品，进行脱落细胞检查，但在大多数情况下，肿瘤细胞不容易脱落在腹腔积液中，通过此方法检查不到肿瘤细胞。当可疑有肿物需要鉴定时，可以在超声引导下，通过细针穿刺或经皮穿刺采样，进行组织学检查，确诊率可以达到50%。许多病例可以通过剖腹手术或尸检进行确诊。

【治疗与预后】如果胰腺腺瘤是良性的，除非出现临床症状，理论上不需要治疗，而胰腺癌诊断往往需要剖腹探查术，而在怀疑胰腺腺瘤病例，需要局部切除胰腺进行检查。在这些情况下，预后良好。患有胰腺癌的猫和犬经常在晚期被发现，常同时出现转移性疾病。转移常见部位是肝脏、腹部和胸部淋巴结、肠系膜、肠和肺部，其他的转移部位也有报道。在少数情况下，在眼观上肿瘤转移性部位不清晰，需要进行手术切除肿瘤，肿瘤与周围界限不清，不能完全切除，应事先告知动物主人以上情况，术后可通过化疗与放射治疗；在人或动物胰腺腺癌的病例治愈成功不多，因此犬与猫胰腺腺癌预后很差。

四、胰腺脓肿

在接近胰腺的部位通常有脓肿，含有很少或根本没有胰腺坏死组织。胰腺脓肿是胰腺炎并发症，可能存在细菌感染，几乎所有的小动物病例报道均未见细菌感染。临床症状表现为非特异性的，包括呕吐、厌食症、抑郁、腹痛、发热、腹泻、脱水。触诊有些动物腹部时，发现在腹前部有肿块。常见的临床表现为中性粒细胞核左移、血清淀粉酶和脂肪酶的活性升高、肝酶的活性升高和高胆红素血症。在犬和猫中尚未见血清TLI和PLI浓度与胰腺脓肿有关的报道，但零星的报告表明，这些患病动物的血清TLI和PLI浓度升高。对于患病的犬和猫，应采取手术引流和积极的治疗措施。然而，在一份报告中，在直接手术后，仅有略高于50%的患病动物存活。由于可能出现不良结

果和风险、各种困难和麻醉、手术及术后护理等相关费用的支出，因此，只有观察到明显的肿物或脓毒症时，才考虑进行手术。

五、胰腺假性囊肿

胰腺假性囊肿含有无菌的胰液并有纤维性囊壁或被肉芽组织包裹，这些结构也被认为是胰腺炎并发症。在犬和猫中已经有假性胰腺囊肿的报道。临床表现多为非特异性，与胰腺炎临床表现相似。在犬与猫，呕吐是最常见的临床症状，在某些情况下，腹前部可触及大的肿块。腹部超声波检查，可以识别靠近胰腺有囊性结构。为了诊断与治疗，对囊进行穿刺是相对安全的。在胰腺假性囊肿穿刺液中可见少量的细胞，不含炎性细胞。胰腺假性囊肿可以治疗或进行手术切除。治疗可采用超声引导下经皮穿刺和闭合囊肿。当动物持续出现临床症状或当假性囊肿退化消失时，应采取手术切除。

第二十七节　小动物胃肠道寄生虫

一、狼旋尾线虫

成年狼旋尾线虫（*Spirocerca lupi*）（食管线虫）是鲜红色的蠕虫，40（雄虫）~70 mm（雌虫）长，一般在位于食管或主动脉壁的结节内。在美国的南部地区以及其他大多数热带地区常见感染病例。犬是食入中间宿主（通常为屎壳郎）或转运宿主（如鸡、爬行动物或啮齿动物）被感染。幼虫通过腹主动脉、胸主动脉壁进行迁移，在那里存留约3个月，感染后5~6个月产生的卵通过粪便排出。

【临床表现】　大多数感染狼旋尾线虫的犬没有明显的临床症状。食管病变部位变大（通常为肿瘤），犬有吞咽困难或食后反复呕吐症状。患病犬流涎，最终变得消瘦。此外，犬可能出现长骨增厚，为肥大性骨病的特征，这些临床症状提示狼旋尾线虫与引起肿瘤的寄生虫有关，呈现本地流行。偶尔可见患病犬由于蠕虫发育变化导致主动脉破裂，大量出血进入胸腔后突然死亡。

【病理变化】　胸主动脉瘤的特征病变是在食管内围绕不同大小的蠕虫形成变态反应性肉芽肿，在胸椎腹面增生形成桥状外生骨疣。食管肉瘤经常转移，有时（明显的原因）与狼旋尾线虫感染有关，特别在猎犬；患有狼旋尾线虫肉瘤的犬往往发展成肥大性骨病。

【诊断】　将含有幼虫的粪便经硝酸钠（相对密度1.36）或糖漂浮后镜检，通过观察小而细长的特征型卵［（11~15）μm×（30~38）μm］来确定诊断。但

是，卵是零星出现在粪便里，有时很难找到。通过胃镜检查时，可以偶尔发现一个结节或成虫。当在食管出现密度大的肿物时，可以通过X线检查进行诊断，采用对比剂——钡餐有助于确定病变情况。

许多感染需要通过剖检才能诊断。在食道，肉芽肿所在的部位和病灶大小差别很大，即使不见虫体，其特征的病变很易诊断。虫体和肉芽肿可以出现在肺脏、气管、纵隔、胃壁或其他异常位置。犬动脉中已经愈合的动脉瘤病变可终生存在，是前期感染的重要诊断特征。当肉瘤与感染相关联时，食道的病变范围较大，常见病灶中含有软骨或骨，在肺脏、淋巴结、心脏、肝脏或肾脏出现转移病灶。

【治疗与控制】　在流行地区，禁止犬食入粪甲壳虫、青蛙、鼠、蜥蜴等动物，不饲喂生的鸡产品下脚料。本病的治疗效果一般不太理想。但是，已证实某些药物比较有效，如皮下注射多拉克丁（0.2 mg/kg，隔2周用1次，共用3次；0.4 mg/kg，皮下注射，隔2周用1次，共用6次；0.5 mg/kg，皮下注射，隔2周用1次，共用2次；0.8 mg/kg，皮下注射，隔1周用1次，共用2次，还可采用其他辅助疗法），伊维菌素（0.6 mg/kg，皮下注射，隔2周用药1次，共用2次），结合使用泼尼松口服（0.5 mg/kg，每日2次，连用2周，然后减量），以上治疗方法均未经相关部门批准。牧羊犬对伊维菌素以及其他品种犬对多拉菌素，均有特殊的毒性反应。由于寄生虫在食道侵害的面积大，采用外科手术方法效果并不理想。

二、泡翼线虫（胃线虫）

在全球范围内，犬猫胃的几种线虫病很常见，这些线虫牢牢地吸附在胃黏膜上，雄虫约30 mm长，雌虫约40 mm长，卵的大小为（42~53）μm×（29~35）μm，有厚卵壳和感染性幼虫。

在一些昆虫如甲壳虫、蟑螂、蟋蟀或可见到泡翼线虫包囊化的感染性幼虫，鼠或青蛙是中间宿主，当犬猫吃入这些中间宿主或终末宿主后，幼虫直接发育为成虫，常常为亚临床型感染，这些寄生虫引起胃炎，导致呕吐、厌食和黑色粪便的出现。当这些寄生虫在胃黏膜移动时，可以引起胃出血、溃疡，严重感染的病例，可出现贫血、体重减轻。使用内镜观察胃的病变是有效的诊断方法，在幼犬和幼猫的呕吐物中常常见到不成熟的幼虫；由于成虫排卵不稳定，在粪便很难检出虫体。在患病猫，可用双羟萘酸噻嘧啶（5 mg/kg，口服，隔2~3周用1次，共用2次；20 mg/kg，口服，仅用1次），伊维菌素（0.2 mg/kg，皮下注射或口服，隔2周用1次，共用2次）治疗泡翼线虫感染；在患病犬，可用苯硫哒唑（50 mg/kg，口服，

每日1次，连用3 d），双羟萘酸噻嘧啶（5 mg/kg，口服，隔2~3周用1次，共用2次；15 mg/kg，口服，隔2~3周用1次，共用2次；20 mg/kg，口服，仅用1次）和伊维菌素（0.2 mg/kg，皮下注射或口服，隔2周用1次，共用2次）。上述这些药物并未正式批准用于治疗犬、猫的泡翼线虫感染。

三、盘头线虫

盘头线虫是一种小的蠕虫，约1 mm或不到1 mm长，可以感染多种动物，主要感染犬，常引起轻度的侵蚀性和卡他性胃炎，常见吃入食物后呕吐数分钟或几个小时，雌虫为胎生（母体发芽生殖），因此大量的感染在雌虫周围发生。通过呕吐物传播病原。诊断依靠显微镜在呕吐物或胃内容物中检出幼虫（约500 μm），也可以借助贝克曼（Baermann）设备由食物中分离虫卵，这种方法检出率高，易观察。因为成虫通过肠道时即被消化，在粪便中很少见到寄生虫。可以给患病猫口服芬苯哒唑（20~50 mg/kg，每日1次，连续用3 d），或皮下注射左旋咪唑（5 mg/kg，仅用1次），但这些药物还尚未批准用于治疗。

四、类圆线虫

肠类圆线虫（*Strongyloides stercoralis*）是一种小的、软的线虫，成虫长2 mm，位于犬和猫小肠前段的绒毛基部，其幼虫几乎完全透明，在剖检时不易被观察到，在湿热拥挤的房舍内多发，犬的多数寄生虫种类与人的相似。

此寄生虫均为雌性。可以迅速产卵繁殖，多数卵在排出粪便前已经孵化，在适当的温度与湿度的条件下很快发育。不足1 d即可发育到第三期幼虫，一些幼虫发育成感染性微丝蚴，其他的幼虫发育成自由生活的幼虫，经过配对，形成繁殖体，与雌性寄生虫一样繁殖。微丝蚴可以穿过皮肤，也可以通过口腔感染宿主。可能发生垂直传染；感染后7~10 d子孢子可出现在粪便中，由幼虫发育成感染性的微丝蚴引起再发感染，患病犬、猫的消化道可以长期排出幼虫。

【临床表现】重度感染几周的患病动物，可出现临床症状，在闷热潮湿的环境下，幼龄动物出现血样的卡他性腹泻，主要临床表现为消瘦、生长速度降低；在疾病初期，常常表现食欲良好，活动无异常。若没有继发其他病原感染，少见或无发热现象。在疾病的后期，患病犬出现浅而快的呼吸、发热，预后不良。自发感染可由使用皮质类固醇或其他影响免疫活性的一些因素所致。在组织中可以见到幼虫，这些犬很可能发生死亡。尸体剖检可观察到在肺部伴有大片硬化区域的寄生虫性肺炎，以及伴有出血、肠黏膜坏死脱落与黏液分泌过多的明显的肠炎。

【诊断】采取少量的粪便，通过直接镜检的方法，能鉴别出第一期幼虫（380 μm长）。常用贝尔曼技术从粪便中分离幼虫进行诊断。用患病犬新鲜的粪便检查，可以鉴别钩虫卵或土壤中的线虫卵；对（50~60）μm×（30~35）μm的虫卵，也可通过粪便漂浮法分离。另可通过肠黏膜的刮片检查成虫，这些成虫仅2 mm长，但是在子宫检出的虫卵，很容易与其他线虫卵区分。

【治疗与控制】卫生条件差、与患病犬混养，易导致同窝或同圈的发病。应将腹泻的患病犬与外表健康的犬迅速隔离。直接阳光照射、增加土壤和表面温度以及干燥，可以控制幼虫生长。木制或其他不透水的表面，可以通过高热蒸气或高浓度盐水或石灰水洗刷，再用热水洗净，可以有效杀死寄生虫。由于本病为严重人兽共患病，用手处理粪便时应小心，如果人有免疫抑制性疾病，感染本病与犬一样严重。

对病犬，可皮下注射或口服伊维菌素（第1次用药0.2 mg/kg，在4周后第2次用药，口服0.8 mg/kg），口服芬苯哒唑（50 mg/kg，每日1次，连用5 d，以后重复4周），或口服噻苯咪唑（100~150 mg/kg，每日1次，连续3 d，重复1周，直到粪便中检查不到卵，也应注意药物的毒性反应）。对病猫，可口服芬苯哒唑（50 mg/kg，每日1次，连续3 d）治疗，但以上对犬和猫的治疗方法均未获得批准。在所有动物治愈后，应定期通过粪便检查虫卵，至少持续6个月。

五、蛔虫

在犬和猫常见大圆虫感染（*Ascaridoid nematodes*），尤其在幼龄的犬猫多见。在犬弓首蛔虫（*Toxocara canis*）、狮弓蛔线虫（*Toxascaris leonina*）、猫弓蛔线虫（*Toxocara cati*）这3种类型的圆虫中，最重要的是犬弓首蛔虫，它如同猫弓蛔线虫可以感染人，在幼犬感染很常见，偶尔见到致命的感染。幼龄犬和成年犬均可感染狮弓蛔线虫；这些寄生虫也可感染野生食肉动物，尤其导致动物园或其他收容场所动物的感染。

在幼犬中，犬弓首蛔虫感染后经过胎盘转移，如果幼犬不到3个月，食入胚胎化的感染性虫卵，在消化道孵化后穿过肠道黏膜，通过肝脏和血液进入肺脏，经过咳嗽由肺脏排出到咽喉部，通过吞咽进入消化道，在小肠内发育成熟，成为能产卵的成虫；然而，当犬弓首蛔虫的感染卵被老龄犬吃入后，幼虫孵化出来，穿过肠道黏膜，迁移到肝脏、肺脏、肌肉、结缔组织、肾脏和其他许多组织，在这些组织中停止发育。在妊娠犬中，这些潜伏的幼虫激活，迁移到发育中的胎儿，在1周龄幼犬即可检查到肠道的虫体。一些幼虫迁移到乳腺，通过乳汁感染幼犬。在围产期，犬对蛔虫感染部分抑制，在粪便中出现大量的虫卵，在母犬可见这些与抑制期幼虫相关的虫体迁移，可以通过肺脏到达小肠，表明幼犬粪便中的幼虫与幼犬吃入幼虫以及幼虫在肠道成熟有关。

特别在猫和野生食肉动物，吃入感染性的虫卵后，蛔虫的幼虫可以迁移到多种动物组织内。如果幼虫化的卵被人摄入，相似的迁移现象也可以在人发生。多数人感染后无临床症状，也可以见到发热、嗜酸性粒细胞增加、肝脏肿大（有时见肺脏病变）。这些病变称为幼虫内脏迁移症。幼虫迁移到视网膜而影响视力的病例很罕见，称为幼虫眼迁移症。

猫弓首蛔虫的生活周期与犬弓首蛔虫相似，不感染胎儿，狮弓首蛔虫的迁移局限在小肠壁，也不感染胎儿和乳腺。

【临床表现与病理变化】幼龄动物感染后，首先表现为生长缓慢与精神较差。感染的动物反应迟钝，蠕虫可能在呕吐物中出现，但是在粪便中不出现。在早期阶段，幼虫迁移会导致嗜酸性粒细胞性肺炎，伴有咳嗽。还可见腹泻伴有黏液。

严重感染的幼犬，常发生寄生虫性肺炎、腹水、脂肪肝、黏液性肠炎。可以观察到含有幼虫的肾皮质肉芽肿。

【诊断】患病犬猫的诊断依据粪便中的虫卵检测。弓蛔虫的卵为卵圆形、有凹陷［犬弓蛔虫（80~90）μm×75 μm，猫弓蛔虫65 μm×75 μm］，对公共卫生很重要。狮弓蛔虫的卵光滑［（75~85）μm×（60~75）μm］。

【治疗与控制】在患病犬，可用于治疗蛔虫感染的化学药物，包括芬苯达唑、杀螨菌素、莫西菌素、硝硫氰酯、噻嗪（表2-8）。在欧洲，使用塞拉菌素治疗患病犬允许用1次剂量，而在加拿大治疗需要隔1月使用1次，共2次。

预防心丝虫感染可以使用杀螨菌素、杀螨菌素/鲁芬奴隆、杀螨菌素/吡喹酮、莫西菌素/吡虫啉、伊维菌素噻嗪/或伊维菌素/吡喹酮控制肠道蛔虫感染。

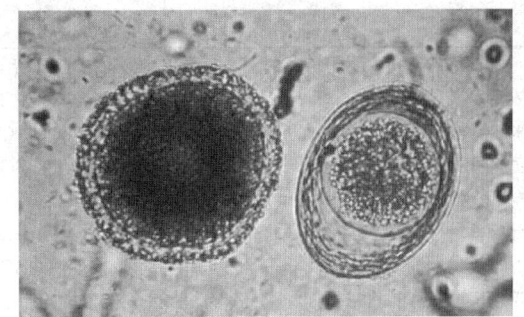

图2-42 蛔虫卵，狮弓蛔线虫（左）与猫弓蛔线虫（右）卵
（由安大略兽医学院Andrew Peregrine博士提供）

此外，在一些国家允许使用司拉克丁，但是在美国不允许使用上述用药计划（表2-8）。

在猫科动物，获准用于治疗蛔虫感染的药物包括艾默德斯、芬苯达唑、杀螨菌素、莫西菌素、哌嗪和司拉克丁（表2-9），噻嘧啶（抗虫灵）也获准在加拿大使用。预防心丝虫的程序可以使用杀螨菌素、杀螨菌素/吡喹酮、莫西菌素/吡虫啉或司拉克丁，这种药也可控制蛔虫感染猫（表2-9）。

卵化幼虫对外界环境抵抗力强；母犬是幼虫的主要感染宿主。通过在围产期母犬的用药治疗，可大大减少传播感染的机会。

（1）口服芬苯达唑（每日25 mg/kg），在妊娠40 d到产仔后2 d均可用药（在英国注册）。

（2）皮下注射伊维菌素（0.3 mg/kg），在妊娠0、30 d、60 d，产仔后10 d可用药。

（3）伊维菌素（0.5 mg/kg）在妊娠38 d、41 d、44 d、47 d可用。

（4）伊维菌素（1 mg/kg）在妊娠20 d和42 d可用。

另外，为了减少虫卵的量，应尽早治疗；在理想的情况下，应在出生2周后给药，间隔2周重复1次直到犬的2月龄，然后每月1次直到6月龄。在幼犬用药的同时，母犬也一起用药。幼龄猫应在3、5、7和9周龄用药治疗，以后每月1次，直到6月龄。同时也给母猫用药。

因为虫卵黏附在许多物体表面或与土壤和灰尘混合，暴露于潜在的受污染的动物或地区的人应遵守严格的卫生消毒，尤其是儿童。

表2-8 在美国与英国允许使用的犬肠道寄生虫（蠕虫）用药表

药物与联合用药	剂量（mg/kg）	给药途径	寄生虫种类[a]
在美国允许使用的药物			
甲双氯酚	220	PO	犬复孔绦虫、豆状带绦虫
酚苯达唑	50，每日1次，连用3 d	PO	犬弓首蛔虫、猫弓首蛔虫、犬钩口线虫、犬弯口线虫、犬鞭虫、豆状带绦虫

（续）

药物与联合用药	剂量（mg/kg）	给药途径	寄生虫种类[a]
依西太尔	5.5	PO	犬复孔绦虫、豆状带绦虫
米尔贝霉素	0.5	PO	狮弓首蛔虫、犬弓首蛔虫、犬钩口线虫
莫沙菌素	0.17	SC	犬沟口线虫、狭首弯口线虫
枸橼酸哌嗪	47～133[b]	PO	狮弓首蛔虫、犬弓首蛔虫、猫弓首蛔虫
吡喹酮	5～12.5	PO	犬复孔绦虫、豆状带绦虫、细粒棘球绦虫[c]、多房棘球绦虫[c]
	5～11.4	SC, IM	犬复孔绦虫、豆状带绦虫、细粒棘球绦虫[c]、多房棘球绦虫[c]
双羟萘酸噻嘧啶	5（10，犬<2.3 kg）	PO	犬钩口线虫、犬弓首蛔虫、猫弓首蛔虫、狭首弯口线虫
伊维菌素+双羟萘酸噻嘧啶	0.006/5	PO	犬钩口线虫、犬弓首蛔虫、猫弓首蛔虫、巴西钩口线虫、狭首弯口线虫
枸橼酸哌嗪+双羟萘酸噻嘧啶	5/5	PO	犬钩口线虫、狭首弯口线虫、犬弓首蛔虫、猫弓首蛔虫、巴西钩口线虫、犬复孔绦虫、豆状带绦虫
吡喹酮+双羟萘酸噻嘧啶+苯硫氨酯	5/5/25	PO	狮弓首蛔虫、犬弓首蛔虫、犬钩口线虫、狭首弯口线虫、犬鞭虫、犬复孔绦虫，豆状带绦虫，细粒棘球绦虫、多房棘球绦虫
吡喹酮+双羟萘酸噻嘧啶+伊维菌素	5/5/0.006	PO	狮弓首蛔虫、犬弓首蛔虫、犬钩口线虫、巴西钩口线虫、狭首弯口线虫、犬复孔绦虫、豆状带绦虫
在英国允许使用的药物			
芬苯达唑	100	PO	狮弓首蛔虫、犬弓首蛔虫、钩口线虫、弯口线虫、鞭虫、豆状带绦虫
	50，每日1次，连用3 d	PO	狮弓首蛔虫、犬弓首蛔虫、钩口线虫、弯口线虫、鞭虫、豆状带绦虫
硝异硫氰二苯醚	50	PO	狮弓首蛔虫、犬弓首蛔虫、狭首弯口线虫、犬复孔绦虫、豆状带绦虫、泡状带绦虫、细粒棘球绦虫[d]
吡喹酮	5	PO	犬复孔绦虫、豆状带绦虫、多头带绦虫、泡状带绦虫、细粒棘球绦虫、犬鞭虫、多房棘球绦虫
	3.5～7.5	SC, IM	犬复孔绦虫、豆状带绦虫、细粒棘球绦虫、多房棘球绦虫
塞拉菌素	6	局部	犬弓首蛔虫
非班太+吡喹酮	15/14.4	PO	犬弓首蛔虫、钩口线虫、犬鞭虫
米尔贝霉素+吡喹酮	0.5/5	PO	狮弓首蛔虫、犬弓首蛔虫、钩口线虫、犬鞭虫、犬复孔绦虫、豆状带绦虫、细粒棘球绦虫、多房棘球绦虫、中线绦虫
吡喹酮+恩波塞嘧啶+非班太	5/14.4/15	PO	狮弓首蛔虫、犬弓首蛔虫、钩口线虫、狭首弯口线虫、羊带绦虫、犬复孔绦虫、细粒棘球绦虫、多房棘球绦虫
吡喹酮+双氢萘酸酯+间酚嘧啶	5/5/20	PO	狮弓首蛔虫、犬弓首蛔虫、钩口线虫、狭首弯口线虫、羊带绦虫、犬复孔绦虫、犬鞭虫
在美国和英国均允许使用的药物			
米尔贝霉素+氯酚奴隆	0.5/10	PO	狮弓首蛔虫、犬弓首蛔虫、钩口线虫、犬鞭虫
莫昔克丁+吡虫啉	2.5/10	局部	狮弓首蛔虫、犬弓首蛔虫、钩口线虫、犬鞭虫、狭首弯口线虫

a. 有些被批准用于治疗其他寄生虫（如跳蚤，心丝虫）的药物未收录到此列。

b. 在1～20 d重复使用。

c. 有一些产品。

d. 有助于控制。

PO表示口服，SC表示皮下注射，IM表示肌内注射。

表2-9　在美国和英国允许使用的猫肠道寄生虫（蠕虫）用药表

药物与联合用药	剂量（mg/kg）	给药途径	寄生虫种类[a]
在美国允许使用的药物			
依西太尔	2.75	PO	犬复孔绦虫、带状带绦虫

（续）

药物与联合用药	剂量（mg/kg）	给药途径	寄生虫种类[a]
伊维菌素	0.024	PO	管型钩口线虫、巴西钩口线虫
米尔贝霉素	2	PO	猫弓首蛔虫、管型钩口线虫
枸橼酸哌嗪盐	47~103[b]	PO	猫弓首蛔虫[c]、狮弓首蛔虫
吡喹酮	4.6~10	PO	犬复孔绦虫、带状带绦虫
	5~10	SC, IM	犬复孔绦虫、带状带绦虫
吡喹酮+噻吩嘧啶	5/20	PO	猫弓首蛔虫、管型钩口线虫、犬复孔绦虫、带状带绦虫
在英国允许使用的药物			
芬苯达唑	50，每日1次，连用3 d；100	PO	猫弓首蛔虫、狮弓首蛔虫、管型钩口线虫、巴西钩口线虫、峡头棘口钩虫、豆状带绦虫
吡喹酮	5	PO	犬复孔绦虫、带状带绦虫多房棘球绦虫[c]
	8	局部	犬复孔绦虫、豆状带绦虫、多房棘球绦虫
	3.5~7.5	SC, IM	犬复孔绦虫、带状带绦虫、多房棘球绦虫[c]
米尔贝霉素+吡喹酮	2/5	PO	猫弓首蛔虫、管型钩口线虫、犬复孔绦虫、豆状带绦虫、多房棘球绦虫
吡喹酮+双羟萘酸噻嘧啶	5/57.5	PO	猫弓首蛔虫、狮弓首蛔虫、犬复孔绦虫、带状带绦虫
在美国和英国均允许使用的药物			
司拉克丁	6	局部	猫弓首蛔虫、管型钩口线虫
艾默德斯+ 吡喹酮	3/12	局部	猫弓首蛔虫、管型钩口线虫、犬复孔绦虫、带状带绦虫、狮弓首蛔虫、多房棘球绦虫[d]
莫昔克丁+吡虫啉	1/10	局部	猫弓首蛔虫、管型钩口线虫

a. 用于对抗其他类型的寄生虫（如跳蚤，心丝虫）的药物不在此列。

b. 在1~30 d重复使用。

c. 仅有一些产品。

d. 仅在英国应用。

PO表示口服，SC表示皮下注射，IM表示肌内注射。

六、钩虫

在全球大多数的热带和亚热带地区，犬钩虫（Ancylostoma caninum）是犬钩虫病的主要原因。猫中的管形钩虫（A. tubaeforme）也有类似的致病作用，但分布更稀少。在美国，犬和猫的巴西钩虫（A. braziliense）零散分布于佛罗里达州至北卡罗来纳州。钩虫病也见于中美和南美以及非洲。在较冷的地区，钩虫主要为狭头钩虫（Uncinaria stenocephala）。这种犬钩虫分布在加拿大与美国北部边缘地区，它是感染狐狸的寄生虫。狭头钩虫也见于猫。犬钩虫雄虫个体长12 mm，雌虫长15 mm；其他种类的较小些。犬钩虫感染期幼虫，特别是巴西钩虫，可以穿透人皮肤，寄生在人的皮肤下，引起皮肤幼虫移行症。

钩虫卵细长（大于65 μm），壁薄，感染后15~20 d，在早期卵裂阶段（2~8个细胞）第一次通过粪便排出；在温暖、潮湿的土壤里经24~72 h完成卵胚发育和孵化。从环境中食入感染性幼虫可能会导致感染，也可通过受感染母犬的初乳或乳汁感染。巴西犬钩虫或管形钩口线虫的感染也可由幼虫侵入皮肤引起，对

于狭首弯口线虫来说，通过这条路径意义不大。在幼龄犬，幼虫穿透皮肤后进入血液，转移到肺脏，在经过咳嗽和吞咽进入小肠成熟。然而，在动物超过3月龄时，犬钩虫幼虫通过肺部转移后，在体组织存留。这些存留的幼虫在妊娠状态时保持活性，然后积聚到乳腺中。小肠的黏膜也出现发育不良；从小肠切除成虫后可能出现虫体激活。

【临床表现】幼龄犬表现急性红细胞正色素性贫血，其次为低色素性贫血与小细胞性贫血，常常是致命的，犬钩虫感染还有临床表现。幸存的幼龄犬出现免疫抑制但临床症状较少。然而，虚弱、营养不良的犬，可能会继续发育不良和慢性贫血。成年的营养良好的犬，可能含蠕虫较少无临床症状；它们是幼龄犬直接或间接的感染源。腹泻时常排出黑色、柏油色粪便，并伴随严重感染。在慢性疾病过程中，表现为贫血、厌食、消瘦与虚弱。

【病理变化】由于虫体吸血或吸血点引起的溃疡造成的出血导致动物贫血，在24 h内一个蠕虫可以导致高达0.1 mL的失血量。在无并发症的钩虫病病例中，未见

红细胞生成受到干扰。肝脏和其他器官可能出现缺血，肝脏有脂肪浸润。在急性、致死性病例中，可见出血性肠炎伴随小肠黏膜水肿，呈红色、小溃疡并有虫体附着。巴西钩口线虫、管形钩口线虫和狭首弯口线虫不是吸血寄生虫，患病动物很少发展成贫血。然而，其发病的特征为低蛋白血症，在肠道内的虫体附着部位周围出现的血清渗透可以减少10%以上的血蛋白。

任何种类钩虫的幼虫，均可侵入皮肤引起皮炎，常见狭首弯口线虫在此部位混合寄生。在幼犬，大量寄生虫的感染可引起肺炎和肺实变。

【诊断】在患病的犬、猫，通过新鲜粪便漂浮法检查到特征性的薄壳、椭圆形卵，即可确诊［钩虫（52～79）μm×（28～58）μm；狭头刺口钩虫（71～92）μm×（35～58）μm］。对于幼龄犬，早在生后1～2周龄，即可检出粪便中的卵，这些卵是通过吃奶由母犬传染，幼犬可以发生感染导致急性贫血和死亡。

【治疗与控制】母犬在妊娠期间应选择无钩虫和远离钩虫污染的区域。在干净卫生区域进行母犬产仔和幼犬哺乳。在温暖的天气，对于犬运动区，最好每周至少清洗2次。可用硼酸钠（1 kg/2 m²）净化阳光照射的黏土或沙质跑道。

允许用于犬钩虫和狭首弯口线虫感染治疗的药物有：芬苯达唑、莫西菌素、硝异硫氰二苯醚、噻嘧啶、美贝霉素（表2-8）。

犬严重贫血时，通过输血或补铁的方法治疗，同时补充高蛋白食物，直到血红蛋白恢复正常。对于钩虫病的预防，可以采用米尔贝霉素或米尔贝霉素/氯酚奴隆控制犬钩虫；而伊维菌素/噻嘧啶、伊维菌素/塞嘧啶/吡喹酮、莫西菌素或莫西菌素/吡虫啉可控制犬钩虫和狭首弯口线虫。使用含噻嘧啶的药物预防钩虫，对于巴西钩虫也有效（表2-8）。最后，对犬心丝虫预防

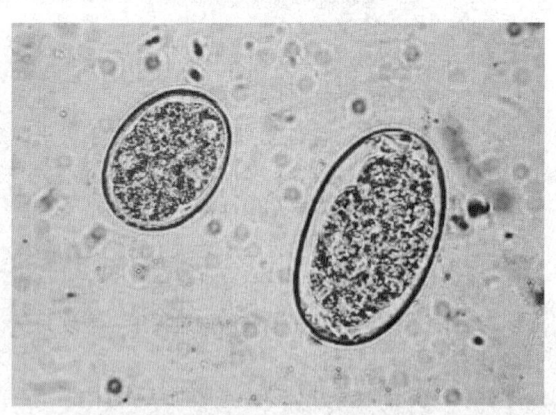

图2-43 钩虫卵，钩口科（左）与弯口（右）钩虫卵
（由安大略兽医学院Andrew Peregrine博士提供）

可以注射莫西菌素制剂，有显著疗效，对感染犬钩虫和狭首弯口线虫也有效，至少持续3个月。

批准用于治疗猫管形钩口线虫的药物包括芬苯达唑、伊维菌素、米尔贝霉素、莫西菌素、噻嘧啶及塞拉菌素（表2-9）。预防猫心丝虫可以使用伊维菌素、米尔贝霉素、米尔贝霉素/吡喹酮、莫西菌素、吡虫啉或塞拉菌素控制管形钩口线虫，而伊维菌素也可以控制巴西钩虫（表2-9）。

当新生幼崽死于钩虫感染时，其母犬应从2周龄开始，每周1次，连续12周进行治疗。此外，对于妊娠母犬从妊娠40 d到分娩后2 d，每日口服芬苯达唑（25 mg/kg），可大大降低经乳腺传染到幼崽（在英国获得许可）的机会。同样，用伊维菌素（0.5 mg/kg）治疗母犬2次（在分娩前4～9 d与产仔10 d后均可用药）也可达到同样的效果。

七、鞭虫

成年犬鞭虫长45～75 mm，前部细长和后部1/3厚。它们通常寄生于犬的盲肠和结肠，这些虫体头部牢固地嵌入肠黏膜内。厚壳卵，有两极对称的卵盖，通过粪便排出，并可在温暖潮湿的环境存活1～2个月而成为感染源。虽然卵可能会在合适的环境，保持长达5年的活力，它们对于干燥很敏感。其生活史很简单。感染性虫卵进入人体后，在远端回肠、盲肠和结肠肠壁进行幼虫孵化和发育，经过11周成熟变成成虫。它们可以保持活性长达16个月。

轻度感染时无明显的临床症状，但在盲肠和结肠，由于蠕虫大量增加而引起明显的炎症（偶尔出血）反应，并使体重减轻与腹泻尤为明显。在严重感染的犬，可见带有新鲜血液的粪便，随后偶见贫血。

在美国的北部与南部以及加勒比海地区，猫感染鞭虫很少见，但有时可能见到类似以上犬感染相关的临床症状。

【治疗与控制】虫卵对干燥敏感；在犬中，虽然狐毛尾线虫感染难以控制，但是保持清洁和消除潮湿的地区，感染的风险可大大减少。对犬进行驱虫治疗，已准许使用的药物包括非班太、芬苯达唑、米尔贝霉素，莫西菌素（局部）和间酚嘧啶（表2-8）。因为虫体长时间的潜伏、应以间隔1个月治疗1次的方法，重复用药3次。最后对钩虫预防，应采用米尔贝霉素、米尔贝霉素/虱螨脲、米尔贝霉素/吡喹酮和莫西菌素、吡虫啉，这些药物也被批准用于控制狐毛尾线虫感染。

以上方法，对猫狐毛尾线虫感染的治疗有效。如果需要，应在试验基础上尝试使用允许的药物对狐毛尾线虫进行治疗。

八、棘头虫（多刺头蠕虫）

（一）钩吻棘头虫

在西半球，犬和猫的小肠内，很少见到犬棘头虫。棘头虫的虫体为白色，长12 mm，以多刺的头埋在肠壁的黏膜内，雌虫可以产出棕色、厚壳、胚胎化的宽椭圆形的卵（45 μm×65 μm）。虽然其生活史不完全清楚，但认为其中包括节肢动物中间宿主和趋中间宿主的动物，如火鸡或犰狳。大多数感染不引起临床症状。

（二）巨吻棘头虫

猪巨棘头虫是浣熊的自然寄生虫，偶尔在犬发现。常规粪便检查见虫体很大（8~12 cm）、白色、有皱纹蠕虫。无临床症状已明确与感染相关。生活史需要千足虫作为一种中间宿主，但其他动物可以作为趋中间宿主。这种卵外观与犬棘头虫的卵相似，但较大（50 μm×100 μm）。特征性感染的诊断是不可能的，因为实验诱导的感染不超过1~12 d，没有治疗的必要。

九、绦虫

在大多数城市内的犬和猫，吃的食物是现成的，限制其捕捉猎物，不易感染绦虫；这些犬猫可能从跳蚤感染犬复孔绦虫，家猫通过接触感染室内、外的小鼠与大鼠，也能感染巨颈绦虫。城郊、农村的动物和猎犬，除了吃家畜和野生有蹄类动物的肉和内脏而感染外，更容易由捕食和接触各种小型哺乳动物而被感染。这些犬可以感染大量绦虫（表2-10）。在各种羊与野生有蹄动物以及野生犬科动物中是常见的，犬可以感染细粒棘球蚴（包虫）。以前仅知道北极的北美有森林E棘球绦虫（泡球蚴绦虫），现已在美国中西部和西部以及加拿大的野生动物中发现森林E棘球绦虫，在欧洲中部与东部，尤其是法国、德国、瑞士的许多地方流行。到目前为止，猫或犬感染非常罕见。在北美东部和墨西哥湾沿岸地区，猫孟氏迭宫绦虫不常见（但不是罕见的），在犬偶尔可见。

人可以感染的犬绦虫包括细粒棘球绦虫、多房棘球绦虫、多头绦虫、链形带绦虫或肥头绦虫（通过犬粪便中的卵感染）或犬复孔绦虫（通过跳蚤叮咬感染）。动物绦虫蚴的存在可能会限制这些胴体或杂碎肉的商业使用。因此，犬和猫绦虫可能具有经济和公共健康的重要性（表2-11）。

成虫寄生于犬和猫肠道，很少引起严重的疾病和临床症状；如果出现疾病，可能取决于感染的程度、年龄、身体状况、宿主的品种。临床症状表现从精神不振、抑郁、烦躁、食欲无常、被毛粗乱等症状，到表现为绞痛、轻度腹泻以及罕见的肠套叠、消瘦和癫痫。

诊断是基于在粪便中发现节片或卵。绦虫属和细粒棘球绦虫属的卵通过显微镜观察不能区分。粪便或粪便漂浮法直接显微镜检查可见孟氏迭宫绦虫卵，尽管这些卵较大，具有一个卵盖，往往在显微镜下很难看到，有时被误认为是吸虫卵。

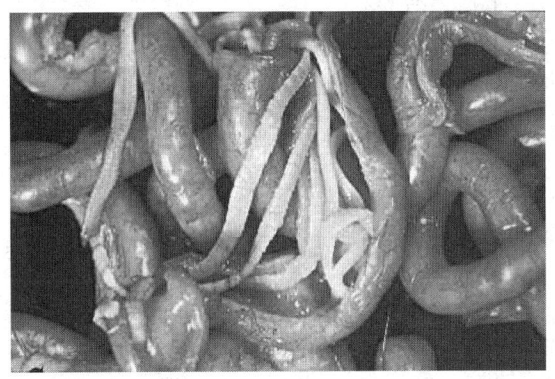

图2-44　猫绦虫
（由安大略兽医学院Andrew Peregrine博士提供）

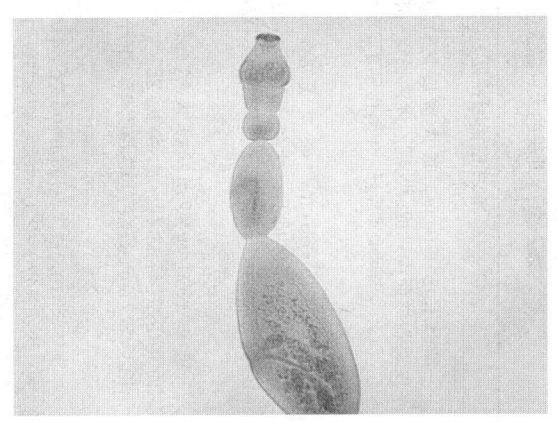

图2-45　细粒棘球绦虫
（由安大略兽医学院Andrew Peregrine博士提供）

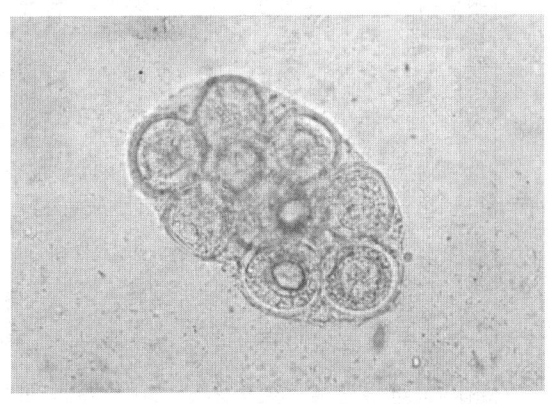

图2-46　复孔绦虫卵
（由安大略兽医学院Andrew Peregrine博士提供）

表2-10 北美的犬、猫绦虫

绦虫	确定的宿主	中间宿主与损害的器官[a]	成虫的诊断特征	说明	推荐治疗方法[b]
复孔绦虫	犬、猫、郊狼、狐狸、其他野生犬科动物和猫科动物	跳蚤和虱子；在体腔内游离	锥体长15~70 cm，最大宽度达3 mm，30~150个玫瑰刺样顶钩排成3或4圈；大钩长12~15 μm，最小为5~6 μm，节片似黄瓜籽，生殖孔开口于节片侧缘的中部	可能最常见犬绦虫，猫不常见性；世界性。偶尔感染人类，尤其是婴幼儿	犬和猫：依西太尔、吡喹酮、硝异硫氰二苯醚 犬：双氯酚
巨颈绦虫	猫、犬、山猫、狐狸、其他动物	各种大鼠、小鼠、其他啮齿类动物；肝有囊肿	锥体长15~60 cm，最大宽度5~6 mm，26~52个顶钩呈双环排列；大钩长380~420 μm，小钩为250~270 μm长，无疏，子宫囊状分枝，难以计数	猫的常见绦虫；在犬罕见	猫：依西太尔、吡喹酮、芬苯达唑
豆状带绦虫	犬、狐狸、狼、郊狼、其他动物	家兔和野兔，其他啮齿动物；盆腔和腹膜腔及其内脏	锥体长60 cm，最大宽度2 m，34~48个顶钩呈双环排列；大钩长225~290 μm，小钩为132~177 μm。妊娠子宫的每侧有5~10个分枝	在郊区的农场特别常见，吃野兔和家兔的狩猎犬	犬：依西太尔、芬苯达唑、吡喹酮、硝异硫氰二苯醚、双氯酚
水泡绦虫	犬、狼、郊狼、黄鼠狼、狐狸	家畜和野生偶蹄类动物，很少野兔、啮齿类、动物肝脏及腹腔	锥体长5 m，最大宽度7 mm，26~44个顶钩呈双环排列；大钩长170~220 μm，小钩长110~160 μm。妊娠子宫的每侧有5~10个分枝	在农场大较多，猎犬少见，世界性分布	犬：吡喹酮、硝异硫氰二苯醚、芬苯达唑
迭宫绦虫	猫、犬、浣熊、山猫	桡足类、青蛙、鼠、蛇；结缔组织	锥体长0.5 m，最大宽度8 mm。头节上有两个槽；无钩。生殖孔在节片的腹中线	北美东部和海湾	见治疗说明
裂头绦虫	人、犬、猫、其他吃鱼动物	在各个器官形成包囊，或游离在各种鱼类的体腔	锥体长10 m，最大宽度20 mm，但通常虫体较小；头节上有两个槽；无钩。生殖孔开口于节片中线腹面	加拿大、美国阿拉斯加、西伯利亚等地区有森林狼和其他地区	见治疗说明
棘头绦虫	犬、狼、郊狼、狐狸、和其他一些野生食肉动物	绵羊、山羊、牛、猪、马、鹿、麋鹿、一些啮齿类动物，偶尔见于人类和其他动物；通常在肝和肺，偶尔在其他器官和组织	锥体长2~6 mm，3~5个节片；28~50个（通常为30~36个）顶钩呈双环排列，大钩长27~40 μm，小钩为21~25 μm	主要在北美范围的羊，犬；这些地区有森林狼，可能世界范围内发生	犬：吡喹酮、硝异硫氰二苯醚
多囊棘头绦虫	北极红狐与灰狐、郊狼、猫、犬	田鼠亚科啮齿动物；偶尔在人的肝脏和其他器官	锥体长1.2~2.7 mm，2~4个节片；26~36个顶呈双环排列，大钩长23~29 μm，小钩为19~26 μm	中欧和东欧、苏联、美国和加拿大的中西部地区；到目前为止，在美国北部的猫和犬之间的循环未确定	犬和猫：吡喹酮

（续）

绦虫	确定的宿主	中间宿主与最害的器官ᵃ	成虫的诊断特征	说明	推荐治疗方法ᵇ
中殖孔绦虫	许多野生犬科动物，貂，鼬；其他动物包括犬猫	完全的生活史中不清楚，怀疑节肢动物为中间宿主；各种哺乳动物，鸟类，爬行动物的其他部位；在犬的小肠；四槽蚴可以通过肠壁进入腹腔，在腹腔有幼虫的四槽蚴	锥体长10 cm，宽2~5 mm，头节有4个吸盘，无顶钩；生殖孔开口于虫体中线腹侧，妊娠节有子宫周围器	有报道，在中西部和西部的犬和猫，野生动物；在美国和加拿大的其他地方	犬：吡喹酮
多头绦虫	犬，郊狼，狐狸，狼	绵羊，山羊，家兔或野生反刍动物，很少人；通常在大脑和脊髓	锥体长40~100 cm，宽5 mm。头节有4个吸盘，22~32个顶钩呈双环排列；大钩长150~170 μm，小钩为90~130 μm。阴道在侧排泄管附近有一回折，妊娠节有子宫的每侧有9~26个分枝	北美西部家养的食肉动物较罕见，常见于野生动物	犬：吡喹酮，酚苯哒唑
锯齿状绦虫	犬，郊狼，狐狸，狼	家兔，野兔，松鼠，很少人；皮下结缔组织或腹膜后	锥体长20~72 cm，宽3~5 mm。26~32个顶钩呈双环排列；大钩长110~175 μm，小钩为68~120 μm。阴道在侧排泄管附近有一回折，妊娠节子宫的每侧有20~25个分枝	主要在野生犬科动物；一些专家认为与多头绦虫没有区别	与多头绦虫用药相似
肥头绦虫	犬，郊狼，狐狸，狼	各种啮齿类动物，有几个人感染的记录；皮下和体腔中	锥体长70~170 mm，宽1~2 mm。头节30~36个顶钩呈双环排列；大钩长158~187 μm，小钩为119~141 μm。妊娠节子宫的每侧有16~21个分枝，有时融合	加拿大和美国北部（包括阿拉斯加）	与多头绦虫用药相似
克氏绦虫	犬，郊狼，狼，山猫	鹿，驼鹿，驯鹿；横纹肌	锥体长20 cm，宽9 mm。头节26~36个顶钩呈双环排列；大钩长146~195 μm，小钩为85~141 μm。妊娠子宫的每侧有18~24个直而窄的分枝	加拿大和美国北部，包括阿拉斯加的一些动物种；绦虫绦虫	与多头绦虫用药相似
绵羊绦虫	犬，野生犬科动物	绵羊和山羊；在骨骼肌和心肌，很少在其他地方	锥体长45~110 cm，宽4~8.5 mm。头节32~38个顶钩呈双环排列；大钩长170~191 μm，小钩为111~127 μm。妊娠子宫的每侧有20~25个分枝，阴道经过节片生殖孔侧的卵巢	加拿大西部和中部	犬：吡唑酮（5 mg/kg，口服，皮下注射，1次，标签外使用）；其他与多头绦虫相似

a. 在所有的病例中，生活史是已知的，猫和犬食入患病动物（或部分肉产品）而感染。这些中间宿主通过食入绦虫卵而感染（中殖孔绦虫，送宫绦虫出和裂头绦虫除外），在终末宿主中通过粪便排出。

b. 见表2-8和表2-9的药物剂量。

可通过治疗与预防的方法控制犬与猫绦虫病。自由活动的动物往往通过食入腐肉或猎物被再次感染。因为它可以通过跳蚤在可能被感染的动物中循环，所以犬复孔绦虫不同于其他的绦虫。

为有效治疗，需要进行准确的诊断，这是预防绦虫再感染的关键。有效的治疗药物可以将附着在肠壁的头节从感染部位清除（参阅特定批准的治疗方法，表2-10）。芬苯达唑和吡喹酮批准用于治疗犬的绦虫（不仅局限于豆状带绦虫）；双氯酚、依西太尔、硝异硫氰二苯醚和吡喹酮批准治疗犬复孔绦虫；吡喹酮已被批准用于治疗细粒棘球绦虫（表2-8）。芬苯达唑和吡喹酮批准用于治疗猫的绦虫属（不仅仅是巨颈绦虫）；依西太尔和吡喹酮批准用于治疗犬复孔绦虫，吡喹酮被批准用于治疗多囊棘球绦虫（表2-9）。

口服吡喹酮，按照7.5 mg/kg的剂量，连续2 d用药，可以有效对抗犬的裂头绦虫。此外，对感染阔节裂头绦虫的猫，口服吡喹酮，以35 mg/kg的剂量，进行治疗，该药物为标签外应用。

感染迭弓绦虫的犬和猫，可以口服吡喹酮，按照7.5 mg/kg进行治疗，连续2 d。感染迭弓绦虫的猫，也可以用吡喹酮治疗，单剂量为30 mg/kg，皮下注射、肌内注射或口服。临床上使用甲苯咪唑口服，11 mg/kg，在治疗绦虫方面也获得了成功。该药均为标签外应用。

表2-11 与公共卫生有关的绦虫[a]

绦虫	成虫宿主	名称或后绦幼虫中间宿主	后绦幼虫的大小	主要的中间宿主	后绦幼虫寄生的部位
牛肉绦虫	仅发生在人	囊虫牛肉麻疹	9 mm × 5 mm	牛	骨骼肌和心肌
有钩绦虫	仅发生在人	猪囊尾蚴病，囊尾蚴	(6~10) mm ×(5~10) mm	猪，犬很少（人可以是终末宿主和中间宿主）	骨骼肌和心肌，偶尔见于神经系统
裂头绦虫	发生在人、犬猫及其他食鱼动物	在桡足类为尾蚴，在鱼为裂头蚴	(2~25) mm × 2.5 mm	桡足类动物，鱼	肠系膜组织，睾丸，卵巢，肌肉
细粒棘球绦虫	犬、狼、狐狸和其他一些野生食肉动物	包虫囊	直径50~100 mm，有时≥150 mm	绵羊，牛，猪，马，驼鹿，鹿，偶见于人	通常在肝和肺，偶尔在其他器官和组织
多房棘球绦虫	犬科动物和家养的猫	多房性或肺泡囊肿或囊	像肿瘤一样穿透组织，可以变化	田鼠，野鼠，旅鼠，有时家养的哺乳动物和人	不同的器官和组织

a. 人很少感染肥头绦虫、多囊带绦虫、多头带绦虫、科特氏中殖孔绦虫和其他绦虫。儿童偶尔会感染成年犬复孔绦虫。

十、吸虫

（一）肠吸虫

鲑隐孔吸虫（*Nanophyetus salmincola*），是导致"鲑中毒"的小虫，很小（0.5 mm×0.3 mm），椭圆形的吸虫主要发现于美国西北部，加拿大西南部，西伯利亚犬和猫以及许多食鱼的野生哺乳动物小肠内。通过感染宿主粪便排出卵，卵呈浅棕色，有盖，(72~97)μm×(35~55)μm。生活史包括：胚化期较长（3个月）。在流行的区域，第一中间宿主蜗牛（如美国的短角果）；从这些螺出来的尾蚴穿透年轻的鲑鱼的皮肤，并在它们的肌肉和器官形成后囊蚴的包囊。犬和其他动物通过吃患病鱼或加工不当受污染的鱼而被感染。

因为这些吸虫深深地嵌入小肠绒毛之间，由于大量感染可引起肠炎。大多数感染是复杂的，受鲑被立克次体感染生成毒性物质的影响，立克次体经过吸虫可以传播。口服吡喹酮（20~30 mg/kg，1次）和口服芬苯达唑（50 mg/kg，每日1次，连用10~14 d）都有效，但未被批准可以用以上药物治疗犬。

有翼重翼吸虫，犬重翼吸虫和其他重翼吸虫均是小的吸虫（2~6 mm），通常发现于西半球和欧洲、澳大利亚、日本的猫、犬、狐狸、水貂和野生食肉动物小肠内。这种吸虫身体前部是平的，后部为锥形。卵为椭圆形、淡褐色，相当大[（98~134）μm×（62~68）μm]。生活周期包括淡水螺类（如旋节螺）作为第一中间宿主。尾蚴从蜗牛出来，穿透蝌蚪，并发展成中尾蚴，然后青蛙、蛇和鼠通过食入蝌蚪感染中尾蚴；转移到它们的组织和保持这个生活史阶段。犬和其他最终宿主因食入这些动物而导致感染。在终末宿主体内，吸虫的幼虫迁移到各个器官，先到达膈膜和肺部，然后到达小肠。虽然这个过程常被认为是非致病性的，当有大批幼虫迁移时，可以引起肺出血，当它们在小肠成熟时引起肠炎。这些吸虫可以感染人，可使用吡喹酮治疗，准许使用剂量见表 2-10。然而，这些药物为标签外使用。

其他的吸虫通常不致病，偶尔见于犬、猫和其他食肉动物的肠道；包括在一些北非和亚洲国家的异形吸虫；在亚洲的横川吸虫；在美国、加拿大、日本、西伯利亚、欧洲的舌隐穴吸虫，在北美和东欧的同利离尾吸虫。它们的生活史包括蜗牛作为第一中间宿主和鱼作为第二中间宿主，在第二宿主形成囊蚴后变成包囊化。

美洲异毕吸虫发现于美国东南部的犬和野生动物肠系膜静脉中，这种卵通过小肠组织进入肠腔，然后随粪便排出。尾蚴从作为中间宿主的蜗牛进入水中，穿过犬和其他最终宿主的皮肤，迁移到肝脏成熟，并移动到肠系膜血管。在肠壁、肝和身体的其他部分围绕卵形成肉芽肿。在重感染情况下，可能出现肠炎和消瘦。当尾蚴穿透皮肤时，有时看到"水性皮炎"。如果放在水中，卵不容易上浮，在几分钟内孵化；因此，用0.85%生理盐水沉淀法从食物分离虫卵是有用的。在受感染的犬中，虫卵间歇性通过粪便排出，所以有时可能不会在粪便中检出虫卵。采用芬苯达唑口服，按照40 mg/kg，每日1次，连用10 d，这是一种有效的治疗方法。允许使用的吡喹酮似乎也是有效的，这两种药物均为标签外应用。

（二）肝片吸虫

肝片吸虫寄生在胆管和胆囊内，可以引起轻度至重度纤维化。在全球上大多数地区，已有报道，在犬猫的肝脏有许多种类的双盘吸虫。轻度感染时无明显的症状，严重感染的犬可能表现为进行性消瘦，最后完全耗尽、昏迷、死亡。以下是一些最常见的吸虫。

在东欧和亚洲部分地区的犬和猫中，猫后睾吸虫寄生在胆管、胰管、小肠，在东南亚国家的家猫和野猫中可见麝后睾吸虫。它们小而细长（9 mm×2 mm）。它们的生活史以一些蜗牛和鲤科鱼类作为中间宿主。华支睾吸虫（在东方为人的肝吸虫）也已经在犬、猫和其他动物的胆管和胰管中发现，在感染动物的粪便中可以检出这些寄生虫的卵，这种华支睾吸虫比后睾吸虫大，粪便中的卵有盖，很易鉴别。

吸虫在胆管的长期存在，造成胆管上皮增生和胆管壁纤维化。慢性和严重的病例与肝癌或胰腺癌的发生有关，很受重视。犬肝吸虫感染的治疗可以使用苯硫咪唑（200 mg/kg，口服每日1次，连用3 d）或一次口服吡喹酮（20 mg/kg）。犬华支睾吸虫感染的治疗，可以使用吡喹酮（30 mg/kg，口服，每日1次，连用3 d）。这两种药物均为标签外应用。

山羊扁体吸虫（Platynosomum concinnum）是一种寄生于胆管和胰管的小型吸虫（6mm×2mm），主要见于美国东南部、波多黎各和其他加勒比群岛、南美、一些太平洋岛屿以及非洲的部分地区。它的生活史以蜗牛和甲壳类动物（土鳖）作为中间宿主，某些蜥蜴为趋中间宿主。猫通过食入带有寄生虫的蜥蜴而被感染。轻症病例表现为身体憔悴等慢性非特异性的症状。严重感染的病例，可能会出现"蜥蜴中毒综合征"，其特点是厌食、持续性呕吐、腹泻、黄疸，导致死亡。可以使用吡喹酮（20 mg/kg，皮下注射1次，或口服10 mg/kg，每日1次，连用3 d；这两种方法最好在12周后都重复使用1次）治疗，口服芬苯达唑（50 mg/kg，每日2次，连用5 d）或口服硝异硫氰二苯醚（100 mg/kg，1次使用），虽然这些药物未获批准使用，但是很成功地控制了本病。也可以进行胆管外科手术治疗。

白色次睾吸虫和小次睾吸虫为两种小吸虫（5 mm×1.5 mm），曾发现于美国北部、欧洲、苏联的犬猫和其他食肉动物的胆管和胆囊中。它们很少引起任何明显的临床症状，其卵很小 [（24～30）μm×（13～16）μm]，其生活史以淡水螺类和鱼类作为中间宿主。治疗犬次睾吸虫属感染，可使用吡喹酮（20 mg/kg，口服1次，标签外用药）。

浣熊阔盘吸虫是一种小吸虫（2.1 mm×1 mm），常见于美国东部的浣熊的胰管，也偶尔见于家猫的胰管、胆管、胆囊。早期感染可能的相关症状包括体重减轻和间歇性呕吐。浣熊阔盘吸虫的卵为中等大小 [（45～53）μm×（29～36）μm]，生活史涉及的第一中间宿主为土地蜗牛，第二中间宿主为一种节肢动物。对浣熊阔盘吸虫的治疗，可使用芬苯达唑（30 mg/kg，口服每日1次，连用6 d），或口服吡喹酮、噻嘧啶/非班太（吡喹酮、噻嘧啶为5.8 mg/kg，非班太为28.8 mg/kg，口服每日1次，连用5 d），但是这些药物未获准用于本病的治疗。

第二十八节　小动物肝脏疾病

肝脏具有很多功能，包括脂肪、碳水化合物和蛋白质的代谢；维生素的存储、代谢和活化；矿物质、糖原、甘油三酯的贮存；髓外造血，凝血酶和抗凝蛋白的合成。它也影响免疫反应，通过胆汁酸的合成和胆汁酸的肝肠循环有助于消化，能对许多内源性和外源性化合物解毒。由于肝脏具有较强的储备功能和再生能力，如果引起明显的肝功能障碍或衰竭，必然有一定的肝损伤或慢性和复发性肝脏病变的发生。

肝脏损伤通常伴随着肝酶活性升高，细胞内转氨酶（ALT、AST）的升高可以反映膜通透性的改变或膜上酶活力（如碱性磷酸酶和γ-谷氨酰转移酶的改变反映胆汁淤积和酶的激发活动）；因为肝脏含有固定的巨噬细胞（枯否细胞）数量很多，所以全身性循环系统障碍和胃肠道疾病易引起肝脏继发性的损伤。

巨噬细胞的吞噬作用可以启动炎症细胞因子/白细胞介素的释放，导致局部肝损伤和炎性细胞浸润。虽然肝脏有相当强的代偿能力，但是如果有毒物质太多，超过了其解毒能力，特别在小叶中心区，由于高水平的细胞色素p450可以产生有害的物质，因此，此处的肝细胞更容易受到缺氧损伤。肝脏具有储存铜和铁的能力，这些功能可以通过氧化机制启动和增强损伤。

肝损伤的临床症状依据其类型、发生机制和慢性的损伤情况的不同而有差异。常见的临床特征包括厌食、呕吐、腹泻、体重减轻、发热、黄疸、多尿和多饮、凝血功能异常、腹水、粪便的颜色变化（与胆道完全闭塞有关的无胆汁粪便；肠道胆红素过多的绿色粪便）。腹水的产生表明，门脉性高血压病，获得性门静脉分流异常（APSS）通常与并发低白蛋白血症有关。急性暴发性肝功能衰竭或继发于先天性门静脉血流障碍，均可导致肝脏发生弥漫性纤维化和后天的肝脏血流障碍，从而发展为后天获得性肝脏疾病，即肝性脑病（HE）。常可见肝肿大与肝脏弥漫性炎性细胞浸润或存储功能紊乱、急性肝外胆管梗阻（EMBDO）或先天性胆管囊状畸形，犬的肝脏变小通常表明门静脉灌注不足和肠嗜肝因子转移或慢性肝纤维化。

一、实验室分析与影像学诊断

（一）血液学检查

血液诊断依赖于肝脏疾病的严重程度和潜在的原因，可能出现再生性或非再生障碍性贫血。严重或急性的贫血可影响肝脏，由于贫血导致缺氧，进而引起肝细胞膜的变化，导致转氨酶和诱导AP的释放而升高。在猫胆管性肝炎和肝脂肪沉积症（HL）中，常见红细胞形态学改变（出现异形红细胞，不规则的对称的红细胞）。患有HL、严重的胆管肝炎和EHBDO的猫，血液内可以出现海因茨小体，导致溶血。在HL中，由一种喂养综合征引起的重度低磷血症可导致溶血，如果溶血严重，需要输血；这可以通过使用磷酸钾液体疗法，避免发生此类疾病。患有弥漫性坏死性肝疾病（改变窦状隙的血液灌注）的犬，可以观察到微血管红细胞如剪切样（如裂解状红细胞）。在先天

性和获得性的门静脉分流异常的病例中常见小红细胞血症。

白细胞计数和分布是可变的。白细胞增多可能反映肝脏内炎症、感染、坏死或弥漫性浸润性肿瘤性病变或内源性或治疗性糖皮质激素的释放。白细胞减少症可以反映脓毒症或中毒。在严重的弥漫性坏死性肝损伤，可导致窦状隙微循环破坏，引起血小板聚集，血小板减少和弥散性血管内凝血。

（二）凝血试验

凝血功能异常能使肝脏产生的凝血因子（即凝血因子 V、Ⅶ、Ⅳ、Ⅹ、Ⅺ、Ⅻ、凝血酶原、纤维蛋白原、抗凝血酶、蛋白C、纤溶酶原、α_2巨球蛋白和α抗胰蛋白酶）合成或活性下降。脂溶性维生素在肠道吸收减少，导致维生素K缺乏，引起动物EHBDO的出血症或胆管免疫性损伤（猫的硬化性胆管炎）、猫HL。猫易发生维生素K缺乏引起的凝血障碍。一般的体检、尿液或粪便分析或黏膜出血时间试验，通常都不会发现可疑的凝血病病例。犬的先天或后天的门脉血流异常，通常都可发生蛋白C活性降低（低于70%），蛋白C活性可反映门静脉分流的严重程度。

（三）酶活性

肝酶活性升高，首先应怀疑肝脏疾病。然而，肝酶活性异常升高在肝脏疾病最常见。许多非肝脏疾病，均可引起肝酶活性变化。肝酶活性测定不仅可以测定肝功能，也反映了肝细胞膜的完整性、肝细胞和胆管上皮细胞坏死、胆汁淤积或诱导现象。

肝脏酶的异常与特征表现和病史、总胆红素浓度、血清胆酸盐水平、机体状况/药物种类有关，这些均可以反映肝脏特异性疾病。肝酶异常综合评价指标如下：①酶变化的主要类型（肝细胞漏出的酶和胆汁淤积损伤肝细胞漏出的酶）；②与正常参考值相比较酶活性增加幅度（小于5倍为轻度，5～10倍为中度，大于10倍为重度）；③变化的速率（升高或降低）；④持续变化时间（升高或降低的幅度）。如果肝酶活性高于"正常"个体的2.5%，表明已到肝病的临界值。

识别酶持续性或周期性异常有助于对可能性原因进行分类。当临床症状不典型和酶仅轻微增加时，采取空腹或采食后的血液，分离血清，测定总胆汁酸（TSBA），或尿胆汁酸/肌酐（收集采食后4～8 h的尿液）浓度，可以快速确定是否需要肝活检。在继发性肝脏疾病引起酶活性异常方面，采用影像学检查很有帮助。

在幼龄犬和幼龄猫，有与年龄适当的血清肝酶活性参考范围。新生的犬和猫的血浆AP和GGT活性显著高于成年犬和猫。在胎儿到新生仔畜的生命阶段转

化过程中，这些酶可以反映出生理适应能力的差异，初乳摄入时间、代谢途径的成熟、生长因子情况、在体液分布和身体结构与组成以及营养差异情况。在新生仔畜出生后24 h，通常血清中AP、AST、CK和LDH活性大大增加。在幼龄猫，血清AP、CK和LDH活性超过8周龄的水平。在1日龄幼龄犬和幼龄猫，摄入初乳后，血清AP显著增加；这种现象在新生犊牛、羔羊、仔猪、马驹和婴儿均可看到。

转氨酶：AST和ALT通常作为检测肝损伤的指标，这两种指标在肝脏或其他组织中都较高。AST在肾脏、心脏、骨骼肌中的活性比肝脏还高，但ALT活性在肝脏最高。因为肝ALT活性比健康动物血浆酶活性高10 000倍，所以它是诊断肝损伤的一项重要指标。甚至在肝细胞膜微小的变化，均可以使细胞内的转氨酶立即释放出来。遗憾的是这种不规范的酶泄漏限制了诊断应用。然而，连续测定转氨酶活性的持续时间和增加的倍数，可以预测疾病的严重程度和活动情况以及损伤肝细胞的数量。

在犬的肌肉损伤性疾病或剧烈活动时，肝脏转氨酶增加。在某些疾病，血浆转氨酶可持续性增加。因为在肝细胞窦状隙通过胞吞作用能使转氨酶代谢失活，在肝功能障碍（门静脉分流术、结节性增生、肝纤维化）时，缓慢的酶清除可以维持血浆酶活性。

丙氨酸氨基转移酶：随着肝细胞坏死和炎症的发展，ALT增加最多。在急性严重肝细胞坏死时，血清ALT活性急剧增加，在24~48 h内超过100倍正常值，在损伤后的前5 d内出现峰值。如果病因消除，在2~3周以后ALT活性逐渐下降恢复到正常。虽然这种模式被认为是经典的，但是一些严重的肝毒性疾病与ALT活性增加并不相关，因为有基因转录或其他干扰ALT的生物合成（如黄曲霉毒素B$_1$的肝毒性，肝毒性微囊藻毒素）。在慢性肝炎的终末期，逐渐下降的ALT也可能代表活性肝细胞的减少。

例如，引起经典型肝中毒性坏死的药物包括四氯化碳、对乙酰氨基酚和亚硝胺。四氯化碳中毒可以引起ALT的急剧增加，在接下来的1周内逐渐恢复正常。由对乙酰氨基酚引起的肝毒性，在24 h内引起的ALT和AST水平明显增加，在72 h内可能下降到接近正常值，这些药物的中毒量与犬和猫有关，猫对本毒物极其敏感，仅给予125 mg，血液的变化表现明显。给予犬200 mg/kg的剂量，可能会危及生命。由亚硝胺引起的肝细胞坏死可以增加血浆ALT活性，但是初期变化不明显，直到间歇性慢性给予亚硝胺1周后才有明显的变化。直到坏死减少后，高ALT水平还可以持续数周。在一些先天性门静脉分流异常的犬，有低水平的肝细胞变性，出现酶清除延迟和少量肝细胞坏

死；这些犬大多缺乏与ALT释放一致的病理组织学特征。

由传染性犬肝炎引起的急性肝坏死，血浆ALT活性可以增加30倍，高峰值持续4 d。当犬患有慢性肝炎时，出现慢性持续ALT活性变化，与犬无法清除病毒的发展有关。由毒物导致的肝损伤，常导致血浆ALT活性增加，出现峰值，比犬传染性肝炎更快地返回到正常水平。

犬慢性肝炎是一种持续性的坏死性炎症，表现为不同程度的肝细胞坏死和纤维化以及与血浆酶突发相关的周期性疾病。有时，血浆ALT活性高于10倍正常水平。这些酶的波动情况与单一的损伤因素有关。但是在患有肝炎的犬中，随着损伤的恢复，血清ALT活性下降，而血清ALP碱性磷酸酶活性可能由于肝细胞再生而增加。用糖皮质激素治疗的犬可能形成ALT活性的轻度升高，在停用糖皮质激素几周内恢复正常。

尽管通过ALT鉴定肝病的灵敏度高，但是在临床上对于区分不同的肝病，以及特殊的组织学病变或肝功能障碍情况还缺乏特异性，需要配合其他诊断方法进一步确诊。

天门冬氨酸氨基转移酶：在各种各样的组织中大量存在AST。AST活性增加可以反映可逆或不可逆的肝细胞膜通透性的变化、肝细胞坏死、肝炎、微粒体酶变化（犬）。急性弥漫性肝坏死后，头3 d内，血清AST急剧增加，在犬上升到正常值的10~30倍以上，在猫上升到高达正常值的50倍以上。如果坏死恢复，在2~3周后AST活性逐渐下降。在大多数情况下，AST和ALT活性的变化一致。

而当AST活性增加而ALT没有变化则意味着肝外损伤（尤其是肌肉损伤），在临床如有异常情况，可能与肝损害的严重程度和肝细胞带状损伤的位置有关。在一些猫肝病中，AST是一个比ALT更敏感的标记物（如肝损伤、肝坏死、胆管肝炎、肝浸润骨髓增生性疾病、淋巴瘤和EHBDO）。在一些犬也有类似的变化趋势。用糖皮质激素治疗的犬，可能形成AST活性轻度升高，停用糖皮质激素几周后恢复正常。

碱性磷酸酶：在常规生化检测中，犬的AP活性变化是最常见的评价肝脏功能的生化指标；它有较高的敏感性和低特异性，如果没有肝活检诊断，AP为重要的诊断指标。在犬中，由于诱导AP有关的同功酶的复杂性，AP活性检测与经常使用的肝酶指标相比特异性最低。

在犬和猫中，含有最高AP的活性组织（按照降序）是小肠、肾（皮质）、胎盘（仅见于犬）、肝、骨。不同的血清AP同工酶可以从每种动物的以上组织获取；例如在犬血清可见骨（B-AP）、肝（L-AP）

和糖皮质激素诱导（G-AP）同工酶。犬的L-AP和
G-AP主要与高血清AP活性有关，而猫的L-AP主要
与AP活性有关，75%甲亢猫的碱性磷酸酶活性升高，
依赖于慢性B-AP活性情况。

在患肝脏疾病的猫，AP活性轻度升高（比正常
值高2~3倍），而患肝病的犬AP活性通常比正常值高
4~5倍以上，说明在猫科动物的肝脏AP指标特异性
较低，且半衰期较短。然而，在猫肝脏疾病的诊断
中，AP活性检测仍然是临床上代表性的指标。

在犬中，血清AP活性与L-AP和G-AP同工酶的
检测作为肝病一种诊断指标，L-AP和G-AP均可以用
类固醇激素诱导产生。

由于AP同工酶增加继发于成骨细胞的活动，在
幼龄动物、患有骨肿瘤或继发性甲状旁腺功能亢进
症、骨髓炎的动物均可以检出AP同工酶的变化。然
而，B-AP对血清总AP活性的作用，通常不会导致对
于胆汁淤积性肝病的误诊。在犬继发于骨肿瘤的骨
重建基本不影响血清AP活性，或仅导致轻度无诊断
意义的增加（2~3倍）。对正在生长的幼龄猫而言，
B-AP活性增加，可以刺激酶的活性变化，与在肝胆
疾病中出现的情况相似。

ALT可以立即从急性肝坏死的肝细胞胞浆中释
放，但是少量膜结合的AP不会释放。这需要几日时
间，诱导膜相关酶"改变"导致酶泄漏进入全身循
环。血清AP活性的升高反映了肝脏全程合成加快、
胆小管受损、胆汁淤积和膜结合物的溶解（通过胆
盐）。在犬弥漫性或局灶性胆汁淤积性疾病、巨块型
肝细胞癌、胆管癌和使用类固醇激素的过程中，血清
AP活性增加幅度最大（L-AP和/或G-AP大于或等于
100倍）。

在犬转移性肿瘤病例的血清AP活性可能正常或
仅略有增加，在乳腺肿瘤病例，血清AP活性可能显
著增加。在乳腺肿瘤中，55%患有恶性肿瘤的犬和
47%患有良性肿瘤的犬的血清AP活性高；恶性混合瘤
犬的AP活性最高。然而，血清AP作为诊断或预后的
乳腺癌标志物没有参考价值；目前还不清楚疾病缓解
是否（手术、化疗）与血清AP活性降低有关，或血
清AP活性功能是否可以作为肿瘤辅助性标记。

犬和猫在急性肝坏死后，AP活性增加2~5倍，
稳定一段时间，经过2~3周后逐渐下降。通常持续的
AP活性增加与胆管上皮增生相关。在猫发生EHBDO
后的2 d内可见AP增加2倍，在1周内增加到4倍，在
2~3周内增加到9倍。此后，活性稳定并逐渐下降，
但通常不能降到正常范围内；酶活性的下降与胆汁性
肝硬化有关。炎症性疾病包括胆管或小管结构或疾病
影响胆汁流量，由于膜炎症/破坏和局部胆汁酸的积

累，可以增加血清AP活性。在犬和猫的自发性肝内
胆汁淤积症或梗阻的肝外胆管阻塞时，可见类似的血
清AP活性增加和发展过程。因此，AP活性指标不能
区分肝内和肝外胆汁淤积性疾病。

许多肝外疾病和主要的肝内疾病与L-AP增加相
关。猫的总AP活性增加和明显的黄疸的严重性与HL
有关。AP的增加可能反映胆小管功能障碍或压缩。
而猫的AP很少受到抗惊厥药或糖皮质激素的影响，
在糖尿病、甲状腺功能亢进、胰腺炎时AP活性增加。

对原发性肝脏炎症和全身性感染或炎症，使用类
固醇激素均可导致犬肝脏的水泡变性（VH）。严重的
VH可以引起胆汁淤积，造成胆小管受压。而VH最初
作为糖皮质激素引起的病变特征，已经研究证实，近
50%的VH患病犬无明确的使用类固醇物质记录。在
患有慢性病的犬，由于应激引起的内源性糖皮质激
素的释放，可能产生G-AP同工酶。慢性病犬患有VH
（缺乏外源性糖皮质激素的使用）可以显示正常的地
塞米松抑制反应和促肾上腺皮质激素测定反应。在一
些犬，高AP活性与由性激素产生异常的非典型肾上
腺增生导致的VH相关。血清AP活性大小与高G-AP
活性和组织学病变没有一致的关系。遗憾的是，
G-AP没用于综合征诊断指标，因为G-AP与糖皮质
激素是治疗犬自发或医源性肾上腺皮质功能亢进、肝
性或非肝性肿瘤、炎症和许多不同的慢性疾病包括原
发性肝脏疾病的主要酶。

通过外源性糖皮质激素诱导AP活性大小，取决
于给药的类型、剂量和个体的反应。G-AP的产生，
并不意味着用可的松治疗的犬有医源性肾上腺皮质
功能亢进、抑制垂体肾上腺轴或出现临床上重要的
VH。通过比较，猫科动物肝脏对糖皮质激素不敏感。

在犬，血清AP活性和L-AP同工酶，也可通过一
定的抗惊厥药（苯巴比妥、扑痫酮、诱导苯妥英）和
其他药物诱导产生；通常AP的活性会增加2~6倍。
在猫相反，连续给予苯巴比妥（0.25粒，每日2次）
30 d，血清AP和L-AP活性不升高。

谷氨酰转移酶：GGT是一种膜结合的糖蛋白，
在细胞解毒中起重要的作用，可以抵抗一些毒素和药
物的侵害。在犬和猫的组织中，肾脏和胰腺GGT浓
度最高，在肝脏、胆囊、肠、脾、心、肺、骨骼肌和
红细胞的GGT浓度较少。虽然由于动物种类不同，
GGT的浓度在肝脏组织内有差异，血清GGT活性主
要来源于肝脏。

发生急性严重弥漫性肝脏坏死时，GGT活性
并没有发生变化或只有轻微的升高（正常的1~3
倍），在10 d内GGT能恢复正常。患有EHBDO的犬，
在4 d内血清GGT活性能升高1~4倍，在1~2周内升

高10～50倍。此后，GGT活性可能保持一定水平或继续升高到100倍。患有EHBDO的猫，在3 d内血清GGT活性可能会升高2倍，在5 d内升高2～6倍，在1周内升高到3～12倍，在2周内升高到4～16倍。在犬，糖皮质激素和某些其他微粒体酶诱导剂，刺激GGT产生情况可能会与刺激AP变化相似。在1周内给予地塞米松（3 mg/kg，每日1次）或肌内注射强的松（4.4 mg/kg，每日1次）可以增加GGT活性4～7倍以上，在2周内甚至高达10倍。在犬，采用苯妥英钠或扑米酮治疗后，血清中GGT活性仅轻度增加（2～3倍），但是使用抗惊厥药，肝脏出现毒性反应，可以观察到标志酶活性的变化。

在患有坏死性炎性肝病、EHBDO或炎性肝内胆汁淤积症的猫，与AP相比较，GGT活性增加较多。在临床上，犬的糖皮质激素和其他酶诱导剂不影响猫的血清GGT变化。猫血清GGT活性正常范围比犬更窄和更低；因此，必须有足够敏感的检测方法才能检测到低GGT活性。

患有原发性肝或胰腺肿瘤的犬和猫，可见GGT值明显升高。然而，GGT似乎并不适用于猫或犬的肝转移的监测指标。

像AP一样，在鉴别肝实质性疾病和闭塞的胆道疾病方面，GGT缺乏特异性。在犬，GGT不像AP那样敏感，但具有较高的特异性。在患有炎症性肝脏疾病的猫，AP比GGT更敏感，这两种酶的测定应该同时进行。继发坏死性肝病、EHBDO或胰腺疾病的HL可以通过检查GGT比AP相对增加来诊断。坏死性肝病累及胆管结构、汇管区、胰腺时，可见GGT比AP增加更多。通过排除法鉴别这些潜在的疾病，患有HL的猫通常其AP比GGT上升数倍多，这是诊断HL的潜在原因的重要指标。

几种新生的动物，包括犬，但不包括猫，由于二次摄入初乳，其血清GGT活性可明显升高。

（四）其他血清生化检测

白蛋白：白蛋白仅在肝脏合成，在正常的犬中的半衰期约8 d。由于正常肝维持白蛋白合成最大容量的33%，具有更大的储备能力。白蛋白作为运输分子，能维持正常的药物-受体相互作用。在肝脏疾病，白蛋白运输功能可能会下降，增加药物不良反应的风险（出现更多的游离或未结合的药物）。白蛋白在维持胶体渗透压方面的作用很大，其相对分子质量相比其他血浆蛋白低，在血管内有较高浓度。在炎症或营养不良时，白蛋白可能增加通过血管的能力，这种能力增加了白蛋白的重新运输，进而诱发坏死性肝炎，导致低蛋白血症、腹水的发展。

白蛋白也具有清除氧自由基和其他氧化物的作用。在坏死性肝病和暴发性肝功能损害中，影响这些抗氧化作用。任何促进氧化（例如糖尿病、肾脏病、肝功能不全）的疾病可造成白蛋白分子不可逆的损伤，并加快白蛋白代谢速度（合成代谢）。

早期低白蛋白血症的趋势通常反映全身炎症反应（阴性急性期效果）。只有在严重肝功能不全（如慢性迁延性肝炎）时才出现白蛋白合成失败引起的低白蛋白血症。必须排除由肾小球疾病或蛋白丢失性肠病引起低白蛋白血症的原因；肾小球的病因与尿蛋白有关；肌酐比值大于3为高胆固醇血症。

胆红素：总胆红素高于2.5～3 mg/moL可以引起临床上的黄疸症状。胆红素浓度增加的病因包括：肝前性原因（如溶血性因素），肝性原因（胆红素摄入受损，细胞内运输障碍，葡萄糖醛酸结合障碍或胆小管排出障碍），肝外梗阻（EHBDO，胆管树破裂）。不同的疾病过程中，血液总胆红素浓度变化差异大。在犬发生溶血性疾病和猫发生HL、BHBDO疾病时，胆红素浓度是最高的。正常的犬由于直接胆红素易通过其肾脏，因此其尿中可以检测到胆红素；然而在猫尿中总能检测到胆红素，应作进一步检查。总胆红素可以分成直接（共轭）胆红素和间接（未结合的）胆红素，仅提供很少的诊断参考。高胆红素血症常见的原因包括：血红素蛋白释放增加（例如溶血性贫血、红细胞生成障碍、体腔出血）、胆管阻塞、胆道破裂、肝内胆汁淤积、肝胆处理胆红素过程受损与脓毒症或其他原因。患有黄疸病的犬和猫具有再生障碍性贫血时，应测定溶血性疾病，包括免疫介导性溶血性贫血、溶血性海因茨体、锌中毒、血液寄生虫（包括猫和犬血液支原体和犬的巴贝斯焦虫）。间接胆红素（白蛋白与血红素的复合物）可以在血液循环中流动，但是不随尿排出体外。在已经缓解不久的胆汁淤积性疾病中不表现胆红素尿；慢性胆红素潴留可以造成组织黄疸。

尿素氮与肌酐：在肝脏疾病过程中，尿素氮（BUN）或肌酐浓度变化无特征性；但是在肝脏门静脉分流或限制蛋白质的摄入时，BUN或肌酐浓度可以反映HE症状转变情况，BUN反映了许多系统的变化情况，包括脱水状态、营养支持、肠道出血、组织分解代谢、肝的氨解毒能力。厌食症、低蛋白日粮或肝功能不全可导致低水平到低于正常水平的尿素氮，而相对于肌酐增高值可以反映脱水或肠道出血情况。低BUN经常伴有低肌酐与门体分流相关。增加水的重吸收，肾小球滤过率提高达2倍，有助于PU/PD。在肝功能不全的患者中，肝脏减少肌酐合成，血液中肌酐水平降低，在肝脏合成甲基转移途径中，肌酐合成取决于肝脏肌酸的合成。与尿素氮相比，血清肌酐浓度受食物蛋白质摄入量的影响较小。

葡萄糖：在获得性肝脏疾病中，除了终末期肝硬化或暴发性肝衰竭症外，低血糖是罕见的。在新生犬与小型幼龄犬，由于先天性门体静脉分流导致无法储存肝糖原或葡萄糖为糖原，引起低血糖。其他原因引起的低血糖症，包括败血症、胰岛素瘤、医源性胰岛素过量、罕见的糖原存储疾病或原发性肝肿瘤（犬肝细胞癌或腺瘤）或其他肿瘤。

胆固醇：除红细胞外，身体所有细胞均可以合成并利用胆固醇，用于血浆脂蛋白合成的胆固醇仅在肝脏和远端小肠合成。胆汁为胆固醇提供主要排泄途径。低血清胆固醇浓度可能反映了内分泌、代谢和营养因素以及肝功能不全和门体分流状态。与低血清胆固醇相关的非肝脏疾病包括肾上腺皮质功能减退、消化不良和吸收障碍、严重的饥饿、恶病质、败血症和甲状腺功能亢进症（猫）；肝的原因包括门体分流术（先天性或后天性）和严重肝功能不全（如暴发性肝衰竭）。在患病动物，常见高胆固醇血症，需要仔细考虑潜在的非肝脏疾病病因，包括甲状腺功能减退、胰腺炎、糖尿病、肾病综合征、特发性高脂血症以及餐后（少见）。在患有EHBDO和弥漫性肝内胆汁淤积、肝再生的动物，通常可以观察到高胆固醇血症。

（五）肝功能检查

血清总胆汁酸浓度（TSBA）：TSBA浓度可灵敏地检测胆汁淤积性疾病和门体分流相关的疾病。TSBA应在食前和食后2 h测量，不需要禁食。肝脏有异常团块或偏离门脉循环通过肝外分流（先天性或后天性）或在肝脏微血管分流（先天性微血管发育不良）至全身循环，均可导致高浓度TSBA，特别是食后的血液样品。TSBA浓度通常在食前比食后2 h后少，但15%～20%的犬和5%的猫的食前比食后有较高的TSBA浓度。不论食前或食后，在犬TSBA浓度高于25 µm/L或猫TSBA浓度超过20 µm/L均认为是异常的。然而，随机禁食样本和仅收集食后的样品检查不到以上异常值。

TSBA是比总胆红素更敏感的检测胆汁淤积的指标，在非溶血性黄疸时，不必测量TSBA。但是肝活检时可以用TSBA作为肝功能试验指标。在继发于其他重要器官疾病，如炎症性肠病、胰腺炎和肾上腺皮质功能亢进的肝脏疾病中，TSBA可能增加。

氨：血氨浓度的测定可以检测与HE相关的肝疾病。氨来源于蛋白质的降解，大多数从肠道内容物中产生，在肠道细菌尿素酶作用下，分解代谢脲成氨和二氧化碳。通过门静脉从肠运输到肝，85%的氨直接解毒形成尿素排出体外。在门体分流和急性暴发性肝衰竭相关疾病受损的间隙发生。因为氨不受胆汁淤积的影响，也不受门体循环的肝病影响。

当氨被作为一种HE的关键原因时，由于HE综合征具有潜在而复杂的病理机制，患有明显HE的动物具有正常可变的血氨浓度。在可疑慢性肝病的动物，即使测出正常的氨值也不能低估HE，氨测定也可能与HE临床表现不相关。因此，不能依赖于氨的测定来诊断HE。

血氨浓度的测量较为复杂。在氨浓度出现假性增加时，可能是由于采集血液过程慢、止血带紧、促进肌肉中氨的释放（癫痫发作、挤压伤）、样品污染和样品不适当的冷却收集或未及时分析之故。氨极易挥发，其样品绝不能通过邮寄后进行分析。血液样本应收集到预冷却管和融冰条件下运输到实验室进行分析，需要在20 min内完成。这种酶反应方法难以标准化。非肝病性高氨血症也存在，在腹腔前部或尿路阻塞，最常见的是细菌尿路感染，由产脲酶菌产生氨气，可以形成高血氨。

如果随机血样中的血氨浓度在正常范围内，怀疑肝功能不全和分流障碍时，可以进行氨耐量测定试验（ATT）。将氯化铵5%溶液按100mg/kg口服给药或在进行清洗灌肠后30min按2mL/kg直肠给药，随后在20 min、30 min、40 min或60 min测定血氨浓度。在易感患者，如果有潜在的HE医疗纠纷，进行ATT测定应谨慎。

在一个高TSBA动物尿中存在重尿酸铵晶体，预示有高氨血症和门体分流障碍的出现。应按照常规收集的时间和检查方法，至少检测3个尿液样本，以提高晶体鉴别的可能性。在肝功能不全动物中，通过限制蛋白摄入量的饮食，在控制高氨血症方面很有效，可能很难发现重尿酸铵晶体。

（六）影像学诊断

X线检查：常规腹部平片可用于确定肝脏大小，观察不规则肝边界；观察肝脏实质或胆管树钙化密度变化，可以反映胆汁淤积状态、与营养不良钙化有关的先天性畸形、后天性管或囊、慢性胆管炎症或胆结石情况。如有足量的胆红素结石，经X线检查可观察到。在可疑的EHBDO病例，在右前部1/4处的肿块可能代表一个充盈的胆囊，也可能是胰腺炎、肿瘤或局灶性胆汁性腹膜炎。X线检查腹腔积液（腹部细节不清晰），可促进胆汁性腹膜炎的诊断。在肝实质内和胆管内的气体显示气肿的过程（如胆囊炎、胆管炎、胆道囊肿、肝脓肿、坏死的肿瘤团块），应进行抗菌药物治疗或外科手术或超声引导经皮穿刺或灌洗清除。胸片能显示全身疾病的症状（如转移性病变、胸腔积液）。猫胸骨淋巴结病常见，常伴有胆管炎/胆管肝炎综合征。

很少做胆道系统对比成像。胆囊造影可通过口服或静脉注射碘造影剂完成。在胆道内，造影剂的浓度及其分布受到许多因素的影响，包括高胆红素血症及主胆管闭塞。使用这些造影剂，在效果最好的情况下，可以观察到胆结石、息肉及泥状的胆汁，但不能诊断胆汁性腹膜炎或胆汁漏出的部位。采用断层扫描的CT影像学检查效果更好。

采用门脉系统的血管造影对比研究是一种诊断先天性门体静脉分流障碍的金标准。X线检查可以采用左侧位、右侧位和背腹位，能够获得最佳显示效果。因为CT可以产生特殊的图像，并允许将对比造影剂注入外周血管，可以几秒钟内迅速捕获图像，允许三维重建，所以能够逐步取代X线造影。

超声检查：超声诊断的用途很多，包括如下方面：①识别胆道扩张情况和确定胆道结构厚度；②证实胆总管梗阻情况；③检测胆囊囊肿、胆石症；④区分弥漫性和局灶性肝功能异常；⑤识别和确定"肿块"的大小；⑥确定胰腺、肝、肠系膜淋巴结肿大；⑦对血管连接情况的研究，确定先天性肝内和肝外侧支血管异常（PSVA）、APSS、动静脉瘘、肝小静脉扩张瘀血；⑧检测腹腔积液的体积大小。然而，腹部超声检查已成为对肝脏和胆道系统评价的一种不可缺少的诊断工具，超声检查需高度依赖操作人员的经验，必须与病史、体检结果，临床病理学数据结合才能确诊疾病。

计算机断层扫描：分段CT成像技术，应用于特殊疾病的诊断，可以区分肿块，检测肝实质和胆管系统结构变化、鉴别结石，检测肝灌注异常（包括门静脉、肝动脉、肝静脉）和门静脉血栓，可以详细检查肝胆系统的损伤程度。

（七）胆囊穿刺术

胆囊穿刺术是穿刺胆囊采取胆汁；可以在超声引导下经皮穿刺完成，也可以采用腹腔镜协助或在开腹探查手术采取胆汁样品。对胆汁样本进行细胞学检查及细菌培养。胆囊穿刺术并发症包括腹腔内胆汁泄漏、出血、胆道出血、菌血症和血管迷走神经反应，可能会导致呼吸骤停、严重的心动过缓和死亡。如果怀疑胆囊囊肿或EHBDO，禁止做胆囊穿刺术。

（八）肝脏细胞学

采用超声引导下，细针抽吸样品检查肝脏情况，通常用来确诊猫HL和鉴别化脓性炎症和肿瘤。然而，由于腺泡结构的解剖定位问题，即使采用肝穿刺方法，不可能对肝脏疾病作出明确诊断，使用细胞学检查，不能区分肿瘤和脓毒症，常常怀疑炎症性疾病。所以在评价免疫调节剂和抗肝纤维化药物或铜相关肝病的长期螯合疗法效果上，不应推荐细胞学检查。

（九）肝脏活检

在超声引导下，选择正确的切割活检部位，为了进行确切的诊断，用肝穿刺针（尤其是18号针）可以采集多块小和分散的样品（至少包括15个肝汇管区）。此外，穿刺活检通常只选择左叶采样更安全，但是可能会错过一些病变采集（如猫胆管肝炎）。如果没有超声引导，盲目进行穿刺活检是很危险的。在怀疑肝门部或肠系膜淋巴结肿大的动物，胆管、胆囊、肠（如炎症性肠病、浸润性疾病）、胰腺或多器官功能异常时，采用剖腹探查最合适。如果可能的话，首选楔形活检或腹腔镜钳活检方法，可以从多个肝叶很容易且安全地获取适当大小的样品，保证准确代表全部病变。在胆管或胆囊疾病，由于需要胆道减压、胆囊切除或胆囊切开，不建议使用腹腔镜检查。尽管观察到明显的胆道异常，可能是原发性肝实质疾病，应该进行肝活检。如果肝脏的眼观无明显的病变，应对局灶性病变进行活检，以确定潜在的肝脏疾病与局部病灶的关系。

常规活检评估应该包括细胞学印片检查、革兰氏染色（如果细胞学检测为化脓性或化脓性肉芽肿炎症）、组织学染色、肝和胆汁的需氧和厌氧的细菌培养，并测定肝内铜、铁、锌的含量。根据具体情况，应留取一种组织样本进行其他特殊检查。

活检前，应仔细调查病史、体检、血涂片（证实血小板大于或等于100 000/μL），常规凝血参数、在高危品种的血管性血友病因子（vWF）和口腔黏膜出血时间，来评估出血倾向。已经确诊动物有出血倾向，应在0 h、12 h和24 h采用皮下或肌内注射维生素K_1治疗（0.5～1 mg/kg），然后采取组织样。如果口腔黏膜出血时间超过5 min，应进行新鲜冰冻血浆输血。醋酸去氨加压素（DDAVP）治疗（0.3～1 μg/kg，用生理盐水稀释），可在vWF 1h内增加血浆2倍基线以上的血浆Ⅷ因子活性。去氨加压素在1型vWF犬发挥的止血效果（部分数量不足）不能用于那些定性的缺陷或完整的vWF缺乏引起的疾病。

（十）胆汁病变

在胆汁淤积（白胆汁综合征、浓缩胆汁综合征、早期分解的胆汁酸）的动物中，水和无机电解质（钠、氯化物、碳酸氢盐）被吸收，导致非吸收的胆汁成分（胆盐、磷脂、糖蛋白和胆固醇）受到浓缩或稀释，胆管上皮细胞也脱落进入胆汁。患有EHBDO的动物可以产生"白胆汁综合征"，反映胆红素色素缺乏。胆汁淤积也可能导致胆汁脱水，促进胆囊壁病理性增厚；胆汁呈泥状，暗绿色至黑色。当发生胆囊囊肿时，出现胆汁包封、潴留、脱水或黏蛋白增加，出现橡胶样的胆汁；胆汁分泌增加（增强胆汁流量），形成"水样外观"的稀释胆汁，胆汁的稀释是一项观察疗效的指标。

二、营养

优化营养的支持是必不可少的。在猫的HL治疗中，优化营养治疗方法具有举足轻重的作用，适合于在家庭治疗动物的慢性进行性疾病。在肝功能不全且发生HE疾病的动物，可以提高其生活质量。在患有肝胆疾病的动物，给予易于消化、适口性好、高热量、易准备的食物，采用少量多餐，有利于动物恢复。优化营养的目标是优化食物的消化和吸收，达到自觉采食。

如果动物厌食，应考虑管饲方法；由于鼻胃管廉价，易于放置，建议作为一个短期的营养解决办法。对于患有HL的猫，优先通过食管造口进行管饲；但使用提高食欲的兴奋剂，仍存在争议；它们可能会延迟严格的营养辅助疗法的执行。此外，营养辅助疗法中的一些常用药物需经肝脏代谢。安定药物（安定与奥沙西泮）可能会导致某些猫特异性的暴发性肝衰竭。

如动物患有肝病，其饮食改变取决于临床症状、最后诊断、近期的肝功能评估。如果要平衡食物的营养，应补充水溶性维生素。严重的胆汁淤积性疾病阻碍胆汁进入肠道（如EMBDO，猫的晚期硬化性胆管炎），可导致脂溶性维生素缺乏。维生素K_1可辅以非肠道注射给药：每周按照$0.5 \sim 1.5$ mg/kg（用PIVKA测量凝血试验）。如果确诊维生素K_1缺乏，维生素E也可能要补充。因为维生素E是一种脂溶性维生素，所以可能需要通过口服一个独特的水溶性的剂型进行补充：口服聚乙二醇α-生育酚琥珀酸（10 IU/kg，每日1次）

肝功能对葡萄糖稳态（从氨基酸和乳酸糖原分解和糖异生），氮的解毒（尿素循环）和生酮作用（由脂肪酸）也有相当大的影响。

能量供应： 应根据理想体重估计能量分配。一种新的食物应慢慢喂养。例如，按照计算出的能量需求第1天给予摄入量的50%，第2天达到75%，第3天达到100%。新食物已被接受后，动物表现稳定，其体重和体况评分需要进一步增加摄入量，能量供应可能需要进一步调整。为了预测的静息能量计算的要求，需要通过公式计算出摄入的初始能量，并能根据能量供给的反应，必要进行反复的评估。对犬的初始能量分配的估计公式$30 \times$体重（kg）$+ 70$（犬$2 \sim 16$ kg）；$70 \times$体重（kg）$^{0.75}$（犬小于2或大于16 kg）；$99 \times$体重（kg）$^{0.67}$（为安全健康犬的初始摄入量）。

在猫中，除非很肥胖或低于正常的代谢率或活动较差的猫外，均适合公式：$60 \times$体重（kg）。

日粮蛋白质需求： 确诊的肝脏疾病不应立即决定限制蛋白质。事实上，在一些动物疾病中，例如患有HL和慢性但稳定的坏死性肝炎，尚未形成APSS或HE，如果限制蛋白质的摄入，对于疾病恢复可能是不利的。在拒绝改变日粮和限制蛋白质的患病动物，可能会造成营养缺乏。

当HE发生时，出现了重尿酸铵结晶或门体静脉分流异常（先天性或后天），应当限制蛋白质摄入。

对于患有HE的动物，应保持正氮平衡，避免蛋白质的分解代谢。因为身体瘦弱（肌肉）可以暂时缓解氨中毒；应定期监测体况以进行对比评估。

最初，犬的蛋白质应限制在2.5 g/kg（小于5 g/100 kcal*的饮食），在猫应限制为3.5 g/kg（小于7 g/100 kcal）。依次进行病史调查、体检和临床病理学评估来判断限制蛋白质的量。

犬患慢性的严重肝脏疾病或PSVA时，大多数犬均使用限制性蛋白质日粮。如果某一条犬对初始限制蛋白质的反应良好，则可用豆腐或牛乳蛋白质添加到每日0.5 g/kg。每隔1～2周，根据动物HL的临床症状和白蛋白、尿素氮的变化以及重尿酸铵结晶出现情况进行调整。应收集3个时间段的尿液样品：早晨、喂食后4～8 h和夜晚。

在患有HL的猫，因为限制脂肪，不应限制蛋白质摄入。在大多数的犬和猫，如果患有慢性坏死性肝炎，这些动物比同等大小、年龄相同的健康犬，在组织修复和细胞复制方面，可能有更高的蛋白的需求。

变型蛋白质的质量/来源： 在患有HE的犬，使用变型蛋白质和摄入质量是很有帮助的。在优化使用食物蛋白质中，应保持一定的高能量：氮比。在犬，最好使用优质牛乳蛋白和优质植物蛋白（大豆）。食物蛋白质的来源（每220 g的量）包含在以下产品中：全脂牛奶（8 g含157 cal），酸奶（8 g含139 cal），奶酪（200～250 cal，28～31 g）和切达奶酪（800～900 cal，57 g）。另外，犬的酪蛋白酸钙可以提供88 g蛋白质、脂肪2 g和370 Kcal/100 g。在猫，以肉为基础的均衡饮食中，含有足够的精氨酸（250 mg/100 kcal日粮）和牛磺酸是必需的。

日粮脂肪： 在大多数动物肝胆疾病，没有必要限制饮食中的脂肪。大多数动物都没有脂肪的消化和吸收问题，脂肪的摄入对重要的必需脂肪酸和脂溶性维生素有很重要的作用。患有慢性EHBDO的动物或患有硬化性胆管炎（表现"肝内胆管缺失症状"）的猫是一个例外，这些患病动物由于肠肝循环的胆汁酸减少，限制了脂肪的乳化、消化、吸收和摄入，应限制食物中的脂肪。另一个例外是犬患胆囊黏液囊肿，其

---

* cal为非法定计量单位，1 cal=4.184 0 J。

中有一些犬患原发性高脂血症，也应限制其食物中的脂肪。

微量元素与维生素

水溶性维生素：在患有慢性肝病的动物和猫HL（表2-12），均应补充维生素；如果这些猫长期食欲不振、用抗菌药物治疗、有严重的肠道和胰腺疾病或确诊慢性胆汁淤积，会对硫胺素（维生素B_1）、钴胺素（维生素B_{12}）和维生素K_1缺乏很敏感。甲亢猫可能出现吸收障碍的问题，当患有胆管炎或HL，可能更容易出现这些并发症。维生素C不被认为是常见的缺乏症。患有铜贮积性肝病与肝铁大量贮积症的犬，不应补充维生素C。

脂溶性维生素：在患有脂肪吸收障碍和胆道阻塞的动物，补充脂溶性维生素是很重要的。在动物肝肠胆汁酸循环中断后，表现出无胆汁粪便（如EHBDO、猫严重的硬化性胆管肝炎）、HL（猫）、胰腺外分泌部机能不全、严重的吸收障碍肠道疾病、或由于慢性口服抗菌药和严重的肝脏疾病时饲喂缺乏维生素K_1的食物，需要在食物中补充维生素K。在动物中，任何可疑肝病应尽早补充维生素K_1。

表2-12 强化水溶性维生素的配方

[在患有肝脏疾病的犬和猫的补充（静脉给予2 mL/L的液体）]

补充物	浓度/mL
盐酸硫胺（维生素B_1）	50 mg
核黄素磷酸钠（维生素B_2）	2.0~2.5 mg
烟酰胺（维生素B_3）	50~100 mg
泛醇（维生素B_5）	5~10 mg
盐酸吡哆醇（维生素B_6）	2~5 mg
氰钴胺（维生素B_{12}）	变化量；0.4~50 μg（在猫，需要额外补充最低的维生素B_{12}量，皮下注射或肌内注射）
苄醇（防腐剂）	1.5%

在侵入性操作、大静脉插入、膀胱镜检查、鼻饲管插入、肝穿刺取样或肝活检前，应按照0.5~1.5 mg/kg，皮下注射或肌内注射，间隔12 h，给予3次维生素K_1。在猫的硬化性胆管炎或慢性EHBDO，需要按周间歇性注射维生素K_1（如每隔7~21 d，给药1次），通过PIVKA试验或PT凝血试验观察血凝效果。猫过量使用维生素K_1，可导致全身性海因茨小体溶血性贫血。

维生素E是一种重要的抗氧化、消炎和抗纤维化制剂，可用于坏死性炎性胆汁淤积性肝病，常规口服D-α-醋酸生育酚，每日10 IU/kg。在患有慢性EHBDO或猫硬化性胆管炎时，可给予高剂量的D-α-醋酸生育酚（每日100 IU/kg）。另外，α-生育酚聚乙二醇琥珀酸酯（水溶性维生素E）可以用到每日10 IU/kg。维生素E剂量不应超过推荐量，太多的维生素E可干扰维生素K活动，引起凝血功能障碍和氧化损伤（生育酚自由基的蓄积引起）。

三、肝病

（一）暴发性肝衰竭

暴发性肝衰竭表现为肝功能突然损失并伴有HE和凝血功能障碍综合征。早期和适当的治疗至关重要。在慢性或终末期肝病和没有明显原因的急性肝疾病，为争取肝再生和代偿，需要提供辅助疗法。

如果确定潜在的原因后，应给予具体治疗。如果在36 h内接触了毒素，应对口腔、皮肤和肠道表面清洗。如果出现一种药物不良反应，必须停止使用出现问题的药物，采用解毒剂进行治疗，威胁生命的感染、脑水肿和凝血功能障碍是主要的并发症。

应注意体液、电解质、酸碱平衡、血糖状况，适当营养支持可以提高生存机会。因肝功能衰竭可能阻止乳糖代谢，易导致乳酸中毒，应避免使用乳酸林格氏溶液。慢性腹泻和呕吐可导致脱水、低钾血症，低氯血症、代谢性碱中毒。代谢性碱中毒和低钾血症可增加肾脏氨气生产，加重HE症状。神经性低血糖症可引起由HE造成的神经系统的影响，采用0.9%的NaCl注射液，结合补充维生素和葡萄糖是首要选择。应将右旋葡萄糖（2.5%）和钾（按照比例递减）加到静脉输液中，同时补充水溶性维生素（强化水溶性维生素B，2 mL/L）。

如果怀疑猫患有严重的肠道疾病、胰腺疾病或饥饿，应使用维生素B_{12}注射液肌内注射或皮下注射（总剂量为250~1 000 μg）。硫胺素缺乏可产生神经行为体征类似于HE；因为高血糖可以加重脑水肿，必须避免出现高血糖，所以使用硫胺素前必须使血糖正常；否则，神经性低血糖可能会加重神经症状，造成更广泛的神经损伤。可以口服补充维生素B_1或缓慢静脉输入强化B族维生素溶液，在猫推荐剂量为每日25~100 mg。

如果确定发生了HE、肾功能衰竭、全身性炎症反应综合征（SIRS），应使用广谱抗生素进行治疗。

在大多数情况下，前2 d给N-乙酰半胱氨酸，提供谷胱甘肽合成半胱氨酸，改善微循环灌注，并防止SIRS的发生。最初通过0.25 μm滤器，给予剂量140 mg/kg，以超过20 min的时间，延长输注可降低高氨血症。此后，在2 d内，每隔6~8 h静脉注射70 mg/kg，在犬很少发生不良反应，其不良反应的表现为荨麻疹、瘙痒性皮疹、呕吐和最为严重的血管神经性水肿。

当口服药物不过敏时，建议空腹口服S-腺苷蛋氨酸，每日20~40 mg/kg，可以维持肝谷胱甘肽功能。

每间隔12 h给予3个剂量维生素K₁肌内注射或皮下注射（0.5~1.5 mg/kg）。建议应用H₂受体阻断剂抑制胃酸分泌（如法莫替丁）或盐酸泵抑制剂（如奥美拉唑）。如果观察到有明显的出血倾向，需要给予新鲜冰冻血浆或冷冻蛋白质（vWF和纤维蛋白原）。静脉注射醋酸去氨加压素（DDAVP，0.3 μg/kg，用生理盐水稀释至10%），通过改变血液状态，有时可以止住严重出血。

脑水肿的发展是多因素的、复杂的，有时还难以理解。头部和颈部应保持在中间的位置，避免颈静脉血流量受到压迫。抬高头和颈部的高度可以降低颅内压，降低脑脊液压力。中心静脉系能增加严重医源性出血的风险，这可能需要使用加压包扎。自发性通气过度会导致轻度呼吸性碱中毒，促进脑动脉血管收缩，这会降低颅内压。因其相关的脑血管舒张作用，必须避免缺氧。甘露醇（0.25~0.5 g/kg，静脉输液），可以帮助减轻脑水肿；如果血清渗透压不升高，则可大量输液。速尿（0.5~1 mg/kg，每6~8 h）已被用于增加肾钠和水的排泄。不推荐使用低温、巴比妥酸盐麻醉、高渗盐水或氟马西尼输液。

（二）肝性脑病

肝性脑病（HE）常发生于某些与门体分流术或暴发性肝衰竭相关的肝脏疾病。临床症状多样，包括感觉器官轻度迟钝和无力应对基本的刺激，以及转圈、低头、漫无目的地转悠、无力、共济失调、黑朦（不明原因的失明）、流涎、痴呆、行为改变（如攻击行为）、衰弱、癫痫发作、昏迷。虽然其病理生理机制并不完全清楚，肝脏对氨和其他内源性毒性解毒作用失败，脑内炎性细胞因子增加，脑灌注受损，出现神经水肿、缺氧、线粒体功能障碍，神经性低血糖症和氧化损伤均为重要的相互作用机制。已确认，反应性氧和氧化氮增加是引发蛋白质和RNA修饰的原因，并能对大脑功能产生不利影响。

氨在HE发生过程中起着关键的作用；据认为，氨可使大脑对许多其他诱因/介质敏感。然而，血氨浓度和脑氨浓度是不一致的，血氨指标不正常可以作为诊断HE的指标。在健康的动物中，大部分的氨由肝细胞去除，转化为氨基酸或尿素，并通过肾脏在尿中排泄。在肝衰竭和门体分流障碍情况下，由于缺乏有效肝解毒功能，血氨浓度升高。在循环中，氨也可由肾脏排出（肾小管分泌），在骨骼肌被用于谷氨酰胺合成（临时氨解毒功能）。因为肝功能不全的患病动物易发生高氨血症和HE，所以应注意保持瘦体况。一些临床症状和机制可以增加血氨浓度和引起HE，包括脱水（肾外性/肾性氮血症）、碱血症、低钾血症、低血糖、代谢、感染、PU/PD、厌食、便秘、溶血、输血、胃肠道出血、高蛋白饮食和各种药物（如苯二氮䓬类药物、四环素类、抗组胺药、蛋氨酸、巴比妥类、有机磷、吩噻嗪类药物、利尿剂、甲硝唑、某些麻醉剂）。

氨可以直接影响多种神经递质系统（化学的影响）和间接作用（改变基板效应器）。有大量的证据表明，星状胶质细胞在HE发病机制中扮演重要角色。在急性肝衰竭、急性重症HE过程中，氨和其他内源性产品、炎性细胞因子、低钠血症（合并门静脉高压症）可以诱导星状胶质细胞肿胀，最常见脑水肿和脑疝。

急性HE治疗，可以采用辅助疗法和快速降低在胃肠道中产生的神经毒素。患严重脑病的动物可能出现半昏迷或昏迷。不宜应用苯二氮䓬类药物和其他镇静剂，应停止饮食，直到神经功能状态缓解。应给予液体（2.5%葡萄糖和0.45%的生理盐水和氯化钾和维生素B族）纠正脱水、电解质、酸碱失衡。因肝功能衰竭，应避免使用乳酸林格氏溶液，这种液体可能阻止乳糖代谢，导致乳酸酸中毒。可先用温肥皂水清洁，再用乳果糖和乳糖醇（3份乳果糖和乳糖醇7份水，以20 mL/kg的量）灌肠，灌肠后保留一定时间，或10%聚维酮碘溶液（以20 mL/kg的量灌肠，保留10~15 min后排出）灌肠。应用新霉素（22 mg/kg，与水混合）或用稀释的甲硝唑（7.5 mg/kg悬浮在水中，按照10~20 mL/kg），每8 h 1次，直到动物神经系统反应消失。用Foley导管灌肠，应保留灌肠液15~20 min。给予（通过口服或直肠）活乳酸菌和益生素（酸奶培养或益生菌产品）也可以协助驱除产氨菌。甲硝唑、新霉素和聚维酮碘溶液可以直接改变结肠菌群，减少产氨生物的种群。然而，在治疗并发炎症性肠病，由于使用新霉素，全身吸收增加，提高了对肾与耳（耳蜗）的毒性，应引起注意。甲硝唑必须限制在小于或等于7.5 mg/kg，每8 h给药（口服和直肠并用）1次，如果甲硝唑剂量过大，可以引起医源性神经毒性（首先为前庭症状）。

一旦动物病情稳定，应防止复发。应饲喂含有修饰蛋白的限制食物（见营养）。口服益生菌酸奶和乳果糖（0.1~0.5 mL/kg，每日2~3次，初始剂量），采用初始剂量，每日观察直到粪便形成软布丁样。一些动物饲喂牛奶可能达到类似的效果。给予不易消化的碳水化合物可以促进肠道发酵。浓缩益生菌生物体可以防止其他细菌的生长，通过底物的竞争进行复制和通过发酵产物产生pH相关（酸）的生长抑制或机械清洗（泻剂）。这些因素均可以减少与HE有关的氨的吸收、炎症和氧化基质、脂多糖和其他肠道有毒产物。

在顽固性的HE，可采用抗生素治疗，应优选甲硝唑口服（7.5 mg/kg，每日2次）或口服阿莫西林（13～15 mg/kg，每日2次），不建议使用新霉素。抗生素治疗的协同作用，能减少肠道毒素与难消化碳水化合物的结合。

由于胃肠道出血、感染、糖皮质激素的应用（增强组织蛋白质分解代谢）、低血糖症、肿瘤、发热、氮血症或脱水（BUN升高增加肠道氨生产）、便秘（增加结肠毒素吸收）、代谢性碱中毒（有利于通过肾脏生产氨和氨穿过血脑屏障加快吸收），并使用地西泮和巴比妥类药物（协同抑制药物）而使HE病情恶化。使用H_2受体阻断剂和硫糖铝，控制发热和感染，适当的饮水，适量使用抗癫痫药物，这些均有助于减轻HE的并发症。

（三）门脉性高血压症与腹水

门脉性高血压症与低白蛋白浓度可导致腹水。为了维持正常血容量和内脏灌注压力的生理反应，应维持钠和水平衡。

门脉性高血压症意味着通过肝脏流入心脏的血液循环障碍。肝前的病因包括肝外门静脉狭窄、受压或血栓。肝内的病因包括慢性肝炎后遗症导致肝窦毛细血管化和胶原化，在汇管区或肝静脉周围（小叶中心区）结缔组织增生，肝细胞再生形成结节状结构（肝硬化），肝静脉和门静脉血管闭塞（如血栓、肿瘤、血管炎）或血窦内肿瘤细胞扩散传播或肝细胞内出现异常物质（淀粉样蛋白、糖原）。很少见由于肝内动静脉瘘引起肝实质动脉化，导致门脉高压，形成腹水。肝后的病因包括经肝静脉流出肝血流受阻，这可以由心脏水平开始（如右心衰竭、肺心病、右心房血管肉瘤）、心包（如限制性心包炎、心包填塞）或腔静脉（如血栓、先天性的弯曲、犬心丝虫腔静脉综合征）。

在所有肝门脉性高血压症病例中，肝内门静脉灌注不足与肝实质动脉化有关，肝动脉灌注的补偿维持了器官循环，造成在门脉循环的离肝血流（向后）形成后天获得性的门静脉分流变化（APSS）。钠和水平衡方面代偿失调，在临床上常见于门脉性高血压症相关的低白蛋白血症。与肝病有关的腹水，通常是渗出液或漏出液（血清白蛋白低于1.8 g/L）。

控制腹水首先是要限制日粮中钠，建议摄入量应低于或等于100 mg/100 kcal（每日25 mg/kg，低于0.1%干物质为基础的食物）。然而，仅饲喂限钠的食物往往不够，出现效果缓慢。因此，通常推荐使用利尿剂治疗，可以慢慢减少腹水而不引起脱水、代谢性碱中毒或低血钾，推荐每日使用剂量低于或等于体重

的1%～1.5%。口服呋塞米（1～2 mg/kg，每日2次）和口服螺内酯（2～4 mg/kg，共2～3次，然后剂量1～2 mg/kg，每日2次）相结合。每7～10 d重新评估调整利尿剂用量。采用利尿剂与螺内酯结合，可减少医源性低钾血症的风险。

如果采取缓慢的方法消除腹水，可以通过测定尿中钠排泄量，帮助确定是否限制饮食，确定利尿剂的使用量。如果腹水多引起了腹胀，可以影响食欲、呼吸和患病动物的舒适度，建议进行腹腔穿刺放出腹水；在抽出腹水的12 h内，应重新评估体液平衡后的风险（低血压、恶化的低蛋白血症），采用输液（羟乙基淀粉）方法可以减少利尿后出现的循环功能障碍。但是，采用羟乙基淀粉输液，可以降低血小板聚集，增加出血的风险。当少量腹水时，应尽快除去，保持动物舒适。降低腹压，能增加肾灌注量和心输出量，从而提高对利尿剂治疗的反应。在许多病例，一旦血液循环正常，只要注意限制饮食中的钠，即可间歇性使用利尿剂。

（四）门静脉血管畸形

犬最常见的肝脏循环异常是微血管发育不良（MVD）和门静脉血管畸形（PSVA）。猫也可患PSVA，小型犬的MVD和PSVA，都是与基因有关的遗传性疾病，大型犬也可发生肝内PSVA。

微血管发育不良

在近亲的小猎犬，患有MVD的病例远比PSVA多，MVD诊断特征是肝内门静脉精细分支发育异常（三级）。患有MVD的犬具有较高的TSBA发生率，但不表现出临床症状或未见患有PSVA的异常实验室检测的指标变化，这些病例不发生HE，不出现重尿酸铵结晶体，并有正常的蛋白C活性。患有MVD的犬有正常的生活周期，其诊断结果并不说明要给予特殊的饮食或饲喂肝特异性药物；因为患有MVD的犬对某些药物代谢可能出现障碍，如果药物需要快速在肝脏处理和排出，在使用处方药物时应注意动物的表现。由于MVD在遗传基因上与PSVA有关，因此所有易感品种犬应检查TSBA，解决未来与保健相关的问题，选择好的品种。在幼龄（小于6个月）的小猎犬品种，如检测出高胆汁酸且缺乏PSVA的临床症状，在其生长过程中，这些值可能发生变化，没有必要反复测量胆汁酸。因为MVD引起的高胆汁酸，可以用TSBA测定试验来评估健康状况。

通过肝活检联合血管研究可以对MVD进行确诊，肝活检显示MVD的病变与PSVA的病变类似，但是活检通常不能区分这两种疾病；为了观察肝小叶萎缩、肝小动脉和部分肝静脉平滑肌的收缩情况，可通过切割法进行肝活检确诊，但是这种方法需要采取多

个小叶样品，造成损伤较大，不提倡使用这种方法。因为血管畸形程度不同，肝小叶之间的变化不同，所以建议采集3个不同肝小叶样品；然而，对大多数犬，为了确诊本病，不建议采取此方法。除非表现出临床症状（HE）或与PSVA相关的临床病理特征（小红细胞症、低尿素氮、肌酐、胆固醇浓度、低蛋白C活性），对于具有潜在高TSBA、患有肝脏血管畸形危险的犬同时也有MVD时，应考虑采样检查。

门静脉血管畸形（PSVA）

PSVA是肝外门静脉血管和循环系统之间非常明显的异常连接（门静脉的分支通常连接到下腔静脉），可以使血液绕过肝脏在全身循环，从而降低门静脉血进入肝脏，引起肝萎缩。由于PSVA的血液不洁净（含有微生物、毒素和其他材料）或经过循环到达脑和全身循环，其中的神经毒性物质可以直接影响脑的血液循环，造成脑病。

先天性PSVA主要见于纯种犬。有两种类型的PSVA。肝外PSVA主要发生在小的纯种犬如马耳他、约克夏、西施、哈瓦那犬、迷你雪纳瑞、哈巴犬、凯恩猃、诺福克猃、西藏猎犬和其他品种。肝外PSVA通常来自门静脉、胃左静脉或脾静脉，并连接到尾部的下腔静脉（最常见）、奇静脉或很少见于全身其他血管。肝内PSVA是由于从胎儿胎盘到心脏血液的胚胎血管保留，通过肝脏中部，而不是避开肝循环，这种畸形主要影响大型犬，如（但不限于）爱尔兰猎狼犬、老英国牧羊犬、拉布拉多犬和金毛猎犬。

在杂种猫中更常见先天性PSVA，但纯种喜马拉雅和波斯猫可能患病率较高。然而，在这些品种中，患有多囊肾病和与复杂PSV症相关的静脉高压的比例也很高。猫肝外PSVA，最常见是累及左侧胃静脉。

患有PSVA的动物，常比同窝的小，生长慢，并有其他先天性畸形（如犬和猫隐睾、猫心脏杂音）。临床表现的变化较大，10%～20%患病动物可能是无症状，临床症状的出现取决于门体分流障碍的严重程度。在6月龄的猫与不到1岁的犬中，临床症状通常是明显的，HE是最常见的临床表现，其他临床症状包括恶心、呕吐、腹泻、异食癖、间歇性厌食、PU/PD（犬）和与血尿、尿频、尿痛、重尿酸氨结石形成有关的尿道阻塞。尿道结石是唯一可能的参考症状。在患有HE的猫中，常见的临床体征是唾液分泌过多。患有PSVA猫的虹膜也有独特而均匀的铜色，似乎与以上基因有关，但是蓝眼睛的猫例外。

然而，在波斯猫和俄罗斯蓝色的猫中常见铜色的虹膜，无PSVA，也可见间断性的失明和过度叫声。

实验室检测异常指标包括小红细胞症、轻度的再生性障碍型贫血、异形红细胞（猫）、靶环细胞（犬）、轻度低蛋白血症和低白蛋白血症、低血糖（特别是玩具犬，可能是全身性的）、较低的尿素氮和肌酐、低胆固醇血症、正常或轻度增加肝酶活性（ALT、AST、AP）、正常的胆红素、稀释的尿液（低渗尿或尿崩）和重尿酸氨结晶体。禁食后血清总胆汁酸量通常明显升高；但延长禁食后，TSBA或氨测量值可以恢复到正常值。服用氯化铵后，食后TSBA和氨出现明显异常。常规凝血功能评估通常是在正常范围内，但蛋白C活性常低于70%。

腹部X线检查显示小肝和"丰满"的肾脏。重尿酸铵结石较透亮，因此X线检查难以检出。超声波是一种有用的非侵入性检测工具，如果有经验的操作者采用彩色多普勒，可确定PSVA。同时可以相对容易地发现肝内PSVA，但肝外PSVA的识别难度较大，需要系统检查方法。动物的肠内气体可能会影响在关键区域的超声成像。超声检查可鉴别在肾盂或膀胱内的结石。在某些专业诊所或教学医院，通过结肠、直肠的闪烁显像法检测，可以清楚地确定门体分流的存在情况。但是，结肠、直肠的闪烁显像法检测，无法确定分流血管介入的解剖位置。脾脏、结肠、直肠的闪烁显像法检测，需要经皮肤将同位素注射到脾脏，这种方法被认为是介入性检测；在常规结肠直肠闪烁显像中，不能提供更好的分辨率、特异性和敏感性。

在X线检查中，由门静脉分支插入导管，注入碘造影剂"染料"，能显示门静脉的血管解剖。通过短暂的麻醉后，注入造影剂的断层CT可以观察门静脉血管解剖，这种成像方式允许异常血管与邻近脏器的三维重建。PSVA患者手术结扎分流后，常常需要进行肝脏活检，以确定是否有原发性疾病或后天性肝脏疾病并存。

全身性PSVA的首选治疗方法是手术或结扎。最常见的术后并发症是短期腹腔良性积液，通常会在几日内消失。最严重的术后并发症是急性门静脉高压，可以发展为腹腔积液、血性腹泻、腹痛、肠梗阻、内毒素休克和心血管性虚脱。这种并发症需要分流结扎立即清除。其他并发症包括癫痫（罕见）和血凝块的形成。在PSVA外科手术后的不同时间间隔，APSS可

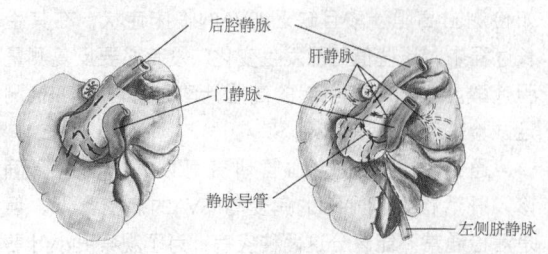

图2-47　犬先天性门体分流
（由Gheorghe Constantinescu博士绘制）

以隐性地发生，需要长期检测。结扎部位在血管畸形处或再通PSVA处，在初次手术几年后，重建门体分流术的环状收缩的风险最大，可以形成潜在的术后并发症，最好的方法是仔细观察肝外PSVA结扎效果（观察门静脉压力和内脏反应）。

总的来说，单一的PSVA结扎手术，通常预后良好。在继发严重肝内门静脉闭锁进行多发性后天分流和肝内分流的犬，预后不良，猫的手术成功率常低于犬。在猫的PSVA结扎后，更容易患多发性APSS，结扎会发生多种APSS；分期手术可以逐渐减弱PSVA，但是对猫没有明显改善的效果。肝内PSVA手术处理比肝外PSVA更加困难。近年来，在肝内PSVA治疗中，在不适合手术的情况下，将血管内支架放置到变细的血管内，可以减轻血管衰减。但是犬的治疗结果（急性和慢性病例）还尚未证实。

对于肝功能不全、患有无症状PSVA的犬，通常可以通过特殊日粮进行处理，必须终身采用日粮辅助疗法，才可使动物寿命保持正常。最好的蛋白质来源是大豆，每日摄入乳品蛋白质的量在2.5 g/kg。应避免饲喂红色的肉、鱼和内脏器官。乳蛋白添加量通常是很容易耐受的，不易过敏，可增加蛋白质和磷的摄入量。还应提供生蔬菜（如胡萝卜、西兰花）、奶酪、益生菌酸奶、爆米花、犬饼干和少量生皮骨头。通过以上方法治疗的犬，有可能发生HE。由于其肝巨噬细胞功能降低，这些犬对全身性感染的易感性增加。

（五）后天性门静脉分流

由于慢性肝炎的严重发展、弥漫性结构重塑、肝纤维化或肝硬化、先天性肝内门静脉闭锁、肝动静脉瘘、静脉闭塞性病变、门静脉血栓或在猫多囊肝导致慢性肝脏疾病，进而引起门静脉高压，门静脉高压症可引起APSS；由于门静脉缺乏瓣膜，通常保持小于5 mmHg的压力。在汇管区的肝动脉循环被高压逆行流驱动，血液沿着阻力最小的路径流动，导致APSS形成。当多巢的曲折静脉联合静脉血管与腹腔静脉时，可以促使产生APSS。

APSS最常见的部位是左肾后部、在结肠直肠血管与脾血管相关区域。小血管扭曲的巢通常可以在彩色多普勒超声检查过程中发现。对于疑似PSVA与APSS的病例，由于出现APSS，说明门静脉高压，不应给动物进行分流结扎术，可以采用肝活检收集这些样品以确定潜在的病因。

临床症状包括间断HE、PU／PD、呕吐、腹泻（有时带血）、腹腔积液，可以见到与原发性肝脏疾病相符的实验室检测指标异常，以及其他典型指标变化（小红细胞症、BUN和肌酐低、低胆固醇血症和重尿酸铵结晶体）。高胆红素血症可能出现或不出现，这取决于潜在的原因。由于对门静脉高压的代偿性反应，应禁止进行多APSS结扎。也可通过下腔静脉结扎减少分流。通过降低HE症状和限制钠的摄入，并结合利尿剂使用，可控制腹腔积液的产生。在适当的医疗和营养支持下，患有APSS的犬和猫，可以存活几年或更长时间。

（六）其他肝脏血管疾病

其他血管异常包括肝动静脉瘘、肝静脉流出道梗阻（静脉闭塞性疾病，布-加综合征）、门静脉血栓栓塞；与PSVA、MVD以及其他获得性肝脏疾病的比较，这些血管异常疾病较少见。

1. 动静脉瘘 肝动静脉瘘是高压的肝动脉和低压的门静脉系统之间的肝内连接。高压动脉血流逆行到门静脉血管，引起肝内和肝外型门脉高压、腹水，并形成APSS。这些可能是先天性的或较少由后天性的外伤或肿瘤引起。在幼龄动物先天性的动静脉瘘，最初表现的临床症状包括HE、腹腔积液、食欲不振、呕吐、腹泻（通常带血）。在受影响的肝叶部位可听到血液湍流杂音。

实验室检查指标异常情况与PSVA相同。在重度先天性门静脉闭锁的犬，其显著特征为发生腹腔积液-腹水。腹部超声检查可以很容易地识别肝内动静脉瘘及相关APSS的病变，通过腹腔动脉或肠系膜前动脉对比血管造影或分段CT检查可以确诊。

如果一个肝叶有病变，建议切除。因为多数患病犬有广泛的肝内血管畸形，从远离血管畸形的肝处进行活检（肝叶）是必要的。由于微血管畸形广泛分布，手术治疗预后较差。最近有报道，虽然可以使用血管内注射丙烯酰胺作为替代的方法，但是术后会出现高风险并发症且预后不良。

2. 肝静脉血流阻塞 肝静脉血流阻塞可以导致心脏或心包疾病，造成后腔静脉瘀血（如右心衰、心包疾病、先天性缺陷、心脏肿瘤）。后腔静脉阻塞（如下腔静脉综合征合并心丝虫病，后腔静脉先天性"扭曲"，后腔静脉血栓或肿瘤，膈疝压迫后腔静脉）或肝静脉系统阻塞（如肝小叶扭转，肝肿块压迫，与广泛纤维化有关的特发性窦后静脉阻塞，严重闭塞或阻塞髓外造血或与小型犬PSVA和MVD相关的异常的生理性肝静脉狭窄）。

闭塞性疾病的临床特征包括肝肿大（除非是与PSVA或MVD相关的原因）、腹水、多门静脉分流和潜在的原发病症状。引起被动充血症的疾病与肝肿大、肝酶的适度增加、正常的胆汁酸的浓度和渗出液形成有关。静脉闭塞性疾病的实验室检查异常（肝小静脉炎性闭塞）或布-加综合征（肝静脉或下腔静脉的血栓形成）反映门体分流术（如高TSBA浓度、低胆固醇、低蛋白C活性），肝转氨酶呈轻度到中度升高，胆红素和白蛋白浓度明显可变。常见漏出液形成腹水。

胸部和腹部X线检查有助于区分心脏疾病和其他原因疾病，可以显示腔静脉的尾侧膈区扭结或冲击情况。心脏超声检查有助于识别被动充血性疾病（如区分心包疾病、心脏肿瘤、先天性疾病或胸内肿块压迫后腔静脉）。腹部超声检查可以显示肝静脉扩张瘀血的情况以及患有静脉闭塞或Budd Chiari综合征的病变状况。后者与肝功能障碍和APSS相关。治疗和预后取决于基础疾病种类。

（七）肝毒素

虽然许多药物与肝功能损害有关，但对肝脏病理的影响主要取决于药物损伤的病理机制和小叶代谢或循环障碍。

苯妥英钠和苯巴比妥、扑痫酮可引起急性暴发性肝衰竭，慢性胆汁淤积性肝病或弥漫性进行性退行性VH导致表皮代谢性坏死（也被称为坏死性红斑或苯巴比妥作用）。类固醇性肝病（VH）通常为良性，通过长期大剂量糖皮质激素治疗可以恢复。然而，大剂量糖皮质激素治疗可引起弥漫性严重退行性VH，引起犬黄疸和猫HL。在少数情况下，若连续2 d给予糖皮质激素后，可见血液AP升高，犬ALT升高，而猫ALT不升高。

洛莫司汀，是犬的一种化疗剂，可以导致特殊的、难预测的进行性肝炎，最终形成肝硬化。

对犬而言，安宫唑是一种颌颅雄激素药物，可引起特异性、可逆性黄疸。

雄激素可以引起食欲不振猫或限制饲喂含蛋白质日粮的猫的HL。

硫肿胺，以前用于治疗犬心丝虫，由于其含砷可以引起肝毒性。

在一些犬中，肝毒性反应与ALT活性增加、黄疸有关。肝酶活性高作为中止治疗的指标，停用药后，肝损伤恢复。甲苯咪唑相关的特异性肝毒性反应，可以引起犬致命的急性肝坏死或慢性肝炎。犬慢性奥苯达唑和乙胺嗪药物可以引起ALT和AP活性升高、高胆红素血症、门静脉周围肝炎和纤维化。在停药后，许多犬的进行性损伤和临床症状能得到缓解。

许多NSAID是线粒体毒素，一些与特异性急性肝细胞毒性相关，特别是某些犬，如拉布拉多猎犬，卡洛芬可以引起特异性肝坏死，如果中毒发现早和及时停药，犬可能完全恢复。甲氧苄啶磺胺嘧啶也可引起犬特异性肝毒性，可能涉及免疫介导的反应。有时仅使用几个推荐剂量治疗，就可以观察到一个可逆的胆汁淤积性肝病或急性/亚急性致命性肝坏死。与过敏反应有关的氟烷、甲氧氟烷也可以导致犬肝坏死。木糖醇有肝毒性，即使摄入小剂量木糖醇，即可导致犬顽固性低血糖和致死性肝功能衰竭，其毒性可能随着肝酶活性的增加而引起死亡。

四环素类药物很少能引起犬和猫肝脏的特异性坏死，可以增加肝细胞脂肪蓄积。伊曲康唑、酮康唑可引起犬和猫特异肝毒性，这与肝脏酶活性高及黄疸相关，当停药后，这些临床症状即可缓解。

对乙酰氨基酚引起犬肝中心小叶坏死的剂量超过200 mg/kg，也出现高铁血红蛋白血症；乙酰氨基酚对猫的急性毒性剂量（56 mg/kg）较低，以血液系统症状为主（如高铁血红蛋白血症和海因茨体溶血）。

他巴唑对猫的肝毒性似乎是特殊的，可能涉及免疫机制和肝变性、坏死，临床表现为食欲不振、黄疸、肝酶（ALT，AST）升高，停药后即可恢复。

在猫，与高胆红素血症和ALT升高有关的灰黄霉素似乎也很特殊，在停药后，临床症状以及肝损伤复发。特异性安定毒性可以引起猫肝小叶坏死相关的暴发性肝衰竭，毒性反应在首次用药后几日表现很明显。通过口服给药治疗猫下泌尿道疾病，可以观察到毒性反应。安定对猫肝的特异性毒性反应通常是致命的。在使用药物的过程中，主动监测肝酶的变化可以识别早期不良反应，做到及时停药。在使用奥沙西泮药物时，也观察到了相似的毒性反应。

对肝脏有毒性的特定的外源性化学物质包括黄曲霉毒素，来源于伞形毒菌的毒素，蓝藻（微囊藻毒素）和苏铁（西米棕榈，通常作为盆栽植物）。虽然毒性罕见，但每一种毒素都可以造成致死性肝坏死。据报道，其他具有肝毒性的化学品还包括重金属、某些除草剂、杀菌剂、杀虫剂和杀鼠剂（参见毒理学）。

减少毒素摄入或口服过量药物的吸收，应采取如下重要的步骤，大力洗胃，诱导呕吐和减少肠道毒素吸收。在食入（肝毒性）药物后30 min到2 h内，可通过口服过氧化氢（5 mL，每15 min口服1次）、吐根糖浆（1~2 mL/kg）或阿扑吗啡诱导呕吐。只要动物有意识，可以用活性炭（2 g/kg，口服，每6~8 h重复1次）治疗，以减少毒素的吸收。活性炭也可作为一种高保留灌肠剂给药。在失去意识的动物中采用洗胃方法对防止吸收很重要。对脱水的动物可以使用聚离子加热流体，也可使用高清洁结肠灌肠剂。如果肝有毒性反应并且无特效治疗方法时，应提供谨慎的辅助治疗。

（八）传染性肝病

1. 病毒性疾病 病毒性疾病与肝功能障碍相关，主要包括犬传染性肝炎、犬疱疹病毒、不慎注射犬鼻内支气管败血波氏杆菌疫苗、猫传染性腹膜炎和猫杯状病毒感染。犬细小病毒很少引起肝损伤导致的门静脉系统性败血症。

犬传染性肝炎是由犬腺病毒1型（CAV-1）引起，在感染期，如果中和抗体不足以消除感染的慢性肝炎病毒，则可以引起急性肝坏死、肝纤维化的后遗症。

犬疱疹病毒主要感染新生幼犬，造成肝脏坏死以及其他系统的变化，本病毒对幼龄犬通常是致命的。经鼻内免疫的支气管败血波氏杆菌疫苗，被意外作为注射剂使用后，在犬的注射部位可以引起局部急性炎症反应，导致肝细胞变性、坏死，脓毒血症，最后演变成慢性肝炎。对于慢性炎症性肝脏疾病，除了对症治疗外没有其他治疗方法。

猫传染性腹膜炎是由冠状病毒引起的传染病，主要病变为弥漫性化脓性肉芽肿性炎和血管炎，常见的临床症状为黄疸、腹水、呕吐、腹泻、发热。

恶性全身性杯状病毒：近年来出现的一种变异猫杯状病毒，可使成年猫的死亡率达33%～60%。初步研究表明，在收容场所或猫育种群中，该病毒可以引起严重的发热、厌食、明显的皮下水肿（四肢及特别是面部）、黄疸、脱发，在鼻、嘴唇、耳和脚形成结痂和溃疡。病毒对成年猫的影响最严重，出现单个肝细胞坏死到小叶中部肝细胞坏死，或更广泛的肝脏细胞坏死和中性粒细胞炎症灶状浸润和肝窦内纤维蛋白沉积。

2. 细菌性疾病

钩端螺旋体病：钩端螺旋体血清型包括黄疸出血型、波蒙纳型感染以及感冒伤寒型慢性感染，均与肝病有关，其他血清型也可能涉及肝。本病无特征性组织学病变，如果肝酶活性明显增加并出现高胆红素血症，则提示肝受损。在患病严重的犬，这些变化特征可能是肝脏对脓毒败血症的反应，而不是特定器官受到侵害的反应，随着治疗可见肝损害的临床症状和病理变化加重（发热、肝酶活性增加、高胆红素血症）。可通过测定血液或尿液中恢复期抗体滴度上升的程度，或采用PCR病原检测作出诊断；通过肝标本的染色方法检查，很难找到病原。治疗包括两个方面，辅助性治疗和特异性抗生素治疗；在发病最初的急性期，建议肌内注射青霉素（如氨苄青霉素，22 mg/kg，每日4次；或口服阿莫西林，22 mg/kg，每日2次），口服氨基糖苷类或强力霉素（5 mg/kg，每日2次，疗程为4周）。由于本病为人兽共患病，在处理疑似钩端螺旋体病的动物及其样品（尿液标本）时，应特别小心，以防止感染。

泰泽病：泰泽病是一种由泰泽氏梭菌引起的罕见但呈致命性的疾病，常感染犬和猫，也感染免疫功能低下、新生动物或有其他病原感染的成年动物。因为泰泽病的病原为C型，本病原在实验性啮齿动物的肠道内为常在的寄生菌，犬猫感染是通过接触或食用啮齿类动物的粪便，通过细菌进入动物体内，急性发病，临床症状表现为嗜睡、厌食、腹部不适，病情进展迅速，在24～48 h内死亡；在死亡之前，ALT活性立即明显升高。通过特殊染色方法确定肝组织中的病原，本病原不能在常规细菌培养基中生长。虽然对本病无有效的治疗方法，但是已经有人为实验动物群开发出了疫苗。

结核分支杆菌感染：有报道，在阿比西尼亚和索马里幼龄猫中有明显的先天免疫缺陷（原因不明）。观察到肝脏内有结核分支杆菌弥漫性感染，临床症状不明显，表现为发病几个月内出现体重减轻、贪食。病猫可见显著的弥漫性肺间质浸润，并伴有呼吸道症状，而有的则无。

肝肿大，ALT、AST活性显著升高。肝脏样本检测显示为肉芽肿性炎症反应。本病的治疗方法包括口服克拉霉素（每只猫62.4 mg）配合口服氯苯酚嗪（每只猫25 mg，每日1次，或每只猫口服50 mg，隔日1次）或口服利福平（每只猫75 mg）和氟喹诺酮类或口服多西环素（50 mg，每日2次），这些药物可以使感染猫病情缓解。由于这些动物的免疫功能低下，可能出现复发。

肝内和肝外细菌感染与败血症：肝外感染和脓毒症可引起胆汁淤积和高胆红素血症，血清胆红素水平往往是中度至显著升高，而肝酶活性可能增加较少；这种类型的黄疸已在犬钩端螺旋体病和不明原因猫脓毒症观察到，对于潜在的腐败状态应进行适当的治疗。在败血症中，肝酶活性增加也可以反映细菌侵入肝或由于发热或缺氧对肝细胞造成的损害。

急性肝衰竭和慢性肝胆疾病的动物，易患全身性细菌感染和内毒素血症。在急性暴发性肝功能衰竭中，脓毒症或败血病可能出现发热、低血糖与白细胞增多，这也可能是肝脏疾病的临床表现。

患有胆管树的慢性疾病或慢性肝肿瘤的动物更易发生肝内感染。胆汁淤积相关的任何疾病，均可以诱发全身和内脏内毒素血症。与胆道感染有关的危险病因包括老龄动物、胆管炎、最近发生的急性胆囊炎、胆总管结石和阻塞性黄疸。能降低对感染的易感性和肝损伤的治疗药物包括N-乙酰半胱氨酸、维生素E、谷氨酰胺、口服胆汁酸，肠道局部和全身性抗生素使用，这些治疗方法可以增加微血管的灌注，减少肠道细菌移位，增强先天性免疫功能，保护器官免受氧化损伤。在等待细菌培养和药敏试验结果时（组织、腹腔积液、胆汁），应根据经验对肠道机会菌感染给予抗生素治疗，应避免药物在肝脏广泛代谢。当潜在的传染病的原因尚不清楚时，可以使用一种 α 内酰胺酶耐药青霉素、甲硝唑（7.5 mg/kg，口服，每日2次）或恩诺沙星（2.5～5 mg/kg，口服，肌内注射或静脉注射，每日2次）进行初始治疗有效。

3. 真菌性疾病 与肝功能障碍相关的最常见的真菌感染是球孢子菌病和组织胞浆病。在严重感染的动物，除了其他系统相关的症状外，临床症状表现为腹水、黄疸、肝肿大。抗真菌治疗，应根据感染的严重程度和动物的临床反应确定。因为组织胞浆病可以造成弥漫性肝病，建议采取攻击性化疗（包括酮康唑和伊曲康唑与两性霉素B的联合使用）。患病的虚弱动物常预后不良。对于球孢子菌病，采用酮康唑或伊曲康唑进行长期治疗（用药持续6～12 月）可成功治愈。但也可能复发。

4. 原虫病

弓形虫病： 弓形虫病可引起与肝坏死相关的急性肝衰竭。弓形虫病常见于免疫缺陷病毒和白血病病毒阳性的猫。临床上除了有中枢神经系统症状、眼或肺部受侵害的症状外，还可见黄疸、腹水、发热、嗜睡、呕吐、腹泻。犬的肝脏疾病较罕见，但在免疫功能低下或在幼龄犬可以发生。这些幼龄犬可以同时感染犬瘟热病毒；在混合感染的情况下，疾病呈急性发作并迅速死亡。临床上，弓形虫病的诊断很难，如果检出弓形虫IgM阳性，表明为急性的临床疾病。在药物治疗上可以选择克林霉素口服或肌内注射（12.5 mg/kg，每日2次，疗程为4周），由于克林霉素在肝脏代谢，应减少剂量，尤其在严重肝功能不全时，有必要减少药物用量。克林霉素应随水或食物口服，防止药物对食道的不良刺激。本病的预后取决于，在初诊时体质虚弱程度和发病阶段以及引起免疫抑制相关的疾病种类。尽管通过治疗可以缓解，但是应考虑动物是否有慢性感染。

利什曼病： 犬利什曼病是一种由原生动物寄生虫利什曼原虫引起的多系统疾病，主要发生于地中海国家、葡萄牙、中东和非洲部分地区、印度、中美洲和南美，偶尔发生于美国（特别是猎狐犬）。自然感染犬临床表现为再生性贫血，AP、ALT、AST活性升高和低蛋白血症、胆红素浓度异常变化。常见多灶性肝细胞坏死、空泡变性和在含有寄生虫部位的巨噬细胞浸润。在慢性病例中，肝脏的病变代表内脏利什曼病感染的特征，组织学病变特征与品种、性别、年龄、临床特征或肝寄生虫多少无关。

对本病的治疗效果不理想，虚弱患病动物的预后较差。由于此病为人兽共患病，必须告知宠物主人，本病不会彻底根除，容易复发，可能需要反复治疗。

如果主人免疫功能低下，可能会受到感染，这是特别重要的提示。在感染后，发生肾功能不全时，建议饲喂一种高蛋白日粮。在美国，建议最常见的特殊疗法是口服嘌呤醇（7～20 mg/kg，每日2～3次），用药3～24个月或无限期给药。

（九）猫科动物肝脂沉积症

肝脂沉积症（HL）是最常见的获得性和潜在的对猫科动物致命的肝脏疾病，是一种多因素综合征。在大多数情况下，过肥猫的原发性疾病过程中，厌食为HL的开始阶段，外周脂肪动员超过肝重新分配或使用β脂肪氧化（能源生产）能力，导致肝细胞内甘油三酯储存增加。在较少的情况下，环境应激可以造成食欲不振，这些环境应激因素包括强制减肥计划、不合理的食品替换、迁移到新家、新引进宠物或宠物的丢失、登机、偶然的约束限制（例如锁在车库、地下室或阁楼）或某一只猫在户外丢失。只有处于潜在疾病状态或导致食欲不振病因不能确定时，才可称为"特发性HL"。

HL无坏死性炎性病变，未见甘油三酯导致的肝细胞空泡变性与毛细胆管受压引起的严重胆汁淤积。HL综合征与一系列代谢障碍有关，包括低的肝和红细胞谷胱甘肽、低的血浆牛磺酸，在一些猫中引起凝血病的低维生素K_1，硫胺素和/或维生素B_{12}缺乏，其他B族维生素可能耗尽和电解质异常。

临床症状有很大差异，通常包括体重明显降低（降低幅度超过25%，可能包括脱水引起的体重降低）、嗜睡、呕吐、流涎、脸色苍白、颈前屈、肝肿大、黄疸、胃不全麻痹、肠梗阻（由于电解质异常），尽管外周脂肪减少但大网膜镰状脂肪存留较多。在患有HL与炎症性肠病和肠道淋巴瘤的猫，腹泻是常见的重要疾病过程，虽然有可能发展为出血倾向，但是观察不到典型的HE，常见不到重尿酸铵结晶体。已在许多HL患猫发现维生素K_1缺乏，观察到出血倾向及凝血异常，给予维生素K_1治疗后恢复正常。

实验室的检测结果，显示HL综合征以及原发性疾病，表现为再生性贫血、红细胞畸形、红细胞海因茨体增加、白细胞数量变化、高胆红素血症及胆红素尿、ALT和AST明显增加，常见AP显著增加。在患有原发性坏死性炎症的猫，受侵害的器官包括胰腺、肝脏、胆管、胆囊，GGT活性显著升高，超过AP增加的倍数，但是在导致HL的其他病因，GGT活性正常或仅略有增加。在诊断潜在的胆管炎、胆管肝炎和其他胆道疾病中，GGT：AP比值很有用。如果GGT活性较高，可以预测是否进行肝脏或胰腺活检。根据相关的疾病，可能发现低蛋白血症、高球蛋白血症。可能观察到PT和APTT会延长；在检测维生素K_1方面，

PIVKA凝血时间更敏感。在HL综合征的早期阶段，黄疸发生前（这种情况很少见）TSBA表现明显异常。除非原发疾病过程或医源性输液液体过多时，少见腹腔积液。

超声波检查显示为肝肿大，肝实质均匀高回声，回声强弱是通过肝实质和镰状脂肪回声比较而来的。肾脏也可能由于脂肪变性出现强回声。超声检查应仔细评估整个腹部潜在的疾病过程，包括胆道树、胆囊、胰腺、肠壁和肠系膜淋巴结、肝、肾、膀胱和肾的结石。

确切的诊断应依据病史调查、体格检查、实验室检查，肝的声像图表现特点与肝穿刺细胞学检查结果。不必进行肝活检；然而，潜在的胆管炎/胆管肝炎综合征或肝淋巴瘤可能最终需要活检才能得出明确的诊断结果。肝脏细胞学样品可见超过80%的肝细胞出现肿胀空泡变性，常见肝内胆汁淤积。

治疗HL旨在纠正液体电解质平衡和代谢障碍，引发食物摄入量增加。由于患有HL的猫，可能乳酸浓度很高，可能不能代谢醋酸，因此应选择0.9%的生理盐水输液。输液中不加入葡萄糖，这将减少α-肝内脂肪酸的利用氧化。由于受影响的猫通常过肥，液体治疗必须基于理想体重。水分过多会导致胸腔和腹腔积液和肺水肿。

应根据电解质情况，适当补充钾（按照比例补充），如果最初的血清磷酸盐浓度低（小于2 mg/dL），应补充磷酸钾，以每小时0.01～0.03 mmol/kg的速率补充。为避免医源性高钾血症，必须严格限制使用氯化钾和磷酸钾补充剂。

应补充强化的水溶性维生素溶液（2 mL/L的液体，见表2-12）。特别指出在HL中，补充硫胺素（每日50～100 mg），通过口服维生素水溶性液补充。在少数皮下注射或肌内注射硫胺素治疗的猫，观察到罕见的过敏反应和神经肌肉麻痹症状。

测定血液样本维生素B_{12}缺乏情况，通过经皮下注射予以补充（每只猫250～1 000 μg）。维生素B_{12}缺乏在HL猫是常见的，可能是独特的症状。当维生素B_{12}缺乏时，会干扰中间代谢过程。用乙酰半胱氨酸治疗方法是，在开始后头2～3 d（初始剂量为150 mg/kg，经0.25 μm滤器静脉注射，输液时间应超过20 min，随后70 mg/kg，静脉注射，每日3～4次；以上药物均稀释成10%溶液使用）。乙酰半胱氨酸不应作为一个长期（超过1 h）的恒定速率输注，因为它可能偏离尿素循环引起高氨血症。

在手术前，用小针头注射维生素K_1（0.5~1.5 mg/kg，皮下注射或肌内注射，每隔12 h注射1次，共注射3次），避免因维生素K_1缺乏导致的出血。

猫在饲喂时补充适量水，即可使电解质达到平衡。有些猫由于潜在的肾脏疾病或肾小管脂质蓄积会发展为肾钾丢失。通过收集血清和尿液样本，通过测量钾和肌酐的量，评估钾排泄分数情况。钾排泄分数=（［尿钾、尿肌酐］×［血清肌酐/血清钾］）×100%。在低钾血症的猫，预计值小于1%。如果测定值大于20%，代表明显的肾钾丢失，需要进行补钾。需要异常补充钾的猫，应该用葡萄糖酸钾添加到它们的食物通过饲喂补充，这可以减少在静脉输液中钾的浓度和相关的医源性输液引起高钾血症的风险。

营养支持是复苏的根本。患有HL的猫，因为肝代谢衰竭，不能使用诱食剂，也不能使用地西泮、奥沙西泮、赛庚啶、利托那韦。有时在综合征发生的早期，一种诱食剂可能引发采食。

应提供可口的食物，最初可以加入香精；如果猫流涎或厌食，应不喂任何食物，否则易诱导厌食综合征的风险；也可以喂食流质饮食（如CliniCare®），小心通过鼻食道饲管开始补充，先给予5～10 mL微温的水，观察猫的耐受性和反应，如果没有呕吐或不适，可以重复这个过程给予液状食物。通过猫鼻食道饲管喂养几日后，如果认为没有麻醉风险，可以通过手术在食管胃交界处2～4 cm放置食管插管（E-tube）。拍摄X线胸侧片，可观察插管情况。

通过E-tube喂给猫高蛋白、高能量、均衡的日粮。由于限制蛋白质会加重肝脏脂质的蓄积，因此，限制日粮蛋白很罕见。然而，使用乳果糖与口服阿莫西林或小剂量甲硝唑，可以通过调整肠道菌群、肠道培养物的利用率、清洁大肠、优化氮对正常猫粮的耐受。许多代谢补充剂可以使患猫康复：如牛磺酸（每只猫每日250～500 mg），医用液体口服左旋肉碱（每只猫每日250～500 mg），维生素E（每日10 IU/kg），如果低血钾存在，应补充葡萄糖酸钾。

开始饲喂时应少量多次，在第1天，应喂给猫的能源需求的1/3~1/2，然后供给量则逐渐增加，在2～4 d达到理想的摄入量；如果发生呕吐，必须重新检查电解质平衡情况并调整喂养管位置，检查有无潜在的疾病，使用止吐药物，如甲氧氯普胺肌内注射（0.05～0.1 mg/kg，每日3次，或0.25～0.5 mg/kg，每日以恒定的速率输入）、静脉注射恩丹西酮（0.025 mg/kg，每日2次），或马罗皮坦（1 mg/kg，每日1次，不超过5 d）进行止吐。在主人看护期间，通过运动可刺激肠道运动。

为避免重新进食引起的低磷血症，并造成虚弱、溶血、脑病和其他不良反应，应连续监测血清磷浓度，谨慎补充磷酸钾。如果怀疑有胃炎，可以使用H_2阻断剂（如雷尼替丁、法莫替丁），通过口服给予硫糖铝（但不是通过E-tube）进行治疗。一旦N-乙酰半胱氨酸治疗完成后，如果猫能容忍口服药物，可以在两餐之间给予S-腺苷-L-蛋白氨酸（SAMe），每日40 mg/kg；注意在使用以上药物时，必须补充足够的维生素维生素B₁₂、叶酸和其他水溶性维生素，以确保最佳的代谢效果（对谷胱甘肽和甲基甲基化反应集团）。在患有HL的猫，由于TSBA和EHBDO有关的胆汁酸（通过HPLC测定的增加次级胆汁酸）非常高，不能使用熊去氧胆酸，这些高浓度胆汁酸对细胞是有毒的，可以造成肾小管上皮细胞皱缩。

在少数HE病例中，口服乳果糖、阿莫西林或低剂量甲硝唑（≤7.5 mg/kg，每日2次）进行治疗有效；如果并发全身性胰腺炎和复杂的食物潴留，应通过J型管将食物送入到胰腺远端，以恒速输入CliniCare®食物并补充胰腺酶。但是，胃肠外营养可能会延迟恢复并引起肝脏甘油三酯的积存，应注意通过输液途径提供肠外的营养补充。如果做到早期诊断，患有HL的猫预后良好，经过充分的辅助治疗后可以恢复。然而，在治疗的7～10 d内，如果总胆红素下降50%，预示着可能全面康复，如果并发胰腺炎则预后不良。在通过监视AP接受减肥计划的肥胖猫，如果HL发生，应采取早期减肥治疗的干预措施；在已经恢复的猫中，HL复发较罕见。

（十）胆汁性肝硬化

胆汁性肝硬化是指肝小叶桥状纤维化，具有显著的肝结构重建和胆管增生，最后形成慢性（病程为几个月）EMBDO或慢性（病程为几年）胆管肝炎。由于这些患病猫在发生胆管炎/胆管肝炎之前已经死亡，所以猫胆管炎/胆管肝炎较为罕见。胆汁性肝硬化的临床特征包括食欲不定、恶病质、黄疸、肝脏大小可变和腹水。肝酶水平可能正常，常见低蛋白血症、高球蛋白血症、胆红素和凝血功能障碍。上腹部X线检查可能显示肝脏增大，超声检查肝脏出现结节。如果需要确诊，应进行活检，但是凝血障碍使组织取样复杂，在进行取样前应补充维生素K₁和新鲜冰冻血浆，防止凝血障碍造成的影响。可以采取对症治疗，控制HE、低蛋白血症、EHBDO、腹水。通常预后不良。

（十一）犬胆管性肝炎

犬的胆管性肝炎较少见，通常与化脓性炎症和胆管树的上行感染（如沙门氏菌、空肠弯曲菌、球虫病）相关，犬胆管肝炎常与胆道囊肿、胆石症、胆道手术感染有关。临床症状包括食欲不振、呕吐、腹泻、嗜睡、PU/PD、发热、腹痛。

实验室检测指标异常与肝胆汁淤积表现一致，包括高胆红素血症和AP、GGT活性升高、转氨酶升高。超声检查可能显示或可能不显示胆道树或胆囊异常，在某些情况下，检查肝实质为粗回声，可能表明需要紧急手术治疗（例如成熟的胆囊囊肿、胆石症与EHBDO）。肝和胆汁分泌物涂片或印片可能揭示化脓性感染性炎症。将采集的肝脏、胆汁和胆道系统的样品进行需氧培养、厌氧培养和药敏试验，可以确定是否为化脓性炎症。应根据培养的微生物药敏试验情况，使用抗生素进行治疗，同时对于其他疾病也应进行治疗。

（十二）犬慢性肝炎

慢性肝炎通常不发生于胆管系统，犬比猫更易发生本病。有多个品种犬易发生慢性肝炎，如贝灵顿狸、拉不拉多犬、可卡犬、杜宾犬、斯凯狸、标准贵宾犬和西部高地白狸。虽然有些慢性肝炎已经有明确的病因，但是大多数慢性肝炎的病因仍然不明。在犬慢性肝炎，常见到肝细胞内的铜和枯否细胞内铁存储量增加，肝小叶内金属蓄积程度及其在腺泡位置有助于确定它在疾病过程中是发挥致病作用还是继发于肝的损伤。

其他相关的疾病包括犬传染性肝炎、继发感染性慢性肝炎和外源性化学物质（包括某些药物、生物毒素和化学制剂）引起的慢性肝炎。"特发性慢性肝炎"是指一种病因尚未确定的慢性肝炎，反映特定的病因或易感品种名词，如药物性慢性肝炎、传染性慢性肝炎、铜相关肝炎等。

然而，所有慢性乙型肝炎病例的组织病理学变化通常是相似的，均包括淋巴细胞-浆细胞炎症浸润延伸进入肝实质，肝细胞呈单细胞或碎片状坏死；在疾病晚期，可以发展为桥状纤维化和结节性再生。

1. 与铜相关的肝病 在贝灵顿狸，与铜相关的肝病最具有特征性。这种情况是由常染色体隐性突变所引起，通过肝活检和基因检测手段，进行细致的育种计划，可以显著降低发生频率。在患病犬，由于胆道系统不能排泄铜而导致慢性肝炎和肝硬化；患病犬在1岁时，肝铜浓度很高（正常犬干肝中<400 μg/g或400 mg/kg），在6岁内的肝铜浓度逐渐增加，可以高达12 g/kg。肝铜浓度超过2 g/kg，即可发生肝炎。

本病发生分三个阶段，第一阶段，在6岁的贝灵顿狸中，急性肝坏死的特点是肝肿大、呕吐、嗜睡、厌食症、黄疸、铜相关的溶血性贫血、血红蛋白尿。在铜相关的溶血性贫血病例，同时可以并发大量肝细胞坏死（大量的铜被释放进入全身循环），通常在临床症状出现后48～72 h内发病死亡。未经治疗的幸存犬由于应激（如产仔）引起疾病反复发作。第二阶段，患病犬的临床表现为慢性消瘦、HE、腹水、黄疸，有些犬发生范可尼综合征，引起肾小管的铜中毒。第三阶段患病犬的临床表现为在年轻、临床健康的犬显示肝酶（ALT）活性升高，肝活检显示肝铜浓度增加，这些临床症状可发展为急性肝坏死或慢性肝炎，患犬很少无临床症状。

在贝灵顿㹴育种中推荐使用基因检测方法，但是在成年犬，确诊铜贮积性肝病需要进行肝活检，通过铜的染色定性检测与铜的定量测量相符合。在基因测试中，一些患有铜贮积性肝病的贝灵顿㹴，通过现有基因手段可以检测独特的基因突变。

其他的纯种犬也偶尔会患有明显的原发性铜肝病（尤其是拉布拉多犬、杜宾犬、斑点犬），在这些品种还没有进行遗传原因的鉴定，可能与食物中铜添加剂有关。

治疗肝铜贮积病可以用铜螯合疗法，同时从摄入饮食和水源限制铜。日粮铜应限制在0.1 mg /100kcal；水中的铜应不超过0.1 mg/L。每日都应冲洗管道，避免通过可能有较高铜离子的铜管而出来家用软化水。

因为铜的氧化损伤可以诱导肝损伤，应用抗氧化剂是重要的。以D-青霉胺螯合疗法（15 mg/kg，口服，每日2次，饲喂前30 min用药，连续使用≥6个月）是治疗的金标准；此后，慢性病治疗中，可以降低D-青霉胺用量，减半或每隔1 d给予标准剂量，由于D-青霉胺（维生素B₆）有对抗吡哆醇的作用，建议同时使用吡哆醇（每日25 mg）；如果动物对于D-青霉胺螯合治疗作用不能适应，可以口服曲恩汀盐酸盐（5～7 mg/kg，每日2次，饲喂前30 min口服），但曲恩汀可以引起犬急性肾功能衰竭，并伴随严重的铜贮积性肝病，应谨慎使用此药物。

对铜贮积性肝病治疗另一种替代方法是每日口服醋酸锌补充剂，可以抑制胃肠道吸收铜。

每种治疗方法可能会受到食物的影响。使用锌治疗时，不要与螯合剂合并使用，否则每一种治疗功效都可能受到影响。在患病严重的犬，长期补充锌的治疗效果也受到限制。口服锌可能使动物出现不适应，常引起呕吐、恶心、食欲不振。在特殊的犬病例中，可能适合慢性的锌治疗，餐前30 min给予锌制剂，按照5～10 mg/kg，每日分2次使用。应对血浆锌浓度进行监测，以确保循环锌不接近中毒值（＞0.8 g/kg）。用药数月后，剂量可减少到每日2～3 mg/kg，每日2次。

建议使用具有消炎作用的抗氧化剂如口服维生素E（每日10 IU/kg）和口服SAMe（每日20 mg/kg，空腹用）。对于铜贮积性肝病，应禁用维生素C，因为它可以加大有害金属的作用。

在使用螯合疗法治疗后，应在食物和水中限制铜的摄入，坚持饲喂限铜的饮食和水，可避免需要持续的螯合和锌治疗。对肝功能不全的犬，可以使用一些市售限制铜的日粮，这些日粮可以补充蛋白质、低

铜，提高食物中蛋白质含量，也可以使用这些日粮，作为家用非处方日粮的基础，然后配制铜含量范围广泛的食物。

斑点犬与铜相关肝病：据报道，2～10岁的小斑点犬，患有严重的铜贮积肝病，临床表现由无异常至黄疸、腹水、HE，胃肠道症状包括进行性食欲不振、呕吐（数周）。实验室诊断表现为白细胞增多、ALT和AST比AP有大幅度升高，高胆红素血症及低蛋白血症，血糖和胆固醇正常；在一些犬中可见肾近曲小管损伤（出现一过性范可尼综合征）。肝活检表现为混合型的中性粒细胞、淋巴细胞、浆细胞性炎症，在某些情况下出现广泛的组织重建和坏死。这些组织病变与弥漫性铜潴留有关。肝损伤严重性和肝功能衰竭晚期状态，限制了治疗方案的选择和存活时间。

西部高地白㹴与铜相关或不相关的慢性肝炎：在西部高地白㹴，虽然有累积过多的肝铜含量，但并不都患肝炎。有些老龄犬随着肝铜浓度增加而死亡，但无坏死性炎症的肝脏病变。患有慢性肝炎的西部高地白㹴，肝组织含铜量甚高，它们在以下方面与贝灵顿㹴铜贮积性肝病不同：①遗传模式尚未确定；②最大的铜累积发生于6月龄，然后下降；③总肝铜含量低于贝灵顿㹴类犬；④未见溶血性贫血的报道。

在疾病早期，犬无明显的临床症状，可出现局灶性肝炎，先表现为厌食、恶心、呕吐、腹泻、黄疸，然后出现腹水。在局灶性肝炎发病过程中，肝酶、TSBA和高胆红素浓度增加，病理变化表现为多灶性坏死性肝炎、坏死、硬化。通过观察炎症和铜累积是否明显，再采取相应的治疗方法（见犬慢性肝炎的治疗建议）。

2. 特发性慢性肝炎　特发性慢性肝炎是一种慢性自发性肝脏疾病，与非化脓性炎性浸润有关，其潜在病因不清。这种肝炎包括自身免疫性肝炎。应研究或调查抗核抗体，地方性传染病的抗体效价或抗原，药物与毒素暴露，以及日粮、环境和家族史。本病在中老年犬较为普遍，无明显的品种和性别的差异。

在严重的或病晚期的动物，临床症状表现为厌食、嗜睡、呕吐、腹泻、体重减轻、黄疸、PU/PD、凝血障碍、腹水和HE。实验室检查结果表明，首先表现为ALT、AST、GGT和AP活性持续性或循环性升高，其次是随着疾病的发展，高胆红素血症和TSBA的浓度增加，其他指标为非再生性贫血、白细胞增多与高球蛋白血症。在疾病晚期，门静脉高血压症可导致获得性门体静脉分流和小红细胞症、低胆固醇、低白蛋白血症、APTT或PT时间延长和重尿酸铵结晶体出现，可见到明显的HE症状。在疾病早期，肝脏大小正常，可能没有明显的超声病变。在疾病晚期，X

线检查可显示肝变小，超声检查发现结节性病变。

确诊需要通过肝活检。病理组织学表现为炎性浸润、纤维化和组织重建、铜和铁的累积，出现慢性的持续的不明原因的肝酶增加，则需进行肝活检。对于活检标本应进行需氧菌和厌氧菌培养以及铜、铁、锌的定量检查，铜的染色检查必须与铜的定量测定相结合，才能确定结果。肝活检取样必须从几个不同的肝叶采取足够大的样品，至少包括15个连续的汇管区，才能观察出细致的病变。如果只从明显的"肿块"中采取样品，可能导致错误的诊断结果。

采取辅助治疗（补充营养、维生素），对慢性炎症和纤维组织增生进行特殊治疗，可以恢复肝脏的抗氧化能力。按照经验用量，使用相应的抗生素控制感染，直到组织学和细胞培养结果出来后，再采取针对性治疗。其他治疗方法包括口服熊去氧胆酸（15～20 mg/kg，每日分两次口服，配合食物使用），抗肝纤维化的多不饱和磷脂酰胆碱（25～50 mg/kg，口服，与食物配合），维生素E（10 IU/kg，每日1次，拌食饲喂）；或空腹口服甲基磺胺（SAMe）20～40 mg/kg。

通过肝活检，才能了解疾病过程，只有仔细考虑传染性或中毒的原因后，才能使用免疫抑制药物。在开始时根据动物的反应，通常使用强的松龙或强的松，开始剂量为1～4 mg/kg，连用7～10 d，然后下降到0.5～1 mg/kg的维护水平，每日1次或隔日1次。另一种免疫调节剂可以减少糖皮质激素用量和每种药物的不利影响，并获得多途径的免疫抑制。糖皮质激素在慢性肝胆疾病的不良反应包括钠水潴留（可加重或促进腹水）、影响代谢（促进肝性脑病发生）、胃肠溃疡和肠出血（可导致肝性脑病）、胰腺炎、易继发感染、葡萄糖耐受不良和医源性肾上腺皮质功能亢进和VH。

硫唑嘌呤是最常用的，剂量为1～2 mg/kg，每日1次，连用3～5 d，然后隔日用1次，直到8周才能见到疗效；由于硫唑嘌呤可引起骨髓抑制和胃肠道毒性，应不断对其不良反应进行评估。

如果硫唑嘌呤引起急性骨髓抑制，应中断治疗；恢复后的重新用药，应减少25%～50%剂量。如果在慢性给药后出现骨髓毒性，应永久停用硫唑嘌呤。在停药后，很少发生特发性胰腺炎和肝毒性的不良反应。对于不能使用硫唑嘌呤的犬，可以口服霉酚酸酯，根据动物对不同剂量的反应，推荐剂量为10～20 mg/kg，每日2次，连用7～10 d，然后每日1次。对慢性肝炎的犬，不推荐使用免疫抑制剂治疗。

由于难以评估临床症状是否完全缓解，可能需要进行活检；在初步诊断本病后，预后变化很大，有些犬可以存活5年或更长。患有腹水的犬需要饮食限钠，使用速尿、安体舒通治疗（见门脉性高血压症与腹水）。患有肝性脑病的犬，需限制饲喂蛋白质和乳果糖，可以采用低剂量甲硝唑治疗。

如果明确诊断为免疫介导性肝炎，在使用常规疫苗免疫前，应认真考虑病情，非特异性免疫刺激，可能会促使形成肝炎而导致疾病暴发。

3. 特有品种的慢性肝炎

（1）拉布拉多猎犬 这一流行品种易患慢性肝炎。临床诊断特点（在最高频率排序）包括黄疸、食欲不振、呕吐、嗜睡、体重减轻和一些犬表现腹部不适、PU/PD或与肝炎不相关的一些症状。常见的实验室指标包括PCV正常、白细胞增多、ALT升高（10倍）、AP升高（5倍）、AST、GGT活性略有升高或不升高，胆红素升高，APTT时间延长和瞬态糖尿。超声检查通常显示低回声、高回声结节，肝变小，较少有不规则肝边缘和腹水。在一些犬，可见弥漫性肝细胞铜潴留，常与严重的弥漫性炎症相关。

根据肝活检的结果（对常规检测和铜特殊性染色）和组织铜浓度的定量分析结果进行治疗。如果患病犬未见非化脓性炎症且肝实质有大量的铜潴留（大于800 µg/g干重组织），采用铜螯合和限制性铜摄入（食物和水）方法治疗，可以完全缓解病情。如果早期诊断，应迅速治疗铜相关肝病才能有效。在拉布拉多猎犬，患有慢性重症肝炎与免疫介导无关的铜潴留，可以发展为终身性特发性慢性肝炎（见上文），在疾病早期即可确诊的话，其治疗效果甚佳。

（2）杜宾犬 已报道杜宾犬的特发性慢性肝炎，可能中年雌犬易发。在某些犬，铜的潴留似乎发挥了一定的作用，并反映其胆汁排泄减少是继发于胆汁淤积而并非原发病所致。本病具有免疫介导性非化脓性肝炎的特征。

重病犬的临床特征包括厌食、体重减轻、呕吐、腹泻、黄疸、PU/PD、（黑便、鼻出血）、脾肿大、肝过小、腹水和HE。实验室检测显示非再生性贫血、白细胞增多、血小板减少、AP和ALT活性升高、高胆红素血症、低蛋白血症、APTT延长、腹腔内有清亮或浑浊的渗出液。超声波可鉴定肝脏结节状病变。

肝活检很必要，可以明确得出诊断结果，一些犬只表现为明显的免疫介导性非化脓性肝炎，而另一些犬表现为铜潴留引起的肝损伤。

对于患有免疫介导性非化脓性肝炎的犬，主要治疗药物包括免疫调节剂强的松（每日1～2 mg/Kg，连续数周，随后改为每日0.5 mg/kg，如果可能的话，隔日1次）和抗氧化剂，或硫唑嘌呤；肝脏发展为纤维化的犬，建议口服多烯磷脂酰胆碱（25～50 mg/kg，随食物给药）。根据HE发生情况和铜限制的要求，调节营养辅助治疗；如犬患有晚期重症型非化脓性肝炎，则预后不良。对于患病犬，如果能早期诊断，可存活数年。患有与铜相关肝病的犬，如发病早期确诊，则预后良好。

（3）可卡犬　患有慢性肝炎的可卡犬，与非化脓性炎症相关的退行性空泡性肝病密切相关。在重病犬可见有明显的胆管增生和桥接纤维化。常见的临床表现为厌食、体重减轻、嗜睡、呕吐、腹泻、发病急骤、粪便（带或不带黑便）、黄疸、PU/PD和HE。实验室指标变化包括轻度贫血、白细胞增多，ALT、AST和AP活性升高、凝血病、低BUN，少数犬患有高胆红素血症。在非黄疸的犬，可见高浓度的TSBA，腹腔积液为清亮的或浑浊的渗出液。眼观检查肝脏有许多小的硬实的结节和大型再生结节，病理特征为小结节和结节性肝硬化以及慢性肝静脉周围性肝炎。在有些患病犬，继发于胆汁淤积和肝细胞损伤、肝脏铜潴留，含有中度到大量的铜（铜特异染色方法）；在空泡变性的肝细胞内，免疫组化染色显示抗胰蛋白酶阳性，这种肝脏疾病是否与特殊遗传缺陷有关，其机制尚不清楚。

对于慢性肝炎，应采取辅助疗法和对症治疗，使用平衡的饮食。在患病犬，早期糖皮质激素的免疫调节作用（肝脏疾病诊断前，在糖皮质激素用于耳朵或皮肤疾病）可以延长犬的生存期；但在患有低蛋白血症和腹水的犬，对糖皮质激素耐受性差，可以引起黑便、腹水和HE；如果做糖皮质激素试验，应使用地塞米松代替泼尼松，避免盐皮质激素不良反应的影响。

建议使用去氧胆酸、维生素E、SAMe、多不饱和磷脂酰胆碱和量身定制的营养辅助疗法进行治疗。发展为重尿酸铵结石的雄性犬，有必要实施永久的尿道造口。对重症犬，经过几年治疗可获得成功。根据铜特异性染色和铜的定量分析，需对铜潴留引起的肝病进行治疗。

（4）斯凯犭　有关斯凯犭肝炎方面有3篇报道，其中9条患犬均具有共同的病变特征，初步诊断显示没有年龄或性别差异，临床表现从无症状到终末期肝衰竭。患病犬肝脏疾病具有三个阶段，从缺乏肝硬化或无铜蓄积的轻度炎症，到铜中毒性巨结节型肝硬化、胆汁淤积和明显的铜蓄积。

（十三）小叶性肝炎

小叶性肝炎是独特的肝病，与窦内非化脓性炎性浸润性有关，主要发生在幼龄犬和青年犬，本病已经在相关标准贵宾犬中描述，常见的临床症状表现为体重减轻和腹水、伴有或不伴有黄疸，实验室检查的异常指标表现为低蛋白血症、低胆固醇、低BUN和非黄疸犬的TSBA浓度增加，肝酶活性可正常或仅轻度升

高，继发肝门静脉高血压症的多个门静脉分流异常。本病可发展为肝硬化，肝铜浓度不会持续增加；对于HE、腹水，建议采取辅助疗法，应控制纤维组织增生和炎症。对一些犬的纤维化控制，可以口服秋水仙素（0.03 mg/kg，每日1次至隔日1次），多不饱和磷脂酰胆碱（每日25～50 mg/kg）也可以作为一种抗肝纤维化治疗药物使用。

（十四）犬空泡性肝病

犬空泡性肝病（VH）是一种常见的疾病诊断术语，它表明代谢障碍的肝细胞内充满糖原、有或没有离散的膜结合的脂质体。在慢性应激反应VH，出现肝细胞浆糖原蓄积，与不典型肾上腺皮质功能亢进或糖皮质激素的内源性释放疾病、炎症或肿瘤相关。由于患病犬的血清AP活性不明原因的增加，往往需要肝活检；患病犬转氨酶活性仅适度增加，GGT可能升高或不升高，可见广泛的肝内髓外造血现象。

腹部X线检查可观察到肝肿大或其他潜在疾病的相关变化，胸部X线检查可观察到转移性钙化性疾病或气管钙化（慢性肾上腺皮质机能亢进）；超声检查显示肝肿大，肝实质为高回声，可见低回声的结节，即所谓的"瑞士奶酪型"，这些结果不能区分浸润性肿块、分化的肝纤维化、结节性增生、肝硬化再生结节；在某些情况下，超声检查不能识别在眼观很明显的肝结节。犬VH通常是潜在的肝损害，有原发性结节性增生，常见肝腺瘤或胆管囊肿。因为在非炎性肝病中也可见到肝细胞糖原空泡细胞，犬进行性的VH可以归为与肝脏损伤有关的经典的肝脏疾病综合征（见下文），所以需要肝活检才能确诊。

兽医师应仔细检查药品的不良反应，特别针对具有"诱发肝病"的相关药物。如果出现药物的不良反应，应该停止使用，更换另一种药物进行治疗。兽医师应该了解药物使用史或草药使用情况，掌握药物对全身糖皮质激素或促肾上腺皮质激素的影响。

针对患病犬的病情，应采取营养辅助治疗，在大多数情况下，需要一个正常量的氮摄入量。患有VH的高脂血症犬，需要用限制脂肪的食物治疗（<2 g脂肪/100 kcal的食物）。除非患有HE，一般均不宜用限制蛋白质的食物。如果肝脏皮肤综合征与低氨酸血有关，限制蛋白质可能会增加肝脏病变的发展。在所有的患病犬，建议补充水溶性维生素。如果出现TSBA的浓度升高，建议补充抗氧化剂与熊去氧胆酸。

（十五）影响肝脏的代谢病

糖尿病、肾上腺皮质功能亢进、甲状腺功能减退、甲状腺功能亢进症，均可引起肝脏发生病变。

在糖尿病中，由于脂质代谢障碍和动员增加，出现肝肿大，肝酶活性显著增加。除非患病犬有严重的

渐进的VH和肝皮肤综合征（见下文），否则患有糖尿病的犬很少表现肝功能障碍，多数犬有显著的AP增加而转氨酶活性增加较少。在患有糖尿病的猫，可能出现ALT升高和AP活性增加，并可能发展成为HL初期的高胆红素血症。患糖尿病的猫，其胰腺炎的风险增加，进而导致进行性EHBDO和胆管炎，更容易受到胆道细菌感染（气肿性胆囊炎，胆管炎）。

患有甲状腺功能亢进症的猫，常见AP和ALT活性升高，很少见高胆红素血症增加，肝功能通常正常。酶活性改变的根本原因尚不完全清楚，可能涉及甲状腺激素过多、营养不良、心功能不全、药物诱导现象与骨更新代谢增加。患病猫经成功治疗，其肝酶可以恢复正常，但他巴唑也可导致药物引起的肝病，停药后即可恢复正常。

（十六）肝-皮肤综合征

肝-皮肤综合征（表浅坏死性皮炎、坏死性红斑、胰高血糖素瘤综合征）是一种罕见的、慢性、渐进性，并且通常是致命的疾病。虽然常与糖尿病有关，但是肝脏病变是一种严重的退行性VH，也可伴有胰腺或神经内分泌肿瘤，严重VH继发于内源性类固醇激素释放和慢性苯巴比妥治疗的不良反应。

患病犬的皮肤与黏膜交界处以及易受压损伤的皮肤处，可见两侧对称性结痂和溃疡性病变，如脚垫、耳朵、眶周区和着力点。皮肤病变的特点是表皮明显角化，间质充满中性粒细胞和坏死细胞碎片，并形成"嗜酸性变"，也观察到轻度中性粒细胞血管周围炎症，组织学（HE染色）病变通常表现为"红、白、蓝"的（红色为角化，白色为水肿，蓝色为增生）。在大多数患病犬，虽然最初出现皮肤病变，但肝病变可能早于皮肤病变发生。

患病犬临床表现包括厌食、体重减轻、嗜睡、PU/PD、轻微的非再生性贫血、AP活性明显升高和ALT、AST活性适度升高、高血糖、血浆氨基酸浓度下降、低蛋白血症和TSBA增加。血浆胰高血糖素水平不一致。超声检查，肝脏大小变化有差异，高回声的实质周围可见多个低回声结节广泛地分散在整个肝脏，称为"瑞士奶酪"特征；皮肤和肝脏病变之间是否有关联尚不清楚，可能的原因包括低氨酸血或锌代谢异常。患病犬肝的病变表现为非坏死性炎症，与纤维化或肝硬化无关。

治疗方法：主要纠正氨基酸不足，并对皮肤病变和VH进行全身治疗。一般来说，禁忌用糖皮质激素对皮肤病变进行治疗，可以使用市售高蛋白食物，肝功能不全的犬需要通过静脉留置针输入氨基酸，补充"保健"氨基酸浓缩液，如美乐欣10%结晶氨基酸溶液静脉注射（100 mL中含有100 g的氨基酸），过

8～12 h后，每条犬静脉注射500 mL。易感犬（初步证明为HE）易出现高氨血症，应在12 h内使用药物控制。如果皮肤损伤持续存在，在7～10 d后，可重复给予4个周期的静脉输入氨基酸。如果没有治疗效果，即使再输入氨基酸也无效。在皮肤损伤的消退中，一些犬使用氨基酸治疗有效，而另一些则无效。

控制并发糖尿病难度较大，既包括对胰岛素抵抗又包括反调节激素（胰高血糖素、糖皮质激素和其他激素）的参与。辅助疗法包括选用适当的广谱抗真菌药物和抗表面继发感染的抗生素，口服补充蛋氨酸锌（1.5～2 mg/kg，每日1次）、水溶性维生素（双倍剂量）、必需脂肪酸补充剂、表面损伤清洗剂。建议必须针对主要病因进行鉴别诊断和治疗，可口服烟酰胺（每条犬250～300 mg，每日2次）、熊去氧胆酸（15～20 mg/kg，分开或每日2次与食物一起喂给）和抗氧化剂（维生素E和SAMe）。应注意慢性苯巴比妥对某些犬有不良反应。

（十七）结节性增生症

据认为，犬的结节性增生症是一种良性的与年龄有关的疾病，通常与VH有关，组织学上易与肝腺瘤混淆。结节性增生症不引起临床症状，但是伴有肝脏酶活性升高，特别是AP活性升高，除非出现肝弥漫性病变伴有结节性病变（继发退行性VH），否则其TSBA的浓度保持正常，超声检查结节性增生症呈现低回声，而肝脏实质为高回声背景；肝脏穿刺样品进行细胞学检查可以区分肿瘤细胞或炎性细胞，但不能排除任何疾病；如果需要区分再生结节、肝硬化或肿瘤，必须进行活检。

（十八）肝肿瘤

原发性肝肿瘤很少见，肝脏转移性肿瘤很常见，如癌、类癌、肉瘤或血淋巴起源的肿瘤。肝转移瘤可以来自多个内脏器官，如淋巴肉瘤。在不到9岁的成年犬中，原发性肝肿瘤是最常见的，可呈恶性或良性，如犬肝细胞腺瘤和腺癌，猫胆管腺瘤和腺癌。其他肿瘤类型包括犬的血管肉瘤、类癌和肉瘤、淋巴瘤、囊腺瘤和猫的骨髓增生性疾病，肉瘤和脂肪瘤较少见。

肝细胞癌： 如果触诊腹部有肿块，或ALT、GGT、AP活性持续上升，可初步怀疑肝肿瘤。X线检查可显示，在坏死中心有一个巨大肿块病变或气肿性脓肿。超声检查对于肿瘤检测更敏感，可以识别多叶病变范围。小细胞性肝癌可出现低回声、高回声或混合回声的病变；但是，一些大病灶可妨碍对肿瘤侵袭范围的观察，或影响对邻近脏器及血管侵害的观察。肝细胞癌可以在一个肝小叶形成一个单一的大块而在其他小叶不见小病灶出现（侵袭性的），形成转移结

节可以出现在多个小叶中，或肝脏的浸润肿瘤中没有明显的转移结节（扩散），非结节性的弥漫性肝细胞癌占29%，涉及多个肝叶通常不适合手术切除的肝细胞肝癌占10%。在犬所有肝细胞癌中，单一的巨块型肝细胞癌占61%，可切除且预后良好，累及肝左叶的肿瘤预后最好。

患病的犬常见临床症状表现为体重减轻、食欲不振、嗜睡，不常见的症状包括呕吐、PU/PD和癫痫发作（低血糖）。但是，犬肿瘤发生初期，无明显的症状表现，直到肿瘤达到一定的体积或有坏死的核心时可能才出现临床症状。触诊上腹部有肿块且疼痛显著，少见腹腔积液，实验室检查可见非再生性贫血、小红细胞症、血小板增多症和血清AP、AST活性升高以及高胆固醇血症。ALT、AST浓度升高可反映相邻的正常组织受到侵袭或肿瘤中心坏死，常预后不良。由于大的肿块或周边肿瘤的影响，可能出现低血糖。肺很少出现转移肿瘤。病理学家可根据送检样品，判断肿瘤边缘以及手术切除范围（肿瘤游离缘）。

肝细胞腺瘤：犬的肝细胞腺瘤比肝细胞癌更常见，而猫少见，这可能与肝酶活性增加有关（尤其是AP升高）。患有与雄激素或孕激素有关的非典型肾上腺增生的犬，可能易发生肝细胞腺瘤。在有些犬中，肝细胞腺瘤不是单一的肿块，而是在不同肝叶发展出多个腺瘤，由于肝细胞腺瘤可生长到巨大的体积并侵犯正常结构，超出了本身的血液供应，其核心部分易发展为坏死，可导致肝脓肿或肝破裂，引起腹腔出血。在任何情况下对患肝腺癌动物，做广泛切除是不可能治愈的。病理学家可以根据提交的样品的情况，划定肿瘤（肿瘤游离缘）区域，确定切除的范围。

胆管癌：分为胆管细胞腺癌和肝细胞腺癌，猫的胆管癌是最常见的原发性肝脏恶性肿瘤，可能来自肝内或肝外胆管或胆囊；在猫中也常见胰腺癌侵袭性肝结构。在肉眼检查时，胆管囊肿可能会误诊为原发性胆汁癌。

患病猫临床症状常表现为厌食、嗜睡、呕吐，一些猫有黄疸。从患病猫的生化指标检测结果分析发现，许多猫有肝病史，慢性肝病的组织学表现为非化脓性胆管肝炎，可触诊到肝上的肿块或肿大的肝，ALT、AST和AP活性升高，胆固醇和胆红素浓度常常升高。但是，在一些患有胆管癌的猫，不出现临床症状和实验室指标异常；虽然在一些猫出现胆道梗阻，但并不是所有患有肿瘤的猫均与胆总管和胆囊相关。腹部X线检查可显示肿块以及相关部位肝的轮廓，超声检查通常能测出肿块大小和在肝叶的位置，有些猫发展为腹腔积液和癌症。

采用手术方法可以切除肝内胆管系统远端的肝与胆囊病变。对于涉及总胆管的肿瘤，尽管已经发展成了总胆管阻塞，可在总胆管进入十二指肠的括约肌处或胆道口置入支架，进行保守治疗（非手术方法）后，某些患猫可以生存几个月。然而，长期发病常预后不良。在局部淋巴结、腹膜和肺脏可见转移性病变。

淋巴瘤：在犬和猫的肝脏，最常见肿瘤是血淋巴肿瘤，淋巴瘤可能是原发性或转移性（原发性肠道或多灶性疾病）的，其他涉及肝脏的有骨髓增生性疾病和肥大细胞瘤，尤其是在猫。

髓脂肪瘤：髓脂肪瘤是良性肿瘤，由脂肪细胞和造血性细胞组成，细胞呈蜂窝式结合密切，类似于骨髓中的细胞成分；在腹部超声检查可偶然发现这些肿瘤，肿瘤部位出现密集的强回声，通过抽吸采样的细胞学检查，可以很容易观察出肿瘤细胞的特征。除非这些肿瘤压迫大血管和胆管结构，否则不需要外科切除。

转移性肿瘤：犬最常见转移到肝脏的肿瘤包括淋巴瘤、胰腺癌、乳腺癌、嗜铬细胞瘤、甲状腺癌、结肠癌、纤维肉瘤、骨肉瘤和移行细胞癌；猫的肝转移瘤是不常见的，包括胰腺、肠、肾细胞癌。转移性肿瘤通常是多灶性。

临床症状对肝脏表现为非特异性或特异性，类似原发性肝胆肿瘤：厌食、体重减轻、呕吐、PU/PD和可变的高胆红素血症。转移性肝肿瘤可能与含有恶性肿瘤腹腔积液流动有关。神经症状的出现表明脑中已发生转移性肿瘤病变，这于HE出现的临床症状相关。血液或生化指标变化不明显，虽然可能出现非再生性贫血，但其白细胞计数或分布与贫血表现不一致。在侵犯肝血窦的肿瘤中，可以观察到分裂的肿瘤细胞。在肥大细胞和淋巴瘤患病动物（特别是猫）中，可见嗜酸性粒细胞增多，肝酶可能是正常的或可变性增加。由于大的肿块或周边肿瘤的影响，有时可出现低血糖。在犬转移性肿瘤而不是原发性肝肿瘤的动物中，频频出现高胆红素血症和AST增加。而影像学表现是可变的，超声检查可以观察到单个肝小叶受侵害，多结节性变化或弥漫性肝脏疾病，确诊需要活检。

如果一个肝叶受到侵袭，建议手术切除。如果确诊为淋巴瘤或肥大细胞增多症，采用适当的化疗可以延长寿命。

（十九）其他肝病

1. 糖原贮积病　在幼龄犬，已经报道了4种糖原贮积病，I和III型直接影响肝，造成巨块型肝肿大。这些疾病的特点是在肝脏和其他器官的糖原蓄积过多。由于糖酵解酶活性有缺陷，肝糖原无法转化为葡萄糖而蓄积形成。

Ia型糖原贮积病是一种缺乏葡萄糖-6-磷酸酶的

疾病，已报道，在玩具犬，特别是马耳他犬中发生过此病。本病无性别差异，为常染色体隐性遗传；临床症状包括消瘦、生长发育迟缓、大量的肝肿大引起腹胀，精神不振，与严重的低血糖有关的虚弱。患病犬的肾小管上皮细胞出现组织学病变。这些患犬可发生乳酸血症、高胆固醇血症、高甘油三酯血症、高尿酸血症。患犬通常陆续发生死亡或在60日龄时实施安乐死。基因检测方法可用于检查马耳他犬1型病。

据报道，德国牧羊犬的Ⅲ型糖原贮积病是由葡萄糖淀粉酶缺乏所致。一般无性别差异，可疑为常染色体隐性遗传。临床症状包括由于肝肿大引起的腹胀和轻度低血糖。值得注意的是糖原储存在肝脏和骨骼肌中。

根据品种相关的特性和低血糖症状，可诊断本病。腹部X线检查和超声检查显示肝肿大，肝实质为高回声，符合肝糖原或脂肪蓄积特征。鉴别诊断应注意幼龄动物低血糖的其他原因（包括营养不良、内寄生虫、玩具犬一过性的空腹低血糖和门静脉血管畸形）和肌肉无力的其他原因（包括内分泌疾病、免疫介导性疾病、传染病、低血钾和神经型肌肉病）。辅助治疗包括输液，静脉注射葡萄糖用于治疗低血糖，同时配合多喂高糖食物控制低血糖。对于本病，通过组织酶分析，肝组织中过量的糖原储备或基因检测等方法确诊。本病预后较差。在育种计划中，应淘汰患犬及其双亲。

2. 肝脏淀粉样变性 淀粉样变性是一种发生于阿比西尼亚猫、暹罗猫、东方短毛猫及中国沙皮犬的家族性疾病。沙皮犬可能表现出一过性发热和关节肿胀，有或无肾功能衰竭，但肝也可能受到弥漫性淀粉样蛋白沉积的影响。在患病的阿比西尼亚猫，经常出现与肾脏相关的临床症状或与弥漫性肝淀粉样变相关的并发症。东方短毛猫和暹罗猫一般出现肝淀粉样变并发症。其他与肝淀粉样变有关状况，包括多样性的慢性感染或抗原暴露（如犬球孢子菌病、灰色牧羊犬周期性造血病、对犬输注猪胰岛素）以及猫维生素A过多症。

患病动物可能在很长的时间不出现临床症状，临床症状表现为发热、淋巴结肿大、呕吐、食欲不振、体重减轻、PU/PD、黄疸、肝肿大。东方短毛猫和暹罗猫，急性表现为肝破裂，出现严重的腹部出血，超声检查可以确定肝叶血肿破裂的部位，腹腔积液穿刺可以证实腹腔内发生活动性出血。通过穿刺抽吸出淀粉样变肝的样品，可以进行细胞学诊断，观察到淀粉样蛋白沉积可以确诊。

采用秋水仙素和二甲基亚砜，可减缓沙皮犬和猫的全身性淀粉样变性的发展，但疗效有限。据报道，使用秋水仙碱治疗肝淀粉样变沙皮犬（每日0.03 mg/kg，每日1次或隔日1次），常出现复发。由于家族性淀粉样变性是一种渐进的全身性疾病，其预后较差。严重急性肝出血的猫，虽然通过输血疗法可以延缓生命，但最终仍导致肾脏淀粉样变（见淀粉样变）。

四、胆囊与肝外胆道系统疾病

在患有胆囊或肝外胆道系统疾病的动物，通常表现为黄疸；如有腹腔积液，表明已发生胆汁性腹膜炎，腹腔积液中的胆红素浓度比血清高（>10倍），说明胆汁已漏入腹腔，应进行紧急手术。

（一）胆囊炎

非坏死性胆囊炎： 可能涉及化脓性或非化脓性过程，与感染病、全身性疾病或肿瘤有关，也表明腹部钝伤或因胆囊管（如胆石症、肿瘤或胆总管炎）堵塞引起的胆囊阻塞。胆囊管闭塞继发胆汁淤滞，引起胆囊炎症，如果有结石存在，会加重炎症过程。胆囊壁常出现增厚，囊腔扩张，含有白色、黏稠的黏液胆汁（白胆汁）。

坏死性胆囊炎： 需要及时实施外科手术（胆囊切除、胆道改变）治疗，临床症状表现为发病急，腹痛、发热、肝酶活性升高，但症状可能不明显或呈一过性，与高胆红素血症不相符。中老年犬容易受到坏死性胆囊炎的影响，临床症状表现明显，在超声检查中可见胆囊壁、胆囊胆管增厚和回声低，通过深腹部触诊即可诊断。

坏死性胆囊炎可能继发于血栓性疾病、腹部闭合性损伤、细菌感染、EHBDO、胆囊管梗阻（结石、肿瘤或胆囊囊肿）。从相邻的肝组织炎症或肿瘤扩展到胆囊的过程中，也可能是一种潜在的病因。坏死性胆囊炎可能有或无胆囊破裂；在慢性综合征病例可以见到胆囊与网膜、邻近脏器之间的粘连，从胆囊壁中通常可以培养出细菌。

根据临床症状、临床病理特征与超声成像，可作出诊断。由于坏死性胆囊炎通常与胆囊囊肿有关，通过早期预防性胆囊切除，可以减少坏死性胆囊炎的紧急手术。

气肿性胆囊炎、胆总管炎： 这是与气体在胆道树或胆囊壁或腔内存在相关的一种罕见的疾病。患病犬与糖尿病、伴或不伴胆囊结石的急性胆囊炎、创伤性缺血、成熟胆囊囊肿形成和肿瘤有关。如气体出现在胆管，说明胆囊发生了严重的化脓性炎症，有产气的细菌存在，如大肠埃希菌和梭状芽孢杆菌，需要进行胆囊切除术并根据对胆汁与胆囊组织的培养与药敏试验进行抗生素治疗。在手术探查前，应采用广谱抗生素控制感染，最初可以使用耐青霉素的α-内酰胺酶药物、恩诺沙星和甲硝唑进行治疗，在培养和药敏结果出来后，再换用敏感药物。

【临床表现】急性胆囊炎表现为腹痛（可能在食后）、发热、呕吐、肠梗阻和轻度至中度黄疸。一些动物出现内毒素性休克。血象显示变化的白细胞增多、有或无中毒的中性粒细胞或核左移。黄疸高胆红素血症发展依赖于慢性病程、肝外胆管结构的参与、胆道阻塞、胆汁性腹膜炎、内毒素血症的存在或程度。肝酶活性是可变的，AP和GGT中度到明显升高。胆囊破裂导致胆囊周围形成脓肿（由网膜局部）或局灶性或全身性胆汁性腹膜炎。腹部X线检查可能会发现在腹前部局灶性腹膜炎部呈现均质密度区；前肠袢可能涉及局灶性肠梗阻；继发于慢性炎症的胆囊壁，很少出现营养不良性钙化。通过超声波可以检测胆结石存在情况，在胆管或胆囊出现气体预示败血症合并肺气肿，应及时使用抗生素控制。在某些情况下，可以适时地进行紧急胆囊切除，使用超声引导抽取胆囊周围积液诊断胆汁漏出或感染情况，测定积液与血清总胆红素浓度有助于证实胆漏情况。

【治疗与预后】治疗的重点是恢复体液和电解质平衡，对肠道机会致病菌进行广谱抗生素治疗，及时进行外科切除手术。在某些情况下，有必要输入胶体与血浆。如果确诊EHBDO，在手术前，应给予维生素K_1肌内注射或皮下注射（0.5～1.5 mg/kg，间隔12 h用药3次），可以避免出血性并发症。如果需要紧急进行外科手术，应该果断地根据凝血试验和口腔黏膜出血时间，迅速补充新鲜冰冻血浆。应仔细探查所有胆道，确定胆囊和胆总管通畅和胆囊活动情况。

大多数病例应选择胆囊切除术。但是，在一些动物病例，因其并发症发生率高，尤其在猫，可以通过胆囊小肠吻合术或胆肠吻合术，在胆道适当置入一个临时胆道支架，有助于永久胆管远端阻塞的循环。在使用抗菌药物初期，采取胆汁、胆囊壁、胆结石、肝组织的样品，进行好氧和厌氧细菌培养，进行组织细胞学印片和胆汁检查（细胞形态学和细菌革兰氏染色）。

对常见的肠道机会性致病菌，应采用甲硝唑、氨苄青霉素、克拉维酸和恩诺沙星进行治疗。如果只涉及胆囊，可以采用胆囊切除治疗，如果涉及胆、膀胱或肝管，预后应更谨慎，建议长期使用抗生素治疗。

在胆囊切除后，虽然出现脂肪吸收障碍相关的发作性腹痛和腹泻，但很少出现一些不良后果。胆囊切除后可以造成胆囊的吸收和压力调节功能降低，其快速储存胆汁、浓缩功能消失。胆囊切除后，由于在胆囊中钠的吸收减少，常见胆汁流量的增加，胆汁酸池的体积减小，胆汁的肠肝循环变得不间断。由于胆汁酸与肠道菌群接触机会增加和次级胆汁酸形成增多，导致胆汁成分发生变化。

在接受胆道减压胆肠吻合的动物，易导致退化性化脓性胆管炎和总胆管炎，胆汁逆流。犬在临床体征方面比猫表现的较少。应监测患病动物的发热、食欲不振、呕吐和循环疾病的症状，定期检测CBC和肝酶活性。虽然慢性长期或间歇性短期使用抗菌药物，可控制胆道结构上行性感染，但是疾病通常是短暂的，需要使用敏感的抗生素治疗。如果没有肿瘤出现，良好的生活质量可以使动物保持健康。

（二）犬胆囊黏液囊肿

犬胆囊黏液囊肿的特征是含有黏着力强的黏蛋白胆汁逐步积累，可以扩展到胆囊、肝和普通的胆管，造成不同程度的胆道梗阻。胆管囊肿的逐步扩大，导致胆囊缺血、坏死、胆汁性腹膜炎、有时机会性细菌感染。在胆囊囊肿诊断时，连续超声检查不能显示饲喂后的胆囊大小或含量减少，不能确定管腔"淤积"情况；胆囊胆汁淤积可能反映了胆囊运动功能障碍，腹胀与胆囊炎的发生有关。

患病犬发病年龄为3～14岁，虽然无明显性别差异，但喜乐蒂、牧羊犬、迷你雪纳瑞和可卡猎犬的发病率仍较高。

胆囊囊肿形成的诱因包括：中老年、高脂血症或高胆固醇血症，胆囊运动功能障碍与胆囊黏膜囊性增生。但是引起黏液高度分泌的病因不清楚，可能是多病因的。降低胆囊运动可以导致管腔胆汁淤滞和增加电解质及液体的吸收，促进胆泥形成。在开始激素治疗或高脂肪的饮食后（如针对肾脏疾病或肝功能不全的一些食物），受到诱因影响的犬可能迅速发展为囊肿。由于胆囊囊肿常并发VH，应进行相关疾病潜在的病因调查。

【临床表现与诊断】有症状的患病犬，病程平均为5 d；有些犬虽然症状不明显，出现一过性症状（即食欲不振、呕吐、腹痛），可以持续几个月；临床症状减轻的顺序为呕吐、厌食、腹痛、黄疸、呼吸急促、心跳过速、PU/PD、发热、腹泻、腹胀。如出现胆囊破裂，患病犬表现为腹痛、黄疸、发热、心动过速、呼吸急促。临床病理指标包括中性粒细胞和单核细胞增多与成熟的白细胞增多，AP、GGT、ALT、AST等肝酶活性升高，高胆红素血症。从胆管或胆囊壁分离培养的需氧菌，包括一些肠道微生物如肠杆菌属大肠埃希菌、肠球菌、葡萄球菌属、微球菌属、链球菌属。如果胆囊囊肿明显，不能进行超声引导下的胆囊切除。严重的VH通过超声检查，可发现肝肿大和非均质的肝实质回声增强，低回声结节对应着网状结节和再生修复情况。在胆囊切除后，应进行全面的肝超声检查，评估肝脏实质损伤恢复情况。

病理组织学检查，常观察到胆囊壁的囊性黏膜增生。在犬胆囊中可见厚厚的胆管碎片，含有黏蛋白和更多的液体，有些液体呈现暗绿色至黑色，有些为白色胆汁状，有些含有多沙的黑色物质，而另一些含有硬的条状的凝胶状物质。胆囊全壁层的缺血坏死病变可能导致坏死性胆囊炎和胆囊破裂。患病动物的肝活检可能显示VH或轻度至中度门脉性肝炎或纤维化，后者的变化反映出相关的胆囊炎或短暂的胆道阻塞，但是有些患病犬不出现肝损害并发症。

【治疗】在初次诊断中，如果没有黏液囊肿破裂或胆道梗阻的临床表现，可口服由熊去氧胆酸（15～25 mg/kg，每日2次，与食物一起服用）诱导胆液排泄增多，口服SAMe（每日20～40 mg/kg，禁食过夜后；给药2 h后才能给予食物）和抗生素进行治疗。每6周进行血液生化和超声检查，监测治疗反应或综合征的进展。明显的胆囊囊肿很少，仅通过药物治疗就能解决。在任何参数的进展表明控制不佳时，需要手术干预。

在大多数具有与胆道炎症或破裂一致的临床表现与临床病理学变化的犬，胆囊切除术是最好的治疗方法。由于胆汁淤滞可以诱发感染，在胆道外科手术前应使用广谱抗菌药物。如果应用抗生素干扰提交样品的细菌培养检测，应对胆汁进行细胞学染色检查，对胆管树和肝脏活检样品印片进行染色检查。在化脓性胆囊炎或胆管炎，细胞学标本或病理证实有细菌感染，说明在术后慢性恢复应使用抗菌药物治疗。切除的胆囊应该进行组织病理学检查，收集手术部位较远处的肝进行活检。在患有犬胆囊破裂并发脓毒症的犬中，在手术恢复后其死亡率很高。如果出现胆汁性腹膜炎，腹膜腔必须使用广泛的洁净无菌温暖的多离子液体清除碎片、细菌和有害的胆汁盐，必要的情况下进行腹腔引流，应给予抗生素治疗4～6周。

因为胆囊囊肿通常易复发，不建议仅清除胆囊内容物而不进行胆囊切除术的治疗方法。虽然眼观胆囊壁的坏死可能不是很明显，但可导致术后胆囊破裂；胆囊切除后，建议使用慢性利胆治疗。确定并适当解决引起高脂血症或内分泌紊乱的根本原因。在大多数犬，胆囊切除后，除了化脓性胆管肝炎，需要解决内分泌疾病或持续的高脂血症，一般的临床病理异常指标（通常AP高）逐渐趋于正常化。在高脂血症动物，饲喂限制蛋白质，给予高脂饲料可能是有害的。

（三）其他胆囊疾病

胆囊发育不全是一种遗传性的胆囊缺失。肝内胆管系统的先天性畸形是一种并非重要的异常变化。胆道闭锁是一种先天性肝内胆管结构发育异常的疾病，这种病在犬不常见。患病幼龄犬可出现黄疸和生长发育不良。预后很差。

在猫的超声检查或手术时，偶尔发现双叶胆囊，这也是一种无关紧要的异常。

胆囊黏膜增生也被称为囊性黏液性肥大和囊性黏液腺增生和黏液性胆囊炎（虽然这不是炎性病变），在胆囊损伤的诱因中，类固醇激素的作用机制仍不清楚。在患有胆囊囊肿的犬中，与胆囊炎症相比，其胆囊浆膜表面仍然完好无损，胆囊增生性病变可以从黏膜表面增生导致胆囊壁增厚来确定，胆囊内含有浓绿色、黏稠的黏液碎片。

胆囊运动功能障碍作为新的综合征，可能发生在胆囊囊肿之前。根据早期研究，胆囊囊肿的发展和孕激素治疗之间有明显的联系，说明该综合征可能与类固醇激素有关。此外，性激素（孕激素、雄激素）已被试验（体外）证明可以减少胆囊肌肉的收缩能力。

（四）其他胆管疾病

良性肝或胆道囊肿： 单个囊肿往往局限于某个肝叶，通常不会造成实质性压迫损伤，在其他疾病的超声检查、外科手术或尸检时有时偶然发现病变。已确认，如果这些囊肿不扩大破坏邻近组织，肝酶活性不升高，则无关紧要。然而，如果这些病变扩大或干扰通过胆总管胆汁流量时，可能会出现临床问题。

纤维性多囊性肝病： 这种疾病已经在大多数伴侣动物发生，反映了累及胆管结构发育和肾小管的胚胎畸形。在人类，本病共分为6组，在动物也出现类似的分类：先天性肝纤维化、先天性肝内胆管囊状扩张（Caroli's综合征）、VonMeyenburg综合征（胆管错构瘤）、单纯性肝囊肿、多囊肝、胆管囊肿。这些疾病较复杂，表现形式多样，易引起胆管炎，导致门脉性高血压症或演变为占位性病变（囊性结构）。在猫中已确定单一的基因突变（常染色体显性遗传性多囊肾疾病发病）与本病有关，大多数猫出现肾畸形而未见胆管畸形。但是，在一些猫中，许多大的肝囊肿引起严重的肝肿大，需要反复引流、开窗术、造袋术或手术切除，囊性结构可能不常出现钙化；严重患病猫的正常肝实质很少，广泛的结缔组织增生引起肝门脉性高血压症，出现硬实的大肝，发生APSS和HE症状与腹水。

犬很少发生胆道发育不良综合征并发囊肿畸形的情况，患病犬出现AP活性增加、TSBA升高。在猫，广泛的结缔组织能引起门脉性高血压症、APSS、HE与腹水。

对这些疾病的唯一治疗方法是缓和HE，采取限制蛋白质饮食，改变肠道微生物菌群和pH（乳果糖、牛奶或小剂量甲硝唑），采用利尿剂和限盐饮食控制腹水。

胆总管囊肿： 在猫中可见与胆总管远端相关的先

天性囊性扩张，临床症状包括发热、腹痛以及与囊肿感染相关的黄疸，通过手术探查可以确诊。采取胆总管摘除囊性结构或袋形方法治疗本病已有成功报道。

胆道囊腺瘤：在老龄猫中，这些病变也称囊腺瘤、胆管腺瘤、胆管腺瘤、胆囊胆管瘤、肝胆管囊腺瘤，是比较少见的良性肿瘤。边界明显的单个肿瘤可侵入邻近肝实质造成压缩性肝萎缩。可见囊肿内容物从清亮的水样液体状到黏稠的固体状，囊肿大小不等，从1 mm至8 mm，肿瘤块的范围从5 mm至12.5 cm，影像学检查（超声或CT）是诊断的关键。

如果肿瘤侵入肝门，虽然手术切除是治疗的首选，但是不能使用；如果肿瘤能完全切除，则预后较好。如果不可能完全切除肿瘤，局部切除可使由机械入侵正常组织引起的并发症延迟出现。虽然可采用一些保守疗法，如反复穿刺、置管引流、袋形缝合术和部分切除术，但仍有感染和肿瘤转化为恶性过程的风险。

（五）肝外胆管阻塞

胆总管阻塞与许多不利的初始条件有关，包括炎症（如胰腺炎、十二指肠炎等）、胆结石、胆囊囊肿、胆总管炎、胆囊炎、肿瘤、畸形、寄生虫感染、外源性压迫、纤维化和狭窄。肝肿大和肝内胆管扩张促进EHBDO的发生。如果阻塞在几周内清除，肝脏纤维化和胆管扩张可以恢复正常。但是，超过6周的阻塞可引起胆汁性肝硬化、门脉性高血压症和APSS。

当胆红素不能进入远端"滞环"的胆管系统，则完全性梗阻可导致白胆汁。胆管内的黏蛋白增加促使胆管扩张。在某些情况下，细菌定殖在胆管树内繁殖，导致胆汁机械排出受阻，使用不当的抗生素也可渗透到胆汁中。

【临床表现与诊断】 急性而完全的EHBDO可导致嗜睡，周期性发热，黄疸的迅速发展，在4 h内总胆红素浓度升高。呕吐可能是短暂的，有些动物表现为间歇食欲不振；由于肠道的胆汁酸缺乏，导致脂肪消化不良；在发病的第1周，常见肝肿大、无胆汁的粪便和尿中尿胆原缺乏。在第2～3周可能有出血倾向，这种情况常见于猫。在幽门和十二指肠交接处，常见胃肠溃疡，可能会导致大量出血。即使有微量的肠道出血，胆色素进入肠道，可使粪便呈棕色（粪胆素的形成）和尿胆原试验阳性。

患病动物血象检测可能显示伴有慢性阻塞的非再生性贫血，或伴有肠道实质性出血的再生性贫血。常见中性粒细胞增多伴有或不伴有核左移。胆汁滞留在胆管树内，血清ALT、AST增显升高。在胆管梗阻8～12h，血清AP、GGT活性增加，在数日内仍保持升高。实质坏死、汇管区炎症以及胆汁淤积，也能使血清转氨酶和胆汁酶的活性升高。AP和GGT的上升是胆囊阻塞、损伤、炎症的主要指标，猫的AP和GGT上升幅度比犬的少。在完全梗阻的2周内，胆固醇消除机能受损，肝脏胆固醇生物合成增加，可以发展为高胆固醇血症。随着胆汁性肝硬化的慢性梗阻和发展，受损的胆固醇合成障碍和门体分流的变化，血清胆固醇下降。在胆管梗阻的2～3周，可发生与维生素K缺乏相关的凝血性疾病，因此补充维生素K$_1$很重要。可以采用超声成像和剖腹探查术确诊EHBDO。

【治疗】 对肝脏和胆管结构进行外科手术，合适的胆道减压是最佳的治疗方法，通过肉眼检查患病动物的胆囊和胆总管，找出阻塞的部位和原因，采用触诊方法识别管壁内肿块。以温柔方法压揉胆囊，可以确定梗阻处及胆汁流量限制处。虽然对于严重扩张的胆总管，很易诊断，但是确认和解决涉及肝管的阻塞却很困难。可以进行十二指肠切开术，使用导管插管从胆囊或胆总管进入胆总管阻塞部位和去除浓缩的"胆泥"或胆结石。在外科手术和麻醉期间，动物往往出现血压下降，易发生内毒素休克。经皮肤穿刺或腹腔镜进行肝活检，不能安全地对胆道减压，可能导致扩张胆管撕裂，引起胆汁性腹膜炎。

在继发于胰腺炎的EHBDO的患病动物中，是否能对胆管树进行减压治疗，仍存有争议。在大多数患病犬，阻塞问题随着炎症的消除在几周内痊愈。持续胆道梗阻超过2～3周的患病动物，应考虑临时或永久的胆道减压。在急性胰腺炎患病动物，如实施肝外胆道手术，犬的死亡率可高达50%。

（六）胆石病

在大多数患有胆结石的犬猫，临床症状不明显，腹部超声是常规诊断胆结石的方法。在中老年的动物和小型犬常见胆结石，其发病率可能很高。在犬和猫的大多数胆结石病例中，含有碳酸钙和胆红素的结石是"色素结石"。但是，许多胆结石用X线检测，都不含有矿物质。胆色素结石分为两类："黑色素"结石主要是胆红素聚合物，反映长期的高胆红素血症，而"棕色素"结石主要由胆红素钙结石组成，与细菌感染和胆汁淤积相关。由于局部炎症和前列腺素增多，黏蛋白的生产增加，胆红素钙和胆红素聚合物形成胆石骨架。这个过程反过来又加重胆囊运动功能障碍和胆汁淤积。

【临床表现与诊断】 胆石症可能表现为呕吐、厌食症、黄疸、发热、腹痛，但是许多动物无临床症状，实验室检查指标可反映出胆囊炎、胆石症。患有小胆管结石的犬，临床病理特征反映出胆管结构的异常，引起AP、GGT活性升高。在EHBDO胆石症或脓毒症，可以表现出黄疸，患有胆石症的动物不一定出现高胆红素血症。继发感染可能导致胆石症，胆石可以促进感染的发生。胆囊的机械性创伤可能会引起胆道感染，增加结石形成。因此，对胆囊感染引起的脓毒症应给予重视。

血象检测不正常可反映炎症或感染情况。血清检测可显示正常或胆酶活性高或阻塞性黄疸的指标。通过超声检查，在胆囊可以检测出直径大于2 mm的胆石，确定胆石卡在胆总管段的位置需要技术和运气。对于小胆管胆石症的动物，通过必要的肝活检，可以识别潜在的疾病过程和相关的细菌感染情况。

【治疗】治疗胆石症的药物包括抗生素和利胆药物，口服熊去氧胆酸15～25 mg/kg，每日2次拌食饲喂，空腹口服SAMe，每日20～40 mg/kg。根据肝活检结果确定是否采取适当的免疫调节治疗；每日给予维生素E10 IU/kg，可用于抗氧化和消炎。

如果胆结石造成胆管梗阻或胆总管阻塞，需要胆囊切除和胆总管灌洗，才能治愈胆囊炎和消除胆囊管的梗阻。应慎重考虑胆石形成的病因及其发生机制，胆囊持久患病或不运动，易复发结石或引起坏死性胆囊炎。在正常胆管阻塞无法解决的情况下，可以进行胆囊小肠吻合术，需要长期控制发生化脓性胆管炎，为控制胆道逆行感染，可能需要缓释的抗菌药物治疗。对患病动物的胆管和肝进行必要的活检，可确定导致胆石潜在的原发性炎症、感染或肿瘤疾病，采取组织（肝、胆道、胆囊、胆汁和结石病灶）进行需氧和厌氧菌培养。

可以在小动物胆道旁路的胆囊十二指肠行吻合术，胆肠吻合术是最常见的胆囊小肠手术，因为它位于生理解剖位置，可以保持胆汁进入十二指肠，维持正常的生理反应，以保证与消化和吸收有关的胰酶和胆汁的混合。

（七）胆道系统树状破裂与胆汁性腹膜炎

胆总管、胆囊管、肝胆管或胆囊破裂常与胆石症、坏死性胆管炎、胆囊炎、腹部钝伤或肿瘤有关。在犬中，由于胆管囊肿使得胆囊壁扩张，导致胆囊壁缺血性坏死，引起坏死性胆囊炎。不管什么原因，胆道系统的任何部分破裂均可导致胆汁性腹膜炎。在胆汁性腹膜炎的早期，临床症状可能较轻，仅表现为食欲不振、腹部不适。随着慢性胆汁性腹膜炎的发展，游离胆汁引发腹腔炎症反应（化学性腹膜炎）与腹腔积液，并且发生黄疸。采用超声波引导，在尽可能接近胆管树处收集腹腔积液，可以增加检测游离和被吞噬的胆红素结晶和细菌的概率。如果延误诊断，会引起腹腔粘连，需要采取复杂的手术修复。

外科手术是针对特定的病因来进行的，可能包括胆道减压、切除胆囊、胆囊切除术、胆总管探查术、胆肠吻合术和置入胆道支架。应收集肝活检样品进行

检查，以确定原发或共存的肝胆疾病，采集胆囊结构的破裂部分、胆汁和腹腔积液，进行需氧菌和厌氧菌培养，采用无菌温暖的盐水进行腹腔灌洗，必须彻底去除胆汁污染。针对肠道可能出现的机会性致病菌（革兰氏阴性菌和厌氧菌）感染，建议使用抗生素治疗，如替卡西林、哌拉西林、第三代头孢菌素或恩诺沙星联合甲硝唑。在开始手术前，应进行抗菌治疗，如果已经确诊为脓毒症，应持续用药4～8周。首先根据细胞学检查和革兰氏染色检查结果选择抗菌药物，再根据细菌培养和药敏试验的结果调整抗菌药物。对于患慢性疾病并有黄疸的动物，在手术前应肌内注射或皮下注射维生素K_1（0.5～1.5 mg/kg，每日2～3次）；在急诊病例的外科手术时，需要输入新鲜冷冻血浆，减少出血倾向。如果动物出现呕吐，建议使用止吐药；如果确诊肠出血，应使用H_2受体阻断剂。建议患有胆石和胆囊囊肿的犬术后促进胆液排泄（熊去氧胆酸和SAMe），并使用抗氧化剂（维生素E和SAMe）治疗。

（八）猫胆管炎/胆管肝炎综合征

家猫胆管炎/胆管肝炎综合征（CCHS）是最常见的后天性炎症性肝脏疾病。胆管炎和胆管肝炎这两种疾病在猫比犬更常见。猫与犬的胰胆管解剖之间的差异，长期以来一直被认为是潜在的危险因素。猫的CCHS与十二指肠、胰腺和肾脏（慢性间质性肾炎）炎症常同时发生，已经确定了与CCHS有关的大量并发症，炎性细胞主要是中性粒细胞（化脓性）或淋巴细胞或淋巴细胞-浆细胞（非化脓性），这些炎性细胞可能涉及胆管破坏机制。猫CCHS的相关疾病包括细菌感染（原发性或慢性）、胆囊炎、胆石症、败血症、EHBDO、吸虫感染、弓形虫病、炎症性肠道疾病、原发性胆管炎、胰腺炎、肿瘤（如胆囊癌、胆管囊腺瘤）及各种导管畸形（如胆总管囊肿、多囊肝、胆道发育不良）。

猫CCHS损害肝小叶是可变的，仅通过在单一的肝活检或小块切割活检（如18号针头），不能完全确定组织损伤的范围和严重程度。组织学变化表现为轻度或重度的胆管炎症和肝炎，临近部分的胆管完全消失或缺乏炎症表现。如果不采取治疗，患有多器官系统疾病的猫的存活时间较短。然而，由于CCHS是缓慢渐进的，初步确诊后，即使不干预治疗，也可以生存几年。

化脓性CCHS：在临床上最明显，这些患病猫的病程短（不超过5 d），以幼龄或中老年多发（范围3个月至16岁）。临床症状包括发热、嗜睡、食欲不振、呕吐、脱水和黄疸，许多猫有明显的腹痛和可触及的肝肿大；临床病理特征类似于其他形式的CCHS，出现中度至明显转氨酶（ALT，AST）活性升

高，AP、GGT活性轻度升高。有些猫没有出现胆汁淤积引起的酶异常。大多数猫都有高胆红素血症，一些猫并发肾性氮质血症、核左移和中度升高的中性粒细胞像。如果并发HL，可能影响对疾病的初步评估。腹部超声检查可显示EHBDO，出现与胆囊炎、胆管炎、胰腺炎或炎症性肠病一致的变化，还可见与HL一致的弥漫性肝实质回声，有时可以见到非均质的肝实质变化，这反映了肝实质性炎症；但是在一些猫，没有确定的声像图变化。胸部X线检查常显示胸内淋巴结增大，反映出腹部炎症/脓毒症。

在手术前（针对EHBDO的胆道减压手术，治疗胆囊炎和胆石症的胆囊切除术），应进行药物治疗和肝活检；必须消除导致胆汁淤积的病因，因为胆汁淤积可以增加胆道系统条件性感染的风险。通过肝、胆穿刺或活检组织印片的细胞学检查，通常可以检出细菌感染和化脓性炎症。组织标本的革兰氏染色可以显示细菌种类，有助于选择抗菌药物，常见的致病细菌包括大肠埃希菌、链球菌、梭状芽孢杆菌、拟杆菌与放线菌。由于原先使用过抗生素或厌氧培养未能成功，使细菌培养为阴性。

针对厌氧菌和革兰氏阴性肠道机会菌，可以采用广谱抗生素、熊去氧胆酸、SAMe、维生素E、水溶性维生素，并为患病猫定做高热量食物，纠正和维持水和电解质的状态。危重病例可以采用抗氧化剂N-乙酰半胱氨酸[初始剂量为140 mg/kg（以生理盐水配成10%的溶液），以后换成70 mg/kg，每日2～3次，通过0.25 μm的滤器，静脉滴注20 min以上]；也可通过口服给予SAMe。在疾病初期，常用恩诺沙星与甲硝唑、氨苄西林与舒巴坦钠相结合进行药物控制，根据肝或胆汁的穿刺物和组织标本的细菌培养和药敏试验结果，调整抗菌用药。为了预防术后败血症发生，应在手术前使用抗菌药物进行治疗，持续8～12周直到肝酶活性恢复正常。如果肝酶活性一直升高，应反复采用超声波对胆管结构、胰腺、肠道异常、淋巴结肿大情况进行检查评估。必要情况下采用重复穿刺，进行细胞学检查或肝活检。

猫淋巴细胞性门脉性肝炎：可能不是一种病，但可反映在门静脉周围的非特异性炎性细胞浸润。从患CCHS猫的一个相对未受侵害的肝叶汇管区，取样后检出有明显的损伤。在患有非化脓性CCHS的猫上，通过细针头的小量取样，可以检出以上病变。

非破坏性胆管病变的非化脓性CCHS：这是一种T细胞介导的炎症反应综合征，最常侵害中年或老年猫。对于FeLV或FIV的并发感染并不常见，未见性别和品种间差异。病程可以持续2周至数年，大多数的猫在发病几个月后，才有初期临床症状。患病猫的临床症状包括间歇性腹泻，短暂呕吐发作，这些症状可能与黄疸自我恢复相关。常见肝肿大。由于患病猫通常会在弥漫性纤维化出现前死亡，所以并不常见导致门脉性高血压症和腹腔积液的非化脓性CCHS。

实验室检查白细胞数变化很大，通常不显示核左移或异常中性粒细胞，常见异形红细胞增多，出现显著的海因茨小体。在慢性病例，可见高球蛋白血症；大多数患病猫有中度至明显的ALT和AST升高。AP和GGT活性的升高幅度变化很大，其变化程度依赖于疾病过程的周期性活动。患病猫的高胆红素血症表现不一，也会出现周期性的变化。有些猫继发于中小胆管（胆管破坏性的非化脓性CCHS）炎症性梗阻，持续出现黄疸。这些症状显示出对使用维生素K（活检前，0.5～1.5 mg/kg，皮下注射或肌内注射，每隔12 h使用1次，用药3次）可以引起的全身性凝血的病理反应。腹部超声检查结果与化脓性CCHS一致，可以观察到不均匀的或粗的实质回声，但是患有明显CCHS的猫，可能缺乏超声波可以检测到的肝实质或胆道系统异常。不同猫的不同肝叶间病变的严重程度有很大差异。

本病的初始治疗包括选择适当的抗生素、熊去氧胆酸、维生素E、维生素B补充剂，补充高热量的食物，通过输液纠正和维持水和电解质异常。建议使用广谱抗生素（抗厌氧菌与革兰氏阴性肠道机会菌）、肝活检与细菌培养。长期治疗需要免疫调节剂。首选免疫抑制治疗药物是口服强的松龙，用量为2～4 mg/kg，每日1次，根据治疗反应，输入5～10 mg/d，由每日1次过渡到每隔1日1次。口服甲硝唑（7.5 mg/kg）可以协助免疫调节及控制相关的炎症性肠道疾病，减少糖皮质类固醇用量。建议持续口服SAMe（每日40～50 mg/kg）和维生素E（每日10 IU/kg）。

在一些猫中，以SAMe作为单一的治疗药物，也可以解决CCHS相关的炎症；苯丁酸氮芥是在抗炎糖皮质激素和甲硝唑没有疗效时使用的药物（苯丁酸氮芥剂量：每只猫每日2 mg，由每日1次过渡到每隔1日或每隔3日滴注1次），经过治疗后，胆红素浓度通常可以恢复正常，但是肝酶活性在较低的程度上保持循环性增加。

在患有胆管破坏病变（硬化性胆管炎）的非化脓性CCHS的猫，最终可发展为广泛的小胆管破坏，造成永久性高胆红素血症和间歇性无胆汁粪便。通过肝细胞角蛋白免疫组化染色法可以诊断CCHS。患病猫组织学检查，汇管区胆管弯曲，胆小管边缘化，T细胞浸润，脂肪肉芽肿处胆管消失。大约30%的患病猫发生糖尿病，胰腺导管可能成为T细胞的攻击目标。患有全身性胆管消失的猫，需要每周给予维生素K_1注射液和口服水溶性维生素E（生育酚琥珀酸聚乙二醇，每日10 IU/kg）。但是过量维生素K_1可以导致严重的溶血性贫血。应检查患病猫是否有严重的炎性疾病和维生素B$_{12}$缺乏。血液和血清生化特征与患有非导管破坏性CCHS的猫是相似的。在导管靶向的CCHS，应用强的松龙进行免疫调节后，可见轻度到中度的酶活性升高或高胆红素血症。建议最初使用甲氨喋呤或苯丁酸氮芥。给猫口服甲氨喋呤，每日每只猫总剂量为0.4 mg，1 d内分成3次给药（每个剂量0.13 mg/kg），每隔7～10 d给药1次。另外，可静脉给予或肌内注射甲氨喋呤，使用剂量减少50%；给予甲氨喋呤的同时，口服叶酸（每日0.25 mg）可以预防由甲氨喋呤引起的肝损伤。由于推荐剂量甲氨喋呤可以产生严重的免疫抑制，如果患病猫有肾性氮质血症，必须降低甲氨喋呤的用量，检测合并感染的情况。此外，使用苯丁酸氮芥的治疗方法如上所述，也可以用来代替甲氨喋呤。在低剂量强的松龙和甲硝唑配合使用时，建议同时使用SAMe，采用抗过敏的食物治疗并发炎症性肠病效果较好。如果实验室检出维生素B$_{12}$缺乏，必须纠正并长期补充维生素B$_{12}$。如果钴胺素浓度低，应注意是否有小肠吸收障碍（特别是小细胞淋巴瘤）或严重胰腺疾病。

淋巴组织增生性疾病被称为淋巴细胞CCHS：病变的特点是门静脉周围有密集淋巴细胞浸润并渗透入肝血窦。然而，从微观上，涉及的淋巴细胞，作为一个肿瘤群体，缺乏明显的微观细节分类特点。在一些猫中，结合先前介绍的CCHS治疗方法，使用苯丁酸氮芥（每只猫2 mg，每隔1 d或每隔3 d用药1次）治疗有效。如患病猫临床症状不明显，可以存活几年。采用免疫组织化学染色和其他分子检测（克隆方法）可以区分CCHS与淋巴瘤，淋巴组织增生性疾病能否转化为淋巴瘤还有待商榷。

小细胞淋巴瘤伪装成淋巴细胞性的CCHS：密集的淋巴细胞浸润能渗透入肝血窦。建议对猫的淋巴瘤采用化疗的同时，给予维生素、补充营养和抗氧化剂。许多猫患有小细胞性淋巴瘤，应使用苯丁酸氮芥治疗，已多年应用于临床，效果不错。虽然有些具有明显肝淋巴肉瘤的猫同时有炎性肠道疾病，而另一些患有肠道淋巴肉瘤的猫，同时有非肿瘤性非化脓性的CCHS，慢性炎症能否演变成肿瘤还有待商榷。

（九）肝胆吸虫感染

在流行地区，肝吸虫感染可引起猫的急性和慢性胆管炎，这种感染在犬不常见。猫的优美平体吸虫感染最常见于佛罗里达州、夏威夷和其他热带地区。感染是由摄入受感染的中间宿主导致的，中间宿主通常是蜥蜴或青蛙，15%～85%的猫是通过食入中间宿主而感染。感染后，幼虫在肠出现，然后进入胆总管、胆囊或肝管，在那里经过8～12周成熟。胚胎化的卵从胆汁进入消化道，最早可在感染12周后从粪便中检出。

临床症状取决于感染的严重程度（寄生虫数量），但是大多数感染猫不表现临床症状。

有症状的猫表现出渐进性疾病，这些猫有可能出现黄疸、厌食、呕吐，黏液性腹泻可引起患猫消瘦。患猫还可表现为疲乏和发热、肝肿大、腹胀。在严重感染的猫中，慢性吸虫感染可以导致死亡。在感染7～16周可以出现最初临床症状。在某些情况下，感染后不治疗，经过24周，临床症状可以缓解。在感染后3～14周，可能出现持续性循环嗜酸性粒细胞增多。在严重感染的猫，ALT和AST的活性可能会增加，而AP活性可能保持正常或仅轻度增加，在感染7～16周后可能出现高胆红素血症。感染3周后出现肝组织学变化和进行性的持续性感染；大胆管的炎症和扩张与混合中性粒细胞和嗜酸性炎症相关。患病4个月猫，出现严重的胆管增生和胆管周围炎。患病6个月，出现明显的进行性纤维化，并演变为胆汁性肝硬化，局部淋巴结可能显著肿大。由于成年吸虫增加导致胆管扩张，当吸虫性成熟时，胆管纤维化。在这段时间，血清转氨酶活性正常。腹部超声检查可观察胆囊、胆总管、肝内胆管的胆道梗阻情况，与吸虫有关的胆囊碎片可能显示为具有中心的椭圆形低回声结构，与双轮缘征象关联的胆囊壁增厚可能表明已发生胆囊炎。在汇管区的肝实质低回声区表明已发生胆管炎和胆管肝炎。

因为被感染的猫可能无明显症状，所以对吸虫感染的诊断较为困难。可能在类便检测不到卵，因为这些卵零星通过粪便排出，且形态学可变（未成熟胚胎化卵），卵很小，常规方法对吸虫卵检出率低。此外，胆道梗阻及纤维化的发生可能阻碍吸虫卵进入胆汁和粪便。

如果怀疑吸虫感染，建议采用吡喹酮皮下注射治疗（每日20 mg/kg，连用3～5 d），治疗成功后，可能会继续通过粪便排出虫卵长达2个月，使用强的松龙是用来减少相关的嗜酸性粒细胞性炎症（每日2 mg/kg，连续2～4周，每2周按照50%递减），熊去氧胆酸（15～20 mg/kg，口服，每日2次，与食物一起喂入）可以促进胆液排泄增多，建议使用广谱抗生素以防止吸虫由胆道逆行带入的细菌感染，感染也可能与死亡的吸虫相关。应口服维生素E（每日10 IU/kg）和口服SAMe（每日20～40 mg/kg），直到肝酶恢复正常水平，如有必要，可给予止吐药，例如口服或皮下注射甲氧氯普胺（0.2～0.5 mg/kg，每6～8 h 1次）或柠檬酸马罗匹坦（每日1 mg/kg，连续不超过5 d）。

以上治疗效果差异很大，轻症的病例预后良好。其他罕见的胆道寄生虫包括伪猫对体吸虫，结合次睾吸虫、普塞利阔盘吸虫（参见肝吸虫）。

第二十九节 呕吐

呕吐是通过口腔反射性地将胃和近端小肠的部分或全部内容物排出。它涉及一系列不随意的阵发性的内脏、膈肌、腹部肌肉的收缩运动。呕吐的行为通常是有一些固定的前驱症状，如过度流涎、反复吞咽、干呕和腹部肌肉明显收缩。呕吐必须与返流、吞咽障碍（吞咽困难）和各种形式的食管功能障碍相区别。返流是一个被动的过程，部分或完全未消化的食物或液体从食管和/或胃没有通过用力或肌肉的收缩（即通过重力和身体的位置）流出，而吞咽困难为无效的肌肉收缩和可能产生的运动，很像恶心与呕吐，此过程为异常的胃肠道运动，使液体或食物排出。

【病因、病理生理学与临床表现】呕吐反射法由呕吐（或吐）中枢开始，呕吐中枢位于延髓网状结构。呕吐中枢反应有4个主要来源：①从各种外围结构传入受体（胃肠道、胰腺、心脏、肝脏、泌尿生殖道和腹膜）通过迷走神经和交感神经进行；②对延髓最后区化学感受器触发区（CRTZ）；③大脑皮质和边缘系统；④前庭器官。因此呕吐中枢受到神经性、体液性和化学性的刺激，通过刺激前庭系统半规管的受体，导致颅内压增加、十二指肠扩张（例如异物阻塞，气体和肠梗阻继发炎症）或结肠（例如便秘、腹胀或胶囊）、器官炎症（如急性肝功能衰竭或肾盂肾炎）、血源性毒素（如外源性化疗药物或内源性的尿毒症毒素）产生呕吐，不同刺激物均可能激活呕吐反射，这就表明为何动物呕吐有如此广泛的潜在原因。

一些其他的原因包括毒物（农药、锌、木糖醇、真菌毒素）、毒蛇咬伤、寄生虫（猫的犬恶丝虫，旋尾线虫，泡翼线虫，沃鲁线虫）、感染（螺旋杆菌）和炎症（胰腺炎）、药物（阿昔洛韦、顺铂、哌嗪、唑吡坦、抗生素）、阻塞（肠套叠、异物、顽固性便秘）、食物过敏、运动障碍（胆汁性呕吐综合征、食管裂孔疝）、代谢和电解质紊乱、神经性疾病（中风、边缘性癫痫）、肿瘤、肠毒血症与败血症。

焦虑、抑郁、唾液分泌过多，以及反复吞咽伴有胃食管括约肌松弛等，这些都会引起干呕。近端小肠及胃窦收缩，能推动其内容物到胃体部不运动的位置。胃食管括约肌运动到胸腔，使其不能发挥正常作用和促进胃食管反流。食管和咽食管括约肌运动受到抑制，与鼻咽关闭以防止返流到鼻腔。腹部肌肉和隔膜对声门紧闭，结合增加收缩力，使腹内压力增加，导致食物、液体或碎片排出体外。

【诊断】根据准确、完整地掌握、鉴别病情而作出诊断。包括鉴别呕吐、返流或吞咽困难，然后是特征性的持续时间和呕吐的特点。虽然呕吐的潜在原因很广泛，但是包括潜在的其他引起呕吐的相关因素，可以采用列表排序对多种病史因素的影响进行分析。以上问题可以定义为急性或慢性、持续性或间歇性、静态的或渐进的或复发性的呕吐。应对呕吐的频率和每日发生的时间、呕吐的特点以及出现呕吐前的饮食或环境变化情况、一般情况（如姿态、行为、食欲、外观）进行分析。病史调查和体检可以检查出潜在的全身性病因及其结果，如抑郁症、脱水、发热、体重减轻、口臭、呼吸困难（吸气性）、腹部疼痛、肿块、肠襻变厚或扩张，有过度的肠音或无肠鸣音或黑便。

一个完整的病史和体格检查后，应考虑原发性和继发性胃肠道疾病的鉴别诊断。对于任何呕吐病例，应先进行腹部平片X线检查；在急性呕吐动物，重点检查消化道异物，或在慢性呕吐动物，重点检查脾肿物，这两种情况都可能是致命的原因，如果没有正确诊断，可能延迟对症治疗的效果，对动物造成伤害。检测数据较少的包括CBC、血液生化、尿液和粪便检查，也包括适当的初始诊断，尽管它们不太可能确定呕吐的根本原因。

有全身症状如吐血、腹痛、脱水、发热或体重减轻的慢性呕吐的动物，应进行积极的诊断，找出原发性和继发性呕吐的原因。除了无创成像方式外，腹部平片包括对比研究、腹部超声、腹部CT或MRI。粪便漂浮、涂片、湿涂片、贾第虫ELISA检测、PCR、电镜和α-抗胰蛋白酶水平的测定（蛋白质丢失性肠病）均可帮助确定胃肠道疾病。胰脂肪酶的免疫反应（PLI）取代了血清淀粉酶和脂肪酶测定，可以作为一种更敏感的胰腺炎检测方法。采用腹腔镜和内镜可以找出原发性和继发性呕吐，这些方法比开腹探查手术发病率低。

【治疗与控制】对呕吐动物进行治疗的首要目标是确诊和治疗呕吐的病因。如果已经确诊，可以制定针对病因的治疗计划；但是确诊前，总是谨慎对症治疗且花费高。在许多呕吐动物治疗中，止吐治疗是很重要的，但是随着止吐药的应用，临床兽医就会找不到相关呕吐的任何其他具体参数（即脱水缓解情况、部分梗阻缓解，潜在疾病的有效治疗，单一胃炎的自然进展）。

急性呕吐症状的对症治疗方法包括禁食24 h。除非动物接受皮下或静脉补液，不能断水供应。呕吐造成可以预见的后果包括脱水、电解质失衡、酸碱失衡；如果不适当解决动物的脱水，以上后果可以加剧。经过24 h治疗后，一些动物恢复很好，可以给予小量口服液，并最终过渡到给予食物，使其慢慢适应，再不出现进一步的呕吐即可。

许多呕吐动物需要大量的补液，应按照需要量恢复电解质和酸碱平衡状态。由于肾脏排出了多量的钾离子、氯离子和氢离子，呕吐常导致氮质血症、低钾血症、低氯血症、代谢性碱中毒和反常性酸性尿。持续性呕吐缺少充足的补液可导致代谢性酸中毒、碱残留、低血容量损失、组织微循环灌注不足、缺氧、乳酸性酸中毒。因此，对于呕吐的动物，很难预测出酸碱电解质平衡状态，临床兽医可以根据各种参数，反复评估解决这些失衡问题。

是否需要止吐疗法，应根据动物的临床表现、病因，动物疾病自然进展评估，对其他治疗的反应情况和动物的情绪、体质以及生化状态来确定。许多止吐药是有效的，其有效性往往是和/或先前描述的一样，这些药物进入呕吐中枢发挥作用。止吐药对患有前庭疾病的动物特别有效，但是对继发于肾功能衰竭的呕吐治疗效果不明显。

直接作用于呕吐中枢的药物，包括吩噻嗪类镇静剂，如丙氯拉嗪（0.3 mg/kg，口服，每日3次；0.1 mg/kg，肌内注射，每日4次；或0.1～0.5 mg/kg，皮下注射，每日3次）和氯丙嗪（0.5 mg/kg，口服，每日4次；0.5 mg/kg，肌内注射，每日3次；或1 mg/kg，直肠给药，每日3次）。吩噻嗪类药物也能抑制CRTZ活性和有微弱的抗胆碱作用，在许多动物中这些作用使药物特别有效。尽管这些药物止吐剂量低于镇静的剂量，但是能造成低血压，存在潜在的不利影响。因此，使用吩噻嗪治疗前应给动物补充足够的水分。

一类新的止吐药如马罗皮坦，可以作用于呕吐中枢和CRTZ，CRTZ是NK-1受体颉颃剂（1 mg/kg，皮下注射，每日1次，连续5 d；2 mg/kg，口服，每日1次，连续5 d；8 mg/kg，口服，每日1次，连续2 d，针对晕动症）。马罗皮坦首次作为动物癌症化疗药物使用，它的应用已扩展到有效地阻止继发于各种各样的原因和晕动症的急性呕吐。使用马罗皮坦包括冲洗期（对于呕吐病例可以用药5 d，停药2 d；对于晕动症，可用药2 d，停药3 d）。在一些动物如果进行皮下注射后，可能出现轻微的、短暂的不适。在猫中，马罗皮坦用药剂量尚未确定，大约是犬的一半剂量。

主要用于运动症和/或前庭疾病的药物包括盐酸美克洛嗪（在犬，2～6 mg/kg，口服；或每条犬25 mg，口服，每日1次；每只猫可用12.5 mg，每日1次）和苯海拉明（2～4 mg/kg，口服，每日3次）。这些抗组胺药在前庭器官和在较小的程度上，针对CrtZ通过阻断H1受体发挥作用。抗胆碱剂如东莨菪碱（0.03 mg/kg肌内注射或皮下注射，每日4次），也可用于晕动症。嗜睡和口干是这些药物潜在的不良影响。

在CrtZ水平上和外周受体的呕吐以及继发于各种原因引起的呕吐的治疗上，可以采用多巴胺颉颃剂如甲氧氯普胺（0.2～0.5 mg/kg，口服或皮下注射，每日4次，或每分钟1～3 µg/kg的恒定速率输注）进行有效的治疗。因为猫的呕吐中心可能无多巴胺受体，所以甲氧氯普胺疗效仍不确定。

恩丹西酮（0.1～1 mg/kg，口服，每日1～2次；或化疗前30 min；0.11～0.18 mg/kg，静脉注射；不能用于牧羊犬）是一种强效止吐剂，在中枢和外周性呕吐治疗中，可以作为选择性5-羟色胺受体颉颃剂。已证明，血清素的外周释放在化学药物治疗呕吐中起着重要的作用，在癌症患者前期治疗以及其他止吐无效的情况下，应考虑恩丹西酮。与恩丹西酮相似的药物多拉司琼（0.6～1 mg/kg，肌内注射或口服，每日1次）是5-羟色胺3受体颉颃剂，可以减少麻醉、化疗、肠炎、肾病和肝病引起的恶心和呕吐。

这些药物除了防止胃肠道的内容物逆行方向排出外，对于呕吐的动物也可能促进食物在胃肠道的正常移动。虽然禁止用于异物阻塞性疾病，应该在治疗计划中考虑使用促进胃肠动力药物，如甲氧氯普胺（见上述）、雷尼替丁（1～2 mg/kg，口服，每日2次）、小剂量红霉素（0.5～1 mg/kg，每日3次）和口服西沙必利（在犬，0.5 mg/kg，每日3次；在猫，每只给予2.5～5 mg，每日2～3次）。

（马吉飞 译 刘国文 一校 田文儒 二校 崔恒敏 三校）

第三章　眼和耳
Eye and Ear

第一节 眼科学

一、眼的物理检查

眼睛的初步检查应评估其对称性、构造和肉眼可见病变3个方面，应在2～3 ft（约1 m）距离外进行观察，确保光线充足和对头部轻柔保定。在暗室里强光下，使用放大装置对眼前节和瞳孔光反射进行检查。一些基本检查，如泪液产量检查、荧光素染色、眼压检测后，可进行一些辅助检查，如角膜和结膜的细胞学检查和培养、外翻眼睑检查，以及冲洗鼻泪管系统来评估眼前节与外周组织。玻璃体和眼底疾病一般通过直接或间接眼底镜（通常药物诱导散瞳后进行）和视觉检查（恫吓反射、障碍测试、眩目反射等）进行评估。

施墨泪液测试（以下简称泪液测试）和微生物培养应在滴入局部麻醉剂之前进行。荧光染色和外翻眼睑检查不需局部麻醉，但是眼压测定，瞬膜球侧面检查，结膜和角膜的细胞学检查，前房角镜检查和鼻泪管系统灌洗通常需要局部麻醉。为避免出现假阳性，结膜和角膜细胞学检查样品（用荧光抗体法进行分析）应在局部荧光染色前采样。

裂隙灯活组织显微镜检查，超声波检查，荧光素血管造影，视网膜电图等特殊检查，根据动物种类不同，可能需要镇静以及局部或全身麻醉。

二、眼睑

眼睑由4部分组成：①外层非常薄而有弹性的皮肤；②包围于内眦的强韧的眼轮匝肌；③薄而不发达的纤维性的眼睑软骨，其中包含分泌皮脂的睑板腺，并把眼睑附着在眶骨缘上；④薄而有弹性的睑结膜，与结膜穹窿或结膜囊底相连。眼睑疾病可能和面部及眼眶异常有关，也与特殊的物种和皮肤病及其他许多全身性疾病有关。

（一）结构异常

眼睑内翻是指全部或部分眼睑向内翻转，单眼或双眼眼睑与眼角都有可能发生。在很多犬和绵羊品种中，这是最常见的遗传性眼睑缺陷，也可能伴随有瘢痕形成，或者由于眼睛或者眼周疼痛形成睑痉挛。内弯的细毛（如睫毛）或面毛会进一步导致不适，如刺激结膜和角膜，如果长期如此，会形成角膜疤痕，色素沉着，并可能产生溃疡。如果快速消除刺激因素，早期的痉挛性眼睑内翻可以好转；通过眼睑附近或眼睑神经区皮下注射（如普鲁卡因青霉素），经褥式缝合方法将眼内睫毛翻出，可以减轻眼部疼痛。睑内翻通常需要进行外科手术矫治。

眼睑外翻通常表现为大睑裂和细长的眼睑，皮肤松弛，眼睑外翻。它是一种常见的双眼结构异常，常见于某些品种犬，如寻血猎犬、斗牛獒、大丹犬、纽芬兰犬、圣伯纳犬和某些品种的猎犬。疤痕收缩或面神经麻痹可能导致单侧睑外翻。结膜受到环境刺激或者继发细菌感染，可导致慢性或复发性结膜炎。局部抗生素——皮质类固醇类制剂可以暂时控制间歇性感染，但眼睑缩短术是最有效的治疗方法，较轻病症可用抗充血剂反复性周期性灌洗控制。

眼睑闭合不全是指眼睑不能完全闭合，角膜失去对干燥和创伤防护能力，引发的原因与浅眼窝（在短头颅的品种中）、占位性病变引发的眼球突出症或者面部神经麻痹有关，通常会导致角膜瘢痕、色素沉着和溃疡。消除病因可以治疗该病，除此之外常用的疗法是局部润滑，或者通过外科手术局部切除外翻眼角，可暂时或永久性关闭眼角。过多的鼻皮肤皱褶和面部的毛发可能会加重由眼睑闭合不全导致的损伤。

睫毛异常包括额外的（双行睫）异常或眼睑边缘睫毛的错置。睫毛异常可导致泪溢，角膜血管化、角

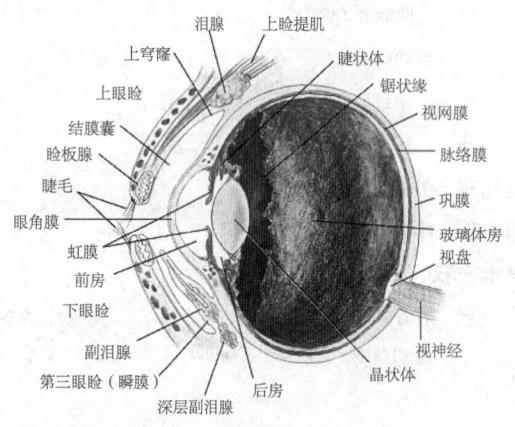

图3-1 眼和眼睑，正中切面
（由Gheorghe Constantinescu博士绘制）

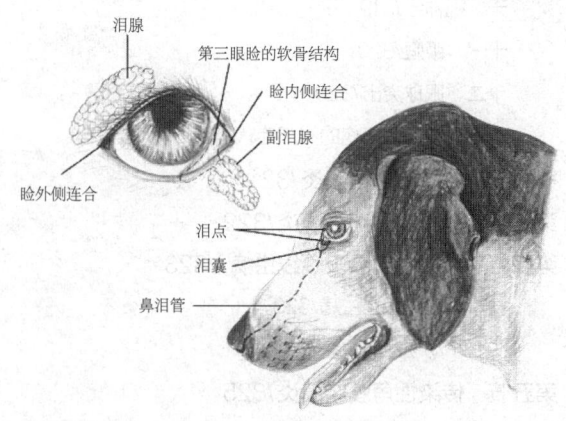

图3-2 泪器，犬
（由Gheorghe Constantinescu博士绘制）

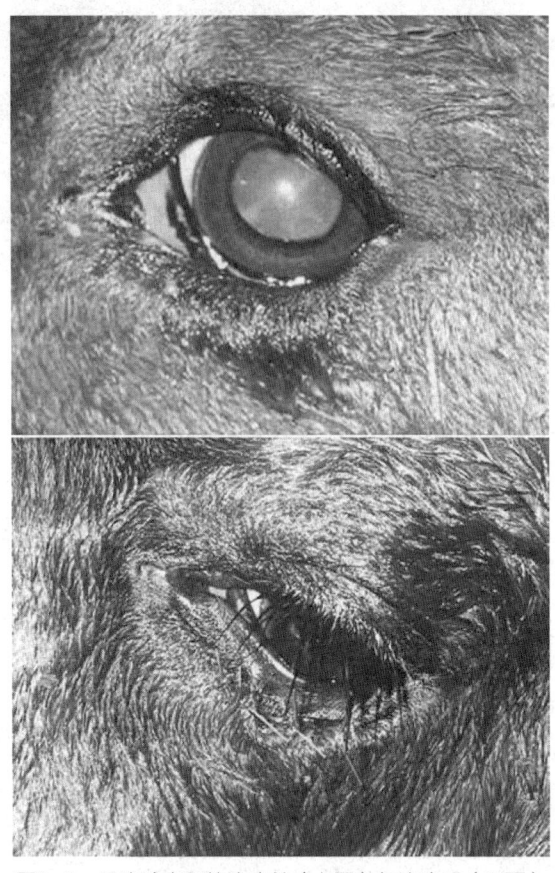

图3-3　马驹睑内翻的治疗前（上图）与治疗后（下图）
（由Sameeh M.Abutarbush博士提供）

膜瘢痕化与溃疡。在许多情况下，异常睫毛都非常细小，和周围的眼睑毛发的颜色相同，既不会导致临床症状，也没有损害。然而，眼睑内侧朝向角膜生长的异位睫可导致剧烈的疼痛。如果角膜和结膜的损伤是由额外的睫毛引起的，切除睫毛囊或者进行睫毛囊冷烙术有效。该病常遗传于某些品种的犬，而在其他动物中罕见。

（二）炎症

睑腺炎（眼睑炎）全身性皮炎和结膜炎，局部腺体感染，或者植物油和日光照射等刺激，均可导致该炎症。眼睑是某些可导致全身皮炎病原的易感原发部位。这些病原包括皮肤真菌（所有品种）、犬蠕形螨（犬）、猫蠕形螨和戈托伊蠕形螨（猫），以及金黄色葡萄球菌等细菌。皮肤和结膜的交界处是免疫介导疾病（如天疱疮）的易发部位。需要对皮肤碎屑、培养物进行活组织检查以便得到准确的诊断。局部腺体的感染可能呈急性或慢性经过［麦粒肿（皮脂腺和睑缘腺）和睑板腺囊肿（睑板腺）］。

全身性睑缘炎往往在局部治疗外还需要全身治疗。在急性病症中，可采用支持疗法如热敷和频繁清洗病患部位。非眼科制剂可用于治疗眼睑，但应注意，在应用中避免接触刺激结膜和角膜。

三、鼻泪器

泪液的分泌和排出对于眼外层健康是非常重要的。眼窝内的泪腺（泪腺和某些物种的哈德腺）和第三眼睑腺可产生聚集于眼前或角膜前的泪液膜。该膜由3层组成：外脂质层（由睑板腺组成）、中水层（由泪腺和第三眼睑腺体组成）和结膜杯状细胞分泌深层（黏液）；泪液的外排系统由2个泪点组成（兔和猪除外），2个泪小管，泪囊（在骨质泪腺窝内）和长而弯曲的泪小管（排出鼻腔内的眼泪）。

瞬膜肥大和下垂多见于年幼的犬和某些品种犬（如美国可卡犬、比格犬、拉萨犬、北京犬、英国斗牛犬）。在急性期，红色腺体内容物大量积聚膨胀，在眨眼的瞬间明显突出，并伴有浓稠黏液溢出。尽管肿胀会在短期内消退，但腺体会保持脱垂。因为瞬膜腺是主要的泪液腺，治疗时应尽量保留它；可以通过缝合将腺体锚定于眶缘，眶周筋膜或者软骨，也可用毗邻黏膜包埋（信封或荷包缝合技术）。应避免部分切除。30%～40%的犬在后期生活中会由于完全切除瞬膜腺而诱发干燥性角膜结膜炎（见下文）。通过手术或者药物治疗的樱桃眼，约有20%的犬预后出现干燥性角膜结膜炎。

泪囊炎（泪囊炎症）通常是由阻塞鼻泪囊和近端鼻泪管的炎症碎片、异物大量压迫管道引起的，可导致泪溢、顽固性继发性结膜炎、偶尔导致下眼睑内侧泪瘘。鼻泪管灌洗可见导管阻塞或（和）从泪腺分泌的浓稠黏液回流。必要时可向导管（鼻泪管狭窄部）内注入造影剂，拍摄头部X线片，以确定病灶、病因，以及阻塞的预后。治疗包括恢复管道通畅与灌注抗生素。在导管中暂时插入插管（聚乙烯或硅胶材料）或者2-0单股尼龙线，能够保持愈合期间的导管畅通。当鼻泪器官不可逆损坏时，可通过手术（结膜鼻腔吻合术或结膜口腔吻合术）将泪液排入鼻腔，鼻窦或者口腔，从而建立新的排泪途径。

由于泪点闭锁而导致的泪溢在幼犬罕见。在幼驹中，鼻泪管的鼻末端闭锁是引起泪溢和慢性结膜炎的常见原因。在犊牛中，鼻泪管的多个开口能将泪液排到下眼睑及内眦上，引起慢性皮炎。在治疗犬和马驹时，可通过外科手术将导管插入到阻塞的孔口内并保留数周，在愈合过程中保持通畅。

干性角膜结膜炎（KCS）是由于泪液缺乏造成的，通常会导致持久性、脓性黏液结膜炎、角膜溃疡和瘢痕。KCS常发生在犬、猫和马中。在犬中，它常和自身免疫性泪腺炎有关，也是引起继发性结膜炎的常见

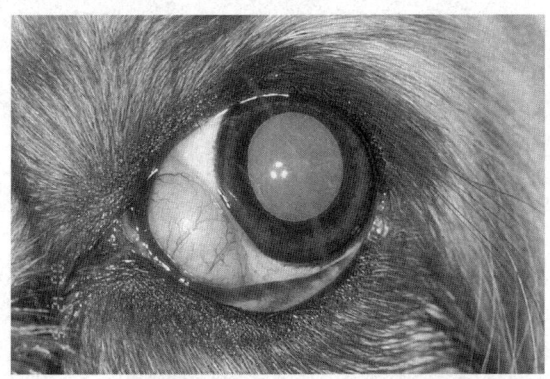

图3-4 犬的瞬膜腺（第三眼睑）发炎与脱出（"樱桃眼"）
（由 Kirk N. Gelatt博士提供）

原因。犬瘟热，全身性胺苯磺胺治疗，遗传和外伤等原因很少引起犬KCS。KCS很少在猫中发生，慢性疱疹病毒-1感染可引发。在马属动物中，头部创伤会导致KCS。局部治疗包括补充人工泪液，使用油性软膏，如果没有角膜溃疡，可使用抗生素——皮质类固醇类合剂。泪液生成刺激剂如环孢霉素A（0.2%～2%，每日2次），他克莫司（0.02%，每日2次），或吡美莫司（1%）可以促进泪液分泌。环孢霉素可以促使泪液增加80%（施墨泪液测定值≥2 mm 湿度/分）。在食物中混入托吡卡胺毛果芸香碱对神经性KCS治疗有功效，10~15 kg重的犬，2～4滴2%毛果芸香碱，每日2次。黏液溶解剂（如10%乙酰半胱氨酸）能溶解多余的黏液，恢复其他局部组织的延伸能力。如果药物治疗对慢性KCS无效，可应用腮腺导管移植术。

四、结膜

结膜分为三部分：①睑结膜（眼睑的内层），②眼睑和球结膜相连的穹窿或结膜囊，③球结膜（覆盖眼球前部和巩膜外层）和瞬膜。结膜在泪液动力学、免疫保护、眼球运动和结膜愈合方面有着重要作用。球结膜松弛地依附在巩膜外层，由其制成的移植用结膜瓣有利于溃疡角膜的修复。

结膜下出血可由创伤、血液恶液质、血管性血友病和某些传染性疾病导致。一般不需要治疗，但要进行密切观察，以确定是否发生更严重的眼球内部病变。如果没有明确的外伤病史，必须进行全身检查，以确定自发性出血的原因。

结膜水肿可见于所有的结膜炎病例，并表现为不同严重程度，最严重程度常继发于外伤、低蛋白血症、过敏反应和昆虫叮咬。用皮质类固醇局部治疗可以迅速缓解以上病症。针对病因的特异性治疗可以治愈本病。

结膜炎在家畜中较为常见。感染和环境刺激都可引发该病。症状为充血，结膜水肿，眼分泌物，滤泡增生，轻度眼部不适。一般不能通过结膜的外观辨别由何种病原所致，常根据病史、眼常规检查，结膜搔刷采样和培养，施墨泪液测试，甚至通过必要的活组织检查进行特异性诊断。单侧角膜炎多由异物、泪囊炎或者干燥性角膜结膜炎（见上述）所致。在猫科动物中，疱疹病毒-1（FHV-1）、支原体和鹦鹉热亲衣原体会使一只眼先出现结膜炎，另一只眼间隔1周后发病。采用结膜搔刷法确定异物和病原体是进行特异性诊断的最快速方法。双眼结膜炎常见于病毒感染。疱疹病毒能诱使猫、牛、马和猪等发生结膜炎。脓性分泌物表明有细菌感染，但这也可能与黏膜退变有关。环境刺激物和过敏原是引发各种动物结膜炎的常见原因。如果存在脓性渗出物，可采用局部抗生素治疗，但如果存在其他诱发因素，这种方法可能不能治愈。应该移除异物、环境刺激物和寄生虫，并纠正眼睑结构缺陷等物理因素。对于衣原体和支原体感染，可以外用四环素或者其他抗生素；当角膜和结膜感染疱疹病毒时，可以外用抗病毒制剂（例如，1%疱疹净，3%腺嘌呤阿糖胞苷，或1%三氟胸苷）来治疗。每日给猫口服250～500 mg赖氨酸可以缓解症状并降低由FHV-1引起的结膜炎角膜炎的复发频率。

五、角膜

各种动物的角膜均为近圆形或椭圆形，大小（垂直径/水平径）为：犬（8.5 mm×9.5 mm），猫（8.4 mm×8.9 mm），马（16.6 mm×17.9 mm），牛（15.2 mm×16.4 mm）。动物的角膜由表层上皮和基膜，脱细胞角膜基质层，后弹力膜及深层的单层内皮组成。角膜是眼睛和环境之间坚固耐用的屏障，也是允许光和图像通过的透明介质。角膜疾病是大多数动物的常见病，幸运的是，可以通过药物或手术的方法取得满意的疗效。由于角膜位置的可及性，可以应用几种精确的非介入性的诊断技术。

浅层角膜炎在所有动物中常见，它的特点是角膜的血管化和浑浊化，可能是由于水肿细胞浸润，色素沉着，纤维化所致。如果溃疡形成，泪溢和睑痉挛产生的疼痛是最明显的标志。单侧角膜炎常由创伤引发。应首先排除一些物理因素，如眼睑结构缺陷、异物和一些其他可能的诱因，因为这些因素的存在将影响愈合。溃疡性角膜炎可能并发于细菌的继发感染，甚至马属动物可以并发腐生性真菌感染。双眼浅表角膜炎可能与免疫介导、泪液缺乏、眼睑构造异常和感染因素有关。

血管翳或于伯赖特尔病是一种浅层角膜炎，从角

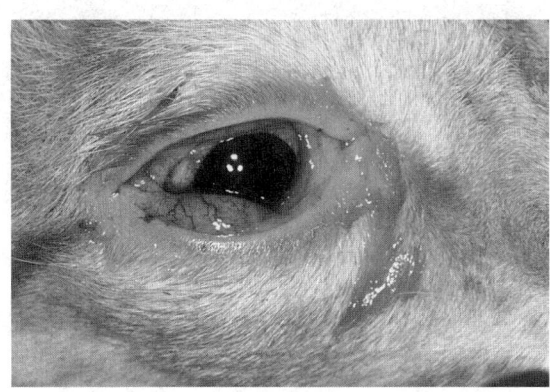

图3-5　由猫科 I 型疱疹病毒引起的猫结膜炎
（由Kirk N. Gelatt博士提供）

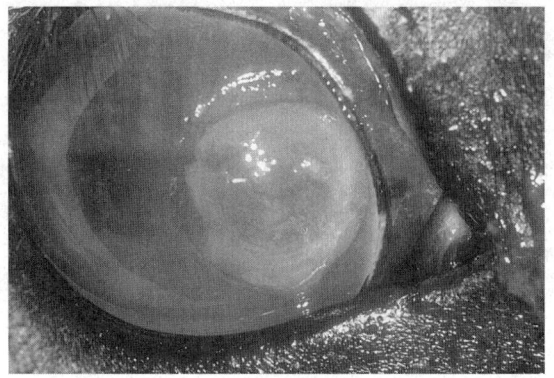

图3-6　软化的角膜溃疡，马
（由Kirk N. Gelatt博士提供）

膜缘横向开始，最终完全覆盖角膜，具有特异性、双侧性、渐进性、增生性和慢性的特点。这种免疫介导性角膜炎在德国牧羊犬、比利时牧羊犬、边境牧羊犬、灵猩犬、哈士奇和澳大利亚牧羊犬中常见。特异性治疗包括局部抗生素，抗病毒或抗真菌制剂，消除所有机械刺激因素，补充泪液替代物，皮质激素或环孢霉素A（或二者结合），后者可能需要长期的使用，并根据病情确定使用频率。

间质性角膜炎与所有的慢性和许多急性前葡萄膜炎有关，是一种深层角膜间质的异常。相较于浅层角膜炎，角膜血管化分支较少，血管更细，存在部位更深。如果内皮细胞被破坏，通常可见角膜水肿。全身性疾病，如犬传染性肝炎和牛恶性卡他热，可感染多种动物的系统性真菌病，新生仔畜败血症眼部受累，均可导致两侧或单侧间质性角膜炎。治疗时主要针对前葡萄膜炎和（或）全身性感染。在马属动物中，发生特异性、非溃疡性、边缘性的间质性角膜炎和顽固前葡萄膜炎（眼角膜葡萄膜炎），预后和疗效不佳。

溃疡性角膜炎发病部位可浅可深，深时可致后弹力膜突出，甚至穿孔。溃疡可导致疼痛，角膜不规则，血管化等症状。在溃疡边缘有密集的白色渗出时，表明有严重的白细胞趋化和细菌感染。为了探查小溃疡，常需要局部荧光素染色。在马和犬中，大多数溃疡起初都是因为机械损伤所致；在牛、绵羊、山羊和驯鹿中，感染和机械损伤是主要病因；在猫和马中，疱疹病毒感染是常见病因。所有溃疡都有继发细菌感染和内源性蛋白水解酶"溶解"角膜间质的可能。治疗浅表性角膜溃疡常使用局部广谱抗生素，纠正机械损伤因素，局部使用阿托品散瞳以减轻眼部疼痛。阿托品可以引起大多数动物泪液分泌不足，以及马属动物绞痛等不良反应，应给予足够重视。局部使用血清等药物，为抗蛋白水解酶疗法，可以治疗基质溶解性角膜溃疡。

在犬、猫和马中发生愈合缓慢和复发性浅表性溃疡综合征，在犬中，这种综合征可能是由于基膜疾病引起的错误的黏附在角膜上皮，在猫和马中，则可能是由于疱疹病毒。初期治疗是在局部抗生素和阿托品使用后进行溃疡清理。对于犬的难治病例，多次穿刺或者画剖面线（穿刺和网格角膜切开术），用22号针头刺激，大多数无痛性溃疡能在7～10 d愈合。早期报道猫的显示角膜切开术有可能诱发角膜血管增多，使用时应非常谨慎。瞬膜皮瓣（或软性隐形眼镜或胶原蛋白屏）可以起到压迫绷带的作用，治疗浅表性溃疡。内科方法治疗深层溃疡与治疗浅层溃疡相似，但是许多深层溃疡也要求结膜移植以加强和保持角膜的完整。

角膜分离和角膜炎是猫的独特病症，坏死性间质，血管化和周围炎症通常有疼痛感，并具有趋中性，呈棕色至黑色不透明的特点。治疗方法包括角膜表层切除术，对于深层的损伤，进行结膜移植。

马的角膜间质性脓肿可能是角膜溃疡或缺陷愈后后遗症。上皮再生后，在间质内捕获细菌或真菌（或二者兼有）也可引起间质性脓肿。白色至黄色的间质性浸润被严重的间质化角膜炎和血管化包围，有时也被严重的前葡萄膜炎包围。治疗方法包括局部集中抗生素治疗和偶见的全身系统性抗生素治疗（或者抗真菌药），虹膜睫状肌麻醉药非甾体抗炎药治疗，也经常通过外科手术切除结膜的脓肿部分，并用角膜移植进行结膜修复。

犬、猫和马会发生角膜变性和营养不良。角膜变性常为单侧发生，通常继发于眼部的或全身性的疾病。角膜间质营养不良为双侧的，具遗传性，犬的易感品种也易发生，在角膜基质内由甘油三酯、胆固醇和钙沉积组成。通常不必治疗。

角膜营养不良也可能牵涉到角膜内皮组织。它主要影响波士顿㹴犬、吉娃娃犬和腊肠犬。雌性波士顿狭犬比雄性更容易受影响，平均年龄是7.5岁。伴随营养不良和内皮组织退化变性，没有痛感的角膜水肿渐渐形成。随着蔓延至全层皮肤的角膜水肿，形成强烈痛感的角膜上皮疱。早期的治疗方法包括局部多次使用高渗溶液（2%～5%氯化钠或者40%葡萄糖），对于严重的病例，可采用角膜热成形术（Salaras 程序）或全层角膜移植术治疗。

六、前葡萄膜

前部葡萄膜由虹膜、睫状体和前房（虹膜角膜）角组成。虹膜除了能够通过光圈（瞳孔）调节进入眼睛和眼后端的光量，还构成眼睛的颜色。不同的物种，瞳孔的形状有很大的区别，有圆形、垂直裂缝、横向椭圆形、正方形，甚至多瞳。睫状体除了给房水提供流出通道（前房角）重返静脉系统外，还提供房水滋养眼前部及清除代谢废物。睫状体还调节晶状体曲率，但该作用在动物中比人更局限。睫状体继续向后延伸形成脉络膜，虹膜和睫状体疾病往往涉及脉络膜。前葡萄膜炎疾病在家畜中较常见。

持久性瞳孔膜是正常的产前血管网填补乳头状区域后剩余的部分。持久的色素从虹膜的一侧穿过瞳孔到达另一侧，或者到达晶状体或角质层，这种情况在犬中并不常见，偶尔会发生于其他物种上。在巴山基犬，这种病症可遗传。

虹膜萎缩是中老年犬的常见病，可能涉及乳头边缘和间质。乳头边缘萎缩导致出现扇形边界和括约肌的衰弱，而这表明瞳孔膨胀和乳头状光反射疲软。间质萎缩会导致虹膜出现严重的缺口以及瞳孔移位。不管何种形式的萎缩都会影响视觉。缺少功能性虹膜括约肌的动物，对光的敏感性会增强。

虹膜囊肿常见于犬、猫和马中。在犬中，虹膜囊肿常伴有瞳孔和后房水状体浮动性色素沉着。尽管对大多数品种犬无害，金毛猎犬前端葡萄膜囊肿（虹膜

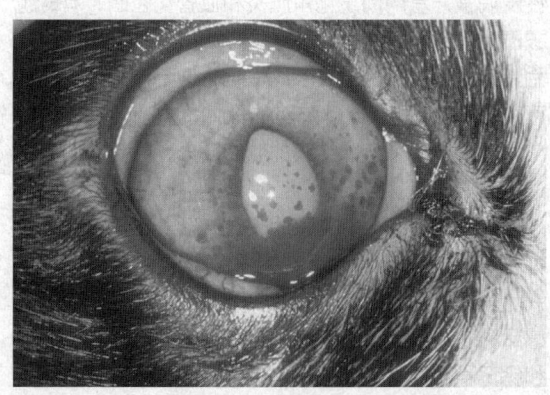

图3-7　前葡萄膜炎继发猫科传染性腹膜炎
（由Kirk N. Gelatt博士提供）

和睫状体）与色素细胞脱落、慢性眼葡萄膜炎、青光眼和白内障有关。囊肿经常会蔓延到瞳孔边缘。在马中，囊肿存在于虹膜间质，并往往会导致蓝色的虹膜。很少有必要治疗该囊肿，但可以进行抽吸和激光诱导排浊。通过透视能判断囊肿的性质，并将其与肿瘤区分开。扩大和囊性背侧黑体可能损伤视力，在马中形成类似虹膜黑素瘤的物质。可以用外科手术和抽吸方法治疗。

虹膜缺损在动物中较罕见，偶见于澳洲牧羊犬。虹膜缺损经常发生在虹膜上部，主要在异色虹膜中，并引起瞳孔的不规则。密切细致的观察可以发现，缺陷包括虹膜的间质和括约肌，但是色素层仍然存在。

当出现急性前葡萄膜炎和虹膜睫状体炎，会出现瞳孔缩小，前房蛋白和细胞增多（房水闪光），眼内压降低，延髓结膜充血，虹膜膨胀，畏光和睑痉挛等症状。可能并发继发性青光眼、白内障和角膜浑浊。后葡萄膜炎和脉络膜炎经常伴随出现。前葡萄膜炎发病的原因可分为外源性和内源性。穿透性和非穿透性的创伤，以及较少发生的眼内肿瘤和眼内蠕虫都是导致单侧眼葡萄膜炎的原因。双侧葡萄膜炎的常见病因包括免疫介导性疾病，传染性疾病，如犬传染性肝炎，猫传染性腹膜炎，猫科动物的弓形虫病，犬和猫的系统性真菌病，犬布鲁氏菌病，马的钩端螺旋体病，牛恶性卡他热，传染性牛鼻气管炎，马病毒性动脉炎，猪瘟，犬埃利希体病，以及幼仔、羔羊、驹等新生仔畜细菌感染（关节、肚脐和肠道）。复发性葡萄膜炎至少会通过免疫介导影响到马（周期性眼炎或复发性葡萄膜炎）和犬（全葡萄膜炎真皮色素脱失或葡萄膜皮肤综合征），对角膜进行彻底的病史检查，包括损伤，物理学检查，血清学检查，眼房水穿刺对培养物、血清学、细胞学诊断有帮助。

非特异疗法包括在黑暗环境下使用表面扩瞳剂维持瞳孔的扩张和运动，外用皮质类固醇（如果是非细菌性炎症）和前列腺素抑制剂（如阿司匹林、氟尼辛葡甲胺或保泰松）。如果是细菌性病因，可使用局部抗生素，全身性抗生素，也可使用眼内抗生素。在治疗免疫介导性引起的炎症的过程中，除了外用皮质类固醇和口服硫唑嘌呤外，还可局部用皮质甾类和口服硫唑嘌呤。

眼前房积血或者前房出血在临床上有多种表现，包括：①局部小的血凝块悬浮于前房内部，或黏附于后角膜虹膜上，或着晶状体前囊上；②弥散性出血遍及整个前房，阻塞更深层次的眼科检查和视觉；③多层次复发性或慢性弥散出血（最老的出血是紫色或黑色的底部前房层，最近的出血是背侧鲜红层）。前房积血的原因包括葡萄膜炎、外伤、眼内瘤、全身性高

血压、凝血因子异常、血小板功能紊乱、高黏血症、先天性眼部异常、前段新生血管和青光眼。治疗前房积血需要完整的红细胞通过房水外流通道排出。

如果能够辨别前房积血的原因并恰当处理，就可以有个良好的预后。复发性和/或慢性前房积血会预后不良，因为会发生继发性青光眼和肺结核延髓。没有药物能够促进前房积血消退，但房内组织纤维蛋白溶酶原激活剂（TPA）能溶解10～14 d内形成的纤维蛋白并释放前房内被阻塞的红细胞。TPA不能阻止以后纤维蛋白的形成，但是局部或全身糖皮质激素可以阻止纤维蛋白的形成。

七、青光眼

青光眼通常是由于穿过前房小梁网或虹膜角膜角的房水流出减少（常规流出，约85%），或者通过葡萄膜巩膜网络的房水减少（经睫状体和巩膜下空间，约15%）。由于人眼中产生过量的房水而导致青光眼的案例很少见，在动物中还未见报道。最近已有报道，人和动物青光眼病例中，房水的组成发生变化，这种变化在疾病的发生和发展中有着重要的作用。

眼内压增高导致视网膜和视神经盘破坏，这是青光眼的特点。人的低眼压性青光眼，其特征在于有正常水平的眼内压，但逐渐出现视神经盘损伤，而这在家畜中还没有得到证明。北美犬中，发生初期（遗传）和继发性青光眼的概率在1.7%左右。双侧青光眼在纯种易感犬中发生的概率是除了人类（0.9%）外，所有动物中最高的。青光眼在猫中发生的概率仅次于前葡萄膜炎和眼内瘤；然而，原发性开角型青光眼发生在暹罗的品种。马的青光眼常常不能确诊，因为压平眼压计并不经常使用；青光眼更易发生在年老动物，常和前葡萄膜炎并发。牛的青光眼和先天性虹膜角膜异常及前葡萄膜炎有关。

处理青光眼的必要诊断程序包括：眼压计眼底检查法（直接或间接），前房角镜检查（前房角和前睫状体裂成像）。较先进的电生理学技术，如图形视网膜电图和视觉诱发电位，视网膜神经节细胞及其轴突的损害评估，这些技术已经成为细胞出现青光眼相关损伤的灵敏度指示器。新的临床高分辨率成像技术，如检测前端变化的超声生物显微镜，检测视网膜和视神经头的变化的光学X线断层扫描，可以进行非侵入性的眼内检查。在一些小动物中，压平眼压计已经取代Schiotz压痕眼压计评估眼内压，其检测结果更准确，技术更先进。在马和牛中，只能使用扁平眼压计。

大多数物种的眼内压是一致的，眼内压随昼夜发生的变化在犬、猫、兔和非人类灵长类动物中有记录

（表3-1）。眼底镜检查能检测出导致视网膜和视神经盘损伤的眼压相关病因。前房角镜检查是所有青光眼的分类的基础，它能够检测出虹膜角膜和巩膜睫状体裂缝流出物变化，而这种变化代表了青光眼病症的进一步发展，该检查还能协助确定合适的医疗和外科手术治疗方法。超声生物显微镜（50～100 MHz），可进一步检查前房角和整个巩膜睫状体裂缝。

临床症状按传统可分为急性和慢性；在现实中，大多数急性青光眼病都是和慢性青光眼相伴发生，而不是单独的病症。大多数患有早期中度慢性青光眼的犬并不进行治疗，因为早期的临床症状——轻微缓慢的瞳孔散大，轻微的延髓结膜静脉充血和眼睛扩大（牛眼或鼓眼），变化都很微弱。早期青光眼监测，应对高风险品种犬定期进行眼内压检查，作为每年体检的一部分。临床上，急性和眼内压水平显著增高的症状包括瞳孔扩张、呆滞；延髓结膜静脉充血、角膜水肿和坚固的眼球。随着眼内压持续增加，激发眼球扩大，晶状体移位，角膜后弹性层（角膜细沟）破裂。疼痛通常由行为上的变化表现出来和偶尔眼眶周围疼痛，而不是睑痉挛。

青光眼分类有助于为临床治疗和视力保护提供最好方法。根据青光眼病症中前房角的闭合程度，选择用医疗方法还是外科手术方法，或者二者结合的方法进行治疗。对于犬的开角型青光眼，通过缩瞳剂，局部和全身的碳酸酐酶抑制剂、前列腺素、渗透的和β-肾上腺素阻断剂进行短期或长期的治疗。这些制剂也可用于狭窄和闭合型青光眼的初步控制，但短期和长期的管理往往需要辅助手术，例如，过滤程序，前房分流，睫状体冷冻疗法。终末期青光眼会导致犬眼积水和失明，对终末期青光眼的短期和长期治疗也需要手术辅助，如巩膜修复术，摘除术，睫状体冷烙术，或者将庆大霉素（10～25 mg）和1 mg地塞米松

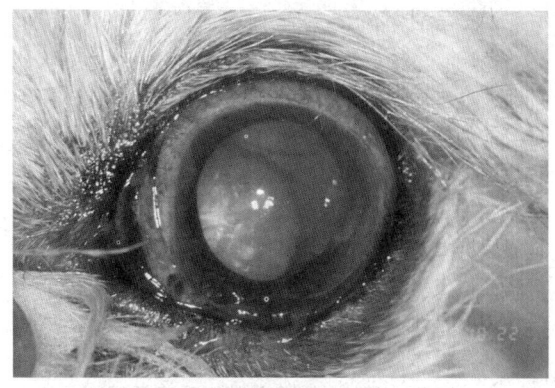

图3-8 犬慢性青光眼
患慢性青光眼的眼球经常脱出和形成白内障。（由Kirk N.Gelatt博士提供）

表3-1 压平式眼压计测量眼内压（IOP）

动物种类	眼压计	眼内压（mmHg）（平均值±SD[a]）
犬	MacKay-Marg	15.7 ±4.2
	Tono-Pen™	18.7 ± 5.5 12.9 ±2.7
	Tono-Vet®	10.8 ±3.1
猫	Tono-Pen	19.7 ±5.6
兔	Pneumatonograph	19.5 ±1.8 17.9 ±2.1
马	Tono-Pen	29.6 ±6.2 23.3± 6.9
牛	Tono-Pen	26.9 ±6.7
羊驼/马驼	Tono-Pen	16.6 ±3.6
猴（氯胺酮）	Tono-Pen	13.6 ± 3.7
短吻鳄	Tono-Pen	23.7 ±2.1
雪貂	Tono-Pen	22.8 ±5.5
大鼠	Tono-Pen	17.3 ±5.3
鹰	Tono-Pen	20.6 ±3.4
猫头鹰	Tono-Pen	10.8 ±3.6

a. 重复数字代表各种动物的不同报告。

混合后注射玻璃体内。犬的外科手术只能提供短期的治疗，因为滤过瘘管最终会结疤而失去作用。最近，前房分流，有瓣膜或无瓣膜，能够得到更好的结果。抗纤维化药物，如丝裂霉素C和5-氟脲嘧啶可能会延迟或阻止因眼房水流出通道交替变化引起的瘢痕形成，延长他们的功能作用。在猫中，主要通过药物进行治疗，包括局部β-肾上腺素阻断剂（小型猫科动物慎用），局部碳酸酐阻断剂，以及和青光眼相关的前葡萄膜炎，可用局部或全身皮质类固激素治疗。在马中，最有效的治疗方法是用激光透巩膜睫状体光凝术单次或反复治疗。

八、晶状体

透明、不含血管的晶状体（由前至后）由晶状体前囊、前皮质、髓核、后皮质及很薄的后晶状体囊组成。晶状体形成于眼睛发育的早期，并附着有基底膜（晶状体前后），使得晶状体蛋白与后期形成的免疫系统相隔离。因此，在以后的生活中，如果这种晶状体囊膜屏障在外伤或手术中被损伤，那么自身免疫系统将会攻击这种"外来"的晶状体蛋白。晶状体的唯一作用就是让不变的光路和图像到达视网膜上。发生病变的晶状体，其透明度将会改变。

白内障是由晶状体或晶状体囊膜不透明造成的，并且与青年犬微小晶状体缺陷和老年犬核密度正常增大（核硬化）有所区别。白内障的分类通常根据动

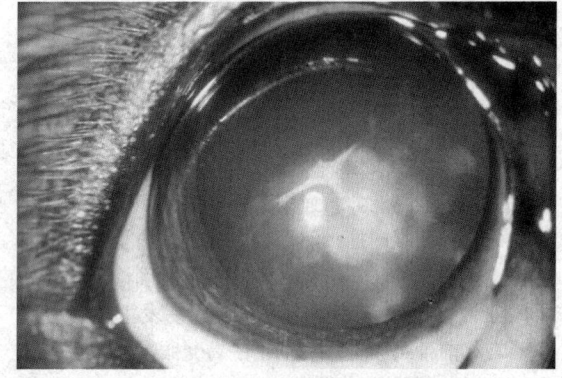

图3-9 白内障，美国可卡犬
（由Kirk N. Gelatt博士提供）

物的发病年龄（先天性、青年、老年）、解剖位置、发病原因、晶状体浑浊程度（刚开始浑浊、不浑浊、浑浊、过浑浊）和晶状体形状。大多数白内障可以通过扩张瞳孔和通过后部反光照相瞳孔区域对绒毡层眼底的检查来检测，也可以用裂隙灯生物显微镜直接检查晶状体。通常情况下，白内障（通常是遗传性）在犬中发病比其他动物更常见（表3-2）。白内障的其他病因还包括糖尿病、营养不良、辐射、炎症和创伤等。在猫和马属动物中，大多数白内障继发于早期的葡萄膜炎症，并且被报道的患遗传性白内障的猫大多数是青年动物。

由糖尿病相关疾病继发引起的白内障在犬中越来

表3-2 家畜遗传性白内障

品　　种	发病年龄	原发部位	遗传类型
犬			
阿富汗猎犬	6～12月龄	赤道部/后皮质	常染色体隐性遗传
美国可卡犬	1～6岁	后/前皮质	常染色体多基因隐性遗传
澳大利亚牧羊犬	2～4岁	后皮质	常染色体显性遗传[a]
卷毛比雄犬	2～6岁	后/前皮质	常染色体隐性遗传
波士顿梗犬	先天性或	后缝/核	常染色体隐性遗传[a]
	青年迟发型	赤道部/前皮质	常染色体隐性遗传
切萨皮克湾猎犬	1岁以上	核/皮质	不完全显性遗传
Entelbucher山犬	1～2岁	后皮质	常染色体隐性遗传
德国牧羊犬	8周龄以上	后缝/皮质	不完全显性遗传
金毛猎犬	6月龄以上	后囊下（三角）	不完全显性遗传
拉布拉多猎犬	6月龄以上	后囊下（三角）	不完全显性遗传
哈威那犬	2～6岁	后/前皮质	可能性常染色体隐性遗传
迷你雪纳瑞犬	先天性	核/后皮质	常染色体隐性遗传
	6月龄以上	后皮质	常染色体隐性遗传
挪威牧羊犬	1岁以上	核/皮质	常染色体显性遗传
英国古老牧羊犬	先天性	核/皮质	常染色体隐性遗传
罗特威尔犬	10月龄以上	后极/全部	未知
哈士奇犬	6月龄以上	后囊下/后缝	常染色体隐性遗传
斯塔福斗牛狸	6月龄以上	后缝/皮质	常染色体隐性遗传[a]
标准贵宾犬	1岁以上	赤道部皮质	常染色体隐性遗传
威尔士激飞猎犬	先天性	核/后皮质	常染色体隐性遗传
西部高地白㹴犬	先天性	后缝合线	常染色体隐性遗传
马			
比利时马	先天性	核/皮质	常染色体显性遗传
摩根马	先天性	核	常染色体显性遗传
牛			
荷斯坦奶牛	先天性	核/皮质	常染色体隐性遗传
泽西牛	先天性	核	常染色体隐性遗传
绵羊			
新西兰罗尼羊	先天性	前/后皮质	常染色体显性遗传

a. 相关突变基因位于HSF4基因。

越普遍。血糖升高会导致眼球内山梨醇积累，提高晶状体的渗透压，导致晶状体吸收水分后发生纤维肿胀，破裂并坏死。通常情况下，如果这种白内障迅速发展，可能会导致晶状体囊膜破裂。白内障手术成功率如同遗传性白内障在犬中出现的概率。糖尿病引起的犬的其他眼部疾病偶尔会出现少量视网膜出血，推断角膜发生病变，并且敏感度降低。当白内障接受充分的自发吸收，一些青年的犬，猫和马可能会重见光明；青年动物的先天性核白内障的大小可能随着晶状体的增长而减小，以使得动物成年后视力得以恢复。

每周2～3次局部眼用阿托品使视觉围绕一个中心或核性白内障，有助于改善白内障不成熟且不完整的动物。但是，唯一有效的白内障治疗方法是手术将晶状体切除。对于犬和马来说，常用超声乳化将白内障摘除，手术在白内障完全成熟和由晶状体确定引起的葡萄膜炎（由晶体组分渗透引起）之前进行产生的效果最好。白内障手术会加剧晶体的葡萄膜炎，并且会导致严重的术后并发症。对于没有进行白内障手术的动物来说，持续的临床监测非常重要。继发引起的晶状体前葡萄膜炎，往往需要长期的监测和反复眼压测量，并且还要不定期进行皮质类固醇及散瞳治疗。可能出现的并发症为继发性青光眼和形成萎缩性眼球。

晶状体脱位（半脱位、前路或后路半脱位）在所有物种中都有发生，但这在几种猎犬品种中作为一个主要遗传缺陷却是很常见的。如果完全脱位进入前眼房会产生急性症状，并常伴有青光眼和角膜水肿。治疗方法是用白内障超声乳化术或囊内晶体摘除术进行手术切除。后脱位进入玻璃体腔则表现为无明显症状，或伴有眼部炎症或青光眼，半脱位的晶状体则表现为出现晶状体新月或虹膜的和晶体的不稳定或颤抖。根据眼部的晶状体移位严重程度来决定是否切除半脱位的晶状体。创伤，眼球扩大的青光眼和退行性悬韧带变化的过熟期白内障也可以造成晶状体的移位。因晶状体移位，手术程序性摘除晶状体后伴发高水平的青光眼并发症和视网膜脱落。

九、眼底

眼底由绒毡层、腹层、非绒毡层、视网膜血管和视神经盘（视神经头或视神经乳头）组成。组织学上，后段结构组成由表及里为：①后极部巩膜；②脉络膜，含有色素细胞，是用来维持外层视网膜高代谢的需要，反光膜用来提高昏暗光线下的视力（肉食动物称为细胞毯，草食动物被称为纤维毯）；③视网膜，由9层神经视网膜和外层视网膜色素上皮细胞组成；④视盘，视网膜神经节神经元在外侧膝状体（视觉）或中脑里视力通过微弱的巩膜筛板孔产生神经冲动［瞳孔对光反射（埃-韦斯特法尔核）或炫目反射（中脑和延髓头端丘）］。

眼底的疾病可以是原发性的，也可以继发于全身性疾病。遗传性异常可能是先天性或后天出现，这对于犬和猫的视网膜病变的发病机制是非常重要的。创伤、代谢紊乱、全身性感染、肿瘤、血液恶液质、高血压和营养缺乏症，对所有动物来说都是可能造成视网膜病变的根本原因。

（一）遗传性视网膜病

牧羊犬眼异常是先天性的，属于隐性遗传，是粗糙和光滑的涂层牧羊犬中变量表达造成的视力缺陷。这种现象也出现在舍得兰牧羊犬、边境牧羊犬、澳大利亚牧羊犬、兰开夏郡猎犬和新斯科舍省鸭寻回猎犬。基本病变是脉络膜或脉络膜视网膜发育不全，眼底镜检查出现大小可变的盲点，视盘颜色苍白。对犬（10%～20%）更严重的影响还能另外造成视神经乳头或乳头旁区域的组织缺损，偶尔会出现视网膜脱落（2%～5%），也可出现眼内出血。如果没发展成视网膜脱落，则不会对视力造成明显影响。

视网膜发育不良是先天性的、有病灶的、地缘性的或广义的视网膜发育不良可能出现于创伤、遗传缺陷或胎儿宫内损伤中，比如3S病毒感染。大多数犬的视网膜发育不良都是遗传性的。特别是在胎儿发育早期，母体感染可能会导致多种眼部异常，比如造成幼猫（泛白细胞减少症），羊羔（蓝舌病），幼犬（疱疹病毒）和犊牛（牛病毒性腹泻）的视网膜发育不良。眼部有病灶和广义上视网膜发育不良的品种的犬被认为是常染色体隐性遗传的性状，具有地缘性，比如美国可卡犬、比格犬、拉布拉多猎犬、罗特威尔犬、约克夏猎犬。视网膜发育不良的病灶可表现无明显症状，或影响中央视力。广义的视网膜发育不良并伴有视网膜脱离，视力障碍或失明遗传了英国激飞猎犬、贝林登更犬、西里汉狸、拉布拉多猎犬、杜宾犬和澳大利亚牧羊犬。其他眼部异常，包括眼球过小和先天性白内障，往往伴随着这些非局限性的病灶。在拉布拉多猎犬和萨摩耶犬，视网膜发育不良可伴有前肢骨骼发育不良（短小）。

渐进性视网膜萎缩（PRA）是一组包括遗传性感光器发育不全和临床表现相似退化的退化性视网膜病变。感光器发育不全作为常染色体隐性遗传特征，一年内就表现出临床症状的犬如爱尔兰雪达犬、牧羊犬、挪威牧羊犬、微型雪纳瑞和比利时牧羊犬。而感光器退化作为常染色体隐性遗传性状，其临床症状在3～5年出现在微型和玩具贵宾犬、英国和美国可卡犬、拉布拉多猎犬、西藏狸、英国激飞猎犬、西藏猎犬、碟耳长毛玩赏小犬、微型长毛腊肠犬、秋田犬，以及萨摩耶中。遗传性PRA是西伯利亚哈士奇x染色体连锁的性状，而对于古英语中说的"猛犬"和斗牛獒，PRA是一种常染色体显性遗传性。许多其他品种的犬也被怀疑有遗传性PRA。在阿比西尼亚猫科动物中，PRA同时出现感光器发育不全和退化。夜盲症在数月至数年内从早期明显逐渐发展到完全失明。眼底病变是双边对称性的绒毡层眼底的反射率增加，非绒毡层眼底色素沉着减少，视网膜血管数量减少，并最终表现为视神经乳头萎缩。视网膜电描记法常被用来调查和诊断该病。很多品种的犬的渐进性视网膜萎缩后期普遍会出现皮质性白内障，这可能掩盖潜在的视网膜病变，而且目前没有有效的治疗方法。但是现在已经开发出血液和颊黏膜为基础的DNA标记和特异性基因测试，可用来检测在临床症状表现出来前隐性带菌和已经被感染的犬。以上品种的犬受到遗传性视网膜退化和致病基因的影响越来越大，有关最新信息需查询最新文献资料。

视网膜色素上皮营养不良（进行性中央视网膜萎缩）出现在拉布拉多猎犬、光滑的粗毛柯利犬、边境牧羊犬、喜乐蒂牧羊犬和伯瑞犬中。这种情况是拉布拉多猎犬遗传了可变外显率的显性性状。早期眼底镜检发现（常在临床症状表现明显前）在绒毡层眼底有不规则色素沉着的小病灶，最终凝聚并褪色，而使得绒毡层的眼底反射率增加。

色素性的非眼底形成斑驳，视网膜血管逐渐减少，以及视神经盘发生萎缩。数年中逐渐出现视力障碍。白内障的形成发生在疾病的后期，目前没有有效的治疗方案。最近的研究表明，维生素E缺乏对本病复杂的发病机制也可能是重要因素之一。类似的情况发生在马中，马的运动神经元疾病出现焦黄棕色区域遍布绒毡层眼底，这也与维生素E缺乏有关。

（二）脉络膜视网膜炎

脉络膜视网膜炎通常是全身感染性疾病的眼部表现，这种疾病易于诊断且能预示视功能，因而非常重要。除非损伤范围大或是累及视神经，否则它通常不易被察觉。疤痕与活动性病变不同，后者呈薄雾状且边界不清。对有全身系统性疾病的动物行常规检眼镜检查能够快速诊断一些特异疾病。脉络膜视网膜炎通常存在于患犬瘟热、全身真菌感染的犬或猫，年轻动物的原藻病，猫弓虫症，结核，细菌性败血症，患感染性腹膜炎的猫，患血栓栓塞性脑膜脑炎的牛，恶性卡他热的牛，猪瘟，以及患细螺旋体和病盘尾丝虫病马。治疗主要针对全身疾病。

（三）视网膜脱落

视网膜脱落发生于大多数种群。犬的视网膜脱落或是视网膜神经上皮层与色素上皮层分离多与先天性视网膜疾病（视网膜发育异常和柯利犬眼部异常）、脉络膜视网膜炎、外伤、眼内手术和眼手段肿瘤相关。猫的视网膜脱落伴发脉络膜视网膜炎，与猫传染性腹膜炎，猫病毒性白血病和系统性高血压有关。马的视网膜脱落多是由外伤、眼内手术和复发性葡萄膜炎引起。

视网膜脱落临床分为非孔源性（浆液性，渗出性，出血性，继发于玻璃体脱水收缩）和孔源性［视网膜破裂（孔或撕裂）］。临床表现有瞳孔散大，瞳孔不均，视力损伤和眼内出血。通过检眼镜诊断。角膜或晶体混浊眼通过眼部超声诊断。

非孔源性视网膜脱落针对原发病治疗。排出视网膜下液和出血，进行视网膜复位。脱落的视网膜会出现各种变性退化。伴有裂孔的孔源性视网膜脱落通常需要进行手术治疗。

十、视神经

视神经发育不全可能受遗传因素影响，如小型贵宾犬、幼猫和犊牛，它可能由在子宫内分别感染猫瘟和牛病毒性腹泻导致。在犊牛中，其原因可能是母体维生素A缺乏造成的。这种病情可表现为单侧或双侧，并可能表现出其他眼部异常。双侧受损表现为新生仔畜失明，单侧受损往往是后天生活中偶然显现，或当另一侧眼睛获得致盲性疾病则会表现非常明显。视神经乳头水肿在动物是不常见的，这往往与眼眶肿物有关。除了患维生素A缺乏症的牛。

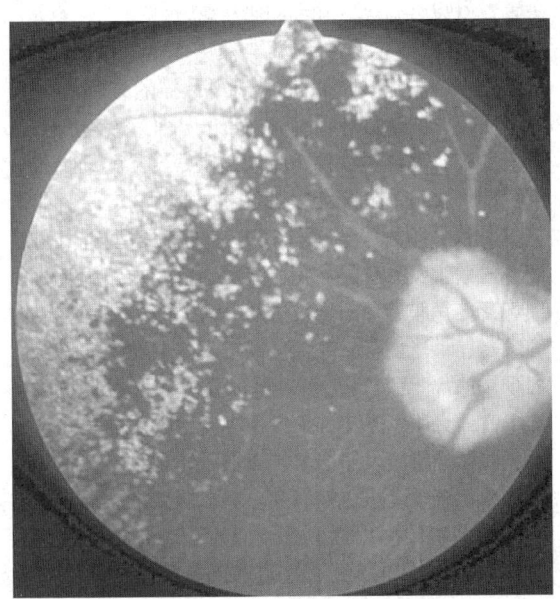

图3-10 犬渐进性视网膜萎缩，早期眼底病变
（由Kirk N. Gelatt博士提供）

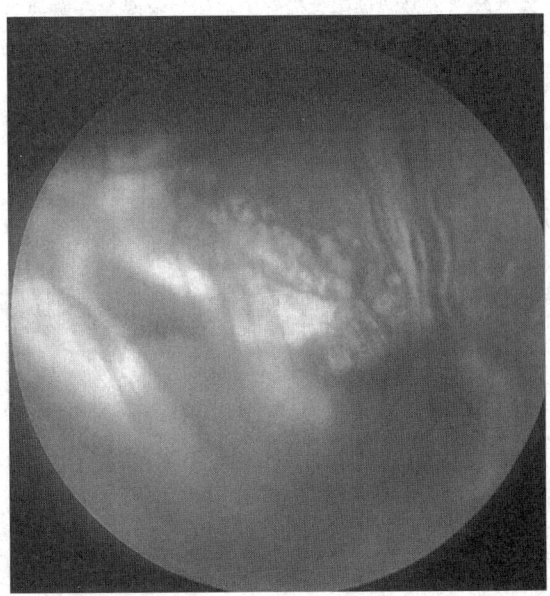

图3-11 牧羊犬幼犬的视神经盘侧面的早期视网膜脱离与出血，并伴有柯利犬先天性视神经异常
（由Kirk N. Gelatt博士提供）

动物颅内压增高通常不会导致视神经乳头水肿。视神经乳头盘出现在相邻视网膜表面上，静脉充血通常不影响视觉成像和光的瞳孔反射，除非视神经发生萎缩。

青光眼、眼外伤、晚年视网膜退化、长期低眼压和眼炎症都可能造成视神经萎缩。此时，视神经乳头盘出现下陷和变的较正常小，而且往往有色素沉着，视神经和视网膜血管明显减少。直接瞳孔反射和视力将同时受损。目前，没有有效治疗方法。

十一、眼眶

眼眶蜂窝织炎的症状为张口时剧烈疼痛、眼睑肿胀、单侧瞬膜脱垂、眼球前突及结膜炎。兔眼症可引起角膜炎，本病主要见于大型犬及猎犬，其他品种犬少见。其他原因，如异物（移行草芒）和颞弓唾液腺炎也可引起发病。眼眶炎症过程与眶内出血和肿瘤具有相似的表现，但后面两种情况张口时并无疼痛感。在急性/严重病例中，常使用全身性广谱抗生素治疗，若最后臼齿后方出现肿胀，则需要在此处引流，同时热敷并局部使用润滑剂以保护角膜。本病可能复发，复发后建议对相邻牙齿、鼻窦和鼻腔进行X线及超声检查。

十二、眼球突出

外伤可引起急性眼球突出或眼球脱出。常见于犬而少见于猫。其预后取决于创伤的程度、犬的品种、眼眶深度、眼球突出的时间、静息时瞳孔大小、角膜暴露的情况及眼周围其他组织损伤的状况。严重的头部创伤常导致猫眼球突出，面部骨折。如果动物的体况允许全身麻醉，应尽快将眼球还纳。可使用全身性抗生素并间隔使用皮质类固醇药物进行治疗，同时使用局部抗生素及散瞳药物。虽不能确保视力恢复如

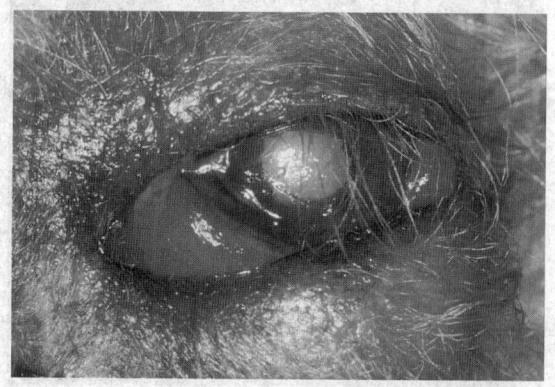

图3-12　犬眼眶蜂窝织炎
眼眶组织的扩张，挤压眼球与瞬膜并影响眨眼反射。（由Kirk N. Gelatt博士提供）

初，但一般情况下眼球得以保存。50%的犬能恢复视力，但猫的视力则很少能恢复。

十三、全身性疾病的眼部症状

动物存在遗传性、感染性、退行性及肿瘤性全身性疾病时，出现眼部症状的情况并不少见。眼科检查有助于及时鉴别全身性疾病。血管和神经系统的疾病可出现眼部症状。应仔细检查双眼均有症状的动物是否存在全身性疾病。

现已证实犬的视网膜发育不良、小眼症及白内障等眼科疾病，与侏儒症、白化病有关。感染性疾病也往往会感染葡萄膜，表现为虹膜睫状体炎、脉络膜炎及全葡萄膜炎。这些症状可由病毒（犬瘟热病毒、传染性肝炎病毒）、立克次体病（埃利希体病、洛基山斑点热）、细菌（犬布鲁氏菌和伯氏疏螺旋体）、真菌（芽生菌、球孢子菌属、组织胞浆菌、隐球菌属和曲霉属）、原虫（弓形虫、新孢子虫、利什曼原虫、肝簇虫）、藻类（绿藻）或寄生虫（犬弓首蛔虫，恶丝虫，双翅目属）引起。可引起犬眼部症状的代谢性疾病，包括糖尿病（白内障形成）、低钙血症（白内障）、肾上腺皮质机能亢进（角膜病变、白内障和视网膜脂血症）、甲状腺功能减退症［干燥性角膜结膜炎、眼内出血、系统性高血压、视网膜脂血症（高脂血症）］。血液和血管疾病可表现为眼内出血、视网膜脱落、继发性青光眼和视神经乳头水肿。转移性肿瘤（如淋巴肉瘤），常影响到葡萄膜，引起葡萄膜炎，表现为持续性葡萄膜炎、明显的眼内肿块、眼内出血、继发性青光眼和视网膜脱落。

猫的全身性疾病，常会累及眼部。眼睑炎常与猫全身蠕形螨（Demodex cati）、猫的某种蠕形螨（D.gatoi）、猫背肛螨（Notoedres cati）（疥螨）、癣菌病及免疫介导性皮肤病有关。通常导致猫科动物传染病的病原体有猫疱疹病毒1型、衣原体、支原体和常见的急性和复发性结膜炎。猫疱疹病毒1型也可引起溃疡性角膜炎、基质性角结膜炎、增生性角膜炎、角膜坏死，角膜睑球粘连及干燥性角结膜炎。猫传染性腹膜炎、弓形虫病、猫免疫缺陷及猫白血病病毒经常表现前/后葡萄膜炎、慢性葡萄膜炎、视网膜脱落及继发性青光眼。老年猫急性视力减退、眼内出血及视网膜脱落通常继发于全身性高血压，并常与慢性肾衰竭或甲状腺功能亢进有关。将血压降低到正常水平有助于解决眼内出血及视网膜脱落，还可能使视力恢复。可选择口服钙通道阻滞剂氨氯地平，剂量为0.625 mg/d。

马的全身性感染性疾病，如免疫缺陷阿拉伯马感染腺病毒病、马流感、马腺疫（马链球菌）、马红球

菌感染、钩端螺旋体病、莱姆病（伯氏疏螺旋体）和沙门氏菌病，可表现为结膜炎、前葡萄膜炎或后葡萄膜炎。将伊维菌素用于眼部，可显著减少盘尾丝虫病，但这会引起前/后葡萄膜炎、视神经乳头周围脉络膜视网膜炎、角膜炎、角膜结膜炎，或结膜侧白癜风。由胃线虫病引起的眼周区域结膜炎性肿块（特别是内眦处），常与蝇柔线虫幼虫（Habronema muscae），鼠绦虫（H. microstoma）及巨口德拉西线虫（Draschia megastoma）的异位移行有关。治疗方案为全身应用伊维菌素。

牛的小眼症、白内障、视网膜发育不良及视网膜脱落可由牛的脑积水及犊牛子宫内牛病毒性腹泻感染引起。羔羊在子宫内感染蓝舌病病毒也会导致同样的眼部缺陷。维生素A缺乏可导致仔猪小眼症、犊牛视力受损及视神经发育不良。维生素A缺乏还会引起成年或青年牛患夜盲症和瞳孔散大，最终造成完全失明。眼底异常包括视乳头水肿、视网膜退行性变化及视神经萎缩。补充维生素A仅可能恢复患夜盲症动物的视力。牛的淋巴肉瘤可以表现为双眼渐进性突出。许多感染性疾病如鼻气管炎、恶性卡他热、血栓栓塞性脑膜脑炎、新生仔畜败血症，可表现结膜炎或前/后葡萄膜炎。欧绵马中毒（鳞毛蕨）、羊的蕨菜中毒（欧洲蕨）、牛的香豆素中毒（草木樨中毒）和牛的吩噻嗪中毒的临床症状为视网膜退行性变性、眼内出血及角膜水肿进而导致失明（见毒理学）。

第二节　衣原体性结膜炎

【病因学和流行病学】 衣原体是专性胞内细菌，存在于上皮细胞的细胞质内。衣原体有着特殊的生命周期，即胞内网状体与胞外原体交替发育，并通过这种形式感染宿主。衣原体科的一些病原菌可引发结膜炎，其中包括衣原体豚鼠气单胞菌（豚鼠）、猪衣原体（猪）、鹦鹉热亲衣原体（禽）和家畜衣原体（牛，羊）。虽然衣原体感染与绵羊和山羊的角结膜炎有关，但曾有研究利用分子生物学技术检测羊衣原体，却未能发现感染与发病之间的明确联系。猫衣原体结膜炎由猫衣原体感染引起，犬感染鹦鹉热衣原体表现为角结膜炎和呼吸困难，需与繁殖场的犬相隔离。沙眼衣原体可使人患沙眼及包含体结膜炎。近年来，人们在患结膜炎的猫、豚鼠、猪和羊眼部的阿米巴原虫内发现了定殖并增殖的副衣原体（Parachlamydia acanthamoebae）。这些副衣原体是否具有致病作用，以及它们和宿主阿米巴原虫是否具有联系目前还不清楚，但最近一项在豚鼠的研究表明，在副衣原体感染与眼部疾病之间存在一定的关联。

本病在猫被称为猫肺炎，但衣原体感染很少真正引起猫的肺炎。患猫出现眼部病变，有时还伴有鼻部症状，如打喷嚏和鼻腔分泌物增多。虽然某些猫群中，猫属衣原体抗体滴度尚可，但在临床上，很少能从健康的猫分离出病原。猫患衣原体结膜炎时一般不到1岁，2～6月龄的猫感染的概率最高。如果患结膜炎的猫年龄超过5岁，则结膜炎由衣原体感染而引起的概率非常低，小于8周龄的猫由于体内存在母源抗体，所以感染概率也相对较小。猫与猫间的直接接触可导致病原体传播，因为猫群中已被感染的猫可从直肠及阴道排出衣原体，但目前尚未证实交配是否会传播该病。目前，有少量证据表明，衣原体可引起猫繁殖障碍及跛行，但并未被明确记载。

豚鼠衣原体感染很容易引起豚鼠的结膜炎，因此该病也被称为豚鼠包含体结膜炎。与猫相似，青年豚鼠，特别是1～2月龄的豚鼠对支原体易感，可能导致亚临床症状的发生，如鼻炎、下呼吸道疾病和生殖器感染，也可能造成雌性豚鼠输卵管炎、膀胱炎和雄性豚鼠的尿道炎。

【临床表现】 健康猫在接触感染猫后，有3～10 d的潜伏期。临床表现包括浆液性或黏液性脓性结膜炎、流鼻涕及打喷嚏。出现鼻炎症状而没有结膜炎的猫感染支原体的可能性较小。早期症状表现为单侧或双侧眼结膜充血、水肿、浆液性分泌物。严重病例会出现第三眼睑内侧滤泡突出。现角膜病变通常非常罕见，如果发生，可能是由于同时感染其他病原，如猫疱疹病毒1型。发病后9～13 d时，病情往往最为严重，2～3周后病情相对缓解。有些猫虽经治疗，但临床症状仍可持续数周，病情反复的病例也并不少见。未经治疗的猫感染数月后仍可携带病原。

被感染的豚鼠可能出现轻度到重度结膜炎，结膜充血、水肿，眼部出现黏液性脓性分泌物。

【诊断】 猫衣原体性结膜炎应与猫疱疹病毒Ⅰ型和猫杯状病毒引起的结膜炎鉴别；而豚鼠衣原体感染应与支原体及其他细菌感染（如"红眼病"）引起的结膜炎相区别。若细胞学检查发现胞浆内存在衣原体包含体，或在细胞培养后分离出衣原体，或对结膜囊试子进行PCR检测发现衣原体DNA，即可确诊该病。在结膜处轻柔刮取，将刮取物涂抹到载玻片上，然后在空气中将其干燥、染色，最后进行细胞学检查。

豚鼠结膜细胞学检查表现为嗜中性粒细胞的炎症反应。衣原体包含体中包含网状体，呈圆形，一般用罗曼诺夫斯基染色呈紫色。包含体一般只可见于早期结膜感染的过程中，有时甚至不会出现。黑色素颗粒和一些眼用制剂的残留可能会被误认成包含体，导致假阳性结果，因此建议用其他的诊断方法辅助检测，以明确诊断结果。患病动物的刮片可用于细胞培养分离衣原体或实验室特异性PCR诊断方法检测。尽管重症期和恢复期的血清学检查已被用来检测衣原体感染的抗体反应，但一般不用于临床诊断衣原体结膜炎。

【预防及治疗】目前已经研制出猫衣原体疫苗，其他动物暂时还没有。虽然猫衣原体疫苗并不能为猫提供完全的保护，但可以降低发病的严重程度和感染率。衣原体感染流行地区的猫舍可以考虑使用。

鹦鹉热衣原体的分离菌株对四环素敏感，可选择强力霉素（10 mg/kg，每日一次）治疗至少4周。全身治疗优于局部治疗，因为也应同时对结膜以外生存的衣原体病原进行杀灭。某些患猫需要6周才能治愈。应对家中所有猫同时进行治疗。阿莫西林-克拉维酸，氟喹诺酮类药物——如恩诺沙星、普拉沙星，均有良好效果，但效果可能不如强力霉素。阿奇霉素疗效不明显。

【人兽共患病风险】在极少数情况下，可从患猫及患病豚鼠的饲养者体内分离出猫属衣原体和豚鼠衣原体气单胞菌。曾有一名免疫力低下的患者，被衣原体患猫感染后出现滤泡性结膜炎的症状。一份检测报告称，一名与200只左右的患病豚鼠共处的人，眼部出现了浆液性分泌物，并检测出豚鼠气单胞菌。从他饲养的猫和兔的结膜囊拭子中也检测到豚鼠衣原体气单胞菌，兔子表现轻度的结膜炎。养成良好的卫生习惯，即在接触患病宠物前后洗手，可降低病原菌感染人类的可能。

第三节 马复发性葡萄膜炎

马复发性葡萄膜炎（ERU）（周期性眼炎、月盲症、马葡萄膜炎）是马最常见的眼部疾病之一，典型病变是在活跃的炎症期后出现不同时长的静止期。在所谓的静止期内，低水平的亚临床炎症可持续存在。无论炎症处于哪个阶段，最终都会导致一些不良的继发性病变，这是造成世界各地的马匹盲眼病综合征的最常见原因。

【病因及发病机制】马复发性葡萄膜炎是免疫介导性疾病，最初由急性葡萄膜炎引起。并非所有患急性葡萄膜炎的马都会发生，但所有具有葡萄膜炎病史的马，在急性发作后至少2年内都有发生复发性葡萄膜炎的风险。特殊的情况和因素下都能造成马的急性葡萄膜炎，比如钝性或穿透性眼外伤、钩端螺旋体病、布鲁氏菌病、马腺疫（马链球菌感染）、盘尾丝虫病、马流感、齿根脓肿和蹄部脓肿。急性葡萄膜炎的发生没有年龄和品种倾向性，但患葡萄膜炎的马中，阿帕卢萨马、温血马和矮种马所占比例很高。虽

然马葡萄膜炎初次发病可在任何年龄段，但通常确诊时间位于4～8岁之间。广泛的调查研究显示，与马复发性葡萄膜炎相关性最高的传染性病原体是钩端螺旋体，特别是血清型为Pomona的钩端螺旋体，但也存在其他血清型。大量研究已经证实，在慢性复发性葡萄膜炎中钩端螺旋体持续存在，但是，钩端螺旋体和复发性葡萄膜炎之间的关系仍然没有明确。

虽然已广泛深入的研究过复发性葡萄膜炎的免疫学基础，但要详细地了解其中的各种因素仍然非常困难。最新研究表明，马复发性葡萄膜炎与遗传及自身免疫疾病有关。综合与钩端螺旋体病的关系，马复发性葡萄膜炎的发病机制似乎与此传染病和遗传因素均有关系。

【临床表现和病理变化】马复发性葡萄膜炎相关的临床症状，包括急性活动性炎症和慢性继发性不利影响。葡萄膜的损伤，导致炎症介质释放，如白三烯、前列腺素和组胺，这些物质反过来又导致前葡萄膜血管通透性增加、血-房水屏障破坏、虹膜括约肌痉挛和睫状体肌肉痉挛。破坏的血-房水屏障使蛋白、纤维和细胞泄漏入水中。这些反应引起急性葡萄膜炎的典型症状：眼睑痉挛、溢泪、浅层巩膜充血、角膜水肿、房水闪辉、前房纤维蛋白沉积和瞳孔缩小。通常情况下，眼前段病变能影响眼后段的可见性。如果可见，后段急性发作的病变可包括的视网膜和/或脉络膜炎性细胞浸润、局灶性或弥漫性视网膜分离和视网膜出血，且继发的炎性细胞或红细胞浸润使玻璃体变得模糊不清。单侧或双侧眼睛都可能受到影响。如果双侧同时发病，一只眼的炎症通常会比另一只眼更为剧烈。

慢性复发性葡萄膜炎表现为角膜瘢痕、虹膜纤维化、瞳孔黑体、虹膜后粘连、青光眼、白内障及眼底的非毯层色素聚集（视网膜退行性变性）。在购买动物前或给动物体检时，应注意对动物进行眼底检查。马的慢性葡萄膜炎很少或根本没有眼前段病变，但根据视网膜退化仍表现出复发性葡萄膜炎。这种马通常有正常或近似正常的瞳孔对光反应，在病程后期之前都没有表现出明显视觉损伤的症状。但是，凡是有明显视网膜变性的马都应作为复发性葡萄膜炎的怀疑对象，具有日后视力受损的潜在可能。

【诊断】以特征性临床症状作为诊断基础，找出发病的根本原因。由于急性发作的葡萄膜炎可以是全身性疾病最早表现出来的病变，所以除了做眼科检查外，还应该做一个彻底的全身检查。全血细胞计数及血清生化通常是必须检查的项目。特定的实验室检测可帮助发现葡萄膜炎发作的根本原因。虽然没有任何证据表明钩端螺旋体的血清学检测和钩端螺旋体抗体

或患病马房水中的钩端螺旋体之间存在相关性，但还是提倡用血清学方法检测钩端螺旋体。检测病原体还可穿刺前房或玻璃，但是这过程可能会导致严重的眼内损伤，通常不建议使用这种方法。

【治疗、预防和控制】 一旦发现病症，应尽快治疗。如果病因确定，使用初步治疗方案治疗。除对病因进行治疗外，或没能找到具体病因时，应该进行激进的治疗，如局部和全身使用抗炎药物来尽可能减轻眼内炎症及其带来的损伤。

常用局部使用甾体类和非甾体类的药物。疗效较好的有：醋酸泼尼松龙（甾体类，1%的悬浮液）、地塞米松（甾体类，0.1%的悬浮液或软膏）、氟比洛芬（非甾体类，0.03%溶液）和双氯芬酸（非甾体类，0.1%溶液）。当选择一种局部应用的甾体类药物时，相比氢化可的松，应优选泼尼松龙或地塞米松，因为氢化可的松角膜性渗透差，对前葡萄膜炎不是一种充分有效的药物。此外，局部类固醇药物的配方会影响药物的角膜透过率及药物向前葡萄膜的运输。正因为如此，乙酸盐和悬浊液制剂优于磷酸钠盐。用药的频率取决于炎症的严重程度，但通常每天用药4～6次。随着病症开始缓解，用药频率可逐渐减低，建议急性炎症缓解后继续治疗一个月。局部使用阿托品（1%溶液或软膏）使患急性前葡萄膜炎马的虹膜括约肌和睫状肌麻痹。这些效应降低了虹膜后粘连发生的概率，并显著减轻睫状肌痉挛引起的疼痛。阿托品每日2～3次局部用药，直到瞳孔广泛扩张。该频率可以降低到每日1次或隔日1次以保持散瞳的状态。虽然大多数马对这样的使用剂量耐受性良好，但仍需要同时对肠道蠕动情况进行监测，因为局部应用阿托品也有可能导致马肠梗阻。

全身使用氟尼克辛葡胺，特别是静脉输注，是最有效的治疗马急性前葡萄膜炎的方法。在确诊给药时，通常初始给药剂量为1.1 mg/kg，之后5～7 d用量为0.25～1.1 mg/kg，口服，每日2次。由于长期使用氟尼辛葡甲胺会对肾及消化道产生潜在的损害，所以一般在初步治疗期后会改换口服保泰松（2～4 mg/kg）。另外，一些马在使用氟尼辛葡甲胺后再使用阿司匹林（25 mg/kg）效果更好。特别是全身性类固醇药物泼尼松龙（100～300 mg/d）、地塞米松（5～10 mg/d）治疗急性葡萄膜炎效果也同样有效，但如果其长期使用会导致动物患蹄叶炎。随着临床症状的严重程度逐渐减轻，口服消炎药物治疗2～3个月后，药物的剂量和频率都可以逐渐减少。如果常见的局部用药不可行，可以结膜下注射曲安奈德（10～40 mg）、甲基泼尼松龙乙酸酯（10～40 mg），或倍他米松（5～15 mg）来提高眼内抗炎效果。这些药品应谨慎使用，因为一

旦注入体内，需要较长时间才能被机体所代谢，若注射后出现细菌感染会出现严重后果，如角膜溃疡。除细菌感染外，不需要全身应用抗生素。

通常，马患有频繁复发或慢性、轻度葡萄膜炎时，需每日（或隔日）口服保泰松或阿司匹林。虽然大多数马适应这样的治疗方案，但是这些药物会对胃肠道和血液系统造成不良影响，长期服药也不利于治疗方案的执行。此外，这些治疗方法往往也不能消除复发的可能性。

为了解决治疗管理方面的问题，可采取外科手术的方法治疗。核心玻璃体切除术的是通过角巩膜缘背外侧后方切口移除几乎全部的玻璃体，用生理盐水或平衡盐溶液来代替玻璃体。理论上这个手术的好处是，在玻璃体内的T淋巴细胞和/或微生物是引起ERU慢性炎症的主要原因。通过除去这些因素，可以减少炎性活动的频率和严重程度。控制ERU的另一个手术步骤是手术中在脉络膜植入环孢霉素，在角巩膜缘背外侧后方制作一个8 mm巩膜瓣，置入环孢菌素A圆盘（直径5 mm）。

要有良好的饲养管理，如有效的扑杀苍蝇，经常更换垫料，定期驱虫并接种疫苗，最大限度地减少与家畜或野生动物的接触，以及排空陈旧的池塘或有沼泽的牧场，保持充足营养可以减少ERU的影响。然而这些措施只有利于个别的马，对ERU临床过程有多大影响仍值得商榷。

第四节　眼丝虫病（吸吮线虫病）

一、大动物眼丝虫病

【病原学和流行病学】 结膜吸吮线虫病是常见的马和牛的寄生虫，可见于包括北美在内的许多国家。泪管吸吮线虫主要感染马；大口吸吮线虫、斯氏吸吮线虫和罗德西吸吮线虫主要感染牛。后者在旧世界（Old world）是在牛最常见且可造成巨大损失的寄生虫，但根据最近的报道，北美已无这种寄生虫感染。在大环内酯类药物如伊维菌素和多拉菌素等合并使用的区域，牲畜感染吸吮线虫患病率有所下降。吸吮线虫属还可发现于猪、绵羊、山羊、鹿、水牛、单峰骆驼、兔、犬、猫（见下文）、鸟和人。

面蝇和秋家蝇是北美的泪管吸吮线虫、大口吸吮线虫和斯氏吸吮线虫传播的媒介。这些蝇类有采食眼分泌物的习性，为该病的传播提供了极好的条件。吸吮线虫属的生命周期是：雌性蠕虫卵胎生，在眼分泌物孵化出幼虫，进入眼分泌物后被蝇类采食，幼虫被蝇摄入后2～4周即可发育至具有感染能力。感染性第三期幼虫主要出现在果蝇的唇瓣，在摄食过程中感染性

幼虫通过物理接触留置于宿主眼表。对于牛，蠕虫的性成熟需要1～4周，泪管吸吮线虫在马身上需要10～11周，这取决于蠕虫的种类。该病全年均有发生的可能性，但是暴发，特别是牛的暴发，通常与温暖的季节苍蝇的活动有密切关系。吸吮线虫属的幼虫可在蝇的体内越冬。感染率一般随着宿主的年龄的增加而增加，但也有一些研究报告指出2～3岁的宿主感染率最高。

【发病机制】 泪腺和其管道是泪管吸吮线虫和大口吸吮线虫最常见的寄生部位；因此瞬膜腺和鼻泪管则减少。斯氏吸吮线虫通常定居于瞬膜的泪管。在角膜的表面及结膜囊内，眼睑及瞬膜下是罗氏吸吮线虫的典型寄生部位，但这些地方有时也可发现泪管吸吮线虫、斯氏吸吮线虫及大口吸吮线虫。在宿主麻醉时或死亡后，线虫发生迁移，也可能在眼眶周围的毛发或皮肤中发现线虫的踪迹。据推测，线虫的锯齿状护膜（尤其是罗氏吸吮线虫）是引起局部刺激及炎症的主要原因。若线虫侵袭泪腺及排泄物管道，可引起炎症及排出坏死性渗出物。泪管及泪囊的炎症在马也有报道。常常发生轻度至严重的结膜炎、眼睑炎。此外，炎症病例还可能发生角膜炎（包括混浊、溃疡、穿孔、永久性纤维化），特别发生罗氏吸吮线虫感染的牛，这些症状更加明显。

【临床表现和诊断】 北美吸吮线虫的特点是，牛和马感染后不表现症状。在手术中或尸检时，偶然会发现。然而，吸吮线虫属感染对于牛并非无害。患牛会出现轻度的结膜炎、过度流泪、局部水肿、角膜混浊、偶尔出现结膜下囊肿。在欧洲和亚洲，吸吮线虫病通常伴随严重的临床症状，包括结膜炎、畏光及角膜炎。特征性症状有慢性结膜炎、淋巴组织增生和浆液黏液性的渗出物。

临床上还没有检测眼线虫成虫的简易可靠的方法。眼部肉眼检查通常可以发现结膜囊内罗氏吸吮线虫的虫体。然而，牛的大口吸吮线虫和斯氏吸吮线，马的泪管吸吮线虫往往位于深部组织，不易看到。可使用局部麻醉剂对眼表进行麻醉，有助于对虫体的检查及治疗。可以用显微镜检查泪液中的幼虫或卵囊。

临床症状有助于鉴别诊断。结膜吸吮线虫病往往会造成慢性结膜炎。对于牛，感染性角结膜炎是一种发病迅猛的角膜感染。马胃虫和胃线虫等的感染性幼虫也会引起眼部病变。这些往往发生于内眦附近，出现隆起、溃疡的肉芽肿，伴随具有特征性的黄色、斑块样"硫黄颗粒"，颗粒直径约1～2 mm。同样，盘尾丝虫属的微丝蚴侵入眼内，也会引起眼部症状。特征性症状是在颞缘的有色素结膜区形成细小（＜1 mm）、隆起的白色结节，这一区域的球结膜

也常常发生褪色。盘尾丝虫病的其他病变还有角膜损伤，包括水肿和角膜基质的点状或条纹状混浊、浅表糜烂，以及从颞缘发散出的楔形硬化性角膜炎。微丝蚴还会影响眼内结构。

【治疗及防治】 滴入局部麻醉药物后，用手术镊将牛罗氏吸吮线虫取出。牛的大口吸吮线虫、斯氏吸吮线虫或马的泪管吸吮线虫也可使用这种方法。大口吸吮线虫和斯氏吸吮线虫建议使用50～75 mL 0.5%的碘和0.75%的碘化钾水溶液对眼部进行冲洗。这种方法对马的泪管吸吮线虫也是有效的。局部应用0.03%腆依可酯或0.025%异氟磷（包括有机磷酸酯）治疗马的泪管吸吮线虫是有效的。同时建议使用抗生素类——固醇软膏对炎症和继发感染进行控制。这些药物对牛的大口吸吮线虫和斯氏吸吮线虫疾病也同样有效。某些全身性的驱虫药对眼线虫也有驱虫活性。对于牛，左旋咪唑（5 mg/kg皮下注射），伊维菌素和多拉菌素（均为0.2 mg/kg皮下或肌内注射）对吸吮线虫有一定效果。伊维菌素或多拉菌素滴剂，0.5 mg/kg的剂量也非常有效。多拉菌素在美国已被批准用于治疗成年牛的眼部线虫。对于感染泪管吸吮线虫的马，单次使用常用驱虫药，包括伊维菌素，通过胃管给药，剂量为0.2 mg/kg，似乎有一定效果。而多次使用芬苯达唑的治疗方案（10 mg/kg，每日1次，连续5天）治疗泪管吸吮线虫病有很好的效果。

灭蝇措施（尤其是面蝇），有助于对牛和马的结膜吸吮线虫的防控。牛在干燥开放式的牧场比在荫庇且有积水的牧场接触的面蝇概率小很多。

二、小动物眼丝虫病

在美国西部的犬、猫、鹿可见加利福尼亚吸吮线虫。在欧洲和亚洲犬、猫、狐狸、狼和兔子上发现了犬结膜吸吮线虫。此外，这两种均为人畜共患。蠕虫是白色的，长7～19 mm，以快速的蛇形运动方式活动。结膜囊、泪管上、结膜和瞬膜及眼睑下有时可见多达100条虫体。苍蝇（家蝇属，厕蝇属）作为丝虫在眼部的中间宿主，在摄食眼部分泌物时将感染性幼虫排放于眼内。

临床症状有：泪液分泌过度、溢泪、结膜炎、角膜炎、角膜混浊、溃疡，极少情况下引起失明。局部麻醉后，很容易通过肉眼观察确诊并用镊子除去虫体。有些成功的病例报道指出，对于感染吸吮线虫属的犬，皮下注射伊维菌素0.2 mg/kg，米尔贝肟（按最低剂量0.5 mg/kg口服，1周治疗2次以提高疗效），或用2.5%莫昔克丁滴剂治疗。眼部使用1%莫西菌素或2%的左旋咪唑溶液或软膏（1%左旋咪唑或4%的甲噻嘧啶）也是有效的。按照0.17 mg/kg皮下注射莫昔克丁作为维持-缓释药物即可全年预防犬结膜吸吮线

虫，同时建议口服米尔贝肟预防心丝虫。

第五节　传染性角膜结膜炎

牛、绵羊和山羊传染性结膜炎的特征是眼睑痉挛、结膜炎、流泪、不同程度的角膜混浊及角膜溃疡。

溃疡性传染性牛角膜结膜炎（IBK；"红眼"）是最常见的眼部疾病，在世界各地的牛种群中均可发现。革兰氏阴性杆状牛莫拉氏菌已被证明是引起IBK病的唯一的病原体。目前，牛莫拉氏菌存在7种不同血清型。大部分牛感染后，眼部症状为轻度结膜炎伴发轻度角膜炎或无角膜炎。主要的鉴别诊断是牛传染性鼻气管炎（IBR），因为牛传染性鼻气管炎也会导致严重的结膜炎，角巩膜缘附近的角膜会出现水肿，但角膜溃疡不常见。支原体属无论是单独感染或与牛莫拉氏菌混合感染均可引起牛的结膜炎。与牛传染性鼻气管炎或其他病菌同时感染会增加感染的严重程度。最近在患传染性鼻气管炎的犊牛眼部发现了一种革兰氏阴性球菌。这种微生物是一种新型的莫拉氏菌的种（牛眼支原体），但它对牛传染性鼻气管炎发病机制有何影响尚不清楚。报道指出，牛眼支原体可引起驯鹿感染性角结膜炎。

绵羊和山羊发生结膜炎或角结膜炎感染时，可伴有鹦鹉热亲衣原体和兽类衣原体感染。非衣原体感染的可能是由立克次体属（结膜科尔斯小体），支原体属（特别是结膜支原体）和需氧性细菌（特别是羊莫拉氏菌）所感染。尽管需氧菌已被分离出来，但是对于山羊，支原体感染仍是最常见的。由于此病人畜共患，在治疗小型反刍动物结膜炎或角膜炎时，应戴手套操作。

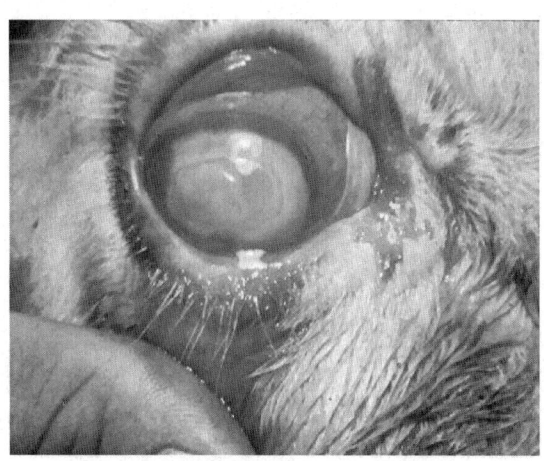

图3-13　牛传染性角膜结膜炎伴有角膜溃疡
（由Kirk N. Gelatt博士提供）

【临床表现】 该病通常是急性的，且蔓延非常迅速。可单眼发病或双眼同时发病。本病的发生与草芒、面蝇、阳光直射、干燥恶劣的环境及运输应激等风险因素关系密切。蝇类可作为牛莫拉氏菌传播的媒介。所有患病动物中，幼龄动物患病风险最高，但任何年龄段的动物均易感。早期临床症状包括畏光、眼睑痉挛及溢泪，随病程加重眼部分泌物变为黏液脓性。通常呈现不同程度的角膜炎和/或结膜炎。绵羊和山羊感染后可出现多发性关节炎。山羊感染后，出现角膜结膜炎的同时还可能发生乳腺及子宫的感染。由于眼部不适及视物困难，动物可能出现食欲下降并难以准确定位食物位置。临床病程通常由数天至数周不等。大多数患传染性鼻气管炎的牛，角膜溃疡愈合后未出现视力损失；但对于某些严重病例，会发生角膜撕裂并永久丧失视力。

【病理变化】 根据病情可出现不同程度的病变。对于牛，通常会在接近角膜的中心区域出现一个或多个小型溃疡灶。起初时角膜溃疡周围清晰透明，但几小时内会出现雾状浑浊，并随时间加重。病变的早期有可能逐渐恢复，也可能更加严重。对于严重病例，48～72 h后，角膜完全浑浊，该眼视力丧失。血管从角巩膜缘处以1 mm/d的速度向溃疡处生长。角膜透光性下降可能由水肿导致（角膜由白色变成蓝色），此为炎性反应过程，白细胞浸润（角膜由乳白色变成黄色）表明该部位发生严重感染。持续性溃疡会导致角膜撕裂。该病在恢复过程中的任何阶段均可能复发。

【诊断】 对于所有动物，均应根据眼部症状及并发的全身性疾病来进行假设性诊断。重要的一点是鉴别所见到的损伤是由于异物还是寄生虫所引起（见大动物眼线虫）。对于牛传染性鼻气管炎，常出现明显的上呼吸道症状和结膜炎，但角膜炎并发角膜溃疡的情况并不多。在发生牛恶性卡他热时，呼吸道症状十分显著且伴发葡萄膜炎及角膜炎。微生物培养有利于进行病原诊断。衣原体和支原体属的培养需要特殊培养基，在采集临床样品前应咨询相关的实验室诊断公司。对山羊的结膜刮片进行细胞学染色可以鉴别出衣原体，但很难识别出细胞内包含体。可以使用PCR技术对衣原体和支原体属进行检测。

【预防及治疗】 良好的管理措施对于减少并阻止感染在牛、绵羊及山羊中传播是非常重要的。在条件允许的情况下应对感染的动物进行隔离。新引进的牛只应进行暂时隔离并对其进行预防性治疗，因为这些动物可能是病原的无症状携带者。阳光中的紫外线照射会加重病情（特别是牛），因此应为动物提供荫蔽的场所。使用除尘袋或使用杀虫剂浸泡耳标，以减少蝇（秋家蝇），因为它们是牛莫拉氏菌重要的传播媒介。

牛莫拉氏菌疫苗可在蝇类纷飞的季节开始前使用。针对牛莫拉氏菌的免疫接种工作，应在预期发病时间提前6～8周进行，使牛可获得足够的免疫力。对于目前市场上现有的牛莫拉氏菌疫苗的功效尚存争议，这是由于不同疫苗所使用的毒株与所发生的莫拉氏菌感染的菌株不同，所能提供的交叉保护作用也不得而知。疫苗可以减少染疫动物感染的严重程度和持续时间。发生牛传染性鼻气管炎的患牛可能对牛莫拉氏菌更加易感，因此对患牛传染性鼻气管炎的畜群，接种疫苗可以减少牛莫拉氏菌的暴发。使用牛传染性鼻气管炎改良活疫苗时可能会出现牛传染性鼻气管炎的暴发；因此在牛运输时必须注意计算接种时间，避免发生这类巧合。接种牛传染性鼻气管炎改良活疫苗后，可能会出现牛传染性鼻气管炎，当患牛眼泪分泌物增多及角膜上皮层受损出现后，牛只间的接触会加快病原的传播，使患病牛并发牛莫拉氏菌及牛眼支原体感染。

牛莫拉氏菌对多种抗生素敏感。由于不同地区的莫拉氏菌对抗生素的敏感性不同，因此建议对细菌进行培养及药敏试验。常用的治疗方法是球结膜下注射青霉素。长效土霉素（20 mg/kg，2次，肌内注射或皮下注射，间隔48～72 h）和托拉菌素（2.5 mg/kg，1次，皮下注射）是目前推荐的用于治疗牛传染性鼻气管炎的抗生素。其他有效的抗生素包括：头孢噻夫的结晶化游离酸（6.6 mg/kg，耳基部皮下注射）和氟苯尼考（20 mg/kg，肌内注射，间隔2 d各注射一次）。单次注射长效土霉素（20 mg/kg，肌内注射）以及苜蓿草颗粒混合口服土霉素（每只2 g/d，饲喂10 d）可有效降低牛传染性鼻气管炎在畜群中的暴发的严重程度。眼部滴剂1天至少使用3次才会有效，因此对畜禽来说费时费力，往往不是有效的方法。眼部局部联合应用三种联抗生素是有效的，即庆大霉素及土霉素/多黏菌素B混合物眼膏。使用第三眼睑遮盖术或局部睑缘缝合术，避免阳光直射角膜及结膜下注射药物，可降低疾病严重程度。将眼罩粘于眼周毛发上也是一种廉价简便的治疗方法。眼罩可为眼部提供遮挡，阻止苍蝇靠近，从而减少病原传播。

对于绵羊和山羊，怀疑发生衣原体和支原体感染时，可选择外用四环素、土霉素/多黏菌素B或红霉素软膏进行治疗。这些治疗方法都能有效地抵抗衣原体或支原体的感染，应该当每日服用3～4次。如果局部给药可行性较差，可改用长效土霉素（20 mg/kg，肌内注射）或将土霉素额外添加到饲料中（每只动物80 mg/d）会更有效果。

动物发生角膜结膜炎继发严重的葡萄膜炎时极其疼痛，需局部使用1%阿托品眼膏，每日1～3次。这将缓解睫状体痉挛时产生的疼痛感并减少瞳孔收缩时发生虹膜后粘连的可能性。因为阿托品会造成瞳孔扩张，所以应为治疗中的动物提供荫蔽的地方。全身性应用非甾体类抗炎药可降低继发性葡萄膜炎的严重程度。

第六节　眼及眼部相关结构的肿瘤

眼部的不同组织及其相关结构可以出现原发性肿瘤及转移性肿瘤。眼部肿瘤在不同的物种中的病理分型、发生频率及严重程度不尽相同，是兽医眼科中一类重要的疾病。

一、牛

牛最常见的眼部肿瘤是鳞状细胞癌及淋巴肉瘤眼眶部浸润。后者由于肿瘤广泛侵袭眼眶组织，会发生渐进性的眼球突出、眼球活动性下降、暴露性角膜炎及角膜溃疡，甚至可能出现角膜穿孔。

眼部鳞状细胞癌（眼癌）是牛最常见的肿瘤。该病引起的牛只死亡造成了巨大的经济损失，降低了生产效率。黄牛的发病率一般比瘤牛高，最常见于赫里福牛，少见于西门塔尔牛和荷斯坦弗里斯兰牛，其他品种也很少。发病高峰年龄主要是8岁，其中畜群实际发病率为0.8%～5.0%。病因较多，包括遗传、日光照射、营养、眼睑色素沉着，也可由病毒所致。最常见的发病区域包括角巩膜缘内外侧，但眼睑、结膜和瞬膜也会受到影响。两侧受影响的程度不同，但可高达35%。眼睑和结膜的色素沉积是可以遗传的，色素

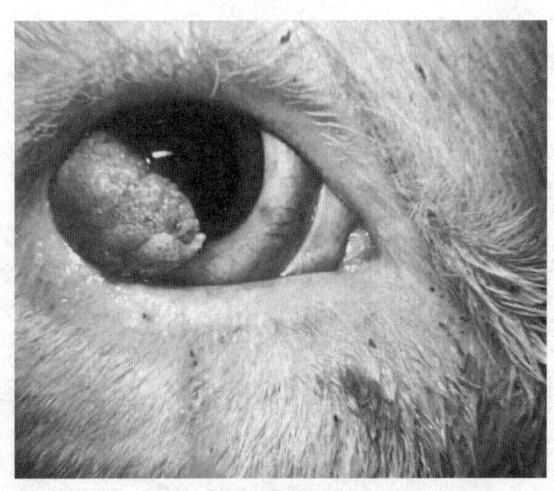

图3-14　牛鳞状细胞癌，角膜-结膜受损
（由Kirk N. Gelatt博士提供）

沉积可以降低鳞状细胞癌的发生的概率，但是对结膜和瞬膜的肿瘤发生概率影响不大。癌变或癌前病变同时发生于双侧或多重病变在同一只眼睛的概率低于28%。紫外线辐射和营养过剩对发病有一定影响。目前已经从肿瘤中分离出牛传染性鼻气管炎和乳头状瘤病毒，但它的重要性尚不清楚。

病变初始通常是良性的，结膜表面光滑并有白色的斑块；之后有可能继续发展为乳头状瘤或鳞状细胞癌，或直接进入恶性肿瘤阶段。眼睑部的损伤开始时通常呈溃疡性或过度角化性病变（皮角）。而在这种良性阶段，约30%的病变可以自发地消退。未侵入眼球的肿瘤体积可能会变得非常大，但侵入到眼球及眼眶，转移至腮腺且引起下颌淋巴结肿大时通常说明肿瘤已处于晚期。由于其临床症状非常典型，通过眼观便可加以怀疑，但确诊需要明确的细胞学压片镜检。肿瘤的眼内侵袭需要与下列情况加以鉴别：创伤或感染性角膜结膜炎对眼内组织造成严重破坏时。

鳞状细胞癌可通过切除、冷冻疗法、热疗、放疗、使用5-氟尿嘧啶局部化疗、免疫治疗或合用上述方法进行治疗。手术切除用于在病灶较小时，或冷冻疗法与热疗之前减小肿瘤体积。可使用角膜表层切除术切除角巩膜缘斑块、乳头状瘤和鳞状细胞癌。在角膜表层切除术移除肿瘤后，使用冷冻治疗、热疗，或永久性结膜瓣后短期内可获得良好效果，但肿瘤在原位或其他位置复发概率约为25%。

晚期病变主要集中于眼球，建议进行眼球摘除术。当相邻的组织也受到影响时，要摘除眼球，并将眼眶内容物一并摘除。免疫治疗仍处于试验阶段，肿块的消退也只是暂时性的。放射疗法广泛用于大动物，但可采用此方法来治疗珍稀的品种。

患病畜群的主人应该留意遗传因素的影响，因此应将患病动物及其后代剔除出种群以降低整体发病率。眼部发生鳞状细胞癌的公牛应及早淘汰。

二、马

对于马，皮肤、眼部及生殖系统的肿瘤最为常见，眼部肿瘤为恶性的概率高达80%。马的眼部肿瘤最常见的发生部位是眼睑及结膜；大部分为鳞状细胞癌或肉瘤。眼眶肿瘤较罕见，通常由眼睑、结膜、窦部或全身性肿瘤（包括淋巴肉瘤）延伸至此。眼内肿瘤非常罕见，通常为恶性黑素瘤。

马鳞状细胞癌最常发生在8~10岁，多发生在无色素或色素沉着较少的的眼睑。阿帕卢萨马及矮种马最容易发生。紫外线辐射是影响发病率的重要因素，因为该病在北美的发病率中，南部和西部的山区较高，而海拔较高或平均阳光辐射量较高的地区发病率

也升高。眼睑、结膜、瞬膜及角巩膜缘等部位易出现溃疡及增生。双侧同时发病较少见（约15%）。发生于瞬膜的鳞状细胞癌相较于其他位置更具侵袭性，更容易侵袭眼眶组织。马眼部鳞状细胞癌的治疗方案与牛相似，但治疗往往更加及时，且更加强调治疗后眼部的美观程度。瘤内注射顺铂（肿瘤组织的平均剂量为0.97 mg/cm³）可使肿瘤成功消退。肿瘤治疗后可能会使眼睑部组织受损而影响美观，所以有必要进行眼睑成形术。使用面罩、口罩可减少眼部紫外线的照射量，但其是否有效仍有待研究，且应在动物幼小的时候就开始使用。

马肉样瘤通常发生于青年马（平均年龄3.8岁），占马全部肿瘤的40%。由于肉样瘤对发病部位局部解剖结构破坏严重，且术后复发概率很高，眼眶部若出现肉样瘤，对该部位的功能及美观影响极大。肉样瘤可分为隐匿型、疣状隆起型、结节型、成纤维细胞型、混合型及恶性型，组织学分型包括神经纤维瘤、神经纤维肉瘤、黏液肉瘤及纤维黏液肉瘤。起初眼睑或眼眦部出现皮下肿块；快速生长并侵袭邻近皮肤，表现为红色、肉样的肿物。本病的治疗方法包括手术切除、热疗、冷冻疗法、化疗、放疗或以上方法的合用。手术切除肉瘤后，局部瘤体的快速生长可能会先于伤口愈合出现。使用BCG苗（bacille Calmette-Guérin）作为免疫增效剂增强细胞免疫系统的免疫疗法通常有效（约70%）。通过手术缩小瘤体后，将制备的BCG制剂（7.5 mg纯化的细胞壁提取物悬浮于10 mL生理盐水）直接注入到余下的瘤体中（每点注射2 mL），间隔2~4周重复注射，直到肿瘤消失。治疗前后全身应用类固醇和抗前列腺素药物可能会降低全身性过敏性反应的发生率。使用铂铱护套的γ放射治疗效果良好（95%），但操作并不方便，通常治疗所需的总剂量为7000~9000 rad（rad，拉德，吸收剂量单位，量1 rad=10^{-2} Gy，译者注）。

三、犬

对于犬，最常见的眼部肿瘤是眼睑肿瘤。对于老年犬，睑板腺腺瘤和腺癌最为常见（60%）；当影响美观或对眼部出现刺激症状时，最有效的方法是手术切除。睑板腺癌（皮脂腺）是局部侵袭性且组织学恶性程度均较高的肿瘤，但根据目前资料看来不易转移。恶性黑素瘤，表现为眼睑缘或眼睑内的黑色素沉积的肿物，治疗方案为大范围手术切除。其他常见的眼睑肿瘤包括组织细胞瘤、肥大细胞瘤和乳头状瘤，此时需要对肿瘤进行活组织切片检查，以确定最佳的治疗方法及判定愈后。

眼眶肿瘤的患犬会出现眼球突出、结膜及眼睑肿

胀、斜视及暴露性角膜炎等症状。眼球无法推回，通常不痛。由于约90%的肿瘤是恶性的，75%的肿瘤发生于眼眶内，长期生存的预后较差。最常诊断出的肿瘤包括骨肉瘤、纤维肉瘤及鼻腺癌。在外科手术切除或放射治疗前，应通过组织学检查、体格检查、头部影像学检查（包括X线断层扫描、磁共振检查）、超声检查以确定肿瘤侵袭的范围。手术摘除眼球及眼眶组织（包括部分眶骨）可降低复发概率，但犬术后外形并不美观，短毛品种尤其如此。本病预后不良，诊断为本病时25%～40%的犬被安乐死。手术切除（结合或不结合化疗），可将生存期延长至6个月以上。

角膜和角巩膜缘肿瘤在犬较为罕见，经常与柯利犬的结节性筋膜炎及增生性角膜结膜炎相混淆。角巩膜缘或眼表的恶性黑色素瘤为局灶性，通常为浅表、色素化的肿物，可自角膜表面扩展至眼球赤道部。经过近距离的眼内检查，包括前房角镜检查和B超（横向）检查，可检测出肿物是否穿透巩膜；通过部分或全层切除并进行巩膜移植、冷冻疗法、激光光凝通常可以获得成功。如果肿瘤已侵袭至眼内，应进行眼球摘除术。

黑色素瘤是最常见的葡萄膜肿瘤，通常是色素化的、影响虹膜及睫状体。脉络膜黑色素瘤在人常见，在犬罕见。前葡萄膜黑色素瘤临床症状包括明显的肿胀、顽固性虹膜睫状体炎、前房积血、青光眼及疼痛。黑色素瘤可分为黑素细胞黑色素瘤（80%～90%）和恶性黑色素瘤（10%～15%）。黑色素瘤转移比较罕见（＜5%）。睫状体腺瘤及腺癌是前葡萄膜最常见的上皮肿瘤。临床症状包括前房积血、青光眼，虹膜后和瞳孔内可见无色素的肿块。源于神经外胚层的肿瘤非常罕见。最近对于虹膜黑素瘤的研究显示，对于青

年拉布拉多犬，通常使用摘除术进行治疗。有关虹膜黑色素瘤的最近研究表明，尤其对于年轻的拉布拉多猎犬，非侵入性的二极管激光光凝术可能有较好的效果，且必要时可进行重复治疗，避免了眼球摘除术。

继发性葡萄膜腺癌相对较为罕见，可由多个位于远端的原发位点转移至此。其他肿瘤如传染性性肿瘤及血管肉瘤可转移到前葡萄膜。淋巴肉瘤经常侵袭前葡萄膜及其他眼部结构，双眼可同时发病。对于眼内淋巴瘤可尝试局部和/或全身应用抗炎药物，并按一种或多种抗淋巴瘤治疗规程进行治疗［如威斯康星州（WI）的麦迪逊市（Madison）或动物医学中心使用环磷酰胺、泼尼松龙、长春新碱和/或阿霉素的混合物］，但对于眼内及全身同时发生淋巴瘤的犬来说存活时间通常会缩短。

四、猫

猫患眼部肿瘤的概率低于犬。约2%的患猫出现肿瘤，这些猫中，2%为眼部肿瘤。眼睑及结膜肿瘤是最常见的原发性眼部肿瘤。这些肿瘤通常呈恶性，且猫比犬更难治疗。鳞状细胞癌，多见于眼睑缘无色素的白猫，发病范围包括眼睑、结膜及瞬膜；肿物常为粉色、粗糙、不规则的肿块或增厚的溃疡。其他较常见的肿瘤包括腺癌、纤维肉瘤、神经纤维肉瘤及基底细胞癌。治疗方法根据肿瘤的类别、位置和大小而不同，包括手术切除、放疗和冷冻治疗。这些恶性肿瘤通常预后不良，生存期仅有1～2月。

猫最常见的原发性眼内肿瘤是弥散性虹膜黑色素瘤，表现为虹膜表面不规则地、逐渐扩张地渐进性色素沉着。由于虹膜角膜角梗阻会继发青光眼，在本病后期会观察到出现牛眼，即瞳孔异常。当肿物生长迅

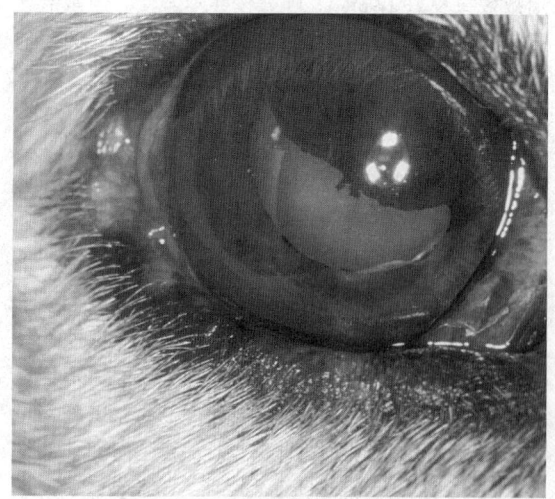

图3-15 犬虹膜睫状体黑色素瘤
（由Kirk N. Gelatt博士提供）

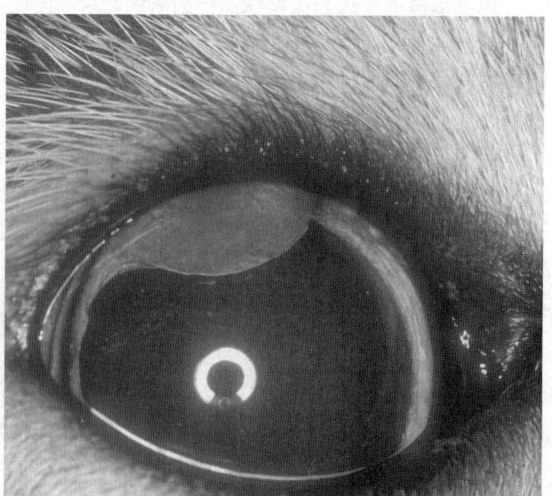

图3-16 猫淋巴肉瘤-白血病综合征，清晰的团块
（由Kirk N. Gelatt博士提供）

速或肿物造成瞳孔异常（即影响虹膜角膜角）和/或引发青光眼时，建议进行眼球摘除术，这是因为这类病例非常容易出现转移。

创伤后眼内肉瘤通常发生于老年猫，而这些老年猫常存在以下病史：慢性葡萄膜炎、眼内损伤或眼内注射过庆大霉素。临床症状包括青光眼、眼球痨或慢性葡萄膜炎。还可能出现眼内新软骨或新骨生成。治疗方面通常建议早期进行眼球摘除术。

猫眼部淋巴肉瘤–白血病综合征（FeLLC）引起的肿瘤是猫最常见继发性眼部肿瘤。患本病的猫可出现包括单眼/双眼的单纯眼部损伤至严重全身性疾病在内的各种症状。角膜异常可包括角膜炎、水肿、血管新生、角膜浸润及基质层出血，还可出现溃疡性角膜炎。肿物可出现于眼眶、眼球、结膜及眼睑等部位。可能出现的瞳孔异常包括瞳孔散大、瞳孔大小不等、瞳孔痉挛综合征、D型或倒D型瞳孔、瞳孔对光反射消失等，这些症状可能在其他症状出现前几个月时便已出现。前葡萄膜炎也是本病的特征性症状。其他症状还有低眼压、虹膜色素颜色发生改变、角膜后沉着物、前房积血、虹膜前/后粘连、瞳孔收缩及房水闪辉。眼后段出现的症状包括视网膜出血、血管扭曲扩张、围管现象、视网膜脱落或视网膜退行性变性。目前对猫眼部淋巴瘤的治疗方面的研究数量较少，但感染猫白血病病毒并出现眼部淋巴瘤的猫整体存活率偏低。

第七节 耳聋

耳聋常见于犬和猫，即对声音的感知消失，听力下降，在其他种类动物较少见。耳聋可分为是遗传性、获得性、神经性或者传导性。

遗传性耳聋，通常见于具有花斑纹或陨石基因的犬和白色被毛的猫，单耳或双耳发生耳聋，常与蓝色眼睛和白色色素沉着有关。在马、牛、猪和其他种类动物中也会发生与色素相关的耳聋。与色素相关的耳聋是犬和猫耳聋最常见的原因，鉴别诊断时应首先考虑有白色色素沉着的动物。在出生1～3周后，由于耳蜗血管纹的退变，通过色素基因抑制了黑色素细胞，从而导致蜗球囊神经元变性。如果不进行脑干听觉诱发反应（BAER），可能不会检测到单侧耳聋的动物，但如果用于繁殖，这将会增加耳聋遗传给后代的风险；遗传并不是简单的常染色体显性遗传。

根据报道，90多个品种的犬易发生先天性耳聋（通常为遗传性），尤其多见于带有花斑纹品种的大麦町犬、牛头狻、澳大利亚牧牛犬、英国雪达犬、英国可卡犬、波士顿狻、帕尔森罗塞尔狻和携带陨石基因的不同柯利犬和牧羊犬。白色的猫（白色显性基因），特别是蓝眼睛的猫具有较高的耳聋发病率，但暹罗品种的蓝眼猫，并没有受到影响。基因分型可通过陨石基因来测试携带者，但现在对于猫和犬还没有DNA测试用来确定遗传性耳聋的携带者，所以BAER测试和选择性育种是仅有的方法，可用于减少品种的患病率。在动物上没有任何迟发性遗传性耳聋的证据。

传导性耳聋是由于到达耳蜗的声音受到阻碍或减少造成，常由化脓性中耳炎、慢性外耳道炎、耳垢增多造成，由于耳膜破裂或听小骨损伤造成的耳聋较少见到。解决耳道阻塞或组织损伤问题后可恢复听力。中耳炎的恢复需要数周时间，同时自身免疫会吞噬感染残留物。原发性分泌型中耳炎（胶耳）易发生于查理士王小猎犬，会产生持续性传导性耳聋，可通过鼓膜切开术或鼓膜置管来进行治疗。

感觉神经性耳聋是由于耳蜗神经细胞减少而造成，在哺乳动物体内不可逆。子宫内感染或毒素、内耳炎或脑膜炎、机械性或噪音损伤、耳毒性、麻醉、肿瘤或老化（老年性耳聋）都可导致获得性感觉神经性耳聋。损伤可为是双侧或单侧、局部或完全。内耳炎会经常伴随着前庭的神经迹象，如歪头转圈。犬暴露于巨大撞击声比如枪声，可发生累积性听力丧失，而这些现象最初常常会被人们忽视。观察到猎犬或受过训练的犬发生此病时，对主人的命令听觉距离缩小了一半甚至更多。

多种药品和化学制品具有耳毒性和前庭毒性反应，特别是氨基糖苷类抗生素（庆大霉素、卡那霉素、新霉素、链霉素）、水杨酸盐、利尿药、消毒剂（洗必泰）。毒性为永久性。最常见的是氨基糖苷类抗生素毒性通过活性氧自由基发生作用，人医研究表明，与阿司匹林或N-乙酰半胱氨酸合用能够改善其毒性；但暴露于毒性后进行治疗，其治疗价值还未知。先听不到高频声波，治疗停止后的数周中逐渐表现出毒性作用。接受全身麻醉进行牙科或耳道清洁的犬，清醒后偶尔会发生双侧耳聋，但其作用机制不明。除了口腔和耳朵，对身体其他部位进行操作时，很少有毒性报道，麻醉操作后出现单侧耳聋的报道也没有。

许多老年动物发生老年性耳聋。先听不到高频声波，而后所有频率的声音都会逐渐发生听力丧失。听力丧失会急性发作，这是听力丧失已发展一段时间后最终失代偿的一种反映。患病率没有性别差异。动物发病通常是在生命周期的最后三分之一，如果动物的生命有足够长的时间，可发展成完全性耳聋。

单侧耳聋的动物几乎无表现，主要表现为无法定位声音来源和通过健康耳定向，但许多患犬能很快进行听力补偿，不表现出临床症状。单侧耳聋动物保持双侧定向耳廓运动。双侧耳聋的动物对于声音的刺激不会作出回应，但对其他感觉（如视觉和振动）会更加灵敏。考虑到耳聋患犬常有较差的生活质量，以及饲养患犬需要担负的责任，比如聋犬容易受到惊吓而发生撕咬，通常饲养者会对耳聋发病率高的品种的犬尤其是双侧耳聋的犬施行安乐死（或对单侧耳聋患犬进行绝育/去势术）。可以饲养双侧耳聋患犬，但这需要比饲养正常犬付出更多。建议耳聋犬的主人保护其宠物，免受未知危险，例如机动车辆的伤害。

进入晚年后失去听力的犬可以较好地适应这种情况，但有时会表现出暂时的行为表现，类似人类的耳鸣。目前没有证据表明耳聋动物在耳聋状态下，会在其他方面出现疼痛或不适的状况。

在转诊中心鉴定耳聋最准确的方法是BAER测试，但在临床方面，通常应用测试方法。观察动物对其视野之外的声音刺激的反应。这种方法的限制包括不能确定动物是否为单侧耳聋，它是否能够通过其他感觉检测到刺激，应激动物反应迟钝，以及动物对重复刺激失去新鲜感之后不作出反应。给予一只沉睡的动物听觉刺激，而这种刺激不影响其他感觉，如果这只动物没有苏醒的话，说明该动物为双侧耳聋。

耳镜检查外耳道和鼓膜，对鼓膜大疱进行放射学检查，以及神经学检查可以揭示出耳聋原因，尤其是传导性耳聋，这种耳聋对适当的药物或手术治疗有反应。早期治疗耳毒性可减少或逆转听力丧失，但通常不会成功。一旦发生感觉神经性耳聋则不可逆，同时其耳聋原因无法确定。白色色素沉着品种的先天性耳聋几乎都是遗传性耳聋。

第八节　耳廓疾病

各种皮肤病均会影响耳廓。很少数情况下，皮肤问题仅影响耳廓，或者耳廓是最初的发病部位。正如所有皮肤病一样，只有通过完整的病史、全面体检和皮肤检查，以及仔细筛选和评价具体诊断测试结果才能得出可靠的诊断结果。

一、耳廓皮炎

寄生虫的叮咬或者与之相关的超敏反应可引起耳廓部位的皮炎。蜱对其附着部位有刺激作用，可在耳廓或耳道内会找到。棘突耳蜱（耳部棘蜱）在美国西南部地区，美洲南部和中部，非洲南部和印度均被发现，是一种软蜱，幼虫和若虫常寄生于马、牛、绵羊、山羊、鹿、兔、猫和犬的外耳道。患病动物临床

症状包括摇头、摩擦头部或耳廓下垂。应对动物和环境都进行相应的治疗或处理。除虫菊酯/拟除虫菊酯类产品治疗有效。

二、蝇蛆病

这种全球范围内的问题由刺蝇，即厩螫蝇引起，可感染犬和马。蝇叮咬引起小丘疹和中心出血外结痂皮的小脓疮，十分瘙痒。通常在立耳犬的耳廓尖端，或垂耳犬的耳廓皱褶面发现皮肤损伤。对于马，这种蝇类可以引起超敏反应或严重皮肤炎，除了耳廓皮肤受到影响外，还会影响到躯干背侧和/或腹侧、面部皮肤。治疗措施包括使用驱蝇剂，通过清洁环境（厩肥，堆肥等）来控制蝇的数量，以及使用杀虫剂等。

三、马耳蚀斑

这些斑块由乳头状瘤病毒引起，也被称为乳头状棘皮瘤或耳乳头状瘤。黑蝇（蚋属）是可能的传播载体。该蝇在黎明和黄昏时活跃，攻击马的头部、耳朵和腹部。在临床上，病变的特征是脱色、过度角化、丘疹融合，以及出现耳廓凹面的局部斑块。通常两侧耳廓都受到影响。类似的病变少见，有时可能会出现在肛门周围和外生殖器。损伤通常无症状，但在某些情况下，蝇虫叮咬的直接损伤会引起皮炎和不适。在组织学方面，损伤特征是轻度乳头表皮增生和显著地角化过度。可能表现在表皮出现透明角质颗粒增大、中空细胞症和黑色素过少表症。在电子显微镜下可见细胞核内的病毒颗粒。目前，尚无记载的有效治疗方案。有单例报告表明，咪喹莫特乳膏在治疗耳斑方面有效；但由于药物诱发严重的炎症反应，同时大多数马还需要镇静作用，导致这种治疗方法很难使用。推荐的治疗方案包括应用咪喹莫特，每隔一周，每周2～3次。在蝇虫繁殖时间，频繁使用驱虫剂，厩舍内饲养马匹，可减少马不适并防止复发。损伤不会自行消退。

四、蚊虫叮咬过敏症

对于蚊虫叮咬的过敏反应可引起耳廓和鼻部的溃疡和结痂，少发生于猫的肉垫和眼睑。病变从丘疹发展到斑块，再到结痂溃疡，影响广泛。患畜瘙痒程度不定，可能发生局部淋巴结病。在组织学方面，病变特征是严重的浅表和深部血管周围间质嗜酸性粒细胞性皮炎，往往与毛囊炎、疖病相关。鉴别诊断包括天疱疮、疱疹病毒溃疡性皮炎、其他原因引起的嗜酸性粒细胞性皮炎（食物过敏、特异性反应、自发性）、疥螨和皮肤真菌病。治疗包括室内饲养动物，在接触蚊虫之前使用除虫菊酯剂。严重情况时可能需全身用

糖皮质激素（另见蚊虫）。

五、螨虫感染

疥螨属的疥癣虫和背肛螨引起的螨虫类感染，常见于世界各地的猪、犬、猫（另见螨病）。在美国，马、牛、羊很少发生疥螨病，是一种强制申报疾病。丘疹发展，逐步剥落、结痂，耳缘和身体其他部位的表皮发生脱落。瘙痒严重。通过直接接触受感染的动物或受污染物传播。根据临床症状、接触史和在多点刮皮检查中发现螨虫进行诊断。由于螨往往很难找到，刮皮检查没有检出螨虫并不排除感染该病的可能。如果怀疑感染螨虫，应给予治疗。在疥癣患猫，很容易从其皮屑中发现螨虫。治疗方法包括石硫浸泡剂（对于所用品种都安全），每5天使用一次，进行3～5疗程，杀虫剂如双甲脒（仅用于犬），每隔两周2～3疗程，伊维菌素200～300 mg/kg，每1～2周2～4次治疗。对小动物使用石硫浸泡剂或双甲脒治疗，治疗效果不一致；因此，这些局部用药并不适宜进行治疗试验（即在皮肤刮皮中没有发现螨虫）。

伊维菌素广泛用于治疗犬疥螨，并已被用于治疗猫的疥螨病，但未被美国FDA批准用于这些适应证。因此，应谨慎使用，并需要特别告知畜主该药的遗传毒性。一些品种的犬对伊维菌素敏感，包括柯利犬、喜乐蒂牧羊犬、澳大利亚牧羊犬、英国牧羊犬、长毛惠比特犬、罗恩牧羊犬、丝毛猎风犬、老式英国牧羊犬等。对这些品种动物使用伊维菌素之前，应对MDR1基因进行基因突变测试，该基因可编码多药转运P糖蛋白（目前在华盛顿大学可进行该检测）。口服米尔贝肟治疗犬疥螨病安全且有效，但该药并不被美国FDA批准用于此目的。推荐的治疗方案是每周4次，每次2 mg/kg。塞拉菌素在治疗犬疥螨病方面也有疗效。推荐方案是使用4次，每次使用间隔2周。螨虫可以离开宿主生存一定时间，因此也应对所有寝具、刷子、食物及污染物进行处理。由于螨虫感染具有传染性，建议对所有接触过的动物给予治疗。

非潜穴性痒螨会引起马瘙痒性外耳炎。马匹表现出摇头、耷耳等。一般在皮屑或耳渗出物中发现螨虫来进行确诊，但有时可能很难在耳道内找到螨虫虫体。在一些地区，动物痒螨病属于强制申报疾病。伊维菌素每次200 mg/kg，每隔2周用2次。

六、耳廓脱毛症

犬的几种耳缘皮肤病特征是脱毛。小型贵宾犬周期性耳廓脱毛，其特征是耳部凸面两边渐进式脱毛。脱毛是急性发病，持续数月，但可能会自发性重新长出毛。无其他临床症状。无需治疗。

在腊肠犬、吉娃娃犬、意大利灵猩犬和惠比特犬有耳廓脱毛的报道，可能具有遗传倾向。发病年龄小于1岁。损伤由被毛变薄开始，到8～9岁逐渐发展成耳廓完全脱毛。其他常受影响的部位包括颈部腹侧、胸部，还有大腿内侧近尾部。脱毛无症状。需要和耳廓脱毛进行的鉴别诊断包括内分泌疾病（如甲状腺功能减退、肾上腺皮质机能亢进、性激素失调）。在组织学学方面，皮肤正常、毛囊减少，但外观正常。尚无有效治疗的报道，但给予己酮可可碱（10～15 mg/kg，每日3次），褪黑素（小型犬 3 mg，大型犬 6 mg），同时局部使用米诺地尔有助于治疗。

七、耳缘皮脂溢

多见于腊肠犬，其他耳廓下垂的犬也可能受影响。病变通常在两耳耳尖部，但也可能发展到整个耳部边缘。原因不明。病变呈现蜡样灰色到黄色黏附在毛干基部。毛接头处易脱落，留下皮肤光泽表面。严重时耳缘浮肿，裂开。组织学病变包括严重的角化过度、毛囊角化、扩张的毛囊充满角质碎片。鉴别诊断包括疥螨、耳廓脱毛、增殖性血栓血管坏死、真菌感染和冻疮。尤其是真菌感染，可能导致犬、猫、马耳廓皮炎，但是通常不涉及耳缘，身体其他部位一般也都受到影响。治疗包括皮脂溢洗浴剂（如硫黄、水杨酸、过氧化苯甲酰），去角质产品，琥珀辛酯磺酸钠和能够帮助异常角质化过程恢复正常的全身性药物（例如，维生素A和合成的类维生素A、必需脂肪酸）。发生严重炎症和裂缝时，外用或口服糖皮质激素和己酮可可碱（10～15 mg/kg，每日3次）可能有效。

八、接触性皮炎

耳廓凹面无毛，常会受到接触性皮炎的影响。外用耳部药物，特别是那些含有氨基糖苷类和/或丙二醇，一般治疗动物外耳炎。病变可能在治疗后的1～7天发展。接触性皮炎也可能由于药膏涂在耳廓凹面而引起。临床症状包括红斑、水肿、丘疹，可能融合形成斑块、糜烂和/或溃疡。患畜表现出不同程度的瘙痒和疼痛。由于很少有确诊，故不建议使用药物。推荐的治疗方案是停止使用所有外用药物。因为大部分药物都有相同赋形剂，因此不建议改变成另一种不同的外用药。

九、皮脂腺炎

这种病在犬和猫并不常见。病因不明，某些易感犬种会患此病，这表明基因起到了重要作用。发病机制包括细胞介导的皮脂腺免疫破坏；腺导管角化紊乱，导致腺体阻塞和继发炎症；皮脂腺组织缺陷，导致脂质渗漏和异物反应；或脂肪代谢异常，导致腺体破坏。易感犬种包括标准贵妇犬、秋田犬、萨摩耶犬；但其他品种犬也可能受到影响。病变通常影响耳廓，前额、面部和躯干背侧，其特征是脱毛和毛干上有黏附鳞屑的管型。品种不同，临床特征和严重程度也不同。瘙痒常伴有不同程度的继发性细菌感染。组织病理学研究中发现包括在之前的腺体和角化的毛囊处，出现弥漫性皮脂腺缺乏，肉芽肿到化脓性炎症。目前，治疗皮脂腺炎最有效的方法是口服环孢素（5 mg/kg）。口服维生素A或合成的类维生素A（如异维A酸、阿维A酸）可能在某些情况下有效。当情况不严重，或当畜主在意成本，和/或与环孢素或类维生素A发生不良反应时，可选用四环素和烟酰胺类药物联合用药。所有情况都可用缓解性治疗，包括去角质洗液、软化剂、ω-3和ω-6脂肪酸。使用药用洗液洗浴前2~3 h，用丙二醇水溶液喷于动物皮毛上，用来软化附着的皮屑。

十、耳血肿

在犬、猫、猪的耳廓凹面出现大小不等的充满液体的肿胀。病变的发展机理尚不清楚，但是总是涉及瘙痒引起的摇头或耳部划伤。犬出现此状况被视为特应性和食物过敏，其中耳道是原发性过敏炎症部位，瘙痒和继发感染。猪耳内出现疥癣、虱和食物（来自高架的送料机）可能是引起摇头的原因，从而导致耳廓血肿。其他猪的咬伤也可能出现问题（另见坏死性耳部综合征，如下）。治疗方法是手术引流。引流和冲洗后，留置褥式缝合，消除囊肿。使用乳头管、软尿管或静脉注射导管作为额外的引流管，提高手术成功率。引流和糖皮质激素滴注成功案例达50%。引流最好用静脉导管连接。缓慢滴入糖皮质激素至充满管腔而不造成皮肤扩张。短疗程通常口服低剂量糖皮质激素抗炎药进行治疗。

十一、猪耳坏死综合征

患耳坏死综合征（耳坏死、坏死性耳皮炎）的猪有单侧或双侧耳廓坏死，猪一般发展为化脓性关节炎或死于继发性细菌性败血症。在各项管理制度控制下，这种状况偶尔发生在断奶仔猪和生长发育猪中，特别是受到地方性疾病挑战时，可能会影响采食量。

【病因、传播和发病机制】 病因尚未最后确定。间接证据表明，本病是由外伤（打架）和随后的细菌侵袭受损组织引起。虽然还没有科学数据证明这一假设，但另一个潜在因素，即饲料中赖氨酸不足，也可能产生这种状况。

组织学和微生物学研究结果表明，侵袭性、糜烂性到溃疡性病变由继发细菌感染引起。本病初期，在分泌物表面发现大量猪葡萄球菌和低量到中量的β-溶血性链球菌。随后，在溃疡和坏死阶段，在病变深处发现大量链球菌。假设猪葡萄球菌移生于创伤组织中，为具有高度侵袭性的链球菌诱导病变导致溃疡和坏死做准备。尝试通过实验接种这两种微生物来重现该疾病，并未成功。

【临床表现、病理变化和诊断】 临床症状的性质及程度取决于局部病变的严重程度和继发的细菌性败血症的发展阶段，因此可以见到一系列的临床病征包括生长迟滞、食欲不振、发热、化脓性关节炎、瘫痪和死亡。

轻度病变包括表皮抓痕覆盖着薄且干燥、呈褐色痂皮。抓痕附近可能出现轻度水肿或红疹。严重情况是出现大量坏死。病变的发展从轻度浅表性皮炎，到伴有渗出、溃疡、血栓、坏死的重度深层皮炎。轻度时耳组织不坏死；重度时耳缘、耳尖甚至整个耳部可能坏死。

在患耳部表面进行诊断。

【治疗和控制】 局部擦涂碘酒1周，每天2次，会减轻疾病发生率和严重程度。在食物中加入抗生素对于一些猪群有效，但对另外一些却无效。缺乏有效性可能是由于存在耐药性。在抗菌药无效情况下，从溃疡病变深处无菌收集样本，进行培养和药敏试验。应减少致伤事件的发生。应对管理实践（通风、饮水器位置和功能、围栏设计、每栏数量）和饲料中赖氨酸含量进行检查，如果发现有问题应给与纠正（另见健康管理互动：猪）。

十二、其他病

一些免疫系统疾病，如天疱疮、红斑狼疮、药疹、中毒性表皮坏死松懈症、免疫系统血管炎都可能影响到耳廓和耳道（另见自身免疫性皮肤病）。身体的其他部位通常受到影响，包括脚垫、黏膜、皮肤黏膜交界处、指甲和甲床以及尾尖。免疫系统疾病的确诊是对原发病灶（丘疹、水疱、脓疱、红斑边缘继发性病变）的活组织切片进行检查，用皮肤组织病理学进行评价。

猫的获得性折耳常与长期糖皮质激素治疗相关（如每天使用眼或耳制剂）。也可能由太阳辐射损伤引起。耳折为不可逆。

猫日光皮炎或光化性皮炎最常见于白猫或长期暴露于阳光下耳廓白的猫。病变先出现红斑和耳尖毛发稀疏、结痂，有渗出物，溃疡可能发展为光化性角化病，进而转化为鳞状细胞癌。在疾病初期，治疗方法包括，上午10点到下午4点禁闭室内，并使用外用防晒剂，减少在紫外线下暴露机会。耳廓鳞状细胞癌采用手术切除疗法和放射疗法。如果手术和放射治疗都不行，咪喹莫特乳膏剂治疗，每周2~3次效果较好。

犬很少有耳廓增殖性血栓血管坏死。易患品种、性别、年龄未知，病因也未知。病变包括鳞屑、皮肤增厚、色素沉积的皮肤周围有坏死性溃疡，最初在耳尖，随后沿耳凹陷延伸。最终坏死可能造成耳廓畸形。己酮可可碱（10~15 mg/kg，每日3次）和/或与四环素和烟酰胺（体重不足10 kg的犬每只250 mg，体重大于10 kg的犬每只500 mg，每日3次）合用，在一些病例报道有效。

猫犬少有耳软骨炎的报道。临床症状包括疼痛、肿胀、红斑及耳变形。双耳通常都受到影响。可能伴随一些全身症状。组织学方面，病变包括淋巴浆细胞浸润、嗜碱性、软骨损伤或坏死。如果无痛无全身症状，则无需治疗。报道称口服糖皮质激素无效，但某些情况下，氨苯砜（1 mg/kg）会有缓解作用。

免疫性血管炎是一种犬和猫罕见的疾病。病变包括红斑、界限清楚的溃疡、结痂以及坏死组织脱落。常侵害耳廓、尾和足垫等部位。诱因难以确定，可能是免疫系统、药物诱导、并发感染、肿瘤或先天性引起。治疗包括识别并消除诱因，全身使用糖皮质激素、四环素和烟酰胺。己酮可可碱、氨苯砜、环孢菌素或其他免疫调节剂。

冻伤发生在适宜潮湿或有风环境、但难以适应寒冷气候的动物体上。通常影响身体不隔热的部位，包括耳尖、足部和尾部。皮肤可能苍白或起红斑、浮肿、疼痛。严重时，耳尖可能坏死脱皮。治疗包括快速、平缓地升温和支持疗法。受影响部位可能需要截肢，但只有确定有活力的组织范围之后，才能进行。

幼犬蜂窝织炎在幼犬不常见，特征除了下颌下淋巴结肿大，还包括无菌性丘疹、结节以及面部和耳廓脓疱。多发生于3周龄到4月龄幼犬，较大年龄的动物很少发生。金毛猎犬、戈登塞特犬、腊肠犬比其他品种患病风险大。常见化脓性外耳炎，同时伴有浮肿、耳廓增厚。某些情况下，可能出现全身症状，如厌食、嗜睡、发热。通过活组织切片检查确诊，可观察到无微生物的化脓性肉芽肿性炎性浸润物和细胞培养阴性。早期治疗避免结疤。强的松或强的松龙（2 mg/kg，口服，一天2次）4~6周后药量逐渐减少，直至疾病缓解。可能需要抗生素来治疗继发性细菌感染。

第九节 外耳炎

外耳炎是外耳道上皮细胞的急性或慢性炎症。从鼓膜到耳廓都有可能发生外耳炎。外耳炎特征多样，有红斑、水肿、皮脂或渗出物增加以及上皮组织脱皮。耳道可能有疼痛或瘙痒，取决于外耳炎产生的原因或持续时间。外耳炎是犬和猫最常见的耳道疾病，兔偶发（通常是由于兔痒螨所致），大型动物罕见。内部和外部因素可能直接诱发耳道炎症和瘙痒。确定这些因素是成功治疗的关键。

【病因】外耳炎的病因分为4类。原发性因素是直接导致耳炎的疾病。次要因素，如酵母样真菌和细菌感染，使原发性因素和持续因素复杂化。诱发性因素是导致个体发生耳炎的因素。一旦耳炎发生，持续因素将阻碍其治愈。通常情况下，所有4个因素都参与其中，但每类必须单独认定和处理。以这种方式，可以提供一个更准确的预后，制定一个特定且安全的治疗计划，以达到尽可能好的结果。

原发性因素包括寄生虫（耳螨、痒螨、疥螨、蠕形螨类）、异物（草芒、凝结的耳蜡、药物）、肿瘤（耵聍腺瘤、炎性息肉）、超敏反应（过敏性皮炎、食物过敏、接触性皮炎）、角质化失常、甲状腺功能减退症、自身免疫性疾病、轻度蜂窝织炎和刺激物（清洁剂、拔毛等）。

诱发性因素往往为先天的或环境因素，包括身体结构（耳廓、耳道狭窄、毛多或耵聍腺），过度治疗或游泳犬的耳朵常出现耳道浸渍和全身性疾病。耳微环境细小的变化都会改变正常分泌物和微生物的微妙平衡，导致感染。任何对病原体正常反应有影响的疾病，都容易导致耳道感染。

持续性因素包括中耳炎和发展的病理变化。一旦耳道环境改变，原发性因素、诱发性因素、条件性感染（继发因素）和病理变化都会随之改变，阻碍了疾病治愈。耳内的慢性病理变化也可能反映了全身性或皮肤疾病。除非明确发病原因，否则疾病可能复发。

【临床表现和诊断】特征描述和皮肤病史提供了主要问题的提示性信息（例如遗传、过敏症、角化症）。病史可确定耳炎是急性、慢性或复发。急性发病往往是由寄生虫或异物引起，慢性发病倾向于激素性、过敏性疾病或肿瘤，以及角化紊乱。完整的系统或皮肤的检查可为过敏、内分泌、免疫系统和角质症等影响耳部的相关疾病提供诊断线索。对于之前耳部治疗的类型和动物的反应也很重要。治疗不当会导致慢性疾病。

也应检查耳外部，注意红斑、水肿、结痂、鳞屑、溃疡、苔藓样变，色素沉积或其分泌物。此外，除进行耳镜检查外，对每一个病例都应进行皮肤碎屑、渗出物细胞学评价、伍德灯检查、皮肤真菌培养等。

检查耳廓及耳周，有无创伤、红斑、原发性和继发性皮肤病变表现。耳廓畸形、耳道组织增生、摇头症状表明其存在慢性耳部不适。

对于单侧耳有症状的动物，应首先检查未受影响的耳朵，防止患侧耳中的微生物（如铜绿假单胞菌或奇异变形杆菌）医源性污染未受影响一侧的耳朵。实际上，未受影响一侧的耳也可能患病，需要在鉴别诊断项目中加入双侧耳炎的病因。

耳部疾病既痛又痒，所以可能需要深度镇静或全身麻醉来进行彻底的检查。尤其是对于耳道被渗出液或增生炎症组织阻塞动物或者不配合检查的动物，镇静或麻醉检查很必要。耳镜检查可识别深耳部异物、肿瘤、嵌塞的碎片、低度感染耳痒螨、鼓膜破裂或异常。

耳镜检查可通过手持式耳镜或视频耳镜进行操作。手持式耳镜必须有足够光源和放大倍数，以便清晰显现外耳道鼓膜。用于犬和猫检查的耳镜盖孔器有多种尺寸，以适应组织结构差异。有两种镜头：一种是诊断用镜头，包括一个大放大镜，通过它查看耳道，检查耳部。一种是外科用镜头，有一个较小的放大镜，但在透镜和盖孔器持柄之间有一空间，可插入棉签或仪器。当预期进行组织切片检查、去除异物或耳道冲洗处理时可以使用外科用镜头。

视频耳镜可将耳道和鼓膜放大极大倍数。通过视频或数字记录器记录结果。大部分视频耳镜设置有操作通道，可供活组织检查仪器，冲洗耳道碎片的导管，甚至激光尖端可以穿过。视频耳镜可透水和盐水成像，可视完整的鼓膜，便于中耳位置的取样和培养操作。

耳镜检查时，应检查耳道直径变化、皮肤病理变化、分泌物的数量和种类、寄生虫、异物、肿瘤以及鼓膜的变化。检查鼓膜是否有病变或破裂。然而，在许多耳炎病例中，只有把耳道分泌物清除后，才能观察到耳道和鼓膜的特性。冲洗耳朵前应先采样，用于细胞学评价和样本培养。耳部干燥后再尝试进行检查。慢性病例常见由于增生或水肿引起的耳道过于狭窄，不便于检查。而一周每天系统性给予患畜糖皮质激素药物，可减轻肿胀，便于进行检查。

耳道中的分泌物或耳垢的细胞学分析可提供即时的诊断信息。大多数犬和猫的外耳道有少量共生的革兰氏阳性球菌。如果微环境改变，这些球菌会过度生长，并且可能成为致病菌。用棉签将分泌物沾到载玻片上，经固定和3步快速染色或改良瑞氏染色后，显微镜下观察。先用低倍镜，后用高倍镜（最好使用油镜）观察角质细胞、细菌、酵母样真菌和白细胞的数量和形态；微生物的吞噬作用；真菌菌丝；皮肤棘层松懈的细胞或肿瘤细胞。

涂片染色能快速确定是否存在微生物过度生长。球菌通常是金黄色葡萄球菌或链球菌。杆菌通常为铜绿假单胞杆菌、大肠埃希菌或变形杆菌。细菌大量存在意味着应进行细菌的抗生素敏感性培养，因为它们已经对多种抗生素产生耐药性。出现许多嗜中性粒细胞吞噬细菌，说明该微生物具有致病性。

在许多正常的犬和猫的耳道中发现少量厚皮马拉色菌。酵母样真菌寄生于耳道表面，所以常观察到其黏附在脱落的鳞状上皮细胞上。镜检易识别到厚皮马拉色菌，易计数。健康耳中高倍镜视野下任何聚集的细胞不超过2~3个。当在细胞涂片中看到大量的未经确定的酵母样真菌或菌丝时，应通过细胞培养来确定。常见并发的细胞，特别是由革兰氏阳性球菌引起的感染。

耳道中深色分泌物表明存在马拉色菌或寄生虫，可能也有细菌或混合感染。除了细胞学染色外，还要检查分泌物，对于犬猫，看是否有犬耳痒螨的卵、幼虫或成虫，而在兔和山羊，要看是否存在兔耳疥螨。将耳垢、耳分泌物和少量的香柏油置于载玻片上制成涂片，盖上盖玻片后，在低倍镜下观察。很少情况下，可以发现顽固性叮聍外耳炎与犬猫外耳道蠕形螨局部增殖有关，并且耳部可能是身体上仅受到影响的部位。

在耳镜检查完成前，以及在清洁耳部前，先进行微生物培养。从耳道中（发生感染处）或鼓膜破裂的鼓室中取样无菌培养。进行细菌培养、药敏试验和最小抑菌浓度试验。

慢性外耳炎的组织病理学变化通常无特异性。过敏反应的组织病理学特点可支持皮内变态反应试验或低过敏性饮食试验。此外，慢性阻塞性单侧外耳炎活组织切片检查可显示有无肿瘤性变化。

当怀疑反复发作的细菌性外耳炎是由内耳炎引起，或者外耳炎伴有神经症状时，由于组织增生，不足以观察到鼓膜，需要对骨大疱进行放射学检查。出现液体密度和骨质增生或裂解等变化，说明耳炎已经涉及中耳。但许多中耳炎病例的X线片显示正常。如果条件允许，应对急性和慢性中耳炎进行CT或MRI检查。

【治疗】应明确疾病的原发性、诱发性和持续性原因。剪除耳道毛发，便于通风、耳道清洗和干燥，遵守治疗建议。

耳分泌物可使耳部局部用药失效，过多的耳垢也可影响药物到达上皮细胞。开始治疗前，轻轻清洗耳道并使其干燥。耳部疼痛的动物，需全身麻醉进行适当清洗。有许多适合的产品可用于仅限于外耳道的耳炎。可用抗菌洗液（洗必泰或聚维酮碘）或生理盐水冲洗耳部。如果耳部出现浓厚、干燥或蜡样分泌物，则需要用耵聍溶解液，如过氧化脲或二辛酯磺酸钠（DSS）。后者用温盐水彻底冲洗，去除清洁剂，力求达到除去所有碎片的目的。如果鼓膜破裂，禁用去垢剂或二辛酯磺酸钠；可用温和的清洁剂（如生理盐水、聚维酮碘的生理盐水溶液、三羟甲基氨基甲烷的乙二胺四乙酸溶液Tris-EDTA）来冲洗耳部。

药物治疗应该明确且简单。应对对耳炎起因进行明确且有针对性的治疗。在治疗急性细菌性外耳炎时，抗菌剂可与皮质激素联合使用，减少渗出、疼痛和肿胀，并减少腺体分泌物。使用效力最小的糖皮质激素来减轻炎症（另见皮质激素）。继发细菌性外耳炎的动物和有耳痒螨感染病史的动物应使用含有抗菌和抗寄生虫成分的局部药物，确保消除未检测到的低度寄生虫感染。寄生虫也可能影响耳部以外的部分。一般局部或全身性驱虫剂对疑似或确诊的复发病例有效。

应根据疾病性质选用外用药物。适当地使用药物，将其涂于外耳道上皮，形成薄膜。应使用非封闭性溶液或乳液治疗急性或慢性渗出性和增殖性外耳炎。使用封闭性油质药膏缓解耳道内干燥、鳞屑损伤。如果耳道皮肤变化，意味皮肤可能对药物载体或基质有刺激性接触反应，应更换药物。

应避免使用刺激性药物。这些药物会造成耳道内壁肿胀、腺体分泌增加，易于发生机会性感染。在正常耳道中不引起刺激的物质，可能会对已发炎的耳道产生刺激，如丙二醇。耳道拔毛后使用的粉末可在耳道内形成刺激性结块，因此不应使用。

对于大多数慢性耳炎病例和任何疑似的中耳炎病例，应将全身治疗纳入其治疗方案中。对于严重的遗传性过敏性皮炎或特发性脂溢性皮炎病例，可能需要全身性使用糖皮质类固醇激素治疗，控制炎症。不使用全身抗菌药治疗是犬慢性耳部感染持久存在的重要原因。当镜检发现中性粒细胞或杆性细菌时，或者在慢性耳部感染反复发作的病例，以及中耳病例中，均应全身性使用抗生素（另见外皮系统的全身药物治疗）。

治疗时间根据个体情况而有所不同，但应该继续下去，直到感染得到解决（通常＞12周）。细菌和真菌感染的动物应每周或每隔一周进行身体检查和细胞学评估，直到没有感染的迹象。大多数急性病例需要2～4周的时间。慢性病例可能需要几个月的时间进行治疗，在有些情况下，必须予以持续治疗。犬耳痒螨或兔痒螨感染的动物应接受至少2～4周耳部和全身性适当的驱虫治疗。耳壁虱感染最好的治疗方法是人工清除壁虱，之后用杀螨剂/皮质类固醇滴耳。

由于对常用的抗生素产生耐药性，出现耐甲氧西林的中间葡萄球菌和假单胞菌性耳炎（由绿脓杆菌引起），这是治疗耳炎过程中常出现的困难，这也成为耳炎难以治愈的原因。这些感染往往过程漫长（超过2个月），并伴随显著的化脓性渗出物、严重的上皮溃疡、疼痛和耳道水肿。成功的治疗是多方面的，应包括以下步骤：①确定中耳炎的原发性原因和处理，②去除渗出物，干燥耳道，③鉴别和治疗并发的中耳炎，④根据微生物培养结果和最小抑菌浓度测试结果选择适当的抗生素，以有效剂量适当持续使用，⑤局部和全身性治疗，直到感染解除（数周到数月的时间）。

慢性中耳炎最好的治疗方法是预防。此外，确定急性中耳炎的起因，根据细胞学检查或培养选用局部和/或全身用药；抗生素应为窄谱性并对当前病症有针对性。只有在治疗绝对需要的情况下，才使用氨基糖苷类和喹诺酮类抗生素，但这些成分是外用滴耳药物中很常见。由于许多外用产品中含有糖皮质激素、抗生素、抗真菌的药物组合，使用者必须正确使用（使用频率和持续时间）。往往在感染治愈前，耳部感染"看起来好些"时，许多使用者就停止治疗。多黏菌素B和喹诺酮类抗生素在控制经培养产生耐药性的假单胞菌感染方面，有显著疗效。但是已经出现了对喹诺酮类药物的耐药性。

【维护保养】畜主应该知道如何正确清洁耳朵。作为一种预防手段，清洁频率通常随时间的推移而降低，从每日1次到每周2次。耳道应保持干燥和良好通风。常游泳的犬经常使用外用收敛剂，防止水进入耳道，应尽量减少水浸泡耳道。长期浸泡会损害皮肤的屏障功能，易发生机会性感染。使用预防耳炎的收敛剂，可减少细菌或真菌在潮湿的耳道中感染的频率。剪掉耳廓内部和外耳道周围的毛，从多毛的耳道拔掉，提高通风并降低耳部潮湿度。但是如果毛发不对耳道造成影响，则不应经常从耳道去除，因为这样做会引起急性炎症反应。

第十节　中耳炎与内耳炎

中耳炎和中耳结构的炎症多发于小型和大型家养动物，包括犬、猫、兔、反刍动物、马、猪和骆驼。各年龄动物都可能受到影响，可发生于单侧或双侧耳部。耳炎一般不定时发生，但可能成群暴发。中耳炎通常由于经鼓膜的外耳道感染或经耳咽管的咽微生物迁移造成。偶见感染从内耳延伸到中耳，或通过血流途径到达中耳。某些品种的犬可发生原发性中耳炎，特别是骑士查理王小猎犬。未经治疗的中耳炎可导致内耳炎（内耳结构的炎症）或一个完整的鼓膜破裂，随后造成耳漏或外耳炎。

【临床表现和诊断】中耳炎的症状包括摇头，摩擦或搔抓受影响的耳朵，向患侧倾斜或转动头部；当发生外耳炎时，兼有中耳炎，外耳道看起来红肿和排物异常，创伤可导致耳血肿。耳廓和耳道可能有疼痛，耳根周围的毛是湿的或乱蓬蓬的。由于面部（颅神经Ⅶ）和交感神经通过中耳，患中耳炎的动物常常在受影响耳朵同侧出现面部神经麻痹的病征（例如耳下垂、嘴唇下垂、上睑下垂、鼻孔塌陷）和/或霍纳氏综合征（例如瞳孔缩小、眼睑下垂、眼球内陷、瞬膜突起）。暴露性角膜炎和角膜溃疡可能发展。面瘫时，鼻人中或唇偏离患侧。这些症状有助于区分简单性外耳炎和中耳炎

内耳炎，即炎症损伤前庭蜗神经（第Ⅷ脑神经），导致听觉丧失和外周前庭性疾病表现，如歪头、转圈、倾向或倒向患侧，整体不协调，或伴有快速远离患侧的自发性水平眼震。感染从内耳扩散到大脑，导致脑膜炎、脑膜脑炎或脓肿，以及与这些病症相关的表现。在马，严重的中耳炎或内耳炎可能导致鼓舌软骨联合融合或断裂；断裂线扩至颅骨可能导致感染向颅内扩散或引起血肿和死亡。

患中耳炎和/或内耳炎的动物通常警觉性高、不发热、食欲良好。但患脑膜炎或脑膜脑炎的动物通常是精神沉郁、发热、食欲不振。对于反刍动物，中耳炎/内耳炎的一个主要的鉴别诊断是李斯特菌病。但除了第Ⅶ和Ⅷ脑神经外的其他脑神经也可能受到李斯特菌病影响，引发症状，如吞咽困难或面部感觉丧失，受影响的动物通常表现为精神沉郁。

中耳炎和内耳炎可根据病史和临床症状进行推定诊断。用瓶喂养或用受污染的牛奶喂养的新生动物，或当动物并发或曾患有呼吸系统疾病、慢性耳部感染或耳异物时，同时表现出中耳炎/内耳炎典型症状，应及时检查该动物耳道。若可见膨出、脱出或鼓膜破裂即可确定为中耳炎。虽然在许多情况下，用简单耳镜即可见到鼓膜，但某些动物如马和羊驼的耳道结构阻碍了对鼓膜的观察；内镜检查，或视频耳镜检查，是另外的替代方法。影像学检查可协助诊断和评估病变的严重程度。如果定位合适，应用放射显影技术可检测鼓室内鼓泡和鼓室内流体的变化。而实际上CT和MRI更敏感，如果可行的话，CT和MRI是首选的方法。在某些情况下，只有通过尸检，使用特殊技术来暴露鼓室区域，进行诊断。如果诊断出一侧耳患有临床型中耳炎/内耳炎，那么应及时对另一侧耳部进行及时检查，以确定是否存在亚临床性中耳炎。

【治疗和预防】在病程的早期开始时，对中耳炎/内耳炎进行的治疗最为成功。慢性病例往往是难以治愈，或即便明显缓解后也容易复发。当外耳炎伴随有中耳炎/内耳炎时，应仔细检查耳中有无螨虫和异物，如植物芒和细菌分泌物。从患中耳炎/内耳炎的动物的耳中培养出多种需氧菌和厌氧菌，常见混合感染。涉及的病原菌根据它们的培养分离阳性率，包括小动物感染的马拉色菌和假单胞菌，猪链球菌，马链球菌，山羊支原体，以及溶血性曼氏杆菌、多杀性巴氏杆菌、副猪嗜血杆菌和牛支原体。牛支原体问题尤其严重，乳牛出现乳房内感染，用其未经高温消毒的牛奶饲喂犊牛。即便如此，也经常从患畜耳中分离出其他病原体，如大肠埃希菌、金黄色葡萄球菌属细菌、奈瑟氏菌、棒状杆菌和化脓性隐秘杆菌。

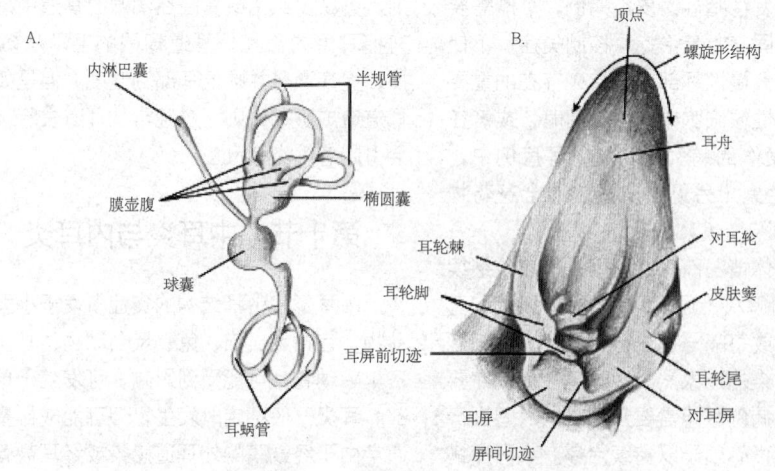

图3-17　A.膜迷路，内耳，犬　B.外耳，犬
（由Gheorghe Constantinescu博士绘制）

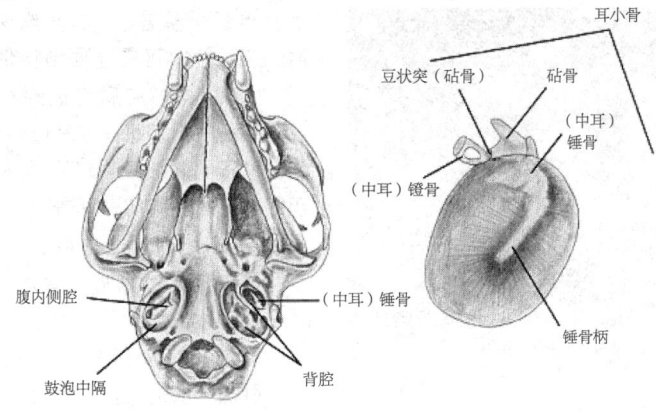

图3-18 鼓泡和鼓膜的深层结构，猫
（由Gheorghe Constantinescu博士绘制）

从耳中分离细菌病原体或耳螨有助于初步治疗，但并不意味着它们与中耳炎/内耳炎呈因果关系，因为可以从健康动物的外耳道中分离出同样的微生物。

当感染耳螨时，应使用合适的全身性抗寄生虫剂进行治疗。外用杀螨剂可以滴注到已经洗过的外耳道。如果可能，应根据微生物培养及药敏试验结果，对细菌感染选用适当的全身性抗菌药物进行治疗。由于鼓膜完整而不能培养时，根据接受治疗的动物最可能的致病病原体，选用广谱抗菌药物进行治疗。治疗可能需要一个长期过程，特别是对于亚急性或慢性病例。目前，在美国还没有抗菌剂标注可以用于治疗食用动物的中耳炎/内耳炎，所以必须遵循标签外药物使用指南，避免使用违禁药物。

如果耳漏或出现外耳炎，除了使用抗菌剂和/或驱虫剂治疗，也应对外耳道进行清洁和冲洗；通常冲洗液有生理盐水或防腐剂稀释液，如碘液、洗必泰或双氧水。类固醇或NSAID可以帮助减轻与中耳炎/内耳炎相关的炎症和疼痛。如果存在角膜溃疡、耳血肿和并发感染，应给予适当治疗，并保护动物避免其进一步自我伤害。

如果鼓膜完整，中耳炎/内耳炎对全身抗菌和抗炎治疗不十分敏感，可采用鼓膜切开术（鼓膜穿孔）以减轻压力，进行培养和从鼓室引流。但鼓膜切开术可能会造成永久性听力损失，其疗效在动物中没有很好的记载。在慢性病例中，无反应或复发的中耳炎/内耳炎病例，可能有必要进行大疱截骨术，侧耳道切除术，或整个耳道切除，使得足以进行引流，并能够有效地灌洗。鼓膜切开后可向其中植入鼓膜穿刺管，继续引流进入例如患原发性分泌性耳炎的骑士查理王猎犬中，但无助于排出更多脓性渗出物。

中耳炎/内耳炎的早期诊断和治疗可提供感染和临床症状的完整的解决方案。然而，对于严重的、慢性的或无反应的病例，应告知畜主即使感染得到解决，可能会出现持续的神经系统障碍和听力损失。

第十一节 耳道肿瘤

耳道肿瘤可能由任何内层组织或耳道辅助工具引起，包括鳞状上皮、耳垢、皮脂腺或间质组织。猫的外耳道和耳廓的恶性肿瘤比犬更多见。

虽然耳道肿瘤的确切原因还不清楚，但有一些假设性理论。慢性炎症可能导致耳道增生，随后发育异常，最终形成肿瘤。细菌降解的脂肪酸和其他从增生性耵聍腺产生的浓缩的顶浆分泌物也可刺激耳道癌产生。猫鼻咽癌息肉，不是肿瘤生长，可能是先天性或由于上呼吸道感染引起的肺大泡的慢性细菌感染。尚未确定猫息肉组织的病毒。

与其他品种相比，美国可卡犬的良性和恶性耳部肿瘤发病率较高。可能是由于这种犬耳道腺体组织密集。中年到老年猫易感良性和恶性的耳道肿瘤，而幼猫（3月龄至5岁龄）更易患鼻咽息肉。耳道肿瘤的临床症状包括单侧慢性耳分泌物（耵聍、化脓性、黏液性或血性）和坏死气味、摇头、耳部刮伤。因摇头导致的耳血肿通常与耳道肿瘤有关。可能会导致受影响的耳下方腮腺区排脓。如果肿瘤涉及中耳或内耳，可能产生神经症状，包括耳聋、前庭症状（例如歪头、运动失调、眼球震颤），面部神经麻痹或面瘫（面部下垂、流涎、从嘴漏食），霍纳氏综合征（眼睑下垂、瞳孔缩小、眼球内陷），偶见第三眼睑突出。任何医学上难治疗的单侧耳炎，应疑似耳道或中耳肿瘤。

犬的耳道肿瘤多为良性。猫恶性耳肿瘤的发生率较高。犬最常见的耳廓肿瘤是皮脂腺瘤，组织细

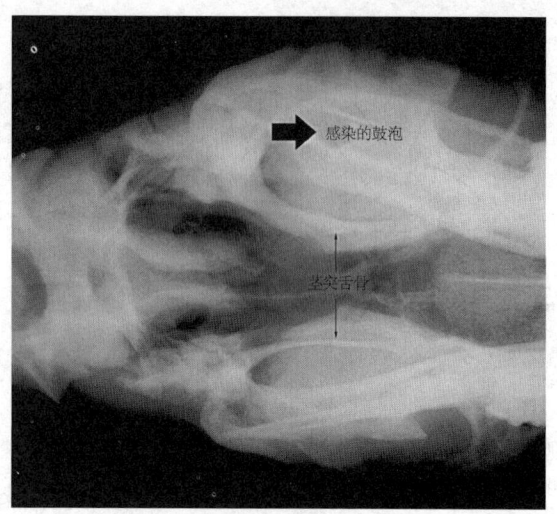

图3-19 中耳炎-内耳炎，马（X线片）
（由Sameeh M. Abutarbush博士提供）

胞瘤、肥大细胞瘤。猫常见的耳廓肿瘤包括鳞状细胞癌、基底细胞癌、血管内瘤和黑色素瘤。据报道，犬最常见的外耳道肿瘤是耵聍腺腺瘤和腺癌。其他有报道的犬的外耳道肿瘤，包括炎性息肉、乳头状瘤、皮脂腺腺瘤、组织细胞瘤、浆细胞瘤、黑色素瘤、纤维瘤、鳞状细胞癌和血管肉瘤。据报道，猫最常见的外耳道块是鼻咽息肉、鳞状细胞癌、耵聍腺癌、淋巴瘤、纤维肉瘤和鳞状细胞癌，偶见于犬和猫中耳或内耳（另见皮肤和软组织肿瘤）。

一、耵聍腺肿瘤

耵聍腺肿瘤（耵聍腺瘤、耵聍腺癌）经脱脂、清洁耳朵后用视频耳镜看效果最好。这些肿瘤可有蒂或广基，但位于上皮组织上。表面光滑或呈多叶状。不同于美国可卡犬，在其他品种的犬，肿瘤往往主要是在垂直耳道。而对于美国可卡犬，这些肿瘤也可能在水平耳道。正确取样进行耳道活检可提供有用的信息。然而，报道的一般性耳道检查是肉芽组织息肉被上皮组织所覆盖。同样组织深处的活检常报道于肿瘤。CT或MRI可更全面地评估鼓膜大疱，更确定肿瘤，尤其是恶性肿瘤的发展程度。

外科手术切除良性耳道肿瘤可以通过水平耳道切除来触及到肿块。激光手术，尤其是在与视频耳镜合用时，无需手术切开耳道就可相对容易地除去这些内耳肿瘤。对于中耳恶性肿瘤，唯一建议实施的手术是整个耳道切除和大疱截骨术。对于恶性肿瘤，水平耳道切除术的结果复发率超过75%。据报道，恶性耳道肿瘤动物的存活期，犬超过58个月，猫超过11.7个月。肿瘤扩散的犬，其预后并不好。放射疗法可用于治疗切除耵聍腺腺癌的犬和猫，1年存活率的报道达56%。

二、鼻咽息肉

鼻咽息肉较罕见，良性、光滑、粉红色、肉质、有蒂，结缔组织炎性生长，发现于幼猫的外耳道。它们产生于鼓泡黏膜、咽部黏膜、咽鼓管内层。这些息肉可能是先天性的，也可能由慢性细菌性中耳炎引起，常见于患上呼吸道疾病的猫。在犬罕见。

诊断包括镇静和水平耳道深处的耳镜检查。鼓泡脓性分泌物可能需要从耳道冲洗和引出，露出息肉。视频耳镜的使用极大地方便可视化和治疗息肉。缩回软腭可看见咽鼓管息肉。X线检查可见受损鼓泡混浊。如果用耳镜检查不能观察到鼓泡中可疑物质，CT或MRI可能会有帮助。最后的诊断通过组织病理学来确定。

需通过手术切除来剔除整个息肉和茎。这往往涉及进行鼓泡截骨术，息肉的根常位于鼓泡里。单纯通过牵引撕脱除去息肉的根并不完全，可导致快速再生和15%～50%的猫再次出现临床症状。针对鼓泡采用外用类固醇30～45 d可能会延缓再生。建议全身抗生素治疗细菌性中耳炎。

（王春来 金艺鹏 译 金天明 一校 丁伯良 二校）

第四章 内分泌系统
Endocrine System

第一节　内分泌系统概述

内分泌系统由一系列内分泌组织构成，这些内分泌组织释放激素进入循环系统到达远端的靶器官。内分泌组织是典型的无管腺（如垂体、胸腺），这些腺体血液供应丰富，腺体释放的激素通过毛细血管进入靶组织。然而，已经越来越清楚的是非经典的内分泌组织也分泌重要的激素进入体液循环，如心脏分泌的心房钠肽、肾脏分泌的红细胞生成素、肝脏分泌的胰岛素样生长因子（IGF）和脂肪组织分泌的瘦素。新的激素也不断地被发现和证实。有些激素只作用于单一的组织，而有些激素则可作用于几乎体内所有细胞。激素对其靶组织/器官的作用多种多样，从增强营养吸收到改变细胞分裂与分化，及其他多种相关作用。

一、基本化学结构与功能

按化学性质可以将激素分为三大类：蛋白/多肽类激素、类固醇激素和氨基酸衍生物类激素。

1. 蛋白/多肽类激素　蛋白/多肽类激素包括，垂体分泌的促肾上腺皮质激素（ACTH）、胰腺分泌的胰岛素，以及甲状旁腺素（PTH）。该类激素的大小，从3个氨基酸（促甲状腺素释放激素）到具有亚单位结构的相当大的蛋白质（如促黄体素）。这些激素在其内分泌组织内，由其编码基因转录-翻译合成产生较大的前体物，在分泌细胞内进一步加工为真正有活性的激素，然后再分泌出来。编码蛋白结构的基因中镶嵌的是氨基酸序列（信号肽），这些信号肽分子可以与调节分泌路径的细胞进行通讯。在蛋白加工过程中（如蛋白折叠、糖基化、双硫键形成和亚基装配），可发生其他的翻译后修饰。经过折叠和加工后的激素储存于分泌颗粒或囊泡中，准备通过胞外分泌进行释放。激素的释放由特异性的信号启动，如甲状旁腺细胞外液中Ca^{2+}或游离Ca^{2+}浓度的下降可刺激PTH的释放。大部分情况下，大量合成的蛋白/多肽激素储存于细胞内，因此需要时，激素会迅速释放进入体液循环。一般情况下，蛋白/多肽激素在血液中的半衰期相对较短（只有数分钟），也不能以血液中的载体蛋白结合进行运输［但也有例外，如胰岛素样生长因子1（IGF-1）可以与载体蛋白高度结合］。

蛋白/多肽类激素通过与靶细胞表面的受体结合而发挥作用。这些受体为嵌入在细胞膜上的蛋白和糖蛋白，至少有一次跨膜，因而在细胞的内外均有受体游离端。有许多种类或型的细胞表面激素受体，可通过不同途径将激素信息传递至细胞内。有些激素受体为G蛋白偶联受体，含有7个跨膜区。这些受体在与某种激素结合后，就会激活同样位于细胞膜上的G-蛋白。一个或多个G-蛋白亚单位就可影响其他下游分子（称为效应物），例如酶（如腺苷酸环化酶或磷脂酶C）或离子通道。激活后可产生随后与蛋白激酶A结合的第二信使，如cAMP，使其活化，也可引起其他相关蛋白发生磷酸化。因此，信号传递是串联式的，当激素与其受体结合后可激发一系列放大反应。靶细胞的最终效应具有多样性，包括启动分泌、增加对一种分子的摄入量或激活有丝分裂。

细胞膜表面受体是动态的，其数量和活性随生理环境的变化而变化。在某些情况下，暴露于过量激素，可造成受体减量调节。受体减量调节和靶组织的应答能力下降可能是由于受体与配体结合后发生内在化造成的，也可能是由于受体化学结构发生变化和活性降低引起受体脱敏所致。反之，激素水平的下降可导致靶细胞表面受体数量增多（受体上调）。激素受体发生突变可引起通路失活或结构活化或非激素性活化，从而引起疾病。在某些情况下，单个氨基酸发生替换即可引起这种变化。

2. 类固醇激素　类固醇激素是胆固醇的衍生物，包括肾上腺皮质激素、卵巢激素、睾丸激素，及其相关分子，如维生素D。与蛋白质/多肽类激素不同，类固醇激素的储存量不大。当机体需要时，可由胆固醇经过一系列酶促反应迅速合成。迅速合成类固醇激素所需的胆固醇，大部分都储存于分泌组织的细胞内。在适宜的信号刺激下，激素前体移行到细胞器内（线粒体和滑面内质网），经过一系列的酶（如异构酶、脱氢酶）将前体分子迅速转化为相应的类固醇激素。因此最终类固醇激素的性质取决于组织所产生的酶系。

类固醇激素为疏水性分子，易于穿透细胞膜。在血液中，绝大部分与载体蛋白相结合。白蛋白与许多类固醇激素的结合非常紧密；此外，还存在有针对许多类固醇激素的特异性结合球蛋白。血液中的大部分类固醇激素与载体蛋白相结合，只有一小部分呈游离或非结合状态。据认，游离或非结合的类固醇激素分子能够进入靶细胞内，例如生物学活性部分。细胞外液中的蛋白结合型和非结合型激素之间存在有一种快速平衡状态。类固醇激素结合蛋白的作用可能有：通过其均匀分布于靶组织所有细胞中以帮助组织内部类激素的转运；为游离激素出现的较大波动提供缓冲；延长血液中激素的半衰期。相对于蛋白/多肽类激素，类固醇激素的半衰期较长，通常为数分钟到数小时。

类固醇激素通过位于细胞内的受体作用于靶细胞。该类受体通常存在于细胞核内，但有时在未结合时，也可位于细胞质内。类固醇激素受体按照其结合激素的不同可分为多种类型，如糖皮质激素、盐皮质激素、孕酮等。类固醇激素受体都含有一种相关蛋白家族，这种蛋白与甲状腺素和维生素D受体具有同源性。这些受体蛋白含有3个特殊功能区：类固醇激素识别和结合区；与染色体DNA结合的特异性区；以及辅助调节转录复合体区。类固醇激素通过扩散进入靶细胞内，然后与受体结合，引起受体构象发生变化，并形成新的复合物。反过来，这也可导致相关蛋白（如热休克蛋白）的释放以及其由胞浆移至胞核内，随后复合物就会与DNA上特定的类固醇基因调节区结合。其结果就是造成特定基因的转录速率发生改变，要么使其表达速度提高，要么使其降低。因此，类固醇激素主要是通过调节靶细胞内特异性mRNA和蛋白的产生速度而起作用。因而类固醇激素发挥作用的效应出现较慢，但持续时间较长，原因与靶细胞内mRNA和蛋白的生产持续时间和半衰期相关。已经越来越清晰地认识到，有些类固醇激素也可不通过基因组机制发挥作用。例如，糖皮质激素可通过与细胞内的促炎转录因子结合，形成糖皮质激素–受体复合物，并抑制该因子的活性，来发挥其消炎作用。

血液中的类固醇激素是通过在肝脏内进行代谢来清除的。在肝内形成降解型类固醇，随后与葡萄糖醛酸或硫酸盐结合。这些代谢物很容易溶解在血液中，可经肾脏排泄和胃肠道排出体外。少量的游离类固醇激素也可经肾脏直接排泄。

3. 改良氨基酸激素类 这类激素来源于化学修饰的氨基酸，主要是酪氨酸。包括甲状腺素、儿茶酚胺类的肾上腺素和去甲肾上腺素。甲状腺素（T_4）和三碘甲腺原氨酸（T_3）是甲状腺球蛋白的组成部分，主要储存于甲状腺；这类激素的分泌包括甲状腺细胞摄入甲状腺球蛋白并将其裂解，然后释放出游离的T_3和T_4。甲状腺素对靶组织的作用与类固醇激素非常类似。二者都是疏水性激素，在血液中的运输需要依赖于载体蛋白，通过与胞内受体结合作用于靶组织。儿茶酚胺是由酪氨酸经过羟基化、脱羧和甲基化后生成的，然后由肾上腺髓质分泌进入血液循环。其半衰期极短（5 min以内），不会与蛋白结合，可通过细胞表面受体（α–和β–肾上腺素能受体）作用于靶细胞。

二、激素的测定

由于血液中的激素含量很低，因此要进行精确测定需要采用敏感的测定方法，通常是竞争性免疫测定法。最初（目前仍在广泛使用）的方法是放射免疫测定法（RIA），这种方法采用抗激素的抗体和放射标记的激素，标记的激素与未标记的激素共同竞争抗体

结合位点。用已知量的激素建立标准曲线，通过与标准曲线进行对比，计算血液样品中的激素含量。采用放射性标记方法可以对微量激素进行检测，一般可达到皮克（pg，10^{-12}）或纳克（ng，10^{-9}）水平。近年来，建立了多种非放射性标记法用于激素检测，如夹心免疫法和ELISA。

由于某一特定激素的正常血液浓度在不同种类动物存在显著的差异，因此在兽医界对激素进行精确测定依然面临着一些挑战。例如，正常情况下，犬和猫的T_4浓度比人的浓度要低4倍。测定时必须考虑交叉反应；不同种类动物的蛋白/多肽类激素在氨基酸组成和结构方式上（如糖基化的模式）都存在有差异。因此，这就会造成针对某一种动物特定激素的抗体不能识别另一种动物的同种激素。最后，对于在不同动物上结构相同的类固醇激素（犬和人的皮质醇在结构上完全相同），某种动物血清中存在的相似物有时可干扰检测，导致检测结果不准确。总之，重要的是，对采用的针对某种动物特定激素的测定方法，实验室必须证明这种方法对该动物有效，而且实验室已经建立该方法的正常值范围。

三、内分泌系统的调节

激素的分泌通过传感器来调节，这些传感器具有检测需要增加或降低激素分泌的能力。对于某种特定激素的传感网络、反馈调节元件和反应控制网络，对该激素都是特异性的。内分泌系统的功能是维持体内平衡，对激素分泌进行调节通常可引起一些变化，有利于维持机体的稳定。此外，为应对某些刺激，如慢性应激、疾病或营养状况的变化，某种特定激素的分泌和活性也会发生上调或下调。负反馈调节的概念及其与激素作用通路相互关系是正确理解激素调节和评估内分泌功能检测结果的关键。例如，胰腺胰岛的β细胞外液中的葡萄糖浓度升高可引起胰岛素分泌增强。胰岛素的作用之一就是通过提高靶组织对葡萄糖的吸收，降低细胞外液中葡萄糖的浓度。细胞外液中葡萄糖浓度的降低又引起胰岛素分泌减少。在疑似发生胰岛素分泌瘤的动物，如发现血液中葡萄糖浓度降低（低糖血症），同时伴有胰岛素升高，表明反馈调节紊乱，这是该病的特征性变化。又如，血钙高的动物，其血液甲状旁腺素（PTH）浓度应出现下降。在这种动物，如检测到PTH升高，则提示甲状旁腺功能失调，很可能是甲状旁腺瘤。

激素的分泌模式差异极大。与类固醇激素相比，甲状腺素的分泌基本没有变化，每日或每周也只有中度差异。与此不同，肾上腺皮质醇分泌的波动极大，在一日之内可出现突然升高，紧接着活性又会出现下

降（血液中的浓度下降）。

四、内分泌疾病的发病机制

很多种因素都可能会引起内分泌疾病，包括激素分泌过多或过少、受体功能障碍、激素清除途径障碍等。由于激素本身的来源出现障碍或影响激素分泌或激素活性的其他组织出现障碍，均可表现出与该内分泌功能紊乱相一致的临床症状。

在兽医界，最常见的内分泌疾病是肿瘤或组织增生引起的激素分泌过多，以及内分泌组织损伤引起的分泌不足。可造成激素分泌过多的常见疾病有，猫的甲状腺机能亢进和犬的肾上腺皮质机能亢进（库兴氏病）。内分泌组织异常不仅可造成激素分泌过多，也会造成对正常反馈信号的反应性缺失，从而引起激素释放不当。一种内分泌组织生成过多激素，也可能是由于另一种组织产生的刺激造成的例如，肾功能障碍可引起甲状旁腺增生和PTH分泌过多。发生高磷酸盐血症可能是由于某些类型的肾功能障碍所造成。这可进一步引起活性型维生素D生成减少，即1,25-二羟胆钙化醇（骨化三醇）。而骨化三醇浓度下降可引起细胞外液中的钙浓度下降，刺激了PTH的分泌。非内分泌组织也可产生和分泌足量的激素，引起临床症状，如某些肿瘤（犬肛门囊的顶浆分泌腺瘤，淋巴瘤）能够产生与PTH作用极为相似的PTH相关蛋白，引起高钙血症。

由激素分泌不足或分泌缺乏引起的综合征也有多种原因。通常认为其原因是，细胞介导的自身免疫反应造成内分泌组织发生损伤。原发性组织损伤引起的内分泌机能减退有，犬的甲状腺功能减退、1型糖尿病、原发性甲状旁腺功能减退症和原发性肾上腺皮质机能减退。在组织损伤的早期，包括反馈调节在内的代偿机制可以激发存留组织的分泌活性（激素生成）。例如，在原发性肾上腺皮质功能减退（阿狄森氏病），随着肾上腺皮质的消失，垂体促肾上腺皮质激素（ACTH）的分泌增多。促激素支持的强化可全面激活存留组织（分泌活性增强），产生的激素分泌量一般也足以造成激素缺乏引起的临床症状出现延迟，直到内分泌组织完全损伤失去的分泌功能才能出现症状。与激素分泌组织相隔甚远的组织发生损伤，也可引起疾病，出现内分泌活动减退的临床症状。垂体促甲状腺素分泌不足，使用甲状腺合成和分泌T_3和T_4所需的刺激下降，从而引发继发性甲状腺功能减退。使用糖皮质激素进行治疗的发病动物，其肾上腺皮质的皮质醇分泌区可出现萎缩。外源性类固醇能够通过负反馈调节通路作用于脑垂体，抑制ACTH的分泌，导致肾上腺皮质萎缩。造成内分泌机能减退的另一种

原因可能是：无功能性肿瘤发生压迫性生长和/或破坏性生长引起内分泌组织发生损伤。

靶组织对激素的反应性发生变化也可引起内分泌疾病及其相关疾病。一个重要的例子是2型或非胰岛素依赖型糖尿病，该病常与肥胖有关，可见有机体对胰岛素敏感性降低。肾源性尿崩症是由于肾脏对血管加压素（抗利尿素）的敏感性下降造成的。发生这类综合征时，肾脏对血管加压素的敏感性下降可能与血管加压素受体发生先天性异常有关，但更常见的是继发于其他疾病（如子宫积脓、肾上腺皮质机能亢进），或离子浓度异常（如低钾血症和高钙血症）。

五、治疗原则

采用外科方法（肿瘤切除）、放射疗法（如使用[131]I治疗甲状腺机能亢进）或药物（如抗甲状腺药物甲硫咪唑）可以对机能亢进相关的内分泌疾病进行治疗。通过简单的替补疗法通常可有效治疗激素不足引起的综合征，例如应用胰岛素治疗糖尿病、应用甲状腺素治疗甲状腺机能减退。治疗蛋白/多肽类激素不足时，采用替补疗法则面临困难。通常无法获得具有种属特异性激素，需要每天注射数次药物，同时还必须要考虑产生抗体和过敏反应的可能性。类固醇类激素和甲状腺素一般可通过口服给药。有些蛋白/多肽类激素或其衍生物，采用注射以外的途径给药时可能有效（如抗利尿激素类似物——醋酸去氨加压素通过多种途径给药均有效）。

应该通过对动物用药后的临床反应和其他适当监测方法，对激素替补疗法进行评估，如治疗后的血液学监测（对发生原发性肾上腺皮质功能减退症的动物，测定用药后T_4血药浓度和血清钠、钾浓度）。手术切除内分泌腺瘤后，常需要采用激素替补疗法治疗一段时间。然而，疾病造成的剩余正常组织发生萎缩，一般可在很短时间内恢复功能，这样就不需要采用终生性的激素替补疗法。不同动物对药物的生物利用单存在显著差异，因此应针对每一头动物制定合理的用药方案。

由于糖皮质激素具有消炎、抗过敏作用，因此普遍用做治疗药物。正确使用该药需要了解其副作用，包括长期用药或强效衍生物可能会出现肾上腺皮质机能亢进症的临床表现。通过隔日口服糖皮质激素，可最大限度减少这类不良反应的发生。

第二节　垂体

垂体是由腺垂体（垂体前叶）和神经垂体（垂体后叶）所组成。

一、概述

1. 腺垂体 依动物种类的不同，腺垂体不同程度的围绕在垂体神经系统的垂体神经部周围，由远侧部（前部）、结节部和中间部组成。远侧部最大，包含多种内分泌细胞群。结节部主要是为垂体门脉系统的毛细血管网络提供结构支撑。中间部连接垂体远侧部和垂体神经部。犬的垂体中间部包含两类细胞群，其中一群可合成促肾上腺皮质激素（ACTH）。

腺垂体远侧部每种特异的细胞群（以及犬的分泌TCTH的中间部细胞群）均可以合成并分泌其中一种垂体促激素。在对某种特定激素需求增加的刺激下，垂体细胞具有分泌周期并进入主动合成期。依据细胞内分泌颗粒在pH依赖性组织化学染色下的反应，可以将腺垂体分泌细胞分为嗜色细胞（嗜酸性细胞和嗜碱性细胞）和嫌色细胞。

可以将嗜酸性细胞进一步划分为分泌生长激素（GH）的促生长激素细胞和分泌催乳素的泌乳细胞。嗜碱性细胞包括即可分泌促黄体激素（LH）、又可分泌促卵泡素（FSH）的促性腺激素细胞，以及分泌促甲状腺素（TSH）的促甲状腺素细胞。嫌色细胞包括参与合成促肾上腺皮质激素（ACTH）和黑色素细胞刺激素（MSH）的分泌细胞，非分泌性滤泡细胞和未分化的干细胞。

腺垂体内的内分泌细胞受相应的下丘脑促释放激素的调控。这些促释放激素通过垂体门脉系统到达腺垂体内的特定分泌细胞，刺激腺垂体迅速释放预先合成的促激素。

不同下丘脑促释放激素分别调节腺垂体中每种促激素的分泌速度。大多数垂体促激素的分泌受负反馈环路的控制，其负反馈控制受血液中靶腺（甲状腺、肾上腺皮质、卵巢和睾丸）激素浓度的调节。诸如催乳素、GH和MSH的反馈调节机制更为复杂。例如，催乳素主要影响乳腺，GH主要作用于肝脏，而这两种组织均为非内分泌组织。这种情况下的负反馈就是代谢产物和其他信号（如肝脏产生的胰岛素样生长因子1，IGF1）。而GH则受来自于下丘脑的抑制性调节因子（生长激素抑制素）和刺激性因子（生长激素释放激素，GHRH）的调控。

2. 神经垂体 神经垂体又称垂体神经部或垂体后叶，分为3个解剖学部分。含有抗利尿激素（ADH，血管加压素）和催产素的分泌颗粒是在下丘脑合成，但在垂体神经部释放后进入血液。连接在垂体神经部和下丘脑之间的是漏斗柄。

ADH，在下丘脑合成的一种8肽，与相应结合蛋白（神经垂体激素载体蛋白）结合形成有界膜的颗粒，输送到垂体神经部后释放进入血液循环。ADH

与远侧肾单位和肾集合管的特异性受体结合，可提高肾小管对肾小球滤液中水的再吸收能力。

ADH的分泌量与机体内的含水量直接相关。机体水合作用可抑制ADH的释放，而脱水或注射高渗电解质溶液则可促进ADH的释放，从而引起肾小球滤液中水的再吸收增多，导致体液稀释和体液渗透压降低。巴比妥类、乙醚、三氯甲烷、吗啡、乙酰胆碱、尼古丁和疼痛均可增加ADH的释放量，使尿液生成减少。乙醇可抑制ADH释放，因而可导致多尿。

与抗利尿作用相比，ADH的升压作用并不明显。当剂量达到抗利尿剂量的数百倍时，ADH才表现有明显的升压作用，此时也可导致冠状动脉收缩。毛细血管以及GI和子宫平滑肌的收缩机制可被激活，随后会出现持续性血压升高。

催产素对子宫平滑肌和乳腺的肌上皮细胞具有特殊效应。虽然催产素在雄性动物的生理作用尚不清楚，但认为其与精子的运输有关。

二、肾上腺皮质机能亢进（库兴病）

肾上腺皮质机能亢进可分为两大类。一类为垂体依赖性肾上腺皮质机能亢进，是由于垂体瘤性肿大造成ACTH分泌过多造成的。另一类为肾上腺依赖性肾上腺皮质机能亢进，与功能性肾上腺瘤或肾上腺癌有关。在犬尚未见有ACTH分泌异常的报道，人的ACTH异常分泌与某种肺脏肿瘤有关。医源性肾上腺皮质机能亢进症通常都是由长期过量应用外源性类固醇激素所致。

【临床表现】 肾上腺皮质机能亢进可见于中年到老龄犬（7～12岁）；约85%为垂体依赖性（PDH），15%见于肾上腺瘤。常见有PDH的犬种有微型贵宾犬、腊肠犬、波士顿狗和比格犬。大型犬多发肾上腺瘤，母犬的发病率明显高于公犬（3：1）。

最常见的临床症状有多饮多尿、食欲增加、怕热嗜睡、腹围增大或"啤酒肚"、气喘、肥胖、肌肉无力和周期性尿道感染。犬肾上腺皮质机能亢进的皮肤病症状有脱毛（尤其是躯干部）、皮肤变薄、静脉扩张、黑头粉刺、挫伤、皮肤色素沉着过多、皮肤钙化、化脓、真皮萎缩（尤其是疤痕周围）、继发性毛囊虫病和皮脂溢。

不太常见的临床表现有高血压、肺栓塞、支气管钙化、充血性心力衰竭和神经症状，如多发性神经病或肌病、行为异常、失明或假性肌强直。发生高皮质醇血症时，可见有胶原蛋白明显减少，表现为十字韧带断裂（幼犬）或角膜溃疡（长久不愈）。肾上腺皮质机能亢进症的生殖系统症状有，母犬和阉割公犬出现肛周腺瘤、母犬阴蒂肥大、青年公犬睾丸萎缩、阉割公犬前列腺肥大。

与犬高皮质醇血症相关的血清化学异常有：血清碱性磷酸酶（ALP）升高、ALT增高、高胆固醇血症、高血糖和尿素氮下降。血象特征有血液再生性变化（红细胞增多、出现有核红细胞）和典型的应激白细胞象（嗜酸性粒细胞减少、淋巴细胞减少和成熟白细胞增多）。偶见有嗜碱性细胞增多。发生肾上腺皮质机能亢进症的犬多表现有尿路感染，但无脓尿（培养阳性）、菌尿症和肾小球硬化造成的蛋白尿。

【诊断】 在诊断肾上腺皮质机能亢进症时，没有任何一种检测方法或几种方法的组合能够达到100%准确度。在采用一种检测方法或几种方法的组合对疑似患犬进行检测时，其敏感性和特异性会随之提高。该病的诊断应以恰当的临床症状为基础，加上至少应出现异常指标（如高胆固醇、SAP），通过对适合于该病的筛查试验即可进行确诊。如果筛查试验结果不能确定，或如果对无临床症状的犬检测到与该病相关的异常结果（如SAP升高），则应在3～6月后对犬只进行复检，而不能在没有确诊的情况下进行治疗。尤其是对性腺异常引起的库兴病进行诊断非常困难。

在鉴别正常犬和患肾上腺皮质机能亢进犬时，尿皮质醇/肌酸酐之比（UCCR）的敏感性很高，但特异性却不高，原因是患有一般到严重程度的非肾上腺疾病的犬也表现有UCCR升高。测定UCCR的尿液应采用未保定时采集的尿样，由犬主人在家中采集。将犬运送到诊所时造成的运输应激和/或穿刺应激，均可造成UCCR假性升高。对出现UCCR升高的犬，可进行ACTH兴奋试验，一种静脉注射小剂量地塞米松抑制（LDDS）试验，或口服抑制试验进行确认。

如果使用得当，LDDS试验是筛查犬肾上腺皮质机能亢进症的最好方法。只有5%～8%的PDH犬在8 h时出现皮质醇浓度降低（即假阴性反应）。此外，30%的PDH病犬在3 h或4 h时出现下降，随后在8 h时出现"抑制脱逸"；这种模式对于PDH具有诊断意义，无需进行其他检测。LDDS试验的主要不足是对非肾上腺疾病缺乏特异性：患有非肾上腺疾病的病犬有50%以上可出现LDDS试验阳性。在这种情况下，应该在患犬非肾上腺疾病恢复后，再采用LDDS试验进行肾上腺皮质机能亢进症的检测。

ACTH兴奋试验可用于诊断各种肾上腺病理性紊乱，包括内源性或医源性肾上腺皮质机能亢进症和自发性肾上腺皮质机能亢进症。作为自然发病的肾上腺皮质机能亢进的一种筛查试验，ACTH兴奋试验的敏感性可达到80%～85%，特异性高于LDDS试验。在一份研究报告中，非肾上腺疾病的犬只有15%表现有ACTH兴奋反应过度。应用ACTH兴奋试验特别难以对肾上腺肿瘤进行诊断。

肾上腺性类固醇过多的犬，由于其血清皮质醇浓度正常，因此可出现ACTH兴奋试验和LDDS试验阴性。这可能是由于过量皮质醇前体物所引起。对于孕酮、17-羟孕酮、雄烯二酮、睾酮和雌激素浓度升高的病犬，需要采用ACTH兴奋试验对肾上腺素含量进行动态检测，不仅要检测皮质醇，还要检测其他性腺激素。

一旦确诊了肾上腺皮质机能亢进症，还需要对垂体依赖型或肾上腺依赖型进行鉴别。尽管发生肾上腺皮质机能亢进症的大部分患犬为PDH，但在非典型病例（如伴有食欲缺乏的患犬），需要进行鉴别试验。尤其在大型犬，将PDH（常为大腺瘤）与肾上腺瘤进行鉴别是必要的。

高剂量地塞米松抑制（HDDS）试验的原理是：上述生理浓度的类固醇可以抑制脑垂体自主分泌过量ACTH。患有自发性分泌皮质醇肾上腺瘤的犬，其ACTH的生成可以通过正常反馈调节机制得到最大程度的抑制；因此，无论给予多大剂量的地塞米松，均不能造成血清皮质醇浓度下降。然而，对于PDH病犬，高剂量的地塞米松能够抑制ACTH的生成，进而造成皮质醇浓度下降。值得注意的是，患垂体巨腺瘤（15%～50%犬有PDH）的犬，对HDDS试验呈阴性。

在鉴别PDH和肾上腺瘤时，最为可靠的方法是测定血浆ACTH浓度。患肾上腺瘤的病犬，其血浆ACTH浓度非常低，难以检测到，而与此相反，患PDH病犬，其ACTH则正常或升高。最近，研究者发现，在EDTA管内的全血中添加一种蛋白酶抑制剂——抑肽酶，能够避免ACTH发生降解。样品采集后，用普通离心机进行离心，在4℃下可保存4 d。

通过腹部透视、超声检查、计算机断层扫描（CT）或MRI，可以对垂体型和肾上腺型肾上腺皮质机能亢进进行影像学诊断。所有HDDS试验阴性的犬，均应进行腹部透视。患肾上腺瘤的病犬，约有30%～50%在肾上腺区域可见有钙化阴影。对于肾上腺瘤进行鉴别时，采用腹部超声检查更为敏感。此外，患肾上腺癌的病犬可能见到癌细胞发生肝转移或侵袭至腔静脉。对于HDDS试验阴性犬，采用脑和腹腔CT或MRI，可检查到单侧肾上腺增大（50%）、垂体巨腺瘤（25%）或垂体微腺瘤（25%）。

【治疗与预后】 用于犬肾上腺皮质机能亢进的治疗方法有3种。药物治疗、手术治疗和放射治疗在临床上均有应用，且可取得不同程度的疗效。

对于PDH患犬，可使用抗肾上腺制剂米托坦（o,p'-DDD）进行治疗，开始时可采用诱导剂量，每日25～50 mg/kg，连用7～10 d。应当对犬肾上腺皮质功能减退的临床症状进行监控，如厌食、呕吐和腹泻。如出现这些症状，应立即停止使用米托坦，给予糖皮质激素。可以将饮水量和采食量作为评价疗效终点的指标；饮水量应该降至每日60 mL/kg以下（犬）。使用米托坦治疗7～10 d后，或饮水量和采食量降低后，应采用ACTH兴奋试验以确定皮质醇抑制是否充分。采用ACTH试验检测，治疗前和治疗后皮质醇的浓度均应在正常范围。为维持对皮质醇分泌的抑制，可按50 mg/kg剂量每周给药1次。长期应用米托坦治疗的犬，每3～4个月应进行一次体格检查和ACTH兴奋试验。要使临床症状得到充分缓解，常需要逐渐增加用药剂量。

在推荐剂量下使用米托坦时，可能会出现的副作用有胃肠道刺激（呕吐和厌食）、CNS紊乱（共济失调、虚弱、痉挛）、轻度低血糖和血清碱性磷酸酶轻度升高。将1日的剂量等分后分两次，间隔8～12 h给药，可以缓解诸如抑郁和共济失调等症状。停止使用米托坦后，持续出现CNS症状则提示垂体巨腺瘤正在增大。

最近有报道证明，肾上腺酶抑制剂曲洛司坦可有效治疗PDH病犬。通过对肾上腺皮质机能亢进病犬进行的研究表明，曲洛司坦是一种高效的类固醇抑制剂，且副作用很小。曲洛司坦必须每日给药，常需要每日两次，才能达到降低肾上腺糖皮质激素分泌的作用。使用曲洛司坦治疗的病犬，可能会出现可逆性的盐皮质激素不足；少数病例出现肾上腺坏死，伴随顽固性肾上腺功能不全。最近美国才证明，曲洛司坦可作为治疗PDH病犬时米托坦的合理替代药物。由于肾上腺酶抑制剂不仅可抑制皮质醇自身的合成，也可影响皮质醇合成的前体物，因此曲洛司坦也可有效治疗性腺激素失调的病犬。

在有些病例，需要采用外科手术方法切除单侧肾上腺瘤或恶性腺瘤；但是，发生肾上腺皮质机能减退

后，可能会发生继发性手术并发症和麻醉并发症（如低血压），这种情况可能会在手术切除肿瘤之后马上出现。由于肾上腺瘤可对米托坦产生耐药性，因此无法采用药物治疗肾上腺瘤。最后，如果病犬表现有神经症状（如厌食、昏迷、痉挛），且已确诊有大的垂体瘤（垂体巨腺瘤），则表明需要对垂体腺采用放射治疗方法。放射性治疗的费用高，且耗时长（3周）。犬的放射治疗结果表明，放射疗法是一种有效的治疗方法，发病率也较低，但PDH症状的消失可能需要数月时间。但是，由于犬的原发性疾病（垂体瘤）已经被清除，因此这些犬的长期生存状况良好。

三、无功能性垂体瘤

大多数动物都很少发生无功能性垂体瘤。垂体嫌色细胞腺瘤没有内分泌活性，但可因造成腺垂体组织的相邻部分发生压迫性萎缩，且可侵入上层的脑组织。由于肿瘤不是造成垂体促性腺激素分泌减少和靶器官（如，肾上腺皮质）功能减弱，就是消除CNS功能紊乱，因此可表现有临床症状。患病动物常表现抑郁、共济失调、虚弱、体力不支（也可见成年型全垂体功能减退症）

无内分泌功能的垂体腺瘤常在生长到相当大的体积后，才会引起明显的症状或死亡。增殖的肿瘤细胞可以与腺垂体和漏斗柄的剩余组织结合在一起。肿瘤组织可能会压迫并取代整个下丘脑。

四、与垂体中间部腺瘤相关的多毛症（多毛症）

多毛症见于老龄马（通常是18岁龄及以上），与腺垂体中间部细胞腺瘤引起垂体中间部功能失调（PPID）有关。这种腺体瘤常严重压迫位于其上部的下丘脑，下丘脑是稳态调节机体体温、食欲和被毛周期性脱落的主要中枢。此外，中间部腺瘤可分泌大量促黑色素细胞激素（MSH），这是在冬季存在于长被毛中的一种因子。

【临床表现与病变】 PPID的症状有多尿多饮、肌肉张力减弱、虚弱、嗜睡、脂肪组织分布异常、眼周肿胀、蹄叶炎、对传染病的易感性升高、间歇性体温升高和全身多汗。在季节性脱毛出现障碍时，常会出现明显的多毛症。马的腿部、腹部和喉部首先出现较长的被毛，随后才出现全身性多毛症。最终几乎整个躯干和四肢的毛发变长（最长达10～12 cm），且异常浓密、波浪状，常蓬乱无光。

马最常见的垂体肿瘤是垂体中间部腺瘤。肿瘤呈黄色到白色、多结节，与垂体神经部相连。发生PPID的马可表现有高血糖（胰岛素抵抗型）和尿糖，这可

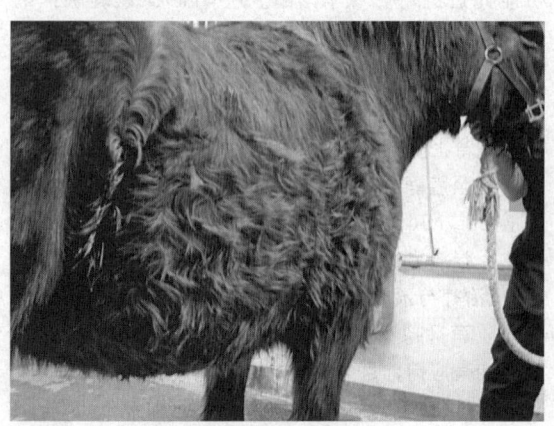

图4-1　库兴病多毛症
（由Sameeh M. Abutarbush博士提供）

能是由于皮质醇和其他胰岛素颉颃剂类激素浓度升高
所造成。

血浆中免疫反应性的促肾上腺皮质激素和α-促
黑激素（α-MSH）的浓度范围从轻微升高到显著升
高。血液中的皮质醇浓度通常维持在正常范围之内，
但没有正常的昼夜节律，且与正常马相比，使用地塞
米松所引起的抑制逃逸反应速度更快。

【诊断】 出现高血糖和胰岛素抵抗都可提示有垂
体腺瘤，但由于发生马代谢综合征时也可出现，因而
这些指标并非PPID的特征。其他非特异性的症状有：
白细胞数绝对增多或相对增多、嗜酸性粒细胞减少和
淋巴细胞减少、血脂升高、血胆固醇过多，以及一种
轻度的、血色素和红细胞数正常的贫血。肝脏酶的活
性可能升高。电解质一般正常。尿检一般正常，但偶
尔出现尿糖和尿相对密度略低。

确诊应以相关检验或静息状态下内源性ACTH
的浓度测定结果为依据。地塞米松（40 μg/kg，肌内
注射）一般不会将皮质醇的浓度降至基值的30%或
1 μg/dL以下，但在正常马给药6~15 h后其浓度可降
至这种水平。此外，发生PPID的马在给予地塞米松
24 h后，皮质醇的水平可恢复到基值的80%或更高。
正常马匹在地塞米松给予后24 h，其皮质醇水平受到
抑制。患有PPID的马对多潘立酮的反应可出现极显
著的增强。给发生PPID的马按5.0 mg/kg口服多潘立酮
2~4 h后，其血浆中内源性ACTH的浓度一定会升高
到基值的200%或更高。

鉴别诊断包括由综合征造成的慢性衰弱性疾病，
如管理不良和营养缺乏、寄生虫病和慢性全身性疾
病。多尿和多饮（PU/PD）必须与慢性肾病或尿崩症
相鉴别。高血糖、糖尿症和PU/PD必须与原发性糖尿
病相鉴别。高胰岛素或葡萄糖/胰岛素比例升高必须
注意与原发性高胰岛素血症（马代谢综合征）相鉴
别。嗜铬细胞瘤可引起多汗、高血糖和呼吸急促，但
该病是一种无功能性的，只在尸检时偶尔发现。多
毛症的鉴别诊断有Bashkir卷毛品种马和先天性卷毛异
常。尚未见有其他疾病可导致成年马出现长而卷曲的
被毛。为此，多毛症可作为PPID的阳性诊断指标。

【治疗】 发生PPID的马相对比较虚弱，免疫功能
低下。因此，最需要的是关注其饲养管理。培高利
特，一种多巴胺能的兴奋剂，是目前唯一一种已证
明可降低PPID病马内源性ACTH的药物。其使用的起
始剂量为0.006~0.01 mg/kg，口服，每日1次。这样一
般每日的剂量为0.5~1 mg。如果使用该剂量没有使
临床症状和内分泌检测指标得到明显改善，可逐步增
加用量。已报道的培高利特的副作用有精神沉郁和厌
食，这种表现一般是暂时性的，可随时间而很快消

失。如果这些副作用引起的症状没有消失，则需要降
低用药剂量，或每日两次给药，每次剂量减半。有描
述认为赛庚啶（0.6~1.2 mg/kg，口服，每日1次）可
用于PPID的治疗，但缺乏可以证明关于其对临床症状
的改善作用的记录。一些非正式的报道认为，赛庚啶
与培高利特具有协同效应，两种药物联合的效果比单
独使用培高利特的效果要好。曲洛司坦，一种3-β
羟基类固醇脱氢酶的竞争性抑制剂，可有效治疗马的
PPID，但其昂贵的价格限制了该药的应用。

五、成年动物垂体功能衰退症

内分泌功能障碍性的、无功能性垂体瘤最常见于
成年动物到老龄动物，无明显的品种差异。最常见的
病因是垂体远侧部的嫌色细胞腺瘤。其他不多见的原
因有：垂体组织发生广泛性炎性损伤，由于肿瘤细
胞、寄生虫或败血性栓塞造成梗塞而引起垂体发生缺
血性坏死，毒血症引起的弥漫性坏死，相邻组织（脑
膜、蝶骨、鼻腔等）发生肿瘤引起的肿瘤侵袭，广泛
性出血，以及外伤后形成的疤痕。发生无功能性垂体
瘤的犬和猫，其临床症状与垂体促激素分泌减少和靶
器官功能减退有关，也可能与CNS功能紊乱有关。

临床表现 患病动物常表现有精神沉郁、共济失
调和运动时体力不支。有时可出现性情改变，对人的
反应变得迟钝，动不动就会隐藏起来。在慢性病例，
由于垂体瘤背侧扩张压迫和损伤视神经，因此可造成
病犬失明、瞳孔散射和无对光反射。病犬由于生长激
素刺激的蛋白合成受损，常表现有进行性体重下降，
伴有肌肉萎缩。如果分泌促性腺激素的细胞或下丘脑
释放相应激素的细胞受到压迫，可造成性腺萎缩。如
果抗利尿激素的合成或释放到垂体神经部毛细血管的
过程发生破坏，可引起体液平衡紊乱。肿瘤细胞可造
成垂体后叶（神经垂体）、漏斗柄和下丘脑受到压迫
或破坏。

发生全垂体机能减退的动物，尽管饮水量增加，
但仍然表现有脱水。发生大型无功能性垂体瘤的犬
和猫常会排泄大量尿液，且尿液的相对密度较低
（≤1.007），可造成室内训练中断。临床症状的特征
性不高，可与其他CNS疾病（如脑瘤、脑炎）或慢性
肾功能疾病混淆。

在对成年或老龄动物发生的以共济失调、精神沉
郁、多尿、失明和行为突然改变为特征的疾病进行鉴
别诊断时，应当考虑垂体瘤引起的全垂体机能减退
症。由于失明的根原在中枢神经，因此通过眼科检查
一般不会发现明显的病变。由于这些肿瘤常发生在已
经体成熟的犬，因此垂体远侧部受压以及可能对生长
激素分泌造成的干扰不会影响其身躯状况。发生嫌色

细胞瘤的长尾鹦鹉，由于瘤细胞是沿视神经进行扩散的，因此常会出现突眼症。

【病变】 无内分泌功能的垂体腺瘤常在生长到相当大的体积后，才会引起明显的症状或死亡。增殖的肿瘤细胞可以与腺垂体和漏斗柄的剩余组织结合在一起。肿瘤组织可能会压迫并取代整个下丘脑。

发生垂体巨腺瘤的犬和猫，其甲状腺一般比正常的要小，但是与肾上腺皮质相比，其变化程度很小。肾上腺变小，主要由髓质组成，周围的皮质区变窄。曲细精管小，且未见有生成活性精子的迹象。

皮肤萎缩和肌肉萎缩，可能与成年犬或猫缺乏生长激素对蛋白合成效应的作用有关。垂体促激素分泌受到干扰常会造成性腺萎缩，进而引起性欲减退或乏情。

六、幼年型全垂体机能减退（垂体性侏儒症）

垂体性侏儒症最常见于德国牧羊犬，但在其他品种的犬也有报道，如银狐犬或尖嘴犬、迷你杜宾犬和卡雷林恩熊犬。该病是一种常染色体隐性遗传病。

垂体性侏儒症常与颅咽管（拉特克囊）的口咽外胚层无法分化为远侧部促激素细胞有关。因此，腺垂体没有充分发育成熟。该病的第二大主要原因是颅咽管瘤，这是拉特克囊口咽外胚层的一种良性瘤。与其他类型的垂体肿瘤相比，这些肿瘤更容易发生在青年犬。颅咽管瘤可引起生长激素分泌量下降，导致侏儒症。

【临床表现】 在2月龄之前，侏儒症幼仔与同窝的其他幼仔并无明显区别。之后可出现生长速度相对较慢，幼犬的被毛生长停滞，主要保护性被毛逐渐出现明显的脱落。由于德国牧羊犬的体形矮小、温顺、被毛柔软，因此在发生垂体性侏儒症时，外观呈郊狼或狐狸状。逐渐出现双侧对称性脱毛，常常发展为全身脱毛，仅在头部留有被毛和腿部留有几束被毛。恒齿发育迟缓或完全没有。促甲状腺素和生长激素分泌不足都可引起骨骺闭合延迟，依据激素分泌不足的严重程度，延迟时间可达4年之久。睾丸和阴茎较小，阴茎骨的钙化迟缓或钙化不完全，阴茎鞘松弛。卵巢皮质发育不全，发情周期不规则或不发情。由于该病可引起继发性内分泌功能失调，如甲状腺机能减退和肾上腺皮质机能减退，因此发病犬的寿命一般较短。患全垂体机能减退症的幼犬常发出刺耳的尖叫声。

【病变】 垂体囊肿内充满黏液，最终占据全部垂体区，严重压迫垂体神经部和漏斗柄。颅咽管瘤的体积较大、质地坚实、呈囊性，可扩散至下丘脑。肿瘤也可沿大脑的腹侧面生长，与多种颅脑神经融合，引起特异性的神经功能缺陷。

【诊断】 甲状腺素、三碘甲状腺素和皮质醇水平出现下降或位于正常范围内的低值。对于激素基础水平出现疑似的发病动物，由于其甲状腺和肾上腺皮质发生萎缩或发育不全，因而对于外源性促甲状腺素或促肾上腺皮质激素的反应低于正常水平。其他有效的辅助诊断方法有比较同窝个体的大小，出现骨骺延迟闭合或骨骼放射检查时见有发育不良，以及采用皮肤活体组织检查方法。皮肤病变有角化过度、毛囊角化病、色素沉着过度、皮肤附属器萎缩、弹性纤维蛋白缺失、表皮的胶原纤维网结构疏松。毛干缺失，毛囊主要处于生长周期中的静止期。

侏儒犬的生长调节素C（胰岛素样生长因子，IGF1）活性下降。生长调节素中间体的前体可能是杂合子携带者，但以正常表型存在。对疑似发生垂体性侏儒的犬，通过测定生长调节素C可间接地反映出血液循环中的生长激素活性。据报道，可以检测到犬体液循环中生长激素的基线，但发生垂体性侏儒症时浓度较低（正常范围：1.75 ± 0.17 mg/mL），且通过注射可乐定（30 μg/kg，静脉注射）进行分泌刺激试验，也无法使其水平升高，而正常犬就可以升高。已经证明，垂体性侏儒犬可出现胰岛素过敏反应，这可能是由于在低水平生长激素的作用下，胰岛素受体数量或亲和力发生变化造成的。

七、尿崩症

中枢性尿崩症是由抗利尿激素（ADH）分泌量减少所致。当肾脏靶细胞缺乏必需的生化调节机能，不能对血液中正常水平或升高的ADH产生反应时，即可引起肾性尿崩症。肾性尿崩症很少发生于犬、猫和实验大鼠，在其他动物则更为罕见。

【病因】 垂体神经部、漏斗柄或下丘脑的视上核受到压迫和损伤，就会造成垂体型尿崩症。发生垂体性尿崩症时，可造成ADH合成或分泌障碍的病变有：大型垂体瘤（有或无内分泌功能）、背侧扩张的囊肿或炎性肉芽肿、头骨发生创伤性损伤并伴有出血，以及神经垂体系统发生神经胶质细胞增生。

【临床表现】 发病动物可排泄出大量低渗尿，饮水量也很大。发生垂体型和肾型尿崩症时，即使停止饮水，其尿液渗透压也仍然都低于血浆的正常渗透压（约300 mOsm/kg）。发生垂体性尿崩症时，给予外源性ADH可以使尿渗透压高于血浆渗透压，但对肾性尿崩症无效，这可用于2型疾病的临床鉴别。

【病变】 垂体后叶、漏斗柄和下丘脑被肿瘤细胞压迫或间隔损伤。这就会造成无髓鞘轴突发生中断，而该轴突可以将ADH从产生部位（下丘脑）运送至其释放部位（垂体神经部）。

【诊断】　诊断该病的依据是不受脱水制约，且并不是由原发性肾脏疾病引起的长期多尿。对于未出现脱水且无肾脏疾病的动物，可采用禁水试验来评估其浓缩尿液的能力。膀胱排空后，限制饮水和采食（3~8 h）可以最大程度地刺激ADH的分泌。应仔细监控受试动物，避免体重下降超过5%以及发生严重的脱水。应当测定尿液和血浆的渗透压；但是，由于大多数执业兽医并没有现场测定的条件，因此常使用测定尿液相对密度来代替。在测量末期，对于仅发生ADH部分缺乏或由皮质醇增多症引起的对ADH有颉颃作用的动物，其尿液相对密度在1.025以上。对于完全丧失ADH活性的动物，无论是原发性ADH缺乏，还是肾脏反应性丧失，其尿相对密度几乎没有变化。

对于可引起尿液量大、尿液相对密度长期较低、但其他指标都正常的各种疾病进行鉴别时，可采用ADH反应试验方法。这些疾病包括：肾源性尿崩症（肾脏对ADH缺乏反应的一种疾病）、心因性尿崩症（某种心理忧虑引起的烦渴多饮，但肾脏对ADH反应正常）、皮质醇增多症（肾脏中皮质醇对ADH有颉颃作用，引起部分ADH活性丧失）。对无法进行禁水试验的动物，也可采用这种试验方法。在试验开始时首先测定尿相对密度；使用醋酸去氨加压素（结膜囊点眼2~4滴）；在2 h内将膀胱排空；在使用ADH后4、8、12、18和24 h后分别测定尿液相对密度。发生原发性ADH缺乏的动物，其尿相对密度的峰值在1.026以上，显著高于对发生ADH活性部分缺乏的动物进行禁水试验诱导所达到的水平，而发生肾源性尿崩症的动物，其尿相对密度不会发生明显变化。

如果测量尿液渗透压的话，正常动物在禁水后的尿渗透压与血浆渗透压的比值在3以上，ADH中度缺乏动物的在1.8~3之间，而ADH严重缺乏时其比值在1.8以下。发生原发性ADH缺乏动物，与禁水试验相比，使用ADH后其尿液渗透压比值在2以上；对ADH有颉颃作用的动物，其尿液渗透压比值在1.1~2之间，ADH反应缺乏的动物在1.1以下。

采用醋酸去氨加压素进行严格监控的治疗性试验（见下文），可以作为禁水试验的一种替代方法，也可用于禁水试验不能作出明确诊断时。另外，首先应排除引起多尿和烦渴的所有其他因素，使鉴别诊断局限于中枢型尿崩症、肾源性尿崩症和心因性尿崩症。对于猫，应该在使用醋酸去氨加压素进行治疗试验之前2~3 d，在自由饮水条件下测量猫24 h的饮水量。醋酸去氨加压素的鼻腔给药剂可通过结膜囊进行点眼（1~4滴，每日两次），连用3~5 d。在治疗首日，如果饮水量显著下降（50%以上），则强烈提示为ADH

不足，可诊断为中枢性尿崩症或肾源性尿崩症。

尿崩症还需与其他伴有多尿的疾病相鉴别。最常见的有糖尿病，该病伴有糖尿和尿相对密度增高，另一种慢性肾炎，该病通常出现尿相对密度降低，同时表现肾衰竭的体征（尿蛋白、尿管型等）。

【治疗】　控制多尿症可采用醋酸去氨加压素，一种合成的ADH类似物。开始用量为鼻腔黏或结膜囊点滴2滴，随后逐渐增加，以确定最小有效剂量。在用药后2~6 h一般才能出现最大效应，药效持续时间10~12 h。对饮水不应限制。动物应终身用药，每日1次或每日2次。

八、猫肢端肥大症

肢端肥大症，又称生长激素分泌过多，是由于成年动物的生长激素出现长期分泌过多所引起。猫肢端肥大症的病因是垂体前叶出现一种生长激素分泌性肿瘤。猫发生的这种肿瘤生长缓慢，瘤体出现很长时间后才出现临床症状。

【临床表现】　肢端肥大症可发生在老龄猫（8~14岁），公猫似乎更为常见。猫肢端肥大症首先出现的临床症状通常是未控制糖尿病的症状，因此最常见的临床症状是烦渴、多尿和贪食。肢端肥大症的重要标志是伴随未控制糖尿病的瘦肉组织净增重。也可见有器官巨大症，包括肝脏肿大、肾脏肿大和内分泌器官肿大。有些猫可出现四肢肥大、体型增大、下颌肥大、舌肥大和前额肥大症状，这些都是人肢端肥大症的典型症状。骨骼系统可出现一些最为突出的症状，包括肌肉质量增加，以及下颌、脚爪和颅骨等身体肢端部分出现增生。发病后期可出现心血管疾病，如心肌肥大（X线检查或超声检查）、缩期杂音和充血性心力衰竭。大约50%的病猫在后期可出现氮质血症。病猫通常检查不到类似于人肢端肥大症出现的神经症状，如外周神经病变（感觉异常、腕管综合征、感觉和运动障碍）和鞍旁症状（头痛和视野缺损）。

发生肢端肥大症的所有病猫均可见有葡萄糖耐受量下降和胰岛素抵抗导致的糖尿病。内源性血清胰岛素水平显著升高。尽管出现严重的胰岛素耐受和高糖血症，但很少出现酮病。如果猫出现严重的胰岛素抵抗性（胰岛素用量为每日＞20 U/只），则应怀疑患有肢端肥大症。高胆固醇血症和肝脏酶轻度升高是由糖尿病所引起。无氮质血症的高磷血症也是常见的临床病理变化。尿液分析无明显变化，仅见有持续性蛋白尿。

【病变】　尸体剖检可见垂体出现大面积增生、肥大型心肌病并伴有左心室和中隔明显肥大（早期）或心室扩张（后期）、肝脏肿大、肾脏肿大、退行性关节病变、腰椎脊椎强硬、甲状旁腺中度增大、肾上腺皮质增生、胰腺弥漫性肿大伴有多发性结节性增生。对内分泌腺进行组织学检查可见有垂体出现嗜酸性腺瘤，甲状腺出现腺瘤样增生，肾上腺皮质、甲状旁腺和胰腺出现结节性增生。

【诊断】 对疑似发病猫进行确诊时，需要检查到血浆中的生长激素或胰岛素样生长因子1（IGF-1）浓度出现升高。遗憾的是，目前还无法测定猫的生长激素。发病猫的血清IGF-1浓度常出现显著升高（与人类患者相同）。目前最可靠的诊断技术是采用计算机断层扫描（CT）对垂体区进行检查。CT检查结果，再加上排除引起胰岛素抵抗（甲状腺机能亢进和肾上腺皮质机能亢进）、临床症状和实验室检测结果异常的其他因素，有助于对肢端肥大症作出诊断。

【治疗与预后】 对人进行药物治疗的方法包括采用多巴胺激动剂，如溴隐亭和生长抑素类似物（奥曲肽）。奥曲肽治疗猫肢端肥大症未取得成功。使用长效生长抑素类似物没有疗效，可能是由于组织结合具有种属特异性的原因。放射疗法可有效降低发病率和死亡率，取得成功的机会最大。其缺点是肿瘤收缩缓慢（＞3年），可能会出现垂体机能减退症、脑和视神经损伤以及放射性对于下丘脑造成的损伤。

对于未进行治疗的病猫，其短期预后良好。通过使用大剂量胰岛素，按每日分多次给药，可有效控制胰岛素抵抗。发生轻度心脏疾病，可通过利尿剂和血管扩张药物予以控制。但是，远期预后相对较差，多数病猫死于充血性心脏衰竭、慢性肾功能衰竭或垂体肿大引起的症状。早期诊断和治疗可改善远期预后。

第三节 甲状腺

一、概述

所有的脊椎动物都有甲状腺。哺乳动物的甲状腺通常由两叶组成，分别位于喉头的末端和紧邻气管的外侧面。两叶之间可通过纤维性甲状腺峡相连（如反刍动物和马），也可通过结缔组织性甲状腺峡相连（如犬和猫）。甲状腺的血管分布极为丰富。鸟类的甲状腺位于胸腔入口前，紧靠鸣管，与椎动脉原点的颈动脉相邻。

在大多数种类的动物都常见有异位的甲状腺组织或副甲状腺组织，特别是在犬和猫。这种组织可存在于从喉头到横膈膜的任何部位，这也就是在甲状腺切除后仍然能够维持甲状腺正常功能的原因所在。此外，异位的甲状腺组织有时也会成为畸形生长或肿瘤形成的部位。

1. 生理学 甲状腺素是体内唯一发生碘化的有机化合物。正常甲状腺组织的主要分泌产物是甲状腺原氨酸（T_4）。但是，甲状腺也分泌3, 5, 3′-三碘甲状腺原氨酸（T_3），逆三碘甲状腺原氨酸和其他非碘化代谢产物。T_3的效力比T_4高大约3~5倍，但逆T_3不具备拟甲状腺素活性。

虽然所有的T_4都是由甲状腺分泌的，但有相当数量的T_3是由T_4转化而来；因此，T_4又被称为激素原。T_4被活化为效力更强的T_3这一步骤是由外周组织单独调控的。

甲状腺素的分泌主要通过下丘脑-垂体-甲状腺轴的协调反应，经过负反馈进行调控：促甲状腺素释放激素（TRH）与脑垂体上的促甲状腺素细胞相结合，刺激促甲状腺素（甲状腺刺激激素，TSH）的分泌，TSH又会与甲状腺滤泡细胞膜结合并刺激甲状腺素的合成与分泌。

甲状腺素是不溶于水的亲脂性化合物，结合在血浆蛋白上［甲状腺素结合蛋白，甲状腺素结合前白蛋白（甲状腺素运载蛋白）和清蛋白］。甲状腺素结合蛋白的主要功能很可能是在血浆中形成激素贮存库，为激素输送至组织提供"缓冲"。

在甲状腺机能正常的健康动物体内，全部血清T_4中只有0.1%是游离的（未与甲状腺素结合蛋白相结合），但循环T_3中却有大约1%呈游离状态。目前的证据表明，这一小部分循环的游离T_4和游离T_3决定了组织可摄取的激素总量。

2. 甲状腺素的作用 甲状腺素可作用于许多不同的细胞过程，但是并没有单一反应或代谢活动可以与其功能相等同。尽管T_4和T_3二者都有内在新陈代谢活性，但是T_3与核受体的结合能力是T_4的3~5倍，刺激氧消耗的能力也类似。

甲状腺素的作用一般可分为两类：与激素结合受体结合后数分钟至数小时后起作用，但不需要蛋白质合成；与激素结合受体结合后（通常在6 h以后）起作用，同时还需要合成新的蛋白质。甲状腺素引起的耗氧量增加，大约有一半与胞浆膜结合的Na^+/K^+ATPase激活有关；甲状腺素也可刺激线粒体的耗氧量；这些变化对与甲状腺素的产热效应有直接关系。更为长期的效应一定与细胞作用有关，这些细胞作用需要T_3核受体的相互作用，也与生理过程相关的关键蛋白的合成也会增加，例如生长、分化、增殖和成熟。

在生理量下的甲状腺素是同化的。通过与生长激素和胰岛素的协同，刺激蛋白质的合成增加，氮排泄减少。但是在过量状态下（甲状腺机能亢进症），甲状腺素可以起异化作用，造成糖异生、蛋白质分解和氮消耗增加。

二、甲状腺功能减退

发生甲状腺功能减退时，甲状腺素的合成和分泌减少导致代谢率降低。这种疾病最常见于犬，有时也可发生于其他种类的动物，包括猫、马和其他一些大家畜。

【病因】　尽管下丘脑-垂体-甲状腺轴的任何部位发生功能紊乱，均能引起甲状腺素缺乏，但发生于犬的甲状腺功能减退，有超过95%的临床病例都是由于甲状腺自身受损（原发性甲状腺功能减退）造成的。发生在犬的成年型原发性甲状腺功能减退主要有两种原因：淋巴细胞性甲状腺炎和先天性甲状腺萎缩。淋巴细胞性甲状腺炎，可能是免疫介导的，其组织学特征是甲状腺组织中出现淋巴细胞、浆细胞和巨噬细胞弥漫性浸润，导致滤泡发生进行性损伤并继发纤维化。先天性甲状腺萎缩的组织学特征是甲状腺实质缺损并被脂肪组织所代替（也可见自身免疫性甲状腺炎）。

引起犬发生继发性甲状腺功能减退最主要的原因是，因膨胀性、占位性肿瘤造成脑垂体的促甲状腺细胞（垂体前叶）受损。由于所造成的压迫性萎缩为非选择性的特性，且垂体组织是由这种大型肿瘤所取代，因此经常也发生其他（一种或多种）垂体激素缺乏。

发生在犬的其他罕见型甲状腺功能减退，包括肿瘤导致的甲状腺组织受损和先天性（幼年型）甲状腺功能减退。各种不同型的甲状腺发育不全（例如甲状腺机能缺失，甲状腺再生不良）或甲状腺素合成障碍（遗传性有机化碘的缺乏）均可导致先天性的原发甲状腺功能减退。

已经报道巨型雪纳瑞犬、玩具猎狐㹴和苏格兰猎鹿犬，可发生先天性继发性甲状腺功能减退（相关临床症状有不对称侏儒症、嗜睡、步态反常和便秘）。也有报道，伴有拉克特氏囊肿的垂体性侏儒症的德国牧羊犬，也可发生先天性继发性甲状腺功能减退。然而，这些犬出现TSH缺乏的程度各不相同，且临床症状通常主要是由生长激素缺乏所引起（而不是甲状腺素）。

猫最常见的病型是医源性甲状腺功能减退。这些猫是由于出现甲状腺功能亢进症而采用放射性碘治疗、外科切除或使用抗甲状腺药物，而造成甲状腺功能减退。尽管成年猫自然发生的甲状腺功能减退极其罕见，但确实也可发生先天性或幼年型甲状腺功能减退。猫发生先天性甲状腺功能减退的公认原因，有甲状腺素的生物合成在甲状腺内发生障碍（内分泌机能障碍）、甲状腺对TSH无响应和甲状腺发育不良。

已报道，所有发生甲状腺功能减退的猫都患有原发性（甲状腺性）疾病。次级（垂体性）和三级（下丘脑性）甲状腺功能减退，在青年猫或成年猫中都还没有很好地描述过，但已有报道可发生于严重的头部创伤之后。

在妊娠母马采食可导致甲状腺肿胀的牧草或饲料中碘含量不足或过量时，可导致幼驹发生先天性甲状腺功能减退。更为常见的是由新生幼驹的一种特殊综合征引起的先天性甲状腺功能减退，其特征是甲状腺增生，并伴发多种先天性肌肉骨骼发育畸形。该综合征主要报道于加拿大西部，被称为甲状腺增生和肌肉骨骼畸形综合征，或先天性甲状腺功能减退和成熟障碍综合征，可能与妊娠母马采食含硝酸银过高的饲料有关（见马驹先天性甲状腺功能减退与成熟障碍综合征）。成年马发生甲状腺功能减退非常罕见，但与发生在其他动物一样，常被误诊。

【临床表现】　尽管发病时间各不相同，但甲状腺功能减退最常见于4～10岁的犬。该病主要发生在中、大型犬，玩具型犬和微型犬发病较为罕见。据报道，易发犬包括金毛猎犬、杜宾犬、爱尔兰长毛猎犬、迷你雪纳瑞犬、腊肠犬、可卡犬和万能㹴。甲状腺功能减退似乎没有性别倾向，但切除卵巢后的母犬比未切除卵巢的犬发病风险更高。

甲状腺素缺乏可以影响到所有器官系统的功能；因此该病的临床症状具有弥散性、多变性，常没有特异性，几乎没有特殊病征特征。虽然对该病应高度怀疑，但也应避免过度诊断，因为很多疾病很容易被误诊为甲状腺功能减退，特别是皮肤相关的疾病。

犬甲状腺功能减退的许多临床症状都与细胞新陈代谢缓慢有直接关系，这可以引起精神迟钝、嗜睡、不爱运动以及体重增加，但食欲并未增加。一部分犬可发展为中等或重度肥胖。体温难以维持可造成体温下降；发生典型甲状腺功能减退的病犬喜欢寻找温暖的地方。常见有皮肤和毛发生变化。最先的皮肤病变是干燥、脱毛过多和被毛再生缓慢。发生甲状腺功能减退的犬，大约有2/3可出现非瘙痒性毛发稀疏或脱毛（通常为双侧对称性），涉及的部位有腹部和躯干侧面、大腿近尾部表面、尾背部、颈腹部和鼻上部。脱毛有时与甲状腺功能减退有关，一般是从头部有毛处开始。有时可见有继发性脓皮病（可导致瘙痒）。

中度至重度病例可出现皮肤增厚，这是由真皮中发生糖胺聚糖（主要是透明质酸）积聚所引起。在这些病例中，常见有前额和脸部出现黏液水肿，导致外观浮肿和眼睛上部皮肤皱褶增厚。这种眼睛浮肿和眼睑下垂使某些犬出现一种十分悲惨的面部表情。胃肠道、心脏和骨骼肌也可出现这种变化。

对于未切除卵巢的犬可出现各种繁殖障碍：母犬出现不发情或发情紊乱、不孕、流产、存活幼崽孱弱；公犬出现性欲低下、睾丸萎缩、少精或不孕。

黏液水肿性昏迷，一种罕见的综合征，是发生严重甲状腺功能减退的极端表现。这一过程发展迅速，由嗜睡到昏睡直至昏迷。常会出现甲状腺功能减退的常见症状（如脱毛），也可见有其他症状，如肺换气不足、低血压、心动过缓和体温降低。

在胎儿期和出生后的几个月内，甲状腺素对骨骼和CNS的生长和发育起着至关重要的作用。因此，除了非常好辨认的成年型甲状腺功能减退症状外，不成比例的侏儒和智力发育受损（呆小症）是先天性和青年型甲状腺功能减退的主要症状。发生原发性的先天性甲状腺功能减退时，可见有甲状腺增大（甲状腺肿）。X线检查常见有骨骺发育不良（整个长骨骨骺发育不良）、骨较短和骨骺闭合延迟。

发生先天性垂体功能低下的犬（见垂体性侏儒），可能会出现不同程度的甲状腺、肾上腺皮质和性腺缺陷，但临床症状主要与生长激素缺乏有关。临床症状有成比例的侏儒（而不是先天性甲状腺功能减退出现的不成比例侏儒症）、主要保护性被毛脱落而皮肤绒毛生长迟滞、皮肤色素过度沉着和躯干双侧出现对称性脱毛。

成年猫发生甲状腺功能减退的临床症状一般有昏睡、反应迟钝、非瘙痒性脂溢性皮炎、体温降低、食欲不振、间或心动过缓。还有可能发展为肥胖，特别是伴有医源性甲状腺功能减退的猫，但这并不是普遍出现的症状。除耳廓处外，一般不会出现双侧对称性脱毛，但在腕前侧部、跗关节近尾部、背部和尾基侧部有时可见有局部脱毛。发生先天性或青年型甲状腺功能减退的猫，其临床症状有不对称性侏儒、严重昏睡、精神沉郁、便秘、食欲不振和心动过缓。

【甲状腺功能减退的诊断】 犬的甲状腺功能减退很可能是诊断最为过度的疾病之一。很多疾病和状况都与该病相似，在使用外源性甲状腺素后可以改善一些临床症状，即使是甲状腺功能正常的犬。此外，很多非甲状腺性因素（如非甲状腺性疾病和预先服用过某些药物）也可以引起甲状腺功能正常的犬、猫和其他种类动物出现血清甲状腺素浓度下降。对犬甲状腺功能减退进行确诊时，需要仔细注意临床症状和常规实验室检查结果。确诊时需要开展的检测项目有：血清T$_4$总浓度、游离T$_4$浓度和TSH浓度，甲状腺功能（如TSH兴奋试验）检查，甲状腺成像和对补充甲状腺素的反应。诊断检验项目选择和结果解读，主要以

对甲状腺功能减退的疑似指标为基础。

甲状腺功能减退时有公认的临床病理异常，其严重程度通常与甲状腺功能减退的严重程度和时间长短成对应关系。犬的这类异常变化通常没有特异性，而且很可能与许多其他疾病相关。但是，在对出现适当临床症状的犬进行甲状腺功能减退诊断时，这些症状可以增加支持诊断的依据。采用传统的血液学分析发现，在40%～50%甲状腺功能减退病例中，红细胞正常，血红素正常，非再生障碍性贫血。传统的血清生物化学分析发现，发生甲状腺功能减退的犬，有大约80%可出现高胆固醇血症。虽然对病犬来说血清胆固醇浓度是一个敏感而又廉价的生化指标，但是也不应过分强调测定血清胆固醇浓度，作为甲状腺功能减退的筛选方法的意义。其他的临床病理学异常可能包括血清甘油三酯、碱性磷酸酶、肌酸激酶浓度较高。

最常使用的测量甲状腺素静态浓度是总T$_4$浓度，可作为甲状腺功能减退症的一种初筛方法，灵敏度大约为90%。如果犬的总T$_4$浓度刚好位于参考范围内，可以假定其甲状腺功能正常。但是，仅出现T$_4$浓度低于正常值则不具有诊断价值；可能提示该动物是正常的，或甲状腺功能出现减退，或发生非甲状腺疾病造成T$_4$浓度下降（正常甲状腺病态综合征，见下文）。

由于只有游离状态的血清T$_4$具有生物活性，因此在鉴别甲状腺机能正常的犬与甲状腺功能减退的犬时，测定游离T$_4$浓度比测定总T$_4$浓度更为有用。但大多数单级固相（类似物法）商品试剂盒在测定游离T$_4$浓度的优越性并不比测定总T$_4$浓度要强，这可能由于血清结合蛋白不同而造成的。使用平衡透析法（直接透析）检测游离T$_4$时，其精确度要高于类似物法。与检测总T$_4$相比，采用透析方法检测游离T$_4$浓度的敏感性和特异性都更高。

因为T$_3$是细胞水平上最有效的甲状腺素，所以在诊断时，测定T$_3$浓度看上去是符合逻辑的。但是已经证明发生甲状腺功能减退的犬，其血清T$_3$浓度可能较低、正常或（偶尔）高。在甲状腺功能衰竭的早期，由于"衰竭的"甲状腺合成和分泌的T$_3$量，相对于T$_4$来说相对较多，检测血清T$_3$浓度的诊断价值就特别低。发生甲状腺功能减退的犬，检测血清T$_3$浓度诊断价值很高，但由于抗T$_3$抗体可造成大多数放射免疫检测方法出现结果虚假，因此对其结果应有所怀疑。

采用一种有效的具有种属特异性的TSH检测方法检测血清TSH浓度，对发生甲状腺功能减退的犬和马是一种很有价值的辅助方法。发生原发性甲状腺功能减退（目前最常见的类型）的动物，预计其血清中的内源性TSH浓度较高，而血清总T$_4$和/或游离T$_4$的浓度较低。遗憾的是，有20%～40%确诊为甲状腺功能减

退的犬，其血清TSH浓度仍然处于参考范围以内。尽管只有少数血清TSH浓度正常的犬也患有继发性甲状腺功能减退，但是垂体性TSH缺乏的发生是极其罕见的，大部分TSH浓度正常（也就是假阴性结果）的犬都患有原发性甲状腺功能减退。与此相反，对于甲状腺功能正常但有非甲状腺性疾病的犬，偶尔也可出现血清TSH浓度呈假高（也就是为假阳性结果）。这样看来，不能单纯依据血清TSH浓度作出诊断，始终都应结合犬的发病史、实验室常规检测结果异常情况以及血清总T4或游离T4浓度。

TSH兴奋试验可以评估甲状腺对外源性TSH的应答能力，是一种甲状腺储备能力的检测。这种方法是一种准确检测犬甲状腺机能的方法，但由于其费用高且可使用的TSH较少，限制了这种方法的应用。该实验需要收集血清样本用于测量T4基础浓度，然后按0.1 U/kg的剂量（最大剂量5 U）静脉注射牛TSH。6 h后，采集第二次样本测量T4浓度。也可以使用人重组TSH，虽然价格昂贵，但可能冻存至少8周而效价无下降。推荐的剂量是75 μg，静脉注射，样本采集时间为0 h和6 h。其结果与使用牛TSH类似。检测结果可能揭示甲状腺功能反应正常、反应迟滞（正常甲状腺功能病态综合征）或无反应（甲状腺功能减退）。

对甲状腺超声检查法和闪烁造影术用作犬甲状腺功能减退症的诊断方法，已经进行了评估。由经验丰富的放射科医师，采用甲状腺超声检查（如降回声和甲状腺的体积降低），是一种有效的辅助诊断方法，可用于鉴别犬的甲状腺功能减退和甲状腺功能正常的病态综合征。使用锝99 m（^{99m}Tc）对甲状腺进行成像检查，是最好的一种成像技术。采用定量检测甲状腺^{99m}Tc摄入量的方法，在犬原发性甲状腺功能减退症和犬非甲状腺疾病之间几乎不会出现重叠现象。

在某些情况下，确诊甲状腺功能减退症最实用的方法是，采用适宜的指南进行治疗性试验。在进行试验性治疗之前，应尽一切努力排除非甲状腺疾病。目前尚无证据表明，补充甲状腺素可有利于发生甲状腺功能正常病态综合征的犬，这也可能是有害的。补充甲状腺素时的起始剂量应为20 μg/kg（不能添加在饲料中，应空腹），每日1~2次。在评估治疗效果时，应采用客观标准。治疗后如果出现疗效，临床兽医应准备停止治疗，以确认是否重新出现临床症状。这样可以确保发生甲状腺应答性疾病的犬（如由于甲状腺素的非特异性效应或无关治疗而使临床症状得到改善的疾病）不会终生一直使用甲状腺素。如果治疗无效，应进行治疗监测，以确定治疗失败的原因。由于误诊是治疗失败的最常见原因，因此临床兽医应做好停止治疗的准备，并继续进行其他诊断。

【甲状腺炎的诊断】　发生甲状腺功能减退症的犬，有高达一半的犬可以在其血液中检测到抗甲状腺球蛋白抗体，据此也可反映出自身免疫性甲状腺炎的情况。已经建议，将检测种公犬和种母犬体内抗甲状腺球蛋白抗体的方法，作为确定是否发生自身免疫性甲状腺疾病的一种方法。血清甲状腺球蛋白抗体检测可能是甲状腺功能减退症的一个非常有用的辅助诊断方法。但是，绝不能单纯依据这种方法对甲状腺功能减退症进行确诊，因为甲状腺功能正常的犬在发生淋巴细胞性甲状腺炎的早期阶段，也可出现抗甲状腺球蛋白抗体阳性。如果犬出现与该病相符合的临床症状和其他实验室检测结果，则检测到这类自身抗体就可以支持这种诊断结果。

虽然犬发生该病极为罕见，但有时也可在血液中检测到甲状腺素自身抗体（抗T3或抗T4抗体），也可反映出发生自身免疫性甲状腺炎的情况。这些抗T3或抗T4（或两种）抗体，可以造成T3或T4的表观浓度出现假高，大多数犬都位于甲亢范围之内。在所有甲状腺素中，只有游离T4（通过透析方法）的检测值不会受到针对T4或T3自身抗体的影响，因为在透析过程中已经去除了血清中的自身抗体。因此，对检测到血清中有甲状腺素自身抗体的犬，如果怀疑有甲状腺功能减退症，则应检测其血清中的游离T4浓度，有助于确诊。

【影响甲状腺功能检查结果解读的非甲状腺因素】　有些品种的犬，其甲状腺素正常浓度范围与其他大多数品种的犬有所不同。虽然已经评估的只有极少数，但是灵猩犬的血清总T4和游离T4浓度比起其他大多数犬种要低很多。苏格兰猎鹿犬的总T4浓度也比一般犬的平均浓度要低很多，其他视觉猎犬也可能相似。阿拉斯加雪橇犬的血清总T4、T3和游离T4浓度，要低于大多数宠物犬的参考范围，尤其是在紧张训练或比赛期间。

不损失甲状腺的疾病可造成甲状腺功能检测结果发生改变，被称为"非甲状腺疾病"或"甲状腺机能正常病态综合征"。任何疾病都能使甲状腺功能检测结果发生改变，导致T3和T4总浓度下降，其下降幅度与疾病严重程度高度一致。

发生非甲状腺疾病的犬，有8%~10%可出现血清TSH浓度下降。虽然采用平衡透析法检测血清游离T4浓度时不太可能受到影响，但也可能会升高或下降。真正发生非甲状腺疾病的犬，其游离T4浓度很有可能会出现下降。应当将甲状腺功能检测推迟到非甲状腺疾病得到解决之后。假如不可能做到这一点，也仍然需要检测T4、TSH和游离T4浓度。

经常可引起甲状腺功能检测结果发生改变的药物有糖皮质激素、苯巴比妥、磺胺类药、氯丙咪嗪和阿司匹林。糖皮质激素可使总T_4浓度下降，有时也造成游离T_4浓度下降。苯巴比妥可引起总T_4浓度下降和TSH出现轻微升高。磺胺类药物会引起明显的甲状腺功能减退，通过其临床症状和甲状腺功能检测可以支持这种诊断。在停止药物治疗后，所有这些变化都是可逆的。许多药物都可影响人的甲状腺功能和甲状腺功能检测结果，同样有许多其他药物很可能会对动物产生影响。

【治疗】 甲状腺素（T_4）是犬甲状腺素替代疗法的首选药物。除少数病例外，在犬的整个余生中都需要采用替补疗法；仔细的初诊和调整治疗方案是基础。据报道，使用T_4对犬进行替补治疗的剂量为每日总计0.02～0.04 mg/kg，不与饲料同服（空腹时），每日1～2次。

治疗成功的最主要指标是临床症状得到改善。治疗1～2月后，就应评估被毛和体重的好转情况。当临床症状稍有改善或出现甲状腺功能亢进的症状时，可采用对血清中甲状腺素治疗浓度进行监测的方法，进行临床观察。按每日1次使用T_4，在用药后4～6 h，血浆的T_4峰值一般应微高于正常值的高限值，用药后24 h应达到正常值的最低限。对每日给药两次的动物，能随时进行检查，但预计在给药间隔期的中间（4～6 h）达到峰值浓度，在下一次给药前达到最低点。在用药程序固定后，每年应检查1～2次血清T_4（有时可加上T_3）浓度。

若使用的甲状腺素剂量合理，但仍然出现甲状腺功能减退的临床症状，应考虑以下因素：①给药剂量或频率不正确；②主人没有遵守医嘱或给药没能成功；③动物吸收不良或新陈代谢/排泄过快；④药物过期；⑤诊断错误。

三、非肿瘤性甲状腺肿大（甲状腺肿）

按照定义，肿大的甲状腺即可称为甲状腺肿。所有的家养哺乳类动物和禽类都可发生非瘤性和非炎性的甲状腺肿大。其主要原因有缺碘、摄入致甲状腺肿的物质、采食的碘过量以及甲状腺素生物合成出现遗传性酶缺陷。发生甲状腺肿的许多动物，其甲状腺机能似乎都很正常，但有些也可出现甲状腺功能减退的临床症状，特别是新生动物。

1. 碘缺乏症 全球存在致甲状腺肿物的许多地区，在给动物饲料中广泛添加碘盐之前，都常见有因缺碘而导致的甲状腺肿。虽然现在缺碘性甲状腺肿多呈零星暴发，发病动物数量也很少，但大多数大家畜发生的非肿瘤性甲状腺肿仍然是由碘缺乏造成的。

碘元素是甲状腺激素甲状腺氨酸和三碘甲状腺氨酸的组成部分；因此，碘不足就会使甲状腺合成这些激素的能力下降。同时随着血液中的甲状腺素浓度下降，脑垂体分泌的促甲状腺素（TSH）就会增加，TSH可起到甲状腺增生和随后发生甲状腺肿刺激物的作用。甲状腺增生通常可代偿碘的利用度的下降；因此，甲状腺肿绝不是甲状腺功能减退的同义词。胎儿的甲状腺更容易受到碘摄取量的影响；用碘缺乏日粮饲喂的母畜，其所产胎儿更容易发生严重的甲状腺肿，也很容易出现甲状腺功能减退的临床症状。

碘缺乏地区的新生仔猪、羔羊和犊牛，最常见有碘缺乏导致的甲状腺肿。仔畜的甲状腺叶一般呈柔软状，颜色呈暗红色，大小一般至少是正常的两倍。严重病例，常伴有被毛稀少（特别是猪）或绒毛稀薄（羔羊）。颈部常出现肿大，皮肤和其他组织可出现增厚、松弛和水肿。发病轻微的动物，通过添加碘盐（含碘量在0.007%以上），可有效治疗甲状腺肿，缓解相关临床症状，但有很多在出生前或刚出生后不久就已经死亡。预防比治疗更为有效。在已知碘缺乏或怀疑碘缺乏的所有地区，建议使用稳定碘盐。

2. 碘中毒 母马在妊娠期饲喂过量的碘，其所产马驹可发生甲状腺肿和甲状腺功能减退症。母马每日补充的碘达到或超过35 mg，即可使幼驹发病。临床症状各不相同，可见有甲状腺肿大、虚弱和骨骼肌畸形。母马始终不会出现临床症状。一旦撤去过量碘，马驹即可得到改善或康复。

3. 致甲状腺肿的物质 某些植物在摄入总量达到一定程度后会导致甲状腺肿，特别是在缺乏足够的碘摄入量时。最值得注意的就是大豆，同时卷心菜、油菜、甘蓝和萝卜都含有效力较弱的致甲状腺肿物质。烹饪或加热（以及常用的豆粕加工过程）都可以破坏这些植物中的致甲状腺肿物质。所有这些致甲状腺肿的物质都会通过干扰甲状腺素的生成而起作用。

与碘缺乏一样，血液中甲状腺素浓度下降时，脑垂体可增加TSH的分泌，致使甲状腺肿大。成年动物发生该病时并不明显，但新生动物可出现严重的甲状腺肿大和甲状腺机能减退。

4. 幼驹的先天性甲状腺功能减退症和成熟障碍综合征 新生幼驹发生这种综合征，最早发现于20世纪80年代初，其特征是甲状腺增生、甲状腺肿大和多发性先天性骨骼肌畸形。该病最常见于加拿大西部，但也可见于西北太平洋沿岸地区，美国的一些地区也有零星散发。该病没有性别偏好性和品种偏好性。妊娠期延长（340～400 d）后出生的马驹可见有这种综合征，可出现胎儿发育成熟不良，伴有耳朵柔软、肌无力和骨骼发育不完全。常见的骨骼肌缺陷表现为前肢弯曲畸形、趾伸肌的肌腱断裂、下颌前突、腕骨和跗骨发育不成熟。一个农场内可出现多个病例，以后数年不会出现复发。其根本病因并不清楚，但可能的原因是饲料中含有高浓度硝酸盐（如青绿饲料），加上碘摄入量低或摄入未知的致甲状腺肿物质。大部分发病马驹最终死亡，通常在出生后1周内实施安乐死。

5. 家族性激素合成障碍性甲状腺肿 绵羊、牛、山羊和猪已有发生该病的报道，可能是因常染色体隐性性状而遗传下来。本质上，该病是甲状腺素生物合成中发生的一种酶的遗传性缺陷。与碘缺乏一样，甲状腺素的生成量下降可导致TSH的分泌量增加，随后出现甲状腺肿。临床症状有生长速度低于正常、缺乏正常的被毛生长或被毛稀疏、皮下组织黏液水肿，以及虚弱。很多发病动物在出生后不久就死亡，也可表现出对不利环境条件非常敏感。

四、甲状腺机能亢进

甲状腺素，T_3和T_4，分泌过多就会造成代谢率升高的表现，出现临床性甲状腺机能亢进症。该病最常见于中年到老龄的猫，偶见于犬。

引起猫发生甲状腺机能亢进的最常见原因是功能性甲状腺腺瘤（腺瘤样增生）；大约70%的病例，可出现两侧甲状腺叶肿大。犬甲状腺机能亢进的主要原因是甲状腺癌，但甲状腺癌罕见于猫（在甲状腺机能亢进病例中占1%～2%）。

【临床表现与诊断】 最常见症状有体重下降、食欲旺盛、兴奋过度、多饮、多尿和明显的甲状腺肿大。也常见有胃肠道症状，包括呕吐、腹泻和排泄量增加。心血管系统的症状有心跳过速、缩期杂音、呼吸困难、心脏肥大和充血性心力衰竭。少见的是，发生甲状腺机能亢进的猫可表现有冷漠的症状（如厌食、嗜睡和精神沉郁）；体重下降一直是这类病猫常见的症状。

基础血清总甲状腺素浓度高是甲状腺机能亢进的标志性特征，可以进行确诊。虽然发生甲状腺机能亢进的大部分猫血清总T_4浓度都较高，但也有大约5%～10%的猫，其T_4浓度在正常范围内。T_4浓度正常的大部分猫，不是患有轻度或早期甲状腺机能亢进，就是患有并发非甲状腺性疾病的甲状腺机能亢进，这可以使较高的总T_4浓度抑制在正常范围之内。在这些猫中，高浓度的游离T_4，加上相符的病史和体格检查结果，都是甲状腺机能亢进的特征。

【治疗】 对于患有甲状腺机能亢进的猫，可采用放射碘疗法、甲状腺切除术或长期服用抗甲状腺药物进行治疗。放射碘疗法是一种简单、有效和安全的治疗方法，可作为首选治疗方法。放射碘集中在甲状腺瘤内，有选择性的照射和破坏机能亢进的甲状腺组织。

外科甲状腺切除术也是猫甲状腺机能亢进的一种有效治疗方法。对于单侧发生的甲状腺瘤，可采用单侧甲状腺切除术以纠正甲状腺机能亢进状态，一般不需要补充甲状腺素。对于两侧都出现的甲状腺肿瘤，应完全切除甲状腺，但是必须要保留甲状旁腺的功能，以避免手术后发生低钙血症。在完全切除甲状腺1～2d后，应当开始使用甲状腺素治疗。如果发生医源性甲状旁腺功能减退，也需要使用维生素D和钙进行治疗。

使用甲硫咪唑，一种抗甲腺药进行治疗，可通过阻断甲状腺素的合成来达到控制甲状腺机能亢进的目的。对猫，建议不要使用丙基硫氧嘧啶，另一种抗甲腺药，因为其不良反应的发生率很高（特别是溶血性贫血和血小板减少症）。甲硫咪唑的推荐起始剂量为每日5～10 mg，分两次服用。应当对给药剂量进行调整，以确保血液中的甲状腺素浓度处于正常范围之内，且要每日给服。治疗的猫出现其不良反应的比例不足5%，其中比较严重的是粒性白细胞缺乏症和血小板减少症。如果发生这种情况，应停止使用甲硫咪唑并采用支持疗法；这些其不良反应应在2周内解决。要维持甲状腺素的正常水平，并在治疗前3个月内对其不良反应进行监控（这一时期是甲硫咪唑治疗造成的其副作用最为严重的时期），应每间隔2～4周进行全血细胞计数和血清甲状腺素检测，必要时应调整给药剂量。随后，应按每间隔3～6月，对血清T_4浓度进行检测，以便对给药剂量要求和治疗效果进行监控。

出现不良反应后，应停止使用甲硫咪唑，改用其他药物进行治疗。大多数情况下，这些药物替代疗法都是用于短期应用的，且仅推荐用于长期治疗方案之前。猫甲状腺机能亢进，最常用的肾上腺素受体阻断药是普萘洛尔和氨酰心安。这类药物不会造成血液T_4浓度下降，但可以对甲状腺机能亢进引起的心跳过速、呼吸急促、高血压和兴奋过度进行对症治疗。

口服胆囊造影剂（如碘泊酸盐、碘番酸或泛影葡胺）可以迅速抑制外周T_4转化为T_3。在对甲状腺机能亢进猫进行的一项研究中，服用碘泊酸钙可以使60%以上的治疗猫血清总T_3浓度恢复正常，临床症状得到改善。碘泊酸盐（每500 mg碘泊酸钙含碘308 mg）至少在美国已不再销售，但据说已经将碘泊酸（每500 mg碘泊酸含碘333 mg）和泛影葡胺（每毫升含370 mg碘）按可比剂量用于甲状腺机能亢进的猫。这些药物中没有任何一种可以使甲状腺机能亢进的临床症状或生化指标完全消退。此外，在使用这些药物中的任何一种药物进行治疗3个月，普遍会出现甲状腺素下降效应逐渐减弱。

可引起甲状腺机能亢进的犬甲状腺瘤，在未得到确诊之前，始终应怀疑为癌症。这与发生甲状腺机能亢进猫的情况形成鲜明对比，猫的甲状腺瘤目前不到5%。

对犬甲状腺瘤和甲状腺机能亢进的治疗，取决于原发性肿瘤的大小、局部组织浸润的程度、是否检测到转移以及可使用的治疗方案。根据具体病例，可选用外科手术、化学疗法、钴辐射和放射碘疗法，进行单独治疗或联合应用治疗。通过每日使用抗甲腺药，如甲硫咪唑或甲亢平（每条犬5～15 mg，每日2次），可以对甲状腺机能亢进状态进行药物控制，但这些药物并不能阻止肿瘤生长和转移。由于犬甲状腺机能亢进几乎总与甲状腺瘤有关，因此发病犬的长期预后都极差，直到死亡。

第四节　甲状旁腺与钙代谢紊乱

钙磷代谢的生理学及代谢紊乱、维生素D的功能（其作用更像激素，而非维生素）以及骨骼的形成，都与其他两种调控激素紧密联系在一个共同系统中，这两种激素就是甲状旁腺素（PTH）和降血钙素。因此，在本节中，将PTH、降血钙素和维生素D与体内钙平衡紊乱一起讨论。

由于骨骼系统可以反映出钙和磷的代谢异常，因此本节中也会论述具体的综合征（也可见钙、磷和维生素D相关的营养不良）。

一、钙生理学与钙调节激素

哺乳动物的血钙浓度大约是10 mg/dL，动物种类（如马和兔可高达13 mg/dL）、年龄、饲料摄入量和分析方法不同可能存在一些差异。血浆和血清中的钙有3种形式或3部分：①总血清钙浓度中大约1/3为蛋白质结合钙。蛋白质结合钙不能通过细胞膜扩散，因此不能被组织应用；②总钙浓度中的50%～60%为生理活性型的离子钙或游离钙；③总钙浓度中的约10%为与磷酸盐、碳酸氢盐、硫酸盐、柠檬酸盐和乳酸盐结合后形成的可扩散结合钙或螯合钙。

钙离子是骨骼的基本组成部分，同时在肌肉收缩、血液凝固、酶活力、神经兴奋、第二信使、释放激素和膜通透性中也起着关键作用。精确控制细胞外液中的钙离子浓度对健康极其重要。尽管摄入量和排泄量不断发生变化。3种主要激素（PTH、维生素D、降血钙素）仍相互作用以维持钙浓度的稳定，其他激素，如肾上腺皮脂类固醇、雌激素、甲状腺素、生长激素和胰高血糖素，也有利于维持体内钙浓度的平衡。

1. 甲状旁腺素　PTH由甲状旁腺的主细胞合成并储存。钙的合成通过涉及血钙水平（以及较轻程度的镁离子浓度）的反馈机制进行调控。此外，生物胺、多肽、类固醇和多种类型的药物都能影响PTH的分泌。

PTH的主要功能是调节细胞外液的钙浓度，这主要是通过影响钙从骨骼中转进和转出速度、肾脏的重吸收和胃肠道吸收来实现的。对肾脏的作用速度最快，可引起再吸收钙和排泄磷。对骨骼最初的主要作用是从骨骼内调动钙离子到细胞外液中；稍后，可进一步加强骨骼的生成。PTH并不会对肠道钙吸收产生直接影响。其主要作用是通过对维生素D的活性代谢物进行调控来间接实现。

2. 维生素D　第二个参与钙代谢和骨重建的主要调节激素是维生素D，包括动物源性的胆骨化醇（维生素D_3）和植物性源性的麦角钙化甾醇（维生素D_2）。维生素D一直被认为是基础营养成分，但很多种类的动物，如绵羊、牛、马、猪和人类，都可以在皮肤受到紫外线光照后，由胆固醇代谢物（7-脱氢胆固醇）合成维生素D。与此相反，犬和猫不能通过皮肤充分合成维生素D_3，主要依赖于从饲料中摄入。

维生素D必须在经新陈代谢激活后，才能发挥其生理学功能。维生素D的生物学机能依靠在肝脏和肾脏精心羟基化，以形成具有生物活性的1，25-二羟维生素D（骨化三醇）。在肾脏进行的这种转化，对维生素D的新陈代谢是一种限速步骤，这也就是造成服用维生素D与出现生物学效应之间出现延迟的部分原因。PTH和刺激其分泌的疾病，例如低磷酸盐血症，都可以使活化维生素D代谢产物的生成增加。血液中磷浓度高的作用正好相反。在某些情况下，催乳素、雌二醇、胎盘催乳素、可能还有生长激素，都能起到类似的增强作用。为有效适应妊娠期、哺乳期和生长期对钙的大量需要，单独或共同增加这些激素的分泌看起来是非常重要的。

3. 降血钙素　降血钙素是一种由32个氨基酸组成的多肽类激素，哺乳动物是由甲状腺的滤泡旁细胞（C细胞）所分泌，禽类和其他非哺乳动物是由后鳃组织分泌。细胞外液中的钙离子浓度是C细胞分泌降钙血素的主要刺激物。发生高钙血症时，通过将C细胞内储存的激素迅速释放到滤泡间毛细血管内，从而极大加快降钙血素的分泌速率。长期出现血钙过高可以造成C细胞增生。当血钙浓度下降时，降血钙素分泌的刺激减少。C细胞内贮存大量预成型激素和血钙浓度的轻度升高即可引起激素快速释放，大概都反映出降血钙素起着"应急"激素的生理作用，以避免发生高钙血症。

降血钙素通过与主要位于骨骼和肾脏上的靶细胞

发生相互作用，而发挥其效应。PTH和降血钙素在骨吸收上相互颉颃，但在减少肾小管对磷的重吸收上具有协同作用。降血钙素的降血钙效应主要是骨骼中的钙进入血浆减少而造成的，而这是由于PTH激发的骨吸收出现暂时抑制所引起。低磷酸盐血是由降血钙素的直接作用所致，降血钙素可以使磷从血浆进入软组织和骨骼的转移速率加快，也可使PTH和其他因素激发的骨吸收出现抑制。

虽然有许多效应都会造成降血钙素达到药理学的剂量，但其生理学相关性值得怀疑。从生理学方面讲，在调节血钙浓度中，降血钙素充其量也只起着配角的作用。血液中降血钙素浓度无论是长期过高（如发生甲状腺髓样癌的动物），还是长期过低（如手术切除甲状腺的动物），都不会造成血钙浓度出现任何变化。

二、犬与猫的高钙血症

高钙血症对所有身体组织都有毒性作用，但主要毒害作用发生在肾脏、神经系统和心血管系统。高钙血症的临床症状取决于钙升高的幅度、升高的速度及其持续时间。血清总钙浓度未超过15 mg/dL时一般不会引起全身性症状，但当血清浓度超过18 mg/dL时常会引起严重的、危及生命的症状。多饮多尿是高钙血症最常见的症状，这是由于浓缩尿液的能力受损和直接刺激渴觉中枢造成的。由于肠胃道平滑肌的兴奋性降低，因此可出现厌食、呕吐和便秘。神经肌肉兴奋性降低可导致出现全身乏力、精神沉郁、肌肉颤搐和癫痫症状。

引起高钙血症的原因有很多（表4-1）。在引起犬发生高钙血症的病因中，最常见的病因是肿瘤（淋巴肉瘤），其次是肾上腺皮质功能减退症、原发性甲状腺机能亢进症和慢性肾功能衰竭。造成犬高钙血症的其他原因，按照临床观察到的近似发病率进行排序，依次分别为维生素D中毒、肛囊腺癌、多发性骨髓瘤、其他各种癌症（包括肺、乳房、鼻、胰腺、胸腺、甲状腺、阴道和睾丸），以及某些肉芽肿性疾病（芽生菌病、组织胞浆菌病、血吸虫病）。发生高钙血症的犬，有大约70%同时患有氮质血症。但是，发生甲状腺机能亢进症的犬并不常见有氮质血症。

表4-1 犬与猫发生高钙血症的病因

肢端肥大症	肾上腺皮质功能减退（阿迪森病）
顶浆分泌腺癌	医源性疾病：使用钙或口服磷酸盐结合剂过量
恶性肿瘤（鳞状细胞、乳腺、支气管、前列腺、甲状腺、鼻腔）	猫的自发性高钙血症
慢性和急性肾衰竭	实验室差错
假象：血脂过高、餐后、青年犬（6月龄以下）	淋巴瘤（淋巴肉瘤）
肉芽肿疾病	转移性或原发性骨瘤
血液系统恶性肿瘤（骨髓骨质溶解）	多发性骨髓瘤
体液性高钙血症	骨髓增生性疾病（罕见）
恶性肿瘤性高钙血症	原发性甲状旁腺机能亢进
甲状腺机能亢进	骨骼病变：骨髓炎、肥大性骨营养不良
维生素D过多症：医源性、植物性（白夜丁香）、灭鼠药、抗银屑病乳膏	

猫的特发性高钙血症似乎是造成总钙浓度高的最常见原因，其次是肾功能衰竭和恶性肿瘤。与犬相比，猫更常见有离子化的高钙血症与慢性肾功能衰竭同时发生的情况。引起猫发生恶性肿瘤性高钙血症的最常见肿瘤是淋巴瘤和鳞状细胞癌。猫确实可以发生原发性甲状腺机能亢进，但不像犬那样频繁发生。发生甲状腺机能亢进的猫，罕见有高钙血症。

（一）恶性肿瘤性高钙血症

恶性肿瘤是导致犬发生持续性高钙血症的最常见原因，也是猫发病的常见原因。发生恶性肿瘤性高钙血症时，高钙血主要是由破骨细胞性骨吸收增强所引起，但是肾小管再吸收和肠道吸收增加也可能起到了一定的作用。肿瘤产生的因子和体液性高钙血症的结果，包括有甲状旁腺素（PTH）、甲状旁腺素相关蛋白（PTHrP）、转化生长因子、1,25-二羟基维生素D、前列腺素E_2、破骨细胞活化因子以及其他细胞因子（白细胞介素-1、白细胞介素-2和γ-干扰素）。尽管许多肿瘤可引起人的高钙血症，但是与犬恶性肿瘤性高钙血症最常相关的是淋巴瘤、肛门囊的顶浆分泌腺癌和多发性骨髓瘤。其他一些肿瘤（胸腺瘤、鳞状细胞癌、鼻癌、血管内皮瘤和未分化性腺瘤）也可引发犬的高钙血症。猫的恶性肿瘤引起的体液性高钙血症发病率不像犬那样高，但是已报道都与鳞状细胞癌、多发性骨髓瘤和淋巴细胞增生性疾病有关。

1. **淋巴瘤（淋巴肉瘤）** 淋巴瘤是引起犬高钙血症的最常见肿瘤，也是猫发生高钙血症的肿瘤之一。高钙血症的发病机制涉及两个通用机制。一种机制是溶骨因子的局部细化，在肿瘤细胞浸润到骨髓时，可导致骨吸收和钙动员。另一种更重要的机制可能是体液性高钙血，肿瘤细胞可产生一种在避开肿瘤的位置上发挥作用的液体因子。已经证实，发生淋巴瘤的犬，可出现骨吸收增加、尿磷酸盐增多和可经尿排泄环磷酸腺苷（cAMP），这也是肿瘤细胞分泌体液物质的证据。在这些犬的血清中，PTH和1,25-二羟基维生素D二者的浓度一般都比较低，但在发生淋巴瘤的犬可检测到PTHrP（表4-2）。

发生淋巴瘤的犬，有10%～40%同时患有高钙血症，而且这些病例中大多数也患有纵隔型淋巴瘤。尽管一般都存在有可检测的淋巴结病，但首先发现的异常可能就是高钙血症。全面的体格检查，连同对胸部和腹部进行X线检查、腹部超声检查、对多处淋巴结抽取物或活检材料和骨髓抽取物进行检查，对于作出诊断都是必需的。使用糖皮质激素（如强的松）进行治疗可以降低钙血浓度；但是，类固醇属于溶淋巴细胞药物，可使淋巴瘤的诊断变得困难。

尽管发生淋巴瘤和高钙血症的犬，与未发生高钙血症的犬相比，其缓解率并无统计学上的差异，但其生存时间明显缩短，提示同时患有淋巴瘤和高钙血的犬，其预后更差（也可见犬的恶性淋巴瘤，猫白血病毒病及相关疾病）。

2. **肛门囊的顶浆分泌腺癌** 这种肿瘤常发生于任何性别的老龄犬，其中90%病例伴有高钙血症。由于在犬的肿瘤组织中已经发现一种甲状旁腺素样蛋白，因此体液机制很可能是造成高钙血症的原因。这种肿瘤一般都是恶性肿瘤，而且作出诊断时，往往已转移到局部淋巴结。手术切除可造成血钙浓度降低。未能完全切除肿瘤或者肿瘤出现复发，通常可引起高钙血症出现复发。即使采用手术切除、放疗和各种化疗方法，一般都会几个月内出现肿瘤复发，且预后极差。

3. **多发性骨髓瘤** 犬和猫发生这种恶性肿瘤，常发生于10%～15%的高血钙症病例。这种高钙血症的发病机制很可能是多因素性的。已知骨髓瘤细胞可引起人产生破骨细胞激活因子，这可能是造成高钙血症的部分原因。出现广泛性的骨细胞溶解也可引起血清钙浓度升高。尽管发生多发性骨髓癌时，血清蛋白

浓度通常会升高，但是结合蛋白钙增加基本不会引起高钙血症。使用化学疗法治疗多发性骨髓癌可以延长存活时间，但是由于存在相关的高钙血症、轻链蛋白尿和广泛性骨细胞溶解，可导致生存时间缩短。

（二）原发性甲状旁腺功能亢进

原发性甲状旁腺功能亢进是由于一个或多个甲状旁腺异常（通常是肿瘤）出现甲状旁腺分泌过多造成的。犬和猫发生该病相对比较罕见，该病的特征是出现持久性高钙血症。内甲状旁腺或外甲状旁腺出现单个腺瘤是造成原发性甲状旁腺的最常见原因，而报道的甲状旁腺癌很少。已经描述过一个或所有四个甲状旁腺增生，但是非常罕见。

【临床表现】 最常见的症状是烦渴、多尿、厌食、嗜睡和精神沉郁，但是出现轻微高钙血症的动物可能没有症状。不常报道的症状有便秘、乏力、颤抖、抽搐、呕吐、僵硬的步态和面部肿胀。

【诊断】 最为一致的症状是血钙高、血磷低和尿相对密度低。发生中度至重度的高钙血症时，常会出现氮质血症。在发生高钙血症且其肾功能比较正常（血清肌酐和尿素氮浓度正常）的动物，测定血清甲状旁腺素浓度有助于诊断。在发生高钙血症且其肾功能比较正常的动物，如果血清甲状旁腺浓度在正常值的高限或高于正常，为原发性甲状旁腺机能亢进，而血清甲状旁腺浓度低于正常，为恶性肿瘤性高钙血症。甲状旁腺超声检查是一种非常有用的诊断技术，但是要达到必需的分辨率，超声检查采用的高频探头的频率范围应在7.5～10 MHz之间。在进行超声检查时，不一定总能看到正常甲状旁腺，但是肿大的甲状旁腺呈现甲状腺产生的圆形低回声或无回声结构。在发生高钙血症的动物体内发现单个甲状旁腺，即可诊断为原发性甲状旁腺机能亢进，然而发现多个甲状旁腺肿大，则说明是继发性甲状旁腺机能亢进。

超声检查无法鉴别甲状旁腺瘤与其他腺瘤。如果无法确定高钙血症的其他原因，可以选用颈部探查术进行诊断。

【治疗】 最经济和最方便对病畜进行管理的方法就是颈部探查术和切除异常甲状旁腺组织。也可采用经皮超声引导对甲状旁腺实施化学（乙醇）或热消融方法，在某些情况下这可能是一种替代手术的可行方法。在实施手术或切除之前，采用静脉输液（盐）和呋喃苯胺酸方法降低血清钙浓度的方法，也是有益处的（见高钙血症的治疗）。对原发性高钙血症无药物治疗方法，但是如果不能采取外科手术方法，也可以对高钙血症进行治疗。

（三）肾上腺皮质功能减退引起的高钙血症

在发生肾上腺皮质功能减退（阿狄森氏病）的

犬中，已经报道有高达30%的犬可出现轻度高钙血症（≤15 mg/dL）。多种因素都可引起高钙血症，包括柠檬酸钙（可扩散结合钙）升高、血液浓缩（相对升高）、肾脏对钙的吸收增强和血清蛋白对钙的亲和力增强。虽然血清总钙浓度可能会升高，但游离钙离子浓度一般正常。随着肾上腺皮质功能减退症的有效治愈，高钙血症就会迅速消失。

（四）肾功能衰竭

猫的慢性肾衰竭（通常是由慢性间质性肾炎所引起）似乎是猫高钙血症最常见的原因。高钙血症的发病机制尚不清楚，而且离子钙的浓度一般维持在正常水平。与其他类型的慢性肾功能衰竭相比，犬的肾功能衰竭多半是由家族性肾脏疾病所引起。在急性肾功能衰竭的多尿期也可出现高钙血症，但比较罕见。

（五）猫的特发性高钙血症

该病是发生在青年到中年猫的一种综合征，首次描述于20世纪90年代初，可引起无明确解释的高钙血症。在数月到1年时间内，血清总钙浓度升高，但无明显临床症状。离子钙浓度升高，有时候与血清总钙浓度升高的程度不成比例。长毛猫可能是这种综合征的过度代表。初次诊断时，大多数并未出现氮质血症，但是以后可发展为氮质血症。甲状旁腺素浓度位于正常范围内，也检测不到PTHrP，25-羟基维生素D和骨化三醇的浓度也在正常范围内。

由于高钙血症一直处于逐步发展的过程中，且不会出现相对长期的、明显的临床症状，因此一般不会对特发性高钙血症进行强化治疗。大多数猫可以按门诊病例进行治疗，可单独采用改变日粮的方法，也可采用改变日粮与药物治疗相结合的方法。

在一些报告中已经报道，增加日粮中的纤维素含量，可以降低发病猫的血清钙浓度。服用强的松也可使某些发病猫的离子钙和总钙浓度得到长期降低。

当改变日粮和使用强的松都无效时，应考虑使用二膦酸盐。通过口服10 mg阿仑膦酸钠，每周1次，服用1年，已成功治愈一些猫。糜烂性食管炎是口服二膦酸盐的人类患者发生的一种副作用。虽然目前还不知道猫是否会出现食管炎的风险，但是主人可以在给猫饲喂二膦酸盐后，立刻用一个加药注射器给猫饮用5~6 mL水；在猫的嘴唇上涂抹少量黄油，可以增加猫的舔舐次数和唾液分泌量，促进药物转移到胃内。目前尚不清楚口服二膦酸盐对猫的长期安全性和有效性。

溶骨性病变　动物非常罕见有由于肿瘤侵袭或转移到骨而造成的高钙血症。原发性骨骼肿瘤（如骨肉瘤）和骨髓中的肿瘤细胞（如多发性骨髓瘤）偶尔也可引起高钙血症。通过骨骼肿瘤引发高钙血症的机制包括，浸润细胞造成的机械性破坏（发生在转移性肿瘤和骨肉瘤）和局部产生的破骨细胞激活因子（发生在多发性骨髓瘤）。

细菌和真菌性骨髓炎偶尔也能引起高钙血症。高钙血症可能是由直接发生骨溶解造成的，也可能是由骨吸收因子（如前列腺素、破骨细胞激活因子）介导所致。

（六）引起高钙血症的其他原因

1. 维生素D过多症　维生素D中毒是指维生素D的生物活性代谢物摄入过多造成的影响。在治疗原发性甲状旁腺功能减退时，通过饲料补充过多（最常见于青年生长犬），可以发生钙化醇（维生素D_2）和胆骨化醇（维生素D_3）造成的中毒。这两种形式的维生素D都具有作用缓慢和持续时间长的特点，且精确控制用量十分困难。治疗措施应针对停止补充维生素D或减少维生素D的用量。骨化三醇（1,25-二羟基维生素D）是最活跃形式的维生素D，由其引起的中毒常发生在对原发性甲状旁腺功能减退进行治疗之后。骨化三醇也是一些灭鼠剂的活性成分，但是这些药物，至少在美国已不再广泛使用。

造成犬发生维生素D中毒新出现的一个原因是摄入骨化三醇的类似物，钙泊三醇（也被称为他卡西醇），这是一种治疗人牛皮癣的局部用药。犬发生钙泊三醇中毒可造成胃肠道、肾脏和其他组织发生严重的转移性钙化，这种疾病通常是致命性的。

2. 室内盆栽花草　某些室内盆栽植物［如日香木（Cestrum diurnum，俗称白夜丁香），茄属植物中的软木茄（Solanum malacoxylon）和三毛草（Triestum flavescens）］可能含有一种类似于维生素D的物质，摄入后可引起高钙血症。

3. 肉芽肿病　肉芽肿病引起的高钙血症是由于内源性维生素D代谢发生变化造成的。肉芽肿性炎症导致巨噬细胞激活，激活的巨噬细胞以一种非调控的方式，形成一种将维生素D前体转化为有活性维生素D（如骨化三醇）的能力。人体内维生素D代谢发生的一种变化，可以解释在发生非霍奇金淋巴瘤、霍奇金淋巴瘤和淋巴瘤样肉芽肿时出现的高钙血症。

已有报道，伴侣动物发生传播性组织胞浆菌病、芽生菌病、球孢子菌病、结核病和吸血虫病时，可出现肉芽肿病引起的高钙血症。在发生肉芽肿疾病引起高钙血症的动物，血清离子钙浓度较高，甲状旁腺素浓度较低。通过治疗（如使用抗真菌药物和手术切除），可以使血清钙浓度恢复正常。

（七）高钙血症的诊断试验

在诊断高钙血症时，首先要排除检测出现假阳性结果的可能性。理论上，应重新送检空腹采集的样本，因为样本状况（脂血或溶血）可能会使比色分析仪器检测的总血钙值出现人为偏高。

如果仍然出现血钙浓度较高，则应检测离子钙浓度，因为离子钙更能反映出生物活性钙。总钙值或调整后的总钙值并不是钙水平的可靠测量值。

对于出现离子钙浓度一直较高的某些动物，通过分析其发病史（接触过维生素D、药物、摄入室内盆栽植株）和体格检查结果（肿块、器官巨大症、癌症或肉芽肿性疾病），可以对其原因作出明显的鉴别。其他动物的病因可能并不明显，需要进行血液学、血清化学、体腔成像、细胞学和组织病理学检查。对许多动物进行确诊时，需要采用专业化检测方法，包括测定甲状旁腺素、PTHrP、甚至是维生素D。

如果发生淋巴结病，应该采集淋巴结抽取物或活体组织进行检查，以确定是否有淋巴肉瘤。如果发现有肛门囊肿瘤，应该进行手术切除。对于其他任何肿瘤都应采用手术切除、化疗或放疗方法进行治疗。高钙血症并发肾功能衰竭时，或疑似发生原发性甲状旁腺机能亢进或隐性恶性肿瘤时，就会出现问题。在这些病例中，高钙血症的病因可能并不明显，必须要采取其他方法，以便对高钙血症究竟是由原发性甲状旁腺机能亢进还是隐性肿瘤造成的进行鉴别。

1. 离子钙 由于离子钙既是具有生物学活性的形式，同时也是可以调控甲状旁腺素生成的成分，因此测量离子钙浓度是评估钙异常的第一步。如果离子钙浓度正常，即使总钙浓度升高，也没有必要进行进一步诊断。如果离子钙浓度升高，在高钙血症的原因不明确时，则需要测定PTH和PTHrP的水平。

在发生高钙血症或低钙血症的许多病例中，总钙浓度与离子钙浓度都相当高（表4-2）。然而，在一些病例中，总钙浓度并不能反映离子钙的水平。发生肾功能衰竭的犬，其总钙浓度很高，但离子钙浓度正常或非常低。在这种情况中，总钙浓度高反映的似乎是与阴离子结合的钙浓度较高，采用经白蛋白校正后血钙浓度也无法鉴别这种离子结合钙。

采用一种使用钙离子选择型电极的仪器，可以测量血清或肝素抗凝血中的钙离子浓度。如将血清收集到血清分离管中，可能会出现血清钙浓度高的假象。有一种可同时测量pH的方法，这可能会以一种相反的方式影响钙与蛋白质的结合。pH升高，伴随的是离子钙浓度下降。使用厌氧条件下采集和处理的血清样本，所测定的离子钙浓度结果最好。由于EDTA可以与离子钙发生结合，因此采集血液样本时不能使用EDTA管。

2. 甲状旁腺素 测量甲状旁腺素浓度是评估钙异常的下一个步骤，过去一直采用测量离子钙浓度的方法来确诊高钙血症。测量甲状旁腺素浓度，可以表明甲状旁腺对钙浓度变化的反应是否适当，也可以反映甲状旁腺素的合理生成是否就是造成疾病的原因。如果钙代谢正常，则离子钙的小幅度升高可抑制甲状旁腺素的分泌，而离子钙的小幅度下降可促进甲状旁腺素的释放。

在诊断犬和猫的高钙血症时，测定血清或血浆中的PTH浓度非常有用。原发性甲状旁腺机能亢进的动物，其PTH浓度应在正常值的中间到高于正常值，而发生其他大多数类型的高钙血症时，其PTH浓度较低（表4-2）。

3. 甲状旁腺素相关蛋白 非甲状旁腺瘤引起的高钙血症通常是由一种体液因子造成的，即PTHrP，这是一种具有甲状旁腺素样生物活性的物质。自从20世纪80年代发现PTHrP以来，已经发现PTHrP与可造成人发生恶性肿瘤性高钙血症的许多肿瘤有关。

可采用检测PTHrP的方法，对恶性肿瘤性高钙血症进行诊断（表4-2）。发生肛门囊顶浆分泌腺癌、淋巴瘤或其他各种肿瘤的犬，其阳性率相对较高。但是，对于PTH较低且PTHrP正常或较低的高钙血症发病犬，始终都要对恶性体液性高钙血症进行鉴别诊断。猫出现的PTHrP浓度较高也符合恶性体液性高钙血症，特别是发生癌症的猫。

4. 维生素D代谢产物（骨化二醇和骨化三醇） 由于所有种类的动物维生素D代谢产物的化学性质都完全相同，因此用于人的放射免疫测定法也同样可以用于动物。骨化二醇（25-羟基-维生素D）浓度是维生素D摄入量的良好指标，可用于维生素D过多症的诊断。

采用骨化二醇检测方法，可以检测由于摄入灭鼠药中的维生素D_3而形成的维生素D代谢产物。在接触灭鼠药后，骨化二醇浓度升高可持续数周时间，这样就可检测出因摄入钙化醇（维生素D_2）和胆骨化醇造成的中毒。采用检测骨化二醇的方法，也可用于确定摄入以维生素D_3作为活性成分的灭鼠药引起的中毒。钙泊三醇是抗银屑病乳膏中的一种维生素D类似物，不能采用检测骨化二醇的方法进行检测，但采用检测骨化三醇的方法可以检测到。遗憾的是，临床上尚未广泛开展骨化三醇的检测。

表4-2对导致高钙血症的各种疾病的PTH、离子钙和PTHrP预测指标进行了概述。一般来说，发生原发性、继发性或者三发性甲状旁腺机能亢进时，PTH浓度一般都正常。其他（如维生素D过多、恶性肿瘤、肾功能衰竭和肾上腺皮质功能减退）引起高钙血症的原因是PTH浓度较低。

表4-2　高钙血症常见病因引起的特异性检验异常

诊断结果	总钙浓度	离子钙浓度	甲状旁腺素	1,25-(OH)$_2$维生素D	磷	PTH相关蛋白
原发性甲状腺机能亢进	高	高	正常或高	正常	正常或低	阴性
恶性肿瘤性高钙血症	高	高	低或正常值的低限	低到正常	正常或低	阳性（有时）
肾上腺皮质功能减退（阿狄森病）	低、正常或高	正常	正常	正常	正常或高	阴性
慢性肾衰竭	低、正常或高	正常或低	正常或高	低到正常	高	阴性
维生素D过多症（骨化三醇或其类似物）	高	高	低或正常值的低限	低或正常	正常或高	阴性
维生素D过多症（D$_2$或D$_3$中毒）	高	高	低或正常值的低限	高	正常或高	阴性
肉芽肿性疾病	高	高	低或正常值的低限	低或正常	正常或高	阴性
猫的特发性血钙过高症	高	高	正常	正常	正常	阴性

（八）高钙血症的治疗

轻度高钙血症不会立刻有危险，在开始治疗前有时间进行确诊。对出现高钙血症严重临床症状的动物，应同时进行诊断和治疗。任何单一治疗方法都不可能有效治疗所有原因造成的高钙血症；必须分别单独对待每头发病动物，也必须要确定高钙血症的发病原因。对高钙血症进行根本性治疗就是处理或消除发病的根本原因。遗憾的是，发病原因可能并不明显，必须采取支持疗法才能降低血钙浓度。所有支持性疗法的目的都是增加尿液中钙的排泄，防治骨中吸收钙。

1. 输液疗法　使用0.9%生理盐水，按每日100～125 mL/kg，静脉输液，进行扩容，可以降低血液浓缩的程度，同时也可以通过加快肾小球的滤过速度和促进钠排泄，加快肾脏对钙的排泄速度，从而使钙的再吸收减少。

2. 利尿剂　袢利尿剂［如呋喃苯胺酸（2～4 mg/kg，每日2～3次）］，可以增强肾脏对钙的排泄；但是，需要使用的剂量可能较高。因为容量收缩和血液的进一步浓缩都可能会加重高钙血症，因此，如果发生脱水，应首先进行输液治疗。由于噻嗪类利尿剂可以降低肾脏钙代谢，加重高钙血症，因此在发生高钙血症时应禁用噻嗪类利尿剂。

3. 糖皮质激素　对使用静脉输液和呋喃苯胺酸都无效的高钙血症病例，可以将糖皮质激素，如强的松（1～2 mg/kg，每日2次）或地塞米松（0.1～0.2 mg，每日2次），作为二级治疗方法。糖皮质激素可以降低骨骼对钙的吸收减少，减少肠道吸收的钙，增加肾脏的钙排泄，同时对恶性淋巴细胞还具有细胞毒性，从而使因淋巴瘤、骨髓瘤、维生素D过多症，肉芽肿疾病和肾上腺皮质功能减退而引起的

高钙血症发病动物的血清钙浓度大幅度下降。但是，应用糖皮质激素可能会给明确鉴别高钙血症的根本病因造成困难。对淋巴肉瘤尤其如此，因为类固醇具有淋巴细胞溶解作用，可以使淋巴结结构和骨髓中淋巴细胞的浸润模式发生改变。

4. 其他药物　三级治疗方法就是使用二磷酸盐、普卡霉素或降血钙素，以便对高钙血症进行更为长期的控制。二磷酸盐可以减少破骨细胞的数量和作用，有助于降低血钙。氨羟二磷酸二钠是最常用的非肠道药物；用于犬的推荐剂量是1～2 mg/kg，将药物溶于0.9%生理盐水中2 h以上，静脉注射。对猫来说，阿仑唑奈是治疗自发性高钙血症时最常用的口服药物。由于二磷酸盐具有肾毒性作用，因此在使用这类药物进行治疗时必须要给予适当的补水，特别是在大剂量应用时。如果需要，可在3～4周内再次使用该药。

光辉霉素，破骨细胞中的一种RNA合成抑制剂，是高钙血症的1种有效治疗药物；剂量为25 μg/kg，静脉注射，在4～6 h内注射完。使用1次通常即可使血钙浓度恢复正常；疗效可持续数日到数周。不良反应可能包括血小板减少、肾中毒和肝中毒，但使用一次剂量后不会出现不良反应。然而，这些药物必须谨慎使用。

降血钙素可以抑制骨骼中破骨细胞的活性和形成，使骨吸收受到抑制。降血钙素的使用剂量为4～8 U/kg，皮下注射，每日2～3次。降血钙素是降血钙速度最快的药物，在给药几小时后即可造成血钙浓度下降。但是，降血钙素的药效相对短暂，其降低钙的最大幅度也不如二磷酸盐或光辉霉素那样高。

钙敏感受体调节剂，一种全新的药物，是钙敏感

受体激动剂。在这类药物中最常用的就是西那卡塞。这些药物通过与甲状旁腺中的钙敏感受体相互作用，从而减少PTH的分泌，在所有类型的甲状旁腺功能亢进中，也可以有效降低血液循环中的PTH浓度。这类药物已经成为肾衰竭引起的继发性甲状旁腺机能亢进，以及某些原发性甲状旁腺机能亢进的主要治疗药物。

三、马的高钙血症

与犬和猫一样，马也可因许多疾病造成高钙血症，这些疾病包括慢性肾衰竭、维生素D中毒和原发性甲状旁腺功能亢进。引起马发生高钙血症的最常见原因是慢性肾衰竭。马的肾脏在钙排泄中起着重要作用；因此，与肠钙吸收正常有关的肾脏钙排泄障碍可以解释在这类马所发现的高钙血症。

已经报道与恶性体液性高钙血症有关的疾病有胃鳞状细胞癌、肾上腺皮质癌、外阴鳞状细胞癌、淋巴肉瘤和成釉细胞瘤。这些发病马可出现血钙浓度过高、血磷酸盐过少、血清PTHrP浓度升高及血清PTH浓度下降。

已报道马可发生钙化醇或胆钙化醇中毒。摄入含有$1,25-(OH)_2D$样化合物的植物［软木茄（Solanum malacoxylon），日木香（S. sodomaeum），三毛草（Trisetum flavescens）］，可引起维生素D中毒的典型临床症状，包括血钙过高。

矮种马和马罕见有原发性甲状旁腺功能亢进。与犬和猫一样，发生该病的马也报道有血钙浓度过高、血磷酸盐浓度过低和血清甲状旁腺素浓度高。要排除与高钙血症有关的其他疾病，需要进行的其他检查项目包括检测PTHrP和维生素D代谢产物。

与其他种类的动物一样，马高钙血症的根本性治疗就是处理或消除根本病因。遗憾的是，病因并不十分明显，有时必须采用其他支持性治疗措施（如输液疗法、利尿药或糖皮质激素）以便提高尿液中的钙排泄量、降低血清中的钙浓度。

四、犬与猫的低钙血症

低钙血症可以造成中枢和周围神经系统的兴奋性升高，从而引发甲状旁腺功能减退的主要临床症状。外围神经肌肉出现的症状通常有肌肉震颤、抽搐和四肢抽搐。甲状旁腺功能减退的主要CNS症状是全身性抽搐，与特发性癫痫的症状相似。

（一）甲状旁腺功能减退症

甲状旁腺功能减退症是以血钙浓度过低、血磷酸盐过高以及短暂性或持续性PTH不足为特征的一种代谢障碍。犬不常见有这种自发性疾病，猫也很罕见。猫最常见的病因是，在治疗甲状腺机能亢进进行甲状

腺切除时，造成的医源性甲状旁腺损伤。犬或猫都会因治疗甲状旁腺瘤进行甲状旁腺切除术后，造成残余腺体发生萎缩，从而引发术后甲状旁腺功能减退。

【诊断】 依据发病史、临床症状、低钙血症和高磷血症的实验室检测证据，以及排除低钙血症的其他原因（如低蛋白血症、吸收障碍、胰腺炎、肾衰竭），可以作出诊断。如果怀疑为特发性甲状旁腺功能减退，应通过对甲状旁腺进行组织学检查和甲状旁腺出现萎缩或破坏的证据进行确诊。由于发生甲状旁腺功能减退的动物，其甲状旁腺不是很明显，因此应进行单侧甲状腺切除术，以确保检查时有足够的甲状旁腺组织。检测血清PTH浓度有助于特发性甲状旁腺功能减退的诊断，因此也就不再需要采用颈部探查术和组织学验证。

【治疗】 治疗应针对将血钙浓度恢复到正常值范围的最低限。在治疗医源性或特发性甲状旁腺功能减退时，都应使用钙补充剂和维生素D。如果存在有低钙血性抽搐或痉挛，应立即进行静脉注射钙。为维持钙浓度的正常，应当将口服钙与维生素D制剂相结合。

治疗甲状旁腺功能减退症引起的主要并发症是血钙过高，这是由于使用钙和维生素D进行过度治疗而造成的。如果出现血钙过高，应暂时停止使用钙和维生素D进行治疗；如果发生较为严重的高钙血症，应服用盐水和呋塞米（见高钙血症的治疗）。对于特发性甲状旁腺功能减退症，必需使用维生素D（有或没有钙补充剂）进行长期治疗。与此相反，发生医源性甲状旁腺功能减退症时，在手术数周至数月之后，甲状旁腺功能或缺乏PTH时，钙调节机制的适应性调控可自行恢复。

（二）低钙血症的其他原因

1. **肾脏疾病** 慢性肾功能衰竭可能是低钙血症最为常见的原因。肾小球率过滤速度下降可引起氮血症和高磷血症。低钙血症的发病机制包括肾小管对钙的再吸收减少、血磷酸盐浓度过高、$1,25-$二羟基维生素D的形成减少、血白蛋白减少以及钙与草酸发生螯合。要使血钙浓度维持在正常范围以内，就会出现甲状旁腺增生。PTH浓度高就会导致骨吸收增多。但是，与肾衰竭有关的低钙血症，其临床意义很小（如不会出现肌肉颤动、抽搐、强直或惊厥）。另外，发生慢性肾衰竭的动物，大多数血钙浓度都正常。可通过日粮限制磷的摄入和使用肠道磷酸盐结合剂的方法，针对降低血清磷酸盐浓度进行治疗（也可见肾功能不全）

2. **低蛋白血症** 发生低蛋白血症的动物，由于蛋白结合钙的数量下降，可出现低钙血，但是离子钙浓度可维持正常。通常不会出现低钙血症的临床症

状。低钙血症的变化通常较轻。

3．胰腺炎 患有胰腺炎的动物发生的低钙血症通常为轻微性和亚临床性。确切机制尚不清楚，但普遍接受的理论是，在胰腺释放脂肪酶之后，通过胰腺周围脂肪酸发生皂化，使钙以不溶性皂化物的形成发生沉积。最近的研究表明，低钙血症是由于钙转移至软组织内而造成的，尤其是肌肉组织。

4．产后搐搦 产后搐搦（见惊厥）是哺乳期母犬或母猫因血钙浓度急剧下降而引起的一种威胁生命的急性疾病。在哺乳期间（在产后的数天或数周），发生惊厥可引起严重的低钙血症。有关其病理生理学仍了解甚少，但发病原因似乎是细胞外液钙池的流入速率（如骨吸收、胃肠道吸收）与流出率（如乳腺）出现失衡。如果可能的话，治疗应包括缓慢静脉注射钙（见低钙血症的治疗）和对幼仔实施断奶。

5．磷酸盐灌肠剂中毒 高渗磷酸钠（如，辉力R）灌肠剂可能会引起严重的生化异常，尤其是在给发生结肠无力和黏膜损伤而出现脱水的猫进行灌肠时。造成高钠血症和高磷血症的原因是结肠吸收灌肠液中的钠和磷酸，以及将血管内的水分转移到结肠腔内（因为是高渗灌肠液）。高磷血症可导致血清钙发生沉淀，并伴有由此引起的低钙血症。由电解质和体液发生改变可引起磷酸盐灌肠剂中毒，其临床症状包括休克和神经肌肉兴奋。治疗方法包括，使用低电解质溶液（如5%葡萄糖溶液）静脉输液进行扩容，同时要对低钙血症进行治疗。

6．螯合剂 EDTA（乙二胺四乙酸）、柠檬酸盐血液、乙二酸（防冻液中乙二醇的一种代谢产物）都能与钙发生络合，引起低钙血症。发生乙二醇中毒的动物可表现出严重的代谢性酸中毒、氮质血症以及高磷酸盐血症，这是由于肾小管内出现草酸钙晶体沉淀造成少尿型肾功能衰竭所致。

（三）低钙血症的治疗

低钙血症的确切治疗是要消除疾病的根本原因。诊断后可采取使血钙恢复正常的辅助性治疗方法，包括以下内容。

1．注射钙 发生低钙血性抽搐或惊厥时，应立即静脉注射10%葡萄糖酸钙（1.0～1.5 mL/kg），应缓慢注射，注射时间应在10 min以上。必须要进行强制性的密切观察；如果发生心动过缓或QT间期缩短，应降低静脉注射的速度或暂时停止注射。

一旦低钙血症危及生命的症状得到控制，就可以在静脉输液中加入，并采用缓慢的持续性静脉滴注的方式进行输液（如10%葡糖糖酸钙，每6～8 h滴注2.5 mL/kg）。应根据需要调整钙的输液速度，以维持正常的血钙浓度，如有需要应长期进行输钙，为避免

低钙血症的复发。尽管连续输注钙可以使血钙浓度维持正常，但所起的作用只是短暂的。在停止输钙后数小时内，即可出现低钙血症复发，除非采用其他治疗方法。

2．口服钙 口服钙制剂对某些疾病（如甲状旁腺功能减退、产后强直）是有益的。犬的每日需要量为1～4 g，猫为0.5～1 g。钙的每日剂量应依据产品中的钙元素量来计算，而不是钙盐量。

3．维生素D 某些情况下，需要补充维生素D以增加肠钙的吸收。维生素D制剂主要有3种，包括维生素D_2（钙化醇）、双氢速甾醇和1,25-二羟基维生素D（骨化三醇）。其使用剂量和有效持续时间取决于所使用的药物种类。维生素D_2的起始剂量要求通常是每日4 000～6 000 IU/kg，但是，要维持正常血钙浓度，其后期需要为1 000～2 000 IU/kg，每日1次到每周1次。双氢速甾醇的起始给药剂量应按照每日0.02～0.03 mg/kg，维持用量是0.01～0.02 mg/kg，每24～48 h给药1次。1,25-二羟基维生素D的剂量一般为每日0.025～0.06 μg/kg（25～60 ng/kg）。由于可使用的胶囊大小（250和500 ng）并不是专门为大多数小型犬和猫制作，而且胶囊也不容易分开服用，因此可能需要与药剂师联系，药剂师可以将药品大小调整到适合宠物个体需要的规格。使用所有维生素D制剂和给药方案时，常发生的治疗并发症都是医源性高钙血症。

（四）马的低钙血症

马的原发性甲状旁腺减退是一种罕见、但已证实确有发生的疾病。发病马的临床症状与低钙血症症状相同（共济失调、癫痫、兴奋过度、同步横膈扑动、心动过速、呼吸急促、肌肉颤动和肠梗阻）。与其他种类的动物相同，诊断的依据是血清钙浓度和PTH浓度较低而磷浓度较高。如上所述，采用静脉注射进行治疗，随后口服钙再加上大剂量维生素D，可以使甲状旁腺功能减退有关的临床症状得到缓解。

脓毒症是造成兽医院收治马发生低血症的最常见原因之一。发生严重胃肠道疾病和脓毒症的马，常见的是总血钙浓度和离子钙浓度过低。已报道，马驹可出现低钙血症，且血清PTH浓度出现不合时宜的下降。引起马驹发生低钙血症的根本原因还有待确定。但是，在这些马驹中有可能出现与脓毒症有关的某种类型甲状旁腺功能减退。

第五节 肾上腺

哺乳动物的肾上腺位于两侧肾脏的上方。肾上腺由两个不同的部分组成，周围部分是肾上腺皮质，内

部是肾上腺髓质，两者在形态、功能和发生上均不相同。

一、肾上腺皮质

肾上腺皮质的组织结构可以分为三层或三带，但各层之间的分界线并不十分明确。最外层为球状带，主要分泌盐皮质激素。中间为束状带，占皮质的70%，其组成的细胞内含有细胞质脂质和糖皮质激素。内层为网状带，可分泌性激素。

盐皮质激素是类固醇激素，主要作用于上皮细胞的离子转运，起保钠排钾的作用。在所有盐皮质激素中，醛固酮是作用最强的一种盐皮质激素。汗腺和肾小管上皮细胞上的电解质泵所作出的反应也类似。哺乳动物肾单位的远端肾曲小管，可通过阳离子交换机制从肾小球滤液再吸收钠，并将钾离子排泄到管腔内。盐皮质激素可加速这种反应，而在缺乏盐皮质激素时这种反应的速度比较缓慢。盐皮质激素分泌不足（阿狄森病）可能会引起致命性的钾潴留和钠流失。

许多种类的动物，在其肾上腺分泌的糖皮质激素中，最重要的就是皮质醇和少量皮质酮。一般来说，糖皮质激素作用于糖、蛋白质和脂肪的代谢，可造成葡萄糖储备增加、出现发生高糖血症的趋势、促进葡萄糖的生成。另外，糖皮质激素可以抑制脂肪组织内的脂肪形成，促进脂肪分解，从而导致甘油和脂肪酸游离的释放。

糖皮质激素也可以抑制炎症反应和免疫应答，从而减轻相关组织出现的损伤和纤维素增生。但是，高水平的糖皮质激素可以造成对细菌、病毒和真菌的抵抗力下降，有利于感染的传播。在网状内皮系统细胞对抗原发生相互作用和处理的早期任何阶段，糖皮质激素通过免疫活性淋巴细胞的诱导和增殖以及后续的抗体产生，对免疫应答造成损害。大量淋巴细胞功能受到抑制，就会部分造成免疫抑制。

糖皮质激素可以对创伤愈合造成明显的负面影响。在手术后，使用大剂量肾上腺皮质类固醇对肾上腺皮质机能亢进综合征进行治疗可能会造成伤口裂开。成纤维细胞增殖和胶原蛋白的合成受到抑制，可造成疤痕组织的形成减少。

黄体酮、雌激素和雄激素都是肾上腺皮质分泌的性激素。分泌过多可能与肾上腺皮质网状带发生肿瘤有关。雄性体征、性发育早或雌性体征的表现，均取决于哪种类固醇激素分泌量大、动物个体的性别以及开始分泌激素的年龄。另外已经报道，肾上腺分泌的性激素过多可引起一种综合征，被称为非典型肾上腺皮质机能亢进。

这种综合征的症状与库兴氏综合征（见下文）的症状极为相似，只是在刺激试验之后其皮质醇激素的浓度正常或较低。犬发生该病时，几种肾上腺皮质类固醇的浓度都会出现升高，从而引发临床症状。该病的治疗方法与治疗库兴氏综合征的方法相似。

（一）肾上腺皮质机能亢进（库兴病）

肾上腺皮质机能亢进可能是成年犬到老龄犬最常见的一种内分泌疾病，但在其他动物不太常见。其临床症状和生化指标异常主要是由皮质醇激素长期分泌过多造成的。犬的皮质醇浓度较高可能是有多种机制中的一种所引起。最常见的是，脑垂体中（远侧部或中间部）分泌促肾上腺皮质激素（ACTH）的细胞出现肿瘤或增生，这就可导致两侧肾上腺皮质发生肥大和增生。这种类型的疾病被称为垂体依赖性肾上腺皮质机能亢进，大约90%的病例都是这种疾病。功能性肾上腺肿瘤造成犬发生肾上腺皮质机能亢进非常少见，这种肿瘤也可分泌皮质醇和性类固醇，出现各种各样的临床症状。长期的、每日大量应用糖皮质激素可以引起在自然发生的肾上腺皮质机能亢进上所见的许多临床症状和生化指标异常。犬可出现一系列临床症状和生化指标异常，这是由于糖皮质激素作用于多种器官系统，造成糖原异生、脂肪分解、蛋白质分解和抗炎反应共同作用的结果。该病为潜伏和慢性进行性（要讨论肾上腺皮质机能亢进的临床症状、生化指标异常、诊断和治疗，见脑垂体）。

（二）肾上腺皮质机能减退（艾迪生氏病）

肾上腺皮质激素不足最常见于青年到中年犬，偶见于马。在贵宾犬、西部高地白㹴、大丹犬、长须牧羊犬、葡萄牙水猎犬和其他各品种犬，该病为家族性疾病。虽然原发性肾上腺皮质障碍的原因一般都不清楚，但大多数病例都是由于自体免疫过程造成的。造成该病的其他原因有肉芽肿性疾病、转移瘤、出血、梗塞、肾上腺能受体阻滞药（米托坦）或肾上腺酶抑制剂（曲洛斯坦）引起的肾上腺损伤。

【临床表现】 慢性肾上腺功能减退造成的许多功能障碍都没有高度特异性，包括反复发作的胃肠炎、身体状况慢慢出现渐进性下降和对应激的适当反应出现障碍。虽然肾上腺皮质功能减退可发生在任何品种、任何性别或任何年龄的犬，但特发性肾上腺皮质功能不全最常见于青年雌性犬，这也许与其疑似免疫介导的发病机制有关。

主要盐皮质激素（即醛固酮）分泌减少，可造成血清中的钾、钠和氯化物浓度出现明显变化。经肾脏排泄的钾减少，导致血清钾浓度逐渐升高。由于经肾小管流失的钠过多，造成低钠血症和低氯血症。出现严重的高钾血症可导致心动过缓和心律不齐以及心电图发生变化。有些犬可出现明显的心动过缓（心率不超过50次/min），稍一用力后极易引起虚弱或循环衰竭。

虽然临床症状的发展常被忽视，但是常会出现急性循环衰竭和肾衰竭的症状。血容量逐步下降可引起低血压、无力和心过小。由于对钠和氯的再吸收减少，使得肾脏排泄的水量增多，从而导致渐进性脱水和血浓缩。常见有呕吐、腹泻和厌食，这也就会造成动物的病情恶化。体重下降通常都比较严重。发生肾上腺皮质功能减退的猫，可出现类似的临床症状。

糖皮质激素生成减少可导致多种特征性功能发生障碍。糖异生作用下降以及对胰岛素的敏感性增强可造成中度低血糖。某些犬，由于脑下垂体出现负反馈缺乏和ACTH释放量升高，可造成皮肤出现色素沉着过度。已报道，犬可以发生非典型阿狄森氏病，这种疾病与皮质醇过低但电解质正常有关。其临床症状与同时发生糖皮质激素不足和盐皮质激素不足的犬所见的临床症状相似。

【病变】 犬最常见的病变是双侧肾上腺皮质发生特发性萎缩，肾上腺皮质的三层均出现厚度明显变薄。肾上腺皮质的厚度下降至正常厚度的1/10或更少，包膜成为肾上腺皮质的主要组成部分。肾上腺髓质相对更加突出，髓质与包膜一起占据剩余肾上腺的很大一部分。

肾上腺皮质的所有三层都会发生病变，包括不受ACTH调控的球状带；但是，发生特发性肾上腺皮质萎缩的犬并未见有明显的垂体病变。可造成ACTH分泌减少的破坏性垂体病变，其特征是肾上腺皮质的内侧两层（即束状带和网状带，译者注）出现严重萎缩，而球状带保持完整无缺。

【诊断】 依据发病史和实验室检测指标异常（尽管不具特异性），可以作出初步诊断，这些实验室检测指标的异常包括血钠低、血钾高、钠钾比在25:1以下、氮质血、轻度酸中毒以及正常红细胞性的、正常色素性贫血。也有报道，可出现严重的胃肠道失血。有时可见有轻度低血糖。高钾血症可导致心电图（ECG）发生异常：T波升高（形成尖峰）、P波扁平或消失、PR间期延长、QRS复合波增宽。出现心室纤维性颤动或心搏停止时，可伴有钾水平在11 mEq/L以上。

鉴别诊断包括原发性胃肠道疾病（特别是鞭虫感染）、肾衰竭、急性胰腺炎和毒素摄入。确诊需要对肾上腺功能进行评估。采集基线水平的血样后，用ACTH（凝胶或合成物）进行评价。肌内注射凝胶剂后2 h，采集1份血液样本。肌内注射或静脉注射合成物制剂1 h后，再采集1份血液样本。基准（静止期）皮质醇浓度高于2.5 µg/dL，可有效排除肾上腺皮质功

能减退的诊断，而皮质醇浓度低于2.5 µg/dL，则需要使用ACTH兴奋试验才能进行确认。发病犬的皮质醇基准水平较低，使用ACTH对典型和非典型病例几乎没有反应。大多数动物都可以在开始进行激素替代疗法之前，完成这种检测。

【治疗】 肾上腺危象是一种严重的急诊病例。应插入静脉导管，并开始使用0.9%生理盐水进行输液。如果犬发生有低血糖，应在盐水中加入2.5%~5%葡萄糖。通过使用0.9%生理盐水（在前1~2 h内按60~70 mL/kg）输注，可以迅速纠正血容量不足。观察犬的排尿量，以确定其是否无尿。应当继续进行静脉输液，输液速度应与正在出现的流失速度相匹配，直到犬的临床症状和实验室异常全部恢复正常。

在治疗休克的初期，可使用泼尼松龙琥珀酸钠（22~30 mg/kg）、地塞米松磷酸钠（0.2~1.0 mg/kg）。地塞米松是不会干扰ACTH兴奋试验的皮质醇检测。在治疗的最初几日，可按1 mg/kg，每日两次的方法使用氢化波尼松或强的松，然后可按照每日0.25~0.5 mg/kg给药。也可开始使用盐皮质激素替代疗法，以纠正电解质失衡和血容量不足。应定期检测电解质、肾脏功能和葡萄糖，以评估治疗效果。

对于严重的、无反应性的高钾血症病例，可以在30~60 min使用含10%葡萄糖的0.9%生理盐水进行输液，以增加转运至细胞内的钾离子。定期肌内注射胰岛素（0.25~1.0 U/kg）可以增强葡萄糖和钾的吸收，但是同时应该静脉输注10%葡萄糖（每个胰岛素单位用20 mL），以避免发生低血糖。

对于长期的维持性治疗，可按2.2 mg/kg使用盐皮质激素去氧皮质酮新戊酸酯（DOCP）进行皮下注射或肌内注射，每25~28日1次。在最初几次注射后的3~4周，应当对电解质进行检查，以确定其疗效的持续期。或者，也可按每日10~30 µg/kg口服醋酸氟氢可的松。在确定正确的给药剂量之前，应当每周检测1次血清电解质。有些犬（特别是使用DOCP进行治疗的）需要每日口服糖皮质激素，以便有效控制临床症状。大约50%的犬，也需要使用补充剂量的强的松（每日0.2~0.4 mg/kg）。在发生疾病或应激时，还需要额外补充糖皮质激素（保持2~5次）。发生非典型阿狄氏森病的犬，只需要使用补充剂量的强的松，但是在确诊后的第1年内，建议每3个月检测1次电解质。发生慢性肾上腺皮质功能减退的犬，每3~6个月应进行1次复查。

马肾上腺皮质功能减退的治疗方法也类似：在发生肾上腺危象时如果需要的话，应采用积极补充液体、类固醇和葡萄糖。发生慢性阿狄森氏病时，应采用辅助疗法和休息。

二、肾上腺髓质

虽然肾上腺髓质并不是生命所必需的，但在应对应激或低糖血症时也起着很重要的作用。肾上腺髓质可分泌肾上腺素和去甲肾上腺素，造成心输出量增加、血压升高，血糖升高和胃肠道活力下降。

家畜可发生嗜铬细胞瘤（见下文），该病最常见于牛和犬。这种肿瘤可分泌肾上腺素、去甲肾上腺素，也可同时分泌这两种激素。该病一般不会出现临床症状，但是在对其他疾病进行检查时或在尸体剖检时，可偶然发现这种肿瘤。

在交感神经系统的嗜铬细胞中，可发生其他肾上腺肿瘤，如成神经细胞瘤和神经节细胞瘤。

第六节　神经内分泌组织肿瘤

起源于胚胎神经嵴的神经内分泌组织广泛分布于全身各处。哺乳动物的神经内分泌组织位于肾上腺的中心部，并参与儿茶酚胺类激素（肾上腺素和去甲肾上腺素）的合成与分泌。哺乳动物甲状腺中的C细胞也起源于神经嵴，在胚胎发育早期，C细胞迁移到最后一个咽囊中，随后融合到每个甲状腺叶内。C细胞还参与降血钙素的生物合成，而降血钙素参与体内钙平衡和骨骼更新的调节。

肾上腺髓质、甲状腺、主动脉和颈动脉体的神经内分泌细胞，有时可形成肿瘤。由于这类肿瘤体积增大，也可能会出现自主分泌激素过多，从而对相邻正常组织造成的物理性损伤，因此在临床上非常明显。

一、肾上腺髓质

1. 肾上腺髓质增生　患有甲状腺C细胞肿瘤的公牛，在出现嗜铬细胞瘤之后，才会发生肾上腺髓质弥散性或结节性增生。嗜铬细胞出现的弥漫性增生无包膜，但是可以对周围的肾上腺皮质造成压迫。在明显发生髓质弥漫性增生的公牛，其髓质细胞常见有少量的结节性增生病灶。

2. 嗜铬细胞瘤　嗜铬细胞出现的这种肿瘤几乎总是发生在肾上腺。动物肾上腺髓质最常见的肿瘤就是嗜铬细胞瘤；这种肿瘤最常见于牛、实验大鼠和犬，其他家畜不太常见。公牛和大鼠，可同时发生嗜铬细胞瘤和分泌降钙素的甲状腺C-细胞肿瘤，这可能是起源于同一个体神经外胚层的多种类型内分泌细胞发生的肿瘤性转化造成的。恶性嗜铬细胞瘤是指可通过肾上腺包膜浸润到相邻组织（如后腔静脉）或转移至远隔部位（肝脏、局部淋巴结或脾脏），或同时发生这两种情况的髓质肿瘤。动物很少报道有功能性嗜铬细胞瘤，但是，发生嗜铬细胞瘤的许多犬和马可

表现有心动过速、水肿和心脏肥大的症状，这是由于儿茶酚胺分泌过多造成的。犬的临床症状可能还有尿多和饮水多。人在同时并发肾上腺和甲状腺疾病时可出现多发性内分泌瘤，马似乎也可发生类似的综合征。

虽然嗜铬细胞瘤的大小差异很大，但也可很大（直径在10 cm或以上），且含有病变肾上腺的大部分。在肿瘤组织一侧边缘位置常可见有一小部分残存的正常肾上腺组织。体积较小的肿瘤有完整的包膜，包膜为一层薄而致密的肾上腺皮质。体积较大的嗜铬细胞瘤呈多小叶性，且呈斑驳状，可挤压并侵入相邻组织，特别是腔静脉和主动脉。犬的嗜铬细胞瘤有大约50%可转移到肝脏、局部淋巴结、脾脏和肺脏。

由于通过验证的儿茶酚胺检测方法还无法用于犬和猫的常规检测，因此常依据临床症状和超声检查进行诊断。治疗方法包括手术（如果可行的话）和对高血压进行治疗。

二、甲状腺C细胞瘤

甲状腺C细胞（滤泡旁细胞，终鳃细胞）肿瘤最常见于成年和老年的公牛和马，以及某些品系的实验大鼠。很大一部分老龄公牛都已报道有C细胞肿瘤（不低于30%或以上）或C细胞和后腮衍生物增生（不低于15%～20%或以上）。在饲喂相同饲料的奶牛未见有这种情况。随着年龄的增长，公牛的发病率也会增加，且发病率常与脊椎密度增加有关。在发生C细胞肿瘤的公牛，可同时发现有多发性内分泌瘤，特别是两侧嗜铬细胞瘤，有时也有垂体腺瘤。已报道，在格恩西公牛家族中，甲状腺C细胞肿瘤和嗜铬细胞瘤的发生率较高，这说明该病可能是一种常染色体显性遗传性疾病。在发生嗜铬细胞瘤之后，肾上腺髓质分泌细胞可出现弥散性或结节性增生。

1. 腺瘤　C细胞腺瘤可发生于甲状腺的一个或两个侧叶上，呈散在、单个或多个的灰色到褐色结节状。腺瘤的大小（直径1～3 cm）比癌要小，腺瘤外有一层薄薄的纤维结缔组织包膜，使其与甲状腺实质隔开。相邻甲状腺受到压迫，但是没有肿瘤侵入。马发生C细胞腺瘤时，可造成前颈部明显肿大。较大的C细胞腺瘤可将大部分甲状腺叶包裹在内，但在一侧常可见有边缘呈深棕红色的甲状腺。

2. 癌　甲状腺C细胞癌可造成甲状腺的一个或两个侧叶出现广泛性多结节状肿胀，且可将整个甲状腺包裹在内。前颈部淋巴结出现的多发性转移瘤，体积一般较大，且有坏死区和出血区。肺脏出现的转移瘤不太常见，整个肺叶可出现散在的褐色结节。

通过饲料长期摄入过量钙对C细胞造成的慢性刺激，可能与公牛发生这类肿瘤的比例较高有关。在成

年公牛经常采食的日粮中，其钙含量为推荐的正常维持量的3.5~6倍，而在降低钙的摄入量后，肿瘤的发生率明显下降。

降血钙素分泌异常造成的综合征比PTH引起的疾病，明显要少。在发生源于C细胞的甲状腺髓样瘤的人、公牛和实验大鼠，可出现降血钙素分泌过多。已报道，发生这种综合征的公牛可出现骨硬化性病变，但是有关降血钙素长期分泌过量与骨骼病变的发病机制之间的关系，以及这种疾病在其他种类动物上的发病率，仍不清楚。

对犬的甲状腺癌进行病理学分级，对其预后判断一直都很重要，但其组织学类型并不重要。意义更大的是，肿瘤的体积及其与转移能力的关系；而且，肿瘤在下层组织中固定得越深，采用手术方法进行完全切除的可能性就越小。手术是最主要治疗方法，但由于可能会发生转移扩散以及存在有无法切除的残余组织，因此采用其他辅助治疗方法也是合理的。理论上，联合应用放射疗法和化学疗法比较理想，同时这种组合疗法越来越受到人们的关注。对于犬相当稀少的功能性甲状腺癌，采用^{131}I进行治疗是一种合理的治疗方法，但是能够采用这种治疗方法的机构几乎没有，并且在技术上的困难（按照正确的辐射安全准则对所有尿液和粪便进行处理）也相当大。

三、化学感受器

化学感受器是对血液中CO_2和O_2浓度和pH变化的敏感指示计，有助于调节呼吸和血液循环。虽然化学感受器似乎广泛分布于全身各处，但肿瘤主要发生在主动脉体（发生在动物的较多）和颈动脉体（发生在人的较多）。这类肿瘤主要发生于犬，罕见于猫和牛。短头型品种的犬，如拳师犬和波士顿狼犬，容易发生主动脉体肿瘤和颈动脉体肿瘤。

主动脉体肿瘤主要是在心脏底部的心包腔内形成单个肿瘤或多发性结节。肿瘤的大小差异很大（0.5~12.5 cm），癌的大小一般比腺瘤要大。单个的小腺瘤不只黏附在肺动脉和上行主动脉的血管外膜上，也可镶嵌在病变主血管干之间的脂肪结缔组织内。大的腺瘤可在心房留有凹痕或造成气管发生位移，呈多小叶状，部分可包绕在心脏底部的主动脉干周围。

犬发生的恶性主动脉体肿瘤比腺瘤要少。癌可浸润至肺动脉管壁，在动脉腔内形成乳头状突起，也可通过心房壁侵入到心房腔内。虽然这种肿瘤细胞常会侵入血管内，但是发生主动脉体癌的犬不常见有转移到肺脏和肝脏。尽管如此，这类肿瘤，包括腺瘤在内，对动物机体造成的局部影响和生理影响还是非常重要的。

动物发生的主动脉体肿瘤都不具有功能性（也就是说，肿瘤不会将过量激素分泌到血液循环中），但是这些肿瘤可作为一种占位性病变，从而造成各种功能紊乱。这些功能紊乱包括，由于主动脉体腺瘤和癌的个体较大造成心房或腔静脉（或二者同时）受到压迫，从而出现心脏代偿失调的症状。

与颈动脉体肿瘤相比，主动脉体肿瘤往往都是良性肿瘤。主动脉体肿瘤通过膨胀生长缓慢，可压迫腔静脉和心房。主动脉体癌可局部侵入到心房、心包和相邻的壁薄的、大血管内部。

颈动脉体肿瘤发生在颈总动脉分叉处的附近，通常为单侧缓慢生长的肿块。腺瘤的直径一般为1~4 cm。在颈动脉分叉处包含在肿块之内，肿瘤细胞紧紧黏附在血管外膜上。由于颈部分布有大量的血管且主动脉干之间的关系十分紧密，往往无法通过手术完全切除或进行活检。

与腺瘤相比，恶性颈动脉体肿瘤的体积较大，且多结节状肿块也更为粗糙。虽然这种癌看上去有包膜包裹，但肿瘤细胞可浸润到包膜内，并穿透邻近的血管壁和淋巴管壁。颈外静脉和数个颅神经也可包裹在肿瘤内。大约30%的病例可出现颈动脉体瘤转移，已发现可转移到肺脏、支气管和纵隔淋巴结、肝脏、胰腺和肾脏。在短头颅品种的犬，其化学感受器常会发生多中心性肿瘤转化。

化学感受器肿瘤，无论是来源于主动脉体还是颈动脉体，其组织学特征基本相似。

虽然有关主动脉体肿瘤和颈动脉体肿瘤的病因仍不清楚，但已证明，慢性缺氧造成遗传易感性增强，可导致某些短头颅品种犬发病风险较高。某些种类的哺乳动物，包括犬，如饲养在高海拔环境下遭受慢性缺氧时，其颈动脉体就会发生增生。

第七节 胰腺

胰腺的内分泌功能是由一小群细胞团（即胰岛）来完成，胰岛周围是可分泌消化酶的腺泡（外分泌）细胞。胰腺分为外分泌腺和内分泌腺两部分，这两个部分在发育过程中密切相关，有证据表明胰岛细胞、腺泡细胞和胰导管细胞都是由一种多能性前体细胞发育而来。

胰岛细胞主要分为α细胞、β细胞和δ细胞，每种细胞都可以合成一种独特的多肽激素。β细胞占胰岛细胞的60%~70%，分泌胰岛素；α细胞分泌胰高血糖素；δ细胞分泌生长素抑制素。

胰岛以散在的微型内分泌器官的形式起作用。胰岛分布在整个胰腺上，其细胞之间的相互关系具有特殊的模式，可以保证激素分泌的平衡。输入血管和神经在外围的三胞区域进入胰岛内。在该异质性皮质区内，α细胞、β细胞和δ细胞的解剖关系十分密切，使其能够以局部葡萄糖感受器的形式起作用，在血糖浓度出现波动时，可以调整胰岛素和胰高血糖素的输出量。相邻内分泌细胞的细胞膜之间有着特殊的紧密连接方式，这种连接很容易可以将细胞间隙隔开，可以使生长激素抑制素对胰高血糖素和胰岛素的释放发挥局部的（旁泌性）直接抑制作用。

胰岛素的最初形式是一个由81～86个氨基酸残基组成的多肽链。这种激素原（胰岛素原）由胰岛素分子的A链、B链和一个连接肽组成。胰岛素原经蛋白酶水解后转化为胰岛素，然后储存在有包膜的分泌颗粒中。

当细胞外液的葡萄糖浓度升高时，促进β细胞分泌胰岛素的主要生理刺激物也会增多。β细胞的胞膜上存在有可与葡萄糖结合的特异性葡萄糖受体。胰岛素的分泌需要细胞外液中有适宜浓度的钙离子。发生某些低钙血性疾病时（如母牛的产前低钙血症），由于细胞外液的钙离子浓度较低，可以造成胰岛素分泌受到抑制，从而导致高糖血症。在某些情况下，其他糖类（果糖、甘露糖、核糖）、氨基酸（亮氨酸、精氨酸）、激素（胰高血糖素、促胰液素）、药物（磺酰脲类、茶碱类）、短链脂肪酸和酮体也可刺激胰岛素的分泌。当出现特殊生理刺激时，胰腺β细胞可以抑制调节模式释放胰岛素，并非一次性释放全部贮存激素。

胰岛素可以对全身所有器官的功能发挥作用，可以是直接的，也可以是间接的。对胰岛素能产生特殊反应的组织有：骨骼肌和心肌、脂肪组织、纤维细胞、肝脏、白细胞、乳腺、软骨组织、骨骼、皮肤、主动脉、脑垂体和末梢神经。胰岛素的主要功能是促进糖、脂肪、蛋白质和核酸的合成代谢反应。胰岛素的靶器官部位主要有3种：肝脏、脂肪细胞和肌肉。胰岛素可以促进用于细胞结构、能量储存的大分子物质的形成，也可以调节多种细胞功能。一般来说，胰岛素可促进葡萄糖和其他某些单糖、某些氨基酸和脂肪酸，以及钾离子和镁离子，穿过靶细胞的细胞膜进入细胞内。胰岛素也可抑制脂肪分解、蛋白质分解、酮体生成和糖原异生。

血糖浓度下降时，可造成胰高血糖素分泌。胰高血糖素可以促进糖原分解、糖原异生和脂肪分解，从而促进贮存能量营养物质的动员。生理浓度的胰高血糖素既可以促进肝脏的糖原分解，也可以促进糖原异生，从而使血糖浓度升高。

胰岛素和胰高血糖素的协同作用，可以使细胞外液中的葡萄糖浓度维持在相对小的浓度范围之内。胰岛内的葡萄糖感受器可以控制胰岛素和胰高血糖素的相对分泌量。胰高血糖素可以调节肝脏中的葡萄糖释放到细胞外间隙，而胰岛素可调控细胞外间隙中的葡萄糖转运至胰岛素敏感组织，比如脂肪组织、肌肉和肝脏。

一、糖尿病

糖尿病是一种由于胰岛素相对不足或绝对不足而引起的一种慢性碳水化合物代谢病。自发性糖尿病的大多数病例发生在中年犬和中老龄猫。母犬的发病率是公犬的两倍，任何品种的犬都可发生糖尿病，但某些小型品种的犬发病率似乎较高，如迷你贵宾犬、腊肠犬、雪纳瑞犬、凯恩猎和比格犬。在一项研究中，肥胖的公猫比母猫的发病率高，但没有品种易感性。

【病因与发病机制】 造成胰岛素产生和分泌减少的发病机制是多方面的，但一般都与胰岛细胞受损有关，细胞受损不是由于免疫破坏造成的，就是由于发生严重胰腺炎（犬）或淀粉样变性（猫）引起的。同时发生内分泌细胞和外分泌细胞进行性缺失的慢性复发性胰腺炎以及被纤维结缔组织纤维化的胰腺，都可以引起糖尿病。胰腺质地坚实，呈多结节状，常有散在的出血点和坏死灶。发病后期，靠近十二指肠和胃部出现的细小纤维组织带，可能就是全部残余的胰腺组织。胰岛上出现淀粉样蛋白、糖原和胶原蛋白的选择性沉积可能会造成胰岛细胞受损，但与猫相比，这种情况引起犬发生的糖尿病比较少。在其他一些病例中，可见β细胞数量减少，且呈空泡化；在慢性病例中，很难发现有胰岛存在。发生肾上腺皮质机能亢进症并长期使用糖皮质激素和孕酮进行治疗的许多犬，也可发生胰岛素耐受性糖尿病和继发性糖尿病。妊娠动物和间情期动物也容易发生糖尿病。在犬，而不是猫，孕酮可引起生长激素的释放，导致高血糖和胰岛素耐受。在犬和猫，肥胖也可以引起胰岛素耐受。

发生糖尿病时，多种代谢紊乱的全面表现，可能是由两种激素异常造成的。虽然长期以来，一直认为主要的激素异常是在对细胞外葡萄糖浓度升高进行应答时胰岛素功能相对不足或绝对不足，但是最近已经认识到胰高血糖素分泌的绝对不足或相对不足也是非常重要的原因。糖尿病时出现的高胰高血糖素血症可能是由于胰高血糖素、肠高血糖素分泌增多造成的，也可能是由于这两种激素同时分泌增多造成的。胰高血糖素升高可通过动员肝脏储备的葡萄糖而引起严重的高糖血症，也可通过肝脏脂肪酸的氧化增强而引起酮酸中毒症。

发生糖尿病的猫，局部胰岛常会出现特殊的选择性退行性病变，但其余胰腺组织似乎任保持正常。许多发生糖尿病的猫，胰腺最常见的病变是，胰岛内可见有淀粉样蛋白的选择性沉积，并伴有β细胞的退行性变化。淀粉样蛋白可能来源于胰岛淀粉样多肽（IAPP），而IAPP是与胰岛素一起由β细胞分泌的。猫似乎不能正常处理IAPP，从而造成聚积过多并转化为淀粉样蛋白。随着猫的年龄增长，沉积有淀粉样蛋白的胰岛数量也在增多。发生糖尿病的猫，与未发生糖尿病的同龄猫相比，沉积大量淀粉样蛋白的胰岛数量比例也较大。淀粉样蛋白或IAPP（或二者共同）都可以造成β细胞和胰岛素耐受性发生物理性破坏，最终导致糖尿病。

人感染某些病毒后可引起胰岛出现选择性损伤或胰腺炎，已经证实这也可以迅速引起某些糖尿病病例。在犬和猫尚未证明可发生这种情况。β细胞发生选择性退化和坏死时，胰岛内常会出现巨噬细胞和淋巴细胞浸润。应激、肥胖以及使用皮质类固醇或孕激素，可能会使临床症状加重。

【临床表现】 糖尿病的发作一般都呈隐性，其病程也呈慢性。犬的常见症状有多饮、多尿、多食，伴有体重下降、双眼白内障和虚弱。出现的水分代谢紊乱主要是由于渗透性利尿造成的。犬的肾糖阈值为大约180 mg/dL，猫为约280 mg/dL。

发生糖尿病的动物，其对细菌和真菌感染的抵抗力下降，容易发生慢性或复发性感染，例如膀胱炎、前列腺炎、支气管肺炎和皮炎。这种对感染的易感性升高，部分原因可能是中性粒细胞数量减少，造成化学趋化活性、噬吞活性和抗菌活性受损。影像学上证明有产气性膀胱炎（罕见）时，可提示有糖尿病发生，这是由于发生葡萄糖发酵微生物感染时，例如变形杆菌（*Proteus* spp.）、产气杆菌（*Aerobacter aerogenes*）和大肠埃希菌（*Escherichia coli*），这可导致膀胱壁和膀胱腔内产生气体。发生糖尿病的犬，其胆囊壁内也可能产生气肿。

发生糖尿病的犬和猫，常见有由于脂肪沉积造成的肝脏肿大。脂肪肝是由于脂肪组织中的脂肪动员增多造成的。肝细胞个体发生明显肿胀是由于中性脂肪滴在细胞内多处沉积所致。猫可以同时发生肝脏脂质沉积综合征和糖尿病。

如果糖尿病控制不佳，常会使犬（不是猫）发生白内障。晶状体混浊最初是沿着晶状纤维的边缘出现的，且外观呈星状。犬白内障的发生与其独特的山梨醇通路有关，葡萄糖采用该通路在晶状体内进行代谢，从而导致晶状体水肿和正常光透射受到破坏。然而，猫似乎也存在有同样的山梨醇通路，但罕见发生

白内障。可造成人发生糖尿病的其他非胰腺疾病，如肾病、视网膜病变、微血管病和大血管病，在犬和猫比较罕见。

【诊断】 依据长期出现空腹血糖和尿糖较高，可以对糖尿病作出诊断。犬和猫的正常空腹血糖值为75～120 mg/dL。猫的应激性高血糖是一个常见问题，确诊时需要采集多份血液和尿液样本。检测血清糖化血红蛋白或果糖胺（或两者）可以帮助鉴别应激性高血糖和糖尿病。发生应激性高血糖时，果糖胺和糖化血红蛋白浓度都正常。任何情况下，都应当努力查找容易引起糖尿病的药物或疾病。

【治疗】 糖尿病的长期有效治疗取决于主人对糖尿病的认识与配合。治疗方法包括控制体重、饲料、注射胰岛素和口服降血糖药。对雌性动物应该进行绝育。最新的证据支持给猫饲喂高蛋白、低碳水化合物日粮（罐装猫粮）。犬的首选日粮应富含纤维素和复合碳水化合物。单独采用减少日粮和降低体重的方法都无法控制糖尿病时，必须开始使用胰岛素进行治疗。大多数犬需要每日注射2次胰岛素。一般来说，起始胰岛素应首选的是NPH（中性鱼精蛋白锌胰岛素，一种中效胰岛素）或长效胰岛素，剂量为0.5 U/kg，每日注射2次，每次注射的同时应饲喂同等卡路里的日粮。应避免饲喂单糖含量高的日粮（半干日粮）。在最初治疗方案稳定5～7 d后，应根据临床症状和一系列血糖检测结果，对治疗效果进行监测。一般在家里进行血糖检测比较好，可以避免宠物日常生活规律发生的变化以及在兽医院出现的紧张情绪。猫的起始治疗方法为，饲喂高蛋白日粮，加上注射胰岛素，一般每5～7 d出现评估1次。对于刚确诊的猫，首选胰岛素是甘精胰岛素。甘精胰岛素是一种长效的基础胰岛素。使用甘精胰岛素与饲喂高蛋白、低碳水化合物日粮相结合，可以使80%～90%病例在治疗的头3～4月内，糖尿病得到缓解且可以停止使用胰岛素。猫也可以使用NPH、长效胰岛素或PZI（鱼精蛋白锌胰岛素），起始剂量为1～3 U，每日2次。然而，这些胰岛素与糖尿病的缓解率较高并无相关性。

已经评估了口服降糖药物（格列吡嗪）对糖尿病猫的疗效。格列吡嗪是一种磺酰脲类药物，可以刺激功能性β细胞分泌胰岛素。对于瘦小或患酮病的猫，当可能存在有胰岛素绝对不足且需要使用外源性胰岛素进行治疗时，不应使用格列吡嗪。格列吡嗪的初始剂量为2.5 mg，每日2次，口服，与日粮控制相结合。3～4周内可见有临床效果。在采用这种方法治疗的猫中，有50%在短期内可以治愈，有大约15%的猫可长期治愈（1年以上）。或者，也可给猫使用格列美尿（另一种磺酰脲类药物），剂量为2 mg，

每日1次。阿卡波糖，一种口服用α-葡萄糖苷酶抑制剂，也已经用于治疗猫的糖尿病，其使用剂量为12.5～25 mg，每日2～3次，结合日粮控制和/或胰岛素，可以控制高血糖。

酮酸中毒症是糖尿病的一种严重并发症，应被视为急诊。治疗方法包括采用静脉输液方法纠正脱水，如0.9%氯化钠或乳酸林格氏液；使用结晶锌（常规）胰岛素降低高血糖和酮症；通过补充适当的电解质溶液来维持血清电解质水平，尤其是钾；鉴别并治疗潜在疾病和并发症，如急性胰腺炎或感染。

许多胰岛素治疗方案都已用于糖尿病酮酸中毒症的治疗。采用间歇性胰岛素疗法时，起始剂量为按0.2 U/kg定期肌内注射胰岛素，随后按照每小时0.1 U/kg进行注射。一旦血清葡萄糖浓度降至250 mg/dL以下，可将胰岛素剂量调整为0.25～0.5 U/kg，每4～6 h皮下注射1次，且每隔1～2 h监测1次血糖。在使用胰岛素进行积极治疗期间，血糖水平可能会迅速下降，因此需要采用输液方法补充2.5%～5%葡萄糖溶液。

在开始采用胰岛素疗法时，应经常检测血糖浓度，直至确定了适宜的维持剂量。对于使用维持疗法且其状态比较稳定的动物，每4～6个月应重新进行一次评估。

二、功能性胰岛细胞瘤

最常见的胰岛肿瘤是源自胰岛素分泌β细胞的胰岛细胞癌。这类肿瘤通常都具有激素活性，可分泌过量胰岛素，导致低血糖。内分泌胰腺组织源自于多能导管上皮细胞，这类细胞可以分化为胰岛内不同细胞类型中的一种。胰岛细胞瘤也可产生过量的促胃液素、生长激素释放抑制因子、胰多肽和舒血管肠肽。胰岛内的β细胞肿瘤（胰岛素瘤）最常见于5～12岁的犬。在猫和老龄牛也报道有少量发病。

【临床表现】 胰岛素瘤的临床症状是由于胰岛素分泌过量所致，可造成葡萄糖从细胞外液到身体组织内的转移速度加快，从而使低糖血症进一步加重。该病的临床症状是低糖血症的表现，但并不是β细胞肿瘤引起的胰岛素过多症的特征。最初的症状表现为后部虚弱无力、运动后肌肉疲劳、全身性肌肉抽搐和无力、共济失调、神经紊乱和性情发生改变。犬很容易出现烦躁不安，且可出现间断性的兴奋和坐立不安。也可出现周期性癫痫，也报道有短暂性虚脱，与晕厥类似。

该病的临床症状呈特征性阵发，最初发作时间间隔很长，但是以后随着病情的发展，发作更加频繁，发作时间也更长。运动（增加葡萄糖的利用）或限饲（降低葡萄糖的可用性），以及采食（刺激胰岛素的

释放），都可以促进低糖血症的发生。补充葡萄糖可以迅速缓解临床症状。

与CNS有关的临床症状十分明显，表明大脑的能量主要依赖葡萄糖代谢。当大脑缺乏葡萄糖供应时，脑氧化减少，可出现缺氧症的症状。由于功能性胰岛细胞瘤的临床症状与CNS原发性疾病的症状相同，因此可能会被错诊为特发性癫痫、脑瘤或其他组织的神经疾病。长期严重的低血糖反复发作，可造成整个大脑出现不可逆的神经元变性。永久性的神经功能障碍可能造成某些犬出现致死性昏迷、对葡萄糖反应迟钝，并最终死亡。

【病变】 胰岛素瘤常呈单个、黄色至深红色的球状，从浆膜表面可以看到小的肿瘤（1～3 cm）。这种肿瘤在胰腺的同一叶上或不同叶上，呈单个出现，有时也可呈多发性结节。肿瘤的坚实度与其周边的胰腺实质相类似，或稍微坚实一些。肿瘤与胰腺实质之间有一层薄薄的纤维结缔组织。胰岛素瘤在得到确诊之前，常已转移至局部淋巴结或肝脏。胰岛细胞罕见真正的良性腺瘤。

【诊断】 对于有周期性虚弱无力、虚脱或癫痫发病史的所有老龄犬，都应该进行一次血糖检测。中年到老龄犬发生限饲性低糖血症（低于60 mg/dL），是发生胰岛素瘤的一个有力证据。发生胰岛素瘤的动物，在发生低血糖症时采集的样品，其血清胰岛素浓度从正常到较高。低糖血症的鉴别判断包括肾上腺皮质功能减退、肝功能衰竭、大型的胰腺外肿瘤、脓毒症、红细胞增多症、胰岛素过量和实验室差错。

【治疗】 虽然犬的胰岛素瘤总是单发性的，但也应认真检查整个胰腺是否有多发性肿瘤。对肿瘤进行完全切除可以改善低糖血症及相关神经症状，除非CNS发生有不可逆的变化。如果发生有不可见的转移性肿瘤，手术后仍然会出现低糖血症。即使发生恶性胰岛素瘤的可能性很高，但是如果通过手术切除了全部可见的肿瘤，许多犬还可以在可接受的生活质量下存活1年以上。对不能采用手术切除肿瘤的犬，采用每日多餐和使用糖皮质激素（每日0.5～1 mg/kg）的方法，可以得到相当好的治疗。使用二氮嗪（每日20～80 mg/kg，每日3次）也可以缓解一些犬的临床症状，但是利用率的问题限制了其应用。最近已经对化学药物，链脲菌素，用于治疗犬的胰岛细胞瘤进行了调查，可以考虑在手术切除后使用该药物。

三、胃泌激素-分泌胰岛细胞肿瘤

在人、犬和一只猫已经报道有胰腺的胃泌素瘤。人的胃泌素分泌过多可引起佐林格-埃利森综合征，包括胃酸过多分泌和胃肠系统发生复发性消化性溃

瘤。这种肿瘤源自于胰腺中出现异常的胺前体摄取脱羧酶（APUD）细胞，可导致正常由胃窦黏膜和十二指肠黏膜细胞分泌的胃泌素生成过量。

【临床表现】　这些肿瘤比较罕见，其发病率较分泌胰岛素的β细胞肿瘤的发病率低。极少数报道的病例见有厌食、呕血、间歇性腹泻（常带有暗红色血液）、渐进性消瘦和脱水。发生明显的机能失调似乎是由于胃泌素分泌过多，造成胃肠道黏膜发生多发性溃疡所致。

【病变】　发生佐林格-埃利森样综合征的动物，其胰腺上都有一个或多个大小不同的肿瘤。这类肿瘤，由于间质中的纤维结缔组织增多，因此触诊时感觉更坚实，而且在确诊之前，都有发生转移的迹象。

【诊断】　在发生胃泌素瘤的犬，已经对数量有限的犬进行了血清胃泌素浓度的评估。发生佐林格-埃利森样综合征的犬，其胃泌素浓度为155～2780 pg/mL，而临床正常犬（对照）的平均血清胃泌素浓度为70.9 pg/mL。在犬发生复发性胃溃疡或十二指肠溃疡的病因不明时，有必要对胰腺进行探查手术和仔细检查。

【治疗】　可以尝试用手术方法切除胰腺中分泌胃泌素的肿块。但是，使用犬进行研究的所有这类肿瘤，都已经有局部侵袭至相邻实质的证据，且已经转移到局部淋巴结和肝脏。这些发病犬的胃黏膜或十二指肠黏膜，都发生有与腔内出血有关的单发性或多发性溃疡。对无法接受手术的动物，使用H_2受体颉颃剂（法莫替丁或雷尼替丁）或质子泵抑制剂奥美拉唑进行药物治疗，可能会使其临床症状得到暂时缓解。

（靳亚平 译　白喜云 一校　梁智选 二校　崔恒敏 三校）

第五章 全身性疾病
Generalized Conditions

第一节　多种动物共患病

一、放线杆菌病

放线杆菌病是指由放线杆菌属（*Actionbacillus*）中的革兰氏阴性球杆菌引起的一类疾病。在该属中有超过22种的不同放线杆菌，通常可引起动物疾病的只有4种［胸膜肺炎放线杆菌（*A. pleuropneumoniae*）、猪放线杆菌（*A. suis*）、马放线杆菌（*A. equuli*）和林氏放线杆菌（*A. lignieresii*）］。

胸膜肺炎放线杆菌可引起猪传染性胸膜肺炎。该病症状表现为从急性、严重的纤维素性胸膜肺炎到伴有胸膜炎和肺脓肿的亚急性或慢性感染。由于宿主应答可引起内皮细胞损伤，形成免疫复合物，因此可造成血管炎和血栓，并伴有水肿、坏疽、梗死和出血。该病通常只发生于5月龄以下的猪只。胸膜肺炎放线杆菌可能是猪、牛和绵羊的正常黏膜菌群。通过从剖检时采集的肺组织或鼻拭子中分离到细菌可以作出诊断。已经建立了PCR等分子生物学技术用于检测组织样品中的胸膜肺炎放线杆菌。可采用的抗生素治疗方法包括青霉素、四环素、壮观霉素、头孢菌素或氟喹诺酮。控制该病的重点是良好的饲养管理，采用疫苗免疫接种或通过淘汰病猪来扑灭猪群中的感染。

猪放线杆菌是猪口腔正常菌群的一部分，可引起仔猪发生败血症，成年猪发生关节炎、肺炎和心包炎。该菌也可引起新生或断奶马驹发生败血症、关节炎、肺炎和化脓性肾炎。该病的发生可能是由于口腔黏膜的完整性遭受破坏造成的，也可能与免疫抑制有关。该菌对磺胺类和头孢菌素类药物一般都比较敏感。

马放线杆菌的自然宿主是马，马驹和成年马均可发生感染。马驹的临床表现为腹泻，随后出现脑膜炎、肺炎、化脓性肾炎或败血性多发性关节炎（马驹嗜睡病或初生幼驹败血症）。主要通过污染的脐带、吸入或采食等途径造成感染。通过改善出生环境的卫生条件可降低马驹的发病率，初乳中的母源抗体也具有保护性。成年马感染后可引起流产、败血症、肾炎、腹膜炎和心内膜炎等。有多种其他细菌可引起马驹和成年马出现与该病相同的临床症状。因此，确诊该病需要进行细菌的分离培养。根据感染特点、药物达到感染部位的治疗浓度的情况，可采用庆大霉素或第三代头孢菌素治疗。临床上一直推荐使用β-内酰胺类抗生素和磺胺类药物，但最近有报道称这两类药物存在广泛耐药性。

已经从患有关节炎和败血症的马体内分离到了关节炎放线杆菌（*A. arthritidis*），该菌以前被归于比斯加德分类法（Bisgaard taxon）第9类。

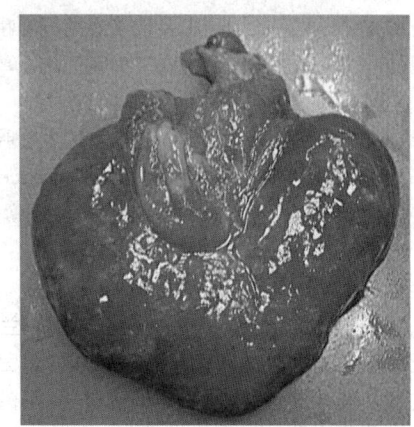

图5-1　感染马放线杆菌的马驹肾脏
（由Sameeh M. Abutarbush博士提供）

林氏放线杆菌引起舌部类肿瘤样脓肿，俗称"木舌"。该病主要见于牛，但也可发生于绵羊、马、猪和犬，对鸡是一种很罕见的病原。该菌也可引起头部、颈部和四肢的软组织出现脓性肉芽肿病变，有时也可发生于肺部、胸膜、乳房和皮下组织。林氏放线杆菌是上消化道黏膜的正常菌群，一旦通过贯通伤口进入临近的软组织就会引起发病。该菌可引起局部感染，并可通过淋巴管扩散到其他组织。牛感染林氏放线杆菌的主要表现是舌头异常僵硬、弥漫性肿胀和疼痛，出现大量流涎、无法正常摄食，有时可见肿胀舌体伸出口外。触诊时感觉舌体非常僵硬。确诊需要进行细菌培养以及对病变部位进行活体组织检查。用两个玻片挤压脓肿流出的脓液，可见有磷酸钙针状结晶，外观似1 mm以下大小的硫黄颗粒样物。迄今，还没有可靠的血清学试验用于放线杆菌病的诊断，血液学和临床化学检验结果一般无异常。大体剖检可见舌体坚实、苍白，有多病灶小结节，这些结节常充盈浓稠的黄白色脓液。主要组织学病变是肉芽肿性脓肿。

该型放线杆菌病见于世界各地，多呈散发性，很难预防。畜群中也可能出现暴发，通常与采食粗料、粗磨料引起口腔发生病变有关。治疗反刍动物放线杆菌病的首选方法是碘化钠。将10%~20%的碘化钠按70 mg/kg静脉注射1次，间隔7~10 d再注射1~2次。如果出现碘中毒症状（包括皮屑、腹泻、厌食、咳嗽和大量流泪），应该停止使用。用药后48 h内通常可使临床症状得到改善，如果仅在舌部有病变，一般可治愈。全身性抗微生物药物也有一定疗效，如头孢噻呋、青霉素、氨苄青霉素、氟苯尼考和四环素，主要推荐用于严重病例或碘化钠治疗无效的病例。采用外科手术进行排脓也有效，尤其在病变严重影响呼吸，如出现大的肉芽肿块且药物治疗无效时，特别有用。

反刍动物放线杆菌病的预防主要依靠避免饲喂粗糙多梗的饲料，以及富含坚硬且尖锐植物锋芒的牧草（如狐尾草或蓟）。

脲放线杆菌（A. ureae）可引起人发生上呼吸道感染，猪发生流产。此外，类放线杆菌（A. actinoides）偶尔也可引起犊牛发生化脓性肺炎，公牛发生精囊炎。

二、放线菌病

放线菌属（Actinomyces）的成员均为革兰氏阳性、厌氧性、非抗酸性棒状菌，其中有许多呈丝状或分支状。其分支直径在1 μm以下，与真菌的菌丝相反，真菌菌丝的直径在1 μm以上。虽然放线菌是口腔和鼻咽黏膜的正常菌群，但也有几种可引起动物发病。

牛放线菌（A. bovis）是牛粗颌病的病原。也可从牛肺脏的结节状脓肿中分离到该菌，偶尔也可从绵羊、猪、犬和其他哺乳动物体内分离到，包括患有慢性鬐甲瘘和慢性耳后脓肿的马。牛粗颌病是一种局灶性、慢性、渐进性、肉芽肿性脓肿，常发生于下颌骨、上颌骨或头部的其他骨组织。如果金属丝或粗糙干草或刺造成口腔黏膜发生贯通伤，由此将牛放线菌引入皮下软组织，就可引发疾病。邻近骨组织感染常会导致面部歪斜、牙齿松动（造成咀嚼困难）和骨组织突入鼻窝引起的呼吸困难。感染可发生于头部的任何部位，但最常见于臼齿根周围的齿槽。主要病变表现为生长缓慢、质地坚硬的肿块，附着于下颌骨或成为下颌骨的一部分。有些病例可形成溃疡，有时伴有瘘管，也可见脓性分泌物流出。根据临床症状通常可作出初步诊断。从病变组织中分离到细菌，可以确诊；但细菌分离需要厌氧条件，且结果常为阴性。对脓液样品进行革兰氏染色，可见有革兰氏阳性、棒状或丝状体（硫黄样颗粒）。头部X线检查也非常有用；X线成像显示的主要病变是有多个、中心呈空洞区的

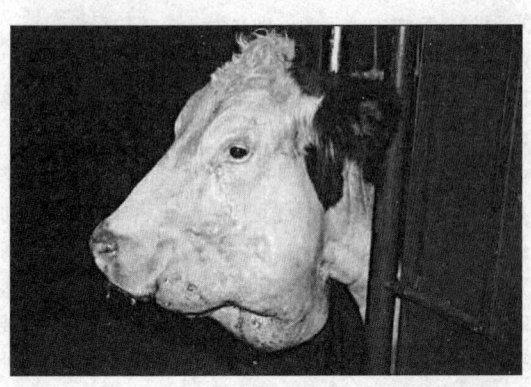

图5-2　放线菌病患牛
（由Geoffrey Smith博士提供）

骨髓炎，周围包绕有骨膜新生骨和纤维组织。必要时，可采用环钻采取活组织，进行组织病理学检查。

治疗该病的原则是抗菌和阻止病变的发展。但是坚硬的肿块很难出现明显消退。碘化钠是治疗反刍动物放线菌病的首选药物。可按70 mg/kg静脉注射10%～20%碘化钠，间隔7～10 d再注射1～2次。如出现碘中毒症状（如皮屑、腹泻、厌食、咳嗽和大量流泪），应该停止使用或延长治疗间隔时间。已经证明碘化钠对妊娠牛是安全的，几乎没有造成流产的风险。建议联合应用抗菌药，如青霉素、氟苯尼考或土霉素。由于牛放线菌是反刍动物口腔的正常菌群，因此控制该病发生的重点应是避免饲喂粗糙多梗的饲草或含植物芒的饲草，以避免损伤黏膜上皮。牛群中出现多个病例，常常是由于广泛接触干草（如粗糙的饲草）造成的，而不是由病原自身的接触感染性所引起。

在牛的地方流行性肺炎和公牛的精囊炎中，偶尔可发现类放线菌（A. actinoides），为继发性病原。

伊氏放线菌（A. israelii）主要与人的慢性肉芽肿感染有关，但在猪和牛的脓性肉芽肿病变中偶尔也可分离到。治疗方法有外科清创术和使用青霉素。

从多种动物的化脓性感染中已经分离到内氏放线菌（A. naeslundii），最常见于猪的流产胎儿。

猪放线菌（A. suis）可引起猪脓性肉芽肿性乳房炎，其特征是包含黄色浓稠脓液的小脓肿，周围有致密结缔组织区。脓液中可能散有黄色"硫黄颗粒样物"，与牛放线菌病相同。慢性、深层脓肿可能会形成瘘管。母猪的腹部皮下也可出现肉芽肿病变，肺脏、脾脏、肾脏和其他器官偶尔也可出现脓性肉芽肿性感染。根据临床症状和细菌的分离与鉴定可作出诊断。由于抗菌药无法渗透到感染组织，因此药物治疗基本无效。通过外科切除感染组织，可以抢救屠宰用母猪。

受损大麦放线菌（A. hordeovulneris）是犬放线菌病的一种罕见病原，既可造成局部脓肿，也可引起全身性感染，如脓性肉芽肿性胸膜炎、腹膜炎、内脏脓肿或化脓性关节炎。常见的诱因是存在有组织移行性狐尾草（Hordeum spp.）颗粒，主要感染途径是经吸入细菌感染。可通过病史和临床症状作出诊断，但确诊需通过革兰氏染色和细菌培养以证实有病原体存在。治疗包括外科手术切除及长期应用青霉素、先锋霉素或磺胺类药物。犬放线菌病常见有脓胸，除了抗菌药治疗外，还需要反复引流胸部脓液。

黏性放线菌（A. viscosus）可引起犬发生皮肤放线菌病，表现为皮肤局灶性脓肿。因咬伤或异物造成穿孔伤之后常继发该病。头部、颈部、胸部和腹部是脓

肿最常发生的部位。黏性放线菌也可引起肺炎和胸部积脓，偶尔可引起脓性肉芽肿性脑膜脑炎。可依据病史和临床症状作出诊断，包括在脓液或渗出物中出现灰白色软颗粒。对脓液或胸水进行细胞学检查很有用，可见有革兰氏阳性、丝状细菌。通过黏性放线菌的分离与鉴定可作出确诊。如在临床过程的初期，开始使用青霉素、磺胺类药物或头孢菌素类药物对胸部积脓进行治疗，可取得很好疗效。使用相同药物治疗皮肤感染，效果可能更好。

三、淀粉样变

淀粉样变是由蛋白质折叠错误而引起的疾病。当形成新的蛋白质时，正常情况下其肽链自动折叠成正确的形状。但有时，这些肽链的折叠会发生错误，形成高度稳定的β-折叠片，非常难以溶解且能够抵抗蛋白酶的消化。这种不溶解性蛋白沉积在组织中即为淀粉样蛋白。淀粉样蛋白可沉积在局部，也可广泛分布于全身。淀粉样蛋白通过取代正常细胞而造成损伤。如果肾、肝、心脏等关键器官出现病变，就会造成致死性疾病。淀粉样变可发生于所有家养哺乳动物，老龄动物常见有小的、无症状的淀粉样蛋白沉积。

最常见的淀粉样蛋白是由折叠错误的急性期蛋白造成的，即血清淀粉样蛋白A（SAA）。发生严重炎症的动物，其血液中的SAA水平显著升高。这是错误折叠蛋白的来源，这种蛋白被称为淀粉样蛋白AA。因此，淀粉样变是慢性炎性疾病、慢性细菌感染和恶性肿瘤的后遗症。对于为制备抗血清而过度进行免疫接种的马匹，该病是其常见的死亡原因。实质器官沉积有淀粉样蛋白AA也可能不出现临床症状。脾脏常会出现沉积。如果肾脏出现病变，则淀粉样蛋白沉积在肾小球可引起严重的蛋白尿，最终导致肾衰竭和死亡。对于这种类型淀粉样变性还没有可行的治疗方法，但消除炎症的刺激原后可减缓该病的发展进程。

免疫球蛋白轻链发生错误折叠，可造成第二种类型的淀粉样蛋白，即淀粉样蛋白AL。这是由患多发性骨髓瘤动物体内出现免疫球蛋白轻链的过度产生造成的。淀粉样蛋白AL很容易沉积在间质组织中，尤其是神经组织和关节。家畜罕见有这种疾病。

已知至少有20种蛋白质可发生错误折叠，形成β-折叠片，且可以淀粉样蛋白的形式沉积于组织中。因此，有很多公认的遗传性淀粉样变，如发生在阿比西尼亚猫和中国沙皮犬的淀粉样变。一些淀粉样蛋白可以发生在所有老龄动物（老年全身性淀粉样变）；例如，在老龄犬的脑膜动脉和皮质动脉的中层常会出现淀粉样蛋白沉积。已有报道，马可出现类似

肿瘤的淀粉样结节和皮下淀粉样蛋白。

有些淀粉样蛋白具有传染性。其中最重要的是传染性海绵状脑病，如牛的海绵状脑病和痒病。这些疾病均是由发生错误折叠的朊蛋白引起的。甚至，淀粉样蛋白AA也具有一定程度的传染性，因为给动物试验性注射少量淀粉样蛋白可以促进淀粉样蛋白的发展。猎豹特别容易发生淀粉样病变，已经证明其粪便可排出一种具有感染性的淀粉样蛋白。

因为淀粉样变性的分布呈弥漫性且发病隐匿，因此临床上很难诊断。但是，如果患慢性感染或炎症的动物出现肾功能衰竭或肝功能衰竭，应该怀疑有淀粉样变性。目前，还没有特异性的治疗方法可用于阻止淀粉样变的发展或促进原纤维的再吸收。对患慢性脓肿或多发性骨髓瘤的动物，应当给予治疗，以降低SAA的作用。在尸体剖检时，以及在组织切片中淀粉样蛋白与刚果红等染料具有高亲和力，很容易辨认出淀粉样变。

四、炭疽

炭疽（脾热、西伯利亚溃疡病、恶性炭疽）是由可形成芽孢的炭疽芽孢杆菌（*Bacillus anthracis*）引起的一种人兽共患传染病。该病最常见于野生和家养草食动物（如牛、绵羊、山羊、骆驼、羚羊等），但人在接触感染动物的组织、污染的动物产品或在某种情况下直接接触炭疽杆菌芽孢后也可发生。根据感染途径、宿主因素和可能存在的株特异性因素，炭疽可表现有多种不同的临床症状。草食动物的炭疽常表现为高度致死性的急性败血症，常伴有出血性淋巴结炎。犬、人、马和猪的炭疽一般很少表现为急性。

在土壤中，炭疽杆菌的芽孢能够持续数年保持感染性。在这期间，就成为放牧家畜的潜在感染源，但对人一般并无直接感染的风险。放牧动物从土壤中食入足量的芽孢后，才可能被感染。除直接传播之外，蚊虫叮咬也可能造成芽孢在动物间发生机械性传播。这种传播方式在动物流行病学或疫病流行中的相对重要性尚未得到量化，但被作为一种可疑的途径。被感染动物的骨或其他产品污染的饲料也可能是家畜的感染源，被感染性土壤严重污染的干草也可成为感染源。生的或半生的污染肉品是食肉动物和杂食动物的感染来源。已有关于猪、犬、猫、水貂、野生食肉动物和人因食用污染的肉品而发生炭疽的报道。

【流行病学】 由于对该病诊断的不确定和相关报告的可靠性低，因此无法对全球炭疽的真实发生率作出评估。但是，几乎所有的洲都有过关于炭疽的报告，且该病最常见于土壤呈中性或碱性、石灰性的农区。在这些地区的易感家畜和野生动物中，常发生炭

疽的周期性流行。这种流行常与干旱、洪水或土壤破坏有关，而且两次暴发之间可能间隔很多年。在两次流行之间的间隔期内，出现散发性病例可能有助于维持土壤的污染状态。

人出现发病可能与人与污染动物或动物产品发生接触有关。在这些情况下，人发病的危险在发达国家相对较小，部分原因是由于人对炭疽的抵抗力相对较强且暴露于强毒性芽孢的可能性较小。但在发展中国家，由于采用家庭式屠宰方式且存在有卫生问题，因此每一头发病牛可引起多达10人患病。在自然传播病例中，人主要表现为皮肤型炭疽（95%以上）。在食用污染的生肉或未煮熟的肉品的人群中可见有胃肠型炭疽（包括咽炭疽）。在特定的人为条件下（如实验室、动物毛发加工车间、接触芽孢生化武器），人可发生高度致死性炭疽，被称为吸入性炭疽或拣毛工病。吸入性炭疽是发生在纵隔淋巴结的一种急性出血性淋巴结炎，常伴随出血性胸腔积液、严重的败血症、脑膜炎和高死亡率。

在美国，动物炭疽的准确发病率还不清楚。在过去数百年中，几乎所有州都发生过动物感染，中西部和西部的发病率最高。最近，炭疽在得克萨斯州西部和明尼苏达州西北部呈地方流行性；在得克萨斯州南部、内华达州、北达科他州东部和南达科他的东部呈零星散发；其他地方仅偶尔发生。在美国，人炭疽病例的年发病数已经从20世纪初的每年约130例下降到2007年的零病例。

炭疽杆菌除了可引起自然炭疽外，还被用于制造生物武器。2001年炭疽杆菌曾成功用作恐怖主义者的生物武器，造成5人死亡，22人发病。可能由于运送方式（通过邮件）的原因，这次袭击没有引起动物发病。武器化芽孢对人和动物都构成威胁。据WHO估计，将50 kg炭疽杆菌芽孢逆风释放到一个500 000人聚居区的中心，就可造成95 000人死亡，125 000人住院治疗。对动物的影响尚未进行评估，但因为家畜对炭疽杆菌比灵长类更易感，因此使用炭疽芽孢对动物进行袭击，所造成的死亡率和发病率要比人群更高、更早。

【发病机制】 芽孢经伤口入侵、食入或吸入后，会感染巨噬细胞并在其内生长、增殖。在皮肤和胃肠道的感染中，病原在感染部位和淋巴结引流区增殖。炭疽杆菌产生的致死毒素和水肿毒素可分别引起局部坏死和广泛性水肿，这是该病的常见特征。随着炭疽杆菌在淋巴结内发生增殖，可发展成毒血症，接着出现菌血症。随着毒素产生量增多，造成侵染组织出现损伤和器官衰竭的可能性也在增加。在死亡动物释放出营养型细菌后（通过尸体膨胀、腐食动物或尸体剖检），空气中的氧气可诱导芽孢的形成。芽孢对极端温度、化学消毒剂和干燥条件有较强的抵抗力。由于营养型细菌在接触空气后可能会产生大量芽孢，因此在未排除炭疽前不得剖检死亡动物。由于动物死亡和尸体腐烂后，其pH迅速变化，因此在未剖开尸体中的营养型细菌可很快死亡，不会形成芽孢。

【临床表现】 典型的潜伏期为3~7 d（1~14 d之间）。病程从超急性型到慢性型。超急性型通常见于牛和绵羊，其特征是突然发病和迅速死亡。牛、绵羊或山羊仅表现有短暂的发病症状，包括步履蹒跚、呼吸困难、震颤、衰竭，有些出现抽搐和死亡。

牛和羊的急性型炭疽表现有体温突然升高和兴奋，随后出现精神沉郁、昏睡、呼吸或心脏窘迫、步履蹒跚、抽搐和死亡。通常，该病病程发展速度极快，可出现未见有任何症状的突然死亡。体温可达41.5℃，反刍停止，产奶量明显下降，妊娠动物可出现流产，天然孔出血。有些病例可呈现局灶性、皮下或广泛性水肿的特征。最常出现病变的部位是腹侧部、颈部、胸部和肩胛部。

马炭疽表现为急性，临床症状包括发热、抽搐、严重的急腹痛、食欲废绝、精神沉郁、乏力、血便，以及颈部、胸部、腹部、外生殖器水肿。发病后2~3 d内死亡。

尽管猪对炭疽杆菌有一定的抵抗力，但是在感染后仍可发生急性败血症，其特征是突然死亡和口咽炎，更为常见的是温和性的慢性感染。口咽炭疽的特征是喉部组织出现急性进行性水肿，并因窒息而导致死亡。慢性型疾病，猪表现出全身性症状，治疗后可逐渐恢复。有证据表明，在一些慢性病例，猪表现全身症状，并随治疗而康复，一些外表健康的康复猪于屠宰后，可在颈部淋巴结和扁桃体发现有炭疽杆菌感染。肠炭疽较少见，且没有呕吐、厌食、腹泻（有时呈血便）或便秘等特征性临床症状。

犬、猫和野生肉食动物发生的炭疽，与猪炭疽相似。野生草食动物因动物种类不同而有所不同，但大部分与牛炭疽相似。

【病理变化】 通常不会出现尸僵或尸僵不全。口、鼻、肛门等天然孔有暗黑色血液流出，尸体出现明显膨胀，迅速腐败。若不慎打开尸体，可见败血症，血液呈黑色、浓稠，凝固不良。腹腔和胸腔的浆膜表面、心内膜和心外膜可见有大小不同的出血点。在皮下组织、骨骼肌间和各种器官的浆膜下常见有水肿性、淡红色积液。胃肠道黏膜常见有出血，也可出现溃疡，特别是派氏（Peyer's）集合淋巴结。脾脏常见有肿大，呈暗红色或黑色，质地软化，呈半流状。肝脏、肾脏和淋巴结常见有肿胀和充血。若打开颅骨，可见脑膜炎病变。

慢性猪炭疽的病变常局限于扁桃体、颈部淋巴结及周围组织。局部淋巴组织肿胀，切面呈浅橙色或砖红色。扁桃体表面有白喉膜或溃疡。病变淋巴组织周围呈胶冻样和水肿样。慢性肠炭疽也可见有肠系膜淋巴结病变。

【诊断】 仅根据临床表现很难诊断。如疑似为炭疽，应通过实验室检验进行确诊。由于营养型杆菌生命力很差，运输途中存活期不超过3 d，因此理想的样品是用棉签蘸取血液，干燥待用。这样有利于炭疽杆菌芽孢的形成和杀死其他杂菌及污染。发生局部炭疽的病猪很少会出现菌血症，因此需要无菌采集病变淋巴组织送检。送样之前，应联系接受样品的参考实验室以便做好样品标记、处理和运输工作。

特异性诊断方法包括细菌培养、PCR、荧光抗体染色，以证实血涂片或组织中存有病菌。有的参考实验室采用Western blot 和ELISA方法检测抗体。没有其他检测方法时，也可采用吕弗勒氏染液（Loeffler's）或MacFadean染液对固定的血涂片进行染色观察，可见有荚膜；但可能存在大约20%的假阳性率。

家畜炭疽，必须与引起猝死的其他疾病进行鉴别。牛和绵羊的梭菌感染、腹胀、雷击（或造成猝死的任何其他疾病）可能会与炭疽相混淆。另外，也要考虑牛的急性钩端螺旋体病、细菌性血红蛋白尿、边虫病，以及由欧洲蕨、草木樨和铅造成的急性中毒。马的急性传染性贫血、紫癜、腹痛、铅中毒、雷击和中暑可能与炭疽相似。诊断猪炭疽要考虑急性猪瘟、非洲猪瘟和恶性咽水肿。对犬的炭疽，必须要考虑全身性感染和其他原因引起的咽部水肿。

【治疗、控制与预防】 通过预防接种、快速检测和上报、检疫、治疗可疑动物（暴露后预防）、焚烧或深埋可疑病例或确诊病例，可以对炭疽进行控制。通过对流行地区放牧动物每年进行预防接种，流行期间采取控制措施，可以极大地控制家畜炭疽。家畜免疫普遍采用的是无荚膜的Sterne株疫苗。应在可能发生暴前2～4周进行疫苗接种。由于该苗是活菌疫苗，因此在免疫接种一周内禁用抗生素。奶牛未接种疫苗而暴发炭疽时要按照当地的法律程序处理。在美国和欧洲，目前已经注册并使用的人用炭疽疫苗，都是以人工培养炭疽杆菌的滤液为基础制备的。

早期治疗和采取积极的预防措施是减少家畜死亡的基础。对有发病风险的家畜应立即注射长效抗生素，以避免可能出现的潜伏期感染。在抗生素治疗大约7～10 d后应进行疫苗接种。在首次治疗和/或免疫后发生疾病的任何动物，都应立即进行再次治疗，一个月后重新进行免疫接种。由于美国现用的商品化疫苗都是活苗，因此不应同时应用抗生素和疫苗。应当

将动物转移到远离动物尸体躺卧过和可能发生其他土壤污染地点的牧场。可能被污染的饲料也要立即移出。在发病早期采用青霉素对家畜进行治疗效果很好。每日分次使用土霉素也很有效。也可使用其他抗菌药，包括阿莫西林、环丙沙星、强力霉素、红霉素、庆大霉素、链霉素、磺胺类药物。但尚未在野外条件下，对青霉素和土霉素的治疗效果进行过比较。

除了治疗和免疫以外，还需要采取特殊措施以控制疾病，避免传播。这些措施包括：①向有关监管部门上报；②严格进行检疫（免疫后2周方可转出，6周才能屠宰）；③采用焚毁（首选方法）或深埋方法，迅速处理动物尸体、粪便、垫草，及其他污染物；④及时隔离病畜，同时将健康动物转移到未受污染场；⑤对家畜使用过的厩舍、围栏、挤奶间和其他器械进行清洗和消毒；⑥使用驱虫剂；⑦控制食用病死动物的食腐动物；⑧通过病畜处理人员监视卫生处理程序，不仅可确保人员自身的安全，同时也可避免疾病的传播。污染土壤很难进行彻底的去污染，如果污染不是很严重，采用甲醛消毒一般可取得很好效果。去污染程序一般都需要移除被污染土壤。

通过减少家畜感染率，做好畜牧生产和屠宰人员的监督管理，以减少与患病动物及其产品接触的机会，某些情况下也可采取暴露前或暴露后预防措施，都可以有效控制人的感染。在常见有炭疽和家畜免疫率低的国家，应避免与未经宰前和宰后检疫的动物及动物产品发生接触。一般情况下，不要食用源自猝死动物的肉品、紧急屠宰后的肉品或来源不明的肉品。对于从事可能接触大剂量或高浓度炭疽杆菌培养物，或可能接触到炭疽杆菌气溶胶的人，有必要采取常规免疫接种。处理临床标本时，实验室人员按照标准的二级生物安全防护水平，不会增加暴露炭疽杆菌的风险。通过修订行业标准和限制进口贸易，已经降低了接触进口动物皮张、毛、骨粉、羊毛、动物毛发或猪鬃等产品的工作人员发生感染的风险。只有在采取这些标准和限制措施不足以避免接触炭疽芽孢的风险时，才建议对这类人员进行暴露前的常规免疫接种。在美国，由于该病发病率较低，不建议对兽医人员进行常规免疫接种。但是，在炭疽高发区，应当对兽医人员和可能接触发病动物的高风险人员，进行免疫接种。

美国疾病防控中心（CDC）建议，对因生物恐怖袭击可能反复接触炭疽芽孢的人员，应当进行疫苗免疫。这类人员包括某些应急先遣队人员、联邦应急人员以及实验工作人员。其他人群不推荐进行预防生物恐怖袭击的免疫接种。

对于暴露炭疽芽孢气溶胶后的人员，建议采用抗炭疽的暴露后预防措施。这种预防措施可能是单

独使用抗生素治疗，如果有可用的疫苗，也可联合应用抗生素治疗和疫苗免疫措施，因为人用炭疽疫苗大部分都是灭活苗。虽然尚无任何批准的治疗方案，但CDC建议，按照标准免疫程序（0、2和4周）进行3次疫苗免疫后，可以停用抗生素。在确定病原菌的易感性之前，可以选用强力霉素或环丙沙星来进行药物预防，依据可获得的药物以及使用的方便性来定。食品及药物管理局（Food and Drug Administration，FDA）已经批准青霉素和强力霉素用于治疗人炭疽，传统上也一直用作首选药物。已经证明环丙沙星和氧氟沙星在体外对炭疽杆菌有抑制作用。虽然炭疽杆菌对青霉素的自然耐药性不很常见，但也有相关报道，对其他抗生素的耐药性也已引起重视。抗生素对生长期的炭疽杆菌有效，但对芽孢无效。炭疽孢子可以在非人类的灵长类动物的肺纵隔淋巴结中存活数月，但不会发生出芽增殖。

对于暴露炭疽芽孢杆菌后的暴露后预防，目前尚无批准的免疫程序。虽然在动物模型中已经证实，单独使用抗生素进行暴露后药物预防是有效的，但是其确切的治疗时间还不清楚。对儿童或孕妇，一旦确定抗生素敏感性且对青霉素类药物敏感，则可使用青霉素VK或阿莫西林进行暴露后药物预防。炭疽杆菌疫苗对儿童或孕妇的安全性和有效性尚未进行研究，因此对这类人群不推荐使用疫苗。虽然在采用抗生素的暴露后预防措施中，已经证明采用简化免疫方案也有效，但是其免疫保护期还不清楚。目前有证据表明，免疫保护力在12个月。如果随后发生暴露，可能需要再次进行疫苗接种。

有关人群经皮肤或胃肠道暴露炭疽芽孢杆菌后应采取的暴露后预防措施，目前尚无确切的推荐方法。由于皮肤型炭疽发展缓慢、致死率低、使用抗生素很容易治疗，同时自然暴露后发生皮肤型炭疽的风险很低，因此在皮肤直接接触污染动物及其产品后，不需要采取暴露后预防措施。但是，应立即清洗暴露部位。发生这类暴露时应提示相关人员注意发生皮肤炭疽的症状（如暴露部位无痛性发炎，炎症周围伴发或不伴发圆周形小泡，局部淋巴结肿胀），如出现症状应及时就医。由于胃肠型炭疽的病死率高、病情发展迅速，因此对于因食用未煮熟的污染肉或生肉的人员，应慎重考虑，及时采取暴露后抗生素治疗。目前还没有针对皮肤接触或食入后进行免疫接种的指南。

五、贝斯诺孢子虫病

贝斯诺孢子虫病是一种原虫病，其包囊阶段可引起皮肤、皮下组织、血管、黏膜和其他深层组织出现临床病变。

【病原与传播】 这种寄生虫具有相对的宿主特异性。贝斯诺孢子虫属贝斯诺孢子虫（Besnoitia besnoiti）是引起牛原发性皮肤病的病原，贝内特贝斯诺孢子虫（B. bennetti）可引起驴和马发生相似的疾病。南欧、非洲、亚洲和南美均有贝斯诺贝斯诺孢子虫病的报道；非洲、法国南部、墨西哥和美国有对贝内特贝斯诺孢子虫的报道。在啮齿类动物中可发现有杰利森贝斯诺孢子虫（B. jellisoni）和华莱士贝斯诺孢子虫（B. wallacei）；塔兰特贝斯诺孢子虫（B. tarandi）可感染驯鹿或北美驯鹿；在蜥蜴、负鼠和蛇可见有达林贝斯诺孢子虫（B. darlingi），在蜥蜴中还发现了蜥蜴贝斯诺孢子虫。在伊朗、新西兰和肯尼亚等多个国家的山羊可见有山羊贝斯诺孢子虫（B. caprae）。已经证实，澳大利亚的啮齿动物及其他野生动物，以及非洲的一系列羚羊和牛羚，都是这种寄生虫的携带者。

这种类弓形虫样寄生虫可在巨噬细胞，以及内皮细胞和其他细胞中繁殖，产生具有特征性的大胞囊，胞壁肥厚，内部充满裂殖子，这种裂殖子进一步可发育成侵袭性速殖子。

循环传播实验证实，贝斯诺贝斯诺孢子虫、华莱士贝斯诺孢子虫和达林贝斯诺孢子虫的有性生殖阶段是在终末宿主——猫的肠道内完成的。其他种，如贝内特贝斯诺孢子虫，其终末宿主尚不清楚。蝇和蜱类叮咬可从慢性感染牛机械性地传播贝斯诺贝斯诺孢子虫，但这一传播途径对于这种贝斯诺贝斯诺孢子虫或其他贝斯诺孢子虫均未得到证实。有些贝斯诺孢子虫可通过注射含胞囊的组织，人为传播到适宜的宿主体内。但是，大多数贝斯诺属孢子虫的主要传播途径还不清楚。个别虫株似乎对其各自的中间宿主有相对特异性。

【临床表现】 感染牛通常不表现临床症状，仅在巩膜结膜处可见有特征性胞囊。发病初期，体温升高，随后出现兴奋、疼痛和腹部肿胀，逐渐转变为硬化性皮炎。也可见有淋巴结肿大、腹泻、食欲不振、畏光、鼻炎和睾丸炎。皮肤变硬、增厚和皱褶，且常会出现皲裂，易于造成细菌继发感染；常出现蝇蛆病。严重病例常会出现毛发脱落和表皮脱落。除皮肤病变之外，还可能累及肌肉骨骼系统，在一些病例中还可累及淋巴结和睾丸等器官。感染组织的囊性病变常可引起血管发生变化。发病严重的动物极度虚弱。通常情况下，感染贝内特贝斯诺孢子虫的驴和马也可表现有相似症状。

对马和牛的诊断都很有用的症状是在巩膜结膜和鼻黏膜出现胞囊；在动物抬头时最容易见到这些"珍珠样"病变。通过在皮屑、活组织或结膜刮片中发现有月牙形裂殖子，可以作出诊断。

虽然该病的死亡率较低，但是病情严重的动物恢复比较缓慢，发病严重的公牛可能终身不育。发病的反刍动物终生带虫。

山羊患该病的临床症状和牛相似（类似于马和驴的症状），但其症状似乎更轻或侵袭性更小。幼龄动物的临床症状更为常见。

【预防与治疗】 由于贝斯若孢子虫病可造成牛发生死亡（但死亡率一般在10%以下）、不育（短暂性的或永久性的）、隐性损伤、牲畜体质下降以及市场价值降低，因此该病对于流行地区养牛业具有重要经济意义。治疗的难度很大，在发病早期给牛使用土霉素治疗具有一定疗效，但对马属动物的疗效不佳。患病动物要及时隔离并对症治疗。

在一些国家，采用组织培养适应的活苗对牛进行免疫接种。减少蚊虫和蜱的叮咬也可以降低该病的传播。

六、梭菌病

梭菌是一类个体较大、厌氧、可形成芽孢的杆状革兰氏阳性菌。该菌可以活细胞形式（繁殖体）或休眠芽孢形式存在。梭菌的自然栖息地是土壤以及动物，包括人的肠道。马和牛的健康肌肉组织也可见有休眠期芽孢。内生芽孢呈卵圆形，有时呈球形，位于菌体中央，或靠近末端或位于末端。感染动物组织液中的繁殖体细菌呈单个或成对存在，有时也呈链状。梭菌的致病性及其感染动物种类的不同取决于其培养特性、芽孢形状和位置、生化反应特性、毒素或表面抗原的特异性。已经完成了许多梭菌的基因组序列测定，且可在线查询。致病菌或其毒素可经伤口污染或食入途径感染易感动物体。由此造成的梭菌性疾病不断威胁到世界许多地区的家畜生产。

梭菌性疾病可分为两类：①梭菌发生主动侵袭或部分芽孢激活，且在宿主组织内增殖，产生可增强感染传播力的毒素（如气性坏疽群，梭菌性蜂窝织炎群）；②由于吸收毒素而造成的以毒血症为特征的疾病，这些毒素来源于消化道内毒素（如肠毒血症）、腐尸中的毒素（如破伤风）、饲料或体外的腐肉（如肉毒中毒）。梭菌性疾病不会从动物直接传播到动物。

（一）细菌性血红蛋白尿

细菌性血红蛋白尿（红水病）是一种由溶血性梭菌（*Clostridium haemolyticum*）引起的急性、传染性毒血症。该病主要发生于牛，但也可见于绵羊，偶尔可见于犬。该病在美国西部、墨西哥湾沿岸、南美州、英国、中东、印度和世界其他地区均有发生。

【病原】 溶血梭菌（*Chaemolyticum*）是一种土壤源性细菌，自然存在于一些牛的胃肠道内。在污染土壤或感染动物尸体的骨骼中，该菌可长期存活。动物感染后，潜伏芽孢最终定植在肝脏内。潜伏期差异极大，疾病的发生取决于肝内存在的厌氧部位。引起芽孢萌发的最常见原因是肝片吸虫感染，比较少见的原因是日粮中硝酸盐含量高、意外的肝脏穿刺、肝活组织检查或引起局部坏死的任何其他原因。当存在适宜的厌氧条件时，芽孢萌发，导致营养细胞繁殖并产生β毒素（磷脂酶C）。这就会造成血管内溶血，导致溶血性贫血和血红蛋白尿。

【临床表现】 牛可在无任何预兆的情况下死亡。通常可突然出现严重的精神沉郁、发热、腹痛、呼吸困难、痢疾和血红蛋白尿。可见有不同程度的贫血和黄疸，也可发生胸腔水肿，血红蛋白含量和红细胞数目非常低。临床症状持续时间从约12 h（妊娠母牛）到3～4 d（其他牛）不等。未治疗牛的死亡率大约为95%。有些从亚临床性疾病中康复耐过的牛，可作为病原携带者存在。

【病理变化】 常见脱水、贫血，有时可见皮下水肿。腹腔和胸腔内有血性积液。肺脏无明显大体病变，气管中可见有血气泡，气管黏膜有出血。小肠常见有出血，大肠有时也可见有出血；肠道内常见有游离血液或血凝块。肝脏的特征性病变是出现缺血性梗死，病变部位轻微隆起，与周围组织相比颜色稍浅，周围轮廓呈青红色瘀血区。肾脏发黑，易碎，常散布有出血点。膀胱中常有枣红色积尿。死后迅速发生尸僵。

【诊断】 常可根据一般性临床症状和尸体剖检作出初步诊断。最显著的症状是鲜红色尿，排泄或震荡时尿液可形成大量气泡。出现典型的肝脏梗死可作出推断性诊断。脾脏大小和坚实度正常可有助于排除炭疽和边虫病。应考虑是否为蕨类中毒和钩端螺旋体病。在肝脏梗死区分离到溶血性梭菌可以作出确诊，但是该菌很难培养。通过荧光抗体、免疫组化检测到肝脏组织中存在有该菌可作出快速准确的诊断，也可通过在体腔液或梗死组织盐提取液中检测毒素的方法来进行。

【控制】 必须在发病早期采用高剂量青霉素或四环素类药物进行治疗。全血输血或输液治疗在发病早期也有一定疗效。采用全培养物制备的溶血梭菌菌苗可提供约6个月的免疫保护。对于季节性流行该病的地区，合理的做法是流行前免疫接种一次；对于全年流行该病的地区，每半年应免疫接种一次。来源于该病流行地区的动物可能是带菌动物，与其发生过接触的牛要进行疫苗接种。

（二）大头病

大头病（肿头病）是青年公羊的以头部、面部和颈部出现非气性、非出血性恶性水肿为特征的一种急性传染性疾病，主要由诺维氏梭状杆菌（*Clostridium* novyi）、污泥梭状杆菌（C. sordellii）引起，有时也可见有肖氏梭状杆菌（C. chauvoei）。公羊最初感染是相互争斗或抵仗引起的，也与剪毛后立即进行药浴有关。皮下组织出现挫伤和磨损，可以为致病性梭菌的生长繁殖提供非常适宜的条件，皮肤出现伤口为该菌提供了入侵门户。可使用广谱抗生素或青霉素进行治疗。

（三）黑腿病

黑腿病是由肖氏梭菌感染牛、羊而引起的一种以气肿性肿胀为特征的急性热性传染病，常见于大型肌肉中（梭菌性肌炎）。该病在全球范围内都有发生。

【病原】 肖氏梭菌自然存在于健康动物的肠道内。梭菌芽孢能在土壤中存活多年仍有活力，据称是感染的来源。在最近发生过洪灾或挖掘的农场，牛群曾暴发过该病。梭菌可能经食入后进入胃肠道，穿过肠壁，进入血流后，沉积在肌肉和其他组织（脾脏、肝脏和消化道）中，且呈潜伏状态。

在牛群中，与恶性水肿相比，黑腿病是一种内源性传染病。病变并无任何创伤史，但挫伤或运动过度可突然促发某些病例的出现。通常情况下，在肉牛群中发生黑腿病的牛都是健康状况良好、增重速度快的肉牛，常是牛群中最好的牛。该病暴发时，在数天内每天都会出现几个新发病例。大部分病例发生在6～24月龄牛，但是从6周龄的强壮犊牛到10～12周岁的成年牛也有发病。该病常发于夏秋两季，冬季不常见。在羊群中，该病总是由于伤口感染而引发的，常发生于某种创伤之后，如剪毛、去尾、修整或去势，死亡率近100%。在新西兰，绵羊患该病比牛更为多见。

【临床表现与病理变化】 通常发病突然，少数牛无任何临床症状即可出现死亡。常见严重的急性跛行和明显的精神沉郁。病初，可出现体温升高，随着出现明显的临床症状，体温可恢复正常或低于正常。臀部、肩胛、胸部、背部、颈部或其他部位可出现特征性水肿和捻发音性肿胀。开始时，肿胀较小、发热、有痛感。随着病程快速发展，肿胀变大，触诊有捻发音，随着病变部位的血液供应量下降可出现皮肤的体表温度下降和感觉迟钝。一般常见有衰竭和震颤症状。12～48 h内发生死亡。某些牛仅在心肌和横膈膜出现有病变。

【诊断】 在营养良好的青年牛，尤其是肉牛群中，出现迅速致死的热性疾病，且大型肌肉出现捻发音性肿胀，即可提示是黑腿病。这些病变肌肉组织呈黑红色或黑色，质地干燥呈海绵状，气味发甜，有小气泡浸润，但无水肿。任何肌肉组织，甚至舌部和横膈膜也可见这种病变。在绵羊，由于自发性病例的病变常较小且部位较深，因此多被忽视。有时，由腐败

梭菌（C. septicum）、诺维氏梭菌（C. novyi）、污泥梭菌（C. sordellii）和产气荚膜梭菌（C. perfringens）引起的组织病变，与黑腿病相似。有时，从黑腿病病变部位可同时分离到腐败梭菌和肖氏梭菌，特别是在死后超过24 h进行剖检时，腐败梭菌可侵入尸体组织中。现场确诊需借助实验室手段检测肌肉组织中的肖氏梭菌。免疫荧光抗体检测肖氏梭菌是一种快速、准确的方法。

【控制】 多价菌苗对牛和羊都是安全可靠的，其中应含有肖氏梭菌、腐败梭菌，需要时可加入诺维氏梭菌。3～6月龄犊牛应进行2次免疫接种，间隔4周，以后应在每年的危险期（通常是春秋或夏初）之前进行一次加强免疫。该病暴发时，应对所有易感牛进行紧急免疫接种，并使用青霉素（10 000 IU/kg，肌内注射）进行预防性治疗，可以在2周内避免新发病例的出现。同时，应当将牛群从感染牧场转移出去。部分地区也发生有免疫失败，这是由于疫苗中缺乏相应抗原造成的。此时，可用肖氏梭菌的地方菌株制备菌苗。

初产母羊应在临产前一个月进行两次免疫接种，以后每年进行一次加强免疫。母羊群发病时，建议采用青霉素和抗血清联合应用进行预防性治疗。青年羊可在放牧前进行一次免疫接种，但其免疫持续期较短。与牛相比，绵羊和山羊产生的免疫应答反应较弱。应在隔离区采用焚毁或深埋方法对尸体进行无害化处理，以免芽孢污染牧场。

（四）传染性坏死性肝炎

传染性坏死性肝炎（羊黑疫）是绵羊的一种急性毒血症，有时可发生于牛，罕见于猪和马。

【病原与发病机制】 该病的病原为B型诺维氏梭菌，属于土壤源性，常存在于食草动物的肠道和肝脏内；也可存在于皮肤表面，是伤口感染的潜在病原。带菌动物粪便污染的牧草是最主要的传染来源。该菌在肝片吸虫移行造成的坏死区繁殖并产生毒性极强的坏死性毒素（α毒素）。该病全球范围内分布，在既有绵羊又有肝片吸虫存在的地方就有该病，有肝片吸虫的牛发病率也较高。

饲喂高水平谷物性日粮的牛和猪发生突然死亡，被怀疑是由诺维氏梭菌引起，但尚未确定，这些病例中未检测到先前存在的肝脏病变。致死性和坏死性毒素可造成肝脏实质细胞发生严重病变，从而更有利于细菌繁殖并产生致死量毒素。

【临床表现】 通常，无任何明确症状即发生突然死亡。发病动物多为2～4岁龄，常位于群体之后，胸部着地，数小时内死亡。大部分病例出现在夏季和初秋，此时是肝片吸虫感染的高峰期。该病多见于营养状况良好的成年绵羊，仅发生于感染肝片吸虫的羊。

该病很难与急性肝片吸虫病区分，但超急性死亡的动物在尸检时见有典型病变，可以怀疑为传染性坏死性肝炎。

【病理变化】 最具特征性的大体病变是肝脏组织沿着吸虫幼虫移行轨迹出现灰黄色的坏死灶。肝脏的组织学病变为中心区呈嗜酸性粒细胞炎症（吸虫诱导），周边有凝固性坏死，外边缘为中性粒细胞。这些病变是革兰氏阳性杆菌特有的。其他常见病变有心包肥大，其内充满淡黄色积液，胸腔、腹腔内有大量积液。皮下组织常可见有广泛性的毛细血管破裂，使相邻皮肤呈暗黑色（羊黑疫之名由此而来）。

【控制】 通过减少肝片吸虫的中间宿主，即椎实螺（*Lymnaea spp.*）的数量，或降低绵羊感染肝片吸虫的发病率，都可以降低该病的发病率。但是这些方法一般都无法实施，用诺维氏梭菌的铝沉淀类毒素进行主动免疫似乎更为有效，疾病暴发时也可使用。一次免疫接种可产生长期免疫力。此后，只需要对新引进的羊（羔羊和从其他地区引进的绵羊）进行免疫接种，最好在初夏进行。对尸体进行安全处理（如焚毁）可以降低牧场的污染。

（五）恶性水肿

恶性水肿通常是由腐败梭菌感染引起的一种急性、常为致死性的毒血症，可发生于所有品种和年龄的动物，也已分离到其他种的梭菌，提示可能是混合感染。可造成伤口感染的其他梭菌有肖氏梭菌、产气荚膜梭菌、诺维氏梭菌和索氏梭菌。该病可在全球范围内发生。

【病原与发病机制】 腐败梭菌存在于世界各地的土壤和动物肠道内。感染一般是由于伤口被腐败组织、土壤或其他组织碎片污染而引起的，也可因休眠芽孢活化而引发。意外损伤、去势、断尾、免疫接种不卫生和分娩都可造成伤口感染。烈性梭菌毒素可引起局部和全身症状，并常导致死亡。局部外毒素可引起严重的炎症反应，并可导致严重的水肿、坏死和坏疽。其他潜在的风险因素包括马的肌内注射、羊的剪毛、去角和产羔，牛的分娩创伤和去势。

【临床表现】 在发生诱发性损伤后6～48 h内，可出现一般症状，如厌食、兴奋、高热以及局部病变。局部病变表现为松软的肿胀，按压时有凹陷并迅速扩散，这是因为皮下组织和肌内结缔组织出现大量渗出液浸润所造成的。病变部位的肌肉呈深褐色或黑色。有时在皮下组织或沿肌肉筋膜可见有气体积聚。公羊互斗造成伤口感染后，头部可见有严重水肿。分娩过程中因阴门撕裂造成的恶性水肿的特征是阴门明显水肿、严重毒血症，24～48 h内死亡。

【诊断】 该病与黑腿病非常相似，依据大体剖检进行鉴别不太可靠；实验室检查是确诊的唯一方法。马和猪一般多疑为恶性水肿，而非黑腿病，同时要特别注意与炭疽进行鉴别诊断。

腐败梭菌也可引起羊快疫，这是一种以毒血症和真胃发生炎症为特征的高度致死性疾病。该病似乎仅发生于饲喂霜冻牧草的欧洲羊群。

依据对组织抹片进行腐败梭菌荧光抗体染色可以作出快速确诊。但是，由于腐败梭菌是一种极易在尸检时通过肠道入侵的细菌，因此在死亡时间超过24 h的动物样品中检出该菌没有多大意义。可以采用聚合酶链式反应（PCR）来直接确定和鉴别与恶性水肿相关的梭菌。在血涂片中见有Ⅲ型棘形细胞或球状棘形细胞，有助于确诊马的梭菌感染相关性免疫介导的溶血性贫血。

【控制】 可以使用菌苗进行免疫接种。在黑腿病/恶性水肿菌苗中常将腐败梭菌和肖氏梭菌制成二联苗，在多价菌苗中也有腐败梭菌。在该病流行地区，应在对动物进行去势、断角或断尾之前，进行免疫接种。犊牛应在大约2月龄时进行首免，间隔2～3周进行两次免疫接种，一般可获得保护力。在高风险地区，建议每年进行一次免疫接种，严重创伤后应同样进行再次免疫接种。

在发病早期，建议使用大剂量青霉素或广谱抗生素进行治疗。尽管在病变外周直接注射青霉素能减缓病变的扩散，但常会造成病变组织脱落。辅助疗法建议采用非类固醇类消炎药（NSAID）（牛和马用氟尼辛葡甲胺）。局部治疗可采用外科手术开创引流。

（六）肉毒中毒

肉毒中毒（肉毒病）是由于摄入A～G型肉毒梭菌产生的毒素而引起的一种急性致死性运动麻痹。可形成芽孢的厌氧菌可以在腐败的动物组织中繁殖，有时也可在植物性材料中繁殖。

【病原】 肉毒中毒大多数情况是因摄入饲料中的毒素而引起的中毒病，而不是感染。根据肉毒毒素的抗原特异性，可以将肉毒梭菌分为7个菌型，分别为A、B、C_1、D、E、F和G型。A、B和E型对人最为重要；C_1型可引起大多数品种的动物发病，特别是野鸭、雉鸡、鸡、水貂、牛和马；D型可引起牛发病。已知由F型引起的暴发仅有2次，且均发生在人。G型梭菌分离自阿根廷的土壤中，尚不清楚是否可引起人或动物发生任何肉毒中毒。毒素常见来源是腐败的动物尸体或植物材料，如腐烂的料草、干草、谷物或变质的青贮饲料。所有类型的毒素具有相同的药理作用。与破伤风毒素一样，肉毒毒素是一种锌结合金属蛋白酶，可以裂解突触囊泡中的特定蛋白质。运动神经元表面具有对不同肉毒毒素的受体，这解释了某些种类的动物对不同毒素的敏感性的不同。

动物肉毒中毒的准确发病率尚不清楚，但牛和马的发病率相对较低，鸡的发病较为常见，野生水禽的发病率较高。大多数年份，每年约有1万~5万只鸟失踪，在美国西部的大暴发中死亡数可高达100万或以上。大部分病禽是鸭子，但是潜鸟、秋沙鸭、鹅和海鸥也易感（见家禽肉毒中毒）。人工经口接毒时，犬、猫和猪对所有类型的肉毒素都有一定的抵抗力。

牛的大多数肉毒中毒发生在南非，该地区粗放农业、土壤缺磷和动物中存在的D型肉毒梭菌共同为该病的发生创造了适宜条件。缺乏磷的牛舔舐带有肉屑的尸骨；如果这些尸骨来自携带有D型梭菌的动物，很容易发生肉毒中毒。采食这类食物的任何动物，同时也会食入芽孢，芽孢可在宿主肠道内萌发，待宿主死亡后，侵入肌肉组织，反过来又成为其他牛的毒素。C型肉毒梭菌也会以相似方式引起牛发生肉毒中毒。在美国，牛罕见这种C型肉毒梭菌中毒，但得克萨斯州已有数个以腰病（loin disease）命名的病例，蒙大拿州也发生过个别病例。禽类或哺乳动物尸体污染的含有毒素干草或青贮饲料，以及家禽垫料，都会成为C型或D型肉毒的来源（草料肉毒中毒）。大捆青贮料或半干青贮料如果发酵不完全造成pH一直较低（低于4.5），可能有特殊风险，极有可能引起肉毒中毒。澳大利亚的绵羊也曾发生肉毒中毒，但与引起牛发病的磷缺乏无关，却与蛋白质和碳水化合物缺乏有关，蛋白质和碳水化合物缺乏的羊就会采食可发现的兔和其他小动物尸体。马发生肉毒中毒多是由于被C型或D型毒素污染的饲料而引起的。

毒素感染性肉毒中毒是指肉毒梭菌在活动物的组织内繁殖并产生毒素而引起的疾病。毒素从病灶中释放，并引起典型的肉毒中毒。这也被认为是造成马驹颤抖综合征的一种原因。造成毒素感染性肉毒中毒的诱发部位主要是胃溃疡、肝脏坏死灶、脐部和肺脏脓肿、皮肤和肌肉的创伤以及胃肠道坏死灶。幼驹和成年马发生的毒素感染性肉毒中毒与人的伤口肉毒中毒相似。在美国东部的马和马驹发生的肉毒中毒常是由B型毒素造成的。毒素感染也被认为是引起马牧草病的原因（见马自主神经机能障碍）。

水貂发生肉毒中毒主要由于切碎的生肉或鱼中含有产毒素的C型菌株引起。有时也可见有A和E型菌株。尚未见有猫发生肉毒中毒的报道，但犬可见有散发。该病通常是由C型毒素造成的，但也有报道怀疑是由D型毒素而引起的。

【临床表现与病理变化】 肉毒中毒的临床症状主要由肌肉松弛无力、麻痹所致，表现为渐进性运动神经麻痹、视力下降、咀嚼和吞咽困难，以及全身性渐进性无力。死亡常由呼吸或心脏麻痹所致。这类毒素可以阻止运动终板（神经元连接处）乙酰胆碱的释放，但运动神经的脉冲传导通道和肌肉收缩并未受到抑制。一般无特征性大体病变和组织学病变，病理变化，尤其对呼吸系统的肌肉，可能由毒素的全身性麻痹造成，但毒素对特定器官并不具有特殊的作用。

该病流行的奶牛群中，有65%的成年母牛可表现有临床症状，开始表现有侧卧症状后6~72 h内出现死亡。主要临床表现有流涎、舌音微弱、吞咽困难、无力排尿以及胸部着地，死前发展为侧卧瘫痪。皮肤触觉正常，但是四肢的屈肌反射减弱。该病的发病初期临床症状与产后瘫痪二期相似，但对母牛使用钙进行治疗一般无效。

发生幼驹摇摆综合征通常是4周龄以下的幼驹。病驹在死前并无任何先兆性症状；最常见的表现是渐进性、对称性运动麻痹的症状。其特征是步态僵硬，肌肉震颤，站立时间不超过4~5 min。其他症状还包括吞咽困难、便秘、瞳孔放大和尿频。随着病程的发展，可出现伴有伸头和伸颈的呼吸困难、心动过速和呼吸骤停。出现临床症状后24~72 h，常因呼吸衰竭而导致死亡。剖检时总会出现的病变是肺脏水肿、充血和心包大量积液，积液中常含有漂浮的游离状纤维素。

【诊断】 虽然散发病例因出现特征性运动麻痹而常被怀疑为肉毒中毒，但即使在动物组织或血清或可疑饲料中检测到毒素，有时也无法建立诊断。一般可通过排除造成运动麻痹的其他原因来作出诊断。应当测定胃肠内容物滤液对小鼠的毒力，但是阴性结果并不具备说服力。通过给易感动物饲喂可疑材料，可获得诊断的主要支持性证据。在超急性病例中，实验接种小鼠可在血液中检测到毒素，但在家畜的普通自然病例中很难检测到。采用ELISA技术可同时检测大量样品，增加确诊的概率。发生毒素感染性肉毒中毒时，可从发病动物的组织中分离培养到细菌。

【治疗与控制】 应纠正放牧动物发生的任何营养缺乏，如有可能，也应对动物尸体进行处理。应清除日粮中腐败的干草和变质青贮料。南非和澳大利亚用C型和D型菌类毒素对牛进行免疫接种，已经证明效果很好。类毒素对貂进行免疫很有效，也可用于雉鸡。

使用肉毒抗毒素血清进行治疗，可取得不同程度的疗效，这主要取决于毒素类型和宿主种类。对鸭和水貂采用C型抗毒素血清一般都具有一定疗效，但很少用于牛的治疗。有报道称，在幼驹卧地不起之前，静脉注射特异性（B型）或多价抗毒素（30 000 IU），可取得一定疗效。有较高经济价值的动物可采取辅助疗法，卧地不起的病畜预后不良。在该病流行地区（如肯塔基州），使用B型类毒素进行免疫接种也有一定效果。

（七）艰难梭菌与产气荚膜梭菌感染

艰难梭菌是一种个体较大的革兰氏阳性棒状厌氧杆菌，可形成芽孢，可运动，是引起人的抗生素相关结肠炎的主要病原。多种动物都可以自然发生艰难梭菌相关的腹泻和疾病，如马、猪、犊牛、犬、猫、仓鼠、豚鼠、大鼠和兔。该菌可在肠道内产生蛋白毒素A、B或（和）二元毒素CDT。毒素A是一种肠毒素，可引起肠腔内液体分泌过多，也可造成组织损伤。毒素B是一种毒性很强的细胞毒素，可诱发炎症反应和坏死。二元毒素CDT的作用机制尚不清楚。发生疾病的先决条件是肠道菌群紊乱，以及肠道内存在有产毒性艰难梭菌增殖。艰难梭菌毒素的诊断方法包括使用粪便样品和厌氧培养物进行细胞毒性试验和ELISA检测，也可采用PCR对产毒素性菌株和无毒菌株进行鉴别。产气荚膜梭菌广泛分布于土壤和动物消化道内，其特征是能产生毒性极强的外毒素，其中一些毒素可引起特殊的肠毒血症。已经确定有五种亚型，分别是A、B、C、D和E型，主要产生 α、β、ε、η 四种毒素。A型产气荚膜梭菌最为常见，也是毒素特性变异最大的菌株。α 毒素主要引起气性坏疽、创伤感染、犬和禽类坏死性肠炎、马的结肠炎和猪腹泻。B型和C型产气荚膜梭菌可引起羔羊、犊牛、猪和马驹发生严重的肠炎、痢疾、毒血症，死亡率也较高（β 毒素）。C型产气荚膜梭菌可引起成年牛、绵羊和山羊发生肠毒血症。该类疾病按照病原和宿主分述如下。

1. 马梭菌性小肠结肠炎　艰难梭菌和产气荚膜梭菌都与马的以腹泻和腹痛为特征的急性、散发性疾病有关。由于病原未确定，该病也曾称为自发性结肠炎，但现在已有充分的证据表明，在急性腹泻中有大约20%~30%的病例，都是由这些细菌造成的马小肠结肠炎。

【病原】　在健康马的粪便中艰难梭菌和产气荚膜梭菌的含量较低。这两种细菌可存在于土壤或环境中，都可被马食入。诱发该病的原因目前尚不完全清楚，推测可能是正常菌群发生某种变化，造成细菌大量繁殖，这些细菌可产生能引起肠道损伤和全身效应的毒素。

更换饲料和使用抗生素可能是该病的诱发因素。决定是否发生该病的其他宿主因素包括畜龄、免疫力，以及肠道内是否存在有梭菌毒素受体。发生艰难梭菌性腹泻的马，其病史都有一个共同特征，即近期曾使用抗生素进行治疗。某些抗生素可能比其他药物更容易引发艰难梭菌性结肠炎，尤其是大环内酯类以及红霉素乙基琥珀酸酯、β-内酰胺类抗生素和甲氧苄啶嘧啶/磺胺类药物。使用红霉素乙基琥珀酸酯对

带小马驹的母马进行治疗，存在有较大风险。也有报道称，手术之前，从日粮中撤去粗饲料容易诱发艰难梭菌性结肠炎。使用艰难梭菌的芽孢和营养型细菌，已成功复制出健康新生马驹的急性腹泻。病例对照试验也显示，艰难梭菌与小肠前段发生急性肠炎相关（见十二指肠空肠炎）。

A型产气荚膜梭菌可通过释放一种肠毒素（CPE）而引起腹泻，这种肠毒素是在芽孢形成过程中释放出来的，并可刺激肠上皮细胞将大量液体分泌到肠腔内。产气荚膜梭菌的一些菌株可产生的一种新型毒素，被称为 $β_2$ 毒素，这种毒素与马结肠炎有着极为密切的关系。

【临床表现】　幼驹和成年马都可感染发病。典型症状有腹痛、腹泻，有时可见血便。也可出现腹胀，特别是在艰难梭菌性腹泻病例中；也可出现脱水、毒血症和休克，死亡率各不相同。一个农场中可能出现一头或数头动物发病。

【病理变化】　特征性病变是坏死性小肠结肠炎-盲肠炎。可见有结肠和盲肠黏膜上皮细胞大量脱落，出血性结肠炎和盲肠炎，肠黏膜毛细血管内有血栓形成。

【诊断】　该病的临床症状与急性沙门氏菌病、波托马克马热或马单核细胞埃利希体病相似。要确诊马的腹泻是由艰难梭菌引起的，需要在粪便或马液中检测到肠毒素或表达CPE的基因，同时没有其他类似病原存在。在马肠道内发现的产气荚膜梭菌缺乏表达CPE的基因。在发生腹泻的马，从粪便的厌氧培养物中得到大量产气荚膜梭菌，对于诊断并无重要意义。近期有使用抗生素治疗的病史可以提示有艰难梭菌性腹泻，在新鲜或冻存粪便样品中检测到艰难梭菌的A和（或）B型毒素可以支持这种诊断，实验室检测方法可采用高敏感性和特异性的人用ELISA。也可通过PCR核糖体分型技术来鉴定毒素基因。

【控制】　可采取措施降低马感染艰难梭菌的机会。对使用了抗生素的高危马群，应采取适当的隔离措施和传染病控制措施。使用杀芽孢消毒剂对表面进行消毒，可以减少环境中的梭菌芽孢数量，通过洗手、隔离感染马和幼驹，可以减少疾病的传播。目前尚无预防艰难梭菌性腹泻的控制方法。对任何一种梭菌感染都可推荐采用口服甲硝唑（15 mg/kg，每日3次）。由于甲硝唑可能有致畸变作用，应尽可能避免用于妊娠母马。

2. 猪的艰难梭菌病　近年来，艰难梭菌已成为引起新生仔猪腹泻的重要病原。一些研究表明，该菌已经是引起1~7日龄仔猪腹泻的第二个最常见的病原。有研究显示，几乎所有病猪都可见到的特征是结肠系膜水肿，但该病变并不具有特殊病征性。该病的

确诊需要进行毒素检测，检测方法与马的梭菌病相同。从猪、牛、马和犬的艰难梭菌分离株的耐药谱，与人源分离株的耐药谱有部分重叠，使得艰难梭菌发生物种间传播的可能性增大。在猪肉和牛肉中已经检出了休眠期的艰难梭菌芽孢。有些分离株的核糖体型与人源致病菌相似或相同。

3. 犬的艰难梭菌病 艰难梭菌病尚未被确定为犬的原发性致病菌，但是在对一些出入病人病房的犬采集其直肠拭子，经常可检测到人源的产毒性艰难梭菌。用于检测艰难梭菌病毒素的人用ELISA，并不能很好地用于发生腹泻犬的检测，特异性和灵敏性较低。在无症状犬中，近10%会通过粪便排出产毒性艰难梭菌。

4. 犊牛的艰难梭菌病 艰难梭菌病已被确认是犊牛腹泻的潜在原因。使用芽孢或营养型细菌并不能使未食初乳的初生犊牛复制出该病。

5. 成年牛的产气荚膜梭菌病 在过去的几年，个别高产奶牛在泌乳早期可零星出现肠道出血综合征、内脏出血或空肠出血综合征。尽管其具体病因尚未确定，但推测是由A型产气荚膜梭菌造成的，因为在大多数病例中都可分离到大量的产气荚膜梭菌。临床过程呈急性经过，伴有厌食、急腹痛、产奶量下降、肠道内出血，即使进行积极的辅助疗法和手术治疗也会出现猝死。大体剖检的肉眼病变包括肠道严重出血和坏死。预防措施包括优化营养管理，避免突然更换饲料。对发病奶牛群采用自家苗进行免疫接种取得成功，但所获得的效果缺乏对照试验。

（八）肠毒血症

肠毒血症又称产气荚膜梭菌感染。

1. A型产气荚膜梭菌肠毒血症 通常发现的A型产气荚膜梭菌是作为动物肠道内正常微生物菌群的一部分，并无其他亚型菌株所产生的强毒性毒素。尽管如此，产气荚膜梭菌肠毒素（CPE）是产气荚膜梭菌引起食源性疾病的主要毒素，也可造成各种动物发生非食源性腹泻。产气荚膜梭菌也可以产生坏死性毒素，引起犬和家禽的坏死性肠炎、马的结肠炎和猪的腹泻。A型产气荚膜梭菌与犬类很少发生的一种出血性腹泻有关，也可造成犬发生医源性和获得性的急性腹泻和慢性腹泻。急性型腹泻的特征是坏死性肠炎，小肠出现广泛性绒毛损伤和凝固性坏死。从患急性腹泻犬的粪便涂片中可见有许多大的、革兰氏阳性棒状杆菌，从粪便厌氧培养中可分离到大量A型产气荚膜梭菌。由于粪便检测可出现大量假阳性结果，因此对确定腹泻的原因并没有太大意义。有一种用于检测犬CPE的商品化ELISA特异性比较高。目前正在评估检测犬CPE基因的PCR方法。从患腹泻猪分离的A型菌

株也可在体外产生肠毒素，且母猪体内也有抗肠毒素的抗体，这说明肠毒素是在体内产生的。在腹泻患猪的粪便中也检测到肠毒素，但在健康猪的粪便中没有。从患腹泻猪分离的产气荚膜梭菌通常并不产生肠毒素，但可产生细胞毒性的β_2毒素，这种毒素在疾病发生中可能起着重要作用。通过给猪口服A型产气荚膜梭菌可以成功复制出该病。

2. B型和C型产气荚膜梭菌肠毒血症 B型和C型产气荚膜梭菌感染幼龄羔羊、犊牛、猪、马驹发生严重的肠炎、痢疾、毒血症和死亡（表5-1）。B型和C型菌都可产生具有高度坏死性和致病性的β毒素，能造成肠道严重损伤。β毒素对蛋白水解酶很敏感，发病原因与肠道内的蛋白质水解作用受阻有关。母猪初乳中含有胰蛋白酶抑制剂，可能是仔猪易感性较高的因素。C型产气荚膜梭菌也可引起成年牛、绵羊和山羊发生肠毒血症。

表5-1 B型和C型产气荚膜梭菌引起的肠毒血症

疾 病	产气荚膜梭菌的菌型	宿 主
羔羊痢疾	B型	3龄以下的羔羊
犊牛肠毒血症	B型和C型	1龄以下的肥胖犊牛
猪肠毒血症	C型	出生数日的仔猪
马驹肠毒血症	B型	1龄内的幼驹
绵羊猝狙	C型	成年绵羊
山羊肠毒血症	C型	成年山羊

【临床表现】 羔羊痢疾是发生在3周龄以下羔羊的一种急性毒血症。大多在出现临床症状前就死亡，有些羔羊会表现为不吃乳、倦怠和卧地不起。常见有恶臭的血便，数天内死亡。犊牛的主要症状是急性腹泻、痢疾、腹痛、抽搐和角弓反张。数小时内死亡，病情较轻者可持续数日，也可能康复。仔猪在出生后数日内表现为急性经过，可见有腹泻、痢疾、肛门红肿，致死率很高，大多发病仔猪在12 h内死亡。幼驹可表现为急性痢疾、毒血症和迅速死亡。绵羊肠毒血症的特征是无预兆的死亡。

【病理变化】 该病在所有动物中表现的主要病变是出血性肠炎，并伴有黏膜溃疡。严重的，肠道病变部位呈深蓝紫色，乍一看像是肠系膜扭转形成的梗死。肠道内容物涂片检查可见有大量的革兰氏阳性杆菌，应用特异性抗血清进行中和试验可以从肠道内容物滤液中检测到毒素。

【治疗与控制】 由于该病病情都较重，因此治疗通常无效，但可尝试采用特异性高免血清和口服抗生素进行治疗。对孕畜最好的控制方法是在妊娠期后1/3时接种疫苗：首免后间隔1个月进行二免，以后每

年免疫1次。在未经免疫接种的母畜，当其新生仔畜有该病暴发时，应在仔畜出生后立即注射抗血清。

3. D型肠源性毒血症 D型肠源性毒血症（软肾病、暴食症）是一种典型的绵羊肠毒血症，山羊较少见，在牛中很罕见，呈现全球性分布，各种年龄的动物均可发病。该病最常见于2周龄以下羔羊或圈养的断奶羔羊，以及饲喂高碳水化合物日粮的羔羊，生长茂盛牧场的羔羊发病较少。在茂盛草场放牧的高产母牛所喂养的肥胖犊牛，以及舍饲牛发生猝死综合征时，都一直怀疑有该病发生，但随后都没有得到实验室证据的支持。

【病原】 该病的病原是D型产气荚膜梭菌，其发生必须要有诱发因素，最常见的是年幼羔羊采食过多饲料和母乳，以及舍饲羔羊采食大量谷物。在羔羊，该病只限于产单胎羔羊的母羊，因为产双羔的母羊无法为肠毒血症的发生提供足够的母乳。圈养时，突然更换为高谷物日粮的羔羊常见有该病。随着淀粉摄入量的增加，为产气荚膜梭菌的生长提供了适宜的培养条件，也会产生 ε 毒素。这种毒素可以造成血管损伤，尤其是脑部毛细血管损伤。D型产气荚膜梭菌是许多成年羊胃肠道内正常菌群组成部分，这就成为新生羔羊感染的细菌来源。大部分带菌者血清中都含有非免疫性抗毒素抗体。

【临床表现】 通常，肠源性毒血症首次表现为营养状况良好的羔羊突然发生死亡。有些病例，死前会出现精神亢奋、运动不协调和抽搐。常见的神经症状有角弓反张、转圈和头抵硬物，也常见有高血糖或尿糖。有时也可出现腹泻。成年羊偶尔也可发病，表现有虚弱、共济失调和抽搐，24 h内死亡。山羊的病程从急性到慢性，临床症状各不相同，从水样腹泻，有时便血，到突然死亡。发病犊牛在死亡前表现有狂躁、惊厥和失明，数小时后死亡。亚急性发病的犊牛，可表现有昏迷数日，然后康复。发病山羊可见有腹泻和神经症状，数周后死亡。暴食的青年马偶发，可见有D型肠毒血症。

【病理变化】 剖检时仅在小肠可见有数个充血区以及心包积液。这在幼龄羔羊发生的病例中尤其如此。成年羊心肌可见有出血区、腹部肌肉和肠道浆膜有出血点和出血斑。常会出现两侧肺水肿和充血，但羔羊少见。瘤胃和真胃含有大量饲料，回肠内可见未消化的食糜。显微镜下可见有羔羊的基底核和小脑水肿、软化。死亡后肾脏迅速发生自溶，俗称软肾病，但这绝不意味着发病羔羊都会出现肾软化，山羊和牛很少发生。山羊还可见有出血性或坏死性小肠结肠炎。

【诊断】 饲喂高碳水化合物日粮的羔羊出现突然抽搐、死亡，可初步诊断为肠毒血症。肠内容物涂片

检查可见有许多短粗的革兰氏阳性杆菌。确诊需要从小肠液中检出 ε 毒素，在死亡几小时内，用无菌小瓶收集小肠液，在冷藏条件下送实验室进行毒素鉴定。每10 mL肠液加1滴氯仿，即可固定任何毒素。虽然已经研发了检测毒素的免疫学方法，用于取代小鼠试验方法，但其灵敏度较差。可以采用检测 ε 毒素基因的PCR方法，来鉴别B型或D型梭菌。

【控制】 防控措施取决于羔羊的日龄、出现特殊症状的发病率，以及饲养管理方法。如果羔羊常发生该病，最好的防控措施就是对母羊进行免疫。种母羊应在繁育前一年，用D型类毒素免疫2次，产羔前4～6周进行1次强化免疫，以后每年免疫1次。

通过降低饲料中所含浓缩料的量，可以控制圈养羔羊发生肠毒血症。但是，这并不是最经济的方法，对所有羔羊在开始圈养之前用类毒素进行免疫接种，可以最大程度的减少损失。育肥期内间隔两周进行两次免疫，能提供很好的保护力。使用明矾沉淀的类毒素或菌苗进行免疫接种时，其注射位点常会形成局部无热脓肿，因此，应选择在正常修整加工时易于剔除且不会影响胴体外观的部位进行注射。

（九）破伤风梭菌

破伤风毒血症（锁口风）是由坏死组织中破伤风梭菌（*Clostridium tetani*）产生的一种特殊神经毒素所致。几乎所有的哺乳动物都易感，但与其他家养和实验哺乳动物相比，犬和猫的抵抗力较高。禽类的抵抗力很强，鸽子和鸡的致死量是马的1万～30万倍（按体重计算）。除人以外，在所有动物中马最为敏感。虽然破伤风在全球范围内均有分布，但也有一些地区，如美国的落基山北部地区，土壤中基本没有破伤风梭菌，也没有破伤风发生。一般来说，在各大洲的温带地区，土壤中破伤风杆菌的出现概率较高，人和马发生破伤风的发病率也较高。

【病原与发病机制】 破伤风梭菌为厌氧菌，菌体顶端有球形芽孢，存在于土壤和肠道内。大多数病例中，多是经由伤口感染进入组织，特别是深部穿刺创，这些部位可以形成厌氧环境。羔羊常在去势或断尾后发生破伤风，但有时也可引起其他动物发病。有时由于伤口较小或已经愈合，因此很难发现入侵部位。

破伤风梭菌芽孢不能在正常组织中生长，即使在仍然保持正常的循环血液氧化还原电位的伤口组织中也无法生长（破伤风芽孢必须在氧化还原电位低于10 mV时才能生长，正常组织的氧化还原电位为＋120 mV，译者注）。只有在少量土壤或异物造成组织坏死时，才能出现适宜芽孢繁殖的条件。菌体自溶后可释放出强烈的神经毒素。这种神经毒素是一种锌结合蛋白酶，可以裂解小突触泡蛋白，一种囊泡相

关膜蛋白。通常，毒素经由所在部位的运动神经吸收，沿着神经纤维传到脊髓，并引起上行性破伤风。

毒素可抑制突触前神经末梢释放抑制性神经递质，从而导致随意肌发生痉挛性、强直性收缩。如果感染部位释放的毒素量超出了周围神经的吸收能力，多余的毒素就会经淋巴吸收后带入血液，转运到中枢神经系统，从而造成下行性破伤风。即使轻轻刺激发病动物，也能引发特征性的肌肉痉挛。有时严重的痉挛可引起骨折。喉、膈肌和肋肌发生痉挛可导致呼吸衰竭。累及到自主神经系统后会产生心律不齐、心动过速和高血压。

【临床表现】 潜伏期从1周到数周不等，但一般平均为10～14 d。最先出现的症状是局部僵硬，常出现在咬肌、颈部肌肉、后肢和伤口感染部位，1 d后可出现全身明显僵硬，局部强直性痉挛和感觉过敏反应十分明显。由于犬和猫对破伤风毒素的抵抗力较强，因此潜伏期较长，常会出现局部僵硬，但也出现全身性破伤风。

发病动物对刺激的反射兴奋性增强，突然移动或噪声都很容易引起兴奋，出现更加强烈的全身性肌肉痉挛。头部肌肉痉挛可造成采食和咀嚼困难，故俗称"锁口风"。马属动物，两耳竖立，尾巴僵硬、伸直，鼻孔开张，瞬膜脱垂，难以行走、转身和回退，颈部和背部肌肉痉挛可造成头颈直伸，而腿部肌肉僵硬形如木马。常见有大汗淋漓，全身肌肉痉挛可干扰循环和呼吸，导致心搏亢进、气喘和黏膜充血。受到惊吓时，绵羊、山羊和猪常跌倒在地，表现为角弓反张。发病动物的意识不会受到影响。犬和猫发生局部性破伤风时，在有伤口的肢体上可表现有僵硬和强直。僵硬症状可发展到对侧肢体，且前肢的症状可能较重。犬和猫发生全身性破伤风的症状与马的症状相似，但常表现有明显的口半张开、嘴唇收缩（与人的表现相同）。发病最常见的可能是大型青年犬。

体温通常会略微高于正常，但致死性病例的后期体温可达到42～43℃。病情温和时，脉搏和体温接近正常值。平均死亡率为大约80%（在一项研究中犬的死亡率大约为50%）。康复动物的康复期为2～6周，但康复后一般不产生保护性免疫力。

【诊断】 临床症状和近期创伤史常足以对破伤风作出临床诊断。从发病动物血清中检测到破伤风毒素，有可能作出确诊。对有明显创口的病例，可尝试对涂片革兰氏染色后进行细菌检验，以及进行厌氧培养。

【治疗与控制】 在发病早期，采用箭毒样药物、安定剂或巴比妥类镇静剂，同时联合应用破伤风抗毒素30万IU，静脉注射，每日2次，可有效治疗马的破伤风。将5万IU破伤风抗毒素通过小脑延髓池，直接

注射到马的蛛网膜下腔内，可获得很好疗效。这些治疗措施应辅以引流、创口清理以及配合使用青霉素或广谱抗生素。在发生肌肉痉挛的急性期，良好的护理极为重要。应将病马放置在安静、弱光环境的单圈中饲养，提供高度适宜的饮水和喂料设施，使病马无需低头即可采食饮水。对站立困难或无法站立的病马，可以使用束腰带。

治疗马的这些方法同样也可用于治疗犬和猫，但是由于马用抗毒素可能会引起过敏反应，因此在静脉注射时一定要留意。在一项研究中，只有在进行过敏反应皮试后，才能给破伤风病犬注射抗毒素。另外，所有病犬都需要静脉注射青霉素，有些还需要口服甲硝唑。联合应用氯丙嗪和苯巴比妥或地西泮，可以降低感觉过敏反应和抽搐。

可以使用破伤风类毒素进行主动免疫。如果在免疫后出现危险的创伤，应再次注射破伤风类毒素，以增加循环抗体。如果发病动物之前未进行过免疫接种，使用1500～3000 IU或更大剂量的破伤风抗毒素进行治疗，可提供高达2周的被动保护力。在注射抗毒素时应同时使用类毒素，30 d后重复注射。虽然没有科学依据，但是建议对动物每年进行强化免疫1次；人每10年进行1次强化免疫。对母马应在产前6周进行免疫接种，幼驹应在5～8周龄时进行免疫。在高风险地区，新生幼驹应在出生后立即注射破伤风抗毒素，且2～3周注射一次抗毒素，直到3月龄时再用类毒素进行免疫接种。对羔羊和犊牛的免疫，可根据当地疾病流行情况来确定。对所有康复动物应定期进行免疫接种。

所有手术都要尽可能做到无菌操作。术后，应将动物转移到洁净的场地，最好是草场。只有强氧化类消毒（如碘制剂或氯制剂）才能切实杀灭芽孢。

（十）梭菌疫苗

在预防动物梭菌性疾病时常采用免疫接种方法。可使用的疫苗种多样，单价苗或多价菌苗、类毒素、菌苗与毒素混合制剂。大多数梭菌苗免疫一次不能提供足够的保护力，必须在3～6周内进行一次强化免疫。幼龄动物在1～2月龄之前，免疫接种并不能产生足够的保护性免疫力。因此，大多数免疫接种都是针对母畜的，这样可以通过初乳给幼畜提供最大的免疫力。大部分商品疫苗是灭活苗，其中含有2、4、7或8种不同梭菌或类毒素。应当对这些疫苗的免疫时间进行优化，以便在最有可能易感的日龄为动物提供最大保护力。

破伤风类毒素常用作单价苗来免疫马，但在绵羊、山羊和牛常作为联苗使用。绵羊和山羊常用的联苗是破伤风类毒素，加上C型和D型产气荚膜梭菌。圈养牛常用的联苗是一种四联苗，其中含有灭活的肖

氏梭菌、腐败梭菌、诺维氏梭菌和索氏梭菌的培养物，可防治牛黑腿病和恶性水肿病。为同时预防牛的肠毒血症，也可使用一种更复杂的梭菌苗，该苗不仅含有四联苗的成分，还包括有C型和D型产气荚膜梭菌。加入C型溶血梭菌还可为预防坏死性肝炎提供保护。梭菌疫苗常会引起组织反应和水肿，因此给牛免疫时应采用颈部皮下注射，而不应采用肌内注射。

七、先天性与遗传性畸形
（一）先天性与遗传性畸形概述

胚胎和胎儿的发育需要经历一系列复杂而精细的调控过程。如若该过程完成正确，就可以产下正常的幼畜。如若这个连续的发育过程出现差错，就可能出现胚胎丢失、胎儿死亡、胎儿木乃伊化、流产、死胎停滞、生下的胎儿无法存活或可以存活但带有缺陷。由于发育出现差错造成出生时存在或明显表现的缺陷，被称之为先天性缺陷。还有其他一些缺陷直到生命后期才会有明显的表现，虽然是在出生前已经发生的，但这类缺陷并未被严格地归类于先天性缺陷。尽管对许多已承认的先天性缺陷来说，引起发育出现差错的原因或因素尚不明确，但是借助于畸形学领域的技术发展，有越来越多的特定基因、环境因素和传染性因素被确定为某些特定胎儿发育缺陷的决定性病因。

致畸剂是指可引起胚胎或胎儿出现身体发育缺陷的药物或因素。接触致畸剂的时机可以影响最终结果。尽管配子结合形成合子（即受精卵）对大多数致畸剂有一定的抵抗力，但受精卵可能会受到配子形成或受精过程中发生的染色体变异或畸变的影响，也可受到双亲或其一方的遗传突变的影响。随着受精卵发育成胚胎以及器官的形成，其对于环境致畸因子和传染性致畸因子的敏感性也不断增加。随着孕体日龄的进一步延长，胎儿对环境致畸剂的抵抗力也在不断增强。后期分化的结构，如上颚、小脑和泌尿生殖系统，直至胎儿期仍然存在发病风险。

类似的缺陷，以及不易区分的缺陷可能是由一种以上致畸剂引起的。在胚胎和胎儿发育的关键时期接触毒性或感染性致畸剂，可能会引起类似遗传病的先天性畸形。随着育种者和育种协会对遗传性畸形重要性的认识不断增强，兽医师和诊断专家必须要全面彻底地进行病例调查，既可以确保遗传性疾病的诊断，也可以避免在育种过程中引入有缺陷的品系。

在所有家畜品种中都已有先天性结构缺陷和先天性功能缺陷的描述。虽然先天性缺陷常按照发病的主要系统或部位来进行分类或描述，但是由于多个系统同时发生病变，因此使得这种分类体系变得十分复杂。即便如此，这种描述性分类方法可以为比较提供

基础，也可以预测胎儿发育损伤发生的时间或病因（表5-2）。

表5-2　家畜的一些常见先天性畸形

缺肢畸形	单肢或多肢缺失
关节弯曲	一个或多个关节出现顽固性挠曲或挛缩
闭锁畸形	正常身体的孔腔或通道出现缺乏或闭合
短颌	下颌出现异常性短缩
口唇裂	嘴唇的异常分割（兔唇）
隐睾	睾丸未能落入阴囊
半肢畸形	肢体末端出现完全缺失或部分缺失
疝气	整个器官或器官的一部分从缺陷孔或自然孔异常突出
积水性无脑	大脑半球发生实质性缺失，腔内聚集大量脑髓液
脑积水	颅顶内积聚有异常液体，并伴有头颅增大
脊柱后凸	胸椎凸面发生异常扩大
小眼畸形	眼睛异常小
腭裂	上颚裂开（腭裂）
躯干不全畸胎	以身体或躯干严重残缺为特征的发育不全
多指/趾畸形	出现多余的指/趾
脑穿通	大脑在胎儿期形成空腔
凸颌	下颌明显突出
体裂畸形	以腹壁开裂为特征的发育异常
脊柱侧凸	脊髓轴发生侧偏
并指/趾	指/趾融合

【病因】 对指导器官和器官系统发育分子信号的识别，结合分子诊断方法和基因组测序技术，可以深入了解许多已知的先天性疾病。随着这些技术的不断发展，有关疾病的病因也更为明确。

配子形成或受精过程中发生的染色体异常，可能会导致胚胎出现致死性畸形，偶尔也可产出畸形但可存活的子代。许多品种的动物，卵子形成过程发生异常可能与母体年龄增长有关，可导致受精失败、胚胎活力下降，也可引起胎儿发育期间发生表达缺陷。兽医学上也报道有染色体异常，例如三倍体，染色体核型分析和染色体的辅助分析方法的应用，进一步加深了人们对这些畸形的认识。未在最佳时间受精造成的配子老化，是造成染色体异常的另外一种原因，可导致胚胎和胎儿发育异常。所有有缺陷胚胎的细胞都是异倍体，也可表现为不同程度的镶嵌性。

在采用辅助生殖技术过程中，包括卵母细胞的采

集、培养和授精，也可能发生染色体异常或表观遗传异常。由牛体细胞核移植造成牛的妊娠，或应用不太广泛的体外受精技术造成牛的妊娠，其后代发生异常综合征的风险很高，原因是缺乏适于胎儿和胎盘生长所必需的正常生理机制。在发育过程和胎盘形成过程中出现的这些错误，可以引起胎儿死亡、流产、出生体重过重或过轻，也可产出畸形新生幼畜，且常伴有难产。

1. 遗传性畸形 所有品种的动物都存在有育成品系或家系发生基因突变而造成的遗传性畸形。这类畸形可表现为典型的遗传模式，例如常见的单染色体隐性遗传，如最近报道的安格斯牛发生的多发性关节异常。显性遗传性状缺陷同样也可遗传给后代，且有时也用于育种选择。

一些多基因性缺陷需要多个基因互作。鼠尾综合征（一种牛的先天性毛发稀少症）就是由两个相互作用的基因位点所控制的。

由于肉眼常无法检测到含不良或致死性隐性性状的动物杂合子，且有时认为这种杂合子所表现的表型是正常的，因此选育疏漏可能帮助某个特殊品种中发生基因缺陷的传播。例如，据说可造成牛胫骨半肢畸形的杂合子能造成后肢形态畸形，也具有某些育种者所钟爱的被毛特征，另外某些雄性种畜的表型选育可能会造成种群内等位基因的出现频率升高。同样地，虽然马的某些两色斑花马（Overo）色型对一些育种者很有吸引力，但具有这种色型的马杂合子常会造成致死性先天异常，原因是其回肠结肠神经节细胞缺乏症，无法受肠道神经的支配。所以在配种时建议只采用一个两色斑花马父本。奶山羊的无角显性遗传与隐性等位基因的共遗传有关，这导致纯合子母畜的雄性化（即所谓的无角间性山羊）。在限制性育种程序中，建议至少要保证配种对中至少一方有角，就可以避免出现这种缺陷。

新陈代谢功能的遗传性缺陷可导致胎儿在子宫内发生死亡、新生仔畜发生早期死亡，也可造成存活的新生仔畜出现抵抗力低下。通过仔细观察、采取诊断检查可以正确鉴别这类疾病，也可将该病与血统信息联系起来。

单磷酸合成酶缺乏症（DUMPS）是原先广泛存在于荷斯坦牛的一种常染色体隐性遗传。当两个DUMPS的携带者繁殖时就可产生一个纯合子胚胎，其受精及胚胎发育看似正常，随后在妊娠早期发生死亡。在人工授精时采用公畜筛选方法，可有效降低DUMPS的发生率。

牛的瓜氨酸血症可引起精氨酸琥珀酸酯合成酶缺乏，导致尿素循环破坏，属于致死性的纯合子状态。病牛在出生时外表正常，但可出现血氨浓度升高，并在数日内死亡。

在单一拷贝上携带有缺陷等位基因的公犬表达有X染色体缺陷，例如某个X染色体缺陷可引起金毛猎犬、拉布拉多猎犬和其他品种犬发生与X染色体相关的犬肌肉营养不良。即便母犬X染色体的单拷贝上携带有缺陷等位基因，双亲也不会出现发病。

表5-3列出了部分已知分子机制的遗传病。

随着生殖技术迅速和广泛的应用，特别是人工授精和胚胎移植，以及新出现的体外受精技术，优良基因系在家畜品种中的应用也在增多。未被发现的隐性遗传性状缺陷在国内和国际上发生大范围传播，一直都是无意造成的，也是意想不到的后果。由于携带有缺陷隐性性状的动物比例不断增多，因此不良显型表达后，与其有遗传相关性动物个体的繁殖概率也会增加。荷斯坦奶牛的脊椎畸形综合征在世界范围内广泛传播，主要是由于美国荷斯坦公牛及其后代造成的。同样，安格斯牛的多发性关节硬化症受到国际社会的关注，原因是普遍使用的公牛、子代及其后代的影响而引起的。对于这两种疾病，在出现疾病症状后，开展基因检测可以为育种协会和育种人员提供减少影响或消灭疾病的机会。

当某个种群或品种已经发现有害的遗传疾病时，其异常等位基因常已经在种群中广泛分布。可以采用及早发现和检测的方法，以降低发病的可能性。对所有的遗传学疾病都应进行调查，同时，当某种疾病似乎具有潜在的遗传性因素时，应当开发适当的技术，以评估其系谱信息，并确定突变的纯合子表型。需要集中管理数据，并重点关注可能是遗传因素造成的身体异常和生理异常，必须从准确描述临床症状和病变变化着手，进行严格的系统化的报告和记录。对近亲动物进行谱系分析和配对检测，并与最近发展起来的基于DNA的检测技术相结合，就有可能鉴别特殊的基因畸变，有时在出现疾病后可迅速得到结果。大多数育种协会都有遗传疾病的报告程序，并与病理学家、遗传学家和分子生物学家共同鉴别新出现的基因疾病。

一旦鉴别出有已知的隐性基因遗传病，就可采取多种措施，使其发生率降到最低。对牛脊柱畸形综合征，应当对进行人工授精程序的所有荷斯坦公牛进行检测。公牛鉴定后可划分为缺陷基因携带者或无缺陷者。减少基因缺陷携带公牛精液的使用，就可以降低该病的发生率，也可减少缺陷等位基因在该品种中的出现频率。对于同品种的其他隐性遗传疾病，如牛白细胞黏附缺陷病和DUMPS，也可采取类似方法，对最近发现的牛短脊椎综合征可采用相同的措施进行处理。在奶牛广泛采用人工授精方法，可以使得这种措施迅速产生效果。

表5-3 先天性疾病的分子基础

动物种类	疾病名称
猫	神经节苷脂贮积症（GM1、GM2）
	黏多糖贮积症（Ⅰ、Ⅵ、Ⅶ）
	肌肉营养不良（杜氏营养不良症、肌肉萎缩症）
	α-甘露糖苷过多症
犬	C3缺乏
	α-岩藻糖苷贮积症
	糖原贮积病（Ⅰ、Ⅶ）
	乙型血友病
	克拉伯病
	白细胞黏附缺陷症
	黏多醣沉积症（Ⅰ、Ⅶ）
	肌肉营养不良症（肌肉萎缩症、伴X染色体遗传的杜氏营养不良症）
	肌强直
	发作性睡眠症
	肾炎，伴X染色体遗传的
	红细胞丙酮酸激酶缺乏症
	视杆-视锥细胞发育不良
	重症综合性免疫缺陷症
	震颤，伴X染色体遗传的
	Ⅲ型温韦伯氏病（血管性假性血友病）
牛	多发性关节硬化症（安格斯牛、与安格斯牛相关的品种）
	短脊椎综合征（荷斯坦牛）
	谢迪亚克-东综合征（即白细胞异常色素减退综合征、常染色体隐性的遗传性疾病，译者注）
	脊柱畸形综合征（荷斯坦牛）
	瓜氨酸血症
	单磷酸尿苷合成酶缺乏症（荷斯坦牛）
	埃勒斯-当洛斯综合征（Ⅱ、Ⅴ）
	糖原贮积病
	甲状腺肿（家族性）（荷斯坦牛）
	白细胞黏附缺陷症
	α-甘露糖苷过多症
	β-甘露糖苷过多症
	械糖尿病
	肌肉肥大（短角牛、曼安茹牛）
	伴有全身水肿的肺发育不全（短角牛）
	渐进退行性脑脊髓病（瑞士褐牛）
	原卟啉症
	脊髓性肌萎缩（瑞士褐牛）
	并趾（荷斯坦牛、安格斯牛）
	胫侧半肢畸形（短角牛、曼安茹牛）
山羊	甲状腺肿（家族性）
	β-甘露糖苷过多症
	Ⅲ型黏多糖贮积症
	酪蛋白含量降低
	无角间性综合征
猪	高胆固醇血症
	恶性高热
绵羊	蜡样脂褐质贮积症
	软骨发育异常
	Ⅳ型糖原贮积病
马	高钾性周期性瘫痪（夸特马、花马和其他种类马）
	巨结肠症
	重症综合性免疫缺陷（阿拉伯马）

对很少进行人工授精的品种或畜种，需要采用更为积极有效的措施。在发现多发性关节硬化症后，美国安格斯奶牛协会强制要求对所有人工授精公牛进行检测和身份标识。该协会还要求，对疑似有遗传病血统的所有牛，在登记注册时都进行基因检测，并确定缺陷基因的携带状况。对于在规定日期后出生的、携带有缺陷基因的牛，一律不发给注册证书。对于携带有神经源性脑积水症基因的系谱，该协会提出的类似要求也已经落实到位。为降低高钾血症型周期性麻痹的发生率，美国夸特马协会对缺陷基因携带马匹进行了全面的检测和身份标识。

随着新的隐性遗传性疾病得到鉴定和描述，用于确定缺陷基因携带者的遗传性检测技术也得以开发应用。育种协会和育种者将会采取类似于上述的检测和鉴定方法。然而，对于非致命性的缺陷，以及表现为理想显型杂合体的遗传病，实施检测策略是十分复杂的。

2. 环境致畸剂 环境致畸剂包括植物毒素、病毒、药物、微量元素、营养缺乏症，以及物理因素，如辐射、过热、子宫定位、以及孕期直肠检查时可能出现的压迫。虽然新生动物出现的缺陷可能类似于遗传性缺陷或极为相似，但这类缺陷并不具有家族模式。尽管其具体病因无法确定，但常遵循季节性模式，这种模式与有毒植物的生长特性有关，也与虫媒、病毒适宜媒介的可获得性有关。虽然由于母体发生植物中毒或病毒感染可以导致先天性异常，但在母体未出现明显临床症状时，有时也可产生致畸作用。

许多植物产生的生物活性物质都被认为是致畸剂（见对动物具有毒性的植物）采食这些植物可能导致流产、产死胎或产出的新生仔畜畸形。如果大量动物在胚胎或胎儿发育的关键期接触这类植物，可造成严重的生产损失。山藜芦（*Veratrum californicum*）（臭莸）可引起放牧绵羊出现胎儿巨大畸形、妊娠期延长和颅面畸形。环巴胺，一类由植物产生的甾族生物碱化合物，也是一种致畸剂。给妊娠13～15 d的母羊试验服用该毒素，可以引起各种各样先天性异常。妊娠14 d的母羊摄入后可造成并眼或独眼畸形。母羊在妊娠后期暴露，可产下正常的羔羊，这说明孕龄与暴露时间的相互作用是很关键的。

牛采食多种羽扇豆属植物［疏花卫矛（*Lupinus laxiflorus*）、尾状羽扇豆（*L. caudatus*）、绢毛羽扇豆（*L. sericeus*），或阿拉斯加羽扇豆（*L. nootkatensis*）］可以造成"小牛弯曲性疾病"，其特征是关节痉挛、斜颈、脊柱侧凸或驼背、腭裂或这些缺陷的综合表现。喹唑啉联哌生物碱类的臭豆碱也是一种致畸剂，其暴露的关键期是妊娠40～70 d的母畜。牛羊采食

L.formosus可引起类似的骨骼缺陷和腭裂；其致畸剂是哌啶类生物碱。任何一种毒素引起的缺陷，都被认为是与生物碱毒素在妊娠关键期造成的胎动抑制有关。美国西部牧场的牛，在采食羽扇豆后发生小牛弯曲性疾病，可造成周期性损失。

钩吻叶芹（Conium maculatum）（毒芹）可引起牛、山羊、绵羊及猪发生挛缩缺陷，有时也可引起腭裂。毒芹及其种子二者都含有致畸性的生物碱毒素毒芹碱。

猪采食烟草（Nicotiana tabacum）后可引起的骨骼缺陷，与牛、猪采食羽扇豆或钩吻叶芹所造成的骨骼缺陷相似。由于养猪管理方式的变化，因妊娠母猪采食烟草茎秆造成仔猪先天性无肢畸形和半肢畸形的情况已经很少发生。粉蓝烟草（Nicotiana glauca）也可造成牛、绵羊和山羊发生骨骼缺陷和腭裂。

其他疑似可引起犊牛产生类似缺陷的植物还包括狗舌草（Senecio）、苏铁（Cycadales）、阿开木属（Blighia）、罂粟科（Papaveraceae）、秋水仙（Colchicum）、长春花（Vinca），以及穗花木蓝（Indigofera spicata）及其相关植物。苏丹高粱（Sorghum vulgare）被认为可引起马的先天性关节痉挛；苏丹草（S. sudanese）也能使小牛发生关节弯曲。

妊娠母马采食被内生真菌（Neotyphodium coenophialum）污染的苇状羊茅鲜草或干草后，可发生流产、妊娠期延长、乳汁不足、产下弱驹或不成熟马驹（见苇状羊茅草中毒）。由内生菌产生的麦角缬氨酸和其他麦角生物碱是苇状羊茅草中毒的原因。无内生菌或被无毒性内生菌污染的苇状羊茅草对于妊娠母马是安全的。

加拿大西部马驹发生的先天性甲状腺功能低下，与妊娠母马的日粮中硝酸盐含量较高有关，也与母马妊娠后期日粮被污染内生菌的苇状羊茅草有关。

杀虫剂、除草剂、药物及其他化学药品也被认为是致畸剂。一般来说，在美国、加拿大及其他很多国家，经过审批程序批准的药物和化学品，在获得商业许可之前，必须进行潜在致畸毒性的检测。一些产品标签上的使用说明可能会明确标明，禁止用于妊娠动物或可能已经妊娠的动物。另一些产品的标签标明，只要胎龄大于指定日期就可以安全使用。在使用某些除草剂时，在使用后一定时间内需要使动物远离牧场。给妊娠动物使用药物时超出标签的用法，以及无意中接触杀虫剂和其他化学品，都会出现固有的风险，包括对发育胎儿产生不良反应。执业兽医和畜牧生产人员，都应当了解使用治疗药或接触杀虫剂和化学药物后，可能造成妊娠损失或可能出现的先天性异常，同时在使用这些药物时，也应当采取适当保护措施。

3. 感染因子 产前病毒感染可能导致牛、绵羊、山羊、猪、犬和猫发生先天性畸形，但是很少会造成马发生先天性缺陷。发生感染时胎儿或胚胎的发育期决定了疾病的类型和发生程度。妊娠后期发生病毒感染，可能导致胎儿感染和血清转阳，无明显临床症状，但是妊娠早期感染可造成妊娠终止或先天性缺陷。

子宫内感染后可造成母畜出现可见的临床症状，随后产下带有先天性缺陷的新生仔畜；但妊娠期未出现病史的母畜也会产下畸形胎儿。有时，给妊娠母畜使用弱毒活疫苗也会造成先天性缺陷。应当禁止对妊娠动物进行免疫。

瘟病毒感染对多种动物都具有致畸性。牛病毒性腹泻病毒（bovine viral diarrhea virus，BVDV）是全球范围内造成经济损失最大的传染性病原，产前感染可引起幸存新生犊牛出现各种各样先天性缺陷，包括小脑发育不全、短颌、脱毛、眼畸形、脑内积水和免疫力受损。在妊娠120 d之前，胎儿感染非致细胞病变性BVDV，可引起牛出现免疫耐受、持续感染。

瘟病毒感染也可造成其他种类动物出现先天性缺陷。妊娠母羊感染边界病病毒可表现为胚胎死亡和胎儿死亡，也可引起皮肤、神经、骨骼、内分泌以及免疫等系统出现先天性缺陷。这些缺陷表现包括震颤、共济失调、被毛异常、出生体重低、面部和眼部畸形、免疫力低下，以及产下生长不良且生存能力低下的弱羔。妊娠母羊从牛感染BVDV后，可引起绵羊出现类似的先天性异常。

经典猪瘟，猪的一种瘟病毒感染，曾被称为猪霍乱。美国已消灭该病，但在某些地区仍然是猪的主要疾病。猪在产前感染后会出现与牛感染BVDV后相似的症状。

妊娠母羊感染卡希谷病毒后，可产下的羔羊畸形，包括关节弯曲、斜颈、脊柱侧凸、脊柱前凸、积水性无脑畸形、小头畸形、脑穿通畸形，以及小脑发育不全和肌肉发育不全。这种布尼亚病毒可通过蚊子传播，美国、加拿大和墨西哥地区均有发生。其他反刍类动物也可发病，据报道其他布尼亚病毒也可引起类似的先天性畸形。

蓝舌病病毒，在北美、南美和非洲大部分地区和亚洲部分地区流行的一种环状病毒，最近已经蔓延至欧洲。子宫内感染可造成绵羊发生积水性无脑、脑穿通、关节弯曲，也可引起牛发生流产、死胎、关节弯曲、颌弯曲畸胎、凸颌畸形、积水性无脑和"笨犊牛"综合征。其他环状病毒，如中山病毒和流行性出血性疾病病毒可引起类似于蓝舌病毒感染的流产、先天性缺陷及新生仔畜死亡。

赤羽病病毒，热带和亚热带地区的一种环状病毒，可通过库蠓属蚊虫传播。胎儿经胎盘感染后可造成幼龄动物发生感染，也可能引起类似于蓝舌病病毒和卡希谷病毒感染造成的畸形。

小猫的先天性小脑发育不全，一直被认为是由于妊娠母猫感染猫泛白细胞减少症病毒造成的。妊娠雪貂感染猫泛白细胞减少症病毒后，也可造成先天性小脑发育不良。

4. 营养因素 妊娠期发生一种或多种营养物质缺乏，都可能会造成新生仔畜出现先天性缺陷。微量矿物质和维生素的缺乏与多种发育缺陷有关。严重缺乏可导致妊娠中止或产下弱仔或不能存活的幼仔。

所有种类动物发生碘缺乏都可造成先天性甲状腺肿或克汀病。铜缺乏可引起羔羊发生地方性共济失调；锰缺乏可引起犊牛发生先天性肢体畸形。维生素D缺乏可引起新生仔畜发生佝偻病，而维生素A缺乏可造成眼畸形或唇裂。在试验条件下，胆碱缺乏、维生素B_2缺乏、泛酸缺乏、维生素B_{12}缺乏、叶酸缺乏，以及维生素A过多都具有致畸作用。

5. 物理因素 子宫内过度充盈易造成运动受限，可引起出生时较大的犊牛或马驹发生先天性关节挛缩，通常为单胎分娩的动物在双胎妊娠时，也可出现先天性关节挛缩。多数情况下症状轻微，且出生后可能会自我矫正。

马驹的斜颈、脊柱侧凸和肢体畸形与胎儿在子宫内的横向或纵向定位有关。有报道称，马驹的穿孔性脐尿管与脐带扭转有关。

对妊娠不足42 d的牛进行羊膜囊的直肠检查（如妊娠期诊断），可能会破坏肠道的血管供应，并引起结肠闭锁。发生这种畸变的主要是荷斯坦牛，可能有遗传倾向性。至少有一篇报道认为，结肠闭锁是一种常染色体隐性遗传模式。

6. 病因不明的妊娠事故 多数先天性畸形的病因或诱因尚不清楚。某些病因不明的特殊的先天性畸形经常发生，兽医人员在现场很容易识别。

缺腰椎畸胎是主要发生于牛的一种先天性畸形，但也可发生于小型反刍动物和猪。发病犊牛的腰骶部脊髓和脊柱出现部分发育不全，并伴有下肢出现继发性发育不全、关节弯曲和关节僵硬。与消化系统和泌尿生殖系统发育相关的其他畸形也会出现这种情况。脊髓发育缺陷对身体、四肢和器官的影响似乎正常。这种畸形是致命的，可造成死胎，基于人道角度可能需要采取安乐死措施。难产是其常见的并发症。尽管认为该病有遗传性，但其确切病因尚不清楚。这可能是由同位序列基因簇发生畸变所造成的，该基因家族与从头到尾的全身性体型结构有关。

翻转性裂体是发生在反刍动物的一种致命性先天性畸形，以脊柱出现严重后屈为特征，可引起四肢向头贴近、四肢关节僵硬以及腹壁无法闭合，随后造成腹腔内脏膨出体外。这种情况也可出现其他畸形，包括胸裂。胎儿发生这种畸形可导致难产，常需要进行手术干预或剖腹。一些利用系谱分析的报告表明该病有遗传性，但尚未发现其特征性畸形或遗传模式。

胎儿全身水肿是多个犬种发生的一种致命性畸形。其发病原因还并不清楚，但不同品种犬的病因也不同。由于该病可形成较大体积的胎儿，常会引起难产。同一窝中一只或多只幼犬可能会出现发病。

（二）赤羽病病毒感染

赤羽病病毒是一种可引起反刍动物发生中枢神经系统先天性畸形的昆虫传播病毒。在澳大利亚、以色列、日本和韩国均已经发现由赤羽病病毒造成的疾病；在东南亚、中东和非洲的许多国家已发现有该病毒的抗体。该病可发生在牛、绵羊和山羊的胎儿。血清学证据证明，该病流行地区的马、水牛和鹿可出现无症状感染（但人和猪不会发生感染）。

【病原、流行病学与传播】 赤羽病病毒是布尼亚病毒科西姆布血清群病毒的成员。在澳大利亚、日本和肯尼亚，该病毒可经蠓［库蠓属（*Culicoides* spp.）］传播。

赤羽病病毒普遍存在于大约北纬35°至南纬35°之间的许多热带和亚热带地区。在这些流行地区，草食动物被媒介虫体叮咬后可造成早期感染，到繁殖期一直都保持有长期免疫力，因此罕见有先天性畸形。然而，媒介（以及由此携带的病毒）在有利环境条件下，如长期潮湿的夏天，可能会传播到其正常范围以外，扩散到新的地区，预计可能会暴发先天性感染。这种暴发常发生在媒介分布地区的北部或南部边界区，也可能发生在高海拔地区。同样，妊娠期反刍动物从无病毒和无媒介地区转移到病毒感染地区时，也面临很大风险。

赤羽病病毒引起的发病率受发生感染时妊娠期的影响，也受病毒毒株的影响。牛在妊娠期最后3个月发生感染时，发病率相对较低（5%～10%的犊牛发病）。在妊娠第3个月和第4个月发生感染后，发病率最高，出生时有缺陷的犊牛可高达40%。即使在妊娠的易感期，有些赤羽病病毒毒株所造成的发病率也很低（20%以下），但毒力最强的毒株可造成高达80%的牛发病。

在绵羊和山羊也可见有该病，但由于其妊娠期较短、敏感期也较短，因此不会出现在牛所见到的有明显时期的不同畸形表现。多数畸形发生于妊娠28～56 d之间发生的感染。其他时期发生感染后，即便发生畸形，也极少。但是，有关大型或小反刍动物在妊娠早期发生感染后，是否可造成致死以及胎儿流产，尚不清楚。

【临床表现与病理变化】 该病的临床表现和病理变化取决于动物的种类和感染时期。在长期或全年产犊的牛群中，可能会见到所有的畸形。易感母牛在妊娠大约80~150 d期间受感染后，所出现的缺陷最为严重；然而，犊牛发病大多数是在母牛妊娠的最初两个月之后受到感染造成的。妊娠后期受感染的犊牛在出生时虽可存活，但不能站立，且四肢出现松弛性瘫痪，也可能出现共济失调，尸检时可见有播散性脑脊髓炎。较早（妊娠120~180 d）感染的牛，由于出现脊髓神经元损伤，而导致四肢僵硬，常见于屈曲部（关节弯曲），有时也可导致斜颈、脊柱后凸以及脊柱侧凸，并伴有相关神经性肌肉萎缩。这些畸形常会造成难产，以及严重的产科并发症，有时也会引起不孕症，甚至造成奶牛死亡。首次产下关节弯曲的犊牛，与之后4~6周内产下的犊牛相比，其严重程度较为轻微。最初只有一条腿上的1~2个关节出现发病，但之后出现的病例在几个或全部四肢上的多个关节上出现严重弯曲。在妊娠80~120 d期间发生感染的犊牛，出生时常可存活，如果能站立起来，也会表现出步态蹒跚、精神沉郁和失明。这些发病犊牛表现有不同程度的大脑半球空化，从脑穿通畸形到严重的积水性无脑畸形。尤其是在妊娠早期受到感染的犊牛，常会发生积水性无脑畸形。有些犊牛可能会同时出现关节弯曲和积水性无脑畸形。

发生严重积水性无脑的犊牛可能会在妊娠中期发生妊娠终止。一种很有用的鉴别诊断特征是，赤羽病病毒感染不会造成小脑出现实质上的大体病变或组织学病变，可以将该病毒感染与其他致畸病毒感染相鉴别，如牛病毒性腹泻病毒（BVDV）。

关节弯曲和积水性无脑畸形病变常同时见于小反刍动物，而且也较常见。绵羊羔和山羊羔可出现其他一些缺陷，包括肺发育不良和脊髓发育不全。赤羽病病毒感染的绵羊羔和山羊羔大多数都是死胎，也可在出生后不久出现死亡。也可见有流产。

怀疑赤羽病病毒感染可造成马出现先天性畸形（尤其是关节弯曲和积水性无脑），但实验室确诊并无定论。

【诊断】 通过神经系统的大体病变可以作出初步诊断，但必须要与其他传染病和遗传性疾病进行鉴别诊断。通过检测未经哺乳的发病羔羊及其母羊的血清或体液（如心包液或胸水）中的赤羽病病毒抗体，可以进行确诊。虽然在母羊血清中检测到抗体并不能确定赤羽病病毒就是病原，但是没有检测到抗体可以明确排除该病毒感染。

其他虫媒病毒（而且还有非虫媒病毒，如BVDV）可以引起与赤羽病病毒感染相同的先天性畸形。在澳大利亚、日本以及其他存在有赤羽病病毒的地区，发现了一种与赤羽病病毒相关的病毒，艾诺病毒，一直是牛的一种罕见病原。在日本，Chuzan病毒，一种呼肠孤病毒，可通过尖喙库蠓（Culicoides oxystoma）传播，并可造成犊牛发生类似于赤羽病病毒的先天性感染。在美国，卡希谷病毒，另一种与赤羽病病毒无关的虫媒传播的布尼亚病毒，可引起绵羊发生先天性缺陷，在某些州可能也与牛的先天性缺陷有关。

【治疗与控制】 对发病动物尚无特异性的治疗方法。采取的措施应针对易感动物，防止其在妊娠期发生赤羽病病毒感染。在将动物从无病区引入到流行区时，最好在首次繁殖之前引入。在日本已经可获得有效的疫苗。

（三）边界病

边界病（英国）或羔羊阵发性抽搐病（澳大利亚和新西兰）是羔羊的一种先天性疾病，其特征是出生体重过低和存活力低、外表畸形、震颤，以及正常为细毛羊的品种在出生时表现为被毛粗乱。山羊羔也可发病，犊牛偶尔也可发生类似的疾病。在全球大多数绵羊饲养地区，包括美国西部，均已发现有该病。

【病原、发病机制与流行病学】 边界病是由于胎儿在妊娠早期感染一种瘟病毒（黄病毒科）而造成的一种疾病和牛病毒性腹泻/黏膜病毒密切相关。幸存羔羊可表现有持续性病毒血症，在其排泄物和分泌物（包括精液）中，都存在有病毒。通过与这些排毒动物或急性感染绵羊接触，反刍动物很容易受到感染，猪也有可能感染。免疫功能正常的动物发生急性感染多呈一过性和亚临床性，并可产生针对同源毒株的免疫力，但不能抵抗异源病毒毒株的攻击。

之前未感染的动物在妊娠早期感染病毒后，病毒可通过胎盘侵害胎儿。感染后10~30 d可发生胎盘炎，也可造成胎儿死亡，并引起死产、胎儿吸收或木乃伊化。流产可发生在妊娠期的任何阶段，但由于母畜基本没有症状，因此可能并未注意到。

在妊娠持续期内，病毒可广泛分布在胎儿组织中，但皮肤、骨骼和CNS的病变最为明显。发病羔羊可能会提前2~3 d出生，多数在断奶前或断奶时死亡。幸存羔羊的临床症状可逐渐消退，但仍然保持感染状态，并在其生活期内持续排泄病毒，造成其后代和同群动物感染。这类似乎"病愈"的阵发性抽搐绵羊，随时都可能会因出现与牛黏膜病相似的综合征而死亡。

在新发感染羊群的首季，有高达50%或更多的新生羔羊可能会发生边界病。随后，发病率降低，但是在"康复"羔羊被留用于繁殖时，该病可能再次流行。易感羊群感染病毒的最常见途径是混入持续性感染的绵羊。然而，发生持续性感染的牛很少会造成感染流行。虽然在反刍动物已经确认有3种瘟病毒的抗原群，但从实用性来讲，应当假设绵羊和牛对边界病毒所有毒株和牛病毒性腹泻病毒都具有相同的易感性。

【临床表现】　在产羔时就可能发现羊群发病，表现有不孕母羊数量增多，许多羔羊出生时体重过低，并带有大量被毛，有时还有被毛污秽。有些羔羊可表现出不自主的肌肉震颤，特别是躯干和后肢的肌肉。静卧时震颤减弱，故意移动时震颤就会加重。其他病羊，可能主要表现为骨骼缺陷，如骶骨和短颌延长。发病羔羊的成活率较低。幸存羔羊的神经症状在3～4个月之内逐渐消失。边界病病毒感染即使没有造成羔羊出现典型的阵发性抽搐，也可导致母羊受精率下降、羔羊成活率降低和生长发育异常。

【病变】　尸检时，严重病例可见有大脑空洞化。另外，其特征性的病变是显微镜下病变，中枢神经系统白质部可见有病变。髓鞘缺失，束间的神经胶质细胞增多，其中可能积聚有髓磷脂样脂滴。这些病变在新生羔羊最明显，且可逐渐溶解。

【诊断】　根据临床症状通常可作出诊断，但是粗毛品种的绵羊在出生时被毛出现异常表现可能并不很明显。通过病毒的免疫组化染色方法，在CNS证实有病征性的组织学病变，即可确诊该病。从发生典型阵发性抽搐病羔羊的血液和组织中，很容易证实有该病毒存在。由于初乳抗体屏蔽病毒的时间可长达2个月，因此最理想的是，在羔羊吃初乳之前采集其血液样本。采用细胞培养方法，可以从血清和血沉的棕黄色层细胞中分离到该病毒，但是也可以应用ELISA方法来检测肝素或EDTA抗凝血中的病毒抗原。也可采用反转录PCR方法来检测临床样本中的病毒RNA，这种方法也可用于对反刍动物瘟病毒进行分型。

鉴别诊断时，应考虑引起绵羊流产的其他病因[如衣原体（*Chlamydia*）、沙门氏菌（*Salmonella*）、弯曲杆菌（*Campylobacter*）、立克次体（*Rickettsia* spp.）和鼠弓形体（*Toxoplasma gondii*）]。对于出生时的活羔，应将边界病与羔羊蹒跚病（地方性共济失调）、细菌性脑膜脑炎、局灶性对称脑软化和"疯羔病"相鉴别。

【控制】　无有效治疗方法。对发病羔羊的母羊应进行血清学检测。多数母羊的抗体水平都较高，在随后的妊娠期内具有抵抗同一毒株的免疫力。对没有抗体的羊应当进行病毒筛查，以识别发生持续性感染的

羊。康复羔羊不应留做种用，但可以在繁殖季节前与后备羊混群饲养，以便为后备羊在交配前受到感染并产生免疫力提供最大的机会。尚无有效的疫苗。由于从绵羊分离的常见边界病病毒与常从牛分离到的病毒性腹泻病毒在抗原性有显著差异，因此不推荐将牛的病毒性腹泻病毒疫苗用于羊。

八、红斑丹毒丝菌感染

红斑丹毒丝菌（*Erysipelothrix rhusiopathiae*）是猪、火鸡和绵羊的一种重要细菌病原。该菌广泛分布于世界各地，已经从牛、马、犬、猫、家禽、野生动物和鸟类体内中分离到。类丹毒是一种以皮肤局灶性感染和蜂窝织炎为特征的疾病，也可造成与感染动物、感染的动物尸体以及感染的动物副产品发生工作接触的人发生感染。

该菌可以在土壤中存活5周，但土壤并不是有效的培养基，细菌不能在该环境中长期生存。土壤和地表水污染反映该菌的暴露途径。无症状携带者是感染性细菌的常见来源，但通过地表水径流、野生哺乳动物、野鸟、宠物和昆虫叮咬也可造成细菌侵入。由于红斑丹毒丝菌可以在动物组织，包括冷冻或冷鲜猪肉、腌制或烟熏火腿，以及饲料副产品，如干血粉中存活数月，因此该菌还会造成食品安全影响。

红斑丹毒丝菌是一种无运动力的革兰氏阳性兼性厌氧杆菌。该菌过氧化氢酶阴性，凝固酶阳性，氧化酶阴性，对高盐有抵抗力，在三糖铁培养基上可产生H_2S。其菌落形态呈多形性，这取决于感染是急性还是慢性的。急性感染时，分离株在培养基可形成光滑型菌落，而从慢性感染病例中分离的典型菌株呈粗糙型菌落。从光滑型菌落制备的涂片中菌体呈革兰氏阳性、细长的杆状，而粗糙型菌落的涂片中呈杆状和丝状的混合。

该菌的抵抗力非常强，可在很宽范围的pH和环境温度下存活并生长。已证明，红斑丹毒丝菌对用于动物舍的多种消毒剂都具有抵抗力，包括醇类、醛类、氧化类和酚类。可有效杀灭红斑丹毒丝菌的消毒剂和（或）化合物包括次氯酸盐（漂白粉）和苛性钠（碱液、氢氧化钠）。该菌对β内酰胺类抗生素（青霉素、氨苄青霉素）、头孢菌素（头孢噻呋）和四环素类抗生素敏感，但对磺胺类药物有抵抗力。

（一）猪丹毒

猪丹毒是由红斑丹毒丝菌（*Erysipelothrix rhusiopathiae*）引起的一种传染性疾病，也是生长猪和成年猪已知最古老的疾病之一。在集约化养猪地区，有高达50%的猪被认为感染有红斑丹毒丝菌。该菌通常定居在扁桃体内；在扁桃体中也存在有非致

病性丹毒丝菌［扁桃体红斑丹毒丝菌（*Erysipelothrix tonsillarum*）］。

该病暴发可呈急性或慢性，也可发生临床隐性感染。急性暴发的特征是突然发生猝死、发热、关节疼痛，以及从全身性发斑到常描述为"打火印"（菱形疹块）等皮肤病变。慢性丹毒常发生在急性暴发之后，以死亡率低、关节肿大、跛行，以及剖检可见有增殖性心内膜炎为特征。发生瓣膜病变的猪基本不表现有临床症状，但身体用力时可表现有呼吸窘迫的症状，并可因感染而死亡。

【病原】 红斑丹毒丝菌在培养基上培养24 h后，可生长出针尖大小、非溶血性的菌落。培养48 h后，菌落周边可形成明显的不完全溶血区。目前已经鉴定的血清型至少有28种，猪对其中至少15种敏感。

在该菌流行的猪场，猪在幼龄时即可自然感染红斑丹毒丝菌。母源抗体可提供被动免疫保护、抑制临床疾病的出现。日龄稍大的猪发生无临床症状的感染后，可产生保护性的主动免疫力。病菌可通过感染猪的粪便和口鼻分泌物排出，在土壤和水中存活很短的时间，但造成周围环境污染。该菌可在胃肠道的不利环境中存活，在粪便中可存活几个月。康复猪和慢性感染猪可能成为红斑丹毒丝菌的携带者。健康猪可成为无症状带菌者。通过食入污染饲料、饮水或粪便而造成感染，通过皮肤擦伤感染的情况不常见。该菌被摄食后，最有可能经由扁桃体或消化系统的淋巴组织进入猪体内。

【临床表现】 急性型或慢性型猪丹毒可相继发生，也可单独发生。发生急性败血症型的猪可出现突然死亡，而无明显临床症状。这种类型的猪丹毒最常发生于生长猪和肥育猪。发生急性感染的猪可表现有精神萎靡、高热（40～42℃），不愿站立和运动。发病猪在被抓时尖叫、需要帮助才能站立、被迫站立后会迅速躺卧。病猪可勉强用脚趾行走，行走时全身摇晃。常见有厌食和口渴，出现发热的猪喜卧在潮湿、阴凉的地方。猪皮肤可出现不同程度的褪色，从耳、鼻和腹部出现广泛性红斑疹块，到体表几乎所有部位都会出现菱形疹块，尤其在胸部和背部。病变可呈不同大小的、粉红或紫色、散在疹块，发病2～3 d后触诊可呈凸起的硬块。经过1周后疹块消退，或可发展为慢性型病变，如"打火印"。如不进行治疗，皮肤的大块病变可出现坏死和脱落，耳尖和尾尖也会出现坏死和脱落。

该病在临床上多呈散发，可造成个别或少数猪发病，但有时也可发生较大暴发。该病的死亡率变化很大（0%～100%），首次出现症状后的6 d可能才会出现死亡。妊娠母猪发生急性感染可出现流产，这很可能是由于高热造成的，哺乳母猪发生感染可出现无乳。未经治疗的猪可转为慢性型，其特征是慢性关节炎和赘疣状瓣膜心内膜炎，二者也可同时出现。在未出现败血症状的病猪也可见有这些病变。瓣膜心内膜炎最常见于生长猪或青年猪，且常由于引起栓塞或心功能不全而引起死亡。慢性感染最常见的病型是慢性关节炎，可引起轻微或严重跛行。发病关节在最初很难察觉，但随后在触摸时可表现有热、痛，最终关节可出现明显肿胀。皮肤病变可呈黑紫色，表现有坏死，常发生脱落。慢性病例的死亡率很低，但生长速度迟滞。

【病变】 尸检时，急性感染猪可出现皮肤病变、淋巴结充血肿大、肺脏水肿充血、脾脏肿大和脏肝肿大。肾脏和心脏可见有点状出血。

慢性丹毒病例，瓣膜性心内膜炎表现为心脏瓣膜上可出现增生的颗粒状赘，并可能发展成为栓塞和梗死。一条腿或多条腿可出现关节炎，椎间关节也可出现关节炎。病变关节可出现肿大，并伴有绒毛性、增生性滑膜炎，滑液黏性增加、炎性渗出物增多和关节囊增厚。关节软骨出现增生和侵蚀可造成关节纤维素化和关节僵硬。

【诊断】 对丹毒的诊断应基于临床症状、眼观病变以及抗菌治疗的效果。对仅表现有发热、食欲不振和精神萎靡的单个病猪，很难诊断为急性丹毒。但是，多头猪暴发时，至少其中一些病猪可出现有皮肤疹块和跛行，这将会有利于临床诊断。出现菱形疹块或"打火印"状皮肤病变也具有病征性。在急性病例的病猪血液中可分离到红斑丹毒丝菌，这有助于确诊。由于红斑丹毒丝菌对青霉素敏感，因此使用青霉素治疗时迅速产生的有效反应，可以作为诊断急性猪丹毒感染的依据。如果条件允许，可通过PCR检测方法进一步确诊。

慢性丹毒可能很难确诊。出现关节炎和跛行，加上尸检时见有瓣膜增生性心内膜炎，可初步诊断为慢性丹毒。但是，其他传染性病原也可能引起这些病变。从瓣膜赘生物中分离培养到红斑丹毒丝菌，即可确诊为慢性丹毒。血清检测方法并不能准确地诊断丹毒。与其他方法相比，补体结合试验的准确性更高、结果也更为可靠，因此被认为是一个很有前途的诊断方法。

鉴别诊断时应考虑的疾病包括，可造成急性败血症眼观病变的疾病。由于猪霍乱沙门氏菌（*Salmonella Choleraesuis*）感染引起的败血性沙门氏菌病、瘟病毒感染引起的猪瘟、猪链球菌（*Streptococcus suis*）感染引起的败血症和心内膜炎都会产生类似的病变，因此应该仔细进行鉴别。副猪嗜血杆菌（*Haemophilus parasuis*）感染引起的格拉舍病和猪滑液支原体（*Mycoplasma hyosynoviae*）感染也可造成病猪滑膜和关节出现类似病变。

【治疗】　红斑丹毒丝菌对青霉素很敏感。理想的方法是每隔12 h对病猪进行一次治疗，至少连续3 d，但是治疗急性感染有必要持续更长时间。从经济角度考虑，青霉素是抗生素治疗的最佳选择，但氨苄青霉素和头孢噻呋对急性病例也可取得满意疗效。当不方便给大量病猪进行注射时，在饲料或饮水中添加四环素也很有效。通过使用非类固醇类消炎药（NSAID），如氟胺烟酸葡甲胺，或通过在饮水中添加阿司匹林，可以有效控制急性感染引起的发热。在治疗急性暴发时，如果可能，丹毒抗血清也是抗生素治疗的一种有效辅助疗法。对慢性感染进行治疗一般没有疗效，并且很不经济。由于慢性感染猪可造成饲养环境污染，也是引起疾病暴发的传染源，因此应予以淘汰。

【预防】　对红斑丹毒丝菌（*E. rhusiopathiae*）进行免疫接种，可有效地控制猪场的疾病暴发，应予支持。有些猪场在停止免疫接种后，又会引起疾病暴发。可采用菌苗注射，也可通过饮水接种弱毒活菌苗，都可以产生持久的免疫力。不同猪场的最佳接种时间也有所不同。如果饲养环境中存在有红斑丹毒丝菌，则应当在疾病预计暴发前进行免疫接种。应在其断奶前、断奶时或断奶后几周内，对易感猪进行免疫接种。对挑选留作种用的后备公猪和母猪进行免疫接种，3～5周后进行加强免疫。此后，对种猪群应每年免疫两次。由于抗生素能够干扰机体对疫苗的免疫应答反应，因此对采用抗生素治疗期间的猪不应进行疫苗接种。

由于管理应激可造成某些猪群的猪免疫系统受损，因此可能会导致免疫失败。疫苗血清型和猪场流行的血清型之间存在有抗原差异，也可能会引起免疫不完全，导致疾病暴发。

除接种疫苗外，重视环境卫生和保健，对有丹毒感染临床症状的猪进行淘汰，也是有效控制猪场疾病的可行方法。

（二）羔羊非化脓性多发性关节炎

非化脓性多发性关节炎是发生在年龄较大、生长羊（6周龄～4月龄）的一种传染性疾病，其特征是发病率高和中等到严重跛行，并伴有关节肿大。

【病原】　其病原为红斑丹毒丝菌，可通过断尾和去势所造成的伤口而引起动物感染。但是，"无血"操作后也可造成疾病暴发，尤其是在长期的潮湿天气环境下，因为这种环境可引起应激程度增强，似乎也可增强该菌的生存能力。红斑丹毒丝菌可通过血源性传播定植于关节部位，且造成滑膜感染。滑膜感染进一步发展可导致滑膜炎，并造成关节软骨和深层软骨出现损伤。

【临床表现与病理变化】　许多生长羊突然出现中度到严重的跛行，提示可能发生非化脓性多发性关节炎。跛行常发生于两条或两条以上腿，最常发病关节是腕关节和跗关节。发病羔羊表现不愿走动，长时间侧卧。病羊常出现生长迟缓。该病进一步恶化可造成滑膜增生、关节囊增厚但关节无明显的渗出，最终可造成关节软骨侵蚀。

【诊断】　许多生长期羔羊突然出现跛行，提示发生红斑丹毒丝菌引起的多发性关节炎。由于关节渗出物极少，因此进行细菌培养和其他诊断时，无法从病变关节采集样本。

【预防与治疗】　对反复发生该病的羊场应考虑进行疫苗免疫接种。断尾和去势时，建议采取严格的消毒技术，并维持良好的卫生状况，但这样也不能完全防止疾病的发生。进行断尾和去势时采取所谓的"无血"手术可能会减少伤口污染的机会，但仍可能发生疾病暴发。推荐使用青霉素进行治疗，连用5 d青霉素，可有效治疗非化脓性多发性关节炎。使用NSAID有助于缓解跛行。

（三）绵羊丹毒

绵羊丹毒可发生在羔羊和成年绵羊。其特征是出现严重跛行，这是由于红斑丹毒丝菌通过蹄部磨损处侵入而引起感染。大多数饲养绵羊的国家都发生过绵羊丹毒，多呈暴发。

【病原】　长期反复使用的药浴液，其抑菌活性极低或根本没有，各种细菌的污染十分严重。一种常见的污染物就是红斑丹毒丝菌，有时药浴池存在有大量该菌，在绵羊药浴过程中造成皮肤伤口感染。蹄部和球节部位的皮肤小伤口是常见的侵入门户。病变从伤

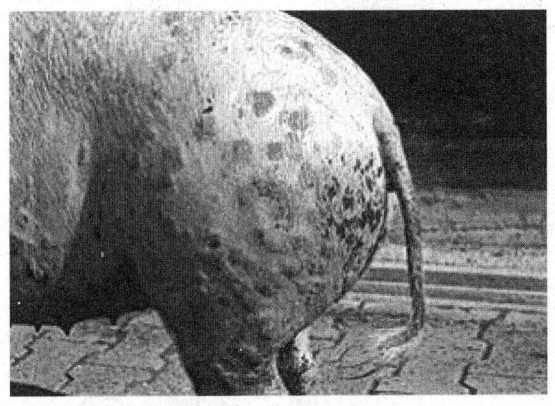

图5-3　猪丹毒皮肤病变
（由Dietrich Barth博士提供）

口蔓延至蹄叶，可造成急性药浴后跛行。当绵羊不得不在严重污染该菌的潮湿和泥泞地区行走时，也可暴发该病。

【临床表现】 药浴2~4 d后，羊群中不同数量的绵羊（高达90%，通常25%左右）单肢或多肢可出现跛行。发病羔羊似乎正常，仅在蹄部和系部冠状带见有肿胀、发热和疼痛。大多数绵羊可在2~4周内自行康复，只不过体重稍微有所下降。但在疾病暴发时，要挽救发病绵羊有必要使用青霉素进行治疗，连用5 d。该病不常见有败血症和多发性关节炎。

【预防与治疗】 要预防红斑丹毒丝菌感染和该病引起的跛行，最好的措施是清除严重污染的药液。在药浴液中添加适宜的抑菌药，可以降低该病的发生率。

九、口蹄疫

口蹄疫（foot-and-mouth disease，FMD）是偶蹄动物的一种高度传染性病毒病，其特征是发热以及口腔内、鼻口部、乳头和蹄部出现水疱。易感动物的发病率接近100%。除幼畜外，该病很少致死。

牛的易感性最大。猪是重要宿主，可造成该病广泛传播。绵羊和山羊感染后的临床症状通常较牛和猪轻。所有种类的鹿和羚羊、印度象、长颈鹿对口蹄疫都易感，但是东半球骆驼对自然感染有抵抗力。在非洲，非洲水牛感染后不表现有临床症状。南美洲的动物，如羊驼和马驼，虽然易感，但可能并没有流行病学意义。大鼠、小鼠和豚鼠可发生实验性感染。

在中东、伊朗、苏联的南部国家、印度和东南亚地区，口蹄疫呈地方性流行。韩国在2000年和2002年、日本在2000年，以及马来西亚半岛都曾发生过零星暴发。在菲律宾，口蹄疫仅局限于吕宋岛。与中美洲和北美洲一样，澳大利亚和印尼都没有口蹄疫疫情。在南美洲地区，智利、阿根廷南部、圭亚那、苏里南、与巴拿马接壤的哥伦比亚地区也无FMD疫情；乌拉圭和阿根廷中部在2001年发生的口蹄疫大暴发已经得到了控制，目前该地区与巴拉圭和巴西大部分地区均已被认定为免疫无疫区。大部分撒哈拉以南的非洲地区都有口蹄疫流行，埃及、埃塞俄比亚和厄立特里亚也是如此。随着经济和社会的变化，津巴布韦又重新出现了口蹄疫，在南非、纳米比亚和博茨瓦纳的以前无口蹄疫地区地区也出现了口蹄疫零星暴发。

在欧洲，希腊与土耳其的边境地区在2000年暴发的口蹄疫很快被消灭，2001年FMD传入到英国，并由此蔓延至爱尔兰共和国、荷兰和法国。造成这次暴发的毒株与整个亚洲发现的毒株同一毒株，英国在没有进行免疫接种的情况下，通过扑杀400多万头动物，才使得该病最终得以控制。荷兰采用了免疫接种策略，但随后对所有免疫动物全部进行了扑杀。

【病原】 FMD是由小核糖核酸病毒科的口蹄疫病毒引起的。共有7个血清型：A型、O型、C型、亚洲1型和南非（Southern African Territorises，SAT）1型、2型和3型。在每种血清型中，毒株都具有其抗原特异性系谱；因此，每个血清型，尤其是O型和A型，都需要一种以上疫苗株才能解决抗原性差异问题。所有毒株都具有与已知疫苗株在基因关系和抗原相似性上的特征（随着毒株数量迅速增加，以前的亚型分类已无法继续维持）。随着核酸序列分析技术的发展，已经可以以衣壳蛋白基因为基础对拓扑型进行定义。例如，O型口蹄疫病毒可被分为8个拓扑型，每个拓扑型的病毒VP1基因序列至少存在15%的差异，并具有地域特征。

口蹄疫病毒在pH 6.0~9.0、干燥和温度高于56℃的外界环境中可被迅速灭活，但是残留病毒如与动物蛋白质结合时可长期存活（例如，污染牛奶经72℃ 15 s巴氏灭菌法处理后，仍有一部分口蹄疫病毒可存活）。口蹄疫病毒对脂溶剂，如乙醚和氯仿，有抵抗力。由于病毒对酸性和碱性pH敏感，因此氢氧化钠、碳酸钠、柠檬酸或乙酸都是有效的消毒剂。

【传播、流行病学与发病机制】 FMD一般是通过易感动物与感染动物发生接触而造成传播的。感染动物的呼出气体中含有大量气溶胶病毒，可通过呼吸道或口腔途径感染其他动物。感染动物的所有排泄物和分泌物都含有病毒，病毒在乳和精液中的存活时间可长达4 d，之后才出现临床症状。FMD病毒气溶胶就像烟雾一样可传播至很远的地方，这取决于天气条件，特别是当相对湿度高于60%时，以及病毒扩散的地表面地势没有形成涡流时。污染的牛奶可造成犊牛感染FMD，通过装污染牛奶的奶罐可造成该病在各场之间发生传播。与感染动物接触后的草料可被病毒污染，并且有报道称FMD可发生医源性传播。

虽然马、犬与猫不会发生FMD，但可起到机械性传播媒介的作用，人也如此。此外，鸟类对该病毒不易感，但其爪和羽毛可携带病毒，食入感染性物质后可排泄病毒。因此，鸟类可携带口蹄疫病毒，但其在病毒传播中的作用尚不清楚。

无疫区引入FMD的一个典型方式就是使用源于感染动物的进口饲料（如肉、内脏和牛奶）饲喂猪；随后，病毒通过气溶胶从感染猪传播至牛，由于牛的肺活量很大，因此成为最易通过呼吸道途径感染的动物。夏季时，FMD病毒可以在干燥粪便中存活14 d，冬季可在泥浆中存活6个月，在尿液中存活39 d，在土壤中存活3（夏季）~28 d（冬季）。

感染FMD的康复反刍动物和接触过活FMD病毒的免疫反刍动物，都可成为感染源，牛的咽部可携带病毒3.5年，绵羊9个月，非洲水牛5年以上。试验条件下，从牛科动物病毒携带者不可能将病毒传播给易感动物接触者，但有证据表明，在自然条件下，这些携带者可引起疾病发生新暴发。通过采集带毒动物的咽部黏液和表层细胞（使用咽喉探杯进行采集），使用易感组织细胞进行培养，如原代牛甲状腺细胞，可以分离到FMD病毒。但是，由于不同时间咽部的病毒载量不同，因此在确定带毒动物时，如使用该方法只进行一次样本检测，其可靠性只有50%。

病毒感染和复制主要部位通常是在咽黏膜，但病毒可通过皮肤擦伤或胃肠道进入体内。病毒可通过淋巴系统分布于口腔、口鼻、蹄和乳头上皮的复制部位，也可扩散至受损皮肤部位（如饲养在混凝土地面上的猪的膝关节和肘关节处皮肤）。这些部位可出现水疱，常在48 h内破裂。病毒血症可持续4~5 d。

在首个临床症状出现后的3~4 d内即可检测到抗体，而且这些抗体足以清除病毒。

【临床表现】 FMD的潜伏期为2~14 d，这取决于感染剂量、宿主敏感性以及毒株种类——某些FMD毒株感染猪的潜伏期可短到18 h。牛和集约化饲养猪的临床症状比绵羊和山羊更严重，小反刍动物的FMD常被忽略或误诊。

潜伏期后，牛和猪可出现厌食、高达41℃的发热症状。随着牛的舌面、牙床、牙龈、唇，以及蹄部冠状带和趾间出现水疱，病牛可表现有流涎和跛蹄。乳头和乳房也可出现水疱，特别是泌乳奶牛和母猪，受压皮肤部位或外伤表面也可出现水疱，如猪的腿部。由于病毒可造成心肌细胞出现损害，因此犊牛、绵羊羔、山羊羔和仔猪可能尚未出现水疱即已死亡。产奶动物的产奶量急剧下降，且所有动物在痊愈后，都会持续出现体况下降和生长速度降低。绵羊和山羊可能仅在冠状带和口腔出现几个水疱。即使发生严重病情，口腔内的水疱一般也可在7 d内痊愈，但舌乳头出现的水疱可能需要更长时间才能痊愈。乳腺和蹄部出现水疱常可引起继发感染，最终可造成乳房炎、蹄甲脱落和慢性跛行。猪可出现整个蹄冠脱落。牛和鹿也可出现一个或两个蹄冠脱落，鹿角也可发生脱落。

【诊断】 牛和猪的FMD临床症状很难与水疱性口炎区分开来。猪的口蹄疫则很难与猪水疱病和猪传染性水疱病区分开。应当将水疱上皮或水疱液样本置于磷酸盐缓冲液（pH 7.4）中，送交负责FMD诊断的国家实验室，另外也可送至位于英国皮尔布赖特的OIE/FAO的FMD国际参考实验室。样本应尽可能保存于pH 7.4的环境中，以防止FMD病毒和抗原破坏。运输感染性物质和危险物质时，应使用双层防漏容器对样本进行安全包装（国际空运协会《感染性物质运输指南》要求应使用三层包装系统，内层和中层容器必须防漏，译者注），包装容器应符合国家有关规定，适用时还应符合国际运输规定。

将样本制备成10%悬液，接种到易感组织培养物上，然后直接用ELISA进行鉴定。可以将分离的FMD病毒与已有FMD疫苗株进行抗原性比较鉴定，对1D基因片段进行核酸序列测定，并与其他相同血清型毒株进行比较，以确定疾病暴发的疫源。采用液相阻断ELISA，或新近研发的固相竞争ELISA，都可以对口蹄疫免疫动物或康复动物进行血清学检测，固相竞争ELISA与液相阻断ELISA的敏感性相同，但特异性更高。

由于只有感染动物才有FMD活病毒的复制，才能在复制过程表达病毒非结构蛋白（NSP），因此采用FMD病毒NSP抗体检测方法，可以鉴别感染动物和免疫动物。FMD疫苗中的病毒都是灭活的，不会表达NSP；因此，动物就不会产生NSP抗体。但是，某些疫苗可能含有足够NSP污染，能够造成反复多次免疫动物出现NSP抗体阳性，特别对3D蛋白的抗体。相反，由于疫苗接种产生的免疫力能够抑制病毒的复制，因此即使感染活病毒且成为FMD病毒携带者，免疫动物也不能产生NSP抗体。

现场诊断时常使用快速诊断试剂盒，但需要进行严格的验证。目前，快速诊断时也更常采用PCR方法，尽管难以进行全面验证，但在将来可能得到更为广泛的应用。

【治疗与控制】 以前无疫国家发生FMD疫情后，可能会对当地和国际贸易造成很大影响。许多无FMD国家都有一项规定：对所有感染动物和密切接触的易感动物全部进行扑杀，并对感染场周围的动物和车辆移动进行严格控制。扑杀动物后，对动物尸体就地或就近进行焚毁或掩埋，对建筑物也要进行彻底清洗，再用弱酸或碱性消毒液进行消毒，并进行熏蒸消毒。要进行疫源追溯，以确定疫情暴发的来源，也能确定FMD病毒通过感染动物或动物产品、污染车辆或人或气溶胶已经传播到的场所。

在无FMD的地区或国家，采用限制移动、对发病场进行隔离以及对发病场周围（以及场内）进行疫苗接种，不可能有效控制该病。其缺点是疾病暴发后可能持续存在有大量病毒携带者，隔离时间短难以避免随后出现的动物移动。

在FMD流行国家，应采取的保护措施是将免疫接种和避免奶牛场引入FMD病毒两种措施相结合，尤其是对高产奶牛。但如果未免疫动物群的流行率很高，且气候条件适宜于气溶胶传播的话，就很难有效控制该病。

FMD疫苗是灭活苗，所能提供的保护期最多不过4～6个月。然而，每个血清型中的病毒毒株在抗原性上存在有多样性，这也是一个棘手的问题，因此需要确保疫苗含有的毒株与可能暴发毒株有相似的抗原性。另外，包含不同毒株的疫苗所提供的免疫有效期可能很短。猪的FMD疫苗需要使用油佐剂，而反刍动物的疫苗，可采用油佐剂或氢氧化铝/皂苷佐剂。目前使用的疫苗抗原是经组织培养的全病毒，使用氮杂环丙烷（常用的是乙二胺）进行化学灭活，对这种疫苗目前尚无推荐的替代品。

十、真菌感染

全身性真菌感染（真菌病）是由环境中存在的真菌经由单一侵入门户进入宿主体内，并常扩散至多个器官系统，而引起的一种疾病。大多数感染的原发性感染源是土壤贮存库，主要经吸入、食入或外伤而造成真菌感染（见嗜皮菌病）。

致病性真菌可引起外表健康宿主发生感染，这类疾病被认为是主要的全身性真菌病，包括组织胞浆菌病、球孢子菌病、芽生菌病和隐球菌病。条件致病性真菌常需要宿主出现虚弱或免疫抑制，才能引起感染。长期使用抗菌药或免疫抑制剂可增加发生条件致病真菌感染的可能性，这类真菌可引起局部或全身疾病，如曲霉病和念珠菌病。

临床症状和肉眼病变通常可提示发生有全身性真菌病，但是确诊需要进行显微镜鉴定、真菌的培养或PCR。采用显微镜对渗出液和活体样本进行真菌和组织反应进行鉴定，足以对组织胞浆菌病、球孢子菌病、芽生菌病、隐球菌病和鼻孢子虫病进行诊断。其他疾病，如念珠菌病、曲霉病、接合菌病、暗色丝孢霉病、透明丝孢霉病和卵霉病（腐皮病和链壶菌病），通常还需要采用显微镜检查之外的方法才能确诊。这类真菌中有些也是培养基的常见污染物；因此，对认为重要的分离培养物，必须要证明能引起组织侵袭和组织反应。血清学检验对某些真菌病的诊断（和预后）很有用，如球孢子菌病、腐皮病和链壶菌病。已经证明抗原滴定法对于隐球菌病、组织胞浆菌病和芽生菌病的诊断是很有用的。最近研发的一种抗原酶免分析法，已被用于检测血清和尿液样品中的细胞壁半乳甘露聚糖，在组织胞浆菌病和芽生菌病中的半乳甘露聚糖在免疫学上无法鉴别。虽然抗原滴定法无法鉴别这两种疾病，但是对于全身性真菌病的诊断是很有用的。

对真菌病的治疗，可参见具体的全身性真菌病的讨论部分，以及被皮系统的全身性药物治疗学部分。

（一）曲霉病

曲霉病是由多种曲霉属（Aspergillus spp.）真菌引起的一种疾病，尤其是烟曲霉（A. fumigatus）和土曲霉（A. terreus）。该病在世界各地均有发现，在几乎所有家养动物和鸟以及许多野生动物均发现有该病。该病主要是一种呼吸道感染，也可转变成全身性感染，但不同动物感染组织嗜好性不同。家禽和其他鸟类最常见的病型是肺脏感染，牛最常见的是真菌性流产，马是喉囊霉菌病，犬最常见的是鼻腔和鼻侧组织感染、椎间组织感染和肾脏感染。已有家养猫发生肺脏感染和肠道感染。

【临床表现与病变】 禽类的曲霉病主要是感染支气管和肺，表现为呼吸困难、气喘和呼吸急促，并伴有倦怠、厌食和消瘦。也曾有发生真菌性气管炎的报道。如感染扩散至大脑，可引起斜颈和身体平衡性失调。在呼吸道、肺脏、气囊或体腔膜上可见有不同大小和硬度的黄色结节或斑块。在增厚的气囊壁上可见有毛皮样生长的真菌。发生支气管肺曲菌病的其他动物，肺脏可见有结节状病变，出现伴有胸腔积液的急性肺炎，以及纤维素性胸膜炎。

反刍动物发生曲霉病后可能不表现临床症状，也可呈支气管肺曲菌病，造成乳房炎、胎盘炎和流产。真菌性肺炎可导致迅速致死。临床症状有发热，呼吸浅而急促、并带有鼾声，流鼻涕，湿咳。肺脏质地坚实、沉重、表面呈斑驳状且未见萎陷。在亚急性到慢性霉菌性肺炎中，肺脏可出现大量散在的肉芽肿，与肺结核极其相似。

感染奶牛在没有发生肺炎时，一般不表现临床症状，仅会出现流产；死胎会在妊娠6～9个月时流产，且出现胎衣不下。子宫、胎膜和胎儿皮肤常见有病变。子宫肉阜间区明显增厚、坚韧，呈黑红色到棕褐色，内含的凸起或溃疡灶覆盖有黄灰色假膜。母牛的肉阜呈深红色到棕色，黏附的母体胎盘绒毛小叶明显增厚。流产胎儿的皮肤病灶松软，呈红色到灰色，隆起、呈散在状，与皮癣相似。

马咽喉真菌病的常见并发症是鼻出血和吞咽困难。感染喉囊以坏死性炎症为特征，并可出现增厚和出血，表面覆盖有易碎的假膜。也曾报道有以呼吸困难和流鼻涕为特征的真菌性鼻炎。弥漫性侵袭性肺曲霉病可引起急性致死。这些病例的常见诱发因素是急性肠炎。曲霉菌属真菌从受损肠黏膜入侵后可引起结肠炎，从而导致明显的中性粒细胞减少症，造成宿主的免疫力下降。当感染蔓延到大脑和视神经时，可引起运动障碍和视觉障碍，包括失明。

犬的曲霉病常局限于鼻腔或鼻旁窦，主要是由烟曲霉菌（*A. fumigatus*）感染引起的。鼻曲霉病主要见于长颅型犬种。该病最初发生于颌鼻甲骨侧面的后部，表现为昏睡、鼻痛、鼻孔溃疡、打喷嚏、一侧或两侧鼻孔有脓血样鼻涕、额窦出现骨髓炎和流鼻血。感染部位不同，所表现的大体病变有很大差异，但鼻黏膜和鼻旁窦可覆盖有一侧坏死性物质和白色到灰白的真菌生长物。黏膜和黏膜下的骨骼可出现坏死，从X线片下可见有骨骼清晰度降低。

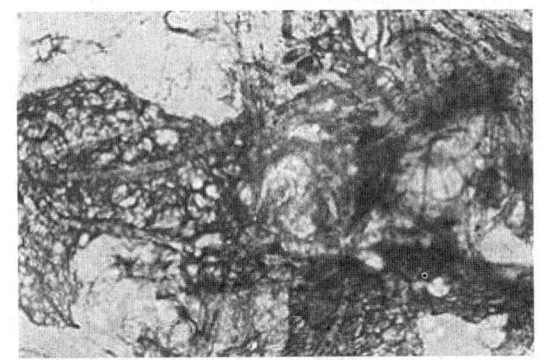

图5-4 真菌性角膜炎患马眼部刮取物中的曲霉菌菌丝
（由Sameeh M. Abutarbush博士提供）

犬的弥漫性曲霉病最常发生于德国牧羊犬，多是由土曲霉（*A. terreus*）和弯头曲霉（*A. deflectus*）引起的。其临床症状主要有：昏睡、跛行、厌食、体重下降、发热、血尿、尿失禁、全身性淋巴结肿大和神经功能缺损，肾脏、脾脏和脊椎常见有病变。常见有椎间盘脊椎炎。

【诊断】 对患有鼻曲霉病的犬进行X线检查，在鼻甲骨组织损伤后的鼻腔可表现有射线透射情况。有高达80%的病犬可见有额窦骨髓炎。通过鼻窥器检查发现有真菌斑，加上血清学证据和真菌学或X线检查之一呈阳性，通常可做诊断。由于曲霉菌普遍存在，且从健康犬的鼻腔中也可分离到，因此单纯依据真菌培养结果进行诊断是不合适的。阳性培养结果应得到在病变部位发现有狭窄、透明、有隔膜分隔的分支菌丝或血清学试验的支持。采用血清抗体进行琼脂凝胶双向扩散试验是一种可靠的诊断方法；通过使用ELISA等方法可提高敏感性。也可使用荧光免疫检测方法来鉴定组织切片中的菌丝。

【治疗】 治疗犬的鼻曲霉病和鼻旁窦曲霉病，应考虑的首选治疗方法是局部治疗。使用几种外科方法和给药治疗方案可获得不同程度的疗效。通常考虑使用的首选治疗药物是克霉唑。该药可经鼻窦内的留置管或通过鼻孔进行单独灌注给药。如经鼻孔灌注给药，可使用弗利导管给每个鼻腔缓缓滴注0.5 g药物。可将灌注的药液在鼻腔中停留1 h，要使药液得到充分渗透，在此期间应定期改变犬的位置。采用这种方式进行局部灌注给药的有效率大约为80%。采用在额窦植入导管的方式，按10 mg/kg灌注恩康唑，每日两次，连用7~14 d，也可取得同样的治愈率。全身性治疗药物有：酮康唑、伊曲康唑、氟康唑、伏立康唑和泊沙康唑。较为经济的治疗方法是使用氟康唑（2.5~10 mg/kg，每日分为2次给药）和伊曲康唑（5~10 mg/kg，每日1次）。使用酮康唑（5~10 mg/kg，每日2次，连用6~8周）也比较经济，但其临床治疗效果欠佳。在治疗曲霉病时，使用伏立康唑（3~6 mg/kg，每日1次，）可能是最有效的唑类抗真菌剂，但与其他治疗方法相比，其费用非常高。

治疗马的咽喉曲霉病，可采用手术暴露方法和刮除术。也有报道称，局部使用纳他霉素和口服碘化钾可有效治疗曲霉病。据报道，使用伊曲康唑（3 mg/kg，每日2次，84~120 d）可有效治疗马的曲霉菌性鼻炎。

通过动脉内注射和乳房内注射联合应用咪康唑，可有效治疗牛的乳房炎。

（二）芽生菌病

芽生菌病是由双相性真菌皮炎芽生菌（*Blastomyces dermatitidis*）所致，以各种不同组织出现脓性肉芽肿病变为特征。该病最常发病于人、犬和猫，但在其他不同动物也曾有描述，如马、雪貂、鹿、狼、非洲狮、宽吻海豚和海狮。该病似乎不会发生于牛、羊或猪。芽生菌病常局限于北美地区，大多数病例发生在密西西比、密苏里、田纳西州和俄亥俄河盆地，以及北美五大湖沿岸和圣劳伦斯河航道地区。即使在这些江河流域地区内，也仅在有限的地理区域内发现有芽生菌。海狸坝和其他栖息地的土壤比较潮湿、呈酸性且富含腐烂植被，可以作为芽生菌的生态区，但在这种环境中也很难发现有该菌。从鸽子和蝙蝠的粪便中也已分离到芽生菌。雨水、露水或雾在感染性分生孢子的释放过程中起着关键作用，随后这些孢子可能被雾化并被动物吸入。当呼吸系统防御能力下降或发生免疫抑制时，就会从肺开始通过血液传播造成弥散性疾病。皮肤病变也可能是从皮肤的原发性侵入门户引起的，更为常见的可能是由肺部病灶发生扩散造成的。在针头刺入感染动物的皮肤病变后，又扎伤兽医人员，也会引起原发性皮肤病变。眼部病变首先出现在眼后部，可引起肉芽肿性脉络膜视网膜炎和视网膜脱落。随后可引起眼前部出现病变，造成前葡萄膜炎和全眼球炎。

【临床表现】 临床症状因感染器官的不同而有所

差异，且无特异性症状。病畜体重下降，并伴有咳嗽、厌食、淋巴结肿大、呼吸困难、出现眼病、跛行、皮肤损伤和发热。犬发生芽生菌病时，常见有因肺部损伤而引起的干性、粗糙的呼吸音。有高达85%的发病犬都会有明显的肺部症状。严重肺部病变可导致血氧不足，表明预后不良。大约一半发病犬可出现淋巴结病变，这与出现皮肤病变的比例相同。皮肤病变包括肉芽肿增生和皮下囊肿，随后出现溃烂并流出浆液血色分泌物。犬的皮肤病变一般非常细小，且呈多发性病灶。但有时也可见有大块囊肿，尤其是在猫。鼻、脸和爪床都会损伤。30%～50%的发病犬可出现眼芽生菌病的症状，包括失明、葡萄膜炎、青光眼和视网膜脱落。大约1/4的发病犬可出现由真菌性骨髓炎引起的跛行或严重的甲沟炎。中枢神经系统症状并不常见，只有不到5%的发病犬，但猫较为常见。犬的全身性症状表现形式与猫相似，但是与犬相比，猫的发病不太常见。发生泌尿生殖系统芽生菌病后会见有血尿、遗尿和排尿困难，并伴有里急后重。

【病变】 该病的大体病变包括肺和胸淋巴结中出现极少量到大量的灰色到黄色肺实变区和结节，外观大小不同、呈不规则状，质地坚实。各个不同器官出现的结节状病变呈弥散性，特别是皮肤、眼睛和骨骼的病变。皮肤病变呈单个或多发性丘疹，也可呈慢性、结节状的脓性肉芽肿。

【诊断】 出现引流性皮肤结节和呼吸道症状的犬，应考虑为芽生菌病。猫最常出现呼吸道疾病的症状，随后出现中枢神经系统、局部淋巴结、皮肤、眼睛、胃肠道和泌尿系统的症状。对肺脏进行X线照相可发现有非钙化的结节或实变，以及肺支气管淋巴结和纵膈淋巴结肿大。胸片上的最主要表现是结节间质和支气管周围呈弥漫性低密度影像。支气管淋巴结通常可见有显著肿大，在X线照片上呈致密状块块。通过从活体组织样品中，或从皮肤病变或其他病变器官抽取的样品中检出厚壁酵母菌，都可以作出诊断。这种酵母菌常从宽基芽生出子细胞，该芽生孢子呈圆形或卵圆形、浅粉红色（苏木素-伊红染色），大小为8～25 μm，具有折光性的波形双壁。其内可能呈空泡，也可包含有嗜碱性细胞核物质。常可出现抗体反应，采用琼脂免疫扩散技术可检测到，但这种方法对于确诊既不敏感也无特异性。

【治疗】 犬和猫芽生菌病的首选治疗药物是依曲康唑（每日5 mg/kg），至少要进行2个月的治疗，而且在活动性疾病消失之前应连续给药。大约70%的犬有望达到临床治愈的效果，治愈后数月到数年后大约20%的犬可出现复发。再次使用依曲康唑进行治疗

对大多数犬仍是有效的。其他抗真菌药，如氟康唑和酮康唑的疗效不如依曲康唑好。出现芽生菌病的大暴发病例时，特别是在伴有低血氧症时，建议联合应用两性霉素B和依曲康唑进行治疗。有些病例，在治疗头几日可按消炎剂量暂时使用糖皮质类激素，但对于类固醇类药物的应用还存在争议，实际上也可能会造成预后加重。犬的最佳预后是没有或只有轻微的肺病，预后中等的情况是出现中度到严重肺病，最差的预后是出现中枢神经症状。

（三）念珠菌病

念珠菌病是由酵母样真菌念珠菌（*Candida*）［通常是白色念珠菌（*C. albicans*）］引起的局部黏膜和皮肤疾病。该病广泛存在于世界各地的各种不同动物。白色念珠菌是许多动物鼻咽、胃肠道和外生殖器的正常定居菌，也是引发疾病的条件性致病菌。造成念珠菌感染的因素有黏膜完整性破坏，留置导管、静脉留置管或导尿管，使用抗生素，造成免疫抑制的药物或疾病。念珠菌最常感染鸟类，主要包括口腔黏膜、食管和嗉囊。也曾有猪和马驹发生浅表念珠菌感染的报道，但仅限于肠道黏膜。也有报道称，在长期使用抗生素或糖皮质类激素治疗后，牛、犊牛、绵羊和马驹可发生全身性念珠菌病。猫罕见有念珠菌病，但也可引起口腔和上呼吸道疾病、胸腔积液、眼病、肠道疾病和膀胱炎。马和犬罕见有感染。但是，一般认为念珠菌属真菌可引起马发生关节炎、牛发生乳房炎和流产。

【临床表现与病变】 该病的临床症状多种多样，且无特异性症状，而且临床症状的表现与原发性因素或诱发性因素的关系更大，而与念珠菌病自身无关。发生前胃念珠菌病的犊牛，可表现有水样腹泻、厌食和脱水，并逐渐发展为虚脱和死亡。发病雏鸡可表现有倦怠、采食量下降和生长速度降低。猪的念珠菌病可累及口腔、食道和胃黏膜，并始终会出现腹泻和消瘦。

皮肤和黏膜的大体病变呈单个或多发性白斑，呈圆形，表面隆起且覆盖有结痂。念珠菌可侵入角化上皮，引起舌头、食管和瘤胃出现明显的角质化增厚。鸟类出现的嗉囊和食道病变呈白色、圆形溃疡状、表面凸起结痂，导致黏膜增厚；伪膜一般很容易剥落。

【诊断】 增生的上皮组织中存在有大量真菌，通过对皮肤病变部位的刮屑或活检样品进行检验，可以进行确诊。白色念珠菌是呈卵形的芽殖酵母真菌（直径2～4 μm），细胞壁较薄；芽殖分裂后，如果芽生孢子仍然连接着，则该真菌呈可形成假菌丝的链状。也可见有细丝状、整齐排列的真菌丝。真菌细胞一般仅存在于上皮组织，很少侵入皮下。

【治疗】　使用制霉菌素软膏、局部应用两性霉素B或口服1%碘溶液，可有效治疗口腔念珠菌病和皮肤念珠菌病。在1 L 5%葡萄糖溶液中加入500 g两性霉素B，静脉输液，每48 h给药1次，连用24 d，然后每72 h 1次，连用15 d，即可有效治愈念珠菌病引起的马关节炎。氟康唑（5 mg/kg，口服给药，每日1次，连用4~6周）可有效治愈马驹的弥散性念珠菌病。可以将伊曲康唑与两性霉素B脂质体混合，作为治疗犬念珠菌病的首选药物，但采用该方法进行治疗的病例还很少。

（四）球孢子菌病

球孢子菌病是由双相真菌——粗球孢子菌（*Coccidioides immitis*）引起的一种通过尘埃传播的、非接触性感染。该病仅发生在的美国西南部的干旱和半干旱地区，以及墨西哥、中美洲和南美洲的类似地区。虽然多种动物（包括人）都易感，但唯有犬的发病最为明显。马的胎盘感染可引起流产和骨髓炎。反刍动物和猪可出现亚临床感染，且仅在肺脏出现病灶和胸部淋巴结出现病变。造成感染的唯一途径是吸入真菌孢子，尘粒可携带有孢子。雨季过后出现干旱，引起沙尘暴，可能会暴发该病。发生该病的大多数牛都出现在落满灰尘的饲养场。

【临床表现与病理变化】　该病可表现为隐性（牛、绵羊、猪、犬、猫）、进行性、弥散性和致死性（犬、非人灵长类动物、猫和人）。球孢子菌病主要是一种从自限性到慢性的呼吸道疾病。大约有20%的感染犬可发生弥散性感染，且可累及到许多组织，特别是眼睛、关节和骨骼。依据所累及的器官和感染程度，其临床症状也有很大不同。发生弥散性疾病的犬可表现有慢性咳嗽、厌食、精神萎顿、跛行、关节肿大、发热和间歇性腹泻。通过引流性溃疡可将疾病传播至皮肤，但通过皮肤引起的原发性感染很罕见。

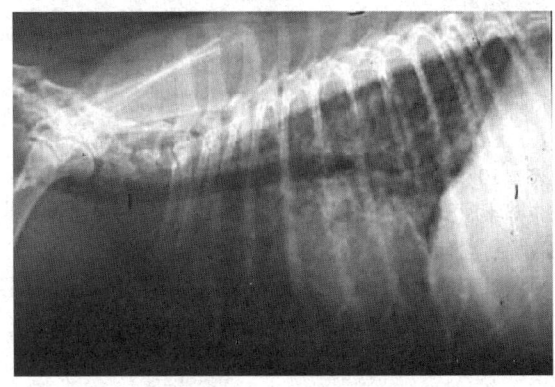

图5-5　7岁贵妇犬球孢子菌病的侧面射X线片
（由Ronald Green博士提供）

感染球孢子菌的猫最常表现有皮肤病（引流性皮肤病变、皮下肉芽肿块、脓肿）、发热、食欲不振和体重下降。发病猫不太常见的临床症状有呼吸系统异常（呼吸困难）、骨骼肌系统异常（跛行）、神经系统异常和眼病。大约有50%的感染猫可出现弥散性感染。

眼观病变可能仅限于肺、胸腔纵隔及胸部淋巴结，也可散播至多种器官。病变结节呈散在状、大小不一，切面质地坚实、呈灰白色，与结核的病变相似。该结节为脓性肉芽肿，由上皮样细胞和巨细胞组成，有些病灶的中心可含有脓性渗出液和真菌。有些病变可能有钙化灶。

【诊断】　在该病流行地区，在犬发生慢性支气管肺病，且在其胸片上发现有肺结节和淋巴结节肿大时，可诊断为球孢子菌病。该病病变为脓性肉芽肿，其内含有粗球孢子菌、渗出液、上皮样细胞和多核巨细胞。粗球孢子菌的大小不同，可呈较大的小球体（20~80 μm，最大到200 μm），有波形双壁。成熟小球体（孢子囊）内含直径2~5 μm的内孢子（孢囊孢子）。通过在组织中鉴别出这种小球体，即可作出确诊。也可使用琼脂凝胶免疫扩散试验（AGID），来检测血清中的沉淀素和补体结合抗体。目前，大多数商业化实验室使用AGID方法来检测IgG和IgM抗体；这些检测结果虽然具有特异性，但灵敏性相对较低。对表现有相符临床症状的动物进行血清学检测，结果呈阳性时，可作出初步诊断。培养球孢子菌的实验室，必须有处理危险感染性材料的相关设备，才能进行培养。

【治疗】　该病通常是一种自限性疾病，但是一旦出现慢性呼吸道症状或多系统疾病，就需要进行长期的抗真菌治疗；对弥散性感染，通常需要治疗至少6~12个月。治疗弥散性和慢性呼吸道感染最常用的药物是氟康唑（2.5~10 mg/kg，每日1次）。治疗犬球孢子菌病，也常使用酮康唑（每日10~30 mg/kg）和依曲康唑（每日10 mg/kg），但费用较高，不良反应的发生率也较高。两性霉素B可能是最有效的抗真菌药物，但是其肾毒性很大。这表明，动物要么不能康复，要么无法忍受唑类抗真菌药带来的毒性。

（五）隐球菌病

隐球菌病是一种全身性真菌病，可侵害呼吸道（尤其是鼻腔）、CNS、眼睛和皮肤（特别是猫的面部和颈部皮肤）。新型隐球菌（*Cryptococcus neoformans*）和格特隐球菌（*C. gattii*）是其致病性真菌，在环境和组织中以酵母菌形式存在。全球范围内都有该病发生。在土壤和禽粪中可发现这些真菌，尤其是鸽子的粪便。该病主要经吸入孢子或伤口污染途径传播。在禽粪便中，隐球菌无囊膜，小至1 μm，可被吸至肺部深处。隐球菌病最常见于猫，但也可见于犬、牛、马、绵羊、山羊、鸟和野生动物。人的许多病例与细胞介导免疫应答缺陷有关。

【临床表现与病理变化】 牛的隐球菌病仅与乳房炎病例有关，且同一牛群的多头母牛可被感染。发病奶牛可表现有厌食、产奶量下降、感染乳区出现肿胀和硬结、乳腺淋巴结肿大。所产牛乳黏稠、呈黏液样、灰白色，也可呈水样并伴有絮状物。马的隐球菌病几乎总会出现呼吸道病，并伴有鼻腔出现阻塞性增生。

牛最常见的症状是，鼻腔感染引发的上呼吸道症状，包括打喷嚏，单侧或双侧鼻孔流出黏脓性、浆液性或出血性鼻涕；鼻孔内有息肉样肿块，鼻梁上皮下也可出现硬肿。也常见有皮肤病变，其特征是出现丘疹和波动性或坚硬的结节。稍大的病变可发展为溃疡，留下的创面有浆液性渗出物。中枢神经系统发生隐孢子菌病的神经症状包括沉郁、性情改变、惊厥、转圈、轻度瘫痪和失明。也可出现眼部疾病，包括由于渗出性视网膜脱落而导致的瞳孔扩张迟钝和失明、肉芽肿性脉络膜视网膜炎、全眼球炎和视神经炎。

与猫不同，犬的中枢神经系统和眼睛常会出现弥散性疾病。其临床症状通常表现为脑膜脑炎、视神经炎和肉芽肿性脉络膜视网膜炎。多数犬的鼻腔会发生病变，但这并不是所表现的主要症状或原因。大约50%的犬可出现呼吸道病变，一般是肺脏，多数犬的多个器官都可出现肉芽肿。常受到侵害的器官，依据其发生频率，按降序排列依次为肾脏、淋巴结、脾脏、肝脏、甲状腺、肾上腺、胰腺、骨骼、胃肠道、肌肉、心肌层、前列腺、心脏瓣膜和扁桃体。

隐球菌病出现的病变各不相同，从出现包含大量菌体和少量炎症组成的胶状物质，到形成肉芽肿。这些病变的外层一般是网状结缔组织，内含带荚膜的真菌聚集体。细胞应答主要是巨噬细胞和巨细胞，还有

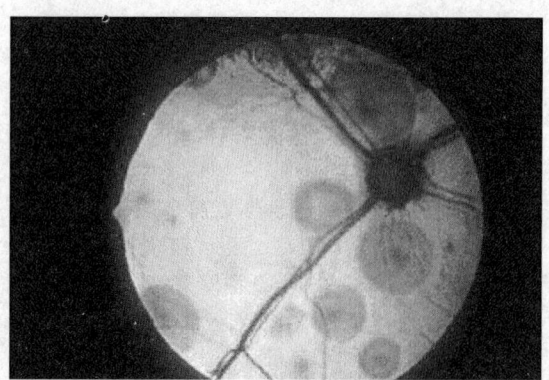

图5-6　猫的隐球菌病，以视神经视网膜炎和视网膜局部脱落为特征
（由Kirk N. Gelatt博士提供）

少许浆细胞和淋巴细胞。与其他全身性真菌病相比，该病不太常出现上皮样巨细胞和干酪性坏死区。

【诊断】 最快速的诊断方法是对鼻腔分泌物、皮肤渗出物和脑脊髓液进行细胞学检查，也可采用穿刺术从眼睛的眼房或玻璃体腔内采集样本，也可用鼻内或皮肤肿块的组织压片进行细胞学检查。最有用的是革兰氏染色法；隐球菌可以保留结晶紫呈蓝紫色，而荚膜可被番红染成浅红色。也可使用印度墨汁对隐球菌进行染色，在黑色背景下可见有透亮的菌体。由于淋巴细胞、脂肪滴和印度墨汁的凝集颗粒都可能会与隐球菌混淆，因此采用印度墨汁染色法，如没有发现芽生菌体，其诊断意义就不如革兰氏染色法那样明确。在诊断犬和猫的病例时，最常用的是瑞氏染色法，但是这种染色法可造成菌体发生收缩，荚膜发生变形。在这方面，新亚甲蓝和高碘酸希夫氏（PAS）染色法要优于瑞氏染色法。由于细胞学检查方法具有快速性，因此当怀疑为隐球菌病的病变时，始终应制备压片或氢氧化钾溶液。

如果未检出真菌，可以采集病变部位的活体组织；部分样本可用于培养，剩余部分用于常规组织学检查。隐球菌可被苏木素-伊红着染，但是其荚膜不能着染。采用PAS染色法和六亚甲基四胺银染色更容易检出该真菌，但两种方法都不能使其荚膜着染。对隐球菌的最佳染色法是迈尔氏黏蛋白胭脂红染色法，这种方法能够使真菌荚膜着染。也可使用免疫荧光染色法。隐球菌的荚膜很大和细胞壁很薄，可与芽生菌（*Blastomyces*）区别开来。通过隐球菌有出芽生殖和无内孢囊等特性，可将其与粗球孢子菌（*Coccidioides immitis*）区别开来。

在疑似病例但未检出真菌时，从血清、尿液或脑脊液中检测出隐球菌荚膜抗原是一种快速、有效的诊断方法。也可使用胶乳凝集试验的商品化试剂盒。也可使用抗原滴定法来帮助确定治疗效果。

如果能采集到足量的样本，可以从渗出液、脑脊液、尿液、关节液和组织样本中分离培养到真菌。如果出现细菌污染，可使用含抗生素的沙氏琼脂培养基。

【治疗】 首选治疗方法可考虑使用氟康唑（每日2.5～10 mg/kg）或依曲康唑（每日10 mg/kg）。使用两性霉素B可按每周皮下注射2～3次（按0.5～0.8 mg/kg溶解到含有2.5%葡萄糖的0.45%盐水中；猫用400 mL，20 kg以下的犬用500 mL，20 kg以上的犬用1 000 mL）。也可按每周3次使用两性霉素B脂质复合物（猫1～2 mg/kg，犬2～3 mg/kg），连用12～15次。也可单独使用氟胞嘧啶，但可能会产生耐药性，因此建议与两性霉素联合应用。

（六）流行性淋巴管炎

流行性淋巴管炎是由双相性真菌-皮疽组织胞浆菌（*Histoplasma farciminosum*）引起的马属动物四肢和颈部皮肤、淋巴管和淋巴结出现的一种慢性肉芽肿性疾病。该病可见于亚洲和地中海地区，但美国的发生情况尚不清楚。这种真菌在自然界中可形成菌丝，在组织中呈酵母菌样，在土壤中呈腐生相。感染可能是通过伤口或吸血昆虫传播而造成的。

【临床表现与病理变化】　该病以皮肤出现可自由活动的结节为特征，这种结节源于浅表淋巴管和淋巴结感染，容易出现溃疡，然后交替出现排液和闭合。感染的淋巴结肿大、变硬。结节表面的皮肤增厚、变硬，并与下层组织融合在一起。肺、结膜、角膜、鼻黏膜和其他组织也可出现病变。这种结节是一种脓性肉芽肿，具有厚厚的纤维包囊，内含黏稠的奶油状渗出物和致病性皮疽组织胞浆菌。

【诊断】　该病的临床特征具有很强烈的提示性。通过对渗出液和活检样品进行显微镜检查，可以进行确诊。这种酵母型真菌可造成巨噬细胞的细胞质发生膨胀，苏木素-伊红染色呈球形或椭圆形小体（3～4 μm），中心为嗜碱性颗粒，周围环绕有未着染区。该菌与荚膜组织胞浆菌（*H. capsulatum*）相似。

【治疗】　目前尚无完全满意的治疗方法。也可采用手术切除病变的方法，并结合应用抗真菌药物（两性霉素B）。

（七）地霉菌病

地霉病菌是由白地霉（*Geotrichum candidum*）感染引起的一种罕见的霉菌病。白地霉是普遍存在于土壤、腐烂的有机物和污染食物中的一种腐生真菌，也是人口腔和肠道正常菌群的一部分。该菌可造成犬发生全身性疾病、牛发生流产和乳房炎、猪的淋巴结出现干酪性结节。从患有肠炎的犬、豹猫和猩猩的粪便中，从蛇和火烈鸟的皮肤病变中，从马、企鹅、雏鸡和人的呼吸系统中，都可以分离到白地霉。

【临床表现与病理变化】　由于侵害器官不同，该病的临床症状也有差异，且无特异性。发生弥散性地霉菌病的犬，其临床症状包括由气管触诊引发的咳嗽，以及发热、厌食、大量饮水、进行性呼吸困难、呕吐和黄疸。X线检查，可在肺的某些区域发现有融合性密度结节。弥散性疾病病程发展很快，不同器官出现的病变呈多发性、黄灰色、质地坚实的肉质结节，在显微镜下呈轮廓明显的肉芽肿。

【诊断】　依据培养特性和显微特征可确诊本病。大量真菌成分既可呈游离状态，也可存在于巨噬细胞和多核巨细胞内，呈卵圆形酵母样（直径3～7 μm），

或可形成假菌丝的、有节的短链状圆形酵母细胞。在苏木素-伊红染色的组织切片上，白地霉与白色念珠菌和荚膜组织胞浆菌相似。

【治疗】　以混悬剂形式口服制霉菌素，可有效治疗患水样腹泻的大猩猩，这种腹泻是由从粪便湿片中分离的白地霉造成的。目前还没有使用抗真菌药治疗动物弥散性疾病的报道。

（八）组织胞浆菌病

组织胞浆菌病是由双相真菌-荚膜组织胞浆（*Histoplasma capsulatum*）引起人和其他动物的一种慢性、非接触性、弥散性、肉芽肿病。这种真菌常见于含鸟和蝙蝠粪便的土壤中。在土壤中和在室温下培养时，荚膜组织胞浆菌可呈菌丝状生长；在组织中以及在37℃条件下培养，呈酵母菌样生长。

组织胞浆菌病广泛存在于世界各地。该病在美国的流行地区是密西西比河和俄亥俄河河谷地区。已报道多种动物都可感染，但除了犬和猫以外，其他动物发病都不常见或很罕见。感染一般是通过污染的气溶胶侵入呼吸道造成的，肺和胸淋巴结是主要感染部位，但胃肠道也是主要感染部位，尤其是在犬。荚膜组织胞浆菌可从原发性病灶进入血流，然后扩散至全身；该菌也可定植在骨髓或眼睛中，造成脉络膜视网膜炎或眼内炎。

【临床表现】　由于该病可侵害多种器官，因此其临床症状各不相同，且无特异性。很多犬的病程很长，可出现体重下降，消瘦、慢性咳嗽、持续腹泻、发热、贫血、肝脏肿大、脾脏肿大、淋巴结肿大、鼻咽溃疡和胃肠道溃疡。犬也可发生气管支气管淋巴结病，导致阻塞性呼吸困难。病原在体内移行可累及到皮肤，出现渗出、溃疡、结节状病变。患弥散性组织胞浆菌病的犬也出现多发性关节病、脉络膜视网膜炎和视网膜脱落。发生急性组织胞浆菌病2～5周后可出现死亡。猫常见有弥散组织胞浆菌病。临床症状虽无特异性，但可见有呼吸困难、发热、精神萎靡、厌食和体重下降。也可见有淋巴结病、肝脏肿大、眼病、跛行和皮肤结节或皮肤溃疡。

【病变】　大体病变包括肝脏、脾脏和肠系膜淋巴结肿大，腹水，肺脏出现大小不一的黄白色结节，以及支气管淋巴结肿大。肿大的肝脏上可见有多发性、弥漫性、形状不规则的淡黄色肉芽肿性炎症。心肌上可见有苍白色病灶，小肠壁增厚、呈灰色，小肠黏膜可出现溃疡。

【诊断】　当出现呼吸窘迫、腹泻、支气管淋巴结肿大和肺淋巴结肿大等临床症状时，应考虑组织胞浆菌病和其他真菌病。病变组织中常含有大量组织胞浆菌，通过对细针抽吸活检样品和脱落表皮进行细胞

学检查，可以作出确诊。如果细胞学检查不能作出确诊，则需要进行组织活检。使用常规HE染色法无法检出组织胞浆菌，但采用PAS、六亚甲基四胺银染色和格瑞德里氏真菌染色法进行染色，效果很好。巨噬细胞和巨细胞中的酵母型真菌呈圆形或卵圆形结构（1～4 μm），细胞壁较薄，细胞壁和细胞胞浆之间可见有细小的透明区带。从组织样本、细针抽取样本和体液中，也可培养出组织胞浆菌。

【治疗】 治疗犬和猫的弥散性组织胞浆菌病的首选药物是伊曲康唑（每日10 mg/kg），但使用氟康唑可能也有效。使用酮康唑（10～15 mg/kg），每日2次，连用4～6月，可有效治疗犬组织胞浆菌病的早期病例和轻微病例。对严重病例，建议同时应用两性霉素B或两性霉素B脂质复合体。

（九）透明丝孢霉病

透明丝孢霉病是由不产色素真菌［非曲霉菌属（*Aspergillus*）或青霉菌属（*Penicillium*）或接合菌纲的真菌］引起的疾病，这类真菌在组织中可形成胞壁透明且清晰的菌丝。可引起人和其他动物发生透明丝孢霉病的真菌属包括支顶孢属（*Acremonium*）、镰刀菌属（*Fusarium*）、地丝菌属（*Geotrichum*）、拟青霉属（*Paecilomyces*）、假霉样真菌属（*Pseudallescheria*）和多孢霉属（*Scedosporium*）。与暗色丝孢霉病相比，透明丝孢霉病的发病率较低。

【临床表现】 该病的表现各不相同，从局部皮肤、皮下、角膜或鼻黏膜病，到肺脏和其他多种器官系统的弥散性疾病。

【诊断】 有多种真菌无法通过其在组织中的组织学特性进行鉴定，需要采用分离培养和（或）PCR方法进行鉴定。

【治疗】 局部疾病的首选治疗方法是手术切除，有时可结合局部应用抗真菌药物进行治疗。弥散性疾病的预后一般都很差。可尝试使用较新的唑类抗真菌药和两性霉素B脂质复合体进行治疗。

（十）足分支菌病

足分支菌病是皮下组织出现内含组织粒或颗粒的肉芽肿结节病变。颗粒内部为致密的真菌菌落。如果这种病变是由真菌引起的，那么该病就称为真菌性足分支菌病。真菌性足分支菌病的病原包括各种各样的腐生性喜土真菌。由产色素真菌，如弯孢霉（*Curvularia* spp.）和马杜拉分支菌属（*Madurella* spp.），引起的真菌性足分支菌病被称为黑色或暗色颗粒足分支菌病；而白色颗粒足分支菌病则是由不产色素真菌引起的，如支顶孢菌属（*Acremonium* spp.）和尖端赛多孢子菌（*Scedosporium* apiospermum）［即无性生殖状态的波氏假阿利什菌（*Pseudallescheria boydii*）］。

【临床表现与病理变化】 大多数真菌性足分支菌病只局限于皮下组织，但是白色颗粒足分支杆菌会扩散至腹腔。白色颗粒足分支菌通常可见有腹膜炎或腹部结块。黑色颗粒足分支菌病，通常是以四肢和面部可见局限性相对较差的皮肤结节为特征。这种结节可形成溃疡或瘘管。当累及到蹄部或四肢时，感染可扩散到下层骨骼。

真菌菌丝可以在病变部位增殖并形成肿块，被称为粒或颗粒。在这些颗粒中，菌丝体紧密聚集，形态常表现为奇异或扭曲。常见有厚壁孢子，特别是在边缘处，部分菌丝体嵌入到无固定结构的粘合剂样组织中。组织学上，颗粒常包绕有嗜酸性沉淀物。依据感染真菌不同，颗粒的颜色和大小各不相同。

【诊断】 如在引流管渗出物中发现有颗粒，可以作初步诊断。进行细胞学检查时，需要在颗粒中检出真菌成分。如果在渗出液中未发现有组织颗粒，应当采集病变部位的活组织样品进行病理组织学检查。应当进行真菌培养，以确认细胞学检查结果，并对真菌进行鉴别。真菌培养时应采集组织颗粒或活体组织样品。

【治疗】 由于腹部足分支菌病涉及的组织通常很广泛，因此其预后应慎重。皮肤性足分支菌病虽然没有威胁到生命，但通常也无法解决。激光手术切除，包括截肢，可有效治疗某些皮肤性足分支菌病。有报道称抗真菌化学疗法仅对少数一些病例有效。有报道称，按每日50 mg使用氟康唑，连用6周，成功治愈了犬的腹内足分支菌病。也有报道称，按每日5～10 mg/kg长期应用伊曲康唑，未能治愈犬的弥散性支顶孢属真菌感染。

（十一）卵霉病

卵霉病（腐皮病、链壶菌病）是由卵菌纲真菌引起的。这类真菌并非真正的真菌，而是茸鞭生物界中的水生病原体。这类病原体与藻类的关系比与真菌的关系更为接近，但可引起与接合菌非常相似的疾病。在兽医上具有重要意义的病原包括多种水霉属（*Saprolegnia*）和绵霉属（*Achyla*），例如异枝水霉（*S. diclina*），是鱼类皮肤病的常见病原；隐秘腐霉菌（*Pythium insidiosum*）是马皮肤霉菌病和皮下霉菌病（夏疮、佛州马蛭病、水蛭病）的病原，是犬皮肤霉菌病、皮下霉菌病和胃肠道霉菌病的病原，也是猫皮肤霉菌病和鼻侧霉菌病的病原；链壶菌属（*Lagenidium* spp.），是引起犬皮肤病、全身性病变和大血管动脉瘤的病原。腐皮病是某些热带和亚热带地区家畜的常见病。犬的腐皮病常发生于东南亚、澳大利亚东部沿海、南美洲和美国，尤其是墨西哥湾沿岸地区。在美国，该病常发于秋季和冬季。

【临床表现与病理变化】 马的病变呈肉芽肿性、

溃疡性管状结节，面积大，大致呈圆形，也可呈皮下肿胀，并伴有灰黄色肿块或核心。病变最常见于腿部（尤其是后肢）、腹部、胸部和生殖器。病变的分布归因于该病原的水生性质。病变部位可出现瘙痒，流出黏液血性的渗出物，且常呈自我损伤性。肉芽肿内含有大量质地坚实的、淡黄色的珊瑚状坏死组织，称为"沼泽癌"，可完全剥离。沼泽癌是血管内形成的凝固性坏死的病灶，已经与周围组织相隔离，内含宽厚的、无隔膜的分支状菌丝，直径1~10 μm。骨骼受损是慢性腐皮病的特征。马的肠道腐皮病以胃肠道出现纤维化和狭小病变为特征，病灶中心含有干酪样物和真菌菌丝。

外科手术或尸检时采集样本由纤维化组织构成，坏死病灶呈不规则状、相互隔离、质地坚实，大小和颜色各异。显微镜下的变化各不相同，从内含大量嗜酸性粒细胞的急性渗出性炎症病灶，到内含隐退性坏死区和菌丝结构的肉芽肿反应，其中的菌丝壁厚、呈分支状和宽度上略呈不规则状。

胃肠和皮肤型腐皮病可见有严重的肉芽肿性和嗜酸性炎症，并以此为特征。隐秘腐霉菌感染最常见于年轻成年犬的胃肠道，尤其是拉布拉多猎犬。胃、近小肠和回结肠连接处经常受到侵害，但是小肠、食道和结肠的任何部位都可出现病变。临床症状包括呕吐、体重下降和厌食。体重下降非常严重，但是直到疾病后期，病犬才会出现全身性症状。该病的病变特征通常是胃壁和小肠壁出现严重的透壁性增厚，并伴有肠系膜淋巴病，病变淋巴嵌入在含有周围肠系膜的质地坚实的、大块肉芽肿内。由于病变扩散至肠系膜血管，可造成肠缺血、肠梗死或腹腔急性出血。肠道化脓性肉芽肿通常都是由坏死性病灶组成的，病灶周围包绕有浸润的中性粒细胞、嗜酸性粒细胞、上皮样巨噬细胞、浆细胞和多核巨细胞。在苏木素-伊红染色的切片中，病原体可能并不明显。在采用六亚甲基四胺银染色的切片中，可见有及少量、有隔膜的分支状菌丝。

皮肤性腐皮病的特征是伤口无法愈合、侵袭性肿块和有瘘管的溃疡性结节。最常发病的部位是四肢、尾尖、颈下部和会阴部。猫很少见有腐皮病，以皮肤病变或鼻咽病变为特征。

链壶菌病是犬的一种卵霉菌性感染，其特征是多灶性皮肤病变和局部淋巴结病。与皮肤型腐皮病的临床过程相反，发生链壶菌病的病犬常出现的是远端病变。由于感染可造成血管炎，因此可能会发生血源性传播。淋巴结、肺脏、特别是大血管可能受到侵害。大血管动脉瘤可能会突然破裂，导致动物发生猝死。

【诊断】 马的腐皮病病变与接合菌病的病变相似，可能会与皮肤型柔线虫蚴病、超量肉芽组织和马的某些肿瘤相互混淆。腐皮病的坏死灶中心与周围组织有明显差异，窦道流出有大量浆液脓性渗出液。病变内含有极少量有隔膜的分支状菌丝（呈直角），外形不规则，直径4~8 μm。

通过从感染组织分离隐秘腐霉菌，可以对病犬作出诊断。也可采用培养鉴定或PCR方法。有一种检测抗隐秘腐霉菌抗体的ELISA方法可供使用，其灵敏性和特异性均很好。链壶菌病的组织学特征与腐皮病和接合菌病相似。但是，链壶菌的菌丝明显较大，且在苏木素-伊红染色组织中可以看见。可采用血清学方法作出初步诊断，但最好是采用真菌分离培养或PCR方法进行链壶菌病的确诊。

【治疗】 患胃肠道腐皮病的犬，其预后不良。首选治疗方法是采用外科手术进行彻底切除，但是在诊断时，病变常过于广泛，无法彻底切除。腐皮病的药物治疗方法包括伊曲康唑（每日10 mg/kg）和特比萘芬（每日5~10 mg/kg）。也可尝试使用两性霉素B脂质复合体进行治疗。采用长期治疗，大约有20%的犬可治愈。尚未见有采用药物治疗链壶菌病的描述。发病马的预后慎重，及时确诊和治疗是有效控制的基础。影响预后的因素包括病变的大小和部位，以及感染的持续时间。尚未侵害到关键结构的短期小病变，常可治愈。采用手术切除、免疫疗法，或两者联合治疗，可能会取得疗效。免疫疗法是采用经超声波处理的灭活全细胞菌丝抗原，或采用致病性真菌的可溶性沉淀抗原，进行皮内或皮下注射。采用这种治疗方法，可能会引起注射部位出现皮下囊肿、骨炎或者是顽固性蹄叶炎等并发症。采用手术切除，加上全身性或局部应用两性霉素B，可有效治疗局部疾病。

（十二）拟青霉菌病

在人类和其他动物，尤其是低体温动物，都曾描述由拟青霉菌属（*Paecilomyces spp.*）引起的全身性（主要是肺）霉菌病。捕获的爬行动物和两栖动物感染可能最为常见；其他宿主包括犬、马、猫（鼻肉芽肿）和山羊（乳房炎）。较为重要的致病性真菌是淡紫拟青霉（*P. lilacinus*）和多变拟青霉（*P. variotii*）。这类真菌，一般认为是非致病性的，广泛存在于土壤和腐烂的有机物中。该病常继发于身体虚弱、免疫抑制和因长期使用抗生素造成的正常微生物菌群发生改变之后。

【临床表现与病变】 该病的临床症状多种多样，且无特征性，但可反映出受侵害的组织或器官。病变器官出现肿大，内含凸起的灰白色结节。在弥散性病例的许多组织中，可见有肉芽肿病变（多发性苍白色病灶），病灶内含有隔膜的假菌丝（直径2~3 μm）、椭圆形分生孢子和球形到椭圆形的薄壁孢子（3~6 μm），这种病变与小动脉和中动脉紧密相连。

【诊断】 该病的大体病变常与其他全身性真菌病相混淆。但是，这种真菌具有有隔膜的菌丝、分生孢子和孢子，有别于常见的致病性真菌，如曲霉属真菌和毛霉菌。通过采集多个病变样本进行真菌的分离培养，可以作出诊断。大多数真菌在37℃条件下不能生长或生长受到抑制，但在5~30℃条件下生长良好。

【治疗】 目前尚无有效治疗方法。拟青霉菌属对抗真菌药物的敏感性差异很大；淡紫拟青霉对两性霉素B和氟胞嘧啶有相对强的抵抗力，但对酮康唑敏感，而多变拟青霉对前两种药物敏感。

（十三）青霉病

家畜罕见有青霉菌属（Penicillium spp.）感染。然而，从猫科动物的皮肤病病例、猫的眼眶蜂窝织炎和带有肺炎的鼻窦炎、犬鼻组织的侵袭性、破坏性疾病、人工饲养巨嘴鸟的肺脏、气囊、肝脏和其他组织发生的侵袭性病变［灰黄青霉菌（P. griseofulvum）］，以及东南亚的竹鼠科动物发生的全身性疾病中［马尔尼菲青霉菌（P. marneffei）］都已经分离到这种真菌。青霉菌在自然界广泛存在，存在于土壤、粮食以及各种食物和饲料。

【临床表现与病理变化】 患鼻青霉病的犬可表现有长期性打喷嚏，以及急性到慢性流鼻涕，鼻涕可呈间歇性出血，或呈间歇或连续黏液状或黏液脓性。X线检查在鼻甲骨可见有局部破坏，X线可透性增加。鼻黏膜的大体病变可见有坏死点和溃疡；显微镜下，在与坏死灶相邻的完整黏膜上可见有肥厚的真菌菌丝垫。

【诊断】 通过真菌的分离培养、病变特征、检出真菌菌丝和琼脂糖凝胶双扩散试验阳性，可以对该病作出诊断。分离培养出青霉菌，还必须同时证明有真菌侵袭组织，才能进行确诊。组织中的马尔尼菲青霉菌，与酵母相的荚膜组织胞浆菌非常相似。

【治疗】 采用鼻甲切除手术与刮除术，可与采用1%碘酊或聚乙烯吡咯酮碘酊（10:1）冲洗鼻腔和口服噻苯咪唑相结合。按每日2.5~5.0 mg/kg，连续两个月服用氟康唑，可有效治疗某些患鼻青霉菌病的犬。

（十四）暗丝孢霉病

暗丝孢霉病是一种宽泛的临床病理名称，是指由暗色孢科中，多个产色素真菌属和种中的一种引起的慢性皮肤感染、皮下感染或黏膜感染。已报道可感染人和其他动物的几个真菌属包括链格孢属（Alternaria）、双极霉属（Bipolaris）、枝孢属［Cladophialophora，又称木丝霉属（Xylohypha）］分子孢子菌属（Cladosporium）、弯孢属（Curvularia）、外瓶霉属（Exophiala）、产色芽生菌属（Fonsecaea）、丛梗孢科（Moniliella）、瓶霉属（Phialophora）、枝氯霉属（Ramichloridium）和齿梗孢属（Scolecobasidium）。这类真菌营腐生生活，广泛存在于土壤、水和腐烂植物中。感染是由于真菌侵染受伤部位的组织而造成的。

【临床表现与病理变化】 在牛、猫、马和犬已经描述有暗丝孢霉菌病。最常见的临床症状是皮肤出现溃疡性结节、上呼吸道症状和鼻腔/鼻侧出现肿块。在头部、鼻黏膜、四肢和胸部周围的皮下或黏膜下可出现缓慢增大的肿块。结节可出现溃疡，并且形成引流性瘘管。这种脓性肉芽肿内含可产色素的有隔膜菌丝，这些菌丝可呈不规则状膨大的、壁薄、芽殖酵母状。

【诊断】 暗丝孢霉菌病的诊断可通过对渗出液和活检样本进行显微镜检查来进行，镜下可见有产色素的或透明的细丝状菌丝（直径2~6 μm），末端和夹层中可见有囊泡（6~12 μm）和孢子。通过组织学特征无法鉴别多种致病性真菌，需要采用真菌的分离培养或（和）PCR方法。鉴别诊断应包括肿瘤、其他肉芽肿和表皮囊肿。

【治疗】 在大多数病例中，感染仅局限于皮肤和皮下组织。如果病变位置适合，可采用大面积切除进行治疗。对不能实施外科手术的病例，可考虑使用两性霉素B或伊曲康唑进行药物治疗。

（十五）鼻孢子虫病

鼻孢子虫病是由西伯鼻孢子虫（Rhinosporidium seeberi）引起的一种慢性、非致死性的、化脓性肉芽肿，主要感染马、牛、犬、猫和水禽的鼻黏膜，偶尔也可引起皮肤感染。该病在北美不常见，最常见于印度、非洲和南美洲。鼻孢子虫至今未能人工培养，也不清楚其自然习生地。外伤可诱发感染，但这种感染并无传染性。

【临床表现与病理变化】 鼻黏膜感染以出现息肉状增长为特征，其质地松软、呈粉红色、脆弱、表面粗糙、呈分叶状，息肉很大、可阻塞鼻道。皮肤病变可能是单个的或多发的，无柄的或有蒂的。鼻息肉和皮肤病变为肉芽肿性的、纤维黏液样炎性成分，内含真菌。

【诊断】 鼻孢子虫病可能会与鼻黏膜和皮肤出现的其他肉芽肿病变相混淆，如曲霉病、虫霉病、"鼻肉芽肿"和隐球菌病。对活检样本进行显微镜检查，见有鼻孢子虫小球（孢子囊），即可作出确诊。这种小球数量很多，大小不一（最大300 μm），厚实的胞壁对高碘酸品红染色呈阳性反应，内含直径为4~19 μm的内孢子。整个病变部位都分布有不同大小的发育期小球，没有孢子。

【治疗】 已确认，手术切除是标准治疗方法，但也常见有复发。药物治疗方法是两性霉素B和伊曲康唑，但其效果不如手术切除方法。

（十六）孢子丝菌病

孢子丝菌病是由申克孢子丝菌（*Sporothrix schenckii*）感染人、各种家养动物和实验动物的一种散发性、慢性肉芽肿性疾病。申克孢子丝菌是一种双相型真菌，在植被和沙氏葡萄糖琼脂培养基上，25～30℃下可形成菌丝，但在组织和培养基上37℃下呈酵母样。该菌普遍存在于土壤、植物和木材中，分布于世界各地，在美国最常见于沿岸地区和河谷地区。感染一般是通过接触植物或土壤或异物穿透，造成皮肤伤口直接接种病菌而造成的。通过吸入孢子而引发弥散性疾病极为罕见。

在犬、猫、马、牛、骆驼、海豚、山羊、骡、禽、猪、鼠、犰狳和人，都已有发生孢子丝菌病的报道。该病可出现人兽共患性感染。最有可能发生人兽共患性感染的动物是猫，已经有从猫传染给人却无明显外伤的报道。与此相反，从其他动物发生的传播，似乎需要在接种之前出现皮肤外伤。从感染猫的伤口和粪便中排出的大量真菌，被认为是造成猫孢子丝菌病人兽共患可能性升高的原因。最近，在巴西报道有孢子丝菌病流行，这些研究的数据表明，猫在造成该菌发生人兽共患性传播中起着重要作用。感染猫的护理人发生感染的可能性，是生活在同一家庭其他人员的4倍。

【临床表现与病理变化】　孢子丝菌病可分为三种类型：皮肤淋巴型、皮肤型和弥散型。皮肤淋巴型是最常见的病型，在感染部位可出现小的、坚实的表皮结节或皮下结节，直径1～3 cm。随着感染沿淋巴管延伸，可形成成串排列的新结节。病变出现溃疡，并有浆液出血性渗出液流出。虽然最初并无全身性症状出现，但慢性疾病可能导致发热、倦怠和精神沉郁。皮肤型的病变仅局限于感染部位，但也可出现多发性病变。弥散型虽然很罕见，但可能是致命性的，由于对皮肤型和皮肤淋巴型的忽视，可进一步发展为弥散型。该病可通过血源性或组织，从感染的起始部位传播至骨骼、肺脏、肝脏、脾脏、睾丸、消化道或中枢神经系统。人的全身性孢子丝菌病的发病率似乎正在上升，这主要是由于免疫力低下人群发生感染造成的。

【诊断】　通过对渗出液或活检样本进行真菌培养或显微镜检查，可以作出诊断。在组织和渗出液中，可见有少量或大量真菌，呈雪茄烟状，在巨噬细胞内可见有单个真菌细胞。该真菌细胞呈多形性，且很细小〔（2～10）μm×（1～3）μm〕，可见有出芽，外观呈乒乓球拍状。可采用荧光抗体技术鉴定组织中的酵母样真菌细胞。除了猫以外，其他动物的渗出液和组织中的孢子丝菌一般都很稀疏，因此需要进行真菌的分离培养才能作出诊断。在培养物中，可形成真正的菌丝，菌丝比较细小、呈分支状，有隔膜，菌丝侧枝生有纤细的、梨形分生孢子。

【治疗】　孢子丝菌病的首选治疗药物是伊曲康唑（每日10 mg/kg）。在临床治愈后，应继续治疗3～4周。另外，口服碘化钾饱和溶液也可取得一定的效果，在临床治愈后，应继续治疗30 d。治疗期间，应该监控动物发生碘化物中毒的症状：厌食、呕吐、精神沉郁、肌肉抽搐、体温下降、心肌病、心血管衰竭和死亡。猫对碘化物尤其敏感，容易发生碘中毒。

【人兽共患病风险】　由于有充分的病例证明孢子丝菌病可由动物传播到人，因此该病被认为是一种人兽共患病。在处理疑似或确诊患有孢子丝菌病的动物时，必须严格遵守消毒程序。在讨论治疗方案时，对于接触感染动物的人员，应告知该病具有传染性。

（十七）接合真菌病

接合真菌病（蛙粪霉病、耳霉病、虫霉病）是指接合菌纲真菌和两种其他虫霉目中两个属，蛙粪霉属（*Basidiobolus*）和耳霉属（*Conidiobolus*）感染引起的疾病。真正的接合菌感染其实很罕见，但耳霉病和蛙粪霉病却很常见，可引起严重的化脓性肉芽肿性病变，其大体病变和组织学病变结构上与腐皮病和链壶菌病相似。副冠耳霉（*C. coronatus*）、异孢耳霉（*C. incongruus*）、闪光耳霉（*C. lamprauges*）或蛙生蛙粪霉（*B. ranarum*）主要发生于马的鼻黏膜和皮下组织，罕见于其他动物（马驼、绵羊）。这些真菌存在于土壤和腐烂植被中，在两栖动物、爬行动物和有袋动物发生蛙粪霉感染病例时，还存在于其胃肠道内。冠状耳霉几乎仅侵害鼻黏膜和口腔黏膜。蛙粪霉可侵害头部、颈部和躯体的侧面。冠状耳霉也是一种重要的昆虫病原。

【临床表现】　冠状耳霉感染可引起鼻孔和口腔黏膜出现溃疡性、化脓性肉芽肿，也可引起鼻腔黏膜和唇黏膜出现结节性增生，造成机械性阻塞，导致呼吸困难和流鼻涕。蛙发生蛙粪霉感染可引起身体前半身皮肤出现大面积病变，一般呈单个、圆形、溃疡性、瘙痒性结节。病变部位的瘘管可流出血清血液样液体，这类病变常为创伤性的。扩散到局部淋巴结后，可引起淋巴结肿大，并出现黄色坏死灶。病变部位的坏死组织核心可能呈黄色奶油样。弥散性蛙粪霉病很罕见，但在犬和山魈已有发生该病的报道。

【病理变化】　在切除组织的样本或尸体剖检样本中，在其增厚且纤维化真皮上可见有散在的、红色或奶白色的病灶。这类病变中的隐退性坏死灶呈菌丝状，有大量嗜酸性粒细胞浸润，具有感染性肉芽肿的组织学特征。

【诊断】 临床上，接合菌病可能与皮肤性柔线虫病和卵菌病相混淆，但可通过对病变组织的显微镜检查进行鉴别。在苏木素-伊红染色的切片上，该真菌呈多孔和细长的管状，许多菌丝的尾部呈嗜酸性；在采用真菌染色法染色的切片上，该真菌内含有粗大的、分支状菌丝，有时菌丝有隔膜，直径4~20 μm。要鉴定致病性真菌，需要进行培养检查。

【治疗】 采用手术切除或免疫疗法，或两者结合，都可有效治疗该病。免疫疗法是皮内注射0.02~0.1 mL微粒状真菌抗原。局部或全身性应用两性霉素B，或同时使用两种方法，可治疗局部真菌病。理想的治疗方法是，早期进行手术切除病变组织，然后再使用两性霉素B。

十一、钩端螺旋体病

（一）概述

钩端螺旋体病是由钩端螺旋体属（*Leptospira*）中某些致病性血清型感染引起的一种呈世界范围内分布的人兽共患传染病。几乎所有的哺乳动物都可发病，临床症状差异较大，从温和型、亚临床型，到多器官衰竭和死亡。

【病原】 钩端螺旋体是一种革兰氏阴性厌氧菌（原文为需氧，有误，译者注），呈螺旋状，该菌对培养基营养要求较高，生长缓慢，有特征性的螺旋样运动。钩端螺旋体的分类地位比较复杂，也可造成混乱。传统上，钩端螺旋体可分为两个群，致病性钩体都划分为问号钩端螺旋体（*L. interrogans*），腐生型的都划分到双曲钩端螺旋体（*L. biflexa*）。每个种都公认有不同的血清型，全世界范围内公认的致病性钩端螺旋体有220种血清型。随着基因信息学方法在细菌分类中的应用不断增大，钩端螺旋体属中的致病性钩端螺旋体被重新划分为7个钩端螺旋体种。家畜常见的一些钩端螺旋体目前有不同的种名。例如，问号钩端螺旋体的流感伤寒型现在称为*L. kirschneri*流感伤寒型。2种哈勒焦型已经正式划分为两个种。哈勒焦型（*hardjo-bovis*）发现于美国和其他国家，现在是博氏钩端螺旋体（*L. borgpetersenii*）哈勒焦型，不太常见的哈勒焦型（*hardjo-prajitno*）最初发现于英国，现在是问号钩端螺旋体哈勒焦型。修正的命名法已经在科研文献上有所反映，但是疫苗和药品标签上还没有改变。血清型命名仍然保留，在讨论螺旋体的流行病学、临床症状、治疗和预防措施还有一定意义。

【宿主易感性、流行病学与传播】 实际上，所有哺乳动物对致病性钩端螺旋体感染都易感，但某些动物的抵抗力稍强。在常见伴侣动物和家畜中，螺旋体病最常见于牛、猪、犬和马。猫对该病似乎具有一定的抵抗力。野生动物也常见有螺旋体病，只有在野生动物引起人或家畜感染时，该病才会受到重视。

钩端螺旋体病在世界各地均有发生。在温热和潮湿气候条件下，感染和疾病更为普遍，在许多热带地区该病呈地方性流行。在温带气候下，发病的季节性较强，在雨季发病率最高。

尽管公认的钩端螺旋体血清型超过220种，但在一个特定地区或生态系内仅流行一种亚型，一种亚型仅有一种或更多维持宿主可起到感染贮存宿主的作用（表5-4）。该病原的维持宿主多为野生动物，有时为驯养动物和家畜。一种血清型在其维持宿主体内的表现不同于在其他宿主，即偶然宿主体内的表现。维持宿主发生的钩端螺旋体病的特征一般是高感染流行率、相对轻微的急性临床症状，肾脏持续感染，有时生殖道也有持续性感染。

表5-4 在美国和加拿大引起家畜发病的致病钩端螺旋体的常见维持宿主

钩端螺旋体的血清型	宿主
犬型	犬
波摩那型	猪、牛、负鼠、臭鼬
流感伤寒型	浣熊、麝鼠
哈勒焦型	牛
黄疸出血型	大鼠
布拉迪斯拉型	猪、小鼠（？）、马（？）

维持宿主发生钩端螺旋体病时，由于其抗体反应较弱，感染动物组织内的病原含量极少，因此难以作出诊断。例如，猪的布拉迪斯拉发血清型感染，牛的哈勒焦型感染。偶然宿主发生钩端螺旋体病的特征是感染流行率较低、严重的临床症状和肾脏短暂感染。偶然宿主发生钩端螺旋体病时，由于其抗体反应比较明显，感染动物组织内存在有大量钩端螺旋体，因此很容易作出诊断。例如，犬的伤寒血清型感染，牛和猪的黄疸出血型感染。

在维持宿主和偶然宿主发病时，宿主与血清型之间相互作用的特征也不是绝对的。例如，感染波摩那型的猪和牛，其临床表现就像介于维持宿主和偶然宿主之间的中间宿主，可表现有肾脏持续性感染，但抗体反应也很明显。

该病在维持宿主之间的传播常为直接传播，通过尿液、胎盘液或乳汁之间接触而发生传播。另外，某些宿主与血清型的组合，也可通过配种或胎盘发生传播。偶然宿主发病，更常见的是间接传播，通过与尿液污染地区接触发生传播，偶然宿主出现无症状感染，可通过尿液排菌。环境因素在钩端螺旋体病间接传播过程中也起到重要作用。钩端螺旋体喜潮湿、相对温暖的环境，在干燥或在低于10℃、高于34℃温度下，钩端螺旋体的存活期很短。

【发病机制】 尽管钩端螺旋体的血清型和宿主种类很多，但该病发病机制的关键步骤在血清型与宿主组合中都非常相似。螺旋体可通过刺入暴露的黏膜或损伤的皮肤侵入机体。经不同潜伏期（4~20 d）后，随血液循环，在肝脏、肾脏、肺脏、生殖道和中枢神经系统等组织中繁殖，时间可达7~10 d。在出现菌血症和在组织定殖期间，可出现急性钩端螺旋体病的临床症状，其表现因血清型和宿主的不同而有所差异。发病后，很快就可在血清中检测到凝集抗体，这种凝集抗体与血液和大多数器官中钩端螺旋体的消除情况相一致。随着钩端螺旋体的清除，急性钩端螺旋体病的临床症状也开始消退，但受损器官的功能需一定时间才能恢复正常。

此时，偶然宿主发生的疾病和维持宿主出现的疾病有差异。钩端螺旋体可在偶然宿主的肾小管内做短暂停留，随后几日到几周内可通过尿液排出。但在维持宿主体内，即使血清内的抗体水平很高，但在其肾小管和生殖道内仍然会有钩端螺旋体存在，有时也存在于眼内。初次感染钩端螺旋体后的数月到几年内，持续感染动物的泌尿道和生殖道分泌物中仍会排出钩端螺旋体，这类动物就成为该病的重要贮存宿主。

【临床表现】 钩端螺旋体病的临床表现取决于宿主种类、钩端螺旋体的致病性和血清型，以及动物的年龄和生理状况。亚临床症状比较常见，尤其是在维持宿主。偶然宿主发生的钩端螺旋体病通常是急性、全身性和热性疾病，以出现肝功能或（和）肾功能障碍为特征。另外，身体其他系统也会受到侵害，出现一些临床症状（如呕吐、葡萄膜炎、胰腺炎、出血、溶血性贫血）。

无论维持宿主还是偶然宿主，在感染期内发生妊娠，钩端螺旋体都可在子宫内定植并持续存在，造成胎儿发生感染，导致流产，可产下死胎、弱胎或外表健康但已感染的胎儿。一般而言，偶然宿主可发生急性流产，而维持宿主出现的流产或繁殖后遗症可能会推迟数周到数月。

【诊断】 钩端螺旋体病的诊断，要依据完善的症状和免疫接种史，以及实验室检测来进行。该病的诊断方法包括，检测抗钩端螺旋体抗体和检测组织或体液中菌体。对任何一个病例都应建议进行血清学检测，同时采样一种或多种检测组织或体液中钩端螺旋体病原。

血清学方法是诊断动物钩端螺旋体病最常用的方法。最常用的是凝集试验方法。主要步骤是将适当稀释的血清，与当地流行血清型的钩端螺旋体活菌混合。与钩端螺旋体发生凝集证明血清中有抗体存在。已经采用许多不同钩体抗原和检测方法开发了酶免分析法。检测抗钩端螺旋体IgM的方法对检测家畜和犬近期感染是很有用的方法。在普遍进行免疫的地区，采用这些血清学方法比较复杂，而且北美洲地区尚未有商品化检测试剂。

血清学检测结果的解释比较复杂，这是由于存在许多影响因素，包括抗体的交叉反应、免疫诱导的抗体滴度，以及对何种抗体才能证明有感染尚无共识。采用已知血清型的钩端螺旋体感染动物，所产生的抗体常与其他血清型产生交叉反应。在某些情况下，可以根据不同血清型之间的抗原相关性来预测交叉反应模式，但是不同宿主之间的抗体交叉反应差异很大。一般而言，能够引起动物产生最高滴度抗体的血清型可以假定为感染的血清型。在急性感染早期进行的凝集试验可能会出现异常反应，即某个血清型的凝集抗体滴度明显高于感染血清型。

使用钩端螺旋体疫苗对犬和家畜进行普遍免疫接种，也可造成钩端螺旋体血清学实验结果难以解释。一般免疫动物产生的凝集抗体滴度较低（1：100到1：400），并且免疫后这种抗体滴度可持续1~3个月。但是，有的动物免疫后可产生很高的抗体滴度，且维持时间在6个月以上。

有关抗体滴度多高才能诊断为钩端螺旋体病，还没有达成共识。由于在急性病例和维持宿主感染病例中抗体滴度一般都比较低，因此即使抗体滴度较低也不能排除患钩端螺旋体病的可能性。对钩端螺旋体病急性病例，间隔7~10 d采集双份血清样品，可见有抗体滴度升高4倍。依据单份血清样品来诊断钩端螺旋体病时，一定要谨慎，应充分考虑到动物的临床症状和免疫接种史。一般来说，有相关临床症状和免疫超过3个月，抗体滴度从1：800升高到1：1 600就是确诊钩体病的有力证据。咨询诊断实验室对于解释抗体滴度非常有用。感染和康复后，抗体浓度仍可持续数月，但抗体滴度随着时间推移逐步下降。

鉴定组织、血液和尿沉渣中的钩端螺旋体时，可采用免疫荧光方法。这种方法具有快速和灵敏度高的优点，但需要熟练的实验室专业技术人员才能对结果进行判读。检测甲醛固定组织中的钩端螺旋体时，免疫组化法非常有用，但是由于某些组织中的钩端螺旋体含量很少，因此该方法灵敏度有差异。也可采用各种PCR方法，每个实验室选用的方法稍有差别。这些方法可以检测钩端螺旋体，但无法确定感染的血清型。鉴定感染血清型的唯一方法是采集血液、尿液或组织样品进行分离培养。应在临床症状出现的早期采集血液样品，出现临床症状后7~10 d采集的尿液样品，出现阳性的可能性较大。开始采用抗生素治疗后，一般很少会出现培养阳性结果。钩端螺旋体的培养需要使用特殊培养基，诊断实验室在确定钩端螺旋体存在时，很少采用分离培养的方法。

【预防】 由于在城市和农村环境中可见有啮齿动物、浣熊、负鼠和臭鼬检出病原，因此很难避免与散养野生动物或家畜发生接触，这些动物可能是钩端螺旋体的维持宿主。预防钩端螺旋体病的基础是采用多价灭活苗进行免疫接种。由于对钩端螺旋体的免疫有血清型特异性，因此疫苗中应含有相关血清型，应针对各种钩端螺旋体。目前还没有马用的钩端螺旋体疫苗。钩端螺旋体疫苗一般都以预防临床疾病的效果来进行设计和评估，不应期望通过疫苗免疫来完全预防该病的发生，也无法避免排菌。

【人兽共患病风险】 人对大多数致病性血清型的钩端螺旋体都具有易感性，但人是偶然宿主，因此并不是重要的储存宿主。职业暴露是一种风险因素，兽医、兽医工作人员、畜牧生产人员和乳制品工作人员的发病风险较高。接触被家畜或野生动物尿液污染的水，也存在有风险。动物主人通过接触伴侣动物和家畜可发生钩端螺旋体病。

主要的感染途径是经由黏膜接触感染动物的体液（急性发病动物的血液和尿液）。人的钩端螺旋体病症状差异较大，从亚临床型到出现严重症状，出现肝肾功能障碍时甚至可造成死亡。最常见的症状是发热、头痛、皮疹、眼痛、肌痛和全身乏力。已有报道，可经胎盘感染、流产，以及经母乳喂养造成新生仔畜感染，特别令人关注的是孕妇发生感染。确诊需要采用实验室方法。由于根据临床症状无法对动物钩体病作出诊断，因此兽医人员应采取感染控制措施，在处理动物体液时必须戴手套，且要经常洗手。

（二）犬钩端螺旋体病

犬是钩端螺旋体犬血清型的维持宿主，在美国采取普遍免疫接种措施之前，犬型和黄疸出血型是犬类常见的血清型。在近15年中，犬血清型的流行率已经发生了很大变化；目前最流行的血清型是流感伤寒血清型、波摩那型、布拉迪斯拉发型，不同地区三种型的比例不同。犬群中仍然还流行有犬血清型，尤其在散养犬中。在与鼠类接触的犬中，尤其是城市地区的犬，最常见的血清型是流感伤寒血清型。在美国和加拿大，从犬血清中检测到秋季型钩端螺旋体的抗体，使人们推测引起发病的就是该型钩端螺旋体。但是，从美国和加拿大的犬中尚未分离到秋季热型钩端螺旋体，有证据表明使用含流感伤寒型和波摩那型的疫苗诱导产生抗秋季型的交叉反应抗体滴度很高。但是，秋季型钩端螺旋体在引起犬发病中的作用还需要有微生物学证据。

潜伏期一般为4~12 d。常见血清型引起疾病的临床症状差异很小。同一血清型不同分离株的毒力有明显差异。因此，发生钩端螺旋体病的犬可表现出一系列临床症状，给临床诊断增加了难度。早期症状没有特征性，可见有精神沉郁、嗜睡、食欲废绝、呕吐、腹泻、结膜发炎、发热、关节痛或肌肉疼痛。数小时到数日后，可见有肾病和（或）肝病的特征性症状，并伴有血脲氮（BUN）、肌酸酐和胆红素出现轻度到中度升高，以及明显的黄疸、少尿型肾衰竭、高磷酸盐血症、血小板减少症和死亡。还可见一些不太常见症状，如葡萄膜炎、胰腺炎、肺出血、慢性肝炎。

最常见的血液异常就是中性粒细胞轻度或中度增多，没有减少现象，但白细胞计数正常。25%~35%的病例可出现轻度贫血，多是由亚临床性溶血引起的。只有10%~20%的犬可出现血小板减少，但一般都不太严重，不会造成出血。钩端螺旋体病造成的血管炎是引起出血的典型原因。血清生化检验最常见的变化是氮质血症。肝功能指标出现异常时，血清碱性磷酸酶升高幅度，要明显高于ALT（谷丙转氨酶）和AST（谷草转氨酶）的升高幅度。约20%的病例可出现血清胆红素升高。尿液检验常会出现等渗或高渗尿，约30%的病例可出现血尿、蛋白尿和颗粒管型尿。

大体病变可见所有器官、胸膜或腹膜表面存在点状或斑状出血，肝脏肿大，肾脏肿大。肝脏小叶纤维素化，质地易碎，呈土黄色。肾脏被膜下表面可见有白色病灶。在显微镜下，可见有肝脏细胞坏死、非化脓性肝炎、肝内胆汁淤积，肾脏可见有肾曲小管上皮细胞肿胀、坏死和混合性炎症反应。不太严重的病例中，可见有慢性肝炎和慢性间质性肾炎。

血清学检测是犬钩端螺旋体病最常用的诊断方法。确诊需检测急性期和康复期的血清抗体滴度。其他的诊断方法也非常有用，如免疫荧光法、PCR和分离培养，但是要确保灵敏度最高，应在使用抗生素治疗之前采集样品。

可采用输液治疗和其他辅助疗法治疗肾衰竭和肝病，以维持正常的体液、电解质和酸碱平衡。也可采用抗生素治疗。采用青霉素或其衍生物进行全身性治疗，对急性发病犬十分有用。这些药物可用于清除钩端螺旋体血症。如果症状比较轻，且犬可以忍受口服治疗，则可采用强力霉素或氟喹诺酮类药物进行口服治疗。初次治疗后，应采用强力霉素连续治疗2～4周，以清除肾脏中的钩端螺旋体，减少排菌。建议不要使用第一代、第二代头孢菌素类抗生素。对最近接触过钩端螺旋体病的犬，可采用阿莫西林或强力霉素口服7～10 d，进行预防性治疗，以避免感染。

已经有针对犬型、黄疸出血型、流感伤寒型和波摩那型的犬用商品菌苗。免疫接种犬对其他血清型仍有易感性。一般来说，疫苗能够为临床疾病提供良好的保护力，但并不能保护所有犬不受感染，也无法避免肾脏排菌。有关疫苗免疫犬可能会出现过敏反应的问题，尚有担忧。这种过敏反应一般不会造成死亡，可以通过药物进行控制。建议每年进行一次免疫接种，但是该病流行地区需要进行多次免疫。

（三）马钩端螺旋体病

在美国和加拿大，波摩那型和流感伤寒型，是引起马钩端螺旋体病的最常见血清型。马钩端螺旋体病流行情况尚不清楚，但血清学证据表明发病率要高于有明显临床症状的马。在美国，常报道有布拉迪斯拉发型的抗体，在欧洲，马被认为是钩端螺旋体的维持宿主。马发生临床性钩端螺旋体病时，最常出现的症状是流产、幼驹表现有全身性疾病以及复发性葡萄膜炎。

钩端螺旋体病每年可造成2%～4%的马发生流产，但暴雨和洪灾也造成流产暴发。发病母马可出现温和性的、非特征性的临床症状，表现为发热、厌食、精神沉郁，少数会出现黄疸，出现这些症状后1～3周内发生流产。夭折的马驹也可出现类似的非特征性病变，且这些病变常被自溶所破坏。可采用免疫组化方法、免疫荧光法、PCR法和培养方法检测胎盘和胎儿器官中的钩端螺旋体。流产母马在流产期间，抗钩端螺旋体的抗体滴度一般都非常高。

幼驹发生急性钩端螺旋体病时，通常都会出现严重病变，包括黏膜表面有点状出血、血红蛋白尿、贫血、黄疸、结膜充血、精神沉郁和虚弱。也可发生肾衰竭和肝病。

尽管使用波摩那型进行试验性感染可复制出马的钩端螺旋体病，但是钩端螺旋体在引起复发性葡萄膜炎中的确切作用还存有争议。初次感染后2～8个月，通常会出现葡萄膜炎。许多研究发现，在患有复发性葡萄膜炎的马中，有50%以上病马的眼房水中可检测出钩端螺旋体，但其他研究者却没有从类似病例中检测到钩端螺旋体。复发性葡萄膜炎究竟是由眼内持续感染或重复感染引起的，还是与免疫介导有关，目前尚不清楚。对葡萄膜炎采用对症治疗方法，可以减少炎症、防止虹膜粘连，但对于严重的、慢性病例，可

采用眼内抗生素疗法或玻璃体切除术。

感染波摩那型的马，在感染后3～4个月内可随尿液排菌。使用抗生素并不能明显缩短排菌期。全身性使用抗生素对治疗急性病例疗效很好，对同栏饲养的母马或感染的妊娠母马使用抗生素，可避免发生流产。目前尚无马用的钩端螺旋体疫苗。

（四）牛钩端螺旋体病

在北美地区，最重要的牛钩端螺旋体是波摩那型和哈勒焦型，有时也可出现流感伤寒型、布拉迪斯拉发型、黄疸出血型和犬型。在美国和世界大部分地区，引起牛钩端螺旋体最常见血清型是哈勒焦型，牛是该型钩端螺旋体的维持宿主。

很多感染钩端螺旋体的牛呈亚临床型，特别是非妊娠牛和干奶期牛。急性或亚急性的钩端螺旋体病常发生在偶然宿主，也可发生在钩端螺旋体菌血症期。慢性感染的临床症状常与因流产和死胎造成的繁殖障碍有关。哈勒焦型在子宫和输卵管内持续定居，可引起不孕症，其特征是一次妊娠所需要的配种次数增多和产犊间隔期延长。

罕见的是，偶发血清型感染的牛可出现严重的急性病，尤其波摩那型。其临床症状包括高热、溶血性贫血、血红蛋白尿、黄疸、肺充血，偶见有脑膜炎和死亡。泌乳期奶牛发生的偶发感染可出现停乳，伴有少量血乳。哈勒焦型感染泌乳牛，不会出现其他临床症状，仅会出现一种不太严重型的"产奶下降综合征"。

钩端螺旋体病的慢性期与妊娠母牛发生胎儿感染有关，表现为流产、死胎或早产及弱犊。产下的犊牛也可能外表健康，但已遭受感染。流产和死胎通常是该病的唯一症状，但有时可能与6周时（波摩那型）或12周之前（哈勒焦型）出现疾病发作有关。偶然宿主感染后出现的流产常发生在妊娠后期，呈现群体性，或出现所谓的"流产风暴"。与此相反，哈勒焦型感染后出现的流产一般呈散发性，且出现在妊娠中后期。

诊断牛发生的偶然宿主感染相对比较容易。一般而言，感染动物产生的针对感染血清型的抗体滴度较高；流产时抗体滴度达到1：800以上，即可认为是钩端螺旋体病。在某些病例中，采用免疫荧光法、PCR和免疫组化技术，可以从胎盘和胎儿体内检测到钩端螺旋体。哈勒焦型感染的诊断比较困难，需要综合采用多种方法。由于感染牛群中常存在有血清学阴性的排菌者，因此单独采用血清学方法无法鉴别感染哈勒焦型的牛。建议的诊断试验策略是，首先采用某种试验方法（免疫荧光技术或PCR）对牛群中每头牛的尿液进行病原检测，然后采用血清学方法来确定可能感

染的钩端螺旋体血清型。

牛急性钩端螺旋体病的治疗可采用四环素、土霉素、头孢噻呋、替米考星或托拉霉素，按标签用量给药。钩端螺旋体对红霉素、泰妙菌素和泰乐菌素高度敏感，但不能依赖这些抗生素来清除肾脏带菌状况。已经证明，采用土霉素（20 mg/kg）长效注射剂和头孢噻呋缓释剂，可有效清除哈勒焦型感染牛的排菌。暴发钩端螺旋体病时，可将抗生素治疗与免疫接种相结合，但只进行免疫接种不能减少尿液排菌。任何药物的适当停药期都应得到切实遵循。

在美国和加拿大可获得的牛钩端螺旋体病疫苗是五价苗，含有波摩那型、流感伤寒型、犬型、黄疸出血型和哈勒焦型5种血清型。这些疫苗可为每个血清型的疾病提供良好的保护力，但哈勒焦型除外。实验室和田间证据都表明，某些传统五价苗不能为哈勒焦型感染提供良好保护力。针对这一问题，已经引进了新型疫苗。如果免疫程序的主要目标是预防牛发生哈勒焦型感染，则在选用疫苗时就应该小心。一般来说，最有效的防控措施是，在封闭牛群或低发病率地区对所有牛每年进行一次免疫接种，对开放式牛群或疾病高发地区每年免疫两次。

（五）猪钩端螺旋体病

在美国，波摩那型和布拉迪斯拉发型是引起猪钩端螺旋体病的最常见血清型，偶见有流感伤寒型、黄疸出血型和犬型。猪是布拉迪斯拉发型的维持宿主，感染猪很少表现有急性钩端螺旋体病的典型症状——准确的说，以出现不孕和偶发性流产为证据的繁殖障碍是其最常见的临床症状，也可发生交配传播。与此相反，波摩那型对猪具有中度致病力，仔猪可出现急性临床症状，妊娠母猪可发生流产（多为成群性发生）。虽然波摩那型感染可出现急性，有时为严重的临床症状，提示为偶然宿主感染，但是在感染后，猪一直都处于感染和排菌状态，时间可长达数周到数月。波摩那型感染的这种特性，可能是造成封闭式饲养的猪群中猪-猪之间传播率很高的原因。

猪钩端螺旋体病最常见的症状是临产前2~4周发生流产。足月生产的仔猪可能会是死胎和弱仔，也有可能产后不久死亡。需鉴别诊断的主要是猪繁殖与呼吸综合征，但布鲁氏菌病、细小病毒病、猪肠病毒综合征（死胎、木乃伊、胚胎死亡和不孕）也会出现与钩端螺旋体病相同的症状。仔猪的急性钩端螺旋体病与犊牛的钩体病相似，但很罕见。治疗和控制措施也与牛钩端螺旋体病相类似，可使用猪用抗生素。

（郭慧琛 译 王晓钧 一校 梁智选 二校 靳亚平 三校）

十二、雷击与电击

闪电、掉在地上的带电导线、电路故障以及咀嚼带电导线等，其高压电流都可导致动物死亡或受伤。闪电具有季节性，并受地理环境的影响。在对触电进行调查时应该谨慎行事，因为破损的电线可能依然存在。一旦证实这个地点是安全的，调查应包括动物尸体的位置、所有受影响动物的检查，并对死亡动物进行尸体剖检。

某些树木，尤其那些枝干高大、根系发达并露出地面的大树如橡树，更容易遭雷击。被雷击带电的树根可使大范围的地表带电，特别是潮湿的地面，当路过下面有树根的浅水池时，可以导致触电。砖瓦结构的排水管道也可能使地表带电。掉在地上或下垂的电线可能使一个水池、栅栏或建筑带电，动物也可以因直接接触电线而触电。不同的土质导电性不一样，壤土、沙土、黏土、含大理石土和含生石灰的土（其导电性依次由大到小）导电性好，而含岩石多的土壤导电性很差。

在谷仓或邻近围栏的地方，家畜意外触电通常是由于电路发生故障引起的。由于供水和挤奶设备、金属铺设物和栏杆的漏电可以使整个棚舍带电（见畜舍漏电），动物会表现拒绝饮水和吃料。

触电休克的动物通常死于心跳或呼吸停止。电流通过心脏时常产生心室纤维性颤动；而电流通过中枢神经系统则可影响呼吸中枢或其他生命中枢。

【临床表现】 不同程度的电休克均可发生。在大多数情况下，动物遭雷击可瞬间死亡，倒地后没有挣扎迹象。有时，一些动物只是失去知觉，在数分钟或几小时后能恢复，一些动物则留下神经症状（如抑郁症、截瘫、皮肤过敏和失明），这些症状可能会持续数天或数周或是永久性的。大约90%的家畜遭雷击后，其躯体上有烧伤或者其周围环境有受破坏的痕迹，而站在带电的地面上的家畜遭电击致死时不大可能出现这些现象。烧焦的损伤往往呈线状，比较常见于四肢的内侧，而躯体的大部分很少受影响。烧焦部位的下面常见毛细血管充血，并能清楚地看到由于皮下血液渗出，在真皮层形成树枝状图形，这是雷击的典型症状。动物痊愈后，很难看见雷击烧伤的痕迹。在小动物，例如猪，当接触带电的饮水槽或金属铺设物时，可能立即被击毙或依据冲击强度被抛出一定的距离。由于严重的肌肉收缩导致脊柱、骨盆或四肢骨折，触电猪常躺卧。

【诊断】 可以通过间接证据作出诊断，即尸体所处的位置和尸体剖检变化。有时即使没有发现新近烧焦的树干、劈裂的栅栏或柱杆等物证，如果发现动物死于树下、悬挂在铁丝网上或附近或者聚集在电线杆的周围，这些也都是遭受雷击触电的有力证据。

电击死亡动物发生尸僵的情况会很快消失，死后瘤胃迅速膨胀，这必须和生前的瘤胃臌气相区别（见瘤胃臌气）。在这两种情况下，血液会缓慢凝固或根本不凝固。包括鼻和鼻窦在内的上呼吸道黏膜出现充血和出血；常见气管线状出血，在气管内偶尔发现大血凝块，但肺并不像在瘤胃臌气时受到压缩。其他脏器充血，在许多器官还可见瘀点和瘀斑。由于死后瘤胃膨胀，凝固不完全的血液被动地流向躯体外周，导致死后血液外渗入头部、颈部、前肢的肌肉和浅表淋巴结中，并有少量的血液渗入到后肢中。突然死亡的最明显标志可能是在动物口腔中残留有草料或其他食物。特别在瘤胃内见有正常摄入的食物而无泡沫性饲料（泡沫性膨胀），在后端消化道，有时甚至在动物身旁地面上见有正常的粪便，这些都是诊断电击的支持性证据。除了电击外，很少见家畜在一个很小的区域集中最急性死亡的情况。

农场动物通常有雷击保险，保险索赔代理人或兽医需要签署一份保险单应进行索赔。调查员会确定该动物在高风险的位置死亡，而不是死亡后被移动到那里。他们仅需对现场进行清理或调查是否有故意混淆的情况即可。动物在什么地方死亡以及死后验尸的结果是雷击保险索赔的依据。

【治疗】 幸存的动物需要辅助性治疗和对症治疗，对那些骨折或肌肉严重损伤的动物最好进行安乐死。

十三、李斯特菌病

李斯特菌病（转圈病）是一种散发性细菌传染病，易感动物范围广泛，包括人和禽类。该病呈全球分布，在温带和气候寒冷的地区多发。肠道带菌者发生率很高，成年反刍动物最常见的是脑炎和脑膜脑炎。

【病原与流行病学】 单核细胞增多性李斯特菌是一种小的、可运动的白喉样球菌，革兰氏阳性、无芽孢、抵抗力强，可在相当宽的温度范围内（4~44℃）生长。能在4℃生长是该菌一个很重要的诊断依据（即"冷增殖法"），可利用这一特点从大脑组织（但不是胎盘或胎儿组织）分离出该菌。初次分离要在微需氧条件下。该菌是一种普遍存在的腐生菌，生活在植物土壤环境中，已从42种家畜和野生动物、22种禽类以及鱼、甲壳动物、昆虫、污水、水、青贮饲料和其他饲料、奶、乳酪、胎粪、粪便和土壤中分离出该菌。

自然状态下，土壤和哺乳动物的胃肠道是单核细胞增多性李斯特菌的储存库，二者均可污染植物。放牧动物摄入该菌后，通过排出带菌粪便再次污染土壤和植物。该菌在动物间通过粪–口途径进行传播。

李斯特菌病是圈养或舍饲反刍动物在冬春季节的一种主要疾病。腐败的青贮饲料因酸性减弱（pH升高）使其中单核细胞增多性李斯特菌的繁殖加快。动物通常在饲喂劣质的青贮饲料10 d以后暴发该病，在日粮中去除或更换青贮饲料常使李斯特菌病停止传播，若几个月后饲喂同样的青贮饲料又可出现新的病例。

【发病机制】 动物摄入或吸入李斯特菌易引起脓毒症、流产和潜伏感染。通过这些途径进入组织的细菌嗜好在肠壁、延髓和胎盘中定居或通过颊部黏膜的小伤口进入脑部引起脑炎。

易感动物发生感染时可出现不同的症状，但是特征性的表现是所有动物感染后可出现流产和围产期胎儿死亡，成年反刍动物出现脑炎和脑膜脑炎，新生反刍动物和单胃动物可表现为脓毒症，家禽出现脓毒症并伴随心肌坏死或肝脏坏死或两者均有。

脑炎型李斯特菌病可感染绵羊、牛、山羊，偶尔感染猪。当单核细胞增多性李斯特菌沿三叉神经上行时，可以定居在脑干，引起脑干感染。根据损伤的神经元的功能不同，动物出现的临床症状也不同，经常是单侧受损伤，临床症状包括精神沉郁（上行网状激活系统受损）、患侧无力（运动神经束受损）、三叉神经和面部神经麻痹，有时转圈（前庭蜗核受损）。偶尔可见4月龄以内羔羊双边颅神经缺损的神经症状。

单胃动物如猪、犬、猫、家兔、野兔以及其他小型哺乳动物经常出现败血型或内脏型李斯特菌病，这些动物在单核细胞增多性李斯特菌病的传播中起着重要作用，这种类型的败血症也发生在瘤胃发挥作用前的幼龄反刍动物。年龄较大的家养反刍动物和鹿也可发生败血症，但报道较少。败血型李斯特菌病主要影响内脏器官而不是大脑，主要病理变化为局灶性肝坏死。

所有家畜特别是反刍动物的子宫，在整个妊娠期间对单核细胞增多性李斯特菌都敏感，感染后可以导致胎盘炎、子宫炎、胎儿感染和死亡、流产、死产、新生胎儿死亡以及带菌的活幼仔。子宫炎对以后的繁殖影响很小或没有影响，但是，发病动物可通过阴道和乳汁排出李斯特菌1个月以上。

通过消化道感染的细菌通常定居于肠壁，导致粪便排菌时间延长。据推测，李斯特菌污染的青贮饲料可引起大量动物隐性感染，群体感染率接近100%，仅有少数动物表现临床型李斯特菌病。

【临床表现】 脑炎是反刍动物最容易被识别的李斯特菌病症状。所有年龄和不同性别的动物均可感染，常在羊群和牛群中流行。绵羊和山羊感染后，发病急，症状出现后24~48 h死亡，但是如果得到及时积极治疗，痊愈率可达30%。牛的病程没有那么急，痊愈率可达50%。病理变化位于脑干，表现为第三至第七神经核功能障碍。

病初，感染动物表现为厌食、精神沉郁、神志不清。它们通常将头部顶在墙角或斜靠在固定的物体上，或向感染的一侧转圈。发生感染的一侧面部神经常麻痹，表现为耳朵下垂、口歪、嘴唇松弛、眼睑低垂，并且缺乏对危险的反应能力，唾液增多。由于咀嚼肌麻痹，吞咽食物困难。最后感染动物倒地，不能起立，同侧躺卧，常见不能随意跑动。

以后的几年，李斯特菌脑炎在同一个圈舍可再次发生。临床发病动物数量通常不到2%，但在特殊情况下，一群绵羊的发病数量可达10%~30%。

流产型李斯特菌病常发生在妊娠的最后3个月，无先兆。胎儿常在子宫内已死亡。但也发生死产和新生胎儿死亡。流产率不尽相同，在绵羊群可达20%。

母畜子宫炎很少继发致死性脓毒症。同一群中一般不同时发生脑炎和流产。然而，在英国发现绵羊的临床表现有所改变，流产、脑炎和腹泻病例上升，在同一群中可同时发生流产和脑炎。

猪群很少发生李斯特菌病，1月龄内的仔猪可发生脓毒症，日龄大的猪常发生脑炎，病猪3~4 d快速死亡。

【病理变化】 脑炎型李斯特菌病除部分脑膜充血外，很少出现肉眼可见变化。显微病变主要局限于脑桥、延髓、脊髓前角。

败血型李斯特菌病在所有器官特别是肝脏中可见小坏死灶。3周龄以内死亡的犊牛，除肝脏有局限性坏死灶外，经常出现明显的出血性胃肠炎。

流产胎儿可见轻微到明显的自体溶解，浆膜腔有清亮到带血的液体，并且肝脏有大量小坏死灶，特别是在右半侧。其他脏器如肺和脾脏也可见局限性坏死灶。真胃黏膜出现1~3 mm的浅层糜烂。自溶可能会掩盖这些病理变化。真胃内容物涂片革兰氏染色，可见大量革兰氏阳性、多形态的球杆菌。

【诊断】 局部麻醉下采集腰骶部脑脊液样本。如果感染了李斯特菌，脑脊液的蛋白含量会增加（0.6~2.0 g/L，正常值为0.3 g/L），并且单核巨细胞轻度增多。

只有分离鉴定到单核细胞增多性李斯特菌，才能确诊为李斯特菌病。可以选择CNS症状的大脑、流产的胎盘和胎儿等病料作为分离细菌的样本。如果初次分离培养没有成功，可将研磨后的大脑组织在4℃条件下保存几周，每周重新分离培养1次。偶尔也可从临床发病反刍动物的脑脊髓液、鼻腔分泌物、尿、粪便和奶中分离出单核细胞增多性李斯特菌。血清学试验不常用于李斯特菌病的诊断，因为许多健康动物有高滴度的李斯特菌抗体。而免疫荧光试验可以快速有效地从病死动物、流产胎儿、乳汁、肉或其他样本材料的抹片中鉴定出李斯特菌。

李斯特菌病可通过详细的临床诊断观察、脑脊液成分变化、3-羟基丁酸的浓度远远低于3.0 mmol/L等指标，与母羊的妊娠毒血症和成年牛酮病进行鉴别。此外，面部和耳朵麻痹很少见于妊娠毒血症和酮病。在牛群中，单侧的三叉神经痛和面部麻痹症状（通常比较轻微）有助于区分李斯特菌病、牛海绵状脑病、血栓性脑膜脑炎、脊髓灰质软化、散发的牛脑脊髓炎和铅中毒。在李斯特菌病鉴别诊断中必须考虑与狂犬病的鉴别。动物如患有脑脓肿和多头蚴病也会出现转圈、对侧失明、本体感觉失调症状，但是不表现为脑神经失调。生长期反刍动物常见前庭障碍疾病，患病动物通常表现为同侧自发性眼震或斜视，同时仍保持清醒和警觉，但不存在三叉神经功能障碍。

【治疗与控制】 病畜的康复取决于早期积极的抗生素治疗效果。如果脑炎症状严重，即使治疗，通常也发生死亡。单核增多性李斯特菌对青霉素（首选）、头孢噻呋、红霉素、甲氧苄啶/磺胺类药物敏感。应大剂量使用药物，因为大脑中很难达到最低杀菌浓度。

用青霉素G按44 000 IU/kg，肌内注射，每日1次，连用1~2周。首次注射应同时静脉注射同样剂量药物。对不能进食或饮水的动物需要采取辅助疗法，包括补液和补充电解质。一些人认为，在首次治疗时，静脉注射高剂量的地塞米松（1 mg/kg）有益于治疗，但该方法存在争议。

疫苗的效果还不确定，同时由于该病的散发性，关于疫苗免疫的成本-效益比成为一个问题。疾病暴发时，应隔离感染动物。如果喂的是青贮饲料，为进行诊断性试验应停止使用这种饲料。应避免用腐烂的青贮饲料。含添加剂的牧草和嫩的玉米青贮酸度高，pH较低，可抑制单核细胞增多性李斯特菌的增殖。

【人兽共患病风险】 由于从大量正常人和动物的粪便中分离出李斯特菌，动物作为人传染的储存宿主的观念受到质疑。然而，虽然单核细胞增多性李斯特菌的侵袭力不高，但是应小心处理所有可疑材料。流产胎儿和剖检脓毒症动物对人存在巨大危险性。有些人在处理流产材料后发生致死性脑膜炎、脓毒症、胳膊上出现丘疹。而在脑炎病例，单核细胞增多性李斯特菌通常局限在大脑，传播风险小，除非大脑被移除。

妊娠动物（包括妇女）应防止被感染，因为该菌对胎儿有危害，有可能引起流产、死胎和新生仔畜感染。虽然人感染李斯特菌的病例很少（每年每百万人中最多有12例），但死亡率可达50%。大多数病例发生于老年患者、妊娠妇女或免疫能力低下者。

从患乳房炎、流产和健康牛的牛奶中，均可分离出单核细胞增多性李斯特菌。奶中排菌通常是间歇性的，但可持续好几个月。污染该菌的牛奶是有害的，因为李斯特菌可耐过某些巴氏消毒方法而存活。此外，从绵羊、山羊和妇女的乳汁中也已分离出李斯特菌。

十四、莱姆疏螺旋体病

莱姆疏螺旋体病（莱姆病）是一种细菌性的、由蜱介导传播的人和动物（犬、马、还可能有猫）共患的疾病。许多其他的哺乳动物和禽类受到感染但不表现明显的临床症状。在美国，发病率最高的地区是东北部（特别是新英格兰州）、中西部和太平洋海岸地区。莱姆病在欧洲和亚洲的气候温和区域也有发生。作为一种人兽共患病，莱姆病的重要性正在逐渐上升。

【病原与传播】 目前，在DNA-DNA核酸分子重组分析的基础上，广义的伯氏疏螺旋体（*Borrelia burgdorferi*）复合群包括12个不同的种。在这个复合群中最重要的螺旋体物种是严格意义上的伯氏疏螺旋体（北美、欧洲）、阿弗西尼疏螺旋体（*Borrelia afzelii*，欧洲、亚洲）和伽氏疏螺旋体（*Borrelia garinii*，欧洲、亚洲），这些螺旋体都对人具有致病性。迄今为止，只有严格意义上的伯氏疏螺旋体在实验条件下对家畜具有致病性。有坚硬外壳的硬蜱（*Ixodes*）是严格意义上的伯氏疏螺旋体的传播媒介。在美国，莱姆病的主要传播媒介在太平洋海岸主要是太平洋硬蜱，在中西部和东北部则是肩突硬蜱。而在欧洲和亚洲，蓖麻蜱和全沟硬蜱是主要的传播载体。

刚从卵中孵化出的硬蜱幼虫没有感染螺旋体。幼虫和若虫可从携带疏螺旋体的宿主上获得螺旋体。小型哺乳动物，特别是啮齿动物，经常作为储存宿主在疾病传播中发挥重要作用。鸟类和蜥蜴也可能是某些伯氏疏螺旋体的储存宿主。由于区域和季节的差异，虫体的感染率不同，在成年蜱中有时可高达50%。蜱黏附宿主以后，经过24 h，伯氏疏螺旋体首先感染宿主的皮肤。53 h以后，病原进入血液并形成稳定的感染状态。因此，尽早除去黏附在宿主上的蜱，可降低螺旋体传播的潜在危险。莱姆疏螺旋体不仅可由昆虫传播，还可经体液（如尿、唾液、精液等）或咬伤的伤口进行传播。研究表明，母畜妊娠前感染了螺旋体，可将其传染给子宫内的胎儿。

【临床表现】 家畜感染莱姆病的主要临床症状为肢体和关节疾病，肾脏、神经系统和心脏异常。犬的临床症状主要表现为间歇性或复发性的跛行、发热、厌食、嗜睡、淋巴结病（有或没有肿胀）和关节疼痛。莱姆病第二个最常见的临床综合征是肾功能衰竭，它通常是致命的。它的特点是尿毒症、高磷血症和严重的蛋白质丢失性肾病，常伴有外周水肿。特别是伯恩山犬和拉布拉多猎犬，经常表现出较高的疏螺旋体特异性抗体水平，所形成的免疫复合物在肾组织常引起严重的炎症。在人医学中，病例报告所描述的异常心动过缓常被认为与莱姆病导致的心脏异常有关，而面瘫和癫痫症常被认为是莱姆病损害神经系统的表现形式。

【诊断】 诊断需要从发病史、临床症状、排除其他疾病的诊断、实验室数据、流行病学情况和对抗生素治疗的反应等多方面进行综合考虑。除了导致直接发病的组织系统的病变（例如四肢软组织肿胀，受影响关节的滑液囊中有中性粒细胞聚集，肾脏发生尿毒症），自身免疫检测、CBC、血液化学、X线照相和其他实验室数据通常是正常的。

针对广义伯氏疏螺旋体特异性抗体的血清学检测是一种辅助的临床诊断方法。可以用ELISA（包括快速检测系统）和蛋白质免疫电泳（蛋白质印迹）来检测抗体。由于间接免疫荧光抗体试验的特异性低，不推荐用于抗体的检测。检测抗体的标准程序采用两步法，首先用敏感的ELISA方法对样品进行初筛，再用特异的蛋白质印迹试验对阳性样品复检。蛋白质印迹试验可区分接种疫苗和病原感染诱导产生的免疫反应。

其次，血液和血清样品还可以用多肽检测试验（C6肽）检测，这种方法可以特异性地检测由感染病原而产生的抗体。然而，检测到特异性抗体只能表明有细菌抗原暴露，并不等同于临床发生了该病。在中欧地区，约 5%～10%的犬体内有伯氏疏螺旋体抗体，但不表现临床症状。此外，在感染早期使用C6肽检测，会出现假阴性结果。在漫长的潜伏期，抗体可以存在数月至数年，而临床期也不能只凭检测血液中的抗体反应情况来作出诊断。

从关节、皮肤组织或其他来源样品中分离培养伯氏疏螺旋体，或用PCR方法检测其特异性DNA有助于该病的诊断。然而，直接检测这种病原非常困难，通常需要很长的时间（分离培养需要6周以上），而且大多得到的是阴性结果。但是只有阳性结果才是有意义的。血液样品检测结果通常是阴性的，因为这种病原只寄居在组织中，不进入血液循环。

莱姆病的临床症状是非特异性的，除了与其他骨科疾病（如外伤、分离性骨软骨炎、免疫介导性疾病），还应考虑与其他感染相区别。红孢子虫属嗜吞噬细胞无形体也可以诱导间歇性或复发性跛行。嗜吞噬细胞无形体可通过相同的蜱传播，流行病学研究表明，中欧地区超过30%的犬体内含有该病原的特异性抗体。当临床症状非常明显时，可能存在两种病原的混合感染。

【治疗】 研究证实，虽然使用抗生素治疗莱姆病病例有效，但是不能完全或很快治愈全部的感染动物；在大多数情况下，四环素类（如多西环素10 mg/kg，口服，每日2次）和青霉素类（如阿莫西林20 mg/kg，口服，每日3次）药物对四肢和关节疗效明显。由于具有临床症状的患病动物，常发现和其他蜱传病原体混合感染，因此使用多西环素的效果优于青霉素。临床和研究数据表明，尽管使用抗生素治疗，疏螺旋体对动物和人的感染可能仍然会持续。给犬使用标准抗生素剂量连续治疗4周已经被证明是有效的。由于伯氏疏螺旋体持续感染，莱姆病可能复发；由于伯氏疏螺旋体持续感染并不会对抗生素产生耐药性，因此在复发病例可以再次使用以上抗生素进行治疗。长期的抗生素治疗（超过4周）可能对持续感染的患者是有益的。

针对受影响的器官系统与临床病理的异常进行对症治疗也很重要，尤其是对出现的肾脏疾病。对于四肢和关节疾病，将非甾体类消炎药（NSAID）和抗生素联合使用，可能会导致临床症状改善的原因不清，而使根据临床治疗反应进行的诊断变得困难。

【控制与预防】 防蜱在疾病控制中起着重要的作用。虽然高效的产品（氯菊酯、双甲脒和氟虫腈）对犬的防蜱非常有效，但犬主人如果不遵循药物的使用规定，可能会导致长期、有效防蜱的失败。

自20世纪90年代初期，已将全细胞灭活疫苗就被用于犬莱姆病的预防，仅含有重组外膜蛋白A（rOspA）的疫苗也被许可用于犬。在欧洲，已有包含多种成分的疏螺旋体复合物疫苗使用。目前所有的疫苗均可诱导强烈的抗体反应，其中裂解疫苗主要针对OspA蛋白，重组疫苗则只针对OspA蛋白。抗OspA蛋白抗体可以防止螺旋体从蜱传播给宿主。已经证实，当蜱附着到温血动物身体上，在传播之前，蜱体内的伯氏疏螺旋体停止生产OspA蛋白，开始产生新的蛋白质，如OspC等。开发包含多种螺旋体抗原的疫苗，以增强疫苗的保护效果已经成为研究目标。

在疾病流行地区，幼犬应该在接触蜱以前注射疫苗，以便获得最高程度的保护。已经接触到蜱的犬应在免疫前进行血清学检测，看是否已经感染了莱姆病。疫苗对已感染者无任何治疗效果。9～12周的犬应皮下注射2次疫苗，间隔3周，或者根据产品说明书的方法使用。由于初免2次疫苗后抗体水平往往会迅速下降，因此，在下一年还要进行2次疫苗接种，最好是每隔6个月注射1次（建议安排在春天、秋天、春天）。

【人兽共患病风险】 莱姆病属于人兽共患病。人和动物可以通过蜱吸食血液感染。农畜与伴侣动物不是人的感染源。宠物会携带或黏附感染的蜱进入家庭，通过近距离接触传播给其他动物和人。

十五、类鼻疽病

类鼻疽（假鼻疽、惠特莫尔氏病）是人和动物的一种细菌性疾病。该病往往发生化脓性或干酪样病变，可在身体任何器官形成混合的化脓性和肉芽肿反应。

【病原与流行病学】 本病病原为类鼻疽杆菌（*Burkholderia pseudomallei*），是一种可运动、革兰氏阴性、两极着色的卵圆形杆菌。该菌主要分布于热带和亚热带，遍布于东南亚、澳大利亚北部和南太平洋，在澳大利亚北部的最高端和泰国东北部呈"高度地方性流行"。由于这种细菌的游动性和迁移能力，它可以存在于温带地区（如澳大利亚西南部和法国），引起该病散发或暴发，因此，其真正的流行区域难以界定。类鼻疽伯克氏菌也可通过感染动物的输出、污染土壤和水的运输而进入新的环境中，引起动物感染和发病。据报道，类鼻疽的原属地可能来自印度、太平洋群岛、中美洲和南美洲、加勒比海、非洲和中东地区。

类鼻疽伯克氏菌是广泛存在的腐生菌，从多种类型的土壤和不同深度的地表水中均可分离到该菌。在发生暴雨或洪水，伴随着高温和高湿气候时，类鼻疽容易暴发。大规模的挖掘工程和管道被破坏，导致水源的污染也会引起类鼻疽的发生。

类鼻疽最常见于绵羊、山羊和猪，其他易感动物包括牛、水牛、马、骡、鹿、骆驼、羊驼、犬、猫、海豚、袋鼠、考拉、灵长类动物、鸟类、鱼、爬行动物和人。仓鼠、豚鼠、兔、小鼠和大鼠等实验动物也可被类鼻疽感染。宿主特异性和疾病的症状表现存在种间差异。家畜如绵羊、山羊、猪和骆驼等进入疫区常会发病。而其他一些种属（如犬、猫）仅在免疫力低时才可能发病。

【传播】 感染被认为是条件性的，与动物之间的水平传播相比，环境因素（如污染的土壤和表层水源）在疾病的传播过程中起着更重要的作用。最常见的感染途径是皮肤接种、伤口污染、食入土壤或感染的动物尸体或吸入病原。据报道，山羊胎盘感染可引起流产。性交传播或其他方式的宿主与宿主间的传播也可引起感染。已报道的其他传播途径，还包括实验室接种和医疗过程中由于消毒剂、注射剂、其他医疗或手术设备的污染而引起的感染。

【发病机制】　类鼻疽伯克氏菌不同分离株间的毒力存在差异，但是其毒力差异的原因还不是很清楚。不同分子类型的克隆菌株可产生不同类型的临床表现形式，这项结果显示，宿主因素和感染剂量是决定疾病严重程度的重要因素。该病的潜伏期从几日到几个月甚至几年。类鼻疽伯克氏菌是兼性细胞内病原体，它可以休眠几年再复活。

【临床表现】　本病的临床症状在同一个物种差异很大，从急性感染到慢性感染均可发生，这取决于感染的部位和范围。主要表现为发热、神经性厌食症、腺体肿胀。亚临床感染很常见。感染后可形成一个或多个化脓性或干酪样结节、脓肿，在不同因素的影响下，感染灶可以位于任何器官组织。经皮接种感染时，经常在离接种部位很远的地方出现病灶，而在接种的地方没有病变。最常见的受感染器官包括肺脏、脾脏、肝脏和相关的淋巴结。

据报道，山羊常发生乳房炎和主动脉瘤。而绵羊倾向于呼吸系统感染，症状表现为发热、剧烈咳嗽、呼吸窘迫以及鼻和眼的黏液性、脓性分泌物。牛、马、羊、山羊可见CNS症状，表现为转圈、共济失调、失明、眼球震颤和抽搐。猪一般不表现临床症状，在屠宰后偶尔可见脾脓肿。化脓性关节炎和骨髓炎常引发跛行。急性暴发性感染或重要器官感染时往往导致死亡。各种形式的类鼻疽在马均已有报道，症状包括衰弱、四肢水肿和淋巴管炎、轻度腹痛、腹泻、咳嗽或鼻腔内有分泌物。皮肤感染时最初类似真菌引发的湿疹，继而发展成为丘疹。犬感染发病，根据病程分为急性、亚急性和慢性。急性病例表现为脓毒症，常见发热、严重腹泻和暴发性肺炎。亚急性病例表现为淋巴管炎和淋巴结炎的皮肤病变，如不及时治疗，可能发展为脓毒症。慢性病例可能发生在任何器官，临床症状包括厌食、肌肉疼痛、四肢水肿和皮肤脓肿。

【病理变化】　剖检可见多发性脓肿病灶，其中包含厚的、干酪样、黄绿色到白色物质。最常见的发病器官是肺脏、脾脏、淋巴结、肝脏和皮下组织。具有呼吸系统症状的动物，肺部可见渗出性支气管肺炎、实变和脓肿。鼻黏膜、鼻中隔与鼻甲骨可见结节和溃疡，这些病灶可融合成不规则的斑块。此外，脑膜脑炎、严重的肠炎、化脓性多发性关节炎和其他症状也有报道。

【诊断】　由于本病的临床表现多变，仅凭临床症状不能对类鼻疽病作出诊断。确诊需要进行病原分离鉴定。这种菌可以从病灶和分泌物中分离，用常规的培养基即可培养。然而，由于类鼻疽伯克氏菌在Ashdown培养基上可形成独特的菌落形态和气味，该培养基常作为病原分离的首选。将渗出液或脓汁涂片进行革兰氏染色，有时可以看到特征性的呈"别针"状两极着色的革兰氏阴性杆菌。此外，血清学试验如补体结合试验、间接血凝试验都是有效的群体监测手段。最近，研究者已经建立诊断该病的DNA探针和PCR方法。

【治疗与预防】　该病的治疗费用昂贵，耗时，且通常不令人满意，一旦停止治疗，动物常复发。对于不易感的物种，应调查其潜在的免疫抑制的可能性。该病的治疗方案，可参考人的类鼻疽包括初始治疗使用新型的β-内酰胺类抗生素（头孢他啶和氨基糖苷类钝化酶），可与复方新诺明联合使用2个月。随后的根除治疗至少需要3个月，可使用大剂量复方新诺明或采用氯霉素、复方新诺明和多西环素或阿莫西林/克拉维酸联合治疗。在集约化农场环境，采用高床使动物上升离开土壤，通过氯化和过滤的方式为动物提供清洁饮用水等预防措施更为经济和实用。此外，最大程度地降低患病动物对环境的污染，也是一项重要的防控措施。此病尚无有效的疫苗用于预防。

【人兽共患病风险】　类鼻疽病是一种潜在的人兽共患病。受感染动物可以通过伤口渗出液、鼻分泌物、牛奶、粪便、尿液向外排毒。该病常导致山羊乳房炎，已从奶中分离到类鼻疽伯克氏菌，这使得在热带地区，市售的山羊乳必须经过巴氏灭菌。禁止在屠宰场中宰杀患病动物。

十六、新孢子虫病

犬新孢子虫（*Neospora caninum*）是一种分布于世界各地的微小的原生动物寄生虫。很多家畜（如犬、牛、绵羊、山羊、马、鸡）和野生动物（鹿、啮齿类动物、兔、土狼、狼、狐狸）都可感染。新孢子虫病是最常见的引起牛流产的原因之一，尤其是农场集中饲养的奶牛。该病也可引起绵羊、山羊、水牛和南美骆驼科动物流产，虽然它们不如牛易感。第二类新孢子虫是洪氏新孢子虫（*N. hughesi*），它可引起马脊髓炎，与北美洲和南美洲由肉孢子虫引起的马原虫性脊髓炎的症状相同。洪氏新孢子虫的生活史目前尚不清楚，本章节只讨论犬新孢子虫感染。

【流行病学】　在牛群中，新孢子虫病表现为地方性流产和流行性流产两种方式，但也可在一个牛群中发生较高的感染率而无明显流产问题。该病在牛群中的这两种流产方式与周围农场中犬的存在和数量密切相关。虽然该病偶尔从犬或其他犬科动物传播会使情况复杂化，但是地方性流产主要与内源性胎盘传播有关。流行性流产是妊娠牛突然大规模感染造成的后果，原因是孕牛摄入了被感染犬粪便污染的混合饲料或饮水。使用混合饲料的奶牛群新孢子虫病发病率显著高于放牧的肉牛群。

【传播】 犬是犬新孢子虫的终末宿主，采食感染动物的组织后可通过粪便向外排出脱落的卵囊。野生犬科动物也被怀疑是犬新孢子虫的终末宿主，其中狼的终末宿主地位已被确认。新孢子虫卵囊具有不透水的外壳，它能够帮助卵囊在犬的粪便分解后在水和土壤中存活很长一段时间。牛等中间宿主因摄入虫卵而感染。新孢子虫在牛体内不产生卵囊，因此不能水平传播感染其他牛，但病原却永远在其组织中潜伏存在，通过食物链传染给犬科动物。

在牛群中，犬新孢子虫可经胎盘传播给胎儿，且可感染同一头妊娠母牛的多个胚胎。由于先天性感染多数为亚临床感染，先天性感染的小母犊（1岁以内）可能保留在育种群，它们又将病原通过胎盘感染给自己的后代。这种内源性感染方式使犬新孢子虫即使不频繁地从犬传播给牛群，也可通过胎盘跨代传播。如果1头以前未受感染的牛在妊娠期间摄取了新孢子虫卵囊，并通过胎盘感染胎儿，则为外源性胎盘感染。

已证实犬食入受感染的病牛（包括胎盘）、鹿而感染，犬可因食用生肉、散养鸡以及多种野生动物而感染新孢子虫。

【临床表现】 流产可发生在整个妊娠期的任何阶段。非化脓性的炎症是流产胎儿组织的主要病变。先天性感染的犊牛出生后多体质较弱或神经功能有缺损。然而，大多数先天性感染的牛均表现为亚临床感染。

犬类也多为亚临床症状，虽然有许多例外的病例。幼犬后肢出现进行性麻痹和多发性神经炎、肌炎、肌肉萎缩。成年犬出现脑脊髓炎、局灶性皮肤结节或溃疡、肺炎、腹膜炎或心肌炎。

【牛流产的诊断】 新孢子虫病只是引起流产的众多原因之一，诊断工作需要针对多种可能的因素。可以将流产的胎儿连同胎盘和流产母牛的血清送交兽医诊断实验室，检测多个胎儿样本可以增加诊断的准确性。如果不能送检整个胎儿，那么应尽可能多地提供以下标本，以便排除其他流产的原因。标本种类如下：无菌采集和冷冻保存的肺、肝、脾和真胃胃液，用于硝酸盐检测的眼球，福尔马林固定的大脑（也可是软的大脑）、肺、胸腺、肝、脾、肾、肾上腺、骨骼肌（如舌头和隔膜）、胎盘子叶等标本，胎儿的胸

腹液、流产牛的血清做血清学检查。

新孢子虫病引起的流产可以根据以下几点作出诊断：①不存在其他病因；②在多个胎儿器官特别是包括大脑、心脏和骨骼肌有非化脓性炎症；③通过免疫组化或PCR方法在胎儿组织中检测到新孢子虫；④母牛或胎儿的新孢子虫血清检测为阳性。然而，这样明确的结果并不总是存在。牛新孢子虫流产的特征性病变为多灶性脑坏死，且病灶周围有非化脓性白细胞反应。流产母牛新孢子虫抗体水平的强度可以增加诊断的说服力，流产期间牛群的高血清阳性反应比低血清阳性反应更有预测价值。新孢子虫抗体阴性的母牛可排除该病的感染。

弓形虫也会导致相同的胎儿病变的流产，该病常见于绵羊，牛罕见或不发病。

用血清学方法检测多头奶牛和小母牛，可作为确定新孢子虫病是否引起牛群繁殖问题主要病因的替代或补充方法。当调查牛群中是否存在地方性流产时，这种策略是有益的。可以抽取相同数量的流产牛和正常妊娠牛的血清样品用于检测（通常每组采集10份及以上样品）。血清将被检测并根据新孢子虫抗体分类。如果大部分流产牛的血清为阳性，少量正常牛的血清为阳性，那么可以确认新孢子虫是引起牛群流产的主要原因。如果大部分流产牛的血清为阴性，那么可以确认新孢子虫不是造成牛群流产的主要原因。

【犬新孢子虫病的诊断】 临床感染的犬通常比亚临床感染的个体其新孢子虫抗体水平高很多。临床感染组织活检观察到非化脓性炎症，揭示可能存在原生动物病原，但是还需要用免疫组化或PCR方法进一步检测，以便确诊新孢子虫和区别于其他的原生动物。

有临床症状的犬通常不通过粪便排出虫卵。犬通常只在食用受感染的动物后的数日或数周内散播虫卵，因此，常规粪便中发现漂浮新孢子虫卵囊是偶然现象。微小的卵囊呈圆形或略呈卵形，直径10～11 μm。根据卵囊特有的一个光滑的外轮廓可区分它和相似大小的花粉粒。新孢子虫卵囊与海氏哈芒球虫（*Hammondia heydorni*）的卵囊几乎相同，但海氏哈芒球虫与犬的全身性疾病和反刍动物流产无关。PCR方法可用于区分新孢子虫与海氏哈芒球虫的卵囊。

【治疗】 尚无有效治疗牛群新孢子虫病的方法。临床上治疗犬新孢子虫病，可长期服用克林霉素或增效磺胺类药物。预后与临床症状的严重程度和延迟治疗呈负相关。对于病情已经发展到后肢麻痹、萎缩、四肢僵硬的幼犬，则预后很差。

【控制】 美国自1998年以来开始使用犬新孢子虫灭活疫苗，但其防控效果尚不清楚。目前，没有其他

市售的新孢子虫疫苗。

　　大多数存栏的奶牛和肉牛中均有一小部分感染了新孢子虫。虽然降低新孢子虫传播的风险很有必要，但是彻底根除该病通常是不切实际的。应避免犬的粪便污染饲料。大型奶牛场的饲料存放在室外，可以考虑架设防犬围栏，并安装自动大门用于重型机械的出入。小型农场可以将饲料放入传统防护建筑内，如谷仓、粮仓和筒仓。

　　除了保护饲料外，流行性新孢子虫流产的牛群，还可以考虑淘汰出生后血清学阳性的小母犊，从而减少先天性感染的小母牛进入种牛群。如果使用该技术，血清反应阳性场的奶牛，可以使用肉牛的精液来繁殖后代。对于有遗传学价值的新孢子虫抗体阳性奶牛，可以考虑将其胚胎移植到新孢子虫抗体阴性的受体牛中，这一技术可以阻断新孢子虫的内源性传播。

　　死亡家畜、屠宰场的下脚料和胎盘不要随意丢弃，以防被犬食入，降低犬被感染，并在农场中散播新孢子虫虫卵的危险。与血清反应阴性的犬相比，犬新孢子虫抗体阳性的犬将来散播虫卵的可能性减少，因此，对农场的犬进行血清学检测没有价值。

　　【人兽共患病风险】　尽管新孢子虫病和弓形虫病相似。但尚未发现其感染与任何人的疾病相关。由于非肠道接种可造成灵长类胎儿病变，因此实验室工作人员应做好自身防护。

十七、诺卡放线菌病

　　诺卡放线菌病是一种慢性、非接触传染、肉芽肿性、化脓性疾病，传统的抗菌药物很难治疗。诺卡放线菌（Nocardia sp.）是多形性的革兰氏阳性、严格需氧的兼性胞内细菌。该菌部分抗酸，革兰氏染色涂片可看到杆状、球菌、球杆菌或者长形或分枝的丝状体和气生菌丝。

　　【病原、流行病学与发病机制】　最近，根据生化特性、对抗菌药物的敏感性和分子生物学特性（16 S RNA基因序列）对诺卡放线菌属进行了重新分类。目前，已确定的诺卡放线菌超过70种。其中有25种以上可引起人感染，有30种以上可引发动物疾病。引起人和动物发病的最重要的致病菌是星状诺卡放线菌复合物（N. asteroides complex）、巴西诺卡放线菌（N. brasiliensis）、假巴西诺卡放线菌（N. pseudobrasiliensis）、豚鼠耳炎诺卡放线菌（N. otitidiscaviarum）、南非诺卡放线菌（N. transvalensis）。星状诺卡放线菌病复合物包括Ⅰ～Ⅵ型。Ⅲ型称为新星诺卡放线菌（N. nova），Ⅴ型称为皮疽诺卡放线菌（N. farcinica）。

　　虽然诺卡放线菌病在动物和人少见，但全球各地都有该病的报道。诺卡放线菌是一种土壤中的腐生菌，它们无处不在，普遍存在于土壤、有机物、水、堆肥的植物和其他环境中。

　　已确认，诺卡放线菌属是引起牛和小反刍动物乳房炎的环境性病原菌。其中星状诺卡放线菌、新星诺卡放线菌、豚鼠诺卡放线菌、皮疽诺卡放线菌是引起乳房感染最常见的细菌。诺卡放线菌乳房炎常见于缺乏挤奶设备或挤奶前、挤奶后卫生条件差的奶牛场。乳腺感染主要是由于乳头、乳房或进行乳房内注射和清洗挤奶设备时被土壤污染所致。发生诺卡放线菌乳房炎的牛场，通常乳头消毒剂的使用浓度不足。

　　在伴侣动物中，星状诺卡放线菌、巴西诺卡放线菌、豚鼠诺卡放线菌和新星诺卡放线菌感染很常见。本病在犬和猫之间传播主要是伤口接触到病原体，或者打架后咬伤或抓伤继发感染。犬诺卡放线菌偶尔可吸入感染。犬和猫发病与免疫抑制状态有关，特别是在犬感染犬瘟热病毒、猫感染白血病病毒或免疫缺陷病毒时易发病。公猫和母猫均可发生犬诺卡放线菌病，该病主要侵害1～2岁的猫。

　　诺卡放线菌对家畜的致病性和菌株毒力、细菌细胞壁结构、宿主易感性、传播途径、与免疫抑制性疾病共感染、诱发化脓性肉芽肿病变有关。诺卡放线菌感染的免疫反应主要是由细胞介导的。由于这些胞内细菌的细胞壁中存在分枝菌酸，能够抑制中性粒细胞和巨噬细胞的吞噬溶酶体融合作用，并且抵御吞噬细胞的酸、氧化酶（过氧化氢酶和过氧化物歧化酶）和其他酶的作用。

　　【临床表现】　诺卡放线菌病最常见临床症状为奶牛乳房炎、皮下脓肿和宠物肺炎。

　　诺卡放线菌乳房炎的特点是发病缓慢。通常，在奶牛场的哺乳期或干乳期可发现1至2例临床型乳房炎。临床检查可见乳房肿大、水肿、纤维化和偶尔的奶头阻塞。带杯试验检测可见浆液与白色脓性分泌乳汁黄颗粒（"硫黄颗粒"）。被感染的动物体细胞数升高。有时，该菌可以从乳腺传播到其他器官，造成区域性淋巴结炎和化脓性肉芽肿性病变。

　　对于伴侣动物，诺卡放线菌病肺炎表现为特征性的黏液脓性眼鼻分泌物、厌食、发热、体重减轻、咳嗽、呼吸困难、咯血。犬经常出现与诺卡放线菌相关的皮肤病变，如皮下脓肿、足菌肿和区域性淋巴结炎，特别是在和犬瘟热病毒发生共感染时明显。犬和猫还表现肾、肝、脾、腹部淋巴结的脓肿以及腹膜炎、胸膜炎和脓胸。胃肠道感染可引起牙龈炎、口腔溃疡和口臭。该菌很少侵袭CNS、泌尿系统、心脏、骨骼和关节。猫诺卡放线菌病的临床症状与犬的症状相似，最常见皮下脓肿和足菌肿。

牛或马在摄入纤维性食物时，口腔可以发生该菌继发感染，导致颚出现化脓性肉芽肿病变。豚鼠耳炎诺卡放线菌可引起马的胸膜炎和肺炎。猪和马可发生诺卡放线菌导致的流产。猪可见下颌淋巴结炎和肠系膜淋巴结炎。皮疽诺卡放线菌可引起牛皮疽，发病原因是出现了异常的慢性淋巴管炎、淋巴结炎和皮肤结节。

在野生动物和鱼类的诺卡放线菌病通常表现为器官脓肿和肺炎。

【诊断】 常规的诊断是基于流行病学调查、临床表现和微生物学检验。分离细菌可将采集的脓肿、皮肤、支气管灌洗液、牛奶、器官或组织样品接种于绵羊血琼脂或沙堡氏琼脂，需氧条件下分别在37℃和25℃培养3～7 d。菌落为圆形，表面凸起、光滑或粗糙，且紧紧地黏附在琼脂表面，呈多种颜色（奶白色、白色、橙色或红色），形态犹如真菌的菌丝，粉状、表面干燥。确诊依赖于对化学物质（酪蛋白、黄嘌呤、次黄嘌呤、酪氨酸）和碳水化合物（葡萄糖、甘油、半乳糖、葡萄糖胺、肌醇、核糖醇、海藻糖）的水解特性。最近，基于16 S rRNA基因序列的分子鉴定方法也可以应用于该病的确诊。

显微镜下，该菌为革兰氏阳性、丝状菌，菌体脆弱易成碎片。改良齐尔-尼尔森（Ziehl-Neelsen）抗酸染色为偏酸性细菌。犬和猫的皮肤诺卡放线菌病可用细针穿刺采集样品。用革兰氏、姬姆萨染色和组织标本全染色可看到丝状细菌。白细胞检测可见中性粒细胞和单核细胞增多，红细胞检测为中度贫血。

犬和猫诺卡放线菌肺炎病例经X线检查可见弥漫性炎症、结核、脓肿和肺叶阴影。诺卡放线菌病的病理特征是在各器官和组织中形成化脓性肉芽肿、化脓性坏死和脓肿。组织学研究显示，该病形成一个含有该菌的化脓性、坏死病灶，病灶由巨噬细胞、淋巴细胞、浆细胞所包围。组织学检查该菌的菌落类似"硫黄颗粒"。

在犬和猫上，该病需要与包括放线菌属在内的具有相似微生物学形态和引起相似临床症状的疾病进行鉴别诊断。口腔诺卡放线菌引起的牛和马下颌肿大，该病应与牛放线菌（放线菌病）、林氏放线杆菌（放线杆菌病）和金黄色葡萄球菌（葡萄球菌病）进行鉴别诊断。

【治疗】 诺卡放线菌病通常难以用传统的抗菌方法治疗。这是由于该菌为细胞内细菌，其病灶为化脓性肉芽肿病变，且常具有耐药性。磺胺甲氧苄氨嘧啶、丁胺卡那霉素、利奈唑胺和β-内酰胺类抗生素（头孢噻肟、亚胺培南、头孢曲松）可用于人和动物的治疗。然而，对于牛和山羊乳房炎、伴侣动物肺

结核或肺外（弥漫性或全身性）感染，使用抗生素治疗仅有30%～50%的病例成功治愈。该病需要长期治疗（大多数动物1～6个月；人6～12个月）。短期治疗后可能复发。牛和山羊乳房炎常于乳房内注射磺胺甲氧苄啶、头孢菌素或氨基糖苷类抗生素，连续治疗5～7 d。对于伴侣动物的皮下病变及骨髓炎，通常采用外科手术的方法（清创引流、手术，摘除异物，用消毒液清洗病变部位）。

【防控】 诺卡放线菌广泛存在于环境中，该病尚无特殊、有效的防控措施。感染免疫抑制性病原或体弱的伴侣动物容易发病。预防和控制诺卡放线菌乳房炎以控制环境病原为基础。因此，乳房炎早期诊断、挤奶时卫生环境清洁、挤奶前和挤奶后乳头药浴液的正确杀菌浓度和采用适当的乳房内灌注治疗程序，仍然是防控诺卡放线菌乳房炎的最佳方式。由于诺卡放线菌乳房炎的治疗成功率很低，因此，化学干燥感染乳区和淘汰感染牛也是控制该病的方法之一。

【人兽共患病风险】 对于人，诺卡放线菌病是一种条件性疾病。目前，世界各地人诺卡放线菌病的报道越来越频繁。免疫功能正常和免疫功能低下的人都有可能发生此病，主要的表现为肺炎、皮肤皮下病变、足菌肿和神经症状。人诺卡放线菌病病例常与一些免疫抑制疾病或令人虚弱的疾病有关，如艾滋病、器官移植、肝硬化、糖尿病、酒精中毒、恶性肿瘤（肉瘤、淋巴瘤）或长期使用糖皮质激素。

在气候温暖干燥的地区，人因吸入该菌而感染。该病的另一种传播方式是皮肤创伤感染，几例人皮肤诺卡放线菌病有被患病的犬和猫咬伤或抓伤发生继发感染的病史。然而，诺卡放线菌病不会直接由人与人之间或在医院中传播。曾将巴氏杀菌方法处理的牛奶中分离的星状诺卡放线菌和巴西诺卡放线菌，进行温度抵抗力试验，结果表明存在通过牛奶传播该病的潜在风险。

免疫功能低下的人应采取必要的预防措施，在接触家畜污染环境中的土壤或有机物或者直接接触疑似患病动物时应特别注意。

十八、腹膜炎

腹膜炎是腹膜腔的浆膜炎症。它可以为原发性，也可由其他病因继发造成。根据病因的不同，临床表现和预后多种多样（如急性或慢性、脓毒症或脓毒血症、局部或弥漫性、黏性或渗出性）。

【病原】 原发性腹膜炎可以是传染性的或先天性的。原发传染性腹膜炎，通常是特定病原体通过血液进入动物腹腔而引发，特别是免疫功能低下的动物易发。原发性腹膜炎不如继发性腹膜炎常见，它主要是

由猫冠状病毒、诺卡放线菌、分支杆菌、副猪嗜血杆菌等传染性病原体所致。原发性腹膜炎的病程总是慢性的。

继发性腹膜炎是由于腹膜腔的非特异性传染性病原或非传染性病原所致。它通常是急性的，经常导致渐进性的全身性疾病。

继发性腹膜炎多为由于胃肠道穿孔和泄漏（如胃穿孔或真胃溃疡、牛创伤性网胃腹膜炎）或分娩时子宫撕裂所致。腹膜炎也可继发于细菌的透壁性逆移（如肿瘤、内脏局部缺血）或者其他感染内脏的穿孔、破裂、泄漏（如肝脾或网膜脓肿、膀胱炎、子宫内膜炎和子宫积脓）。此外，腹腔寄生虫迁移导致食糜泄漏也会引发感染性腹膜炎。腹壁的穿透伤（如犬咬）或腹部闭合伤口撕裂可能会导致内脏破裂，异物和微生物进入腹膜腔。

与感染性腹膜炎有关的微生物可反映出污染的来源。混合性的菌群见于胃肠穿孔，而非胃肠性的内脏穿孔（如胆、膀胱、子宫、前列腺）或出血性腹膜腔感染，常与需氧的大肠埃希氏菌、兽疫链球菌、葡萄球菌、肺炎克雷伯氏菌、变形杆菌、肠杆菌、沙门氏菌、假单胞菌或棒状杆菌等有关。

肠缺血或化学刺激物（如胆汁、尿液、药物）污染腹腔可继发无菌性腹膜炎，常见于尿路结石和膀胱或胆囊破裂。然而，这种情况并不总是无菌的，无菌的腹膜炎后期可能转变为脓毒性腹膜炎。

在大动物中，腹膜炎是牛的常见病，少见于马，猪、绵羊、山羊也很少发生。腹膜炎对猫来说是非常严重乃至致命的。表5-5总结了动物发生腹膜炎的常见原因。

【发病机制】　腹膜炎的发病机制具有种属特异性（如牛腹膜炎的特点是广泛的纤维蛋白形成，马倾向于发展为渗出性腹膜炎），主要受病因的影响（如原发性或继发性、脓毒症或脓毒血症）。由于与机械的、化

学的、传染性病原体接触后，机体释放炎症因子，浆膜毛细血管通透性增加，导致血浆蛋白、体液和水分进入腹膜腔。富含蛋白质的体液渗出可导致低蛋白血症，有利于细菌的增殖。大量的体液流入到腹膜腔以及血管扩张吸收毒素，会导致低血压和低血容量。

前胃、胃、肠和子宫破裂或穿孔时，大量的胃、肠内容物和子宫污染物溢出导致急性败血性腹膜炎。由细菌和组织分解产生的毒素，通过腹膜吸收后会引发严重的全身反应，导致低血压、休克、全身炎症反应综合征和弥散性血管内凝血（DIC）。内毒素、酸碱和电解质紊乱直接影响心脏功能，从而减少心输出量和循环衰竭。急性腹膜炎常导致胃肠运动减弱或肠梗阻，也会引起功能性梗阻和死亡率的增加。发生腹膜炎时，大量的炎性渗出物被分泌到腹膜腔中，通过侵害膈膜导致呼吸系统受损。

慢性腹膜炎常以分泌大量的纤维蛋白原，继而形成纤维蛋白或纤维粘连为特征。这种粘连有助于使炎症局限在一定区域（如牛发生创伤性网胃腹膜炎），但有时也会引起机械性或功能性胃肠道梗阻。马的慢性腹膜炎常导致复发性疝痛。

【临床表现】　腹膜炎的临床表现多种多样，取决于发病的类型和病因。患病动物表现为毒血症、脓毒症、休克、出血、腹痛、肠麻痹、积液以及不同程度的粘连。

急性腹膜炎并发肠或子宫破裂会引发休克、低血压、酸碱平衡紊乱和循环衰竭，常导致猝死。患病动物通常只表现轻微的临床症状，轻症病例常表现发热和腹部疼痛。体温过低是由于脱水、血容量低和脓毒症所致。发生腹部持续剧烈疼痛时，病畜可见保护腹部的行为，行走步态僵硬或斜卧。对所有动物，疾病的早期阶段疼痛反应最明显。腹胀情况通常是由于腹膜渗出物积聚、胃肠动力不足、肠梗阻或腹膜粘连所致，在早期阶段并不明显。虽然发病早期可观察到病

表5-5　牛、马、小反刍动物、猪、犬与猫腹膜炎的常见原因

动物种类	病　　因
牛	创伤性网胃腹膜炎；瘤胃炎；胃溃疡（穿孔）；术后真胃扭转，结肠扭转；难产（子宫扭转，剖宫产）；子宫炎或子宫积脓；腹部手术；肠，直肠或子宫破裂；肝或腹腔脓肿破裂；脐炎（犊牛）；脂肪坏死；腹腔注射；肿瘤（如间皮瘤）
马	寄生（幼虫）迁移；肠道损伤和缺血（疝痛）；腹腔脓肿破裂（红球菌，链球菌）；腹部手术（疝痛手术、阉割）；胃、肠道、子宫破裂；胃十二指肠炎；结肠炎；脐炎；持续脐尿管和膀胱破裂（马驹）；胃溃疡（穿孔）；腹腔注射；肿瘤（如胆管细胞癌）；穿透腹壁损伤；医源性（直肠穿孔）
小反刍动物	原发性腹膜炎（支原体感染）；寄生（幼虫）迁移；腹腔脓肿破裂；瘤样病变（如间皮瘤）
猪	格拉舍病（副猪嗜血杆菌病）；肠（回肠阻塞）穿孔；难产；脓毒症的后遗症（沙门氏菌感染）
犬与猫	猫传染性腹膜炎（猫）；肠道异物；胃、小肠、直肠或子宫破裂；腹部肿瘤；胰腺炎；脂肪坏死；胃扭转-扩张综合征（犬）；腹壁穿透伤

畜排粪频率增加，但排便总量下降。继发性腹膜炎的动物还可表现与原发病有关的临床症状。

直肠触诊是用于大动物腹膜和腹部器官检查的一项有价值的诊断技术。腹部X线检查可用于小动物。一般而言，超声检查是检查腹腔和评估腹膜炎的严重程度、范围、位置和特性最有用的方法。此外，超声检查允许使用腹腔穿刺。腹腔穿刺可用于大动物与小动物，获取的穿刺液用于细胞学检查和生化检查以及细菌分离培养。当不能通过腹腔穿刺术获得腹腔液时，可以采用诊断性腹腔灌洗技术，采用腹腔镜或开腹手术可对本病进行确诊，以上这些初步诊断程序往往与治疗措施同时进行。

（1）牛　牛腹膜炎的临床症状是非特异性的，主要表现为采食量降低，奶产量突然下降，反刍减少。慢性病例时，瘤胃收缩强度降低，腹部叩诊可见瘤胃臌气或气腹。牛的典型腹膜炎可见中度发热，体温低于正常时则为急性弥漫性腹膜炎。牛腹膜炎的常见症状为行走缓慢，步态谨慎，行走、排尿或排粪时，拱起背并发出咕哝声。采用深部触诊腹壁和疼痛激发试验，可见患牛有明显的疼痛反应。慢性腹膜炎与纤维性粘连有关。通过直肠触诊，可以发现和定位肠道与腹膜之间的粘连情况。当部分肠道发生严重的急性肠梗阻时，牛表现为迷走神经消化不良或中毒症状。虽然大多数牛可以发生局限性腹膜炎且含大量纤维蛋白，但是在少数情况下，腹腔内积聚大量混浊的、传染性的腹水。

（2）小反刍动物与猪　一般来说，小反刍动物和猪的临床症状类似于其他动物，但猪、绵羊和山羊很少发生腹膜炎。

（3）马　临床症状包括腹痛、肠梗阻、直肠检查时肠扩张、胃食管返流和偶发腹泻。直肠触诊发黏，黏膜发干，有时肠和其他腹部器官之间发生纤维蛋白或纤维性粘连，肠蠕动音变小。常见心动过速，脉搏微弱，外周灌注困难，并伴有发热；马慢性腹膜炎可

见体重减轻和间歇性腹痛（疝痛）。

（4）犬与猫　小动物腹膜炎可见厌食症和抑郁症，并伴有呕吐和排粪减少。腹部胀大，触诊腹部时，动物表现痛苦，并可以检测到腹部肿块。小动物还可发生胆汁性腹膜炎，可以引起黄疸。腹部X线检查可以观察到胃肠道阻塞、肠管扩张、腹部游离空气、腹水或X线不能透过的异物，腹部浆膜细致结构消失提示有腹水。

【诊断】　实验室分析包括血液和腹腔液中白细胞、红细胞和其他几种生化参数的测定，可以用于临床确诊和确定腹膜炎的严重程度。

急性、弥漫性腹膜炎合并中毒，常伴有白细胞减少、中性粒细胞减少和不成熟的中性粒细胞明显增加（退行性核左移）。对于轻症的急性腹膜炎，由于中性粒细胞增加致使产生的白细胞总数增多。在发生急性、局限性腹膜炎时，白细胞计数正常，伴有再生性核左移。慢性腹膜炎时白细胞总数正常，淋巴细胞和单核细胞的数量增加。贫血可能是由于血液流入腹腔引起，常伴有慢性炎症。当发生腹膜炎时，血清生化指标（如总蛋白、白蛋白、纤维蛋白原、胆红素、乳酸脱氢酶、碱性磷酸酶、肌酸磷酸激酶）会发生异常，还会出现低蛋白血症、高胆红素血症和高球蛋白血症。一般来说，血液和生化指标的变化可以反映出炎症过程和组织病变的程度，但它们并不是腹膜炎所特有的。

腹腔液是一种具有特殊的物理和化学性能的渗透液，其生成基于细胞膜透性、离子的电荷与浓度、渗透压。腹腔液中含有的细胞来自间皮、血管或淋巴管。在生理条件下腹腔液是一种漏出液，而腹膜炎时为渗出液。腹水具有漏出液和渗出液的特性。对腹腔液的分析是一种非常有用的诊断方法，可以用于了解腹腔情况。发生腹膜炎时腹腔液的体积增加。在感染性腹膜炎的病例中，腹腔液的样品可用于病原微生物检测。

典型渗出液漏出液的参数分类见表5-6。进一步

表5-6　牛、马、犬、猫的漏出液和渗出液特性

参　　数	动物种类	漏出液	渗出液
总蛋白（g/dL）	所有动物	<2.5	>3.0
相对密度	所有动物	<1.020	>1.025
细胞计数（10⁹个/L）	牛	0.5~5.0	>8.0
	马	0.5~5.0	>8.0
	犬、猫	<3.0	>5.0
颜色	所有动物	无色至黄色	多种颜色
混浊度	所有动物	清亮至中等浊度	中等浊度至不透明
细菌	所有动物	不存在	可能存在

分类可使用一个评分系统将其分为轻度、中度或严重的腹膜炎；由于在实践中腹腔液的分析方法可能不一致，导致分析结果不确定，所以这个传统方法的诊断价值有限。为了提高人医学中这种方法的检测敏感性，以区分胸腔和腹腔积液，建立了光学诊断技术、腹腔液和血浆或血清中各种物质（如乳酸、葡萄糖、酶）的比率临界值标准（渗出液中血清蛋白比值>0.5，血清乳酸脱氢酶比>0.6或渗出液LDH活性为200 U/L），以及血清-腹水白蛋白梯度（SAAG）标准。这些概念已被应用到一些动物临床上（如马、小动物）。

在生理条件下，淋巴细胞和中性粒细胞比值接近1：1。虽然急性腹膜炎时白细胞数量增多，其与中性粒细胞的百分比可达60%～90%，但是急性化脓性腹膜炎由于坏死和细胞损伤，白细胞数量会减少。在组织学上，可见迅速退化的白细胞（细胞溶解、核碎裂或溶解）。慢性腹膜炎时，中性粒细胞减少，单核细胞增加。在细胞内或胞外存在细菌时，可证实为感染性腹膜炎。用革兰氏染色法可以区分革兰氏阳性和革兰氏阴性细菌，以利于选择早期治疗的抗生素。

腹腔液的生理总蛋白浓度为20～25 g/L，正常情况下腹腔液与血清的蛋白含量比低于1：2。SAAG计算方法是血清蛋白浓度减去腹水白蛋白浓度。人的临界值为11 g/L，适用于单胃动物。然而，蛋白质比和SAAG值不适用于奶牛，主要是由于它们的血清蛋白和白蛋白浓度比值高于单胃动物和人。

在健康个体中，葡萄糖浓度与血清和腹腔的浓度相同。细菌感染时腹腔中葡萄糖浓度大幅度降低。如果某个动物的腹腔液中葡萄糖浓度与血清中葡萄糖浓度之比低于0.5，则表明该动物对感染性腹膜炎具有高度敏感性和特异性。

肠缺血可导致血浆和腹腔液中L-乳酸浓度增加。虽然腹腔液和血浆之间L-乳酸浓度存在相关性，但人们认为，腹腔液中L-乳酸浓度与肠缺血的严重程度的关系更为密切。在生理上，腹腔液中的L-乳酸浓度低于血浆（健康马，两者的比值是1：2）。这个比值对于疝痛并发肠缺血的马、肠扭结的牛和胃扩张肠扭转的犬是相反的。乳酸也是细菌的一种代谢产物（主要是D-乳酸），因此，腹腔液中乳酸浓度的增加也可表明发生了感染性腹膜炎。通过测定腹腔液中乳酸浓度，可以区分感染性和非感染性腹膜炎，该方法的鉴别准确度因物种而异（如犬为90%～95%，但猫仅为65%～70%）。

急性期蛋白如C-反应蛋白和结合珠蛋白（牛）可用作炎症监测标记物。腹膜炎时动物外周血和腹腔液中急性期蛋白浓度增加；然而，这些参数只是炎症的通用指标，并不能特征性表明是患有腹膜炎。

动物发生腹膜炎时腹腔液中纤维蛋白原浓度增加。然而，由于腹膜炎与血液中的纤维蛋白含量之间只有微弱的关联，纤维蛋白原浓度诊断价值有限。纤维蛋白降解产物D-二聚体浓度增加，表明出现肠缺血和炎症，该方法具有较高的敏感性和特异性。人血浆正常值为<0.3 mg/L，动物的血液参考值虽然不完全清楚，但与人相似。

炎症、肠缺血、再灌注可影响外周血和腹水中几种酶（ALP、AST、CPK、LDH）的活性。肠缺血病例的血清和腹水中CPK的活性升高。CPK来源于缺血性肠组织的绞窄肌肉层。然而，其他组织（如马疝痛急性发作后的横纹肌）可提供更高浓度的CPK；因此，测定CPK用于检测的敏感性和特异性较低。

LDH活性是衡量炎症反应的一种方式，已被用来鉴别渗出液与漏出液（腹腔液与血清的LDH比值>0.6，腹腔液的LDH活性>200 U/L）。单胃动物的血液参考值不同于牛，但类似于人。

已发现，因马疝痛和奶牛真胃变位造成肠缺血和再灌注时，腹腔液中ALP活性会升高。然而，ALP不完全来源于胃或肠的损伤。ALP活性的提高有时来源于其他因素，包括肝细胞和粒细胞。通常情况下，肠缺血时血清中ALP活性没有大的变化。

猫患传染性腹膜炎（FIP）时，经常观察到血清和腹水中蛋白和球蛋白浓度升高。但是，依据这两个参数均不能作出确诊，尤其是对血清的检测。计算白蛋白和球蛋白的比值有一定的诊断价值。传统的黏蛋白定性试验（Rivalta's test）可以简单地区分渗出液和漏出液。虽然在猫的细菌性腹膜炎诊断中会产生假阳性的结果，但它仍然是有用的腹膜炎诊断方法。人们广泛使用α-1-酸性糖蛋白的参数来证实是否发生炎症，但该参数不是腹膜炎所特有的。因为许多健康猫的抗冠状病毒抗体是阳性，因此，用检测抗冠状病毒抗体的方法来判定病因不妥。腹水中猫抗冠状病毒抗体的诊断价值仍有待商榷。一批先进的诊断方法（如腹膜巨噬细胞的猫冠状病毒免疫荧光染色、ELISA法检测血清中抗原抗体复合物、反转录PCR）已应用于腹膜炎的诊断，这些方法可提高诊断准确率。通常实验室对腹腔液的检测要优于对血清的检测。

【预后】　虽然腹膜炎通常是一种严重威胁生命的疾病，预后应慎重，但是预后在很大程度上取决于疾病的性质和严重程度，须区别对待。据报道，家畜腹膜炎的存活率为50%～70%，但很难恢复生产性能。尽管近年来在治疗方面取得了一些新进展，但如果没有经过长期有效的治疗，腹膜炎仍然是一种致命的疾病，尤其是猫腹膜炎的预后很差。

【治疗】　采取何种适宜的治疗，取决于体格检查和实验室分析的结果。对于严重的腹膜炎病例，最初的治疗必须基于挽救生命、维护循环系统和器官功能的稳定。措施包括治疗低血容量性休克或血毒症，积极的消炎治疗，对机体代谢和体液失调的处理（如电解质和酸碱失衡、凝血病）。为了维持心输出量，改善血液循环，输液、电解质、输入血浆或全血是必要的措施。

一旦发现疑似或确诊的感染性腹膜炎，应马上使用适当的抗生素治疗。腹水样品应进行分离培养和药敏试验。治疗初期应使用注射用广谱抗菌药。氨基糖苷类或氟喹诺酮类抗生素对革兰氏阴性菌有效，青霉素或头孢菌素可用于革兰氏阳性菌的治疗。根据细菌培养和药敏试验的结果，可对抗菌药物进行更换。治疗期间应持续进行抗菌与消炎治疗。

如果可能的话，腹膜炎应采取特殊的治疗方式；当怀疑动物腹部脏器泄漏时，应立即进行腹部手术，缝合脏器，采用等温、等压、等渗的电解质溶液对腹腔进行灌洗。虽然在腹腔灌洗液中常可以添加抗菌药物，但尚无证据表明这种方式是有益的；如果灌洗液含有防腐剂（如聚维酮碘），也没有证据表明对临床是有益的，防腐剂作为化学刺激物，可能会加重炎症反应。在发生DIC和腹腔内形成大量纤维蛋白时，可以考虑使用肝素。

对于小动物和大动物的重症腹膜炎，为了清除腹腔中的败血性和炎症物质，可以采用腹腔引流、灌洗的治疗措施；是否采用腹腔引流法，需要根据疾病的严重程度、兽医的经验、护理的方式和仪器设备的情况而定。由于形成了大量的纤维蛋白，腹腔引流后的护理很困难，尤其是对牛。接受腹腔引流治疗的动物，应定期监测血清蛋白和电解质水平，因为两者很容易渗透到引流液中而丧失。

由于许多动物发生腹膜炎后不能进食，应给予营养辅助治疗。肠内营养支持有助于维持肠黏膜的健康；然而，对于呕吐（犬和猫）或厌食者应考虑采用替代方案。对于某些患畜，全部或部分的肠外营养只能提供必要营养要求的一部分，而肠内营养是必要的，应考虑添加抗氧化剂和维生素。小动物腹膜炎有时发生呕吐，应采取止吐治疗。

猫冠状病毒感染可引起猫原发性传染性腹膜炎（FIP），这是一种致命的疾病；虽然一些治疗措施可以缓解症状（如使用干扰素、糖皮质激素、辅助性治疗方式等）和减少炎症，但是尚无有效的长期治疗方法。虽然一些国家有市售的预防疫苗，但无有效性报告，疫苗对已经感染猫冠状病毒的动物无效，对于阴性的动物可以提供一些保护。

发生慢性粘连性腹膜炎时，采用腹腔镜或开腹手术可减少粘连，可切除阻止肠道蠕动的粘连物或通过引流排出肠道脓肿。

十九、鼠疫

鼠疫（plague）是由鼠疫耶尔森菌（*Yersinia pestis*）引起的，是一种急性、致命的细菌性动物疾病，主要是由鼠类和其他啮齿动物的跳蚤传播。森林型鼠疫的自然疫源地存在于美国西部和世界各地，包括欧亚大陆、非洲、南美洲和北美洲。除啮齿动物以外，其他能自然感染鼠疫的哺乳动物包括兔形目动物、犬科动物、猫科动物、貂和一些有蹄类动物。猫和犬通过口腔黏膜接触到受感染的啮齿动物组织而感染鼠疫，特别是当它们在疫源地游走或狩猎时。鸟类和其他哺乳类脊椎动物对鼠疫有抵抗力。在美国，每年平均报道10例人感染鼠疫的病例，主要发病人群来自新墨西哥州、加利福尼亚州、科罗拉多州和亚利桑那州。虽然人有时可直接接触到受感染的野兔、啮齿类动物和其他野生动物，但大多数人发病是由于受到了被感染跳蚤的叮咬，被感染的家猫也是一种危险因素。

【病原】 鼠疫耶尔森氏菌是一种革兰氏阴性、无运动性的球杆菌，属于肠杆菌科。用瑞氏染色、姬姆萨染色或王吉松（Wayson）染色时，该菌两极着色，呈"安全别针"状。鼠疫耶尔森氏菌生长缓慢，即使在最佳的温度（28℃），也需要48 h才能产生菌落。鼠疫耶尔森氏菌可在多种培养基上生长，包括血液琼脂、营养肉汤琼脂和普通琼脂平板。菌落为小的（1~2 mm）、灰色、黏液样，并具有特征性"铜锤"外观。在不同温度和不同的环境条件下，该菌表达不同的毒力因子，因此该菌可以在跳蚤中存活，然后被传播给哺乳动物宿主并在其体内繁殖。鼠疫耶尔森氏菌在高温或在干燥的环境中不能长期存活。

【流行病学与传播】 鼠疫耶尔森氏菌在环境中持续存在于易感啮齿类动物——跳蚤之间的自然循环中。易感的啮齿动物有地松鼠（黄鼠狼）、木鼠（林鼠）。猫和犬通常是由于口腔黏膜与受感染鼠或兔的分泌物或组织接触或受到感染跳蚤的叮咬而感染鼠疫。人通常是由于被跳蚤叮咬而感染，但有时与受感染的动物接触或肺炎病例通过呼吸道飞沫传播也会引发感染。猫感染鼠疫的途径包括狩猎和食入感染的鼠和兔、在鼠疫自然疫源地游荡、动物经常出没的院子或地区里发现死鼠或者被跳蚤叮咬。感染鼠疫的野生啮齿动物和兔死亡率几乎100%。一旦鼠疫的宿主死亡，它们通过感染鼠和兔的跳蚤又会寻找其他宿主，包括猫和犬，并很有可能进入人家庭里。鼠和兔身上的蚤类不同于犬和猫的蚤类（猫栉首蚤属），但大多数兽医和宠物主人在视觉上无法区分它们。在大部分美国西部的鼠疫流行地区，犬和猫的蚤类罕见。因此，这些地区宠物身上的跳蚤多来自野生动物，包括啮齿动物或兔。

【发病机制】 跳蚤常因叮咬菌血症的哺乳动物而感染鼠疫。该菌在跳蚤的消化道定居和繁殖，而不像血液一样被消化。当跳蚤叮咬宿主吸血时，该菌被返流并注射到宿主体内。在哺乳动物宿主中，鼠疫只表现以下3种形式中的一种情况：腹股沟淋巴结炎、脓毒症或肺炎。当该菌因跳蚤叮咬进入皮肤或通过接触感染性分泌物或组织进入口腔黏膜后，细菌通过淋巴管进入区域淋巴结。被感染的淋巴结为腹股沟淋巴结炎，淋巴结炎是鼠疫的典型病变。

当该菌从受感染的淋巴结进入到血液，则形成继发性败血性鼠疫，但有时淋巴结并不发生肿大（原发性败血性鼠疫）。继发性败血性鼠疫可影响多种器官，包括脾脏、肝脏、心脏和肺脏。当败血性鼠疫处理不当时，则发生肺鼠疫（继发性肺鼠疫）。肺鼠疫也可因传染性呼吸道飞沫感染（原发性肺鼠疫），这种情况通常是从患有肺鼠疫病人咳嗽而感染。

【临床表现与病理变化】 猫鼠疫的临床表现是黑死病。潜伏期为1~4 d。猫黑死病表现为发热、厌食、嗜睡、淋巴结肿大并可能形成脓肿和脓水。有记载还可发生口腔和舌溃疡，皮肤脓肿，眼有分泌物，腹泻，呕吐和蜂窝组织炎。回顾119份猫感染病例，调查发现53%的猫有黑死病；这些病猫中，75%有颌下淋巴结肿大，而且其中约1/3的病例为双侧颌下淋巴结肿大。受感染的淋巴结出现坏死性化脓炎症、水肿和出血，并含有大量鼠疫耶尔森氏菌。在试验中感染的猫，表现为发热，体温高达41℃，3 d后体温达到高峰；未经治疗的猫死亡率高达60%。口服途径感染时10/16（62.5%）的猫内侧咽后、颌下、舌下的淋巴结和扁桃体肿大，感染后4~6 d病变明显。从15只猫的喉咙分离到鼠疫耶尔森氏菌。选择6只猫皮下接种感染（模仿跳蚤叮咬方式），结果其头部或颈部淋巴结没有明显肿大，但4只猫在接种部位发现皮下脓肿。

原发性败血性鼠疫的猫常不出现明显的淋巴结肿大，但可见发热、嗜睡、食欲不振的症状。败血性鼠疫症状还包括腹泻、呕吐、心动过速、脉搏微弱、毛细血管再充盈时间延长、弥散性血管内凝血和呼吸窘迫。猫尚无原发性肺鼠疫的记载。继发性肺鼠疫的猫会出现败血性鼠疫的所有症状，同时伴有咳嗽和肺音异常。剖检后，特征性病变包括肝脏有浅白色坏死灶，脾脏肿大有坏死灶，肺出现弥漫性间质性肺炎、充血、出血和坏死灶。

犬虽然在自然疫源地可以感染鼠疫，但不像猫一样有明显的临床症状。有记载的犬自然感染鼠疫的病例只有3例，临床症状包括发热、嗜睡、颌下淋巴结肿大、下颌骨间化脓性炎、口腔炎和咳嗽。

牛、马、绵羊、猪感染鼠疫后尚未知是否出现临床症状，但已有山羊、骆驼、骡、鹿、羚羊、非人灵长类动物和1头马驼的发病记载。受感染的美洲狮和山猫的临床症状和死亡率与家猫相似。

【诊断】 鼠疫应与其他细菌感染相区别，包括兔热病、伤口脓肿（与猫打架咬伤）以及金黄色葡萄球菌和链球菌感染。对急性病例，最好采集濒死前的样品包括全血、淋巴结穿刺液、病灶引流拭子、有口腔病变或肺炎的猫的口腔/咽拭子。应在进行抗生素治疗前采集诊断样本。鼠疫耶尔森氏菌培养48 h后可见菌落生长。将采集的腹股沟淋巴结在载玻片上涂片，晾干后用荧光抗体试验检测鼠疫耶尔森氏菌胞膜上的F1抗原，在实验室中只需几个小时即可完成，且具有高敏感性和特异性。

剖检样本可选择肝、脾、肺（肺炎病例）和受感染的淋巴结。血清学抗体检测需要采集急性期和恢复期间隔2~3周的样本，如果抗体出现4倍滴度上升，可确定发病。单一的急性期血清通常是阴性的，但在疫区，可能由于动物以前感染过鼠疫，采样时仍存在抗体。

【治疗】 由于本病的病程进展迅速，对于疑似鼠疫的病例在确诊前就要开始治疗（同时应采取控制感染的措施）。链霉素一直被认为是人病例的首选药物，但如今很难获得和很少使用了。庆大霉素目前用于治疗大多数人鼠疫病例，可以作为兽医重症患者治疗该病的替代药物，但它未被批准用于动物病例的治疗，肾功能衰竭的动物需要调整药物剂量。

多西环素适用于不太复杂的病例和临床症状已经改善病例的治疗，四环素和氯霉素也是如此。青霉素对治疗鼠疫无效。在实验感染小鼠的治疗研究中，采用氟喹诺酮类药物和链霉素协同进行治疗。氟喹诺酮类药物的兽医临床试验尚未完成，但越来越多的证据表明，它对疫源地中犬和猫鼠疫的治疗是有效的。推荐的治疗时间为10~21 d，预计开始治疗后几日，临床症状就会改善（包括退热）。

猫治疗时其传染性的持续时间尚不清楚，一般认为当给予适当的抗生素治疗后72 h，猫的临床症状得到改善，则认为没有传染性。在传染期，猫应该住院接受治疗，特别有肺炎征兆时。人病例一般是猫的主人，他们可能是通过口腔接触和触及感染性分泌物而发病，病人可在家中吃些口服药物进行治疗。

【预防与人兽共患病风险】 当怀疑一个动物感染鼠疫，在对疾病进行诊断和治疗的同时，采取公共卫生干预措施保护人和其他动物至关重要。疑似感染鼠疫的动物在确诊前就应放置在隔离的区域，并采取感染控制措施来保障员工和其他动物不受感染。应戴手套、口罩和对眼睛进行防护（防止喷溅感染），隔离病人，对可能被污染的飞沫、体液和病人的分泌物应按标准卫生和消毒程序进行消毒。1977年至1998年间，美国有23名与猫接触的人感染了鼠疫，其中6名是兽医，其余是猫的主人或其他途径接触病猫的人。如果病人没有发生肺炎或经治疗72 h临床症状明显改善，则隔离程序可以放松，但仍应进行卫生消毒。

当怀疑发生鼠疫时，当地或州公共卫生官员应立即通知相关人员进行辅助诊断，并启动环境调查，评估是否应对发热者进行监测或对潜在感染人群进行抗生素预防。为了减少宠物接触而使人感染鼠疫，在疫源地，宠物主人应该管束他们的宠物，使其不要随意游荡，限制它们与鼠或兔尸体接触的机会，并采取灭蚤措施。

二十、Q热

Q热是一种人兽共患的细菌性疾病，虽然家养动物如猫和种类繁多的野生动物被确定是人感染该病的来源，但它主要感染妊娠的反刍动物。由于Q热的感染率高，在环境中的稳定性强，可存在于气溶胶中，因此，已确认，它是一种潜在的生物恐怖病原。

【病原、流行病学与传播】 Q热是由革兰氏阴性球杆菌——贝氏柯克斯体引起的疾病。虽然经典的理论认为它是立克次体，但最近的系统发育分析研究表明，在基因上贝氏柯克斯体与军团菌和弗朗西斯氏菌属的亲缘关系比立克次体属更加密切。它在单核细胞和巨噬细胞的吞噬溶酶体中驻留和增殖。该病原具有2种存在形式：大细胞形态是在感染的细胞内的繁殖形式，小细胞形态是细胞外的感染形式，存在于奶、尿液、粪便，在胎盘和羊水中浓度很高（$10^9 ID_{50}/g$）。小细胞形态耐热，可抵抗干燥和许多常用的消毒剂，在环境中可存活数周。家养反刍动物一旦感染，贝氏柯克斯体可以定植在乳腺、乳上淋巴结、胎盘、子宫，下一次分娩和泌乳期会继续传播疾病。

贝氏柯克斯体的流行病学非常复杂，它有2种主要的传播方式：一种是在野生动物和体外寄生虫（主要是蜱）之间循环传播；另一种是家养反刍动物与独立生活的野生动物之间循环传播。硬蜱和阿巴斯蜱充当着该菌的储存宿主。这种病呈全球分布（除新西兰外），它的宿主范围包括各种野生和家养的动物、节肢动物和鸟类。Q热在大多数饲养牛、绵羊和山羊的地区呈地方流行。在美国，血清调查表明绵羊、山羊和牛的贝氏柯克斯体抗体阳性率分别为41.6%、16.5%和3.4%。

吸入、摄入或直接接触动物分娩时的液体或胎盘很可能被感染。此外，这种菌还存在于奶、尿液和粪便中。高温杀菌可有效地杀灭它。蜱可介导家养反刍动物间该病的传播，但是还没有证据表明它在将Q热传播给人中起重要作用。

【临床表现与诊断】 反刍动物感染后通常表现为亚临床症状，但可以引起厌食和晚期流产。据报道，贝氏柯克斯体还可引起反刍动物的不孕、散发性流产和坏死性胎盘炎。新的证据表明，贝氏柯克斯体与奶牛的隐性乳房炎有关。在猫的实验性感染中，猫表现为发热、反应迟钝和持续几日厌食。

家养反刍动物发病时，没有特征性肉眼病变，该病需与能够引起流产的感染性和非感染性因素进行鉴别。采取间隔2周的血清，用免疫荧光试验，可以检测出近期的感染情况；然而，缺乏可检测的血清抗体滴度的动物也可排菌。细菌培养、免疫组织化学和PCR方法，也可用于鉴别动物组织中的贝氏柯克斯体。

【治疗与控制】 在美国，人Q热是一种必须上报的传染病，主要是因为它可以作为生物恐怖制剂；动物感染通常不需要上报，除非有人感染。尽管在美国尚无市售的疫苗，但已经研制出了人和动物的Q热疫苗。疫苗接种未感染的犊牛可以防止Q热的传播，还可提高成活率，减少以前受感染动物体的排毒。

反刍动物可口服治疗剂量的四环素进行2~4周治疗。在已知感染牛群，应将妊娠的动物隔离饲养在室内，焚烧或填埋生殖器官，或分娩前在饮水中添加四环素（每日8 mg/kg），可降低该病的传播。

【人兽共患病风险】 Q热常频繁地发生在接触各种动物的职业性人群中。人的临床表现各种各样，从类似流感的症状样到肺炎、肝炎、心内膜炎。它具有高度传染性，据报道通过气溶胶途径单一细菌就可引起人感染。

大多数人Q热的暴发与风有关，风会将绵羊、山羊和牛饲养区域中污染了贝氏柯克斯体的干燥的与生殖相关的物质吹散，从而引起该病的传播。协助分娩的饲养人员和兽医受感染的风险非常大。屠宰场的工人也会因接触病畜的尸体、毛发和羊毛而感染。未经消毒的牛奶同样会传播该病。此外，受感染的组织对实验室人员的威胁非常大。在用潜伏感染的绵羊进行研究的医疗机构，工作人员和病人中已经发现了Q热病例。医疗机构应该购买未感染Q热的反刍动物用于研究，并尽可能购买公畜。此外，工人应当使用适当的个人防护设备，防止小液滴和气溶胶引发的感染。

二十一、汗热病

汗热病是一种急性、热性、经蜱传播的中毒病，特征为脾、肺和可视黏膜上有多处湿疹和充血。虽然成年牛也易感，但是该病主要侵害犊牛。绵羊、猪、山羊和1条犬已人工感染成功。该病多发生于东非、中非和南非，斯里兰卡和印度南部可能也有发生。

【病原】　病原为某些雌性截形璃眼蜱产生的亲上皮细胞毒素。毒素在蜱体内而不是在脊椎动物体内产生。蜱产生毒素的能力可保持20代，也许更长。采用感染动物和正常动物接触性感染，人工血液接种方法进行人工感染实验，均未获得成功。

用"感染蜱"分不同时间感染易感动物对宿主有不同的影响。短期感染没有影响，动物仍然易感。感染时间足够长就会使动物产生免疫力，但是如果感染超过5 d，可能导致严重的临床症状并引起死亡。康复后产生持久的免疫力，可持续4年或以上。其他与截形璃眼蜱引起中毒密切相关的类型已有报道。

【临床表现】　经过4～11 d的潜伏期后，症状突然出现，包括高热、厌食，无精打采，鼻腔和眼睛流出水样分泌物，可视黏膜充血、流涎、口腔黏膜坏死和感觉过敏，后期眼睑粘连。皮肤温度升高，很快发展为湿性皮炎，从耳根、腋下、腹股沟、会阴开始扩展到全身；被毛无光泽，可见上面有湿水珠；皮肤变得高度敏感并散发出一种酸味；以后，被毛和表皮很容易拔掉，露出红色的创面，耳尖和尾巴可脱落，最后，皮肤变得坚硬和破裂，易于发生继发感染和苍蝇的幼虫感染，动物对触摸敏感，运动时有痛感，喜阴凉。

通常病程很快，几日内可发生死亡。在亚急性病例，病程稍长，可痊愈。自然条件下，感染犊牛的死亡率为30%～70%，地方流行区域的发病率为10%，感染的严重程度取决于蜱的数量以及蜱在宿主体表存在的时间。

【病理变化】　除了皮肤病理变化以外，可见消瘦、脱水、白喉样口腔炎、咽炎、喉炎、食管炎、阴道炎或包皮炎，肺水肿、充血，脾萎缩，肝、肾和脑膜充血。

【诊断】　确诊需要检查是否有传播媒介。典型症状为全身充血，随后上呼吸道、消化道、外生殖道黏膜表层脱落。皮肤表层脱皮后出现多发性湿性皮炎。

【防治】　控制蜱虫感染是唯一有效的预防措施。发病时应消灭蜱虫，对症治疗和加强护理。并应用非肾毒性抗生素和消炎药物控制继发感染。免疫血清可用作特异性治疗，有很好的疗效。

二十二、弓形虫病

刚地弓形虫（*Toxoplasma gondii*）是一种原生动物寄生虫，可感染人和其他温血动物，包括鸟类和海洋哺乳动物。本病存在于全球大多数地区，从阿拉斯加到澳大利亚。

【病原与发病机制】　猫科动物是刚地弓形虫的唯一终末宿主。因此，野猫和家猫是感染的主要储存宿主。刚地弓形虫有3个生长阶段：速殖子（快速繁殖的形式）、裂殖子（组织包囊的形式）和子孢子（在卵囊中）。

刚地弓形虫可通过猫粪便中的传染性卵囊、受感染的肉类组织传播，速殖子还可通过胎盘由母体传播给胎儿。猫食入未煮熟的含有组织包囊的肉类后，弓形虫在小肠上皮细胞复制。通过胃和小肠中的消化作用，组织包囊中的裂殖子释放出来，侵入肠上皮细胞并复制增殖，最终卵囊（直径10 µm）随着粪便排出体外。感染后3 d就可看到粪便中的卵囊，一直可以持续排20 d。排出猫体外的卵囊1～5 d后转为孢子化卵囊（仍有感染性），根据空气和温度的情况，在环境中可存活几个月。猫一般初次感染后就对刚地弓形虫产生免疫力，因此猫一生只感染1次弓形虫。

如果食入并消化了未煮熟的含组织包囊的肉类（食肉动物）、饲料或饮水中污染了含有卵囊的猫（所有温血动物）粪，刚地弓形虫会进入动物体内继而开始肠外增殖。裂殖子和子孢子分别被释放并感染肠道上皮。经过几轮的上皮复制，产生速殖子并通过血液和淋巴传播。速殖子感染全身的各种组织，在细胞内复制直到细胞破裂，导致组织坏死。用姬姆萨染色后，可看到直径（4～6）µm×（2～4）µm的速殖子。处于幼年期和免疫功能低下的动物可能感染弓形虫。成年动物可针对速殖子发起强大的细胞介导免疫反应（细胞因子介导）并控制感染，将速殖子驱逐到组织包囊或缓殖子状态。组织包囊通常出现在神经元中，但在其他组织中也会发生。单个的包囊在显微镜下直径高达70 µm，在它薄而有弹性的囊壁上，可以附上数百个裂殖子。组织包囊在宿主体内可存活多年，乃至一生。

【临床表现】　速殖子阶段对组织有破坏作用；因此，动物的临床症状取决于速殖子释放的数量、宿主免疫系统限制速殖子传播的能力以及器官受损的程度。由于成年动物的免疫系统可有效控制刚地弓形虫速殖子的扩散，因此，通常表现为亚临床疾病。而幼年动物，特别是幼犬、猫和仔猪，速殖子在身体中大量扩散，引发间质性肺炎、病毒性心肌炎、肝坏死、脑膜脑炎、脉络膜视网膜炎、淋巴结肿大和肌炎。相应的临床症状包括：发热、咳嗽、呼吸困难、腹泻、黄疸、癫痫和死亡。刚地弓形虫也是绵羊、山羊和猪发生流产和死胎的重要原因。妊娠的母羊感染弓形虫后，通过血液感染胎盘子叶，造成子叶坏死。速殖子也可以传播给胎儿，造成多器官坏死。此外，免疫功能低下的成年动物（如感染免疫缺陷病毒的猫）易发生急性刚地弓形虫病。

【诊断】 通过生物学、血清学、组织学方法或上述方法的组合可以得到诊断结果。刚地弓形虫病的临床症状是非特异性的，不足以作为确诊的证据。活体动物的诊断可以通过间接血凝试验、间接荧光抗体试验、乳胶凝集试验和ELISA来完成。虽然IgM抗体出现早于IgG抗体，但抗体一般坚持不到感染后3个月。IgM抗体滴度增加（>1:256）则预示着近期出现了感染。相反，IgG抗体在感染后第4周出现，在亚临床感染时抗体滴度会在很多年内持续增长。在急性期和恢复期（间隔3~4周）采集血清检测IgG抗体效价是很有价值的，如果显示效价升高至少4倍，则说明动物发生了感染。此外，集落刺激因子（CSF）和眼房水，也可用于分析是否有刚地弓形虫速殖子或抗刚地弓形虫抗体的存在。剖检后，通过显微镜观察在组织涂片和切片，均可看到速殖子。刚地弓形虫在形态上类似于许多其他原生动物，但是必须与肉孢子虫属（牛）、神经肉孢子虫（马）和新孢子虫（犬）相区别。

【治疗】 除人以外，动物患病后很少治疗。磺胺嘧啶（15~25 mg/kg）和乙胺嘧啶（0.44 mg/kg）具有协同作用，广泛用于治疗刚地弓形虫病。虽然这些药物有治疗作用，但是如果在寄生虫增殖活跃的急性期给药，通常不会根除弓形虫的感染。一般认为这些药物在缓殖子阶段药效不大。一些其他药物，包括氨苯砜、阿托伐醌和螺旋霉素，可用于治疗严重的弓形虫病。在犬和猫，可选择克林霉素用于治疗，使用剂量分别为10~40 mg/kg和25~50 mg/kg，连用14~21 d。

【预防与人兽共患病风险】 刚地弓形虫是一种重要的人兽共患病。全球的某些地区，高达60%的人口有刚地弓形虫血清IgG抗体，而且可能是持续感染。对于免疫系统功能障碍的人，刚地弓形虫病是一种重要的疾病。和初始的刚地弓形虫感染相比，这些人由于免疫功能下降，弓形虫病通常表现为脑膜脑炎，大脑存在组织包囊。刚地弓形虫病也是孕妇的一种值得关注的疾病，这是因为速殖子可以通过胎盘迁移，并导致胎儿出生缺陷。

妇女感染弓形虫可能是由于食用了未煮熟的肉或偶然摄入了猫粪便中的弓形虫卵囊。为了防止感染，人处理过肉的手要用肥皂和水彻底清洗，与肉接触过的砧板、水槽台面、刀和其他材料也应同样清洗。肥皂和水可以杀死肉类食品中的刚地弓形虫。肉中的刚地弓形虫也可以通过极冷或加热的方式杀死。在肉中的组织包囊经加热至67℃或冷却到-13℃可以杀死。

刚地弓形虫组织包囊在0.5千拉德γ射线辐照下可杀灭。任何动物的肉都要煮到67℃后才可食用和品尝。孕妇应避免接触猫的废弃物、土壤和生肉。宠物猫应只喂干燥的、罐头类或煮熟的食物。猫砂盒要每日清空，最好不要由孕妇来处理。菜园劳作时应戴上手套。蔬菜有可能接触到猫的粪便，食用前应彻底清洗。

二十三、结核病与其他分支杆菌感染

（一）概述

结核病（TB）是由抗酸性分支杆菌引起，能够形成肉芽肿的一种传染病。尽管一般定义为一种慢性、消耗性疾病，但偶尔呈急性，病程发展很快。这种疾病可感染几乎所有种类的脊椎动物，在采取控制措施前，曾是人和家畜的一种重大疾病。目前，牛结核病仍然是世界上许多地方的重要的人兽共患病。不同种类的动物，临床症状和病理变化基本相似。

【病原】 结核分支杆菌复合群的主要类型（哺乳动物的结核杆菌）主要包括结核分支杆菌（*M. tuberculosis*）、牛分支杆菌（*M. bovis*）、山羊分支杆菌（*M. caprae*）、鳍脚类动物分支杆菌（*M. pinnipedii*）、田鼠分支杆菌（*M. microti*）和非洲分支杆菌（*M. africanum*）。鸟分支杆菌复合群包括禽源鸟分支杆菌（禽类杆菌）、人源鸟分支杆菌（人和其他哺乳动物中分离）和胞内分支杆菌。每种分支杆菌的培养特性和致病性均不同，但哺乳动物类的分支杆菌之间比禽类的更相近。禽源鸟分支杆菌已确认分为几个血清型；然而，只有1、2和3血清型对鸟类是致病的。牛分支杆菌在牧场中可存活2个月甚至更长时间，而鸟分支杆菌可在土壤中存活4年或以上。

所有种类的分支杆菌均可引起除本动物以外的其他宿主动物的感染。结核分支杆菌特异性最强，很少引起除了人和非灵长动物以外的其他动物发病，偶尔引起犬和猪感染，罕见于鸟类。牛分支杆菌可导致包括人在内的大多数温血脊椎动物的渐进性疾病。在欧洲，已经从牛和其他一些物种中分离到了山羊分支杆菌。禽源鸟分支杆菌是鸟类唯一的一种分支杆菌，但它具有广泛的宿主范围，对猪、牛、绵羊、鹿、水貂、犬、猫和一些冷血动物均具有致病性。胞内结核分支杆菌会引起冷血动物发病。结核杆菌不同于其他分支杆菌，很少从其他动物和家畜中分离出。

【发病机制】 该病的主要感染途径是传染性飞沫吸入肺部而感染，但是通过消化道，特别是食用受污染的牛奶，也会发生感染。一般认为子宫内和性交很少引发感染。吸入的细菌被肺泡巨噬细胞吞噬，而肺泡巨噬细胞可以清除感染或允许分支杆菌在细胞内增殖。在后一种情况下，会形成相关细胞因子介导的过敏反应，即死亡和退化的巨噬细胞周围被上皮样细胞、粒细胞、淋巴细胞和多核巨细胞所包围。肉芽组织将干酪样脓性、中心坏死后钙化和病灶包围，形成典型的"结节纤维囊"。原发性病灶加上淋巴结的病变区域被称为"原发复合物"。消化道型的病变主要发生于咽或肠系膜淋巴结，较少在扁桃体或肠上看到。结核性病变中细胞组成和抗酸杆菌存在形式因宿主物种而异。

动物的"原发复合物"很少可痊愈，病程有时进展缓慢，有时迅速。病原通过血管和淋巴管可广泛传播，并迅速致命，如急性粟粒性肺结核。在许多器官可形成结节性病变，包括胸膜、腹膜、肝、肾、骨骼、乳腺、生殖系统和CNS。当病变只局限于一定区域时，病程将是长期和慢性的过程。

【临床表现】　临床症状取决于病理变化的位置和范围。常见的症状包括嗜睡、消瘦、乏力、厌食、发热及低度的波动热。呼吸道症状为支气管肺炎，可见慢性、间歇性和湿性咳嗽，并伴有呼吸困难和呼吸急促。当形成肉芽肿性小叶性肺炎的病变时，可用听诊和叩诊进行检查。浅表淋巴结肿大是一种特异性的、有价值的诊断标志。感染的深部淋巴结很难触诊，但会引起呼吸道、咽和肠道的梗阻，导致呼吸困难和瘤胃臌气。

禽源鸟分支杆菌可导致猪发生全身性疾病，但最常见的病变见于胃肠道的淋巴结。

【诊断】　皮内结核菌素试验是结核病最重要的诊断方法。纯化的蛋白衍生物（PPD）来源于牛分支杆菌或鸟分支杆菌培养物的过滤液。即使有先进的诊断工具，单靠临床症状也很难作出诊断。非人类的灵长类动物和小动物可用X线诊断。痰和其他分泌物有时可用显微镜检查。尸检中看到典型的"结核性"的肉芽肿要重点怀疑结核病。确诊需要进行细菌分离培养和鉴定，一般需要4～8周的时间，或用PCR方法，它只需要几日。分子技术，如限制性片段长度多态性分析和间隔区寡聚核苷酸分型技术，可为结核病的流行病学调查提供有价值的信息。

结核菌可引起宿主的迟发型过敏反应，这也是结核菌素皮肤试验可被广泛用于大动物诊断的基础。单纯皮内试验（SID）接种的是PPD。在抗原刺激下局部炎性细胞浸润而导致皮肤肿胀，人们可通过触诊和卡钳的测量而发现。该反应在48～72 h敏感性最高，在96 h特异性最高。各测试点的敏感性不同，而且各个国家选择的测试点也各异，主要包括颈部、尾座的尾褶和阴门唇。牛分支杆菌SID测试的缺点之一，是与感染了鸟分支杆菌、结核杆菌或鸟分支副结核杆菌的动物会发生交叉反应。

在禽结核病、非典型分支杆菌病和副结核病高发的地区，将牛分支杆菌和鸟分支杆菌的PPD同时接种在颈部的不同部位，用结核菌素皮肤试验做对比，来判定感染了哪种分支杆菌。因这种试剂可引起皮肤强烈的过敏反应，另一种肺结核诊断方法是热测试试验，在皮下接种结核菌素6～8 h后，可检测到发热高峰（＞40℃）。此外，斯托蒙特测试是指皮内接种PPD，7 d后，同一部位第2次接种，24 h后测试肿胀厚度。

对于免疫力低下的动物，如那些感染初期、病情沉重无活力或年老的动物，常出现假阴性结果。新生犊牛也可能有假阴性结果。目前的研究焦点主要在诊断试剂的改进上，如对牛分支杆菌分泌蛋白和基因工程蛋白的抗原鉴定。血清学试验（如ELISA）的应用价值有限，它与结核病的细胞免疫反应结果相比不是很一致。体外细胞试验（即γ-干扰素法）使用牛分支杆菌抗原致敏的白细胞用于检测，该方法很有希望成为广为应用的SID试验的补充试验。当然，现在这种方法还没有得到推广。

【控制】　该病的主要宿主是人和牛。但在一些国家也发现了其他的动物宿主，包括獾和红鹿（英格兰、爱尔兰）、红鹿、刷尾负鼠和雪貂（新西兰）、骡鹿、白尾鹿、麋鹿和野牛（北美）、非洲水牛（南非）、水牛（澳大利亚）。这些宿主的患病率影响着其他物种的发病率。食肉动物和食腐动物可以通过食用感染牛分支杆菌的动物尸体而患病。这些动物主要包括狮子、丛林狼、狼、土狼、猎豹、山猫和豹。已发现，疣猪、雪貂、浣熊、负鼠和野猪也能感染牛分支杆菌。

控制肺结核病3个主要措施是检疫与屠宰、测试与隔离、化疗。检疫与屠宰政策是唯一可确保根除结核病的方法，其依据是扑杀对结核菌素有反应的动物。对于感染牛群，推荐每隔3个月检测1次，剔除畜群中可传播疾病的牛。清洁和消毒被污染的食物、水槽等常规卫生措施，也有利于控制本病。检疫与屠宰法已在英国、美国、加拿大、德国、新西兰、澳大利亚广泛应用。对大多数欧洲国家，检疫与屠宰法是不切实际的，他们采用不同形式的检疫与隔离方法，只在最后的根除阶段采用检疫与屠宰法。

在大象和非人灵长类动物的肺结核感染的治疗上，已经尝试使用在人肺结核感染治疗成功的药物，例如异烟肼、乙胺丁醇和利福平。但其疗效有限，并且由于感染动物的迁移、人兽共患病风险和产生耐药性的原因，因此，不宜采用药物治疗。在有些国家，治疗动物结核病是非法的。BCG（卡介苗）疫苗，有时用来控制人结核病，已被证明对大多数动物很少提供保护，而且接种后常常引起严重的局部肉芽肿反应。

（二）牛

上述的大多数讨论最适用于牛结核病。牛奶巴氏杀菌是抵抗人结核病的重要步骤，也是许多国家重要的防控措施。

（三）绵羊与山羊

绵羊和山羊感染牛分支杆菌后，肺脏和淋巴结的病变类似于牛，该菌有时会扩散到其他器官。绵羊和山羊对结核分支杆菌感染有抵抗力，通常用SID检测方法进行诊断。

（四）鹿与麋鹿

牛分支杆菌引发的结核病是大多数家养和野生鹿的一个重要问题。鹿似乎对结核分支杆菌异常敏感，而鸟分支杆菌感染可以产生类似的病变。结核分支杆菌的感染很少看到。结核性病变有时会局限于孤立的淋巴结或者疾病暴发时出现广泛的淋巴结和器官病变。鹿出现脓肿应怀疑结核病。可通过结核菌素皮肤试验、体外细胞试验（如血淋巴细胞刺激试验或γ-干扰素法）和血清学方法（ELISA），或将这些方法组合使用来作出诊断。细菌分离培养可得到确切的诊断结果。

（五）马

马对结核分支杆菌复合群引起的结核病有相当的抵抗力。当发生结核病时，往往在肝、肠系膜淋巴结、肺和其他器官形成结核性病灶和钙化病变。结核菌素试验的结果很不稳定。

（六）大象

据报道，圈养的大象感染结核分支杆菌可发生结核病，病变最常见于肺和淋巴结，免疫学检测可观察到非特异性反应，因此，诊断应基于细菌学的方法。为了避免结核分支杆菌的体外排菌和减少耐药菌株的产生，已制定了多种药物治疗方案。

（七）猪

猪对结核分支杆菌复合群、牛分支杆菌和鸟分支杆菌都易感。最常分离到禽源鸟分支杆菌，分离株的血清学鉴定对流行病学调查很有价值。颈部、颌下腺和肠系膜淋巴结经常看到肉芽肿性病变，也见于其他部位。通常情况下，淋巴结肿大，内含有小的、白色或黄色的、干酪样病灶，一般无钙化。猪结核分支菌病可出现类似的区域性病变。猪特别容易感染牛分支杆菌，这通常是由于共享牧场或摄入乳制品造成的。该病的进程很快，形成广泛性干酪和液化病灶。耳朵的背表面可用于进行SID诊断试验。

（八）犬

犬通常从人或牛群感染结核分支杆菌和牛分支杆菌，极少感染鸟分支杆菌复合群和意外分支杆菌。结核性病变通常在肺部、肝、肾、胸膜和腹膜，外观病变为灰色，通常有钙化和坏死灶，病灶有渗出物，可产生草黄色胸腔积液。犬的结核菌素试验常为假阴性。X线检查和完整的病史记录有助于诊断。基于公共卫生问题的考虑，感染的犬应实施安乐死。

（九）猫

猫能抵抗结核分支杆菌的感染，但对牛分支杆菌、鸟分支杆菌复合群和田鼠分支杆菌易感，也可分离到一些非典型的杆菌。猫摄入受污染的牛奶可引起胃肠道病变，通常见于肠系膜淋巴结；在历史上，欧洲猫结核病的发病率高，多数由污染的牛奶引起；通过血液可快速播散到其他器官，包括肺和淋巴结，受感染的皮肤或更深的伤口有时引起结核性窦道，病变坏死中心区，通常不发生钙化。一般认为猫的结核菌素皮肤试验是不可靠的。该病的诊断可以通过X线检查、ELISA和细菌培养等方法。基于公共卫生问题的考虑，感染的猫应实施安乐死。

（十）非人灵长类动物

非人灵长类动物，如猴子和大猿，可感染结核分支杆菌、牛分支杆菌、鸟分支杆菌复合群，肺部和其他器官严重受损。该病可使密切接触的护理灵长类动物的人感染。气溶胶通过呼吸道而感染，但口服途径也有引发感染的可能。细菌也通过尿液排出。用于动物结核菌素皮肤试验的PPD优于人使用的PPD。

（十一）捕获野生有蹄类动物

多种捕获野生有蹄类动物包括黑斑羚、大羚羊、羚羊、印度梅花鹿、黇鹿、麈鹿、骡鹿、梅花鹿、麋鹿、白犀牛和黑犀牛以及长颈鹿，都容易感染牛分支杆菌。结核性病变不尽相同，从脓性到干酪样病变，常见于肺、局部淋巴结、肝、脾和其他脏器的浆膜表面。结核菌素皮肤试验可用于诊断。

（十二）海洋哺乳动物

鳍脚类动物分支杆菌（牛分支杆菌的海豹适应型）导致海豹和海狮的结核病变。已从几个国家分离出了4种海豹和2种海狮的菌株，从其他动物体内也分离到了鳍脚类动物分支杆菌。海豹体内，该菌可导致外周淋巴结、脾、腹膜和肺的病变。在肉芽肿性病变中的抗酸杆菌存在差异。气溶胶是主要传播途径。由于人兽共患病的风险问题，在处理这些动物的时候应采取预防措施。

（十三）非结核分支杆菌感染

从动物的组织中已分离出的分支杆菌也存在于土壤和水中，偶发分支杆菌是一种生长很快的细菌，对青霉素、氨苄青霉素、链霉素、磺胺甲恶唑和氯霉素具有极强耐药性，该菌还与奶牛乳房炎、犬的肺部感染、猪和某些外来动物的淋巴结病变化、猫和犬的皮肤病理变化有关。药敏试验表明该菌可被卷须霉素、乙硫异烟胺抑制。龟分支杆菌是另一种生长快的分支杆菌，它的生化特性与偶发分支杆菌类似，已从污染的伤口、注射部位的脓肿中分离出来。这些细菌必须与草分支杆菌、耻垢分支杆菌以及牦牛分支杆菌区分开来，这些分支杆菌很少有致病性。

鱼类和其他冷血动物可感染某些血清型的禽源鸟分支杆菌、细胞内分支杆菌、海分支杆菌，而这些菌一直被认为仅是人的病原体。另一种光照产色耐酸菌，即堪萨斯分支杆菌，已从猪、牛和非人灵长类动物体内分离到。这些菌可以通过生化反应和血清凝集试验区分。

鸟副结核分支杆菌（ *M. avium paratuberculosis* ）是副结核病的病因，在家养和野生反刍动物离体均可分离到（见副结核病）。该病的病程缓慢，持续的腹泻导致体重减轻和消瘦。病变多见于回盲瓣和相关的淋巴结。细菌分离培养可确诊。无治疗方法。

瘰疬分支杆菌（ *M. scrofulaceum* ）是一种黑暗产色菌，已从猪、牛和某些非人灵长类动物的淋巴结病分离出来。蟾蜍分支杆菌是一种生长缓慢的黑暗产色菌，已从猪、海鸟和两栖动物分离出来。该菌需要与戈登分支杆菌和变黄分支杆菌，以及其他污染水源、生长缓慢的黑暗产色菌分支杆菌相区分。

许多非致病性的不需光不产色的分支杆菌，可以从水和土壤中分离到，被怀疑是潜在的致病菌；不产色分支杆菌、胞内分支杆菌、次要分支杆菌、地分支杆菌与鸟分支杆菌复合群很相近，可以通过体外实验室检测来区分，如PCR方法。

虽然条件性分支杆菌不能引起进行性疾病，但是它们在引发动物一过性结核菌素敏感方面是很重要的。以生物学方法用牛分支杆菌和鸟分支杆菌培养液的过滤物制备PPD结核菌素并作皮内试验，可为分析结核菌素皮内过敏的可能原因提供依据。制备兽用的结核菌素，每次试验剂量约为5 000个结核菌素单位，可用于家畜、野生和外来动物的皮内试验。

鼠麻风分支杆菌（ *M. lepraemurium* ）是一种非光照产色菌，生长缓慢、耐酸，引起猫和鼠的疾病，在某些方面类似于人麻风病。该菌可在含有细胞色素C和α-酮戊二酸的培养基中生长。人的麻风病的病原为麻风分支杆菌，已在犰狳中同时发现。虽然该菌还不能在人工培养基上生长，但是用PCR的方法可以对麻风分支杆菌进行DNA鉴定。

二十四、土拉热

土拉热是一种细菌性脓毒症，可感染250多种动物，包括野生和家养的哺乳动物、鸟类、两栖动物、鱼类和人。而由于它在人群间可通过空气传播，因此被列为A类生物战剂。

【病原】 该病的病原是土拉弗朗西斯菌（ *Francisella tularensis* ），它是一种无芽孢、革兰氏阴性球杆菌。抗原性与布鲁氏菌相关。高热和适当的消毒很快杀死该菌，但在潮湿的环境中可生存数周或数月。该菌生长条件苛刻，但很容易培养。根据其生化特性和毒力，该菌有2种型。A型主要发现于北美，毒力较强，如果不治疗对人的致死率为5%～7%，根据其临床症状的严重程度，又可以进一步细分为A1和A2两个不同的亚群。B型毒力较弱，最常从水生动物和与水有关的感染中分离出来，主要发现于北美和欧亚大陆。两种型都已从节肢动物中分离出来。

【流行病学与传播】 在家畜中，羊是主要的宿主，但也有犬、猪、马感染的临床报道。猫的捕食行为增加了传播的风险，使其对该病的敏感性增加，而牛似乎对该病有抵抗。很少有人知道家畜真正的发病率和发病范围。该病重要的野生动物宿主，在北美包括棉尾兔、野兔、海狸、麝鼠、草甸田鼠和羊，在欧洲和亚洲包括其他的田鼠、野生鼠和旅鼠。

在北美和欧亚大陆存在自然疫源地，节肢动物与各种哺乳动物、鸟类、两栖动物和鱼之间形成该病的循环感染链。野兔热病除了夏威夷以外的各州多有报道，主要包括美国中南部和西部（如密苏里州、俄克拉荷马州、南达科他州和蒙大纳州）。

土拉热是一种典型的人兽共患病，能够通过气溶胶、直接接触、吸入、食入或节肢动物传播。吸入传染性气雾（在实验室或生化恐怖袭击的制剂）可导致肺炎型野兔热病。直接接触或食用野生动物（如棉尾兔）的传染性尸体，可以导致腺体溃疡、眼腺型、口咽型（局部病理变化伴随淋巴结炎）或伤寒型。浸入水中或饮用污染水可导致水生动物感染。蜱能在发育过程中的不同时期保持着感染力而且可传染，因此蜱不仅是传播媒介，也是有效的储存宿主。美国鉴定出的传播媒介包括安氏革蜱（木虱）、美洲钝眼蜱（孤星蜱）、D栓皮栎（犬蜱）和中室斑虻（鹿飞）。

人和草食动物最常见的传染来源是感染蜱的叮咬，但那些修整、加工胴体或食用没有煮熟的野味的方式，也增加了人感染的危险性。犬、猫和其他食肉动物可以通过食入传染性尸体而感染。少数病例报告显示，人可通过猫感染本病。

【临床表现】 该病的潜伏期1～10 d。绵羊和大多数哺乳动物的发病特征是发热、嗜睡、食欲不振、肌肉僵硬、不愿运动和（或）其他败血性症状。脉搏和呼吸率加快、咳嗽、腹泻，也可能出现尿频。几小时或几日后虚脱和死亡。各种动物的散发病例主要表现为脓毒症。羔羊发病后不治疗死亡率高达15%。亚临床病例是常见的病型。

【病理变化】 最常见的病理变化是肝脏出现粟粒状白色坏死灶，有时脾、肺、淋巴结也有此病变，常见肝、脾、肺、淋巴结肿大。利用特殊培养基、特殊的程序和设备，很容易从剖检的尸体样品中分离到病原菌。尸体剖检人员和实验室人员受感染的危险性是显而易见的。因此，特定程序和防护设施是必要的。

【诊断】 土拉热必须与其他败血性疾病（尤其是鼠疫）或急性肺炎区分开来。当大量的绵羊在蜱流行期出现典型症状时，应怀疑野兔热病或蜱瘫痪。猫的野兔热病主要表现为急性淋巴结肿大，全身乏力，口腔溃疡，并且近期捕食过野生动物。

急性感染可通过细菌培养和鉴定、直接或间接荧光抗体试验，或在急性期和恢复期比较血清抗体效价升高4倍来诊断。单一试管凝集试验抗体效价大于或等于1∶80表明先前感染过野兔热。当怀疑为野兔热时，实验室人员应注意以减少实验室感染的风险。

【治疗与控制】 链霉素、庆大霉素、氯霉素、四环素类药物以推荐的剂量使用是有效的。庆大霉素应持续使用10 d。由于四环素和氯霉素的抑菌作用，应持续使用14 d，以减少复发的风险。早期治疗应防止死亡。防治比较困难，仅限于减少蜱侵袭和快速诊断和治疗。由于许多病原菌在细胞内生长，所以需要持续治疗。目前人们正在努力研制一种安全有效的疫苗。病愈后可获得长期免疫力。

二十五、水疱性口炎

水疱性口炎是由2种不同血清型的水疱性口炎病毒引起的病毒性疾病——新泽西型和印第安纳型。特征为口腔、鼻腔黏膜、舌上皮表面、足底冠状带、乳头出现水疱、溃疡和糜烂，随之鼻头、腹面和外鞘病变部位结痂。该病已见于牛、马和猪，绵羊、山羊和马驼很少发病。公布的血清学数据表明，许多物种包括鹿、非人灵长类动物、啮齿动物、鸟、犬、羚羊和蝙蝠均可感染该病毒。

【病原】 该病毒为弹状病毒科水疱病毒属。水疱性口炎病毒为水疱病毒属的原型。它们呈子弹形，长180 nm，宽75 nm。基因组结构是负链RNA，有5个基因的单链（N、P、M、G、L组成，分别表达核蛋白、磷蛋白、基质蛋白、糖蛋白和大蛋白，这些是病毒RNA聚合酶的一部分）。虽然水疱病毒属有很多成员，但在西半球，新泽西和印第安纳血清型受到特别关注。这2种病毒的大小和形态相似，但感染的动物产生不同的中和抗体。在美国最近暴发的病例中，均

分离到这2种病毒。

【流行病学与传播】 水疱性口炎在美国呈散发状态。历史上，在所有国家地区均发生过，但20世纪80年代以来一直局限于西方国家。1995年、1997年、1998年、2004年、2005年、2006年和2009年曾在美国暴发过本病。在过去的十年中，最大的一次暴发发生于2005年，影响到了9个州。水疱性口炎病毒在南美洲、中美洲和墨西哥的部分地区流行，但西半球之外还没发现自然感染情况。病毒可以通过与受感染的动物（那些发生病变的动物）直接接触或通过吸血昆虫传播。在美国西南部，黑蝇（蚋科）是最有可能的传播媒介。在流行地区，白蛉（罗蛉属）已证明是传播媒介。其他的昆虫可以作为机械性传播媒介。在一群动物中的患病率普遍较低（10%～20%），而它们的血清阳性率可能接近100%。表现水疱性口炎的临床症状的家畜中检测不到病毒。许多脊椎动物血清学检测呈阳性，很有可能是感染的储存宿主。在美国，尚未明确水疱性口炎病毒的储存宿主和繁殖宿主。

【临床表现】 潜伏期2～8 d，之后通常伴有发热。等到出现其他的临床症状和检测出动物发病时，它们将很少有发热症状。通常最初的症状是流涎。在自然情况下口腔内的水疱很少观察到，这是因为水疱形成后很快就破裂了；因此，溃疡是检查中最常观察到的病变。牛和马均可见口腔黏膜的溃疡和糜烂，舌头上皮细胞脱落，嘴唇皮肤黏膜交界处出现病变。牛的乳头溃疡和糜烂并不少见，常导致奶牛乳房炎。牛、马和猪常见足冠状带侵蚀性炎症继而出现跛行。该病在美国西部暴发时，马出现特征性的口鼻、腹部、足鞘和乳房结痂病变。由于口腔病变，动物的短期食欲减退；由于足部病变，动物常见短期跛行。该病的发病持续时间短，10～14 d可自愈。虽然病毒血清中和抗体可持续存在5年以上，但重新接触病原可再次感染。

【诊断】 在大多数地区，包括美国在内，水疱性口炎是一种须上报的疾病。样品须送到外来动物疾病诊断中心或其他兽医监管部门和由政府正式指定的实验室进行检测。诊断的依据包括动物是否有典型症状、血清学抗体检测试验、病毒分离或分子技术方法检测病毒基因的结果。病毒分离可采集水疱液、病变部位上皮组织或取病变拭子。水疱性口炎病毒很容易在细胞培养上繁殖。3种常用的血清学试验包括竞争ELISA、病毒中和试验和补体结合试验。PCR检测也可被用于鉴别病毒。在诊断时主要应与临床上与水疱性口炎相似，但更具破坏性的病毒性疾病，包括反刍动物和猪的口蹄疫、猪水疱病和猪水疱疹相区分。马是不容易得口蹄疫的。口腔发生病变时，必须考虑非

感染性和传染性两种因素。

【治疗、控制与预防】　该病尚无有效而可靠的治疗措施。供给病畜柔软的饲料。用温和的消毒剂清洁病变部位，可有助于避免继发细菌感染。在管理上应减少牧场放牧的时间，以避免与病毒接触的风险，在昆虫多的时期，应将动物饲养在房舍或谷仓中，并用杀虫剂，以减少昆虫与动物接触的机会。这些措施还包括动物的内耳廓，因黑苍蝇常在这里采食。受感染的动物应该被隔离饲养，禁止其他动物与感染动物混群。大部分地区包括美国在内，水疱性口炎是须要上报的疾病，当怀疑该病时应通知动物卫生官员。在美国不允许使用商业化生产的疫苗，但在拉丁美洲的一些国家，家畜的疫苗是可以使用的。

在美国，主要是由州农业部门对水疱性口炎病毒进行监测，继而报告给美国农业部。兽医是监控网络的一部分，因为他们需要在动物表演、展览会、比赛、洲际和国际动物迁移的活动中，对动物进行检测和出具兽医检验证书（通常称为健康证）。如怀疑动物发病，可采集黏膜拭子和血清样品，送交兽医诊断实验室进行检测。在发病年份，实验室确诊的水疱性口炎例的数据，展示在 http：//www.aphis.usda.gov/vs/nahrs/equine/vsv/。

【人兽共患病风险】　水疱性口炎病毒是人兽共患病，可引发与病毒接触工作的人（如实验室感染、与感染动物的病变处直接接触）的流感样症状（头痛、发热、肌肉痛和虚弱），病程持续3～5 d。人在口腔和咽部黏膜、嘴唇和鼻子部位很少形成水疱。但也可引发严重的症状，如脑炎（当然很少发生）。

第二节　马全身性疾病

一、非洲马瘟

非洲马瘟（AHS）是一种急性或亚急性，具有昆虫传播性的非洲地方性马科病毒病。该病有相关呼吸系统和循环系统的典型临床症状和病变。

【病原与流行病学】　非洲马瘟病由一种直径为55～70 nm从属于呼肠病毒科的环状病毒引发，具有9种特异的免疫型。病毒可以在pH＜6或≥12的环境中被灭活，也可通过福尔马林、β-丙内酯、乙酰基乙烯基亚胺派生物或辐射被灭活。

非洲马瘟病的出现可能起因于如季节性的大雨等骤热和骤冷的天气变化，从而使发热迅速传播。非洲中部和东部的暴发偶尔会影响到埃及、中东或阿拉伯半岛南部。在1959年至1961年，该病毒血清9型自非洲暴发波及了非洲临近的东部国家和阿拉伯半岛，远至巴基斯坦和印度，造成了大约300 000匹马死亡。

同样的血清型在1965年至1966年间再次暴发，以非洲西北部（摩洛哥、阿尔及利亚和突尼斯）为中心快速传播至西班牙南部。该病在西班牙的这次暴发，通过强制疫苗接种，结合大批屠宰而得到有效控制。据报道，1987年7月，西班牙中部发生由血清4型引起的非洲马瘟，该病起因于引进了受感染的纳米比亚斑马。这次暴发一直持续至天气转冷的同年10月。然而，病毒在冬季仍然可以存活，并导致了1988年西班牙南部该病的暴发。随着天气再次转冷，疾病的暴发再次被终止，但是该病于1989年和1990年再次复发。该病毒也曾于1989年传播至葡萄牙和摩洛哥，尽管该病在葡萄牙被迅速消灭，但其一直盘桓于摩洛哥直至1991年。最近，非洲马瘟的暴发在撒哈拉沙漠以南的多地被报道，其中包括博茨瓦纳西部（1999-2001）、纳米比亚（2000和2001）、南非（2006）和斯威士兰（2006）。在2007年，首次报道非洲西部（尼日利亚和塞内加尔）发生非洲马瘟2型与塞内加尔发生血清7型。在肯尼亚，也成功分离到血清4型。2008年，埃塞俄比亚西南部报道了血清2型的暴发。

【传播】　库蠓属是非洲马瘟病毒所有9种血清型的主要宿主，其中库朦是最重要的宿主。因此，一年中温暖湿润的气候会使非洲马瘟的发热症状在宿主中萌发，同时也因气温下降而终止或明显减少其在宿主体内的活力。该病毒也可在犬蜱扇头蜱属血红扇头蜱和埃及南方冬天的骆驼蜱单峰驼璃眼蜱身上分离得到。非洲马瘟病毒可以通过被感染的蚊，在人工感染的情况下在犬之间传播。然而，这些研究并没有在其他地方得到确认，并且目前大多数业内人士认为犬、蜱虫和蚊在非洲马瘟的流行病学中并没起多大作用。

【临床表现与病理变化】　该病的死亡率取决于病毒株的毒力强弱和宿主的易感性。幼龄马群是最易感动物，其死亡率可高达90%。疾病的潜伏期在3～5 d内，病马会出现呼吸系统的症状，包括水肿和心包积液，并于1周内死亡。病马呼吸困难、间歇性咳嗽和鼻孔扩张，随后发热（40～40.5℃）达1～2 d。病马分腿而立，头向前伸。结膜充血和眶上窝水肿。病马恢复的可能性很低且死于缺氧症、充血性心力衰竭或二者都有。尸体剖检发现肺小叶内间隙有明显的水肿。肺部扩张巨大且在气管、支气管和细支气管内会发现泡沫状液体，可能还会有胸膜积液。胸部淋巴结水肿且胃底充血。心包膜可能出现瘀点，心包液增多，然而心脏损伤常常是不明显的。腹部内脏可能充血。多泡的渗出液可能从鼻孔渗出。肺型常出现在摄入被感染肉类的犬中。

非洲马瘟的心脏型呈亚急性，潜伏期为1～2周，发热时间不到1周。眼窝发生水肿，随后其他部位可能也发生肿大，如眼睑、面部组织、颈部、胸部和肩部。病马可能出现疝痛，并在1周之内死亡，死亡率可达到50%。心外膜和心内膜有显著的瘀点和瘀斑。肺部常常呈松弛状或轻微的水肿。皮下和肌肉组织尤其是颈静脉和颈背韧带出现黄色凝胶状渗出物。其他病变包括心包积水、心肌炎、出血性胃炎和舌头及腹膜的腹侧面出现瘀点。疾病暴发时心肺的混合病变是最常见的形式，马的死亡率可达80%。

【诊断】 在疾病暴发地区，通过临床症状和病变情况可以作出诊断。然而，实验室诊断对于疾病确诊和血清型的判定是很重要的，对于疾病的控制也一样。在发热的高峰时采集血液样本，并将其保存在OCG（50%的甘油、0.5%的草酸钾、0.5%的石碳酸）中，然后（4℃）送至实验室。死亡动物的新鲜脾脏样品应该4℃保存于甘油缓冲液中。病毒的分离培养最好接种于幼鼠颅内，也可使用哺乳类动物或昆虫细胞培养。使用的病毒分离方法越多，病毒培养的成功率越高。接种的小鼠可能会在3周之内有明显的神经和瘫痪症状，哺乳类动物组织培养可能会在3～7 d内出现细胞病变效应。非洲马瘟病毒可通过分子探针和反转录PCR类属特异性引物对全血、其他组织和感染细胞培养物上清直接鉴定。直接ELISA也可以对死于急性感染的动物身上采取的固体组织的病毒抗原进行快速鉴定。除此之外，分离病毒可以通过类属特异性测定如补体结合和直接及间接荧光反应进行鉴定。

非洲马瘟病毒主要采用病毒中和试验测定其血清型，一般需要超过5 d。随着型特异-反转录PCR方法的发展，人们可以在24 h内确定非洲马瘟病毒的血清型。

【防控】 对于感染非洲马瘟病毒的动物，除了较好的修生养息，没有特别的治疗方法。为了防止病毒的并发和继发感染，应该在疾病的恢复期给予适当的治疗。非洲马瘟病毒是非接触感染的，只通过库蠓叮咬来传播。该病的控制有很多种方法，如严格控制动物的引进以防止感染动物的引入传染，提高管理（如使用防虫媒的马棚）以防止昆虫媒介接近易感动物和感染动物，在确诊后对病毒血症动物的屠宰处理（为了保护动物或病情发生在流行病早期）可以防止它们成为病毒宿主昆虫的感染源。彻底消除病毒的宿主库蠓几乎是不可能的，然而，减少易感动物被叮咬的数量，控制疾病的发展是可以实现的。

活病毒疫苗对于全部9种血清型都是有效的，一般每年都要接种，它们都是细胞培养的弱病毒且有很好的保护作用。然而，由于活疫苗具有毒力返强的可能性，且通过宿主库蠓传播，可能会使野生病毒苗产

生基因重组，因此有些人并不愿使用活病毒疫苗。灭活苗和亚单位疫苗没有这些缺点，但目前还尚无商品化疫苗生产。

尽管每个国家之间的要求各有不同，但从一些暴发非洲马瘟的国家运输马匹到非感染地区，都要经过严格的检疫和监督。如果抗体为阳性，只要马没感染病毒，仍可以进行运输。

二、马粒细胞性埃利希体病

马粒细胞性埃利希体病是一种非接触传染的季节性疾病，主要发生于美国加利福尼亚北部，其他地区也有发生。该病还发生于欧洲和南美洲（见波托玛克马热病）。

【病原、流行病学与传播】 本病的病原为马埃利希体，最初隶属于立克次体属，但是基于DNA序列的特性，该微生物现被称为嗜吞噬细胞无形体。该病原体有很多宿主，自然感染的有马、驴、犬、马驼和啮齿动物。立克次体类似于嗜吞噬细胞无形体，是人粒细胞性埃利希体病（HGE）的病原体，最初被发现于美国中西部和东部地区。

嗜吞噬细胞无形体频繁地感染加利福尼亚北部山麓丘陵的马类，该疾病在其他地区如康涅狄格州、伊利诺斯州、阿肯色州、华盛顿州、宾夕法尼亚州、科罗拉多州、明尼苏达州和佛罗里达州也有出现。该病也出现于不列颠哥伦比亚、瑞典、英国和南美洲。

嗜吞噬细胞无形体类似于蜱传播发热、牛瘢点热的病原体，且和HGE病原体在形态学、细胞趋化性和16S rRNA基因序列上也相似。该病原体存在于中性粒细胞的细胞质中，偶尔在急性感染期出现于嗜酸性粒细胞中。姬姆萨染色或雷氏曼着色剂染色的血涂片，显示出一个或多个由蓝灰色转为黑蓝色的松散球形多聚物（直径为1.5～5 mm的桑椹胚或包含体）、球杆菌或中性粒细胞细胞质中的多晶生物体。

通过人工感染实验，将发病马匹和感染HGE的人的全血接种易感马，可使其发病。潜伏期一般为1～3周。太平洋硬蜱（西部黑足蜱）可传播该病原体给马。

目前该病的人兽共患危险性尚不可知。尽管马类和人似乎可以被相同的毒株感染，但人感染主要通过蜱叮咬，且不会从马类直接传染给人。

【临床表现】 症状的严重程度与马的年龄和疾病的持续期有关。有些病例的症状很轻微。不到1岁的马只表现为发热，1至3岁的马会有发热、消沉、轻微的四肢水肿和共济失调。成年马表现为发热、偏食厌食、消沉、不愿走动、四肢水肿、瘀点和黄疸。在刚感染的1～3 d，体温最高可达39.5～40℃，39～40℃可持续6～12 d。几日后症状变得越来越严重。有时

心血管炎可能导致短暂的室性心律失常。其他急性感染的临床表现包括斜卧和严重的肌病变。任何合并感染（如腿创伤或呼吸道感染）都可以加重病情。在48 h内细胞质包含体很少出现，感染后3～5 d，30%～40%的中性粒细胞出现包含体。在加利福尼亚，该病呈季节性，常发生于晚秋、冬季和春季。

【病理变化】 可见皮下组织和筋膜出现瘀点、瘀斑和水肿。局部出现血管炎，主要是腿部的皮下组织和筋膜。

【诊断】 根据标准血涂片中检测出特征性细胞质包含体可作出诊断。然而，在发热的前1～2 d，很难看到包含体。PCR可以检测抗凝血或血沉棕黄层涂片的嗜吞噬细胞无形体的DNA。直接荧光抗体试验可以检测嗜吞噬细胞无形体抗体滴度的增加。需鉴别诊断的疾病包括病毒性脑炎、原发性肝病、马传染性贫血、出血性紫癜和病毒性动脉炎。

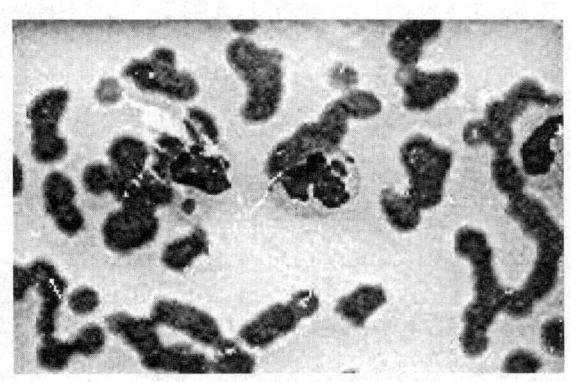

图5-7 马的血涂片

马血中的2个中性粒细胞，每个都包含1个马埃利希体桑葚胚（Wright Giemsa染色，100×油镜观察）。在马，卷曲的红细胞是正常现象。（由John W. Harvey博士提供）

【治疗与控制】 氧四环素对于治疗嗜吞噬细胞无形体是十分有效的，每日静脉注射1次四环素，剂量7 mg/kg，持续治疗8 d，可以消除感染。青霉素、氯霉素和链霉素则无抑制效果。有严重共济失调和水肿的马，可通过皮质类固醇治疗（每日注射1次地塞米松，剂量20 mg，持续治疗2～3 d）。康复马至少2年内有极强的免疫力，且不带菌。最近的研究表明，一些欧洲毒株会持续感染，但尚无确切的证据。消灭蜱类是该病必要的控制手段。目前该病尚无有效的疫苗。

三、马传染性贫血

马传染性贫血（EIA，简称马传贫）是马属动物的疾病，该病是由反转录病毒马科慢病毒属——马传贫病毒引起。尽管马传贫多数持续性感染，只表现很少的临床症状，但是它已经被视为高发病率与高死亡率的流行病。马传贫可通过实验室进行诊断。由于没有有效和安全的疫苗，许多国家依据血清学检测结果进行防控。感染马传贫病毒后会持续终生感染。

【传播与发病机制】 马传贫病毒是经血液感染的。在血浆或与细胞相关的单核细胞、巨噬细胞、上皮细胞中可以发现病毒。在自然界中，吸血昆虫在关系密切的马之间转移和传播疾病。虻、斑虻、有时苍蝇是最常见的带菌者，叮咬引起的疼痛会引起宿主停止采食饲草，寻找疼痛部位。昆虫仅是机械性媒介物，马是病毒唯一的贮存宿主。医源性传播可引起疾病的大量流行，但可以通过标准预防程序避免，例如，可以丢弃或消毒针头和马的装备。在爱尔兰最近一次暴发的马传贫中发现，该病与马之间直接和非直接的病毒传播有密切关系。

【临床表现】 在抗体产生前，病毒会在马体内复制几日或几周。潜伏阶段一般为10～45 d，通常在自然传播后持续21～42 d。在马抗体产生前，在发热期间会发生病毒血症。牧场的马的这些急性症状不能被认知，并可能会伴随血小板减少和食欲不振。通常，当在日常检测中发现感染该病时，病情已经发展为发热，并伴随血小板减少、瘀血、贫血、抑郁、体重减轻、恶病质、坠积性水肿（马传贫慢性症状）。因此，马传贫病毒常表现为一种隐性或急、慢性感染疾病。

马的临床症状取决于感染病毒株的强弱、剂量、基因型和免疫水平。例如，适应于连续繁殖的病毒株能够在感染14 d内使马死亡，对于驴却无任何临床症状。同样，没有或临床症状温和的病毒株会杀死未成熟的胎儿或免疫不全的驴。马传贫病毒进入一个种群，会无症状地传播，直到慢性症状出现才会被发现。这时，种群的大部分会被感染。然而，爱尔兰最近暴发的马传贫呈现出了高发病率与高致死率。

【病理变化】 急性病例的脾和脾门淋巴结肿大。在慢性病例中，剖检可见消瘦、黏膜苍白、点状出血、皮下水肿、脾肿大和腹腔淋巴结肿大。

显微镜检查可见许多器官组织网状内皮细胞增生。肝门静脉和窦状隙周围的圆形细胞聚集，枯否氏细胞内蓄积有大量含铁血黄素。在其他组织器官中也可见血管周围淋巴细胞浸润。有些马匹还发现有免疫球蛋白（IgG）和补体在肾小球沉积而引起的增生性肾小球肾炎。

【诊断】 通过血清学方法可进行临床诊断，常用的方法为琼脂凝胶扩散试验。抗原来源分为细胞培养的病毒和重组蛋白质。许多国家在实际操作中使用ELISA检测抗体。ELISA检测在短时间内就可以得到结果，而且在野外也可以操作。因为ELISA有很高的假

图5-8 马病毒性动脉炎，示眼水肿
（由Peter J. Timoney博士提供）

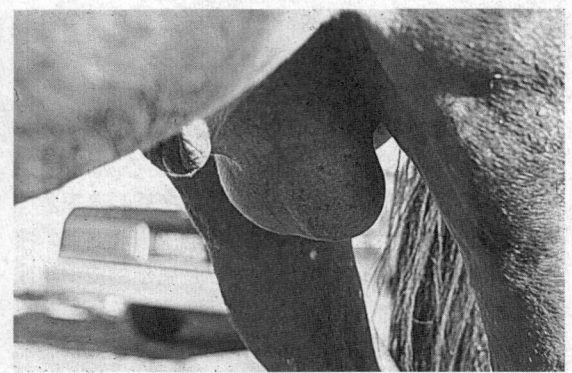

图5-9 马病毒性动脉炎，示阴囊水肿
（由Peter J. Timoney博士提供）

阳性率，所以ELISA阳性样品应该用琼脂凝胶扩散试验复检。将ELISA和琼脂凝胶扩散试验2种方法结合使用，可得到高灵敏和特异的检测结果。

【治疗与控制】 目前尚无特异性疗法和疫苗。由于感染的马是传染源，因此抗体阳性的马应与其他马保持一个安全的距离（约200 m）。血清阳性马的后代例外，它们吃到哺乳初乳后，会拥有马传贫病毒抗体。在大多数情况，6～8月龄马用琼脂扩散试验检测为阴性；但是，采用ELISA方法检测，抗体可持续到12个月。

该病的感染与家畜种类有关。临床研究中已成功获得了病毒隐性携带者的抗体阴性的马驹。母马分娩前发现马传贫症状，可增加该病感染的风险。遗憾的是，不能精确地判定马匹感染者。隐性感染的马在应激环境中会增加发生病毒血症的概率。与健康的马相比，隐性感染的马血清球蛋白浓度增加，与免疫刺激和慢性炎症相关的淋巴细胞聚集。因为病毒会一直在马体内存在，大多机构认为阳性马匹具有很高的风险性。在美国，血清学检测阳性的马匹，必须在24 h内转移和隔离。检疫隔离地带必须提供至少约200 m的距离。确诊后，血清阳性的马匹必须永久地通过USDA进行国家统一编号，标为"A"。这些标记可能使用热标记、化学标记、冷冻标记或唇刺标记的方式且必须由USDA制作。带有标记的马必须安乐死、屠宰或从马群中转移隔离。它们只能在官方批准下，从州转移至联邦的屠宰所、联邦认可的诊所或转移回事发地点。马群的发病一经鉴定后，必须对所有的马进行EIA检测并进行重复检测，直到所有马的检测结果为阴性为止。这些马必须在间隔30 d和60 d后再次检测直到没有发现新病例为止。全部马群的检测均为阴性，发病马被转移至少60 d后，隔离才可以被解除。

在美国所有通过公路运输的马匹，运输前必须在12个月内进行EIA检测并获得阴性结果。所有马的销售、交易或州内捐赠也必须进行EIA检测并获得阴性结果，且不可超过12个月并改变运输路线，最好不超过60～90 d。所有引进的拍卖马匹或销售市场马匹也必须为阴性检测结果，或者马必须接受隔离直到检测结果出来。

建议马匹拥有者应以实施EIA控制计划为前提。作为日常保健，所有的马应该至少每年检测1次。发病率高的地区应增加检测频率。马匹拥有者进入展示区或赛马场，应该给官方提供阴性的EIA测试结果。所有引入畜群的新马应该在进入前或隔离中的EIA检测结果为阴性。传播媒介的控制措施，包括使用杀虫剂和驱虫剂，以及消灭环境中的昆虫。为了防止医源性感染，应采取良好的卫生和消毒规范，如避免被污染的针头、注射器或其他医疗设施感染。

四、马病毒性动脉炎

马病毒性动脉炎（流行性蜂窝组织炎-红眼病、马伤寒、多发性皮肤病）是由马动脉炎病毒（EAV）引起的一种急性、接触性、病毒性疾病。其特征为发热、抑郁、厌食、白细胞减少、四肢水肿（特别是种马的后肢、阴囊和包皮）、结膜炎、鼻腔充血和分泌物增多、流产，但幼驹则很少发病和死亡。

【病原与发病机制】 EAV是一种小的、折叠的RNA病毒，是动脉炎病毒科家族，动脉炎病毒属的标准毒株。它是马的最主要的3大呼吸道病毒病原体之一。此病毒不能在体外存活，37℃以上仅能短暂存活。相反，在冷藏或低于冷藏温度条件下维持较长的感染性。它能在冻存的精液中保持长达数年的活性。

虽然EAV只有一种血清型，布赛勒斯株，但不同时间和地区的分离株的基因型和抗原性存在差异。病毒株的致病力也不相同，有的只引起发热，有的则会引发不同程度的症状。

在吸入感染后，EAV侵入组织上皮并在支气管和肺泡吞噬细胞中繁殖。随即病毒传播至局部淋巴结，经过一个复制周期后进入血液。EAV病毒在全身的传播可能引发细胞病毒血症。6～8 d后，病毒定植于血管内皮和小血管尤其是小动脉中间的肌细胞并导致黏膜炎症。该病毒也发现存在于某些组织中，特别是肾上腺、输精管、甲状腺和肝脏。血管损伤包括内皮膨胀和退化、中性粒细胞浸润和感染血管中膜坏死。这些损伤会进一步发展为水肿和出血，并激活促炎性细胞因子。最大的血管伤害发生于感染的第10天，在此之后损伤开始恢复。妊娠母马人工感染高毒力的EAV布赛勒斯病毒株，会引发由子宫肌炎导致的胎盘循环损伤和胎儿死亡。然而，这并不代表已经确定了自然感染EAV的流产的发病机制。

除了某些感染的种马成为病毒携带者外，在感染的28 d后，EAV病毒将不会在组织和体液中被检测出。然而种马仍然会被持续感染，如含有病毒的某些副性腺，尤其是输精管的壶腹部在多年后仍然携带病毒。一些携带病毒的种马在感染很长一段时间以后，会通过生殖系统向外排毒。

【流行病学与传播】 EAV自然感染和人工感染的主要宿主限于马科动物，有限的资料表明该病毒也可以感染羊驼和马驼。没有证据说明该病毒可以传播给人。基于血清学研究和现已报道的马病毒性动脉炎，EAV已经感染了除日本和冰岛以外的世界多个国家的马群。不同国家之间或同一国家不同种群的病毒流行情况差异很大。该病毒在标准竞赛用马和温血种马中高发。尽管该病毒在世界各地范围内广泛传播，实验室鉴定的马病毒性动脉炎仍然不普遍。这一情况随着近几年该病的不断暴发而有所改变，促进这一现象的主要因素是马和马精液在国际贸易上的逐年增多。

马病毒性血管炎的流行病学主要涉及病毒、宿主和环境因素，包括自然毒株致病力的变化，传播方式，携带病毒的种马及病毒感染的后天免疫。该病的暴发与感染马匹和精液的运输有很大的相关性。如果经常对急性感染的马进行检测，则病毒传播的可能性会大大降低。

EAV可通过呼吸系统、性交和先天或直接接触传播。在急性感染期，呼吸道传播是病毒传播的主要方式。病毒传播主要是由于幼驹所处的环境（如赛马场、表演场、马市、动物医院和集约化管理的育种饲养场）常与同类近距离的接触。EAV也可以通过与急性感染的母马，或急性感染及长期感染的种马性交而传播。母马在与感染的种马性交或将感染的冷藏或冷冻的精子人工授精后，可以很快被感染。有证据表明EAV可以通过胚胎移植而传播。病毒也可以通过被感染的污染物（如生产棚的设备、垫子或压板）或操作员的手或衣服而间接传播。

病毒携带者通常为性成熟完全的种马，特别是青春期的马驹和种马，但不包括母马、阉割过的马、性成熟不全的马驹或雌幼驹。EAV存在于种马生殖系统中，对睾酮有依赖性。携带病毒的种马是该病毒的自然宿主且可以保存和散播病毒。病毒携带率从低于10%到高于70%不等。携带病毒的种马只通过精液中的精子碎片不断向外排毒，而并不是其他分泌物和排泄物。携带病毒的状态可持续数周到数年不等。有不同百分比的种马会自发清除体内EAV感染，没有证据显示会再恢复排毒。携带病毒似乎并不影响种马的生育能力或其临床状态。这些种马也担任着病毒基因多样化的主要任务。

与其他马科呼吸系统病毒相比，EAV可以促进更强、更持久的免疫来抵御临床疾病的发展和避免在种马体内建立带毒状态。自然感染和人工接种疫苗产生的高水平的中和抗体可以持续至少2～3年。

【临床表现】 马病毒性动脉炎可能会导致临床型或隐性的感染，这取决于相关病毒株的致病性、病毒剂量、动物的年龄、生理条件和多样的环境因素。大多数的初次感染病例是隐性的。马病毒性动脉炎发生急性感染，无论是否有临床症状，生病或不生病，都有3～14 d的潜伏期，潜伏期的时间取决于感染途径。不同暴发地区发病动物之间和同一暴发地区动物之间的临床症状和严重程度不同，但均会产生以下症状：持续发热2～9 d、白细胞减少、精神不振、四肢水肿（特别是后肢）和阴囊水肿。一些不常见的症状包括结膜炎、流泪和惧光、眶周或眶上水肿、鼻炎和分泌物增多、腹壁水肿（包括母马的乳腺）。脸两侧、颈部或胸部上面（尽管它可能是全身性的）的皮肤经常出现荨麻疹，步伐呆板，呼吸困难，黏膜黄疸，腹泻，黄疸，共济失调。

马病毒性动脉炎病毒可引起妊娠马（3～10个月）流产，流产经常出现在急性阶段的后期和感染恢复阶段的早期，有或无马病毒性动脉炎症状。在自然发病时，流产率各不相同，从不到10%到高达60%。没有明显的证据表明，带有马病毒性动脉炎病毒的精液可使母马在妊娠后期流产。病毒性流产的母马在症状出现时就已经妊娠了。主要是由于直接接近急性感染的动物，通过呼吸途径而感染。在1～4周后发生流产。母马在妊娠后期接触病毒时，不会发生流产，但会生出先天携带病毒的马驹。没有证据表明因马病毒性动脉炎病毒感染，会导致流产母马受精率降低。

马动脉炎病毒携带者会经历一小段时间的生育力低下，在个体中会出现高热且持续时间长的发热和大面积的阴囊水肿。感染的种马会出现性欲低下，且精子活力、浓度、正常精子百分比下降。精液品质的变化被认为是睾丸内温度的升高，而不是病毒直接对精液生成和睾丸功能的影响，精液的变化会持续14～16周直到变为正常。康复的种马已证实该病在生育率上没有长期的不良反应。

马动脉炎病毒对幼年的、年老的或劳动过度的个体的感染概率和严重程度更加严重。无论临床症状有多严重，即使未进行对症治疗，感染的马基本都可完全康复。自然发病时老龄马死亡数很少，然而1月内至几个月的幼驹会出现暴发性肺炎或胃肠类引起的死亡。

【病理变化】 马病毒性动脉炎死亡病例的肉眼和显微病变，均观察到了广泛的和全身弥漫性的血管损坏，上述描述主要是基于高致病力的 *Bucyrus* 病毒株人工感染试验的结果。该病特征性大体病变包括水肿、充血和出血，特别是四肢和腹部的皮下组织；腹腔和胸腔积液；腹腔内淋巴结和小肠、大肠特别是盲肠和结肠水肿和出血。自然感染的新生幼驹可见肺水肿、气肿、间质性肺炎、肠炎和脾脏梗死。

流产的胎儿常常部分自溶，无特征性病理变化，如果出现，体腔中会出现有少量积液和不同程度的肺小叶间水肿。在年老的动物中出现的血管损坏和免疫介导的病变，在感染的胎儿中比较少出现。

马病毒性动脉炎的显微病变特征是血管炎，主要包括小动脉和静脉。在组织学上，病理变化从血管和血管周围水肿，偶见淋巴细胞性浸润以及内皮细胞肿胀，到中层特征性变性和坏死，伴有大量的淋巴细胞浸润、坏死、内皮脱落，严重的病例出现血栓现象。流产病例不常见显微病变，如果出现显微病变，可在胚胎和新生马驹的大脑、肝脏、脾脏和肺中发现血管炎。

马病毒性动脉炎病毒感染幼驹的死亡病例可见肺小叶间隙的水肿，充血和单核细胞浸润，淋巴出血和淋巴网状组织出血。肠黏膜的主要出血和坏死在相关的肠炎中已经描述了。

【诊断】 马病毒性动脉炎的临床症状与马的一些呼吸道和非呼吸道疾病相似。因此，必须用实验室诊断来确诊。马病毒性动脉炎与马的其他一些疾病，如马流行性感冒、马病毒性流产、马鼻炎A和B病毒或马腺病毒和出血性紫癜的临床症状相似。此外，马病毒性动脉炎必须与马传染性贫血、古老的庭荠（团扇荠）中毒和由过敏引起的荨麻疹区别开来。在对马病毒性动脉炎诊断时，几个外来的疾病包括盖塔病毒感染、马媾疫、非洲马瘟也需要进行区分。

马病毒性动脉炎引起的流产必须与马疱疹病毒1或4导致的流产区分开来。一种有帮助但不能确定的区分方法是母畜感染马病毒性动脉炎，在流产前会出

现一些临床特征，而马疱疹病毒引起流产没有临床症状。而且，马病毒性动脉炎流产胎儿经常会出现自溶，且没有一些显而易见的病变，相反，马疱疹病毒流产的病变总是新鲜的，经常出现大体和显微的病变特征。

临床诊断怀疑为马病毒性动脉炎，需要进一步用实验室诊断来确诊，以免耽误病情。实验室方法有病毒分离，检测病毒核酸或抗原，以及采集间隔3～4周（急性感染期和康复期）的双份血清对比抗体滴度。

适于病毒分离或反转录PCR检测病毒核酸，包括鼻咽拭子或洗涤物、抗凝血（柠檬酸盐或EDTA）。为了有利于病毒分离或检测，样本应该在EAV出现临床症状或疑似感染时尽早采集。收集样本后，鼻咽拭子应直接转移至病毒运输培养基，并放于冷藏或冰冻箱中隔夜送达实验室进行检测。抗凝血样本应冷藏而不宜冷冻。

如果怀疑有马病毒性动脉炎引起的流产，应当对胎肺、肝、淋巴网状内皮细胞（特别是胸腺）的组织和液体以及腹膜或胸膜液体进行病毒检测。可以选择从绒毛尿囊膜和胎肺组织中分离病毒。如果怀疑幼驹或更大些的马的死亡与病毒性动脉炎有关，就应当收集大范围的组织样本，特别是胸腔和腹腔内有关的器官样本，用于包括组织学和免疫化学方面的实验室检验。

根据原先确定种马个体的血清阳性状态来对种马群病毒携带者进行检测。对于没有疫苗免疫记录的种马，除非证明在它们的精液中检测不到EAV，其血清中和抗体滴度≥1：4，否则可视为是潜在病毒携带者。可用其富含精子的精液进行病毒分离，或反转录PCR方法进行检测来确定病毒携带者。也可以同时通过使用假定的带毒种马对2个血清学阴性的母马进行授精，授精后28 d再对母马的血清阳性情况进行确定。

用于检测EAV的血清学检测方法有很多，补体增强病毒中和试验是检测EAV感染诊断和血清阳性率研究的最可靠的方法。研制开发的ELISA检测方法能够提供可靠的结果，但是其敏感性和特异性不一。这些检测方法都无法区分自然感染和疫苗免疫而导致的抗体滴度上升。

【治疗与防控】 目前马病毒性动脉炎尚无特殊治疗方法。因为事实上大多自然感染的马都能够完全康复，只有在严重的病例上才会进行对症治疗（如使用退热剂、消炎和利尿剂）。对于高热或持续高热并有明显阴囊和包皮水肿的种马，进行对症治疗能够缩短其生育力水平下降的时期。良好的护理可使其逐渐恢复正常的活力。对幼驹EVA引起的肺炎或肺肠炎无有效的治疗方法。有证据表明，通过免疫GnRH或使用

GnRH颉颃剂，暂时下调循环系统中的睾酮水平，可清除病毒携带者的种马生殖器官中的EAV，但2种方法都还未能充分得到验证。

马病毒性动脉炎可以通过有效的管理措施，加上定向免疫程序来进行管理和控制。目前在北美洲只有1种弱毒疫苗可用。疫苗可以防止马病毒性动脉炎的发生，并在种马中建立免疫防御机制。虽然这种疫苗对种马和未妊娠的母马具有安全和免疫原性，除非是有高风险自然感染此病毒的环境，否则生产厂家不建议对妊娠期的母马，特别是妊娠期最后2个月的母马或者不到6周的幼驹使用。减少或清除受感染的动物，或者避免将无保护力的马与被病毒感染的精液，进行直接或间接的接触是成功预防该病的关键。

控制程序最初是重点限制EVA在繁殖种群中的传播，降低病毒引起的流产、幼驹死亡，以及在种马和青春期后的马驹中建立防御状态。尽管EAV在赛场、展览厅、交易中心以及动物医院中经常发生，但这些病例都是散发性的，因此还没有特意采取控制措施来预防这些情况的发生。

应遵守和采取与其他呼吸道感染疾病相似的管理措施。主要包括隔离妊娠母马，鉴别带毒种马，每年对未带毒种马群进行免疫，以及对6～12月龄的马驹进行免疫来降低它们成为带毒者的风险。应隔离带毒的种马，或仅可与血清阳性的母马或者免疫了EAV的母马配种。因为冷冻的精液也是携带EAV的重要来源，特别是进口的精液，应当交由实验室来检测。当给母马人工授精被病毒感染的精液的情况下，应对出生的携带病毒的新生马驹采取相同的防控措施。

如怀疑发生了马病毒性动脉炎，应当及时通知兽医机构，将感染马和接触感染者的马进行隔离，立即禁止向受感染的马场输入和输出马匹，尽快送交实验室进行确诊。应彻底消毒那些有可能接触了感染动物的围栏和设备。为了限制EAV进一步传播和迅速控制该病，马场应当对可能感染的马群进行严格的免疫。在最后一匹马病毒性动脉炎临床病例出现或者实验室确诊EAV感染病例后的至少3周内应当禁止马的迁移。

五、马鼻疽

马鼻疽（马皮疽）是一种由鼻疽伯克霍尔德氏菌（Burkholderia mallei）感染引起的马类高致病性传染病，分为急性或慢性两种。其特征为通常可在病畜的上呼吸道、肺和皮肤发现一些溃疡性结节的生长。猫科和其他物种的动物均为易感动物且其感染常常是致命的。对于人来说，这种微生物被看做是一种潜在的恐怖病原体。鼻疽是已知最古老的疾病之一，并曾经在全球范围内广泛传播。该病目前在很多国家（包括美国）已被根除或是被有效地控制。最近几年，该病已在伊拉克、土耳其、巴基斯坦、印度、蒙古、中国、巴西、非洲和阿拉伯联合酋长国有过报道，OIE将鼻疽列为必须报告的疾病。

【病原】 鼻疽伯克霍尔德氏菌是一种无性繁殖的病原体，常存在于感染动物的鼻分泌液并通过溃烂的皮肤向外排毒。马鼻疽一般是通过摄入含有带菌动物鼻分泌液的食物和水，接触带菌马匹的马具和摄入感染马匹的肉制品而发生感染。该病原体对温度、光和消毒剂敏感，在有污染的地方只能存活1～2个月，喜欢潮湿多雨的生长环境。病菌的多糖荚膜是其重要的毒力因子，并可以增强其在环境中的存活能力。

【临床表现】 在约2周的潜伏期后，被感染动物常常会出现脓毒症和高热（可达41℃），随后会有浓的黏液脓性鼻分泌液释放并出现呼吸系统症状。感染动物会在几日内发生死亡。马鼻疽的慢性病在马类中也很常见，感染马匹逐渐衰弱，其皮肤和内鼻孔会出现囊肿或溃疡病变。感染动物可能存活数年并持续对外释放病原体。有时病原体可能潜伏并存在于机体内很长时期。

人们一般认为鼻疽通过鼻、肺或皮肤这3种途径中的某一种来感染机体，病原体也能在同一时间通过不止1种途径感染动物。病原体通过鼻部（鼻型）感染时，鼻隔和鼻甲底部的黏膜出现囊肿。囊肿恶化成重度溃疡并伴有不规则突起的边缘。溃疡痊愈后会遗留典型的星状瘢痕。在感染早期，下颌淋巴结会肿大并黏附在皮肤或深部组织上。

病原体通过肺部（肺型）感染时，肺部会发现小的结节状囊肿，囊肿中部为干酪样或发生钙化，周围组织有炎性病变。如果疾病进一步发展，可能会发生肺部组织的硬化或肺炎。囊肿趋于破裂，并可能向细支气管释放出其内含物，导致感染加深并向上呼吸道发展。

病原体通过皮肤（皮肤型）感染（"皮疽病"）时，囊肿沿着淋巴管生长，淋巴管末端尤甚。这些囊肿进一步恶化并形成溃疡，释放出传染性强的黏性浓汁。肝脏和脾脏也可能出现典型的囊肿病变。组织结构上，可能会出现脉管炎、血栓和恶化炎性细胞的渗透。

【诊断】 典型的囊肿、溃疡、瘢痕的形成和身体的衰弱等症状，可为该病的临床诊断提供有效的证据。然而，在疾病得以进一步发展之前，上述症状通常不会出现。所以，应尽早对病马进行特异性诊断。通过采集动物病料培养，分离鉴定鼻疽伯克霍尔德氏菌。对于迟发型过敏性疾病，可以通过下眼睑皮内接种鼻疽菌素试验来进行诊断，鼻疽伯克霍尔德氏菌生长部位的表面会出现其分泌的糖蛋白。对此病过敏的感染马匹，则会在24 h内出现脓性结膜炎并发生肿大，膨胀于眼睑外。补体结合试验也可以作为鉴别诊断的参考。ELISA比补体结合试验更为敏感，但未得到人们的广泛认同。基于16 S和23 S rRNA基因序列的PCR反应，可被用于该病的特异性鉴定。

【防治】 该病目前无疫苗，其预防和控制方法包括早期检测、感染马的淘汰、隔离检疫和疫区的严格消毒。该病的治疗仅限于病区且没有可靠的细菌学治疗方法。已经发现强力毒素、头孢他啶、庆大霉素、链霉素、磺胺（二甲）异恶唑或磺胺间甲氧嘧啶与三甲氧苄二氨嘧啶的组合制剂，可以在试验中有效地防治鼻疽病。

六、亨得拉病毒病

亨得拉病毒于1994年被首次报道。在一场严重的呼吸系统疾病暴发后，位于澳大利亚的一家纯种马训练基地，很多马匹和一位相关人员不幸感染了亨得拉病毒。之后该病在澳大利亚东部呈散发分布，典型症状表现为急性发热，并快速地在相关系统中进一步发展，一般仅会出现显著的急性呼吸系统症状，有时也会引起严重的神经系统疾病。狐蝠（大蝙蝠亚目）是该病毒的宿主。亨得拉病毒被列为生物安全4级的病毒（对于人具有高度的生命威胁性），对于该病毒的安全工作和个人防护措施，都是必要的避免人感染的管理任务。该病的曾用名马麻疹病毒和马急性呼吸综合征都不再使用。

【病原与发病机制】 亨得拉病毒是一种大的多形性环状封闭RNA病毒。尽管最初认为该病毒相较于其他副黏病毒科家族的病毒种类来说，与麻疹病毒属更为相近，但随后的研究表明该病毒的保守序列同呼吸道病毒、麻疹病毒属、腮腺炎病毒属有一定的同源性，且偶尔会与其他副黏病毒发生免疫学交叉感染。亨得拉病毒在基因和抗原上与尼帕病毒相近，具有90%以上的氨基酸同源性，这两种病毒都被归为副黏病毒亚科的同一属种。

越来越多的证据显示，极少数的亨得拉病毒株发生了变异，其临床表现和病理特征还有可能随着感染途径的变化而变化。以往的研究表明，不同严重程度的间质性肺炎是自然条件下感染马类的首要影响因素，在实验条件下的马类主要通过呼吸或非肠道途径而感染。亨得拉病毒对血管组织有特异的趋化性，与感染途径无关。在感染早期，血管损伤包括血管壁的水肿和出血；内皮和中膜细胞致密核的纤维素样蛋白变性；巨细胞（合胞体）在内皮细胞大量出现，有时也会出现在受影响的血管（包括静脉和动脉）中膜

中。随着病毒的进一步感染，病毒在各组织中广泛存在进而遍及全身，人们推测这种现象可能与白细胞病毒血症相关。病毒被证实存在于蛛网膜下和大脑血管的血管内皮，肾小球和骨盆的脉管系统，胃、脾、各种淋巴结和心肌的固有膜中。当呼吸系统疾病出现时，病毒逐步破坏肺泡壁，并伴有血管壁巨噬细胞和肺泡的出现。除此之外，亨得拉病毒的血管趋向性为嗜神经组织，可导致神经元坏死和病灶性神经胶质增生。2008年，澳大利亚的一家马兽医诊所再次暴发该病，其特征为一些神经性疾病且没有出现呼吸系统疾病。因此，亨得拉病毒不应再被认为是导致马以呼吸系统为主的疾病。

【流行病学与传播】 据报道，自然条件下亨得拉病毒感染仅发生在马和人身上。实验条件下，猫、仓鼠、雪貂、猴、猪和豚鼠会发生该病毒的感染，但小鼠、大鼠、兔、鸡和犬则不会感染。猫的临床反应和病理症状与那些感染后表现明显的马非常相似。马的亨得拉病毒感染和疾病的发生仅在澳大利亚有过报道，且十分偶然和罕见。从1994年至2009年，只有13例，且主要是马的单发病例。由此可见，亨得拉病毒的传染具有局限性，且在固定空间地域的条件下，从感染马匹到未感染马匹的传染少有发生。

实验条件下，尝试将病毒从感染马匹传染到未感染马匹或猫未获成功。尽管如此，病毒通过呼吸系统传播感染的可能性并不能被排除。自然条件下感染的马类在感染晚期有时会出现明显的空鼻音（来源于肺部）的释放，看起来病毒可以作为气溶胶传染源。亨得拉病毒存在于自然条件下感染的马类和猫类的尿液、血液、鼻腔和口腔分泌液中。根据可信的专业理论和实验室数据，人或其他动物的感染似乎需要直接接触病毒感染的分泌液（肺渗出液）、排泄物（尿液）、体液或组织液。鉴于亨得拉病毒似乎有一定的传染局限性，个体的病死率就变得很高：马的病死率为75%，人为50%。

可信的流行病学、血清学和病毒学数据证明，狐蝠是亨得拉病毒的自然宿主。血清学调查结果显示，澳大利亚和巴布亚的新几内亚岛的野生狐蝠（狐蝠属）体内普遍存在该病毒的中和抗体。蝙蝠体内病毒的地理分布似乎仅限于澳大利亚和巴布亚新几内亚岛，尽管在澳大利亚以外的地方，亨得拉病毒也可能过渡转化为尼帕病毒。病毒感染蝙蝠（不论是自然条件下还是实验室条件下）不会导致明显的疾病发生。有关亨得拉病毒的垂直传播已有相关的专业理论和试验证据，如子宫液中被隔离的胎儿及一只灰头狐蝠（*P. poliocephalus*）和一只黑狐蝠（*P. alecto*）的胎儿组织。该马病的偶发和散发性，至少说明马对亨得拉

病毒的暴露是一个偶发事件。该病毒在蝙蝠的种间传播和病毒从蝙蝠到马类的传染方式是不确定的，正如那些可能促进传播的因素一样。亨得拉病毒曾在分娩的液体、胎盘组织、流产胎儿和自然感染及实验条件下感染的蝙蝠的尿液中得以鉴定。与该病毒相关的尼帕病毒，曾在蝙蝠的尿液及蝙蝠所食的部分水果中被发现。人们假定马类的感染可能是通过接触含有被感染蝙蝠排出物的食物或水，但明确的病理机制仍有待研究。

【临床表现】 因为内皮细胞的亲和力，亨得拉病毒可以引发马一定程度的临床症状。当组织器官遇到最严重或无法抵御的内皮损伤时，有可能会出现显著的临床症状。

当病畜出现急性突发性发热并迅速发展为死亡，同时伴有严重的呼吸或神经系统的病症时，可被视为是亨得拉病毒的感染。然而，如果没有上述病症的出现，也不能完全排除亨得拉病毒感染的可能性。该病毒的感染并不总是致命的，目前所知的临床病例中治愈率为25%。

急性突发性的疾病临床症状如高热（>40℃）和病情的迅速恶化，可以帮助兽医进一步诊断是否为亨得拉病毒的感染。呼吸系统的病症包括肺水肿和肺充血、呼吸困难（呼吸频率加快）、晚期流出的鼻液则可能由最初的清亮变为持续的白色或伴有血污泡沫。神经症状则包括"步履蹒跚"发展成的运动失调、感官的改变（单眼或双目失明，无意识地行走）、头部歪斜、绕圈行走、肌肉抽搐（病情严重或病愈后的马会发生肌肉痉挛）、尿失禁、横卧且无力爬起、晚期病畜虚弱，运动失调并虚脱。其他临床症状可能包括意志消沉、心率加快、面部浮肿、肌肉战栗、食欲减退、口腔黏膜充血、疝痛样症状（临死前腹部听诊一般无声音），公马与母马均会发生痛性尿淋漓。接近狐蝠的栖息地或饲养点会增加疾病的诱发率。

马群在圈养的情况下，亨得拉病毒更容易呈现单一感染或使马类致死的情况，混合感染则较少发生。大部分圈养的单一感染致病或致死的马匹没有将病毒传染给与之接触的同类。然而，在有些情况下，相邻的一匹或多匹马在与典型感染亨得拉病毒或因之将死的马匹亲密接触之后，也会被感染。

在马厩里，亨得拉病毒似乎更容易传播。传播方式是通过直接接触被感染者的体液，或是接触了病毒污染物，如人在不经意间的移动所造成的病毒传播。当马厩中多匹马同时被感染时，可视为该病的暴发。当马场中有一匹马被感染或从马场外围带入了该病毒时，病毒暴发的概率会增加。

【病理变化】 亨得拉病毒感染的典型组织病理学特征是大的多核血管内皮细胞的出现。该症状在肺毛细血管和小动脉中表现明显，但也会出现于其他的器官（淋巴结、脾、心脏、胃、肾和脑）中。很多器官的小血管会出现大范围的纤维蛋白样恶化，包括肺脏、心脏、肾脏、脾、淋巴结、脑膜、消化道、骨骼肌和膀胱。对血管损伤细胞和肺泡壁的免疫组化染色反应，可以验证亨得拉病毒的抗原特性。在电镜（非光镜）下可以观察到被感染的内皮细胞胞浆内含有病毒包含体。当出现呼吸系统疾病时，主要的病变是肺脏的水肿、充血和胸膜下淋巴管的瘢痕扩张。呼吸道常常充满密集而带有血色的泡沫。其他的病变还有胸膜和心包液的增多、淋巴结充血、各种器官的出血和轻度黄疸。

用光镜观察会发现主要的病变是严重的间质性肺炎。肺脏会有明显的脉管损伤，伴有浆液纤维素性的肺泡水肿、出血、毛细管血栓的形成，肺泡壁细胞的坏死和肺泡巨噬细胞的出现。

如果出现明显的神经系统症状，光镜观察可看到的病变主要是非化脓性的脑膜炎或脑膜脑炎，包括血管套现象、神经细胞退行性变和神经胶质增生灶。

【诊断】 亨得拉病毒的感染，可以通过急性突发性发热和快速致死的症状而进行诊断，但是诊断时非致死的转归后果也不应该被排除在外。诊断的确定必须通过实验室鉴定样本的病毒、病毒抗原、病毒的核酸或特异性的抗体。采集处理样本时尽量选择病毒感染明显的样本，并同时注意避免人员感染。最低限度的样本应包括血液样本（全血或用EDTA处理）及鼻部和口腔（舌表面）的棉拭子样本。这些样本可以从存活或已死亡的马匹身上获得。尸体剖检样本如肺脏、肾脏、膀胱、脾、肝脏、淋巴结和脑，应保存于10%的甲醛溶液中，可以保持新鲜并确保诊断的确实性，但这种方法可能会增大人员感染的潜在风险。采集样本的规范应该遵从兽医严谨的风险评估报告以避免人员感染，风险评估报告应包括很多因素，如保护人员安全的有效设备、相关训练和重要的经验。如涉及人员安全，应采集一组最小的样本（血液、拭子）。关于疑似亨得拉病毒感染病例的安全尸体剖检的推荐程序，可参考澳大利亚昆士兰州生物安全网站（http://www.dpi.qld.gov.au/documents/Biosecurity_General Animal Health Pests And Diseases/Hendra-Work Guidelines For Vets.pdf.）。

病毒可以在细胞系水平上分离，如Vero细胞系。细胞会在感染3d后出现多核体的形成，这是典型的细胞病变。病毒的分离试验和其他鉴定试验只能在生物安全4级的条件下进行。病毒的血清学鉴定则通过病毒中和试验，需要严重感染且病愈后3~4周分离的血清。通过组织病理学观察是否有典型的脉管损伤出现，通过观察抗亨得拉病毒特异血清标记的抗体进行免疫组化，可以确定特异性损伤。

非洲马瘟在临床上与亨得拉病毒感染相似，应采取各种不同方法进行鉴别。如果马匹突然死亡，则必须排除其他原因，包括炭疽病、肉毒杆菌中毒以及主要由细菌（如巴氏杆菌病、马流行性感冒、急性马疱疹病毒1型）引起的感染以及植物或化学中毒。

【治疗、预防与控制】 对于亨得拉病毒感染，并没有特异的抗病原体治疗方法和有效的疫苗。确诊后，应基于人道主义原则，对患病动物给予安乐死，并同时控制人员感染的风险。在澳大利亚昆士兰州，因为不能完全排除病愈马不再复发的可能，对血清反应为阳性的病愈马，也赞成实施安乐死。

该病的预防主要是尽量不接触狐蝠体液和采集的样本，实际的处理办法则包括，饲养地点的选择和喂水容器的封盖，以及在马场周围尽量减少狐蝠采食的树木，或拒收周围有这样树木的临近马场的马。疾病的控制主要是对患病马实施安乐死和深埋，监视、隔离和限制与病畜有过接触的动物的活动，对可能受污染的地面进行消毒。

【人兽共患病风险】 人感染亨得拉病毒的致死率为50%。所有的人感染病例均有与被感染马接触史（包括活着的马匹和尸体剖检的死马）的，所以接触疑似患病马和确诊患病马的人员，一定要非常小心以确保人身安全。不论是狐蝠传染人还是人与人之间的传染，都有发生病毒感染的相关记录。

降低人感染病毒的风险方案应该用于与疑似病毒感染马接触的过程中，而非确诊马。该方案的大纲由澳大利亚昆士兰州生物安全局制定，按照如下步骤可以减少风险。

第一，预先制定一份关于病毒感染风险如何在实际过程中被兽医师控制管理的计划。包括①对于疑似病例要做好预防工作，而不是仅仅等待确诊结果；②将感染马或死马与人群和其他所有的动物进行隔离，包括宠物；③限制人与马匹接触，必要人员除外；④对于有过接触的人员，要注意个人卫生（尤其是洗手、洗澡）；⑤认识病毒的危险性并采取相关措施避免风险（例如如果要对地面去污染，则要避免使用高压水管，否则会有水花和浮质溅起）；⑥通知可能有感染风险和特定的操作人员，如马匹拥有者、管理者和其他人员（包括兽医师及其助理）；⑦将具体情况及时提交给相关动物健康和公共卫生的官方机构。

第二，使用适当的个人防护设备：①所有暴露的皮肤、黏膜和眼睛应该得到保护以避免与病毒的直接接触；②禁止吸入空气中传播的颗粒物质；③提倡使用肥皂规范清洗手和暴露的皮肤；④皮肤的切口和擦伤处应该做防水封闭处理并经常更换伤口覆盖物。

特别要注意的是血液和其他体液（尤其是呼吸道和鼻的分泌物、唾液和尿液）及组织应该被当做疑似病料处理。采取适当的预防措施以避免与其直接接触、溅入或意外接种。

七、马驹脓毒症

脓毒症是一种临床综合征，疑似感染的动物会出现全身性炎性综合征，这种情况是指广泛的全身感染，包括细菌侵入组织、体液或体腔。活菌出现于血流中，则称为菌血症。所有马驹致死病中，细菌感染占据了1/3。脓毒症是马驹最常见的症状之一，其次是母源抗体获取不足。

【病原与发病机制】 从患有脓毒症或菌血症的幼驹身上分离出的细菌主要是大肠埃希菌，这个结果与分离技术和病畜的地理位置无关。分离到的其他常见的革兰氏阴性菌包括克雷伯氏菌、肠杆菌、放线杆菌、沙门氏菌和假单胞菌。大约30%~50%的感染病例也可分离出革兰氏阳性菌，且主要为链球菌。据资料记载，由于近几年幼驹护理措施的加强，分离得到的革兰氏阳性菌的数量在上升，而肠道内的革兰氏阴性菌的数量则在下降（在25年中，由63%下降到42%）。厌氧菌尤其是梭状芽孢杆菌则占不到10%。这些细菌的感染途径可能是胎盘、脐带、呼吸系统和胃肠道。

所有的脓毒症综合征（如脓毒症、急性脓毒症、脓毒症性休克、多器官功能障碍）及与革兰氏阴性菌感染相关的内毒素血症，都有一个相同的致病机制。即内毒素刺激巨噬细胞释放一系列的细胞因子（如IL-6、IL-1、TNF-α）并激活细胞炎性蛋白酶（如磷脂酶A_2）。这些因素共同作用引发炎症反应（发热、血管舒张、血糖降低、心肌抑制、因促凝血而导致的DIC）。其他种类的病原体衍生分子也可以引发相似的宿主反应。所以，链球菌或金黄色葡萄球菌的感染会引发宿主的中毒性休克综合征，即过敏性败血综合征，该病与内毒素血症的特征很相似。

诱发幼驹脓毒症的原因有多种免疫学和管理因素。尽管幼驹可以在子宫内对细菌和病毒的感染产生免疫应答，但它们的抵抗力相较成年动物来说还是太低。新生驹对抗原的生理抵抗应答不足与新生驹中性粒细胞趋化性和杀伤力的下降、未受抗原刺激表达的T细胞出现、单核细胞浓度的减少及功能受损有关。然而，幼驹脓毒症的主要危害在于不能获得较高质量和足够数量的初乳抗体。如果初乳摄入不足并且IgG水平持续低下，幼驹则不仅得不到特异的抗体保护，而且中性粒细胞功能也会严重受损。其他诱发疾病的因素包括环境条件不卫生，孕龄小（早熟），身体健康水平低，还有环境中存在新病原而母马体内缺乏相应抗体。

【临床表现】　脓毒症临床症状的出现取决于疾病发生的持续时间，宿主免疫系统的完善程度，受影响的机体器官系统和感染的严重程度及途径。常受疾病影响的器官系统包括脐带残余部分、CNS、呼吸系统、心血管系统、骨骼与肌肉系统和胃肠器官。脓毒症早期，临床症状不明显且非特异，感染幼驹只是表现为一定程度的消沉和昏睡。畜主反映患病幼驹较平时更喜欢躺卧。母马乳房常常胀奶，说明幼驹没有按常规频率饮食。疾病进一步发展，幼驹会完全丧失吸乳反射，毛细血管充血加快使周边血管扩张导致黏膜充血、心率加快、毛细血管破损导致潜在的早期瘀斑出现。病情加重阶段，宿主的免疫系统和补偿性反应已不能抵抗疾病的发展，随后发生脓毒症性休克。受感染的幼驹极度沉郁，躺卧，且血容量减少使其极度寒冷、呈线性脉搏、毛细管充血时间不足。幼驹可能高度亢奋或体温过低，心跳加速或心率减慢。

幼驹患脓毒症后，细菌会随血流扩散至各种不同的器官，表现为呼吸困难、肺炎、腹泻、葡萄膜炎、髓膜炎、骨髓炎或败血性关节炎，2个或多个器官的功能障碍被称作多器官机能障碍综合征。

【诊断】　目前还无理想的诊断方法对早期脓毒症进行诊断。然而，将幼驹脓毒症的评分系统作为一种诊断工具，可以帮助人们判断幼驹感染的可能性，及在疾病的可治愈阶段，对疾病的鉴定起一定的协助作用。"脓毒症评分"是对既往病史、临床症状和实验室变量的综合考量，并且可能作为全身感染或多器官机能不良的判断标准。患脓毒症的幼驹常常表现为中性粒细胞减少症，各阶段（不成熟）中性粒细胞所占比率很高。中性粒细胞可能表现有毒的变化，可作为病畜患有脓毒症的有力依据。全身感染通常会伴有低血糖症，细菌会消耗和减少糖原储备。如果出生不到24 h的幼驹纤维蛋白原水平超过600 mg/dL，则说明是子宫内感染。其他化学异常反应可能包括由肾血流灌注不全、出生前后胎儿的窒息、对肝脏的伤害仅次于内毒素的胆红素含量增加而引起的氮质血症。高阴离子间隙（＞20 mEq/L）、高乳酸血症、血氧不足、血碳酸过多症、混合式呼吸和代谢性酸中毒可能出现在动脉血气分析中。

基于特殊器官系统的诊断有：脐带、腹部、滑液的超声波测试，动脉血气分析，关节穿刺术，脑脊髓穿刺术，胸腔、腹部和肢体末梢的X线检查。不断发展的影像诊断技术（如应用于幼驹脓毒症关节炎的CT）可能会提供更好的预测诊断方面的帮助。

被动免疫的转移不足是幼驹脓毒症的主要危害，血清IgG水平可以用来衡量任何新出幼驹的可疑疾病，也可以消除这种危害带来的影响。IgG水平低于200 mg/dL说明母源抗体的被动免疫转移完全失败，当IgG水平超过800 mg/dL则为最佳。

血培养阳性可以鉴定脓毒症幼驹的菌血症，但是阴性也不能排除感染的可能性。鉴别诊断包括幼驹脑病、低血糖症、体温过低、新生仔畜同质异构性红细胞溶血症、白肌病、早产、幼驹肺炎和膀胱破裂伴发尿腹膜炎。

【治疗】　疑似幼驹脓毒症的治疗应该选用能同时抵抗革兰氏阴性菌和革兰氏阳性菌的广谱抗生素。在确诊为阳性之前，青霉素（22 000 IU/kg，静脉注射，每日4次）结合氨丁卡霉素硫酸盐（20～25 mg/kg，静脉注射，每日1次）可以在病初抵抗很多种细菌。如果怀疑是厌氧菌（如梭状芽孢杆菌）感染，则需要使用甲硝哒唑（10～15 mg/kg，口服或静脉注射，每日3次）。在病畜有肾脏损伤时，第三代头孢菌素（如头孢噻夫，4.4～6 mg/kg，静脉注射，每日2～4次）也可用作广谱菌素药物。头孢丙肟酯（10 mg/kg，每日2～4次）被推荐用作幼驹细菌感染病的治疗。头孢吡肟（11 mg/kg，静脉注射，每日3次）是一种新的第四代头孢菌素，有着更强的抗菌力。

早期目标导向性静脉液体治疗需要恢复组织灌注，以减弱细胞因子的应答，逆转细胞损伤。使用电解质平衡液（晶体）或血浆（胶体）可以使体积扩张。免疫学证明，静脉输血（1～2 L）也可使IgG水平超过800 mg/dL。输液旨在使心血管变量（中心静脉压、平均动脉压、排尿量、中央静脉血氧饱和度）恢复常态，改善临床参数。急性脓毒症休克可能需要初始输液率达到每小时40～80 mL/kg。因为很多幼驹血糖过低，要缓慢连续输入2.5%～5%的葡萄糖溶液，并同时注入再水化溶液。

超免疫抗内毒素血清可用于内毒素血症的治疗。抗前列腺素药则被发现可用于抵御与内毒素血症和脓毒症性休克有关的一些临床和血液动力学病变。低剂量的氟尼辛葡甲胺（0.25 mg/kg，静脉注射，每日3次）可能有助于减少内毒素血症的症状。除此之外，给予低剂量的多粘菌素B（6 000 IU/kg，加入生理盐水300～500 mL稀释，缓慢静脉注射）可以用于中和全身的内毒素。

因为脓毒症使幼驹处于代谢分化的状态，所以病畜的营养支持很重要。如果幼驹没有得到足够的养育，则应该每日喂养其超过自身体重15%～25%的母马奶或母马奶替代品。可以在幼驹体内放置鼻胃管以减少哺乳反射。在胃肠机能不良方面，胃肠外注射营养物也许可以提供足够的营养。胃保护剂（如甲胺呋硫、甲氰咪胺和奥美拉唑）的使用可以作为幼驹疾病的辅助治疗。

系统特异性治疗包括用无菌溶液灌洗败血性关节，局部肢体灌注，鼻内给氧（2～10 L/min）或呼吸困难及中枢性肺换气不足时给予通风。局部使用低剂量的阿托品（虽然可能引起肠闭塞）、NSAID、广谱局部抗菌剂对治疗角膜溃疡有一定帮助。褥式缝合下眼睑可以治疗眼睑内翻。同理，也可外科移除受感染的脐带残余。

【预后】 幼驹脓毒症的恢复，主要取决于感染的严重程度和相关表现。目前报道的病愈率为50%～81%，主要取决于幼驹是否患有其他的潜在疾病。一些幼驹患肺部疾病与较高的死亡率（35%～50%）有关，预计至少需要1～4周的重症监护。早期识别和强化幼驹脓毒症的治疗可以提高治愈率。如果幼驹可以尽早得到治愈，它将有可能成长为健康、有效用价值的成年马。最近的一份报告中记录，存活于菌血症后的幼驹，也有可能像其同类一样参加赛马，尽管挣钱不多。

第三节 猪全身性疾病

一、非洲猪瘟

非洲猪瘟（ASF）是猪的高度传染性出血性疾病，具有很多临床症状和病变，与古典猪瘟相似。该病是一种重要的影响猪经济价值的地方性动物疾病，在很多非洲国家和地中海沿岸的撒丁岛均有发生。在2007年6月，在高加索地区的格鲁吉亚，首次确认ASF，自那以后，此病陆续传播于邻国。

【病原与流行病学】 ASF病毒是一种大的环状病毒，主要在单核-巨噬细胞系统中进行复制。目前是非洲猪瘟病毒家族的唯一成员（非洲猪瘟病毒科）。在相当长的时间里，ASF在非洲作为一种地方性动物疾病，被描述成为各种致病性的病毒病。该病毒无特异的抗原类型被定义，但长期从各地收集的病毒基因组限制性内切酶分析，可以对其特异的基因组进行鉴定。该病毒抗酸抗碱范围广，可反复冻融，在室温下或储藏于4℃可持续感染数月。病毒在体液或血清中60℃ 30 min会丧失活性，但病毒在未加工的猪肉中可存活数周，只能在高温70℃ 30 min下丧失活力。尽管ASF可在不同物种的细胞中存活，但只能在猪体内进行快速复制。

该病仅发生在所有品种和类型的家养猪及欧洲野猪。各年龄段均可感染。在非洲，该病毒对两种野猪——疣猪（疣猪属疣猪）和南非野猪（非洲野猪属非洲野猪）及软蜱（纯绿蜱属毛白钝缘蜱）的感染不明显。在西班牙南部和葡萄牙，另一种软蜱——游走钝缘蜱可受该病毒的感染。在实验室感染的条件下，一些其他的纯绿蜱属通常与家猪或野猪的感染无关。ASF曾在非洲撒哈拉南部的很多国家被报道，有时被视为是地方性疾病，有时则被看作是散发性疾病，但均发生于家养猪。该病首次由非洲传播至欧洲是在1957年，随后几乎全部灭绝。第二次则发生于1960年，这次该病成为西班牙和葡萄牙的地方性动物疾病，随后则是撒丁岛（1978）。在20世纪70年代，该病传播至加勒比海和南非，且感染情况十分严重，但是仅在欧洲的比利时（1985）和荷兰（1986）暴发，葡萄牙（1993）和西班牙（1995）依据严格的消灭传染病的程序，成功彻底根除了该病。

ASF在非洲以外的国家传播是相对罕见的，但是在2007年6月，高加索地区苏联加盟共和国格鲁吉亚确诊发生该病。基因分析表明，格鲁吉亚分离得到的基因型与流行于莫桑比克、马达加斯加和赞比亚的病毒基因型相近。由此推测，这些猪很可能因为食入了从非洲东南部船运来的受感染猪肉而被传染。在2007年7月，格鲁吉亚61个地区中的56个地区暴发了该病。ASF暴发后，一些相邻地区如阿布哈兹共和国、亚美尼亚、阿塞拜疆共和国纳戈尔诺-卡拉巴赫自治州也报道了该病。2007年临近冬季，俄罗斯车臣共和国证实野猪感染该病。2008年，ASF继续传播于奥塞梯北部，然后跨越1 000 km进入奥伦堡，足可说明其传播之快之广。2008年10月，俄罗斯5个行政区域中共有21次暴发ASF的官方报告。病毒继续朝着一些产猪大国和地区快速向东蔓延。

【传播与发病机制】 ASF通过疣猪和毛白钝缘蜱这一软蜱媒介之间的自然传播循环存在于非洲，毛白钝缘蜱寄生于疣猪的洞穴且不容易被清除。病毒从野猪传播至家猪主要通过感染软蜱的叮咬或疣猪组织的摄入。病毒强毒株引发急性疾病，从出现临床疾病到死亡，感染猪全身体液和组织均包含大量的病毒。猪感染低毒力的病毒分离株以后可传染给其他易感猪，时间可持续到感染后1个月，病毒血液保持感染性可达6周，如果血液流出可引起感染；如直接接触感染病猪或摄入未经加工的猪肉或猪肉制品，猪可以通过口鼻途径感染该病毒；该病毒主要经上呼吸道感染，病毒在扁桃体和淋巴结中复制并释放于脑部和颈部，然后通过血液快速感染至全身，高浓度的病毒随后便会遍布于全身所有的组织，这些因素是否会导致出血性病变还不确定，但是会对血凝机制造成严重的威胁。病毒主要从上呼吸道排出，也会出现在含有血液的分泌物和排泄物中。

感染低毒力病毒的存活猪，可能会在体内终身带毒并产生循环抗体，但病毒不会被排泄或传播至子宫感染胎儿，这些带毒猪在流行病学中的作用并不清楚，但是以相同基因型的病毒攻毒时，它们可以抵抗疾病。这些攻毒病毒也许会复制并直接或间接传播给其他猪。

非洲家猪持续患有该病的主要原因，是大量放养猪群，且在一些地区的猪圈中有带毒软蜱。

【临床表现与病变】　疾病分为最急性、急性、亚急性和慢性型，死亡率从0%至100%不等，取决于感染猪的病毒的致病力。急性病的特征为潜伏期5~7 d，然后发热（高达42℃），于7~10 d后死亡。临体症状为食欲减退、精神消沉、喜横卧。其他症状包括耳部、腹部、四肢皮肤充血，呼吸困难，呕吐，鼻或直肠出血，有时还会出现腹泻。在疾病暴发中还出现过流产。病变的严重程度和分布也取决于病毒的致病力。出血主要发生于淋巴结、肾（大部分为瘀点）和心脏，其他器官的出血发生率及分布不定。有些还会使脾脏肿大和易碎，胸膜、心包和腹膜腔中的液体呈淡黄色或血红色，肺部水肿和充血。一些从欧洲分离得到的病毒毒力弱，则产生非特异性的临床症状和病变。慢性疾病的特征主要为消瘦、关节肿胀和一些呼吸系统症状。该病极少发生暴发。

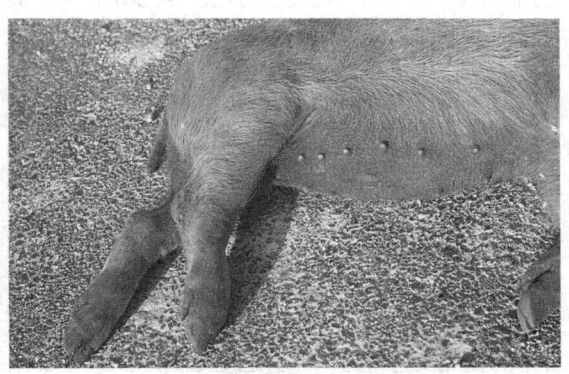

图5-10　非洲猪瘟，腹部与腿部广泛性充血
（由C.A.L.Oura 博士提供）

【诊断】　通过临床或尸体剖检不能区分ASF与古典猪瘟。从疑似病例中采集的样本如血液及血清、脾、扁桃体和胃与肝脏的淋巴结应提交实验室进行检验。病毒可以通过猪单核细胞原代培养物得到分离，在细胞中病毒可以引起感染细胞的血细胞吸附。经典猪瘟病毒则不会在这些细胞中复制。一些非血液吸附性病毒也会引发疾病。它们只会引起猪白细胞病变。ASF必须由PCR或抗原ELISA检测进行鉴定。感染组织

的涂片或切片用标记抗体（几种酶标检测可以应用，如免疫荧光）可以检测出病毒抗原，病毒DNA则可对组织切片，通过PCR或核苷酸探针杂交检测。检测血清或组织液抗体最有效的方法是ELISA、间接抗体荧光染色和对流免疫电泳，还有很多其他方法可以应用。

其他鉴别诊断还包括出血性细菌感染和一些中毒性疾病。

【控制】　目前无有效的治疗手段和成功的疫苗。预防措施主要是确保饲养地区无ASF病毒且没有被感染的猪或猪肉制品。有效的根除措施包括快速诊断、屠宰和处置所有感染猪。良好的卫生措施，包括控制运动和残余食物的处理。随后，做好特定控制地区所有猪场的血清学调查，确保所有感染猪都得到鉴定。

二、古典猪瘟

古典猪瘟（猪霍乱、猪瘟）是猪的传染性发热性疾病。该病的首次发生是在19世纪早期的美国。现已确认，在欧洲一种被称为猪瘟的疾病与古典猪瘟是同一种疾病。尽管欧洲现今为区分非洲猪瘟，称此病为古典猪瘟，这两种病名仍继续使用。二者在临床上无法区分，却由无相关性的病毒引起。鉴于猪瘟对经济有重要的影响，暴发该病时须上报OIE。

古典猪瘟可以引起严重的流行，特别是在无猪瘟流行的国家。在这些国家，疫苗的接种只限于紧急情况。在新暴发的情况下，将采取严格的强制措施来控制疾病，如扑杀感染和疑似感染猪及限制迁移。这会对养猪业产生严重的影响，尤其在养猪密集的地区。比如，荷兰在1997~1998年间的一次猪瘟流行，总共有429群猪被感染，约700 000头猪被扑杀。为了进一步控制疾病和保障动物福利，又宰杀了约1 200万头猪。因此，对疾病的认识和警惕十分必要，在疾病暴发的早期，应采取检测和控制措施，可快速阻止病情的进一步发展。猪瘟的"高危期"，如病毒初次感染和疾病首次暴发时，务必使其病情越短越好。

【病原与流行病学】　经典猪瘟病毒是一种小的环状RNA病毒，属于黄病毒科瘟病毒属。经典猪瘟病毒在抗原上与其他瘟病毒相关，即牛的牛病毒性腹泻病毒和绵羊的边界病病毒，这些病毒广泛分布于反刍动物，有时也会感染猪属。尽管不会引发猪病，并在几日后消除，需做抗体检测来区分猪瘟病毒和其他反刍瘟病毒感染。

虽然在实验室条件下，经典猪瘟病毒会感染其他物种，但自然条件下仅限于猪科，如家猪和野猪。病毒会在猪细胞中生长，特别是PK15细胞系，但一般不会导致可见的细胞病变。尽管会有小的抗原变异，该病毒只有唯一的血清型。出于绘制流行病学图谱的

目的，可对病毒基因组或片段测序和系统进化分析来进行毒株分型。

猪瘟病毒抵抗力较差，不易在外界环境中存活或经空气传播较长的距离。它可以在潮湿的蛋白质密集的媒介中生存，如肉类、其他组织和体液，寒冷或冰冻情况下尤甚。据报道，该病毒可以在冷冻猪肉中存活数年，在冷藏或保存的肉中存活数月。

经典猪瘟分布于世界各地，它是拉丁美洲的部分地区、加勒比海的部分岛屿和亚洲产猪国的地方性疾病。在2005年，南非曾报道，这是自1918年以来，首次发生经典猪瘟。澳大利亚、新西兰、加拿大和美国没有发生过该病，大部分西方国家和欧洲中部也如此，但该病偶尔会在一些欧洲国家暴发。该病是一些东欧国家的地方流行性疾病。

该病主要的感染源是猪，不论是生猪还是未被加工的猪肉制品。在一些地区，需要注意的是由于被感染猪迁移而导致疾病的传播，由于大规模肥育猪运输，导致远距离的疾病暴发。在欧洲的部分地区，野猪群常携带病毒。

另一个主要危害是病毒偶尔随非法进口的猪肉和肉制品传入，通过食物进入猪食物链。病毒很容易在烹饪的过程中被灭活，所以严格遵守泔水的高热处理规范尤为重要。很多国家完全禁止用泔水喂猪。

交通工具和设备的机械传播，还有人员传播（特别是兽医）流动于在各个猪场之间，在感染地区也是一种重要的传播方式。

如果母猪在妊娠期间感染低或中等毒力的病毒后康复，则仔猪携带病毒的可能性很大。并不是所有的病毒携带者都会出现临床症状，但会终身排毒。因此，研究猪群不明原因的高水平繁殖障碍、先天性震颤或其他先天性畸形很重要。

由家猪向野猪的传播途径可能是通过污染的垃圾或感染家猪的"溢出感染"。这样感染的结果主要取决于野猪群的大小及密度。在自然环境下（例如山谷地区）生存的野猪群的暴发，常具有自限性。相反，如果发生于区域和密集程度较大的野猪群暴发感染，则可呈地方性流行。

【临床表现与病变】 该病有急性和慢性2种形式，病毒的致病性由严重的高死亡率至轻微的甚至没有临床症状而不等。低致病性的病毒难以诊断，病毒感染后仅表现出繁殖性能不良或出生后仔猪神经缺陷（如先天性震颤）。

急性病的特征为发热、食欲缺乏和精神沉郁。潜伏期一般为3~7 d，感染10~20 d后死亡。高热稽留（＞41℃），到疾病的末期，体温可能会变为正常值以下。常发生便秘，随后便是腹泻。主要病变是大范围的血管炎，可视病变为皮肤出血和紫绀，疾病末期尤甚。也有可能出现大面积的红斑。CNS的脉管炎可能会导致运动失调或震颤。病理剖检可发现大量的瘀斑和瘀斑出血，尤其在淋巴结、肾、脾、膀胱和喉部。内脏器官也可发生梗死，以脾脏尤为明显。大部分猪会有非化脓性脑炎伴有血管套现象。

慢性疾病特征为，在首次急性发热期后，猪常可存活3个月以上，表征显示可能已经恢复，但随后旧病复发，表现为厌食、消沉、发热和更进一步的病情失控。组织学研究表明，该病会引起胸腺萎缩和淋巴损耗。肠道可能会出现纽扣状溃疡，尤其在回盲部。

【诊断】 疾病的初步诊断由当地兽医处置。由于临床症状并非典型特异，实验室诊断方法就十分必要。鉴别诊断包括其他猪的发热性出血疾病如非洲猪瘟、细菌性脓毒症（沙门氏菌病、猪丹毒等）、抗凝血中毒症（香豆素衍生物）和仔猪溶血性疾病。出血性病变必须与其他猪皮肤炎、肾病综合征和广泛存在于各产猪国家的断奶仔猪多系统衰竭综合征区分。低毒力猪瘟病毒感染时，可能会出现多种其他疾病具有的临床症状，如低产仔率和先天性震颤，这些疾病包括伪狂犬病、细小病毒病、牛病毒性腹泻、边界病毒病和一些非传染性疾病。

疾病诊断需要进行病毒检测，建议在实验室采集样本，适合的组织包括扁桃体、上颌或下颌淋巴结、肠系膜淋巴结、脾、回肠和肾脏。用EDTA作为抗凝血剂处理的血液，可用于病毒的分离培养或抗原及核酸的检测。抗体的血清学鉴定需要凝集的血液样本，血清学检测可以筛查导致仔猪先天性感染的母猪，检测其带毒状态，尤其适合检测野猪和野猪群。

采集扁桃体，进行冰冻组织切片，采用直接抗体荧光染色法进行抗原检测，观察此切片需要高技能且经验丰富的人员。这一方法的主要优点是可以快速得知结果。抗原鉴定也可以通过ELISA反应。然而，这种方法敏感度低且仅适用于猪群水平的筛选。病毒的核酸鉴定更为常见，可以通过反转录（RT）PCR实现。除此之外，通过使用合适的引物，RT-PCR可以区分鉴定牛病毒性腹泻和猪瘟病毒。标准化检测可以按比例扩增鉴定大量的（混合）血液样本，检测快速且敏感性强。尤其适用于疾病暴发感染时期。病毒的分离培养是将组织悬液或白细胞接种细胞培养物，培养2~3 d后固定，随后进行免疫学检测（免疫荧光或酶标记法）。4~7 d后才可获得有效结果。这种方法耗力和耗时。然而，由于该方法的敏感性和特异性，可以作为首次暴发疾病的参考检测手段。

病毒特性可以通过病毒特异性单克隆抗体或RT-PCR来与其他瘟病毒区分鉴定。抗原检测或病毒分离鉴定为阳性不能完全确诊，完成病毒特性检测才能确诊。

　　病毒的血清学鉴定主要是中和试验和ELISA鉴定。因为病毒在培养过程中不出现细胞病变，所以中和试验需要一个额外的免疫标记。ELISA更适合大型血清学检测，如用于监测。一些商品化ELISA试剂盒，可以区别鉴定猪瘟和牛病毒性腹泻抗体，尽管需要更多实验验证。一些ELISA试验可以检测特异性病毒蛋白抗体，而该病毒蛋白在所谓的"标记疫苗"中缺乏。当猪场大量接种各种商品化高效亚单位疫苗的情况下，这种区分疫苗免疫和自然感染（DIVA）ELISA的鉴定方法，已被用于特异性鉴定检测感染猪的猪瘟病毒。但这种方法并没有得到太多业内认可，且该方法敏感性不高。

　　【控制】　在大多数国家，猪瘟并不是法定报告的传染病。疾病的控制严格依照法律和卫生管理条例。该病无有效的治疗方法。感染猪必须扑杀且尸体填埋或焚烧。确诊病例和接触过的病猪应被扑杀，并采取一定措施保护其他猪群。相关措施依据当地疾病的管理条例，主要有猪群的扑杀，结合一定范围内猪群迁移限制或接种疫苗。

　　在一些猪瘟呈地方性流行的国家，必须扑杀感染猪，实施疫苗接种以防止病毒更进一步的传播。无猪瘟的国家实施管理措施以防止疾病的暴发。欧盟国家禁止预防疫苗的接种，而紧急接种常规弱毒疫苗或标记疫苗，可用于控制严重的疾病暴发。弱毒疫苗主要有C株弱毒衍生物或细胞培养物的适应株。它们都是有效且无毒的。几年前所批准的亚单位疫苗仅包含主要的病毒表面糖蛋白。因为自然感染的猪对此会产生抗体，结合标记疫苗（见上文DIVA）和特异性诊断检测，理论上可以有效地区别鉴定感染猪。罗马尼亚自2006年以来已多次使用亚单位疫苗作为紧急接种。以制成诱饵的弱毒疫苗作为紧急接种疫苗，在德国和其他欧洲国家已成功地防止了野猪群的猪瘟暴发。

三、水肿病

　　水肿病（大肠埃希菌肠毒血症）是一种由特异的致病性大肠埃希菌所导致的急性毒血症，该菌可在保育猪体内快速生长，影响机体健康。由于可导致胃和结肠黏膜下层的严重水肿，水肿病又称为"肠水肿"或"肠水肿病"。

　　【病原与发病机制】　水肿病由溶血性大肠埃希菌引发，该病菌可产生F18菌毛和志贺毒素2e（志贺毒素2e也被人们称作Vero细胞毒素2e或VT2e）。F18菌毛有2个抗原变异型，F18ab和F18ac，F18ab是水肿病菌株的典型菌株，F18ac与产肠毒素大肠埃希菌

有关。与水肿病有关的产志贺毒素大肠埃希菌有4个血清型：O138:K81:NM，O139:K12:H1，O141:K85a，b:H4和O141:K85ac:H4。然而，大肠埃希菌的其他血清型可能也与之有关，并且血清型 O147的菌株近几年在美国占有很大比例。O147菌株主要带有H17鞭毛，但也有一些H14或H19。

　　猪开始感染主要是通过受污染的环境或母猪。引进猪群排出大量致病性大肠埃希菌可以促进该病的传播。一些引发水肿病的大肠埃希菌菌株也可携带肠毒素基因，既可引起水肿也可引起腹泻。摄入引发水肿病的大肠埃希菌菌株后，由于肠上皮细胞携带F18鞭毛的受体，所以细菌随后会在猪肠内定植。该受体的表达一般与年龄相关，细菌更易用在大龄猪体内定殖。一些猪体内该受体表达所需要的基因存在特异性突变，因此对细菌的感染有抵抗力。

　　病菌的抵抗力和敏感性由单基因位点显性敏感性等位基因和隐性抵抗性等位基因决定。常规PCR可以通过检测是否有突变基因来筛选抵抗力强的猪。有时用于筛选对F18+大肠埃希菌抵抗力强的表达基因，因为对于瑞士长白猪，对F18+大肠埃希菌抵抗力强的基因表达与疾病的易感性有很大的关联。但这种联系并不出现在比利时长白猪身上。

　　猪肠内感染志贺毒素2e会造成该病主要的临床症状和解剖特征。细胞毒素抑制蛋白合成导致细胞的死亡。毒素被肠道和靶血管内皮的特异位点吸收，这些位点有密集的毒素受体红细胞糖苷脂。最近的研究表明，水肿病的大肠埃希菌菌株定殖于肠系膜淋巴结和产生Stx2e。毒素转移到血液中可能有额外的吸收位点。Stx2e易黏附于猪红细胞，且随之传播至全身不同的位点。位于胃部的黏膜下层，结肠系膜，额、眼皮、喉部皮下组织和脑部的这些吸收位点对毒素高度敏感。血管内皮损伤可导致水肿、出血、血管内凝血和血栓的形成。

　　高蛋白的日粮会增加猪对该病的敏感性。与断奶有关的因素包括混合猪群的应激，日粮的改变，肠内部母乳抗体的缺失。这些因素是断奶仔猪对该病易感性增强的主要因素。

　　【临床表现】　临床表现从疾病无征兆的急性死亡到CNS的病变如共济失调、瘫痪和喜躺卧。水肿病常在仔猪断奶1～2周后发生，通常是猪群中最健康的猪发生。哺乳仔猪或成年猪不易得该病，平均发病率为30%～40%，感染猪的死亡率一般高达90%，常见的临床症状包括眼周围的水肿、前额和下颌的肿胀、呼吸困难和厌食。

　　【病理变化】　水肿病主要是一种脉管系统疾病，肉眼病变包括皮下水肿、胃黏膜下层的水肿，特别是

有腺体的贲门部。水肿液一般为胶状并可能向结肠系膜渗透。水肿可能会伴有出血。在腹膜腔中可能会发现纤维素，胸膜和腹膜腔中可能会发现浆液。光镜观察，恶化的血管病会影响到动脉和小动脉，且中膜的胃平滑肌细胞出现坏死。脑干中会出现典型的点状脑软化病变，已确认，该病变是血管损伤导致水肿和局部缺血的结果。

【诊断】 最急性死亡病例多发生于健康的、生长良好的、刚断奶的仔猪，诊断特征为眼周水肿及胃和结肠系膜广泛水肿。喉头水肿的病例，可能会出现典型的尖叫症状。如果大肠埃希菌也带有肠毒素基因，则先发生腹泻后出现水肿，典型症状是患病猪胃内积满干的饲料。在发病高峰期，由于疾病所有阶段的临床症状和病理特征都有可能出现，作出诊断相对容易。如果仅有少数动物发病且未发生在特殊年龄段，则诊断较难。对大肠埃希菌的分离培养及鉴定可用于本病的诊断。虽然在典型病例，采取小肠和结肠内容物，可以分离培养出大量溶血性大肠埃希菌，但一些病例在死亡后，细菌从肠道消失，分离不到溶血性大肠埃希菌。研究证明，分离的溶血性大肠埃希菌作为一种水肿病菌株，可以用PCR扩增F18鞭毛和Stx2e基因。分离菌株的血清型分型，可以帮助追踪猪场存留的特异性病菌。然而F18鞭毛基因并不易在体外表达，它们可能在常规培养中不能被检测出。

【治疗与控制】 因为该病呈突发，所以治疗通常无效。通过饮水口服药物可用于保护猪群中未受感染的猪。从病猪身上分离培养菌落应考虑其对抗生素的敏感程度，如果最初选择的药物疗效不好，应考虑更换药物。虽然一些实验研究方法十分有效，但是到目前为止还没有一种方法是经济合算的，因此该病很难控制。控制本病的方法包括饲喂高纤维和低蛋白的饲料，减少断奶仔猪的饲喂量，接种针对全身系统的Stx2e类毒素，口服接种F18+非致病性大肠埃希菌疫苗，抗毒素的被动免疫，口服抗F18抗体被动口服免疫。据报道，采用提纯的F18菌毛抗原进行黏膜免疫，研究表明没有效果，可能是因为所有黏附于肠道的菌毛结构中F18菌毛只占一小部分的缘故；近期采用的F18受体部分与F4菌毛结合疫苗接种猪群也不能提供完全保护。

四、脑心肌炎病毒病

脑心肌炎（EMC）是一种猪和哺乳动物的重大病毒性传染病，它由小核糖核酸病毒科心病毒属的病毒所引起并广泛分布于世界很多地方。虽然所有出现过的EMC病毒均为单一血清型，但不同地区的病毒致病性和毒力不同。

任何年龄的患病猪，可能因为心力衰弱或近期流产、木乃伊胎、繁殖障碍出现突然死亡。A型病毒导致猪的繁殖障碍，而B型病毒则导致心力衰竭。大部分EMC病毒感染的暴发均与养猪场、灵长类动物研究中心和动物园中的圈养动物有关。动物的突发死亡常常是病毒感染的首要特征。在美国、澳大利亚和世界其他地方的动物园中，很多种外来动物因EMC而死亡，如非洲象、犀牛、河马、树懒、马驼、各种羚羊和很多种非人灵长类动物（黑猩猩、猩猩、狒狒、猴、狐猴等）。据报道，美国一家动物园的狮子因为食入感染了EMC的非洲象而死亡，1995年南非克鲁格国家公园自然放养的非洲象暴发了严重的EMC。

EMC病毒几乎不感染人，且在其他很多物种出现的严重心肌炎和急性致病性病毒感染并没有发生于人。然而，血清学调查表明，人的EMC病毒感染在世界的很多地方都很普遍，大部分无症状或未被发现。

【流行病学】 脑心肌炎病毒是小的无囊膜病毒，大部分常与啮齿动物有关，其他哺乳动物的感染则归因于鼠类感染病毒的传播。推测其他啮齿动物通过排泄物和尿液排毒，污染大型哺乳类动物的食物和饮水而传播该病。食入已死亡或因EMC病毒死亡的啮齿动物，可能是另外一种病毒传播的途径。实验室条件下，猪在感染的头3 d内通过鼻分泌物和排泄物排毒。在这个短暂的时间内，病毒可以通过直接接触而传染给其他的猪。脑心肌炎病毒对不利的环境因素有抵抗力，且在有利的情况下可持续感染数周至数月。

【临床表现与病理变化】 该病毒因为在实验鼠的感染中偏向损害CNS和心血管系统，且可以鉴定出亲脑灰质病毒和嗜心性病毒而得名。然而对于猪和动物园动物，急性和亚急性病毒感染死亡常归因于病毒对心肌层的损害，造成心肌功能不全、肺水肿和呼吸道的泡沫状渗出。感染动物常因自身的呼吸道液体而窒息。其他临床症状包括发热、厌食、精神沉郁、战栗、步履蹒跚、呼吸困难和瘫痪。断奶仔猪的死亡率接近100%，但是大龄猪的死亡率会下降。EMC毒株的作用目标是胰腺且可以导致实验鼠患糖尿病，但对于其他哺乳动物并不显著。

从因晚期流产（妊娠期的第107～111 d）、死胎或木乃伊胎而导致繁殖障碍的病例中可以发现，EMC病毒可通过猪胎盘感染。感染病毒2～3个月的猪群和所有受感染的经产母猪可发生繁殖障碍。

【诊断】 因为苍白的坏死性心肌病变既可能出现在致病性EMC感染中，也会出现在脓毒症或维生素E或硒缺乏中，所以需要病毒的分离鉴定。病毒分离鉴定的样本可取自突发死亡动物或流产胎儿的心脏、肝脏、肾脏和脾脏。因为EMC病毒非常稳定，所以也可从冷冻组织中采样。

病毒的血清学诊断主要有中和作用、血凝抑制试验或ELISA，样本则为急性感染和恢复期收集的血浆，由于EMC病毒亚临床感染，流产母猪单一血清检测几乎没有价值。对于胎儿感染来说，死胎或大的木乃伊胎的EMC病毒抗体检测很重要。这是因为母源抗体并不会通过猪的胎盘。

【治疗与控制】　目前无针对EMC特异的治疗手段，但是可以通过避免危险期动物的应激和刺激来降低死亡率。当啮齿动物数量很高时，病毒较易以其为媒介感染猪或动物园动物。所以控制啮齿动物对于降低易感动物的感染率很关键。迅速而恰当的处理感染动物的尸体也很重要。应用家畜可以使用的消毒剂可以灭活EMC病毒。

可以防治断奶仔猪的灭活疫苗已申请专利，但除了自家苗外，在美国不再有商品化的疫苗。对疫苗研制的需求主要来源于动物园和娱乐公园，那里的动物EMC已成为棘手的难题。通过基因工程已成功研制出用于灵长类动物、猪和动物园蹄类动物的弱毒疫苗。基于国内家畜现状，商品化EMC病毒疫苗生产，由于需求过少而受到限制。

五、格拉舍病

猪在断奶前可被不同的微生物定殖，但是一些早期定殖的微生物具有潜在的致病性。副猪嗜血杆菌是猪上呼吸道的一种共生菌，可以导致严重的全身系统性疾病，典型症状为纤维蛋白的多发性浆膜炎、关节炎和脑膜炎。格拉舍病（猪多发性浆膜炎、传染性多发性关节炎）由副猪嗜血杆菌引发，是一种突发、短期和高发病率及死亡率的疾病。易感猪大都较为年幼（4~8周龄），但也会在成年猪中偶发（如将无病成年猪引入一个健康猪群）。幸存猪腹部和胸腔会有严重的纤维变性，导致生长率降低和屠宰时胴体的废弃。格拉舍病在世界各地广泛传播，自从传入了猪繁殖与呼吸综合征，该病的发病率有上升的趋势。

【病原】　该病的病原副猪嗜血杆菌属于巴斯德氏菌科，是一种小的革兰氏阴性多形性杆菌，生长需要补充V因子（NAD）而不需要X因子（氯高铁血红素）。在实验室条件下，副猪嗜血杆菌在营养丰富的巧克力琼脂上，也可在加入了葡萄球菌的血琼脂培养基上划线生长。然而，副猪嗜血杆菌对生长环境较为挑剔，从患病动物身上分离的病菌，接种于纯培养基上往往很难生长，且由于抗生素的治疗生长率很低。目前报道的副猪嗜血杆菌有15种血清型，但是没有定性的血清型百分率也很高。不同血清型的毒力有很大的不同。血清型1、2、4、5、12、13、14和一些未定型分离菌，通常可从全身性疾病的病例上取得，而血清3型和另一些未定型血清则可取自上呼吸道。副猪嗜血杆菌损伤全身性系统的因素仍不清楚。除此之外，血清型和毒力的相关性尚不明了，隶属同一种血清型的菌株也可能在毒力的某些方面不同。建立接种疫苗标准也以血清分型为准，但是不同血清型之间的交叉保护多变且难以预测。因此，副猪嗜血杆菌目前的鉴定识别研究方法主要是基因型分型（指纹识别或测序）。

【临床表现】　尽管感染猪的年龄各不相同，但基于猪获得母体免疫的水平，主要在4~8周龄猪能观察到临床症状。

急性疾病发病时间短，且可能会在无任何肉眼可见病变的情况下导致猪突然死亡。这些病例可能会存在出血点，提示有脓毒症。

急性格拉舍病的临床症状包括发热（41.5℃），严重的咳嗽、腹式呼吸，关节肿胀和一些CNS症状如侧卧、划动和战栗。这些症状可能同时发生或独立发生。慢性感染猪可能会出现胸部和腹腔的纤维素性病变而导致生长率的降低。

格拉舍病不常出现呼吸困难和咳嗽，可从伴有卡他性化脓性支气管肺炎和黏液性化脓性肺炎的猪肺中分离到副猪嗜血杆菌。

【病理变化】　急性疾病可能导致某些组织的出血点，且无肉眼病变。组织学观察表明，这些患病猪可出现脓毒症样的显微病变如DIC和微出血。胸腔和腹腔的体液增加，无纤维蛋白的出现，也可视为急性病。

严重的全身感染特征主要为纤维蛋白多发性浆膜炎、关节炎和脑膜炎。可在胸膜、心包膜、腹膜、关节骨液和脑膜中发现纤维蛋白分泌物，且常伴随体液的增加。纤维蛋白胸膜炎可能伴有前腹侧的病变（卡他性化脓性支气管炎）。患有CNS症状的猪也普遍缺乏肉眼可见的病变。猪的慢性感染常伴有严重的心包膜和胸膜的纤维化病变，有时也会出现在腹膜腔。

【诊断】　疾病的诊断基于临床症状和病变的观察，结合应用细菌分离培养或PCR等分子方法，对感染猪的副猪嗜血杆菌进行检测。因为目前的诊断方法不能区别鉴定病菌是否有毒，所以从全身部位如胸膜、心包膜、腹膜、关节和大脑取样十分重要。从上呼吸道分离到的副猪嗜血杆菌与全身感染的诊断无关联。

从被安乐死的临床感染猪采集样品，可增加病原菌分离的机会。

格拉舍病的鉴别诊断包括链球菌、脓毒症大肠埃希菌、放线杆菌、猪鼻支原体、猪红斑丹毒丝菌和猪霍乱沙门氏菌。

【治疗与控制】 副猪嗜血杆菌是一种革兰氏阴性菌，合成的青霉素可成功治愈本病。其他有效的抗生素还有头孢噻呋、氨苄青霉素、恩诺沙星、红霉素、泰妙菌素、替米考星、氟苯尼考和磺胺类增效药。个体治疗必须经非肠给药才能看到显著的疗效，且感染猪群内所有的猪都应该被治疗（并不只是显示临床症状的猪）。预防治疗可以通过药物拌水或拌料。无论是商品疫苗还是自家苗，都可被用来控制副猪嗜血杆菌感染，尽管它们的作用是不确定的。潜在的致病性血清型和基因型有很多种，从而导致该病尚未见普遍性疗效的疫苗。从相同血清型分离得到的菌株之间具有同源性保护，而仅少数血清型可提供异源性保护。

在不久的将来，基因型分型和基因组的研究，可以帮助鉴定菌株之间的交叉免疫，鉴定毒力群和毒力基因，以及辅助发展更多可靠的疾病控制方法。

六、血凝性脑脊髓炎

这种幼猪的病毒性疾病（血凝性脑脊髓炎又叫呕吐消耗病、冠状病毒性脑膜脑炎）的主要特征是呕吐、便秘和厌食，从而导致突发死亡或慢性消瘦。由于急性脑脊髓炎（血凝性脑脊髓炎）而引起的运动失常，也可能会在一些疾病的暴发中出现。

【病原、流行病学与发病机制】 该病的病原为冠状血凝性脑脊髓炎病毒，是一种单一的抗原型，可以在几种猪细胞培养物中生长并生成合胞体。它可以凝集一些动物的红细胞。猪是其唯一的自然宿主。病毒主要通过空气传播。

该病毒广泛流行于北美、西欧和澳大利亚，且普遍存在亚临床感染状态。该病在大部分种猪群和免疫猪群中是一种地方流行性疾病。免疫母猪传递母源抗体给仔猪，一直保护它们直到其生长到一定年龄有了足够的抵抗力，所以该病的临床暴发并不常见。如果病毒传入一个带有新生仔猪的易感猪群，发病率和死亡率可能会很高。

病毒首先在鼻黏膜、扁桃体、肺中复制，在小肠进行非常有限的复制。病毒从这些位点进入，通过周围神经系统传播至整个脑干而侵入延髓的原子核，且有可能感染大脑和小脑。病毒在迷走神经感觉神经节的复制可能会引起呕吐。而消瘦则是因为呕吐和胃排空延迟，而这些都是因为壁内神经丛病毒诱导的损伤所引起。大脑和小脑神经元的感染可能很少导致运动失常。

【临床表现】 呕吐消耗病（VWD）和脑炎的临床综合征，大部分仅限于不到4周龄的猪。呕吐消耗病有4～7 d的潜伏期，会出现不断地干呕和呕吐。仔猪则会在开始哺乳时立即停止，离开母猪和呕奶。它们把嘴伸入饮水器中但只喝少量的水，说明可能是咽部无力。持续的呕吐会导致身体状况快速下降。新生仔猪会脱水、发绀、昏迷和死亡。尽管相对于疾病早期呕吐频率较低，但年长的猪会持续呕吐。它们会丧失食欲且会变得消瘦。颅骨下腹部会有很大的膨胀。"消瘦"状态可能会持续1～6周直到猪饥饿致死。包括仔猪在内，疾病的死亡率可达100%，幸存者则成为僵猪。

脑脊髓炎也会在疾病初期引发呕吐，一般会在仔猪出生后4～7 d发生。呕吐会间歇性地持续1～2 d，但不会很严重也不会导致脱水。在1～3 d后，会出现广泛的肌肉震颤和感觉过敏。猪会尝试倒退行走，最终成犬坐姿势。患病猪会变得虚弱，不易起身且会划动四肢，同时还会发生失明、角弓反张和眼球震颤。几日之后就会出现呼吸困难、昏迷和死亡。

从发病到消失，一个猪场的疾病暴发会持续2～3周。疾病的消失与妊娠母猪妊娠后期免疫的程度有关，从而可以通过母源抗体保护仔猪。

【病理变化】 长期感染猪会有恶病质和腹部膨胀。它们的胃部膨胀且填满了气体。光镜观察可发现70%～100%有神经症状的猪及20%～60%有呕吐消耗病猪的髓质会出现血管套变化、神经胶质过多症、神经元变性。外周感觉神经中枢的神经炎，特别是三叉神经节会有规律的出现上述症状。有呕吐消耗病的猪15%～85%会有胃壁和血管周围的神经中枢的变性。幽门腺的病变是最明显的。

【诊断】 可以对出现病症2 d内的猪实施安乐死，采集脑干分离病毒进行常规的实验室诊断。感染超过2 d的猪很难分离到病毒。

抗体滴度的上升可以检测成对的血清样品。急性血清样本必须在病发后立即采集，因为在病症出现后，患病猪可能已经有了低的抗体滴度。

疾病的鉴别诊断包括伪狂犬病和猪传染性脑脊髓炎。伪狂犬病暴发时，部分老龄猪和流产猪会有呼吸症状。猪捷申病毒脑脊髓炎常感染老龄猪。

【控制】 目前尚无有效的治疗方法。一旦病症明显，疾病就会按常规发展。很少出现自然痊愈。经过疾病暴发的无免疫母猪生下的仔猪，可以在出生时，通过接种屠宰后随机选择的母猪分离得到的超免血清或血清而得到保护。然而，在诊断和疾病终止之间的时间往往过短，从而使得血清的疗效不佳。猪场病毒的维持（这样可以持续自然诱导母猪的免疫）可以避免仔猪的疾病暴发。

七、尼帕病毒病

尼帕病毒是一种新发现的感染猪和人的副黏病毒，该病毒于1998年至1999年在马来西亚首次出现。在马来西亚和新加坡，与感染猪群接触过的相关人员有时会发生严重的脑炎。通过对全国商品猪群的有效控制，该病已被根除。狐蝠属的狐蝠是该病毒的天然宿主。

【病原与流行病学】　尼帕病毒（尼帕病毒属副黏病毒科）是一种环状负链核糖核酸单链病毒。该病毒与亨得拉病毒密切相关，是该属的另一种病毒。在马来西亚和新加坡，在与感染猪群接触后暴发了人的病毒疾病，该病导致脑炎，死亡率为40%。在疾病暴发调查期间，人们推测病毒是由1～2种携带有病毒抗体的狐蝠传染给猪群的。从西太平洋到东南亚和南亚，还有非洲沿海的岛屿包括马达加斯加岛，狐蝠分布的范围很广。已发现一些种类的狐蝠携带有病毒抗体，说明该病毒或与该病毒相近的病毒曾在相应地区分布。在马来西亚，人和猪的临床病料分离病毒的基因分析有力地说明，病毒是通过商品化猪群单一传入的。也有证据表明其他家畜存在感染，如犬、猫和马。自2001年以来，由南亚尼帕病毒引起的人脑炎，在孟加拉国及与之相邻的印度的一些地区多次发生。在这些地区，流行病学并不支持家畜作为传播媒介，而是直接接触病毒的贮存宿主丰狐而感染的。

【传播与发病机制】　已确认，病毒是由天然宿主狐蝠传染于猪。一旦病毒在一个大规模的猪群传播，则猪场内其他猪群会很快被感染，且血清学监测表明猪场所有猪无一幸免。猪场之间的病毒传播，归因于不完善的生物安全规范和感染猪的迁移。在吉朗（Geelong）一个较高生物安全设施的实验室进行感染猪尼帕病毒试验，发现近距离接触的猪之间很容易发生传染。

【临床表现】　因为有人感染的危险和发病快，对疾病传染初期的临床观察并不详尽，大部分猪表现为发热性呼吸性疾病，并伴有严重的咳嗽，由此人们也称该病为"猪呼吸系统与脑炎症候群"、"猪吼叫综合征"和"一英里咳嗽症"。脑炎也是该病的特征之一，尤其是家猪和野猪更为明显。猪感染该病的途径尚不确定，但通过呼吸系统传播途径还是占大多数。该病的病死率也无详尽的记载，但在所有年龄段的猪中病死率不会超过5%。

【诊断】　该病的实验室诊断包括病毒的分离鉴定、反转录PCR的RNA检测、特异抗体的免疫组化反应或血清学试验如间接ELISA、病毒中和试验。在美国和澳大利亚，该病毒被划分为生物安全4级，对病毒的相关试验被严格控制在限定的实验室中进行。

【治疗】　在马来西亚的病毒暴发期间，人们并没有尝试对受感染猪进行治疗。人们需要通过加强通风来控制预防脑炎，目前没有特定而有效的治疗方法。一些病人使用了利巴韦林，但在后来对实验动物的研究表明该方法是无效的。

【防控】　马来西亚对疾病流行的控制，基于严格的检疫程序的建立和屠宰所有感染猪群。和其他接触传染病一样，坚持适当的生物安全和检疫程序，是最重要的阻止疾病进一步传播的有效方法。有效的监测和屠宰程序，可以成功地从商品猪群中排出病毒并保持无病状态。由于病毒存在于地理分布广的天然宿主狐蝠中，必须强调疾病监测和生物安全措施的重要性，以促进该病的早期监测和预防病毒的再次传入。

【人兽共患病风险】　病毒从感染猪群传染至人，主要是在相关职业环境中发生。对于该疾病传染给人的风险研究表明，与感染猪群的近距离接触是尼帕病毒传染给人的主要途径。

对于该病毒在马群的持续偶发和人群的后续感染表明，当对亨得拉病毒和尼帕病毒的疑似病例进行临床检验和尸体剖检时，兽医的个人安全防护措施十分重要。

八、猪圆环病毒病

1974年在猪肾细胞PK-15（ATCC-CCL33）中发现一种新的非致细胞病变型小核糖核酸病毒样的污染物。该抗原随后被发现是一种小的无囊膜病毒，包含一条单链环状DNA，它被命名为猪圆环病毒（PCV）。PCV抗体在猪群中广泛存在，且该病毒对猪的实验室感染并没有引发临床疾病，说明PCV病毒没有致病性。

在20世纪90年代早期和中期，在加拿大西部发现了一种新病。该病的病原尚不可知，根据发病状态将该病命名为断奶仔猪多系统衰竭综合征（PMWS）。感染猪主要是哺乳仔猪，主要表现生长率下降、不健壮与消瘦，其组织病理以全身炎性病变为特征。20世纪90年代末，一种新的类似PCV病毒从PMWS感染的猪身上分离得到。这种新病毒与PK-15细胞培养物的污染物PCV病毒在抗原和基因上均不同。随后，这种病毒被指定为猪圆环病毒2型（PCV2），而最初从PK-15细胞培养物分离得到的PCV，则被定为猪圆环病毒Ⅰ型（PCV1）。

PCV2其实与很多猪病综合征都有关。因此，猪圆环病毒病（PCVD）成为PMWS［在北美也被称作PCV相关疾病（PCVAD）］、PCV2相关繁殖障碍疾病、猪皮炎肾病综合征和猪增生性与坏死性肺炎的统称。已确认，先天性震颤AⅠ型是一种潜在的PCVD，但是大部分可信的数据并不支持这一观点。只有PMWS会对全世界的猪生产有严重的影响，但是市场引进有效的疫苗可以起到很好地改善作用。

已确认，PMWS是一种多因素疾病，而PCV2是其基本传染性病原。同时确认，PCV2也是各种不同猪病的繁殖障碍的病因之一。尽管猪皮炎和肾病综合征被认为是一种PCVD，但试验证明该免疫复合物性疾病并不包含PCV2抗原。猪呼吸疾病综合征和猪增生性与坏死性肺炎，也属于多因素的临床和病理状况，各自的发生也可能伴有PCV2的感染和（或）PMWS。

【病原与发病机制】 圆环病毒是小的（直径17～22 nm）无囊膜病毒，包含一条单链环状DNA。猪圆环病毒分为2种，但只有PCV2是有致病性的。最近的系统研究表明，PCV2至少有3种基因型（PCV2a、b和c）。基因型之间的转换（从a到b；PCV2c在20世纪80年代的丹麦被再次发现）与发生在北美、日本和一些欧洲国家的PMWS暴发有关。PCV2各基因型的致病性是否存在不同尚不清楚。

血清学调查表明，PCV2在猪群中广泛传播且与猪场PMWS的感染情况无关。回顾血清学研究的结果表明，PCV2感染猪群已超过50年。

最初，人们在没有猪病原体的健康状况极为良好的猪群中发现了PMWS。然而，在自然条件下，感染PMWS的猪常具有多重病原，包括猪细小病毒、猪繁殖与呼吸综合征病毒、胸膜肺炎放线杆菌、多杀性巴氏杆菌、副猪嗜血杆菌、葡萄球菌和链球菌。

多次尝试实验室复制PMWS的方法已经公布。一些早期的方法（用PMWS感染猪或PCV2分离的组织匀浆）复制类似PMWS的组织病变并没有成功。然而，随后的一次偶然的研究，仅用PCV2培养液成功复制了和PMWS一致的临床疾病和病变。因此说明，PCV2的感染与其他辅因子有关，是所有临床疾病一致性发展的必要因素。现在有很多因素如年龄、猪的品种、环境因素、遗传因素、PCV2所用的培养液和PCV2感染猪的免疫状况，都是疾病试验能否再现一致性的重要因素。事实上，更多PMWS疾病模型的一致性和可重复性，都需要使用传染性和非传染性的辅因子作为触发因素。其他病毒或免疫刺激可能会诱发PCV2感染猪群消耗症状的作用机制尚不可知。血液、淋巴液、其他组织，有时还有排泄物中含有高浓度的PCV2与疾病的症状息息相关。

当多系统疾病和消耗症出现时，免疫系统损害的主要特征说明感染猪有获得性免疫缺陷症。淋巴组织淋巴细胞的消耗，外周血液单核细胞亚群和细胞因子表达模型的改变，都可以在自然感染和实验室感染

PMWS猪身上验证。

鉴定PCV2复制的细胞仍然是有争议的。病毒颗粒的累积可能会导致患病猪巨噬细胞和树突状细胞含有大量的PCV2病毒抗原。然而，和小部分巨噬细胞及淋巴细胞一样，上皮和内皮细胞似乎是PCV2复制的主要目标。

人们对和PCV2感染有关的其他临床疾病已知的发病机制了解很少。PCV2可以在无透明带的胚胎和胎儿中复制。此外，感染PCV2胚胎并随后感染受体猪的试验表明，感染可以导致胚胎死亡。PCV2经胎盘传播已被证明。然而，试验所用经过鼻内接种的妊娠母猪会导致不一致的试验结果。

已确认，猪皮炎和肾病综合征是一种3型过敏性反应，该病的免疫复合物抗原尚不可知。曾推断PCV2是其抗原，但没有确定性的证据说明PCV2导致猪皮炎和肾病综合征病变。间接证据则是与健康的或PMWS感染的猪相比，PCV2感染猪有显著更高的血清抗体滴度。

【流行病学与传播】 不论有无猪圆环病毒病（包括PMWS）的国家，PCV2都被认为是一种普遍存在的病毒。PCV2和PMWS的感染也存在于野猪群中。该病在世界范围内广泛传播。

该病的传播机制可能是通过直接接触患病猪群而感染。PCV2可以在所有潜在的排泄途径和排泄物中被检测出来，如鼻部、眼睛、支气管分泌物、唾液、尿液和粪便。病毒可以在精子中发现，但是其实际价值尚不可知。携带PCV2精子的猪的人工授精显示出一个相反的结果。一些研究表明，该病毒可能与繁殖问题有关。人们普遍认为与受病毒污染的污染物接触，接触被污染的食品或生物制品，皮下注射针头的多次使用或被昆虫咬伤，都可以是传染的主要途径，但上述事实并没有被证明。

不论在实验室条件下还是在自然条件下，PCV2可能会持续存在于猪体内数月。恢复期的猪可能会携带病毒较长时间，并成为疾病重要的传染源。PCV2对消毒剂和辐射普遍具有很强的抵抗力，这可能使其易在环境中存活积累，如果卫生条件不良，则会感染易感猪群。猪的初乳抗体滴度下降与仔猪或育肥猪PMWS的感染有关。虽然已证实PCV2可经胎盘传播，但不确定是在感染母猪的子宫内感染还是随后感染的PMWS所致。

有报道指出，除了猪以外，其他动物也可感染PCV2或类PCV病毒。然而，牛和其他家畜PCV抗体的血清学研究结果则与之矛盾，而且实验室条件下其他动物感染PCV1或PCV2并不成功。

【临床表现】 伴有体重减轻的多系统疾病，尽管

也会发生于老龄猪与幼龄猪，但还是多见于8~18周龄的育肥期，保育期后期或育肥期猪发病率一般为5%~20%。有PMWS症状的猪死亡率可以超过50%。除此之外其死亡损失率也很高，在达到市场所需体重期间，育肥猪感染PMWS可能会大幅增长，最终导致畜主的经济损失。生长减慢、消瘦和呼吸困难是疾病暴发时最常见的症状。在一些感染猪中还可见肤色苍白、贫血、黄疸、腹泻和明显的腹股沟淋巴结病。同样也会有持续数日的低热（40~41℃）。过度拥挤、不良的空气质量、空气交换不足和各年龄段的猪混养，均会使疾病恶化。通常，猪群中只有少数猪会出现消瘦。疾病的暴发也可能是急性的，导致患病猪在几日内死亡。其他猪则更多的转为慢性病，表现为增长缓慢或体质虚弱。

PCV2临床感染母猪以早产和死产为特征，这与其他为人们所熟知的繁殖障碍性病原相似。大部分对该病的描述来自北美，且该病常发生于初具规模的猪群。根据实验室数据，猪群重返发情期归因于子宫内感染PCV2而导致的胚胎死亡。然而，关于这一结论尚无相关的专业数据。

猪皮炎和肾病综合征可能会感染仔猪和育成猪，也会在成年猪群中偶发。该病在易感猪群的流行相对较低（<1%），尽管有时也会有更高的患病率（>20%）。在出现临床症状后，症状严重的急性型患病猪可在几日内死亡，这是因为急性肾功能衰竭导致血清中肌酸酐和尿素水平急速增长；幸存的猪转归良好，且在综合征开始后的7~10 d内增重。感染猪常表现厌食、抑郁、平卧、步态呆板，有时会表现行动勉强，体温正常或微热。大部分明显的症状在急性发病期的出现是没有规律的，感染严重的猪后肢和会阴部皮肤会广泛分布斑疹和丘疹，颜色也会由红色变为紫色。随着时间的推移，病变处会慢慢被黑色的硬壳覆盖，然后逐步褪色（通常2~3周），有时会遗留疤痕。

【病理变化】　感染猪特异的组织病理学可确诊PMWS。大体剖检可见，淋巴结肿大，切面呈灰白色，胸腺萎缩，扁桃体变薄，少数PMWS感染猪出现脾梗死。淋巴的组织病理学变化特征为淋巴细胞减少和肉芽肿性炎症，有时会由于PCV2病毒粒子的积累，出现大小不一的多核巨细胞和异嗜性葡萄状胞浆内包含体。

感染猪的肺部病变很常见，病变的严重程度受疾病的持续时间和混合感染的程度影响。明显的肺部病变包括肺部塌陷、硬化、弥漫性肺水肿、形成斑点和实变。光镜观察，可见不同程度的淋巴组织细胞间质性肺炎，从而导致肉芽肿性支气管间质性肺炎，并伴有细支气管炎和细支气管纤维化变性。

感染猪的肝脏可能出现黄疸或少部分出现萎缩，小叶间结缔组织明显增生。组织病理学变化可见从单个肝细胞坏死（细胞凋亡）以及门静脉周围可见轻度的淋巴细胞浸润到肝细胞弥漫性坏死，以及广泛的淋巴细胞与组织细胞性门静脉周围炎。肾脏可能肿大且皮质表面有散在的至弥漫性的白色斑点状坏死，肾脏间质性淋巴细胞浸润。其他病变有胃溃疡（可能部分归因于猪慢性的长期感染）和偶发的多灶状淋巴细胞与组织细胞性心肌炎。在一些严重感染猪，可见所有组织内出现淋巴细胞浸润。

在PCV2对生殖系统感染的病理方面，尚未见详细报道。流产和无法存活的出生仔猪表现为肝脏慢性被动性充血和伴有心肌肥大，心肌出现多个变色病灶。主要的组织病理学特征是胎儿纤维性或坏死性心肌炎。

根据典型的临床症状很容易诊断猪皮炎和肾病综合征，可见患病猪皮肤斑点和丘疹由红变黑，这与在光镜观察到的真皮和皮下毛细血管及小动脉的坏死性血管炎而导致的坏死和出血一致。坏死性血管炎是全身性疾病的特征，但是它在皮肤、肾脏、骨盆、肠系膜和脾脏（也可能出现脾动脉或小动脉的坏死性血管炎导致的脾梗死）表现得更显著。除了皮肤病变外，因猪皮炎肾病综合征急性死亡的猪还会出现两侧肾脏肿大、硬实，肾皮质表面呈细颗粒样，肾盂水肿。肾皮质出现多个淡红色小点状损伤，很像瘀血点，光镜观察，可见肾小球增大和肾小球炎症（纤维素性坏死性肾小球肾炎）。病理组织学观察，可见轻度到重度的非化脓性间质性肾炎伴有肾小管的扩张。通常情况下，虽然PMWS患病猪会同时出现皮肤和肾脏的损伤，但有时也会单独出现皮肤或肾脏的损伤。由于感染部位（主要是皮肤）出血，淋巴结肿大、变红。类似PMWS的病变例如淋巴细胞的减少、组织细胞和（或）多核巨细胞浸润（不是很严重）通常均可见于患病猪的淋巴组织中。

【诊断】　PMWS疾病的诊断包括3个主要的诊断标准：①慢性消耗或健康不良的临床症状；②具有特征性的眼观和组织学（轻度到严重的）病变；③病变的淋巴组织中存在病毒抗原或DNA（低量至高量）。常用原位分子杂交或免疫组化方法可以观察病毒DNA或病变中的抗原。近期，人们又重新定义了猪群PMWS，包括2个主要的条件：①与正常情况下比较，仔猪死亡率上升、僵猪数量增加、仔猪增重慢；②1/5的被检猪能满足上述3条。鉴别诊断包括导致死亡率上升和生长缓慢的一些疾病，例如猪繁殖与呼吸综合征、慢性呼吸道疾病、格拉舍病、沙门氏菌病和猪肠腺瘤病。

因为PCV2是普遍存在的且病毒在猪体内的复制可持续数周至数月，所以病毒的分离鉴定、PCV2血清或组织的DNA检测或PCV2血清抗体的检测，并不足以确诊PMWS。可用ELISA、间接荧光抗体技术或感染的细胞培养物免疫过氧化物酶染色检测PCV2抗体。采集血清、细支气管洗出液或组织匀浆，接种几个猪细胞系（主要是猪肾细胞）培养，进行病毒分离鉴定。采用PCR检测感染猪大多数组织或血清中的病毒DNA。对于多重感染的患病猪，需要采集一些组织样品进行慢性疾病的病毒检测。在活猪，通过实时定量PCR定量血清中的病毒，此方法被认为是一种潜在诊断方法。然而，由于PCV2感染对临床表现正常的猪非常普遍，所以阳性PCR的检测结果的解释并不明确。

与PCV2感染有关的繁殖障碍的诊断应包括如下条件：①后期流产和死产，有时伴有胎心肥大；②广泛的纤维化或（和）坏死性心肌炎；③心肌病变或其他胎儿组织中含有高浓度的PCV2。与PCV2有关的繁殖障碍性疾病的鉴别诊断包括猪繁殖与呼吸综合征、猪细小病毒病、伪狂犬病（奥叶兹基氏病）、钩端螺旋体病和其他导致后期流产、死产和仔猪虚弱的疾病。

猪皮炎肾病综合征的鉴定相对简单且包括2个主要的条件：①下肢和会阴处皮肤出血和坏死病变，有时肾脏肿胀和苍白并伴有广泛的皮质瘀血点；②出现全身性坏死性血管炎，纤维性肾小球性肾炎。从诊断标准来看，PCV2的检测并不包含在诊断要点内。

猪皮炎肾病综合征的鉴别诊断基于很多病理学分析结果。皮肤的临床症状显示可能会与经典猪瘟、非洲猪瘟、猪丹毒、败血性沙门氏菌病、放线杆菌、猪丹毒杆菌感染、猪应激综合征、传染性红斑（尿浸地板、化学灼伤等）和其他细菌性脓毒症混淆。肾脏病变的鉴别性诊断包括猪瘟、非洲猪瘟、猪丹毒、败血性沙门氏菌病。血清的生化分析，可能有助于区分猪皮炎肾病综合征与其他疾病，猪皮炎肾病综合征的尿素和肌酸酐含量会明显升高。

【治疗与控制】　因为PMWS是一种多因素疾病，在PCV2疫苗尚未问世之前，有效的控制措施主要集中于控制或根除这些诱发因素。使用最广泛的控制措施是通过抗生素预防细菌的并发感染，改进生物安全和卫生措施，如感染猪的隔离、围栏在使用后的消毒、应激（如较高的饲养密度、通风不良、温度控制不当）减少和病毒性感染的控制，尤其是猪繁殖与呼吸综合征。其他的防控措施用于在疾病发生之前的青

年猪，包括注射维生素、腹腔注射育成猪的血清和抵抗常见病原体的疫苗接种。

目前，PMWS的控制主要基于PCV2疫苗的使用情况。全世界有4种商品化疫苗，疫苗的可用性取决于不同国家的许可批准。第1种商品化疫苗主要基于分离的PCV2灭活病毒和被许可使用于母猪与后备母猪。另外，已研发出另3种疫苗，且可以用于2～3周的仔猪或更大的猪，前2种为亚单位疫苗（在杆状病毒系统中表达PCV2衣壳蛋白），第3种为灭活病毒疫苗，其衣壳蛋白基因被非致病性的PCV1代替。除此之外，疫苗可以使死亡率和发育不全率显著下降，似乎也可以改善同批猪的均衡性、宰杀体重的均一性、饲料转化率和平均日增重。

所有的商品化PCV2疫苗均基于PCV2a病毒株，但是可提供与PCV2b的交叉保护。所有PCV2疫苗均能激发细胞免疫和体液免疫，这是控制畜牧场猪群PCV2感染的重要因素。

目前对于猪皮炎肾病综合征尚无有效的治疗方法，尽快住院治疗和细心的照料，可以使少数感染猪恢复。当猪群从低发病率和死亡率，发展到高发病率和死亡率并呈现流行时，可能会引起重大的经济损失。广泛使用抗生素的治疗方法并不成功。因为与猪皮炎肾病综合征病毒有关的抗原尚不清楚，所以对于本病尚无指导性的预防建议。

九、猪繁殖与呼吸综合征

1987年，美国首次报道猪繁殖与呼吸综合征（PRRS）。随后整个北美和欧洲暴发PRRS，且成功地分离出该病毒。

【病原与流行病学】　该病的病原是动脉炎病毒科的一种病毒。该病毒是有囊膜的，长为45～80 mm。用乙醚或氯仿处理可以使病毒灭活，然而病毒在冷冻条件下十分稳定，在-70℃的条件下可以保持感染力4个月。温度升高时，病毒的感染力也随之下降（56℃时可保持15～20 min）。

一个无病猪群感染之后，其各自接触的情况是不一致的，这就导致猪群分为未感染、感染和持续感染3个状态。如果增加不适环境的后备母猪会加重疾病的发展，也会导致病毒携带者将病毒传染给以前未感染的猪群。

该病毒传播的主要载体是感染猪。实验条件下可验证病毒的接触传播，感染种猪的病毒传播是单一的。在同一猪场，感染引入的种猪，可以导致PRRS病毒的传播和各种不同基因型病毒的共存。疾病的控制研究表明，感染猪群可长期携带病毒，成年猪会在感染后排毒达86 d，而断奶猪则可能携带病毒达

157 d。实验感染野猪的精子排毒可达93 d。

已确定，病毒的空气传播为一种间接传播，并且该传播方式取决于分离病毒的致病性。致病性强的分离毒株可以在血液和组织中产生高的病毒滴度，且在通过空气传播时其传播效率比致病性低的病毒更高。环境因素如风向和风速也对传播有很重要的影响。PRRS病毒也可以通过污染物传播，如被污染的针头、鞋子、工作服、运输工具和集装箱。农场的工作人员不具有危险性，除非其双手沾有感染猪的被污染的血液。最后，有关病毒传播的几种昆虫［蚊（刺扰伊蚊）和马蝇（家蝇）］也有过报道。

【临床表现】 PRRS有2个明显的临床期：繁殖障碍和断奶后的呼吸疾病。疾病的繁殖障碍包括死产仔猪的数量增加、木乃伊胎、早产和弱胎。死产胎和木乃伊胎的概率可能会增高至25%～35%，流产率可超过10%。厌食和无乳是泌乳期母猪的主要病征，并且会导致仔猪断奶前死亡率增高（30%～50%）。哺乳期仔猪则表现为呼吸困难且病理组织学检查肺部会有严重的坏死性间质性肺炎。PRRS可以在妊娠期的第2或第3个月通过胎盘。仔猪也可能在出生时感染，且在被感染后的112 d传播病毒。仔猪在断奶后生产性能仍然会受到影响。虽然PRRS病毒的感染可以破坏肺泡巨噬细胞，从而有可能抑制免疫系统，但是疾病控制研究表明，病毒可能实际上增加了免疫应答的特异性。

据报道，繁殖障碍型PRRS的暴发可持续1～4个月，这取决于感染猪最初的健康状况和环境设施。相比之下，断奶后的肺炎成为慢性疾病，导致日增重减少85%，并且死亡率增加10%～25%。从感染PRRS的仔猪和育成猪中，还可以分离出大量其他病原体：细菌有猪链球菌、大肠埃希菌、猪霍乱沙门氏菌、副猪嗜血杆菌和猪肺炎支原体，病毒有猪呼吸道冠状病毒和猪流感病毒。最后，不同的临床反应可能归因于毒株的变异。研究表明鼻内接种后，不同毒株会对CD/CD（剖宫产或初乳缺乏）的仔猪，造成不同程度的间质性肺炎。

【诊断】 比较常用的检测方法是ELISA或间接荧光抗体试验，虽然这些方法可以检测PRRS病毒的IgG抗体，但是不能检测猪的免疫水平或预测其是否携带病毒。感染后的7～10 d可以检测病毒滴度且其能持续感染至144 d。病毒效价高可能预示着病毒的近期感染，被抽样群体可能会排出病毒。病毒的检测包括PCR、病毒分离鉴定和免疫组化试验。近期，在商品化市场上，应用病毒开放阅读码5区的核酸测序方法，可对不同地区分离毒株相似性进行流行病学调查。

【治疗与控制】 目前，对于急性PRRS无有效的治疗方案。用NSAID（阿司匹林）或食欲刺激剂（维生素B）尝试去降温似乎收效甚微。用抗生素或自家苗去降低病毒的感染效果，疗效不一。

预防感染的主要方法是控制。了解后备母猪和公猪PRRS的感染状况、适当的隔离和环境适应，都是预防病毒传播的重要措施。当猪群被隔离45～60 d后，再进入猪群之前应当再次检测。多级隔离饲养和隔离早期的断奶仔猪可以消除现有的感染。尽管这些措施取得了一定程度的成功，但感染的长期风险仍然存在。可以通过保育猪群的清群来预防病毒的传播。当病毒没有感染母猪群时（一般是在最初暴发的12～18月后）这种方法很有效，但保育猪、生长猪或育成猪仍然会被感染。所以，所有保育猪应从保育区转移到另一猪舍进行育肥。保育区随后应清洗和消毒，空置7～14 d后才可再使用。这种方法成功地根除了一些猪群的PRRS病毒，且在上市前猪的血清反应为阴性（持续1年以上），保育猪的产量提高，生长率和死亡率也有所改善。

商品化弱毒疫苗与灭活疫苗已得到生产许可，且对疾病暴发的控制和预防经济损失有很大的作用。

目前，PRRS的根除表明，不同大小猪场都可消灭PRRS病毒。具体方法如猪群的清群与建群、检测和清除及闭群，都可以有效地根除地方猪群的PRRS。遗憾的是，由于尚未搞清新型毒株的传入途径，导致很多根除措施失败。这就要求所有猪场提高生物安全级别。应加强检疫与检测程序，购买无PRRS病毒感染的种猪与精液，应用空气过滤系统，提高运输工具的卫生环境，污染物与猪场间人员流动的严格管理，都是重要有效的关键程序。

十、猪链球菌病

链球菌群是由链球菌（*Streptococcus*）、肠球菌（*Enterococcus*）和消化链球菌（*Peptostreptococcus*）所组成。链球菌是猪最重要的具有致病性的病原。链球菌可以感染人、牛、山羊、绵羊和马。在猪，停乳链球菌（*S. dysgalactiae*）和兽疫链球菌（*S. zooepidemicus*）偶发化脓性感染。猪链球菌（*S. suis*）也是幼猪、保育猪和新断奶仔猪最重要的传染性病原。患病猪的脓毒症、脑膜炎、多发性浆膜炎、多发性关节炎和支气管肺炎均与猪链球菌的感染有关。类猪链球菌（*S. porcinus*）也与化脓病变有关，尤其是下颌的脓肿。肠球菌位于肠道，会引发许多动物疾病。猪体内的坚忍肠球菌（*E. durans*）、屎肠球菌（*E. faecium*）和希拉肠球菌（*E. hirae*）与肠炎和腹泻有关。

（一）猪链球菌感染

猪链球菌是猪重要的病原菌，与大部分猪的病原一样，该病菌很容易在临床健康猪的扁桃体组织和排泄物中找到。

【病原与发病机制】 猪链球菌属于链球菌D群链球菌属，其特征是兼性厌氧菌、革兰氏阳性菌，不运动，链的长短不一，在血琼脂上出现α－溶血作用（不完全溶血）且过氧化氢酶试验阴性。该病菌呈全世界分布，且已发现35种血清型。其中大部分血清型的毒力较低，其毒力大小取决于其发生的地理位置。血清型1～9占实验室分离猪链球菌总血清型的70%，其中2型猪链球菌在全世界范围内流行最广。尽管大部分断奶仔猪均携带猪链球菌，但只有少数血清型会在仔猪断奶后诱发疾病。

猪链球菌可在上呼吸道被发现，尤其是扁桃体和鼻腔，但是该病菌也出现在猪的生殖道和消化道内，临床感染主要发生于断奶仔猪（2～5周龄的断奶仔猪）、生长猪，较少发生于未断奶仔猪。

病菌的无症状携带者可以看作是混入保育猪的传染源；对该病菌毒力因子的大部分研究均是关于2型猪链球菌的，2型猪链球菌可分为有毒力和无毒力2种，但其毒力因子特征是不完整的。荚膜多糖是目前唯一被证明的毒力因子（C多糖物质）。溶菌酶释放蛋白（MRP）和细胞外物质（EF）组成与毒力有关的蛋白质，可能与2型猪链球菌感染有关，然而并不能单一作为致病性的指标。

【流行病学与传播】 猪链球菌可出现在所有集约化猪场。在大多数国家该病的感染主要（90%）是由2型猪链球菌引起。大部分无临床症状的猪可携带多种血清型的猪链球菌。来自阴道分泌物的猪链球菌，可以在分娩期的猪或保育猪中复制。猪群之间可以通过其迁移和混合饲养携带病菌的健康猪来传播。病菌传入未受感染的猪常常引断奶仔猪和/或生长猪的病菌感染。然而，一些感染的猪群并不表现病症，可能会在有其他诱因如应激和感染其他病原体的情况下出现临床症状。疾病的暴发归因于猪链球菌感染常常与猪繁殖与呼吸综合征同时感染。猪链球菌也可以通过污染物和苍蝇传播。病菌的其他自然宿主或携带者尚不清楚。

【临床表现】 最开始的症状通常是发热且没有其他明显症状。随之相伴而生的是明显的脓毒症，如果不治疗的话可以持续数日。在这段时期，常常有不定的发热和不同程度的食欲不振、精神沉郁和跛行。急性发病时，患病猪可能在没有任何预兆的情况下死亡。该病的确诊一般是脑膜炎，且脑膜炎是其最显著的病症。早期的神经症状有精神不振、共济失调和姿态畸形，随后迅速发展为无力站立、四肢划动、角弓反张、抽搐和眼球震颤，较大一些仔猪常常发生心内膜炎，被感染猪可能会突然死亡或表现呼吸困难、发绀和消瘦。如果有关节肿胀和跛行，则提示有多发性关节炎，有时可见呼吸系统疾病。

【病理变化】 有临床症状的主要是断奶仔猪和生长猪，如淋巴结炎、脑膜炎、关节炎、浆膜炎和心内膜炎。病变包括脑部脓性纤维素性渗出物，关节肿胀，纤维素性浆膜炎和心瓣膜有赘生物。脾肿大和点状出血则提示患病猪的脓毒败血症。哺乳仔猪可能发生脓毒败血症、脑膜炎或多发性关节炎。

【诊断】 根据病史、临床症状、动物年龄和眼观病变作出初步诊断，确诊需要进行细菌分离和血清型鉴定及病理组织学检查。日常检测不使用血清学诊断，有些实验室已对病原体做过基因水平的研究，这对本病流行病学的研究十分有帮助。

鉴别诊断包括副猪嗜血杆菌或猪鼻支原体引发的多发性浆膜炎，副猪嗜血杆菌引发的脑膜炎，猪红斑丹毒丝菌引发的心内膜炎以及副猪嗜血杆菌，放线杆菌、大肠埃希菌、猪丹毒丝菌或猪霍乱沙门氏菌引发的脓毒症，其他链球菌、葡萄球菌、大肠埃希菌或猪放线杆菌引发的多发性关节炎。

【治疗与防控】 快速诊断链球菌所致的早期临床症状的方法，是用适当的抗生素对感染猪立即进行胃肠道治疗，这是目前使感染猪提高存活率的最好方法。早期脑膜炎可能较难检测，所以在猪场出现断奶仔猪的链球菌感染时，猪应该分群定期频繁地观察。有报道指出，分离的病菌对青霉素有抵抗力，但是广谱抗生素如氨苄青霉素和阿莫西林对疾病的治疗似乎仍有一定的作用。除了β－内酰胺之外，其他美国批准的用于治疗猪链球菌的抗生素有头孢噻呋和氟喹诺酮，常用于治疗猪链球菌感染的氟苯尼考可以混于饮水中；阿莫西林也可用此法当做一种预防手段。给予消炎药物可以减轻感染猪链球菌脑膜组织的炎性反应并改善全身状况。在产仔之前给予母猪抗生素治疗，可以减少病原菌传染给仔猪的概率。

已证明，疫苗对于预防疾病暴发是无效的。猪链球菌是一种细菌性病原体，通过对保育猪实行提前断奶并不能达到根除病菌的目的。

链球菌对乙醛、双胍、次氯酸盐、碘和季铵类消毒剂敏感。

【人兽共患病风险】 人感染猪链球菌可以导致脓毒症、脑膜炎、长期的听力损失、心内膜炎和关节炎。有时死亡率可达到7%。大多数人的感染由2型猪链球菌引起。人主要通过皮肤伤口或黏膜接触猪血液或分泌物而感染。畜主、屠宰人员和兽医的感染风险最高。在大多数国家，对该病均存在诊断不力和重视不够的状况。

（二）停乳链球菌感染

猪的停乳链球菌C群血清变型呈溶血性，一般分布于鼻和咽喉分泌物、扁桃体和阴道包皮分泌物，它们都是感染猪病变部位最重要的溶血性链球菌。产后母猪的阴道分泌物和乳汁是最可能感染仔猪的病源。链球菌通过皮肤伤口、肚脐和扁桃体进入血液，菌血症或脓毒症发生后，病原菌就定植于一个或多个组织，引发关节炎、心内膜炎或脑膜炎。

【临床表现与病理变化】　1～3周龄的猪常最先被感染。关节肿胀和跛行是最显著而持久的临床症状。也许还有高温、疲乏、外部皮毛粗糙和食欲不振。早期病变包括关节水肿、滑液膜肿胀出血和滑液浑浊。病发后的15～30 d可能会出现关节软骨坏疽并可能变得更严重，还有关节周围组织的纤维化和多样点状化脓及滑膜绒毛的肥大。心内膜炎也会出现，但死前的病变很难诊断，常有大小不同的黄色或白色的赘生物，覆盖于感染瓣膜的整个表面。

【诊断】　对于链球菌感染引发的脓毒症、关节炎或心内膜炎，一般可以通过剖检和细菌学鉴定来诊断。当疾病引发炎症反应，只有少数病例可以从感染关节处分离出细菌。

【治疗与预防】　溶血性猪链球菌对内酰胺类抗生素敏感。长效抗菌药可能有疗效且应在炎症反应开始前给药。近期尚无报道有关抵抗这类链球菌感染的疫苗。据报道，在母猪产仔之前接种自家疫苗，可以降低关节炎的发生率。

摄入充足的初乳也许可以保证仔猪获取保护自身的抗体。减少产房地面的磨损度可以减少腿和脚的外伤。

停乳链球菌不属于人兽共患病病原体。

（三）类猪链球菌感染

在美国，类猪链球菌是一种育肥猪的传染性临床病原体，通常与链球菌淋巴结炎、下颚脓肿或颈脓肿有关。该疾病并不受到重视，且在其他国家并不被认为是一种重要的经济影响因素。该病菌的传播可能是通过直接接触或食入含有病原体的脓疮或排泄物的化脓物。病菌感染猪主要通过咽或扁桃体表面黏膜进而进入淋巴结，首先是头颈部，然后形成脓肿。剖检时可能会发现脓肿和咽喉部明显的淋巴结肿大。母猪的阴道液和公猪的包皮及精子中也可以发现类猪链球菌。该病菌被认为是一种继发性感染原。

类猪链球菌对青霉素敏感，所以对于该病的急性病常常采取抗生素疗法。然而，对于已形成脓肿的猪或已排除病菌携带者，此方法并不适用。该病菌对四环素有抵抗力，但治疗用400 g/ton的脉冲四环素加到饲料中，可以控制这种情况。尽管接种疫苗（自家疫苗）可能有效但不能被广泛使用，因为注射后常发生颈部脓肿。

无证据表明，类猪链球菌有人兽共患的可能性，但其与泌尿生殖感染与妇女妊娠期并发症有关。

十一、猪水疱病

猪水疱病（SVD）是一种典型的瞬变猪病，水疱病灶一般发生于足、鼻和口。虽然该病不会导致严重的生产性能下降，并且短期暴发症状不明显，但是其经济重要性在于与口蹄疫的鉴别。由于口蹄疫暴发时扑杀的成本很高，在SVD禁运的国家，禁止猪水疱病的生猪或猪肉进出口。虽然已发生过实验室工作人员感染本病，但病毒主要存在于绵羊与牛，据说，猪是病毒唯一的自然宿主。该病于1966年在意大利首次发现，随后在中国香港、日本、中国台湾和欧洲的其他16个国家被发现。虽然该病在20世纪70年代中期与80年代中期在日本与欧洲已被消灭，但它于90年代在意大利仍呈地方性流行，并在其他欧洲国家零星散发，葡萄牙也在2003、2004和2007年有零星散发。

【病原】　本病的病原为微RNA病毒科的一种肠道病毒，属于人肠道病毒B群，认为是由柯萨基病毒B5进化而来，它们有很相近的抗原和遗传特性。SVD的血清型只有1种，通过不同的抗原或基因分型可以分成具有不同毒力的不同类型。SVD病毒通过直接接触、非直接接触或是通过喂食猪肉、猪肉制品进行传播。病毒可以通过口腔或皮肤破损感染并能引起病毒血症，经粪便排毒和水疱破裂导致病毒的扩散。

【临床表现与病理变化】　最初的特征是足部出现新鲜的和已经愈合的水疱病灶，具有花冠样外观，其他部位如口、唇和鼻等也会出现类似病灶。当猪饲养于柔软的垫料中，病变可能较轻微或不明显。本病病变与口蹄疫、猪疱疹和疱疹性口炎很相似，然而，被感染的猪不会影响健康且会很快痊愈。该病表现有神经症状，但自然感染的很少见。

【诊断】　通过上皮细胞、粪便或血清样品的检测可确诊本病。可通过抗原检测、ELISA检测、病毒分离或反转录PCR来检测病毒。血清学检测主要通过抗体检测ELISA或病毒中和试验。

【控制】　无本病国家可以加强对进口生猪或猪肉制品的控制，或确保这些猪肉制品有杀灭病毒的处理步骤（如加热或其他方式）。禁止垃圾喂猪或保证它们被加热处理后再喂食。任何疑似疫情应该及时报告相关部门。如果疫情发生，通过限制生猪流通等兽医学措施来控制。到目前为止还无商品疫苗。广泛的血清学监测，对检测亚临床感染猪群非常重要，并且对这些感染猪群必须进行临床检查与粪便的病毒检测。

该病毒可长期保持感染活性，所以必须预先考虑消毒卡车和用具。尽管次氯酸和含碘酸在非金属用具消毒中也可以使用，但最有效的杀毒剂是强碱。

十二、旋毛虫病

旋毛虫病是一种由旋毛形线虫（*Triehimella spiralis*）引发的重要公共卫生寄生虫病。食用烹调不彻底的被感染肉类会引起人的感染，尽管也有其他物种被提及，但通常是猪或熊肉。野生食肉动物常感染该病，除此之外，马、大鼠、海狸、负鼠、海象、鲸鱼和食肉鸟类也可感染。大部分哺乳动物都是该病的易感动物。

【病原与流行病学】 经DNA鉴定，旋毛虫有8个种11个基因型（T1到T11）。各种之间形态学差异不明显，种的区别主要基于其他特征如生殖隔离、对特定宿主的感染力和对低温的抵抗力。在许多温带地区，旋毛形线虫（T1）是感染人和家畜最常见的一种。它对猪和啮齿动物有很强的感染力，对低温的抵抗力弱且可形成肌肉囊肿。其他可形成囊肿的种类有在北极食肉动物中发现的本地毛形线虫（*T. nativa*）（T2），主要发现于南欧的布氏毛形线虫（*T. britova*）（T3），仅限于北美洲的米氏旋毛线虫（*T. murrelli*）（T5），仅限于非洲东部的纳尔逊毛形线虫（*T. nelsoni*）（T7），包括3种基因型：T6（发现于北美洲食肉动物）、T8（发现于非洲食肉动物）和T9（发现于日本野生动植物）。还有3个额外的种——伪旋毛形线虫（*T. pseudospiralis*）（T4）、巴布亚旋毛虫（*T. papuae*）（T10）和津巴布韦旋毛虫（*T. zimbabwensis*）（T11），它们都缺乏在肌肉内形成包囊。

该病的感染主要起因于食入含有幼虫的肌肉包囊。囊肿壁可以被胃消化且幼虫可以被释放于十二指肠和空肠黏膜。4 d之内，幼虫会发展为性成熟的成虫。交配后，雌虫（3~4 mm）穿透黏膜释放活幼虫（数量可达1500只），整个过程大约4~16周。繁殖完后，成虫死亡并被体内消化。幼虫（0.1 mm）移至淋巴管，通过门静脉系统到达外周环流，到达横纹肌后渗透进入单个肌肉细胞。它们生长迅速（长至1 mm）并在细胞内盘旋，常常是1个细胞内有1个幼虫。感染后的15 d开始形成囊肿，完全形成则需要4~8周，期间幼虫开始具有感染性。随着幼虫生长，细胞逐步退化，随后钙化（宿主不同，钙化率不同）。幼虫可存活于囊肿中数年且只有在被相应适当的宿主食入后才可进一步成熟。猪的膈肌、舌头、咬肌和肋间肌最易生成囊肿。

如果幼虫在成熟前通过肠且作为排泄物被排出，则也具有感染其他动物的能力。

【临床表现与诊断】 大部分家畜和野生动物的感染均未能找出原因。人的严重感染可能引发严重的疾病，包括3个临床阶段（肠感染期、肌肉侵入期和恢复期），偶然会发生死亡。

不同于人，尽管动物疾病的死前诊断很少见，但如果曾食入被感染的啮齿动物、野生动物尸体和生肉，则会有感染该病的可能。光镜检查肌肉活组织样本（一般是舌头）也许可以确诊，但是也不能完全排除旋毛虫病。ELISA检测旋毛虫抗体是一种可信的检测方法，尽管每克肉能检测出幼虫的概率为0.01，但感染后数周可能不会发生血清的阳转。

【控制】 治疗本病通常是不太现实。控制的目的是防止任何其他动物，包括人食入含有旋毛虫幼虫的肌肉包囊。猪的防控以良好的管理为主，包括控制啮齿动物、100℃ 30 min处理（喂猪）饲料、防止同类互食（如咬尾）及接近野生动物尸体。

在很多国家，宰杀（旋毛虫检测或消化方法）时，对可疑的旋毛虫病肉类检查是一种防止人感染的有效方法。在北美洲，假定猪已被感染，则那些可以被使用的肉制品，必须在上市前经过充分的加热、冷冻或腌制以除去旋毛虫。剩余的猪肉应作烹饪，以确保所有的组织内部已经受热达58℃。冷冻猪肉在适当温度和时间下也可以确保无碍（−15℃共20 d，−23℃共10 d或−30℃共6 d），但不能以冷冻猪肉作为杀灭旋毛虫的有效方法。

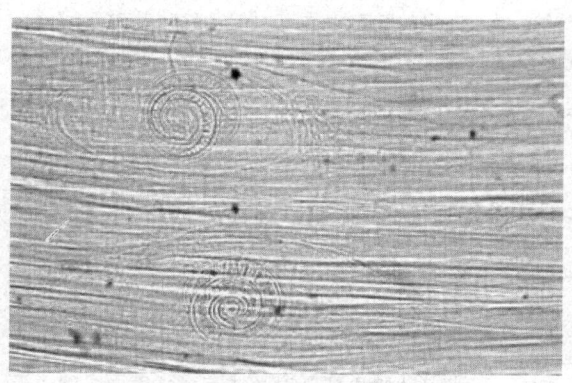

图5-11 肌肉活组织检查旋毛虫（100×）
（由Dietrich Barth博士提供）

十三、猪传染性水疱疹

猪传染性水疱疹（VES）（圣米格尔海狮病毒病）是一种急性、严重传染性疾病，特征是发热和口鼻部、口腔黏膜、蹄部、冠部及趾间的水疱病变。

自1972年以来，一种与猪传染性水疱疹病毒不易区别的病毒，被认定为圣米盖尔海狮病毒（SMSV），已经从早产4月龄的加州海狮、断奶并已死亡的北部海狗及北部保育海象的喉部和直肠拭子中分离出该病毒。该病毒也可从海洋哺乳动物、阿拉斯加养殖海豹肉产品和来自加利福尼亚南部潮岸的鲈鱼类的鱼的水疱病变中分离到。从鱼类和海洋哺乳动物中分离的圣米盖尔海狮病毒可以产生猪水疱疹病毒。除此之外，从奶犊牛喉部和直肠拭子中分离的杯状病毒也可导致感染猪的水疱疹。杯状病毒血清型SMSV-5可以从研究人员手掌和脚底的水疱病变分离得到。

VESV、SMSV和相关病毒都是嵌杯状病毒科水疱疹病毒属成员。目前已发现很多免疫特异血清型（猪的VESV有13种，海洋物种的SMSV则至少有16种）。此外，很多血清型是根据其分离的宿主来源进行命名，它们是：牛、灵长类、鲸鱼、海象、臭鼬、水貂、兔和爬行类杯状病毒。有时候，从陆生动物（如爬行动物嵌杯状病毒）分离到的血清型也频繁地出现于海洋动物中。所有这些病毒（除了SMSV-8、SMSV-12和水貂嵌杯状病毒）都能形成单一的病毒物种，即猪传染性水疱疹病毒。

对于猪来说，其临床症状与口蹄疫、水疱性口炎和猪水疱病难以区分。传染性猪水疱疹最初仅限于加利福尼亚，后来在20世纪50年代广泛传播于整个美国，但针对该病的防控措施得力，已被成功地根除。1959年，美国声明已消除VES，并将该病指定为一种外来动物疾病。该病在世界的其他国家还从未报道是一种自然感染的猪病。

猪的确诊基于发热和典型水疱的出现，水疱会在24~48 h内破裂至糜烂。可以通过ELISA、反转录PCR（包括实时定量PCR）、补体结合反应与电镜镜检上皮组织或猪组织培养物来确诊本病。也可以使用血清中和试验与免疫电镜技术。

猪传染性水疱疹的疑似病例一经发现，应立即上报有关单位。饲喂给猪的废物和鱼类应预先煮热处理。

（鄢明华、张莉 译　顾敏、彭大新 一校　梁智选 二校　马吉飞 三校）

第四节　反刍动物全身性疾病

一、蓝舌病

蓝舌病是一种主要发生于家养和野生反刍动物的非接触性虫媒传播的病毒性传染病。在横跨世界的许多地区普遍存在蓝舌病病毒（Blue tongue virus，BTV）感染，最近已从南纬35度延伸到北纬40度到50度。自20世纪90年代，BTV已大幅度延伸至北纬40度

以北地区甚至北纬50度平行的某些地区（如欧洲）。感染BTV的大多数野生反刍动物和牛呈亚临床型。一般认为蓝舌病（BTV感染造成的疾病）是改良品种的绵羊，尤其是细毛羊和肉羊品种的疾病，但也有牛和野生反刍动物感染BTV的记载，包括北美地区的白尾鹿（*Odocoileus virginianus*）、叉角羚（*Antilocapra americana*）、沙漠大角羊（*Ovis canadensis*），以及欧洲地区的欧洲野牛（*Bison bonasus*）和圈养的牦牛（*Bos grunniens grunniens*）。

【病原与传播】　蓝舌病病毒是呼肠孤病毒科环状病毒属的代表种，至少有24个血清型，但任何一个地区并不会存在所有血清型；例如美国有13个血清型（1、2、3、5、6、10、11、13、14、17、19、22和24），欧洲有8个血清型（1、2、4、6、8、9、11和16）。库蠓（*Culicoides*）是蓝舌病病毒唯一有效的自然传播媒介，蓝舌病病毒在世界各地的分布与库蠓的时空分布一致，也与气温条件一致，此时病毒可在其体内繁殖并经其传播。在全球1 400多种库蠓中，迄今为止只有不到30种被确定为实际的或潜在的蓝舌病病毒传播媒介。蓝舌病病毒在足够的库蠓和易感动物之间发生连续循环对病毒生态学非常关键。在美国，主要传播媒介是索诺拉沙漠库蠓（*C. sonorensis*）和白腹库蠓（*C. insignis*），这将BTV的分布限制在南部和西部地区，在澳大利亚北部和南部传播蓝舌病的主要媒介是短跗库蠓（*C. brevitarsis*）。在非洲、欧洲南部和中东则为拟蚊库蠓（*C. imicola*），在欧洲北部主要的传播媒介是不显库蠓−德武夫库蠓（*C. obsoletus− dewulfi*）中的库蠓。在每个地区，第二媒介品种可能在本地非常重要。

库蠓通过吸吮感染脊椎动物的血液而发生BTV感染；至今未见经卵传播病毒的报道。蓝舌病病毒对红细胞具有高度亲和力，尤其是病毒粒子被红细胞膜凹陷处捕获，造成机体在有中和抗体存在的情况下长期维持病毒血症。牛体内长期存在病毒血症（有时达11周），某些品种的库蠓对牛有嗜好性，是无媒介期（冬季）较短地区家养反刍动物整年发生该病传播的原因。其他吸血昆虫造成的机械传播也是很重要的。

蓝舌病是非接触性传染病，发病动物的分泌物和排泄物中病毒含量很低，不会通过口腔或飞沫传播。但是，患有病毒血症公牛的精液，可通过自然交配或人工授精传播疾病。如果供体无病毒血症，且按正确的程序清洗，胚胎移植被认为是安全的。在欧洲，有关牛蓝舌病病毒田间野毒经胎盘垂直传播、并造成新生犊牛带有病毒血症的报道越来越多，但是这种传播机制在流行病学上的重要性尚未知。在美国，已有接种被蓝舌病病毒污染的犬活毒疫苗而导致犬意外感染

蓝舌病的报道。血清学试验发现非洲的大型肉食动物感染BTV，这可能是由于摄食感染蓝舌病病毒的动物内脏而感染。同样，在欧洲被捕获的欧亚猞猁因采食感染蓝舌病病毒的胎儿和死胎而导致死亡，并从其体内分离到蓝舌病病毒，说明存在经口腔感染途径。目前还不能确定经口传播机制在流行病学上的重要性。

【临床表现】 绵羊蓝舌病病程从超急性型到慢性型而不同，死亡率为2%～90%。超急性型病例在感染后7～9 d内死亡，大多数是由于发生严重肺水肿导致呼吸困难，鼻腔充满泡沫样分泌物，最终窒息死亡。慢性型病例，绵羊在感染后3～5周死亡，主要是由于细菌并发症和衰竭而死亡，尤其是巴氏杆菌病。温和型的病例通常能迅速康复或痊愈。主要的生产损失包括死亡、长期康复过程中出现消瘦、毛质受损和繁殖障碍。

绵羊感染蓝舌病病毒会引起血管内皮细胞损伤，导致毛细血管通透性发生改变，随后出现血管内凝血。最终引起水肿、充血、出血、炎症和坏死。绵羊临床症状表现具有典型性。蓝舌病潜伏期为4～6 d，随后体温升高，达40.5～42℃，精神倦怠，不愿运动。羔羊的临床症状更明显，死亡率高（高达30%）。出现发热大约2 d后，开始出现其他症状，如嘴唇、鼻、面部、下颌周围、眼睑发生水肿，有时耳部也有；口、鼻、鼻腔黏膜、结膜和冠状带充血；也可见有跛行和精神沉郁。经常可见有浆液性鼻涕，后期发展为黏液脓性鼻涕。鼻部和鼻腔瘀血可产生所谓"口鼻炎"（原文"sore muzzle"，即蓝舌病）效果，在美国描述绵羊蓝舌病时使用该术语。绵羊因口腔疼痛而采食量减少，常将饲草含在口腔软化，然后咀嚼。咀嚼时，嘴角有泡沫状流涎。仔细检查，在口和鼻黏膜可看到小出血点。在牙齿与嘴唇和舌头接触的部位，特别是经常发生摩擦的部位，形成溃疡。有些感染的羊只，舌头严重肿大，发绀（蓝舌），甚至伸出口外。患畜蹄冠发炎，行走困难。蹄部和皮肤交界处的蹄冠带常呈紫红色。病程后期可见由于骨骼肌损伤而导致的跛行或斜颈。大多数患羊由于发生皮炎，可见有羊毛生长异常。

牛的临床症状比较少见，但可能与绵羊的症状相似。通常仅表现为体温升高、呼吸加快、流泪、流涎、肢体僵硬、口腔溃疡、惊厥以及水疱性和溃疡性皮炎。妊娠期牛羊感染蓝舌病病毒，易发生流产，胎儿畸形，包括积水性无脑畸形或脑穿通畸形，这种先天畸形会导致胎儿出生时出现共济失调和失明。白尾鹿和叉角羚可出现严重出血导致猝死。妊娠犬感染后可出现流产和死胎，3～7 d内死亡。

【诊断与病理变化】 依据典型临床症状可作出初步诊断，尤其是在该病流行地区。通过肺动脉壁上瘀点、瘀斑或出血以及左心室乳头状肌的坏死灶，可以对疑似病例进行确诊。在严重感染时常可出现这些特征性病变，但在温和性病例或恢复期病例几乎看不见。这些病变常作为蓝舌病的特征性病变，但有时绵羊的其他疾病也可见有这些病变，如牛羊心水病、肾软化和裂谷热。在机械性摩擦损伤脆性毛细血管的部位，常见有出血和坏死，如与臼齿相对的颊面以及食道沟和重瓣胃褶皱的黏膜层。其他剖检病变有皮下和肌间水肿与出血、骨骼肌坏死、心肌和肠道出血、胸腔积液、心包积液、心包炎和肺炎。

在世界许多地区，蓝舌病病毒感染的绵羊，特别是其他反刍动物，都呈亚临床型。实验室确诊的方法有用鸡胚或哺乳动物和昆虫细胞进行病毒分离，或用PCR检测病毒RNA。分离毒株的鉴定方法有群特异性抗原捕获ELISA、群特异性PCR、免疫荧光法、免疫过氧化物酶法、血清型特异性病毒中和试验、血清型特异性PCR，或用群特异性或血清型特异性基因互补序列进行的杂交试验。病毒分离时应尽早采集发热动物的抗凝血（10～20 mL），抗凝剂可选用肝素钠、枸橼酸钠或EDTA，置于4℃下运送至实验室。若无冷藏条件且需要长期保存的血样，应采集于草酸-苯酚-甘油液中（OPG）。需要冷冻保存的血样，应采集于乳糖蛋白胨缓冲液中，并储藏于-70℃或-70℃以下。病毒血症后期采集的血样不宜冷冻，因为溶解时红细胞裂解会释放出细胞相关病毒，可被早期的体液抗体中和。在-20℃条件下病毒并不能长期保持稳定。死亡病例，应在动物死后尽早采集脾、淋巴结或红骨髓样本，置于4℃下送至实验室。

反刍动物感染7～14 d可检测到BTV抗体，且自然感染后常终生呈血清学阳性。目前用于检测BTV抗体的血清学方法，有琼脂免疫扩散试验和竞争ELISA。竞争ELISA是首选检测方法，不能检测到其他环状病毒属病毒所产生的交叉反应抗体，尤其是抗EHDV（流行性出血病病毒）。也可采用其他各种血清中和试验来检测血清型特异性抗体，如蚀斑减少试验、蚀斑抑制试验和微量中和试验。

【预防与控制】 除了使病畜得到充分休息、提供软性饲料和精心护理之外，尚无特效治疗方法。康复期应适当治疗并发症和继发感染。

在蓝舌病流行区域，采用预防免疫是最有效和最实用的控制方法。在南非广泛使用3种蓝舌病多价疫苗，每种疫苗包含有5种不同血清型BTV的弱毒株，这些弱毒株经鸡胚连续传代致弱后，再通过细胞培养方法进行培养和蚀斑筛选获得。在蓝舌病流行的其他地区，也应当使用这类疫苗。在美国，常对绵羊使用一种经细胞培养所制备的单价弱毒疫苗。但在库蠓活动季节不应使用弱毒活苗，因为库蠓可将疫苗毒从接种动物传给未接种动物，及其他种属反刍动物。这可能会造成基因重组，产生新的病毒毒株。在母羊妊娠的前半期或母牛的妊娠早期分别接种弱毒疫苗，可能会导致流产或胎儿畸形，尤其是中枢神经系统畸形。羔羊的被动免疫持续时间通常为2～4个月。

无本病流行的地区，防治措施各不相同。如果疾病暴发时仅有1种或少数几种血清型，应该依据引起发病的病毒的血清型采取免疫策略。其他血清型的疫苗几乎不能提供保护或完全没有保护作用，也不推荐使用。也要考虑到接种疫苗引起的潜在风险，包括疫苗毒与野毒株的基因重配、媒介虫将病毒传播给其他易感反刍动物，也应考虑疫苗株的毒力返强，甚至产生毒力不明的新毒株。由于弱毒疫苗存在这些不确定性，因此目前正在开发不存在这些潜在缺点的灭活疫苗，有些已投放市场。最近在BTV入侵北欧时，使用灭活疫苗的覆盖率较大（80%以上）的地区，这种灭活疫苗在控制病毒传播中发挥了重要的作用。

通过使用杀虫剂控制媒介虫或避免接触媒介，可以降低库蠓的叮咬次数，减少BTV感染的风险。然而，单独采取这些措施很难有效阻止蓝舌病的流行，应当与更广泛更有力的免疫接种相结合才能起到减缓的作用。

二、牛白血病

牛白血病（牛淋巴肉瘤、白血病、恶性淋巴瘤）可能是散发性的，也可能是由牛白血病病毒（bovine leukemia virus，BLV）感染引起，后者通常指地方流行性牛白血病。牛的散发性淋巴肉瘤与BLV感染无关。尽管没有相关性，但患有散发性淋巴肉瘤的牛也可能感染该病毒。散发性淋巴瘤主要表现为3种类型：犊牛型、胸腺型和皮肤型。犊牛型淋巴瘤最常发生于不到6月龄的犊牛，胸腺型多发于6～24月龄的牛，皮肤型多发于1～3岁的牛。

【病原、传播与流行病学】　地方流行性牛白血病由BLV感染引起，该病毒属于BLV-嗜人T淋巴细胞病毒群中的外源性C型致癌反转录病毒。BLV具有稳定的基因组，不会造成慢性病毒血症，也没有偏爱的前病毒整合位点。尽管缺乏偏爱的前病毒整合位点，但在单一个体上病毒引起的肿瘤是典型的单克隆，而且有单一的整合位点。病毒通过低水平复制逃避免疫反应。病毒的复制似乎在转录水平发生阻断，但其机制还不完全清楚。

不同国家牛白血病的流行各不相同。许多欧洲国家、澳大利亚、新西兰制定了适当的根除计划，已使

BLV的感染率降到极低。虽然美国有很到位的自发性控制计划，但该病的流行比世界上许多国家都高。最近对美国的调查显示，44%的奶牛和10%的肉牛都感染有该病毒。随着奶牛群的扩大，该病的流行有增加的趋势，而肉牛则相反。通常，病毒感染的流行随着牛年龄的增长而上升。

BLV可通过输入含有感染淋巴细胞的血液或血液制品而感染牛。一旦感染，将产生终身抗体反应，该抗体主要是针对gp51外膜蛋白和p24衣壳蛋白的。B淋巴细胞带有整合的前病毒，但在其细胞表面很少表达病毒蛋白。目前为止，对诱导产生免疫反应的病毒复制和表达的精确位点还不清楚。

在实验条件下，暴露病毒的许多途径都能有效传播病毒，但是多数感染途径在自然感染中很少遇见。已经检测了多种体液传播BLV的能力，且认为无感染性，包括尿液、粪便、唾液、呼吸道分泌物、精液、子宫分泌液和胚胎。仅在极个别情况下可在这些体液中发现病毒。BLV阳性牛的初乳中含有病毒，且也发现具有实验感染性。但是，初乳中也含有大量的抗体，正常摄入初乳时其保护作用要大于感染的可能性。

大多数BLV呈水平传播。BLV阳性牛与BLV阴性牛的密切接触被认为是感染的风险因素。打编号、去角、直肠检查、注射和采血等许多牛场日常的一些工作，都会造成病毒传播。牛虻和其他大型咬虫等媒介也可传播病毒。也可发生垂直传播，如经胎盘从感染母牛传播给其胎儿，分娩时接触感染的血液，或产后摄入被感染的初乳将病毒由母牛传播给犊牛。被血液污染或富含淋巴细胞的任何材料，都有造成牛感染BLV的可能性。

【发病机制】　牛感染BLV主要有3种结局。大多数牛呈无症状的持续感染；约有29%的BLV感染牛发展为持续性淋巴细胞增多症；而只有不到5%的感染牛发展为淋巴肉瘤。

持续性淋巴细胞增多症有时也称为肿瘤前综合征，但尚无令人信服的证据表明，感染牛发生淋巴肉瘤的风险会上升。持续性淋巴细胞增多症中出现的淋巴细胞不是肿瘤细胞，但可出现与正常牛血液涂片相一致的轻微炎性变化。持续性淋巴细胞增多症被认为是BLV感染后的良性表现，因此常被忽视。然而，这些牛可充当感染的贮存宿主。淋巴细胞数量增多的原因是感染的CD5$^+$B细胞增加了45倍，CD5$^-$B细胞增加了99倍。这提示患持续性淋巴细胞增多症的母牛，可经子宫将BLV传播给犊牛的风险较高，也表现有产奶量下降和乳成分改变。

淋巴肉瘤罕见于2岁以内的牛，常见于4～8岁的

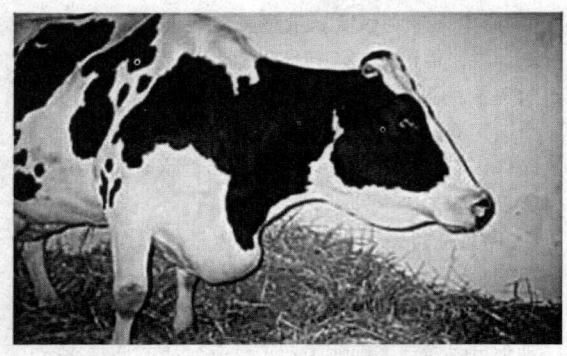

图5-12　牛地方性白血病
（由Sameeh M. Abutarbush博士提供）

牛。只有不到5%的BLV感染牛可出现淋巴肉瘤。散发和地方流行性淋巴肉瘤，都是屠宰时被废弃的主要原因。

【临床表现】　由于主要临床症状取决于患病器官，因此随着淋巴肉瘤的发生，临床症状差异非常大。

犊牛型淋巴肉瘤常见的特征是突然出现弥散性淋巴样增生，有时可累及内脏器官。均出现体重减轻、发热、心跳加快、呼吸困难、瘤胃臌气和后躯轻瘫。这种致死性牛淋巴肉瘤常伴有严重的淋巴细胞增多症（50 000个/μL以上）。胸腺型淋巴肉瘤可发生在颈部胸腺或胸廓内胸腺，也可同时出现在这两个部位。这种淋巴肉瘤的症状主要取决于肿瘤的位置和大小。颈部明显肿胀。也记载有呼吸困难、瘤胃臌气、颈静脉扩张、心跳加快、前躯水肿、发热。患病细胞群是一类分化不良的未成熟淋巴细胞。皮肤型淋巴肉瘤表现为在颈部、背部、臀部和大腿部出现皮肤斑块，直径1~5 cm。也可见有局部淋巴结肿大。这种淋巴肉瘤可自行消退，但也可出现复发。

【病理变化】　患BLV淋巴肉瘤牛常表现有中心和外周淋巴结病变，引起淋巴结病。真胃损伤可引起腹前疼痛、黑色粪便或真胃功能障碍的症状。硬膜外脊椎损伤的牛可出现后肢轻瘫，逐步发展为瘫痪。眼球后损伤可引起眼球前凸，造成暴露性角膜炎，最终导致眼球突出。右心房损伤可能比较轻微，临床上察觉不到，也可能引起心律失常、心杂音或心力衰竭。子宫损伤可导致繁殖障碍或流产。内脏器官的损伤主要累及脾脏、肝脏或肾脏和输尿管。起初脾脏损伤常不表现有症状，但是可导致脾脏破裂，造成腹腔积血。肝脏出现淋巴肉瘤通常也不表现有症状，但可导致黄疸和肝功能衰竭。肾脏和输尿管出现肉瘤可引起腹痛，随后发展为输尿管积水或肾盂积水，表现出与肾衰竭相关的临床症状。

淋巴肉瘤可表现为黄褐色、弥漫性结节状肿块或弥漫性的组织浸润。后者导致器官肿大、苍白，容易被误认为是退行性改变，而非肿瘤。在组织学上，肿瘤肿块是由致密的、单一形态的淋巴细胞组成。

【诊断】　由于淋巴肉瘤的临床表现多种多样，因此该病常出现在许多疾病的鉴别诊断表中。采用血清学和病毒学方法可以诊断病毒感染，采用血液学检验可以确定持续性淋巴细胞增生症，通过活体组织学检验可以鉴别赘生性肿瘤。BLV血清学或病毒学阳性可以确定有病毒感染，但并不一定有淋巴肉瘤。

血清学是诊断BLV感染最常用和最有效的方法。琼脂免疫扩散试验仍然是许多国家认可的进出境检验方法，而ELISA是应用最为广泛的常规诊断方法。由于犊牛在摄入BLV阳性牛初乳后，被动获得的母源抗体需要4~6个月才会衰退，因此采用血清学方法检测犊牛是不可靠的。检测外周血淋巴细胞中BLV感染时，PCR是一种敏感且特异的方法。该方法可检测感染牛淋巴细胞中BLV的前病毒DNA，也可用于从有母源抗体的阴性牛群中鉴别阳性牛。

淋巴肉瘤的诊断必须要采用细胞学或组织病理学检测方法。由于抽吸物样品中常出现血液污染，因此有时无法采用细胞学诊断方法。

【治疗与控制】　虽然经非胃肠道途径使用皮质类固醇，可暂时缓解临床症状的严重程度，但对于牛的病毒感染或淋巴肉瘤尚无治疗方法。美国虽然已经制定了根除计划，但效果并不佳，主要原因是与经济意义较大的疾病相比，该病在牛群中感染率高，费用很高。最常推荐的根除方案是：①用血清学试验鉴别感染牛；②立即淘汰血清学阳性牛；③在30~60 d内重复检测；④用PCR检测犊牛，并将其作为净化检测方法的补充，最终使得牛群的感染率降低。反复进行检测和淘汰，直至整个牛群全部为阴性，然后每6个月重复进行1次检测。若2年内没有检测到阳性牛，则该牛群可宣布为无病牛群。新引入牛应在到达前30 d和60 d进行2次检测，其结果均应为阴性，才能引进。

若检测和淘汰程序在经济上难以持续，则推荐采用检测和隔离的方法，但也极少采用这种方法。该程序需要2个完全隔离的牛场，还需要其他资源，如资金、时间和可用劳动力。

【预防】　预防程序的基础是避免将感染牛的血液输送给新生犊牛。通常提倡使用血清学检测为阴性母牛的初乳饲喂犊牛。然而，大多数流行病学证据表明，初乳抗体的保护作用要大于感染的风险，特别是在高流行率的牛群。也可考虑使用高质量代乳品代替全脂乳。绝对不应给犊牛饲喂血乳。

去角时应采用烧烙法或其他无血方法。如果打算将牛饲养至2岁以上，则不同牛使用的去势、烙印、打耳标或胚胎移植器具都应进行适当清洗和消毒。

无论套袖上有无可见的血液，都应使用新鲜干净的直肠检查袖套，也可使用一次性直肠检查袖套，这样可以减少疾病的传播。采用人工授精或胚胎移植技术（使用阴性受体牛）可以限制疾病的传播。在肉牛群中，使用阴性公牛配种可限制疾病的传播，但是自然交配并不是疾病传播的常见途径，除非种牛出现自伤。

无论牛的年龄大小，都应建议对接触血液或组织的器具进行消毒处理。采血或肌内注射时应使用一次性针头。虽然通过皮下接种传播BLV的风险较低，但免疫接种时最好使用一次性针头。沾污血液的装卸设备也应当彻底清洗。控制蝇类可减少虻叮咬传播疾病的风险。输血或含血疫苗，如巴贝斯原虫病和边虫病疫苗，是传播该病的有效途径，因此必须仔细筛选供血动物。

三、牛瘀点热

牛瘀点热（瘀斑热）是牛的一种以高热、出血和水肿为特征的立克次体病。已确认该病仅出现在海拔1500 m以上的肯尼亚和坦桑尼亚高地，但相似地势的周边国家也可能发生。牛瘀斑热的重要性，在于该病对东非高原地区奶牛业的发展造成威胁，但已有十多年未见有该病暴发的报道。

【病原与流行病学】　牛瘀斑热是由奥德埃利希体（*Ehrlichia ondiri*）引起，这是一种定居在循环淋巴细胞胞质液泡中的细胞内立克次体。试验感染牛、山羊、绵羊、羚羊、小羚羊和黑斑羚、汤姆森瞪羚和牛羚后，埃利希体可大量繁殖，因此埃利希体可能会感染大大多数家养和野生反刍动物。奥德埃利希体在野生反刍动物，尤其对羚羊，呈地方流行性，在树林边缘或灌木丛放牧的家养牛可出现零星感染。

该病被限制在灌木丛和森林周边，这些地方树荫较为阴暗、枯枝落叶层较厚，相对湿度很高，留存在此处的羚羊和小羚羊两种野生反刍动物是主要的放大宿主和贮存宿主。引进的种牛常年散发该病。其传播途径尚不清楚。与其他立克次体感染一样，怀疑节肢动物可能是传播媒介，但是大量试验发现，蜱、咬虫和螨都不会传播该病。

【发病机制】　该病的感染途径尚不清楚。但在患牛的循环粒细胞（中性粒细胞、嗜酸性粒细胞）和单核细胞中可见有奥德埃利希体，也可见于病死牛的脾脏内。电镜观察发现，奥德埃利希体可感染内皮细胞和枯否氏细胞，心脏毛细血管中可能不含奥德埃利希体。认为奥德埃利希体最初在脾脏内增殖，随后扩散到其他部位。与其他立克次氏体感染一样，血管内皮细胞损伤可导致出血和水肿。

【临床表现】　该病的特征是高波动热、精神沉郁、产奶量降低和广泛性黏膜瘀点。在4～14 d的潜伏期之后，患牛出现高热；持续2～3 d后，大多数牛出现反应迟钝，黏膜出现瘀斑，特别是在阴道黏膜和舌下表面。瘀点扩大数天后，可随着疾病的恢复消失。一些严重病例，可出现特征性结膜水肿和出血（"荷包蛋眼"）。结膜囊浮肿、眼球突出且外翻，眼房水中可见有血液。妊娠母牛可能因为高热而发生流产，无其他临床症状。进口牛或新引进牛，如未经治疗，死亡率可高达50%。有些动物，尤其是本地牛群和羚羊，康复后会成为潜伏性感染。患牛康复后，其抗试验性攻毒的免疫力可长达约2年。

【病理变化】　典型的可出现嗜酸性粒细胞和淋巴细胞显著减少，随后出现同样明显的中性粒细胞减少症。典型的后遗症是贫血，血液和脾脏涂片经姬姆萨染色后可见有病原体。尸检时黏膜和浆膜可见有广泛性出血和水肿，并伴有淋巴样增生。经常侵害的器官有心脏、消化道的前胃至结肠部分、肝脏、胆囊、肾脏和膀胱。水肿以肌间结缔组织、淋巴结和真胃内出现凝胶状液体为特征。未见有特征性组织学变化的描述，但可见有血管增生，伴随上皮细胞明显肿胀和单核细胞轻度浸润。

【诊断】　在该病呈地方流行性的地区，依据动物在森林周边区域的活动史，结合临床症状及尸检病变，可以作出初步诊断。确诊需要证实病原体的存在，可采用血液或脾脏涂片经姬姆萨染色后进行镜检，也可采用电镜观察。姬姆萨染色后奥德埃利希体呈蓝色，可呈小体（0.4 μm）、大体（1～2 μm）、大体和小体混合群、小体群或小体形成的桑椹胚样群。在细胞质液泡可见有病原，最常见于中性粒细胞内。也可将组织悬浮液（脾脏）接种于易感牛或绵羊。受检动物应该每日采血制备血涂片，连续10 d，这样才有可能在中性粒细胞中检测到奥德埃利希体。很难将牛瘀斑热与其他牛出血性疾病区分，如裂谷热、急性牛锥虫病［出血性活动锥虫（*Trypanosoma vivax*）］、急性泰勒虫病、心水病、出血性败血病与蕨中毒。

【治疗与控制】　二硫代缩氨基脲和四环素类药物，可有效治疗人工感染的早期病例，但对晚期病例无效。先前报道称二硫代缩氨基脲的效果更好。在该病流行地区，避免接触发生上述病例的地区可以预防该病的发生。但这种方法不一定可行。

四、山羊关节炎与脑炎

山羊关节炎与脑炎（caprine arthritis and encephalitis, CAE）病毒感染成年山羊，临床上主要表现为多发性滑膜炎-关节炎，山羔羊一般表现为渐进性瘫痪（脑白质脊髓炎）。该病毒感染也可能引起临床或亚临床型间歇性肺炎、顽固性乳房炎（硬乳房）和慢性消耗性疾病。但是大多数CAE感染呈亚临床型。CAE会降低奶山羊终生的生产能力，该病也严重影响北美地区山羊的出口。

大多数工业化国家的奶山羊普遍存在CAE病毒感染，发展中国家的本地山羊罕见有CAE病毒感染，除非接触过进口山羊。加拿大、挪威、瑞士、法国和美国等国，CAE的血清阳性率在65%以上。

【病原、流行病学与发病机制】 CAE病毒是一种有囊膜的单链RNA病毒，属于逆转录病毒科，慢病毒属。该病毒多个基因上有差别明显的毒株，其毒力也不同。

在自然状态下，CAE病毒具有宿主特异性，但绵羊也可能发生试验性感染。将新生绵羊与感染山羊长期混养一般不会引起感染或血清阳转，但是吮吸感染山羊奶的羔羊会发生血清阳转，并可发生CAE病毒的持续性感染。在羔羊关节处人工接种CAE病毒可发生关节炎、血清阳转和关节处病毒阳性。

奶山羊普遍存在CAE病毒感染，肉用山羊和毛用山羊不常见。这与遗传和饲养管理方式有关，如使用单个母羊给多个羔羊饲喂初乳和奶，以及工业化养殖（如羊群中频繁引入新动物）。随着年龄增长，山羊的感染率会升高，但是不受性别的影响。大多数山羊在年幼时就感染该病毒，终生都带毒，数月至数年后发病。

CAE传播的主要方式是通过羔羊吮吸感染山羊的初乳或奶。给羔羊饲喂混合的初乳或奶是非常危险的做法，因为感染病毒的少数山羊会将病毒扩播至大量羔羊。水平传播也可造成疾病在羊群内扩散，其他传播途径有直接接触、接触喂料位和饮水器上的污染物、在挤奶间摄食污染的奶、连续使用污染血液的针头或设备。试验研究表明，有在子宫内传播给胎儿、分娩过程感染羔羊、经配种或胚胎移植发生感染传播的可能性较小。

CAE的发病机制尚不完全清楚。初乳和奶中感染病毒的巨噬细胞，通过肠黏膜被完整吸收，随后感染通过单核细胞扩散到全身。病毒周期性复制和巨噬细胞成熟可诱导靶组织，如肺脏、滑膜、脉络丛和乳房，发生淋巴细胞增殖性损伤。CAE病毒能够以前病毒的形式隐藏在宿主细胞内，这促使CAE病毒在宿主体内持续感染。感染可诱导产生较强的体液免疫和细胞介导免疫反应，但两者都没有保护性作用。

【临床表现】 感染CAE病毒的山羊中，约有20%在其一生中可表现有临床症状。最常见的症状是多滑膜炎-关节炎，这在成年山羊中最常见，但也可见于6月龄的山羔羊。多滑膜炎-关节炎的临床表现包括关节囊膨胀和不同程度的跛行。最常见于腕关节。关节炎可急性发作或隐性发作，但临床病程是渐进性的。感染山羊体质下降，通常表现为脱毛。脑脊髓炎症状常见于2~4月龄山羔羊，但成年山羊和年龄较大的山羊也有脑脊髓炎的报道。患病山羔羊最初表现为虚弱、共济失调和后肢站立不稳。也常见有反射亢进和肌张力亢进。最后，临床症状发展为后肢轻瘫或四肢软弱和瘫痪。也可出现沉郁、头部歪斜、转圈运动、角弓反张、斜颈和划水样动作等临床症状。山羔羊感染CAE病毒引发的间质性肺炎几乎无任何临床症状。但有资料表明，CAE病毒感染血清学阳性的成年山羊，其慢性间质性肺炎可导致进行性呼吸困难。CAE病毒感染引起的"硬乳房"综合征以乳腺膨胀、坚硬以及分娩无乳为特征。乳质通常不受影响。尽管许多患有硬结性乳房炎的山羊，乳腺柔软，产奶量接近正常，但其产奶量仍然较低。

【病理变化】 CAE的病理变化通常表现为淋巴组织增生，并伴有退行性单核细胞浸润。关节病理变化以关节囊增厚和滑膜绒毛明显增生为特征。慢性病例中，关节囊、腱鞘和黏液囊常见有软组织钙化。严重病例可出现严重的软骨损伤、韧带和肌腱断裂、关节周围形成骨刺。关节的显微病变特征是滑膜细胞增生、滑膜下单核细胞浸溶、绒毛过度增生、滑膜水肿和滑膜坏死。神经型CAE的肉眼病变为颈部和腰椎骨脊髓段出现不对称分布的、颜色呈淡褐色的肿胀。病理组织学上这些病变以多点病灶、单核细胞炎症性浸润、不同程度的髓鞘脱失为特点。肉眼检查可见发病山羊肺脏坚实，呈暗红色，有许多小的白色病灶，但不会出现衰竭。支气管淋巴结常出现肿大。组织学的病变包括慢性间质性肺炎，肺泡隔、血管周围和支气管周围单核细胞浸润。随着乳房硬化，正常的乳腺组织被乳腺导管间质的单核细胞浸润代替。

【诊断】 根据临床症状与发病史可作出初步诊断。CAE病毒引起的关节炎应与创伤性关节炎和支原体（*Mycoplasma* spp.）感染引起的关节炎进行鉴别诊断。山羔羊进行性轻瘫和麻痹的鉴别诊断应包括：羔羊蹒跚病、脊髓脓肿、脑脊髓线虫病、脊髓创伤、先天性脊髓与脊柱异常。如果神经系统检查表明脑部有病变，应当考虑与脑灰质软化病、李斯特菌病、狂犬病进行鉴别诊断。山羊的肺型干酪样淋巴结炎的临床症状与成年山羊的肺型CAE相似。

CAE病毒的琼脂凝胶免疫扩散试验和ELISA都是非常可靠的，足以用于该病的控制计划。与ELISA相比，琼脂凝胶免疫扩散试验的特异性较高，但敏感性稍低。成年山羊出现阳性结果只能说明存在感染，但不能证实其临床症状是由CAE病毒引起。出生时发生感染的羔羊在4～10周后即可检测到抗体。但是90日龄以下羔羊出现阳性结果，通常表明初乳抗体的转移。由于感染后的血清转阳时间有差异，且有些山羊抗体滴度很低，无法检测到，因此出现阴性结果并不能完全排除CAE感染。在妊娠后期抗体滴度普遍较低。由于血清学试验具有局限性，因此在确诊山羊关节炎和脑炎的临床病例时，需要通过活体组织检查或尸体剖检发现有特征性病变来证实。进一步的确诊，可采用分离病毒或PCR方法，以证实组织中存在病毒抗原。

【治疗与控制】　对于CAE病毒感染引起的任何相关临床症状，都没有特殊的治疗措施。但辅助性疗法可能对个别山羊的病情有帮助。通过定期修脚、额外添加垫草、注射非类固醇消炎药（NSAID）如保泰松或阿司匹林，可以使患有多发性滑膜炎-关节炎山羊的病情得到改善。良好的护理，可使患脑脊髓炎的山羊维持数周时间。抗生疗法可治疗继发性细菌感染，避免CAE感染引起的间质性肺炎和硬结性乳房炎出现复杂化。给CAE阳性山羊饲喂高质量、易消化的饲草可以延缓衰竭综合征的发生。

对控制商品羊群的CAE，推荐采用以下1种或多种方法：①从分娩后就对羔羊采取永久隔离措施；②饲喂热处理的初乳（45℃ 60 min）和巴氏消毒奶；③定期对全群进行血清学检测（每半年1次），对血清学阳性和阴性山羊进行标记并采取隔离措施；④最后要淘汰血清学阳性的山羊。如果控制计划中的隔离羊群包括阳性山羊和阴性山羊，则两群之间的间距至少应为1.8 m，且应使用酚类或季铵盐类消毒药对公用设备进行消毒。

五、大肠埃希菌性败血症

大肠埃希菌（*Escherichia coli*）引起的败血症（败血性大肠埃希菌病、败血病）是犊牛的一种常见病，1周龄以下羔羊也较常见有该病。患病动物可呈急性败血症或慢性局部性菌血症。

【病原与流行病学】　该病是由特定血清型大肠埃希菌引起的，这类细菌拥有的毒力因子能够使其透过黏膜表面，引起菌血症和败血症。但是，造成该病的决定性因素是缺乏循环免疫球蛋白，这是由于初乳免疫球蛋白不能得以被动转运而造成的。只有缺乏免疫球蛋白的犊牛，才会发生因大肠埃希菌侵入而引起败血症。

大肠埃希菌性败血症可见于出生后第1周，最常见于2～5日龄。局部性慢性病例可见于2周龄。该病多呈散发性，奶犊牛比肉犊牛更常见。

【传播与发病机制】　细菌的侵袭主要通过鼻腔和口咽黏膜所致，但也可通过肠道或经由脐和脐静脉。强毒株感染后，可出现亚临床性菌血症期，随后快速发展为败血症，最后因内毒素休克而导致死亡。毒力稍弱的毒株造成的病程较长，并可见有局灶性感染、多发性关节炎、脑膜炎，有时可出现葡萄膜炎和肾炎症状。犊牛的获得性循环免疫球蛋白处于临界水平时，也可出现慢性病例。在出现菌血症的临床症状之前，鼻腔和口腔分泌物、尿液和粪便就已开始排出细菌。初次感染也可能是通过污染的环境而致。牛群内可通过鼻-鼻直接接触、尿液和呼吸道飞沫而传播，也见经由吮吸乳汁或接触粪而发生传播。

【临床表现与诊断】　急性病例的临床病程很短（3～8 h），临床症状与败血性休克的进程有关。发热不明显，直肠温度偏低。精神萎靡、厌食，随后出现沉郁、对外界的刺激反应迟钝、喜卧、嗜睡和昏迷。可见有心跳加速、血压下降和毛细血管再充盈时间延长。粪便松散呈黏液状，但无并发症病例不会出现严重腹泻。死亡率可接近100%。随着临床病程的延长，感染可能会出现局灶化。常出现多发性关节炎和脑膜炎；有时可见震颤、感觉过敏、角弓反张和抽搐，但更常见有昏睡和昏迷。

发病早期可见温和但明显的粒细胞增生症和中性粒细胞增生症，但晚期可见明显的白细胞减少症。关节液中含有大量炎性细胞和蛋白，脑脊液可出现细胞增多和蛋白浓度升高，光镜检查可明显见有细菌。有些不太常见的其他细菌，也可引起青年犊牛发生败血症，包括肠杆菌（*Enterobacteriaceae*）、链球菌（*Streptococcus* spp.）、巴氏杆菌（*Pasteurella* spp.）。在散发性病例比暴发病例更常见有这些细菌。所引起的临床症状相似，但可以通过细菌培养进行鉴别。与大肠埃希菌败血症一样，这些细菌感染的决定性因素，也是缺乏被动转移的初乳免疫球蛋白。

根据病史和临床表现、循环IgG含量极低，以及最终在血液或组织中检测到细菌，则可作出诊断。采用硫酸锌比浊法或总蛋白含量测定法，可以对IgG含量作出快速估算。

【治疗】　治疗该病需要积极使用抗生素。因为没有时间进行药敏试验，最初应当选择对革兰氏阴性菌效力强的杀菌药物。抗菌治疗应结合积极补液、药物和其他治疗内毒素性休克的措施。尽管采取积极治疗，死亡率仍然很高。

【防控】　从初乳中获得足够免疫球蛋白的犊牛，能够抵抗大肠埃希菌性败血症。因此，最主要的预防措施是良好的管理措施，以确保犊牛尽早获得充足初乳。应该监测饲喂初乳量是否充足，必要时采取改进措施。在北美的荷斯坦奶牛群，犊牛自然吮乳不能确保其血液中含有充足的免疫球蛋白，在犊牛出生后2 h内，应使用乳嘴瓶或导食管饲喂2~4 L首次挤出的初乳，其中至少应含100 mg的IgG；12 h后再饲喂1次。现场免疫测定有助于选择含足量免疫球蛋白水平的初乳。预防败血症需要的免疫球蛋白水平是比较低的，但高浓度的免疫球蛋白也很有意义，可以预防其他新生犊牛疾病。

当不能给新生牛犊提供天然初乳时，如在吸收期内及早喂含25 g IgG的初乳替代品，就可为预防该病提供足够的免疫球蛋白。对于尚未饲喂初乳、且又无法经肠道吸收免疫球蛋白的较大犊牛，经非肠道途径给予含4 g或最好8 g IgG的血浆，可以为其提供部分保护。使用小剂量超免血清，只有在其含有疾病相关血清型的特异性抗体时，才会有效。应加强犊牛区的卫生管理，在出生时对脐带进行消毒，可以降低早期感染的风险。为减少疾病的传播，舍内饲养的犊牛应分栏（避免互相接触）或分笼饲养。

六、克里米亚-刚果出血热

克里米亚-刚果出血热（crimean-congo hemorrhagic fever, CCHF）是人的一种严重出血性病毒病，可通过感染的蜱叮咬、接触感染野生动物或家畜的组织以及感染该病的病人而传播。

【病原与流行病学】 克里米亚-刚果出血热病毒（布尼亚病毒科，内罗病毒属）是一种有囊膜的、单股负链RNA病毒。据报道，该病毒分布范围广，从南非、穿过欧洲南部、欧洲大陆，到中国西部地区。该病毒主要与璃眼蜱属（*Hyalomma*）的蜱有关，但硬蜱科其他属的蜱也可分离到该病毒。该病毒在全球的分布情况与璃眼蜱属蜱的分布基本一致。近年来对其基因组的研究表明，该病毒存在明显的基因多样性，差不多与其地理来源相对应。然而，这种分型如出现异常，说明通过野生动物（如鸟）迁徙，或人为迁移家畜，造成宿主蜱的分散，可能扰乱了CCHF病毒亚群"正常的"地理分布。

【传播与发病机制】 随着宿主蜱由幼虫直接转变为成虫（经发育期传播），病毒可在其体内发生复制，病毒也可由一代蜱传播给下一代蜱（经卵传播）。因此，蜱不仅仅是该病毒的传播媒介，同时也是病毒垂直传播的储存宿主。小的啮齿动物、兔类动物和鸟类都可成为未成熟期蜱的感染源，但大多数璃眼蜱都是多宿主蜱，大型脊椎动物是其成虫期宿主。

【临床表现与诊断】 绵羊和牛人工接种病毒后，可发生感染，但仅出现短暂且轻微的体温升高，几乎没有临床症状。病毒血症水平较低，持续时间也较短暂，在病毒血症结束之后不久可以检测到抗体。一些试验（主要是IgG ELISA）能够在动物余生检测到抗体，而其他试验，如补体结合试验和间接荧光抗体试验，可在感染后短期内检测到抗体。在地方性流行区域，成年家畜的抗体阳性率可达到50%以上。

【治疗】 在南非，已经使用抗病毒药病毒唑来治疗人的感染，但安慰剂对照试验尚未完成。家畜不表现明显的临床症状，没有必要考虑治疗。

【防控】 人感染的控制措施包括，在屠宰动物或梳毛刷洗时，使用合适的防护措施和驱虫剂，以避免蜱叮咬。将新动物迁移到该病流行地区，可能会给病毒在脊椎动物体内扩增提供机会，也可增加屠宰和兽皮加工人员发生职业性感染的风险。在新动物与流行区畜群混养时，最重要的是控制蜱。在处理可疑病人时，医务人员应采取必要的隔离护理技术和全面的防护措施。

七、暂时热

暂时热（三日病）是牛和水牛的一种由昆虫传播的、非接触性病毒性疾病，多见于非洲、中东、澳大利亚、西亚（不包括巴布亚新几内亚和新西兰）以及苏联的亚洲南部地区。南非水牛、大羚羊、非洲大羚羊、牛羚和鹿可出现隐性感染，山羊也可能发生。已经报道在其他一些羚羊和长颈鹿体内，也检测到低水平的抗体，但其特异性尚未得到证实。

【病原与流行病学】 暂时热病毒被划分在弹状病毒科（单股负链RNA），暂时热病毒属。病毒对乙醚敏感，pH低于5或高于10时病毒容易失活。尽管没有证据表明病毒具有免疫原多样性，但通过系列单抗试验和抗原表位图谱表明抗原上有差异。

通过静脉接种，病毒可以由感染牛传播给易感牛；发热期采集的血液仅仅0.005 mL就具有感染性。虽然已经从野外采集的多种库蠓（*Culicoides*）、疟蚊和库蚊体内分离到该病毒，但其主要传播媒介尚未得到确认。通过接触或污染物不会发生传播。康复牛可获得终身免疫，体内不会长期存在病毒。

该病的流行性、地理分布和严重性每年都有所不同，呈周期性流行。在流行期间，发病迅速，许多动物在2~3周内发病。在热带地区的雨季和亚热带或温带地区的夏季到早秋（此时最适宜叮咬类蚊虫的繁殖），暂时热最为流行；冬季突然消失。病毒传播似乎受纬度所限制，而不受地势或易感宿主的限制。发病率可高达80%，总死亡率通常为1%~2%，但泌乳牛、体况良好的公牛和育肥牛死亡率较高（10%~30%）。

【临床表现】　临床症状会突然发生且严重程度不一，包括双相热到多相热（40～42℃）、战栗、食欲不振、流泪、浆液性流涕、流口水、心率加快、呼吸急促或呼吸困难、前胃弛缓、精神沉郁、僵硬和跛行，以及产奶量突然下降。水牛的临床症状一般比较轻。8 h到1周内，病牛可能出现躺卧和瘫痪。病牛恢复后，到下一个哺乳期之前，其产奶量都不能恢复到以前的正常水平。大约有5%奶牛在妊娠8～9个月时发生流产，且整个泌乳期都不产奶。该病毒不会经胎盘传播，也不影响母牛的受胎率。公牛、体重较大的牛和高产奶牛发病最严重，但通常可在几日之内自然痊愈。肌肉质量下降和公牛生产性能降低，可造成更大的隐性损失。

【病理变化】　暂时热是一种炎性疾病。最常见的病变是胸膜、心包和腹膜表面出现多发性浆膜炎，以及浆液纤维蛋白性滑膜炎、多发性关节炎、多发性腱炎、蜂窝组织炎及骨骼肌病灶性坏死。也可能出现全身性淋巴结水肿和肺脏水肿，以及肺脏扩张不全。

【诊断】　在该病流行地区，诊断几乎完全依靠临床症状。尽管这并不是该病所特有的，但所有的临床病例都会出现中性粒细胞增多，并含有许多不成熟白细胞，但这并非是特殊病症。在腱鞘、筋膜和关节出现浆液纤维蛋白性炎症，结合肺部病变，可确诊。

实验室确诊多采用血清学试验，很少采用病毒分离。应从发病牛群中采集患病牛和外表健康牛的血液，且样品量应足够制作2张自然干燥血涂片，5 mL（不含EDTA）抗凝血和大约10 mL血清。用血涂片进行白细胞分类计数，也可支持或推翻假设性诊断。

病毒分离的最好方法是通过将脱纤血接种于蚊子（白纹伊蚊，学名Aedes albopictus）细胞培养物，15 d后转移到仓鼠肾细胞（BHK-21）或绿猴肾细胞上培养。也可通过乳鼠脑内接种法进行初代分离。可采用PCR、特异性暂时热病毒血清中和试验以及特异性单克隆抗体ELISA试验，对分离病毒进行鉴定。检测抗体时，推荐使用中和试验和阻断ELISA，2种方法得到的结果基本一致。间隔2～3周采集的双份血清中，抗体滴度升高4倍，即可确诊。

【治疗与控制】　完全休息是最有效的治疗措施，恢复期动物应避免应激或劳役，以防疾病复发。发病早期使用消炎药，2～3 d后再次使用同等剂量，可有效治疗该病。应避免采用口服给药途径，除非吞咽反射仍起作用。低钙血症被认为是产乳热的症状。有必要使用抗生素药物来控制继发性感染，给动物补液可使用等渗溶液进行输液。

弱毒苗似乎非常有效，但只能用于该病流行地区。灭活疫苗不能为强毒株的人工接种提供长期保护，也不能维持长期免疫力，但可以激发活疫苗产生的免疫力。尽管有报道称，亚单位疫苗能够对田间和实验室攻毒动物提供保护，但尚未见有商品化疫苗。由于昆虫传播媒介尚未完全确认，因此控制传播媒介的效果依然未知。目前没有证据证实人能感染暂时热病毒。

八、心水病

心水病（考德里体病）是发生在花蜱属（Amblyomma）蜱寄生地区的反刍动物的一种传染性、非接触性立克次体病。这类地区包括撒哈拉沙漠以南的非洲、科摩罗群岛、桑给巴尔岛、马达加斯加岛、圣多美、留尼汪和毛里求斯。心水病已经传入加勒比海，在瓜德罗普岛和安提瓜岛，心水病及其传播媒介彩饰花蜱（A. variegatum）都呈地方性流行。尽管多次试图扑灭彩饰花蜱，但现已传播到其他几个岛屿，而立克次体没有扩散。彩饰花蜱可能传播到大陆地区，给南美洲北部到中美洲和美国南部的畜牧业区造成威胁。许多反刍动物都对该病易感，包括一些羚羊。在该病流行区，一些动物呈亚临床感染，成为储存宿主。地方品种的非洲牛（印度瘤牛，学名Bos indicus）比普通牛（B. taurus）的抵抗力似乎更强。

【病原与传播】　引起该病的病原是一种专性细胞内寄生虫，以前被称作反刍动物考德里氏体（Cowdria ruminantium）。通过分子生物学对立克次体目的几种病原体重新进行了分类，目前该病原被划分为反刍动物埃利希体（Ehrlichia ruminantium）。在自然条件下，反刍动物埃利希体经花蜱属蜱传播。这类三宿主蜱在其幼虫期或若虫期被感染，在随后的任一阶段传播病原（经期传播）。感染母蜱的子代很可能无感染性（没有明显的流行病学证据表明，该病可经卵传播），所以蜱群中的感染率相对较低。也可通过雄蜱发生经期传播，而且在该病流行地区，从母牛到犊牛（通过初乳）也可发生某种程度的垂直传播。

通过连续传代可以人工繁殖反刍动物埃利希体，既可通过给易感动物注射感染性血液，也可用饲喂感染性蜱的若虫或成虫的方法。采用组织培养方法也可培养该病原，最可靠的是内皮细胞，也可使用原代中性粒细胞和巨噬细胞系。室温条件下，感染性材料在几小时内就会失去感染性，但是加入适宜冷冻保护剂的病原体在液氮中可在多年内保持有活性。

心水病的免疫力主要是通过细胞介导。反刍动物埃利希体不同毒株（群）之间没有或仅有部分交叉保护力。大多数毒株对小鼠都有感染性，但不能用小鼠进行连续传代；有少数毒株经静脉接种后可对小鼠产生致病性。其中Kümm株甚至可以经小鼠腹膜内接种进行传代。分子生物学研究表明，传统的Kümm株是由两种完全不同的基因型组成的。

【临床表现、发病机制与病理变化】 最急性和急性病例的临床表现非常明显。最急性病例，发生高热后立即出现感觉过敏、流泪和抽搐。急性病例可表现出厌食和神经症状，如精神沉郁、四肢僵硬、过分眨眼和咀嚼。这两种类型的病例最终都以虚脱和抽搐为结局。偶尔会出现腹泻。亚急性病例的临床表现不显著，且中枢神经系统的症状时有时无。

反刍动物埃利希体最初在巨噬细胞内繁殖，随后侵入血管内皮细胞并发生增殖。在动物发热期或发热期之后短时间内，如将其血液接种给易感动物就会造成感染。临床症状和病理变化与血管内皮功能损伤有关，可导致血管渗透性增大，没有可见的组织学病变或超微结构病变。随着体液渗透到组织和体腔内，就可造成动脉压下降和全身性循环衰竭。最急性和急性病例的病理变化表现有胸腔积水、心包积水、肺脏和大脑出现水肿和充血、脾肿大、黏膜和浆膜表面出现瘀斑和瘀点，胃肠道，尤其是真胃，有时可见有出血。典型淡黄色渗出物中的大分子量蛋白质（包括纤维蛋白）含量非常高，以至于液体在接触空气后迅速凝结。

【诊断】 临床病例必须与许多传染病和非传染性疾病进行鉴别，尤其有明显神经系统症状的植物中毒病。在该病呈地方流行性的地区，急性病例的临床症状只能提示可能有病原，但确诊需要在毛细血管内皮细胞胞质发现有菌丛。传统上，采用大脑或小脑灰质压片，经罗曼诺夫斯基染液染色后进行检查。对于有经验的诊疗师，采用Diff-Quick染色或CAM-Quick染色已经足矣，但使用低浓度的姬姆萨染液反应30 min后，着色最佳，不同批次间的一致性也最好。自溶组织中的微生物会丧失着色力，使诊断变得困难。

制备"脑压片"时，将一小块脑灰质（大约3 mm×3 mm）浸渍置于两张载玻片之间，轻轻推动脑组织，而不是拉动，软化组织会像血涂片一样逐渐扩散开来。每次轻轻抬起散布载玻片大约5~10 mm，就能在另一张载玻片上产生厚厚的隆起，其中的毛细血管在压片薄层上呈平行竖直排列，比较容易检查。对压片中的所有毛细血管的内皮细胞，都应全面仔细检查是否有反刍动物埃利希体形成的黑紫色菌丛。必须依据可辨认的亚结构来确认菌丛，以便与其他吞噬物相鉴别；这种菌丛呈簇状，由单个颗粒组成。不同病例之间、同一病例的不同压片之间、甚至同一压片的不同菌丛之间，其颗粒大小都各不相同；但在一个特定菌丛中的颗粒大小通

常都比较一致。小菌丛中一般含有数量较少、但个体较大的颗粒；而大的菌丛一般都含有大量的、小菌丛。

采用免疫过氧化酶染色法，可以对任何福尔马林固定的组织样品进行确诊，即使是来源于自溶尸体的样品。比对鲜明的颜色使得查找并鉴别立克次体菌丛更加快捷，但是还需要确认菌丛的亚结构，才能作出确诊。由于该方法的性质，一些与立克次体非常相近的微生物也可能会造成假阳性反应。在脑组织压片中，牛羊亲衣原体（*Chlamydia pecorum*）可以与反刍动物埃利希体相混淆，但可通过组织病理学或免疫过氧化酶染色法进行鉴别。对于先前感染过该病的动物，如从亚临床或临床发病后康复的动物，采用血清学诊断方法依然存在问题。目前正在使用的几种检测方法，包括多种间接免疫荧光抗体技术和酶联免疫吸附试验。所有血清学方法都备受质疑，包括使用重组抗原的ELISA，原因在于许多埃利希体属或红孢子虫属（*Anaplasma*）中的一种微生物感染动物的血清，都会出现交叉反应（假阳性），而且实际上反复感染后的免疫牛，可能会出现血清学阴性（假阴性）。可以从科研机构获得DNA探针，与PCR技术一同使用。动物由流行地区迁移到无病地区必须开具许可证时，需要对动物样品进行检测，通常都采用pCS20探针与针对多个种16 S rRNA的探针相结合的方法。最近开始使用的另外一种方法是实时定量荧光PCR技术。

【治疗与控制】 尽管几年前基于Welgevonden株研发了一种安全有效的弱毒苗，但尚无商品化疫苗。实际上，目前还没有广泛有效且安全的反刍动物埃利希体疫苗。有些情况下，控制蜱的侵扰是一种有效的预防措施，但是在其他情况下维持这种状况非常困难且费用昂贵。然而，在该病流行地区，蜱数量过度减少可能会影响通过田间感染所维持的足够免疫力水平，有时可能会造成重大损失。南非仍在使用"感染与治疗"的免疫方法：用含有强毒病原的绵羊血液进行感染，随后进行直肠体温监测，出现发热后用抗生素进行治疗。在某些情况下，采取"控制性"感染后，进行预防性的"阻滞治疗"（易感的普通牛品种在第14 d、抵抗力较强的印度瘤牛在第16天、绵羊和山羊在第11天，但不记录体温）。在南非，在静脉感染的同时，在耳根部皮下脂肪垫内埋植强力霉素植入剂。青年犊牛（6~8周龄以下）和羔羊及山羔羊（1周龄以下）的抵抗力很强，在自然或人工感染后可自行痊愈。如果在这种幼龄阶段进行免疫，可以不采用阻滞疗法。

如在发病早期用10 mg/kg的土霉素或2 mg/kg的强

力霉素进行治疗，通常都可痊愈。治疗绵羊、山羊和易感牛时，需要的土霉素剂量更大（10～20 mg/kg），尤其在发热后期或出现其他临床症状之后才开始进行治疗时。在这些情况下，初次治疗应首选静脉注射途径给药。在高热减退之前需要进行第1和第3次注射，第2次给药也可采用肌内注射长效四环素的方法。用强力霉素及短效或长效土霉素治疗后，奶和肉的休药期必须遵守国家有关规定。已经将皮质类固醇作为辅助疗法（强的松龙，1 mg/kg），但是在治疗活动性传染病时，使用潜在免疫抑制药物的疗效及其基本原理仍然存在争议。

九、嗜组织菌病

嗜组织菌病（histophilosis）或睡眠嗜组织菌（*Histophilus somni*）相关疾病是北美牛的一种常见疾病。世界其他地方也有肉牛和奶牛零星发病的报道。睡眠嗜组织菌主要引起圈养牛发生急性，且常为致死性的败血症，该病可累及呼吸系统、心血管系统、骨骼肌系统、神经系统中的1个或几个。该病还可累及生殖系统，但不表现临床症状或其他系统症状，但已报道常见的是感染牛群发生不孕不育。

【病原与传播】 睡眠嗜组织菌（*H. somni*）是一种无运动力、无芽孢、无荚膜的革兰氏阴性多形球杆菌，培养时需要营养丰富的培养基和微需氧环境。由于大多数致病菌株可产生外毒素，因此在血琼脂上培养48 h内可出现溶血反应，可用于致病性菌株与非致病性菌株的鉴别。该菌的毒力因地域和宿主年龄不同而有很大差异。

睡眠嗜组织菌被认为是牛黏膜共生菌。在公牛的阴茎外皮和包皮，母牛的阴道，以及公母牛的鼻道内，均可发现致病性和非致病性的睡眠嗜组织菌。认为鼻腔分泌物和泌尿生殖道分泌物是该菌来源。推测细菌吸入后，定植于呼吸道内，并由此进入血流。定植于公牛和母牛生殖道内的病原体可经性交传播。

【流行病学】 与之前已断奶的大龄犊牛、1岁牛或成年牛相比，刚断奶犊牛发生嗜组织菌病感染和死亡的风险更高。这种圈养的"高风险"犊牛在育成阶段的早期，发生睡眠嗜组织菌感染的风险最高，转入育成舍后21～23 d，睡眠嗜组织菌的抗体效价达到峰值。尽管犊牛通常是在育成早期发生睡眠嗜组织菌感染，但是已经报道的死于嗜组织菌病犊牛，在育成期的平均时间为30～60 d。因超急性败血症而导致的猝死，常发生在转入育成舍后21 d内，但也可发生于整个育成期。个别肉牛、奶牛或牛群中的部分牛，也可出现繁殖系统疾病症状，包括颗粒状阴门阴道炎、流产和乳房炎。

【发病机制】 大多数嗜组织菌病都可能出现败血症。致病性睡眠嗜组织菌菌株可黏附于血管内皮上，导致血管收缩、胶原蛋白暴露、血小板黏附，并形成血栓。主要的发病机制可能与血栓形成有关，而并非曾经认为的血栓栓塞。有些菌株可黏附在胸膜、心肌、心包膜、滑膜或其他各种组织（如脑、咽喉）的血管内皮上，阻碍这些组织的血液供应，导致伴有组织破坏的梗死和坏死性死骨的形成。临床症状的发展与发生病变的器官系统范围有关。个体动物的易感性，以及菌株对不同组织血管的偏好性有差异，可能对不同型疾病的发展起重要作用，但还需进行广泛的研究。

睡眠嗜组织菌对不同器官系统有明显的亲嗜性，决定了嗜组织菌病的变化特征。本病最初主要表现为脑炎综合征，随后发展为一种以肋膜炎型和心肌炎型为主的病症。无对照观察的结果表明，该菌可能再次发生变化（如从局灶性发展为更广泛性的心肌炎）。针对该菌的最新微生物学检测结果，阐明了造成该菌具有不同毒力以及对治疗具有不同抵抗能力的各种机制。

生殖系统疾病与全身性感染无关；炎症反应似乎更呈局部性，但这种疾病的发病机制仍不确定。

【临床表现】 猝死一般是圈养牛群发生睡眠嗜组织菌感染的最初征兆，但常被饲养员误认为消化道紊乱，如瘤胃臌气。脑炎型嗜组织菌病最显著特征是出现明显的精神沉郁。其他症状取决于细菌侵袭器官系统的不同，可见呼吸急促、僵硬、肌无力、共济失调、跛行和严重的行为变化。发生胸膜炎型嗜组织菌病的牛，常未经任何治疗就已发生死亡；如存活，可表现呼吸极度困难。发生心肌炎的牛可表现运动耐受量极差，当试图驱赶到装卸设施处时，可发生衰竭和死亡。患脑炎型且出现早期沉郁的病牛，很快就会出现卧地不起，有时在死前可出现感觉过敏的症状。确诊为睡眠嗜组织菌病的病死牛，在死前14 d常有过对普通发热或沉郁的治疗史。

若仔细检查动物个体，通常可查出发热症状。可见非常明显的呼吸急促和（或）呼吸困难，通过听诊很容易确认。肺脏或心血管系统出现障碍引起的低血氧症，很容易与其他临床症状混淆，如沉郁、甚至失明。此时，采集未经治疗牛的血液样品进行检测，很大一部分病例都会呈睡眠嗜组织菌阳性。

【病理变化】 对可能死于嗜组织菌病的育肥舍饲牛应当进行尸体剖检，可能会发现一系列的大体病变，包括无支气管肺炎的纤维素性胸膜炎、局灶性心肌病变（多见于右心室的乳头状肌）、纤维素性心包炎、支气管肺炎、多发性关节炎和纤维性喉炎。不太常见的大体病变有多发性浆膜炎、纤维素性膝关节炎和纤维素性脓性脑膜炎。

若病牛存活的时间足够长，使得病变进一步发展，病变部位的纤维素部分就会发生纤维化，心脏中可出现梗塞或坏死，也可出现喉头液化以及隔膜脱落形成脓肿。生殖系统病变可能有化脓性阴道炎、子宫颈炎和子宫内膜炎。

【诊断】 通过临床症状检查或在尸体剖检时，对病变组织进行采样和检查，可以作出初步诊断。历来都采用从脑脊液、脑、血液、尿液、关节液或其他无菌的内脏或体液中分离睡眠嗜组织菌的方法，进行确诊。由于睡眠嗜组织菌是牛黏膜的共生菌，因此只有从呼吸道和泌尿生殖道分离到大量的或纯种的睡眠嗜组织菌，才能认为是致病病原。但这可能很难，因为抗菌药治疗常会干扰细菌的分离。特征性的病理组织学变化为细菌定殖的所有组织都会出现化脓，伴有大量中性粒细胞浸润。目前常使用分子生物学技术来进行诊断，如对经HE染色组织进行免疫组织化学染色，或对新鲜病变组织拭子进行特异性PCR检测。

【治疗与预防】 患嗜组织菌病的牛大多呈急性死亡，在感染早期难以发现，这使得实施有效的抗生素治疗非常困难。在发病早期，采用抗菌药治疗是最有效的方法。如果某头牛初步诊断为嗜组织菌病，首选的抗菌药是用氟苯尼考（20 mg/kg，肌内注射，48 h后再次注射；或40 mg/kg，一次性皮下注射）。

在牛转入育肥场时或出现病例时，使用长效抗菌药或在饲料中添加口服抗菌药添加剂进行预防性治疗或预防后治疗，是否能降低嗜组织菌病引起的死亡率，尚缺少足够的证据支持。与此形成对比的是，在体外试验中睡眠嗜组织菌对多种抗菌药敏感，如氟苯尼考、替米考星、托拉霉素、四环素、甲氧苄氨嘧啶–磺胺多辛、氟喹诺酮和头孢噻呋。有关该菌如何抵抗全身性抗菌药血药浓度的机制尚不完全清楚。

已经使用含有不同菌株的菌苗对牛进行免疫接种。使用1种商品化疫苗对牛进行首次免疫接种后，可产生很好的体液免疫，重复免疫后可进一步促进体液免疫。转群前进行首免的犊牛（估计2月龄大），在断奶后到转入育肥舍期间，进行二次免疫可产生记忆性应答。虽然已有报道，目前使用的疫苗和免疫制剂可以降低该病的发病率和死亡率，但是在免疫与感染同时发生时（如在转入育肥舍时），机体所产生的免疫力能否确实保护动物免受感染尚有质疑。

十、出血性败血症

出血性败血症（hemorrhagic septicemia，HS）是由特定血清型的多杀性巴氏杆菌（Pasteurella *multocida*）引起的一种急性、高度致死性败血症。该病主要发生于牛与水牛，水牛更易感染。不常见于猪，极少见于绵羊和山羊。此外，曾有北美野牛、骆驼、大象、马和驴感染的报道，有证据显示，牦牛也可感染。鹿、麋鹿，还有其他野生反刍动物，偶尔还可发生一种与出血性败血症很相似的急性巴氏杆菌病。实验兔和小鼠对试验性感染高度敏感。

出血性败血症是亚洲、非洲，以及南欧和中东一些国家牛和水牛的主要疾病。该病发病率和死亡率很高，可造成严重的经济损失。南亚和东南亚国家将其列为牛与水牛最重要的传染病。该病在全年的任何时候均可发生，但在雨季最为流行。在常用水牛栽培水稻的东南亚地区的河谷和三角洲地带，最常见有该病。北美唯一一次真正的暴发是在1965年，发生在黄石国家公园的北美野牛。中美洲和南美洲的发生情况尚未得到证实。

【病原】 流行性的出血性败血症是由多杀性巴氏杆菌血清型B：2和血清型E：2中的任何一种造成的。其中血清型E：2仅在非洲分离到，而血清型B：2可造成其他地区的流行，也可从埃及和苏丹的病牛中分离到。在抗原性上与B：2型密切相关的血清型，可造成鹿和麋鹿局限性暴发一种与出血性败血症不很相似的疾病。多杀性巴氏杆菌是一种胞外病原菌，主要为体液免疫。

【传播、流行病学与发病机制】 动物可通过直接接触或间接接触而感染。健康携带者或临床发病动物的鼻咽分泌物，被认为是感染性细菌的来源。在该病呈地方性流行的地区，有多达5%的牛与水牛可能是病原携带者。

通常认为，动物机体在多种应激因素作用下变得易感，如在雨季到来时牛与水牛出现营养不良等原因。通过采食或吸入而发生自然感染。感染后病原体最先在扁桃体内发生增殖。内毒素似乎是造成患畜表现出临床症状和死亡的主要毒力因子。易感动物可迅速出现败血症，在出现最初症状8～24 h后即可死亡。由出血性败血症病例分离的B型多杀性巴氏杆菌可产生透明质酸酶，而E型多杀性巴氏杆菌不会产生。这种酶在疾病发展过程中的意义尚不清楚。B型与E型菌株是否分泌外毒素尚未得到证实。

当无病地区或非流行地区引入该菌时，死亡率很高。在不同流行地区死亡率差异也很大。在东南亚地区的雨季造成的死亡率最高，认为这种细菌可在湿地和水中存活数小时、甚至数日，在此季节可发生广泛传播。

【临床表现】 大多数病例呈急性型或超急性型，在发病后8～24 h内就会死亡。由于病程太短，其临床症状很容易被忽视。患病动物最初表现为迟钝，随之出现不愿走动、发热、大量流涎和流浆液性鼻涕。常见有水肿性肿胀，从咽喉部开始，逐渐扩散到腮腺区、颈部、胸部和会阴部，黏膜充血。可见有呼吸窘迫，患畜通常在数小时内倒地死亡。个别病例可拖延数日。极少见有痊愈。似乎不存在慢性型。

【病理变化】　患畜最明显的病变是水肿、蜂窝织炎，广泛性出血和全身性充血。通常认为，患畜的出血症状是由内毒素诱导的凝血障碍，以及内皮细胞损伤造成的。大多数病例的头部、颈部和胸部出现水肿性肿胀，切开水肿部位可见有清亮或淡黄色的浆液。肌肉组织可见有水肿，以及全身浆膜下出现点状出血，具有一定特征性的病变。心包腔、胸腔和腹腔内常见有血丝。咽淋巴结和颈部淋巴结可见有特别明显的点状出血。偶尔可见胃肠炎；通常不会出现广泛性肺炎，这一点不同于肺炎性巴氏杆菌病。

【诊断】　一些特征性的流行病学资料和临床特征有助于出血性败血症的诊断。早先曾暴发过本病，以及对其进行免疫预防而失败的经历，对诊断本病也有特定意义，而散发的病例在临床上较难诊断。根据发病的季节性，病程短，发病率高，以及出现发热和水肿症状，可表明是典型的出血性败血症。特征性的病理变化可进一步支持诊断结果。尽管典型出血性败血症的暴发，从临床上很容易诊断，尤其是在流行地区，但也应注意与急性沙门氏菌病、炭疽、肺炎性巴氏杆菌病和牛瘟进行鉴别。

从出现典型症状牛的血液和重要器官中，分离到多杀性巴氏杆菌菌株可作出初步诊断，确诊有赖于鉴定这些菌株是否属于血清型B：2（或与其密切相关的血清型）或血清型E：2。虽然其他血清型菌株也可感染牛与水牛，但不出现典型的出血性败血症症状。在亚洲和非洲，使用抗B：2和E：2的特异性兔血清进行小鼠被动保护试验，来鉴定血清型。一些实验室也可采用其他更精确的试验方法，如间接凝集试验、协同凝集反应试验、对流免疫电泳试验和免疫扩散试验。

如动物尸体已经发生腐败，致病菌可能被大量增殖的其他细菌掩盖。此时，可以给小鼠或兔皮下注射少量血液和组织悬液，从而很容易分离到纯种或比较纯的巴氏杆菌。

血清学试验没有诊断价值。但是，在评估动物免疫状况时，间接凝集试验和小鼠被动保护试验很有参考价值。

【治疗与预防】　患病早期，用各种磺胺类药物、四环素类、青霉素进行治疗均有一定疗效。但由于该病病程短，且常无法接近动物，所以使用抗菌药治疗一般并不可行。然而，至关重要的是要使血液中的抗菌药物尽快达到杀菌浓度水平。因此，建议首次给药采用静脉注射方法，然后再采用皮下注射或肌内注射。虽然已有报道，一些多杀性巴氏杆菌菌株可出现多重耐药性问题，但尚未见有关于其血清型耐药性的报道。

预防该病的主要措施是免疫接种。常用的3种疫苗是普通菌苗、明矾沉淀菌苗和油佐剂菌苗。其中油佐剂菌苗效果最好，皮下注射1次可产生9～12月的保护力；每年应接种1次。明矾沉淀菌苗需每隔6个月接种1次。母源抗体可干扰犊牛的免疫效果。由于油佐剂疫苗难以注射，且组织偶尔会出现不良反应，因此未得到应用。东南亚地区正在使用一种由血清型B：3和4种鹿源血清型菌株制备的滴鼻用活苗，据报道很有效。尝试采用链霉素依赖性多杀性巴氏杆菌活菌苗，以激发长期免疫力，但接种牛与水牛的结果有一定差异。最近有一种B型弱毒活疫苗，经肌内注射接种牛后，可以对试验性攻毒产生足够的保护力。自然感染后的康复牛常可产生强大的免疫力，可以抵抗以后发生的同型菌株和其他型菌株的感染。

【人兽共患病风险】　目前还没有从人体中分离到可导致出血性败血症的多杀性巴氏杆菌血清型。然而，由于多杀性巴氏杆菌许多血清型存在感染人的可能性，所以应采取适当预防措施。

十一、恶性卡他热

恶性卡他热（malignant catarrhal fever，MCF）（恶性头卡他、牛恶性卡他热、卡他热、坏疽性鼻炎）是一种能呈现各种复杂病变的全身性传染病，主要感染反刍动物，猪很少感染。它是家牛、水牛、爪哇牛（爪哇野牛）、美洲野牛和鹿的一种常见疾病，除了这些家畜，在动物园内饲养的各种反刍动物也可发生。对于某些品种的动物，如北美野牛和一些鹿，恶性卡他热呈急性和高度致死性，可感染大量动物。当然也存在例外，如牛感染恶性卡他热常呈散发性，只感染个体。恶性卡他热通常是致命的，然而，在某些情况下，一些动物感染后，可能出现恢复的迹象，呈温和型或隐性感染。此病偶尔伴随严重脱毛和体重减轻的症状。恶性卡他热在全世界范围内均有发生，病原的主要携带者是家羊和牛羚。长期以来，它一直是鹿养殖业的主要障碍之一，最近几年，又对商品野牛产业构成了严重威胁。

【病原】　恶性卡他热病原是疱疹病毒属（*Rhadinovirus*）丙型疱疹病毒的一员，与反刍动物息息相关。在反刍动物相关疱疹病毒中，已知能引发恶性卡他热的成员大约有10种，而在自然状态下，仅知道少数的几种具有致病性。它们的传播载体及其病原分别是绵羊（绵羊疱疹病毒2型）、牛羚（狷羚疱疹病毒1型）和山羊（山羊疱疹病毒2型）。此外，还有1种未经鉴别的毒株，可诱导白尾鹿出现恶性卡他热。事实上，几乎所有的临床病例，都是由绵羊和牛羚所携带的病毒感染造成的。

绵羊和牛羚携带的病毒非常相似，但其生存模式存在差异。羊羔通常在1～2月龄时被感染，这是由于羊圈中的其他病羊通过空气传播病原而造成的，约6月龄大时开始向外界散播病毒，约10月龄大时，排毒量开始减少，成年羊的排毒量远少于青壮年羊的排毒量。然而与其不同的是，牛羚幼仔在围产期时，即通过水平传播、偶尔经子宫内传播而感染，3～4月龄大时就开始排毒。病原传播是通过直接接触，或通过不确定的空气传播途径而接触含有病毒的鼻分泌物而完成的。在非洲，牛羚在产犊阶段最易暴发恶性卡他热，而绵羊就并非如此，因为在它的胎盘组织或其分泌物中不存在病毒，产羔期间也不会经常性地向外界排毒。绵羊暴发恶性卡他热具有季节性，能够合理解释这种现象的原因是气候对病毒活力的影响，以及羔羊在不同年龄阶段排毒量的不同。山羊患恶性卡他热的流行病学特征与绵羊相似。

绵羊群暴发恶性卡他热的严重程度与下列因素有关：羊群数量，饲养密度，是否存在易感品种，接触的密切程度，散播到外界的病毒量。欧洲品种的牛（ Bos taurus ）对恶性卡他热病毒具有一定的抵抗力，所以通常只是个体感染。与此相反，爪哇牛、北美野牛和一些鹿科动物（如白尾鹿、麋鹿）高度易感。随着农业体系的发展，包括北美野牛和鹿养殖业的发展，恶性卡他热更加令人烦恼。在新西兰的鹿场中，它已成为造成损失最大的头号传染病；当北美野牛接触大量可排毒的青壮年羊时，可能出现毁灭性的损失，2003年在美国暴发的那次恶性卡他热，造成大约800头野牛死亡。

一些患病动物可能存活下来，但感染却终生存在；一些易感动物可能呈隐性感染。即使保证隐性感染病例未曾与病毒携带者有过接触，但它们仍常有复发情况的发生。

恶性卡他热只在携带者和临床易感动物之间传播。发病动物不能将MCF传播至同类动物群。

【临床表现】 绵羊疱疹病毒2型和狷羚疱疹病毒1型引发的急性恶性卡他热在临床上和病变上相似。病程可能由急性转为慢性，而呈急性感染的鹿常突然死亡，能够存活一段时间的鹿以及北美野牛，在死亡前常出现出血性腹泻，血尿，角膜混浊，高热（41～41.5℃）和沉郁。还可能出现的其他症状包括：卡他性炎症，上呼吸道、眼睛、口腔黏膜出现糜烂和黏脓性分泌物，淋巴结肿大，跛行，中枢神经症状

（抑郁、战栗、迟钝、昏睡、兴奋、惊厥）。过去，曾将恶性卡他热分为温和型、急性型、头和眼型、肠道型等，但这种分型缺少依据且用处不大。在疾病暴发过程中，存在于器官系统内的病原可能会发生变异，这在一定程度上会影响患病动物的存活时间，从总体水平来看，欧洲牛存活时间比鹿、北美野牛、水牛和爪哇牛更长一些。与鹿和北美野牛相比，患病的家牛更多会表现出淋巴结肿大和严重的眼部病变（全眼球炎、眼前房积脓、角膜糜烂），而出血性胃肠炎和膀胱炎较为少见。存活时间较长的牛还可见皮肤损伤（红疹、渗出、龟裂、形成结痂）。多达25%的患病家牛呈慢性疾病，有时也可能呈典型症状的全过程，临床上感染动物的死亡率通常接近95%。然而，在某些特定的情况下，感染牛的存活率可能会更高。

在某些情况下，山羊恶性卡他热病毒（山羊疱疹病毒2型）还可诱发白尾鹿和梅花鹿发病，它们由亚急性转为慢性，主要症状有体重下降、皮炎、脱毛，然而这种毒株是否还能引起其他物种发病就不得而知。

【病理变化】 恶性卡他热为全身性疾病，各器官均可能出现不同程度的病理损伤。主要病变有呼吸系统、消化系统或尿道黏膜上皮出现炎症和坏死，上皮下淋巴浸润，全身性淋巴增殖和坏死，广泛性血管炎；还有黏膜溃烂和出血。出血可见于许多实质器官，尤其是淋巴结。典型病变有肌小动脉呈纤维素性坏死，但这不足以确诊为恶性卡他热，其他所有类型的血管也可能出现炎症，包括脑内血管。突出的白色结节说明血管壁内和血管周增生严重，此现象在肾脏尤为明显。

【诊断】 根据临床症状、眼观与组织病变、实验室诊断，可对恶性卡他热作出诊断。这需要与牛病毒性腹泻/黏膜病、牛瘟、牛传染性鼻气管炎和东海岸热（泰勒虫病）作鉴别诊断，当伴有严重的神经症状时，恶性卡他热与狂犬病、蜱传播性脑炎症状较为相似。若发病动物与病原携带者（绵羊、山羊或牛羚）有过接触，这也将有助于诊断，但若没有接触过携带者，也存在复发的可能性。针对病原抗体和DNA，也可采用可靠的、特异性的实验室诊断方法，如选择PCR来检测病毒DNA，病料应选择抗凝血、肾脏、肠壁、淋巴结和脑。

血清学方法可用于检测正常动物，从而指示易感动物中是否存在隐性感染的病例，这是因为隐性感染可使发病动物血清出现特定变化。可用的血清学方法有病毒中和试验、免疫过氧化物酶试验、免疫荧光试验和酶联免疫吸附试验（ELISA）。由于多克隆抗体具

有交叉反应性，所以在检测中不常用，目前最常用的是单抗竞争性ELISA，它可用于检测所有已知恶性卡他热病毒株所诱导的抗体。若想要对不同的病毒株进行区分，只能采用PCR。

【治疗与控制】　恶性卡他热预后不良，目前尚无特效治疗方法，亚急性型或温和型病畜的抵抗力下降。此病无有效的疫苗。对于绵羊，可以通过早期断奶并隔离饲养，从而避免病毒感染。控制本病的另一有效措施，就是将易感动物和病原携带者隔离，如在育肥羊场地带，当存在大量的健壮羊向外排毒时，为了保护北美野牛等易感动物，就应将它们转移到远离羊场（超过1 km）的地方。

十二、内罗毕羊病

内罗毕羊病（nairobi sheep disease，NSD）是发生于绵羊和山羊的一种蜱传播病毒病，其特征为发热、出血性胃肠炎、流产、高死亡率。1910年在内罗毕和肯尼亚附近首次发现该病，1917年证明了内罗毕羊病病原是一种病毒。该病在肯尼亚、乌干达、坦桑尼亚、索马里、埃塞俄比亚、博茨瓦纳、莫桑比克和刚果共和国广泛流行。人类很少感染本病；然而，据报道，实验室工作人员中存在偶然感染的情况，表现出发热、关节疼痛和全身不适等症状。非洲野鼠（Arvicathus abysinicus nubilans）是本病潜在的储存宿主。本病在美国属于一种强制性上报疾病，且世界动物卫生组织（OIE）也将其列为必须上报疾病之一。

【病原与传播】　内罗毕羊病病毒（nairobi sheep disease virus，NSDV）属于布尼亚病毒科内罗病毒属，它可能是对绵羊和山羊致病性最强的病毒。它与甘贾姆病毒相同或密切相关，后者是出现在印度的一种能感染绵羊、山羊和人的蜱传播性病毒。基因数据和血清学数据显示，甘贾姆病毒是亚洲NSDV的一种变体，从系统发育角度来看，这2种病毒与哈扎拉病毒的关系，比与登革病毒的关系更加密切。此外，NSDV与道格比病毒存在血清学相关性，后者是牛的另一种蜱传播性病毒，能引起克罗米亚–刚果出血热。病原可经卵巢垂直传播，也可在生长发育过程中经一种棕色耳蜱–非洲扇头蜱（Rhipicephalus appendiculatus）传播，病毒在该蜱体内能存活800 d，处于饥饿状态的成年蜱在感染后，其传播病毒的时间可达2年以上。其他扇头蜱（Rhipicephalus spp.）和彩饰花蜱（Amblyomma variegatum）也可传播病毒。病毒可随尿液和粪便排出，但此病不会经接触传播。

【临床表现】　将易感动物转移到存在大量非洲扇头蜱侵袭的区域，5~6 d后常自然暴发该病。临床症状首先表现为体温急剧升高（41~42℃），持续1~7 d。发热期间还常伴随有白细胞减少症和病毒血症。出现发热症状1~3 d后常表现出腹泻症状，并随着病程发展逐渐恶化。特征性的临床症状有精神沉郁，厌食，流黏稠脓性的、带血丝的鼻液，恶性痢疾，且伴有排便疼痛。孕畜出现流产。对于极严重病例和急性病例来说，从开始表现出症状到死亡的时间间隔常为2~7 d，而病情稍微较轻的病例可能延长至11 d。试验感染本土的波斯肥尾羊和欧洲品种羊，结果显示它们易感性相似，然而，在自然状况下，本土品种羊的死亡率高达70%~90%，而外来品种羊和杂交羊的死亡率仅为30%。感染山羊的临床症状与绵羊的临床症状相似，但症状较轻，有报道称其死亡率可高达80%。从初乳获得的免疫力不仅能保护羔羊免受感染，而且可促进其主动免疫，确保其在蜱活跃区域能够存活。

【病理变化】　尸体外观检查的最显著特征是后肢处被粪便污染（或是血液和粪便混合污染）和脱水，尤其常见于那些持续腹泻的动物。其他常见症状还有结膜炎，由于出现流鼻液症状，在鼻孔周围还出现干硬的结痂物。尸体剖检可见的主要病理变化有淋巴结肿大、水肿，胃肠道（尤其真胃）、呼吸道、雌性生殖道出血，胆囊出血，脾出血，心脏出血。盲肠和结肠经常出现瘀点和瘀斑状出血，呈纵向条纹状，有时是仅有的显著病变。在盲肠、结肠、胆囊和肾脏还可能出现浆膜下出血。鼻孔周围还常见明显的干硬结节。常见的病理损伤有淋巴组织增生，心肌变性，肾病和胆囊的凝固性坏死。

【诊断】　若绵羊或山羊发生一种高死亡率，且伴随有蜱侵袭的疾病，就应该怀疑是否感染内罗毕羊病，尤其是当出现与流行地区相似的状况，或由于严重的强降雨而导致蜱数量激增时，更应如此。根据特征性症状和病变可作出初步诊断，确诊还需对病毒或病毒性抗原和抗体进行鉴定。采样时应选择发热动物的血浆、肠系膜淋巴结、脾和血清。在进行尸体剖检和在实验室进行病原操作时应使用个体防护装备。可通过小鼠接种和细胞培养对病毒进行原代分离。绵羊是用于分离病毒的最敏感动物，而幼小仓鼠肾细胞系、羔羊或仓鼠肾细胞培养物是用于分离的最敏感细胞。若要检测感染组织或组织培养物中的病毒，可选择琼脂凝胶免疫扩散试验、补体结合试验或酶联免疫吸附试验；若要检测病毒核酸，PCR是最快速的诊断方法；若要检测感染动物或康复动物中的抗体，可用免疫扩散试验、补体结合试验、间接荧光抗体试验、红细胞凝集试验或酶联免疫吸附试验。

本病应与牛瘟、小反刍兽疫、裂谷热、心水病、沙门氏菌病作鉴别诊断。

【治疗与控制】 本病尚无特效的抗病毒药物，只能对未感染动物进行灭蜱处理（如用拟除虫菊酯、氯氰菊酯涂擦动物，或各种浸泡杀虫工作）。若对蜱进行长期防控，其代价是巨大的。

在流行地区，通常不出现临床症状，只有当引入易感动物时，才会表现出来。所以当蜱的活动范围扩大时，就应该对一些易感动物接种疫苗。目前，已研制出2种试验性疫苗，一种是弱毒疫苗，它是经过在小鼠脑部的致弱作用而形成的，另一种是油佐剂灭活疫苗。接种单剂量弱毒疫苗后，机体可迅速产生免疫力，然而，为了维持较高的免疫力，还需重复接种。若接种灭活疫苗，需2倍剂量才能诱发机体产生良好的保护力。然而，这2种疫苗还均未上市。

十三、副结核

副结核（Paratuberculosis）（约翰氏病）是一种以肉芽肿性肠炎为特征的慢性传染病，牛感染后的特征症状有顽固性腹泻、渐进性消瘦、虚弱、终归死亡。OIE将其列为必须上报疫病之一，这意味着本病为国际贸易中重点关注的疾病。本病的病原是副结核分支杆菌（*Mycobacterium paratuberculosis*），也可称为鸟型结核分支杆菌（*Mycobacterium avium*），它除了感染牛，还可使其他反刍动物（如绵羊、山羊、骆驼、鹿）以及动物园和野外的动物感染发病；对于杂食动物和肉食动物，如野兔、狐狸、鼬鼠和非人灵长类也存在感染的情况。本病流行于世界各国，其中澳大利亚、挪威、冰岛、日本、荷兰、美国已经制定了针对本病的全国性控制方案。根据相关报道，奶牛的患病率最高，在许多主要的乳制品生产国，曾有20%～80%的奶牛群感染本病；而关于其他物种的患病率则缺乏报道。此外，本病还曾对西班牙的山羊业和澳大利亚的绵羊业造成极大的经济损失。

【病原与发病机制】 患病动物可从粪便中排出大量副结核分支杆菌（*M. paratuberculosis*），从初乳和常乳排出的相对较少。病原的抵抗力较强，可在牧场存活1年以上，在水中存活的时间会更长。本病常经粪口途径传播，而其感染剂量仍不清楚。对于未感染的群体，常在需要扩大或更新种群规模时，因购入亚临床感染的动物而被感染。

犊牛易感染本病，经常在刚出生后不久即感染，但由于病程发展缓慢，直到2岁后才会表现出临床症状。随着年龄增长，牛的抵抗力增强，所以成年牛一般不会感染。当犊牛吸吮被污染的乳头，采食被污染的奶、饲料和水，或在污染的环境舔舐整理被毛时，均可吞入病原体而感染本病，随着病程发展，可能会出现菌血症和子宫内感染。这种胞内寄生菌从小肠末端的集合淋巴结处侵入，感染胃肠道和胃肠道相关淋巴结中的巨噬细胞，其中有些动物可能会通过促进具有杀菌活性的巨噬细胞的免疫应答来清除病菌，但这种情况的发生机制还不清楚。在大多数情况下，病菌会增殖，最终引起慢性肉芽肿性肠炎，导致营养吸收和加工障碍，晚期还会出现特征性恶病质。这个过程可能需经历数月或数年，在此期间，还伴随有细胞免疫功能下降、血清抗体升高、病菌突破胃肠道屏障形成菌血症。感染动物在出现明显症状前就开始排菌，处于这个阶段的动物是重要的传染源。

【临床表现】 动物在感染早期无明显的临床症状，随后逐渐变得明显，牛在患病晚期主要表现为消瘦和腹泻。牛可能是持续性腹泻，也可能是间歇性腹泻，而山羊、绵羊和其他反刍动物无腹泻症状。典型症状是，牛腹泻时排泄的稀粪不夹杂血液、黏液和组织碎片，也不存在里急后重症状。数周或数月后，病情恶化，病牛变得更加消瘦，毛色也可能变淡，由于肠病变导致大量蛋白质丢失，还可能造成腹部和下颌部水肿。蛋白丢失也导致血浆中的总蛋白和白蛋白含量降低，而丙种球蛋白含量可能正常。奶山羊和奶牛的产奶量可能会下降或达不到预期水平。动物感染初期体温和食欲一般表现正常，渴感可能增加，此时应引起警惕。本病呈渐进性发展，终归会过度虚弱而死亡。对于一些感染的动物群，在最初几年内死亡率可能很低，但当50%的动物呈亚临床感染状态时，就会对其生产造成损失。绵羊和山羊的症状相似，通常不出现腹泻，严重患病动物可能易掉毛。对于鹿科动物（鹿和麋鹿），病程可能更短。

【病理变化】 患病动物病变表现多样，从无任何肉眼病变到肠壁变厚、起皱褶，且伴随有邻近的淋巴结水肿。通常，病理变化的严重程度与临床症状不存在相关性。尸体消瘦，在更为严重的病例中，还可能出现心包脂肪和肾周围脂肪的缺失。肠道病变常不明显，但小肠末端除外，此处的小肠壁会出现大面积增厚，黏膜虽不溃烂，但形成明显的横褶。病变也可能会向空肠和结肠扩展，出现显著的浆膜性淋巴管炎，以及肠系膜淋巴结和其他区域的淋巴结明显肿大。从组织学上来看，还发生弥散型的肉芽肿性肠炎，它是由上皮样巨噬细胞和巨细胞在肠道黏膜和黏膜下层逐渐积累而形成的，巨噬细胞内有抗酸性物质呈散在分布。通常，病理变化的严重程度与临床症状不存在相关性。绵羊、山羊和鹿的肠壁及淋巴结有时出现钙化，形成局限性的干酪样坏死。

【诊断】 市场上存在多种副结核检测方法，每一种都存在优缺点，且均具有独特的用途。有的方法可用于检测患畜排泄物和组织中的病原体（病菌培养，PCR），有的可用于证明存在抗感染的细胞免疫应答（皮内试验，γ干扰素试验），还有的可用于检测针对副结核分支杆菌的抗体（ELISA，琼脂凝胶免疫扩散试验），联合使用不同种方法可提高诊断的准确性。鉴于副结核分支杆菌感染的生物学特性，诊断时需要考虑到整个牛群，收集整个牛群的诊断信息，而并非是只针对单一患畜。与还未出现症状的患畜相比，已表现出症状的患畜，可提供更多的诊断信息（排出病菌，产生抗体）。尸体剖检，检查各组织的病理变化，对确诊具有重要意义。用抗酸染色法对病变组织进行染色，可检查到大量的抗酸细菌；然而，在某些情况下，即使你再仔细，也检查不到病菌。从出现典型病变的奶牛体内取出一段回肠组织，对其进行抗酸染色，可很快地作出初步诊断，且花费很少（虽然灵敏度有点低）。若要确诊，需取含菌量丰富的回肠和局部淋巴结组织，作全层的组织病理切片进行检查；然而，这种方法仅用于特别有价值的动物。副结核分支杆菌在多种组织中均可分离到，而在肠系膜和回盲肠淋巴结、回肠、肝的含量最多，所以经常选这些组织作为诊断样品。

血清学试验是用于死前诊断的快捷、廉价方法，对于临床上出现症状的动物，其灵敏度可达到85%以上；对于那些排出大量病菌的隐性感染病例，其灵敏度为45%左右。在血清学试验中，基于ELISA技术的血清学检测方法的敏感性和特异性是最高的，在感染动物群中也最为常用。使用ELISA定量试验对可疑牛群进行检测，从而捕杀或隔离患畜，这对控制本病的成本来讲是很划算的。ELISA更具有应用价值，就在于它检测显性感染和隐性感染患畜的准确性更高。依赖粪便病菌培养的检测方法，比血清学诊断方法的灵敏度和特异性还要高，但病菌培养过程较长（2~4个月），且费用更高。在检测动物群的感染状况时，可将数个粪便样品（如5个样品）混在1个培养皿中培养，这样可降低成本，但其敏感性有所下降。各个实验室在分离副结核分支杆菌的熟练程度上差别很大，下面介绍一些得到认可的实验室分离方法。绵羊感染的大多数菌株不在固体培养基上生长，可能需要用液体培养基分离。副结核分支杆菌的同位素标记DNA探针，如IS900，可用于检测培养的病菌，也可直接对采集的粪便进行检测。一些实验室报道称，PCR法的敏感性和特异性与粪便培养检测法几乎相当，且更加快速，但有些人不认同这种说法。PCR的费用昂贵，这也限制了它的应用。此外，PCR法与常用于牛群的其他检测方法一样，对不同种组织样品的检测结果可能是不一样的。

在基础研究中较为常用的还有细胞免疫试验，如

用副结核菌素做皮内试验、淋巴细胞转化试验和γ干扰素试验，但这些方法可能会对已感染动物产生副作用。最近副结核分支杆菌的基因组已被分析清楚，这为寻找新的诊断方法提供了契机。

采集粪便经抗酸染色进行镜检和静脉注射副结核菌素这2种检测方法，因敏感性和特异性低而不受欢迎。也有报道称，补体结合试验的精确性低于其他血清学试验。然而，现在很多国家仍用补体结合试验来检测进口的动物，由于在不同国家用于补体结合试验的试剂规格不同，所以检测结果缺少统一的标准。

【控制】 本病无特效的治疗方法，可通过搞好环境卫生和加强饲养管理来预防幼畜感染。当繁育犊牛、羔羊时，须远离被粪便污染的地方，若母牛菌检呈阳性，应立即将犊牛与母牛分离，人工喂养经灭菌的初乳或阴性牛的奶，并尽可能地将它们与其他成年牛及其粪便隔离，直至犊牛长到1岁以上。此期间可以给犊牛饲喂代乳品，不可喂被病菌污染的牛奶，除非这牛奶经灭菌处理。此外，制定并实施常规的检测程序可有效地控制本病。若动物群中发现有确诊病例，应对群体进行检测，确定感染率。为了减少损失，对检测呈阳性的动物，尤其是排菌量多的或ELISA结果呈强阳性的动物，应立即捕杀。往后每年对动物群至少做1次检测，直到感染率低于5%。本病也可经子宫传播，若防控措施较为严格的话，凡出现疾病症状的母牛所生产的犊牛均应淘汰。若需要引种，应确定引进动物所在的动物群呈全阴性，且在混群前必须对它们进行检测，确诊健康者方可混群。为了更好地控制本病，还可以采取更多常规措施，以减少排泄物对畜牧场的污染，如提高饲槽和水槽的位置，用管道替代池塘供水，经常清理经粪便污染的牧草。此外，建议牧场主对副结核病的防控应至少持续5年。

不同厂家生产的副结核分支杆菌疫苗制剂是不同的，在许多国家，本病疫苗的使用需得到相关监管机构的批准，且局限于高发动物群使用。对1月龄以下的犊牛接种疫苗可有效地降低牛群发病率，但不能阻止病菌的扩散和其他健康牛感染。因此，疫苗接种虽然重要，但也不能忽视搞好饲养管理和环境卫生的作用。在西班牙和澳大利亚的山羊养殖中，接种疫苗后提高了生产羊的寿命。牛接种油佐剂灭活疫苗后，在接种部位（胸部）会出现一直径为数厘米的肉芽肿，对以后进行的结核菌素试验可能呈阳性反应。然而，有时自体接种也可能会引起严重的急性反应，如瘫痪、慢性滑膜炎与肌腱炎。

【人兽共患病风险】 副结核分支杆菌与克罗恩病的致病原不完全相同，后者是由未知病因引起的人类

慢性肠炎。然而，使用PCR检测克罗恩病患者时，始终可检测出副结核分支杆菌。事实上，副结核分支杆菌的宿主范围很广，其中包括非人类灵长类。这表明在未搞清楚此病原的情况前，副结核病应以人兽共患病来对待。

十四、绵羊与山羊巴氏杆菌病

巴氏杆菌属（Pasteurella）和曼氏杆菌属（Mannheimia）病菌属巴氏杆菌科中的乙型溶血性球杆菌，革兰氏染色阴性，需氧，不能运动，无芽孢。这些病菌常寄生在哺乳动物的消化道、呼吸道和生殖道的黏膜表面，它们中的许多被认为是机会性继发感染原。一些种类的病原菌对特定的组织表面和宿主具有亲嗜性。根据最近更新的系统进化数据，使这些病原菌得以重新命名。溶血性巴氏杆菌（Pasteurella haemolytica）A型和T型被重新归类为溶血性曼氏杆菌（Mannheimia haemolytica）（A型）和海藻巴氏杆菌（Pasteurella trehalosi）（T型）。溶血性曼氏杆菌（M. haemolytica）和海藻巴氏杆菌（P. trehalosi）的每一种菌株均具有特定的生物型和血清型。A2型溶血性曼氏杆菌是最常见的菌株，它分离于患呼吸道型巴氏杆菌病的绵羊和山羊，据报道，在绵羊体内还可分离出A6、A13和Ant型菌株，在山羊体内可分离出Ant型菌株。A2型溶血性曼氏杆菌常报道于患乳房炎的绵羊。T3、T4和T10型海藻巴氏杆菌，通常还与羔羊呈全身感染或败血症形式的巴氏杆菌病有关。据报道，多杀性巴氏杆菌还是引起绵羊和山羊感染肺炎性巴氏杆菌病的病因。

【病原与发病机制】 溶血性曼氏杆菌和海藻巴氏杆菌呈全球性分布，它们常引起各个年龄段的绵羊和山羊发病，但在不同区域和动物群中流行的血清型不同。溶血性曼氏杆菌、海藻巴氏杆菌和多杀性巴氏杆菌是健康绵羊和山羊的扁桃体和鼻咽部常见的共生微生物。在多种应激因素的共同作用下，如高温、过度拥挤、暴露于恶劣天气、通风不良、对动物进行操作处理、运输绵羊和山羊的过程中易受呼吸道病毒感染，这些病原菌就会趁机引起动物感染发病。副流感病毒3型、腺病毒6型、呼吸性合胞体病毒，可能还有牛腺病毒2型、绵羊腺病毒1型和5型和呼肠孤病毒1型引起的原发性呼吸道感染，很少能够危及生命，但易导致溶血性曼氏杆菌的继发感染。据报道，绵羊肺炎支原体（Mycoplasma ovipneumoniae）和副百日咳博德特氏菌（Bordetella parapertussis）引起的呼吸道感染也与溶血性曼氏杆菌的继发感染有关。通常认为，在应激因素和原发性感染的共同作用下，破坏了下呼吸道黏膜屏障的完整性，从而引起溶血性曼氏杆菌的入侵、增殖，并导致显著的组织损伤。

溶血性曼氏杆菌和海藻巴氏杆菌的毒力由内毒素、白细胞毒素和荚膜多糖等因子的活性来进行调节，这些因子可以使病菌压倒宿主的免疫力。白细胞毒素具有特别重要的致病作用，它对反刍动物的白细胞具有特异性的毒力，可导致机体肺部和胸膜表面出现纤维素沉积。脂多糖内毒素可对肺脏造成毒害作用，并导致全身循环衰竭和休克。荚膜多糖可阻止病菌被吞噬，并帮助病菌依附于肺泡上皮细胞表面。肺炎性巴氏杆菌的急性病例能否存活，有赖于其肺部和下呼吸道的损伤程度。痊愈的绵羊和山羊可能存在长期的呼吸问题，如果超过20%的肺受到损伤，其肺容量和体重增长率将会降低。

【临床表现与病理变化】 海藻巴氏杆菌主要是引起2月龄以下的绵羊羔出现败血症和全身性的巴氏杆菌病，其诱导的特征症状是发热、精神萎靡、食欲不振和羔羊突然死亡。一般认为病原菌是由扁桃体转移到肺，并进入血液，从而导致败血症，以及1个或多个组织的局部感染，如关节、乳房、脑膜或肺脏。

【诊断】 巴氏杆菌病的死亡率高且死亡发展迅速，据此可将其和其他诱因的呼吸道疾病进行区分。根据尸体剖检、大体病变和组织病变，以及对多种组织进行病菌分离，可诊断出肺炎性和败血症性的巴氏杆菌病。病理变化包括皮下出血，舌头、咽、食管出现上皮坏死，偶尔真胃和小肠也见上皮坏死，扁桃体和咽后淋巴结肿大，肺和肝脏出现急性、多病灶性、栓塞性、坏死性的病变。

【治疗】 溶血性曼氏杆菌和海藻巴氏杆菌对抗菌药物具有较高的敏感性，其中阿莫西林-克拉维酸、头孢噻呋和氟苯尼考具有良好的疗效，而5%的菌株可能对四环素具有抗药性。环丙沙星似乎很有效，但在美国禁止滥用。由于本病可迅速发展为肺部损伤并释放内毒素，所以治疗通常是无效的，除非在发病早期就开始进行治疗。静脉输液和使用消炎药对抗生素疗法具有重要的辅助作用。尽管败血症性巴氏杆菌病具有很高的药物敏感性，但进行针对性治疗的效果往往不佳。使用抗生素对高危羔羊进行预防可能是有益的。

【预防】 考虑到治疗成本、损失、存活动物的体重增长减缓等因素，应该对巴氏杆菌病进行预防。市售疫苗对牛有效，但遗憾的是它仅对A1型溶血性曼氏杆菌具有特异性保护作用，在试验中它对A2型溶血性曼氏杆菌具有很小、甚至没有交叉保护作用。英国存在可用的A2型溶血性曼氏杆菌市售疫苗，据报道，它对败血症性和肺炎性巴氏杆菌有效，能够降低这些病菌造成的死亡损伤和体重增长减缓。美国没有可用的市售疫苗，养殖主可对羊群使用自家疫苗。为了减少呼吸性巴氏杆菌病，期望通过一种疫苗接种程序来预防呼吸道病毒，但没有可用于绵羊和山羊的疫苗。在本病高发的几个月内，在饲料中添加以四环素为主的抗生素进行预防是一种常见的管理措施。同时还要考虑应避免或减少已知的应激因素，如高温、过度拥挤、暴露于恶劣天气、通风不良、处置和运输动物。

十五、小反刍兽疫

小反刍兽疫（peste des petits ruminants，PPR）是发生于山羊和绵羊的一种急性或亚急性病毒病，其特征症状是发热、口腔糜烂、肠胃炎和肺炎。该病于1942年首次报道于科特迪瓦，随后塞内加尔、加纳、多哥、贝宁和尼日利亚均有报道。绵羊和山羊对本病的易感性几乎相当，但绵羊可能对其临床的抵抗力稍微强些。血清流行病学调查显示，山羊比绵羊的流行率更高，这可能反映了山羊的感染死亡率更高这一事实。牛感染本病后只是呈亚临床经过，人不会感染本病。

【病原与流行病学】　小反刍兽疫病毒为副黏病毒科麻疹病毒属的成员，对胃肠道和呼吸道的淋巴组织和上皮组织具有很强的亲嗜性，可导致这些组织出现特征性病变。

小反刍兽疫在非洲西部、中部、北部和东部，中东地区，以及东至孟加拉国的印度次大陆均有分布，病毒仍在这两个大陆板块中不断传播。最近该病毒已穿过阿富汗传播到了中亚（乌兹别克斯坦、塔吉克斯坦和土库曼斯坦），且有一部分病毒现在已传播到中国西藏。在非洲，人们对阻止病毒扩散的屏障机制缺乏了解，且病毒由苏丹和埃塞俄比亚向南扩散的屏障已被打破，最近肯尼亚和乌干达均感染了本病。现在非洲北部的摩洛哥也存在本病。

牛瘟在全球范围内根除已成事实，且认识到牛瘟是从不会发生于小反刍兽的常见病。现在人们越来越认识到小反刍兽疫病毒，可能会在小反刍兽中引发严重流行甚至大流行的可能。

本病在地方性流行中，可能会导致乡村中感染的山羊或绵羊全部淘汰。小反刍兽疫在不同地方呈现出不同的流行形式；已怀疑是病毒的不同毒力水平导致了不同的严重程度，这种情况可发生于同一个感染国家。

【传播】　本病经亲密接触传播，所以圈养似乎更易暴发本病。患病动物的分泌物和排泄物是本病的传染源。通常认为小反刍兽疫不需要传播载体，然而，感染动物在潜伏期可能会传播病原。根据畜牧生产体系的报告来看，城市中的散养山羊似乎可促进病毒的持续存在。许多实例表明，牲畜交易商与该病的传播有关，宗教节日需要大量动物，也会增加这种感染动物的交易量。

小羚羊、大羚羊和白尾鹿等物种很易感染本病，它们和其他野生反刍动物可能促进了本病的流行，但很少或没有数据表明，该病可感染野生的小反刍兽。猪是该病的终端宿主，它不会再传播给敏感的猪或山羊，因此猪不可能对本病的流行造成影响。尽管牛和水牛对本病易感，但它们在自然或试验感染后不表现出临床症状，也不向敏感动物传播该病。

【临床表现】　小反刍兽疫急性病例的体温急剧上升，高达40～41.3℃；患病动物表现不适，焦躁不安，被毛暗淡无光，口鼻干燥，黏膜充血和食欲减退；患病早期流大量鼻液，稍后，流出带有腐臭气味的脓性黏稠鼻液。本病的潜伏期通常为4～5d。鼻腔底部的黏膜可能出现小范围的坏死；结膜常充血，内眦可能形成少量的结痂，有些患畜还可能出现严重的卡他性结膜炎，导致上下眼睑黏在一起；坏疽性口腔炎可波及到下唇、下齿龈和切齿齿龈，更为严重的病例还可见坏死病灶波及牙龈、腭、颊部及其乳头、舌等处；后期出现严重腹泻，伴随有严重脱水和消瘦，常在5～10d后，患畜的体温降低，随后死亡。疾病后期还出现以咳嗽为特征的支气管肺炎。孕畜感染可能造成流产。幼年动物发病率和死亡率均高于成年动物。

【病理变化】　可见尸体消瘦、出现结膜炎和口腔炎，在下唇及其邻近牙龈处、颊部结合处、舌底面也可观察到坏疽性病变；严重病例的坏死病变可蔓延到硬腭和咽部。病变常呈浅表坏死，创面呈红色，逐渐变为粉红色、白色，它们由正常上皮组织包围着，边缘分界非常清晰；瘤胃、网胃和瓣胃很少出现病变，真胃则出现糜烂病灶，其创面呈红色，且可见有血液渗出。

与口腔、真胃、大肠相比，小肠出现严重病理变化的情况较为少见，在十二指肠的第一段和回肠末端，可能会存在条形出血斑，偶尔也出现糜烂；肠道黏膜集合淋巴结损伤严重，淋巴组织也可能出现坏死性斑块。大肠常表现出较为严重的病变，在回盲瓣附近、盲结肠交界以及直肠均见有损伤，大肠的黏膜皱褶处还出现充血条带，呈特征性的斑马样出血条纹。

鼻甲、喉头、气管处可能有出血点；表现有支气管肺炎的患畜，在肺部可能出现斑块结节。

【诊断】　根据本病的临床表现、病理变化与流行病学可作出初步诊断，确诊需做病毒的分离鉴定。在局部地区，使用琼脂凝胶电泳、免疫扩散试验和小反刍兽疫常规试验即可提供足够信息，以完成报告需求。然而，由于病毒分离较为困难且耗时，所以常将免疫捕获ELISA试验和RT-PCR作为参考试验技术。采集样品时选择抗凝血、淋巴结、扁桃体、脾和双肺。当检测到幸存动物体内的病毒中和抗体滴度上升时，具有示病意义。应将该病与下列疾病作鉴别诊断，包括其他急性胃肠道感染性疾病（如牛瘟），呼吸道感染性疾病（如山羊传染性胸膜肺炎），和其他一些疾病，如传染性脓疱、心水病、球虫病和矿物质中毒等。

【控制】 当怀疑有小反刍兽疫流行时，当地和联邦有关部门应加以警惕。在尚未发生过该病的国家，一经发现病例，应立即扑杀。本病无特效的治疗方法，但针对细菌和寄生虫并发症进行治疗，可降低感染山羊群或绵羊群的死亡率。目前已制备出一种弱毒疫苗，其毒株是经山羊胚胎肾细胞培养致弱的，在自然状况下，接种此疫苗所产生的保护力可达1年以上。接种牛瘟弱毒疫苗，也可成功地建立起免疫力以防控本病，但由于牛瘟在全球已被消除，使用这种疫苗将造成牛瘟病毒在重新出现时不易被发现，或可能使人们误解牛瘟病毒又重新暴发。现在由同源的小反刍兽疫病毒制成的疫苗，已广泛应用于本病的防控。

十六、裂谷热

裂谷热（rift valley fever，RVF）是一种呈急性或亚急性的人兽共患病，非洲的反刍动物也曾感染本病，最近在阿拉伯半岛也有流行。该病无特定症状，所以很难根据个别病例就作出诊断。本病的流行特征是妊娠动物大量出现流产，新生动物死亡率升高，同时人类伴随感染流感样疾病。

【病原与流行病学】 裂谷热病毒（rift valley fever virus，RVFV）属于白蛉热病毒属，是一种典型的布尼亚病毒。病毒基因组由3段单链负义RNA片段组成，分子量为 $(4～6)×10^6$，RNA片段可分为L（大）、M（中）、S（小）3段，在病毒粒子内，它们分别有单独的核衣壳包被。对从不同国家分离的裂谷热毒株进行鉴定，发现它们的抗原性无显著的差异，但致病性存在差异。本病流行于热带地区，主要在非洲的东部和南部，然而，在2000年有报道称，沙特阿拉伯和也门两个国家也暴发了本病；本病在干旱地区的流行周期为5～20年，这通常受强降雨异常天气的影响；在疾病流行期间，寄生在曼氏伊蚊（*Aedes mcintoshi*）（雨季大量繁殖的蚊子）卵内的病毒呈休眠状态，多分布于荒芜草原的干燥土壤内；一般认为此病毒经蚊卵传播，从而完成其生存周期，但在林缘栖息地，也存在本病的无规律流行；本病可能经蚊媒传播，或通过引进患病毒血症的动物而传播；当雨季到来时，感

染病毒的蚊子发育成熟，并感染反刍动物，从而扩大了传播；病毒不仅经各种蚊子传播，在不同地区也可经特定的昆虫传播，夏末时其感染率达到高峰；经第一次霜冻后，该病逐渐消退，其传播载体也消失了。然而，若在暖和的环境内，昆虫载体将继续存活，如果这样，其季节性就不明显了。

人类也对本病易感，如在高湿度的环境内，感染动物排出的病毒呈雾状分布，人类可经吸入而感染，或接触感染动物的组织、死胎而感染，也可经蚊子叮咬而感染，在实验操作过程中也可感染。此外，未感染区动物也存在感染的风险（蚊子传播）。

【临床表现】 羔羊发病的潜伏期为12～36 h，体温可能升高到41℃，呈双向热型；病羊精神沉郁，不愿走动，厌食，部分羊出现腹痛症状；羔羊常在2 d内死亡，成年羊可能急性死亡，也可能表现为隐性感染；病牛通常出现反刍增多，排腥臭稀粪，黄疸等症状；有时，本病可能仅表现出流产症状。不同羊场暴发本病时，其妊娠母羊的死亡率和流产率差别很大，从5%到将近100%不等；而妊娠牛的死亡率和流产率常低于10%。

【病理变化】 不同动物的肝脏病变基本相同，但不同年龄动物的病变程度存在差异，以流产胎儿的病变最为严重；新生羔羊的肝脏呈中度或高度肿大，质地柔软、易碎，表面有不规则充血斑；肝实质中存在大量灰白色的坏死灶，但看上去可能不是很明显；胆囊壁和真胃黏膜常出血、水肿，小肠内容物呈黑巧克力色。在所有患病动物中，脾和外周淋巴结肿大、水肿，部分还有出血点。人类感染裂谷热后，常呈隐性经过，或表现出中度到重度的流感样病状，通常不会导致人死亡，而少数严重患者可导致眼部病变，脑炎和严重的出血性肝炎。

【诊断】 在出现严重的暴雨天后，若反刍动物出现大批流产和新生幼畜的大量死亡，剖检可见特征性的坏死性肝炎，与发病动物及其产品接触的人，表现出血病变和流感样疾病时，可怀疑为裂谷热；从病理组织学特征来看，羔羊的肝脏出现弥散性严重病变。该病毒可很容易地从流产胎儿组织和患病动物血液中分离。由于这些组织中的病毒效价很高，所以可直接用组织悬液作为中和试验、补体结合试验、ELISA试验、琼脂凝胶扩散试验或组织涂片染色快速诊断用的病毒抗原；然而，还需对通过脑内接种乳鼠或仓鼠分离的病毒，或经幼仓鼠肾细胞（baby hamster kidney，BHK21）、猴肾细胞（Vero）、CER和蚊子细胞等细胞系培养后分离的病毒进行检测，作为辅助诊断方法。用PCR检测病毒核酸的方法也是可行的，已存在2例用RT-PCR对裂谷热作出诊断的报道。

所有的常规血清学试验，均可用于检测抗裂谷热病毒抗体和流行病学调查，然而，在一些地区，进行血清学检测时，可能会出现裂谷热病毒和其他白蛉热病毒属成员交叉感染的情况，所以还需用ELISA试验，检测单一血清样品中的IgM是否呈阳性，从而确认感染情况。

【防控】　控制传播媒介，将畜群转到高海拔地区放牧，或限制畜群中昆虫数量等措施，往往不能及时控制病情，作用不大，因此不适用。预防畜群发生本病的唯一有效方法是免疫接种。目前，可以大规模生产RFV病毒小鼠神经适应性毒株（Smithburn株），且费用不高，动物接种此疫苗毒株6～7 d后即产生长久的免疫力。通常不可给孕畜接种这种疫苗，因为它可引起流产、胎儿先天性缺陷、羊膜水肿。所以在暴发本病时，对孕畜接种一定要谨慎，如果接种此弱毒苗，造成的不良反应可能比自然感染造成的损伤更大。目前这种疫苗弱毒株还没有出现毒力返强的现象，但理论上存在这种风险；之前还把一种自然突变株和一种诱导突变株看做潜在疫苗株，并对其加以研究，但最后它们仍没取代此弱毒株。裂谷热常发病突然，难以预测，因此，羔羊应在6月龄时进行定期接种，以获得终生免疫力。此外，由易感母羊产下的羔羊也具有终生免疫力。在未发生过本病的国家，不建议使用弱毒疫苗；另外，DNA亚单位疫苗的研制正在进行，这也将为本病的防控提供更好的选择。

妊娠羊与牛应选择接种福尔马林灭活苗，通常在一免3个月后，需再加强免疫1次，这样免疫力可持续1年左右，并且可通过初乳将免疫力传给后代。

【人兽共患病风险】　从事畜牧业的人员在接触患病动物及其组织时，应该引起警惕，以防感染本病。

十七、牛瘟

在历史上，牛瘟病毒曾广泛肆虐欧洲、亚洲和非洲地区，但在北美、中美洲、加勒比海群岛、南美、澳大利亚和新西兰等地从未发生。直到20世纪末，牛瘟还在非洲一些国家和小亚细亚地区流行，但现在似乎已在全球范围内消除。联合国粮食及农业组织（FAO）、牛瘟受灾严重国家的兽医领导官员和牛瘟国际专家制定了一项全球消灭牛瘟的策略，最终发展为全球消灭牛瘟计划（GREP）。从GREP的报告情况来看，自从2001年起就不存在关于牛瘟确诊病例的报道。

世界动物卫生组织（OIE）基于历史依据（从未感染过本病的国家；或在25年内未出现过牛瘟病例且没使用过牛瘟疫苗），或对于最近流行过牛瘟的国家，根据其疾病搜索、疾病报告和未接种疫苗动物的血清流行病学等信息，寻找该国符合条件的证据，从而公布免受牛瘟感染的成员国名单，以促进GREP的实现。现在大多数曾感染过牛瘟的国家均达到了这一状态。OIE的目标是在2010年正式宣布世界上消除牛瘟。鉴于这个原因，在此对该病以及控制该病的方法作一阐述。

牛瘟是偶蹄动物的一种传染病，其特征是发热、坏死性口腔炎、肠胃炎、淋巴坏死，死亡率高，它是牛病中毁灭性最大的一种传染性疫病。在生产实践中该病毒通过在家牛、水牛和牦牛中传播而持续存活，但所有成年偶蹄动物存在不同程度的易感性。在所有感染牛中，普通牛品种比肉牛品种的临床症状更严重。在南亚地区，小反刍兽疫和牛瘟并存，不能正确地对两者作出鉴别诊断的情况也常见，经常将患小反刍兽疫的山羊或绵羊误诊为牛瘟。然而，在某些情况下小反刍兽感染牛瘟后可能无临床症状，只是作为病毒载体在其流行病学中起重要作用。一些猪品种和多种野生偶蹄兽通过与感染的牛科动物接触也可感染牛瘟。

【病原与发病机制】　本病病原与导致小反刍兽疫、犬瘟热和麻疹的病原密切相关，均属于麻疹病毒属。不同的牛瘟毒株，在感染宿主和毒力方面，可能存在显著差异。除了疫苗株，还鉴别出了3种独特的系统发育株（1种亚洲株和2种非洲株）。但采集痊愈的或接种疫苗的牛血清，进行中和试验检测时，发现这些毒株具有交叉反应性。本病毒对环境敏感，在光和加热条件下很快死亡，但在冷冻的组织内可长期存活。

动物刚感染牛瘟时，只在鼻腔分泌物中存在少量病毒，1～2 d后，开始发热；在出现症状的第1周内，患畜分泌物和排泄物中的病毒含量很高，但随着机体内抗体的产生，其含量迅速下降，且体况开始恢复。本病通过直接或间接接触传播，可经呼吸道感染，不需要传播载体，病毒可通过在易感动物中持续传播来维持生存。在流行地区，当犊牛的母源抗体消失，且还未接种疫苗时，就变得易感，同时也可诱发绵羊、山羊和野生草食动物流行本病；此病毒在易感动物中最为流行，当患病机体大量死亡后，它也将慢慢消退。

牛瘟病毒最先在鼻咽部淋巴结内生长，然后进入淋巴组织内增殖，并通过血液循环到达胃肠道和上呼吸道黏膜。它可引起细胞病变，并造成组织损伤；机体感染后可出现强烈的免疫反应，从而起到保护作用，若组织损伤不太严重，也可能痊愈。

【临床表现】　潜伏期为3～15 d，然后出现发热、厌食、精神沉郁症状。1~2 d后，眼鼻分泌物也增多；齿龈、颊黏膜、舌头出现针尖状坏死病变，在2~3 d内，可发展为干酪样斑块；软腭和硬腭部位也常受到损伤；眼鼻流出黏脓性分泌物，口角干裂；最后，出现水样腹泻，并混有血液、黏液、黏膜碎片，患畜表现出剧烈的腹痛、干渴、呼吸困难，也可能因脱水而死亡。本病常需很长时间才能恢复，有时也可因免疫低下而发生混合感染。疫区的发病率可达100%，死亡率在90%以上；而在普通发病地区，发病率低且症状轻微。

【病理变化】 胃肠道和上呼吸道有严重的病理变化，可见坏死、烂斑、充血、出血，其中直肠出现典型的"斑马样"出血条纹；淋巴结肿大、水肿，肠道黏膜集合淋巴结有白色坏死灶；组织学检查可见淋巴样坏死和上皮坏死，并常见病毒合胞体、胞浆内包含体和核内包含体。

【诊断】 若某地区曾暴发过本病，且已被实验室确诊，那么此后根据其临床症状和病理变化即可作出诊断；但在非流行地区，就必须进行实验室检验，注意该病与牛病毒性腹泻、东海岸热、口蹄疫、牛传染性鼻气管炎和恶性卡他热的鉴别诊断，尤其是牛病毒性腹泻。本病的标准检测方法是分离病毒，并用免疫扩散试验检测感染组织中的特定病毒抗原成分；但在扑灭牛瘟行动的最后阶段，则更倾向于采用一些更简单、更快速、特异性更强的检测方法，如免疫捕获ELISA和RT-PCR。RT-PCR技术能够对病毒的系统进化进行分析，且在新疫情暴发时可帮助追溯病毒的起源。在扑灭牛瘟行动的后期阶段，生产实践中使用的一种简单的现场检测侧流装置（免疫层析快速诊断试纸条）也是有效的。

在正式通告牛瘟被扑灭之前，应对所有患腐蚀性口腔炎的敏感动物做牛瘟病毒检测。采集试验样本时应该选择处于临床早期的动物，最好是在出现腹泻症状之前。采集它们的全血、淋巴组织、脾和病变肠组织时应进行无菌操作，并立即转到4℃下保存或用冰块冷冻。

【控制】 动物感染牛瘟时，一般不允许治疗，而应立即扑杀。但对于一些珍贵动物，可采取输液与抗生素疗法进行护理，以促进患病动物的痊愈。通常情况下，接种疫苗可获得终生免疫力，而母源性免疫力仅持续6~11个月。为了控制本病，应对疫区内的所有家牛和1岁以上驯养水牛接种弱毒疫苗；若暴发本病时，应采取加强隔离检疫，大范围接种疫苗，甚至扑杀等措施加以控制。在流行地区，扑灭本病的最好方法是加强检疫和扑杀感染及可能感染的动物。加强动物的流通管理对本病的控制也非常重要，本病的多次暴发，都是由于将感染牛引入未感染牛群中而引起的。

十八、蜱媒热

蜱媒热（tickborne fever，TBF）（牧场热）是欧洲温带地区的反刍动物出现的一种发热性疾病，不论是家养的，还是野生的反刍动物均可感染。本病流行于英国、爱尔兰、挪威、芬兰、荷兰、奥地利和西班牙，常感染绵羊和牛。本病由蓖子硬蜱（*Ixodes ricinus*）传播；在印度和南非还曾报道过一种相类似的疾病，由其他蜱传播。本病主要感染绵羊和牛，但山羊和鹿也易感。

【病原】 本病病原属于立克次体目（*Rickettsiales*），无形体科（*Anaplasmataceae*），嗜吞噬细胞无形体属（*Anaplasma phagocytophilum*）成员，其中包含有先前已知的诱发粒细胞瘤的病原：嗜吞噬埃利希体（*Ehrlichia phagocytophila*）、马埃利希体（*Ehrlichia equi*），以及诱发人粒细胞埃利希体病的病原。

此病原可按一定方式感染嗜酸性粒细胞、中性粒细胞和单核细胞。制作血涂片，进行姬姆萨染色，检测发现胞质内容物呈灰蓝色，且含有数量不等的立克次体颗粒，其大小、形状各异。这些呈不同形态的物质不是处于不同发育阶段的病原体，而是像衣原体那样，在胞浆空泡内簇集的立克次体团块。

本病经蓖子硬蜱（*I. ricinus*）传播。感染的成蜱和幼蜱均可传播病原，但它似乎不经卵传播，所以雌蜱不可将病原传给幼蜱。蓖子硬蜱在等待新宿主时，即使1年不进食，也可保持存活；且幼蜱一旦感染，就终身保持感染性，即使经过长期的冬眠也不例外，这使得立克次体在蜱体内可长期存活。若给动物注入感染病原的血液，该动物就会感染本病，这种情况表明，本病可经昆虫叮咬传播。此外，如果在印度和南非暴发类似的传染病，确实是由嗜吞噬细胞无形体引起的，那么这种病原很可能由其他蜱传播。

【临床表现】 若经蜱叮咬感染，潜伏期为5~14 d；若经输血感染，潜伏期为2~6 d。绵羊感染后，体温会突然升高（40.5~42.0℃），且持续4~10 d；通常还表现出精神萎顿、呼吸频率和脉搏加快、咳嗽，有的患羊还见体重下降，其他症状不明显或无。

牛感染本病称为牧场热，它流行于欧洲许多地区，如芬兰、挪威、奥地利、西班牙、瑞士。当春天和初夏季节到来时，奶牛会到牧场上吃草，这时会出现季节性的小规模流行。奶牛感染本病后，几日之内就会表现出精神迟钝、抑郁、体重和产奶量明显下降；患牛还常出现呼吸困难、咳嗽。此外，与自繁自养的奶牛相比，新引进奶牛的症状更严重，持续时间更长。通常情况下，若产奶量出现大幅度的下降，就应该考虑是否感染了本病。

母羊和母牛在妊娠后期对本病易感，若把它们赶到含感染蜱的草场上放牧，就很容易引起流产。孕畜常在出现发热症状后的2～8 d内发生流产，但很少出现死亡；感染的公羊和公牛的精液质量可能大大下降。患病动物表现的临诊反应存在差异，这可能与不同嗜吞噬细胞无形体株的毒力及宿主易感性有关。

蜱媒热对机体的体液免疫和细胞免疫防御功能造成极大的损伤，这可能是其致病的最主要原因，它能够降低患畜的免疫力，从而引发继发感染，如蜱媒脓血症、巴氏杆菌病、脑脊髓炎和李斯杆菌病等。

【病理变化】 蜱媒热的特征病变是出现短暂且显著的血液学变化。不论是自然感染还是经人工感染，患畜在感染的最初2～4 d内，均出现轻度的中性粒细胞增多症，但随后淋巴细胞和中性粒细胞开始减少，并表现出严重的白细胞减少症；其中淋巴细胞减少症仅持续4～6 d，而中性粒细胞减少症呈渐进性发展，10 d左右达到高峰。采用单克隆抗体法检测不同淋巴细胞亚群的表面标志，发现T、B淋巴细胞数量均减少；循环血液中的嗜酸性粒细胞数量也有所下降，且持续时间多达2周；待发热期过后，单核细胞的数量可升高。通常情况下，粒细胞在菌血症整个时期均受到感染，而单核细胞主要是在菌血症后期受到感染。在发病高峰期，循环血液中可能会有90%以上的中性粒细胞和嗜酸性粒细胞受到损伤。据报道，在发热期间，血液中的血小板数量也会下降，患畜偶尔表现出的出血综合征就可能与此有关。

【诊断】 根据本病多发生在春夏季节，绵羊到蜱活跃的牧场吃草，病羊会出现高热、血液学变化、粒细胞包含体等症状，或使用PCR技术检测特定的DNA，从而对本病作出诊断。若在血涂片上难以检测到包含体时，PCR和其他分子生物学方法将非常有用，尤其是在原发性菌血症的晚期阶段和持续性感染阶段。通常只有在蜱活跃区产下的羔羊或新引进的成年羊会表现出临床症状。血涂片中的典型包含体或PCR检测特定DNA表明，本病可导致患畜出现脓血症和流产症状，尤其是妊娠母羊由无蜱区转到蜱活跃区时更易发生流产。此外，用间接荧光免疫试验或ELISA可检测到抗体滴度升高，这可再次证实是蜱媒热感染。

奶牛感染本病后，主要临床表现有流产和产奶量突然下降。当牛群到蜱活跃的牧场放牧时，感染牛还常见有呼吸疾病等临床症状。当牛群在引入蜱活跃的牧场后，突然出现流产和死胎症状时，尤其是初产母牛，就必须考虑是否感染本病。因此，在本病呈地方性流行的地区，如果畜群进入牧场后，突然出现流产或产奶量骤降时，就必须对所有患畜做血涂片检测，以检测是否存在病原体。

【治疗与控制】 治疗本病，首选药物是速效土霉素，若使用青霉素、链霉素、氨苄青霉素等治疗，会存在复发的可能性，磺胺二甲嘧啶也可用于治疗。如果奶牛刚感染没几日，就用土霉素进行治疗，患畜会很快退热，产奶量也将恢复。

控制本病需从以下3个方面入手：控制传播媒介，药物预防，提高机体免疫力。在没有蜱活动的低洼地区放牧牛羊，或用杀虫剂除蜱，这些方法均可有效地消灭蜱，或显著减少蜱的数量。在绵羊的生产实践中，为了防止蜱感染羔羊，常圈起一片地方，专门用于饲养母羊和羔羊，直到羔羊达到6周龄左右，这也使得羔羊能从母羊获得足够多的营养。生产中对1～2周龄的羔羊进行药浴杀虫的情况不多见，这是因为牧场范围太大，难以将羔羊聚在一起；药浴后，母羊可能会无法识别自己的羔羊；由于羊毛的阻挡作用以及羔羊快速生长，杀蜱效果维持的时间不长。然而，已经报道，若在羔羊由哺育舍转到山地牧场前，用药浴或涂擦皮肤的方法进行2次杀蜱处理，间隔为2～3周，可有效控制蜱的数量。切记不可将妊娠动物转入有感染蜱活动的牧场。

在流行地区，可用长效四环素来预防本病。若易感动物由无病区转到易感染区时，就有必要进行药浴处理，同时使用长效土霉素进行药物预防，尤其是妊娠牛羊更应如此。2～3周龄的羔羊经过这一疗法后，将能够产生3周的保护力，继发感染其他疾病的可能性也大大降低，如蜱媒脓血症、巴氏杆菌病、大肠埃希菌病等；此外，还可能使羔羊生长速率升高。

关于本病免疫力的一些问题仍存在争议，但普遍认为，经历过1～2次蜱媒热临诊症状的痊愈牛羊可产生免疫力，且免疫力可能持续数月，但当动物离开蜱感染区时，免疫力就会迅速衰退。此外，由于不同的嗜吞噬细胞无形体之间存在不同程度的交叉保护性，残余免疫力的存在常使得继发感染很轻微。目前，针对本病无有效的疫苗，然而，可采用下面这一做法预防本病。在将易感动物转到蜱感染区之前，先对其进行人工感染，随后在发热症状发生前，或发生后立即进行土霉素治疗；此做法是在可控的条件下，使病原体在体内增殖，从而诱导保护性免疫反应，这个过程中可能表现暂时的菌血症。人工感染时必须用特定的病原体，这是因为不是所有的嗜吞噬细胞无形体都存在交叉保护性。

十九、蜱媒脓血症

蜱媒脓血症多发生于2～12周龄的羔羊,特征症状有虚弱无力、严重跛行、瘫痪。患羊畜关节部位常见脓毒血症性脓肿,同时全身其他各器官也可发生。本病可造成羔羊的衰弱和死亡,常造成相当大的经济损失。本病广泛流行于美国和爱尔兰的许多地区,此地区存在大量的蓖子硬蜱(Ixodes ricinus),由于欧洲其他地区也存在这种蜱,所以也可能流行这种疾病。

【病原】 蜱媒脓血症的主要致病原是金黄色葡萄球菌(Staphylococcus aureus),在浅表和深层病变组织中均可分离出该病原,且很少见其他细菌。金黄色葡萄球菌可通过多种途径进入循环血液,如经蜱叮咬直接注入,经浅表伤口或感染的脐带侵入。然而,有临床和试验资料表明,蓖子硬蜱不仅仅是作为葡萄球菌侵入血液的传播载体,更为重要的是,它还能够携带立克次体目嗜吞噬细胞无形体属病原(Anaplasma phagocytophilum),后者可引起蜱媒热,从而为脓毒血症的发展创造条件;羔羊感染蜱媒热后,出现严重的白细胞减少症,导致其外周中性粒细胞不能有效地吞噬和杀死金黄色葡萄球菌。试验研究已表明,感染蜱媒热的羔羊,处于中性白细胞减少期时对试验性感染更易感,可能会有高达30%的羔羊受到感染。

本病的流行与蓖子硬蜱的生物学特性密切相关,它仅流行于该蜱活动的地区,且多在适合蜱增殖和活动的季节暴发。

【临床表现】 患羊畜的多个部位均出现脓肿病变,但主要见于关节、腱鞘和肌肉,这导致羔羊出现跛行症状,因此常称它们为"残疾羔羊"。在一些暴发的疫情中,可能会有30%以上的羔羊受到感染,它们常表现出迟钝、跛行、体况下降;若关节处没有病变,而是出现内部脓肿,那么可能不出现以上症状;然而,若病变影响到中枢神经系统,则可能会出现共济失调、截瘫和其他神经症状。这种致残性疾病通常可持续数日或数周,有时也可能发展为急性败血症。偶尔,有的患羊畜还可能由于内部的脓肿病变而突然死亡,而不表现出任何可见症状。患病羔羊的死亡率可能达到50%,耐受过的羔羊需很长时间才可恢复。

【病理变化】 脓肿病变除了发生在关节和其他浅层结构外,也常见于肝、肺、肾等器官;有时也可出现在脑脊髓膜、心包膜和心肌膜;而在隔膜、胸腺和肾上腺很少发生。在炎症部位还经常发现有蜱黏附。

【诊断】 根据患病史和临床症状,可怀疑为本病。它的流行学特性受蜱活动的制约,即多发生于蜱活跃的区域和季节,若在羊群中的感染羔羊或成年羊的血涂片中检测到嗜吞噬细胞无形体,可对本病作出初步诊断。若在病变组织还可分离到金黄色葡萄球菌,同时没有其他细菌,即可确诊为本病。然而,根据患羊畜体况下降,不愿走动,且无跛行症状,则难以对本病作出正确诊断;急性败血病变也不能作为其特征性临床病变。蜱媒脓血症还易与其他新生幼畜的化脓性疾病混淆,如由化脓隐秘杆菌(Arcanobacterium pyogenes)和链球菌引起的新生幼畜败血症和关节疾病。

【治疗与控制】 可使用青霉素或四环素治疗本病,能有效地遏制病情恶化。

灭蜱是控制本病的最有效方法。在羔羊出生后的头几周内,需要在无蜱的低地牧场对母羊和羔羊单独饲养;母羊在产前需做药浴灭蜱处理;对羔羊进行药浴或涂擦灭虫处理。据报道,羔羊由哺乳区转到山地牧场之前,经溴氰菊酯或其他灭蜱药物涂擦后,可有效降低蜱的数量。

在蜱活跃季节,使用长效土霉素对初生羔羊进行药物预防,有助于蜱媒热和蜱媒脓血症的防制。羔羊达到3周龄时,一次性注射双倍剂量的长效土霉素,然后将其转到有蜱感染的牧场,这样做不仅可大大降低其感染率和死亡率,而且其生长速度和其他方面均有所增加。使用长效抗生素对3周龄的羔羊实施药物预防,可防治蜱媒热的发展,避免出现发热和免疫抑制症状,从而能够减少蜱媒脓血症与由巴氏杆菌和大肠埃希菌等病原造成的感染。当然,使用抗生素可能会抑制羔羊产生抗蜱媒热的免疫力,但随着其生长,它对蜱媒脓血症的敏感性降低,这时即使感染了蜱媒热,症状也会变得轻微。此外,若在羔羊被转到牧场前,对其进行人工感染蜱媒热,然后用土霉素治疗,这样可使它们具有一定免疫力;然而,某些不同的嗜吞噬细胞无形体之间无交叉免疫保护,所以必须选用当地流行菌株进行感染。

二十、韦塞尔斯布朗病

韦塞尔斯布朗病是由虫媒黄病毒引起的绵羊、牛和山羊的一种急性传染病。本病很常见,但一般不出现临床症状。新生羔绵羊的死亡率可达到27%,新生羔山羊的死亡率达到18%;成年动物通常呈亚临床感染,但也出现严重的肝脏病变;有时还可引起母羊流产,流产胎儿出现中枢神经系统先天性畸形和关节弯曲。人感染后,出现非致命的流感样疾病。

【病原与流行病学】 本病病原是一种黄病毒成员,其典型特征是可引起红细胞凝聚,其他特征还不是很清楚。目前,在非洲一些国家的脊椎动物和节肢动物体内已分离到了这种病毒,且血清学调查显示,本病在其他地区也有发生。本病的流行与伊蚊分布紧密相关,由此推测其实际发生率要比人们所了解的高得多。在温暖、潮湿的地区，许多草食动物的抗体检测呈阳性，表明这些动物是病毒的主要感染宿主，且在其体内可常年保持活性；然而，在干燥地区，本病呈无规律流行，但当发生异常暴雨天气时，随着蚊子的大量增殖，会经常出现与裂谷热的混合感染。

【临床表现】　新生羔羊的潜伏期为1~3 d，前期表现出一些非特异性症状，如发热、厌食、精神萎顿、瘦弱、呼吸加快等，随后特征症状逐渐明显。本病和裂谷热的症状非常相似，前者常较轻微，其死亡率低、流产情况少见、肝脏病变较轻。然而，本病病毒对神经系统的亲和性似乎强于裂谷热病毒，试验性感染孕畜，可出现流产胎儿或死胎的中枢神经系统严重畸形。

【病理变化】　新生羔羊表现出一定程度的黄疸和肝脏肿大；肝脏颜色呈淡黄到黄褐色不等；真胃黏膜常见瘀点和瘀斑，其内容物呈巧克力色；肝实质出现轻微到广泛的病理变化，肝实质细胞呈点状或弥散的斑状坏死。成年羊的病变常轻微得多。

【诊断】　根据临床症状、流行病学及羔羊的高死亡率，可作出初步诊断。取死于本病的羔羊的任何组织，可分离出病毒；但最好的方法是，将病料处理后接种新生仔鼠脑内培养，再分离病毒。为了鉴别诊断本病和裂谷热，可给断奶小鼠腹腔注射分离的病毒，若小鼠不死亡，则可认为是本病；若小鼠死亡，则可认为是裂谷热。本病的确诊可通过病毒中和试验来完成。

血清学诊断方法有血凝抑制试验、补体结合试验、病毒中和试验。血凝抑制试验表明不同的黄病毒具有明显的交叉反应性。然而，同种韦塞尔斯布朗病的黄病毒滴度要远高于异种黄病毒滴度。

【控制】　临近2000年时，本病的弱毒疫苗已停产。现在，绵羊的感染率已很低。过去由于疫苗的使用不当，常引起孕羊畜流产或产畸形胎，从而造成极大的经济损失。控制蚊子的数量对本病的防控作用不大。

第五节　小动物全身性疾病

一、犬瘟热

犬瘟热（硬足掌病）是由犬瘟热病毒引起的犬的一种全身性、高度接触性传染病，该病遍布全世界。其临床症状以双向热型，白细胞减少，胃肠道和呼吸道黏膜炎症，肺炎和神经系统并发症为特征。许多种动物均对本病易感，因此本病的流行病学较为复杂。犬科动物（如犬、狐狸、狼、狸）、鼬科动物（如雪貂、水貂、臭鼬、狼獾、貂、獾和水獭）、大多数浣熊科动物（浣熊、长鼻浣熊）、一些麝猫类动物（熊狸、狸猫）、熊猫科（小熊猫）、象科动物（亚洲象）、灵长类动物（日本猴）和大型猫科动物均可感染本病。家猫（包括野生猫）被认为是本病的贮存宿主，在大多数地区均是如此。有文献证明，病毒的抗原漂移和多样性正逐渐增多，这与野生动物、家犬、动物园和公园里的珍稀动物暴发该病有关。

【病原与发病机制】　犬瘟热病毒属于副粘病毒科，它与麻疹病毒和牛瘟病毒关系密切。此病毒外被囊膜，对脂质溶剂敏感，如乙醚，也对大多数消毒剂敏感，包括酚类和季胺类化合物。它在体外不能存活。本病主要经空气中悬浮的飞沫传播感染动物。病犬向外界的排毒期可能为数月。

犬瘟热病毒首先在呼吸道淋巴组织内增殖，引起病毒血症后可散布到全身淋巴器官，随后侵害呼吸系统、胃肠道系统和泌尿系统的上皮细胞，还可侵害中枢神经系统和视神经。病毒可在这些组织中继续增殖。在病毒血症期，宿主体内会产生特异性的体液免疫反应，在一定程度上可降低病毒血症的严重程度和病毒向各组织的扩散。

【临床表现】　潜伏期为3~6 d，随后出现短暂性发热，此时可能伴随有白细胞的减少（尤其是淋巴细胞减少），这些症状不易被察觉，有时还出现食欲下降；发热消退后，又过几日会再次发热，发热持续时间一般不会超过1周，同时伴随有严重的浆液性鼻液、脓性黏稠的眼分泌物和厌食；随后可能呈现胃肠道和呼吸道症状，若伴随有其他细菌的继发感染，症状会更加复杂，少数情况下也可见脓疱性皮炎。在出现全身症状之后，还可能表现出脑脊髓炎的相关症状，或者这些症状在缺乏全身症状的同时单独发生。从急性期幸存下来的犬可能表现出脚垫（"硬足掌"病）和鼻盘上皮部过度角化，还存在牙釉质发育不全，牙齿发育不全。

从总体情况来看，较长的病程总会伴随有神经症状的出现；然而，感染犬是否会表现出神经症状是不可预测的。神经症状包括转圈、头部倾斜、眼球震颤、麻痹到瘫痪不等、局部发作到全身性发作不等。局部肌肉块或肌肉团簇（肌阵挛、舞蹈症、屈肌痉挛和运动机能亢进）的不自主震颤和抽搐，可造成流涎和下颌不停咀嚼等特征症状，这些症状被认为是经典的神经症状。新出现的病毒株可能对神经系统具有更高的亲嗜性，呈现神经系统并发症的患畜的发病率和死亡率逐渐增高。

患犬在整个疾病发展过程中，可能会表现出部分或全部的多系统症状。本病既可呈轻微感染，症状不明显；也可造成严重感染，表现出上述大多数症状。

其中其他系统症状在感染10 d内即可表现出来，但由于中枢神经系统的脱髓鞘呈渐进性发展，所以神经症状可能要在数周或数月后才会出现。

表现出非特异性的临床病理变化，包括淋巴细胞减少，发病早期可能会在循环血液的白细胞中发现病毒性包含体。胸部X线检查可能显示出肺间质病变，这是病毒性肺炎的典型特征。

慢性犬瘟热脑炎［老龄犬脑炎（ODE）］可见于已接种过疫苗的成年犬，且这些病犬之前可能并没有全身性犬瘟热感染史。此病特征症状为共济失调和出现一些强直性动作，如向前猛冲、来回走动或步态非常不协调。经荧光抗体染色技术或基因工程技术检测，在患本病的犬脑内能够发现犬瘟热病毒抗原，但此病不具有传染性，不能分离得到具有复制能力的病毒。本病是由犬瘟热病毒持续感染中枢神经系统引发的炎症反应造成的，但其引发综合症状的机制仍不清楚。

【病理变化】 幼犬的尸体剖检常见胸腺萎缩；出现神经症状的犬常出现鼻部和脚底硬化；若出现其他细菌的继发感染，还可能出现支气管肺炎、肠炎、皮肤疱疹。组织学变化常见淋巴组织坏死，间质性肺炎，在呼吸道、泌尿道和胃肠道上皮细胞存在核内包含体。表现神经症状的病犬的脑内可见神经元变性、胶质细胞增生、髓鞘脱落、血管套现象、非化脓性软脑膜炎以及核内包含体，包含体主要见于胶质细胞。

【诊断】 若发热幼犬表现出多系统临床症状，就应考虑到本病；通常出现典型症状的病例不难诊断，但有的病例的特征性症状直到疾病晚期才表现出来。若本病与弓形虫病、新孢子虫病、球虫病、或其他病毒和细菌疾病混合感染，临床症状会更加复杂；有时还很容易与其他系统感染性疾病混淆，如钩端螺旋体病、犬传染性肝炎、落基山斑疹热。如铅中毒或有机磷中毒，可导致胃肠系统和神经系统的后遗症，犬瘟热是一种发热性且出现卡他性炎症的疾病，也可引发神经后遗症，这可作为它的临床诊断特征之一。

对于出现多系统症状的病犬，可使用免疫荧光试验（IFA）或RT-PCR试验对以下组织样品进行检测：结膜、气管、阴道或其他上皮的涂片，血沉棕黄色层，尿沉渣，或骨髓穿刺液。商业用定性RT-PCR，通常能够区分出自然感染株和疫苗株。目前，还报道了一种能够从新产生毒株中区分出疫苗株的检测技术，它结合了两步RT-PCR试验。该检测技术将在流行病学调查，或检测本病在非犬物种的暴发中具有重要价值。病毒特异性抗体IgM在疾病早期起作用，可用抗体滴度试验或ELISA检测脑脊髓液中的IgM，并与外周血液的检测结果作对比。若脑脊液中抗体水平相

对较高，则表明疫苗接种未能阻止病毒的自然感染。从病犬脚垫或背颈部的有毛皮肤处采集样品，用免疫荧光试验检测病毒抗原，或用荧光原位杂交试验检测病毒DNA。

尸体剖检，根据组织病理损伤，或经免疫荧光试验检测病变组织内病原，或联合使用这两种方法，可作出诊断。若病犬仅表现出神经症状，或其体内产生循环抗体（或两种情况均有），而上述样品的检测结果常呈阴性。这就需要按照上述的方法对脑脊液进行评估，或对病毒特异性抗体IgM进行血清学检测，从而作出诊断。

【治疗】 采取对症与辅助疗法，以防止继发感染，维持体液平衡，减轻神经症状。为了达到治疗效果，可采取使用广谱抗生素，补给电解质溶液，非肠道途径的营养支持，注射解热镇痛药和抗惊厥药等措施，还需良好的护理措施。本病尚不存在始终有效的特定治疗方案。一些抗病毒药物在体外试验中显示很好的疗效，但这些药物还未被广泛使用。

令人遗憾的是，表现出急性神经症状的病犬往往不可治愈。对于神经症状正在恶化或已严重的病犬，应及时建议其主人进行合适的治疗。经过及时地积极有效治疗，病犬可能从多系统症状中完全恢复过来，但有些病例在胃肠道和呼吸道症状消失后，仍存在神经症状。对于神经症状发展缓慢的病犬，或因接种疫苗而出现神经症状的病犬，应使用消炎药或较大剂量的糖皮质激素进行免疫抑制治疗。

【预防】 鉴于新出现毒株的毒力可能增强，以及犬瘟热病毒的宿主范围广泛，所以需要对家养犬广泛接种疫苗，从而预防本病。幼犬免疫接种犬瘟热弱毒疫苗的效果与其母源抗体水平关系很大，为了避免母源抗体的干扰，应待幼犬到6周龄时进行初免，每间隔3～4周加强免疫1次，直到幼犬长到16周龄。或者，当幼犬体内存在相对较高的抗犬瘟热母源抗体时，接种麻疹病毒疫苗，也可诱导其产生抗犬瘟热病毒的免疫力。在幼犬到6～7周龄时，肌内注射麻疹病毒弱毒疫苗，待犬达到12～16周龄时，再注射至少2倍剂量的犬瘟热弱毒疫苗。

市场上可用的犬瘟热弱毒疫苗很多，使用时需按生产说明书进行正规操作。犬瘟热弱毒疫苗不可用于妊娠犬或处于泌乳早期的犬，免疫功能受到抑制的犬接种该疫苗后会产生接种后疾病。一种以金丝雀痘为载体的重组活载体疫苗，可表达犬瘟热病毒蛋白，该疫苗已被准许用于水貂，美国动物园兽医协会还推荐将该疫苗用于动物园和公园中的许多高危物种。从以往情况来看，鉴于那些瘦弱的、病态的或免疫功能低下的犬会丧失保护力，所以按规定每年需做二次免

疫，接种剂量应按标签操作。越来越多的证据显示，犬瘟热弱毒疫苗所诱导的免疫力可持续3年或更久。然而，大多数情况下接种疫苗的剂量均超出标签使用量，因此，根据本病在当地的流行程度、其他潜在危险因素、行业和专家组织的意见，考虑是否应该省去每年的二次免疫。

二、犬疱疹病毒感染

犬疱疹病毒是发生于幼犬的一种严重的病毒性传染病，在全世界均有分布，感染幼犬的死亡率通常为100%。借助愈加敏感的分子诊断学技术，不仅能对患有上呼吸道感染、眼部疾病、疣状阴道炎或包皮炎的成年犬作出诊断，还可诊断出无临床症状的犬。患病动物的临床症状消失后将终生呈潜伏性感染，这是疱疹病毒的典型特征。据了解，仅犬科动物（犬、狼、土狼）对本病易感。

【**病原与发病机制**】 本病病原为犬疱疹病毒（canine herpesvirus，CHV），核酸为DNA，有囊膜，对脂质溶剂和绝大多数消毒剂敏感。它在宿主体外不能存活，所以该病的传播需要亲密接触。

本病主要经接触传播，易感动物常因接触到排毒犬的口腔、鼻或阴道分泌物而感染。许多向外扩散病毒的犬不表现出临床症状。对未感染过本病的妊娠母犬接种疫苗时，存在急性感染的风险，并能够将病原传给胎儿或新生幼犬。先前曾感染过本病的犬不可能再传播感染本病。经子宫内感染的胎儿和新生幼畜，以及不到3周龄的感染幼犬常表现出最为严重的全身性疾病。待过了这一阶段，随着幼犬长大，且能够维持较高的体温，其自身抵抗感染的能力也得到了很大提高。

易感动物感染后，CHV在鼻黏膜、咽和扁桃体的上皮细胞增殖。对于易感的新生幼犬或存在免疫缺陷的其他犬，将会出现病毒血症，且病毒向多种器官组织扩散。初次感染本病的犬可排出大量的病毒，而已经历过临床或亚临床症状的隐性感染犬的排毒量较少，且持续时间较短。

【**临床表现**】 1~3周龄的幼犬感染本病后，通常会导致死亡，超过1月龄的幼犬偶尔会发病，6月龄的犬几乎不感染发病。本病典型特征是突然发病，24h内死亡。可观察到的临床症状可能包括嗜睡、吮乳减少、腹泻、流鼻液、红斑疹、少数病例的口腔或生殖器可见囊疱，值得注意的是，无发热症状。胸部X线检查显示出弥散的、结构紊乱的肺间质模式，这是病毒性肺炎的典型特征，但与感染幼犬的其他病毒性疾病相反，它可能表现出白细胞增多症状。

老年犬经自发感染或试验接种犬疱疹病毒后，可能表现出轻微的鼻炎、疣状阴道炎或包皮炎症状。鼻炎可能是造成"犬舍咳"综合征（见犬传染性气管支气管炎）的一部分病因。有报道称，有的病例缺乏其他上呼吸道症状，但出现结膜炎和角膜溃疡症状。呈急性感染的妊娠犬可能出现整窝流产，也可能产出部分死胎。

【**病理变化**】 特征性病理变化有广泛的局灶性坏死和出血，其中以肺、肾皮质部、肾上腺、肝和胃肠道的病变最为明显。所有淋巴结肿大、充血；脾肿大。眼睛和中枢神经系统也可能出现病变，其中主要是在脑实质的邻近处发生出血坏死。大多组织中不存在炎症反应，但存在病变的眼部，则出现显著的中性粒细胞和单核细胞浸润。肺、肝和肾坏死区中的细胞内常见有单个较小的嗜碱性核内包含体，少数情况下，在核内还会出现弱嗜酸性小体。

【**诊断**】 从感染幼犬的全身症状来看，本病与犬传染性肝炎很难区分，但前者不存在胆囊的增厚和水肿病变，而后者存在此病变。CHV感染表现出多组织的局部坏死和出血病变，尤以肾脏最为明显。根据这些病变可将其与肝炎和新孢子虫病做鉴别诊断。CHV仅导致新生幼犬的严重感染，且常出现突然死亡，以及典型的病理变化，这可用来区分犬瘟热。

红细胞凝集试验、ELISA和免疫荧光抗体检测试验，可用于本病的诊断，PCR具有高度的敏感性和特异性，可用于鉴定新鲜组织和体液样品中的病毒DNA。然而，典型的诊断方法是先对尸体进行剖检，再通过细胞培养技术从新鲜肺脏、肝脏、肾脏、脾脏中分离出病毒，随后再用PCR技术、测序技术、透射电镜、免疫荧光技术或荧光原位杂交技术进行鉴定。病料需在实验室冷藏保存，切不可冷冻保存。

【**治疗**】 通常情况下，已表现出多系统症状的感染幼犬不值得治疗。即使幼犬幸存下来，由于其淋巴器官、脑、肾和肝可能出现不可逆的损伤，所以预后阶段需对其加强保护。

若一条幼犬感染了本病，那么与其同群或相近的幼犬在出现临床症状之前，应将其放到温度较高的恒温箱（35℃，相对湿度为50%）中抚养，和（或）用腹腔内注射血清对其做被动免疫，这样可能减少损失。由于缺乏对阿糖腺苷等抗病毒制剂的研究，所以不确定其疗效，但是如果能够尽早诊断、尽快治疗的话，有可能治愈。

【**预防**】 在美国，尚无用于本病的疫苗。妊娠母犬感染CHV后可产生抗体，其产下的幼犬可通过初乳及时获得母源抗体。获得母源抗体的幼犬感染后可能仅保持感染状态而不发病。

在试验条件下，通过剖腹产从感染的母犬中取出仔犬并隔离饲养，以防止死亡。然而，由于病毒已感染子宫，所以经剖腹产取出的仔犬，实际上已经感染病毒。在自然环境下，受感染的母犬产下的仔犬都得到母源抗体保护，所以，对带有疱疹病毒感染史的母犬不须实施剖腹产。

三、猫传染性腹膜炎

猫传染性腹膜炎（feline infectious peritonitis，FIP）是由猫冠状病毒（feline coronavirus，FCoV）引起猫的一种免疫介导性疾病。FCoV属于冠状病毒科，基因组为单股正链RNA，有囊膜。在猫较为聚集的地方，FCoV特异性抗体阳性率可高达90%，散养猫中的阳性率为50%。尽管此病的感染率很高，但发病率低，在猫群中仅有5%的猫只发病。

【地理分布】 FCoV感染和FIP在世界各地的流行程度相似，可广泛感染家猫和野猫。根据FCoV与犬冠状病毒（canine coronavirus，CCV）的抗原相关性，可将其分为两种血清型，即FCoVⅠ型和FCoVⅡ型，这些亚型在不同国家的分布情况不同。其中分离于美国和欧洲的病毒，有70%～95%属于FCoVⅠ型；而日本则相反，多见FCoVⅡ型。患有FIP的猫大多是感染了FCoVⅠ型。然而，两种血清型均可引起FIP，或导致轻微的临床感染。

FCoV与传染性胃肠炎病毒、猪呼吸道冠状病毒、犬冠状病毒和某些人冠状病毒相同，均属于冠状病毒类群。在许多物种体内，冠状病毒均具有特定的嗜好器官，主要侵袭呼吸道和（或）胃肠道的组织细胞；但在某些情况下，病毒可感染猫和老鼠的多种组织器官。冠状病毒的种属特性相对较低，如CCV也可感染猫。然而，FCoV只能感染猫科动物。

FCoV不仅感染猫，其他猫科动物也易感，它是非家养猫科动物的一种重要致病原。有证据表明，在非洲南部的342种非家养猫科动物中，有195种能感染FCoV，包括野生和圈养动物。在美国和欧洲，野生的和圈养的野生猫科动物也存在较高的FIP发生率。如在动物园里圈养的猎豹似乎很容易患FIP，它们存在的遗传性细胞免疫缺陷，被认为是导致其发病的主要原因。

【病原与发病机制】 FIP是由一种被称为猫传染性腹膜炎病毒（feline infectious peritonitis virus，FIPV）的冠状病毒引起的。在与传染病相关的死亡猫中，FIP占大多数。造成FIP流行增加的一个可能原因，是家养猫的管理和居住条件发生了改变。由于猫砂的使用，更多的猫被长期关在室内，这使得它们易接触到含大量FCoV的粪便，而这些粪便原本应掩埋在室外。猫若生活在拥挤的环境中，如猫饲养所或收容所，也可能会增加其应激和接触FCoV的机会。

最初认为导致FIP的FCoV毒株不同于无毒性的肠道型FCoV毒株。因此将FCoV毒株分为两种不同的生物型，猫肠冠状病毒和猫传染性腹膜炎病毒。然而，现在人们已认识到这些生物型并不属于不同的型，而是同一病毒的不同的变异株，具有不同的毒力。鉴于这个原因，FCoV应该可用于描述猫所有的冠状病毒。

猫通过采食（极少数情况下经吸入）感染FCoV，随后病毒主要在肠上皮复制。FCoV在细胞质中的复制会损伤肠上皮细胞，导致一些猫出现腹泻。许多猫可长时间持续感染病毒，但不引起任何临床症状。这些猫断断续续地或不断地排出FCoV，成为其他猫的感染源。以前，人们认为无毒FCoV保持局限于消化道，没有穿过肠道黏膜，没有扩散到肠上皮和局部淋巴结。然而，使用PCR可在健康的猫血液中检测到FCoV，这些猫是来自于呈地方性流行FCoV地区的家养猫，这表明无毒FCoV也可能导致病毒血症。对于患有病毒血症但没发展为FIP的猫，很可能只是短期和低毒力病毒感染。

FIP是由病毒变异株引起的一种散发性疾病，这些变异株可在特定的猫体内突变而来。无论该地区是否存在FCoV感染，都有发展为FIP的潜在可能性。FIP的发病机制尚不清楚，但有两个主要的假说。"内部突变理论"是基于这样的事实，即猫原发感染的无毒FCoV是在肠细胞中复制，该毒株有必要突变成一种有利于在巨噬细胞中复制的变异株。然而，在某些情况下，FCoV基因组的特定部位发生突变时，即可产生一种新的表型，使该病毒能够在巨噬细胞中复制。在试验条件下，始终能够诱发FIP的高毒力FCoV毒株的存在支持了这个理论。然而，这样的突变株还没有得到确认。

关于FIP发病机制的第二个假说：任何FCoV都有可能导致FIP，但病毒剂量和猫的免疫反应决定了是否会发展为FIP。病毒的遗传特性和宿主的免疫特性在这个过程中可能具有重要作用。在这两个假说中，发展为FIP的关键致病事件是FCoV在巨噬细胞中的大规模复制。在感染早期，如果猫未能及时清除掉已感染有复制能力病毒的巨噬细胞，那么存在于巨噬细胞中的病毒，可引发一种最终致死性的Arthus型免疫介导反应，这被定义为FIP。

能够促进FCoV在肠道复制（和增加其突变频率）的因素包括幼龄、易感物种、免疫状况低下、应激、皮质类固醇治疗、手术、病毒的剂量和毒力以及多猫家庭的重复感染等。小猫感染FIP，可能是因为它们在生命的某一个阶段受到大剂量病毒的感染，此时它们不成熟的免疫系统，还需应对其他感染以及疫苗接种、搬迁、结扎的应激。

FIP是一种免疫复合体病，它涉及病毒抗原、抗病毒抗体和补体的参与。病毒在突变后的几周内，通过巨噬细胞将其分布于全身各处，在盲肠、结肠、肠道淋巴结、脾脏、肝脏，以及中枢神经系统内均能发现突变病毒。存在2种可能的机制能够解释病毒经肠道进行传播。提出的第1个机制是，感染FCoV的巨噬细胞离开血液，并使病毒进入组织。病毒结合抗体和补体，并吸引更多的巨噬细胞和中性粒细胞到病变部位，结果形成典型的肉芽肿病变。另一种解释是，FIP的发生是由于循环免疫复合物进入血管壁，结合补体，并导致形成肉芽肿病变而造成的。据推测，这些抗原抗体复合物本应该能被巨噬细胞所识别，但实际上并非如此，而是被递呈给杀伤细胞，因此其不被破坏。

猫体内形成免疫复合物后所产生的后果，取决于复合体的大小、抗体浓度和抗原量。免疫复合物最可能沉积在血压较高和出现血液湍流的部位，这种情况多见于血管分支处。FIP的病变常见于腹膜、肾和眼的葡萄膜处。

感染和死亡的巨噬细胞除了释放病毒、趋化因子外，还释放补体和炎性介质。补体结合导致血管活性胺的释放，这造成内皮细胞收缩，从而增加血管通透性。毛细血管内皮细胞收缩造成血浆蛋白外漏，因此出现特征性的高蛋白浆液渗出。炎性介质激活蛋白水解酶，造成组织损伤。免疫介导的血管炎导致血凝系统的激活，并出现弥散性血管内凝血（DIC）。在FIP诱导试验早期，还存在几种细胞因子的失调（如TNF-α的增加，IFN-γ的减少）。

【流行病学与传播】 对于多猫家庭来说，FCoV和FIP是一个主要问题。病毒易在许多猫拥挤的狭窄环境（如猫舍、收容所、宠物商店）中流行。FCoV在自由流浪猫中不常见，因为它们通常是单独行动，相互之间没有密切接触。最重要的是，它们不在相同的地点埋藏粪便，这是造成多猫家庭感染的主要传染来源。

尽管在多猫家庭中FCoV的感染率很高，然而在这种情况下，只有约5%的猫发生FIP，在单个猫的生活环境中其比例更低。年幼和免疫力差的猫发生FIP的风险更高，这是因为FCoV在这些动物体内的复制难以得到控制，因此更有可能发生关键突变。在FIP感染猫中，有一半以上处于12月龄以下。

FCoV主要经粪便排出，常经口鼻途径感染。在感染的很早阶段，能够在唾液、呼吸道分泌物和尿液中发现病毒。当幼猫在多猫家庭中第一次接触到FCoV时，很可能被感染（且产生抗体）；大部分感染猫将在几周或几个月的时间内断断续续地向外排毒。有些猫将成为慢性FCoV的携带者，成为一个持续的FCoV传染源，引起其他猫再次感染。抗体检测呈阴性的猫不可能向外排毒，仅大约1/3的FCoV抗体阳性猫向外排毒。已经证明，有较高抗体滴度的猫，更可能向外排出FCoV，也更有可能持续排出更多量的病毒。大多数感染FIP的猫也会外排非突变型FCoV，然而，待猫发展为FIP后，该病毒在粪便中的量似乎有所减少。

与排毒猫共用猫砂是导致健康猫感染FCoV的主要原因。被已感染猫污染的猫砂在病毒的流行传播中具有重要作用，它可以造成其他猫的持续感染。少数情况下，病毒可以经唾液传播，如通过相互梳理毛发和共用同一个食具；也可通过密切接触传播。通过打喷嚏进行飞沫传播的情况也很少见，但存在这种可能。还不确定FCoV的传播是否主要是由于猫的活动造成的。通常认为经跳蚤和虱子的传播是不可能的。病毒可经胎盘传播，但这在自然条件下非常罕见。大多数小猫在5～6周龄时，若将其从与排毒成年猫接触的环境中移开，就能够避免被感染。小猫在6～8周龄时感染的情况最为常见，此时它们的母源抗体已消退，主要通过接触母猫或其他排毒猫的排泄物而感染。

FCoV是一个抵抗力相对较弱的病毒，在室温下，24～48h内即失活。它能被大多数常用消毒剂和清洁剂灭活。然而在猫体外，它可在干燥条件下（如在地毯）存活7周，因此存在通过污染物进行间接传播的可能性，病毒可通过衣服、玩具和美容工具传播。

【临床表现】

（1）**FCoV感染** FCoV可在肠细胞中复制，临床上，FCoV感染可引发暂时地轻度腹泻和（或）呕吐。感染FCoV的小猫可能出现发育迟缓，或在极少数情况下表现出上呼吸道症状。有时，这种病毒可能引起严重的腹泻症状，并导致体重下降，治疗可能不起作用，病猫可继续存活数月。然而，大多数FCoV感染猫不表现出临床症状。

（2）**FIP** 根据病毒侵袭器官的不同，FIP表现出不同的临床症状。病毒可侵袭许多器官，包括肝脏、肾脏、胰脏、中枢神经系统和眼睛。血管损伤可造成血管炎和器官衰竭，进而表现出临床症状和病理变化。对于所有无特异性临床症状的猫，如体重缓慢下降或患有不明诱因发热的猫，具有耐抗生素治疗或复发的特性，它们应被列入FIP的鉴别诊断。

目前，还不清楚病毒突变和表现出临床症状的时间间隔，此时间段取决于猫个体的免疫系统状况。在突变发生后的几周到2年内，疾病通常变得明显。感染FCoV和出现FIP之间的时间间隔更加难以预测，这依赖于病毒自发突变的发生率。猫在感染FCoV后的最初6～18个月内，发生FIP的危险性最大，在感染36个月后风险降低到4%。

此前，已鉴别出3种不同形式的FIP：①渗出性、积液性、湿性FIP；②非渗出性、无积液性、干燥的、肉芽肿性、薄壁组织性FIP；③混合形式。第一种形式的特征症状有纤维素性腹膜炎、胸膜炎、和（或）心包炎，以及分别在腹部、胸部和（或）心包膜出现积液。第二种形式的特征是在不同的器官出现肉芽肿病变，包括眼和中枢神经系统。现在已经确定，区分这些不同形式没有太大用处（只对诊断方法有价值），在发生FIP的猫中总会存在或多或少的积液，并结合有或多或少的肉芽肿性器官病变。此外，这些形式可以互相转化。因此，可以将FIP简单地描述为，在特定时间内发生于特定猫的不同程度的渗出性或增殖性疾病。

许多发生FIP的猫表现出积液症状，其中最常见的是腹腔积液和（或）胸腔积液。在少数情况下，积液也可见于其他部位，包括心包积液和阴囊积液。然而，在所有FIP发病猫中，出现渗出性积液症状的病猫不到50%。

出现腹水症的猫，腹部肿胀特别明显，可能呈现出晃动和液体波动。在不太严重的情况下，可在肠袢之间摸到积液。有时可触诊到腹部内容物，感受到内脏与网膜粘连或肠系膜淋巴结肿大。胸腔积液可能导致呼吸困难，呼吸急促，张嘴呼吸，或黏膜发绀。听诊显示出心音低沉。发生心包积液的猫，心音低沉，并可以在心电图和超声波心动图上看到典型的病变波形；发生胸腔积液的猫，可能表现出过度兴奋或精神沉郁。一些猫食欲正常或食欲增加，其他的则多是食欲下降。可能观察到发热、体重减轻和（或）黄疸症状。可以通过影像学诊断（如X线检查、超声波）观察到积液，这也可通过穿刺证实。

无明显积液症状的猫，主要表现出肉芽肿病变，症状常不确定，其中包括发热、体重减轻、无精打采、食欲下降。猫可能出现黄疸。如果病变涉及到肺部，猫可能出现呼吸困难，且胸部X线片可能显示肺呈斑片状密度阴影。腹部触诊可以诊断出肠系膜淋巴结肿大，肾脏呈不规则状或其他脏器出现不规则的结节斑块。有时也可表现出一些不常见的临床症状。有一些先前疑似患腹部肿瘤的猫，经尸体剖检诊断后确诊为FIP。

出现FIP的猫常出现眼部病变。最常见的眼部病变是视网膜变化，所有可疑FIP患猫应进行视网膜检查。FIP可引起视网膜血管成套，在血管壁周围呈现出模糊的灰色线条。有时在视网膜上可看到肉芽肿变化，也可能发生视网膜出血或破裂。但这些变化并不是特征症状，在其他系统传染病中也可见到类似的症状，包括弓形虫病、全身性真菌感染、FIV或FeLV感染。

另一种常见症状是葡萄膜炎。轻度葡萄膜炎表现为虹膜的颜色发生变化，通常是一部分或整个虹膜变为棕色，有时蓝眼睛可呈现为绿色。葡萄膜炎也可能表现出房水闪光，眼前房变得模糊，这可在黑暗的房间里使用聚焦照明检查到。眼前房中大量的炎症细胞在角膜后面聚集，形成角膜后沉淀物，这可能被瞬膜遮掩。前房可能出血。如果房水外漏，可能导致脑脊液中细胞和蛋白增多。

猫感染FIP后通常可表现出神经症状。症状多种多样，且这些症状可反映出受损的中枢神经系统区域。FIP患猫常呈多灶性病变，最常见的临床症状是共济失调，其次是眼球震颤和癫痫发作。此外，还可观察到共济失调，震颤，感觉过敏，行为反常和颅神经缺陷症状。如果损伤波及颅神经，可能会出现视觉缺陷和惊吓反射功能丧失等神经症状。当FIP病变位于外周神经或脊柱时，可能会观察到跛行、渐进性共济失调或轻瘫症状。通过CT扫描检查到脑积水症状，即预示着患神经性FIP。在一项研究中，对24只出现神经症状的FIP患猫进行尸检，发现75%患猫存在脑积水症状。

在少数情况下，幼猫还可出现一种结节性肠炎形式的FIP，腹泻和呕吐与肠道肉芽肿病变有关。在这些病例中，肠道是其主要的或唯一的受损器官。病变通常出现在回盲接口处，但也可能出现在其他部位（如结肠或小肠）。这些病变可导致多种临床症状，最常见的是慢性腹泻，也可出现呕吐或便秘，有些猫仅表现出胃肠道阻塞。腹部触诊通常可检查到肠道膨胀。由于维生素B_{12}的吸收量减少，血液学显示海因茨小体的数量增加。

FIP患猫可表现出皮肤脆性综合征，也可能发生其他皮肤损伤（如结节性皮肤损伤、丘疹性皮肤损伤、蹄皮炎）。繁殖障碍、新生猫仔死亡和小猫衰弱通常与FIP无关。

（3）病理变化　组织学病变通常具有诊断意义。苏木素和伊红染色组织样品，可揭示特征性的局部血管周混合性炎症，其中有巨噬细胞、中性粒细胞、淋巴细胞和浆细胞的参与。脓性肉芽肿可能呈大块面积且合并在一起，有时也可能出现灶性组织坏死，数量或多或少。由于细胞凋亡的原因，FIP患猫的淋巴组织中经常出现淋巴减损。

【诊断】　可靠且快速地诊断FIP是很重要的，但

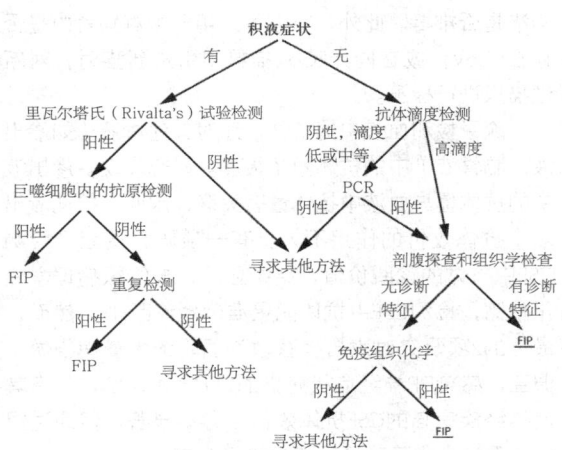

积液症状

有　　　　　　　　　　无

里瓦尔塔氏（Rivalta's）试验检测　　　　　抗体滴度检测

阳性　　　　　　阴性　　　阴性，滴度　　　高滴度
　　　　　　　　　　　　　低或中等

巨噬细胞内的抗原检测　　　　　　PCR

阳性　　阴性　　　　　阴性　　阳性

FIP　　　重复检测　　　　寻求其他方法　　剖腹探查和组织学检查

阳性　　阴性　　　　　　　　　　无诊断　　有诊断
　　　　　　　　　　　　　　　　特征　　　特征

FIP　　寻求其他方法　　　　　免疫组织化学　　　　**FIP**

　　　　　　　　　　　　阴性　　阳性

　　　　　　　　　　寻求其他方法　　**FIP**

图5-13　确诊疑似FIP病猫的诊断程序

这并不容易。对于无明显积液症状的猫，常缺乏无创伤性的验证试验，这使得诊断FIP的困难增加。抽取积液并做分析所造成的创伤轻微，且比血液诊断试验更敏感。对于不存在积液症状的猫，应参考其发病史、临床症状、检验指标的变化和抗体滴度水平等因素，从而决定是否应使用具有创伤性的确诊方法。

（1）**血液学与血清生化**　白细胞计数可减少或增加。常见淋巴细胞减少，这主要是由于感染病毒的巨噬细胞产生高浓度的TNF-α，造成以CD8$^+$T细胞为主的未感染T细胞的凋亡引起的。然而，在许多严重的猫病中，均可出现淋巴细胞减少，并伴随有中性粒细胞增多。另一种非特异性症状是轻度到中度的非再生性贫血，这可能发生在几乎所有患慢性疾病的猫中。

对于患FIP的病猫，其最常见的异常检验指标是血清总蛋白浓度升高，这是由球蛋白浓度升高而引起的，其中主要是γ-球蛋白。FIP患猫的总蛋白浓度可高达120 g/L或更高。然而，在对FIP和其他疾病做鉴别诊断时，白蛋白与球蛋白的比率，要比血清总蛋白浓度或γ-球蛋白浓度具有更加显著的诊断价值，这是因为肝功能障碍或蛋白质丢失会造成蛋白质产量减少，引起血清白蛋白含量减少。免疫复合物的沉积可造成肾小球性肾炎的继发感染，以及在肠道出现肉芽肿病变的情况下，由于渗出性肠炎而导致蛋白质丢失，或由于血管炎而导致富含蛋白质的浆液流出，这些均可以引起FIP患猫的蛋白质丢失。白蛋白和球蛋白比率的最佳临界值为0.8。对于疑似感染FIP的病猫，可采用血清蛋白电泳方法，对单克隆高丙种球蛋白血症和多克隆高丙种球蛋白血症进行鉴别，从而用来区分FIP（和其他慢性感染）与其他肿瘤性疾病，如多发性骨髓瘤或其他浆细胞肿瘤，但其应用价值是有限的。

根据器官损伤的程度及其部位的不同，包括肝脏酶、胆红素、尿素（或尿素氮）和肌酐在内的其他检验指标可出现不同程度地升高，但这对定性诊断没有帮助。通常可观察到高胆红素血症和黄疸，这常反映出肝坏死。有时，FIP患猫在缺乏溶血、肝脏疾病、胆汁淤积症状的情况下，表现出胆红素浓度升高，而这种不常见的症状仅能够在患败血症的动物中观察到。在这些猫中，胆红素代谢以及胆红素向胆道系统排泄受阻，这很可能是由于高水平的TNF-α抑制了其跨膜运输造成的。因此，在缺乏溶血和肝酶活性增高的情况下，若出现高浓度的胆红素，患FIP的可能性就增大。

α-1-酸性糖蛋白（α-1-acid glycoprotein，AGP）在血清中的水平很高（大于3 mg/mL）；它是血清中的一种急性期蛋白，在FIP患猫体内其含量升高，这可应用于诊断。但其他炎症性疾病也可导致其水平升高，因此，这种变化并不是特异性的。此外，AGP也可能在感染FCoV但无症状的猫体内有较高水平，尤其是生活在FCoV呈地方流行性地区的家猫体内。

（2）**渗出液**　积液检测比血液检测更具有诊断价值。对于患腹水的病猫，可利用在超声引导下的细针穿刺抽吸技术，或"飞猫技术"采集积液。虽然认为积液的典型特征呈清亮黄色，且具有黏性，但仅仅是体腔中存在这种液体也不具有诊断意义。积液可能呈现不同的形态，据报道，一些病例曾出现纯净的乳糜性积液。通常情况下，积液中的蛋白含量很高（大于3.5 g/dL），这与渗出液一致，而其细胞含量很低（小于5.0×10^{6}个/L），类似于一种经处理过的渗出液，甚至是纯渗出液。关于积液症状的鉴别诊断，主要包括

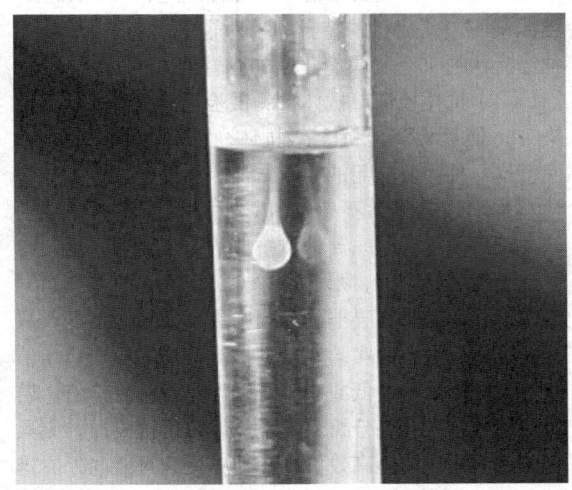

图5-14　里瓦尔塔氏（Rivalta's）试验检测FIP患猫阳性

（由Katrin Hartmann博士提供）

炎症性肝病、淋巴瘤、心力衰竭、细菌性腹膜炎或胸膜炎。通常情况下，乳酸脱氢酶（LDH）活性很高（大于300 IU/L）。细胞学检测结果是可变的，但主要包含有中性粒细胞和巨噬细胞，患有细菌性浆膜炎的猫也出现相似的细胞学变化，且患有淋巴瘤的猫有时也是如此。分别通过检查积液中是否存在恶性肿瘤细胞，或经细胞学检查胞内寄生菌，在培养基上培养细菌等方法，通常可区分出不同的积液症状。

里瓦尔塔氏（Rivalta's）试验是一种简单廉价的方法，不需要特殊的实验室设备，且可以很容易地进行个人操作。它能够有效地区分出FIP诱发的积液和其他疾病诱发的积液。高蛋白含量和高浓度的纤维蛋白和炎性介质常导致阳性反应。进行试验检测时，先在一个透明试管（10 mL）中加入大约8 mL的蒸馏水，再向其中滴一滴醋酸（浓度为98%的高浓度醋酸），混合均匀。再向溶液的表面，小心地滴一滴渗出液，会出现分层。如果这一滴渗出液消失，溶液保持原状，则认为里瓦尔塔氏试验结果呈阴性。如果这一滴渗出液保持原来形状，仍然附着于表面，或者慢慢下降到试管底部（呈滴状或水母样），则认为试验结果呈阳性。里瓦尔塔氏试验对FIP有很高的阳性预测值（86%）和非常高的阴性预测值（96%）。阳性结果有时也会发生在感染细菌性腹膜炎或淋巴瘤的猫中。然而，一般通过宏观检查、细胞学检查和（或）细菌培养能够很容易地区分出这些积液症状。

（3）**脑脊液** FIP病变可引起猫的神经症状，对这些猫的脑脊液（CSF）进行检测分析，可能发现CSF中蛋白含量升高（50～350 mg/dL，正常水平则低于25 mg/dL）和脑脊液细胞增多（有核细胞100～10 000个/mL），主要包含有中性粒细胞、淋巴细胞、巨噬细胞（此症状的特异性相对较低）。很多表现出神经症状的FIP患猫具有正常的脑脊液。

（4）**抗体检测** 抗体检测试验不能检测出是否感染FIP，但可检测出抗FCoV抗体，检测血清中的抗体滴度是一种广泛应用的诊断方法。然而，大多数抗体检测呈阳性的猫从不感染FIP，因此，解释抗体效价结果时需慎重考虑。若检测抗体的方法合适，且对检测结果的解释合理，那么抗体检测仍在诊断中具有一定作用，尤其是在猫群的管理中更加重要。然而，只有在可靠且恒定的实验室做的抗体检测才具有应用价值。若抗体效价过低或中等，则不具有诊断价值。若对检测结果做仔细分析，发现抗体效价很高时，则具有一定诊断价值。高效价抗体的猫更有可能向外界排FCoV，且持续排出的病毒量更大。因此，抗体效价与病毒复制和肠道内的病毒量直接相关。抗体检测也可用于生产实践，如检测感染猫的预后情况或检测感

染猫是否排毒。此外，它还可应用于检测猫舍内是否存在FCoV，或在向无FCoV猫群中引进新猫时，对新进猫只进行检测。

除了检测血液中的抗体，还对其他体液（如渗出液、脑脊液）中的抗体做了检测。研究发现，渗出液中的抗体量与血液中抗体量有关联，因此，检测渗出液中抗体效价的作用不大。有一项研究调查了检测CSF中抗体的诊断价值，结果显示，与组织病理学变化相比，检测CSF中抗体能更准确地诊断FIP。然而，最近的2项研究对来自兽医教学医院的大量病猫做了调查，感染FIP神经症状病猫的CSF抗体效价，与患其他神经疾病猫的CSF抗体效价差异不显著，但通过组织病理学变化可确诊后者为神经疾病。

（5）**RT-PCR法检测FCoV** RT-PCR作为一种诊断FIP的工具，在检测血液中FCoV中变得越来越常用。然而，迄今为止还没有哪种PCR方法可对FIP作出确诊。此外，PCR结果往往难以解释，且可能出现假阴性结果（如在试验过程中，由于DNA复制前，病毒RNA需要先经反转录生成DNA，但是RNA酶几乎无处不在，所以RNA的降解是一个潜在问题）或假阳性结果（如此试验方法不可区分强毒和无毒的FCoV毒株，也不能从其他种类的冠状病毒中区分出FCoV）。而且病毒血症似乎不仅出现在患FIP的病猫中，也可在健康的携带者中发生。此方法不仅可在FIP患猫的血液中检测出FCoV的RNA，也可在健康猫的血液中检测出，其中有些猫在70个月内未感染FIP。因此，通常情况下必须对PCR测试结果认真分析，并且不可将其作为确诊FIP的工具。

PCR可被用于检测排泄物样品中的FCoV，能够灵敏且有效地检测猫是否通过排泄物排毒。排泄物中的PCR信号强度与肠道中的病毒量有关。持续排出大量病毒的猫只对猫群造成极大地威胁，PCR可用于检测这些猫。

（6）**抗体-抗原复合物检测** 由于FIP是一种免疫介导性疾病，且抗体-抗原复合物在发病机制中具有重要作用，这说明抗体-抗原复合物的检测，可用于寻找在血清和渗出液中循环的特定免疫复合物。可用竞争性ELISA，来检测特定冠状病毒的抗体-抗原复合物。然而，此方法的实用性受到限制，其阳性预测值不是很高（67%）。

（7）**FCoV抗原的免疫染色** 病毒检测的其他方法包括利用免疫荧光技术（渗出液）或免疫组织化学技术（组织）检测巨噬细胞中的FCoV抗原。免疫染色不能区分无毒的FCoV和可诱导FIP的FCoV，但只有诱导FIP的FCoV能够在巨噬细胞内大量复制，且染色呈阳性。最近一项研究对大量FIP病猫和患其他疾病

（已确诊）的猫进行了调查，研究发现，若渗出液中巨噬细胞内的FCoV抗原的免疫荧光染色呈阳性，则FIP的确诊率为100%。令人遗憾的是，此方法的阴性预测值不是很高（57%），这是由于渗出液涂片中的巨噬细胞数较少，从而造成染色呈阴性。免疫组织化学技术可用于检测组织中FCoV抗原的表达，若染色呈阳性，则FIP的确诊率也为100%。然而，这常需要通过带有创伤性的手段（剖腹手术或腹腔镜检）获取合适的组织样品。要么选用组织本身进行确诊，要么对组织巨噬细胞中的FCoV抗原进行免疫组织化学染色，从而对FIP进行诊断。

【治疗与防控】　FIP的治疗效果仍不理想，治疗仅对患病初期的猫只有效。感染FIP的病猫预后不良。对43只患FIP的病猫进行前瞻性研究，发现确诊为FIP病猫的生存均值为9 d。然而，一些猫可能存活几个月。卡氏（Karnofsky's）评分（生命质量的指标）低、血小板计数低、淋巴细胞计数低、胆红素浓度高、大量的渗出液等，这些因素表明，病猫的预后情况不良以及存活时间短。抽搐就属于一种预后不良症状，对于炎症病变已显著扩展到前脑的病猫，此症状更为常见。开始治疗3 d后，若猫的病情没有任何改善，则该治疗方案就无任何效果，应考虑对患猫作安乐死处理。

为了抑制过强的免疫反应，可进行辅助性治疗，常用药物为类固醇激素。然而，还没有对照研究证明类固醇激素是否有效。有些时候，一些猫经类固醇治疗后，病情意外地有所改善，能够存活数月。建议使用免疫抑制药，如强的松（2～4 mg/kg，口服，每日1次）。一些猫出现积液症状后，通过轻拍积液处、排出积液、胸腔或腹腔注射地塞米松来改善病情（1 mg/kg，每日2次，直到积液症状消失）。

对于FIP病猫，还应该用广谱抗生素和辅助疗法进行治疗。有一种血栓素合成酶抑制剂（盐酸奥扎格雷）能够抑制血小板凝集，它已经用于一些病猫的治疗，并且使患猫的症状有所改善。己酮可可碱是一种预防血管炎以及抑制一些细胞因子（如白细胞介素和肿瘤坏死因子-α）的药物，有报道称它可能对一些病猫有疗效。

痤疮丙酸杆菌（Propionibacterium acnes）和乙酰化甘露聚糖等免疫调节剂已用于FIP病猫的治疗，但还没有确切记录能够证明其功效。有人提出这些免疫调节剂是通过恢复受损的免疫系统，从而改善病情。然而，由于非特异性刺激机体免疫系统的物质，可导致机体出现免疫介导反应，使临床症状进一步恶化，所以这些药物禁止用于FIP病猫的治疗。泰乐菌素具有免疫调节功能，先前曾有报道称它对治疗FIP有效，

可不同程度地延长患猫的存活时间。但是，在这些患猫中，许多都不确定是否感染FIP。使用免疫调节剂对52只疑似FIP病猫进行治疗，出现了积极的治疗效果，临床症状（厌食、发热、积液）迅速得到缓解。然而，此次研究仍不确定这些猫是否感染FIP，也没作对照试验和长期的跟踪研究。

在一项研究中，将29只疑似FIP病猫分为5组，分别作如下处理，处理时间应不低于6周。氨苄青霉素（每日100 mg/kg）、强的松龙（每日4 mg/kg）和环磷酰胺（每日4 mg/kg）；地塞米松（2 mg/kg，间隔4日1次）和氨苄青霉素（20 mg/kg，每日3次，连续10 d）；人干扰素-α（每只猫6×10^5 IU，每周治疗5 d，连续3周）；一种副免疫性诱导物（每周0.5 mL/只，连续6周）；不作任何处理。在3年之内，这些猫中的29%～80%（取决于分组）都死亡，然而，仍不确诊这些猫是否为FIP患者，且选择试验动物的标准也不清楚。

一系列研究已调查了不同的抗病毒疗法对FIP病猫的疗效，但到目前为止仍没有有效的治疗方法。左旋溶肉瘤素是一种氮芥基团烷基化药物，它可对DNA造成不可逆的损伤。该药物治疗效果不错，可使病猫存活时间达9个月，随后病猫出现骨髓增生性疾病且死亡。然而，也不确定这些病猫是否患FIP。

干扰素常用于FIP病猫的治疗。人干扰素-α具有直接的抗病毒活性，体外试验已证明了它对FIP致病毒株FCoV具有抵抗活性。在一个对照试验中，混合使用10^6 IU/kg干扰素-α和痤疮丙酸杆菌，对已确诊为FIP的病猫进行治疗，可显著延长病猫的生存时间（大约延长3周）。一些欧洲国家和日本已批准猫干扰素-ω用于兽药。如果病猫体内不能产生抗体，可长期使用猫干扰素-ω（非经胃肠道给药）。在体外试验中，猫干扰素-ω可抑制FCoV复制，但这通常与其临床治疗效果不一致。在最近进行的一项双盲治疗试验中，随机地对一些病猫作安慰剂对照处理，结果显示经干扰素-ω和安慰剂处理后，病猫的平均存活时间在统计学上不存在显著差异。病猫的存活时间大约为3～200 d。

（1）感染猫的管理　猫群中若有一只猫发展为FIP，那么所有与它接触的猫都已经感染了相同的FCoV。在自然条件下，这些猫似乎不向外排泄能够导致FIP的毒株，FIP也不会在猫与猫之间传播。实际上，猫感染FIP后排出的"无毒"FCoV的量低于FIP发展过程中的排毒量。但在试验条件下，FIP病猫可能会将致FIP病毒株传给与它接触的猫只。尽管如此，将一只FIP病猫放回原猫舍的做法似乎是相对安全的，这是由于猫舍中的其他猫已经感染了FCoV毒株，且它们将产生针对该毒株的特定免疫力。然而，

表5-7 建议用于FIP病例的药物[a]

药　　物	评　　价	ABCD建议（EBM水平[b]）
抗病毒药		
病毒唑	体外试验很有效，但对猫有毒副作用	不推荐（2）
阿糖腺苷	体外试验很有效，但对猫有毒副作用	很可能无效（4）
人干扰素-α，高剂量皮下注射	尽管在体外试验中可抗FCoV，但给试验动物进行皮下注射治疗时不起作用	无效（2）
人干扰素-α，低剂量口服	未经试验，口服时仅可作为免疫刺激剂；禁用于FIP病猫，以免造成免疫刺激	禁忌（4）
猫干扰素-ω	对自然病例作单一的安慰剂对照研究和1例非对照研究	还没有发现其功效（1），可能需要对传说的临床证据作进一步研究调查（4）
免疫增强剂（试验药品）	上调TH1细胞因子mRNA的生物合成，对3只非渗出性病例作非对照治疗，病猫长期存活	可能对非渗出性FIP有些功效（3），还需做对照研究
免疫抑制剂		
强的松龙/地塞米松（免疫抑制剂量）	无对照研究；经治疗，病猫症状改善，可存活数月；不能治愈FIP	最近常用于辅助治疗（3）；若存在渗出症状，使用地塞米松IT或IP可能有效
己酮可可碱	用于治疗血管炎	1个病例的研究结果显示无效（4）
盐酸奥扎格雷	血栓素合成抑制剂，用于控制炎症反应；它仅对2个病例有疗效	需要做对照试验（3）
环孢菌素A	具有免疫抑制作用；无发表的相关研究报告	不推荐；细胞免疫更优于体液免疫（缺少数据）（4）
环磷酰胺	具有免疫抑制作用；无发表的相关研究报告	可考虑与糖皮质激素联合使用（4）
瘤可宁	具有免疫抑制作用；无发表的相关研究报告	可考虑与糖皮质激素联合使用（4）
咪唑嘌呤	对猫有毒副作用；具有免疫抑制作用；无发表的相关研究报告	不推荐（4）
乙酰水杨酸（阿司匹林），血小板抑制剂量	治疗炎症反应和血管炎；无发表的相关研究报告	可能有一些功效，但如果与高剂量的糖皮质激素联合使用，会出现副作用

a. 所列出的用于治疗FIP的许多药物的使用都为标签外使用。

b. 循证医学水平（EBM）1=通过随机地对靶动物做对照临床试验，得以确定；EBM2=通过随机地对靶动物做对照试验研究，得以确定；EBM3=通过病例分析、其他试验研究、非随机性临床试验，得以支持；EBM4=根据专家意见、病例报告，对其他物种的研究。改编自《欧洲猫病顾问委员会指南》（©2010猫病顾问委员会）中的猫传染性腹膜炎，已授权，并作了部分修改。

不建议将FIP病猫与没有感染过FCoV的猫接触。

若一只猫被执行安乐死或死于FIP，那么其主人应等到3个月后才可以养另一只猫。FCoV在环境中可保持至少7周的传染性，尤其是在使用的猫砂盒中。在这段时间内其他猫只最可能被感染，并向外排FCoV。如果健康猫接触过确诊或疑似的FIP病猫或已知病毒载体，通常需到兽医院进行鉴定。主人可能想了解感染猫的预后情况，或是否它向外界排毒。由于95%～100%猫接触FCoV后会被感染，且2～3周后会产生抗体，所以对这些猫进行抗体检测时呈阳性。一些猫可能对FCoV有抵抗力。有证据显示在FCoV流行区，猫群中一些猫的抗体检测结果始终呈阴性，造成这种抵抗力的机制仍不清楚。

尽管感染猫最有可能产生抗体，但这未必就与不良预后相关联。大多数感染FCoV的猫不表现出FIP，

在喂养1只或2只猫的家庭中，许多猫最终将摆脱FCoV的感染，经过数月或几年后（常为6个月左右）抗体检测呈阴性。在所有猫抗体检测结果呈阴性前，或排泄物的PCR检测结果（检测4份排泄物样品，需2周时间）呈阴性前，建议养猫的主人不要再收养新猫。若抗体检测呈阳性，那么每6～12个月需再次进行检测（在同一个实验室），直到抗体检测结果呈阴性。一些猫的抗体阳性结果可保持数年。

（2）**家养猫群的管理** 对于大多数养猫专业户来说，FCoV的流行极为普遍，感染FIP几乎是不可避免的。在猫数量低于5只的家庭中，FCoV可能会自然而然地消失；但若一个猫群中的数量超过10只，那么FCoV是不可能消失的，因为FCoV可在猫之间传播，一直保持感染状态。在FCoV极为流行的环境中，如猫繁殖场、猫舍、猫收养所和其他多猫家庭中，几乎

均存在FIP。

为了消除FCoV在养猫处所的流行，已尝试了各种措施。降低猫群的数量（尤其是小于12月龄的小猫），保持疑似受FCoV污染地面的清洁，可大大减少病毒的数量。为了阻止健康猫与感染猫的接触，还应该做抗体检测试验或排泄物的PCR检测试验。在抗体检测呈阳性的猫中，大约有1/3向外排毒，因此，所有抗体检测呈阳性的猫都应被认为具有传染性。3～6个月后，再次进行抗体效价检测。此外，对排泄物样品作PCR试验也可用于检测FCoV慢性携带者，从而将这些猫进行隔离。在大规模养猫的环境中，有40%～60%的猫在任何特定的时间内经排泄物中向外排毒，大约20%呈持续性排毒。用PCR检测猫的排泄物，若检测结果持续6周以上均呈阳性，那么就应该将其放入单独的环境中饲养。

排毒母猫产下的小猫可从母体获得母源抗体，从而获得保护，使其在5～6周龄前免受感染。为了预防小猫感染FCoV，建议实施早期断奶方案。方案包含：孕猫在分娩前2周需单独隔离饲养，对母猫和小猫进行严格检疫，在小猫5周龄时就提前断奶。将小猫尽早与母猫隔离，并保护其不受其他感染猫的传染，这样可能使小猫免受病毒的感染。小猫到5周龄时需转移到一个新环境（无FCoV感染猫）。尽管此方案从概念上来说直接明了，但它需要检疫室和检疫程序以确保无新病毒的侵入。在小猫适应其他猫群的过程中必须给予特殊护理。早期断奶和隔离能否成功地保护小猫免受感染，取决于有效的检疫和猫群的数量。

在猫舍内预防FIP几乎是不可能的，除非对猫进行严格隔离，并且仅使用无菌操作装置（相当于隔离间）进行转运。由于FCoV易通过衣服、鞋、灰尘和猫传播，所以隔离措施经常不是很有效。抗体检测结果呈阳性的猫的百分比似乎与其笼外的操作事件次数显著相关。猫舍内应该做信息表登记，或登记关于猫感染FCoV和FIP的信息。人们应该明白FCoV在猫聚集环境中的存在是不可避免的，FCoV的流行肯定会导致FIP。高水准的饲养方法和设备可尽早清除病毒，从而可能减少病毒传播。

（3）免疫接种　制备有效疫苗的尝试收效甚微，然而，由FCoV的一种温度敏感突变株DF2-FIPV生产的疫苗已获得了许可，这种毒株可在清凉的上呼吸道环境中复制，但不可在较高温度的身体内部复制。此疫苗经鼻内接种，在FCoV最先侵入的部位（口咽）产生局部免疫（IgA抗体）和细胞介导免疫。这种疫苗应用于美国和许多欧洲国家，它的功效仍被质疑。在FCoV极为流行的环境中，或有已知FIP病猫存在的处所接种疫苗是不起作用的。由于疫苗对先前已接触

FCoV的猫无效，所以接种疫苗前有必要做抗体检测试验。接种疫苗后，大多数猫产生抗体，这使得较难实现的无FCoV猫舍环境得以建立和控制。

【人兽共患病风险】　鉴于不同家畜的冠状病毒具有紧密的抗原相关性，以及由于人类与源自动物的一种冠状病毒的近距离接触，导致2003年暴发了所谓的严重急性呼吸综合征（severe acute respiratory syndrome，SARS）。该疾病威胁到了成千上万人的健康，引发了人们对FCoV存在的可能危险性的关注。然而，还没有证据显示FCoV可感染人。

四、猫白血病病毒及其相关疾病（猫淋巴瘤、白血病和淋巴肉瘤）

猫白血病病毒（feline leukemia virus，FeLV）是导致猫发病率和死亡率最高的病原之一，尽管大部分地区都在接种疫苗进行预防，但病情仍未完全控制。它可导致多组织出现恶性肿瘤，持续感染可导致严重的免疫抑制和贫血。本病在世界各地均有分布。自然感染状态下，猫白血病病毒可感染家猫和其他一些猫科动物；在实验室，一些血清型毒株可导致更多种动物细胞感染。

【病原与流行病学】　猫白血病病毒属于肿瘤病毒亚科反转录病毒属成员，除此之外，肿瘤病毒还包括有猫肉瘤病毒、鼠白血病病毒和人类淋巴T细胞病毒2型。此病毒可引起较为严重的肿瘤发生，还可导致体质恶化、细胞恶性增殖和免疫紊乱等其他症状。

在临床上，有4种血清型的猫白血病毒具有致病作用。A型可见于所有自然感染的猫，它是最先被感染且最为常见的一种血清型，可在猫之间广为传播。A型的致病性低于其他血清型的致病性，在自然条件下，一般由它最先感染猫。在感染猫体内，除了A型，还存在B、C、T3种血清型。B型可诱导肿瘤性疾病；C型可导致红细胞发育不全，随后出现贫血症状；T型可感染和破坏T细胞，导致淋巴组织功能缺失和免疫功能低下。使用猫白血病病毒诊断试剂盒，通常可检测出这4种血清型毒（但不能区分它们）。

猫白血病病毒的感染率与猫饲养密度有很大关系，在养猫场和养猫较多的地方的感染率最高，尤其是猫可自由外出活动时，更易促进病毒的传播。2005年对美国墨西哥湾飓风区的猫进行抽样检测，发现2.6%的猫感染此病毒。

持续性感染但未表现出症状的猫是最主要的病毒携带者，病猫可通过唾液排出大量的病毒，而眼泪、尿液和粪便的排毒量则较少。健康猫经口鼻接触到感染猫的唾液和尿时可被感染，这可能是本病的最主要传播方式。如鼻子-鼻子接触、相互舔被毛、共用猫

砂和食盘均可促进本病的传播。健康猫被感染猫咬伤后更易感染，这可能是一种更为常见的传播方式，但对于总是待在室内的猫来说，这种情况相对较少。

不同年龄猫的易感程度不等，幼猫比成年猫更加易感。本病可垂直传播（子宫内感染或经母乳感染），也可水平传播（经分泌物和排泄物感染）。猫白血病病毒是一种体外存活能力较差的有包膜病毒，年龄大点的猫对其具有一定抵抗力，所以水平传播常需健康猫与带毒猫保持长时间的亲密接触。此外，经口鼻传播所需的病毒量也相对较高。

【发病机制】 病毒经口鼻进入猫体内后，首先在口咽部淋巴组织增殖，并在此感染血液单核细胞，然后随血液到达脾脏、淋巴结、肠上皮细胞、膀胱、唾液腺和骨髓等组织。随后病毒进入这些组织的分泌物和排泄物，以及外周血的白细胞和血小板。病毒感染2~4周后，常发展为明显的病毒血症。本病（感染2~6周后）常呈慢性经过，主要症状有轻度发热、淋巴结肿大、血细胞减少。

成年猫感染本病后，约有70%的病猫出现短暂的病毒血症，排毒时间较短，仅持续1~16周；然而少量病猫的排毒期可持续数周、甚至数月，直至病毒血症消退。病毒可能在骨髓中存活的时间较长，但这种潜伏性或隐性病毒感染也仅能持续半年。另外一些病猫（约30%）因免疫功能低下而造成持续性病毒血症（或长期性病毒血症），经历不等的生存时间后，这些病猫终归死亡。

【临床表现】 猫白血病病毒可导致机体出现多系统功能紊乱，包括免疫抑制、肿瘤发生、贫血、免疫介导性疾病、繁殖障碍和肠炎等。

由FeLV引起的免疫抑制与由猫免疫缺乏病毒引起的免疫抑制很相似。免疫抑制能增加对细菌、真菌、原生动物与其他病毒的易感性。病毒外周血中的中性粒细胞和淋巴细胞的数量减少，且功能异常。抗体依赖性介导的肿瘤细胞凋亡作用必须有补体的参与，然而猫在感染病毒后，血液中的补体浓度降低，从而导致免疫抑制和肿瘤发生。该病毒诱发的免疫缺陷病大多需要高浓度的病毒血症。

猫白血病病毒持续性感染的猫，可占到病猫总数的30%，它们表现出淋巴瘤或骨髓瘤（如淋巴瘤、淋巴性白血病、红细胞增多性骨髓组织增生）。病毒检测结果呈阴性（无病毒血症）的猫也可能出现肿瘤症状，对其进行免疫组织化学和PCR检测，可发现猫白血病病毒序列，这说明肿瘤症状可能仍是由此病毒诱导的。尽管病毒检测结果呈阴性，但这些猫可能是先前曾感染过本病。此病毒感染机体后，在短时间内即可诱发淋巴瘤。然而，与检测结果呈阴性的猫相比，

呈持续性感染猫的淋巴瘤发生率是前者的60倍。淋巴瘤是病猫体内最为常见的恶性肿瘤，具有临诊意义。在美国，出现纵膈淋巴瘤、多中心型淋巴瘤或脊髓型淋巴瘤的大多数病猫均呈阳性感染；但其他国家不常见这些类型的淋巴瘤。近年来可能是由于对此病毒的有效控制，使得呈阳性感染猫的比例在逐渐下降。对于呈隐性感染的猫来说，更多的是在肾脏和胃肠道部位出现淋巴瘤浸润。

白血病是骨髓中造血细胞出现肿瘤性增生的一种疾病，中性粒细胞、嗜碱性粒细胞、嗜酸性粒细胞、单核细胞、淋巴细胞、巨核细胞和红细胞等细胞系均成为肿瘤细胞。猫白血病大多是由猫白血病病毒引起的，有时（但不多见）循环血液中存在肿瘤细胞也可诱发本病。淋巴细胞白血病分为急性型和慢性型。急性淋巴细胞白血病以循环血液中出现淋巴母细胞为特征，而慢性淋巴细胞白血病的血液中则出现增多的正常形态淋巴细胞。

此病毒引起的贫血通常为非再生性的，红色素正常，常表现出典型的大红细胞症。然而有大约10%猫感染后呈现出溶血性和再生性贫血，这可能与以下因素有关，如继发感染血巴尔通立克次体，或出现免疫介导溶血反应，或两者均有。

病毒增殖到一定水平时，可形成大量的免疫复合物，从而诱发系统性血管炎、肾小球性肾炎、多发性关节炎和其他多种免疫失调症。猫感染后，体内病毒含量常增殖到很高水平，而抗体IgG含量较低。病毒与IgG结合形成免疫复合物，同时还有大量病毒未被结合，这种情形促进了免疫介导性疾病的发生。

繁殖障碍是本病的常见症状。据报道，在无繁殖能力的雌猫中，病毒检测的阳性率占到68%~73%；在出现过流产症状（流产不是导致不育的主要原因）的雌猫中，阳性率为60%。妊娠病猫可经胎盘将感染的白细胞传给胎儿，造成胎儿在子宫内感染，从而导致在妊娠中后期常出现胎儿死亡，死胎被溶解、吸收，胎盘退化；少数病猫可产出活着的猫仔，但它们患有病毒血症。隐性感染（无病毒血症）的雌猫可经母乳将病毒传给猫仔。

本病还可能引起肠炎，其症状和病理变化与猫泛白细胞减少症相似。临床症状有厌食、精神沉郁、呕吐和腹泻（可能内含血液）。若伴有免疫抑制的发生，还可能表现出败血症症状。有证据显示，患肠炎的病猫也可能为本病与猫泛白细胞减少症的混合感染。

本病还可导致其他机能紊乱。病毒有时可侵袭神经系统，导致瞳孔大小不等、尿失禁或后肢瘫痪等症状。然而，一些组织出现淋巴瘤时，也可表现出上述

神经症状。所以在进行抗肿瘤治疗前，必须诊断清楚这些症状的诱因，是由肿瘤造成的，还是由神经紊乱造成的。病毒还可导致其他类似肿瘤性疾病，如多发性软骨性外生骨疣（骨软骨瘤病）。

【诊断】　临床上常用的诊断方法有2种。免疫荧光试验（IFA）可用于检测细胞胞浆内是否存在病毒结构抗原（如其他病毒核心抗原）。临床实践中，常采用血液涂片来进行IFA检测，但由骨髓或其他组织制成的薄层细胞片也可用于IFA检测。IFA检测的结果最为可靠，但由于需交给专业的实验室来做，所以结果出来较慢。若病猫经IFA检测呈阳性，则被认定患持续性病毒血症，它们往往预后不良。

酶联免疫吸附试验（ELISA）更为简单、快捷，在兽医诊所中，常应用此法来检测可溶性的病毒抗原。猫白血病病毒抗原还可能存在不完整的且无活性的病毒蛋白颗粒形式，这是由于病毒在感染细胞内大量增殖，致使细胞破裂，完整病毒释放，同时释放出大量未组装的病毒蛋白颗粒。ELISA检测的就是病毒蛋白颗粒抗原，而不是完整病毒。临床上具有多种ELISA试剂盒，其敏感性和特异性大多都可达到98%以上。若同时用IFA和ELISA两种方法对一只猫进行检测，诊断结果会更加准确。

本病的肿瘤诊断方法与其他肿瘤性疾病的诊断方法相似。在肿瘤块、淋巴结、体腔液（如胸腔积液）和其他病变组织处，利用细针穿刺吸出微量组织进行细胞学检查，可能检测到恶性淋巴细胞。猫患白血病时，外周血检测可能正常，但对骨髓进行检测可诊断出来。确诊通常还需要活体检查和对病变组织进行病理组织学检查。

【治疗】　理论上，若对本病进行早确诊，早治疗，应该能够杀死这些反转录病毒，从而控制住疾病的进一步发展。然而遗憾的是，在疾病的任何阶段，都很难消除这些病毒造成的感染。等到确诊的时候，大多数病猫都已发展为持续性病毒血症。

本病尚无特效治疗方法，实施的疗法多是为了控制病毒血症和减轻临床症状。曾有报道称，用一些抗病毒药和免疫治疗药物可明显改变病毒血症、减轻临床症状和延长病猫的寿命。然而，用自然感染状态的病猫进行对照试验，发现这些疗法都不能取得上述效果。

感染本病的猫在不出现严重症状的情况下，可存活数年。在此期间，应避免这些病猫遭受其他刺激，以及受到其他病原的继发感染。可以将它们一直关在室内，从而降低其接触其他病原和向外扩散病毒的风险。与未感染的猫相比，感染猫更加需要进行定期的药物预防。本病流行较严重的地区，需要定期给受威

胁猫接种疫苗，且需严格执行，就如同法规规定需接种狂犬病疫苗那样。然而感染猫接种疫苗后仍没有什么效果，所以不建议对其进行免疫接种。每半年需对感染猫做1次体检，体检时应多注意有无体表寄生虫感染、皮肤感染、口腔疾病、淋巴结肿大及其体重情况。建议定期用驱虫药对感染猫进行驱虫。感染猫不可作为种用。主人还需留意它们是否表现出上述症状，尤其是继发感染。由于感染本病的猫的免疫功能低下，使其自身不能抵抗疾病发展，所以必须使用更加积极有效的疗法，且疗程较长。

淋巴瘤的治疗　可用细胞毒药物治疗猫淋巴瘤。然而，如果用药剂量过大或用药方法不当，可能造成极强的毒副作用（见抗肿瘤药）。大多数细胞毒药还具有致癌特性，所以必须合理使用。兽医应该先熟悉病情，治疗时掌握用药剂量，实施合理的治疗方法，注意病猫是否出现中毒症状和其他并发症。此外，还应采取适当防护措施，以防止兽医和病猫主人接触到病毒及其代谢物。若采取的疗法合理，大多数感染猫不会出现明显的毒副反应，病情往往会有所缓解。

这些患淋巴瘤的病猫经治疗后，大约有50%的猫病情得以完全缓解（无临床症状）。对于呈隐性感染猫来说，待其病情完全缓解后，平均可存活9个月；而呈阳性感染猫平均可存活半年。未接受治疗或治疗后未见效果的病猫仅可存活6周左右。

关于猫淋巴瘤的治疗，各种兽医手册制定了不同的方案，但所用药物大多都是相似的，只是用药程序存在差异。一种普遍采用的治疗方案是：首先，诱导期时用强剂量的药物来缓解病情（长春新碱0.75 mg/m²，静脉注射，每周1次，连续4周；环磷酰胺300 mg/m²，口服，与长春新碱同时使用，每3周1次；强的松10 mg/只，口服，每日1次，贯穿整个疗程），然后，维持期使用低剂量的药物控制病情（长春新碱和环磷酰胺同时使用，每3周1次；强的松每日1次）。治疗可持续1年或更长时间，直到病情再次恶化。经过这些治疗措施，79%的病猫的病情得以缓解，平均可持续存活150 d。若改变维持期的用药，使用阿霉素25 mg/m²，静脉注射，每3周1次，待病情缓解后，病猫可再存活281 d。若病情再次恶化时，改变用药方案可再次使病情缓解，但这次病情的缓解期将大大缩短。

另一种常用的化疗方案是同时使用L-天门冬酰胺酶（初始剂量400 U/kg，肌内注射）和长春新碱（0.5 mg/m²）。治疗期间每日注射强的松龙，在4周内剂量由2 mg/kg降到1 mg/kg。治疗的第2周（即使用左旋天冬酰胺酶和长春新碱1周后）开始使用环磷酰胺（200 mg/m²，静脉注射）；第3周，再次注射长春

新碱；第4周注射阿霉素（25 mg/m²，静脉注射）；第5周不做化疗。然后再次重复上述化疗，但这次不再使用L-天门冬酰胺酶。治疗进行到第11周时，再次重复上述2个循环的治疗，1周后再进入下次循环，直到猫病情完全缓解，可终止治疗。如果猫病情复发，可按此方案再次从头进行治疗。据报道，病猫经这种治疗方案治疗后平均可存活210 d。

上述治疗方案适用于各种程度的病型。大多数淋巴瘤呈中等或大细胞型，可引发显著的临床症状。还有一些常发生在腹腔内（肠和肾）的淋巴瘤致病性较低，它们被称为小细胞型淋巴瘤或淋巴细胞性淋巴瘤，稍微高强度的化疗即可治愈。治疗措施可采用每日口服强的松龙（10 mg），且每3周连续口服4 d的瘤可宁（15 mg/m²）。胃肠道内的小细胞型淋巴瘤经这些药物治疗后，病猫的平均存活时间可达到963 d。如果其他部位也出现这种淋巴瘤，不论病猫有没有胃肠道疾病，其平均存活时间可达636 d。

肠道不仅感染小型细胞淋巴瘤，也可感染大颗粒淋巴细胞性细胞瘤。这些大型淋巴瘤的致病性极强，仅30%的病猫对化学治疗有反应，病猫平均存活时间为57 d。大颗粒淋巴细胞性淋巴瘤常导致肠道内肿块；然而，小细胞型淋巴瘤常导致整个感染器官出现恶性淋巴细胞弥散性浸润。

急性淋巴细胞白血病与猫淋巴瘤的治疗方案相同，但经治疗后只有25%病猫的病情得以缓解，病情缓解的猫平均可存活7个月。对于慢性淋巴细胞白血病，最好用瘤可宁（2 mg/只，口服）和强的松龙（40 mg/m²，口服）进行治疗，每隔1日，用药1次。其他类型白血病的病情极严重，尚无有效的治疗方法，所以很少给予治疗。

【防控】 在下列情况下，需对猫进行强制性检测：①在给发病小猫做第一次诊疗时，若兽医怀疑已感染此病毒，就应该建议其主人给病猫做病毒检测（如先天性畸形检查那样，属常规检测）；②未感染过本病的家庭在引进新猫前，必须先对其进行检测；③在引进新的未感染猫之前，需对原先存在的所有猫只进行检测；④所有猫在第1次接种本病疫苗前，也需进行检测。

免疫接种可用于预防本病，或至少可以防止持续性病毒血症的发生。目前存在多种可用疫苗，包括灭活疫苗、亚单位疫苗和基因工程疫苗。给不同猫接种疫苗后，其产生的保护效力也许不相同。按照生产厂家的使用要求，分别给未感染猫和感染猫接种疫苗，其他因素均相同，进行单因素比较研究。结果显示，接种疫苗只对未感染猫有效，对呈阳性感染的猫没有任何效果。在接种疫苗前需对本病作出风险评估，且仅对那些受威胁的猫进行疫苗接种。尽管接种疫苗后出现肿瘤疾病的可能性降低了，但在接种部位往往会出现肉瘤，这与接种的疫苗有关。未感染的猫和感染猫生活在一起时，需对未感染猫接种疫苗，除此之外，还需采取一些其他保护措施（如隔离饲养）。如果健康猫和感染猫长期待在一起，不论其免疫状况如何，都可能被感染。

【人兽共患病风险】 一些猫白血病病毒毒株可在人组织细胞中生长，这使人们担心它可能会传播给人。然而，一些研究结果证明这些担忧是多余的，目前还不存在人类也可感染本病的证据。

五、猫泛白细胞减少症

猫泛白细胞减少症（猫传染性肠炎、猫细小病毒性肠炎）是由病毒引起猫的一种高度接触性致死性传染病，它在全世界均有分布。幼猫对本病最易感。本病病原的抵抗力较强，病料组织中的病毒在室温环境内可存活1年。现在本病在临床上已很少见，这可能是由于广泛接种疫苗的结果。然而，未接种疫苗的猫感染率仍很高，接种过疫苗的猫偶尔也可感染。纯系幼猫感染的可能性更高。

【病原、传播与发病机制】 猫泛白细胞减少症病毒（feline panleukopenia virus，FPV）与貂肠炎病毒，以及引起犬病毒性肠炎的犬细小病毒（canine parvoviruses，CPV）Ⅱ型具有密切的抗原相关性。此病毒可引起所有猫科动物及其相关非猫科动物（如浣熊、貂）发病，但不感染犬科动物。然而，最近流行的CPV毒株可诱导家猫和大型猫科动物的类似泛白细胞减少症疾病，在某些地区它已取代FPV成为诱发本病的主要病原。一般认为接种FPV疫苗后，能够预防CPV诱发的猫泛白细胞减少症，但效果可能不是最佳。

急性期时，感染猫的分泌物和排泄物中含有大量的病毒，并从排泄物中排毒，病猫康复后仍可排毒6周。本病毒的抵抗力很强，不易失活，可通过污染的媒介物（如鞋和衣服）进行长距离传播。然而，病毒对家用漂白剂（6%次氯酸钠溶液）、4%甲醛溶液和1%戊二醛敏感，在室温下10 min即可被灭活。过氧化物消毒剂也可有效地将其杀灭。

健康猫经常通过口鼻接触感染猫的分泌物或排泄物而感染，在感染的散养猫中，大多是1岁以下的小猫。这些猫在出现亚临床感染或急性症状时，将会产生强烈的、持久的保护性免疫反应。

FPV可损伤骨髓、淋巴结、肠上皮和新生动物的小脑与视网膜内分裂旺盛的细胞。母猫在妊娠期间，病毒可经胎盘感染胎儿，造成胎儿被重吸收、产木乃伊胎、流产或死胎。此外，处于围产期的初产猫感染后，可能损伤胎儿的小脑胚上皮，导致胎儿小脑的发育不全，出现运动不协调和震颤等症状。但在临床上，由该病毒导致小猫的小脑性运动失调的情况不多见，这是因为在大多数情况下，胎儿在围产期可从母猫获得大量的抗体，以抵抗病毒的感染。

【临床表现】 大多数猫呈亚临床感染，对未接种的健康猫进行抗体检测，可发现很高的血清阳性率。感染发病的猫多为1岁以下的小猫，急性病例可能突然死亡，并伴随有轻微症状或无任何症状（状态差的小猫）。急性型病例潜伏期为2~7 d，病初体温升高（40~41.7℃），精神萎顿，厌食；发热1~2 d后出现呕吐；一般都呈多胆汁性，且这与饮食无关；病程中后期可能出现腹泻症状，但也可能不发生；腹泻病例迅速表现出严重脱水。病猫可能一直守在水槽面前，但不一定喝太多水。病程后期病猫体温降低，可能出现败血性休克和弥散性血管内凝血。

体检可见高度沉郁、脱水，有时还出现腹痛等特征性症状。腹部触诊可诱发呕吐，这也可能诊断出病猫肠袢增厚和肠系膜淋巴结肿大。对于小脑发育不全的猫，其精神状态正常，表现出共济失调和震颤。视网膜受到损伤的猫的眼部出现离散的灰色病灶。

这种自限性疾病很少持续5~7 d以上，5月龄以下幼猫的死亡率最高。

【病理变化】 本病缺少典型的肉眼病变，常见严重脱水。肠袢常膨大，也可见增厚和肠壁充血，肠浆膜表面可能出现瘀点或瘀斑。对于在围产期就受到感染的小猫，其小脑特别小。组织学检查可见肠隐窝处膨大，含脱落的坏死上皮细胞等碎屑物；肠绒毛变钝和融合。在经福尔马林固定的组织样品中，偶尔可发现嗜酸性核内包含体。

【诊断】 若没有经正规接种疫苗的猫表现出上述相似特征，并出现白细胞减少［最低值达到（0.05~3）×10⁹个/L］，可推测为本病。在本病中，中性粒细胞减少比淋巴细胞减少更为常见，白细胞量低于2×10⁹个/L的病猫常预后不良。感染猫处于恢复期时，中性粒细胞会出现特征性升高，并伴随有显著的核左移。有时，通过借助实验室内免疫层析试剂盒来检测排泄物中的CPV，可作出确诊。然而，由于排泄物中病毒的活性仅维持较短的一段时间，所以常出现假阴性结果。

其他病因也可诱发高度沉郁、白细胞减少和胃肠道症状，诊断时，应注意将本病与沙门氏菌病、猫白血病和猫免疫缺陷综合征进行鉴别诊断。若成年猫同时感染FeLV和FPV，则表现出类似泛白细胞减少综合征症状。

【治疗与预防】 对于急性病例的正确疗法，一方面需进行积极的输液治疗，另一方面需在隔离屋内进行辅助性护理治疗。严重感染的猫常出现电解质紊乱（如低血钾症）、低血糖症、低蛋白血症、贫血和机会性继发感染。若能够预测出病情的发展，密切观察病猫，并给予及时的治疗，可能会改善治疗效果。使用等渗晶体溶液（如乳酸林格氏溶液，含计算好的补钾量）进行静脉补液以维持体液平衡是治疗的基础；若怀疑或发现病猫存在低血糖症，输液时需在5%的葡萄中糖加入维生素B；对于患严重低蛋白血症的小猫，除了输等渗晶体溶液外，还需输新鲜冰冻血浆，以维持血浆胶体渗透压和提供凝血因子；对于严重贫血的猫，输注全血会更好。还需静脉使用广谱抗生素以防止继发感染，然而，在脱水症状消退前禁止使用肾毒性药物（如庆大霉素和阿米卡星）。治疗呕吐［如胃复安、马罗匹坦（maropitant）］可减轻病猫的痛苦，早期可饲喂稀软易消化的食物。对于严重感染的病猫，还需进行肠外营养支持。

接种有效的灭活疫苗与弱毒疫苗能够提供可靠的、持续的免疫力，从而预防本病。妊娠猫、存在免疫抑制的猫、病猫和小于4周龄的猫，均不能接种弱毒活疫苗。大多数专家认为，小猫需接种2或3个剂量的弱毒疫苗，间隔为3~4周，常在6~9周龄时进行首免。但是为了避免母源抗体造成疫苗弱毒株失活，最初制定的免疫程序的最后1次接种需在16周龄之后。猫经过整个免疫程序后，在1周之内应避免其与病毒接触。1年以后，需对猫进行再次免疫，之后每3年或更长时间接种1次即可，但疫苗生产商的建议是每年接种1次。

六、犬传染性肝炎

犬传染性肝炎（infectious canine hepatitis，ICH）是犬的一种接触性传染病，在世界各地均有分布，其表现症状由轻微的发热和黏膜充血到严重抑郁、白细胞显著减少、凝血时间延长。本病还可感染狐狸、狼、土狼和熊；其他食肉动物可能呈隐性感染。最近几年，通过在流行地区定期接种疫苗，本病的发生率已大大降低，但仍会呈周期性暴发，这可能说明本病在野生动物中仍然存在。因此，还需要继续接种疫苗。

【病原与发病机制】 犬传染性肝炎的病原为犬腺病毒1型（canine adenovirus 1，CAV-1），它是一种无囊膜的DNA病毒，在抗原性方面，仅与犬腺病毒2型（CAV-2）（可引起犬传染性支气管炎）密切相关。CAV-1对脂质溶剂耐受，在外界可存活数周或数月，1%~3%的次氯酸钠溶液（家用漂白剂）是其有效的消毒剂。

本病主要是因摄取患病犬的尿液、粪便或唾液而感染的，康复犬仍可通过尿液向外界排毒半年或以上。病毒最先侵入扁桃体隐窝和肠道黏膜集合淋巴结，随后出现病毒血症，从而感染多种组织的内皮细胞，其中肝脏、肾脏、肺脏是主要的靶器官。本病由急性或亚急性症状转归后，常由于免疫复合物介导的变态反应而导致慢性的肾脏病变和角膜浑浊（蓝眼）。

【临床表现】 本病症状多种多样，轻则出现轻微发热，重则导致死亡；其死亡率为10%～30%，尤其是幼犬的死亡率最高。若本病与细小病毒病或犬瘟热病呈混合感染，则会出现预后恶化。潜伏期为4～9 d。病初体温升高至40℃以上，持续1～6 d，常呈双相热型。如果发热在短时间内消退，就仅剩下白细胞减少这一迹象，这种状况持续1 d后，就发展为急性症状。

临床症状为精神沉郁，厌食，口渴，结膜炎，眼鼻流出浆液性分泌物，偶尔出现腹痛和呕吐；黏膜可能出现严重的充血、瘀血，扁桃体肿大；心跳加快，且加速程度可能与发热程度不相称；头部、颈部和躯体可能出现皮下水肿；在大多数急性病例中，肝脏出现损伤，但不存在黄疸症状。

凝血时间的长短与本病的严重程度直接相关，这是由于病毒侵害血管内皮，加上肝脏的损伤致使消耗的凝血因子不能及时得到弥补，出现弥散性血管内凝血，从而造成凝血时间延长。凝血障碍导致的病理性出血难以得到控制，如患犬乳牙处出血和自发性血肿症状明显。一般不发生神经症状；典型症状为血管损伤。严重感染的犬可能因前脑损伤而出现惊厥，因脑干出血而导致轻度瘫痪，也可见共济失调与神经性失明。狐狸感染后，多表现出中枢神经系统症状，如间歇性抽搐，单个或多个肢体麻痹，甚至全身瘫痪。感染本病的犬呼吸系统症状不常见，然而，即使这些犬体内存在高水平的抗CAV-2抗体滴度，但在患传染性支气管炎的犬体内仍可分离出CAV-1。

凝血机能紊乱（凝血时间延长、血小板减少、纤维蛋白降解产物增加）可导致多种临床病理变化。严重感染的犬出现急性的肝脏损伤（谷丙转氨酶和谷草转氨酶含量升高）；常见蛋白尿；白细胞减少贯穿于整个发热期，且其减少程度与疾病的严重程度有关，此症状较为典型。

处于恢复期的犬食欲正常，但体重增长缓慢。在感染的第14 d，肝脏转氨酶活性最高，随后缓慢下降。病犬在急性症状消退后，大约有25%犬出现两眼角膜浑浊，持续7～10 d后，两眼通常会同时好转。对于症状较轻的病例，暂时的角膜混浊可能是其唯一症状。

长期以来人们一直认为，被动抗体水平较低的犬感染本病后，可能会发展为慢性肝炎，但最近一项基于PCR试验的研究表明，这种理论是错误的。

【病理变化】 由于多种组织内皮受损而出现"漆刷状"出血，如胃浆膜、淋巴结、胸腺、胰腺和皮下组织。肝脏大或正常，部分肝细胞坏死造成肝色泽不均。组织病理学变化有肝小叶中心坏死，中性粒细胞和单核细胞浸润，肝细胞存在核内包含体。胆囊壁可能出现水肿、增厚；胸腺也可能水肿；肾皮质部可能出现浅灰白色斑点。

【诊断】 若犬发病突然且存在出血症状，就应怀疑到本病，但注意与犬瘟热加以区分。死前确诊需要做ELISA、血清学或PCR等实验室诊断，但在确诊前可先对病犬采取辅助疗法。如果临床需要，还需采取PCR或限制性片段长度多态性方法区分CAV-1和CAV-2。尸体剖检发现肝脏和胆囊有典型的病变，具有诊断意义，但确诊还需做病毒分离、免疫荧光检测、肝细胞内的特定核内包含体检测、PCR检测或对感染组织进行免疫荧光原位杂交检测。

【治疗】 采取对症疗法和辅助疗法；治疗原则是防止继发感染、维持体液平衡、控制出血倾向。可使用广谱抗生素，静脉输注含5%葡萄糖的电解质平衡液；对于患病严重的犬，还需给其输入血浆或全血。

短暂的角膜浑浊（可见于ICH的发病期间或接种CAV-1弱毒疫苗后）常不需要治疗，但它可能引起病犬的睫状肌痉挛，用阿托品眼药膏可减轻这一症状。应避免角膜浑浊的犬接受强光照射。此外，治疗本病的角膜混浊时，禁止用皮质类激素进行全身性注射。

【预防】 预防本病需接种弱毒疫苗，通常和其他疫苗联合使用。建议和犬瘟热疫苗在同一时间接种。幼犬在达到9～12周龄前，其体内母源抗体会对主动免疫造成干扰。幼犬接种CAV-1弱毒疫苗后，会出现短暂的单眼或双眼角膜混浊，且通过尿液排毒。CAV-2弱毒疫苗对CAV-1具有交叉保护作用，且接种幼犬后，很少出现角膜混浊或葡萄膜炎症状，也不通过尿液排毒，所以接种时优先考虑CAV-2弱毒疫苗。从以往免疫效果来看，每年接种1次疫苗对本病的防治是可行的，此疫苗用法应定为1年1次。越来越多的证据表明，接种CAV-1弱毒疫苗可维持3年或更久的保护力，但这可能是加大免疫力度的结果。

七、利什曼原虫病

利什曼原虫病（内脏利什曼病）是由原生动物寄生虫利什曼属（*Leishmania*）引起的一种疾病，通过雌性白蛉叮咬传播。已描述清楚的利什曼原虫已超过20种，其中大多数为人兽共患。婴儿利什曼虫（L. infantum）是造成家畜感染的最主要利什曼原虫，恰加斯利什曼原虫（L. chagasi）主要分布于拉丁美洲。犬是婴儿利什曼原虫的主要贮存宿主，它可引起人类的内脏利什曼原虫病，此病对犬和人存在致死的危险。由于患犬的内脏和皮肤会被感染，所以其被称为内脏皮肤型利什曼原虫病或犬利什曼原虫病。猫、马和其他哺乳动物可感染婴儿利什曼虫及其他种类的利什曼原虫。与犬相比，猫感染本病的情况更为少见，可表现为皮肤型或内脏型。巴西利什曼原虫（L. braziliensis）是犬皮肤利什曼原虫病的病原，广泛分布于南美地区，与恰加斯利什曼原虫的地理分布相重叠。

犬利什曼原虫病是一种主要的动物传染病，流行于70多个国家。本病在南欧、非洲、亚洲、南美洲和中美洲广泛流行，在美国呈散发。本病也引起了非流行国家的担忧，此病输入这些国家后，可引发兽医和公共卫生问题。

【传播】 利什曼原虫是一种需经历两个不同时期的寄生虫，它要在两个宿主中完成其生命周期，在白蛉体内是以有鞭毛的前鞭毛体形式寄生于胞外，在哺乳动物体内是以无鞭毛体的胞内寄生虫形式发育。

本病的传播是一个复杂的过程，宿主白蛉与其传播的利什曼原虫之间需要特定的适合条件。白蛉种类很多，但仅有一小部分可作为利什曼原虫的传播载体。犬由白蛉叮咬感染后，无论是否表现出临床症状，均可能传播利什曼原虫病。据报道，犬利什曼原虫病可经先天性垂直传播，感染母犬可传播给其后代，但这种情况似乎不常见。现已证明，输入感染犬的血液制品可传播本病，造成受血者感染。犬与犬之间可通过接触进行直接传播，这已被认为是该病的一种传播方式。这说明了为什么尽管在美国猎狐犬的圈养环境中不存在白蛉载体，但仍存在本病的感染扩散。然而，目前对直接传播的可信度仍不清楚。

【临床表现】 犬通过感染白蛉的叮咬而感染婴儿利什曼原虫前鞭毛体，并寄生其皮肤内。前鞭毛体侵袭宿主的巨噬细胞，并折叠成胞内无鞭毛体。宿主在感染期间及感染后所显示出的免疫反应，似乎在决定宿主是否会发展为持续性感染方面，以及是否会有亚临床疾病转为临床病病方面，具有最为重要的作用。潜伏期可持续数月或数年，在此阶段虫体可由皮肤散播到宿主全身（主要是散播到血淋巴系统器官）。年龄、品种、宿主遗传特征、营养水平、并发感染和其他因素也可影响宿主从感染到临床疾病表现的进程。

犬利什曼原虫病是一种多系统性疾病，表现出高度可变的免疫反应和临床症状。在流行地区，带虫感

染犬的发生率要远高于表现出临床症状犬的发生率。临床疾病与抗体应答呈明显的相关性，但其不能提供保护力。事实上，犬利什曼原虫病的病理变化在很大程度上与免疫介导机制有关。

婴儿利什曼原虫可导致犬表现出临床疾病，根据患犬主人的报告，其典型病史包括皮肤损伤、眼睛异常或鼻出血。还时常伴发有体重下降、运动障碍和精神萎顿。对病犬做体格检查，主要临床表现有80%～90%的病犬出现皮肤损伤，62%～90%出现淋巴结肿大，16%～81%出现眼部疾病，10%～53%的病犬出现脾肿大，20%～31%的病犬指甲生长异常（指甲弯曲）。若出现肾病，还可表现出多尿症和烦渴；若出现关节、肌肉或骨病变，还可表现出呕吐、结肠炎、排黑粪和跛行。本病可表现出的单一症状有鼻出血、眼睛异常，或在缺乏皮肤损伤情况下的肾病临床表现。犬利什曼原虫病表现出的皮肤损伤包含有剥落性皮炎，这可在面部、耳部和四肢呈广泛性或局部性分布，还可见溃疡性皮炎、结节性皮炎或黏膜皮肤性皮炎。耳部或其他局部出现的皮肤溃疡可能与大量出血有关。还曾报道过患犬表现出轻微型的丘疹性皮炎，无其他临床症状。眼睛及其周围病变包含有角膜结膜炎和葡萄膜炎。

临床试验检查发现60%～73%的患犬出现轻度到中度的非再生性或再生性贫血，但再生性贫血更为少见；血小板减少症较为少见。在表现有临床症状的患病犬中，最为常见的血清生化检测结果是血清高蛋白血症，伴有血球蛋白过多和血白蛋白减少，经常导致白蛋白/球蛋白比值下降。在利什曼原虫流行地区，若犬表现出明显的高蛋白血症，但又缺乏其他明显病

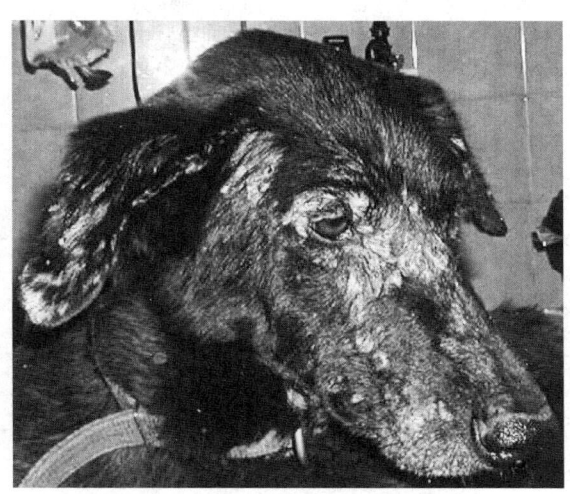

图5-15 利什曼原虫病患犬皮肤症状
（由Gad Baneth博士提供）

因，这就暗示可能患犬利什曼原虫病。仅在一小部分感染犬中发现肝酶活性显著升高或氮血症。在大多数患犬中均呈现出一定程度的肾脏病变，由于感染了免疫复合体型肾小球肾炎，可能会导致其最终发展为肾衰竭，这被认为是主要的自然死亡诱因。还需对蛋白尿做检测评估，根据测定的尿蛋白/肌酸酐的比值结果，可将肾脏疾病分期。

【病理变化】 犬利什曼原虫病的典型病理变化是肉芽肿性炎症，这与不定数量的利什曼原虫无鞭毛体侵袭巨噬细胞有关。抵抗利什曼原虫的保护性免疫是由$CD4^+TH$细胞和一个复杂的细胞因子激活级联反应介导的。在患犬体内可检测出循环免疫复合物和抗核抗体，并且感染过程中会出现免疫复合物在肾脏、血管和关节处沉积。由肾脏免疫复合物造成的肾小球性肾炎是本病的特征病变。肾脏病变包含有肾小球性肾炎和间质性肾炎，对于大多数感染婴儿利什曼原虫的犬来说，即使不表现出临床症状，其肾脏组织病变也很明显。

【诊断】 诊断试验包括全血细胞计数、生化指标检测、尿检以及可用于确诊的1个或多个特定试验。定量血清学检测方法非常有用，尤其是在出现相关临床症状的时候。在具有临床疾病的患犬中，有80%～100%会出现高抗体效价，这具有确诊意义。多种定量血清学方法可用于检测抗利什曼原虫抗体，包括有间接免疫荧光试验、酶联免疫吸附试验和直接凝集试验。如rK39等纯化重组抗原也可用于犬和人的利什曼原虫病检测。在锥虫感染流行的地区，可能会发现其与锥虫存在血清交叉反应性，尤其是流行于拉丁美洲的克氏锥虫。

应用PCR技术检测特定的虫体DNA，可对感染作出敏感和特异性诊断。几种不同的测试方法，已应用于犬利什曼原虫病的检测，它们利用基因组或动质体DNA（kDNA）设计出各种目标序列，并利用提取于组织、血液甚至病例组织样品的DNA进行PCR检测。这种动质体DNA（kDNA）的试验方法对感染组织的直接检测最为敏感。对于现在绝大多数PCR技术来说，骨髓、淋巴结或脾脏样品要优于血液样品。

通过细胞学检查，即采用姬姆萨染液或快速商品化染液对淋巴结、脾脏、损伤皮肤或骨髓进行染色，可检测出利什曼原虫无鞭毛体。但即使患犬具有明显的临床症状，也可能只是检测出很少数量的寄生虫，所以通过细胞学检测无鞭毛体的结果有时是不准确的。皮肤或其他感染组织经福尔马林固定，制作石蜡包埋组织切片，也可能会观察到利什曼原虫。鉴定组织巨噬细胞中的寄生虫可能很困难；利用免疫组织化学染色进行免疫标记，可证实组织中存在利什曼原虫。

为了防止犬利什曼原虫病输入到非流行国家，和防止感染犬的血液用于供血，还需对不表现出临床疾病的犬进行检测，这可能需要利用PCR技术，PCR是最为敏感的诊断技术。在高度流行区内，对犬种群进行横向研究发现，感染率可达到65%～80%。通常，大约仅10%～13%表现出临床症状；26%血清反应呈阳性，其中包含有发病犬和亚临床感染犬；剩下的40%～60%是携带者，仅通过PCR技术检测呈阳性。

【治疗】 用于犬利什曼原虫病治疗的主要方案包括有皮下注射N-葡甲胺锑酸盐（在美国，它不允许被用于犬），75～100 mg/kg，连续4～8周，并结合使用别嘌呤醇（10 mg/kg，口服，每日2次，连续6～12个月）。也可能仅使用别嘌呤醇药物进行治疗，剂量同上。米替福星（在美国，它不允许被用于犬）可作为N-葡甲胺锑酸盐的替代药物，2 mg/kg，口服，每日1次，连续4周，也可结合使用别嘌呤醇（10 mg/kg，口服，每日2次）。两性霉素B是抗利什曼原虫的一种强效药，由于它具有潜在的肾脏毒性，所以必须谨慎使用。此药经静脉滴注，给药剂量为0.5～0.8 mg/kg，可用10～60 mL的5%葡萄糖进行稀释，输注时间需不少于45 min，每周2次，连续1～2个月，直到累计剂量达到15 mg/kg。患犬经治疗后，其临床症状经常出现暂时性的改善，但通常不能消灭寄生虫。经治疗后的犬可作为携带者，保持感染性，且可能复发，它们对白蛉仍然具有感染性。

使用特定的驱虫剂进行局部驱虫，可有效地减少白蛉叮咬和疾病传播。现已证实，用溴氰菊酯浸染颈圈，以及正确配伍使用苄氯菊酯和吡虫啉可提供保护力，以抵抗白蛉的叮咬。建议对利什曼原虫流行地区的犬、新运输到感染区的犬和感染犬（为了降低潜在传播的可能性）使用杀虫剂，以保护其不受感染。在巴西，由一种纯化剂制备的抗犬利什曼原虫病商品化疫苗已投入市场，其他疫苗仍在研发中。

【人兽共患病风险】 在犬利什曼原虫病流行地区，犬为婴儿利什曼原虫的贮存宿主，它可导致人类感染内脏利什曼病，引发严重的公共卫生问题。此病主要发生于幼儿。营养不良被认为是造成此病的危险因素，这可能解释了为何此病在贫穷国家儿童中的流行率，要高于在富裕国家儿童中的流行率，然而，此病在犬群中的流行率都很高。此病在免疫功能低下人群中也易流行，目前，在南欧，艾滋病患者成为患人利什曼病的主要危险人群。艾滋病和利什曼原虫混合感染的病例在全球33个以上国家均有报道，目前没有有效的治疗方案。在流行地区控制犬和人患利什曼病的关键，在于切断该病的传播途径，防止犬成群感染。

八、立克次体病

（一）埃利希体病及其相关性感染

以往，对于许多可感染真核细胞的专性细胞内寄生物，按其形态学和生态学特征，将其归类为埃利希体属（Ehrlichia）。而如今，根据最新的基因分析，这些病原又重新被归类为埃利希体属（Ehrlichia）、无形体属（Anaplasma）和新立克次体属（Neorickettsia），它们均属于无形体科。然而，现在可能仍使用埃利希体病来描述由上述病原感染的疾病。

【病原】　犬埃利希体病主要是由犬埃利希体（Ehrlichia canis）感染造成的，它主要侵袭犬的单核细胞；尽管此病不被认为是主要的人兽共患病，但偶尔也有关于人类感染此病原体的报道。常见于犬的另外一种埃利希体属病原是沙菲埃利希体（E. chaffeensis），它可引发一种单核细胞疾病，在美国，它是人类感染埃利希体病的主要病原。也有关于猫感染单核细胞埃利希体病的报道，这说明猫也可感染本病，尽管不常见。尤因埃利希体（E. ewingii）主要感染敏感宿主的粒细胞，已从美国南部、西部和中西部的犬与人体内分离到该病原体。

嗜吞噬细胞无形体（phagocytophilum）曾被认为是马埃利希体（E. equi）和引发人粒细胞性埃利希体病的病原体，有报道称，它也可引起犬发病。众所周知，它在美国可导致人类发病，主要发生于美国的东北部、上中西部和西部各州。将感染此病原体而引发的疾病，称为无形体病是最为合理的，这种病原主要发现于粒细胞中。

扁平无形体（A. platys）可感染血小板，它是造成犬周期性血小板减少症流行的病因。

【流行病学】　犬埃利希体病由一种被称为血红扇头蜱（Rhipicephalus sanguineus）的褐色犬蜱传播，这种蜱在全世界均有分布；因此，犬单核细胞埃利希体病在世界各地均有分布。扇头蜱在其连续的生活期内，因吸食感染犬的血液而被感染，当其再吸食其他犬的血液时，就会将病原体传播给健康犬。输血或输注感染白细胞等其他方式也可能传播病原。沙菲埃利希体和尤因埃利希体具有森林周期特性，这与环境中的其他蜱类和野生贮存宿主的活动有关。在美国，沙菲埃利希体和尤因埃利希体由美洲花蜱（Amblyomma americanum）和孤星花蜱传播，白尾鹿被认为是它们的重要贮存宿主，此外，犬也可能是尤因埃利希体的贮存宿主。

嗜吞噬细胞无形体由硬蜱属（Ixodes）传播；其中在美国东北部，是由黑足蜱（I. scapularis）传播，而在西部则主要是由太平洋岸硬蜱（I. pacificus）传播，在自然界中，此病原的流行周期与这些蜱活动密切相关。人与其他家畜偶尔也是这些病原的感染宿主。曾有报道称，该病原体可通过输注压积红细胞而在人与人之间传播；但不清楚犬输血时是否会存在感染相关病原的风险。

扁平无形体由血红扇头蜱（R. sangnineus）（褐色犬蜱）传播，它在美国许多地区以及全世界均有流行。由于扁平无形体与犬埃利希体由同一种蜱传播，所以这两种病原可协同感染。

【临床表现】　犬埃利希体可能会导致犬出现最严重的临床症状。这些症状是由血液和淋巴系统紊乱而产生的，通常会由急性发展为慢性，这取决于病原体的种类和宿主的免疫状态。急性病例主要表现为：网状内皮增生、发热、全身性淋巴结肿大、脾肿大及血小板减少；也可能出现厌食、精神沉郁、无力、身体僵硬且不愿走动，四肢及阴囊水肿，咳嗽及呼吸困难等不同症状。犬埃利希体感染大多发生于炎热季节，这与传播载体蜱的活动增强有关。

在犬感染犬埃利希体的急性期，血象通常正常，但也可能出现轻微的正常红细胞性、红细胞正常性贫血，白细胞减少或轻微的白细胞增多。血小板通常会减少，但出血点证据可能不明显，一些动物只是出现轻微的血小板减少。血管炎和免疫介导机制，可导致血小板减少和出血倾向，淋巴穿刺检查显示淋巴结增生。急性期患犬很少死亡，可能会自然痊愈，可能会保持隐性感染，也可能转为慢性疾病。

任何品种的动物都可能感染慢性的埃利希体病，但一些品种可能易感，如德国牧羊犬。慢性埃利希体病的季节性不明显，病例由急性期转为慢性期后，症状也多种多样，通常会出现骨髓发育不全，淋巴细胞和浆细胞渗透入各个器官。临床症状主要因受损器官的不同而各异，可能出现如下特征症状，如脾肿大、肾小球性肾炎、肾衰竭、间质性肺炎、前葡萄膜炎、引起小脑共济失调的脑膜炎、精神沉郁、瘫痪、敏感，还有过度消瘦特别明显。

通常情况下，慢性病例的血象明显异常，伴有严重的血小板减少，经常引起鼻出血、血尿、黑便、皮肤出现出血点和瘀斑，也可能发生不同严重程度的全血细胞减少（成熟白细胞减少、非增生性贫血、血小板减少或上述任意症状混合发生）。细胞穿刺检测显示淋巴结反应性增生，浆细胞显著增多。通常还会发生多克隆高丙种球蛋白血症，偶尔发生单克隆高丙种球蛋白血症。

当犬感染其他种类的埃利希体时，如沙菲埃利希体（*E. chaffeensis*）、尤因埃利希体（*E. ewingii*）或嗜吞噬细胞无形体（*A. phagocytophilum*），出现的症状类似于急性犬埃利希体感染的症状，但其临床病程的自限性通常更强，可能会出现不明病因的跛行和发热。在感染的急性期，可能出现血小板减少、轻微的白细胞减少或增多，但这些症状在临床上较离散。然而这些病原引发的慢性疾病，就不如犬埃利希体引发的慢性疾病那么典型。

扁平无形体寄生于犬的血小板中，感染犬通常表现出轻微的症状，并发展到无任何症状。患病初期会出现周期性血小板减少，间隔为10 d，一般这种循环状态会自然减退，血小板减少也将变得轻微，直至缓慢地消失。

【病理变化】 犬埃利希体感染的急性期和自限性阶段，通常会造成非特异性损伤，但也常见脾肿大，组织学病变可见淋巴组织增生，淋巴细胞和浆细胞的管套现象。对于慢性病例，病理变化有广泛性出血和许多器官血管周围的单核细胞浸润增强。

【诊断】 由于埃利希体属和无形体属感染均导致血小板减少，因此血小板计数是一项重要的检测试验。通过检测白细胞内是否存在胞浆内包含体，可证明白细胞内是否寄生病原体，即可确诊，但由于寄生病原体数量很少，难以检测出来，所以这种诊断方法敏感性较低。更为常用的方法是，结合病例临床症状，进行间接血清荧光阳性抗体滴度检测，并监视治疗效果，以作出综合诊断。还可利用酶联免疫吸附试验，检测组织内的犬埃利希体和嗜吞噬细胞无形体。抗体反应可能在感染数周后才发生，因此血清试验可能不适用于疾病的早期，此时需要检测不同感染阶段的双份血清，当发现抗体滴度增加时即可确诊感染。犬埃利希体、沙菲埃利希体和尤因埃利希体具有强烈的血清交叉反应性，而与嗜吞噬细胞无形体仅存在轻微的交叉反应，且认为这些性质具有地域性。在一些地区，感染犬埃利希体中50%的病例，可检测出抗扁平无形体抗体，由于还没有检测出这2种病原体具有交叉反应性，所以这可能说明是它们的协同感染。

人和动物感染特定的埃利希体时，可用PCR技术进行检测识别，适用于PCR检测的样品包括血液，组织提取物或淋巴结、脾、肝、骨髓等网状内皮细胞丰富器官的活检标本。PCR也可用于检测感染治疗的效果。尽管一些兽医学校与研究机构可做PCR检测，但这种方法在商业实验室仍没有得到广泛应用。

急性期的病例，需根据以下症状进行鉴别诊断：发热和淋巴结肿大（如落基山斑疹热、布鲁氏菌病、芽生菌病、心内膜炎），免疫介导机制疾病（如系统性红斑狼疮），淋巴肉瘤。对于感染犬埃利希体的慢性病例，需根据以下特征进行鉴别诊断：雌激素中毒，骨髓病，免疫介导性全血细胞减少，特定器官出现功能障碍而导致的多系统疾病（如肾小球性肾炎）。

【治疗】 强力霉素具有很强的胞内渗透能力和抗立克次体特性，因此可用于犬埃利希体和边虫感染。推荐剂量5～10 mg/kg，每日1次，连续使用10～21 d，口服或静脉注射。急性病例还可连续使用土霉素（22 mg/kg，每日3次，口服）2周以上，慢性病例连续1～2个月。肌内注射两剂量二丙酸咪唑苯脲（5～7 mg/kg），时隔2周后，可对埃利希体和几种巴贝斯虫感染产生不同程度的疗效。急性病例若得到合适的抗生素治疗，体温在24～48 h后即可恢复正常；而对于慢性病例，尽管治疗后很快出现治疗效果，但其血液系统异常可能会持续3～6个月。对于出现过度消瘦和特定器官功能障碍的病犬，还需辅助疗法，如果出血严重，还需输注血小板或全血；如果出现严重的白细胞减少症，还需结合使用广谱抗生素。治疗后6个月内，应该再次检测犬埃利希体抗体滴度，以确定抗体水平是否降低或呈阴性，从而证明疗法是否正确，如果抗体滴度保持较低水平而仍呈阳性，就应该在6个月后再次检测抗体滴度，以确保其抗体水平不会增加。

【预防】 控制犬群中蜱的数量可有效增强本病的防控；输血时选择经检查呈阴性血清犬作为供血者，这可减少本病的传播。尽管新供血犬经检测时血清呈阴性，但由于它们可能处于潜伏期，所以在数周内也不可断定其未被感染。对于犬埃利希体病流行的地区，在犬舍内用低剂量的四环素（6.6 mg/kg，每日1次，口服）进行预防，可有效防止本病的感染。即使成功控制住了本病的一个流行周期，但对患犬的治疗还需坚持数月，至少应度过蜱的活动季节。

【人兽共患病风险】 沙菲埃利希体、尤因埃利希体和嗜吞噬细胞无形体被认为是人兽共患病原体。动物和人均可感染这些病原，但这仍需要蜱作为传播媒介。在自然环境条件下，犬和其他感染动物不能直接传播本病。在有蜱活动的区域内，如果犬感染了这些疾病，这表明人被感染的危险性就会大大增加。

（二）落基山斑疹热

【病原】 落基山斑疹热（rocky Mountain spotted fever，RMSF）（立克次体感染）是由立氏立克次体（*Rickettsia rickettsii*）引起人和犬的一种疾病，立氏立克次体，以及与斑疹热密切相关的其他立克次体在北美、南美和中美洲的大部分地区呈地方性流行，它们主要由感染蜱叮咬传播。对于其他遗传特征相似的立克次体微生物，如帕克立克次体（*R. parkerii*），是否会引发犬出现相似的临床症状，还不是很清楚。由于犬对立氏立克次体敏感，相对来说也较容易接触蜱，所以感染犬可用来提醒人们应该对本病进行防治，以防人类感染。此外，有报道称，本病经常在一些确定的地区成群暴发，且有时是犬和其主人均被感染。

【流行病学】 在美国，立氏立克次体的主要载体是变异革蜱（*Dermacentor variabilis*，美洲犬蜱）和安氏革蜱（*D. andersoni*，落基山硬蜱）。该病原体在血红扇头蜱（*Rhipicephalus sanguineus*）体内也可分离到，在美国亚利桑那州的局部地区，它似乎是主要载体，在美国其他地区，可能未注意到它在疾病暴发中的作用。在中美洲，血红扇头蜱与立氏立克次体的传播有关。蜱在幼虫期和若虫期携带病原，当去采食时即可感染脊椎动物。雌蜱还可经卵传播给子代，在一些高流行地区，预估1%～3%革蜱（*Dermacentor* spp.）携带有立克次体。

在流行地区，立氏立克次体检测呈阳性血清的犬达4.3%～77%不等，但由于此病原体与其他遗传特征相似的立克次体存在交叉反应性，所以这些数值不能准确反映其感染率。病例在感染急性期时可能患立克次体血症，所以对其血液和组织样品要小心处理，曾经就有一个通过输血而感染落基山斑疹热的人体案例。同样，给犬输血时也应选择阴性犬的血液。尽管人在给宠物驱除饱血的蜱时，可能会通过擦伤的皮肤或结膜接触蜱的血液和分泌物而被感染，但目前仍没有犬直接传染人的报道。

【临床表现】 犬感染立克次体的临床症状非常明显，而猫则相反，很少表现出症状。患犬早期可能表现有如下症状：发热（升高到40.5℃）、厌食、淋巴结肿大、多发性关节炎、咳嗽或呼吸困难、腹痛、上吐下泻、面部或四肢水肿。一些严重病例可能还可观察到结膜和口腔黏膜点状出血。早期可能还出现局部视网膜出血。还可发生精神状态紊乱、前庭功能障碍、椎旁感觉过敏等神经症状。

常见患犬血小板减少，且早期还出现白细胞减少，若不经治疗，随后发展为白细胞增多。血清生化指标异常，结果显示有低蛋白血症、低白蛋白血症、氮血症、低血钠症、低血钙、血清肝酶活性增强。病死率预计可达1%～10%。

【病理变化】 立克次体致细胞病变效应可造成血管内皮损伤，且血管坏死的严重程度与感染病原体的量直接相关。血管内皮损伤和血小板减少，又加剧了瘀血和瘀斑的程度，对于严重的病犬还会出现四肢末端坏死（坏疽）或弥散性血管内凝血。

【诊断】 血清学试验常用间接荧光抗体效价检测，然而，由于许多非致病性斑疹热属立克次体与致病原有较高的交叉反应性，前者的抗体和感染RMSF后产生的抗体长期共存，所以抗体检测存在一定干扰。诊断时，若抗体滴度增为原先的4倍，并具有特定的临床症状可证明其感染。对于不明原因的发热，需做鉴别诊断。治疗落基山斑疹热的过程，其实对其他种属的犬埃利希体感染也有很好的治疗效果，但出现神经症状的犬可能会留下后遗症。自然感染这种病后会终生获得免疫，因此RMSF不会周期性发作。

【治疗】 根据临床诊断推测，尽快用抗生素治疗，不要等到血清学试验结果出来再进行，这是因为抗生素治疗延误，可能将导致更为严重甚至致命的后果。口服或静脉注射强力霉素，5～10 mg/kg，每日1次，连续10～21 d；也可口服四环素，22 mg/kg，每日3次，连续2周。对于出现脱水和出血性素质的病犬，还需辅助疗法，由于血管的完整性遭到损害，所以建议静脉补液。为了更好地防范，还应驱除和控制蜱。

（三）鼠斑疹伤寒

斑疹伤寒立克次体（*Rickettsia typhi*）是鼠斑疹伤寒的致病原，猫属立克次体（*R. felis*）是人兽共患的病原体，其主要贮存宿主为啮齿类动物（大鼠、小鼠），它们可能与该病的流行周期有关，其中还涉及负鼠和家猫。人和其他动物通过与感染跳蚤接触也可被传播感染。

【流行病学】 通常认为，人类主要是通过擦伤皮肤接触到感染蚤的排泄物而被感染；在特定的环境内，还可能出现携带有传染性病原的气雾颗粒。犬和猫可能以同样的方式被感染。已知本病在全世界均有发生，据报道，美国最近每年都会出现数百人感染本病。关于动物流行本病的报道，在美国南部的得克萨斯州、加利福尼亚州和夏威夷州最为常见。

【临床表现】 犬与猫因感染斑疹伤寒立克次体和猫属立克次体，而引发的临床疾病没有很好的记录，但根据检测到的抗立克次体抗体，可证明感染本病，并且存在这方面的记载，尤其是与人类疾病暴发相关时。现在已经提出家畜可能为本病的贮存宿主，尤其是猫，但它们在维持疾病流行周期的重要作用，仍未得到很好地阐述。尽管犬和猫作为跳蚤来源的可能性较小，但这也可能为人类感染带来危险。建议定期控制跳蚤数量，以降低由跳蚤将本病传播给人类的风险。

【诊断】 在血清学试验中，首选对双份血清进行间接荧光抗体滴度检测，以进行评估；在人类暴发本病时，这是最为常用的检测方法，并常与周边环境的评估相结合。此病原产生的抗体与感染其他立克次体产生的抗体，具有一定程度的交叉反应，包括立氏立克次体，所以理想的做法应该是使用双份血清进行检测。也可用全血进行PCR检测，但由于猫和犬在立克次体血症期间，可能不表现出临床症状，使得难以搞清楚检测的最佳时间，所以PCR的检测功效是未知的。

【治疗】 在缺乏临床症状的情况下，不建议使用特效疗法。如果怀疑犬和猫是因感染斑疹伤寒立克次体和猫属立克次体而引发的临床疾病，可用强力霉素进行治疗，剂量为5～10 mg/kg，口服或静脉注射，每日1次，持续10～21 d。还应给动物提供常规的预防性治疗，以控制跳蚤数量。控制程序包括使动物远离疾病流行区，并结合使用杀虫剂，以杀灭环境中的跳蚤，从而防止跳蚤在吸食其他感染宿主的血液后，再通过叮咬传播给人。

（四）鲑中毒综合征与埃洛科明吸虫热

鲑中毒综合征（salmon poisoning disease，SPD）（新立克次体感染）是犬科动物的一种急性传染病，由于其病原体寄生于一种吸虫，此吸虫可经钉螺—鱼—犬传播，所以犬吃了携带病原的鱼后即可感染。这个病名常导致人们产生误解，认为该病是由毒素引起的。埃洛科明吸虫热（elokomin fluke fever，EFF）是一种急性传染病，与鲑鱼肉中毒病相似，但其感染宿主较广，包括犬科动物、熊、浣熊。森里特苏热新立克次体（Neorickettsia sennetsu），可引起人类的森里特苏热埃利希体病，但仍未见此病原引发犬发病的报道。

【病原】 SPD由蠕虫新立克次体（N. helminthoeca）感染引起，有时也与EFF新立克次体（N. elokominica）混合感染，后者可引起埃洛科明吸虫热。这两种病原体的携带者是一种称为鲑隐孔吸虫（Nanophyetus salmincola）的小吸虫，许多鱼类，如鲑鱼、鳟鱼、太平洋娃娃鱼，可携带有这种吸虫的包囊蚴，如果犬和其他动物吞食了这些鱼即可感染。吸虫进入犬的消化道后，幼虫脱囊而出，嵌入十二指肠黏膜，并释放新立克次体。其实感染吸虫本身临床症状不明显，甚至无临床症状。最近出现了关于两只被捕获的马来熊感染鲑鱼肉中毒病的报道，这突出强调了如果非本地的外来物种曾暴露于感染环境，并具有临床病史，就需要考虑其感染了此病原。

【流行病学】 生活周期如下：犬粪便中含有感染病原体的吸虫卵，吸虫卵发育成毛蚴，并感染普里斯佛尖孔螺（Oxytrema plicifer），在该螺体内经历雷蚴、尾蚴发育阶段，随后从螺体内逸出，进入蛙鱼或鳟鱼体内，发育为具有感染能力的包囊蚴，当犬吞食了这种鱼后即被携带有立克次体的吸虫感染。病原体很少通过笼间接触、直肠体温计或空气传播。

本病的感染不存在年龄、性别或品种等特异性。然而，这种疾病多流行于渔业发达的地区，在太平洋地区，从旧金山到阿拉斯加州海岸，均发现有被感染的鱼类，但SPD在加利福尼亚北部到普吉特湾更为流行。本病在鱼类洄游的内陆河区域也有发现，显然，这与普里斯佛尖孔螺的区域限制性有关。

【临床表现】 SPD发病突然，一般在吃过感染鱼5～7 d后即表现出症状，但也可能33 d才发作。若不作治疗，病例可能在7～10 d后死亡，病死率高达90%。发病1～2 d后，温度升到峰值40～42℃，随后4～8 d温度逐渐降低，直至正常。患犬通常在死前出现体温过低。事实上，所有病例在发热的同时，还伴有抑郁和绝食，通常在发病4～5 d时会出现持续性呕吐，5～7 d时出现腹泻，粪便中经常带血且可能很严重。患犬脱水严重，体重大大减轻。对于严重病例，其胃肠道症状在临床上很难与犬细小病毒的症状区分。60%的病例出现全身性淋巴结肿大，还可能出现鼻液或结膜分泌物增多，这与犬瘟热症状相似。患犬的中性粒细胞通常增多，但有时也出现绝对显著的白细胞减少症，并伴有退行性的白细胞核左移。还有报道称有94%病例的血小板减少，但其血清生化值都正常。

在临床上，EFF症状比SPD轻微，前者不常见严重的胃肠道症状，但其淋巴结肿大更为显著。在不作治疗情况下，EFF病死率仍较低，约为10%。

【病理变化】 病理变化似乎主要发生在淋巴组织和肠道，其中胃肠道淋巴滤泡、淋巴结、扁桃体、胸腺均肿大，脾脏出现一定程度的显微坏死、出血与增生。对于SPD病例，可能因为肠道淋巴滤泡的损伤，可在肠道中出现不同程度的出血性肠炎，但往往较严重。而这在EFF病例中较少见。除了淋巴滤泡的损伤，肠道中还存在局部坏死灶。其中嵌入十二指肠的吸虫，也对十二指肠造成了轻微的损伤。此外，有些病犬经确诊呈化脓性脑膜炎和脑膜脑炎。

【诊断】 在大约92%病例的排泄物中，可检测出吸虫卵，这可作为诊断依据。这种卵呈椭圆形，黄棕色，表面粗糙，大约（87～97）µm×（35～55）µm，一端是一模糊的卵盖，另一端是一小钝点。这些卵在被排出的1～2 d内，有少量可能被传播。通过淋巴结穿刺技术，检测出大约70%的病例有胞内寄生物。对于无名发热、全身淋巴结肿大、呕吐和腹泻等症状还需作鉴别诊断，但当出现腹泻和渗出性结膜炎时，应考虑是否患犬瘟热。

【防治】　目前，预防的唯一方法是避免喂食生的鲑鱼、鳟鱼、虹鳟鱼及其他类似淡水鱼。康复动物能够维持很强的体液免疫反应性，但蠕虫新立克次体和牛瘀点热新立克次体无交叉反应性。口服或注射不同的磺胺类药物具有治疗作用，也可使用金霉素和土霉素进行治疗。通常情况下，患犬由于脱水、电解质和酸碱平衡紊乱、贫血而死亡。所以在满足其营养需要和控制腹泻的同时，还得给予辅助疗法，以维持水分和酸碱平衡，输入合适的全血，也可能有助于病犬康复。

（孙世琪 译　韩凌霞 一校　梁智选 二校　靳亚平、马吉飞 三校）

第六章　免疫系统
Immune System

第一节　免疫系统生物学

动物不断地受各种各样微生物入侵的威胁，这些微生物伺机进入动物体内并利用其资源作为住所和食物。动物机体为了能够生存并防止其资源被微生物利用，可通过采用一列复杂的防御机制与入侵者进行斗争，这种机制也可被认为是一系列防御屏障。第一道防御屏障是物理屏障，如坚韧的、厚实的皮肤，或咳嗽和打喷嚏的能力。第二道防御屏障是一套拥有"硬件连接"的天然免疫系统，依靠快速的模式化应答，阻止并杀灭细菌性和病毒性入侵者。这种防御屏障的典型例子就是急性炎症过程和经典的疾病反应，例如发热。第三道防御屏障是高度复杂、适应力很强且非常有效的获得性免疫系统。

天然免疫应答可有效抵抗条件性致病微生物或低致病性微生物的入侵，但就其本质而言，它只能延缓高致病性微生物的入侵时间。长期抵抗力和生存都需要依靠获得性免疫。获得性免疫系统可有效抵抗各种各样的病原体。在每次微生物入侵激活获得性免疫系统后，都会使其有效性得到提高。由于随着年龄的增长，动物机体内可以积聚免疫记忆细胞，因此这种获得性免疫可以为抵抗大部分潜在侵袭者提供几乎无法逾越的屏障。没有获得性免疫系统，动物就会死亡。

获得性免疫系统面临各种各样的挑战。许多不同微生物都试图侵入机体，包括细菌、病毒、原生动物和蠕虫。针对各种不同的入侵者，机体的最佳免疫应答也必须具有更高的多样性。例如，针对可在机体细胞外生存的入侵者（如细菌），最好的进攻方法是抗体（或体液）介导的免疫应答，而针对细胞内存活的病毒，最好的消灭方法是通过细胞介导的免疫应答。

在受到侵袭时，机体必须决定启动何种免疫应答最好——天然免疫？还是获得性免疫？还是同时启动两种？如果需要启动获得性免疫反应，是需要抗体介导的免疫，还是细胞介导的免疫？一旦启动，如何进行调控？一旦激发免疫应答，能否将其关闭？

一、物理屏障

机体的物理屏障对于延缓或阻止微生物入侵起着十分重要的作用。很少有微生物能够穿透完整的皮肤；大多数入侵者一般通过伤口或注射（如蚊子叮咬）进入机体。皮肤伤口可迅速愈合，以重新建立保护性屏障。正常皮肤表面的复杂菌群有利于排除新的入侵者，同时汗液中的抗菌分子也能杀灭许多潜在的入侵物。在呼吸道，上呼吸道的结构能够起到小颗粒有效过滤器的作用。在呼吸道的内部表面附着有一层可以捕获微生物的黏附性黏液。黏液中含有多种抗菌蛋白，如防御素、溶菌酶，以及表面活性物质。"脏"黏液通过纤毛运动运送至咽部被机体吞咽，并不断被新的干净黏液替代。咳嗽和打喷嚏是必不可少的防御反应，能够将呼吸道和鼻腔内较大的刺激物清除出去。肠道的防御屏障以肠道内存在的数量庞大、结构复杂的正常肠道菌群为中心。在肠道内存在有适应性很强的正常肠道菌群时，潜在的入侵菌就不大可能在肠道中定殖。如果所有这些屏障均不能阻止侵入，则可以通过呕吐和腹泻迅速将胃肠道内的入侵物清除出去。

二、天然免疫

动物机体可以迅速识别成功穿透机体物理屏障的微生物，并激活天然防御系统。天然免疫最重要的特征是急性炎症。炎症过程的第一步就是尽早地识别入侵微生物或受损组织。机体可以通过模式识别受体识别大多数入侵物，这种受体可以与微生物表面的保守分子相结合，并对其进行识别。机体内存在有许多种不同的模式识别受体，但最重要的是Toll样受体（TLR）。TLR的家族成员至少有10种存在于多种细胞，例如巨噬细胞、肠上皮细胞和肥大细胞表面或细胞质内。细胞表面的TLR能够与胞外菌固有的分子相结合，例如脂多糖或脂蛋白。与此相反，细胞质内的TLR可以与病毒的核酸相结合。只要TLR与其配体发生结合，就可激发白介素-1（IL-1）和α-干扰素（IFN-α）的分泌。

在TLR刺激下产生的IL-1和其他细胞因子，最终会引发急性炎症反应。这些因子可以促进循环白细胞黏附在入侵部位附近的血管壁上。随后，这些白细胞，尤其是中性粒细胞，在微生物产物、被称为趋化因子的小蛋白，以及受损细胞释放分子的吸引下，离开血管，移居至入侵部位。白细胞一旦到达入侵部位，中性粒细胞就会与入侵细菌结合，通过吞噬作用摄入细菌，并将摄入细菌消灭。这种杀菌过程主要由一种被称作呼吸暴发（respiratory burst）的代谢途径所调控，这种代谢途径能够产生强效氧化剂，如过氧化氢和次氯酸离子。但是，中性粒细胞的能量储备十分有限，在进行这种吞噬作用之后，本身也会死亡。

即使早期炎症反应能够有效杀灭几乎所有入侵物，机体还必须清除细胞碎片、任何尚存活的微生物和濒临死亡的中性粒细胞，并且要对损伤进行修复。这一任务由巨噬细胞完成。组织中巨噬细胞来源于血液中的单核细胞。巨噬细胞与中性粒细胞一样，也是通过趋化因子和受损组织被吸引至微生物入侵部位和受损组织处，并将其中尚存活的入侵物完全吞噬。巨噬细胞也可吞噬并清除所有残存的中性粒细胞，从而确保中性粒细胞的氧化剂被完全清除，而不会在组织中造成毒性物质的泄漏。最后，由巨噬细胞的一个亚群开始对组织进行修复。可以完成破坏性过程的巨噬细胞能够有效杀灭微生物，被称为M1型细胞。用于组织修复和受损组织清除的巨噬细胞称为M2型细胞。

炎症反应和组织损伤产生的多种分子可以进入血液循环，如IL-1和肿瘤坏死因子。这些分子进入脑组织后，能够引起一系列行为反应；例如，造成体温调节中枢发生变化引起发热，作用于食欲控制中心引起食欲下降，作用于睡眠中心引起嗜睡和精神沉郁。这些分子还能动员脂肪和肌肉中的能量储备。这些行为变化可通过重新分配能量来增强机体的防御力，抵抗入侵物。

来源于炎症部位的循环细胞因子也可作用于肝脏细胞，使其分泌一种"急性期蛋白"，之所以这样称呼是因为，在发生急性炎症时血液中的这种蛋白浓度急剧升高。不同种类的动物所产生的急性期蛋白不同，包括血清淀粉样蛋白A、C反应蛋白和多种不同的铁结合蛋白。急性期蛋白主要起着促进天然防御的作用。

（一）补体

虽然天然免疫过程的核心是急性炎症，但机体还拥有其他天然防御机制。组织中含有抗菌肽，能够与侵入的细菌结合并将其杀灭。这些抗菌肽包括类似于去污剂的分子，如防御素或内源性抗菌多肽，能够裂解细菌的细胞壁；还有酶类，如溶菌酶，能够杀灭许多革兰氏阳性菌；铁离子结合蛋白，如铁调素或触珠蛋白，可通过剥夺细菌必需的铁离子供应来抑制细菌的生长。在这些天然防御机制中，最重要的也许就是补体系统，该复合群含有差不多30种蛋白，共同作用可杀灭入侵的微生物。补体系统最重要的功能是通过某种蛋白，被称为C3和C4，与微生物表面发生不可逆的结合。只要一发生结合，这些补体成分要么通过另一种蛋白，称为C9，溶解微生物并将其杀灭，要么只对其进行包裹，以便快速、有效地将其吞噬。

补体系统的激活方式有3种。第一种方式，也被称作旁路途径，由细菌表面存在的分子激发，其主要成分为碳水化合物且能与补体蛋白C3结合。只要一发生结合，C3蛋白就能够作为一种酶，激活并结合更多的C3蛋白。被C3蛋白包裹的细菌可被迅速、有效地吞噬和杀灭。另外，表面附着的C3蛋白能够激活其他补体成分，并最终使一种叫做C9的蛋白插入到细菌细胞壁中，引起菌体溶解。第二种补体激活途径是，由细菌表面碳水化合物中的甘露糖分子与血清中的甘露糖受体结合而引发。通过结合激活了某种酶途径，反过来激活C3或C9蛋白。第三种也是经典的补体激活方式，是由抗体与微生物表面结合后引起。所以也可以说是由获得性免疫反应引发的。与甘露糖途径相似，这种途径最终导致C3和C9蛋白的激活。由于补体系统能够造成严重的组织损伤，因此需要通过多个复杂的调控途径进行精准调控。

（二）天然免疫细胞

有效天然免疫反应的关键是快速识别入侵物，并迅速作出细胞应答。几种类型的细胞都可以作为前哨细胞，其中最重要的3种是巨噬细胞、树突状细胞和肥大细胞。这些细胞都含有模式识别受体，如Toll-样受体，能够感知入侵微生物的存在。这些细胞还含有多种其他受体，能够检测微生物和组织损伤。当这些受体被结合时，可通过一种分子，被称为NF-κB，发出信号，启动细胞因子的生成，如IL-1、IFN-α和TNF-α。这类细胞也可以释放血管活性分子和疼痛分子，如组胺、白三烯、前列腺素，以及在炎症中专门激活血管反应的多肽。

炎症反应的主要目的是确保尽快将吞噬细胞运送至微生物侵袭部位，包括将吞噬细胞从血液循环中吸引过来，通过组织将其运送至入侵部位，并对入侵微生物进行吞噬和杀灭。吞噬细胞群主要有3种。粒细胞对吞噬入侵细菌特别有效，可以吞噬入侵细菌，激活一种代谢途径，被称为呼吸暴发，产生可以杀灭大多数吞噬细菌的致命性氧化分子，如过氧化氢和次氯酸离子。其他吞噬细胞，如嗜酸性粒细胞，专门用于杀灭寄生虫，其内含可以杀灭迁移性寄生虫幼虫的酶。第三种主要的杀伤细胞群是M1型巨噬细胞。这类细胞迁移到微生物侵袭部位的时间晚于粒细胞，但能够使吞噬功能持续、有效。M1型巨噬细胞含有极具杀伤力的抗菌因子一氧化氮，因而可以杀灭能够抵抗中性粒细胞的微生物。

虽然吞噬细胞可以有效杀灭入侵细菌，但病毒也会侵袭机体。自然杀伤（NK）细胞是一群能够有效杀灭病毒感染细胞的先天性杀伤细胞。NK细胞是淋巴细胞的一种，能杀灭病毒感染细胞或其他不表达MHCⅠ类分子的"异常"细胞。MHCⅠ类分子可以与NK细胞受体相结合，使其丧失杀伤能力。没有这种信号时，NK细胞可以与靶细胞结合，并将细胞凋亡诱导蛋白注入到靶细胞内，将其杀灭。

当炎症引起巨噬细胞激活时，巨噬细胞可以分泌一种称为IL-23的细胞因子。IL-23又会作用于一种T细胞群（称为T_H17细胞），引起T_H17细胞分泌IL-17。IL-17又会将粒细胞吸引至炎症、感染和组织损伤的部位。

三、获得性免疫

虽然先天性免疫对机体防御至关重要，但不能提供完全保护力。先天性免疫缺乏适应性以有效应对微生物的多样性。由于先天性免疫自身的性质，可能会造成明显的组织损伤。需要采用第三层防御机制，要求这种机制对于微生物侵袭能够自动响应、对于威胁能够产生相应的抵抗力且具有自我改进的能力，这些都是获得性免疫系统的主要特点。获得性免疫反应主要有两种，针对细胞外入侵物的抗体（体液）免疫和针对细胞内入侵物的细胞介导免疫。

获得性免疫反应十分复杂，必须进行精确的调控。机体具有强有力的免疫防御系统，其反应过程必须十分精准，以尽量减少对正常组织造成的损伤。因此，免疫系统的很大一部分专门用于产生调节性细胞，其功能是确保仅在适当的情况下才产生获得性免疫反应。如果这些调节途径失败，就可能会引起疾病或死亡。

获得性免疫系统，无论是抗体介导的免疫应答，还是细胞介导的免疫应答，其作用必须按照一定顺序通过一系列步骤来完成。第一步是抗原的捕获和处理过程。经过处理后的抗原会被提呈到细胞表面，可被携带有针对特异性抗原受体的淋巴细胞所识别。每种抗原受体都具有高度特异性，每个淋巴细胞仅能表达一种类型的抗原受体。因此，数以百万计的淋巴细胞就能够识别数百万种抗原。为确保只有外来抗原才能激发获得性免疫，对于可与正常机体抗原发生结合和反应的细胞，在其发育早期即已进行选择性的消灭。淋巴细胞所在的淋巴器官，位于可以与入侵微生物抗原发生最有效接触的部位，通过增强免疫应答可以激发这些淋巴细胞的反应。淋巴细胞群主要有3种：负责抗体反应的B淋巴细胞，负责细胞介导免疫应答的效应T淋巴细胞，以及负责控制这些反应和减少不当反应的调节性T淋巴细胞。

（一）抗体应答（体液免疫）

抗体是由B淋巴细胞大量合成并分泌后进入血液循环的免疫球蛋白。B淋巴细胞分化成浆细胞，进而产生抗体。浆细胞是可有效合成和分泌大量抗体的分化B细胞。抗体可以与外来分子相结合并对其进行标记，以便吞噬细胞或补体介导的裂解对其进行破坏，对于宿主抵抗外侵袭物的防御至关重要，如大多数细菌、一些血液寄生虫和在细胞间移动的病毒。

B细胞来源于骨髓，定居在淋巴组织中，如淋巴结、骨髓、集合淋巴结和脾脏。每个B细胞的表面都有数千个相同的抗原受体，仅可以与一个抗原分子相结合并作出反应。当细菌进入机体时，必然会与B细胞发生接触，与其某种表面抗原相结合。B细胞与抗原发生结合且在适宜条件下，导致其不断发生分裂并分化成2个亚群。一个亚群是产生抗体的浆细胞群，可极大地增加免疫球蛋白的合成，也是抗体的主要来源。另一个B细胞亚群是记忆B细胞，在淋巴组织中可存活数月或数年。当机体与抗原发生再次接触时，这些记忆B细胞迅速作出反应，产生大量浆细胞（和更多记忆细胞）。因此，动物的抗体反应可以迅速得到极大的提高，以迅速清除异物，在以后再次接触微生物时，可以积聚更多的记忆细胞，保护力更强，从根本上确保这种微生物不会对该动物个体造成发病。这种反应就是所有免疫接种的基础。

虽然B细胞反应和产生抗体的概念很简单，但由于需要确保其调节十分精确，因而也是十分复杂的。因此，一个B细胞不是针对所有外来抗原都作出反应，除非它收到辅助性T细胞（T_H细胞）以第二信号形式发出"许可"。反之，只有在严格控制的条件下，才能由递呈的抗原反应激活这些辅助性T细胞。

1. 抗体 哺乳动物有5种不同的抗体：免疫球蛋白G（IgG）、IgM、IgA、IgE和IgD。B细胞和浆细胞分泌的免疫球蛋白的类型主要取决于其所处部位。位于体内淋巴器官的细胞可分泌IgM和IgG，位于机体表面的细胞可分泌IgM、IgA和IgE。

血液中含量最多的免疫球蛋白是IgG，在对侵入至机体内部的微生物进行结合与清除中，IgG起着主要的作用。IgM作为IgG的"后备"，一般仅存在于血液中。抗体反应早期产生的是IgM，此时其高效性可以弥补其数量少的缺点。

IgA是由黏膜表面的B细胞和浆细胞产生的。在上呼吸道、胃肠道、泪水、汗液等中，常会产生和分泌大量IgA。IgA是机体物理屏障的补充，可以防止微生物侵袭。IgE是IgA的"后备"，也主要产生于身体表面。IgE可有效预防寄生虫的侵袭，如蠕虫或节肢动物。但是，IgE也可以引起过敏反应，出现快速的急性炎症反应，因此可以造成危及生命的过敏反应。已确认IgD是功能意义最小的抗体。

2. T细胞的辅助作用 大多数抗体反应的调节都需要预先通过T_H细胞。反之，T_H细胞只能在与特定抗原呈递细胞，即树突状细胞，呈递的抗原相结合后，才能被激活。

树突状细胞是具有捕捉和处理外来抗原功能的类巨噬细胞。这类细胞由于其具有许多长而细小的丝状分支或树突状结构，可以延伸穿透组织形成有效的抗原捕获网，因而被称为树突状细胞。例如，真皮中树突状细胞亚群（朗罕氏细胞）的树突状网可捕获通过损伤皮肤进入机体的微生物。树突状细胞可以捕获并吞噬侵入的微生物。因而其胞内存在有大量的外来抗原片段，这些抗原片段可以黏附在树突状细胞内的受体分子（MHC分子）上。这种抗原-MHC复合物一旦形成，就会转移到可由T_H细胞进行识别的细胞表面上。

在树突状细胞上可结合并递呈抗原片段的受体是由基因编码的特殊蛋白质，该基因与主要组织相容性复合体（最初认为MHC是造成移植物排斥的抗原，因此就有了这个与众不同的名称）聚集在一起。动物群体可以表达成千上万种MHC分子，但在任何一个动物个体表达的MHC分子只有少数几种（3~6种）。因为MHC分子在结合抗原片段和激活T_H细胞中起着关键作用，因此可有效决定动物个体是否对外来抗原产生应答。动物个体拥有的MHC分子，可以与许多外来抗原发生结合，甚至是大多数，但不是全部。如果一个动物缺乏可结合一种抗原的MHC分子，就无法对该种特异性抗原作出反应。动物个体能够反应的（和能够抵抗的）抗原系列是由该动物的MHC单体型决定的。所有种类的家畜都有其独特的MHC。这类基因编码的受体是依据动物的具体种类而命名，牛的这类受体分子命名为BoLA，马的为ELA，猪的为SLA等。

与B细胞一样，T细胞在刚出现时，其表面也可随机产生特异性的抗原受体。随着T细胞在胸腺内不断成熟，具有可以与正常机体成分结合的受体的T细胞被消灭，其余T细胞仅对外来抗原产生应答。与B细胞上的抗原受体一样，任何单个T细胞上的抗原受体都相同。但是，与B细胞不同的是，T细胞上的抗原受体只有在与MHC分子结合后，才能识别抗原。因此，当树突状细胞给T细胞递呈MHC相关抗原时，只有具有适当受体的T细胞才能与树突状细胞结合。二者一发生接触，细胞之间即可交换信号，以确保T细胞正在作出的反应是针对正确处理的抗原。这可能需要数小时时间。T细胞收到所有必要的信号之后，开始分泌细胞因子混合物，这些细胞因子允许黏附的B细胞对抗原作出反应，从而使抗体反应持续进行。

抗体是对胞外细菌作出的反应，也是针对这种细菌而产生的。相反，细胞介导的应答是抗病毒和细胞内细菌的。采用免疫反应的合适类型是在免疫应答的早期阶段确定的。因此，有两种树突状细胞群都可以捕获和处理抗原。一个细胞群（DC1细胞）可以激发细胞介导免疫，而另一个细胞群（DC2细胞）可以激发抗体生成。由于这些树突状细胞群使用的细胞因子信号不同，因此给T_H细胞传递的信息不同；DC1细胞可以分泌IL-12，DC2细胞可分泌IL-1。反之，这些不同的细胞因子可以刺激2个不同的T_H细胞群：可以促进细胞介导免疫的T_H1，可以促进B细胞应答和抗体产生的T_H2。T_H1细胞分泌以γ干扰素（IFN-γ）为代表的细胞因子混合物，T_H2细胞分泌以IL-4为代表的细胞因子混合物。只有当B细胞受到T_H2细胞分泌的IL-4刺激时，才会对外来抗原作出有效反应。

（二）细胞介导的免疫

如上所述，在抵抗胞内入侵物时，如病毒和一些胞内细菌，需要采用细胞介导的免疫应答。这种免疫系统可通过杀灭感染细胞来阻止病毒感染。这种能够特异性杀伤带抗原靶细胞的细胞被称为效应（细胞毒性）T细胞。与T_H细胞一样，效应T细胞的发育和淘汰也是在胸腺内进行的，在此来清除任何可杀灭正常健康细胞的T细胞。剩余T细胞被释放到体内，通过组织不断循环查找异常细胞。

所有有核细胞在功能正常时，都可以产生许多不同的蛋白质。然而，病毒感染细胞可以因病毒而产生病毒蛋白。机体要求所有有核细胞将新合成蛋白质的样品运送至其细胞表面。新合成蛋白质的小样因而被搁置和分散在一个被称为蛋白酶体的复杂酶系统中。随后，这些蛋白质片段连接在MHC分子上，输送到细胞表面上，以便效应T细胞进行检查。如果细胞受体没有与抗原结合，什么也不会发生。但是，如果抗原受体与MHC蛋白复合物中的外来抗原发生结合，T细胞就会发出杀灭该细胞的信号。与B细胞一样，效应T细胞只有收到T_H细胞的准许，特别是T_H1细胞，才能发挥其功能。在效应T细胞要杀灭靶细胞时，必须要有T_H1细胞分泌的细胞因子存在，特别是IFN-γ。

效应T细胞首先与靶细胞紧密结合，然后给靶细胞发出通过细胞凋亡进行自杀的信号。T细胞可以将被称为颗粒酶的酶类注入靶细胞内，该酶可以激发这种自杀过程。其结果就是，效应T细胞可以清除病毒感染细胞，而不能消灭正常的、健康细胞。一旦机体不再需要效应T细胞，大多数在数日内发生凋亡，但少数存活的效应T细胞可变成长期存在的记忆细胞，当机体再次遇到该病毒时，记忆细胞可快速作出反应。

在杀灭可产生外来抗原的靶细胞时，效应T细胞特别有效。但是，对于一些细胞内微生物，特别是胞内细菌，其他细胞介导机制的杀灭效果最好。在这些情况下，T_H1细胞分泌的IFN-γ可以激活巨噬细胞。结果就是，激活的巨噬细胞可以迅速杀灭巨噬细胞内存活的细菌。

（三）免疫记忆

获得性免疫的有效性在很大程度上取决于对先前接触抗原的识别能力，以及对其作出快速、有效反应的能力。动物接触的抗原越多，其免疫反应也就越强。免疫记忆取决于是否存在有随着动物年龄而不断积聚的长期记忆细胞群。这些记忆细胞的寿命可能非常长，更有可能的是，其周转非常缓慢。因此，动物在免疫接种多年之后，仍然能够产生少量针对疫苗抗原的抗体。细胞介导免疫的记忆功能也是由于存在有非常长寿的记忆T细胞群造成的。疫苗诱导的长期持久免疫力的有效性，在很大程度上取决于其诱导记忆细胞群的能力。

（四）细胞因子

获得性免疫系统的细胞通讯有多种方式。这类细胞可以在接触部位或免疫突触内，进行直接接触或通过受体进行信号交换。例如，T_H细胞与树突状细胞之间的接触或效应T细胞与靶细胞之间的接触。免疫细胞也可通过分泌称为细胞因子的小信号蛋白，向周围细胞发出信号。已确定的细胞因子有数百种。信号细胞可分泌细胞因子混合物，随后细胞因子与附近细胞上的受体相结合。靶细胞可以接收多种信号，这些信号必须进行集成才能作出适当的反应。细胞因子通过其特异性受体的作用，可以开启或关闭特异性蛋白质的合成。细胞因子可以引起靶细胞发生分裂或分化，也可以导致细胞凋亡。数百种不同的细胞因子混合在一起产生作用，因此有时很难准确预测一个特异性靶细胞究竟是如何反应的。细胞因子的主要成员有：在白细胞之间起调节作用的白细胞介素、能够介导细胞间相互作用并具有明显抗病毒活性的干扰素、可以对多种不同类型细胞生长和分化进行调节的生长因子，以及调节炎症反应的肿瘤坏死因子。

（五）调节细胞

获得性免疫系统的精确调节是由多种不同细胞群来完成的。最主要的是调节性T细胞（T_{reg}细胞），这类细胞可以分泌能抑制常规免疫反应的细胞因子混合物。一旦这类细胞完成了其任务且消除了侵入的微生物，这类细胞就关闭免疫反应。调节性T细胞在预防自身免疫疾病的发生方面也发挥着核心作用。另一个重要的调节性T细胞群被称为T_H17细胞。这类细胞，由于可分泌IL-17而被称为T_H17细胞，对先天免疫系统和炎症的发展起着调节作用。

第二节　免疫性疾病

免疫系统的主要作用是发现并破坏入侵的微生物。由于入侵的微生物存在极大的差异，因此免疫系统也已演变成一种具有同等复杂程度的保护机制。免疫系统可以简单的分类为天然免疫和获得性免疫。在微生物侵袭的最初几日内，由"硬件连接"（hard wired）的天然免疫系统负责提供保护。获得性免疫系统负责提供长期保护力。

一般情况下，与免疫系统相关的疾病有两种类型：免疫功能不足引起的免疫缺陷，表现为对感染的易感性升高；由免疫反应过度引起的疾病，可导致超敏反应和自身免疫疾病。

在某些情况下，正常的保护性免疫反应可造成组织发生明显损伤。一般情况下，先天免疫反应过度可引发不当的炎症反应，导致相邻组织出现间接损伤，或产生大量炎性细胞因子，从而造成组织出现明显损伤。相反，获得性免疫反应过度可通过多种机制造成组织损伤。采用一种简单方法，可以将获得性免疫反应过度引起的疾病分为四种不同类型。其中三种类型的疾病是由抗体介导（Ⅰ型、Ⅱ型、Ⅲ型），而Ⅳ型是由T细胞介导的。

正常天然免疫和正常获得性免疫反应的特征就是炎症和组织的局限性损伤。在出现炎症反应过度或在不适当部位发生炎症时，就会引发临床疾病。这可能是由于外部环境因素（如肠道微生物菌群）与遗传因素和激素影响相结合而造成的。

一、免疫缺陷性疾病

免疫缺陷性疾病的临床表现为容易发生感染。当一头动物多次发生相对容易控制的感染，找兽医进行治疗时，常会发现有该病。免疫缺陷性疾病主要有两类。一类是由于基因突变或其他遗传性疾病而引起的遗传病。这类原发性或先天性的免疫缺陷病常发生于幼龄动物（6月龄以下）。另一类是继发于其他一些刺激物的，如病毒感染或肿瘤，免疫缺陷性疾病。这类继发型或后天性的疾病一般多发于成年动物。诊断免疫缺陷病的另外一条基本原则是，先天免疫和抗体介导的免疫缺乏时，往往会造成细菌感染无法控制。而细胞介导的免疫系统缺乏时，一般可导致严重的病毒感染和真菌感染。

（一）原发性免疫缺陷

1. 天然免疫缺陷　吞噬功能是天然免疫的中心特征。在皮肤黏膜下层，在血液、脾脏、淋巴结、脑脊膜、滑膜、骨髓和全身周围血管中，均可见有单核吞噬细胞。吞噬细胞既可存在于组织中（组织细胞、滑膜巨噬细胞、枯否氏细胞等），又可存在于血液中（多形核白细胞和单核细胞）。吞噬细胞的表面存在有免疫球蛋白受体和补体，可以协助细胞对表面结合有特异性抗体（调理素）或补体或二者的异物，进行吞食（调理作用）。吞噬作用包括吞噬细胞对异物、毒物或受损组织的趋化作用；微生物对吞噬细胞质膜的黏附；将微生物包裹到吞噬小体内；激活吞噬小体内的呼吸暴发和溶酶体酶，从而导致微生物发生死亡和毁灭。

（1）吞噬功能缺陷　吞噬细胞活性缺陷可能是由

于吞噬细胞在先天或后天的任何一个过程中发生缺陷造成的，也可能是单纯由于吞噬细胞本身有缺陷造成的。这种疾病常表现为皮肤、呼吸系统和胃肠道对细菌感染的易感性升高。抗生素对这类感染的治疗效果不佳。继发性吞噬功能缺陷可造成白细胞出现长期的、极大下降的疾病。有些疾病可以使继发性感染发展为威胁生命的并发症，包括猫白血病病毒感染、猫泛白细胞减少症病毒感染、猫免疫缺陷症病毒感染、热带犬的全血细胞减少症、特发性粒细胞减少、药物性粒细胞减少（抗癌药物、雌激素、抗惊厥药、磺胺类药物等）和骨髓增生性疾病。

在灰色牧羊犬和杂交牧羊犬的某些品系，会出现一种外周血循环中细胞组分下降，尤其是中性粒细胞数下降，其抗感染的能力也会下降。

在人类可导致吞噬功能受损的先天性疾病都有完善的病例记录。已确定在人体可发生调理素、补体因子、趋化能力、髓过氧化物酶和溶酶体酶活性不足，但在其他动物尚未见有。已经确认，慢性肉芽肿病是某些爱尔兰雪达犬的X染色体连锁遗传病（犬粒细胞性综合征）。魏玛猎犬的某些品系在幼犬时，可发生细菌性败血症（常表现为骨和关节感染）。造成这些缺陷的根本原因目前尚不清楚；一些发病犬的IgM和IgG浓度低于正常水平，其白细胞也存在有杀菌缺陷。

（2）白细胞黏附缺陷　白细胞黏附缺陷是一种常染色体隐性遗传性状的原发性免疫缺陷。人、爱尔兰雪达犬和荷斯坦奶牛都已有发病的相关报道。这种缺陷是由整合素不足造成的，整合素是白细胞表面的一种基础糖蛋白。该病的临床特征是反复发生严重的细菌感染、缺少脓液形成和伤口愈合差。感染动物通常表现有严重的发热、食欲不振和体重下降。使用抗生素的治疗效果一般都较差。也可发生极度严重的顽固性白细胞增多症（白细胞数量在$1×10^5$个/L以上），且其成分主要是成熟中性粒细胞。整合素缺乏症可以阻止血液中的白细胞离开血管进入组织内；因此，白细胞增多无法促进组织对感染的抵抗力。

（3）补体缺陷　先天性C3补体缺陷症在布列塔尼猎犬的近交系中已有报道。这类犬可发生复发性细菌感染，尤其是皮肤病和肺炎。虽然补体是调理作用和中性粒细胞的趋化作用所必需的，但是即使某一个补体途径发生阻断，也仍然存在多个补体途径可为激活补体提供一种途径，因此发生补体缺陷的人或实验动物并不一定会发生细菌感染。根据C3水平的血检结果只有正常值的不到30%，即可作出诊断。

先天性C1抑制因子缺乏症在人类已得到确认，但罕见于犬。该病可导致补体活化和炎症无法控制。发病动物可出现反复发作的面部水肿。

对于补体缺陷症尚无特异性治疗方法。可采用疫苗接种和使用抗生素，对感染进行预防和治疗。由于该病是一种遗传病，因此必须对后续的育种方案进行仔细评估，以防止其后代继续出现该病。

2. 获得性免疫缺陷

（1）体液免疫缺陷　体液免疫缺陷可能是先天性的，也可能是获得性的。获得性体液免疫缺陷发生在未获得足够母源抗体的新生幼畜（被动转移障碍），也可发生在因患病造成活性免疫球蛋白合成下降的老龄动物。免疫球蛋白被动转移障碍发生在以初乳作为母源抗体主要来源的动物。该病通常与犊牛、羊羔和马驹发生临床问题有关。幼龄动物在出生后最初几日由于采食初乳不足或母体初乳中的特异性抗体水平较低时，可发生被动转移障碍。肠道从摄入初乳中吸收免疫球蛋白不足也可引起该病。在马驹采食初乳后，其血清样本中的免疫球蛋白含量低于400 mg/dL表明发生了免疫球蛋白被动转移障碍。犊牛断奶过早是奶牛场的常见问题，也是造成奶犊牛发生被动转移障碍的主要原因。未获得足够母源抗体的新生动物常可发生胃肠道和呼吸道的致命性细菌感染或病毒感染。

任何可干扰免疫球蛋白合成的疾病，均可造成具有临床意义的低丙种球蛋白血症。肿瘤也可造成极为严重的免疫球蛋白缺陷，例如分泌出大量单克隆抗体的浆细胞骨髓瘤或淋巴肉瘤。这是由于肿瘤细胞可以抑制产生免疫球蛋白的正常细胞造成的，也可能是由于调控途径抑制免疫球蛋白的产生所致。发生可产生单克隆抗体肿瘤的动物，可能出现严重的继发感染。某些病毒感染，如犬瘟热和犬细小病毒病，可以杀死大量淋巴细胞并造成免疫系统发生严重损害，从而使抗体产生几乎停止。

先天性低丙种球蛋白血症可以单独发生，也可与细胞介导免疫缺陷并发（复合性免疫缺陷症，见下文）。IgG亚型缺乏已见于某些品种的牛，IgM缺乏症见于马，IgA缺乏症见于比格犬、德国牧羊犬和中国沙皮犬。牛的IgG亚型缺乏一般不表现有临床症状。较大的马驹发生IgM缺乏症时可出现呼吸道感染。与人类一样，犬发生IgA缺乏症也很容易发生慢性皮肤感染和慢性呼吸道感染，也可能发生过敏。发生IgA缺乏症的比格犬可能是由于IgA分泌缺陷造成的，因为IgA阳性细胞数量正常。某些德国牧羊犬的IgA水平似乎比其他品种要低，且肠道感染的发病率较高。沙皮犬发生的IgA缺乏症差异较大；有些犬的血清IgA和分泌水平较低或几近于零，而有些犬的血清水平IgA正常，但分泌水平较低或几近于零。与德国牧羊犬一样，发生IgA缺乏症的沙皮犬出现的过敏问题比预计的要多。动物发生这类免疫缺陷综合征的发病率，要高于自身免疫疾病和自身抗体疾病的正常发病率，例如自体免疫溶血性贫血、血小板减少症和全身性红斑狼疮。患这类病的动物需要长期使用广谱抗生素进行治疗，但效果往往不理想。

一过性低丙种球蛋白血症最常见于马驹和幼犬。狐狸犬的幼犬比其他品种更常见。新生动物发生该病可能是由于免疫球蛋白的产生出现延迟所致，也与在对外来抗原作出应对时 T_H 细胞功能和B细胞二者同时出现障碍有关。发生这种疾病的幼犬在1~6月龄时可发生周期性呼吸道感染，到8月龄时可康复。发病马驹在6月龄时，其母源抗体水平非常低，经常出现低丙种球蛋白血症的临床症状（通常是呼吸道感染）。再经过3~5个月后，马驹开始产生免疫球蛋白。采用适宜的抗生素和辅助疗法进行治疗一般足以治愈。

（2）**细胞介导免疫的缺陷** 细胞介导的免疫反应发生缺陷与胸腺发育不全有关，胸腺发育不全表现为胸腺缺如或胸腺很小。该病已见于某些近交系的犬、猫和牛，这类发病动物的细胞介导免疫功能存在有缺陷，如淋巴细胞发生胚细胞样转变，同时还发生有脑垂体功能障碍。

（3）**复合性免疫缺陷症** 体液免疫和细胞介导免疫反应两者同时出现缺陷，称为复合性免疫缺陷症（CID）。这类疾病是由于淋巴细胞的祖代细胞受损所致。在阿拉伯马驹和巴吉度猎犬已见有一种常染色体隐性遗传的CID。该病是由于DNA修复酶发生缺陷所致，可以造成功能性抗原受体的产生发生阻碍。玩赏型贵宾犬、罗特威尔犬和杂交品种的幼犬也已见有散发性的CID病例。发病幼犬在出生后的最初几个月内一般并不表现临床症状，但随着母源抗体的消退，逐渐变得越来越容易发生微生物感染。患有CID的幼犬一般在6~12周龄之间都表现正常。该病造成死亡的最常见原因是使用犬瘟热病毒弱毒活苗进行常规免疫接种而引起的犬瘟热。发生该病的阿拉伯马驹在大约2月龄时，常发生腺病毒肺炎或其他感染。发病马驹出现持续性的淋巴细胞减少症。在采食初乳之前的血清样品中，检测不到IgM。在采食初乳之后，免疫球蛋白水平正常，但是与正常马驹的水平相比，此后其免疫球蛋白水平逐渐下降。尸体剖检时，很难见到胸腺，且胸腺的结构也出现异常。淋巴结、集合淋巴结和脾脏中出现明显的淋巴细胞缺失。可以采用PCR检测方法，对马驹发生的CID和杂合体动物存在的基因进行检测确诊。采用这种检测方法，已经使马CID的发病率出现明显下降。

（4）**选择性免疫缺陷** 大量的免疫缺陷性疾病尚未得到充分的分析，因此其确切的发病机制目前仍不清楚。例如，罗特威尔犬幼犬发生严重的、常为致死性的犬细小病毒感染，具有品种易感性。罗特威尔犬对其他疾病的抗病力基本正常，发生这种选择性免疫缺陷的基础尚不清楚。

波斯猫则对于严重的，有时是长期性的皮肤真菌感染具有品种易感性。有些波斯猫发生的真菌感染可侵入真皮内，引起肉芽肿病（足分支菌病）。

携带有阿留申毛色突变基因的水貂对慢性细小病毒感染比较敏感，容易发生阿留申病。其他品种的水貂对阿留申病病毒感染也比较敏感，但不会发展为临床疾病。

局部性曲霉菌病和全身性曲霉菌病，以及由相关真菌引起的霉菌病，也可引起某些品种的犬发病。长鼻子品种的犬，特别是德国牧羊犬和牧羊犬杂交品种，容易发生鼻腔内的局部性曲霉菌病。全身性曲霉菌病几乎全部发生于德国牧羊犬，且在澳大利亚西部地区比其他地区更为常见。该病的特征是真菌性肾盂肾炎、骨髓炎和椎间盘脊椎炎。从尿液和血液中很容易分离到病原体。

（二）继发性免疫缺陷

成年动物发生的免疫缺陷多是由于病毒感染、营养不良、应激或中毒造成的。这些都被称为继发性免疫缺陷。其中最为重要的是病毒引起的继发性免疫缺陷。

1. 病毒诱导的免疫缺陷 造成免疫抑制是病毒在感染动物体内存活的一种方式。例如，犬瘟热病毒可以感染并杀死淋巴细胞，引起幼犬出现严重的复合性免疫缺陷症。造成感染发生的原因是免疫球蛋白水平逐渐下降，以及对正常细胞免疫功能可以控制的病原易感性升高，如肺孢子虫（*Pneumocystis*）和弓形虫（*Toxoplasma*）。在犬和猫发生细小病毒感染时，在恢复期后都可很快发生对真菌感染抵抗力显著下降，如曲霉菌病、毛霉菌病或念珠菌病。

（1）**猫白血病病毒（FeLV）** 猫白血病病毒感染与获得性免疫缺陷，以及继发性感染和机会性感染的发生率升高有关。猫白血病病毒感染引起的获得性免疫缺陷是多因素疾病。感染猫可出现中性粒细胞不足、抗体合成（尤其是抗细菌抗体）量下降、细胞免疫功能下降和补体含量有差异。对FeLV感染所产生的免疫反应似乎也可抑制对猫传染性腹膜炎（FIP）冠状病毒的免疫力，也会导致静止期的FIP发生激活。

（2）**猴D型逆转录病毒** 猕猴发生猴D型逆转录病毒感染的发病机制，与猫发生FeLV感染的发病机制类似，但所造成的免疫缺陷更为严重。猴D型逆转录病毒可引起大规模集中育种的青年猕猴发生严重的疾病。发病猕猴可在几个月内死亡，伴有发热，淋巴结肿大，CNS、呼吸道和肠道发生机会性感染，或成为终身无症状带毒者，或是完全康复。

（3）**猴免疫缺陷病毒（SIV）** 这种慢病毒与人类免疫缺陷病毒有关。自然界存在有许多SIV毒株。常见宿主是非洲灵长类动物，如非洲绿猴、白眉猴、山魈、狒狒和其他长尾猴。病毒在感染猴和未感染猴之间发生传播，可能是通过叮咬和子宫内感染造成的。亚洲灵长类动物的本地群中不存在SIV。该病毒引起非洲的动物宿主发生疾病的情况也很罕见。如果在捕获过程中，使感染猴遭受严重的应激时，有些猴可出现类似艾滋病的疾病。SIV，特别是来源于乌黑白眉猴的SIV，可引起猕猴（恒河猴、断尾猴、豚尾猴和帽猴等）出现严重的疾病。SIV引起的免疫抑制可持续数周或数年。猕猴发生SIV感染常见的症状是脑炎（除消瘦以外，一般无症状）和淋巴瘤。

（4）**猫免疫缺陷病毒（FIV）** 在家养和野生猫科动物中已经确诊有FIV感染。世界各地的猫都有FIV感染流行。该病毒可随唾液排出，主要传播途径是通过咬伤。流浪猫、公猫和老年猫发生感染的风险最大。在密闭的纯种猫舍不常见。发生感染后，短期内可出现发热、淋巴结肿大和中性粒细胞减少。大多数猫经过数月或数年即可康复或基本恢复正常，之后才会出现渐进性免疫缺陷。FIV感染引起猫发生获得性免疫缺陷之后，可引起呼吸道、胃肠道（包括口腔）、尿道以及皮肤发生慢性继发性和机会性感染。发生FIV感染的猫，其FeLV阴性淋巴瘤（常为B细胞型）和骨髓增生性疾病（肿瘤和发育不良）的发病率高于预期。

（5）**牛免疫缺陷样病毒** 这种慢病毒是从发生顽固性淋巴细胞增多症和血液淋巴结病的牛体内分离的。从患BLV阴性的淋巴肉瘤的牛体内也已经分离到该病毒。该病在牛群的发病率大约为1%，但某些牛群可高达15%。有证据表明，这种病毒为非致病性病毒。

二、免疫功能过度

免疫功能过度可以多种不同方式引起疾病或死亡。免疫功能过度包括天然免疫应答过度、获得性免疫应答过度和免疫系统的肿瘤。

（一）天然免疫应答过度

1. 概述 虽然急性炎症是一种防御性过程，也是天然免疫系统的核心，但在没有适当刺激物存在时以及在某个部位也可能会发生急性炎症，引起不适宜的炎症、组织损伤或全身性疾病。这可以引起明显的组织损伤和导致残疾。

（1）**犬的类风湿性关节炎** 犬的类风湿性关节炎是由关节周围发生无法控制的严重炎症反应直接引起的。该病最初表现为转移性跛行，伴有关节周围的软组织肿胀。在发病的数周或数月内，疾病局限在单个关节上，可出现影像学上的特征性变化。最初的影像学变化是关节部位的软组织肿胀和松质骨的骨密度下降。关节软骨下骨常出现类似水泡的透明区。最为显著的病变是，滑膜连接部位的软骨和软骨下骨发生渐进性侵蚀，这可以导致关节软骨缺失和关节间隙变窄。常会发生成角畸形，关节脱位也是一种常见的后遗症。畸形最常发生在腕骨、跗骨和跖骨关节，很少发生在肘关节和膝关节。滑液可出现的变化是细胞总数升高和在滑液细胞中的中性粒细胞比例较高，表明是无菌性、炎性滑膜炎。已确认，过度的炎症反应是由于滑液中出现免疫复合物沉积并随后发生的补体激活反应所致。

在猫已经发现有一种侵蚀性关节炎，这种疾病往往会发生在老龄公猫，且常与猫合胞体形成病毒感染有关。猫的疾病发展比犬更为隐匿。

全身性单独使用糖皮质激素对犬的类风湿性关节炎疗效不大。可以将具有抗炎活性的免疫抑制剂（如环磷酰胺、咪唑硫嘌呤）与糖皮质激素联用，对这类疾病进行治疗；NSAID（如阿司匹林、卡洛芬、依托度酸和美洛昔康）可以帮助缓解症状。

（2）**浆细胞淋巴细胞滑膜炎** 这种滑膜炎可能是类风湿性关节炎的一种变体，发生在中型和大型犬。虽然该病常会引起多个关节发病，但后膝关节的发病倾向性较高。最常见的临床症状是后肢跛行和后膝关节发生后抽搐运动。在滑液中，淋巴细胞和多形核中性粒细胞占大多数，但在某些病例中滑液基本正常。对关节进行肉眼检查可见有滑膜增生和十字韧带发生拉伸或断裂。治疗方法与犬的类风湿性关节炎相同，见上文。

（3）**特发性多发性关节炎** 这种关节炎最常见于大型犬，特别是德国牧羊犬、杜宾犬、寻回犬、猎犬和波音达猎犬。在玩赏型品种的犬中，该病最常发生于玩赏型贵宾犬、约尼夏狸、吉娃娃犬或这些品种的杂交品种。没有证据表明，该病是一种原发性慢性传染性疾病，也没有证据表明是全身性红斑狼疮。关节疾病通常是其唯一的表现。

根据周期性使用抗生素对出现的发热、精神委顿和厌食进行治疗未见疗效的病史，以及出现四肢僵硬或跛行，可以作出诊断。直到疾病完全发展之后，才能在X线片上见有骨骼变化。即使那样，影像学上的变化也是很轻微的，且与退化性关节病很相仿。滑液实际上是炎性的，但是无菌性炎症。

按照每日使用大剂量糖皮质激素，然后改为每隔1 d用低剂量糖皮质激素的治疗方法，可有效控制该病。通常可在3～5个月后停止治疗。对于采用这种治疗方法效果不佳的犬（50%以上），除了使用糖皮质激素以外，还要使用效力更强的免疫抑制剂，如咪唑硫嘌呤或环磷酰胺。金盐有助于增强有些动物使用糖皮质激素进行治疗的效果。

（4）**免疫介导性脑膜炎** 这种疾病可发生在幼年或青年比格犬、拳师犬、德国短毛波音达犬和秋田犬，但在其他纯种犬和混血犬非常罕见。临床症状有周期性发热、严重的颈部疼痛和僵硬、不愿运动和精神沉郁。该病每次发作持续5~10 d，中间有约1周时间全部正常或部分正常。在该病发作期间，脑脊髓液中的蛋白含量和中性粒细胞数均出现升高。病理变化有动脉炎，主要发生在脑膜血管，有时也可发生在其他器官。该病在数月内常为自限性的，疾病发作越来越轻，发病频率也越来越小。使用糖皮质激素进行治疗，可减轻发作的严重程度。有些动物发生的疾病可转变为慢性病，仅有一部分可以治愈。

已报道，伯恩山犬的幼犬发生过一种更严重型的免疫介导性脑膜炎。该品种犬发生的这种疾病也具有一定周期性，但其在间隔期内的消退程度比其他品种的犬要差。脑脊液的异常变化与其他品种犬所见的变化相类似。治疗该病需要长期使用大剂量的糖皮质激素，才能使动物舒适。

在小至12周龄的秋田犬发生有一种脑膜炎综合征，常与多发性关节炎有关。发病犬可出现严重的发热、精神沉郁、颈部疼痛和僵硬，以及全身僵硬。病犬生长速度下降，常表现消瘦。使用糖皮质激素和免疫抑制剂联合治疗的效果不佳，大多数犬在青年时期就被采用安乐死致死。老龄秋田犬可见有一种比较轻微的、药物治疗比较有效的疾病类型，这种疾病可能与落叶型天疱疮、葡萄膜炎和浆细胞淋巴细胞性甲状腺炎有关。

2．全身性炎症反应综合征（脓毒症） 发生严重感染时或发生大量组织损伤之后，大量细胞因子和氧化剂逸入血流中，并引发休克，称为全身性炎症反应综合征（败血症）。多种传染病都以在短时间内激活大量免疫细胞以及随后产生大量细胞因子和炎性介质为特征。其中最重要的是 α-肿瘤坏死因子（TNF-α）、γ-干扰素（IFN-γ）、白细胞介素-8（IL-8）和白细胞介素-6（IL-6）。这些细胞因子能够激发其他T细胞的激活和其他细胞因子的释放。由于许多细胞因子具有一定毒性，因此这种"细胞因子风暴"可引发严重的毒副反应、组织损伤，甚至死亡。最明显的细胞因子风暴就是由组织创伤、感染或烧伤引起的，可导致败血性休克的发生。但是，革兰氏阴性菌感染、某些病毒和血液寄生虫，也能激发细胞因子释放过度和死亡。与细胞

因子毒性有关的另一种疾病是移植物抗宿主病。其最主要的毒性作用是激活血管内皮细胞，导致血管通透性增加和血管内凝血。

细菌性脓毒血症休克 脓毒血症休克是指由严重感染引起的全身性炎症反应综合征，且与创伤、局部缺血和组织损伤有关。发生严重感染的动物可以产生极为过量的细胞因子，可以引发严重的酸中毒、发热、组织中出现乳酸释放、无法控制的低血压和血浆中的儿茶酚胺浓度升高，最终可导致肾脏、肝脏和肺脏发生损伤，以及死亡。由于促凝血和抗凝血之间的平衡被打破，促进了血管内皮细胞的促凝血活性，但是许多抗凝血途径受到抑制，从而造成弥散性血管内凝血（DIC）和毛细血管血栓形成。

所有的这些反应都是由过度激活的Toll样受体（TLR）介导的，这种受体可以造成细胞因子发生无法控制的大量释放。TLR可以激发活化的巨噬细胞产生"细胞因子风暴"。细胞因子可以造成血管内皮细胞发生损伤，并使其激活，从而增强促凝血活性，导致血液凝固。一氧化氮可以造成血管扩张和血压下降。血管内皮发生广泛性损伤最终可导致器官衰竭。严重脓毒血症休克的最后阶段就是多器官功能障碍综合征。其特征是由组织缺氧、组织酸中毒、组织坏死和严重局部代谢紊乱引起的血压下降、组织灌注量不足、出血不止和器官衰竭。严重出血是由DIC所引起的。哺乳动物对脓毒血症休克的易感性有很大差异。有肺血管内巨噬细胞的动物（猫、马、绵羊和猪）比犬更容易发生该病。

（二）获得性免疫反应过度

获得性免疫系统的活性过高可引起炎症和组织损伤、自身免疫或淀粉样变性。多年来已经习惯根据发病机制，将获得性免疫反应过度分为4种类型。

1．Ⅰ型反应（特应性疾病、超敏反应） Ⅰ型或速发型超敏反应是指由其他非寄生虫性抗原引起的、IgE介导的超敏反应。这种炎症反应可以呈轻微的或局部性炎症，也可表现为严重的和全身性炎症。发生最为严重的病型时，可能引起一种具有潜在致死性的休克综合征，被称为过敏症（anaphylaxis）。过敏症是由于一种抗原（过敏原）与IgE抗体发生结合而引起急性全身性症状，这种IgE抗体与肥大细胞和嗜碱性粒细胞结合在一起。抗原与细胞结合性IgE抗体发生这种结合，可以激发生物活性炎症介质的释放，包括组胺、白三烯、嗜酸性粒细胞趋化因子、血小板激活因子、激肽、5-羟色胺和蛋白水解酶。这些炎症介质既可以直接作用于血管系统和平滑肌，造成血管扩张和通透性增加，同时又可以直接作用于平滑肌，造成平滑肌收缩。另外，这类分子也可以将促炎性嗜酸

性粒细胞吸引到结合部位。

过敏反应的严重程度决定于抗原的类型、IgE的产生量、抗原数量和暴露途径。如果动物在以前已经通过接触过敏原（抗原）发生致敏且可以产生IgE抗体，当再次将过敏原直接注射到血液中，就会造成过敏性休克和相关反应（如假膜性喉头炎、荨麻疹、面部-结膜水肿）。如果过敏原进入黏膜或皮肤，过敏反应更加呈现局部化症状。造成过敏症反应和过敏反应的因素有很多，包括昆虫叮咬和刺入毒液、疫苗、药物、饲料和血液制品。

（1）全身性过敏反应（广泛性过敏反应） 在致敏动物接触过敏原，如疫苗或药物、摄入饲料或蚊虫叮咬时，可发生过敏性休克。在与过敏原接触后数秒到数分钟之内即可出现临床症状。对大多数家畜来说，肺脏是主要的靶器官，门脉-肠系膜血管系统是第二靶器官；而犬则相反。肺脏血管中的肥大细胞发生脱颗粒，可引起支气管或肺静脉收缩、肺血管床瘀血和水肿，导致严重的呼吸困难。门静脉系统血管中的肥大细胞发生脱颗粒，造成肠道和肝脏出现静脉扩张和瘀血。

可出现局部或全身性临床症状，包括烦躁和兴奋、头部或接触部位瘙痒、面部水肿、流涎、流泪、呕吐、腹痛、腹泻、呼吸困难、发绀、休克、共济失调、衰竭、抽搐和死亡。过敏性休克主要侵害犬的肝脏，临床症状主要与肝静脉收缩有关，可造成门静脉高压和内脏瘀血。在发病犬更容易见有胃肠道症状，而不是呼吸道症状。除治疗呼吸道疾病外，还应使用肾上腺素进行辅助性治疗（根据需要，应同时采用局部治疗和全身性治疗）。如果需要，可使用抗组胺（严重的急性过敏症采用全身给药方法，慢性或轻的过敏症状可采用口服治疗方法）和糖皮质激素，静脉输液，对休克进行治疗。

过敏性休克可采用静脉注射肾上腺素的方法进行治疗，以缓解支气管痉挛和门脉-肠系膜血管扩张。也有必要对血压和呼吸进行辅助治疗。由于临床症状出现的速度很快，因此采用抗组胺药物进行治疗的疗效不大。

皮肤和皮下组织的荨麻疹反应（荨麻疹或血管性水肿斑）以及唇、结膜及面部皮肤的急性水肿（面部-结膜血管性水肿），是不太严重的Ⅰ型过敏反应。荨麻疹是严重程度最小的过敏反应，可能与其他临床异常无关。面部-结膜水肿是比较严重的过敏反应，可能与轻度至中度的全身性过敏症有关。这些过敏反应通常都发生在注射疫苗或药物、摄入某种饲料或昆虫叮咬之后。大多数种类的动物都可以发生荨麻疹反应和面部-结膜水肿反应，且一般在24 h内自行消退。并不是所有的荨麻疹反应都是由Ⅰ型过敏反应介导的（见荨麻疹）。

乳汁过敏有时可发生于奶牛，很少见于母马。在奶牛产生针对其自身牛乳成分，尤其是酪蛋白产生IgE自身抗体时，就会发生该病。当乳房内压升高时，牛乳蛋白会进入血液循环，引起Ⅰ型过敏反应。这种过敏反应可能呈局部性，也可能呈全身性。一旦对发病牛进行挤奶，即可恢复。

（2）局部过敏反应 过敏性鼻炎表现为流浆液性鼻涕和打喷嚏，在家畜中不常见，人易发生。过敏性鼻炎常为季节性的，多与接触花粉有关。非季节性鼻炎可能与接触无处不在的过敏原有关，如霉菌、皮屑、垫草和饲料。马的复发性气道梗阻可能与霉变干草和通风不良的马厩中长期接触霉菌有关。夏季鼻塞是更赛牛或娟姗牛在夏末秋初时，某些类型的开花牧场上放牧时，经常发生的一种季节性过敏性鼻炎。根据以下症状可以对过敏性鼻炎作出初步诊断：①在鼻腔分泌物中检出有嗜酸性粒细胞，②使用抗组胺药物的效果良好，③在消除过敏原后临床症状消失，④有时呈季节性。皮试不是诊断动物鼻过敏症的准确方法。

慢性过敏性支气管炎发生在犬一直都有描述。按压气管易引起短促的干而粗厉的咳嗽。该病可呈季节性，也可整年都发生。该病通常与其他疾病的症状无关。支气管分泌物中富含嗜酸性粒细胞、无细菌。胸部X线片正常，有时在外周血液中可见有低度的中性粒细胞增多。可使用支气管扩张剂和祛痰剂（氨茶碱和碘化钾或愈创木酚甘油醚）对该病进行治疗。使用糖皮质激素可以缓解临床症状，特别是在仅限于某些季节的病例使用或按照低剂量，可隔日使用。避免接触过敏原通常是不可能的。

过敏性细支气管炎最常见于猫。表现为轻度咳嗽、哮喘、稍微呼吸困难，以及X线片上细支气管周围的密度增加（图6-1），可能会误诊为其他疾病（过敏性哮喘或肺线虫病）。在发病早期使用抗组胺药可以缓解临床症状，但如果疾病的严重程度增高，需要使用中剂量到大剂量的糖皮质激素。引起发病的过敏原通常无从确定。

肺嗜酸细胞浸润综合征最常见于犬，但所有品种的动物都可发生。该病的发生与肺脏出现弥散性炎性浸润和外周血出现明显的嗜酸性粒细胞增多有关；血清球蛋白浓度也常会出现升高。与过敏性支气管炎不同，发病动物常会出现呼吸困难或运动易出现疲劳。弥散性支气管渗出液中含有大量嗜酸性粒细胞。很少发现有特异性的过敏原。糖皮质激素是首选治疗药物。幼龄动物的肺脏发生定居性或移行性寄生虫感染时，也可发生类似的综合征。

过敏性哮喘最常见于猫，症状与人的症状相似。该病多发于夏季和户外活动之后；猫只个体发病可能为暂时性和轻微的；也可能是长期和严重的（持续性哮喘状态）。轻微病例表现为哮喘和咳嗽；严重病例表现为呼气性呼吸困难、肺脏充气过度、吞气症、发绀和拼命吸气。

肠道过敏（饲料过敏）主要见于犬和猫，特别是小猫。过敏性胃炎表现为采食后1~2 h出现呕吐，每周发生1~12次以上。呕吐物中染有胆汁。呕吐可能是猫的唯一症状；犬可能会出现间歇性的排泄稀粪。发生过敏性胃炎的猫和犬通常很健康，仅出现呕吐，但严重病例可见有体重下降和被毛蓬乱。过敏性肠炎是由小肠出现轻微炎症所引起的，但很少出现或没有嗜酸性粒细胞增多。排便量和频率正常，但可见有半干到水样稀便。粪便极为恶臭，尤其是猫。发病动物尽管食欲正常，但极度消瘦。猫发生食物过敏时常会造成皮肤损伤和被毛蓬乱，但犬不太常见。在发生病毒、细菌或原虫性肠炎之后常会出现过敏性肠炎（这种现象被称为过敏性突破）。嗜酸细胞性肠炎是最严重的过敏性肠道疾病，表现为中度到严重的肠炎和嗜酸性粒细胞增多。腹泻、体重减轻和皮毛不整是最明显的症状。与犬相比，猫过敏性结肠炎的发病率比犬要高，但也不太常见。犬发生过敏性结肠炎时，可表现有频繁排便和粪便稀软、充满黏膜及有时有血便；猫最常见的症状是正常粪便的表面覆盖有新鲜血液或血斑。

特应性皮炎是发生于多种动物的一种慢性、瘙痒性皮肤病，但研究主要集中在犬。动物特应性皮炎具有遗传性，可导致变应性（IgE）抗体生成过多。据估计，在所有犬中有大约10%可发生遗传性过敏症，而㹴犬、斑点犬和猎犬具有遗传易感性。犬发生的特应性皮炎常是由于吸入过敏原而造成的，例如尘螨、花粉、霉菌和皮屑。发生过敏的犬常会出现啃咬舔嚼脚爪和腋下。无毛部位出现明显的大量流汗。舔舐、抓搔和继发性细菌感染或酵母菌感染，可造成皮肤病变的严重程度急剧加重。猫的过敏性皮肤病变可表现为大面积的栗疹（小疱），也可呈现更大、更局部化的病变。局部病变常表现为瘙痒。

造成猫发生皮肤病变的原因，更为常见的是饲料过敏反应，而不是吸入性过敏原。马的库蚊叮咬综合征是由于某些昆虫叮咬而引起的一种过敏性皮炎，特别是夜间觅食的库蠓（Culicoides）。沿着背部，沿着耳朵到尾根的背部区域和肛周部位都可出现急剧瘙痒性病变。猫和犬的耳部周围和面部也可见有因昆虫叮咬引起的类似过敏性皮肤病。

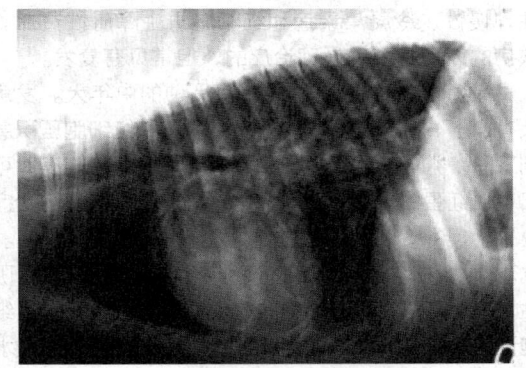

图6-1 过敏性支气管炎侧面X线片
（由Ronald Green博士提供）

2. Ⅱ型反应（抗体介导的细胞毒型超敏反应） 在抗体与细胞表面上的抗原发生结合后，即可引起Ⅱ型过敏反应。这种结合抗体可以激活经典补体途径，导致细胞裂解、吞噬作用或抗体介导的细胞毒性作用。多种不同的抗原都可引发这种细胞损伤，但在有遗传易感性的动物，其主要激发途径可能是感染。感染期间可产生交叉反应性抗体。这些直接针对感染性因子的交叉反应抗体，可能会与正常的组织抗原发生结合，导致抗体介导的细胞毒性作用。例如，马发生链球菌感染时，在马腺疫链球菌（Streptococcus equi）抗原与血管基底膜之间可出现一种交叉反应，造成出血性紫癜。寄生于细胞内的病原体，如巴贝斯虫（Babesia）或血巴尔通氏体（Haemobartonella），可以激发一种破坏这些细胞的免疫反应，作为保护机制的一部分。Ⅱ型变态反应最常见的表现是血细胞的变化。如红细胞有变化就会出现出血性贫血、如果白细胞有变化则会出现白细胞减少，或如血小板有变化则会出现血小板减少。最常见的是贫血和血小板减少。在某种情况下，血管上皮细胞发生细胞毒性作用，可引起血管炎，并伴有局部血管外渗。

（1）免疫介导的溶血性贫血（IMHA）和血小板减少症 最常见的Ⅱ型变态反应是溶血性贫血和血小板减少症，这是由于产生针对红细胞或血小板抗原的自身抗体引起的。这种抗体和补体即可直接也可间接地通过吸收抗原黏附在红细胞上，然后造成红细胞发生损伤，导致出现威胁生命的严重贫血。60%的病例可见有并发性血小板减少症。IMHA可能与全身性红斑狼疮或淋巴网状内皮细胞的恶性肿瘤有关。药物、疫苗或感染可引起大多数种类的动物出现溶血性贫血和血小板减少的发作。激发该病的原因多半并不清楚。

IMHA可分为几种类型：超急性、急性或亚急性、慢性、冷凝集素病和红细胞再生障碍性贫血。该病的大多类型都是可治疗的，但常见有复发。

最急性IMHA主要见于大型品种的中年犬。发病犬在24～48 h内表现有极度精神沉郁和红细胞压积急剧下降，并伴有胆红血症和不同程度的黄疸，有时可出现血红蛋白尿。起初时，对于贫血未见有任何治疗效果，但3～5 d后见有疗效。可见有血小板减少症。抗球蛋白试验（即库姆斯试验，译者注）一般呈阴性，有时可见有球形红细胞，但具有标志性的是红细胞试管凝集试验或玻片凝集试验。由于使用生理盐水稀释后不能使自身凝集反应发生扩散，因此才会出现盐凝集素性溶血性贫血这一术语。血清含有可造成大多数供体红细胞发生凝集的自身抗体。最急性IMHA预后不良，即使立即采用积极治疗方法。最有效的办法是立即使用大剂量的糖皮质激素外加环磷酰胺，同时要使用相容血型进行输血。如果只能使用不相容的血液，必须首先给动物注射肝素且连续使用维持10 d。即使没有进行输血，全身肝素化在前两周或更长时间内也是有效的。在采用免疫抑制治疗方法使红细胞损伤得到减少之前，可使用牛血红蛋白血液代用品和人免疫球蛋白为发病动物提供支持。

急性IMHA是免疫介导的溶血性贫血中最常见的类型，可卡犬有品种易感性。最初的临床症状是苍白、疲倦以及不太常发生的黄疸。肝脾肿大是最明显的症状。由于骨髓发生增生，因此白细胞总数可出现升高。红细胞罕见有自身凝集，库姆斯试验一般呈阳性。使用糖皮质激素对这些动物进行治疗，疗效通常都很好。如在7～10 d内未见有良好疗效，应在治疗方案中加入细胞毒性药物（环丙酰胺或咪唑硫嘌呤）。

慢性IMHA与急性IMHA不同，其血细胞比容（PCV）下降至一个恒定水平，并维持数周或数月时间。骨髓正常，或呈增生活跃；库姆斯试验多呈阴性。猫比犬更常见有慢性IMHA。在发病早期，贫血的疗效通常都较好，但在贫血严重时，疗效差或根本没有疗效。最初治疗可使用糖皮质激素；若2周内未见疗效，可在治疗方案中加入细胞毒性药物。

冷凝集素病是犬和马的一种IMHA。引起该病的原因尚不清楚，但可能是继发于感染、其他自身免疫性紊乱或肿瘤。IgM自身抗体可能发生凝集，也可能不出现凝集。但在体温环境中未见有完全凝集，仅在血液冷藏时才见有完全凝集；因此该病更多见于寒冷天气和季节。最初出现的症状类似于溶血性疾病；出现凝集型抗体时，可能会出现血管阻塞，造成鼻、耳尖、尾尖、足趾、阴囊和包皮发生坏死。依据仅在4℃条件下才发生可逆性的自体凝集反应，可以作出诊断。如果在寒冷条件下进行直接库姆斯反应，IgG一般呈阴性，C3多呈阳性，IgM一般呈阳性。该病的致死率很高。在没有继发性疾病的病例，如感染或肿瘤，最好使用大剂量的糖皮质激素加上环磷酰胺进行治疗。

红细胞再生障碍是上述疾病的一个变种，最常发生于犬。可以两种形式发生，一种发生在断奶后的犬到青年犬，另一种发生在成年犬。与慢性IMHA不同，骨髓中的网织红细胞成分出现选择性抑制；粒细胞和血小板不受影响。因此，对外周性贫血的治疗无效。免疫攻击目标明显是直接针对红细胞样干细胞，抗球蛋白试验常为阴性。治疗方法一般与慢性AHMA相同。

免疫介导的血小板减少症常见于犬。雌性动物的发病率高于雄性动物。最常见的临床症状是皮肤和黏膜出血。黑便、鼻出血和血尿可能是其伴随的特征，可造成明显的贫血。有时可同时发生溶血性贫血和血小板减少症。尽管骨髓中的巨核细胞显著增加，但常可依据外周血液中的血小板数量下降，对该病作出诊断。有时，骨髓中仍可见有巨核细胞，类似于纯红细胞再生障碍。抗血小板抗体的检测试验很难操作，所以常根据临床症状和对治疗的反应进行诊断。

发生免疫介导的血小板减少症的动物，如仅表现有点状出血和斑状出血、无明显的失血和骨髓中仍有巨核细胞，可采用糖皮质激素进行治疗。治疗5～7 d时临床症状可减轻，血小板数也开始升高。如治疗7～10 d时，血小板数还没有明显升高，可在糖皮质激素治疗方案中加入环磷酰胺、咪唑硫嘌呤或长春新碱。对于骨髓中仍有巨核细胞但严重失血的动物，可采用注射1次长春新碱并与每日注射糖皮质激素相结合的治疗方法，3～5 d后通常可取得良好疗效。如出现威胁生命的症候，可采用富含血小板的全血进行输血。如在治疗7 d时血小板数已经升高，可单独使用糖皮质激素维持治疗。如果在治疗7 d之后仍未见疗效，应第2次注射长春新碱。如果2周之后血小板数仍然很低，可停止使用长春新碱，改用环磷酰胺或咪唑硫嘌呤进行治疗。发生血小板减少症且骨髓内无巨核细胞的动物，对于单独采用糖皮质激素，或联合应用糖皮质激素和长春新碱的治疗反应速度非常慢。这类动物的首选治疗药物是波尼松龙和环磷酰胺，在开始治疗后的1～2周之前一般不会出现疗效。对于发生抗体介导血小板减少症的大部分动物，在血小板数恢复正常1～3个月之后，应停止进行治疗。即使进行药物治疗，有些动物仍然会出现持续性的血小板减少症，这些动物也可能只有使用大剂量药物进行长期治疗才能维持缓解。另外的方法有，容许症状较轻的动物在患血小板减少症的同时继续生存，也可使用糖皮质激素与长春新碱、咪唑硫嘌呤或环磷酰胺三者之一联用，进行长期药物治疗。单独进行脾脏切除很少有疗效，但进行脾脏切除后可以使用剂量较低且较为安全的免疫抑制药物。

（2）**自身免疫性皮肤病**　发生自身免疫性皮肤病的动物，可以产生直接针对表皮中的细胞胶质蛋白的自身抗体。这样就会促进局部蛋白水解，导致表皮细胞的分离（皮肤棘层松解）和在皮肤内形成囊泡。虽然这并不是严格意义上的Ⅱ型过敏反应，但此时最好将其作为Ⅱ型过敏反应来考虑。

落叶型天疱疮是一种自身免疫性皮肤病。虽然该病在犬的发病率要比猫和马的发病率高，但仍然是一种不太常见的疾病。该病在临床上以皮肤和皮肤黏膜连接处出现糜烂、溃疡和厚实的硬壳为特征。口腔无病变，且皮肤病变广泛呈厚实的硬壳状，这些很容易将该病与非常罕见的寻常天疱疮相鉴别。自身抗体存在于皮肤上，可以与细胞胶质蛋白发生反应。这种自身抗体可以引起角质化皮肤细胞层和非角质化皮肤细胞层发生分离。发病初期可使用大剂量糖皮质激素进行治疗，但是一旦病情得到控制，就应改用低剂量、隔日治疗的方法。对单独使用类固醇无效的病例，可以将疗效较好的免疫抑制药物（如环磷酰胺或咪唑硫嘌呤）与糖皮质激素联合应用。对初始治疗效果不佳，或需要大剂量药物才能控制病变的动物，其长期预后非常差。

寻常天疱疮比落叶型天疱疮更为少见。其临床特征是沿着嘴、肛门、包皮和阴户处，以及口腔内的皮肤黏膜连接处出现水疱，其他部位皮肤仅见有轻微病变。因为动物的表皮相对较薄（与人的皮肤相比），因此水疱可迅速破裂并形成糜烂，从而很少能见有特征性的大疱。这种水疱是由于基底层上的皮肤棘层发生松懈而造成的。继发性细菌感染可以使病变更加复杂，如不进行治疗，该病往往是致命性的。可单独使用大剂量糖皮质激素对该病进行治疗，也可将糖皮质激素与其他药物联合应用，如环磷酰胺、咪唑硫嘌呤或金盐。该病的病情很难缓解，其长期预后从一般到不良。

大疱性类天疱疮是犬的一种罕见皮肤疾病，最易发生于柯利犬和杜宾犬。病变一般都很广泛，但倾向于集中在腹股沟部，出现病变的皮肤与严重烧伤很相似。也可见有大水疱，这种水疱是属于表皮下的水疱，其中含有大量嗜酸性粒细胞。在免疫组织病理切片上可见有抗基底膜蛋白的自身抗体。首选治疗方法是使用泼尼松龙和咪唑硫嘌呤进行联合治疗；常可以缓解病情，但是要使该病的控制得到维持，需要采用相对大剂量的药物进行连续治疗，

长期预后较差。

（3）**重症肌无力**　重症肌无力是由神经-肌肉接头处传递功能障碍所引起的一种自身免疫性疾病。发生该病时，体内产生直接针对肌肉细胞上乙酰胆碱受体的自身抗体，造成受体发生降解或受到封闭，从而阻断神经肌肉的信息传递。其临床特征是极为严重的全身性肌无力，轻微运动即可使其加重。犬常见的原发性疾病或伴发性疾病是由于食管肌肉发生麻痹而造成的巨食管症。人的胸腺瘤常与重症肌无力有关，但家畜不太常见。使用速效抗胆碱酯酶药物（氯化腾喜龙）可明显提高肌肉的力量。可采用长效抗胆碱酯酶药物进行治疗。长期使用免疫抑制药物对该病进行治疗是可行的。用间接免疫组织病理学检测方法，以正常肌肉作为底物，可在发病动物的血清中检测出针对乙酰胆碱受体的自身抗体。

3. Ⅲ型过敏反应（免疫复合物疾病）　沉积在组织中的抗原-抗体复合物（免疫复合物）可以引起急性炎症反应。免疫复合物可以通过激活经典补体通路，诱导产生有效的化学趋化因子，吸引大量中性粒细胞。这些中性粒细胞可以造成急性炎症反应，也可能会造成严重的组织损伤，尤其是在释放出相关酶和氧化剂时。免疫复合物疾病是免疫性疾病中最为常见的一种。最常出现发病的部位有关节、皮肤、肾脏、肺脏和脑。

这类疾病发生的先决条件是持续存在有可溶性抗原和抗体。这种抗原和抗体可形成不溶性免疫复合物，沉积在小血管的基底膜上。随后，沉积的免疫复合物可激活经典补体通路。补体片段可以趋化中性粒细胞，也可直接作用于血管，从而引起血管炎。许多原因都可以引起抗原持续存在，包括慢性感染和某些肿瘤性疾病，特别是淋巴网状内皮细胞瘤。长期接触的抗原很可能是吸入性抗原。最后，某些动物会对自身抗原产生应答，这代表的是长期抗原的一种来源。在许多情况下，都无法确定这些免疫复合物中的抗原来源。

这些免疫复合物的沉积部位主要取决于抗原进入机体的途径。吸入性抗原可引起肺炎，通过皮肤进入的抗原可引起局部皮肤病变，而进入血液中的抗原可以形成免疫复合物、沉积在肾小球或关节部位。因此，该病的临床症状多种多样，但是通常都会出现发热、皮肤症状（如多形性红斑）和多发性关节炎（移位性的腿部跛行或腿疼、关节肿胀）。其他症状有共济失调、行为异常、蛋白尿、等渗尿、多饮、多尿，或一些不明显的症状，如呕吐、腹泻或腹痛。通过排除引起临床症状更为常见的病因，可以作出诊断。确诊该病的支持证据包括，如果怀疑药物或感染性病原

是造成该病的原因，则应明确该病与上述情况的时间关联；确定慢性感染或恶性肿瘤；以及通过对活体组织采用组织病理学和免疫组化方法，确定免疫介导性血管炎或肾炎。

该病的治疗措施应包括辅助性治疗、病原体的清除或对潜在疾病进行治疗（如针对细菌感染采用适宜抗生素进行治疗，对脓肿或感染组织采用外科手术进行引流，对心丝虫病进行治疗，停止使用药物）。要防止继续形成免疫复合物，可能需要采用免疫抑制疗法。

（1）**膜性增生性肾小球肾炎** 这种疾病是由在血液中形成且通过肾小球过滤的免疫复合物而引起的。实际上，这种不溶性免疫复合物是沉积在肾小球基底膜上。依据免疫复合物的大小，可沉积在基底膜的内皮下或上皮下。继发性肾小球肾炎可作为慢性感染、肿瘤或免疫性疾病的副作用而发生。发生特发性肾小球肾炎的动物（有50%以上的病例）通常都会出现肾病的症状，而继发性肾小球肾炎通常是一种相对较轻的疾病。

（2）**过敏性肺炎** 当吸入性抗原与肺泡壁上的循环抗体发生接触时，就会在肺泡壁上形成免疫复合物，引起急性炎症反应。过敏性肺炎最常见于长期接触抗原性粉尘的大动物。这类抗原中最主要的抗原是霉变干草中嗜热放线菌孢子中含有的抗原。人类吸入这类孢子可引起农民肺，牛也可发生类似的疾病。过敏性肺炎的特征是在接触霉变干草4~6 h后出现呼吸困难。最有效的治疗方式是移除抗原的来源；另外，糖皮质激素疗法具有一定作用。

（3）**全身性红斑狼疮（SLE）** 这种自身免疫复合物疾病发生于犬，偶见于猫，在大动物也有报道。该病具有两个共同的免疫学特征：免疫复合物病和产生多种自身抗原的倾向。临床上，该病表现为Ⅱ型过敏反应和Ⅲ型过敏反应的组合。抗核酸抗体是SLE的诊断标记，但是在很多动物个体内也存在有针对红细胞、血小板、淋巴细胞、凝血因子、免疫球蛋白（类风湿因子）和甲状腺球蛋白的抗体。抗核酸的自身抗体，即抗核酸抗体（ANA），其本身并不具有明显的致病性，可作为诊断该病的标志。在一个特定动物体内，不是免疫复合物占优势，就是疾病的自身抗体成分占优势。沉积在小血管周围的免疫复合物可导致滑膜炎、皮炎、口腔糜烂和溃疡、心肌炎、尿道炎、脑膜炎、关节炎、骨髓病、肾小球肾炎和胸膜炎。肾小球肾炎是猫发生SLE的主要致命性并发症之一，但在犬并非如此。发生SLE动物最为常见的症状是自身免疫性溶血性贫血或血小板减少症，或同时出现这两种。

SLE是以出现ANA为特征，检测这类抗体或相关的LE细胞有助于诊断。但是，一些健康动物也可能携带有ANA，而且并不是所有患SLE的动物血液中都可检测到ANA。因此，SLE的诊断必须以整个临床综合征为基础，而不能单纯依据是否存在ANA。

使用肾上腺皮质激素通常可以对SLE进行治疗。开始时，每日可使用大剂量进行治疗；临床症状缓解后，可使用低剂量，隔日进行一次治疗。在临床症状消失后，可使用药物继续治疗2~3个月。对单独使用肾上腺皮质激素无法控制的SLE患病动物，可以将环磷酰胺或硫唑嘌呤之一，或二者同时，与肾上腺皮质激素联合应用进行治疗。

（4）**血管炎** 免疫复合物介导的血管炎可发生于动物，尤其是犬和马。最普遍发生病变的部位是肢体远端的真皮和口腔黏膜，特别是颚和舌（犬）和唇（马）。鼻、耳、眼睑、角膜和肛门不太常见有病变。早期病变表现为局部发红，并迅速形成浅表糜烂。在真皮糜烂部位可很快形成疤痕。发病马常见有四肢浮肿，犬较为少见，但同样也是很明显的症状。血管炎是某些动物发生SLE的一个特征，但最常见的是特发性的。已完全确定，犬可发生药物诱导性血管炎。从病变边界处采集表层和深层活组织材料，采用组织病理学和免疫组织病理学检查方法，可以对血管炎进行确诊。

采取停止使用药物的方法，可以对血管炎进行治疗，必要时可使用免疫抑制药物治疗。非药物诱导性血管炎的治疗，可单独使用糖皮质激素，或与其他药物（如咪唑硫嘌呤或环磷酰胺）联合使用。

（5）**结节性动脉周围炎（结节性多发性动脉炎、坏死性多发性动脉炎）** 家畜发生的这种罕见的疾病，是由小动脉和中等动脉壁上发生免疫复合物沉积

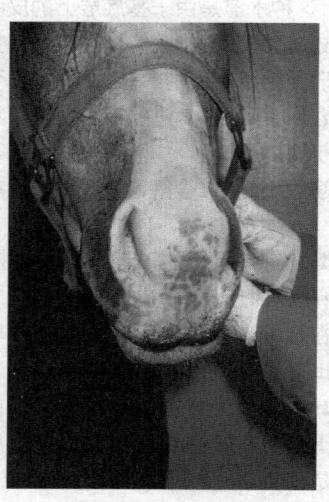

图6-2 出血性紫癜
（由Sameeh M. Abutarbush博士提供）

和炎症反应所致。在家畜中，该病最常见于猪，常与猪丹毒和链球菌感染有关，该病是由于这些细菌或细菌疫苗造成Ⅲ型过敏反应而引起的。已报道猫可发生该病，但常被误认为是猫传染性腹膜炎的非渗出型。

（6）**其他Ⅲ型过敏反应**　马的出血性紫癜是非血小板减少性紫癜的一种，常继发于马链球菌（*Streptococcus equi*）呼吸道感染；该病是由抗体与沉积在血管基底膜上的链球菌抗原形成免疫复合物而引起的。

前眼色素层炎可能涉及免疫复合物介导的反应；该病发生于犬传染性肝炎的恢复期，是由于血清抗体与含有犬Ⅰ型腺病毒的眼色素层内皮细胞发生反应而造成的。同样，严重的马复发性前眼色素层炎与对钩端螺旋体（*Leptospira*）或盘尾线虫（*Onchocerca* spp.）发生的免疫反应有关。这种周期性眼炎是由于自体免疫攻击而造成的。抗钩端螺旋体某些血清型的抗体可与视网膜抗原发生交叉反应，引发严重的眼炎。由弓形虫（*Toxoplasma*）和猫传染性腹膜炎病毒感染引起的猫前眼色素层炎，也可能具有免疫反应的基础。

4．**Ⅳ型反应（细胞介导免疫反应）**　细胞介导的免疫反应发生于抗原激活T$_H$1应答之时。T$_H$1细胞与活化巨噬细胞或细胞毒性T细胞一样，都可以释放多种细胞因子。组织中发生的单核细胞浸润和这些细胞释放的各种炎性分子的加工递呈，可以导致细胞介导免疫反应出现病理过程。引起Ⅳ型变态反应的常见抗原有胞内寄生菌或寄生虫、某些病毒、化学品和（特定条件下的）胞内抗原。当抗原与皮肤接触时，病变通常发生于皮肤（过敏性接触性皮炎）。在持续性感染病灶的周围，也可发生肉芽肿性反应。依据排除造成疾病的其他病因和发病史，可以对该病作出诊断。治疗的目标是识别引起该病的抗原来源，并进行消除，并根据需要使用消炎药或免疫抑制剂进行治疗。

在所有不同种家畜，由免疫功能过度或不当作为主要原因的一些疾病都被确认为特殊病。其中，以伴侣动物和实验动物最具有代表性。不同种类家畜的临床表现和治疗方法通常也相似。

（1）**肉芽肿反应**　针对微生物，例如分支杆菌、球孢子菌（*Coccidioides*）、芽生菌（*Blastomyces*）和组织胞浆菌（*Histoplasma* spp.），可能还有猫传染性腹膜炎病毒，所产生的这类反应可能是由慢性细胞介导型免疫反应所引起。尽管细胞介导免疫可以有效控制大部分动物个体发生的感染类型，但是由于了解甚少的原因，这种相同机制对其他动物却只能起到部分有效的作用。肉芽肿反应出现在持续性抗原的周围。该

病以出现纤维间质，以及巨噬细胞、巨细胞和淋巴细胞浸润为特征。

（2）**淋巴细胞脉络丛脑膜炎**　小鼠发生的这种病毒性感染可引起T细胞杀灭病毒感染细胞，导致CNS出现损伤。

（3）**老龄犬脑炎**　该病可能也是由于直接针对持续感染犬瘟热病毒的细胞、由细胞介导的免疫反应引起的。犬瘟热病毒感染的初期临床症状一般都不明显，多年后才出现脑炎。

（4）**变应性接触性超敏反应**　这种超敏反应是由于化学品与真皮正常蛋白发生反应并对其进行修饰而引起的。这种修饰的蛋白可以激发细胞介导的免疫应答，导致皮肤发生炎症和损伤（如人的槲叶毒葛和接触毒葛引起的皮疹）。犬、牛和马也有发生这种反应的描述，通常是由于存在于塑料食盆、塑料项圈中的敏化剂和皮肤上的药物所致。

（5）**自身免疫性甲状腺炎**　犬自身免疫性甲状腺炎的特征是，由体液型（Ⅱ型）和细胞介导（Ⅳ型）超敏反应共同参与的自身免疫过程，造成导致甲状腺发生损伤。该病在杜宾犬、比格犬、金毛猎犬和秋田犬尤为流行。甲状腺功能减退可能是该病唯一的表现，也可能是较为普遍的自身免疫病的一部分临床症状或亚临床症状，如全身性红斑狼疮或泛内分泌病。

（6）**自身免疫性肾上腺炎**　这种疾病在犬已有报道。通过浆细胞-淋巴细胞侵润使肾上腺逐渐发生损伤。当肾上腺损伤达到一定程度时，发病犬可出现阿狄森综合征（见肾上腺皮质机能减退症）。有时该病可能与自身免疫性甲状腺炎（见上文）有关。

（7）**干性角膜炎**　该综合征可发生于犬，可卡犬具有遗传易感性。该病可呈原发性，也可继发于长期使用磺胺类药物。该病与免疫介导的泪腺损伤有关，且与人的肖格伦综合征（又称干性综合征，译者注）相似。采用环孢霉素滴眼液对发病犬进行治疗，可取得很好疗效。

（三）**免疫系统的肿瘤**

免疫系统的一些细胞可以发生肿瘤，这种肿瘤细胞完全丧失其原有的免疫功能，从而引发免疫缺陷。然而，这些肿瘤细胞可能仍然具有一定功能，并产生大量针对未知抗原的免疫球蛋白。

发生癌症的动物，肿瘤细胞可同时依靠免疫抑制和肿瘤细胞修饰来逃避免疫攻击。即使浸润性的巨大肿瘤在适当的刺激下（如IL-2）仍可获得完全消退，这种现象已经说明，通过免疫调控，有效治疗癌症确实是有可能的。

淋巴瘤是犬和猫最常发生的肿瘤之一。正常的免疫应答需要淋巴细胞发生暴发性地快速增殖。但是，

这种增殖有时可能会失控，就会造成淋巴样肿瘤。由于所有的器官都存在有淋巴细胞，因此任何器官都可能出现淋巴样肿瘤。淋巴瘤的形成可以是多中心性的淋巴瘤、纵隔淋巴瘤、胃肠道淋巴瘤、肾脏淋巴瘤、神经淋巴瘤，也可能为白血病性淋巴瘤。眼、皮肤或鼻不太常见有淋巴瘤。在确定疾病的发病阶段时，检查全血细胞计数（CBC）、血清化学成分、腹部超声、腹部X线检查和骨髓分析是非常有用的。对猫和犬的淋巴瘤进行确诊时，可采用免疫荧光染色法。淋巴瘤的来源可能是T细胞或B细胞。

与胸腺瘤一样，犬淋巴肉瘤、马立克氏病、犊牛白血病和猫白血病的大部分病例都属于T细胞源性。许多T细胞淋巴瘤都与并发性免疫抑制有关，表现为容易发生复发性感染。

成年牛和绵羊白血病、猫营养性白血病和禽白血病一般都属于B细胞源性。肿瘤性B细胞在某些情况下可以分化为浆细胞。浆细胞瘤被称为骨髓瘤。由于肿瘤性浆细胞可以分泌免疫球蛋白，因此可引起丙种球蛋白病（见下文）。

三、丙种球蛋白病

丙种球蛋白病是指血清免疫球蛋白水平出现明显升高的一种疾病。该病可分为多克隆丙种球蛋白病（所有种类的主要免疫球蛋白都出现升高）和单克隆丙种球蛋白病（仅一种免疫球蛋白升高）。

多克隆丙种球蛋白病与免疫系统受到长期刺激有关。这些刺激因素有慢性脓皮病，慢性病毒、细菌或真菌感染，肉芽肿性疾病，化脓，慢性寄生虫感染，慢性立克次体病（如热带全血细胞减少症）慢性免疫性疾病（如全身性红斑狼疮、风湿性关节炎和肌炎）可能还有肿瘤。该病也可能是特发性的。某些动物发生丙种球蛋白病时，由于只有一种类型的免疫球蛋白（通常为IgG）水平出现显著升高，因此在发病初期表现为单克隆丙种球蛋白病。在发生非渗出性传染性腹膜炎的猫和发生慢性热带全血细胞减少症的犬，已经见有这种现象。

单克隆丙种球蛋白病的特征是单一的免疫球蛋白水平大量升高。单克隆丙种球蛋白病是良性的（也就是说，不会引起潜在疾病），或是与分泌免疫球蛋白的肿瘤有关。

分泌单克隆抗体的肿瘤来源于浆细胞（骨髓瘤），也来源于淋巴母细胞（淋巴肉瘤）。浆细胞骨髓瘤可以分泌任何一种类型免疫球蛋白的完整蛋白，也可以分泌免疫球蛋白的亚单位（轻链或重链）。犬常见的骨髓瘤蛋白是IgG或IgA，较少见的是IgM。IgA型骨髓瘤尤其常见于杜宾犬。无论何种动物，其淋巴肉瘤细胞分泌的单克隆免疫球蛋白通常都是IgM。猫和马的骨髓瘤蛋白通常都是IgG，而IgM、IgG3（马）或IgA则不常见。

该病的临床症状取决于原发性肿瘤的部位和严重程度，以及分泌免疫球蛋白的数量和类型。浆细胞骨髓瘤常发生在头骨、肋骨和骨盆处扁平骨的骨髓腔内，以及椎骨。发病骨骼发生病理学骨折可引起脊柱病、疼痛和跛行。

单克隆免疫球蛋白本身的存在就可以引起明显的临床疾病。例如，某些类型的淀粉样变性就是由于免疫球蛋白轻链沉积在组织中引起的（SAA淀粉样变性）。发生IgM或IgA单克隆免疫球蛋白血症的犬，如果其血液中IgM或IgA水平过高，大约有20%的犬可发生高黏滞综合征。发生这种综合征时，血浆黏度大部分正常，但可导致严重的供血不足、血栓和凝血障碍。由于神经系统和视网膜出血，因此可引起精神沉郁、失明和神经症状。有些IgM单克隆免疫球蛋白起着冷球蛋白的作用，当血浆温度下降时，在体内和体外都可以发生凝集。发生冷球蛋白血症的动物，在耳尖、眼睑、足趾和尾尖处常会出现泥沼样坏疽，尤其是在天气寒冷时。发生单克隆丙种球蛋白病的动物，其正常免疫球蛋白水平也可能会出现下降，因而可能发生继发性感染。

采用适宜的化学疗法通常可以对分泌免疫球蛋白的肿瘤进行治疗。出现高黏滞综合征临床症状的动物，需采用血浆去除术以降低其血黏度。

（王春来 译 鄢明华 一校 梁智选 二校 靳亚平 三校）

第七章 体被系统
Integumentary System

第一节 体被系统概述

一、概述

（一）体被系统组成

皮肤是机体最大的器官，随动物种类和年龄的不同约占动物体重的12%～24%。皮肤具有多种功能，包括提供防护屏障、保护机体、调节体温、产生色素和维生素D以及感知功能。在解剖学上，皮肤包括表皮、基底膜区、真皮、附属物及皮下肌肉和脂肪等结构。

1. 表皮 表皮由角质化细胞、黑色素细胞、朗罕氏细胞和默克尔细胞在内的多层细胞组成。

角质化细胞的功能主要是形成保护屏障。它们由附着于基底膜的柱状基细胞产生。细胞有丝分裂率和随后的角质化由多种因素控制，其中包括营养、激素、组织因素、皮肤内免疫细胞及遗传因素。真皮也可能对表皮的生长发挥重要的调控作用。据推测光照时间和生殖周期可能会影响动物的表皮。糖皮质激素可降低有丝分裂活性，疾病和炎症也能改变表皮的正常生长及角质化。随着角质化细胞向上迁移，会经历程序性细胞死亡或角质化的复杂过程。该过程的目的是形成死亡细胞的致密层，即角质层，其功能是作为一层不透水层，用来防止液体、电解质、矿物质、营养和水分的流失，同时避免感染性和有害因子侵入皮肤。角质素的结构布局和皮肤的脂质物对于此功能至关重要。表皮中可生成维生素D的前体，即7-脱氢胆甾醇。大动物的表皮最厚，其角质层会不断脱落或脱屑。

黑色素细胞位于基底细胞层、外根鞘及皮脂腺和汗腺的管道内。它们主要负责生成皮肤和毛发色素（黑色素）。色素的产生受激素和遗传因素的调控。

朗罕氏细胞属于与皮肤免疫系统调控密切相关的单核树突状细胞。紫外线过度照射和糖皮质激素可破坏这些细胞。抗原和过敏原经上述细胞处理后，被递

呈到局部和节点T细胞，诱发过敏反应。表皮蛋白也会结合外源性半抗原，使之具有抗原性。

默克尔细胞是与须和足垫等皮肤感觉器官有关的专职感觉细胞。

2. 基底膜区 基底膜区即基部表皮细胞的附着点，又是表皮与真皮之间的保护性屏障。包括多种自身免疫病在内的许多疾病可造成该部位损伤。小囊疱是基底膜区受损的一种病例。

3. 真皮 真皮是具有支撑、滋养及在某种程度上调节表皮和附属物作用的间叶细胞样结构。真皮由基质、真皮胶原纤维及细胞（成纤维细胞、黑色素细胞、肥大细胞，有时还包括嗜酸性粒细胞、中性粒细胞、淋巴细胞、组织细胞及浆细胞）组成。真皮中可见有负责调节温度的血管、与皮肤感觉有关的神经丛以及有髓鞘和无髓鞘神经。运动神经主要支配肾上腺、血管和竖毛肌。除马外，其他动物的顶泌腺不受神经支配。感觉神经分布于真皮、毛囊及专职的触觉结构。皮肤可感知触摸、疼痛、痒、热及冷等刺激。

4. 附属物系统 附属物系统位于表皮之外但与表皮相连，由毛囊、皮脂腺、汗腺以及特殊结构（如爪、蹄）组成。马和牛的毛囊是单毛囊，即毛囊中的每个毛孔生长一根毛发。犬、猫、绵羊、山羊的毛囊是混合性的，即毛囊内含有被3～15根较小毛发环绕的中央毛发，这些毛发均存在于同一个毛孔中。具有混合毛囊的动物在出生时是单毛囊，随后发育为混合毛囊。

毛发的生长受多种因素调控，包括营养、激素和光照时间。毛发的生长阶段称为生长期（anagen），休眠阶段（成熟毛发）称为静止期（telogen）。生长阶段与休眠阶段之间的过渡期称为退化期（catagen）。在温度及光照时间改变时动物常出现脱毛现象，大多数动物在初春及初秋时节脱毛。毛发的大小、形态及长度由遗传因素控制，但也可受疾病、外源性药物、营养缺乏及环境因素的影响。激素对毛发生长有显著影响。如甲状腺素促进毛发生长，糖皮质激素可抑制毛发生长。毛发的主要功能是提供机械屏障、保护宿主免受光损伤和调节体温。对大多数动物，为贮藏热量常在次级毛发之间预留一定的封闭间隙。此过程需要毛发干燥且防水，很多动物的冬季被毛通常较长、较细，有利于保存热量。被毛也可帮助皮肤降温。动物的夏季被毛较厚、较短，次级毛也很少，尤其是大动物。被毛解剖学上的变化可使空气易于穿过被毛，利于降温。被毛还可以帮助动物进行掩饰或伪装。

皮脂腺为单个或分支的囊状全分泌腺体，可将皮脂分泌到毛囊内，随后渗入到表皮表面。在黏膜皮肤

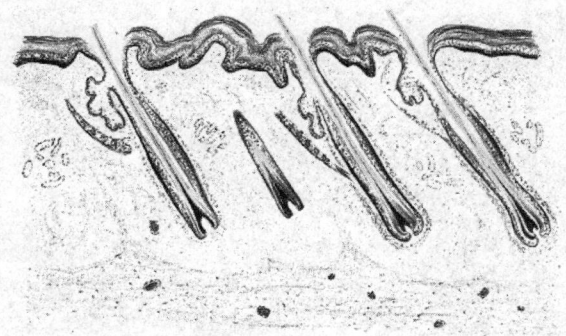

图7-1 皮肤与毛发
（由Gheorghe Constantinescu博士绘制）

接合处、指间腺、颈背部、臀部、下颚和尾部附近存在大量的皮脂腺。某些动物的皮脂腺是组成其气味标记系统的一部分。例如，猫的面部、背部及尾部分布有高密度的皮脂腺，猫通过在目标物上摩擦面部并释放一层掺入猫面部信息素的皮脂，借此对其领地进行标记。皮脂是一种含有胆固醇、胆固醇脂类、甘油三酯、二酯蜡类及脂肪酸的混合脂。皮脂对于保持皮肤柔软柔顺及保持适当水分很重要。皮脂使被毛富有光泽，且具有抗菌性能。

汗腺［皮上层汗腺（以前称为顶泌汗腺）和无毛汗腺（以前称外泌汗腺）］是体温调节系统的组成部分。汗液通过皮肤蒸发是马和灵长类动物的主要降温方式，猪、绵羊和山羊次之。有些临床证据表明犬猫可局部出汗，这是其机体降温的次要作用。犬猫主要依靠呼吸、流涎及在被毛上涂抹唾液（猫）等进行体温调节。特别是猫在兴奋时可通过其脚爪出汗。这也是在地面或检查表格上常见到湿爪印的原因。

5. 皮下肌肉与脂肪　快肌（肉膜）是主要的皮下肌肉。皮下脂肪（脂膜）具有多种功能，包括隔热、贮存液体、电解质、能量以及消震作用等。

（二）皮炎

多种致病因素都可以引起皮肤炎症，包括外来刺激物、烧伤、过敏原、外伤及感染（细菌、病毒、寄生虫或真菌）。皮炎与内脏或全身性疾病的并发有关，也可能与遗传因素有关。过敏反应可产生一组重要的致病因子（尤其在小动物）。

皮肤对损伤的反应一般称为皮炎，表现为皮肤瘙痒、脱皮、红斑、皮肤增厚或苔藓化、色素沉着过度、皮脂溢出、有气味及脱毛等症候的任意组合。皮肤病通常包括一些潜在的病因（疾病综合征），并引起原发病变，如丘疹、脓疱及囊疱。瘙痒是许多疾病的常见临床症状，在没有固定瘙痒症状的疾病中，由于继发感染或炎症介质的产生，也常见有瘙痒。随着炎性变化的发展，可出现结痂和脱皮。如深层真皮发生病变，可出现渗出、疼痛及皮肤脱落。由于皮肤炎症，常会造成细菌和真菌的继发感染。当皮炎变为慢性时，炎症急性症状（如红斑）消退，原发病变被慢性炎症的症状（皮肤增厚、色素沉着过多、脱皮及皮脂溢）所掩盖。皮肤常变得干燥。如果瘙痒不是潜在的诱因，皮肤炎症常发展到此阶段。皮炎的治疗需要对潜在的病因予以鉴定，以及观察继发感染或其他并发症的治疗效果。

（三）皮肤病问题

皮炎是一种非特定的术语，常用于皮肤病史、临床症状及体格检查更精确定义疾病之前。皮肤疾病描述了由许多皮肤病造成的一大类临床症状。许多皮肤病看上去很相似，可通过诊断流程图及排除法进行鉴别。最常见的皮肤疾病包括瘙痒、脱毛、结痂及脱皮、耳炎、未愈创伤、结节和肿瘤以及溃疡性疾病。某些动物（如猫），皮肤疾病（如头颈瘙痒、对称性脱毛、嗜酸性细胞渗出/皮炎等）有公认的亚类，对主要皮肤疾病进行定义有助于列出患畜特异性鉴别诊断表，并帮助选择合适的检查诊断方法。患畜的皮肤病可能是（也可能不是）畜主的主诉疾病，但重要的是要敏感察觉到畜主对疾病的态度及说话方式。特别需要将动物的气味或美感问题包含其中，并对其予以关注（如当评估关键问题时可通过洗澡来最大限度地减少气味）。

二、皮肤病的诊断

不同皮肤病的病因及其确诊需要详细的病史、体格检查及合适的诊断试验。许多皮肤病看起来很相似，但通过排除可能的原因、评估治疗效应和/或治愈过程，可予以确诊。

（一）病史

详细的皮肤病史对于解释体格检查结果和选择适当的诊断试验至关重要。应获取完整的全面病史，包括前期疾病信息、疫苗、饲养管理（养殖场所、饲养情况等）、形态及摄食量的变化、淘汰率，与其他动物的接触情况，过去6～12个月的迁移等相关信息。获取这些信息后应形成详细的皮肤病史。对于慢性及复杂病例，使用预先打印的病史表格非常实用。由于许多看起来相似的皮肤病需要通过临床症状和病史模式的解析才能作出鉴别。因此，完好的病史资料极为重要。

应当获取以下信息：①主要主诉；②病程长短；③初次发生皮肤病的年龄（很多疾病都有独特的年龄嗜性，如幼年动物的蠕螨病和皮肤真菌病，以及1～3岁动物的过敏性皮炎症状）；④品种（品种嗜性包括克卡犬原发性角化和泰里耶犬过敏性皮炎）；⑤出现瘙痒及严重程度（包括舔、蹭、搔抓或咀嚼行为，主人通常意识不到舔可能是瘙痒的一种症状）；⑥疾病如何开始和发展［以瘙痒开始的疾病可导致自伤，随后会发展为继发性皮肤病变（脱毛、皮脂溢出）或继发感染（细菌或真菌性脓皮病）］；⑦主人注意到的病变类型和发展情况；⑧季节性证据（提示跳蚤、过敏性皮肤病或季节相关疾病）；⑨初次出现疾病的部位（如过敏性皮炎常见于面部和足部，姬螯螨病主要在背部，疥疮主要在腹部，内分泌性脱毛常见于躯干、头及四肢）；⑩以前的任何治疗措施及其效果（如抗生素有效的皮肤病提示细菌性病原，对小剂量糖皮质激素、抗组胺药物或必需脂肪酸有效的瘙痒提示过敏性皮炎）；⑪洗澡频率及最近一次洗澡时间（最近洗澡会掩盖或改变主要临床病变，洗澡过多和皮肤湿润易发皮肤病）；⑫有无蝇、蜱、螨；⑬与其他动物接触（如传染性证据提示有跳蚤、疥疮、姬螯螨病或皮肤真菌病）；⑭动物的环境（饲养环境改变可影响某些皮肤病的发展，如接触性皮炎、传染性疾病）；⑮全身性疾病症状或报告〔若全身性疾病首先出现症状的部位是皮肤时，应考虑是否有内分泌紊乱（如甲状腺功能减退和肾上腺皮质功能亢进）及代谢病（如糖尿病、肾病、肝病）〕。

（二）体格检查

应当进行全面的体格检查。很多皮肤病都是全身性疾病的表现形式，如甲状腺功能减退、肾上腺皮质功能亢进、肝脏皮肤综合征和全身性红斑狼疮（见各种全身性皮肤病）。对皮肤的准确检查需要在强光下对整个被毛和皮肤进行仔细检查，检查大动物皮肤时可能需要使用手电筒。对动物胸腹部进行检查很重要，在此部位可发现很多主要病变及皮肤寄生虫。

临床病变的描述有多种方式。如肉眼病变描述为局灶性、多灶性或弥散性分布，随后是对感染区域（如皮肤黏膜、躯干）的描述。仔细检查后，病变可进一步描述为主要病变和继发病变。主要病变包括斑疹或斑（褪色的非隆起区域，丘疹或斑块（隆起区域，后者合并），囊疱或大疱（充斥液体的病变），风疹块（由组胺释放引起皮肤表面平的、壁陡的、坚实的隆起），结节或肿瘤（皮肤大的坚实隆起）。继发病变包括表皮囊领（脓疱的晚期）、结疤、抓痕（自身创伤区）、糜烂或溃疡（表皮丢失）、裂伤、苔藓样变（皮肤的逐渐增厚和色素沉着过度）以及愈伤组织。引起某些病变的病原可能是主要的也可能是继发的。这些病变包括脱毛、鳞屑、结痂、毛囊管型（具可见角蛋白的毛囊堵塞）、粉刺（黑头粉刺）以及色素变化。

（三）皮肤病的实验室检查程序

1. 皮肤刮取物 皮肤刮取物是所有皮肤病最基本的数据库，可分为浅表和深部两种类型。浅表刮取物不会导致毛细血管出血，可用于提供表皮的表面信息。深部皮肤刮取物收集毛囊内材料，刮至毛细血管出血表明取样深度符合要求。皮肤刮取物主要用于确定是否存在螨虫。刮痧板是获取皮肤刮取物的最好工具，它是一种薄金属的称重刮勺，常见于药店或化学品供应目录。刮勺可重复使用，且不会对患畜造成伤害。

2. 被毛梳理 这种方法常被称为"跳蚤梳"，适用于收集大量皮肤碎屑及获取皮肤寄生虫。梳毛对于查找跳蚤、蜱、虱及一些螨尤其有用。可使用一个

清洁的刮毛刷或梳刷来采集大动物的检料，并将其置于扁平容器内（如大平皿）。

3. 毛发检查 毛干的显微镜检查可用于确证自伤、皮肤藓菌感染（需要清洁剂及特殊染色）、发育异常的毛发，某些时候也可用于检查被毛的遗传性疾病。

4. 细胞学 皮肤和耳部的细胞学检查适用于细菌、真菌及可能的皮肤肿瘤病的鉴定。在检查过程中需要制作4～6个印迹涂片，如有必要，可由一个参考实验室保存一些用于检查的载玻片。制作皮肤印迹涂片时，需要将玻璃载玻片直接置于取样部位，将食指或拇指直接放在载玻片上，并用力按压。另一种方法是使用洁净的醋酸纤维胶带采集皮肤样品。该法样品采集量充足，可在表面形成拇指印痕。染色前需要用火柴或灯对至少一个载玻片进行加热固定。在大多数情况下，可采用diff-quick（快速）染色法。对瘙痒病畜，应从指甲垫下刮取检材，涂片到玻璃载玻片上进行加热固定、染色和细胞检查。样品应在4×、10×及油镜放大下进行检查。

5. 真菌培养 皮肤真菌感染的确诊最好采用皮肤真菌培养基或萨布罗琼脂平板进行培养。应首选易于接种的平板，避免使用有螺旋口的玻璃瓶，因其接种难度大，且不易从中获取样品。采集猫的样品时，最好使用新牙刷在病变部位进行剧烈梳刷。采集犬样品时，既可用牙刷，也可用拔毛的方法。对于大动物，在采样前应使用酒精轻轻擦拭毛发，以减少污染物生长。中部和深部的真菌培养最好采用皮肤活组织检查（6～8 mm），由参考实验室来完成。

6. 细菌培养 完整脓疱的培养可以通过将脓疱用消毒针刺破以及用灭菌培养拭子擦拭病变部位的方法进行。在采样前不应刺破病变部位。深部脓皮病最好采取活体皮肤组织（6～8 mm）进行培养。应将所怀疑的病原告诉参考实验室，这样可能会让他们采用适宜的渗出物培养方法。采集样本前，应至少停止全身性和局部用药72 h。

7. 活组织检查 当出现严重、异常病变或适当治疗无效的情况下，都需要进行活组织检查。因为在诊断许多皮肤病时，病变表面的病理变化都非常重要，所以在活组织检查前不应对病变部位进行擦洗。应送检来源于各种病变的多份样品。任何时候都应尽可能采集主要病变，否则，在确诊或缩小鉴别诊断范围时，检查报告常没有多大辅助作用。活组织样品应由熟悉动物皮肤病的病理学家进行检查。在诊断自身免疫皮肤病时没有必要使用直接免疫荧光法，常规组织病理学是最佳选择。

8. 血液与尿液的常规检验 对大多数皮肤病

例，这些检验并不能对疾病进行确诊。如果一种疾病出现全身性症状时，则CBC、血清化学检验及尿液分析对确定病原可能有帮助。对复发感染的犬，这些检验可以确定潜在的亚临床疾病。

9. 真皮内皮肤试验 在诊断过敏性皮炎时没有必要采用这种检验方法。真皮内皮试反应呈阳性，提示曾暴露于某种特定过敏原。吸入性过敏反应的诊断，最好结合相应的病史、体格检查结果，以及对真皮内皮试或体外过敏试验结果的谨慎判断。对发生严重或持续性过敏症状而使用免疫疗法的动物，建议进行真皮内皮试检验。在进行真皮内皮试前，应考虑到药物的相互作用可能会对试验产生干扰。

10. 体外诊断试验 体外诊断方法（ELISA或RAST试验）是真皮内皮试的替代方法。尽管体外诊断试验因易出现大量假阳性而被认为可靠性差，但多数并发症在试验结果解读过程中的误差是由于对患畜选择不当造成的。与真皮内皮肤试验相同，体外诊断试验也可反映患畜的暴露情况，同时必须根据患畜的临床症状和病史对上述情况予以说明。

三、常见皮肤病

最常见的两类皮肤病是脱毛和瘙痒。

（一）脱毛

脱毛是正常存在部位的毛发出现部分或完全脱落。如果患畜发生脱毛和瘙痒，应首先检查瘙痒症（见瘙痒症）。

【病因】 脱毛的病因很多，任何影响毛囊的疾病均可造成脱毛。脱毛分为两大病原学类型——先天性（或遗传性）和获得性。获得性脱毛进一步可分为两类：炎症型和非炎症型。

牛、马、犬、猫和猪已报道有先天性或遗传性脱毛症。已成功选育出无毛小鼠、大鼠、猫和犬，开发并用于个人或研究项目。先天性脱毛可能是也可能不是遗传性的，它主要由毛囊发育缺陷引起，通常在出生时或出生后显现。而迟发性脱毛动物出生时具有正常的被毛，当动物更换幼年被毛或成为成年动物时，开始发生局部或全身性脱毛。该类例子包括腊肠犬的模型斑秃、颜色稀释性脱毛（最常见于杜宾犬）及毛囊发育异常的某些类型。

获得性脱毛包括其他各种原因。在该脱毛类型中，动物出生时毛发正常，具有正常毛囊，曾经或现在能产生结构正常的毛发。获得性脱毛可能是非炎症性的，多见于内分泌性脱毛或免疫介导性脱毛的某些类型，或者可能是炎症性的。炎症性获得性脱毛是脱毛最常见的病因。由于疾病破坏了毛囊或毛干，干扰了毛发的生长，或引起动物不适（如疼痛、瘙痒）进

而导致自伤和脱毛，因此，获得性脱毛会继续发展。

可直接造成毛干或毛囊破坏的疾病包括细菌性皮肤病、皮肤真菌病/脂螨病、真皮的严重炎症疾病（如幼犬蜂窝织炎、深部脓皮病）、外伤（如烧伤、辐射）及罕见的汞、铊及碘中毒，这些疾病均属于炎症性。

直接抑制或减缓毛囊生长的疾病包括营养缺陷（尤其是蛋白质缺乏）、甲状腺功能减退、肾上腺功能亢进和雌激素过度生成或注射（雌激素过多、睾丸支持细胞瘤、雌激素注射时的错配）。马、绵羊及犬的暂时性脱毛会发生在妊娠、泌乳、重病或发热后几周内。猫呼吸道感染后明显脱毛是一种常见现象。除非有皮肤继发感染，这些疾病均易发展为非炎症性的脱毛。

瘙痒或疼痛是动物炎症性获得性脱毛常见的病因。常造成瘙痒或疼痛的疾病包括感染性皮肤病（细菌性脓皮病和皮肤真菌病）、外寄生虫、过敏性皮肤病（如过敏性皮炎、食物过敏、接触、昆虫过敏），和不太常见的肿瘤性皮肤病。例如不合适的背心或衣领等摩擦会造成局部脱毛。罕见情况下，过度梳毛也是造成某些动物尤其是猫脱毛的病因。

猫内分泌性脱毛不再认为是一种真正意义上的综合征，新病名为猫的获得性对称性脱毛。目前为止，尚无文献报道猫患有这些内分泌疾病，对称性脱毛常见于潜在疾病（最常见于瘙痒疾病）的临床症状。猫对称性脱毛的最常见病因是蚤咬性过敏性皮炎。但猫没有明显的跳蚤侵袭，推荐使用CBC进行鉴别，很多患有蚤咬性过敏性皮炎的猫出现嗜酸性粒细胞增多。这些发现可有助于说服畜主控制跳蚤，并以此作为诊断的第一步。

【临床表现与病理变化】 不同疾病的脱毛症状可能表现明显，也可能轻微。先天性或遗传性脱毛通常对称且不伴有过多的炎症变化过程。某些情况下，脱毛仅局限在某个区域（如耳廓）或界限清楚的区域。

获得性脱毛的症状不同，且常受到潜在病因的影响。脱毛的形式可能是局部的、多灶的、对称的或全身性的。炎症反应如色素沉着过多、苔藓化、红斑、脱皮、过度脱落和瘙痒等常见。某些获得性脱毛可使动物发展为继发性皮肤病，如细菌性脓皮病或皮脂溢。由不同病因引起的瘙痒症表现各异。在内分泌性脱毛中，常呈对称性脱毛，首先发生于磨损部位；继发感染时，瘙痒较常见。与以前预测的相反，脱毛通常不是内分泌性脱毛的一种早期临床症状。

很多畜主常因显见的过度脱毛而寻求兽医的帮助。如果脱毛导致被毛和脱毛区域的被毛明显脱落，则可能是异常的（过度）。一种常见的异常脱毛的病

因是细菌性脓皮病。但是，如果脱毛不伴随成片发展或对称性毛发脱落，则可能是被毛自然更换期。

【诊断】 脱毛原因的确诊需要详细的病史和体格检查。病史检查的关键是辨别动物品种患先天性或遗传性脱毛的倾向性，有无瘙痒、传染性或非皮肤性病变（如多尿症和烦渴症）的证据。体格检查时，需要注意病变的分布（局灶性的、多灶性的、对称性的或全身性的）和检查毛发以确定它们是否从毛囊脱落或折断，后者提示瘙痒。需要注意继发性皮肤感染或外寄生虫的症状以及进行细致的非皮肤病检查。

初步诊断性试验包括皮肤刮取物检查外寄生虫（尤其蠕形螨），梳理被毛检查蚤、螨和虱，皮肤抹片或凭借皮肤的污染程度判断细菌或真菌感染情况。通过真菌培养，以及检查粗细不匀的毛发、毛干和毛根等对皮肤真菌病和毛发嚼断予以鉴定。对很多细菌性脓皮病例而言，皮肤印迹抹片中虽不会出现中性粒细胞和/或球菌，但抹片中会显示大量脱落的角化细胞。如果收集脓疱或最近破裂的脓疱，会看到中性粒细胞和球菌。

如果这些试验不能鉴定或提示潜在的病因，可能需要应用皮肤活组织检查来评估毛囊结构、数量及生长期/静止期的比值，获得细菌、真菌或寄生虫性皮肤感染的证据。另外，皮肤活组织检查常需要验证先天性或迟发性脱毛的原因，鉴定脱毛的炎症性或瘤性病因。此时需要同时从正常和异常部位取样检查。CBC、血清生化学及尿液分析一般仅在怀疑内分泌疾病时有辅助作用。特异性内分泌功能试验，可以依据常规实验室检验或临床症状进行。

【治疗】 成功治疗取决于潜在的病因及特异性诊断。

（二）瘙痒症

瘙痒症定义为皮肤内出现不适感、使动物有挠抓欲望的症状。

【病理生理学】 瘙痒症局部出现或不集中，它表现为清晰的或弥散的烧灼感。虽然皮肤含有丰富的神经，但没有明确的特定的瘙痒受体。瘙痒的感觉通过一组专门的传入纤维进行传送。有髓鞘神经纤维以10～20 m/s的速度传导局部刺痒的感觉刺激。相反，灼痒则通过无髓鞘纤维以2 m/s的速度传递。这两个纤维均进入脊髓的背根，沿后索上行，交叉进入脊髓丘脑侧束，从此处进入丘脑并到达感觉皮层。

瘙痒的介质尚存在争议，因种类而异。公认的介质包括组胺（从肥大细胞脱颗粒释放）、蛋白水解酶类（蛋白酶）及白三烯类。阮酶类在抗原抗体反应中由真菌、细菌和肥大细胞脱颗粒释放产生。白三烯类、前列腺素及血栓烷A2是促炎性因子，由花生四烯酸分解产生。必需脂肪酸尤其亚麻酸曾用于抵消由白三烯及血栓烷A2所介导的炎症。瘙痒感可受多种因素影响，包括厌烦、竞争感及焦虑。应激可通过释放阿片样肽类增强瘙痒。

【病因】 瘙痒只是症状并非特定的疾病。一般来说，引起瘙痒最常见的病因有寄生虫、感染、过敏性皮肤病及其他原因（如皮肤瘤）。当病畜发展为继发性细菌或酵母菌感染时，很多非瘙痒性疾病（例如一些内分泌疾病）也会发生瘙痒。

【诊断】 应进行全面的皮肤病史和体格检查。排除引起瘙痒的寄生虫病因（由于它们最常见），包括蠕形螨、蚤及蜱、接触传染性螨虫和虱。皮肤刮取物检查可排除或确定蠕形螨等多种螨的感染。但是，一些螨虫感染在皮肤刮取物检查时会漏诊，如疥螨、姬螯螨、痒螨及皮螨。如果怀疑螨虫感染，应采取针对性治疗试验。这些疾病最常用的药物是伊维菌素。跳蚤可依据蚤控制史、蚤控制效应或通过蚤梳查找，藉此确定或排除蚤感染。蚤控制试验也可排除虱感染。

另一个需要排除的最重要的瘙痒性疾病类群是皮肤病的感染性因素，包括细菌感染（主要是葡萄球菌感染、马拉色霉菌过度生长及皮肤真菌病）。对于患有瘙痒的任何病猫都需要进行真菌培养。对于有些动物也强烈推荐进行真菌培养，如新发生该病的犬、具有可能的疾病接触病史或/和相应症状的动物，或者与有皮肤病人接触史的动物，已确认，细菌和酵母菌并发感染是犬、猫及大动物瘙痒症的常见病因。猫细菌性脓皮病不易准确诊断，因此，需进行治疗试验确定或排除该病。

瘙痒的感染性因素常导致脱毛、脱皮、刺毛鳞片、臭味或/和油性皮脂溢出等临床症状。酵母和真菌并发感染的动物常表现出足部瘙痒和面部摩擦。

在测试过敏作为瘙痒病因，或进行皮肤活组织检查或其他更昂贵的或/和侵入性诊断试验前，应排除细菌和酵母菌的并发感染。可预先同时进行21～30 d有效抗葡萄球菌［如头孢氨苄（cephalexin），30 mg/kg，口服，每日2次］治疗及全身的抗真菌治疗［如酮康唑（ketoconazole）、伊曲康唑（itraconazole）或氟康唑（fluconazole），5～10 mg/kg，口服，每日1次］。如果瘙痒消失，存在的瘙痒即是微生物感染引起。

瘙痒的初始病因也可能是长时间的或季节性的。但如果动物的瘙痒没有变化或只是略微好转，则最可能的病因是过敏（假如寄生虫因素被排除）。过敏性瘙痒最常见的原因是昆虫叮咬过敏症（如蚤过敏、蚊子叮咬过敏及苍蝇叮咬过敏）、食物过敏和过敏性皮炎，可以依据昆虫控制效果对过敏性跳蚤性皮炎和昆虫叮咬过敏症予以排除。如动物没有昆虫叮咬过敏症而发生季节性过敏，则最可能患有过敏性皮炎。动物发生年周期性过敏性瘙痒，可能患有过敏性皮炎或/和食物过敏。食物过敏可依据节食效应和刺激性试验进行诊断。过敏性皮炎可作为临床诊断指征，体外过敏测试和真皮内皮肤试验仅揭示抗原暴露状况。这些试验被用于确定疫苗免疫治疗效果的依据。

【治疗】　确定潜在病因是成功治疗的前提。对于过敏性瘙痒或潜在疾病，通过治疗仍不能消除瘙痒时，则需要采用一些特殊药物对瘙痒进行处理。

（1）抗组胺药（Antihistamines）　依据不同的医学报道，抗组胺药对瘙痒的治疗效果存在疑问。最常用的抗组胺药包括盐酸羟嗪（hydroxyzine hydrochloride，2.2 mg/kg，口服，每日3次）、苯海拉明（diphenhydramine，2.2 mg/kg，口服，每日2次）、盐酸阿米替林（amitriptyline hydrochloride，2.2 mg/kg，口服，每日2次）、西替利嗪（cetirizine，每只猫5 mg，每条犬5～10 mg，每日1次或2次）及非索非那定（fexofenadine，2～3 mg/kg，口服，每日1次或2次）。为获得最好的疗效，上述任何一种抗组胺药都需要7～10 d的疗程。

（2）必需脂肪酸（Essential Fatty Acids）　单独使用必需脂肪酸很难获得治疗效果，但其常对抗组胺药和/或糖皮质激素具有协同作用。它可增强抗组胺药的效果或允许糖皮质激素的小剂量使用。确切使用剂量未知，目前的推荐剂量是二十碳五烯酸（eicosapentaenoic acid）180 mg /5 kg，口服，每日1～2次。

（3）糖皮质激素（Glucocorticoids）　糖皮质激素是处理瘙痒最有效的药物。但是由于不良反应（如抑制肾上腺功能、具有糖尿病发生的风险和继发泌尿道感染的风险）而不能长期安全使用。此外，畜主多不能长期忍受常见的副作用（如多饮、多尿、多食及喘息）。消炎药物的剂量范围为0.5～1.0 mg/kg，口服，每日1次，连用5～10 d，随后隔日1次。局部喷雾醋酸去炎松（triamcinolone acetate）是口服类固醇的高效替代品。

（4）**其他全身性抗瘙痒制剂**　其他有效的制剂包括环孢菌素（cyclosporine，5 mg/kg，口服，每日1次）、己酮可可碱（pentoxifylline，10～25 mg/kg，口服，每日2～3次）及米索前列醇（misoprostol，3～6 µg/kg，口服，每日3次）。其中，改良的环孢霉素A（cyclosporine A modified）是最有效的药物，可用于治疗犬的过敏。尽管该药物未被FDA批准用于猫，但该药已成功治愈多例病猫。该药开始每日给药1次或多次，直至控制住过敏症状为止，然后减少用

量。有证据表明，用药2周即可改善症状，用药4～6周可发挥最大效应。最常见的不良反应是恶心、食欲减退、呕吐、便稀及腹泻。这些症状常几周后消失。

四、局部治疗原则

见体被系统的全身药物治疗学。

局部治疗是兽医皮肤病学的重要组成部分。它能改善动物的外观或气味，直到确诊。它也可作为全身性治疗的辅助疗法。最后，它还可能是某些疾病最好的治疗措施，如蚤感染。

在进行局部治疗时要考虑如下基本指导原则：①当治疗皮肤病时，可能需要除去尽可能多的被毛。良好的梳毛行为可对缩短病程有很大帮助。此外，良好的梳毛行为能促进局部治疗。②进行任何局部治疗前应评估畜主及动物的配合程度。③动物易舔掉局部药品，并可能在采食后呕吐，因此，中毒风险是对病畜持续治疗过程中的棘手问题。对于某些特定的疾病，最好使用局部软膏、凝胶和喷雾剂，并适当包裹。这些制剂常对皮肤有刺激性，尤其在大量灌入耳内时。很多制剂也可使毛发成簇，失去光泽。④给动物洗澡应选择温水。⑤俗话"湿则干之，干则湿之"，这种说法在某些情况下是正确的，但绝不能极端。渗出性病变，如脓疱性皮炎区域，若保持洁净及覆以抗生素软膏，病变可得以迅速康复。以前推荐使用收敛剂，苔藓样变皮肤常表现瘙痒，因此，干燥和慎重使用润滑药可能对治疗有帮助。⑥动物需要密切监控刺激物的可能发展动向及局部药物引起的过敏性接触性皮炎。很多局部药物主要成分相似，更换药物可加剧疾病。⑦应给予畜主细致详尽的治疗方案。

洗发剂疗法　洗发剂是临床最常用于局部治疗的制剂。洗发剂可分为3个广义的类型：清洁型、抗寄生虫药物型及含药物型。清洁型洗发剂（cleansing shampoos）用于去除被毛污垢及过多油脂。这些产品包括非处方的犬美容洗发水、蚤洗发水及很多人使用的温和性洗发产品。这些产品产生泡沫性能好，必须用清水从被毛上冲洗掉。抗寄生虫洗发剂（antiparasitic shampoos）主要是蚤洗发水。大多数情况下，这些产品中杀虫药的量不足以杀死严重感染病例中的所有蚤。但是，这些产品是非常好的常规洁净产品。含药物洗发剂（medicated shampoos）包括抗微生物及抗皮脂溢药物产品。最广泛应用于抗细菌的洗发水含有氯己定（chlorhexidine）或过氧苯甲酰（benzoyl peroxide）。含咪康唑（miconazole）和酮康唑的洗发水（ketoconazole shampoos）是治疗马拉色霉菌（*Malassezia*）感染的常用辅助手段，但不适

用于皮肤真菌病。少有证据表明应用这些产品可缩短皮肤癣菌感染的病程。抗皮脂溢出性药用洗发剂（antiseborrheic shampoos）含有焦油、硫和水杨酸等某些成分的组合，这些成分能促进角质形成和软化。焦油推荐用于油性皮脂溢，而硫和水杨酸推荐用于鳞屑皮脂溢。同时含有3种成分的产品对大多数动物有效，但是焦油类产品对猫禁忌使用。

当使用含药物洗发剂时，动物需先在洁净型洗发剂中清洗干净。含药物洗发剂通常不是好的洁净洗发剂，不易起泡沫或当存在鳞屑时不好用。含药物洗发剂用水稀释后应最终用于被毛。洗发剂预稀释将有利于其从被毛上洗脱及最小化刺激和发生过敏性接触性皮炎的可能性。对不同类型洗发剂而言，其与水的比值为1∶3和1∶4。如果可能，应使含药物洗发水与皮肤有10 min的接触时间，然后彻底从被毛上洗脱。洗发剂残留是刺激反应常见的病因。最后，建议经常使用药物洗发剂，在治疗早期常每周2～3次。

由于担心甲氧西林（methicillin）耐葡萄球菌感染的不断发展，临床上含抗微生物药物洗发剂疗法的使用在不断增加。

第二节 体被系统的先天性与遗传性异常

先天性皮肤病可能由遗传或由非遗传性因素在胚胎发育过程中引起的。遗传突变造成的皮肤病可能在出生时出现，或出生后数周至数月变得明显。这些迟发表现称为迟发性发育缺陷。先天性和迟发性发育皮肤病在各类家养动物中非常常见，大量已确诊的缺陷病在牛和犬中均有报道。

一、皮肤的先天性异常

上皮细胞生成不全（皮肤再生不良）是扁平上皮的先天性断绝，它见于牛（常染色体隐性遗传）、马、猪、绵羊、猫及犬，但后3种不常见。可感染牛的品种包括荷斯坦奶牛、海福特肉牛、爱尔夏牛、娟姗牛、短角牛、安格斯牛、荷兰黑斑牛、瑞典红斑牛及德国黄斑牛。该病在猪常见，大量病变在出生时即很明显，表现为皮肤或黏膜发红、界限明确且不连续的病变。感染和溃疡是疾病的早期症状。1个或多个蹄或爪可能畸形或缺失，某些感染动物会出现其他相关的先天疾病。病情恶化时常可致命，但小的病变可通过手术矫正。在美洲乘骑马驹，超微结构评估表明，这种情况与大疱性结合性表皮松解症有关。

局灶性皮肤发育不全和皮下发育不全是猪多皮肤层或深皮肤层的先天性的局限性皮肤发育不良性疾

病。病变表现为皮肤凹陷，所有的皮肤层或皮下脂肪层均发育不良。

痣是皮肤的局灶性发育缺陷，而错构瘤是由任何器官发育缺陷造成的增生性肥大。痣和错构瘤均被描述为先天性皮肤缺陷，但直至濒死前疾病的症状才变得明显。犬已知可发生皮脂腺痣、色素性表皮痣、炎症线性疣状表皮痣、黑头粉刺样痣、线性器官样痣及滤泡错构瘤。已报道，马的胫骨角化病及线性表皮痣。毫无疑问，类似的缺陷均可出现在所有种类的动物。混合的或类器官痣包括毛囊皮脂腺痣和毛囊皮脂腺泌汗痣。胶原痣是含有局灶性胶原增生的结节，这些增生代替了皮肤的正常结构。大多数病变为脱毛、色素沉积，呈凸凹样。如不扩展，痣可以切除。如扩散则无有效的治疗措施。

皮样窦或囊肿发生在英国良种马和罗德西亚脊背犬（该品种呈遗传性），偶尔发生在其他品种的犬。囊肿为囊状结构，内衬含有脱落皮肤、毛发及腺碎片聚集物的皮肤。囊肿是在胚胎发育过程中神经管从表皮完全分离失败造成的，囊肿见于背中线且很少与脊索神经缺陷关联。皮样窦或囊肿可以通过手术予以切除。

滤泡囊肿的形成源于毛囊形态的异常发育及滤泡或腺体分泌物的滞留。它们可能是先天性的，通常发生在毛孔正常发育受阻时。先天性囊肿最常见于美利奴羊及萨福克羊。耳廓周（具齿的）囊肿见于马，虽然在出生时即已出现，但直到成年时才被识别。肉垂囊肿见于努比亚山羊，他们由支气管裂引起。猪肉垂常见于所有品种的猪，在下颌呈乳头样生长。

二、遗传性脱毛及稀毛症

脱毛是指毛发的缺失。但稀毛症更为常见，表现为毛发比正常少。尽管这些疾病可发生在全身各部位，但常发生于四肢或与毛发颜色有关。这些外胚层缺陷可以是先天性的或迟发性的，可与附属物异常或缺失关联，多伴有其他外胚层结构（如齿、爪及眼）缺失或骨骼和其他发育缺陷。家族性出现的病例研究发现有不同的遗传模式。已报道德国牧羊犬X连锁的外胚层发育不良。并已成功培育出外胚层缺陷的无毛犬（如墨西哥无毛犬、中国冠毛犬及美国无毛㹴）和猫（如史芬克斯猫）。临床报道了很多犬外胚层缺陷的散发病例，常见于雄性犬。感染犬包括大多数无毛犬，常具有片状或模式稀毛症以及牙齿疾病。所有毛囊发育异常的动物易形成粉刺、毛囊感染及毛发异物肉芽肿。

已报道，牛至少有13种稀毛症，可感染安格斯牛、爱尔夏牛、布兰格斯莱牛、荷斯坦奶牛、海福特牛、无角海福特牛、根西岛牛、林茂森牛、娟姗牛及诺曼底-缅甸杂交牛、法国-夏洛来杂交牛及西门塔尔杂交牛，大多数呈常染色体隐性遗传或遗传的性连锁模式。相关的缺陷包括角发育缺陷、垂体发育不良、巨舌症、牙齿疾病、毛色异常及死亡（致死性毛发稀少症）。已报道牛的特殊类型的稀毛症包括能生长发育的稀毛症、带有先天性无齿症的稀毛症、半凸毛症、斑块性凸毛症、黑毛囊发育不良（荷斯坦奶牛）及杂交相关的稀毛症（鼠尾）。

绵羊的稀毛症鲜有报道，最有名的综合征发生在无角多赛特。其综合征包括严重影响面部毛发，羊毛的质量也很差。山羊的稀毛症与先天性甲状腺肿有关。猪已知有两种形式的稀毛症（墨西哥无毛症与德国无毛症），其中之一与纯种的甲状腺肿和死亡有关。

犬患有多种的迟发性毛囊发育不良，包括色泽稀释性脱毛。它们可见于被毛颜色基因型为dd的某些犬类，可使蓝色毛型变黑，或浅褐色变成肝色。这些综合征最典型的发生于杜宾犬，也常见毛色稀释腊肠犬、意大利灵缇、灵缇、惠比特犬、约克夏狗及三色猎犬，目前，德国牧羊犬也有过报道。最近还报道了色泽稀释性脱毛的拉布拉多猎犬。感染犬出生时被毛正常，但从1岁前开始发展为毛囊炎及稀毛症。该病呈渐进性，主要局限于蓝色或浅黄褐色区域。黑色毛发发育不良与稀毛症相似，但发展较早且更复杂，常见于黑白花斑犬。稀毛症在出生后不久即可开始，但只感染黑色区域。该症在帕皮永和有须柯利犬中研究的最为清楚。最近，大型蒙斯特登陆犬（Munsterlanders）的遗传分析已表明，这一品种可发生常染色体隐性遗传。相似的毛囊发育不良也在非花斑型犬中有过报道。不确定病因引起的其他类型毛囊发育不良，包括拳师犬和万能㹴季节性侧面脱毛及斯皮茨型品种的各种脱毛综合征及剪毛后脱毛。爱尔兰水猎犬的家族性稀毛症发生于2～4岁，以显性方式遗传。以前被称为博美犬的生长激素反应性脱毛称为X脱毛症。遗传等其他错综复杂的因素影响着这些综合征的发生。

毛囊发育不良常发生于德文力克斯猫。马偶有发生色泽稀释性脱毛及黑毛囊发育不良，尤其是阿帕卢萨马。先天性渐进性稀毛症曾报道道一条杂色佩什尔犬。已报道犬和猫的毛干结构性异常，包括卷毛（美国硬毛猫）、结节性脆发症及针状体毛发增多症（凯利蓝㹴）。

三、增生性与脂溢性综合征

很多疾病可影响角质化，其中一些与遗传性稀毛症相关（如上），而另一些与全身代谢紊乱有关。但这些关联还尚未被确定为不同的综合征候群，这些综合征可能感染局部或全身。泛发性综合征中，目前研究较少的是先天性或家族性脂溢性综合征，了解最清楚的是斯班尼犬的自发性皮脂溢及波斯猫自发性面部皮炎。遗传性先天性毛囊角化是发生在雌性罗特威尔犬和哈士奇犬的一种综合征。该病的严重角化缺陷与多种非皮肤异常密切相关。

皮肤鳞癣病以异常的肥大性上皮增生为特征，皮肤表面聚集大量的鳞屑及角化过度。已报道的病例中最常见的是牛和犬，但鸡与一些小鼠模型也时有发生，也有一篇关于美洲驼的报道。牛的严重程度各异，一些疾病类型可使牛在出生后不久发生死亡。可感染的品种包括红毛牛、弗里赛、荷斯坦、瑞士褐牛、平斯高及契安尼娜牛。

犬鳞癣病样皮肤病包括不同的类型，在一些品种中散发，包括杜宾犬、罗特威尔犬、爱尔兰猎犬、柯利犬、英国斯普林斯班尼犬、骑士国王查尔斯猎犬、金毛猎犬、拉布拉多猎犬及泰里耶犬（包括杰克拉西尔狸）。有一些证据表明，在杰克拉西尔狸及金毛猎犬中呈家族性遗传模式。犬体表覆盖大量的黏着性鳞屑，可成块脱落。在某些类型中，犬的鼻及趾垫显著增厚，后者常伴有明显不适。该病临床管理困难，但使用促角质化的洗发水或溶液（如二硫化硒、乳酸及过氧苯甲酰）和保湿剂（如乳酸、尿素、丙二醇及必需脂肪酸）可能会改善症状。试验表明应用合成维生素有效。此外，常需要控制继发性脓皮病。

苔藓样牛皮癣性皮炎常感染英国斯普林斯班尼幼犬，推测该病具有遗传性。红斑及由耳廓和腹股沟区上的丘疹及空斑组成的对称性病变覆盖有鳞屑，如不及时治疗将逐渐角化过度。对于一些感染犬，病变最终会扩散，皮肤出现严重的油脂。该病有自行缓解及消长的过程。一些犬对抗生素或合成维生素A治疗有效，但多数对治疗有耐受性。环孢菌素疗法曾在一些犬应用并有良好疗效。

猪的玫瑰糠疹是家族性疾病，但其遗传模式尚不清楚。兰德瑞斯（长白）猪的增生性皮肤病具有遗传性，也可能是先天性的，疾病呈常染色体隐性遗传模式。该病必须在早期与玫瑰糠疹区别开。它是影响蹄及皮肤的一种更严重的疾病。病变以斑疹及丘疹起始，呈玫瑰糠疹样鳞屑。后者覆盖有褐黑色痂皮，与冠状垫炎及蹄变形有关。仔猪不能健康生长，最终转为肺炎，该病并不一定致命，但感染后的存活猪出现发育障碍。该病尚无有效治疗方案。

家族性足垫角化过度在爱尔兰泰里耶（Irish Terriers）和波尔多明戈斯（Dogues de Bordeaux）有过报道。虽然所有的足垫均来自于青年犬，但该病通常不是先天性的。当严重角质化过度时，龟裂及继发感染会造成疼痛及跛行。一般不出现其他皮肤病变。根据症状进行治疗，可利用浸泡、脱屑药及软化剂疗法以及细菌脓疱病治疗方案。尚无关于合成类视黄醇在该病疗效方面的报道。足垫角化过度的主要鉴别诊断包括肝皮肤综合征、角质化紊乱及天疱疮。

肉芽肿性皮脂腺炎是一种原发性疾病，它破坏皮脂腺，某些品种犬与严重皮脂溢性及脱毛性皮肤病有关。在普通贵宾犬中可遗传，在秋田犬中怀疑为家族性疾病。该病首先在青年犬中出现，在贵宾犬中也发现有隐性携带者。显著角化过度在毛发异常发育前出现，它以正常毛发丢失开始，进而发展为不规则性脱毛。与贵宾犬相比，秋田犬易发生油性皮脂溢，较少发生脱毛。治疗效果不一致也不完全。轻度感染犬可用抗皮脂溢药用洗发水治疗，并需要同时治疗脓皮病。丙二醇及热油疗法对严重感染犬有效。口服补充ω-3脂肪酸类（omega-3 fattyacids）对一些犬有效，而合成维生素A对另一些犬病例有效。已报道一些病例可自行缓解。近年来，改良的环孢霉素A（5 mg/kg，口服，每日1次）对很多犬有治疗效果。

四、色素异常

很多皮毛颜色与发育异常的相关性已在家畜中有过报道。某些色素异常与稀毛症的相关性，也在遗传性脱毛症中进行过讨论。

白化病罕见于家畜。典型的白化病常出现虹膜粉红或苍白，视力障碍，可增加阳光辐射引起皮肤肿瘤的风险。该病曾见于冰岛绵羊、根西岛牛、奥地利Murboden牛、短角牛、瑞士褐牛及夏洛来牛。白化病应与过度白斑或花斑病及显性性状相区分。某些动物出现过度花斑或显性性状时会出现相应的神经疾病、耳聋或在子宫内死亡。犬猫的显性白色或过度花斑可能与单侧或双侧耳聋有关，有时也与蓝色虹膜或虹膜异色症有关。拥有双侧蓝眼的白猫中有75%发生耳聋。犬耳聋也可能与山鸟样毛发有关，见于大麦町犬、西里汉狸、丑角大丹犬、柯利犬及白色牛头狸。周期性粒细胞减少症可见于灰色或苍白色山鸟样柯利犬。在罗德西亚脊背犬，其苍白色被毛与小脑退化有关。对患有契-东综合征（Chédiak-Higashi syndrome）的犬和牛（海福特牛、日本黑牛及布兰格斯莱牛），毛色稀释（猫的蓝烟）与中性粒细胞及血小板异常和生活周期短有关。它以常染色体隐性模式遗传。雄性三色猫（白洋布色及龟甲色）不育的原因是橙色以X连锁及隐性模式遗传，雄性具有异常XXY基因型。

色素异常可能是获得性的，其中一些可能会遗传或呈家族性，如白斑病。作为一种家族性疾病，白斑病常见于阿拉伯马（阿拉伯褪色综合征、粉红综合征），它也可在牛（荷斯坦奶牛）、暹罗猫及一些品种犬（比利时特尔菲伦犬、罗特威尔犬）中呈家族性。感染动物的皮肤发展为对称性块状色素脱失，偶尔也可感染毛发、爪或蹄。该病常发于青年动物。大部分病变在面部，尤其是口、鼻面或眼周围。色素脱失程度不一。可不发生脱毛，但较罕见。缺少伴随全身性或皮肤的病理过程。目前尚无治疗措施，人治疗白癜风的方案不可能为动物提供显著的美容效果。

橙色痣（雀斑）和橙脸雄猫以无症状色素沉积斑疹为特点。病变首先见于1岁以下猫的唇及眼睑。其他部位包括鼻面和齿龈。痣不是癌前期的病变，尚无医学定论。

迷你雪纳瑞的获得性毛色改变是一种家族性综合征，表现为沿背中线的毛发由该品种正常的黑或灰色变为金色。该病常发于青年动物。病变可能与被毛细化有关，但没有其他皮肤或全身症状。大多数犬的被毛颜色在1~2岁时恢复正常。

五、结构完整性缺陷

它是因表皮和真表皮结合部完整性受到破坏而造成结构成分的遗传性缺陷，以及某些真皮结构异常。

脆皮病（皮肤龟裂症、埃勒斯-当洛斯综合征）是一组以胶原产生缺陷为特征的综合征。它会引起不同的临床症状，包括松弛的而过度伸展的脆性皮肤，关节松弛以及其他结缔组织功能障碍。胶原缺陷曾报道于牛（比利时蓝白花牛、夏洛来牛、海福特牛、荷斯坦奶牛及西门塔尔牛）、山羊、绵羊（挪威达拉羊、博德-莱斯特羊、芬兰-美利奴杂交种、罗姆尼羊及白杜泊）、猪（大白埃塞克斯杂交猪）、马（夸特马、阿拉伯杂交马）、兔（新英格兰白兔）、猫（喜马拉雅家养短毛猫）、貂及犬（成窝的牧羊犬、零星散发）。其遗传模式已在喜马拉雅猫（隐性遗传）和家养短毛猫（显性遗传）中有过报道。

临床症状包括从出生时即出现的脆性皮肤、以薄的疤痕愈合的伤口、伤口延迟愈合、皮肤悬垂及水肿和水囊瘤形成等。羔羊以消化道破裂及动脉瘤为特征，该病对羔羊和犊牛是致命的。马发病稍晚，病变为完全局限的、含有过度伸展及某种程度的脆性皮肤。该病对犬和猫不致命，年龄大的犬会发展为皮肤悬垂皱褶并出现广泛结瘢，某些犬只会出现关节松弛或视力异常。

诊断主要依据临床表现及胶原结构的组织病理学特征，后者需要采取与年龄和品种相对应的控制策略。在犬猫的诊断上，已开展一种皮肤扩展指数法。

据报道，补充维生素C可以改善感染犬的症状。成年猫的主要鉴别诊断包括伴有后天皮肤脆性的猫肾上腺皮质功能亢进。

大疱性表皮松解综合征是一类先天性和遗传性疾病，由真皮-表皮附属结构缺陷引起，被称为机械性大疱病。由于微小的皮肤创伤导致真皮、表皮分离并形成松软的疱，这些疱很快破裂，流出白色平滑的糜烂物。综合征根据真表皮缺失的超微结构的位置进行如下分类：单纯型，位于表皮基细胞层；接合型，位于基底膜；营养障碍型，位于表皮固着性原纤维基底膜下。在大动物，病变最常见于齿龈、上颚、唇、舌及足。大疱性表皮松解症的某些类型形成疤痕，大多数致命。在大动物，该病已在犊牛（西门塔尔牛、布兰格斯莱牛）、家养水牛、羔羊（萨福克羊、南多塞特塘种无角绵羊、苏格兰黑脸羊、Weisses Alpenschaf、威尔士山地羊）、比利时马驹中有过报道。3种形式的大疱性表皮松解症在犬猫中较为典型。单纯型大疱性表皮松解症已在柯利牧羊犬和雪特兰牧羊犬中有过描述。已报道小型贵宾犬、德国短毛波音达犬、杂种犬及暹罗猫发生接合型大疱性表皮松解，也对法国狼犬作了试验性鉴定。已对1只家养短毛猫和1只波斯猫和金毛猎犬及秋田犬发生营养不良性大疱性表皮松解症进行报道。病变可在出生时，或在其出生的第1周出现。最严重的病变集中在足（蹄、爪或足垫有腐肉形成）、口腔黏膜及面部和生殖道皮肤（糜烂）。除单纯型大疱性表皮松解症外，其他型均可致命。

犬家族性慢性良性大疱疮是由表皮细胞间黏附缺陷引起的机械性大疱紊乱。该病曾报道于英国长毛猎犬的家族。它于出生后数周发病，造成皮肤压迫点处结痂和脱毛，随着幼犬的成长呈慢性经过。该病呈良性经过，无相关治疗报道。家族性皮肤棘层松解报道于新西兰安格斯犊牛，是一组与之相似的综合征。据报道，该致命性综合征呈常染色体隐性遗传。感染犊牛在创伤区域出现糜烂、鳞屑及痂皮。某些表现为蹄部分分离。幼犬和犊牛的诊断，主要通过对新形成病变的皮肤做活组织检查。

皮肤黏蛋白病是发生在中国沙皮犬某些品系中的一种家族性疾病。正常沙皮犬比其他犬含有更多的皮肤黏蛋白，但在某些幼年犬，真皮内皮肤黏蛋白形成过多时会造成皮肤出现显著皱褶和黏蛋白囊泡。主要通过囊泡的皮肤穿刺和观察到其中具有相同外观的正常关节黏液，或通过皮肤活组织检查予以确诊。皮质类固醇类对上述部分疾病有效，但该疗法因感染犬的年龄小而禁忌使用。当这些患病犬成年后，疾病的严重程度可减轻，但可因过敏性皮肤病而加重，这种情况在沙皮犬中很常见。主要的鉴别诊断是与甲状腺功能减退症相区分。

六、多系统与代谢缺陷性皮肤病

荷斯坦母牛的裸犊综合征也与稀毛症有关。常染色体隐性遗传特性对雄性胎儿是致命的。感染犊牛出生时正常，但在出生1~2个月后被毛呈脱落及斑状脱毛。皮肤随之变厚发皱，耳尖可弯曲。犊牛大量流涎，逐渐消瘦，感染雌性犊牛6~8月龄死亡。潜在的代谢缺陷病因未知。与之相似的综合征包括胎儿先天性贫血、角化不良及渐进性脱毛，曾报道于无角海福特雌、雄犊牛。患犊出生时贫血及个体较小，症状逐渐加重。脱毛、异常卷毛，口、耳缘周围开始角化过度，特别在犊牛生长过程中变得更为普遍。随后，皮肤显著变皱，出现神经疾病。犊牛腹泻，多于6月龄前死亡。

家族性血管病曾报道于德国牧羊犬及杰克拉西尔㹴。这些犬中，在幼犬第1次接种疫苗后不久发生皮肤病变，似乎在随后的疫苗接种后病情加剧。主要表现为足垫肿胀及色素脱失，并逐渐形成溃疡，所有的足垫呈典型感染。该病的临床特征还包括耳和尾尖结痂及溃疡，以及鼻面色素脱失。随着犬的生长，该病可消退，但足垫病变可能严重到必须施行安乐死。虽然某些犬似乎对高剂量皮质类固醇有效，但目前尚无已知的持续有效的疗法。最近报道的发生于幼年中国沙皮犬的中性粒细胞血管炎可能呈家族性。

家族性皮肌炎是幼年柯利犬和谢德兰牧羊犬皮肤和肌肉的过敏性炎性疾病。据报道，其遗传模式在柯利犬为常染色体显性遗传，但在其病理过程中一种未被鉴定的感染源发挥了一定作用。血管病与皮肤和肌肉疾病的早期炎症有关，肌肉和皮肤的后遗症是萎缩。虽然该病在成年动物中曾有报道，但该病的典型症状始于6月龄的动物。病变的进程常不确定，一窝的单个幼犬感染程度从轻度至严重不等。皮肤病变出现在创伤区域，常见于面部、耳尖、尾尖及四肢侧面。皮肤病变（包括糜烂、结痂及脱毛）可在热及太阳曝晒下加剧。最严重的肌肉感染发生在头及四肢。诊断应建立在对同窝幼犬及家族史的评估、皮肤活组织检查、肌电图及肌肉活组织检查等方面，上述检测必须在病程的早期进行。曾有应用皮质类固醇、维生素E及ω-3脂肪酸改善症状的报道，但严重感染犬极少取得满意的疗效。己酮可可碱（pentoxifylline，10 mg/kg，口服，每日2次）可对大多数病犬有效。

遗传性狼疮性皮肤病首次发现于约6月龄的德国短毛犬。以头部和背部鳞屑和结痂起始，迅速发展为带有红斑的泛发性鳞屑。该皮肤病可出现疼痛或瘙痒。感染犬发热并出现淋巴结病。有些会出现未准确定义的肠病，大多数发生条件性脱毛。正如病名所示，皮肤活检样品反映了狼疮样皮肤病的特征。该病呈渐进性，最终致命。目前尚无成功治愈的报道。

遗传性锌缺乏综合征在牛的研究最为透彻，也曾报道于犬。对于牛，这些综合征包括遗传性角化不全、致死性状基因A46、水肿病及遗传性胸腺发育不全。易感品种包括黑白花奶牛、短角牛、安格斯及黑斑牛。这些综合征在出生后数日至数周变得明显，以对称性、肢端（大多数）角化过度、结痂、瘦弱、易于感染及死亡早为特征。感染犊牛出现结膜炎、多涎、鼻炎及腹泻，常并发肺炎。在大多数品种，该病呈常染色体隐性遗传，且与摄入锌后小肠吸收不良相关，饮食补充锌有一定的效果。对于某些品种，出现完全吸收缺陷时，需要非口服补锌才能得以缓解。该法在生产中可引起动物死亡，故常不易进行。诊断需要排除嗜皮菌病，进行皮肤活组织检查（出现大多数的角化不全），测定血清锌的水平，尸体剖检可见胸腺和淋巴结发育不全。

犬包括两类家族性锌缺乏综合征。在斗牛獒，致命性肢皮病以生长发育不良、渐进性肢端角化过度、黏膜皮肤连接处及周围脓疱为特征。这些症状在10周龄时明显，至2岁时发生腹泻、肺炎甚至死亡。在老龄犬，其足垫角化过度及甲沟炎对于发病有重要作用。皮肤病的严重性取决于对继发细菌及马拉色霉菌感染的控制效果，药物治疗稍有改善，感染犬的生命即可得以延续。这些犬对口服锌无效。家族性锌反应性皮肤病大多表现为皮肤病变，阿拉斯加雪橇犬、爱斯基摩犬及德国短毛波音达犬对口服补充锌有效。上述症状多发生在断奶时或稍后时期，包括四肢及黏膜皮肤连接处结痂和角化过度。通常情况下，母犬会发生与发情或产仔以及哺乳期相关的症状。常继发马拉色霉菌感染。诊断依赖于皮肤活组织检查及口服补充锌的效果。

酪氨酸血症曾报道于德国牧羊犬的幼犬。它曾与人的酪氨酸血症作对比，认为可能会遗传。临床表现包括足垫和鼻的糜烂和溃疡，以及皮肤的大疱和色素脱失、爪和眼部病变。它必须与上述德国牧羊犬的家族性血管病区分开。在幼犬，血清酪氨酸水平可高出正常水平的20~30倍，尿样中也含有类似高的浓度。

卟啉症是一类由血红蛋白及其副产物在代谢过程中因遗传缺陷引起的疾病。在牛，异常卟啉类在皮肤的积累增加了对紫外线的敏感性。卟啉症曾报道于猫和猪，但不会增加光敏感性。牛有两类遗传性卟啉症。牛原卟啉症曾报道于杂种利木赞牛，并呈常染色体显性遗传。症状包括光照性皮炎及畏光症。感染犊牛可死亡，但成年牛感染后的严重程度较轻。牛红细胞生成性卟啉病更常见，危害更严重。它曾报道于某些品种牛（包括短角牛、荷斯坦黑白花奶牛及海福特牛），呈常染色体隐性遗传。除了严重的光敏感性外，症状还包括齿、骨及尿的棕红色变色、再生性贫血以及发育障碍。感染动物的齿和尿在伍德灯下发橙色荧光。皮肤活组织检查也对诊断有辅助作用。

荷斯坦牛的白细胞黏附缺陷是一类具有多种临床表现的遗传性疾病（常染色体隐性遗传）。皮肤病变常见于感染犊牛，包括皮炎和脉管炎。该病可利用分子生物学方法进行诊断，利用PCR分析新鲜的或固定组织可区分感染牛、携带牛和正常牛。

七、先天性与遗传性肿瘤及错构瘤

先天性肿瘤在大动物中常见。犊牛常可见肥大细胞增生病、黑色素细胞增多症、皮肤淋巴肉瘤和血管错构瘤。黑色素瘤也可在犊牛出生后不久出现或具有遗传性。这些疾病多认为是良性的。

黑色素瘤见于杜洛克-新泽西猪及辛克莱小型猪，呈家族遗传性。可自行缓解或变为恶性肿瘤。也曾报道仔猪发生血管错构瘤和先天性纤维乳头状瘤，并具有传染性。

先天性肿瘤很少见于犬猫。一条长有较大先天性色素痣的犬，在病变组织内有恶性黑色素瘤。曾报道幼年暹罗猫发生家族性良性肥大细胞增生病。

多胶原痣曾见于德国牧羊犬的某些家族中，被称为结节性皮肤纤维组织增生。感染犬为成年犬。可发生多种皮肤病变，在足上常形成溃疡或造成足畸形及跛行。这种综合征是肾脏囊腺癌及子宫平滑肌瘤皮肤病的标志之一。进行性皮肤胶原性疾病是一种性成熟后小型公猪的类似疾病。已确认，它可遗传并以躯干上出现对称性坚实斑为特征，由厚的胶原束取代正常真皮及膜而成。但其与内在恶性肿瘤的联系尚未见报道。

色素性荨麻疹是由肥大细胞增生诱发，曾报道于猫。感染猫常发生多病灶性病变，尤其是头、颈及腿部出现融合斑疹及结痂性丘疹。可通过皮肤活组织检查进行诊断。该病一般具有家族病史。

第三节　过敏性皮肤病

一、过敏性皮炎

（一）概述

过敏性皮炎（Atopic dermatitis，AD）又称过敏性吸入性皮炎，是犬猫的一种常见瘙痒性过敏性皮肤病。通常被认为是 Ⅰ 型过敏反应（IgE或IgG），能感染约10%的犬群。本病在猫中的发病率未见报道。在某些犬中，对环境过敏原的IgE抗体不甚明朗。特应性皮炎（Atopic-like dermatitis，ALD）最近被定义为犬的瘙痒性皮肤病，表现为过敏性皮炎的特征，但检测不到IgE抗体。

【病因与发病机制】　已确认，发生过敏性皮炎的动物都是由于对环境中的过敏原过度敏感所致。过敏原是蛋白质，当通过皮肤、呼吸道或胃肠道吸入或吸收时激发并产生特异性过敏原IgE。这些特异性过敏原IgE分子，能自身附着于组织肥大细胞或嗜碱性粒细胞表面。当这些预处理的细胞再次接触到特异性抗原时，肥大细胞脱颗粒可导致蛋白水解酶、组胺、缓激肽及其他血管活性胺释放，出现炎症反应（红斑、水肿及瘙痒）。皮肤是犬猫的主要靶器官，约15%的感染动物发生鼻炎及哮喘。

（二）犬过敏性皮炎

【临床表现】　犬过敏性皮炎无性别倾向性，但该病具有种属倾向性，同种不同动物的流行率很大程度上取决于遗传和地域。易发生过敏性皮炎的品种包括中国沙皮犬、硬毛猎狐犬、金毛猎犬、大麦町犬、拳师犬、波士顿㹴、拉布拉多犬、拉萨犬、苏格兰㹴、西施犬及西部高地白㹴。易发年龄主要在6月龄到3岁。临床症状常具有季节倾向，但全年均可发生。瘙痒是过敏性皮炎或特应性皮炎的典型症状，也可能是唯一症状。足、面部、耳、前腿弯曲面、腋窝及腹部是最易感区域。病变可发展为继发自伤，包括脱毛、红斑、鳞屑、唾液斑、出血性痂皮、抓痕、苔藓化及色素沉着过度。继发感染时最易发生葡萄球菌性脓皮病、马拉色霉性皮炎及过敏性外耳炎。在少数病犬中慢性或复发性耳炎是唯一的症状。

【诊断】　诊断依据临床特征、所有病史、适宜的体格检查并排除引起瘙痒的其他病因。鉴别诊断包括食物过敏（无季节性）、蚤过敏（季节性）、接触过敏及疥疮。过敏测试（皮内或血清学）具有辅助诊断意义，它主要测试组织内或循环系统中IgE的上升水平。单项检查不能确诊过敏性皮炎。进行皮内或血清过敏测试的主要目的是鉴别动物的致病过敏原及配合特异性免疫疗法。只有当鉴定的致病过敏原与瘙痒的病史或季节一致时才具有临床诊断意义。动物具有典型临床症状但过敏原测试阴性时，应诊断为特应性样皮炎。对这些动物采用免疫疗法时时效不理想。

【治疗与控制】　过敏性皮炎和特应性皮炎为终生不愈性疾病。对过敏性皮炎有3种治疗方案：避免接触致病性过敏原、控制瘙痒的对症疗法以及免疫疗法（如脱敏、降敏及过敏疫苗）。过敏性皮炎较好的处

理方法是采用几种不同的治疗措施。应明确告知畜主对过敏反应有合理的预期，在治疗过程中还需要进行多次渐进性评估，以便对治疗方法进行必要的调整。

避免接触过敏原是最佳预防措施但通常较难施行，尤其当过敏原是花粉、霉菌及粉尘时。可通过一些措施减少暴露于过敏原的机会，如让宠物在上述物质的高峰季节待在室内，在加热及空调系统上应用高效过滤器、每周覆盖及洗烫垫层，每年更换寝具，以及应用低过敏原洗发剂和凉水清洗，采用机械性方法去除皮肤和被毛上蓄积的过敏原。此外，利用去除剂控制（如蚤或食物等）其他过敏原有助于控制瘙痒。

对症疗法主要是直接控制与过敏性皮炎相对应的主要和继发症状。对所有表皮脓皮病及马拉色霉菌皮炎，可应用合适的抗生素或抗真菌药物进行积极治疗，直至所有的临床症状消失为止。大多数病例1个疗程需要3周，在临床症状消失后还应延长2周的疗程。

ω-3和ω-6必需脂肪酸可能对治疗有一些效果。ω-6脂肪酸（亚油酸，linoleic acid）可通过增强表皮类脂屏障辅助减少经表皮失水。ω-3脂肪酸（二十碳五烯酸，eicosapentaenoic acid）能破坏花生四烯酸级联物及抑制炎症介质的产生。据报道，必需脂肪酸可协助抗组胺药并减少瘙痒，抗组胺药单独使用效果适中。获得最好疗效的办法是联合使用抗组胺药和必需脂肪酸，但很难确定其症状改善是抗组胺药的镇静作用还是药物的真正抗组胺效果。

研究表明钙调节蛋白抑制剂，如环孢菌素（cyclosporine）和他克莫司（tacrolimus），对于减少患过敏性皮炎犬猫的瘙痒及改善整体病变疗效可靠。据报道，同时使用环孢菌素A（cyclosporine A）与糖皮质激素，可使70%患过敏性皮炎的犬中有50%的犬可减轻瘙痒症状，且不良反应小。某些动物在单独使用该药时可保持舒适感。他克莫司软膏可对一些动物的局部病变有效。但是该药的价格高于其他同类药物。

己酮可可碱（pentoxifylline），一种磷酸二酯酶抑制剂，具有免疫调节成分，已证明能减少某些犬的红斑及瘙痒。

免疫疗法　免疫疗法在成为过敏性皮炎最佳治疗方案时曾存有争议，因为它仅仅是潜在性导致症状缓和而不额外添加其他药物的一种疗法。但它仍是大多数皮肤科医生和过敏症专科医师的治疗首选。脱敏或免疫疗法试图增加动物对环境的耐受力（主要测试个体在暴露于鉴别过敏原而不发生临床症状的情况）。虽然作用方式不完全明了，但主要学说认为，在脱敏的最初几个月内可增加IgG，并通过与其结合而阻止肥大细胞脱颗粒，产生对循环过敏原的封闭效应。另

一种学说认为，免疫疗法是通过增强 γ - 干扰素的表达而促进 TH_2 向 TH_1 的转换。但在实施免疫疗法时，由于因免疫疗法注射的额外过敏原的剂量效应，也可在注射后增加特异性过敏原 IgE 水平，这又可导致某些动物的瘙痒加重。减少过敏原剂量常对症状有所缓解，随后特异性过敏原 IgE 水平也降低。但是，IgE 水平的降低与临床症状的改善并不总是直接关联。

在使用免疫疗法后，应慎重考虑动物在一年中有几个月发生临床过敏症状。也必须让动物接受过敏注射治疗。成功脱敏的标准包括对测试结果适当的判断、过敏原的细致选择、继发感染的充分控制、其他过敏反应（食物或蚤）的控制、免疫疗法以及畜主与兽医的定期交流。不应过分强调免疫疗法的治疗成功依赖于畜主和兽医的长期承诺。畜主必须服从兽医的治疗安排，有耐心并有效与兽医交流。兽医必须能识别及治疗其他主要的或继发的瘙痒病因（如耳炎、脓皮病、马拉色霉菌皮炎及昆虫过敏），当发生上述疾病时，应友善地引导畜主应用这些疗法直到症状改善。在诱导期和一年中的不同时期，几乎对每一个病例都需要进行对症治疗。对症治疗不仅包括用药（如糖皮质激素、必需脂肪酸、抗组胺药、口服环孢菌素、局部洗发剂及清洗）止痒，还应包括特异性的抗菌疗法。

疫苗制备包括特定动物单个过敏原的选择。过敏原的选择通过匹配测试结果的阳性过敏原而决定，这个过敏原应为动物出现症状时的优势过敏原。如果测试显示阳性结果的花粉无临床相关性（如当动物没有瘙痒症状时，有高的花粉计数、一种过敏原的阳性反应不在该地理区域），则可能是过敏原反应弱（次阈值）或为假阳性反应。在上述任何一种情况下，该过敏原都不应包含在疫苗成分中。大多数兽用疫苗为水提取物。开发和制造过敏原提取物尚未标准化，因此，一家厂商的豚草花粉没有必要与其他厂家的豚草花粉相同。生产过敏原厂家需要培养每一种过敏原或疫苗，以保证将无毒性产品卖给兽医。为了确保无毒性，疫苗应保存于苯酚，或在甘油中冻存。苯酚保存的疫苗比甘油疫苗失效更快，但甘油保存苗可引起动物的局部反应。目前，大多数疫苗和抗原都在苯酚中保存。疫苗浓度可通过每毫升的蛋白氮单位（PNU）或重量体积比（w/v）测定。但这两种方法均不能准确测定疫苗的生物效力，一般优先使用 PNU。过敏原提取物应冷冻保存以保持储藏期限。好的疫苗应能保存 6 个月。大多数疫苗的效力在 1 年后逐渐下降。

除过敏原选择外，脱敏免疫疗法的主要变量是注射频率及过敏原的给予剂量，过敏原通过皮下注射给药。单个过敏疫苗中过敏原的数量应限制到 10~12

个，因为一种疫苗中过多的过敏原会稀释每个单过敏原的浓度，产生不充分的免疫反应。

虽然疫苗的免疫方案不同，但常包括诱导期和保持期。在诱导期，过敏原的剂量逐渐增加，直到达到任意的保持剂量为止。一旦给予最大剂量，应继续维持这个保持剂量。保持剂量的间隔可从 3~4 d 至 3 周。间隔的调整基于动物的免疫反应。建议畜主不要在 6 个月的时间里对治疗过于乐观，并在确定免疫疗法出现疗效前应至少治疗 1 年。评估免疫治疗反应的最好方法，是在相同时间比较发病程度及其不适程度。大多数畜主一般都能熟练掌握过敏原注射方法，而有一些畜主则需要有能力的朋友或兽医人员的帮助。

（三）猫过敏性皮炎

猫过敏性皮炎与犬相似。它也是一种瘙痒性疾病，感染猫可对吸入性或接触性环境过敏原产生过敏反应。该病的发病年龄各异，但常以 5 岁以下的猫多发。症状可呈季节性或无季节性。纯种猫比家养短毛猫患病风险大。与犬类似，猫瘙痒时可出现不同的临床症状（如粟粒疹性皮炎、对称性脱毛、嗜酸性粒细胞肉芽肿复合物及头颈瘙痒），猫过敏性皮炎与上述症状基本一致，但需与有类似临床表现的其他疾病相区分。鉴别诊断包括皮肤真菌病、蚤过敏、多种螨感染（如姬螯螨、蠕形螨、耳螨及疥螨等）、蚊叮咬过敏、食物过敏、自身免疫病（如落叶性天疱疮）和皮肤瘤。了解宠物的完整病史及完整的皮肤和体格检查，以及规范蚤梳毛、皮肤碎屑及真菌培养是诊断时必须进行的首要步骤。过敏性皮炎的诊断结果需要在排除其他鉴别诊断因素后确定。糖皮质激素开始应用时效果很好，但多次使用后疗效会降低。

皮内过敏试验及脱敏程序与犬的相似，但由于猫的反应不明显且很快消退，致使皮内试验结果更难判断。犬注意与推荐事项也可应用于猫。对症治疗包括控制继发感染，以及抗组胺药、必需脂肪酸、环孢菌素和糖皮质激素的任意联合用药。免疫疗法的效果与犬相似（如上），建议畜主应坚持治疗至少一年后再对免疫疗效的有效性予以评估。

二、食物过敏

食物过敏（食物不良反应）由过敏性食物过敏及非过敏性食物耐受不良组成。在实际应用中，这些类型常交替出现，大多数食物过敏的准确免疫过程尚属未知。已确认，Ⅰ型、Ⅲ型及Ⅳ型免疫反应是最可能的病因，但小动物中的大多数病例报道是推测性的。食物过敏在草食动物中很少见。本章阐述的食物过敏将主要指所有的食物不良反应。

食物过敏发生率约为10%，和过敏性皮炎一样在犬猫中常见。病史为非季节性瘙痒，大多数病例不同季节的瘙痒程度变化不大。大多数报道没有提示品种偏好，但有一篇报道指出，拉布拉多猎犬、西部高地白㹴及可卡犬的发病风险相对较大。食物过敏曾报道于爱尔兰软毛㹴，与蛋白丢失性肠炎及肾病有关。该病年龄范围广，从2月龄至14岁。有一篇报道指出，大多数食物过敏开始于12月龄。在成年犬的食物过敏病例中，大多数犬曾被饲喂致病过敏原2年以上。

瘙痒和病变的分布情况在不同动物中明显不同。以瘙痒和继发性细菌（常见伪中间葡萄球菌、假单胞菌）或酵母菌（厚皮病马拉色菌）感染为特征的耳道疾病最为常见，且可能是唯一一现症。其他症状包括眼睑炎、全身性瘙痒、全身性皮脂溢、丘疹，特应性皮炎（足、面部及胸腹部）或过敏性跳蚤皮炎（背骶和后腿）。其中最常见的区域包括耳、足、腹股沟、腋窝、前腿近端、眶周区及口。瘙痒程度常为中度至重度。糖皮质激素效果由较差至良好。除了严格的食物排除饮食外，尚无其他可靠的诊断试验方法。

食物过敏原的血清学试验和皮内试验已证明不可靠。理想的食物排除饮食应是平衡日粮、营养完全并且不含有以前曾饲喂过的任何成分。许多日粮都含有新型蛋白质或碳水化合物（如兽肉和大米）。但是，如果以前的饮食成分出现在排除饮食中，动物就可对该成分过敏，饮食试验将会失败。任何食物排除饮食试验的关键点在于，只有新的食物成分方可饲喂。另外一种选择是应用水解蛋白饮食，该方式中的蛋白会水解为小分子量物质而不能引起过敏。

饮食试验应进行3个月。在排除饮食试验期间，如果瘙痒及临床症状明显消除或完全消除，则应怀疑是食物过敏。为了证实过敏食物的存在以及临床症状改善不是巧合，必须将以前饲喂过的食物成分再次给予动物，此时临床症状应再次出现。饲喂后临床症状的复发常在1 h至14 d。一旦确认是食物过敏，排除饮食应重新建立直至临床症状出现时，该过程常需不到14 d的时间。从这一点而言，以前饲喂的单个成分应在14 d内逐个加入排除饮食试验中。如瘙痒复发，则可视为该单个成分是食物过敏的病因之一。如瘙痒没有出现，则该单个成分不是引起临床症状的重要病因。

食物过敏可能有1~5种成分。犬食物过敏最常见的过敏原包括牛肉、鸡肉、鸡蛋、谷物、小麦、大豆及奶。一旦过敏原被确定，应严格避免饲喂。并发症（如过敏性皮炎或蚤过敏）可加剧潜在食物过敏原鉴别的复杂性。在较少情况下，犬总会与新的食物过敏原发生反应。

猫食物过敏的临床表现包括粟粒疹状皮炎、猫对称性脱毛、嗜酸性肉芽肿（主要是嗜酸性斑块）以及严重的头颈瘙痒。患猫无品种、性别或年龄偏好。发病年龄为3月龄至11岁。但在一项研究中，46%的感染猫在2岁或以下时出现症状，其中，30%的病例为暹罗猫。

患猫对糖皮质激素的疗效不确定，但约2/3的猫在开始治疗时效果良好。很多猫在重复治疗时疗效很差。和犬食物过敏一样，排除饮食试验需要持续3个月。排除饮食试验不能含有以前饲喂过的任何单个成分。因很多猫拒绝更换饮食，因此食物排除饮食在猫中较为困难。猫不应饥饿或强迫进行新的排除饮食试验，因为延长试验后的厌食症会诱发严重的肝脏脂肪沉积。

排除饮食的反应时间为1~12周。给予致敏食物后引起瘙痒复发的时间为15 min至10 d。最频繁鉴定出的猫的食物过敏原包括鱼、牛肉、奶及鸡肉。避免饲喂致敏过敏原，将有效控制与食物过敏相关的临床表现。

三、荨麻疹

荨麻疹（风疹）以多斑样疹块为特征，这些疹块由真皮的局限性水肿形成，常突然发生及消失。它可发生于所有家畜，但以马最常见。过敏性荨麻疹可能是内源性或外源性的。外源性荨麻疹可由刺荨麻的毒性刺激产物、昆虫的蜇伤或叮咬、局部用药或化学接触（如酚、松节油、二硫化碳或原油）引起。非免疫因素如压力、日光、热、运动、精神紧张以及遗传疾病等均可引起或加剧荨麻疹。但该病不一定总发生瘙痒。

一些敏感动物，尤其是短毛犬和纯种马，也可出现皮肤划痕症，它是皮肤被压迫后产生的线性荨麻疹病变，其临床意义未知。

内源性荨麻疹可发生于吸入或吸收摄入的过敏原或服用药物后，该病常见于马或犬。曾见于马的胃肠道内，尤其是严重便秘或肠黏膜炎症。牛荨麻疹的特殊形式曾主要报道于英吉利海峡群岛的泽西牛及根西牛，这些牛对自身奶中的酪蛋白敏感（奶过敏），这种过敏常发生于乳滞留或乳房异常肿胀时。荨麻疹曾见于发情期的母犬。青年马、犬及猪的荨麻疹与肠道寄生虫有关。血管神经性水肿是一种致死性荨麻疹，该病呈弥散性水肿，常见于头、四肢或会阴。马的皮肤真菌病（钱癣）及落叶型天疱疮也可能出现在荨麻疹的早期。

【临床表现】 风疹块或斑可于接触致病因素后数分钟或数小时内出现。严重病例的皮疹通常会出现在发热、厌食或呆滞之前。马常出现兴奋及不安。皮肤病变呈隆起、圆形、平顶，直径为1～20 cm的斑疹，其中心稍凹陷。这种病变可在身体的任何部位发生，但主要出现在背、肋腹、颈、眼睑及腿部。晚期病变可见于口、鼻、结膜、直肠及阴道黏膜。一般来说，病变出现快，消失也快，常在几小时内发生。

绵羊的病变仅见于乳房及腹部的无毛区域。猪的疹块曾见于眼周围、后腿间、吻突、腹部和背部。

通常，患畜预后良好。患畜很少死亡，一旦发生死亡，可能是由于过敏症或呼吸道内相关的血管性水肿所致。

慢性荨麻疹的诊断具有一定的难度。所有环境中的过敏原都应考虑是潜在的病因，如有可能，患畜应避免暴露于上述环境中。

【治疗】 急性荨麻疹常自行消失。据报道，速效糖皮质激素对该病有效，如氢化可的松琥珀酸钠（hydrocortisone sodium succinate）或强的松龙琥珀酸钠（prednisolone sodium succinate）或半琥珠酸酯（hemisuccinate）。地塞米松（dexamethasone, 0.1 mg/kg）可用于犬、猫及马。抗组胺药的作用尚存争议，如静脉内注射会引起荨麻疹。肾上腺素（epinephrine）可在危及生命的情况下使用。如过敏原不去除，病变虽可迅速消失但也会迅速复发。通常情况下，不需要进行病变的局部治疗。对于马的慢性荨麻疹，这些药物可能有效，如抗组胺药羟嗪（antihistamine hydroxyzine）0.4～0.8 mg/kg，每日2次，或三环类抗抑郁药多塞平（tricyclic antidepressant Doxepin，该药具有抗组胺药成分）3 mg/5 kg，每日2次。

第四节　细菌性皮肤病

一、嗜皮菌病

嗜皮菌病又称嗜皮菌感染、皮肤链丝菌病、绵羊渗出性皮炎、草莓样腐蹄病。表皮感染呈全球流行，但最常见于热带地区，该病曾被误称为真菌性皮炎。病变以含有痂皮的渗出性皮炎为特征。刚果嗜皮菌（Dermatophilus congolensis）具有广泛的宿主范围。在家畜中，以牛、绵羊、山羊及马最易感，而猪、犬及猫很少感染。发生于牛、山羊及马的常称为皮肤链丝菌病。当发生于绵羊的被毛区时，称其为绵羊渗出性皮炎。骆驼群感染与干旱及贫瘠有关。最近从海龟分离的菌株可代表嗜皮菌属的一个新种。该病在饲养的鳄鱼（窄吻鳄）中也属常见病。某些人类的病例报道通常与处理过的患病动物有关。

【病原、传播与流行病学】 刚果嗜皮菌为革兰氏阳性菌、非抗酸性兼性厌氧菌。它是目前唯一公认的菌属，但在疾病暴发过程中，不同菌株可在同一群动物中出现。该菌具有两类特征性形态——丝状菌丝和游动孢子。菌丝以分支丝（直径1～5 μm）为特征，这些分支丝最终以横向和纵向分离进入球菌细胞。随后这些球菌细胞成熟为具鞭毛的卵圆形游动孢子。

刚果嗜皮菌的自然栖息地未知。虽然它可能是土壤中的腐生生物，但未能从土壤中分离到该菌。已确认，该菌可通过动物直接接触污染的环境或昆虫叮咬扩散。它仅从不同动物的皮肤中分离到，且局限于表皮的生长层。据认，无症状慢性感染动物是其主要贮存宿主。

某些因素可对嗜皮菌病的发生、流行、季节性及传播构成影响。例如，雨季延长、高湿、高温等原因，使各种体外寄生虫，通过降低体表的天然屏障作用进而对感染的发生、发展、流行及季节性发病率构成影响。蜱和虱子分别是牛和绵羊的主要致病因素。

微生物在表皮中可以休眠的形式存在，直到气候条件恶化时发生感染。流行常发生在雨季。潮湿易于促进游动孢子从贮存病变部位释放，随后侵入表皮建立新的感染部位。高湿也可间接促进病变的扩散。尤其是蝇及蜱作为机械性媒介时，可引起叮咬昆虫数量的增加。修剪、浸渍或引入感染动物可导致该病的扩散。

嗜皮菌病为接触传染性疾病，仅发生在全身或局部皮肤抵抗力降低时，在这些部位能发生感染并最终发病。

【发病机制】 为了形成感染，感染性游动孢子必须到达正常保护屏障功能降低或缺陷的皮肤部位。皮肤低浓度二氧化碳的排放，能吸引有活力的游动孢子趋向皮肤表面的易感区域。游动孢子出芽产生菌丝，侵入表皮，随后从侵袭部位向四周扩散。菌丝侵入引起急性炎症反应。对急性感染的天然抵抗来源于对感染性游动孢子的吞噬作用，但感染一旦形成，则机体很少或没有免疫力。在大多数急性感染中，表皮上的菌丝侵入在2～3周停止，病变可自发愈合。在慢性感染时，感染毛囊及疥癣起始于非感染毛囊及皮炎发生的间隔区域。被侵入上皮细胞角质化并以痂皮形式脱离。在湿性痂皮中，潮湿可增强游动孢子的增殖及菌丝释放游动孢子的速度。游动孢子高密度群体产生的高浓度二氧化碳，可加速游动孢子从皮肤表面的逃逸，进而完成其独特的生活史。

【临床表现】 嗜皮菌病可见于各年龄段的动物，但以青年动物、长期暴露于潮湿环境以及免疫抑制动物最易感。宿主的病变呈急性到慢性。年龄、性别及品种似乎不影响宿主的易感性。大多数感染动物的瘙痒程度不同，在初始感染的3周内可自行恢复（不会发生皮肤的慢性浸渍）。一般来说，干燥气候能加速

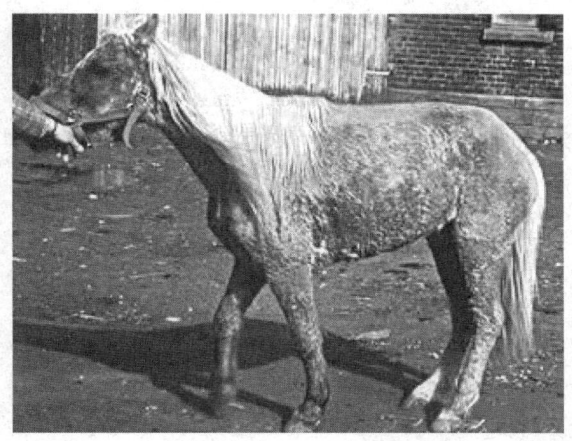

图7-2 马嗜皮菌病
（由Dietrich Barth博士提供）

愈合。单纯性皮肤损伤愈合无疤痕形成。这些感染对健康一般没有影响。动物发生严重全身性感染时常失去条件反射功能，如果足、唇及口严重感染，运动及意识障碍时，这些动物常因不能治愈而被屠宰。由于常发生全身性疾病并伴有继发性细菌感染以及继发性蝇或旋蝇蛆感染，能使动物偶尔发生死亡，尤其是犊牛和羔羊。牛造成的主要经济损失常被掩盖，绵羊表现羊毛损失，马的系骨部位严重受损时常出现跛行及性能丧失。牛的病变部位超过机体的50%时会出现严重疾病。

【病变】 牛、绵羊及马的大体病变分布，通常与皮肤天然屏障功能下降等因素有关。牛的病变可分3个阶段：①被毛无光泽呈画笔刷样病变；②初始病变融合结痂；③皮肤角质化成分蓄积，形成直径为0.5～2 cm的疣样病变。典型病变包括隆起的无光泽被毛束。大多数与皮肤长期潮湿有关的病变主要分布于头、颈和身体的背侧，以及颈胸的上外侧面。长期站立于深水和泥中的牛会在关节屈肌面的皮肤皱褶区域出现病变。奶牛可呈现乳腺丘疹结痂病变。最初由叮咬蝇类（机械性媒介）引起的病变主要见于背部，而蜱引起的病变主要见于头、耳、腋窝、腹股沟以及阴囊。

慢性绵羊渗出性皮炎以羊毛纤维周围出现大量角锥形结痂为特征。痂皮主要位于身体背部，阻碍羊毛修剪。多刺植物常诱发唇、腿及足的病变。草莓腐蹄病是一种增生性皮炎，常影响蹄冠至腕骨或跗关节处的皮肤。

具有长而厚冬毛的马的病变与牛相似，开始出现粗糙被毛及画笔刷样病变，导致痂皮形成，在大的痂皮下有黄绿色脓汁。当夏季长成短薄被毛时，粗糙及痂皮形成不常见，画笔刷样被毛大面积脱落。系骨长

期处于围场、厩舍或牧场的潮湿环境中，会导致下肢感染；白色腿部与唇及鼻的白皮肤区域感染最为严重。全身性疾病与长时间的潮湿气候有关。曾有过马场暴发该病的报道。

组织病理学检查显示表皮内出现特征性多维分隔的分支菌丝、球状细胞以及游动孢子。该病原体常大量聚集于有活性的病变部位，但在慢性病变处较稀缺。

【诊断】 假定诊断很大程度上依靠临床患病动物的病变特征和结痂处染色抹片或组织切片中出现的刚果嗜皮菌。确诊主要通过细胞学制备、培养分离和/或皮肤活组织检查可见刚果嗜皮菌。间接荧光抗体技术和单一的ELISA检测用于大量的血清学和流行病学调查。最实用的诊断方法是新鲜痂皮的细胞学检查和/或新撕开病变之下的印迹抹片。利用灭菌外科手术刀片将新鲜痂皮切碎后，放入滴有若干滴无菌生理盐水的载玻片上，将玻片在空气中干燥，然后利用快速姬姆萨染色或Diff-Quik®染色预以鉴定。病原体在油镜下检查，可见2～6个平行排列如铁轨样的革兰氏阳性球菌。鉴别诊断包括多种动物的皮肤真菌病、牛的疣和结节性皮肤病、绵羊的传染性脓疮和溃疡性皮炎，以及马的皮肤真菌病和免疫介导的结痂性疾病（如落叶型天疱疮）等。

【治疗与控制】 以前曾认为由于急性感染动物常很快自愈，因此，治疗仅用于外观不良的食品动物。但在全球的某些地区，该病具有明显的发病率和死亡率，导致动物体况下降，奶产量降低以及奶中的体细胞数升高。马发生本病后，建议进行治疗，因为病变影响使役且引起疼痛。病原对大多数抗菌药敏感——红霉素、螺旋霉素、青霉素G、氨苄西林、链霉素、阿莫西林、四环素类以及新生霉素。每日双倍剂量长效土霉素（20 mg/kg）可治愈85%的牛和100%的绵羊，而单剂量可治愈71%的牛和80%的绵羊。在食品动物，局部应用石硫合剂是抗菌疗法中较经济的辅助药物。体外应用杀虫药常可控制叮咬昆虫。

马的感染部位需要慢慢浸泡后予以清除。局部抗菌洗发水疗法作为辅助疗法有效。推荐使用氯己定（chlorhexidine）和过氧苯甲酰（benzoyl peroxide）。临床应用发现局部治疗时使用聚维酮碘（povidone-iodine）优于单独使用非口服土霉素，其治愈率分别为100%和66%。

隔离临床感染动物、扑杀感染动物和控制体外寄生虫是阻断感染的有效方法。阻止皮肤的慢性浸渍和保持动物干燥很重要。因该病暴发与锌缺乏有关，所以要经常检查牛饲料中的锌含量。

【人兽共患病风险】 嗜皮菌病可以传染给人。直

接与患畜接触可导致人的手和臂膀发生感染。工作人员应戴手套处理患畜，接触患畜后推荐使用抗菌性药皂彻底洗手。

二、渗出性表皮炎

渗出性表皮炎（仔猪皮脂溢）是一种全身性皮炎，发生于5～60日龄的仔猪，以突然发病为特征，发病率为10%～90%，死亡率为5%～90%。急性型常感染哺乳仔猪，而慢性型常见于断奶猪。该病曾报道于世界上许多产猪地区（图7-3）。

病变由猪葡萄球菌（Staphylococcus hyicus）引起，该菌可以产生剥脱性毒素，但似乎不能渗入完整皮肤。该菌分为有毒和无毒菌株两种。在感染前会发生足和四肢破损或身体撕裂伤。这些伤害常由打斗或擦伤体表（如新愈合伤口）造成。其他可影响该病严重性和疾病进程的诱发因素包括免疫力、卫生保健、营养以及腿疥癣螨的存在或损伤皮肤的物体。因此，之前暴露并已获得高水平免疫力的成年母猪将通过初乳为仔猪提供保护。初产母猪所产仔猪的发病率较高，在新建立的SPF猪群中因多数为初产母猪，因而发病率较高。

猪的抵抗力随年龄增大而增强，但猪葡萄球菌可从老龄猪皮肤、母猪阴道和公猪包皮憩室中获得。这些隐性携带者可作为初始群的污染来源。哺乳仔猪常由其生育栏感染。某些情况下，出生过程中从母猪的阴道感染或母猪分娩时感染。哺乳仔猪是最常见也是最严重的感染动物，断奶时混群也会发生交叉感染，发病率高达80%。但是，死亡率在该年龄段常较低。发病率会因猪养殖单元的养殖密度高及较早断奶而呈

现上升的趋势。

【临床表现与病变】 最先出现的症状是一窝中的1头或几头仔猪倦怠和皮肤发红。感染猪很快变得沉郁和厌食。体温可在疾病早期上升但随后接近正常。皮肤增厚，眼、鼻、唇及耳周围出现赤褐斑（斑疹），其中有浆液和脂肪渗出。病变面积增大，发展为水疱或脓疱性外观。

机体很快被潮湿的、脂肪和浆液的油脂渗出物所覆盖，随后结痂。污物的聚集使感染区域变黑。鼻面和舌也会出现小囊疱和溃疡。足部亦不能幸免，冠状垫及足跟糜烂，在稀有病例中蹄靴可能脱落。急性病例在3～5 d内会发生死亡。年龄较大的猪常呈慢性型，可见全身厚的痂皮病变或不连续的局灶性病变且不融合。除年幼的哺乳仔猪外，该病死亡率较低。但痊愈慢，生长迟缓，常有腹泻、消瘦及脱水。

严重感染猪尸检时呈明显脱水、肺充血和外周淋巴结炎症。在最急性及急性病例中常见肾肿大和子宫内出现黏液、细胞管型及烂碎物。鉴别诊断包括疥癣、营养缺乏包括缺锌（角化不全）、钱癣及玫瑰糠疹。

【治疗】 多种抗生素可抑制病原体，包括阿莫西林、氨苄西林、红霉素、洁霉素、青霉素、泰乐菌素、磺氨甲氧苄啶、氨基糖苷类及头孢菌素类。成功治疗需要在疾病早期给予高剂量抗菌药，连续用药7～10 d。抗菌疗法结合全身体表应用防腐药的成功率最高，但对幼龄仔猪疗效不佳，对晚期病例则无效。严重暴发时，对尚未感染的猪也应给予几日抗生素。分娩母猪及其产房应彻底消毒阻止暴发。断奶后加强卫生管理以及3～5 d的饮水方案或拌料给药，将有助于控制断奶后疾病的暴发。其他可降低严重暴发的措施包括新生仔猪断齿、提供软垫，隔离感染动物，以及避免混群，以降低因打斗造成皮肤损伤的可能性。自家苗曾成功用于减少该病在慢性感染群体的发病率。

三、趾间疖病

趾间疖病常被误称为趾间囊肿，是指位于犬趾蹼的疼痛性结节病变。组织学上，这些病变代表结节脓性肉芽肿性炎症——它们几乎从不形成囊肿。新确定的综合征，如犬叉趾掌及足粉刺和毛囊囊肿，可能是趾间疖病的一种亚型或其他疾病。

【病因】 最常见的病因是深部细菌感染。许多犬种（如中国沙皮犬、拉布拉多猎犬及英国斗牛犬）易诱发细菌性趾间疖病，因位于足趾间带、隆突的趾间带或两者上有短刚毛，毛发上的短柄在运动过程中（创伤性移植物）易于向后进入毛囊。毛发（如角蛋白）易于在皮肤上发炎，并继发细菌感染。异物外伤

图7-3 哺乳仔猪亚急性渗出性表皮炎，感染面部、四肢及腹部
（由 Ranald D. A. Cameron博士提供）

性嵌入皮肤也较为常见。蠕螨病可能是趾间疖病的原发性病因之一。犬过敏性皮炎也是复发性趾间疖病的常见病因之一。

犬叉趾掌及足粉刺和毛囊囊肿病因未知，但最可能的诱因是创伤，导致表皮和毛囊漏斗部角化过度、棘层肥厚、毛囊开口阻塞或狭窄，以及毛囊内容物滞留。

【临床表现与病变】 趾间疖病的早期病变可能在足蹼上出现局灶性或全身性红斑和丘疹，如不加以治疗，很快发展为单个或多个结节。后者直径为1～2 cm、微红紫色、有光泽及波动感，触诊时可能破裂，流出血样物质。趾间疖病最常见于爪的背面，但也可见于腹面。犬的疖病常疼痛，感染足出现明显跛行，患犬常舔和咬病变处。异物（如草芒）引起的病变常单独存在，常发生于前足，通常不复发。如果细菌感染造成趾间疖病，可能会出现一些新的病变结节，并像其他病变一样可自行消退。复发的一个常见病因是肉芽肿对组织中存在的自由角蛋白的防御反应。

患有趾间粉刺和毛囊囊肿犬的典型表现为跛行及瘘管。皮肤病变直到被毛剪除时才被发现。典型症状是脱毛区及厚而坚固的骨痂样皮肤出现多个粉刺。

【诊断】 疖病的诊断常依据临床症状。主要鉴别诊断包括创伤性损伤、异物、毛囊粉刺囊肿及肿瘤，但后者很少见。最有效的诊断试验包括蠕形螨的皮肤刮屑、印压涂片或细针抽取证实炎症浸润的存在。对异常或复发的病变应切除并进行组织病理学检查。单独病变需要手术探查以寻找和去除异物（如草芒）。

掌或足底部毛囊包囊的确诊需要进行皮肤活组织检查。但是，当临床检查发现有骨痂样病变或明显由粉刺形成的瘘管时，则应怀疑这些动物患有该病。同时可见中度至广泛致密角化过度和上皮及毛囊漏斗棘层肥厚。含有角蛋白的毛囊囊肿较常见。通常情况下，病变因继发感染和并发细菌性疖病而变得复杂。

【治疗】 细菌性趾间疖病对局部和全身联合疗法效果很好。最初的4～6周推荐使用头孢氨苄（cephalexin，20 mg/kg，口服，每日3次，或30 mg/kg，口服，每日2次）。如果犬已服用多疗程的抗生素，推荐进行细菌培养和药敏试验。如果病变为脓性肉芽肿，抗生素可能很难渗透到病变部位，因此，可能需要超过8周的全身抗生素治疗才可完全消除病变。这些病变常因并发马拉色霉菌感染而变复杂。故还需口服30 d的酮康唑（ketoconazole）、伊曲康唑（itraconazole）或氟康唑（fluconazole）（5～10 mg/kg）。通过指甲残骸的细胞学检查和/或皮肤印压涂片对马拉色霉菌进行鉴定。推荐使用含有（或不含有）抗生

素成分（如氯己定）的温水局部足浴以及应用莫匹罗星（mupiriocin）软膏进行对症治疗。一些犬对使用抗生素包裹和包扎有效。在治疗的前几周给予抗组胺药，可部分缓解瘙痒。糖皮质激素禁忌使用。

慢性复发性趾间疖病常由不适当的抗生素治疗（太短、错误剂量、错误药物），联合使用皮质类固醇药、蠕螨病、解剖学因素或角蛋白对异物的反应等造成。病变在治疗时复发，也可作为潜在疾病的判断标志之一，如遗传性过敏、甲状腺功能减退或并发马拉色霉菌感染。由于犬被钢丝绳栓于混凝土地面，其病变似乎更易复发。对于某些慢性病例，需要手术切除或外科矫正趾蹼。或者，脉冲式抗生素疗法（全剂量治疗2～3次/周）或慢性低剂量抗生素疗法（每条犬500 mg，口服，每日1次），可辅助缓解临床症状和减轻慢性损伤犬的疼痛。该疗法仅在致病因素不能鉴别（如过敏性脓皮病）、治疗（如解剖学因素）或消除（如因异物或角蛋白造成的慢性感染）时推荐使用。

指掌或足趾部位的粉刺和毛囊囊肿，可应用激光疗法成功治疗。手术后应及时集中护理，每日更换1～2次绷带。

四、脓皮病

脓皮病的字面意思是"皮肤上的脓"。可由传染性、炎症性和/或肿瘤性病因引起，任何导致中性粒细胞渗出和蓄积的疾病均可称为脓皮病。但是，脓皮病主要指皮肤的细菌性感染。犬脓皮病常见，猫较少见。

细菌性脓皮病可根据感染深度、病因及是否原发或继发感染等进行分类。细菌性脓皮病局限于表皮和毛囊时称为浅表性脓皮病。而真皮、深处真皮或造成疖病时称为深部脓皮病。病原学分类指依据包含在感染灶中的病原微生物（如葡萄球菌、链球菌等）进行的分类。大多数皮肤感染为浅表性且继发多种其他感染，主要是变态反应（蚤过敏、过敏性皮炎和食物过敏）、内科病（尤其内分泌病如甲状腺功能减退或肾上腺皮质功能亢进）、皮脂溢出（包括毛囊或皮脂腺疾病）、寄生虫病（如犬蠕形螨）或解剖学因素（如皮肤皱褶）。另外，原发性脓皮病发生于健康动物，没有可识别的诱发病因，通常由中间葡萄球菌或其他葡萄球菌诱发，应用合适抗生素可使患病动物完全康复。

【病原】 细菌性脓皮病常由正常菌群或暂时性菌株的过度生长或克隆增殖引起。中间葡萄球菌（*Staphylococcus intermedius*）是从临床感染中分离到的最常见的病原体。但其分类地位正在发生

变化，最近的表型测试发现假中间葡萄球菌（*S. pseudintermedius*）是犬最常见的病原。

犬皮肤的常在细菌包括凝固酶阴性葡萄球菌（*coagulase-negative staphylococci*）、链球菌（*streptococci*）、微球菌（*Micrococcus sp.*）及不动杆菌（*Acinetobacter sp.*）。暂时性细菌包括芽孢杆菌（*Bacillus sp.*）、棒状杆菌（*Corynebacterium sp.*）、大肠埃希菌（*Escherichia coli*）、奇异变形杆菌（*Proteus mirabilis*）及假单胞菌（*Pseudomonas sp.*）。这些微生物可作为继发病原发挥致病作用，但假中间葡萄球菌常作为随后病理过程的必需菌。猫皮肤的常在菌包括不动杆菌、微球菌、凝固酶阴性葡萄球菌及溶血性链球菌（α-*hemolytic streptococci*）。猫皮肤上暂时性细菌包括产碱杆菌（*Alcaligenes sp.*）、芽孢杆菌（*Bacillus sp.*）、大肠埃希菌、奇异变形杆菌、假单胞菌、凝固酶阳性及凝固酶阴性葡萄球菌及溶血性链球菌。

浅表性脓皮病能使细菌在皮肤表面克隆增殖的最重要因素是细菌可依附或黏着在角化细胞表面。皮肤的温暖潮湿区域，如唇皱襞、面部褶皱、颈部褶皱、腋区、背或跖趾间区域，常存在比皮肤其他区域数量多的细菌，是感染的危险区域。压迫点（如肘和后踝）也易于感染，可能是由于毛囊刺激或慢性重复性压迫引起破裂造成的。任何皮肤病，只要将正常干燥的、沙漠样环境转换为较湿润的环境，都可造成宿主皮肤上的常在菌及暂时性细菌过度增殖。

【临床表现与病变】 犬和猫细菌性脓皮病最常见的临床表现为过度鳞屑，毛发常穿过鳞屑，瘙痒程度各异。犬的浅表性脓皮病常表现为脱毛、滤泡性丘疹或脓疱、表皮囊肿及浆液性结痂的多病灶区域。躯干、头及四肢近端最常感染。短毛品种常表现为多重的浅表性丘疹，形似荨麻疹，由于毛囊周围或内部炎症造成毛发更加垂直竖立，这些毛发易于脱落，是鉴别浅表性脓皮病与真正荨麻疹的重要特征。荨麻疹的毛发不会发生脱落。细菌性脓皮病的感染毛发会脱落，并发展为直径0.5~2 cm的脱毛局限区。在脱毛的边缘，可能形成轻微的浅表性囊领，但在短毛品种中常不表现毛囊脓疱及红斑，故易造成诊断困难。柯利犬和喜乐蒂牧羊犬常有广泛性脱毛的弥散区，这些脱毛造成扩展区的前缘出现轻度红斑和表皮形成囊领，常与内分泌病相混淆。但该病脓疱和结痂不常见。

犬深部脓皮病的标志是疼痛、结痂、有臭味以及血和脓的渗出。也可见红斑、肿胀、溃疡、出血性结痂及脓疱、毛发脱落及含有浆液出血性或脓性渗出物的瘘管。鼻口（吻突）、下颚、肘、踝关节、趾间区及膝关节侧面更易被深部感染，但其他区域也可感染。肢端轻度肉芽肿及脓疱性皮炎也是深部脓皮病的临床表现。趾间疖病是深部脓皮病的另一种表现形式。植物芒、毛干内的裸露角蛋白或破裂的毛囊以及其他异物，都在深部脓皮病相关炎症过程中发挥了重要的作用。

猫的浅表性脓皮病常由中间葡萄球菌引起，但通常被忽略和低估。最常见的临床表现是结痂，尤其在腰骶部，毛发穿过鳞屑是常见的特征。几乎很难见到完整的脓疱。猫脓皮病在过敏性皮肤病、寄生虫病及猫下颚痤疮中最常见。

粟粒疹性皮炎可看作是浅表性脓皮病的一种临床表现。患深部脓皮病的猫常表现脱毛、溃疡、出血性结痂及瘘管。嗜酸性斑是深部脓皮病继发过敏性疾病的常见临床表现。猫复发难愈的深部脓皮病与全身性疾病有关，如猫免疫缺陷病毒或非典型分支杆菌感染。

【诊断】 浅表性脓皮病常依据临床症状——脱毛、鳞屑、红斑、丘疹、脓疱及表皮囊领进行诊断。浅表性脓皮病的鉴别诊断包括蠕螨病、马拉色霉菌皮炎、皮肤真菌病及毛囊炎，以及罕见结痂性疾病如落叶型天疱疮。脓皮病的诊断也应包括鉴定诱因的检测步骤。

浅表性脓皮病的初步诊断依据上述皮肤病变的鉴定结果。完整脓疱、痂皮、表皮囊领区域或潮湿红斑区域的直接印压涂片可预示球菌、杆菌或炎症细胞浸润。脱毛和结痂区域的印压涂片可能仅呈现大量表皮脱落的角化细胞。涂片最重要的目的之一是为了证明马拉色霉菌感染及其过度增殖，葡萄球菌和马拉色霉菌具有共生关系，它们可同时出现在约50%的病例中。在没有施行全身抗菌疗法的情况下将很难消除感染。需要多重深部皮肤刮屑借此排除寄生虫感染，尤其是针对犬蠕形螨。还应进行皮肤癣菌培养以排除皮肤真菌病。对深部脓皮病和复发性浅表性脓皮病病例，必须进行细菌培养和药物敏感性试验。

准确的检测结果最可能从完整的脓疱或深部病变的诱导性破裂物中获得。由于这些样品比封闭病变部位获得的样品更容易污染，因此，应当谨慎地解释来源于结痂病变、丘疹、表皮囊领以及瘘道等样品的培养结果。经验性抗生素治疗适合于轻微的无复杂病因的首次浅表性脓皮病。

浅表性脓皮病最常见的潜在病因包括蚤、过敏性跳蚤皮炎、过敏性皮炎、食物过敏、甲状腺功能减退、肾上腺功能亢进及缺乏理毛。适当的诊断性检测及对潜在病因的治疗是必需的环节。复发性细菌性脓皮病最常见的病因包括错误鉴别潜在病因、抗生素使用不当（剂量过低或治疗期过短）、联合应用糖皮质激素、错误使用抗生素及其剂量。

【治疗】　浅表性脓皮病的初步治疗是使用合适的抗生素治疗21 d以上，最好30 d。所有临床病变（除了脱毛区域的完全再生和色素沉着过度区域的消失）应在不连续使用抗生素至少7 d前消退。慢性、复发性或深部脓皮病一般需要8～12周或更长时间才能完全消退。

首次感染细菌性脓皮病可利用经验性抗生素疗法治疗，如林可霉素、克林霉素、红霉素、复方新诺明、甲氧苄啶-磺胺嘧啶、头孢菌素、阿莫西林克拉维酸三水化合物（amoxicillin trihydrate-clavulanic acid）或奥美普林-磺胺地托辛（ormetoprim-sulfadimethoxine）。

因为阿莫西林、青霉素及四环素在90%的病例中无效，所以不适合用于治疗浅表性或深部脓皮病。荧光喹诺酮类（fluoroquinolones）不适用于经验抗生素疗法。严重深部脓皮病、复发性脓皮病或首次细菌性脓皮病治疗无效时，应基于细菌培养和药敏试验结果进行治疗。

局部应用抗生素有助于治疗局部浅表性脓皮病。2%的莫匹罗星软膏能很好地渗入皮肤，有助于治疗深部脓皮病。该药不能全身性吸收，没有已知的接触致敏作用，由于它可增加交叉耐药的可能性，因而不被用于全身性抗生素治疗，特别是对革兰氏阴性菌不是很有效，因为该药含有丙二醇，所以该软膏不能用于患任何已知的和怀疑为肾脏病史的猫。新霉素比其他局部药物更容易造成接触性过敏，对革兰氏阴性菌的效果不确定。杆菌肽和多粘菌素B比其他局部抗生素对革兰氏阴性菌更有效，但在脓性渗出物中可被灭活。

梳理毛发常在治疗浅表性和深度脓皮病时被忽略。应对患深度脓皮病的家畜修剪被毛，推荐对患全身性浅表性脓皮病的中毛和长毛犬进行专业的毛发梳理。这将除去隐藏有碎屑及细菌的多余毛发。大多数长毛猫得益于被毛修剪。

患浅表性脓皮病的犬应在治疗的前两周每周洗澡2～3次，随后改为1～2次直到感染消除。患深度脓皮病的犬可能需要每日采用水疗法。含药洗发水在应用前应预稀释成1∶2到1∶4，以利于喷洒、扩散及冲洗。适宜的抗菌药洗发水包括过氧苯甲酰（benzoyl peroxide）、氯己定（chlorhexidine）、氯己定-酮康唑（chlorhexidine-ketoconazole）、乳酸乙酯（ethyl lactate）及三氯生（triclosan）。洗发水可去除细菌、痂皮及碎屑，减少瘙痒、气味及脓皮病相关的油脂。浅表性脓皮病的临床症状明显改善至少需要14～21d，恢复过程可能没有想象中的那么理想。

不断出现的耐甲氧西林葡萄球菌（methicillin-resistant staphylococci，MRS）已逐渐引起人们重视。为了将MRS的发生减小到最低程度，脓皮病应推荐使用窄谱抗生素。复发性细菌性脓皮病、深度脓皮病和/或广泛使用抗生素的病畜，最好根据细菌培养及药敏试验结果进行治疗。局部抗菌疗法是有益的。应避免将荧光喹诺酮和二代及三代头孢菌素作为经验性治疗药物，这对于最大程度降低葡萄球菌的多重耐药性具有重要作用。

第五节　病毒性皮肤病

一、传染性脓疱

传染性脓疱（羊口疮、传染性脓疱性皮炎、山羊口疮病）是绵羊和山羊的一种传染性皮炎，主要感染幼龄动物的唇部。该病山羊比绵羊更严重。人偶尔会通过直接接触感染。

【病原与流行病学】　致病的副痘病毒与伪牛痘和牛乳头状口炎有关。通过接触方式感染。该病毒对干燥环境有很强的抵抗力，曾于死亡12年后的干痂皮中获得该病毒。在实验室，病毒还对甘油和乙醚具有抵抗力。

传染性脓疱呈全球分布，常见于人工饲养的幼龄羔羊及夏季后期、秋季及冬季牧场和冬季育肥场中年龄较大的羊羔。

【临床表现与诊断】　主要病变发生于唇的黏膜皮肤结合处及出疹的切牙周围，也可延伸到口腔黏膜。少数情况下，病变见于足及蹄冠周围，此处还可继发感染刚果嗜皮菌，常造成草莓腐蹄病。母羊哺育感染羔羊时，可在乳头出现病变并延伸至乳腺皮肤等部位。病变以丘疹形式出现，随后在结痂前经过囊疱和脓疱阶段。众多不连续病变融合后常导致大疥癣的形成，其下真皮组织增生产生疣状突起。当病变延伸到口腔黏膜时，常继发坏死杆菌病。

在疾病过程中（1～4周），痂皮脱落，组织不结痂而愈合。在感染的活跃期，严重感染的羔羊不能正常进食，体况下降。患羔足部的广泛性病变常造成跛行。母羊可发生乳房炎，有时发生坏疽性皮炎，病变多出现在乳头。

病变具特征性。该病须与溃疡性皮炎进行鉴别诊断。溃疡性皮炎出现组织破坏和火山口样溃疡。传染性深脓疱病与溃疡性皮炎相比，常感染日龄较低的动物，上述这个标准仅可用于推测。如果发病率高且临床表现包括流涎、跛行及高热时，应考虑口蹄疫和蓝舌病。葡萄球菌性毛囊炎感染口鼻周围及眼周围皮肤。在选择传染性深脓疱病的诊断方法时，利用电镜直接检查刮屑材料中的病毒已经被PCR所代替。病史上，阳性鉴别诊断可通过接种易感的和免疫过传染性深脓疱病的绵羊加以区别。

【治疗与控制】 非口服和局部使用抗生素可有助于抵抗皮肤病变时的继发性细菌感染。在流行地区，适宜的防护剂及杀幼虫剂已用于预防蝇蛆病造成的损伤。病毒偶尔可传播给人，病变常局限于手、脸，且增殖速度快。兽医及绵羊饲养人员应训练相应的防护措施，如佩戴一次性手套。人的诊断应建立在绵羊间传播的病毒，补体结合试验可能有诊断价值。

自然感染后康复绵羊对再次感染有较强的抵抗力。尽管免疫原性病毒株具有多样性，但目前应用商品性单株活疫苗，在美国的所有地方均可产生相当好的免疫力（偶尔例外）。免疫失败可能是因为感染株的毒力问题，而不是不同疫苗的免疫原性。曾免疫过传染性脓疱的绵羊，依然保持对溃疡性皮炎的敏感性。

活疫苗应谨慎使用，以免传染给未感染羊群，已接种疫苗的羊应与未接种羊群隔离，直到痂皮掉落。小剂量活疫苗免疫时，常在大腿内侧肘后或尾褶皮肤上轻刷划痕。羔羊应在1月龄时免疫。为了取得好的效果，建议2～3个月后二次免疫。未免疫羔羊应在进入感染育肥场前1～2个月接种疫苗。

二、痘病

痘病是急性病毒性疾病，可感染多种动物，包括人和鸟类，但不感染犬。某些痘病毒也可引起人兽共患病。通常，皮肤和黏膜病变广泛，在结痂和愈合前发展为斑疹至丘疹、囊疱和脓疱。大多数病变含有复杂的胞浆包含体，它们代表感染细胞中病毒的复制位点。某些痘病毒感染，囊疱不是临床特征，但微疱可见于组织学检查，某些感染造成的增生性病变是该病的典型症状。

该病经吸入或通过皮肤（如绵羊痘）感染。在某些情况下（如禽痘、猪痘），病毒通过吸血节肢动物进行机械性传播。感染可能为全身性（如绵羊痘）或保持局部性（如伪牛痘）。伴有毒力减弱的痘病毒株用于免疫抗感染，典型例子是用活痘苗病毒株免疫，在全球范围内消灭了天花。

痘病毒可根据其物理化学和生物学性质进行分类。免疫学上，天花、牛痘、猴痘等病毒与痘苗病毒亲缘关系较近，归类为痘属（*Orthopox*）。禽痘病毒、黏液瘤病毒以及某些其他痘病毒（如猪痘）具有种属特异性。羊痘、伪牛痘和牛丘疹性口炎病毒是副痘病毒。

在欧洲，局部皮肤感染和某些致命性全身疾病的病例，曾于感染牛痘病毒（如下）的猎豹、狮及家猫中有过报道。

（一）牛痘

牛痘是奶牛一种轻微的发疹性疾病，病变发生在乳房及乳头。虽然该病以前曾经常发生，但现在已很罕见，仅报道于西欧（也可见猫的正痘病毒感染）。

牛痘病毒在抗原性上与天花病毒亲缘关系很近。事实上，两者仅可利用先进的实验室技术进行区分。以前，在一般群体接种抗天花疫苗是不连续的，某些牛痘在北美洲及欧洲的牛群暴发，是因为感染了来自于最近接种牛痘的人类病毒。牛痘相关病毒可持续造成南美洲奶牛及印度次大陆水牛乳房感染的偶然暴发。病毒通过与牛接触传播给人。这些病毒的流行病学未知，但研究揭示该病毒曾在贮存宿主（而非人类）中流行和存活。

该病通过挤奶而接触传播。经过3～7 d的潜伏期后（期间母牛可轻微发热），丘疹出现在乳头和乳房。小囊疱可能不明显或容易破裂，留下破皮的溃疡区域形成痂皮。病变在1个月内愈合。许多奶牛处于同一个挤奶厅，可能会相互感染。而挤奶工可能会发热，在手、臂或脸上出现病变。人发生牛痘偶尔会引起全身性疾病，也有过死亡的报道。

牛痘或牛痘感染可能与牛疱疹性乳头炎相混淆；因为病变表面形态相似，需要通过实验室验证。牛痘病毒和痘苗病毒在电镜下容易观察。但二者难以区分，而伪牛痘病毒和牛疱疹性乳头炎病毒，可通过电镜加以区别。痘苗病毒和牛痘病毒易于在细胞培养基上生长。

阻止牛痘在一个牛群中的扩散，必须施行隔离和环境卫生学。牛痘病毒和痘苗病毒是人兽共患病的重要病因。

（二）假牛痘

假牛痘（泌乳牛结节、副牛痘）是常见于母牛乳房及乳头的轻微感染，由副痘病毒所引起，呈全球分布。假牛痘病毒与传染性脓疱及牛乳头状口炎

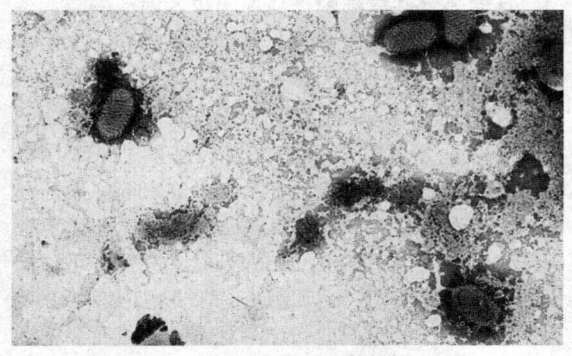

图7-4 假牛痘副牛痘病毒低倍电镜图
（由Paul Gibbs博士提供）

相关联。这些副牛痘病毒在形态学上与痘苗病毒及其他痘病毒不同。它们具有有限的宿主范围，不能经受精卵传播，可在一些细胞培养物上生长，但生长状态不佳。

病变开始为乳头或乳房上出现小的红色丘疹，随后很快在结痂前发展成斑疱、小囊疱或脓疱。痂皮可能很多，但易无痛移除。在痂皮下出现肉芽肿，导致瘢痕下的颗粒形隆起，它们从中间愈合，留下特征性的马蹄形或小结痂的圆环。病程7～12 d。某些病变可持续存在数月，使被感染乳头呈现粗糙性外观，也可能形成更多的痂皮。感染通过挤奶舍缓慢扩散，任何时间段都有一定比例的母牛出现病变。牛可在随后的泌乳期再次感染。

结痂病变可与乳房和乳头轻微创伤相混淆。电镜检查痂皮常可见特征性病毒粒子。

控制整群牛的感染非常困难，防控的关键是加强卫生管理，如通过乳头药浴，破坏病毒进而阻止传染。患畜感染后难以产生免疫力。

人感染后无痛感，但一般在手指和手上出现发痒的紫红色结节。上述病变稍能引起不适，但数周后症状即消失。

（三）结节性皮肤病

结节性皮肤病是牛的一种传染性、疹性、偶发的致命性疾病，以皮肤及身体其他部位出现结节为特征。继发感染常使病情恶化。传统上，该病曾发现于南非和东非，但在20世纪70年代，该病延伸到非洲西北部，通过非洲大陆进入撒哈拉的西非。该病也曾报道于以色列。

【病原与流行病学】　该致病病毒与绵羊痘有关。毒株原型为结节性皮肤病痘病毒（*Neethling poxvirus*）。牛的结节性皮肤病呈流行性或零星发生。通常情况下，新疫点出现在最初暴发较远的地区。该病的发病率在潮湿的夏季很高，但也可发生于冬季。它大多沿水源或低地势流行。因为隔离检疫管理控制病毒感染扩散的失败，曾怀疑叮咬昆虫为该病的媒介。但是，暴发也曾发生于昆虫被消除的地区。鉴于该病可通过感染的唾液传染，因此，接触感染应作为一种传播方式。已怀疑，肯尼亚的非洲水牛是该病毒的携带者。

人工感染可通过接种皮肤结节悬液或早期发热阶段的血液，或通过患畜唾液污染的饲料与饮水。

【临床表现】　皮下注射感染材料可产生疼痛和肿胀，随后出现发热、流泪、流涕及多涎，在约50%易感牛的皮肤及身体的其他部位出现特征性疹块。潜伏期为4～14 d。

结节边缘清晰、圆形、稍隆起、坚硬及疼痛，涵盖整个皮肤和胃肠道、呼吸道及生殖道黏膜。结节可发生于鼻口处及鼻与口腔黏膜内。皮肤结节含有坚硬的灰黄色或黄色组织。局部淋巴结肿胀，乳房、前胸和腿部肿。有时发生继发感染，形成广泛化脓灶和腐肉。因此，动物可能变得极度消瘦，需要实施安乐死。此时，结节或退化，或皮肤坏死导致坚硬的隆起区（"坐绝食"），并与周围皮肤清晰分离。这些区域脱落后留下溃疡，然后愈合结痂。

发病率为5%～50%，死亡率较低。最大的损失是产奶量降低、体况下降及兽皮价值降低。

【诊断】　该病易与假性结节性皮肤病相混淆，后者由疱疹病毒（牛疱疹病毒2型）引起。这些疾病临床症状相似，在世界上的某些区域，疱疹病毒病变似乎局限于母牛的乳头和乳房，该病被称为牛疱疹性乳头炎。

虽然假性皮肤疙瘩病是一种比真正的皮肤疙瘩病更轻微的疾病，但鉴别关键是依靠病毒的分离和鉴定。结节的组织学和超微结构检查可能有帮助。结节中可见痘样胞浆内的包含体或嗜酸性核内的疱疹病毒包含体。

刚果嗜皮菌也可造成牛的皮肤结节（见嗜皮菌病）。

【防治】　检疫管理的可行性有限。用弱毒疫苗免疫，为该病提供了最有希望的控制方法。山羊痘病毒和绵羊痘病毒也曾用组织传代培养。

推荐使用抗生素控制继发感染，并结合良好的护理措施。

（四）绵羊痘与山羊痘

绵羊痘和山羊痘很严重，常可致命，该病以广泛的皮肤斑疹为特征。这两种病均局限于东南欧、非洲及亚洲。山羊和绵羊的痘病毒（山羊痘病毒）在抗原性和物理化学特性上关系较近。它们也与结节性皮肤病病毒有关。有关绵羊对山羊痘病毒的自然易感性（或反之）尚存争议，至少一些毒株似乎有感染两个种的能力。

绵羊痘的潜伏期为4～8 d，而山羊痘为5～14 d。两种疾病的临床表现相似，但山羊一般不太严重。都可出现发热和不同程度的全身性疾病。眼睑肿大，黏脓在鼻孔结痂。出现广泛的皮肤病变，最常见于鼻口部、耳及无羊毛和长毛区域。触诊可检查到不易观察到的病变。病变起始于皮肤的红斑区域，进而快速形成隆起的圆形斑疹，并出现由局部炎症、水肿及上皮细胞增生引起的充血边缘带。虽然在病变组织学上出现微疱，但囊疱及脓疱在临床上不明显。病毒富集在此期的皮肤上。随着病变退化，真皮发生坏死和形成黑色坚实的痂皮，与周围皮肤明显分离。结痂下的上皮细胞再生需要几周。当痂皮去除后，形成一个星状疤痕和无毛区。严重病例的病变可在肺内发生。在一些绵羊和某些品种中，该病症状较轻微或感染不明显。

已表明，该病可通过空气传播或通过与病变直接接触，或经吸血昆虫进行机械性传播。

任何种群的痘病须与温和性感染、传染性脓疮（羊口疮）进行鉴别诊断，后者主要造成结痂和口周围增生性病变。

感染可产生坚强持久的免疫力。弱毒疫苗能比灭活苗产生更长的免疫力。致弱的结节性皮肤病病毒也可制成疫苗，用于免疫绵羊痘和山羊痘。

（五）猪痘

猪痘是一种急性的呈温和传染的疾病，它以皮肤斑疹且仅感染猪为特征。该病出现在美国，尤其中西部，虽然其发病率较低，但曾报道于所有州。

历史上，某些痘苗病毒曾引起该病的暴发。目前，猪痘病毒是唯一的病因。在此介绍的疾病是由猪痘病毒所引起的。猪痘病毒有别于其他痘病毒，不能为痘苗病毒的感染提供保护力。它可在猪细胞培养物上生长，但不在鸡胚上生长。它具有热稳定性，能在37℃存活约10 d。

该病最常见于3～6周龄的仔猪，但所有年龄猪均可感染。在约1周的潜伏期后，小红色区域大多见于面部、耳、腿内侧及腹部。随后发展为丘疹，几日后可见脓疱或小囊疱。脓疱中心变干、结痂，由隆起的炎性区环绕，因此，病变部位出现脐形凹陷。随后，黑痂皮形成（直径1～2 cm），使得感染猪出现斑点。这些痂皮最终脱落或不留疤痕地去除。病变也可分批出现在不同时期。疾病的早期可伴有轻微发热、食欲不振及迟钝。很少有猪死于猪痘。

病毒富集于病变处，可通过啮毛虱（猪血虱，*Haematopinus suis*）在猪只间传播。该病也可在猪场

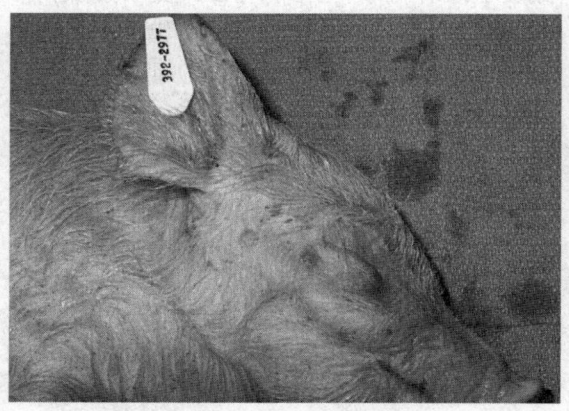

图7-5　猪痘感染小猪的轻微病变
（由Paul Gibbs博士提供）

由其他昆虫机械性携带传播。

病愈的猪具有免疫力。尚无特效的治疗方法。灭虱对该病的防控至关重要。

（六）猫正痘病毒感染

家猫的正痘病毒感染曾散发于英国和欧洲大陆。曾报道过加拿大家猫感染浣熊痘病毒的偶发病例，感染猫爪局部感染。感染牛痘的猫出现多种皮肤病变，也可见呼吸系统和其他临床症状。

【病原与流行病学】　目前为止，除浣熊痘病毒感染的所有病例外，所有家猫的正痘分离株与牛痘病毒没有区别。牛痘或其他亲缘关系近的病毒感染曾报道于捕获的猫科动物及多个欧洲动物园的某些其他动物种类，如大象、犀牛或穿山甲。但同一属内的一些病毒种类之间的关系尚不清晰。虽然另一些正痘病毒曾分离于浣熊，但牛痘显然不发生于美国。该病毒也可能感染其他宿主。牛痘病毒对人也有感染性，曾报道过猫-人传播的病例。应给予动物主人相应的预防建议。

虽然传统上描述牛痘病毒感染牛，但事实上该病毒罕见于牛，已确认，它的贮存宿主是小型野生哺乳动物。现在通常认为猫是牛痘病毒的宿主，可在捕猎时感染。大多数感染猫来源于农村，主要用于猎杀啮齿类。最初的病变常出现小的叮咬样伤口。猫感染后的发病率具有明显的季节性，大多数病例发生在9～11月。也可发生猫-猫之间的传播，但一般仅导致亚临床感染。罕见的牛痘病例推测来自于与贮存宿主的直接或间接接触，人的病例也类似。但猫-人或牛-人传播也有可能。

疾病的重要意义和该病在猫上的新认识仍有待商榷。该病可能曾在猫群里存在但没被发现。或者，由于该病在贮存宿主中流行病学的变化或病毒本身优势生物型的属性改变，导致该病的重要性可能增加。

【发病机制】　最常侵入的途径是皮肤，但口鼻感染也有可能。在局部复制和主要皮肤病变出现后，病毒扩散至局部淋巴结，发生与淋巴细胞相关的病毒血症。病毒血症阶段可能与发热和精神沉郁有关，在此期可从不同组织中分离到病毒，包括皮肤、鼻甲（有时在肺）及淋巴器官。广泛的继发性皮肤病变在病毒血症发生后数日出现，新的病变持续出现2～3 d，此时病毒血症减退。

【临床表现】　大多数感染猫有单一原发皮肤病变的病史，常出现在头、颈或前肢。原发病变可从一个小的刮伤到一个大脓肿不等。在原发病变出现后7～10 d，广泛的继发病变开始出现。2～4 d后，它们发展为不连续的环形的直径0.5～1 cm的溃疡性丘疹。溃疡很快被结痂覆盖，常约6周完全愈合。很多

猫除了皮肤病变外无其他症状，但约20%的病例可发生轻微性鼻炎或结膜炎。某些猫也可在病毒血症期发热、沉郁和食欲差，此时正好是继发病变的发生早期或之前。常并发细菌感染，尤其是原发病变，可引起全身性症状。但是，大多数家猫可自行恢复。严重的肺部疾病在家猫并不常见，但频发于猎豹，且对二者常致命。家猫更严重的疾病与免疫抑制有关，或在皮质类固醇激素治疗后，这可能与猫白血病或免疫缺陷病毒感染有关。

【病变】　由于大多数猫均可存活，因此，一般皮肤活组织检查是唯一适用的组织学检查。早期病变包括表皮增生和棘细胞层囊泡化肥大。形成这些囊疱的很多表皮细胞包含特征性的嗜酸性细胞质内含物。随后，表皮出现溃疡和坏死，并由坏死细胞和纤维蛋白的嗜酸性凝结物取代。严重的混合性炎症细胞渗出物出现在围绕病变的真皮周围。当病变愈合时，由薄层表皮覆盖皮肤下的瘢痕，出现早期瘢痕组织，并伴一个适度的单核细胞浸润过程。

在罕见病例中，疾病全身性发作，病变也可出现在肝、肺、气管、支气管、口腔黏膜和小肠等部位。

【诊断】　如果存在多处边界清楚的皮肤病变，尤其有狩猎史或暴露农村环境史，推测性诊断可基于临床症状。当皮肤病变对抗生素无效时应怀疑牛痘病毒感染。鉴别诊断包括粟粒性皮炎、猫疱疹病毒或杯状病毒感染、嗜酸性肉芽肿、咬伤、钱癣及其他慢性细菌或真菌感染。

用电镜从未固定的结痂、渗出物或活组织检查材料中，观察到特征性的砖形的正痘病毒粒子，可对大多数病例作出推测性和快速诊断。更准确和敏感的诊断方法是从细胞培养物或鸡胚尿囊绒毛膜上分离病毒。如果分离不到病毒，组织学检查用的固定的活组织检查材料及抗体检测用的血清也可送实验室检测。

【治疗与控制】　在家猫和猎豹，对牛痘进行快速诊断很重要，因为其他皮肤病治疗常用的类固醇治疗是禁忌使用的。虽然疾病在猎豹中表现严重，但家猫感染时辅助性疗法（广谱抗生素、输液疗法）一般有效，死亡率低。

由于家猫感染似乎主要是散发和与感染的野生贮存宿主接触获得，故控制措施无法明确。在野生动物园，大猫科动物存在与小的野生啮齿类接触的风险，尤其是疾病已经发生的地区，免疫接种可能有一定作用。痘苗病毒在家猫致病性低，猎豹可受到感染，迄今，尚无其他正痘病毒疫苗的试验结果。目前，控制大猫科动物暴发该病的主要方法是依靠快速诊断和感染动物的隔离，借此减少病毒在猫科动物之间扩散的可能性。前提是利用次氯酸盐漂白剂或洗涤剂消毒，

室温下痘病毒有较高的抵抗力，在干燥痂皮内可保持数月的感染性。

三、绵羊的溃疡性皮炎

溃疡性皮炎（唇和腿溃疡、龟头包皮炎及外阴炎）是由类似深脓疮病毒引起的一种绵羊的传染病。它表现为2种稍有区别的形式，一种在口鼻或腿周围形成溃疡（唇和腿溃疡）；另一种是通过性传播的包皮和阴茎或外阴溃疡。

【临床表现】　病变无固定部位，其红肿发炎处呈火山口样溃疡且易出血，深度和广度有差异，内含无气味奶油样脓汁，病变初始即覆盖有痂皮。

面部病变出现在上唇唇界间和前鼻孔、下腭及鼻上。严重病例的溃疡可贯穿唇。足部病变发生于蹄冠和腕骨或踝骨间的任何地方。

性病病变部分或完全围绕包皮口，可扩展至包茎。罕见情况下，溃疡可延伸至龟头，导致公羊不适合自然配种。母羊外阴水肿、溃疡及结痂，多不引起严重后果。

没有明显的早期全身反应。虽然一个种群的感染率可高达60%，但通常发病率仅为15%～20%。通常情况下，该病直到病羊出现明显跛行或排尿障碍时才被发现。

【诊断】　诊断全部依据对特征性溃疡病变的识别。该病与传染性脓疮的病变基本相同，后者以增生为特征。对大多数病例，除去痂皮，溃疡性皮炎的病变是火山口状或溃疡性，而传染性脓疮的病变为增生性。这两种疾病病原的相似性尚不明确，接种于曾免疫过传染性脓疮绵羊有助于该病的诊断。鉴别溃疡性包皮炎和外阴炎较为困难，有时几乎不可能加以鉴别。绵羊溃疡性皮炎尚无免疫接种。

【防治】　应对感染动物进行隔离，患生殖病变的羊不能配种。恢复期需要2～8周且与治疗的关系不大。除非羊很快用于配种，否则无需治疗。唇部病变可干扰进食，足部病变使羊跛行并导致体况下降，或继发细菌感染而使病情加重。

治疗包括去除结痂和所有来自于溃疡的坏死组织，应用下面制剂的任何一种进行治疗：硝酸银、特效碘酊、30%硫酸铜溶液、4%甲醛、5%甲酚（羊药浴）或磺胺尿素粉。足和小腿可用硫酸铜或甲醛溶液在洗足盆中治疗。

第六节　真菌性皮肤病

皮肤真菌病

皮肤真菌病（钱癣）是一种角质化组织（皮

肤、毛发和爪子）的感染，它是由统称为皮肤真菌的3个属（表皮癣菌属-*Epidermophyton*、小孢子菌属-*Microsporum*和毛癣菌属-*Trichophyton*）中的某个属引起的（也可见真菌感染）。这些致病性真菌呈世界分布，所有的家畜都易感。在发达国家，家猫和牛的皮肤真菌病可造成巨大的经济损失，严重影响人的健康。有些皮肤真菌存在于土壤中（喜土的），如石膏样小孢子菌（*M. gypseum*）和亲土性毛癣菌（*T. terrestre*），当家畜刨土或拱土时被感染。其他种类的适应宿主是人（嗜人类的），如微小孢子菌（*M. audouinii*）和红色毛癣菌（*T. rubrum*），很少感染其他动物。世界上最重要的动物病原体是犬小孢子菌（*M. canis*）、石膏样小孢子菌（*M. gypseum*）、石膏样毛癣菌（*T. mentagrophytes*）、马毛癣菌（*T. equinum*）、疣状毛癣菌（*T. verrucosum*）和矮小孢子菌（*M. nanum*）。这些种类可人兽共患，特别是家猫的犬小孢子菌感染和牛及羔羊的疣状毛癣菌感染。这些嗜动物种类主要通过接触感染动物和污物如家具、理毛用具或针头而感染。暴露于皮肤的真菌并不总会引起感染。是否感染取决于以下几个因素，包括真菌的种类、宿主的年龄、免疫力、暴露的皮肤表面情况、宿主的理毛行为和营养状况。感染可激发特异性免疫——体液免疫和细胞免疫，可对以后的再次感染或发病起到不完全的短暂的抵抗作用。

大多数情况下，皮肤真菌仅在角化组织中生长，后期感染止于活细胞或炎性组织。感染起始于生长的毛发或角质层内，在此具有传染性的分节孢子或真菌菌丝成分发育为丝状菌丝。菌丝可渗透入毛干并使之衰弱，与滤泡炎症一起引起斑块状脱毛等常见临床症状。当感染成熟时，分节孢子簇在被感染的毛干表面生长发育。被孢子感染的断毛是该病重要的传染源。当诱发炎症和宿主免疫力时，感染的进一步发展被抑制，但该过程可能需要几周。因此，对于大多数健康的成年宿主，皮肤真菌感染是自限性的。在幼龄动物和体况虚弱的动物，如约克夏㹴和长毛家猫，该病在一定程度上呈现持久性和普遍性。

皮肤真菌病的诊断主要依靠真菌培养、伍德灯检查和毛发刮屑的直接显微镜观察。真菌培养是最准确的诊断方法。皮肤真菌测试培养基（DTM）可用于临床病理检查。病变选择应含有长约0.3 cm的毛发。病变部位应用酒精棉轻轻擦拭，然后擦干，以减少腐物寄生性真菌污染。断毛和皮肤刮屑置于生长琼脂上。然后盖上容器防止干燥。除了来自动物血液和纤维的疣状毛癣菌须在37℃培养外，其他真菌均可于室温下培养。马毛癣菌需要烟碱酸，如果进行原代生长的传代培养，某些疣状毛癣菌分离株需要硫胺素或硫胺素和肌醇。

皮肤真菌生长通常需要3～7 d，但是在任何类型的DTM上可能需要3周。当皮肤真菌在DTM上生长时，在首个菌落形成时可导致培养基变红。皮肤真菌由白色到浅黄色、由绒毛状菌丝到颗粒状菌丝。腐物寄生性污染菌落呈白色或者被染色着色，在DTM检测时几乎不会出现最初的颜色变化。确诊和种类鉴定需要利用醋酸纤维带去除克隆表面的菌丝和大型分生孢子，并在乳酚棉兰染色后利用显微镜检查。

伍德灯是一种用于筛选猫和犬的犬小孢子菌感染的工具。被感染的毛发发黄绿色荧光；但是，仅有不到50%的犬小孢子菌感染发荧光，动物感染的其他真菌种类不发荧光。因此，阴性的伍德灯检测没有意义。尤其在皮肤油性皮脂溢出的情况下，可能会出现假阳性。荧光毛发应进行培养以便证实诊断结果。

毛发或皮肤刮屑的直接显微镜检测可有助于临床诊断，主要通过观察样本中特征性菌丝或分节孢子。相对于小动物，该方法在诊断大动物的皮肤真菌病时更有效。毛发（最好是白色的）和病变周围的刮屑，常放在稍加热或在恒温培养箱中过夜的20%的氢氧化钾溶液中检测真菌成分。

用于血清学检测犬皮肤真菌病的ELISA正处在研究中，尚未上市。该方法具有高的敏感性和特异性，其与用DTM培养真菌诊断相似，但阳性结果在皮肤真菌感染清除后仍可检测到。多种皮肤真菌交叉反应尚不能进行种类鉴定，但种类鉴定在鉴定感染源时很重要。

（一）牛

疣状毛癣菌（*Trichophyton verrucosum*）是牛钱癣的常见病原，但也曾分离到石膏样毛癣菌（*T. mentagrophytes*）、马毛癣菌（*T. equinum*）、石膏样小孢子菌（*Microsporum gypseum*）、矮小孢子菌（*M. nanum*）、犬小隐孢子菌（*M. canis*）和其他真菌。皮肤真菌病最常见于犊牛，虽然全身性皮肤病也可发生，但最常见特征性非瘙痒性眼周病变。据报道，母牛和小母牛的胸部和四肢最易发病，而公牛常在肉垂和上颌出现病变。病变为特征性的不连续的鳞屑性斑片状脱落，并伴有灰白色痂皮，但某些病变为带脓的厚痂皮。钱癣作为一种影响牛群健康的疾病，在冬季最常见，相比于瘤牛，处于温带气候和英国的牛更易发病。

已报道，许多局部治疗牛病已获得成功，但由于自发性恢复常见，因此，疗效很难被证实。珍贵的动物仍应治疗，因为这能很好控制已出现病变的发展和疾病的扩散。厚厚的硬皮应该用刷子轻轻地去除，使用过的刷子等材料需烧毁或用次氯酸盐消毒。治疗方案取决于屠宰的动物体内的某些药物的允许用量。以下报道的制剂都有效：4%的石灰硫黄合剂洗刷剂或喷雾剂、0.5%的次氯酸钠（1∶10的日用漂白剂）、0.5%的氯己定、1%的聚维酮碘、游霉素（natamycin）及恩康唑（enilconazole）。单个病变可用咪康唑（miconazole）或克霉唑洗剂（clotrimazole lotions）治疗。

一种弱毒真菌疫苗正在美国周边的一些国家使用。该疫苗已成功用于控制和消灭感染，并降低了新感染种群的数量，免疫力持续时间很长。该疫苗可阻止临床病变的发展，使之不能传染给其他动物或污染周围环境。疫苗接种程序与清洗和消毒计划相结合，有助于消除钱癣的症状，并将其从畜群中根除。疫苗接种已很大程度上减少了农民及其家属、兽医以及屠宰场和制革厂工人的人兽共患病的发病率。但在北美，尚未使用弱毒疫苗。

（二）犬与猫

在犬，约70%的病例是由犬小孢子菌（*Microsporum canis*）引起的，20%由石膏样小孢子菌（*M. gypseum*）引起，10%由石膏样毛癣菌（*Trichophyton mentagrophytes*）引起的。在猫，98%的病例是由犬小孢子菌（*M. canis*）引起的。伍德灯是猫和犬皮肤真菌病初步诊断的有用工具，但不能用于排除感染类型。确诊需借助DTM培养。检测无症状的携带病原动物，应选用新的牙刷刷动物被毛，然后通过压短硬毛至培养基表面及将收集的毛发和鳞屑接种到培养皿上。

猫钱癣的临床症状多样。小猫最易感。典型病变包括局部脱毛、鳞屑和结痂，病变多位于耳和面部周围或四肢。隐性感染猫可作为传染源将该病传染给其他猫或人。少数情况下，猫的皮肤真菌病可引起猫粟粒性皮炎及瘙痒。全身性皮肤真菌病偶尔可发展为皮肤溃疡性结节，称为皮肤真菌肉芽肿或假足分支菌病。

犬的典型病变为脱毛、有断毛的鳞屑斑。患犬也可发展为局部或全身性毛囊炎和带有丘疹和脓疱的疖病。犬皮肤钱癣局部结节的形成是癣脓肿反应。成年犬的全身性钱癣并不常见，常伴有免疫缺陷，尤其是内源性或医源性肾上腺皮质机能亢进。犬典型钱癣病变的鉴别诊断包括蠕形螨病、细菌毛囊炎和脂溢性皮炎。犬和短毛猫的皮肤真菌病可能是自限性的，但治疗会促进消除。治疗的另一个主要目的是减少环境污染和阻止该病传染给其他动物或人。虽然尚无治疗研究表明修剪毛发可以缩短感染持续期，但临床研究支持该推荐疗法，至少对长毛猫和（或）全身性皮肤真菌病猫有效，甚至对最初已经恶化或扩散病变也有一定的疗效。用漂白剂（1∶10稀释）或恩康唑溶液（0.2%）对环境消毒是有用的。

全身治疗可以加快临床治愈率（如果不是真菌病），并可减少环境污染。依据体内外的研究显示，全身应用石灰硫黄剂（1∶16）浸泡、0.2%的恩康唑冲洗、2%的咪康唑及2%的咪康唑/氯己定合剂洗毛水可以抗真菌。上述方法可适用于辅助治疗。目前，在关于犬猫疾病的一项表述中，恩康唑冲洗在美国不允许使用。局部应用恩康唑可能是多涎、自发性肌无力和血清ALT浓度稍微上升的原因。局部病变可用局部咪康唑或克霉唑进行有效地治疗。

对于慢性或严重病例及患钱癣的长毛猫品种和约克夏猫需要进行全身治疗。伊曲康唑（itraconazole）、氟康唑（fluconazole）、特比萘芬（terbinafine）、酮康唑（ketoconazole）和灰黄霉素（griseofulvin）已被证明有效。灰黄霉素的微制剂可用于犬（25～100 mg/kg，每日1次或剂量减半）和猫（25～50 mg/kg，每日1次或剂量减半），配合给予脂肪食物时吸收最好。超微制剂应给予较低剂量（10～15 mg/kg，每日1次）。目前在美国没有用于犬和猫的兽医标签的灰黄霉素。猫可发展为骨髓抑制，尤其是中性粒细胞减少症，高剂量可引起特异性反应。猫免疫缺陷病毒阳性猫更常见。对于犬和猫，胃肠紊乱是给予灰黄霉素后最常见的不良反应。

其他有效的治疗药物包括伊曲康唑（5～10 mg/kg，每日1次，或脉冲疗法5～10 mg/kg，每日1次，连用28 d，然后每周交替——1周治疗，1周不治疗）、酮康唑（5～10 mg/kg，每日1次）、氟康唑（5～10 mg/kg，每日1次）和特比萘芬（30～40 mg/kg，每日1次）。对于2周的每日疗法后进行5.3周治疗的动物，特比萘芬的使用剂量高于治疗该动物毛发的最小抑制浓度。这可能意味着该药有潜力用于2周的日投药后的脉冲治疗药物。在美国，这些药没有被批准用于家畜。另外，酮康唑常是引起猫神经性厌食的原因之一，因此，不能长时间对猫使用。全身性和局部治疗应持续用于皮肤真菌病直到获得阴性刮取培养物。刮取培养物常在至少1月疗程或当临床病变最轻至消除时获取。在慢性病和/或恶劣环境中，治疗终点最适于在每周或2周1次的真菌培养结果连续2～3次出现阴性后。目前，还尚未证实氟芬新（lufenuron）对犬微小孢子菌感染的治疗或预防控制效果。

（三）马

尽管已分离到膏样小孢子菌、犬小孢子菌和疣状毛癣菌，但马毛癣菌（*Trichophyton equinum*）和须毛癣菌（*T. mentagrophytes*）是马皮肤钱癣的主要病因。临床症状包括一个或多个脱毛斑和红斑、脱皮和结痂，症状轻重程度不一。早期病变与荨麻疹性苔藓相似，但在随后几日会伴随结痂和脱毛。通过真菌培养可确诊。鉴别诊断包括嗜皮菌病、落叶型天疱疮和细菌性毛囊炎。传播主要通过直接接触或理毛工具及针头感染。大多数病变可见于马鞍或肚带区域（腹带疖）。

通常进行局部治疗，因为全身性治疗昂贵且还未被证实有效。建议使用上述对牛的全身冲洗措施，单一病变可用克霉唑或咪康唑制剂治疗。理毛工具及针头应消毒，应隔离感染马。

（四）猪、绵羊与山羊

猪的皮肤真菌病常由矮小孢子菌（*Microsporum nanum*）引起。钱癣病变呈炎症环或褐色成褐色，可扩展至直径为6 cm的圆形区域。成年猪无症状，一般猪钱癣造成的经济损失并不大。农村饲养人员的人兽共患感染不常见。

钱癣是羔羊的一种常见疾病，但是该病在绵羊和山羊饲养群中并不常见。感染病原种类包括犬小孢子菌、石膏样小孢子菌及疣状毛癣菌。羔羊病变常见于头，但毛下的广泛病变也可在羔羊剪毛时被发现。患羊清除感染后方才可运输。由于很少有证据表明羔羊的功能性瘤胃能吸收灰黄霉素至有效水平，因此，治疗最好配合次氯酸钠或恩康唑漂洗剂（可用时）。健康的羔羊和其他动物一样，真菌感染后均具有自限性，即该病的治愈不能以治疗时间和炎症环的消退为依据。

（赵光辉 译 孙世琪 一校 梁智选 二校 金天明 三校）

第七节 寄生虫性皮肤病

一、牛皮蝇蛆病

北半球的牛皮蝇蛆病是由皮蝇属（双翅目，狂蝇科）的幼虫所引起。在北极区域，塔氏皮蝇蛆（*Hypoderma tarandi*）寄生于野生的鹿科动物。在中、南美洲，人皮蝇（*Dermatobia hominis*，双翅目，黄蝇科）的幼虫是牛的主要害虫。

（一）皮蝇

牛皮蝇和纹皮蝇是牛的两种主要害虫。这两种害虫存在于北纬25°～60°区域，包括北美、欧洲、非洲和亚洲的50多个国家。在北美地区的美国、加拿大和墨西哥北部，纹皮蝇蛆最常见。牛皮蝇一般存在于北纬35°，常见于牛和北美野牛。也曾有报道皮蝇蛆见于马、绵羊、山羊和人。这两种皮蝇在北美地区的流行已大幅度下降。

【生活史】成蝇长约15 mm，多毛，形似蜜蜂。在春末夏初，成蝇将卵产于牛的被毛上，尤其是腿部和躯体下半部分。卵经3～7 d孵化，第一期幼虫从毛根处穿透皮肤。通常，一期幼虫通过肌肉之间的筋膜，沿结缔组织，或沿神经途径移行。幼虫分泌的蛋白水解酶有助其移行。在秋季和冬季，不同种的皮蝇幼虫移行至不同部位。纹皮蝇幼虫移行至食管壁，在此停留2～4个月。牛皮蝇幼虫移行到椎管区域，同一时间段亦可发现于硬脑膜和骨膜之间的硬膜外脂肪中。在初冬，幼虫到达宿主背部的皮下组织并且使皮肤形成小孔以便其呼吸。瘤状隆起或肿块包围的幼虫，经历2次蜕皮发育为三期幼虫。4～8周后，三期幼虫穿过呼吸孔掉落到地面上，化蛹。根据天气情况经1～3个月羽化为成蝇。成年皮蝇不进食，可生存不到1周。整个生活史历时1年。

两种皮蝇生活史基本相似，但纹皮蝇比牛皮蝇发育早6～8周。发育年复一年周而复始，但具体时间与当地的气候条件相关。美国南部大约在9月中旬牛背部首次出现幼虫，而美国北部幼虫出现时间约在1月下旬。在得克萨斯州，三期幼虫从背部逸出的时间大约在11月下旬，而在蒙大拿州出现的时间为3月上旬。两种幼虫都出现的时间为5～6个月，而一种幼虫出现的时间为3～4个月。雌蝇产卵的高峰期在美国南部出现于1～3月，而在北部出现于5～7月。

【临床表现与发病机制】当天气温暖时，被成蝇叮咬的牛群会竖起尾巴奔跑，这种情况常见于牛皮蝇。位于脊髓管内和硬脑膜外脂肪中的牛皮蝇幼虫及其分泌物可溶解结缔组织，导致脂肪坏死和炎症。炎症有时可侵入骨膜和骨髓，产生局部的骨膜炎和骨髓炎。有时也会引起神经外膜和神经束膜的炎症。在极少数严重病例，可出现麻痹和其他神经系统紊乱症状。与牛皮蝇幼虫相似，存在于食管黏膜层下的纹皮蝇幼虫可引起局部炎症和水肿，影响牛的吞咽和嗳气。然而，临床特征最明显的是移行阶段。

新孵化的幼虫钻入皮肤时可引起局部皮疹，尤其在先前感染过的老龄牛。侵入部位会出现疼痛和炎症

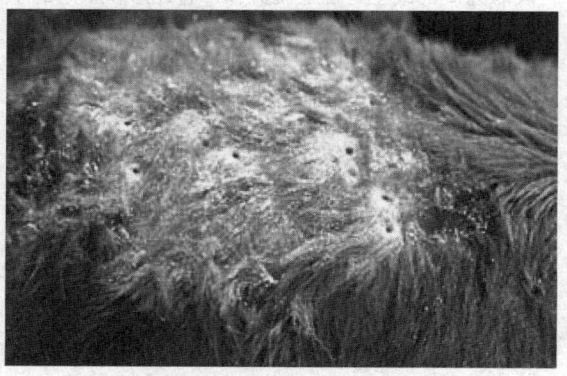

图7-6 牛感染牛皮蝇病变皮肤的瘤状隆起
（由Jack Lloyd 博士提供）

可能伴随有黄色渗出物。牛皮蝇幼虫可能出现的部位包括从尾基部至肩部，从背线部分至腹下的1/3处。通常瘤状隆起是坚硬的，且明显凸出皮肤表面。在每个瘤肿中，都有一个呼吸孔，随着幼虫的长大，其呼吸孔大小从针尖大到直径3~4 mm。瘤肿又会发展为脓肿。三期幼虫排出后，其造成的损伤可以恢复，一般无其他并发症。被感染动物的皮张受损，导致经济损失。

被皮蝇蛆侵入的牛体身上有1~300个牛皮蝇幼虫，通常数量会小于100个。牛群中会有个别牛不受侵染，青年牛的感染强度通常较高。

移行过程中食管或临近脊髓管中的幼虫死亡会引起宿主严重的反应，有时会引起患病动物死亡。这些反应与幼虫寄生的数量有关，但这种情况比较少见。

用杀虫剂杀死脊髓管中牛皮蝇一期幼虫，病牛可出现肌肉僵硬、无力，或共济失调，下肢麻痹。预后恢复通常较快，但偶尔会见麻痹无法消除。

在食管黏膜下层结缔组织中死亡的纹皮蝇一期幼虫可导致食管壁的炎症，吞咽困难，流口水。虽然症状消失并恢复较快（治疗后的48~72 h），但严重的病例食管肿胀可引起死亡。食管肿胀时，使用胃管可导致食管破裂。

【诊断】 三期幼虫容易识别。牛皮蝇三期幼虫较大，第10体节无刺（气门板呈漏斗状）。纹皮蝇三期幼虫较小，第10体节有刺，气门板呈典型的圆形。在肿胀和麻痹的病例中，可以通过观察崩解的三期幼虫及其引起的出血和组织损伤来鉴别动物是否被感染。

【治疗与控制】 可用不同的杀虫剂及其组方进行治疗。将大环内酯类药物［多拉菌素、埃普菌素（亦有译为伊普菌素、乙酰氨基阿维菌素，译者注）、伊维菌素、莫西菌素］均匀地泼淋在背中线上。当背部皮肤或被毛湿润，或者下雨的时候不要用药。用药部位须无损伤，无泥、粪等污物。应激（去势、受热、接种疫苗、乘船等）的牛不宜用药物治疗。

在美国，大多数注册过的有机磷酸酯类的杀虫剂禁止用于治疗牛皮蝇蛆病。浸渍法和喷雾法都被泼淋法或注射法取代。

皮下注射多拉菌素或伊维菌素治疗牛皮蝇蛆病的效果好。伊维菌素也可口服。许多国家已批准用泼淋法和注射法治疗牛皮蝇蛆病。

伊维菌素和莫西菌素通过泼淋法可用于治疗肉牛和奶牛皮蝇蛆病，其他药物禁止用于产奶期奶牛的治疗，因为药物残留在体内时间较长。

在牛皮蝇蛆病高发地区，尤其对于犊牛，应该在牛皮蝇飞翔季节结束之后尽快进行治疗，不应晚于预期蝇蛆到达背部之前（8~12周），因为杀灭移行中的幼虫会产生诸多不良反应。对于不能用全身性杀虫剂治疗的犊牛，可以通过在背部使用杀虫畏（tetrachlorvinphos）粉末。粉末应该应用在动物背部，使药物穿过蛆孔。因为新生蛆会不断在背部出现，所以需要30~45 d重复治疗。对于小群的驯化良好的动物，借助器械手工除蛆也是非常有效的。当操作不小心时，蝇蛆可能破裂在瘤肿内，导致过敏反应的发生。

（二）人皮蝇

1. 概述 人皮蝇是一种热带皮蝇，其幼虫是拉丁美洲一种重要的牛寄生虫，分布于墨西哥南部和阿根廷北部之间。幼虫可寄生在多种宿主，如牛、绵羊、山羊、猪、水牛、犬、猫、兔和人等。牛和犬最常被感染。已确认，人皮蝇是造成牛最初损伤，然后发展成为增生性纤维肉芽肿性脂膜炎（lechiguana）的元凶。

【生活史】 成蝇12~15 mm，其生命期短（1~9 d）。成蝇把卵固定在不同的昆虫身上，在被转移到其他温血动物宿主之前，依靠昆虫营养孵化。在拉丁美洲，已知49种昆虫可作为其传播媒介，大多数为蚊子或苍蝇。幼虫在数分钟之内刺穿动物皮肤停留在皮下组织内进行发育，经4~18周，幼虫逐渐长大，形成呼吸孔与外界相通。三期幼虫离开宿主掉落到地面，钻入土中化蛹，经过4~11周羽化为成蝇。整个生活史11~17周。幼虫穿透皮肤时会伴随疼痛和炎症，皮下有脓汁。受侵害牛的奶和肉产量下降。

【治疗与控制】 多种杀虫剂可用于治疗。有机磷酸酯类和大环内酯类等药物对这种蝇幼虫敏感，可以用于治疗。

2. 牛皮蝇病（Lechiguana） 这是一种散发的、病程长的牛病，常见于巴西南部和东南部地区被人皮蝇幼虫感染的牛。它的特点是皮下出现大而硬的肿胀，而且发展迅速。主要出现在肩胛部及其链接区域（胸部、颈部、肩部和肋骨部），感染的牛通常会出现一个肿块，偶尔也会有两个肿块，淋巴结肿大，不治疗会变得更大。

由人皮蝇幼虫引起的损伤造成溶血性肉芽肿（mannheimia granulomatis）。溶血性肉芽肿通常是由于组织损伤所引起，是造成组织发生变化的原因。肌成纤维细胞样细胞表达Ⅰ型胶原蛋白mRNA导致胶原蛋白量增高。溶血性肉芽肿激活巨噬细胞并导致成纤维细胞增生。溶血性肉芽肿的位置和来源未知。无增生性纤维肉芽肿性脂膜炎，就不会出现溶血性肉芽肿。组织病变包括纤维组织增生，伴随浆细胞、嗜酸性粒细胞、淋巴细胞和中性粒细胞浸润。最初的病理变化是嗜酸性粒细胞性淋巴管炎，导致嗜酸性粒细胞性脓肿，偶尔形成玫瑰花环，其中间有细菌。在皮下2个月内可形成40 cm×50 cm的肿块。如果不治疗，3～11个月就会死亡。这种疾病的症状明显，通过发现溶血性肉芽肿和观察组织学病变特征即可确诊。用达氟沙星（1.25 mg/kg，每日1次，连用3 d）治疗，可以快速消退肿胀，30 d内可以恢复。使用其他抗菌药物之前应进行药敏试验。

二、小动物黄蝇感染

犬、猫和雪貂可由啮齿类和兔类黄蝇幼虫感染，这是一种机会性寄生虫。按黄蝇正常生活史，幼虫的寄生具有宿主特异性及寄生部位特异性。而兔黄蝇幼虫宿主特异性不强，通常感染犬和猫。犬和猫也可能感染皮蝇和人皮蝇的幼虫，不过概率较小。户外生活的雪豹可能感染皮蝇和黄蝇的幼虫。

【病原】 黄蝇（Cuterebra）成蝇较大，似蜜蜂，不采食不叮咬。雌蝇将卵产在宿主的巢穴周围，或宿主出没处的石头或植物上。雌蝇在每个位置上一次可产5～15个卵，一生可产2 000多个卵。动物经过污染的环境就会受到感染。卵借助周围的动物热量进行孵化。幼虫在宿主理毛时从其嘴或鼻孔穿过皮肤，较少通过伤口侵入皮肤，之后各种蝇幼虫移行到其特异性的皮下区域，逐渐长大，通过呼吸孔换气。30 d后，幼虫离开皮肤，落到土壤中，化蛹。化蛹阶段持续时间因环境因素和冬季延迟而定。

【临床表现与诊断】 黄蝇幼虫感染常见于夏秋季，这时候幼虫变大，产生直径约1 cm的瘘管肿胀。犬、猫和雪貂都不是这类幼虫的常见宿主。幼虫偶尔可移行至头部、脑内、眼睑、咽部等处。在头颈部和躯干部的皮肤上常见到损伤。宿主被毛无光泽，损伤的皮肤下常见肿胀。猫抓挠损伤部位可导致继发感染，局部化脓，排出脓汁。

野猫比家猫更容易造成皮肤损伤。临床症状通常与CNS相关，经常发生在7月份和9月份。猫可能会出现精神沉郁、昏睡、癫痫、上呼吸道感染、异常体温（过高或过低）。常见的神经症状包括失明、精神异常、单侧脑室疾病。猫特发的前庭症状可能是由于寄生虫异常移行所致。发现幼虫可确诊，可以用CT扫描鉴定猫体内的幼虫，二期幼虫5～10 mm长，颜色从灰色到奶油色不等；三期幼虫黑色，较粗大，身上有刺，是临床上常见的类型。

【治疗】 对可疑的损伤需用医用钳小心地探测呼吸孔或瘘管，不能挤压损伤处，以免造成幼虫破裂引起长期的慢性异物反应和继发感染。关于幼虫破裂引起过敏反应的报道较多。因此，要尽可能一次性清除幼虫，遗漏部分幼虫可在感染部位导致反复的肿胀。

这个区域应该彻底用生理盐水冲洗，必要的情况下要清创，让肉芽组织生长。康复过程较慢，已确认，伊维菌素可以用于治疗猫有CNS的皮蝇蛆病。使用苯海拉明（4 mg/kg，肌内注射）1～2 h后，再使用伊维菌素（400 μg/kg，皮下注射）和地塞米松（0.1 mg/kg，静脉注射）。但伊维菌素没被批准用于猫。

三、跳蚤与跳蚤过敏性皮炎

（一）概述

全世界有2 200多种跳蚤，在北美，仅有数种跳蚤可以感染犬和猫，如猫栉首蚤（Ctenocephalides felis）、犬栉首蚤（C. canis）、拟黄蚤（Pulex simulans）（一种小型哺乳动物跳蚤）及禽角头蚤（Echidnophaga gallinacea，家禽鬼针草跳蚤）。然而，截至目前，感染猫犬最多的是猫栉首蚤。猫蚤对动物和人产生强烈的刺激，可引起跳蚤过敏性皮肤炎。它们也是立克次体和巴尔通体的传播媒介，也是某些丝虫和绦虫的中间宿主。在全球范围内，猫的跳蚤大约寄生于50多种不同的哺乳动物和鸟类。在北美，最常见的宿主是家养或野生的犬科动物、家畜和野生的猫科动物、浣熊、负鼠、雪貂和家兔。

【传播、流行病学与发病机制】 猫蚤将卵产在宿主的毛皮上，卵呈珍珠白色，尾部略圆的椭圆形，长约0.5 mm。很容易掉落在床上、地毯上或土壤中，在1～6 d孵化。新孵化的幼蚤长1～5 mm，纤细，白色，体分节。幼蚤自立生活，以环境中的有机物和成蚤粪便碎屑为食而发育。幼蚤惧阳光直射，在地毯纤维深部或有机物碎屑（草、树枝、树叶或土壤）中较为活跃。

幼蚤对干燥环境敏感，长期暴露在相对湿度不到50%的环境中对其是致命的。家庭中能够提供必要湿度的环境有限，户外这样的环境更稀缺。蚤只能在阴凉和潮湿（土壤含水量为1%～20%）的地方发育，并且是宿主经常活动的地区，成蚤粪便才能落在幼蚤的周围为其提供食物。在室内环境中，幼蚤生存在有保护的微环境中，比如地毯纤维的深部、潮湿环境下的地板缝中等。幼蚤阶段一般持续5～11 d，因食物和气候环境条件可能延长至2～3周。

幼蚤完全发育成熟后结茧变蛹。茧为卵圆形，长约0.5 cm，色白似松散的绢丝织物。跳蚤茧可以在土壤中、植被、地毯、家具底下、畜垫被发现。当蛹完成发育时（1～2周），受到外界适宜的刺激（物理压力、二氧化碳、热量等），成蚤破茧而出。在茧内未出来的成蚤可视为延长生命的阶段，如果没有适宜的外部刺激，成蚤会待在茧中几周直到遇见合适的宿主。如果无干燥的威胁，茧内的成蚤可存活350 d。

新逸出的蚤很少移动，在地毯上或者植被表面等待宿主路过，在理想的环境下（27℃、90%的湿度），猫蚤未食血前可存活12 d，而湿度低于50%，只能存活3 d。正是这些新孵出未进食的跳蚤攻击宠物或叮咬人。猫蚤偏爱寄生于犬、猫及负鼠，而且很少在宿主间迁移，除非遭到梳洗或杀虫药，一般是不离开宿主的。

根据温度和湿度条件，整个生活史可以短到12~14 d，也可以长到350 d。一般的室内环境下，生活史为3~8周。

成蚤一旦找到宿主就开始吸食宿主营养。雌蚤每日可吸13.6 μL的血液，是其体重的15倍。这些血液经过数分钟便可干燥混入到黑红色或长管状的粪便中。跳蚤进食之后进行交配，雌蚤一般在第1次吸血之后的24~48 h后开始产卵。在产卵高峰期，雌蚤每日最多可以产40~50个卵，平均每日产27个卵，持续50 d。个别雌蚤产卵时间可达100 d以上。

猫蚤对低温敏感，无论哪个发育期低于3℃的条件下都难以长久存活。因此在冬天，猫蚤在没有治疗的动物身上存活。当春天到来时，动物穿过院子或者窝的时候，雌蚤产的卵会掉落，继而发育成为成蚤。猫蚤也可以在能够抵御寒冷的微环境中以茧的形式存活。

感染严重时，跳蚤可能造成宿主缺铁性贫血，尤其在幼龄动物。蚤属的蚤引起禽、犬、猫、山羊、绵羊及牛等宿主贫血的情况均有报道。

猫蚤亦能传播疾病。斑疹伤寒立克次体和猫立克次体引起的鼠型斑疹伤寒，一种人的由轻微到严重的发热性疾病，以头疼、畏寒、皮疹为特征，偶发肾脏和CNS等症状。这种疾病在东南、西南以及墨西哥湾地区发生在人和小型的哺乳动物中。在美国，这种疾病主要是由负鼠和蚤传播。猫蚤同时也是犬皮下寄生的隐存双瓣丝虫（Dipetalonema reconditum）和犬复孔绦虫的主要中间宿主。犬复孔绦虫是犬、猫常见的肠道绦虫，绦虫的虫卵被蚤幼虫吞食后，在其体内发育为似囊尾蚴。当猫、犬摄入感染的跳蚤后，似囊尾蚴逸出，在猫、犬小肠内逐渐发育为成虫。犬复孔绦虫偶尔可以感染儿童。

（二）蚤过敏性皮炎

在美国，蚤过敏性皮炎（Flea allergy dermatitis，FAD）或蚤叮咬过敏症是家养犬类一种常见的皮肤病。猫同样感染FAD，FAD是造成猫粟状皮炎的主要因素之一。FAD在夏季最流行，然而温暖的气候可以使蚤全年侵袭。在北温带区域，密切接触宠物与人类的居住环境的跳蚤造成全年感染的隐患。极端温度和低湿度可以抑制跳蚤的发育。

当蚤采食时，随蚤的唾液可将含有多种组胺类化合物、酶类、多肽类、40~60 kD的氨基酸类注入宿主体内，引起Ⅰ型、Ⅳ型和碱性粒细胞性过敏反应。被蚤间歇叮咬的幼犬会出现一过性（15 min）或持续性（24~48 h）的反应，血液中可检测到抗蚤的IgE和IgG抗体。如果持续被跳蚤叮咬，抗体的水平较低不产生皮肤反应，或者这段时间后产生较低的皮肤反应。因此，被蚤持续叮咬的犬有可能产生免疫耐受。尽管猫的FAD致病机制尚不明确，但是两者相似。

【临床表现】　FAD引起的临床症状不同，取决于和蚤接触的频率、病程、皮肤继发感染或并发症、过敏症的严重程度、先前或目前的治疗方法等。非过敏反应的动物症状不明显，由于蚤的叮咬会造成偶尔的抓伤。过敏动物会患有典型的以皮肤瘙痒为主要特征的皮炎。

因犬FAD引起的瘙痒可导致严重的皮炎，有时会波及全身。典型的症状为皮肤上出现丘疹样的病灶，

图7-7　猫蚤
（由梅里亚动物保健有限公司提供）

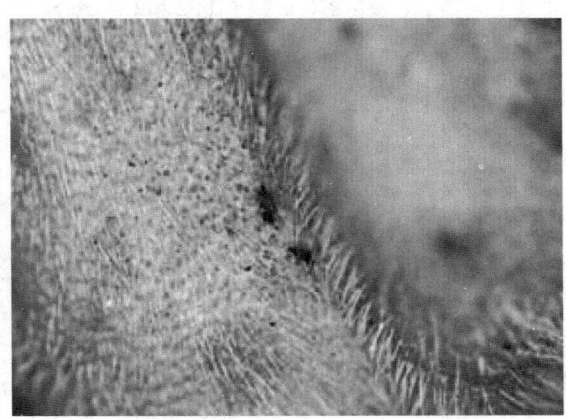

图7-8　一条犬发生蚤过敏性皮炎，表现脱落与红斑
（由梅里亚动物保健有限公司提供）

主要分布于背部、尾部、臀部、大腿内侧。犬的腹侧、近尾部、大腿中部、下腹部、背部、颈部和耳部尤其严重。患犬焦躁不安，长时间抓、挠、舔，甚至啃咬皮肤。毛由于经常被舔舐而染成棕色，发生脱落。普遍的继发症状包括脱毛、红斑、丘疹状皮肤及皮肤鳞化，脱落后形成红黑色的痂皮。最早出现症状并且最明显的区域是臀部和尾部。对于慢性FAD，发病区域脱毛、皮肤苔藓状及丘疹状，并且患犬会继发细菌和真菌感染。

在极端敏感的患犬，过度的头部脱毛、红斑和自残比较明显，由于外伤可引起渗出性皮炎症。慢性疾病时，犬的皮肤大面积脱毛、严重的皮脂溢出、过度角质化及严重的色素沉着。

由于猫的敏感性不同，临床症状相差很大。最初的症状是丘疹，往往会结痂皮。粟粒疹状皮炎常见于背部、颈部及面部。这种症状并非源于跳蚤的啃咬，而是全身性过敏反应所引起。过敏反应会导致广泛的皮炎、皮肤湿疹。皮炎可能会很严重，患猫会反复挠、抓、啃咬发病区域。FAD患猫会出现头部脱毛、面部皮炎、脱落性皮炎及背部皮炎等。

【诊断】 FAD的诊断涉及许多方面，包括病史、临床症状、有无蚤或者其排泄物，并注意与其他皮肤病区别。

多数病例发生在夏末，这与跳蚤数量的高峰期时间一致。通常应考虑病史。发病年龄同样重要，1岁之内的幼龄动物一般不发生FAD。一般在宠物身体上发现蚤，即可作出诊断。如果蚤或其粪便在脱毛区域出现，亦可确诊。跳蚤的粪便为红黑色、圆筒状、弹珠状或逗号状。将粪便放入水中或用湿毛巾碾碎，粪便溶解呈现红棕色。

极度过敏的动物有可能无蚤感染，只是出现过度的自我梳毛。在以上病例中，很难发现跳蚤，因此很难使主人信服。使用密齿的梳子（32齿/2.54 cm），有助于发现跳蚤及其粪便。检查宠物窝中有无蚤卵、幼蚤和蚤粪也很重要。

皮内试验可以作为FAD的辅助诊断。皮试阳性反应出现的疹块会比阴性反应大3～5 mm。阳性反应判定应在15～20 min完成。如果在24 h后出现反应被判为阴性。迟发的反应可能不呈现独立的疹块，而是弥散性的红斑。阳性反应也不能确诊临床表现就是FAD，只是说明该动物对跳蚤抗原敏感，也可能是以前感染过。采用皮内试验诊断猫感染FAD更是不准确。

蚤特异性唾液抗原可使动物产生IgE，检测血清中IgE也可以作为FAD的辅助诊断。诊断FAD的过程中，必须注意同其他皮肤疾病的区别。即使有与蚤的

接触史或者皮内试验阳性，也不能排除其他皮肤病引起的临床症状。对犬而言，鉴别时应注意区别如下疾病：特异性皮炎、食物过敏性皮炎、蠕形螨或疥螨导致的皮肤病，其他皮肤寄生虫和细菌引起的毛囊炎。猫在以下情况也可以导致粟粒疹状的皮炎：外寄生虫病、皮肤真菌病、药物过敏、食物过敏、特异性皮炎、细菌引起的毛囊炎和先天性的粟粒状皮肤炎。

【治疗与控制】 见小动物杀虫剂部分。

跳蚤的控制措施在近年来发生了很大的变化。新杀虫剂和IGR（昆虫生长抑制剂）的研发，延长了药物存留的时间，减少了宠物主人的抱怨和疾病的复发。跳蚤防控的目的是清除宠物身体上的跳蚤、清除环境中的跳蚤及预防再次感染。第一步是消除宠物身上的跳蚤。清除犬和猫的跳蚤可以减轻宠物的不适感。评价清除跳蚤的指标常采用跳蚤的清除速率。但是，要注意区分已存在的蚤清除速率和使用药物后新感染蚤的清除速率。对犬或猫采用药物的总量使用浓度时，需要12～36 h药物方能到达全身，清除所有跳蚤。当需要快速清除跳蚤时，可以使用烯啶虫胺（nitenpyram）、多杀菌素（spinosad）等跳蚤喷雾剂或口服药物。

目前市场上有几种杀虫剂可以有效清除犬和猫的跳蚤感染，包括呋虫胺（dinotefuran）、氟虫腈（fipronil）、吡虫啉（imidacloprid）、氰氟虫腙（metaflumizone）、烯啶虫胺（nitenpyram）、色拉菌素（selamectin）、多杀菌素和吡丙醚等。口服烯啶虫胺或多杀菌素可以在3～4 h清除跳蚤，而局部中含有氟虫腈、吡虫啉或色拉菌素的浇泼剂需要12～42 h。

第二步是清除宠物周围环境中存在的跳蚤。可以采用以下方法解决：①局部使用杀虫剂杀死新生的跳蚤，可在24 h之内达到效果，防止跳蚤繁殖；②局部应用IGR以阻止跳蚤繁殖；③提前单独反复使用杀虫剂或者IGR；④以上措施，可以联合采用。

局部或全身使用杀虫剂，或局部施用、注射、口服IGR，已经成为清除跳蚤感染的首选方法。持续反复用几种杀虫剂和IGR可以有效清除寄生在宠物身上的跳蚤。试验表明，氟虫腈［不论是否包括烯虫酯（S）-methoprene］，都可以达到治疗效果。每月局部或全身用药，可直接杀死或抑制繁殖而达到清除跳蚤的效果。但是，即使局部或全身使用的杀虫剂全部有效，防控持续性感染还需要2～3个月，因为在环境中会存在不同发育阶段的跳蚤。

如果用药剂量准确，反复治疗间隔时间合理有足够药力杀死未达到产卵能力的新生跳蚤。但是以下原因可能使跳蚤于再次用药前仍旧存活并繁殖：①在标记药物有效期间内出现药物活性小于100%的情况；

②药物杀跳蚤的效果在第3～4周降低；③用药延迟或未连续使用；④药物剂量过低；⑤使用水溶性药物后洗澡或游泳。以上问题导致药效延迟或者完全失败。

当前所应用的药物对所有的猫跳蚤达不到100%有效，因为重新用药期间跳蚤群体有可能产生基因变异。存活下来的跳蚤仍可以产生虫卵。必须阻止跳蚤持续性的繁殖，以阻断跳蚤的持续感染和具有抗药性跳蚤的出现。局部和全身使用IGR，可以阻断跳蚤的繁殖，因为它可以延长药效，杀死虫卵。在猫和犬毛上使用烯虫酯（methoprene）或蚊蝇醚（pyriproxyfen），可以快速杀死正在发育的虫卵。氟虫腈/（S）-烯虫酯合剂［fipronil/（S）-methoprene］或结合其他杀虫灭卵药被证实可以杀死成蚤，并长时间有效。不仅局部使用IGR有灭卵作用，口服、注射虱螨脲（仅对猫）也可以达到杀虫卵的效果。除了IGR，色拉菌素也具有杀灭猫跳蚤卵的功效。

许多宠物主人误以为，灭跳蚤药物在数分钟甚至数秒就可以杀死新生跳蚤或完全驱除跳蚤。其实即使无抗药性存在，药物也不会在几分钟内杀死多数的跳蚤。跳蚤可存活6～24 h，并在被杀死之前吸血。因此，在感染环境下，应对正在治疗的宠物细致检查至少8周之后，方可清除跳蚤，有时需要更长的时间。

对宠物的主人来说，另一个复杂的情况是庭院常被野生动物、野猫和野犬、其他已感染的宠物污染。宠物主人会治疗自己的宠物，但没意识到这些宠物经常活动的环境会受到野生动物或野猫身上跳蚤的威胁。即使宠物外出片刻，因为它们易感也可能会受到感染，何况，人也可以将跳蚤携带到家里感染未受保护的宠物。

对于广泛的跳蚤侵袭、严重的宠物或人类过敏情况，必须提前使用成虫杀虫药和IGR。防控时联合使用IGR和长效杀虫药（如果是短效的药物需反复使用），才可以阻断虫卵和幼虫的发育。烯虫酯和蚊蝇醚是配合IGR提前使用的药物。杀虫剂和IGR可以喷洒使用，也可以采用喷雾方式。在使用时，地毯的表面必须全面喷雾，不留死角。尤其注意那些跳蚤虫卵和幼虫聚集的地方，比如地毯，木质地板的裂缝、凹槽处，床柜的背面，家具（床、桌子、沙发）的下面，壁橱的内部。跳蚤严重污染区，因为藏匿在地毯深处的成蚤会再次暴发，7～10 d后要进行二次施药。

控制跳蚤的另一个重要措施是清除庭院中的跳蚤。户外用药［例如氟氯氰菊酯（cyfluthrin），氰戊菊酯（fenvalerate）］应集中于跳蚤发育初期集聚的地方，如犬窝、车库内，门廊下，草坪、走廊、宠物经常休息的灌木丛和阴凉处。对于没有阴暗区域的草坪，喷洒杀虫药是无意义的。

宠物主人也应该注重机械性清除跳蚤。清洗宠物的垫子、丢弃污染的地毯和宠物旅行包；宠物睡觉和嬉戏区应该彻底吸尘以除去虫卵和幼虫。沙发和椅子上的坐垫、靠枕，必须及时清洗，并且要着重关注沙发、椅子的缝隙、沙发和床底下，这些地方经常由于宠物的排泄物或脱落的蚤卵而聚集发育。

尽管主人付出极大努力，但是完全清除跳蚤并非易事，也不能及时改善FAD的临床症状。对于过敏动物，必须采用辅助疗法，来控制瘙痒和继发性皮肤感染。控制炎症和相关皮炎的发生可全身涂抹糖皮质激素。最初可以使用短效强的松（prednisone）或强的松龙（prednisolone），0.5～1.0 mg/kg，每日1次，逐渐减少使用剂量，并隔日治疗。最后使用最小的剂量来控制皮炎的发生。只要跳蚤的清除成功完成，可以停用糖皮质激素。不能采用消炎性治疗来替代跳蚤的清除。

皮肤的继发性细菌感染与FAD有关，全身性的抗生素药物可以控制脓皮病，并减少相关炎症和皮炎的发生。必须依据细菌培养和抗生素敏感试验选择合适的抗生素。

消除过敏反应包括对敏感动物注射过敏原，使动物对跳蚤的叮咬获得一定的保护力。目前市场上跳蚤提取物的效果有待验证。

四、蝇

蝇属于昆虫中一个大而复杂的双翅目。此目大多数成虫有两个翅膀（一对）。但也存在一小部分无翅的双翅昆虫。双翅昆虫的大小，摄食偏好及寄生动物的发育阶段或病原作用是多种多样的。就成虫而言，双翅目昆虫间歇性吸食脊椎动物的血液、唾液、眼泪和黏液。已确认，这些双翅目昆虫是周期性寄生虫，并且是一些蠕虫或原虫的中间宿主。它们也是细菌、病毒、螺旋体及衣原体等的传播媒介。而幼虫则在脊椎动物皮肤的皮下组织中、呼吸道或胃肠道发育，产生蝇蛆病。

（一）咀嚼式口器的双翅目昆虫

吸血双翅目昆虫可以依据雌雄虫吸食脊椎动物血液和吸食花蜜分类。在一些双翅目昆虫种中，由于要产卵，只有雌虫吸血，如蚋、沙蝇、蠓、蚊子、马蝇及鹿蝇；而在另外一些吸血双翅昆虫中，雌雄虫都吸血，如厩螫蝇、角蝇、水牛虻、采采蝇、羊蜱蝇及虱蝇。

1. 蚋 蚋俗称黑蝇（虽然它们的色彩有很多，从黑色到灰色到黄色再到橄榄色）或水牛蚋（因为它们的中胸隆起，恰似水牛的背部）。蚋是最小的吸血双翅昆虫，长1～6 mm。翅宽阔透明，前缘翅脉较粗大。蚋的复眼明显，雌蚋左右复眼分开的，雄虫两眼相连在触须上方。触须分5节。雌蚋口器为剪刀状，边缘呈锯齿样。雌虫需要吸血后才能产卵。雄虫则吸食花朵上的花蜜。

尽管有超过1 000种蚋，但只有少数引起严重危害。蚋寄生于各种家畜、野生动物、禽类和人。

蚋分布于世界各地适合发育的地方。幼蚋偏爱流速快、通气良好的水源，浅山溪沟是最佳的繁殖地。有些种类繁殖在大的河流中，其他一些生活在临时或非永久性的溪流中。蚋在北温带和亚北极地十分常见，但是很多种也在热带和亚热带地区发现，这些地方其他因素比季节温度更影响它们的发育和数量模式。

蚋幼虫呈圆筒状，有一个能固着到物体的较大的吸盘，前端是口器和一对刷状器官（头扇）。幼虫噬动物性，在口器下面是一个臂状的附肢称为腹足。在溪流中，幼虫附着在岩石或其他固体物上，有时附着在水生植物上。成熟的幼虫在溪流的底层旋转形成一个三角形的茧。椭圆形的蛹背部和腹部各有一个呼吸管，其分支浮于茧的表面。

受种类和气候的影响，蚋平均每年产1～6代。雌性成蚋的进食行为可以从2～3周持续到3个月。成蚋能够在湍急的溪流中游行12～18 km；顺风迁移的种群可飘行达250 km以上。

【病理学】 由于虫体具有微小的锯齿状口器，因此雌虫叮咬可造成疼痛。牛的耳部、颈部、头部及腹部是蚋最喜欢叮咬的部位。除了在叮咬部位的局部反应（发红、发痒及疹块）外，通常引起动物的过敏，过敏程度和叮咬次数相关。家畜被大量的蚋叮咬时可造成严重的损伤，引起较高的死亡率。人被叮咬时的情况与动物类似。

蚋损害导致的死亡主要源于唾液中的一种毒素，它可增加毛细血管的渗透性，并使血液循环时液体渗透到体腔和组织间。大量损害时，动物很快失去抵抗力，但是在以后的感染和损伤时，机体可获得保护能力而快速复原。较小的侵袭可导致奶、肉和蛋的产量下降。有时一些种类的蚋可通过直接侵袭或传播住白细胞原虫导致家禽减产。在非洲，恶蚋（*Simulium damnosum*）和洁蚋（*S. neavei*）是盘尾丝虫（*Onchocerca* spp.）重要的传播媒介，洁蚋还是旋盘尾线虫（*O. volvulus*）的重要媒介。在美国中部，淡黄蚋（*S. ochraceum*）、金蚋（*S. metallicum*）、鸡狡蚋（*S. callidum*）和蟹蚋（*S. exiguum*）是盘尾线虫重要的传播媒介。淡黄蚋和金蚋也是一类凶猛的可叮咬人和动物的昆虫。

【诊断】 蚋通常聚集于田野中，在动物上少见。

成蚋可通过大小、背板、突出的前翅脉和锯齿状口器来鉴定。要将蚋鉴定到属或种还需求助于昆虫学家。

【防控】 在公共基金和专业监控人员比较充足的条件下，可在昆虫繁殖的流域喷洒有批号的杀幼虫剂达到大规模控制蚋的繁殖。但是，控制蚋的难点在于虫体在流水的繁殖区域很多。溪流可使用苏云金芽孢杆菌（*Bacillus thuringiensis var israeliensis*）产生的一种对哺乳动物无毒的天然产物进行处理。

对溪流的处理技术与蚊子消减计划相似。通常来说，由于杀虫剂对环境存在潜在的影响，因此不推荐使用。杀虫剂的使用影响水体表面和大片土地区域，因此要符合当地政府法规，尽可能消除对环境的影响和在食物中的残留。

成蚋小到足以通过窗纱进入室内或在宠物被毛上。大多数情况，雌虫更喜欢白天在室外采食。鉴于此，最好禁止宠物在流速较缓的溪水中活动。宠物主人可以使用一些非处方驱虫剂防止蚋叮咬。如含有除虫菊酯的气雾剂，但是该喷剂只能暂时阻碍蚋的叮咬。

由于大范围控制蚋有困难且花费高，畜主常依靠每日使用驱虫剂来保护动物。因此，昆虫防控相关人员应注意最新批准的杀虫剂动态和相关药物的休药期。

2. 白蛉 白蛉［白蛉属（*Phlebotomus* spp.），东半球沙蝇和罗蛉属（*Lutzomyia* spp.），西半球沙蝇］是毛蠓科主要成员。这些蝇主要分布在热带和亚热带地区。本属成员微小、蝇状，长1.5～4 mm。触须长似腿，布满茸毛，有16个珠状节。白蛉又称沙蝇、毛蠓（moth flies）或猫头鹰蠓（owl midges）。白蛉最显著的形态学特征是全身覆满绒毛。雌蛉有锋利的口器，采食多种温血动物包括人的血液。也有许多白蛉吸爬行类动物的血。雄虫可从很多途径来吸食水分，甚至人的汗液。白蛉几乎只在夜间活动，其飞行能力较弱，主要是依靠气流飞行，微弱的气流就可带它们飞行。在白天，白蛉待在植被或黑暗建筑物的裂缝或洞穴中，有时也栖息在啮齿类动物和犰狳的洞穴里，这些动物也是利什曼原虫的贮存宿主。白蛉在黑暗、潮湿的环境中繁殖，这些地方有很多有机质可提供幼虫食物来源。它们在水中不能繁殖。

【病理学】 这些细小的白蛉是利什曼原虫的中间宿主，利什曼原虫可感染毛细血管的网状内皮细胞，可感染人、犬、猫、马和绵羊的毛细血管内皮细胞、脾脏和其他器官，也可能侵染单核细胞、多形核白细胞和巨噬细胞。

【诊断】 与蚋类似，白蛉多发现于野外，在动物上罕见。可根据小体积、带毛翅和体部来进行鉴定。

要将蚋鉴定到属或种还需昆虫学家来鉴定。

【防控】 由于白蛉的繁殖地点比较隐蔽，想在幼虫集聚地喷洒杀虫剂灭虫通常是不可行的，因为药物很难接触到白蛉的繁殖地。清除密集的植被可以降低白蛉的繁殖。在房内的表面喷洒杀毒剂是防控白蛉的主要措施。但是，这不能防止屋外白蛉叮咬。一般来说，由于进一步开展蚊子防控计划也使得白蛉的种群减少。建议犬主使用溴氰菊酯浸渍项圈来保护宠物以防白蛉的叮咬。

3. 蠓 蠓（biting midges, "no-see-ums", or punkies）属于蠓科（Ceratopogondiae），最常见的蠓是库蠓属（Culicoides spp.），常在水生或半水生地栖息，如泥或溪流边湿地、池塘和湿润的沼泽等。蠓比较小（长1~3 mm），与蚋类似，吸食人和家畜的血液，叮咬可造成宿主疼痛。

【病理学】 库蠓属凶狠地叮咬能引起宿主强烈的愤怒和烦恼。大量感染时，可以引起家畜紧张并干扰进食。蠓往往在寄主的背侧或腹侧区叮咬采食，但不同种类的蠓取食位点会有所不同。它们只在一年中温暖的月份活动，在黄昏时最活跃。它们经常在马匹的鬃毛、尾巴和腹部叮咬，马匹也往往因此而过敏，在这些地方抓挠和摩擦，引起脱发、抓痕和皮肤增厚。蠓叮咬引起的症状在一些地方也有一些专门的名称，在加拿大叫库蠓过敏（culicoidhypersensitivity），在澳大利亚称为昆士兰瘙痒症，在日本称夏癣（Kasen），还有汗水痒和甜痒。因为该病多发于一年中温暖的月份，故也被称为夏季皮炎。蠓还是颈盘尾线虫（Onchocerca cervicalis）的中间宿主，在马的颈部皮肤上常发现颈盘尾线虫的微丝蚴。盘尾丝虫病是一种非季节性的皮肤病，类似甜痒但引起痒的程度不那么强，而且主要是影响头、颈、腹。蠓还可以在绵羊和牛中传播蓝舌病病毒。

【诊断】 像蚋和白蛉一样，蠓多存在于野外，而动物身上鲜有发现。与蚋的翅脉粗大、纹理清晰相比，库蠓属的翅则是斑驳杂色的。蠓的鉴定工作最好找昆虫学家。

【防控】 可以在蠓的繁殖地通过药物杀灭幼虫，但要及时更换最新的推荐药物。批准用于喷涂马厩和运马拖车的生物杀虫喷剂——Bio Kill Stable Spray™是一种改良的氯菊酯，可以辅助控制蠓。一个背包式或手提式散装杀虫剂的喷雾包，配以涡轮增压器或烟雾机进行喷洒。保证500~750 mL/舍（舍大小：3 m×3.5 m至4 m×4 m）的用量，在一定压力下产生气雾，喷洒覆盖到畜舍的所有表面。7~10 d后进行二次喷洒。此后，每3~4周进行一次喷洒，以保证墙上有足够的药物来防虫。

由于库蠓的飞行力弱，马厩中可用电风扇增加马周围空气流动以驱赶蠓。在马的鬃毛和尾巴上贴上驱虫标签也是一种防控手段（在美国没有被批准），此外，每周用除虫菊酯和增效醚混合剂或是每日用丁氧聚丙二醇800对马厩的垫草、墙面及门窗上的缝隙进行杀虫已取得很好效果。外用杀虫剂如除虫菊酯（如氯氰菊酯和氟氯氰菊酯），特别是泼洒剂可用于防止成蠓对大动物的危害。

4. 蚊 属于蚊科，重要的属有伊蚊属（Aedes）、按蚊属（Anopheles）、库蚊属（culex）、脉毛蚊属（culiseta）和鳞蚊属（psorophora）。虽然它们是微小而脆弱的双翅目昆虫，但蚊子也许是最贪婪的吸血节肢动物。世界上已被发现的大约有300种蚊子，在北美洲温带地区约有150种。蚊子在不同地方被发现，从沿海的盐沼到4 300 m以上的雪池中，再到印度低于海平面1 100 m的黄金矿山，都有蚊子的存在。蚊子滋生的水域小到缸中水或是树洞中的水，大到积水形成的浅水池。

蚊子可产卵在静水表面（如伊蚊和鳞蚊）或是在一些物体（如潮湿的土壤）下面，在这些地方，卵都会在降雨、灌溉、雪融等淹没后孵化。蚊子幼虫被称之为孑孓，而蛹期被称之为"蛹蚊"。这两个阶段始终在水里，并有各种各样的栖息地。看似很小面积的水中的蚊卵都可产生大量的蚊子。一些种类的蚊子每年可产几代。各种成蚊飞行习惯不同，一些伊蚊迁移数英里寻找幼虫栖息的水生环境。在大风时，蚊子可被吹到很远的地方。一些种类的蚊子以卵越冬，而有的种类以成虫越冬。

【病理学】 只有雌蚊因产卵需要而吸血。雄蚊则采食花蜜、植物液汁和其他液体。蚊子叮咬家畜，使其失血并传播疾病。叮咬注入的毒素可引起家畜神经性反应。大量的蚊子叮咬时可引起家畜严重的贫血症。蚊子可在人群中传播疟疾、黄热病、登革热和象皮肿，对兽医而言，众所周知蚊子是犬恶丝虫、犬心丝虫的中间宿主，以及马病毒性脑炎，包括西尼罗病毒等的传播媒介。

四斑按蚊（Anophles quadrimaculats）是人及其他灵长目疟原虫的中间宿主。埃及伊蚊（Aedes aegypti）在人群中传播黄热病病毒。在路易斯安那州和阿肯色州田间的哥伦比亚鳞蚊（Psorophora columbiae），对人和动物的危害十分严重。在美国西部、中部和南部的跗斑库蚊（Culex tarsalis）是马脑炎重要的传播媒介之一。中西部发现的刺扰伊蚊（Aedes vexans）是滋扰人畜的主要蚊子种类之一。不久前进入亚洲的一种白纹伊蚊（Aedes albopictus）可传播黄热病、登革热和马脑炎。一些曼蚊在佛罗里达州是对动物危害严重的害虫之一。在美国中部和南部马胃蝇将卵牢固地产到鳞蚊身上，蚊子在叮咬动物时可传播马胃蝇蛆病。

【诊断】 成蚊多居于环境中，动物身上少见。成蚊长3～6 mm，体细长，头小呈球状，腿细长。翅脉、躯干、头及腿都覆盖着细小、叶状的鳞片。有14～15节细长丝状的触角，大多数种群雄蚊的触角呈羽毛状。口器可刺伤毛细血管以吸血。详细鉴别蚊子种类（成虫、幼虫和蛹阶段）应请教昆虫学家。

【防控】 地区性控制蚊子常需要多个部门合作，由经验丰富的专业人员加上适当的设备来完成。应消灭或减少蚊子幼虫繁殖区域。此外，区域灭蚊计划一般包含杀虫剂的广泛使用，但因此会破坏正常生态系统的平衡。近年来，已成功地用各种鱼类来作为灭蚊的生物控制手段。当成虫大量出现，特别是其疾病传播期，应用有效的杀蚊剂是必要的。

制定区域性防蚊方案时要谨慎，因为许多非目标生物（如鱼、虾及蜜蜂）可能会接触到杀虫剂。应咨询当地资深昆虫学科技人员关于动物以及场所内所灭蚊使用的药物。大范围的灭蚊计划常由地方蚊子治理机构或其他政府机构协调来完成。

生产者个人很难保护其动物；在动物身上残留的喷洒物阻止不了蚊子的进攻，况且目前可用的驱虫剂在大量蚊子面前起不到足够的保护作用。当蚊子大量出现时，地面或是空中喷洒杀虫剂是防治成蚊的一种方法。但是由于当地条件所限制，实施的时间只能是短暂的。珍贵的动物应该被关在封闭或屏蔽的舍内，其中使用获批的杀蚊气雾剂。暂时性缓解蚊子的干扰可以通过喷雾或"涂擦"市售的杀虫剂。

在清晨或傍晚蚊子最多的时候，禁止宠物在外活动以减少或避免蚊虫叮咬。吡虫啉对年龄大于7周、体重超过0.91 kg的犬身上的蜱虫、跳蚤和蚊子可起到防治作用。该药驱雌性成蚊可长达4周。但遗憾的是它不能用在猫身上。蚊子不喜欢光，因此，电子发光装置对蚊虫防控起到的作用不大，有时可能是有害的，因为它们可能会阻得有益昆虫捕食蚊子。

吡虫啉和氯菊酯两种化合物组合在一起，可驱赶和杀死多种吸犬血的蚊子。每月使用该产品可驱赶和杀死蚊子，防止蚊子吸血活动和防止犬恶丝虫经蚊子在犬之间传播。但本产品可能对猫无效。

5. 马虻与鹿虻 虻属（*Tabanus* spp.）（马蝇）和斑虻属（*Chrysops* spp.）（鹿蝇）是大型（可达3.5 cm长）、粗壮的双翅目昆虫，有强劲有力的翅膀和大眼睛。它们飞行迅速。这些蝇在双翅目中是最大的，而且只有雌性吸食脊椎动物的血液。虻比斑虻大，色深。斑虻中等大小，翅上有一个从前端贯穿到后缘的

暗带，在棕黄色的腹部有黑色斑块和纵向带。

虻与斑虻的成虫在开放的水体附近产卵。幼虫生存在水中或湿土中，常埋在湖泊和池塘底部的深泥里。成虫常出现在夏天，尤其是阳光下。

【病理学】 这两种的雌蝇在开放的水域附近采食，用锯齿状、剪刀式口器刺破动物组织，唇瓣围起来舔血。每次吸取0.1～0.3 mL。叮咬引起疼痛并产生刺激作用。这些蝇主要吸取大动物（如牛和马）的血液，当它们出现时引起动物焦躁不安。经常叮咬的部位是动物腹部肚脐周围、腿、颈部和肩部。虻和斑虻吸饱血需多位点、多次吸取。当受到叮咬的动物的尾巴拍打或反射性抖动时，虻会离开寄主，但血从伤口继续流出。这些蝇也是炭疽、边虫病、野兔热和马传染性贫血病毒感染动物的机械传播者。

【诊断】 从体型大小、有力的翅膀、复眼和剪式口器可以鉴别这些蝇。虻和斑虻成虫和幼虫的种类鉴定需要依靠昆虫学家。

【防控】 虻和斑虻是所有吸血蝇中最难控制的。许多用于其他蝇的杀虫剂可杀死虻和斑虻。然而，由于这些蝇是间歇性采食，落在宿主身上只有很短的时间，受到药物影响不大。因此，可能需要大剂量的杀虫药。

有的地方将驱虫耳标用于牛上很管用。对于牲畜，拟除虫菊酯泼剂的驱虫功能是有限的，自助粉袋（Self-application techniques）的使用对马蝇与鹿虻无效。

清理这些蝇的水生栖息地并清除一些草木，可以控制其繁衍数量。杀虫剂在水中的应用可能会对环境有不利的影响。

6. 厩蝇 厩螯蝇（*Stomoxys calcitrans*）通常被称为咬人家蝇。它的大小及一般外观与家蝇相似。棕灰色，胸部有4条断续的条纹，腹部有方格状条纹。有一个刺刀样、针形的喙，静止时，翅向蝇体末端充分伸展。这些蝇呈全球流行。在美国中西部和东南部各

图7-9 马蝇
（由Dietrich Barth 博士提供）

州均被发现。

幼虫和蛹在腐烂的有机物质上（包括草屑和海滩上的海藻）发育。在美国中西部，在干草和青贮饲料堆周边的潮湿地方可发现幼虫。牛常采食尿液和粪便混合并繁殖厩蝇的干草。生活史在野外2～3周可完成，而成虫可能生存超过3～4周。

【病理学】 雌雄厩蝇均吸血，可吸食任何温血动物的血液。厩蝇在宿主身上停留很短的时间即可吸饱血。这是一种户外蝇，但深秋和下雨天可进入畜舍。

厩蝇最爱叮咬马。通常以头部朝上停在马身上进行叮咬，刺破皮肤以致不断流血。该蝇较懒，在宿主身上很少移动。厩蝇通常攻击宿主腿部和腹部，也咬耳朵。厩蝇在美国中西部养牛场带来很大问题，主要是叮咬的痛苦、失血和刺激导致牛料肉比或料乳比降低。对宠物，厩蝇喜欢叮咬犬的耳尖，特别是德国牧羊犬。

厩蝇是炭疽、伊氏锥虫病和马传染性贫血的传播媒介。是一种在马腹腔寄生的蝇柔线虫的中间宿主。

【诊断】 厩蝇的鉴定比较简单，以其大小（与家蝇相当）、颜色和伸向头前的刺刀状喙来鉴别。

【防控】 控制厩蝇主要是搞好环境卫生，可以达到90%的效果。应清扫和消毒栅栏区、原料架下、粪便、秸秆或积累的腐烂质，保持清洁卫生，因为这些物质是幼虫发育的养料。如果保持好清洁程序，就不太需要使用杀虫剂。可以向栖息在畜棚或栅栏上的蝇喷各种杀虫剂。

厩蝇在牛体下半部叮咬，围绕着腿部和腹部，包括乳房。每日通常短暂地叮咬1～2次，因此很少接触到在这地方使用的药物。通常，此处涂的药物可能在与茂密的植被或泥浆接触摩擦时被抹去，或在奶牛挤奶前清洗时被冲掉。在某些情况下，为了保护大型动物，可直接给动物喷雾或使用药物粉尘。直接在动物身上用药往往是短效的，并且人的劳动强度很大。吡虫啉和氯菊酯两种化合物混合使用可驱赶厩蝇。每个月使用该药可驱赶和防止厩蝇叮咬吸食犬的血液，但杀不死。

7. 角蝇 角蝇的名字源自其通常群集在牛角根部。全球多数养牛的地方可发现此害虫，常见于欧洲、北非、小亚细亚半岛和美洲。在北美除了在牛身上发现角蝇外，在马、绵羊、山羊和野生动物上也有发现。在美国南部和西南部有更多的角蝇且存在的时间更久。

角蝇成虫始终在宿主身上，雌蝇只在新鲜的牛粪上排卵，幼虫和蛹也在粪中发育。在美国南部角蝇生命周期短的只有1周，但在较冷的气候下和春季或秋季，发育可进行2～3周。在温暖地区（南佛罗里达州

和南得克萨斯），角蝇一年四季都繁殖。

当空气温度低于21℃，角蝇群集在牛角的根部周围。在温暖的气候蝇经常大量聚集在牛的肩膀、背部和两侧；这些部位不容易受到牛尾巴拍打。在炎热的时候，角蝇聚集在牛的腹部。

新生蝇可能需要飞行11～15 km来寻找宿主，但通常在近距离发现宿主，很少远距离迁移。在美国南方动物个体上蝇群数量可能成千上万只，尤其是未用药的公牛。在北方，蝇群数量不会超过100只，但是造成损害与南方的蝇群类似。

【病理学】 角蝇采食频繁（20次/d），吸吮血液和其他体液；雌蝇比雄蝇更活跃。采食造成牛疼痛、不安和失血。被角蝇刺激的动物由于饲料转化率降低，体重也下降。吸血严重时可导致动物沿腹中线病变。角蝇每年给美国造成巨大的经济损失，各种牛体重减轻14%左右，断奶犊牛普遍每头减轻5～6 kg。奶牛奶产量可能会减少10%～20%。这些蝇也会作为斯泰尔冠丝虫（*Stephanofilaria stilesi*），一种在牛腹部产生斑块状病变的寄生丝虫的中间宿主。

【诊断】 角蝇鉴定比较容易，其色暗、长3～6 mm，约为厩蝇的一半，以伸向头前端的刺刀状喙为特征。

【防控】 使用强制性的自助装备（药粉袋或背部胶带）对全群动物周身喷洒化学药物，比较容易防控角蝇。在悬挂的药粉袋下面，让牛日常饮水和摄食矿物添加剂，是最有效的控制手段。药粉袋释放的杀虫剂可降落在牛背部，牛背部是角蝇最常聚集部位。当牛磨痒时，背部胶带可发挥自身作用。杀虫剂应按照说明与质量较好的矿物油进行稀释。饲料添加剂进入牛体内后，可杀死在新鲜粪便中发育的幼虫。所有的动物都应经常饲喂最低剂量的杀虫添加剂。昆虫生长调节剂也可防止角蝇幼虫在牛粪上的发育。根据说明使用浸渍有杀虫剂（如拟除虫菊酯）的牛耳标签，牛在洗澡或摩擦时就会释放少量的杀虫剂。牛应该在角蝇多的季节开始时佩戴，在该季节结束时去掉，在角蝇飞行季节将结束时，可轮换使用非拟除虫菊酯的杀虫剂。杀虫剂浇泼对角蝇也有效。这些杀虫剂应根据牛体重计算合适的剂量。大多数接触杀虫剂可以用这种方法。

8. 东方血蝇 或称扰血蝇（*Haematobia irritans exigua*），与角蝇的大小、外观、食性和繁殖习性类似。东方血蝇是一种主要危害牛和水牛，偶尔也见于马、羊或野生动物的蝇类，它分布在整个澳大利亚北部和新几内亚，以及大洋洲、东南亚；在新西兰未发现。它的生活史类似于角蝇，成虫离开宿主较长的时间，在新鲜粪便上产卵和发育。生活史取决于天气条

件，但需要7～10 d。

【病理学】　东方血蝇通常咬动物双肩和肩隆，骚扰动物和产生刺激反应。叮咬的伤口可能会造成螺旋蝇蛆［倍氏金蝇］的感染。在炎热的天气下，东方血蝇会寄附在动物身体避光的部位。受扰动物由于失血和烦躁，影响饲料转化率和生产性能。

【诊断】　东方血蝇可以通过外表深色、大小（约为厩蝇的一半）和刺刀样从头部伸出的喙来鉴别。

【防控】　治疗东方血蝇时应避免使用杀虫剂，用于治疗这些蝇的很多化学物质在肉中有残留。东方血蝇对合成的拟除虫菊酯和某些有机磷已产生抗药性。澳大利亚开发了东方血蝇捕蝇器。这种捕蝇器由一圆形、透明的塑料篷组成。牛走过时身上的蝇被擦落在捕蝇器里，干燥死亡。这些捕蝇器在牛每次通过时可减少80%的蝇。当牛每日或隔日通过时，就可以很好控制东方血蝇。

9. 采采蝇　采采蝇属于舌蝇属，是非洲（北纬5°到南纬20°）重要的吸血蝇。采采蝇体较窄，黄到深褐色，长6～13.5 mm。休息时其翅置于后面呈剪刀式。胸部有一个暗绿色不明显的斑点或条纹，腹部由淡褐色到深棕色。

雌虫和雄虫均吸血。雌虫一生只交配1次，在此期间可产12个幼虫。雌蝇每次生成1个幼虫，保留在其子宫里；约10 d后，幼虫被放在松散、沙质土壤上，幼虫钻进土后60～90 min开始化蛹。蛹期平均35 d，之后变为成蝇。成蝇大约每3 d采食1次脊椎动物的血液。

【病理学】　采采蝇作为一些锥虫的中间宿主，能引起家畜（那加那病）和人类（非洲昏睡病）发生致命性疾病。锥虫寄生于血液、淋巴、脑脊液和身体的各个器官，如肝脏和脾脏。那加那病是一种由布氏锥虫（Thypanosoma brucei）引起的牛锥虫病，该病相当复杂，而且在非洲近1/4的大陆地区广泛流行。这种疾病对马、驴、骆驼与犬是致命的。而对牛、绵羊和山羊，除非被某些菌株感染，通常是非致命的。许多原产于非洲的野生有蹄类动物并无受害的证据（见锥虫病）。

【诊断】　采采蝇的鉴定特点是：外观似蜜蜂，长喙基部有葱头状膨大，翅翼中心独特的刀或斧状细胞。

【防控】　控制采采蝇可通过捕捉和诱导（采采蝇诱蝇器）、清除灌木、用飞帘、驱虫剂、杀虫剂以及雄性不育技术等方法。

10. 绵羊蜱蝇　绵羊蜱蝇（Melophagus ovinus）是一种寄生于绵羊，分布最广泛的、重要的外寄生虫。在北美，也发现有羊蜱蝇寄生于鹿［羊虱蝇属（Depressa 和 Neolipoptena ferrisi）］。

绵羊蜱蝇是无翅目昆虫。成虫长约7 mm，褐色或红色，覆有短而硬的毛。头短而宽，腿很强壮，并有粗壮的爪子。

雌蝇每次只繁育1个幼虫，幼虫黏在羊毛上12 h内化蛹。22 d后发育成若虫。雌蝇存活100～120 d，在此期间，产生约10个幼虫；雄蝇存活约80 d。整个生活史都寄生于宿主。从宿主身上掉下来的羊蜱蝇常常存活不到1周，而且对羊群的危害较小。在冬季和初春，常在羊群中迅速传播和蔓延，特别在集中喂养或舍饲时。

【病理学】　羊蜱蝇采食时用口器刺破皮肤吸食血液。它们通常在羊颈部、肩部、胸部、乳房、侧面和臀部采食，而不去光顾毛中混杂着灰尘及杂物的背部。羊蜱蝇叮咬引起宿主身体多处瘙痒；绵羊因啃咬、搔抓、剐蹭，从而使羊毛破损。羊毛变薄、破烂、肮脏。羊蜱蝇的排泄物会造成羊毛永久性变色，降低了羊毛价值。羊蜱蝇也常导致羊皮出现隐形的缺陷即折皱，从而影响绵羊皮等级和价值。受感染的羊，特别是羔羊、妊娠母羊，可能会失去活力或导致生长不良。严重的侵扰极大地降低宿主的机能，甚至引起贫血。羊蜱蝇还传播一种非致病的寄生原虫，即蜱蝇锥虫（Trypanosoma melophagium）。

【诊断】　仔细检查损伤部位、脏毛及皮肤基底，会发现这种无翅、多毛的蜱蝇。

【防控】　剪毛可以去除许多蛹和成虫。产羔前剪毛和后续用杀虫剂处理母羊来控制剩余羊蜱蝇，可大大减少羔羊受严重侵扰的情况。羊通常剪毛后再处理，如果用一种可持续3～4周的杀虫剂效果会更好。通过这种方式，可杀死刚蛹化的羊蜱蝇。控制虱子的现代治疗方法也可控制羊蜱蝇。

药浴是一种有效的治疗方法。将羊浸没在大桶中保证杀死所有羊蜱蝇，但通常杀不死蛹；新生的羊蜱

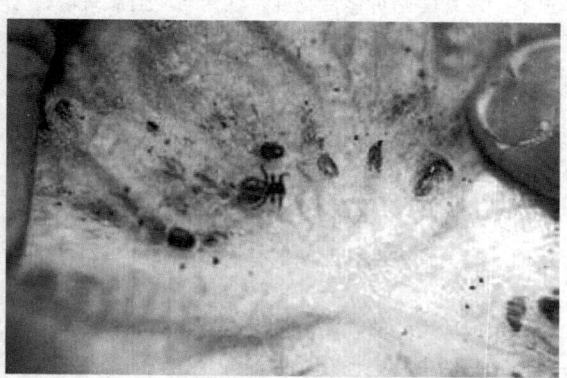

图7-10　绵羊体表寄生的绵羊蜱蝇
（由Dietrich Barth 博士提供）

【病理学】　某些种类的眼潜蝇影响哺乳动物的生殖器官，如套眼蝇（*H. pallipes*）聚集于犬的阴茎周围。这些蝇悄悄地接近宿主。通常降落在距取食位点有一段距离的地方，然后在皮肤上缓慢爬行，或者是间歇性飞行再降落，这样能够避免引起宿主的注意。眼潜蝇一般是持续性吸血，并且一旦被拂去又会立刻返回吸饱血。

虽然是非刺吸式蝇类，但唇瓣带刺能划破宿主的组织，使得病原微生物进入宿主体内。眼潜蝇经常盘旋在犊牛、青年牛、妊娠和泌乳期母牛的天然孔周围。以泪腺液、牛体脂肪分泌物、滴落的牛奶，以及动物乳房顶端的分泌物为食。眼潜蝇还是夏季乳房炎和牛摩拉菌（传染性结膜炎）的传播媒介。

【诊断】　这些小的蝇有海绵样的口器，与家蝇在外形和结构上相似，但有短的触须。

【防控】　使用灭蚊的方法来抵制眼潜蝇只能暂时性降低其烦扰。在居住地使用杀虫剂只能短暂地控制成蝇，但当杀虫剂消除后会有更多的成蝇侵入。

（三）引起蝇蛆病的双翅目昆虫

双翅目昆虫的幼虫在多种家畜皮下组织或者器官中存活，导致了蝇蛆病。根据对宿主动物的依赖性，蝇蛆病可以分为两种。兼性蝇蛆病，幼虫一般营自由生活，但在某些特殊情况下，幼虫能够自我调节适应寄生生活。专性蝇蛆病，此时的幼虫是严格的寄生生活，必须依靠宿主动物来完成整个生活史，否则将会死亡。

1. 引起兼性蝇蛆病的蝇类　家蝇（*Musca domestica*，普通家蝇）、丽蝇属（*Calliphora*）、Phaenicia、绿蝇属（*Lucilia*）和伏蝇（*Phormia*，绿头大蝇或反吐丽蝇）及麻蝇（*Sarcophaga*，食肉蝇）等蝇类幼虫通常引起兼性蝇蛆病。这些住区蝇类的成蝇在生态学上与人相关，例如，它们通常待在人的住所，在粪便和食物之间飞行、停留。幼虫则经常与家畜动物的皮肤伤口联系在一起，蝇携带的许多细菌进一步污染伤口，此外还可使动物的被毛黏上粪便。幼虫鉴定可依据每一种类的后气门和头咽骨特征区分。

家蝇的生活史就是一个典型的藏污纳垢滋生苍蝇的例子。丽蝇的一些种类能造成绵羊蝇蛆病。在美国和加拿大，能够引起绵羊发生蝇蛆病的蝇类主要是伏蝇、新陆原伏蝇和丝光绿蝇。而亮绿蝇（*L. illustris*）、腐败锥蝇（*Cochliomyia macellaria*，二级螺旋锥蝇）和一些其他种类的蝇则是次要的入侵者。在澳大利亚和南非，能够引起绵羊发生蝇蛆病的蝇类主要是铜绿蝇（*L. cuprina*）；在英国，能够引起绵羊发生蝇蛆病的蝇类主要是丝光绿蝇（*L. sericata*）；在新西兰，则主要是铜绿蝇、丝光绿蝇和幽暗丽蝇（*Calliphora stygia*）。

【病理学】　在正常情况下，这些属的成虫在粪便和腐烂的动物尸体上产卵。在兼性蝇蛆病中，潮湿的伤口、已感染的皮肤和脏乱的毛皮容易吸引成蝇。这些蝇被粪尿污染的皮毛所吸引而侵袭动物臀部。成年雌蝇在这些部位舔舐、产卵。如果环境潮湿，产下的卵则可在24 h内孵化出来。幼虫（蛆）可以自由移行在伤口表面，摄取死亡细胞、分泌物、排泄物和残渣（除活组织外）。这种现象称为蝇类袭击。幼虫能够刺激、损伤并且破坏各层皮肤产生渗出物。幼虫能够在极薄的表皮层挖开隧道通向真皮层。产生的皮肤组织通道直径可达到数厘米。通道一旦建立侵袭将能迅速蔓延，吸引更多丽蝇，继变更多幼虫。轻微的侵袭能够导致动物体重的急剧下降，严重的侵袭则可能是致命的。此时若无有效治疗，受侵染的动物可能因休克、中毒、组织溶解或者感染而死亡。被寄生的组织和被感染的动物身上散发出一种特殊、明显的刺鼻臭味。处于晚期感染状态的病灶可能含有上千只蛆。

绵羊身上同样可能受到侵扰。通常是因潮湿浸泡引起毛皮腐烂所导致，特点是假单胞菌或噬皮菌感染引起的羊毛变色。其他的侵袭处在羊角、阴茎包皮周围的羊毛、腐蹄两侧的羊毛，以及伤口处。

成蝇能在兽医诊所、农场或者家禽手术中大肆传播。这些蝇携带呕吐物，能在粪便和食物间飞行，通过它们的足和吐出的食物滴携带病菌。

上述种类的蝇类幼虫也与雏鸡的中毒反应有关。其中，肉毒梭菌中毒（也称为鸡垂颈病）与雏鸡大量采食凯撒绿蝇、丝光绿蝇以及其他蝇类幼虫相关。肉毒梭菌选择动物腐烂的尸体繁殖后代，这些尸体和梭菌为蝇幼虫的生长提供良好的养分，雏鸡叮食带有梭菌的蛆而感染。因此，动物的尸体应立即进行生物安全处理，最好用焚化的方式进行处理。

【诊断】　应尽早对蝇类的入侵作出诊断，绵羊的行为表现能指示感染了蝇蛆病。受感染的动物会变得精神沉郁，垂头呆立，食欲不振，并且试图撕咬染虫部位。如果伤口有蛆，极可能是苍蝇的幼虫。

最终鉴别兼性蝇蛆病的蝇种类可通过对幼虫的鉴定。用手术刀片将寄生在伤口的三期幼虫尾部切下。将尾端切面朝下置于载玻片并覆盖盖玻片，在多功能显微镜下观察；通常使用分叉式检索表对伤口内的幼虫进行种属鉴定。每一特定的属都有与之对应的特殊气门环。感染组织中含多种蝇类时，应当对样品进行检测。当第一批幼虫孵化后，通常能产生一种有利的培养基来吸引其他种类的蝇。另外，也应当考虑嗜人锥蝇或倍氏金蝇引起专性蝇蛆病的可能性。

【防控】　剪毛和除去羊身上的粪污、碎毛，可以有效控制在羊臀部飞绕的蝇类，例如，剪去在腿和尾部周围的毛，可以持续控蝇6~8周。将羊毛完全剪去能够控制身体其他部位发生蝇蛆病。将头部和阴茎包皮周围的毛剪去能够防止蝇蛆病的暴发。实际上可以通过去除美利奴羔羊臀部褶皱（Mules手术，割皮术）避免胯部沾染尿液，以及在尾部第3个关节处断尾，可极大减少排泄物的沾染。气味和潮湿能够吸引蝇类并刺激产卵，特别是在炎热而潮湿的气候条件下。

杀虫剂预防包括对易感部位使用适当的杀虫剂和杀蛆剂，进行完全浸渍达到饱和状态，例如有机磷类杀虫剂或环丙氨嗪（灭蝇胺）是特效的杀蛆剂，可以通过药浴和喷雾发挥疗效。最有效的杀虫方法是喷射，药液在高压作用下进入羊毛深层，特别是臀部、背部以及头部的毛层。这种保护可以持续6~8周，但是当主要的蝇类有了耐药性则只能持续2~3周，例如澳大利亚的铜绿蝇。每周1次施药（使用2.5%皮蝇磷对伤口进行喷射）直至痊愈是非常有效的，特别是对蛆虫的杀灭。用药前患部周围要彻底剃毛。

有效的卫生措施是对动物尸体焚化或深埋，但对于原发性感染效果不佳。主要的原发性蝇类来源是受感染的绵羊。在澳大利亚，对丽蝇控制已经应用基因操作方法，即培育部分不育的雄蝇，或转入一个引起后代失明的基因。

对犬和猫进行蝇蛆病的治疗和控制具有局限性。如果在小动物身上发现了这些蝇类的幼虫，有必要进行直接治疗。剃光毛以及清除所见的蛆虫可阻止感染的进一步扩大。除去深层活组织中的蛆是有难度的，必要情况下需要使用镇静剂甚至是麻醉剂。因为成蝇伤口处产卵的时间不同，幼虫孵化不是同时进行的，所以应当连续几日对感染组织进行检测。

精神沉郁、发热和卧地不起的动物应当根据临床症状进行治疗。理论上，应对伤口处采集的样品或者碎屑进行繁殖试验和敏感度试验。如果出现了细菌或真菌继发感染，则应使用广谱抗生素治疗。

畜主应有预防为主的意识，了解治疗各种皮肤伤口的益处。皮肤出现伤口的动物应当置于无蝇环境中。此时动物皮毛应保持洁净，无粪尿液沾染，并避免出现毛缠结。污染的伤口和沾染粪尿液的皮毛能立即吸引成蝇。在田间进行成蝇的控制和毁灭其繁衍地是绝佳的防治手段。防止在所有区域出现已开启的废弃罐头和腐烂的动物尸体、食物。

2. 引起专性蝇蛆病的蝇类 很多双翅类蝇类昆虫能够产生营寄生生活的幼虫，并且能够引起专性蝇蛆病。在北美洲，只有螺旋蝇是一种原发性感染源，能够在新鲜、无污染的家畜动物皮肤伤口处进行侵袭。另外一种苍蝇是倍氏金蝇，见于非洲和南亚，包括巴布亚新几内亚。

（1）美洲锥蝇（原发性旋皮蝇蚴，西半球的蝇蛆） 美洲锥蝇（Cochliomyia hominivorax）分布于西半球的新北界和新热带地区。由于一项大规模范围（州，联邦，全国性的）的根除项目，螺旋蝇在美国或者墨西哥已无迹可寻；有报道称从本地一些主要的感染动物中查到还有锥蝇的流行。现存的种群能在中美洲和南美洲以及个别加勒比海群岛的小岛上发现。

成年雌蝇在新鲜伤口边缘产下成排并列的200~400个卵。经过12~21 h，幼虫孵化出来，缓慢爬入伤口钻进肉中。幼虫以伤口处的液体和活组织为食。再经过5~7 d，成熟幼虫离开伤口，落到地面钻洞化蛹。蛹期根据气温不同，可持续7 d到2个月不等。极寒的天气或者土壤温度持续低于8℃，蛹则死亡。成蝇一生只产一次卵，这个特性可用于生物学控制。它们通常在3~4日龄进行交配，雌虫在6日龄左右产卵。在温暖气候条件下，生活史总共可能有21 d。只有雌蝇在伤口处摄食和产卵，雄蝇和青年期、未交配的雌蝇聚集在植被上交配，特别是有花的植被。

【病理学】 新伤口感染的螺旋蝇蛆处于同一日龄；时间长的大伤口则可能有不同日龄的幼虫和多种蝇类。伤口处通常流出恶臭味、红褐色液体并污染伤口周围或下方的被毛。随着骚扰的增加，受侵扰的动物躲到浓密的遮阴处以求庇护。即便是极小的相对不明显的感染伤口也能吸引更多的螺旋蝇，而且还有其他专性蝇蛆病的成蝇。坏死的组织能够吸引更多的蝇类。伤口由于混合感染而变得越来越大，如果不治疗，可导致动物死亡。

【诊断】 寄生的幼虫呈锥形，在窄的一端有口钩，宽的一端有气门环。体棘环绕着各个体节。完全成熟的幼虫可长达1.5 cm。幼虫的鉴别通常通过它们的木螺钉的形状和外观，以及三期幼虫尾端背部黑色气管来与兼性蝇蛆相区别。这个气管能容易地通过幼虫表皮观察到。

螺旋锥蝇成蝇与其他丽蝇具有相似的外表。它们从浅蓝色到碧绿色，头和眼睛呈橘红色，并且稍微地比家蝇大一点。但与其他丽蝇和酒蝇（bottle flies）很难区别。鉴别螺旋锥蝇成蝇最好请教昆虫学家。

【防控】 蝇蛆的感染必须向州和联邦当局报告。美洲锥蝇（C. hominivorax）已经在美国被完全根除，但是偶尔通过进口动物进入国内。在美国，如果一个伤口被怀疑带有蝇蛆，需通过 http://www.aphis.usda.gov/index.shtml 与USDA联系。

伤口中的蝇蛆可以通过直接使用伤口涂膏（也称黏稠剂）被杀灭。由于根除项目的实施，这种含有林丹或者皮蝇磷的黏稠剂在美国可能很难找到。黏稠剂最好使用2.5 cm的漆刷涂抹，使药物到达伤口深处幼虫挖洞所至的凹处。皮肤表面涂抹黏稠剂在伤口周围形成一薄层，可以防止再感染的蔓延。同时，可使用含有蝇毒磷、林丹或皮蝇磷的喷雾剂、粉剂或泡沫剂对伤口进行治疗。为了保护动物免受感染和杀灭小伤口中难以发现的幼虫，可以采用喷洒皮蝇磷或蝇毒磷或进行蝇毒磷药浴。

【不育雄虫释放的根除计划】　在1958年，USDA在东南部的州发起了一个通过释放不育的雄虫消除蝇蛆项目。人工抚育和短暂的射线照射蛹中幼虫，使雄蝇失去生育能力，但是仍能进行交配。雌蝇一生只能交配一次，当与不育的雄蝇交配后产出不能孵化卵。因此，在一段时期内的某一地区释放一定有效数量的不育雄蝇能够全面地清除蝇蛆。到1959年为止，佛罗里达州的蝇蛆已完全消除了。

这个项目在美国的其他州也开展了，然后通过墨西哥–美国的一个联合合同在墨西哥的大部分地区开展。这个项目使得墨西哥的蝇蛆得以消灭，再加上蝇蛆引诱剂和杀虫剂的使用来杀灭成蝇。在中美洲和加勒比海群岛有望推广这个项目。然而，在实现之前，应对在美国南部和墨西哥的感染动物进行快速诊断和在苍蝇繁殖和扩散前进行清除。

（2）倍氏金蝇 [东半球蝇蛆（Old World screw-worm）、东方蝇（Oriental fly）、吹飞蝇（Bezzi's blow fly）]　倍氏金蝇分布在非洲、印度大陆、东南亚从中国台湾到南边的巴布亚新几内亚。这种苍蝇并不土生土长于澳大利亚，根据它分布的地理位置，最有可能潜入美国的港口应该是夏威夷。

成熟的倍氏金蝇幼虫野外不常见。成蝇身体呈黑色的金属绿，并且在体后侧部有狭长的条带。四肢黑色偶见褐色。头部橘黄色。第一期幼虫由于体积小而不容易被发现，在蜕化进入第二期前体长仅为3 mm。第二期幼虫体长为4～9mm。第三期幼虫的体长明显大于前两期，最长可达18 mm。幼虫的身体由12个节组成，每个节由小刺组成的条带环绕。三个时期的幼虫在外表上都类似于蛆，并且身体后部具有种属特异性的气门。幼虫的身体后端有它特殊的气门环，位于第8腹节最后的一个很深的裂缝中。两个气门环很大，且相互分离，孔缘和3个呼吸口也很大。

倍氏金蝇能引起一种特别严重的蝇蛆病。雌蝇容易被人、家畜以及野生动物的开放性伤口吸引，能够在伤口边缘或者体孔周围产大概150～500个左右的一团卵。幼虫在孵化后2 d左右就发展到第三阶段。它们深入伤口，仅可观察其尾端。整个幼虫期持续5～6 d。在热带气候条件下，蛹期持续7～9 d，环境寒冷时蛹期将延长。成虫孵化后交配，接着在一个新的宿主上定居继续它的生活史。雌虫一生只进行一次交配，这个特性对于防控倍氏金蝇具有重要意义。当生存环境非常适宜时，它们一年可以生育8代以上的后代。

【病理学】　倍氏金蝇的幼虫是严格的伤口寄生，不在动物尸体和腐烂的有机物中生长。尽管开放性伤口能够吸引雌蝇进行繁殖，仍然有部分的卵产在身体不同未损伤部位的柔软的皮肤上，特别是含有血液或是黏液的部位。当幼虫孵化后向宿主肉中深入，利用钩状的口器刮开组织和撕破完整的血管。幼虫如饥似渴地嗜血。在吸血期，蛆只有黑色的尾部留在了感染组织的外面，这样保证了幼虫的正常呼吸。在一些伤口处，蛆的数量高达300只。在未经处理的伤口中，幼虫破坏性的活动可以在短时间内引起动物死亡。继发感染兼性蝇蛆病可能为防控带来困难。

【诊断】　一些罕见的成虫及其相关幼虫的鉴定最好求教于昆虫学家。通过对典型幼虫的观察、提取和鉴定后可做最后的诊断。通常还需了解是否来自倍氏金蝇聚居地或有在流行区的活动史。如果一个伤口被怀疑感染了倍氏金蝇，需要采样并送相关蝇清理部门。

【防控】　对这种蝇类感染的治疗包括：杀灭感染组织内的幼虫，促进伤口的愈合，避免引起兼性蝇蛆病的继发感染。通过剪毛和尽量清除伤口周围的幼虫来控制病变。杀死找出来的幼虫，避免其成蛹孵化为成虫。应当尽力除去寄生在组织深处的虫体。

对于已感染的牛分别使用50、100或300 μg/kg伊维菌素相应地持续治疗6、12和14 d，可以达到100%疗效。在200 μg/kg药量治疗后，根据幼虫的日龄，有部分可能存活。对2日龄的幼虫杀灭率为100%，但对老些的虫体的杀灭效果会降低。然而，许多耐过伊维菌素治疗的幼虫未能成功发育为成虫。200 μg/kg持续保护力能维持16～20 d，大多数杀虫剂要经2～3次涂抹，在蝇类寄生的高发季节，应当对所有家畜的伤口进行良好的包扎，外科手术选择避免在蝇出没季节进行。

对倍氏金蝇的防控措施，可以利用雌虫一生只进行一次交配的特性。用辐射对蛹进行不育处理，再将不育雄蝇释放到环境中与野生雌蝇交配，就会在野外产生不育的后代。

（3）小动物的牛皮蝇蛆　黄蝇的幼虫通常能引起狼疮、牛皮瘤、兔的蝇蛆病以及啮齿目动物的蝇蛆病。这个属的蝇类幼虫能够寄生于兔子、松鼠、小鼠、大鼠、金花鼠的皮肤，偶尔还可寄生于犬和猫的皮肤上（见小动物的黄蝇感染的临床表现、诊断及治疗）。

（4）**灰色肉蝇** 灰色肉蝇学名污蝇，是引起北美洲蝇蛆病的主要病原，特别是在加拿大南部和美国北部引起肤蛆病。从新英格兰各州到阿拉斯加都能发现这种蝇类的身影，当然报道最多的地区还是加拿大东部的一些省份，以及邻近的美国的东北部几个州。所有感染报告均显示在健康动物的皮肤发生感染，特别是年幼的未破损动物的皮肤。

三期幼虫在形态上与蛆相似，并且在尾部带有种特殊的呼吸孔。孵化出的第一期幼虫体长为1.5 mm，蜕皮后进入二期幼虫体长增加到3.5 mm，三期幼虫体长为7.0～18.5 mm。虫体的身体后部狭窄，杂乱地覆盖一排排呈黑色的小刺，刺向后方。这样的身体结构能够使得幼虫更好地附着在活的组织上。幼虫口钩非常发达，体后端气门板深陷于节片边缘凹陷处。每个呼吸孔开口较宽，有明显的孔缘。

灰色肉蝇能够直接在适宜的宿主动物（特别是幼龄动物）健康的未损伤的皮肤上生育幼虫而不是产卵。幼虫刺入皮肤，形成烫伤似肿胀（疖样）。发育到具有传染性的第三期幼虫需要9～14 d。然后虫体落到地面，进入蛹期（11～18 d），根据季节和气温不同而异，寒冷气候下蛹期大大延长，试验表明可延长达7个月。虫体以蛹的形式度过寒冷的冬季。成虫破蛹后3～4 d进行交配。雌蝇在约1周后开始选址产后代，每次产6～16个幼虫。雌蝇存活35～40 d，雄蝇很少有活过3周的。

【病理学】 雌性污蝇直接将活的幼虫产至宿主动物身上或附近。通常，幼虫钻入动物未破损的皮肤，在小动物身上能钻入比皮肤组织更深的部位，甚至到达体腔。

动物受到感染首先的症状是有血浆渗出、虫体刺入部位的毛脱光。在毛稀少的动物，容易观察到中心有一个小的炎症区域，或者发现中心一边的小洞。触诊可察觉经过发展后的感染组织。在感染后第3天或是第4天，虫体长1.5～2.0 cm，能引起类似于牛皮蝇蛆在牛身上产生的脓肿样感染区。这些感染区的大小、形状、分布，以及所含有的幼虫各不相同。在感染区顶部的被毛脱落，形成一个直径2～3 mm的病变区。虫体仅在感染区留下体后部进行呼吸。无毛区通常呈圆形，并且边缘整齐。然而，如果几只幼虫同在一个感染区时，病变区的形状会有很大不同。幼虫感染量超过5只的小动物数日后将变得憔悴，皮肤干燥且失去原有光泽。

幼虫刺穿皮肤、皮下组织感染进程以及细菌继发感染能够产生强烈的刺激和炎症。感染动物试图除去幼虫或者缓解刺激的举措反而会导致病情的加重。幼龄动物可能由于精力衰竭而死。这同时也表明，幼虫可能产生毒素。污蝇能够在幼龄儿童皮肤上分离到，特别是婴儿皮肤。

【诊断】 成年灰色肉蝇是自由生活，所以不容易被畜主或兽医发现。成蝇是大型、灰色的蝇类（长约13 mm），约为家蝇的2倍大。胸腔的背部有3个纵向的条纹，腹腔的背部有3个形状规则的顺次交叠的卵圆形的黑斑。

成蝇和幼虫期的鉴定最好由昆虫学家来进行。由皮肤表面的中央无毛的肿胀可以初步诊断为由灰色肉蝇引起的蝇蛆病。经过对典型幼虫样品的提取和鉴定后作出明确的诊断。对幼虫3个阶段的详细描述和之间的联系是有用的。根据是否有在污蝇流行区居住和活动记录，可以作出初步诊断。

【防控】 必须将皮肤上的虫体清除。在肿胀处的无毛区使用重油、液状石蜡或者矿物油来隔绝寄生虫的呼吸通路。在用手术钳进行幼虫移除操作前，使用少量氯仿或乙醚处理无毛区，利于操作的顺利进行。将盐酸利多卡因注射到疖肿中同样也能促进幼虫的取出。尽管尚无破碎幼虫致敏的报道，但在除虫过程中应轻轻操作，以免虫体在该部位破碎。同时按要求使用抗生素。

这种寄生虫经常感染幼龄水貂。可在水貂的温箱中使用一茶匙的皮蝇磷可作为一种控制方法。然而，对于不到3日龄的动物应当避免使用皮蝇磷。在养殖箱周围安装带电纱网能够避免蝇类进入笼中。

（5）**非洲皮蛆蝇 [斑虻、皮肤芒果蝇、蝇蛆、嗜人瘤蝇、卡约尔蠕虫（Worms of Cayor）]** 非洲皮蛆蝇学名嗜人瘤蝇（*Cordylobia anthropophaga*），是一种非洲的能引起人和动物烫伤水疱样（疖样）的蝇蛆病的寄生虫，特别是沙哈拉以南的地区。

成蝇为非寄生，所以畜主或者兽医不易发现。这是一种粗壮而紧凑的蝇类，体长6～12 mm。虫体呈浅褐色，胸部有散在的灰蓝色的斑点，腹部后方为深灰色，头部和四肢为黄色。动物皮肤上常见的幼虫为二期幼虫和三期幼虫。

二期幼虫体形为细棒状，并在第3～8体节上不规则地分布着粗大的、向后的黑刺。与前面的体节相比，第9～11节显得光秃，仅含几行小的浅色的后刺。第12节上布满刺。第13节片界限模糊不清，无刺但是有2对短的突起。每个气管通过2个稍弯曲的狭缝打开。二期幼虫长2.5～4.0 mm。成熟的二期幼虫的大小各不相同，三期幼虫也是这样的。完全成熟的幼虫长1.3～1.5 cm。体圆柱状可见12体节。前7个体节布满向后的弯刺，后5节刺稀疏或密集。

完成受精后，雌蝇通常在有粪尿液的干燥背阴沙土上产100～500个香蕉状卵。卵从不产在宿主的皮肤上。在1~3 d后，卵孵化，最初的幼虫长0.5~1.0 mm。幼虫为等待宿主能独立生活达15 d，而侵入宿主只需25 s。而后，幼虫在真皮和皮下组织中的洞中定居。这洞通过中心气孔与外界相通，对应的就是幼虫尾端的气门。洞中只有一个幼虫，逐渐发育成一期幼虫和二期幼虫。幼虫需7~15 d发育可成熟，通过气孔出现，落回地面进行化蛹。10~20 d后成蝇出现，重新开始生活史。

大鼠和犬是最常见的终末宿主，但人、小鼠、猴、猫鼬、松鼠、豹、野猪、羚羊、猫、山羊、猪、兔、豚鼠与雏鸡也能被感染。

【病理学】　临床上，通过幼虫钻入后2~3 d引起的一个小的红斑丘疹的这个特征来判断是否感染。在2~3 d这个丘疹会不断扩大直到变成一个类似于脓肿（疖子）样结节，因此被称为疥疮样蝇蛆病。在结节的中心有一个气孔，通过这个气孔渗出浆液，浆液可能是带血的或带脓的、含有幼虫的排泄物。

有薄而柔软皮肤的犬比厚皮犬更适合成为幼虫的宿主，供幼虫生长发育。首选的寄生部位是四肢、生殖器、尾和腋窝。在流行地区，犬的轻微感染不会引起严重的临床疾病。大面积的感染，特别是在幼虫紧密排列时，可能会产生明显的脓肿和水肿。幼虫能够深入组织中，导致严重的损害甚至引起死亡。

【诊断】　出现中央有开口的皮肤脓肿，可以初步诊断为由非洲皮蛆蝇引起的蝇蛆病。在通过对典型幼虫的提取及鉴定后，可作出准确的诊断。成蝇及其幼虫的鉴定最好求教于昆虫学家。

一般通过了解是否有在非洲皮蛆蝇的聚居地或者流行区的活动史来作出初步诊断。然而，在无此种寄生虫的地区，一些旅游者和伴侣宠物身上也发现过非洲皮蛆蝇。

【防控】　通过用一层厚的黏性的药膏（如重油、液状石蜡、橡皮膏或矿脂）覆盖气孔可消除幼虫。封闭气孔能够使幼虫缺氧，小洞中也形成缺氧的环境。在感染处的边缘进行轻微地按压也有利于取出幼虫。

盐酸利多卡因注射到感染的组织中，有利于使用小型的手术钳来清除幼虫。活虫通常不适用于外科取虫，但是可以清理死亡或腐烂的虫体。尽管还没有破碎虫体引起过敏的相关报道，在除虫过程，易谨慎操作以免幼虫在该位置破碎。术后需要按要求使用抗生素。

室内发现成蝇应当杀灭。在动物进入室内前应当杀幼虫。所有大鼠应被杀灭并焚烧。依靠对动物住所的定期清洁、消毒来防止感染。对一些比较昂贵的动物（如安哥拉兔），可用电网防治蝇类进入兔笼。

由于成蝇喜欢在有尿液或粪便的沙土中产卵，可以通过及时清理宠物的粪便及用泥土覆盖排尿处，而对宠物的生活环境进行防控。

3. 假蝇蛆病　在假蝇蛆病中，双翅目幼虫被意外摄入并在动物的胃肠道中被发现，但是这些幼虫在胃肠道中不能进行正常的发育。兼性蝇蛆病的蝇类幼虫在犬和猫伤口处或是毛上感染时，动物通过舔舐或梳毛常经口摄入感染幼虫。这些幼虫通过消化道并未被消化，在粪便中排出。犬或猫误吞下含有蛆的污物，又将未消化的蛆排出到外环境中，在外界犬或猫的粪便中也可能出现这些双翅目幼虫。

假蝇蛆病也可能发生在用不新鲜的粪便样品做寄生虫检查时。引起兼性蝇蛆病的成蝇在这些粪便中产卵，幼虫就此发育。

尾蛆蝇（*Eristalis tenax*）、大鼠尾蛆，出现在奶牛场边的水渠中。可能与粪液和未及时清理的粪便有关。这种幼虫被称为大鼠尾蛆，呼吸气门位于体后类似虹吸管的长长的呼吸管顶端。许多农户误以为这些蛆是由奶牛所排泄。成虫为非寄生类、自生生活蝇类。

五、皮肤蠕虫
（一）皮肤柔线虫蚴病

马皮肤柔线虫蚴病［夏疮（Summer sores），杰克疮（Jack sores，Bursatti）］是由旋尾目胃线虫的幼虫引起的一种马科动物皮肤病。当幼虫从蝇中孵化出，以先前存在的伤口或者外生殖器或眼睛的分泌物为食。幼虫在组织内移行刺激组织，引起肉芽肿反应。慢性病程且需要长期才能治愈。诊断可依据不能治愈的、微红棕色、干酪性肉芽肿增生。幼虫的识别可通过其尾部的刺状凸起，有时可见于刮取病灶中。目前人们已尝试过许多不同的治疗方法，但都没有明显的效果。使用杀虫剂对症治疗有一定效果，而有机磷酸酯类的杀虫剂用于已曝露伤口的皮肤可以杀死幼虫。手术切除或者灼烧过多肉芽组织可能是必要的。伊维菌素（200 μg/kg）治疗已经取得一定的效果，虽然有可能病变会暂时恶化（大概是幼虫垂死而引起的反应），但预后将自发愈合。莫西菌素在400 μg/kg的剂量时对胃中的柔线虫（*Habronema* spp.）有效。控制蝇类宿主和定期堆积粪便发酵，再结合驱虫治疗可以减少发病率。

（二）龙线虫感染

标志龙线虫（*Dracunculus insignis*）主要见于浣熊、貂和其他动物（包括犬）腿部的皮下结缔组织，在北美和世界上其他地区均有分布。雌虫（≥300 mm）明显长于雄虫（大约20 mm）。雌虫引起宿主皮肤溃疡，并通过其前端伸出接触水。雌虫产下典型的具有细长尾巴的幼虫。剑水蚤（*Cyclops sp.*）是该虫的中间宿主，幼虫在其体内发育到感染性阶段。犬通过摄入受污染的水或者转主宿主（青蛙）被感染。可见皮下蛇纹状炎症管道与未愈合的火山口状皮肤水肿性溃疡。感染较罕见，但是偶尔可以在小湖、浅层积水处附近的动物身上发现。治疗需要谨慎，缓慢取出寄生虫，使用miridazole或者苯并咪唑化合物可能有效。

麦地那龙线虫（*D. medinensis*）分布于非洲、亚洲及中东。虽然该虫主要宿主是人类，但也可见于犬和其他动物。

（三）油脂线虫病

施氏油脂丝虫（*Elaeophora schneideri*）是长耳鹿和黑尾鹿的寄生虫，分布于美国的西部和西南部以及内布拉斯加州，也一直存在于南部和东南地区的白尾鹿中。成虫长60～120 mm，一般存在于颈动脉或者上颌骨动脉中。微丝蚴约长275 μm，宽15～17 μm，通常存在于前额和面部的毛细血管中。在其中间宿主马蝇［牛虻属（*Tabanus*）和驼背虻属（*Hybomitra*）］中发育需要大约2周。马蝇采食时感染性的幼虫侵入宿主，迁移至软脑膜动脉，经历大约3周发展成为不成熟的成虫。这些成虫逆行停留在颈动脉继续生长。6个月达到性成熟并开始排出微丝蚴。成虫的生命周期是3～4年。

【临床表现】 长耳鹿和黑尾鹿的临床病例未见报道，因此被认为是保虫宿主。但当马蝇将感染性的幼虫传播于麋鹿、驼鹿、家养的绵羊和山羊、梅花鹿或是白尾鹿，幼虫在脑膜动脉中生长，引起脑组织缺血性坏死，导致失明、脑损伤和猝死。这些动物失明的典型特征是在眼睛屈光间质混浊（也称做视觉缺失）。

家养的绵羊和山羊尤其是1岁左右的羔羊，可能会在感染3～5周后突然死亡。初期表现为不协调，转圈，往往伴随抽搐及角弓反张。大脑和脑膜动脉中出现许多血栓。在血栓处有1个或多个未达到性成熟的施氏油脂线虫。如果绵羊和山羊在早期感染中幸存，在6～10个月后会在前额和面部出现血疱疹（头疮），病部偶尔会在腿、腹部和脚上。这些病斑是对停留在毛细血管中的微丝蚴产生过敏性反应所致。病斑能持续3年，具有间歇性不完全愈合，而后可自然恢复。寄生部位的表皮会出现皮肤增生及过度角化病（因此该病又称做丝虫皮肤病）。

【诊断】 鉴别诊断包括与多头蚴病（见绦虫）和大脑皮层坏死以及肠毒血症区别。只有在流行地区的夏季发现羊类似发病的情况时才能考虑有施氏油脂线虫病。通常诊断主要是通过尸检绵羔羊、山羔羊和1岁大的麋鹿或犊牛。阳性病例能在颈动脉、内部的上

颌骨、脑和脑膜动脉中发现许多的血栓和寄生的虫体。在成年羊中假定诊断应依据病斑类型的位置和病史。诊断时应把病斑同溃疡性皮肤病区分开。通过病变组织中的微丝蚴和动物尸体中的成虫得到确诊。病变皮肤活体组织检查可将其常温浸泡于生理盐水中6 h，待皮肤拉紧后可检查液体中是否存在典型的微丝蚴。

【治疗】 口服哌嗪盐（220 mg/kg，）有效，完全治愈需要18～20 d。由该虫引起的脑部的病症无治疗方法。

（四）盘尾丝虫病

目前在美国确认的盘尾属（*Onchocerca*）有3个确定种，其余的种尚存争议。3个种分别为：颈盘尾丝虫（*O. cervicalis*）寄生于马科动物的项韧带，也可能在其他部位，黄羊盘尾丝虫（*O. gutturosa*）寄生在牛的项韧带，脾盘尾丝虫（*O. lienalis*）寄生于动物的胃脾韧带。成虫与结缔组织相连，虫体非常薄，长3～60 cm。已在真皮层发现微丝蚴，极少数情况下可见于外部循环血液中。微丝蚴无鞘，长200～250 μm，有尖细的尾。库蠓（*Culicoides spp.*）是颈盘尾线虫的中间寄主，蚋（*Simulium spp.*）是黄羊盘尾丝虫和脾盘尾丝虫的中间寄主。

【临床表现】 颈盘尾线虫与马的鬐甲瘘和项韧带炎、疱疹炎和葡萄膜炎有关。但通常在正常的马匹也可见大量的这种寄生虫，所以该虫发病机制还存在争议。

成虫寄生在项韧带，引起从急性水肿坏死到慢性的肉芽肿等一系列炎症反应，导致明显的纤维化和钙化。钙化囊肿在老龄马更为常见。虽然在病灶的部位推测可能与死亡虫体相关，但通常认为项韧带炎和鬐甲瘘不是由颈盘尾线虫感染所引起。

微丝蚴在马腹中线皮肤处聚集。无论马有无皮炎症状，均可以在面部、颈部、胸部、肩隆、前腿、腹部找到大量虫体。这些病斑会有瘙痒，经常出现溃疡、局部皮肤脱落、褪色。皮炎可能是对微丝蚴产生免疫学抵抗反应而表现出来。虽然这些病变的发病机制尚不清楚，而微丝蚴的驱杀治疗药物却取得很大进展。对蝇类咬伤的过敏性反应，可造成类似的症状或加剧微丝蚴造成的皮炎。因此，盘尾丝虫导致的皮炎可根据抗微丝蚴驱杀效果进行治疗诊断。

微丝蚴可蓄积于马的眼中，但不是所有的观点都认为，微丝蚴与马葡萄膜炎以及其他眼部病变存在明显的相关性。

【诊断】 诊断的最有效的方法是通过皮肤活体组织检查，穿刺厚度（≥6 mm）最好，将组织切碎后在生理盐水中浸泡数小时。在去掉皮肤碎片后进行富集

并用新美蓝（new methylene blue）染色显微镜下观察微丝蚴，根据其无鞘的特征与在牛和马血液中发现的有鞘的腹腔丝虫（*Setaria* spp.）微丝蚴加以区别。

【治疗】　对于成虫无有效的治疗方法。伊维菌素（200 µg/kg）和莫昔克丁（400 µg/kg）对微丝蚴的驱杀效果可达99%以上，可显著改善马的盘尾线虫皮炎。一小部分感染颈盘尾线虫的马在治疗后的1～3 d时有明显腹正中线水肿。眼部病变也可见报道。这些反应通常是自行消退，但必须对症治疗。

（五）副丝虫感染

1. 牛副丝虫　丝虫寄生在牛体上，导致其皮下受损类似于瘀伤。也有报道水牛发病。丝虫呈白色，性成熟的雌虫长50～65 mm，雄虫长30～35 mm。分布于亚洲（菲律宾、日本、俄罗斯、巴基斯坦、印度），欧洲（保加利亚、罗马尼亚、法国、瑞典），非洲（摩洛哥、突尼斯、卢旺达、布隆迪、南非、纳米比亚、博茨瓦纳、津巴布韦）等地。曾在从法国进口到加拿大的牛身上检获此虫，但在美洲大陆已经确定不存在牛副丝虫，同时也没有来自澳大利亚的报道。

已确认，副丝虫感染是造成南非和瑞典牛肉产业巨大经济损失来源之一，尽管两地的气候存在差异。该病主要发生在非洲南部的稀树草原地区，而在瑞典面临的问题是牛圈养越冬后到来年春天放牧时出现的大规模暴发。

【临床表现】　感染牛仅有的外部症状是皮肤局灶性出血（出血点），渗出一段时间后与黏附被毛结痂形成血污。出血点是由雌性蠕虫所引起，这导致小结节的形成，穿过皮肤，虫卵随着伤口中央的血液流出，这微小的卵中含有一期幼虫（微丝蚴）。在北半球和南半球，出血点呈明显的季节性变化，常见于春季和初夏，大多数出现在动物的背部，尤其是在后躯。

无脊椎动物宿主是面蝇，隶属蝇属（*Musca*）家蝇亚属（subgenus *Eumusca*），其在出血点吸血的同时摄入卵。在瑞典的秋家蝇（*M. autumnalis*）已被确定为宿主，南非的长突家蝇（*M. lusoria*）和黄黑家蝇（*M. xanthomelas*），亚洲的中亚家蝇（*M. vitripennis*）都已被确定为该虫的重要宿主。摄入的虫卵在蝇中发育成有感染性的第三期幼虫需要10～12 d。此时蝇通过吮吸伤口、副丝虫导致的流血点及眼睛分泌物时将可能传播该病。

由于季节性出血和皮肤结节，据报道，在印度严重感染牛副丝虫，可损害公牛的生产力。对于肉牛养殖的国家而言，更重要的是副丝虫对皮下组织造成损伤。受感染的动物尸体显示出无规则的水肿和似瘀青苍黄病变。这些通常出现于肉的表面，但偶尔发生在肌肉深层。这些病变在春季和夏季尤为严重。

去除病变部位的肉产品感官不佳，品质下降。在严重的情况下，胴体可能报废。公牛比阉牛病变更为普遍和严重，而阉牛比雌性牛的影响轻微。

【诊断】　季节性出血斑，有时会与荆棘、电线造成的刮擦以及蜱或蚊虫叮咬引起的症状相混淆。鉴别时应将新鲜或干的血置于试管中与水混合离心。显微镜下检出沉淀物中的特征性虫卵可确诊。

该病的胴体病变可通过抹片后进行吉萨姆染色，观察若呈现大量嗜酸性细胞可区分普通擦伤。此外，受感染的组织有典型的金属异味。

通常情况下，只有少数的蠕虫存在于受感染的尸体，由于它们的颜色和伴随的炎性反应使得虫体很难被发现。感染的组织可以孵育在温盐水中，帮助虫体复苏，从而能够检测出虫体。目前针对检测牛副丝虫抗体的ELISA试剂盒已研制成功。

【防控】　皮下注射伊维菌素（200 µg/kg）或硝碘酚腈（20 mg/kg）可降低副丝虫数量并减少病变面积。至少需要动物屠宰前70～90 d进行处理，以保证足够的时间消除病变。治疗与屠宰间隔时间不得超过120 d，因为这样可以避免幼虫成熟后诱发新的病变。

在瑞典，人们尝试使用给家畜佩戴拟除虫菊酯浸渍耳标来驱蝇的方式，起到了良好的控制作用，减少了75%的副丝虫病变。一地区所有牛都佩戴耳标可有效控制寄生虫总量。利用合成拟除虫菊酯的剩余活性，可有效减少副丝虫的传播。

对进口动物采用ELISA方法进行筛选，以防止疾病被引入到未受影响的国家，或联合使用杀虫药及驱虫药，以消除新的感染源。

2. 多乳突副丝虫　多乳突副丝虫（*P. multipapillosa*）在世界各地的马的皮下组织中均有发现，在俄罗斯大草原和东欧地区尤为多见。该虫种的大小、外观、生活史与牛副丝虫相似。已确认，黑角蝇（*Haematobia* spp., 吸血）是无脊椎动物的宿主。

在春夏两季，虫体引起的头部和前部皮肤结节。虫体寄生后导致皮肤血液瞬间持续渗出（"血汗症"），然后消退；其他出血结节的形成依据虫体移行的位置来决定。偶尔可见结节化脓。结节和出血有碍观瞻，同时影响安装马具，但一般认为是无关紧要的。临床症状是特征性的夏季出血。目前，还没有令人满意的治疗方法，但可通过灭蝇来减少发病。

（六）类圆小杆线虫皮炎

这是一种罕见的、非季节性急性皮肤病，是由独立生活的腐生线虫——类圆小杆线虫（*Pelodera strongyloides*）的幼虫侵入动物皮肤所引起。幼虫普遍存在于腐烂的有机物和潮湿的土壤表面，偶尔营寄生生活。宿主通过直接接触含有感染性幼虫的物质如潮湿、污秽的草垫而受到感染。健康的皮肤一般不会感染，患皮肤病或处于皮肤受潮的条件下，如经常接触到泥浆或潮湿的草垫，会有利于幼虫的入侵。类圆小杆线虫皮炎在犬、牛、马、绵羊、豚鼠和人类均有报道。

通常情况下，病灶仅限于与感染源接触的部位，如四肢、腹侧的腹部和胸部，以及会阴部。受影响的皮肤呈现红斑和局部或完全脱毛，同时伴有丘疹、脓疱、结痂、糜烂或溃疡等症状。有剧烈的瘙痒症状，但有时不明显。鉴别诊断包括蠕形螨、犬疥疮、脚气及皮肤病，其他罕见的皮肤幼虫感染，如钩虫性皮炎、犬心丝虫、棘唇虫病和类圆线虫病。

在受感染部位的皮肤碎屑中一旦找到活的、运动的类圆小杆线虫幼虫可确诊。幼虫呈圆柱形，大小约为600 μm × 38 μm。皮肤的组织病理学检查可在毛囊和真皮浅层找到幼虫，通常是该处皮肤呈现真皮炎症浸润。幼虫易于在25℃血琼脂平板上培养。

治疗方法主要包括拆除和摧毁潮湿、受污染垫料，同时把动物转移到干净、干燥的环境中。通常情况下，感染动物会自愈。也可用杀虫剂每周至少2次患处滴药或喷洒。若瘙痒严重可以短期使用皮质类固醇。

（七）牛冠丝虫病

斯泰尔冠丝虫（*Stephanofilaria stilesi*）是一种小型的寄生丝虫，引起沿牛腹中线的局限性皮炎即牛丝虫性皮炎。据报道，此病常见于整个美国，西部和西南部尤为常见。成虫长3～6 mm，通常寄生于仅靠表皮下方真皮处。微丝蚴长50 μm，被封闭在一个球形的、半硬质的卵黄膜中。斯泰尔冠丝虫的中间宿主为雌性角蝇，即扰血蝇（*Haematobia irritans*）。角蝇进食时摄取微丝蚴，经2～3周发育成感染性三期幼虫，然后通过角蝇再进食将幼虫传入宿主皮肤。

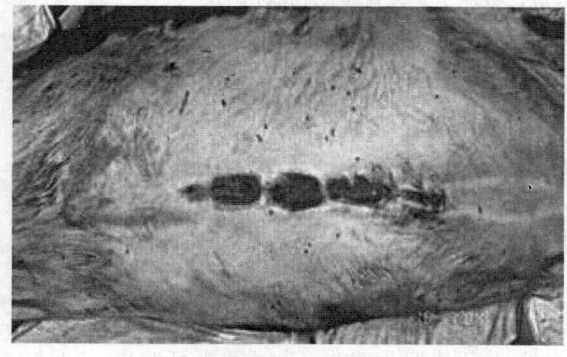

图7-11 冠丝虫性皮炎
（由Sameeh M. Abutarbush 博士提供）

皮炎沿腹正中线发展，通常介于胸部及脐部之间的体表。随着反复裸露，病变发展，病灶一直到肚脐的后部。急性病变被渗出的血液或浆液性渗出物覆盖，而慢性病灶光滑、干燥，没有被毛。虫体寄生的部位往往出现角化过度或角化不全。

通过生理盐水浸泡深层皮肤碎屑并用显微镜可检出成虫或微丝蚴。微丝蚴可通过大小与脾盘尾丝虫（*Onchocerca lienalis*）、黄羊盘尾丝虫（*O. gutturosa*）和腹腔丝虫（*Setaria* spp.）区别，该虫种的微丝蚴更大（200～250 μm）。类圆小杆线虫（*Pelodera strongyloides*）是一种小的自由生活线虫，偶尔与潮湿的浅表性皮炎有关。杆状食管的类圆小杆线虫（*P. strongyloides*）是其独有的。

对于斯泰尔冠丝虫目前没有治疗方法，但外敷有机磷（敌百虫6%～10%，连续或间隔7 d）已被证明对冠丝虫属下其他虫种有较好的效果。据报道，伊维菌素对查希尔冠丝虫（*S. zaheeri*）的微丝蚴有抗虫效果。

六、虱

虱是许多家畜体表的专性寄生虫，包括食毛亚目（Mallophaga）的咀嚼式虱和血虱亚目（Anoplura）的刺吸式虱。许多作者把咀嚼式虱和刺吸式虱都归为虱目。虱生活在宿主动物的表皮、被毛或者羽毛中，依靠动物相互接触进行传播。在温带地区凉爽季节虱很多，夏季则难发现。大多数虱具有严格的宿主特异性，1种虱只寄生于1种或者数种亲缘关系近的动物，血虱亚目的虱主要寄生于哺乳动物，而食毛亚目的虱能寄生于哺乳类和禽类动物（见禽类体外寄生虫）。

【病原】 虱体无翅，扁平，长2～4 mm。足末端有爪利于在毛发或羽毛上黏附和移动。食毛亚目的虱有一个咀嚼式口器，它们依靠宿主的表皮残骸为食，包括皮肤鳞片、分泌物以及头皮屑。虱子的口器有助于虫体黏附在宿主体表上。食毛亚目虱子的头部比前胸要宽，血虱亚目以血为生，当它们不吸血时，口器上的刺可以缩进头部。

在哺乳动物宿主的身体上，虱卵或者幼虱黏附在靠近皮肤的毛发上，虱卵呈灰白色，透明，亚圆形。虱的若虫有三龄，体型都小于成虫，不同龄的若虫习性和外貌相似。一般完成整个发育史需3～4周，不同种之间有差异。

在适宜的温度下，牛可能感染食毛亚目1个种（牛虱或牛毛虱）和血虱亚目的3个种，即长鼻牛虱（狐额虱，*Linognathus vituli*）、小蓝牛虱（水牛盲虱，*Solenopotes capillatus*）和短鼻牛虱（阔胸血虱，*Haematopinus eurysternus*）。对于牛来说，虱子的感染

图7-12　牛皮肤上寄生的牛毛虱、牛虱
（由Dietrich Barth 博士提供）

很普遍，尤其青年牛可感染多种虱子。虱常寄生在牛的背部，特别是从牛的头部到尾部的脊梁。小蓝牛虱常聚集寄生于牛头部和面部，一直延伸到肉垂处。短鼻牛虱寄生于从眼到垂肉的前半部分，一直延伸到躯体的前半部分。长鼻牛虱可寄生于多种动物，并与其他虱子共同寄生。感染早期，虱子聚集成群，数量增多后可扩散到宿主全身。

牛尾虱（四孔血虱，*Haematopinus quadripertusus*）是一种热带刺吸式虱，广泛分布于亚热带地区（包括美国的加利福尼亚、佛罗里达和海湾地区）。成虫和卵可发现于牛尾，若虫可存在于牛全身，包括会阴部和外阴等。牛尾虱常寄生于欧洲牛和瘤牛。

小瘤血虱（*Haematopinus tuberculatus*）常见于亚洲水牛。这种虱子在世界上许多地区的牛之间相互传播它能够在热带气候环境下寄生于牛体。它经常寄生在牛的背部和后肢，虫卵一般寄生于宿主的颈部、肩部以及前腿等处。

马和驴可受到2种虱子的感染，包括驴血虱（*Hae-matopinus asini*）和马毛虱（*Damalinia equi*），这2种虱子呈世界性广泛分布。通常，驴血虱寄生在额发和鬃毛的基部，尾基部周边也可发现。马毛虱则喜欢在马体的细绒毛上产卵，经常发现于颈部的两边、尾巴两侧以及基部。

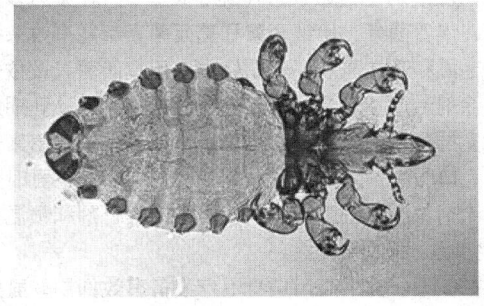

图7-13　马吸血虱
（由Dietrich Barth 博士提供）

圈养猪仅感染一种虱子，即猪血虱（*Haematopinus suis*）。这种毛虱较大，长5～6 mm，广泛分布在世界圈养猪的体表。若虫通常寄生在猪耳内深处、耳背、颈部褶皱处、腿部内侧及躯体内侧。猪血虱的所有发育阶段多见于躯体皮肤的皮屑下面。

绵羊能感染羊毛虱（*Damalinia ovis*）、3种吸血虱绵羊足虱（足颚虱，*Linognathus pedalis*）、面虱、体虱（绵羊颚虱，*Lovillus*）和非洲蓝虱（非洲颚虱，*L. africanus*）。在美国以外的地区，羊毛虱（*Damalinia ovis*）也被称为羊体虱。羊足虱的命名是因为除大量感染时，其寄生仅限于羊腿部有毛处。面虱常发现于羊体有毛的皮肤处。随着虱数量的增加，它们可扩散到羊体的其他部位。非洲颚虱常聚集寄生于羊体的两侧，大量寄生时造成羊毛产量下降。非洲颚虱除了寄生于绵羊外，有报道称还能感染山羊和一些品种的鹿。

非洲颚虱为山羊吸血虱，常见于短尾羊和安哥拉山羊。全世界多处有绵羊感染该虱的报道。非洲颚虱体较长，寄生在山羊后肢和背部长毛区。山羊较少见严重感染该虱。山羊毛虱（*Damalinia caprae*）常寄生于短毛山羊。粗足毛虱（*D. crassipes*）和具边毛虱（*D. limbata*）对安哥拉山羊的危害严重。

偶尔感染犬吸血虱：棘颚虱（*Linognathus setosus*）、犬毛虱（*Trichodectes canis*），很少感染有刺异端虱（*Heterodoxus spiniger*）和其他咀嚼式虱子。棘颚虱和犬毛虱也能寄生于多种野生犬科动物。犬若疏于管理或者体质差会严重感染棘颚虱，该虱更偏爱寄生于长毛犬。犬血虱更喜欢寄生在宿主的头部、颈部和尾部，有时也寄生在犬伤口和身体开口处。幼犬和老龄犬多见严重感染犬血虱。感染犬通过摩擦、啃咬和抓挠患处会造成皮毛粗糙，暗淡无光泽。犬血虱作为犬

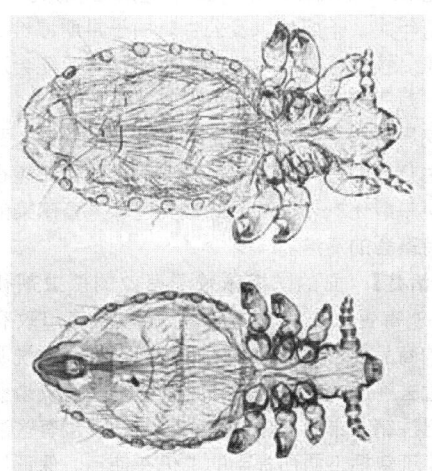

图7-14　犬吸血虱。上图为雌性，下图为雄性
（由Dietrich Barth 博士提供）

绦虫的中间宿主,这种绦虫能感染猫、狐狸,偶尔感染人。有刺异端蚤最初是有袋类动物的寄生虫,后来通过传播给澳洲野犬,最后到达家养犬。这种寄生虫在北美地区稀少。尽管这种蚤虫分布广泛,但其趋向于寄生在温暖的环境和在一些体质弱的犬感染更加严重。有刺异端蚤同时也是犬绦虫和隐存双瓣丝虫的中间宿主。

猫毛虱(*Felicola subrostrata*)是一种咀嚼式虱,偶尔寄生于猫。此虱常见于不能自理的老猫和一些长毛猫。

【临床表现与诊断】 虱病主要引起瘙痒和皮肤的刺激性反应,在感染部位引起刮伤、摩擦、啃咬。一般家畜感染虱子后呈现出全身性生长发育不良,被毛粗糙,产量下降。严重感染时,动物感染部位脱毛,局部出现伤痕。特别是感染血虱会导致动物贫血。羊感染血虱后,其摩擦部位和抓痕部位常会导致羊毛纤维断裂,使剪下的羊毛在该处呈"被抽出"的现象。犬感染后,皮毛变得粗糙干燥,如果感染量大,毛变得无光泽。血虱的寄生部位会出现伤口引发微生物感染。虱持续爬行、刺入或者叮咬会造成宿主神经过敏。

虱病的诊断基于虫体的存在。查虱时,将被毛扒开,室内借助光源查看接近皮肤处的被毛是否有病原存在。大动物应检查面部、颈部、耳部、垂肉、眼盖及尾部处的皮毛。特别是对羊做病原检查时不能忽略其面部、腿部、足部和阴囊处。对于小动物,容易观察到虱卵。当发现动物的皮毛无光泽,偶尔可见到虫体聚集寄生。毛虱活跃,能见其在宿主毛发间移动。吸血虱移动缓慢常见其口器嵌入宿主皮内。

家畜的虱病多见于冬季,夏季感染量降低。宿主同时感染咀嚼式和刺吸式虱子时危害较大。在奶牛群,青年牛、干奶牛以及公牛,由于早期漏检导致严重感染。犊牛感染后可能会死亡,孕牛可能会流产。因此,对于虱病的治疗亟待提高。

病原传播常发生在宿主之间的相互接触。虱子脱离宿主几日即可死亡,但是脱离宿主的虱卵能在温暖的环境中孵化2~3周。因此,要消除家畜感染的前提是保持畜舍的清洁。

【治疗】 虱的防控依赖于有效的杀虫剂和药物(见杀外寄生虫药和驱虫药)。用户要使用政府批准注册的商品药,用药时需阅读和遵循产品的说明。在美国过去注册的一些药品,特别是一些有机磷酯类的药物已注销,市面上依法禁止销售。但也有些注销的产品(不包括下面所提到的)仍在使用。保证使用没有被注销的特定的处理药物,是用户的责任。药物被分类并限制使用,仅限于一些被授权的使用人或由他

们直接监管的个人可以购买。使用时用户需要注意药物标签上提到的动物年龄和品种。针对部分难治的害虫,一些药物产品的标签直接就标明了用药2周。

少数药物可用全身喷洒的方式控制虱子的感染。一种轻便的、雾状药物可能起效果,其他的药物需要打湿动物皮毛。

对奶牛和奶山羊来说,零残留到超低残留的杀虫剂才可用于治疗虱病。控制这些奶畜的虱子感染可应用氯菊酯喷雾剂。另外,治疗奶牛的虱病可用氯菊酯喷雾剂协同增效醚,蝇毒磷,杀虫畏,杀虫畏加上敌敌畏和双甲脒增强杀虫效果。一些用于治疗肉牛的药物也可以用于未达到繁殖年龄的奶牛。在对奶牛治疗时必须遵守适当的休药期。肉牛、绵羊和猪可以通过喷洒蝇毒磷或者氯菊酯进行治疗。双甲脒、亚胺硫磷、杀虫畏喷雾剂可以用于治疗肉牛和猪的虱病。氯菊酯协同增效醚,蝇毒磷,杀虫畏,杀虫畏加上敌敌畏和双甲脒,可用于奶牛和肉牛虱病的治疗。氯菊酯结合增效醚的喷雾剂可用于绵羊虱病的治疗。马的虱病可用氯菊酯或者除虫菊酯喷雾剂治疗。

由于需要减轻对治疗动物的压力,通过全身或非全身的药浴是最常用的方法。肉牛、泌乳奶牛和干奶牛、绵羊、猪以及不泌乳的山羊,可应用氯菊酯药浴的方法控制虱虫病。经常用氯菊酯结合增效醚一起使用。对于马虱的控制可以用氯菊酯、氯菊酯加二氟脲以及除虫氯菊酯涂抹皮毛的方法。因为市面上销售的涂抹剂的有效成分含量一般为1%~10%,所以使用时弄清楚含量对动物的治疗至关重要。一种添加有增效醚的氯菊酯涂抹剂也可用于肉牛、泌乳奶牛和干奶牛以及绵羊虱的控制。氟氯氰菊酯涂抹剂,氯菊酯加二氟脲和多杀菌素涂抹剂可应用于肉牛、泌乳奶牛和干奶牛虱病的治疗,但是λ-三氟氯氰菊酯仅能用于肉牛虱病的治疗。双甲脒涂抹剂可用于猪虱病的治疗。几种全身性抗寄生虫化合物,如大环内酯类,作为外用涂剂能有效杀死牛虱及其他体内和体外寄生虫。由于这些成分能有效杀死牛蛆,应加强预防以避免虫体降解诱发的宿主过敏反应(见牛皮蝇蛆)。泼洒多拉菌素、埃普菌素、伊维菌素和莫西菌素都能有效杀死肉牛毛虱和吸血虱。泌乳期奶牛应用莫西菌素及依普菌素涂剂治疗。但是,禁用全身性药物治疗泌乳期奶牛。多拉菌素和伊维菌素也可用作针剂,伊维菌素也可作为口服片剂。然而,针剂和片剂在治疗毛虱时效果较涂剂差。多拉菌素针剂、伊维菌素针剂和预混剂治疗猪吸血虱效果较好。

在冬天,肉牛可用随身治疗设备有效抑制壁虱感染,如杀虫剂耳标、药粉和背部胶带或加油器。杀虫剂耳标有的只有1种有效成分,有的则是混合一系列

有效成分（比如毒死蜱、二嗪农、硫丹、λ－三氟氯氰菊酯、氯菊酯、z-氯氰菊酯，通常添加PBO）来治疗或辅助治疗牛羽虱和吸血虱。一些药粉袋只含有1种有效成分，另一些则含有多种有效成分。尽管多数集尘袋允许用于治疗肉牛壁虱，但都不能用于治疗泌乳期奶牛的壁虱感染。含z-氯氰菊酯的粉剂可控制泌乳期或干奶期的奶牛及肉牛、山羊、绵羊和马虱的数量。蝇毒灵、氟氯氰菊酯、四氯乙烯磷和苄氯菊酯粉剂，可有效减少肉牛及奶牛感染壁虱的数量，蝇毒灵、苄氯菊酯和四氯乙烯磷粉剂可用于猪。马壁虱感染通常用蝇毒灵粉剂治疗。对于猪的较严重感染，可用药物粉剂对猪垫料进行消毒。

许多产品如洗发液、喷雾和粉剂都能有效控制宠物昆虫感染，但却很少提及到对壁虱的控制。可用苄氯菊酯和含PBO的除虫菊酯治疗犬。猫用高效除虫菊酯。高剂量的伊维菌素能有效治疗壁虱感染，但不建议用于犬。一些局部外用涂剂治疗犬猫跳蚤的方法也可用于治疗壁虱。这些药物通常在动物的肩胛间进行一点或多点涂抹。吡虫啉、吡虫啉加苄氯菊酯、吡虫啉加莫西菌素可用于治疗犬壁虱感染。氟虫腈加烯虫酯可用于治疗犬猫羽虱。吡虫啉和吡虫啉配合莫西菌素可用于猫羽虱的治疗。

在许多国家，一些监管机构对家畜杀虫剂的使用和药物残留，都有着严格的规定和限制，如果这些法规有变更，相关的地方法律和规范都要有明确的规定。治疗肉用家畜及奶畜的药物，要按照药物产品的说明严格使用，药物说明中的注意事项应认真阅读。

七、疥癣

（一）牛疥癣

1. 疥螨病 疥螨病是一种十分广泛的寄生虫病，经由直接或间接接触传播。牛疥螨（*Sarcoptes scabiei var bovis*）已报道可传染给人。感染初期，头部、颈部和肩部先出现损伤，之后可扩散至身体其他部位，伴随强烈的瘙痒。感染后出现丘疹，皮肤逐渐增厚并形成大块痂皮覆盖物。在6周内可扩散至全身。临床诊断可通过皮肤深层刮样、皮肤活体组织检查或进行治疗性诊断。治疗方法与痒螨病相似。

2. 痒螨病 已有病例报道绵羊痒螨（*Psoroptes ovis*），但并不传播给人。在美国中部至西部各州的牧场及肉牛场均发现本病。规模较大的暴发见于得克萨斯州、新墨西哥州、俄克拉荷马州、堪萨斯州、科罗拉多州和内布拉斯加州。通常剧烈瘙痒先开始于肩膀和臀部，继而出现丘疹、痂皮、表皮脱落和苔藓斑。病变可波及全身，严重病例多继发细菌感染，消瘦、产奶量下降并易并发其他疾病。不经治疗的犊牛会死亡。

治疗方法包括喷雾或药浴，局部外涂非全身性杀螨剂，或口服、局部外用及皮下注射全身性药物。喷雾疗法虽然耗时，但应用于治疗小型畜群痒螨十分有效，药浴虽然效果很好，但成本较高且操作复杂（耗费较大水量来冲洗废液）。在美国，通常用0.5%～0.6%的毒杀芬喷剂（休药期28 d），0.3%的蝇毒灵喷2 d（无休药期），0.20%～0.25%的亚胺硫磷喷2次（含休药期共21 d），或者2%的热石硫合剂喷3次（无休药期）作为喷雾疗法。在美国以外，还有很多其他喷剂，比如0.1%的辛硫磷、0.075%的二嗪农和0.025%～0.050%的双甲脒。间隔10～14 d重复喷药，只有石硫合剂被注册登记允许用于泌乳牛。局部外用氟氯苯菊酯（2 mg/kg，间隔10 d重复1次）在美国以外的其他地方应用广泛。200 μg/kg的阿维菌素类针剂（伊维菌素和多拉菌素）和米尔贝霉素（莫西菌素）可用于治疗痒螨和疥螨（泌乳牛除外）。尽管1次用药即可见效，牛则最好在治疗后隔离2周。依普菌素剂量在500 μg/kg时作为外用涂剂效果显著，可用于杀灭疥螨（无休药期）。最新研究出一种多细菌素长效制剂，此药涂抹于耳基部，剂量为1 mg/kg，但不可用于泌乳牛。此药也可用于治疗疥螨病和辅助治疗足螨病。

3. 足螨病 该病由牛足螨（*Chorioptes bovis*）引起，不传染人。在美国是最常见的螨病，多在冬季发生并自然消亡于夏季。足螨虫首选寄生于牛脚腕处，大多数牛感染后并不表现临床症状。腿部先出现丘疹、痂皮并形成溃疡之后蔓延至乳房、阴囊、尾巴和会阴部。患牛可用0.25%的克罗氧磷高压喷雾治疗；其他用于治疗牛的痒螨和疥螨的喷剂也可用于治疗足螨，间隔10～14 d 重复用药1次。石硫合剂喷雾每周4～6次有效。伊维菌素、多拉菌素、莫西菌素和依普菌素外用涂剂在剂量500 μg/kg下杀足螨效果显著。可用200 μg/kg的上述药物针剂进行辅助治疗。除依普菌素外，其他药物均不可用于泌乳牛。

4. 蠕形螨病 喂奶时，牛蠕形螨可从母牛传播

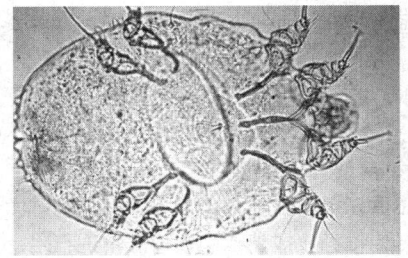

图7-15 牛疥螨，雌性
（由Dietrich Barth 博士提供）

至犊牛并引起严重的皮肤损伤。没有瘙痒，病变包括毛囊性丘疹和结节，尤其是在肩隆部、颈部、背部和腹胁部。若小疱破裂继发二次感染则会形成溃疡、脓疮甚至瘘管。可通过皮肤深层刮样法进行诊断。尽管牛蠕形螨感染可持续数月之久，但多数情况下为良性。通常可自然恢复，因此一般不做治疗。已报道用2%的敌百虫药剂每隔1 d治疗1次，共3次可有效治疗牛蠕形螨。

5. 疮螨病（疥虫） 在美国、加拿大和南非均有牛疮螨（Psorergates bos)感染病例报道。感染动物表现轻微的片状脱毛和瘙痒。由于该病并不造成巨大的经济损失，所以一般不进行治疗。一些伊维菌素和米尔贝霉素滴剂或针剂能有效控制牛疮螨感染。

（二）绵羊与山羊疥癣

1. 疥螨病 在美国，绵羊疥螨（Sarcoptes scabiei var ovis）感染较为罕见，发现疾病要强制申报。绵羊疥螨感染皮肤无毛处，通常从头面部开始。山羊疥螨(Sarcoptes scabiei var caprae)则通常感染角质化过度的皮肤，损伤先发生于头颈部。200 μg/kg的伊维菌素、多拉菌素和莫西菌素针剂，均可有效治疗山痒疥螨和绵羊疥螨。

2. 足螨病 在冬季，牛足螨（Chorioptes bovis)在欧洲、新西兰和澳大利亚十分普遍。美国绵羊足螨已被根除，为强制申报疾病之一。

感染部位与牛足螨相似。山羊足螨（C. caprae）在山羊存在相当普遍。在山羊腿部和蹄部可见丘疹和痂皮。如有必要，可用含有机磷酸酯类（二嗪农、敌百虫、胺丙畏）或拟除虫菊酯类（溴氰菊酯、氟氯苯菊酯）的喷剂或滴剂进行治疗。

3. 绵羊痒螨癣 绵羊痒螨（Psoroptes ovis）感染为强制申报的疾病之一。虽然从1970年起在美国并无该病例报道，但在许多国家这种疾病仍十分常见，包括西欧部分国家。较大的鳞状痂皮多出现于绵羊身体有毛覆盖的部分。螨虫刺咬和摩擦导致病羊剧烈瘙痒。若不治疗，绵羊会消瘦并贫血。有时耳朵上可见到螨虫。给予200 μg/kg的伊维菌素或莫西菌素，每间隔7～10 d重复给药，可取得显著效果。300 μg/kg的多拉菌素1次给药即可见效。在剪毛后2周用滴剂治疗效果较好，但间隔14 d后需重复用药。允许用于治疗绵羊痒螨的药物为0.3%蝇毒灵、0.15%～0.25%亚胺硫磷、0.03%～0.1%二嗪农和0.2%热石硫合剂。在美国以外的其他国家，胺丙畏、辛硫磷、氟氯苯菊酯和双甲脒喷雾或滴剂也可用于治疗绵羊痒螨癣。

山羊痒螨病的病原为兔痒螨（Psoroptes cuniculi），通常感染耳部但也可波及到头部、颈部和全身并造成剧烈的刺激。尤其是在安哥拉山羊，羊毛会受到严重

破坏。在得克萨斯州发现安哥拉山羊痒螨癣的要进行申报。尽管病程多为慢性，但预后良好。所有允许用于治疗绵羊痒螨的药物都能有效杀死感染山羊的兔痒螨。但泌乳期奶山羊只能用石灰硫黄合剂进行治疗。

4. 蠕形螨病 目前已发现寄生于绵羊的绵羊蠕形螨（Demodex ovis）和寄生于山羊的山羊蠕形螨（D. caprae）。蠕形螨对羊造成的损伤与牛相似。山羊不表现搔痒，但有结节形成，尤其在面部、颈部、肩部和两侧。结节内包含厚的浅灰色蜡状物质，并且易破溃溢出，在溢出的分泌物中可发现螨虫虫体。该病可转为慢性感染。山羊身体上的损伤可以清除、挤干净内容物并用卢戈氏碘液或鱼藤酮酒精溶液（1∶3）进行灌洗。对于大多数感染蠕形螨的山羊，用皮蝇磷丙二醇溶液（将180 mL浓度为33%的皮蝇磷溶于1 L的丙二醇中），涂于身体的前1/3部分进行治疗，每日1次直至痊愈。或者鱼藤酮酒精溶液（1∶3）涂于身体的前1/4部分进行治疗，每日1次直至痊愈。有研究称2%敌百虫可有效杀死绵羊蠕形螨。

5. 疮螨病（痒螨、澳大利亚瘙痒症） 绵羊疮螨（Psorergates ovis）是一种常见的皮肤寄生虫，广泛分布于世界各地。美国已宣布彻底根除该疾病，为强制申报疾病之一。动物感染疮螨的典型症状是重度搔痒和鳞状皮肤，皮毛无光泽并脱毛。由于疮螨体型较小，在皮肤刮片检查中较难发现。绵羊体重减轻和皮毛受损会造成巨大的经济损失。可用2%～3%石灰硫黄合剂、0.2%马拉硫磷和0.3%蝇毒磷滴剂或喷剂进行治疗，效果较好，但需要间隔14 d后再次用药。伊维菌素和其他阿维菌素类或米贝尔霉素类药物效果也很好。

（三）马疥癣

1. 马疥螨病 马疥螨（Sarcoptes scabiei var equi）是严重危害马属动物的一种螨病，尽管在美国较为罕见。由于螨的产物造成机体的过敏反应，故首要症状为剧烈的瘙痒。早期在头、颈和肩部出现损伤，有被毛覆盖或者四肢末端的身体部位通常受到保护而不感染。损伤从小的丘疹和小疱逐渐形成痂皮，脱毛和痂皮扩散而使皮肤变成苔藓状痂皮并形成褶皱。若不经治疗，损伤可蔓延至全身，造成马匹消瘦、虚弱、食欲不振。皮肤刮片检查若为阴性，也不能完全排除马感染疥螨的可能，需做活体组织检查进行确认。若疑似疥螨感染，必须进行治疗。有机磷酸酯杀虫剂或石灰硫黄合剂可用于喷雾、涂擦和滴剂治疗。在第12和14 d重复用药至少3～4次。同时，也可尝试使用200 μg/kg伊维菌素或莫西菌素口服剂进行治疗。一些治疗需要单独隔离病马2到3周。对所有接触动物的治疗十分重要。

2．**马痒螨病** 马痒螨（*Psoroptes equi*）在马较罕见，它通常感染马体毛发较厚的区域，比如头部额毛和鬃毛下、尾根、下颚、后肢间和腋下。兔痒螨感染可造成马属动物外耳炎导致摇头。特征性症状为搔痒。初期症状为脱毛和皮肤出现丘疹，之后形成厚的出血性痂皮。痒螨皮肤刮片检查较疥螨易发现虫体。治疗措施与疥螨相同。

3．**马腿疥癣（腿螨）** 足螨病在高大品种的马中十分常见。首先表现为后肢末端蹄部周围与球关节的瘙痒性皮炎。皮肤先出现丘疹，逐渐脱毛、结痂、皮肤增厚。球关节周围皮肤的湿性皮炎逐渐发展为慢性病。与役用马的"油蹄"很难进行鉴别诊断。症状在夏季消退，但随着冷空气的回归而复发。若不治疗，病程通常呈慢性，但治疗后有较理想的预后效果。可用于治疗其他螨虫的局部外用药均可有效地杀死足螨。

4．**马蠕螨病** 马蠕螨（*Demodex equi*)在马较为罕见。螨虫寄生于毛囊和皮脂腺内，马蠕形螨在体表寄生，驽蠕螨（*D. caballi*）寄生于眼睑和口角。马属动物蠕形螨会造成宿主不规则的脱毛、鳞状皮肤或结节。损伤出现在面、颈、肩部和前肢，没有瘙痒。已报道，该病可用慢性皮质类固醇治疗，至今尚无有效的治疗方案。双甲脒虽然能用于治疗其他动物足螨病，但禁用于马属动物，该药物会造成马属动物严重腹痛甚至死亡。

5．**马秋收恙螨病** 恙螨可寄生于马属动物皮肤内，多发于晚夏和秋季。成虫寄生于无脊椎动物和植物，幼虫通常寄生于小型啮齿类动物，但是也可偶尔寄生于人和包括马属动物在内的家畜。病变包括严重的瘙痒性丘疹和水疱，并不需要特别的治疗。瘙痒症状可用糖皮质激素进行控制。平时应用驱虫剂预防感染。

6．**稻草痒螨病** 这类螨虫通常以秸秆和谷物的有机物为食，偶尔可通过皮肤感染马属动物。若马经

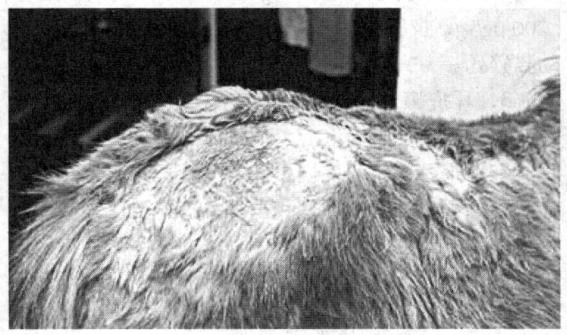

图7-16 马足螨
（由Dietrich Barth 博士提供）

由干草架采食则在面部和颈部出现丘疹和水疱，若马在草地上采食则在口角和腿部出现丘疹和水疱。马匹表现不同程度的瘙痒，可用糖皮质激素进行治疗。

（四）猪疥癣

猪疥螨（*Sarcoptes scabiei var suis*）是寄生于猪的唯一重要的螨虫，引进新的被疥螨感染的猪与原有的猪接触后迅速传播。除SPF猪群及其衍生猪群和进行过螨虫根除的猪群外，所有猪群都存在疥螨感染风险，尽管对猪群定期使用杀虫剂也不能排除感染疥螨的可能。疥螨虫卵离开宿主较难存活，然而，健康猪群暴露在感染猪圈中24 h后马上离开仍会被感染。研究表明，螨虫在25℃下可存活96 h以上，在20～30℃可存活24 h以上，在30℃以上仅可存活不到1 h。

猪疥螨感染与猪增重和饲料转化率无明显关系。损伤首先出现于头部，尤其是耳部，然后扩散至躯体、尾部和腿。螨虫对皮肤的刺激造成过敏反应使宿主剧烈瘙痒。几个月后，过敏性瘙痒减轻，伤口的皮肤变厚、粗糙和干燥并有大块浅灰色痂皮覆盖，下垂形成褶皱。

诊断需要综合多种检查方法，即皮炎程度、搔痒指数、螨的临床症状，并且需对耳部和皮肤刮样镜检观察有无虫体，最后进行ELISA检测。根据种群年龄不同，每次判定的标准也不同。这种全球通用的诊断方法非常有利于该病的根除。

0.05%～0.1%林丹喷雾、0.05%马拉霉素喷雾或0.25%氯丹溶液也有效（上述某些或全部药物在一些国家严禁用于食用动物）。300 μg/kg的伊维菌素和多拉菌素皮下注射也十分有效。由于猪疥螨对猪场造成的经济影响，各地区和国家应当根据实际情况，制定合理的合适的净化方案。用伊维菌素或多拉菌素针剂（300 μg/kg，皮下注射）给所有的猪在进场后的第1天和第14天分别给药1次，是一种非常有效而且成本低廉的控制方法。在感染1周前出生的仔猪也必须治疗。或者用100 μg/kg的伊维菌素预混料，连续饲喂2周。同时，哺乳期的仔猪和染病猪需要在给料第1天和最后一天分别皮下注射伊维菌素或多拉菌素针剂。并不要求对猪舍使用杀螨剂除螨。治疗后，需经过认证。认证包括：临床调查（搔抓和皮炎指数）、寄生虫学检查（耳部和皮肤刮样镜检）、不同年龄猪群抽样的血清学调查结果。

蠕形螨也可寄生于猪，造成的皮肤损伤与其他大动物相似，目前没有可靠的治疗方法。

（五）犬与猫疥癣

1．**犬疥癣病** 犬疥螨（*Sarcoptes scabiei var canis*)是一种全球性寄生虫病，在犬中具有很高的传染性。螨的宿主特异性较强，但其他动物（包括人类）与患

犬接触后也可被感染。成螨长0.3～0.5 mm，大致呈圆形，头部明显，有4对短足。雌螨多为雄螨长的2倍。生活史（17～21 d）完全在犬身上完成。雌螨在角质层打洞产下虫卵。疥螨可经健康犬与感染犬的直接接触而轻易传播，不直接接触虽然偶尔也可传播，但较为罕见。潜伏期根据接触螨的程度和身体状况而不同（10 d至8周）。可存在无症状携带者。螨产物会引起皮肤刺激性过敏并造成宿主特征性的剧烈瘙痒症。感染初期表现为暴发小丘疹、自残，逐渐形成较厚的痂皮。多发生细菌继发感染和酵母菌感染。典型病例，损伤先出现于侧腹部、胸部、耳部、肘部和跗关节，若不治疗，就会蔓延至全身。犬感染慢性、全身性螨病会造成脂溢性皮炎，皮肤严重增厚并形成痂皮样覆盖物，外周淋巴结肿大，消瘦，严重病例甚至造成犬死亡。疥疮常发生于卫生良好及经济价值较高的犬，这类患犬通常感染疥螨并有瘙痒症状，但却很难在皮肤刮片中发现虫体，可能由于每日的洗澡和清洁已将皮屑和痂皮清掉。非典型病例表现局部病灶和临床症状，可能由于杀虫剂和杀螨剂的广泛使用所致。

诊断应先询问病史，比如病犬是否突发剧烈瘙痒，有无接触螨或和其他动物，包括人密切接触。若皮肤刮片检查为阴性，则很难进行最终诊断。可进行浓缩集虫法、漂浮法来提高虫体、虫卵和排泄物的检出率。需要在耳部、肘部和跗关节刮取皮屑检查，要包括一些没有损伤的皮肤。粪便漂浮法可以收集到虫卵或螨虫。也可用特异性ELISA进行检测，效果较好。如果皮肤刮片中未发现螨或虫卵，但犬具有螨虫接触史或者临床表现高度疑似疥螨感染，则应进行治疗性诊断。

治疗可分为全身性或局部性，并且应对所有接触过的犬同时进行治疗。局部治疗时，先剃毛，将痂皮与分泌物用抗皮炎的香波浸润泡软后清除，之后滴杀

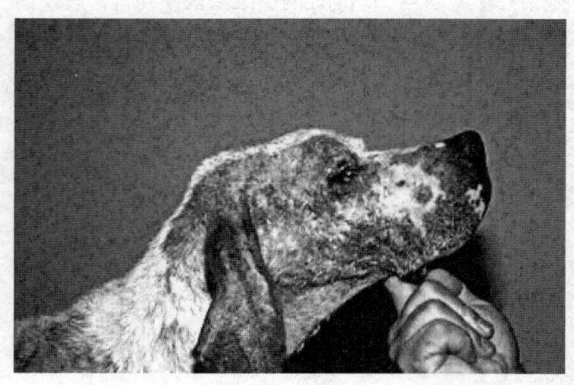

图7-17　犬疥癣
（由Dietrich Barth 博士提供）

螨剂。幼龄犬用石灰硫黄合剂较为安全有效，一些滴剂需要隔离7 d。双甲脒也是一种有效的杀螨剂，尽管并不是所有地方都允许使用双甲脒治疗犬疥螨，甚至有些报道称双甲脒治疗无效。用法为0.025%双甲脒外用，间隔1～2周再次用药，连续治疗2～6周。双甲脒不可用于吉娃娃犬（Chihuahuas）、妊娠母犬和幼犬或不到3～4月龄的幼犬。同时，畜主必须密切观察以防范患犬舔舐药物。氟虫腈喷剂也是一种有效的药物，但不建议用于疥螨初期治疗，而是作为一种辅助治疗药物。

全身性疗法通常依赖于大环内酯类药物，一些已有注册上市。色拉菌素涂剂，6 mg/kg每间隔1个月用药1次或2次。色拉菌素较为安全，可用于对伊维菌素类药物敏感的柯利犬，也可用于6周龄内幼犬。在一些国家（美国除外），莫西菌素也用于治疗犬疥螨，其涂剂联合除蚤喷雾（吡虫啉），剂量为2.5 mg/kg，间隔4周用药2次。7周龄以内或体重不到1 kg的幼犬不可用此药物治疗，同时应防止动物经口误食。其他杀虫剂，比如米贝尔霉素和伊维菌素，不可用于治疗犬疥螨，但加量或其他用法时效果非常好。米贝尔霉素，口服2 mg/kg，每周2次，连续3～4周，但需考虑中毒风险。伊维菌素，200 μg/kg，口服或皮下注射，间隔2周用药2次，通常可彻底治愈。但此剂量的伊维菌素不适合用于柯利犬类。在其他品种也可出现其他特殊反应。在应用大环内酯类药物治疗前需对患犬的心丝虫感染情况进行评估。

2．猫疥癣病　猫疥癣病是由猫疥螨（*Notoedres cati*）引起的罕见的高度传染性寄生虫病，也可传染其他动物，人也可感染。螨虫形态和生活史与疥螨相似。病猫表现剧烈的瘙痒，出现皮屑并脱毛，尤其是在耳部、头和颈部，甚至蔓延至全身。在皮肤刮样检查中可见螨虫。用石灰硫黄合剂滴剂治疗，间隔7 d用药2次。标签外签药物双甲脒不推荐用于猫。未经准许，但是十分有效的治疗药物包括色拉菌素（6 mg/kg外涂）、莫西菌素（2.5 mg/kg外涂）和伊维菌素（200 μg/kg，皮下注射）。但有报道称伊维菌素可引起幼猫猝死。

3．耳疥癣　犬耳螨会造成严重的外耳炎，尤其是对猫，但也可感染犬。犬耳螨属于痒螨目，在垂直耳道和水平耳道均可发现虫体，也可见于躯体。临床症状包括摇头、不时抓耳和垂耳，不同程度的瘙痒。耳朵有黑棕色耳垢和化脓性外耳炎，一些重症病例可见耳鼓膜穿孔。患病动物和接触过的动物，都应对耳部和全身进行为期2～4周的驱虫性治疗。其他有效的治疗方法还有大环内酯类药物全身性使用。仅有色拉菌素和莫西菌素涂剂（美国外的其他国家）可准许用

于治疗耳疥癣。普遍认为，使用合适的耳垢清除剂清理耳朵对于局部疗法和全身疗法都很有必要。

4. 姬螯螨病　布氏姬螯螨（*Cheyletiella blakei*）可感染猫，亚斯格姬螯螨（*C. yasguri*）可感染犬，寄食姬螯螨（*C. parasitovorax*）可感染兔，有时可见混合感染。此寄生虫病传染性很强，尤其是在动物间，偶尔可传播给人。在有当地蚤类的区域感染较为罕见，可能是由于当地定期使用驱虫药进行杀虫。这种螨虫有4对足和突起的钩状口器。寄生于上皮表面，在宿主内度过全部生活史（3周）。雌虫离开宿主可存活10 d之久。临床特征为背部出现鳞状斑及不同程度的瘙痒。猫在背部出现痂皮或全身出现粟粒状皮炎。有的呈无症状携带者。虫卵和虫体较难发现，尤其是经常洗浴的动物。可用醋酸盐进行处理或者表皮刮片、蚤类梳理可用于诊断。

局部性和全身性杀螨剂都能有效应付姬螯螨病，尽管目前还尚无批准上市用药。不仅要治疗患病动物，还要治疗与患病动物密切接触过的动物。并且还要对环境消毒，包括被污染的寝具和护理用具。局部用药包括石灰硫黄合剂、氟虫腈喷雾和涂剂、除虫菊酯和双甲脒（后2种药物不适宜用于猫）。列入具有标签外系统的药物包括色拉菌素涂剂、莫西菌素涂剂、米贝尔霉素口服剂和伊维菌素针剂。需要仔细护理动物，以防止或减少上述描述的不良反应，治疗时间依据药物而不同，但必须保持足够多的时间，以根除动物身体和环境中的螨虫，尽管这十分困难（如繁殖集落，犬舍）。临床上，治疗通常持续6~8周，并在临床治愈后继续进行几周直至寄生虫学检查为阴性。

5. 犬蠕螨病　当大量犬蠕螨（*Demodex canis*）侵犯毛囊和皮脂腺时，就会暴发犬蠕螨病。当犬蠕螨数量较少时，它们仅是犬皮肤中自然寄生虫群的一部分，并不引起临床疾病。该病从刚出生72 h的幼犬至母犬均可感染。螨虫的全部生活史都在宿主身上完成，并已确认不具有传染性。造成蠕螨的病因较为复杂并尚未完全研究清楚，有研究表明蠕螨病具有较大的遗传倾向。免疫抑制、天然或医源性疾病，都可加速病情发展。细菌继发感染会造成深层毛囊炎、疥疮和蜂窝织炎，常导致预后不良。

蠕螨病有两种临床类型（局部性和全身性）。局部性多见于2岁内的犬，尤其是圆形的蠕螨病，可自愈。损伤表现为病灶处脱毛、皮肤出现红疹、过度色素沉着和黑头粉刺。患犬通常表现瘙痒或虚弱。一些局部性病例，尤其是弥散型局部病例会发展为全身性。全身性感染是一种严重的疾病，损伤遍及全身，并伴有严重的细菌感染（化脓性），通常伴随蹄

皮炎。犬全身淋巴结肿大、嗜睡，当皮肤重度化脓时会发热，产生疥疮和蜂窝织炎。诊断并不困难，深层皮肤刮片检查或拔毛镜检可发现大量虫体、虫卵和幼虫。当一条成年犬被诊断为全身性蠕螨感染时，需进行药物评估，鉴定潜在的全身性疾病病原。

圆形的局灶性蠕螨病可以不治疗，预后良好，通常可自愈。但是，弥散型局灶性蠕螨病、全身性蠕螨病、脓性蠕螨病和足部蠕螨病则必须治疗，且预后须慎重。在美国，全身性蠕螨病的治疗程序为先剃毛并清洗全身，最好用过氧化苯甲酰洗液冲洗病灶，0.025%双甲脒滴剂全身性外用，每2周1次，直至痊愈。较高的浓度（0.05%）和较短的间隔时间（1周）更为有效。

其他治疗方案包括，用双甲脒滴剂治疗较难治愈的全身性蠕形螨感染。在大环内酯类药物中，一些国家使用米贝尔霉素（0.5~1 mg/kg，每日1次）口服治疗全身性感染。美国以外的其他国家也有用莫西菌素治疗犬蠕螨病，莫西菌素可作为一种涂剂与除蚤剂（吡虫啉）联合使用，间隔4周，按2.5 mg/kg的剂量给药2~4次。临床上，使用上述药物经常会治疗失败。其他尚未准许上市，但报道有效的全身性药物，包括口服莫西菌素（400 μg/kg，每日1次）或口服伊维菌素（300~600 μg/kg，每日1次）。对于后者，需要制定不同的治疗方法和剂量，并且密切观察动物，以防出现任何毒性反应。伊维菌素不适合用于柯利犬及其混种犬。然而，其他品种也可见一些特定的毒性反应。在开始治疗前应预先进行基因突变的检查。任何动物的蠕螨病均不适合局部和全身使用类固醇。应该用合适的抗生素治疗细菌继发感染。抗寄生虫治疗不仅必须持续到临床症状消失后，而且必须间隔1个月做2次皮肤刮片检查均为阴性方可。这种治疗通常需要4~6个月。唯一的预防措施就是不饲养感染蠕螨的犬。

6. 猫蠕螨病　猫蠕螨病是一种不常见的猫皮肤病，通常由2种以上螨虫导致。猫蠕螨（*Demodex cati*）是一种猫体表的常见寄生虫，是一种毛囊螨，与犬蠕螨相似但略窄小，可造成局部性或全身性的蠕螨病。另一种蠕螨（*D. gatoi*）较短，有一个宽腹板，并且只寄生于角质层。猫蠕螨病具有传染性、流行性和特异性，通常表现搔痒并形成全身性感染。在毛囊性局灶性蠕螨病中，最常在头、颈部出现一处或多处脱毛。在全身性蠕螨病中，可见脱毛、皮屑并有潜在的细菌感染风险。全身感染病例通常伴随免疫抑制和代谢障碍，比如猫白血病感染、猫免疫缺陷、糖尿病和肿瘤。在一些病例中，中耳炎是唯一的临床症状。

通过表皮（*D.gatoi*）和深层（猫蠕螨）皮肤刮样

进行诊断，虽然螨虫数量较少，尤其是蠕形螨。治疗全身性感染的患猫时应先进行药物评估。同时要重视皮肤真菌病，其通常与蠕螨混合感染。由于可能造成全身性疾病，全身性蠕螨病的预后难以预测。有些病例可自愈。每周使用2%石灰硫黄合剂安全有效，也可用0.0125%~0.025%双甲脒，但不能用于猫，因为能造成猫神经性厌食、精神沉郁和腹泻。有报道称可用大环内酯类抗寄生虫药，但是效果仍不明确。

7. 恙螨病 是由恙螨目自由寄生的螨虫幼虫引起的较为普遍、具有季节性但无传染性的疾病。可感染家养食肉动物、其他家养或野生哺乳动物、鸟类、爬行类动物和人。据报道，在欧洲与美国的猫、犬中，相应发现秋收恙螨（*Neotrombicula autumnalis*)和阿氏真痒螨。成虫和蛹外形像小蜘蛛，以腐烂的碎屑为食。从夏季至秋季，户外草丛中躺卧的犬猫会感染这种寄生虫。在温暖的地域，该病全年均可发生。幼虫（长约0.25 mm）黏附于宿主，依靠宿主生活一段时间，饱食后离开。这段时期病原体很好辨认，呈卵圆形，长0.7 mm，橙红色，常发现在动物头、耳、脚和侧腹呈不动的小点黏附。恙螨可造成创伤并能水解蛋白质。一些动物会有过敏性反应，并伴随不同程度的瘙痒。损伤包括红疹、水疱、脱皮和脱毛并有皮屑。如果被感染，动物在幼虫离开后仍会有搔痒。

根据病史和临床症状进行诊断。自由活动的犬猫有季节性感染。注意与其他皮肤病做鉴别诊断，主要是特异性反应。在感染区域采样刮片检查可以确诊。皮肤刮片在显微镜下检查可鉴别幼虫，呈卵圆形、周身覆盖有浓密的刚毛、6条长足、爪子末端弯曲。

恙螨病的管理较难。如果条件允许，建议宠物远离可能有大量螨虫的饲养区域以防止感染，驱虫剂在不同区域会有不同效果。可用双甲脒、氟虫腈喷雾、拟除虫菊酯（只可用于犬）治疗和预防感染。伴有严重瘙痒症的病例需配合对症疗法。

8. Straelensiosis *Straelensia cynotis*是一种罕见的、无传染性的、散在的，但是会造成皮炎的寄生虫病，病原为包裹着临时囊包的*Straelensia*幼虫，该螨虫属于类似恙螨科的另一科。迄今为止，大部分的生活史仍不是很清楚，并且只在法国、葡萄牙、西班牙和意大利有相关病例报道。通常在乡村和小型猎犬中传播，有可能是通过接触污染的土地、垃圾和其他有狐狸生存的陆地。在同种动物间和人之间没有传染性。*S. cynotis*与其他恙螨有明显不同，尤其是在临床观察、组织病理学检查特点和治疗反应方面。

Straelensiosis通常突然发作并伴有全身症状如厌食、倒卧。伤口处疼痛、表现不同程度的瘙痒、既有全身性也有多病灶性，多见于头部和躯干部。特征性

的红斑性丘疹和结节类似小的弹坑。可见到皮屑和痂皮。

本病应与细菌性毛囊炎、疥螨和枪伤鉴别诊断。深层皮肤刮样镜检可辅助鉴别有厚壁包囊的幼虫（长0.7 mm，宽0.45 mm）。幼虫类似新恙螨属，组织病理学检查很容易看到。本病预后良好，如果不发生再次感染，通常在几个月后可以自行恢复。然而，临床症状较难控制，双甲脒有一定效果。

9. 毛螨病 猫的毛螨病是一种非常流行的传染病，有严格的地域性（澳大利亚、夏威夷、佛罗里达州、得克萨斯州及巴西）。病原为毛螨（*Lynxacarus radovskyi*)，属于毛螨科。关于其生活史的描述非常少，并且除了猫以外没有关于其他宿主的报道。常发生直接接触感染，但是接触污染物会被传播。临床症状表现为被毛出现椒盐状病灶、不同程度搔痒和脱毛。显微镜检查皮肤刮片和胶带粘片，观察到螨虫虫体可确诊（长0.5 mm）。治疗可用杀螨喷剂、石灰硫黄合剂滴剂和伊维菌素针剂（300 μg/kg，皮下注射）。只有1例人感染的病例报道，是主人与严重感染的病猫接触后表现短暂的皮疹。

八、蜱
（一）概述

脊椎动物的专性体外寄生虫。蜱和螨同隶属蛛形纲，蜱螨亚纲。相比其他昆虫而言，蜱与蜘蛛更为相似。

迄今已发现的约850种蜱在所有采食阶段完全依靠吸血。相比其他节肢动物，蜱传播更多传染性病原，在世界范围内，蜱在公共卫生和兽医领域，是仅次于蚊子的重要寄生虫。部分蜱对家畜虽然只有轻微的致病性，但是却能引起人的疾病。另有一些蜱能引起动物的疾病，造成巨大的经济损失。此外，蜱能引起宿主中毒（素的唾液引起的汗热病蜱麻痹）、皮肤伤口容易引起细菌的继发感染以及蝇蛆的侵袭、贫血以及死亡等直接性危害。

目前，国际上感染蜱传播血液寄生虫病如泰勒虫病、巴贝斯虫病、边虫病、反刍动物艾利希体（考德里氏体）的动物，在贸易上受到大范围的限制。

已感染蜱的家畜长途运输、家畜对外来蜱以及蜱媒病原没有免疫力或先天性的抵抗力，这些都是许多种类的蜱以及蜱媒病原的广泛分布和流行的重要因素。

近几个世纪以来，许多引入的蜱在大量放牧的环境下繁衍，并引起人和家畜暴发蜱病。

3个科中有2个科的蜱可寄生于家畜：软蜱科和硬蜱科。尽管具有相同的基本属性，但是硬蜱和软蜱在

构造、行为、生理、生态学、进食和生殖方式上都有很大的差异。热带和亚热带蜱每年可能经历1、2个，极少数种类可进行3个完整的生活史。在温带地区，通常每年完成1个生活周期；在北部地区以及海拔较高的温带地区，大多数蜱完成1个生活史需要2~4年。蜱有卵、幼蜱、若蜱和成蜱四个发育阶段。所有的幼蜱具有3对足，若蜱和成蜱具有4对足。成蜱的腹面有明显的生殖器官和肛门区域。所有蜱的前足（第一对足）跗节有一个独特的感觉器官——哈氏器，能够感觉环境中二氧化碳、化学刺激（气味）、温度、湿度等。信息素刺激群体聚集，种间识别、交配以及宿主的选择。

某些寄生于家畜的蜱类在没有食物但环境适宜的条件下能存活数月，偶尔能存活几年。蜱的寄主偏好通常局限于某一属、科或目的脊椎动物。然而，有些蜱寄生的宿主很广泛，所以不同种的蜱需区别对待。大多数硬蜱的幼蜱和若蜱寄生于那些以野生动物为食的家畜，比如鸟类、啮齿类、小型肉食动物甚至蜥蜴。

软蜱背部的革质表皮无盾板。除了雌蜱比雄蜱大、外生殖器不同外，雌虫和雄虫大体相似。软蜱的幼蜱假头伸出躯体的前方，在若蜱和成蜱期假头缩在躯体的腹部。而雄性硬蜱的盾板覆盖整个背部，雌硬蜱的盾板在若蜱和幼蜱期仅覆盖背部的前部。硬蜱的假头在整个发育阶段都伸出躯体的前端。

1. 软蜱寄生 目前世界上软蜱有185个种隶属4个属：锐缘蜱属（*Argas*）、败蜱属（*Carios*）、钝缘蜱属（*Ornithodoros*）和残喙蜱属（*Otobius*），同属软蜱科。软蜱科的蜱高度专一地栖息于木头或岩石的缝隙处，或在宿主洞穴或窝巢内。有一些软蜱2次觅食期间能存活好几年。大多数的革状寄生虫生活在干燥季节长的热带和温带地区。在软蜱栖身小环境附近聚集或是休息、觅食的动物是这些蜱的宿主。一种软蜱通常特异性地寄生于一种脊椎动物并生活在该宿主的巢穴区域。软蜱需要多个宿主，比如，幼蜱寄生在一个宿主，然后落地蜕皮，若蜱的几个期都独立吸血，再脱离宿主蜕皮；成蜱吸血几次（但不蜕皮）。软蜱的若蜱和成蜱吸血很快（通常30~60 min）。某些幼蜱采食也很迅速；其他蜱的幼蜱则需要几天才能吸饱血。成蜱在宿主体上交配多次，完成交配后，雌蜱分几次产卵，共产几百个卵，且每次产卵之间要进行吸血。

已描述的57种锐缘蜱绝大多数寄生于鸟类，群居在树木或岩石的缝隙，其他的则寄生于穴居的蝙蝠。少数寄生在爬行类和野生哺乳动物，不寄生于家畜。好几种软蜱是家禽和鸽子的重要害虫，这些软蜱是鹅包柔氏螺旋体（禽螺旋体病）和鸡埃及焦虫（鸡埃及原虫病）的传播媒介。锐缘蜱能够引起蜱麻痹，多数是许多虫媒病毒的媒介，某些也能感染人。

败蜱属（*Carios*）包括88个种，多数寄生于哺乳类动物，特别是蝙蝠和啮齿动物。根据种类不同，它们或栖息于蝙蝠的洞穴、栖息地，或者树洞及啮齿动物的洞穴。有几种寄生于群居的鸟类并居住在巢窝下或石块下以及鸟群活动地面的腐生物中。这些蜱大多数只寄生于一个种的宿主或者一组亲缘关系近的宿主。然而，一些败蜱在缺乏第一宿主时会感染人和家畜。凯莱败蜱（*C. kelleyi*）是一种与蝙蝠以及蝙蝠的栖息地相关的蜱，据报道能携带一种新的引起斑点热的立克次体和与墨西哥包柔氏螺旋体相近的回归热的螺旋体。寄生于海鸟的卡佩纳败蜱（*C. capensis*）能够给雏鸭传播西尼罗河病毒。美国波多黎各败蜱（*C. puertoricensis*）和塔拉败蜱（*C. talaje*）是非洲猪瘟病毒的潜在媒介。

大约37种钝缘蜱多数生活在温热、干旱气候区的动物巢穴和洞穴，吸食所有可能进入它们领地的动物的血液。该巢栖属的幼蜱不吸血，这可能与这些蜱居住洞穴的宿主不规律的生活相关。少数蜱适应生活在墙壁的缝隙和畜舍的篱笆下，这些蜱也会侵袭人类。某些蜱是回归热螺旋体（伯氏疏螺旋体）和非洲猪瘟病毒的媒介；一些种类能引起宿主的中毒，美国西部的一种蜱（皮革钝缘蜱，*O. coriaceus*）能传播引起牛流行性流产的螺旋体。许多钝缘蜱的唾液毒素能引起人的过敏，所传播的虫媒病毒引起发热。

独特的残喙蜱属有3个种，该属成蜱不吸血。梅氏残喙蜱（*O. megnini*，多刺耳蜱）有着非常独特的生物学特性及构造。这种蜱在美国西部、墨西哥及加拿大西部地区降水量低的生物栖地，寄生于叉角羚、山地野绵羊、弗吉尼亚和北美黑尾鹿的耳道。同样也会侵袭牛、马、山羊、绵羊、犬、各种动物园的动物以及人类。这种善于隐蔽的寄生虫随着家畜的运输，能传播到南美洲西部、加拉帕戈斯群岛、古巴、夏威夷、印度、马达加斯加和非洲东南部地区。值得注意的是，成蜱的口器功能丧失，生活在地面不再吸血，但大概能存活2年之久。雌蜱在2周时间内可以产卵1 500个。在冬季和春季幼蜱和2龄若蜱需进食2~4个月。每年这些蜱可以繁殖2代或更多。人类和其他动物耳道受到侵袭后会造成严重的过敏反应，严重感染的家畜在冬天会掉膘严重。已有宿主蜱麻痹以及继发蝇蛆感染的报道。梅氏残喙蜱是引起Q热、野兔热、科罗拉多蜱热、洛基山斑疹热的主要媒介。在美国西部地区，另一种嗜兔残喙蜱（*O. lagophilus*）主要寄生在长耳大野兔（野兔）和家兔头部吸血。

2．硬蜱寄生 硬蜱科超过600多种，与软蜱相比，硬蜱寄生的脊椎动物种类及数量、生活环境更广泛。大多数的硬蜱是三宿主蜱，其他是二宿主蜱，少数是一宿主蜱。每种硬蜱的每个胚后发育阶段（幼蜱、若蜱、成蜱）只进食1次，但每次吸血持续多日。绝大多数寄生于家畜的雄蜱和雌蜱在宿主体上交配，然而也有少数从宿主体上脱落后在地面或洞穴交配。雄蜱比雌蜱吸血少，但吸附在宿主体上的时间长，能与多只雌蜱进行交配。在不活跃的季节，极少甚至无雌蜱能找到食源，但雄蜱吸附在宿主体上，这样通过一系列的中间宿主的转换雄蜱，就可能将病原传播给新的易感动物。幼蜱和若蜱的活动通常是在成蜱的"淡季"达高峰，然而在某些种，未成熟蜱跟成蜱的活动季节是相互重叠的。

除硬蜱属之外，硬蜱科的其他属的雄蜱仅在开始进食后性发育成熟，此后与正在吸血的雌蜱交配。交配后的雌蜱吸饱血并孕育卵。雌蜱离开宿主落地后，几天内会在地面或地面附近，通常是在缝隙、石块下、落叶层或碎块当中产出一团含有很多卵的卵团。根据蜱的种类和雌蜱的营养状况，卵团数量一般在1 000～4 000个，有时也可能多于12 000个。雌蜱在产卵后很快死亡。值得注意的是，硬蜱（除了生活史的大部分时期寄生于脊椎动物一宿主蜱和二宿主蜱之外）一生中超过90%的时间都是离开宿主生长的，这点对制定蜱的防控措施具有重要的指导意义。持续几天的吸血进程非常缓慢。饱食的幼蜱、若蜱呈气球状，雌蜱的这一现象仅在吸血的最后半天出现，随后就从宿主体上脱落下来。产卵的时间由主要宿主活动规律密切相关的生理节律支配，主要在白天或者晚上特定的几个小时里。

掌握硬蜱未成熟阶段是否与成蜱吸食同一宿主或是小型脊椎动物血液，对于掌握蜱传病的流行病学尤为重要。可作为宿主的小型脊椎动物缺乏时，一些成熟前期的硬蜱能吸食成蜱所寄生宿主的血液，其他种类很少或从未出现这种情况。

在蜱的休眠期和活动期，适宜宿主的距离、空气温度梯度和大气湿度是调节每个发育过程以及雌蜱产卵的影响因素。

（1）**三宿主硬蜱** 大多数的硬蜱是三宿主蜱。刚孵化的幼虫，借助植物需要寻求适宜的宿主，吸血数日后落地蜕化为若蜱，然后重复此过程蜕化为成蜱。三宿主蜱寄生于家畜或者犬，少数种未成熟阶段和成蜱寄生于同一种宿主。这些蜱常发育成巨大密度的种群。以小型动物作为未成熟阶段宿主的硬蜱，其成功繁衍依赖于家畜放牧地内可作为宿主的小型动物。在自然灾害中损失的三宿主蜱群通过能适应饲养的动物

活下来的蜱种得到了补偿。仅有特异性的以草食动物为宿主的某些硬蜱能适应与家畜共存，这就解释了在非洲，家畜面临大量蜱的问题，因为这里有大量的动物作为成蜱和未成熟蜱的宿主。

（2）**二宿主硬蜱** 一些硬蜱，特别是那些寄生于东半球恶劣环境下的游牧哺乳动物（某些情形也有鸟类）的硬蜱进化为二宿主，它们的幼蜱和若蜱在同一宿主身上吸血，成蜱在另一宿主身上吸血。与三宿主蜱一样，两个宿主可能是不同种，也可能同种。二宿主寄生虫寄生的家畜在恶劣的环境生存，而恶劣的环境下蜱病难以控制，这对于在家畜耳朵和肛门附近吸血的二宿主蜱来说更为明显。

（3）**一宿主硬蜱** 来说最为重要的蜱是几种一宿主蜱。这些蜱与热带［扇头蜱（牛蜱）、马耳暗眼蜱等］以及温带（白纹革蜱、盾糙璃眼蜱）大范围游牧的草食动物共同进化。这些蜱的幼蜱、若蜱和成蜱同一宿主身上吸血直到交配，吸饱血的雌蜱脱落到地面产卵。

吸血部位：每种蜱在宿主身上都有一个或多个特定的吸血部位，但当寄生的蜱密度大时，也能在其他部位吸血。有些蜱吸血部位主要在头部、颈、肩部以及盾面，有些是耳内吸血；有些是肛周或尾下；有些在鼻道；其他常见的吸血部位是腋窝、乳房、雄性生殖器和尾刷。未成熟蜱与成蜱通常偏好不同的吸血部位。体型巨大的、刺激性强的花蜱的吸附受到一种由雄性产生的聚附信息素的调控，这种信息素能确保蜱侵袭的部位是最不容易梳理到的。

（二）重要的硬蜱

1．花蜱 大约140种已知的花蜱（*Amblyomma*）中半数以上为西半球地方种。花蜱为较大的三宿主寄生虫。具有眼和粗长的口器。具有或多或少的明亮的花纹，通常局限于在热带和亚热带地区。这个属的37种花蜱的成蜱和未成熟阶段寄生于爬行动物以及地面觅食的鸟类，这些通常是花蜱未成熟阶段的适宜宿主，在成蜱阶段，则寄生在哺乳动物。花蜱因有强大的口器特别难以被手工清除，常造成严重的伤口，可能造成细菌或蝇蛆继发感染。

几种寄生于家畜的非洲花蜱是引起心水病的立克次体反刍动物埃利希体［考德里氏体，*Ehrlichia*（*Cowdria*）*ruminantium*］的传播媒介，而西半球的花蜱携带单核细胞和粒细胞埃利希体及立克次体。

美洲花蜱（*Amblyomma americanum*）即孤星蜱（lone-star）广泛分布于美国的南部（得克萨斯州和密苏里州）到大西洋海岸和缅因州的北部地区，向南则延伸到墨西哥的北部地区。由于气候的变化，这种蜱的分布范围在继续扩大。

雄蜱的盾板由于白色斑纹的装饰而与众不同，雌

蜱后缘有醒目的银色斑点（星点）。幼蜱、若蜱和成蜱对宿主无选择性，能寄生于不同的家畜、宠物、野生动物及人类。在美国，这些蜱的活动从早春开始持续到秋末。在家畜和野生哺乳动物体上的吸血部位通常是被毛稀疏的皮肤。这些吸血部位的伤口容易受到嗜人锥蝇（*Cochliomyia hominivorax*）的幼虫的侵袭。

美洲花蜱是土拉费朗西斯杆菌（*Francisella tularensis*）的媒介昆虫，是野兔热的主要病原；沙菲埃利希体（*Ehrlichia chaffeensis*）能引起人单核细胞埃利希体病；尤因埃利希体（*E. ewingii*）能引起犬和人的粒细胞埃利希体病；近年报道的帕诺拉山埃利希体与至少对山羊和人有致病性的心水病密切相关。美洲花蜱还能传播*Rickettsia amblyommii*、帕克立克次体（*R. parkeri*）、*Borrelia lonestari*和一种与Q热病原密切相关的柯克斯氏体（*Coxiella sp.*）。美洲花蜱能引起人和犬的蜱麻痹。此外，有人从肯塔基州的一只土拨鼠（*Marmota Monax*）上清理下来的一只美洲花蜱的若蜱分离到孤星病毒（布尼雅病毒科）。

卡延花蜱［卡延钝眼蜱（*A.cajennense*）］是一种卡延蜱，分布于南美洲到得克萨斯州南部地区。这种蜱在干旱的热带地区和低海拔的亚热带山岳地带最常见。与美洲花蜱一样，该蜱发育各阶段对宿主无特异性选择：家畜、各种鸟类及野生哺乳动物都能寄生。人被在树木繁茂的高草区卡延钝眼蜱的幼虫（种子蜱）大量寄生时能引起严重的过敏反应。多数成蜱侵袭躯体下部，尤其是腿部，也有的在躯体的其他部位吸血。该种蜱常年活跃，是帕氏立克次体的传播媒介，试验发现也能传播反刍兽埃利希体。从牙买加的卡延钝眼蜱中分离到瓦德迈达尼病毒（环状病毒，呼肠孤病毒科），它是非洲的一种病毒，是由感染彩饰花蜱（彩饰钝眼蜱*A. variegatum*）的塞内加尔牛传播到加勒比群岛所致。

有斑花蜱（斑点钝眼蜱*A. maculatum*），一种海湾蜱，是家畜特别是南美洲到美国南部地区牛的一种重要的害虫。这种蜱的最佳生存环境是靠近海岸的降水量多的温暖地区。未成熟阶段常寄生于鸟类和小型哺乳类动物，成蜱寄生于鹿、牛、马、羊、猪和犬。成蜱通常在夏末和早秋吸血，但遇干燥的夏季时可能推迟开始吸血的时间。多数成蜱主要侵袭耳朵，吸血形成的伤口是蝇蛆侵害的起始位点。大量的成蜱吸血会给牛颈上部和婆罗门牛的驼峰造成严重的刺激。拟态花蜱（*A. imitator*）寄生于中美洲至得克萨斯州南部的家畜。纽曼花蜱（*A. neumanni*，阿根廷）、卵圆盾眼蜱（*A. ovale*）和短小花蜱（*A. parvum*，阿根廷至墨西哥）、虎班花蜱（*A. tigrinum*，南美大部地区）及嗜貘花蜱（*A. tapirellum*，哥伦比亚至墨西哥）偶尔也会危害美洲热带地区的家畜，

龟形花蜱（*A. testudinarium*）栖息在从斯里兰卡和印度到马来西亚和越南、印尼、婆罗洲、菲律宾、中国台湾和日本南部等亚洲热带树木繁茂的地区。成蜱主要寄生于野生动物和家猪，也可侵袭鹿、牛、其他家畜，也会侵袭人类。未成熟阶段寄生于鸟类和小型哺乳动物以及人类。在印度与斯里兰卡，原始花蜱（*A. integrum*、*A. mudlairi*）的成蜱也寄生于家畜、野生草食动物和人类。

希伯来花蜱（*A. hebraeum*）是一种南非的斑点蜱，栖息在南非、纳米比亚、博茨瓦纳、津巴布韦、马拉维、莫桑比克和安哥拉温暖、适度潮湿的热带稀树草原。未成熟阶段寄生于小型哺乳动物、陆地觅食的鸟类和爬行动物。成蜱主要寄生于宿主被毛稀疏的部位，造成严重的伤口，继发细菌和倍氏金蝇（*Chrysomyia bezziana*）的蝇蛆感染。与其他非洲花蜱（斑点蜱）一样，希伯来花蜱是反刍兽埃立克体的传播媒介，是引起南非蜱咬热的非洲立克次体（*Rickettsia africae*）的主要传播媒介。

彩饰花蜱（*A. variegatum*）是一种非洲热带地区的花斑蜱，这种蜱色彩鲜艳，容易发现，分布在整个撒哈拉沙漠以南的稀树草原、往南延伸至希伯来花蜱分布区，阿拉伯南部、印度洋、大西洋的几个岛屿和加勒比地区。目前，一项消灭该虫种的项目正在加勒比地区进行。截至2002年，已确认，圣基茨岛、圣·卢西亚、蒙特塞拉特、安圭拉岛、巴巴多斯及多米尼加等为无蜱区。但在2004年，该蜱再次袭击圣基茨岛。彩饰花蜱偏好的宿主与希伯来花蜱相似，但也包括骆驼。这种热带花蜱叮咬的后果严重，可能会造成伤口感染及脓肿、奶牛乳房炎、皮肤严重的损伤。成蜱主要是在雨季吸血，未成熟阶段则在旱吸血季。多数成蜱都侵袭宿主躯体下部，外阴部和尾下。

彩饰花蜱可给宿主造成直接性损伤，同时也跟希伯来花蜱一样传播反刍兽埃立克体，此外还传播牛急性嗜皮菌病。目前认为该蜱不是内罗毕绵羊病毒的有效传播媒介，但它是克里米亚-刚果出血热病毒的第二传播媒介。目前已从赤道以北6个国家的彩饰花蜱中分离到道格比病毒，赤道北部地区的托高土病毒和班加病毒（Bhanja）也与彩饰花蜱有关。值得注意的是，已从中非共和国牛体寄生的彩饰花蜱分离到黄热病毒，且已证实黄热病病毒能通过雌蜱卵巢传播给后代。埃塞俄比亚至塞内加尔的彩饰花蜱感染Jos病毒，并将该病毒通过该蜱传播到牙买加。

丽表花蜱（*A. lepidum*），东非的花斑蜱，分布于坦桑尼亚至苏丹中部的干旱草原。胞芽花蜱（*A.*

gemma）是一种宝石样的花斑蜱，生活在坦桑尼亚、索马里、肯尼亚和埃塞俄比亚相同环境中。白裙花蜱（A.cohaerens）一种寄生于水牛的花斑蜱变种，大量寄生于埃塞俄比亚高原的牛，但从扎伊尔到坦桑尼亚，这种大型的变种白裙花蜱主要寄生于南非黑色大水牛（非洲水牛）。其他寄生于非洲水牛以及各种大型哺乳动物（包括家畜）的花蜱包括在安哥拉、扎伊尔、乌干达、南苏丹、肯尼亚和津巴布韦潮湿的高地森林的绚丽花蜱（A. pomposum）以及西非和扎伊尔的星彩花蜱（A. astrion）。

在中美洲和南美洲，许多花蜱寄生于家畜和犬身上，且寄生数量很大。其中金环花蜱（A. aureolatum）和卵圆花蜱（A. ovale）的成蜱主要寄生于肉食动物，而短小花蜱（A. parvum）寄生于肉食动物和犰狳。具耳花蜱（A. auricularium）寄生于食蚁兽科的野生动物，偶尔也寄生于负鼠科、豚鼠科、毛丝鼠科、水豚科、鼠科、犬科、鼬科及浣熊科动物。假单色花蜱（A. pseudoconcolor）偶尔也寄生于负鼠科的野生动物。那布伦斯花蜱（A. naponense）常寄生于野猪类动物，与椭圆花蜱（A. oblongoguttatum）均发现于南美洲和中美洲一些国家的不同宿主中。南美洲的貘（Tapirus terrestris、南美貘）似乎是密点花蜱（A. latepunctatum）、刻纹花蜱（A. scalpturatum）及切痕花蜱（A. incisum）的成蜱的主要宿主。异形革蜱（A. dissimile）是阿根廷北部到墨西哥南部，加勒比群岛和佛罗里达南部地区爬行动物和蟾蜍（Bufo）属真蟾蜍的常见寄生虫。

2．异扇蜱 目前，仅有3种异扇蜱（Anomalohi-malaya spp.）见于中亚山区——帕米尔高原、天山、西藏和喜马拉雅山。这些三宿主蜱的各期寄生于啮齿动物、鼩鼱，偶尔也寄生于兔子。

3．凹沟蜱 凹沟蜱属（Bothriocroton原为Aponomma盲花蜱属）包括7个种的蜱，为澳大利亚和巴布亚新几内亚（欧德曼凹沟蜱，B. oudemansi）的本土种。除无眼外，凹沟蜱与花蜱很相似。在这个群系中奥鲁吉兰凹沟蜱（B. aruginans）寄生于袋熊，单色凹沟蜱（B. concolor）和欧德曼凹沟蜱（B. oudemansi）分别是澳大利亚和巴布亚新几内亚针鼹鼠的外寄生虫。这个属其他的4个种几乎完全寄生于爬行动物。哈氏凹沟蜱（B. hydrosauri）寄生于蓝舌蜥蜴，是澳大利亚弗林德斯岛立克次体（Rickettsia honei）的贮藏宿主。

4．斑蜱 斑蜱属（Cosmiomma）只有一个种，即河马斑蜱（C. hippopotamensis），发现于非洲西南和东部地区。主要寄生在黑犀和白犀，偶尔也寄生于羚羊。

5．革蜱 革蜱（Dermacentor）包括36个种，其中19个种分布于温带。在热带种中，闪光革蜱（D. nitens）在兽医上非常重要，但其他种能传播人兽共患病，成蜱在野生动物如猪、鹿、和羚羊寄生较普遍。未成熟阶段的蜱主要寄生于啮齿类和兔类动物。寒冷地区的革蜱和美国热带的闪光革蜱［D. nitens，马耳暗眼蜱（Anocentor nitens）］的生活史和活动的季节都比较特殊，每一种都需要独立的考虑。除闪光革蜱、白纹革蜱（D. albipictus）和异点革蜱（D. dissimilis）之外，其他的革蜱的生活史都是典型的三宿主模式。

闪光革蜱是一宿主热带马蜱，开始被划为暗眼蜱属（Anocentor），其对兽医相当重要。起初该虫种寄生于南美洲北部地区森林中的鹿（短角鹿属Mazama）。随着马科动物和其他家畜的引入，闪光革蜱也适应了这些宿主。该虫种整个寄生阶段都寄生于宿主内耳道（宿主耳朵深处），很容易受人为因素的影响而传播到美国其他地区，包括佛罗里达州和得克萨斯州。除了寄生于耳道，每个寄生阶段还可寄生于鼻道、鬃毛区、腹部及肛周。闪光革蜱能经卵巢一代代传播驽巴贝斯虫（Babesia caballi），因此对养马业来说很重要。此外，它还是试验性传播牛边缘边虫（Anaplasma marginale）的媒介。

另一种美洲一宿主革蜱，棕色革蜱（D. albipictus）是一种白纹革蜱或鹿蜱，分布于加拿大、美国北部至西部和墨西哥。一种体呈褐色的蜱，有时称作黑线革蜱（D. nigrolineatus），分布在新墨西哥和美国南部与东部地区，如不作为一个种可被划为亚种。从春天到秋天该蜱种的幼虫-若蜱-成蜱在单一宿主体上吸血（驼鹿、鹿、麋鹿或驯养的牛或马）。严重感染可造成宿主死亡。在加拿大，白纹革蜱的寄生会引起致命性"驼鹿神经丝虫病"，是科罗拉多蜱热病毒的次要媒介，也是驽巴贝斯虫的实验媒介，是（美）俄克拉何马州边缘边虫的自然传播媒介。

在墨西哥和美国中部地区，异点革蜱寄生在多种马属动物和反刍兽，也可成为马的一宿主蜱。

安氏革蜱、洛基山森林蜱，分布在内布拉斯加州以西至西部山脉（卡斯卡底山脉和内华达山脉），以及新墨西哥北部、亚利桑那州和加拿大西部。

美洲犬蜱变异革蜱（D. variabilis）分布在卡斯卡底山脉和内华达山脉，以及墨西哥从蒙大拿到得克萨斯州，东到大西洋和加拿大东部。这两种蜱都能造成家畜、野生动物和人的蜱瘫痪。它们也是能引起洛基山斑疹热立克次体（Rickettsia rickettsii）的主要传播媒介。安氏革蜱也是科罗拉多蜱传热病毒的主要传播媒介，还传播玻瓦桑病毒、边缘边虫、绵羊边虫、野兔热和Q热。变异革蜱是边缘边虫、驽巴贝斯虫和马巴贝斯虫的试验传播媒介。此外，变异革蜱已吸血的成蜱体内检测到莎草病毒、沙菲埃利希体（*E. Chaffeensis*）和尤因埃利希体（*E. ewingii*）。这两种革蜱都寄生于家畜和野生动物，包括鹿、野牛和麋鹿。但变异革蜱偏好臭鼬、浣熊和美洲狮等，以及家犬。未成熟阶段寄生于啮齿动物和其他小型野生哺乳动物。一种生物学特性相似的革蜱——西海岸革蜱（*D. occidentalis*），局限于太平洋低地和从俄勒冈至加利福尼亚半岛的山麓丘陵。这种蜱是边缘边虫的自然媒介。

在美国西部和墨西哥，啮齿类革蜱（*D. parumapterus*）、亨特革蜱（*D. hunteri*）和霍尔革蜱（*D. halli*）分别寄生于多种野兔和家兔、山地野绵羊及野猪。这些蜱虫很少与家畜接触。亨特革蜱是边缘边虫和绵羊边虫的试验传播媒介。在哥斯达黎加和巴拿马地区，侧部革蜱（*D. latus*）寄生于貘。

在亚欧草原、森林和山脉地区，边缘革蜱（*D. marginatus*）、网纹革蜱（*D. Reticulatus*）和森林革蜱（*D. silvarum*）是许多病毒及牛巴贝斯虫、驽巴贝斯虫、马巴贝斯虫、犬巴贝斯虫、绵羊泰勒虫、绵羊边虫、野兔热、Q热和俄罗斯春夏型脑炎的共同传播媒介。边缘革蜱分布于森林、沼泽、半荒漠以及法国至西伯利亚西南部的高山地带、哈萨克斯坦、中国新疆维吾尔自治区、伊朗及阿富汗北部地区。网纹革蜱分布于从爱尔兰和大不列颠到西伯利亚西北部和中国新疆地区的牧地、洪泛平原、落叶和落叶针叶林地区。森林革蜱分布于从西伯利亚中部和中国东北部至日本的沼泽草地、灌木丛和次生林以及针叶林的农田区。在冬季，这3个种的一些雄虫仍寄生在宿主身上。成蜱和未成熟蜱可在地面越冬。成虫从早春时节到夏季最活跃，秋季降低。幼虫和若虫从春季到秋季一直很活跃。一个完整的生活史需1年或1年加1个夏季或多个夏季或因冬季滞育而需2～4年。

其他大约有12种革蜱栖息于亚洲温带的某些低地、山地草原和半荒漠地区。成蜱常寄生于骆驼、牛、马、绵羊和山羊。在亚洲热带地区，革蜱亚属的几个种寄生于野猪，但也能感染一些大一点的野生动物，但几乎从来不感染家畜。

6. 血蜱 在166种血蜱中只有很少的几种血蜱寄生于家畜，但在欧亚大陆、非洲、澳大利亚和新西兰，这几种蜱具有重要的经济地位。一些血蜱亚科的蜱寄生于野生鹿、羚羊和牛，已经适应了家养的牛，以及在较小程度上来说，也适应了绵羊和山羊。其他的种起初特异性地寄生于各种野生的山羊和绵羊，后来也能够适应性地寄生于家养的绵羊和山羊。少数的非洲种随着肉食动物进化目前寄生于家犬。未成熟阶段的蜱一般寄生于一些小型脊椎动物，但是也有少数明显的例外。所有的血蜱都是三宿主蜱，体型小（未吸血的成蜱体长＜4.5 mm），呈褐色或红色，无眼。多数具有很短的口器，不同的虫种可引起蜱麻痹，是多种病原如Q热、野兔热、布鲁氏菌病、东方泰勒虫、绵羊泰勒虫、大巴贝斯虫、莫氏巴贝斯虫、犬巴贝斯虫及无浆体等的传播媒介。

刻点血蜱（*H. punctata*）广泛分布于亚洲西南部（伊朗和苏联）至欧洲大部地区包括斯堪的纳维亚半岛南部和英国的某些开放森林和灌木丛牧场饲养绵羊、山羊和牛的地区。未成熟阶段的虫体侵袭鸟类、刺猬、啮齿类和爬行动物。除传播无浆体和巴贝斯虫外，不同的刻点血蜱还能受俄罗斯春夏型脑炎病毒、特里贝克病毒（*Tribec virus*）、班加病毒（*Bhanja virus*）和克里米亚-刚果出血热病毒（Crimean-Congo hemorrhagic fever virus）的感染，从而传播这些疾病。

有槽血蜱（*H. sulcata*）的成蜱寄生于家畜（主要是山羊和绵羊），该种分布于从印度西北部和苏联南部到阿拉伯半岛、西奈半岛和欧洲南部。嗜耳血蜱（*H. parva*）的成蜱寄生在苏联的西南部和地中海近东区域（埃及除外）。嗜耳血蜱的未成熟阶段在蜥蜴上寄生特别普遍，但是这两种蜱的幼虫和若虫的宿主范围和刻点血蜱相似。

长角血蜱（*H. longicornis*）寄生于鹿和家畜，分布于日本和亚洲的东北部地区。这种蜱在南部地区是两性繁殖，而在北部地区却是孤雌生殖。这种孤雌生殖的蜱如今被引入澳大利亚、新西兰和太平洋沿岸，在这些地区该蜱仍保留了这种特殊的繁殖方式。未发育成熟的蜱常寄生于小型哺乳动物和鸟类，但也能吸食家畜血液。大量感染时，会严重危害鹿和家畜。这种蜱虫是东方泰勒焦虫主要传播媒介，同时还能传播卵形巴贝斯虫、吉氏巴贝斯虫、Q热病毒、波瓦桑脑炎病毒及俄罗斯春夏季脑膜脑炎病毒。幼蜱叮咬人的时候能引起急性皮炎。

欧亚其他寄生于家畜的血蜱包括缺角血蜱（*H. Inermi*，伊朗北部、苏联西南地区至欧洲中部及东南部至意大利的低地）、波氏血蜱（*H. Pospelovashtromae*，苏联南部及蒙古）、科彼特达非格血蜱（*H. Kopetdaghicus*，里海地区、苏联山区及伊朗）及西藏血蜱（*H. tibetensis*）、新疆血蜱（*H. xinjiangensis*）和硅土血蜱（*H. moschisuga*，中国）。

在东南亚家畜寄生的几种血蜱中，3种蜱特别值得关注：二棘血蜱（*H. bispinosa*），分布在巴基斯坦、孟加拉国、尼泊尔、布丹、斯里兰卡及马来西亚等国。这种蜱传播牛、羊、犬巴贝斯虫。距刺血蜱（*H. Spinigera*）是印度卡纳塔克邦州传播科萨努尔森林病病毒（Kyasanur Forest disease virus）的主要媒介。异形血蜱（*H. Anomala*）分布在从尼泊尔低地到斯里兰卡和泰国西北高山地区。

在亚洲温带地区，有18种其他的血蜱寄生于家畜：其中9种分布在喜马拉雅山及边远山区，另外9种则分布在俄罗斯东北部、韩国和日本。喜马拉雅山的血蜱寄生的家畜中，牦牛及牦牛-牛的杂交牛包含其中。一些喜马拉雅山血蜱更倾向于寄生在山羊和绵羊。

在撒哈拉以南的非洲森林或低地、潮湿的次生林或河岸森林地区，有4种血蜱能够感染家畜。它们是帕尔玛血蜱（*H. parmata*，分布于埃塞俄比亚、肯尼亚、非洲中部和西部地区以及安哥拉、针形血蜱（*H. aciculifer*，分布于从埃塞俄比亚到客麦隆和津巴布韦，传入南非）、皱纹血蜱（*H. rugosa*，分布于苏丹南部及乌干达至加纳和塞内加尔）及麝鼩血蜱（*H. silacea*，分布于祖鲁兰和南非东部）。

7. 璃眼蜱 璃眼蜱（*Hyalomma*）是寄生于包括骆驼在内的家畜最常见蜱，分布于从亚洲中部及西南部至欧洲南部和非洲南部的温暖、干旱和半干旱地区，尤其是环境严酷的低地和中等海拔地区以及旱季较长的地区。在25种已知的璃眼蜱中，大约15种能传播家畜和人类传染病的病原。大多数璃眼蜱属的蜱为三宿主蜱，但有些种为一宿主蜱或二宿主蜱。一些三宿主蜱可进化为一宿主蜱或二宿主蜱，这种兼性的能力是硬蜱属特有的。璃眼蜱通常体型中等或较大，并有一个长的口器。

璃眼蜱亚属（*Hyalommasta*）唯一的一个种：埃及璃眼蜱（*H. aegyptium*），未成熟阶段寄生于乌龟和小型野生动物及家畜，分布于从巴基斯坦直到地中海盆地两岸的地区。其成蜱只寄生于乌龟。

璃眼蜱亚属见于印度次大陆和索马里。其内的6个种都是三宿主蜱。其未成熟蜱寄生于小型哺乳动物，尤其是啮齿类动物。成蜱偏好于家畜如野羚羊、牛、山羊或绵羊。有2种主要感染牛和水牛的璃眼蜱，即短棘璃眼蜱（*H. brevpunctata*，分布在印度和巴基斯坦）和库玛璃眼蜱（*H. kumari*，分布在印度、巴基斯坦、阿富汗、伊朗西北部和塔吉克斯坦）。有3种璃眼蜱寄生于绵羊和山羊，分别是胡赛尼璃眼蜱（*H. hussaini*，分布在印度、巴基斯坦和缅甸）、扇头璃眼蜱（*H. rhipicephaloides*，分布在死海和红海地区）以及阿拉伯璃眼蜱（*H. arabica*，分布在也门和沙特阿拉伯）。蓬特璃眼蜱（*H. punt*，分布在索马里和埃塞俄比亚）寄生于羚羊、骆驼、牛、山羊和绵羊。

璃眼蜱亚属中涉及兽医领域和公共卫生的包括15个种。其中的3个种还分别有2、3、4个亚种。其中主

要的二宿主蜱小亚璃眼蜱（*H. anatolicum anatolicum*），是全球危害最严重的蜱中位居高位，广泛寄生于亚洲中部至孟加拉国、中东和近东、阿拉伯半岛及欧洲东南部和非洲赤道以北非干旱草原、半沙漠地区的骆驼、牛和马。未成熟的蜱和成蜱通常侵袭同一种类的宿主。若蜱和未吸血成蜱在冬天和干燥的季节生存在石墙、牛棚的缝隙或杂草丛生的田间裂缝中。当未成熟蜱感染小型哺乳动物、鸟类和爬行类动物时，生活史为三宿主型。小亚璃眼蜱传播环形泰勒虫、马巴贝斯虫和弩巴贝斯虫、边缘边虫和泰（提）氏锥虫和至少5种虫媒病毒，该蜱是传播人刚果出血热病毒的重要的媒介。

大量的小亚璃眼蜱成蜱和幼蜱常寄生于家畜并导致宿主生长发育不良。凹陷璃眼蜱（*H. anatolicum excavatum*）亚种（三宿主蜱）的未成熟蜱主要寄生于与小亚璃眼蜱相同环境不同生境的穴居啮齿动物。这两个亚种的蜱可寄生于同一种动物。凹陷璃眼蜱的分布较小亚璃眼蜱有限，但冬季其种群密度较小亚璃眼蜱大。另一密切相关的种，路西塔尼亚璃眼蜱（*H. lusitanicum*），取代了小亚璃眼蜱，分布于意大利中部至葡萄牙、摩洛哥和加那利群岛。该种与马和牛的巴贝斯虫病有关。除家畜外，还可寄生于鹿和兔。

边缘璃眼蜱（*H. marginatum*）包括4个亚种，都是二宿主蜱。成虫寄生于家畜和野生草食动物，未成熟蜱寄生于第一宿主鸟类，罕见于啮齿类动物。野兔和刺猬是第二宿主。边缘璃眼蜱指名亚种（*H. marginatum marginatum*，分布于伊朗的里海、苏联至葡萄牙和非洲西北部）、麻点边缘璃眼蜱（*H. marginatum rufipes*，撒哈拉南部至南非、尼罗河流域和阿拉伯半岛南部、图兰边缘璃眼蜱（*H. marginatum turanicum*，巴基斯坦、伊朗、苏联南部、阿拉伯、非洲东北部部分地区——随绵羊由伊朗带入卡鲁）及伊氏边边缘璃眼蜱（*H. marginatum isaaci*，斯里兰卡至尼泊尔南部、巴基斯坦、阿富汗北部）。边缘璃眼蜱亚种是克里米亚-刚果出血热病毒的主要传播媒介，同时也传播其他家畜疾病及其他感染野生动物、家畜和人类的病毒。

亚洲璃眼蜱（*H. asiaticum*）种内包括3个亚种，属三宿主蜱，分布于中国西南地区、蒙古和苏联南部至中东伊拉克的沙漠、干旱和半干旱的沙漠和草原地区。啮齿类动物是为成熟蜱的主要宿主，野兔也可被寄生。成蜱主要寄生于家畜，尤其是骆驼。从东到西分布的亚种分别是亚东璃眼蜱（*H. asiaticum kozlovi*）、亚洲璃眼蜱指名亚种（*H. asiaticum asiaticum*）和高加亚东璃眼蜱（*H. asiaticum caucasicum*），在兽医领域和

医学领域都十分重要。

另外3种寄生于骆驼和其他家畜的三宿主璃眼蜱为嗜驼璃眼蜱（*H. dromedarii*，印度至非洲赤道以北）、酋长璃眼蜱（*H. schulzei*，伊朗东部至阿拉伯及埃及北部）和福兰奇尼璃眼蜱（*H. franchinii*，叙利亚至突尼斯）。未成熟蜱寄生于啮齿类动物和其他小型哺乳动物、鸟类和爬行类，其中嗜驼璃眼蜱也可寄生于家畜。嗜驼璃眼蜱对兽医及医学均十分重要，另外两种涉及较少。

残缘璃眼蜱（*H. detritum*）是环形泰勒虫的一种重要传播媒介，属三宿主蜱，成蜱和未成熟蜱均寄生于家畜。该蜱分布于中国南部、蒙古、尼泊尔低地至欧洲南部和非洲北部湿润的草原、沙漠和半沙漠。扁形璃眼蜱（*H. impeltatum*）分布于伊朗、阿拉伯至坦桑尼亚北部和乍得。成虫寄生于家畜，未成熟蜱寄生于啮齿类动物、其他小型哺乳动物、鸟类和爬行类动物。

盾糙璃眼蜱（*H. scupense*）为一宿主蜱，寄生于牛和马，分布于苏联西南部和欧洲东南部，该蜱较为特殊（与加拿大的白纹革蜱一样），在宿主体上越冬，由于大量幼蜱（秋末）、若蜱（冬天）、成蜱（春季）长时间大量吸血给宿主造成严重的危害。盾糙璃眼蜱是环形泰勒虫和马巴贝斯虫的传播媒介。

除了上述提到的几种蜱外，在非洲的热带稀树草原还有5种其他璃眼蜱寄生于家畜和野生动物：截形璃眼蜱（*H. truncatum*，希腊东南部至非洲南部）、白纹璃眼蜱（*H. albiparmatum*，肯尼亚南部、坦桑尼亚北部）、红海璃眼蜱（*H. erythraeum*，索马里东部和埃塞俄比亚、也门）、印痕璃眼蜱（*H. impressum*，苏丹西部、西非）和闪亮璃眼蜱（*H. nitidum*）（中非共和国和西非）。这些三宿主蜱的未成熟阶段通常寄生于小型哺乳动物，偶可见于鸟类和爬行类动物。截形璃眼蜱会引起牛汗热病和跛行，人和绵羊的蜱麻痹病，它是克里米亚-刚果出血热病毒、贝氏柯克斯体（Q热）和康诺尔立克次体（非洲斑疹伤寒症病毒、南欧斑疹热病毒）的传播媒介。

8. 硬蜱　是硬蜱科最大的一个属，包括249个种，并且具有特殊的结构和生物学特性。就目前所知，所有的硬蜱均为三宿主蜱。几乎全部分布在温带或热带森林、树木茂盛或灌木丛生的草原，极少能适应半沙漠的湿润区域或海鸟居住的北极地区、亚南极地区。宿主为多种鸟类、哺乳类动物和一些爬行类动物。多数寄生于穴居宿主或者有规律归巢、归窝行为的陆栖或树栖的动物，少数寄生于流浪的偶蹄动物或奇蹄动物，适应性特别强，也可寄生于家畜，是重要的害虫，也是传播人和动物疾病的重要媒介。

分布于欧亚大陆、非洲西北部和在北美和南美的蓖子硬蜱（*I. ricinus*）尤为重要。蓖子硬蜱即所谓的绵羊蜱，也是这个属的代表种，分布于欧洲大部地区至里海和伊朗北部、非洲西北部相对湿润、凉爽、灌木丛生和树木茂盛的牧场、园林、防风林、泛滥平原和森林。根据环境温度的不同，生活史通常为2～4年。在较干燥、温暖的地中海东部，脊突硬蜱（*I. gibbosus*）取代了蓖子硬蜱，完成整个生活史仅用1年。蓖子硬蜱的幼蜱寄生于小型爬行动物、鸟类和哺乳动物，若蜱寄生于小型和中型脊椎动物，成蜱则寄生于草食动物和家畜。该硬蜱所有发育阶段，尤其是若蜱和成蜱，可寄生于人。蓖子硬蜱的雄蜱吸食少量血液或不吸血，可在宿主体上或离开宿主完成交配。饥饿的成蜱通常在植被上完成交配。成虫活动高峰期在春季；有些群落在秋季会有一个较低的高峰峰期。在蓖子硬蜱传播的多种虫媒病毒中，主要为跳跃病、蜱传脑炎（森林脑炎）和克里米亚-刚果流行性出血热。传给家畜的其他病原有伯纳特氏立克次体、边缘边虫、分歧巴贝斯虫、嗜吞噬无形体及各种造成牛、绵羊和人粒细胞无形体病的病原。

全沟硬蜱（*I. persulcatus*）是一种针叶林蜱，与蓖子硬蜱亲缘关系较近，宿主偏好也相同。分布于欧洲中部和东部山区从低地森林波罗的海和卡雷利亚共和国向东穿过西伯利亚针叶林带到日本海、鄂霍茨克和日本岛北部。生活史3～4年，但是在夏季较短的地区可长达7年。全沟硬蜱是森林脑炎病毒和伯氏疏螺旋体的重要传播媒介之一，同时也可传播巴贝斯虫、鼠埃立克体以及人和绵羊的无形体和土拉杆菌（野兔热）。

其他蓖子硬蜱组亚洲代表种有中国的中华硬蜱（*I. sinensis*），印度北方山区、巴基斯坦和吉尔吉斯斯坦的克什米尔硬蜱（*I. kashmiricus*），俄罗斯西伯利亚南部山区的帕氏硬蜱（*I. pavlovskyi*）和哈萨克斯坦、吉尔吉斯斯坦和土库曼斯坦针叶林山区和落叶森林的哈萨克硬蜱（*I. kazakstani*）。

在美国，蓖子硬蜱组的代表种为肩突硬蜱（*I. scapularis*）、太平洋硬蜱（*I. pacificus*）、近缘硬蜱（*I. affinus*）、加里森硬蜱（*I. jellisoni*）、细小硬蜱（*I. minor*）和嗜鼠硬蜱（*I. muris*）。肩突硬蜱分布于整个美国东部和中北部及加拿大南部，是博氏疏螺旋体，莱姆病和引起人、马、犬粒细胞无形体病的嗜吞噬无形体的传播媒介，同时也传播微小巴贝斯虫，纽约至麻省沿海地区人巴贝斯虫病病原。肩突硬蜱的主要宿主为鹿，偶尔在树木茂盛的地方放牧的家畜也可感染。太平洋硬蜱的成蜱寄生于从加利福尼亚的巴甲到不列颠哥伦比亚及爱达荷州内陆口岸、内华达州和俄勒冈地区的家畜。太平洋硬蜱和嗜鼠硬蜱[（*I. neotomae*，也称为须刺硬蜱蜱（*I. spinipalpis*）]可传播莱姆病、野兔热和落基山斑疹热群的立克次体；太平洋硬蜱也可传播嗜吞噬无形体，该蜱叮咬会造成慢性愈合性溃疡。一个相近的种近缘硬蜱，从南卡罗来纳至佛罗里达南部到阿根廷均有分布。有报道称该蜱主要寄生于野生动物并且不作为传播媒介。

在非洲，只有4种硬蜱可寄生于家畜。首要的是红润硬蜱（*I. rubicundus*），存活于南非卡鲁湿润的山区，其唾液中的毒素会造成家畜、人、犬和豺狼产生痉挛性四肢瘫痪。未成熟蜱寄生于岩兔、其他野兔和象鼩，其他的寄生于非洲高地家畜的种分别为德拉肯斯堡硬蜱（*I. drakenbergensis*，纳塔尔）、刘易斯硬蜱（*I. lewisi*，肯尼亚）、凹须硬蜱（*I. cavipalpus*，苏丹南部至津巴布韦和安哥拉）。

9. 巨足蜱 巨足蜱属（*Margaropus*）的蜱类似扇头蜱（*Rhipicephalus*）属（牛蜱属）的蜱，但是没有彩饰和花纹。它们的特点是超大的后足和很长的正中面板。3个高度特异的珠足，为一宿主蜱，仅限于非洲地区。里氏巨蜱（*M. reidi*）和威氏巨蜱（*M. wileyi*）寄生于苏丹、肯尼亚和坦桑尼亚的长颈鹿身上。已发现，威氏巨蜱寄生于斑马和牛羚（角马）。温氏巨蜱（*M. winthemi*）冬季吸血，寄生于斑马和马，偶尔也可寄生在其他家畜和羚羊，仅限于南非山区，在冬季可使动物掉膘。

10. 诺蜱 本属的唯一蜱种为巨型诺蜱（*N. monstrosum*），常寄生于野生和家养的水牛，也可寄生于人类、家畜和野生动物身上，遍布于印度、尼泊尔的低地、孟加拉国、泰国和老挝。幼虫主要寄生于啮齿类动物。

11. 扇革蜱 扇革蜱（*Rhipicentor*）属由2个种组成，即双角扇革蜱（*R. bicornis*）和纳氏扇革蜱（*R. nuttalli*），它们都只发现于非洲南部撒哈拉大沙漠。双角扇革蜱寄生于非洲南部和中部的山羊、牛、马、犬和一些食肉动物。纳氏扇革蜱广泛分布于南非，幼虫阶段寄生于象鼩目动物，成年阶段更多的寄生在家犬、豹和南非刺猬。这种蜱完成整个生活史需1年时间。

12. 扇头蜱 81种扇头蜱中大约有60种出现在撒哈拉以南非洲地区，其余的起源于欧亚大陆和非洲北部。与血红扇头蜱（*R. sanguineus*）、微小牛蜱（*R. microplus*，也称微小牛蜱）一起由人类传播到亚洲、大洋洲和美洲。大部分成虫寄生于野生和家养的偶蹄类、单蹄类和食肉动物。幼虫大部分寄生于小型哺乳动物。然而，寄生在啮齿动物或蹄兔身上和寄生在偶蹄类动物身上的蜱，有一些在成年后会寄生于同一宿

主。扇头蜱的生活史为典型的三宿主型，但在地中海气候带（长时间温暖的夏季和少量的降雨）囊形扇头蜱（*R. bursa*）会是二宿主型。在撒哈拉以南非洲地区伴随着长期旱季，埃氏扇头蜱和滑盾扇头蜱（*R. glabroscutatum*）也是二宿主型生活史。另一方面，这5个扇头蜱中，每个种都有一宿主型，可在3~4周完成生活史。

扇头蜱属许多种长久以来面临难以辨认，或被认错的现状。现代概念中蜱的发育、分类和命名需基于分子生物学分析。

（1）**牛蜱亚属** 5种扇头蜱（牛蜱）[（*Rhipicephalus*（*Boophilus*）spp.）]中的每一种都有1个一宿主生活史类型，需要3~4周完成生活史，会造成蜱虫承载量过大。这种情况下，在控制方面杀螨剂抵抗力成了一个主要的问题。瘤牛，在印度几个世纪以来作为微小牛蜱（牛蜱）[*R.（B）microplus*]的宿主，对于大量寄生的蜱已经产生了抵抗力，并且被用于（纯种或者杂交）综合控制程序。已确认，微小牛蜱（牛蜱）是全世界上最主要的家畜蜱类寄生虫，已经从印度的牛和鹿生存的森林被传播到亚洲热带和亚热带地区、澳大利亚东北部、马达加斯加、从非洲沿海低地一直到赤道、南美洲、中美洲的许多地方和墨西哥、加勒比海地区。美国进行了长时间而昂贵的防控程序，才将微小牛蜱（牛蜱）和具环牛蜱（牛蜱）[*R.（B）annulatus*]彻底根除。持续监控保持其不会再次被引入。在苏联南部，中东和地中海地区生长的具环牛蜱（牛蜱），很早以前曾随西班牙殖民者及家畜进入墨西哥，但是没有进入中美洲。在撒哈拉以南的非洲和赤道以北的地区，牛的迁徙运动可能带来了大量的具环牛蜱（牛蜱）。

消色牛蜱[牛蜱，*R.（B）decoloratus*]分布于非洲南部至撒哈拉，其中这一地区东南部分已经被微小牛蜱（牛蜱）所取代。而在更为湿润的非洲西部地区，具环牛蜱与盖吉牛蜱[牛蜱，*R.（B）geigyi*]共同存在，或者被后者完全取代。零星的盖吉牛蜱（牛蜱）一直往东延伸到苏丹南部和中部。而仅局限于绵羊、山羊（偶尔还有马）的牛蜱是科勒牛蜱[牛蜱，*R.（B）kohlsi*]，它分布在叙利亚、伊拉克、以色列、约旦、沙特阿拉伯西部和也门。经试验，微小牛蜱（牛蜱）是传播马贝贝斯虫的媒介。从巴拿马的马科动物的鼻腔中收集到该虫。这种蜱和具环牛蜱（牛蜱）都是双芽巴贝斯虫、牛巴贝斯和边虫的主要传播媒介。消色牛蜱（牛蜱）是双芽巴贝斯虫和边虫的高效传播媒介，但是不传播牛巴贝斯虫和马巴贝斯虫。

（2）**扇头蜱亚属** 亚洲热带地区是扇头蜱（*Rhip-*

icephalus)亚属5种蜱的栖息地；有两个种的成蜱寄生于家畜。镰形扇头蜱（R. haemaphysa loides）寄生于不同家畜和野生羚羊、鹿、食肉动物和野兔体内，分布于东南亚大陆（中国台湾和菲律宾）向西一直到印度、斯里兰卡、尼泊尔、巴基斯坦和阿富汗西部。匹兰扇头蜱（R. pilans）寄生于印度尼西亚和婆罗洲的家畜和野生动物。这两个种的幼蜱主要寄生于鼠类，也包括鼩、野兔和小型食肉动物。

从欧洲中部到哈萨克斯坦，俄罗斯扇头蜱（R. rossicus）、舒氏（舒尔茨）扇头蜱（R. schulzei）和短小扇头蜱（R. pumilio）在医学和兽医学领域非常重要。微小牛蜱（R. pusillus）主要寄生于犬以及欧洲兔子、狐狸和野猪。目前已确认，图兰扇头蜱（R. turanicus）分布于中国、苏联南部、印度，一直到欧洲南部和非洲，直至南非。作为难以分类的血红扇头蜱类的一员，图兰扇头蜱及其数量的庞大，可能代表了一个独立的种，需要进一步的研究其作为媒介的能力。

囊形扇头蜱（R. bursa）是一种易于辨认的二宿主型种，范围从欧洲地中海西部到伊朗和哈萨克斯坦。成蜱和幼蜱寄生在家畜、野兔、鹿、野绵羊和山羊，以及人类体内。可引起人类羊瘫病（Ovine paralysis）和传播克里米亚-刚果出血热病毒和其他病毒给人类，也会将巴贝斯虫、泰氏锥虫和边虫传播给牲畜。

最有名的非洲扇头蜱是血红扇头蜱，又称犬窝蜱或棕毛犬蜱，它随着家犬蔓延全球。目前可以确定，它在北至加拿大和斯堪的纳维亚、南至澳大利亚均有分布。在非洲，临近中东和欧洲南部的部分地区，成蜱寄生于野生或家养的食肉动物、绵羊、山羊、骆驼、其他牲畜和各种野生哺乳动物，特别是野兔和刺猬。幼蜱原本寄生在小型哺乳动物中，然而这种情况在城市随处可见，犬几乎是幼蜱和成蜱的唯一宿主。人类受到其感染，大部分情况是孩子们在玩耍和睡觉时紧密接触到了严重被感染的犬。有记录记载，在墨西哥和塔西提岛发现血红扇头蜱成蜱寄生于牛体内。这种蜱在热带和亚热带一年四季都很活跃，但在温带只有春季到秋季活跃。最新活跃的成蜱和蛹经常从地面的裂缝中爬出。血红扇头蜱是犬巴贝斯虫、犬埃里克体、犬立克次体、扇头扇头蜱（R. rhipicephali）、康氏扇头蜱（R. conorii）、刚果流行性出血热病毒和托高土病毒的媒介。在美国中南部，血红扇头蜱与墨西哥里利什曼原虫的散发性病灶密切相关，一些美洲的蜱已对杀虫剂具有耐药性。膜翅目昆虫（Chalcid）经常滋生这种蜱。在东非，Hunterellu shookeri经常感染血红扇头蜱若虫。

附肢扇头蜱（R. appendiculatus），又称棕耳蜱，分布于苏丹南部和扎伊尔东部到肯尼亚和南非，是这些地区中阴冷、多树木、灌木的热带稀树草原上的主要寄生虫。成虫和幼虫都寄生于牛、其他牲畜和羚羊的耳内，但当感染扩大以后，也会出现在一些其他部位。幼虫可感染小型羚羊和食肉动物，偶尔也会感染啮齿动物。具有季节性，与温度和降水密切相关。附肢扇头蜱是小泰勒虫类疾病（东海岸热、津巴布韦恶性泰勒虫病和内罗毕绵羊病病毒的主要媒介，同时也是泰氏锥虫、牛埃里克体、康诺尔立克次体和托高土病毒的媒介。在易受感染的欧洲土种牛身上，重度感染这种蜱有时会导致致命的毒血症，失去对各种感染的抵抗力，严重损害宿主的耳朵。

在坦桑尼亚、津巴布韦、赞比亚、博茨瓦纳和德兰士瓦的热带稀树草原干燥低地上，发现了与赞河扇头蜱（R. zambeziensis）相同的蜱，它们有相似的宿主，也是东海岸热的传播媒介。其他与附肢扇头蜱（R. appendiculatus）密切相关的蜱，包括南非好望角的闪光扇头蜱（R. nitens）和安哥拉、扎伊尔的邓氏扇头蜱（R. duttoni）。

ivory-ornamented 美丽扇头蜱（R. pulchellus）是一种斑马的寄生虫，同时也寄生于从埃塞俄比亚南部到索马里和坦桑尼亚东北部的东非大裂谷地区的热带草原栖息地中的家畜和狩猎动物。成蜱和幼蜱一般感染同一宿主。然而，幼虫也会感染野兔。幼虫（"种子蜱"）也是著名的烦扰人类的害虫。美丽扇头蜱感染耳朵和下腹部，主要在潮湿的季节。这种蜱是马巴贝斯虫（斑马）、泰氏锥虫、康诺尔立克次体、一些布尼亚病毒科（克里米亚-刚果出血热病毒、内罗毕绵羊病、卡贾多、基斯马尤与杜布病毒）和爱泼斯坦巴尔病毒的媒介。

二宿主型的非洲扇头蜱是埃氏扇头蜱（R. evertsi）亚种和滑盾扇头蜱（R. glabroscutatum）。埃氏扇头蜱指名亚种（R. evertsi evertsi）是一种寄生于东非斑马的大型、眼睛锐利、红腿的蜱，寄生于所有类型的野生食草动物和家畜（猪少见）。幼蜱和成蜱寄生于同一宿主，幼蜱也寄生于野兔体上。它分布在南非向东通过非洲东部的尼罗河一直到苏丹南部，也发现于也门的山区。在尼罗河西部发现一些家畜发生多个散发性病灶。幼蜱寄生于耳道，成蜱多寄生于肛门和尾下，也可寄生于腋下和腹股沟和胸骨上。马科动物较常见到一个宿主上寄生大量虫体，并且由于不同部位的寄生密度不同而很难控制。生活史通常持续1年，但是在凉爽的季节发育较为缓慢。埃氏扇头蜱指名亚种携带马巴贝斯虫、泰氏锥虫（第二传播媒介）、包柔式螺旋体、康诺尔立克次体和吉赖、瓦达曼达妮和托高土病毒。从博茨瓦纳西部至纳米比亚、安哥拉和扎伊尔发现的带纹腿（像璃眼蜱）的西部亚种，红脚扇头蜱（R. evertsi mimeticus），在宿主类型、寄生部位和生活史方面与提到的亚种很相似。

滑盾扇头蜱（R. glabroscutatum）在好望角、南非的干旱地区、小灌木草原生长的绵羊、山羊和其他牲畜十分常见。弯角羚和其他小型羚羊也可被感染。有极少的资料显示幼虫寄生于啮齿类动物。

弯曲扇头蜱（R. pravus）类，目前仍在进行生物学分类，包括4种或更多。成蜱多见于牲畜和食草类野生动物（包括野兔，幼蜱寄生于象鼩目动物（食虫类动物）、野兔和其他小型哺乳动物。弯曲扇头蜱是一种棕色凸眼蜱，多见于非洲东部的灌木丛和树木茂盛的草原，可传播卡达姆病毒。另一种与弯曲扇头蜱亲缘关系密切的是眼斑扇头蜱（R. occulatus），一种寄生于野兔的蜱。还有一种未命名，在南非发现，寄生于野兔。

寄生于牲畜和野生偶蹄类动物的斑纹扇头蜱（R. punctatus）类较难分类，包括斑纹扇头蜱（安哥拉、莫桑比克、坦桑尼亚），科勒牛蜱［R. kochi（neavi），博茨瓦纳北至肯尼亚和扎伊尔］，还有一种来自津巴布韦和南非的未命名的种。

好望角扇头蜱（R. capensis）类也仍在研究中，最初寄生于好望角水牛，现在这些种寄生于纳米比亚和南非［好望角扇头蜱和格氏扇头蜱（R. gertrudae）］，非洲东部［复节扇头蜱（R. compositus）和长扇头蜱（R. longus）］，以及非洲西部和苏丹西南部［［伪长扇头蜱（R. pseudolongus）］的牲畜和野生动物中。

海拔1 800 m的非洲东部森林和灌木区，危害扇头蜱（R. hurti）和让内尔扇头蜱（R. jeanelli）寄生于牲畜、好望角水牛和其他大型狩猎动物。危害扇头蜱也定居于扎伊尔的山林中。这些种都首先感染宿主的耳部，让内尔扇头蜱也可寄生于尾部。

扁鼻扇头蜱（R. simus）类长期以来一直被人们所熟知，目前又分成了几个不同的种。在新的分类学地位中，R. simus sensu stricto分布于非洲中部和南部，大约南纬8°，是边虫和中央边虫较为适合的试验用虫媒。在非洲东部和北部，扁鼻扇头蜱被紫带扇头蜱（R. praetextatus）所取代。紫带扇头蜱分布于坦桑尼亚中部至埃及。这两个种的成虫寄生于牲畜、犬、野生食肉动物、大型和中型狩猎动物和人类。牲畜身上的发生率和寄生密度还无法说清，并且很不稳定。幼虫寄生于草原上常见的穴居啮齿类动物。两种蜱均可导致人蜱瘫病，并可传播康氏立克次体和伯纳特氏立克次体。在肯尼亚，紫带扇头蜱是托高土病毒的传播媒介并且可能是内罗毕绵羊病病毒的继发传播媒介。在尼罗河西部，则通常为舒氏扇头蜱（R. senegalensis）和木氏扇头蜱（R. muhsamae）两个种。

三尖扇头蜱（R. tricuspis，分布于坦桑尼亚至南非）与斑背扇头蜱（R. lunulatus，分布于非洲西部至埃塞俄比亚和坦桑尼亚）主要寄生于野生动物和牲畜的尾刷，但也可寄生于宿主身体其他部位。

上文已对血红扇头蜱家族的血红扇头蜱和图兰扇头蜱作了描述。相近的种是非洲东北部的加氏扇头蜱（R. camicasi）和储存扇头蜱（R. bergeoni），非洲西部的桂氏扇头蜱（R. guilhoni）和莫氏扇头蜱（R. mouchet），以及深沟扇头蜱（R. sulcatus）两种广泛分布的"类型"，目前仍在研究中。

通常与附肢扇头蜱（R. appendiculatus）相混淆的两种非常与众不同的种，为苏氏扇头蜱（R. supertritus，分布于纳塔尔苏丹南部）和鞭代扇头蜱（R. muhlensi，分布于肯尼亚和苏丹南部至非洲中部）。这两个种的成蜱都寄生于牛、好望角水牛、羚羊和大型狩猎动物。苏氏扇头蜱也可寄生于食肉动物。

（三）重要的软蜱

1．锐缘蜱 57种已知锐缘蜱中，大多数专性寄生于鸟类和蝙蝠，仅有少数寄生于野生的哺乳类动物和巨型龟类。波斯锐缘蜱（Argas persicus，分布于全球许多热带和亚热带地区）、异形锐缘蜱（A. arboreus，主要分布于埃及等非洲部分地区）、非洲鸽锐缘蜱（A. africolumbae，分布于炎热的非洲）、沃克锐缘蜱（A. walkerae，分布于非洲南部）和微小锐缘蜱（A. miniatus，分布于南美洲），都是传播鸡埃及原虫（Aegyptianella pullorum）与鹅疏螺旋体（Borrelia anserina）的主要蜱种。其他种类蜱也可传播鸡埃及原虫和鹅疏螺旋体而感染家禽（见禽蜱）。波斯锐缘蜱、异形锐缘蜱、沃克锐缘蜱、微小锐缘蜱、辐状锐缘蜱（A. radiatus）及桑切斯锐缘蜱（A. sanchezi，美国）都可以引起蜱瘫痪。以上蜱种和其他蜱属都可以对人类造成巨大的刺激。

2．败蜱 目前已知的88种败蜱都特异性地寄生于蝙蝠和啮齿类动物。有几种可以侵袭居住在岩石洞穴的鸟类。这些败蜱都能和宿主生活在洞穴、树、岩石的裂缝，因此很少和家畜接触。但是有些蝙蝠侵占屋顶的洞穴，寄生于它们身上的寄生虫会给人类和宠物带来危险。北美洲的凯莱败蜱（C. kelleyi）和欧洲的蝙蝠败蜱（C. vespertilionis），原本寄生于栖居于岩石和树木蝙蝠，以上两种败蜱在人类居住的环境中已经有所发现，并已有过袭击人类的报道。寄生于巢居鸟类的模糊败蜱（C. amblus）、卡佩纳败蜱（C. capensis）及丹麦败蜱（C. denmarki）能直接威胁禽类栖息地，并且直接造成小鸡的死亡。

3．钝缘蜱 已知的37种钝缘蜱（Ornitholoros spp.）栖息于洞穴、兽穴、悬崖边和鸟类栖息地，也有少数寄生于家畜，比如萨氏钝缘蜱（O. savignyi）和皮革钝缘蜱（O. coriaceus），因为它们有眼睛，且栖息在树木和岩石的阴凉处，而该处常是家畜和狩猎动物的栖息地。萨氏钝缘蜱是一种波斯锐绿蜱，常大量聚集在从纳米比亚到印度、斯里兰卡的半干旱地区。波斯锐绿蜱叮咬人和牲畜，可造成眼的刺激和中毒，并有造成动物麻痹甚至死亡的记载。皮革钝缘蜱常寄生在从加利福尼亚州北部和内华达州到恰帕斯、墨西哥的山坡矮橡树中，常侵袭生活在树下和靠近大岩石下的鹿。还可刺激鹿、牛和人类，该蜱的叮咬会造成严重的皮肤反应。因皮革钝缘蜱传播麝鼠疏螺旋体（Borrelia crocidurae）而引起牛流产。在澳大利亚干旱地区，O. yurneyi常寄生于树林的阴凉地，而袋鼠和人也常在此休息而遭到侵袭；家畜很少或不会出现在此栖息地。

在非洲，多数钝缘蜱栖息于洞穴，其中有几种可自然感染非洲猪瘟（ASF）病毒，也可以将其传播到欧洲和美洲。嗜猪钝缘蜱（O. porcinus）是非洲猪瘟病毒的自然贮存宿主和媒介，该蜱常聚集于非洲热带野猪和豪猪的洞穴里。嗜猪钝缘蜱还适于寄生在人类住房和畜舍的墙壁和地板的缝隙内。感染非洲猪瘟的野猪还会威胁到家猪。野猪和家猪与杜通疏螺旋体（Borrelia duttoni）的流行病学无关，而非洲钝缘蜱（O. moubata）可以携带非洲人类回归热的病原体。栖息在啮齿类动物的洞穴和猪舍的摩洛哥钝缘蜱（O. marocanus）是一种有效的媒介昆虫，它可通过感染的猪肉将非洲猪瘟病毒传播到西班牙。摩洛哥钝缘蜱也是西班牙疏螺旋体（Borrelia hispanica）的携带者和贮存宿主，并且是西班牙西北部地区非洲人类回归热的病原。非洲猪瘟已传播到巴西、海地、多米尼加共和国和古巴。美洲的回归热钝缘蜱（O. turicata）、O. dugesi和皮革钝缘蜱（O. coriaceus）是非洲猪瘟病毒的潜在携带者。

左氏钝缘蜱（O. tholozani）常寄生于中国、苏联的南部、印度的西北部和阿富汗到希腊、利比亚的东北部及地中海群岛东部的半荒漠、大草原和干燥环境中的洞穴、马厩、岩石和泥土栅栏以及人类的栖息地。从左氏钝缘蜱还可寄生于啮齿类的多种动物、刺猬、豪猪和家畜。人若被已感染波氏疏螺旋体（Borrelia persicus）的左氏钝缘蜱叮咬后，会出现严重甚至致命的波氏回归热。

拉合尔钝缘蜱（O. lahorensis）主要寄生于居住在悬崖保护区的野生绵羊，它也是中国西藏、克什米尔、苏联南部、沙特阿拉伯、土耳其、希腊、保加利亚和南斯拉夫的山区和坑洼地带圈养家畜的一种重要害虫。拉合尔钝缘蜱具有2个宿主的生活史，在整个

冬天都能牢固结合病原体。在冬季能严重感染马厩或牛圈，可以引起牲畜麻痹、贫血和中毒，并且可传播梨形虫病、布鲁氏菌病、Q热及野兔热等病原体，该蜱也可传播波氏回归热病原——波氏疏螺旋体。

回归热钝缘蜱寄生于栖息在洞穴、裂缝的啮齿类动物、猫头鹰、蛇类、乌龟以及美国南部与墨西哥的家养猪和其他牲畜。与多数钝缘蜱生活规律不同，新生的回归热钝缘蜱吸血时间不到30 min，但是成虫可持续吸附达2 d。回归热钝缘蜱和猪的疾病有关，当叮咬人类时会导致严重的毒性反应和继发感染。

寄羽钝缘蜱（O. furucosus）寄生在南美洲西北部地区的人和家畜的房屋与畜舍。其他危害家畜和人的南美洲害虫，可能是原先寄生于野猪的巴西钝缘蜱（O. braziliensis）和有喙钝缘蜱（O. rostratus）。

4. 残喙蜱　梅格宁残喙蜱（Otobius megnini）在形态学和生物学上比较特殊，它可感染叉角羚羊、山区绵羊和生长在美国西部、墨西哥及加拿大西部雨季栖息地的弗吉尼亚长耳鹿的耳道。牛、马、山羊、绵羊、犬和人的感染都很相似。这种善于藏匿的寄生虫已随牲畜被传播到南美洲西部、加拉帕弋斯群岛、古巴、夏威夷、印度、马达加斯加和非洲东南部。值得注意的是成年蜱的口器无功能，可以在地上2年不进食而存活。雌蜱可在2周内最多排出1 500个虫卵。幼蜱和2个若蜱期可采食2~4个月，多数是在冬季和春季。每年可产生2代以上。耳道感染会造成人和其他动物严重的刺激，冬季感染严重时，家畜体况下降。曾有宿主蜱瘫痪和锥蝇幼虫继发感染报道。梅格宁残喙蜱可感染Q热、野兔热、科罗拉多壁虱热和洛基山斑疹热的病原体。在美国西部，嗜兔残喙蜱（O. lagophilu）常寄生在野兔和家兔的头部。

（四）蜱的防控

因为蜱虫的侵袭可以使动物继发感染，造成兽皮和乳房损伤，引起中毒与麻痹，最重要的是受到多种病原体感染，所以蜱虫防控的主要目的是保护宿主免受刺激，减产及病理损害。防控还可阻止蜱虫的扩散，并可阻止蜱虫传播到非感染地区乃至各大洲。

1. 轮牧与生物防控　这些措施可以直接阻断蜱的自生和寄生阶段。多数自生阶段的硬蜱和软蜱对环境有特殊的要求，并且局限于宿主生活的生态环境。破坏蜱栖息环境可以减少蜱。对于美国东南部地区美洲花蜱和南非的浅红硬蜱，可采用清除环境中的几种植物以防控蜱虫。清除墙壁的缝隙和鸟类的栖息地，可有效地减少软蜱的数量，因为软蜱自生阶段就栖息于以上地方。

也可用排除交替宿主或排除某一生命周期的特殊阶段的宿主的方法，有效减少蜱的种群。尤其对

控制三宿主的硬蜱推荐使用此种方法，如非洲的附肢扇头蜱（Rhipicephalus appendiculatus）、希伯来花蜱（Amblyomma hebraeum）和红润硬蜱（Ixodes rubicundus），欧洲东南部和亚洲的璃眼蜱（Hyalomma spp.）。

在澳大利亚，已采用轮牧来控制单宿主硬蜱附肢扇头蜱。此方法可适用于其他种类的硬蜱，轮换的时间取决于自生幼虫的生活时期。但是此种方法很少应用于多宿主硬蜱和其他软蜱，因为它们不采食的阶段时间跨度很长。

一些蜱的天敌如鸟类、啮齿类、蚂蚁类及蜘蛛类，对减少自生阶段的蜱可以发挥很大的作用。在西半球，火蚂蚁是一种值得注意的蜱虫捕食者。吃饱的蜱也可作为一些黄蜂幼虫的宿主，但无法明显减少蜱虫的数量。

亚洲和非洲土著瘤牛和桑格牛在与硬蜱首次接触即可产生抵抗力，相比之下，欧洲土种牛品种相当易感。用抗蜱瘤牛与其他品种杂交可以作为一种控蜱的方法。澳大利亚引进瘤牛品种，已经使该大陆的微小牛蜱得到了有效地防控。饲养具抗蜱牛品种已经成为非洲和美洲的一种重要方法。在非洲，一种以攻击性蜱虫为食的牛椋鸟，可减少牛椋鸟硬蜱感染家畜和野生偶蹄类动物。

2．化学药物防控 见杀外寄生虫药。

使用杀螨剂可杀死环境中自生阶段的蜱或在宿主身上寄生的蜱。在美国西部地区和其他地区，用某些植物喷雾杀螨剂来防控蜱虫，以此来减少对人类的攻击。此种方法因为环境污染和大面积治疗的费用问题不能广泛推广。犬舍、谷仓和人类的住房需要定期使用杀螨剂来控制蜱虫的自生阶段，比如犬蜱、血红扇头蜱。

在软蜱的自生阶段，它经常出没于鸟类巢穴、鸽棚、猪舍、居民房屋，这时使用杀螨剂更为有效。

对宿主使用杀螨剂，可以杀死黏附的幼蜱、若虫和成蜱及软蜱的幼虫，这种方法已经广泛使用。20世纪前半段，主要使用三氧化二砷（砒霜）来作为杀螨剂，后来有机氯类、有机磷酸酯类、氨基甲酸盐类、脒类及拟除虫菊酯类药物在世界的不同地区得到广泛使用。由于蜱群已对一些化合物产生耐药性，现已开发出一些新化合物如苯吡唑。

杀螨剂最常用于家畜，采用浸泡、喷雾法，而浸泡效果更好。近年来，已经开发出其他几种杀螨剂的使用方法，如缓释剂和缓释丸、缓释浸药耳标、背部浇泼法（药浇在背上向全身散开）和点浇法（类同但扩散少些）。家禽通常使用粉剂杀螨剂，猫使用粉剂或洗剂，犬使用粉剂涂抹。

多年来，都将拟除虫菊酯类药物和有机磷酸酯类药物按照配方制成粉剂、颈圈，以杀死犬和猫的硬蜱。苯吡唑的出现，因可持续长时间的喷雾和方便浇淋得到推广。最近，作为一种高浓度的浇淋药物——拟除虫菊酯类，可以用于犬，但对猫有毒性。如果猫和犬在同一个家庭，不建议使用高浓度的拟除虫菊酯类。

3．疫苗 近期一个极具潜力的重要进展是用生物技术开发出颇有前途的抗微小牛蜱疫苗。免疫原是一般宿主没有的蜱的一种隐藏抗原。其免疫机制不同于蜱虫的接触刺激。该抗原来自饱食后自成年雌蜱的粗提物，刺激产生的抗体可以损坏蜱的肠道细胞，杀死蜱或彻底使其不育。

开发其他类似的，可以抵抗传播兽医学上重要牛病的媒介硬蜱的疫苗情况尚不清楚。可以选用扇头蜱（牛蜱）制备疫苗，因为该蜱是单宿主蜱，并主要以牛为宿主。该蜱作为可能是最重要一类疾病的病原（巴贝斯）的储存者。相比之下，可以导致严重牛病（如边虫病、心水病、泰勒焦虫病）的其他种类媒介蜱都是三宿主蜱，它们不仅侵袭牛，还侵袭其他偶蹄类动物，接种疫苗不可行。更重要的是，许多野生有蹄类动物身上的媒介蜱可以作为传播这些病原的载体。因此，抗非牛蜱媒介蜱（nonboophilid vector ticks）的疫苗无法消除这些蜱，也无法清除这些蜱传播的病原。

4．防控策略 最初杀螨剂的主要用途是消灭蜱，防止蜱和蜱媒病的传播（检疫期），消灭与控制蜱媒病。此种灭虫计划在亚热带边缘地区得到成功，比如扇头蜱属分布的美国南部和阿根廷中部，此地区的扇头蜱和巴贝斯虫病已得以根除，非洲南部的东海岸热病（由泰勒虫传播）已被消灭。但该灭虫计划在澳大利亚的东北部地区、中美洲、加勒比海和东非地区尚未成功。

在实现不了根除蜱的地方，用以维持控制蜱密度的成本经常太高。因此，生物灭蜱、药物灭蜱结合的方案得到采用。成本控制策略的有效性需要对疾病病原体、脊椎动物宿主、媒介蜱与环境之间动态关联有更好的系统掌握。对蜱病和蜱媒病已被根除的国家，应采用严格的检疫措施来防止外来蜱病的引入。需要使用气候匹配模式、地理信息学系统和专家系统（根据专家知识和人工智能模式），来鉴定蜱未感染地区是否遭受蜱的传播。

这些疾病的防控，需要利用地方病的稳定性原理和开发改进的重组疫苗。目前具有潜力的方案是鉴定媒介蜱中肠受体位点，开发这些结合位点的抗体以此来阻断摄入的感染蜱带来的蜱媒病病原。注射了蜱受体位点抗原的牛，可以对摄入的感染蜱产生抗体。

（于三科 译　张彦明 一校　王冬英 李健 二校
黄维义　石云良 三校）

第八节　皮肤与软组织肿瘤

皮肤肿瘤是家畜最常见的皮肤疾病之一。一是由于其较容易被发现，二是由于皮肤长期与易造成肿瘤的外界环境接触。化学性致癌物、电离辐射和病毒感染都能引起皮肤肿瘤。此外，激素和遗传因素对皮肤肿瘤的发生也起到了一定的作用。

皮肤是由各种上皮（表皮和附属物）、间质（纤维结缔组织、血管和脂肪）、神经和神经外胚层组织（外周神经、默克尔细胞和黑色素细胞）构成的复杂结构体，其中的任何一种组织都可形成特定的肿瘤。由于皮肤肿瘤具有多样性，所以难以对其进行分类，也容易引起争议。另外一个容易引起争议的是皮肤肿瘤的判断标准，如皮肤或软组织出现的病变是否是肿瘤，如果是肿瘤，如何判断是良性肿瘤还是恶性肿瘤。为了避免混淆，在讨论皮肤肿瘤时常用如下术语：错构瘤（痣），它是指与一种或几种皮肤组成成分出现局部膨胀性发育异常。如皮脂腺错构瘤，就是由于局部皮肤出现显著凸起的皮脂腺和有时出现的畸形。如果按照严格的定义，在动物出生时就已患有错构瘤，但其大小有时需要生长很长时间才能被发现，直至动物成年时才能确诊。更让人不解的是，成年动物有时也会出现一些具有先天性错构瘤症状和组织学特点的病变，这种"获得性"错构瘤很难与良性上皮肿瘤和间质肿瘤相区分。在医学文献和一些兽医教科书上，痣和错构瘤是同义词。良性肿瘤是指局部的非侵袭性增生，因有包膜而易被切除。轻度恶性肿瘤可以局部侵袭性生长，肿瘤难以切除但很少转移。恶性肿瘤是指具有转移能力的浸润性肿瘤。

虽然皮肤肿瘤表现为特征性结节或丘疹，但也可以出现局部性或全身性的脱毛斑块、红斑或色素斑块、风疹块或没有愈合的溃疡等。由于皮肤肿瘤的表现形式多样，仅靠临床症状很难辨别肿瘤和炎性病变。在区分良性和恶性肿瘤时，往往带有更大的主观性，因为肉瘤或癌在其形成早期进行触诊时也表现为散在的有包膜的肿块。肿瘤的确诊通常需要采用组织病理学检查方法。但对于某些肿瘤（如圆细胞肿瘤），细胞学检查的价值可与组织学检查相媲美，甚至更大。

肿瘤的治疗主要根据肿瘤的类型、发生部位、大小以及动物的病症来进行。良性肿瘤如果不发生溃疡，又不影响动物正常机能，最好不进行治疗，特别

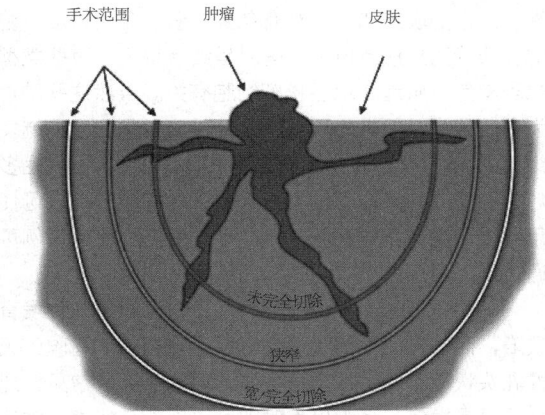

图7-18　多数章鱼样结构恶性皮肤瘤以及手术不能彻底或充分切除的原因。手术范围不"充分"或不够大，使得残余瘤细胞遗留在瘤床内或周围，难以阻止肿瘤复发

（由AliceVillalobos博士提供）

是老龄犬。

对侵袭性强的肿瘤，以及影响动物正常机能或外观的良性肿瘤，可采取多种治疗方法。大多数情况下，最佳治疗方法是采用外科手术进行彻底切除，这种方法的费用最低，副作用最小。对于良性肿瘤，将肿块切除即可，如果怀疑为恶性肿瘤，手术时要扩大切除范围（3 cm）。对于一些不能完全切除的肿瘤，通过部分切除或瘤体减灭术，可以延长动物的生命，也可同时增强放射治疗和化学治疗的效果。也可使用冷冻治疗方法，但其对良性肿瘤和浅表病变的治疗效果要比对恶性肿瘤的治疗效果好。对不能手术切除的浸润性肿瘤或手术切除易造成严重物理损伤时，采取放射治疗的疗效最佳。化学治疗可以作为恶性肿瘤的主要治疗手段，也可以作为手术治疗和放射治疗的辅助治疗方法。对于皮肤，该方法常用于治疗不易被完全切除的圆细胞肿瘤（如淋巴肉瘤、肥大细胞瘤和传播性交媾瘤等）和实体瘤。尽管肿瘤的治疗一般只是治标，但有时仍可以使患病动物的症状得到长期缓解。其他的肿瘤治疗方法还有热疗法、激光疗法、光能疗法、抗血管生成疗法、基因疗法和免疫疗法等。

一、上皮与毛囊肿瘤

耵聍腺肿瘤的论述详见耳道肿瘤章节。

（一）非病毒性良性乳头状瘤

病毒性乳头状瘤（病毒性疣）是最常见的皮肤肿瘤，但非病毒性良性乳头状瘤也可呈现相似的形态学变化。

表皮错构瘤（痣）是一种罕见的增生，仅见于

犬，且在青年犬最常见。在可卡犬该病可能有遗传性。严重的表皮痣表现为有色素沉着、角化过度、貌似乳头状的丘疹或斑块，有时呈线状排列。有些类型的表皮痣与脓疱和棘层松解细胞有关。虽然这些肿瘤为良性肿瘤，但其外观难看，且过度角化还容易继发细菌感染。局灶性肿瘤可以通过手术切除。但发生多灶性肿瘤或肿瘤面积过大而无法手术切除的犬，可使用异维甲酸或阿维A酯进行治疗。角化过度的病例可通过局部应用角质软化剂和润肤剂得到暂时控制。

马驹先天性乳头状瘤较为罕见，可能是一种发育缺陷，而不是由乳头状瘤病毒感染引起的。马驹先天性乳头状瘤可发生在全身各处，但以头部最常见，纯种马更易发病。马驹出生时即可出现乳头状瘤，肿瘤直径一般可达数厘米，无毛，外生性生长且有蒂，乳头状表面，呈菜花状。该肿瘤为良性，可采用手术方法予以切除。

犬疣状角化不良瘤是一种较为罕见的良性肿瘤，来源不清，但具有滤泡性肿瘤或大汗腺肿瘤（或二者）的组织学特征，呈疣状丘疹或结节状外观，中央呈角质化脐状凹陷。可采用手术方法切除。

（二）基底细胞瘤与基底细胞癌

基底细胞瘤（基底细胞上皮瘤、基底细胞瘤、毛胚细胞瘤）是不同皮肤中上皮肿瘤的一个异质群体，常发生于犬和猫，偶尔也发生于马，但很少见于其他家畜。这些肿瘤由小嗜碱性粒细胞的增生组成，嗜碱性粒细胞酷似表皮及其附属物中的祖细胞。随着对这些肿瘤的仔细检验，已经发现了鉴别这些肿瘤（毛囊和皮脂腺肿瘤等）的证据，为重新分类提供了可能。例如，以前所称的犬基底细胞瘤，更确切的名称应该是毛母细胞瘤，是一种起源于毛球（毛干的生长点）的肿瘤。

一些肿瘤分类方案中建议，术语基底细胞瘤仅限于描述猫的良性肿瘤（其来源有待确定）。由于修订后的术语正在逐渐被业界所接受，因此，本书仍然使用传统的术语，即基底细胞的良性增生称为基底细胞瘤，而恶性增生则称为基底细胞癌。家畜的大多数基底细胞瘤都是良性的，发生于真皮中部至深部，提示可能是源于皮肤的附属物。家畜肿瘤的这些特点与人的这类肿瘤有明确区别，人的基底细胞瘤具有局部侵袭性（实际上是真正的癌），且来源于表皮。此外，阳光损伤是诱发人基底细胞瘤的常见原因，但其对其他动物基底细胞瘤的作用还不清楚。

犬的基底细胞瘤主要发生于中老龄犬。许多品种都易发，尤其是刚毛格里芬引导犬、凯利蓝㹴和麦色㹴。这些肿瘤常出现在头部（尤其是耳部）、颈部和前肢。基底细胞瘤也发生于老龄猫，长毛猫、喜马拉雅猫和波斯猫是最易发生该病的品种，且肿瘤可以出

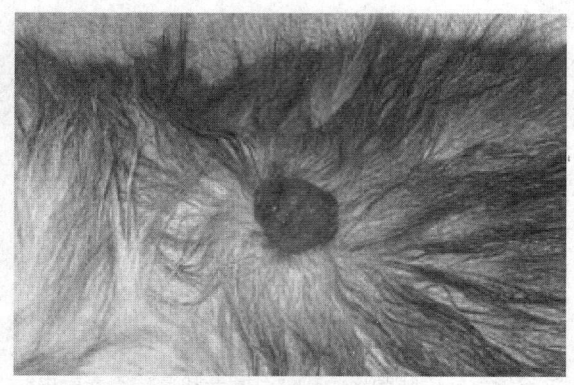

图7-19　猫基底细胞癌
（由Alice Villalobos博士提供）

现在身体的任何部位。犬和猫的基底细胞瘤一般较坚硬，散在且有包膜，无毛，有时呈溃疡灶，有蒂，肿瘤直径从1 cm以下到10 cm以上不等。猫的肿瘤比犬更常见，着色较深，从切面看很难与皮肤黑色素细胞瘤相区分。其囊性变异也常见于猫。尽管基底细胞瘤属于良性肿瘤，但具有扩张性，也可造成广泛性溃疡和继发性炎症。通过手术完全切除是有效的治疗方法。

与犬相比，猫更常见有基底细胞癌，最常发生于老龄猫。波斯猫易患基底细胞癌。肿瘤常见于头部、四肢和颈部，呈斑状溃疡。与基底细胞瘤不同，基底细胞癌通常在表皮上连片发生，有局部侵袭性，且可能是多发性的。尽管在组织学检查时发现癌细胞可以侵袭血管，但很少发生局部和全身转移。对基底细胞癌治疗以手术切除为主。

犬的大多数基底细胞癌在组织学上都表现有角质化，这是鳞状细胞癌的一个常见特征，因此通常将该病又称为鳞状细胞癌。犬基底细胞癌常见于老龄犬，圣伯纳犬、苏格兰㹴和挪威猎麋犬最易发。与基底细胞瘤不同，鳞状细胞癌一般没有在头部发病的倾向，而是发生在有连续表皮的任何部位，其外观呈内翻性结节或斑块状。基底细胞癌有局部侵袭性但很少转移。手术切除是常用治疗方法。

（三）皮内角化上皮瘤

皮内角化上皮瘤（角化棘皮瘤或漏斗状角化棘皮瘤）是犬的一种良性肿瘤，猫也可发生。与人的角化棘皮瘤相似，该病最有可能起源于毛囊而不是毛囊间的表皮。该病可见于身体的任何部位，易发部位为背部、尾部和四肢。皮内角化上皮瘤常见于成年犬。挪威猎麋犬、比利时牧羊犬、拉萨犬和苏格兰牧羊犬等最易发生这类肿瘤，挪威猎麋犬和拉萨犬最易发生全身性病变。该病最具特征性的症状是在表皮上形成中央有角化小孔的丘疹或结节，可突出于表皮之上，呈

喇叭状。大部分肿瘤不会连接成片，而是呈单个的囊状角质化。皮内角化上皮瘤是良性肿瘤，如果已确诊，且没有自伤、溃疡或继发感染等情况出现，则可以进行治疗。手术切除是有效的治疗方法，但长期患该病的犬易发生其他肿瘤。发生全身性肿瘤的动物，可采用口服维甲酸类药物（如异维甲酸或阿维A酯）进行治疗。

（四）鳞状细胞癌

鳞状细胞癌（表皮样癌或棘细胞癌）起源于毛囊毛根外鞘表面区（漏斗状区）的表皮或上皮，所有家畜都可患该病。尽管多数病例没有明确的诱因，但多数动物尤其是白猫，长时间暴露于阳光下可能是该病的主要致病因素之一。宠物美容时使用烟熏和灭蚤药物也可引起该病。此外，乳头状瘤病毒感染也可引起一种特异性的猫鳞状细胞癌。

犬类的癌最常发生在皮肤。分为两种类型：皮肤癌和趾甲下癌。皮肤鳞状细胞癌是发生于老龄犬的一种肿瘤，寻血猎犬、巴吉度猎犬和贵宾犬最易发病。病变常出现在头部、四肢末端、腹部和会阴部。大部分皮肤鳞状细胞癌质地坚实、凸起，常引起溃疡的斑块或结节；有时肿瘤向外生长呈疣状。该病的病因尚未确定，有些可能是由于长时间光照损伤引起。白色皮肤且被毛较短的品种，如大麦町犬、牛头犬和比格犬，常在下腹部、包皮、阴囊和腹股沟皮肤出现肿瘤。腹部易发皮肤癌的原因可能是该部位被毛少，不能有效抵挡紫外线辐射，动物喜欢仰卧进行日光浴，也可能有些地面容易反射太阳光等原因。出现癌变之前，动物身体常会发生局部苔藓化、过度角化症和红斑，称为光化性角化病（日光性皮炎、光化性角化病和老年角化病）。

趾甲下鳞状细胞癌常发生于巨型和标准雪纳瑞犬、戈登赛特犬、布里牧羊犬、凯利蓝㹴和贵宾犬。一般来说，全身都是黑色被毛的品种和深色被毛的犬容易发生趾甲下鳞状细胞癌，病变可发生在不同四肢上的多个趾上。母犬发病的偏好性稍高，前肢和后肢发生鳞状细胞癌的倾向性相同。

猫皮肤鳞状细胞癌的发生常与慢性光照性皮肤损伤有关。因此，该病常出现在猫的耳廓、前额、眼睑、鼻子和嘴唇等皮肤呈白色的部位，但该病的发生与品种和年龄无关。和犬一样，猫在出现恶性肿瘤之前，发病部位也可发生光化角化症或光化性癌（早期浅表阶段）。最近，由烟雾和蚤颈圈引起的被毛相关颗粒致癌物也被确定为猫口腔鳞状细胞癌的风险因素。非光辐射引起的癌变主要发生在趾部，但趾甲下病变很少见。

皮肤鳞状细胞癌是马最常见的恶性肿瘤。该病常

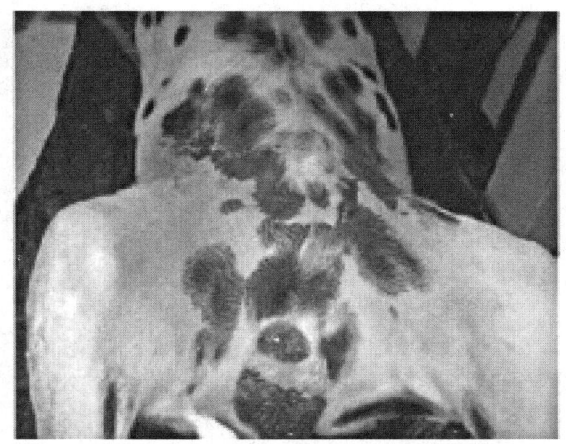

图7-20　光照引起白色皮肤犬的鳞状细胞癌
（由Alice Villalobos博士提供）

发生在全部或部分被毛呈白色的成年马及老龄马。高风险的品种包括阿帕鲁萨马、比利时马和美国花马。虽然癌变可发生于全身各部，但最常出现在黏膜附近及被毛少的浅色皮肤。因此，眼眶周围、唇、鼻、肛门和外阴部（尤其是阴茎鞘）是最常见的发病部位。

最常发生这类肿瘤的牛是毛色呈白色的浅肤色品种（特别是荷斯坦奶牛和爱尔夏牛）。与马的发病情况相同，该病也主要发生在黏膜周围，常见于皮肤和黏膜结合部，特别是眼周围和外阴部。在印度，老龄阉割牛的牛角中心常出现鳞状细胞癌。最常见的原因是光化性损伤。动物发生癌变前常出现光化性角化症。遗传因素、免疫缺陷和病毒感染也起一定作用。

绵羊鳞状细胞癌在一些地区可造成较大的经济损失。在澳大利亚的一项研究显示，屠宰前的废弃绵羊中至少有1/3与该病有关。以美利奴绵羊的发病风险最高，且母羊比公羊更易发。该病的多发部位是为预防蝇蛆病而实施割皮手术后的耳、唇、鼻口和会阴部等被毛较少的部位。这些部位的肿瘤与光损伤有关，如果饲喂光敏性饲草则发病率更高。做耳标号后，耳

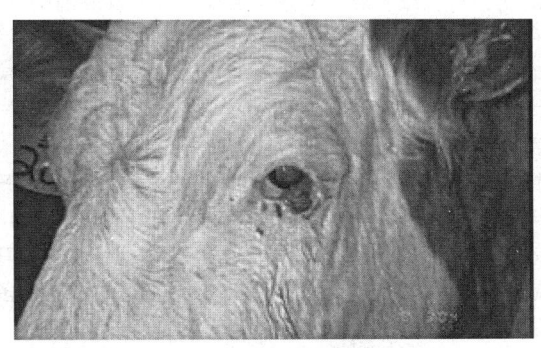

图7-21　牛鳞状细胞癌
（由Sameeh M. Abutarbush博士提供）

部发生肿瘤的频率更高。在不常暴露于阳光部位，其毛囊肿也可进一步发展为鳞状细胞癌。

在山羊，鳞状细胞癌多发于母山羊，易发部位为会阴和外阴部，以及乳头和乳房部位的皮肤。不论公羊和母羊的耳部都会发生光诱导性癌变。安哥拉山羊发生该病的风险最高，但萨能奶山羊的乳房有时也会发生与乳头状瘤相关的鳞状细胞癌。乳头状瘤病毒在该病发展过程中的作用尚不清楚。

猪极少发生鳞状细胞癌。

大多数鳞状细胞癌呈单个肿瘤，但在光损伤的协同作用下可能会出现多发性癌变。这些肿瘤的外观呈内生性或外生性病变，前者呈不规则的、隆起的表皮结节，且表面伴有溃疡。而后者也呈不规则的、隆起的表皮结节，但表面覆盖有乳头状上皮。猫最初表现为有坚硬外壳的小面疮，难以愈合。在耳尖、鼻孔、眼睑处出现缺损之前，这种病变可持续存在数月之久。最初可通过跛行或畸形（表现与慢性骨髓炎相似）来确诊犬的趾甲下鳞状细胞癌，也可通过病趾出现脚爪脱落进行确诊。牛角出现鳞状细胞癌的最初症状为牛角生长扭曲。

鳞状细胞癌可特征性地扩展到周围软组织和骨组织。发病牛偶尔也可自行消退。患病小动物的长期存活和转移的可能性与组织分化程度有关。分化良好的肿瘤生长慢或不转移，但分化程度低的肿瘤则容易转移或在手术后20周内复发。通常情况下，该病治疗失败的主要原因不是因为发生转移，而是由于诊断滞后和对局部病灶的控制不当。

对患病犬和猫的首选治疗方法是手术切除，同时建议至少应向外扩展2 cm。例如切除发病趾部、耳廓和鼻部。对117例犬趾部肿瘤病例的分析发现，鳞状细胞癌占25%，趾甲下癌变占66%。采取截断手术后，存活1年的动物占95%。但如果发生癌变的是趾部其他部位，则存活1年的仅有60%。手术切除可以与放射疗法或化学疗法相结合。和犬相比，放射疗法对猫鳞状细胞癌更有效。但是，侵袭性肿瘤的1年存活率不足10%。冷冻疗法和热疗法对局部肿瘤的治疗可能有效，特别是对早期（原位癌）病变，但是尚未进行对照研究，无法确定其疗效。已经采用5-氟尿嘧啶（5-fluorouracil）、氯氨铂（cisplatin）、卡铂（carboplatin）进行瘤内注射的化学疗法，同时配合使用维甲酸类药物和光能疗法，取得了不同的疗效。瘤内注射芝麻油乳胶治疗猫鼻部鳞状细胞癌，有效率达70%，1年内无瘤存活率约为50%。对于腹部多发性光化性角化症的犬，局部使用2, 4-二硝基氯苯（dinitrochlorbenzene）或5%5-氟尿嘧啶可有效治疗该病。减少紫外线接触可以预防犬和猫的光敏性鳞状细胞癌。这可以通过使用防紫外线窗户、遮阳棚以及在光照强时避免动物外出来实现。为动物纹身、涂抹颜料以及使用防晒霜的效果有一定差异。

马鳞状细胞癌的首选治疗方法是皮肤表面或间质内放射疗法。也可选用^{90}Sr或^{192}Ir埋植剂、大范围的手术切除（尤其对第三眼睑、阴茎和包皮部位的肿瘤）和冷冻疗法。采用免疫疗法治疗牛眼部和角心的鳞状细胞癌也有一些成功的病例，这种方法既可以用弗氏佐剂制备的肿瘤组织悬浮液的自身疫苗，也可采用短小棒状杆菌（Corynebacterium parvum）制备的非特异性免疫调节剂。

猫多发性鳞状细胞原位癌（猫鲍文病）是发生在老龄猫（10岁以上）的一种肿瘤病，可能与免疫抑制有关，该病没有品种和性别易感性。临床上，病变表现为多发性、散在的红斑、黑色或棕色角化斑或丘疹。病变部位无瘙痒感，很少出现溃疡。该病的发生和乳头状瘤病毒感染有关。术语原位表示的是表皮和毛囊外鞘细胞发生恶性增殖，且未侵袭至真皮下层。遗憾的是，病变长期发展可形成浸润性癌，但极少发生转移。该病常发生在患有全身疾病或免疫抑制的猫，一般认为是由病毒感染所引起，目前尚无有效的治疗方法。

（五）角化性皮肤囊肿

绝大多数角化性皮肤囊肿属毛囊畸形。该病在犬类较常见，有时也见于猫、马、山羊和绵羊，牛和猪罕见。手术切除是首选的治疗方法。禁忌用力挤压病变部位，因为这常会引起严重的异物性炎症反应。

峡部囊肿（表皮囊肿和表皮包涵性囊肿，错称为皮脂腺囊肿）最常见。这些囊肿是毛囊外鞘上部（漏斗部）发生囊性鼓胀，毛囊内含有复层角化上皮细胞，故无法与上皮区分。此类囊肿的大小从2 mm到5 cm以上（直径小于5 mm的囊肿通常被称为粟丘疹）不等。唯一确认为存在高风险的家畜是美利奴羊，发病时病变呈多发性，且可发展成鳞状细胞癌。与所有毛囊囊肿一样，这类囊肿通常也呈单个存在，呈丘疹或结节状，可自由移动。触诊时常可部分被压实，有时表皮形成小口，从中流出囊肿内容物。切面可见有灰白色、褐色或淡黄色的颗粒状干酪样物（这是囊内的角蛋白）。

毛膜囊肿（毛根鞘囊肿、毛发囊肿和囊性皮内角化上皮瘤）是角化的被毛外根鞘下部发生的毛囊囊肿。仅在犬和极少数猫最终确诊该病。

基质囊肿是一种内壁与毛球（毛囊的基质部分）和内根鞘上皮相似的毛囊囊肿。主要发生于犬和猫。许多都发展成毛基质瘤。

混合囊肿（多发性卵泡囊肿）是混合有表皮包含

囊肿、毛根鞘囊肿和基质囊肿特征的毛囊囊肿，主要发生于犬和猫。许多都发展成毛发上皮瘤。

皮样囊肿是最常见于头背部中线或沿脊柱形成的先天性畸形。常发生于拳师犬、凯利蓝㹴、罗得西亚脊背犬、纯种马，也可见于萨福克羊。这类囊肿一般呈多发性，不同于切面含有完整毛干的其他毛囊囊肿。由于该类囊肿最有可能代表胚胎期表皮及其相关附属物发生内陷，因此可能是唯一真正的表皮包含囊肿。这些附属物负责囊腔内毛干的形成。

角质瘤是发生在单蹄或偶蹄动物脚趾蹄壁上的囊性病变，有时也见于脚后跟部。该病常继发于创伤性损伤。虽然角质瘤通常无症状，但一般可造成跛行和蹄壁或蹄底畸形，也可能会导致跖骨末端溶解。角质瘤的直径很少超过5 cm，内部有白色或褐色的角蛋白层，常伴有继发性炎症引起的坏死核。发病后，如出现跛行，首选治疗方法是手术切除和刮除底层骨骼。

温纳孔扩张是仅发现在老龄猫的一种罕见毛囊肿瘤，公猫更易发病。病变常发生于头部。临床上，肿瘤呈单个存在、穹状，呈巨大粉刺状外观。表面上凸起有致密的角蛋白，使其外观呈皮角状。该肿瘤属良性肿瘤，可以通过彻底切除进行治疗。

（六）毛囊肿瘤

毛囊是由8种不同上皮细胞层组成的复杂结构。毛囊肿瘤也表现出类似的复杂性，若进一步确定肿瘤类别需要开展大量工作。毛囊肿瘤最常见于犬，有时也可见于猫，但罕见于其他家畜。

毛神经鞘瘤是犬的一种罕见的良性肿瘤，最常见于头部。贵宾犬易发。这些肿瘤来源于外根鞘下部，而且常发展为基底细胞瘤。毛神经鞘瘤与人类称为老疣的肿瘤几乎没有共同点，其质地坚实，呈卵圆形，直径1~7 cm，有包膜，如果长期发病可出现扩张。可采用手术切除方法进行治疗。

毛囊瘤是发生在犬的一种极为罕见的毛囊肿瘤，由许多发育不良的毛囊下部和峡部组成，毛囊内容物被挤到异常鼓胀的漏斗部，从而形成囊肿。由于确诊的毛囊瘤病例极为少见，因此无法确定其年龄、品种和性别的偏好性。尽管有人认为这是一种错构瘤而不是真正的肿瘤，但毛囊瘤属良性肿瘤，可采用手术切除方法进行治疗。

毛发上皮瘤是犬毛囊的一种囊性肿瘤，猫很少见。毛囊的所有结构（漏斗部、峡部、毛囊下部）及其角质化层都可形成肿瘤。漏斗部的上皮和角化层以及和峡部发生的肿瘤占多数。肿瘤公认有良性和恶性两类。毛发上皮瘤可发生于任何年龄的犬，但最常见于中年后期的犬。许多品种的犬都易发病，包括巴吉度猎犬、斗牛㹴、爱尔兰㹴、标准贵宾犬、英国史宾格犬、金毛猎犬。该病没有明显的性别差异。肿瘤可出现在身体的任何部位，最常见于犬的躯体以及猫的头部、尾部和四肢。触诊时，皮肤和皮下脂肪的良性肿瘤可表现为具有包膜的囊状结节（直径1~5 cm）。肿瘤膨胀或创伤可因挤压腔内角蛋白而引起溃疡，外观呈黄色的浓稠干酪样物。可采用手术切除方法进行治疗。但是出现单个肿瘤的动物常在其他部位出现另外的病变。这种现象在巴吉度猎犬和英国史宾格犬尤其如此。

恶性毛发上皮瘤与良性毛发上皮瘤相比，其发病率要低得多，局部侵袭性也有明显差异，肿瘤成片出现，且与炎症反应、组织坏死和纤维化有关，很少发生转移。首选治疗方法是大面积的手术切除，这对于具有浸润性但转移能力很小的肿瘤常有疗效。

钙化上皮瘤（毛发基质瘤、钙化上皮瘤）是几乎仅见于犬的毛囊肿瘤。与发生在毛发所有结构的毛发上皮瘤不同，钙化上皮瘤只发生在毛囊下部的基质部细胞及其角化层（毛干和内根鞘）。公认有良性和恶性两种。良性肿瘤最常见于中年犬的躯干部。凯利蓝㹴、麦色㹴、法兰德斯畜牧犬、卷毛比雄犬和标准贵宾犬的发病风险最大。从外观看，这些肿瘤很难与毛发上皮瘤相区分，但其内容物由于钙化而呈颗粒状。手术切除是首选治疗方法。与毛发上皮瘤一样，患有该肿瘤的动物可长期出现其他的病变。

恶性钙化上皮瘤（恶性毛囊基质肿瘤、毛囊基质癌）很少发生，一般多见于老龄犬。外观特征是形成单个或多个结节，常牢牢黏附在周围软组织上。由于具有浸润性，因此，很难进行手术切除，即使进行手术切除也会复发。该肿瘤可转移至引流淋巴结和内脏器官，尤其是肺脏。治疗时建议采用大面积手术切除。目前，还不清楚放射疗法或化学疗法是否有效。

（七）皮肤顶浆分泌腺瘤

汗腺有两种类型，顶浆分泌腺和外分泌腺。顶浆分泌腺由一条盘绕的管腺分泌部和一个很长的直管道组成，并连接于毛囊漏斗部。家畜的所有毛囊都有顶浆分泌腺。犬和猫的肛门囊就具有顶浆分泌腺，外耳道口存在有异化的顶浆分泌腺，被称为盯聆腺。大多数哺乳动物的顶浆分泌腺都可产生一种香精类油性化合物，可作为性引诱剂、领土标识物和警告信号。而马和牛的顶浆分泌腺可通过汗液进行体温调节。

顶浆分泌腺瘤及其畸形最常见于犬和猫。已经报道3种有毛皮肤的顶浆分泌腺疾病。

囊性顶浆腺扩张（顶浆腺囊肿、囊性顶浆腺增生、顶浆分泌囊瘤病）的最显著特征是错构瘤。分为两种类型：一种是囊状，即在真皮中层或上层形成一个或多个与毛囊无关的囊肿。另一种呈较为弥散状，其特征是在未受创伤的皮肤上形成与多个毛囊有关的囊性扩张。这两种疾病都发生于中年或老龄犬，猫少见。头和颈部是最常见的肿瘤发生部位。犬和猫的肿瘤都表现为波动性的真皮囊肿或半透明状囊泡。可采用手术彻底切除方法进行治疗，但对较为弥散性的肿瘤，很难彻底切除。

顶浆分泌腺瘤几乎仅在犬、猫和极少数马得到确诊。依据其组织学形态是否与顶浆分泌腺的分泌部或导管部相似，可将该病分为两种类型。顶浆分泌腺瘤与顶浆分泌腺的分泌部相似，见于老龄犬和猫。大白熊犬、松狮犬和阿拉斯加雪橇犬是最常发病的品种。头部、颈部和四肢是病变多发的部位。猫顶浆分泌腺瘤更易发生于雄性，没有明显的品种倾向性。绝大多数发生在头部，尤其是耳廓。对马没有年龄、性别或品种易感性。耳郭和阴户部位最易发这类肿瘤。在所有动物中，这类肿瘤表现为质地坚实到波动性的囊肿，直径很少超过4 cm。囊肿内含有数量不等的清澈或褐色液体。在猫，腔内液体一般着色较深，特别当出现在耳部时，临床上很容易与黑素细胞瘤相混淆。顶浆分泌小管腺瘤不常见，偶见于老龄犬和猫。推测其来源于顶浆腺分泌管或表现出向分泌管分化的倾向。在犬，该病最常发生于老龄牧羊犬和史宾格犬。与顶浆分泌腺瘤相比，顶浆分泌小管腺瘤体积往往更小、质地更坚实，而且囊肿也较少。由于该腺瘤由大量的基底细胞组成，同时又因基底管的细胞分化迹象极难确定，因此，在组织学诊断时，该肿瘤常被误诊为基底细胞瘤。顶浆分泌腺瘤和顶浆分泌小管腺瘤都是良性肿瘤，可采用手术彻底切除的方法进行治疗。

有毛皮肤的顶浆分泌腺癌在所有动物都很罕见，但最常发生于老龄犬和猫。树丛浣熊犬、挪威猎麋犬、德国牧羊犬和混血犬最易发，暹罗猫也可发生。在犬和猫，肿瘤最常发生在腋下和腹股沟部位，因此，在临床和组织学上很容易与乳腺癌发生混淆。顶浆分泌腺癌通常比顶浆分泌腺瘤更大，临床表现形式更具多样性，可表现为皮肤纤维性结节或斑块状溃疡。该病具有局部浸润性，可转移至引流淋巴结。发生皮肤和肺脏转移的情况不太常见。手术彻底切除是首选治疗方法。辅助化学治疗方法的疗效还不清楚。

（八）肛门囊顶浆腺瘤

仅在犬类品质中最终确诊有这类肿瘤，但也有轶事报道称该病也可发生于猫。老龄英国可卡犬、史宾格犬、腊肠犬、阿拉斯加雪橇犬、德国牧羊犬及混血犬更易发病。与类肝腺瘤不同的是，该病没有性别倾向性。该肿瘤一般出现在肛门囊附近，表现为深层的、质地坚实、结节状积聚。随着肿瘤的生长，可压迫直肠导致便秘。一些肿瘤还会引起类肿瘤性综合征，其特征是血钙过高并导致厌食、消瘦、多尿和易渴等临床症状。该肿瘤可向盆腔深入侵润，且常（90%）会转移至髂淋巴结，有时（40%）会转移至其他内脏器官。首选治疗方法是广泛性的手术切除（包括病变淋巴结）。尽管肿瘤不能被完全切除，但对于犬假性甲状旁腺机能亢进的治疗，减瘤手术仍然有一定效果，因为高钙血症对肿瘤的生长有着十分重要的影响。辅助化学治疗和放射疗法也有助于治疗，但肿瘤一旦确诊后，几乎没有犬能够存活1年以上。

（九）外分泌腺瘤

外分泌腺是螺旋状的管状汗腺，分布在食肉动物的脚垫、有蹄动物的蹄叉、猪的腕部和反刍动物的鼻唇部。外分泌腺瘤极其罕见，已确诊只发生于猫和犬的脚垫。该肿瘤大多是恶性并具有浸润性。据报道，该肿瘤转移至引流淋巴结的概率很高。

（十）皮脂腺瘤

皮脂腺瘤和皮脂腺瘤样病变多见于犬，猫也时有发生，其他家畜较为罕见。主要依据形态学而非行为学特性，将良性皮脂腺的增殖描述为4种类型，人类肿瘤使用的是传统的相似的略分类方法，建议将所有的良性皮脂腺肿瘤统称为皮脂腺瘤。

皮脂腺错构瘤引起的病变仅发生于犬。由于皮脂腺错构瘤呈线性或环状生长，长度或直径只有几厘米，且常出现在动物出生后不久，因此，可以将皮脂腺增生与皮脂腺瘤相区别。

皮脂腺增生（老龄皮脂腺增生）在犬和猫表现为一种衰老性变化。在犬中的曼彻斯特㹴、麦色㹴和威尔士㹴最易发。在猫，该病没有明显的品种倾向性，但母猫发病比例高于公猫。犬和猫患病时，病变最常出现的部位是头部和腹部。皮脂腺增生通常表现为多个丘疹状肿块，直径一般不超过1 cm，表面有光泽，呈角质化。

皮脂腺瘤可发生于所有家畜，但常见于老龄犬和猫，通常认为是小动物发生的主要肿瘤。猎浣熊犬、英国可卡犬、可卡犬、哈士奇、萨摩耶犬、阿拉斯加雪橇犬是最易发病的犬种，波斯猫是猫中最易发病的品种。临床上患病犬很难与皮脂腺增生相区分，但其尺寸似乎较大（一般大于1 cm）。该肿瘤通常呈多发性，可发生在身体的任何部位，但常见于头部。皮脂腺瘤通常会出现表皮脱落、多细胞性炎症和浅表性脓皮病。皮脂腺上皮癌是皮脂腺瘤的一个变种，其主要特征是小叶主要由基底母细胞组成，而不是成熟的皮脂腺。由于真皮下层常有不规则小叶浸润，因此有时会与皮脂腺癌相混淆。皮脂腺瘤可见于老龄犬，猫很罕见。肿瘤外观呈溃疡状结节，直径达数厘米。有时可在表面出现表皮丘疹和色素沉着。

皮脂腺癌在家畜很罕见。该病几乎仅见于犬和猫，一般是中老年犬猫。骑士查理士王猎犬、可卡犬、苏格兰猃、凯恩猃、西部高地白猃等犬种易发。公犬和母猫较易发，病变常出现溃疡，很难与皮脂腺上皮癌及其他皮肤癌相区分。癌变具有局部浸润性，发病晚期可转移至局部淋巴结。

一旦确诊为良性皮脂腺瘤，只要未发生继发性炎症或感染，就可以进行治疗。对于恶性皮脂腺癌，首选切除治疗，但由于肿瘤具有扩散性，所以难以完全切除，也可采取放射疗法进行辅助治疗。如果手术切除部位有残留，就会导致良性肿瘤增生复发。此外，发生皮脂腺增生或皮脂腺瘤的动物，最终常会在皮肤其他部位复发。对于该病尚无有效的化学治疗方法。口服类维生素A可能会防止皮脂腺增生的复发，但其应用效果仍不好确定，强烈建议咨询兽医肿瘤学家或皮肤病专家。

（十一）肝样腺瘤

肝样腺瘤（肛周腺瘤、环肛腺瘤）来源于皮脂腺，常见于肛门周围的皮肤，也可发生在沿腹部从会阴到下颌部的正中线、背侧和尾部腹侧、腰部和荐部的皮肤。由于雄激素可以刺激肝样腺的发育，因此，未结扎公犬出现肝样腺增殖性病变的发病率是母犬的3倍。

良性肝样腺瘤分为肝样腺增生和肛周腺瘤，但与良性皮脂腺瘤一样，从腺体增生到腺瘤也存在连续性。在此，将两者看作是同一种病变。肝样腺瘤常见于老龄犬。西伯利亚哈士奇、萨摩耶犬、京巴犬、可卡犬最易发病。有肝样腺的部位均可发生肿瘤，但90%发生在肛周区域。眼观病变为单个或多个（更常见）真皮内结节，直径0.5～10 cm。病变部位常形成溃疡，压迫时可流出血样胶状物。大的肿瘤可压迫肛门，造成排粪困难。阉割对95%的公犬都有效。对那些没有反应的病例，应检查肾上腺皮质的功能，如果未见异常，应重新检查一下是否存在有低分化的肝样腺癌。对于巨大型肿瘤或已经发生继发性感染的溃疡性肿瘤，可同时进行手术切除。对于患有肝样腺瘤的母犬，首选治疗方法是手术切除，但由于常出现复发，所以需要进行多次手术。也可选用放射疗法，对两年内的良性肿瘤治愈率可达69%。另一个方法是冷冻疗法，但由于可能会引起排粪失禁的并发症，因此，只适用于不能手术治疗的病例。过去曾使用己烯雌酚代替阉割手术，但因其具有严重的副作用（包括诱发再生障碍性贫血和前列腺囊性增生），因此如要使用这种方法，必须慎用。

肝样腺癌是发生在犬的一种不常见肿瘤，在肛周常表现为结节状病变。公犬发生这类肿瘤的比例是母犬的10倍。西伯利亚哈士奇、阿拉斯加雪橇犬和斗牛犬最容易发病。组织学检查是最佳诊断方法。但在如何区分低度恶性肿瘤与肝样腺瘤上还存有争议，因为高分化型肿瘤可与肝样腺瘤相混淆，而低分化肿瘤可与肛门囊源的顶浆腺癌相混淆。该类肿瘤可能会发生转移，常可扩散至局部淋巴结。治疗方法是大面积的手术切除，包括出现病变的淋巴结，如有可能，手术后可同时进行放射治疗。阉割或雌激素治疗一般无效，采用化学疗法治疗转移性癌是否有效还不清楚。该病预后谨慎。

（十二）原发性皮肤神经内分泌瘤

在兽医界，已经不太赞成对这种起源于默克尔细胞（触觉神经分泌细胞，分布于皮肤的基底细胞层）的肿瘤进行诊断，而且大多数病理学家认为原发性皮肤神经内分泌瘤（默克尔细胞瘤、非典型组织细胞瘤、小梁癌、髓外浆细胞瘤）是一种髓外浆细胞瘤。最有可能发生在动物的是默克尔细胞瘤，但都没有得到确认。

（十三）乳头状瘤

乳头状瘤（疣）病毒是一种双链小DNA病毒，属乳多空病毒科。哺乳动物的乳头状瘤病毒种类较多，人类有20种以上，牛有6种，犬有3种，兔有2种。不同乳头状瘤病毒通常具有明显的物种特异性、发病部位特异性和组织学特异性。该病毒可通过直接接触和污染物传播，也可经昆虫媒介传播。所有家畜、鸟类和鱼类都曾报道过乳头状瘤。幼龄动物的皮肤或黏膜表面，常见有由病毒引起的多发性乳头状瘤（乳头状瘤病）。乳头状瘤病最常见于牛、马和犬。老龄动物更易发生单个乳头状瘤，但并不一定是病毒感染造成的。

当病变较多时，可通过这些病变特征进行诊断。然而，许多疣和该病症状相似，所以需进一步通过病毒检测和细胞病变试验（中空细胞病）进行确诊。

牛的疣多见于头部、颈部和肩部，偶尔见于背部和腹部。病变的程度和持续时间取决于感染病毒的种类、感染部位和动物的易感性。疣一般在病毒感染后大约2个月出现，持续时间至少1年。大量的青年易感牛感染后，会给牛群造成严重危害。初次感染后3～4周，通常可产生免疫力，但乳头状瘤有时可复发，这可能是由于免疫力下降所造成。

虽然大多数疣外观呈表皮增生、表面角质化，类似菜花状（寻常疣），但是一些牛乳头状瘤病毒（牛乳头状瘤病毒1型和2型）可引起真皮纤维细胞增生和细胞角质化，形成表面呈疣状的丘疹结节。交媾部位发生纤维乳头状瘤，可造成青年公牛的阴茎出现疼痛、畸形和感染，母牛阴道黏膜感染则可造成难产。

老龄牛群也可见有一种顽固性的皮肤乳头状瘤，附带有少量刺瘤。在蕨类植物中毒引起的膀胱肿瘤和苏格兰牛发生的上消化道乳头状瘤中，已经证明存在有牛乳头状瘤病毒。因此，认为牛乳头状瘤病毒是一种辅助致癌物。给马的皮肤注射牛乳头状瘤病毒1型或2型，可诱发一种类似于马肉瘤的皮肤肿瘤。

马发生该病时，可在鼻、唇、眼睑、四肢末端、阴茎、阴户、乳腺和耳廓内表面出现一些散在的小刺瘤，常继发于轻微擦伤。特别是当将青年马圈养在一起时，该病可能成为整群马的棘手问题。但随着马驹免疫系统的成熟，数月即可康复。老龄马发病时，持续时间通常在1年以上。所谓的耳斑也被认为是一个平面状的乳头状瘤（平面疣）。马乳头状瘤可造成容貌受损，但属于良性肿瘤。诊断时，该病应与马的疣状肉样瘤进行区分。

犬的乳头状瘤病毒感染可出现3种临床表现。第一种是犬黏膜乳头状瘤病，主要侵害青年犬。其特征是，嘴唇黏膜至食管黏膜（有时）和结膜黏膜及其相邻的有毛皮肤处出现多发性疣。口腔病变严重时，可影响咀嚼和吞咽。已经确定这种肿瘤是由病毒所引起。第二种是皮肤乳头状瘤，与发生在黏膜上或黏膜周围的疣很难区分。但是该病多呈单个出现，常见于老龄犬。可卡犬和凯利蓝㹴易感。该病是否由病毒引起仍不能确定，容易与皮赘混淆。已经出现在一个或多个脚垫发生以乳头状瘤病为特征的综合征。临床上，该病表现为多发性、喇叭状角质化凸起。一直认为该病是由病毒感染所引起，但尚未证明。第三种是皮肤内翻性乳头状瘤，临床上与皮内角化上皮瘤相同。当幼犬和成年犬发生该病时，其病变最常见于腹侧，表现为凸起的丘疹结节，中心呈现角化。该病很少发展成浸润性鳞状细胞癌。

猫的乳头状瘤病毒感染常表现为多发性鳞状细胞癌（鳞癌）。但不会出现大多数动物种类感染乳头状瘤病毒后所表现的典型疣状病变。乳头状瘤可侵害山羊的皮肤，已报道感染的乳头会诱发恶性转化。绵羊很少发生乳头状肿瘤，最常见的是纤维乳头瘤。在猪发生本病极为罕见，如发生的话，可在面部和生殖器出现单个或多个病变（兔的乳头状瘤病）。

白尾及黑尾的长耳鹿、羚羊、驼鹿和驯鹿发生的一种皮肤纤维瘤，由一种类似牛乳头状瘤病毒的乳头状瘤病毒所引起，该病毒仅存在于覆盖肿瘤的上皮细胞内。

传染性乳头状瘤病是一种自限性疾病，但疣的存在时间长短不一。已经提出过各种各样的治疗方法，但效果并不一致。如果疣有碍观感，建议进行手术切除。然而，在疣的早期生长阶段进行手术切除，可能会导致复发并可刺激其生长，因此应当在疣成熟后或消退时进行手术切除。应当对发病动物进行隔离，但由于该病潜伏期长，在发现疾病之前，多数动物很可能已经被感染。

疫苗对预防该病有一定作用，但对已经出现病变的牛进行治疗的意义不大。由于该病毒大多具有种属特异性，因此使用源于一种动物的疫苗对另外一种动物进行免疫没有任何意义。

当整群动物发病时，可采集疣组织，磨碎制成组织悬液，经福尔马林灭活后，进行免疫接种可有效控制疾病。自家苗可能比商品疫苗更为有效。免疫时应在犊牛4~6周龄时开始进行皮内接种，剂量为0.4 mL，分两点注射。此后在4~6周内和1岁时分别重复进行免疫接种。尽管患畜于数周内即可产生免疫力，但这与疾病自行消退的关系不大无论其有无。如果动物在接种前已经被感染，免疫力产生过迟，因此，不能预防疣的发生。有效的免疫程序必须要维持3~6个月，才能产生明显的预防效果。在最后一个疣消失后，疫苗接种至少应持续1年，因为圈舍可能仍然被污染。使用甲醛熏蒸，可以对畜栏、支柱和其他无生命物体进行消毒。

二、马肉样瘤

马肉样瘤是马科动物最常见的肿瘤，占所有马肿瘤的20%，占所有马皮肤肿瘤的36%。最近的研究表明，该肿瘤没有明显的性别和年龄偏好性。

马肉样瘤极少引起死亡，但可以影响动物的使用性能，造成经济损失。此外这类疾病会造成一定的社会影响，特别是在发展中国家，在这些国家广泛使用马科动物作为役用动物（主要是驴）。

马肉样瘤可呈单个或多发性病变，病变形式多样，从小的疣状病变到大片溃疡状纤维性增生都可发生。公认的有6种不同临床特征：①形——呈扁平、灰白色、无毛、顽固性，病变呈圆形或近似圆形；②状——外观呈灰白色的结痂或肉赘状，内含质地坚实的小结节，表面可能有溃疡，病变区轮廓分明或大面积覆盖、边界模糊；③结节状——散在有多个质地坚硬、大小不一的结节，可能伴有溃疡或出血；④成纤维细胞性——肉样团块，带有薄薄的肉蒂或扁平状肉芽，常易出血，表面湿润，呈红色；⑤混合型，以上两种或多种形式的组合；⑥恶性肿瘤，较少见，有侵袭性，可通过皮肤广泛扩散，肿瘤组织的核心由结节、成纤维细胞和溃疡性病变组成。

病变可出现在动物身体的各个部位，但最常见于副生殖器部位、胸部下侧、腹部和头部。以前发生过外伤和形成瘢痕的部位常会出现肉样瘤。马肉样瘤与其他皮肤肿瘤相似，如良性纤维刺瘤。也与其他皮肤病相似，如高度增生的肉芽组织（赘肉）。马出现的单个病变难以确诊，但是如果一匹马身上出现具有特征性的多发性肿瘤（多为一种以上类型），临床诊断即非常简单。通过活体组织学切片检查可以确诊，但获取样本时存在造成肿瘤扩散范围大且无法控制的风险。

目前认为，牛乳头状瘤病毒（BPV）主要是1型和2型，是引起马肉样瘤的主要致病因子。也存在与马白细胞抗原相关基因的易感性，某些特定品种和特定血统的马对该病的易感性似乎较高。

该病的传播方式尚未确定。近来，从多种常见苍蝇（如普通家蝇和厩螫蝇）中检测到BPV-1，同时由于外伤部位易患肉瘤，因此，推测苍蝇在不同马匹之间的伤口移行时可能充当了传播媒介的角色。也许，BPV感染可经马厩管理而传播，如共用污染的马具，也可能通过污染牧草侵入已有伤口进行传播。

对肉样瘤还没有普遍有效的治疗方法，并且多数都会复发。对明显有蒂的肿瘤可以采用橡皮筋或其他具有伸缩性的材料进行结扎，待肿瘤脱落后，常辅以局部用药治疗。其他常用方法有冷冻疗法、手术或激光切除和局部免疫调节（注射卡介苗）。对不适用于传统方法治疗的肿瘤（如四肢和眼周围的肿瘤），放射治疗十分有效，最常用的是埋植^{192}Ir。但这种方法成本很高，没有得到广泛应用。使用外科手术进行治疗后，马肉样瘤常可复发，这可能是由于激活了肿瘤附近外表正常组织中潜伏的BPV所造成。较大肿瘤一般需要联合应用几种治疗方法（如手术切除后，再进行局部化疗）。

最近，已有数种有前景的新治疗方法得到应用，有的正在进行最后阶段的临床试验。这些方法包括肿瘤内部注射氯氨铂颗粒/乳剂，以及局部应用咪喹莫特。可单独使用阿昔洛韦乳膏治疗隐性扁平肉瘤，大面积切除肿瘤后的创伤面，使用阿昔洛韦乳膏进行治疗也取得了很好的效果。阿昔洛韦的作用机制尚不清楚，但该药物相对便宜，且安全系数高。预防或治疗性疫苗的研发，可能在未来疾病控制策略中占有重要位置，但迄今为止试验所取得的进展不大。

目前，针对目的病毒基因表达，使用小RNA干涉技术治疗该病的新方法还处于研究之中。试验表明，该方法可以在体外选择性地杀灭被BPV-1感染的马皮肤细胞。

三、结缔组织肿瘤
（一）良性成纤维细胞瘤
胶原痣是一种与真皮胶原沉积过多相关的良性、局部性皮肤发育缺陷。该病常发生于犬，猫较少发生，大动物罕见。该病一般见于中年或老龄动物，最常出现在四肢近端和末端、头部、颈部，以及易发生外伤的部位。病变多呈隆起的皮肤结节，表面呈乳头状。可见有两种型：一种发生在毛囊间皮肤或皮下脂肪，无附属器病变；另一种侵害附属器，导致毛囊、皮脂腺和顶浆分泌腺发生肿大，并出现畸形。后一种已被称为局部附属器发育不良。采用手术切除一般可治疗这两种疾病，但有时由于膨大的纤维瘤太大而无法切除。

全身结节性皮肤纤维瘤病（皮肤纤维瘤）是与囊肿性肾癌及多发性子宫肌瘤有关的一种多发性胶原纤维痣综合征，偶发于德国牧羊犬（被认为具有遗传性、常染色体显性性状），其他种类的犬更少见。皮肤病变最早可在动物3～5岁时出现，特征是形成多发性胶原纤维痣，大小从勉强可见到大的结节，一般出现在四肢、脚、头和躯干部位。病变可能呈对称分布。皮肤病灶出现后3～5年，可引起肾病。尚无已知治疗方法能预防肾脏和子宫肿瘤的发生。

软性纤维瘤（皮肤残迹、软纤维瘤、纤维血管乳头状瘤）是发生在老龄犬的一种特殊的良性皮肤肿瘤。该病较为常见，呈单个或多发性，可发生于任何品种的犬，但大型犬发病风险高。最常见的病变是外观呈外向性生长、有蒂，表面多覆盖有疣状表皮。可以进行治疗，但建议采用活体组织切片检查的方法进行确诊。软性纤维瘤治疗有多种方法，可手术切除，也可采用电外科手术及冷冻外科手术治疗，但对已经出现单个肿瘤的犬，最终还会出现多个肿瘤。

纤维瘤为皮肤成纤维细胞出现的散在细胞增生。组织学上与胶原痣或皮肤残迹相似。纤维瘤可发生于所有家畜，但主要发生在老龄犬。杜宾犬、拳师犬（易于发展为多发性肿瘤）和金毛寻猎犬对此病易感。头和四肢是最易发病的部位。临床上，纤维瘤表现为散在的、凸起的无毛小结节，源于真皮或皮下脂肪。触诊时，可表现为质地坚实且呈橡胶状（硬纤维瘤），也可表现为质地松软且有波动感（软细胞瘤）。纤维瘤为良性肿瘤，可以进行治疗。但是由于体积相对较大，建议进行手术彻底切除。

（二）软组织肉瘤
这种恶性肿瘤群包括马肉样瘤、纤维瘤、纤维肉瘤、恶性巨细胞性瘤、神经纤维肉瘤、平滑肌肉瘤、横纹肌肉瘤，以及变异型的脂肪肉瘤、血管肉瘤、滑膜细胞肉瘤、间皮瘤和脑膜瘤。临床上发现的软组织肉瘤很多，但是这类肿瘤的定义不很明确。混乱的原因部分在于梭形细胞肉瘤的形态学异质性比癌更大，一种肉瘤的特征也常混杂有其他肿瘤的特征。所以，所有软组织肉瘤的来源细胞都是可用不同方式加以区分的原始间质细胞，这一点已被广泛认可。这使得人们很难制定确诊特定梭形细胞肉瘤的组织学标准。另外，将间质瘤细胞与其最相似的正常细胞进行比较，并不是意味着肿瘤细胞就是起源于这些细胞。

造成混乱的第二个原因是，无法确定肿瘤是良性还是恶性，也无法确定在某一品种或某个部位其生物学特性是什么。家畜的大多数梭形细胞肉瘤呈局部浸润，难以切除，也极少发生转移。由于按定义来说只有恶性肿瘤才有发生转移的可能性，因此，可以认为软组织肉瘤都是良性肿瘤；但是，也按定义来说，良性肿瘤没有浸润性，应当将软组织肉瘤作为恶性肿瘤，从开始就应积极治疗。在医学病理学中，将具有浸润性但无转移性的梭形细胞间质肉瘤定义为中度恶性肉瘤，这也是本书在下文中使用的概念。

临床上，梭形细胞肉瘤和软组织肉瘤有4个基本特征：发生部位越靠近体表，肿瘤呈良性的可能性越大（深部肿瘤趋向于恶性）；肿瘤体积越大，呈恶性的可能性越大；肿瘤生长越快，越可能为恶性；良性肿瘤组织血管相对较少，而恶性肿瘤的血管丰富。

首选治疗方法是手术切除；由于梭形细胞肉瘤常沿着筋膜表面浸润，肉眼观察无法确定肿瘤的外围边界，因此只要肿瘤所在的解剖学位置适于手术切除，就应当采用广泛性切除或切断术。治疗梭形细胞肉瘤的最佳时间，是在首次外科手术期间对肿瘤完全切除，但不是唯一的。手术前应进行活组织检查，并制定明确的手术方案，包括完全切除的目的以及送检活体样本以确定肿瘤界限。复发肉瘤的转移能力会更强，而且每次切除后复发间隔时间会缩短。此外，多数软组织肿瘤具有假包膜，眼观检查时肿瘤好像完全包裹在内。因为肿瘤细胞常存在于囊周结缔组织中，故不应剥除这些肿瘤。多数肉瘤的形状类似于章鱼状，其触角深入到瘤床内。除了马肉样瘤外，其他肉瘤不能采取冷冻外科手术方法，因为有些类型的肿瘤对冷冻有抵抗力，最明显的是纤维肉瘤。常规剂量的放射治疗对梭形细胞肉瘤的治疗效果不好，但有报道称，采用大剂量放射疗法可在1年内控制大约50%的病例。局部治疗时，也可选用外科减瘤术，然后辅以放射疗法。

对肉瘤采用化学疗法进行治疗已经越来越被人们所接受。多数化学疗法都采用阿霉素［英文原文adriamycin，实际上与多柔比星（Doxorubicin）是同一种物质，译者注］与其他药物（环磷酰胺、长春新碱、达卡巴嗪和甲氨蝶呤）联用。有些临床兽医使用卡铂，并常交替使用阿霉素。尽管化学疗法可以提高发病动物的生活质量，并延长其寿命，但很少有疗效。

纤维瘤病（侵袭性纤维瘤病、外腹部硬纤维瘤、硬纤维瘤、低度纤维肉瘤和结节性筋膜炎）是来源于腱膜和腱鞘的高度分化成纤维细胞时发生的一种硬化性和浸润性增殖。该病常见于犬的头部，特别是杜宾犬和金毛猎犬，多被诊断为结节性筋膜炎。在兽医学中，术语结节性筋膜炎常指两种不同的疾病，一种是纤维瘤病，另一种是常发于眼周围组织的病变（犬的巨细胞性瘤）。纤维瘤病很少发生于猫和马。纤维瘤病与浸润性纤维肉瘤用肉眼很难区分，但可以通过组织学检查予以鉴别。整个组织都散在有局灶性淋巴小结。纤维瘤病具有局部浸润性，本质上没有转移能力。如果条件允许，首选治疗方法是手术切除。但常出现复发，放射疗法对控制局部病灶有一定作用。

纤维肉瘤是具有侵袭性的间质组织肿瘤，主要由成纤维细胞组成。该肿瘤是猫最常见的软组织肿瘤，犬也较常见，罕见于其他家畜。犬的纤维肉瘤多见于躯干及四肢。戈登塞特猎犬、爱尔兰猎狼犬、布列塔尼猎犬、金毛猎犬及杜宾犬较易发生纤维肉瘤。纤维肉瘤的外观和大小差异很大。出现在真皮的纤维肉瘤呈结节状。皮下脂肪和皮下软组织的纤维肉瘤需要通过触诊进行诊断。纤维肉瘤呈质地坚实的肉状病变，侵害真皮和皮下脂肪，并常沿筋膜表面侵入到肌肉组织中。纤维肉瘤呈多发性时，常可在同一个解剖部位发现肿瘤。含有大量间质黏蛋白（结缔组织黏蛋白）的纤维肉瘤被称为黏液瘤或黏液纤维肉瘤。兽医界对黏液瘤的定义很模糊，大部分都被当成变异型脂肪肉瘤或恶性巨细胞性瘤。犬的纤维肉瘤是一种侵袭性肿瘤，约有10%可发生转移。影响纤维肉瘤是否可以完全切除的因素包括：医师的技能、肿瘤生长速度（取决于有丝分裂指数和坏死量）、细胞的异型性程度及肿瘤的浸润特性、大小和位置（需要通过影像检查来正确判定）。

猫的纤维肉瘤有3种类型：一种是由猫肉瘤病毒（FSV）引起的多中心性纤维肉瘤，一般发生于4岁以下小猫；第二种是发生在青年猫或老龄猫的单个肉瘤，并不是由FSV所引起；第三种是常发生在已接种疫苗的猫软组织上的纤维肉瘤。与接种其他病毒或细菌疫苗相比，接种狂犬病疫苗和猫白血病疫苗更易产生纤维肉瘤。在疫苗诱导的纤维肉瘤中，铝（常用做疫苗的佐剂）已经被确定是肿瘤诱发因素，佐剂引发的成纤维细胞长期增殖，使其更易发生肿瘤转化。这些肿瘤外观呈结节状或斑块状，可出现在肩胛骨之间、后肢近端的软骨组织，但遍布于腰部的情况比较少见。虽然免疫部位的肉瘤一般被归类为纤维肉瘤，但这种肿瘤的异质程度相对较高，可能更应该称其为恶性巨细胞性瘤（巨细胞瘤）、脂肉瘤、骨肉瘤或软骨肉瘤。

治疗纤维肉瘤的首选治疗方法是采用广泛性的、深入的手术切除，但是由于大多数医师常将肉瘤边界范围估计过小，因此，常出现复发（首次手术1年内的复发率在70%以上）。疫苗诱发肉瘤的复发率在90%以上。即使从临床上和组织学上看，手术切除都很彻底，但仍然常出现复发。对未切除的肿瘤，推荐采用卡铂、多柔比星、环磷酰胺或达卡巴嗪等药物进行化学治疗。使用生物调节剂（在手术前瘤内注射，随后辅以放射疗法）所取得的初步结果似乎很有前景。进一步的研究表明，与历史对照相比，生物制剂作为手术切除和放射疗法的辅助手段，可以使无瘤间期的时间延长20%。

（三）巨细胞性瘤

这类由成纤维细胞和组织细胞（常表现为多核巨细胞）组成的多形态间质细胞瘤，在兽医学上的定义仍然很模糊。将主要发生在青年到中年（2~4岁）柯利犬巩膜结合处和角膜上的巨细胞性瘤称为犬巨细胞性瘤（结节状肉芽性巩膜结膜炎、结节状筋膜炎、增生性角膜结膜炎、结膜肉芽肿和柯利犬肉芽肿），但是其组织学特征表明应该是肉芽肿性炎症反应，而不是肿瘤。该病可能有一个非感染性的炎症反应过程，在病变下注射10~40 mg甲基强的松龙可取得疗效。

恶性巨细胞性瘤（骨外巨细胞瘤、软组织巨细胞瘤和皮肤纤维肉瘤）常见于猫的皮肤和软组织，有时可见于马和骡，罕见于其他种类动物（包括犬）。猫的恶性巨细胞性瘤多见于老龄猫的四肢末端和颈侧部，也可见于疫苗接种部位。发生于马和骡的恶性巨细胞性瘤被称为软组织巨细胞瘤。发生在青年到中年马科动物的软组织巨细胞瘤，外观质地坚实、结节状到弥散性肿胀，切面呈白色，有不同程度的出血。恶性巨细胞性瘤为一种中度恶性肿瘤的肉瘤。这类肿瘤具有局部浸润性，手术完全切除后也易出现复发，但很少发生转移。建议进行彻底切除。

（四）外周神经鞘瘤

截肢神经瘤（创伤性神经瘤）是截肢或外伤损伤造成外周神经组织实质和间质出现的一种非肿瘤性增殖紊乱。最常见于实施断尾后的犬或对四肢末端实施神经切断术的马。青年犬最常见的临床症状是不停地自伤已剪短的尾巴。马出现这种病变时，外观质地坚实，在实施神经切断术的手术部位常伴有疼痛和肿胀。手术切除可以治愈。

神经纤维瘤和神经纤维肉瘤（外周神经瘤、神经鞘瘤、神经鞘膜瘤、血管外皮细胞瘤、神经乳头状瘤及雪旺细胞瘤）是由外周神经结缔组织形成的梭形细胞瘤。一般认为起源于雪旺氏细胞，但也可能起源于间质细胞，产生的无髓鞘结缔组织包围在有髓神经纤维上。实际上，无法将犬发生的这种瘤与血管外皮细胞瘤进行区分，二者可能就是同一种肿瘤。

犬和猫的皮肤上出现的外周神经鞘瘤可见于老龄犬和猫。牛发生该病可能与遗传因素有关，病变呈多发性，青年和老龄牛均可发病，屠宰时常可意外发现该病。该病一般发生在胸壁和内脏的深部神经上，也可出现在皮肤上。无论何种动物，这类肿瘤的外观都呈白色、质地坚实、结节状，有时也可见到肿瘤黏附在外周神经上。公认有良性肿瘤和中度恶性变异体两种。良性肿瘤最常见于牛，由于其并不活跃，因此可治疗也可不治疗；另外，最终可在其他部位出现另一种肿瘤。发生于犬、猫和马的外周神经鞘瘤，大多数具有局部浸润性，但不会发生转移。首选治疗方法是完全切除。当肿瘤边界狭小或不足时，辅以放射治疗有助于延长无瘤间期。

（五）脂肪组织瘤

脂肪瘤是指脂肪组织的良性肿瘤，称其为错构瘤可能更准确。该病常发生于犬，有时可见于猫和马，其他家养动物罕见。在犬，该病多发生在老龄肥胖母犬，最常出现在躯干和四肢近端。发病风险最高的品种是杜宾犬、拉布拉多犬、迷你雪瑞纳猭和混血犬。阉割后的老龄暹罗公猫也易发病，肿瘤最常出现在腹部下侧。但猫肥胖症可能不是引起脂肪瘤的一种原因。发生该病的马通常都在两岁以下。脂肪瘤的典型外观质地松软，偶尔有柄，为散在的结节状肿块，多数可以自由移动。5%以上犬和猫的脂肪瘤呈多发性。一般情况下，脂肪瘤可悬浮于福尔马林中。

已经确认腊肠犬有一种罕见的脂肪瘤变种，称为弥散性脂肪过多症。实际上全身整个皮肤都会出现病变，导致颈部和躯干皮肤出现明显的皱褶。许多脂肪瘤与邻近的非肿瘤脂肪组织发生细微的融合，导致很难判断是否完全切除了整个肿瘤。已经确认脂肪瘤常包含丰富的结缔组织间质（纤维脂肪瘤）、软骨间质（软骨脂肪瘤）或者明显的血管成分（血管脂肪瘤）。尽管脂肪瘤属良性肿瘤，但也不应忽视，因其最终都会增大，因此，从肉眼病变上无法与浸润性脂肪瘤或脂肉瘤相区分。手术切除可以治愈。在对犬实施手术前，限饲几周可以更好地确定肿瘤边界。

浸润性脂肪瘤（肌肉组织内和肌肉组织间的脂肪瘤）罕见于犬，猫和马也并不常见。在犬，最常见于中年母犬，多发生在胸部和四肢。发病风险最高的犬种与脂肪瘤有关。这类肿瘤的界限模糊，质地柔软，呈结节状或弥散性肿胀，典型的可侵入皮下脂肪、肌肉下层及结缔组织间质。可沿着筋膜面和骨骼肌肌束间剖开的浸润性脂肪瘤，被称为中度恶性肉瘤。建议进行广泛性手术切除，必要时需进行截肢。

脂肪肉瘤在所有家畜都很罕见。多数发生在老龄公犬的躯干和四肢。喜乐蒂牧羊犬和比格犬可能易发该病。猫白血病病毒感染很少与脂肪肉瘤有关，但是这是否是一种巧合或猫白血病病毒感染是否起到致病作用仍然不清楚。脂肪肉瘤为结节状，质地柔软或坚硬，切开时可流出黏蛋白样液体。感觉多数肿瘤都有不完全包膜，但这不能被理解为是良性肿瘤。脂肪肉瘤是一种转移能力低、但常有假膜的恶性肿瘤。建议采取大面积切除治疗。由于常出现复发，因此对手术边界不清的病例，必须辅以放射治疗。

（六）血管肿瘤

血管瘤为皮肤和软组织的良性增生，与血管极为相似。该病究竟是肿瘤，或是错构瘤，还是血管畸形仍然不清楚，目前尚无明确的分类标准。该肿瘤多发生于犬，也可发生于猫和马，罕见于牛和猪；在其他家畜属特殊病变。肿瘤多出现在成年犬的躯干和四肢。许多犬种（包括戈登塞特猎犬、拳师犬、万能㹴、苏格兰㹴及凯利蓝㹴）都易发。成年猫常发生该肿瘤，病变多出现在头、四肢和腹部。马驹（小于1岁）的肿瘤常发生于四肢末端。牛的血管瘤可能是一种先天性疾病，也可见于老龄牛。奶牛的皮肤和内脏容易出现弥散性血管瘤（血管瘤病）。在猪，该病常发生在约克夏猪、巴克夏猪的阴囊或会阴部，切斯特白猪发病不太见。在约克夏猪和巴克夏猪，该病被认为是遗传性疾病。血管瘤一般为单个或多个存在，具有局限性，常可压紧，呈红色或黑色结节状。皮内可能不会出现病变，也无溃疡或丘疹。体表上的小血管瘤常呈血泡状，被称为血管角质瘤。如果血管腔内的红细胞稀少或没有，该则病被称为淋巴管瘤。血管瘤为良性肿瘤，但具有出现溃疡或体积增大的趋势，应予以切除。判断预后须先进行确诊。手术切除是首选治疗方法，但是在大家畜，如果血管瘤体积较大或发生在四肢末端，可能无法实施手术切除。在这种情况下，有必要采取冷冻外科疗法和放射疗法。除奶牛的血管瘤外，手术彻底切除后，在新的部位不常见有其他肿瘤的发生。

血管外皮细胞瘤（犬梭形细胞肉瘤、犬恶性巨细胞性瘤、犬神经纤维肉瘤、犬神经束膜瘤）多发于犬，猫也可发病但很罕见。该肿瘤最初的命名是由于认为其起源于小血管周边的成纤维细胞，但该名称是否恰当一直存有争议。该肿瘤最常发生于老龄犬的四肢末端和胸部。母犬似乎易发，西伯利亚哈士奇犬、混血犬、爱尔兰雪达犬和德国牧羊犬的发病风险最高。血管外皮细胞瘤的典型特征为质地坚实、呈分叶

状、单个肿瘤、边缘不整齐，多发生在皮下脂肪，有时也可见于真皮。血管外皮细胞瘤为中度恶性肿瘤，有一定的转移性。手术切除是首选治疗方法，但由于其具有浸润性，因此大约有30%的病例可能出现复发。任何肉瘤如果首次切除不完全，再次手术时必须完全切除瘤床。手术治疗时，辅以瘤内注射卡铂进行化学治疗和手术中进行放射治疗可以延长无瘤间期。在手术切除不完全或肿瘤边界不清晰时，可以使用外部放射疗法控制局部复发。

血管肉瘤可能是所有软组织肿瘤中最具侵袭性的肿瘤，该肿瘤细胞具有正常内皮细胞的许多功能和形态学特征。尽管这些肿瘤常被分为血管肉瘤（可能起源于血管）和淋巴管肉瘤（起源于淋巴管），但这种分类具有随意性。目前仍在使用血管内皮瘤这一术语。血管肉瘤一般是自发产生的，但在白色短被毛的犬，长期日光损伤可引起浅表血管丛发生变化，最初类似于血管瘤，逐渐发展成恶性血管瘤。容易发生光化诱导性血管肉瘤的品种有惠比特犬、意大利灵猩犬、白色拳师犬和比特犬。病理学家常把这些肿瘤诊断为皮肤血管肉瘤。

所有的成年或老龄家畜均可发生皮肤和软组织血管肉瘤，但最常见于犬。犬的发生部位主要是躯干、唇、臀部及四肢末端。除了容易发生光化诱导性血管肉瘤的品种外，爱尔兰猎狼犬、维兹拉犬、金毛猎犬和德国牧羊犬也存在发病的风险。在猫，该病最常见于阉割后的老龄公猫四肢和躯干部。在皮肤、皮下和内脏出血血管肉瘤的猫可发生远端转移。血管肉瘤的外观形态差异很大。最常见的是在任何部位的皮肤或软组织下层出现一个或数个红斑状结节，有时更像是轻微擦伤。所有血管肉瘤的生长速度都很快，常可造成大面积坏死和血栓，典型特征为切面呈红色或黑色。当肿瘤中血管内含有少量血液，且充盈有血清时，经常被诊断为淋巴管肉瘤。较为特殊的是，血管肉瘤能产生自己的血管。该肿瘤常发生远端转移，特别是可转移到肺和肝。在其他家畜，该肿瘤一般不具有侵袭性，术后常复发但不发生转移。

无论何种动物，手术切除都是首选治疗方法。日光诱导的犬皮肤血管肉瘤一般没有侵袭性，但在未来几年内可能会不断出现无数肿瘤。必要时，可采用局部冷冻疗法治疗浅表部位的肿瘤。避免进一步发生日光损伤可减少新发肿瘤的出现。最近报道，用长春新碱、多柔比星和环磷酰胺进行的辅助化学疗法可以使血管肉瘤缩小，但是化学疗法对全身性肿瘤的控制效果、放射疗法对局部肿瘤的控制效果以及长期存活率都有待进一步确定。沙立度胺和吡罗昔康等NSAID的作用尚不完全清楚，各种药物的作用可能都各不相

同。研究者希望能将抗血管生成或抑制血管生成的化合物作为犬的血管能抑素，以阻止肿瘤的血液供应，从而控制并避免组织血管肉瘤的转移，但其临床实验结果仍未被证实。

（七）皮肤平滑肌瘤

由于对家畜发生的这类肿瘤既没有深刻认识，也没有规律可循，因此，很少被诊断为皮肤平滑肌瘤（平滑肌瘤或平滑肌肉瘤）。报道的平滑肌瘤一般已经成为恶性肿瘤，多发生于犬和猫。该肿瘤通常为质地坚实的瘤块。平滑肌瘤的瘤体较小且局限于皮下，而平滑肌肉瘤较大且多起源于（侵入）皮下脂肪。恶性平滑肌瘤的特征一直未确定。对于平滑肌瘤和平滑肌肉瘤，采取手术切除都是首选的治疗方法。

四、未分化肉瘤与间变肉瘤

这类恶性间质组织瘤的显微病理变化特征很难描述。未分化的肉瘤没有明显的特征性变化（如组织结构、细胞质和细胞核特征、细胞产物）。大多数间变肉瘤具有以下特征：核大小和形态不一、细胞核浓染、染色质排列极不规则、有丝分裂相异常以及大量的有丝分裂相。间变肉瘤一般是未分化的，但未分化肉瘤不一定是间变性的。两种肿瘤的治疗都需要采取大面积手术切除，但是间变肉瘤的预后比未分化肉瘤更差。

五、淋巴肉瘤、组织细胞瘤与皮肤相关肿瘤

（一）皮肤淋巴瘤

犬髓外浆细胞瘤（非典型组织细胞瘤、皮肤神经内分泌瘤、网状细胞肉瘤和皮肤结节性淀粉样变性）是一种较为普遍的皮肤肿瘤。虽然过去对其来源一直存有争议，但是由于肿瘤细胞可以特征性地表达胞质免疫球蛋白，也可产生原发性淀粉样变性，因此目前对于其来源于淋巴浆细胞没有异议。犬和猫发生该病时，最常见于成年或老龄犬猫的头部（包括耳、唇和口腔）以及四肢。可卡犬、万能㹴、苏格兰㹴和标准贵宾犬的发病风险高。这类肿瘤一般较小（小于5 cm），有时有蒂。大多数肿瘤呈局灶化，首选治疗方法是保守的手术全切除。皮外浆细胞瘤很少呈局部浸润性或多发性（或二者都有）生长，特别当其发生在口腔时。肿瘤的复发与淀粉样蛋白有关。这类肿瘤的治疗方法仍然无法确定。治疗复发性的浸润性肿瘤时，需要采取更为广泛性的手术切除。在出现多发性肿瘤或不适宜进行手术切除时，最好的辅助治疗方法是放射疗法。对射线有抵抗力的肿瘤，建议使用化疗药物，包括美法仑、苯丁酸氮芥、环磷酰胺和糖皮质激素类药物。

皮肤淋巴肉瘤是一种以皮肤作为原发部位和主要发病部位的肿瘤，也可表现为一种全身性内科病的继发形式（见犬恶性淋巴瘤、牛白血病，以及猫白血病病毒及其相关疾病）。皮肤淋巴肉瘤不太常见，但所有家畜均有发生。一般来说，皮肤淋巴肉瘤有两种类型：一种是嗜上皮型（恶性淋巴细胞侵入表皮及其附属器）；另一种为结节性、非嗜上皮型。两种类型肿瘤都能表达特征性T淋巴细胞的表面抗原和胞浆抗原。这种现象，加上犬和猫发生的许多非嗜上皮性皮肤淋巴肉瘤，通常至少可见有嗜上皮性小病灶，表明这两种类型的肿瘤是同一种肿瘤的不同类型。

嗜上皮性皮肤淋巴肉瘤（ECL，蕈样真菌病）是犬皮肤淋巴肿瘤中最常见的病型，猫可能也是如此。该病多见于中年和老龄犬，贵宾和可卡犬易发。典型的病变过程是由斑点到斑块，最后形成肿瘤。但也可出现这3种主要病变中的任何一种或任意组合。例如，有一种类型的疾病，被称为佩吉特氏病样网状细胞增多症，一般不会造成皮肤病变或病变极小，出现的皮肤病变多表现为红斑状。犬发生该肿瘤的另一个常见特征是局部脱毛，这是由于肿瘤细胞浸润到毛囊外鞘和毛囊腔引起毛囊萎缩所致。尽管多数病例都出现弥散性皮肤病变，但也可主要出现在黏膜或足垫的病变。由于该肿瘤的临床症状差异很大，因此，以临床特征为依据进行诊断非常困难，早期临床症状可能会与过敏、自身免疫疾病、内分泌疾病、传染性疾病或脂溢性疾病相混淆。多数病例直到晚期，都一直局限于皮肤。并发白血病的嗜上皮性皮肤淋巴肉瘤被称为塞扎里综合征。

犬的嗜上皮性皮肤淋巴瘤是一种发展缓慢或温和性的进行性疾病，已经尝试过多种治疗方法。到目前为止，所有治疗方法都可有效改善临床症状，但不能延长发病动物的存活期。过去一直使用盐酸氮芥（氮芥）进行局部治疗，但由于犬的感染面积很大（包括黏膜），同时氮芥也可能会引起人体过敏，因此很少使用。该肿瘤对类固醇的效应时间很短。化疗药物不一定有效，包括联合应用阿霉素、苯丁酸氮芥、环磷酰胺、多柔比星及长春新碱。应用罗莫司丁、类维生素A（无论是否使用糖皮质激素类药物）以及大剂量使用亚油酸添加剂，有时可以使该病得到部分或完全缓解。

猫罕见该病，仅多发生在老龄猫。只有出现明显病情后才可出现病变，病变最初表现为痂斑状，有不同程度的瘙痒。对早期病变进行活体组织检查时，常被诊断为淋巴细胞壁性毛囊炎。采用这种诊断的许多病例，都逐渐发展成典型的皮肤淋巴肉瘤。与犬相反，猫发生的嗜上皮现象常极不易察觉。有关治疗方

案或用于犬的治疗方法对猫是否有效，目前了解很少。

非嗜上皮型皮肤淋巴肉瘤（NECL）是所有家畜常发生的一种皮肤淋巴肉瘤，但犬和猫不多见。在犬，中年或老龄犬最常发生NECL。病变呈结节状或斑块，常出现在躯干部。该病一般呈多发性，但也可见有单个病变（尤其是猫）。多数病例，用肉眼无法将NECL与肿瘤期ECL区分开。由于犬的NECL比ECL更具侵袭性，且在发病早期常会出现全身性病变，因此确诊极为重要。已经单独或联合应用过各种治疗方法，包括手术切除、化学疗法和不太常用的放射疗法。对于仅有单个肿瘤的病例，首选治疗方法是手术切除，有时可完全治愈。对于较为弥散性的病例，采用手术切除或冷冻外科手术治疗很难使其得到长期缓解。其他类型犬的淋巴肉瘤所采用的化学疗法或化学免疫疗法，仅应作为一种缓解性的治疗方法。平均缓解时间大约为8个月。

NECL是中老年或老龄猫的一种罕见疾病。猫白血病病毒的作用尚不清楚。病变呈单个或多个斑块或结节状，有的无毛，表皮溃疡或完整无损。猫的NECL具有侵袭性，即使将单个肿瘤完全切除，仍常出现复发。尚无可行的治疗方法，但是联合应用环己亚硝脲、类固醇和亚油酸可能有一定效果。

马的非嗜上皮型皮肤淋巴肉瘤（结节状淋巴肉瘤、皮下淋巴肉瘤和淋巴组织细胞淋巴肉瘤）可发生在各年段龄的马，但常见于青年马和中年马。腹部皮下脂肪常见有质地坚实、无破溃的结节。显微镜下，可将马结节性淋巴肉瘤分为两种类型：一种是由组织细胞和分化良好的小淋巴细胞混合组成，偶尔带有类浆细胞样特征；另一种是由单一形态的非典型大淋巴细胞群组成，只是偶尔出现组织细胞。由于马单一细胞型皮肤淋巴肉瘤的大部分病例都可引起内脏病变，且病程发展迅速，因此，对这两种病型进行鉴别十分重要。相反，淋巴组织细胞型很少出现内脏病变，病马可存活数年。随着淋巴组织细胞瘤的发展，颈下部频繁出现结节。很多病例，在咽部出现病变并发生呼吸困难时，有必要实施安乐死。由于细胞毒类药物价格昂贵，治疗时常选用口服或瘤内注射糖皮质激素类药物，但该方法即使对病情有缓解，也只是暂时性的。

在牛，该病是青年牛（一般为4岁以下）发生的疾病。该病是一种散发性牛白血病，不具有传播性。散发性牛白血病这一术语仅限于小牛的皮肤和胸腺型淋巴瘤，由发病的年龄和肿瘤发生部位来确定，但其具体原因尚不清楚。只有牛白血病病毒引起的淋巴瘤才被称为白血病或地方流行性牛白血病。也有些淋巴肉瘤性疾病既没有归类到散发性牛白血病，也没有列入地方流行性牛白血病的范畴，例如未知病因引起的成年牛散发的多中心性淋巴瘤。一般认为，青年牛的皮肤淋巴肉瘤与牛白血病病毒感染无关，病因目前还不清楚。典型病变为真皮和皮下脂肪出现结节，常伴有溃疡。尚无已知的治疗方法。

（二）皮肤肥大细胞瘤

皮肤肥大细胞瘤（肥大细胞瘤、肥大细胞肉瘤）是犬最常见的恶性或可能呈恶性的肿瘤。此外，也可出现白血病型和内脏型肥大细胞瘤。据推测，该病可能是由病毒引起的，但一直存在争议。任何年龄的犬（平均为8～10岁）均可发病。该病可发生在身体的任何表面部位和内脏器官，但以四肢（尤其是后腿内侧）、腹部下侧和胸部最常见，约10%为多中心性。黏膜与皮肤结合处或腹侧面出现肿瘤的部位，与其具有较强攻击性的生物学行为有关。许多品种的犬都易发，特别是拳师犬和巴哥犬（肿瘤常为多发性）、罗德西亚脊背犬和波士顿梗。肿瘤的大小差异很大，不能单纯依据临床症状进行确诊。最常见的临床症状是触诊时呈表面隆起的结节状肿块，质地柔软或坚实。虽然这类肿瘤似乎常有包膜，但犬的肥大细胞瘤多呈离散状。准确地说，这类肿瘤含有一个高度细胞化的中心，周围包裹有少量肥大细胞形成的晕环，触诊时像是正常皮肤。犬的临床症状可能与恶性肥大细胞释放的血管活性物质有关。最常见的病变是胃十二指肠溃疡，病例比例可高达25%。通过对针头吸取物或压片经瑞氏染色后进行细胞学检查，可以对犬肥大细胞瘤作出确诊。手术前，应当对所有的皮肤肿瘤进行穿刺和细胞学检查，以排除肥大细胞癌。如果外科医生将病例确诊为肥大细胞性肿瘤，采取广泛性的、深入

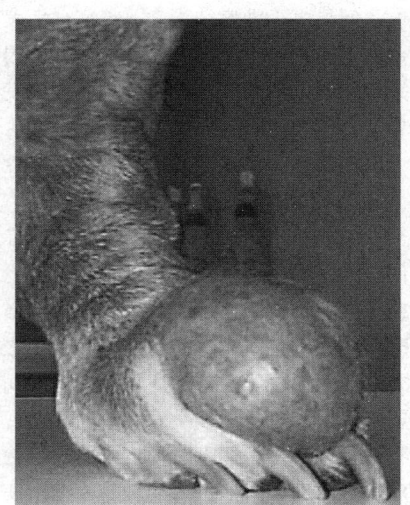

图7-22　巴吉度猎犬左后脚上的肥大细胞瘤
（由Alice Villalobos博士提供）

的切除可取得最佳效果。所有肥大细胞瘤都应当进行活体组织检查，以确定肿瘤的边界和肿瘤分级，因为细胞学检查不能完全替代组织病理学检查，只有组织病理学检查才能判定预后。已经确定了两种组织病理学分级方法，即1973年的Bostock分级方法和1984年Patnaik等人的分级方法。为避免发生混淆，明确所应用的是哪个分级体系至关重要。

尽管有人认为该病是犬肥大细胞瘤的良性变异体，但目前尚无用于进行鉴别的临床或显微镜检查方法。另外，犬肥大细胞瘤在转化为恶性肿瘤前可能长期保持无症状状态。在一项研究中显示，有10%的穿刺检查肿瘤出现了犬肥大细胞肿瘤的皮下变种，这种变种无原发性浸润性的真皮病变。这种最常出现在后肢的肿瘤变种，其边界较深，有66%不能完全切除。这类肿瘤的组织学分级为中级，复发率较低（只有9%），平均存活期长，发生转移的仅有6%。

手术切除不完全但未出现复发的肥大细胞瘤病例高达65%，这说明该肿瘤并不一定都具有浸润性，而且也没必要总是采取广泛性切除的治疗手段。使用特殊染色可以更准确地鉴别肿瘤的分级。增殖标识物的表达可以帮助确定未完全切除肿瘤发生转移或复发的可能性。在用28条犬的30个肥大细胞瘤进行的一项研究中，通过联合使用Ki-67和细胞增殖核抗原评分法可以预示肿瘤的局部复发。试验结果与存活期的相关性很有辅助意义，但并不是十分可靠的预测指标。因为无法对犬肥大细胞瘤进行详细分类，因此对所有病例都应按可能是癌的情况进行治疗，同时采用特殊试验来确定是否需要其他治疗方法。

应依据肿瘤不同的临床分期和肿瘤侵袭性的生物学特征进行治疗。对 I 期肿瘤（仅在真皮上有单个肿瘤，无淋巴结病变）应采用的治疗方法是扩大切除边界的完全切除法；对包围在明确边界周围的健康组织至少应切除3 cm，以切除肿瘤结节及其周围的肿瘤细胞晕环。在手术过程中进行细胞学检测（在切除组织的边界断面进行压片检查），可以为外科医生提供指导，期间可继续对组织进行切除，直至边界中完全没有肥大细胞。如果组织学检查表明肿瘤扩散到手术边界以外，则需要再次进行手术切除。由于肥大细胞对射线敏感，因此如果剩余的肿瘤较小或仅在显微镜下可见，在手术过程中进行放射治疗或手术后进行体外放射治疗就可取得一定疗效。与单独采用放射疗法相比，放射疗法与肿瘤热疗法联合应用，可以更有效的控制那些具有生物学侵袭性的和局部侵袭性肥大细胞瘤。

目前，尚无针对 II—IV 期肥大细胞瘤的统一治疗方法。对 II 期肥大细胞瘤（单个肿瘤，且局部有淋巴结病变）可选用的治疗方法有：手术切除肿瘤和病变的局部淋巴结（如果可行）、使用强的松龙及化学疗法，这些治疗方法可以单独使用，也可联合应用。将曲安西龙或磷酸钠地塞米松与病畜血清混合，在手术时或手术后，均匀注射到瘤床组织内，可能也有帮助，如与手术中的放射治疗或术后体外放射疗法相结合则疗效更好。对于切除不完全后在瘤床内注射低渗去离子水或蒸馏水的做法，已经引起争议。III 期肿瘤（多个皮肤肿瘤，有时有淋巴结病变）或 IV 期肿瘤（能够发生远端转移的任何肿瘤或能够发生转移的复发肿瘤）的治疗普遍采用缓解病情的措施。推荐的治疗方法之一是使用泼尼松龙（2 mg/kg，口服，连服5 d，随后按维持剂量0.5 mg/kg，每日1次）或瘤内注射曲安西龙（每2周按肿瘤直径每厘米注射1 mg）。用于治疗组胺引起的外周效应和胃部反应的H1和H2受体阻断药，也可分别用于因释放组胺而出现全身性疾病或临床症状的动物。一直在使用的长春花碱（长春碱、长春新碱）、左旋门冬酰胺酶和环磷酰胺等化学疗法，具有一定疗效。与单独采取切除术的历史数据相比，使用泼尼松和长春新碱作为辅助化学疗法，可以明显提高手术切除不完全病例的疗效，对于患 III 期肿瘤的犬有57%在1～2年内不复发，45%的犬存活期可达1～2年。对19条犬，每21 d使用1次大剂量环己亚硝脲，有42%的肥大细胞瘤对治疗有明显反应，有些效果稳定，有些部分有效，有一条犬完全康复。治疗7 d后出现中性粒细胞减少症，中性粒细胞数为1 500个/μL。

已经证明，一些新的小分子多激酶抑制剂可以抑制活化或突变的原癌基因，即c-KIT酪氨酸激酶受体，这种受体与肥大细胞瘤的形成有关。建议在开始治疗前采集组织样本，以确定肥大细胞瘤是否具有生物学侵袭性，查找是否存在有突变的c-KIT酪氨酸激酶受体。在一项使用202条客户自养犬进行的研究中，这些犬均已出现明显的皮肤肥大细胞瘤 II 期或 III 期，无淋巴结或内脏转移肿瘤，其中有些前期进行过治疗，有些未经治疗，结果表明，马赛替尼（12.5 mg/kg，口服，每日1次）是一种相当安全和有效的治疗方法。另一项临床试验发现，使用酪氨酸激酶受体抑制剂，妥赛雷尼（toceranib）（3.25 mg/kg，口服，每48 h 1次），可以抑制犬肥大细胞瘤的KIT磷酸化作用，持续应用时有临床疗效。对使用新型酪氨酸激酶受体抑制剂治疗肥大细胞瘤和其他各种恶性肿瘤，获得信息最多的是兽医肿瘤学家。

皮肤肥大细胞瘤是猫的第二种最常见的肿瘤，然而该病在临床上仅偶尔可见。除了出现皮肤肿瘤外，也可见原发性脾脏型、全身型、白血病型和消化道型肥大细胞瘤。皮肤型肿瘤有两个特殊变种：一种是肥大细胞型，类似于犬的皮肤型肥大细胞瘤，但又不完全相同；另一种是猫独有的组织细胞型。猫皮肤肥大细胞瘤为单个或多发性。原发性脾脏型、全身型、复发的和多发性肿瘤（5个或5个以上）的预后不良。

最常见的是肥大细胞型。主要发生在4岁以上的猫，身体的任何部位均可发生，但最常见于头部和颈部。肿瘤呈单个、无毛的结节状，直径一般为2~3 cm，偶尔可延伸到皮下脂肪。常见于淋巴小结，嗜酸性粒细胞极少。与犬肥大细胞瘤不同，发生于猫的此类肿瘤一般为良性肿瘤。非典型肿瘤与临床症状无关。首选治疗方法是外科手术切除。手术后有30%可出现复发，有些可发生转移。治疗复发性的多个小肿瘤时，为避免麻醉，最好选用冷冻疗法。使用化学疗法、放射疗法以及新型小分子靶向治疗可有效治疗复发性肿瘤。

猫皮肤肥大细胞瘤的组织细胞型主要见于4岁以下的暹罗猫。肿瘤可发生在身体的任何部位，呈多发性（粟粒状）、体积较小（直径一般为0.5~1 cm）、质地坚实、皮下丘疹呈结节状。通常情况下，猫的年龄越大，肿瘤越少。该肿瘤从形态上很难与肉芽肿炎性反应进行鉴别。有报道称有些肿瘤可自行消退，因此无需治疗。

马肥大细胞肿瘤不常见，一般为良性肿瘤，但有报道称可出现转移，应当予以考虑。有关肥大细胞瘤是否为真正的肿瘤生成过程或一种异常的炎性反应，一直存在争议；但目前认为，该病是KIT原癌基因发生功能突变而引起的一个肿瘤生成过程。该肿瘤可发生在身体的任何部位，但最常见于头部和腿部。典型的病例，在真皮或皮下脂肪呈单个的肿块，极少会侵入到下层肌肉组织。形成红疹和水疱（Darrier氏症候）并不是马肥大细胞瘤的临床特征。以公马的发病居多，年龄在1~18岁，平均发病年龄为7岁。最初，该肿瘤呈结节状，主要由单一形态增生的肥大细胞组成。随着肿瘤的生长，肥大细胞聚集在纤维间质中，纤维间质包围在大的液化性坏死病灶周围，病灶内含有大量嗜酸性粒细胞。晚期，坏死灶发生营养不良性钙化，肥大细胞很难识别。肿瘤一旦形成钙化，其切面呈砂砾状。因马肥大细胞瘤的组织学表现呈多样性，故用于犬肥大细胞瘤的分级方法不适用于马，脱毛和溃疡是不确定的临床特征。

新生小马驹可见有一种皮肤肥大细胞瘤的变种，可出现全身性病变，但最终可自行消退，类似于人的色素性荨麻疹。

常规治疗方法对治疗马肥大细胞瘤并不理想。首选治疗方法是手术切除，但有时肿瘤可发生转移。廉价的酪氨酸蛋白激酶抑制剂和小分子药物目前处于研究之中，例如甲磺酸马赛替尼和磷酸妥塞雷尼，可以选择性作用于变异型的c-KIT酪氨酸激酶受体。

猪和牛的肥大细胞瘤很罕见。猪的肥大细胞瘤多呈散在、单个的皮肤结节。大多数为良性肿瘤，但具有扩散性，并可发生白血病型肥大细胞瘤。牛的肥大细胞瘤大多数为恶性肿瘤，其特征是多发性皮肤结节，常伴有全身性病变，偶尔也可发生完全为皮肤型的肥大细胞瘤。

（三）组织细胞分化瘤

组织细胞瘤包括多种难以界定的皮肤病，其共同特征是在无任何已知刺激因素作用下，组织细胞（组织巨噬细胞）发生增生。

皮肤组织细胞瘤常发生于犬，罕见于山羊和牛，猫是否发生该肿瘤尚存在争议。免疫组织化学证据表明，犬皮肤组织细胞瘤来源于郎格罕氏细胞（处理表皮内的抗原）。任何年龄的犬均可发病，但典型肿瘤多发生于3.5岁以下的犬。英国斗牛犬、苏格兰狸、灵猩、拳师犬及波士顿狸的发病风险最高。该病最常出现在头部（包括耳廓）和四肢，肿瘤呈单个、有溃疡的结节状凸起，可自由活动。虽然组织细胞瘤是一种普通肿瘤，但通过组织学方法进行诊断并不容易，可能会与肉芽肿性炎症、肥大细胞瘤、浆细胞瘤和皮肤淋巴肉瘤发生混淆。可以认为犬组织细胞瘤是良性肿瘤，无需治疗，2~3个月后会自动消失。一旦作出确诊（一般通过细胞学方法），也可选用手术治疗。

山羊和牛发生组织细胞瘤极为罕见，其症状与犬组织细胞瘤类似。猫的组织细胞瘤也有报道，但其最有可能是组织细胞型的猫肥大细胞瘤。

皮肤组织细胞增多病与真皮或皮下脂肪中出现大量的斑块和结节有关。罕见于犬，但可发生于任何年龄的猫，多见于青年成年猫。沙皮犬和德国牧羊犬可能易发。斑块和肿瘤结节时而生长时而消退，常发生于躯干和四肢。病变部位无瘙痒感，较大肿瘤可形成溃疡。皮肤组织细胞增多病极少会发生在内脏器官，但具有扩散性，而且可造成发病动物的外观不美观，常迫使畜主考虑使用安乐死。人们已经尝试使用各种不同的治疗方法，包括全身性使用糖皮质激素类药物，以及糖皮质激素类药物与化学疗法的联用，但其疗效各不相同，有些犬的病变可出现迅速且永久性的消退，而其他犬的病变要么仅出现短暂消退，要么未发生任何变化。

伯恩山犬的组织细胞增多病是由未知病因引起的全身性、家族遗传性疾病，有两种临床表现形式：一种进展较缓慢，多为皮肤型，称为全身性组织细胞增多病；另一种侵袭性较强，罕见于皮肤，称为恶性组织细胞增多病。其他品种的犬不常见有恶性组织细胞增多病。全身性组织细胞增多病发生于公犬（平均年龄为4岁）要多于母犬。病变表现为，在皮肤（特别是阴囊）、鼻黏膜和眼睑出现多发性皮肤结节、丘疹和斑块。肿瘤界线不清，有不同程度的脱毛，可发生溃疡。肿瘤呈波浪状生长，可缓慢消退，几个月后才会复发。随着每一次新的暴发，临床表现会更加严重。尽管皮肤是主要靶器官，但其他器官也可出现肿瘤，包括淋巴结、脾脏和骨髓。该病的临床症状呈阵发性，但疾病呈渐进性发展，最后呈致死性。

雄性伯恩山犬（平均发病年龄为7岁）可发生恶性组织细胞增多病，其他品种的犬很少发生。该肿瘤常出现在肺脏、淋巴结和肝脏，似乎不会出现在皮肤上。肉眼观察肿瘤体积较大、单个、质地坚实，可占据病变内脏器官的大部分。肿瘤发展速度很快，不像全身性组织细胞增多病那样时增时退。犬的存活期不超过6个月。

可采取多种化学疗法治疗这两种疾病。牛胸腺肽5可有效消退肿瘤，特别是全身性组织细胞增多病。但这两种类型的疾病最终都会导致死亡。

（四）传播性交媾瘤

见犬传播性交媾瘤。由于经皮肤外伤引起感染，因此，该病可首先出现在有毛皮肤处。

六、黑色素细胞源性肿瘤

这类肿瘤最常发生于犬、灰色马和小型猪，山羊和牛少发，罕见于绵羊和猫。在兽医学中用于描述黑色素细胞瘤的术语，不同于人皮肤病学所使用的术语。兽医学上，使用术语黑色素细胞瘤和恶性黑色素瘤，分别描述良性和恶性黑色素细胞增生。而在人医上，良性黑色素细胞增生（无论是先天性的，还是后天获得性的）称为痣，术语黑色素瘤被定义为恶性肿瘤（也就是说，人没有良性黑色素瘤之说）。此外，尽管日光损伤是导致人发生黑色素细胞瘤的常见原因，但日光损伤与发生在家畜黑色素细胞瘤无关。

1. 犬 诊断为皮肤黑色素细胞瘤的要远远多于恶性黑色素细胞瘤。该病多发生于中老年犬的头部和前肢。公犬可能易发。小型和标准雪瑞纳犬、杜宾犬、金毛猎犬、爱尔兰猎犬及维兹拉猎犬是最常发生该病的品种。肿瘤呈斑块状或丘疹状，也可呈凸起状，偶尔有蒂。多数肿瘤表面着色较深。尽管肿瘤一般为单个，但也可能呈多发性，特别是在易发品种的犬。该肿瘤为良性肿瘤，手术切除即可治愈。

与发生黑色素瘤的犬相比，恶性黑色素瘤常发生于年龄有些偏大的犬。小型和标准雪瑞纳犬和苏格兰㹴的发病风险最高。嘴唇的皮肤黏膜结合处、口腔和爪床是肿瘤多发部位。恶性黑色素瘤罕见于有毛皮肤，常见于腹下部和阴囊。公犬的发生率高于母犬。

多数恶性黑色素瘤外观呈凸起状、常出现溃疡性结节，有不同程度的色素沉着。出现在唇部皮肤黏膜结合处的肿瘤可能有蒂，表面呈丘疹状；发生在爪床时，表现为脚趾肿胀，掉爪且下层骨骼受损，酷似骨髓炎。只要老龄犬的脚趾出现溃烂，即可通过X线片和深层抽取活组织检查进行诊断。犬恶性黑色素瘤具有侵袭性，发生转移的可能性也很大。

治疗该病一般可采用手术方法完全切除，但由于肿瘤具有浸润性，因此，手术切除难度很大。当脚趾出现肿瘤时，有必要进行截肢；出现在颌骨时，采用半下颌切除术应考虑到是否可完全切除，术后整容能否接受以及存活期问题。一项研究表明，上颌骨或下颌骨嘴侧出现肿瘤时，犬的最长存活期只有10.9个月。一般认为，黑色素瘤对放射疗法不敏感，目前，还没有特别有效的化学治疗方案。病犬的存活期为1～36个月，这表明不同个体间宿主防御机制存在差异且肿瘤的侵袭程度对预后有很大影响。在一项对117条患脚趾肿瘤犬进行的研究中，24条犬患有黑色素瘤，其平均存活期为12个月，存活1年的占42%，2年的占13%。

使用质粒DNA编码的人酪氨酸酶进行了一系列异源基因注射治疗，能够使犬产生抗体和细胞毒性T细胞反应，可以使黑色素瘤发生退缩。临床试验已经证明，犬黑色素瘤疫苗对晚期黑色素瘤具有潜在的治疗价值，在美国已经获得许可。

2. 猫 皮肤黑素细胞肿瘤不常见，多发生在中年或老龄猫的头部（特别是耳廓）、颈部和四肢末端。与犬相比，口腔和趾甲下等部位发生肿瘤较少，但恶性肿瘤的比例较高。首选治疗方法是手术切除。

3. 马 黑色素细胞瘤大多发生于灰色马，这种马随着年龄的增长，其被毛变成灰色（或白色）。该病特别常见于利皮萨马、阿拉伯马和佩舍马，在这些品种中有80%的灰色或白色马可出现该病。该病一般见于老龄马，但通常在3～4岁时就开始发病。肿瘤常发部位是会阴部和尾根部，也可发生在身体的任何部位，包括腮部。肿瘤常呈多发性，外观呈连片状，多为有蒂的结节状，常以直线排列方式一直延伸到尾根。经过一段时间，肿瘤体积变大，数量增多。尽管多数为良性肿瘤，但也可出现侵袭性肿瘤，有些可发生转移。大多数肿瘤的切面呈黑色。许多灰色马出现淋巴结病变。但是存有争议的是，这能否表明黑色素瘤可发生转移，淋巴结内出现黑色素细胞和嗜黑色素细胞能否就表明正常淋巴结内的皮外黑色素细胞受到刺激。治疗可采用外科手术或冷冻手术切除。然而，病马常易发生其他肿瘤。有关采用放射疗法和化学疗法治疗马黑色素细胞瘤及恶性黑色素细胞瘤的情况知之甚少。

早先的报道表明西咪替丁可有效治疗该病的复发，但尚未得到后续研究的支持。外科手术切除后，通过在瘤内注射顺铂或卡铂进行化学疗法对于治疗较大肿瘤或不适宜切除肿瘤有较好的疗效。复发的肿瘤对顺铂无耐受性，可以进行二次治疗，有时效果显著。

非灰色马罕见有黑色素瘤，常发生于青年马（多为2岁以下）的躯干和四肢。这类肿瘤可能是先天性肿瘤的扩张性生长。典型的肿瘤呈单个结节状。大多数为良性，但是有时也可见先天性恶性黑色素细胞瘤。该肿瘤具有浸润性，转移的可能性极小。首选治疗方法是外科手术或冷冻手术切除。如果肿瘤为良性且手术切除完全，则预后良好。对于浸润性肿瘤，则预后谨慎。

4．猪　猪的黑色素细胞肿瘤属于先天性肿瘤，在成年辛克莱（荷梅尔）小型猪、杜洛克猪和杜洛克杂交猪中散发。在使用这些品系进行的选择性育种过程中，进一步增加了该病的流行率。病猪无论出生前或出生后，身体的任何部位都可发生肿瘤状、着色较深，常有溃疡；也可位于较深部位、呈轻微凸起的蓝色斑块。深部浸润性黑色素瘤常与转移性疾病有关。淋巴结和肺脏是最常出现转移的器官。但并不是所有肿瘤都具有浸润性，许多发生严重淋巴细胞性浸润的患猪可以自愈。由于该肿瘤具有遗传性，故猪发生黑色素肿瘤无需治疗，如猪群频繁发生，建议采用选择性育种方法进行预防。

5．牛　牛的任何部位都很少发生黑色素瘤。该病可发生于任何年龄的牛，但最常见于青年牛，也曾见有先天性的病例。安格斯牛可能易发。最常见的是，肿瘤呈大的结节状团块，切面着色很深，为良性肿瘤。手术切除后多数可治愈，但是极少数恶性变种可发生远端转移。

6．绵羊　黑色素瘤最常见于中年和老龄羊，但也可发生在新生羔羊，最常发生于萨福克羊和安哥拉羊。如果表皮或皮下出现多个着色致密的团块，应当认为是恶性肿瘤，常发生转移。

7．山羊　山羊的黑色素瘤很罕见，常发生于中年或老龄羊，安哥拉山羊可能多发。发病部位可能偏好于冠状带和乳房，呈单个或多发性，切面呈不同程度的浓染。多数生长速度很快，常发生转移。

七、转移性肿瘤

家畜发生原发性肿瘤转移至皮肤的情况不多见。犬有时可发生，猫更不常见，马、奶牛、绵羊、山羊和猪几乎没有。虽然所有的恶性肿瘤都可引起继发性皮肤病变，但是转移可能性最大的是乳腺癌、鳞状细胞癌、移行性细胞癌、传播性交媾瘤、肺腺癌和血管

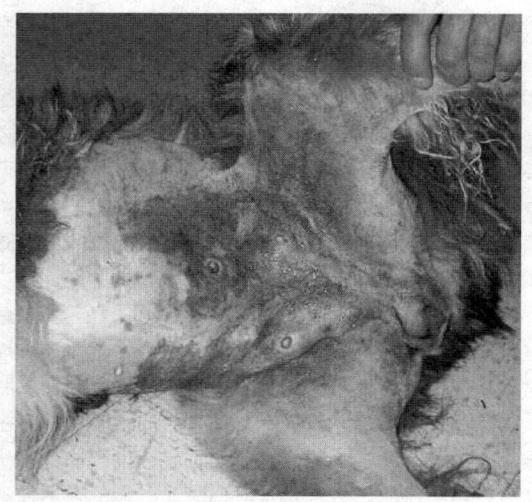

图7-23　犬炎性乳腺癌。恶性肿瘤侵害皮肤淋巴管
（由Alice Villalobos博士提供）

肉瘤。虽然肿瘤的外观各式各样，但大多数呈多发性、溃疡状丘疹。早期皮肤转移以癌细胞聚集在表皮和深层真皮血管为特征。随着病变的进一步发展，肿瘤延伸到真皮，可造成附属器消失。一般来说，由于原发肿瘤中只有少量细胞具有转移能力，而且这些细胞可能又有不同的微观形态学特征，因此，根据转移部位的形态学特征无法辨别原发肿瘤。猫肺腺癌似乎具有优先转移至四肢末端的倾向，当在多只脚诊断出患有癌时，就应该检查肺部肿瘤。发生皮肤转移是侵袭性肿瘤的特征，其预后须谨慎。

第九节　其他皮肤病

一、黑棘皮症

黑棘皮症是发生于犬，以腋窝和腹股沟出现黑色素沉积、苔藓化和脱毛为特征的一种疾病。

【病因与临床表现】　黑棘皮症是一种无性别偏好性的色素沉着过度障碍。原发性黑棘皮症是许多品种犬的一种遗传性皮肤病，特别是腊肠犬。临床症状常出现在1岁腊肠犬。继发的黑棘皮症可发生在任何品种及任何年龄的犬。容易发生于因腋窝或腹股沟出现炎症而引起疾病的犬种。造成这些炎症的原因有畸形、肥胖、内分泌病（如甲状腺功能减退、肾上腺皮质功能亢进、性激素紊乱）、特应性皮炎造成的腋窝腹股沟瘙痒、应激、食物过敏、接触性皮炎、原发性角质化和皮肤细菌感染（如葡萄球菌性脓皮病、马拉色霉菌性皮炎）。

该病的早期临床症状表现为腋窝和腹股沟部位的色素沉着增多。原发性黑棘皮症的色素沉着最初呈弥

散状，非炎症性，在病变部位易于均匀扩散。继发性黑棘皮症往往呈补丁状分布，开始时边缘呈花边状。病变不会同时出现在所有部位。炎症反应一般较轻，但随着时间的推移会越来越重。继发性黑棘皮症的病变不一定会同时出现在腋窝和腹股沟部位，也不一定会出现全身性病变。原发性黑棘皮症中，出现的继发性炎症反应（如苔藓样硬化）多由结构性摩擦造成。而继发性黑棘皮症往往由炎症和/或摩擦诱发。病变可发展成严重的局部性色素沉着过度，并出现明显的苔藓样硬化、脱毛和皮脂溢。这些病变部位常伴有瘙痒和疼痛。病变的边缘多呈红斑状，这些属于继发细菌性或真菌性脓皮病的症状。随着时间的推移，病变可能扩散到颈下部、腹股沟、腹部、会阴、肘关节、眼睛周围和耳廓。瘙痒的程度差别很大，通常是由于其他隐性疾病或继发性细菌感染所引起（如葡萄球菌性或马拉色霉菌性皮炎）。

【诊断】　体格检查结果与黑棘皮症的临床诊断结果相一致，不难识别。诊断原性发黑棘皮症可采用排除法，青年腊肠犬的黑棘皮症并不都是由遗传性皮肤病所造成。为确定潜在病因，应当进行详细的病史调查和体格检查。应当进行皮肤刮片检查以排除蠕螨病，尤其是青年犬。应进行压片检查，以确定是否有细菌和马拉色霉菌感染。诊断甲状腺和肾上腺疾病时，依据无皮肤病症状和内分泌检查结果也许会有助于诊断；内分泌性皮肤病一般没有瘙痒症状，除非并发继发性细菌感染。也可能需要进行皮内试验、食物试验，或这两种试验同时进行。在确诊原发性疾病时，皮肤活组织检查通常毫无必要，在确定与继发性疾病相关的隐性疾病时，活组织检查也无太大价值，仅对原发性皮脂溢有用。在某些病例中，活组织检查可以确定先前未鉴别的继发性细菌感染。这种感染很常见，但常被忽略。在大多数情况下，在进行其他诊断试验之前，先行治疗继发细菌感染和/或马拉色霉菌感染是很必要的。

【治疗】　腊肠犬的原发黑棘皮症无法治愈。有些犬发病时，病变仅会造成美观问题。如果存在有炎症，早期病例可用抗菌香波和局部外用糖皮质激素进行治疗，例如醋酸曲安奈龙喷剂或戊酸倍他米松软膏。随着病变的进一步发展，采取更进一步的全身性治疗可能有效。单独使用或联合应用下列全身疗法有一定的效果：维生素E，200 IU，口服，每日2次，连用2～3个月；全身使用糖皮质激素，1 mg/kg，口服，每日1次，连用7～10 d，然后隔1 d用1次；褪黑素，每条犬2 mg，皮下注射，每日1次，连用3～5 d，然后视情况再每周或每月1次。对继发性细菌感染和马拉色霉菌感染，同时进行治疗是很有用的，应在全身性糖

皮质激素治疗前进行；抗生素治疗方法与其他疾病的治疗一样。抗皮脂溢香波常可以有效去除过量的油脂和异味，但必须经常使用（每周2～3次）。

在确定并消除潜在病因后，继发性黑棘皮症的大部分病变会自行消退。但依然会残留一些色素沉着过多的花边状病变。治疗的关键是控制继发性细菌感染和真菌过度生长。对于之前没有进行过皮肤葡萄球菌感染治疗的犬，应使用窄谱药物进行经验性治疗，例如口服甲氧氨苄嘧啶（15～30 mg/kg，每日2次）、红霉素（10～20 mg/kg，每日3次）、林可霉素（15～30 mg/kg，每日2次）。对大型犬来说，头孢氨苄（30 mg/kg，每日2次）可能是最划算的药物。长期治疗或使用多种药物治疗的犬，应根据细菌培养和药敏试验结果来进行，因为耐甲氧西林的金黄色葡萄球菌越来越普遍。同时口服伊曲康唑、酮康唑或氟康唑（5～10 mg/kg）可有效治疗真菌感染。适宜的抗生素治疗和抗皮脂溢香波治疗（每周2～3次），对犬会有很好的疗效。如果病变是由摩擦造成的，使用润肤剂会获得很好疗效。

该病的临床症状消除很慢，可能需要数月。

二、嗜酸性肉芽肿症候群

隐性超敏反应是引起猫、犬和马发生该类症候群的主要原因。这在猫和马尤其如此。已有报道猫可发生昆虫、环境和日粮引起的过敏反应，而一些马和少数犬的病例也见有昆虫引起的过敏反应。遗传易感性和细菌感染也是猫发生该病的原因。所有动物中都存在有原因不明的病例。

（一）猫

猫的这类症候群可被划分为3种疾病。

1. 嗜酸细胞性溃疡　常见于上唇部，病变呈边界清晰的、红斑状溃疡灶，既无疼痛也不瘙痒。有些是由蚤咬后的过敏反应所引起。尽管有报道称该病可发展成鳞状细胞癌，但这种情况极为罕见。组织学检查表明该病是一种溃疡性皮炎，伴有中性粒细胞、浆细胞和单核细胞浸润。常见有轻度到中度的纤维素增生。可见有组织或外周的嗜酸性粒细胞增多，但不如嗜酸性红斑或线状肉芽肿那么常见。

2. 嗜酸性红斑　病变呈边界清晰的、红斑状凸起病灶，最常见于大腿中部和腹部，极度瘙痒。也可见有局部淋巴结病。组织学表现为弥散性、嗜酸性粒细胞性皮炎，伴有明显的上皮细胞内和细胞间的水肿，以及内含嗜酸性粒细胞的水疱。皮肤上也可存在有肥大细胞。外周嗜酸性粒细胞增多症多发。

3. 嗜酸性肉芽肿　呈典型的凸起状、边界清晰、浅黄色到粉色的病变，可见于身体的任何部位，

但最常发生在大腿根部和口腔。头部、面部、鼻梁、耳廓或脚垫出现的病变，可能是由蚊子叮咬等刺激所造成。大腿根部的病变通常呈明显的线状。组织学上表现为肉芽肿性炎症反应包裹着胶原纤维。发生在口腔的病变，可见有明显的组织和外周嗜酸性细胞增多，但皮肤病变的组织学变化差异很大。

【治疗】 应通过实施严格的跳蚤防治、变态性试验（皮内测试或体外测试）和日粮排除试验来调查过敏症（蚤、日粮或吸入剂引起的过敏）。适当情况下，应采取脱敏、持续性的昆虫防治和日粮管理措施。应根据经验，采取抗生素治疗（阿莫西林-克拉维酸、头孢菌素或氟喹诺酮），尤其是顽固性病例。对不能确定隐性病因或顽固性病例，可以尝试使用皮质类固醇类药物，如醋酸甲泼尼龙（4 mg/kg，肌内注射，每2周1次，连续注射2～3次）、口服泼尼松龙（每日2～4 mg/kg），或口服曲安西龙（每日0.8 /mg/kg）。口服皮质类固醇类药物应隔日减少剂量（使用曲安西龙时每3 d减少1次剂量），长期治疗则要降低剂量。使用长效注射用醋酸甲泼尼龙时，其注射频率不应超过每8～12周1次，由于该药可能会诱发肾上腺皮质功能亢进和/或糖尿病。治疗顽固性病例时，也可按0.2 mg/kg使用苯丁酸氮芥，每周3次，但由于该药可能会引起骨髓抑制，因此需要进行更为广泛的血液检测，可能需要6～12周才能见效，起效后应减少用药剂量并降低用药频率。治疗顽固性病例也可使用环孢菌素（每日5 mg/kg）。虽然极少会发生内脏器官功能障碍，但还是需要每月对代谢变化（如肾功能）进行实验室检测。使用促孕药物治疗也有疗效，例如醋酸甲地孕酮或醋酸甲羟孕酮，但是由于这些药物具有潜在的不良反应，因此不推荐使用。

（二）犬

犬的嗜酸细胞性肉芽肿，在组织学上与猫的嗜酸细胞性肉芽肿很相似，都伴有明显的胶原变性，周围环绕着肉芽肿性和嗜酸性粒细胞浸润。口腔发生的这种病变呈溃疡状或生长性团块状，在唇部和身体其他部位不太常见，呈斑块状、结节状或丘疹状。任何品种的犬都可发病，但西伯利亚哈士奇和骑士查理士王猎犬的发病风险较高。

大多数病变对皮质类固醇类药物有效，治疗方法一般是口服泼尼松或泼尼松龙（开始时按每日0.5～2 mg/kg，20～30 d后减少剂量）。有些犬可出现复发，治疗时可采用低剂量，每隔1日使用1次皮质类固醇。

（三）马

马的这种疾病也被称为具有胶原变性、胶原结节性坏死和溶胶原性肉芽肿的马嗜酸细胞性肉芽肿。病变呈结节状，无溃疡，也无瘙痒感。常见于马鞍部、躯干中部和颈侧部，可见有灰白色中央核。时间久的病灶可发生钙化。蚊虫叮咬和创伤都被认为是该病的病因，但是在冬季寒冷环境下和未接触马鞍或马钉部位偶尔也会出现病变，提示该病可能是由多种因素所造成。组织学检查表现为胶原纤维的多灶性病变，周围环绕有嗜酸性粒细胞肉芽肿性炎症。因此，在组织学上该病与猫犬的嗜酸细胞性肉芽肿相似。

治疗单个肿瘤可采取外科手术切除或病灶下注射皮质类固醇。钙化肿瘤常需要进行手术切除。使用醋酸曲安西龙（每个病灶3～5 mg）或醋酸甲泼尼龙（每个病灶5～10 mg）可有效治疗该病。由于甲泼尼龙可能会引起蹄叶炎，因此，任何一次的用药量都不能超过20 mg。治疗多发性肿瘤患马，可使用泼尼松或泼尼松龙，按1.1 mg/kg进行口服，每日1次，连用2～3周。对于出现复发性肿瘤的马，建议进行皮内变态性试验（尤其是昆虫抗原）。在一些病例中，脱敏和防控昆虫可减轻病症。

三、水囊瘤

水囊瘤是发生在骨突起和压迫点上的一种伪囊，尤其是在大型犬。犬躺卧在坚硬地面造成反复创伤，可引发炎症反应，从而形成带有厚实囊壁、充满液体的囊腔。压迫点上呈柔软状，有波动感，充满液体，无疼痛感，尤其是肘突。如长期存在，就会出现严重的炎症反应，也可发生溃疡、感染、脓肿、肉芽肿和瘘管。囊内液体清澈，呈黄色至红色。

如果确诊早且水囊瘤仍然很小，可通过无菌针头抽吸进行药物治疗，随后可采取纠正管理措施的方法。在压迫点上铺设柔软的卧具或垫草，可以避免发生进一步的创伤。外科引流、冲洗和安装彭罗斯氏引流管可用于治疗慢性水囊瘤。较小的囊瘤可采用激光治疗。严重溃疡的部位可能需要进行广泛性引流、摘除或皮肤移植。一般不推荐使用皮质类固醇进行囊内注射。较为严重的病变往往发展为褥疮性溃疡。

出现粉刺和疖疮时，水囊瘤会变得更加复杂。而且有些犬的发病部位还可形成毛囊囊肿或局限性皮内钙质沉着。对非典型病变或保守药物治疗无效的病例，建议进行皮肤活组织检查。

四、全身性皮肤病杂症

许多全身性疾病都可产生各种各样的皮肤病变。一般情况下，非炎性病变，常见有脱毛。在一些病例中，皮肤病变还是某种特定疾病的特征性病变。但皮肤病与相关疾病的联系通常并不紧密，还必须与原发性皮肤病进行仔细鉴别。以下简要介绍一些继发性皮肤病，这些疾病在具体疾病的章节中也有描述。

皮肤病可能与营养缺乏有关，尤其是蛋白质、脂肪、矿物质、某些维生素和微量元素，但在饲喂现代化和平衡日粮的犬和猫不太常见。西伯利亚哈士奇犬可能会发生与猪角化不全相似的皮肤病，其他品种的犬有时也可发生，需要在日粮中补充锌元素（每日2～3 mg/kg）。牛、绵羊、山羊和羊驼也可发生锌应答性皮肤病，这与动物个体的需求量高有关，而非日粮性缺乏。

内脏器官的疾病，如肝脏、肾脏或胰腺，有时也可见有皮肤病变。老年犬和极少数猫的肝实质性功能障碍可能与表皮坏死性皮炎有关（肝皮综合征、糖尿病皮肤病）。这与血液氨基酸过少有关。皮肤病变包括面部、生殖器、四肢末端出现红斑、结痂、渗出和脱毛，脚垫出现角化过度和溃疡。皮肤病可能是发生内脏疾病的前兆症状。组织病理学检查结果可作为诊断依据，包括浅表血管周皮炎到苔藓样皮炎，伴随有明显的弥散性角化不全的角化过度，以及仅限于表皮上半部出现严重的细胞间水肿和细胞内水肿。发生该综合征的犬也会出现高血糖素症。但是相较于高血糖素瘤，犬更易发生肝实质性功能障碍。治疗犬高血糖素瘤时，需要采用氨基酸静脉输液法或手术切除法。猫的皮肤脆性综合征（皮肤极度易碎）与胰腺癌、脂肪肝或肾上腺机能障碍有关。猫的胰腺癌也与脚垫结痂和脱毛有关。已报道，德国牧羊犬及偶发于其他品种犬的全身结节性皮肤纤维瘤病，与肾脏囊腺瘤、囊腺癌或肾脏上皮囊肿有关。皮肤结节的组织病理学检查结果表明，这是一种致密的胶原纤维化表现。

硫酸亚铊（见灭鼠药）、麦角、汞和碘化物中毒也可引起各种各样的皮肤病变。氯化萘的毒性作用也可引起牛角化过度症。

犬的皮肤病可能是由内分泌功能失调所致（见内分泌系统）。患有睾丸支持细胞瘤的公犬可发生两侧性脱毛，有时也可出现瘙痒性丘疹。激素失调的未阉割母犬常表现瘙痒、丘疹、乳腺组织膨大和频繁发情。这两种疾病的皮肤病变都是起始于腹股沟或肋腹侧部，逐渐向头部发展。犬和猫因为去势而引起的皮肤病并不常见；若发生，一般也无瘙痒症状，仅在会阴部或腹股沟出现轻度脱毛。

发生甲状腺机能减退时也可出现皮肤病变，其特征是被毛生长缓慢，以及两侧对称性的脱毛。皮肤表面干燥、有鳞、增厚，触诊有时感觉很凉。也可发生脓皮病和皮脂溢。耳廓边缘可能有大量鳞片。少数病例可出现皮肤黏液腺瘤。

发生垂体激素分泌不足一般不会引起皮肤病变。垂体机能减退症以脱毛为特征，尤其是腋下、侧胸部和腹部。发生肾上腺皮质机能亢进也可表现有皮肤病

变，如色素沉着过度、脱毛、皮脂溢、皮肤钙质沉着症和继发性脓皮病。猫患病时皮肤变得极度脆弱。有时可发生糖尿病、瘙痒症和继发感染，尤其是患全身性马拉色霉菌感染的猫尤为明显。

犬鼻螨（见犬类肺刺螨）是寄生于犬鼻腔和鼻窦的一种寄生虫。犬鼻螨感染可引起犬上呼吸道出现非特异性临床症状，如打喷嚏、逆向性喷嚏、鼻炎、嗅觉受损和抓挠口鼻。

较罕见的是，神经系统疾病也可表现有皮肤病变，特别是犬。包括英国波音达犬和长毛腊肠犬的感觉神经病、马尾神经综合征、伪狂犬病、外周神经肿瘤，以及骑士查理士王猎犬的脊髓空洞症。临床症状常有瘙痒和/或抓伤，但发生马尾神经综合征时也表现有疼痛，发生感觉神经病时表现有自残。

上述所有疾病的治疗都需要依靠特殊病因学诊断。一旦得到确诊和控制，在通过治疗原发病治愈皮肤病之前，一般只需要采取对症治疗措施（如控制抓痒）。

五、犬鼻皮炎

犬鼻皮炎（柯利犬鼻、鼻日光性皮炎）可能由许多种疾病所引起。病变可累及鼻梁或鼻平面，或二皆有病变。发生脓皮病、皮肤癣菌病和蠕螨病时，可侵害鼻部无毛处。发生全身性红斑狼疮或天疱疮时，整个鼻部都会结痂（偶尔有浆液渗出）或溃疡。发生全身性和圆盘状红斑狼疮时，鼻唇会出现褪色、红斑，最终可能形成溃疡。上述病变在有些天疱疮、皮肤淋巴瘤中也可出现。此时正常的"鹅卵石样"鼻唇就会消失。

因日光照射引起的鼻皮炎可能较为罕见，常被误诊为狼疮的变种。真正的鼻日光性皮炎，首先受到侵害的是鼻表面的无色素沉着区，有时鼻梁也可出现炎症和溃疡。尽管狼疮和天疱疮有季节性差异，但夏季出现的病变更为严重。

上述疾病中的任何一种都会侵害动物眼周围区域（见全身性红斑狼疮和天疱疮）。鼻部突然出现肿胀、红斑和渗出常为嗜酸性疖病，这可能是由节肢动物刺叮或叮咬所致。利什曼原虫病也可引起鼻表面褪色。

治疗要依据病因学调查结果。诊断性检测包括皮肤刮片检查、细菌和真菌培养、活体组织的组织病理学和免疫学检查，但这些检测方法没有以前使用的那么频繁，其原因是许多兽医皮肤病理学家仅依靠组织病理学就可作出诊断。若怀疑是全身性红斑狼疮，应采集血液进行抗核抗体检测。

如果诊断为鼻面日光性皮炎，可采用皮质类固醇（戊酸倍他米松，0.1%）进行局部冲洗，以缓解炎

症，同时必须减少暴露给阳光的时间。局部涂抹防晒霜可能有效，但是每日至少要使用两次。治疗嗜酸性疮病可使用皮质类固醇、泼尼松或泼尼松龙，剂量为1 mg/kg，每日2次，连用1周，之后应逐渐减少剂量。

六、角化不全

角化不全是发生在6~16周龄猪的一种营养缺乏性疾病，以表皮浅层出现损伤为特征。该病是由于锌缺乏，或日粮中含有过量的钙、植酸或其他螯合剂而造成锌吸收不充分，出现代谢紊乱所致。该病的诱发因素包括生长过快、必需脂肪酸缺乏或因消化道疾病引起的吸收不良。在缺乏营养专家的小型猪场更常见有该病。

病变一般仅出现在皮肤上，但严重病例也可见有轻微的嗜睡、厌食和生长抑制，几乎没有任何瘙痒症状。最显著的病变是表皮的角化过渡区和角化异常区呈对称性分布，并伴有角质鳞片和龟裂。腹腔和大腿内侧的腹外侧部位、脚腕部、球关节、踝关节和尾部最先出现褐色斑点或丘疹。这些病变最终融合并扩散成更大的区域，直至覆盖整个身体。鳞片呈角质化、干燥，常易剥除。有时龟裂和裂纹处发生继发性感染，造成龟裂和裂纹中充满黑色、黏稠的渗出物和碎屑，这与渗出性皮炎很相似。但这种情况常发生于日龄较小的仔猪。在鉴别诊断时，也必须考虑慢性疥癣和B族维生素或碘缺乏症。临床症状、皮肤活组织检查以及血浆中锌和碱性磷酸酶水平低都有助于该病的确诊。

通过调整钙和/或锌（或两者）的摄入量，可以获得非常满意的治疗结果。仔猪断奶料的钙含量应为0.9%，锌含量应为125 mg/kg；生长料的钙含量应为0.6%~0.65%，锌含量应为75 mg/kg；育肥料的钙含量应为0.45%~0.5%，锌含量应为50 mg/kg；公猪料和母猪料的钙含量应为0.9%，锌含量应为150 mg/kg。角化不全在纠正营养缺乏之后很快就可恢复。

七、感光过敏
（一）概述

在存在感光因子而使皮肤对紫外线更加敏感的时候（尤其是那些暴露在阳光下，且没有明显保护性被发、绒毛或色素的部位），就会发生感光过敏。感光过敏不同于晒伤和光照性皮炎，后两种是在没有感光因子存在的情况下引起的皮肤病变。

在光敏作用下，光子与感光物质发生反应形成不稳定的高能分子，这些高能分子又与皮肤的基质发生分子反应，导致自由基的释放，自由基又可以反过来提高细胞外膜和溶酶体膜的通透性。细胞外膜的破坏会导致细胞内钾离子流失和胞浆膨出。溶酶体膜被破

图7-24 猪典型腹下部、胸部、四肢和蹄部角化不全性损伤
（由Ranald D. A. Cameron博士提供）

坏后可以将水解酶释放到细胞内，导致皮肤出现溃疡、坏死和水肿。感光因子的暴露与开始出现临床症状的间隔时间，取决于感光因子的类型、剂量和日光照射的时间。

感光过敏通常是根据感光因子的来源进行分类。这些类型包括原发性（Ⅰ型）感光过敏、内源色素合成异常性（Ⅱ型）感光过敏和肝原性（继发型，Ⅲ型）感光过敏。也已描述有第四种类型，被称为先天性（Ⅳ型）光过敏。

许多化学物质都可以成为感光物质，包括一些真菌源性和细菌源性感光物质。但是，兽医界中主要引起光敏感性的大多数化合物都来源于植物。感光过敏广泛存在，可发生于各种动物，最常见于牛、绵羊、山羊和马。

1. 原发性感光过敏 当摄入、注射或皮肤吸入感光因子时，就可引发原发性感光过敏。感光因子以其自然形态进入体循环，当动物暴露于紫外线时引起皮肤细胞膜损伤。主要的感光物质有金丝桃素（源自金丝桃，*Hypericum perforatum*，又称圣约翰草）和荞麦碱（源自荞麦，*Fagopyrum esculentum*）。伞形科和芸香科植物都含有光敏性的呋喃香豆素（补骨脂素），可引起家禽和家畜发生感光过敏。大阿米芹（*Ammi majus*）和聚伞翼（*Cymopterus watsonii*，春香芹）也可分别引起牛和绵羊发生感光过敏。家禽摄入大阿米芹和阿米芹（*A. visnaga*）种子可引起严重的感光过敏。牻牛儿苗属（*Erodium*）、苜蓿（学名*Medicago*，也称三叶草和紫花苜蓿）、牻牛儿苗属（*Erodium*）、蓼属（*Polygonum*）和芸苔（*Brassica*）也被视为主要的光敏物质。其他许多种植物也被怀疑为光敏物质，但其中起作用的毒素尚未得到鉴定（如狼牙根，*Cynodon dactylon*）。另外，有报道称煤焦油衍生物也可引起原发性感光过敏，例如多环芳香族羟类、

四环素类和某些磺胺类。已报道吩噻嗪抗蠕虫药可引起牛、绵羊、山羊和猪发生原发性感光过敏。

2. 色素代谢异常　已知由色素代谢异常引起的Ⅱ型感光过敏可发生于牛和猫。在该病中，光敏性卟啉属于内生性色素，来源于遗传性或在血红素合成中出现获得性酶功能缺陷而产生的。该类疾病中报道最多的是牛先天性红细胞生成性卟啉病和牛红细胞生成性原卟啉病。

3. 继发性（肝原性）感光过敏　继发性或Ⅲ型感光过敏显然是家畜感光过敏中最常见的一种病型。由于肝胆管排泄受损，在血浆中积聚有光敏物质——叶红素（一种卟啉）。叶红素源于消化道内微生物降解的叶绿素。叶红素，而非叶绿素，通常经吸收后进入体循环，实际上是由肝脏排泄到胆汁中。由于肝功能障碍或胆管病变，造成叶红素排泄受阻，导致体循环中大量积聚叶红素。当叶红素到达皮肤时，吸收并释放光能，从而导致光毒性反应。

在下列情况下叶红素可成为光毒性物质：胆总管阻塞，面部湿疹，羽扇豆中毒；南丘羊和考力代羊发生的先天性感光过敏，以及许多植物中毒，包括刺蒺藜（*Tribulis terrestris*）、过江藤（*Lippiarehmanni*）、马樱丹（*Lantana camara*）、多种黍属（克莱因稷、黍、毛线稷）、狼牙根（*Cynodondactylon*）、苦槛蓝（*Myoporum laetum*）和欧洲菜纳茜菜（*Narthecium ossifragum*，沼生纳茜菜）。

已报道，许多中毒引起肝脏损伤的动物可发生感光过敏，其中包括：双稠吡咯啶生物碱［如千里光属（*Senecio* spp.）］、倒提壶（*Cynoglossum* spp.）、天芥菜（*Heliotropium* spp.）、蓝蓟（*Echium* spp.）、蓝藻［微胞藻属（*Microcystis* spp.）］，颤藻（*Oscillatoria* spp.）、诺力草（*Nolina* spp.，又名熊草）、白肋龙舌兰（*Agave lechuguilla*，又名墨西哥龙舌兰）、*Holocalyx glaziovii*、地肤（*Kochia scoparia*）、四胞菊（*Tetradymia* spp.，又名马麦毛或兔麦毛）、珊状臂形草臂形草（*Brachiaria brizantha*）、欧洲油菜（*Brassica napus*）、红车轴草（*Trifolium pratense*）和杂种车轴草（*T. hybridum*）（红三叶草和杂三叶草）、紫花苜蓿（*Medicago sativa*）、毛茛属（*Ranunculus* spp.）、磷和四氯化碳。在很多这类中毒病中，叶红素很有可能是光毒性物质。

4. Ⅳ型感光过敏　将发病机制不清楚或光动力学因素不明确的感光过敏划分为Ⅳ型。其中，一个例子推测是由菥蓂（*Thlaspi arvense*，又名败酱草）引起的牛原发性感光过敏，但是并未见有败酱草引起感光过敏的报道。有报道称，牛暴发感光过敏是由于摄入含有水渍的干苜蓿、霉稻草和狗舌草-果园草的干

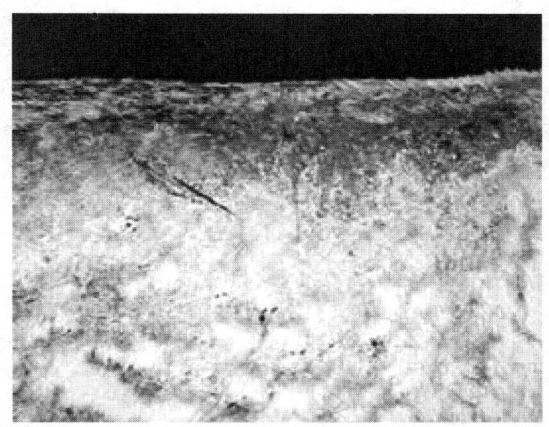

图7-25　牛感光过敏
（由Dietrich Barth博士提供）

草所引起。从成因上怀疑这些病例都是肝原性的。有人推测球根毛茛（*Ranunculusbulbosus*，又名金凤花）也可引起肝原性感光过敏。可引起感光过敏的其他植物还有：冬小麦（牛）、苜蓿（*Medicago* spp.，紫花苜蓿）、芸苔（*Brassica* spp.，芥菜）和地肤（*Kochia scoparia*，野莴苣）。其中多数植物被认为是属于Ⅰ型的光敏化物质。在光敏化作用中，也曾怀疑过饲料因素，如燕麦、小麦和红三叶草，这可能与暴雨等特殊环境条件有关。

【临床表现与病理变化】　无论何种病因，其感光过敏的皮肤病症状都很相似。光敏性动物只要暴露于阳光下，立刻表现出畏光、焦躁和不安。也可表现有轻轻抓挠或摩擦有色素沉着和暴露的皮肤部位（如耳、眼睑、鼻口）。病变最初出现在白色被毛、无色素沉着或无被毛的部位，如鼻子和乳房。然而，即使是在黑色被毛的动物中，叶红素血症和强烈的光照也可引起典型的皮肤病变，迅速出现红斑，随后很快出现水肿。如果此时停止暴露于阳光下，病变可迅速消退。如果继续暴露，病变可发展为水疱和大疱、血浆渗出、溃疡、结痂和皮肤坏死。后期可造成皮肤脱落。在牛，尤其是鹿，舔舌时暴露出来的舌头可引起舌炎，其特征是溃疡和深度坏死。无论牛的被毛是何种颜色，都可出现流泪、角膜水肿和失明。

其他可见的临床症状取决于最初是哪种光敏物质所引起。例如，如果感光过敏是肝原性的，就会出现黄疸。牛的先天性红细胞生成性卟啉病，牙、骨（其他组织）和尿液可变色，并常伴有皮肤病变。光照性皮炎是牛红细胞生成性原卟啉症的唯一症状。

【诊断】　感光过敏的诊断要根据临床症状、暴露的光敏物质或肝毒素的证据与病史，以及特征性病变

来进行。畏光以及皮肤无毛、无色素沉着部位出现红斑和水肿，都强烈提示有该病发生。从暴露给光敏物质或肝毒素到出现临床症状的时间，从几小时到10 d不等。临床症状：血清生化指标升高，包括山梨醇脱氢酶、谷氨酰转肽酶、碱性磷酸酶和直接胆红素，以及肝脏的眼观病变或组织学病变，都有助于肝原性感光过敏的确诊。卟啉症的初步诊断可根据综合特征（性别、品种、年龄）和临床症状来进行，根据血液、粪便和尿液中的卟啉含量检测结果可作出确诊。

【治疗】 发生肝原性感光过敏和卟啉症的动物预后不良，但发生原发性感光过敏的动物一般预后良好。大多数治疗方法都是对症治疗。当感光过敏持续发展时，应该对动物进行完全遮阳或最好舍内饲养，并仅在夜间进行放牧。感光过敏和皮肤坏死所引起的严重应激反应，可造成动物虚弱，死亡率升高。发病早期，经非肠道途径使用皮质类固醇可能有效。治疗继发性皮肤感染和化脓时，应采用创伤护理等基本技术，并避免苍蝇叮咬。即使出现大面积坏死，皮肤病变的愈合也非常好。

（二）绵羊的先天性感光过敏

南丘羊和考力代羊可能患有遗传性肝胆管机能不全，从而导致感光过敏。

发生遗传变异的南丘羊，其遗传学缺陷可导致肝脏摄取非结合胆红素和有机阴离子。游离胆红素的血浆水平非常高，但由于尚能分泌部分胆红素，因此临床上并无黄疸症状。由于发病羔羊不能有效分泌叶红素，当初次摄取绿色植物时会变得具有光敏性。除非从饲料中去除叶绿素或避免暴露阳光，否则几周内就会因发生光敏作用而引起病变和应激，导致死亡。突变绵羊常出现渐进性肾脏损伤，肾脏髓质部出现放射状纤维素性条带，并伴有囊性小管的数量剧增，这种变化最终可导致肾功能衰竭和死亡。肝脏体积变小，且在肝小管周围出现脂褐素沉积。这种半致死的特点可能是以简单的隐性性状遗传而来。淘汰基因携带者是唯一可行的控制方法。

发生突变的柯立德绵羊，肝细胞功能不全可引起结合胆红素和其他结合性代谢物的分泌。病变没有明显的黄疸症状，但由于叶红素的分泌完全被破坏，导致感光过敏。肉眼可见有明显的肝脏色素沉着，仅在肝小叶中央的实质细胞中可见有棕黑色的、黑色素样色素。这种疾病属于常染色体隐性性状遗传。该病可通过对基因携带者进行检测和淘汰予以控制。

八、猪玫瑰糠疹

玫瑰糠疹（仔猪脓疱性银屑病样皮炎）是发生在猪的一种原因不明的散发性疾病，常发生于8～14周龄仔猪，有时也可见于2周龄仔猪，但10月龄以上的猪极少发病。一窝猪中可见有一头或数头猪发病。该病比较轻微，但可出现短暂的厌食和腹泻。早期皮肤病变以出现小的红斑状丘疹为特征，并迅速扩散形成明显凸起的、边缘呈红色的环状（蜀黍红疹颈圈）。病灶可沿其边缘扩散，相邻病灶相互连接成片。病灶中间呈扁平状，并在正常皮肤上覆盖有麸糠样物。病变主要出现在腹侧部和大腿内侧，但有时也可见于背部、颈部和腿部。其特征为病例不会出现瘙痒，6～8周内即可自行恢复。一般认为无需治疗。通常可根据典型病变作出诊断，但也可采用实验室检测、微生物培养和活体组织检查方法，需与皮肤真菌病、渗出性皮炎、增生性皮肤病和猪痘进行鉴别诊断。

已确认，该病具有部分遗传性，长白猪最常发病，但其遗传方式仍不清楚。该病的临床症状和病理学变化完全不同于人的玫瑰糠疹。

饲养在高密度、高温和高湿环境下的猪，出现的病变更为广泛。在这种情况下，常见有继发感染［如猪葡萄球菌（*Staphylococcus hyicus*）］。几乎没有治疗价值，也不会影响疾病的进程，但是有必要采取针对控制继发感染的治疗措施。

九、鞍疮

乘用马的鞍下部位，或套挽具的肩胛部经常会发生皮肤、深层软组织和骨组织损伤（颈圈擦伤）。依据损伤的深度和继发感染造成的并发症不同，临床症状各异。仅发生皮肤疮疡是炎性病变的特征，可出现红斑或丘疹、水疱、脓疱，最后出现坏死。该病开始常表现为急性毛囊炎，逐渐发展成为化脓性毛囊炎。病变部位可出现脱毛、肿胀、温热和疼痛。浆液性或脓性渗出物干燥、结痂。晚期病变被称为"磨伤"。皮肤及皮下组织出现更为严重的损伤时，可出现脓

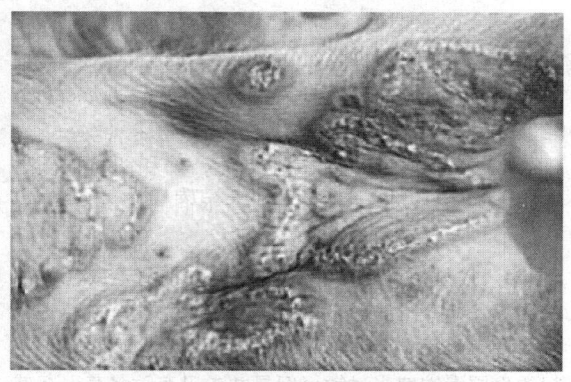

图7-26 哺乳仔猪腹侧部与后腿部玫瑰糠疹病变
注意凸起的、红色、环状病变，中心愈合部有干麦片状物，病灶环向外扩散。（由Ranald D. A. Cameron博士提供）

肿。其特征是局部呈温热性、有波动感、疼痛性肿胀，从中可吸出脓性和血样液体。皮肤、皮下组织或深层组织发生严重损伤时，可造成干性或湿性坏死。慢性鞍疮的特征是出现深部毛囊炎，并伴有纤维化或局部顽固性和增生性皮炎。该病常由于马鞍不合适所致。

识别并消除鞍具上不合适部位，比任何治疗都更为重要。治疗鞍部和肩胛部擦伤和炎症的方法，与治疗其他皮肤病的方法相同。病变发生部位必须要得到充分休息。受伤早期或急性期，应使用止血包（醋酸铝溶液）。治疗慢性病变或表皮感染部位时，只需进行热疗和局部或全身性应用抗生素。对血肿应进行抽吸或切开引流。局部坏死组织则需要进行手术切除。出现严重毛囊炎或疥疮时，应使用抗生素进行治疗，最好根据细菌培养和药敏试验结果选用药物。夸特马和杂花马的鞍部出现血肿、血浆肿或脱皮复发时，应怀疑为遗传病，即先天性马皮薄弱症。采集马尾部的毛囊进行简单的DNA检测，即可确诊该病。

十、皮脂溢

原发性先天性皮脂溢是发生于犬，罕见于猫的一种皮肤病，其特征是皮肤角质化或角化不全导致皮肤出现大面积结痂，有时皮肤和被毛出现大量油脂，且常见有继发性炎症和感染。继发性皮脂溢较原发性皮脂溢更为常见，其症状与原发性潜在疾病相似。

【病因、临床表现与诊断】　原发性皮脂溢是一种以上皮、毛囊上皮或爪部出现角质化或角化不全为特征的遗传性皮肤病。该病常见于美国可卡犬、英国史宾格犬、巴吉度猎犬、西部高地白㹴、腊肠犬、拉布拉多猎犬和金毛猎犬、德国牧羊犬。大多数皮脂溢都有家族病史，可能与遗传因素有关。在动物青年时（常不到18~24月龄）开始出现该病，通常终生发病。全身性的原发性遗传皮脂腺的诊断结果应予以保留，作为已经排除造成皮脂溢的所有潜在病因的一种案例。

大部分患皮脂溢的动物都可发生继发性皮脂溢，原发性潜在疾病可造成动物更易出现大量鳞屑、结痂和油脂，且常伴有表皮脓皮病、马拉色氏霉菌（酵母菌）感染以及脱毛。最常见的潜在病因是内分泌病和过敏。在未进行诊断评估时，应立即同时采取对症治疗方法，以尽可能迅速缓解症状。

引起皮脂溢的潜在疾病，可能是造成主要临床症状的原因。疾病的特征（动物的年龄、品种、性别）和发病史可为确定潜在病因提供线索。开始发病的年龄不到5岁时，最有可能的潜在病因是过敏。如果皮脂溢从中年或老龄动物开始出现，则内分泌病和肿瘤（特别是皮肤淋巴瘤）的可能性较大。

也应注意动物的瘙痒程度。如果瘙痒的程度极为轻微，则应排除内分泌病，其他内脏疾病和仅限于皮肤的某些疾病（如蠕螨病和皮脂腺炎）。如果瘙痒比较明显，则应考虑过敏和外寄生虫性瘙痒（疥螨病、跳蚤）。由于脓皮病、马拉色氏霉菌感染或大量结痂引起的炎症也可导致明显的瘙痒症状，因此表现有瘙痒症并不能排除无瘙痒性疾病是潜在病因的可能性。但是，如果没有瘙痒症状，则可以排除过敏、疥疮以及其他瘙痒性疾病是其潜在病因。

其他需要考虑的问题应包括多尿、烦渴和贪食、喜热行为，发情周期异常，发生脓皮病，季节性的影响，饲料，先前药物治疗效果（包括皮质类固醇、抗生素、抗真菌药、抗组胺类药或局部治疗方法），人兽共患病或传染病以及环境因素。疾病的持续时间和严重程度，以及动物主人的态度都是重要因素。

在识别潜在病因时，首先要对动物进行全面的体格检查，包括内脏系统检查和全面的皮肤病学检查。皮肤病学检查应记录病变的分布和类型，有无脱毛症，以及皮肤和被毛出现异味、鳞片、油脂和皮肤纹理的程度。出现毛囊丘疹、脓疱、结痂和蜀黍红疹颈圈常可提示有脓皮病发生。皮肤色素沉着过度则表明有慢性皮肤损伤（如瘙痒、感染或炎症），皮癣则意味着有慢性瘙痒症。在诊断皮脂溢时，始终都要考虑是否有马拉色氏霉菌感染。

继发感染对大多数皮脂溢病例都有很大影响。皮脂溢中常出现的皮脂和角质化异常都会给细菌和真菌感染提供理想的条件。瘙痒动物的自伤也会增加继发感染的可能性。通常都存在有凝固酶阳性的葡萄球菌和马拉色氏霉菌。感染可加剧瘙痒，也可造成更为严重的炎症、丘疹、结痂、脱毛和鳞屑。

首次诊断的步骤之一是要获得病变部位皮肤表层的细胞学检查样本，以确定存在细菌或真菌的数量和种类。如果发现有大量球菌和中性粒细胞，则可能是脓皮病。除了进行全身性治疗外，局部清洗也有助于治疗继发性感染。患皮脂溢的犬，继发感染可能是造成全身性或大部分瘙痒的原因。对这类病犬，除了要考虑过敏是潜在病因外，还要通过感染的治疗，进而发现非瘙痒性疾病（如内分泌病）。

在治疗感染后，应考虑进行其他诊断检查，包括多部位的深层皮肤碎屑、皮肤霉菌培养、印压涂片、拔毛检查和蚤梳检查。如果这些结果都是阴性或正常，则最少还需要继续进行皮肤活组织检查、血细胞计数、血液生化分析和全面的尿液分析检查。诊断指标包括血清碱性磷酸酶（提示肾上腺皮质机能亢进或曾使用类固醇进行过治疗）、胆固醇（提示甲状腺功能减退）、血糖（提示糖尿病）、尿素氮或肌酐（提示有肾脏疾病）均升高。

【治疗】　在确定原发性病因及治疗继发性感染的过程中，应采取保守疗法以保证动物较为舒适。治疗脓皮病时，最好选用对伪中间型葡萄球菌（*Staphylococcus pseudintermedius*）敏感的抗生素。治疗马拉色氏霉菌感染时可用唑类药物，如酮康唑和氟康唑。除了治疗继发性感染外，还需要采用止痒剂和香波洗发治疗，以控制皮脂溢，加速皮肤恢复正常。洗发治疗可有效降低皮肤表面的细菌和真菌数量、鳞片面积和皮脂量以及瘙痒的程度，也有助于皮肤更新率的正常化。

过去，曾将皮脂溢划分为干性皮脂溢、油性皮脂溢和脂溢性皮炎（炎性皮脂溢）。在确定使用洗发香波的类型时仍然采用这些分类方法，但大多数患病动物都不同程度存在有3种类型皮脂溢。

根据其作用，可以将洗发香波中的大多数成分划分为溶角蛋白剂、角质新生剂、润肤剂、止痒剂和抗菌剂等。溶角蛋白剂包括硫黄、水杨酸、焦油、硫化硒、丙二醇、脂肪酸和过氧化苯甲酰。这类药物可通过引起细胞损伤造成角化细胞鼓胀和脱落。在使用含溶角蛋白剂洗发香波最初14 d，由于脱落的碎屑都落入毛发中，因此常感觉碎屑剥落较多。如果持续使用香波洗澡，碎屑会逐渐减少，但最开始时一般会很多。角质新生剂可通过降低表皮囊细胞有丝分裂的速度，使表皮角质化趋于正常及鳞片的形成减少。该类产品包括焦油、硫黄、水杨酸和硫化硒。润肤剂（如乳酸、乳酸钠、羊毛脂以及玉米油、椰子油、花生油和棉籽油等各种油脂）能保留皮肤的水分，可用于任何粗糙的皮肤。对于补充水分后的皮肤，使用润肤剂的效果会更好，使用洗发香波后的效果也极好。抗菌剂包括过氧化苯甲酰、洗必泰、乳酸乙酯和三氯生，抗真菌药物则包括洗必泰、硫黄、酮康唑和咪康唑。局部抗菌治疗也可使用硼酸和醋酸。

由于大多数香波都是由各种不同成分调配而成，因此，重要的是要了解香波中各种成分的作用，及其所含的任何添加物或所具有的协同作用。选择抗皮脂溢香波时应依据动物被毛、皮肤的皮屑和油性，一般可分为4种类型：①轻度皮屑、无油，②中度或严重皮屑、轻度油性（最常见），③中度或严重的皮屑、中度油性，④轻度皮屑、大量油分。这种分类的目的是为选择香波提供参考，但是也应考虑患病动物个体的具体情况。

轻度皮屑且无油性的动物应使用柔和的香波，这类香波作用温和、有清洁作用、致敏性低，还有润肤作用。患轻度皮脂溢、因药物香波刺激或因洗澡过度频繁而引起发病的动物，可使用这种香波。这类香波常含有润肤油、羊毛脂、乳酸、尿素、甘油或脂肪酸。在使用香波的同时，常配合使用润肤剂喷涂或漂洗。

中度或严重皮屑且伴有轻度油性的动物，应使用含硫黄和水杨酸的香波进行洗浴。这两种药物具有蜕皮、表皮修复、抗菌和止痒作用。此外，硫黄还具有抗寄生虫和抗真菌作用。有些香波含有抗菌、抗真菌和保湿成分，有助于治疗继发性脓皮病、马拉色氏霉菌感染和皮屑过多。含乳酸乙酯的香波可以降低皮肤pH（通过抑制细菌脂酶产生来实现抑菌和杀菌作用）、使角质化正常、消除脂肪和减少皮脂分泌，这些作用也可起到明显的抗菌效果。

中度或重度皮屑且伴有中度油性的动物，使用含焦油香波的效果最佳。焦油可通过减缓皮肤基底上皮细胞DNA的合成，来发挥其强大的角质修复作用。这些香波通常都同时含有硫黄和水杨酸。木材和煤经过蒸馏处理后，可产生无数种粗制煤焦油。由于各种不同香波的成分及所采用的制造工艺不同，所以无法对其进行精确的比较。所使用的煤焦油越精细，造成的刺激性越小，也更稳定，但制造成本也越高。应当选用信誉良好企业生产的焦油。焦油香波一般都有特殊的不良气味，被毛干燥后气味会小些。动物主人常不愿意使用那些气味特别大的焦油香波。

有明显油性但皮屑很少的动物，常会出现异味、红疹、炎症，以及继发全身性脓皮病或马拉色氏霉菌皮肤病。这些病例需要采取最具疗效的局部治疗方法。含有过氧化苯甲酰的香波具有很强的脱脂作用、抗菌作用和毛囊清洗作用。由于过氧化苯甲酰香波具有很强的脱脂作用，因此可造成皮肤不适和干燥。其他抗菌香波更适用于患脓皮病但皮肤油性不大的病例。与焦油一样，过氧化苯甲酰也是制造香波的关键成分，应使用信誉良好企业的精制产品。由于人用香波大多都含有5%~10%的氧化苯，可能会产生刺激，因此一般不宜使用。过氧化苯甲酰具有毛囊清洁作用，更适用于患严重粉刺和蠕螨病的动物。动物患局部蠕螨病、犬痤疮以及雪纳瑞犬粉刺综合征时，需要进行局部抗菌、脱脂或毛囊清洗，可使用5%过氧化苯甲酰凝胶，但是这种凝胶也可能会产生一定的刺激作用。

（张万坡 译　崔恒敏 一校　梁智选 二校　金天明 三校）

第八章 代谢病
Metabolic Disorders

第一节 代谢病概述

代谢病包括先天性和后天性两种，后者更常见，危害也更大。因影响能量产生，或损害对生存起重要作用的组织，因此代谢病具有重要的临床意义。

一、贮积病与先天性代谢病

贮积病与先天性代谢障碍均可分为先天性与后天性两种。由于某些溶酶体酶部分或完全缺失，这些疾病以相应的溶酶体酶底物或副产物在细胞内贮积为特征。虽然溶酶体贮积病对全身均有影响，但主要临床症状是对中枢神经系统（CNS）的影响。

先天性贮积病以溶酶体内贮积的特定代谢副产物命名，患病动物在出生时表现正常，但在出生后最初几周至几个月出现临床症状。这类疾病常呈渐进性发展，可危及生命，因为目前尚无特效疗法。小动物的神经节苷脂沉积病（GM_1和GM_2）常发生于暹罗猫、科拉特猫和家养猫，以及比格犬杂交系、德国短毛波音达犬和日本猎犬。鞘髓磷脂沉积病发生于德国牧羊犬和贵宾犬，以及暹罗猫和家养短毛猫。葡萄糖脑苷脂沉积病发生在澳大利亚丝毛㹴和大麦町犬。蜡样脂褐质沉积病发生于英国雪达犬、可卡犬、腊肠犬、吉娃娃犬、东非猎犬、伯德牧羊犬和家养猫。甘露糖苷贮积病发生于波斯猫和家养猫。糖原贮积病发生于丝毛㹴及家养短毛挪威森林猫。球细胞脑白质营养不良（克拉贝疾病）病发生于凯恩㹴、西部高地白㹴、比格犬、蓝斑猎犬、贵宾犬和家养短毛猫。Ⅰ型黏多糖贮积病发生于暹罗猫、科拉特猫和家养短毛猫；Ⅳ型发生于暹罗猫。犬黏多糖贮积病常见于迷你杜宾犬、普罗特猎犬和杂交犬，常伴有跛行。与红细胞存活减少和贫血有关的疾病可见于巴山基犬、比格犬和西部高地白㹴和凯恩㹴的丙酮酸激酶缺乏，英国激飞猎犬、美国可卡犬的磷酸果糖激酶缺乏，以及暹罗猫和家养短毛猫的卟啉症。

在大动物中，α-甘露糖苷贮积病发生于安格斯牛、墨累灰牛、西门塔尔牛、苏格兰马和荷斯坦牛；β-甘露糖苷贮积病发生于Saler牛、努比亚山羊和努比亚杂交山羊。全身性糖原贮积病（GM_1）发生于荷斯坦种牛和萨福克羊；全身性糖原贮积病（GM_2）发生于短角牛和猪。球样细胞脑白质营养不良病发生于无角多赛特绵羊。其他已确诊的疾病主要临床表现为神经症状，并且具有遗传性，包括安格斯牛和肉牛王（Beefmaster）的神经性脂质代谢障碍、有角海福特牛的瓶小腿综合征、海福特牛和短角牛的枫糖尿病、海福特牛和海福特-弗里赛杂交牛的遗传性脑脊髓轴水肿。马的溶酶体贮积病目前尚无报道，但已发现表现

为神经症状的先天性疾病，包括Peruvian Paso驹的先天性肌阵挛、夸特马的先天性脑脊髓病。

由特殊组织发生基础代谢障碍所致的其他遗传性疾病包括：山羊和绵羊甲状腺肿、牛先天性皮肤角化不全（水肿病）、牛和绵羊成骨不全症、牛心肌症、绵羊稀毛症和无毛犊、羊感光过敏症、猪增殖性皮肤病、猪应激综合征、牛脆皮症和埃勒斯-当洛综合征、牛血色沉着症及牛Marfan综合征。很多其他先天性缺陷，尤其是由于胶原、软骨和骨异常生长所致的缺陷，也可能出现基本结构组织的代谢障碍。许多代谢疾病被认为与免疫功能障碍有关。

后天性贮积病是由于从植物中摄入了特殊的溶酶体降解酶抑制物。疯草（黄芪属或棘豆属植物）的慢性摄入会引起获得性神经贮积病，其有毒成分包括洛苛因、氧氮苦马豆素、干扰α-甘露糖苷活性的吲哚兹定生物碱。马最易感，但牛、绵羊和山羊也可患病。

二、与生产有关的代谢病

虽然本节中讨论的疾病在很大程度上与生产和管理因素有关，但每种病的发病机制主要与代谢的改变有关。在很多病例中，其病因不是遗传性或先天性的代谢障碍，而是特定情况下，由于特殊营养的需求增加所导致的营养缺乏，有些疾病，如低钙血症、低镁血症和低血糖是为了提高生产性能而管理不当所致，所以称为生产性疾病更准确。由于过度追求高产，过多动用动物的代谢贮备，导致特定的营养成分不能维持正常的生理浓度。因此，当泌乳钙多于日粮或骨贮存所提供的钙时，母牛就会发生生产瘫痪。类似情况见于奶牛的产后血红蛋白尿血症，该病与镁、葡萄糖及磷的代谢平衡有关。

由生产诱发的代谢病是由特殊营养的负平衡所致。某些病例中，动物对某营养成分有持续的高代谢需要，但该营养成分通过饲料的摄入反而突然减少，如母羊妊娠毒血症、肉牛蛋白能量失调、乳牛肥母牛综合征，以及矮马高脂血症。此外，由于经济原因不能给动物补充正在下降的营养水平会加速这些疾病的发展。

马运动性横纹肌溶解症是另外一种与生产有关的代谢病。在这种病例中，产能活动（挽力或竞赛）与热量摄入对等，并通过它维持，不参加工作和竞赛的马热量摄入却不减少，会导致肌糖原贮积达到危险水平，当重新工作后，乳酸的产生量一旦超过其代谢能力就会导致发病。

与生产有关的代谢病和营养缺乏之间的差异不明显。一般来说，营养缺乏是长期的、不变的状态，通

过补充日粮可得到改善；代谢病是急性状态，虽然在日粮中持续添加缺乏的营养素或代谢产物可避免疾病复发，但添加后会引起强烈的应答反应。

与生产有关的代谢疾病的防控关键在于要准确和快速的诊断，理想的是在临床症状出现之前进行诊断检查预测疾病的发生。

第二节　先天性红细胞生成性卟啉症

先天性红细胞生成性卟啉症（卟啉尿症、红牙病、骨血色素沉着症）是一种发生于牛、猪、猫和人的罕见遗传性疾病。因为血红蛋白的形成有缺陷，导致发育中的幼红细胞核产生过多的Ⅰ型卟啉。牛的这种缺陷作为单隐性常染色体被遗传，常限于近亲繁殖的畜群。本病在美国、加拿大、丹麦、牙买加、英国、南非、澳大利亚和阿根廷均有发现。这种广地域的分布表明本病几乎是全球性的，并且可能波及所有的肉用动物，尤其是牛、猪和绵羊。

杂合子动物在临床上表现正常，但是隐性纯合子动物在出生时，牙齿、骨和尿变成红棕色且终生不消退。这种遗传性的酶缺陷，导致卟啉亚铁血红素生物合成的必要成分——Ⅲ型尿卟啉原合酶活力不足，Ⅲ型尿卟啉原协同合成酶含量也不足。因尿中含有过量的Ⅰ型粪卟啉和Ⅰ型尿卟啉，发病动物尿液呈琥珀色或红棕色。当用近紫外线照射时，骨、尿和牙齿（尤其是乳牙）发粉红色荧光。长时间暴露在阳光下可致典型的光敏损害，表现为皮肤充血，形成水疱和表面坏死。这种严重的皮肤损伤与日光照射强度有关，也与某些品系动物的皮肤色素沉积程度有关。患病动物出现正色素性溶血性贫血，并伴有大红细胞、小红细胞和嗜碱性点彩红细胞，最终发生脾肿大，由于骨皮质减少引起骨脆性增加，但骨实质并未发生改变。如避免日照，动物常处于健康状态。阳光照射就出现进行性消瘦。一种相似的引起光敏的疾病——牛原卟啉症，仅见于利木赞牛和人。

已有关于卟啉亚铁血红素生物合成必需酶缺乏引起人卟啉症的系列报道，并根据症状进行了分类。该病表现多样，包括身体暴露部分发生严重皮肤损伤、急性光敏反应、严重的肝损伤和神经机能障碍。在动物方面，已发现的病通常被分为先天性红细胞生成性卟啉症、先天性红细胞生成原卟啉症和卟啉症。所有人的综合征也可在动物发生，因此可采用更广泛的分类法。

猪和猫的这种缺陷相当少见，与牛不同，其特征并非感光过敏。猪和猫是通过常染色体显性遗传。猪的血液中即使有高浓度的卟啉，也不会发生光敏性皮炎。猪发生该病的报道仅见于丹麦和新西兰，而猫仅见于美国。

本病的诊断依据包括排泄异常尿卟啉，齿变为棕色（当用近紫外线照射时发荧光），尿液变色和溶血性贫血。

这种隐性遗传性状广泛分布于牛群中，但表现出临床症状的比较少。临床上，杂合体动物的Ⅲ型尿卟啉原协同合成酶水平比正常动物低。本病的发生率相对较低，实验室对其携带状态的鉴定常无实际意义，因此未对本病进行普查。将病畜圈养于室内，避免阳光直射，可降低该病的发生率。

第三节　钙代谢紊乱

一、马低钙血性抽搐

马低钙血性抽搐（运输抽搐、马泌乳性搐搦、惊厥）是一种与血清钙离子急性消耗或血镁、磷酸盐水平改变有关的疾病。本病发生于马长时间强体力运动后、运输过程中（运输抽搐）和哺乳期母马（马泌乳性搐搦）。本病症状多样，与神经肌肉的过度应激有关。

【病因】　低钙血症的发生机制包括肠吸收钙减少，尿液、汗液、乳汁中钙丢失增加，甲状旁腺素（PTH）、降钙素或维生素D水平改变导致的骨质溶解抑制。高产乳量和茂盛牧场放牧是哺乳期母马发病的诱因。低钙血症发生于长时间强体力运动后（如长时间驭行），钙随汗液流失，低氧性碱中毒引起钙结合物增加，应激导致皮质类固醇水平升高。皮质类固醇可抑制维生素D的活性，减少肠道钙吸收和骨钙动员。应激和钙摄入的缺乏是引起运输抽搐的主要原因。低钙血性抽搐也偶见于马食入斑蝥之后。

【临床表现】　本病临床症状的严重程度与血钙浓度相关。病症轻微者仅表现为兴奋性增加。病情严重马可出现膈膜震颤、焦躁不安和肌肉紧张、步态僵硬、肌肉震颤、第三眼睑下垂、咀嚼无力、牙关紧闭、流涎、站立不稳等抽搐症状及心律失常。哺乳期母马发病后，如不及时治疗，超过24~48 h症状可能加剧，甚至引起死亡。

应与破伤风、内毒素血症、急腹症、运动性横纹肌溶解、其他肌肉病症、癫痫、蹄叶炎和肉毒杆菌中毒等进行鉴别诊断。

【诊断】　本病通过临床症状、病史、治疗效果可初步诊断，检测到低血钙水平可确诊。很多实验室仅检测总血钙水平（蛋白结合钙和游离钙），这种检测适用于大多数病例，但当病马有碱中毒低白蛋白血症时，总血钙水平可能是正常的。因为碱中毒时，白蛋白结合钙升高，而离子钙浓度降低，此时病马也会出现低血钙症状。另外，马患酸中毒低白蛋白血症时，血钙水平升高，不出现低钙血症。总血钙水平可通过白蛋白浓度校正，公式如下：

$$校正Ca^{2+}=测定Ca^{2+}-血清白蛋白浓度+3.5$$

【治疗】 静脉注射钙溶液，如推荐用20%硼酸葡萄糖酸钙溶液，治疗产后瘫痪母牛可完全康复。静脉注射须缓慢（20 min以上），剂量为每500 kg体重250～500 mL。上述液体用生理盐水或葡萄糖液1：4稀释，并在注射过程中密切监控心血管反应，预期会出现心音增强。若发生心律失常或心动过缓，应立即停止注射。待心率恢复正常后，可继续缓慢注射。如果首次输液1～2 h内病马情况未好转，在实验室检测确定为低钙血症的情况下须第二次给药。有的病马几日后仍未恢复须进行重复治疗。患病轻微的无需特殊治疗便可康复，如果因强体力活动引起的抽搐，建议在溶液中加入镁。

【预防】 配给钙、磷充足，比例平衡的饲料。在整个孕期饲喂平衡饲料，以供给足量且比例适宜的钙和磷。在哺乳期等对钙需求增加的时期，应避免断料，并饲喂苜蓿等高品质的饲草或添加含钙的混合矿物质。在运输过程中，应尽量避免应激和断料。对耐力马，为避免长时间锻炼和出汗引起的水和电解质缺乏，应补充足量水和电解质。

二、母牛生产瘫痪

母牛生产瘫痪（乳热病、低钙血症）常发于生产时或产后不久的成年奶牛，是一种急性至最急性、无热的弛缓性瘫痪。通常表现为精神异常、全身麻痹和循环衰竭。

【病因】 在母牛生产或接近生产时，因开始泌乳使钙进入初乳和乳汁中，导致母体钙水平突然降低。血清钙含量从正常的8.5～10 mg/dL下降到2～7 mg/dL。一般而言，母牛会出现血清无机磷水平下降和高血糖。本病可发生于各个年龄段的牛，但最常见于三胎以上的高产奶牛。娟姗牛发病率较高。

【临床表现与诊断】 生产瘫痪常在产后72 h内发病，可引起难产、子宫脱垂、胎衣不下、子宫炎、真胃变位和乳房炎。

生产瘫痪有3个明显的阶段。第一阶段，动物尚能走动，但出现高度敏感和兴奋症状。病牛可能有轻度的运动失调，侧腹和三头肌轻微颤动，抽动耳朵和上下摆动头部。病牛焦躁不安，拖行后肢和吼叫。如果不进行钙治疗，会发展到更严重的第二阶段。

第二阶段，牛不能站立，但可保持卧地姿势。病牛反应迟钝、厌食、鼻镜干燥、体温低和四肢冰冷。听诊出现心动过速和心音减弱。外周脉搏减弱。平滑肌麻痹引起胃肠道阻塞，表现为瘤胃臌气、排便困难和肛门括约肌松弛。当出现排尿困难时，直肠检查到膀胱充盈。牛经常将头伸至侧面，头伸长时与颈部呈S形。

第三阶段，牛逐步失去意识直至昏迷。不能保持卧地姿势，肌肉完全松弛，对刺激无反应，并出现严重的瘤胃臌气，因心输出量减少，心率可高达120次/min外周脉搏不能感知。如不进行治疗，病牛将在几小时内死亡。

鉴别诊断包括：中毒性乳房炎、中毒性子宫炎、其他全身性中毒、外伤（后膝关节伤、髋关节脱位、骨盆骨折、脊髓压迫）、产犊瘫痪综合征（损伤坐骨神经和闭孔神经的L6腰椎根）和筋膜室综合征。其中一些疾病及吸入性肺炎可与生产瘫痪同时发生或并发。

【治疗】 及时恢复血清钙水平，以避免肌肉、神经损伤及卧地不起发生。可采用皮下注射和腹腔注射，但静脉注射葡萄糖酸钙效果最佳。通常将钙浓度添加至每45 kg体重1 g。多数病例只需给予500 mL葡萄糖酸钙溶液（含8～11 g钙）。对于泌乳量大的奶牛，可采用皮下注射500 mL葡萄糖酸钙溶液，以延长钙释放进入循环系统的时间。不应单独采用皮下注射进行钙治疗，因为外周灌注差而致吸收不充分。不论采用什么方法治疗，都应严格保持无菌操作，以避免注射部位感染。每500 mL注射溶液中含有甲醛或葡萄糖浓度如果超过25 g，采取皮下注射给药时则具有局部刺激性。许多溶液中除钙之外还含有磷和镁。虽然没有必要给予磷和镁来治疗无并发症的生产瘫痪，但其不良反应还未见报道。镁可减少钙对心肌的刺激，为PTH的适当分泌所必需，且能治疗低血钙症。多数兽药制剂以亚磷酸盐为磷源。但牛血液和组织中的磷主要以磷酸根形式存在。因体内缺乏将亚磷酸盐转化为磷酸盐的途径，这些制剂在治疗低磷血症时几乎无用。

钙有心脏毒性，因此应缓慢给予钙制剂（10～20 min），同时进行心脏听诊监测。如果出现严重的心律紊乱和心动过缓，应停止给药，待心律恢复正常后再进行。内源性中毒的动物在采用静脉注射钙制剂时易出现心律紊乱。

口服钙制剂不仅可以避免心脏毒副作用，对轻微的产后瘫痪也有效，但不推荐单独用于治疗临床母牛乳热病例。虽然口服含氯化钙的制剂有效，但其对口腔及咽喉部组织有腐蚀性，尤其是需要重复给药时。用丙二醇凝胶剂中的丙酸钙或丙酸钙粉（0.5 kg溶于8～16 L水中顿服）治疗有效，对组织损伤小，可避免氯化钙引起的代谢性酸中毒，同时还可提供糖异生的前体丙酸盐。口服50 g可溶性钙，只有4 g可被吸收进入循环系统。

无论补充何种口服钙，均应注意到低钙血症病牛通常吞咽困难、咽反射迟钝。在给予含钙溶液期间，应注意护理以防发生吸入性肺炎。氯化钙凝胶剂由于不能口服而不适用于牛。

对低血钙病牛进行静脉注射钙的治疗可立即起效。神经肌肉功能恢复后可见震颤。心输出量改善后心音增强，心率减慢。平滑肌功能的恢复表现为病牛站立后开始嗳气、排便和排尿。约75%的病牛在治疗后2 h内站立。若治疗4～8 h后仍未见效，应进行复诊，必要时可淘汰。首次治疗好转的牛25%～30%会在24～48 h内复发，应给与额外治疗。建议减少泌乳量以降低复发率。过去曾采用乳房充气法来减少泌乳和钙流失，但是该法易引起乳腺的细菌感染。

【预防】 过去常用的预防方法是在干乳期饲喂低钙饲料。钙的负平衡引起血钙浓度小幅下降，进而刺激PTH分泌，促进骨的重吸收和肾脏产生1,25-二羟维生素D。1,25-二羟维生素D含量的增加能促使骨钙的释放，并提高肠道对钙的吸收率。虽然钙动员增强，但是饲喂低钙日粮的效果不如预期的好。此外，虽然稻草和沸石、植物油等钙结合剂的应用可增强本方法的疗效，但对多数奶牛场而言，低钙日粮不容易配制（钙含量低于每日20 g/头）。

其他预防低钙血症的方法包括产犊后延迟或不完全哺乳，从而保持乳房压力并减少泌乳量，但可能会加重乳腺的隐性感染，使乳房炎的发病率升高。对易感的产犊母牛进行预防性治疗可减少生产瘫痪的发生。可在产犊时皮下注射钙，或在产犊或产犊后12 h内口服钙凝胶剂。

近年来，已开发出日粮阴阳离子差法（DCAD）来预防母牛生产瘫痪，该方法能在母牛生产后期和产后早期降低其血液pH。此方法比在产前降低日粮中钙含量更有效、更实用。高钾饲粮会引起多数奶牛发生代谢性碱中毒，从而建立了日粮阴阳离子差法。发生代谢性碱中毒的牛因PTH受体构象的改变而发生低钙血症，从而导致组织对PTH的敏感性降低。缺乏PTH应答反应，可降低骨钙的有效动用和破骨细胞的骨吸收，减少肾小球对钙的重吸收，抑制肾脏对PTH的活化。

降低围产期奶牛血液pH的一个重要方法是降低日粮中钾的含量。干乳期奶牛日粮多以常见的玉米青贮为主要组成部分。另一种草料苜蓿有助于维持机体适宜的血液pH。由于苜蓿含钙量高，过去认为干乳期奶牛日粮中不宜含有苜蓿。但实际上钙对牛血液碱

性的影响极小。降低干乳期奶牛干草料中钾含量的另一种方法是，不要在种植草料的土壤中施用钾肥。此外，在日粮中添加阴离子盐可颉颃钾、钠等高水平阳离子的作用。通常选用的阴离子盐包括氯化钙、氯化镁、硫酸镁、硫酸钙、硫酸铵和氯化铵。最近研究表明，可用下列公式计算日粮中的离子平衡，以评估不同阴离子盐的酸化作用：

$$DCAD-离子平衡（mEq/kg）=$$
$$(0.2Ca^{2+}+0.16Mg^{2+}+Na^++K^+)-(Cl^-+0.6\,S^-+0.64\,P^-)$$

公式表明，影响血液pH的离子主要是钠、钾和氯。圈养不产乳奶牛日粮的适宜值为+200～+300 mEq/kg。应尽可能按需求量供给钠和钾（日粮干物质中添加0.1%的钠和1%的钾）。日粮中应加入氯以抵消低钾对血液碱性的影响。一般日粮中氯的添加浓度比钾少约0.5%，会产生适度的酸化作用。

阴离子盐的主要缺点是适口性差，但将其与湿润的、适口性好的日粮（如玉米青贮、啤酒糟和酒糟等）或糖浆混合即可改善。硫酸盐比盐酸盐适口性好，但对血液的酸化作用较弱。日粮硫含量超过干物质重的0.22%，有助于瘤胃微生物的氨基酸合成，但应低于0.4%，以避免发生硫中毒而产生神经症状。

应用维生素D₃及其代谢产物，可有效预防产后瘫痪的发生。产前5～7 d在日粮中加入大剂量维生素D₃（2000万～3000万IU，每日1次）可降低发病率。但若在产犊4 d前停止用药，奶牛则更易患病。由于维生素D₃具有潜在毒性，应避免超过规定用药期。产犊前8 d单次注射（静脉注射或皮下注射）1 000万单位晶状维生素D₃可有效预防本病。如果母牛未在预产期产犊，可重复给药一次。市售且批准使用的维生素D替代品包括25-羟胆钙化醇、1,25-二羟胆钙化醇和1,25-羟胆钙化醇等新复合物，且不易引起维生素过多症。产犊后，则应饲喂高钙日粮。口服大剂量的钙凝胶剂通常有效。于产前1 d、产犊当日和产后1 d饲喂150 g的钙凝胶剂。

应用合成的牛PTH比使用维生素D代谢产物对钙的效果更好。PTH和维生素D代谢产物均可促进胃肠道对钙的吸收，而PTH同时还可促进骨的吸收。PTH的给药方式为：于产前60 h静脉注射或于产前6 d肌内注射。使用PTH和类似复合物的缺点主要是给药的工作量较大。

三、绵羊、山羊生产瘫痪

妊娠和哺乳母绵羊及母山羊的生产瘫痪（乳热病、低钙血症）属于代谢失调，以急性低血钙、兴奋性突然增高和肌肉震颤为特征，最终发展为瘫痪、精神沉郁、卧地、昏迷和死亡。绵羊和山羊的生产瘫痪

很少像奶牛一样在产犊时发病，而多发于生产前后。

【病因】 当钙需求量增加时，钙摄入量突然减少将引发本病。这种情况常导致血清钙浓度降低，尤其是多胎动物或泌乳量大的动物。一些病例常并发低磷血症、高镁血症或低镁血症。本病发生于产后6～10周，但绵羊和山羊在产前1～3周时钙的需求量最大，此时胎儿的骨钙化率增加，尤其是双胎及多胎时。一旦钙摄入量突然降低，机体就需要24～72 h活化代谢机制以动员储存的钙。老龄绵羊和山羊，以及慢性钙缺乏的动物（如干旱期长期饲喂谷物的动物）储存钙的动员不能满足机体的钙需求。

【临床表现与诊断】 本病多暴发于妊娠后期，发病率常低于5%，但在大规模暴发时可波及30%的羊群。本病发病突然，通常由于24 h内突然更换饲料、天气骤变，及剪毛、修整毛和运输等造成的短期断料所引起。低钙血症早期可见步态强拘或肌肉震颤、便秘及瘤胃弛缓。随着病程发展，出现心率增加（伴随心音强度减弱）、臌气、精神沉郁和卧地等临床症状，若不进行治疗，最终会死亡。

根据病史和临床症状进行诊断，典型症状包括虚弱、精神沉郁、瘤胃弛缓和胸部听诊出现心音强度减弱。若在产羔前发病，应与妊娠毒血症相区别，这两种疾病也可同时发生。若缓慢静脉注射钙，病情可明显改善，即可确诊为急性低钙血症。

【治疗与预防】 治疗此病应及时，通常静脉注射23%硼葡萄糖酸钙溶液50～150 mL。口服钙凝胶剂或皮下注射钙溶液可预防该病复发。治疗过程中应监控心脏，若出现心律失常，应减慢给药速度或停止治疗。另一种方法是在1 L 5%右旋葡萄糖溶液中加入50～150 mL 23%硼葡萄糖酸钙溶液或葡萄糖酸盐溶液。通过改变日粮预防奶牛乳热病的方法，同样适用于绵羊和山羊。因此，有效预防本病的方法，包括减少或去除日粮中富含阳离子的饲料，如紫花苜蓿和三叶苜蓿，或在干乳期补充钙和磷。母羊生产后应立即提高日粮中钙的含量。绵羊产前8周应避免运动量过大、断料、严重的寄生虫感染及各种应激。

四、小动物产后低钙血症

产后低钙血症（产后低钙血症、围产期低钙血症、产后搐搦、小动物惊厥）常发于产崽2～3周后的泌乳高峰期，该病发病急，具有致死性。产崽多的小型犬易患此病。低钙血症发生于分娩时可致难产。

【病因与发病机制】 引起低钙血症的主要原因是进入乳汁中的钙增加的同时日粮钙摄入不足。钙代谢失衡的机制是，从骨中动员进入血清的钙少于从乳腺流失的钙。一些哺乳需求大（幼崽大或产崽多）的小

动物最易发。虽然产后低钙血症见于各种品系、产崽数各异的犬，且发生于哺乳期内的任何时间，但小型犬的发病率较高。本病极少见于母犬妊娠晚期，但可偶发于母犬哺乳早期。

在低钙血症易发期，PTH分泌不足与小动物惊厥无关。同样患低血钙症的奶牛，虽然PTH分泌量足，但其刺激破骨细胞生成的量却不足。在非泌乳期饲喂高钙日粮会降低破骨细胞的含量，从而抑制甲状旁腺分泌PTH，促使滤泡旁C细胞分泌降钙素。由于犬在妊娠期过量摄入钙会引起钙调系统的下调，当需钙量增加时易导致临床性低钙血症，因此妊娠期口服补钙会引起泌乳高峰期的小动物惊厥。

患低钙血症的犬仍可维持神经肌肉接头处的兴奋分泌偶联。细胞外液中的低浓度钙对神经和肌肉细胞有兴奋作用，因其降低了阈电位（激活钠通道电位），所以更接近静息膜电位。钙离子缺乏时，膜电位与正常负电位稍增大，则可激活钠通道。因此神经纤维兴奋性很高，时常出现自发性反复放电而非保持静息状态。钙离子影响钠通道的可能途径是钙离子与钠通道蛋白分子的外表面结合。钙离子所带的正电荷可反过来改变通道蛋白的电荷状态，从而改变开放钠通道的电压水平。由于膜结合的钙不稳定，神经膜对钠离子通透性增加，去极化所需刺激的强度减小。运动神经纤维自发的反复触发导致抽搐的发生，也可并发低血糖症。

【临床表现】 早期表现是呼吸困难和躁动不安。神经肌肉兴奋性增加引起轻度震颤、颤搐、肌肉痉挛、步态改变（强拘和共济失调）。常出现诸如攻击性增强、哀鸣、流涎、踱步、对刺激过度敏感和定向障碍等行为改变。也可出现严重的震颤、抽搐和癫痫，甚至导致昏迷和死亡。严重病例还可出现高热。长期癫痫可导致脑水肿。偶见心动过速、高热、多尿、烦渴和呕吐。母犬和新生崽发病前无其他异常。

虽然低钙血症常见于产后，但在产前和分娩时就可出现临床症状。轻度的低钙血症（血清钙浓度大于7 mg/dL，但低于正常参考范围）仅引起子宫收缩无力，减慢分娩进程，而不出现其他临床症状。

严重呼吸困难可引起呼吸性碱中毒。离子钙是具有生理作用的钙形式，蛋白浓度、酸/碱比率（碱中毒使蛋白易于结合血清钙，减少具有生物学作用的离子钙在血液中的含量，从而加重低钙血症）、其他电解质失衡均会影响离子钙含量。因此，临床症状的严重程度可能与总钙浓度无关。

【诊断】 通常根据病征、病史、临床症状和治疗效果进行诊断。治疗前总血清钙浓度低于7 mg/dL（猫低于6 mg/dL）即可确诊（但在测定血清钙浓度之前，常已进行过静脉注射钙的治疗）。血清生化分析可排

除并发的低钙血症和其他电解质紊乱。心电图可见QT期延长和心室期前收缩。

应与低血糖症、中毒和特发性癫痫、脑膜脑炎等原发性神经疾病进行鉴别诊断。还应排除子宫炎、乳房炎等引起的应激和高热。

【治疗与预防】 缓慢静脉注射10%葡萄糖酸钙（按0.5～1.5 mL/kg，通常注射5～20 mL，注射过程不少于10～30 min）有一定疗效。患病动物通常在给药15 min内出现明显转，出现肌肉松弛。

给予钙制剂时应通过听诊或心电图仔细监控心率，以防出现心动过缓或心律不齐。注射钙制剂过快引起的中毒症状包括心动过缓、QT期缩短及室性早搏。如果出现心律不齐，应在心率和心律恢复正常后再行给药，并将给药速度减缓为起始速度的一半。

不同制剂的有效钙含量差异很大，因此根据元素（有效）钙计算钙的剂量很重要。治疗低钙血症的元素钙剂量为每小时5～15 mg/kg。每毫升10%葡萄糖酸钙含元素钙9.3 mg。每毫升27%氯化钙含元素钙27.2 mg。因此，静脉注射10%葡萄糖酸钙的剂量为每小时0.5～1.5 mL/kg，静脉注射27%氯化钙的剂量为每小时0.22～0.66 mL/kg。推荐使用10%葡萄糖酸钙溶液，因其外渗物无腐蚀性，氯化钙的外渗物有腐蚀性。

一旦动物病情稳定，最初用于控制抽搐的葡萄糖酸钙剂量应用等量生理盐水（0.9%）稀释，每日皮下注射3次以控制临床症状（氯化钙不能皮下注射）。或者以每小时5～15 mg/kg的剂量静脉注射元素钙。这种方法可有效维持血清钙浓度，以便口服维生素D和进行钙治疗之后起效。血清钙浓度最好维持在8 mg/dL以上。血清钙浓度低于8 mg/dL则需加大非口服的给钙量，当血清钙浓度超过9 mg/dL则应减少非口服的给钙量。长期治疗的目的在于维持血清钙浓度偏低或略低于正常浓度（8～9.5 mg/dL）。

如果母犬发生脑水肿，对低钙血症的治疗可能无效。出现脑水肿，要对高热和低血糖症进行对症治疗。在控制抽搐的过程中，发热会很快消失，因此再对发热进行针对性治疗会导致体温过低。

最好不要在12～24 h内让犬猫幼崽吃奶，而改为饲喂代乳品或其他适当日粮；如果已成年则应断奶。如果在同一哺乳期内抽搐复发，幼崽应与母犬隔离进行人工喂养（小于4周龄）或断奶（大于4周龄）。

急性发病后，在以后的哺乳期每日分3～4次口服给予25～50 mg/kg浓度的元素钙。此外，钙的剂量应根据制剂中的元素钙进行换算（例如，每克碳酸钙片含295 mg元素钙）。犬常用的分次剂量是1～4 g/d。猫常用的分次剂量为0.5～1 g/d。长期辅助性疗法，包括口服维生素D和口服钙剂，通常在24～96 h后起

效。因此，低钙血症动物在开始出现抽搐后应通过肠胃外途径补钙。碳酸钙是首选药物，因其含元素钙比例大、抗酸药型的制剂易在药店购得、价格低廉且无胃刺激性。钙的剂量应逐渐减小以避免过度治疗。市售宠物饲粮中含有足够的钙，可满足犬猫对钙的需要。但是，为避免严重的低血钙性抽搐，在整个哺乳期均应口服补钙。

补充维生素D可增加肠道的钙吸收。血清钙浓度应每周监控。1,25-二羟维生素D（骨化三醇）的剂量为每日0.03～0.06 μg/kg。骨化三醇起效快（1～4 d起效），半衰期短（不到1 d）。骨化三醇治疗常并发医源性高钙血症。如果高钙血症仅由过量用药引起，停止用药后血钙水平将很快恢复正常。毒性作用也在1～14 d内消失，比双氢速甾醇（1～3周）和麦角钙化醇（维生素D₂，1～18周）短得多。

由于皮质类固醇会降低血清钙含量，因此在本病中禁用。皮质类固醇还会干扰肠道的钙运输，并增加钙从尿液中流失。

饲养者应注意，本病在下次妊娠时可复发。预防母犬产后低钙血症的措施包括：妊娠及哺乳期饲喂高品质、营养均衡的适宜日粮，哺乳期提供自由采食和饮水，在哺乳早期用乳化品补饲小犬，3～4周龄后补饲固体饲粮。妊娠期不宜口服补钙，否则可能引起产后低钙血症。对有产后低钙血症病史的母犬，在泌乳高峰期补钙有效。

第四节 镁代谢紊乱

机体内镁平衡并非直接受内分泌调控，主要由胃肠道吸收，通过肾脏排泄；机体在妊娠、泌乳及生长的不同阶段对镁的需求量不同。镁是细胞内含量居第二位的阳离子，仅次于钾，机体内50%～60%镁分布在骨骼中，40%～50%分布在软组织中，仅有不足1%存在于细胞外液中，因此血浆镁不能反映细胞内或骨组织中镁的储存情况。细胞内的镁参与ATP酶、磷酸激酶和磷酸酶等复合磷酸盐相关酶的活化，同时镁还参与RNA、DNA和蛋白质的合成。镁是300多种与ATP有关的酶促反应的辅因子，包括糖酵解和氧化磷酸化。镁在Na^+/K^+-ATP酶泵、膜稳定性、神经传递、离子转运和钙通道激活过程中也发挥着重要作用。镁还可调节钙在平滑肌细胞中的运输，影响心肌收缩强度和外周血管紧张度。低浓度的离子镁可加快神经冲动的传导。严重低镁血症的临床症状包括肌无力、肌束震颤、室性心律失常、癫痫、共济失调和昏迷。

与钙相似，血清总镁（tMg）也有三种形式。离子镁（iMg^{2+}）呈游离状态，且具有生理学活性，与

蛋白质结合和螯合的镁则不能参与生化过程。血清离子镁浓度不能通过血清总镁和白蛋白浓度准确计算出。因此，血清离子镁浓度只能直接测定。由于离子镁浓度与血清镁功能相关，因此测定离子镁浓度比总镁浓度更能反映机体镁状况。市售的镁离子选择电极可测定离子镁浓度。

在无肾脏疾病的情况下，镁经过肾小球滤过后被排泄，肾脏的平衡机制可维持镁平衡。当日粮中镁过量时，肾小管的重吸收减少，将血清镁浓度维持在一个狭窄的生理学范围内。因此可通过肾脏排泄的镁对其平衡状态进行评估。

在诊断和治疗低镁血症时可静脉注射大剂量镁。静脉注射镁残留试验，包括尿液中的镁残留测定，已成为人医测定镁状态的金标准，现已被应用于马、犬和牛。缺镁的动物能保留住大部分给予的镁，而镁充足的动物将排泄出大部分镁。

清除率分数是尿液排泄量与肾小球滤过量的比值，与收集的尿液体积无关。同时采集尿液和血清的单个样本，测定肌酐酐和相关电解质的浓度，即可计算清除率分数。此方法无需进行尿液的定时采集即可反映尿液中电解质的排泄情况，同时也考虑到了因水合状态不同所致的尿液浓度的差异。

反刍动物比单胃动物易发生低镁血症。两类动物在镁代谢上的差异主要是由于他们在胃肠道解剖学构造和生理功能方面的不同。反刍动物对镁的吸收较非反刍动物少（反刍动物吸收35%，非反刍动物为70%）。瘤胃是吸收镁的主要场所，且在瘤胃中存在镁的主动转运机制。摄入高镁后，大肠也可吸收镁。非反刍动物吸收镁的主要场所是小肠。由于肠道对镁的吸收率不同，肾小管对镁的重吸收率也不同，因此不同动物对镁的代谢不同。

一、高镁血症

高镁血症［血浆镁浓度大于2 mg/dL（1.1 mmol/L）］较少发生，仅见于单胃动物。马因治疗大肠阻塞口服过量硫酸镁，将会在4 h内出现出汗和肌无力的症状，此后发生卧地不起、心动过速（120次/min）和呼吸急促（60次/min）。缓慢静脉注射23%葡萄糖酸钙后可减轻症状。肾衰竭猫在静脉输液治疗中会出现高镁血症。血浆镁浓度超过2.5 mmol/L会引起心电图中的PR间期延长；达到5 mmol/L时，深反射消失，随后出现低血压和呼吸抑制。血液镁浓度超过6.0～7.5 mmol/L会出现心搏骤停。

二、牛、绵羊低血镁抽搐症

低镁抽搐症（青草搐搦、青草蹒跚病）是一种复杂的代谢紊乱疾病，以低镁血症［血浆总镁低于1.5 mg/dL（＜0.65 mmol/L）］和脑脊液中总镁浓度降低［低于1.0 mg/dL（0.4 mmol/L）］为特征，表现为过度兴奋、肌肉痉挛、惊厥、呼吸窘迫、衰竭和死亡。由于镁会经乳汁排出，因此成年的哺乳动物易发病。低镁抽搐症主要发生在有茂盛青草或青绿谷物的牧场放牧的动物，也可见于饲喂青贮饲料的圈养哺乳母牛。非哺乳牛少发，营养不良的牛采食青绿谷物可发病。

【病因】 当动物从日粮中吸收的镁不足以维持机体基本需求（3 mg/kg）和泌乳需求（每千克乳中含120 mg）时，血浆镁浓度降低，即可导致发病。在恶劣天气和运输中，动物的采食量减少，或放牧于青草不足的牧场时，牛的干物质混合日粮中镁含量低于0.2%，均可引发本病。牧草缺乏（每公顷干物质小于1000 kg）导致哺乳期肝脏重量减轻，机体动员组织中少量镁以满足哺乳的需求，因此血浆镁浓度就会降低。

当钾和氮摄入量高，钠和磷摄入量低时，瘤胃对镁的吸收可能会减少。土壤天然高钾或土壤中施用过多草木灰和氮素的地方是低血镁抽搐症的高发区。较多矿物质间的相互作用更易引起畜群中第一、二胎母牛和老年牛发生低镁抽搐症。

牛在血钙浓度低于0.8 mg/dL（0.35 mmol/L）后才会出现低镁抽搐症的症状，通常在采食青绿谷物秧苗后发病。钙摄入和/或吸收减少会引发低钙血症。放牧于青草茂盛的牧场或采食青绿谷物秧苗，会导致牛发生代谢性碱中毒（尿液pH＞8.5），减少机体内的离子钙和镁，从而增加发生低钙血症和低镁血症的风险。尿液中镁浓度可反映机体镁状态，但不适用于发生低镁血症的牛。

【临床表现】 在大多数急性病例中，正常采食的病牛突然抬头、吼叫、乱冲撞、跌倒、严重的划水样抽搐。抽搐可在短时间内反复发作，数小时内即可发生死亡。多数情况下，牧场上死亡的动物无明显症状，但可通过地面痕迹判断其死前出现过抽搐。少数严重病例中，牛明显不安，步态强拘，对触摸和声音敏感，尿频，2～3 d后出现急性抽搐。如果牛被运到新的牧场，病程发展将加快。当动物同时患有低钙血症和低镁血症时，会表现出占主导地位的病症。低镁血症主要表现为心动过速和心音高亢。

当低镁血症［血浆总镁低于0.5 mg/dL（0.2 mmol/L）］与低钙血症［血浆总钙低于8 mg/dL（2.0 mmol/L）］并发时，常出现绵羊低镁抽搐症的临床症状。哺乳母羊也可在相同情况下发病，且临床症状与牛相同。

【诊断】 通过治疗效果及治疗前采集的样本可确诊为低镁血症。牛通常在血浆总镁低于1.2 mg/dL（0.5 mmol/L）时出现抽搐，而绵羊则在低于0.5 mg/dL

（0.2 mmol/L）时发生。低镁抽搐症病牛通常不能从尿液中检出镁。在动物死后24 h内检测眼球玻璃体，若镁浓度低于1.8 mg/dL（0.75 mmol/L）则提示为低镁抽搐症。

【治疗】　出现临床症状的动物，最好在监控心脏状况的前提下缓慢静脉注射钙镁联合制剂进行治疗。因需要时间恢复脑脊液中的镁，因此出现低镁抽搐症动物的治疗效果较单纯低镁血症的动物起效慢。在治疗过程中，应避免刺激动物，否则可能引起严重的惊厥。可通过皮下注射额外给予每头牛50%硫酸镁200 mL。治疗后，应同样避免刺激牛，尽可能转移致牛抽搐的牧场。每日饲喂混有60 g氧化镁的干草进行治疗，否则本病会在治疗后36 h内复发。

【预防】　处于危险期时应口服补充氧化镁，牛每日60 g，绵羊每日10 g。大多数镁盐的适口性不好，因此须与糖蜜、精饲料或干草等适口性好的物质混合饲喂。对超过6周岁的高龄奶牛发生低血镁搐搦，单独饲喂干草即可起到防治效果。如果应用瘤胃内缓释药物来供给镁，则同样建议饲喂干草。只有在某些土壤类型中，含镁肥料才能有效提升草料中镁的含量。草料可以按照每头奶牛500 g的剂量喷撒氧化镁粉末，或者每隔1～2周喷洒2%的硫酸镁溶液，另外，如果喷洒后2～3 d内的降水量超过40～50 mm，则需要再次进行喷洒。

越冬的家畜应避免风寒，同时额外供给食物。牛羊不应停止干草的饲喂，尤其是在采食绿色谷物或施用了氮肥或/和钾肥的牧草期间。

犊牛的低血镁搐搦：2～3周龄的犊牛生长到7～8周龄时，奶中的镁吸收率从87%降到32%。低血镁搐搦一般发生在2～4月龄只摄食母乳的犊牛，若用代乳品饲喂犊牛，则发病更早，并伴有慢性腹泻。

犊牛的低血镁搐搦临床症状与前文所述的成年牛症状类似，包括过度兴奋、肌肉痉挛、抽搐乃至死亡。

犊牛的低血镁搐搦应与下列疾病进行鉴别：急性铅中毒、破伤风、士的宁中毒，以及产气荚膜梭菌感染引起的肠毒血症。对骨骼的成分分析可以辅助诊断——正常骨骼中钙与镁的比例为70∶1，而低血镁症犊牛则不小于90∶1。

发病的犊牛应立即采取以下治疗措施：100 mL的10%硫酸镁溶液皮下注射，10 g氧化镁每日一次口服。从两周龄起饲喂断奶日粮加优质豆科干草，可以预防犊牛的低血镁搐搦。

三、病危动物亚临床低镁血症

亚临床低镁血症常见于危重病的马与小动物，该情况的出现可以加重全身性炎症反应，恶化内毒素的全身反应，并且引发肠梗阻、心律失常、顽固性低血钾和低血钙。

据报道，65%的危重病人、39%～46%重症监护的犬猫，以及49%就诊的马，其血清镁含量都低于正常指标，而对于患疝痛和小肠结肠炎的马，这一比例则为54%和78%。重症监护下，发生了低镁血症的人和犬科动物更易并发低钾血症和低钠血症，而且其住院治疗期更长。另有报道显示，有54%进行疝痛手术的马属动物存在血清镁水平低的情况，他们在术后出现肠梗阻的比例显著升高。

尽管在马和小动物的日粮中极少出现镁含量不足的情况，危重动物的亚临床急性低血镁症还是时常发生。机体镁代谢改变、细胞或第三空间再分配、胃肠道中镁流失，或是由于静脉注射了未含镁的液体导致的多尿，皆可以造成血液镁含量的下降。

重症监护的马也常见低钙血症。尽管作用机制尚不明确，但发现血镁含量可能会对血钙含量造成影响，人类低钙血症并发低镁血症时，若不能确定并首先解决低血镁的问题，补钙治疗则效果不佳。除了肾对血镁浓度的精确调控以外，机体内镁不具备自身复杂的内分泌调节机制。与之相比而言，血钙拥有由PTH、降血钙素和骨化三醇等组成的精密调控机制。不过，PTH、维生素D、降血钙素、精氨酸后叶加压素、胰高血糖素及血钙浓度都可以不同程度影响镁的吸收与排泄。

轻度的低血镁和低血钙可以刺激PTH的释放，但重度镁流失或者急性低镁血症反而会抑制PTH的释放，因此在评价机体镁稳态时，有必要同时测定血钙和PTH的浓度。

若必须对重症监护下拒食的动物进行长期输液治疗，则液体中应补充镁。按照每日50～150 mg/kg的剂量匀速静脉滴注硫酸镁溶液（即每日补充0.1～0.3 mL/kg的50% $MgSO_4$溶液），以满足日常需求。

第五节　磷代谢紊乱

磷是所有活细胞的重要组分之一，具有许多重要的生物学作用。在生物体中，磷以稳定的无机磷酸盐（PO_4）、有机磷酸酯或磷脂形式存在。磷主要以不溶的无机磷形式存在于骨骼和牙齿中（占机体总量的85%），其余部分几乎全部存在于细胞内液中（约占14%），仅有不到1%的磷以无机磷或者磷脂的形式存在于细胞外液中。在外液的磷中，85%的无机磷是离子化的（$H_2PO_4^-$或HPO_4^{2-}），约10%与蛋白结合，5%与钙、镁等无机物结合。

磷具有维持骨骼和牙齿（羟磷灰石）、细胞膜（磷脂）和核酸分子的结构稳定性的作用，此外，在糖类与能量代谢方面也具有重要作用，因为该过程本身依赖磷脂化的中间产物，来贮存氧化过程中ATP和磷酸肌酸等物质中高能磷酸键释放出的能量；磷同时也是2,3-二磷酸甘油酯（2,3-DPG）的组分，由于2,3-DPG可调控血红蛋白中氧的释放，因此磷对组织的氧供给也起到了重要的作用；无机磷还是细胞外液和尿液中的重要缓冲液。

由于磷是极其重要的胞内电解质，且作为带电分子无法自由地透过细胞膜，故胞外无机磷的浓度不能很好地反映胞内或者机体的磷含量。不过，在日常工作中，血清或血浆无机磷的浓度却是最常用于检测机体磷稳态是否失衡的参数。细胞外液乃至血清、血浆中无机磷浓度的决定因素，包括胃肠道对磷的吸收与通过乳汁、单胃动物粪液及反刍动物唾液排出之间的平衡；骨骼中磷的摄取和释放；以及相当大程度上胞内外的磷转换。因此，磷的摄入量降低、流失增多、细胞摄入增多或者这些因素的综合均可致低磷血症。在这几项因素中，摄入量降低和流失增多可以等同于机体磷的消耗，而细胞磷摄入是一个受机体酸碱平衡和能量代谢影响较大的高度动态过程。

一、低磷血症

引起低磷血症（磷缺乏）的主要病因是长期磷摄入不足或日粮中磷含量不足。这种现象可见于干旱地区的放牧牲畜，因这些地区的土壤中磷含量低。磷耗竭的情况还见于慢性肾小管疾病，如范可尼综合征，这类疾病会影响肾对磷的重吸收，或见于原发性甲状旁腺功能亢进，导致肾对磷的排泄增加。此外慢性肾衰竭的马也常发生磷缺乏症。

哺乳期的高产奶牛因急性磷流失而引发低磷血症是公认的难题。在干物质摄量严重不足的时候，大量磷经由乳腺快速流失，以至其反馈调节机制不能及时起效，从而导致低磷血症和磷耗竭的发生。

在口服或胃肠外给予糖类或胰岛素后，细胞摄入葡萄糖时协同摄入的磷也会增加，可导致低磷血症的发生，但不引起磷耗竭。患碱血症和呼吸性碱中毒时，细胞对磷的吸收增加，可诱发低磷血症。

慢性磷流失的症状最常见于连续数月饲喂磷缺乏饲料的牛。幼龄动物会出现生长缓慢、患佝偻病及被毛粗糙等症状，而成年动物早期阶段会出现精神倦怠、食欲减退和体重减轻。人们把产奶量和生殖能力的降低也归因于磷流失，但其实这些症状是由磷缺乏动物因食欲减退，能量和蛋白质摄入不足所致。在磷缺乏后期会表现出异食癖及软骨症，动物步态异常、跛行并最终卧地不起。

急性低磷血症常伴有食欲不振、肌肉无力、肌肉及骨骼疼痛、横纹肌溶解症、红细胞破裂增多和继而引起的血管内溶血。由低磷血症所致的其他潜在影响包括：可能与能量代谢改变有关的神经症状，心脏功能和呼吸功能受损（横纹肌及心肌收缩能力下降）及因ATP消耗所致的白细胞和血小板功能障碍。

目前普遍认为，牛的哺乳期低磷血症会并发围产期卧地及母牛卧地不起综合征，这一结论仅是经验观察，目前并无准确依据予以证明。产后血红蛋白尿血症是高产奶牛哺乳初期的另一罕见疾病，可见急性血管内溶血和血尿，通常可致死。

迄今为止，尚不完全清楚上述临床表现和疾病是否由低磷血症所致，或者一定伴随动物的磷流失而发生。

对慢性磷缺乏的病例进行剖检后发现，其病变与佝偻病、软骨病的特征病变一致。病畜体表被毛暗淡无光泽，并广泛出现肋骨、椎骨和骨盆处骨折，生长骨板及肋软骨关节增宽、角畸形及长骨缩短等。

磷缺乏对于动物来说不易诊断，因为慢性磷缺乏的动物可以通过调动骨骼中的磷元素来保持血磷水平处于正常范围，并且正常动物也可能出现血磷水平下降的现象，因此，检测血清或血浆磷浓度不足以反映磷的代谢状态。值得注意的是，血清磷浓度的昼夜变化，也增加了对该指标分析的复杂程度。由于在采血前非经肠给予葡萄糖，可使得血清磷浓度下降超过30%，因此，在葡萄糖注射后，应间隔4~6h，待血磷水平恢复到正常状态后再进行采血。

反映机体磷代谢水平最准确的方式，是采取肋骨活检，对骨骼内的钙、磷含量进行检测。羟基脯氨酸是骨脱钙时胶原所释放的一种氨基酸，对其含量的检测可反映骨骼重吸收程度。对慢性磷缺乏的动物进行X线检查，其骨骼的辐射不透明度下降。

在饲料日摄入量已知的情况下，通过对日粮饲料样品中磷含量的检测也可以估算出动物每日的磷摄入量。对于草食动物来说，检测土壤或粪样中的磷含量，可以间接地大致评价日粮中磷含量是否充足。

为动物提供足量富磷饲料，是治疗慢性磷缺乏和低血磷症的最佳手段，而治疗急性磷缺乏与低磷血症的最适方法目前还存在争议，一般情况下推荐使用的方法是静脉注射含磷溶液。对小动物进行治疗，可通过静脉缓慢注射磷酸钠溶液，为避免并发低血钾，可使用磷酸钾溶液。对牛进行治疗，则建议应用磷酸钠溶液快速给药。单磷酸盐（Na_2HPO_4）或二元磷酸盐（NaH_2PO_4）均可用于快速静脉注射以提升血清磷浓度，而三元磷酸盐（Na_3PO_4）是一种具有腐蚀性的清洁剂，在任何情况下（无论口服还是注射）都不宜用于补磷。血浆中由静脉注射补充的磷在体内存在如下问题，在到达肾脏时，未结合的自由磷会被肾小球滤过，而后被肾小管重吸收。因为肾小管重吸收是一饱和过程，当匀速静脉注射的磷使得血浆磷的浓度升高至超过肾阈值时，就会引起磷排泄的增加，从而导致血浆无机磷的浓度一过性升高。这就解释了为什么对牛静脉给予磷酸钠溶液后，其药效维持时间不到2 h。磷酸钠盐快速给药，会引起瞬时但剧烈的低血磷症，并且可能导致磷酸钙盐含量的急剧下降，进而引发低血钙。但又不能同时非经肠给予磷酸盐和钙剂，因为会形成磷酸钙沉淀。因此，超过数小时的长时间慢速滴注，可以起到更加持久的效果，并且可以降低出现低血钙的风险。目前为止，尚无FDA认证的牛用磷酸盐静脉注射液，因此，所有现用的磷静脉注射液都是未经有关部门批准的。

用于牛静脉注射补磷的溶液所含的并不是磷酸盐，而是亚磷酸盐、次磷酸盐或者布他磷、托定磷等有机磷物质，而且常与钙、镁及其他矿物元素联合使用。由于亚磷酸或者上述有机磷物质不能被哺乳动物转化为磷酸，因此不能补充血浆中有生物活性的磷水平，故都不适合作为哺乳动物的磷源。

口服补磷剂能有效治疗轻度至中度的磷缺乏症，如口服磷酸钠溶液，或在单胃动物的日粮中添加乳制品。口服给药能迅速升高血浆中的磷浓度，并且安全有效，但此法不宜用于有呕吐或腹泻症状的动物。牛口服磷酸盐后，2 h内其血浆无机磷的浓度升高，且药效持续12 h以上，对瘤胃弛缓的哺乳早期奶牛同样有效。

确保动物从食物中摄入足够的磷，可预防健康草食动物的磷缺乏症。若在磷缺乏的土地上放牧，通过对土地施肥，或在饲料、饮水中添加磷，可预防磷缺乏症。在奶牛场，过度饲喂磷的现象很常见，这源于一种普遍的错误观点，即饲喂超量的磷可以促进奶牛的繁殖和产奶。目前研究认为，对于高产奶牛，干物质中磷含量达到0.42%即可满足日常需求。

目前为止，尚无预防哺乳期低磷血症和磷缺乏的有效方法。切忌在产前数周饲喂大量高磷饲料，这会降低肠道对磷的吸收率，并且增大临产时低血钙的风险。对于反刍动物来说，饲料中的钙磷比例并不那么重要，而对马和其他种类的动物来说，钙磷比例对于预防甲状旁腺功能减退或亢进有很重要的作用，当这两种元素都能满足最低需求值时，牛可以承受钙、磷比例由1~8：1的跨度。存在这一特质的原因是，反刍动物唾液中的磷浓度比血清中的高出5~10倍，大量高磷唾液的产生很大程度地调节了瘤胃内的钙磷比例。

二、高磷酸盐血症

可能是为了加强骨的矿化作用，幼龄和发育期的动物，由于其肠道对磷的吸收增加且肾对磷的排泄减少，使得血清和血浆中的无机磷浓度生理性地升高。而血液浓缩、肾排泄减少、胞内磷摄入增加或者细胞裂解所引起的磷释放等因素，均可导致细胞外液中磷浓度病理性地升高。除了马以外，许多单胃动物高磷酸盐血症的病因，都是尿液的磷排出量下降且伴有慢性肾衰竭。反刍动物的高磷酸盐血症常见于脱水的动物，最可能的原因是血液浓缩和并发的唾液量减少。横纹肌溶解与大面积的组织损伤可导致细胞膜完整性破坏，从而引起磷和钾等其他重要胞内成分溢出至细胞外。甲状旁腺功能亢进可导致高磷酸盐血症，因为PTH的缺乏可使肾对磷的重吸收增加。人和小型反刍动物在反复使用高渗磷酸钠溶液灌肠后，也偶发严重的急性高磷酸盐血症。

采血中或者采血后的溶血导致红细胞内磷的溢出，也被误认为是血清无机磷浓度升高，因此，发生了溶血的血样不能用于检测血清或血浆无机磷浓度。

血液浓缩或肾小球滤过能力降低所引起的高磷酸盐血症并不具备临床意义。在更多的严重病例中，磷过量和钙含量突然下降会引起并发的低钙血症，并且可以导致肌肉抽搐和强直收缩，而在持续性的疾病中会引起骨骼以外的器官钙化，并可能危及生命。

三、产后血红蛋白尿血症

本病通常偶发于哺乳期的高产奶牛，罕见于肉牛和非哺乳期牛，可表现出特急性溶血和致命性贫血。此病广泛发生于全球范围内，其病因尚不明确，不过目前公认磷缺乏或高磷酸盐血症是重要的诱因之一。红细胞剧烈地胞内磷流失可导致细胞的脆性增加，因此使红细胞更容易裂解。新西兰报道了1例相似的疾病，该疾病与铜缺乏并发，可潜在致使红细胞更易发生氧化损伤。另一种可能的病因是由氧化性或溶血性的植物毒素引起，毒素来源通常是芸薹属植物、甜菜或者绿色饲料。该病几乎没有临床症状，不过一旦发病则致死率高达10%~30%。

该病临床表现为血管内细胞迅速溶解，可致严重的贫血、心跳加速、虚弱，并出现血红蛋白尿，尿液呈深棕色或红色，数日后转为苍白色。患病奶牛产奶量急剧下降，并可能出现发热、腹泻和呼吸急促。患病后得以存活的奶牛需要经历数月才能完全康复。恢复期及存在亚临床疾病的奶牛表现出黄疸和红细胞生成增多的现象。

本病的诊断通常依靠对临床症状的识别，特别是在哺乳期出现特征性的深色尿液及贫血的特点。血红蛋白尿的尿液离心后不存在残渣，以此可以排除血尿的可能性；同时，血红蛋白尿会并发严重的贫血，此两者为诊断血红蛋白尿的最佳方法。血液涂片分析的结果可以排除巴贝斯虫属原虫或泰勒虫属造成的血管内溶血的可能，采用标准的实验室诊断方法，可以排除钩端螺旋体病和牛传染性血尿病。诊断测试和对饲料、牧草的分析可以鉴别是否为有毒植物或磷、铜以及其他抗氧化物质的缺乏。

对于发病严重的奶牛，输入大量的全血是最好的治疗措施。当机体血液供应不足时，液晶态体液能有效防止肾脏中毒和缺氧性损伤；但同时必须对血沉和总蛋白浓度进行监控，以避免因血管内胶体渗透压降低导致的第三空间的出现。目前常使用磷酸钠（60 g磷酸钠溶入300 mL无菌水，每12 h静脉注射辅以皮下注射1次）或者甘氨酸铜（有效性铜120 mg）进行治疗，但这种治疗对防止进一步溶血无效。目前，关于磷酸钠或甘氨酸铜应用于反刍动物的治疗尚未经过FDA认证，故这两类药物在对奶牛治疗上的应用都是未经批准的。为防止病情的复发，应在饲料中补充缺乏的矿物质，并去除草料中植物类毒素。

第六节　钾代谢紊乱

机体钾的稳态主要取决于胃肠道的吸收与肾和唾液（仅成年反刍动物）的排出之间的平衡关系。小肠中的钾运输属于被动运输，结肠中的钾离子在醛固酮的作用下主动转运。醛固酮是影响肾脏和唾液钾排出的最重要激素，当受到高钾血等条件刺激时，醛固酮从肾上腺球状带分泌，其最重要的作用之一是增加肾远曲小管和集合管对钾离子的排出。机体的钾至少95%存在于细胞内，而骨骼肌就含有细胞内钾总量的60%~75%。由钠钾泵所产生的钾浓度梯度是跨膜负电位产生的主要原因，所以血清或血浆中钾浓度的显著变化可以改变细胞的静息电位。受该因素影响，低钾血或高钾血症都会引起细胞或组织功能显著的临床改变。机体出现低钾血时，通常会表现为全身性的脱钾，但高钾血却不以全身性钾水平的变化为判断标准，因为高钾血常并发酸血症后，同样会导致脱钾的情况发生。

低钾血症：大量输液后或采食量持续性显著下降时，任何动物都会发生低钾血，但对大多数动物而言，轻度至中度低钾血均不会出现明显的临床症状。重度低钾血可引起全身性肌无力和心律不齐，包括因房性或室性早搏所致的复杂性心律不齐，因而表现出头部前屈甚至卧地不起的临床症状。长期和重度的低钾血可导致顽固性肌病。猫会因钾缺乏而导致多肌病，这种钾缺乏性多肌病还是缅甸猫的一种常染色体隐性遗传病。

高钾血症：该病常由体内的钾随尿液排出不足所致，常发生于单胃动物的尿路阻塞或膀胱破裂时。因骨骼肌中含有机体大部分的钾，马与反刍动物的高钾血症也可由劳累性横纹肌溶解所致。夸特马及部分相关品种也会发生先天性的高钾血症，即高钾血性周期性麻痹。犬类则常因肾上腺皮质功能减退而引起高钾血症。严重的高钾血常伴有全身性肌无力、精神倦怠以及心脏传导障碍，心脏传导障碍可能会引发致死性的心律不齐。当发生血小板增多症时，血小板凝集过程中会导致胞内钾的过度释放，动物常表现出血清中假性高钾血症；同时，由于红细胞内的钾浓度较高，故在发生广泛性溶血时也表现出血清和血浆高钾。

一、成年牛低钾血症

低钾血症常见于食欲不振的成年牛，由于泌乳增加了钾的排出，故哺乳期的奶牛更为常发。

【病因】　低钾血症常见于长期食欲不振（超过2 d）的成年牛，或者成年牛在注射了1次以上具有盐皮质激素活性的类皮质激素（如醋酸氟氢泼尼松）后，这是因为盐皮质激素，可以增加肾和胃肠道的钾排出量。在成年反刍动物中，如果干物质的摄入量充足，几乎不会出现低钾血的情况。

【临床表现】　发病动物表现全身性肌无力、精神倦怠及肌肉痉挛，严重者无法站立和抬头。

【诊断】　疑似低钾血的病例必须通过血清生化检测来确诊。当血清钾浓度低于2.5 mEq/L时，表明有严重的低钾血，病牛多表现卧地不起；血清钾浓度为2.5~3.5 mEq/L时，为中度低钾血，部分牛卧地不起，或表现为虚弱和胃肠蠕动缓慢。除了对血清钾浓度进行检测外，血清钠、氯化物、钙和磷含量及肌酸激酶和谷草转氨酶的活性检测对指导治疗也具有重要意义。当尿液中钾浓度显著降低时，便会出现尿酸成分。

【治疗】　首选的治疗方式是口服补钾。对于食欲不振的成年牛，可给予氯化钾凝胶丸或者通过瘤胃插管的方式给药，给药量为30~60 g，每隔12 h重复1次。对于病情严重的成年牛（血清中钾浓度低于2.5 mEq/L），应当首次口服氯化钾120 g，而后每8 h口服氯化钾60 g，共两次，以保证24 h内氯化钾用药量达到240 g。氯化钾的使用不宜过量，否则会导致腹泻、唾液量过大、腿部肌肉颤抖和亢奋。

相对口服而言，静脉注射补钾的风险高且费用昂贵，此法仅用于严重低钾血和瘤胃弛缓所致卧地不起的反刍动物。最佳的静脉注射治疗方案是每小时滴注小于3.2 mL/kg的氯化钾等渗溶液（1.15%），相当于每小时最多滴注0.5 mEq/kg的钾离子。钾给药过快可能会因血液动力学改变导致严重心律不齐，包括可能引起心室纤颤和致死性的室性早搏综合征。

【预防】　对厌食的牛经口供给液体和电解质时，其中必须含钾，对正常的成年牛而言，保证充足的干物质摄入量是预防低钾血症的首选方法。

二、高钾血症

【病因】　高钾血症多发于腹泻、脱水、酸血症及代谢性酸中毒的新生反刍动物。高钾血症常伴有酸血症，因为血液pH降低导致细胞内酸中毒，同时因钠钾泵受抑制而出现细胞内钾泄漏到细胞外的现象。高钾血症常发生于生产时因膀胱破裂而致尿腹症的新生马驹，以及因阻塞性尿石症或膀胱破裂而致尿腹症的公猫。但是，发生了阻塞性尿石症或者膀胱、尿道破裂的肉牛、阉羊和雄鹿却几乎不出现高钾血症，其原因在于成年的反刍动物可以通过唾液排出钾，且发病动物受疾病的影响，钾的摄入量也会相应减少。马和反刍动物发生运动性横纹肌溶解症后，由于骨骼肌细胞结构被破坏，可发生高钾血症。

【临床表现】　严重的高钾血症常伴有精神倦怠、虚弱、嗜睡、心律不齐及心电图异常，特别是在血清钾浓度高于7 mEq/L的情况下。当血清钾浓度达到8~11 mEq/L时，则会出现严重的心脏毒性反应。

【诊断】　高钾血症的疑似病例必须通过血清生化检测来确诊。在检测血清钾浓度的同时，测定血清钠、钙、磷、尿素和肌酸酐含量及肌酸激酶和谷草转氨酶活性及血气分析对于指导治疗都有很大帮助。心电图可出现心率过缓、P波振幅缩小或者P波消失、QRS波群增宽及对称性T波（T波狭窄或帐篷型T波）。当出现低血钠、酸血症或者低血钙时，高钾血症的心电图变化加剧。心律不齐是否出现取决于血清中的钠钾比例，一般情况下，当低钠血症和高钾血症同时出现时（钠钾比例小于25∶1），常伴有心律不齐和心电图紊乱。

【治疗】　首先应静脉注射0.9%氯化钠，来提升脱水动物泌尿系统的尿生成速率，某些特定条件下还需要静脉注射钠、重碳酸盐、葡萄糖和胰岛素，有时也注射钙。若动物出现尿路阻塞和膀胱破裂时，应清除腹腔内的尿液，恢复泌尿系统的通畅。应用碳酸氢钠来调节机体和细胞内的酸中毒状态，同时提升钠钾泵的功能。静脉注射葡萄糖和胰岛素的基本原理，在于胰岛素介导的葡萄糖进入细胞内的过程可促使钾的内流。钙可以颉颃体内因高钾血症导致的心律不齐所带

来的不良反应，同时，静脉注射钙还有助于提升心脏的泵血量。然而，就降低高钾血和高钾血引起心动过缓的治疗效果而言，2 400 mOsm/L高渗盐与高渗碳酸氢钠溶液的效果基本一致，可能是源于两种药物均能促进高钾血症时细胞内钾的流动、增加细胞外体液的容积及改善尿液的生成速率。因此，高钾血症的治疗重点在于纠正酸血症、增大血浆容量，从而促使肾脏排出钾和血钠浓度的升高。高钾血症的常规治疗不需要使用葡萄糖和胰岛素。

【预防】　高钾血症的防治原则为早诊断、早治疗。马的高钾血性周期性麻痹，可以通过饲喂低钾日粮和口服醋唑磺胺的方法进行预防。

第七节　马代谢综合征

马代谢综合征（EMS, Equine metabolic syndrome），又称马X综合征，外周"库欣病"。该病描述了马出现典型临床症候群和临床病理学改变的一类疾病，马、矮种马及驴均有发病。发病动物特征性地表现出肥胖与整体体况评分的上升，同时出现颈部和尾基部的肥胖，常见急性或慢性马蹄叶炎。血糖含量正常的高胰岛素血症（胰岛素抵抗）是其主要临床病理学特点，并伴有不育、卵巢活动异常及食欲增强等症状。实验室研究发现，EMS会导致高甘油三酯血症、血清瘦素含量和全身性炎症标记物增加及动脉性高血压。最初，这一系列的病变被认为是与甲状腺机能减退、外周库兴病、蹄叶炎前期综合征或者X综合征有关，近期才将本病认定为EMS。

马可能在5~16岁时首次出现EMS，下列品种的马最易发生：马驹、骑乘马、田纳西行走马、巴索芬诺马、摩根马、野马及赛马，而纯种马和标准竞赛用马不易发生。此外，未发现该病的发生有性别差异。

【病因与发病机制】　马匹发生EMS的主要原因目前尚不清楚。在种内和种间EMS都存在遗传倾向。发病的马可能存在一种"节俭"基因，该基因使他们的祖先在恶劣的环境下得以生存，在如今食物和营养充足的环境下，反而不适应这种高效的能量代谢。

临床症状多样，但EMS马均患有肥胖症、胰岛素抵抗和高胰岛素症。当发生肥胖症时，脂肪组织释放瘦素和脂肪因子（如肿瘤坏死因子和其他炎性介质）。随着炎性介质浓度的逐渐升高，脂肪组织中浸润的炎性细胞越来越多，从而形成脂肪细胞炎症逐渐加剧的恶性循环。由于胰岛素受体表达下调，肝脏中逐渐沉积的脂肪也易诱导胰岛素抵抗的发生。

胰岛素具有血管调节的能力，胰岛素抵抗会降低一氧化氮的生成并促进血管收缩。葡萄糖和胰岛素水

平的改变也可能会导致表皮细胞的功能改变和表皮基底层细胞对葡萄糖的摄入能力的改变，这些改变使马更易患蹄叶炎。

由于胰岛素水平大幅度提升且恢复到基准值很慢，患有EMS的马偏好含糖的食物，这体现出对胰岛素外围影响的抵抗，以及正常糖代谢能力的丧失。

EMS有可能是垂体中间部功能障碍（PPID，pituitary pars intermedia dysfunction，又称库兴病）的致病因素之一，中老龄的马匹还可能会并发内分泌失调。因此，应加强对EMS患马的监控，以便及时发现PPID的发生。

【临床表现】 胰岛素抵抗没有具有示病意义的临床病变特征，对唤起测试表现正常的马匹却可能出现所有EMS的表现症状。在多数病例中，病马肥胖是由摄入能量过量所致，并无潜在的代谢改变。

病马呈典型肥胖症，体况评分均大于6（满分为9）。即使体况评分未明显升高，其颈部也因脂肪沉积量增加而表现出"波峰状"的特征，此外脂肪沉积也常见于肋骨与尾基部顶线处。公马去势可能会导致包皮上的脂肪沉积，而母马则可能会在乳腺周围沉积脂肪。蹄叶炎是最常见的症状。一些接受体检的马匹没有蹄叶炎的既往病史，却常表现出前期症状，如蹄年轮的异常或X线照相检查到第三趾骨扭转等。马蹄叶炎可能继发于采食含大量可溶性碳水化合物的饲粮后，饲粮来源可能是青饲料，也可能是含糖量高的干草或添加物。在春季新的牧草开始生长，或秋季晚上温度低至零下时，上述因素就会导致马蹄叶炎的发生。

除非过度限饲，病马可能不会出现体重减轻的症状；如畜主所述，病马即使仅饲喂少量饲料仍会保持肥胖的体态。发生蹄叶炎会因限制运动量而使肥胖加重。病畜食欲增加，常常会将料槽中的食物采食殆尽。患EMS的母马还会出现不孕和生殖周期异常。

【病理变化】 据记载，常见有体脂沉积增多和蹄叶炎的病变。患EMS的青年马垂体功能正常，但高龄马常并发PPID，其病变与PPID相同。

【诊断】 排除PPID后，EMS的诊断测试应着眼于记录其胰岛素抵抗的情况。肥胖和颈部肿胀的表现尚不足以确诊该病。有必要做详细的采食记录，并对病畜做体检。建立体况指标和颈部周长的基准线，有助于帮助畜主和兽医师评估马匹的治疗效果。即使马匹无蹄叶炎病史，也要仔细检查其足部，包括拍摄第三趾骨的侧面影像。

采食、疼痛和压迫等诸因素均可影响血糖和胰岛素水平，因此，诊断测试时应尽量减少应激。如果马匹患有蹄叶炎，则应推迟检测，待马蹄病情稳定且疼痛减轻时再进行。

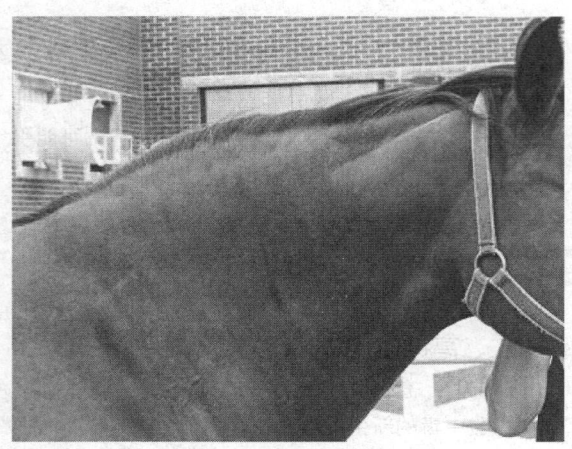

图8-1 马颈部因脂肪过多而肿胀
（由Janice Sojka博士提供）

EMS病马的血糖浓度正常或仅轻度升高。若检测记录到持续的高血糖，则极有可能并发了PPID。由于多种因素影响血糖和胰岛素水平，故单次的血液胰岛素含量检测仅可用于胰岛素抵抗的初步筛查。应在马匹禁食6~8 h后进行胰岛素测定。具体的操作方法为，在检测前一晚的10点仅喂食少量干草，次日早晨采集血样进行检测。若空腹的血液胰岛素浓度大于20 μU/mL，则提示存在胰岛素抵抗现象。

为了证明确实存在胰岛素抵抗，还要评估病马对糖负荷增高的处置能力，常采用口服或静脉注射葡萄糖的耐受试验或葡萄糖与胰岛素联用试验。受胃部延迟排空及血糖吸收水平低下的影响，口服葡萄糖耐受试验的结果不稳定，也不理想。葡萄糖与胰岛素的联用试验能在短时间内提供最多的信息，可作为首选的诊断方法。在检测中可使用手持式血糖仪，既不需要大量血样，又可获得更有价值的血糖动态变化值，而非绝对值。

诊断EMS病马是否发生PPID，通常进行地塞米松抑制试验、多潘立酮反应试验和甲状腺释放激素反应试验。若结果呈阳性，则表明马匹并发了EMS和PPID，这常见于老龄马。EMS病畜并发PPID后，会加剧胰岛素抵抗，因此PPID的检测诊断也很重要。

【治疗与预防】 对EMS的治疗侧重于饲养管理，若日粮调整与训练治疗效果不明显，则需进行药物治疗。日粮调整是病畜体重恢复正常的重要手段。有必要减少日粮中的碳水化合物的含量以降低血糖和胰岛素反应，同时应限制总能量的摄入以控制体重。应停止或大量减少牧草的饲喂。使用放牧口套有助于减少牧草的摄入量。

进行饲料分析可以检测饲料中不饱和碳水化合物（NSC，nonstructural carbohydrate）的含量。淀粉和水溶性碳水化合物的总量即为NSC值。理想的NSC应少于干草干物质含量的10%。推荐将干草浸泡于水中60 min，以减少水溶性碳水化合物的含量，但减少的量极不稳定，因此不能作为生产低NSC饲料的可靠方法。饲料中可额外添加维生素和矿物质，但不能添加能量物质。专门为胰岛素抵抗马匹配制的配合饲料，具有低消化能及低碳水化合物的特点，可直接使用。多种日粮添加剂可提高胰岛素敏感性，如肉桂、铬和镁等，但在试验条件下，尚无添加剂对马有提高胰岛素敏感性的效果。

　　治疗初期，马匹每日的饲喂量应控制在其理想体重的1.5%。如有必要，饲喂量在30 d后可降低至理想体重的1.0%。突然限饲可能会导致高血脂，并且加重胰岛素抵抗。增加马匹的运动量和运动强度，可以加快体重的下降速率。对马匹最有益的训练量尚未知，但较理想的目标是每周进行5个训练单元，每次包括至少30 min的快步和前冲。若能耐受疼痛，患蹄叶炎的马适当行走也有益处。

　　要用体重秤或体重尺来记录体重的下降情况。此外，也可对颈部的厚度和直径进行监控。若增强训练和调整饮食均不能降低其体重，可采用药物疗法。

　　辅以甲状腺素左旋盐治疗，能加快体重下降速度，因此与日粮干涉的方式相结合可提高马匹对胰岛素的敏感性。体重大于350 kg的马匹，按48 mg/d口服给药，较小的马匹和马驹每日口服24 mg。为达到理想的减重效果，治疗周期常在3～6个月，届时超过3～4周后马匹可以不再使用药物。若不同时控制采食量，左旋甲状腺素的治疗也不能缓解其临床症状。

　　通过影响胰岛素信号通路，以及通过抑制糖异生作用和糖原分解作用来降低血糖浓度，二甲双胍能增强胰岛素敏感性。有报道显示，病马每千克体重每日2次口服15 mg的二甲双胍，可明显改善高胰岛素血症。但是，二甲双胍对马匹的长效性和安全性尚未被证实。使用期间，应密切监控血糖含量的变化。若出现低血糖，应立即停用。

　　EMS的预防重点在于维持马的正常体重，尤其是发病风险高的品种。因这些动物的消化能吸收效率高于其他动物，在饲喂过程中要维持其理想的体况评分，不要盲目参照饲喂指南进行喂养。牧草中可溶性碳水化合物含量高的季节，如春季和秋季，将动物转入草场后应特别看护。

第八节　运动与疲劳

　　训练期间的肌肉疲劳会引起肌肉发力能力下降。疲劳发生于亚极量和最高强度的训练时。许多研究探讨了不同强度和不同持续时间的运动导致疲劳的发病机制，但其病因都不单一，因此疲劳的成因通常被认为由多因素引起。在兽医临床实践中，训练中出现疲劳是一种常见病。多种疾病和机体多系统的功能障碍均可导致疲劳，这些原因将在其他章节中予以讨论，本章重点在于探讨健康动物的训练疲劳。

　　高强度或长时间的训练常导致疲劳发生，这种肌力减弱的现象可以视作一种安全保护机制。若机体不出现疲劳，或者疲劳出现的时间大幅度延后，肌细胞和支持组织就会在激烈的训练中出现结构损伤。对动物疲劳的大多数认识来自于马匹，因为马匹的实验室研究相对简单，可使用高速跑步机，并能够对训练过程中其呼吸系统、心血管系统和新陈代谢的情况进行检测，同时也容易对训练前后的肌肉组织进行活检。在这些研究中，疲劳通常被定义为马匹不能或不愿在跑步测试时保持相同的速度，而是每1～2 min就增加速度。高强度劳役时，疲劳与步态变化有关，包括步长增加和频率下降。

　　从生物力学角度讲，疲劳与（神经）肌肉接头控制减弱有关，尤其是运动量高的肢体远端关节，如球节。疲劳肌肉的肌电图研究显示，肌肉收缩延迟与力的合成均减弱，使高负载关节容易损伤。步态和生物力学的改变可能是马运动系统损伤的重要诱因，因此，训练马匹时，应避免因高强度和长时间训练产生疲劳，而导致运动系统的改变。

　　疲劳分为外周疲劳和中枢疲劳两种。外周疲劳是由肌肉功能改变引起的。运动后肌肉代谢研究主要依赖于肌肉活检和下列物质的浓度检测：肌糖原、磷酸肌酸、ATP、ADP、一磷酸肌苷、无机磷酸盐、糖酵解中间产物、质子和其他代谢产物。肌肉疲劳的根本原因是ATP再合成障碍，以及ADP和无机磷酸根离子聚集。中枢疲劳是由CNS信号引起，通过改变运动神经元的动作电位频率，导致运动神经元性能降低。中枢疲劳可继发于疼痛、呼吸困难、劳累感知、低血糖、高热、代谢改变（氨聚集、氨基酸代谢改变）和/或细胞外离子环境改变。然而，中枢疲劳对这些刺激的反应可变性很高。比如，即使有严重高热、脱水和电解质紊乱，一些马仍能持续耐力运动。

一、高强度运动疲劳

　　1. 运动与疲劳能量学　高强度运动时，ATP、磷酸肌酸和糖原进行无氧分解代谢提供能量。动物个体维持这种最高速度运动的时间不会超过30～40 s。此后，动物发生疲劳，运动速度减慢。

　　总体来说，当能量由有氧来源提供时，乳酸产生受限和可用基质（葡萄糖或脂肪酸）的有效利用能延迟疲劳的发生。运动时，有氧和厌氧能量途径的相对贡献，很大程度上取决于所从事运动的持续时间和能量需求。所有的运动，或多或少都有一些有氧和厌氧能量来源。持续20～30 s的剧烈运动（如夸特赛马和灵猩赛犬），90%以上的能量需求由厌氧能源提供；其他需持续数小时的活动（如马、骆驼和犬的耐力赛），90%以上的能量需求由有氧能源提供。据估计，在最大速度持续1～3 min的剧烈运动中，例如标准马和纯种马的比赛，能源供应超过60%是有氧来源。赛马经过这种运动后，肌肉内ATP储量减少20%～50%。不同肌肉组织中ATP的损失量可能差异很大；在一些肌纤维中可以忽略不计，但在另一些肌纤维中，尤其是Ⅱ型肌纤维，却可能大量损失。同样，单次剧烈运动后肌糖原浓度下降约30%，而反复的高强度运动后则下降50%。同理，不同纤维的ATP耗竭程度不同，重度耗竭就可能发生于ⅡB型肌纤维。通过次级强度的运动测试发现，标准马和纯种马优越的比赛性能与血液中氧的高效运输和低浓度的乳酸聚集有关。这表明在运动中利用有氧能量途径的能力强，就能保存有限的厌氧能源。

2. 肌疲劳 剧烈运动时，肌疲劳归因于活跃肌细胞内的各类变化，包括磷酸肌酸和糖原储备的耗竭，ADP和无机磷酸盐的积累，以及乳酸阴离子和质子的蓄积。

包括跨肌膜的细胞内、外钾离子比例改变在内的离子失衡，改变了静息膜电位，降低了肌膜的兴奋性和产生动作电位的能力。兴奋性的降低使肌浆网释放的钙离子减少（是一个耗能过程），结果是肌肉收缩力下降。在剧烈运动过程中，水进入肌细胞，肌细胞内的钾离子浓度降低。结果显示，剧烈运动过程中肌细胞内钙离子的聚集和ATP的消耗，使得肌细胞内钾离子更快地外流，引起钾离子在细胞外液中积聚。这可能会抑制肌膜和T管膜，使肌肉张力下降。

乳酸聚集引起的细胞内酸中毒，被认为是肌肉收缩力和效率降低的原因。然而，体外研究表明，剧烈运动过程中钾离子外流的情况下，细胞内乳酸中毒和氢离子的聚积具有保护效应，以维持肌浆功能和肌力的产生。

肌细胞内ATP的降低与肌肉内乳酸的积累及氨的产生有关。有人推测，血浆中氨的聚集也可能导致疲劳。马体内ADP浓度增加也会导致AMP、一磷酸肌苷、尿囊素、氨和尿酸的累积。跑步显示，剧烈运动时ATP含量的下降与运动后30 min测得的血浆尿酸浓度的增加呈相关性。在跑步试验中，跑步时间长短与运动后尿酸浓度呈相关性。标准马的比赛性能和赛后的尿酸浓度有关，但相关性较低。对马而言，在跑步时输入醋酸铵并不会严重影响发生疲劳的时间。这表明，剧烈运动时，血浆氨水平在疲劳中不发挥作用。

3. 温度调节与疲劳 剧烈运动时疲劳的发生受环境影响。在高温环境中剧烈运动会使疲劳提前发生，是因为机体增加皮肤血流量以调节体温，这是心输出量增加和对运动肌肉的氧供给减少的结果。还有由大脑高温引起的中枢高温效应。高温环境中疲劳提前发生是避免热休克的保护性反应。

相反，由于心输出量的降低被氧释放的增加抵消，低强度长时间运动的体温调节的疲劳多由中枢因素引起。实验室研究表明，大脑灌注量降低，但运输到大脑的氧并不太低；相反，大脑自身温度升高似乎才是激活运动的主要因素。

在持续几小时的运动中，热量主要是产生于有氧的ATP合成过程，而该动物却需要进行体温调节。机体以出汗和/或喘气的方式散热，结果会导致脱水、酸碱和电解质紊乱。这些因素会导致疲劳和衰竭，严重时导致马在长时间运动后休克甚至死亡。长时间运动后的疲劳，也与肌肉糖原、肝糖原储备的耗竭和低血糖有关。即使面临严重的、危及生命的高热和脱水，马也会持续运动，因此马长时间运动后的疲劳研究较困难。

二、长时间运动疲劳

在持续几小时的长时间运动时，有氧ATP合成过程中产生的热量加强动物对体温调节的要求，表现为多汗和/或气喘吁吁以排除体内热量，结果发生脱水、酸碱和电解质紊乱，在马长时间运动后可引起疲劳、衰竭，甚至可能休克而死亡。长时间运动发生的疲劳也可引起肌肉与肝糖原的消耗和低血糖。研究长时间运动发生疲劳的马很困难，因为马在严重的、危及生命的高温和脱水情况下将继续进行运动跑步。

1. 马衰竭综合征 马有时在耐力赛中会出现严重疲劳的临床症状，但对其安静状态下康复的评估方法却较欠缺。持续经过3 d比赛或耐力骑的马，可能出现衰竭并危及生命。长时间运动时，马以汗液的形式每小时丢失10～15 L液体，需要紧急补充液体和电解质，控制高热（直肠温度超过40.5℃）。病马体液的丢失量高于10～20 L；许多情况下还会高达40 L。钠、钾的流失分别为4 000 mmol和1 600 mmol。病马出现沉郁、疲劳、脱水、心率和呼吸频率加快及高热等症状。高热的马应站在阴凉通风处，并不断用冷水浇淋。气候炎热时，在高水平骑术活动中已使用雾扇。对于高热的马来讲，使用极冷的"冰浆"冲洗是更为积极有效的降温方式。口服和静脉注射等渗电解质溶液可治疗脱水。马首次口服给药8 L，如果需要，以后每次4~8 L，每1~2 h 1次。许多商品化的混合电解质可用于口服，不应使用高渗、低渗和碱性溶液。严重病例宜采用静脉注射，每次给药5~10 L/hr，最多可用50 L。大约30 L林格液就能补充流失掉的4 000 mmol体液中的钠离子。

长时间运动时，环境温度和湿度是体液紊乱程度的主要影响因素。为了降低衰竭的可能性，比赛前应充分给水，赛事中和比赛后都应提供补液水。比赛前和比赛中给赛马补充水、电解质和葡萄糖可降低马衰竭综合征的发生率。

2. 过度训练综合征　持续数周的高强度训练可引起一种被称为过度训练综合征的慢性疲劳。长期以来，赛马训练员用"过度训练""泄气""性情乖僻"等词语来形容这种综合征，该病表现为工作性能下降、不能从训练中恢复、数周或数月持续疲劳状态而不能缓解。根据定义，过度训练综合征的症状应在超过2周以上的休息或减少活动后仍持续存在。程度稍轻微的过度训练综合征被称为追突（overreaching），临床症状仍表现为性能下降和疲劳，但在减轻工作负荷后的1~2周内能够康复痊愈。

过度训练综合征首次报道于瑞典竞赛用标准马，病马出现疲劳症状、性能下降，并伴随体重减轻、食欲不振及包括心动过速、紧张、肌肉震颤、出汗和腹泻等生理应激症状。这些马似乎出现一种极端形式的过度训练，表现出红细胞容量过多和肾上腺疲劳，与人的副交感神经系统过度训练相似。

在诱发试验中，研究者复制出了一种温和的过度训练综合征，复制的病例中没有出现任何血容量增加和肾上腺疲劳的迹象。然而，这种综合征伴随着血浆皮质醇的降低，表明过度训练会引起下丘脑-垂体-肾上腺轴的功能失调。最近的研究表明，过度训练的马生长激素活动发生变化。比如正常的生长激素活动节律一夜之间增加，葡萄糖代谢也发生改变。

对马而言，过度训练综合征应有一个或多个生理或心理（行为）征兆，可作为性能持续下降的证据。但是，单一的生理指标不足以用来确认综合征。马可能出现体重减轻、运动时心率加快、血浆皮质醇减少、肌酶或γ-谷氨酰胺转移酶浓度增加等征兆。行为上持续出现过度训练的早期症状。对马进行行为记分有助于及早发现过度训练综合征。

三、疲劳的预防

1. 体能训练　体能训练是减轻疲劳、增强运动能力最有效的方式。对许多生理反应进行训练有助于提高运动能力。氧气运输的最大速率升高，每搏输出

量、肌肉毛细血管密度、血容量和总血红蛋白含量就相应增加。肌细胞发生肥大，线粒体、糖原及与产能有关的酶的浓度就相应提高。

专项运动训练会产生特定的适应性。例如，短跑训练会减少慢肌纤维的比例，耐力训练能增加快肌纤维的氧化能力。短跑训练能调节与剧烈运动相关的离子变化，包括减少血浆中钾离子浓度的增加，延缓疲劳发生。训练也能调节与疲劳相关的钙离子摄入吸收率下降及钙泵活性。

骨骼肌的适应性训练依赖于训练强度。训练强度超过最大摄氧量的80%时，马的快肌纤维和高氧化纤维含量百分比增加，经过锻炼的肌肉缓冲能力可增加8%。但训练强度在最大摄氧量的40%时，并不发生上述反应。测定心率可用于指导训练强度。当摄氧量达到最大摄氧量的80%时，心率约已达到最大心率的90%。马的最大心率范围为每分钟210~240次。为提高肌肉对训练的适应性，应测量马在快、慢运动过程中的心率，再计算出达到最大心率的90%时的运动速度。运动后血浆乳酸含量也可用于衡量训练强度。在跑步训练中，运动强度达到最大摄氧量的80%时，血浆乳酸浓度在4~10 mmol/L范围内。

2. 热身运动　运动前热身能显著延长剧烈运动的赛马发生疲劳的时间。运动前热身能增加肌肉温度，增加摄氧速率（摄氧动力学）和运动中摄氧峰值。热身运动后，剧烈运动初期的氧气不足得到缓解，糖原代谢率降低。不管是低强度（5~10 min，最大摄氧量的50%），中等强度（1 min，最大摄氧量的70%），高强度（1 min，最大摄氧量的115%），还是高低强度结合，效果均相同。这一发现具有重要的实用性，当涉及剧烈运动时，比赛前的热身很可能减少夸特马（适于短距离冲刺）、良种和竞赛用标准马的疲劳。

3. 酸碱平衡、日粮和补水的控制　有研究显示，通过调节运动前的酸碱状态可以延缓剧烈运动过程中的疲劳。曾经一些训练者在比赛前给马饲喂碳酸氢钠，但现在已被比赛管理部门禁止。饲喂碳酸氢钠确实会改变比赛时血液的pH和乳酸浓度，但碱化液对马的性能影响还不确定。在最近的研究中，给予0.6 g/kg的碳酸氢钠对赛马发生疲劳的时间无影响。另外，剧烈运动前使用碳酸氢钠对运动过程中的肌肉代谢没有显著的影响。当灵缇赛犬赛跑距离超过400 m时，0.4 g/kg的碳酸氢钠对比赛时间无明显影响。但使用高剂量可能出现机能增进的效应。马经胃导管按1 g/kg给药时，延长了疲劳发生时间，表明该剂量水平会影响性能。

在人类运动员的耐力赛中，常通过补充能量和水

来控制疲劳。运动前脱水导致马在运动时体核温度更高。肝脏和肌肉中水和糖原浓度不足的动物不宜进行耐力运动。与人相比，马的体重/表面积比较小，因此，马比人更容易在长时间的运动中出现高热。马的体温调节导致体液状态的极度紊乱，运动前补液有助于抑制这些不良反应。运动前通过口服盐水溶液补水可引起运动时血容量增加。研究显示，长时间运动前补水有助于运动时血浆容量的维持，但并不会使体温降低。比赛前，马匹应适应炎热环境，不能适应的马匹运动时体温将会升高，过早出现疲劳。

由于大量进食后至少1 h内血容量会降低，因此在剧烈运动前1～2 h，马不宜大量进食。每4 h少量喂料不会引起血容量变化。剧烈运动时，胃肠道内水容量减少可降低运动时氧的需求量，从而减轻疲劳。赛前减少纤维素的摄入可以减少水容量，因此后肠的重量也相应减轻。但就长时间的运动而言，运动前饲喂是有益的，尤其是高纤维素饲料。因为胃肠道中增加的水是补充汗液丢失的水和电解质的重要储备。饲喂高纤维饲料还能增加自由饮水量。

在马的耐力赛中，葡萄糖的补充对缓解疲劳非常重要。跑步持续时间可通过运动时静脉注射葡萄糖溶液得到延长。已补充葡萄糖的马运动时血浆葡萄糖含量增高，疲劳时血浆乳酸含量和体核温度降低，接受治疗的马血浆容量的下降速度变慢。这些结果表明，在运动时补充葡萄糖可延长马的性能持续时间。这种提高可能的机制包括：可利用的葡萄糖增加，对厌氧能量的依赖性降低，体核温度降低和更好的血容量维持度。

运动前骨骼肌中糖原浓度与短期/强运动和长期运动所致的疲劳均有关。肌糖原损耗引起厌氧能量生成和高强度运动能力下降。在短期或耐力运动前应避免糖原消耗。长期剧烈运动会消耗肌糖原储备，因此马运动后应至少休息48 h再合成糖原。还未见有关将糖直接加入马的正常饲粮中来补充糖原的报道。赛前给标准赛马和纯种赛马补充葡萄糖或其他糖溶液以提高性能的做法尚无科学依据。

饲喂油脂可以提高长时间运动时的性能。耐力训练前，血液游离脂肪酸浓度的增加，可提高低强度运动时脂肪被用作能量的利用率及提高血液葡萄糖浓度。用作能源的脂肪越多，需要呼出的二氧化碳就越少，因此，更多地转向使用脂肪作为燃料可降低运动时的呼吸需求。在低强度的工作时使用贮备葡萄糖和糖原，在需能的高强度运动训练时促进糖酵解，脂肪适应似乎能调节糖酵解代谢。饲料中添加油脂能影响运动代谢和体温调节反应，建议在日粮中添加10%～12%的植物油。

肌酸曾被用于改善马的供能，但尚无证据表明其功效。与对照相比，给马使用一磷酸肌酸每次25 g，每日2次，连用6.5 d，其疲劳时间无明显差异。休息时和运动后补充，对肌肉和血液中一磷酸肌酸浓度也无明显效果。

对雪橇犬的研究表明，维生素E的浓度与运动性能有相关性。赛前体内维生素E浓度越高的犬，越可能完成比赛，在比赛期间因体质差、疲劳及其他因素退赛的可能性就越小。是否是血液中高浓度的维生素E减轻了疲劳还需进一步研究。

4. 恢复 耐力骑后，马的恢复受到补液策略的影响。马在长时间的跑步训练和速尿诱导脱水后，供给生理盐水（NaCl，0.9%）作为初始补液剂，有利于维持其升高的血浆钠浓度，与仅给予清水的马相比，马的体重恢复也更迅速。应训练马饮用生理盐水，尤其是连续几日都有比赛的马，如为期3 d的耐力赛。

第九节 无名热

不管是病畜还是病人，发热就意味着存在感染、炎症、免疫介导或肿瘤性疾病。大多数病例中，病史和体检可揭示发热的原因，或自动退热，或需要进行抗生素治疗。然而，有一小部分患者，发热的原因不明，且持续或反复发热。这些患者被认为患有无名热（FUO，fever of unknown origin）。

在人类医学领域，典型的FUO是指持续2周以上，屡次发热超过38.3℃，3次门诊或连续3 d就诊都没有确诊的疾病。在兽医上，该综合征没有公认的定义，因而很难确认其真正的流行情况。由于诊断技术的进步（如影像技术、实验室诊断），FUO现在的患病率可能比20年前有所降低。

体温调节：下丘脑对体温进行调节。大脑的这一区域充当一个恒温器，使温度尽可能接近正常调定点。下丘脑接受来自外周温度感受器输入的信号，并激活影响产热、散热和吸热的生理和行为活动。

发热是指任何超过正常范围的体温升高。高热是发热的一种特殊形式，散热和吸热平衡调节后，使体温维持在一个更高的下丘脑调定点；因此，高热本质上是一种受调节的发热。在不可调性高热病例中（如热休克、运动性高热、恶性高热、癫痫），体温升高是由异常的、不受调节的散热、吸热和产热引起，下丘脑体温调定点并未改变。依其严重程度，这些情况可能导致体温超过41.1℃。与之不同，真性高热的患者体温一般在39.5～41.1℃。

下丘脑调定点升高可能由外源性致热原引起，包括药物、毒素及病毒或细菌产物（如内毒素），这些致热原称为内生性致热原，由炎性细胞产生，可诱导细胞因子的释放。最终，在下丘脑合成的前列腺素E2导致调定点升高，引起发热。

【病因与发病机制】 FUO可以定义为发热，因其在自限性感染的预期内不能自发退热，做大量的诊断仍未找到病因。对抗生素治疗有反应但不复发的患者，通过病史、身体检查和实验室检查能确认的及能自发退热的患者，均非无名热患者。

感染、免疫介导和肿瘤病史是引起犬FUO最常见的病因。在对101条发热犬的研究中，22%患有免疫介导性疾病，22%患原发性骨髓异常，16%患感染性疾病，9.5%患肿瘤，11.5%患有其他各类疾病，19%患真性FUO。猫的主要病因是传染性疾病，但与犬科动物相比，关于猫科动物病案的报道较少。在马患FUO的系列病例中，43%患有传染性疾病，22%患肿瘤，6.5%患免疫介导疾病，19%包括各类病因，9.5%病因不明。对农畜而言，引起FUO最可能的原因是诸如肺炎、腹膜炎、脓肿、心内膜炎、子宫炎、乳房炎、多发性关节炎、肾盂肾炎的感染性或炎性疾病。

【诊断】 诊断FUO的关键是建立和执行一个系统的检查计划，详细了解引起发热的常见和不常见病因。患者应当被告知：诊断FUO需要很长的时间和相当的耐心，可能需要进行更先进的或更昂贵的诊断性试验。不过，最终能指明发热原因的诊断线索也可能由简单廉价的试验揭示。在一例犬发热的回顾性研究中，X线照相、细胞学、组织或液体中细菌或真菌培养，被认为是最有效的诊断方法。

分层或阶段性的诊断方法有助于选择合适的试验方法。第一阶段应包括病史、体检、眼科和神经功能检查、全血细胞计数（CBC）、纤维蛋白原检查、血清化学分析、尿检和尿液培养、猫白血病病毒和猫免疫缺陷病毒检查（猫），小动物通常还要进行胸片和腹片检查。第二阶段，除重复第一阶段的一些检查（尤其是体检）外，还增加了一些专门的检查。这取决于在第一阶段测试的异常结果，或出于对FUO最常见病因的考虑。此阶段的检查包括血液培养、关节穿刺术、腹部超声、淋巴结穿刺、其他器官或组织团块穿刺取样、体液分析（如体腔液、奶样和生殖道分泌物）、粪便培养、超声心动图（有杂音时）、长骨和关节的X线检查、对比放射照相和血清学检查。第三阶段可能再次重复之前的某些检查，以及增加专项检查。是否增加这些检查也是基于第二阶段的检查结果，若检查结果无异常也要增加。例如，超声心动图（无杂音时）、牙放射照片、骨髓穿刺、支气管镜检查和支气管肺泡灌洗、CSF分析、CT、MRI、腹腔镜检查、胸腔镜检查、活检或探索性疗法。

（1）病史与体检 流行病学应包括对疫苗接种、寄生虫控制和旅行历史等进行调查。应明确对前期药物治疗的反应，以及其他动物或人的发病情况。应向畜主详细询问特定的临床症状，这可能有助于找到发热的病因。还应经常进行体检。

（2）CBC与血清化学分析 FUO患者的CBC和血清化学变化通常是非特异性的，但可为进一步诊断检测提供参考。CBC应该结合血涂片结果，以检测寄生虫或血细胞形态学变化。

（3）尿液培养 不管尿液沉积物外观如何，检查小动物FUO时都应进行这项试验。

（4）X线照相与先进的成像技术 胸片和腹片是早期筛查发热病因的有用方法，根据初步诊断结果，随后可能会考虑使用骨片和对比片。例如，脊髓造影可用以检查背痛。根据早期诊断结果或出于对机体系统的考虑，可采用CT、MRI等先进技术，如MRI对CNS的评估特别有用。

（5）超声波扫描与超声心动图 腹部超声波检查可能发现腹部的发热源，如肿瘤、腹膜炎、胰腺炎或脓肿。超声也可用于胸腔、四肢、眼球后区域的检查。超声心动图用于在早期阶段查出有心脏杂音的FUO患者。这可能有助于检测心内膜炎，尽管心内膜炎的诊断应基于临床症状、心杂音的出现和血培养结果。

（6）骨髓评价 任何有不明原因的CBC异常的患者，均应进行骨髓细胞学和组织学评估。骨髓疾病是小动物FUO的常见病因，因此，这些患者第二阶段的诊断测试中应包括骨髓穿刺。

（7）关节穿刺术 由于免疫介导的多发性关节炎是犬无名热的常见病因，因此，即使关节触诊正常，关节穿刺术也应包括在其第二阶段的诊断试验中。一些患有类固醇应答性脑膜炎-动脉炎的犬，也并发免疫介导性多发性关节炎；因此，脊椎疼痛的犬也应该进行关节穿刺术。普遍认为关节穿刺术是大型动物传染性多发性关节炎的一个重要诊断方法。

（8）脑脊液分析 对于犬的无名热，如果一般检查不能查出发热的病因，建议采集脑脊液，用于细胞学检查、蛋白测定和培养试验。

（9）血液培养 建议对所有不明原因发热的患者进行血液培养。在无菌条件下采用能收集足够血液的技术。如果患者的体格允许，尽量多收集几组血样用作培养，使用适当大小的需氧和厌氧瓶，能提高检查的灵敏度和特异性。

（10）血清学 血清学检查可用于多种传染性疾病和一些免疫介导性疾病的诊断。应根据患者的特征描述、临床症状和流行病学特征选择检查指标。结合疾病的流行情况、疫苗接种史、检测方法的灵敏度和特异性，对检查结果做出分析。在患无名热的小动物中使用免疫面板或自身抗体筛选系统的效果不佳。不管是抗核抗体还是单独的类风湿因子滴度，其灵敏性和特异性都不能满足系统性红斑狼疮或类风湿关节炎的诊断需求。

（11）微生物学、细胞学与组织学　用细针穿刺法可既简单又安全地取得积液、肿块、结节、器官、组织和体液等样品。液体用于细胞学和微生物检查。组织切片制作一般在诊断的第二或第三个阶段，此时已有明显的发热症状或初步诊断结果。获得活组织样品后，应提供足量样品进行病理组织学检查、适当地培养（需氧菌和厌氧菌、真菌、支原体和分支杆菌等）及特殊染色。如果实施探查术，应多点采样。

【治疗】　在一些无名热病例中，尚无特异性的诊断方法或诊断性检测无法继续，却不得不在未确诊的情况下进行治疗。选择的药物包括抗生素、抗真菌剂、消炎和免疫抑制剂（通常用皮质类固醇）。有的试验性治疗可以消除患者的临床症状或证实早期推断，但也有极高的风险。因此，在实施治疗前应告知畜主潜在的风险，并在一段时间内对病畜进行密切监测。治疗试验应基于假定性诊断，并设定应检查的参数和用于判定治疗成功与否的标准。如果患者可能被用于无名热的深入研究，则不应进行治疗试验，因为这可能会影响进一步试验的结果。

在真性发热过程中，体温升高是受调控的，因此，可使用水浴等降温方法以抵抗机体自身的调节机制。发热本身可能是有益的，特别是对传染病。但发热可能会引起厌食、嗜睡和脱水。因此，静脉补液或使用解热药物可能对无名热患者有益。解热药包括NSAID，如阿司匹林、卡洛芬、酮洛芬、美洛昔康（小动物）、氟尼辛葡甲胺和保泰松（大动物）等。

第十节　肝脂沉积症

一、牛脂肪肝

脂肪肝最常见于围产期牛。虽然脂肪肝常被认为是产后疾病，但通常形成于分娩前和分娩过程中。与分娩和泌乳相关的内分泌变化对脂肪肝形成有促进作用，严重病例常出现食欲不振。产犊时过肥的奶牛最可能发生脂肪肝。本病可发生于采食量减少时，或继发于其他疾病。在产犊时发生脂肪肝的奶牛更容易患酮血症。

【病因】　脂肪肝发生于血液中游离脂肪酸（NEFA，nonestesterified fatty acid）浓度上升时。血浆NEFA水平在分娩时升高最显著，其浓度通常在1 000 μEq/L以

上。动物不进食时，血浆中NEFA浓度也可达到这个水平。肝脏吸收的NEFA浓度与血液中NEFA浓度成正比，肝脏中的NEFA可以氧化产能，也可发生酯化。甘油三酯是初级酯化产物，既可以用于存储，也可以作为极低密度脂蛋白的输出。与其他许多动物相比，反刍动物极低密度脂蛋白的输出率非常低。因此，肝NEFA摄取和酯化增加时，甘油三酯发生聚积。NEFA氧化增加导致CO_2和酮体形成，主要是乙酰乙酸和β-羟基丁酸。血糖浓度低时易生成酮体，胰岛素抑制脂肪组织中的脂肪动员，因此能引起血糖和胰岛素降低的因素，也能促进脂肪肝的发生。

分娩时肝脏的甘油三酯显著增多。分娩前后或患病期间采食量的降低程度决定甘油三酯渗入肝细胞的程度。动物禁食24 h内就会发生脂肪肝。由于脂蛋白输出速度缓慢，脂肪肝一旦形成就会持续很长时间。当奶牛的能量达到正平衡时脂肪肝才开始消退，完全消退可能需要数周。

脂肪肝是能量负平衡的结果，而非正平衡的结果。能量消耗超过维持和生产目的所需时，不会直接引起甘油三酯在肝脏的蓄积。只有在动物过度饲喂和采食量降低时，甘油三酯才会发生蓄积。

【临床表现】　奶牛脂肪肝没有特征性临床症状。脂肪肝与产奶量低、乳房炎发生率升高、繁殖性能降低相关，但因果关系尚未确定。甘油三酯蓄积导致的代谢性改变包括糖异生、尿素生成减少，激素清除率和反应性降低。低血糖、高氨血症和内分泌素乱可能继发于脂肪肝。

脂肪肝可能并发于其他被视为分娩时或产后的典型疾病，这些疾病包括子宫炎、乳房炎、真胃变位、酸中毒、低钙血症等。田间试验表明，如果奶牛的肝脏存在广泛的脂肪浸润，则治疗并发症的效果差。产后产奶量和采食量增加慢的奶牛可能患有脂肪肝，但脂肪肝可能是采食量低的结果，而非诱因。患脂肪肝的奶牛更容易发生酮血症，肥胖和卧倒不起的奶牛常伴有脂肪肝。因此，产犊前后采食量下降的过饲奶牛容易发生脂肪肝。虽然过度饲养的牛更容易发生脂肪肝，但并不是只有肥胖的牛才会发生。换言之，肥胖的牛不一定有脂肪肝，正如，肝脏甘油三酯蓄积也不是牛倒地综合征的直接原因。

【诊断】　脂肪肝诊断方法的意义有限，通常在动物食欲废绝或死于其他并发症后才被诊断出患有脂肪肝。一个积极的诊断并不意味着疾病的临床症状是脂肪肝的结果，被诊断为假阳性是很常见的。阳性的诊断结果并不能说明出现的临床症状是由脂肪肝引起的，对阳性结果的误判也较常见。

肝组织活检是确定奶牛脂肪肝严重程度的唯一可

靠方法。有必要使用有机溶剂提取肝脏组织中的总脂或甘油三酯，并采用重量或化学方法进行定量测定；然而，在商业化的实验室里，这些检测方法还没有常规化。利用组织在不同浓度硫酸铜溶液中的浮力特征来估算甘油三酯的含量，此法简单、快速，在临床上可行。

血液和尿液代谢物和血酶活性已被用作诊断指标。血糖浓度低，血液中NEFA和β-羟基丁酸酯浓度高，均有利于脂肪肝的形成。脂肪肝发生时血液中胆固醇浓度通常较低，这可能是肝脏分泌脂蛋白能力受损的反映。谷草转氨酶、鸟氨酸脱羧酶和山梨醇脱氢酶，可能是与脂肪肝和肝功能损害程度呈正相关的肝酶。由于不同动物的基准（正常）浓度差异很大，因此血液代谢物或酶作为脂肪肝的指标往往不可靠。同样，试图通过测量血液磺溴酞消除速率来确定肝功能也缺乏可靠性。

血浆NEFA测量法常用于诊断牛群是否存在患脂肪肝的高风险。血浆NEFA浓度在不同动物个体之间变异大，由于产仔前后血浆NEFA的急剧增加，这种变化也存在于同一动物个体。因此，必须对大量同期分娩的动物进行采样。由于应激会使NEFA迅速增加，在采集血液前应避免刺激动物；样品应使用标准化的程序处理。肝脏中出现甘油三酯蓄积时的血浆NEFA浓度尚不确定，但可能在600 μEq/L或以上。分娩后24～48 h内即可出现如此高的NEFA浓度。然而，只有长时间高于600 μEq/L的浓度才可能导致脂肪肝。即使是在血浆NEFA浓度升高时，初产母牛也不易患脂肪肝。因此，使用血浆NEFA预测脂肪肝时，也应对成年动物进行采样。如要检查一个群体脂肪肝的患病率和严重程度，建议在分娩前1周内测定血浆中游离脂肪酸的浓度。尽管血浆NEFA是反映脂肪动员和肝脏脂质蓄积的直接参数，但分娩后血浆中β-羟基丁酸酯浓度，被认为是评估脂肪肝发生率和严重程度更为准确的指标。

微观评价可用于估计组织中脂肪的体积比。采用这种方法得到的结果与使用化学法测定的脂肪的百分含量相吻合（用组织干重表示）。根据肝细胞中脂肪所占的体积百分比，脂肪肝的严重程度被分为：低于20%，轻度；20%～40%，中度；高于40%时，重度；但这些值与动物生理功能或临床症状的相关性较差。当脂肪含量占肝脏湿重的比例低于10%时，临床上很少见到与脂肪肝相关的症状。超声检查作为另一种无创检查法，正被用于检查脂肪肝的严重程度。

【预防与治疗】 减轻能量负平衡的严重程度和持续时间是预防脂肪肝的关键，可通过避免过度饲喂牛、过快调整日粮结构、提供适口性好的饲料、减少围产期疾病和环境应激来实现。进入干奶期的奶牛群平均体况评分（BCS）应在3～3.5（等级：1为瘦，5为胖）之间。瘦牛（BCS≤2.5），可以在干奶期补充额外的能量以改善其状况，而不必担心会发生脂肪肝。肥胖的牛（BCS≥4.0）不应限饲，因为这会促进脂肪组织的脂肪动员，增加血液NEFA和肝脏中甘油三酯的浓度。

预防脂肪肝的关键时期是牛的脂肪肝高发期，即围产期。对过肥或开始出现厌食的牛应采取预防措施，可以静脉注射葡萄糖或可由肝脏转化为葡萄糖的化合物。产前一周灌服丙二醇（283.5～850.5 g，每日1次），能有效降低血浆NEFA浓度和减轻脂肪肝的严重程度。丙二醇也可混饲，但如果短时间内摄入的剂量不足会降低药效。可以使用较便宜的甘油替代丙二醇。丙酸钠也是葡萄糖前体物，但饲喂后会引起采食量和疗效降低。

由于能引起胰岛素反应，因此葡萄糖或其前体是有效的。胰岛素能对抗脂肪分解，即降低脂肪组织的脂肪动员。可使用缓释胰岛素化合物预防脂肪肝，产后立即给药，一次性肌内注射100 IU能维持24 h。高于该剂量可能会引起严重的低血糖，必须同时使用葡萄糖。胰高血糖素刺激糖原分解、糖异生和胰岛素的产生。与非反刍动物不同，胰高血糖素在反刍动物体内的脂解作用可忽略不计。胰高血糖素（10 mg/d，静脉注射，连用14 d）可有效减少肝脏的甘油三酯含量，尚未建立一个使用胰高血糖素预防脂肪肝的更实用的方案。烟酸是一种抗脂解剂，可能具有预防脂肪肝的潜力，但证据表明，给患有脂肪肝的动物补充烟酸没有疗效。

使应激最小化也是预防脂肪肝的重要措施。应避免环境的突然改变，例如，饲料、圈舍、温度、牛群等的变化，可能导致采食量减少，并导致儿茶酚胺介导的脂肪动员增加。

除了长期静脉注射胰高血糖素外，迄今尚无治疗脂肪肝的有效方法。反复静脉推注500 mL 50%右旋葡萄糖常用于奶牛，可配合使用丙二醇，250 mL口服，每日2次。在临床上使用40 g/h的速率连续静脉滴注右旋糖，可使血浆葡萄糖浓度提高到100～150 mg/dL，且不会超过肾糖阈。虽然这种方法能有效地抑制脂肪分解和酮体生成，但治疗引起的高血糖可能对采食量产生负面影响。因此，最好在2～3 d之后不断降低注射剂量，并确定减少葡萄糖供应后，该动物是否能够维持正常血糖浓度。

虽然具有潜在的脂解作用，但糖皮质激素使用在奶牛脂肪肝上存在争议。最近的文献表明，短期使用地塞米松治疗奶牛不会引起脂肪分解，但会促进糖异生，并能提高采食量。糖皮质激素通过降低乳腺对葡萄糖的摄取以减少牛奶中的能量。

从理论上讲，有效的治疗方法应该是促进脂蛋白甘油三酯转运出肝脏。然而，尚未证实用于非反刍动物的抗脂肪肝药物对反刍动物是否有效。静脉注射胆碱、肌醇、蛋氨酸、维生素B$_{12}$等是常用方法，但目前的科学数据尚不能支持其使用。这些药物口服无效，因为在瘤胃中其药效会降低。本质上，治疗方法与预防方法相同，原则是要避免能量负平衡及减少脂肪动员。一旦建立了能量正平衡，肝脏甘油三酯的含量就能在7～10 d内显著降低。

二、母牛妊娠毒血症

奶牛妊娠毒血症的发生情况与小型反刍动物具有相似性，是妊娠期的后3个月胎儿对碳水化合物或能量需求超过了母体供给能力的结果。其病因包括巨型胎儿或多胎，日粮低能量或低蛋白，以及因能量需求增大或营养物质摄取能力降低（如跛行和口腔疾病）所致的体况下降。胎儿胎盘个体使用碳水化合物来产生能量，并以不依赖胰岛素的方式从血液中摄取这些化合物。当这种需求超过母体的承受能力时，脂肪组织就被动员以产生乙酸盐或酮体来供能，以降低母体其他组织对碳水化合物的消耗。但脂肪代谢只能产生少部分新的碳水化合物（由甘油合成）。酮病时，病牛可通过减少奶产量来调节能量负平衡，而妊娠期的胎儿对营养的需求在逐渐增加，因此妊娠毒血症比酮病更为严重。

虽然发病机制尚不清楚，但在一些奶牛伴随着能量和碳水化合物负平衡的临床疾病却时有发生。临床上这种疾病的诱因包括间歇性低血糖所致的葡萄糖不足，代谢性酸中毒或食欲不振所致的酮体蓄积及因继发性感染和毒血症而致的胎儿死亡。一些品种表现为个别奶牛发病，但对肉牛来说，密集管理方式可导致妊娠后期同时出现饲料利用率低下的现象，因此更容易群体发病。瘦弱的和肥胖的奶牛都可发病，首先出现的异常是在1～2周内奶牛的体况下降，常见症状包括食欲不振、反刍次数减少、排泄量减少及舔鼻次数减少。随时间推移，患病奶牛发展至重度的精神沉郁、虚弱、共济失调或喜卧。在后期可能出现角弓反张、癫痫或昏迷。在疾病的早期，最特征的表现是出现酮尿，而正常的妊娠母畜在生产前几日才会出现轻度的酮尿。低血糖也很常见，但是兴奋或癫痫发作的奶牛可能会出现高血糖。对于许多重症牛来说，其血清肌酶或肝酶的活性会有不同程度地升高，此外还可出现一系列临床病理学变化，包括感染、代谢性酸中毒、内脏器官功能障碍或衰竭、循环衰竭等。尸体剖

检时，常发现巨大胎儿或多胎妊娠的病牛发生脂肪肝；也见有肌肉的压迫性坏死及毒血症病变。

早期确诊是成功治愈该病的先决条件。在妊娠后期奶牛所患的疾病中，妊娠毒血症是必须要考虑的因素，并且也有一些鉴别诊断方法。对体重下降但仍在进食的牛，可以通过饲喂浓缩剂或丙二醇（每日0.5～1 g/kg）来控制。应积极治疗食欲废绝的牛，因为能量摄入量的下降会使疾病进展迅速。可强制饲喂丙二醇或静脉注射葡萄糖（0.5 g/kg）。对已出现脱水、器官功能障碍或酸中毒的牛需要补充大量的电解质溶液（20～60 L/d，口服或静脉注射）；如果有条件进行静脉输液，则建议持续滴注葡萄糖（5%）。在注射葡萄糖后，应给予精蛋白锌胰岛素（200 IU，皮下注射，每48 h 1次），以抑制体内的生酮作用。然而在美国，胰岛素禁用于牛。躺卧的牛可得益于良好的护理，但其治疗效果不佳。为了降低妊娠毒血症患牛的能量流失，应考虑用流产或剖宫产的方法来移除胎儿。

在群体水平上，通过加强妊娠后期牛的营养及卫生护理来预防该病的发生。对个别牛来说，尤其在疾病或其他应激情况下，通过仔细监测能量摄取、身体姿态和脂肪动员情况，可识别能量和碳水化合物平衡的不稳定状态。

三、母羊妊娠毒血症

母羊妊娠毒血症（双羔病，绵羊妊娠性酮病，母羊昏睡病）是母羊妊娠后期的一种疾病，以食欲废绝和神经系统机能紊乱为特征，可发展至卧地不起甚至死亡。该病多见于老龄或怀有多胎的母羊。初次妊娠的后备羔羊或青年羊，几乎从未发生过妊娠毒血症。

【流行病学与发病机制】 妊娠毒血症最主要的诱因是妊娠后期母畜的营养不足，通常是由于定量供给饲料的能量不足和因胎儿生长造成母畜瘤胃的消化能力降低所致。在妊娠的后4周，代谢能的需求会显著上升。例如，孕育双羔的母羊需要的能量和蛋白质比维持自身需要多1.8～1.9倍。

在妊娠后期，母羊的肝脏会加强糖异生作用，以利于胎儿对葡萄糖的利用。在妊娠后期，每个胎儿每日需要30～40 g的葡萄糖，这就意味着母羊需要提供更多葡萄糖，且会优先供给胎儿而非自身。为了适应胎儿发育的需求和为即将来临的哺乳做准备，在妊娠后期，机体会增强储备脂肪的动员，以保证能量供应。然而，在能量不平衡的情况下，这种动员的增强则可能会超过肝脏的能力，导致肝脏的脂肪沉积，从而导致肝脏功能下降。另外，孕有双羔的母羊似乎更

难产生葡萄糖及清除酮体，因此患妊娠毒血症的易感性增加。

即使采食量充足、体况良好的母羊也有发病的可能，但体状较差（BCS评分≤2.0）或过度肥育羊（BCS评分≥4.0）并育有一个以上胎儿的母羊患妊娠毒血症的风险显然更高。易感瘦羊发生酮病的原因是长期饲料不足，其能量供应无法满足胎儿日益增长的能量需求时，母羊动员大量的体内脂肪，导致酮体的产生和肝脏脂肪的过度沉积。过肥的母羊可能会食欲不佳，脂肪动员太快而超过肝脏的承受能力时，同样会造成肝脏的脂肪沉积。另外，在营养不充足时，胰岛素产生不敏感的羊群也容易发病。如果因为环境恶劣、运输、保定剪毛、预防用药或伴发病（腐蹄病，肺炎等）等导致母羊的采食量骤降时，亚临床酮病就可迅速转变为临床妊娠酮病。这些妊娠酮病的差异被称为原发性妊娠毒血症（瘦弱的母羊和营养不良）、肥胖母羊酮血症和继发性妊娠毒血症（感染其他疾病的母羊）。

【临床表现】 善于观察的牧羊者会发现该病的早期临床征兆。多数酮病案例都发生在产羔前的1~3周。在妊娠的140 d之前患病常与更严重的疾病有关，且死亡的风险增加。采食欲下降，尤其是对谷物的消耗量降低，是患病前兆。母羊可能也会表现出无精打采、盲目行走、肌肉颤搐或轻微的肌肉震颤、角弓反张、磨牙，随病程发展（通常超过2~4 d），进而出现失明、共济失调，最终胸部着地躺卧、昏迷和死亡。脑低血糖伴随着酮病，酮酸中毒及肝肾功能降低，会导致临床症状的出现和胎儿死亡。血糖水平恢复到正常水平或在后期反常升高，可能预示胎儿死亡。胎儿死亡后，母羊会发生败血症。

【病理变化】 剖检病变包括程度不同的脂肪肝、肾上腺肿大，通常也会包括呈腐败状态的多胎儿，这些呈腐败状态的多胎儿在母羊生前已经死亡。极度瘦弱的母羊可能会表现出极度饥饿所致的情况（如心脏和肾脏脂肪的浆液性萎缩）。然而，这些表现并非死于妊娠毒血症的特征性病变。尸体剖检得到的房水和脑脊液的样品，可以用来做羟基丁酸（BHB）分析。当其含量分别大于2.5和0.5 mmol/L时，就能确诊为妊娠毒血症。

【诊断】 实验室检查发现个别母羊可能伴随有低糖血症（通常小于2 mmol/L）、尿酮水平升高（用商业定性药片试验来检测）、羟基丁酸水平升高（正常值小于0.8 mmol/L，亚临床酮病时大于0.8 mmol/L，临床酮病时大于3.0 mmol/L），偶尔也会出现低钙血症。低血糖并非特征性症状，超过40%的病例血糖水平正常，超过20%的病例有高糖血症。若需进一步确诊，

脑脊液中的血糖水平可能比血液中的更加准确；胎儿死亡的晚期病例，血糖水平恢复时，该值仍保持在低水平状态。相对于血糖水平来说，羟基丁酸是评定疾病严重程度的更可靠的指标。NEFA的水平也可超过0.4 mmol/L，预示肝脏的脂肪沉积，并可能导致肝脏功能受损。

在妊娠毒血症的病例中，低钙血症也很常见，如怀疑妊娠后期的躺卧母羊患病，应考虑检查血钙。低镁血症也在妊娠酮病中常见，还可作为临产中枢神经系统疾病的鉴别诊断。其他的中枢神经系统疾病包括脑灰质软化病、软肾病、狂犬病、铅中毒、慢性酮中毒和李斯特菌病，可通过临床和实验室检查进行鉴别诊断。

【治疗】 晚期妊娠毒血症通常没有治疗价值。如果一只母羊昏迷，就应集中治疗剩下的羊群。但是，如果患病母羊或羊羔很有价值，那么积极的治疗方案就是针对性纠正酸中毒和低糖血症。治疗前，先要判断胎儿是否存活（如实时或多普勒超声检查）。如果胎儿存活，且预产期在3d之内（妊娠期147 d），可考虑施行紧急剖宫产术，但经济价值不大；如果胎儿死亡，或剖宫产不能使胎龄太小的胎儿存活，对母羊应激较小的做法是用地塞米松（15~20 mg，静脉或肌内注射）诱导流产。如果预测胎儿死亡，可以使用预防性抗生素（通常是普鲁卡因青霉素G，20 000 IU/kg，每日1次）。

低糖血症的治疗方法是：先单独静脉注射60~100 mL 50%的葡萄糖液，然后再注用5%葡萄糖液配置的平衡电解质液。静脉滴注低渗葡萄糖液具有抗利尿作用，但在生产临床上不实用。应避免反复静脉推注葡萄糖，这样会产生胰岛素抵抗效应。可同时给予胰岛素（20~40 IU肌内注射精蛋白锌胰岛素，隔日1次）。如未检测血液生化指标，可皮下注射50~100 mL商品化葡萄糖酸钙或硼葡萄糖酸钙溶液。如果血液生化证明血钙含量低，可以缓慢静脉推注约50 mL的商业化钙溶液，同时做心脏功能监测。因为血清钾水平也常降低，还要口服给予氯化钾。试验表明，使用牛的重组生长激素进行治疗的牛比未经治疗的临床恢复期短（分别为6.5 d和7.8 d）。积极的治疗及护理可能治愈此病，但死亡率还是常常超过40%。考虑到费用问题，进行治疗前应告知畜主各种预后的可能性。

在患病早期，丙二醇（60 mL，每日2次，连用3 d）可治愈病羊。口服钙（12.5 g乳酸钙）和钾（7.5 g氯化钾），皮下注射胰岛素（0.4 IU/kg，每日1次）可以提高存活率。还可用胃管给予含葡萄糖的商用口服幼畜电解质溶液3~4 L，每日4次，或灌服浓缩液。

应全面纠正诱因（如营养、畜舍和其他的应激物），加强饲养管理（如适当的饲槽间隔、饲喂次数和避免恶劣天气的影响）。

为评估羊群中其他羊的发病风险，可采集妊娠后期母羊的样品进行羟基丁酸水平的测定。通常抽检10～20只母羊（妊娠羊群的3%～20%），根据检测平均值判断羊群的发病风险：正常（低风险）0～0.7 mmol/L；中度的营养不良（中度风险）0.8～1.6 mmol/L；严重的营养不良（高风险）1.7～3.0 mmol/L。要对其他的疾病，如传染性腐蹄病进行治疗。对食欲不良的母羊，应隔离进行人工饲喂，但要让母羊看到羊群以保持心理舒适。

【预防】 加强饲养管理，保证日粮品质，使母羊的体况评分BCS大于2.5，否则难以维持最后6周的妊娠。在妊娠期的后6周，应在日粮中加入谷物作为碳水化合物的来源，以保证多胎母羊的健康，添加量取决于饲料的质量、母羊体重及身体状况，和胎儿的数量。还要提供平衡的蛋白质，以利于瘤胃微生物对碳水化合物的最佳分解利用度。

在母羊的繁殖和妊娠中期，饲养者应及时进行体况评分，以便将瘦弱的母羊筛选出来单独饲养。如果用实时超声波检测出胎儿的数量，则可根据胎儿数量对母羊进行管理。饲喂双胎母羊和双胎瘦羊的方法简便，只需额外添加能量以满足母体和羔羊的生长需要。可将多产品种、三胎羊和双胎瘦弱母羊放在一起饲养。在小型羊场偶见有过肥的母羊。因肥胖的母羊治疗效果不佳，故要通过恰当的饲养管理来防患于未然。但是，妊娠后期又不宜降低BCS水平。血清羟基丁酸水平的筛选检测试，可用于评估羊群患妊娠毒血症的风险。如果羊群的羟基丁酸值在大于0.80～3.0 mmol/L的范围内波动，就要尽快调整饲养管理以避免临床发病。

大量的近期研究证明，对围产期母羊使用离子载体类药物，首选莫能菌素，可预防亚临床酮病和早期的产后病。离子载体类药物通过改变瘤胃菌群来提高饲料转化率和丙酸生成率，进而提高糖异生作用。有证据表明，莫能菌素对妊娠后期的母羊有益，可提高饲料转化率，减少采食量。在妊娠后期接受治疗的母羊仍有血清羟基丁酸含量较低的现象，但不影响羔羊的初生重。拉沙里菌素也具有相似的疗效，治疗后羊群的采食量下降，但羔羊的存活率升高。还需要进一步研究评估这两种药物在预防多产母羊妊娠毒血症上的效果。

第十一节　奶牛酮病

奶牛酮病（牛酮血症、酮血症）是成年奶牛的一种常见病，哺乳早期的奶牛易发病，临床症状以采食量减少和精神沉郁为特征。与妊娠后期的母羊易患妊娠毒血症不同的是，奶牛在妊娠后期很少发生酮病。除了食欲不振外，还出现神经机能的异常，包括异食癖、反常的舔舐、共济失调和异常步态、吼叫、偶见攻击性增强。酮病广泛发生于世界各地，但在追求高的生产性能和集中繁养的奶牛场中发病率更高。

【病因与发病机制】 奶牛酮病的发病机制尚不完全清楚，但已明确的是，同时出现高强度的脂肪动员和高水平葡萄糖需求才会发病。这两种情况均见于哺乳早期，此时，能量负平衡导致脂肪动员，牛奶合成又增加了葡萄糖需求。脂肪动员伴随着血清NEFA浓度的升高。在高强度的糖异生作用期间，肝脏中大部分的血清NEFA被直接用于酮体的合成。因此，酮病的临床病理学的特征包括：血清NEFA和酮体的浓度升高及葡萄糖浓度降低。与其他品种不同的是，高酮血症的牛不伴发酸血症。血清中的酮体是丙酮、乙酰乙酸和β-羟丁酸（BHB）。

据推测，产后发生的酮病与接近产奶高峰期发生的酮病比较，其发病机制有微小的差别。产后酮病往往被描述为Ⅱ型酮病。在泌乳早期发生的酮病通常伴有脂肪肝。牛脂肪肝和酮病的发生或多或少都与高强度的脂肪动员有关。临近产奶高峰期，通常在产后4～6周发生的酮病，称为Ⅰ型酮病，其主要的发病机制不是过度的脂肪动员，而与营养不良患牛的糖异生作用前体缺乏有关。

临床症状的确切发病机制还不清楚，似乎与葡萄糖或酮体的血清浓度无直接关系，有推测认为可能与酮体代谢物的产生有关。

【流行病学】 所有泌乳早期的奶牛（前6周）都有患酮病的风险。在哺乳的前60 d，发病率为7%～14%，但个别牛群的发病率可能超过14%。酮病发病高峰期是在哺乳期的前两周。不同牛群哺乳期的发病率差异很大，最高可接近100%。酮病的发生与奶牛品种无关，也无遗传倾向，不同产次的奶牛均可发病（虽然初产奶牛似乎较少发生）。与体况评分较低的奶牛相比，体内储存过多脂肪的奶牛（体况指数≥3.75，满分5分）在产犊时患酮病的风险更高。与血清β-羟丁酸浓度较低的奶牛相比，亚临床酮病奶牛发展为临床酮病的概率要更高。

【临床表现】 舍饲奶牛酮病的先兆通常是采食量的降低。如果日粮由几部分组成，那么患酮病的奶牛在拒采食草料之前常会先拒采食谷物。在群体饲喂的牛群中，其先兆症状通常表现为产奶量下降、嗜睡及腹部"空虚"。在体检时，奶牛不发热，但可能有轻度的脱水。瘤胃蠕动可变，在一些案例中蠕动增强，在另一些病例中则活动减弱。在少数病例中还出现中枢神经系统失调，包括反常的舔舐和咀嚼，如奶牛有时会不停地咀嚼管线或其他物体。偶尔出现攻击性、吼叫、共济失调和步态异常。这些症状仅见于少数病例，但因为该病太常见，出现这些症状的动物并不少见。

【诊断】 酮病的临床诊断依据诱因（哺乳早期）、临床症状、尿液或牛奶中的酮体水平。当诊断为酮病后，应进行全面体检，因为酮病通常会伴发有其他的围产期疾病。最常见的并发症包括真胃异位、胎衣不下和子宫炎。也要与狂犬病和其他的中枢神经系统疾病鉴别诊断。

配对检测奶牛尿液和乳汁中的酮体对诊断非常关键。大多数商用试剂盒均能检测出乳汁和尿液中存在的乙酰乙酸盐或丙酮。纤维素试纸试验使用方便，但只适用于检测尿液中的乙酰乙酸盐或丙酮，并不适用于乳汁的检测。这些检测都是根据颜色的特殊变化来判断结果。检测中要严格按照试剂说明采取合适的彩色显影时间。监测人类糖尿病患者血液中酮体水平的手提式仪表，可以定量检测奶牛血液、尿液或者乳汁中β-羟丁酸的浓度，也可用于酮病的临床诊断。

通常，病畜尿液中酮体的浓度都高于乳中酮体的浓度。若尿液呈弱阳性的酮体反应，并不能诊断为临床型酮病。若未出现食欲降低等临床症状，则表明动物可能患有亚临床酮病。乳汁中酮体和乙酰乙酸的检验比尿液中的检验更具特异性。乳汁乙酰乙酸和/或丙酮的阳性反应通常表明动物患有临床酮病。乳汁中β-羟丁酸的浓度可通过购买的纤维素性试纸或上述提到的电子装置来检测。乳汁中β-羟丁酸的浓度通常都高于乙酰乙酸或丙酮，所以检测乳汁中的β-羟丁酸比检测后期酮体更灵敏。

【治疗】 治疗原则是恢复正常的血糖浓度和降低血清中酮体的浓度。静脉注射500 mL葡萄糖溶液（50%）是最普遍的疗法。这种高渗溶液如果注射到血管外将会导致严重的组织肿胀并造成严重的刺激，因此，静脉注射时要十分谨慎。葡萄糖注射疗法通常可以使动物很快恢复，尤其是对临近产乳高峰期发病的病例（Ⅰ型酮病），但其疗效短暂且易复发。地塞米松或者醋酸异氟泼尼龙等糖皮质激素以单剂量5~20 mg肌内注射，通常会产生更持久的疗效。必要时，每日都可重复使用葡萄糖和糖皮质激素。作为葡萄糖前体的丙二醇（一次口服250~400 g）对于酮病的治疗可能有效，尤其是对于轻度患病的案例，或与其他疗法联合使用。每日可服用2次，服用过量会导致中枢神经系统抑制。

产犊后两周内发生的酮病（Ⅱ型酮病）通常比在临近泌乳高峰期发病的更难治疗。每日肌内注射150~200 IU的长效胰岛素制剂，对治疗此类酮病有效。胰岛素可以抑制脂肪动员和生酮作用，所以应与葡萄糖或糖皮质激素联合应用以预防低血糖症。以这种方式使用胰岛素是标签中未注明的，未经批准的应用。难治性酮病案例的其他有效治疗方法是连续的葡萄糖静脉注射和管饲。

【预防与控制】 可以通过营养管理来预防酮病。在泌乳后期，奶牛越来越肥胖时，就应严格控制其体况。在干乳期才降低体况评分就太迟了。在此期降低体况甚至会起到相反的作用，导致产前脂肪过度动员。预防酮病的关键方法是维持并提高饲料的摄取量。在妊娠后3周，奶牛的饲料消耗量有减少的趋势。营养管理旨在降低上述趋势。但对于这个时期奶牛的最佳饮食特点仍存有争议。可能对处于妊娠后3周的奶牛来说，日粮中最佳能量和纤维浓度在各个牛场有所不同。妊娠后期，应监控饲料的摄取，并且日粮的定量供给应与最大化干物质和能量消耗相适应。产犊后，应该快速提升采食量，并且持续提高饲料和能量消耗。日粮中应含有高浓度的非纤维素碳水化合物，且要含充足的纤维以维持瘤胃的正常功能和采食率。中性洗涤纤维浓度通常应保持在28%~30%，而非纤维性碳水化合物的浓度通常保持在38%~41%。日粮颗粒大小会影响碳水化合物的最佳比例。一些饲料添加剂，包括尼克酸、丙酸钙、丙酸钠、丙二醇和保护瘤胃的胆碱，可能会对预防和管理酮病起到重要作用。为了更有效地治疗，最好在妊娠的后3周及酮病敏感期饲喂上述添加剂。在一些国家，莫能菌素被批准用于预防亚临床酮病及和它相关的疾病，建议给药剂量为每日每头牛200~300 mg。

亚临床酮病

亚临床酮病被定义为是一种血清中含有高浓度酮体，但无明显临床症状的疾病。亚临床酮病的奶牛比血清酮体浓度正常的动物更容易患临床酮病和真胃变位。此外，病牛会出现产乳量减少的现象。测定血清中β-羟丁酸浓度是检测和监控亚临床酮病的最好方法，上述提到的牛的侧面检测法，在检测亚临床病例血清中β-羟丁酸浓度的升高时不够灵敏，也不具特异性。血清浓度的检测可用传统的临床实验室检验方法——分光光度法。血液或血清样品中β-羟丁酸的浓度是很稳定的，因此，在把样本运送到化验室的途中，无须严格的样本前处理。然而，这种检验对溶血反应敏感，因此在采集样品时应避免溶血，且在送往检验室之前应把血清从血凝块中分离出来。

除了实验室分光光度法之外，用于监控糖尿病患者血清中酮体浓度的手持仪器，也可用来监测奶牛的亚临床酮病。此仪器是测定全血中（而非血清中）的β-羟丁酸浓度，所以在牛场检测时更具有实用性。

全血的β-羟丁酸浓度非常接近血清中的浓度，因此不管是手持仪器检测还是实验室检验，所获得的分析结果是相似的。

亚临床酮病的诊断需要确定一个患有亚临床酮病奶牛的酮体浓度。浓度为1 000~1 400 μM（10.4~14.6 mg/dL）是可用的，且1 400 μM是最常用的。牛群酮体的检测应在泌乳期的头60 d，且至少要检测12头奶牛。如果亚临床酮病的患病率大于10%，应该考虑牛群出现的问题及其原因，并迅速了解营养管理水平。

第十二节　恶性高热

恶性高热（猪应激综合征）是一种骨骼肌代谢旺盛综合征，临床上以体温过高、心动过速、呼吸急速、耗氧量增加、发绀、心肌节律不齐、代谢性酸中毒、呼吸性酸中毒、肌肉僵直、动脉压不稳和死亡为特征。也可能会出现电解质异常、肌红蛋白尿、肌酸激酶升高、血液凝固能力受损、肾衰竭和肺气肿等症状。恶性高热最初被认为是人类的致命性综合征，但把发生在猪身上的这种病称为猪应激综合征。恶性高热常发生于猪，据报道也发生于犬（尤其是赛犬）、猫和马。

人的恶性高热是一种可遗传性疾病。人类患者必须填写关于前驱麻醉家庭史的调查问卷，回答关于不明原因的麻醉死亡问题，患病动物也应记录此类病史。另外，当出现恶性高热的疑似病例时，兽医应及时告知动物主人和饲养者。然而，在没有任何家族史的情况下也可能偶尔发生恶性高热。多数情况下，恶性高热都发生于前驱麻醉过程之后，但因症状轻微未被发现，所以这种综合征就未被怀疑或者诊断出。

许多品种的猪都有应激综合征的报道。不同品种的患病率不同，有些种群的患病率大于90%。在诸如皮特兰猪、波中猪、长白猪、杜洛克猪和大白猪等瘦肉型猪品种中的发病率更高。据报道，商品猪的死亡率达3.2%，易感品种的死亡率更高。

【病因】 常染色体隐性基因外显率的可变性，决定着对恶性高热的易感性。突变基因位于控制钙离子释放通道（兰尼碱受体）的骨骼肌肌质网C到T过渡基因之间。控制肌细胞钙离子的流失被认为是诱发恶性高热的最主要原因。遗传上易感动物常在连续的兴奋、恐惧、运动或环境应激情况下发病。在猪身上尤为明显，但运动引起的恶性高热在犬中也有报道，这就提示犬也有应激综合征。接触吸入麻醉药或去极化神经肌肉阻断剂，将会持续诱发易感动物发生恶性高热综合征。所以，对麻醉药氟烷的详尽检测，可作为一种筛选麻醉剂的方法。

在受到攻击或者应激后，过敏的兰尼碱受体会使骨骼肌肌浆内的钙离子增多。不受控制且持续升高的肌质钙离子浓度会直接导致肌肉痉挛和代谢亢进。当肌肉挛缩所需能量超过机体供应的能量时，骨骼肌中的ATP就会被消耗。需氧和厌氧代谢的提高，会导致过量二氧化碳和乳酸代谢物的产生，而生热作用和末梢血管收缩则会提高体核温度。随着恶性高热病情的发展，并伴随温度升高、酸中毒和ATP的消耗，最终会导致横纹肌溶解。肌质酶和电解质从细胞中释放，额外的钙离子会进入肌质中。挛缩后的能量需求进一步增加，并且由于温度和酸碱度的改变，肌质钙离子水平进一步不可控的升高。由于血清钾离子水平升高，导致心律失常和心脏骤停而致死。

【临床表现】 临床症状的发展速度各异。临床症状包括肌肉僵硬或由肌束震颤发展到肌肉僵直。在疾病的发展早期会出现心室性心搏过速的现象，此现象会持续到血清中钾离子水平可使心脏中毒的时期。被麻醉动物张口呼吸、呼吸急促、过度呼吸，并有可能发展为窒息。肤色较浅的动物在发绀后皮肤会出现苍白及红斑。身体的中心体温会迅速升高，死前可高达45℃。对于麻醉动物来说，结合型二氧化碳迅速减少，触诊呼出气很热。在麻醉过程中常出现体温偏低的现象，因此，检测到体温过高，同时伴有心动过速和呼吸急促，是诊断该病的重要指征。该病通常是致命的。在死后的几分钟内会发生肌肉僵直，且肌肉温度会显著升高。因患病而死亡的动物肌肉颜色异常苍白且质地柔软，表面有渗出性或者湿润性物质渗出。柔软的渗出性肌肉苍白综合征通常与恶性高热有一定的关系。

【诊断】 基于动物是在接触了挥发性麻醉药和/或应激后才出现临床症状的特点，可做出临床诊断。根据该病的急性发病与应激原间的关系，可将恶性高热与其他致命性疾病相区分。有许多实验室检测方法可鉴定易感动物恶性高热病，但尚无在紧急时刻快速诊断恶性高热病的方法。许多筛选试验在鉴定恶性高热病易感动物或携带者时缺乏灵敏性和特异性。咖啡因挛缩检验是体外检测抽取的肌肉组织对咖啡因和氟烷的反应。相对于正常的肌肉来说，来自于恶性高热易感动物的肌肉接触较低浓度的咖啡因和氟烷就会发生收缩。该方法在动物中的应用较局限，因为需要特殊的试验设备，且获取的样品需在几分钟内完成检测。已研发出一种专门的恶性高热基因的分子基因检测方法。该方法提取少量的抗凝血样本进行DNA碱基的检测，以测定兰尼碱受体基因的突变，可以区分出对恶性高热病具有抵抗性的纯合子动物、易感恶性高热动物及杂合子的携带者。有报道指出，预测纯合子和杂合子恶性高热基因比氟烷激发试验更加精确。

【治疗】 恶性高热病常见于麻醉晚期。在麻醉期间，为了保证良好的效果，早期的检测必不可少。一旦发病，要立即停止给予挥发性麻醉药，要更换呼吸管和二氧化碳罐，并静脉注射4～5 mg/kg的丹曲林钠。在疾病早期就应注射丹曲林钠，因为随着疾病的发展，肌肉的血液流速会显著下降。必要时应额外注射丹曲林钠。辅助疗法包括液体疗法、通过辅助呼吸和给予碳酸氢钠来控制酸中毒。可以通过体表降温和/或冰冻的生理盐水清洗来降低过高的中心体温。在北方，如果冬天发现恶性高热麻醉病例，将其转移到户外雪堆旁可能是一种急救方法。其他治疗方法包括吸入足够的氧气，以及针对心脏节律不齐的治疗。

【控制】 需要采用基因筛选法来降低猪群恶性高热病的流行。随着DNA测序技术的发展，可对易感恶性高热动物或携带者进行淘汰。加强管理和减少应激能预防恶性高热病的发生。如果要对有恶性高热耐过病史或疑似易感动物进行麻醉和手术，应在麻醉前1～2 d给予口服3～5 mg/kg的丹曲林钠。麻醉前给药可以联合使用安定药和阿片类药物，用异丙酚进行诱导麻醉。乙酰丙嗪可抑制恶性高热病的发展，据现有报道，异丙酚也不会引起此类综合征。必须避免使用挥发性麻醉剂。二氧化碳罐必须洁净，且应使用新的吸收剂、呼吸环流系统和气管内导管。可选择用一个半敞开式的系统来运送氧气。氨基化合物局部麻醉剂对易感的恶性高热动物是安全的。最后，麻醉过程必须尽量短，因为恶性高热常发生于麻醉1 h后。上述方法都有助于降低恶性高热的发病概率，但不能解除患恶性高热的危机。

第十三节 反刍动物运输搐搦症

反刍动物运输搐搦症（铁道病、蹒跚病）指反刍动物在长途运输应激下常导致抽搐，尤其常发于妊娠后期的母牛和母羊，运往饲养场的羔羊及运往屠宰场的牛和羊也常发。在拥挤、闷热、通风条件差的运输车（有轨电车或拖车）中，不能采食到饲料或饮水的动物更易发生抽搐；此外，长期行走也是一个诱发因素。这种疾病以喜卧、胃肠停滞和昏迷为特征，且通常是致命的。

妊娠后期的母牛易患此病，临近产犊的母牛、公牛、阉牛及干母牛也时有发生。在装运之前供给大量的饲料、在运输中断水断料的时间超过24 h、到达之后让其无限制饮水及立即运动均是本病的重要诱因。动物处于高温环境与此病的高发病率密切相关。然而搐搦的确切病因不明，可能是由于妊娠后期或者泌乳早期急性低钙血症，或是在运输前或运输途中禁食所致。此病与动物机体的应激密切相关。牛、羊低镁血症可能是本病的一个诱因。在运输过程中或在到达目的地后48 h内，牛可能会出现临床症状。早期的临床症状包括躁动、兴奋、牙关紧闭和磨牙。接着病牛可能会步态蹒跚，若横卧休息，其后肢常呈划水样。同时，牛瘤胃胃动力下降和肠胃活动阻滞，表现为完全厌食。也会出现牛心动过速、急促、呼吸困难。流产可能是此病的并发症。未逐渐恢复的牛会逐渐麻木直至昏迷，并在3～4 d内死亡。牛也可能会出现中度的低钙血症和低镁血症。某些病羊有低钙血症和低镁血症，而其他羊则无明显的生化异常现象。尸体剖检未见有特征性病变，仅能观察到因长期卧地所致的病变。缺血性肌肉坏死是最常见的病变。羔羊早期的症状包括躁动、步履蹒跚及因局部后肢麻痹而致的卧地不起。病畜可能很快死亡或在卧地2～3 d后死亡。羔羊也会出现中度低钙血症。经治疗一般均能康复。临床症状、运输、使役或长时间的运动是重要的诊断依据。

钙、镁和葡萄糖联用的注射疗法对动物有效。亦可静脉缓慢注射硼葡萄糖酸钙（25%的溶液，每头母牛400～800 mL或每只母羊100 mL）或是硼葡萄糖酸钙和硫酸镁（5%的溶液，同样的给药剂量）混合液。对于肥育场内感染的羔羊，可皮下注射50 mL的上述药物，每日1次。可重复注射治疗，但有50%的病例对治疗无应答，可能与并发肌肉坏死有关。此外，还可考虑静脉注射大体积、多离子的溶液，如乳酸盐林格液。应给动物提供高品质饲料（如苜蓿干草）、新鲜水、优质柔软的草垫。若动物过度兴奋或震颤，应对其进行镇静。

若不可避免要对妊娠母牛或母羊进行长途运输，应在装运前几日给动物喂以限制性日粮，在运输途中提供充足的日粮、水，以及足够的休息时间。在装运前建议使用盐酸丙嗪类镇静剂（除了运往屠宰场），尤其是对过度不安的动物。在到达目的地后，最初的24 h内应限制动物饮水，并在最初2～3 d减少运动。

（崔恒敏 译　庞全海 一校　丁伯良 二校　刘宗平 三校）

第九章　肌肉骨骼系统
Musculoskeletal System

的

第一节　肌肉骨骼系统概述

肌肉骨骼系统由骨、软骨、肌肉、韧带和肌腱组成，其主要功能是支持身体、促进运动和保护重要器官。骨骼系统是钙、磷的主要存储系统，也是包含造血系统的主要功能单位。很多其他机体系统（包括神经系统、心血管系统和体被系统）与肌肉骨骼系统是相互关联的，其中一个系统的功能障碍也可能影响到肌肉骨骼系统，使诊断复杂化。

肌肉骨骼系统疾病经常表现运动不能、功能失调和跛行。其损伤程度取决于引起损伤的病因和严重程度。骨骼和关节异常是最常见的病因，且对经济的影响最大。在马和犬，肌肉骨骼的损伤是引起衰弱性疼痛、经济价值降低和运动技能丧失的一个主要原因。对于赛马而言，退行性关节病变要比急性损伤和呼吸系统疾病更普遍，并且具有更大的经济影响。多项研究认为25%～28%马的球关节、腕关节疾病是由训练引发的。另外，肌腱损伤是赛马常见的一种衰弱性的损伤，其康复反应迟缓，愈合后修复组织机械强度差，很难恢复到损伤前水平。引起犬出现跛行的肌肉骨骼损伤最常见的原因是能够导致骨关节炎的颅十字韧带损伤，但也见于某些主要肌肉疾病、神经障碍、毒素、内分泌异常、代谢紊乱、传染性疾病、心血管系统疾病、营养缺陷或营养不平衡及先天性缺陷等。

一、肌肉的疾病

骨骼肌的结构和功能单位叫做运动单位，它是由腹侧神经元（包括位于脊髓中央区域的细胞体和外周的轴突）、神经肌肉突触和肌纤维组成，其中任何一部分受损都将影响到肌肉的正常功能。腹侧运动神经元是神经冲动传导的最终共同途径，它将神经冲动从中枢神经系统传递给肌肉。

神经冲动传导到神经肌肉接头处，导致大量乙酰胆碱从储存的突触小泡内释放，释放的乙酰胆碱进入到神经肌肉突触间隙，在突触间隙瞬间被胆碱酯酶分解。乙酰胆碱释放入突触间隙的瞬间使肌纤维膜兴奋，导致膜对Na^+的通透性急剧增高，引起Na^+大量进入肌膜内，导致终板膜去极化，增强终板电位。终板电位引发电流传播到肌纤维内，从而引起Ca^{2+}从肌浆内质网释放，然后，Ca^{2+}激发收缩过程的化学反应。当这一反应在每一个神经元所支配的肌纤维（可能成千上万）同时发生时，可引发肌肉收缩反应。

正常的肌肉及其运动单位是动态变化的，很多疾病可以影响其结构和功能。传染性、中毒性或者先天性因素均可引起肌肉功能障碍，从而导致瘫痪、局部麻痹或共济失调。然而，多数情况下主要的功能障碍归因于神经系统（如破伤风、鼻肺炎、犬瘟热、原虫性脊髓炎），肌肉系统只代表效应器官。影响神经肌肉接头的疾病（如重症肌无力、低钙血症、高镁血症）常可导致肌肉疲劳、乏力和瘫痪，神经肌肉接头也可受肌肉松弛药物（如箭毒、琥珀酰胆碱、M99）、某些抗生素和毒素（如肉毒毒素、破伤风毒素和各种毒液）的影响。

肌肉组织的疾病称为肌病，包括肌膜和肌纤维异常引起的疾病，由肌膜异常引起的疾病可分为先天性的（如先天性肌强直症）和后天性（如维生素E、硒缺乏、甲状腺机能减退和低钾血症）两种。由肌纤维组分异常引起的肌病有肌营养不良症、多发性肌炎、嗜酸性肌炎、白肌病和劳累性横纹肌溶解症。以上肌病可以通过组织病理学检查、血清酶含量测定、肌电图检查、温度记录法、传导速度测定进行鉴别诊断。

二、肌腱的疾病

肌腱是肌肉的桥接结构，一些接肌腹和骨的肌腱跨度较大，因此非常容易发生损伤，特别是因为它们经常超负荷受力，而它们的弹性伸缩能力又非常小。典型的例子就是马的浅表屈肌腱，因经常发生部分撕裂性损伤，导致肌腱炎；另一种后天性的肌腱损伤是创伤性的断裂。由于肌腱和韧带的血液供应相对较差，愈合缓慢，并且断裂处以无弹性的疤痕组织修复，这样损伤的肌腱无法恢复其原来长度。因此，肌腱和韧带损伤后的护理需要耐心地进行长期保守康复疗法。

三、骨的疾病

骨的疾病通常有先天性的、营养性的以及创伤性的三种。先天性的骨病包括子宫内畸形和隔代遗传，如幼驹的多指（趾）畸形或者尺骨、腓骨发育异常；遗传缺陷如阿拉伯马的寰枕畸形或者一些脊髓性共济失调、某些品种犬髋关节发育异常以及甲状旁腺发育不良引起异常骨的形成和生长。

营养性骨病主要是由矿物质不平衡或者缺乏而引起的，特别是微量矿物质，如铜、锌、镁，钙磷比例也要适当。骨软化是钙、磷摄入不平衡或缺乏的典型病症。其他营养失调的病因有育肥动物蛋白质摄入过量、某些维生素（如维生素A、维生素D）的缺乏或过量，都能影响骨的生长发育。无菌性的骨骺炎和骨骺部位特殊的骨软骨病（osteochondrotic conditions）可能是由于锌中毒和铜缺乏引起的。

创伤性骨病占骨病相当大的部分，包括骨折、骨裂、损伤引起的骨膜反应、死骨片形成以及各自附着部位的韧带病和肌腱病变。这些创伤性骨病通常可引起体重下降、运动受限、站立不稳、疼痛、发热和肿胀。

四、关节的疾病

关节可分为两大类：即不动关节和活动关节。对于不动关节，关节中各部分是通过纤维组织或软骨组织联结在一起，是不能活动的，除骨折外，很少发生关节疾病。活动关节是可活动的，相邻接的关节骨端被覆透明软骨，并且被充满滑液的关节腔分开。关节软骨有助于减轻负重压力，以使运动过程中相邻骨骼的冲击降到最低。正常的滑液和关节软骨中表达一种糖蛋白，能够在负重期间起到润滑关节软骨和滑膜的作用。关节内的滑液同时也具有营养关节软骨的作用。

活动关节最易发生病理变化，这些变化可涉及关节囊、滑膜、透明关节软骨和软骨下骨。关节内韧带、膝关节半月板的损伤可能影响关节的稳定性，并且使损伤波及关节。引起可动关节疾病的病因可能有损伤、慢性炎症、发育不良和感染。严重的损伤经常会导致关节完全脱位、不全脱位、骨折或者关节固定不牢。关节囊的直接穿透创可能导致化脓性关节炎，在这种情况下会出现滑液内白细胞增多，从而导致滑液中蛋白水解酶的浓度增高，严重的关节内炎症反应会很快引起透明关节软骨的崩解。关节滑膜细菌和真菌感染的典型特征是关节局部温度极度增高、肿胀和疼痛，所有的化脓性关节滑膜炎病例需要立即进行积极治疗以保护关节。

发育缺陷包括剥脱性骨软骨炎、马的共济失调、肢体畸形和某些品种犬的腰椎间盘综合征。骨骺炎蔓延至相邻关节和肢体畸形动物持续的非正常负重所造成的损伤是关节疾病的又一促发因素。发生关节移位的病例，其关节及其周围组织结构的慢性炎症是很普遍的。关节的内环境稳定是指软骨的细胞外基质的合成与降解同步协调，对于适应作用于关节的物理、化学损伤来说，关节滑膜和软骨的反应是至关重要的。在病理状态下，细胞的生物合成活动不能弥补由于机械的或者酶降解所造成的基质成分损失，这就造成了关节软骨分解和关节的免疫功能低下。

骨关节炎是可动关节的一种退行性、渐进性的疾病，它的病因学因素是多方面的，年龄、创伤、机械因素、结构性因素、激素和遗传因素都起到一定程度的作用，它是所有动物肌肉骨骼疼痛、发生病态变化、功能减退的一个主要原因。虽然病理变化发生在多关节组织，关节软骨缺损是这种疾病的一个特征。

当发生的关节损伤引起关节滑膜炎和跛行时，软骨损伤才能被临床辨别。随着损伤的逐渐加重，高应力区域就会发生软骨纤维化或者完全骨化，组织学上呈现出蛋白质染色阴性、细胞活力降低和软骨钙化迹象加重，蛋白多糖的损失会伴随软骨基质水分增多和坚韧度降低，这种生物力学受损的软骨易于受到更大的损伤。

皮质类固醇类激素和非类固醇消炎药（NSAID）一直被广泛用于骨关节炎的对症治疗。在发生广泛性软骨缺失时使用这类药物存在软骨置换这一问题，因此效果不佳。这类药物的不合理应用会加重退行性病变进程。近年来许多应用的用药方案能够为关节软骨损伤的治疗提供特殊的软骨保护作用。治疗结构改变的骨关节炎的药物（如氨基葡聚糖、戊聚糖多硫酸酯、透明质酸）能够通过控制软骨退化的速度和提高基质合成来减慢骨关节炎的进程。关节内注射透明质酸可降低滑膜炎症反应，并且还可以恢复关节腔内界面的润滑功能。

诊断程序包括视诊、触诊、影像诊断技术（如X线检查、超声检查、温度记录法和应用越来越多的核素显像、CT、MRI）以及用于确定特定解剖结构和区域病变的麻醉诊断术。

五、肌肉骨骼系统疾病的诊断和治疗

对于所有肌肉骨骼疼痛和跛行病例，必须通过诊断程序来确定损伤的性质、程度、范围以及确切的患病部位，评估疼痛和跛行的原因要从详细询问病史和体格检查开始。体格检查主要是通过直接触诊检查局部发热、肿胀和疼痛的患病部位，然后进行运步视诊以检查步态和步幅。对于肢跛病例，患肢总是不负重或者是短时间负重；对于悬跛病例，患肢外展或外展以避免疼痛关节屈曲。这些都可以通过测力板和步态分析系统进行客观评价。在确定患肢之后，可以利用镇痛诊断法（关节内麻醉或神经周围传导麻醉法）确定引起疼痛步态患肢的确切患病部位。确定患病部位后，可以利用影像诊断技术评估软组织结构和骨组织的情况，诊断方法包括X线检查、超声检查、MRI、CT，必要的情况下还可以进行关节腔滑液采样检查。经过以上检查可以对疾病作出诊断，并且可以着手治疗。最后，可以基于诊断结果、疾病程度和治疗的预期反应作出预后。

近年来肌肉骨骼疾病的诊断和治疗技术有了较大的进展，如果做到早发现、早诊断、早治疗，多数患病动物是可以治愈并恢复其生产性能。

第二节　先天性或遗传性异常

先天性和遗传性异常可导致患病或畸形的胎儿出生，先天性异常可能是因为病毒感染胎儿或者在某一妊娠阶段摄入有毒植物而造成的损伤。肌肉骨骼系统也可以被某一先天性神经病学障碍所侵害。

一、多种动物共患病

（一）屈肌腱挛缩

屈肌腱挛缩可能是新生幼驹和犊牛最普遍的一种肌肉骨骼系统异常，该病由常染色体隐性基因控制，胎位可能也与这种病的严重程度有关。

分娩时，因指深（浅）屈肌和相关肌肉的缩短而导致胎儿前肢系关节（第一指关节）和球节（有时见腕关节）发生不同程度的屈曲。某些品种的病例还可能伴发腭裂。病情轻微的病例以蹄底负重和蹄尖着地行走；而严重的病例以系关节和球节背面着地行走。如果不进行治疗，这些关节着地的背侧面受损，进而形成化脓性关节炎。可能出现的并发症是指总伸肌断裂，这种情况要与关节弯曲相区别。

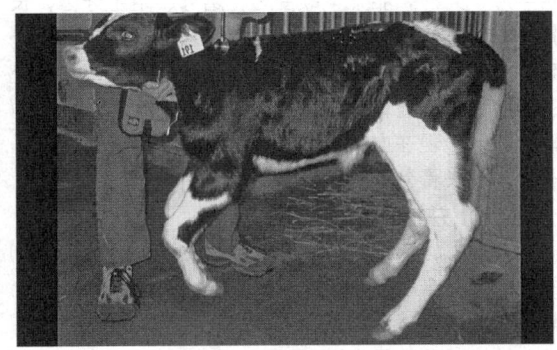

图9-1 犊牛屈肌腱挛缩
（由Sameeh M. Abutrabush 博士提供）

病情较轻的病例不经治疗就可康复。病情稍严重的病例可装置夹板强迫其以蹄尖着地负重，但是应避免夹板夹得过紧而影响血液循环，否则可引起蹄部发生缺血性坏死。多活动关节，伸展肌腱、韧带和肌肉均有助于中度病例的康复。对于严重的病例，需要实施肌腱切断术切断一条或两条肌腱；有些病例可以使用筒形石膏夹。极度严重的病例，任何治疗都无效。

（二）软骨发育不良

大多数品种的牛可以发生遗传性软骨发育不良，但病情严重程度从死亡到轻微患病相差很大，一种所谓的"德克斯特牛"（Dexter "bulldog"）发生该病时常出现死产。

在20世纪50年代，海福特牛中常见短头侏儒牛，后来经过遗传选育几乎消灭了该病。短头侏儒牛的典型特征是：面部短窄、前额隆突、凸颌、腹部大、短腿，体格大小约为正常牛的一半。长头侏儒牛常见于安格斯牛，除头长、前额不见隆突和颌正常外，其他

病症与短头侏儒病牛相同。由于这种面部狭窄的犊牛呼吸困难、呼吸音高，则常常被称为发鼾侏儒。这两种病症的牛存活力都很低，易发生瘤胃膨气、胴体质量低劣，因此，除用于科研外很少保留饲养。

在犬也可见到四肢骨和脊柱骨的软骨发育不良。四肢骨软骨发育不良多见于贵宾犬和苏格兰猎犬；脊柱骨软骨发育不良多见于阿拉斯加雪橇犬、巴吉度猎犬、腊肠犬、贵宾犬和苏格兰猎犬。在某些品种犬（如巴吉度猎犬、腊肠犬、北京犬），四肢骨软骨发育不良是这些品种类型重要的体征，在爱斯基摩犬，发生本病伴有贫血。

（三）营养不良性肌病

已有许多动物渐进性肌病的报道，很多是遗传性的，并且与人的各种肌营养不良症相似，受损肌肉发生各种各样的变形和萎缩。在荷兰的Meuse-Rhine-Yssel牛，一种膈肌和肋间肌渐进的致命性肌病已有报道，另一种牛的肌病是瑞士褐牛的韦弗综合征。不正常增生，通常被称为双肌症，是在一些欧洲品种牛中发现的一种先天性肌病，在澳大利亚美利奴羊（一种遗传的常染色体隐性遗传）、皮特兰猪（皮特兰爬行综合征）、犬、猫、鸡、火鸡和水貂渐进性肌病已有报道。小鼠和仓鼠的遗传性肌营养不良症已有深入的研究，仓鼠有严重的心肌损伤，并被作为心肌病研究的模型。

犬可以发生多种肌营养不良症。据报道，在美国金毛猎犬和欧洲的爱尔兰猎犬有发生类杜氏（X-linked Duchenne-like）肌营养不良症，发病犬一般为雄性，表现为进行性肌无力、吞咽困难、步态僵硬、肌萎缩。微观结构上无明显的肌营养不良的特征性变化，表现为肌纤维膜呈现浓缩蛋白，这是维持正常膜功能所必需的，一些病犬死亡时伴随发生心肌病。也有报道，猫也可发生一种类似的无明显营养不良现象的X-隐性遗传性营养不良症。第二种营养不良症发生于北美、欧洲和澳大利亚的拉布拉多猎犬，其临床特征包括僵硬、不耐劳和肌萎缩，发生于6月龄，可能是由于常染色体隐性遗传的结果，深度的营养不良在欧洲波维斯（Bouviers）犬曾有报道。

（四）糖原贮积病或糖原病

糖原贮存病动物可发生进行性肌肉无力，迄今为止，8种典型的人糖原贮存病有5种（Ⅰ、Ⅱ、Ⅲ、Ⅶ和Ⅷ型）已经在动物中确诊。可患病的动物有牛、绵羊、犬、猫、马、日本鹌鹑、大鼠和小鼠。短角牛和婆罗门牛的糖原病Ⅱ型作为一种常染色体隐性遗传异常病已经被详细记载，病牛多发生在9～16月龄，表现为肌肉无力和死亡，经常伴发心脏肥大和瘀血性心力衰竭。形态学和生物化学研究表明，溶酶体内和

细胞质有大量的糖原蓄积。柯立德绵羊、拉普兰犬（Lapland dogs）也可发生 II 型糖原病。肌磷酸化酶缺乏（糖原贮积病 V 型）是夏洛来牛的一种常染色体隐性遗传异常常病，病牛表现为不耐劳和骨骼肌源性酶类的血清活性增强。

（五）肌肉脂肪变性

牛、羊、猪在屠宰时偶尔会见到肌肉脂肪变性，这种病例的肌纤维被脂肪组织取代。有时，屠宰前的一种异常步态能够预示肌肉脂肪变性的发生，但是通常这种情况一直到动物酮体被分割时仍不能被发现。这种情况很难确定，并且肌肉脂肪变性局限于某一肌纤维束，局部病理变化呈现不规则的大理石花纹，这是其独特的病理特征。证据表明，猪的肌肉发生脂肪变性伴发有肌纤维束的脂质蓄积，没有临床疾病的特征，且病因不明。其肉眼病理变化为受侵害肌肉（尤其是背部、颈部和四肢上部）呈现对称性苍白，显微病理变化为很多肌肉纤维被脂肪细胞所取代。

（六）与先天性关节僵直有关的肌肉疾病（关节挛缩）

该病是犊牛较为常见的一种先天性缺陷症，以四肢僵直、站立姿势异常、难产为特征。关节周围的肌肉无力或肌肉力量不均衡引发一种生理代偿的胶原反应，结缔组织取代萎缩的肌纤维，关节囊增厚，导致在关节结合处的肢体部分异常固定。患病动物有时可能还有脑积水、腭裂和椎管闭合不全等其他异常，这种异常可能是致命的，病情轻微的病例常可完全恢复。肌肉的病理损伤主要见于该病的某些病型，但神经病理变化和肌肉的去神经性萎缩是最常见的。此外，牛、绵羊、猪和马也可发生先天性关节僵直。已经证实了许多病原学因素，对于牛来说，这些因素包括病毒（阿卡班病毒；蓝舌病病毒）、植物致畸剂（如羽扇豆）和夏洛来牛的隐性性状遗传（见关节弯曲，下述）。绵羊的有毒植物（如疯草）、致畸剂、病毒（如赤羽根病毒、韦塞尔斯布朗热、裂谷热）、接触丁苯咪唑和美利奴羊及威尔士山羊羔原发性隐性遗传性肌病等均可引起先天性关节僵直。猪患该病可能由常染色体隐性遗传所致，或者是由维生素A、锰缺乏，或者是妊娠母猪接触植物毒素（烟草、曼陀罗、毒芹和黑樱桃）而引起。

（七）骨软骨病

骨软骨病是软骨内成骨障碍的一种疾病，有时被归类为软骨发育不良。未成熟关节软骨可能与下方的骨垢骨分离有关，有时完全分离并悬浮游离在滑膜腔内，导致伴发关节滑膜炎，或者骨骺端软骨突出进入干骺端的第三趾伸肌突骨增生的残留。通常，这两种损伤同时发生在同一骨上。这种疾病发生在未成熟骨的生物力学应激最大而生长速度最快的阶段（犬4～8月龄，猪36～54 kg），这种疾病在大型品种犬、快速生长的猪、马、火鸡和鸡最常见。

（八）成骨不全

成骨不全是一种牛、犬、猫泛发的遗传性骨质缺陷，特征是大量 I 型胶原蛋白变异导致骨的脆性极高和关节松弛。这种由胶原、矿物质的不适宜比例组成的成骨不全部分的机械性能可能发生改变。长骨细长、皮层薄，可能出现骨痂和骨折，巩膜略变蓝，这种病理现象可能为多基因所调控。

（九）骨硬化症

骨硬化症是一种代谢性骨病，其特征是骨的质量会全面提高。它是一种罕见的发生于安格斯牛、西门塔尔牛、荷斯坦黑白花奶牛、海福特牛中，受单纯常染色体隐性基因控制的遗传性疾病，该病在犬、马驹中也有发生。一般而言，病畜在预产期前10 d至1个月早产、死产，胎儿下颌变短，磨牙、阻生牙齿，长骨易骨折。骨髓腔消失，被原始骨松质代替。早产或死产儿异常髓内骨由软骨与骨组织组成，颅骨和长骨的髓腔发育不全，头盖骨加厚并且压迫大脑，广泛的矿化作用出现在血管、大脑神经元。此病可通过纵切长骨发现长骨骨髓腔被骨组织填充而确诊。

（十）并指（趾）或多趾畸形

并指（趾）或者单蹄性畸形是一个或多个指（趾）的部分或完全融合，该畸形发生于很多品种的牛，尤其是荷斯坦奶牛最常见，该病是一种常染色体隐性基因遗传病。前蹄最常受到侵害，但也见一蹄或四蹄发病的情况。发生并指（趾）性畸形的动物行走缓慢，并且出现高抬蹄的现象，可能与体温增高有关。

多指（趾）性畸形是一种发生于牛、绵羊、猪、偶见于马的遗传缺陷性疾病，主要特点是长出第二指（趾），内侧悬蹄消失。也见蹄尖融合，可能是诱发多指（趾）性畸形的因素。一侧肢体或者四肢同时发生多指（趾）性畸形的情况罕见。牛的多指（趾）性畸形似乎受多基因（在某一位点的显性基因和另一位点的同源等位隐性基因）控制。

二、牛

（一）关节挛缩

关节挛缩是肢体的关节强直，通常伴有腭裂和其他的发育畸形，可见于所有品种的牛，特别是夏洛莱牛。出生时，受侵害犊牛出现关节固定在异常位置，并且经常出现脊柱侧弯和脊柱后凸，不能站立和吃奶。肌肉发生变化，曾见到的非常显著的变化是肌肉萎缩。在脊髓可见神经元发生坏死和白质损伤。关节挛缩有不止一种的病因学和病理学类型，夏洛莱牛的关节弯曲综合征是由完全外显纯合状态的常染色体隐性基因控制。经鉴定认定的引起关节挛缩的致畸剂包括妊娠母牛怀孕40～70 d摄入的白羽扇豆等有毒植物（作为毒剂的臭豆碱），出生前感染赤羽根病毒或蓝舌病病毒也可引起关节挛缩。

（二）褐色萎缩（黄皮症，脂褐质沉积症）

褐色萎缩奶牛的骨骼肌和心肌为黄褐色到青铜色，咬肌和隔膜也常受到侵害，不表现临床症状。某些品种（诸如爱尔夏种）比其他品种的牛更容易受到本病的侵害。光镜检查可见肌纤维膜下或肌纤维中央蓄积大量褐色脂褐素颗粒。一个病例的遗传模式和三个正常后代提示，这种疾病可能是由单纯的隐性基因遗传所致。

（三）双肌病

双肌病是一种肩部、背部、腰部、后腿及臀部肌肉组织发育过度，并且被厚厚的皱褶所分割，特别是在半腱肌和股二头肌、两侧的背最长肌之间。双肌病牛的颈部短而粗，头似乎较小。相关的异常包括生殖道发育不全、成熟期的生育年龄推迟、妊娠期延长、初生重增加，并且会伴发难产。这种疾病可见于各种品种的肉牛，包括夏洛莱牛、圣格鲁迪牛、南德温牛、安格斯牛、比利时蓝牛、比利时白牛和皮埃蒙特牛。双肌病是由一对不完全隐性基因调控，该基因在不同条件下可抑制生长抑制素活性。受侵害犊牛的琥珀酸脱氢酶活性显著降低。

（四）软腿病

软腿病是娟珊牛的一种遗传性疾病，可能受一种单纯的致死性常染色体隐性遗传基因调控。一些受侵害犊牛出现死产，存活的犊牛出生时似乎正常，但是由于肌肉、韧带、肌腱和关节发育不良而不能站立，肩关节和髋关节可任意旋转而无明显不适。可根据临床症状、尸体剖检的病理变化和隐性基因的鉴定作出诊断。

（五）脊柱缺陷

有数种脊柱缺陷，包括致命的短脊柱、寰枕关节融合、脊柱后凸（拱背症）、脊柱前凸（凸向腹侧）、脊柱侧凸（弯向一侧）和斜颈（扭曲）。这些脊柱缺陷可以单独发生、并发或者同时出现其他体征缺陷，特别是ＣＮＳ。

（六）缺腰椎畸胎牛

缺腰椎畸胎牛是一种罕见的不明病因的先天性畸形，其特征是脊髓和近腰廓区域椎骨部分或完全发育不良，随后发生由于肌群畸形引起的以关节强直为特征的关节挛缩。发病犊牛不能使用后肢，可能是受到损伤。人们怀疑这种缺陷是由于遗传而来，椎骨数目的减少很少有报道，但也已被认为是一种遗传缺损。

这种病在绵羊和猪也有发生的报道。

三、马

（一）角肢畸形

新生马驹在早期常因先天性或后天获得性骨骼缺陷而导致肢体远端发生异常偏移，如子宫内胎位不正、甲状腺机能减退、创伤、体型异常、关节过度松弛、腕骨或跗骨缺陷性软骨内化骨和长骨受损等马驹肢体异常，1～4肢可能同时受损，这主要取决于疾病的严重程度。马的腕骨受损较为常见，但也偶见跗骨和球关节异常。这种异常是很容易发现的，但异常程度各不相同。马驹肢体远侧部外翻角度≤6°可以认为是正常的。多数马驹是无症状的，但是在严重外翻的病例可见跛行和软组织严重肿胀。腕骨外翻的病例其球节总是向外旋转。患腕骰状骨骨化不全或关节过度松弛的病驹，在肢体发生渐进性偏离时经常出现跛行。对于受损肢体必须认真触诊，仔细检查韧带是否松弛和可能引起疼痛的特定部位。诊断过程应该包括患病部位和偏离原因的仔细检查。远端桡骨干骺端、生长骨骺板、骨骺或腕骨骰状骨处多发生异常。X线检查有助于检查长骨生长部变宽、骨骺端楔形变和腕骨变形。轻度患病马驹常自行好转。治疗措施取决于病情的严重程度和受损的组织情况。无论有无腕部骰状骨受损，对于关节松弛的病例，都需要上夹板固定和管型石膏夹包扎。球节和指（趾）骨区域不应包在管型包扎内，这将保护虚弱的关节免受创伤，但是允许限制性运动以维持肌腱、韧带和关节的机能。这种肢体护理需要维持6周。

长骨体生长部和骨骺生长异常的病例也应进行外科手术矫正，即通过缺损部凹面桡骨远端实施半环切术和骨膜重接术，或者实施凸面的生长骨骺板的桥接术。但是这种病例手术的治疗效果取决于手术后骨的再生情况，手术必须在生长骨骺板闭合之前（尽量在2～4月龄之前），后期合理的检查和X线检查是很有必要的，目的是为了及时了解治疗后痊愈效果和实施手术的需要。

如果不采取治疗措施，严重的腕骨外转常预后不良。结构异常会导致早期退行性关节病变，同样，骰状腕骨畸形也会促成预后不良。然而，如果进行早期检查、合理的评估和适宜的外科处理，多数马驹会反应良好。

（二）脊柱缺陷

脊柱缺陷包括脊柱侧弯、脊柱融合和脊柱前凸，尽管这些情况对于马来说是不常见的，但是先天性脊柱侧弯是其中最常见的。在临床检查中，经常很难评估病情的严重性。对于轻型病例，病情往往可以自愈，并且可能彻底痊愈。即便是最严重的病例，也几乎没有任何步态和运动功能的异常。然而，患病马驹常不被留用，因为他们似乎不太可能经得起骑乘和使役。另一种偶见的先天性畸形是椎骨融合，这种疾病还可继发脊柱侧弯，确诊需进行X线检查。

先天性脊柱前凸（背部过分凹陷）与椎间关节突发育不全有关。对于成年马，也偶见后天性脊柱前凸和脊柱后凸（拱背症），这种病马背无力。根据临床症状和X线检查来诊断该病，X线检查可显示脊椎的异常弯曲，在脊椎前凸病例通常见脊柱异常弯曲发生于颅胸区（T5–10），而在脊柱后凸病例脊柱异常弯曲多发生于颅腰区（L1–3）。

（三）高钾性周期性麻痹

高钾性周期性麻痹（HPP）是夸特马的一种遗传性疾病，这种病是骨骼肌钠通道基因的一种遗传变异，它是常染色体显性遗传的特征，多数病马是杂合子（见高钾性周期性麻痹）

（四）多糖贮积性肌病

见慢性劳累性横纹肌溶解。

（五）糖原分支酶缺乏

糖原分支酶（GBE）缺乏是夸特马和相关品系新生马驹死亡的一种常见的病因，这种病容易与其他新生马驹病的各种各样临床特征所混淆。受侵害马驹缺乏储存糖原的所必需的分支酶的形式，所以不能储存糖分子，这种病是致命的；心肌、骨骼肌、大脑不能发挥作用。GBE缺乏的临床特征可能包括瞬态肢体屈曲畸形、癫痫、心肺功能衰竭、持续性趴卧、多数发病马驹白细胞减少、血清碱性磷酸酶（CK）、天冬氨酸氨基转移酶（AST）和γ-谷氨酰转移酶活性升高，严重者死后损伤都无示病意义，肌肉、心脏和肝脏样品中含有异常的PAS染色阳性的（过碘酸雪夫染色阳性的）球形的或结晶型的胞内包含体，其多少与其死亡日龄成比例。发病驹肝脏和肌肉组织中分离多糖的碘吸收光谱的变化，说明组织中有未分支多糖的蓄积，骨骼肌中多糖总浓度减少，但是肝脏和心肌糖原浓度正常。一些糖酵解酶活性正常，然而心肌和骨骼肌中GBE活性发生实质性缺乏，肝脏和外周血细胞中也有类似现象发生，发病驹和他们的一些半同胞以及同胞母兽外周血GBE活性是正常动物的50%，肝脏中GBE蛋白显著减少以至于缺失。系谱分析说——该病是一种常染色体隐性遗传疾病。

四、绵羊

蜘蛛状肢综合征

遗传性软骨发育不全和蜘蛛状肢综合征是一种遗传性、半致死性疾病，最初发生于萨福克和汉普夏品系，其遗传模式是常染色体隐性遗传，这种遗传模式使得正常表型的隐性性状携带者难于鉴别和筛选。引起蜘蛛状肢综合征的基因位点位于绵羊的染色体6的远端，这种变异引起正常的成纤维细胞生长因子受体3失活，当基因同性结合时，导致骨骼发育过长。在病羔羊中已经证实该病引起腕骨和踝关节的轻度偏斜，并且站立困难、有疼痛表现。头骨的病理学变化表明背侧面呈现圆形隆起，产生一种"罗马鼻子"的现象和枕骨髁狭窄延长，胸腰椎骨呈现后凸现象，导致脊背线向背侧隆起。胸骨节向背侧偏斜，导致胸板扁平。前肢腕关节内侧偏斜，桡骨和尺骨弯曲，生长板软骨不规则地变厚。后肢跗关节轻度偏斜，胫骨弯曲，生长板骨也变厚而且不规则。肌肉萎缩明显，这种异常的体征表现可能受肝脏胰岛素样生长因子（IGF）和IGF-结合蛋白的调控，提示这种病可能是一种单纯的常染色体隐性遗传性疾病。

五、猪

八字腿（四肢叉开、肌纤维发育不良）

新生仔猪发生此病时，两后肢叉开或者向前伸展，发生这种病的病因是外展肌无力。长白猪八字腿的发病率高于其他品种的猪。母猪增加产仔数的选育所导致的子宫环境，会间接提高更容易产出八字腿仔猪的遗传潜力，这一现象可以看成是母猪的一种特征而不是个别的现象。病猪不愿活动、容易受压、饥饿和惧冷，死亡率可达50%。已经证明该病和遗传有关，不同种公畜和品种之间的后代窝仔之间发病率有明显的差异，公猪的发病率高于母猪，出生时体重轻的仔猪发病率也较高；妊娠期间使用过糖皮质激素的母猪产的仔猪发病率增高；膘情良好的父母代种猪的应激性增强，也可能是本病在其后代仔猪中发病率高的一个因素；引起伸肌过度紧张的任何因素（地板光滑或倾斜、仔猪脚嵌入地板裂缝时挣扎，子宫内病毒感染引起的神经通路损伤）均可提高发病率；有的病猪因真菌毒素中毒而引起；母猪的营养水平（如胆碱、甲硫氨酸和维生素E水平）也可能影响其后代仔猪的发病率。但是给母猪补饲添加剂尚有争议。

可根据特征性的临床症状作出诊断，但也应该考虑子宫内感染血凝性脑炎病毒、肠病毒或其他病毒，产后脑膜感染细菌和创伤。受损肌肉通常发育不全，细肌纤维中肌原纤维减少，但这种情况也见于正常胎猪肌肉中，经常受损肌肉包括半腱肌、背最长肌和臂三头肌。

仔猪（尤其是2日龄内仔猪）圈舍地板保持干燥、不打滑、无裂缝，确保仔猪免受损伤和充分吮奶。对于已发病的仔猪，于两后肢间飞节部位上方夹以"八字形架"2~4 d，有助于病猪的康复。猪经过适当的治疗通常能在1周内痊愈，但是如果前肢也受损伤则很少能恢复。妊娠后期的母猪不能使用糖皮质激素，应该淘汰易发病品种。

第三节 与钙、磷及维生素D有关的营养不良

饲料中钙（Ca）、磷（P）和维生素D缺乏或比例不平衡是引起骨营养不良的主要原因。三种之间的相互关系不易确定，他们与甲状旁腺之间的相互关系也必须考虑，而且三者中任何一个均可能出现绝对或相对缺乏。Ca、P和维生素D的缺乏必须根据其利用率和机体的生长速度来评估。

Ca、P的主要来源是饲料，这些元素被吸收的量依赖于矿物质的来源、肠道pH和饲料中维生素D、Ca、P、铁和脂肪的水平，如果维生素D含量或者其活性降低，Ca、P吸收就减少。维生素D可以通过日粮摄取，或者当皮肤暴露于阳光（紫外线辐射）下自身合成而来。在维生素D被利用之前，它必须经肝脏、肾脏转化成具有代谢活性的形式。维生素D_3（胆钙化醇）主要作用于胃肠道（GI）以增强吸收功能，但也影响骨，从而影响钙元素的利用率。通过负反馈环路，它能抑制甲状旁腺素（PTH）的分泌。

PTH分泌是低血钙的反应。总的来说，它发挥着一种增加钙利用率的作用。PTH的三种靶器官是肾脏、骨骼和肠道。对于肾脏来说，促进肾小管对Ca的吸收，同时增强肾脏P的排泄以及1-羟化酶的活性，这种酶在肾脏中具有激活维生素D_3的作用。在肠道，PTH促进Ca的吸收，也能通过启动类骨质结构中Ca的吸收利用而促进骨中Ca、P的动员。对于反刍动物而言，PTH增加磷唾液的分泌（不是碳酸氢盐）。

特异性骨的损伤与绝对或相对量的维生素D、Ca、P和PTH的异常有关。除了一种元素缺乏或过量之外，也经常可引起一种由于反馈机制、转换率或者并发的代谢性缺乏而引起的继发性病理变化，特殊病症实质上可分为营养性的和代谢性的两种类型。

一般来说，Ca、P水平异常也可引起继发性疾病。总的来说，这种病对于有遗传素质的犬能通过Ca、P的过量供应增加发病率，特别是剥脱性骨软骨炎或者在饲喂过量钙的大型品种犬，是经常发生的肥大性骨发育不良。

一、营养性骨形成不良

（一）佝偻病

佝偻病是一种幼龄、生长期的动物发生的一种疾病，最常见的病因是饲料中P或维生素D缺乏，Ca缺乏也可引起佝偻病，然而，这种病很少自然发生，人们认为Ca缺乏的营养不平衡日粮可引起该病。就像引起骨营养不良的多数日粮一样，Ca、P比例失调是最常见的病因。

【临床表现与病变】佝偻病特征性病变是血管浸润、生长骨骺板的暂时钙化区域的矿化作用不良，这种病理变化在长骨的干骺端最明显，表现为多种临床症状，包括骨疼痛、步态僵硬、干骺端区域肿胀、弓形肢体提举困难、病理性骨折。X线检查患病动物发现长骨骺部增宽，长骨生长部无矿化区域扭曲，并且这种骨骼的X线不透性降低。对于前期病例，由于非同期骨的生长，可能出现角肢畸形。

饲喂全肉食饲料的动物通常容易发生此病。即使幼猫日粮中含有较高的可消化蛋白（占体重的50%以上）和脂肪，生长速度快，动物似乎营养状况良好，并且被毛光亮，但是，幼猫如果单纯饲喂肉牛心脏，在4周内也将发生运动器官功能失调。突出的症状是勉强站立或不愿运动，后肢跛行或共济失调，站立时爪子偏斜或扭曲，在5~14周之后，骨骼疾病发生进行性恶化。猫变得安静而不愿意玩耍，呈现犬坐姿势或者后肢外展的胸卧位，正常的活动可能导致一肢或多肢不全骨折或全骨折，引起严重跛行的突然发作。跛行是生长期犬的初始机能障碍的表现，可能从轻微跛行转化成不能行走，骨触诊疼痛，长骨和椎骨全骨折很普遍。

佝偻病和其他骨病在舍饲和饲喂成品日粮的小猪曾有发生的报道，加工的成品饲料使天然维生素D和其他可溶性维生素损失，无维生素补充，会发生营养性骨营养不良。生长期大丹犬饲喂含有过量钙的日粮（3倍于正常量）曾引起佝偻病样症状；软骨髓部发展停滞、骨软骨病和生长发育障碍等其他疾病在犬也有报道。

【治疗】调整日粮是主要的治疗措施。如果不是病理性骨折或骺部的不可逆性损伤，则预后良好。如果是舍饲动物，暴晒于阳光下（紫外线照射）也将会增加维生素D_3前体的产生。

最近研究表明，很多自制的犬日粮缺乏矿物质，改变了Ca、P比例，因此建议采用高质量的商品日粮，或者有资质的兽医营养师设计的处方粮。

（二）骨软化症（成年动物佝偻病）

骨软化症与佝偻病的发病机制相似，但它发生在成年动物骨骼。因为骨骼成熟的速度不同，佝偻病和骨软化症可以发生在同种动物身上，骨软化症以骨小梁表面过量的无矿化类骨质的蓄积为特点。

【临床表现】患病动物生长发育不良，并且具有

异食癖。非特异性颤抖性跛行是很常见的。可能发生骨折，特别是肋骨、骨盆和长骨，可能发生脊柱变形（如脊柱前凸、脊柱后凸）。

对于马来说，营养性的骨营养不良被称为麦糠病、米勒氏病或"大头病"。马通常是谷物类的饲料饲喂过多，而草料类饲料过少，这种日粮中P含量高，而Ca含量低。很多不明原因的马跛行就被归因于营养性的骨营养不良。其病理变化与其他动物的相似，所不同的是严重病例中头骨的变化尤为明显，软骨下骨发生轻微或明显骨折，之后关节软骨发生退行性变化，骨膜附着处的韧带撕裂。1岁小母畜有发生继发性（营养性）甲状旁腺功能减退的报道。

营养性骨营养不良症可发生在放牧于干燥、贫瘠土壤（缺P而又没有给予合理的矿物质补充）的牛。发病牛饲料消耗多，被毛粗乱无光泽，体重减轻，移位性跛行、肢体变形和自发性骨折是最常见的临床表现。异食癖使发病动物易发生食道阻塞、网状腹膜炎、肉毒中毒或者其他中毒。

【诊断】为了建立确切的诊断，应该对日粮中的Ca、P、维生素D的含量进行评估，X线检查发现全身骨骼发生去矿化作用、硬骨板牙齿脱落、骨膜下骨皮质吸收、呈弓状畸形和因局部破骨细胞增殖而导致的完全骨折，也可作为诊断的依据。

在骨矿化作用期间释放入血液中的一种氨基酸——羟脯氨酸可被用来作为骨矿化作用的进行程度的评价，如果日粮中Ca、P含量不容易测定（如放牧动物）的话，可以分析土壤、粪便样品，粗略地代表日粮中摄入的这些矿物质。

在营养性骨营养不良的动物，用于评估动物肾功能的实验室数据应在正常范围内。

【治疗】患病动物在开始补充缺乏日粮营养的初始几周应限制其活动，动物对治疗措施的反应是很快的，一周内动物就会变得很活跃、精神状态好转。但是应禁止动物跳跃和攀爬，因为此阶段动物的骨骼仍然很容易发生骨折。这种限制要在3周后可以有所放宽，但是对运动的限制要一直持续到骨骼恢复正常（应采用X线检查监控治疗的效果）。在没有或仅有轻微肢体或关节变形的动物，疾病可能在几个月内完全恢复。

（三）地方性钙质沉着

地方性钙质沉着（慢性出血性败血病、肺内角化病、骨内角化病、曼彻斯特消耗性疾病、纳尔胡病、消瘦型软木茄中毒）是反刍动物和马的一种复杂疾病，这种病主要是由植物中毒和矿物质不平衡所引起，以软组织广泛性的钙化为特征。在阿根廷、巴西、巴布亚-新几内亚、牙买加、美国的夏威夷和德国的巴伐利亚，这种病的发病率在10%～50%不等。另据报道，这种病引起绵羊的死亡率在巴西南部和印度Mattewara分别高达60%和17%。在澳大利亚、以色列、南非和南美洲较少见报道，目前在世界许多地区未见发生此病。

【病因与发病机制】已知引起该病的病因可分为两类：植物中毒和土壤中矿物质不平衡，其中植物中毒可能是引起该病的最重要原因。白夜丁香或夜香树（Cestrum diurnum）（野生茉莉草、白天开花的茉莉草，白日之王）、黄色三毛草属（Trisetum flavescens）（金色燕麦或黄色燕麦草）、维奇猪笼草（Nierembergia veitchii）、澳大利亚茄、茄属的水茄和软木茄中，都含有葡糖苷或者具有类似促钙作用的物质。研究表明，软木茄含有将维生素D_3转化成1,25-二羟胆钙化醇（骨化三醇）所需的酶系统。

某些区域土壤中矿物质的不平衡以及高海拔（高于海平面1 500 m）被认为是主要的病因；高海拔有利于像金色燕麦这类植物生长，而不利于对这种高海拔不太适应的其他植物的生长。

公牛长期摄入过多的Ca而引起的骨发育异常与本病相似，而随着年龄的增长，心血管系统发生钙化作用和恶病质（如肺结核与本病不同）。在反刍动物，维生素D_3的摄入过量和钙的摄入量正常或过量，可引起主动脉钙化或动脉硬化。

在正常情况下，动物机体肾脏中25-羟胆钙化醇（骨化二醇）转化为骨化三醇是受负反馈机制的调控，在植物叶片中含有类似于骨化三醇的因子，它进入动物机体后不受负反馈机制调控，从而使动物的吸收超出机体正常生理所需量而引起高钙血症，进而促进降钙素的产生、钙沉积和骨质疏松。

不同种动物血浆中Ca、P和Mg的变化不同，如马容易发生高磷（酸盐）血症，血浆中的Ca保持正常，而不随着骨化三醇的增高而上升；而在牛和小反刍动物，发生地方性钙质沉着的病例表现血清无机磷升高，而血清钙含量则正常。

【临床表现】这种疾病为渐进性慢性疾病，能够持续数周至数月之久。早期症状表现僵硬、步态异常，这些现象在长久地趴卧休息起身后更加明显。动物前肢最容易受损，有些动物甚至以膝着地走路和吃草，远端关节变得异常僵直；当受害动物被强行驱赶时，表现行走缓慢、步态僵硬、步幅小，仅行走片刻，便表现呼吸变浅、呈胸式呼吸、鼻孔开张、头颈伸长；听诊有心动过速和心内杂音，一些病例静脉搏动明显。

随着病情的发展，患病动物消瘦、衰弱和精神沉郁，勉强站立，甚至侧卧不起；被毛蓬乱无光泽（尤其是牛）；肌肉萎缩，骨骼凸出，腹部收缩，背驼，尾根上移。食欲一般无变化，但是有时下降。直肠检查有时能触到脉管钙化变硬。

在德国巴伐利亚州的牛和美国佛罗里达州的马由于黄色三毛草属（*T. flavescens*）和白夜丁香（*C. diurnum*）中毒引起钙沉着后多发生骨营养不良，严重病马站立时前肢稍外展、肩关节脱位、屈腱（尤其是悬韧带）疼痛，球关节不同程度伸展。

【病理变化】随着患病动物逐渐消瘦和胸腔、腹腔及心包腔不同程度的积液，软组织发生变性和钙化，病变首先侵害心血管系统，后波及肺脏、肾脏和肌腱，心脏和主动脉病理变化最明显，而且心脏左侧受损较右侧严重。二尖瓣钙化导致瓣膜功能不全和心脏缩期杂音，腔表面有大小、形状不一样的白色隆起的白斑；严重病例还可见整条主动脉和主要分支都有钙化现象。在胸膜、膈肌的表面和边缘、肺的尖叶、肾动脉、肾盂、韧带和腱（尤其是前肢的韧带和腱）发生矿物质沉积。关节和软骨关节表面（特别是腕关节和飞节）发生不规则的腐蚀和关节囊肥厚。

主要的组织学病理变化是受损组织发生结缔组织坏死和钙化，之后细胞增生。

【诊断】一般依据发病史、临床特征和病理变化就可诊断，但是病初诊断较困难，X线检查和心电图有助于此病的诊断。

【治疗与控制】目前尚无切实有效的治疗方法逆转软组织钙化，去除病因是最重要的，但是，当这种病如果是由土壤中矿物质不平衡所致，控制可能就很困难。更换牧草、饲料和饲养环境有助于临床症状的改善，细心牧场管理和限制钙沉着性植物，能够有效地降低此病的发病率。饲喂开花后收割的燕麦干草的动物钙沉着性疾病，要比在燕麦草牧场放牧的动物发病率低，因为随着植物的成熟和干燥，其致钙沉着的能力降低。通过试验证明，饲喂黄色三毛草属（*T. flavescens*）的绵羊，每日口服15 g氢氧化铝可预防钙质沉着症的发生。

（四）维生素D₃中毒

偶尔报道的一种类似于动物地方性钙质沉着的疾病是医源性钙质沉着或者维生素D₃中毒。人们认为，奶牛预产期前10~14 d胃肠外给予维生素D₃，是一种预防围产期低钙血症（乳热症）的较为有效的措施。由于维生素D₃的治疗剂量和中毒剂量比较接近，所以，单次过量给药或者短间隔内重复给药过量，都可引起维生素D₃中毒。通常维生素D₃中毒是由于奶牛（初始治疗的两周内没产犊的，并且被认为极有可能发生围产期低血钙）治疗剂量的重复注射所致。

【临床表现】维生素D₃中毒动物表现厌食、体重减轻和超剂量给药后的2~3周发展成丙酮血症，维生素D₃中毒动物还可发生心动过速、呼吸浅表和跛行，随后衰弱、站立不起，甚至死亡。

【病理变化】病理变化和地方性动物病钙质沉着描述的软组织钙化是一致的（见上）。

【诊断】通常依据维生素D₃重复注射病史和上述的临床症状即可作出诊断。

【治疗与控制】目前尚无切实有效的治疗措施，生产厂家关于胃肠外给予维生素D₃的风险和中毒剂量的提示，将能帮助避免意外过量。

二、代谢性骨营养不良

（一）纤维性骨营养不良（橡皮颌综合征）

1. 原发性甲状旁腺功能亢进症　在原发性甲状旁腺功能亢进症病例中，自发性甲状旁腺功能异常可导致甲状旁腺素（PTH）的分泌过量而发生，由于血钙浓度调节PTH分泌的正常防控机制被破坏，尽管血钙水平升高，甲状旁腺仍然分泌过量PTH。这种病在成年犬中少见，也不出现肾源继发性甲状旁腺功能亢进的继发症。

PTH主要作用于肾小管细胞，具有保Ca和排P的功能，持续性的PTH分泌增多将加速成骨细胞和破骨细胞的骨吸收，骨骼中的矿物质排出而被不成熟的纤维结缔组织所取代，从而形成广泛的纤维性骨营养不良，尤其是在颅骨的海绵状骨中更为明显。PTH分泌增多也可抑制肾小管对P的重吸收。

犬的甲状旁腺损伤常见腺瘤，偶尔发生癌变（整个腺体由活跃的主细胞组成）。腺瘤通常是单个的、呈红褐色，位于甲状腺附近的颈部区域。

【临床表现】严重的破骨细胞骨吸收可导致跛行，在受到轻微的机械性损伤时长骨可发生骨折。脆弱的脊柱体压迫性骨折将对其骨髓和神经造成压迫，进而使运动和感觉功能异常。

在犬可见面骨肥厚，并伴有因编织骨中矿物质减少和血管高度纤维化引起的鼻腔狭窄或消失和牙齿松弛和脱落，导致病犬不能合嘴和齿龈发生溃疡。由于编织骨过量增生导致上颌骨和下颌骨支增生不均，头颅骨由于吸收增多明显地变薄，X线检查可见特征性的虫蛀样外观。严重病例，下颌骨由于类骨质缺失可能发生轻度扭曲变形和严重的纤维性骨营养不良，因而有"橡皮颌"之称。

【病理变化】对肿大的甲状旁腺部分或完全纤维化囊和其周围正常组织进行组织学检查表明为腺瘤，而不是局灶性增生，主细胞癌变增多，且由于癌细胞的局部浸润而与其下层的组织相连。

【诊断】对于甲状旁腺机能亢进的病例，由于骨释放Ca增多而导致持久性高血钙，但是其他实验室指标可能是不定的。正常犬的血钙水平是（10±1）mg/dL，但是随年龄、日粮和分析方法有所差异。血清Ca值持续超过12 mg/dL，可认为是高血钙。患原发性甲状旁腺功能亢进症的病犬血清钙含量通常较高（≥12～20 mg/dL），而血磷水平偏低（≤4 mg/dL）。尿中排泄钙磷（通常是钙）增多可引起肾钙沉着症和尿石症。尿中羟脯氨酸排泄增多可反射性引起骨基质代谢增强。在患有明显的骨骼疾病的动物，血清碱性磷酸酶活性可能升高。根据对患高钙血症和低磷血症的成年犬和老年犬进行的种特异性分析，发现的PTH水平升高和一般性骨病资料，便可确诊原发性的甲状旁腺功能亢进，可应用敏感的放射免疫分析法或免疫放射测定法测定PTH的水平。采集动物血液，迅速分离血清或血浆（最好用血清），并以玻璃管或塑料管冷冻保存于−70℃下备用，然后进行完整PTH分析或双位点分析，通过这种分析方法测定，多数动物循环血液中的PTH水平约为20 pg/mL［犬为（20±5）pg/mL；猫为（17±2）pg/mL］，而在除人类以外的其他灵长类动物血液PTH水平稍低些（正常值在不同实验室测定的数据也会有差异），若应用抗人体PTH分子羧基端所建立起的PTH分析方法，测定发病动物血液PTH水平通常会出现不一致的结果。

诊断该疾病时，应注意与其他原因引起的高钙血症（如大剂量维生素D中毒、地方性动物病钙质沉着、发生骨转移的恶性肿瘤和恶性肿瘤体液性高钙血症）鉴别诊断。维生素D过多症引起的高钙血症与原发性的甲状旁腺功能亢进症引起的高钙血症水平相当，但是前者伴有不同程度的高磷血症和血清碱性磷酸酶活性正常，但是因为其血液中Ca、P水平的升高主要来自于肠道吸收增强而不是来源于骨骼中Ca、P的吸收，所以一般不会出现骨骼疾病。发生骨转移的恶性肿瘤可能引起中度的高钙血症和高钙尿症，但是碱性磷酸酶活性和血清P的水平一般正常或仅轻微升高，人们认为这种变化的主要原因是由于骨组织破坏释放入血液的Ca和P多于自肾脏和肠道排出的Ca、P，涉及的骨组织是发生骨转移的局部区域，其周边界限清晰。由于肿瘤转移引起的骨质溶解，不仅是由癌细胞增生导致的骨的机械性破坏引起，而且刺激骨质吸收的体液物质（前列腺素类和白细胞介素−1）的产生也可引起骨的溶解。

原发性的甲状旁腺增生在德国牧羊犬的幼犬中已有报道。发病犬发生高钙血症、低磷血症、免疫反应的PTH水平升高和尿中无机磷清除率升高。临床症状表现为发育迟缓、乏力、多尿、烦渴和骨密度弥漫性降低。在整个甲状旁腺主细胞发生弥漫性增生时，即使颈静脉输入钙也不能抑制PTH的自律性分泌。病理变化为甲状腺"C"细胞呈结节状增生，肺、肾和胃黏膜出现弥漫性无机盐沉积，该病是常染色体隐性遗传病。

高钙血症也可能与多灶性骨溶解性病损有关，引起多灶性骨溶解的因素有败血性血栓、全固定术、骨肉瘤、肾上腺皮质功能减退（类阿狄森病）、甲状腺结构异常导致的降钙素过低、慢性肾病、血浓缩和高蛋白血症。此外，在脱水的动物偶尔也有发生高钙血症，但通常病情轻微，这是由于体液减少导致的高蛋白血症、离子钙和非离子钙的浓度增高，经过体液治疗会很快得到缓解。

【治疗】本病的治疗原则是消除引起PTH分泌过多的病因。在切除任何组织之前应当检查所有的4个甲状旁腺。单个或多个腺瘤应进行整体切除。如果颈部区域肉眼可见的甲状旁腺大小正常或稍小，并且诊断也相当确切，仍然有必要做心脏基部手术探查来对甲状旁腺肿瘤进行定位。由于血浆中PTH的半衰期小于15 min，因此甲状旁腺功能性异常的消除会导致循环血液中PTH水平的迅速下降。因为患有明显骨病的动物血浆Ca水平可能急剧降低，并且在手术后12～24 h可能低于正常，因此需要频繁监测血浆Ca水平。以下原因可引起手术后的低钙血症（≤6 mg/dL）：①慢性高钙血症或手术过程中损伤了保留的甲状旁腺组织，从而产生抑制作用，导致主细胞分泌活性下降；②PTH水平降低导致骨再吸收迅速减少；③由于成骨细胞增殖引起的骨样组织中矿物质增多，这种成骨细胞在PTH水平升高时可阻止矿物质化作用的发生（称作"骨饥饿综合征"）。采用静脉输注葡萄糖酸钙（以维持血清水平维持在7.5～9 mg/dL）、饲喂高钙日粮和补充维生素D的治疗措施以纠正这种严重的术后并发症。如果术后高钙血症持续1周以上或又复发高钙血症，应考虑到腺瘤或癌症病灶发生转移。

2. 肾继发性甲状旁腺功能亢进症 肾继发性甲状旁腺功能亢进症是一种慢性肾衰竭的并发症，其特征是内源性PTH水平增高，该病比原发性甲状旁腺功能亢进症更普遍。与原发性甲状旁腺功能亢进症相比，肾继发性甲状旁腺功能亢进症趋向于非自发性的。这种病多发生于犬，偶尔见于猫，很少发生于其他动物。

对于进行性肾病，当肾小球滤过率降低时发生血清高磷血症，高磷血症导致血清离子钙浓度降低，肾合成骨化三醇也降低。骨化三醇通常作用于肠道和肾脏以维持正常Ca水平，离子钙和骨化三醇浓度降低引起血清PTH浓度升高。当肾小球滤过率降低并伴发严重肾病时，PTH浓度递增，导致肾继发性甲状旁腺功能亢进症临床症状的出现。

【临床表现】肾功能不全的患病动物主要表现呕吐，脱水，烦渴，多尿和精神沉郁。继发性甲状旁腺功能亢进症也可能引起骨骼的损伤，但轻重程度不等，如肾病早期或轻微肾病引起骨骼轻微病理变化，到肾衰竭晚期的严重的纤维性骨营养不良，受侵害的骨骼大小一般正常尤其在成年犬，因为肾衰竭发生缓慢和骨的代谢也不很旺盛。在幼龄犬，可能发生肥厚性骨的病理变化（如面部隆起），在这种病例，增生性成骨细胞产生的未矿化的类骨质沉积和纤维结缔组织增生速率超过骨的吸收速率。

尽管患病动物全身各部位的骨骼都有可能受到侵害，但并非同时出现病理变化，有的在发病早期出现病理变化，并且在某些区域（如颅骨的骨松质）发展到非常严重的阶段。牙骨的吸收发生在早期，并且导致牙齿松动，极易脱落，影响咀嚼。由于上、下颌骨骨松质的吸收加剧，上下颌骨变软、易变型（"橡皮颌"综合征），上下颌不能正常闭合，进而引起流涎、舌脱出。矿物质严重丧失的下颌骨易发生骨折和牙齿脱落，长骨相对受影响较少。由于患有肾继发性甲状旁腺功能亢进的动物骨的吸收增强，导致小的创伤就可能引起跛行、步态僵硬和骨折。

【病理变化】甲状旁腺肥大，起初归因于主细胞肥大，随后是由于代偿性增生。虽然甲状旁腺是非自发性的，但患有肾继发性甲状旁腺功能亢进的动物外周血中PTH的水平高于原发性甲状旁腺功能亢进病例的PTH的水平。组织学观察可能发现诸如破骨细胞增多症（osteoclastosis）、骨髓纤维化和网状类骨质浓度增高等变化，患有肾继发性甲状旁腺功能亢进的重危病例表现的严重高钙血症、高磷血症和PTH浓度过高可能引起骨硬化病。

【诊断】通过实验室检查，发现有与肾功能不全一样的异常情况，同时伴有血清PTH升高时，可诊断为肾继发性甲状旁腺功能亢进，PTH的放射免疫分析方法可以在不同的诊断实验室进行，由于肾衰竭同时伴有无生物活性的PTH浓度增高，所以不应采用测定PTH分子片段的分析方法。

【治疗】治疗方法包括膳食调制、服用骨化三醇（维生素D_3的活性代谢产物），结合口服磷酸盐粘合剂和加强对潜在的肾病的护理，限制日粮磷的处方粮是有利的治疗措施。口服骨化三醇（每日1.5～3.5 ng/kg）已经逆转了慢性肾功能衰竭的甲状旁腺功能亢进，但是骨化三醇治疗禁忌用于高磷血症或高钙血症（因为目前市场上应用的骨化三醇的剂量远远大于临床所需剂量，所以需要骨化三醇专用配方），日粮磷黏合剂被用来降低肠道吸收有效磷的量，并且应同饲料一起应用，这种治疗措施在骨化三醇补充给药法中尤其重要，因为骨化三醇能够增加P和Ca的吸收。

【预后】如果不进行治疗，继发性甲状旁腺功能亢进症，将会导致不可逆的甲状旁腺增生肥大（也称作三发性甲状旁腺功能亢进症），在这一阶段治疗措施对甲状旁腺功能亢进病例是无效的，这种情况下需要摘除增生的甲状旁腺。

（二）甲状旁腺功能减退

甲状旁腺功能减退是由于PTH分泌过少或者PTH对其靶细胞不能发挥正常功能而引起的一种代谢紊乱。该病主要发生于犬，尤其是小型品种犬（如德国的小型雪纳瑞犬），但其他品种犬也见发生。

许多病因均可导致PTH分泌减少。在做甲状旁腺手术时，甲状旁腺可能受到损伤或者意外摘除，也会导致甲状旁腺机能减退、甚至消失。腺体或者其脉管供应受损后，足够的功能性实质经常再生，之后临床症状消失。

成年犬特发性甲状旁腺功能减退，通常是弥漫性淋巴细胞性甲状旁腺主细胞广泛性变性和被纤维组织所取代的结果。引起甲状旁腺功能减退的其他病因有颈部前区原发瘤或转移瘤引起甲状旁腺的结构破坏和慢性高钙血症引起的甲状旁腺萎缩。患犬瘟热病犬甲状旁腺的主细胞中存在大量的犬瘟热病毒，可能促进低血钙的形成。在幼犬，甲状旁腺发育不全是较为罕见的先天性甲状旁腺功能减退的原因。在某些组织学正常的特发性甲状旁腺功能减退患病动物（包括人），是由于甲状旁腺主细胞缺乏一种将PTH前体物质转变成有生物活性的特殊的酶所致。在其他病例，免疫介导作用可能参与疾病病理的发生，通过实验犬多次反复注射甲状旁腺组织乳剂，其分泌作用的甲状旁腺实质发生相似的破坏和淋巴细胞浸润。

假性甲状旁腺功能减退症是发生于人的甲状旁腺功能减退症的一种变异病型，目前该病是否发生在其他动物尚无定论。患有该病的病人肾和骨中的靶细胞对正常水平或增高的PTH无应答反应；并且即使甲状旁腺增生，也会发生严重的低钙血症。

【临床表现与病理变化】甲状旁腺机能减退的功能性障碍和临床症状主要是神经肌肉兴奋性增强和肌肉抽搐所引起。由于PTH的缺乏和血钙的渐进性降低（4～6 mg/dL），患病动物骨吸收减少。一般患病动物表现不安、神经过度敏感、共济失调、肌肉乏力和个别肌群发生周期性震颤，最后演变成肌肉强直性痉挛和惊厥，接着由于肾小管重吸收作用增强，血磷水平出现实质性升高。目前人们认为，甲状旁腺机能减退与微管系统的钙化作用、脑内的钙化作用、神经功能减退、白内障、骨质减少和韧带骨化有一定的相关性。

在犬免疫介导的淋巴细胞性甲状旁腺炎症的早期，其病理变化为甲状旁腺淋巴细胞和浆细胞浸润、残余主细胞结节再生性增生，后被淋巴细胞、成纤维细胞和毛细血管所取代，偶见少量有活力的主细胞。

【诊断】可根据神经肌肉兴奋性增强、非临产动物严重的低钙血症、中度的高磷血症和对治疗的反应情况作出诊断。该病的一些临床症状（如肌肉抽搐）和实验室检查结果（如低钙血症）与产后低血钙的临床症状相似，但产后低血钙通常伴发低磷血症和肌肉剧烈活动而导致的低葡萄糖血症。

【治疗】对于发病动物的神经肌肉抽搐、痉挛，应采用静脉注射葡萄糖酸钙以使血钙水平恢复接近正常。推荐治疗处方是：10 mL 10%葡萄糖酸钙溶于250 mL 0.9%的生理盐水中，以每小时2.5 mL/kg连续滴注8～12 h。由于其对心脏具有毒性作用，静脉滴注钙制剂时一定要注意不要输注得太快。对于不能正常分泌PTH的病畜，应长期饲喂高钙低磷饲料和补充钙剂（葡萄糖酸钙和乳酸钙）及维生素D_3以维持血钙正常水平。

对于患甲状旁腺机能减退的病犬，由于缺乏PTH，导致肾中维生素D的生成减少，因此为了提高血钙浓度，可大剂量注射维生素D_3（但注意应视犬的体重大小而定，一般为≥25 000～50 000 U/d），为了防止高钙血症和广泛的软组织矿化作用，应根据血钙水平的监测情况及时调整维生素D的使用剂量。调整维生素D的使用剂量后，每间隔4～5 d对血钙水平进行监测，一旦血钙达到正常水平，可注射小剂量的维生素D以长期维持血钙水平正常，在某些犬仅需日粮中补充钙就可达到这一目的。

第四节　大动物关节病

也可见"牛的跛行""马的跛行""绵羊的跛行""山羊的跛行"和"猪的跛行"。

一、关节炎

关节炎是一种表示关节炎症的非特异性术语，所有大动物的关节病都有不同程度的炎症。重要的关节炎包括创伤性关节炎、剥脱性骨软骨炎、黏液囊（软骨下囊）损伤、无菌性（或感染性）关节炎和骨关节炎（也称作退行关节病）。

（一）创伤性关节炎

创伤性关节炎包括创伤性滑膜炎、关节囊炎、关节内碎裂骨折、韧带撕裂伤或扭伤（包括关节周围和关节内韧带、半月板撕裂和骨关节炎）。创伤性关节炎见于全球所有品种的马。

【临床表现与诊断】创伤性滑膜炎和关节囊炎是由于创伤引起的关节滑膜和关节纤维囊的炎症，马是一种典型的竞技动物，表现出急性期关节滑液的大量渗出和慢性期关节液浓缩和纤维变性，跛行从轻微的步态变化到严重跛行。通过X线检查可排除骨软骨骨折和其他疾病，从而对创伤性滑膜炎和关节囊炎与其他创伤性实体进行鉴别诊断，韧带和半月板（腿胫关节）撕裂经常只有通过诊断性关节镜检查的方法排除，骨软骨骨折可通过X线照相诊断，当骨关节炎病情严重到出现关节腔消失（与关节软骨损耗有关）、软骨下硬化、骨赘和肌腱末端骨赘形成时，可通过X线检查进行诊断，轻度的骨关节炎只通过诊断性关节镜检查就可确诊，骨软骨骨折的临床表现与关节滑膜炎和关节囊炎以及骨关节炎相似，这些疾病可根据X线检查和关节镜检查（在某些情况下）结果进行鉴别诊断。

关节炎一般表现出关节疼痛和功能的异常，如果损伤过程没有静息或者剧烈，通常有关节滑液的大量渗出，周围组织肿胀、温热；在比较严重的病例，触诊关节疼痛；在更轻微病例，需要进行关节屈曲试验以检出跛行。当病程转化为慢性时，关节活动度随着关节囊的纤维性增厚而降低。很多病例的阳性确诊需要应用X线照相技术评价，关节镜检查用于准确评估关节软骨损伤的程度和建立预后。

【治疗】急性创伤性滑膜炎和关节囊炎的治疗措施有休息和物理疗法，诸如冷疗、冰镇疗法、被动屈曲和水浴，通常应用NSAID（一般是保泰松）。在更严重病例，应用关节灌洗术除去滑膜产生的炎性产物以及能够加重滑膜炎的关节软骨碎片。如果不进行关节灌洗或者药物注射，而只进行关节引流，只能起到短暂缓解症状的作用。

目前应用的有多种关节内用药方法，皮质类固醇类药物是最有效的消炎药，并且对急性创伤性关节炎有效，然而不同皮质类固醇类药物和不同剂量的副作用是有区别的。倍他米松产品和曲安奈德是有效的，并且无副作用。醋酸甲基强的松龙与其他两种药物相比药效更强、更持久，但是它有更明显的能够引起关节软骨的退行性变化的副作用。关节内注射透明质酸钠被广泛有效地用于轻度到中度的滑膜炎病例，近期证明其有软骨保护效应，但对严重的滑膜炎或出现关节内骨折时不太有效。对病畜进行静脉注射透明质酸（全身剂量40 mg）似乎是有效的，并且有关节炎病马控制性模型的科研数据支持这一观点。常用聚硫酸氨基葡聚糖（polysulfated glycosaminoglycans，PSGAG）

治疗创伤性关节炎，PSGAG对滑膜炎是有效的，并且能够帮助阻止关节软骨退变的发生。虽然PSGAG用于关节内注射（250 mg）的有效性有科学依据，但肌内注射（500 mg）的效果不确定。

发生骨软骨碎片（最常见于腕关节和球关节）的马应用关节镜手术治疗以减缓骨关节炎病情的发展，清除关节腔内骨的碎片，对缺损骨和软骨实施清创手术，手术后安静休息2~4个月，恢复期开始应用物理疗法。在外科手术过程中，当继发性骨关节炎变化极轻时，马恢复其原有性能的成功概率是很高的。应采用关节镜手术清除且已能成功清除的骨软骨碎片包括桡骨远端或腕骨、背侧近轴侧第一节指骨、近端掌骨（趾）第一指骨、近端籽骨的顶端远轴基部碎片、股膝关节的远端膝盖骨的碎片、胫跗关节的碎片、远端指（趾）骨（舟关节或蹄关节）伸肌侧碎片。

（二）分离性骨软骨炎

关于马的骨软骨病全面深入的讨论见马的发育性骨科病。

在分离性骨软骨炎（OCD）病例中，未成熟的关节软骨出现局灶性的病变区域，并且基底层基质软骨软化、无细胞，未成熟的关节软骨与其下方的骨小梁相分离。软骨发生横骨折和纵骨折，以至于形成软骨碎片，滑膜腔内的滑液流向下方的髓质间隙，进而形成软骨下囊肿（通常只在大动物），未成熟关节软骨脱落的软骨片可能完全脱离并且游离于关节腔里（"关节鼠"），或者关节内软骨再附着于其下方的骨上（特别是猪），进而使关节面出现皱褶。后者仅在关节被固定时多见，这时为保证软骨内骨化的需要应恢复血液循环。如果脱落的软骨片由于关节的活动而被撕离下来，这些撕裂的软骨片运动时可能被磨成小碎片或消失，而大的骨片可能附着于滑液囊上、血管化或骨化，最后由于软骨纤维化而使关节出现异常。

【病因】确切病因尚不明确，但是被认为是多因素的，这些因素包括遗传素质、生长过速、高热能摄取、低铜、高锌水平和内分泌因素。

【临床表现】OCD最常见的部位（最常见于青年动物）是股膝关节、跗关节、球关节（掌指关节和跖趾关节）和肩关节。

患有肩关节OCD的动物在不到1岁时，通常表现严重的前肢跛行或者还有一些肌肉萎缩，患有OCD的动物在其他关节通常表现关节滑液的大量增生和不同程度的跛行，可以通过X线照片确定诊断。

【诊断】病史、年龄、品种、性别和临床特征可以为临床诊断提供有价值的信息。然而，X线照片是确定诊断所必需的。

【治疗】OCD病例应依据发病部位和程度进行治疗，股膝关节损伤与股骨的外侧滑车脊、内侧滑车脊或远端髌骨有关，应对其进行关节镜手术，建议用于除具有在外侧滑车脊出现不到2 cm长的肿胀（无破裂）为特征的早期损伤病例之外的所有OCD病例。在跗关节，在胫骨的中间脊（矢状）、距骨的外侧滑车脊、胫骨内踝、距骨的内侧滑车脊，OCD损伤的发生率降低，所有的损伤可能与关节镜手术有关，预后通常较好，当关节滑液大量蓄积时建议手术治疗。掌指关节和跖趾关节的无破碎骨片的损伤可通过保守疗法治疗，并且多数患病动物康复较好。如果有碎骨片出现，建议实施关节镜手术。在肩关节，一般建议手术，但预后不如其他关节理想。

（三）软骨下囊肿样损伤

腿胫关节、球关节、系关节、肘关节、肩关节和远节指（趾）骨可见到软骨下囊肿样损伤，通常依据关节内镇痛对跛行的定位作出诊断（关节腔内滑液蓄积的诊断不确切），并通过X线照相确诊。

软骨下囊肿样损伤经常发生于腿胫关节，随后发生于球节。在腿胫关节，每当出现完全的囊肿样损伤，通常建议手术（关节镜的）。较小的、圆形的或扁平的损伤在初期通常采用保守疗法，患有这种病的马65%~70%能够恢复运动功能。在关节镜的可视化下，损伤区域注射皮质类固醇类激素优于以往的清创术，能取得较好的治疗效果。对于球关节远端掌骨的软骨下囊肿样损伤通常建议手术，但是腿胫关节不一定如此。球关节和肘关节的单纯性损伤保守疗法预后良好。如果可能，建议对远端指（趾）骨的关节囊损伤（在保守疗法效果很差的情况下）手术治疗。

（四）脓毒性关节炎（感染性关节炎）

【病因与流行病学】脓毒性或感染性关节炎是因关节细菌感染的隔离不严造成的，关节感染的产生有三种途径：①血源性感染，这在幼驹、犊牛、羔羊是最常见的（通常指的是脐带感染和炎症）；②有局部感染症状的创伤性损伤；③由于关节内注射或者手术（通常见于马）引起的医源性感染，脐炎是血源性感染唯一的一个例子，这也能通过消化道或者肺源途径获得。

【临床表现与诊断】脓毒性关节炎一般表现为严重的跛行和关节肿大，关节腔内充满浑浊、脓性的关节滑液，含有白细胞30×10^9/L，总蛋白水平4 g/dL。

在幼驹血源性骨髓炎常伴随脓毒性关节炎。幼驹的脓毒性关节炎被分为：S型（只表现脓性关节）、P型（也涉及相邻的生长骨板骨髓炎）或E型（涉及骨骺和软骨下骨的骨髓炎），各种病原微生物可能感染。

在未发育成熟的羔羊，羊放线杆菌引发多关节炎，就像鹦鹉衣原体和丹毒杆菌一样，后者可发生在

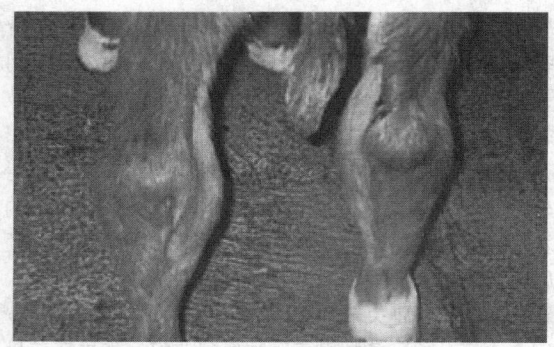

图9-2 犊牛脓毒性关节炎
（由Sameeh M. Abutarbush博士提供）

断尾、去势或者脐感染之后，病毒和霉浆菌也可能是食品动物的病原体。

在成年山羊，山羊关节炎-脑炎病毒是感染性关节炎的一种重要病因；在幼龄山羊，C型鹦鹉和霉菌样支原体是常见病因。

在青年猪可发生细菌性（包括支原体属）关节炎。在新生仔猪，化脓性关节炎通常是由于子宫内感染或脐感染大肠埃希菌、棒杆菌属、链球菌属或葡萄球菌。防控措施最好是针对降低环境中感染的可能性采取措施。成年猪有时发生关节炎是感染嗜血菌属、丹毒丝菌属和支原体属病原的后遗症，虽然早期诊断并不困难，但是慢性阶段可能与日粮中维生素A过多症所造成的关节损伤相混淆。

关节创伤性损伤的污染和进行性感染在马是很普遍的，并且各种细菌也都参与感染。关节腔内注射和手术引起的感染发生于马，并且通常与金黄色葡萄球菌与表皮葡萄球菌有关。

【治疗】化脓性关节炎需要尽快处理以避免造成不可逆转的损伤。建议全身应用广谱抗菌药，开始时用药要根据最可能的病原菌，以后要根据细菌培养和药敏试验调整用药方案。全身性抗菌治疗经常结合关节内注射抗生素（以获得更为有效的关节内杀菌效果）和其他局部疗法（包括初期的关节灌洗术和关节镜下关节清理、引流术），同时还需要结合应用NSAID（如保泰松）辅助治疗。要通过临床体征观察和反复的滑液分析仔细监测治疗效果。

（五）骨关节炎（退行性关节病）

【病因与流行病学】骨关节炎是一种关节软骨的渐进性、退行性病变，它代表着前面讨论的多数其他疾病如果治疗无效或者最初问题太严重的末期阶段。因此，快速诊断对创伤性滑膜炎、关节囊炎、关节内骨折或者创伤性的关节软骨损伤、剥脱性骨软骨炎、软骨下囊肿样损伤和脓毒性关节炎的正确治疗是至关重要的。

【临床表现与诊断】通过对受侵害关节采取镇痛的方法可使跛行局限化，骨关节炎会产生关节滑液渗出、关节囊纤维化和活动受限（屈曲减少）等不同程度的病变。X线检查的特征性病变有关节腔缩小、骨赘增生、肌腱的骨附着部炎症和软骨下硬化。在较少的重症病例，关节的退行性变化需要关节镜检查确定。

【治疗】股关节炎最常用的治疗方法是保守疗法，包括使用NSAID、关节内注射多硫酸化葡糖氨基聚糖类药物、关节内注射皮质类固醇和静脉注射透明质酸。近年来，关节内注射自家调节血清的效果已经得到验证，物理治疗方案证明对该病可能有辅助治疗作用。对于严重病例，外科融合技术（关节融合术）可以用于个别关节，近端指骨间关节（球关节）或远端趾关节的外科融合术能够影响运动功能，动物的球关节融合术也用在贵重动物身上，使他们恢复健康并能交配和繁殖。公牛和母牛慢性病例的治疗通常是不成功的，但是限制运动和精心饲养和护理可以延长其生命，并且对有价值的种公畜是值得的。

二、黏液囊炎

黏液囊炎是一种黏液囊内的炎症反应，其反应程度的范围从轻度的炎症到化脓性炎症反应程度不等，它是马的一种非常常见和重要的疾病。该病可分为真性的或获得性的，真性的黏液囊炎是先天性或天然黏液囊（比深筋膜要深）的炎症反应，如转子滑囊炎和棘上黏液囊炎（马肩隆瘘，见下述）。获得性黏液囊炎是之前未发生黏液囊炎的皮下囊的发展，或者是黏液囊感染的进一步发展，如鹰嘴突部位的肘端后肿、肘结节的肘水囊瘤和跟骨结节的飞端肿。

黏液囊炎有急性炎症和慢性炎症两种，急性黏液囊炎病例包括早期的股二头肌黏液囊炎和转子滑囊炎，其一般特征是肿胀、局部发热、疼痛，慢性黏液囊炎病例的发生一般与反复的创伤、纤维化和其他慢性变化（如肘肿、飞节肿和腕水瘤），黏液囊内过量滑液蓄积，黏液囊壁发生纤维化而增厚，黏液囊腔内可能形成纤维束和隔膜，并且发生广泛的皮下组织增厚，这些黏液囊的增大表现为冷的、无痛性肿胀，并且除非肿胀的非常严重，一般不影响其功能。化脓性滑膜炎是较为严重的，并且经常伴有疼痛和跛行。黏液囊的感染可能源于血液原性，或者是继发于黏液囊的贯通创之后。

急性黏液囊炎的疼痛可通过冷敷、抽吸黏液囊内的蓄积液缓和黏液囊内用药而缓解，但反复注射可能导致感染。慢性黏液囊炎的治疗是通过手术的方法。在感染性的黏液囊炎，需要全身抗菌消炎和局部引流。

（一）肘肿与飞节肿

肘肿与飞节肿是皮下黏液囊的炎性肿胀（获得性黏液囊炎），分别位于马的鹰咀突和跟骨管。常见的诱因为由于躺卧于简易硬质地面所造成的损伤、踢蹴、摔倒、运输途中拖车后挡板的摩擦以及马掌铁等造成的外伤以及过长时间的躺卧。

【临床表现与诊断】 受侵害黏液囊发生局限性的水肿样隆起，两种病例很少发生水肿，受侵害黏液囊初始时柔软有波动感，但是，不久就会形成一种坚硬的纤维囊，特别是有旧伤复发的情况下。开始时，黏液囊的肿胀几乎不明显或者相当大，慢性病例可能会发展成脓肿。

【治疗】 急性的早期病例可能对冷疗反应良好，几日之后无菌抽吸出滑液并注射皮质类固醇类药物。黏液囊也可以在应用刺激剂疗法和超声及放射疗法的作用下而变小，发病时间长的纤维化的黏液囊病变较为顽固，对于严重的慢性病例或者发生感染的病例建议采用外科疗法（一般采用刮除术和引流术）。如果病情是由足跟和蹄铁引起的，应采用肘水囊瘤滚筒以阻止肘水囊瘤的复发。

（二）马鬐甲瘘与头顶疮（马耳后脓肿）

马鬐甲瘘与头顶疮是马罕见的炎症性疾病，其本质的区别就在于其位置的不同，分别在各自的棘上囊和寰椎前囊。这部分的论述是关于马鬐甲瘘的，但除了关于解剖内容外，其他的也适用于头顶疮（马耳后脓肿）。在疾病的早期，一般不会出现瘘管，当黏液囊破裂或者当因为外科引流而被切开继发感染化脓菌，就会呈现真正的瘘管的特征。

【病因】 该病的病因可能是损伤性或感染性因素所致，凝集效价可说明感染性因素的存在。从未开放的黏液囊的抽吸液中可以分离出流产布鲁氏菌（时有猪布鲁氏菌），并且牛的布鲁氏菌病的暴发随后引起黏液囊发生开发性损伤的马的感染。对于这些病例应始终监测评估鲁氏菌效价，如果效价显著，应让畜主了解公共卫生的重要性。

【临床表现】 由于炎症导致黏液囊壁显著地增厚、扩张，当黏液囊壁变薄时可能发生破裂。在慢性严重病例，韧带和背侧椎脊受侵害，有时候这些结构会发生坏死。在发病初期，棘上囊膨胀，囊内充满澄清的、淡黄色的黏性渗出液。根据黏液囊在组织层之间的分布，肿胀可能发生在背侧、一侧或两侧，起初是渗出性病变，直到黏液囊破裂或被打开才会发生化脓和继发感染。

【治疗与预防】 治疗越早干预后越好。最成功的治疗措施是彻底地切开和移除感染的黏液囊。对于慢性病例长期的治疗需要的费用时常超出动物的价值，并

且公共卫生层面的问题（对于有布鲁氏菌感染的病例）也要仔细考虑，布鲁氏菌疫苗没有显现出很好的效果，碘化钠疗法有一定的价值。将马和布鲁氏菌病牛隔离以及将牛和患有不断向外排分泌物的马肩隆瘘病马隔离是合理的。

三、衣原体性多发性关节炎-浆膜炎

绵羊、犊牛、山羊和猪均可发生衣原体性多发性浆膜关节炎（传染性浆膜炎）。绵羊衣原体性多发性关节炎首先发生在美国的威斯康星州，后在美国西部、澳大利亚和新西兰均有报道。犊牛的衣原体性关节炎发生于美国、澳大利亚和奥地利，猪的衣原体性多发性关节炎多见于奥地利、保加利亚和美国。

【病因与流行病学】 从犊牛和绵羊感染关节分离到的致病鹦鹉热衣原体是相同的，但在他们细胞壁中具有特异性抗原，这种特异性抗原和引起绵羊和犊牛流产的衣原体是不同的。胃肠道在衣原体性多发性关节炎的发病机制中是主要原因（见肠道衣原体感染），通过口服途径已成功地复制了该病。因为衣原体能够在临床健康的犊牛和羔羊粪便中复壮，胃肠道很可能是宿主和寄生物相互共生的场所。如两者的共栖条件的改变有利于衣原体的生长繁殖时，将会导致全身感染或衣原体血症，滑膜是衣原体生长增殖的最终场所。关节内人工接种感染也可导致胃肠道感染。衣原体可经粪便、尿液排出体外，经消化道传播，有时也可经呼吸道传播。

【临床表现】 饲养在牧场、农场和饲养场内的羔羊均可发生衣原体性多发性关节炎，发病率5%～75%，直肠温度为39～41.5℃，不同程度的僵硬、跛行、厌食，有时并发结膜炎。患病绵羊精神沉郁、不愿活动、站立不稳、一肢或多肢负重，但是强迫运动后僵硬和跛行可能逐渐减轻或消失。草原放牧绵羊在秋末和冬初发病率最高。

各种年龄的牛均可感染本病，但以4～30日龄犊牛最易感。发病犊牛发热、中度敏感，被运到水坝上饮水或者吮乳时需要人工辅助，病牛常常严重腹泻，站立时弓背，关节肿大，触诊疼痛。未见脐部变化和神经症状。

成年猪以及仔猪均有衣原体性多发性关节炎的报道。患病仔猪表现为发热、厌食，并且可能发生鼻黏膜卡他性炎症、呼吸困难和结膜炎。该病不易与其他传染病引起的猪多发性浆膜炎和关节炎相区别。

【病理变化】 最明显的组织病理学变化在关节。在羔羊，关节肿大并不总是很明显，但是在慢性严重病例，膝关节、飞节和肘关节可能轻微肿大。在犊牛沿腱鞘关节周围皮下组织水肿、滑膜囊内积液有波动

感，致使关节肿胀。大多数患病羔羊和犊牛关节腔内蓄积大量的、灰黄色的浑浊滑液，在感染关节的隐窝内的纤维蛋白絮状物或凝块可能黏附于滑膜上，关节囊增厚、关节软骨光滑，无关节软骨边缘代偿性变化现象。病情严重的羔羊和犊牛腱鞘肿胀，有多量灰黄色乳油状的渗出物，周围肌肉充血、水肿，在其相连的筋膜面有瘀斑。

【诊断】病史调查和发病关节及其他器官病理变化的仔细检查具有一定的诊断意义。关节滑液和组织的细胞学检查可发现衣原体的原生小体或细胞浆内包含体。从发病关节中分离并鉴定出病原即可确诊。感染关节的细菌学培养通常是阴性的，但是偶尔可分离到大肠埃希菌和链球菌。如犊牛发生关节炎，且脐部无病理变化，应考虑到已发生了衣原体性多发性关节炎。

依据临床和病理变化特征，可以区分羔羊由于衣原体性多发性关节炎和其他疾病引起的僵硬和跛行。矿物质缺乏或骨软化症的羔羊通常不发热，这两种病引起的骨的异常生长和白肌病的局部病理变化是其特征性的病理变化。由猪丹毒杆菌引起的关节炎，其关节面的凹窝内存有蓄积物并且黏附于其表面，关节周围纤维化或形成骨赘。蓝舌病毒感染引起的蹄叶炎，可以根据临床症状和病因学检查加以区别，衣原体性多发性关节炎和支原体关节炎要进行全面的微生物学检查后方可鉴别。

【治疗与预防】在发病早期，使用长效青霉素、四环素或泰乐菌素治疗有一定疗效，但后期病情严重时用药效果不理想。对于栏养的发病羔羊，每只饲料中添加150～200 mg/d金霉素，可降低衣原体性多发性关节炎的发病率，目前尚无批准的疫苗可用作预防。

四、腱鞘炎

腱鞘炎是滑膜层的炎症，通常是腱鞘纤维层发生的炎症，以滑膜渗出导致的腱鞘肿胀为特征，病因和临床症状复杂，其类型包括：自发性的、急性的、慢性的和败血性的（传染性的）。自发性的腱鞘炎指的是青年动物的腱鞘液性肿胀，病因不明，急性、慢性腱鞘炎多见于创伤，败血性的腱鞘炎与贯通创、局部感染的蔓延和血源性感染有关。

【临床表现与诊断】在发生腱鞘炎时，随着严重程度的不同而出现不同程度的腱鞘肿胀和跛行。在马发生败血性腱鞘炎时表现严重跛行。在马，跗骨腱鞘炎（飞节软肿）和指（趾）骨腱鞘炎（球节软肿）是常发生慢性腱鞘炎，这两种病要与跗关节部腱鞘炎和球关节的滑液性渗出相区别。

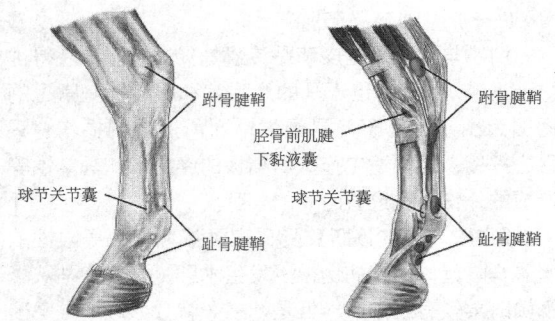

图9-3 马趾深屈肌腱的跗骨与趾骨腱鞘
（由Gheorghe Constantinescu博士绘制）

【治疗】对于自发性的病例，一开始就不建议治疗；对于表现临床特征的急性病例，可以据具体症状采用冷敷法、NSAID和让病畜适当休息。更多慢性病例应用抗刺激剂和绷带包扎；败血性腱鞘炎应进行全身抗菌消炎和引流。如腱鞘与腱之间发生粘连，将导致持续性液性渗出和跛行。

（刘焕奇 译 高利 一校 崔恒敏 二校 刘宗平 三校）

第五节 牛的跛行

牛的跛行发病非常普遍，每年至少有60%的牛发生跛行，特别在集约化饲养且高产的奶牛发病率最高，跛行对牛的影响与生殖系统疾病一样，可造成巨大经济损失，平均每头牛的费用在400美元左右，包括治疗、护理费用及产奶下降的损失等，每年至少有10%的奶牛由于跛行而被迫淘汰。

与繁殖障碍和乳房炎等疾病相比，引起跛行的病因非常多，并且较为复杂，因此在跛行的预防上比较困难。下面介绍跛行诊断的基本程序：

一、诊断程序
（一）物理检查

1. **动物驻立时的表现** 判断病因时优先考虑擦伤或肿胀，创伤比较直观，如果发生褥疮，多由于牛起立困难，长期躺卧有关，要考虑关节系统疾病，且这种情况臀部肌肉萎缩比较明显。

2. **姿势** 正常情况下，牛60%体重由前肢负担，后肢跗关节位于坐骨结节正下方。发生四肢疾病时牛会通过调整站立姿势来缓解疼痛，如牛后肢蹄部出现脓肿时，会将后肢外展；后肢蹄踵部疼痛时后肢后踏；长期在水泥地上行走的牛，由于后肢蹄部负重过大，表现为跗关节内旋姿势；蹄叶炎时，由于蹄部指（趾）关节疼痛，后肢前踏。这种姿势常与体型结构缺陷相混淆。有些牛跗关节缺陷时，关节角度小于160°，称作"镰状跗关节"；当跗关节关节角小于180°时，这种姿势称为僵尸腿，这种姿势的形成与关节炎有关；当后肢蹄部比正常靠近时，表明蹄子中部疼痛，这种姿势称为"站立狭窄"，这种姿势常与"弓形腿"相混淆。

3. 跛行的特点　观察牛的跛行时，最好让牛在干净坚硬的平面上行走。首先，应该从侧面观察牛前进。如果牛不是跛行，那么后部应该是平直的；如果轻微跛行，后面会稍微拱起；如果牛中度跛行，在站立和行走时背部都会拱起。真正发生跛行的牛在受影响的蹄上也会有负重，如果发生严重的跛行，会拒绝承重。当牛尝试用受伤的蹄子负重时，头部会摇摆。

通过动物的姿势可以进行推断，确定发生跛行的区域。例如，如果指（趾）部疼痛，在大步运动收回四肢时，收回幅度大大减小。相比之下，如果疼痛发生在跟部，在运动时向前伸阶段，幅度减小或者蹄部不像正常那样负重。通常判断某一肢体的步态，可以相对对侧面肢观察。然而，跛行时，对侧肢通常不那么严重。当发生蹄叶炎时，所有肢体受到的影响差不多。在一些病例中，没有特殊的步态出现，但是动物迈开每一步时会很小心，称为"沉重步态"或者说动物的步态呆板僵硬。

4. 蹄部的检查　蹄部的轴突面与凹陷走向相适应，如果轴突面凹陷过多则是青年牛不良姿势的表现，特别是公牛，这种姿势与螺旋型的蹄有关。

牛长期在水泥地上行走，外侧蹄底会磨平，外侧会变得比中间宽。如果对磨平的蹄底进行彻底检查，需要将蹄部清洗干净后进行，如果蹄底被粪便和泥土覆盖，应该彻底清理掉，暴露蹄底，用蹄刀一点点切割检查，要特别注意蹄白线区域，病变部位用记号笔做上黑色标记，但切忌削掉大量的蹄底。指间也应该仔细检查，确定是否有指间异物、指间增生、纤维瘤、根腐病、指间糜烂和指（趾）间皮炎等。必要的话可对指（趾）部神经行传导麻醉，进行辅助鉴别诊断。

（二）X线检查

1. 指（趾）部区域的X线检查　当指（趾）关节发现病变时，往往发展迅速，X线检查不但可以辅助确定跛行的位置，还可提供病变发展不同阶段的信息。帮助确定最佳治疗方式。在进行X线检查前，蹄部要清洗干净，必要时蹄部要进行适当修蹄，否则可能会提供错误的X线图像。指（趾）部的检查可从4个角度进行X线照相来进行。

2. 掌背侧/蹄底投影　蹄底部的投影，这种X线图像可呈现所有关节骨头，没有重叠，可诊断出许多牛的蹄部疾病。

3. 斜投影　感光底片放在蹄底下面，机器的顶部放在指（趾）的背部并向后旋转45°。因为牛有两个指（趾），如果从侧面照射时一个和另一个重叠，病变部位会被掩盖。通过斜投影可以看到蹄部的每个指（趾）部，因不含重叠，所以看得清晰。因为斜投影的X线片视野中每个指（趾）部的投影不同，所以最好将相反角度的两张斜视野的X线片进行对比看。

4. 侧投影　它的诊断价值不如斜投影的X线片。但由于定位相对容易，这种X线片对于诊断骨折、骨折修复和脱臼有用。

5. 中轴面投影　单个的蹄子侧位视野可以通过在指（趾）间放置无增感屏X线胶片，这种投影对指（趾）骨远端和远指（趾）间关节的病变效果较好。

（三）X线图像阅读

X线图像的阅读要考虑许多因素。不同年龄由于骨骼的发育不同，所以呈现的放射线图像不同。对于发育的胎儿，掌骨和跖骨的远端与邻近和中指（趾）骨的近端，这些部位表现出其特有的发育特征。对于犊牛，指（趾）骨的远端没有完全骨化，因此骨头较小，其远端末梢是圆的，图像模糊。软骨下骨表现得不清晰和不规则，这种现象不要误判为软骨退行性变化，退行性变化常在败血性关节炎中见到。一些疾病也可以刺激牛的骨的生长，如螺旋型的蹄和化脓性关节炎的恢复期，这些疾病可引起骨轮廓改变和X线影像模糊。

老龄牛，X线图像可见到关节边缘和肌腱附着部位轻微的骨化现象。指（趾）骨远端表面的粗糙度的不同往往是年龄变化的标识。这种由于年龄变化而发生的改变不能与骨的生长变化相混淆。

骨的增生性病变如骨赘、外生骨疣等经过一段时间会表现出明显的边界和轮廓，透光度均匀，而自主

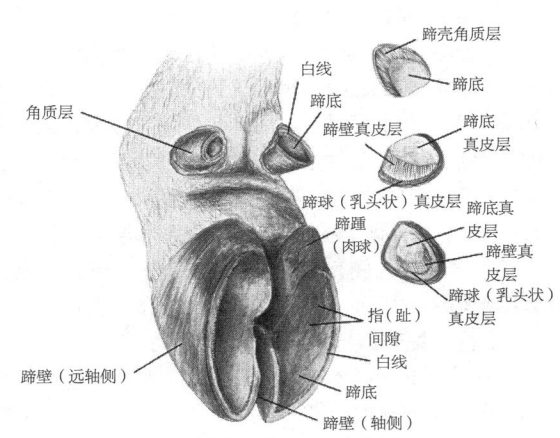

图9-4　大反刍动物蹄部（包括蹄壳）和悬蹄
（由Gheorghe Constantinescu博士绘制）

生长的骨没有明显的边界，轮廓粗糙，透光度不均匀。

亚急性的蹄叶炎、营养性的骨病和四肢血液循环不良会造成骨X线图像透光性扩散性增加，骨炎、骨髓炎、骨折愈合早期及骨软骨病，病灶局部X线图像透光性增加。

关节内积液可造成关节间隙增宽，但在牛站立负重时拍X线片，这种情况不明显，所以必须与对侧关节进行比较，以确证它确实增宽。

软骨下骨X线图像不清晰和透光度增加常常与关节的感染性疾病有关，这种透光度的增加往往不规则。所以，一张X线片不大可能确诊病变，一般要从不同角度拍多张X线片。对于难以确定的关节，建议要与正常的关节进行X线图像比较诊断，犊牛的软骨下骨可能不清晰。

X线诊断对于评估骨折的修复过程很重要。骨折部位对接好后，应立即拍X线片，作为日后评估的依据，如果怀疑骨折不愈合或发生感染，应再次拍X线片。

代谢和营养性疾病时，骨透光度增加很难判断，因为机体所有骨都受到影响，无法对比不同骨之间的差别。成年牛的骨末端的网状骨质区域变得粗糙或呈"颗粒状"，像是骨小梁被消溶。无论是成年还是未成年牛，骨干中间骨质最厚，往两端逐渐变薄。如果中间骨质变得和骨干末端的一样薄，应怀疑全身性的骨营养不良。

败血性疾病的早期，可通过X线片看出软组织的肿胀及确定损伤的部位和波及的组织、肌肉和腱的疾病、蜂窝织炎、水肿或气性阴影（窦或者脓肿时）。

（四）传导阻滞麻醉

指（趾）部末端的传导阻滞麻醉，可用于外科手术和诊断中，注射部位在靠近掌骨（跖骨）的指（趾）骨关节的近指（趾）间背部。进针时应小心，因为在背部有指（趾）动脉，注射2%的利多卡因10 mL。如果针插入指（趾）间隙，可到达屈肌表面的神经。但前肢神经分布不固定，所以这种传导阻滞麻醉方法不可靠。

首选的屈肌注射点稍低于背部注射点，因为针很难穿入掌（跖）部韧带。内侧和外侧的位置在悬蹄水平，针从背部（动物站立的水平面）插入，邻近悬蹄2.5 cm处屈肌的内侧和外侧部位，注射2%的利多卡因5～8 mL。指（趾）部的手术（如截肢）要用到背部、掌（跖）部、内侧和外侧位置，指（趾）间的手术，如蹄部增生物切除，背部和掌（跖）部的位置都要用。

（五）关节镜检查与关节穿刺术

在诊断或者手术时，关节镜检查能够清楚地观察到关节内关节表面。通过关节穿刺术，可以抽出关节内的滑液，进行检查。如果关节损伤部位疼痛，可以进行传导阻滞麻醉，对于关节疾病也可以用关节内用

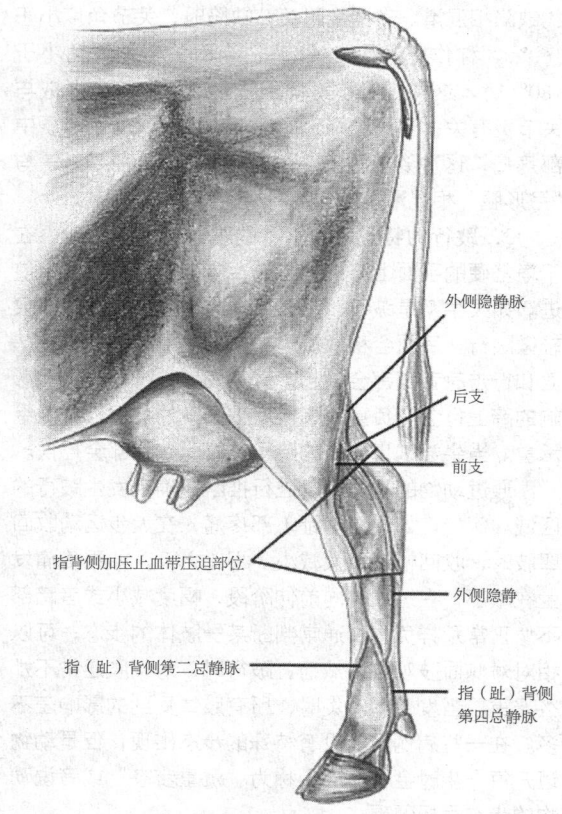

图9-5　牛下肢静脉局部麻醉示意图
（由Gheorghe Constantinescu博士绘制）

外侧隐静脉
后支
前支
指背侧加压止血带压迫部位
外侧隐静
指（趾）背侧第二总静脉
指（趾）背侧第四总静脉

药进行治疗。因为这种治疗会产生疼痛，所以需要进行高位传导阻滞麻醉。

对远指（趾）间关节，针从侧面水平插入到指长伸肌腱或指总伸肌腱，直达第三指骨，进入点正好接近冠状带。对近指（趾）间关节，针从侧面插入到伸肌腱。对于球节，进针直接向下刺入到骨和骨间韧

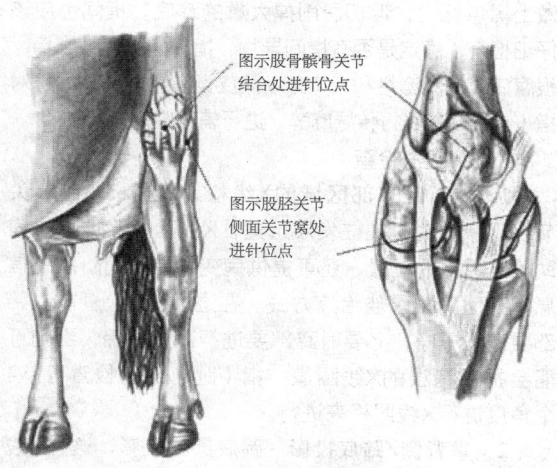

图示股骨髌骨关节结合处进针位点
图示股胫关节侧面关节窝处进针位点

图9-6　牛膝关节关节镜和关节穿刺进针部位图
（由Gheorghe Constantinescu博士绘制）

带，以类似的方式，从关节处的背部表面进入到关节远端。但屈肌腱鞘比背部伸肌腱鞘大。有大量滑液，所以针向下插入到骨间韧带的后面。

对于膝关节，可以采用两个位点进针，因为一些动物的股胫腔隙与关节其他腔隙互不相同。第一个位点是靠近髌骨外侧韧带（股胫腔隙）的后面，针直接向尾部方向插入。第二个位点是膝韧带的内侧中间部位，进针时稍微向下、向滑车（股髌和股径内侧）内侧边缘方向刺入。

对于髋关节，在大转子前面内侧和臀肌前面中部向尾部方向进针。

二、预防措施

1. 疼痛的治疗　由感染肿胀及手术损伤引起的疼痛，疼痛的应激反应增加了牛的营养需要量（尤其是锌的摄入量），如果病程长，会引起体质虚弱。疼痛引起的应激也增加了牛对疾病的敏感性。积极的镇痛治疗如使用镇痛药有助于机体预后和康复。镇痛药有一定的效果，但是使用剂量需要按说明剂量：吗啡，肌内注射，0.2～0.4 mg/kg；杜冷丁，肌内注射，1～2 mg/kg；羟吗啡酮，肌内注射，0.05～0.1 mg/kg；镇痛新，肌内注射，1～2 mg/kg；布托啡诺，肌内注射或者静脉注射，0.1～0.2 mg/kg；丁丙诺啡，肌内或者静脉注射，0.005～0.008 mg/kg。

皮质激素类与NSAID的使用仍有争议，但是后者在抑制化学物质（如前列腺素）对组织造成的损伤和炎症上很有效。由炎症反应引起或者关节疾病引起的疼痛，NSAID有一定的镇痛效果，但是由于其有副作用，不宜长期使用。例如，唑酮在36～48 h内不能多次使用，不能重复使用超过2～3次。下面为常用的NSAID的使用：阿司匹林，口服，100 mg/kg，每日2次；氟尼辛葡甲胺，静脉或者肌内注射，1.1～2.2 mg/kg；唑酮，静脉注射或者口服，10 mg/kg，每隔48 h用药；安乃近，静脉、肌内或皮下注射，20 mg/kg，每日2～3次。二甲基亚砜是专用的消炎制剂，可应用在整个受影响区域上。

2. 修蹄的作用　随着时间的延长，牛的蹄部会磨损，蹄底的形状会改变，使得站立不稳。两个蹄子在纵向和侧面都变得不平衡。因此，修剪的主要目的是使蹄子恢复正常，均衡承重。

正常情况下，蹄子角质的增生与磨损是同步的。蹄子后面的增长/磨损率大于前面。干燥的角质极耐磨，可能长的比正常长。在草地上的牛由于磨损低于增生而使蹄子变长，相反，在极湿润的环境下，牛蹄子比正常软，更容易磨损。如果牛在水泥地上饲养，侧后方蹄子的磨损比中间轻。

据报道，如果每年正确的修剪蹄子至少1次，牛能多活1年。但修剪会少产2 d奶，每日会减少产奶0.45～0.9 kg，这部分由于修剪破坏了牛的饲喂环境。修剪蹄子的位置离饲养圈舍和挤奶间远点，不要一个人对牛进行修蹄，应避免不熟练的修蹄，这些对牛的健康会有不良的影响。在许多国家，修蹄由专业人员施行，而不是兽医。修蹄人员应保存所有蹄子的损伤记录，这可为兽医提供宝贵的信息，兽医需要调查牛群中跛行的情况。

在修剪前，需要对所有蹄子进行评估。后蹄前壁从尖端到蹄冠平均长度7.5 cm。当蹄壁增长时，蹄壁凹陷，使得重量转移到蹄子的后面，增加了指（趾）骨远端屈肌的病变风险，蹄底容易形成溃疡。蹄子越长，屈肌系统的压力越大。平常背部蹄壁和地面之间的角度应该为45°。蹄短时，背侧壁超过7.5 cm，此时蹄尖部的蹄底厚度不足削蹄适宜厚度的7 mm，削蹄有相当大的风险。因此不应把短蹄牛的蹄尖削薄。

荷兰人发明的修蹄方法分为5个步骤。每个跛行的病例都有蹄底的损伤，在其本身损伤前要进行前3个步骤。

步骤1：蹄子中间背部蹄壁的长度削减到7.5 cm。尖端蹄底的厚度在5～7 mm。蹄球下面的角质在这个阶段不用削减。

步骤2：蹄底壁和蹄侧壁削短至与蹄子中间修剪相匹配。如果中间蹄子不到7.5 cm长，那这种削减不太可能。当蹄踵侧面显著增厚，多余的角质需要被切削掉，以维持侧面的稳定。在压力下如果蹄底稍微恢复，无需削减掉多余的角质。从尖端到球部蹄底应该是平的。如果忽视这些规律，可能造成中央区域蹄底留下过多，可能形成蹄底溃疡。一般的错误是减少在中轴沟的蹄壁的负重面积，这样能使负重转移到蹄底中心。

步骤3：蹄底中心到蹄底轴面的边缘，从轴面外到轴面边缘修剪成斜面。

步骤4：由于90%以上跛行的损伤发生在后蹄外侧面的蹄底，因此，当外侧蹄子的蹄底厚度减少，在球部和前蹄处通过削减使得重量转移到内侧蹄。

步骤5：蹄底部角质粗糙的碎片应该切除。在每年修剪蹄子时发现牛蹄有问题时，应该每年修剪两次。应在牛未妊娠时修剪，不应在泌乳高峰期进行修剪。

3. 浴蹄　浴蹄不能代替良好的卫生和修蹄，浴蹄池做成水泥池，约3 m长，1 m宽。要有排水系统，并保持清洁。池边应该是缓慢斜坡，最大深度为15 cm，理想的浴蹄池，应按顺序建两个池子，第一个池子含有清洗蹄壁及蹄底的清洗液，第二个池子含有药浴液，便捷式药浴池可用玻璃纤维制作，铺设防滑脚垫，防滑脚垫由两层制作而成，里层为泡沫塑胶材料，外层包裹的为带孔的塑胶材料，当牛在上面行走时，药液从泡沫里面被挤压出来喷洒到牛蹄壁和蹄叉之间。

3%～5%的福尔马林能够控制腐蹄病，与抗生素交替使用，可控制指（趾）部皮炎。但牛多的话要勤换洗液，福尔马林可产生强刺激的气体，刺激挤奶的工人，同时也能污染牛奶。浴蹄池不该设在挤奶间。福尔马林浓度越大效果越好，但是当牛卧下时，会发生皮肤烧伤，因此，应注意蹄子附近的有毛区域。如果牛毛出现竖立，皮肤粉红，应暂停使用。通常用3%福尔马林3 d，每日两次，这样牛可以承受。治疗应每3周重复1次。较高浓度可应用于抵抗力强的情况。

用5%的硫酸铜或者硫酸锌洗蹄，可控制指（趾）间皮炎，对于腐蹄病和［指（趾）间蜂窝织炎］的控制也有一定的效果。硫酸盐与粪便中蛋白质结合后，会迅速失活，因此，浴蹄前应对蹄子进行清洗，洗完200头牛后，应更换硫酸盐。同时铜也是牛的必需微量元素。

使用抗生素洗蹄，是常用的治疗、控制、预防指（趾）部皮炎的方法。使用最少量的液体洗蹄可以降低费用。为避免病原微生物耐药菌株的形成，每间隔6个月抗生素的类型需要改变。每次连用2～3 d，间隔7 d后重复治疗。为提高治疗需要，可与福尔马林交替使用。抗生素洗蹄不会造成血液中药物水平明显增高。

现已研发出浴蹄的新一代化学制剂，它可以形成泡沫，与液体制剂相比，泡沫可以使得化学制剂与受伤部位充分接触，提高治疗效果。

第六节 引起跛行的疾病

一、蹄叶炎

蹄叶炎是蹄部真皮微观结构的病理生理性紊乱。使用蹄叶炎术语容易使人误解，因为病变不局限于真皮层。蹄叶炎分为急性、亚急性、慢性和亚临床型，这取决于涉及的病变情况。

（一）急性与亚急性蹄叶炎

奶牛不常发生急性蹄叶炎，常见于那些突然一次性进食大量谷物的单个牛或一群牛。奶牛的蹄叶炎发生率由0.6%～1.2%而不等。亚急性的蹄叶炎常见于年轻的公牛，还有那些食用含碳水化合物饲料量大的犊牛。

【临床表现】急性和亚急性的蹄叶炎发病迅速，大多数急性蹄叶炎的病例，表现为发热和呼吸频率增加。病初，触诊蹄部温热，指（趾）动脉亢进，疼痛，下肢表浅静脉充盈，病牛不愿意走动，站立姿势异常。

【治疗】如采食过多的稻谷，应该及时纠正。让牛多运动，保持其蹄子凉爽，在病初48 h内，使用抗组胺药有效，在出现急性蹄叶炎症状前，消炎药有一定疗效。但在症状出现24 h后，使用类固醇药物应慎重。

【控制】因为急性蹄叶炎通常发生很突然，所以在预防时常措手不及。

（二）慢性蹄叶炎

慢性蹄叶炎的特征为蹄表现为弯曲蹄、平蹄、方形指（趾）和蹄面严重的皱纹状，造成这种结果是一个长期的过程，是一系列真皮炎性刺激所致，最常见5岁以上的奶牛。

（三）亚临床型蹄叶炎

这类蹄叶炎对于乳业影响较大，因为它可引起产奶牛蹄底溃疡、白线病和指（趾）部溃疡。在发达国家，该病常见于集约化饲养的、高产奶牛场，这是需要人们重点关注的疾病。

【临床表现】亚临床型蹄叶炎无临床症状，只是表现为运步时谨慎，多表现为蹄底和白线处出血。如果出现蹄底和指（趾）尖溃疡、白线病及牛群中高产奶牛两个蹄部疾病大于10%时，可能为亚临床性蹄叶炎。如果新产犊奶牛在蹄冠和悬蹄周围的皮肤红肿，表明出现暂时性的蹄叶炎样损伤，应予以高度重视。

【病因】亚临床型蹄叶炎的病因还尚未搞清，牛蹄叶炎病因的经典学说是瘤胃中大量的碳水化合物，可造成胃中牛链球菌和乳酸杆菌含量增加，这会引起瘤胃酸中毒，造成革兰氏阴性菌死亡，释放内毒素。瘤胃炎与瘤胃酸中毒有关。疾病的早期阶段可测得血液中组胺含量升高。亚急性瘤胃酸中毒（SARA）可能是引起蹄叶炎的一个关键因素，因为对于亚急性的瘤胃酸中毒的治疗，可以控制亚临床型蹄叶炎的发病率（见亚急性瘤胃酸中毒）。

奶牛产奶水平的提高，可能造成一些生物活性信使释放到血液中，增加蹄叶炎发病风险。物理性损伤如创伤也是一个重要危险因素。一些临床兽医认为坚硬的地板与营养因素同等重要。当习惯了软地的干乳期奶牛和小母牛移到硬地上生活时，应谨慎管理。常被忽略的一些因素包括每日长时间站立，排队喝水或者在运动场站立超过3 h，此外还包括缺乏锻炼，由于缺乏锻炼，降低了蹄部氧气和营养物质的供应。

【发病机制】目前虽然已知生物信使被释放到血液对蹄叶炎发病起到积极作用，但是究竟哪一种因子在起作用还在研究中。在蹄真皮基底膜上存在上皮生长因子（EGF）受体。在受到损伤时，胃肠道释放大量的EGF进入血液，参与蹄叶炎的发病过程。除了其促进有丝分裂，上皮生长因子还抑制角质细胞的分化。蹄叶炎的早期阶段，蹄部基质中角质细胞分化受到抑制在形态学上占主要作用。这反过来印证关于蹄叶炎的组织病理学的假设，即明胶酶作用不规律引起蹄部基底膜成分选择性降解，使真皮层退化而发生蹄叶炎。

最近关于基质金属蛋白酶的活性与蹄叶炎的关系有大量报道，究竟是哪一种内毒素与蹄叶炎的病理有关还尚未研究清楚。如肝脓肿能使蹄叶炎发病率升高，常从肝脓肿的病灶中能够分离出坏死性梭形杆菌（及其几种生物型），它可产生可疑的内毒素。细胞因子和前列腺素在蹄叶炎的发病上也起到一定的作用，缺氧也促进了蹄叶炎的发生。在分娩前后，性激素（如松弛素）分泌增多也可能导致蹄叶炎。在产犊早期，生长激素可能也起到一定作用。在围产期正确的管理很重要。

生物信使会影响两种类型的组织，乳头状的真皮层和蹄小叶的胶原纤维，这就会产生不同的病理作用。前者是角质的损坏，后者是基质金属蛋白酶活性异常，造成指（趾）的损伤。

血管内毒素或者其他生物活性物质到达真皮，影响真皮角质的形成，这种物质使动静脉短路麻痹，蹄子内部压力增大，血管壁也损伤，血液溢出，渗入到蹄子的角质中，使其呈现粉红色或者黄色，浸染血液的角质在蹄底部会出现"刷状出血斑"。蹄壁血栓形成，减少血液流动，使蹄部角蛋白细胞缺氧和营养不足，结果是角质变软、损伤、感染和形成疤痕。所以血栓的形成是蹄叶炎的特点。

第二种病理过程，包括基质金属蛋白酶的释放和指（趾）部韧带胶原纤维的延伸。这个系统可将承受的体重由蹄骨传到蹄壁。当胶原纤维延伸，蹄骨发生错位。偶尔蹄骨旋转，远指骨从蹄底前部向下旋转。更多时候，整个骨头都"向下旋转"，造成屈肌和蹄底间隙变窄，导致蹄底溃疡发生率升高。

青年牛的蹄叶炎常能够恢复。这可能是因为血管再生形成侧枝循环，取代那些损伤血管的功能。但由于每次蹄叶炎都会形成瘢痕组织，反复发作的病例彻底康复的机会很少。

【治疗与控制】 亚临床型蹄叶炎的治疗是不切实际的，因为在其造成损伤前确诊是不可能的。为控制高产奶牛群亚临床型蹄叶炎的发生，应集中管理奶牛，进行系统的流行病学调查多是必须要考虑的问题。所以首要判断，是否任何年龄段的牛群都易受到影响。

与其他年龄段相比，第一胎的奶牛面临较多问题，头产母牛的蹄部疾病会降低其一生的产奶量。与年龄较大的产犊母牛相比，28月龄第一次产犊的母牛，蹄叶炎的发病率较高。建议不到24月龄的产犊母牛，其日增重不要超过750 g，如果生长过快可能成为导致蹄叶炎的一种应激因素。

由营养因素导致的蹄叶炎必须要考虑，如何有效预防瘤胃酸中毒取决于饲喂的碳水化合物的量和瘤胃消化能力。碳水化合物消化吸收越快，瘤胃酸中毒发生也越快。与干燥谷物相比，粉碎较细的或者潮湿的谷物更易消化。有时往往低估了玉米青贮的能量，通常青贮玉米作为饲料，造成了严重的后果。所以每日应定时饲喂，精料要少量多次饲喂，禁止突然改变饲料。在产犊前后，奶牛的饲喂量应降到体重的7.5%。经产牛饲料每日增加不超过0.25 kg，初次分娩的牛每日增加不超过0.20 kg，初次分娩的牛每日最多饲喂量为14～16 kg。

饲喂粗纤维的质量和数量比日粮中碳水化合物的含量还重要，纤维能够促进反刍。如果碳水化合物与纤维的比例大于50%，牛群将增加患瘤胃酸中毒的风险。如果每日供应耐酸纤维占日粮比例小于20%，患病风险也增加。如果青贮饲料剪得过短（25%的纤维小于5 cm），其促反刍作用也减弱。粪便中不应出现纤维长度小于1 cm的粗饲料，或者含有未消化的饲料、大量黏膜、泡沫或者气泡。同样牛群排出粪便应该一致，不应出现有的软、有的硬等不均现象。

同样要评估奶牛的舒适指数（CCI），要在挤奶前1 h奶牛站立时进行，如果CCI大于20%，应估测影响牛舒适的危险因素，包括畜栏的大小、牛圈空间的大小、水源的放置、牛群出行是否拥挤等。

二、蹄壳病

（一）蹄底溃疡

蹄底溃疡是发生在蹄底和蹄球交界处局限性的损伤，常常轴面缘比远轴面缘距离近，由于局部区域出血和坏死，损伤到真皮。蹄底溃疡通常发生于一侧或者两侧后肢的蹄，主要发生于体重大、高产的或活动受限的奶牛。在一些奶牛场发病率可高达50%。

【病因与发病机制】 由于基质金属蛋白酶（为亚临床型蹄叶炎的特征之一）被激活，出现亚临床型蹄叶炎，导致蹄部下陷，这是本病的主要特征，也是主要的发病因素。当蹄骨的屈肌突间隙狭窄时，真皮受压，造成缺血性坏死和再生角质损伤。其结果是蹄底形成空洞，当损伤的真皮进行修复时，肉芽组织通过蹄底空洞长出来，因为这种损伤与亚临床型蹄叶炎有密切关系，出现蹄角质变软，即可增加角质磨损概率，蹄底角质变软也出现在有粪尿浸泡的环境下。

不熟练的修蹄人员在修蹄时对蹄底切削过多，会发生医源性损伤，使蹄底变软，行走时软蹄过度的磨损会使蹄底变平变薄，造成真皮出现异常的压力而发生本病。

蹄踵部腐蚀是蹄底溃疡的另一个潜在的原因。通常体重由蹄踵部负担，如果蹄踵腐蚀，体重会转移给前面屈肌下面的区域。有时会引起指（趾）骨部位屈肌异常的压力增加而发生本病。

【临床表现】本病取决于损伤的程度和继发感染的程度。随着病程的发展跛行明显，常波及后方外侧支指（趾），运步小心谨慎，驻立时两后肢后踏，同时两后肢外踏，用内侧支负重，有的甚至用蹄踵负重，以释放患肢压力，或频繁交替负重，严重的卧地不起。

蹄底溃疡初期在修蹄时就可发现，切削蹄底角质后出血损伤的部位会暴露出来，临床上可见损伤区域有明显的红色肉芽肿，按压疼痛明显，一旦真皮暴露，感染会侵入更深的内部结构，扩延到舟状骨黏液囊，造成舟状骨韧带和屈肌腱的坏死，形成关节内脓肿，感染进一步向上蔓延到远指（趾）间关节，导致屈肌腱的断裂，使得指（趾）向背部旋转。在一些复杂的病例中，感染会蔓延到深部的屈肌腱鞘。

【治疗】治疗主要是移除溃疡区域压力，熟练的进行修蹄能有效提高治愈率，这个过程包括切削外侧蹄部负重面，用木块或橡胶材料，粘在或者钉在未受影响的内侧蹄底，从而减缓溃疡区域的所有压力，这是目前治疗这类疾病常用的方法，现在又研发出有不同类型可塑的治疗该类疾病的模型拖鞋，极大方便治疗过程，需要注意的是应避免木块或拖鞋不适对外侧缘的剧烈压迫，从而造成对溃疡区的伤害，一个月后移除木块。

增生的肉芽肿不需要切除或用腐蚀剂处理，因为这会抑制康复。不需要用绷带，否则会造成溃疡部位持续负重。此外，包扎伤口会使伤口处湿润，促进细菌感染。

许多溃疡都不会完全复原，受影响的牛表现长期的轻度跛行，为保证其生产能力，需要每年进行2~4次的矫正性修蹄。

【防控】由于蹄底溃疡与亚临床型蹄叶炎（见拖鞋蹄）有关，所以需要调查研究后者，制定适当的控制措施。

（二）白线疾病

与蹄底损伤一样，白线疾病常影响一侧或者两侧后方的蹄子，主要发生于体重、高产、活动受限的奶牛。其特点是出血，顶端的或者蹄底远轴边缘的蹄白线分离。但是，最常见于蹄踵连接处白线，真皮多受到感染。

【病因与发病机制】白线是蹄小叶的延伸，由软角质组成，连接蹄底和蹄壁。白线疾病与亚临床型蹄叶炎有很大的关系。其发生是由于胶原纤维延伸，同时蹄骨下陷，常能看到有一定的出血。

运动冲击会使病情加重，首先会影响到后肢蹄壁的远轴区域，白线裂开，尤其动物的圈舍是水泥地，固体异物可能会通过裂口进入真皮下方，引起感染。在感染区域有三种可能的后遗症：①局部形成脓肿；②感染会影响蹄小叶间隙，使其形成窦道，进一步影响到蹄冠；③是否会进一步感染其他结构，取决于感染的部位。前面的窦道会直接引起远指（趾）间关节感染。接近蹄踵部形成窦道，可能使深屈肌腱的滑膜囊引起感染，滑膜囊的破裂进入关节后间隙，脓肿发生在这个部位，同时远端指关节和深屈肌腱腱鞘感染，深屈肌腱到远端指骨常常并发坏死和分离。

【临床表现】后肢的外侧支常受到牵连（经常是两个蹄同时发病），如果是两后肢发病，往往不容易发现，除非一条腿跛行比对侧明显。因为外面的后蹄受到影响，在每次运步时，后肢就会外旋运步，远离身体。站立时，会用内侧支负重。没有其他并发症的白线疾病在修蹄时会发现。疼痛和跛行的程度取决于疾病发展的速度和脓肿的程度。常规的检查包括远轴处白线的检查，用修蹄刀的尖端在可能的病变处做上标记。这些病例，必须经常仔细检查白线。

蹄球的肿胀表明这种状况到了晚期，常常误诊为腐蹄病。腐蹄病会引起整个蹄子一直到球关节的肿胀，相反，白线病引起的肿胀只是一肢发生。

【治疗】在检查蹄子时，应将白线做记号处削掉，直到露出健康的角质。对于局部的脓肿，在受伤部位的蹄壁上做一个椭圆形的排脓通道，使其自行排出。奶油色的脓汁表明蹄骨下陷和胶原纤维延伸造成的组织撕裂，引起了组织的反应。如果脓汁是黑色的，表明已经感染到内部。如果脓肿在蹄冠处形成窦道，这就需要切除从白线到蹄冠的远轴的蹄壁。这个过程需要在局部麻醉的情况下，用切削刀具切除圆盘形（宽0.75 cm）区域。常常在这个通道中发现坏死组织。

关节后脓肿常常很大，周围有大量纤维组织增生，使脓汁排出受阻。应用探针通过脓肿在远轴蹄壁损伤，直到它能触及踢球轴表面上皮肤才能完成引流，做一切口，用引流管抽出脓汁，用生理盐水连续几日冲洗伤口。蹄部应用支架很有用，可以使指（趾）固定，关节的固定可减少由于深部屈肌分离造成永久畸形的危险。

（三）指（趾）部溃疡

指（趾）部溃疡是指蹄尖或者白线处发生真皮的出血损伤，常常发生在蹄底外侧后方白线区。

【病因与发病机制】以下三个方面情况可引发本病：①亚临床型蹄叶炎，会出现指（趾）骨末端旋转。胶原纤维的拉伸和骨的错位造成组织的损伤，包括周围的动脉，会造成出血。严重的病例，骨的尖端会从蹄底扎出。多数病例会形成螺旋蹄，复杂的病例可能并发远指（趾）骨骨髓炎。②当蹄踵部有疾病时，由于疼痛，迫使牛以蹄尖负重，造成蹄底前半部分过度磨损变薄，从而发生角质挫伤，造成出血。也有的角质崩解，形成脓肿。③远距离运输后或长时间站立后，主要供应血液的指（趾）动脉受损，犊牛（一岁）极易发生蹄骨尖端的坏死，在成年牛也偶尔发生。其他原因可能包括长时间站立。蹄部的血液供应主要是指（趾）动脉，由于压力可能会受到损失。动脉与穿过骨的拱形终端相连。剖检发现，在这个动脉的远端发生坏死，X线检查也显示这种病变的存在。在指（趾）远端病理性骨折时，在边缘可见终端动脉。

【临床表现】许多病例在白线和蹄底指（趾）部区域有出血斑。许多病例由于感染，发生蹄底溃疡。自然发生的病例如果不进行X线检查，很难发现。

【治疗与控制】成年牛发生该病主要是由过度磨损所致，一般没有并发症。溃疡形成的窦道，充分引流，清洁后保持干燥，在窦道内放一些抗生素，用甲基丙烯酸甲酯覆盖。如果一些牛损伤底部变黑，应插入探针检查，如果发现有坏死组织，则用修蹄刀切削出一个1～2 cm洞。这时可见蹄骨，如果确定是骨的坏死，麻醉后需要再往深挖1～2 cm。如果伤口处血液充分，说明还没有出现广泛的坏死；如果血很少，说明出现广泛的骨的坏死或者生理性破坏。如果伤口明显感染，清洗后伤口覆盖50%的硫酸镁和50%甘油混合物，绑上绷带（最多绑24 h），渗出停止后撒上抗生素粉末，用甲基丙烯酸甲酯覆盖，同时避免蹄部负重。有报道指出，截肢后愈合后很好。通过X线检查发现指（趾）部发生旋转，则预后不良。

控制亚临床型蹄叶炎发生可以降低指（趾）部溃疡的发生。

蹄尖端的坏死常发生于长途运输之后的育肥牛，导致许多育肥牛长期躺卧，最后死于肺炎。损伤的治疗方法与一般成年牛一样，但是经济上可能不划算。

（四）双层蹄底

蹄底表面分离，与下面之间形成一定间隙称为双蹄底。

【病因与发病机制】病因尚不清楚，可能是真皮的微循环突然紊乱，造成血清渗出，使得真皮与表皮分离。当饲料突然由草料变成浓缩饲料，或者冬季之后春天青草丰富时，牛易出现双蹄底。在牛群中，会发现修蹄后在坚硬的地面运步谨慎。双层蹄底常与蹄踵下白线疾病的后遗症相混淆。

【治疗与控制】蹄壁彻底修剪、蹄球部做部分切除，切除蹄底分离部分，将牛固定在松软的地面上，直到蹄底新生角质变硬为止。避免突然改变饲料的成分，同时饲喂发霉的饲料也易发生本病。

（五）蹄底异物

偶尔会有异物，如石头、玻璃片、钉子嵌入到蹄底，虽然这些物质不能深入到真皮，但是局部的压力会造成疼痛和跛行。移除异物，跛行自然会消失。

如果异物穿透到真皮，真皮会发生感染，形成脓肿。跛行的严重程度和发生的速度取决于局部穿透蹄底的位置。

如果位于蹄尖或近蹄尖区域，脓肿位于第三指骨末端和蹄底间。当脓肿增大时，内部压力会迅速增大。因此，跛行明显，疼痛剧烈。病牛常将蹄子抬起或用蹄尖轻轻着地。本病应与第三指骨骨折进行鉴别诊断。

治疗包括移除异物，用尖的削蹄刀挖出一个通向真皮的小洞，挤出脓汁，清洗干净，放入抗生素，用绷带包扎即可。如果异物位于蹄球下方，真皮位于指（趾）部肉垫和软的有弹性的球部角质中间，跛行发生相对缓慢，疼痛发生明显但不剧烈。脓汁向更宽的区域扩散，穿过筋膜，引起蹄踵部角质与皮肤结合处分离，有大量渗出物，表明蹄踵下有损伤，这种情况常与双层蹄底混淆（见上述）。

治疗包括除去异物，切除部分分离角质，保留远轴端蹄壁，暴露出新形成的蹄底，患牛可在软床上静养一段时间。

（六）砂石性蹄裂（纵裂）

砂石性蹄裂是指蹄壁出现纵向的裂纹或者裂缝。约有0.2%奶牛会伴发蹄子损伤，在加拿大西部，成年牛发生率在20%，个别牛群发病率可高达60%。本病没有品种的差异。

【临床表现】纵向裂纹一般只发生于蹄前壁，裂纹从蹄冠开始，严重的一直到蹄尖，损伤最为严重的部位在蹄壁中间水平沟处。

【病因】病因尚不确定，成年和体重大的牛发病率最高。剪状蹄或螺旋蹄，在其水平应力线处往往由于机械应力容易发生裂开。

【治疗】大多数砂石性蹄裂不疼痛，无需治疗。但如果引起跛行，需要进行适当的常规性治疗。

蹄冠的裂缝常会引起感染，肉芽组织通过裂隙长出来非常麻烦，远指（趾）关节背侧关节囊位置浅表，易受伤害，这个部位损伤不应忽视，治疗时切除表面的角质，敷上收敛剂（50%的硫黄粉末和无水硫酸铜），用窄的粘合弹性绷带绕着整个蹄冠包扎。

裂开边缘常常参差不齐，可能是扭曲和开裂所致，也可能会撕脱部分组织，使疾病复杂化，对于出血性病例就要进行修复性治疗，切掉部分蹄尖部蹄壁，使体重向蹄侧壁分配，修整裂缝参差不齐的边缘，对于重度病例，裂缝的两边用钢丝绑紧后，应用甲基丙烯酸甲酯粘贴固定裂缝。

（七）横裂

冠状带下方真皮处角质的损伤，引起水平裂，这些裂纹与蹄冠平行。裂开从浅表裂一直到完全裂开，在断奶或营养不良的应激下，蹄部发育不良，在外因作用下会发生横裂，当横裂不断延长，一方面蹄部生长变形或不正蹄轮的出现、另一方面裂开下面部分可能完全脱落，露出真皮层。

【病因】各种因素都可引起蹄裂，包括难产、急性发热疾病或者饲料突然改变。裂缝形成的病理变化在短期内类似蹄叶炎，但是并不能表明为亚临床型的蹄叶炎。蹄壁上凹陷带表明牛经历一段时间的应激如断奶等，蹄壁上的隆起带表明断裂处已经发生代偿性增生。

【临床表现】水平蹄轮或者裂缝的形成表明出现代谢紊乱，发生损伤的日期可以算出，先测量从细微裂缝到裂缝的距离，然后用蹄子的生长率去除。成年奶牛群蹄壁生长率为每个月0.5 cm。青年牛、集中饲养的牛群和在夏季增长较快。

【治疗】大多数病例无需治疗，较深的裂纹最终会形成套管结构，会非常疼痛。这种情况下，进行局部麻醉，用钳子去掉管套角质即可。

（八）螺旋型蹄

螺旋型蹄是沿着纵轴进行360度的扭转，本病会影响4岁以上母牛的一侧或者两侧后面的蹄子。公牛很少见螺旋型蹄，但本病可能与遗传有关。

【发病机制】在第三指（趾）骨远端可见骨的形成，但不知这是原因还是结果。远指（趾）间关节周围产生骨赘可能与侧韧带紧张有关。骨赘压迫真皮层，导致蹄壁真皮代谢异常，结果外侧蹄壁过度生长而扭曲。

【治疗】正确地修整螺旋型的蹄子需要一定的技术，尽量让指（趾）骨末端异常狭窄部位修剪不出血，蹄底下方过度增殖的角质切除掉，使蹄部外形接近正常，修剪后的牛可以有所缓解，但是不能治愈，最终会被淘汰。

（九）拖鞋蹄

拖鞋蹄根据波斯人的拖鞋的形状命名，蹄子是平的卷曲向上，形成方头。角质形成脊状，失去光泽，蹄冠比正常粗糙且色暗。虽然没有确切的证据，但是拖鞋蹄与慢性蹄叶炎相同，可能是急性或者亚临床型蹄叶炎的后遗症。虽然蹄子能够修整接近正常，但治疗效果不理想，总出现塌陷，有严重的后遗症，一般建议淘汰。

三、指（趾）间疾病

一些情况下，口蹄疫疾病的指（趾）间损伤常与其他疾病造成这个部位的损伤相混淆（见口蹄疫和水疱性口炎）。

（一）腐蹄病

腐蹄病［指（趾）间蜂窝织炎、蹄腐烂］起源于指（趾）间皮肤急性或亚急性坏死性感染，会造成指（趾）部区域蜂窝织炎。腐蹄病呈全球性分布，常常零星发生，但在牧场上集中饲养的肉牛和奶牛可能会发生地方性流行。不同的气候、季节、放牧时期和饲养管理，发病率不同。现在腐蹄病没有十年前常见，因为奶牛很少在草地上饲养。然而，蹄部疾病中，腐蹄病平均占15%。

【病因与发病机制】指（趾）间皮肤的损伤会给感染提供条件，水、粪便和尿液的浸润使损伤部位更易感。坏死梭形杆菌是腐蹄病的主要致病菌，其可从粪便中分离出来，这种细菌可能在潮湿环境中的腐生物中生存，很难控制。

坏死性梭形杆菌是革兰氏阴性杆菌，不形成芽孢，无鞭毛，不运动，多形态的厌氧菌，有三个亚种和一些基因型，每种类型都有不同的靶组织，应用PCR可辨别出各种基因型。其产生的内毒素可引起组织坏死。

其他病原微生物还包括节瘤拟杆菌（节瘤偶蹄形菌）、金黄色葡萄球菌、大肠埃希菌、化脓杆菌，还可能有产黑色素拟杆菌。

【临床表现】腐蹄病的潜伏期为1周，通常后肢受到影响，成年牛两个蹄子一起发病的情况很少见。但妊娠的母牛偶尔发生于多个蹄子。其特征之一为指（趾）间隙和蹄冠附近软组织红肿。疾病发展迅速，牛体温升高，食欲废绝，疼痛剧烈，跛行明显，指间肿胀严重，两蹄叉分开，患蹄不愿负重，指（趾）间有大量分泌物，当皮肤发生坏死时，组织发生脱落，产生恶臭气味。

如果症状得不到缓解，体重会急剧减轻，产奶量显著下降。且产奶量在当前哺乳期不会恢复。开放性损伤会引起继发感染。如果指（趾）间的前面区域出现坏死，远指（趾）间关节也会受到感染

如果指（趾）间组织出现血源性感染，预示着急性腐蹄病的发生，早期不易发现或症状不明显，但这种形式的腐蹄病的特点是，初期皮肤损伤不易见到，疼痛剧烈，即使积极治疗疾病也发展迅速。

【治疗】一旦症状明显，就应进行治疗，大多数病牛及时治疗几日内即可康复。肌内注射青霉素G 3 d可以获得良好治疗效果。本病正常剂量不会很快产生效果，应加大给药剂量，尤其对于"严重腐烂"的病例。单次注射长效土霉素对于早期病例效果明显。本病治疗后需要延长休药期。

可静脉注射磺胺二甲嘧啶或者静脉注射/肌内注射甲氧苄啶/磺胺多辛（磺胺邻二甲氧嘧啶）3 d，每日2次。对于肉牛可以口服长效的大丸药（包括巴喹普林和磺胺二甲嘧啶）。

局部静脉注射青霉素和土霉素可以使靶组织有较高药物浓度，有很好的疗效。

局部治疗非常必要，损伤部位要彻底的清理干净，但不应过度切除指间组织。因为这个区域的远指（趾）关节关节囊很薄，在局部敷上无刺激性的抑菌剂，如呋喃西林和磺胺类药物。禁止用纱布、棉絮和绷带。但应保护损伤部位，可将指（趾）用绷带绑在一起进行固定，把整个指（趾）部包在塑料袋中，用胶带固定，这样可防止伤口受到污染。

【防控】病牛应进行隔离，直到跛行症状消失为止，如果做不到，那就应给病牛绑上防水材料或者保护蹄子的靴子，但是，应仔细检查病牛是否磨损保护靴，以免造成额外的损伤。靴子在使用中应进行消毒。

应确保饮水槽周围、通道和人员通道排水充分。草地上的病牛应移到清洁干燥的地方，或者下雨时圈起来。受到污染的水泥地应进行清理，移除粪便。

预防性药浴可以使用药浴盆对蹄部进行药浴，可用抑菌剂和收敛液（7%~10%的硫酸铜或者硫酸锌）也可以使用3%~5%的福尔马林溶液，但要考虑是否会排入天然水造成环境污染。

二氢碘酸乙二胺可作为饲料添加剂，进行疾病的预防，但是效果不确定。由于牛对该细菌的免疫应答能力差，所以抗坏死梭菌的疫苗效果不理想。饲喂高含量的锌可以增加表皮对细菌的抵抗能力。

（二）指（趾）间皮炎

指（趾）间皮炎（腐蹄病，泥蹄病，烫伤）的发病率较低，没有以前高，以前把指间皮炎定位为传染病（见下文）。指间皮炎感染性不强，所以指间皮肤坏死较慢，一般不会出现跛行，除非指间完全坏死。这种疾病全球都有发生，圈养牛发病率高，尤其在冬末，当空气湿度大、温热、环境差时，本病最易发生。当牛群检出这种病例时，几乎所有的牛都有不同程度的发病。在宽松的饲养条件下，前后肢发病概率是相等的；在控制的环境下后肢比前肢更易发病，软地环境比硬地环境发病率低。

【病因与发病机制】指（趾）间皮炎常由多种细菌混合感染引起，但是节瘤拟杆菌被认为是主要致病菌，这种菌为厌氧性菌，尤其能分解蛋白，该菌可暴露在空气中超过4 d，但在粪尿等环境中可以长时间存活，细菌粘在蹄子上，侵入表皮，侵蚀了皮肤和根部软角质的边界，但不能渗入到真皮，造成类似溃疡或者糜烂的损伤。损伤引起病牛不安，表现跛行。感染的奶牛为传染源，通过环境传染给无感染的牛。

【临床表现】第一阶段为渗出性皮炎，分泌物渗出到指（趾）间接合部，形成伪膜或结痂，在指（趾）部背面偶尔会看到。进一步发展，病牛表现不安，四肢交替负重，如果后蹄的蹄踵部疼痛，驻立时四肢会比正常向后。除非损伤进一步恶化，否则不会出现跛行。病牛不敢用蹄踵部负重，蹄踵的角质增厚，步态异常。指（趾）间长期的慢性刺激会造成指（趾）间纤维瘤增生，指（趾）间纤维瘤常常在一侧生长。

【治疗】全身性治疗，包括使用抗生素，并不划算。对于严重的感染病例，应保持患部清洁和干燥，局部清洁后，趾间用磺胺甲嘧啶粉末和无水硫酸铜按1:1混合后涂覆，应保持损伤部位清洁和干燥，或者将病牛的蹄部浸泡在洗盆中1 h，每日2次，连续使用3 d。

【预防】良好的管理和饲养条件可以保持蹄部清洁干燥，这很重要。有规律的修蹄可以避免出现并发症。在深秋，临床病例高发期前，应对发生感染的牛群进行洗蹄，每周一次即可，但在冬末应洗得更频繁些。

（三）指（趾）部皮炎

指（趾）部皮炎（多形态疣、乳头状瘤）有很强的传染性、侵蚀性及在指（趾）间屈肌区域邻近皮肤和角质交汇处的表皮感染性。牛群的发病率达90%以上。不同品种及年龄的牛都易发，免疫力低下的青年牛更易发，新感染的牛会迅速传染其他牛，这可能与交叉使用生产工具如靴子，修蹄工具等有关。肉牛的发病率最低，卫生条件差的饲养场发病率高，其中秋冬季节发病率最高，放牧的牛发病率最低。

1974年该病首次在意大利报道，出现大暴发，虽然在这之前报道是个案病例，但从1974年起，该病开始传播到欧洲和美国。肉牛的发病率最低。松散饲养、环境卫生差的牛场发病率较高，秋冬季节的发病率最高，在草地上放牧的牛群发病率最低。

本病有两种表现形式，一种为腐蚀性，另一种为增生性，在欧洲常见腐蚀性，而在北美常见增生性。同种牛有时会同时出现这两种情况，每一种都会导致不同程度的跛行，这两种形式可能代表着这种疾病的不同发病阶段。

当健康的牛群引进了携带这种疾病的牛，会暴发本病。已经确定发生这种疾病的牛群，其中青年牛更易感。

【病因与发病机制】虽然大多数人认为指（趾）部皮炎的发病原因与多种细菌混合感染有关，但确切的病因目前还不确定，普遍认为节瘤拟杆菌首先侵入上皮，然后密螺旋体属（如蚀疮溃疡密螺旋体、文氏密螺旋体和齿垢密螺旋体）进入到深层组织。且在所有病例中，侵蚀表皮深层的两种螺旋体类型都可用印记基因法测出，一种是长的、螺旋型细丝状的微生物，$12 \mu m \times 0.3 \mu m$，另一种为短的较厚的螺旋体，$(5 \sim 6) \mu m \times 0.1 \mu m$。从损伤部位分离的其他细菌还有梭菌属、弯曲杆菌属和普氏菌属。许多研究表明病毒也起到一定作用，但迄今尚未分离成功。

【临床表现】在指（趾）间屈肌皮肤和蹄壳接合处的区域最易发生损失，蹄子背侧面和悬蹄发生的损伤少见，后肢比前肢易发。

本病临床上根据发病阶段不同，分为五个阶段：M0为正常的皮肤；M1在急性期前，上皮局部出现红色到灰色的直径小于2 cm的损伤；M2为急性期，出现溃疡（草莓样的）或者肉芽肿（红色-灰色），损伤部位直径大于2 cm，有时在周围有菌落增生，可能为小的乳头状瘤；M3为局部治疗1～2 d内的愈合阶段，损伤部位被结痂覆盖；M4为慢性阶段，上皮变厚增生，直径有数厘米，增生是纤维性的或痂皮样的。虽然都有肿胀的临床表现，但指（趾）部皮炎与腐蹄病在临床表现上是不同的。

【治疗】首先治疗急性损伤。应该用硬的刷子和肥皂水将伤口处理干净、冲洗，然后弄干。使用抗生素粉末（如土霉素），用纱布或者女士用的卫生护垫保护伤口，用防水的绷带或者强化的尼龙设备固定伤口。许多治疗是必要的。用土霉素治疗，在血液中或者牛奶中不会检测出残留的抗生素。大剂量的注射抗生素，有助于治疗严重的损伤。

一旦损伤开始愈合，用加压背包式喷雾装置在伤口局部喷射药物。使用可溶的土霉素或者林可霉素-大观霉素（分别用66 g/L 和 132 g/L的水），会获得很好的效果。

奶牛卧下时，进行局部喷雾。应用便携装置杆的喷嘴可以直接喷到伤口上。这种技术很有用，无论是洗蹄还是用药。必要时可以用福尔马林加强抗生素的治疗。

【控制】预防指（趾）部皮炎的关键是保证牛群的生物安全，如果无此病发生，不必引进替换牛群，牛群不应该接触带菌者，如未杀菌的器械或者穿着脏鞋的参观者，及时清除粪尿，提高卫生水平，这对于疾病的预防很有必要。

过去常用土霉素或者林可霉素-大观霉素洗蹄，最理想的效果是患牛先用清水洗蹄再药浴。一些国家使用硫酸铜、硫酸锌或者福尔马林洗蹄，这种洗蹄方法更有效，它可降低指（趾）部皮炎的敏感性。本病无有效疫苗。

（四）蹄踵部角质的侵蚀（泥蹄病）

在蹄踵部角质常能见到腐蚀，单纯的蹄踵部角质的侵蚀不会引起跛行，本病确切的发生率不很清楚。但如果奶牛处在粪尿及排水不畅的环境中，本病发病率可达100%，当有并发症时会表现出跛行。

【病因与发病机制】病因尚不清楚，患有亚临床型蹄叶炎和指（趾）部皮炎的牛常见这种病，冬季也常见，尤其是蹄子暴露在不卫生、潮湿环境中的牛更易发。

【临床表现】损伤初期，侵蚀部位小，圆形的腐烂，直径小于0.5 cm。当进一步发展，损伤部位融合隆起形成与蹄踵轴向平行的V形损伤区，颜色呈黑色。

蹄踵部变化较大，一些病例中，在蹄踵部下方出现角质增生。同时，在球节中轴下方角质缺失。蹄踵外侧面角质过度增殖扭曲髁关节外旋，驻立时两后肢外展。进行适当的修蹄后，会消除这种站姿。通常情况下，如果不矫正，这种情况会继续发展，导致蹄底失去弹性，最终导致蹄底溃疡。

【治疗与控制】两侧蹄踵切削到同一高度，切削过多角质，应仔细注意维持远轴蹄壁的承重能力和蹄底斜向轴线边界的角度。

同时注意饲养场卫生状况，保持干燥。奶牛每年应修剪两次蹄子。如果条件允许的话，在北半球每年十月之前就要开始每周进行洗蹄（用3%～5%福尔马林）。

（五）指（趾）间增生（鸡眼）

指（趾）间增生坚硬、肿瘤样的组织，本病除了某些特定品种（如海福特牛为遗传性的），其他不常见。

【病因与发病机制】对于体重比较大的肉牛来说，病因为远指（趾）间韧带过度牵拉所引起。负重时蹄子展开，指（趾）间皮肤及其下韧带过度伸展。当不负重时，皮肤形成皱褶，皮下的组织增生形成瘢痕样增殖。部分病例在指（趾）间增生物团块逐渐增大，触及地面，并发生坏死。还有奶牛的蹄部常暴露在粪尿中，粪尿的慢性刺激，形成皮炎，粪尿长期腐蚀也会在指（趾）间形成皮肤增殖。

【临床表现】四肢中一肢或多肢出现指（趾）间增生，后肢比前肢更常见。经常造成跛行，增生物在两蹄的压迫下破损、并发溃疡或感染。

【治疗】一些较轻的病例，无需进行治疗。需要进行手术切除的，必须将动物镇静，麻醉背面和屈肌区域的神经。手术时，病牛可站立或者侧面靠着。手术部位处理后，用止血带，用牵开器将蹄子手动分开。团块切除，尽可能多留下些指（趾）间皮肤。如果蹄子压在一起，有脂肪突出，应切除。须小心操作，避免切到深层组织，如远端的指（趾）间韧带。手术后，伤口敷上抗生素粉末，蹄子用绷带绑在一起。一些牧场的报道表明，将指（趾）用电线绑在一起，会有很好的效果。手术后10 d内，不要移动伤口或者将蹄子分开。也可进行冷冻手术。

四、骨与关节病

（一）强直性脊椎炎

强直性脊椎炎是指在腰椎腹侧面的韧带处外生骨疣，主要发生于年龄大的公牛。外生骨疣和椎骨的碎片会压迫脊髓，造成严重的共济失调或者麻痹。本病没有好的治疗办法。

（二）退行性关节病

非特殊情况下，本病主要影响髋关节和后膝关节，特点为关节软骨的退化、软骨下骨致密化、关节渗出及关节囊的纤维化或钙化。

【病因】本病致病因素较多，也具有遗传性，某种特殊结构变化也易诱发本病，如牛用公牛跗关节僵直，关节发生创伤后关节松弛也是常见的病因。一些营养因素如饲喂高磷低钙的饲料，不利于软骨下骨的生长导致本病，铜缺乏或者氟化物中毒也会产生同样作用。难产助产对后肢牵拉也会由于血液供应不足而发生本病，感染是否与本病有关目前还不能确定。

采食谷物饲料的公牛6～12月龄时，就会出现跛行，但大多数病例均发生于1～2岁。

【临床表现】本病发生是渐进性的，多波及两后肢髋关节，后膝关节很少受到影响，常导致牛失去利用价值。一般发病几个月后退化的关节有捻发音，但病理学变化与临床症状没有相关性，最初的病变发生在髋臼和股骨头向背中线表面。

对于后膝关节来说，最初的病变发生在股骨的内侧髁。因为退化性关节病由许多因素引起，所以特异性诊断很难。X线检查、细胞学检查和关节液的微生物学评估常用于诊断。通过关节镜对关节表面和韧带的检查可以确诊和判断预后。

【治疗】对于本病在出现临床症状前病理变化已经发生，并且是不可逆的，所以只能保守治疗，以减缓临床症状发展，特别对于贵重牛。另可改变饲料成分，避免育肥牛生长过快。

（三）脱臼

1. 髋关节脱臼（位）　髋关节脱位常为上方脱位，常由于公牛在交配时地面光滑坚硬所致及母牛彼此爬跨所致，脱位的肢与对侧肢比较缩短，髁关节内旋，运步时患肢拖曳前进。

如果股骨头或者髋臼边缘没有断裂，是可以治疗的。牛全身镇静，脱位局部给予肌松剂，患侧肢在上侧卧位，用绳子做一个环状套，套在患肢的腹股沟上，将绳子的游离端系在大树或者其他固定的物体上，然后用力牵引患肢远端，用力下压髁关节，下方用力向外，直到股骨头进入髋臼。必要时需要进行不同角度的牵引。如果股骨头或者髋臼边缘发生断裂，有明显的捻发音，复位后会马上脱位。

2. 膝关节脱臼（位）　一肢或两后肢髌骨异常固定在股骨滑车上方，后肢强直向后伸出，运步拖曳前进，运步后会突然复位而恢复正常，不能恢复的病例就需要进行膝盖骨韧带切开术。

3. 飞节脱臼（位）　飞节脱位常见于牛跨越护栏时发生，对飞节脱位需要进行镇静或者轻微的麻醉，用绷带固定3周，可促进其恢复。

4. 髋关节发育不良　髋关节发育不良与骨关节炎有关，有些可能出生时就有，但对于生长迅速的牛容易发生本病。通常情况下，牛在行走时后肢摇晃，并可听到股骨头与髋臼窝摩擦的声音。青年牛可进行X线检查进行诊断。本病无有效治疗方法。

（四）骨折

所有年龄段的牛都可发生骨折，但是1岁以下的牛最常发生，这个年龄段治疗也比较容易，应用外固定和托马斯支架常常比较成功。也可尝试使用经皮穿刺外固定或者内固定。

成年牛主要的长骨骨折常不进行治疗。当牛急匆匆地穿过狭窄的门廊时，易发生髋结节骨折，一些骨折病例，尖锐的可穿透皮肤，骨折下端往往发生一定程度的扭转。年轻温顺的成年牛发生近端或者中间指（趾）骨骨折，可以考虑治疗。

成年牛第三指骨的骨折相对常见，常常很快就出现跛行，疼痛剧烈。如果中间指（趾）骨骨折，可通过交叉双腿来减轻疼痛。自然恢复会持续很长时间，因为大多数这样的骨折会延伸到远端指（趾）间关节，在骨折部位会形成轻微的关节炎。如果进行治疗，健康的指（趾）用木块踮起，骨折部位用甲基丙烯酸甲酯按生理弯曲固定。

（五）远指（趾）间关节的化脓性关节炎

【病因】远指（趾）间关节的感染，主要经过三个主要位点：①指（趾）间背部接合部位，发生了穿透性的创伤或者复杂的腐蹄病［指（趾）间蜂窝织炎］；②砂石性蹄裂；③白线疾病或者关节后脓肿。

【临床表现】通常先出现一种损伤，然后从最初的损伤逐渐过渡到关节感染。但不管如何，在确定病因前要积极治疗蹄部的肿胀，如果按腐蹄病进行积极治疗，在3 d内没有效果，应怀疑是化脓性关节炎。

如果疼痛增加，出现了砂石性蹄裂和白线疾病出现蹄冠区域的肿胀，应怀疑关节出现感染。使用镇痛剂，进行严格的消毒，抽出关节内容物，检查是否感染。通过X线检查可观察到关节面异常的分离。

【治疗】 对于预期寿命有限的病牛，可以进行截指（趾）治疗，如老龄牛或者生产力低下的病牛。手术简单快速，病牛站立的情况下进行局麻就可进行。大多数病例，病情能快速好转。截指（趾）时在系部皮肤和蹄壳连接处关节部位切除，可用胎儿截割术时的金属丝，上部用加压绷带绑住，防止出血。

对于有利用价值的牛，可用关节固定术使内外侧两指（趾）融合，手术需要进行常规麻醉。从外侧蹄壁向关节内钻一个直径1 cm孔道，第二个孔道是从受伤部位到关节。通过刮除术扩大关节腔，插入引流管。用无菌的生理盐水连续冲洗2~3 d。健康指（趾）应用木板固定，然后将患指（趾）用甲基丙烯酸甲酯黏到木块上，使两指（趾）紧密固定在一起，同时将两指（趾）部包裹住，4周后拆除。

（六）浆液性跗骨炎

浆液性跗骨炎（飞节软肿、飞节肿）的特征为股跗关节韧带间3个软的波动性肿胀。一些病例中，这种情况是遗传性的。不会引起疼痛和跛行。年龄大的牛可能会出现关节炎。在肿胀部位通过触及压迫肿胀关节来进行诊断，本病无法治愈。

五、与跛行或步态异常相关的神经疾病

见牛继发性卧地不起和四肢麻痹。

（一）肩胛上神经麻痹

本病不常发生，主要由第六和第七颈神经的损伤造成冈上肌和冈下肌的无力引起。肩胛骨上部的严重损伤可造成非特异性的共济失调，损伤几日后，肌肉如表现出萎缩，表明可能出现永久性损伤。

神经的慢性损伤可在数周内造成肌肉明显的萎缩，出现步态失常，步幅缩短，当患肢负重时外旋。一些病例，病因可能为椎管或者周围的神经受到压迫（如脓肿或者骨折），可以通过X线检查进行诊断。

如果由于复杂创伤引起必须立即治疗，如果临床表现表明神经发生损伤，需要立即使用类固醇或者其他消炎药。

（二）桡神经麻痹

远端桡骨的麻痹造成腕骨和指（趾）部无力，邻近桡骨的麻痹会抑制牛的肘部、腕部和球节的负重。

【病因】 臂神经丛周边过度牵拉会引起桡神经损伤，肱三头肌、腕骨部和指部伸肌可能会受到牵连，捆缚不当牛挣扎也会造成损伤而引起桡神经麻痹，体重大的牛长期卧地可造成桡骨远端或者近端麻痹。

在肱骨桡神经沟内由骨折或者深层软组织创伤容易引起桡神经损伤，邻近肱肌沟的神经损伤会造成局部桡神经麻痹。

【临床表现与诊断】 上位桡神经麻痹时，肘部下沉，腕骨和球节屈曲，前肢拖拽前进；下位桡神经麻痹时，三头肌仍有功能，肘部下沉不明显，但腕骨和球节屈曲仍然存在。

【治疗】 大多数病例病情迅速发展，应限制病牛运动，尤其是在神经损伤的前几个小时，应用消炎药有效，如果前肢皮肤完全失去知觉，则预后谨慎，如果这种情况持续两周或以上，则预后不良。

（三）坐骨神经麻痹

分娩助产对骨盆内损伤会导致坐骨神经和闭孔神经的损伤，引起产后躺卧，即临床所说的牛趴卧综合征。胫神经和腓神经都是坐骨神经的分支，骨盆外损伤会引起这两种神经的损伤。

（四）闭孔神经麻痹

生产时，犊牛穿过骨盆，压迫闭孔神经。闭孔神经是坐骨神经的分支，该神经损伤会使临床症状变得复杂。

【临床表现】 因为内收肌受到闭孔神经的支配，当闭孔神经损伤时，两后肢外踏或呈犬坐姿势，这种姿势会使内收肌群损伤，可能会造成病牛永久性躺卧不起。除了出现这种姿态外，还出现球节弯曲，表明坐骨神经出现损伤，这两种情况都会造成牛趴卧综合征。

【治疗】 如果早期诊断及时，采取积极治疗措施，可避免内收肌群进一步损伤。牛应该被迅速转移到铺上干净稻草的地方，以免牛站起来滑倒，两后肢可用软的尼龙绳子在跗关节下面绑在一起，使两后肢叉开时不超过1 m远。

（五）股神经麻痹

股神经麻痹主要可见股四头肌麻痹，并延伸到膝关节及腰大肌局部麻痹，临床可见臀部屈曲。

【临床表现与诊断】 股神经麻痹见于个体大难产助产的新生犊牛（如夏洛来牛、西门塔尔牛）。损伤可引起髌骨上方股四头肌紧张性降低，膝盖骨侧方脱臼，股四头肌萎缩明显，虽然髌骨很容易被替换，但病牛运步困难。这种情况可影响1~2个后肢。预后与临床症状的严重程度有关。

【治疗】 积极应用消炎药物，即使预后良好，犊牛可能也不会正常吃奶。应在良好的环境下饲养犊牛，出生后应尽量吃到初乳，X线检查可以排除骨折的可能。

（六）腓神经麻痹

腓神经麻痹会造成支配屈曲踝关节和伸展指关节

的肌肉紧张性下降或消失。

【临床表现】腓神经是坐骨神经分支，它穿过股骨髁侧面和腓骨头分布于体表，当牛躺卧时，容易受到外部损伤或者压迫的影响。受到影响的牛站立时，冠关节和系关节的背侧面弯曲着地，跗关节出现过度伸展。一些轻微的病例在行走时，球节间歇性的扭转，但如果病牛出现蹄踵疼痛也能出现这种情况。

一些严重的病例，牛蹄的背侧面可能在地上被拖着走，系关节背部的感觉逐渐减弱，反应试验证明，动物的跗关节不能够弯曲，但是后膝关节和臀部弯曲正常。如果坐骨神经受损，不会出现这种情况，上述的症状比较轻，站立时无明显变化或有时出现球节掌屈，运动时，有时出现程度较轻的蹄尖壁触地现象，特别是在转弯或患肢踏着不确实时，容易出现球节掌屈。

【治疗】大多数病例会自然好转。然而，如果这种情况是长期躺卧造成的，需要特别注意避免损伤进一步恶化。

（七）胫神经麻痹

胫神经麻痹时，出现跗部伸肌和指部屈肌麻痹。

【病因】胫神经为坐骨神经的尾端分支，与坐骨神经邻近的部分，由臀部肌肉很好地保护。远侧部分，在腓肠肌肌腱下部，当腱发生创伤时，其易受到影响。

【临床表现】跗关节屈曲突出，球节也部分屈曲。腓肠肌变得比正常长，看起来像是肌腱破裂。球节弯曲，形成球突，虽然动作有些笨拙，但是病牛能够走路，能够负重。与腓神经受损相比，跛行轻微，但跛行时间比较长。

【治疗】在发病早期积极应用消炎药，效果明显。早期治疗还可避免进一步损伤发生，同时病牛应加强护理。

（八）痉挛综合征（渐进性后肢麻痹）

后肢偶然发生的不随意肌收缩或者痉挛，与姿态和行动失调有关，这种情况可能会逐渐发展成为臀部局部麻痹或者后肢麻痹，常见于3～7岁的荷斯坦奶牛和格恩西牛。麻痹症状为遗传性的，可能由于常染色体显性基因不完全外显。病理和病理生理学方面还不是很清楚。

【临床表现】临床症状分为急性、慢性和反复发作性，通常一些刺激因素可诱发病牛出现临床症状，如突然起立、蹄部或关节疼痛、情绪波动等。发病时，病牛两后肢后踏，四肢颤抖，无法运步。在发作间隙，病牛可暂时恢复正常。

【治疗】这种麻痹症状渐进性发展，会越来越重，该病可能由遗传引起，所以一旦患牛（尤其是由

人工授精的公牛）诊断为阳性，最好淘汰。对于在生产高峰期的牛应用保守疗法，缓解症状，在疾病发作时，口服美芬辛，30～40 mg/kg，连用2～3 d。保泰松也有效。

（九）痉挛性轻瘫

痉挛性轻瘫是渐进性的发展，后肢的一侧或者两侧过度伸展，在多数品种的牛偶尔发生，主要影响后肢的伸肌和屈肌，这种病是遗传性的，可能是隐性基因造成，部分不表现临床症状。

【临床表现】常在出生后头6个月发病，腓肠肌逐渐收缩，跗关节和膝关节逐渐扩大，几个月后后肢变得僵硬，运步摇摆，如果一肢受到影响，病牛站立时，患肢后踏，健肢内收负重，以维持机体平衡，如果发病，则驻立时前肢后踏，弓腰，重心前移。

【治疗】本病由于具有遗传性，无有效治疗方法，所以病牛特别是种用公牛，建议淘汰。必须要治疗的，可用手术方法将腓肠肌腱完全切断，使跗关节恢复到正常或偏下位置；或将胫神经完全切断，缓解紧张性；将腓肠肌和跟骨腱切断，可避免跗关节过度下降。

六、软组织疾病导致的跛行

（一）腕骨水囊瘤

腕骨水囊瘤表现为局部组织肿胀，包括腕关节背部的黏液囊。主要由地面或饲槽设计不合理，频繁持续损伤刺激所引起，对于布鲁氏菌病控制不力的国家，在一些假性黏液囊中可分离到牛布鲁氏菌。肿胀部位坚硬、有波动，直径达数厘米，位于腕骨背面。水囊瘤很难切除，首先必须用X线诊断确定水囊瘤有多少个腔，每一个腔都要排空，放入长效的皮质类固醇类药物。手术切除很复杂，且手术效果不确切。有人建议向腔中注入刺激物，但效果也不确切。所以有人主张如果奶牛产奶正常、饮食正常的话，不必治疗。

（二）冻伤

如果犊牛出生时处于-18℃及以下且风大的环境中，就有发生冻伤的风险。犊牛在出生时体弱，在低温环境下如在环境温度-7℃，风速50 km/h出生，蹄子等末梢部位可能发生冻伤。几日后，犊牛不愿意站立，但是食欲正常，口鼻出现水疱泡性结痂，耳朵末端和尾巴末端坏死脱落，后蹄冰冷（因为牛犊趴下的时候，将前蹄放在身体下，所以不会冻冰），几日到数周后，坏死组织开始脱落结痂，有时可能造成蹄壳脱落，犊牛不愿站立。

诊断主要与苇状羊茅中毒或麦角中毒相鉴别。牛的年龄和出生时的温度、风速，可以帮助进行判断。

（三）血肿

血肿是在皮下或深部肌肉组织中聚集大量血液、时间稍久会凝集的疾病。多由损伤引起，多由相互顶撞或两个同时从一个狭小的通道通过时相互挤压或通道挤压引起。

在某些特定部位，血肿常与腹壁疝或者大的脓肿相混淆。用严格无菌术吸出血液，要比切开好，因为切开不一定能够确定出血部位，且会继续出血，除非采取压迫止血措施。血肿腔内血凝块在最初对止血没有效果，只有当血肿腔内出血血管压下降或后期血凝块开始纤维化时出血才会停止，最终出血会被吸收，有时血肿会留下不规则的肿块。

（四）腓肠肌或肌腱的断裂

腓肠肌断裂相对少见，常与钙磷缺乏和维生素D缺乏有关。长期躺卧，肌肉炎症时剧烈挣扎，促使肌肉断裂。偶尔这种情况与肾盂肾炎有关，推测其可能引起肌肉发炎使肌肉断裂。有时向腓肠肌内注射刺激性药物，可造成坏死性断裂。

肌肉完全断裂时，跗关节屈曲，牛在地面上站立或者行走时其跗关节和肢远端处于松弛状态即可确诊，跟腱断裂也会产生同样的步态。体重大的成年牛治疗效果不理想，跗关节松弛状态即下用特制的夹板或套管固定患肢，给予充足的维生素和矿物质，并进行适当的护理对治愈有帮助，但需要很长的恢复期。

跟腱断裂常常为外伤性的，临床症状与腓肠肌断裂相似。

（五）第三腓骨肌断裂

第三腓骨肌有时会突然从附着部位被撕脱，常因使用绳子捆缚后肢不熟练引起。

跗关节异常伸展，而膝关节屈曲，后肢不能正常前进，跟腱松弛，拖拽前进，撕脱部位触诊疼痛，病牛被限制在护栏内几个月后症状会缓解，对于该病特异性的诊断就是患肢在复位时，病牛无任何反应。

（六）跗关节蜂窝织炎

跗关节的蜂窝织炎是在跗骨侧面形成的坚固的、扁平的囊性增生，对关节的活动性有轻微的影响。常由于关节突起部位皮肤及皮下组织受到严重的擦伤引起，皮肤在混凝土地面或缰绳的捆缚作用下可能剥脱，促使形成蜂窝织炎。

对于蜂窝织炎在穿刺排脓时一定小心，因为穿刺针很可能进入关节，局部涂覆膏剂或应用绷带包扎治疗，但前提条件是必须消肿。

第七节　山羊的跛行

跛行是许多疾病都会出现的症状。详细的病史调查对诊断有帮助，如山羊发病持续时间、发病率、营养状况、饲料的改变、饲养管理方式等（见健康管理的相互关系：山羊）。

一些跛行的原因与全身疾病有关。所以在确定具体发病部位时应该进行体格检查，再对山羊步态、运步方式和全面的四肢检查后进行确诊。与其他动物一样，山羊的跛行与骨骼肌和神经系统也有关，检查时应考虑这些因素。

检查受到影响肢的蹄，可去除多余的角质，留下水平的承重面。如果蹄很长时间没有修正过，或者山羊在软地或者软垫子上生活，蹄壁、指（趾）部、蹄踵过度生长，蹄侧壁会反过来盖住蹄底，如果忽视这些，山羊会出现"雪橇"或者"土耳其拖鞋"式的蹄子［指（趾）部过长］，使得山羊用蹄踵行走。削蹄时应注意蹄底或蹄踵是否有异常增厚的角质、异常磨损、异常和坏死性的气味。

修完蹄后，将蹄子擦干净，检查有没有刺伤的部位、指间有无异物［如石头或者植物的毛边扎到指（趾）间隙内］或者四肢任何部位的脓汁排出情况。

四肢的其他部位包括骨头、肌腱和肌肉也应仔细检查，如果出现肌肉萎缩或收缩不力应引起注意，检查关节是否出现肿胀、热痛，所有这些应与对侧肢进行观察是否有不对称的地方。

如果临床检查发现关节（常为腕骨）有问题，应在无菌条件下取关节液进行肉眼检查、细胞学检查，并进行革兰氏染色、细胞培养及药敏试验。关节炎中含有脓汁或者革兰氏染色发现细菌，表明初生羔羊败血症性关节炎；如果含有纤维蛋白和脓汁，表明支原体感染；清澈的或者浑浊的关节液中含有单核细胞，表明有山羊关节炎-脑炎病毒感染（见下，山羊关节炎-脑炎）。

要确定跛行潜在的病因，血液或者血清样品检查也很有帮助。初生羔羊败血病，白细胞和中性粒细胞数量增多。虽然受到影响的山羊在检查时血液中钙、磷和维生素D的含量常恢复正常，但其有助于诊断四肢弯曲或者佝偻病。如果怀疑为山羊关节炎-脑炎，能够检测到抗体，但在严重应急的情况下，会出现假阴性，如果羊群中血清阳性率升高，阳性试验可能会与跛行的其他原因有关。

X线检查对诊断有帮助，四肢弯曲时，应检查生长板，桡骨会侧位偏斜，骨偶尔变薄。受到山羊关节炎-脑炎病毒感染时，在肿胀的关节周围组织、关节囊、韧带、腱、腱鞘出现钙沉着，关节周围软组织出现肿胀。之后关节周围出现小的的骨赘，称为"关节游离体或关节鼠"，关节周围近侧和远侧的骨逐渐扩张生长。

引起山羊跛行的其他重要原因，会在下面按字母顺序进行介绍。跛行的鉴别诊断也会受到一些因素的影响，如地理位置因素、种群病史、管理因素及其他相关因素。

一、羔羊弓形腿病（骨骺炎）

弓形腿病是由钙磷比例失衡所引起。常见于年轻的生长迅速的羊（公羊更见于）、年轻初次妊娠的孕羊后期或者初次哺乳的早期阶段。也见于年轻的（如12月龄）、体重大的哺乳羊或者双胞胎或三胞胎的羊。弓形腿病有时与佝偻病混合发生。

【临床表现与诊断】刚开始时，一侧或者两侧桡骨向侧面或者中间弯曲。之后，前肢或者后肢的指（趾）部水平偏斜、拱背、不愿意行走、腕关节、掌指关节、跗关节和跖趾关节出现柔软肿胀和疼痛。通过X线检查可以确定弯曲的肢是否发生骨骺炎。

本病的发生可能有以下几方面：饲料钙磷比例大于1.4∶1（通常大于1.8∶1），蛋白质摄入过量（会导致其他一些品种发生骨骺炎），饮食中铁过量，通过降低维生素D的代谢，使羔羊血清中磷含量降低，圈养的小羔羊或者长期缺乏日照引起维生素D缺乏，胡萝卜素有抗维生素D的作用，在精饲料中维生素D的稳定性低，尤其是与矿物质混在一起时，苜蓿草含高钙（1.4%的钙，0.2%的磷）和高蛋白。因为羊奶没有商业输出，所以畜主长期给羔羊饲喂鲜奶也会引起本病。

【治疗与控制】一旦确定了可能的病因，应纠正饮食，适当补充营养，可注射维生素D和磷，或者口服，使得钙磷比例平衡。也应纠正诱发因素。羔羊应该控制其生长速度，不应让太小的羊进行交配。为避免其交配，3月龄以下的公羊和母羊应分开饲养。哺乳期发病的羊，尽早断奶，人工饲喂。

治疗可抑制病情进一步恶化，最大限度的改善病情，但完全恢复的可能性较小。

二、山羊关节炎-脑炎

山羊关节炎-脑炎病毒已被发现30多年，主要发生在欧洲一些品种的奶山羊，在欧洲和北美实行集约化管理羊场发病率高。主要表现在两个方面，青年羊出现神经疾病，常为2~4月龄，但是可达到1周岁。常表现为渐进性的麻痹和共济失调，常影响后肢，有时也影响前肢。对于较大的和成年的山羊，病毒感染引起慢性的、进行性的关节炎，涉及一个甚至多个关节，常波及腕关节。最初的症状为关节肿胀，之后关节进行性的退化性变化和关节周围组织钙化，导致关节活动范围变小、关节僵直和和运动能力丧失。

详细的介绍，见山羊关节炎-脑炎。

三、山羊羔腱挛缩

该病在世界范围内所有品种的羊都零星散发，病因不详，但有两种特殊的遗传性因素可导致新生的羔羊屈腱挛缩。

在澳大利亚，先天遗传缺陷的安哥拉羊常发生本病，这种常染色体隐形基因控制的疾病，当染色体达到一定水平后才能表现症状，从携带这种基因的公羊到患该病的羔羊出现，需要经过5~6代。前肢后肢都可受到影响。只有一个前肢发生弯曲很少见。一些严重的病例，羔羊不能站立或者球节着地行走。轻微的病例，羔羊用球节运步相对容易些，但是呈永久性的弯曲，轻度病例，羔羊肢蹄用夹板固定治疗会逐渐变直，直到能够用蹄子负重即可。

在美国、加拿大、澳大利亚和新西兰的英国努比亚山羊有一种遗传疾病，称为β-甘露糖贮积症。羔羊出生时，前肢表现不同程度的弯曲和后肢伸长。如果将羔羊放到奶头处，羔羊有视觉，也能发声，并能够哺乳。收缩反射正常或者稍微迟钝，尤其是头部表现为意向性震颤，有可能出现眼球震颤、听力不佳和面部畸形。尸检时切断腱，使得四肢可自由移动。组织学检查显示，有溶酶体贮积病的典型损伤，细胞出现空泡现象。血浆中缺乏β-甘露糖苷酶，但亲本的含量水平为正常的50%。

四、铜缺乏

铜缺乏从两个方面影响山羊，造成其行走困难。骨异常生长，脆性增大，使得长骨易发生骨折及羊由于神经疾病导致的蹒跚和渐进性运动失调，羔羊在出生前或者出生后铜缺乏造成脊髓髓鞘退化，导致进行性的失调和麻痹，表现运动障碍。临床上该症状与山羊关节炎-脑炎病毒感染的羔羊产生的症状类似，所以需要评估饲料中铜的比例，适当的补充铜是必须的。

五、腐蹄病与蹄趾间皮炎

腐蹄病和趾间皮炎是对绵羊影响较大的疾病，在一定的条件下也可对山羊造成较大影响。

六、关节病

山羊羔的一些关节会被非特异性的细菌感染而患有关节炎。感染细菌主要是革兰氏阳性菌，包括葡萄球菌、链球菌、棒状杆菌属、放线菌属以及革兰氏阴性菌大肠埃希菌。猪丹毒杆菌引起山羊关节病相对于绵羊来说是非常罕见的，并且主要发生在3~4月龄的山羊羔。

通常环境中的细菌通过脐带进入新生羔羊体内，细菌也可通过破损的皮肤伤口、消化道、呼吸道等感染途径进入羔羊体内。容易引起感染的因素包括脐带缺乏常规的消毒，卫生条件差，环境过于肮脏拥挤。猪丹毒杆菌可能存活在养过猪或羊的土壤中，支原体感染也是一种需要作出鉴别诊断的病原体（见下文）。

【临床表现】羊多个关节发热，肿胀及疼痛，通常情况下患肢减负体重，如果多肢发病无法站立，发病的关节主要为腕关节、肩关节、跗关节和膝关节。有时在关节的中央区域会有炎症，但无明显的异常表现，脓肿可能在羔羊恢复很久之后依然存在。一般体温升高但食欲正常，白细胞增加，核左移。如果转变为慢性，体温会正常，但可导致四肢僵硬、生长不良。

【治疗】为提高治疗效果，早期及时治疗非常必要，如果有条件应通过细菌培养和药敏试实验选择抗生素。一周内频繁注射大剂量抗生素，并细心照料通常可治愈。某些情况下用生理盐水冲洗关节，并给予抗生素联合治疗会取得更好的治疗效果。对于一些不能站立的羔羊应铺垫柔软的垫草，配合按摩患肢防止并发症发生。如果发展为关节僵直的羔羊，应用吊索作短期悬吊，配合四肢做频繁负重练习。对于饲养规模较大羊群，考虑到经济效益，可以对患病的羔羊淘汰。

【控制】保持分娩时良好的卫生条件非常重要，如果气候温暖时铺垫厚的木屑或者稻草产床比直接将新生羔羊产于新鲜牧草上要好。

出生24~48 h的新生羔羊，脐带应用强消毒剂仔细多次消毒，如7%的碘酒以及碘伏。羔羊在进入羔羊圈舍之前必须对蹄部进行处理，新生羔羊必须获得足够的初乳。

七、蹄叶炎

山羊蹄叶炎在全球范围都有发病，但是发病率低于奶牛和马。诱发因素包括过食或突然给予大量精料、谷类饲料摄入过多、粗饲料摄入过少、或者大量给予高蛋白饲料。蹄叶炎也有可能是乳房炎、子宫炎、肺炎等严重感染的并发症，特别是刚分娩之后。

急性蹄叶炎时，跛行严重，山羊运动困难，蹄部温度升高，按压蹄冠疼痛反应明显，极少数情况下仅前肢发病。急性蹄叶炎早期如果没有得到及时诊断和治疗会转为慢性蹄叶炎。开始时不易被发现，最后甚至会导致病羊蹄部变形并用膝盖行走。

对于急性蹄叶炎，如果诊断及时，必须马上合理治疗。患肢用镇痛药（如氟尼克辛葡胺1.1 mg/kg，非胃肠道给药，或阿司匹林100 mg/kg，口服），每日1次。用凉水冲洗蹄部或在凉水浸泡蹄部都有积极的治疗作用，虽然在治疗蹄叶炎常用抗组胺药，但其对羊的治疗效果还未被证实。同样，使用皮质激素也具有

争议，因为该药可诱发马蹄叶炎的发生。并且这些药物都不能应用于孕羊，以免流产。慢性蹄叶炎的治疗应当对变形的蹄部进行常规、系统的修剪。

八、支原体病

新生羔羊可感染霉菌支原体、蕈状支原体（大量的变异细菌）或其他支原体种属，感染羔羊可普遍在2~4周龄，报道称发病率和死亡率分别为90%和30%。表现为伴随多关节增温的严重跛行、肿胀，体温升高，消瘦，体重减轻。一些病例还伴有腹泻、呼吸频率增加、呼吸音粗厉，成年羊感染还可导致乳房炎和多发性关节炎。用四环素、泰乐菌素或泰妙菌素治疗有效，但预后须谨慎。

九、创伤

总的来说山羊是一种敏捷的动物，当受到惊吓时可能尝试过度的跳跃而导致骨折或其他损伤。山羊圈舍的设计应当考虑到动物习性，使用链状栅栏时经常导致山羊骨折。四肢远端的骨折通过一般的固定会很快恢复。剪羊毛是一种潜在的损伤因素。例如，剪毛机有可能损伤跟腱，外科手术可以借鉴犬的手术方法。如果山羊受到犬或野生犬类的攻击并且幸存，通常会造成包括骨折在内的很多种损伤。

一些肌内注射也可能引起损伤，如混合梭菌疫苗会导致软组织肿胀并且48 h后出现跛行。刺激性的药物可能损伤神经并引起跛行，特别是幼小的和瘦弱的山羊通过后肢肌肉而损伤坐骨神经。在一些严重乳房炎的病例，特别是坏疽性的，由于病变一侧肿胀和疼痛，会导致步态改变和跛行。

十、白肌病

白肌病多见于2~3月龄（发病范围为1周龄至4月龄）的羊羔。猝死病例常见心肌损伤。还可见到消瘦、不愿行走、呈"木马样"站立姿势或者侧卧。特别是后肢肌肉变得僵硬，且按压有疼痛反应。急性病例可用硒和维生素E注射液治疗。

第八节　马的跛行

跛行是指由于运动系统结构或功能紊乱而导致的姿势或步态异常，马表现出不能正常站立或行走。跛行是使马失去利用价值且被淘汰的最主要因素。造成跛行的病因有创伤、先天或者后天的疾病、感染、代谢紊乱、神经和循环系统疾病等。

跛行不是一种疾病，而是一种临床症状，可能是神经肌肉疾病的疼痛致运动受限而导致驻立或运步改

变，或者神经系统疾病引起。疼痛是引起马跛行最常见的原因。机械性跛行最典型的代表是髌骨上方脱位，也可能由半腱肌纤维化病变或环状韧带粘连或严重纤维化导致。

跛行的诊断，确定病因至关重要，因为治疗需要根据病因制定治疗方案。如髌骨上方脱位治疗不需要使用镇痛药，而疼痛引起的跛行常需要全身或局部镇痛药和消炎药。某些跛行会产生特殊的步态，如纤维化病变（一种机械性跛行）患肢呈现向后拖行，伸展末期很快放下，给人印象是"小心放下"接触地面，步幅改变非常明显。鸡跛是神经肌肉性疾病，患肢呈现过度收缩，在蹄还没接触地面之前，表现向前摆动。但是很多跛行的原因不产生特异性步幅异常，所以建立诊断程序是必要的。

由疼痛引起的跛行可分为悬跛或支跛，尽管常见到支跛，但这有可能是混合跛行。支跛表现为患肢负重时间缩短或者减负体重，前肢跛行最常见的也是最易诊断的临床表现，就是随运步表现为点头改变。后肢跛行时骨盆或髋部有明显的起伏，当判断后肢跛行时必须同时从后面和侧面进行观察，因为通过全面观察可以发现运步弧度、抬升和落地时间、承重期时间改变以及荐骨是否存在起伏。马的前肢和后肢跛行时，当转弯并且患肢在内侧时会变得明显。

引起马跛行的因素包括诸如早产、发育不良以及过早的训练等因素，其他因素包括发育畸形疾病（骨软骨病、四肢弯曲和四肢角度异常等畸形）、关节发育不良、蹄底不平和钉掌不当，比赛马匹对环境不熟悉，对骨、筋腱、韧带或者关节反复高强度重复一个动作，在坚硬、光滑或者凹凸不平的多石头地面参加体育赛事等。刺激产生跛行的因素包括直接和间接的外伤、肌肉过度疲劳导致的动作失调（经常发生于赛马比赛快要结束的时候）、炎症、感染和没有造成剧烈疼痛的疾病早期。

一肢的某一部位疾病导致的跛行往往会继发其他部位疼痛反应及对侧的前肢或后肢的跛行，主要是由对侧代偿性的过度承重所致。所以即使对跛行的病因已经非常明确，也要考虑继发性跛行。继发性跛行在赛事表演马中非常普遍，最简单的例子就是当一匹马的一侧肢蹄做过手术时，由于疼痛而将体重更多的分担在另一侧肢蹄，导致对侧跛行。

一、跛行检查

对一匹病因不明显的跛行马进行系统的检查时需要耗费较长时间。标准的检查设施有利于诊断，设施要求在平坦、坚固、粗糙的地面进行运步和慢跑视诊，在柔软的地面进行骑乘和快步视诊。检查者必须

掌握马四肢解剖结构、正常的体型和步态，局部麻醉，影像技术以及能辨别前肢、后肢跛行等知识。

检查首先从了解病史、品种、年龄、训练方案以及出现跛行的时间和处置措施等入手，这些都是重要线索。最后钉掌离发病的时间间隔，休息或运动后跛行状况改善情况，使用消炎药和镇痛药后的反应等可能提供重要信息。血常规和生化指标也可以提供一定信息。

尽管影像诊断技术非常有价值，但是仍不能取代在自然状态和负重的情况下对患肢进行详细的触诊和视诊。视诊应对两肢的对称性、肿胀、肌肉萎缩、姿势异常、外伤等作出判断，触诊应对躯干和四肢的温度、疼痛、肿胀和关节液渗出作出判断。马匹之间明显的变化应作出标记，并且要与对侧进行对比，即使这种对比不是必须要做的。触诊时马的反应，各关节的屈伸程度都需要做记录。应全面检查蹄部，包括用检蹄器按压蹄壁和蹄底，要注意蹄铁和蹄底的磨损程度，跛行马多见如蹄尖/系部错位、下沉、触地、蹄球过削、蹄的大小不对称等。蹄铁在初期的检查中必须保留，若过早的摘除蹄铁可能会使蹄部受伤或影响接下来马在负重和快速运步方面的检查。当运动方面的检查结束并且确认跛行是由蹄部所引起的，而需要对蹄部进行进一步检查时要将蹄铁摘除。

将马固定在一个水平的平台上，对背部和颈部仔细检查。背部柔韧性和扩展性可以通过交替挤压胸中线部和荐尾基部的方法来检查，体侧可以通过让马尽量围绕自身转圈的方法检查。

运步检查通常用于确定某一肢或某一特殊部位及对局部麻醉诊断的反应性。如果跛行十分严重并且怀疑有骨折时，不应当进行运步检查，否则可能导致严重后果。同样，如果怀疑有骨折时的区域麻醉方法也不能使用。检查前确定马是否使用镇痛药非常重要。

特征性症状是跛行诊断的关键，单侧前肢跛行的标志是点头运动，健肢负重时头部低下，患肢负重时头部抬起；后肢跛行的明显症状是对侧骨盆或荐骨的提升，跛行时肢撞击地面使整个骨盆和荐部提升，健肢承担主要体重。

检查时，助手用缰绳牵着马，但缰绳不易过紧，让马放松，让马自然地沿直线运步或慢跑进行检查。硬实粗糙的表面（如砂浆路面）是理想的检查马直线小跑的路面，坚硬的路面可以用来检查快速运步的能力，这种路面可以提供蹄音诊断，通过分析蹄音结合视诊进行诊断，但蹄部的大小、形状和蹄铁的不同都会导致声音有细微的差别，所以通过声音诊断的价值很小。通常圆周运动时跛行症状明显，可以在直线运动时突然转或大或小的圆圈运动。蹄部敏感和下肢跛

行的马在沥青路面或混凝土路面做快步运动时容易滑倒受伤。无论是前肢还是后肢在做圆周运动时跛行都会加重，大多数时候加重的患肢都在圆周运动的内侧。

屈曲四肢诊断是非常有用的诊断方法。视诊注意跛行加重和跛行初的屈曲程度及被动屈曲时的弯曲程度、反应等情况。尽可能使关节弯曲但不能过度，否则会导致假阳性的出现。所有的屈曲试验必须与健侧对比，系统诊断和局部诊断都要进行，没有跛行而屈曲试验阳性无诊断意义。前肢的指骨和后肢的趾骨必须在不弯曲腕关节和跗关节的情况下获得最佳信息。

检查要建立一个一致标准，诊断人员、马匹负重、路面都应一致，要确保马合理范围内小跑，可以重复测定来确认跛行。用3 mg罗米非定或100 mg的赛拉嗪镇静轻度过紧张或脾气暴躁的马可以使马放松，检查时并不影响跛行程度的判定。小跑中使马的步幅变小经常可以发现轻微的跛行，因为这样使患肢运动系统发挥不了作用但加重了支持系统负担。

对马进行骑乘评估是必要的，特别是轻微跛行时只有在负重的情况下才能发现。多肢跛行但每一肢的临床症状都不明显时也能检测出来，只是临床症状可能很轻微（例如马拒绝做某些规定动作或运动，比如头部倾斜或尾部摇摆），但一个好的骑手通常通过自己的经验和能力可以克服这些"困难"而将问题找出来。

当马过度骑乘引起肺部受损时呼吸音粗厉，但给骑手的感觉是马的能力下降了。在这种情况下可能需要使用镇痛药或者消炎药治疗一段时间（例如：保秦松2~3 g/d，口服7~14 d）来确定情况是否有所改善。一些由跛行引起的临床症状可能是由于训练导致的。如果给药产生了效果，那么应当停止给药并且应当用麻醉方法进行诊断，可以麻醉任意一肢但通常是前肢。这种情况下复合跛行（最多可达到四肢）与背痛的相似症状就可以辨别出来并得到治疗。

区域麻醉诊断可以用于诊断任意一肢因疼痛而导致的跛行，但是不能应用于四肢具体某一点的疼痛诊断。如果麻醉后跛行不消失必须由兽医根据麻醉情况进行评估。

因为跛行可能由于神经肌肉功能障碍导致，当未发现有明显的疼痛或机械功能疾病时，那么神经系统的检查应当是跛行检查的一项内容。检查包括中枢神经、上传和下传神经。

注意观察马的一些执行动作，如短距离回转、后退、前肢跳跃（及另一肢也同时抬起）、勒紧缰绳做小的圆周运动，上下坡运动。这些检查有助于确定本体感受器功能下降或步态异常是由于肌肉僵直或痉挛所致。

（一）影像技术

影像技术提供了必要的病理学和生理学信息。这对于特殊情况的治疗非常必要，成像可以分为解剖学和生理学两种方法。解剖学成像分为放射检查、超声检查、计算机体层摄影术（CT）和磁共振成像（MRI）。生理学成像法包括闪烁扫描术和温度记录法。当局部麻醉镇痛不能排除跛行病因时，局部麻醉诊断很难确定具体疼痛部位，并且马匹不配合穿刺和注射时，生理学影像技术可以将问题局限在小范围的特定区域，解剖学成像法用于检查这些区域。影像技术也可以用于预防损伤，这需要在疼痛早期进行生理学检查。解剖学成像法频繁的应用于某一区域早期变化的检查，而生理学成像用于马全身例行检查。

1. 解剖学影像技术 放射学技术是最常用于评估马跛行的方法，任何一个部位的评估都需要多角度X线平片投影技术，它用来评估骨组织及反应一些慢性变化过程。有时X线影像技术可以提供更多的有用信息。X线影像技术对评判关节处关节软骨及其表面来进一步判断是否有软骨下囊肿以及软骨破坏。病理学诊断通常结合X线影像技术与临床检查给出诊断结果。未来X线影像技术发展为计算机放射摄影（CR）和数字放射照相（DR）数字技术。CR是通过由电脑读取特殊反光板上的影像数据形成图像，CR的优点包括不需要反复检查，放射剂量小和有效克服对比诊断的处理难题。DR同样使用特殊的感光板，但是电脑从感光板读取数据直接成像，它与CR有同样的优点，但是成像更快。

不管使用哪种成像系统，目标都是对特定区域进行充分的检查来确定解剖结构改变。拍摄需要准备、保定和成像。准备需要放射照像技术员穿着防辐射衣，大多数情况下需要拿掉反射物和所有异物（如四肢上的一些碘制品可能在X线照片上产生伪迹）。蹄部的X线照片必须清除铁蹄并清洗蹄部。

拍摄位置很关键，必须从多个角度进行拍摄以确保结果的准确性，最少拍摄2张成90°的X线照片。大部分四肢疾病都需要拍摄较多的X线照片确保准确的评估。对于一些重点怀疑的肿胀部位需要拍摄更多的X线照片以作出更准确的判断。比如马的蹄部、球节和腕关节至少需要从5个角度拍摄，系骨和跗骨关节需要4个角度。马四肢上部需要拍摄的较少，这并不是因为区域不复杂，这是因为这一区域很难拍摄多角度的X线片。肘关节和膝关节通常拍摄2张，肩关节通常只能拍摄1张。臀部通常只能使用麻醉方法，但对马驹和肌肉较少的马可以在站立状态进行臀部拍摄。

要想获得好的X线照片需要调整曝光参数，如千伏值、毫安及距离等。这些因素常有变化、并与不同

X光机及胶片或电子系统有关，对于一个马兽医必须考虑的另外一个因素就是曝光所需射线输出问题（一些老的X光机可能不能提供所需的电流激发球头产生所需X射线而影响胶片曝光）。

超声检查可用来评估软组织，和X线照相技术一样，被评估的区域必须从两个呈90°的面进行检查，探头的选择必须考虑检查深度、患部位置及肌肉形状，检查部位越深、探头波长越短，波长长的探头可以将细节看得更清晰。如检查表皮和深部屈肌腱或者悬韧带最好使用7.5~10 MHz的线性探头。检查如四肢远端和骨盆基部等解剖学复杂的区域需要使用球面线性探头，检查骨盆中央区域需要使用直肠线性探头。

超声检查对于评估腱和韧带非常有用，但同样可用于评估肌肉和软骨。在所有的情况下组织纤维排列和回声变化是判断解剖学改变的重要因素。总的来说，组织纤维排列减少和回声减少是严重损伤的标志；回声增强提示为慢性疾病。但如果出现可疑时，与对侧肢的对应区域进行比较可以发现变化所在。对于新手而言，在作出超声诊断之前有必要对左右肢进行对比。

解剖结果变化的评估是病理学诊断的基础，同样也是判断预后的重要标准。因此，X线照相技术和超声检查是互补的，放射摄影术提供骨组织的信息，同时超声检查提供软组织的信息。

MRI和CT是对解剖结构高清成像的诊断工具，在马跛行诊断中应用越来越广泛，MRI尤其普遍。有低磁场和高磁场两种MRI可用。高磁场比低磁场的耗时少，但产生强信号和高分辨率图像；低磁场可以用来检查站立的镇静马匹而高磁场则需要麻醉，站立时只能用来检查腕关节和踝关节。

MRI提供可疑部位诊断图像是三维的，即横向、纵向和背向。MRI对外科疾病显示图像，是按采集信息顺序显示的，分别显示解剖学，生理学和病理学信息。最常用的顺序是质子密度，T1加权像和T2加权像。质子密度提供解剖学信息，T1加权像突出骨和软组织的特征，T2加权像突出组织内流动液体、关节滑液、脓肿、水肿等，特殊信息还可进一步分辨和突出其他病变，脂肪堆积可以用来确定高脂肪区域水肿现象，如骨髓腔。

一般CT电脑断层扫描技术是使用非常小的X射线束围绕身体不同的角度（同一层面）进行扫描并在计算机进行重建的影像技术。因为图像是断面的，周围组织结构对诊断干扰较少，因此CT扫描能为四肢、关节、鼻道、颅腔及其他腔性结构和颈部提供清晰的图像，这些图像将会提高兽医鉴别这些区域的病变程度。

2. 生理学影像技术 这项影像技术可以反应生理学变化的图像，不同于解剖成像反应组织结构，生理学影像技术反应的是新陈代谢和循环情况。温度记录法和闪烁扫描可以对整匹马进行检查，与系统的临床检查结合可能检测出别的方法未检查出的损伤性疾病。

温度记录法是显示目标表面温度的图像，属于无创技术，通过炎症产热散发热量变化作出诊断，有助于诊断四肢由于炎症变化导致的跛行。对于血流热像图，标准热像图可以看出血管和体表轮廓，当肌肉活动增强时皮肤下的肌肉温度增加，同样患病组织和损伤区域血流量往往改变，温度记录图中的"热斑"通常与皮肤受损和局限性炎症相关。但患病组织可能由于肿胀、血栓、组织梗死而导致血液供应减少，这样的低热损伤区域通常被高热区域包裹，这是由于血液分流造成的。

闪烁扫描术需要静脉注射多磷酸盐放射性药物，通过γ照相机测量它们的分布。炎症导致血流量增加，血管通透性增强和细胞外液增多，闪烁显像时发炎组织在软组织蓄积了大量放射性药物，从而可以判断软组织损伤。骨骼损伤修复时代谢旺盛，血流量增加，在骨再生活跃区域多聚磷酸盐迅速凝结成羟基磷灰石晶体，使放射性药物大量蓄积，所以闪烁扫描法对探测骨和韧带损伤是有用的，特别是肌腱附着部疾病（连接骨的腱和韧带受损）。

（二）内镜检查

内镜检查（腱内镜、黏液囊内镜）在诊断马的关节疾病和关节外科手术中是普遍采用的方法，内镜手术可以用来清除骨和软骨碎片、切除损伤韧带、半月板固定修复和关节端骨折内固定、软骨下骨囊肿的注射清洗、软骨修复、清创以及清除腐败污染的滑膜腔等。内镜检查对于评估滑膜内特别是评估软组织结构如韧带、半月板、软骨和滑膜的疾病准确度极高。本方法应与其他诊断方法结合，包括X线检查、超声检查和MRI诊断。

内镜诊断时在患肢关节切开2.5~5 mm直径的一个切口即可放入内镜，但并不是每个关节所有区域都可以检查。内镜同样也用于检查、诊断和实施指骨、腕骨和跗骨腱鞘（腱鞘内镜）以及舟骨、跟骨和股二头肌黏液囊（黏液囊内镜）手术。相比于正常的外科手术内镜手术的优点是只需要一个很小的切口即可放置内镜和手术器械，能观察到关节的众多区域，可以对更多关节实施操作以及具有关节周围软组织损伤小、疼痛少、恢复时间短和并发症少等优点。

利用内镜手术和检查对操作技术要求高，手术的成功与否要求手术人员经验丰富、熟练、且必须掌握关节解剖学知识和良好的手眼配合及空间立体感受能力。

大多数内镜操作需要在马全身麻醉的情况下完成，多数兽医喜欢马仰卧位，这样可以从关节任意一个部位建立手术通路，也可以对多个关节或多肢进行手术，容易控制出血。内镜检查的基本器械包括关节内镜、套管、光源、关节加压泵及引流套管和各种关节内操作器械，使用电子摄像和视频输出系统可以减少污染，提高影像效果和便于深部观察以及拍摄图片和视频，但常规的外科无菌消毒及覆盖创巾是必须的。三点法是关节内镜最佳操作方法。关节内镜、腱鞘内镜和黏液囊内镜经常被用来评估和治疗被污染的滑膜腔。正常滑液内环境的改变能快速自行恢复，使用舟状骨黏液囊内镜，可以减少由于常规手术需要，使用街钉固定舟状骨继发的跟骨及跗关节感染发病率，腱鞘内镜能提高败血性腱鞘炎的康复概率。

（三）局部麻醉

局部麻醉对于确定引起跛行的部位有帮助，局部麻醉又可以使一些外科手术无需在全身麻醉的情况下进行，它可以提供短期止痛。如果局部麻醉仍然不能确定具体疼痛部位，可以额外应用如关节麻醉、X线照相技术、超声检查、CT、闪烁扫描术和MRI等，这些方法都是经济而有效的鉴别诊断方法。

跛行检查时盐酸利多卡因（2%）和盐酸甲哌卡因（2%）是最常用的局部麻醉药，由于盐酸甲哌卡因相比于盐酸利多卡因对组织的刺激性小，为大多数兽医所选择。盐酸布比卡因由于麻醉时间长达4~6 h被用来减缓局部疼痛。

临床上可以根据麻醉药物作用时间来选择麻醉药，盐酸甲哌卡因的作用时间可以持续90~120 min，对于检查疑似四肢复合跛行或者单肢多部位复合跛行常用该药；盐酸利多卡因的作用时间仅持续30~45 min，在跛行检查时用于不同技术检查止痛。

腕关节或踝关节下的大部分神经麻醉使用25号（1.59 cm）的针，麻醉四肢近端的神经通常使用3.8 cm的大剂量注射器（22或20号）。局部麻醉会有皮下小量的溶液蓄积，使用25号的针头可以避免大号针头引起马的反抗。

在神经周围注射局部麻醉药时可能会发生弯针或折针，为了避免这种情况，通常采用针与注射器分离的方式。锁紧套口的注射器由于在针插入后针头与针管不易连接所以不能使用，这种类型的注射器在马移动时也不能快速的分离针和注射器以防止针头被拔出、弯曲或者折断。在麻醉四肢远侧神经时针头插入时必须指向远端。直接在近处插入针可能导致局部麻醉药的偏移而麻醉更多的近支神经，这样会影响检查结果。

当用局部麻醉药确定疼痛部位是腕关节还是跗关节以下时，只能使用最小的麻醉剂量防止麻醉到其他临近的神经，通过触诊可以精确确定皮下神经位置时，这时局部麻醉只需注射非常小剂量的麻醉药即可。

在进行局部麻醉前，马必须有持续、明显的跛行，这样才能发现任何步态的改变，骑乘和跳跃可能使轻微跛行加剧。一些马的跛行在训练时可能改善或恢复，这些马在检测前需要进行充分的休息，否则可能造成局部麻醉检查结果假阳性。如果马患有轻微跛行，在局部麻醉前后由两名或者更多对跛行诊断技巧熟悉的兽医对步态进行独立观察和跛行分级，这样可以提高诊断的准确性。

对远侧端的神经给药后通常在5 min内疼痛和跛行有所缓解，但是麻醉近端较大的神经可能需要20~40 min，如果在疼痛缓解前就对步态改变进行判断，会导致对神经传导麻醉效果评估错误。当评价四肢远侧端神经的麻醉效果时必须注意麻醉剂可能向上迁移麻醉近端神经，从而影响检测结果。为了避免这种情况，对四肢下游的神经进行传导麻醉后必须在15 min内对步态进行评估。当进行四肢近端的神经传导麻醉时，马可能由于肢蹄感觉的改变而导致步态异常或蹒跚。当麻醉腕关节或跗关节神经时，评估步态应当在柔软的地面或者用绷带包裹四肢下游后进行，这样可以防止马绊倒时磨损球节背侧皮肤。

如果局部麻醉后步态未改变，必须使用植皮刀对皮肤是否敏感进行检查，确定神经传导麻醉是否生效。在预期的麻醉区域皮肤用圆珠笔、钥匙或类似物品的尖端按压确定皮肤是否敏感。对于脾气暴躁的马，皮肤感觉检查需要保定四肢或者将钝性器械绑在约1 m长的木杆上使操作者远离马进行检查，这样比较安全。一些性格温和的马即使麻醉失败，在进行皮肤敏感检查时也没有反应。对于这样的马，必须在麻醉前进行皮肤敏感检查或者和对侧的肢蹄进行同样试验通过比较来评估。

当进行局部麻醉特别是四肢下部进行局部麻醉时，如果不注意，可能会将局部麻醉药注射进入血管、关节、腱鞘或者黏液囊。注射前抽一下注射器可以判断针是否在血管中。边撤针边注射麻醉药，可减少药物注射到其他组织可能性，同时可以使麻醉药注入更多的组织而增加麻醉神经的机会。

在局部麻醉前皮肤是否有必要处理现在还不确定，对于短毛的马，注射部位通常用70%的酒精棉或纱布进行擦拭，直到纱布或酒精棉擦拭到变干净为止，如果注射部位特别脏，那么需要使用杀菌香皂进行清洗。肌内注射带菌操作通常不会造成严重后果，但是由于疏忽注射到腱鞘或者关节可能导致腐败性的滑膜炎。四肢远侧部的局部麻醉，大多数马只需要略微保定即可进行，但是遇到脾气暴躁或者进行过局部麻醉的马，为了慎重起见最好使用绳或链拉紧，至少在进针的前一刻拉紧。如果这依然不能提供确实的保定，可静脉注射赛拉嗪（0.2 mg/kg）或地托咪啶（10 μg/kg）。检查时镇静剂对步态的影响，取决于跛行的严重程度和兽医临床检查技术。当马必须使用镇静才能进行局部麻醉时，镇静药物颉颃剂育亨宾（0.1~0.2 mg/kg）或者妥拉唑林（0.5~1 mg/kg）可以颉颃大部分镇静（如赛拉嗪和地托咪啶）的效果。

对四肢远侧部进行局部麻醉时，马可能会挣扎导致兽医受伤，且四肢远侧部的局部麻醉通常需要多次注射，对四肢进行保定是比较安全的，在地面对马的四肢进行神经传导麻醉时，可以将对侧肢蹄从地面抬起增加兽医的安全。当对前肢蹄部进行麻醉时，大多数兽医选择和马面向相反的方向抓住马前肢，但也有一些兽医选择和马面向相同的方向对前肢进行麻醉。当和马面向相同方向进行麻醉时兽医可以用膝盖保定前肢，解放双手来完成操作，但是如果马摇摆后肢兽医有受伤害的危险；当兽医和马相向时，必须使用一只手保定前肢一只手完成操作。后肢球节下的神经传导麻醉时，将后肢拉向尾侧并由兽医保定麻醉区域会比较安全。局部麻醉的并发症很少见，但有时可能会发生折针、肌肉感染和神经周围组织滑液感染。局部麻醉药在全身都可以检测到，如果在马的血清中检测出麻醉药，可能影响马参加比赛。

1. 前肢局部麻醉　因为神经传导麻醉需要由远及近，指掌侧神经（PDN）传导麻醉是前肢最常进行的部位，指掌侧神经传导麻醉需要保定患肢，针直接插入到距离蹄部软骨上1 cm的触及神经处，针头指向远侧端，在软骨神经结合处附近注入1.5 mL局部麻醉剂。指掌侧神经传导麻醉有时叫做"蹄踵麻醉"，但这个术语在这里使用是不正确的，因为麻醉的是整个蹄部，包括远端指间关节（蹄壳）。有些马蹄部神经麻醉时可能导致近端指间关节（系骨）部分感觉丧失，特别是注射大剂量局部麻醉药（>3 mL）时。

如果在指部神经传导麻醉后步态没有改善，一些兽医会对系骨半环形区域给药，麻醉指神经的背侧分支，因为指神经分支只有一点感觉在蹄内。

如果指部神经传导麻醉后跛行没有好转，大多数临床兽医接下来会进行远轴籽骨神经传导麻醉。对这个区域进行麻醉是对近端籽骨神经进行麻醉，背侧和掌侧指神经之前对掌神经进行麻醉。当进行远轴籽骨神经传导麻醉时，会在比较容易触及到的近端籽骨血管神经束处基部注入2.5~3 mL的局部麻醉药。局部麻醉药在近端过多的蓄积有可能麻醉球关节。指部

神经传导麻醉后跛行未见好转而进行远轴籽骨神经传导麻醉后跛行好转，这时可以确定跛行是由于系骨疼痛而导致的。

如果远轴籽骨神经传导麻醉没有反应，那么接下来进行远端掌神经传导麻醉或远端第4神经传导麻醉。这种神经传导麻醉通常在马四肢承重时进行，但在四肢固定时也可以进行。麻醉内侧和外侧掌神经使用25号（1.59 cm）的针，指深屈肌腱背侧边缘掌神经部位易蓄积大约2 mL麻醉药，为了彻底的封闭，需要对紧靠第三掌骨骨膜的掌部掌神经进行麻醉，在每个小掌骨末端皮下注射1~2 mL局部麻醉药。对远轴籽骨神经传导麻醉呈阴性反应，然后远端第4神经进行局麻造成传导麻醉产生阳性反应，就可以确定引起跛行的疼痛部位是球关节或深部屈肌腱或浅部屈肌腱的某一部分或者是悬韧带末端。

当远端第4神经传导麻醉对跛行没有明显改善时可以进行近端掌内神经传导麻醉或近端第4神经传导麻醉。当四肢承重时，在腕掌关节处对掌内侧和外侧及掌部掌神经远端进行麻醉。麻醉掌部神经使用25号（1.59 cm）的针，针穿透筋膜插到深部趾屈肌腱背侧边缘的神经处并注入3~5 mL麻醉剂。

麻醉掌内外神经只能使屈肌腱和翼状韧带远端失去痛觉，采取四肢负重还是抬起都可在腕掌关节水平远端，第二掌骨、第四掌骨与第三掌骨的结合处形成的角部使用20或22号（3.8 cm）的针对掌神经麻醉。麻醉内侧和外侧掌神经仅使小掌骨和它的骨间韧带和部分近端悬韧带痛觉消失。

当怀疑是近端悬韧带疼痛导致的跛行时需要进行外侧掌部神经传导麻醉，可选择远端掌内神经传导麻醉，当四肢承重时使用25号（1.59 cm）的针经副腕骨内侧插入到外侧掌部神经。针由内侧向外侧插入并在距离外侧触及沟的远侧1/3处注入2 mL局部麻醉药。由于内侧和外侧的掌骨神经都由外侧掌部神经末端分出来，它们支配这个部位，这样近端悬韧带都会被麻醉。如果由于疼痛引起的跛行在进行了上述所有的神经传导麻醉后依然不能确定，大多数的临床兽医会对腕、肘和肩关节进行封闭，这些滑膜结构是否丧失痛觉并不是很重要。正中神经、尺神经和内侧皮肤前臂神经的麻醉作为评价跛行一部分，但是一般这些麻醉为了肢蹄手术不用全身麻醉。

2. 后肢局部麻醉　骨盆支的远侧局部麻醉技术与前肢的略微不同，因为后肢深部腓神经分支分配到其他的部位。内侧和外侧的背跖神经这些分支支配临近的伸肌腱和真皮层状组织的背面。通过腓骨末端对远端4神经进行麻醉，针保持与蹄底平行并移到背内侧或背外侧并在皮下注射2 mL局部麻醉药以麻醉内侧

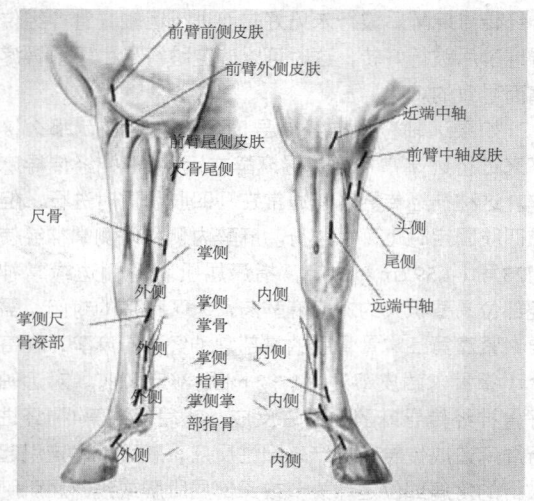

图9-7 马前肢神经传导麻醉图解
（由Gheorghe Constantinescu博士绘制）

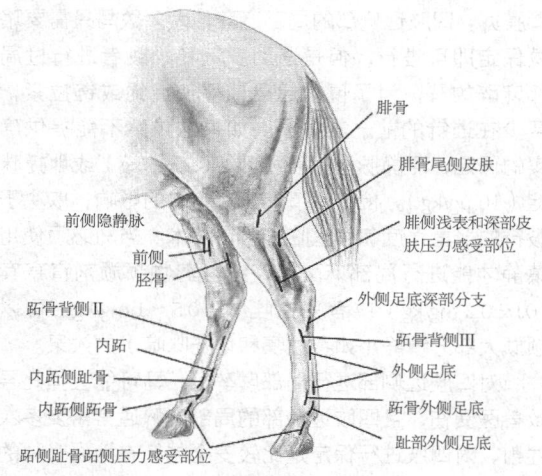

图9-9 马后肢神经传导麻醉图解
（由Gheorghe Constantinescu博士绘制）

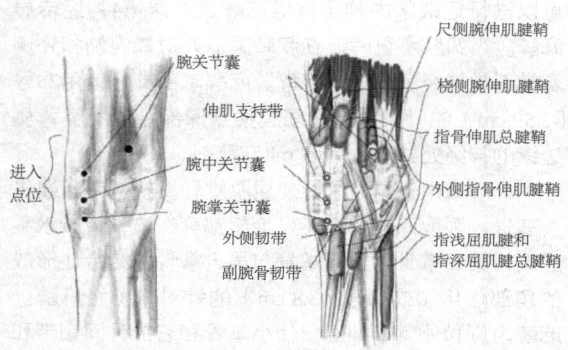

图9-8 马腕骨外侧内镜检查和关节穿刺术关节点位
（由Gheorghe Constantinescu博士绘制）

或外侧的跖骨背神经。但大多数后肢的跛行不需要麻醉跖骨背神经就可以确诊。

近端跖神经传导麻醉的方法与近端掌部神经传导麻醉的方法相似，距离跗关节远端约1 cm。当怀疑近端悬韧带是导致跛行的部位，使用20～22号（3.8 cm）的针在距离跗关节末端1 cm处沿中轴向外侧腓骨方向在深部趾屈肌和悬韧带间进针并注射3～4 mL局部麻醉药。这些药物会弥散麻醉深部跖神经分支，这些神经分支通过内侧和外侧跖神经并连接悬韧带近端。

二、蹄部疾病

（一）远节指骨囊肿样病变

远节指骨囊肿表现由轻到重的不同程度跛行并且对消炎药物不敏感，本病没有年龄、品种和性别倾向。囊肿可能是该部位创伤造成并不是骨软骨炎综合征。通常位于伸肌突或沿关节面表面接近中线的软骨

下骨，囊肿有可能感染远端指间关节。远端指间关节内麻醉一般对跛行会产生效果，对指掌侧神经麻醉会对跛行有效果。确诊需要X线照相技术和/或CT。鉴别诊断包括角质瘤、舟状骨病和远端指间关节原发性变性关节病。外科治疗包括内镜下关节清理术和对疑似囊肿的地方使用内镜，辅助注射皮质醇到接近类似囊肿的损伤部位，远节指骨继发性骨折（特别是伸肌突）可能发生渐进性骨吸收减弱。一些马恢复后可用于体力劳动，而另一些可应用于其他方面，如繁殖。

（二）蹄底挫伤

蹄底挫伤通常是由于石头、路面不平整和蹄铁不合适所致。蹄挫伤可以发生在蹄部表面任何位置，挫伤发生在蹄支角、蹄底后部的挫伤（蹄壁和蹄支之间）称为蹄底挫伤。如果马有扁平足或凸状足底在蹄尖或者蹄周围易发生挫伤。蹄底挫伤由于浅表或深部出血渗出，可见局部红染，如果挫伤部处理不及时可能导致感染。关节窝突背部长时间的挫伤不处理，可能导致远节指骨继发蹄叶炎。

蹄底挫伤经常发生于前蹄内侧蹄支角，引起蹄底挫伤的原因有：①蹄铁安装不合适（蹄铁分支过度的弯向蹄叉）；②蹄铁安装时间过长，挤压蹄支角；③蹄铁在蹄侧壁安装过紧或者蹄铁太小。蹄底挫伤可分为干燥型（轻微挫伤）、潮湿型（浆液性渗出物）、化脓型（感染或脓疮）。根据不同程度挫伤能引起不同程度的跛行。显著的挫伤可见蹄部隆起、角质松动、呈红色或红黄色。用蹄部检查仪对病变部位进行压力检查时，会根据损伤的严重程度或多或少的都会引起马的疼痛反应。

治疗的方法是清除压力保护受伤区域。对于那些

有蹄底挫伤倾向性的马，在蹄侧壁和蹄踵的蹄壁安装适宜的蹄铁（延长至蹄支角后部）可以减少蹄底挫伤发生的概率。马的凸状足底容易导致挫伤，使用宽的有蹼的蹄铁使蹄底成为斜面（让蹄底凹进去）减少蹄底的压力有助于保护蹄底。这种钉掌方式可以广泛的减少蹄底受伤。如果挫伤伴有疼痛，患病蹄部可通过修理和麻醉蹄底使患蹄尽量少的接触蹄铁直到痊愈，隆起蹄铁也可以使压力从患病区域分散出去。

如果挫伤已经感染化脓，那么在蹄底使用修蹄刀做引流术通常可以治愈。如果患病区域比较大，通常将脓肿对侧分别做一个直径约1 cm的排脓区域，然后用60 mL注射器连接14号导管或者插管用饱和硫酸镁盐溶液冲洗，每日一次或隔日一次直至痊愈。这种治疗方法通常比足浴或者药敷效果明显。蹄底需一直保护到生长的新上皮变硬。除蹄冠近端出现蜂窝织炎，抗生素的疗效有待商榷。

（三）溃疡

溃疡是蹄部生发层慢性增生和化脓的过程，包括蹄叉和跖部。虽然本病常见于长期处于潮湿或者不卫生的环境情况，但处于良好环境的马也会发病，所以发病原因还不是很清楚。前后肢都有可能发病，常见于蹄叉末端，患病区域通常有炎性肉芽组织增生，并覆盖有恶臭的干酪样物质，伤口表面呈不规则的菜花样。损伤有可能蔓延至蹄底或蹄壁，没有愈合的可能。

治疗需用清创术或电烙法进行彻底的清创，直至出现正常真皮。所有松散的角质层和患病组织必须清除。如果使用清创术可紧随其后使用冷冻疗法杀死清创术未能清除的组织。接下来每日使用抗菌剂或抗生素敷在伤口上，局部使用甲硝唑，使用过氧苯甲酰丙酮溶液的效果也很好，伤口必须保持清洁干燥直至痊愈，治疗可能持续几周甚至几个月。蹄底注意防水。

（四）蹄舟状骨骨折

蹄舟状骨骨折通常由蹄部外伤或者过度震荡引起，蹄舟骨骨折相比于远指骨骨折较少发生且大多数都发生于前肢。尽管疼痛部位不同，通过蹄叉部压痛试验可以进行诊断，严重骨折会导致明显的跛行，对指掌侧固有神经进行传导麻醉后跛行通常会显著改善。中线内侧和外侧矢向骨折通常用X线检查进行诊断，必须注意鉴别马蹄叉和蹄舟状骨骨折。

传统的治疗方法是增加休息时间，并通过蹄铁矫正增加角跟角度（最多至12°），但是骨折部位的愈合效果通常不理想，预后不良。手术使用螺钉进行固定，则预后会相对好一些。

（五）远侧指骨骨折

远侧指骨骨折（第三指骨、OS骨或者蹄骨骨折）在中速或高速（在训练或比赛期间）奔跑时经常发生，由于冲击发生并导致突然跛行。如果仅是第三指骨或蹄部边缘骨折，没有关节附属结构损伤的跛行通常不严重，如果蹄内关节发生骨折则跛行严重。前肢远趾发生的概率大于后肢。蹄内关节骨折通常很容易判断发生于哪个蹄，跛行通常伴有关节积液。不完全性骨折可能需要借助检查器辅助检查确定部位，也可能需要通过麻醉指掌侧固有神经来确诊，当做转弯运动或者患肢负重时跛行加剧。如果蹄内关节未发生骨折，一般休息48 h后跛行明显好转。

诊断时临床症状可能给出提示，但是确诊需要指掌侧固有神经传导麻醉和X线诊断。通常需要拍摄两张或更多片子来确诊骨折线。当损伤发生后X线通常很难立即发现，因为这时骨折只是一条细缝。几日或者几周后反复的使用X线进行斜位照射来判断骨折发生裂痕的部位。如果怀疑远指骨翼侧发生骨折，单侧指掌侧神经传导麻醉可以用来确定哪一侧引起跛行。诊断时确定骨折是否延伸到趾骨关节是非常必要的。

非关节骨折的保守治疗通常是休息6~9个月。骨折愈合是纤维性连接，因此即便马已经痊愈，X线照片依然可以看见骨折痕迹。直尾连尾蹄铁可以有效地限制蹄侧壁的膨胀和收缩。年轻（不到3岁）的马关节骨折在休息12个月后通常会达到比较满意的效果。成年马（3岁以上）骨折，使用加压骨螺丝钉固后很少有预后良好的。不论怎样，当需要从关节囊外进钉时，感染是常见的并发症。一些骨折在恢复期出现感染，螺丝必须在第二次手术拆除，以完全恢复马的工作性能。翼板骨折单侧指掌神经的切除已经应用于赛马，目的就是在骨折恢复前提前回到比赛状态。

（六）皮肤角化（角化病）

角化病是由角蛋白在远指骨和蹄壁之间形成的良性肿块。发病原因并不清楚，在角化明显增长之前是很难发现。蹄冠或蹄壁发生角化时可能隆起，这取决于发生的位置。在多数情况下角化病的压力导致远指骨骨质吸收，这在远指骨掌背侧65°的X线照片中可以很清楚地看到。肿块可以经外科手术切除。如果可能，最好用不同的影像技术（X线，CT）来定位肿块位置并快速连同蹄壁一同切除。

（七）蹄叶炎

马蹄叶炎是蹄部内环境平衡改变性的一种疾病，主要是连接远指骨和蹄壁的真皮层（小叶层）发生疾病，由于远指骨是依靠真皮层悬挂于蹄壁，将马的重力分散开，发生蹄叶炎时，压迫远指骨使远指关节移位，并产生跛行，所有的马均可患蹄叶炎。

【病因与发病机制】通常认为有3种疾病与蹄叶炎相关：①败血症和内毒素血症相关疾病。②马代谢综合征（与牧草相关的蹄叶炎）。③承重型蹄叶炎。蹄叶炎的发病机制一直存在争论，并且这三种病因之间差别可能很大。④偶见因摄入黑胡桃刨花（有时用做垫料）导致发病。败血症和内毒素血症相关蹄叶炎是最常见的病因，通常与革兰氏阴性（或多种微生物）菌败血症、碳水化合物过量摄入（过多谷类）、子宫炎（胎膜不下）、疝痛（肠炎、结肠扭转）、小肠结肠炎等疾病密切相关。马蹄叶炎继发于代谢综合征，通常发生于矮马和过于肥胖的马，由放牧转化为舍饲会导致蹄叶炎发生，负重型蹄叶炎发生在其他肢无法承受重量时单肢长时间过度的承重时（如外科手术后、桡神经麻痹）。

蹄叶炎主要是由真皮层基底细胞发生病变引起的，目前研究认为金属蛋白酶是导致基膜和真皮细胞间质破坏的主要原因，现在发现半桥粒调节异常也可能导致基底上皮细胞障碍，基底上皮细胞上的黏附分子与底层的基质分子接触，在蹄叶炎早期层状组织炎症介质和酶类（如促炎细胞因子、环氧化酶2）的显著增加都可能会损伤基底上皮细胞。血管流量异常导致的组织缺氧和局部缺血也可能使基底上皮细胞功能发生紊乱。

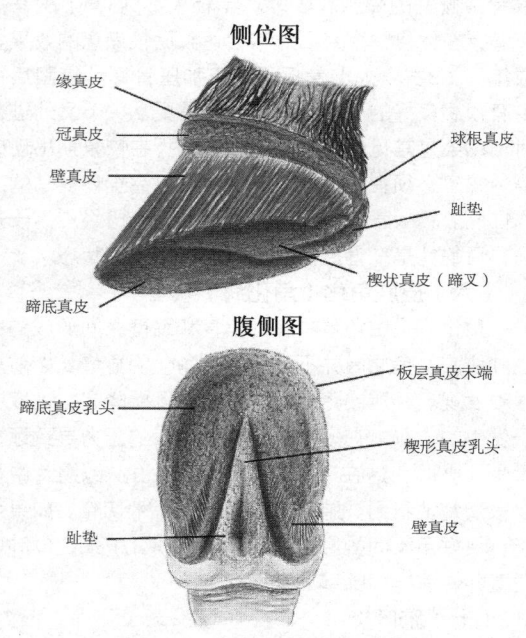

侧位图

缘真皮
冠真皮
壁真皮
球根真皮
趾垫
楔状真皮（蹄叉）
蹄底真皮

腹侧图

板层真皮末端
蹄底真皮乳头
楔形真皮乳头
趾垫
壁真皮

图9-10　马趾真皮
（由Gheorghe Constantinescu博士绘制）

马代谢综合征性蹄叶病理生理学并不清楚，但其与人过度肥胖代谢综合征产生的胰岛素抵抗有相似的炎症状态，导致血管损伤的过程也相似。承重肢的发病机制并不清楚。

随着疾病的发展，真皮层组织会丧失完整性，远

指骨由于蹄部受力的不同会产生3种不同的移位方式并造成真皮层组织损伤。当蹄部末端真皮层组织完全损伤时会产生蹄部末梢的整体移位（称为"下沉"），通常发生于严重的败血症或内毒素血症，但有时也可见于马的代谢综合征。蹄部掌侧远指骨前缘旋转（称为"旋转"）通常发生在背侧真皮层组织完整性受损的时候。通常很少发生内侧单侧远节指骨末端位移，这种位移只有在前后方向拍摄的蹄部X线相片上才能清楚的看到。蹄叶炎主要病因是败血症和马代谢综合征，除了重症病例通常是前肢发病。至于承重型蹄叶炎，前后肢都可能发生，主要取决于对侧的肢蹄承重是否有问题。

【临床表现】蹄叶炎分为急性、亚急性和慢性3种。急性病例持续时间短（＜3 d），蹄部末端无移位现象；亚急性病例的持续时间超过3 d，蹄部末端也无移位现象；慢性蹄叶炎不论持续时间多久都有蹄部末端移位现象。早期精神沉郁、厌食、不愿站立、不愿运步，由于疼痛会改变站立姿势，减轻患肢的负重。如果只有前肢患病，马站立时前肢前踏、后肢寄于腹下，屈膝以及步幅缩短，步态僵局。如果四肢同时发病，前肢前踏、后肢向后伸出，一旦某一肢抬起会尽可能迅速放下。

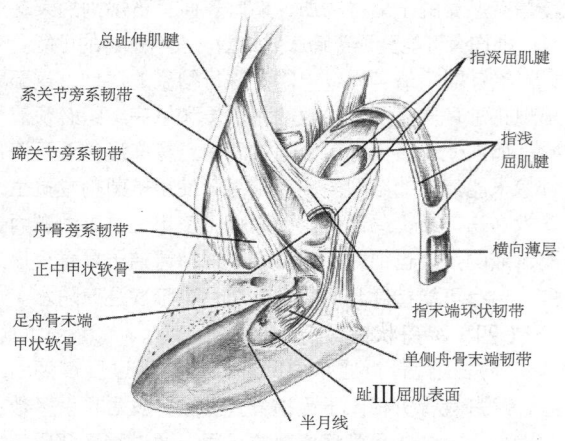

总趾伸肌腱
系关节旁系韧带
蹄关节旁系韧带
舟骨旁系韧带
正中甲状软骨
足舟骨末端甲状软骨
指深屈肌腱
指浅屈肌腱
横向薄层
指末端环状韧带
单侧舟骨末端韧带
趾Ⅲ屈肌表面
半月线

图9-11　马远端趾韧带和腱
（由Gheorghe Constantinescu博士绘制）

急性期整个蹄壁温度升高，触诊指动脉亢进，蹄部按压有疼痛反应，四肢肌肉震颤。通常脉搏频率（60～120次/min）和呼吸频率（80～100次/min）。马发生败血症和内毒素血症3 d后，可用X线检查远指骨判断是否位移。最近利用MRI研究表明，在急性病例中即使MRI已经检测到背侧全部的真皮层结构已经破坏，远指骨X线片仍可能表现正常。

亚急性病例常常是由于马代谢综合征所致，可见上述所有的临床症状，只是程度略轻。通常只是驻立

姿势略有变化、不愿运动和患肢对冲撞敏感性增加。蹄冠可能无明显变热，指动脉脉搏增加也不明显。亚急性蹄叶炎的严重病例可能会周期性复发并发展成为慢性蹄叶炎。

在远节指骨移位期间和发病晚期，通常表现严重跛行并且大量时间都在躺卧。一些严重病例，蹄壳可能脱落或蹄冠分离，则预后不良。长期的慢性病例或急性反复发作病例的典型特征是蹄部变形，在蹄尖和蹄踵处看见蹄部不规则的生长，蹄踵处变得垂直、蹄尖处变得水平。

随着疾病的发展，蹄底逐渐增厚变平，有的轮廓凸出，步态和之前描述的相似，当站立时通常不断将体重从一只蹄换到另一只，X线显示远节指骨有旋转和骨质疏松的症状，冠骨向下沉，并且挤压蹄底，严重时指骨从蹄叉部刺穿蹄底部。

【诊断】 对于急性和严重的蹄叶炎，诊断比较容易，通过病史（如摄入过多谷物）、马的驻立姿势、蹄部升温、指动脉亢进及不愿运步即可确诊。通过前肢远端指骨神经传导麻醉来判断跛行严重的马后肢是否跛行，并且可以充分的检查足底。由于利多卡因持续的时间短，用其进行神经传导麻醉，这样不会使马过度的移动并且防止损坏真皮层。通过目测和X线片等不同的方法测量，判断远端是否有移位、旋转现象，是单侧还是双侧的移位、旋转。

【治疗】 急性蹄叶炎会迅速移位需要及时诊疗。即使得到及时治疗，如果没有痊愈并且不能确定蹄部组织是否发生改变的情况下预后谨慎。大多数动物应给予NSAID，如果马长期患有全身性疾病（如小肠结肠炎），氟尼辛葡胺是可选药物之一。保泰松通常用于还没有表现出全身性疾病的跛行早期。注意NSAID的治疗，特别有必要与保泰松合用。由于保泰松会在组织内蓄积（不同于氟尼辛和其他大多数NSAID），它最好在连用5～7 d后停用1 d，让机体将蓄积药物代谢（这时可以使用氟尼辛）。NSAID必须按照说明使用，如果联合用药，每种药的用量必须重新计算。治疗慢性蹄叶炎的另一个新选择是使用NSAID环氧化酶2，它可以应用于马并且相比于氟尼辛和保泰松更安全，对肾和胃肠并发症的影响更小。其他止痛的方案包括地托咪啶、布托啡诺、吗啡或者持续的使用镇静药和镇痛药。

对于治疗可能发生的局部缺血，乙酰丙嗪是唯一被发现能够有效增加指血管流量的药物，但是只能在短时间内使用。乙酰丙嗪对缓解马的紧张有好处，实验证明在蹄叶炎风险或早期阶段将马蹄长时间反复泡在冰水中是有益的。

在最初的2～3周，拆除蹄铁非常必要，最好使用一些垫料来缓冲蹄部剧烈冲击，因为蹄铁给蹄壁和真皮层很大压力。蹄底必须使用柔软的有弹性的物质，如3～5 cm的泡沫剪成蹄部大小垫在蹄下。兽医也可使用不同的石磨粉做成垫，来支撑蹄部。通过逐渐减少蹄叉骶骨尖的垫料（或者用一个倾斜的垫）来减少对真皮层背侧的压力。泡沫聚苯乙烯垫（约5 cm）可以用于小的马科动物，但是不能支撑大的马科动物。

在马蹄叶炎发病3周后通常不建议钉掌。钉掌的方法取决于指骨位移状况。如果马末端指旋转，当真皮层不能承担重力时蹄部远节指骨掌面必须重新定线，跛行的腿不允许过度用力。蹄铁离蹄部末端越远越好，有时需要将蹄部末端切除重新钉掌。在蹄踵被抬起的时候必须要重新钉掌，使远节指骨和蹄底定位避免接触地面时发生过度变化，从而防止指深屈肌腱和背侧真皮层过度紧张。通常在蹄底使用一些有弹力的石磨粉用来支撑远节指骨。可以使用多种样式的蹄垫，包括心型、鸡蛋型或自然平衡型等。管理人员可以选择木头安装在蹄部来治疗马远节指骨末端移位，这可以使马达到最大程度的舒适。

外科手术包括指深屈肌腱切断术和背侧蹄壁切除术。指深屈肌腱切断术一般应用于慢性旋转并且对钉掌没有影响，它通常应用于后肢蹄部有侵袭性旋转的情况。在多数案例中，蹄铁匠和兽医必须注意蹄关节半脱位（通常在蹄踵处加楔中和脱位）的情况是否发生。而背侧蹄壁切除术一般情况下只切除部分蹄壁（一般在蹄壁远端），因为将背侧蹄壁全部清除会导致指骨不稳定。

（八）舟状骨病

舟状骨病（蹄掌部疼痛、马舟骨病、舟骨炎）是导致比赛马前肢跛行最常见的原因，在矮马和驴基本不发病。使足舟骨发生慢性退行性病变的条件有：①骨髓结构缺失（随后滑膜内陷），②舟状骨屈肌表面纤维性骨化，③舟状骨屈肌表面损伤和由于外侧及近端形成骨赘而压迫指深屈肌腱。

【病因】 本病较为复杂，系多因素综合引起，多认为本病是由于对舟状骨压迫导致缺血所致，也可能与遗传因素有关，有研究表明，对患有舟状骨病的荷兰温血马作为种马后，该病发病率急剧下降。该病也被认为是成年骑乘马的疾病，8～10岁前一般不会出现。远侧肢的构造缺陷在疾病发展进程和跛行程度方面有重要作用，这种构造导致屈肌腱和足舟骨之间过度冲击，同时可能引起舟骨滑囊炎，直接损伤屈肌面的纤维软骨和屈肌腱自身表面。偏向背侧出现舟骨负重过大伴有蹄-系部轴裂纹出现、蹄踵过低或脚趾过长等症状。

【临床表现与诊断】 本病一般为双侧性的，在疾病早期一般为隐性，即使跳跃也不会表现明显跛行，除非麻醉两蹄中的一蹄（两蹄跛行有一蹄被麻醉），或在早期表现为间歇性跛行，当马匹直线运动时不表现明显的点头动作，只是步幅缩短，当马匹在圆形跑道内冲刺时跛行一般会加重，内侧蹄部会表现出明显跛行。前肢末端的弯曲检查可能导致跛行瞬间加重。

临床诊断主要根据马的状况（年龄、品种）和跛行检查，跛行检查包括特有的掌侧指神经麻醉，蹄部检查很少表现为阳性（调查表明仅为11%）。进行指掌侧指神经传导麻醉后跛行可能消失。但由于这种传导麻醉麻醉全部的蹄底、关节和另外蹄踵，因此即使为阳性反应也不能作出诊断。当一侧指神经传导麻醉后跛行转移到另一肢，是判断舟状骨病必须的实验性诊断。麻醉舟骨滑液囊是特效方法，但是由于疼痛和注射的复杂性，导致在跛行检查中通常不会被采用（需要进行影像学指导）。X线影像学的改变通常与跛行的严重程度无关，因此，他们不作为跛行诊断的重要指标。X线可能提供一系列的退化性改变，包括舟骨边缘起止点炎、扩大的滑膜隐窝（又称为血管沟）、骨小梁髓质缺失性囊肿以及屈肌面的变化，同时也包括侵蚀和皮层缺失。

【治疗】本病是慢性、退行性疾病，只能控制而不能治愈。最常用的有效治疗方法包括NSAID和利用蹄部矫正器。保泰松是最常用的NSAID，由于不良反应（肾脏和胃肠道损伤）须谨慎使用。如果每日使用1次，那么最好每周停药1 d，使机体清除蓄积的药物，停药时可以给予氟尼辛。比较安全的NSAID是环氧化酶2，它对骨科和关节镇痛效果很好。对于严重的跛行，必须要休息。

蹄部护理包括修蹄和钉掌使趾排列正常并且平衡，使用矫正器一般需要2周才能有效果。钉掌的主要目的是减少足舟骨的压力。钉掌时提高蹄踵部能有效减少舟骨区域的压力（通常使用楔形垫或者楔形蹄

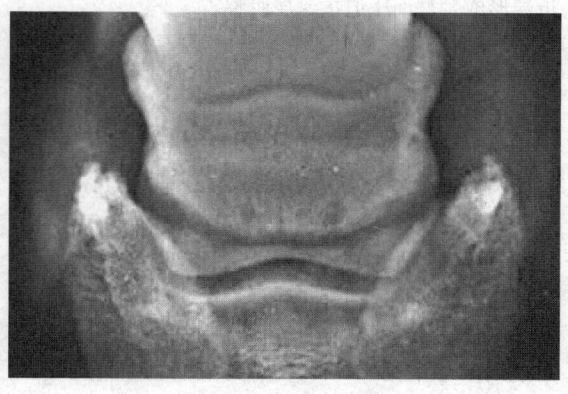

图9-12 马舟状骨病
（由Ronald Green博士提供）

铁）。所以钉掌时提高蹄铁后部，让蹄尖部负重能减轻舟骨的压力。圆尾连尾蹄铁在坚硬的路面不能减轻正常马的舟骨压力，但据报道能有效减轻舟骨病或蹄踵低的马的舟骨压力。圆尾连尾蹄铁在柔软路面可有效减轻舟骨压力，它的工作原理和雪鞋一样，使蹄踵不像正常情况下下陷的那么深。普通铁蹄则不能减轻舟骨压力。

蹄关节内注射皮质类固醇（平均2个月）对1/3的马效果显著，然而报道称，舟骨黏液囊内注射皮质类固醇（平均4个月），可以使80%治疗无效马的跛行消退。据报道，联合滑液囊内注射会增加指深屈肌腱破裂的发病率。盐酸苯氧丙酚胺作为血管扩张剂口服无效，并且治疗价值不大。

指掌神经切除术可以缓解疼痛并延长马的使用寿命，如果没做神经切除术必须要考虑治疗。指神经切除术并发症（形成疼痛性神经瘤和指深屈肌腱破裂）的发病率也很高。其他外科方法治疗舟状骨病效果还没有统计。

尽管预后慎重，但周密全面的治疗方案，可以延长多数马的使用寿命和竞技状态。患病数月或数年之后，多数病马治疗无效。

（九）蹄骨炎

蹄骨炎是X线影像学下远指骨及边缘矿物质丧失的一种疾病，通常与蹄底边缘的血管扩大有关，拍摄X线相片时最好从背以近端—远端65°拍摄。尽管蹄骨炎通常指的是远端蹄背侧的变化，同时也指蹄部一些远节指骨的骨质重吸收。骨质重吸收通常发生在慢性或反复压迫部位或/和炎症部位。例如角化病等局灶性损害和趾的慢性挫伤可能导致重吸收，广泛的蹄边重吸收会导致所有的脚趾末梢边缘发生虫蛀样病变。脚趾区域的重吸收通常发生在慢性蹄叶炎的病例中，远指骨的移位而造成远指骨的蹄边缘和地面间距离变短的情况。患病区域和周围组织最终会发展成慢性创伤和炎症。因为骨质重吸收通常持续很久，这种病理状态可能是很多年前就发生了，所以X线照相并不能指出当前的病状。因此，彻底的检查是十分重要的，包括对蹄壁使用蹄部检查仪，如果有跛行存在使用神经传导麻醉进行跛行检查。

对舟状骨病与趾部损伤造成的蹄骨炎需要进行鉴别诊断，因为趾部挫伤是双侧性的并且对指部神经传导麻醉都有反应。X线用于诊断区别舟状骨病非常有效。慢性趾脓肿联合蹄骨炎通常是无菌性的，软组织会形成败血症。X线检查可对同一区域局部蹄败血症或严重病灶会标记为亮斑，这表明可能是蹄骨炎败血症，但是蹄部囊肿人为排液造成蹄部有气体也会产生亮斑。除非证据显示是腐败性的，否则应避免对患病

远节指骨使用刮除术。

如果蹄骨炎的X线检查发现有变化，那么必须进行治疗，治疗必须针对导致蹄骨炎的原发病。

（十）蹄部刺伤

蹄部刺伤（半液化性脓肿、舟骨腐败性黏液囊炎）在马匹中是非常普遍的，也是引起半液化性脓肿的主要原因。大多数的刺伤只会引起软组织半液化性脓毒症，但是当刺伤蹄叉并且刺入得足够深达如舟骨黏液囊，远端指间关节和指深屈肌腱鞘等滑液结构时，会引起严重后果。

蹄底被异物刺伤会带入病原微生物并形成脓肿，跛行严重程度通常与骨折相似。马站立时患肢只用蹄尖着地，肢脉搏亢进，如果继续发展，脓肿可能蔓延到蹄冠并破裂，蹄冠通常肿胀严重。诊断时将疼痛部位的蹄铁摘除并使用蹄部检查仪检查，切开或剔除怀疑区域覆盖物，确定异物是否在内或者确定异物侵入路径。如果在蹄叉发现异物，在去除异物之前最好能做侧位平片对蹄部结构作出评估，使用探针并将探针放入探测区域拍摄X线照片，因为刺伤蹄叉或其周围通常会刺入滑液组织，必须快速诊断和治疗。如果刺入蹄叉，必须使用广谱抗生素并且将马运输到有设备和技术做外科手术的地方进行治疗，患处的滑液组织结构必须尽快使用无菌的多离子水冲洗（至少数小时）。

如果刺伤不是在蹄底，适当的引流可以预防脓肿的形成。如果怀疑脓肿但是没有发现窦道，需要对患处敷药，使脓肿不向四周发展。如果找到通往脓肿的通道，使用修蹄刀修蹄确保脓肿液可以充分的排出，排脓孔必须要小（直径0.5～1 cm）防止敏感的真皮脱出，可能的话在蹄壁打孔（代替蹄底打孔）排出脓肿。必须使用探针探测脓肿的范围，在探测脓肿范围和冲洗脓肿之前，必须先进行指掌侧指神经传导麻醉。如果脓肿分布在蹄下大部分区域，就需要用饱和盐水通过14号导管或者乳胶管来冲洗脓肿区域。如果是慢性脓肿，就需要反复冲洗。蹄部需要穿橡胶或者塑料靴一段时间，需要用饱和硫酸镁溶液或者其他合适的湿敷药物浸透棉花，每日敷在足底12 h，直到无液体排出为止。所有刺伤的马匹都需要注射破伤风疫苗。蹄底囊肿不需要局部或者全身抗生素治疗。但如果滑液囊发生败血症时需要快速大量持续用药。

（十一）伸肌突骨折

伸肌突骨折［第三指（趾）骨伸肌突增生］通常认为是由外伤、骨软骨病和骨化中心分离碎片引起，前肢通常比后肢发病多。骨折碎片通常位于关节内部并且无移位，他们可能附着在伸肌腱上。碎片也许偶尔会发现，但他们同样可以导致跛行。如果碎片未被清除，随着远指骨关节伸肌的过程会继发关节炎。骨折碎片可以通过内镜检查和关节切开术清除，内镜检查清除小的碎片预后良好。大的碎片通常需要在蹄尖部上方的蹄冠处扩创来取出，后遗症就是锥突部骨炎或墩蹄症。但这样会导致蹄的产生锥突部骨炎或锥体外漏。全身使用消炎药物效果比较好。

（十二）蹄软骨瘘（冠状窦）

蹄软骨瘘是第三指骨的翼状软骨发生的一种慢性化脓性炎症，以软骨坏死、在蹄冠区皮肤见一个或多个窦道为特征的一种疾病。该病在当今很少见，但过去在使役马很常见。

蹄软骨瘘通常发生系骨远端中央或外侧创伤后的感染（紧密连接蹄冠基部，在软骨近端上方区域），这导致软骨翼侧形成局限性的败血症和脓肿。软骨同样也能由四肢的蹄裂引起，第一个标志是翼侧软骨炎性肿胀，接下来会产生窦道和间歇排脓。在急性期通常会发生跛行。

必须用外科手术方法切除患病组织，但是注意不要进入远端指间关节。不通过外科手术，只局部或注射给药治疗经常会失败。若不进行任何治疗、引流不畅，软骨坏死和复发脓肿可导致慢性跛行和深部组织广泛慢性坏死，若蹄部组织损伤广泛，且波及蹄关节，则预后不良。

（十三）蹄侧裂（裂蹄）

蹄裂产生的主要原因是蹄壁和蹄冠原始组织的压力过大。现在认为钉掌不能使正常承重的蹄壁伸展，因为蹄壁会在尾侧掌钉处变形，所以蹄裂通常在尾侧掌钉的位置而不是前面。这会使层状组织和蹄冠新生组织受力异常，最终导致角质生长异常出现裂缝。蹄部过度受力同样发生在钉掌某一部分太短（钉掌太小或者间距不合适），导致过多的压力压在钉掌终止的地方。蹄尖裂也发生在钉掌的马，这是由于蹄壁上部和侧部蹄壁伸展异常导致蹄冠小管结构的断裂。

在蹄冠远侧发生裂缝是最常见的，跛行是否出现取决于蹄壁的裂开程度和是否有败血症。如果发生感染，可能有脓性渗出物排出，表现为跛行和感染症状。

治疗首先要做的是修蹄，去除蹄壁和蹄冠上异常压力。修蹄和钉掌达到满意效果后，对裂缝进行清洁，使用适当的杀菌剂和/或收敛剂（如2%碘酒）处理渗出液和脓毒症直到裂缝变得干燥。然后使用多个铁钉横跨裂缝进行加固，铁钉可以放置在蹄壁患病组织周围，或者在裂缝两侧钻出小孔并穿过小孔进行加固。如果没有液体和败血症，裂缝可以使用有弹性的丙烯酸树脂或腻子填充，在裂缝深处放置有孔的管方便排液，紧接着包扎蹄部直到新的角质组织长出。

（十四）葡萄疮（蹄踵炎、疣状皮炎）

葡萄疮是系部和球节表面过度肥大和渗出的慢性脂溢性皮炎。它通常与卫生条件差有关，但是没有特殊的病因，体型重的马容易发生，通常后肢易发病，一般马较易在春天潮湿的环境下发病。

葡萄疮如果发生在系部多毛部位常不易发现，在急性期皮肤会瘙痒、敏感和肿胀，随后会增厚并且大部分被毛脱落，只有很短的被毛会保持，并且这些被毛直立，皮肤表面柔软，表面会产生淡灰色的溢出物，通常有恶臭气味。如果发展为慢性会产生肉芽肿，不一定引起跛行。如果继续发展成广泛性蜂窝织炎会导致跛行严重。如果条件改善，患部皮肤变厚变硬同时皮下纤维组织增生。

持续积极的治疗效果明显，这包括局部剃毛，定期使用温水清洗，用肥皂洗去软性渗出物，保持干燥并使用收敛剂。如果出现肉芽肿，可以对他们进行烧灼。如果出现蜂窝织炎，则需要全身性使用抗生素并且注射破伤风疫苗。

（十五）白线病

又称蹄壁中空、趾部变形、甲癣，白线病是连接蹄壁角质和蹄底角质的软角质裂开的一种疾病。分离可能由于蹄部解剖结构不良或修蹄不当的情况下，对蹄壁不正常压力所致（如过长蹄、低踵蹄），蹄前部、侧面或蹄踵部都可能裂开，在蹄壁裂缝可能会感染细菌和真菌，导致化脓。蹄部外表面可能表现完好，蹄底完全相反，蹄底蹄壁呈粉状，蹄壁内面可能由于角质分解产生空洞。叩诊患部蹄壁产生空洞的声音。严重的病例蹄底蹄壁不足以给第三指骨提供支撑时会出现跛行。

诊断需要系统的常规检查及侧面和背面的X线检查来确定蹄壁的分离程度。

治疗时，必须进行正确的修整来减除蹄壁不正常的压力，然后切除全部分离的蹄壁，留心观察健康的内层蹄壁，患部进行彻底清创，使用蹄铁为患蹄提供承重，推荐使用心形和卵圆形的蹄铁，在距蹄底尾端2/3处建议使用由弹性的腻子材料为第三指骨提供支撑，可以避免蹄底穿孔。

（十六）举蹄踵

举蹄踵是一种严重的后天获得性蹄部不平衡、蹄踵不对称性疾病。视诊时会看到蹄部一侧蹄踵高于另一侧，较高的一侧通常蹄壁较垂直。从另一侧观察，较高一侧蹄冠不会从前至后方向逐渐与地面产生一定角度（正常情况）。病马会表现跛行、蹄裂、蹄球深部裂开和蹄叉腐烂等。举蹄踵通常是由于单侧蹄部的异常受力或一侧蹄部解剖结构不良所致。

治疗时为恢复蹄踵的正常位置和蹄的平衡，必须

要进行正确的修蹄和装蹄，为支撑患踵和患肢、可使用大号的蹄铁，它能增加患蹄与地面的接触面积，在明显改善前可能需要使用多个蹄铁。通常情况下，持续应用矫正措施，直到长出新的蹄组织，预后良好。

（十七）趾骨瘤（侧支软骨骨化）

趾骨瘤是第三指骨翼状软骨的骨化，常发生在鼻外侧软骨。它通常发生在坚硬路面负重工作前肢。蹄部的反复震荡可能是引起疾病的原因，有些则是由外伤所致。趾骨瘤通常在X线照相时无意间发现，很少引起跛行。如果是趾骨瘤引起的跛行，在患肢单侧进行指掌侧固有神经传导麻醉时跛行则完全消失。

当出现跛行时，改装蹄铁可以促进蹄后侧部伸展和保护蹄部免受震荡。据报道，在患侧蹄壁做凹槽能减轻跛行。如果趾骨瘤是引起跛行的话，可以在蹄部矫正器和修蹄都无效的情况下，使用单向掌侧指骨神经切除术。

（十八）蹄叉腐烂

蹄叉腐烂是蹄叉中央沟和侧沟的厌氧菌感染导致的蹄叉变性坏死性疾病。如果马进行过蹄踵修剪，那么通常中央沟更易发病，在没有进行过蹄踵修剪的情况下，通常外侧沟先发病。患病的沟湿润、有黑色、黏稠，并伴有特殊恶臭味脓性分泌物，蹄叉边缘坏死，这些症状足以作出诊断。发病的主要原因是环境潮湿、卫生状况差，更有可能是由于蹄部解剖结构不良、修蹄不当和缺乏锻炼（当马的体重压迫蹄叉和周围结构时可以考虑清除沟槽）所致。患有蹄叉腐烂的马应尽量避免潮湿的环境。

治疗首先应保持干燥，清洁的地面和对蹄叉和沟槽彻底的清创。此外必须保证蹄部的平衡及在干燥区域进行有计划的训练。每日的蹄部清洗可使用收敛剂（如硫酸铜溶液）。商品马的蹄部护理可使用二氧化氯（漂白剂）。如果肉芽组织或者敏感组织暴露，应避免使用收敛剂，可使用糊状的甲硝唑联合绷带应用于患病区域。如果通过钉掌和训练进行积极治疗，通常预后良好。

三、球节与系骨疾病

（一）指（趾）骨与近端籽骨骨折

第一节指（趾）骨骨折在赛马中常见。它可能沿着关节面背侧边缘发生小的破碎，一般为纵行骨折（系骨裂开）或粉碎性骨折。其他类型包括第一指骨掌侧（跖侧）远端易发生粉碎性骨折或撕裂性骨折，这可能与骨软骨病有关。

纵行骨折的特征包括使役或比赛表现为急性支跛，肿胀轻微或不易发现，但是触诊或者球节弯曲会非常疼痛。在发生碎骨骨折或撕裂性骨折时，跛行不

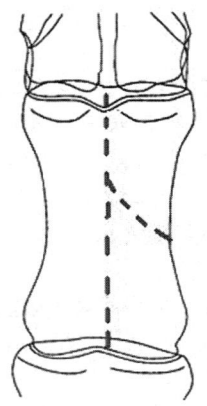

图9-13　系骨骨折可由近端延续至远端，也可由系骨中央延伸至外侧皮质

（由Andrew Crawford博士绘制）

明显，但屈曲关节后跛行加剧。

通过X线照相技术或者闪烁扫描法可以发现小的破碎。为了确保骨折线的清晰，有时必须拍摄侧位的X线相片，开始可见非常细微的裂缝，从掌/跖骨背侧沿着近指骨的矢状沟一直延伸至远端。

骨折碎片和撕脱碎骨片可以使用外科内镜手术清除。纵行骨折可以使用2个或多个经骨膜内骨螺钉，向中间挤压碎片的方法进行内固定，要确保所有的碎片都被固定。在一些情况下CT可能提供精确的诊断。严重的粉碎性骨折保守治疗使用石膏或者玻璃纤维固定12周以上，视情况配合使用髓内针通过第三掌骨/跖骨的贯穿来达到有效固定。并发症包括骨折部位的对接不良，关节炎和对侧发生蹄叶炎。

第二节指骨骨折和第一节指骨相似但是更少发生，治疗和预后也相似。但其更容易发生粉碎性骨折，继发远端指间关节和近端指间关节炎。

近端籽骨骨折相对比较常见，马匹无论是在前肢或后肢，纯种和杂交的。它多由过度伸展引起，常伴有悬韧带损伤，标准竞赛用马后肢外侧近端籽骨骨折可能由于钉掌引发的扭伤导致。骨折可能发生在顶端，中间或下端，远离轴心的，沿轴的或粉碎性的，可能发生单个，也可能多处骨折。多数时候，除了离开轴心的骨折都发生在关节。

临床症状包括局部热痛和严重跛行，屈曲球节后跛行加重。在掌骨/跖骨趾骨关节通常会有关节积血和滑液渗出，可以通过X线照相确诊。如果使用内镜将小的关节碎片迅速的取出，预后相对较好。成年（2岁或以上）赛马上端骨折通过内镜清除返回赛场后83%预后良好，前肢67%预后良好。中间骨折需要使用1~2个螺钉固定，无论任何手术方案，下端较大的骨折预后不良。悬韧带的完全断裂和两侧近端籽骨骨

折及伴随蹄部的血管破裂都是非常严重的损伤，但对于种马，可以通过球关节关节固定术挽救。

（二）骨关节炎

掌骨/跖骨指关节的关节软骨退化是赛马常见的损伤性疾病，并可能发展成为关节周围骨赘，腱起止点炎和关节腔破坏。对年轻训练的马，骨膜骨形成可能发生在掌骨远端背侧和近节指骨近端，通常包括关节囊。骨关节炎通常继发于主要病变，如粉碎性骨折或骨软骨病。治疗方法有限，关节内使用类固醇药物能缓解疼痛，但是不能避免软骨退化。在严重的晚期病例中，关节固定术是减缓疼痛的必要方法。

近端指骨间关节骨关节炎经常会产生新骨组织并在关节处形成圆形隆起，偶尔会发展为关节强直。根据显影和触诊软组织厚度以及观察系骨基部新生骨的增生情况作出临床诊断。通常关节的运动范围受限，强迫弯曲会导致关节面疼痛。关节内和局部止痛可以诊断疼痛区域，可通过X线照相确诊。消炎药物可能会暂时减轻跛行的症状。外科系关节关节固定术是恢复马匹使用性能常用的方法。

（三）掌/跖骨软骨病

该病影响掌骨远端髁部的外形，主要表现为掌骨髁代偿性增生与进行性破坏，最终掌骨髁破裂。年轻赛马在高强度运动下的应力改变引起的并且与球节所致的跛行相关。X线诊断可以鉴定早期细微的变化，也可用闪烁显像，CT或MRI进行诊断。在软骨成骨破碎前静养治疗即可。

（四）籽骨炎

籽骨的位置由最近的悬韧带和一系列远侧籽骨韧带固定。由于在快速运动时球节承受很大的压力，这些韧带有可能发生撕裂伤，并最终导致该区域发生炎症并疼痛，术语称之为籽骨炎。

临床症状与籽骨骨折相似，但是没有籽骨骨折严重。由于损伤的程度不同，产生不同程度的跛行和肿胀。触诊有明显的热痛感，球节弯曲。放射学特征包括骨膜的新骨增生或骨溶解性病损（或两者都有），特别是患病的轴外籽骨表面。还可见到可透X线纹，该纹是血管通道，特别在年轻的赛马，但从侧面进行X线检查不见错位骨片，所以诊断和评估还需要侧位的X线照相。

推荐的治疗方法是使用保泰松2~3周。对于轻微的籽骨炎，必须至少休息6个月，严重时需要休息9~12个月。悬韧带损伤必须使用超声检查进行仔细评估病变。

（五）慢性增生性滑膜炎（绒毛结节状滑膜炎）

引起前肢球关节发生滑膜炎的原因还不清楚，有人猜测是因为关节背侧区域反复的外伤使关节滑膜皱壁增厚所致。任何年龄的马都能受到影响。双侧都有

该病发生的报道。背褶皱通常在步幅增大时紧贴球节背侧窝，它通常是坚硬、灰白色的，可能是局限的或分成小叶状的。骨坏死区域通常会波及关节面，在显微镜下观察，可见滑膜增厚、红细胞出现、血管增生、滑膜基质产生玻璃样变及骨化样变等病理变化。

通过触诊可怀疑为慢性增生性滑膜炎。通过X线检查，可以判断邻近的踝骨的骨质溶解程度，并通过超声波和关节内镜检查法，观察到背侧增生的软组织来确诊。治疗的方法是通过使用关节内镜来切除增生物。

（六）指腱鞘炎

对马来说，指屈肌腱腱鞘慢性炎症和腱鞘渗出物增加是造成跛行的常见原因。初步诊断是通过触诊，会感觉到患部温热、疼痛、肿胀。虽然腱鞘炎病初保守疗法首要考虑是否使用皮质激素，然后考虑对腱鞘采取其他治疗措施，但急性病例一般无败血症，不考虑这方面治疗措施。指深屈肌腱和腱鞘附着点撕裂是外科治疗前需要诊断的内容。治疗时去除腱鞘，80%手术后恢复良好，而指深屈肌腱切除常预后不良。

环状韧带挛缩主要是由于韧带炎，或者继发长期腱鞘炎，或者球节管道内屈肌腱增生所致。临床症状与其他原因引起的腱鞘炎的症状相似，包括触诊的疼痛、肿胀和跛行，特别是对肢体末端被动屈曲，跛行会加重。首先应进行仔细的B超检查，同时进行病理学检查。治疗可采用保守疗法（使用类固醇类激素）或者手术疗法（切断收缩的环状韧带）。手术疗法是通过进行病理学检查和对腱鞘多余部分收缩程度进行评估，可以取得良好的结果。

能引起球节远侧腱或韧带发病的其他不常见的病因，包括远指骨斜韧带炎和籽骨指深屈肌腱炎。这些原因都能导致指腱鞘炎，可通过超声波检查或者磁共振来诊断。

四、腕骨与掌骨疾病

腕骨包括三个关节：桡腕关节（腕前腕骨）、腕骨间关节（中间腕骨）和腕掌关节。腕骨局部疾病可导致跛行（包括特殊步样）、肿胀、滑液渗出、触诊疼痛，可用屈曲反射和局部麻醉镇痛来诊断。对腕骨疾病仅能依据滑液渗出和轻微的步态异常来进行临床诊断。通过视诊和触诊来判断腕骨肿胀部位十分重要（例如，滑液渗出导致的关节、腱鞘或皮下肿胀）。当马站立时，可以用手指对马进行轻微触诊利于诊断。当腿抬起来，滑液聚集会对触诊造成干扰，使诊断变得困难。对腕关节的正常解剖结构的掌握非常重要。可通过腕骨的弯曲程度评价单个腕骨的病变程度；直接触诊损伤部位会造成疼痛。

腕关节的麻醉诊断法通常在关节内给药，桡腕关节和中间腕关节容易实施，腕掌关节与中间腕骨关节相通。因此，对中间腕骨关节进行局部麻醉可以使腕掌关节止痛。随着时间的延长可能扩散到腕掌关节近端悬韧带，使该处对疼痛刺激不敏感。

X线检查对腕骨内的骨折、分离性软骨炎、软骨下囊状损伤、骨关节炎、脓毒性关节炎和桡骨远端的软骨瘤等诊断具有特异性。

（一）掌（跖）骨骨膜炎（碟型骨折）

掌（跖）骨骨膜炎是一种发生在大掌骨的表面或跖骨的急性、疼痛性炎性疾病。常发生于2~3岁年轻训练或赛马中，标准竞赛用马和夸特马很少患病。

这种伤害通常是因为青年马在高强度训练中一些骨头没有完全适应，过度劳损背侧的皮质所造成，微小骨裂（比如应力性骨折）就是这样造成的。可能会形成骨表面的皮质碟形骨裂或者不完全纵向骨折。在轻微病例，临床上可见骨膜下会形成血肿、皮质部的骨表面增厚，表现为骨表面肿胀增温疼痛。最初马会出现跛行，不敢迈步，如果继续训练，就会使跛行加重。

在疼痛和炎症消退之前需要停止训练，休息很重要。应用解热镇痛药和冷敷会减轻其急性炎症。当X线检查发现发生应力性骨折时，需要进行骨螺丝钉内固定。

（二）腕骨软骨下骨疾病

比赛用马常发生软骨下骨的退行性变化和坏死，通常在骨折前发病，最初发病在第三腕骨近端关节面上，常是反复外伤所致。这种情况一般发生在关节内骨折前。最近，有人发现腕骨其他部分也发生软骨下骨病。对第三腕骨的诊断可以应用X线进行诊断。其他部位的病变只有用关节镜才能确诊。治疗方法通常采用手术清除，预后相对良好。

（三）下方翼状韧带的韧带炎或扭伤

下方翼状韧带的韧带炎经常与近端悬韧带的韧带炎相混淆。如果不进行超声检查，区分这两者十分困难。主要的临床症状是跛行，如果在近端掌骨处进行浸润麻醉处理，跛行则会缓解。但在此部位注射麻醉药，有超过30%的麻醉药会进入腕掌关节，导致腕掌关节和腕骨间关节的麻痹。因此，在最接近掌骨神经的区域进行局部神经封闭是最可取的。过去对这种治疗方法很谨慎，但现在常用韧带切断、冲击波治疗、骨髓干细胞疗法等，治疗效果相对较好。

（四）腕骨骨折

1. 腕骨关节内软骨碎片 对于比赛用马，腕关节的骨折很常见。腕骨骨折在使役的夸特马和运动马不常见。本病主要由创伤引起，通常与剧烈训练有关。所有的腕骨背侧都有可能发生骨折，在腕骨关节中间，最常发生的部位是远端桡侧腕骨，其次是远端中间腕骨和近端的第三腕骨处。对前肢腕关节，骨折最常出现在近中间腕骨处，其次是近端桡侧腕骨，远端内侧桡骨和外侧桡骨。临床滑膜炎和黏液囊炎的症状可以诊断，X线检查可看到骨折处软骨碎片。关节内镜手术治疗是首选方法。所有病例的预后都良好，但是对于慢性病例造成的关节软骨和骨的退行性变化，恢复到原来的机能状态比例下降。

2．**腕骨板状骨折**　腕骨板状骨折是骨折从一个关节面延伸到另一个关节面。腕骨板状骨折发生在前面和矢状面。最常见的骨折是第三腕骨桡侧前面发生骨折碎片，其次是第三腕骨的中轴面和两侧。第三腕骨板状骨折不影响关节。治疗方法是在关节镜下用方头螺钉固定做内固定，很多马能够完全恢复运动机能。

完全性板状骨折常发生于第三腕骨，但这种位移和粉碎会导致一整排的腕骨断裂。如果不经治疗，会发生腕骨内翻，导致对侧前肢发生蹄叶炎，治疗需要进行内固定，同时用管状石膏绷带固定至少6周。为防止关节的损伤，有些病例需要进行腕骨关节固定术。

3．**副腕骨骨折**　副腕骨骨折不常见。常表现跛行，腕管有滑液渗出集聚。X线检查可以确诊本病。一般采取保守疗法，一些病例会纤维性愈合，并且这种愈合可以使马恢复运动功能。

（五）小掌骨与跖骨骨折

第二和第四掌骨、跖骨的骨折很常见。引起骨折的原因多为直接创伤，如对侧腿或蹄的踢踹，经常并发悬韧带炎、纤维组织增生和跖骨远端包囊的形成。这两种骨折最常发生于离骨远端5 cm处，发生骨折后常引起急性炎症，且易波及悬韧带而形成悬韧带炎。病马表现明显支跛，休息数日后跛行消失、使役后极易复发。

慢性持续性骨折的病马在快速行走时表现支跛，在骨折部位及其上方悬韧带增厚，在骨折部位可能形成明显的骨痂，此时难以愈合。

诊断通常用侧位X线诊断。手术清除骨折碎片和骨痂是治疗本病的首选方法，本病的愈后取决于悬吊韧带发炎程度，骨痂越多愈合越不良。

（六）第三掌骨骨折

掌骨中部的横骨折是由于直接外伤所致，多由于踢伤。在坚硬地面上比赛所产生的应力可能导致纵向斜骨折（踝部），甚至波及掌骨干和近端籽骨。中掌背侧区域的不完全骨折有可能出现应力性骨折。可以利用X线进行诊断；骨折的裂隙很难被看到，因此有必要采用侧位拍片。

掌骨中部骨折可以用管型石膏绷带，为避免愈合

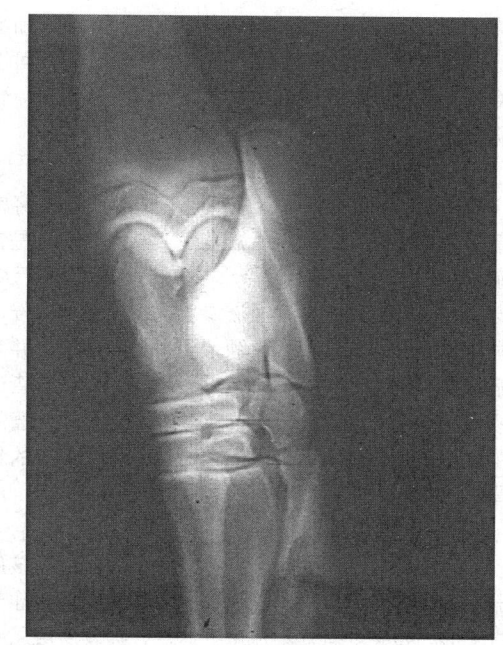

图9-14　第四跖骨撕裂
（由Ronald Green博士提供）

延迟，有必要对患肢进行长时间固定，若骨折连接不正、骨痂对周围的肌腱和韧带的侵害可引起进一步的影响。内固定术也是一种可选择的治疗方法，对髁骨骨折的病马可采用保守治疗，为降低或者避免骨关节炎发生，可以用骨螺丝固定加压内固定。内侧踝骨骨折通常不发生，一旦发生都是螺旋形骨折，治疗时骨螺钉在远段段做内固定。分裂性骨折如果不进行内固定也会延迟愈合［见掌（跖）骨骨膜炎］。

（七）水囊瘤

水囊瘤是一种在腕骨背侧的后天获得性炎性囊肿（在没有囊的地方，由于外伤的发展也可形成囊肿）。囊肿内有大量的液体聚集，由于纤维组织增生使囊壁变厚。水囊瘤常不表现跛行。诊断方法通常用触诊和视诊即可。在早期阶段，水囊瘤可以用排出积液、注射类固醇类激素和包扎加压绷带等方式治疗。后期必须引流。

（八）骨关节炎（退行性骨关节疾病）

在腕骨，骨关节炎呈现出关节的慢性增厚，常与纤维素样变有关。通常关节活动范围变小、急性期治疗可发展为本病，X线检查可以看到病程发展缓慢，关节软骨退化严重。可能会发展成骨关节炎的病例需要积极正确的治疗，严重的骨关节炎大部分都是姑息疗法，但是用关节内清创和清洗并配合全身治疗可能会有帮助（见骨关节炎）。

（九）分离性骨软骨炎

腕关节分离性骨软骨炎不常见，典型症状1岁马

有滑液渗出、跛行，屈曲腕骨症状加重。X线诊断会发现软骨下X线透过度增加，通常在桡骨远端。可以用关节镜手术治疗，但是如果骨关节炎发展迅速。预后须慎重（见骨软骨病）。

（十）桡骨远端的骨软骨瘤

桡骨远端的骨软骨瘤（腕骨浅表外生骨疣）经常在青年马的桡骨骨干和干骺端发生。典型的病史是在训练之后（出现在训练后几个小时）腕管鞘颅侧到尺骨外侧的肿胀；也可能出现血液渗出。在训练的时候，这些马表现出中等跛行。深触诊会有强烈疼痛，并有回缩反应，快速弯曲关节疼痛剧烈。通常用X线检查进行诊断，但是，必须用超声波检查来确定骨软骨瘤的存在。通过关节镜手术可以成功治愈，切除突出的骨软骨瘤、对受损的深屈腱进行清创，预后良好。

（十一）指总伸肌腱断裂

本病是发育性疾病，可能在动物出生时就有该病或出生不久就发病。马驹表现出腕骨弯曲畸形或球节弯曲畸形。如果没有立刻注意到这点，会发展成屈肌腱痉挛。通过触诊腕部伸肌腱鞘肿胀的断裂处来确诊。如果合适的话，可以用PVC夹板防止继发的肌腱痉挛导致的球突。方法得当有可能会痊愈。

（十二）骨赘、掌骨赘（掌部外生骨疣）

本病主要侵害第三掌骨和第二掌骨之间的韧带（跖骨不常见）。主要病理变化是骨膜炎，骨赘形成。病因主要包括外伤、创伤、过度训练造成的扭伤（特别是未成年马）、结构异常、蹄部不平衡、营养过剩或不正确的修蹄等。

内侧残留掌骨极易形成骨赘。在马驹，掌骨形成骨赘后会出现跛行，运动后跛行更加明显。发病初期，肿胀不明显，但深部触诊会发现骨膜下肿胀，并伴有局部疼痛。随着病情的发展，会出现钙化，骨化形成后，除了少数涉及悬韧带或腕掌关节的病例，跛行会逐渐消失。X线检查可以鉴别是本病还是骨折。

病初让病马充分的休息、并进行消炎治疗。在病灶内使用皮质激素可以有效控制炎症，并防止骨赘的生成，配合使用绷带。对纯种马，可进行点状烧烙促进骨间韧带的骨化，但多数病例病初禁止使用刺激药物。如果外生骨疣侵害悬韧带，则必须用外科手术的方法切除骨赘。

（十三）软骨下骨囊肿与脓毒性关节炎

软骨下囊肿可见于桡骨远端和腕骨。多数情况下发生在尺侧腕骨两侧。但该病发生在桡骨远端时常表现临床症状。通过X线检查可作出诊断，如果保守疗法不能治愈，应进行关节镜手术。

腕骨关节发生感染性（脓毒性）关节炎不常见。病因通常是医源性的，多由关节内注射所致。马表现出严重的跛行、滑液渗出，并且关节外围肿胀、温度升高、疼痛和滑液改变。滑液中白细胞数可超过30×10⁹个/L，通常可达到100×10⁹个/L，蛋白含量4~6 g/dL，黏稠度下降，有血液渗出。治疗方法见化脓性关节炎。

（十四）悬韧带炎

对马来说，前后肢的悬韧带（上位籽骨骨韧带或者骨间肌肉）损伤是常见疾病。损伤只限于1/3的韧带，有时是近心端1/3，有时是中间端1/3，或者两者一起发病。

1. 近端悬吊韧带炎 近端悬吊韧带炎仅限于掌骨（或者跖骨）近心端1/3的悬韧带。近端悬吊韧带炎经常会影响到所有年龄段马的前后肢。损伤包括悬韧带及其分支（或者两支），经常表现出跛行，性能低下或者不愿运动。可单侧发病，少数时候是两侧发病。经常表现出肢远端疼痛（比如舟状骨等），并且经常表现出中间外侧部或蹄背侧的平衡欠佳，跗关节过度伸展或跗趾关节过度伸直易诱发本病。

跛行的程度会随病程变化而变化，在早期，使役会使跛行加重，休息则会缓解跛行。球节和指间关节弯曲会使前肢跛行加重，通常腕关节弯曲不会导致跛行，但后肢球节、指间关节、跗关节和膝关节的弯曲都可加重跛行。

严重的病例，接近掌骨（或者跖骨）处表现出局部温度升高，韧带周围可出现也可不出现软组织肿胀。许多慢性的病例，触诊无明显异常变化。

诊断采用局部麻醉和超声波检查，慢性病例中通常在弥散性或者在低回声区域有点状强回声。治疗前肢常采用保守疗法（病灶内注射骨髓干细胞或者采用冲击波疗法）。尽管后肢冲击波疗法有助于改善症状，但成功率不高。现在普遍采用筋膜切开术或者神经切除术切除尺神经深支的方法，同时配合适度训练并矫正使蹄部平衡。

2. 悬韧带炎 本病主要危害比赛用马。纯种马的前肢经常受到伤害，标准马的前后肢都会受到伤害。触诊前肢末梢悬吊韧带表现疼痛反应，只有极少的结构异常可以通过超声检查发现。临床表现为多种，包括韧带增生、局部温度升高、肿胀和疼痛。通过临床症状和超声波检查进行确认。采用NSAID、水疗法和控制训练阻止炎性渗出达到治疗目的。冲击波疗法和干细胞治疗也经常被应用于治疗该病。

3. 内侧或外侧支悬韧带炎 该病在所有类型马的前后肢均可发生。尽管两侧肢体都受到影响，但经常表现为单侧的肢体发病，特别是后肢。蹄部不平衡的马常发生本病，可能是该病诱因。

临床症状取决于损伤和慢性病变程度，包括局部温度升高和肿胀情况。由于局部水肿而造成患病肢蹄肿胀。损伤肢蹄的直接压迫和球节的被动弯曲都可引起疼痛。跛行程度不定或者不表现跛行。

诊断是基于临床症状和超声波检查。只有很少的病例需要局部麻醉。超声波检查可以发现一系列异常，包括增生、形状的改变和回声密度的改变。

治疗取决于严重的程度、马的品种和利用情况。可以应用冲击波治疗和干细胞疗法。还应密切注意蹄部的平衡。临床症状会在几个月（至少6个月）之后好转。但是有可能复发。

（十五）滑液疝、腱鞘囊肿与滑液瘘管

该病相对不太常见，但是与腕骨背侧水肿的鉴别诊断十分重要。滑液疝是滑液漏到滑膜外形成疝，部位在关节囊或者纤维腱鞘部。X线检查可对这些疾病进行鉴别诊断；如果有条件，疝气和瘘管可以用手术方法修复。

（十六）马腕骨间掌侧韧带撕裂

该病在1990年初次发现，最常见的是内侧腕骨间掌侧韧带，也包括外侧腕骨间掌侧韧带。典型表现是滑膜炎和黏液囊炎，或者出现腕关节碎片导致的跛行。用关节镜进行诊断，同时可用关节镜对撕裂的纤维进行清理。预后良好率低于50%。

（十七）腕骨腱鞘炎

腱鞘炎有很多类型，包括自发性、急性创伤性、慢性创伤性和脓毒性。自发性腱鞘炎不会表现出跛行，唯一症状就是腱鞘局部滑积渗出。经常会影响到指伸肌腱鞘和腕桡侧伸肌腱鞘；可根据解剖位置的不同鉴别。外伤性的腱鞘炎常见于老年马，腱鞘炎急性期会发生水肿性积液；在慢性期会发生纤维素样变。治疗可用局部或者全身的消炎药物（比如苯基丁氮酮用5~7 d）。受伤部位外敷二甲基亚砜使用7~10 d。由跳跃引起的慢性病例，手术清创比较有用。化脓性腱鞘炎比较少见，化脓性腱鞘炎会表现出严重的跛行，局部温度升高和肿胀。

（十八）创伤性滑膜炎与囊炎

创伤性滑膜炎与囊炎是滑膜和纤维囊的炎症，X线照相未见明显的骨骼和其他结构的变化，疾病波及主要有滑膜、纤维性节囊和关节内的韧带。腕骨的滑膜炎和囊炎有相似的临床症状，伴随有X线照相未见明显的软骨损伤。病因可能为反复的外伤导致。

临床症状包括不同程度的跛行，并伴随局部温度升高和肿胀。对于慢性滑膜炎和囊炎，X线检查可见到韧带附着处骨赘增生，但是许多情况下没有太多的影像学变化。治疗同骨关节炎。常规治疗方法是关节内注射皮质激素，单独使用或者与透明质酸酶合用，也可全身用NSAID，或者关节内使用氨基葡聚糖也不

错。最近，许多慢性的病例用自体血清治疗。如果腕骨骨膜炎和囊炎不能够用关节内疗法治愈，则可用关节镜切除马中间腕骨间掌侧韧带，X线检查看不到软骨碎片和软骨下骨的疾病。

五、肩肘部疾病

（一）肩部疾病

对马来说，由肩部疾病引起的跛行比较少，虽然该病具有典型步态（前方短步、抬不高、过度磨损蹄尖、跛行严重），通过运步或小跑难以简单完成诊断。但大多数病例都会有肢上部肌肉萎缩（特别是冈上肌、冈下肌、头肩肌和臂头肌），经常把这种跛行归因于肢蹄末梢疾病。这种跛行与肩部的病理学没有联系，是近端肢体跛行的一个特点。尾端利用脊髓穿刺针从侧方在肱部粗隆的头尾之间进针行关节内麻醉、药物治疗、穿刺等治疗措施。X线诊断时从上部变换角度尾远端进行X线投影，限于内外侧位投影，某些病例斜位投影，某些情况下超声波检查会有所帮助。

1. 发育性疾病 发育性骨科疾病表现在肩胛骨肱骨（肩关节）关节，主要是软骨下囊肿（骨囊肿），影响肩胛骨的关节窝或肱骨头骨软骨炎。另外，小型马特有的一种疾病是由于关节发育不良和关节面发育不良，导致关节不稳定及继发性关节炎。

（1）软骨下囊肿样病变骨囊肿可能发生在肩关节的关节窝或关节盂。可能对关节内麻醉诊断反应不一。虽然部分的发育性骨科疾病比较复杂，除非马到了成熟年龄，否则特征性症状可能不会很明显。这种综合征都有相似的临床症状，不使役的马不会表现跛行（早期的骑乘或训练）。少数骨囊肿会使老年马表现跛行，病马不愿运动；病因尚不清楚。

可利用关节内局部麻醉确诊本病，并排除下肢疾病，偶尔利用伽玛闪烁扫描成像进行定位诊断。即使有一些囊肿太小很难看到，X线检查也可定位出病变区域。

对于年轻马的治疗方案包括让其充分休息，以期囊肿转变为无痛，但这种转变还是少数。关节内用药可缓解跛行，但通常仅仅是暂时的缓解。现在有一些较新的方法治疗效果较好（比如自家血清疗法），还有些临床兽医喜欢使用氨基葡聚糖治疗。对于大多数病例来说，外科清创手术很困难，因为囊肿的位置和关节软骨的损伤容易造成二次骨质增生。直接通过关节附近通路在囊肿内注射皮质激素有一定疗效，但是由于缺乏三维影像技术，进针有一定难度。

（2）马分离性骨软骨炎肱骨头软骨和骨的发育不正常会影响到关节软骨，可能会导致糜烂或形成游离软骨碎片。特别是肱骨头的后侧受到影响，至少在X

线影像下能观察到。对于其他关节，分离性骨软骨炎关节镜下进行清创手术比较成功。但是肩关节的手术通路通常严重受限，大多数情况下兽医无法观察到病变范围或者无法达到病变部位进行手术。除了青年马，临床上很难解决这种疾病。也有尝试药物治疗配合休息静养，但都没有成功。

（3）肩胛肱骨的发育异常 小型品种的马比较独特，会出现关节窝和肱骨头的大小之间的不匹配。这会导致关节的不稳定，并有可能继发关节炎。毫无疑问这是发育的问题，也可能有遗传性，但很多情况下马在成年前不会出现问题。病史调查发现，这些马突发跛行。检查近端肢体肌肉萎缩可能是引发跛行的关键。临床诊断可以通过易患该病的马品种及近端肢体，经常会出现的症状来推断是否可能是该病。X线检查可以看到骨关节炎和肩胛肱骨的关节不完全脱位，侧位影像图可以看到肱骨头严重情况下有较深的侵蚀。本病无简单的治疗方法。大多数严重的病例姑息疗法无用，这时应考虑进行人道的安乐死处理。有的会使用关节固定术（制造关节粘连），但是可行性很低。

2. 骨折 严重的创伤可导致肩部任何区域的骨折。然而，最容易受影响的是肩胛骨盂上粗隆（肱二头肌的附着点），这部分从肩胛骨的中部到末端，接近肱骨干骺端。

如果盂上粗隆发生完全骨折，会被二头肌牵拉移位到远颅侧方向，大的骨折可以通过手术来修复，但并不容易，首先碎片不容易复位，其次钢板很难固定，在麻醉复苏期或者恢复期极易导致手术失败。较小的碎片可以移除，但不得不切断二头肌肌腱。较大的骨折可波及关节面，这种病例通常跛行严重，或者有外伤的病史（比如，跳跃的时候摔倒，或者撞击了物体）。触诊时会感觉到下肢和肩部分离，主要是由于二头肌断裂所致，可以听到捻发音。在大多数情况下，这种疾病主要病因就是外伤，其他症状包括软组织擦伤或肿胀，肩部疼痛部位的突出。利用X线检查确诊骨折，利用超声对二头肌腱进行评估是非常有用的。对该病处理的方法各不相同，取决于马的用途、年龄、碎片的大小和马的大小等。预后应谨慎，二头肌破坏的程度，以及跛行的严重程度和马的预期用途是影响预后的重要因素。

中远端肩胛骨发生骨折是由于外伤或赛马长时间的肌肉疲劳导致的应力性骨折。创伤可造成完全的或不完全性骨折（由于骨的柔韧性不同造成的，尤其是对马驹来说）。X线诊断没有帮助，因为这一骨折区域很难进行X线诊断。超声波检查可精确地判断骨面的完整性，所以临床建议选择超声波检查，闪烁扫描

法也能检测到损伤部位。粉碎性骨折预后不良，因为有许多并发症出现，单纯的、无明显位移或者轻度位移的骨折通过休息可以痊愈。

超声波可用于检测愈合情况，应力性骨折一般为不完全骨折，预后良好，可继续进行比赛训练，肩胛骨的粉碎性骨折少见，粉碎性骨折则需要做人道的安乐死处理。临床表现是作出诊断的关键，如果没有观察到肢体不稳定，虽然有疼痛，但肩胛骨骨折预后良好。

在极少数情况下，骨折会影响肱骨近端粗隆和三角肌粗隆。大部分通过保守治疗预后良好。

应力性骨折也影响肱骨近端，特殊情况下也发生在尾侧干骺端区域，并且是赛马跛行的重要原因。典型的病史是突然发病，经常呈中度或者重度跛行，这可能与发病近期的密集训练有关，马匹应经常但不能一直进行速度训练。跛行持续时间很短，马会在短时间内症状得到缓解（数日或者一周），如果训练恢复，跛行则复发。确定发病部位较困难，多数通过排除下肢疼痛源而推断出来或通过闪烁扫描术确诊。X线检查可以通过鉴别骨膜及骨内膜新骨生长情况确诊本病。通过几周的休息可以部分或全部康复。一旦最初疼痛期过后，适度运动（步行）会使疾病很快康复，当骨折处愈合的足够强硬，足可以承受训练时，在X线照片上损伤区依旧很明显，但是骨痂会逐渐吸收并变得光滑。未检测到的肱骨应力性骨折，可能会在训练时发生粉碎性骨折，需要安乐死。

3. 肱二头肌腱黏液囊炎 二头肌腱穿过肱部的近端颅侧，通过滑膜囊来保护。这种结构发生的炎症会导致跛行，更严重的可引起继发性疾病。肱骨近端的损伤、下面骨的潜在损伤、肌腱损伤都会继发黏液囊炎；确诊原发性疾病并进行适当的治疗非常重要。偶尔，原发性黏液囊炎通过皮质激素治疗会好转。细菌和霉菌感染都可引起二头肌黏液囊炎，但很少发生。大多数情况下，黏液囊附近创伤提醒兽医可能会发生该病，但有少数情况会发生封闭性败血性黏液囊炎。败血性黏液囊炎的治疗与其他黏液囊炎模式相同。通过X线照相和超声检查相互补充，对原发性和继发性黏液囊炎进行鉴别诊断。如果当时原发病不能被检测到，过些时间应当做必要的重复检查，因为它可能随着时间的推移变得明显。闪烁扫描术对原发性损伤是有用的，因为X线检查观察不到小面积的骨损伤及骨的腐蚀。

4. 感染 肩关节脓毒症常由穿透伤造成。诊断和治疗时也应考虑到其他关节。马驹（很少，刚断乳的马驹或1岁马驹）感染可发展为血源性的和扩延到生长区或骨端（生长区或骨骺感染）。这些感染只要

不波及关节腔，手术治疗前可大剂量全身应用抗生素治疗。在感染的部位使用大量的抗菌剂（比如骨内灌注）。

5.肩胛上神经疾病（马肩肌萎缩）　这种综合征主要描述的是马肩部的外形特征，实际上本病确诊比较困难，一些潜在的病因较为复杂，最常见的原因是肩胛上神经的损伤。

所有病例都有肌肉萎缩，包括冈上肌、冈下肌。萎缩结果使肩胛棘显得尤为突出，严重的病例，肌肉几乎消失。单一运动神经的损伤不常见，部位通常局限且深，且不表现临床症状。大部分损伤会波及肩胛上端，这个部位正好是肩胛上神经通路，易发生潜在压迫性损伤。损害的严重程度决定了萎缩的程度和恢复机会的大小。如果神经功能严重受损，肩关节变得不稳定（这是一个依赖于周围的肌肉来支撑它的不动关节），当马负重时关节会表现肩部外展。对于马来说，半脱位不会有明显的疼痛，但是会对关节产生巨大的影响，同时影响马的运动生涯。

治疗的目的旨在神经恢复期间保持肌肉健康和最大限度恢复神经功能。马需要限制运动或者在小的厩舍休息。完全限制会对神经和肌肉产生负面影响，但运动会加快关节退行性变化。手术的方法是切除一部分上端肩胛骨，切除部位就是神经干通过的地方，目的是为神经恢复提供良好的条件，但这种治疗方案效果还存在争论。给予肌肉系统的物理刺激疗法，将有助于限制肌肉纤维化，并可能促进神经功能恢复。绝大多数病例会发展成神经失用症和轴索断裂（基于临床症状和恢复比例统计），随着时间的推移将会痊愈。这个过程可能需要多个月，且肌肉体积萎缩还会继续。预后取决于确诊之前的受到的损伤持续时间、萎缩的程度和畜主是否愿意花费数月的时间进行物理性治疗。

马肌腱萎缩病因包括废用性萎缩（没有病灶，也不严重）、臂丛神经损伤（经常是多个神经损伤，肌肉萎缩不再病灶处，而是多块肌肉可见到萎缩）、后颈部疾病导致的脊神经根疾病（大量的运动神经受到影响，导致肌肉萎缩）。仔细评估波及的肌肉，并借助X线检查来对颈部和肩部进行鉴别诊断。利用闪烁扫描技术可以对近端肢体、颈椎、胸椎损伤部位进行快速定位。

6.骨关节炎　肩关节退行性骨关节病会影响肩关节姿势，同样它会影响其他部位。如果没有确诊是原发病因，则能够矫正，如果X线照相其症状（关节周围骨质增生等）较明显，则可表明软骨破坏正在有条不紊的进行。使用的消炎、镇痛和病灶矫形改善治疗可以使症状得到改善，但不能达到治愈。

（二）肘部疾病

由于肘部疾病导致的跛行不常见，但如果疼痛的来源不单单是肢体远端的话，肘部的疾病应被考虑。滑膜穿刺可经由外侧刺入接近侧韧带或刺入后囊。X线检查仅限于中间外侧面（肢体伸展）和头尾向投影（负重）诊断。超声诊断可以对关节侧面和侧韧带以及内侧副韧带（四肢弯曲和外展）进行检查。肘部导致的原发性跛行常无特征的步态变化，但下肢病变导致的废用性肌肉萎缩比预想的明显，仔细触诊是可以确诊的。

1.发育性骨科疾病　囊肿样病变发生在桡骨近端（通常是中间），不常见于肱骨远端。同肩部一样，该部位用关节镜观察不太方便。可尝试桡骨近端的关节外侧，但同肩膀一样受到限制，正交X线照相可以实现，有可能在病变位置构建一个三维的图像。治疗的方案也受到限制。

肘部其他发育性骨科疾病在其他物种中常见，在马少见也不易诊断。

2.骨折　重大创伤可导致任何类型的骨折，但最常遇到的骨折是马肘部尺骨鹰嘴的骨折。赛马肱骨远端易发生应力性骨折。

成年马鹰嘴骨折多由外伤导致，发生率不高。骨折一部分是没有或轻微错位或发生完全或显著错位，一部分骨折是由外伤导致的开放性骨折。不完全或无移位的骨折，通常采用保守治疗，但也有在恢复期发生移位的。所以大部分专家建议不要让受伤的马反复起卧，应在骨折后6～8周关在狭小的地方限制运动，充分休息。对于采用夹板和罗伯特琼斯绷带外固定治疗目前有争议，认为导致下肢的重量增加产生"钟摆效应"，可能会弊大于利。许多鹰嘴骨折之后，会受到三头肌的牵拉，这就需要内固定来修复。治疗常使用张力夹板绷带，报道称，治疗效果可使马恢复到比赛功能，成功率大约为75%。

马驹尺骨骨折通常不易发生位移，因此可通过单纯休息来进行恢复。如果发生了位移，可使用张力夹板绷带，但由于其可能会影响肢的生长（近端桡骨骺融合在11～24月龄），使用时需要密切地观察，痊愈后必须尽快去掉。由于索尔特·哈里斯1型或者2型骺的损伤，使尺骨近端骨骺脱出，骺端在24～36月龄融合，由于不常见，本病诊断和治疗比较困难。有时候骨骺可缩回与骨折端密接，所以在正中标准X线片上不会看出来，对于这种不明显的损伤可采用保守疗法，如果出现显著的位移，则需要采用手术疗法。

治疗和预后都要看骨折断端是否进入了关节中。需要通过仔细观察X线片来评估。

在赛马肘部上端肱骨下端应力性骨折，病史常与肱骨近端骨折及其他应力性骨折相似。中外侧位的X线诊断常在好发病的部位可以发现骨膜和骨膜内的一些问题，也可通过超声波诊断发现这些问题。闪烁扫描法用于检测那些不能被X线发现的骨折，这种方法诊断精确度高。应对病情严重的病马提供舒适的环境，防止在恢复性训练过程中受到其他的伤害，在康复训练需要的情况下适当运动。

3．骨关节炎 肘关节的退行性关节炎，不存在原发的病变区，治疗同肩关节和其他关节（见上述）。

4．侧韧带损伤 本病从侧面可检查出来，侧面韧带的损伤用超声诊断最容易确诊。内侧副韧带不太容易检查到，但可对其进行评估。X线片可推断新生骨与伤害的关系。许多在X线检查上很难观察的病例（如潜在的病变区域在X线检查下没有影像学变化），可通过应用闪烁扫描照相解决。预后取决于伤害的严重程度。目前没有好的治疗方法，包括用药物治疗、全身性药物治疗和体外冲击波疗法，都不能治愈本病。

六、跗骨与跖骨疾病

跗骨与跖骨疾病也见于小掌骨和跖骨骨折；第三掌骨骨折；悬韧带炎。

（一）马飞节软肿（跗关节水肿）

马飞节软肿是一种胫跗关节的慢性滑膜炎，以关节囊肿胀为特征。关节解剖结构异常导致跗关节乏力、刺激关节液分泌增多，两侧肢均可受到侵害。单侧受影响可能是扭伤或关节内潜在疾病（如骨软骨病）的后遗症。在温血马，单侧或双侧关节肿胀最常见的原因是胫骨远端中间脊的分离性骨软骨病（OCD）所致。X线检查可以区分这些情况。如果发现马单侧关节肿胀，最好再检查一下另一侧关节。在胫骨远端中间脊的分离性骨软骨炎经常可以看到相同的病变。

除非病变波及骨和软骨，通常情况下马不表现跛行，关节囊的肿胀主要发生在跗关节背内侧表面上，而较小的肿胀发生在双侧近端尾侧面。单纯的马飞节软肿很少影响马的使役性能，但本病引起的微小病理变化需要借助X线检查来确定和评估。肿胀可以自发性地出现，对刚断奶或1岁的赛马，其跗关节囊会自然发生肿胀和自愈。

治疗时，吸出关节内多余的液体；但这只是暂时性的保护，随着关节间隙的扩张，滑液会迅速充满膨胀的关节囊。通过外部的加压绷带或特制外套几周，被拉伸关节囊慢慢恢复到正常大小。关节内注射皮质激素可暂时减轻症状，最好用外部辅助负重和休息相结合的方法来治疗。如果有必要的话，3周后重复用药1次。如果骨软骨病，则需要使用关节内镜进行检查。马飞节软肿容易复发，尤其是有解剖结构不良诱因时。

（二）跗关节内肿（飞节内肿）

马跗关节内肿是一种关节炎或者跗骨末端和跗跖骨关节的骨炎，偶尔也发生跗骨关节近端。病变包括退行性骨关节病，尤其是在跗骨背内侧面的关节周围产生骨质增生，最终会导致关节僵直。偶尔可见溶骨性病变，这是退行性骨关节病的一部分，该病非常难以治疗。虽然跗关节骨肿通常会导致跛行，但如果病变为双侧性的，这种症状可能会被遮盖。多认为本病与飞节解剖结构不良、剧烈冲击、特殊的体育赛事以及矿物质摄入不平衡有关。所有品种都可能会受到影响，但它最常出现在训练马、竞赛马和夸特马。

瘸腿的马容易以蹄尖着地拖曳前进，前方短步以及飞节活动范围变小。通常情况下，马开始工作前需要"热身"几分钟患肢，但在某些情况下，跛行不会消失，因为病变波及关节面骨头。蹄踵变得狭长，由于继发于跗关节内肿，竞赛马会出现臀部肌肉疼痛（所谓的股骨粗隆部滑囊炎）。进一步发展，可以在跗关节背内侧（关节内肿的部位）看到骨质增生。马站立时，会在地面上抬起蹄踵用蹄尖着地休息。运动后跛行消失、休息后跛行又会出现。飞节内肿试验（屈曲患肢大约60 s后让马小跑）对诊断有帮助，因为后肢的相互结构关系，这种试验对该病或此关节的诊断不是特异性的。对于隐性关节骨肿无法通过X线片看到明显的溶骨性病变或外生性骨疣。对单个跗关节进行局部麻醉，有助于确定跛行具体部位。

本病是自限性疾病，以发病关节僵硬或者痊愈为结果。在早期阶段，关节内注射皮质激素或者透明质酸酶（二者也可一起使用）有助于疾病痊愈。NSAID（如苯基丁氮酮）可减轻或消除轻微症状。对于使役的马来说，治疗的目的是促进关节僵硬并消除跛行。如果不出现外伤，建议应用单碘乙酸盐或酒精等化学性的关节固定术，这些药物可诱发严重的关节炎，同时必须持续几日使用NSAID。此外，在注射之前必须确认关节内给药不会进入踝关节，否则，踝关节也将会粘连而丧失功能。手术关节融合术是另一种加快受影响的关节粘连的方式。在跗跖骨和跗骨间关节斜向插入螺钉能消除跛行。这些螺钉可以通过钢板拧入，如果只用钢板而不用螺钉固定病变关节，则会不稳定。在受损的关节面钻好扇形孔，与固定固定钢板吻合。用钻头沿着表面进入，不能猛击钻头，以免破坏更多软骨，因为这种固定并不稳定，会造成严重跛行。楔形肌腱切断术临床上常用，但治疗效果值得怀疑，深部点烧烙法用于促进关节僵直，但效果并不理想，提高蹄踵、卷起蹄尖的正确钉蹄方法有助于病马康复，但不可能消除跛行。

（三）马后肢骨瘤

马后肢骨瘤是由扭伤造成跖跗韧带增厚或者弯曲所致。在马跌倒、滑倒、跳跃或剧烈牵拉后表现为韧带红肿、增厚。经常发生在标准竞赛马，跗关节解剖结构不良可能是诱发因素。在跗关节下面腓跗骨后表面有10 cm肿大。从侧面观察马的时候很容易发现。新形成的骨瘤会引起急性炎症和跛行，驻立时蹄踵提起、用蹄尖着地，慢性病例极少出现跛行或者疼痛的症状。

如果后肢骨瘤表现出急性炎症，应进行冷敷并让病马休息。由于解剖结构不良导致的后肢骨瘤并无有效的方案。幸运的是该病不会影响生产性能。

对于刚出生的马驹，本病很容易发现，在出生时还没有完全骨化，如果这种情况没有及时打石膏绷带或夹板绷带，并限制马驹运动，小跗骨软骨会变薄，最终断裂，导致跗骨部分向前萎陷，出现硬瘤样病变。这时马驹出现跛行，但是一旦跗骨关节出现僵硬，可能会持续数月，然后跛行消失。

（四）飞节浅屈肌腱的变位

手术治疗（植入特殊骨螺丝钉、缝合修补破损的环形韧带及进行外固定）已经报道只能治疗有限的病例，其结果也不同，对大型马可能有好的结果。浅屈肌腱经过跟骨内侧附着点的损伤易导致浅屈肌腱侧方脱位。跗关节的突然屈曲易导致其发生损伤，肌腱能较容易地滑到飞节的内侧面。病初肢体跛行、局部肿胀、热痛。治疗包括至少休息3个月，需要打石膏绷带。治疗后跛行会得到改善，但马的屈肌腱可能会留下永久性的位移及飞节间歇性抽动。该病通常对快速运步或跳跃无影响，但做盛装舞步动作可能会受到影响。许多治疗主要采取手术治疗，但大型马治疗效果不理想。

（五）跗骨骨折

跗骨和跗关节骨折通常是因为外伤或者继发于退行性骨关节病的并发症。跗关节由8块骨骼形成几个不同的关节。像腕关节一样，任何类型的骨折都能发生。特异性诊断主要是X线检查，做侧位照射，更理想的方法是CT。

一些比较常见的骨折包括胫骨内侧和外侧髁骨折。这些病变必须要与分离性骨软骨病相区分。特别是在标准竞赛马，也能见到中央和第三跗骨折。因为这些骨折往往非常小，不会造成跛行，如果马发生跛行，应使用关节内麻醉来确定发病的确切位置。在许多情况下，为了恢复健康，需要充分休息一段时间（3～6个月），如果有大的碎片应该用关节镜取出。由于距腓关节适于关节镜和手术处理，多数受损部位

易于接近，厚块骨折适于骨螺丝钉外固定。

跟骨骨折表现非常明显，会出现严重的跛行。大多数情况下，骨折需要用内固定来治疗；对于病重的马匹，应采取安乐死。

（六）跗关节脱臼

跗关节脱臼往往发生在手术清除关节周边骨赘之后。这种手术方法偶而也用于近端腓骨粉碎性骨折，在清除过程中，用于固定远端的韧带被切断，使跗跖骨关节开放。马从麻醉状态突然苏醒挣扎就容易造成脱臼。偶尔，猛烈打击或者踢踹跗骨区域，可能引发部分或者完全关节脱臼。

（七）后肢肌腱断裂

一般包括腓肠肌和浅屈肌腱，整个跟腱的撕裂少见。后肢跗关节下沉、不能负重，预后不良。

腓肠肌断裂是比较常见的，可能是由于跗关节突然紧张下沉引起（比如跗关节突然停止运步），这种情况可以是两后肢，并能支撑一定的体重，但跗关节过度弯曲，使行走变得困难。本病没有比较好的治疗方法，用夹板固定后肢并将马悬吊起来，部分病例可以取得满意效果，患有该病马驹通常预后良好。

指外侧长伸肌腱断裂经常伴随于后肢的裂伤。如果只有一个肌腱断裂，预后通常良好。如果两侧伸肌腱都断裂，病马可能会留下后遗症，但是可以用来骑乘或者当种马。保守治疗能使伤口愈合，如果双侧肌腱都断裂或希望恢复到理想状态，应当用手术方法修补并固定后肢。

在竞赛时或者继发于撕裂伤会导致浅、深屈肌腱撕裂。这些严重的伤害都会造成跛行和不同程度的球节和系部过度伸展。治疗包括手术修复、夹板固定和石膏绷带固定，但是预后不良、利用价值不高。

（八）第三腓骨肌断裂

第三腓骨肌损伤会影响到后肢支柱功能，会破坏膝关节和跗关节的相互运动。当马过度伸直后肢也会发生本病，对该病诊断最典型的特点就是能同时屈曲膝关节和伸展跗关节，马出现跛行但能承受体重。当前进时患肢表现痉挛性收缩。保守治疗建议长时间休息（通常是4个月），一般预后良好。

（九）马鸡跛

鸡跛是单侧或者双侧下肢的肌肉痉挛，看起来就像关节过度弯曲导致的痉挛。病因还不清楚，但可以确定在坐骨神经、腓骨和胫骨周围神经损伤可导致本病。美国和澳大利亚草原的山黧豆中毒（甜豌豆中毒）可引起本病。各种类别的马都能中毒；马驹很少中毒。

所有程度的弯曲都可以看到，从轻微的、蹄部痉挛性抬起和着地，到严重的马会将蹄子突然抬向腹部

然后猛烈踏地。对于严重的病例，大腿外侧会出现肌肉萎缩。在澳大利亚随着山鳘豆中毒的情况逐年严重，政府批准对这类型马匹进行安乐死。

轻度跛行可能是间隙性的。当马急转弯或者后退的时候，症状变得明显。某些情况下，这种症状仅能在马从马厩出来的头几步看到，运动后或天气比较温暖的时候症状不容易发现。这种跛行虽然是一种疾病，除非疾病特别严重，一般不会对工作造成影响，这样的马不适合马术比赛（如盛装舞步）。

根据临床症状即可进行诊断，但要结合肌电图进行确诊。如果诊断怀疑是跛行，应当观察马1~2 d重役后从马厩出来的状态。有时，冠关节部分受到短暂的刺激，或者蹄部的疼痛会引起假阳性，马会偶尔突然上抬起膝盖，表现跛行样步态。

如果怀疑中毒引起，需要将马转移到另一个牧场。这些病例都可以自行恢复。对于慢性病例，最好的治疗方法是切除指侧伸肌腱，包括部分肌肉，直到手术后2~3周效果才明显。预后需谨慎，并不是所有的病例都会痊愈。可以采用其他治疗方法，包括大剂量使用维生素B_1和苯妥英。

（十）滑膜鞘肿胀（飞节肿）

飞节软肿指的是跗关节上的趾深屈肌肌腱鞘肿胀。其特点是在胫（骨）跗（骨）关节上端的内侧和外侧出现明显水肿，这也是与飞节骨质增生的区别。飞节骨质增生通常是单侧的，大小也不同。一般由腱鞘外伤继发，但不表现炎症反应、疼痛和跛行等症状。对于表演马这是一种潜在的缺陷，治疗方法是排出液体并注射透明质酸和/或长效皮质类固醇，需要持续治疗，直到不再出现肿胀为止。

（十一）第三跖骨骨折

一般来说，骨折类型与第三掌骨骨折相同。由于踢蹬或者其他外部因素的影响造成不同类型的骨折（横骨折、斜骨折、螺旋骨折、骨裂和粉碎性骨折）。竞赛标准用马经常在外侧髁发生骨折，导致双侧跛行；内侧髁很少发生骨折。仅在该骨的上1/3发生不完全、无位移性骨折，骨折可延伸到跗跖关节。应力性骨折发生在前肢，后肢很少见。马发生第三跖骨骨折通常跛行严重（4~5/5）。是否能承受体重，或者负重时是否发生轴向扭转，取决于骨折的类型。通常通过X线检查或者其他影像技术来确诊。

骨裂的治疗可以通过休息、用绷带包扎，并通过悬吊来避免马匹躺卧造成进一步损伤，这种方法恢复期长，但是一种常用方法。其他的保守治疗方法，如打石膏，只适用于某些骨折，不适用于复杂性骨折。打石膏可以防止早期运动及预防进一步的骨折，但可诱发特殊部位褥疮［距区域、第三跖骨上端背侧（一半骨打绷带时）］及第三腓骨肌腱断裂（全部骨打绷带时）。此外，许多马不能承受打石膏所带来的限制跟骨小腿骨关节屈曲。内固定是首选治疗方法，内固定压缩骨板比较坚硬，适用于骨干骨折，金属板可以应用相应的皮质螺钉来锁定头螺钉。髁部的骨折和第三跖骨上端不完全骨折，最好用骨螺钉通过皮肤切口来固定。通过这种方式治疗使碎片复位，促进骨的愈合，一般无骨痂形成。如果需要恢复到运动状态，需要拆除5~6个月之后，如果同时用两块骨板固定，则这两块板应分开拆除，中间相隔3个月。大多数情况下，用皮质螺丝来固定的骨折不需要拆除。

（十二）近跖骨区域的大面积损伤

跖骨背侧和上端创伤是比较常见的，可能会导致严重的皮肤、肌腱和韧带损伤，也可能发生潜在的骨损伤。仔细检查伤口和周围解剖结构是必需的，如关节检查。彻底清理创口之后修复受损的皮肤，并造一个扩张孔便于渗出液排出。跖骨附近的损伤，前两周应该用绷带固定，限制副关节活动。伤口经常会重新裂开，需要移除所有的缝合物质，立即清创，并用潮湿的绑带固定。如果伤口经过二期愈合，则会形成瘢痕组织。瘢痕能限制关节运动，接下来的两个月会形成死骨。为了促进愈合，一旦骨碎片从骨上分离，必须马上移除。完全愈合需要数月，并需要长期护理。

七、膝关节病

（一）骨软骨病

膝关节骨软骨病常导致年轻的马跛行。病变部位常发生在股骨滑车脊外侧，但也可发生在内侧滑车脊上、滑车中间或髌骨上。骨软骨病可能是双侧的，并且在出生后6个月内就可能发生。对于严重的病例，马驹和1岁幼驹会出现明显关节渗出和跛行。对于不严重的病例，如果马不进行体育运动则临床症状不明显。对于轻微病例，不会出现临床症状。跛行的程度不同，从没有跛行到严重跛行都会出现，通常刚发病时严重。经常见到膝关节有渗出。可以利用X线检查和超声波检查确诊，也可使用关节镜检查。

轻微病例应当保守治疗，如果马驹患有严重的损伤，则需要使用关节镜进行手术切除，但是清创的时候不能切除太多的软骨下骨。如果马出现较大的损伤或者碎片，那么手术是首选方法，手术清除碎骨片、切除松动的软骨及异常增生的软骨下骨赘。

对于成年马，能否恢复运动取决于病变程度和软骨下骨的损伤程度。

（二）软骨下囊肿

软骨下囊肿常发生在膝关节股骨内侧髁上，也可发生在胫骨近端。具体病因不太清楚，可能是关节面创伤或者软骨病所致。病变常发生于幼驹，但任何年龄的马都可发病。跛行程度从轻微到严重都有，开始时呈急性发作，跛行可能是间歇性的，老年马多表现这种类型跛行。少部分马内侧胫股关节有轻度的积液，但多数马没有明显局部症状。对胫股关节进行关节内麻醉可能会使症状得到改善。

本病通过X线检查可以诊断。X线从膝关节后侧向前上方照射，可见股骨内侧软骨下囊性病变区，表现为大小不一的圆形或椭圆形可透过X线类囊肿结构性缺损。有些病变表现出明显的边缘骨化。有些病例，通过X线检查可以看到股骨内侧髁有明显的小缺损；这可能是软骨下囊性病变前期表现。在一些马，通过超声波可以清楚地看到股骨内侧髁表面缺损。胫骨近端软骨下囊性病变通常较小，通过侧位、斜侧位或从后下方向前上方行X线照射诊断可看到。

关节外骨囊肿样病变或关节软骨下小病灶应采用保守治疗，包括休息、应用全身性NSAID、关节内注射皮质激素等。如果保守治疗无效，则应采用手术疗法。在关节镜和超声波的指导下向囊肿内注射皮质类固醇，用以减少炎症酶和介质其脱落到关节内。也可用关节镜切除囊肿组织。

有研究表明不考虑年龄因素，在关节镜下对股内侧髁关节软骨下囊肿样病变的囊内注射药物治疗，有64%可恢复运动功能。也有统计表明，关节清创术的治愈情况与年龄密切相关。不足3岁的马治愈率（64%）高于3岁以上的马（35%）。

（三）半月板与半月板韧带的损伤

成年马的半月板和半月板韧带的损伤通常是由于膝关节跛行所致。病变的程度，从半月板韧带和半月板表面的轻微纤维化、慢性跛行到半月板韧带和半月板撕裂导致的急性、严重的跛行。内侧的半月板常发生。

临床症状常表现为股胫关节的渗出。对于大多数马来说，股胫关节的关节内麻醉可显著改善跛行。精细的X线变化可以显示起止点或半月板韧带附着点部位的溶解区域或半月板内营养不良性钙化。马慢性或者严重损伤可能导致骨关节炎的变化。超声检查可诊断半月板损伤。

如果保守治疗（休息、应用消炎药物）无效，则应采用关节镜手术治疗。关节镜虽然仅能观察到半月板近头侧和近尾侧，但也可检查损伤的范围和程度。关节镜还可切除半月板撕裂的部分和纤维化的部分。

预后需要根据关节损伤的程度。总而言之，半月板和半月板韧带损伤有50%的马可以痊愈。如果半月板撕裂扩展到股骨髁处或并发骨关节炎，通常预后不良。

（四）前、后肢膝关节十字韧带损伤

十字韧带完全断裂通常造成严重的跛行和关节不

稳定。前肢和后肢膝关节十字韧带的过度劳累和局部断裂，会根据不同的损伤程度造成不同程度的跛行。有时伴发股膝关节或股胫关节严重渗出。通常通过胫股关节内麻醉可改善跛行。对有些马来说，X线照相变化显示起止点病变形成或X线可透过的病灶部位。超声检查十字韧带是困难的，但可能会发现一些病变区域。许多病例只有通过关节镜才能确诊。

急性关节损伤病例保守治疗包括休息、应用NSAID、关节内注射皮质激素类药物，如果保守治疗不起作用，应该用关节镜手术切除松弛的和撕裂的韧带。

是否能恢复运动机能取决于损伤的严重程度。韧带完全撕裂，预后不良。中度至重度病例的马匹，很难恢复运动功能，而轻伤的马预后良好。

（五）侧副韧带损伤

马膝关节内侧或外侧副韧带扭伤或者断裂，通常是肢体的远端被迫向内侧和外侧使韧带过于紧张所致。破裂或扭伤多见于内侧副韧带，少见于外侧副韧带。同时伴发半月板或十字韧带损伤很常见，特别在严重受伤之后。跛行的程度与损伤的程度有关，通常是初期跛行严重。急性阶段可发现局部水肿和关节积液。膝关节屈曲试验使跛行加重。除非有明显的关节不稳定，否则临床症状通常在几日之内有所改善。股胫关节内麻醉，通常不一定减轻跛行。如果发生侧副韧带完全撕裂，用X线检查从后下方向前上方照射膝关节，能看到关节内受影响的一侧扩张情况，慢性病例X线照相显示韧带附着或起止点病变的形成。通常用超声波检查进行确诊。

马发生轻度扭伤，应采用保守治疗，休息并用消炎药物6~8周来控制炎症，再过6~8周才能恢复训练。轻度扭伤的马，如果不发生关节不稳定，预后良好。如果关节受到严重的损伤，则预后不良。

（六）间隙性髌骨上方固定与延迟性复位

髌骨间歇性上方固定发生在膝内直韧带转为滞留于股骨内侧滑车脊上，限制髌骨运动，使肢体伸展。患有膝盖骨向上固定的马后肢伸展，球节弯曲。运动时会突然复位或呈三脚跳跃形式。

一些病马的症状较轻，表现后肢伸展的时间会延长，最常见的是马患肢下沉、拖曳前进，好像髌骨抽动似的。反复发生上方固定和难以复位的病马可发展为慢性，由于疼痛出现轻微跛行，不愿在软地上或者上下起伏的山地行走。

上方固定或延迟复位的病例最常见于幼驹或者矮马，特别是他们的身体情况和肌肉强度较差。直线后退易诱发本病。也可能发生在后膝关节受伤的老马，特别是马被拴着，限制运动时。

诊断基于典型的临床症状。对一些马来说，膝盖

骨上方固定可能是由于向后推马或者向上推膝盖骨所致。X线检查诊断应与股膝关节渗出或者并发或者继发的跛行相区别。

要释放上方固定的髌骨，就应该向后推马，同时将膝盖骨向中间和下方推。或者用一根绳子拴住马蹄系部向前拉，使膝盖骨复位。如果上方固定髌骨是间歇性的并且不发生跛行，应制定一个体能训练计划。这包括每日向前跳跃前进和骑马训练，训练的强度应适合马的年龄和品种，同时保证充足的营养、良好口腔护理和驱虫，不能让马一直休息，马应该尽可能的放牧。及时修蹄，以确保马蹄的平稳，给马钉有或没有外侧跟踵楔型的斜面边缘蹄铁是有益的。通过成熟的保守治疗，大部分的马都能好转，但马长期休息症状会复发。

如果保守治疗无效或者马由于髌骨上方固定导致跛行，可在局部麻醉下对膝内直韧带进行切开，虽然有些外科兽医喜欢全身麻醉，但是局部麻醉效果更好。手术后，马应该限制在马厩或者小围栏中休息2个月，以防并发症。膝盖骨断裂通常是手术的并发症（见下文）；如果碎片导致了跛行，关节镜治疗效果较好。还有一些其他的并发症，包括跛行，局部肿胀，甚至髌骨骨折。膝内直韧带切开术通常预后良好，复发较少。

（七）膝盖骨断裂

膝盖骨上端断裂经常是由治疗髌骨上方异常固定切开膝内直韧带手术使髌骨不稳定所致。该病会造成不同程度的跛行，从轻微的僵硬到中等跛行。向上推压或屈曲膝关节会加剧跛行，并会导致股膝关节渗出。通过骨膝关节麻醉来确定病变导致跛行的位置，本病也可通过X线诊断来进行确诊。该病治疗可通过关节镜清创术清除膝盖骨上端碎骨片，预后效果取决于受损伤的严重程度。

（八）髌骨脱臼

髌骨侧方脱位比较少见，该病属于隐性遗传性疾病。成年马不容易发生髌骨脱位，外侧脱位比内侧脱位常见，这主要是马或马驹股骨外侧滑车脊发育不全，导致该病更容易发生。该病可能是单侧或双侧肢发病，脱位程度从间歇性脱位到顽固性脱位都有。

严重的马驹不能伸展膝关节，并表现典型的屈膝姿势。如果情况不那么严重，马驹或者成年马勉强可以弯曲膝关节、转变为步态僵硬，该病可通过X线检查进行确诊。

虽然有许多手术治疗的报道，但成年马和合并骨关节炎的马预后不良。马驹的运动功能可能会恢复得好些。

（九）髌韧带（膝韧带）损伤

髌韧带损伤很少见，但是跳跃的马可能会引起本病。膝内直韧带经常受到影响。损伤越严重跛行也越严重。临床症状通常比较敏感；股膝关节渗出、韧带周围增厚、水肿。对于许多马来说，膝关节内进行麻醉不会改变跛行；因此，可以通过超声波进行诊断。治疗方法应采用长期休息（超过6个月）。跛行通常会缓慢消失，但也可能复发。

（十）膝关节炎与骨关节炎

股胫关节和股膝关节的轻度到中度的不明原因的炎症反应比较常见。跛行的严重程度也不同。运动导致关节扭伤可能引发滑膜炎和关节囊炎。任何关节软骨、半月板、或任何关节内韧带的轻微损伤都可能导致轻度至中度滑膜炎。轻度的滑膜炎通常采用休息、关节内给药并使用全身消炎药来治疗。如果关节炎症和跛行依然存在，应作进一步检查，使用关节镜能正确评价并发症或者损伤的原因，可有效防止退行性关节疾病和骨关节炎的发展。

股胫关节和股膝关节的骨关节炎可导致膝关节不同程度、持续性跛行，可以通过关节内麻醉和X线诊断来确诊。X线影像学变化包括关节周围骨赘的形成、关节边缘的改变（特别是胫骨内侧）、软骨下骨的变化、关节间隙缩小和软组织不良性钙化。马完全恢复到比赛状态是不可能的，治疗仅能起缓解作用。最新的方法是使用关节镜和重建关节疗法，可能会对重的病例有效果。

（十一）骨折

1. 髌骨骨折 髌骨骨折通常是由于直接的外伤所致，通常情况下是另一匹马的踢踹或者当跳跃障碍物的时候造成的磕碰，预后取决于损伤程度。常发生髌骨中间矢状面骨折。这些骨折通常涉及关节内和髌骨软骨的膝内直韧带。横骨折不常见，但是这种骨折对关节影响最大，因为大量碎片使伸肌承受巨大的拉力。完全矢状面骨折通常采用内固定，因为这样可以很小的分散伸肌的拉力。

髌骨骨折起初会表现严重的跛行、肿胀、膝盖部水肿和膝关节渗出。不严重或者不完全骨折，跛行会在几日后发生。通过X线进行确诊。标准膝关节正面，同时配合采取近远端侧位检查，能发现骨折的损伤程度。

治疗方法取决于骨折的位置。如果马发生小的、无移位、无关节骨折，应采用保守治疗，休息6~8周，能恢复良好的运动机能。髌骨中间骨折可用关节镜或者关节切开术来治疗，并预后良好。正中矢状骨折或者横骨折需要内固定。虽然手术在麻醉恢复期有很大的风险，但这样可以得到好的治疗效果。

2. 胫骨粗隆骨折 胫骨粗隆骨折不常见。这个区域很少有软骨组织覆盖，骨折通常是由于直接的外伤所造成。骨折的形式从结节近头端的小碎片到整个结节的大碎片，可能延伸到股胫骨关节。胫骨粗隆的骨折最初通常表现明显的跛行、局部肿胀和水肿。几日之内跛行会加重。可通过X线检查确诊。

小而无移位的骨折可以通过保守疗法治疗，建议禁止运动6～8周。在开始的2～3周，应该用绳或者吊索禁止马趴卧，以防止碎片移位。大的、关节内碎片应采用内固定治疗。骨折通常预后良好。

3．股骨髁与滑车脊的骨折　股骨髁的骨折通常是由直接外伤所致。成年马严重的、关节内的移位性骨折比较严重，常预后不良。但股骨髁或者滑车脊外伤性骨折经常发生。这种损伤通常是急性发作，导致中度至严重的跛行，关节腔积液。通过X线即可作出诊断。治疗包括手术移除骨折碎片防止发展为骨关节炎。也可以使用关节镜，但是需要采用关节切开术。如果手术后没有重大的软组织损伤，预后通常良好。

八、臀部疾病

髋股关节的疾病很少由马跛行所致。通常是由原发性外伤，继发于摔伤或者撞击畜栏，也偶尔有报道继发于化脓性关节炎和关节损伤。无论原发病的病因学是什么，髋股关节的骨关节炎是常见的继发性疾病。

对于任何一种髋股疾病来说，跛行是主要的临床症状。跛行的症状可能非常轻微，临床可见频繁的跛行（不负重），跛行程度从中度到重度不等。对于一些病例，马站立时肢体部分会发生弯曲。任何程度的慢性病理过程，都会表现出中度到重度的肌肉萎缩，如臀部和股四头肌。对于髋股关节半脱位的病例，腿处在一个半屈曲状态的时候，后膝关节明显地向外旋转，而肘关节向内旋转。对于髋股关节全脱位的病例，可见后肢长度变短，跗关节向内紧贴对侧肢。许多患有髋股关节疾病的马在近端肢体弯曲或外展的时候表现疼痛。直肠检查通常意义不大，对于一些严重的骨折，直肠检查可以检查到血肿或者骨头位置的改变。对髋股关节做关节内局部麻醉可以确定导致跛行的关节，特别对慢性跛行病例有效。虽然这个方法有一定难度，但是超声波可以帮助确定注射位置。

髋股关节疾病的确诊通常需要影像学来帮助。骨骼扫描（核显像）通常被用作确定髋股关节的病变位置。这项技术精确性高，可以用来确诊涉及关节的疾病，但是对关节内的疾病诊断效果不佳。尽管经由皮肤的超声波检查法在位置的选择上是一个重大技术挑战，但这项技术可以提供大量髋股关节信息。特别对马驹，X线检查效果很好。但是检查需要全身麻醉，全身麻醉可能会对马造成严重的肢体损伤，所以这种技术很少使用。可以对髋股关节应用关节镜检查，但

是对于大多数成年马和马驹来说，这项技术不容易实行。对于马驹关节的影像学检查需要很多操作人员共同配合才能完成。

（一）髋股关节脱臼

因为有强有力的圆韧带和附股韧带保护关节，髋臼的边缘有纤维软骨唇的环抱，马髋股关节脱臼相当少见，因此马这种损伤是继发性损伤。脱臼更多的发生在小型马，比如雪特兰矮马，这种马发生髋股关节脱臼经常继发于髌骨上方脱位之后。髋臼背侧边缘断裂同时伴随着脱臼。脱臼后表现为特征性的肢体异常。

髋股关节脱臼最好的治疗方法是在全身麻醉的状态下进行闭合复位术，如果受伤之后立刻实施，成功的可能性会很大。但是，防止马从全身麻醉后苏醒时重新脱臼是很困难的，所以主张使用外科技术或者依梅尔吊索，单一的技术来完成手术是不可能的。预测能否恢复运动机能应慎重。对于小型矮马，进行闭合复位术之后应将马关在舒适的运动场内。

（二）盆骨骨折

成年马和矮马盆骨骨折很常见，盆骨骨折的原因可能是训练时外伤或者应力所致。涉及髋臼的骨折通常是由外伤造成，并且会发生严重的跛行，发生损伤之后通常无法承重。诊断时，在肢体被动屈曲或直检时也很难听到捻发音。

可用X线检查进行诊断，但是很难得到理想的图像，通常是通过核显像和超声相结合来诊断。髋臼骨折与骨盆骨折不同，髋臼骨折很难恢复运动功能，因为这种骨折通常发生移位，容易继发骨关节炎。唯一的治疗方法是对骨关节炎对症治疗，治疗时间需要延长到6～9个月。

（三）骨关节炎与其他髋股关节疾病

髋股关节部位的骨关节炎（OA）主要是由髋股关节的脱臼和骨折等损伤所继发。有时自发性骨关节炎是由慢性跛行所致。髋股关节部位的骨软骨病或者骨囊肿也可继发骨关节炎。髋股关节的化脓性关节炎常见于马驹，可能是血缘传播，成年马也可能突发该病。

对于已经确诊的骨关节炎，一般采取对症治疗，可应用NSAID、关节内应用类固醇类激素或者其他对症疗法。对于败血性关节炎，治疗应用创伤切开术和冲洗结合的方法来控制局部和全身性的感染。对于骨关节炎的病例，很少完全康复。成功治疗患有化脓性关节炎的马驹是可能的，对于成年马，除非诊断和治疗非常及时，否则治愈的概率很小。

九、背部与盆骨的疾病

背部的疾病是影响竞技或比赛马性能的主要原因，虽然可以通过病史和临床症状（静态的和动态

的）来怀疑脊柱功能异常，但是确诊具体病灶有一定难度。

一旦马匹背部疼痛得到确定，需要通过影像学来确诊。在过去的20年里，利用X线、超声波技术和核显像技术，来评估腰部和盆骨区域已取得大幅提高，过去不能检查的部位现在已都可检查。

（一）棘突与相关韧带

1. 棘突接触 虽然棘突接触在第1腰椎到第6腰椎之间发生较多，但常见部位在第10胸椎到第18胸椎，脊柱背侧棘突接触很容易诊断。不同发病阶段可以鉴别出来（阶段1：椎间距变小；阶段2：边缘密度增高；阶段3：骨边缘发生溶解；阶段4：骨赘增生）。棘突腹侧部也可发现异常，这可能与椎间韧带或者与椎间关节骨关节病有关。其严重程度可以使用相同的分级制度建立，其临床发病率似乎更高。

棘突接触的发病率与马后退训练、特殊步伐和训练的生物力学影响有关。总之，这些损伤通常发生在比赛用纯种马，很多马都能忍受这种痛苦。这种病很少见于标准竞赛用马，但是一旦发生，症状明显、疼痛严重。脊柱的疾病可见于没有背部疼痛的比赛或者运动马，甚至正常的胸腰部主动及被动的活动也可导致该病。因此，在不同的情况下，这些损伤的临床症状需谨慎评估。可对受影响的椎间进行局部麻醉以进行辅助诊断。治疗方法包括：局部注射类固醇类药物、温热疗法、冲击波疗法以及慢跑热身之后进行康复性耐受性训练。

2. 骨折 许多骨折见于第4胸椎到第10胸椎棘突，有时是由马跳跃跌倒后背部着地所致。顶端或者中间发生骨折并向两侧发生位移。在最初的疼痛之后，局部反应会减弱，通常愈后比较理想。脊柱骨折一般不会对机能造成大的影响，但是马肩隆的变形可能需要一个特殊形状的马鞍。

3. 韧带疾病

棘上韧带损伤急性或者亚急性的韧带疾病能诱导

背腹韧带或者横韧带增厚、回声减少及严重的线性模式改变。这些病变可在正中矢状面或侧面发生。在陈旧或者慢性损伤中，韧带通常增厚伴有回声减少，结构不规则。高回声图像是由于棘上韧带发生矿化或者钙化所致，有时有声影有时没有，这种变化表明棘上韧带病的形成。

（二）关节突关节滑膜椎关节综合征

关节突关节滑膜椎关节综合征（AP-SIVA）在背侧椎管处。它是由一个脊椎的后关节突、位于椎间的滑膜关节（包括关节软骨、滑液、膜和关节囊）、下一个脊椎的前关节突组成。马胸腰段AP-SIVA综合征在X线检查有8种表现，见下表9-1。主要见于胸腰椎交界处，或者在腰部区域。

报道称这种疾病成年马多发，但3～6岁的赛马或竞技马也发生。AP-SIVA损伤通常与背痛联系在一起，而很少有人怀疑是脊椎和其他脊椎损伤。

应用超声波检查可以看出，由于关节周围增生和关节背侧增生（4和6型）导致的关节间隙变小。此方法有助于确定增生是否对称，如果不呈对称，则可判断哪一方会影响更严重。

治疗包括利用超声波指导在关节内注射类固醇类药物、在疼痛区域使用温热疗法、在缓慢渐进的慢跑者、热身之后接受耐受性康复训练。

（三）脊椎体与椎间盘

椎体和椎间盘的损伤通常发生在腹部、腹外侧或者横突的骨质增生（经常叫做椎关节强硬）；主要发病部位在胸正中区域（大多数在第10～14胸椎），但也有在腰部发病的。该病可能不引起任何症状，但也可引发急性疼痛和慢性背部僵硬。椎体先天性异常（三角形或者梯形）很少见，通常胸椎畸形的概率更大。椎体骨髓炎会表现出神经症状，可在马驹的胸腰椎部发现该病。严重的外伤或者摔伤会造成椎体骨折。如果脊髓发生损伤，则会造成完全或者不完全瘫痪。预后不良。

表9-1 关节突关节滑膜椎关节（AP-SIVA）综合征的X线表现

类型	一般特点	X线表现
1	不对称	关节间隙和两个关节面不清晰
2	关节密度改变	软骨下骨硬化；AP-SIVA综合征密度增加
3	关节密度改变	X线显示关节密度增加
4	关节周围增生	关节背侧增生；AP-SIVA复合物尺寸增大；通常连接物密度改变
5	关节周围增生	关节腹侧增生
6	关节僵硬	两脊椎之间的背侧连接
7	关节僵硬	AP-SIVA复合物骨质溶解；没有关节间隙
8	骨折	近尾侧或者近头侧出现透亮线

（四）肌肉劳损与肌肉疼痛

见马的肌肉疾病。

马背部疼痛是肌肉劳损最常见的原因，最常见的是背最长肌。当骑乘训练的时候，背最长肌全部或部分紧张拉伸，临床症状表现机能改变，并且有急性或慢性疼痛。受损伤的主要部分是马肩隆后部和腰部前侧（正好是马鞍的前后两端）。大多数肌肉劳损只需要休息和理疗，几周之后就可痊愈。

（五）腰荐联合异常

腰荐联合异常通过超声检测发现，包括：① 先天性异常，如腰荐关节强直（见第6腰椎荐骨骨化）或第5和第6腰椎之间椎间关节强直；② 椎间盘退行性病变，尤其是腰荐部的椎间盘。这些病变包括关节盘形成裂隙或者形成销蚀空洞、钙化不良及在下面形成消融；③ 腰荐关节或第5和第6腰椎关节排列不齐（脊椎前移）；④ 腰荐横发生骨关节病（关节周围可以看到边缘形成骨赘或骨骼重建痕迹）。

（六）荐髂关节（荐髂关节）异常

荐髂韧带的急性严重拉伤，会伴随骨盆和荐骨的损伤病史，表现骨盆和荐骨区重剧疼痛，后肢显著的跛行。亚急性或者慢性荐骨关节劳损和荐髂关节的骨关节病都会引起典型的后背酸痛。通常都会有生产使役性能下降、间歇性或转移性后肢跛行病史。出现后肢运动受限和一侧或双侧蹄用蹄尖着地、拖拽前进。

该病诊断主要通过临床症状、结合物理检查和超声检查相结合的方法，荐髂关节腹侧的成像可用直肠探头。临床上在荐髂关节的腹侧可发现异常的超声波图像，这些异常图像包括荐髂关节间隙狭窄、荐骨耳状面边缘尾部和回肠部边缘骨赘的形成、关节周围骨的破碎、荐髂关节腹侧韧带附着点损伤。

治疗方法包括借助超声波引导，在关节的近头侧和近尾侧注射类固醇类药物，对疼痛的部位进行温热疗法，慢跑热身之后逐步进行恢复训练来锻炼臀肌等。

十、腱炎

根据腱纤维损伤程度的不同，腱的炎症有急性和慢性，马快速运动后容易发生腱炎，特别是比赛用马。经常出现问题的是屈肌腱，并且前肢比后肢更容易患病。对于比赛用马，浅屈肌腱发炎更为频繁。原发性病灶是由中间腱纤维断裂伴发周围的出血和水肿。

【病因】 腱炎经常在快速训练之后发生，可能是由于过度伸展、营养不良、长期劳损、运动场地条件差及腱已经出现炎症之后还进行训练所致。不正确的修蹄也可能会导致该病，解剖结构不良和训练不足与本病也有关系。

【临床表现与诊断】 在急性期，马重度跛行、局部热痛、肿胀。对慢性病例，在腱鞘周围的区域发生纤维化增生、变厚并且粘连。如果马患有慢性腱炎，马正常运步或者慢跑都没问题，但是繁重工作之后会导致跛行的复发。用超声波通过对腱进行横扫和纵向扫可以确诊病变性质。

【治疗】 腱炎早期治疗最佳，急性期马应在畜栏里休息，肿胀发炎部位用冰袋冷敷，并应用全身的消炎药物。根据肌腱损伤程度选择不同的支持和固定。不应在腱鞘内注射糖皮质激素。如果超声波检查发现低回声或无回声区域，表明肌腱已经断裂（原因是由于出血和血清的作用减少了腱鞘内压力）。本病也可通过冲击波疗法、病灶内注射脂肪衍生的基质细胞、培养的骨髓间质干细胞或者自体血浆来治疗。通过逐渐训练之后，马可恢复。可用韧带切开术来辅助治疗，减少马训练造成的复发。

慢性腱炎采取关节表面灼烧（效果值得怀疑）和通过皮肤将粘连腱分离出来，当炎症涉及指腱鞘的时候，也可以用环状韧带切开术。

比赛马腱炎后能否恢复运动需谨慎，取决于术后管理和训练程度。但全能马术比赛马、跳跃障碍马、打猎马、盛装舞步马痊愈成功率更高。

十一、发育性骨科病

发育性骨科病由一些重要疾病组成：骨软骨病、骨骺发育不良、后天性隅骨畸形、屈曲畸形、立方骨骼畸形等。

（一）骨软骨病

骨软骨病（分离性骨软骨病、软骨发育不良）是马的一种非常重要、普遍发育不良的疾病。尽管它特异性的病因还不清楚，很多人认为是病灶软骨内骨化紊乱所引起。骨软骨病是目前用来描述这种代谢紊乱疾病的术语；但由于早期病变发生于软骨，软骨发育不良是形容早期病变的术语。

骨软骨病有多种病因，包括生长过快、营养过剩、矿物质失衡和生物力学因素（例如软骨创伤）。一些品种可能也有遗传因素（例如标准竞赛用马和瑞典温血马）。疾病主要影响关节生长软骨，但干骺端也会被影响。如果骨骺干骺端软骨受到影响，骨轮廓和纵向生长就会发生紊乱（见下面的骨炎）。关节表面的关节软骨边缘会发生退行性病变、解剖学病变、形成软骨唇或者软骨碎片（骨软骨病）。关节中央病变是由于负重的影响，可能发展成软骨下囊肿。中轴骨损伤包括椎骨关节面受损、脊柱不稳定和椎管损伤，这些损伤最后均可引起共济失调和本体感受反射缺失（如摇摆综合征）。但是这些病症之间的关系还不确定。

【临床表现】马的骨软骨病因涉及的损伤和位置太广泛，临床症状特别难以描述。很多情况下，没有明显的临床症状，需要通过X线检查来确诊。此外，软骨发育不良不都发展为骨软骨病并出现临床症状。许多情况下，发展性骨科病也可能表现类似的症状。

最常见的骨软骨病的症状是受影响的关节无痛性肿胀（例如膝关节炎、飞节软肿）。例外情况是有些关节肿胀很难检测到（例如，肩关节，内侧的股胫关节），而跛行会首先表现出来。临床症状大致可分为两类，一类是马驹不到6月龄的时候出现病症，另一类是年龄较大的马出现病症。通常情况下，马驹首先表现出来的症状是长时间趴卧。这伴随着频繁的关节肿胀、僵硬、运动迟缓。这些症状可能导致四肢僵直，多是由于快速增长造成的。球节骨软骨病尤其见于马驹（不到6月龄）。

通常不会出现跛行，即使表现出来也比较轻微，上述提到的那些关节肿胀的早期症状很难被发现。如肩关节，往往导致中度至重度跛行、肌肉萎缩、关节的屈伸疼痛；而对膝关节，一些马内侧股骨髁的软骨下囊病变导致的严重跛行，往往被怀疑为骨折，只有仔细检查之后才会发现关节肿大，严重的关节骨软骨碎片松脱掉入关节腔中，这种情况多见于1岁马和老年马，临床表现为关节僵硬、屈曲反应阳性和不同程度的跛行，这些症状通常在训练的时候易被发现。

【诊断】临床诊断主要通过特有症状，确诊需要借助于辅助诊断。X线检查诊断一直是传统的确诊方法，但X线诊断对早期软骨及软骨下骨没有明显损伤时不易确诊。下肢侧位进行X线检查对诊断有帮助；因为跗关节的病变最常见的损伤是在胫骨远端中间的胫骨脊上，所以最好在距骨背侧或背内侧面进行X线检查。肿胀关节超声检查有助于判断关节损坏、滑液渗出、软骨碎片在关节内还是在关节外，确诊最准确的方法是通过关节镜检查，除了颈椎以外，大部分容易发病的关节部位关节镜都可实施。

闪烁扫描术对于育成马有一定的局限性，因为长骨生长区和软骨内骨化部位代谢旺盛，闪烁扫描术表现高活性区域。但这项技术对检测软骨下骨囊肿和老龄马的退行性病变很有用。MRI对早期或者晚期的疾病诊断非常理想，但是没有广泛应用。临床最难诊断的部位是四肢上端接近躯干部位，这些部位通过临床病理学或者对滑液进行评价意义不大，但是这种方法可以排除关节炎性肿胀类疾病。

【治疗与管理】骨软骨病的管理基于发病部位和严重程度。轻微的可以自己恢复，可以应用适当的保守治疗。对于青年马（不到12月龄），应限制运动几周，并减少喂食以降低其生长速度。应特别注意要确保适当的矿物质补充（例如，怀疑铜缺乏症）。对于是否需要纠正饲喂一直有争议，但对于种马场，改善饲喂还是有益的，因为它可改善症状、降低发病率。关节内注射透明质酸疗效很好，注射长效的类固醇类激素可以减轻肿胀，并且改善滑膜炎，但不推荐给年轻马和正在生长的马使用。

该病可用外科手术治疗，主要是利用关节镜治疗。这种技术对大部分受影响的关节都适用，特别是在肘关节、后膝关节和球节。手术移除损坏的软骨、软骨碎片、软骨下增生骨后，用大量的灭菌液体冲洗关节，一般预后良好。对更广泛的软骨损害的情况，其预后取决于必须切除的损伤关节表面积。由于关节面缺损导致的关节不稳定或者继发骨关节炎（退行性骨关节病）的病例预后不良。这种情况多见肩关节骨软骨病，因为该病早期难以确诊。软骨下骨囊肿的情况预后应慎重，因为这些关节通常是重要的承重区域，并且关节面的重建是不可能的。

（二）骨骺炎

骨骺炎（骨骺炎、生长板发育不良）包括年轻马的某些长骨的生长区周围肿胀。它可能是骨软骨病一部分。病因包括营养不良、解剖结构异常、蹄部异常生长、过量训练、肥胖和中毒。这种疾病常见于夏天、地面坚硬且干燥、特别是在钙磷比不均衡的农场中那些生长快速、超重的马驹。原因是生长的位置负重过大，骨和/或软骨脆弱，或者这些原因共同造成。快速生长马匹会使生长区过快导致骨膜紧张产生炎症。

骨骺炎通常发生在桡骨、胫骨、第三掌骨或者距骨远端和第一趾骨近端。它的特点是生长面上扩张，受影响的关节成"方形"。可以通过X线检查来帮助临床评估。显微镜下可见骨骺软骨出现压碎并变薄，周边形成新骨。

治疗方法包括减少食物的摄入量，以减少体重或至少减慢生长速度；在运动场或更大地方进行限制性运动，运动场应通风良好，地面松软（例如，泥煤苔、铺有大量稻草、刨花或者沙子）；确保经常精心的修蹄；改善饲料，干料钙磷比应调节到1.6∶1，蛋白质含量限于干物质低于10%。一般来说，不应喂麦麸，日粮中应添加磷酸二氢钙和骨粉（每日10～30 g）。应补充维生素D（口服或其他方式），但要注意维生素D中毒。

预防措施，大一点的马驹或者1岁的马驹肥胖或者体重超标，应注意临床症状，特别是地面比较坚硬干燥的情况。如有这些情况，应合理饲喂并限制运动。

（三）屈曲畸形

屈肌腱疾病通常伴随着姿势和步态的改变，表现跛行和无力。屈曲畸形（肌腱收缩、畸形足、突球）可能是先天性的，因此临床上可见新生马驹，或本病为后天获得性的，在老年马能见到。子宫胎位不正、致畸性损伤（关节弯曲）以及遗传缺陷都被证实与该病有关，并可导致新生马驹患该病。慢性疼痛通常是由于后天性腱痉挛所致。可能出现疼痛的疾病有骨骺炎、骨软骨病、退行性骨关节疾病、蹄骨骨折、软组织损伤或者感染。疼痛引起反射性肌肉收缩，使屈肌腱缩短。马通过球关节或者系关节（偶尔）的蹄尖或指关节运步。导致营养紊乱会影响骨生长（例如，骨软骨病和骨炎），是本病的并发症，所以必须加以治疗。

【临床表现】新生马驹表现的症状变化很大，有的不能站立，有的以球节背侧着地行走，有的虽然能站立，但以球节或者腕部触地。一些马驹的症状可能会自己改善，但是另一些刚出生时看起来比较健康的马驹会逐渐的出现症状并越来越严重。对于大一点的马驹来说，发病非常快，这些马驹用蹄尖行走，把蹄踵离地。一些慢性发病的特征是有"方形"的蹄部、细长的踵部和凹陷的蹄尖，这些马的骨骺炎症状很明显。一般会牵连到前两肢，而其中一条腿更严重一些。蹄部脓肿是常见的并发症，并使步态改变，疼痛和畸形逐渐加剧。

年龄大一点的马（1~2岁）通常用掌指关节着地，病情严重，比马驹更难治。鉴别潜在的骨或者关节疾病非常重要，但是这通常很难。

【治疗】新生马驹轻微的症状通常不用治疗。特别严重的需要辅助疗法，如果不能够良好的看护，同时必须积极提高由于无法进食母乳带来的免疫低下，使用夹板必须合适并恰当处理，因为如果安装不当或者管理不善经常会发生褥疮，一旦发生褥疮会很麻烦，短时间（5~7d）比较安全。通常治疗会应用大剂量的土霉素（40~60 mg/kg）。

大一点和刚断乳的马驹在早期可采用改善营养、适当修蹄和止痛等保守治疗；一旦畸形存在几周以上，保守治疗很难治愈。手术可能很简单，也可能非常难，这取决于疾病程度。指深屈肌腱副韧带的切开术（次级牵制韧带切开术）成功率比较大，并且经常用于肢体末端畸形的治疗，对以后的机能不会造成影响。翼状韧带切开术可治疗马的球节畸形。对于腕关节畸形，应实施尺侧和尺骨腕屈肌的切断。对于后肢，对深指屈肌内侧头部实施腱切断，保留下方翼状韧带。在严重的情况下，可用深指屈肌的腱切断术来补救。即使手术很成功，改善营养、适当修蹄和止痛是在痊愈之前不可缺少的。如果诊断及时、管理得当，则预后良好。

（高利 译　刘焕奇 一校　崔恒敏 二校　刘宗平 三校）

第九节　猪的跛行

猪的跛行是近几年威胁世界养猪业的主要疾病之一。尽管跛行可由先天因素或后天发育异常引起，但大多数猪的跛行由感染、创伤引起的损伤和潜在代谢疾病的疼痛引起。由于猪群中跛行猪的流行和发病率增加，可影响猪的活力、生长速度和生产性能，这是一个很值得从生产力角度来探讨的经济问题。如果仔猪断奶率低，或者一批生长猪、育肥猪生长缓慢，猪群可能受到影响。像其他系统疾病一样，猪群的跛行问题一旦作出诊断还是有很多解决途径的，可为生产者提供防治措施。

【特征描述】在诊断跛行之前，了解农场的本身管理是必不可少的。虽然人们倾向于结合临床特征描述对个体动物进行临床评价，但是这种方法通常被用作食品动物群体调查的一部分。一些病是猪特有的，但是在农牧业社区的食品动物的混合种群里，某些动物易感的疾病，本来对其他动物却是不感染的，在这种情况下却变得有一定的相关性。目前猪的跛行调查考虑到管理体制的因素，这种管理体制可能引起或者降低跛行的发生率，或者降低对群体总生产能力的影响，这可能和全进全出管理体制、分阶段饲养、更换垫料、病猪的隔离饲养一样简单。当对不同的管理体制进行研究时，在其他指标之中，跛行是否存在、流行情况和发病率是被用来衡量猪群福利的一项措施。

猪的年龄可能与跛行的原因有关。在评价猪群问题时，无论受影响的什么管理体系，对于典型病例往往通过发病猪的年龄分组，品种和性别可能也与猪对于跛行不同病因的敏感性有关。

因为跛行问题是由多种因素造成的，其他的管理因素（如环境条件和营养条件）可使特殊品种或特定的生长阶段的猪发生跛行。员工水平、卫生情况和营养的获得途径（规律的或不稳定的饲料原料和副产品来源）成为猪群特征描述的一部分。

通过猪个体或同阶段猪群体的鉴别，也能帮助测定跛行的发病率，如果跛行猪群生长缓慢、不受孕和产弱仔，也可经此方式评估对生产者带来的损失。从国家或国际动物健康生物安全项目的角度来看，近年来个体动物的鉴定变得更适宜。

【病史】病史应当全面，包括发病年龄、临床症状和跛行进展。跛行的发病率、引起的死亡率与发病猪群的数量、隔离区和与发病猪有关的圈舍和建筑都有关的。疫苗接种记录对于某些疾病预防措施的理解至关重要，同样对任何跛行的治疗方案、治疗频率和治疗效果的理解也是至关重要的。如果方便执行的话，淘汰跛行/不健康猪应做好记录。若生产者采取质量保证计划，则要将跛行猪流行情况作为审计的一部分。屠宰时记录关节周脓肿、脓毒性关节炎、骨折、挫伤、肌肉损伤或苍白的相关情况是也很有价值。

猪跛行的评价方法通常被限定为在农场可操作的几种方法。偶尔还要选择跛行的猪在诊断实验室进行尸体剖检。能损伤骨、关节或者蹄子的疾病，偶尔也可能在猪的一些不相关疾病的诊断过程中出现。

【临床评价】 跛行的诊断比较复杂。三大机体系统（肌肉、神经和被皮）可能单独受损或同时影响动物的活动能力。因多器官受到侵害，一致认为诊断时需综合评价影响跛行的各种因素。当调查一个猪群出现运动障碍时，不能把注意力只集中于发病猪群。应对仔猪进行是否存在潜在病因或者能够引起该病的潜在诱因的评估。饲养于其他圈舍的其他同阶段猪群和成年猪，也应该进行检查评估，以确定是否有相似或不同的问题。不应把引起该种情况的病因局限于那些某一特定阶段的易感猪群。

让猪在猪舍内来回运动，观察步态和身体状况。每一头猪都应做运动检查。若发现在其他猪运动的情况下，有的猪躺在猪舍的后面，则应引起特别注意。测定猪跛行的发病情况，虽较为费时，但也是唯一较为有效的方法。

对个别跛行猪进行更详细的健康诊断十分重要，包括最小限制下的四肢和关节的触诊。采用系统的四肢触诊方法，如按上肢（蹄到肩关节）、下肢、盆骨和脊柱的顺序进行触诊。温顺的猪可用放牧板限制头部活动。配合听诊对于局部关节的捻发音和长骨骨折的诊断有帮助。

当猪站立或行走时应仔细对蹄部进行仔细检查，注意步态、足趾的姿势、冠状垫和墙壁的情况。四肢蹄部应单独检查，在干净、干燥的混凝土地面比脏的猪舍相对容易。受污染的蹄部在检查之前应先清洗。

较为温顺的受孕母猪和待产母猪或老龄猪躺下进行后蹄部检查较容易。记录母猪不同类型蹄部疾病的数量，可估计猪群的发病程度。蹄底必须进行检查。如果猪温顺，可提起蹄部进行检查。若猪不温顺，应先用套猪器保定，再用套索提起蹄子。在美国，虽然保定设备很少见，但至少有一家公司已生产出对母猪、公猪和大型猪的保定设备，以便对蹄部进行完全的检查。

通过视诊和触诊可对肌肉的大小、张力、对称度、协调性和温度进行检查。在现代，强壮的杂交猪的肌肉块更清晰，个别肌肉组织很容易定位。若肌肉损伤，触诊很容易引起肌肉的疼痛反应。

以相似的方式进行神经病学检查，适用于犬、母牛和马。对猪可进行精神状态、感官知觉、姿势和步态，以及反射活动是否正常（如缺乏性不随意运动）的检查。在黑暗的猪舍内可对猪的颅神经进行检查。脊髓和外周神经失常可通过观察猪是否容易站立，以及步态是否有共济失调和伸展过度的现象判定。猪侧卧时，可附加膜反应和膝反射检查。向下的压力超过猪站立时脊柱的承受力，可引起疼痛反应，有助于诊断。

不像马和牛的肌肉骨骼系统的检查，猪可采用更为简单的系统，这种系统将一小部分各阶段的步态异常进行分类。猪自行站立，必须考虑肢蹄的姿势以及四肢承重。X线检查和超声影像可对关节内外骨变化、软骨下垂和其他关节处软组织的变化进行诊断。由于费用较高，仅限于研究中使用。记录任何异常猪只，并对猪群进行统计。

【环境与管理】 尤其应对环境的类型、条件、潮湿度和地面的清洁度进行评价。腐蹄病与地面潮湿有关，一些类型的地面导致蹄部过度磨损和损伤。集约化饲养和人工地面能使猪跛行的患病率增加。通常没有适合所有猪的理想地面，建成的所谓舒适的地面也并非十全十美。粗糙的、不规则的、暴露尖利物的混凝土地面等，可造成生长猪严重的蹄损伤和高发病率。仔猪蹄部容易陷入开放的宽石板条缝隙而造成损伤。尽管在仔猪舍内铺上多孔金属网、塑料、纤维玻璃或铁丝网等适合仔猪，但可能因造成母猪打滑和肢蹄的损伤而不适合母猪饲养。如果现代的材料能承载母猪重量，则可满足母猪和仔猪不同的需求。繁殖舍内光滑的地面可造成母猪和公猪肌肉和关节的损伤。当一群后备母猪和母猪混群发生争斗或发情时，很可能发生跛行。在畜舍中采用草垫方面，欧洲国家比美国实行的更多。垫层的优缺点应作为动物的福利来考虑，应该作为新的设施。

猪的行为模式、饲养密度和处理方式对肌肉骨骼失调症的发生十分重要。例如，技术水平的匮乏（猪运动造成外伤的粗糙处理，猪受伤后卫生条件较差）可引起感染性或非感染性的跛行。

管理体制，如早期断奶用药和分群或全进全出模式，有利于降低感染性幼龄猪跛行。然而，由于在这种体制下的猪长得较快，易造成肌肉骨骼系统疾病。

【营养】 营养的短期缺乏会造成骨骼发育受阻，尤其是现代骨骼肌肉快速生长的杂种猪。生产循环中的早期问题，可能反映出仔猪和生长猪的骨骼发育异常，然而循环性的缺陷或育肥阶段呈现的问题，可能导致猪或良种猪因软骨症而被淘汰屠宰。在生长期，提供生长期骨发育所需营养可强壮骨骼，并降低后期和屠宰过程中骨折的发生，这种措施可防止因骨折导致的大量淘汰。在屠宰过程中可通过肌肉感应，使股骨、肱骨、肋骨或椎骨发生骨折。然而，这种状况十分普遍的话，则可能是全身骨骼矿物质或维生素的供给缺乏所致。

因为农场中多数母猪还处于骨骼发育期，对妊娠母猪和胎儿提供足够的营养至关重要。充足的营养加之适当的运动是骨骼健康生长所必需的。

任何年龄阶段出现骨骼问题，都应对营养方案进行评估。须对快速生长期、现代杂种猪的营养需求，需要不断地修正（见营养：猪）。不同时期饲料供给的配方不同，可通过化学分析确定每种成分的最少供给量。混拌机在使用之前需要检查，注意混拌过程和适当的饲料储存。应确定猪的饲喂量和利用率。必须供给充足的、清洁的、未污染的水。对于不明情况的运动障碍，可能是由于水或饲料中的毒素所致。

【剖检】 对跛行猪进行剖检，可确诊该病。剖检仔猪、保育猪和稍大的育肥猪相对简便易行。然而，大型猪、母猪、公猪由于体型较大，需要检查大量的关节、骨骼以及脊柱等较为困难。尽管农场可进行剖检，但最好还是在实验室进行全面的检查。在屠宰场对跛行猪进行诊断并不合适，由于流水线作业太快而不能对肌肉骨骼系统和关节进行充分检查。若进行实验室检查，需选择有明确病史的猪进行诊断。必须有足够数量的、有代表性的跛行和未治疗的猪。

【治疗策略】 在过去的六七十年，治疗疾病的产品不断发展。随着国家或国际条例的改变、知识的积累，一些用于治疗感染性跛行的产品被禁止使用。在实验室诊断中，尽管以前临床研究或广谱抗生素敏感试验结果显示有效，但这些限制仍应牢记于心。在这一章中，将对美国批准的用于治疗猪跛行的药物进行讨论。每一种药均标注优先使用、局部常规用量和休药期。

在美国，兽医可采用标注的用药方式之外的方式进行用药。这种用药方式必须在兽医长期临床应用有效前提下。这种方式最典型的是维持日常保健用药（每月或更频繁）。有证据显示，一些标注治疗特殊疾病的药物有时也无效。应考虑法规中治疗跛行疾病的特效药物限制性使用和因微生物基因突变而产生的耐药性。若未按用药说明的方式进行用药，则在屠宰前需经较长时间的休药期。

患有易导致死亡的急性疾病的猪，可先根据试验性诊断和临床经验选用药物。再根据剖检和药敏试验选择合适的药物进行治疗。事实上，所有的注射给药都适合耳后肌内注射治疗跛行。再经饮水或饲料投药

治疗。体外试验对某种药物敏感的感染源不一定在体内也敏感，所以临床经验很重要。

除用抗生素疗法治疗感染性关节炎外，可用不引起机体异常反应的消炎药缓解疼痛。氟尼辛葡甲胺被批准用于治疗呼吸系统疾病引起的发热，但其标注之外的消炎和止痛作用，可有效缓解关节肿胀或肌肉挫伤引起的疼痛。地塞米松为治疗猪链球菌感染的推荐用药，也可用于糖皮质激素疗法。另一种糖皮质激素醋酸异氟龙可治疗猪肌肉骨骼疼痛引起的跛行。欧洲在对照试验中证实，COX-2抑制剂美洛昔康，可缓解猪的非感染性跛行引起的疼痛，但在美国并未批准使用。所有这些药物产品均为肌内注射，所以对大量猪的治疗需耗费大量财力。粉末状的乙酰水杨酸可用于猪的镇痛，可作为辅助治疗。消炎药也可通过减轻疼痛掩盖跛行。然而，这使诊断较为复杂。在临近屠宰前使用任何药物，都应考虑生产商提供的休药期。

无论何时，疫苗接种对猪群抵抗某种特定感染效果良好。若未买到适合的疫苗，或费用较高，则自家苗可用于个别的猪群，以预防疾病的暴发。定期对致病性微生物、血清型等进行检测，选择合适的抗生素和疫苗，对于疾病有效的防治至关重要。

一、新生仔猪

曾对157头仔猪进行调查，10.9%出生后3周出现跛行，87%在3日龄出现挫伤，大多数在10日龄后逐渐愈合。斯堪的那维亚人研究发现，9周龄的跛行仔猪，9.8%以跛行病治疗，高达11.4%通过母猪投药治疗。因此，仔猪的跛行是一个严重问题。最近美国有关猪的调查显示，12.9%仔猪断奶前死亡，其中42%为母猪踩压导致的死亡。不可能预测有多少致病性因素，但同样的调查显示，脐感染和猪链球菌分别可导致43.1%、38.5%的仔猪感染或死亡。

1. 遗传性与先天性疾病 饲料中真菌毒素可导致四肢骨骼畸形性关节挛缩，主要损害肌肉神经功能。遗传的骨增厚导致猪四肢增粗、前额变圆，通常不能存活。多指畸形和并指症偶然发生，不影响仔猪的运动，未被畜主发现的并指或骡形指的猪常被繁殖和出售。

被病原菌污染的食物，产品来源应及时发现和规避，如果怀疑为遗传性疾病，可通过替代法进行调查。

2. 新生仔猪的多关节炎（关节病） 新生仔猪败血性多发性关节炎，病死率高达1.5%，由特异性的病原菌侵入导致局限性感染，继发败血症。未断奶仔猪四肢呈典型坏死、腕部和冠状垫皮肤磨损，在伤口结疤之前发生感染。断尾、打耳标、去势之后卫生条件较差及咬伤，也可导致局部感染。感染可导致菌血

症、滑膜和多关节炎。病原菌还可通过扁桃体、口咽、脐静脉进入循环系统。渗出性表皮炎的猪也易患多关节炎，可能也由皮肤损坏造成。

感染的猪由于昏睡导致不能哺乳。出现关节肿大、疼痛、发热，严重影响一肢或多肢导致跛行。随着时间推移，可引起软组织肿大，坚硬。剖检时，要注意检查脐带是否有变硬肿大的现象。典型的病变是在肿胀关节（尤其是肘关节、腕关节、膝关节、踝关节）、脐带、脑脊膜周围发现黄色或绿色脓汁。不能垂直传播的病原菌包括链球菌（如猪链球菌）、葡萄球菌、放线杆菌、化脓隐秘杆菌、大肠埃希菌、偶尔可见多杀性巴氏杆菌、丹毒杆菌、嗜血杆菌属。若未及时治疗，感染的猪因发育异常导致矮小。

根据细菌和药敏试验进行治疗。如抗菌疗法有效，应在疾病的早期进行治疗，全群用药需谨慎，尤其在感染链球菌时。根据病原菌和药敏试验，青霉素类为首选药。然而也可选用林可霉素、甲氧苄啶和泰乐菌素。链球菌感染还有更多的可选药物。

如果继发腐败性多关节炎，不论是否是局部感染的病因，都应注意查看产房的标准操作手册，看是否有需要改进的地方。采用"全进全出"模式十分重要，仔猪保温箱保持良好的卫生，可有效地降低环境的污染和仔猪多关节炎的发病率。预防较为困难，因大多数类型的地面，包括铺上稻草的垫层也可导致皮肤磨损。塑料包被的铁丝网提供了一个光滑、柔软、干净的地面可预防皮肤磨损。也可采用简单光滑的铁丝网。若更换地面在经济上较为可行，可更换干净、柔软的地毯，降低皮肤磨损。

在初生仔猪的肚脐涂上防腐消毒液可防止脐静脉炎。拔牙和断尾手术的器械要分开使用，并注意消毒。如果牙齿较尖，则在哺乳时可损伤其他猪的面部，从而导致脓皮病。去势器械要锋利并消毒。若断尾被感染，可涂擦防腐消毒药。

金属异物更易于导致新生仔猪的多关节炎。初乳可保护仔猪抵抗此类和其他感染性疾病。因大量异物很容易导致仔猪面部和前肢的损害，所以在24 h内减少异物，有利于降低损害。若母猪出现乳汁减少或泌乳缺乏现象，则需更多时间的看护，防止仔猪前肢损害。

3．蹄部疾病 新生仔猪的蹄部疾病主要分为两大类，即地面造成的脚掌和脚踵损伤，或母猪站立时不小心踩踏伤。

脚掌和脚踵损伤或撕裂伤与磨损的粗糙多孔的坚硬地面有关。粗糙地面还可造成蹄部软组织的损伤。若地面木板间隙太大，则可使蹄部陷入导致冠状垫损伤或感染，引起跛行。多孔金属网地面可导致仔猪的足跟和蹄角质的损伤，造成足趾的损伤。由于仔猪在

吸吮乳汁时蹄蹬蹭地面，金属边缘的尖锐物可造成第二和第三趾的损伤。铁丝网的尖锐物还可造成撕裂伤、感染性蹄叶炎和多发性关节炎。

可选用对蹄部和皮肤损伤小的地面进行预防。与感染性多关节炎的预防和治疗相似（见上述）。环境卫生的改善可降低腐败性蹄叶炎，有利于损伤的愈合。

4．肌肉疾病 外翻肢或内翻肢是由于出生时肌管发育缺陷造成的骨骼肌无力。由于前肢、后肢或四肢的损伤，造成仔猪行走或站立困难。仔猪常零星发病，只有部分有典型症状。欧洲长白猪对此病有遗传性，其次是大白猪。早熟的小型公猪和老年母猪易患本病。母猪的饲料中缺乏胆碱、甲硫氨酸和硫胺素可突发该综合征，玉米赤霉酮毒素可通过乳汁感染仔猪，原因尚不清楚。患病仔猪由于母猪的挤压或因无法吃奶引发低血糖症，在不同程度上出现行走困难或死亡。皮肤和蹄部的损伤，可继发关节炎、多发性关节炎、蹄皮炎和足趾骨髓炎。

猪按时饲喂可防止血糖和体温过低。若仅后肢感染，则出现跛行，前肢支撑站立和"单脚跳"运动。各种足枷中，绳子或绷带的"8字形"捆绑比较有效。一些推荐的捆绑方法可使下肢固定于腹下指向头部。通过使用四肢或推腹带可使肌肉得到加强，几日后仔猪可行走。足枷在行走的几日内必须去除，避免生猪的皮肤和其他组织的缺血性坏死。

外翻肢的猪在出生几日内需要在帮助下吃初奶。一些人提倡用"温箱"哺育患外翻肢和其他疾病的仔猪，对已经吃过初乳的仔猪，可用代乳品作为主要的食物来源。因光滑的地面会加剧病情，暂时可用消毒垫子替代可能会有帮助。任何缺乏营养物质和受真菌毒素污染的食物都应停止饲喂。

仔猪出生后即刻注射铁制剂导致的铁中毒与肌肉纤维脆弱有关，尤其当仔猪因母猪硒缺乏导致缺硒时更常见。当仔猪注射铁制剂的消毒不严格或操作技术较差时，可导致擦伤和腐败性肌炎。该问题可通过母猪产房操作人员的培训得到解决。

5．神经性疾病 脑膜和小脑发育不全可干扰猪的运动系统，如感染李斯特菌和猪链球菌。链球菌感染因脑膜炎或神经症状而出现运动障碍，或发生化脓性关节炎。先天性震颤引起猪睡眠或苏醒时不停的震颤。遗传和病毒感染均可引起猪的震颤。在美国和世界其他地区，猪圆环病毒感染可引起先天性震颤。仔猪出生后的第1周震颤比较严重，喂奶较为困难。患病仔猪必须细心护理，直到震颤消失。

二、保育猪

仔猪断奶时，感染运动系统的疾病在护理期间可

自发性痊愈，若主动治疗则可导致死亡。幸存的猪普遍有多发性关节炎导致的跛行，在较差条件下，有多关节肿大和多结节现象，应予淘汰。

美国最近调查显示，断奶仔猪死亡率为2.9%。CNS疾病和脑膜炎是导致死亡的第二种常见原因，可造成13%～19%的损失。此次调查表明，猪链球菌脑膜炎、副猪嗜血杆菌病、水肿病分别引起50%、17%和9%猪的感染或死亡。

1. 传染性关节炎或多关节炎　猪鼻支原体、副猪嗜血杆菌或丹毒杆菌可引起猪多关节炎。在猪群中零星发病。在产房中被感染的初生仔猪，其病原主要来自于母猪上呼吸道感染。老母猪也可作为传染源感染其他母猪。感染猪丹毒杆菌的猪可经粪便和尿液进行传播。所有病原均可引起全身性败血症，表现出不同的临床综合征或混合感染的临床症状。

与许多传染病一样，管理或环境因素可引起猪应激反应或降低免疫应答，突然导致全身性疾病或传染性关节炎。猪的移动或混群（如果未使用全进全出模式）、过度密集、温度较低、潮湿、通风不良、寒冷、防风不良的环境、更换饲料都是引起应激的主要原因，发生感染性关节炎和神经性疾病而导致运动障碍。猪繁殖与呼吸综合征病毒或圆环病毒，可使仔猪群发细菌性多关节炎。

最初四肢跛行交替出现，关节发热、肿大和疼痛。若猪发热，则表现食欲降低，不愿站立。慢性多浆膜炎性关节炎导致生长发育不良和僵猪，猪慢性丹毒病例（见下文）、僵猪可出现关节肿胀和僵硬的跛行。

猪鼻支原体和H型猪副嗜血杆菌（格拉舍病）的临床症状相似，都可导致疼痛性多关节炎和多浆膜炎。不能通过剖检进行鉴别诊断。感染猪鼻支原体时，通常导致中度跛行，死亡率较低。但H型猪副嗜血杆菌可使50%～75%猪感染，死亡率达10%。暴发副猪嗜血杆菌病时，SPF猪和仔猪症状较为严重。H型猪副嗜血杆菌是猪呼吸道疾病的条件致病菌，发病与猪繁殖与呼吸综合征病毒或流感病毒感染有关。猪发热与支原体有关，但副猪嗜血杆菌病可引起高热（>41.7℃），可使猪出现食欲减退和跛行。有时，H型副猪嗜血杆菌可引起神经症状。

剖检支原体感染和副猪嗜血杆菌病的猪，可见多关节炎和多浆膜炎，也可见肺炎。起初，支原体感染有浆液性或纤维蛋白性渗出，而副猪嗜血杆菌病为脓性纤维蛋白渗出物。猪鼻支原体引起绒毛状和增生滑膜炎，滑液为清亮、黄色或褐色。继发浆液纤维蛋白性心包炎、胸膜炎、腹膜炎。也有继发中耳炎的报道。H型猪副嗜血杆菌感染，导致脓性纤维蛋白性滑膜炎、关节周肿胀、假膜性多浆膜炎、有时可见脓性

纤维蛋白性脑膜炎，关节面通常无明显变化。

剖检发育障碍的生长/育肥猪，可发现严重的、慢性的、纤维素性的、脓性纤维素性或纤维性胸膜炎、腹膜炎和关节炎，这些猪在生命的早期生长便受到影响。他们不能达到市场标准体重，最好淘汰以防止感染其他猪。

可依据临床表现、剖检、病原分离鉴定进行诊断。然而，若采取一些治疗措施，则发现病原菌的机会降低。在临床症状出现的早期采取积极措施进行治疗，治疗猪鼻支原体感染的有效药物有泰乐菌素、四环素、林可霉素。病原菌可能在体外敏感，体内有耐药性。副猪嗜血杆菌病的治疗在相关章节叙述。慢性病例较难治愈。

可以适当的改变管理措施，降低应激反应，采用"全进全出"管理模式，控制病毒感染，使副猪嗜血杆菌病降到最低。没有感染猪鼻支原体和H型猪副嗜血杆菌的SPF猪群，仍有副猪嗜血杆菌病。本病常表现为高发病率和死亡率，生产力下降。已鉴定出15种H型猪副嗜血杆菌血清型。接种H型猪副嗜血杆菌疫苗，可降低SPF猪群的患病率。SPF猪在运输到普通猪群前要接种疫苗，对其他血清型病菌也有抵抗力。在血清型间有交叉保护。母猪接种H型猪副嗜血杆菌疫苗，可使仔猪获得被动免疫。

2. 链球菌病　链球菌病是由猪链球菌引起的一种养猪业的主要疾病之一。临床表现主要为关节炎、CNS症状与肺炎。

3. 猪丹毒　尽管保育猪可发生急性猪丹毒，但生长猪和育肥猪有典型的临床症状（见下文）。急性病例主要见于保育猪，无有效的治疗措施，生长猪和育肥猪常呈慢性期。合理的接种疫苗对于预防猪丹毒非常必要。

4. 脊柱变形　断奶仔猪可见脊柱后凸、脊柱前凸、椎骨楔状变形，病因尚不明确。猪群中偶见脊柱隆起猪；在垂直面腰椎骨比胸椎骨高的猪，在两部分之间有未知损伤。然而，并没有证据证明脊柱变形。这种情况可能与遗传有关，但在这些猪中有多发性肋骨骨折，怀疑可能与潜在的或恶化的、间断的营养缺乏有关，如佝偻病。佝偻病直到快速生长期才表现临床症状，但早期就有损伤，大约10周龄有典型的病理变化，需尽早治疗。

三、生长/育肥猪

尽管斯堪的纳维亚对骨软骨病和四肢无力有较深的研究，但在其他养猪地区很少研究跛行猪。欧洲调查报道显示，板条地面与稻草地面相比，育肥猪跛行、咬尾和滑囊炎发生较多。立陶宛人研究发现，

48%的育肥猪有四肢无力，与软骨病有关，杂种猪最高，可达78%。

美国对生长/育肥猪的调查显示，猪的死亡率为4%~6%，跛行引起的死亡率为4.3%~5.4%。此次调查显示，侵害运动系统的疾病为副猪嗜血杆菌病和猪丹毒，发病率和致死率分别为18.7%与4.0%。

1. 关节炎 关节炎由猪滑液支原体和丹毒杆菌引起，也可由猪的混群和移动、饲养密度过大、温度过低、防风不良、改变管理和饲喂措施引发跛行。

猪滑液支原体可通过母猪和老龄猪上呼吸道感染。4~8周龄的猪由于初乳免疫较少感染，其他猪较易感染。一般发病率低于死亡率，但发病率高达50%，致死率较低。在生长/育肥猪或补充的种猪，发生的急性跛行可持续10 d。关节炎可由外伤、应激反应恶化，大多关节有疼痛反应（肘关节、后肢膝关节等），并变软、肿大。剖检可见关节损伤，尤其是后肢膝关节，并有大量纤维蛋白的清亮黄色滑液，黄色滑膜有不同的绒毛状肥大。关节面和关节周围组织通常不受影响。剖检可分离出猪滑液支原体，为骨软骨病的一部分，是条件致病而不是原发病。

根据发病年龄和临床症状可诊断。临床症状包括一肢或多肢的跛行，关节周围伴发关节肿胀。典型病例不发热，没有肺炎、胸膜炎、腹膜炎症状。如果根据病原菌分离诊断，应取临床症状已发生3~4 d且未经治疗猪的滑膜和滑液样品。然而，猪滑液支原体也可从正常关节中分离培养。

急性病例对青霉素不敏感，可与丹毒相区分。不像由猪鼻支原体引起的多关节炎，泰乐菌素和林可霉素治疗该病的效果较好，也可选用泰妙菌素、四环素、恩氟沙星。英国的调查显示，在一个垫稻草的肥猪群，44%的猪发生部分或全身性关节炎，采用林可霉素治疗后效果显著。类似的治疗效果也出现在另一个肥猪群。从感染的后膝关节可分离得到猪滑液支原体。该病在斯堪的那维亚半岛的暴发表明，抗生素对缩短病程无效。同时应用皮质类固醇类，可降低炎症应答和缓解不适。降低任何应激反应（如混群和成群的运动）可防止发生本病。SPF猪群由于没有病原不能发病。支原体关节炎加剧临床症状，可能与退化性关节病和骨关节病有关，反之亦然。

2. 猪丹毒 猪丹毒杆菌是猪丹毒病原，通过健康猪和环境传播，可短期内存活。猪丹毒分为最急性、急性和慢性。最急性的病猪没有任何临床症状即发生死亡。急性猪中度发热、嗜睡、因关节痛疼不愿活动、厌食、四肢发绀。慢性病例的外周血管有血管炎。2~3 d之后，典型的皮肤"菱形"病灶（局部荨麻疹）发展为全身性。一些发病地区，只见跛行而无皮肤病灶。慢性病例中膝关节、踝关节肿大，触诊坚硬。皮肤坏死最终导致皮肤大面积腐烂。慢性病例中若椎间关节感染，可继发变形性脊椎病。当发生进行性关节炎和关节融合，腰椎骨疼痛可降低公猪性欲。慢性病例的四肢发绀可能与心脏瓣膜失效有关。急性病例可根据"菱形"皮肤病灶进行初步诊断。如果疾病未被及时发现和治疗，则三种形式可在同一群中发现。

如果慢性丹毒病猪被认为是跛行而进行剖检时，早期可见淋巴结、肾、肌肉出血。在急性期有大量滑液蓄积，但慢性感染的关节有绒毛状、肥大性、增生性关节周纤维症。若形成关节翳，则关节面裂开。局部皮肤损伤可出现腐烂，甚至出现耳朵、尾巴脱落。也可发现瓣膜性心内膜炎。

通过病原分离鉴定对确诊十分重要。将未经治疗的猪进行剖检，取关节液做细菌分离培养，通过药敏试验可指导治疗用药。有时可用青霉素进行快速的治疗性诊断。若猪红斑丹毒丝菌对青霉素敏感，则选择青霉素进行治疗是一种经济的选择。然而，如果病原菌敏感，泰乐菌素、林可霉素、四环素治疗丹毒也可获得成功。

注射弱毒或灭活苗，可有效控制丹毒的感染。疾病的暴发与未免疫有关，而不是与细菌毒力或疾病的性质改变有关。因此，任何调查都应确定母猪是否有疫苗接种史。即使母猪接种过疫苗，也有可能使生长/育肥猪感染。在这种猪场，生长期的猪和母猪都应接种疫苗。若暴发疾病，注射灭活苗，并结合抗生素治疗为最好的治疗措施。

3. 骨髓炎 可在任何年龄的猪发生。若骨膜损坏，可发生败血症和骨膜或骨的脓性反应。病原菌通过关节滑膜感染骨组织。不恰当的处理措施和注射技术可使脓肿扩散到相邻的骨骼。蹄壁的完整性遭到破坏，可发生蜂窝织炎和趾的骨髓炎。耳和腹侧的咬伤区域也可感染。断尾可导致局部感染，通过椎管导致硬膜外脓肿，从而感染椎体，损伤和临床症状较为缓慢。

根据感染的部位，猪可能出现共济失调，最终导致下肢麻痹。若四肢的骨或关节感染为慢性，并出现三足站立跛行，则仔猪停止生长。

剖检可见损伤处有乳状或绿色干脓。若伴有化脓隐秘杆菌，则有大量绿色半流体脓。并可从脓液中分离到链球菌、葡萄球菌、肠道菌。通常无有效治疗措施，可直接淘汰病猪。通过改善卫生环境预防本病，如断尾的防护装置。

4. 骨软骨病与骨关节病 猪与该病相关的跛行早在4~6月龄即可出现，但以初产母猪、成年母猪与公猪的症状更为明显。因本病有遗传性，若种猪受该病影响，则可带给仔猪。

5．佝偻病 虽然佝偻病不常见，但偶尔可见。快速生长的猪易感，在10周龄开始有临床症状。患病率较高，病猪出现跛行、厌食和生长发育不良。肢体发育不良、弯如弓形、关节肿大、头部不匀称变大。四肢长骨自发性骨折，猪严重跛行不愿运动。肋骨可能骨折。一些猪后躯瘫痪，若椎体骨折和脊髓损伤，则可见猪坐于地面上。

钙、磷或维生素D缺乏，或钙磷比例失衡，可引起干骺端矿化停止，生长面和骨骺生长软骨增厚。

剖检时应对骨骼进行仔细检查，尤其是肋骨、肱骨、股骨是否存在骨折或骨折愈合。大多数肋骨与肋软骨连接处形成串珠肋，用手可弯曲。骨重建不充分，X线检查，长骨和肋骨矿化不完全。不能钙化和软骨内成骨导致增厚、不规则生长面、骨骺软骨生长（带锯切割长骨端有少量出血现象）。慢性病例，骨可用小刀进行切割。可见四肢骨、肋骨或椎骨碎片在屠宰过程突然增多。应注意观察饲料配比和生长期猪本身的营养吸收状况，尤其是快速生长期的猪和杂种猪。定量分析是有用的，但成批不同成分的混合饲料，很难确定问题的原因。冻存每一批样品饲料，有利于后续检查。

尽管饲料配比可以纠正，可注射维生素D，但仍无有效治疗措施。大量的病猪能造成严重的经济损失。淘汰病猪是最经济的选择。

6．蹄部疾病 有时生长/育肥猪蹄部过度生长，造成蹄部或蹄底的损伤或撕裂。地面的类型和条件是引起损伤的主要原因。宽槽地面能使蹄部陷入缝隙内，造成损伤。若地面太滑，则易失去平衡；若地面太粗糙，易造成蹄壁、冠状垫、蹄部皮肤的损伤，使病原入侵感染蹄部和相邻关节，发展为腐蹄病。

生物素缺乏会导致蹄壁无力、鳞状角蛋白、容易开裂。鳞状皮肤伴随蹄部损伤使猪群的繁殖力下降。后备母猪可补充生物素，有利于繁殖。对于母猪和初产母猪，推荐的加强蹄部和提高生产性能的生物素含量为1 160 μg/d，所有的哺乳母猪的添加量为2 320 μg/d。

7．营养性肌病（白肌病） 在现代饲料供给充足的情况下，营养性肌病不应发生。虽然典型的硒和/或维生素E缺乏可导致意外死亡，但有时也见猪侧卧，无法站立和行走。剖检变化包括肌肉苍白、心外膜出血（桑椹心）、肝脏苍白且表面粗糙（饮食性肝障碍）。

预防性补充硒的浓度为0.3 mg/kg的亚硒酸钠。如果为群发性，则注射硒/维生素E，直到补充营养性饲料。

四、后备母猪、母猪与公猪

许多感染生长/肥育猪的疾病也可感染母猪和公猪。猪滑液支原体或急性/慢性丹毒引起的关节炎可导致无力性跛行。猪鼻支原体能引起多发性关节炎和多发性浆膜炎，偶见于老龄猪。应激的成年猪与保育猪相比，发热和跛行的症状更加严重。公猪可见阴囊水肿和不适，暂时不宜配种。

若猪曾患佝偻病或骨软病，则不宜留做种用。运动作为种猪的考察指标之一。四肢或运动异常的猪应予淘汰。四肢应均匀，趾应呈角度，蹄壁脚趾和脚踵应完整。若发现种猪包括主趾和第二趾过度生长等任何问题，都应被淘汰。

公猪、母猪跛行可造成以下影响：①连续更换种猪增加引进疾病的风险；②妊娠母猪未及时发现，受生长/肥育猪撞击导致流产；③后备种猪的投资增加；④定期用后备母猪更换跛行母猪导致繁殖性能下降；⑤跛行母猪对仔猪的踩踏或挤压造成的死亡率增加；⑥跛行公猪被取代，剩余公猪由于过度劳累导致生产性能下降。随着猪人工授精技术的应用，种公猪群数量减少。然而，公猪的跛行、不愿爬跨和对少数公猪的信赖，最终可能会影响繁殖成功率和经济收入。

瑞典最近的一次调查中显示，有8.6%的母猪因跛行或蹄部疾病被淘汰。芬兰关于母猪和后备母猪的调查，8.8%有跛行症状，并有骨软骨病、皮肤损伤、蹄部损伤。漏缝地板上的跛行率是固体地板上的两倍。

在美国关于母猪的另一项研究中，超过1年的期间内，与四肢结构问题有关的前、后肢的跛行率分别为16.1%和12.9%。因后肢严重的变形导致跛行的风险增加。对丹麦存栏母猪的死亡率进行10年以上的调查显示，72%的母猪因运动系统问题被淘汰。

1．佝偻病、软骨病与骨质疏松症 这些综合征常影响老年猪，表现为不同的临床症状。大多数猪包括种猪，在骨骼完全成熟之前即被屠宰。一些生长板功能到3.5岁才能发育完全，因此，易患佝偻病或其他疾病。

软骨病的特点是过量的未矿化或矿化不完全的骨质以骨重塑的形式发生（或不发生）。因此，骨软化是佝偻病的组成部分，影响仔猪生长板的发育。佝偻病、软骨病、骨质疏松症的发病机制是不同的。软骨病的致病机制为骨的矿物质流失和骨溶解。

骨骼发育正常的后备母猪被选为种猪，必须继续提供骨骼发育所需营养，妊娠后有利于胎儿的成长。如果钙、磷或维生素D的量不足或矿物质不平衡，可能会促使骨软化症发生。母猪分娩后由于乳汁中钙的流失，使母猪严重缺钙。初产母猪由于利用自身的骨骼储备，可继发骨质疏松症。由于母猪断奶7 d之内便可妊娠，在一次繁殖周期到下一次之间很少有时间恢复骨质，使骨骼逐步变弱。限制运动也可能加剧钙动员和骨质流失。因此，母猪在妊娠后期、哺乳期间或断奶后不久骨骼容易骨折。相当数量的初产和二胎母猪由于骨折和跛行被淘汰。

母猪在产床移动四肢陷入产床围栏，断奶母猪在配种舍为维持秩序时的斗殴等因素均可能导致骨折。母猪发情期间相互爬跨也容易受伤。常发生骨折的部位包括股骨、肱骨、腰椎骨，偶尔也发生于肋骨。无论何因素造成骨折，母猪骨折后常出现疼痛、严重的跛行及不愿活动。

依据妊娠期、哺乳期、刚断奶母猪的急性跛行或截瘫的病史进行诊断。有时，患肢可检测到捻发音。若母猪下肢瘫痪，经神经系统检查可以帮助定位脊髓病变。患病母猪在早期确诊后因几乎没有治疗价值而被淘汰。可通过对母猪提供足够的营养和加强运动进行预防，减少发病率。

2. 骨髓炎与脊柱脓肿　除了在生长/肥育猪中讨论的原因外，骨髓炎是继发椎体骨折或骨骺分离的另一种原因。病原菌可从表面的伤口、脓肿、呼吸道或消化道途径感染。化脓隐秘杆菌是引起化脓和脓肿的常见原因。尺骨骺骨髓炎在青年公猪和母猪已有报道。

脊椎骨髓炎和硬膜外脓肿，可引起一系列临床症状，包括非特异性跛行、伸展过度、共济失调或双侧下肢弛缓性瘫痪。临床上除感染过程短暂外，很难区分从骨折发展来的破坏性的或占位性脓肿。不管什么原因，都不可治愈，应淘汰病猪。

3. 骨软骨病及腿无力（退行性关节病，软骨发育不良）　骨软骨病和腿无力是一类临床综合征，是导致跛行和种猪淘汰的主要原因。虽然经常调查纯种猪的发病原因，但仍造成重大的经济损失。由于生产规模不断扩大，许多猪群都转向猪生长快，肌肉发达，体形大的饲养方式，从而导致骨软骨病和四肢无力症疾病。

在纯种猪和商业杂交猪中可发现明显的骨软骨症。有退行性骨关节病（DJD）的跛行肥育猪由于不愿意站立进食，而降低增长速度，最终影响猪的生产流程。若屠宰时发现部分猪有关节肿大现象，则有淘汰的风险。软骨发育不良常导致长骨变形，特别是尺骨软骨。猪有外翻畸形或永久性腕弯曲，可能发生跛行往往不宜作为种猪出售。此外，骨骺分离沉淀可能削弱增长板，引起致残性跛行。

虽然仔猪损伤可引发退行性骨关节病、肢体畸形，但直到4~8月龄以上才见临床症状。通常生长快、肌肉发达、体重大的猪经常发病。一定时间内，

一些猪（如果不屠宰）跛行症状会消失，但仍为畸形。临床症状随着损伤部位和程度不同而异，主要包括肢体僵硬、步幅、站立姿势等方面的变化。最常见的是一些猪因双侧多关节损害而出现肢体交替负重的现象；腕弯曲行走的猪通常肘部有严重DJD病变；将四肢置于腹下的猪，在胫跗骨、椎间有DJD病变。

如果发生股骨头骨骺分离，猪将不使用患肢且站立困难。坐骨结节单独分离的猪有站立困难和滑倒的倾向；如果两个结节受到影响，猪会反复出现跳跃步态，临床症状的严重程度不同。若关节病变比退化性关节更严重，会出现步态保护。关节严重损伤的猪也可能不表现出跛行。

X线检查或尸检可见肢体畸形（如影响尺骨远端生长板的猪软骨发育不良），增厚、不规则生长板。在退化的关节中，有过量的黄色滑液和可能增生的滑膜绒毛。有各种不规则的关节面，有软骨褶皱、软骨裂隙、软骨皮瓣，在严重病例可出现软骨外露。慢性病例，骨赘增生，软骨碎片镶嵌在滑膜内骨化，填充纤维软骨。如果脊椎关节受影响，脊椎最终融合。尺骨远端部分和肋骨的软骨发育不良使生长板受到严重损伤，这些受DJD影响的关节包括肘关节、后肢膝关节、踝关节或椎间关节滑膜。

病变的发病机制尚不清楚，但干骺端和骨骺（可能是薄弱点）软骨矿化不完全，或在关节-骨骺软骨界面处软骨细胞坏死都可继发本病。假如损伤部位导致血管血液供应障碍，常使软骨细胞功能异常，不能维持软骨稳态或促进软骨内骨化。目前科研工作者根据马类似猪的损伤，进行局部血液供应障碍的研究。

许多潜在的引发DJD和软骨病的原因已经被研究。繁殖母猪、体重较大和肌肉发达的猪通常受影响。因此，杂交育种的杂种优势（生长更快、肌肉发达）不能解决这个问题。增长最快的猪与相同体重的慢生长猪相比，生长板或关节病变的倾向更大。生长激素可能影响软骨细胞的代谢，造成关节损伤。

控制能量和蛋白质浓度对这种损伤发展的影响一直没有定论。没有任何证据证明营养成分（钙、磷、维生素A、维生素C和维生素D）的不平衡或不足与软骨或骨损伤有关，并加剧DJD或软骨病。可能是缺乏锌和锰造成DJD，但很少有研究证据。

猪混群的应激反应对DJD的发生率没有影响。母猪在坚实地板的跛行淘汰率比板条地板低，但DJD猪在泥土堆的好处与稻草相比尚无定论。虽然这种猪通常在6周之内康复，但可成为潜在的综合征携带者。

由于受软骨病和DJD影响，病猪生产效率和预后较差。通过基因筛选或控制蛋白质和能量的摄入量可

降低生长率从而减少发病率，与现代养猪生产提供优质猪肉的目标相符。使用药物可以缓解临床症状，但掩盖了真正的发病率，如果种猪群患病便会营造一种错误的安全观念。

最好采取以下做法：更换跛行、生产性能低的猪，提供满足骨骼生长所需的充足饲料，后备母猪的猪舍按大于1.1 m²/头配备，加强运动，并铺防滑地板。在有问题猪舍，鼓励后备母猪"强化"期管理。这包括购买75 kg以下的母猪，限制其采食量，以减缓其生长速率，提供面积大于1.1 m²/头的坚实或只是部分漏缝的地板，直到8～10月龄，用于繁殖。购买更换优质的种猪，拒绝劣质猪。

4．腐蹄病或腐败性蹄叶炎　腐蹄可发生于任何年龄的猪，但在种猪上损失严重。分娩期和妊娠期均可见，发病率为20%～68%。通常单肢受影响，然后逐步发展导致猪三脚跛行。

损伤通常是逐渐发展，出现蹄部肿胀。损伤严重程度不同，包括蹄跟糜烂、蹄白线分离、趾糜烂、蹄底糜烂、裂蹄症、深层坏死性溃疡、冠状带窦道和慢性纤维化。通过病原分离鉴定或病灶涂片和组织切片确定混合病原菌。这些病原菌包括化脓隐秘杆菌、坏死细梭杆菌、疏螺旋体，也可能是革兰氏阴性、阳性球菌和杆菌混合感染。

可通过临床症状和蹄部检查作出诊断。整个蹄部应在猪侧卧和保定时进行检查。若为群发性，所有母猪都应接受检查。蹄部感染猪应尽可能在屠宰场进行检查。仅通过体表检查可能会误诊。因此，一些病猪确定损伤严重足以引起跛行便可淘汰用于诊断，平行切开蹄底，确认软组织和骨骼是否发生感染。

用青霉素（200 000 U，损伤严重的600 000 U，肌内注射）治疗有效，但是慢性损伤的治愈率降低。预防包括改善环境，洁净地板，减少水分，重铺粗糙、磨损的地面。用于置换的成熟后备母猪可补充生物素提高蹄部质量，建议对母猪也应用。可用硫酸铜或硫酸锌进行足浴，有助于防止或减轻病变。对患病严重的猪采用趾切除术可成功延长猪的寿命。如果实行趾切除术，适当的伤口包扎和清洁深层的创伤对于猪的康复至关重要。

5．创伤　创伤与用力过度有关，可造成母猪内侧肱骨上髁和股骨大转子肌腱分离和增生性骨炎。配种前后或断奶期，后备母猪和母猪的混群，由于重建秩序的争斗导致受伤。这直接导致长骨骨折或皮肤擦伤，可能会导致继发性细菌感染。

混凝土板条地面在母猪欲站立时可能导致悬蹄撕裂。在干净、垫料较厚的猪舍内进行适当的抗生素治疗，包扎伤口有利于伤口的愈合。

第十节　绵羊的跛行

许多全身性疾病均可导致绵羊的跛行，包括脐病（大肠埃希菌和丹毒）、破伤风、白肌病、冻伤、衣原体性多关节炎、佝偻病、羔羊蹒跚病（铜缺乏）、乳房炎、睾丸炎、营养性骨发育不良、硒中毒、蹄叶炎、嗜皮菌病、蓝舌病、溃疡性皮肤病，还有一些国家的口蹄疫。若出现无力、共济失调和神经症状，可能会被误诊为跛行疾病，如羊痒病、李斯特菌病、绵羊脱髓鞘性脑白质炎。根据具体症状，鉴别诊断、治疗和预防措施可参考其他章节（例如，"肌肉骨骼系统"和神经系统）。

跛行常由外伤引起，腿骨折常见于羔羊，是由成年羊不小心踩到或踢到所致。可用夹板固定，并在3周痊愈。然而，未注意到夹板长时间的留置，可能会导致医源性跛行。总的治疗和预防原则和其他动物是相同的。

蹄部的特殊感染可引起跛行。常见的是传染性腐蹄病，是由坏死梭杆菌和专性节瘤偶蹄形菌混合感染。蹄间皮肤是最初被感染的部位，由于上皮的损伤和长时间浸在潮湿环境中导致感染的发生。坏死梭杆菌和化脓隐秘杆菌引起短暂的羊趾间皮炎或蹄烫伤，这可能会导致更严重的问题。

一、趾间皮炎（蹄底伤）

趾间皮肤坏死通常先于或伴随腐蹄病的发生。在澳大利亚，该病被认为是由毒力较弱的节瘤偶蹄形菌引起，称为良性腐蹄病（见下文）。潮湿的天气、牧场、泥土是诱发因素。温和型病例，趾间的皮肤发红、无毛、肿胀、湿润。重症病例，趾间皮肤的完整性被破坏，露出皮下组织，趾间深层组织出现化脓和肿胀。跛行可影响90%的绵羊，且四肢都可能被感染。如果没有致病性D型结节杆菌感染就没有其产生的特征性气味。干燥条件下疾病可迅速愈合，但是当环境潮湿可再次复发。

因为趾间炎常继发腐蹄病，治疗需像腐蹄病一样谨慎。其他与腐蹄病有差别的疾病应给予考虑，包括影响蹄冠和系部的多毛皮肤的嗜皮菌病（草莓腐蹄病），病毒性疾病（如溃疡性皮炎、触染性痘疮、口蹄疫）等应结合发病史、临床症状、电镜和血清学进行鉴别诊断。

目前，可选用10%的硫酸锌或气雾消毒剂进行蹄浴。

二、传染性腐蹄病

当蹄底伤同时感染节瘤偶蹄形菌，可导致传染性腐蹄病发生。澳大利亚人根据结节类杆菌的不同毒株，将腐蹄病分为良性和恶性两大类。然而，在美国，良性和恶性腐蹄病由于难以分辨被认为是相同的，采用相应的治疗措施。

（一）良性腐蹄病

感染主要局限于趾间皮肤，仅以最小限度在相邻的趾下。在临床上，良性腐蹄病和绵羊趾间皮炎相似，但D型结节类杆菌难以培养，所以很难确诊。然而，D型结节类杆菌感染有独特的气味。常表现为跛行，没有恶性腐蹄病那样严重。病因和发病机制是相同的，但与引发恶性腐蹄病的菌株相比，D型结节杆菌毒力和感染性相对较弱。D型结节类杆菌可从牛群中分离出，但通常仅导致绵羊的良性腐蹄病。良性腐蹄病造成的经济损失远小于恶毒腐蹄病。在潮湿季节，驱赶羊群通过含有10%的硫酸锌的足浴液，每14 d 1次，可有效地控制腐蹄病的发生。

（二）恶性腐蹄病

恶性腐蹄病是一种特殊的、慢性的、坏死性疾病。由趾间皮炎扩散到整个蹄部。由于敏感层和毛细血管网的感染损伤，蹄壁（真皮）失去血液供应，和其底层组织分离。腐蹄具有接触传染性，在适当条件和易感基因存在的情况下，发病率可能接近100%。山羊、鹿、牛等很少感染。目前已经建立筛选了含潜在抗病基因的群体，以提高对腐蹄病的抗病性。

【病因】坏死杆菌，革兰阴性厌氧菌，可通过粪便传播。潮湿环境，为D型结节类杆菌感染趾间皮肤创造了良好条件。D型结节类杆菌也是革兰氏阴性厌氧菌，在蛋白酶作用下液化颗粒层细胞、棘层细胞，造成蹄壁和基底上皮分离。它按趾间、蹄踵、蹄底、蹄外侧的循序感染。D型结节类杆菌在体外最多存活2周。但它可以寄生于羊的体腔、缝隙和变性的蹄部。有至少20种不同D型结节类杆菌，分别具有不同的致病性。温暖和潮湿的条件下传播迅速，然而寒冷和潮湿的条件也有利于传播。

【临床表现】最明显的症状是跛行。慢性感染的绵羊，蹄部变得粗糙和变形。当多蹄感染时，一些绵羊出现侧卧或用膝盖着地的症状，前胸和膝盖往往出现脱毛和溃疡。感染的羊不愿争食，身体状况差，产毛较少。感染后蹄的公羊不愿意配种，感染后蹄的母羊配种时可能无法承受公羊的体重。

在发病早期，蹄部检查只可见趾间皮炎。随着疾病的发展，感染波及蹄基质，此时，蹄部受侵害部位发生脱落。随着疾病的进一步恶化，蹄底和蹄踵表面坏死、角质分离。用手指可使蹄底和蹄踵的蹄壁脱离相关组织，露出白色、轻度湿润（但不化脓）、有异味的物质。最后蹄外壁受到影响。最终，蹄角质只附着于趾和侧面的一小部分。坏死组织的特征性气味，有助于疾病的诊断。在苍蝇活动季节，蝇蛆病是本病最常见的继发症，由于在患病绵羊侧卧时，患蹄易接触胸腹部，导致两侧胸腹部也常发生蝇蛆病。本病将持续存在直到环境干燥或采用药物治疗。明显愈合后，D型结节类杆菌仍然隐藏在蹄部，直到修蹄时才被发觉，在潮湿的环境下可复发。这种绵羊成为亚临床症状的疾病携带者。腐蹄病患羊可恢复但不会获得明显的免疫力，因此仍会复发。

【诊断】对群发性恶性腐蹄病，通过分离一肢或多肢蹄部角质，结合特殊的气味进行诊断。若早期只发现趾间皮炎，应假定为传染性腐蹄病的早期阶段，立即采用治疗措施。

【治疗】治疗可短期控制或彻底消灭该病。但有时（在潮湿的季节发病时）暂时控制疾病的蔓延和恶化是唯一可行的措施。传统的治疗首先应仔细去除所有修蹄时的坏死角质和暴露在空气中感染的组织及细菌，用抗菌溶液足浴。未修蹄时足浴30 min到1 h效果更佳。最有效的蹄浴液是10%的硫酸锌和0.2%非离子型表面活性剂，如月桂基硫酸钠。代替足浴的气雾喷剂包括硫酸锌、碘酒、四环素、硫酸铜、福尔马林、氯漂白剂、消毒剂等。然而，喷雾剂不如足浴或浸泡在硫酸锌有效。

长效抗生素结合蹄局部治疗有利于疾病的恢复和减少病原携带者。采用长效土霉素注射治疗，13.6 mg/0.454 kg，药效可在绵羊和牛体内持续7～8 d。然而，羊必须安置在干净的区域（至少隔离2周），或在完全干燥的地方，蹄浴后给予抗生素治疗。若抗生素在羊体内清除后将羊返回被污染的环境中，绵羊可发生再感染。经治疗的绵羊蹄子应每周检查1次，以确定治疗是否有效。治疗无效的绵羊应被淘汰。D型结节类杆菌感染因可复发，所以很难治愈。此外，识别、隔离和治愈的亚临床或复发的羊，以防止传染其他动物。

【预防与控制】不应购买未知来源的绵羊。所有引进的绵羊都应该隔离观察几周才能混群，防止腐蹄病和其他慢性病的蔓延。在检疫期间，绵羊要修蹄，并仔细检查趾间隙，注意是否有D型结节类杆菌感染导致的缺口和畸形现象。未知的托运车辆或运输感染羊的车辆（如卡车，拖车）或设备应彻底清洗和消毒，才能用于健康绵羊的运输。如果不能彻底消毒运输车辆，可用硫酸锌对车进行杀菌。

由于腐蹄病的潜伏期大约为14 d，10 d足浴1次可有效控制潮湿季节病原菌的感染。通过在水槽周围放置10%硫酸锌溶液，迫使绵羊为了喝水而站在足浴液中，这种措施可有效控制腐蹄病。跛行绵羊应分开处理，直到证明不是腐蹄病，才可返回羊群。

D型结节类杆菌疫苗可使感染的绵羊加速康复和保护健康绵羊。建议作为控制或消除疾病的辅助措施。然而，疫苗的有效性取决于造成感染的毒株和疫苗中存在的毒株是否相同。尚无疫苗包含了所有血清型的D型结节类杆菌，仅使用疫苗而不采取其他治疗措施，最可能选出疫苗中不含有的菌株。明矾沉淀疫苗需要相隔4~6周免疫2次，免疫力可持续2~3个月。若免疫力形成，损伤可在4~6周痊愈。油乳剂疫苗首次免疫后3周内可产生免疫力，且可持续3~4个月；在地区性流行的疫区，建议首免后3~6个月进行二免。接种疫苗的常见反应是导致大肉芽肿或偶尔脓肿。F型坏死杆菌基因疫苗无论是预防或治疗效果均不显著。

有报道称，增加锌微量矿物盐可有效地减少牛腐蹄病，但尚未有临床证实对绵羊有效。然而，锌对增加免疫力和皮肤/蹄的健康很重要。饲喂可平衡微量元素，对于局部的锌缺乏有帮助。

【扑灭】成功的根除方案需要规划、承诺、时间和金钱的花费。仅通过消除所有的D型结节类杆菌病例即可实现该病的根除。这可通过用健康绵羊更换感染绵羊，或通过治疗所有新感染的绵羊，并扑杀没有治疗价值的感染的绵羊来实现。当环境干燥时，根除是最简单的，在其他时间，治疗的同时应更多注意控制传播。感染的绵羊必须仔细检查四肢的蹄部，除此之外没有其他可用的诊断方法。亚临床病例的存在是一个主要问题。在潮湿环境下可复发，并使感染迅速蔓延。其他反刍动物（山羊，鹿，牛等）是D型结节类杆菌的潜在来源。如果他们和绵羊接触，应考虑采取根除方案。

开始时，要对所有的绵羊进行修蹄和进行仔细检查。羊群分为感染组和健康组。羊无可见病变的蹄进行单独蹄浴，后放在干净、干燥的地面上（感染组可能有一定的基因抗性，并通过一些方式进行鉴别。保留后代有助于疾病的进一步控制）。感染组应每周蹄浴1次，蹄浴1~2个月，若发现任何跛行羊应立即淘汰。感染组可扑杀或治疗。修蹄后，蹄浴至少30 min，然后用抗生素治疗，并与健康组分离。第二感染组每周蹄浴1次，总共3次，蹄浴时注射长效土霉素。最后阶段，所有的绵羊蹄再次进行检查和修蹄。有腐蹄病的羊应被淘汰。在下一个潮湿的季节来临期间，密切观察第二感染组是否含有携带者，携带者往往最先表现出跛行。当1个月或更长时间无复发病例，这组可与健康组混群。然而，将1只感染的或亚临床的绵羊置于健康群内，可使先前的努力白费。

澳大利亚已对许多羊群实施有效的根除计划。该方案有三个阶段。控制阶段用于流行期减少感染羊只数。在这个阶段，接种疫苗、足浴和注射抗生素均被采用。根除阶段必须在旱季，并已停药数周，且在疫苗接种后10~12周。足浴和疫苗接种往往掩盖感染的存在。在这个阶段，每3~4周对所有羊的蹄部进行检查。第1次检查发现感染的羊只注射抗生素治疗。之后，每次检查发现感染绵羊应立即扑杀。直到群体试验有两次连续的全阴性。在监控阶段，对所有跛行羊立即进行检查。如果出现腐蹄病，羊群可以重新回到1或2阶段。

三、蹄脓肿

趾脓症（感染性蹄球坏死、蹄踵脓肿、趾瘤症）是累及远端趾间关节软组织和关节的坏死性或化脓性疾病。零星发病，但高达25%的羊群可能被感染。

趾脓症可由坏死梭杆菌和化脓隐秘杆菌两种病原体引起。蹄脓肿是羊趾间皮炎引起皮下组织坏死，进而波及远端指间关节的并发症。他们通常滑倒时由尖锐物体（例如，结痂的雪、冷冻或紫花苜蓿和谷物硬茬）刺伤趾间皮肤，或修蹄时不小心造成皮肤损伤。趾间关节由于关节囊突出蹄背和蹄底的冠状带易被感染。在这些位置，关节囊仅由趾间皮肤和少量皮下组织保护。

蹄脓肿在土壤和牧草潮湿或冻结时多见。引起急性跛行的羊通常患肢不着地。坏死物质可能通过由细菌感染引起的蹄趾间皮肤开放而排出，但更常见蹄冠一个或多个窦道肿胀破开。如果没有窦道，肿胀的皮肤会被刺伤。在某些情况下，患肢大幅度运动，提示远端趾间关节韧带断裂。这些病例可能会出现运动时更换趾部和永久性畸形。

对于蹄脓肿引起的急性跛行，可根据趾的肿胀和窦道排脓区别于腐蹄病。

注射长效抗生素进行早期治疗有时有效，可防止关节感染。通过引流排脓并应用抗生素制剂和自粘绷带，实现维持关节韧带完整性的治疗目的。自粘绷带可减少韧带张力，隔离创口，防止伤口感染。虽然预后往往难以完全恢复，但多数病例可充分愈合，能自由运动。一旦关节感染，保守治疗往往无效。然而，手术切除感染的趾（如果其他趾是健康的）较为有效。

通过早期治疗和避免羊在易导致羊趾间皮炎和脓肿的诱因环境中饲养，可控制本病的发生。虽然可用F型坏死梭杆菌疫苗，但效果并不理想。

四、油脂腺阻塞或感染

在绵羊趾间皮肤有一油脂腺，其分泌稠的透明油性物质储存于趾骨内的小囊内，且通过管道排到皮肤表面。油脂腺偶尔会被误诊为脓肿。然而，管道可发生阻塞导致小囊扩张，但很少引起跛行。小囊也可能受感染而导致局部蜂窝织炎或脓肿，可能和禽掌炎相混淆。人工挤压患部排出内容物，可减轻阻塞。根据感染的范围和严重程度采用局部或全身性抗菌治疗。本病不同于禽掌炎，通常容易治疗。

五、趾间纤维瘤

趾间纤维瘤是趾间的纤维组织增生，似乳头状瘤。若不切除，可能波及其他趾。第一趾骨向上卷曲生长可造成严重跛行。若能早期确诊，手术切除（冷冻切除术和电疗法）疗效良好。然而，若出现跛行，弯曲的趾骨不能完全去除，纤维瘤有复发趋势。

六、腐败性蹄叶炎

腐败性蹄叶炎（浅层型脓肿、蹄尖脓肿）是一种急性细菌性感染，常局限于蹄尖和外侧蹄壁。该病散发且病原多变，但由坏死梭杆菌和化脓隐秘杆菌引起的病例，比链球菌或其他细菌引起的病例更严重、侵害范围也更大。这些细菌能通过蹄壁和蹄底之间的裂缝或蹄部角质层的纵裂或横裂侵入蹄基层而引起本病。有时，蹄部沾满粪、泥或沙，蹄部过度生长，或由蹄叶炎引起的蹄壁分离均可促进本病的发生。

在本病，前肢的蹄更常受侵害。病羊表现严重跛行、患趾发热和有触痛反应。在蹄冠病灶上方可能形成窦道，或在蹄底发现脓肿。用手指挤压脓肿部位，会出现疼痛反应，有助于定位局部感染的小囊。修蹄后进行引流可使病羊很快恢复。

第十一节 反刍动物与猪的肌病

一、传染性肌病

（一）梭菌性坏疽

骨骼肌的梭菌性坏疽（黑腿病、恶性水肿、气肿性炭疽、气性坏疽、坏疽）是一种引起急性心肌坏死的非接触性疾病。常见的病原菌有气肿疽梭菌、腐败梭菌、梭状芽孢杆菌、偶见B型诺维氏梭菌、A型产气荚膜梭菌、肉毒梭菌或几种病原的混合感染（见梭菌疾病）。梭状芽孢杆菌或其孢子在环境、粪便、肠道和其他内脏器官普遍存在。病原菌的孢子通过肌内注射、穿刺伤或肌肉创伤进入机体，在肌肉适宜的厌氧环境下，都可继发梭菌性肌肉坏死。体内的任何骨骼肌均可感染，但多数感染四肢和躯干肌肉。外阴周围、舌、隔肌偶尔也可感染，母牛乳房可能是败血症的主要部位。梭状芽孢杆菌释放的毒力较强的外毒素可造成局部组织损伤、全身毒血症和广泛性器官功能障碍。诺维氏芽孢梭菌是所有梭菌种类中毒性最强

的，可引起致命性肌坏死。

感染的特点是迅速的出现临床症状，体温升高（40～41℃）、跛行、全身毒血症、震颤、共济失调、呼吸困难等症状，常于12～24 h之后昏迷或死亡。死亡率可接近100%。最初，感染区域的皮肤会出现肿胀、发热、变色，随着病情的发展，出现皮温下降和敏感性降低。捻发音指示皮下有气体产生。如果是新鲜创，可见恶臭的血清和血液渗出。进行血液学和血清生化分析，CK和AST活性升高通常反映血液浓缩和应激/毒性白细胞像，但不能反映梭菌性坏疽的毒性。可通过涂片检查、荧光抗体试验、组织的厌氧菌培养确诊，可与其他快速暴发导致迅速衰弱或死亡的疾病进行鉴别诊断。

梭菌性坏疽与其他疾病相比有特征性的病理损伤，便于诊断。死于梭菌性坏疽的动物，尸体出现肿胀和迅速自溶，并有类似于腐败黄油的恶臭味。这是大多数梭菌性坏疽的特征性臭味。气肿疽梭菌感染的特点是皮下组织和相邻组织充血，并有小气泡。切开感染部位，湿润、深色肌肉位于外周；在肌肉束之间的浅色、干燥的有气泡的肌肉朝向中央。牛的梭菌性坏疽肌肉除了气体较少且没有绵羊的干燥，二者的病例损伤相似。诺维氏梭菌常造成牛的颈部和前胸肌肉的坏死，死亡迅速而很少见皮下气体。除了局部的肌肉坏死，动物左心室经常有大量的心内膜出血，气管、支气管和胸腺也有出血。常见的肾周广泛水肿、肾盏出血、严重的肺充血。

针对个别动物可尝试抗生素治疗和彻底的清创手术，然而，大多数病例通常是致命的。青霉素每2～4 h以44 000 U/kg的剂量静脉注射，直到病情稳定（1～5 d）。如果可能，建议使用特效的抗毒素药。建议用支持性输液疗法，使用止痛剂和消炎药控制疼痛和肿胀。短效皮质类固醇可用于早期全身性治疗和中毒性休克，但持续使用可继发败血症。

4～6月龄的牛建议注射包含气肿疽梭菌、腐败梭菌、诺维氏梭菌、产气荚膜梭菌中的2种或多种梭状芽孢杆菌抗原的灭活疫苗。除气肿疽梭菌疫苗，其他都要免疫2倍剂量以建立良好的保护。应在6～8月龄进行加强免疫以获得持久的保护。

（二）肉孢子虫病

肉孢子虫包囊常见于绵羊、山羊和其他物种的心脏、食管、骨骼肌，但很少引起疾病。严重感染肉孢子虫的病例可能会引起发热、轻度贫血、慢性肌炎、肌肉萎缩。牛枯氏肉孢子虫、多毛肉孢子虫、人肉孢子虫常感染牛，羊肉孢子虫、山羊犬肉孢子虫感染绵羊和山羊。牛自然感染最常见的机制是由摄入被食肉动物粪便污染的饲料（肉孢子虫病讨论）。

二、营养性肌病

（一）营养性肌变性

营养性肌变性（NMD）（白肌病、羔羊僵硬病、营养性肌营养不良）是一种硒或维生素E的饮食供给不足引起的心脏和骨骼肌的急性、退化性疾病。主要发生于迅速增长的犊牛、羔羊和幼年动物。母畜妊娠期间通常造成硒缺乏。在预防NMD上，硒比维生素E更重要。因谷物和粮草中缺乏硒以及存储条件导致维生素E的破坏，NMD可在世界上土壤缺硒的地区广泛流行。在美国的东北部、东部沿海地带、西北地区的土壤硒较缺乏。当动物饲喂质量差的干草、秸秆、块根作物时，易导致维生素E缺乏。

硒是抗氧化硒蛋白的重要组成部分，维生素E作为脂双层内的抗氧化剂。肌肉变性是因为细胞膜和蛋白质氧化损伤，导致细胞完整性破坏。一般年幼、快速生长的动物可患本病，但1岁牛和成年牛也有报道。当心肌受到严重影响时，会出现呼吸窘迫、心律不齐，甚至死亡。这种情况下，尽管采用了药物治疗，但动物往往在24 h以内死亡。当骨骼肌受严重影响时，会出现肌肉无力、僵硬和站立困难的症状。多数患病动物仅能在短时间内保持站立，肌肉触诊坚硬并有疼痛反应。若呼吸肌受到影响，有呼吸窘迫、腹式呼吸的症状。舌肌受影响，可造成吞咽困难。患有骨骼NMD的动物通过休息和治疗病情可得到改善，在3～5 d内通常可站立和行走。

与传染性疾病导致的败血症、肺炎、毒血症，心脏异常，心源性中毒如在植物（夹竹桃、决明子、红豆杉、白蛇根草、棉籽中的棉酚毒性）中发现的心脏毒性药物和离子载体抗生素可进行鉴别诊断。其他造成步态僵硬、体弱、精神状态正常的斜卧症状的疾病包括脊髓压迫、小脑疾病、化脓性和非化脓性脑膜炎/脊髓炎、多发性关节炎、神经毒素中毒（如有机磷）、破伤风、骨盆骨折、寄生虫性肌炎、梭菌性肌炎、挫伤。

NMD可导致CK、AST、LDH活性升高。确诊应根据血清中硒浓度过低（标准值域大于0.1 μg/g）或肝硒含量（正常牛含0.9～1.75 μg/g，绵羊含0.9～3.5 μg/g）。大动物血浆中的维生素E（α-生育酚）的临界浓度为1.1～2 μg/g。血浆样品中的维生素E迅速变质，因此，血浆样品应立即放在冰上进行α-生育酚分析，若要推迟分析，则应避光，于-70℃保存。

NMD可见两侧对称性肌变。骨骼肌变性的特点是肌肉苍白、外观干燥，肌肉束有白色条纹，钙化，肌肉水肿。心肌和骨骼肌肉束的白色条纹代表凝固性坏死，在慢性病例表现为肌肉纤维化和钙化。在犊牛，左心室和膈肌常受影响，但羔羊通常两个心室均受影响。组织学检查，由于肌纤维的矿化和巨噬细胞

浸润导致肌纤维过度收缩和断裂。

图9-15　白肌病的心肌病变
（由Sameeh M. Abutarbush博士提供）

心肌型NMD不可治疗，骨骼肌型可通过注射硒制剂得到改善。常规剂量为0.055～0.067 mg/kg（2.5～3 mg/45 kg）肌内注射或皮下注射。注射量不能超过常规剂量，防止过量注射造成的硒中毒。当补充维生素E的量不足时，可使用目前仅作为溶液防腐剂维生素E/硒制剂。可注射用的维生素E产品为含维生素E 300～500 IU/mL的D-α-生育酚制剂。口服是常用的补充维生素E的方式。建议犊牛以15～60 mg/kg的D-α-生育酚添加于饲料以补充维生素E。用抗生素控制继发性肺炎。保证足够的能量摄入，并注意体液和电解质平衡对预后至关重要。

根据目前美国的联邦法规，硒可以按0.3 mg/kg的量混入反刍动物和其他动物的日粮中。添加矿物盐的混合饲料，硒的添加量分别为绵羊90 mg/kg，牛120 mg/kg。某些地区牛群，硒在矿物盐的混合饲料的添加量为200 mg/kg才能保持足够的硒供应。联邦法规限制硒的补充量为每只绵羊0.7 mg/d，每头牛3 mg/d。在许多国家，给反刍动物口服瘤胃丸，可每日释放定量的硒。然而，目前该产品不符合美国FDA的指导原则。这些缓慢释放的药丸可代替饲喂矿物盐的混合饲料、注射硒制剂，尤其适用于广泛的放牧。此外，个别动物可以定期注射硒/维生素E制剂（间隔30～60 d），维持体内的浓度，协助硒的胎盘传递。

无论采用何种补充方法，都应定期对濒危动物的血液（或组织）进行采样，确定硒水平。以正确储存的干草和谷物或优质的绿色饲料喂养动物，以确保足够的维生素E摄入量。

（二）低钾性肌病

当奶牛血清钾浓度低于2.5 mmol/L时，造成低钾性肌病，引发严重的肌无力症状。对酮病奶牛一次或多次注射异氟泼尼松产生厌食和钾排泄过多是低钾血

症的主要原因。异氟泼尼松具有糖皮质激素和盐皮质激素双重活性，母牛单次注射（20 mg）2 d后，血清钾浓度降低25%。2次注射3 d后，降低46%。

低钾性肌病的临床症状包括严重肌无力、躺卧、头部和颈部姿势异常、瘤胃弛缓、粪便异常、厌食和心跳过速。心律失常也十分常见。结合临床症状和血钾低于2.5 mmol/L可进行诊断。其他常见的临床化学指标异常包括酮病、代谢性碱中毒、血清CK和AST活性。肌肉活组织检测可见空泡性肌病。

全身钾平衡恢复很难，血清钾浓度不能反映肌钾离子浓度。建议补充钾离子以氯化钾静脉注射（16 g/l00 kg）和口服（26 g/100 kg）约5 d。因此，治疗措施应根据酮病和厌食的主要发病原因选择，并采用辅助疗法。经报道，治愈率为22%～79%。

（三）猪的营养性肌病（营养性肝病，桑葚心）

猪有几种特殊的疾病（如桑葚心）可造成广泛的肌肉变性，而有些猪（营养性肝病）的肌肉变性却不明显。肌病可伴发黄脂病。

【病因】桑椹心和营养性肝病的发生与饲料中低水平的硒或维生素E有关。饲喂低水平维生素E饲料的仔猪，注射右旋糖酐铁会导致严重的肌病，其病理变化与硒或维生素E缺乏症相同。其他引起硒需求增加的因素包括低蛋白饲料（特别是含硫氨基酸的含量较低）、硒颉颃物饲喂过量、影响硒代谢的遗传因素等。含有高浓度不饱和脂肪酸、维生素A或真菌毒素的饲料可降低对饲料中维生素E的利用。

【临床表现】这些疾病有共同的特征性症状，散在发病，2～16周龄快速生长的猪多发。病猪突然死亡，而且在运动后死亡增加。

【病理变化】桑椹心的特征性肉眼病理变化是心包显著扩张，积有多量含纤维蛋白丝的淡黄色液体，心外膜和心肌严重出血；光镜检查可见心脏的血管和肌细胞均损伤，除间质出血外，通常还有广泛的心肌坏死和毛细血管内纤维蛋白性血栓形成。如果猪几日后仍能存活，可能由于局部脑软化而表现出神经症状。

在营养性肝病，常见皮下水肿、浆膜腔内有不同程度的渗出、肝脏表面纤维蛋白丝粘连、不规则的实质坏死和出血病灶使肝脏呈现特征性的花斑样外观。急性损伤在肝表面上可见散在、发红、肿胀的小叶及胆囊壁水肿增厚。心肌坏死的局灶性损害不常发生，常见骨骼肌坏死。

许多因硒或维生素E缺乏而死亡的猪常有食管、胃的溃疡或溃疡前的病理变化。

【诊断】根据病史和大体剖检所见病理变化可作出诊断，但有必要进行心肌和骨骼肌的组织学检查。应把桑椹心与急性败血症（如沙门氏菌、丹毒、链球菌病）、心包炎、多浆膜炎和水肿病相区别。猪应激综合征造成骨骼肌有明显的损伤，应考虑与营养性肝病、沥青中毒、棉酚中毒进行鉴别诊断。猪与其他动物硒或维生素E缺乏症的诊断相同，通过血浆和组织中硒、维生素E、谷胱甘肽过氧化酶的水平下降，血清中CK和AST活性升高来确诊。

【防治】同反刍动物一样，在饲料中添加硒或维生素E即可，也可二者同时添加。病猪及其同群的猪注射硒或维生素E制剂可迅速提高组织中硒或维生素E的水平。妊娠后期的母猪注射硒或维生素E可提高新生仔猪组织中硒或维生素E的含量。

三、中毒性肌病

（一）植物毒素

植物毒素会影响心肌和骨骼肌的正常功能。毒素中毒没有特异性临床症状，主要表现为厌食、心跳过速性心力衰竭、呼吸困难、腹泻、身体僵硬、肌肉无力、卧地不起和肌红蛋白尿。棉酚中毒可导致肌肉坏死。单胃动物及犊牛饲料中棉酚含量不能超过200 mg/kg，而成年反刍动物每头每日可耐受20 g棉酚。决明子生长于美国东南部，若反刍动物或猪食用其种子，可能会导致骨骼肌和/或心肌变性。白蛇根毒素是生长在美国东部和中部阴影地的白蛇根草（皱叶泽兰，*Eupatorium rugosum*）的有毒成分，生长在西南部开放牧场的无舌状黄花（*Isocoma wrightii*）也含有这种有毒成分。这些植物以体重2%的摄入量，即可引起致命性心肌病和严重骨骼肌变性。在牧场上的干草或死亡植物的茎秆仍含有白蛇根毒素。

（二）离子载体

过量的离子载体添加到饲料中，可能会导致心肌和骨骼肌坏死。实验研究表明，莫能菌素在绵羊、猪、山羊和牛的LD_{50}值分别为12、17、26、21～36。离子载体分别以100 g/t和400 g/t的浓度混料，可导致绵羊和牛的死亡。治疗新生犊牛隐孢子虫病以100 mg的拉沙菌素每日3次可致肌坏死。其他离子载体包括烟酸、盐霉素、来洛霉素。剖检通常可见牛心肌苍白坏死和肺充血。猪和绵羊主要表现为骨骼肌损伤，组织学与营养性肌肉变性非常相似。根据病史、临床症状和病理变化进行诊断。

四、外伤性肌病

牛肌肉挤压综合征

牛卧地不起通常伴随肌肉损伤。因低血钙而肌无力的动物试图站立，可能会使缩肌或半腱肌/肌腱撕裂。此外，侧卧使动物局部肌肉压力增加，导致血液灌注减少，肌肉和神经缺血。肌肉损伤导致水肿和炎症反应，二者会加剧局部组织的退行性变化。奶牛卧地不起时，血清CK轻度升高，但活性超过5 000 U/L时，表明肌肉存在外伤性损伤。治疗需要查明卧地不起的原因，若证实肾损伤的存在可结合NSAID采用输液疗法，并注意良好的护理，垫料充足，每日起吊或翻动动物数次。牛用盐水浴桶进行水疗可有效降低肌肉压力。

五、遗传性肌病

（一）公山羊肌强直

山羊的先天性肌强直，是由于骨骼肌氯离子通道的不完全外显的常染色体显性遗传突变。这种突变的山羊已被作为一个品种进行繁育，称为"昏厥山羊"。6周龄羊的临床症状表现为当受到视觉、触觉和听觉刺激时，可发生肌肉强直。山羊一生都具有此症状，但这些症状是良性的。肌强直的诊断是通过识别"俯冲"式肌电图和或通过基因测序确诊。

（二）夏洛来牛磷酸化酶缺乏症

夏洛来牛的肌磷酸化酶基因突变症状为运动耐力差和肌肉坏死，与营养性肌病相似。该病现已在美国和新西兰等许多国家得到确诊。牛运动耐力差，若强迫运动会出现突然跌倒和肌肉坏死，肌肉坏死主要特征为血清CK活性升高以及长时间侧卧。大多数青年牛采用辅助疗法可存活，并可作为种牛进行繁殖。

（三）猪恶性高热

猪恶性高热是由于骨骼肌中兰尼碱受体1基因（RYR1）的常染色体隐性遗传基因突变造成，并导致猪的肉质异常。皮特兰猪、波中猪和一些长白品系的猪多受影响。在运输或麻醉过程中，猪出现体温升高，骨骼肌变得极硬和乳酸中毒。屠宰时，受影响的肌肉变得苍白，柔软并有渗出，肉品质量降低。病猪和携带者可通过基因测序进行诊断。

（四）猪的RN（－）糖原贮积病

汉普夏猪常见RN（－）表型。它是由于AMP激活的蛋白激酶3亚基基因（PRKAG3）中的常染色体显性基因突变引起，基因突变后可激活AMPK。猪无临床症状，但是骨骼肌糖原含量增加了70%，导致在屠宰时肉品质量降低。

第十二节　马的肌病

马的肌肉疾病通常表现出多种临床症状，包括肌肉僵直、疼痛、肌肉萎缩、无力、缺乏耐力和肌肉震颤。最常见的临床表现是肌肉疼痛、僵硬和因横纹肌溶解而导致的不愿活动。横纹肌溶解症可定义为横纹骨骼肌的损伤，大致可分为与运动有关的横纹肌溶解

症（即运动性横纹肌溶解症）和与运动无关的横纹肌溶解症。

不愿活动、重症爬卧和尿液颜色改变的鉴别诊断包括跛行、疝痛、蹄叶炎、骨折、胸膜肺炎、破伤风、主髂动脉血栓，以及由于斜卧、不愿活动、血管内溶血或胆红素尿引起的神经性疾病。非运动相关的横纹肌溶解症的致病原因包括感染（如梭状芽孢杆菌、流感、马链球菌、肉孢子虫）、免疫介导性肌病、营养性肌变性（维生素E或硒缺乏）、外伤性或挤压性肌病、牧场特发性的肌病和由于摄入离子载体而导致的中毒性肌肉损伤（如莫能菌素、拉沙里菌素和莫能菌素钠）。像白蛇根草和维生素D激活活性的植物物种也应考虑在内（表9-2）。非运动性横纹肌溶解症的遗传因素包括糖原分支酶缺乏症（马驹）、恶性高热（夸特马）和多糖贮积症。

一、运动性肌病

马的运动性肌病是一种与运动相关的肌肉疲劳、疼痛和运动性痉挛的综合征。另外一些少见的运动性肌病可引起温血马非肌坏死性的缺乏耐力、线粒体性肌病和多种形式的多糖贮积症。运动性肌病最常见的是导致骨骼肌横纹肌坏死，又被称为运动性横纹肌溶解症。虽然运动性横纹肌溶解症以前被认为是一种单一的疾病，被称为麻痹性肌红素尿、捆腿病或盘腿病，但目前已知它包括几种尽管临床表现相似但发病机制显著不同的肌肉病症。

表9-2　马肌病的鉴别诊断

非劳累性横纹肌溶解
炎性肌病
梭菌性肌炎
流感肌炎
肉孢子虫性肌炎
免疫介导性肌病
营养性肌病
维生素E和硒缺乏症
中毒性肌病
离子载体的毒性
牧场肌病
无舌状黄花/白色蛇根草中毒
草决明中毒
非典型的肌红蛋白尿
外伤性肌病
压迫性麻醉性疾病
创伤
遗传性疾病
夸特马糖原分支酶缺乏
1、2型多糖贮积肌病
夸特马恶性高热

（续）

劳累性横纹肌溶解
局灶性肌劳损
偶发性捆腿病（劳累过度）
慢性捆腿病
日粮不平衡，维生素，矿物质，电解质
1和2型多糖贮积肌病
恶性高热
复发性运动性横纹肌溶解症
特发性慢性运动性横纹肌溶解症

CK正常的劳累性肌病
线粒体性肌病

肌萎缩
肌源性肌萎缩
严重的横纹肌溶解症
废用性肌萎缩
库兴氏病
免疫介导性肌炎（快速萎缩）
多糖贮积肌病
神经原性肌萎缩症
马原虫性脊髓炎
局部神经损伤
马运动神经元疾病

肌肉肌束震颤
疼痛、恐惧
虚弱（肉毒杆菌中毒，慢性虚弱）
电解质异常
马运动神经元疾病
高血钾性周期性麻痹
低钾血症
梅格宁残喙螨（耳螨）侵染
肌强直性营养不良
马僵硬综合征
寒战

临床症状通常在马运动后不久出现大量出汗、呼吸急促、心动过速、肌肉震颤、不愿或拒绝移动，腰部和臀部肌肉僵硬、疼痛是常见的临床症状。范围从亚临床症状到严重的斜卧、肌肉坏死和肌红蛋白尿性肾衰竭。严重程度在个体之间存在较大的差异，在某种程度上同一个体也会表现出不同症状。运动性横纹肌溶解症的诊断是基于血清磷酸肌酸激酶（CK）、乳酸脱氢酶、天门冬氨酸氨基转移酶（AST）的异常升高为主要判断指标。

运动性横纹肌溶解症可见于散发的、单一的或非常少见的由运动引发的肌肉坏死，临床上也有慢性的、反复发作的横纹肌溶解，轻度运动后血清CK或AST活性升高。

（一）散发性运动性横纹肌溶解症

所有品种的马匹都容易患散发性运动性横纹肌溶解症，最常见的致病原因是运动过量。另外，呼吸系统疾病发病期间肌肉僵硬的发病率也有所增加。饲料中缺乏钠、维生素E、硒或者钙磷比例失调都可能是诱因。

散发性运动性横纹肌溶解症的诊断是基于马无相关病史或仅有短暂的运动性横纹肌溶解症病史，或者偶发的肌肉痉挛和僵硬的症状，伴有偶发的中高水平的血清CK和AST活性等指标。一旦发现横纹肌溶解症的迹象，就应停止运动，并将马转移到一个舒适的畜栏并饲喂淡水。治疗的目的是缓解焦虑和肌肉疼痛，并纠正水和酸碱电解质紊乱，可饲喂镇静剂或阿片类药物。可以给饮水多、口渴多饮的马饲喂NSAID。大多数马在18～24 h内疼痛会大大减轻。

严重的横纹肌溶解症可因缺血和肌红蛋白尿、脱水和NSAID治疗等多种因素对肾造成损伤。对马的血液浓缩或肌红蛋白尿，治疗的首要任务是恢复其体液平衡和利尿。对于肾功能受到严重影响的马，建议定期监测尿素氮和/或血清肌酐，以评估肾功能损害的程度。对于没有静脉输液治疗的马和少尿型肾功能衰竭的马要禁用利尿药。

让马在铺有干草的畜栏里休息，补充一段时间的维生素和矿物质以维持体液平衡。患有散发性运动性横纹肌溶解症的马，应继续有规律地在出入牧场围场，直至血清肌酸酶浓度恢复正常。因为刺激发病的原因通常是暂时的，大多数马可对休息、训练量逐渐增加和饮食调整等治疗措施都会有好的反应。耐力马在耐力骑训过程中应积极补充含有电解质的水，特别在炎热、潮湿的环境下应密切留意观察。

（二）慢性运动性横纹肌溶解症

有些马即使轻微运动，横纹肌溶解症就会反复发作。通过肌肉活组织检查和基因检测可以将慢性运动性横纹肌溶解症分为4种类型：Ⅰ多糖贮积肌症（PSSM）；Ⅱ型多糖贮积肌症（PSSM）；恶性高热；复发性运动性横纹肌溶解症。

Ⅰ型多糖贮积肌症在一些与夸特马有血缘关系的品种（特别是挽用马和西方观赏马）、摩根马、役用马多见，但在至少其他20种马也有发病。它是由显性遗传中的糖原合成酶1（GYS1）基因突变引起的，可以通过血液或毛发样本的基因检测进行诊断。与夸特马有血缘关系的品种和其他杂交品种或者有Ⅰ型PSSM的小型马品种，在幼年马匹轻微运动时经常会发生横纹肌溶解，通常的诱因是在运动之前休息数日。症状特点是腹部上提、驻留站姿、肌束震颤、多汗、步态不对称、后肢僵硬、不愿移动等；有些马匹蹄子刨地或打滚，类似疝痛；血清CK和AST活性在一段时间内升高（通常大于1 000 U/L），区别于其他横纹肌溶解症的一个亚临床指标是CK持续不正常。役用马的临床症状包括肌肉块消失、进行性无力、斜卧等，但有这些症状的役用马血清CK和AST活性可能是正常的。当役用马患有横纹肌溶解症时，CK和AST可能会显著升高，并且马的尿中会出现肌红蛋白，病马显得虚弱，不愿意站立。

Ⅱ型PSSM发生在小型马品种，如阿拉伯马、摩根马、纯种马、各种温血马和一些夸特马，诊断指标是马的肌肉活组织检测中有过多的糖原蓄积和GYS1基因突变检测阴性。不到1岁的夸特马可能会导致站立困难。患有Ⅱ型PSSM的马常见症状是慢性肌僵直、肌酸痛、肌肉萎缩与血清CK中度升高。对于温血马，这种疾病最常见的表现是步态异常和耐力差，但不一定伴有血清CK的升高。

恶性高热是由骨骼肌常染色体RYR1基因显性突变引起的。这种突变是导致夸特马麻醉性和非麻醉性横纹肌溶解症的主要原因，可以通过血液或发根的基因检测进行诊断。马吸入麻醉剂后的表现为心动过速、呼吸急促、体温升高、肌肉僵硬并伴随严重的乳酸酸中毒，血清CK升高，电解质紊乱。同时患有运动性横纹肌溶解症和恶性高热的夸特马可能会猝死，发病之前会大量出汗、心动过速、呼吸急促、体温升高、肌肉僵硬的迹象。某些夸特马同时患有恶性高热和PSSM，这会引发比单纯性的PSSM更严重的运动性横纹肌溶解症。

复发性运动性横纹肌溶解症常见于纯种马、标准竞赛用马、阿拉伯马。这可能是由于骨骼肌细胞内钙离子调控紊乱所致，会出现间歇性肌肉收缩中断，特别是当马匹恰巧处在紧张的情况下。对于纯种马，很可能是由一种常染色体显性遗传突变所致。

通过诊断测试以确定慢性运动性横纹肌溶解症的原因，包括全血细胞计数（CBC）、血清生化指标、血液中维生素E和硒的浓度、尿液检测电解质平衡、日粮分析、运动测试、肌肉活检和基因检测等。运动激发试验是用来检测亚临床病例的，分别在运动前和轻微运动后4 h检测血清肌酸激酶。此外，检验低强度运动时运动性横纹肌溶解的程度，对于决定如何快速恢复训练是有益的。

Ⅰ型PSSM的诊断是根据识别GYS1的突变和/或肌纤维膜下空泡周期性存在的糖原颗粒，糖原用过碘酸-希夫染色（PAS）呈黑色，尤其是抗淀粉酶的复合多糖异常贮积。Ⅱ型PSSM的诊断指标：GYS1基因无突变和肌肉纤维存在，对淀粉酶敏感的PAS染色阳性的糖原颗粒，以及偶尔含有少量的抗淀粉酶的PAS染色阳性的物质。复发性运动性横纹肌溶解症通过综合病史、临床症状、血清CK和AST的升高、肌肉活检等指标进行诊断。

患有Ⅰ型PSSM的病马肌肉中含有组成性的糖原合成酶活性，会因血中胰岛素浓度的升高而被激活，肌糖原含量也因而会进一步升高。当给予淀粉饲料时，这些马与健康马相比，肌肉吸收葡萄糖的比例更高。Ⅱ型PSSM马也存在糖原蓄积过多症状。因此，对于患有PSSM的理想的日粮是饲喂体重1.5%～2%的草料，大于15%可消化来自于脂肪的能量，淀粉源的能量要小于每日可消化能量的10%，限制淀粉食物摄入，尽量使用脂肪以替代淀粉。在考虑马热量的需要时，应首先注意在高脂肪的日粮下防止马的肥胖，改善PSSM和运动性横纹肌溶解症的症状时，需要改变马的日粮结构和逐渐增加每日的户外运动量。

马的恶性高热可能会通过运动前60～90 min口服用丹曲林（dantrolene，4 mg/kg）而改善，尤其是在高温条件下。

复发性运动性横纹肌溶解症饲养管理的目的，是降低兴奋的触发因素和使用药物干预改变细胞内的钙离子流。饲养管理的变化，会减少刺激，包括通过户外运动或牵遛以减少在畜栏的时间，在其他的马之前锻炼和饲喂患有复发性运动性横纹肌溶解症的马，提供能够和平共处的马匹陪伴，并在训练中合理使用低剂量的镇静剂。高脂肪、低淀粉的日粮是有益的，可能有助于降低兴奋性。患有复发性运动性横纹肌溶解症的马与患有PSSM的马相反，往往需要摄入更高的热量（大于24Mcal*/d）。为达到高的热量的摄入量，必须为患有运动性横纹肌溶解症的马匹专门设计饲料，额外添加植物油或麦麸等所提供的热量，对于处于紧张训练中的赛马是不够的。干草的饲喂量应在体重的1.5%～2%，高脂肪、低淀粉的精饲料作为非结构性碳水化合物，也应该被选用，比例≤20%每日可消化能，脂肪占20%～25%每日可消化能。

运动前1 h口服丹曲林（4 mg/kg）也会降低钙释放通道对钙的释放。苯妥英（Phenytoin，1.4～2.7 mg/kg，口服，每日2次）也被推荐作为复发性运动性横纹肌溶解症的治疗药物，但疗效各异，通过监测血清含量是否达到8～12 μg/mL来调整口服剂量，然而，用丹曲林或苯妥英作长期治疗是昂贵的。

二、传染性肌病

（一）病毒性肌炎

骨骼肌和心肌坏死可能发生在由病毒引起的疾病中，如马流感、马传染性贫血。在大多数情况下，病毒引起的肌肉损伤是全身多器官系统受损的一个组成部分。已发现马流感Ⅱ型能导致严重的横纹肌溶解。

---

* 兆卡（Mcal），热量单位，1 cal=4.184J。

据报道，马疱疹病毒Ⅰ型能诱导初级肌肉僵直和与运动性横纹肌溶解症相似的临床症状。

（二）肉孢子虫性肌炎

肉孢子虫的虫卵寄生在8岁以上的马，存在于90%的食管肌肉中，健康马的臀肌中活检率为6%。偶尔严重的感染是由于饲喂了被犬粪便污染的饲料，导致发热、厌食、僵硬、体重下降、肌肉束颤、萎缩和无力。肉孢子虫病的诊断需要通过综合既往史、临床症状、实验室鉴定、肌肉活检不成熟虫卵的炎症反应等来确诊。治疗药物包括NSAID、磺胺甲氧苄氨嘧啶（trimethoprim sulfa）、乙胺嘧啶（pyrimethamine）或帕托珠利（ponazuril）（见"肉孢子虫病"）。

（三）无形体性横纹肌溶解症

马通过蜱感染粒细胞无形体，除了有发热、全身不适、四肢水肿的临床症状之外，很少表现出严重的肌肉僵直症状。血液学调查发现，可见贫血，血小板减少，中性粒细胞和桑椹粒细胞增多，血清CK和AST显著升高。通过PCR检测血液中存在的无形体可以确诊。无形体对肌肉的直接毒性作用仅是推测，应用静脉注射土霉素和辅助疗法进行治疗。

（四）马链球菌性横纹肌溶解症

马感染马链球菌亚种可发生严重的横纹肌溶解症，出现颌下淋巴结肿大和/或咽喉囊积脓。初期的临床症状是步态僵硬，之后发展迅速，病马极度痛苦，臀肌和轴上肌僵硬、肿胀。许多马由于极度的痛苦而卧地不起，这样的马可能需要作安乐死。目前尚不清楚心肌坏死是否是马链球菌毒素对肌细胞的直接毒性作用，或者是由链球菌超级抗原激活非特异性T细胞释放大量炎性细胞因子引起的继发反应。可根据马链球菌兽疫感染的典型血液学异常，CK（＞100 000 U/L）显著升高，PCR或细菌培养等方法进行临床诊断。除非近期已经进行了马腺疫的免疫接种，一般受马链球菌感染马的M蛋白滴度较低；死后剖检，在下肢和腰部肌肉有明显大面积苍白色的坏死肌肉。病理组织学的病变特点是严重的急性心肌坏死和一定程度的巨噬细胞浸润。腰下肌往往会表现出最严重的慢性坏死，肌纤维有更多的巨噬细胞浸润。如果马病情发展到斜卧，则预后不良，需要护理。

治疗采用静脉注射青霉素结合抑制细菌蛋白质合成的药物，如利福平，冲洗感染的咽喉囊及引流淋巴结的脓肿会减少病灶内的细菌，NSAID和高剂量的短效糖皮质激素类药物降低炎症反应，控制患有严重横纹肌溶解症马的剧烈疼痛是治疗过程的一个重要环节，匀速滴注利多卡因、地托咪啶、氯胺酮比周期性的注射镇静剂可以更好的缓解焦虑和疼痛。应将马置于有多层垫草的畜栏里，如果马无法站立，应每4 h

帮助其翻一次身，在马站立的时候可以借助吊索支撑其后肢的承重。

（五）梭状芽孢杆菌性肌炎

各种梭菌属的细菌能在马的注射部位或深部伤口处形成孢子，引起局灶性肌肉肿胀和全身毒血症。腐败梭菌、气肿疽梭菌、产芽孢梭菌感染或混合感染有较高的病死率，然而，如果早期积极治疗，A型产气荚膜梭菌有20%的死亡率。肌内注射穿刺时，梭菌的孢子可能进入骨骼肌内处于休眠状态，或其孢子直接渗透到组织内部，如果有适当的坏死条件，孢子会转变为繁殖体，释放强大的外毒素，48 h内，马出现精神沉郁、高热、毒血症、呼吸急促、注射部位肿胀和发出多种捻发音，未来12～24 h可能会发生震颤、共济失调、呼吸困难、卧地不起、昏迷以至死亡，一些马还会发生心肌损伤；血液学和血清生化分析，通常仅反映了全身衰弱和毒血症的状态，（例如，血液浓缩和可能存在应激性/毒性白细胞血象），通常会出现血清CK和AST的中度升高，但是，他们往往无法反映气性坏疽的毒性程度。

超声诊断肿胀区域可能会发现液体和带有特征性回声的气体蓄积。通过直接涂片或荧光抗体染色检查显示，病变组织的吸出物有特征性的杆状细菌；另外，对采集的新鲜样本进行厌氧细菌培养也有诊断价值。切开病变组织会发现大量类似酸腐黄油味的水泡样液体。在死后，尸体快速肿胀，出现摩擦音和自溶，通常会有血样的液体从马的体孔中排出。

成功的治疗需要在整个病变区域进行伤口开创引流和积极的清创手术。其他的治疗包括每2～4 h给予高剂量的静注青霉素钾，直到马变得稳定（1～5 d），同时或随后口服甲硝哒唑，并给予液体辅助疗法和消炎药。存活的马病灶区域往往存在广泛的脱皮现象。

（六）肌肉脓肿

骨骼肌脓肿常见的原因是感染了马链球菌、金黄色葡萄球菌、假结核棒状杆菌，通常由于穿刺伤而感染、血源感染或者局部感染的扩散。最初呈现出界限不清的蜂窝织炎，有可能自愈，也可能进一步发展为轮廓清晰的脓肿。这种脓肿或者自愈、或者继续扩大，甚至形成瘘管通到皮肤表面，进一步发展为慢性肉芽肿，伴随间歇性地排脓。浅表脓肿一般预后良好，深部脓肿则难以治愈。脓肿对马的步态影响取决于病变的位置，可以从轻度的僵硬到严重的跛行。超声检查和对浅表区域吸出液进行培养是最好的诊断手段，位于深部的肌肉脓肿可能很难诊断。纤维蛋白原和有核白细胞有可能会升高。溶血素增效抑制试验可检测到假结核棒状杆菌的抗体，有助于检测内部脓肿。治疗包括敷药、放脓、冲洗和排液，有时可能需要完整的手术摘除，如果应用抗菌药物治疗，则应该持续数周。

三、免疫介导的肌病

（一）梗死性紫斑症

出血性紫斑症往往伴有轻度血清CK活性的升高，然而，如果在最近1个月内对马进行免疫接种，或暴露于有马链球菌亚种的环境中，则很少会出现非常高的血清CK活性，各种水肿、急性疝痛、肌肉和皮下坚硬的肿胀和单侧跛行等症状也会很少出现。其临床症状是由严重的免疫介导的血管病变引起的骨骼肌、皮下组织、胃肠道再生集中区和肺部的疼痛性梗死。血液学异常包括白细胞增多、高纤维蛋白原血症、血白蛋白减少症、血清CK和AST显著升高。诊断往往是根据临床症状，包括皮肤和病变组织的白细胞碎裂性脉管炎，以及非常高的马链球菌M蛋白效价来建立。

成功的治疗需要早期发现，并连续应用青霉素14 d，连续至少10 d应用大剂量的地塞米松（0.12～0.2 mg/kg），然后使用初始剂量为2 mg/kg的泼尼松龙治疗，以后剂量递减。如不用刺激性的类固醇药物治疗，病情则会发展到肠梗死以至死亡。

（二）免疫介导性肌炎

免疫介导的多发性肌炎的特点是轴上肌和臀肌迅速萎缩，多发生在夸特马，但其他品种也会受到影响。统计显示发病年龄分布呈双峰式：影响小于8岁或大于16岁的马。约1/3的受影响马是由于已经接触马链球菌或呼吸系统疾病。背部和臀部肌肉的萎缩发展迅速，并伴随着肌肉僵直和不适。1周内萎缩就可能波及50%的肌肉，会进一步引起全身无力。据报道，免疫介导的多发性肌炎可以引发矮种马的局灶性对称性颈椎部肌肉萎缩。通常血液学异常仅限于血清CK和AST轻度至中度升高。然而，在一些慢性炎症情况下，血清肌酶活性却是正常的。在急性阶段，肌肉活检会发现轴上肌和臀部肌肉淋巴细胞性血管炎，anguloid萎缩，肌纤维淋巴细胞浸润，坏死的肌纤维伴随巨噬细胞浸润和肌纤维再生等。半腱肌、半膜肌肌肉活检，可能会发现萎缩和血管炎，但不一定存在明显的炎性浸润。轴上肌炎性浸润的程度，往往可以通过福尔马林固定的活检样本进行诊断。为什么特定的肌群容易发病，目前还不清楚。

有感染并发症的马应使用抗生素，并给予地塞米松（0.05 mg/kg，共3 d），随后给予泼尼松龙（初始剂量1 mg/kg，共7～10 d），并在1个月内逐渐减少至100 mg/周。通常7～10 d的治疗后，血清CK会恢复正常。一般来说，即使不用皮质激素治疗，2～3个月内

马的肌肉也会逐渐恢复。易感马的肌肉萎缩常反复发作，每次都要用皮质激素进行治疗。

四、营养性肌病

营养性肌变性

母马妊娠期间饲喂缺硒日粮所产的马驹，在生长发育阶段容易发生营养性肌变性（NMD）。硒缺乏症可引发成年马的咀嚼肌病，偶尔也会引发非运动性横纹肌溶解症。硒和维生素E能够协同性的预防NMD。马驹的临床症状包括呼吸困难、心动过速、心律不齐，心肌受到影响的马则容易发生猝死。也可能出现吞咽困难，肌肉僵硬，颤抖，肌肉坚实，站立困难，肌红蛋白尿，而吸入性肺炎是常见的并发症。诊断依据是血清CK和AST出现中度至明显的升高，并出现血液低硒（<0.07 mg/kg）或低维生素E（<2 mg/kg）。当细胞外和细胞内的正常间隔被大量坏死组织破坏时，会发生严重的横纹肌溶解症，同时可能出现高钾血症、高磷血症、低钠血症、低氯血症和低钙血症。红细胞生成期间形成的硒谷胱甘肽过氧化物酶，也是体内硒水平的指示指标。治疗包括肌内注射硒（0.055～0.067 mg/kg），口服或注射维生素E（0.5～1.5 IU/kg）。辅助方法包括使用抗生素治疗继发性肺炎，通过鼻饲管喂养，提供足够的能量，并注意体液和电解质平衡。

五、中毒性肌病

离子载体

离子载体通常添加到反刍动物的饲料中，以促进他们的成长和预防球虫病。然而，马对饲料中离子载体的毒性作用比牛敏感10倍。当马的饲料无意中被离子载体污染或者马吃了牛的饲料，一些马会出现类似于疝痛的症状、肌红蛋白尿、低血钾、心律不齐、呼吸急促甚至急性死亡。心肌损害是最常见的慢性后遗症。

六、植物

马摄取含有震颤毒素（tre-matone）的植物，如食量占体重0.5%～2%就可能会死于骨骼肌和心肌坏死。马表现出明显的精神沉郁、乏力和垂头姿势，心跳和呼吸频率增加。血清AST和CK活性往往明显升高，血清电解质异常，如低钙、低钠、低氯和高钾血症，有时也出现高磷血症。一般采用辅助疗法。震颤毒素已经证实存在于白蛇根草（皱叶泽兰）和无舌状黄花（Isocoma wrightii）中。在干草和枯萎的秸秆中仍有震颤毒素活性，所以应使马远离这些新鲜和晒干的草。

在美国东南部普遍存在马因采食植物望江南（Cassia occidentalis）的种子而发生肌肉坏死，会引起

马运动失调、斜卧和死亡。无骨骼肌病变，但有节段性肌肉坏死等病理组织学病变。

另据报道，大约70匹马中就有1匹马因为斑蝥毒素中毒而发生肌肉坏死。

非典型肌红蛋白尿（牧场肌病）

非典型肌红蛋白尿零星发生在通过放牧饲养的马，通常缺少补充喂养，在英国和欧洲，人们已经普遍认识到这一点，但在美国中西部也出现类似的综合征，原因尚不明确，但似乎是由于牧场寒冷、潮湿或者接触某种毒素而导致脂质代谢受阻，常发生在春季和秋季，往往与天气情况突然恶化有关。临床发病比较突然，病情发展迅速，常常致死。即使有些马可能没有症状，但在一起的马常会受到波及。发病的马不愿意活动、肌肉无力、肌束震颤，有可能发展为斜卧。虽然食欲变化不大，但可能会出现窒息、肠鸣音减少、粪便减少。心率通常会显著升高，可发生肺水肿，马没有疼痛症状，尸检可以发现广泛的肌肉病变。出现代谢和呼吸性酸中毒，心肌肌钙蛋白升高，血清CK和AST大幅升高，也常出现肌红蛋白尿。

剖检发现体位和呼吸肌、心肌存在普遍的肌变性。特殊的脂质着色剂显示在心脏、膈肌和其他氧化性的站立肌的脂质蓄积过多，尿液或血浆中的长链酰基肉碱升高。建议应用辅助疗法，包括给予抗氧化剂（如维生素C、维生素E、核黄素等）和含有葡萄糖的静脉注射液。患马的死亡率较高。

七、创伤与麻醉性肌病

（一）麻醉后肌病

麻醉后，马的一个或更多的肌肉群，可能会发生严重的肌肉疼痛和无力。紧缩的肌肉群产生的低灌流及其引起的高膜室内压是最重要的致病因素。麻醉后侧卧时最易影响到三头肌，而当马背斜卧时，马的背最长肌和臀肌通常会受到影响。在麻醉期间，马的血压降低会引发全身性的肌病，麻醉时间越长，风险越高。

当马试图站立或延迟2 h站立时症状明显，桡神经麻痹的肘关节下垂的典型症状提示肱三头肌肌病，臀肌肌病导致马不愿用后肢承受重量。马可能出现疼痛、多汗、心动过速、呼吸急促，疼痛的程度取决于肌肉损伤的严重程度，受影响的肌肉可能会非常坚硬并且呈现局部肿胀。当马能站立后，血清CK常很快恢复正常，但在麻醉后会大幅上升，麻醉4 h后出现峰值。使用地托咪啶镇静缓解马的疼痛，并结合使用阿片类镇痛药和NSAID。在重症情况下匀速滴注地托咪啶或布托啡诺有利于控制疼痛。液体疗法有助于维

持肾灌流量和尿量，并确保对肌肉有充足的血液供应。仅发生在一侧的肌病，即使有严重的损伤，也通常预后良好，残留肌肉纤维化，损害功能。全身性肌病的预后需更加谨慎。

预防需要缩短全身麻醉的时间，并小心地将马固定在操作台上，使用液体疗法以维持动脉血压60 mm Hg以上，并给予正性肌力药物如多巴酚丁胺（每分钟1～5 μg/kg）。

（二）恶性高热

上文所述夸特马的兰尼碱受体（RYR1）基因突变，当在全身麻醉时会引起致命的反应，表现出显著的高热、酸中毒、电解质紊乱和肌肉坏死。更严重的是，一旦发病，随着症状的进一步恶化，就难以防止心脏骤停的发生。通过临床症状和基因检测建立诊断。麻醉前30～60 min口服丹曲林（4 mg/kg）是能够防止该病发生的唯一潜在手段。

（三）纤维化肌病

纤维化肌病呈现了一种经典的异常步态，在运动过程中突然转向和滑停时马的半腱肌和半膜肌在腱的着生处受伤就会引发本病。创伤（例如踩在篱笆上）、肌内注射和先天性都是发生纤维化肌病的其他潜在原因。对于急性发病病例，深部触诊发病肌肉有温热感和疼痛感。对于慢性病例，肌肉内的硬化区常出现纤维化和骨化。相关的步态异常通常在步行时最明显，特点是患肢步幅的前部分阶段突然停止导致腿部肌肉挛缩，突然落地，而不是继续向前运动。前部分步幅有一个很短的马蹄拍打的步态动作，步态显示了后肢的机械性跛行，妨碍了正常功能。疼痛通常不是慢性纤维化肌病的表观特征，血清CK和AST通常只有轻度升高。除了触诊，可以通过超声检查、热成像技术或者核素显像进行诊断。对于急性病例，光镜下肌肉活检检查比较常用，对于慢性病例，肌纤维细胞的纤维化更加明显。急性病例进行休息和冷疗，然后深层加热超声和拉伸有助于缓解症状，慢性病例可能需要外科手术切除或切断肌肉纤维化的部分或在半膜肌肌腱的胫骨插入处作肌腱切断手术。

八、肌肉痉挛

肌肉痉挛是一种疼痛的状态，由外围和/或中枢神经系统反复激发而引起运动单元活动亢进。痉挛在大多数情况下被认为来自肌肉内的运动神经末梢。大多数的肌肉痉挛，同一块肌肉也同时伴随肌肉震颤，而血清CK水平正常。短肌的持续强力收缩、肌细胞外液电解质组成的改变和耳蜱虫感染等因素均可诱发肌肉痉挛。相比之下，就像运动性横纹肌溶解症一样，肌肉挛缩是疼痛的肌肉痉挛，并没有伴随肌膜去

极化；肌肉挛缩常会出现血清CK水平的显著增加。

（一）电解质紊乱

在炎热、潮湿的天气中，耐力马的肌肉痉挛是最频繁的，马可能高达15 L/h的体液以汗水形式丢失，表现明显的钠、钾、氯化镁和钙的缺乏。电解质紊乱的临床症状包括肌肉僵直和肌群的周期性痉挛。此外，筋疲力尽的马往往神情呆滞、沉郁、心率和呼吸速率加快和体温持续升高。可以看到，膈肌震颤与痉挛同步。发病的马一般不出现肌红蛋白尿，血清CK和AST也没有显著升高。

轻度肌肉痉挛是自限性的疾病，休息或轻度运动就会减轻。但疲惫马匹发生代谢紊乱时需要及时治疗，口服或静脉注射含多种电解质的等渗液体来扩张血浆容量，并加以冷疗（使用水和风扇）。这种情况下，大多数马匹会发生碱中毒，所以需慎用碳酸氢钠。对于经常痉挛的马建议每日在饲料中添加约60 g的氯化钠和约30 g的氯化钾，另外在长时间的骑用马匹之前和之后需要补充电解质。

（二）马的低钙血症

马的低钙血症是一种比较罕见的疾病，也被称为泌乳搐搦症、运输搐搦症、特发性低血钙症和子病。临床症状、诊断和治疗已经进行了讨论。除了低钙血症外，代谢性碱中毒、低镁血症/高镁血症、高磷血症/低磷血症也可能出现，在正常功能恢复前需要治疗，并且会复发。

（三）膈肌同步震颤

膈肌同步震颤是由于膈神经的活化与心房的去极化同步，造成隔膜随着每次心跳而收缩，有时会发出一种听得见的砰砰的声音。诱发因素包括长时间的运动、低血钙、甲状旁腺功能减退、消化障碍，以及不断地给马饲喂含钙的饮料。膈肌同步震颤可能是偶发性的或慢性复发性的疾病。目前对该病比较一致的代谢紊乱描述是血清钙离子浓度过低，伴低氯性代谢性碱中毒。代谢性碱中毒改变游离钙和结合钙的比率（即增加钙与蛋白的结合，降低游离钙离子的浓度），从而诱发膈肌震颤。

大多数马匹当静脉注射钙离子溶液时会快速缓解症状。虽然低镁血症往往与膈肌同步震颤一起发生，但是马不需要补镁，除非与钙一起补。病马精神状态出现改善、食欲增加和肠道蠕动恢复时，说明治疗有效。对于患有慢性膈肌震颤的马，长时间的运动后补充氯、钾、钠、钙、镁，有助于减少液体损失和减轻代谢性碱中毒。另一种方法是对容易发生膈肌震颤的马于赛前几日减少饮食中的钙，饲料中钙的减少可能会刺激内分泌的自我平衡机制，增加破骨细胞的活性。值得注意的是，患有慢性膈肌同步震颤的马应限制饲喂苜蓿干草，因其含有相对较高钙离子。

（四）与耳螨相关的肌肉痉挛

残喙螨侵扰耳道能产生与运动无关的巨痛性、间歇性肌肉痉挛，能持续几分钟到几小时，类似于疝痛。一旦发作，马可能会倒伏在地，在肌肉痉挛间歇期，马表现正常。叩诊三头肌、胸肌或半腱肌时，发生典型的强直性痉挛，马的血清CK可从4 000 IU/L升高到170 000 IU/L。在病马的外耳道可发现大量耳螨，在美国西南部地区发现有梅格宁残喙螨。如不治疗，痉挛会持续，使用除虫菊酯和胡椒基丁醚作局部治疗，可在12～36 h内康复，乙酰丙嗪对疼痛性痉挛也有效。

（五）颤抖

"颤抖"是马后肢的一种痉挛，前肢也偶有发生，通常只有当马后退或抬起蹄子时才会显现。成年役用马品种、温血马、温血杂种马和纯种马最常见，该病的特点是周期性的和不自主的肌痉挛，主要发生在骨盆肌、下肢肌和尾肌处，后退或抬起后肢时会加剧这种痉挛。患肢高抬时会晃动和颤抖，尾尖也随之抬起并摇颤。当病情较重的马后肢被突然抬起时，后腿会半弯曲、外展，蹄子会悬停在空中几秒钟或几分钟，尾巴也会同时抬起并且抖动。过一段时间后痉挛消退，马腿伸开，蹄子慢慢落回到地面。有些病马会拒绝抬起后肢，这使钉蹄铁变得非常困难。目前人们推测该病与遗传、外伤、感染和神经系统疾病等有关，但确切的病因尚未知晓。役用马的病情通常是渐进的，直至变得非常虚弱；对于温血马和纯种马而言，通常影响较小，病情发展更缓慢。目前没有已知的治疗方法，但避免马长时间在畜栏内休息，维持适当的锻炼可能有益。

九、强直性肌病

强直性肌病的共同特点包括机械性刺激引起肌肉延迟舒张或肌膜传导异常导致自主收缩。马已知有3种形式的肌强直：即先天性肌强直、营养不良性肌强直和高血钾周期性麻痹（HyPP）。

（一）先天性和营养不良性肌强直症

马驹肌强直的初始症状是在发育良好的肌肉或下肢发生轻度僵硬。大腿和臀部的肌肉双侧凹凸往往很明显，给人一种发育良好的印象。叩诊患病肌肉能够加剧大面积的肌肉紧张收缩，肌肉凹窝变得更加明显，能持续1分钟以上，随后缓慢地放松。6～12月龄以后，先天性肌强直的病情进展就不很明显，运动可以改善肌强直症状，但病因不详。

营养不良性肌强直的马驹在1～2年内病情会加重，包括部分肌肉萎缩、纤维化和僵硬，并且运动会加重病情。患有营养不良性肌强直的夸特马、阿帕卢莎马和意大利马等品种的马驹，曾被发现同时患有视网膜发育不良、晶状体混浊和性腺发育不全等症状。

肌强直的初诊指标包括年龄和僵直步、肌肉隆起、刺激肌肉长时间收缩等临床症状。肌强直的确诊需要做肌电图。患病的肌肉表现出特征性的渐强渐弱的、阵阵具有类似"俯冲轰炸机"发出的高频冲刺声。营养不良性肌强直肌肉活检，可发现不同于先天性肌强直的肌肉营养不良的病理改变，包括出现环状纤维、大量肌核移位至中心、肌浆块增多、肌内膜和肌束膜结缔组织增加等。就纤维类型来说，Ⅰ型和Ⅱ型肌纤维都可能存在肌纤维萎缩。

先天性肌强直或营养不良性肌强直的马很少值得继续饲养，肌强直和肌萎缩会越来越重，营养不良的马驹通常要实施安乐死。该病的遗传学机制依然没有定论。

（二）高钾血性周期性麻痹（HyPP）

HyPP是一种常染色体显性遗传病，夸特马、美国杂色马、阿帕卢莎马、全世界范围内的所有夸特马杂交种均出现该病。夸特马骨骼肌的电压依赖性钠离子通道α亚基的突变发生率大约4%，这一比例远远高于挽用马和马戏观赏马。

临床症状程度不等，从无症状到有间歇性肌肉束颤和虚弱，并且马驹到3岁才会开始发病。纯合子马常比杂合子马更容易患病。最初能观察到短暂的肌强直，一些马会出现面肌强直和第三眼睑脱出。开始从腹部、颈部和肩部肌肉肌束震颤逐渐扩展到其他部位的肌肉。虽然大多数马轻度发作时仍保持站立，但严重发作持续15～60 min或更长时间后可能会看到马出现无力的摇晃、蹒跚、犬坐或卧地不起。心率和呼吸速率可能会升高，但马仍保持相对的清醒和警觉；一些马由于上呼吸肌麻痹而出现呼吸困难。一旦症状消退，马又重新振作，神态正常，步态异常症状变得非常轻微或者消失。纯合子的青年马HyPP症状可能有呼吸喘鸣音和致命的周期性上呼吸道阻塞。

该病常见的诱发因素有突然改变饮食习性或摄入高量的钾（＞1.1%），如苜蓿干草、磨砾石、电解质添加剂或者海带类的添加剂。禁食、麻醉或深度镇静、拉车、压力也能加重临床症状。但症状的发生通常是不可预知。运动本身并不诱发该病，在肌束震颤和虚弱时血清CK没有或很少增加。

有阵发性肌肉震颤血统的种马后代可能会患有HyPP。在临床发作时，会出现高钾血症（6～9 mEq/L），血液浓缩，低钠血症，但明确的诊断需要用鬃毛或尾毛的DNA检测。肌电图检查发病受影响的马，显示异常的纤颤电位和复杂的重复放电，偶尔出现肌强直电位和双峰。高钾血症的鉴别诊断包括溶血、慢性肾功能衰竭和严重的横纹肌溶解症。

许多马匹的HyPP症状会自发恢复正常。畜主可以通过让马轻度活动或喂食谷物或玉米糖浆，刺激胰岛素介导的钾离子通过细胞膜的运动终止早期轻度发作。严重情况下，给予葡萄糖酸钙（23%的葡萄糖酸钙溶于1 L 5%葡萄糖溶液，静脉注射量为0.2～0.4 mL/kg）或单独静脉注射葡萄糖（5%的溶液6 mL/kg），或葡萄糖和碳酸氢钠（1～2 mEq/kg）联合应用，通常症状会立即改善。如发生严重的呼吸道梗阻，需要施行气管造口术。急性死亡很常见，尤其是纯合子型的马匹。

需要减少日粮钾至总钾浓度的0.6%～1.1%，并增加钾的肾脏排泄来进行预防。应避免高钾饲料如苜蓿干草、第一茬干草、雀麦干草、糖浆和甜菜糖浆。或者每日少量多次饲喂晚茬梯牧草或百慕达草干草，还有谷物，如燕麦、玉米、小麦、大麦和甜菜渣。规律的锻炼和/或经常到大围场或院子里溜达也对马的病情有好处。对于患有HyPP的马来说，牧场是最理想的康复场地，因为牧场草大多含水分高，马不太可能在短时间内摄入大量的钾。HyPP马的全价专用饲料有市售。对于反复发作，甚至饮食发生改变的病马，用乙酰唑胺（2～4 mg/kg，口服，每日2～3次）或氢氯噻嗪（0.5～1 mg/kg，口服，每日2次）可能会有帮助，不过马品种注册局和其他马协会禁止比赛期间使用这类药物。对同时患有HyPP和PSSM的马匹，高钾血性麻痹会引发横纹肌溶解症，随之出现血清CK活性升高和长时间的躺卧。

十、遗传性与先天性肌病

（一）线粒体肌病

被确诊线粒体呼吸链第一步的复合物1缺陷的阿拉伯小母马，患有类似于运动性横纹肌溶解症的症状。然而，这些马运动后血清CK没有变化，但轻度运动后会有明显的乳酸酸中毒，甚至最大耗氧量急剧减少，导致运动耐力明显下降。肌肉活检的病理组织学检测发现线粒体密度异常增加，生化分析显示线粒体复合物1缺陷。马有缓慢的渐进性肌萎缩，但在休息时看上去仍健康。

（二）糖原分支酶缺乏症

糖原分支酶缺乏症（GBED）是一种糖原蓄积障碍引起的流产、癫痫和夸特马相关品种的肌肉无力，是由于糖原分支酶基因（GBE1）常染色体隐性突变造成的。9%的夸特马和杂色马带有该突变，至少有3%的夸特马流产与该病相关。通过大多数马驹在1日龄出现体温过低、乏力、四肢弯曲畸形可以建立

GBED诊断。除了低血糖和昏倒反复发作外，也会出现呼吸衰竭。所有的马驹要么因为肌无力而被实施安乐死，要么因为严重的心律不齐而突然死亡。患病马驹的临床症状是持续性的白细胞减少症、间歇性低血糖和血清高CK（1 000～15 000 U/L），高AST和γ-谷氨酰基转肽酶活性。肉眼病变不明显，组织通过常规HE染色可能是正常的，骨骼肌和心脏组织出现嗜碱性颗粒。肌肉、心脏和肝脏的冰冻切片PAS染色后显示出明显缺乏正常糖原，出现球形或结晶样的异常PAS阳性颗粒。骨骼肌、心肌和肝脏内分支酶活性极低。最好是通过确认组织样本中存在基因突变，或通过确认肌肉或心肌样品存在典型的PAS阳性颗粒确诊。GBED在目前没有有效的治疗手段。

第十三节　牛继发性爬卧症

牛的爬卧是由各种代谢、外伤、感染、变性和中毒性疾病所致。如果没有治愈引起躺卧的基本病因，躺卧超过24 h后牛就会无法站立，由于压力对肌肉和神经的损害，可能会发展为所谓的"母牛卧地不起综合征"的继发性爬卧病。有警觉反应的躺卧母牛不表现全身性疾病或精神沉郁的症状，能够采食饮水，没有明显病因就一直保持胸式爬卧。丧失警觉反应的母牛表现全身性症状和精神沉郁。躺卧母牛综合征描述了由于长时间爬卧压力引起的肌肉和神经损伤的病理学。最重要的病理生理活动是在长期爬卧时，压力引起腿部肌肉的缺血性坏死，多见于两后腿。

躺卧瘫痪牛被定义为牛不能从卧位站立或不能行走。这包括四肢骨折、肌腱或韧带的撕裂、神经麻痹、脊柱骨折或代谢疾病等导致的瘫痪。

【病因与发病机制】在大多数情况下，母牛卧地不起综合征是奶牛围产期低血钙症（见产乳热）对钙治疗没有完全反应的并发症。难产后产犊瘫痪，也可能会导致爬卧，这是由于盆腔内组织和神经的外伤所致。不管爬卧的最初原因是什么，所有牛都会由于身体的重压引起下肢肌肉和神经的损伤，尤其是躺在坚硬的地面上时。躺卧母牛的后肢肌肉常被挤压在骨骼和皮肤之间。

由于长时间躺卧（例如，如果低血钙的治疗被延误），肌肉淋巴管和静脉引流减少，而同时动脉血流却没有减少，体液压力持续增加，引起的肌肉血流变化的最终结果是组织间液的体积和肌肉内的液压增加，这是因为围绕每块肌肉的筋膜，不能再扩张，以适应不断增加的间隙体积。在严重和长期爬卧的情况下，肌内压力增加导致肌肉坚硬、肿胀，由此导致这个封闭的局部空间内的肌肉、神经、血管被持续压

迫，进而造成肌肉和神经发生缺血性压迫损伤，也叫骨筋膜间室综合征。肌肉压力损伤的严重程度，取决于局部的解剖因素（如骨骼）、挤压时间和牛所躺卧的地面。

爬卧母牛的压力性肌病往往引发坐骨神经和腓总神经分支损伤，甚至功能丧失。坐骨神经可能由于尾侧股骨直接压迫或周围肌肉的继发肿胀而损伤，或两者都有。坐骨神经损害的程度被视为爬卧母牛能否康复的一个关键指标。坐骨神经腓神经分支的损伤是由于直接对跨越股骨外侧髁神经压迫的结果。

试验表明，牛用氟烷麻醉，以胸式爬卧6～12 h，将右后肢置于身下，会导致肿胀和肢体僵硬，50%的牛会造成永久性爬卧。麻醉后牛如能站立，则出现球节过度屈曲、腓总神经麻痹和深褐色的肌红蛋白尿。剖检永久性爬卧病牛，能发现靠近尾侧的大腿肌肉，发生广泛坏死和尾椎坐骨神经股骨近端发炎。

长期爬卧病牛的其他并发症有急性乳房炎、子宫炎、褥疮、挣扎和努力站立导致的四肢外伤（例如，裂伤及大腿的肌纤维断裂）。

【临床表现】围产期奶牛如发生侧卧，则可能是患有低钙血症或低镁血症等代谢病，这可能暗示有未解决的代谢问题。分析侧卧的严重程度和分娩的持续时间可能会发现，至少爬卧的部分原因是由于母牛体力不支所致。在非自主的胸式爬卧中，有些母牛也可能会表现呆滞，倦怠，这可能暗示母牛在围产期出现了低血钙。精神沉郁的第二个最可能的原因是毒血症，可在生殖道或乳腺中引起毒血症；其他非自主胸式爬卧的奶牛可能表现出最典型的神态：意识清醒，保持警觉。如果牛的年龄较小或未孕，爬卧的原因可能是物理损伤或其他罕见的因素，无论哪一种原因引起的都要作细心检查。

牛的生存环境与病因有一定的关系。如果落脚的地方湿滑，就应考虑到肌肉骨骼系统的物理性损伤，在沙土质的空地或厚垫料的畜栏，则不太可能发生这种损伤。

后肢的位置能显示爬卧的原因。患牛四肢叉开可能暗示闭孔神经麻痹，髋关节脱位或股骨或胫骨骨折，只要上肢横向延伸，在皮肤上形成褶皱，就应怀疑是骨折。

【体检】当牛表现症状就应进行全面的体检，直肠温度应在正常范围内，如果低于正常值，可能会出现一定程度的休克。眼凹深陷或掐起的皮皱存在时间超过2 s则暗示脱水，黏膜苍白可能有毒血症，这种情况下，会有脉搏虚弱和心动过速症状。爬卧母牛的呼吸可能因上腹腔内容物对膈膜有压迫而变得困难。

对围产期的爬卧母牛应强制进行阴道探查，可能会发现死胎，阴道壁的损伤和感染较多见。另外子宫炎和毒血症也能引起产后爬卧。

直肠检查是鉴别诊断必不可少的。子宫复旧的程度取决于产后适当休息的天数。触诊器官如有液体浮动感或缺乏弹性则应当注意。粘连、坏死脂肪的肿块、肿大或膨胀的子宫颈或阴道壁，都是难产的后遗症。直肠触诊会摸到髋关节脱位、骨盆骨折。活动闭孔股骨头，也可以检查牛后腹侧髋关节脱位。如果出现患肢较对侧肢体短，则应怀疑髋关节Craniodorsal脱位或股骨颈部骨折。骨盆骨折与坐骨神经麻痹有关，而髋关节脱位与一定程度的闭孔神经麻痹有关；如果不好判断，就对肢体远端进行相对人道的电针刺激，观察肢体的感觉状态。非自主胸式爬卧可伴有椎管淋巴肉瘤、椎体脓肿或特殊的外伤。

爬卧母牛一定要做乳腺检查，乳房感染致病性大肠埃希菌也是造成爬卧的一种致病原因，然而，这种感染也可能由于爬卧而引发，特别是乳房充盈而又没有哺乳的情况下尤为突出。

治疗患有低钙血症的病例通常不采血液样本，然而，一般情况下爬卧的牛也常会患有低钙血症、低磷血症和低钾血症，鉴定牛对钙剂疗法有无反应，对于该病的治疗和预后具有指导作用。爬行牛（能够爬行，但无法站立）通常患有低钾血症和低磷血症。具警觉反应的爬卧母牛的血清钙、钾、镁和磷浓度正常。爬卧母牛的血清CK、AST和LDH活性升高，无法康复的爬卧母牛一般较能康复的母牛有更高的血清AST和CK活性。血清CK活性是反映肌肉损伤的特定指标，肌肉损伤后不久CK活性就达到峰值，并在4 h内明显下降。患有严重肌肉损伤的牛，尿中会含肌红蛋白和高于正常浓度的蛋白。能康复和不能康复的母牛，在年龄和血清磷、镁、钠、胆红素、葡萄糖、尿素的平均浓度差异不显著。

【病变】 爬卧母牛尸检的常见结果是大腿区域肌肉缺血坏死和撕裂，如果母牛"展开四肢"状躺在诸如潮湿或结冰的混凝土等光滑地面上，企图挣扎站立，内收肌可能会出血和撕裂。爬卧母牛还会发生坐骨神经和腓总神经的损伤和发炎，一般情况下骨盆内神经的损伤占多数，如坐骨神经和闭孔神经的损伤。褥疮对后膝关节侧面的伤害与腓总神经受损有关。

【治疗】 爬卧母牛常出现低血钙，如果钙剂治疗对患有低血钙的母牛无效果，在检测期间，应额外补充钾、磷和镁，监测血液中的矿物质水平，是护理爬卧母牛的重要内容。

在大多数情况下，母牛的康复依赖于对爬卧的治疗和护理质量。比如，侧卧一旦出现，需立即给予纠正，防止胃内容物返流和吸入呼吸道。让牛的体位转成胸式爬卧，注意挪开垫在牛体下面的四肢。换句话说，如果牛发生左侧侧卧，应向右翻成胸式爬卧，一些牛可能需要在肩下垫些支持物（如稻草），以维持胸式爬卧。

试图将横卧母牛固定在混凝土地面上是很不可取的，通常应在牛的身体下面和周围铺上至少15 cm厚的粘湿牛粪，再在这个湿堆上铺至少25 cm的干稻草团。如果牛在潮湿的粪便和露出混凝土的地面上挣扎站立将垫料拨开，须补加牛粪填补。粪块垫提供了良好的支撑点，但也可能因为尿液和粪便弄脏皮肤，引起皮炎和降低奶牛的舒适度，更严重的是，很可能会诱发乳房炎。大于25 cm深的沙床对于爬卧母牛更好些，沙床排水良好，如果每日清理粪便，也更卫生。

对怀疑有闭孔神经或坐骨神经损伤的病牛，为了防止过度外展导致肌肉损伤，应对两腿实施绑定，为防止两腿的过度外展，不用绳索而是采用软尼龙带子，在每个距骨中间缠绕两圈，使两腿之间的距离保持在至少1 m。

（1）协助奶牛站立 爬卧的每一日，都应尝试让牛移动蹄子，可尝试一些简单而有效的方法。第一种方法，兽医双脚踩在牛的肩关节联合下方，猛地用力推动膝盖下面的肌肉块向肩胛骨运动。此方法一定不能在没有肌肉团块保护的胸壁处使用，以避免压裂肋骨。如果牛挣扎站立，应该用双手抓住尾根全力托举，注意除尾根外的其他部位的托举会造成损伤。刚产犊的母牛在听到自己的犊牛因为饥饿而嗷叫时可能会挣扎站立，这时候最好制止犊牛接近母牛，但不要离开母牛的视线。有些饲养员使用电击棒和各种奇特的或传统的方法引起疼痛来刺激母牛站立，对于没有经验的饲养员，这些措施的成功率很低。

髋部夹的价值是有争议的，正确使用他们需要经验、技巧和细腻的触感。持续使用能够造成创伤和痛苦，这是适得其反的。前肢支持牛的60%体重，因此，在胸骨下使用帆布吊带一直比较成功，也是必备的措施。需要用一条胸带防止吊带向后滑脱。如果吊带悬挂在叉车一端的一个齿上，髋骨夹在其另一端的一个齿上，这样对牛造成创伤的概率最小。如果没有叉车，用滑轮从头顶横梁悬挂一个T型杆（牧场动物的三脚架）代替也行。夹具的钳口必须用塑料泡沫或橡胶保护好，用胶带包裹固定的地方。

髋部夹不应夹得太紧，应慢慢地抬起母牛，利于四肢的血液循环，直到后蹄刚离开地面。牛经常悬抬微微弯曲的四肢，但不要与单侧屈曲混淆，单侧屈曲是腓总神经麻痹的结果。接下来，牛的两边各一名助手面向后腿将肩部向腰椎窝推压。助手用力让两个后肢成负重姿势时开始缓慢下降，并通过操控膝关节和跗关节以减少屈曲，随后尽快让两后肢着地并承重，同时操控装置下降2.5～5 cm，此过程需要反复做几次。

即使牛不能站立，但抬起的姿势有利于对牛四肢进行其他处理，有利于听诊，也有利于进行阴道和直肠检查。

（2）爬卧母牛的移动　通过将牛移动到泥土地面会大大提高治愈率，温暖、干燥、长满草的牧场对爬卧母牛最有益，但必须有容易吊起和移动母牛的设备和方法。另外所选择的地方应该有一个屋顶和其他保护设施，如草棚或工具棚，另外也有利于安装滑轮系统来升降母牛。

移动牛使其滚成侧卧，短距离移动，通过牵拉绑在前腿上绳子和缰绳使牛在干稻草上滑行；如若长距离运输，可以将牛放到适当大小的木板上用拖拉机托运，木板长度与侧卧的牛的背长相当，木板上铺上帆布防止牛触碰地面，在帆布上铺一些干稻草，这样就可以将牛滚到这个临时运输担架上。在运输过程中，应将牛的缰绳绑到木板上，以尽量减少挣扎，并在其眼睛上盖上麻袋以尽量减少警觉。最好将尾巴绑到上肢跗关节上，一旦开始运输，牛要改成胸式爬卧姿势。少数母牛，特别是在产后不到12 h内就被转移到一个始于立足的新地方，能立即站立。

应每日检查爬卧母牛，以确定站立能力或承受重量的任何变化。如果牛移动到适于站立的地方，血清电解质异常也得到了改善，但5 d之内还不显示任何能够站立的迹象，那么康复的机会将会非常低。

（3）爬卧母牛的支持护理　任何时候都应给予爬卧母牛干净的饮水，这是至关重要的，用一个浅的橡胶饲喂槽可防止溢出，如果母牛不喝水，就必须给予液体治疗，无论是灌药还是肠道外给药。必须尽一切努力，每日至少3次将牛从一侧滚到另一侧，移动的越频繁越好，如果不这样做，母牛自身的体重会导致后肢肌肉的持续缺血和加重肌肉筋膜间隙综合征。

基本保护是必不可少的，雨水和大风则可以大大降低体温，可以加重病牛的休克症状，注意用草捆挡风，应给奶牛垫一些秸秆，利于与地面隔凉。爬卧母牛并不需要温暖的环境，在寒冷的环境中，处于非活动状态的奶牛会逐渐适应低温。

最难治疗的是那些食欲降低的爬卧母牛，牛流涎到饲料上，之后它就不会再采食。应尽量给奶牛饲喂些甜干草，如果没有进食，这些饲料应该每30 min清除1次。可以在嘴边放一些苦味的杂草如常春藤或蒲公英，这可能会引起流涎和食欲。一些奶牛可能会采食生菜和卷心菜的叶子。在极端的情况下，可以进行瘤胃灌服。

【预防】有效防止产乳热是减少爬卧母牛综合征的重要部分。应密切监测所有奶牛临近产犊出现分娩瘫痪的早期迹象，对所有奶牛给予钙作为预防性给药，特别是奶牛开始进入第二个泌乳期或哺乳高峰期，这对产乳热发病率高的牛群比较有效，尤其是小农场无法实现饲喂酸化盐日粮的牛群。

产乳热的临床症状从开始出现到治疗，中间流逝的几个小时是关键问题。如果必要的话，低血钙得到有效治疗的每头奶牛都应被转移到一个能很好立足的地方，并在那里停留至少48 h，在沙子上铺干稻草以便于牛站立。

【尊重动物福利】虽然1头牛可能在躺卧超过14 d之后会自行站立，但这并不意味着在此期间，就应放任不管。只要牛看起来意识清醒，偶尔挣扎站立，并继续采食饮水，就有恢复的可能性。但是，如果牛变得无精打采，对饲料没有采食兴趣，或者有褥疮病变或身体衰弱，无论它爬卧了多久，都必须考虑人道主义的安乐死。有褥疮病变，食欲不振，或有迹象显示渐进性消耗的牛不适合紧急屠宰，试图将这种情况的病牛送到屠宰场的行为，在很多国家被认为是一种残忍的行为。

在一些国家"拖曳"爬卧母牛的行为是非法的，兽医和生产者都必须了解法律对拖曳这个词的诠释。将动物移动位置是受规定限制的，就连将动物滚动到简易爬犁有时也受限，但在任何时候，即使使用爬犁，也必须非常谨慎，以避免动物相关部位受伤，如乳房、耳朵和尾巴。

第十四节　小动物跛行

肌肉骨骼疾病的临床特征是虚弱、跛行、四肢肿胀和关节功能障碍等。神经肌肉受损可导致运动或感觉神经功能障碍。骨骼肌肉系统的异常也对内分泌、泌尿、消化、血液淋巴、心肺系统等其他器官的功能产生影响。肌肉骨骼系统疾病的评估目的在于对损伤进行定位和确定损伤程度。需要结合病史、体格状况和临床症状进行诊断。在确立诊断时，跛行的检查是至关重要的。可借助于X线、超声波、关节穿刺、关节镜检、关节造影、肌电描记、组织活检和组织病理学进行检查。对于轻微损伤，可进行骨扫描、CT或MRI检查。

跛行检查

跛行检查是鉴别骨骼肌肉系统疾病的主要方法。可在动物休息、起卧或者在平地、坡路上运动时进行检查。观察单肢或多肢跛行，并且严重程度与运动类型有关。一前肢跛行时，患肢负重时头抬起，病肢步幅变小；后肢跛行时，患肢负重时低头。评价病肢时应该由远端到近端对四肢进行检查，并对骨骼、关节和软组织进行触诊。应该记录的异常有：是否有肿胀、疼痛、站立不稳、捻发音、运动障碍和肌肉萎缩等病变现象。对于轻微的或无法判断的跛行，在运动前后需做一系列检查。对于狂暴的动物，有必要实施麻醉；触诊、X线照相和关节穿刺术可在静脉注射布托啡诺、乙酰丙嗪、异丙酚、美托嘧啶（单独或与布托啡诺或氢吗啡酮结合使用）或氯胺酮、地西泮和乙酰丙嗪的复合制剂镇静下实施。

（一）成像技术

成像技术是跛行诊断的重要方法，包括X线照相对比、超声检查、核显像、CT和MRI。执行这些检查技术时，动物需要深度镇静或者在麻醉状态下进行。对患肢或脊柱进行X线照相对比，需要多重正交视图。对于轻微损伤可将患肢与对侧健康肢进行对比鉴定。最常用于评价跛行动物的对比试验是关节X线造影术和椎管造影术。超声检查对肌腱损伤（例如肱二头肌腱鞘炎、跟腱撕裂和肌肉萎缩症）的诊断是很有用的。核显像、CT和MRI通常在大型医疗机构进行。核显像术需要静脉注射放射性化合物以定位或标记骨周软组织和骨组织的损伤，CT成像对骨结构具有高对比度和高分辨率。MRI可检测软组织和关节损伤部位。

（二）关节镜检查

关节镜检查术是用于跛行动物诊断和治疗的一种微创检查技术，该技术的优点包括：提高了关节病检查的可视化程度，改良了关节病理诊断和通过移除损伤软骨和韧带治疗损伤的能力以及缩小手术切口。不足之处是所需仪器设备昂贵和需要花很长时间去学习。一般的能够通过关节镜检查来诊断和治疗的疾病包括：骨软骨病、肱二头肌腱鞘炎、关节端骨折、颅骨十字韧带和中间半月板的损伤。

（三）疼痛控制

用于跛行或手术动物疼痛控制的药物有很多，诸如NSAID和鸦片（见疼痛评估和处理）。镇痛的药物可经由口服、胃肠道外、硬膜外腔、局部或皮下注射等途径给药。非药理学控制疼痛的方法包括针灸、按摩、物理疗法和饮食疗法。

常用的NSAID有：地拉考昔（4 mg/kg，口服，每日1次）、非罗考昔（5 mg/kg，口服，每日1次），美洛昔康（犬：0.1 mg/kg，静脉注射、皮下注射或口服，每日1次；猫：0.1 mg/kg，静脉注射、皮下注射或口服，每日1次，连用1～3 d），卡洛芬（2.2 mg/kg口服，每日2次），酮洛芬（1.0 mg/kg，口服、静脉注射、皮下注射、肌内注射，每日1次），依托度酸（12.5 mg/kg，口服，每日1次）和阿司匹林（犬：22 mg/kg，口服，每日2次；猫：10 mg/kg，口服，每48 h 1次）。NSAID禁用于肝、肾功能不全、胃肠炎、血凝病和同时应用皮质类固醇药治疗的动物。

阿片类镇痛剂通过在 C N S μ、κ 和 δ 受体结合起到镇痛作用。常用的鸦片包括吗啡（0.1 mg/kg，静脉注射，皮下注射，肌内注射，每3～4 h给药1次），羟吗啡酮（0.05 mg/kg，静脉注射、肌内注射、皮下注射，每3～4 h给药1次），氢吗啡酮（0.1 mg/kg，静脉注射、肌内注射、皮下注射，每2～4 h给药1次），布托啡诺（0.1 mg/kg，犬、猫静脉注射、肌内注射，皮下注射，每2～4 h给药1次）和丁丙诺啡（犬猫0.01 mg/kg，静脉注射、肌内注射、皮下注射，每日3次，在猫也可经黏膜给药）。为了提高镇痛和镇静效果，阿片类麻醉剂可以与镇静剂如乙酰丙嗪（0.5 mg/kg，静脉注射、肌内注射、皮下注射，每4～6 h 1次）联合用药。羟吗啡酮、氢吗啡酮和布托啡诺效果比吗啡强。丁丙诺菲麻醉时间最长。另一种阿片类麻药，如芬太尼是应用最多的，可在刮毛区域连续用药3 d的透皮贴剂。口服的用于缓解疼痛的阿片类药物包括曲马朵（5 mg/kg，每日3次）、布托啡诺（1.0 mg/kg，每日3次）、氢吗啡酮（0.5 mg/kg，每日3次）、可待因（1 mg/kg，每日3次）和羟可酮（0.3 mg/kg，每日3次）。

在关节手术之前，局部应用止痛剂包括关节内注射吗啡注射液（1 mg用5 ml生理盐水稀释），布比卡因（1 mL/20 kg）或利多卡因（1 mL/20 kg）优先阻滞关节囊内疼痛感受器。腰荐间隙硬膜外腔注射吗啡（0.1 mg/kg）对减轻术后疼痛和减少麻醉剂的使用量也是一种有效的辅助措施。皮质类固醇类被认为是弱的镇痛辅助措施，因为他们通过其主要作用（作为损伤部位的局部消炎剂）而起到间接降低疼痛的作用。应用的肾上腺皮质激素类药包括泼尼松或泼尼松龙（1～2 mg/kg，口服，每日1次）或地塞米松（1～2 mg/kg，静脉注射，每日1次）。禁止与NSAID合用。

第十五节　小动物的关节病与相关疾病

许多关节病为进行性，包括股骨头的无菌性坏死、膝盖骨脱臼、软骨病、肘部发育不良、髋部发育不良。其他关节病为退行性、传染性或败血性、免疫介导或由于肿瘤和外伤引起。

一、股骨头的无菌性坏死

股骨头的无菌性坏死（骨骺骨软骨病，佩特兹病）发生于小型品种犬的股骨头坏死与骨的局部缺血

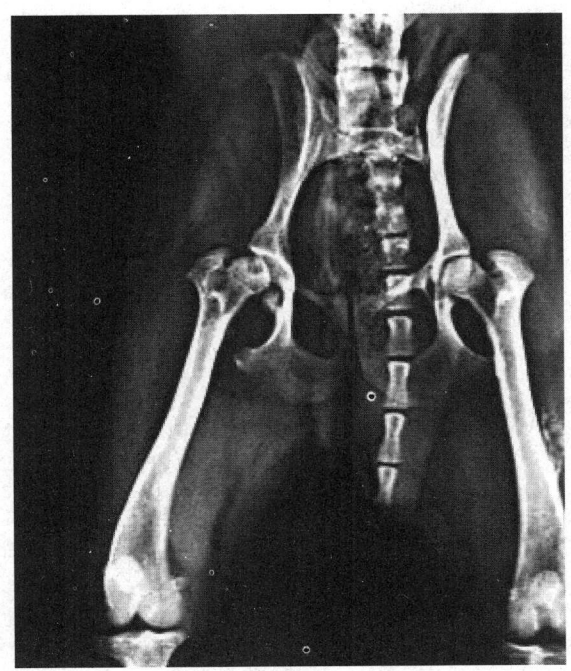

图9-16　无菌性股骨头的坏死
（由Ronald Green博士提供）

和无菌性坏死有关。虽然在曼彻斯特猎犬可能与遗传性因素有关，但是确切的病因不详。骨的梗死导致股骨头、头颈骨坏死，随后会发生血运重建、坏死骨的再吸收和骨骼的改造塑型，这种损伤通常是双侧性的。

临床特征包括后肢跛行、股肌萎缩以及触诊髋关节的疼痛反应。X线检查发现股骨、头颈骨的骨密度不规则、骨组织崩解和有骨碎片。慢性病例有关节退变性疾病的特征。

可通过切除坏死的股骨和头颈骨进行治疗，术后早期的物理疗法可刺激四肢功能的恢复，预后恢复良好。

二、髌骨脱臼

犬猫的这种遗传性疾病的特征是髌骨在股骨滑车沟的内侧或外侧异位发展。髌骨脱臼常与后肢的多种变形有关，包括髋关节、股骨和胫骨变形。内侧髋关节脱臼可能与髋股角变平（髋内翻）、股骨侧弯、胫骨内旋、滑车沟变浅、内股骨髁发育不全有关。外侧脱位产生相反的变化。

临床症状表现多样，与脱臼的严重程度有关。任何年龄的动物都可发病。一般而言，猫和小型品种犬多可发生内侧脱臼，大型犬可发生外侧脱臼。患病动物呈现跛行或者跳跃行走。膝关节触诊可发现髌骨移位。分为四级：Ⅰ级脱臼不明显且较少发生，髌骨可

以用手人为地造成脱臼，压迫解除后，髌骨可自行回到滑车沟内。Ⅱ级脱臼，在关节屈曲时发生髌骨移位，在肢体伸展时能够复位，导致动物的间隙性跛行。Ⅲ级脱臼，髌骨经常脱出于滑车外，呈现持续性的跛行。Ⅳ级脱臼，动物跛行和肢体变形最严重。脱臼动物的X线检查表明，不同程度的脱臼表现引起不同的肢体变化。

手术的类型根据脱臼的严重程度而定。包括矫形术和软组织重建术，有效的手术包括筋膜松解切开术（位于脱臼侧）、关节囊重叠术（脱位对侧）、滑车沟成形术、胫骨嵴移位术和胫骨粗隆移位术。严重的变形可能需要做股骨或胫骨截骨术、膝盖骨关节融合术，也可实施截肢术。

轻度脱臼动物预后良好。头骨十字韧带和内半月板的同时损伤应及时诊断治疗。猫与犬相比，较少发生，且预后良好。

三、骨软骨病

软骨病为中型犬和大型快速生长犬的一种软骨发育障碍性疾病。其特征为肩关节、肘关节、膝关节和跗关节骺软骨的软骨内成骨异常。虽然确切病因尚不明确，但有人认为本病可能与营养过剩、快速生长、创伤和遗传因素有关。由于发育和血管供应异常，基底软骨细胞增厚，使骨软化，因此导致关节在轻微损伤和正常压力下软骨出现破裂、形成碎片（剥脱性骨软骨炎），关节的协调性发生异常和关节碎片导致滑膜炎，随后导致关节炎，甚至软骨裂开。软骨碎片可撕离下来，附着于关节囊或游动于关节腔影响关节的正常活动。

临床症状表现为跛行、关节渗出液和患病关节或肢体的活动受限。常损害的部位包括肱骨头（肩关节）、肱骨髁的内侧面（肘关节）、股骨髁（膝关节）和距骨的滑车脊（跗关节）。另外，破裂的肘关节内侧冠状突部分可能和肘突未连接有关。X线检查在确定关节损伤上是很有帮助的；可见关节面变平、软骨下骨透亮或硬化、关节渗出液和"关节鼠"。关节造影术用于关节碎片的检查，关节镜检查用于鉴别软骨和关节损伤。

治疗包括手术切除软骨瓣或游离碎片和刺激纤维软骨再生的软骨下骨刮除术。退行性关节病的动物可用NSAID进行治疗。如阿司匹林（10 mg/kg，口服，每日2次），卡洛芬（2.2 mg/kg，口服，每日2次），地拉考昔（4 mg/kg，口服，每日1次），非罗考昔（5 mg/kg，口服，每日1次），美洛昔康（0.1 mg/kg口服，每日1次），或依托度酸（12.5 mg/kg，口服，每日1次）。关节液改性剂如多聚硫酸化糖胺聚糖（4.4 mg/kg，肌内注

射，每周两次，共4周）也可阻止关节软骨退行性变化。双肩的预后恢复甚佳，膝关节预后恢复良好，肘关节和跗关节预后恢复理想。退行性关节病的并发症、其他关节疾病或关节不安静（跗关节）都不利于预后恢复。

四、肘部发育不良

肘部发育不良（肘突分离、内侧冠状突破裂、肱骨髁的骨软骨病）是肘关节的一种泛发性关节不对称的骨关节病。多发生于幼年、大型和生长过快的犬。与骨生长异常、关节压力或软骨发育异常有关。关节可能发生以下一种或多种损伤：尺骨的肘突分离、尺骨内侧冠状突破裂、肱骨髁内侧面的骨软骨病。美国动物矫形外科基金会、斯堪的纳维亚和欧洲的养犬俱乐部制订了肘部发育不良的X线照相等级标准。

（一）肘突分离

表现为肘突骨化中心与尺骨近端干骺端分离。一般两者到5～6月龄时已融合，但由于肘部受力和运动不平衡可引起肘部骨折。最初，肘突以纤维组织与尺骨连接，而后分裂形成假关节，使得肘关节不稳、松弛，关节软骨也随之受损，最后继发骨关节炎。有人认为肘突分离与遗传有关，但未得到证实。

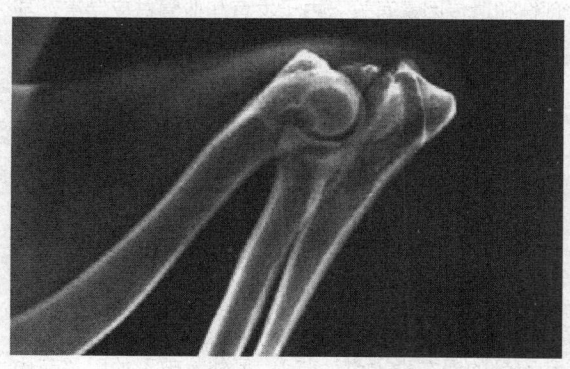

图9-17　肘突分离
（由Ronald Green博士提供）

4～8月龄的犬发生本病时，跛行不明显。有的双侧发病的病犬到1岁以上时才被确诊。患病肘关节向外偏离、运动受限。晚期病例表现骨关节炎、关节有渗出物和发生捻发音。根据临床症状可作出初诊，可通过X线检查确诊。屈曲肘关节进行侧位X线检查可见肘突分离。由于可能双侧发生，所以两前肢肘关节均要检查。

（二）内侧冠状突破裂

它是犬的肘关节内侧冠状突部分或完全与尺骨干相分离，因而不能成为滑车切迹关节表面的一部分。肘关节松弛、疼痛，最后导致骨关节炎的发生。该病

和肱骨内侧髁的骨软骨病是引起犬肘关节发生骨关节炎的最常见的病因。进行X线检查、关节镜检查或CT检查均可发现骨片。

（三）内侧肱骨髁的骨软骨病

这是由肱骨远端内侧上髁的骺软骨内融合障碍引起的一种疾病。确切的病因尚不清楚，但是由于腕骨及指屈肌源于肱骨远端内侧上髁，可发生骨骺撕脱。肘关节屈伸或指部深部触诊可引起疼痛，并伴有软组织肿胀。X线检查可见在肱骨内测上髁的尾侧和远侧有致密的阴影。

（四）治疗

在早期关节发生退行性病变之前可采取手术疗法。对于关节内侧破裂，可采用内侧关节切开术或内镜检查术以去除冠状突碎片。对于肘突分离要么实行单侧关节切开术，切除分离部分，要么实施尺骨干体中间截骨术以解决不同步生长，使肘状突连接，也可通过螺钉固定术使之连接。对于骨软骨病，可用刮除软骨下骨的损伤部分以刺激纤维软骨的形成。如果关节没有发生退行性关节病变术后预后良好，变性关节疾病术后没有恶化的恢复良好。阿司匹林或NSAID（卡洛芬、地拉考昔、非罗考昔、依托度酸、美洛昔康等）可减少疼痛和炎症反应。关节液调节剂（葡糖氨基聚糖类、透明质酸）也可用于治疗本病。

五、髋关节发育不良

髋关节发育不良是大型犬髋骨关节的一种多因素发育异常的疾病，表现为关节松弛、随后出现退行性关节病变。生长过快、运动、营养和遗传等多种因素影响髋关节发育不良的发生。髋关节发育不良的病理生理基础是髋关节肌群和骨的快速生长不协调。因此，髋关节松弛或不牢固，导致退行性关节变性，如髋臼骨硬化、骨赘病、股骨颈增厚、关节囊纤维症和股骨头的不全脱位或全脱位。

临床表现多种多样。并不总是和影像学异常吻合。可出现从轻度、中度到严重的不同程度的跛行，且在运动后加剧。"兔跳步态"有时很明显。可出现关节松弛（奥托拉尼征）、关节活动受限、捻发音和四肢完全伸曲时的疼痛反应。X线检查可确定关节炎的严重程度，并可指导用药和手术。动物在镇静、麻醉状态下的标准腹背侧片，可根据动物矫形外科基金会、拍摄的应力性X线片和关节松弛检查划分为不同等级。髋臼缘背侧片用于髋臼再造手术的术前髋臼的评估。腹背侧及其赘生物，可通过犬的标准站立姿势模型进行修改。矫正的腹背侧或背腹投影已被建议用来模仿犬正常站立姿势。

治疗措施可分为药物和手术疗法。轻症和不能进行手术治疗的病例（由于健康和自身因素限制）可通过减轻体重、限制在硬地面上活动、物理疗法加强或维持肌张力、消炎药（阿司匹林、皮质类固醇类、NSAID等）和关节液调节剂进行治疗。手术疗法可通过耻骨的肌肉肌腱切除术、关节囊去神经以减轻疼痛，耻骨切骨术、耻骨融合术、髋臼背侧强固术三种手术可制止不全脱位，股骨头和颈部切除术可减轻关节炎，全髋关节置换术最有利于关节和四肢功能的恢复。另外，股骨的矫正切开术治疗股骨头不全，但伴有退行性关节炎。

预后受动物健康和环境的影响而有很大的不同。一般而言，如果外科手术是适应证，并且手术成功，预后良好。不能进行手术的动物，需要生活方式的改变和舒适的生活条件。

六、退行性关节炎

可动关节的关节软骨的退行性病变（退行性关节病，骨关节炎）的特征性变化为透明软骨变薄、关节渗出液和骨关节周围赘生。关节退行性变可由外伤、感染、免疫介导疾病或发育畸形引起。诱发因素引起软骨细胞坏死，降解酶释放、滑膜炎和持续性的软骨组织破坏和炎症反应。异常的软骨组织和关节囊解剖结构变化，可进一步导致正常的关节生物力学功能变化。疼痛和跛行可继发关节功能障碍、肌肉萎缩和四肢废用。关节退行性变多发生于犬，也可发生于猫。

关节退变性疾病可出现跛行、关节肿胀、肌肉萎缩、关节囊周纤维症、捻发音的临床表现。关节的X线检查病变包括关节渗出液、关节周围软组织肿胀、骨赘病、软骨下骨骨硬化和关节间隙狭窄。关节穿刺术症状不明显，或者发生轻微的滑液色泽、浊度和细胞计数的变化。

治疗包括药物和手术疗法。非手术疗法包括降低体重、限制在软地面上活动和患病关节热敷治疗。NSAID（如阿司匹林、依托度酸、卡洛芬、地拉考昔、美洛昔康、非罗考昔等）可减轻疼痛和炎症反应。对犬长期使用NSAID时则应谨慎。常见的不良反应包括胃肠道问题，诸如食欲不振、呕吐和出血性胃肠炎。拉布拉多猎犬卡洛芬相关性肝病已有报道。皮质类固醇类可抑制前列腺素的合成和并发的炎症反应。但建议短期使用以防止发生医源性库兴病综合征、软骨退变和肠穿孔。关节液调节剂如葡糖氨基聚糖类或透明质酸钠可预防软骨退化。外科手术包括常用于腕骨和踝骨的关节融合术、关节置换术（如全髋关节置换术）、关节切除术如股骨头、股骨颈的截骨

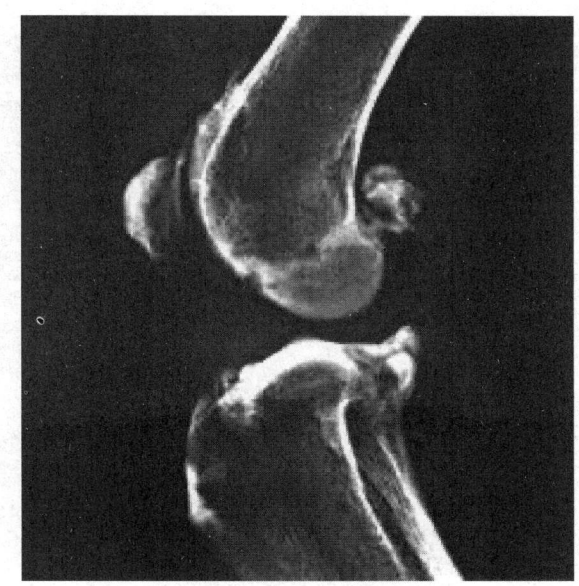

图9-18　退行性关节病侧位X线片
（由Ronald Green博士提供）

术和切断术。因关节病的部位和严重性不同，预后表现多样。

七、脓毒性关节炎

感染性关节炎与细菌感染有关，如葡萄球菌属、链球菌属、大肠埃希氏菌类。原因包括血源播散、穿透性创伤和手术。其他可引起脓毒性关节炎的病原体包括立克次体（洛矶山斑疹热、埃利希体病）和螺旋菌（疏螺旋体病）。

脓毒性关节炎的临床表现包括跛行、患病关节肿胀疼痛以及体温升高、乏力、厌食和僵硬等全身症状。

X线检查可见早期关节渗出液和慢性条件下的关节退变性疾病。关节穿刺术表明白细胞数增多，特别是中性粒细胞。关节滑液可能是严重的脓液。可导致严重的脓性鼻炎。可通过细菌培养和药敏试验进行确诊。血清学试验用于非细菌性检测。治疗可通过注射或口服抗生素、关节冲洗和外科清创术适用于重症患者。

八、免疫介导性关节炎

继发于免疫复合物沉积引起的炎性多关节炎可引起腐蚀性（损坏关节软骨和软骨下骨）和非腐蚀性（关节周炎症）关节疾病。风湿性关节炎、灰色猎犬多关节炎和猫进行性多关节炎为腐蚀性关节炎。全身性红斑狼疮（SLE）是最常见的非侵蚀性关节炎（也见三期反应）。

临床症状表现为跛行、多关节疼痛、关节肿胀、

发热、全身乏力和厌食症。

可通过X线检查、组织活检、关节穿刺术和血清学试验进行诊断。X线检查发现关节周围肿胀、有渗出液、关节崩溃和软骨下骨组织腐蚀破坏。滑膜组织的活组织检查显示轻度到严重的炎性细胞浸润，血清学试验检查类风湿因子和抗核抗体。

治疗包括消炎药（皮质类固醇类等）和化疗药物（环磷酰胺、硫唑嘌呤、甲氨蝶呤等）。因为该病具有复发性和难以确定自身免疫反应的诱因，所以预后应谨慎。

九、关节瘤

滑膜细胞瘤是最常见的侵害关节的恶性瘤之一。这种肿瘤来源于滑膜外原始的间充质细胞。临床表现为跛行和关节肿胀，X线检查可见软组织肿胀和骨膜反应。初期检查就可发现有低于25%的病例有肺转移现象。活组织检查可见软组织肿瘤。治疗可实行截肢术。

十、关节外伤

（一）十字韧带撕裂

十字韧带撕裂最常发生的原因是由于严重外伤和继发于退行性变化、免疫介导疾病或自身结构缺陷（"直腿"犬）引起的韧带脆弱。尽管韧带端的骨撕裂伤比较可能发生，但多数为中间质撕裂。十字韧带撕裂后的膝关节固定不牢，可导致半月板的损伤、关节渗出液、骨赘病和关节囊纤维症。

临床表现包括跛行、疼痛、内侧关节肿胀、渗出、捻发音、胫骨的前侧相对于股骨异常松弛（拖地

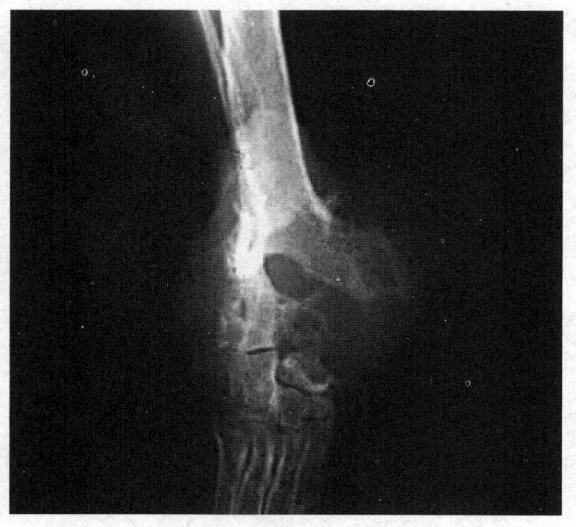

图9-19　犬滑膜细胞肉瘤
（由Ronald Green博士提供）

症状）和胫骨的过度内侧旋转。部分十字韧带移位，特征是前侧松弛度降低，在肢体屈曲时最为明显。在肢体运动、屈曲或伸展时，若发出嗒声，可鉴定为中间半月板损伤。胫骨推挤试验（屈曲踝关节和胫骨粗隆颅侧移位）也可诊断十字韧带松弛。X线检查显示关节有渗出液和退行性关节疾病的表现。关节穿刺术可显示轻度的细胞增多和关节积血。关节镜检查结合专门仪器即可确诊。

治疗包括药物和手术疗法。减轻体重、控制性物理疗法和NSAID，能够起到缓解由于炎症和退行性关节疾病的疼痛和不适。对于活跃的大，建议实行后膝

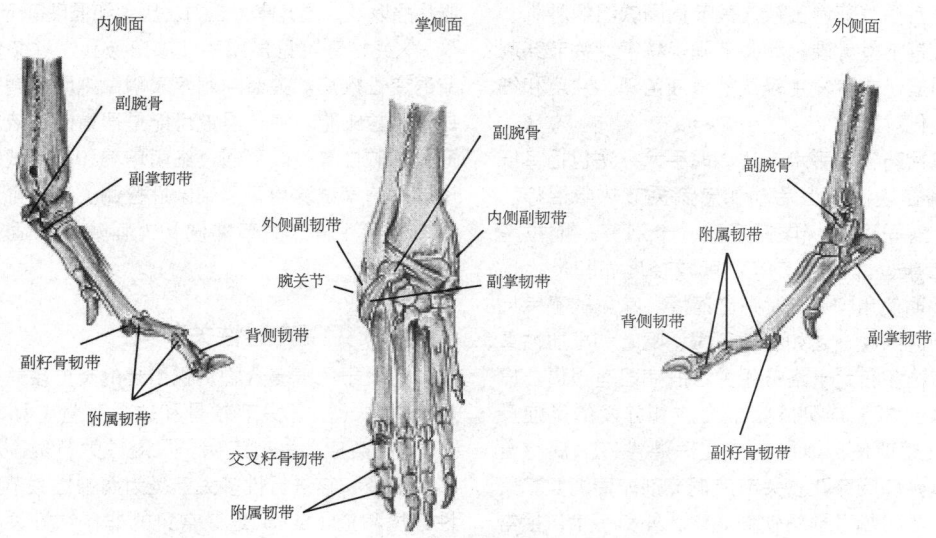

图9-20　犬前肢远端骨关节结构
（由Gheorghe Constantinescu博士绘制）

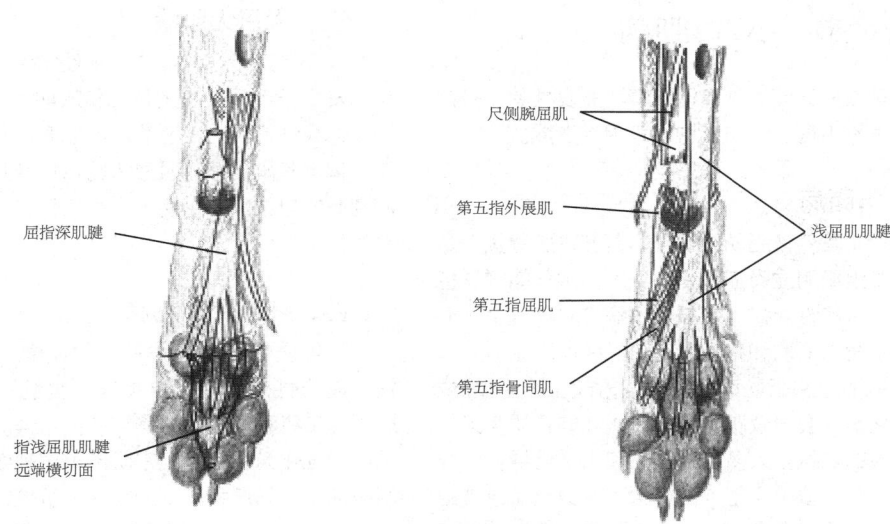

屈指深肌腱

指浅屈肌肌腱
远端横切面

尺侧腕屈肌

第五指外展肌

第五指屈肌

第五指骨间肌

浅屈肌肌腱

图9-21　犬爪掌侧肌肉和肌腱
（由Gheorghe Constantinescu博士绘制）

关节固定术。囊外手术包括：筋膜缝合、腓肠肌内籽状纤维软骨–胫骨粗隆重叠缝合术、腓骨头的颅侧转位术、胫骨脊矫平术和胫骨粗隆前移术。囊内手术包括：将阔筋膜或髌腱移植缝合在外侧股骨髁顶部的或应用人工移植物。内侧半月板损伤需要去除坏死组织。术后物理疗法对于临床恢复是很关键的。若术后没发生退行性关节病，则预后良好。

（二）关节端骨折

外伤性骨折经常涉及肩关节、肘关节、腕关节、髋关节、后膝关节和跗关节。在未成年动物，生长骨骺板的脆弱性与相邻骨骼、韧带、关节囊相比，使该部位更容易受到损伤。索尔特-哈里斯（Ⅰ～Ⅴ级）分类法（Salter-Harris，Ⅰ～Ⅴ级）经常被用来描述将生长骨骺板和关节骨折的定位，具体的损伤常发部位包括：肱骨的大结节和齿突、尺骨末端的生长骨骺板、股骨头和股骨髁。成年斯班尼犬常发生肱骨髁损伤，有Y或T形撕裂损伤，可能与骨化不完全和骨血管供应有关。

临床表现为跛行、疼痛和关节肿胀。若开放性骨的生长面发生慢性损伤，则有肢体成角状畸形的特点。可用X线检查和CT进行诊断。

关节端骨折治疗的目的是可通过解剖结构重建维持关节的协调性和关节与肢体功能。内固定可用髓内针、金属线或骨螺钉等材料进行固定。若采用正确的手术或关节损伤不太严重，则术后恢复良好。

（三）掌、腕骨骨折

这种伸展过度损伤是由于跌倒、跳跃时产生对腕骨的冲力，导致近、中、远端关节损伤，可能继发掌腕骨的韧带和纤维软骨撕裂。临床表现包括跛行、腕关节肿胀和特征性的跖行站立。虽然手术疗法有助于恢复四肢功能，但损伤较轻的病例可尝试应用外部夹板或石膏绷带固定。手术疗法包括用接骨板、髓内针、金属线或骨螺钉进行关节融合术或骨外固定。骨松质移植有利于加强骨愈合，术后进行外固定。预后良好。

（四）髋骨脱位

髋骨的创伤性脱位常为股骨头和髋臼颅背侧移位。临床表现包括：跛行、髋关节触诊时的疼痛反应、股骨的背移位造成的肢体变短。X线检查可诊断股骨头和髋臼的脱位及其骨折。治疗包括闭合手术治疗及其术后固定，或者实施采用缝线、髓内针等内固定材料进行内固定的开放手术疗法。复位术失败后可实行股骨切除术和全髋关节置换术。通常预后良好。

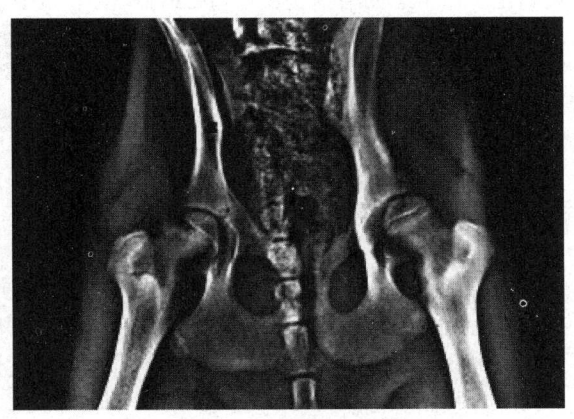

图9-22　大转子骺端骨折
（由Ronald Green博士提供）

第十六节　小动物肌病

肌病可由先天因素、遗传因素、原发性的、炎症反应或营养不平衡、外伤和肿瘤等因素造成。

一、黄脂病

黄脂病（营养性脂肪组织炎、营养性脂膜炎）是一种以脂肪组织明显炎症和脂肪细胞内沉积蜡样质色素为特征的营养性疾病。在猫，本病可单独发生；而在大鼠、水貂、马驹和猪，则伴随肌病而发生。

日粮中不饱和脂肪酸过多，同时缺少维生素E或其他抗氧化剂，会导致脂类过分氧化和蜡样质色素在脂肪细胞中的沉积。大多自然发病和人工诱导发病成功的动物，其日粮中全部或部分含有鱼类产品或其副产品，这与鱼油中含有大量的不饱和脂肪酸，且缺乏维生素E或其他抗氧化剂的保护作用有关。

发生本病的猫通常是过度肥胖的幼猫，无性别差异，病猫活动不灵活、不愿活动，拒绝在其背部和腹部触诊。晚期病猫轻轻触之即表现疼痛反应、持续发热、厌食。

在水貂，小水貂断奶后不久即可发生本病，若不及时治疗，该病可持续到毛皮生长阶段。症状出现突然，小水貂可能夜间拒食，次日死亡。病貂不食，表现特征性的行走摇摆、跳跃，随后完全不能运动、昏迷。在生皮时期，幸存病貂黄色脂肪沉积、血红蛋白尿。

本病的实验室检查结果是WBC数量增多，其中中性粒细胞增多，有时嗜酸性粒细胞也增多。皮下脂肪组织检查可见呈淡黄棕色、质地坚硬。组织学检查可见严重的炎症病理变化和蜡样质色素。

本病的治疗是将日粮中过量的脂肪除去，以 α-生育酚的形式添加维生素E，猫每日至少30 mg，水貂每日至少15 mg。尽管病例发热和白细胞增多，抗生素治疗无效。如果未发生脱水，最好不要补液。在治疗时，因为患病动物有疼痛反应，所以动作要尽量缓慢。

二、拉布拉多猎犬肌病

拉布拉多猎犬肌病是一种常染色体隐性遗传性疾病，该病以缺乏2型的肌肉纤维为特点。5月龄以下的犬表现临床特征。临床表现为骨骼肌萎缩、发育障碍、运动失调和体弱。犬成年时，疾病趋于稳定。病犬的寿命不受影响。可通过肌酸尿检查、肌肉活组织检查和肌电扫描进行诊断。组织学检查发现肌纤维周围的结缔组织增加，通过染色发现Ⅱ型肌纤缺乏。肌电图描记发现肌强直性放电。无有效治疗措施。

三、大丹犬肌病

大丹犬遗传性肌病是一种幼年大丹犬的非炎性疾病。发生于英国、澳大利亚和加拿大。推测可能与常染色体隐性遗传方式有关。临床表现包括运动诱发颤抖、体弱和肌萎缩。肌酸激酶活性增加，骨骼肌可检测到肌纤电位。组织病理学检查可见中央核肌疾病。最好采取辅助疗法。

四、纤维变性肌病

纤维变性肌病是一种犬的慢性、进行性、原发性、变形性疾病。主要侵害半腱肌、股薄肌、四头肌、冈下肌和冈上肌。确切病因不详。病变肌肉以挛缩和纤维化为特点。正常肌肉组织被致密的胶原结缔组织取代。临床特征以无痛性和机械性跛行为特点。神经机能正常。可用肌腱切断术、肌腱切开术、Z字成形术和彻底切除术治疗。本病可复发，预后须谨慎。

五、骨化性肌炎

骨化性肌炎是一种纤维结缔组织和肌肉的原发性非新生物的、异位性骨化疾病。多发于杜宾犬的髋关节周围组织。可能与病犬的出血障碍（血管性血友病）有关。可采用骨化肌肉切除术进行治疗。

六、多发性肌炎

多发性肌炎是一种发生于成年犬的全身性、非传染性，且可能与免疫介导有关的肌肉炎性疾病。本病可突然发生，也可缓慢发生，或为进行性疾病。临床表现为抑郁、嗜睡、体弱、体重减轻、跛行、肌肉疼痛和萎缩。CK活性增加，肌电扫描有异常的自发性肌肉活动。肌肉活组织检查可见肌肉坏死、肌纤维周围淋巴细胞和浆细胞浸润、吞噬和纤维再生，伴有肌纤维坏死。多发性肌炎伴随食管扩张和免疫介导紊乱（重症肌无力、红斑狼疮、多关节炎）。治疗措施：口服皮质类固醇类（1～2 mg/kg，每日2次，共3～4周），其他免疫抑制剂（硫唑嘌呤、环磷酰胺）也可用于治疗本病。虽然复发的情况并不少见，但预后良好。

七、咀嚼肌肌炎

咀嚼肌肌炎（嗜酸性肌炎）是一种免疫介导的肌肉炎症，主要侵害咀嚼肌。其原发病因尚不清楚，在患病动物已经检测到对抗Ⅱ型肌纤维的特异自身抗体。在急性病例，咀嚼肌肿胀，上下颌打开困难；在慢性病例，食欲减退、体重下降、上下颌打开困难、肌肉萎缩。血液学诊断指标包括嗜酸性细胞、球蛋白和肌肉酶类增多。肌电扫描发现患病肌群出现异常自发性肌电活动。通常对颞肌进行活组织检查，组织学变化包括淋巴细胞浆细胞浸润、肌肉萎缩和纤维化。虽然该病可复发，但口服皮质类固醇类药物（逐渐减低药量）通常是有效的。病情再度恶化是很普遍的，需长期用药。

八、猫低钾性多发性肌病

猫低钾性多发性肌病是猫的一种全身性的、肌无力性疾病，该病继发于由于尿大量排放或摄入不足诱发的低血钾症。细胞外低血钾症可导致细胞膜超极化，之后钠离子通透性增加。从而使肌肉细胞低极化，最后导致虚弱。

临床表现全身无力、低头、步态异常、食欲减退和肌肉疼痛。神经检查正常。血清化学检查显示低血钾（降至3.5 mEq/L以下），肌酸酐和CK增加。尿相对密度降低，钾离子排泄过多。口服或非肠道途径补充钾可治疗本病。对于低钾血症比较严重的猫可口服补钾（5～8 mEq/d）进行治疗，猫可静脉注射。早期诊断和治疗则预后良好。

九、恶性体温过高症

恶性体温过高症是一种骨骼肌的代谢亢进性疾病，以骨骼肌分解代谢过快和挛缩为特点，通常继发于吸入麻醉剂或应激，常发生于肌肉粗壮的犬。异常的钙调节和糖原分解、收缩蛋白质活性导致产生大量热量、二氧化碳和乳酸。

临床表现包括心动过速、呼吸急促、发热、肌僵硬和心肺功能衰弱，应用麻醉剂麻醉5～30 min后症状明显。治疗措施包括立即停止麻醉，大量吸入氧。也可应用静脉输液疗法、皮质类固醇类药物疗法和冰敷疗法。丹曲林（一种肌肉松弛药）可静脉注射2～5 mg/kg。重症病例预后不良。应注意监测尿排出量、血钾水平和心脏功能。

十、劳累性肌病

赛犬和工作犬的急性劳累性肌病（横纹肌溶解，捆腿病，周一晨病）特征，是由于过度运动和兴奋引起的肌肉局部性缺血。局限性缺血和酸中毒引起肌肉坏死，肌红蛋白增加和肾病。

临床特征包括赛后24～72 h出现肌肉疼痛和肿胀现象。重症病例有肌肉僵硬、喘息、卧地不起、肌红蛋白血症和急性肾衰竭。尿液分析显示尿中肌红蛋白尿，血清钾、磷和肌肉酶增加。治疗采用辅助疗法，包括输液疗法、碳酸氢盐、降温法、休息和肌肉松弛药（地西泮等）等。根据病情不同预后恢复有差异（可见马的劳累性肌病）。

十一、肌肉创伤

冈下肌痉挛：冈下肌痉挛为冈下肌的一种单向或双向纤维变性肌病，通常继发于猎犬和工作犬的外伤。临床表现包括严重跛行、疼痛和肩部肿胀。跛行可恢复，但由于肌纤维损伤和痉挛的发展，伤后2～4周仍然步态异常。临床表现为特征性的肘内收、前肢外展、腕骨和掌外旋，肢体以环行步态移动。当肘屈曲时，肩部触诊肱骨外旋。治疗措施是切除肌肉的纤维肌腱部分，包括插入肌腱的切断术，肌腱切断术可使四肢和关节功能改善，预后良好。

十二、肱二头肌腱鞘炎

肱二头肌腱的起始部和相关滑液鞘的炎症可能是单侧的或双侧的，这种病经常侵害成年的大型犬。损伤的机制可能是由直接的、间接的、过度使用或者是肱骨的骨软骨损伤产生的骨软骨碎片（"关节鼠"）移动所致。

临床症状包括进行性或慢性的、间歇性跛行，运动后加重，休息后减轻。肩关节活动受限，肩部肌肉萎缩明显。在肩关节屈伸运动过程中，指压肱二头肌腱能产生急性疼痛。

对肩部进行X线检查可确诊。可见肌腱的营养不良性钙化、肱骨结节间沟的骨赘形成、腱鞘内矿化碎片。关节造影可显示滑液鞘充盈性缺损和不规则变化。对受损肱二头肌腱鞘进行超声检查也有助于诊断，关节镜检查可用来观察腱损伤，通过关节穿刺术不能确诊该疾病。通过对肌腱或相关腱鞘的检查也可进行诊断。

对于急性的、轻微病例可通过休息或口服NSAID（如阿司匹林、卡洛芬等）进行治疗。急性的、重症病例可病灶内注射醋酸甲基氢化泼尼松（20～40 mg，每2周1次），并注意休息。多次注射皮质类固醇药无效的慢性病例或者有可见的"关节鼠"的病例，可通过肌腱固定术（肱骨近端肌腱切除与对接术）和软骨碎片移除术进行治疗，也可在关节镜引导下进行肌腱切除。虽然慢性病例的严重退行性变化可能导致跛行后遗症，但预后康复良好。

（一）股四头肌挛缩

这种股四头肌严重的纤维化和挛缩性疾病（股四头肌束缚，后膝关节僵硬），继发于幼年犬股骨远端骨折不当的手术修复和过度的剥离，在骨、骨膜组织和股四头肌可发生粘连，这将导致肢体伸展、废用、骨质疏松、变性性关节病以及骨和关节的畸形。临床症状包括伸展过度和颅韧带移位。通常需要手术切除纤维组织，以增加后膝关节的活动性。需要通过术后屈曲绷带固定和物理治疗的同时，对骨和软组织再造以恢复肢体的功能。该病预后须谨慎，可通过骨折后的精确的、生物学稳定的修复术预防。

（二）跟腱断裂（后踝掉落）

这种跟腱（腓肠肌、浅表指屈肌、股二头肌、半腱肌、股薄肌的肌腱）的急性损伤，主要发生于成年工作犬与运动犬。踝骨跟关节跟腱可能破裂或者被撕脱，破裂可能是部分或完全的，常发生于腓肠肌腱。临床症状包括严重的非负重跛行、跗骨屈曲和跖行站立。触诊肿胀、疼痛和末端肌腱撕裂或纤维化。X线检查可见脱落的骨碎片。可手术修复被撕裂的跟结节肌腱的末端，并把腱组织与跟结节连接附着在一起。术后4周内要用夹板或其他固定器固定保护修复组织。根据损伤的病程、手术的成功和犬的预期性能，预后多变。

（三）髂腰肌创伤

髂腰肌与其肌腱附着部的创伤，可造成活跃犬的急性或慢性跛行。体格检查会发现股近端内侧面（小转子与肌腱附着部）局部疼痛，尤其在髋关节伸展和内旋转同时进行过程中。超声检查发现肌纤维断裂，X线检查可发现在肌腱附着端有营养不良性钙化。休息和NSAID的治疗是有效的。

十三、肌肉瘤

主要的骨骼肌肉瘤可分为良性（横纹肌瘤）和恶性（横纹肌肉瘤）两类。继发性肿瘤包括可转移的淋巴肉瘤、血管肉瘤和腺癌。局限性肿瘤（纤维肉瘤、骨肉瘤、肥大细胞肿瘤）可浸润周围临近肌肉组织，脂肪瘤可侵害肌间组织。临床表现包括局部肿大和跛行。可通过活组织检查和组织学鉴定确诊。治疗措施有：手术切除肿瘤和截肢术进行治疗。根据肿瘤的类型也可进行化疗与放疗。

第十七节　小动物骨病

骨病为一种进行性、传染性（骨髓炎）、自发性（肥大性骨病骨病等）疾病。可由营养或由于骨肿瘤或创伤等因素引起。

一、进行性骨病

（一）前肢成角畸形（桡骨和尺骨发育不良）

桡骨和尺骨发育不良可继发于末梢生长板损伤或由遗传因素造成（哈巴犬、牛头犬、波士顿㹴犬、矮腿猎犬、腊肠犬）。桡骨和尺骨的不同步生长导致四肢变短、弯曲、肘关节半脱位以及腕骨的外翻或内翻导致畸形。

临床表现为跛行和因肘关节或腕关节疼痛而运动减少。X线检查可见骨变形和长骨生长部闭合。

治疗依据肢体的修正角度和长度，重新恢复其协调性。外科手术包括截骨矫正术、内部或外部埋植稳定术和减张性截骨术。骨变形不严重的犬多预后良好。

（二）颅下颌的骨病

颅下颌的骨病是一种发生于犬生长期的非肿瘤性、增生性骨病，可损害㹴犬的下颌骨和鼓室泡。确切病因不详，但可能与遗传因素有关。骨损伤的主要特点为正常骨骼循环性的吸收，骨内和骨膜表面的未成熟的骨细胞被代替。

临床症状与严重程度有关，主要表现为难以进食、体重减轻、发热和下颌触诊疼痛加剧。X线检查可见双侧性下颌骨和鼓室泡骨增生。

对症治疗，可用阿司匹林和皮质类固醇类进行降低炎症反应和不适，用流体食物饲喂。因犬成年后骨骼停止生长，所以预后良好。

（三）肥大性骨营养不良（干骺端骨病）

肥大性骨营养不良是一种长骨的干骺端发育异常的疾病，多发于生长期的大型幼年犬。确切病因不详，可能与饲喂过度有关。病理生理学表现为干骺端血管损伤导致骨化不全和骨小梁坏死和炎症。

临床表现为双侧性干骺端疼痛、桡骨尺骨末端肿大、发热、厌食和抑郁。临床症状可呈周期性发作。严重病例可导致角肢（angular limb）畸形。X线检查干骺端骨透明且周围有骨膜骨形成。

对症治疗主要以缓解疼痛为目的，可用NSAID、阿片类等药物止痛，减少饮食，提供流食。

（四）多发性软骨外生骨疣（骨软骨瘤病）

多发性软骨外生骨疣是发生于幼年犬、猫的一种增生性骨病。主要表现为长骨、椎骨、肋骨干骺端皮质表面形成多样的骨化的突起。

动物无临床症状，可通过触诊和X线检查进行确诊。若有跛行和疼痛反应，则可手术切除骨疣。

（五）全骨炎

全骨炎是一种自发的疾病，仅发生于快速生长期的大型犬和巨型犬，主要侵害长骨的骨干和干骺端。确切病因不详，可能与遗传（德国牧羊犬）、外力、感染、自身代谢和免疫有关。本病的病理生理学主要表现为骨髓内脂肪坏死、类骨质过多和血管充血，导致骨内膜和骨膜炎症的发生。

临床表现为发病急剧、周期性以及6～16月龄犬的单肢或多肢发生，出现跛行、发热、厌食和长骨触诊疼痛。X线检查可见骨髓内密度增加，长骨骨膜表面不规则。治疗目的是缓解疼痛和不适，发病期间可口服NSAID、阿片肽类药物和糖皮质激素减轻疼痛。

快速生长期的幼犬要注意避免过度饲喂。

（六）尺骨软骨核滞留症

尺骨软骨核滞留症是发生于幼年大型犬和巨大型犬的一种尺骨生长骺板末端发育异常的骨病，以软骨骨化异常为主要特征。因此，骨骼生长钙化停止，患犬前肢骨骼发育受限。确切病因不详，但可能与饮食有关。

临床表现为病犬出现跛行和前肢不同程度畸形。X线检查可见在尺骨末端的软骨核可被X线穿透。治疗应停止犬的营养品供应，采用截骨术或骨切除术减轻前肢畸形。预后随病情严重程度存在差异。

（七）猫骨营养不良

猫骨营养不良是以椎骨、掌骨和跖骨内骨骼变形为特征，伴发指骨软骨内骨化特点的遗传性骨病。可使猫跛行、骨变形以及肿大。可通过去除外生骨疣治疗。预后过程应谨慎护理。

二、骨髓炎

骨髓腔、骨皮质和骨膜大多数的炎症和感染与细菌有关，如葡萄球菌、链球菌、变形杆菌、大肠埃希菌、巴氏杆菌、假单胞菌和犬布鲁氏菌。厌氧菌很少被分离到，可能是多重感染的一部分。真菌性疾病根据地理分布分为粗球孢子菌（美国西南部）、皮炎芽生菌（美国东南部）、荚膜组织胞浆菌（美国中部）、新生隐球菌和曲霉属真菌（全球范围）。引起感染的因素包括局部缺血、外伤、局灶性炎、骨坏死和血源播散。

临床表现分为急性和慢性。动物可出现跛行、疼痛、脓肿、发热、厌食和精神沉郁。X线检查用以确定骨细胞溶解、死骨形成、不规则骨膜反应、植入物松动和瘘道的形成。深部细针抽吸活检、细胞学和血液培养也可证实感染的发生。

治疗包括药物和外科手术治疗。长期口服或注射抗生素，如阿莫西林克拉维酸（15 mg/kg，每日2次），头孢唑林（30 mg/kg，每日2次），克林霉素（11 mg/kg，每日2次），恩氟沙星（15 mg/kg，每日2次），阿米卡星（15 mg/kg，每日2次）或苯唑西林（22 mg/kg，每日3次）。此外，清创手术清洗伤口，去除松动的植入物。开放或闭合创引流并延迟伤口闭合，可以采用松质骨移植。慢性病例多为难治病例，可能会实施截肢手术。预后情况与感染严重程度和长期性感染有关。结合细菌培养和抗生素敏感试验进行治疗用药可收获理想效果。

三、肥大性骨病

肥大性骨病是一种犬的长骨骨膜弥散性肥大性增

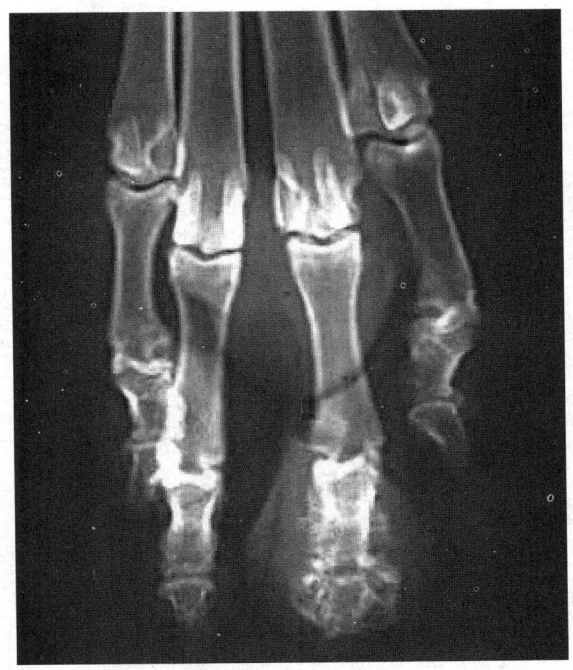

图9-23　犬骨髓炎
（由Ronald Green博士提供）

生，可伴发胸腔或腹腔的肿瘤或感染。确切病因不详，但骨膜血管减少。

临床表现为跛行、长骨疼痛和体腔肿块。X线检查主要可见肿块和外周的骨反应。

治疗可采用胸腔或腹腔的肿块移除术和单向迷走神经切断术阻断异常骨的神经血管。

四、营养性骨病

也见于钙、磷、维生素D缺乏导致的营养不良。

骨量降低，骨畸形，外生骨疣、病理性骨折和牙齿松动（橡皮颌）是骨骼营养紊乱的表现，影响甲状旁腺素功能以及钙和维生素的新陈代谢。诸如营养性或肾性甲状腺功能亢进、维生素D缺乏和维生素A过多症等特殊病因均可导致跛行。诊断可通过血清学分析、X线检查和潜在的营养缺乏评价。可通过补充营养治疗，很少进行手术。

五、骨肿瘤

骨肿瘤可能是良性的或恶性的，原发或继发性的转移给临近的软组织。最常见的主要骨肿瘤为骨肉瘤，主要侵害桡骨远端、肱骨近端、股骨远端和胫骨近端。

临床表现为跛行、骨肿胀和急性非创伤的病理性骨折。X线检查骨质溶解、增生和软组织肿胀。胸腔X线诊断可见转移性肿瘤。采用骨环锯或活检针进行骨活检对于确诊十分必要。不常见的骨瘤有软骨肉瘤、纤维肉瘤和血管肉瘤。

治疗可采用截肢术和化疗，化疗使用卡铂、顺铂或阿霉素。缓解病痛和不适，可口服NSAID、阿片类药物、皮肤贴片和放射疗法。预后过程应谨慎护理。未经治疗的动物几个月内即可死亡。截肢手术和化疗的动物，可使其存活时间加倍。犬截肢后的平均存活时间为5个月，猫为4年。早期实施截肢术，可避免肿瘤转移。

六、骨创伤

骨折常由交通事故、枪支、打架或跌落造成。骨折分为开放性和闭合性骨折，也可分为单骨骨折和多骨骨折。根据外力（弯曲、挤压、拉伸、旋转）不同，骨折可分为简单式、粉碎式、斜式、横断式或螺旋式骨折。

临床症状总是以跛行、疼痛和肿胀为特征。可用X线检查足以确定骨折类型。

治疗可根据骨折类型、动物年龄和健康状态、畜主资金和手术经验不同，治疗方法不同。

年轻健康犬的不完全骨折可用夹板固定。其他损伤可用体外固定，或由接骨板、骨螺钉、整形线、髓内钉和髓内针等材料进行骨内固定。骨松质移植物通

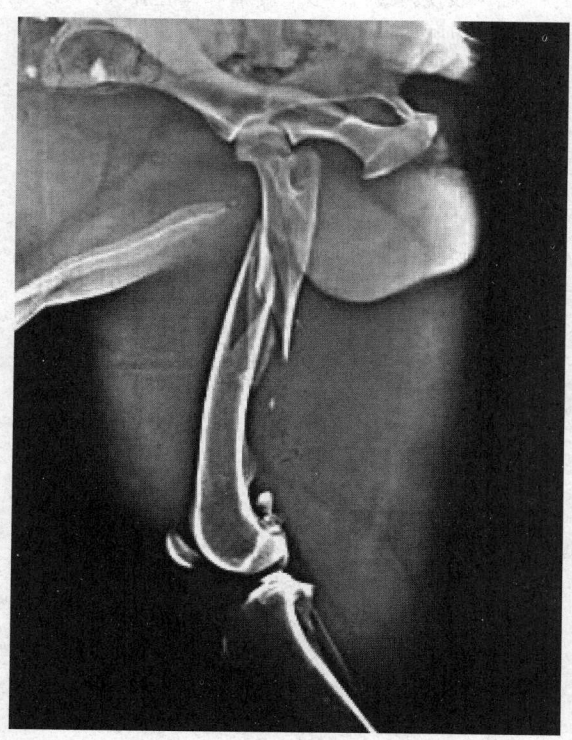

图9-24 股骨粉碎性斜骨折
（由Ronald Green 博士提供）

常可加快病犬和老年犬的骨折愈合速度。开放性骨折和需长期治疗的疾病要注意应用抗生素治疗。围手术期镇痛药包括用于硬膜外的吗啡、皮肤麻醉贴片、麻醉剂、口服NSAID等可用于缓解不适。物理疗法或康复训练，对于恢复肢体功能和全身健康至关重要。

依据损伤的性质和成功的修复往往预后良好，成功的创伤治疗和心肺功能和泌尿系统的监测十分必要。随后的护理包括临床评价和X线检查骨折愈合情况。若无感染或其他不适，体内埋植剂无需取出，除非出现应力保护、感染或软组织刺激。

第十八节　肉孢子虫病

肉孢子虫病是指内皮组织、肌肉组织和其他软组织，被顶复合器门肉孢子虫属的原生动物侵入导致的疾病。正如其名称所示，肉孢子虫在各类中间宿主的肌肉中可形成囊肿。这些中间宿主包括人类、马、牛、绵羊、山羊、猪、鸟类、啮齿类动物、骆驼科动物、野生动物与爬行动物。在不同种类和品种的宿主体内形成的囊肿大小不一，从几毫米到数厘米。在全球范围内都可发生本病。

【病原学、传播与发病机制】肉孢子虫的生活史通常在两个宿主动物，包括中间宿主和终末宿主。肉孢子虫在种属特异性的中间宿主和终末宿主的生活史已经被证实，如牛-犬（枯氏肉孢子虫），牛-猫（多毛肉孢子虫），牛-人（人肉孢子虫），绵羊-犬（山羊犬肉孢子虫，家山羊犬肉孢子虫），绵羊-猫（绵羊肉孢子虫，水母样肉孢子虫），山羊-犬（山羊犬肉孢子虫，家山羊犬肉孢子虫），山羊-猫（莫尔肉孢子虫），猪-犬（米氏肉孢子虫），猪-人（猪-人肉孢子虫），猪-猫（猪-猫肉孢子虫），马-犬（法依尔肉孢子虫）等。一些野生动物可为肉孢子虫中间宿主（浣熊），也可为中末宿主（狼、负鼠）。

食入含有肉孢子虫囊的肌肉约1~2周后，终末宿主排出的粪便中含有感染性孢子囊，且可持续数月。孢子囊被适当的中间宿主食入后，释放出子孢子，并在肠系膜小动脉血管内皮和肠系膜淋巴结发育成裂殖体。裂殖体成熟后释放出裂殖子，并在各脏器的毛细血管形成第二代裂殖体。第二代裂殖体释放出的裂殖子侵入肌纤维，最后形成典型的肉孢子虫囊。最初，肉孢子虫囊中仅含有少量的母细胞—圆形、无传染性的寄生物，可发育成香蕉形的具有传染性的裂殖子，在感染后2~3月于成熟的肉孢子虫囊中可发现。在一些动物中，形成的肉孢子囊很大，肉眼便可看出（*S. aucheniae*，多毛肉孢子虫，巨肉孢子虫）。这种带有明显肉孢子虫囊的胴体在肉品检查时被淘汰。而有

的动物肌肉中即使存在大量的肉孢子虫，但其囊肿可能很小而不易发现。

枯氏肉孢子虫主要在心肌产生微型囊，在一些牛群中感染率达100%；多毛肉孢子虫感染的牛肉在肉品检测时可见虫囊；米氏肉孢子虫主要感染猪，影响猪肉质量；感染 S. aucheniae 的马驼肌肉有肉眼可见的虫囊；虫囊易在食道、膈肌和心肌中检测到。

一般情况下，除了犬粪便中能感染犊牛引起急性疾病、牛嗜酸性粒细胞性肌炎和妊娠母牛的流产、死产和死亡的枯氏肉孢子虫外，其他肉孢子虫感染均被认为是低致病性的。还有报道两例坏死性脑炎与肉孢子虫有关。柔弱肉孢子虫对绵羊和母羊的类似致病性也得到证实。由严重的肉孢子虫感染引发20头母羊肌炎，导致迟缓性瘫痪。宿主的免疫力和感染的虫囊，可能是疾病发展最重要的因素。患有淋巴性白血病母牛感染肉孢子虫后，心肌和骨骼肌的病理变化较为明显。用小剂量孢囊免疫接种可阻止病情发展，大剂量可减轻疾病临床症状。犬肉孢子虫的重复感染可延长潜伏期，缩短显露期。猪也能在免疫接种后获得持续免疫力。

人类也可充当中间宿主，感染后发生肌炎和血管炎，但人类感染这种疾病的传染源尚未证实。人作为终末宿主发生肠道疾病，临床表现为恶心、腹痛、食欲减退、呕吐和腹泻，且持续48 h。常因摄入未煮熟猪肉中含有猪-人肉孢子虫和牛肉中的人肉孢子虫所致。

【临床表现】　在农畜中，肉孢子虫病感染非常普遍，然而很少暴发临床疾病。大多数患病动物不表现明显的临床症状，只有在屠宰时才能发现。严重感染枯氏肉孢子虫的牛出现发热、厌食、恶质病、泌乳量下降、腹泻、肌肉痉挛、贫血、尾掉毛、烦躁不安、乏力和虚脱而死。妊娠期后3个月内感染肉孢子虫的母牛发生流产。急性发病痊愈的犊牛生长不良，最终死于恶病质。人工感染柔弱肉孢子虫的绵羊，急性症状主要表现为贫血、肝炎和心肌炎。绵羊的脑脊髓炎病例与肉孢子虫感染有关。急性发病痊愈的绵羊脱毛。柔弱肉孢子虫可能会引起绵羊流产。急性感染的动物剖检可见肠系膜和心肌出血。肉孢子虫感染可能对生长期的反刍动物和猪影响最严重，会导致轻微贫血和减慢体重增长速度。

马原虫脑脊髓膜炎（EPM），在美国主要由神经性肉孢子虫（ S. neurona ）感染马引起。在马体内主要为无性繁殖，寄生于大脑和脊髓的神经元和白细胞。负鼠为其终末宿主。马的临床表现为运动失调、突球、肢体交替负重、后肢单侧频繁肌肉萎缩。典型病变在脑干。其他可能出现的症状有精神沉郁、体弱、头部倾斜和吞咽困难。马原虫脑脊髓膜炎可为多种神经系统疾病模型。马感染后会出现肌肉病变。多灶性肌炎已有报道，其他种类的肉孢子虫可将马作为中间宿主，如法依尔肉孢子虫。PCR为重要的诊断方法。

【控制】　家畜感染本病是由于摄入食肉动物粪便中的孢子囊所致。由于大多数成年牛、绵羊和猪肌肉中一般都含有肉孢子囊，因此犬与其他食肉动物不应采食生肉、内脏或死亡动物。饲料及原材料要覆盖严，不许犬与猫进入饲料间或以犬猫守护饲料。氨丙林（100 mg/kg，每日1次，连用30 d），可起到预防作用，降低牛感染枯氏肉孢子虫病。按预防量给予氨丙林或盐霉素，也可保护人工感染的肉孢子虫的绵羊。牛和绵羊发病后，治疗效果不甚理想。目前尚无疫苗可用。将感染的猪肉和牛肉70℃热水中15 min可杀灭病原体。也可在-4℃放置2 d或-20℃放置1 d。

乙胺嘧啶（1 mg/kg）和磺胺嘧啶（20 mg/kg），每日1次，连用120 d或更长时间，是治疗EPM的传统方法。地克珠利和托曲珠利（5 mg/kg）可有效预防神经性肉孢子虫（ S. neurona ）感染。

（刘焕奇 译　高利 一校　崔恒敏 二校　刘宗平 三校）

第十章　神经系统
Nervous System

第一节 神经系统概述

一、基础知识

神经系统是由数十亿个细长的、相互连接的神经元组成的复杂电化学通路。通过这些神经元通路，动物才具备感觉并能作出恰当的反应。

神经元中传输电化学改变与细胞体的接触部分称为树突。树突上有接受或阻止外界刺激的感受器位点。如果细胞体的电刺激达到临界阈值，就会产生被称作是动作电位的放电过程。动作电位沿电位差自发进行，远离细胞体的结构称为轴突。当动作电位到达轴突末端时，就会释放被称为神经介质的化学物质。神经递质刺激或抑制其他神经元、肌肉或腺体的感受器位点。

（一）基本感觉与运动功能

外周神经系统（PNS）由脑神经和脊髓神经的神经元构成；中枢神经系统（CNS）由脊髓、脑干、小脑和大脑的神经元构成。外周神经系统中神经元胞体组被称为神经节，而在中枢神经系统中这些神经元胞体组称为神经核。中枢神经系统中的轴突构成白质，这些轴突组成束常以其起始和终止点命名（比如，脊髓小脑起源于脊髓，终止于小脑。）

外周神经系统通过感觉或传入神经元传导信息（如痛觉、感觉、触觉、温度、味觉、听觉、平衡、视觉和嗅觉）到脊髓或脑干。中枢神经系统的感觉神经元携带信息到小脑，脑干和大脑做进一步的反应。重要的脊髓和脑干感觉束包括几个脊髓小脑、脊髓丘脑和脊髓网状束系统。脊髓网状束起始于脊髓，终止于髓质的网状结构。股薄肌束、脊髓的楔形束、脑干的内侧和外侧丘也是重要的感觉束。在动物体内，这些感觉束可能还有许多本体感觉器官，如疼痛（痛觉）和触摸等感官的感觉神经纤维。一种感觉的改变可能是由中枢神经系统或外周神经系统疾病引起的。

接受感觉的反应由大脑和脑干的传出或运动神经元引发，该类神经元通常被称为上行运动神经元（UMN）。上行运动神经元轴突下降到脑干和脊髓节段，以他们的起始和终止位点命名。网状脊髓束（脑、脑桥和延髓网状结构）和红核脊髓束（脑）的上行运动神经元对动物骨骼肌的随意运动很重要。红核脊髓束的主要功能是促进四肢的屈肌，而脑桥和延髓网状脊髓束对伸肌的影响是促进（脑桥）或抑制（髓）。皮质脊髓束（大脑皮层的细胞体）对灵长类动物的随意运动是最重要的。患严重大脑皮层疾病的家禽因为其皮质脊髓束有一定损伤，所以可能出现短暂的随意运动缺失。

网状脊髓和前庭脊髓束（从延髓的前庭细胞核）供应伸肌的肌肉活动用以支持身体。明确感觉、运动的脑干和脊髓束的位置和功能，对确定神经系统病变及其严重程度是必要的。轻度的脊髓压迫影响浅部的脊髓束，如脊髓小脑和前庭脊髓束，因此最初的症状包括共济失调和伸肌无力。重要的随意运动束位于深脊髓小脑的横向部分，中度脊髓压迫会发生麻痹或瘫痪。由于许多脊髓束都参与其中，当脊髓发生严重病变时，就会发生从脚趾和尾部的骨膜伤害性感受缺失（深痛）。这种伤害感受的缺失也是脊髓严重损伤的一个指标，因为这是传导深部疼痛的纤维通常是由脊髓的C型慢纤维传导的，而这些纤维非常耐压力。脑干中的运动神经元胞体，脊髓灰质和轴突下行至外周神经系统的头颅和脊髓神经，相应的被称为下行运动神经元（LMN）。上行运动神经元或下行运动神经元的损伤均会导致动物瘫痪或麻痹。在进化史上，脑干和脊髓的反射神经系统是最古老的神经系统反应。例如，当触摸眼睑，会出现闭眼；当脚趾被夹痛，肢体会在意识知觉干预之前撤回。一个反射需要外周神经系统的感觉神经元、中枢神经系统的连接神经元和下行运动神经元。对于单突触反射（例如膝反射），只需要一个感觉神经元和运动神经元。在神经系统检查时，检测脑干和脊髓反射有助于将外周神经系统和中枢神经系统病变定位到特定领域。如果一个反射被抑制或缺失，感觉神经元、连接神经元或者是下行运动神经元的特定位置上一定有损伤。植物神经系统分为交感神经系统和副交感神经系统，控制平滑肌、心肌和腺体的活动。内脏传入（感觉）神经元分布在脑神经、脊神经和脑干丘脑及下丘脑区域的脊髓感觉束。上行运动神经元在下丘脑下降到下行运动神经元的脑干核细胞体和脊髓的中间外侧灰质。交感神经系统的下行运动神经元通过胸腰段脊髓神经（第1腰椎到第4腰椎）影响与瞳孔、眼睑、眼眶、毛囊、血管、胸腔和腹腔脏器相关的平滑肌。霍纳氏综合征（上眼睑下垂，瞳孔缩小，眼球内陷）是一种常见的由于眼睛失去交感神经支配而导致的疾病。副交感神经系统的下行运动神经元通过第Ⅲ脑神经支配瞳孔和眼睑的平滑肌，通过第Ⅶ脑神经支配泪腺和唾液腺，第Ⅳ脑神经支配唾液腺，第Ⅴ脑神经支配心肌、腺体和所有横结肠以上胸腹部内脏平滑肌。副交感神经的下行运动神经元同时通过骶段支配所有的尾侧腹部脏器，包括膀胱和结肠。骶病变通常导致膀胱（逼尿肌）反射缺失。

（二）分类及病变的影响

外周神经系统由≥26对脊神经构成，每对脊神经对应1个脊髓段，12对脑神经对应于大脑-脑干片段的特定区域。

外周神经系统的脊神经形成臂丛神经的前肢；腰骶丛形成后肢；马尾（脊髓下部下降的脊髓神经根的束，占据脊髓以下椎管的位置，其外形似马尾）形成膀胱、肛门和尾。臂或腰骶丛神经病变引起胸部或骨盆肢体的麻痹或瘫痪，相对应地伴随脊髓反射和肢体感觉的减少或缺失。马尾神经病变导致膀胱弛缓，肛门扩张、反应迟钝，尾无力。

所有的脊神经病变（如急性多发性神经炎）均会导致四肢瘫痪或麻痹（四肢轻瘫或者四肢分别瘫痪），并伴随脊髓反射抑制或消失及四肢感觉的改变。由于PNS神经局限病变导致的特定神经功能障碍，其四肢或其他部位的神经系统通常不显示功能障碍。

猫和犬的脊椎包括8个颈椎，13个胸椎，7个腰椎，3个荐椎，5个或更多的尾段。牛和猪有6个腰椎，5个荐椎；猪有6~7个腰椎和4个荐椎。从第2胸椎至第7腰椎（马、牛和猪的第6腰椎）脊髓病变导致骨盆四肢麻痹或瘫痪（四肢轻瘫或分别瘫痪）。从第2胸椎至第3腰椎脊髓病变引起后肢共济失调，意识本体感觉缺失或麻痹，以及脊髓反射性麻痹（UMN标志）。尾部病变也可能导致后肢感觉抑制或缺失。

从第4腰椎至第2荐椎脊髓病变引起后肢共济失调，有意识的本体感觉的缺失、麻痹或瘫痪，脊髓反射抑制或缺失、肌无力（LMN标志）。

第1至第5颈椎脊髓病变可导致肢体无力或偏瘫（麻痹或四肢一侧瘫痪），或者是四肢瘫痪。脊髓内病变从第6颈椎延伸至第2胸椎时，可导致上肢脊髓反射抑制或缺失。由于上行运动神经元参与呼吸肌的支配，因此，当严重的损伤导致四肢瘫痪时，也可能引起呼吸困难或骤停。

脑干从尾侧至前侧可以分为四部分：延髓、脑桥（后脑）、中脑（脑）、丘脑和下丘脑（脑）。

延髓病变可导致意识本体感觉障碍和同一侧本体感觉减弱，或出现类似颈椎脊髓病变的两侧反射正常或亢进。然而，参与脑神经核的IX、X、XI和XII将病变定位于尾端延髓。参与脑神经核的VI、VII、VIII定位于延髓病变。延髓病变很少见，并且其不影响一个或多个脑神经，也不影响感觉和运动束。

脑桥病变可引起同侧有意识的本体感觉障碍、偏瘫或四肢瘫痪，肢体反射正常或异常活跃，网状结构上行激动系统（ARAS）引起精神沉郁和第V脑神经功能障碍。

中脑（脑）病变可引起对侧意识本体感觉障碍和偏瘫。第III脑神经核存在于身体同侧，可将病变定位于中脑。在大脑病变中，如果网状结构上行激动系统受到影响，动物将陷入昏睡或昏迷。如果中脑的交感和副交感神经的运动神经元均受到影响，则出现瞳孔散大、对光反应迟钝。

间脑的病变很难与大脑皮质病变进行区分，这是因为许多神经束贯穿于大脑和间脑。丘脑、下丘脑和间脑的丘脑底部有很多重要的结构，参与调节摄食、饮水、性行为、睡眠及其他行为，同时还参与体温调节。脑垂体腺与下丘脑相连，参与机体多种激素功能的调节。网状结构上行激动系统通过丘脑底部区域，其病变也可导致动物昏睡或昏迷。

小脑是后脑的一部分，通过腹侧、中间和尾侧小脑脚连接到脑桥和延髓的背侧面。小脑协调所有的肌肉活动并建立肌肉张力。小脑的绒球小结叶具有保持身体平衡的功能。一侧小脑病变可引起同侧辨距不良（运动范围过度或伸展不足），并且头向对侧倾斜。两侧小脑病变可致头和四肢运动不协调、头部震颤和普遍性失调。

终脑，也被称为脑皮质，可分为新皮质、旧皮质和原脑皮质。旧皮质和原脑皮质包括嗅觉及边缘区，参与气味的辨识以及对外界所有的刺激作出情绪反应。新皮质分为额叶、顶叶、枕叶和颞叶。额叶皮质功能是智力及精细动作技能（皮质脊髓束）。该区域发生病变会引起痴呆、认知感缺乏、难以驯服、强迫性踱步、向病变侧转圈（内转综合征）和对侧肌肉不自主抽搐伴随的运动性癫痫。额叶病变可导致对侧跳跃和行动障碍。在额叶上行和下行的神经束通过该区的基底核和中脑形成内囊。内囊病变可出现额叶损伤相同的症状。顶叶（躯体感觉皮层）主要感受痛觉、温度及压力。

枕叶和视放射线病变可致失明，瞳孔对光反射消失。单侧枕叶和视放射线病变致对侧眼睛在一定程度的视力丧失，丧失程度取决于各种动物在视神经纤维交叉所覆盖的百分比（猫65%，犬75%，牛、马、猪和绵羊80%~90%）。瞳孔对光反射正常。视网膜、视神经、视交叉或喙视神经束等部位的病变均能导致瞳孔不能对光产生反应。

颞叶病变可能导致局部发声困难，同时可能会出现异常兴奋的奔跑，以精神运动性抽搐为特征。如果出现"飞咬"或"观星"等幻觉症状时，可怀疑病变发生于颞枕叶区域。当颞叶的梨状区（旧皮质区）和杏仁核发生病变时，也可能导致下丘脑病变。

嗅觉区病变可导致摄食或性行为异常。动物慢性大脑和间脑病变由于上述区域功能的适应性改变引起一些临床表现。

（三）发病机制

疾病进程对神经系统的影响，可能是先天或家族性、感染或炎症性、中毒性、代谢性、营养性、创伤性、血管性、退行性、肿瘤性或自发性的。

先天性障碍在动物出生或出生后不久可能很明显（如积水导致头增大，或小脑不发达导致的不协调）。一些家族性疾病（如溶酶体贮积病）可在出生后第一年引起渐进性的神经元变性，其他先天性疾病（如遗传癫痫）2~3年内可能不明显（见先天性和遗传性的神经异常）。

神经系统的感染是由于特定病毒、真菌、原生动物、细菌、立克次体、朊病毒和藻类引起的。非感染性炎症，如激素敏感型脑膜脑脊髓炎和肉芽肿型脑膜脑脊髓炎。

神经系统中毒性疾病多由有机磷酸酯类、除虫菊酯、氨基甲酸盐、溴杀灵、四聚乙醛、乙二醇、甲硝唑、可可碱、镇静剂和抗惊厥药（如苯巴比妥、溴铵）等引起的。肉毒菌、破伤风和蜱虫毒素以及珊瑚和某些蛇毒中毒，同样也能导致神经症状。

神经系统功能代谢的改变最常见的是可导致低血糖、低氧或缺氧症、肝功能不全、低钙血症、低镁血症、低钠血症、低钾血症和尿毒症。甲状腺功能减退、甲状腺功能亢进、肾上腺皮质功能减退和肾上腺皮质功能亢进等内分泌疾病，均可引起神经功能障碍。

硫胺素缺乏可致犬、猫和牛出现共济失调、昏迷或癫痫等症。维生素B₆缺乏可能导致癫痫。

PNS和CNS的损伤，能引起单个或多个病灶的神经症状，可导致物理性破坏、大出血、浮肿和含氧自由基聚，并且通常在24~48 h内完成。

CNS的败血症和细菌栓塞往往能引起动物血管损伤。脊髓的纤维软骨栓塞的发生在犬较为普遍，动静脉畸形虽偶然发生，但其可引起自发性出血。在家畜中，虽然动脉硬化很少能引起脑血管病，但与甲状腺机能减退有关。源自高血压的脑血管疾病较为罕见。

神经元的家族性变性发生于溶酶体贮存疾病。椎间盘变性，其后脱出进入椎管，常可引起犬局部麻痹或瘫痪。

CNS和PNS肿瘤在犬和猫最为常见。星形胶质细胞、少突细胞和小神经胶质细胞都能赘生并形成星形细胞瘤、少突胶质细胞瘤和小神经胶质细胞瘤。室管膜细胞和脉络丛（沿着中枢神经系统和产生集落刺激因子的内腔）也能长成肿瘤和形成室管膜瘤和脉络丛乳头状瘤。犬和猫易发硬脑膜、蛛网膜和软脑膜形成的脑膜瘤。外周神经鞘的神经纤维肉瘤是犬最常见的肿瘤。在犬、猫和牛的PNS和CNS常见的转移性肿瘤是淋巴细胞瘤。犬CNS的血管肉瘤是最常见的转移性肿瘤（见神经系统的肿瘤）。

该类疾病的自发性机制、特异性临床症状和可预见性结果还不明确，尸检发现尚未知。

二、神经学评价

准确的病史和完全的物理和神经学对于评价神经系统疾病是必需的。对神经解剖学、神经生理学概念和疾病机制的理解是精确解释临床发现的先决条件。基于初步的临床评价，病变可能确定为弥散性的或局灶性的；对称的或不对称的；疼痛的或无疼的；渐进性的或静止的；轻度、中度或重度。另外，可通过解剖学确定病变的位置。在诊断时，疾病的潜在机制也必须考虑在内。进一步诊断学检查包括临床病理学检测（血清、血液、尿液、粪便和脑脊液）、影像诊断（普通X线检查、造影、CT和MRI）和电诊断学检测。

（一）病史

神经系统疾病存在物种、年龄和品种特异性，并且偶然有性别偏好。神经问题的主要症状常包括行为改变、癫痫、震颤、颅神经障碍、共济失调、麻痹以及某一个或几个肢体瘫痪。有关疾病发作、病程和发病期间的主要症状等信息都可用来决定疾病可能的机制。先天性和家族性的疾病在刚出生或出生几年内的纯种动物中最普遍。炎症、代谢障碍、毒性和营养障碍在任何物种、后代及不同年龄动物中均可出现；上述疾病往往趋向于急性或亚急性经过，而且经常是进行性的。血管和外伤性疾病呈急性发病过程，一般在24 h内停止。大多数退行性和肿瘤性疾病在老年动物（家族性神经性的除外）发病较多，呈渐进性过程且发病缓慢。许多突发性疾病以急性开始，并可在短期内改善。类似家族性疾病的相关信息，并发的或最近的系统性疾病、疫苗接种状态、其他动物的影响、饮食、是否接触毒素、有无创伤以及过去的肿瘤病史等信息，对进一步确证发病机制具有重要作用。

（二）机体与神经系统检查

机体其他系统疾病的症状可能与炎症、新陈代谢、毒素或者神经系统转移性肿瘤疾病有关。创伤和毒素暴露的外部表现可能支持上述疾病的机制。

神经学检查应检查以下部位：①头部；②步态；③颈部和前肢；④躯干、后肢、肛门和尾部。起初，应综合所有相关症状，再聚焦到局部解剖病变。

检查头部时，如果发现异常，那么首先应考虑枕骨大孔神经的病变。如果在头部检查时没有发现异常，但前肢出现异常，那么应考虑是否是颈部病变（第1颈椎至第2胸椎）导致的前肢异常。失去脊髓反射（有或没有颅神经缺陷）的瘫痪或四肢麻痹，经常与弥漫性外周神经疾病或神经肌肉接头病变有关。

某些特殊疾病的发病机制，可通过考虑物种、年

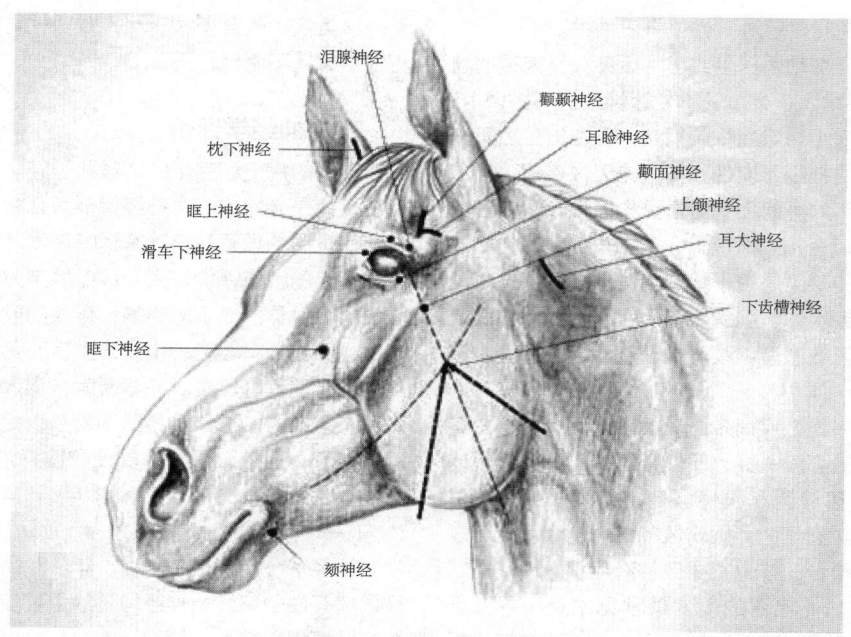

图10-1　易受神经传导阻滞影响的马头部神经
（由Gheorghe Constantinescu博士绘制）

龄、品种及性别，同时对发病动物进行物理和神经学检查，来完成诊断计划。毒物、新陈代谢紊乱很少引起非对称性的神经缺陷。而其他疾病的作用机制可能引起对称的或非对称性的缺陷。

1. 头部检查　在头部检查过程中能观察到精神、头部姿势、活动的协调性和颅神经功能。临床观察到异常是由于病变影响了大脑、脑干（间脑、中脑、脑桥和延髓）以及小脑。痴呆、强迫性踱步，或其他行为异常、癫痫发作，通常是由于大脑或中脑损伤所致。抑郁、轻度昏迷或昏迷可能是由于大脑、间脑或中脑的损伤所致。头回转或头部不倾斜的强迫转圈，也与动物回转侧大脑或间脑损伤有关。头旋转是由于前庭系统疾病（中枢第Ⅷ对神经、延髓头端或小脑）造成的。头位异常、头摆动和震颤是由于小脑机能障碍引起的的。

　　脑神经包括左右12对，位于特定的脑干区域；颅神经较容易检测，可将疾病定位于某个区域。异常的神经症状可能与外周神经和中枢神经脑干神经核的损伤有关。如果脑干受损，则会出现步态、四肢异常，以及偶尔精神异常。如果仅外周神经受损，则步态、四肢和精神状态均不会改变。一侧颅神经受损可使身体的同侧受影响，由于滑车神经（中枢第Ⅶ对神经）贯穿中脑，故其受损时可影响身体双侧。

　　Ⅰ.嗅神经　传输气味。

　　检测：观察动物发现食物和对化学物品（例如，

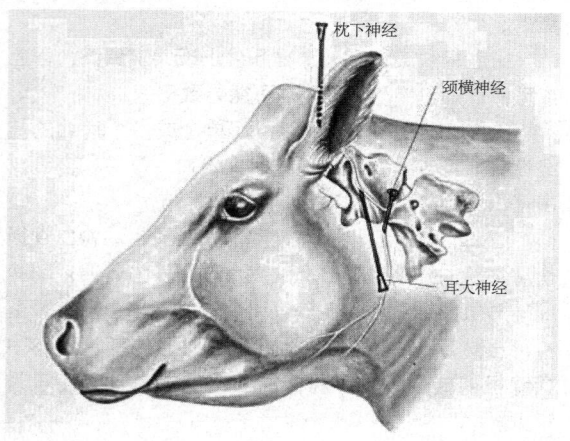

图10-2　易受神经传导阻滞影响的牛颈部脊髓神经
（由Gheorghe Constantinescu博士绘制）

丁香、苯或二甲苯）作出反应的能力。检测时避免用刺激鼻黏膜和三叉神经末梢的物质（例如酒精或酚）。

　　机能障碍的体征：不能找到食物或无法对刺激性化学物品作出反应时，提示动物的筛板、嗅球和嗅区可能存在疾病。

　　Ⅱ.视神经　对于视觉是必要的，视神经可将瞳孔接收的光反射到中脑的传入纤维。

　　视力检测：用棉球下落的方法，观察动物看着棉球落到地板。通过对每只眼睛做威胁的手势进行恐吓反应，引起动物眨眼。在幼驹和犊牛出生的7～10 d内会出现明显的眨眼反射，然而对于犬和猫来说，直到10～12周才会出现眨眼反射。应避免过量的气流或物理刺激触及睫毛，因为这是检测触碰反应而不是检测视觉反应。当视觉灵敏度不确定时，需进行障碍检测，通过蒙住一只眼睛，同时测试另一只眼睛的视觉。

瞳孔对光反射：用明亮的光束直接照射每个瞳孔的颞半侧视网膜，可观察到瞳孔立刻收缩。对侧的眼睛瞳孔应该一致收缩（交感的或间接的反应）。

眼底镜检：用于检查眼局部疾病。脉络膜视网膜炎和视神经乳头水肿可能与中枢或外周神经系统疾病有关。在颅内压升高时常见视神经乳头水肿。

机能障碍的体征：单侧视觉神经机能紊乱引起视觉和患侧瞳孔光反射减弱或丧失，当另一侧眼睛受到光刺激时，患病眼睛会发生收缩。视束、背外侧膝状体核、视辐射、丘脑或枕叶皮质的单侧损伤，通常在瞳孔反射正常时产生对侧的视觉缺陷。

Ⅲ.动眼神经　来自中脑睫状神经节的瞳孔光反射中心的副交感传出神经纤维，支配瞳孔括约肌，也支配上睑提肌、背直肌、腹直肌和内直肌和眼睛斜肌。

检测：应进行瞳孔光反射检测，观察视神经和瞳孔对光的收缩，注意观察是否出现上眼睑的下垂以及斜视。

Ⅳ.滑车神经　滑车神经是眼睛背斜肌的运动神经。

检测：观察背内侧斜视时眼球的变化（在有水平或垂直瞳孔的动物最易观察到）。

机能障碍的体征：滑车神经或中脑损伤可能引起同侧眼睛斜视。

Ⅴ.三叉神经　有三个分支，即眼支、上颌支、下颌支。下颌支是咀嚼肌的运动神经，以及口腔下颌、前牙弓、腹外侧头部皮肤的感觉神经。眼支和上颌支传递的感觉来自背侧头部皮肤，口腔黏膜顶部、背侧弓形组织、鼻腔，以及眼角膜（疼痛的）在内的眼球。

检测：通过评估颚音和咀嚼运动，触诊检查咬肌和颞肌萎缩程度来评估三叉神经的运动能力。通过触碰内侧和外侧上眼睑引起眼睑反射和眼睛闭合来检查感觉功能。刺激眼角膜引起眼球回缩。对感觉迟钝的动物，通过针刺鼻黏膜来测试感觉功能（能看到回避反应，如掉转头部）。

机能障碍的体征：三叉神经或脑桥损伤可引起颞肌和咬肌萎缩，和/或眼睑、角膜和鼻黏膜感觉的缺失。三叉运动神经的双侧损伤可引起下颌下垂。

Ⅵ.外展神经　是眼外直肌和眼球牵缩肌的运动神经。

检测：内斜视时可以观察到眼球。眼睑保持开张应该出现角膜反射，观察到眼球回缩和第三眼睑下垂。

机能障碍的体征：延髓髓质头端或外展神经受损引起内斜视和眼球回缩反应缺失。

Ⅶ.面神经　是面部表情（耳、鼻、口和眼）肌肉的运动神经。中枢第Ⅶ对神经的感觉部分是在舌头的第三部位。副交感神经的一部分支配泪腺。

检测：诱导恫吓反应和眼睑反射来测试眼轮匝肌的功能。应检查鼻子偏差（单侧损伤）。捏压唇部观察动物是否退缩。搔动耳朵观察动物耳朵是否摇动。阿托品或其他苦味物质可放置于舌尖部来测试味觉。用泪液分泌试验评估支配泪腺的副交感神经功能。

机能障碍的体征：面神经损伤导致无法眨眼皮或无法移动唇与鼻；严重者可引起面瘫。动物受损侧眼泪和唾液产生量可能减少。之后会观察到面部肌肉挛缩。

Ⅷ.前庭耳蜗神经　有两条主要分支。第一条分支是蜗神经，传导听觉刺激；第二条分支是前庭神经，其功能是维持姿势、肌肉紧张和平衡。

检测：当响亮的声音无法引起处于清醒或睡眠时动物反应时，可判断动物的耳聋。单侧的耳聋最好采用电诊断学检测，脑干听觉诱发反应（BAER）检测（这种检测不适用于低于6周龄的仔犬，因为可能产生错误的结果）。头部倾斜，失衡、有转圈的倾向、摔倒或朝一侧转圈是由单侧或不对称前庭病变造成的。动物在头部处于正常和异常姿势（位置性眼震）时，出现自发的眼球震颤，以及头部抬高时患侧眼球异位（腹侧斜视）时应进行检查。正常的前庭眼球震颤（生理性眼球震颤）在头转向左边时可以看到左眼震颤，在头转向右边时可以看到右眼震颤。

机能障碍的体征：前庭耳蜗神经单侧病变可引起患侧头旋转失衡。经常出现自发性的或位置水平和旋转眼球震颤。位置性眼球震颤（眼球震颤的特性随着动物位置的改变而改变）或垂直性眼球震颤最易在中枢前庭疾病中看到。双侧前庭损伤导致双侧失衡，头部偏移（通常没有头旋转），失去正常的前庭眼球震颤，并能导致失聪。有时小脑或小脑脚的损伤也会引起头部倾斜（反常的头部倾斜），但是动物本体感受缺陷和轻偏瘫将会使身体同侧的四肢伸展过度。

Ⅸ.舌咽神经与Ⅹ.迷走神经　舌咽神经是控制咽喉处感觉和运动的神经，迷走神经是控制内脏的感觉和运动神经。

检测：压紧舌头引起咽反射，观察动物正常发声和呼吸音。

功能障碍的体征：舌咽及迷走神经或尾部延髓病变可导致吞咽困难。迷走神经和神经核的病变也可导致巨食道症、喉麻痹或瘫痪和发声改变。

Ⅺ.副神经 支配斜方肌、胸头肌和短头肌。

检测：触诊肌肉。

功能障碍的体征：颅颈脊髓或尾端延髓病变可导致肌肉萎缩。当头转向病侧时常伴有肌无力。

Ⅻ.舌下神经 是舌及颏舌骨肌的运动神经。

检测：观察舌头在舔水过程中的肌肉控制。犬、猫舌下卷舔水。

功能障碍的体征：舌下神经或尾端延髓病变可能会导致舌偏移或萎缩。与面神经一样，这种偏移首先远离患侧，然后随着肌挛缩舌偏向患侧。

2.步态观察 通过动物行走、小跑、奔跑、转弯、回避和后退观察其步态。大动物上下斜坡、缘石时蒙上眼睛，可加重其细微的步态缺陷。步态诊断对能走动的大动物尤其重要，因为大动物难以进行姿势反应，而脊髓反射只有在动物休息时才能检查。小动物细微的缺陷可通过肢体姿势反应（见下文）和半站立和半步行（一侧站立或行走）观察到。大脑皮层、间脑具有慢性病变的动物通常步态相对正常，但可能做强迫性的转圈运动。动物中脑、脑桥和延髓病变表现四肢麻痹或瘫痪，患侧缺陷通常更严重。小脑病变导致共济失调和辨距困难。前庭功能障碍引起同侧跌倒、旋转或转圈运动。如果头部诊断未见异常，但步态异常，病变最有可能在脊髓、外周神经或肌肉。

3.颈部与前肢检查 检查大动物颈部对疼痛的反应。针刺后对疼痛刺激敏感性降低，表明颈部脊髓损伤。手推车式检测、颈和眼强直、意识性本体定位、放置、跳跃和扶正都是可以发现细微病变的姿势反应。

（1）**手推车式检测** 在尽可能保持身体姿势正常的情况下，将小动物后肢微微抬离地面，使其用前肢走路来诊断动物。用此方法检查可以发现前肢的细微病变。正常动物走路时不会绊倒或趾关节触地。

（2）**颈部和眼强直** 犬或猫站立时，鼻部高抬并且眼睛观察时尽力调整到睑裂中心。前庭功能障碍患畜的患侧眼球会向下转动（位置性斜视或眼下垂）。同时，没有体力不支倾向时伸展前肢，屈曲后肢。

（3）**意识性本体定位** 把脚转到背部或充分外展或内收，动物会立即恢复到正常位置。神经系统病变常常首先影响意识性本体感觉。

（4）**放置** 将小动物放置于桌子上面，正常的动物一看到桌子就会抢先把爪子放到桌面上，如果蒙上眼睛，它只有在肢体接触到桌子的边缘，才会将前爪放到桌子上。放置反应丧失时即使步态反应正常，也可能存在细微的功能障碍。

（5）**跳跃** 在保持正常姿势的情况下，小动物可以三条腿离地，并且可以用第四条腿移动或跳跃（横向或向前推时）。对于大型犬和其他大动物，应是被检肢体对侧的一前肢或一后肢离地。检测时动物就会用被检肢跳跃。当推向内侧方向时不会跳。该方法可用于检测是否存在运动和本体感受丧失、小脑共济失调和大脑皮质缺乏。

（6）**复原** 观察动物能否从侧卧恢复平稳。倒吊着臀部的小动物躯干从一侧旋转到另一侧时头部保持向上，降落到地面上时伸展其前肢支撑体重。前庭功能障碍时动物扭向病变一侧或弯下头（双侧前庭病变）。

（7）**脊髓反射** 检查脊髓反射时，使动物侧卧、四肢放松。当夹住前肢远端脚趾或皮肤时前肢缩回，对侧肢通常不动，称为屈肌反射或撤回反射，该反射在第6颈椎至第2胸椎脊髓节段和臂丛神经未受损伤时表现正常。第6颈椎至第2胸椎脊髓髓内病变使该反射抑制或消失，轻微的髓外病变不会影响该反射。头部到第6颈椎损伤时被检肢弯曲，对侧肢同时伸展（伸肌交叉反射）。伸肌交叉反射是正常的，但反应过度则被认为是上行运动神经元（UMN）症状，表明UMN抑制缺失。从腕趾方向或相反方向轻擦掌面引起巴宾斯基反射（babinski reflex）。正反应（异常反应）时趾背屈，被认为是上行运动神经元症状。

用叩诊锤叩诊其他肌腱（肱二头肌和肱三头肌）和肌肉（桡侧腕伸肌），根据其反应诊断第6至第7颈椎或肌皮神经和第7颈椎至第2胸椎或桡神经（肱三头肌，腕伸肌）。正常动物体很难实现这些反射，因此出现反应时应慎重。所有的反射可能是正常的，也可能是第6颈椎以上部位的病变加重。

（8）**肌肉萎缩** 四肢或颈局部肌肉萎缩，病变在脊髓细胞体、腹侧脊神经根或支配该肌肉的外周神经轴突。

（9）**感觉** 用测试钳钳夹皮肤或骨，观察行为反应，用以检查浅（皮肤）或深（骨）部意识知觉。反应正常，表明外周感觉神经和脊髓以及脑干到皮层的通路是完整的。

如果头部诊断异常，任何前肢异常都可初步认为是枕骨大孔以上病变。如果前肢异常不是头部病变引起的，则可能是多灶性或弥漫性疾病过程（如炎症、中毒、代谢、营养、外伤或转移性肿瘤性疾病）。

如果头部诊断正常，前肢异常则可能是颈部脊髓或臂丛神经病变。颈部脊髓病变时前后肢步态异常，后肢脊髓反射正常或过度。

如果头部和前肢诊断正常，则可能是脊髓节段第2胸椎以下病变。

4. 躯干、后肢、肛门与尾部检查　观察动物躯干的姿势是否异常或脊椎偏移、疼痛，对轻微针刺过度敏感或敏感性降低以及是否有局灶性肌肉萎缩。

（1）**皮干肌和膜反射**　针刺背部皮肤，皮干肌收缩。这种反射弧包括腰椎与胸椎脊髓传入神经的皮支，上升到第2胸椎的脊髓段，支配皮干肌的胸外侧神经下行运动神经元。该反射用于刺激位点和第2胸椎之间的脊髓病变的定位。

（2）**姿势反应**　用与前肢类似的方式对后肢进行手推车式检查、本体定位、放置和跳跃进行诊断。与胸肢一样，这些检查可检验脑、脊髓和外周神经的完整性。因此，常用于确定病变部位和发现神经系统病变的细微损伤。

（3）**脊髓反射**　在诊断胸腰段病变时后肢脊髓反射比前肢反射更可靠。反射弧（UMN）以上病变时，脊髓反射正常或过度，反射（LMN）水平病变时该反射被抑制或无影响。如果脊髓第4至第5腰椎节段和股神经未受损伤时敲打膝腱，引起后肢膝关节伸展。敲打腓肠肌和颅侧胫骨肌，使踝关节分别伸展或屈曲，用于检查胫骨神经和腓骨神经、腰骶神经丛和脊髓第6腰椎至第2骶椎节段。交叉伸肌反射可能与第6腰椎以上部位病变有关（UMN症状）。如果第1至第3骶椎（肛门）和尾（CD）脊髓节段和神经未受损伤时，夹痛或针刺肛门时肛门括约肌收缩、尾巴下拉。膀胱、肛门和尾巴弛缓（无反射）认为是第1骶椎至第5尾椎或马尾病变。

（4）**肌肉萎缩**　躯干和后肢局灶性肌肉萎缩被认为是支配肌肉的神经损伤。

（5）**感觉**　中度至重度脊髓病变时，近尾端方向颅部病变浅部感觉缺失。严重脊髓病变时，所有脚趾骨膜和深部痛觉缺失。

（6）**希夫谢灵顿（Schiff-Sherrington）现象**　急性的脊髓第2胸椎至第3腰椎节段严重损伤，动物侧卧时后肢麻痹并伴有前肢伸肌僵直。这是因为腰膨大部到上部脊髓段中断，从而抑制前肢伸肌。虽然严重的病变可产生这种并发症，但如果仍有深部痛觉则预后尚佳。

（三）临床病理学

血糖、肝酶、BUN、胆汁酸、氨、电解质或血液气体异常，可能与代谢功能失调有关。急性有机磷农药中毒后血清胆碱酯酶下降，铅中毒时测定血铅浓度升高。血清甲状腺激素和皮质醇的测定和刺激试验对检测内分泌疾病有帮助。可以评估病毒、真菌、原虫

和立克次体血清抗体效价。肌病血清肌酶，特别是肌酸激酶，可能会增加。重症肌无力患犬或猫，可以检测到血清乙酰胆碱受体抗体。肌肉和神经活检是诊断和鉴定神经肌肉紊乱必不可少的。在某些情况下，脑组织活检是诊断炎症或肿瘤过程所必需的，以便于确诊后给予抗生素治疗、化疗或放疗。

（四）脑脊液分析

脑脊液（CSF）分析可能有助于进一步确定CNS疾病（尤其是炎症）机制。采集脑脊液方法简单、安全。CSF分析需要少量的专用设备。由于细胞在采集30 min后开始变性，采集后需在30 min内进行细胞计数和鉴定。可采用几种技术浓缩或稳定细胞，以便进行后续的细胞分类计数。

在腰椎部小脑延髓池或蛛网膜下腔收集CSF。蛋白质增加通常与脑炎、脑膜炎、肿瘤或脊髓压迫症有关。细胞内成分含量随着CNS炎症增加。中性粒细胞预示细菌感染，蛛网膜下腔出血（出现红细胞），脑脓肿或激素敏感型化脓性脑膜脑炎，或某些情况下的肿瘤坏死。淋巴细胞、单核细胞和中性粒细胞增多，常见于非化脓性激素反应性脑膜脑炎、肉芽肿性脑膜脑炎、真菌感染、弓形虫病和新孢子虫病。CSF培养可以确定感染细菌和真菌的病原体。双份血清和CSF免疫测定可用于犬瘟热病毒、隐球菌病、弓形虫病、新孢子虫病、落基山斑疹热、埃立希体病和疏螺旋体等病的辅助诊断。

（五）影像学检查

清晰的放射影像有助于探测头颅和脊柱骨折、半脱位、感染或骨质瘤。多数感染或脑、脊髓肿瘤的放射影像并不出现异常。脊髓成像术常用来探测损伤脊髓的收缩或扩张，包括椎间盘突出或脱出症、脊髓肿瘤。CT及MRI常用来检查小动物脑和脊髓的损伤。CT有助于确诊骨病变、急性出血和CNS肿瘤。MRI是诊断软组织损伤（如肿瘤、脓肿、炎症和出血）最有用的手段。MRI是诊断小动物腰骶骨疾病的黄金标准。磁共振造影术能检测CNS血管的病变。

（六）电诊断法

脑电图（EEG）是大脑皮层神经电信号的记录，会受皮层下组织的影响。脑电图能反映出脑积水、脑膜脑炎、头部创伤和脑肿瘤所引起的反常现象。EEG能反映癫痫的发作是集中的还是分散的。一般情况下特发性癫痫表现出的EEG是正常的，而当癫痫不能得到较好控制时，则会表现出发作间的波峰。

肌电图（EMG）是肌肉活动时电信号的记录，常用来检测运动神经单元正常与否。运动神经单元包括外周神经、神经肌肉接头和骨骼肌。外周神经能被电流激活，从而达到计算运动及感觉神经传导速率的目

的。发生严重肌迟缓时，神经受到反复的刺激，可能会诱发动作电位下降。后波异常（F和H）可能与神经根紊乱有关。

脑干听觉诱发反应（BAER）是听觉从内耳的感受器通过脑干传到大脑皮层通路电信号的记录。病畜可能或不能对测试产生反应。当听觉神经出现问题造成听觉丧失时，会出现无反应或反应减弱。脑干出现异常也会影响BAER反应；骑士查理王猎犬发生查理氏（Chiari）畸形时，BAER反应可能出现异常；BAER反应缺失也可能是脑死亡的征兆。

脊髓诱发电位和运动诱发电位可用于检测脊髓是否正常。他们能通过刺激外周神经产生，是外周刺激上传到脊髓产生的电位的记录。

三、治疗

另参阅神经系统的全身性药物治疗。

（一）癫痫发作控制

犬和猫的癫痫（连续的或密集的癫痫）可静脉注射地西泮缓解，0.5 mg/kg（单次给药不能超过10 mg）。戊巴比妥钠不超过3～15 mg/kg，静脉注射也有效，并且随后可静脉注射苯巴比妥2～4 mg/kg，每6 h 1次。更好的治疗方法是以恒定的速率注射异丙酚，每分钟0.1～0.6 mg/kg，随后注射大剂量苯巴比妥（在还没注射苯巴比妥的情况下），2～4 mg/kg，每6 h 1次，注射4次。地西泮以每小时0.5～1.0 mg/kg的恒定速率注射，可控制持续性癫痫的发作。发病时，如可能应尽快给予抗惊厥药。

犬和猫推荐使用支持性的抗惊厥疗法：口服苯巴比妥2～4 mg/kg，每日2～3次。这样能缓解癫痫或维持血浆中有15～40 μg/mL的苯巴比妥浓度。也可以给患犬食物中添加溴化钾（KBr）22～44 mg/kg，每日2次，直到用药3个月后血清中浓度为1 500～3 000 μg/mL为止。苯巴比妥在用药72 h后就开始发挥临床疗效，而KBr则需数周。但KBr能绕过肝脏，因此适用于患肝病的动物。服用苯巴比妥的动物常出现肝酶和胆固醇水平上升，但甲状腺激素水平下降。苯巴比妥和KBr也可联合使用。

KBr能引起猫严重哮喘，出现该症状时应立即停药。KBr也能引起犬食管扩张和胰腺炎。由于没有专门商品化的KBr出售，所以一般该药由药剂师配制，其制法为：将优级纯KBr晶体溶于250 mg/mL水中，或用明胶胶囊包裹KBr晶体。KBr的血清浓度会受到饮食中盐含量的影响，日粮中盐含量越高，溴化物从肾脏中排出的速率越快，因此应使日粮能配合治疗。现已证实，KBr相比于苯巴比妥而言，在治疗犬集中性癫痫时更有效。其他口服的抗惊厥药则很少使用，或是因为有副作用，或是疗效欠佳、价格昂贵。由于在猫体内地西泮半衰期较长，所以能用于缓解猫顽固性癫痫，口服0.5～1 mg/kg，每日2次。但地西泮能引起猫致命性的肝坏死，因此在刚开始治疗的几周内应对病猫保持密切监视。地西泮不是有效的长期抗惊厥药，因为其在犬类体内的半衰期较短。药剂师能配制含地西泮的直肠栓剂，可用于患集中性癫痫的家养犬。针灸可能会缓解各种动物的癫痫。

（二）急性脊髓损伤

因创伤、椎间盘突出和纤维软骨栓塞导致的急性脊髓损伤进而引起截瘫的犬，必须进行精心治疗，以保证其有更多的康复机会。若病犬在受伤后8 h内被发现，可静脉注射甲基强的松龙琥珀酸钠或氢化泼尼松琥珀酸钠30 mg/kg，随后第2 h和第6 h再行注射，或以恒定速率一次静脉注射60 mg/kg。地塞米松类药往往无效。口服法莫替丁，0.5～1 mg/kg，每日1次或2次；口服甲氰咪胍，5～10 mg/kg，每日2次；或口服米索前列醇3 μg/kg，每日2次，能保护胃肠道免受刺激。用30%聚乙烯乙二醇（PEG）按2.2 mL/kg静脉注射，24 h内重复注射1次。PEG是一种新的治疗药物，对其研究较有限。若损伤发生在治疗前72 h以上，PEG的效果则不会太理想。应在24 h内尽快进行脊髓手术。

（三）消炎药

控制犬、猫CNS炎症（非病毒和其他病原体引起的），可口服强的松2 mg/kg，每日1次。也可口服法莫替丁0.5～1 mg/kg，每日1次或2次；西咪替丁5～10 mg/kg，每日2次；或米索前列醇3 μg/kg，每日2次，以预防胃肠刺激。若胃肠道出现溃疡并且有排黑粪现象，可口服硫糖铝来缓解（猫和体重小于20 kg的犬给500 mg；体重大于20 kg的犬给1 g），每日3～4次，在使用其他药2 h后服用。在胃肠道有溃疡时，决不能把NSAID与类固醇类药一同使用。固醇类药使用后不能突然停药，需逐渐减少。氢化泼尼松龙可长期交替使用，以避免肾上腺功能完全受到抑制。其他用于治疗CNS疾病的化学疗法包括：皮下注射阿糖胞苷（50 mg/m²，每日2次，连用2 d，间隔3～4周后再次注射），口服麦考酚酯（10 mg/kg，每日2次），口服环孢霉素（5 mg/kg，每日2次）。

（四）抗水肿药

动物头部外科手术后，脑肿瘤或头部损伤会引起神经功能状态减退，可静脉缓慢注射20%的甘露醇1～2 g/kg。甘露醇不能用于脊髓损伤。上文提到的用甲基氢化泼尼松琥珀酸钠，治疗急性脊髓损伤的方法已不再用于人医，并且在兽医界的使用也逐渐减少。口服强的松能缓解脑肿瘤的症状。

（五）肌肉松弛药

口服地西泮0.5 mg/kg或美索巴莫40 mg/kg，每日3～4次，能缓解椎间盘突出或其他能造成神经根过度刺激性疾病引起的肌痉挛。

（六）抗生素疗法

参照对于特殊部位感染的抗生素推荐疗法。

（七）护理

截瘫和四肢瘫痪的动物需要精心护理。患病动物需躺卧于垫子上，并且每间隔4～6 h要翻身，以避免褥疮发生。每6～8 h进行1次膀胱导尿。对于后肢瘫痪的动物，给予地西泮有助于松弛尿道平滑肌，从而使人工膀胱导尿更易进行。必须对尿液进行化验，检查其是否出现膀胱炎。必须及时清理动物表皮上的黏液、粪渣，以防止发生皮肤炎。四肢瘫痪的动物需人工饲喂高营养食物和充足的饮水。可人工给患病动物舒展关节和进行肌肉按摩，这样有益于缓解痉挛和延缓四肢麻痹时的肌萎缩。

第二节 先天性与遗传性神经系统异常

CNS的先天性缺陷是指出生时即存在缺陷。有些先天性缺陷是遗传性的，也有一些是由环境因素引起的（如有毒植物、营养缺乏、病毒感染），但多数情况下其病因不明。在出生时神经系统已发育完全的动物（马驹、犊牛、羔羊和猪）如果有先天性神经系统紊乱，在出生时就有临床表现。雏鸡及幼犬则不同，由于其出生时神经系统发育尚不完全，因此，即使有先天性神经系统疾病，其症状可能直到其会走路时才出现。也有一些遗传性神经疾病，虽然在动物出生时神经就有明显的缺陷，但在动物成年后才表现出临床症状（如尾窝畸形综合征、蜡样质脂褐质症）。

先天性损伤可根据中枢神经系统主要区域来进行分类：前脑疾病（大脑和丘脑）主要引起如视觉干扰、心理状态或行为的异常、运动或姿势异常和抽搐等临床症状。小脑疾病常造成意向性震颤，宽底式站姿，以及头部、躯干和四肢的平衡失调。脑干疾病能引起颅神经功能障碍，姿势异常或脑前庭功能紊乱。某些脑干紊乱病例还会引起虚弱和本体感受性步态失调，更严重的会出现意识丧失。脊髓疾病虽不影响大脑功能或头部运动协调性，但可导致身体虚弱、运动功能障碍或四肢本体感受缺陷：包括动幅障碍或超过一肢的本体感受性放置反应下降（见脊髓和脊柱疾病）。神经肌肉疾病包括某些外周神经、神经肌肉功能或肌肉疾病。这些系统常能引起与脊髓疾病相似的虚弱和共济失调。此外，还常导致反射功能异常、痛觉异常或明显的肌肉萎缩。在某些病例中，这些症状突然急剧发作。多系统疾病会导致上述这些神经缺陷分类中的多种症状共同出现。

一、大脑疾病

（一）大动物

1．先天无脑畸形 指动物在出生时就缺失大部分脑。该病较为罕见，但在犊牛中有零星的发病，病因未知。因患病犊牛垂体分泌腺缺失，母牛可能出现妊娠期延长。症状包括：极度嗜睡、头下沉、失明但瞳孔反射正常。犊牛大脑发育不全，常常伴随两个大脑半球的完全缺失，脑脊液能从额骨间中线小孔中漏出。

2．露脑畸形 指动物颅骨（颅裂）存在较大缺陷，致使脑暴露。如颅骨缺陷动物发生脑突出、脑膜突出或两者都发生，将会造成脑或脑膜从缺陷口露出。多种动物都可发生脑突出和脑膜突出，猪一般为遗传性的。

3．积水性无脑畸形 发生积水性无脑畸形时大脑皮层组织（主要是新皮层）有明显缺失，在颅内形成穹隆。颅内穹隆同脑室系统连通，有不完整的室管膜细胞衬，内充满脑脊液。积水性无脑畸形由神经组织发育受阻发展而来，有时也伴发于小脑发育不良和关节弯挛症。积水性无脑畸形一般呈零散发生，但能在犊牛和羔羊中流行，仔猪较少发生。现已知的病因包括：子宫受到一些病毒感染，如在澳大利亚、日本和以色列等国反刍动物受到阿卡班病毒感染；发生于北美的牛和绵羊的蓝舌病病毒感染；发生于非洲的牛和羊的裂谷热病毒病和韦塞尔斯布朗病；发生于美国的绵羊卡希谷病毒病；发生于日本的犊牛中山病毒病。极少数情况下，牛病毒性腹泻和边界病毒病也会引起羔羊和犊牛积水性无脑畸形。妊娠母羊铜缺乏时，羔羊有时会出现积水性无脑畸形和孔形脑（大脑内有腔室）。在苏格兰绵羊的延期妊娠综合征中也有该病发生（原因不明）。临床症状包括嗜睡、前冲性转圈、头部低沉及失明等。

4．脑积水 患畜脑脊液量增加，与积水性无脑畸形相似，但发生脑积水时脑室仍有完整的室管膜衬。脑积水时，脑前庭侧脑室会发生扩张。犊牛多发，但所有大动物都可能发生脑积水，其病因可能是遗传性先天不足或维生素A缺乏。

5．独眼畸形 特征症状是只有一个眼窝。导致该病的病因之一是，羔羊在出生前受到来自加州藜芦植物中生物碱的侵害。猪也可发生该病。

6．先天性家族性癫痫 已有报道在很多种动物中发生。12月龄前的幼驹患该病时会表现出轻度癫病，特别是阿拉伯马。患病马驹会出现抽搐、头部疼痛，或发作时失明。这些马驹往往在几个月后自然康复，但还是推荐使用一些抗惊厥药物（体重50 kg的马驹，口服苯巴比妥100～500 mg，每日2次），连续用药1～3个月，后停药2周。已有瑞士褐牛和瑞典红牛在1岁时发生该病的报道。安格斯犊牛也有发生，若这些牛存活下来，将会表现出小脑障碍的一些症状，但2岁后临床症状消失。

7. 代谢紊乱与溶酶体贮积症 常出现一些前脑功能障碍的症状，并且还伴发其他一些神经缺陷，因此将在多病灶性疾病一章进一步讨论。大脑症状在瓜氨酸血症中最明显。

8. 瓜氨酸血症 发生于荷斯坦犊牛的一种致命的遗传性代谢病（主要发生于澳大利亚和新西兰），并会伴发大脑皮质水肿。该病是由于动物缺乏尿素循环中的精氨酸代琥珀酸合酶，导致血浆中瓜氨酸浓度增加所致。病牛在刚出生时无异常，但往往1～4 d后死于急性神经疾病。该病突然发作，表现抑郁、无目的行走、失明、抽搐、角弓反张和躺地不起等。

9. 发作性睡眠病 一种觉醒神经切换紊乱的疾病（该病以极度嗜睡或突然发生不可控制的、发作性短暂睡眠为特征），已有在几种马属动物中发生的报道，特别是雪特兰矮马。患该病的动物无其他异常。发作时，动物迅速发生快速眼动（睡梦中眼球的快速转动），同时，也会出现猝倒或突然肌松弛而倒地。

（二）小动物

大动物能出现的脑结构性异常，在小动物中也能发现。

1. 积水性无脑畸形 主要见于生前被猫瘟病毒或猫细小病毒侵害的幼猫。该病还可能伴发脑干畸形和小脑发育不全。

2. 脑积水 最常发生于犬，特别是一些宠物犬和短头犬。还可以分为连通型（非梗阻性）和非连通型（梗阻性），连通型即脑脊液能自由流入蛛网膜下层空间，非连通型则不能。已知的非连通性脑积水的病因包括：中脑闭锁，脑导管闭锁，出生前脑炎或出生时发生脑室出血造成粘连。虽然一些动物不表现出临床症状，但出现脑积水常常意味着大脑功能紊乱，其病情还会加重。患病动物常常囟门明显，出现外斜视。有贵宾犬因多小脑回（大量小脑回）而发生失明和脑室不对称性侧面扩张。圣伯纳犬发生伴发无晶体眼（缺失晶状体）和多重视觉障碍的脑积水。可通过超声诊断（从囟门）、CT或MRI进行确诊，脑脊液分析能鉴别脑炎的类型。治疗需通过皮质激素，或用外科手术将脑脊液引流至脑腹膜。

3. 无脑回畸形 见于西施犬，一般很少发生，

表现为大脑回的减少或缺失。也见于患小脑发育不全的爱尔兰雪达犬、硬毛狐㹴和萨摩耶犬，以及脑过小的克拉特猫。无脑回畸形的临床症状为轻度行为异常和抽搐。

4. 巴哥犬脑炎 是一种呈家族式分布、最终以死亡转归的疾病。病犬发生行为异常，抽搐和脑脊液细胞增多。和巴哥犬脑炎相似的以非化脓、坏死性为特征的脑炎也在其他宠物犬（如约克郡㹴、吉娃娃犬和马耳他㹴）中发生。

5. 新生犬脑病 是一种遗传障碍病，贵宾犬有发病报道。患病贵宾犬发育不良和孱弱，同时出生后4～5周开始咬肛。这种病是致命的。

6. 先天性癫痫 对于某些品种，先天性癫痫可能会遗传，包括比格犬、荷兰毛狮犬、爱尔兰雪达犬、比利时特弗伦犬（Tervurens）、西伯利亚雪橇奇、激飞猎犬、拉布拉多猎犬、金毛猎犬和德国牧羊犬。一种特定类型的癫痫叫做颞叶癫痫，出现在骑士王国查尔斯西班牙猎犬家族，其特征行为是飞咬。诊断先天性癫痫是依据排除法，排除其他原因引起的癫痫发作，特别是脑部疾病异常（如脑积水或进行性脑瘤）、脑炎或代谢原因（如肝性脑病）。

7. 肝性脑病 通常由先天性门静脉分流引起。其分流可能是单一的大血管或有可能是在肝脏血液中的微观分流支。品种不同往往会影响其分流支，包括迷你雪纳瑞犬、约克郡㹴、凯恩㹴、澳洲牧牛犬、老式英国牧羊犬和马耳他㹴。6月龄前就能观察到大脑反射机能障碍临床症状，包括凝视天空、不适当的发声、攻击和躁动。进行性神经功能改变可引起抑郁、失明、肌痉挛、麻木、昏迷或癫痫。对于猫来说，这些症状伴随唾液分泌过多。肝性脑病的罕见原因是肝尿素循环酶缺乏。检测采食前或采食后胆汁酸可进行诊断。确诊可通过放射成像技术，例如阳性对照门静脉造影、CT、结肠门脉闪烁扫描术或诊断灰阶超声扫描术。

8. 溶酶体贮积症 通常能引起的脑部症状包括蜡样脂褐质和岩藻糖苷贮积症，也有许多其他形式的溶酶体贮积症以及先天性的代谢异常（见多灶性疾病）。检测基因和酶对于诊断很有用。在特定的情况下，特异性试验无效，有机酸屏障可能会造成代谢诊断错误。

9. 幼犬低血糖症 是发生于玩具犬的一种先天性综合征，见于出生后的前6个月。此病似乎与肝脏相对不成熟度有关，影响肝糖原分解，通常可以提供少食多餐的仔犬日粮缓解症状。通常随着幼犬逐渐成熟，症状会趋于缓解。

10. 猝睡症或猝倒症 对于杜宾犬、拉布拉多猎犬和腊肠犬，猝睡症或猝倒症是可遗传的，其他品种

的犬也有发生，猫较少发生该病。需和其他类型的晕厥进行鉴别。静脉注射毒扁豆碱（0.025～0.1 mg/kg）会增加僵住症患者发作的频率和严重程度。口服丙咪嗪（0.5～1.0 mg/kg，每日3次）可以控制严重的猝倒症。

二、小脑疾病

（一）大动物

1. 先天性小脑延髓下疝畸形 是脑干近尾部和小脑的复杂畸形，以小脑组织形成疝并通过椎骨大孔直至颈脊髓管为典型特征。伴有脊柱裂、脑积水或脑脊膜脊髓膨出。家畜很少发生该病，原因未知。犬常发，有遗传性，但至今尚无定论。在犊牛，可以看到枕叶双边延长和延伸。

2. 小脑发育不全 常见于多种动物。妊娠过程中子宫内病毒感染是最常见的原因。小脑病变也可见于赤羽病（Akabane）或韦塞尔斯布朗（Wesselsbron）病毒感染的牛胎儿。小脑疾病往往伴随临床或亚临床脑积水和关节弯曲。病理特征包括小脑皮质层破坏或缺失，特别是颗粒层和浦肯野细胞层（Purkinje cell layers）。配种前给母畜接种疫苗可以防止该病。在海福特牛、短角牛、爱尔夏牛和安格斯牛犊较常见遗传性小脑发育不良或发育不全；小脑发育不全是在出生之前发生的，是进行性的，它与前者的区别就是生活能力缺乏。

3. 小脑营养性衰竭 一直有报道在多种动物可发生小脑营养性衰竭。该病发生时，小脑发育正常，小脑神经元开始死亡之前的几个月时间，甚至是几年时间，动物不受影响。这与小脑发育不全相反，因为小脑发育不全是动物在母体内时，其小脑的生发细胞和神经细胞即被破坏。对于安格斯牛犊来说，营养性衰竭症状出现得比较早，最初伴随着癫痫。在阿拉伯马驹和瑞典哥特兰（Gttland）马驹，发病的迹象是从出生到9个月之间；约克夏和大白仔猪是1～3个月；美利奴羊是3～6年。大多数小脑营养性衰竭可能是遗传的（如隐性遗传影响海福特牛、威尔士和考力代羊），但中毒可能是其中的因素之一，如包括疯草、甲基汞和子宫内的有机磷中毒等。妊娠期间使用敌百虫，由于脑细胞发育不全和髓鞘形成不全（hypomyelination），能引起仔猪先天性震颤。

4. 先天性髓鞘形成过少症 神经髓鞘化延迟，由于通常发生头部和身体震颤，所以类似脑部疾病。与纯小脑疾病相反，持续性震颤静止时通常也表现震颤意向。新生羔羊、仔猪和犊牛偶尔会患病。该病可能和子宫内病毒感染有关，如边界病毒或猪瘟病毒，或敌百虫中毒。发病的羔羊常被称为羔羊毛颤抖病（hairy shakers）。如果仅是髓鞘延迟，症状通常呈进行性或可能完全出现。

5. 蹒跚病或地方性共济失调 主要是由于铜缺乏所致，也可能有家族性倾向。髓鞘形成过少可发生在子宫内，并导致绵羊羔失明/耳聋、匍匐、头部震颤。可通过对受影响的妊娠母羊采取措施来预防。山羊羔、仔猪和犊牛可能也会患病。

（二）小动物

1. 小脑发育不全 猫子宫感染泛白细胞减少症病毒后，会出现小脑发育不全。病情是进行性的，宠物多发。可采用MRI进行诊断，可见伴随脑积水或积水性无脑畸形。松狮犬也有小脑发育不全的报道，同时有人认为雪达犬和硬毛狐狸犬也发生该病。

2. 小脑蚓体选择性发育不全 也见于犬，脑结合部积水和第四脑室膀胱样囊肿，这种情况被称为丹迪-沃克综合征，有家族性。小脑蚓部可能部分或全部缺失。典型的临床症状是小脑失调，包括震颤、共济失调和运动范围过大。偶尔也可能会出现头颈歪斜和转圈运动。

3. 小脑营养性衰竭 多个品种的犬均可发生。萨摩耶和比格犬的症状主要见于运步的时候；临床症状主要见于4～16周龄的澳大利亚卡尔比犬、粗毛牧羊犬和凯利蓝狸，以及青年或成年的布列塔尼猎犬、老式英国牧羊犬和戈登塞特犬等。

对于激飞猎犬、松狮犬、魏玛猎犬和伯恩山犬来说，先天性髓鞘形成不良多见于它们的家族或遗传病，通常在2～8周龄的犬表现出症状。对于后3个品种来讲，因为其全身震颤的临床症状通常会随时间自发地消失，所以经常被称为髓鞘形成障碍。猫则很少发生该病。可以通过MRI进行诊断。

4. 尾枕畸形综合征与继发脊髓空洞症 报道称英国查尔斯猎犬多发，其他小品种的犬少见。这种畸形和人的小脑扁桃体下疝畸形1型相似，包括先天性枕骨畸形，导致枕骨大孔的尾窝塞满和小脑疝。随后脑脊髓液流动导致脊髓空洞症。有些无症状的英国查尔斯猎犬有尾窝畸形。虽然出生时就畸形，但是临床症状却在生命晚期出现。临床症状多样，但是普遍包括感觉异常（如摩擦脸部、幻觉性抓挠头背部）、共济失调和脊髓空洞症。临床上通常不对其原发病进行治疗，只是口服加巴喷丁（10 mg/kg，每日3次）改善感觉异常；口服奥美拉唑（0.7 mg/kg，每日1次）以减少脑脊液的产生，用镇痛药止痛。通过枕尾颅骨切除术减压是首选的疗法，然而据报道其复发率高达25%～47%。

三、脑干疾病

1. 先天性前庭病变 已经有报道在德国牧羊

犬、英国可卡犬、杜宾犬及暹罗猫和缅甸猫可发生该病。主要临床表现为双侧性耳聋。该病可能是影响前庭器官的一种外围的综合征，可能具有遗传性，尚无确切的治疗方法。对某些小动物，内耳炎被归于组织学范畴。尽管前庭功能障碍的临床症状可能会由于动物学会代偿而有所改善，但耳聋是永久性的。

2. 犬多系统变性 该病已在凯利蓝㹴和中国冠毛犬中发现。临床症状为小脑和脑干功能紊乱，包括共济失调、辩距不良和步伐慌张。该病能以常染色体隐性遗传给下一代，目前尚无确切治疗方法。

四、脊髓疾病

另参阅脊柱脊髓疾病。

（一）大动物

1. 脊髓性肌萎缩 是发生于瑞士褐牛的一种遗传性疾病。其首要临床症状为2～6周龄时后肢软弱；犊牛（大多数为母牛犊）起立困难然后变为横卧姿势。其特征症状为严重的肌肉萎缩，尤其以后肢最为严重。病理组织学检查发现，脊髓腹角有运动神经元减少和坏死。神经性损伤是一种持续性损伤。丹麦红牛和美国瑞士褐牛也发现相似的疾病。可能脊髓肌肉萎缩和牛科动物脑脊髓坏死病（BPDME）有一定程度的相关性，这是因为它们有共同的血统，但是BPDME开始于5月龄之后，并且其引起的是共济失调和辨距不良，而并非肌无力和肌萎缩。神经丝积累伴随的运动神经元病，在加拿大的短角海福特牛，以出生后不久发生震颤、不协调运动失调、站立困难及感觉过敏为特征。神经原纤维积累的低运动神经元病怀疑具有遗传性，发现在约5周龄的约克夏猪发病，以后肢轻度瘫痪发展成横躺卧为特征。并有贯穿脊髓和脑干的运动神经元坏死和减少。在青年汉普夏猪也发现具有类似的情况。

2. 牛科动物脑脊髓坏死病（韦弗综合征BPDME） 是瑞士褐牛的神经变性疾病，见于美国、加拿大和欧洲。临床诊断需要四个基本的条件：①5～8月龄牛后肢共济失调以及辨距不良；②本体感受不足，四肢共济失调并发展为后肢瘫痪；③脊髓反射和脑神经功能正常，没有严重的肌肉萎缩；④有家族遗传关系。这种疾病一开始被称为韦弗综合征，是由于其特殊的编织步伐。与脊髓性肌萎缩相比，其组织病理学的变化最先于感觉神经系统。髓鞘形成障碍引起先天侧躺和角弓反张，但是脊反射和机警正常。

3. 西门塔尔牛脑脊髓病 与行为改变有关（例如具有攻击性或反应迟钝），常发生于5～12月龄的西门塔尔牛和西门塔尔混血牛。步伐异常，从后肢共济失调发展为斜靠并伴随角弓反张。在美国、英国、澳大利亚和新西兰都有6月龄内牛感染而死亡的报道。特征病变为在有尾核、脑和脊髓的其他区域对称坏死。类似多病灶见于澳大利亚和英格兰1～4月龄利木赞牛和利木赞混血牛（另有失明特征），以及在澳大利亚和美国的安格斯牛。

4. 澳大利亚的莫里灰牛渐进性脊髓病 可遗传（常染色体隐性），犊牛出生后常发生后肢麻痹、瘫痪和共济失调。脑和脊髓均有广泛性神经元坏死；有脱髓鞘发生。

5. 夏洛来牛渐进性共济失调 已经在英国和北美有报道。临床症状首先发现在6～36月龄，在1～2年内由轻微的四肢共济失调到斜靠不起。母牛有节奏地排尿。组织学损伤包括嗜酸性斑块、小脑及脊髓白质髓磷脂降解。

6. 神经轴突性营养不良（NAD） 在绵羊表现为可遗传性的，可以引起步伐不稳、僵硬和摇摆，继而发展为后肢轻瘫，并最终可能发展成为四肢轻瘫。萨福克羊和新西兰库普沃斯羊在1～6月龄时发病；罗姆尼羊在6～18月龄发病。美利奴羊在1～4岁龄也可发生类似疾病。NAD也发生于4～7月龄的美利奴羊。在脑干和脊髓的灰质中轴突肿大（球形），而老龄美利奴绵羊则在其CNS的白质神经束中轴突肿大。摩根羊的NAD感染侧部（附属的）楔状核，常在6～12月龄发生，并引起后肢痉挛和后肢共济失调。有学者推测其为可遗传性的。在德国也有报道称，NAD可以影响4月龄哈夫林格马脑干的某些核区，并引起轻微的后肢共济失调。

7. 马变性脑脊髓病 与维生素E缺乏有关，但是证据表明，只有7月龄阿帕鲁萨马和其他品种的马出现该病。该病常可引起脊髓小脑性神经束退化，而导致缓慢渐进性的四肢对称共济失调和轻度瘫痪。（见脊柱脊髓变性疾病）

8. 安哥拉山羊进行性轻瘫 在澳大利亚有过关于该病的报道，并且认为可能为可遗传性的。4月龄前会出现局部痉挛和共济失调的症状，并在几周后发展成为斜靠不起。尸检发现有广泛的神经元坏死。

9. 全身性糖原过多症 一种溶酶体贮积症。可发生于3～9月龄的短角牛（Ⅱ型）、婆罗门牛（Ⅱb型）和考力代羊（类似Ⅱ型），引起体况不良、呼吸症状、后肢轻瘫、共济失调和肌肉无力。

10. 脊髓颈狭窄病（摇摆综合征） 是由于脊髓腔狭窄、关节突起、骨赘增生和椎体倾斜导致的脊髓颈压迫综合征，青年马和生长速度快的马易发。田纳西州纯种雄性马和温血雄性种马比母马更易患病。营养过剩是重要的发病因素，而且9月龄之前能量供应减少和运动缺乏时，其临床症状可能出现反复。典型的临床特征在不到6月龄至4岁之间显现，包括伴随后肢障碍严重的颈椎病。影像学检查（如X线、脊髓造影、CT、MRI）可鉴别是脊髓腔狭窄还是增生损伤。常需要手术方法来解除脊髓压力。对某些病例，可以采用椎骨固定方法治疗。使用钛合金的椎体间融合术（西雅图回旋移植器）治疗就很成功。然而，其预后仍然是保守的，不确定的。在调查中，有77%的马治疗后在神经系统方面有好转，46%可以恢复运动能力。早期治疗效果与手术结果有关。

11. 阿拉伯驹枕寰枢变形 一种遗传病（常染色体隐性），见于小型马驹、荷斯坦奶牛犊和羔羊。临床症状为渐进性的共济失调、四肢软弱无力和伸颈。尽管神经方面的缺陷不会持续几年时间，但是患病马驹通常出生就四肢无力。可通过X线照相来诊断该病。据报道，在一些病例的治疗中，采用椎板切除术取得了成功。

12. 脊柱裂 见于许多种动物，常可致尾部和肛门的机能障碍以及尿失禁和后肢无力（见脊椎闭锁不全）。

（二）小动物

1. 脊髓性肌萎缩症 是布列塔尼猎犬的一种可遗传的下行运动神经元（LMN）疾病。可在1月龄（较早）、4~6月龄（中期）和1岁后发病（较晚）。洛特韦尔犬也可以发生早期型的脊髓性肌萎缩症，通常被认为是一种运动神经元疾病。瑞典拉普兰幼犬在5~7周龄时发病，斯托卡德后躯麻痹（Stockard's paralysis）（见于大丹犬和寻血猎犬或者圣伯纳犬的杂交代后）发生于11~14周龄，而英国波音达犬可发生于5月龄。LMN疾病也可发生于其他血统的幼犬，包括杜宾犬和旺代长卷毛小猎犬。德国牧羊犬的病灶在前肢。发生神经性肌肉萎缩的后肢轻瘫和后肢软弱是主要的临床特点。该病为LMN疾病，严重时症状与外周性神经病变很相似。尸检可见脊髓运动神经元缺失，这是脊髓性肌萎缩症最显著的特征，目前该病还没有切实的治疗方法。

2. 迷你贵宾犬脱髓鞘 一种遗传性疾病，主要涉及脊髓。这种罕见的疾病可引起2~4月龄迷你贵宾犬后肢轻瘫，并迅速发展成后肢麻痹。目前，对该病还无有效治疗方法。

3. 帕森拉塞尔狸和短毛猎狐幼犬共济失调 引起6月龄以下幼犬共济失调和后肢运动障碍。病程可超过1~2年。多数病例发生抽搐。剖检发现脊髓脱髓鞘。几个月后临床症状可能趋于稳定，尽管患犬行动异常，但是能正常生活。

4. 阿富汗猎犬脊髓病 一种遗传性疾病，可引起脊髓脱髓鞘和脊髓坏死。1岁以下犬发生该病时，常表现后肢轻瘫并在1周内转变为后肢麻痹。前肢在1~2周后出现麻痹症状。3~12月龄的科克尔犬（Kooiker，荷兰诱导犬）不论性别都可出现类似症状。预后不良。

5. 神经轴突性营养不良 猫和犬均可发生，但主要发生在罗威那犬（常染色体隐性遗传）。罗威那犬在3~24月龄开始出现神经轴突性营养不良，疾病发展缓慢，可持续若干年。有小脑机能障碍和四肢辨距障碍症状，但脚掌有感觉，可区别于脑脊髓白质病（见下文）和晚期运动神经元疾病。患病的2~4月龄澳大利亚牧羊犬和新西兰牧羊犬出现类似的临床症状。蝴蝶犬、吉娃娃犬和猫（家内三色猫是常染色体隐性遗传）早期也能患上该病。其病理特征通常是在大脑特定区域和脊髓中发现轴突球状体。

6. 罗特威尔犬脑脊髓白质病 比神经轴突性营养不良发病晚（见上文），通常在2~3岁发病。这两种病可能出现类似的症状，因为患病动物偶尔可能出现这两种病的共同组织病理特征。该病病例头部不震颤、脚掌感觉迟钝，剖检可见脊髓脱髓鞘区域两侧对称。

7. 大丹犬磷酸钙沉积 可引起软组织钙化和骨畸形，出现背侧第7颈椎的位移。1~2月龄的大丹犬易患压缩脊髓病。脊髓压迫症与尾侧脊髓型颈椎病完全不同。

8. 退行性脊髓神经病变 是一种无痛、慢性进行性脊髓病。易发生于犬。临床症状通常是胸腰脊髓和后肢麻痹、共济失调，最终发展可能会涉及前肢。组织病理变化包括非炎性轴突病变和髓鞘质病变。德国牧羊犬、彭布罗克威尔士柯基犬、拳师犬、罗德西亚脊背犬和切萨皮克湾猎犬易患该病。无有效的治疗方法。经证实，物理疗法可以减缓临床症状发展。最近已确定，退行性脊髓神经病变的风险增加与突变相关，基因检测可找出可能发生高风险退行性脊髓神经病变的犬。

9. 拳师犬轴突病变 是一种常染色体隐性疾病，可致膝反射减弱，严重运动障碍和脚掌感觉丧失，1~7月龄的犬产生痉挛性轻瘫。剖检发现，中央和外周神经系统存在广泛轴突球体。虽然轴突球体引起膝反射缺失，在一般情况下，这些症状都暗示脊髓病变而不是外周神经病变。无有效治疗方法，患犬能长时间存活。

10. 无菌性脑膜炎（激素敏感类固醇应答性脑膜炎-动脉炎） 在比格犬、伯恩山犬、拳师犬、德国短毛波音达犬和零星的其他品种均有发生。其主要症状是颈部疼痛、发热和幼犬脑脊液细胞显著增多。患急性无菌性脑膜炎疾病的犬和及时使用免疫剂量的皮质类固醇治疗的犬，预后良好。

11. 先天性脊椎畸形 包括半椎体（缩短或畸形椎体）、块（融合）椎骨和蝴蝶椎骨（矢状裂）。在螺丝尾犬最常见半椎体，德国短毛波音达犬遗传该病。减压手术可以治愈该病，但有时需要与稳定脊柱结合。

多发性软骨性外生骨疣：良性增生的软骨或骨能影响肋骨、长骨或椎骨，有可能是家族性的。移行椎骨常与临床腰骶部狭窄相关。通常需要脊髓造影或影像学（如CT，MRI）确诊是否为先天性脊髓压迫。治疗方法是手术切除。

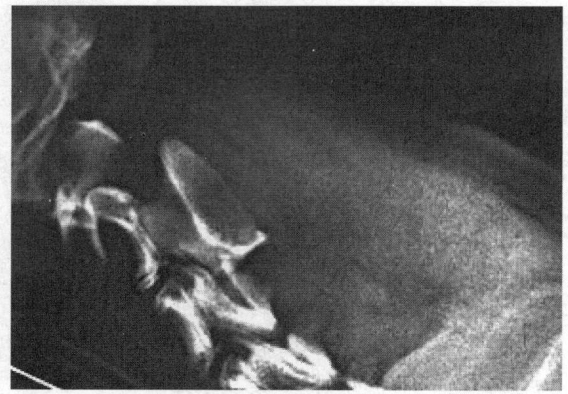

图10-4 犬枕寰[枕]枢畸形，齿状部分发育不全的侧面X线片
（由Ronald Green博士提供）

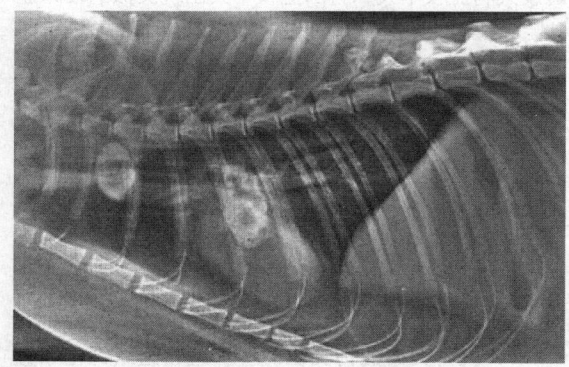

图10-3 多发性软骨性外生骨疣
（由Ronald Green博士提供）

12. 尾侧脊髓型颈椎病（摇摆综合征） 发生在俄国猎狼犬（5～8岁）和巴吉度猎犬（不到8月龄）；杜宾犬（2岁或以上）和大丹犬（2岁以下）可能也具有遗传性。神经功能缺损的范围从后肢轻微共济失调到四肢瘫痪。患犬经常将颈部向腹部弯曲，尾部颈椎有可能出现疼痛。X线片显示椎骨排列不齐或椎骨重塑、某个（些）椎间盘空间变小或畸形。通常脊髓造影显示中颈或侧尾颈椎颅孔显著狭窄。几种手术方法可以稳定椎骨或减压脊髓。

13. 寰枢椎半脱位 在年轻宠物犬或微小犬中是最常见的先天性疾病，在大型犬——罗特威尔犬和杜宾犬中偶尔可见。幼年犬通常发病，颈部疼痛迅速或缓慢发生、步态障碍，从共济失调到四肢瘫痪。X线确诊时应用复测方头螺钉保定。预后应慎重。

14. 蛛网膜囊肿（脑膜囊肿，软脑膜囊肿，蛛网膜下腔囊肿） 引起脑脊液积聚，是青年犬易患的脊髓病变。其病因尚不清楚，但有些囊肿可能是先天性的。症状主要包括渐进性共济失调、无力。用X线造影或MRI确诊。手术切除预后良好，但有可能复发。

15. 脊管闭合不全或脊髓发育不良 包括皮肤异常、脊椎异常和脊髓炎继发神经管闭合不全。魏玛猎

犬的椎管闭合不全是遗传性的。4～6周龄的患犬容易出现神经系统损伤，包括后肢轻瘫和两后肢"兔子跳"步态。有双边屈肌反射，抓住一只脚做伸曲运动时会出现两后肢同时伸曲。有可能出现脊柱侧弯或颈部背侧毛发异常。根据临床症状和脊髓造影或MRI成像技术检查可确诊。目前，无有效治疗方法，但神经系统损伤通常不恶化。其他品种的犬、犊牛、马驹和羔羊有报道出现过类似疾病。

16. 脊髓空洞症 脊髓内形成一个或多个空腔。脊髓积水是脊髓中央管扩大管腔内流体积聚。脊髓空洞和脊髓积水往往难以区分，因此常用脊髓空洞积水症。脊髓空洞积水症引起渐进性共济失调和轻度瘫痪；也有可能出现脊柱侧凸和脊柱疼痛。发病原因包括外伤、病变、炎症性疾病和发育畸形。尾枕畸形综合征是犬最常见的发病原因。

17. 隐性脊柱裂 是神经弓断裂的一种症状；如果波及脊髓，则称为显性脊柱裂。脊柱裂最显著的临床症状是后肢下行运动神经元症状和排粪、排尿失禁。预后较差。荐尾发育不全也能产生脊柱裂，马恩岛猫荐尾发育不全是一种常染色体显性遗传病。

18. 潜毛窦（皮样窦，皮囊肿） 是一种神经管缺陷疾病，在罗德西亚背脊犬可能具有（常染色体隐性）遗传性。窦道位于皮下，可能与蛛网膜下腔相通。可导致脑膜炎或脊髓炎。治疗方法包括抗生素疗法和窦道切除法。

19. 表皮样囊肿 是上皮细胞在神经管封闭期间诱发的罕见疾病。脊髓造影或MRI检查，能确诊青年犬渐进性神经障碍病的髓内损伤。

五、神经肌肉疾病
见外周神经疾病及神经肌肉接头疾病。

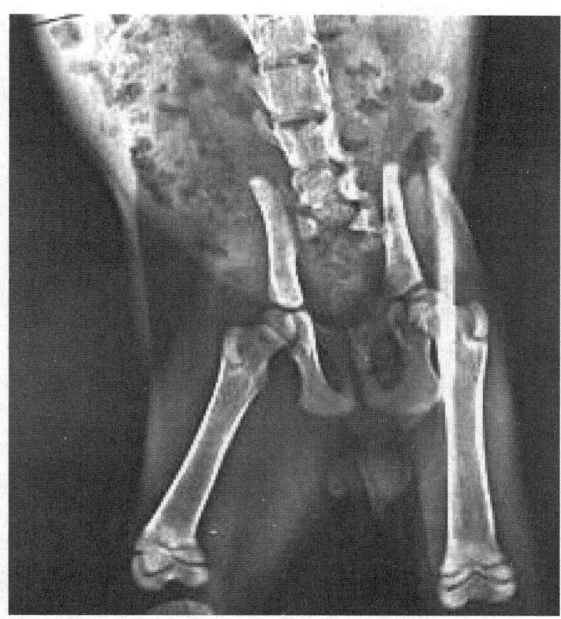

图10-5　马恩岛猫荐尾发育不全
（由Ronald Green博士提供）

（一）大动物

1. 痉挛性轻瘫　又称跟腱收缩、直跗关节埃尔索足跟（另见牛跛行），常见于各品种的牛。它有两种综合征，一种影响犊牛，另一种影响成年牛。在犊牛，症状可能是家族性的，许多品种的牛均可见，1周龄至1岁牛易患该病。其特点是后膝关节、跗骨关节和一侧或两侧后肢肌肉痉挛性挛缩。痉挛主要影响小腿和浅表屈肌，在某些情况下，也影响后肢的其他肌肉。通常患病牛犊的腿向后保持伸展，但行走时不接触地面。该病是渐进性的，但通常与胫骨神经中断有关。其病因不明。为发现外周神经损伤，该病形成与神经肌肉主轴的反射弧过量活动有关。3～7岁的成年牛易患该病。背部伸肌和后肢易受到影响，造成腰椎脊柱前凸和四肢向尾部延伸。有人认为该病是家族性的，通常发病较为缓慢。口服甲苯丙醇（30～40 mg/kg，共2～3 d），可控制症状。已经在荷斯坦犊牛中证实，股四头肌发育不全能引起先天性跛行。减少脊髓运动神经元的数量，激活患侧肌肉并不可行。

2. 高血钾性周期性麻痹　在2～3岁的夸特马常见，是由于钠离子通道遗传性突变引起。导致肌肉震颤，有时卧地不起，运动产生碳酸钡沉淀也能引起这两种症状。该病发作时常出现高钾血症，肌电图有助于该病的诊断。口服乙酰唑胺（0.5～2.2 mg/kg，每日2次）和口服氢氯噻嗪（0.5 mg/kg，每日2次）可减少该病的发作频率和严重程度。

3. 先天性肌强直症　常发于山羊和什罗普羔羊的一种遗传性或家族性疾病，马偶尔发病，由氯离子通道突变引起。该病可引起肌肉强直；叩诊腹部肌肉有明显的浊音，身体僵硬，步态不自然。肌电图有助于该病诊断。

4. 肌肉萎缩症　美利奴羊的一种遗传性疾病。3～4周龄之前的患畜四肢和颈部渐进性僵直。临床感染羊血清中CK和乳酸脱氢酶浓度升高。

5. 猪应激综合征或恶性高热　一种高代谢和过度收缩综合征，当麻醉或紧张时，骨骼肌纤维细胞内的钙水平持续增加。可进一步导致肌肉僵硬、呼吸加快、高热和浆液性渗出。该病由钙通道基因（常染色体显性遗传）突变引起，长白猪容易发生该病。

（二）小动物

1. 藏獒肥大性神经病　在美国、瑞士和澳大利亚已被确认是一种常染色体隐性疾病。可导致8周龄藏獒后肢轻瘫，并逐渐发展成四肢轻瘫，反射明显减弱，但仍有感觉功能。神经活组织检查发现脱髓鞘和髓鞘再生。预后应慎重。有些幼龄藏獒能恢复行走，但仍然虚弱。无有效治疗方法。

2. 阿拉斯加雪橇犬多发性神经病　可发生于10～18月龄的阿拉斯加雪橇犬。患犬不愿活动，由后肢轻瘫发展到四肢轻瘫，肌肉萎缩，反射减退，偶尔出现喉麻痹。肌电图可见弥漫纤颤电位和正锐波。神经活检有脱髓鞘轴突坏死。虽然有些犬临床体征稳定，但无有效的治疗方法。对严重的患病犬可实施安乐死。

3. 先天性喉麻痹　在法兰德斯畜牧犬（常染色体显性）、西伯利亚雪橇犬、罗特威尔犬和不到1岁的斗牛㹴都有发生。可产生运动障碍和吸气性呼吸困难。喉镜可视化检查可以确诊。大麦町犬、罗特威尔犬和大白熊犬等几个品种发生弥漫性外周神经病变的先天性喉麻痹。常预后不良。

4. 原发性高草酸尿症（L−甘油尿症）　一种发生在驯养短毛猫的罕见遗传性（常染色体隐性）神经丝障碍疾病，可致肾脏疾病、外周神经病变和身体虚弱。5～9月龄患犬症状明显。最主要症状是跛行，有时脊髓反射降低。尿液中草酸和L−甘油酸水平增加。尚无有效治疗方法。

5. 遗传性高乳糜粒血症神经病（高脂血症）　一种疑似常染色体隐性遗传疾病，引起猫的外周神经性病变。8月龄以上的患病猫出现临床症状。高血脂导致神经内脂质颗粒沉积，并已经证实，低脂肪饮食可以控制临床症状。患病猫的血样呈奶油番茄汤样。

6. 长毛腊肠犬感觉神经病变　可能是常染色体隐性遗传。引起8～12周龄长毛腊肠犬后肢共济失调。泌尿和胃肠道功能也受影响。脚掌感觉、脊柱反射和痛觉下降，可能引起自我损伤。脊髓特定区域和感觉神经的有髓鞘神经纤维损伤。无有效治疗方法，如果不发生自我损伤，患犬能正常生活。

7．波音达猎犬感觉神经病 发生在美国的英国波音达犬（常染色体隐性遗传）和欧洲短毛波音达犬。脚趾自动损伤是主要临床症状，并且6月龄以下的犬易发该病。患犬后肢疼痛感觉丧失，前肢疼痛感觉减弱。背根神经节的神经元损伤。预后不良。无有效治疗方法。

8．兰伯格犬遗传性多发性神经病 一种末梢神经性病变，1～9岁的兰伯格犬均可患该病。临床症状包括虚弱、不愿运动、被毛脱落、呼吸困难。系谱分析显示是X显性遗传。

9．Musladin-Lueke综合征 一种新的结缔组织疾病，对肌肉、骨骼、心脏和皮肤均有影响。主要临床症状是肌肉纤维化和挛缩。患病动物用脚尖行走。在比格犬中是隐性遗传，已被确认是基因突变引起。临床症状为出生后不久出现姿势异常。其他临床症状包括耳软骨增厚、下垂。在某些情况下可能同时出现癫痫。目前尚不知癫痫发作是否与该病或并发疾病有关。无有效治疗方法。人类患该病发展缓慢并且非常致命，但是，目前资料显示患犬病情稳定。

10．重症肌无力（常染色体隐性遗传） 已经在帕森拉塞尔㹴、平毛型猎狐㹴和激飞猎犬中被发现。该病既非乙酰胆碱受体缺陷也非其功能紊乱所致，在较常见的疾病过程中，没有发现循环血液中有抗体存在。临床症状通常始于5～10周龄。发病的特征为运动性无力，通常与食管扩张有关。发展为重症肌无力时，预后不良。在12～16周龄加莫耳丹麦犬中发现突触前病态（常染色体隐性）。可用抗胆碱酯酶类药物进行治疗。

11．苏格兰犬痉挛（常染色体隐性遗传） 能引起苏格兰犬肌肉高度紧张。刺激、运动、应激和不健康会加剧发作过程，以多余的步伐和脊背弓形为特征。犬跑时会翻跟头。步态失调可能与血清素缺失有关。地西泮和普马嗪可以帮助缓解症状。

12．拉布拉多犬先天性肌阵痉挛（家族性肌阵痉挛反射） 早期会导致肌肉痉挛或高渗，幼犬可能无法行走，甚至持续伸肌强直。常预后不良。

13．缅甸猫科动物低钾性肌病（常染色体隐性遗传） 会导致周期性瘫痪或颈部腹侧弯曲障碍。该病影响3～4月龄猫。患猫血清CK显著增加，日粮中添加钾反应良好（例如，每只猫注射2～4 mEq或mmol葡萄糖酸钾溶液，每日1次，直至血清中检测的钾水平稳定）。

14．先天性肌强直症（常染色体隐性遗传） 可发生于松狮犬、斯塔福㹴、大丹犬和迷你雪纳瑞，导致与肌强直山羊类似的症状。病初，往往会有一定程度的肌肉肥大和显著的僵硬。叩诊肌肉会出现压痕（包括舌）。可通过肌电图确诊（具有特征性“俯冲轰炸机”的声音）；肌肉活检变化轻微呈非特异性。尽管膜稳定药物（普鲁卡因胺，美西律）可显著改善病情，但往往预后不良。

15．伴性肌营养不良症 已经在爱尔兰㹴、金毛猎犬、迷你雪纳瑞、罗特威尔犬、萨摩耶犬、德国短毛波音达猎犬、比利时牧羊犬、布列塔尼猎犬、拉布拉多猎犬、日本尖嘴犬和猫有发病的报道，均为缩蛋白基因突变所致。雄性动物在幼龄显示肌肉僵硬、吞咽困难和虚弱，随着年龄增大伴有踯行姿势和肌肉萎缩；病初肌肉肥大，尤其在猫尤为明显。大规模筛诊可检测血液中CK活性是否升高，确诊需进行矿化和玻璃样肌肉活检。常预后不良。目前，无治疗方法。据报道，猫先天性肌营养不良症与分区蛋白（层粘连蛋白α_2）缺失有关，其中，发生在肌肉和外周神经退行性改变。

16．拉布拉多猎犬肌病（常染色体隐性遗传） 可引起雌、雄幼犬步态僵硬和明显的肌肉萎缩。当伴随寒冷、应激和运动等状况时，患病幼犬在3月龄时可能无法正常抬头，腱反射消失。在6～8月龄体征稳定，预后良好。

17．柯利牧羊犬和喜乐蒂牧羊犬皮肤肌炎 伴有表现变异性显性遗传。在幼龄犬能引起咀嚼肌萎缩和肢体远端肌肉无力，有时伴有牙关紧闭和食管扩张。这些症状结合面部和四肢皮肤炎即可确诊。一般情况下，这些临床症状可能增加或减弱，不会导致严重衰弱。多发性肌炎和皮肤炎病理组织学检查可见病灶。法国牧羊犬、彭布罗克威尔士柯基犬、澳洲牧牛犬、湖畔㹴、松狮犬、德国牧羊犬和库瓦兹犬都有发病报道。

18．糖原贮存病 可引起年轻犬和猫肌肉无力和运动障碍。例如包括糖原病Ⅱ型（拉普兰犬）、Ⅲ型（德国牧羊犬、秋田犬）、Ⅳ型（常染色体隐性遗传的挪威森林猫）和Ⅶ型（英国激飞猎犬）。

19．线粒体性肌病 在克伦伯猎犬、塞式猎犬和老式英国牧羊犬有发病报道。线粒体肌病导致运动障碍和衰竭，动物运动后能使血液乳酸和丙酮酸水平升高。肌肉活检可见破碎红纤维，表明线粒体数量增加。肉碱遗传性代谢紊乱是线粒体肌病的另一原因，可能会导致肌纤维内积聚脂质空泡。

20．杆状体肌病 可能是常染色体隐性遗传。在6～18月龄的猫能引起无力，随后步态伸展过度。髌骨反射降低，渐进性肌肉萎缩。在骨骼肌纤维中发现大量的棒状纤维。常预后不良。该病在青年犬常零星散发。

21．中央核肌病　在英国，中央核肌病引起大丹犬肌无力、肌肉萎缩、运动耐受或崩溃。症状开始于6月龄前后。常预后不良。

22．先天性食管扩张　在刚毛猎狐狸和微型雪纳瑞犬具有遗传性，也可发生于德国牧羊犬、大丹犬、爱尔兰雪达犬、纽芬兰犬、中国沙皮犬和暹罗猫。临床症状包括反流和吸入性肺炎。预后应慎重。

23．德文雷克斯猫遗传性肌病　常染色体隐性遗传。在4～7周龄幼猫中发现过，以运动不耐受性和头颈部被动弯曲为特征，在运动、排尿、排粪过程中尤其明显。有些猫常摆出类似"犬乞求"姿势。存在食管扩张。预后应慎重。

六、多病灶性疾病

（一）大动物

1．遗传性轴索水肿及遗传先天性肌痉挛　可能是常染色体隐性遗传。在新生无角海福特牛首次报道，表现甘氨酸受体减少或/和缺陷，常导致神经传递抑制。引起共济失调、肌肉强直收缩。突然刺激会导致腿部和颈部大力伸展。

2．沙克尔犊牛综合征　是一种神经变性疾病，在海福特犊牛中发现过此病。患犊症状明显，出生后数小时内持续震颤、步态僵硬并失声；进一步发展可出现痉挛性截瘫。在中央、外周和自主神经系统神经元内神经丝过度蓄积。

3．维生素A缺乏　可引起母猪运动失调、歪头、后肢瘫痪、四肢呈划水状，以及仔猪眼部病变。类似的症状还可出现在有先天缺陷的犊牛。

4．全身性代谢和溶酶体贮积症

（1）**械树糖尿病**　是一种遗传性氨基酸尿症（与支链酮酸脱羧酶缺乏一致），可发生于海福特犊牛。患病犊牛反应迟钝，常横卧2～4 d，末期角弓反张。组织学检查中枢神经系统病变严重。

（2）**GM₁神经节苷脂贮存病**　可发生于黑白花犊牛。出生第1周临床症状表现明显，包括抑郁、后躯摇摆、不愿移动和僵硬。6～8月龄死亡。

（3）**GM₂神经节苷脂贮存病**　可引起3月龄大约克夏仔猪运动范围过度和虚弱。常在4～6月龄死亡。

（4）**α-甘露糖苷贮积症**　常染色体隐性遗传。偶发于安格斯、墨累灰牛和盖洛威牛。患牛共济失调，头部震颤，有攻击性或生长缓慢。也可致流产和新生畜死亡。患病严重的犊牛在第1年内死亡，有时会在出生后不久即死亡。患病（纯合子）犊牛甘露糖

不足。甘露糖苷贮积症可以通过生化检测、淘汰杂合基因加以控制。

（5）**β-甘露糖苷贮积症**　可引起新生努比亚山羊和萨莱犊牛的斜卧及小脑征候。

（6）**蜡样脂褐质沉积症**　可发生于绵羊、牛和山羊。患病的青年努比亚山羊表现小脑体征；兰布莱绵羊从8月龄开始显示失明和精神活动减少；南新罕布什尔州羔羊9～12月龄显示失明、抑郁，头和前肢震颤以及面部抽搐，到30月龄时死亡；德温牛14月龄时失明和虚弱，4岁时死亡。已经发现在一些动物（德温牛、南新罕布什尔州羊）基因突变致发该病。

（7）**球形细胞性脑白质营养不良**　发生于4～18月龄多赛特羊。可见肌腱反射增强，渐进性麻痹和小脑体征。

（二）小动物

1．多系统染色质溶解的神经元变性　在凯恩犬幼龄时能引起下肢轻瘫，病情进一步发展，可迅速波及小脑导致猝倒。大脑、脊髓及感觉神经元广泛变性。

2．多系统神经元变性　可导致行为异常及小脑病变。神经元变性可发生于各种脑干组织。迷你贵宾犬（3～4周）也可发生该病，症状特点是左右滚动，不能站立或者头向右侧弯曲到胸、周期性角弓反张、意向震颤，以及大脑和小脑神经元变性相关的威胁应答缺失。

3．斗牛獒犬脑积水　一种伴发髓鞘异常的遗传病，可导致失明、行为异常及小脑体征。在小脑深部可见两侧对称的海绵组织病变。

4．达尔马提亚脑白质营养不良　一种罕见的遗传病，可在3～6月龄时导致视力下降、渐进性共济失调、四肢轻瘫、心室扩张和大脑白质发生气蚀以及广泛性的髓鞘脱落。

5．大麦町犬脑白质营养不良症　在2条8月龄拉布拉多猎犬、1条9月龄雄性苏格兰猎、1条6月龄的雌性迷你贵宾犬及1条13周龄的伯恩山犬有发病报道。该病可引起渐进性共济失调及四肢轻瘫，这些症状一般从6月龄开始出现。在中枢神经系统的血管周围可发现罗森塔尔纤维，这可能是由于星形胶质细胞功能障碍造成的。常预后不良。

6．海绵状变性　已在幼犬和幼猫中（包括拉布拉多猎犬、喜乐蒂牧羊犬、萨摩耶犬、丝毛狸、斗牛獒犬、东非猎犬、可卡犬、玛利诺牧羊犬、罗特威尔犬、埃及猫和缅甸小猫），常出现标志性的共济失调或运动范围过度、头部震颤、间歇性痉挛、姿势以及行为异常。基本病理变化为白质和灰质的海绵样变性。尽管此病的基因型已从澳大利亚牧羊犬家族和喜

乐蒂牧羊犬家族确定，但其发病机制仍不清楚。常预后不良。

7. 遗传性四肢瘫痪与弱视 发生于爱尔兰雪达犬时，表现为出生后出现头部震颤、视觉障碍、眼球震颤、不能站立以及痉挛的症状。

8. 溶酶体贮存症 是由于机体缺少代谢蛋白、碳水化合物或脂质底物的关键酶而引起的一类罕见临床疾病。临床症状通常在病程的早期出现，偶尔也见发病延迟的病例。一般某种疾病只在某个特定的品种发病，但理论上，每个品种可发生任何一种疾病，而且已有报道表明，诸多疾病在不同的品种都可发生。除了典型症状之外，应该考虑到大量的表型变异。尽管人们正在积极研究基因替代疗法，但目前所有这些疾病仍预后不良。

（1）**英国激飞猎犬墨角藻糖苷酶缺乏病** 在澳大利亚、新西兰、英国及北美均有发病报道。该病临床症状的特点是共济失调、性情改变、发声困难、吞咽困难、听觉/视觉障碍及癫痫。症状倾向于从6月龄至24月龄逐步发展。外周血淋巴细胞空泡化的比例高。以DNA为基础的血液检测技术可应用于诊断。常预后不良，且无有效的治疗方法。

（2）**GM₁神经节苷脂贮存病** 主要见于猫，尤其是东方品种，也见于比格犬、葡萄牙水猎犬、英国激飞猎犬、阿拉斯加雪橇犬以及日本柴犬。以小脑功能障碍为主要症状，也可能发生角膜浑浊。

（3）**GM₂神经节苷脂贮存病或家族性黑蒙性痴呆** 已经在德国长毛波音达猎犬、日本波音达猎犬、混种猫及科拉特猫中发现。患犬在6月龄出现临床症状，包括行为异常及视力障碍。渐进性共济失调和痴呆症状出现较晚。猫则在3月龄出现共济失调、运动范围过度、头部震颤、角膜混浊等临床症状。

（4）**猫尼曼-匹克病** 会导致小脑功能紊乱，并发于肝脾肿大引起的腹部肿大。本病存在6种亚型，不同亚型造成的神经功能缺损不同，可造成严重的小脑体征（A型和C型），也可能只引起一些神经病变的症状（A型变种）。

（5）**葡糖脑苷脂贮积病（高雪氏病）** 一种很少见的澳大利亚丝毛㹴疾病，病变主要发生于4～6月龄丝毛㹴小脑。

（6）**α-甘露糖苷贮积病** 主要见于猫，能够引起视网膜和骨骼肌发育异常，也可引起神经功能性损伤。小脑症状与原本有些神经功能损伤十分相似。

（7）**黏多糖贮积症** 猫的一种原发性紊乱，并且与面庞扁平、角膜混浊及各种骨发育不良有关。普罗特猎犬也可发病。据报道，这种疾病有几种类型，Ⅵ型和渐进性后肢瘫痪有关，其次，和椎骨突起进入椎

管有关。9月龄后，骨骼肌的改变是非进行性的，外科减压法能够改善该病导致的神经功能性损伤。

（8）**类蜡素脂褐质贮积病** 特征性的表现为视力下降、性情改变、共济失调和癫痫。当动物生长到12～24月龄时，便出现典型的临床症状，有时可能出现较晚。在英国雪达犬、西藏獚和伯德牧羊犬，该病由常染色体隐性性状所致。这在许多传统的犬种以及暹罗猫等均有报道。已经鉴定出，某些种类ж存在基因突变。亚型和发病起始年龄都不同，并且在几年内症状有缓慢变化的趋势。

（9）**球形细胞性脑白质营养不良（克拉贝病）** 主要见于凯恩㹴和西部高地白㹴。其他几种犬，还有一些猫科动物都可发病。临床症状多变，可能只见身体前部瘫痪，或者是和小脑功能损伤同时出现。症状出现后2～3月便会死亡。CSF的总蛋白含量增加，大的球状细胞散布于脊髓和脑白质部。

七、其他先天性疾病

1. 摆动性眼球震颤 见于各种奶牛，但是很少出现临床症状。

2. 先天性耳聋 在马匹中有报道。

在小动物中，主要发生于大麦町犬，但在许多其他品种的犬均有记载，包括澳大利亚蓝色随从犬、牧羊犬、英国雪达犬、波士顿㹴和老式英国牧羊犬。白猫先天性耳聋常与蓝色眼睛有关。对于一些小动物的感染，听觉脑干诱发反应对于鉴别病毒携带者是十分有用的诊断方法。

第三节 脱髓鞘疾病

髓鞘形成减少和髓鞘形成障碍是髓磷脂发育紊乱性疾病，以含有细髓鞘的轴突、未被髓鞘化或含有异常髓鞘的轴突为主要特征。病理学分类包括：①具有正常髓磷脂、细髓鞘的轴突和偶发性未髓鞘化的轴突；②具有异常髓磷脂，细髓鞘的轴突和主要未髓鞘化的轴突。这两种分类分别被称为髓鞘形成不足和髓鞘形成障碍疾病，常以仔畜的先天性髓鞘病为特征。这些病理学变化应避免与脱髓鞘疾病相混淆，脱髓鞘疾病是指髓磷脂的降解和损失。一般情况下，作为先天性问题，脱髓鞘疾病并不表现临床症状。

【病因与流行病学】该病在世界范围内均有报道，见于人、小鼠、猪、奶牛、仓鼠、大鼠、绵羊、暹罗猫和多种犬（包括中国松狮犬、激飞猎犬、大麦町犬、萨摩耶犬、金毛猎犬、勒车犬、伯恩山犬、魏玛猎犬、澳大利亚丝毛㹴和混血犬品种）。有人还发现维兹拉犬和卡塔胡拉杂交犬中也可患该病。

子宫内感染和遗传是髓鞘形成减少的常见病因。已经证明典型的猪病毒性发热、边界病和牛病毒性腹泻等与该病有关，但是引起髓鞘形成减少的确切机制尚不明确。以上3种瘟病毒属是与披膜病毒科家族密切相关的成员，且均可以垂直传播和水平传播。大多数影响髓鞘的毒物可导致脱髓鞘化。例如，敌百虫是一种具有独特毒性、可导致A-V型猪先天性震颤综合征的有机磷酸酯。敌百虫作用于妊娠中期和晚期（45～77 d）的妊娠母猪时，所产仔猪有超过90%表现显著的震颤综合征，并继发小脑发育不全和髓鞘形成减少，其致死率较高。

其他导致髓鞘形成减少的疾病具有遗传性。除金毛猎犬外，几乎所有这些疾病都可致CNS髓鞘形成减少。已报道金毛猎犬有外周神经系统（PNS）髓鞘形成减少。中枢神经系统髓鞘形成减少，基本缺陷包含干扰少突胶质细胞的功能性成熟。引起这种缺陷的确切机制尚未可知，但是在激飞猎犬中已发现重要基因的点突变。在外周神经系统髓鞘形成减少病例中，这些缺陷与施旺氏细胞有关。

遗传性髓鞘形成减少综合征的基因基础还不完全确定，但是在大多数病例，雄性动物较雌性动物更易感染且病情更重。这些证据为与性别相关的隐性症状或遗传方式提供了支持。

【临床表现】在出生10～12 d时可观察到CNS髓鞘形成减少的临床症状，断奶后表现明显。最典型的症状是严重的全身震颤，包括四肢、躯干、头和眼。病畜休息或睡觉时震颤减轻或消失，但苏醒后震颤再次出现，并随着兴奋而加重。病畜采食时震颤十分明显，并且是一种剧烈的意向性震颤形式。此外，某些病畜可能出现站立和行走困难，以及四肢无力的症状。继而，姿势试验反应可能表现出一定的缺陷。患病动物视觉和其他脑神经功能正常，但当眼球自主移动时可偶尔观察到摆动性眼球震颤或跳动性眼球震颤。某些动物的这种神经缺陷可能非常严重，可执行安乐死。某些品种的犬（如中国松狮犬和城市杂种犬），症状通常在1岁后消失，12～18月龄的犬不会出现这种症状。一些犬在12～16周龄时症状也可能消失。

外周神经系统髓鞘形成减少的金毛猎犬临床症状包括共济失调、轻度瘫痪、肌肉萎缩和反射减退或无反射。该品种犬不存在中枢神经系统髓鞘形成减少，也无震颤症状。

【病理变化】中枢神经系统髓鞘形成减少病例中，眼观病变显示脑和脊髓白质外观苍白，可能呈胶状。外周神经系统髓鞘形成减少病例眼观病变不明显，没有证据表明CNS参与该病。CNS髓鞘形成减少的显微病变包括：缺乏髓鞘（通常很严重，但并非绝对）、少突胶质细胞数量减少、星形胶质细胞的数量多于少突胶质细胞、少突胶质细胞的外形与健康动物的不同、胶质细胞类型异常。外周神经系统髓鞘形成减少的显微病变包括：缺乏髓纤维、纤维髓鞘相对于其依附的轴突口径偏细、偶尔出现含有欠压实髓鞘纤维，与正常细胞体积相比，雪旺氏细胞体积增大、雪旺氏细胞核数量增多。

【诊断】CNS髓鞘形成减少首先需从神经损伤范围、症状和早期发作时间进行诊断。然而，组织病理学检查是唯一能确诊该病的方法。对于遗传性病例，种畜鉴定有助于诊断。对于病毒性病原的病例，荧光免疫检测抗体染色技术和/或神经组织中病毒的分离可助于确诊。外周神经系统髓鞘形成减少的病例可通过外周神经的活组织检查进行诊断。

鉴别诊断包括能够引起幼年动物震颤的疾病。引起这种疾病的原因很多，但常见原因包括：糖原过多症、溶酶体贮存病、小脑发育不全、脑炎、低血钙症、低血糖症、高血氨症、毒物（如聚乙醛、有机磷酸酯类、氯化烃类、氟乙酸、士的宁、六氯酚、溴氯胺）、真菌毒素（如青霉震颤素-A）。

【治疗、控制与预防】髓鞘形成减少无特效的治疗方法。防控的唯一方法是选择性育种（对于遗传性综合征）和免疫（对于病毒诱导的综合征）。如果发育正常并且髓磷脂进一步改善，一些患有先天性髓鞘形成减少综合征的动物在12周龄至18月龄时可自愈。

第四节　外周神经与神经-肌肉连接点疾病

外周神经与神经-肌肉连接点疾病包括退行性疾病、炎症性疾病、代谢性疾病、肿瘤、营养失调、中毒性疾病、创伤和血管疾病。见先天与遗传性疾病。

一、退行性疾病

（一）后天性喉麻痹

该病常见于中、老年犬。大型犬（如拉布拉多猎犬、金毛猎犬、圣伯纳犬）易患，而小型犬与猫也能被感染。在大多数病例中，由于未找出病因而将此病归为原因不明性疾病。少数由创伤或肿瘤引起的病例可感染颈部或纵隔。甲状腺功能减退也是一种潜在的病因。临床症状包括叫声改变、喉鸣和干咳。重症病例表现不耐受运动、呼吸困难（尤其是吸气性呼吸困难）和发绀等症状。一些感染的动物表现出更普遍的多发性神经病，如虚弱和本体感受缺失。

将动物浅麻后进行喉镜检查，可作为该病的诊断依据。吸气过程中单侧或双侧缺乏杓状软骨和声带的对称运动。管理包括鉴定和治疗任何潜在的疾病。采用外科手术（如喉回接）可治疗特发性喉麻痹。外科手术治疗不能恢复正常的喉功能，但通常可成功地减轻严重的吸气性呼吸困难。手术治疗潜在的并发症是采食与饮水困难。

（二）马的喉麻痹

见喉偏瘫。

（三）杜宾犬舞蹈症

杜宾犬舞蹈症为神经肌肉性疾病，可感染不同性别、6月龄至7岁大的杜宾犬。最初，受感染犬在站立时间歇弯曲臀部及后肢的膝关节。发病后数月内，多数患病犬如跳舞一样交替地弯曲和伸长两后肢。它们通常喜欢卧而不愿站立。逐渐发展为后肢轻瘫、本体感受降低和腓肠肌萎缩。前肢一般不受影响。该病的病因学尚不清楚。目前已有关于后肢肌肉和外周神经病理变化的报道，但这是否是一种主要的肌肉或神经疾病仍不清楚。该病目前无有效的治疗方法，通常不会导致重度残疾，也无疼痛感。

（四）末梢去神经疾病

该病为一种多发性神经疾病，患病犬在英国较为常见，而其他地区目前并无报道。致病原因尚不清楚。任何年龄的犬都可能患病。发病日龄从数日到数周不等，表现为进行性四肢轻瘫、反射减退和近端骨骼肌萎缩，感觉缺失并不明显。电反应诊断评价可显示出具有代表性的四肢肌肉的去神经、相对正常的神经传导速率和M波振幅明显下降。外周神经检查通常表现正常，肌内神经检查可能具有诊断价值；末梢肌肉内轴突随着侧枝轴突的生长而退化。本病治疗预后良好，一般治疗4~6周可康复，目前无复发病例的报道。

（五）罗特威尔犬末梢多发性神经病

该病特征症状是后肢轻瘫，并逐渐发展为四肢轻瘫、反射减退和肌肉萎缩。1至4岁的雄性和雌性罗特韦尔犬均可患该病，但致病原因不明。电反应诊断试验表明，四肢末梢肌肉去神经和运动神经传导速率降低。神经组织活检变化包括末梢神经纤维严重的轴突坏死和脱髓鞘（通常伴随着巨噬细胞的浸润）。采用皮质类固醇治疗，可暂时性缓解一些患病犬症状，但预后不良。

（六）特发性面瘫

该病为常见的失调性疾病，可致犬和猫单侧或双侧轻度瘫痪或面部肌肉瘫痪。可卡犬、彭布罗克威尔士柯基犬、拳师犬、英国雪达犬和长毛土猫易患该病。单侧或双侧麻痹急性病例具有眨眼、耳下垂、上唇下垂和嘴角流涎的症状，而面部知觉（通过三叉神经调节）保持完整。可根据临床特点和排除面瘫的其他原因（包括耳部疾病、创伤和脑干损伤）对该病进行诊断。病理学研究发现：位于面神经中的有髓鞘轴突退化，无炎症。发病原因尚不清楚，目前也无特殊的治疗方法。通常人造泪液有助于预防角膜损伤。治疗后几周内可能出现局部改善，但通常表现出持久性功能障碍。

（七）马跛行症

该病为以好动、步伐加大时单侧或两侧后肢无意识地弯曲为特征。从四肢轻微的抽搐到弯曲都属于重症的表现，因此，重症患马几乎不能行走。患马的四肢末梢可出现肌肉萎缩。马跛行症有两种表现形式。常见的或典型的马跛行症零星地分布于世界各地，通常在个别马匹中出现单例现象，具体原因尚不清楚。一些病例可自愈，不能自愈的病例可通过趾长伸肌腱切除术进行治疗。

澳大利亚马跛行症呈暴发性，在同一地区可出现大量被感染的马匹，并且通常感染两后肢。澳大利亚、新西兰和美国在夏末或秋季多出现此病。澳大利亚马跛行症与采食澳大利亚蒲公英、欧洲蒲公英和锦葵有关，这可能是由于这些植物被真菌毒素污染所致。病理学研究结果表明：腓骨和胫骨神经的轴突末梢退化。患有澳大利亚马跛行症的马匹在远离致病牧草后可自愈。

二、炎性疾病

（一）后天性重症肌无力

该病特点是神经-肌肉连接点的乙酰胆碱受体数量减少，致使神经-肌肉传导故障，主要是由于神经肌肉连接点上，循环抗体的发展直接针对乙酰胆碱受体。该病在成熟犬中非常普遍，尤其是德国牧羊犬、金毛猎犬和拉布拉多猎犬，但在猫并不常见。典型症状是运动诱导性僵硬、颤抖和无力（通过休息可缓解）。然而，虚弱通常并不是由运动所造成。面部、咽部或食道无力病例非常普遍，在许多病例中，食管扩张并无全身性无力症状（病灶肌无力）。反胃和吸入性肺炎为其常见的并发症。

静脉注射依酚氯铵0.1~0.2 mg/kg（常用于诊断试验）后可迅速消除全身性虚弱症状。通过测定血清中的抗体可确切诊断本病。口服吡啶斯的明（1~3 mg/kg，每日2~3次）或皮下注射新斯的明（0.04 mg/kg，每日4次）等抗胆碱酯酶药物可治疗该病。抗胆碱酯酶疗法无效时，可使用强的松免疫抑制剂和其他免疫调节剂进行治疗。该病预后一般较好，许多病犬症状可自然缓解，抗体效价显著降低。对吸入性肺炎或持久性虚弱的病例预后要谨慎。

（二）急性特发性多神经根神经炎

该病首先感染腹侧神经根和外周神经。猎犬被浣熊咬或抓（猎犬麻痹）后7～14 d出现临床症状；也有其他感染动物并非由浣熊咬或抓而发病。犬和猫接种疫苗1～2周内也可出现类似的症状。这可能与针对浣熊唾液或其他抗原引起的免疫调节反应有关。该病的典型症状是后肢首先出现迟缓性麻痹，1～2 d内发展为四肢轻瘫，有些病例中也出现面部和喉部肌肉无力。有的病例偶尔也出现前肢先被感染。严重病例可因呼吸麻痹而死亡。脊髓条件反射减弱或缺失，10～14 d内肌肉严重萎缩。疼痛感完整，个别患犬可能出现感觉过敏。精神活动和食欲不受影响。排尿、排粪和尾部运动通常正常。

腰椎蛛网膜下腔内收集的脊髓液分析结果表明：使用正常细胞计数的蛋白质升高。肌电图显示去神经，神经传导研究表明：F波潜伏期显著分散及延长，这表示腹侧神经根中传导速率降低。除加强护理外无有效的治疗措施，皮质类固醇对本病无效。大部分感染的动物可在3周内开始自然康复，完全康复需2～6个月。严重症状和显著肌肉萎缩的动物可能无法完全恢复，并且可能复发，尤其是经常遭遇浣熊的猎犬。病理学研究表明：腹侧神经根和外周神经有炎症、髓鞘脱失及轴突不同程度的变性等病理变化。

（三）慢性复发的特发性多神经根神经炎

该病为一种罕见的与神经和神经根炎症有关的疾病，常感染成年犬和猫，运动不耐受、共济失调和虚弱的症状在患病后数月逐渐显现。一些动物能够进行暂时性自我恢复。脊髓条件反射降低，颅神经可能受影响。重症病例知觉明显抑制。可根据神经活组织检查对该病进行诊断。具有非化脓性炎症、轴突退化、神经和神经根髓鞘脱失等特点，有些病例也有背根神经节髓鞘脱失。虽然可能与免疫调节机制有关，但具体原因尚不清楚。皮质类固醇对一些病例有效，但该病进程缓慢且反复，一般在几个月到几年后病情严重。

（四）慢性炎症性脱髓鞘性多发性神经病

该病在成年犬和猫中非常普遍，发病机制尚不清楚。伴随反射减退、四肢轻瘫潜伏发作，并且有时伴随颅神经功能紊乱。肌电图一般正常，但神经传导速率较慢且暂时性分散。神经活组织检查表明：多病灶副结髓鞘脱失。临床症状一般可通过使用皮质类固醇（如强的松，每日1～2 mg/kg）来缓解，但停止治疗时症状可能复发。

（五）多发性神经炎等

马尾神经炎以荐尾神经发炎为特征，偶尔发生于其他神经的炎症。该病可见于欧洲和北美所有品种的成年马。病因尚不清楚，可能与病毒性感染刺激的免疫学反应有关。感染该病的马匹产生针对P2髓磷脂蛋白的循环抗体。大多数一致的临床症状反映该病过程中有荐尾神经参与，包括粪、尿失禁，尾麻痹，会阴感觉异常或无痛感，臀肌萎缩，后肢轻度的共济失调和阴茎麻痹（雄马）。患有该病的马匹可能出现摩擦尾部的症状，前肢和颅神经也可能受影响。一般可根据临床调查结果进行诊断。脑脊髓液可能变黄，同时蛋白含量升高，单核脑脊液细胞增多。通过直肠检查和X线检查可排除骶骨骨折。目前尚无治疗方法，且预后恢复较差。病理学检查结果表明：肉芽肿炎症主要感染荐尾神经硬膜外的部分。

（六）原生动物多神经根神经炎

该病多发于犬，尤其是幼龄犬，感染刚地弓形虫或犬新孢子虫的犬可患病。神经根、外周神经和骨骼肌的炎症可造成进行性麻痹和后肢僵化。血清中肌酸激酶（CK）浓度通常升高。脑脊髓液分析结果显示，蛋白和白细胞（中性粒细胞和单核细胞）增多。血清或脑脊髓液抗体或在肌肉活组织检查中微生物鉴定有助于该病的诊断。初期使用克林霉素（15～20 mg/kg，肌内注射或口服，每日2次）或甲氧苄氨嘧啶/磺胺嘧啶（15 mg/kg，每日2次）和乙胺嘧啶（每日1 mg/kg）治疗可能有效。后肢僵硬的犬常预后不良。

（七）三叉神经炎

特发性三叉神经病在犬中常见，在猫并不常见。该病的特点是急性发作弛缓性颚麻痹。患病动物无法闭口，并且出现饮食困难的症状，也可出现霍纳综合征、面部麻痹和面部感觉降低的症状。病因尚不清楚。病理学研究表明：在三叉神经的运动分支中有双侧非化脓性炎症和髓鞘脱失。在保证饮水和营养物供给的情况下，患病动物通常于患病后3～4周内自愈。

三、代谢性疾病

（一）糖尿病性神经病

该病在猫科动物较为常见，犬少见。主要症状包括乏力、共济失调和肌肉萎缩。罹患该病的猫常伴有单侧或双侧胫神经功能障碍，跖行姿势明显。有几种可能的病理生理机制导致该结果，但长期的高血糖可能是该病的重要潜在风险因素。神经病理学变化包括脱髓鞘作用和/或轴突变性。该病的诊断以临床表现、糖尿病的实验室数据及神经活检为依据。预后应慎重，但胰岛素治疗可使病理变化发生部分或完全恢复。

（二）甲状腺功能减退性神经病

该神经病变常见于甲状腺功能减退的犬。成年犬，尤其是体型较大品种的犬易患该病。已报道的几种综合征包括伴随本体感觉受损和反射减弱而发生的四肢轻瘫，前庭功能障碍，食管扩张和喉麻痹。在某些情况下（如肥胖病和皮肤病），不存在典型甲状腺机能减退的现象，疾病的唯一标志是神经功能障碍。外周神经病理变化包括脱髓鞘或髓鞘再生和轴突变性。目前，对于该病的病理生理学知之甚少，并且在一些患有运动障碍的犬中也可能会出现该病。诊断该病以临床特征、甲状腺功能实验室检测和甲状腺的给药反应为依据。在一些（不是所有）情况下，经过数月的甲状腺替代治疗后症状消退。

四、肿瘤

（一）神经鞘瘤

神经鞘瘤包括雪旺氏细胞瘤、神经鞘瘤和神经纤维瘤。许多动物均可发病，犬和牛最为常见。在犬，肿瘤往往出现在臂丛神经，最初造成单侧前肢跛行，并可能与肌肉骨骼疾病疼痛混淆。腋下触诊或肢体外展可能会引起疼痛，肿瘤体积大时可触摸得到。最终发展为肌肉萎缩和单肢轻瘫。脊髓受到浸润性肿瘤挤压，导致其他肢体神经功能障碍。三叉神经是颅神经中最常受影响的。这将导致单侧颞咬肌萎缩和面部感觉迟钝或麻痹。最终发展为脑干萎缩。

虽然切除神经近端残端后常常复发，但是早期通过手术切除或许可以治愈。牛患神经鞘瘤往往只能在老龄动物屠宰时发现。通常情况下，多个神经（尤其是自主神经和第八脑神经）会受到影响。外周神经也可能受到其他肿瘤的影响，这些肿瘤包括淋巴瘤和白血病。

（二）副肿瘤性神经病

该神经病变与无神经浸润性肿瘤相关。最常见于胰岛素瘤患犬，但也与其他肿瘤密切相关，包括支气管癌、多发性骨髓瘤、肉瘤和腺癌。该病的发病机制尚不清楚，但可能与对抗神经成分有交叉反应肿瘤的免疫应答有关。在临床上，轻瘫或四肢瘫痪持续超过数周，会伴随脊髓反射下降和肌肉萎缩。该病的诊断基于对潜在肿瘤的识别，神经病变的临床和电生理研究结果显示，在某些情况下，还要进行神经活检。症状会随着对潜在肿瘤的成功治疗而加以改善。

五、营养性疾病

（一）泛酸缺乏症

该病最常发生于以谷物为食的动物（尤其是猪）。临床症状包括后肢共济失调和"正步"步态，在这种姿势中，膝关节外展并且臀部弯曲，以使四肢抬离地面。病理变化包括外周神经有髓鞘神经纤维变性和脊神经节的感觉神经元减少。

（二）鸡核黄素缺乏症

该病主要由饲料配方不合理而引发。受影响的雏鸡生长不良、腹泻且虚弱。患病鸡不能伸展趾关节，而且脚趾渐渐向内卷曲、麻痹，这使雏鸡休息和行走都靠跗关节。第3周死亡率最高。尸检可发现外周神经（尤其是坐骨神经）肿大。病理组织学检查发现，雪旺氏细胞肥大，髓鞘脱失，最小的轴突变性。除长期卷曲脚趾畸形外，其余患病鸡在补充核黄素后可自行恢复。

六、中毒性疾病

（一）肉毒中毒

肉毒中毒是由肉毒梭菌（神经毒素）引起的中毒。多见于马、羊、牛等家畜及世界各地的鸟类。在猪和犬类较为少见。

（二）离子载体中毒

常发于牛、羊、猪、犬和猫，其中马属动物极其易感。拉沙里毒素污染的食物可引起犬的弛缓性四肢轻瘫和反射减退。1995年，在荷兰和瑞士曾暴发过一起沙利霉素污染的食物，导致将近850只猫患多发性神经病。感染猫表现为急性四肢轻瘫、反射减退、吞咽障碍和呼吸困难，最终出现肌萎缩。病理组织学变化包括远端感觉和运动神经轴突变性。对患病动物采取对症治疗并停喂有毒饲料即可痊愈。

（三）有机磷中毒

有机磷酸酯类中毒可引起三种综合征。

急性型：是由于乙酰胆碱酯酶不可逆性失活，使副交感神经系统中的烟碱和毒蕈碱受体、神经肌肉连接处的烟碱受体、交感神经系统的烟碱受体及中枢神经系统的胆碱能通路，受乙酰胆碱的过度刺激而引起过度兴奋。急性中毒的临床症状包括毒蕈碱症状（如呕吐，腹泻，流涎，支气管收缩，支气管分泌物增加）、烟碱样症状（肌肉震颤和抽搐）和中枢神经系统症状（行为改变，癫痫发作）。

亚急性型：主要表现为全身肌无力，是由于在神经肌肉连接处的烟碱受体积聚大量乙酰胆碱，加速了去极化的过程。猫更倾向于发生亚急性型的中毒，主要是由氯蜱硫磷引起。中毒猫并没有明显的急性毒性的症状，在发病后几日通常不出现四肢轻瘫和颈部向腹侧趋曲，而瞳孔放大则较普遍。根据发病史和典型的临床症状进行诊断。可根据血液中的胆碱酯酶活性降低作出诊断。在急性和亚急性中毒病例中，肌内注射阿托品（0.2 mg/kg）用于治疗由于支气管分泌物增多和支气管狭窄引起的呼吸困难。阿托品不会缓解震颤和肌无力，需要配合肌内或皮下注射氯解磷定（20 mg/kg，每日2次）进行治疗。肌内注射或口服苯海拉明（4 mg/kg，每日2次）用于缓解肌无力。治疗需要持续数周。

慢性型：与外周和中枢神经系统远端轴突变性相关。这与乙酰胆碱酯酶抑制无关，出现于某些有机磷酸酯中毒。发病后症状持续数周，主要表现为肌无力和四肢共济失调。有些马属动物出现喉麻痹，尚无具体的治疗方法。

（四）蜱麻痹

进行性瘫痪可能是由几种蜱引起。某些雌蜱产生唾液毒素干扰神经肌肉接头处乙酰胆碱的释放。在北美地区，变异革蜱和安氏革蜱可能会感染犬、绵羊和牛。在澳大利亚，硬蜱导致犬、猫和绵羊发生特别严重的蜱瘫痪。在非洲，主要引起瘫痪的蜱是全环硬蜱，易感动物有牛、绵羊、山羊，犬不易感。很多种类的蜱影响欧洲和亚洲的动物。

临床症状包括后肢轻瘫，24～72 h后发展为四肢轻瘫，脊髓反射抑制。感官知觉和意识仍然正常。严重时可出现吞咽障碍、面瘫、咀嚼肌无力和呼吸瘫。治疗包括去除蜱，局部应用杀螨剂杀死任何隐藏的蜱。除全环硬蜱引起的瘫痪外，预后良好，在发病后1～2 d内恢复。超免疫血清可用于治疗全环硬蜱瘫痪，尽管治疗，但预后很可能发生呼吸麻痹而死亡。

七、创伤

外周神经损伤对动物机体所产生的直接影响包括不同程度的机能紊乱，其程度取决于所受损伤的严重情况。损伤程度最轻时表现神经失用症，此时神经出现引起暂时性机能紊乱和轻微形态学变化。轴突断伤是与周围神经连接组织损坏，无关的轴突传播中断。神经断伤是最严重的神经损伤，此时神经发生完全断裂。发生轴突断伤和神经断伤后会出现受损部位和接近受伤部位的神经轴突末梢发生退化的现象。

外周神经损伤的诊断是基于病史及临床上受伤的神经支配的运动、感觉功能出现异常所表现的症状来进行。肌电图描记法有助于确定神经受损后5～10 d去神经支配的肌肉。神经传导能力检查也有助于该病的诊断。

该病预后慎重。神经失用症往往在3周内即能完全恢复。在发生轴突受损后（轴突中断、神经断伤），受损神经需完成从受损位点到其所支配部位的再生才能恢复功能。神经末梢的再生速度为每日1～3 mm。若轴突断裂程度严重或所形成的疤痕组织阻碍轴突生长，则损伤将不可能恢复。虽然推荐多种消炎药用于创伤性神经损伤治疗，但效用较小。在发生神经被明显切断时，应马上进行外科手术接合。当神经所受损伤为钝伤时，进行外科探查并切除疤痕组织将有利于恢复。马的肩胛骨神经纤维素性收缩常常能通过外科手术治愈。日常管理包括进行一些能减缓肌萎缩的物理疗法，并减少动物的活动。绷带和夹板有利于保护受影响的四肢。

（一）臂神经撕裂

犬类、猫科类和鸟类发生第6至第2胸椎神经根创伤性损伤时，会出现臂神经撕裂。在动物四肢发生过度的前伸或外展时，其相应四肢神经根会从脊髓上被撕裂脱离。该病所表现的症状与所涉及的神经根断裂程度有关。完全断裂将导致前肢麻痹，肘以下前肢感觉缺失，同侧颈交感神经麻痹综合征和同侧皮肤躯干（膜）反射消失。受损的前肢仅能承载动物部分体重，甚至不能承重，常呈脚掌背面拖地行走。若只是近头端神经根发生撕裂，则脚掌腹面感觉尚存。若近尾端的神经根发生撕裂，则会导致相应近尾侧皮肤感觉丧失，近头侧皮肤也会有不同程度的感觉丧失。

该病尚无理想的治疗方法，对于神经根完全断裂的病例往往预后不良。在因病程拖延或自行损坏造成损伤扩大时，可能需要进行截肢。在一些轻度病例，神经根仅仅发生轻微挫伤而没撕裂时，病畜可能恢复。

（二）外周神经损伤

该损伤为动物最常见的神经性损伤。坐骨神经或其丛在以下情况下会发生受损：骨盆骨折，放置于股骨髓内的钉发生逆行，在神经内或周围注射了刺激性物质。接近坐骨神经方向的损伤能引起后膝关节不能收缩性单肢轻瘫；踝关节和脚趾不能屈伸，动物身体重量由脚背支撑，导致踝关节过度收缩；除股神经旁支支配的中间部分外，后膝关节以下将失去感觉。

胫骨神经损伤将导致踝关节不能伸展或脚趾不能收缩，并使足底皮肤敏感度降低。

腓骨神经受损将导致踝关节不能收缩或脚趾不能伸展，并减少脚背部、踝关节处、后膝关节处皮肤的敏感性。

犊牛及马驹难产时，由于过度牵引或其他因素会造成股骨神经损伤。导致后膝关节不能伸展，从而引起动物后肢不能支持身体重量。伸膝反射减弱或消失。相应后肢中间部位皮肤感觉消失（隐静脉神经）。

大动物的肩胛骨神经易在肩部创伤后发生损伤，将导致冈上肌和冈下肌萎缩，引起肩关节松弛（见马肩肌萎缩）。在马属动物中，肩胛骨神经将被来源于棘突上小窝的连接组织截留。

（三）产犊瘫痪

产犊瘫痪见于怀过大胎儿的母牛。起初认为该瘫痪是由双侧闭孔神经受压迫引起，但现在认为闭孔神经及坐骨神经有关的第6腰椎神经根受损可能是致使该病发生的主要原因。继发于血管、神经压迫的肌肉缺血性坏死和母牛挣扎站立造成的肌肉撕裂也可造成后肢轻瘫。此外，代谢性神经紊乱（如低血钙症）能加重该病（见牛继发性卧地不起）。

（四）面部神经创伤

该病最常见于长时间侧卧压迫一侧面部的大动物。例如，马全身麻痹时缰绳的压迫。包括患侧唇麻痹、口鼻歪斜到对侧、眼睑反射减弱以及神经的近体侧损伤导致的耳下垂。

图10-6 马面部神经创伤
（由Sameeh M. Abutarbush博士提供）

八、血管疾病

缺血性神经肌病

缺血性神经肌病常继发于心肌疾病和患动脉血栓的猫。也见于犬各种相关疾病，包括肾上腺皮质机能亢进、甲状腺功能减退、肾脏疾病、癌症和心脏疾病。栓塞最常发生在主动脉远端三叉部，可导致后肢肌肉和神经缺血。如急性、疼痛性轻瘫，无法弯曲或延伸至飞节。屈肌反射消失，在某些情况下膝跳反射也消失。飞节远端感觉迟钝。腓肠肌和胫骨颅肌硬化以及疼痛。指甲发绀、股动脉搏动微弱或消失。

根据临床症状通常可以作出诊断。血清CK往往升高。可使用多普勒超声评价动脉远端血管和股动脉流量。病理变化见于大腿中下部，其特点是中心肌肉坏死以及坐骨神经及其分支中央部位变性。对于该病

的治疗，包括相关疾病（如心肌炎）的诊断和治疗以及抗凝血剂或抗血小板聚集的药物的使用。2～3周可改善神经功能，完全恢复需要6个月。有可能发生完全的神经功能缺失。因为潜在患有心脏疾病和血栓栓塞，复发风险高，故需要长期的预后护理。

第五节　脊柱与脊髓疾病

脊柱与脊髓疾病主要包括先天性疾病、退行性疾病、炎症和感染性疾病、肿瘤、营养性疾病、创伤、中毒性疾病及血管疾病。上述许多疾病在其他章节已经进行了全面讨论，这里只简要介绍。"先天性与遗传性缺陷"已对先天性脊柱与脊髓疾病进行了讨论。

一、退行性疾病

（一）颈椎脊髓病

颈椎脊髓病又称颈椎畸形-连接不良-摇摆综合征，是由于颈椎发育异常压迫脊髓所致。可能与遗传因素和营养因素有关。中年杜宾犬和年轻的丹麦猛犬最常发病，但是，其他许多大型犬也可罹患该病。具体的病理变化不同，可能包括椎管狭窄、关节面变形、椎间盘突出、滑膜囊肿和椎体不稳。第5至第6颈椎和第6至第7颈椎以及椎间盘是最常见患病部位。临床症状可以是急性或缓慢渐进的。轻症病例的特点是轻微的四肢共济失调，常常表现明显且时间较长，后肢步幅较大、前肢步幅较小。在严重的情况下，则轻瘫或四肢瘫痪，颈部疼痛。

鉴别诊断包括先天畸形、外伤、脊髓脊膜炎、椎间盘脊柱炎和肿瘤。确诊基于对脊髓造影、CT或MRI成像。非手术治疗包括限制运动及使用消炎药物。手术治疗对动物的神经组织有重大损伤。特殊治疗技术基于成像的显著变化，包括腹槽椎间盘切除术、背椎板切除、受影响椎骨的分离和融合。总体而言，约75%的病畜术后恢复良好。

脊髓性颈椎病是马最常见的脊髓非感染性疾病，可发生于许多品种。虽然可以影响任何年龄的马，但目前记录大多数发病马匹年龄不到3岁。常发生于颈中部，并伴有脊髓共济失调和四肢轻瘫。可根据成像排除其他病因进行诊断。平面成像显示非正常的关节面和脊髓腔狭窄。脊髓造影是确诊该病的主要方法和手术计划的必要条件。非手术治疗包括NSAID与二甲亚砜，可减轻炎症反应。对1岁的患马，合理膳食有助于改善病情。外科疗法最常见的是腹侧受影响椎骨的融合。约80%的患马可通过手术治疗。畜主或骑手出于安全性考虑，主要关心的是马预后是否共济失调。

（二）退行性腰椎骨狭窄

腰椎管和椎间孔狭窄可以造成马尾或神经压迫。最常发生于大型犬，尤其是德国牧羊犬，很少发生于猫。这种结果源于L7～S1椎间盘退化和突出，黄韧带肥厚，或很少见于腰骶关节半脱位。虽然德国牧羊犬有先天性过渡椎骨，使得患病风险增加，但是病因不明。通常在3～7岁的年龄出现典型的临床症状，包括后肢运动困难、后肢跛行、尾巴无力和排粪、排尿失禁。触诊时疼痛或延长腰骶关节的疼痛是最一致的症状。有可能是本体感觉缺损、肌肉萎缩、后肢屈肌反射减弱。平面成像显示退行性病变，但确诊需要MRI、CT或硬膜外腔造影。轻度疼痛患犬，休息4～6周后，疼痛缓解。药物治疗无显著疗效或有神经系统缺陷时可通过手术治疗。最常用的技术是背椎板部分椎间盘切除术，颈椎椎间孔切开术或固定。预后良好，但是尿失禁可能无法解决。

（三）犬退行性脊髓病

犬退行性脊髓病也称为慢性退行性神经根脊髓病变，是一种缓慢渐进的、非炎症性的轴突和髓鞘退化病，主要导致脊髓白质退化。该病常见于德国牧羊犬、彭布罗克威尔士柯基犬、拳师犬、罗德西亚脊背犬和切萨皮克湾猎犬，但偶尔也会在其他品种中发现。其原因是超氧化物歧化酶-1基因的突变，继承了不完全外显子常染色体隐性遗传模式。这是家族性及萎缩性脊髓侧索硬化症，与人类患有该病者相似。病理学上，表现非炎症性退行性病变，在胸部的脊髓白质轴突最为严重。

患犬通常8岁左右，没有疼痛，并出现共济失调和后肢无力。脊反射通常正常或增强，随病情发展，会出现弛缓的四肢软弱和下行运动神经元反射减弱。早期病例可能会与骨科疾病相混淆；然而，本体感受减弱是退行性脊髓病变的早期特征，而不会发生在骨科疾病。

脊髓造影或磁共振成像和脑脊液分析对于该病的诊断是必不可少的，以排除压迫性和炎症性疾病。基因检测可用于辅助诊断。应改进育种策略，以降低该病的发病率。目前无具体的治疗方法。大多数犬在1～3岁因被诊断为残疾而被安乐死。

（四）马变性脑脊髓病

马和斑马的进行性神经症的特点是：脊髓与脑干中的轴突、髓鞘和神经元表现弥漫性变性。据报道，在澳大利亚和英国的许多品种马中均有该病的存在。其病因尚不完全清楚，但维生素E缺乏和遗传因素可能与该病的发生有关。通常在1岁时临床症状变得明显，伴有共济失调和四肢无力，后肢受到影响更严重。临床症状可能稳定或发展缓慢。脊髓造影和脑脊液分析均正常。补充维生素E在某些情况下可以起到预防作用，补充维生素E后可能会改善患马病情。

（五）椎间盘疾病

椎间盘疾病为最常见的神经疾病之一。病因是椎间盘组织凸入脊髓腔，压迫脊髓和/或脊神经根。可见于各种犬。猫和马椎间盘疾病临床症状较罕见。软骨营养不良犬（如腊肠犬、比格犬、西施犬、拉萨犬和北京犬）最易患该病。这些品种的犬，最初几个月龄软骨易发生变性。椎间盘挤压发生在1～2岁，临床症状通常为急性发作。与此相反，椎间盘纤维变性通常发生在较大体型品种5岁以上犬，可引起缓慢渐进性临床症状。

椎间盘突出最常见的部位是颈椎和胸腰椎。颈椎间盘挤压的主要表现是颈部疼痛，表现为颈部僵硬和肌肉痉挛。有可能是前肢跛行或神经功能缺损，从轻微的四肢轻瘫到四肢瘫痪。胸腰椎盘挤压的病例有可能腰痛，明显后凸不愿移动。较之以颈椎间盘疾病，并从下肢共济失调、截瘫到排粪、排尿失禁来说，神经系统的神经功能缺损通常更加严重。截瘫动物，最重要的预后就是寻找在尾部病变深部是否有疼痛的感知。通过按捏脚趾和尾部检测是否有行为反应，例如患犬尖叫或转头。反射屈肢不能被误认为是行为反应。

X线照相、脊髓造影、核磁共振成像（MRI）或CT等影像学检查是确诊椎间盘突出的主要可靠方法。有疼痛和轻至中度神经功能缺损的犬，休息2～3周后可恢复。强的松（每日0.5 mg/kg，共3 d）的短期治疗往往有助于缓解疼痛。使用消炎或镇痛药后不回笼休息是不当的。因为犬活动增加，可能会导致脊髓压迫症进一步挤压和恶化。30%～40%有临床症状的病例在保守治疗后复发。

多数动物伴随严重的神经衰弱，甲基强的松龙在损伤8 h内注射可以改善重度脊椎损伤，但是否利大于弊尚不清楚。然而，药物治疗不能替代外科治疗，外科治疗对一些患实质性神经衰弱的动物，可以迅速地使脊髓减压。外科治疗的适应证是针对保守治疗无效和复发。该病预后适于犬外科治疗后伴有完整的深部痛知觉。如果对于深部痛知觉丧失的动物，在24 h内实施外科手术治疗，恢复率达50%。如果延迟到48 h后治疗，深部痛知觉会进一步加重，常预后不良。5%～10%犬发生进行性脊髓软化，并伴随截瘫和失去痛感。患犬常发生四肢瘫痪和呼吸麻痹。

（六）马运动神经元病

以马的脑干和脊髓中运动神经元连续性、非炎性退化为特征。病例主要集中在美国东北部，但在北美、南美、欧洲和日本的一些区域也报道过。该病

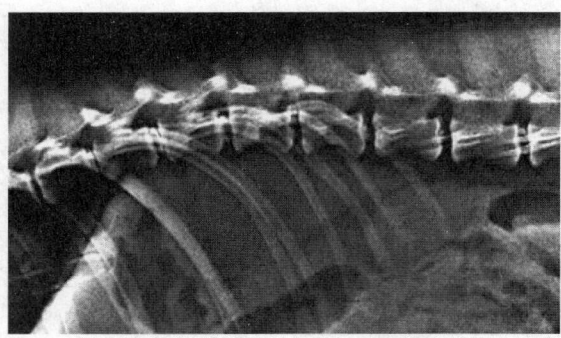

图10-7 犬腰椎间盘病侧面X线片
（由Ronald Green博士提供）

因尚不明确，维生素E缺乏是最致命因素。尽管只有夸特马受影响最严重，但是不同年龄和品种的成年马也受影响。患马典型的表现为不吃牧草、只吃干草。

临床表现包括全身对称性体弱、发抖和肌肉萎缩等。患马经常头朝下、直立不动、频繁交换承重肢蹄。与大多数脊髓病相比，共济失调不是该病的主要特征。很多患马表现为视网膜异常，包括明显的网状色素图案和高度反射性区域。可通过肌电图和脊髓副神经或尾部肌肉神经背侧支的活组织检查进行诊断。该病无特异的治疗方法，但是发病2～3月多数患马症状部分改善。对于长期没有饲喂绿色高维生素E牧草的马，应补充维生素E。

（七）运动神经元变性

运动神经元变性为遗传性偶发病。已经有报道在下列动物出现：布列塔尼猎犬、波音达猎犬、德国牧羊犬、杜宾犬、罗特威尔犬、猫，海福特牛、瑞士褐牛和红丹麦牛，约克夏猪，山羊等。

（八）代谢贮存障碍

该病较少发生，通常具有遗传性，能影响CNS，包括脊髓（另见先天性和遗传性神经系统异常）。

（九）变形性脊椎病

该病为非炎性退化性病，以脊椎体腹侧和横向面产生骨刺为主要特征。在晚期阶段，骨刺可以嫁接在脊椎间。在犬、猫、牛都有发生，并且随年龄的增大发病率增加。病因是环形纤维外部纤维分解和纵韧带拉伸。脊椎纵韧带附件持续增加压力而刺激骨刺的产生。极少病例引起脊椎感觉过敏，对于这种病例可应用镇痛剂治疗。

二、炎性与传染性疾病

脊柱、脊髓的炎症和传染性疾病包括细菌、立克次体、病毒、真菌、原生动物和寄生虫的感染，以及自发性的炎性疾病。这些疾病中，多种疾病也能感染大脑（见脑膜炎、脑炎和脊髓炎）。下面将讨论的是有关脊柱与脊髓为显著特点的、更加常见的炎症和传染性疾病。

（一）细菌病

椎间盘脊椎炎是椎间盘和相邻椎体的炎症。椎体骨髓炎是无并发感染的椎骨的炎症。这两种疾病都是细菌或真菌由血液感染而引起的。在一些感染中免疫抑制可能发挥重要作用。椎间盘炎在犬中最常见，尤其在较大体型的犬中。犬腰椎骨髓炎继发于骨刺的迁移。对于猫则罕有发生，通常是由于相邻伤口感染的蔓延。马、反刍动物、猪，尤其是新生仔猪的椎间盘炎和椎体骨髓炎也有报道。感染可见于任何椎间，同时可见多发性的病变。在犬的椎间盘炎中，最常分离出的是葡萄球菌。其他微生物包括，犬布鲁氏菌、链球菌、大肠埃希菌、变形杆菌、类白喉棒状杆菌、诺卡氏菌和曲霉菌。共同的临床症状是脊柱疼痛。诸如发热，精神沉郁和体重减轻等全身症状很少出现。由于增生性组织或偶尔因感染蔓延到脊髓或病理性断裂引起的脊髓压迫，而导致神经缺陷。

早期X线检查可见相邻椎体终板破坏和椎间破坏。也会形成不同程度的骨赘。血液和尿液培养通常可以发现病原体。感染犬应检测布鲁氏菌。

在通常情况下，用适当的抗生素治疗5 d后临床症状会消退，治疗应持续至少8周。如果细菌培养显示阴性，利用第一代头孢菌素对假定葡萄球菌是很好的选择。

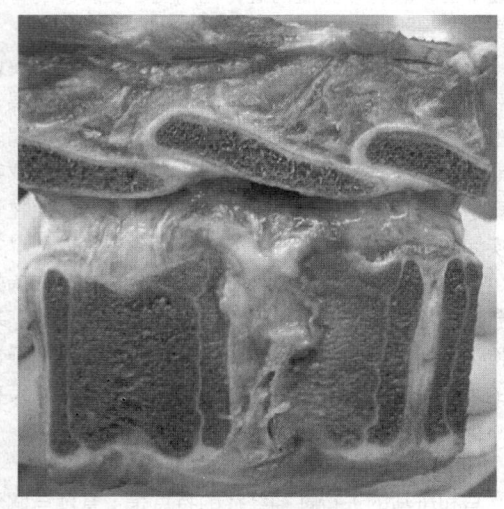

图10-8 脊椎体脓肿
（由Sameeh M. Abutarbush博士提供）

（二）立克次体病

神经系统异常（包括脊髓功能障碍）有时可见于犬立克次体感染。患有落基山斑疹热的犬通常会表现血小板减少、白细胞增多、中性粒细胞增多、脑脊液蛋白质轻度增加。血清抗体浓度增加4倍是确诊该病的基础。患有埃利希体病的犬通常表现出血小板减少、贫血、白细胞减少、高球蛋白血症、单核细胞增多、脑脊液蛋白质明显增加。单因子血清抗体滴度检测通常能确诊犬埃利希体病。连续使用14~21d强力霉素或氯霉素，可治疗立克次体性脊髓炎。在治疗期间神经缺陷偶尔会有加重，发病早期及时治疗利于预后。

（三）病毒病

由副黏病毒引起的犬瘟热脑脊髓炎仍然是世界范围内犬最常见的CNS疾病。神经功能缺陷的发病过程可能是急性的或慢性的，可反映病变在CNS的位置。成年犬最常见的感染区域是脑干与脊髓。神经系统症状通常不会在幼犬全身性疾病出现之前出现，也不会与全身性疾病同时出现。

死前确诊很困难。眼底镜检查可确定脉络膜视网膜炎为活性或静止性。在脑脊液检查中，最为常见的是蛋白质增加和淋巴细胞增多。尿液或脑脊液反转录PCR有助于诊断。尚无特效药物治疗该病，严重感染的犬往往预后不良。疫苗接种对于预防全身性犬瘟热通常有效，但先前接种疫苗的犬可以经由神经系统感染。

1. 山羊关节炎和脑脊髓炎　由一种慢病毒引起，这种慢病毒也能引起肺炎和关节炎。尽管年龄大的动物也能感染，但2~4月龄山羊的CNS疾病最为常见。轻微不对称的痉挛性截瘫急性发作，可发展为反射过度的四肢麻痹。有超过50%的病例出现单核细胞增多和脑脊液中蛋白质增多。血清学试验有助于检测感染，但会出现假阴性结果。在组织结构上，伴有脱髓鞘和坏疽的严重非化脓性炎症在脊髓白质最为突出。对于该病尚无理想的治疗方法，患羊不能痊愈。相关的慢病毒很少引起绵羊慢性脑脊髓炎（见梅迪—维纳斯病、羊慢性进行性肺炎）。通常感染的均为2岁以上的绵羊，表现为隐性的渐进性共济失调、截瘫或四肢轻瘫。

2. 马传染性贫血（简称马传贫）　偶尔可引起马的脑脊髓炎。包括共济失调和后肢无力的神经功能缺陷，对脊髓疾病诊断有参考价值。脑脊液中的蛋白质含量和淋巴细胞数目往往增加。琼脂凝胶免疫扩散试验阳性，可作出诊断。无治疗方法，感染马通常进行安乐死，以防疾病蔓延。

3. 马疱疹病毒-1（EHV-1）型脊髓病　是一种影响世界各地马匹的神经紊乱性疾病。马疱疹病毒-1型病毒影响血管内皮细胞（特别是中枢神经系统的），引起伴有继发性梗死的免疫性血管炎，也引起大脑和脊髓出血。马疱疹病毒-1型病毒也与羊驼和马驼脑膜脑炎有关。对于马，神经症状可视为原发病或伴发于马鼻肺炎或流产。任何年龄的马都可感染。

神经功能缺陷发病突然，不同于从轻微的后肢共济失调到截瘫的发病形式，通常24h以后病情不再发展。会阴部、尾部常见尿淋沥、粪潴留和感觉缺失。通常脑脊液变黄，蛋白质含量增加，细胞数量正常。根据临床检查、配对血清样本中抗体浓度增加、鼻或咽部分泌物中的病毒分离或PCR检测，可作出诊断。无特异性的治疗方法，但像二甲亚砜、地塞米松和NSAID可能有效。辅助疗法对于预防尿潴留、膀胱炎和褥疮等并发症是很重要的。轻微感染的动物往往因辅助疗法而康复。即使躺卧的马也能在细致的护理下恢复。疫苗并不能预防本病的神经症状。

4. 猫科动物传染性腹膜炎　是由于家猫免疫介导对冠状病毒反应引起的一种疾病。通常涉及CNS。在神经干、脉络丛、室管膜、软脑膜发生化脓性肉芽肿。脊髓受损的临床症状包括脊髓感觉过敏和截瘫或四肢轻瘫。高球蛋白血症，常见涉及其他组织，尤其是眼。目前应用的血清抗体检测不敏感、特异性不强。在脑脊液分析中最常见的是脑脊液细胞（中性粒细胞和单核细胞）异常增多，并伴有蛋白质含量增加。对该病尚无有效的治疗方法，常预后不良。

5. 猫科动物白血病病毒性脊髓病　在一些感染猫白血病病毒（见猫白血病病毒）超过2岁的猫体内可以检测到。共济失调和四肢无力的进行性瘫痪会在1岁内发生，其他症状包括弥漫性脊椎疼痛和行为异常。根据临床特征、猫白血病毒血清学检查，以及排除其他疾病（如脊柱淋巴瘤、弓形虫脑炎或真菌感染）等可确诊。尚无治疗方法。最终患猫瘫痪而不得不采取安乐死。病理变化为白质变性、轴突肿胀、脊髓和脑干髓鞘扩张。猫白血病毒的抗原存在于神经系统，表明损伤是由病毒感染引起的。

6. 猪肠病毒脑脊髓炎　也称为猪脊髓灰质炎、塔尔法病和猪脑脊髓灰质炎，由嗜神经猪肠病毒引起，先前归类为肠道病毒。这是一种最急性或亚急性的疾病，发病表现为后肢共济失调与局部麻痹，并伴有反射减弱、精神沉郁、癫痫和死亡。成年猪往往可以存活，幼年猪死亡率高。

7. 猪血凝性脑脊髓炎　是一种冠状病毒引起的以呕吐和消瘦为特征的脑脊髓炎。在不到3周龄的仔猪中最常见，这些综合症状中有些会重复出现。在持续呕吐数日后出现CNS症状，继而出现过敏、肌肉震颤、共济失调、麻痹、角弓反张、昏迷，甚至死亡。病理学变化主要涉及灰质，为弥漫性脑脊髓炎。根据尸体剖检与配对血清抗体滴度增加可确诊本病。尚无有效的治疗方法。

8. 狂犬病 由一种嗜神经病毒引起，经外周神经到达CNS。在所有家养哺乳动物中，都可引发多灶性非化脓性脑脊髓灰质炎。涉及脊髓的症状包括共济失调和进行性麻痹，通常伴有反射缺失。患病动物的典型表现是在患病的2~7 d内神经症状逐渐发展，最终死亡，但并不是所有的患病动物都是如此。

（四）真菌病

新型隐球菌是侵入动物CNS最常见的真菌。犬与猫是最易感染动物，偶发于马。其他真菌也有可能侵入CNS，包括皮炎芽生菌、荚膜组织胞浆菌、粗球孢子菌、曲霉菌与暗色丝孢霉病。被感染动物其他器官也经常会受到感染，比如肺、眼、皮肤或骨组织。脊髓感染的症状包括麻痹或瘫痪、脊髓感觉过敏。根据血清学、细菌培养或检测脑脊液和神经外组织中的微生物可确诊本病。氟康唑通常是治疗隐球菌病、球孢子菌病的有效药物。伊曲康唑或两性霉素B被认为是治疗组织胞浆菌病、芽生菌病的有效药，但预后不良（见真菌感染）。

（五）原虫病

1. 马原虫脑脊髓炎 是马的一种常见病，可致非化脓性、坏死性脑膜炎。马可能是致病微生物的异常宿主，通常是微孢子虫，但不常见，其他原虫也可导致该病。神经系统的症状是极其多变的，而且经常是不对称的，可能反应在中枢神经系统的任何区域。常见症状是共济失调和麻痹性痴呆。其他潜在特征包括跛行、局灶性肌萎缩与神经功能障碍。约75%受感染马可通过治疗得以改善，但是，也有可能造成永久性神经功能障碍，该病的复发也较为常见。

2. 新孢子虫病 是由犬新孢子虫引起的一种原虫病，可引起中毒性脑脊髓炎，犬最常见。幼年犬感染经常会造成渐进性肌肉萎缩，伴随一侧或双侧后肢收缩僵硬。其他器官包括肌肉、肝和肺也会被感染。根据免疫组织化学或PCR检测机体中抗体，可确诊该病。克林霉素、磺胺嘧啶和乙胺嘧啶对该病的早期治疗有效，但预后不良。

3. 弓形虫病 是由弓形虫引起的，可导致幼犬、小猫和仔猪的脑脊髓炎。根据检测组织微生物或在配对血清中IgG抗体增加4倍以上，即可确诊该病。患猫血清和脑脊液IgM抗体浓度升高也是诊断的依据。推荐使用克林霉素、磺胺嘧啶和乙胺嘧啶进行治疗。

（六）寄生虫病

蠕虫性脊髓炎 是由寄生虫迁移引起的脊髓炎。其病原体包括绵羊、山羊和马驼中的细弱拟马鹿圆线虫；牛中的牛皮蝇；马中的普通圆形线虫、广东住血

线虫和腹腔丝虫；猪中的有齿冠尾线虫；猫中的黄蝇和犬中的贝氏蛔虫。脊髓感染的症状通常都是急性的，往往是不对称发生，并且可能是渐进性的。生前诊断比较困难。脑脊液中嗜酸性粒细胞增多是该病的诊断依据，但脑脊液检查是多变的。可采用芬苯达唑、噻苯咪唑或伊维菌素进行治疗，但预后须谨慎（见蠕虫与节肢动物引起的中枢神经系统疾病）。

（七）特发性炎性疾病

1. 猫非化脓性脑脊膜脑脊髓炎（猫脑脊髓灰质炎） 是家猫的一种缓慢的、渐进性的中枢神经系统炎症性疾病。在北美、欧洲和澳大利亚都有报道。致病原因仍不明确，但有人怀疑是传染性病原体，可能是病毒。该病导致神经元变性和脱髓鞘、轴突损失、单核神经炎，在脊髓胸段最严重。临床过程是持续1~2个月进行性瘫痪，常伴随着局灶性过敏、头部震颤和行为改变。生前诊断较困难，无有效的治疗方法，且预后不良。

2. 肉芽肿性脑膜炎（GME） 是犬的一种世界范围内CNS炎性疾病。致病原因尚不明确，虽有猜测是一种传染性病原体，但最有可能是病毒。在传播形式上，表现为炎性细胞增多，血管周围有单核细胞和中性粒细胞浸润。在局灶性形式中，表现为肿瘤细胞增多，肉芽肿性病变主要包含网状组织细胞。任何品种的成年犬都会被感染，但雌性、小型品种的犬，尤其是幼年犬，更容易被感染。

临床症状多变，可能表现局灶或多灶性脑或脊髓功能障碍。颈部疼痛及四肢软弱是脊髓病变最常见的特征。症状往往是急性的，但肉芽肿性脑膜炎病灶可以引起神经功能障碍，这一过程非常缓慢，可持续数月。通常脑脊液中蛋白质和细胞增多，而且单核细胞或中性粒细胞占优。MRI和CT常显示单个或多个阴影。可根据临床表现、影像学、脑脊液分析以及排除其他可能性疾病，作出初步诊断。犬经常用免疫剂量的糖皮质激素和其他免疫调节药物，如阿糖胞苷、环孢霉素和甲基苄肼进行治疗，但也有可能复发，许多病例最终难以治愈。

三、肿瘤

另见神经系统的肿瘤。

犬的肿瘤通常影响脊髓，包括骨肉瘤、纤维肉瘤、脑膜瘤、神经鞘瘤和转移性肿瘤。青年犬（5~36月龄）可见类似于肾胚细胞肿瘤，德国牧羊犬最常患病，肿瘤始终位于第10胸椎和第2腰椎之间的硬脑膜中，导致患犬进行性后肢瘫痪。脊髓瘤诊断依据X线检查、脊髓造影术、CT或MRI，以及手术活检。一些病例可以手术切除肿瘤，但一般情况下常预后不良。

在猫，淋巴瘤是最常发生的肿瘤，常影响脊髓。任何年龄的成年猫均可患病。症状开始呈急性或慢性进行性经过，常表现局部疼痛，脊髓受损。大约有85%受感染的猫检测结果为阳性，含有猫白血病病毒及许多白血病骨髓。脊髓造影、CT或MRI显示硬膜外压迫。治疗包括联合化疗，例如使用强的松、长春新碱和环磷酰胺。某些病例可以缓解，但病程拖延则预后不良。

牛淋巴肉瘤可发生在任何层次的硬膜外腔，引起脊髓压迫。通常情况下，出现急性后肢瘫痪或斜卧。通常，牛白血病还有其他证据。根据组织病理学检查，可确诊本病。

肿瘤很少引起马、猪、绵羊和山羊的脊髓疾病。

四、营养性疾病

（一）铜缺乏

铜缺乏可致绵羊、山羊和猪CNS疾病，羔羊先天性驼背，其特征是大脑变性与坏死。后天性铜缺乏可致绵羔羊、山羔羊和仔猪地方性共济失调。动物出生时正常，但在出生后最初数月，出现进行性后肢瘫痪，并伴随反射减弱和肌肉萎缩。患病羔羊的其他症状包括腹泻、生长发育不良、皮毛异常。组织学变化包括染色质溶解、神经元缺失和轴突变性，主要是脊髓和脑干尾部方面的病变。补充铜后症状得到改善，但是永久性神经缺损可能会严重影响动物。

（二）维生素A过多症

给猫饲喂过量的维生素A（通常是饲喂大量肝脏组织）可发展为广泛的外生性骨疣，最明显的是在颈椎和胸椎。临床症状有颈部疼痛和僵化及前肢跛行。X线照片上可见椎体病变明显。减少日粮中维生素A，可以防止进一步的外生骨疣，但不会明显减少已经存在的病灶。

（三）硫胺素缺乏症

该病最常见于猫，但在犬也有报道。诱发该病的原因有：配制不适当的商品性日粮、素食日粮，用二氧化硫保护食物（破坏硫胺素），生鱼饲料（含有硫胺素酶）。患猫出现典型的以脑前庭症状为主的脑功能障碍，头部震颤、共济失调、精神沉郁、头部强行扭转、抽搐和死亡。患犬的临床症状为厌食、精神沉郁、后肢瘫痪、抽搐、昏迷和死亡。病理变化为脑脊髓灰质软化，最明显的是中脑。根据临床症状、采食史和硫胺素给药反应（每日给猫肌内注射盐酸硫胺素10～20 mg，给犬肌内注射25～50 mg），可作出诊断。

五、创伤

常见的急性脊髓损伤，通常和脊髓骨折或脱臼有关。犬和猫最常见的原因是交通事故、咬伤、枪伤。马最常见的原因是跌倒。牛从配种时开始容易受伤。病理性骨折常见于牛、绵羊和猪，同时伴随营养不良或脊椎骨髓炎。

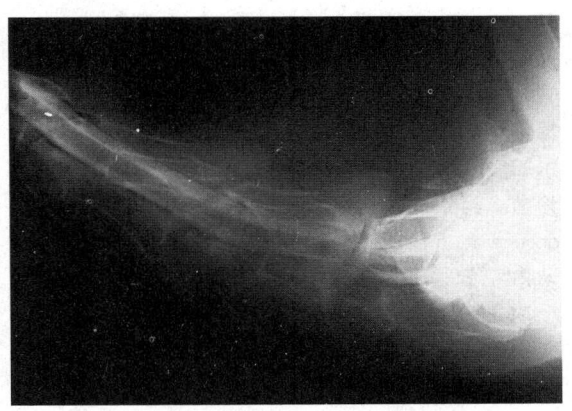

图10-9 马脊髓造影X线片，示C6（颈椎）和
C7之间脊髓受压迫
（由Sameeh M.Abutarbush博士提供）

脊髓损伤不仅主要由机械性损伤引起，还可由继发性病理变化所致，包括水肿、出血、脱髓鞘病变和坏死。这些继发性变化是由于生化因素导致的，包括自由基的释放、白三烯和前列腺素的释放，均可以对神经组织进一步损伤，危害脊髓血液流动。

脊髓损伤是典型的急性型，可能发展不稳定的骨折或脱臼。严重的腰部脊髓损伤伴随伸肌和四肢的配合加强，可能导致截瘫（希夫—谢林顿现象）。X线检查通常表明椎骨骨折和脱臼。如果在受伤的头几个小时内，出现严重神经功能缺失，建议静脉注射甲基强的松龙30 mg/kg，其后每6 h静脉注射15 mg/kg，总共24 h的疗程。地塞米松治疗效果不明显，而且同时有增加胃肠道溃疡和胰腺炎的风险。NSAID对于急性脊髓炎疗效轻微，尤其是配合使用皮质类固醇，增加了并发症的风险。建议对马急性损伤性脊髓炎使用二甲基亚砜（每日0.5～1.0 g/kg，配成10%～20%溶液，缓慢静脉注射3 d）治疗。对轻度神经缺失的动物，建议笼养或圈养4～6周，即可康复。对躺卧的马和牛，其预后要谨慎。对于近尾部病变失去痛知觉的动物，其神经功能常恢复不良。

六、中毒性疾病

（一）砷中毒

猪采食含有过量有机胂化合物（通常砷作为饲料添加剂可促进生长和控制猪痢疾）的饲料后，会出现中毒症状。3-硝基-4-羟基苯胂酸中毒，可使脊髓神经、视神经和外周神经变性。临床症状为震颤和后肢瘫痪。中度中毒的动物停止饲喂致毒饲料后，即可自行康复（见砷中毒）。

（二）迟发型有机磷中毒

口服或外用有机磷酸盐（包括杀虫剂或驱虫药和皮虫磷）均可出现中毒现象。除急性症状外，接触后1~4周内发生延迟性麻痹。因为萨福克羊血浆芳基酯酶活性较低，所以它们对这种神经毒性具有易染性。中毒动物呈进行性、对称性后肢瘫痪和偶尔四肢瘫痪。根据临床症状和毒物接触史，可作出诊断。组织病理学检查，可见华氏变性（Wallerian degeneration），最明显的是脊髓和脑干。严重感染的动物常预后不良（见有机磷酸盐）。

（三）高粱中毒

高粱属（如高粱、苏丹草和约翰逊草）均可引起马脊髓变性，偶尔发生在牛和绵羊。发病机制可能和这些草中含有高含量的氢氰酸有关。可出现共济失调和四肢、骨盆无力及粪尿失禁等症状。尿潴留经常会导致膀胱炎和血尿。根据临床症状和接触史，可作出诊断。虽然症状可能会持久出现，但停止饲喂高粱后症状会有所改善（见高粱中毒）。

（四）破伤风梭菌

由破伤风梭菌分泌的毒素可引起破伤风。各种动物的敏感性明显不同；猫和犬比马有一定的抵抗力。通常感染后5~10 d内出现临床症状。包括局部或普遍的肌肉僵硬和伸肌僵化、吞咽困难、第三眼睑突出、咀嚼肌（锁颌）和面部肌肉紧缩。严重时，动物可能会伏卧并伴随角弓反张和反射肌痉挛。可根据特征性临床症状作出诊断。治疗包括伤口护理、抗生素治疗和破伤风抗毒素的应用。对轻度感染病例，早期治疗预后良好。严重的病例，常因呼吸麻痹而死亡。

七、血管疾病

（一）纤维软骨栓塞

纤维软骨栓塞是因纤维软骨碎片导致脊髓动脉或静脉（或两者）闭塞而引起的脊髓缺血或梗死，据认为，可出现椎间盘突出。主要见于成年犬，尤其是大型和巨型品种犬。迷你雪瑞纳和喜乐蒂牧羊犬也可能患此病。猫、马和猪少见。受感染的犬突然出现步态障碍。经常发生在活动，例如跑或跳期间。缺陷可归因于一种病灶，经常成非对称性，脊髓病变及其进展很少超过12 h。通常不存在脊髓疼痛。

根据临床症状和影像学（如MRI）可作出诊断。在急性期，脑脊液中中性粒细胞和蛋白浓度会轻微增加，中度感染的犬通常在1~2周内大幅度提高，如果没有深度疼痛感或几周内没有改善，则预后不良。

（二）马出血性脑脊髓病

马出血性脑脊髓病为一种罕见的全身麻痹背斜卧的并发症。致病原因为静脉腹腔脏器的重量而导致近尾部腔静脉和奇静脉受压迫，进而脊髓静脉回流受损。麻痹恢复后立即截瘫。病理变化包括胸腰段脊髓节段出血性坏死。常预后不良。站立的马轻微偏离垂直线，保持适当的血压有助于防止并发症的发生。

第六节　自主神经机能障碍

一、猫科动物自主神经机能障碍

猫科动物家族性自主神经异常，以自主神经系统多功能紊乱为特征。所有品种和年龄的猫均易感。该病首次报道于1982年，最初流行于英国（名为凯-加氏综合征）；之后发病率显著降低，但最近在欧洲、北美、迪拜、新西兰和委内瑞拉等地有少数散发病例报道。病原学尚未弄清。马、犬、兔与野兔的发病情况与猫具有惊人的相似之处。

【临床表现】感染猫最初表现为食欲减退，常有上呼吸道症状或者短暂的腹泻。急性病例和慢性病例具有不同的表现。最常见的症状是瞳孔扩张，瞳孔反应消失，上眼睑下垂以及第三眼睑突出；鼻镜干燥；泪腺分泌物减少；食道功能紊乱，出现回流；便秘。其他症状包括口腔黏膜干燥，瞬膜脱垂，心动过缓，排尿或排粪失禁。这些症状反映交感神经和副交感神经机能同时出现紊乱，而且严重的症状在全身呈现广泛的分布。全身症状包括肛门反射消失。也有报道后肢感觉丧失，但应与轻度瘫痪区别，在其他物种，共济失调并不是家族性自律神经异常的一个特点。

【病理变化】剖检可发现食管扩张，喉黏膜发白，膀胱迟缓以及粪便滞留。发病的最初几周，典型的特征是交感神经和副交感神经的染色质溶解和神经元变性。在脑干和脊髓，能够见到染色质溶解的植物性神经和躯体下行运动神经元呈非常特殊的分布。中枢病变和犬、马、兔及野兔的相同。由于慢性病例残存的神经元呈现正常，故难以确诊，只能通过对包围在神经元周围的相关基质细胞的数量检查来做诊断。

【诊断】确诊需要对植物神经节做病理组织学检查。食管X线检查（包括透视）对比和泪腺分泌物的减少（<5 mm/min，泪液分泌实验）等临床检查可以作为辅助诊断。毛果芸香碱（0.1%）用于角膜可以在10~15 min内使瞳孔缩小，这是由于神经过敏所致，而正常的猫却无此反应。稀释的（0.5%）去甲肾上腺素能够消除上眼睑下垂和瞬膜突出的症状。虽然猫白血病病毒（FeLV）也能够引起瞳孔大小改变及尿失禁，但是猫家族性自主神经异常，能引起猫白血病

毒病没有的其他症状。

【治疗与预后】 治疗首先要给猫补液，维持体液平衡。开始时静脉补充营养比较有效，当呕吐症状缓解后可以使用胃造口术和胃插管术喂食。经口摄食后应使患猫保持直立，因为此时很容易并发吸入性肺炎。每日进行3次导尿，做好保暖工作，使用人造泪液和蒸汽吸入，以及协助疏导等都是很重要的护理注意事项。液体石蜡可以很好地缓解便秘，但也增加了误吸的风险。也可使用其他拟副交感神经药，如口服氨甲酰甲胆碱（1.0～2.5 mg，每日2～3次），但是该药作用比较剧烈，如发生用药过量可用阿托品解救。胃复安（0.1 mg/kg，静脉注射；或0.3 mg/kg，皮下注射，每日3次）可以增强胃排空。

个别猫经治疗后痊愈，其余患猫只能依靠残余的植物神经存活。这些改善常需要1年时间。一般来说，患猫预后不良。

二、犬自主神经机能障碍

犬家族性自主神经异常是退行性多发性神经系统疾病，其特点是躯体外周及中枢植物性神经和/或肠道神经多系统衰弱，与猫、马、兔及野兔的家族性自主神经异常不完全一样，但是极其相似。1983年，英格兰首次报道犬家族性自主神经异常。虽然在苏格兰、挪威、比利时、德国和希腊等地有个案报道，但是与美国（主要是中西部）报道病例数相比，欧洲的报道相对较少。据报道，该病在美国多发的风险因素，主要包括农村饲养和户外自由活动时间较长（超过50%）。

【临床表现】 最主要的病史和体检结果是急性呕吐、腹泻、轻度迟钝、食欲不振、肛紧张性降低或缺乏、瞳孔对光反射丧失以及泪液分泌减少、瞳孔散大、瞬膜突出。继发植物性神经功能紊乱，如发生吸入性肺炎和嗜睡等。体重急剧下降。

实验室检查通常是非特异性的。药物学测试瞳孔也许是最好的确诊方法。因为患家族性自主神经异常犬的肌肉失去神经支配，并能在拟胆碱药的作用下发生超敏反应，故毛果芸香碱（0.05%滴眼液）能够迅速使其瞳孔收缩。常预后不良。

三、野兔自主神经机能障碍

该病发生于野兔，英国有过重大的疫情报道。眼观病变与马的家族性自主神经很相似，包括胃扩张、结肠阻塞、体重减轻。中枢与外周神经系统的病理变化与猫、犬、兔和马的几乎相同。

四、马自主神经机能障碍（牧草病）

该病是一种马致死性自主神经机能紊乱疾病，亦称马牧草病，能引起植物性神经系统功能广泛衰退，进而导致胃肠道蠕动明显减少，至今病因不明。该病流行于整个北欧，最近在美国犬家族性自主神经异常高度流行的地区（中西部），也发现了少数病例。

牧草病能发生于断奶后所有年龄的马，全年都可发生，但一般春季发病率最高，2～7岁的马易发。所有马科动物易感。按病程可分为最急性、急性、亚急性和慢性。前三种形式的死亡时间分别为24 h以内、7 d以内和1周以上。慢性病例能够存活数周或数月，少数病例还能痊愈。确切的病原尚未弄清，但认为与放牧有关，肉毒梭菌毒素可能是其致病原因。

【临床表现】 患马体温正常，但表现迟钝，心动过速，肠梗阻和急腹症。在肩部和两侧常有出汗和肌纤维震颤，还可能发生阴茎脱垂。与猫的家族性自主神经机能异常相比，马患该病时瞳孔对光反射和泪腺分泌均正常。突出的上眼睑附带睫毛下垂。鼻炎、结膜炎常发于慢性病例，且预示着预后不良。感染马经常发生吞咽困难，食道功能障碍，流口水，难以插入胃管，胃内容物从鼻发生反流，X线检查发现钡剂汇集在胸段食管。马呈现"卷曲"姿势（类似于马的运动神经元疾病），弯腰弓背，四肢合拢。直肠检查发现肠黏膜干燥发黏，粪便少而坚硬。在更为严重的病例出现小肠袢肿胀和大肠嵌顿。其次还有回肠扩张和大结肠移位等易混淆的特征。慢性病例会发生恶病质。

【病理变化】 急性病例的胃和小肠发生明显液涨性扩张（会导致胃破裂），大肠发生嵌顿。慢性病例的胃肠道通常是空虚的。所有型均能见到脾肿大，食管线状溃疡，粪便坚硬呈柏油样球状。常见交感和副交感神经的节前和节后神经元发生退化。在脑干和脊髓能够见到色原溶解的植物性神经和躯体下运动神经元呈非常特殊的分布。

【诊断】 没有可靠的活体诊断试验方法，但有吞咽困难、心动过速、胃肠蠕动机能降低和呈卷曲姿势（慢性病例）等症状，以及上眼睑下垂等都是具有诊断意义的特征。用稀释的（0.5%）去甲肾上腺素处理眼睛，可以使上眼睑下垂症状在20 min内得到缓解（从前方观察最容易发现睫毛下垂的角度减小）。在牧草病病变方面具有丰富经验的病理学家，可以通过直肠和回肠的活组织检查对该病作出确诊。剖检诊断主要是对植物性神经节做病理组织学检查，经常能见到吸入性肺炎。必须排除其他原因引起的肠臌气与肠梗阻。当发生消瘦时应考虑慢性病例，包括马的运动神经元疾病。

【治疗】 部分轻度（慢性）病例可以通过特殊护理康复；应给予多种饲料，以刺激采食量。急性和亚急性病例无法治愈，应在遵照人道主义的前提下对其实施安乐死。发病当日应对患病马施行舍饲。

第七节　面瘫

大部分患病动物面部表情不对称时，通常有面部中心或神经的单侧病变。双侧面部瘫痪时，识别比较困难，可致使动物流涎和面部表情呆滞。完全的面部瘫痪时，眼睑、耳朵、嘴唇或者鼻孔不能自主活动。面部瘫痪减少了面部表情肌肉运动，并且表明轻微的细胞核和神经混乱。面神经的核心位于脑干喙侧延髓。面神经（脑神经第Ⅶ对）、位于脑干出口的前庭蜗神经（第Ⅷ对），经过坚硬的颞骨，然后从颅骨的出口通过茎突乳突孔和裂口进入耳、眼睑和脸颊分支。

【临床表现与病理变化】面部瘫痪的临床症状根据位置、严重程度和病变的持续时间各有不同。如果单侧病变位于面部核心或者面部神经近侧位置，可看到那一侧的眼睑、耳朵、嘴唇和鼻孔的轻度瘫痪或者麻痹。靠近颧弓的面部神经耳睑分支的病变，仅仅会导致眼睑和耳朵瘫痪或者麻痹。横渡在颧弓的面部神经眼睑分支的病变，仅仅会导致眼睑瘫痪或者麻痹。面部神经脸颊分支病变，由于连着咀嚼肌，因此可导致嘴唇和鼻孔的瘫痪或者麻痹。

有的面部瘫痪的小动物，患侧眼睑裂隙会稍稍大一些；马和食用动物眼睑的裂缝稍微小一点，因为在眼睑上方额肌肉的张力减弱。当眼睑或者角膜中间或者两侧被触碰到，眼睑没有合上，但是眼球会缩回到眼眶里（如果三叉神经和外展神经能恰当地运动）。第三眼睑被动的缩进程度会提高。如果两只眼同时检测到，每一侧的运动都可以做比较。当动物不能眨眼，角膜的刺激可导致产生过多的眼泪。在严重的去神经支配，往往所有动物病变一侧的听力较低，但是长期的去神经支配伴有肌肉纤维化，听力可能会高一点。可以触诊耳部肌肉的纤维化，并且耳朵会黏附在异常的位置。对于急性损伤病例，瘫痪一侧的嘴唇松弛垂下，暴露着黏膜。当动物采食或饮水，食物和流体可能从嘴唇滑落。动物可能会过分流口水，并且食物可能集聚在嘴唇和牙齿之间。对慢性损伤病例，可以触诊到唇肌纤维化，并且受影响的嘴唇一侧比正常的一侧要严重。在急性期，单侧的病变，鼻子偏离病变侧，是由于患侧的肌张力减弱。患马吸气时，受影响的鼻孔不能扩大。在长期损伤中，肌肉纤维化和挛缩会引起鼻朝向病变的方向，并且会感觉到肌肉坚硬不可活动。

通常面部神经副交感部分也会受到影响，并且病变一侧流泪和唾液分泌减少或者完全消失。眼泪减少或者完全消失，伴有眼睑轻度瘫痪或者麻痹，可以导致角膜溃疡。在面部神经麻痹的病例中，如果需要，可以进行泪液分泌试验，利用人造泪液来进行确定。唾液产生减少可导致黏膜变干，并且食物会集聚在脸颊。病变部位干燥可以通过同时触诊两侧的黏膜，并且比较潮湿度来确定。

其他伴随的神经缺陷可以进一步局限于面部神经病变。如果动物存在共济失调、偏瘫、四肢轻瘫或者意识到本体感知缺陷伴随着面部神经麻痹，这可能是脑干的病变。如果动物有面部神经瘫痪并伴有头部倾斜，眼球震颤，或者其他的前庭亏损的迹象，但是没有轻偏瘫、四肢轻瘫或者意识本体感知亏损，则面部神经的病变存在于脑干或者经过颞骨。如果小动物有面部瘫痪并伴有上睑下垂、瞳孔缩小和眼球内陷（霍纳氏综合征），病变可能在中耳部。

【诊断与治疗】所有的患病动物中创伤是面部神经瘫痪的普遍原因。在马，缰绳的损伤和长时间的侧面斜靠，可能会伤害额一侧面部神经的颊部分支，并且引起嘴唇或者鼻孔单侧的或双侧轻度瘫痪或瘫痪。牛依靠支柱可能损伤面部神经眼睑分支，因为它交叉在颧弓处，引起单侧的或者双侧眼睑的麻痹或者瘫痪。因为粗暴地搬运小动物、车祸或者外科手术，比如大疱截骨术和整个的耳部切除，都可能引发外围面部神经损伤。肌电图，包括面部神经的电刺激，都可用来确定损伤位置的严重性；然而，损伤之后的5～7 d不会发生变化。

除了按摩和去神经肌肉的热疗法15 min、每日2～3次外，无特定的损伤治疗疗法。面部神经可每日再生1～4 mm，因此，连续检查神经系统有助于进行预后判断。如果6个月后一直没有改善，康复概率甚小。对鼻孔塌陷的马需进行矫正手术。那些用唇喝水和伪装吃食的动物，必须给予深的水容器和足够多且湿润的糊状饲料。

中耳炎是另一种常见的引起面瘫的疾病，发生于所有动物，尤其是患有慢性皮肤病的犬。在全身麻醉情况下进行耳检，可发现外耳炎以及破裂或患病的鼓膜。尽管有完整的鼓膜，16%的急性外耳炎患者可能患有中耳炎，达到89%的慢性外耳炎患者可能有中耳炎（见中耳炎与内耳炎）。颅骨X线检查、CT和MRI可能有助于中耳炎的确诊。那些通过鼓膜切开术，根据样本培养和敏感度的程度来确诊的病例，如果确诊早，同时用抗生素治疗4～6周，预后良好。应避免使用糖皮质激素，因为他们可能会引发骨髓炎。面部神经瘫痪可以是永久性的，并且需要长期使用人造泪液。

喉囊感染可以引起马的面瘫。面部神经肌肉病变可引起马原生动物脑脊髓炎（EPM）。脑脊髓液分析和滴度对于马原生动物脑脊髓炎的诊断和适当的治疗是必要的。

犬先天性面部神经麻痹很常见，并且可通过排除其他的疾病来进行诊断。必须用临床检查和X线照相排除中耳炎。因为甲状腺功能减退可以引起面部神经麻痹，对所有面部神经麻痹的犬应该确定其甲状腺素（T4）和促甲状腺激素的水平。有甲状腺功能减退的面部神经麻痹的犬，不能用甲状腺替代疗法治疗。如果没有感染，甲状腺功能是正常的，并且没有已知的创伤，则诊断为先天性面瘫。无法治疗。可能需要人造泪液疗法。面瘫可是单侧的，也可是双侧的，可自愈也可是永久性的。它可发生在一侧，痊愈一段时间之后又发生在另一侧。永久性麻痹可能会很丑，但不影响犬的生活质量。

原发性面部神经瘤非常罕见，但可影响患犬和患猫中耳结构，包括面部神经的肿瘤。猫鳞状细胞癌和中耳息肉是最常见的。麻醉之后用耳镜检查活体外耳道和用组织学检查不正常的组织可以协助诊断。CT和MRI对确诊骨性大疱非常必要，以确定手术前病变的程度。早期完全切除肿瘤并进行放射疗法，根据肿瘤的类型，如果可被控制，可能预后良好。

第八节　缺氧缺血性脑病

缺氧缺血性脑病（HIE）（新生幼畜失调综合征、新生幼畜脑病、围产期窒息综合征、游走马、吠驹症）是马驹以CNS机能障碍为特点的一个非传染性综合征。往往是由围产期窒息综合征与围产期疾病（如难产或者胎盘功能不全）等因素引起的。然而，许多病例并没有明显的氧不足病史，它表现出来的缺氧、缺血性脑病可能是子宫内有炎性细胞因子、也可能是隐性胎盘炎继发所致。

【发病机制】导致缺氧缺血性脑病确切的病因尚不清楚，但通常都认为是组织缺氧启动了代谢通路，导致能量产生减少，离子失调，兴奋性神经递质浓度增加（尤其是谷氨酸和天门冬氨酸），并且合成受损的蛋白质。细胞内钙离子浓度增加似乎在神经元损伤中起到突出作用，还有氧自由基、一氧化氮的产生，以及促炎性细胞因子都可能影响到神经元损伤。当组织缺氧的情况并不明显时，炎性细胞因子可能启动类似的级联放大反应。

【临床表现】马驹可能出生时就神经异常，但经常一开始是正常的，24～48 h之后才会出现临床症状。缺乏协调的吸吮反射和与母马失去亲和力是最常见的症状，不过不是所有病例都会出现。精神状态可能在抑郁、昏迷和高反应之间交替进行。其他临床症状包括肌张力减退、角弓反张、呼吸模式异常、舌头持久外伸、下巴和面部运动异常，头部下垂和发声异常（因此又名"巴克马驹"）。癫痫是比较常见的，范围从轻微的脸部和下巴运动异常，到斜靠着或者划动的全身发作。往往临床表现不对称，包括头部歪斜、来回转动和不对称的瞳孔反射。

尽管与CNS机能障碍相关的症状很常见，但是其他的器官系统也可能会受到影响。肾脏和胃肠道特别容易受损，但也可能包括心脏、肺脏、肝脏、肾上腺和甲状腺。许多患缺氧、缺血性脑病的马驹，临床表现胃肠道和肾脏功能异常，包括胃反流、胃膨胀、胎粪滞留、疝痛和持续性肌酐浓度增高。

【诊断】以共同的临床表现和鉴别诊断排除为基础。了解难产、胎盘过早分离或者胎盘炎的病史，可有助于诊断。通常血细胞计数均正常，但患败血症时除外。血清化学反应可能也正常，但往往预示着器官功能障碍继发于缺氧，或者细胞因子介导的损伤。脑脊液可能正常，或者红细胞数量和蛋白浓度增加。在某些剖检的病例中发现有CNS坏死、水肿和出血，然而，这些发现是不一致的。

鉴别诊断包括细菌性脑膜炎、马疱疹病毒1型感染、代谢异常（如低血糖、电解质紊乱）、酸碱失衡、脑核黄疸后大规模溶血（即新生幼畜溶血性贫血）、脑或脊髓损伤、先天性缺陷（如脑积水、小脑畸形）和营养性肌肉变性（白肌病）。缺氧、缺血性脑病的临床症状，也可能在有严重败血症的马驹上出现。

【治疗与预后】HIE的治疗主要是辅助疗法。可能需要正确的静脉输液和吸氧，以改善心输出量和维持脑灌注与氧输送。对重度患驹，特别是那些并发败血症的，可能需要增强肌肉收缩的药物或升压药；有些病例需要强制性呼吸。如果马驹无法采食，可通过留置鼻胃管来提供营养。有胃肠功能障碍的马驹，都全部经静脉注射补给营养。癫痫发作过程中可能发生自创；可提供有保护的或有垫料的环境，以免受创伤。眼和角膜的创伤溃疡特别常见；应密切监测眼睛并且必要时进行治疗。在马驹休息时，可以滴上眼药，以减少角膜的损伤。

有HIE的马驹可能更容易出现败血症。目前还不清楚这是否由潜在感染、免疫功能损伤或病原体增加（如随意的护理）引起的。此外，出生时就神经异常的马驹往往不能自理，并且不能移动。鉴于这些原因，建议应用广谱抗菌药物进行治疗。当使用氨基糖苷类药物时应小心，因为可能会影响其肾功能。

阵发性的癫痫可静脉注射地西泮（0.10～0.44 mg/kg）控制。如果持续发作，静脉注射苯巴比妥（2～3 mg/kg，每日2～3次）。一些临床兽医直接用咪达唑仑（每小时按0.1～0.2 mg/kg）连续注射，以替代苯巴比妥，或对癫痫发作时对苯巴比妥不敏感的马驹使用。马驹顽固性癫痫发作时都需要静脉注射麻醉药（如丙泊酚）。

许多疗法已被用于治疗CNS炎症、水肿和改善CNS功能。包括静脉注射二甲亚砜（10%的溶液1 g/kg，每日1～2次）、静脉注射氟尼辛葡甲胺（1.1 mg/kg，每日1～2次）、静脉注射呋塞米（1 mg/kg，每日2次）、静脉注射高渗盐水（7.2%NaCl溶液，2 mL/kg，每4 h一次，共5次）、静脉注射甘露醇（20%的溶液，0.5～1.0 g/kg，每日4次）、硫酸镁（每小时0.05 mg/kg，随后为每小时0.025 mg/kg）、缓慢静脉注射或皮下注射硫胺素（5 mg/kg，每日1次）、皮下注射或口服维生素E（20 IU /kg，每日1次），以及静脉注射或口服维生素C（10 mg/kg，每日1次）。虽然上述药物和剂量可能在理论上都是有效的，但是很少有临床试验证明其疗效。在缺氧、缺血性脑病的治疗方面，皮质类固醇无任何作用。

大多数有缺氧、缺血性脑病的马驹，通常预后良好。在无并发症的情况下，功能全部恢复的存活率至少为75%。缺氧、缺血性脑病并发败血症及相关疾病时，则预后不良。

第九节　肢体麻痹

一肢麻痹又称单瘫，它与外围脊髓神经疾病相关。前肢麻痹通常与第6颈椎至第2胸椎神经根、臂丛神经，或肌皮的桡、正中或尺神经病变有关。后肢麻痹通常伴有第4腰椎到第2荐椎神经根、腰荐神经丛，或股骨、坐骨神经、腓总神经（腓骨），或胫神经的病变。

【临床表现与病理变化】对姿势和步态、脊髓反射、浅表和深部疼痛与受影响肢体肌肉的检查，可以局部化神经根或神经丛或者特定神经分支的病变。确定病变的确切位置对预后很重要，因为损伤的神经越接近支配的肌肉，预后恢复就越好。一般情况下，神经根或神经丛病变比外周神经病变预后要差。

肌萎缩是肌肉由失去神经支配后，在几日内发展成严重的肌肉萎缩性疾病。肩胛神经疾病，常冈上肌、冈下肌萎缩，但没有步态不稳症状。如果肌皮神经受到影响，动物肘部无法弯曲，并且二头肌肌肉萎缩。桡神经疾病，肘部下降，足趾翻到背面，肢体无法承重。前肢屈肌反射（撤退反射）是受抑制的，而桡神经（感觉部位）、腋窝神经（肩关节屈曲）、肌皮神经（肘关节屈曲）或中线和尺神经（腕和足趾屈曲）没有病变。桡神经发病时，三头肌、腕伸肌也可能萎缩。中线和尺神经的病变伴发浅表和深部屈肌肌肉萎缩。尺神经损伤时，没有步态异常症状。

当用止血钳夹紧或用针刺痛皮肤时，通过观察动物的行为反应（例如寻觅、退缩、喊叫或撕咬）来检测浅表感觉。马和食肉动物与小动物相比，皮肤感觉的区域性与特定神经的相关性不明显。肢体靠近嘴部的皮肤，从肘部到脚趾都丧失感觉，表明是桡神经疾病。中线和尺神经疾病时肢体近尾部的皮肤，从肘部到足垫都不敏感，尺骨神经损伤时前臂的皮肤侧面和爪子不敏感。

测试人员可通过使用骨钳对脚趾和蹄部进行深部疼痛检测并观察行为反应。在小动物中，从第5脚趾可以发现深部疼痛，表明股神经具有完整性。从前肢其他脚趾发现的深部疼痛，表明桡骨和中部神经的完整性。

当病变涉及第1至第2胸椎的神经根存在于脊髓时，前肢麻痹那侧的眼睛会表现出霍纳综合征（上睑下垂、瞳孔缩小和眼球内陷）。霍纳综合征在马的视觉上的变化非常明显，牛身体同侧的面部和颈部的视觉上的变化明显且单侧流涎。

当后肢第4至第5腰椎神经根或者股神经疾病时，不能伸展膝关节来支持体重；膝跳反射减少或消失，股四头肌萎缩，肢体内侧表面皮肤感觉性差或者无感觉。不能积极地弯曲膝关节、踝关节和脚趾，或者不能伸展肘关节和脚趾，这些是坐骨神经、第6腰椎第2荐椎神经根病变的结果。如果股神经是幸免的，动物会支持一些重量，但会用爪子的背部或过度弯曲肘关节的蹄部来强行站立。如果坐骨神经的腓神经分支受到影响，肘关节和脚趾关节将过度扩张。如果坐骨神经的胫骨分支受到影响，肘关节将会过度弯曲，脚趾关节会过度扩张。胫骨或腓骨神经病变预后可能比坐骨神经病变要好，因此区别哪种神经病变很重要。

坐骨神经病变时，后肢屈肌反射减弱或消失。坐骨神经和胫骨神经病变时，腓肠肌反射减弱或消失。坐骨神经或腓神经病变时，颅胫骨肌肉反射减弱或消失。去神经性肌肉萎缩的分布，可指示是否是坐骨神经或涉及其中的一个分支。臀肌、半膜肌、半腱肌和所有后膝关节下面的肌肉萎缩表明第6腰椎到第2荐椎神经根病变，因为他们不属于脊髓支配。如果臀肌是正常的但其他部位都萎缩，表明是坐骨神经病变位于坐骨切迹或近2/3股骨处。单独的颅胫骨或腓肠肌萎缩分别表明腓总神经或胫后神经的病变。如果肢体头部和尾部方面以及会阴区同侧的浅表感觉降低或消失，可能是第6腰椎到第2荐椎神经根的病变。腓神经病变时、踝关节、胫骨及足的背侧面浅表感觉会减少或消失。胫骨神经病变时，踝关节、胫骨和跖的近尾部表面的浅表感觉会降低或消失。坐骨神经病变引起颅、尾部、背部和足底地区浅表感觉降低或消失。深部疼痛可能与坐骨神经损伤有关。后肢内侧方面感觉主要归因于隐神经。

神经受损后7～10 d时，可用肌电图检测肌肉的去神经支配，并且勾勒出神经病变的分布。肢体和椎旁肌的去神经支配表明神经根病变。特定肌肉组织的去神经支配表明其各自神经的病变。神经电刺激可用于确定神经的完整性。如果某些神经是完整存在的，运动神经传导速率正常的比慢的预后良好。

【诊断与治疗】创伤是急性局部麻痹最常见的原因。创伤所致的神经功能丧失包括机能性麻痹、轴突断伤和周围神经断伤。①机能性麻痹可以持续几周，是暂时的神经传导功能障碍，但可痊愈。②轴突断伤是神经内一些轴突的破裂，但是有完整的神经鞘。大多数延伸或压缩神经损伤是神经机能性麻痹和轴突断伤的组合。破裂的轴突每日再生1～4 mm，但功能恢复取决于神经鞘的完整性和直径、损伤与再生位点之间的距离，神经损伤超过从他们各自的肌肉180 mm时，可能无法完成组织上的接触。即使完成了组织上的接触，随着时间的发展，神经鞘挛缩，可能也不会留下足够的空间来发展充分的髓鞘进行有效的电脉冲。轴突断伤或神经鞘狭窄时，神经功能降低可能是神经损伤的后遗症。③周围神经断伤是总神经断裂，且需要外科手术进行复原。如果在最初的神经系统检查时没有发现神经功能，则很难区分开神经机能性麻痹、轴突断伤和周围神经断伤。不管最初的神经系统检查如何，机能性麻痹的神经电刺激通常是正常的并且预后良好。对于3 d以上的损伤，如果受影响的神经对电刺激病变位点末梢不响应，则预后不良。如果不能进行肌电图的评价，则6个月以上连续的神经系统检查是很有必要的。

臂神经丛或第6颈椎到第2胸椎神经根的损伤：在多数动物中，该病是最常见的。主要是肩部外伤或异常肩外展（例如小动物受到汽车撞击）。马和牛踏在坚硬的地面或者某些手术均可导致臂神经丛损伤。如果霍纳氏综合征出现在同一侧已经失去感觉并且反射消失和瘫痪的前肢，有可能是臂神经丛根性撕脱，预后严重不良。肱臂神经丛撕裂，神经根从脊髓撕开则不能被修复。如果对桡神经的刺激没有反应，常无希望恢复。如果肢体拖在地面上，可用颈吊带抬起或对小动物截肢，以避免爪子的背面撕破。三条腿的犬或猫的生活质量一般良好。如果没有霍纳氏综合征但是伴有前肢瘫痪，预后的恢复可能会更好。

腰骶神经丛损伤：比臂神经丛损伤少见，但在汽车事故或末端肢体外展可见。长骨骨折可伤害周边局部神经。骨盆和髋关节疾病的手术治疗以及注射是坐骨神经常见的损伤原因。后膝关节的持续性压力可以引起腓神经损伤。当神经再生时，每日应进行2～3次、每次15 min的热敷、按摩和肌腱拉伸，以保持肌肉、肌腱和关节的健康。绷带可以防止拖动损伤肢，但应避免影响血液循环。当前没有可以协助神经再生的特殊治疗方法。小动物，可给予NSAID或短期每日口服消炎药强的松0.25 mg/kg，连用5～7 d。这将有助于降低水肿，可以缓和神经的传播。NSAID和皮质类固醇不应同时使用。NSAID也可以用于马的治疗，以减少水肿。如果随意运动、伤害性感受和脊髓反射在1～2个月有所改善，则预后良好。截肢对神经损伤的恢复是短暂的，可以暂时使用项圈来防止动物啃咬截肢断面。如果怀疑小动物是永久性的神经损伤，并且动物的肢体残废了，建议进行截肢。在截肢之前，应留有足够的时间使神经再生，一般为3～6个月。

神经根及外周神经的肿瘤：可导致前肢或者后肢的慢性、进行性和疼痛性轻度麻痹。犬神经鞘瘤很常见。臂丛或腰骶丛的淋巴肉瘤见于犬、牛与猫。如果椎管内神经根受到影响，用脊髓造影、CT或MRI可以观察到犬和猫髓外脊髓集聚。手术探查切除或组织切片检查对确诊或预后是必不可少的。长期以来，神经鞘瘤常导致预后不良，因此，有人试图手术切除和截肢。但神经鞘瘤往往会影响多种神经根，并且肿瘤难以完全切除。如果淋巴肉瘤应用恰当的化疗，可以延长动物的寿命和改善生活质量。化疗对神经鞘瘤基本无效，但放射疗法可能有一定作用。

原生动物脑脊髓炎（EPM）：患该病的马，可发展成单肢轻瘫和局部肌肉萎缩。应检测脑脊髓液以及脑脊髓液和血清原生动物脑脊髓炎抗神经母细胞瘤的效价，以便进行适当的治疗。

第十节　脑膜炎、脑炎与脑脊髓炎

虽然脑膜炎症（脑膜炎）和脑部炎症（脑炎）可以单独发生，但在同一动物他们往往同时发生（脑膜脑炎）。而且，许多CNS的炎症性疾病容易扩散蔓延至整个大脑以及脊髓（脑脊髓炎和脑膜脑脊髓炎）。这是因为一旦CNS的炎症出现临床症状，它就已经扩散至整个中枢神经系统，而且只能通过尸体剖检才能对单纯性脑膜炎症和整个神经系统炎症进行鉴别。因此，从临床角度来看，所有这样的病例都可以看成是CNS炎症病例。

患脑膜脑炎或脑膜脑脊髓炎的动物，往往脑膜炎的临床症状先于脑炎的临床症状，并且继续保留疾病的主要特征。引起脑膜炎、脑炎和脑膜脑炎的病原包括细菌、病毒、真菌、原虫、立克次体、寄生幼虫移行、化学制剂和特发性或免疫介导的疾病。在反刍动物，细菌感染引起的脑膜炎或脑炎更常见。其他动物（除反刍动物外），特别是成年动物，其病毒、立克次体、原虫和真菌均是引起脑膜炎或脑炎常见的病原，或者说比细菌性病原更常见。一些引起脑膜炎或脑炎的病原（如虫媒病毒、某些立克次体与细菌）都具有季节性。

【病原与发病机制】脑膜炎、脑炎和脑脊髓炎的发病率，通常比其他器官相对低些。但最近全球虫媒病毒、蜱无形体粒细胞和其他虫媒疾病的蔓延，使动物脑与脊髓感染的发病率和风险性都有所增加。

（1）**细菌感染**　细菌感染常呈散发。因为有血-脑屏障，成年动物血源性传播CNS感染的可能性很低。神经系统的保护屏障受损后，神经系统将受到感染。在所有动物中，由于发生鼻窦炎、中耳炎或椎体骨髓炎或椎骨椎间盘炎，使细菌或真菌感染直接延伸进入CNS。也有可能是草芒或其他异物刺入，以及头和脊髓附近的较深的咬合伤口或创伤引起的继发感染。诊断和外科手术也可能引起医源性感染。

脑脓肿也可出现在直接感染或大脑血管化脓性栓塞中。已认为，反刍动物垂体脓肿是来源于脑垂体腺周围细脉网的细菌入侵。慢性脑脓肿还可能发展成弥漫性纤维蛋白柔脑膜炎。链球菌是马最常见的脑脓肿病原之一，曾有报道马驹患马红球菌脓肿。

犬很少发生自发性细菌性脑膜炎或脑膜脑炎，而一些肉用动物更常发生。最常见的是新生幼畜败血症。各种需氧菌（多杀性巴氏杆菌、葡萄球菌、大肠埃希菌、链球菌、放线杆菌和诺卡氏菌）和厌氧菌（类杆菌、厌氧性消化链球菌、梭菌、真杆菌、丙酸菌）均已从感染动物中被分离出。细菌性心内膜炎与相关的败血症，在成年犬CNS感染的发病机制中显得尤为重要。在莱姆病流行地区，犬的神经系统感染与伯氏疏螺旋体感染有关。其他非新生幼畜血源性衍生的感染已成为较普遍的疾病，如嗜组织菌病或牛的血栓栓塞性脑膜脑炎（见睡眠嗜组织菌）、猪的格拉泽氏病（见猪副嗜血杆菌）和羔羊的流感嗜血杆菌败血症。

细菌性脑膜脑炎常引发革兰氏阴性菌败血症的后遗症而影响新生幼畜。肠杆菌科成员（大肠埃希菌、沙门氏菌属、肺炎克雷伯菌）与链球菌（俗称肠球菌）是最常分离出的病原体。马放线杆菌感染是马驹脑膜脑炎的重要病原。免疫球蛋白的被动转移失败，是诱发新生幼畜脐静脉炎或肠炎的最重要的因素，随

后血源性扩散感染到CNS。

李斯特菌病由单核细胞增多性李斯特菌引起，主要感染牛、绵羊和山羊，但很少见于马，是一种多灶性的脑干脑膜脑炎，其通过颅神经轴突反式迁移上升到CNS。溶血性曼氏杆菌和多杀性巴氏杆菌，通常会导致反刍动物纤维蛋白性肺炎和出血性败血症，偶尔也会产生局部的纤维素性及脓性软脑膜炎。脑膜脑炎常由溶血性曼氏杆菌引起，在马、驴和骡已有报道。放线菌、克雷伯氏菌和链球菌，是引发成年马脑膜炎散发的主要病原。

（2）**病毒感染**　病毒通常会引起非化脓性脑膜炎、脑炎和脑脊髓炎。几种病毒，特别是嗜神经性病毒，常表现出嗜CNS，造成暴发性或致命的脑炎，最为熟知的是狂犬病病毒感染。而狂犬病病毒主要感染CNS，其他几种DNA病毒（腺病毒、疱疹病毒、细小病毒）和RNA病毒（布尼亚病毒、虫媒病毒、慢病毒、麻疹病毒、囊膜病毒）可能通过血液传播，但是一旦感染CNS则表现出神经病。大多数表现出偏爱感染CNS的病毒，有动物种间的特异性。犬的脑脊髓炎病毒疫苗极少与犬瘟热、狂犬病及犬冠状病毒-犬细小病毒疫苗之间有交叉保护性。

（3）**寄生虫性感染**　许多寄生虫可引起大动物与小动物的脑膜脑炎。可引起犬与猫神经炎的寄生虫包括弓形虫，新孢子虫及脑炎微孢子虫。神经肉孢子虫和休斯蛛丝孢是引起马属动物神经炎的重要病原，锥虫属病原主要流行于美国以外的马属动物之间。多种原虫可感染成年牛并且引起严重的CNS疾病，包括牛焦虫、小泰勒虫和锥体虫属，而犬新孢子虫与弓形虫可引起犊牛的先天性脑炎。

无菌化脓性或嗜酸性脑膜脑炎与寄生虫在CNS游移密切相关，并在许多动物宿主中迅速发展。在犬和猫，CNS感染的病原包括犬心丝虫、犬蛔虫、钩虫、野生啮齿黄蝇属幼虫和绦虫。有报道认为，多种线虫能造成马重度脑膜脑炎，主要病原包括腹腔丝虫、丽线虫、圆线虫属和牙龈卟啉单胞菌。对于牛，腹腔丝虫和皮蝇幼虫的迁移是主要的病因。细弱拟马鹿圆线虫是山羊与马驼的重要病原。

（4）**真菌感染**　致病真菌包括粗球孢子菌、芽炎芽生菌与组织胞浆菌，可引起脑膜脑炎。在几种哺乳动物中也描述过危害严重的新型隐球菌和曲霉菌。在极少数情况下，其他真菌，如念珠菌、毛样枝孢、拟青霉菌属、脑膜脓毒性金黄杆菌和白地霉，也能引起脑膜脑炎。单细胞植物，如绿藻和小型原藻，也可以引发犬、牛、马的嗜酸性脑膜脑脊髓炎。

（5）**原发性免疫介导**　已经确认了犬的几种原发性脑膜脑脊髓炎。肉芽肿性脑膜脑脊髓炎是犬相对

常见的CNS疾病，常常会影响幼龄至中年的小型雌性犬。脓性肉芽肿性脑膜脑脊髓炎见于Pointer成年犬。这种急性的、病程急速的紊乱，主要以脑膜和脑实质的单核细胞和中性粒细胞浸润为特征，尤其是在颈脊髓与脑干中。一种未知病因的坏死性脑膜脑炎已在幼龄和成年巴哥犬（巴哥犬脑炎）以及约克夏和马耳他犬有过报道。主要影响幼龄犬（2岁以下）、大型犬的一种类固醇−应答性化脓性脑膜炎和危害比格犬、伯恩山犬和德国短毛犬的一种严重的坏死性血管炎和脑膜炎综合征，都已被确定为伴有遗传因素的免疫性疾病（见先天性与遗传性神经系统异常）。有报道认为，成年犬嗜酸性粒细胞性脑膜脑炎具有免疫学基础。

【临床表现】在CNS炎症性疾病的早期阶段，常见非局部化的临床症状，例如，犬脑膜炎很容易被误认为椎间盘挤压、关节炎、胸膜炎、胰腺炎或肾盂肾炎。马最初的临床症状表现为跛行、肌炎、颈椎不稳甚至疝痛。马驹极度兴奋和烦躁是CNS败血症的早期症状。牛表现为厌食、抑郁和行为怪异。

脑膜炎的症状通常为发热、过敏、颈部僵硬和疼痛及椎旁肌痉挛。犬（偶尔为马）常出现上述的急性综合征，但有时呈慢性经过而不表现出脑和脊髓损伤的临床症状。然而，弥漫性脑膜脑炎根据其发病的速度、病理学及病变部位，可以表现为精神沉郁、失明、进行性麻痹、小脑或前庭共济失调、角弓反张、颅神经缺损、抽搐、痴呆、兴奋不安及意识丧失（包括昏迷）。在发生局灶性或弥散性CNS疾病时，常表现视觉下降、颈部疼痛、抽搐、行为障碍、运动失调、四肢无力、脑神经障碍以及精神沉郁。

新生幼畜常感染脐静脉炎、多发性关节炎、前房积脓性眼炎，并伴发CNS炎症。由于其不同寻常的发病机制，除了其他脑神经障碍如面部和咽麻痹，李斯特菌病往往会引发非对称前庭功能紊乱，伴发头部倾

图10-10　患脑炎犊牛头侧转
（由Sameeh M. Abutarbush博士提供）

斜和回旋。患组织嗜血病的牛，神经症状往往呈极急性，伴发突然虚脱和意识极度抑郁（麻木或昏迷）；发热和四肢僵硬可能是前驱期唯一可以检测到的体征变化。

【病理变化】脑膜炎的病理变化包括白细胞弥漫性浸润至软脑膜。通常情况下，整个大脑的蛛网膜下腔和脊髓都会发炎。还可见脑膜血管和CNS小动脉的血管炎。在脑膜脑炎，炎症蔓延到CNS的实质，导致白细胞浸润，并形成大面积的血管套。可见CNS坏死和软化，并伴有巨噬细胞、中性粒细胞和浆细胞浸润。李斯特菌病唯一能引起CNS实质内的深部微脓肿，包括中性粒细胞的积聚以及小胶质细胞与中央液化性坏死的反应。

【诊断】通常情况下，经CBC或血清生化检测，无CNS感染的相关指标变化。脑脊液（CSF）分析是最可靠和最准确的鉴别脑膜炎或脑膜脑炎的方法。应收集能表明脑膜炎或脑炎的CSF，无论是通过病史、动物种类或品种因素，怀疑为脑膜炎或脑炎，或通过临床症状分析为散发或多发性CNS紊乱时，都应收集CSF。没有CSF的分析，仅通过动物背部或颈部疼痛和直肠温度升高进行诊断，很可能会造成误诊。

患细菌性脑膜炎和脑炎或类固醇−应答性化脓性脑膜炎的成年大动物和犬，其CSF中通常有明显的中性粒细胞增多，细胞计数从数百增加到数千。通常随脑脊液中球蛋白的增加，脑脊液中蛋白含量也显著增加（100 mg/dL以上）。

立克次体感染最常引起轻度至中度单核细胞增多，但落基山斑疹热可引起中性粒细胞炎并继发血管炎。

患脑膜炎的马驹CSF中蛋白质含量增加，甚至白细胞的含量也显著增多（＞10个/μL）。从对CSF进行细胞学检查观察到的中性粒细胞来看，任何抗菌剂都能在CNS得到较高的治疗水平。病毒感染与李斯特菌病能在CSF中产生典型的轻度至中度的单核细胞增多以及相关的蛋白水平的增加。疱疹病毒感染引起蛋白质增加和CSF黄变（黄色至微红的变色）。猫传染性腹膜炎（FIP）和马的东部马脑炎例外，通常能引起中性粒细胞显著升高。在FIP，可发生明显的高蛋白含量（200 mg/dL以上）。

寄生虫性与真菌性脑膜脑炎，常引起嗜酸性粒细胞或偶尔有高度变性的中性粒细胞增多。肉芽肿性炎症通常引起CSF中的细胞数呈中等至明显的增加，以及蛋白质含量的升高。细胞群以单核细胞或中性粒细胞与单核细胞的混合群为最多。由于真菌或原虫感染，因此，要区分肉芽肿感染与肉芽肿性脑膜脑炎是

非常困难的。典型坏死性脑炎能引起CSF中单核细胞和蛋白质含量的轻度增加。

有时对CSF进行细胞学检查，用革兰氏染色可发现细菌。从大动物的CSF中培养细菌比犬的更容易成功。在某些情况下，连续的血液培养是比较成功的，尤其是在马驹。在CSF中已检测到隐球菌，偶尔有原虫，但为确定体内的真菌和原虫感染，必须进行血清学检查。这些疾病中的许多都是致命的，最终都需通过尸体剖检并对病原体进行鉴别。

【治疗】除了对动物进行可能的免疫介导，一些类固醇-应答性炎症性神经系统疾病，以及由立克次体和某些细菌引起的脑膜脑炎，患有这些疾病的动物，预后必须谨慎，通常疗效甚微。有报道认为，犊牛细菌性脑膜炎的致死率达100%。

根据病原培养或血清学检查结果，适当使用一些抗生素是成功治疗的基础。复发是常见的，所以往往需要长期的治疗。纠正大动物中新生幼畜的免疫缺陷尤为重要。应选择能穿透血-脑屏障的广谱抗菌药，并且杀菌药治疗效果优于抑菌药。推荐的药物包括氨苄青霉素、甲硝唑、四环素、强效磺胺类药物、喹诺酮类和第三代头孢菌素；使用时要高于普通剂量，以达到在CNS保持足够的浓度。对一些农畜的治疗，选择药物不仅要考虑药效，还要考虑药物是否适合食用动物。

在人类，已经成功地治疗了CNS真菌感染病例，但兽医上尚无进展。用伊曲康唑或氟康唑治疗可能有效，但需要长期治疗并且会频繁复发。原虫感染（如弓形虫病、新孢子虫病、肉孢子虫病）可能对强效磺胺（甲氧苄啶、乙胺嘧啶和磺胺类药物）有反应。在小动物，常将增效磺胺与克林霉素联合使用。然而，由于药物无法从CNS中清除包在囊内的虫体，因而复发经常发生。在过去的10年中，新的抗原虫药物已经应用于马，包括帕托珠利和硝唑尼特（NTZ）。

糖皮质激素常禁用于有感染致病原的脑膜炎或脑膜脑炎的动物；然而，高剂量、短期应用地塞米松或6-甲氢化泼尼松，可以控制危及生命的并发症，如急性脑水肿和随即发生的脑疝。免疫抑制剂量的皮质类固醇，可以成功治疗犬的原发性CNS炎症。

放射治疗和免疫调节药物已被用于治疗肉芽肿性脑膜脑炎。

个别动物需要特别的辅助疗法，包括止痛药、抗惊厥药、补液、营养补充和物理治疗。

第十一节　晕动病

晕动病的特点是恶心、过度流涎和呕吐。患病动物可能有涉及自主神经系统刺激的其他症状，可能会打呵欠、哀鸣或表现出不安和忧虑的症状；严重受损的动物也会出现腹泻。晕动病见于陆、海、空行进期间，当车辆运动停止时症状会随之消失。主要的发病机制涉及内耳前庭部位受刺激，它与脑干催吐中心有关联。犬的这一通路中包括化学感受器触发区（CRTZ）和H1组胺受体，但似乎对猫不重要。最近的证据显示，神经激肽1实质P受体（NK1）在猫和犬催吐中心都发挥了重要作用，并且比CRTZ的受体更重要。猫和犬可能对车辆为条件反射地出现症状，甚至对静止车辆也会出现相似的症状。

在某些情况下，晕动病可以通过调节动物运输状态来克服。其他情况，使用镇静药和止吐药物有良好的效果。抗组胺药（如苯海拉明盐酸盐、茶苯海明、氯苯甲嗪和盐酸异丙嗪）防止晕动症，有镇静、抑制流涎的作用。吩噻嗪衍生物（如硫乙拉嗪、氯丙嗪、丙氯拉嗪、乙酰丙嗪马来酸盐）有止吐及镇静作用。猫在CRTZ无组胺受体，因此，抗组胺药在治疗猫的晕动病中无效。最好用α-肾上腺素受体颉颃剂（例如氯丙嗪）治疗猫的晕动病，而不用纯的H1组胺颉颃剂。

马罗匹坦，一种NK1受体颉颃剂，对治疗犬的晕动病有效。NK1受体位于脑干的催吐中心，而脑干是晕动病呕吐和恶心的最主要的部位。阻滞这些受体比抑制CRTZ更有效。因此，马罗匹坦可能是治疗犬晕动病的首选药物。通常每日给药1次。该药分为片剂和注射剂两种。虽然在标签中没有标明可用于猫，但事实上对治疗猫的晕动病也是安全有效的。

如果动物表现惊恐不安，可以使用具有镇静效果的苯巴比妥和地西泮。动物在运输前几小时口服上述任何一种药物，都可以减少或消除晕动症的症状（见控制呕吐的药物）。

第十二节　神经系统肿瘤

在所有家畜中均有神经系统肿瘤的报道。1%~3%的犬的尸检中均检测到神经系统肿瘤。猫的神经系统肿瘤不常见，主要为脑膜瘤和淋巴瘤。原发性神经系统肿瘤起源于神经外胚层，呈现于（或相关联的）大脑、脊髓或外周神经外胚层和/或中胚层的细胞。影响神经系统的继发性肿瘤，可能来自周围结构如骨骼和肌肉，或另一器官原发肿瘤的血源性转移。肿瘤栓子可在脑、脑膜、脉络丛或脊髓中的任何地方嵌入和生长。CNS肿瘤的传播和转移是罕见的，但可通过CSF通路发生，特别是如果肿瘤位于靠近蛛网膜下腔或心腔（例如脉络丛乳头状瘤、室管膜瘤、髓母细胞瘤、神经母细胞瘤、成松果体细胞瘤），或通过血行路线，如静脉窦途径，伴随后来的发展到远处的转移，最常见的是在肺。肿瘤也可以直接延伸到周围组织，尤其是骨。可以用小脑幕骨作为参考点对头盖骨内的大脑的不同区域进行定位。因此，大脑半球的肿瘤通常被称为幕上或前颅窝肿瘤，而那些在脑干或小脑的肿瘤被称为下颅窝或后颅窝肿瘤。

【分类】动物神经系统肿瘤的分类标准与人的一样，主要根据组成细胞类型的特点、病理行为、局部解剖模式及内部与周围肿瘤的继发性变化（表10-1）。

表10-1　犬与猫的神经系统肿瘤

肿瘤起源	易发位置	物种	发病率
原发性肿瘤			
神经细胞			
星形胶质细胞瘤（神经节细胞瘤）			
成神经节细胞瘤	多变的，如小脑和脑神经根、眼、颈神经节	犬	罕见
成神经细胞瘤			
神经上皮			
室管膜细胞瘤	第三和侧面脑室	犬、猫	不常见
肾胚细胞瘤	脑膜、胸腰椎脊髓	犬（德国牧羊犬）	不常见
脉络丛乳突瘤	第四脑室	犬	常见
神经胶质			
星形细胞瘤	梨形区、大脑半球中凸、丘脑、下丘脑	犬（短头型）、猫	常见
间胶质瘤	大脑半球	犬（短头型）	常见
恶性胶质瘤	与星形细胞瘤一样	犬（短头型）	不常见
成胶质细胞瘤	可变的，比如室管膜表面、小脑、视神经和视神经束	犬（短头型）	罕见
成神经管细胞瘤	小脑	犬、猫	不常见
神经胶质瘤（无类别）	室周区，特别在大脑半球	犬	常见
外周神经和神经鞘			
神经鞘肿瘤（神经鞘瘤、纤维神经瘤）	外周神经	犬，猫	常见
脑膜、血管和其他间质结构			
脑膜瘤	大脑半球的中凸和拱顶的底部	犬（中头型的）、猫	常见
成血管细胞瘤	可变的	犬、猫	罕见
恶性间叶肿瘤	可变的	犬、猫	常见
组织细胞肉瘤（局灶肉芽肿脑膜脑脊髓炎网状细胞增多）	大脑半球和脑干	犬、猫	罕见（犬）
松果体、脑垂体和垂体管			
松果体瘤	松果体	犬	罕见
脑垂体瘤	脑垂体	犬（短头型）、猫	常见
颅咽管瘤	垂体的漏斗区	犬	罕见
异位组织（畸形肿瘤）			
表皮样瘤、皮样囊肿、畸胎瘤、蛛网膜内部囊肿	可变的（第四脑室和表皮样小脑桥，四迭体内部蛛网膜囊肿）	犬	罕见
生殖细胞肿瘤	大脑基部蝶鞍上面	犬	罕见
错构瘤	可变的（如下丘脑）	犬	罕见
继发性肿瘤			
转移性肿瘤			
乳腺癌、肺癌、前列腺癌、化学受体瘤、恶性黑素瘤、淋巴肉瘤、唾液腺癌、血管肉瘤等	可变的	犬、猫	很常见
从周围组织继发的肿瘤			
骨肉瘤、脂肪瘤、骨软骨瘤、软骨肉瘤、纤维肉瘤、鼻腺癌，血管肉瘤、多样骨髓瘤、钙化腱膜的纤维瘤、表皮样囊肿等	可变的	犬、猫	很常见

免疫细胞化学研究和成像技术有助于分类。原发性肿瘤通常生长缓慢，而继发性肿瘤恶性程度高，转移的肿瘤和骨瘤通常生长得更为迅速。许多动物肿瘤特点类似于相应的人类肿瘤的特点，然而有15%~20%神经外胚层肿瘤（特别是神经胶质瘤）仍未分类。他们中的许多肿瘤，在局部解剖上与心室系统和/或室管膜细胞巢相似。当用免疫细胞化学染色时，高达26%的神经外胚层脑肿瘤无差别。虽然有报道1岁以下的动物偶尔患有脑肿瘤，但大多数均发生于成年与老龄动物。现在还尚未确定神经系统肿瘤有性别差异。

【发病情况】已报道的动物神经系统肿瘤病例，其发病率不同。其中，犬的发病率比其他家畜都频繁。在一项调查中，6 175条犬中有2.83%在尸检时发现有颅内肿瘤。在另一份报告中，犬颅内肿瘤的发病率为14.5/100 000。对幼犬（6月龄以下）的回顾性研究表明，最常见的3个肿瘤位点（递减顺序排列）是造血系统、脑与皮肤。短头颅品种的神经外胚层肿瘤的风险增加。

（1）**脑肿瘤** 在犬与猫中，大脑神经系统的原发性肿瘤比脊髓或外周神经更为常见。脑膜瘤、胶质瘤（例如，星形细胞瘤、间胶质瘤）、未分化肉瘤、垂体肿瘤和心室肿瘤（例如，脉络膜丛乳头状瘤、室管膜细胞瘤）是犬常见的原发性脑肿瘤。之前报道的肿瘤网状细胞增多症、胶质瘤、小胶质细胞瘤、恶性组织细胞增生症或恶性肉芽肿瘤膜脑脊髓炎，现已被归类为组织细胞肉瘤或淋巴瘤。其他原发性脑肿瘤（如畸形肿瘤），神经细胞肿瘤（如成神经细胞瘤、成神经节细胞瘤和星形胶质细胞瘤）、松果体瘤、颅咽管瘤（可能会破坏脑下垂体的外胚层的肿瘤）、恶性胶质瘤（胚胎神经胶质瘤），以及成神经管细胞瘤都较罕见。在家养动物中，短头品种的成年犬，如拳师犬、英国斗牛犬和波士顿梗，通常被认为是脑膜瘤发病率最高的；神经胶质瘤，包括分类的神经胶质瘤，是这些品种中多发的肿瘤。一项对97条犬的研究表明，黄金猎犬的脑肿瘤也有很高的发病率（特别是脑膜瘤）。

原发性鼻腔肿瘤：可能延伸到颅顶。在某些情况下，唯一的临床症状是神经系统异常，如行为上的改变、转圈、麻痹、抽搐或视觉障碍。呼吸道症状，如鼻出血、流鼻涕、打喷嚏、呼吸困难、打鼾或神经症状出现后，表现张口呼吸。鼻肿瘤类型包括腺癌、未分化软骨肉瘤、上皮细胞瘤、鼻腔神经胶质瘤、神经纤维肉瘤、神经内分泌癌和鳞状细胞癌。不同于鼻腔肿瘤，起源于中耳或内耳结构中的鼻肿瘤很少扩散到脑中。在犬，继发性肿瘤从鼻腔鼻窦扩散到脑中是比

较常见的，犹如转移性脑肿瘤（表10-1）。中耳或内耳肿瘤很少扩散到脑。在猫，转移性肿瘤最常见的是乳腺癌和淋巴肉瘤。

犬星形细胞瘤：可能是神经外胚层脑肿瘤最常见的。他们通常出现在成年犬，但在6月龄以下的犬中也有过报道。常见于短头品种，但也可见于其他品种。星形细胞瘤在猫中并不常见。在一份有关4只猫的报告中，曾报道肿瘤入侵第三脑室和侧脑室。星形细胞瘤由相对较大的胞质丰富的细胞或者处于不同阶段的体积稍小的细胞组成。细胞主要分布于血管周围。有几种变异型（例如间质型、纤维型、星形细胞型、原浆型和毛细胞型），其中大部分胶质纤维酸性蛋白（GFAP）染色呈阳性，GFAP是星形细胞胞浆内的细丝的化学亚单位。组织学检查发现的退行性变包括坏死、类黏液素变性、形成囊肿、血管增生（通常以肾小球巢的形式）和多核巨细胞。肿瘤很少出血。恶性星形细胞瘤表现出核多态性、有丝分裂图像和小细胞密集，核深染。用CT研究发现，星形细胞瘤和少突神经胶质瘤相似，两者都有环、不规则增强作用及界限不清。用MRI鉴别恶性星形细胞瘤与间胶质瘤一直都很困难。然而，在一些实例中，在确定弥漫性软脑膜瘤与轻度脑星形细胞瘤中，一致认为MRI优于CT。

脉络丛乳头状瘤：是犬常见的肿瘤，已报告的发病频率类似恶性胶质瘤（神经胶质细胞肿瘤，发病率达12%）。从发育角度，脉络丛上皮细胞不同于原始髓上皮细胞，常与室管膜细胞密切相关。这些肿瘤常呈红色，随乳头的增长可能会出血。组织学上，这些肿瘤很易辨认，常呈膨胀式增长并且有粒状乳头状外观。肿瘤乳头状突起由位于一层的立方形或圆柱形血管间质上皮细胞组成。基于GFAP染色的缺失，免疫细胞化学研究表明，这些肿瘤有上皮分化，但没有神经胶质分化。角蛋白可以在这些肿瘤中表达。在脉络丛导管内乳头状瘤的良性与恶性变型中，通过CSF途径传播到大脑或脊髓的其他部位，随后发生鳞片样脱落。还可能发生阻塞性脑积水，脑膜癌症可能伴随肿瘤在蛛网膜下腔传播。用CT扫描容易对脉络丛乳头状瘤作出诊断，它表现显著的高密度，对比度均匀增强。用MRI也可见对比度明显增强，还包括出血与矿化。脉络丛乳头状瘤对短头品种犬无明显威胁，猫也很少发生此病。

室管膜瘤：起源于脑室和中央管脊髓的上皮细胞。室管膜瘤较为罕见，但在短头品种犬中发病频繁。室管膜瘤的颜色为灰色至红色，手感柔软，小叶性物质常侵入心室系统和脑膜，可导致阻塞性脑积水。可观察到在脑脊液系统内的转移。第四脑室室管

膜瘤可包围脑干。已描述过上皮型与纤维型的两种肿瘤。组织学检查，细胞形态一致，胞浆呈白色或透明，核为圆形且染色质丰富。血管周围的无核带具有明显特征。一些室管膜瘤表现出血，并伴有类黏液素退行性变化与囊肿形成。恶性或退行性的室管膜瘤有中等程度的多形性和坏死，并可能合并为多形性成胶质细胞瘤。在一项研究中，9个室管膜瘤中仅有1个呈GFAP阳性。对脑肿瘤进行CT研究，室管膜瘤无明确的区分特征。

神经节细胞瘤：在几种不同品种的成年犬中，该病是很少见有报道的颅内肿瘤。组织学检查发现有成熟的和处于不同分化状态的神经元样细胞，其中包含一个中央核和一个核仁。还可见到未成熟的成神经元样细胞，偶见新生成的髓鞘。一般在小脑最为常见。纯神经节细胞瘤无神经胶质的元素不表达GFAP，也会出现矿化和伴有水肿和毛细血管增生的广泛性坏死等病理变化。

生殖细胞肿瘤：位于大脑基部蝶鞍的背部，常与脑下垂体密切相连，而脑下垂体常被生殖细胞肿瘤所取代。已确认是由胚胎发育过程中生殖细胞的大量迁移所造成。神经症状可呈急性发作，包括嗜睡、精神沉郁、心动过缓、瞳孔扩张、上睑下垂、视觉下降和失明。生殖细胞瘤可从嗅觉梗延伸到桥和梨状脑叶，可能包含其他脑神经（例如，神经Ⅲ~Ⅶ）。经组织学检查，肿瘤通常包含原始生殖细胞的混合物，类似肝细胞索及腺泡和高柱状上皮细胞的小管。胎蛋白染色呈阳性。患病动物通常为3~5岁，多伯曼短毛猎犬可能比其他品种犬患病的风险更高。有些生殖细胞瘤常被误诊为垂体瘤或颅咽管瘤。

多形性成胶质细胞瘤：被认为等同于更多的恶性星形细胞瘤。据报道，该病在犬中发生频繁。研究发现，发病率占215种神经胶质细胞瘤的12%。多数肿瘤较大，而且常在大脑中发现。肿瘤细胞由中等大小、带有同形核的圆形或梭形细胞组成。一些胶质母细胞瘤的细胞表现出大量多形性，伴有小型和大型单核细胞及多核细胞。多形性成胶质细胞瘤常出现局部浸润和侵害及血管化，且往往含有坏死区。胶质母细胞瘤有时表达GFAP，且在短头品种犬中最常见。

错构瘤：通常是由特定位置的组织，无序地过度生长所形成。错构瘤呈局灶性畸形，类似肿瘤。据报道，仅有很少的犬会发生错构瘤，通常为亚临床表现。

血源性转移性脑肿瘤：通常源于颅外位点。在犬，血源性转移性脑肿瘤常由乳腺癌、甲状腺癌、支气管上皮细胞癌、肾癌、化学感受器细胞癌、鼻黏膜癌、皮肤鳞状上皮癌、前列腺癌、胰腺癌、肾上腺皮

质癌和唾液腺癌症发展而来。已报道一条5岁的雄性混种犬由传播性交媾瘤发展为脑转移瘤。犬常见的肉瘤转移，包括纤维肉瘤、血管肉瘤、淋巴肉瘤和成黑色素细胞瘤。犬的脑转移可伴随髓内淋巴肉瘤或血管肉瘤的转移。在猫，转移性肿瘤常来自乳腺癌或淋巴肉瘤。大多数中枢神经系统淋巴瘤，尤其是犬，是多中心性疾病的一部分，它与广泛性脉络丛浸润和软脑膜有共同特点。犬的血管内皮瘤被认为是嗜血管性淋巴瘤，可能是B-细胞系。神经外肿瘤细胞有时会集中在脑膜（如脑膜癌病），常与肠道瘤或乳腺癌相关。

组织细胞肉瘤：曾叫作恶性组织细胞增生症或原发性/恶性网状细胞增生症。在犬中报道较罕见。一些肿瘤组织细胞在颅底蛛网膜和心室区（两侧）的增生和/或浸润是一种典型的特征。这些肿瘤细胞也可渗透硬脊膜、蛛网膜、软脑膜和脊髓神经根。经组织学检查，这些细胞具有典型的组织细胞学形态，并表现出中等程度的多形性与许多有丝分裂。

颅内蛛网膜囊肿：在犬中已有报道。这些罕见的畸形肿瘤最常发生于四叠体池。在一份有6条患犬的报告中，3条犬在1岁以下，4条犬为雄性，其中5条犬的体重不到11 kg。一条犬发育异常（异常胼胝体和阻滞椎）。在CT扫描与MRI中显示囊肿在髓外，并有清晰的边缘，含有与CSF相同的液体密度，并没有表现出对比增强。

畸形肿瘤：包括表皮样和皮样囊肿及畸胎瘤，源于异位组织，在犬中较罕见。畸形肿瘤通常位于接近于闭锁的胚胎线。表皮样和皮样囊肿起因于神经管闭锁时胚胎组织上皮成分的内含物。据报道，囊肿多发于幼龄犬（如3~24月龄），也发现于老龄犬。它们通常波及小脑桥脑角、第四脑室或两者兼有。第四脑室内的囊肿可继发性压迫延髓和小脑。偶尔在尸检时发现表皮样囊肿。组织学检查，表皮样囊肿具有多腔结构，大多数排列成复层鳞状上皮，并包含皮脂腺碎片、脱落的上皮细胞和偶尔可见的炎症细胞。相比之下，皮样囊肿含有附属结构，如毛囊、皮脂腺和汗腺。囊肿的直径可达2.5 cm。根据肿瘤的定位，犬可能表现出脑桥髓样综合征（例如三叉神经、面部、小脑和/或前庭功能障碍）。畸胎瘤是由一些胚胎生殖细胞层引起的分化良好的生殖细胞瘤。

髓母细胞瘤：是恶性程度高、罕见的神经外胚层犬肿瘤，主要发生于小脑。肿瘤常凸出到第四脑室，常取代部分小脑蚓部，并压迫中脑喙侧和脑干腹侧。他们可渗透到脑膜，在CSF通路内转移，并引起阻塞性脑积水。经组织学检查，肿瘤细胞密度大，胞浆苍白，胞核粗糙呈椭圆形或胡萝卜形，伴有粗大的颗粒状染色质。常可见有丝分裂图像。退行性变包括核固

缩和核破裂。虽然大多数病例见于幼龄犬，但小脑髓母细胞瘤多向分化主要见于4岁的边境牧羊犬。

脑膜血管瘤：是一种罕见的CNS血管良性畸形，其特征为幼龄犬与成年犬的大脑皮质和脑干中的血管增生和血管周围脑膜上皮细胞呈纺锤状。用中介丝染色脑膜细胞呈阳性，其中，增生细胞中存在黏多糖和胶原蛋白，表明为骨髓间叶细胞和成纤维细胞的起源。

脑膜瘤：是髓外肿瘤。脑膜瘤是由颅腔与脊髓腔内的硬脑膜部分引起，据报道是猫科动物最常见的脑肿瘤。脑膜瘤也是犬最常见的颅内肿瘤之一，发病率为30%～39%。许多研究表明，脑膜瘤常见于7岁以上的犬和9岁以上的猫，但也在患Ⅰ型黏多糖病的幼猫（＜3岁以下）与不到6月龄的幼犬中发现此病。长头品种犬易患此病，尤其是金毛犬。犬和猫的脑膜瘤有雌激素、孕酮与雄激素受体。脑膜瘤通常为良性肿瘤，在硬脑膜下生长缓慢，但也有关于直接脑侵入的报道。

病理变化包括肿瘤呈球状、不规则、分叶状、结节状、卵或斑块样肿块，直径范围由几毫米至几厘米。脑膜瘤通常是分散的，附着牢固且富有弹性，一般有荚膜包裹。他们可能含有颗粒状钙化，即熟知的砂砾体。此外，有可能是局灶性或肿瘤的大量钙化。基底的实质部分与斑块样脑膜瘤均围绕颅腔的基底，尤其是在靠近视交叉和碟鞍区域。脑膜瘤多见于大脑半球凸面，很少发生于小脑脑桥延髓区域，在眼球后的区域（由视神经鞘引起）也很少见。在猫科动物中，脑膜瘤常见的部位包括第三脑室的脉络组织和幕上脑膜。猫多发性脑膜炎也有较高的发病率。还可能发生临近脑膜瘤的骨肥厚，特别是在猫。

脑膜瘤很少转移到脑外，但可扩散到鼻侧部与肺，还可见因蛛网膜细胞或脑膜细胞的胚性移位而引起的原发性颅外物。位于颅外的脑膜瘤不同于颅内的脑膜瘤，主要是因为脑膜瘤具有侵袭性和间变性/恶性性质。通过对比CT扫描，根据其广泛性和位于外围的包块，可将脑膜瘤与脑实质性肿瘤进行区别。利用CT扫描和MRI，还可检测囊性与水肿性脑膜瘤。当用MRI检测脑膜尾（临近髓外块的增厚的硬脑膜的线性增强）时，最可能的原因是脑膜瘤。

犬脑膜瘤的组织学分类包括成血管细胞脑膜瘤、成纤维细胞脑膜瘤、脑膜上皮细胞脑膜瘤或合胞体脑膜瘤，沙样脑膜瘤和过渡型单核白细胞脑膜瘤。也可见乳头与显微囊型肿瘤。肿瘤通常由较大的脑脊髓膜细胞或梭形细胞组成，常排列成旋涡状、巢状、岛屿状或流状形。通常细胞界限不清，细胞核含有少量的染色质。犬脑膜瘤常有胞质细丝。退行性变可包括空

洞状血管形成、出血、结缔组织的玻璃样变和脂肪、脂褐质或胆固醇沉积。许多脑膜瘤有局灶性坏死及化脓的迹象。这可能是患脑膜瘤犬的脑脊液中多形核细胞占主要成分的原因。

大多数猫科动物的上皮瘤为脑膜皮瘤型或沙瘤型，常伴随胆固醇沉积。

脑膜肉瘤：恶性肉瘤常引起脑膜的弥漫性增厚，广泛性出血也很常见。这些罕见的肿瘤往往渗透到神经组织并且沿着血管发展。细胞类型包括淋巴细胞、类浆细胞、成熟的浆细胞、免疫母细胞和多核巨细胞。

少突神经胶质瘤：是犬常见的肿瘤，特别是在短头品种。据报道，少突神经胶质瘤占神经外胚层肿瘤的28%。这些肿瘤由染色质丰富、包得很紧的、细胞核周围有光晕的圆形细胞组成。许多细胞通过浸润和破坏入侵组织而生长。在这些肿瘤中，许多毛细血管增生，并产生小球样结构。退行性变与星形细胞瘤中所见的很相似。坏死与广泛性钙化并不常见。这些肿瘤GFAP不着色；在一项研究中发现，11份少突神经胶质细胞瘤中有3份与髓鞘相关的糖蛋白发生反应，但是与髓鞘碱性蛋白没有发生反应。许多犬的少突神经胶质细胞瘤是与星形细胞瘤相结合的混合瘤，在某些情况下，常有室管膜的分化作用。MRI的特征与所见的恶性星形细胞瘤很相似。猫很少发生少突神经胶质细胞瘤。

垂体瘤：常见于犬，并且短头品种明显多发。而在猫科动物并不多发。肿瘤可能是功能性或非功能性。这两种类型的任何一种，由于脑垂体组织的机械性或功能性损伤，都可导致垂体功能减退，尽管这种影响并不常见。非功能性犬垂体瘤较常见，并通常是不染色细胞腺瘤，虽然已有过腺癌的报道。功能性垂体瘤与腺垂体相关，以垂体-依赖性肾上腺皮质机能亢进（PDH）为典型特征。据报道，80%以上垂体库欣氏症与垂体瘤相关。

在犬，这些肿瘤可能源于远侧部（80%）或中间部（20%），因为这两个区域中都含有可以产生促肾上腺皮质激素的细胞。垂体瘤一般都是不产生神经症状的一些难染色的微腺瘤（直径小于1 cm）。MRI研究表明，高达60%的有PDH和无神经症状的犬，其垂体瘤直径为4～12 mm。多达50%的有PDH和较大的难染色的微腺瘤（MRI检测直径大于1 cm）的犬，可能不出现与颅内物相关的临床症状。在一项研究中，8条患有垂体瘤犬中的7条犬，经不同时间（1～2年）的PDH治疗后，能出现神经症状，包括异常行为（例如，头部低压、嗜睡、躲藏、徘徊、踱步、转圈与震颤）、抽搐与定向性眼球震颤。大多数垂体瘤，特别

是那些从远侧部衍生的，由于鞍隔的不完全，常趋向于背部生长。中间部的难染性的犬肿瘤较小，其破坏性也较小。垂体瘤的背部延伸可导致下丘脑漏斗、第三脑室的腹侧部、下丘脑和丘脑受压与闭合，可最终侵害内囊和下丘脑视束。下丘脑或正中隆凸的参与，可引起中枢性尿崩症（尤其是有神经症状的中年和老年犬），以及多尿、多饮和等渗尿或低渗尿。水平衡的改变，都是由于视上核抗利尿激素（ADH）合成受到干扰，或者抗利尿激素释放到垂体神经部的毛细血管所致。虽然垂体瘤通常不会导致视力障碍、急性失明和瞳孔散大，但已发现7条患垂体瘤的犬无瞳孔反应，1只患垂体瘤的猫的视交叉神经受到垂体肿块的压迫。

大约80%的猫用库兴氏症诊断出PDH，肿瘤类型包括垂体微腺瘤、巨腺瘤和恶性腺瘤。垂体嗜酸细胞腺瘤与猫的肢端肥大症及一些神经系统症状（如转圈、抽搐）相关，伴随着胰岛素抵抗糖尿病和高血清生长激素浓度。

经组织学检查，垂体瘤包括紧密排列于血管的多边形、圆形、圆柱形细胞，或通过结缔组织形成的细胞分裂的群体。质地均一，类似于正常垂体组织。许多垂体瘤含有嫌色细胞和嗜色细胞。退行性变包括囊肿的形成、坏死和出血。不管神经症状如何，在伴有PDH的犬中，采用造影增强的MRI，特别有助于观察微小瘤（直径3～10 mm）与巨型瘤（≥24 mm）。对垂体瘤进行MRI和CT扫描显示，瘤周围轻微水肿、对比度均匀增强、边界清晰，但直径小于3 mm的肿瘤可能不易观察。肾上腺皮质机能亢进的犬，可能同时存在肾上腺瘤与垂体瘤，使检测结果变得复杂，也给诊断和治疗带来很大的困难。

原发性骨骼肿瘤：通常不会引起神经症状。多小叶的骨软骨瘤起源于头骨的扁平骨，通常发生于老龄的中型犬或大型犬，而且质地坚实，位置较固定。它可能会侵蚀颅骨和压迫潜在的脑组织，但很少发生浸润。X线检查，肿瘤含有结节状或斑点状矿化区域，致使特征性"爆米花球"的出现。光镜检查可见，肿瘤含有多个小叶骨和软骨组织。局部复发与转移较常见。椎体骨软骨瘤以脊髓呈对称分布。

血管畸形：被认为是发育受损，而并非真正的肿瘤，在犬和猫并不常见。它们可位于扣带回、梨状窝海马区的颞叶、基底神经节、小脑、枕叶或透明隔和穹隆，主要由动脉、静脉和毛细血管等组成。这些血管往往扩张，呈正弦曲线样形状，并伴有出血。

（2）**脊髓肿瘤** 猫和犬常患有脊髓肿瘤。一般根据肿瘤与脊髓、脑膜硬膜外、髓外或髓内的关系进行分类。根据肿瘤的位置，可分为4种脊髓综合征（如颈椎、颈胸、胸腰或腰荐部综合征）。不管何种类型，患脊髓肿瘤的病犬平均年龄为6岁，常见于中、大型品种。猫淋巴肉瘤主要发生于青年猫（平均年龄3.5岁），而且多数病例都是由传染性病原（如猫白血病病毒）引起。然而，单一的年龄不能排除脊髓肿瘤的诊断。不同肿瘤的类型和发生部位的临床病程，尚未搞清。在一项研究中，脊髓内肿瘤的发病速度最快（1.7周），其次是硬膜外肿瘤（3.4周）和硬膜内髓外肿瘤（5.7周）。

硬膜外肿瘤：常见于硬膜外，能引起脊髓压迫症。硬膜外肿瘤是猫与犬最常见的脊髓肿瘤。犬脊髓肿瘤最常见的类型是原发的恶性骨肿瘤（软骨肉瘤、纤维肉瘤、血管肉瘤、血管内皮细胞瘤、多发性骨髓瘤、骨软骨瘤或多个软骨性外生骨疣和骨肉瘤），并且肿瘤能转移到骨和软组织。据报道，犬继发性脊椎肿瘤包括间变瘤、主动脉体肿瘤、支气管癌、化学感受器瘤、纤维肉瘤、神经节细胞瘤、血管肉瘤、淋巴肉瘤、恶性黑色素瘤、乳腺癌、骨肉瘤、胰腺癌、肛周腺癌、前列腺癌、横纹肌肉瘤、睾丸支持细胞癌、鳞状细胞癌、移行细胞癌、甲状腺癌、扁桃体癌。犬的硬膜外神经节细胞瘤及其未分化的对应物——成神经节细胞瘤，已有报道。

据报道，猫原发性脊髓肿瘤较罕见，骨肉瘤最常见。犬的转移性、硬膜外脊髓肿瘤不常见，但硬膜外淋巴肉瘤是猫科动物最常见的脊髓肿瘤。虽然学者们零星地报道了犬的原发性脊髓淋巴肉瘤，但在大多数情况下，这些肿瘤主要继发于机体其他部位的淋巴肉瘤。在猫的一项研究中发现，50%病例的外神经不受侵害，23只猫中有22只为单发性肿瘤。肿瘤可见于任何脊椎区，但最容易在胸椎和腰椎腔发生。这些肿瘤中有3种能影响到臂丛颈神经根（参阅"外周神经肿瘤"，下述）。猫脊髓淋巴瘤可延伸到多个椎体，涉及1级以上脊髓。在猫，一般不涉及软脑膜脊髓。一种名为黏液肉瘤的肿瘤已在4条犬中发现。这些恶性肿瘤类似于软组织黏液瘤，具有多边形的细胞，胞浆灰色，呈液泡化，S-100蛋白抗体染色呈阳性。4例病例中有3例的肿瘤位于硬膜外，另外1例位于髓外硬膜内。

髓外硬膜肿瘤：主要见于蛛网膜下腔，预计占所有脊髓肿瘤的35%。它们大多为脑膜瘤或神经鞘瘤（例如神经纤维瘤、椎管内神经鞘瘤与神经鞘膜瘤），这些肿瘤可在椎管生长，并能压迫脊髓。据报道，在犬中约有14%的中枢神经系统脑膜瘤（猫只有4%）涉及脊髓。髓外硬膜肿瘤可见于颈、腰椎或胸部脊髓区域。在关于29条患有脊髓肿瘤犬的报道中，神经鞘瘤是继椎体肿瘤后的第二种常见的类型。在另一项犬脊髓肿瘤的研究中，60例神经鞘瘤中有39例都涉及脊髓。神经鞘瘤常影响臂丛神经（见"外周神经肿瘤"，下述）。

原发性髓外硬膜肿瘤对幼年犬（尤其是猎犬与德国牧羊犬）的第10胸椎至第2腰椎脊髓片段有亲和力，常被诊断为室管膜瘤、髓上皮瘤、肾母细胞瘤或神经上皮瘤。这种肿瘤的起源尚未确定，免疫细胞化学研究并不支持神经外胚层起源说。单克隆抗体研究表明，该肿瘤可能是一种肾母细胞瘤。大多数病例见于5～36月龄的犬，对雄性和雌性的影响相同。临床症状包括胸腰椎综合征。脑脊液通常正常，仅发现1条犬的蛋白含量升高。延髓外包块呈棕褐色至灰白色，长1～3 cm。通常见于脊髓的背侧面，可能会陷入到脊髓根，并可能伴有局部出血和严重的脊髓压迫症。组织病理变化包括卵圆形至梭形细胞中的实心细胞片，散布于腺泡和管状分化区、退化的小球以及局灶性鳞状上皮化生。

髓内肿瘤：是3类脊髓肿瘤中少见的，报道其发病率为15%～24%。原发性神经胶质肿瘤（如星形细胞瘤、脉络丛乳头状瘤、室管膜瘤、少突神经胶质瘤与未分化肉瘤）是诊断中最常见的。髓内脊髓转移是犬全身恶性肿瘤的一种少见的并发症，神经症状可能是全身恶性肿瘤的最早征兆。患犬的平均年龄为6岁，可能涉及任何部分的脊髓，并有可能转移至脑。

畸形肿瘤：很少影响脊髓。在一篇报告中提到，患有胸腰椎综合征的1条2岁的雌性罗威纳犬出现髓内表皮囊肿。囊肿长2 cm，直径为1 cm，呈灰白色，并从第13胸椎延伸到第2腰椎脊髓节段。空腔内积聚单一的复层鳞状上皮，或在少数几个区域，还积聚含有透明角质颗粒的脱落的角质上皮。脊髓常严重受压。这些囊肿可能是在神经管闭锁过程中引起原始上皮细胞生长所致。

（3）外周神经肿瘤 脑神经与脊神经以及神经根肿瘤常见于犬、牛和马，猫科动物很少见。在一篇报告中显示，外周神经肿瘤占犬神经系统肿瘤的27%。由于对肿瘤的起源细胞的观点不同，常导致描述这些肿瘤的术语很不统一。椎管内神经鞘瘤、神经鞘膜瘤和神经纤维瘤较为常见，因为这些肿瘤大多是恶性的（按细胞学标准），通常不可能确定细胞的来源，因此建议使用恶性外周神经鞘膜肿瘤（MPNST）这一术语。近尾部颈神经中部和/或喙胸的神经根，特别是腹侧根，是MPNST最常见的部位。这些肿瘤经常涉及的臂丛神经，常表现为一个或多个神经呈球形或梭形增厚。一旦肿瘤进入臂丛神经束即可扩散到其他神经。肿瘤常导致缓慢、渐进性单侧前肢跛行与肌肉萎缩，主要涉及冈下肌和冈上肌。患病动物常表现

出单侧性霍纳综合征，腿活动时疼痛，触诊腋窝疼痛（可触摸到腋块），并且患病动物还会舔咬患肢蹄或腕部。硬膜内脊髓压迫最常见，虽然位于外周的肿瘤偶尔可压迫椎管，但肿瘤主要位于脊髓神经根。三叉神经是最常受到MPNST压迫的脑神经，并导致单侧三叉神经功能紊乱（例如咬肌与颞肌的单侧性萎缩）。已有关于脑干压迫与局部椎体侵蚀的报道。

外周神经也可受到其他各类肿瘤（如犬颈部巨细胞肉瘤、汗腺恶性肿瘤和长入胘丛中的肉瘤）的影响。起源于神经元的外周肿瘤，如神经节细胞瘤以及它们更多的未分化瘤——成神经节细胞瘤极为罕见，但也能引起犬的硬膜外脊髓压迫。已确认，交感神经节是神经节细胞瘤的来源。猫与犬的淋巴肉瘤可能涉及脑神经、脊神经与神经根，并可在颅内延伸。三叉神经与神经节的髓单核细胞瘤可引起下颌骨下降与咀嚼肌对称性萎缩，在犬已有相关报道。耳道的肿瘤（例如耵聍腺癌、纤维肉瘤与鳞状细胞癌）以及头骨骨肉瘤，可影响面部神经及其分支。神经纤维瘤很少涉及前庭蜗神经。脑神经可被位于颅顶基底的脑膜瘤所压迫。迷走交感神经干可被动脉瘤所压迫。

另见外周神经与神经肌肉接合性疾病。

【临床表现】 已经阐述了不同中枢神经系统肿瘤的临床症状与综合征。根据肿瘤的位置，能判断出与局灶性散在的颅内物有关的脑、下丘脑/间脑、中脑、小脑、脑桥延髓前庭综合征。对于许多病例，可进行精确的解剖定位，尤其是在肿瘤的早期生长阶段。然而，肿瘤位置与临床症状、病理的关系并不密切关联，因为肿瘤位置可被继发性病变（例如脑疝、脑水肿、出血、阻塞性脑积水、组织坏死、脑内的肿瘤扩散）所掩盖。部分脑疝可能是由于颅内压增高和/或由肿瘤引起的脑转移所致。

已经发现了几种类型的疝。位于大脑镰下的面向未感染的大脑半球的扣带回疝常导致扣带回的对侧受压。小脑幕下（尾小脑幕症）的枕叶或颞叶疝（主要是海马旁回），往往会引起中脑的延髓丘的背腹和横向压迫，以及部分中脑导水管的阻塞。也可发生间脑和中脑的尾侧移位。临床症状包括初期瞳孔收缩，随后瞳孔散大、四肢瘫痪与昏迷。小脑幕下小脑延髓蚓部疝（延髓脑疝）可能会导致扁平的喙小脑，标志着脑干的延髓压迫与移位，以及颞叶皮层受压。除大体的病理变化外，未见明显的临床症状。小脑疝（尤其是小脑蚓部的尾叶）通过枕骨大孔压迫下面的延髓，并可引起软化与出血。可观察到窒息、缺氧引起的昏迷以及四肢瘫痪等临床症状。枕骨大孔与近尾部的小脑幕疝并发，可引起中脑与延髓的功能紊乱。疝伴发脑室系统衰退，特别是中脑导水管水平减退，可发

生阻塞性脑积水。颅内压增高可导致疝组织缺血性坏死。

最初，抽搐与行为变化可能是涉及大脑前庭（如嗅觉器官与额叶）肿瘤的唯一特征。额叶和前额叶病变可能不表现临床症状。急性失明是动物视交叉神经区域肿瘤（例如垂体瘤、副鼻窦癌、多中心的淋巴肉瘤与上生殖细胞瘤）的最初临床症状。已确认，视神经乳头水肿（常为双侧）是引起颅内压普遍增高的主要原因。多种病因（如来自颅外肿瘤的多发性转移性包块，特别是与恶性黑色素瘤与血管肉瘤一起转移的包块）可导致与中枢神经系统肿瘤有关的多病灶性临床症状。其他肿瘤，例如肺癌或乳腺癌，往往发病较少，但转移性较大。大脑、海马和小脑皮质是血行转移的常见位点。神经外肿瘤细胞有时会定位于脑膜（如与乳腺癌或肠道癌相关的脑膜癌）。多灶性综合征也可能是由多个位点的原发性中枢神经系统肿瘤造成的，或者一个原发肿瘤转移到另一个位点，或通过CSF进行转移。

由于脉络丛乳头瘤与室管膜瘤的脑室定向效应，尤其是当它们出现在第四脑室时，往往会阻碍脑脊液通路。与脑室肿瘤相关的神经症状起因于肿瘤的位置，也取决于由阻塞性脑积水引起的脑室扩张程度。往往任何一种肿瘤的临床症状都是隐性的，通常临床病程长久，从数月至数年不等。犬与猫的神经外免疫增生性疾病（如多发性骨髓瘤和与淋巴细胞白血病相关的巨球蛋白血症）也可导致一些间歇性脑神经症状，包括定向障碍、共济失调、头部意向性震颤、视力减弱、转圈与蹒跚或倒下。血管内红细胞聚集可阻碍感染区的血流，也可导致短暂性症状。

垂体瘤与不同的内分泌症状有关，包括肢端肥大症、被毛异常、性腺萎缩、多饮、多尿与肥胖（见垂体腺）。行为变化、转圈、局部麻痹、抽搐或视力下降，都是由于原发性鼻腔肿瘤扩散到脑穹隆所致。呼吸道症状，如呼吸困难、鼻出血、流鼻涕、打喷嚏、鼾声或张口呼吸，均可伴随神经症状，但有时也可能根本不出现神经症状。

【诊断】各种诊断方法，包括X线平片、对比放射学方法（如脊髓造影），以及一些特殊的放射照相技术如放射性同位素成像（闪烁扫描术）、CT扫描与MRI都被用于神经系统肿瘤的诊断。这些技术提供的重要信息（例如轴向起源、位置、形状、生长模式和水肿），可为诊断、治疗肿瘤与判断预后提供很大帮助。可通过X线平片观察骨瘤。颅内肿瘤可用MRI检查。虽然确诊颅内肿瘤需要通过活组织检查，但一些恶性肿瘤的指标（如水肿、细胞扩散生长、界限不清与组织侵袭）已可用MRI确诊。

硬膜外、髓外和髓内肿瘤的症状在脊髓造影上是不同的。硬膜外病变位于硬脑膜的外部，常导致硬膜管与脊髓衰减。造影柱偏离椎管，常导致硬膜外腔增大，表明已发生硬膜外伤。在蛛网膜下腔常发生髓内、髓外病变，它们作为楔子，取代接近椎管的硬脑膜和接近对侧椎管的脊髓。造影剂一般都渗透到肿瘤的上部与尾部边缘，形成特有的杯状或高尔夫球钉状外观。与此相反，髓内肿瘤常从内部取代脊髓组织，使脊髓周长增大，造影剂显示蛛网膜下腔肿瘤周围的空隙变小。

一项研究结果表明，在与硬膜外损伤有关的造影诊断骨病变方面，CT比探查性X线平片的效果好，但在脊髓病变分类方面，脊髓腔造影比CT的效果更好。在另一项关于犬的研究中，MRI可用于确定所有犬的肿瘤位置，以及除1条犬外，其余所有犬的骨浸润。但要确定髓外硬膜内肿瘤的位置是不太可能的。用脊髓造影解释髓内脊髓转移可能是比较困难的；髓内肿瘤应与出血及脊髓水肿进行区分。通常，髓内肿块的脊髓造影，能显示脊髓阴影变宽并逐渐变窄，以及侧面与背腹部对比度减弱。

电诊断学技术（如肌电图、神经传导速度测定），结合脊髓造影与成像技术，有助于外周神经瘤的诊断。据报道，颈部恶性外周神经鞘瘤的脊髓造影结果常呈阴性。

CSF分析显示总蛋白含量、白细胞总数与CSF压力轻度增加。患脑或脊髓瘤的动物的CSF中，很少出现肿瘤细胞，但已报道犬和猫患颅内和脊髓（硬膜外和髓内）淋巴肉瘤时出现恶性细胞。

【预后与治疗】患神经系统肿瘤的动物预后比较差，但取决于肿瘤对组织损伤的程度、肿瘤的位置、手术的可行性和肿瘤的生长速度。基于使用成像技术，如CT扫描和MRI，对于肿瘤进行更准确的定位和识别，近来治疗方法主要集中于手术切除、放射治疗与化疗。更好的鉴别与鉴定肿瘤的方法是，通过立体定位引导下穿刺进行组织检查。虽然当前无法知晓不同类型与位置肿瘤治疗的成功率，但一般无脑干症状的脑肿瘤（包括脑膜瘤和室管膜瘤）预后最好，尤其是猫。放射疗法是治疗颅内肿瘤最成功的方法，如果进行手术，术后放射治疗可延长存活时间。放射疗法对不能手术的肿瘤非常有效，并且放射疗法对犬的浸润性肿块会比手术效果更好。对86条有脑肿瘤的犬的回顾性研究表明，用^{60}Co放射治疗的犬，结合或不结合其他的治疗，明显比那些接受手术（有些用^{125}I埋植剂）或接受对症治疗的犬活得时间更长。患单发性肿瘤的犬预后较好。仅用细胞毒素化疗，以长期控制脑肿瘤的效果不佳；对症治疗（例如使用抗惊厥药和/或消炎剂量的皮质类固醇）最多只能起到缓和作用。皮质类固醇可通过减缓肿瘤附近组织水肿和通过引起淋巴样瘤和网状组织细胞的暂时消退来减轻症状。犬脑膜瘤的最好治疗方法是手术治疗。仅通过手术治疗脑膜瘤的报道显示，犬的平均存活时间为198 d，猫为485 d，1年内犬的存活率为30%，猫为50%。添加细胞毒性药物和/或照射，可延长存活时间。

多数的硬膜外脊髓肿瘤为原发性骨肿瘤，并且切除往往会导致脊柱的稳定性下降，病理性骨折或脊椎半脱位。在犬的恶性硬膜外肿瘤研究中发现，手术后患犬的存活时间很短。一份关于20例犬的椎体瘤（原发性或转移性纤维肉瘤或骨肉瘤）的报告显示，手术、放疗和化疗相结合，治疗犬椎体瘤，预后需慎重。治疗后犬的平均存活时间为135 d，存活范围为15～600 d。在另一份报告中，手术切除脊髓淋巴瘤与黏液肉瘤的犬的存活时间为560～1 080 d，其中有些犬还接受了术后放疗与化疗。治疗猫科动物脊柱淋巴瘤的推荐方法，包括局部放射治疗、外科手术切除肿瘤与全身化疗，药物包括L-门冬酰胺酶、环磷酰胺、长春新碱和强的松。长期治疗的效果不佳。

患有恶性外周神经鞘瘤（MPNST）的动物，通常预后不良，因为这些肿瘤只有一小部分可被完全切除，并且复发率很高。MPNST经常转移到肺部，这是另一种并发症。早期诊断MPNST，则预后良好。据一项研究报告显示，手术切除后平均存活时间为180 d。多种硬膜内髓外肿瘤（如脂肪瘤与脑膜瘤）都能被成功切除，并且动物能存活很长时间。然而，涉及肿大的脊髓节段的、位于腹侧的或侵入邻近神经实质的硬膜内髓外肿瘤，一般预后不良。

手术切除髓内肿块几乎是不可能的。但是，也有关于胸腰部髓内室管膜瘤和类似肾母细胞瘤的肿瘤成功切除（主要是探索性椎板切除术，其次是脊膜和脊髓切除术）的报道。由于常常存在的播散性疾病，犬脊髓髓内转移时常预后不良，虽然皮质类固醇治疗可能会有暂时性的改善。

可以成功切除外周神经与神经根肿瘤，但可能需要切除受感染的神经与神经根。周围肿瘤切除后常复发，一份报告显示，平均复发时间为5个月。如果所有肌群的萎缩极为严重——有可能发生涉及臂神经丛的多条神经的肿瘤——或如果涉及的神经根超过1条，则需要完全截肢。

第十三节　神经系统副肿瘤性疾病

副肿瘤综合征是非转移性癌症的并发症，可以影响神经系统的所有部分，包括脑、脑神经、脊髓、背根神经节、外周神经和神经肌肉接合处。已确认，副肿瘤综合征为免疫介导性疾病，与代谢或营养性疾病、感染、中风或治疗（如化疗）并发症无关。虽然确切的发病机制尚不清楚，但由于肿瘤与神经组织（分子模仿）表达的抗原相似，可能会引起肿瘤靶向的免疫细胞对神经组织的影响。

影响中枢神经系统的副肿瘤综合征在动物中非常罕见，但也可能由于缺乏对该病的了解，而导致较低的检出率。曾报道1例8岁雄性德国牧羊犬，因患急性盆腔肢体瘫痪而使脊髓受损。临床症状包括运动功能逐渐丧失，自身意识感觉减退，躯干和后肢的浅表和深部疼痛感觉丧失，并且前肢呈希夫−谢林顿（Schiff-Sherrington）样过度伸展。剖检可见肝细胞癌转移到肺、肝、脾和淋巴结。严重的坏死性脊髓病危及整个胸段脊髓的灰质和白质，包括海绵状变性、胶质细胞增生、脱髓鞘、轴突肿胀与变性以及神经坏死。在另一个病例中，1条17月龄的雄性贵宾犬，因神经缺损而导致高黏度综合征，并继发与巨球蛋白血症相关的淋巴性白血病。

患胸腺瘤的犬可发生副肿瘤性重症肌无力（MG）。在一份关于犬胸腺瘤的报告中，有47%的犬患重症肌无力，33%的犬患非胸腺癌症（包括嗜铬细胞瘤、乳腺癌或肺癌），20%的犬患多发性肌炎并发症。患胸腺瘤重症肌无力的犬可产生几种神经肌肉抗原的自身抗体，包括利阿诺定（骨骼肌肉钙释放通道受体）和肌肉蛋白。

现在已可确定人的肌炎（例如皮肌炎与多发性肌炎）与恶性肿瘤之间的联系。患支气管肿瘤、骨髓性白血病或扁桃体癌等恶性肿瘤的犬，可表现肌肉坏死与轻微的肌炎，但上述出现的恶性肿瘤与副肿瘤性疾病之间的关系尚不清楚。

虽然动物外周神经疾病与癌症发生的关系还不确定，但某些类型的癌症，如支气管癌、乳腺癌、恶性黑色素瘤、胰岛细胞瘤、骨肉瘤、淋巴瘤、甲状腺癌和肥大细胞瘤，都可促进外周神经病变的发生。组织病理学检查，可见神经节段性脱髓鞘、髓鞘再生、轴突变性和髓磷脂小球现象。神经疾病的发病率可随恶性肿瘤的类型而有不同。患多发性骨髓瘤的犬，也可发生外周性神经疾病。

临床症状可包括脊髓或颅反射减退或消失、弛缓性无力、肌张力降低、肢体或头部肌肉麻痹，并在1～2周后出现神经性肌肉萎缩。也可能出现发声障碍。

出现神经系统疾病（肌炎或经组织病理学确认为坏死性肌病）的临床症状的犬和猫，经治疗后效果并不明显，或复发时应仔细检查是否为恶性肿瘤。该病的检查包括胸部X线检查、超声检查、CT或MRI。采用上述检查方法，可在治疗阶段检出肿瘤。

第十四节　脑灰质软化病

脑灰质软化病（大脑皮质坏死）是全球范围内反刍动物重要的神经系统疾病。牛、绵羊、山羊、鹿和骆驼都能发病。脑灰质软化病表示具有某些眼观与显微病变，但无特异的病因或发病机制。根据病史，脑灰质软化病与硫胺素含量的改变有关，最近还发现其与高硫摄取有关。其他诸如中毒或代谢性疾病（如急性铅中毒、钠中毒/失水）也可能导致脑灰质软化病。

【病因、发病机制与流行病学】 该病一般呈零星散发或群发。在一般情况下，幼龄动物比成年动物更易患病。动物采食高浓度日粮，其患病的风险较高，但放牧的动物也会发生脑灰质软化病。牛日粮中添加限制采食的硫酸盐，或玉米及甘蔗加工的副产品，也会导致患病风险增加。脑灰质软化病发生的模式取决于所涉及的致病因素。

两种类型的日粮有引发脑灰质软化病的风险：改变硫胺素的含量和硫的摄入量过高。已经观察到几种关于患脑灰质软化病的动物硫胺素不足的类型，包括组织或血液中硫胺素的含量降低和硫胺素依赖性生物化学过程改变，而引起的硫胺素缺乏（血液生化过程中转酮酶的活性降低，硫胺素焦磷酸盐对转酮酶的影响增加，血清乳酸增加）。然而，在脑灰质软化病病例中观察到的许多生化特点的改变，与硫胺素含量的改变是不一致的，并且除脑灰质软化病外，在其他疾病中也能观察到硫胺素含量的降低。

在成年反刍动物，硫胺素是通过瘤胃微生物产生的。非反刍动物主要依赖于日粮中的硫胺素。瘤胃微生物产生减少或干扰硫胺素活动的因素（如植物硫胺素酶或硫胺素类似物），均可引起硫胺素不足。硫胺素酶的产生途径：一是肠道细菌生成；二是动物摄入特制的植物产品。它们既不会破坏硫胺素，也不会形成代谢颉颃物来干扰硫胺素的功能。溶硫胺芽孢杆菌和梭状芽孢杆菌产生的硫胺素酶Ⅰ，与短杆菌肽产生的硫胺酶Ⅱ，可催化硫胺素的裂解。后者在动物摄入大量谷物的条件下，可使瘤胃微生物大量增殖。

在澳大利亚，神经疾病与杜鲁门蕨（*Marsilea drummondii*）相关，它含有较高含量的硫胺酶Ⅰ。其他蕨类植物如欧洲蕨（*Pteridium aquilinum*）和边孢鳞毛蕨（*Rock fern*）都含有类似的硫胺酶Ⅰ。虽然通过高剂量蕨类植物提取物的饲喂试验，已复制出脑灰质软化病，但由于这些植物适口性较差，因而自然病例并不常见。

总体来说，瘤胃及粪排泄物中硫胺酶的存在、组织及血液硫胺酶浓度的降低，与疾病的发生不存在线性关系。

当用硫胺素治疗脑灰质软化病病畜有效果时，则认为硫胺素不足是致病原因。如在疾病早期进行治疗，常能见到这种硫胺素反应。这种假设性反应表明，应谨慎看待缺乏硫胺素是其真正的病因。超出机体正常需要的大剂量的硫胺素，可能对能量减少的脑有非特异性而有效的作用。

因摄入过量硫而引起脑灰质软化病的报道日益增多。由于瘤胃微生物还原了摄入的硫，在发生脑灰质软化病时，常在瘤胃内产生过多的硫化物。硫化氢（H_2S）气体，带有臭鸡蛋的气味，常聚集在瘤胃的顶部。可用市售的H_2S检测管，检测经皮肤穿刺采集气体样本中H_2S的浓度。虽然非还原型的硫，如硫酸盐和元素硫，是相对无毒的，但H_2S及其不同型的离子，都是干扰细胞能量代谢的毒性很强的物质。中枢神经系统，依赖于不间断的高能量供给，很可能明显地受到能量丧失的影响。牛经过高硫摄入量的过渡期，其瘤胃硫化物浓度在变化后的1～4周达到峰值。这种模式的出现，可能是由于瘤胃微生物区系的改变。常在瘤胃硫化物浓度最高的时候，出现脑灰质软化病高峰期。患与硫相关的脑灰质软化病的动物，体内硫胺素含量不会发生变化。

硫的来源广泛（包括水、日粮原料与饲草）可导致硫摄入量过多。许多地区的表面与深层水源中都含有大量的硫酸盐。蒸发后水中的硫酸盐浓度升高。牛消耗水量与温度有关，在高温时耗水量增加，因为水消耗量以及水中硫酸盐浓度的升高，从而导致硫的摄入量增加。苜蓿凭借其蛋白质与含硫氨基酸含量高的特点，可提供丰富的硫源。虽然牧草的含硫量低，但在某些情况下可产生较高含量的硫酸盐。某些杂草，包括加拿大蓟（刺儿荆）、地肤（地肤属）、灰菜（藜属）都可积聚高含量的硫酸盐。十字花科植物通常可合成富硫产品，并且作为过量硫的重要来源。这些十字花科植物包括大头菜、油菜、芥菜等。玉米、甘蔗与甜菜等加工中的副产品通常都含有高硫物，显然是由于添加了含硫酸化剂。脑灰质软化病的发生与用这些类型的副产品作为饲料原料有关。以玉米为原料生产乙醇会增加玉米副产品的使用量，也使硫含量明显增加。湿酒糟加入可溶物，其干物质中的硫含量范围为0.44%～1.74%。已经发现，一种高糖蜜仁-尿素饲料与一种无法改变硫胺素含量的脑灰质软化病密切相关。

【临床表现】 脑灰质软化病常呈急性或亚急性。急性型的动物表现为失明、趴卧、强直性痉挛与昏迷。具有长期急性症状的病例治疗效果较差，并且死亡率较高。亚急性病例首先表现为离群，然后停止进食，并表现出耳部和面部抽搐。头高举，蹒跚前进，有时步态急促。随着病情的发展，出现皮质感觉丧失与减退，眼睑与瞳孔反应消失。可能发展成向背中线斜视。还可观察到头部低压、角弓反张与磨牙。

亚急性脑灰质软化病常发生于仅有轻微的神经损伤修复之后。然而，有少数亚急性病例可能发展到更严重的如斜卧与抽搐等症状。有急性或亚急性症状的动物，如果表现出明显的神经损伤，应予淘汰。

【病理变化】眼观病变常常不一致并且非常轻微，尤其在疾病的早期。急性患畜可能有脑肿胀和因疝进入枕骨大孔而使小脑成锥形。感染的皮质组织呈淡黄色。当用紫外线照射时，观察急性感染动物的脑，还会在其脑膜与大脑切面的坏死大脑皮层发现自发的荧光环。随着病变的发展，肉眼观察受感染的大脑皮层组织，可见明显的空腔化，有时足以导致软脑膜与白质对合。

最初的组织学病变为大脑皮层神经元坏死。这些神经元常出现萎缩，并有均一的嗜酸性胞浆。胞核固缩、褪色或消失。皮质海绵样水肿有时出现于急性型的早期阶段。血管细胞肥大与增生。在疾病后期，当巨噬细胞浸润及坏死组织被去除时，感染的大脑皮层组织常发生空腔化。在牛患严重的、急性的、与硫相关的脑灰质软化病早期，观察其脑的病变为：多灶性血管坏死、出血与脑深部灰质（包括纹状体、丘脑与中脑）实质性坏死。

【诊断】临床症状的特点即可判断为可疑的脑灰质软化病。尸检时，在紫外线照射下，可以明显地看到大脑皮层产生自体荧光区域，这可为脑灰质软化病的初步诊断提供依据。根据特有的组织学病变即可确诊。

对牛的鉴别诊断包括急性铅中毒、失水/钠中毒、嗜组织菌脑膜脑炎、狂犬病、神经系统球虫病与维生素A缺乏症。绵羊的鉴别诊断包括妊娠毒血症、D型梭菌肠毒血症（病灶对称的脑软化）与李斯特菌病。

确认病因或发病机制，需要对患病动物或环境样品进行实验室检测。硫胺素的检测较难，应慎重解释其检测结果。仅有少数实验室有能力作血液与组织中硫胺素含量的常规检测、转酮酶活性或硫胺素焦磷酸盐对转酮酶的作用等检测。硫胺素治疗后的临床改善表明，硫胺素的含量不足以对脑灰质软化病进行特异性诊断。

与硫相关的脑灰质软化病，可通过检测水与日粮原料中硫含量，然后估计干物质中硫的总含量进行评估。牛与绵羊对硫的最大耐受性浓度取决于日粮的类型。如果日粮中85%以上为精料，那么总硫的最大耐受量为0.3%的干物质。如果日粮中45%以上为草料，则总硫的最大耐受量为0.5%的干物质。由于现实中导致脑灰质软化病的因素很多，因此这些量都不应视为绝对的最大浓度。许多牛已完全适应超过最大耐受量的硫的摄入水平，尽管这可能对机体产生负面影响。

【治疗与预防】不管是何病因，硫胺素是首选治疗制剂。为达到较好的治疗效果，需要尽早治疗。对于重度脑损伤或治疗延误的病例，痊愈是不可能的。硫胺素的剂量为10～20 mg/kg，肌内注射或皮下注射，每日3次。初期治疗可静脉注射。通常在24 h内或更短时间可观察到疗效。然而，病情没有改观的话，应继续治疗3 d。为减轻脑水肿，应给予地塞米松1～2 mg/kg，肌内注射或皮下注射。也需对惊厥作对症治疗。

日粮中添加3～10 mg/kg的硫胺素可预防发病，但这种方法的有效性还未详细评估。在脑灰质软化病暴发时，应提供足够量的粗饲料。当疾病与高硫摄入

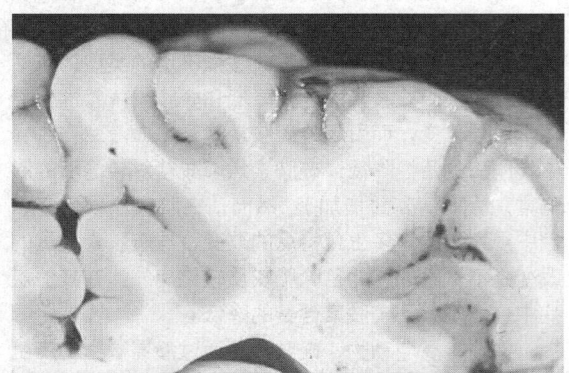

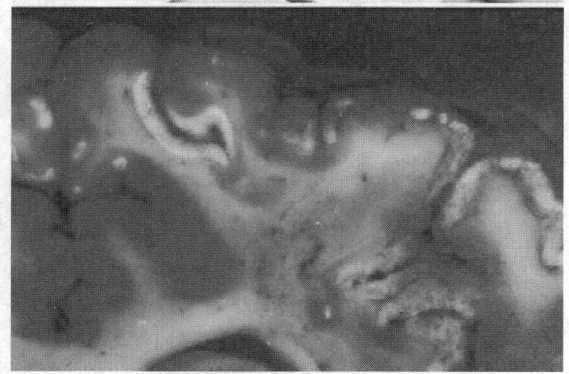

图10-11 育肥淹牛脑灰质软化的背侧顶叶皮层横切面
上图：在环境照明下的肉眼观察。皮层灰质感染部位呈黄色且轮廓不规则。下图：与上图相同的部分在紫外光（366 nm）下观察图像。皮层灰质感染部位及病灶，与相邻的正常皮层的深蓝色相比呈明亮的浅蓝色。（由Daniel H. Gould博士提供）

有关时，应对硫的所有可能来源，包括水进行检测，并对所消耗的干物质中的总硫含量进行估测。应避免日粮原料或饮水中含较高浓度的硫；如果无法做到这一点，则应逐步采用新的条件，以提高成功适应的概率。

第十五节 朊病毒病

一、牛海绵状脑病

牛海绵状脑病（BSE）是牛的进行性、致死性神经性疾病，类似于绵羊与山羊的痒病。最早于1986年发现于英国。现已诊断出BSE约200 000例，其中97%来自英国。在英国暴发的高峰期，仅在1年中就报道了37 280例。据报道，在部分欧洲国家的当地牛群中发病率较低，而在中东、日本、美国和加拿大，一些隔离病例已被诊断出患有该病。

【病原】普遍接受的假说是病原体为朊病毒，是通常出现在宿主体内的一种蛋白质的变异形式。这种异常的蛋白质能引起正常宿主蛋白质的结构变化，从而产生蛋白酶的抗病性。随后，已经具有传染性的变异蛋白，通常在宿主组织内积聚。病原体能抵抗那些有效杀灭细菌和病毒的方法，如高温、冷冻、紫外照射和化学消毒，这支持了上述假设。羊痒病、鹿的慢性消耗病、水貂传染性脑病、库鲁病、克雅氏病、致死性家族性失眠症及相似的人类疾病，都可能是由类似的病原体引起的。

【传播、流行病学与发病机制】BSE发生于接触传染性蛋白的牛，通过牛饲料中被污染的动物源蛋白进行食物传染。水平传播并不是新的BSE感染病例的主要来源。病牛分娩的犊牛比健康牛的后代患BSE的风险更大，然而，这种传播方式相对于通过被污染的饲料来源感染来说是次要的。易感性不存在性别与品种差异。在英国，临床疾病多发于奶牛，可能是由于给奶牛饲喂动物源性蛋白质添加剂所致。该病多发生于3～6岁的成年牛。感染后潜伏期为2～8年，现已有22月龄的青年牛被检测出患有BSE。具体的发病机制还未知，但研究显示，口服后病原体在回肠Peyer氏斑复制，随后由外周神经向中枢神经系统迁移。最近研究表明，在某些情况下，自发的BSE病例可能发生于未接触感染性病原体的牛。牛基因组的突变可能改变了正常宿主朊病毒蛋白质的序列。

已通过实验性传播试验，在小鼠、猪、绵羊、山羊、牛、水貂、猕猴和狨猴中复制出BSE。在英国BSE流行期间，曾在几种捕获的野生有蹄动物和猫中的仅有的几个病例中发现BSE。在不列颠岛的家猫中也发现较低的发病率，而在挪威也从一病例中分离到朊病毒。

【临床表现】病牛最初的临床症状不很明显，且行为正常。疾病谱增加，病程达数周至数月，大多数病牛自出现临床症状开始经3个月后转入后期。常观察到的临床症状包括感觉过敏、神经质、难以越过障碍物、不愿挤奶、攻击饲养人员或其他动物、呈低头姿势、运动范围过度、共济失调与震颤。体重减轻，产奶量下降。

【诊断】临床检查并不能提供确切的诊断。确诊方法包括组织病理学、免疫组织化学与电镜检查，经洗涤剂抽取后，将与痒病有关的纤维，来检测异常朊病毒蛋白。后两种检测方法可用于自溶性脑组织，并且免疫组织化学大大优于形态学上的空泡性病变。组织学变化局限于CNS，包括灰质神经纤维网（海绵状结构）和神经元双侧的、对称的空泡形成和朊病毒相关疾病所特有的蛋白纤维聚积。两种特异性ELISA方法和一种蛋白质免疫印迹方法，可以用来作为牛群中该病的有效检测手段。

鉴别诊断包括神经性酮病、低镁血症、脑灰质软化病、铅中毒、狂犬病与植物或真菌震颤原的摄入。与这些疾病的诊断不同的是，BSE具有典型的特征，即临床症状出现缓慢，具有蔓延性、渐进性的临床过程。兽医师经鉴别诊断后认为是BSE，应向相关管理部门报告，并按最后尸检诊断结果进行处理。

【治疗与控制】对BSE无任何有效的治疗措施。一旦确诊，应尽快对其施行安乐死，因为病牛会变得难以管理，且它们的福利也无法保证。

最有效的控制措施是禁止饲喂哺乳动物来源的蛋白质饲料。在美国，自1997年以来，已禁止给牛饲喂大多数哺乳动物来源的蛋白质添加剂。在英国与欧洲其他国家，通过相应的法律禁止所有农畜的日粮中添加哺乳动物源性蛋白质，这一控制措施已明显奏效。

在美国与加拿大，已偶尔分离、诊断出BSE，应引起深思。也许禁止以动物源性蛋白饲喂牛可能不如所预期的严格、有效。在某些情况下，牛可能在1997年颁布禁令之前已摄取了动物源性蛋白。最终，一些由自发性宿主突变导致的海绵状脑病，在大多数哺乳动物中发生是有可能的。最近报道已表明，自发性BSE是有可能发生的。只要严格遵守饲喂禁令，必将能预防BSE在牛群之间的传播。

【人兽共患病风险】在英国，克雅氏病（vCJD）最初见于1996年，与BSE病原体的出现有关，是一种在人群中传播的新型变异体。vCJD病例亦出现在英国以外的地区。大部分受感染的人居住在英国，但病例却发生在没有去过英国的意大利人与法国人中。在美国，已从最近来自英国的1个移民中诊断出vCJD，该病人很可能在英国居住期间，曾接触过病原体并受到感染。已确认，人感染此病是因食入被感染的牛组织所致。因此，许多国家都采用法令、法规，消除人类食物链中的高风险牛组织，和/或禁止人们食用超过24月龄的牛。实验室工作人员并未发生过感染vCJD，但在处理BSE患牛与剖检疑似病例时，应加强恰当的安全防范措施。安全防范措施的主要目的是避免意外接触。

二、慢性消耗性疾病

慢性消耗性病（CWD）是发生于捕获和自由放养的成年鹿和麋鹿中的一种传染病，常引起成年动物的进行性、致死性CNS疾病。它是传染性海绵状脑病（TSE）家族的一员，TSE包括牛海绵状脑病、绵羊与山羊痒病、传染性水貂脑病、库鲁病、克雅氏病与人克雅氏病的变异体。20世纪60年代后期，在科罗拉多州捕获的骡鹿中首次将CWD认定为一种临床综合征；十年后，CWD被确认为与痒病症状极为相似的海绵状脑病。该病主要发生于怀俄明州东南部和中南部、科罗拉多州北部、内布拉斯加州西北部和南达科塔西南部自由放养的骡鹿、白尾鹿和麋鹿群中，以及威斯康星州中南部的白尾鹿群中。其他州也有少量自由放养的鹿确诊患病。尚不清楚这些州是否具有代表性。在美国西部一些州与加拿大一些省及几个中西部州的农场的麋鹿和白尾鹿中也发生CWD。在北美之外，CWD仅被确诊1次，即从加拿大进口到韩国的几只麋鹿被检测出CWD。加拿大与美国的许多州与省已制定出法律、法规，来控制和管理农畜的CWD。CWD在许多管辖区都被确定为法定报告的疾病。

【病原】CWD的病原体是一种具有异常结构的蛋白质（如具有蛋白酶抗性的朊病毒蛋白）。这些与疾病相关的蛋白是由正常宿主细胞表面糖蛋白（特定的细胞朊病毒蛋白或PrP^C）衍生出来的。疾病相关蛋白使PrP^{C}呈现一种异常的结构，其对细胞内生理程序具有高抗性，从而破坏正常蛋白。因此，异常PrP在宿主组织内聚积。

已知CWD仅自然感染骡鹿、白尾鹿与麋鹿。实验条件下，CWD可通过脑内接种传染给牛、绵羊、山羊、驯养的雪貂、水貂、小鼠、仓鼠与鼠猴。已报道，其他鹿科动物通过口服接种而发生感染。自1997年起，已有大量关于牛经自然口服或接触途径，感染CWD的研究。并已证明，牛在实验条件下可感染CWD。对CWD敏感性的种间差异，可能与宿主PrP蛋白氨基酸序列的差异有关。

【传播、流行病学与发病机制】CWD常通过水平传播。接触感染CWD的动物或动物尸体，均可导致该病传染给其他易感的鹿科动物。不能排除母体传染的可能性，但这并不重要。病原可通过摄食进入易感宿主，并通过与消化道相关的淋巴组织被摄取。可在淋巴组织、神经组织、血液、唾液和肌组织中检出病原体。在感染后3个月，即可在感染动物的血液与唾液中检出朊病毒。病原体是通过迷走神经逆行，到达位于延髓门部的迷走神经背核，而到达脑部。临床症状出现时，首先在迷走神经核发生脑部海绵组织损伤。这种情况的自然发生，常需经1.5～3年的潜伏期，尽管最长的潜伏期尚未确定。在设施严重污染情况下，捕获鹿群与麋鹿群的发病率几乎达100%；放养鹿群的发病率由1%以下到30%不等。由于朊病毒对环境和化学失活作用具有较强抗性，它们可在环境中蓄积并可感染易感的鹿科动物。因此，养鹿场的圈养鹿有可能传播CWD。同样地，冬季饲养鹿和麋鹿将加大鹿群密度，极有可能发生水平传播。尸体分解可为易感动物提供一种传染源。天然食肉与食腐动物（狼、熊、美洲狮等）的自然减少，则使传染贮主也相应减少，并限制了传染源广泛性的环境污染。

在自由放养的鹿群和麋鹿群中，CWD的运动伴随自然的传播途径，通常经由水路与天然走廊。过去，在商品化鹿场，CWD的运动是通过处于潜伏期的动物，经由人类设施进行传播。现在，许多管辖区内的法律、法规都已健全，CWD在活体动物的运动应受到遏制。然而，疾病监测仍需继续进行。

【临床表现】伴有CWD临床症状的动物年龄均在16月龄以上，且表现出一种症状谱。最早并最难鉴别的症状是行为的微小变化与体重减轻。通常，这些变化只有熟悉每个动物的饲养管理员才能察觉。在疾病发展过程中，行为的变化可包括动物和饲养员之间如何互动的改变、警觉性丧失、嗜睡、持续走动、烦渴多饮与多尿，并且使役时兴奋过度。感染动物可能表现出多变的运动症状，包括共济失调（特别是臀部共济失调）与头部震颤。在疾病后期，动物出现头部低垂、耳下垂、目光呆滞、流涎且磨牙。人们已注意到，常规的化学保定术能引起患病动物死亡。吸入性肺炎可能是唯一的临床表现；任何患有吸入性肺炎的成年鹿，都应怀疑是否患CWD。在饲料充足的情况下，患畜体重呈进行性减轻，贯穿整个疾病过程。但应认识到，未见消瘦的鹿也可能患有CWD。患CWD死亡的动物，可能是由寒冷天气或其他急性应激因素引起。感染的鹿科动物更易受到狩猎、捕食、车辆撞击与其他形式的影响而意外死亡。

【病理变化】死于CWD的动物无眼观病变。眼观病变无特异性，仅反映其临床症状。最常见的是体况差、瘤胃内容物松软和尿液稀薄。吸入性肺炎是导致养殖场鹿科动物死亡的最直接原因。应将样品送到有资质的实验室检测CWD，这在很多管辖区是必须执行的。无论是将尸体送到诊断实验室，还是收集不同的样品，都是很好的做法，这样也可以检测除CWD以外的疾病。用于检测CWD的样品至少应包括脑与咽后淋巴结。很多实验室接受鹿的整个头部进行检测。根据当地管辖区的不同制度，对放牧的鹿科动物的监督程序也不同，通常由当地野生动物管理机构执行，如果怀疑放牧的鹿或麋鹿患有CWD，则可向野生动物管理机构咨询。处理尸体与内脏的方式，应以避免接触鹿群为佳。

【诊断】通过在CNS或淋巴组织中检测与PrP相关疾病，即可诊断CWD。现今，常规的组织病理学检测海绵状脑病，已被更敏感和特异性的检测所取代，这包括脑与/或淋巴结的免疫组化或ELISA。在美国，这些检测只在USDA认证的实验室进行。对于骡鹿和白尾鹿而言，CWD PrP到达脑部之前，常在咽后淋巴结聚积。因此，采集咽后淋巴结样品用于检测CWD是最佳选择。应采集麋鹿的脑与淋巴结样品。为使检测更具诊断价值，应采集脑的最合适部位（例如闩部，位于小脑下方第四脑室的尾端）。在采样前应咨询当地实验室工作人员，样品是否必须在10%福尔马林溶液中固定或冷冻，或者部分样品是否应在固定与冷冻后再送检。ELISA通常作为一种筛选试验，而免疫组织化学是首选检测方法，用于确定阳性ELISA结果。

对疑似病例的鉴别诊断包括脑脓肿、外部损伤、脑膜炎、脑炎、腹膜炎、肺炎、关节炎、饥饿和营养不良、磨牙与麻醉性死亡。

【治疗与控制】对任何TSE都无有效的治疗方法。通过捕杀补偿与畜群规划发展，控制养殖场鹿科动物疾病的发生。这些规划一般需要5年的监测来达到最佳状态。在鹿科动物养殖业中，CWD控制程序的基础是对个体动物的鉴别、对某一年龄段死亡的那一鹿群中的所有鹿都应进行CWD检测，应限制将患CWD的鹿科动物引入到鹿场。

在自由放养鹿群中难以控制CWD，应因地制宜。所有管辖区应禁止来自疫区活鹿的运输，很多辖区还制定了狩猎的鹿和麋鹿的活动规则。在发生CWD的地区，控制措施主要包括减少鹿群数量、检测与淘汰病鹿以及加强监督。

仅有几种消毒剂与处理方法可灭活朊病毒。用含有50%的新鲜家用漂白剂，作用30~60 min可灭活病原体，价廉且奏效快，但可能会腐蚀某些物体表面与器具。现正考虑使用其他新的消毒剂作为常规消毒，但还没有得到认可。还可用医用焚尸炉、特殊设备的碱

性消化与挖坑掩埋方法，处理患CWD的组织与尸体。

【人兽共患病风险】尽管CWD在狩猎鹿和麋鹿群中已有30年以上的历史，但没鉴定出人感染CWD的病例。CWD对人类的威胁似乎很小。CWD病原体已在被感染的鹿肌肉组织中检出。公共卫生组织与野生动物管理机构建议，在CWD疫区的猎人及与鹿接触的饲养员或其他人员，应采取下列预防措施，以降低人类感染的风险：严禁屠宰发病或异常的鹿和麋鹿；处理尸体时必须戴橡胶、塑料或乳胶手套；避免接触脑、脊髓与淋巴组织；加工肉时剔除骨头；用50%漂白剂将刀、锯、桌子等消毒；屠宰前检测CWD。所有公共卫生组织都建议，人或其他动物都严禁食用任何TSE阳性动物。

三、羊痒病

传统的羊痒病，是一种绵羊和山羊自然发生的疾病，世界上除了澳大利亚和新西兰外，其他国家均有发生。它是传染性海绵状脑病（TSE）之一，与牛海绵状脑病、鹿和麋鹿的慢性消耗性疾病相关，这些疾病都被认为是由脑部细胞内结构异常的蛋白所导致的。尚未发现羊痒病由羊传播给其他动物的病例。在美国，羊痒病主要影响黑脸绵羊（例如萨福克羊、汉普郡羊和其杂交品种），占大约96%的比例。在其他国家，该病通常见于其他品种。

【病原、传播与发病机制】PrP^{SC}作为一种特定的异常蛋白，在所有TSE中都可发现。似乎是正常细胞内一种称为朊病毒蛋白（PrP^{C}）在易感动物中转化为异常形式（PrP^{SC}）。在绵羊，易感性由基因控制，而基因易感性在山羊还没有建立。在细胞内聚积时，PrP^{SC}以一种淀粉样蛋白斑的形式，贮存于淋巴系统或神经组织，它在这些组织内的聚积被假定为引起与该病神经症状的原因。虽然一些研究者不相信PrP^{SC}自身是一种病原体，但检测PrP^{SC}仍可确诊朊病毒疾病。

当PrP^{C}被诱导变形为PrP^{SC}时，蛋白构象重新配置。虽然分子化学成分相同，但它的化学特性已经发生了改变。正常的蛋白在变性洗涤剂中是可溶的，而且可以被像蛋白酶K之类的细胞内蛋白酶消化。然而，PrP^{SC}（还有传染性）不会被洗涤剂破坏，而且对目前使用的消毒手段具有抗性，包括高温消毒、紫外线、电离辐射和大多数消毒剂。它仅可部分被蛋白酶K灭活。

痒病在绵羊中的遗传性定位于13号染色体，三个密码子（136、154和171）似乎控制大部分对痒病的易感性。密码子136编码缬氨酸（V）、丙氨酸（A）或苏氨酸（T）；154编码精氨酸（R）或组氨酸（H）；171编码谷氨酸（Q）、赖氨酸（K）、组氨酸（H）或

精氨酸（R）。对痒病的抗性与136 A、154 H和171 R有关。PrP^C氨基酸组成的微小变化显然能抵抗重组。痒病通常与密码子171的多态性有关。在美国绵羊中，检测痒病阳性的脑组织样品，有91%来自具有AARRQQ基因型的绵羊。然而，具有136V密码子的绵羊患痒病的风险最高，即使它们的171密码子含有R。171 RR基因型被认为对传统痒病具有抵抗性。具有136，177AAQR基因型的绵羊较少患痒病。在110 000被检测样品中，英国兽医实验机构至少记录有83例非典型痒病病例。这些不一致的病例通常仅涉及羊群中单只羊，与被感染的羊群没有明显的联系，这导致人们相信这种病例代表着自发的朊病毒疾病，类似于人类散发的克雅氏病，且朊病毒可能不通过直接接触传播。

传统疾病可在分娩期间自然传播。羊群中其他羊和新生羊羔，通过摄入感染的母羊胎盘或尿囊液而受感染。被感染的公羊不传播该病。当母羊感染痒病时，其子宫内胚胎或胎儿并不暴露于痒病，因为有物理屏障把PrP^{SC}包含的尿囊液和绒毛膜尿囊通过羊膜隔开，这样即使胎盘的其他组织被感染时，也能隔离PrP^{SC}。由于与尿囊液体保持分离并与患病绵羊隔离，患病母羊经剖腹产手术生产的羊羔也是无病的。

虽然正常朊病毒蛋白在生殖系统、胎盘与胎儿液体内分布广泛，但仅在感染痒病的妊娠母羊的子宫肉阜与绒毛膜的子叶尿囊（胎儿—母体相交处）检测到PrP^{SC}，但只有母羊和胎儿都是易感基因型的时候才能检测到。尽管胎盘的母体侧组织携带一种易感朊病毒蛋白，但是转化成PrP^{SC}需要来自胎盘胎儿侧的包含朊病毒的易感性细胞。因此，感染母羊被引入到未感染羊群，并与具有抗性基因型的公羊配种，也不可能传播痒病。然而，在同一侧子宫角的不同基因型的胎儿中，其子叶的胚胎血供应有部分或不完全的吻合，这很少发生PrP^{SC}在抵抗基因型子叶中的蓄积。

原先的牧场污染被认为是痒病感染的另一种来源。原因是羊群被全部或局部扑杀及牧场净化后，在引入、更新的羊群中仍有疾病复发。

【临床表现】 传统的痒病由易感基因型绵羊摄入PrP^{SC}所致，是一种长期的进行性、衰竭性与致死性神经性疾病。临床症状可出现于接触后18个月到5年期间，包括进行性体重下降，但食欲正常，进行性共济失调、头部轻度震颤（多数发生于耳部）与皮肤过敏症。约70%的病例表现出瘙痒症。绵羊可呈现出茫然凝视或突然具有攻击性，后者较少出现。过敏症状引起绵羊经常摩擦或抓挠背部，导致其头后仰，做出咀嚼动作与舔舐空气，或强制性轻咬四肢腕骨下部位。

共济失调首次发现于绵羊奔跑时。前后肢看起来不协调，感染羊常采取一种兔子跳的步态。绵羊前肢还常表现出一种高抬脚步态，犹如一匹腾跃的马。当症状恶化时，病羊站立时后肢摇摆。

临床症状可持续1到3个月以上。绵羊一般由于虚弱与不协调而横卧。如扶其站立，患病绵羊可能会保持站立数小时，但如摔倒或躺下，在没有帮扶时不能站起。如患羊自身不能平衡，常在1~2周后死亡。与脑灰质软化症一样，患羊偶尔也出现失明。痒病的临床症状因绵羊的基因型与痒病病毒株不同而异。有一种潜伏期较短的痒病毒株，能感染绵羊13号染色体中136密码子的氨基酸中的缬氨酸，实际上，临床期很快，仅3~30 d，且在斜卧2~3 d后死亡。在这些病例中，通常不出现体重下降与瘙痒症。大多数兽医或农场主，通常都辨认不出表现上述症状的绵羊患有痒病。

【诊断】 任何无故突然死去的绵羊都应进行全面尸检，包括用免疫组织化学（IHC）检测脑部痒病。鉴别诊断包括干酪样淋巴腺炎、真胃排空性疾病、约翰氏病、绵羊进行性肺炎（维斯纳病）、牙科病及脑膜炎。

最近，所有TSE的诊断检测都需要感染组织与利用抗体反应。因为动物通常针对自身不产生抗体，抗体主要起初于单克隆，或在没有朊病毒蛋白的啮齿类动物体内产生。IHC和ELISA可用于常规检测。在欧盟，用ELISA检测进行屠宰监督，但在美国，这些方法还未被许可用来检测痒病。然而，一些检测试剂盒已被用于诊断野生麋鹿和鹿的慢性消耗性疾病。IHC检测已成为确诊性的诊断方法，并已被确认为全球的检测金标准。

PrP^{SC}在网状内皮器官（脾脏、淋巴结）中的检测，可能优于观察临床症状或脑部的PrP^{SC}。报道显示，在扁桃体检查中有76%，以及在感染绵羊第三眼睑的淋巴组织样本中有57%检测出PrP^{SC}。小部分绵羊脑中有PrP^{SC}，但在其淋巴结中却检测不出PrP^{SC}，这可能是受基因型或痒病病毒株的影响。非典型的病毒株在淋巴样组织中并不常见。

上颚的扁桃体已被用于活组织检查和诊断，但第三眼睑淋巴结的活组织检查更为简单，且可作为一种确诊检测。由于多达40%~60%的成年绵羊样品中缺乏淋巴结，因此有很大比例的样品难以辨认。直肠黏膜淋巴环的活组织检查也已确认，阳性绵羊中有55%~65%确诊为阳性。利用下颌淋巴结进行诊断还未确认，但对该部位的活组织检查可能有利于诊断，因为对几种组织的检查能提高阳性诊断的概率。疾病过程中病原体何时出现在这些组织中还不清楚，但最早可能在感染后14个月出现。根据绵羊感染的年龄和基因型或痒病病毒株，可确定其时间间隔。

与痒病有关的病理变化主要局限于CNS，包括空泡化、神经元缺失、星形细胞增多症与淀粉样斑块聚积。然而，由于组织病理学变化不甚典型，因此，主要通过门、脑部其他部位和/或PrP^SC淋巴组织的免疫组化染色诊断本病。

【防控】 消毒：仪器浸泡于2.5 mol/L的氢氧化钠或消毒剂中，可有效地消灭异常的阮病毒。焚烧或用氢氧化钠消化，能充分灭活感染尸体的病毒。

美国强制痒病扑灭计划规定：所有种羊在转移出原饲养区之前，需对饲养区与绵羊逐一进行鉴定。"痒病屠宰监督计划"在美国已执行多年，屠宰老龄母羊与公羊时，需使用免疫组化方法，检测脑及淋巴组织是否有痒病。羊群中检测出阳性个体时，需将整个羊群隔离并进行检测。所有阳性及带有171QQ基因型的绵羊需执行安乐死。该羊群中已出售的绵羊也需跟踪并检测。由于该计划的有效实施，痒病的患病率在2008年已由0.5%降低至0.1%。美国政府的目标是到2017年完全消灭痒病。

美国的农场主通过筛选至少带有一种171R密码子的绵羊，以及淘汰带有可疑基因型的绵羊，以控制与消灭痒病，保证剩余绵羊远离痒病感染。然而，有些情况可能发生，即利用遗传学方法消灭此种疾病，可能无意间会选择到感染171RR基因型的非典型痒病。

有关禁止给反刍动物饲喂反刍动物蛋白的规定，已在许多国家与地区执行了10年以上。

第十六节 病毒性疾病

一、马病毒性脑脊髓炎（马病毒性脑炎）

该病与马脑炎具有相似的临床症状，通常引起弥漫性脑脊髓炎，以CNS紊乱与中、高度的死亡率为特征。虫媒病毒传播是引起马脑炎的最常见原因，但狂犬病病毒、肉孢子虫（*Sarcocystis neurona*）、犬新孢子虫与线虫等，也可能会引发脑炎。虫媒病毒主要由蚊虫及其他嗜血昆虫传播，宿主涉及多种脊椎动物（包括人），能引发严重疾病。在西半球，许多虫媒病毒通过鸟-蚊虫途径或者啮齿类-蚊虫循环传播。

【病原与流行病学】

（1）**甲病毒属** 马脑脊髓炎病毒属披膜病毒科，甲病毒属。美国的地方品种包括东方型、西方型、高原型与委内瑞拉型马脑脊髓炎病毒（沼泽地）。其他与马脑脊髓炎相关的甲病毒是森林脑炎病毒、罗斯河病毒与乌纳病毒。后者病毒均未在美洲发现。东

方马脑炎病毒（EEEV）被经度划分为2个不同的抗原变异。北美变种致病性最强，发现于加拿大东部；美国的密西西比河以东的所有州以及阿肯色州、明尼苏达州、南达科他州及得克萨斯州与加勒比群岛。南美变种致病性较低，局限于中美洲与南美洲。

东方与西方脑炎（WEE）病毒主要是由北美纬度划分的；然而，WEE病毒相对更复杂，由WEE、辛德比斯（Sindbis）、Aura、Ft. Morgan与Y62-33等几种亚型组成。WEE发现于加拿大西部、美国密西西比河以西的各州以及墨西哥和南美洲。早先在美国南部与东部分离出的WEE属于HJ病毒血清型。委内瑞拉马脑脊髓炎（VEE）有6种相关抗原的亚型：亚型I（VEE）、Everglades、Mucambo、Pixuna、Cabassou与AG80-663。亚型I的AB和C血清型主要引起流行病；亚型Ⅰ和IE血清型曾于1993年在墨西哥暴发流行。在美国通常不会发现流行性毒株，虽然在1971年曾有一株VEE病毒流行。在佛罗里达州已从蚊子与人体内分离出森林型亚型Ⅱ（沼泽地）；亚型Ⅲ已在落基山脉北部平原被分离出来。

东方脑炎（EEE）传播与扩散的机制，主要是通过蚊子-禽类-蚊子循环。已从来自美国的27种不同的蚊子中分离到EEEV。造成地方性疾病或在森林中循环的EEEV的主要蚊媒是栖息于沼泽地的黑尾脉毛蚊。流行于马属动物、禽类的野鸡与鹌鹑，当鸟类中病毒感染率很高时也可见到人类感染。骚扰伊蚊（*Aedes vexans*）、一种加拿大的蚊子（在容器中滋生）与库蚊（*Culex erraticus*），都是向哺乳动物传播的桥梁。

黑尾脉毛蚊的生物学的季节变化与他们对EEE病毒的传播关系，与地理位置及其相关的气候是不同的。在亚热带地区（例如佛罗里达州），呈全年传播，并在夏季出现高峰期。更多温带地区明显在夏季流行。血清学研究表明，在南美洲，居住在森林中的啮齿动物与有袋类动物是脊椎动物的宿主，EEE病毒易于从卫兵鼠与仓鼠中分离。

WEE主要由发现于密西西比河以西与整个西部地区的库蚊传播，这种蚊子易于在阳光充足的沼泽地与灌溉牧草地的水塘中滋生。WEE也可通过安氏革蜱传播。WEE的流行与早春降水量增加、气温升高有关。

森林型VEE病毒发现于整个北美洲、中美洲与南美洲的淡水或微咸水丛林或沼泽环境中。作为鸟类或啮齿类-蚊子生活周期的主要媒介的蚊子是库蚊亚属（库蚊属）的成员。它的流行与亚型I（AB、C或E）的突变、哺乳动物发病机制的改变，以及与多种连接载体的改变有关。

（2）**虫媒病毒** 一般情况下，黄病毒科与布尼雅病毒科病毒的致病性低于披膜病毒科，但以上任意一种病原体引起的病毒性脑脊髓炎，都可以给脊椎动物带来灾难性的疾病。圣路易斯脑炎病毒是一种存在于美国的黄病毒，1999年以前曾与马脑炎密切相关。它是一种人类病原体，主要见于加拿大中部到阿根廷，由库蚊作为媒介在鸟类之间传播。在马中可实验性复制出脑炎，但马的自然感染病例通常无临床症状。日本B病毒属于黄病毒科，已在日本、印度、尼泊尔与澳大利亚引起疫病，并出现临床症状，但致死率较低。

西尼罗河病毒（WNV）是黄病毒科中地理分布最广的一种。早在1999年，就在非洲、中东、亚洲，偶尔也在欧洲一些国家发现WNV。1999年在北美首次确认WNV感染。从那时起，该病毒已遍及美国、加拿大及墨西哥部分地区。从1999年纽约暴发时分离到的WNV毒株，与1998年从以色列鹅中分离的毒株密切相关。

WNV一直在野生鸟类与蚊子之间传播，呈地方性流行。它可从多种北美蚊种中提取，其中认为库蚊属在其自然传播中扮演了最重要的角色。在美国东部与中西部，浅色库蚊是最主要的传播媒介，而在锅柄状地带与西部地区，媒斑蚊是主要的传播媒介。

候鸟作为中间者，将湿地鸟与陆地鸟都卷入到WNV的自然传播中。尽管大范围感染的鸟类（约326种）有较强的持续性的病毒血症，但鸦科（如乌鸦、蓝鸟与喜鹊）很少或无临床疾病（雀形目）与致命性感染，这在美国一直是WNV感染的标志。已证明蜱能感染WNV，但他们在自然传播中的作用还不太清楚。实验证实，WNV可在通过饮用同一水源而经口腔传播的鸟和同栖鸟之间传播。经实验，口传播已在几种猛禽中得到证实。

在人类，还有几种重要的传播途径，包括输血传播、器官捐赠、母婴传播与胎盘传播。在其他几种哺乳动物，包括犬、猫、骆驼科动物、绵羊与松鼠等也存在零星感染与发病。实验证明，猫也能经口传播。已证实，WNV能引起养殖的短吻鳄发病与死亡，同时已有WNV引起鳄鱼疾病的相关报告。短吻鳄易通过口腔感染。除了鸟类，仅有短吻鳄一直表现出相当强的病毒血症（$10^4 \sim 10^5$蚀斑形成单位）来增殖病毒，并作为贮存宿主将病毒传播给蚊子。

WNV现已遍布美国、加拿大与中美洲，南美洲的几个国家（巴西、秘鲁、法属圭亚那、特立尼达和多巴哥及哥伦比亚）也检测到WNV。随着时间的推移，病毒的突变可导致与地理变化有关的发病机制的改变。经预测，在美国东北部分离到的病毒毒力有所增加，而在中美洲与南美洲分离到的毒株的致病力可能减弱。疾病很可能会继续长期流行。

（3）**布尼亚病毒** 卡奇谷病毒（在兔子间经由蚊子与库蠓传播）、梅恩君病毒（在美国西部，经由杂斑库蠓传播给野兔与啮齿类动物）与雪足野兔病毒（在加拿大南部与美国北部，经由脉毛蚊属和伊蚊属在兔子中传播）都已证实能够引起马脑炎，但是很少发生。

【临床表现】 初期临床症状与虫媒病毒相似，二者的区别在于临床症状的发展与疾病的严重性。开始时马表现为安静、精神沉郁，临床神经症状一般出现在感染后5 d。与WEE及西尼罗河脑炎相比，EEE（与VEE）的临床症状更为频繁，包括精神状态改变、视力减退、无目的游走、头低压、转圈、吞咽障碍、共济失调、轻瘫与麻痹、突然发作与死亡。许多马在感染后12～18 h开始出现神经症状，斜卧在地。在症状发作后2～3 d便发生大批死亡。病马的死亡率分别为EEE 50%～90%、WEE 20%～50%、VEE 50%～75%。

WNE的临床症状与病程是完全可变的。通过基因组测序，分离到的WNV可以分成两个谱系，马最容易感染I型，而大部分非洲Ⅱ型无太多异常。最常见的症状为神经性异常；其他的初始症状包括疝痛、跛行、厌食与发热。最初全身症状包括轻微发热、拒食与精神沉郁。

神经症状变化很大，但脊髓病与中度精神紊乱是最常见的。脊髓疾病表现为不对称性，多灶性、弥漫性共济失调与轻瘫。严重的症状可能会单独地发生在前、后肢或单肢。在迄今发表的所有临床研究中，有90%以上感染马发生几种类型的脊髓症状，而40%～60%的感染马发生以感觉过敏期为特点的行为变化，包括从轻微的恐惧到明显的过度兴奋，表现为听觉、视觉过敏与触觉刺激。有60%～90%的马感染后出现明显的面部与颈部肌肉震颤。有些马有猝倒期与发作性睡眠病期，可导致暂时或永久性瘫痪。昏迷、失明、头部低压等被视为其他前脑疾病的常见症状，在甲病毒性脑炎中并不常见。

所有虫媒病毒感染的马匹都能发生脑神经瘤，包括位于中脑与后脑的带有细胞体的脑神经。最常见的是面部及舌头的虚弱和/或麻痹。发生面部及舌头轻瘫的马会出现吞咽困难，还伴有吐草甚至发生食道阻塞。许多严重精神沉郁与面部局部麻痹的马会将其头压低，结果造成严重的面部浮肿。偶尔还能见到头颈歪斜。在WNE很少有轻度的里急后重至尿淋漓的泌尿障碍的报道。

感染东部脑炎病毒、西部脑炎病毒与西尼罗河热病毒的马均以死亡为转归。马东部脑炎病毒的实验性感染表明，其病毒血症高于西部脑炎病毒与西尼罗河热病毒的感染。在这些试验中，一些马有高达10^4的噬斑形成单位，接近可以传播的阈值（黑尾脉毛蚊精确的传播阈值还没有测出）。马感染EEEV的贮主与传播能力还不十分清楚。感染委内瑞拉病毒森林亚型的马，也常以死亡为转归；然而感染委内瑞拉流行株的马，会发生持续而明显的病毒血症，导致病毒进入体液中。病毒感染也可在马群之间，通过气雾状呼吸性分泌或直接的接触。

在出现神经症状阶段，马经常踢打和伤害自己。久卧的马还易发生创伤性脓毒症。长期斜卧导致肺部感染，尤其是马驹，其长期悬吊与治疗，比成年斜卧马更易发生肺部感染。吞咽困难常导致水与食物摄入减少，同时使用大量消炎药，又易引起肾脏损害。长久斜卧还易发生皮肤与肌肉坏死。也能发生危及生命的创伤，如膈肌破裂与骨折。

【病理变化】肉眼病变较罕见，仅限于小的多灶性变色部位，脑和脊髓出血。应作光镜检查，确定其是否存在非化脓性脑膜脑炎。急性感染病例可出现脑膜充血。光镜检查，可见非坏死性淋巴组织细胞脊髓灰质炎脑膜脑炎。无论是轻微的还是严重的炎症，都存在由淋巴细胞与单核细胞形成的血管套。在神经纤维网，一些临近死亡的神经元常被小胶质细胞包围。在发生EEE时，可在大脑与辐射冠至丘脑延伸处，观察到严重的神经胶质增生与神经纤维网坏死。中脑-后脑及颈脊髓的所有部位，都发生严重的神经胶质增生与血管套。

相比较而言，WNE的大脑神经胶质细胞增生与血管套比较轻微，而丘脑与后脑的病变比较严重。WNE最严重的病变部位呈灶状分布，但通常为全身性炎症。在伴有脊髓病的WNE病例中，腰椎脊柱损伤极为严重。

【诊断】马病毒性脑炎的临床病理学变化并不一致。感染EEE和WNV的马常见外周淋巴细胞减少症。低钠血症可能是由于抗利尿激素分泌不足造成的，就像人类患脑炎一样。马还经常发生氮质血症，可能是由于食物和水的摄入量减少所致。

根据临床症状、感染马的分布及发生季节，可作出初步诊断。在死前诊断性检测方面，脑脊液的分析对初步临床评估有重要的辅助价值。对急性感染EEEV的病马作脑脊液分析，通常中性粒细胞、脑脊液淋巴细胞异常增多。部分免疫的马主要出现单核细胞，但仍然存在非退化的中性粒细胞。WNV感染的马可有正常的脑脊液，若异常，脑脊液中淋巴细胞异常增多，总固体含量呈中度至明显增加。可从一些急性感染马的脑脊液中分离到病毒。当出现神经症状

时，病毒血症已终止，这时候对临床感染马的血浆作抗原检测是没有意义的。

血清学检测对于近期马的甲病毒和黄病毒感染，出现临床症状时的生前诊断具有重要意义。IgM抗体急剧上升，表明85%～90%为临床虫媒病毒性脑炎患者。因此，IgM捕捉ELISA法是检测近来接触病毒的首选方法。在此期间，中和抗体效价（主要是IgG）缓慢上升，可持续数月。中和抗体试验可区分这些病毒的亚型，因此成为血清学检查的黄金标准，配对的血清样品对区分疫苗接种与野毒感染至关重要。因为病毒的中和抗体出现在病毒血症末期，也可能出现在神经症状之前，所以配对样品对有神经症状的马，可能不会出现4倍的增加。来自发热畜群的配对样品具有更多诊断意义。母源抗体会对幼驹的中和反应产生干扰。然而一般而言，幼驹产生的IgM类似于成年马的水平，可以用于检测诊断。

血凝抑制与补体结合反应的结果很不可靠，仅适用于大规模筛选。还必须进一步做特异性（和敏感性）试验。大多数马生前只进行一次采样，在这种情况下，为临床诊断与公共卫生监测，IgM捕获形式是最可靠的确诊试验。对于发现过森林亚型病毒的地区，其VEE的诊断需要谨慎对待，因为血清检测时，亚型之间有交叉反应。

几种尸体剖检的诊断分析也显得尤为重要，在特异性方面，这些尸体剖检的诊断分析因其敏感性不同而异，主要取决于病毒。中脑与脑干中含有最高浓度的脑炎病毒，包括狂犬病病毒。新鲜组织的抗原检测方法包括病毒分离与PCR。EEE的病毒含量比WNE高。脑干的几个区域与颈椎、胸椎与腰椎脊髓，均可用于西尼罗河病毒的检测。用福尔马林固定后的组织，能较安全地用于许多实验室检查工作，如免疫组织化学与PCR。由于EEE病毒在病变部位有较高浓度与弥漫性分布，故免疫组织化学与PCR对检测EEE病毒比WNV更为敏感。

应对脑与脊髓疾病的传染性与非传染性病因进行鉴别诊断。传染性因素包括甲病毒、狂犬病病毒、马原虫性脊髓脑炎病毒及马1型疱疹病毒；还有少数可能的因素是肉毒中毒与蠕虫性脑脊膜脑脊髓炎（如 *Halicephalobus gingivalis*、腹腔丝虫、普通圆形线虫）。非传染性因素包括低钙血症、震颤原中毒、肝性脑病与脑白质软化症。

【治疗】主要采用辅助疗法，因为还无特异性的抗病毒疗法。处置的重点是控制疼痛与消炎，防止共济失调或斜卧等造成的损伤，提供辅助护理。对于暴发性的东部脑炎病毒感染，治疗没有明显的效果。对于西尼罗河病毒，发病早期静脉注射氟尼克辛葡胺

（1.1 mg/kg，每日2次），在注射后几小时内，能减轻肌肉震颤的严重性。

横卧的马思维敏捷，经常猛烈运动，造成自体损伤，也容易危及饲养人员。应急措施是根据病毒与疾病的严重程度，使用镇静剂和抗惊厥药物。吊索与吊车可用于吊起斜卧与站立困难的马匹；但对于感染东部马脑炎的斜卧病马，一般容易发生昏迷，故不适于吊索。发生吞咽困难的病马，需要流体食物与营养支持。

消除马原虫性脊髓脑炎后，就可使用预防性抗蠕虫药。其他辅助疗法（例如对脱水与吞咽困难的病马，采用口服与注射液体及营养物质）也是很重要的。可使用广谱抗生素，治疗伤口、蜂窝织炎与肺炎等。伴有间歇性或局部性神经疾病的病马一般预后良好，而伴有完全松弛性麻痹或出现昏迷的病马则预后不良。对于自然发生西尼罗河病毒或东部马脑炎病毒感染的，采用特异性抗病毒药物治疗，其效果仍不清楚，在人类亦是如此。最近研究显示，被动免疫疗法对人工感染西尼罗河病毒后，出现的临床症状有一定的治疗意义。

【预后】由甲病毒感染出现临床神经症状的病马，康复后带有明显的神经症状后遗症，而据报道，感染西尼罗河病毒的病马却没有这种后遗症。东部马脑炎的死亡通常是自发性的。马感染西尼罗河病毒发生自然死亡后，一般都采取无痛苦安乐死。大部分感染东部马脑炎后幸存的马，会长期带有神经症状。马感染西尼罗河脑炎后，能出现明显的临床症状，康复后还能持续1 d至数周；通常在出现临床症状7 d内会有所改善。80%～90%的畜主报道，马在病后1～6个月恢复正常机能，但至少10%的畜主报道，感染马康复后会长期出现后遗症，严重影响其运动与再次出售价格。后遗症包括体况虚弱、一肢或多肢共济失调、不胜使役、局部或全身性肌肉萎缩，以及精神与行为失常等。

【预防】在市场上可买到EEE、WEE、VEE的福尔马林灭活病毒疫苗，有单苗、二联苗或三联苗。早先未接种的成年马需要接种两次。在温带地区，推荐每年虫媒病毒季节到来4周内给马接种疫苗。然而，在美国北部与南部之间来回运送的马，由于受到病毒感染的威胁，必须每年在多发季节进行2～3次免疫接种。妊娠母马需在产驹前3～4周进行免疫接种，以产生初乳抗体。

对于已从接种疫苗的母马中获得充足初乳的初生马驹，应该在5～6月龄时开始接种疫苗；并需在第一次接种后30 d和90 d再分别进行1次免疫。目前尚不清楚母源抗体是否干扰马驹的疫苗反应；然而，流行病学资料充分表明，4月龄至4岁的马对EEE最易感。如果在美国东南部出现早春（3月份）天气，应进行两次免疫接种，每隔3～4周接种1次。对于未进行免疫或仅有最低限度免疫的母马所产的马驹，其母源抗体水平可能下降，应在3、4与6月龄分别进行免疫接种。

幼龄动物应在每年春季、EEEV流行高峰（5～6月份）前进行两次免疫。佛罗里达州是EEE高发地区，因此，所有年龄的马都应在1月份与发病高峰前的4月份进行免疫接种。第三次疫苗接种应在夏末进行。

四种疫苗对马的WNV有效。一种WNV灭活佐剂苗用于预防WNV的病毒血症。对于成年马的疫苗接种，建议在传播媒介活跃高峰之前进行，每隔3～6周接种1次，共进行2次。对于马驹，应进行3次免疫接种，应制定出与预防EEE与WEE相似的免疫程序。对曾免疫过或原先被感染过的母马所产的产驹，可在4～6月龄开始接种疫苗。

WNV攻毒试验表明，约10%经正常免疫的马，对WNV不产生中和抗体，在农场发生的2.3%～3%的马感染WNV的病例，都是经过充分免疫的马匹。这种添加佐剂的WNV灭活疫苗，其免疫持续时间尚不清楚。建议在病毒全年异常活跃地区，采用每4个月加强1次疫苗接种的方法。在蚊子活跃季节较短的地区，接种频率可降低到每年1次或2次。

一种重组金丝雀痘病毒载体与WNV免疫保护抗原M/E蛋白基因的疫苗，可用于防止病毒血症。对于原先使用过其他疫苗产品的马，再使用这种新的疫苗，即可产生抗体应答反应，因此，没有进行基础免疫的马可互换疫苗。对于一些实验马，一个剂量的疫苗即可防止病毒血症。一种实验性鞘内接种活病毒攻毒模型显示，接种疫苗6周内可对90%马产生保护。

一种嵌合体弱毒疫苗也已经投放市场，它是通过WNV在黄病毒载体中表达的免疫保护抗原M/E蛋白基因所研制的。这种疫苗不含任何佐剂，常制成可诱导基础免疫的单苗注射剂投入市场。它是目前唯一一种免疫保护期达12个月的疫苗。该疫苗产生免疫力迅速，鞘内攻毒试验结果表明，接种10 d内有83%的马匹存活。

用质粒表达WNV的pr M/E蛋白质的DNA疫苗，也已经投放市场。

为保护马免受虫媒病毒感染，还需尽量减少接触带毒蚊子。可以使用含二氯苯醚菊酯的杀虫剂进行灭蚊，在蚊子活跃季节，至少每日都要进行灭蚊，尤其在每日蚊子最活跃的时间。做好周围环境管理也很重要，包括保持畜舍区、运动场环境卫生，清除牧场中的杂草，处理好有机物，例如粪便（这很有可能成为蚊子寄生处）。至少每周清洗1次水箱与水桶，可以减少蚊子的产卵区。将饲养区内的花盆与蓄积死水的废弃轮胎等物品搬走，也可减少蚊子的孳生地。

应控制虫媒病毒对其他动物的感染。在蚊子最活跃的时间，将犬与猫等关在屋内或放在隔离区，避免接触蚊子。及时处理死鸟与其他小型被捕食动物，可以减少经口传播。很少有关犬、猫感染虫媒病毒的记载；然而，在虫媒病毒传播季节，在犬与猫体内均可检测到EEEV与WNV。据报道，在EEEV活跃的年份中，幼犬对其易感性较高。犬接种疫苗后能产生中和抗体。

以上这些犬、猫疾病的临床病例，在其他家畜与野生动物中均有报道，如鹌鹑对EEEV极其易感。这些动物都用于食品工业，它们的污染会导致高病毒血症，在感染动物的逆呕物，直肠、口腔的脱落物中，均含有大量病毒。接种疫苗可防止病毒血症、蜕皮等病。骆驼科对WNV较易感，大量报道记载，感染后的病理学与流行于北美的毒株很一致。马的灭活佐剂疫苗已经用于骆驼科动物，而且没有任何有关不良反应的报道，也已证实接种后能产生中和抗体。

【人兽共患病风险】人可感染以上四种能引起马病毒性脑炎的虫媒病毒。人的临床症状由轻微的流感样症状至死亡不等。儿童、老人及免疫抑制的人最易感。由于虫媒病毒感染，患有神经疾病的病人，常在康复后出现永久性的神经损伤。据报道，人感染的病例很少，而且一般发生在马感染两周后。有些兽医师在森林型病毒栖息地工作，或处理患病毒血症的病马时，应意识到人感染的可能性，可使用驱除药或其他能保护自己的各种方法，免受吸血昆虫的叮咬。

兽医师在剖检时应做好生物安全防护，尤其在剖检感染WNV的鸟类时。某些鸟类由于泄殖腔流出的液体中含大量的病毒，也可能成为危险的传染源。还应寻找更为合适的预防措施。

二、跳跃病（绵羊脑脊髓炎）

跳跃病为一种急性的、蜱传播性的CNS病毒病，主要感染绵羊，但牛、山羊、马、犬、猪、南美骆驼、红鹿与人也可感染。人可通过蜱叮咬或接触感染组织或污染器具而发生感染。该病常发于有蜱（篦子硬蜱）流行的不列颠诸岛山区牧场。据报道，最近在挪威、西班牙、土耳其和保加利亚等地出现一种病症，难与跳跃病分辨，这种病症的病原与跳跃病病毒难于区分。因此，认为该病不仅仅局限于不列颠诸岛。

【病原与传播】该病毒属于黄病毒科，是引起蜱媒脑炎病毒群的成员之一，这一病毒群的抗原性非常相似，分布于北部温带地区，主要引起人发病。该病通过宿主——蜱方式传播，未见宿主间水平传播。在绵羊群中，新引进的死亡率达60%，而在气候适宜的牧场的羊群死亡率仅有5%～10%。在流行该病的牧场中，主要损失的是2岁以内的绵羊，成羊在早期感染之后可获得免疫力，而羔羊从初乳中获得母羊抗体后，其生后头3个月可得到保护。但是，如果该病是首次发生，或平息多年后再发，则所有年龄段的绵羊都易感染。其他种类的动物感染后死亡率高低不一致，但红松鸡最高。所有脊椎动物接触蜱类后，都有可能寄生与感染跳跃病病毒，但只有绵羊与红松鸡能产生病毒血症的效价，而感染传播给媒介动物——蜱。通过接触污染器具或组织也可造成感染。泌乳山羊感染后，其乳汁中含有高效价的病毒，这可导致小羊发生致命性的感染，而且对人的健康有潜在的威胁。

【发病机制、临床表现与病理变化】不同种类的动物，其感染过程相似，只是病毒血症的程度与产生临床症状的时间不同。感染蜱叮咬动物后，感染先在淋巴组织中增殖，病毒血症可持续1～5 d。只有产生了高效价病毒的动物，才可将病毒传播给蜱。发生病毒血症时，可出现发热反应，但在病毒进入CNS并开始增殖之前，甚至通过免疫反应，将病毒从神经元外的组织中清除掉时，一般也见不到明显的临床症状。病毒复制时造成的神经元损伤程度，可决定临床症状的严重程度（从亚临床症状到明显的神经机能紊乱，直至死亡）。不管是否产生临床症状，都可发现组织学病变。临床症状包括肌肉轻微震颤、紧张不安、运动失调（尤其是后肢）、虚弱无力与虚脱；出现症状后1～3 d内死亡。也可发生最急性死亡。有的病畜恢复后，可遗留轻瘫或斜颈等症状。康复后的病畜，均可获得较强的免疫力。

近来动物感染吞噬边虫（*Anaplasma phagocytophilum*）（蜱媒热的病因），使其临床症状明显加重，可能是由于这种病原体的免疫功能受到抑制所致。该病的病理学较复杂，这可能与继发性细菌与真菌感染有关，也可解释为什么新的羊群被引入到感染过蜱的牧场后，其死亡率会明显升高。

尽管该病可继发肺炎，但无特异性肉眼病变。组织学检查CNS时，通常可见非化脓性脑脊髓灰质炎，其中以脑干处的病变最为严重。

【诊断】该病仅见于采食过蜱污染牧草的动物，但其临床症状差异较大，应与引起运动或神经机能障碍的其他疾病相区别。通过脑的组织病理学检查，CNS组织中的病毒检测与血清学检查，可确诊该病。取尽可能多的脑与脑干用10%的福尔马林生理盐水溶液固定，切片镜检特征性病变，以此作出初步诊断。

使用一种合适的单克隆抗体免疫组化试验，也可确诊该病。现已很少使用病毒分离等常规诊断方法，已被反转录PCR所取代。现在仅需取一小块脑干放入病毒培养基中，送到相应的诊断实验室检测。血清中和试验与血凝抑制试验也可用于诊断和监测抗体水平。用血凝抑制试验，已在牛与绵羊的血清中监测到IgM抗体，说明被检动物在近10 d内发生了感染。

【治疗与控制】无特异治疗方法。精心护理、人工饲喂与安静的环境有助于机体恢复健康。已有商品化的组织培养灭活苗，可有效地保护绵羊、牛与山羊。接种1次，保护期为2年以上。母羊接种疫苗后，其初乳可使羔羊出生头几个月免受感染。通常，所有后备种羊都应在6～12月龄时免疫接种。用杀虫剂药浴还不足以保护羊群感染蜱。最近开发的"泼药"制剂及其配套措施，也只是降低羊群感染蜱的程度而已。

【人兽共患病风险】羊跳跃病病毒感染人可引起严重的脑脊髓炎。症状分为两个阶段：开始为类似感冒症状，4～5 d后出现脑炎症状。人通过媒介的叮咬或者接触感染的动物尸体及被污染的工具或空气等被感染。自然传播的病例非常少见，大多数都是发生在实验室的工作人员，这就要求从事诊断或该病毒研究的人员做好蜱媒病毒的免疫。山羊的乳汁中含有高效价的病毒，所以病区应做好产奶羊的免疫工作。

三、伪狂犬病（奥耶斯基病，奇痒症）

伪狂犬病是一种急性烈性传染病，分布范围广，主要感染猪，其他家畜或野生动物偶有发生。伪狂犬病病毒已成为自20世纪60年代以来，在美国的一个重要的病原体，可能是因为分娩猪舍的增加，也许是因为出现了更多的强毒株。临床症状类似狂犬病，故名"狂痒"。伪狂犬病是按法规必须上报的疾病，美国大部分地区已成功消灭了本病。

【病原】伪狂犬病病毒是一种DNA疱疹病毒。猪是唯一的自然宿主，但也能感染牛、绵羊、猫、犬、山羊，以及一些野生动物，包括浣熊、负鼠、臭鼬和啮齿类动物等。对非人类灵长类动物的实验研究表明，恒河猴、猕猴易感，但黑猩猩不易感。人类感染的报告有限，并且报告是基于血清学转换，而不是病毒分离。马的感染较少见。伪狂犬病病毒只有一种被公认的血清型，但使用单克隆抗体制剂、限制性内切酶分析，以及热和胰蛋白酶失活标记，已经确定其存在毒株间差异。

【流行病学】该病毒可通过呼吸道传播或粪便经口传播，也可通过气溶胶方式吸入病毒，进行间接传播。在相对湿度超过55%的空气中，病毒能存活长达

7 h。来自英国数据表明，在一定的天气条件下，病毒可通过气溶胶的方式传播长达2公里。另外还有研究证明，病毒在不含氯的井水中可存活7 h；在厌氧塘污水与绿色的草地、土壤、粪便和带壳玉米中可存活2 d；在猪的颗粒饲料中存活3 d；在秸秆垫料存活4 d。病毒有囊膜，因此在干燥、日照与高温（超过37℃）条件下才能被灭活。终端宿主，如犬、猫或野生动物等都能在农场之间传播病毒，但是这些动物一般在感染后仅能存活2～3 d。现正在研究有关昆虫作为载体的潜在作用。鸟类似乎在疾病传播过程中并不发挥作用。

【临床表现与发病机制】猪的临床表现取决于感染猪的年龄。幼龄猪易感，而且7日龄以内仔猪死亡率接近100%。一般能见到CNS症状（例如肌肉震颤与划水状）。断奶猪感染主要表现呼吸系统疾病，尤其是继发细菌感染时。据报道，伪狂犬病毒能抑制肺泡巨噬细胞的功能，因此降低了这些细胞处理与消灭细菌的能力。所有年龄的猪感染后，均可出现发热（41～42℃）、食欲减退、体重减轻等症状。架子猪与育肥猪的死亡率非常低（1%～2%），但保育猪可达到50%。常见打喷嚏与呼吸困难，而据报道，CNS症状偶有发生。其他动物，如猫、犬、牛与小反刍动物，感染时的临床症状包括猝死、剧烈的局部瘙痒症、CNS症状（转圈、狂躁、瘫痪），发热与呼吸窘迫等。

自然感染后，病毒在鼻腔、咽部与扁桃体上皮内进行复制，然后通过淋巴管到达附近的淋巴结，继续进行复制。病毒还可通过神经组织扩散到大脑，并优先在脑桥与延髓神经元进行复制。此外，还在肺泡巨噬细胞、支气管上皮细胞、脾、淋巴结、滋养层细胞、胚胎与黄体细胞中分离到病毒。

感染后2～5 d开始分泌病毒，病毒可在鼻腔分泌物、扁桃体上皮细胞、阴道与包皮的分泌物、乳汁或尿液中存活2周以上。在感染潜伏期，病毒可潜伏在三叉神经节。处于潜伏期感染的猪，可能由于分娩、拥挤或运输等应激状态，使病毒开始传播。实验表明，连续5 d肌内注射皮质类固醇激素（地塞米松2 mg/kg）可引起复发。

【病理变化】一般无肉眼可见病变。常出现浆液性鼻炎、坏死性扁桃体炎或肺淋巴结出血。当继发细菌性感染时会出现肺水肿，以及其他肺炎病变，肝脏出现散在坏死灶（直径2～3 mm），这些病变通常出现在幼龄（7日龄以内）仔猪。

光镜检查，在脊髓灰质与白质部位，出现非化脓性脑膜脑炎的病变，还可见单核细胞外周形成的血管套与神经元坏死。脑膜由于单核细胞浸润而增厚。出

现坏死性扁桃体炎与核内包含体，以及坏死性支气管炎、细支气管炎与肺泡炎等病变。常在肝、脾、淋巴结及浸软胎儿的肾上腺出现局灶性坏死。

【诊断】 除了眼观与镜检病变诊断外，其他的诊断方法包括病毒分离、免疫荧光抗体检测与血清学试验等。脑、脾脏与肺脏是病毒分离的主要器官。鼻拭子可用于急性感染动物的病毒分离。鼻组织样品必须浸泡在添加抗生素的无菌盐水中，并在低温条件下存放与运输，以防止细菌繁殖。扁桃体或脑组织都可用于免疫荧光抗体检测。

许多血清学试验都很有效，包括血清中和试验、ELISA与乳胶凝集试验。血清中和试验是一种标准性检测，整个流程需要48 h。ELISA可对大批量样品进行检测，但其特异性较差。出现假阳性结果后，可再用中和试验检测。乳胶凝集试验虽然快捷、灵敏度高，但特异性也较差。发生感染后，6~7 d内可用乳胶凝集试验进行抗体检测，7~8 d时可用ELISA法，8~10 d时再采用血清中和试验。

近年来，一种特异的ELISA方法，已用于区分疫苗产生的抗体与自然感染产生的抗体。现在所用的猪疫苗，都是通过疫苗病毒中某些基因（gⅠ、gⅢ或gX）缺失后制得。所以接种基因缺失疫苗的猪，不会对这段缺失的基因编码的蛋白质产生抗体反应，相反，野毒感染的猪则会产生抗蛋白抗体。

猪初乳中的抗伪狂犬病病毒抗体，可持续到4月龄（类似于猪细小病毒）。因此，用配对样品或者血清学试验，对架子猪与育肥猪的母源抗体水平下降进行评估是非常必要的，这样可确保在合适的时间对猪进行免疫接种。

【治疗与控制】 目前还未有伪狂犬病病毒急性感染的特异性治疗方法，但是接种疫苗，能减轻某些年龄段猪的临床症状。推荐在猪场使用弱毒疫苗进行群体接种。可对母猪与1~7日龄以内新生仔猪经滴鼻接种疫苗，同时对其他所有猪群进行肌内注射疫苗，可减少病毒的排除，提高存活率。弱毒疫苗可在注射部位及局部淋巴结进行复制。疫苗病毒通过黏液传播给其他动物的排出量很低。在基因缺失疫苗中，胸腺嘧啶激酶基因已被敲除，因此，病毒也无法感染神经元以及进行自我复制。建议对种猪群每季度接种1次疫苗，育肥猪在母源抗体水平下降后再进行疫苗接种。定期注射疫苗对控制本病效果很好。建议通过饲料中添加抗生素与肌内注射抗生素，可控制继发性细菌感染。

已经制定出消灭伪狂犬病病毒的多项方案。目前在美国50个州的所有商品猪都已被确认为无伪狂犬病，然而，仍有一些野猪发生地方性流行，并且在一些游牧场内也有发生。消灭伪狂犬病的有效策略包括全群扑灭、定期检疫、淘汰患病动物，以及对子代进行隔离饲养。虽然检疫与清除策略效果较好，但全群扑杀经济损失较大，而且消耗大量时间。一般情况下，在决定进行全群扑杀之前，要先处理好疾病外的一些问题（如遗传改良），还要考虑经济损失的承受力。

检疫及清除策略包括对全群猪进行血清学检测，然后对阳性猪群进行扑杀，再重复进行检测与扑杀，直至检测结果为阴性。将此策略与特别的免疫接种程序相结合，可以淘汰自然感染的猪群。虽然检疫与清除策略效果较好，但是它费时费力，而且无法检测出处于潜伏感染期体内还未出现抗体的动物，这使处于潜伏期的动物成为隐性传染源。

在子代隔离方案中，应将新生仔猪（18~21日龄）与免疫接种过的母猪隔离开。如果有足够的后备母猪和种公猪以这种方式饲养，原始的种猪群将逐渐被淘汰，随后，血清反应阴性的猪群将被重新组成。按此方案，即使种猪群被感染也允许出售仔猪，但所有待出售的仔猪，必须经过血清中和试验并检测为阴性结果后才能出售。

四、狂犬病

狂犬病是一种急性进行性病毒性脑脊髓炎，主要发生于食肉动物与蝙蝠，其他哺乳动物也可发生。死亡率接近100%。该病遍及全球，但是有的国家由于成功地实施了扑灭计划的完善方案，或由于岛国的特殊地理位置，或执行了严格的检疫制度，已消灭了狂犬病。

【病原与流行病学】 狂犬病病毒属于弹状病毒科。弹状病毒科病毒在特定的区域一般有一种特定的宿主，但也常常感染其他种类动物。应用单克隆抗体分析或基因测序，可以鉴定病毒的变异株，这大大地提高了对狂犬病流行病学的认识。一般来说，每个病毒变异株，均在一个特定区域的同种动物之间传播。

从流行病学的角度看，贮存宿主或带毒者的物种名常用来形容该疾病。例如，恐水病通过犬与犬之间的传播来维持，就称之为狂犬病，而对于由其他动物传染给犬引起犬发病的，如由狐狸传播时，就称为狐狸源狂犬病。

在北美，感染加拿大与阿拉斯加的红狐及北极狐、东部沿海的浣熊、得克萨斯州灰狐与美国西南部灰狐的病毒，都是具有不同特点的变异体。感染条纹臭鼬的狂犬病病毒有两种不同的变异体，一种发现于中南部各州，另一种发现于中北部各州。另一种臭鼬狂犬病病毒的变异体已在加利福尼亚被发现。蝙蝠的狂犬病流行病学较为复杂。通常，在蝙蝠中发现的每一变异株都具有蝙蝠种间优势。狂犬病病毒从蝙蝠往陆生动物传播的现象较为少见。在美国过去的十年里，大多数人感染狂犬病的病例，都是由蝙蝠狂犬病病毒的变异体所引起（尤其是与银发蝙蝠、三色蝙蝠有关的病毒）。

狂犬病的宿主遍布世界。犬的狂犬病在非洲、亚洲、拉丁美洲与中东占主导地位。在南美和欧洲，犬的狂犬病已被消灭，但野生动物的狂犬病仍然存在。

多年来，臭鼬是美国报道最普遍的患狂犬病动物，但自1990年以来，患狂犬病的浣熊则成为报道最多的动物。在得克萨斯州南部，在犬与土狼中曾出现过狂犬病，但现已根除。在墨西哥，犬的狂犬病持续存在，倘若病毒再度进入美国，则有扩散到全美的危险。臭鼬、浣熊与狐狸的狂犬病在北美的不同地区均有发生，而且有些地区还重复发生。蝙蝠的狂犬病遍布美洲。吸血蝙蝠在拉丁美洲是重要的宿主，是牛及人类反复暴发的源头，尤其在亚马孙河流域。

在欧洲，通过口服疫苗消灭狂犬病之前，红狐狂犬病曾占主导地位。在东欧的部分地区，狐狸的狂犬病正越来越受到关注。食虫蝙蝠的狂犬病可能已在欧洲广泛传播。

在某些地区的其他一些野生动物，在狂犬病的传播中也起到重要作用，包括在加勒比海、南非与亚洲部分地区的猫鼬，非洲部分地区的豺，北欧部分地区的狼。

所有的狂犬病宿主也都是病毒的媒介物，但并不是所有的媒介物都是宿主。例如，猫能有效地传播病毒，但已证明，猫与猫之间不能传播狂犬病，没有单独的猫科狂犬病病毒变种。然而，在美国患狂犬病的家养动物中，猫是最常报道的。病毒出现在患狂犬病猫的唾液中，人被患猫咬到而感染狂犬病。自1990年以来，在美国每年报道家猫患狂犬病的病例都比犬多。

【传播与发病机制】 通常，患狂犬病的动物咬伤其他动物后，能将带有病毒的唾液进入被咬伤动物的组织而发生传播。少数情况下，带有病毒的唾液、唾液腺和脑组织与新鲜伤口或完整的黏膜接触，也能造成传染。通常，在临床症状出现时，唾液是有传染性的，但对于家养的犬、猫与雪貂，也可能在其临床症状出现的前几日开始排毒。据报道，臭鼬在发病前8 d就开始排毒。目前，还不能从臭鼬麝香中分离到狂犬病病毒。

狂犬病的潜伏期是持久且多变的。病毒能在接种部位长期存在。正是因为其较长的潜伏期，使得人暴露后甚至暴露后数日，使用狂犬病免疫球蛋白局部浸润的方法预防，能取得比较好的效果。犬的许多狂犬

病病例，都发生在感染后的21～80 d内，但潜伏期可能缩短或很漫长。在美国，曾记载有1例人患狂犬病的病例，其潜伏期达6年以上。

该病毒通过外周神经到达脊髓，再扩散到脑。病毒在到达脑以后，又经外周神经到达唾液腺。如果动物能通过唾液传播狂犬病，则在脑中能检测到病毒。病毒在唾液中呈间歇性排毒。

狂犬病病毒不能通过血液传播。在许多情况下，狂犬病病毒不会发生气溶胶传播的危险性。然而，在非常特殊的情况下，可发生气溶胶传播，即空气中含有高浓度的悬浮颗粒或携带病毒颗粒的液滴。在密闭条件较差的实验室内会发生病毒传播。据报道，在有数百万只蝙蝠居住的洞穴内，罕有发生自然的气溶胶传播。成千上万只患狂犬病蝙蝠的口与鼻分泌物中含有的病毒，可呈烟雾状散开。通过直接接触嗅觉神经末梢病毒，可发生气溶胶感染。

【临床表现】 狂犬病的临床症状难以确定。所有患狂犬病的动物通常有典型的CNS紊乱的症状，动物种间仅有微小的变化。无论何种动物，最可靠的症状是急性的行为改变与不明原因的进行性瘫痪。行为改变可包括突然厌食、表现恐惧或紧张、兴奋与异常激动（包括阴茎持续勃起症）。动物可能会离群独处。共济失调、声音改变与性情变化等较为明显。正常时温顺的动物，可能突然变得凶猛具有异常的攻击性。通常，患狂犬病的野生动物可能不再害怕人类，在晚上活动的动物，可能白天四处游荡。

临床过程可分为三个阶段——前驱期、急性兴奋期与麻痹期/终末期。然而，因为症状的多变与各个阶段时间长短不一，这种分类的实际价值有限。在持续1～3 d的前驱期，动物只表现不明确的非特异性症状，但随后症状迅速增强。瘫痪发生后病情发展迅速，几日后即可死亡。有些动物没有明显的临床症状即很快死亡。

狂暴型狂犬病，指的是有明显攻击性的（急性神经兴奋期）动物。呆滞或麻痹型狂犬病，指的是动物的行为改变极小，患病的主要症状是瘫痪。

（1）狂暴型 这是典型的疯狗综合征，在不同种动物中都能见到这种症状。在这一阶段很少发生瘫痪。轻微的刺激，就能使动物变得易怒，而且能利用它的牙、爪、蹄或角进行恶意的攻击。姿势与表情能体现出其警觉与焦虑，常伴有瞳孔扩大。噪音可引起动物的攻击。这样的动物失去了对人与其他动物的警觉与恐惧。患有该种类型狂犬病的肉食动物，经常漫无目的地游荡，它们攻击其他动物，包括人与任何移动的物体。他们通常吞食异物，例如粪便、秸秆、棍棒与石头。患犬可能咀嚼电线与啃咬笼子的边沿，碰

坏牙齿，常用一手掌在笼子前舞动并试图啃咬。患病幼犬还会寻求人的陪伴并表现过度地顽皮，但被抚摸时却能咬人，通常不到几小时即变得极为凶恶。患病臭鼬可能会寻找并攻击成窝的幼犬或小猫。患病家猫与野猫会突然袭击、恶意地撕咬与抓挠。随着病程的发展，通常可见肌肉运动失调与抽搐。常因进行性麻痹而致死。

（2）麻痹型　这一时期表现出共济失调与咽喉及咬肌麻痹，常伴有大量流涎与吞咽困难。犬通常出现下颌下垂。畜主常用赤裸的手对犬与家畜的嘴进行检查，以寻找异物或用药，因此，很容易通过皮肤接触到狂犬病病毒。麻痹型的动物可能并不凶猛，很少试图撕咬。麻痹随即迅速扩散到全身各部，数小时内即出现昏迷与死亡。

（3）**不同动物患病症状**　患狂暴型狂犬病的牛具有危险性，能追逐与攻击人及其他动物。泌乳期奶牛会突然停止泌乳。通常平静的表情也会变得警觉。两眼与双耳随着声音与动作迅速作出反应。常有的临床表现为特征性的异常吼叫，直至死前还可出现持续的间歇性吼叫。

马和骡：常表现出痛苦与极度兴奋不安。这些症状，尤其是伴有倒地打滚时，很可能被误诊为疝痛。马可能会啃咬或恶意踢腿，而且由于它们的体型与力量，在几小时内会变得无法控制。曾有人被这样的病马直接伤害而死。这些动物身上常有自残的伤口。

狐狸与草原狼：经常闯进院子甚至屋内，袭击犬与人。还发生一起患病狐狸攻击豪猪的异常行为；在许多病例中，发现带有豪猪毛根的狐狸，可以确诊患有狂犬病。

浣熊和臭鼬：明显地表现出不畏惧人，运动失调，频繁地攻击。尽管他们的天性是在黄昏活动，但患病时则常在白天活动。在城区，他们经常袭击家养的宠物。

通常，陆栖野生动物行为异常时，应怀疑为狂犬病。发现蝙蝠在白天飞翔，在地上休息，瘫痪与不能飞翔，袭击人或其他动物或打斗，这些异常行为可怀疑蝙蝠已患有狂犬病。

啮齿动物与兔形目动物，暴露于狂犬病病毒中，几乎没有患病的风险。然而，每件事件都应根据情况区别对待。已报道，经实验室确诊的土拨鼠的狂犬病与美国东部浣熊狂犬病的流行有一定关系。

【诊断】狂犬病的临床诊断比较困难，尤其是在狂犬病不常见的地区，当需要作出公共卫生决策时，不应依赖临床诊断。在狂犬病的早期阶段，易与其他疾病或正常的攻击行为混淆。因此，当怀疑有狂犬病且必须确诊时，实验室诊断具有极其重要的意义。

疑似动物应进行安乐死，将头部切除并送往实验室检测。

狂犬病的诊断应由地方或州立的卫生部门，按照既定的国家相关政策，授权有资质的实验室进行狂犬病检测。当前主要的检测方法，是对新鲜脑组织进行免疫荧光检测，直接肉眼观察特异性抗原抗体反应。该法若使用恰当，可在几小时内作出较高的特异性诊断。检测的脑组织必须包括延髓与小脑（用湿冰或冰袋冷冻保存）。用小鼠成神经细胞瘤，对小鼠进行接种试验或组织培养技术，免疫荧光抗体检测可用于确诊，但仍有疑问，该法在美国已不常用。

【控制】控制犬狂犬病的综合指导方针，已在国际上由世界卫生组织与美国全国公共卫生兽医协会（NASPHV）制定。包括以下内容：①公布疑似病例，对有临床症状的犬和被怀疑患有狂犬病动物攻击的犬，都应作安乐死；②根据犬的行动管理条例，减少易感犬之间的接触率，控制犬的运动与对犬进行隔离；③对犬进行全面的免疫接种，对幼犬进行连续免疫接种；④对流浪犬的控制，对未进行免疫接种的犬且对人类依赖性低的犬施行安乐死；⑤犬的注册。

由美国全国公共卫生兽医协会（NASPHV）编写与每年更新的"动物狂犬病控制纲要"，总结了美国目前最具权威性的建议，列出了所有在美国市场销售并由美国农业部注册的动物狂犬病疫苗。许多有效疫苗，例如弱毒疫苗、重组疫苗与灭活疫苗等已在全世界普遍使用；目前在美国，还未见狂犬病弱毒疫苗在市场销售（包括任何动物）。推荐第一年进行两次免疫接种，以后每3年进行1次免疫接种。有些疫苗对猫比较有效，而用于雪貂、马、牛与绵羊的狂犬病疫苗比较少见。由于猫患狂犬病越来越多，对猫接种疫苗也相当重要。目前还未见野生动物的狂犬病注射疫苗。迄今还不能确定，用家养动物的市售疫苗接种于野生动物后，能否产生免疫保护力。

近年来，已制定出控制野生动物传播狂犬病的方案，主要是通过减少野生动物数量来减少狂犬病易感动物间的接触；然而，该方案实施难度较大，其在公众接受度、生态合理性、经济支持度及程序有效性等方面还存在很多问题。在欧洲与加拿大，利用放置于诱饵上的口服疫苗，来控制狐狸狂犬病这一做法已普遍实行，且切实有效。在西欧的大部分地区，已消灭狐狸狂犬病，在安大略也已得到明显的遏制。在美国，使用一种痘苗狂犬病糖蛋白重组病毒疫苗，已成功根除了得克萨斯南部的草原狼狂犬病，限制了美国东部浣熊狂犬病的西传。该种疫苗已列入州或联邦的狂犬病免疫计划，使用时需要相应执照；不对私人兽医销售，也不允许使用于个体动物。该疫苗与其他疫苗一起，也用于帮助发展中国家控制犬狂犬病。

【疑似狂犬病病例的管理——感染狂犬病的宠物】 在陆栖野生动物或蝙蝠中已经发生狂犬病，任何被野生食肉哺乳动物（或蝙蝠）咬伤，或以其他形式致伤的动物，都有感染狂犬病的可能。美国全国公共卫生兽医协会（NASPHV）认为，任何未接种过疫苗而感染狂犬病的犬、猫与雪貂，都应立即处以安乐死。若畜主不愿这样做，那么动物应当严格隔离（人与动物接触不到）6个月，且在释放前1个月接种狂犬病疫苗。如果感染狂犬病的动物已接种过疫苗，则应立即再次接种并严密观察45 d。

【人兽共患病风险】 当某一个人被某一怀疑患有狂犬病的动物咬伤时，应仔细评估狂犬病病毒传播的风险。风险评估应包括所涉及动物的种类，狂犬病在该地区的流行情况，是否感染能足以传播的狂犬病病毒，动物目前的状态以及作诊断检测的能力。不管观察到的动物行为是否异常，但应考虑到野生食肉动物与蝙蝠有携带狂犬病病毒的极大风险。食虫蝙蝠尽管很小，却能用牙齿造成创伤，而且徒手无法捕抓或控制。蝙蝠的咬伤可能被忽略或不在意，因此与蝙蝠的直接接触，可以认定有感染狂犬病的危险性。任何可将狂犬病感染于人的野生食肉动物或蝙蝠，都有可能患有狂犬病，除非实验室诊断能提供相反的证据；可以想象蝙蝠直接接触人的状况，例如蝙蝠进入房间，与熟睡或尚不清醒的人发生接触。野生动物，包括有狼血统的杂交犬，都不应当作为宠物饲养；如果这些动物中的一种感染了人或家养动物，那么这种野生动物应当像野外自由放养的野生动物一样，必须严加监管。

任何健康的家养犬、猫或雪貂，无论是否接种了狂犬病疫苗，只要感染人（在新鲜伤口或黏膜上啃咬或留下唾液）就应将这些动物关闭或隔离10 d；若在此期间，动物产生狂犬病的任何症状，都应将其处以安乐死，其头部应立即送往实验室作狂犬病诊断。如感染的犬、猫或雪貂是居无定所或被遗弃的，则应立即处以安乐死，并取其头部作狂犬病诊断。由于免疫荧光显微镜检查技术的出现，通过临床表现作出诊断的意义已不大。

国际上，世界卫生组织已为有感染狂犬病危险的人群，推荐了几种细胞培养型疫苗。在美国，人狂犬病的预防指导方针是由免疫实践咨询委员会所制定。在高危人群中（例如兽医工作人员、动物管理人员、狂犬病诊断实验室的工作人员，以及在某些特定环境下，一些在狂犬病流行地区的游客）进行预防接种是十分必要的。感染前的疫苗接种分别在第0、7与21或28天进行。然而，在感染狂犬病病毒之后，不能单独地依赖感染前的预防，必须增加感染后的免疫（在第0天和第3天肌内注射2个剂量的疫苗）。对于被患狂犬病动物咬伤的健康，但未接种疫苗的病人，感染后的预防措施包括清洗伤口、局部浸润狂犬病免疫球蛋白，并在第0、3、7和14天注射疫苗。

五、猪捷申病毒性脑脊髓炎（猪脑脊髓灰质炎，传染性麻痹病，塔番病）

猪捷申病毒性脑脊髓炎（原名猪肠道病毒性脑脊髓炎）类似于人脊髓灰质炎，现在严重的病例比较少见。自1980年在西欧的奥地利报道以来，主要见于东欧与马达斯加岛。在其他国家仅有零星散发病例的报道，或者该病还尚未被认识。

【病原、流行病学与发病机制】 直到最近，引起这种疾病的病毒才被归类为肠道病毒属（微RNA病毒科）。然而，对其进行全基因组序列分析，发现它与肠道病毒有很大的区别，因此又将它重新分类，成为一个新属，即猪捷申病毒属（PTV，捷申病的名字来源于肠病毒性猪脑脊髓炎）。最初用病毒中和反应检测到猪肠病毒（PEV）血清型11，现已将PEV 1-7和PEV 11-13更名为PTV1-10。最近又命名了一种新的血清型——PTV 11。PEV 8最近被重新归类为微RNA病毒属，命名为萨佩罗病毒。PEV 9与PEV 10尚未引起神经性疾病，因此与捷申病毒有区别，仍为肠病毒属的成员。猪捷申病毒广泛分布于世界的猪群中，但许多毒株是非致病性的，最嗜神经的毒株属于前三种血清型中的一种；血清型1不仅有剧毒的毒株，也有弱的嗜神经毒株。尽管能识别抗原亚型，但无法分清毒株毒力的强弱。PTV能在环境中存活数月。

感染猪通过直接或间接接触进行传播。经典型捷申病毒血清型1株，对所有年龄的猪均有很高的发病率与致死率，但一般仅局限于一定的地理区域。其他地区能见到零星散发的病例。普通猪群一般呈地方性感染。从SPF猪群中排除捷申病毒也较为困难。一般呈隐性感染，断奶仔猪由于被动性母源抗体下降，易感性最高，混合饲养猪群也较易感。散发的神经疾病一般也多见于断奶后仔猪，不过在出现新的病毒血清型后，未断奶仔猪也易感。

侵入机体的病毒一般在胃肠道及相关的淋巴组织内进行复制。病毒不会破坏肠道上皮，但它能从繁殖部位脱落并在粪便中滞留数周。有一些猪（特别是强毒株感染的猪）还会伴发病毒血症，导致感染扩散到CNS。

【临床表现】 通常呈急性病毒性感染，不同生长期的猪，在感染后1~4周出现临床症状。最早出现的是共济失调，随后表现发热、精神委顿与厌食。还可出现抽搐、眼球震颤、角弓反张和昏迷等症状。一些严重病例还常出现麻痹，起初为明显的截瘫，随后发展为四肢瘫痪。通常，在出现临床症状后3～4 d即死亡。

在温和型病例，症状多为运动失调与轻瘫，后者很少发展为瘫痪。只有幼龄猪（尚未断奶或断奶仔猪）易感，但常能康复。

【病理变化】 无眼观病变。光镜检查，病变最明显的是脑干、小脑与脊髓的灰质部。非化脓性脑炎以神经元坏死、神经胶质细胞嗜神经现象与血管周围淋巴细胞成套为特征。常在小脑上方发生脑膜炎。

【诊断】 根据临床症状（尤其是运动障碍）、流行病学及无特异性眼观病变可作出初步诊断。组织学病变的性质与分布也可为诊断提供依据。用中和试验与补体结合性抗体试验，检测急性期与恢复期血清样品（间隔2周以上）时，可见抗体水平升高。从CNS分离到病毒，可确诊该病。根据血清学试验、临床症状与流行病学资料，可区分疾病的严重型与轻微型。

鉴别诊断包括猪的许多其他病毒性脑炎，尤其是经典猪瘟、非洲猪瘟、伪狂犬病、狂犬病、水肿病与水缺乏/食盐中毒引起的脑病。捷申病毒脑脊髓炎出现的明显的运动障碍症状，也容易与一些中毒性、营养性神经疾病相混淆。

可用中和试验、补体结合反应或采用特异性抗血清的ELISA，鉴别不同的血清型。基因组测序分析可用于所有猪捷申病毒血清型，反转录PCR和实时荧光定量PCR等分子生物学方法也可用于诊断该病。

【治疗与防制】 尚无有效治疗方法。弱毒苗常用于控制严重的地方性流行区域。在过去，中欧地区常采用免疫圈接种疫苗，扑杀与限制猪及猪肉产品进口来消灭该病。在许多国家，一旦发生疑似该病时，必须上报监管部门。对于发生地方性温和型病例的猪场，在引进1月龄以上新的种猪后，必须在其配种前增强子代的被动免疫。

第十七节　散发性牛脑脊髓炎（衣原体性脑脊髓炎、巴斯病、传染性浆膜炎）

散发性牛脑脊髓炎（SBE）在世界各地均有发生。主要感染1岁的牛，导致神经症状与多发性浆膜炎。

【病原与流行病学】 SBE由牛羊亲衣原体所致。牛与其他动物的肠道亚临床感染可能是SBE的主要传染源。该病常发于不到6月龄的犊牛，老龄牛很少发生。发病率通常较低，但有时可达50%；如果在疾病早期不进行治疗，很多病犊都会死亡。

【临床表现】 实验性感染犊牛的潜伏期为6～30 d。自然感染与实验性感染发病后的最初症状为发热（40～41.7℃）。发病后头2～3 d体温升高，食欲正常。随后可见委顿、唾液分泌过多、腹泻、厌食、体重减轻。犊牛最初膝部与球关节表现僵硬。犊牛还常发生共济失调、步履蹒跚或跌倒。一般不出现低头与失明。在疾病后期，犊牛常卧地不起，可出现角弓反张。病程一般为10～14 d。

【病理变化】 病变不仅局限于脑，在许多不同器官均可见到血管损伤。常见浆液纤维素性腹膜炎、胸膜炎与心包炎，在许多慢性病例中尤为明显。脑组织的显微病变，包括脑实质聚集大量单核细胞，表现血管周围成套现象与炎性灶。

【诊断】 初步诊断需根据临床症状，尤其是浆液纤维素性腹膜炎，但应排除引起腹膜炎的其他原因，比如肠扭转、肠套叠、创伤性网胃穿孔、真胃溃疡性穿孔与器官变位。鉴别诊断包括狂犬病、牛传染性鼻气管炎与脑炎、李斯特菌病、血栓性脑脊髓炎、脑灰质软化、伪狂犬病、副黏病毒性脑脊髓炎与恶性卡他热。确诊SBE，需通过以下4种方法：①用鸡胚培养或细胞培养从脑组织中分离病原；②脑组织切片的光镜检查；③脑组织印压涂片，经姬姆萨或免疫荧光染色后镜检；④通过PCR检测，确定亲衣原体DNA。

【治疗】 首选抗生素为四环素、土霉素与泰乐菌素。为了获得良好的疗效，发病后应尽早给药，且剂量要大（如土霉素每日10～20 mg/kg），连用7 d以上。如果治疗有效，在用药24 h后，高热应明显下降。目前还未见疫苗问世。

第十八节　马原虫性脑脊髓炎

在美国，马原虫性脑脊髓炎（EPM）是一种马常见的神经性疾病。该病在美国相邻的48个州、加拿大南部及中美洲与南美洲的一些国家均有报道。在其他国家，EPM常零星散发。

【病原与流行病学】 许多EPM病例均由顶覆虫（神经元肉孢子虫属）所引起。马可通过摄入被神经元肉孢子虫孢囊污染的饲料或水而感染EPM。该寄生虫在寄生于CNS前，在神经外组织进行早期无性增殖（裂体增殖），仅能产生少量具有感染性的肉孢子虫囊。马被认为是一种异常的、神经元肉孢子虫终端宿主。所有的肉孢子虫都有一种专性的捕食者–猎物的生活史。已明确的神经元肉孢子虫宿主（捕食者）是负鼠。负鼠采食中间宿主（猎物）包含肉孢子囊的肌肉组织后被感染，在经历一个短暂的潜伏期（可能为2～4周）后，开始通过粪便向外界排出感染性包囊。

九带犰狳、条纹臭鼬、浣熊、海水獭、港海豹及家猫都可作为中间宿主，然而，这些中间宿主在疾病传播中的重要性还未知。少数EPM病例（在美国与欧洲）与洪氏新孢子虫（Neospora hughesi）有关，洪氏新孢子虫是一种与神经元肉孢子虫密切相关的原虫。但洪氏新孢子虫的天然宿主还没有被确定。

【临床表现】因为原生动物可感染CNS的任何部分，因此，可出现多种神经症状。该病通常呈隐性开始，但可能存在急性的和严重的发作。与脊髓病有关的症状比脑病的症状更为常见。EPM患马出现不对称性或对称性虚弱和单肢至四肢的共济失调，有时伴有明显的肌肉萎缩。当波及近尾部脊髓时，可出现马尾神经综合征。脊髓EPM损伤也可导致区域性自发性出汗，或皮肤感觉、反射的消失。EPM马脑病最常见的症状是精神沉郁、头部倾斜与面瘫。任何脑神经核都有可能被波及，并可出现抽搐、视觉障碍，包括异常的恐吓反应或行为异常。如不及时治疗，EPM可能进一步发展，引起卧地不起甚至死亡。持续卧地不起超过数小时或数年的，可能引起持久性瘫痪。

【病理变化】能引起病灶变色、出血和/或CNS组织软化。组织学检查，这些原虫可能与混合的炎性细胞反应和神经元毁坏有关。通常在神经元细胞质或多核吞噬细胞内，均可发现不同成熟期的裂殖体或自由裂殖子。也可寄生于血管内和组织中性粒细胞及嗜酸性粒细胞内，但很少能寄生于毛细血管内皮细胞和有髓鞘轴突内。裂殖子可能存在于细胞外，尤其是坏死部位。至少75%的临床病例，其HE染色切片中观察不到原虫。

【诊断】通过尸体剖检经免疫组化染色与形态学，观察到CNS损伤处有原虫体出现，即可确诊本病。免疫转印电泳（蛋白质印迹）与间接荧光抗体检测神经元肉孢子虫是死前诊断的辅助手段。对于有神经症状的马，利用上述的任何一种方法检测到脑脊液（CSF）中的特异性抗体，都可确诊为脑脊髓炎（EPM）。血清免疫转印电泳检测呈阳性，仅能表明马曾接触过神经元肉孢子虫，然而血清间接荧光抗体效价大于1∶100时，则可表明为EPM。相反，在血清中或脑脊液中，免疫转印电泳检测呈阴性或荧光抗体效价较低时，则可排除EPM。在一些患有脑脊髓炎的马中，脑脊液分析显示异常，例如单核细胞增多和蛋白浓度增加。

临床症状须同以下疾病进行鉴别诊断：颈椎狭窄型脊髓病、脊髓损伤、异常的多细胞寄生虫迁移、马退行性脑脊髓病、马1型疱疹病毒引起的脑脊髓炎、马的运动神经疾病、马尾神经炎、虫媒病毒（东方或西方马脑炎病毒、西尼罗河热病毒）引起的脑脊髓炎、狂犬病、细菌性脑膜炎与脑白质软化。

【治疗】对于EPM，美国FDA认可的治疗方法为口服帕托珠利（5 mg/kg，每日1次，连续28 d），口服硝唑尼特（25 mg/kg，连续5 d，然后50 mg/kg，每日1次，连续23 d），联合使用磺胺嘧啶与乙嘧啶（20 mg/kg和1 mg/kg，分别至少给药90 d）。也可使用地克珠利，但还无此产品上市。在用泊那珠利和硝唑尼特来治疗该病时，每次用药都辅以30 g左右玉米油可提高药效。磺胺嘧啶/乙胺嘧啶产品必须在饲喂干草前1 h或饲喂后给药。长期的磺胺嘧啶/乙胺嘧啶治疗后，可能会出现贫血症，最好的预防方法是给患马提供大量的绿色饲料。用此方法治疗大约60%的马的病情得到改善，但仅有不到25%的患马可以完全康复。如果中断抗原虫治疗，通常两年后还会复发。因为EPM通常与免疫抑制密切相关，所以一些免疫增强剂（例如分支杆菌细胞壁衍生物或左旋咪唑）有时被用于辅助性治疗。

【预防与控制】当前还无有效的预防措施。一种暂行允许生产的疫苗曾投入市场，但2008年3月由于生产许可证到期，已不再生产。通过使用抗原虫药来进行预防能取到一定效果，但目前还尚未证实有效的用药方案。负鼠粪便可能是感染孢子囊的传染源，因此应严禁负鼠接近马的采食区域。马与宠物饲料不能放在室外；打开的饲料袋与垃圾应放入封闭镀锌的金属容器中，取消野鸟喂食器，掉落的水果应尽快清除。可将负鼠诱杀或赶走。由于已公认的中间宿主不能直接感染马，因此控制这些中间宿主对EPM的预防无多大用处。

第十九节 蠕虫与节肢动物引起的中枢神经系统疾病

一、寄生虫分类

许多后生动物寄生虫（蠕虫与节肢动物）与CNS病理学有关，可将其分类作如下描述。

1. **食肉动物寄生虫的幼虫阶段** 这一发育阶段，可通过吞噬方式诱导中间宿主的行为改变，加快传播到终末宿主。例如：当犬摄入被感染的幼虫阶段的绦虫脑多头蚴（常寄生于中间宿主绵羊的脑与脊髓中）后，多头绦虫就成为犬的终末宿主。脑多头蚴可引起绵羊共济失调，这使得患病绵羊更易被终宿主犬（肉食动物）所捕食。

2. **表现出嗜神经性的寄生虫幼虫阶段** 这一发育阶段，需要宿主的中枢神经系统，为幼虫的生长与发育提供有利条件。例如，牛皮蝇必须经脊髓与邻近组织迁移到他们偏爱的背部生存。

3. **迷路或异常寄生虫**　这些寄生虫通常在终末宿主的无神经的偏爱部位寄生，但偶尔也可能游离到CNS某些部位。例如：黄蝇属的幼虫通常在犬或猫的皮下组织被发现，但也有反常的情况，它们会迁徙到CNS并定居于大脑或小脑。

4. **偶发性寄生虫**　这类寄生虫被发现于其常规宿主外的动物体内。例如：副鹿原线虫通常寄生于终末宿主白尾鹿的神经部位，并且其是非致病性的。然而，在偶然宿主体内，如驼鹿、麋鹿或马驼，这种寄生虫会产生一种致命的神经性疾病。

5. **兼性寄生虫**　这些寄生虫通常是独立生存的，但偶尔可发展成以寄生的形式存在。例如：广东住血线虫是一种可以在自然界独立存活的腐生土壤寄生虫，据报道，可对马CNS产生病理学变化。

已有用乙胺嗪（100 mg/kg）成功治疗丝虫性脑脊髓病的报道。伊维菌素与有机磷能杀灭马蝇蛆病幼虫和少量的线虫，但在杀灭CNS内的寄生虫的同时，也可引起邻近组织的损伤。

对致病性寄生虫或节肢动物实施治疗之前，也应仔细考虑其他病因引起的神经病理学。尤其必须与狂犬病作鉴别诊断。诊断时，应考虑动物的年龄、疫苗免疫状况、病原接触情况及发病史等因素。

二、绦虫病

1. **脑包虫病**　多头绦虫是一种犬科动物（特别是犬、狐狸、豺狼）与人的肠道寄生虫。它的中间宿主包括绵羊、山羊、鹿、羚羊、小羚羊、兔、野兔、马，少数情况下，牛在放牧时也会感染。一些六钩蚴到达脑部，并且以内出芽方式发展进入中绦期，这一时期虫体被称为脑多头蚴。六钩蚴的初始入侵及其以后的生长可引起急性化脓性脑膜脑炎。发育完全的多头蚴囊直径可达5~6 cm，引起颅内压增高，进而导致共济失调、运动范围过度、失明、偏头痛、步履蹒跚与瘫痪。这种临床状况被称为眩倒病、羊晕倒病或摇摆症。触诊绵羊角根后部的颅骨，可引发疼痛反应。手术切除多头蚴囊及其囊壁，有较好的治愈率，但仅对有价值的动物才有意义。犬类应禁止摄食被多头蚴感染的绵羊或其他家畜的脑及脊髓，并定期为他们驱虫。

2. **囊尾蚴病**　猪绦虫是发现于人小肠中的一种绦虫。它的中绦期（幼虫）被称为囊尾蚴，囊尾蚴以充满液体的囊泡形式，寄生于猪的肌肉组织中。该幼虫曾被认为是独立于猪绦虫外的一种寄生虫，其学名猪囊尾蚴沿用至今。对于人来说，幼虫阶段可能发生在皮下与肌肉组织，但也可发现于神经组织内，例如脑与眼部组织。人感染源于摄入虫卵污染的食物或虫卵经手传染。幼虫进入脑并在脑室中发育并增殖。囊尾蚴感染后常引起疼痛、瘫痪、癫痫样抽搐、运动障碍，甚至死亡。多头蚴一般在脑膜和神经纤维网中定居。人囊虫病的治疗方法是手术摘除病变部分，然而预后不良。

3. **棘球蚴病**　细粒棘球绦虫是一种寄生于犬科动物终末宿主的小肠内的绦虫。中间宿主食入它的虫卵而受到感染，这些中间宿主包括野生或家养的食草动物，例如绵羊、牛和麋鹿。人也可作为中间宿主。六钩蚴在中间宿主小肠中孵出后侵入机体循环系统，并可在各种器官中定居（肝与肺），在这些器官内他们发育为厚壁并较大的单室棘球囊，囊壁内侧长出大量原头蚴。现已很少有关棘球蚴寄生于家畜CNS的报道；棘球蚴寄生于人，能产生类似于脑肿瘤的一些症状，但现已鲜有人感染的报道。

已确定狐狸是多房棘球绦虫的终末宿主。田鼠亚纲啮齿动物（如田鼠）是其中间宿主。这种寄生虫已很少见于人的脑中，这些侵入性的薄壁多室棘球囊并不会产生头节。外科手术能较成功地切除细粒棘球绦虫中的棘球囊。

三、吸虫病

1. **肺吸虫病**　据报道，卫氏并殖吸虫（*Paragonimus westermani*）、猫肺并殖吸虫（*P. kellicotti*）及肺吸虫，能在猪、犬、猫、大鼠与人的脑和脊髓中游移并产生囊肿。吸虫在终端宿主的肺外组织，不产生明显的感染。

2. **血吸虫病**　血吸虫或血液吸虫，通常在肠道小血管与膀胱内产卵，通过粪便和尿液排出体外。然而，有些虫卵可经全身循环进入CNS，并形成囊膜。这种发生于人与家畜中的现状已引起人们的重视。

3. **隐孔吸虫病**　锐隐孔吸虫（*Troglotrema acutum*）寄居在欧洲的狐狸与鼬科动物的额窦和筛窦中。吸虫成对的寄生在以上窦道中，并形成囊肿。这些寄生虫能引起窦道骨壁脱钙与萎缩，最终导致颅腔穿孔。微生物进入颅腔内，导致致命的脓性脑膜炎。目前尚无有效的治疗方法。

四、线虫病

1. **蛔虫病**　一些蛔虫的幼虫，包括猫与犬的弓蛔虫属（*Toxocara* spp.）及寄生在鼬科动物的贝利蛔线虫属（*Baylisascaris* spp.），均可导致CNS疾病。

犬的神经紊乱常与蛔虫感染有关，可能是由于犬弓蛔虫（*T. canis*）的幼虫在移行过程中被阻遏而死亡，引起了CNS的局部病变。弓蛔虫幼虫也可侵入眼，引起人的眼幼虫移行症。

浣熊贝利蛔线虫（*Baylisascaris procyonis*）是在浣熊的小肠中发现的一种蛔虫。它可引起北美的野生动物及家畜的游走性幼虫病，而且通常与临床型CNS疾病密切相关。野生动物和家畜中，据调查，已有90多种野生动物及家畜，被确认为感染贝利蛔线虫幼虫。有一些动物，包括负鼠、臭鼬、猫、猪、绵羊与山羊，对此幼虫稍有易感性，或对幼虫移行具有抵抗力。这种寄生虫与人的脑脊髓线虫病密切相关，尤其是儿童；也可引起眼幼虫移行症。

2. 丝虫病

犬心丝虫（*Dirofilaria immitis*）：也常称犬心脏蠕虫，而且它也能感染猫与雪貂。对于成年动物，这些寄生虫通常感染其右心室、肺动脉及其分支。犬心丝虫能从异常寄生部位，包括其终末宿主的CNS与眼前房中分离出（见犬心丝虫病）。

施氏油脂线虫（*Elaeophora schneideri*）：一种颈动脉及其分支的丝状虫，主要寄生在北美西部的长耳鹿身上。微丝蚴主要聚集在头与面部皮肤中；中间宿主是牛虻马蝇。幼虫在移行至颈动脉之前一直在软脑膜动脉发育。正常终末宿主感染常无临床症状。该线虫能使麋鹿、驼鹿、白尾鹿、绵羊与山羊的动脉引起内皮变性与受损，并使血管内膜中的血浆蛋白与血小板聚集。血栓形成、血管内膜渗出物及成纤维细胞增生，最终导致相关组织的栓塞与缺血性坏死。常在脑部发生与软脑膜动脉阻塞有关的坏死性损伤。神经症状包括失明、偏头痛、转圈、共济失调和瘫痪（见油脂线虫病）。

指状丝虫（*Setaria digitata*）：发现于亚洲，是一种常见的腹腔寄生虫。其微丝蚴寄生于血液中；蚊子是其中间宿主。在正常宿主体内的具体发育过程还不清楚。对于牛来说，临床症状并不明显。在马、山羊、绵羊体内，发育中的蠕虫能侵入CNS，引起肌肉无力、共济失调、跛行、眼睑或耳下垂以及腰麻痹。病变包括病灶的软化、CNS所有部位的轴突及髓磷脂鞘变性。

鹿丝状丝虫（*Setaria cervi*）：据报道曾发生于苏联与欧洲的鹿的柔脑膜中。常与鹿圆线虫混合感染。鹿丝状丝虫也曾在马的CNS中发现。以上结果所具有的意义尚不清楚。

丝状虫也可能寄生于鸟类。曾在北美的鹩鸟及其他鸟类的大脑半球中发现灿烂丝虫（*Splendidofilaria quiscula*）。在美国的蛇鸟（*Anhinga anhinga*）的柔脑膜中曾发现派尾线虫（*Paronchocerca helicinais*）。

3. 后圆线虫病

广州管圆线虫（*Angiostrongylus cantonensis*）：常寄生于东南亚与南太平洋地区大鼠的肺动脉内。陆生动物、水生生物、两栖螺类和蛞蝓是中间宿主。旁栖宿主是淡水螺、陆地蟹、椰子蟹、真涡虫。感染1个月后，幼虫侵入大脑，并在神经实质细胞中生长两周，然后进入蛛网膜下腔，继而通过静脉系统迁移到肺动脉。轻度至中度感染的大鼠神经症状很罕见，但重度感染的大鼠出现转圈、同类残食癖与截瘫。在流行地区，人经常食用生的或未煮熟的中间宿主或旁栖宿主而感染。这种寄生虫可使人产生致命的嗜酸性脑膜脑炎。在澳大利亚，广州管圆线虫能导致幼犬瘫痪数量上升。可能是犬体内携带有一种偶然寄生虫。

瘫痪型格莱特属线虫（*Gurlita paralysans*）：曾发现于猫的脊髓静脉内，据报道，该线虫可引起很高的瘫痪发生率。可能是猫体内携带一种偶然寄生虫。

鹿圆线虫（*Elaphostrongylus cervi*）：是一种常见的寄生在泛北极地区，尤其是欧亚大陆的驯鹿和麋鹿的骨骼肌肉系统的寄生虫。通过陆地蜗牛和蛞蝓传播，在移行至肌肉之前，能在CNS生长发育一段时间。在瑞典与苏联的鹿科动物曾发生的腰部虚弱、轻瘫与瘫痪，都与此圆线虫感染有关。

细弱拟马鹿圆线虫（*Parelaphostrongylus tenuis*）：发现于北美东部的白尾鹿的颅腔静脉窦与硬膜下腔。虫卵随静脉血流到达肺，并发育生长为幼虫，通过支气管树，随粪排出。鹿可采食已感染幼虫的陆地螺和蛞蝓，幼虫入侵脊髓，然后在灰质背角发育几周；再入侵硬膜下腔而成熟。白尾鹿感染后通常无临床症状。然而，细弱拟马鹿圆线虫可引起不同鹿科动物（驼鹿、驯鹿、麋鹿）和羚羊、马驼、绵羊与山羊等CNS的病理学变化。寄生虫可对这些宿主的CNS产生大量的创伤。此外，神经组织内虫卵可引起明显的炎症反应。临床症状包括腰椎麻痹、共济失调、跛行、转圈、头位异常与瘫痪。不同个体动物的症状因其发病与特征而不同。但具有典型的暂时缓解现象。

鼻居斯圆线虫（*Skrjabingylus nasicola*）与奇特伍德斯圆线虫（*S. chitwoodorum*）：曾发现于鼬科动物（尤其是貂、臭鼬与鼬鼠）的额窦中。其幼虫在陆栖蜗牛与蛞蝓的肠壁中生长一段时间，随后移行至脊髓。他们再移行至柔脑膜-脑，继续沿着嗅束到筛板，再穿透到额窦。其虫体可引起柔脑膜出血并导致柔脑膜炎。重度感染时，一些即将成熟的寄生虫可侵入脑部，引起包括瘫痪在内的一系列神经症状。

4. 小杆线虫病 广东住血线虫（*Halicephalobus deletrix*）是一种可在土壤和腐烂植被中自由生活的杆状寄生虫。有报道称，该线虫可寄生于马和人的CNS中。虫体可通过由土壤（含有这些线虫）污染的伤口或通过口腔和鼻腔的脓肿而到达CNS。线虫在CNS增殖，严重破坏神经组织。寄生虫的移行是造成CNS致病性创伤的重要原因；其排泄物及分泌物对CNS的作用还不清楚。这些寄生虫可携带病原微生物并输送至CNS。临床症状与寄生虫的寄生位置有关，损伤也是由其引起。症状类似病毒性脑炎，包括机体虚弱、共济失调、偏头痛、转圈、精神沉郁、失明、耳或眼睑下垂、群体本能的丧失与瘫痪。病变包括血管炎、出血性坏死与脑软化。

5. 其他线虫病 已经报道马CNS中普通圆形线虫（*Strongylus vulgaris*）的幼虫移行。有齿冠尾线虫（*Stephanurus dentatus*）的幼虫，很少入侵猪的CNS。旋毛虫（*Trichinella spiralis*）幼虫主要见于人致死性旋毛虫病的脑中。粪类圆线虫（*Strongyloides stercoralis*）幼虫可侵入实验性感染动物的脑。已发现，棘颚口线虫（*Gnathostoma spinigerum*）很少寄生于人的CNS。

将在大鼠与鸡皮下植入的忽略真圆线虫（*Eustrongylides ignotus*）移行至CNS，能引起宿主的死亡。

五、节肢动物病

蝇蛆病是双翅蝇类（马胃蝇蛆与皮蝇）的幼虫寄生于人与其他家畜或野生动物的组织或器官内而引起的疾病。除了牛皮蝇的幼虫阶段外，涉及CNS的蝇蛆病很少见。牛皮蝇的幼虫在迁移至背部皮下组织期间，通常潜伏在骨膜与牛脊髓硬膜之间。当牛脊椎管内寄生有牛皮蝇幼虫时，给牛使用全身性杀虫剂后，能出现不同的神经症状，轻者为短暂的僵硬、步态不稳，重者出现麻痹症状（见牛皮蝇蛆）。

绵羊狂蝇（*Oestrus ovis*）幼虫常见于鼻孔与鼻旁窦中。他们很少透过筛骨进入前脑，不过可能是其他一些因素能促使幼虫进入脑部。颅骨很可能被羊狂蝇幼虫所腐蚀。如果脑受损，能产生运步高抬与运动失调等临床症状，与感染脑多头蚴的症状很相似。这种情况通常被称为伪脑包虫病。通过外科手术治疗可能有效，但当幼虫处于手术不能达到的部位时，这也很难达到治疗目的。

黄蝇（*Cuterebra spp.*）幼虫通常见于犬或猫的皮下部位，已确定其在CNS中移行，并在大脑或小脑中定居。也有双翅类苍蝇幼虫在人（人皮蝇）、牛（牛皮蝇）与马（马皮蝇）颅内移行的相关报道。

宿主死亡后，马胃蝇蛆与牛皮蝇幼虫能迅速运动，移行至远离起因部位的一些组织。

颅内蝇蛆病的治疗为一般常用的经典方法。外科手术与药物治疗，只能缓解颅内蝇蛆病的症状。全身有机磷酸酯类对皮蝇属幼虫移行的功效表明，有机磷酸酯类可有效消除神经系统中的某些双翅类幼虫。在整个治疗期间，推荐使用非口服皮质类固醇，以防止炎性损伤及降低颅内压。可将伊维菌素（300 μg/kg，隔日1次）与皮质类固醇类合用，实验性治疗猫颅内黄蝇幼虫病；但该疗法还未经FDA批准。

第二十节 蜱叮咬引起的麻痹

蜱麻痹（毒性）是一种由不同种类蜱产生的唾液神经毒素而引起的急性、进行性、上行性运动麻痹。在一些动物中，还会出现一些其他的全身性中毒症状（如心脏、呼吸道、膀胱），而不出现典型的神经症状。人（通常是儿童）与其他多种哺乳动物、鸟类及爬行动物都可能患病。据澳大利亚、北美、欧洲与南非等国报道，人的蜱麻痹由硬蜱属、矩头蜱属及花蜱属所引起；以上3种蜱再加上扇头蜱属、血蜱属、耳疥癣虫属、锐缘蜱属等，都可引起动物不同程度的麻痹。

【病原、流行病学与发病机制】 已对7种硬蜱属和8种软蜱属中的64种蜱的致麻痹潜能作出了相关论证、描述及讨论。在澳大利亚东部海岸，澳大利亚Ⅰ型硬蜱可引起最为严重的蜱麻痹，无论用什么样的治疗方法，患犬死亡率均可达10%（通常4%～5%）。

在北美，安氏革蜱（*Dermacentor andersoni*）（落基山硬蜱）与变异革蜱（*Dermacentor valiabilis*）（美洲犬蜱），是引起家畜麻痹最常见的因素。绵羊、牛和人都可能受感染，同时对犬也有一定影响。此外，白纹革蜱（*Dermacentor albipictus*）、黑足蜱（*Ixodes scapularis*）、美洲花蜱（*Amblyomma americanum*）、斑点花蜱（*Amblyomma maculatum*）、血红扇头蜱（*Rhipicephalus sanguineus*）和梅格宁残喙蜱（*Otobius megnini*）也可引起麻痹。辅状锐缘蜱（*Argas radiatus*）和波斯锐缘蜱（*Argas persicus*）可引起禽类麻痹。在非洲，南非的红色硬蜱（*Ixodes rubicundus*）与点状扇头蜱（*Rhipicephalus punctatus*），非洲撒哈拉地区的外翻扇头蜱（*Rhipicephalus evertsi*）与沃克锐缘蜱（*Argas walkerae*），以及纳米比亚的*R. evertsimimeticus*均可引起蜱麻痹。猫对这些蜱引起的疾病有一定的抵抗力，但能感染全环硬蜱（*Ixodes holocyclus*）。所引起的毒性作用通常比犬轻，不包括胸部并发症，并且预后良好。

澳大利亚的全环硬蜱引起的蜱麻痹，比北美和其他地区的更为严重。犬、猫、绵羊、山羊、犊牛、马驹、猪、狐蝠、家禽、鸟类、爬行动物（蛇与蜥蜴）及人都可能被其感染。可见局部与全身性轻瘫及麻痹。天然宿主（袋狸）却很少受感染，或许在其幼龄时已获得后天性免疫。然而，当袋狸没有接触到毒素时，他们也有被感染的可能。

影响其流行病学的宿主因素，主要包括受感染的不同种动物、对毒素敏感性、年龄、获得性免疫、现场行为、并存的工作需要、对环境因素的反应、皮肤反应及种群密度。在蜱虫出现后2周以上时进行抗毒素免疫，能提高免疫力并免受其进一步感染，但是对于慢性蜱虫感染，最终仍会导致免疫力下降，可能是由于毒素对宿主的中和作用所致。蜱虫因素包括毒素的吸收与循环动力、毒力强弱、麻痹诱导能力、生殖能力、侵袭力及吸吮频率。

蜱麻痹的最高发生率与雌性蜱虫的季节性活动有关，主要在春季与夏季早期，但也有一些地区的蜱全年活跃。环境因素，如温度与湿度，对于蜱的发病率及死亡率也起到重要作用（即在高温、干燥及潮湿的条件下蜱很容易被杀死）。处于偏远地区的蜱麻痹自然发生地的蜱虫，通过黏附在人、动物、植物上，随着现代快速的运输方式迅速扩散，从而提高了蜱麻痹的发生率。当这种被蜱感染的动物到达蜱麻痹症状不甚典型的地区时，很可能延误诊断。

毒性与蜱的大小及接触时间无直接关系。不同宿主产生的临床症状，取决于几种可变因素，包括毒素分泌率、局部的应答能力、宿主免疫力与易感性，以及具体参与的特殊器官。

毒素注入宿主可引发宿主全身性的毒性反应。尽管大量的幼虫或幼虫蜱也可导致蜱麻痹，但蜱麻痹通常是由处于快速充血期的成年雌性硬蜱所引起。毒素从蜱附着位置通过淋巴进入宿主全身的血液循环，继而到达机体全身，并直接在亚细胞水平上影响钾离子通道的功能。

全环硬蜱毒素也可引起可逆性心肌抑制和舒张不齐，这可能导致心原性肺水肿及瘀血性心力衰竭症状。然而，原发性肺泡换气不足是许多重度病例死亡的主要原因。

【临床表现】除了全环硬蜱引起的麻痹外，临床症状一般在蜱吸附和发育24～72 h后的5～9 d出现。当感染全环硬蜱时，临床症状通常在蜱吸附和迅速发育24～48 h后的3～5 d（很少达到18 d）出现。由于环境湿度、温度（微气候）及宿主自身因素等不同，动物的临床表现会随时间有不同的变化，从突然发病到出现严重临床症状，以及延迟蜱"平静"吸附出现的最轻微症状均可见到。清除全环硬蜱并不能立即停止疾病发展。临床症状恶化能达24 h。一些严重病例，常因呼吸肌衰竭而死亡，其他并发症能出现在症状发生后的1～2 d内。

蜱麻痹的早期症状包括声音变化或失声（由于喉头麻痹）、后肢不协调（推测可能是由于虚弱，并且不是主要的中枢神经系统产生的共济失调）；呼吸节奏、速率、深度与力量的改变；窒息、呼噜声或咳嗽；逆呕或呕吐以及瞳孔扩张。据报道，犬的呼噜声可增加气道阻力。

后肢麻痹由轻微至明显的共济失调和虚弱开始，通过远距离观察动物行走（或是上坡或是跳跃），很容易发现此症状。随着麻痹的发展，动物不能移动前后肢、不能站立、不能卧、不能维持平衡，最终无力举头。

基于全身四肢的运动情况，可有系统地将其分为四个阶段，以用于临床预测。第一阶段，犬鸣叫声发生改变，比较虚弱但还可以站立与行走。第二阶段，不能行走但可以站立。第三阶段，不能站立但可以平衡。第四阶段，犬不能够保持平衡。第三和第四阶段常预后不良。然而，一些犬由于体内毒素含量低，或有较强的皮肤保护能力，或全身的免疫作用，而几乎没有出现临床症状，即使有些犬出现症状也仅在某一个器官（例如犬的食道麻痹）。由于宿主运动麻痹，感觉常常不敏锐，很难对临床刺激作出反应。

所引起的呼吸异常包括窒息、上呼吸道阻塞、支气管狭窄（尤其多见于猫的早期）、呼吸肌进行性疲劳、吸入食道或胃的内容物（由于咽喉功能的丧失），从而导致吸入性肺炎。吸入较为明显，在任何明显症状发生前，肺都会受到严重的影响。但如果仅有很少的气流进入病变的肺小叶时，即使是严重性肺炎可能也不会有呼吸杂音（无爆裂音）。有些犬有严重的呼吸困难，无爆裂音，X线检查显示肺部存在广泛的阴影（由于吸入性肺炎）；这样的病例通常已到了疾病末期。犬上呼吸道阻塞具有明显的呼气喘鸣（不是大型犬原发性喉头麻痹所引起的典型的吸气喘鸣），为了呼吸交换，动物常表现为头颈与前肢伸展。如果伴随有胸部疾病，动物的呼吸困难通常表现得更为严重。阻塞性呼气困难与喘鸣时，可感觉到喉头或喉头下方的震颤。这种上呼吸道改变很容易被忽略，尤其是当犬麻痹时。通常呼吸频率快而有力。对于猫来说，玩偶测试可用来评价上呼吸道的功能。如果喉头的压迫可以增强上呼吸道的呼吸音，在不考虑其他呼吸道缺陷的情况下，则可认为是轻瘫或麻痹。至关重要的是，当相关的工作量与疲劳程度能很快达到极限时，任何上呼吸道阻塞都可被诊断出。大多数犬（而不是猫）的食道肌发生麻痹时常伴发食管扩张。食道内唾液、食物、液体可能会返流到咽和嘴。由于失去吞咽功能，使动物难以清除上呼吸道异物，从而导致吸入性肺炎。

呕吐（随着胆汁）可发生在全环硬蜱麻痹中；已经证明毒素主要作用于呕吐中枢。尽管药物引起的呕吐可能是一种并发症，但据大多数畜主反映，呕吐可能是反流现象。犬能通过呕吐与反胃清除分泌物，同时，也以晃动头与下巴的独特方式促进物质的清除。

在疾病早期阶段，体温可能正常；然而，由于毒素对呼吸道的作用，使正常的体温调节丧失。受局部环境因素的影响，可能导致动物体温过高和过低。在严重病例中也会出现颤抖病。突然发生低温或高热，很容易被误诊；低温时出现的临床症状在几个方面与蜱麻痹很相似。体温恢复正常后，蜱麻痹症状已很轻微。

对于犬，由于舒张期心肌功能障碍（由于降低了心室填充效应与收缩期心输出量，使心肌不能完全舒张），导致明显的瘀血性心力衰竭（如经典的变质性心肌炎）并伴随广泛肺水肿。静脉回流可能也会减少。

一些犬的ECG有较长的QT间隔，从而导致致命的心室性心律失常。尽管一些动物已完全达到临床恢复程度，但有时还会出现不明原因的死亡，其具体原因目前还不清楚，但大多数治疗过类似病例的兽医曾有过此方面的报道。

猫中度或重度中毒可能引起惊恐不安。在将他们关进笼子前，尽量不要打扰。如果强迫其运动，可能会由于呼吸困难、相关血氧不足（推测）、酸中毒和高碳酸血症等原因而死亡。猫并不像犬那样会受到全身性影响，特别是呼吸系统所引起的并发症，但是如果医院应激（如护理能力、噪音、气味）保护能力不足的话，可导致其病情恶化。

当猫轻度麻痹时，常会出现类似哮喘症状的气管收缩；听诊时出现呼气性喘鸣音，强迫其进行腹部呼吸，很容易诱发其运动不耐性，这是典型的症状表现。这些猫的玩偶试验常呈阳性，行走几步后，常用后躯卧地，胸部处于比正常时更加垂直的位置，常表现呼吸困难或呼吸窘迫。如果没有发现或怀疑蜱虫，在这个阶段很容易被误诊为猫科动物哮喘。

【诊断】蜱病的诊断要点为，动物突然出现四肢无力或呼吸性疾病。虽然蜱虫不会长时间吸附在皮肤表面，但受损部位皮肤出现特征性的"蜱坑"（其洞深1~2 mm，宽1~3 mm，四周呈现出肿胀的炎性病变）即可确诊。有时难以发现蜱虫或蜱坑（蜱虫吸附在耳深处、脚趾之间、口腔或肛门时不易检测）。当在蜱虫易感地区出现下位运动神经元或神经肌肉性病变，但没有其他明显的病因时，表明仍可进行治疗。当按蜱病给予治疗而病情好转时，也可作出暂时性诊断。

还尚未建立特异性实验室诊断技术，但是一些检测指标与检查方法仍然具有参考价值，包括血细胞比容（PCV）、血清蛋白、胸侧部X线检查到的肺水肿、食管扩张与吸入性肺炎。对一些特殊症状（如瘀血性

心力衰竭），还需要对全身系统作常规的病情检查。

应与肉毒梭菌毒素中毒、多神经根及周围神经炎、急性外周神经疾病、毒蛇咬伤、低钾血症、蟾鱼及鱼肉毒素中毒等疾病进行鉴别诊断。在蜱地方性流行地区，对任何有微弱或进行性麻痹病例，都应首先考虑蜱麻痹。此病也应与食管扩张、不明原因的呕吐、急性左侧瘀血性心力衰竭（犬）、哮喘（猫）等疾病进行鉴别诊断。蜱虫通常生活在特定环境下的不同地区（如水沟），且大多数蜱麻痹病例，通常在高度流行地区的特定环境下发生。

疾病早期阶段血液与血清值变化不大。血清蛋白正常而PCV增高，为肺水肿的表现，预后应谨慎。其他血液指标变化包括血糖、胆固醇、磷酸盐与肌酸激酶等含量升高，血钾水平降低，但这些指标变化，不能特异性确诊蜱性麻痹及疾病的严重程度与预后。

心超声检查显示，心脏舒张期和继发性收缩期心肌功能紊乱与心室充盈度降低有关，这可能是由于外周静脉回流减少和心肌舒张不全造成。非应力性X线检查可提供最佳的预测性诊断，同时，应用脉搏血氧仪，可对血液氧合作用作持续性评价。碳酸波形图（Capnography）有助于评价换气功能水平。动脉血气分析（当发病时）可对心肺功能进行整体评估。然而，任何一种检测方法都会给动物带来应激。此外胸部X线定位（背腹侧至侧面）可诊断换气功能衰弱的终末期动物。

【治疗】大多数感染动物，当清除蜱虫（除全环硬蜱外）后，可在24 h内病情得到改善，并在72 h内完全康复。如蜱虫没有完全清除，动物可在1~5 d内由于呼吸麻痹而导致死亡。全环硬蜱虫即便被清除，也不能立即中止疾病的发展。临床症状恶化能达24 h。任何感染病例，都应及时清除所有蜱虫。应反复多次检查各处皮肤，尤其是长毛动物与那些厚毛动物。蜱虫多存在于头或颈部周围，但也可存在于机体的任何其他部位。拔除犬身上的蜱虫，可以得到很好的防治效果，且不会引起过敏反应。

治疗蜱中毒应考虑原发性蜱毒血症与麻痹、继发性吸入性肺炎，以及潜在性的三级因素（如慢性虚弱、心律失常）。

蜱虫抗血清（TAS）是一种免疫血清，主要抵抗蜱虫叮咬后释放的毒素（类似于破伤风毒素）。疾病发生时应尽早给予抗血清，而疾病的后期，即便是给予足够剂量的抗血清，也不能达到治愈效果。病犬的最小剂量为0.5~1.0 mL/kg，抗血清应加热到室温后给予缓慢静脉注射（至少20 min），以避免发生休克反应。快速静脉注射可导致80%以上的犬发生临床反应。由于急症时大剂量地使用抗血清产品，以及可溶

性皮质醇液体的快速注入等，都会不可预见地出现过敏反应。临床个案的研究表明，猫比犬更易感，尤其是在第二次免疫几周后的第二次免疫时更为明显。

对带有多种蜱虫或急性麻痹期的动物，应给予高剂量抗血清治疗，但还没有所需的确切的剂量率方面的资料（保护性免疫球蛋白常随需要而批量生产）。然而，严重感染的犬几乎很少存留未释放的毒素，以中和蜱虫抗血清。有关蜱虫抗血清的需要量仍争论不休。专家建议，抗血清标准剂量的制定，应根据中和一只蜱虫产生毒素所需要的量，而不是根据犬的体重。根据上述制定标准，建议犬的最小治疗剂量为10 mL（猫为5 mL）；因为每毫升血清的免疫保护水平不同（而且不容易检测到），所以任意剂量率都是有争议的。只有感染动物的毒素水平与抗血清中的特异性免疫球蛋白水平得到评估，才能确定剂量率。

将犬的血清静脉注射给猫，会引起猫的过敏反应。在蜱虫抗血清注射前3～4 min，皮下注射1∶10 000肾上腺素3 mL，可使风险降到最低点，但没有证据证明可使其风险降低。对猫进行腹腔注射蜱虫抗血清，可改善因静脉注射导致的症状（例如呼吸窘迫、呼吸抑制、呼吸困难）。然而，由于腹腔注射的有效半衰期很短（仅几日而非数周），如果毒素已被结合加之动物病情严重的话，则几乎无保护作用。

治疗时必须使应激与不安降到最低点。当动物出现惊恐不安时，可在抗血清治疗前皮下注射乙酰丙嗪（0.03 mg/kg）。当患畜出现精神抑制、低血压或体温过低时，应避免使用高剂量抗血清。超剂量抗血清可引起血压过低与体温过低。阿片类药物可改善此症状（如美沙酮0.3～0.5 mg/kg，皮下注射或肌内注射）。

动物严重呼吸困难时，可采取一般的麻醉法，此时采用输氧、食道抽取与上呼吸道导液是较好的处置方法。恒速输注或定期静脉注射戊巴比妥，可引起浅麻醉，此时应重复剂量。浅麻醉的主要作用是减轻呼吸困难，使肌肉松弛，缓解肌肉疲劳与衰竭。浅麻醉的最佳周期为6～8 h，且在每个麻醉周期过后，应重新评价临床状态。浅麻醉的另一个好处是可以调控较长的QT综合征，心电图异常不是蜱虫麻痹时发生猝死的主要原因。

必要时可进行机械性或人工换气，但由于恢复有可能被延误，所以必须进行详细评估。通常，长期换气可降低恢复率（可能低至25%）。

阿托品（每6 h重复1次，应用最低剂量）可用于缓解过多的GI与呼吸道分泌物，但应考虑它对泪液分泌（宿主可能发生眼睑麻痹、瞬目反射减少、角膜干燥）及心率与心律变化的作用。

当动物出现真性呕吐时可应用止吐药。如宠物出现逆呕，食管应同上呼吸道一起进行吸气。纠正引流位置非常重要，它有助于避免吸入异物。

及时应用广谱杀菌抗生素，可避免吸入性肺炎的恶化，但必须尽快用药。犬出现上呼吸道阻塞时，应进行气管切开术或麻醉和插管，以避免阻塞物造成的致命性后果。

重复使用高剂量利尿剂（例如速尿）并伴随适当氧气疗法，可治疗瘀血性心力衰竭，可以定期进行肺和肺泡通气的非应激性评估（例如用脉冲血氧仪，检测呼出的二氧化碳水平）。维拉帕米（0.1 mg/kg，静脉注射）是治疗心脏病的最好药物，有助于减轻因中毒导致的心肌舒张而引起的心衰（不是心肌收缩引起的心衰）。如患病动物能消除晚期肺水肿（或心律失常），则在常规护理下，心衰症状将会随着毒素的排除而得到恢复。艾司洛尔（Esmolol）可用来治疗伴有心输出间隔长和潜在致命性心室心律失常的患畜。

由于此病极易导致肺水肿，液体疗法可有效缓解此症状。在静脉输液前或输液期间，都应进行病理性水肿检查，以保持在稳定水平以下。当PCV大于70%，建议使用胶体、羟乙基淀粉、喷他淀粉类液体，此时不宜给患病动物晶体类液体。蜱麻痹通常伴有脱水症状，但通常是在住院后第二天，当PCV与蛋白含量都升高时症状较为明显。对于发病的小动物，如其肺部状况不佳时，可进行皮下或腹腔注射液体。一些特殊病例（如在治疗前一日，患畜在阳光下受到高热、高湿度的刺激）可给予大量补液，但补液之前应对器官潜在性功能紊乱的程度进行评估。

由于常规的支气管扩张药对猫的哮喘样疾病无效，故猫的哮喘样疾病很难治愈。这样的猫很容易发生呼吸困难，当同时存在上呼吸道阻塞时，猫则表现为极度痛苦的抑制状态。最好将这些病猫独自放在安静的，但可以观察到地方进行恢复性治疗。也可在治疗前给予抗焦虑药（例如阿片类药物）。

呼吸机（人工或机械）能治疗（除换气非常困难外）低氧血症与深度肺泡换气不足引起的高碳酸血症。

短期麻醉（6～8 h）可降低肌肉疲劳（可恢复一定的肌肉强度）。当病畜没有明显的肺泡疾病时，患有高碳酸血症的病畜，通过气管内插管与供氧治疗，可使血红蛋白饱和度达到适当水平（＞95%）。

通常，中毒动物都会失去调节体温的能力。体温长期处于32℃以下的动物，可能很难恢复。由于毒素作用与宿主体温过低的血管收缩反应，导致动静脉分流短路关闭，即便使用各种加热措施（热水瓶、毛毯、热空气流动毯），外围热量也不会被吸收。对四肢的下部（尤其是后腿）给予保温治疗有益于疾病恢复；直接对腹股沟区域给予保温，也能取得良好效果。一些病例通过静脉注射或直肠给予加热液体，也可改善动物寒冷的体温（例如32℃或更低）。住院治疗的犬有时会突然出现高温（＞42℃），病犬通常表现为头部与前腿运动增强及惊恐不安的症状。当给予降温处理时（例如湿毛巾、直接风扇吹、高速的空气变化率），症状有所缓解。

随着蜱虫清除及住院期间给予良好的治疗和护理，动物的病情通常在24 h内得到好转。动物应安置在一个安静、舒适、可实时观察的地方。动物的放置姿势，应最大限度地提高胸骨对肺的功能。如左侧卧使肩部（不是咽或颈部）作为最高点有利于分泌物的流出。建议头轻微低下。除非动物日夜频繁的转动（每隔1～2 h），绝不能对动物随意转动。由于患病动物膀胱不能自行排空，需要对其进行导尿，每日至少膀胱导尿两次。与局部性蜱毒性作用一样，这种阻塞会在治愈后持续一段时间。眼保护剂可用于防止角膜溃疡或干燥。通过咽、喉及近端食管的吸取，能使唾液淤积与逆流所引起的上呼吸道疾患降到最低。食管导管应缓慢插入，以清除所有淤积的物质；一些病例通常会有大量的分泌物，此时应防止阻塞性窒息（多见于短宽品种动物的喉头异物阻塞）。补液与输氧治疗时应进行监控，以防止机体水分过多或供给不足。补充营养时应小心处理，以确保提供的食物和水，不会对胃肠与呼吸功能产生副作用。

在住院治疗期间，应对动物进行多次检查，确定是否还携带蜱虫，尤其是病情意外恶化的动物。长毛或被毛杂乱的病畜应剪毛，尤其是头部和颈部周围的毛发。应用杀螨剂可以杀死检查中遗漏的蜱虫。然而检查、剪毛、沐浴产生的应激，将会加重严重感染与紧张不安动物的病情，此时，建议使用镇静剂。

【预后】适当及时治疗可挽救95%受感染的动物，但是5%的动物尽管经过全程治疗，依然可能会死亡，尤其是那些伴有进行性麻痹与呼吸困难的。大多数动物（＞80%）的病变，仅包括一只蜱及附着的较深的化脓性病灶。由于伴随各种并发症，常导致动物的恢复期延迟与体重减轻。常因窒息、呼吸道麻痹、心律失常、瘀血性心力衰竭与心脏骤停而死亡。老龄动物或先前患有心肺疾病的动物风险最大，其次是出生不久的幼畜。

出院前，应对猫进行降落试验，用来评价神经肌肉功能和三维重力控制。康复猫可从桌子顶端距地面10～20 cm处正确地跳下。未康复的猫不能正确及时落地，同时，下巴重重地撞在桌子上。康复的猫可很好地控制头部并能轻轻地落地。从笼子里跳上跳下，标明猫的肌肉强度已得到恢复。犬从笼子上跳下来时，出现上呼吸道杂音，则表明其呼吸麻痹与用力呼气的问题并未解决，由于腹部缺乏支持力，影响隔膜和肺部的空气流动而导致呼气增大。蜱麻痹未治愈的犬，将其举起时（手臂环绕犬的前肢与后肢的外侧），常会发出喘鸣音，则表明喉功能异常。

建议畜主应继续寻找康复动物身上的蜱虫；使用适当的预防措施，可避免蜱虫的再次吸附；病畜至少在治愈后第1个月，应避免高温、应激或剧烈运动。当病畜出现食管机能障碍时，应采取少量多次进食。农场牧羊犬应给予充足的休息，以避免过度劳作导致的永久性肌肉损伤。

【预防与控制】畜主不应仅靠化学消毒措施来预防蜱虫感染，因为迄今还没有任何一种消毒剂能有效预防蜱虫，而且单一附着的蜱虫即可引起疾病。建议畜主应了解宠物何时何地都有被感染的危险性；建议每日进行完全彻底的皮肤检查；尽可能保持皮毛的简短；应对可用预防产品（例如喷雾剂、局部外用滴剂、片剂与颈圈）的有效性、合理性、安全性及限制性有所理解。联合治疗（例如喷雾剂与喷雾圈）比其中单一治疗更有效果，但还没有公开的数据支持这一观点。

人们一直尝试对蜱虫进行野外防控，但迄今为止仍未生产出预防全环硬蜱毒素的有效的疫苗。特异性RNA研究表明，不同地区的蜱虫存在遗传差异，这种差异性也是造成同年、同季节、不同地区蜱麻痹的临床症状不同的原因。

（刘国文　译　田文儒　一校　丁伯良　二校）

第十一章　生殖系统
Reproductive System

第一节 生殖系统概述

生殖系统具有重组遗传物质使家畜改变并适应环境的机制，故调控生殖系统能改良家畜并提高其生产性能。生殖系统无论是其解剖还是其生理功能都十分复杂，因而，当解决生殖问题时，需要全面考虑。不同种类和性别的动物，生殖系统之间有很大差异。雌性和雄性动物都有基本的性器官和调节中枢。性腺和适应功能的管状生殖道官构成了雌性和雄性动物基本的性器官。垂体和丘脑下部都是基本的调节中枢，但事实上调节功能部分是由神经内分泌完成的。在妊娠动物，胎儿胎盘对维持和终止妊娠起重要作用。某些动物生殖周期的生理特征见表11-1～表11-3。

表11-1 动物的相对妊娠期[a]

家畜	天数（d）	野生动物	天数（d）
猫	65	黑熊	210
牛[b]		野牛	270
安格斯	281	骆驼	410
爱尔夏	279	黑猩猩	236
婆罗门	292	郊狼	63
瑞士褐	290	鹿（北美黑尾鹿和白尾鹿）	200
夏洛莱	289	象	660
更赛	283	麋鹿，马鹿	255
海福特	285	长颈鹿	425
荷斯坦	279	大猩猩	270
娟姗	279	野兔	36
利木赞	289	河马	240
短角	282	豹	95
西门塔尔	289	狮	108
犬	62～64[c]	猞	150
驴	365	猴（猕猴）	180
山羊	150	驼鹿	240
马[d]	335～342	麝牛	255
美洲驼，羊驼	330～365	负鼠	12
猪	114	黑豹	90
绵羊	150	豪猪	210
毛皮动物	**天数（d）**	叉角羚	230
灰鼠	111	浣熊	63
雪貂	42	驯鹿	225
狐狸	52	非洲犀牛	480
貂		海豹	330
欧洲貂	41	鼩鼱	20
美洲貂	40～75	臭鼬	63
麝鼠	29	灰松鼠	40
海狸鼠，河狸鼠	130	貘	390
水獭	270～300[e]	虎	103
兔	30～35	海象	450
狼	60～68	巨头鲸	450
		土拨鼠	31

a. 见实验动物精选生理数据。

b. 个体差异可能偏离平均数±（7～10）d。

c. 从配种（不确定在发情期的什么时期配种）开始计算，妊娠期是58～72 d；从排卵（通过测定孕酮或LH可知）开始计算，妊娠期是62～64 d。

d. 个体差异可能偏离此平均数20 d。

e. 由于胚胎延迟附殖180[+]d。

表11-2 禽类相对孵化期

家禽	孵化天数（d）	笼养鸟及猎鸟	孵化天数（d）
鸡	21	虎皮鹦鹉	18
鸭	28	雀鸟	14
美洲家鸭	35	鹦鹉	26
鹅	28	雉鸡	24
珍珠鸡	28	鸽	18
火鸡	28	鹌鹑	16
		天鹅	35

表11-3 生殖周期特点

动物	初情期	周期类型	周期长度	发情持续时间	最佳配种时间	产后首次发情	备 注
牛	10~12月龄，常于约15月龄首配	常年多次发情	21(18~24)d	18(6~24)h	从发情中期至发情结束后6h授精	20~60 d	发情结束后10~12 h排卵
绵羊	6~9月龄	从早秋至冬季呈季节性多次发情	17 d(14~20)	24~36 h	发情开始后18~20 h	下一个秋季	发情即将结束时排卵
山羊	5~7月龄	从早秋至深冬呈季节性多次发情	21 d	24~48 h	发情期每日1次	下一个秋季	许多雌雄间性个体生自无角品系
猪	4~9月龄	常年多次发情	21(19~23)d	40~60 h	发情期每日1次	断奶后4~10d	通常于发情开始后约40 h排卵
马	10~24(18)月龄	从早春至夏季呈季节性多次发情	约21(19~23)d	5~7 d	发情最后几天、排卵之前，每2日配种1次	4~14(9)d	常在发情结束前1~2 d排卵，约有20%的马在发情期排双卵，但是双胎很少发育到足月
羊驼	12~18月龄	在北美常年多次发情	不适用	长达36 d	出现大个、可排卵卵泡时	15~20 d可配种	诱导排卵
犬	6~24月龄，小型犬较早，大型犬较晚	全年单次发情	6~7个月	9(3~21)d	排卵后的第二天	4~5个月	发情前期7~10 d出血，通常在发情开始后的1~3 d排卵；卵子排出时还未排出第一极体（初级卵母细胞）
猫	4~12月龄	春季至早秋呈季节性多次发情	14~21 d	6~7 d	从发情第二天开始，每日配种1次	4~6周	交配后24~48 h诱导排卵，假孕持续40 d，交配未妊使下一个情期推迟约45 d
狐狸	10月龄	12月至次年3月间单次发情，但多数在1月下旬至2月间		2~4 d		下个冬季	接受交配的第一天或第二天排卵，卵子排出时还未排出第一极体；无发情前期出血
水貂	10月龄	诱导排卵，从2月中旬至4月初呈季节性多次发情	卵泡波间隔7~10 d	2 d	诱导排卵	下个春季	交配后36~48 h开始排卵，交配须持续30 min或更长

（续）

动物	初情期	周期类型	周期长度	发情持续时间	最佳配种时间	产后首次发情	备注
灰鼠	6~8.5月龄（400~600 g）	多次发情，集中在11月至次年5月	30~50（41）d	发情期阴道穿孔0.5~6 d，夜间交配	在第二个夜间（很少在第三个夜间）交配	2~48 h，第二个夜间排卵	
海狸鼠	5~8月龄	多次发情	24~29 d	2~4 d		48 h	
兔	5~9月龄，多数品种在4~12月龄间	诱导排卵，常年繁殖，多少见有季节性乏情	无规律性发情周期	达1个月	外阴肿胀充血时	产后即开始，但如哺乳太多仔兔时，囊胚死亡	在美国，夏季繁殖不佳，交配后10.5 h排卵，假孕持续14~16 d
狒猴	3岁	常年多次发情，在美国夏季倾向于发情不排卵	27~28（23~33）d	约3 d	周期的10~13 d，接近排卵时	断奶后	月经期4~6 d，常于月经开始后的约13日排卵
大鼠	37~67日龄，因品种而异，初情期体长148~150 mm	常年多次发情	4~5 d	约14（12~18）h，常始于约晚上7时	接近排卵时	24 h内	午夜过后即排卵，刺激子宫颈引起假孕，并可持续12~14 d
小鼠	35（28~49）日龄	常年多次发情	常为4或5 d	傍晚后的几小时	多数鼠在最初3 h接受交配	24 h内	午夜过后即排卵，刺激子宫颈引起假孕，并可持续10~12 d
豚鼠	55~70日龄	常年多次发情	16.5 d	6~11 h，常于晚上开始	发情中期之后	常于分娩后即开始	发情开始后约10 h排卵
仓鼠	4~6周	常年多次发情，冬季很少妊娠	4~5 d	12 h，一夜	发情中期	断奶后	发情开始后8~12 h排卵，假孕持续7~13 d
蒙古沙鼠	9~12周	多次发情	4~6 d	12~15 h	发情中期	1~3 d	交配后6~10 h自发排卵

一、性腺与生殖道

雌、雄动物都有一对性腺（卵巢和睾丸），而鸟类的右侧卵巢不发育，成年雌鸟只有左侧卵巢和输卵管。性腺的主要功能是产生配子和类固醇类激素，上述功能均受垂体前叶释放的促性腺激素的调节，垂体前叶又受丘脑下部的影响。丘脑下部对垂体的调控受一种肽类物质——促性腺激素释放激素（GnRH）的调节。GnRH的分泌与释放受中枢神经系统（CNS）刺激以及通过反馈机制，受其他内分泌器官（如性腺、垂体、甲状腺和肾上腺）所分泌激素的调节。

1. 卵巢 体积和位置依据动物的种类而不同，只有在大动物（牛和马）可通过直肠直接触摸到卵巢。动物一旦达到初情期（表11-3），卵巢的体积和形态随黄体（CL）和卵泡这些周期性功能结构的消长而变化。促卵泡素（FSH）刺激卵泡发育及卵泡细胞合成雌激素。在自发排卵的动物，一旦雌激素达到一定水平，垂体前叶释放促黄体素（LH），LH达到峰值后，触发排卵，随后新形成的CL开始发育。随黄体细胞数量的增加，孕酮的分泌量也增加，在未妊娠的常年多次发情和季节多次发情的雌性动物，CL的功能性活动和形态结构被子宫产生的内源性前列腺素（PG）F₂α终止。随着CL的退化，一个或多个卵泡又开始发育，从而完成此次发情周期。发情周期中激素的变化，可通过实验室分析血、乳和粪中激素含量的方法测得。初情期后，发情周期即周而复始、往复循环，但是妊娠时停止发情，或者某些动物因非发情季节、或是因产后初期泌乳而停止发情周期。某些卵巢疾病（如营养或应激性卵巢萎缩、卵巢囊肿）或能够导致持久黄体的子宫疾病（如子宫积脓、重症子宫内膜炎）都能阻碍发情周期。雌激素和孕酮在局部发挥作用，作用于其靶器官——生殖道，并通过反馈机制作用于丘脑下部和垂体前叶，从而调节促性腺激素的释放。此外，雌激素和孕酮对动物性行为、泌乳，以及第二性征的发育都有重要作用。

2. 睾丸 能产生精子和分泌类固醇类激素，精子生成受FSH和雄激素刺激，主要是睾酮，有助于精子生成。在LH的作用下，睾丸的间质细胞合成睾酮。睾酮及其代谢有助于副性腺、交配器官的发育和功能，并有助于表现雄性第二性征和性行为。哺乳动物的睾丸须降入阴囊内，有利于精子生成，然而，滞留在腹腔内的睾丸也能分泌类固醇类激素，并且隐睾雄性动物的性欲通常不受影响。光周期影响季节性繁殖雄性动物精细胞生成和类固醇激素分泌。在雌性动物的非繁殖季节，雄性动物的精液质量、性欲及交配能力都降低。通过检查精液样品和测定激素来评价睾丸的功能，而检查和测量睾丸有助于预测潜在的产精量并有可能发现病变。

3. 雌性生殖道　除阴道前庭是由尿生殖窦发育而来外，雌性生殖道是由胚胎副中肾管（缪勒氏管）分化而来。每一部分的功能都很完善。因此，输卵管接受卵子（1个或多个），并将受精卵输入子宫。输卵管的分泌物为配子的生存、受精及胚胎生命最初关键几天提供适宜环境。输卵管运动和分泌受阻后将导致不孕。品种间的双角、Y-型子宫的差异包括子宫体大小及子宫角长度的不同，这些差异都适应了孕育种属特异性不同数量和形状的胎儿和胎盘。子宫颈起到屏障保护作用，可有效阻止上行感染。子宫和子宫颈形态与功能的有机统一是建立与维持妊娠的基础，也是分娩所必需的。在交配、分娩和产后期所造成的感染是导致雌性不孕的常见原因。临床上，确诊子宫和子宫颈异常，常采用直肠检查、腹部触诊、阴道镜检查、子宫镜检查、X线检查及超声检查等方法，具体用哪种方法，则取决于动物种类、体型大小及子宫颈解剖特点。在小动物，有必要用剖腹术或腹腔镜辅助诊断。实验室辅助诊断包括对渗出物或分泌物的微生物学及细胞学检查、活体样本的组织学检查、子宫内膜细胞学检查和激素分析。

后部生殖道（包括阴道、尿生殖前庭和阴门）是交配器官和生殖道的最后部分，当然也是细菌上行感染的通路，尤其是因损伤或者松弛而使阴门括约肌功能丧失或会阴部变形时。产后感染常波及整个生殖道。此外，由阴道积尿和阴道积气所致的阴道前庭感染，可能导致子宫持续的慢性感染。然而，即使子宫正常或者妊娠时，阴道前庭和阴道也能发炎。相反，牛和犬患子宫颈闭锁性子宫积脓时，阴道和阴道前庭可能表现正常。

4. 雄性生殖道　是精子和精液的通道。两侧雄性生殖道起源于睾丸输出小管，包括附睾头、附睾体和附睾尾，并延伸成输精管。在哺乳动物，输精管上行，经腹股沟环进入腹腔，并经过膀胱背侧进入骨盆尿道。鸟类睾丸永久性滞留于腹腔。骨盆尿道和阴茎尿道为排尿、排精所共用。部分管道在形态和功能上

得到进化，可完成某些特异性功能。附睾在精子储存、成熟和选择性吸收异常精子方面起作用。壶腹和副性腺（如精囊腺、前列腺和尿道球腺）分泌精清。副性腺的大小、形态和功能因动物品种而异。犬没有精囊腺和尿道球腺。公牛的附睾和精囊腺是常见受感染的部位，公羊的附睾炎也常见。前列腺肥大和恶性肿瘤主要见于犬。多数动物的附睾病变可通过触诊阴囊或用超声检查确诊。其他疾病或机能紊乱可能需要检查一份或数份精液的质量而确诊。大动物骨盆腔内副性腺器官可用直肠触摸和经直肠超声检查，而在小动物，可经直肠指检或经腹壁超声检查。

二、不育

中枢神经系统（CNS）、丘脑下部、垂体、性腺及其靶器官之间的相互作用，使动物表现出多种完美而协调的生理现象，如雌性动物发情和排卵，雄性动物射出精液。排卵与向雌性生殖道内授精须接近同步化，方可达到妊娠的最佳效果。公母畜的任何一个功能环节出现问题，都会导致不育或绝育。

不育症的最终表现是不能产生后代。多胎动物产生低于正常数目的后代，也构成不育。雌性动物不孕的原因有，无性周期、发情周期紊乱、不能妊娠，或产前及围产期胎儿死亡。雄性动物不育的主要问题是精子生产、运输或贮存紊乱、性欲失常以及部分或完全不能交配。

绝大多数不育症有着复杂的病因，几种病因单独或共同作用导致不育，发病机制也同样复杂多样。

【诊断方法】　雌性动物繁殖后代，不论在繁殖中出现什么问题，首先，应确定雌性与雄性各自在病因学上所起的作用；其次，人所参与的动物繁殖过程的每一步，例如发情鉴定、精液保存及授精都是导致不孕的潜在原因，可通过评价人操作情况，主要着重于评价其操作技术、过程及操作是否恰当及其操作质量，来确定或排除由于人自身所造成的错误。

诊断方法已经发展到可以检测出雌雄动物生殖器官解剖和功能性异常，这些方法包括对主诉、病史以及临床检查，辅助性诊断，如内镜、超声检查和实验室检测（如激素测定、微生物学、细胞学、血清学、细胞遗传学检测及精液检查）。选择哪种诊断方法取决于动物种类、大小和动物性情。采用实验室检测的类型和范围应当基于病史和临床检查所获得的信息。诊断计划应能确定雌雄动物以及管理者在每一个繁殖障碍病例中所起的作用。

繁殖障碍病很少伴有明显的症状，并且从疾病发生到被发现有较长的时间间隔。例如，从配种失败到返情或未能分娩需要一段时间，这一时间上的滞后可

能使病畜得到康复，因此再检查时出现阴性结果。在分析检查结果时，也要根据不同的动物作具体分析，有些季节性繁殖的动物，在一年中的某些特定季节内，不孕是正常的生理现象。

三、治疗原则

家畜的治疗策略，要综合考虑生产效率增长的需求及饲养管理问题。特别是对食用动物和草食动物，治疗方案的选择常是针对全群用药物和改正管理问题相结合的方法，而更少注重个体动物的治疗。这种趋势还表现在注重疾病的预防和实行生物安全问题。以整群为基础，因繁殖管理而增加应用激素药物制剂是治疗策略改变的另一种表现。对食用动物的其他治疗趋势应考虑到消费者，即是否有抗生素和激素在肉和奶中残留，还应考虑到公众对有机食品需求不断增长的愿望。

在小动物，治疗方法经过了不同的和相当戏剧性变革。单个动物以治疗为主，其诊断技术和治疗逐渐变得更精细，常可与人医相比，甚至更先进。

对于遗传性繁殖力低的繁殖疾病没有更有效的治疗措施。但是，动物的大多数繁殖特性遗传的可能性相当低，因此育种规划需要长期努力以提高繁殖力为目的。

1. 生殖的药物控制 外源性激素可用于调节和控制动物繁殖，控制繁殖包括抑制（或诱导）繁殖及同期繁殖。同一种激素可用于达到这两个目的。例如，孕酮可用于抑制母牛、母犬和母猫发情，也可用于母马和母猪的诱导发情和同期发情，以达到管理配种的目的。带有雌激素、雄激素和孕激素作用的类固醇类激素应用更为广泛。

促性腺激素和促性腺激素释放激素（GnRH）可用于改变性腺功能，此类例子包括：用促卵泡素（FSH）给牛超数排卵，用人绒毛膜促性腺激素（hCG）诱导马排卵以及用GnRH刺激睾酮产生，以诊断公犬的隐睾症。

前列腺素（$PGF_{2\alpha}$）主要具有终止黄体的功能，临床应用包括诱导多周期动物发情或使其同期发情，治疗犬、猫和牛子宫积脓，诱导黄体依赖性动物（山羊、羊驼、犬和猫）流产。

2. 抗微生物治疗 抗微生物制剂，最常用的是抗生素，用于治疗各种动物生殖道感染（见抗菌制剂）。选择抗生素应尽可能基于细菌培养和药敏试验结果。药物剂量、给药途径和给药间隔时间因动物品种而异。全身性给药比局部给药可使抗生素更好地分布到生殖道组织。在食用动物，使用抗生素后须注意屠宰和挤奶时间，以确保无药物残留。

第二节　生殖系统先天性与遗传性异常

1. 隐睾病 是一侧或两侧睾丸未能降入阴囊内的一种衰竭症，任何家畜都可发生，公马和公猪常见，并且是公犬性发育过程中最常见的疾病（13%）。诱因包括睾丸发育不全、妊娠期接触雌激素、臀位分娩影响睾丸血液供应以及因脐闭合延迟而腹压不足。双侧隐睾导致不育，但是单侧隐睾最常见，并且因正常下降侧睾丸能产生精子，动物常能繁育。未能下降的睾丸可位于肾脏后部到腹股沟管的任何位置。因为未能下降到阴囊的睾丸能产生雄性激素，所以隐睾患畜具有正常的第二性征和交配行为。由于隐睾本身的遗传性，单侧隐睾患畜不应用于繁殖，初情期后，隐睾发育不良、退化和纤维化。由于隐睾易产生睾丸支持细胞瘤、精原细胞瘤和间质细胞瘤，并有遗传的可能，所以应将患畜去势。

2. 遗传性的卵巢和睾丸发育不全 某些与不全显现的单一隐性基因有关，曾有人发现瑞典高地牛和白毛基因有关，发生率可通过调控育种计划而降低。部分、单侧、双侧或全部性腺发育不全均可见。这种情况和人的特纳氏（Turner's）综合征类似。严重的双侧卵巢发育不全，并伴有染色体异常，卵巢无卵泡发育、纤维化，导致不育，各种马都有发生，已经报道的有纯种马、阿拉伯马、威尔士矮马、田纳西走马、标准种马、美国骑乘马、帕索菲诺斯马、比利时种马、夸特马和阿帕卢萨马。患病马比正常马小，没有发情周期或仅偶见发情，子宫小而弛缓，子宫颈弛缓、外口开张，卵巢小或特小；双侧卵巢光滑而坚硬，没有卵泡或黄体。细胞遗传学研究表明，不孕母马可表现出某些或全部上述症状。这些母马最常见的染色体异常是缺少性染色体，公畜只有XO染色体。对遗传性隐睾症没有有效治疗办法。

3. 包皮垂脱 是公牛常有的缺陷，特别是瘤牛多见包皮垂脱。在普通牛中，无角肉牛品种多见。包皮过长、包皮腔下垂、包皮口大、包皮牵缩肌缺乏或发育不全均是遗传性解剖异常所致。包皮垂脱易使动物受到损伤，包括形成脓肿、瘢痕、粘连或包茎。对包皮垂脱可实施手术矫正，但是由于遗传素质的原因，应该考虑去势。

4. 阴茎偏离 是公牛交配失败的常见原因。阴茎偏离有两种类型，即未成熟阴茎螺旋形偏离（螺旋形阴茎）和阴茎腹侧偏离，均由阴茎背侧顶端韧带机能不全所致，很少由外伤引起。未成熟阴茎螺旋形偏离常见于无角肉用公牛，并且在多数肉用和乳用品种牛均有报道。螺旋形偏离影响交配时阴茎的插入。患牛阴茎偏离程度从轻度到重度不等，而性未成熟公牛，其试图交配的25%以下到75%以上都可能发生阴茎螺旋形偏离。

偏离可能发生在一个交配季节或超过几个交配季节。多数患牛在3~6岁得病。阴茎腹侧偏离的病例，阴茎的游离部向下弯曲，妨碍插入。阴茎偏离可通过仔细观察公牛交配或试交配确诊，可用手术矫正。若该病的发生与遗传因素有关，则没有必要矫正。

尿道海绵体开口可移至阴茎腹侧（尿道下裂）或者移至阴茎背侧（尿道上裂）。

5．阴茎系带过短　并非不常见，是一种遗传性缺陷。患病公牛不能从包皮鞘内伸出阴茎，并且多数情况下不能完成插入。附着部很短（例如0.5 cm），或者包皮黏膜直接附着在全部阴茎游离部分的腹脊上。对留作种用的后备公牛不应实施外科矫正。许多雄性马驹在出生时表现出系带过短，但是在几日内症状消失，如果症状继续存在，可在公驹至少1月龄后时实施矫正。

6．阴茎缩肌过短　可能是先天性的，或者发生在阴茎和包皮损伤后，患病公牛性欲正常，但是在交配过程中，阴茎只能部分伸出包皮鞘，并且不能完成插入和射精。公牛不能完成射精可能是先天性的，但通常是阴茎损伤和（或）阴茎血肿的后遗症。

7．两性畸形　或者叫雌雄间性，偶尔见于山羊和猪。真正的两性畸形少见，具有卵巢和睾丸两种组织，并且外部生殖器异常。两性畸形患畜染色体组成各异，有可能是嵌合体，两性嵌合，XX，有或没有性别决定基因（SRY）或者不详。假两性畸形更常见，该类患畜有一种或其他类型性腺，而反常的是其外生殖器在某种程度上类似于异性的外生殖器。

最常见的雌雄间性病例为雄性假两性畸形，腹腔内或者阴囊区皮肤下具有睾丸组织，而外部生殖器官类似于雌性的外生殖器官。迷你雪纳瑞犬、巴吉度猎犬和波斯猫（极少数），在患有持续性副中肾管（米勒管，müllerian）综合征时，可能表现出假两性畸形。未降到阴囊内的睾丸附着在子宫角上，输精管位于子宫壁上，双侧都有输卵管，完整的子宫和子宫颈以及前部分阴道。可见两侧阴囊睾丸，单侧或双侧隐睾。患畜临床上患有子宫积脓、尿道感染、前列腺感染，或睾丸支持细胞瘤。当检查出78号和XY染色体构造、双侧睾丸以及全部副中肾（米勒）管的演化结构时可以确诊。雄激素依赖性雄性化是正常的雄性。治疗方法局限于去势或切除子宫。迷你雪纳瑞犬遗传缺陷是由于常染色体隐性遗传所致，并且公、母犬均可能是异常染色体的携带者。睾丸降至阴囊内的纯合型犬，常有繁殖能力，并且可遗传给仔犬。

8．副中肾管节段性发育不全　副中肾管是成对的、胚胎期形成的管，将来发育成前段阴道、子宫颈、子宫和输卵管，部分副中肾管发育不全可导致上述器官异常，卵巢发育正常。邻近阻塞部分继发积液。常有报道认为，副中肾管异常可致不同程度的处女膜闭锁，继而由于子宫积液而使处女膜出现波动性膨胀，通过阴道可触摸到。子宫颈部分发育不全可能导致子宫积液、积水或子宫颈囊性扩张。部分子宫发育不全可能涉及一个子宫角（单子宫角）、两侧子宫角或一侧子宫角的一部分（导致子宫角囊性膨胀）。发育异常，包括副中肾管异常，各种动物均有发生，但是处女膜异常最常见于白色短角牛（白母犊病）。

9．双子宫口颈外口畸形　是由于副中肾管未能融合所致，在子宫颈后部、子宫颈内或子宫颈外口出现带状组织，有的病例确实有双子宫颈外口共同开口于一个子宫颈管后部。患牛常能正常妊娠。真正的双子宫颈，即两个子宫颈管中间有完整的隔膜、每个颈管通向各自的子宫角（双子宫），很少发生。

10．加特内氏管　位于阴道底部黏膜下，能形成多个囊肿，通常没有临床症状。

11．异性孪生　是与公犊孪生的母犊不能妊娠的疾病。与牛多胎妊娠时，在性别分化前，不同胎儿绒毛膜上的血管间通流，抗中肾旁管激素和公犊分泌的睾酮抑制雌性生殖道的发育。大约有92%的异形孪生母犊不能妊娠，异性孪生母牛管状生殖器官的形状从呈带索状到接近正常的子宫角不等。异性孪生母牛的阴道短，多数不与子宫相通。缺少子宫颈，卵巢小而不发育。

是否是异性孪生牛可根据阴道长度以及是否有子宫颈判断。在1~4周龄的犊牛，正常的阴道长度是13~15 cm，而此时异性孪生犊牛的阴道的长度是5~6 cm。可以通过缓慢向阴道内插入充分润滑的、钝端探针测得阴道的长度。细胞遗传学检查可揭示异性孪生犊牛为XX和XY染色体型。在同一个犊牛体内检测到两种血型，从而可证实，妊娠时不同性别胎儿所发生的血细胞交换。

12．直肠阴道狭窄　是娟姗牛的一种常染色体隐性遗传缺陷，导致严重的直肠或阴道前庭狭窄或瘢痕。雌性动物在肛门连接处、直肠、阴道前庭和阴门出现无弹性的狭窄。雄性动物可能表现为肛门狭窄。患牛能够交配和排便，但是很难做直肠检查。阴道狭窄能导致严重难产。此外，患牛产犊时易于出现乳房水肿，紧接着便出现严重的乳房炎。

第三节　大动物流产

流产是胎儿器官完全形成并在其排出后不能存活

的妊娠终止现象。如果在器官形成前妊娠终止叫早期胚胎死亡。排出满月死亡的胎儿叫死产（胎儿肺未扩张）。许多导致流产的病因也能引起死产、干尸化胎儿以及弱胎或畸形胎。

家畜流产的病因学诊断很难并且结果常令人沮丧，诊断成功率相对低，牛为30%～40%，羊为60%～65%，而在送实验室诊断的猪流产病例中，诊断成功率为35%～40%。多种因素都能影响诊断。流产经常发生在开始感染后的几周或几个月，所以到流产发生时，病原体已经不再明显。胎儿死亡后几个小时或几日才能排出，自身溶解掩盖了病变。胎膜和流产的胎儿在检查之前常被环境污染。许多零星流产很可能是非传染性（中毒性或遗传性）病因造成的。与传染性病因相比，对非传染性病因了解的较少，而且许多诊断实验室也没有人员和设备来检查非传染性病因导致的流产。

确定流产原因的另一个问题是收集的样品不合适或样品处理不恰当。最好是收集完整、新鲜的胎儿胎盘单位，外加母体血清。胎盘和胎儿用清水或生理盐水清洗，放入干净的塑料袋内、冷藏（但不冷冻），迅速送至诊断实验室。在多数情况下，活胎儿自体溶解过程的速率低于动物尸体，如果能迅速冷藏，多数胎儿在1～2 d内都适合检查。猪、绵羊和山羊的胎儿适合运送整个胎儿和胎盘。如果流产的胎儿多，可送检3～5个胎儿和胎盘。对于犊牛和马驹，最好是送检整个胎儿，但是多数情况下，实施尸体剖检并采集样品送检更方便。

通常各实验室用于检测的样品略有不同，但是适用于仔细检查的样品包括胃或真胃内容物，心血或体腔液体、肺脏、肝脏、肾脏、脾脏（有些实验室还要求送检组织，例如甲状腺、胸腺、心、脑、胃和真胃）、胎盘（如果可能）和母畜的血清。上述样品应放在无菌容器内送检，以便于实验室进行微生物学培养。因为胎盘总是受污染的，所以应和其他组织分开送检。

下列用于病理组织学检查的代表性样品应放于10%中性福尔马林液中送检，如肺脏、肝脏、心脏、肾脏、脑、骨骼肌、甲状腺、肾上腺、肠和胎盘。在绝大多数病例，肉眼看不见损伤，多见自溶现象（胸水和腹水增多以及血性皮下组织水肿）。然而，如果有可见的损伤，应送检新鲜的和福尔马林固定的损伤组织。

多数病原，特别是细菌和真菌，侵害胎盘后进入羊水，羊水被胎儿吞食，可无菌采集胃内容物，容易检测出真菌和多数细菌，从胃内容物分离细菌比从胎盘分离容易得多，因为胎盘常受到严重污染。肺脏、肝脏、脾脏和肾脏组织样品也容易培养。几种病原（例如真菌、衣原体、柯克斯氏体）主要侵害胎盘，如果没有胎盘样品，发现上述病原的可能性就会降低。有时，胎儿对某种病原（例如，牛病毒性腹泻病毒、新孢子虫、钩端螺旋体）产生抗体，胎儿血清或体腔液可用于测定抗体，子宫内出现哺乳前抗体就是证据。

仅测定个体单一抗体的效价不能证明流产就是由特殊的病原所致，还要测定全群的抗体水平。母体某种抗体效价高，不能说明流产是由此病原所致的，但是母畜没有特异抗体则可以排除是此病是由该病原所致的。但某些病原的抗体效价（例如布鲁氏菌、伪狂犬病病毒）始终明显，尽管流产是由其他原因所致。抗体效价增加4倍才能证明某种特定病原的感染。通常在病畜感染后数周或数月才流产，并且流产时，其抗体效价稳定或下降。间隔两周采集2份全群10%的（或最少10头）母畜血清样品，常可检测出血清转化或证明畜群是否存在感染现象。

一、牛流产

本部分内容见繁殖管理：牛。

牛流产诊断的成功率低、实验室诊断费用高，并且可降低肉牛和奶牛业的利润。兽医工作者不要试图确定每一个流产的病因，而是应该在每月或每年当胎儿损失率大于3%～5%时，即引起注意。

（一）非传染性病因

实际上，遗传性因素如何导致流产还不清楚，遗传性流产可能没有明显可见的损伤，大多数致死基因引起早期流产或早期胚胎死亡。

虽然维生素A、维生素E、硒和铁与牛流产有关，但是试验只证明维生素A可导致流产。

热应激引起胎儿低血压、低血氧和酸中毒，因发热而使母体体温升高比环境诱导的热应激更重要。

虽然严重的外伤很少导致流产（牛胎儿受羊水的保护），但是畜主可能怀疑牛流产多数是因为受到撞击所致。

许多毒素能引起牛流产，在妊娠后期食入西黄松针能引起流产，排出胎儿后母牛表现濒死症状并且广泛性出血。这种毒素被认为具有雌激素性质的。疯草（棘豆属或黄芪属）含有吲哚兹啶生物碱，从而影响妊娠黄体、绒毛膜和神经元，导致流产或畸形。食入野甘草（*Gutierrezia microcephala*）也能引起流产。和杀鼠剂中的香豆素一样，许多种草或发霉的草木樨能引起流产。对妊娠牛禁止静脉注射碘化钠，但是在最近的研究中未发现单一的大剂量给药引发流产或不良反应。真菌毒素，特别是带有雌激素活性的毒素，能引起牛流产。虽然硝酸盐或亚硝酸盐也能引起流产，但是试验结果存在争议。

（二）传染性病因

1．新孢子虫病　犬新孢子虫（*Neospora caninum*）在世界范围内存在，并且是美国多数地区奶牛流产的最常见原因。虽然新孢子虫相对较少引起肉牛流产，但还是能造成一定的经济损失。新孢子虫感染引起的流产可发生在妊娠3个月以后的任何时期，最常发生在妊娠的4～6个月期间，流产可能零星发生或是暴发，并且可造成奶牛反复流产。有些受感染的犊牛存活，出生后瘫痪或本体感觉障碍。犬是新孢子虫的终末宿主，可成为感染源，而野生犬科动物在其中所起的作用并不清楚。患牛没有典型的临床症状，胎衣不下也不常见，胎儿常自溶，很少有肉眼可见病变。显微镜检查，常见脑、心和骨骼肌的非化脓性炎症，并可在这些组织中以及对肾脏组织的免疫组织化学染色检查时，发现虫体。许多妊娠晚期的胎儿有哺乳前抗体。受感染的犊牛可能出生时活着，没有临床症状，感染可持续数年甚至终生。在妊娠过程中，新孢子虫活化并感染胎儿，被认为是最常见的感染源。对新孢子虫病没有治疗方法，严格的卫生管理，防止犬排泄物污染饲料，有助于预防此病。市场上有可接种的疫苗出售。

2．牛病毒性腹泻（BVD）　调查结果表明，牛病毒性腹泻病毒是牛流产病例中最常见的病毒，BVD致使发育胎儿的病理学复杂化，妊娠125 d前，BVD能够导致胎儿死亡和流产、吸收、胎儿干尸化、发育异常或者胎儿产生耐受性并持续感染；妊娠125 d后，BVD可能引起流产或者胎儿的免疫反应可能清除病毒。诊断须通过分离病毒、免疫学染色以及用PCR技术鉴定病毒或者检测到流产犊牛的哺乳前抗体，虽然在各种胎儿组织中均可检测到病毒，但是脾脏组织是首选。流产牛或同群牛BVD抗体效价升高是近期感染的特征。BVD病毒抑制患畜免疫力，并且在许多其他病原感染的胎儿发现该病毒。通常由引起散发流产的病原所引起的暴发性流产，应该考虑有BVD病毒并发感染的可能。预防应该集中清除持续感染的牛并进行全群牛疫苗接种免疫。

3．牛传染性鼻气管炎（IBR，牛疱疹病毒1）　在美国，IBR是导致牛病毒性流产的主要原因。在未接种疫苗的牛群，流产率为5%～60%。IBR广泛分布，并且该病能够复发。因此，任何IBR效价阳性的牛都可能是病毒携带者。病毒在白细胞内被携带到胎盘，在随后的2周到4个月内，引起胎盘炎，然后感染胎儿，并在24 h内杀死胎儿。流产可发生在任何时间，但是常发生在妊娠的4个月到妊娠期满这段时间。流产胎儿自溶持续存在，偶见肝脏有小的坏死灶，但是在绝大多数病例，胎盘和胎儿都没有肉眼可见的损伤。光镜检查可见肝脏有小的坏死灶和轻度炎症，常见胎盘发生坏死性血管炎。可通过肾脏、肺脏、肝脏、胎盘和肾上腺的免疫学染色检查诊断IBR。大约有50%受感染胎儿能分离出IBR病毒（多从胎盘分离到）。多数病例，母体的抗体效价在流产时达到峰值。在暴发性流产的牛群中，能够检测到抗体效价升高。通过给牛群经滴鼻接种疫苗控制此病，主要有弱毒疫苗和灭活疫苗。

4．钩端螺旋体病　致病性钩端螺旋体代表种为肾脏钩端螺旋体，现已确定有7种钩端螺旋体，200余种血清型变种。钩端螺旋体的血清型变种主要有感冒伤寒型、波蒙纳型、犬型和黄疸出血型，通常引起妊娠后期的母牛流产，孕牛感染后2～6周流产。牛是哈德乔型最合适的宿主，它能长期定居于牛的肾脏和生殖道。除妊娠后期发生流产外，哈德乔型还能使带菌母牛和与带菌公牛配种的母牛受胎率下降。

尽管母畜可能表现出钩端螺旋体病的症状，但是，多数流产发生在健康牛。流产率为5%～40%或更多。钩端螺旋体引起弥散性胎盘炎，子叶呈浅棕色并水肿，子叶间区域组织呈黄色。胎儿在产出前1～2 d死亡，因此产出的胎儿自溶，偶尔产出孱弱的活胎儿，见不到特殊损伤。应送检胎盘和胎儿，用荧光抗体染色或PCR检测钩端螺旋体。尽管流产时母体的抗体效价可能减弱，但是初始效价大于1∶800为可疑。由哈德乔型钩端螺旋体引起的流产牛中，大约有1/3的牛，在流产时的抗体效价小于1∶100。在流产的2周内，母畜的尿液可用于培养钩端螺旋体。

控制此病的方法是找到并清除污染源（如被犬、鼠和野生动物污染的饲料和饮水）。每隔6个月用五联菌苗接种可预防感冒伤寒型、波摩那型、犬钩端螺旋体和黄疸出血型钩端螺旋体感染，但是患畜不能免受经肾排出的哈德乔型钩端螺旋体的感染。应用新型单价哈德乔型（Hardjo）疫苗可防止感染。但是，不能治疗已经感染的病例。

用下列治疗方法可清除肾脏钩端螺旋体：一次性肌内注射四环素（20 mg/kg）；一次性皮下注射10 mg/kg替米考星（一种从泰乐霉素中合成的大环内酯化合物）；也可肌内注射头孢噻呋（5 mg/kg，每日1次，连用5 d，或20 mg/kg，每日1次，连用3 d），或肌内注射阿莫西林（15 mg/kg，间隔48 h再注射1次）。

钩端螺旋体病是人畜共患病，患畜的尿和乳具有感染性长达3个月以上，除哈德乔型钩端螺旋体外，如果不治疗，母畜可终生具有感染性。

5．布鲁氏菌病　布鲁氏菌病（班氏病）对大多数养牛国家都是一种威胁。在美国，有效的控制程序，包括检测牛群、捕杀病牛和接种青年母牛，有效减少了布鲁氏菌病的发病率。布鲁氏菌病常在妊娠的后半期（约在妊娠的7个月）引起流产，并且如果感染流产布鲁氏菌，大约80%未接种的牛在妊娠后期流产。细菌经黏膜进入，可侵害乳腺、淋巴结和子宫，引起急性或慢性胎盘炎。感染后的2周到5个月后发生流产或死产。感染牛的子叶可能正常，也可能坏死，或呈红色或黄色，子叶间区域增厚，表面湿润、呈皮革样外观。胎儿正常或自溶，有支气管肺炎的表现。通过母体血清学检测诊断，并结合胎盘或胎儿的免疫荧光抗体染色确诊；也可从胎盘、胎儿或子宫分泌物中分离到流产布鲁氏菌而确诊。预防此病可从后备母牛的幼犊期开始接种疫苗。

布鲁氏菌病是重要的人兽共患病，发现后需要上报有关管理部门。

6. 真菌性流产 由曲霉属（腐败真菌占病例的60%～80%）或毛霉属、犁头霉属或根霉属（无间隔）真菌引起的胎盘炎是牛散在流产的重要原因。流产发生在妊娠4个月到妊娠期满，并常在冬季发生。真菌经口或呼吸道进入机体，经血液循环运送到胎盘。患牛发生严重的坏死性胎盘炎，子叶肿胀、坏死，边缘内翻。子叶间区域增厚、呈皮革样，常见胎盘变形。尽管胎儿可能脱水，但是很少发生自溶。约有30%的胎儿在头和肩部有灰色皮癣样皮肤损伤。发现真菌菌丝并伴有坏死性胎盘炎、皮肤炎或肺炎即可确诊。从胃内容物、胎盘和皮肤损伤处可分离到真菌。分离真菌必须与光镜检查以及大体剖检病变一致，以排除流产后样品污染的可能。控制此病须避免饲喂发霉的饲料。

7. 化脓隐秘杆菌病 化脓隐秘杆菌（放线菌）在妊娠的任何时期都能引起散在流产，流产很少达到流行的程度。化脓隐秘杆菌存在于正常牛的鼻咽内和脓肿内。正常情况下，甚至在污染物、胎儿或胎盘内没有化脓隐秘杆菌，如果能分离到该菌几乎总是很重要。细菌进入到血液，引起弥散性的呈红棕色或棕色的子宫内膜炎和胎盘炎。胎儿常常自溶，并可能伴发纤维素性心包炎、胸膜炎或腹膜炎。

病理组织学检查可发现支气管肺炎，但是最好从胎盘或真胃内容物培养化脓隐秘杆菌。化脓隐秘杆菌感染引起的流产常是散发的，没有菌苗可用。

8. 滴虫病 胎儿毛滴虫（毛滴虫）感染引起性病，通常导致患牛不孕，患牛偶尔在妊娠前半期出现流产，表现出轻度胎盘炎，子叶出血，子叶间区域增厚，覆以绒状分泌物。流产牛常发生胎衣不下，也可能出现子宫积脓。可在胎儿真胃内容物、胎盘液以及子宫分泌液中发现胎儿毛滴虫，胎儿没有明显的病变。受感染的母牛可在20周内清除毛滴虫，但是，对于公牛，特别是3岁以后受感染的公牛，可终生带虫。对个体感染的动物，还没有有效的治疗方法。对牛群的处理是将妊娠牛和"危险"母牛隔离至少5个月以上，发现并淘汰全部感染的公牛。预防滴虫病需用未受感染公牛的精液人工授精。目前有一种可用于牛的灭活细胞疫苗。

9. 弯曲杆菌病 性病胎儿弯曲杆菌引起牛性病，常导致患牛不孕，偶尔引起妊娠5～8月的牛流产。胎儿胎儿弯曲杆菌和空肠弯曲杆菌通过摄食进入血液，输送到胎盘。二者都能引起妊娠后期牛的散发性流产。可见流产的胎儿新鲜，肺扩张或重度自溶，轻度纤维素性胸膜炎，并可见腹膜炎和支气管肺炎。轻度胎盘炎，伴有子叶出血和子叶间区域水肿。用暗视野显微镜检查真胃内容物可鉴别弯曲杆菌，也可做胎盘或真胃内容物培养。如果要接种疫苗，分离和鉴定细菌种类很重要。弯曲杆菌病是人兽共患病，并且空肠弯曲杆菌感染是人胎盘炎的重要原因。可以通过人工授精和接种疫苗控制性病弯曲杆菌病。

10. 李斯特菌病 单核细胞增多性斯特杆菌能引起患牛胎盘炎和胎儿败血症。患牛的流产常散发并可发生在妊娠的任何时期，可能波及到牛群中10%～20%的牛。在流产前患牛体温升高、厌食，流产后常发生胎衣不下。胎儿死后2～3 d排出，因此发生广泛性自溶。常见有纤维素性多发性浆膜炎、肝脏和（或）子叶出现白色坏死灶。如果能从胎儿或胎盘培养出李斯特菌，就可以确诊。没有商品菌苗可用。李斯特菌病是严重的人兽共患病，可通过不适当的巴氏消毒奶传播。在世界的许多地区（需要上报李斯特菌病）都有此病的报道。

11. 嗜性衣原体病（衣原体病） 流产嗜性衣原体感染是羊地方性流产的原因，引起牛散在性流产。多数流产发生在妊娠后期，但是也可能发生在妊娠的更早些时期。流产患畜表现出胎盘损伤，子叶和子叶间区域黏附着呈黄褐色、厚厚的分泌物。组织学检查可见胎盘炎，有些病例可见肺炎和肝炎。可用胎盘组织涂片法检查流产嗜性衣原体，也可通过酶联免疫吸附试验（ELISA）、荧光抗体染色和PCR技术检测；也可从鸡胚、培养细胞中分离病原。虽然在肺脏和肝脏组织中常发现病原，但是在胎盘组织中更常发现病原。在牛没有衣原体疫苗可用，但已研制出预防绵羊的疫苗（见绵羊流行性流产）。嗜性衣原体病是人兽共患病，偶尔威胁人的生命并导致孕妇流产。

12. 牛差异脲支原体感染 牛差异脲支原体（*Ureaplasma diversum*）是牛阴道和阴茎包皮常见的微生物，能引起流产，通常流产散在发生，偶尔也严重暴发。多数流产发生在妊娠的后1/3时期，且胎儿完好无损。流产牛无临床症状，常见胎衣不下、子叶间区域增厚、纤维素沉着和出血。胎儿没有肉眼可见的病变。光镜检查可见非化脓性胎盘炎、支气管周围淋巴细胞浸润性肺炎和弥散性肺泡炎。如果在胎盘、肺和（或）真胃内容物中分离到解脲支原体，就可确诊。

13. 牛流行性流产（EBA山麓小丘性流产）　发生在美国萨克拉门托/圣乔昆山谷和内华达山脉东部的山麓地带，包括加利福尼亚和部分内华达州，但是邻近的州也可能发生。EBA常引起延期性流产暴发，主要侵害近期引进到该地区的青年母牛或繁殖奶牛。然而，流产可发生在病牛离开病区的3～5月后。病牛常在妊娠的后1/3期流产，流产率可高达60%。流产牛没有临床症状，胎儿很少自溶。引起该病的病原微生物未最终确定，据估测，传播者可能是锐缘蜱（皮革钝缘蜱属）。检查流产胎儿可见肝脏、脾脏肿大及全身性淋巴肿大。光镜检查可见脾脏和淋巴结明显的淋巴组织增生，多数器官呈肉芽肿性炎症，胎儿IgG增加。经产患牛很少再次流产，青年母牛繁殖前在病区饲养可在某种程度上防止流产。

14. 蓝舌病　由有24个血清型的环状病毒感染引起，并且是由库蠓属叮咬蠓传播的疾病。历史上，蓝舌病发生在约南纬35°到北纬40°的区域内。但是在美国的西部，该病发生在北纬45°内。在20世纪50年代，自引进致弱的活病毒血清10型疫苗后，牛和绵羊发生了流产、干尸化胎儿、死产及产出CNS畸形的活胎儿。从那以后，发现了多种蓝舌病血清型，引起牛、羊繁殖力降低。致弱的蓝舌病病毒能增加其穿过胎盘的能力。有证据表明，2007年以前，繁殖力降低是由蓝舌病弱毒疫苗所致，通过对妊娠动物接种而传播，或者在自然界中通过库蠓属昆虫传播疫苗病毒。

在2006年，出现了血清8型蓝舌病病毒，在欧洲西北部（北纬50°）传播并呈地方性流行。此前，该地区的人们对蓝舌病一无所知。于2007年开始，在蓝舌病发生的牛群中，发生流产并产出脑畸形的胎儿，证实患病犊牛在子宫内就已被感染。从那以后，陆续报道了多个类似的病例。通过鉴定犊牛蓝舌病哺乳前抗体或用PCR技术鉴定蓝舌病病毒而确诊。采集胎儿或新生仔畜的脑、脾脏和全血样做PCR检测。通过接种疫苗控制蓝舌病，加强管理，减少与叮咬蠓接触的机会。目前，有弱毒疫苗和灭活疫苗可用，但是其效果和应用在不同国家间存在差异。

15. 其他原因性流产　赤羽病病毒（出现时）感染引起流产和胎儿畸形。给血清反应阴性的牛试验性接种副流感病毒3型引起流产，但是实践中很少发生，甚至没有在临床流产病例中确诊。偶尔，沙门氏菌引起牛暴发性流产，患牛常有临床表现，胎儿和胎盘自溶，胎儿肺气肿。可从真胃内容物和胎儿组织以及子宫腔液和母牛粪便中分离到沙门氏菌。支原体、睡眠嗜组织菌（睡眠嗜血杆菌）及各种其他细菌也能引起牛散发性流产。

二、绵羊流产

本部分内容见绵羊繁殖管理。

与牛流产一样，绵羊流产也不容易诊断，而且引起牛流产的多种毒素也能引起绵羊流产。其他毒素，例如加州藜芦（*Veratrum californicum*）和甘蓝只引起绵羊流产。引起绵羊流产的主要传染性因素是弯曲杆菌、衣原体、弓形虫、李斯特菌、布鲁氏菌、沙门氏菌、边界病病毒和卡希谷病毒。

1. 弯曲杆菌感染（弧菌病）　胎儿弯曲杆菌胎儿亚种和空肠弯曲杆菌感染导致妊娠后期绵羊流产或死胎。流产后，母羊易发生子宫炎、子叶出血坏死性胎盘炎，子叶间区域水肿或呈皮革样。胎儿常自溶，40%胎儿的肝脏有直径1～2 cm橘黄色坏死灶。确诊取决于能否在暗视野显微镜下找到弯曲杆菌，或者是从真胃、胎盘组织抹片，或从子宫分泌物制备荧光抗体。鉴别感染弯曲杆菌的种类很重要，因为在某些地区空肠弯曲杆菌和胎儿弯曲杆菌一样普遍，而某些疫苗不包括预防空肠弯曲杆菌。为防止弯曲杆菌感染暴发，需要严格的卫生管理。应用四环素可防止羊流产。弯曲杆菌感染有周期性，每4～5年流行1次，因此需坚持使用疫苗接种，以防止羊暴发性流产。

2. 羊流行性流产　流产嗜性衣原体是导致羊流行性流产（EAE）的病因。该病的特征是妊娠后期的羊流产、死产或产出孱弱胎儿。家畜衣原体引起羊衣原体性关节炎和结膜炎。除澳大利亚和新西兰外，EAE在世界范围内均有发生，并且对集中饲养管理的羊非常重要。不管何时感染，患羊在妊娠的后2～3周流产，流产的胎儿新鲜，轻度自溶。患羊表现出胎盘炎，子叶有红黄色坏死，子叶间区域增厚、呈棕色，有渗出物覆盖。将胎盘或阴道分泌液抹片染色后检查，可发现衣原体原生小体，但是不能与伯纳特氏立克次体相鉴别，因其偶尔引起绵羊流产。

通过ELISA、荧光抗体染色或PCR技术可以确诊流产嗜性衣原体，或者分离到流产嗜性衣原体也可确诊。母羊很少多次流产，但是持续感染，并且在排卵前后的2～3 d从生殖道排出流产嗜性衣原体。公羊感染后通过性交传播微生物。防治该病包括隔离所有感染的母羊和羔羊，用长效土霉素或口服四环素治疗与患羊接触的母羊。流产嗜性衣原体疫苗可有效减少流产，在欧洲一些国家有可接种的弱毒疫苗。

流产嗜性衣原体是人兽共患病病原，但是人很少感染。妊娠妇女感染可危及生命，只有少数病例，剖腹产后胎儿得以存活。妊娠妇女应避免与妊娠羊接触，特别是当羊发生流产时。

3. 边界病 在世界范围内发生，是胚胎死亡、孱弱羔羊及先天性畸形的重要原因。该病由瘟病毒引起，其类似于牛病毒性腹泻（BVD）病毒和经典猪瘟（猪霍乱）病毒。患羊在妊娠的任何时期都能流产，母羊没有临床症状，存活的胎儿体积小，常有先天性颤抖，被毛不整（羔羊被毛颤抖）。可通过荧光抗体染色和病毒分离的方法诊断此病。在胎盘或胎儿组织（肾脏、肺脏、脾脏、甲状腺、真胃）中找到边界病病毒，或证明有哺乳前抗体均可确诊。没有疫苗可用，有时用灭活的BVD疫苗给羊免疫接种，但是其免疫效果未得到证实。

4. 卡希谷病毒感染 卡希谷病毒（Cache valley virus）经蚊子传播，能引起羊不孕、流产、死产和先天性异常。卡希谷病毒感染在美国、加拿大和墨西哥的许多地区流行。在美国，该病常在很大范围内（甚至涉及几个州）的家畜中流行，从而影响养羊业。受卡希谷病毒感染的羊最明显的症状是死产、产出先天性畸形的活胎儿，胎儿的CNS和肌肉骨骼肌系统受影响。常见胎儿积水性无脑畸形、脑积水、大脑和小脑发育不全、关节弯曲、脊柱侧凸、斜颈和骨骼肌发育不全。当流产或分娩发生时，通常病毒不再存活，诊断可通过检测哺乳前胎儿血清或体液中的抗体。没有疫苗可用。

5. 弓形虫病 在妊娠早期，绵羊感染刚地弓形虫（Toxoplasma gondii）导致胎儿被吸收和胎儿干尸化。如果在妊娠后期染病、患羊发生流产或围产期胎儿死亡，母羊常无临床症状。在一次暴发的疾病中，患羊流产胎儿的月龄范围广，多数胎儿无肉眼可见病变。少数病例，可见其子叶有明显的直径为1~3 mm的白色小病灶，组织学检查可见胎儿大脑有非化脓性炎症病灶。一旦感染，母羊即获得免疫，因此将青年母羊和流产羊一起饲养，可使其获得免疫。防止饲料受猫粪便污染可减少羊感染的机会。弓形虫病是人兽共患病。

6. 李氏杆菌病 单核细胞增多性李斯特菌（Listeria monocytogenes）引起羊的流产时常发生在妊娠后期，流产羊子叶和子叶间区域坏死，胎儿自溶。胎儿肝脏（也可能是肺脏）有直径为0.5~1 mm的坏死灶。诊断需做细菌培养。

7. 布鲁氏菌病 至关重要的是，羊布鲁氏菌（Brucella ovis）不但引起公羊附睾炎，还引起妊娠后期羊流产、死产或产出孱弱胎儿。在美国，马耳他布鲁氏菌少见，但是在其出现的地区引起流产。流产布鲁氏菌偶尔引起羊流产。布鲁氏菌性流产发生在妊娠后期，并引起患羊胎盘炎，子叶水肿、坏死，子叶间区域增厚、呈皮革样。由羊布鲁氏菌引起的流产，尽管可形成干尸化胎儿或胎儿自溶，但是多数胎儿在分娩开始时还活着。因马耳他布鲁氏菌或流产布鲁氏菌感染而流产的胎儿，多数发生自溶。诊断此病可做胎盘、胎儿真胃内容物和母畜阴道分泌物细菌培养。某些国家有马耳他布鲁氏菌疫苗。马耳他布鲁氏菌和流产布鲁氏菌都可感染人。

8. 沙门氏菌病 羊流产沙门氏菌、都柏林沙门氏菌、鼠伤寒沙门氏菌和亚利桑那沙门氏菌都能引起绵羊流产。在英国和欧洲，羊流产沙门氏菌呈地方性流行，但是在美国未见有报道。其他血清型沙门氏菌感染在世界范围内发生。多数患羊有临床症状，流产前发热，没有特征性胎盘病变和胎儿自溶。通过对胎盘、胎儿或子宫分泌物的细菌培养，可作出诊断。此病为人兽共患病。

9. 蓝舌病 蓝舌病病毒感染是引起羊流产、胎儿干尸化、死产和羔羊先天性脑畸形的原因。感染羊的临床症状、致病病毒的血清型以及诊断方法均和牛的蓝舌病相同。羊的繁殖障碍的绝大多数（如果不是全部）是由弱毒疫苗引起的，而不是由野毒所致的。近年来已证实，血清8型蓝舌病病毒，是引起欧洲西北部牛流产及犊牛脑先天性畸形的主要原因。人们公认，这是蓝舌病野毒经反刍动物胎盘传播的首次暴发。欧洲发表的研究结果发现，没有证据表明血清8型是引起绵羊胎儿感染的重要原因。然而，也有报道认为，有少数羊流产和胎儿先天性异常的病例是由血清8型病毒感染所致的，并且，用试验方法也证明，该血清型病毒能够穿过羊胎盘。在对该病毒没有更深入的了解之前，应警惕其对羊的潜在性致病作用。

通过加强管理，减少与叮咬蠓接触的机会以及接种疫苗都可控制蓝舌病。市场上有灭活疫苗和弱毒疫苗出售，并且得到广泛应用。但是，每种疫苗的实用性各国家间有所不同。在蓝舌病流行时间长的地区，主要应用弱毒疫苗。例如美国和非洲国家，但对疫苗的应用仍存在争议。如果使用疫苗的话，妊娠羊应禁用。此外，在库蠓活跃期不应接种疫苗，因为库蠓确实能将疫苗病毒传播给未接种的动物，包括妊娠动物。蓝舌病病毒有节段基因组，自发感染或用1种以上血清型接种的羊容易产生重组病毒。

10. 其他原因性流产 赤羽病病毒引起的绵羊流产和胎儿先天性畸形，需要和卡希谷病毒感染进行鉴别诊断。伯纳特氏立克次体偶尔引起绵羊暴发性流产，其临床症状和胎儿病理学和山羊一样（见下面）。有报道称，犬新孢子虫偶尔引起绵羊流产，其病变类似于刚地弓形虫引起的流产。绵羊有时也发生真菌性胎盘炎，但不如牛或马常发。

三、山羊流产

本部分内容见山羊繁殖管理。

引起山羊非传染性流产的因素包括：植物毒素，如野甘草或疯草中毒；饲料中缺乏铜、硒、维生素A或镁；某些药物如雌激素、糖皮质激素、硫代二苯胺、四氯化碳或左旋咪唑（妊娠后期）。

引起山羊传染性流产的疾病主要有衣原体病、弓形虫病、钩端螺旋体病、布鲁氏菌病、伯纳特氏立克次体和李斯特菌病。弯曲杆菌也引起山羊流产，但是没有像绵羊的那么严重。

1. 衣原体病（流行性流产） 流产嗜性衣原体（绵羊地方性流产病原体）是美国山羊流产最常见的原因。在感染过的羊群，有高达60%的山羊流产、死产或产出弱羊羔。流产可发生在妊娠的任何时期，但是最多是在妊娠的最后1个月。不孕通常是流产嗜性衣原体感染的唯一症状，但是偶尔也使全群羊并发呼吸道疾病，多发性关节炎、眼结膜炎和胎衣不下。流产羊羔新鲜，无肉眼可见的病理变化。常见胎盘炎，有红黄色分泌物覆盖在子叶和子叶间区域，光镜检查可见胎盘坏死性血管炎和中性粒细胞浸润性炎症，将胎盘组织抹片用适当的方法染色，光镜检查可见衣原体，但是不能和伯纳特氏立克次体相鉴别。此外，荧光抗体检查，免疫组织化学染色、ELISA、PCR或微生物培养技术都可用于诊断流产嗜性衣原体感染。诊断时最好选用胎盘样品，但有时检测肝脏、肺脏和脾脏组织也可确诊。

疾病暴发后，应隔离流产羊，并口服四环素控制。目前尚无山羊衣原体疫苗，但可使用绵羊用疫苗，并且相对有效。与绵羊一样，山羊流产后也获得免疫。感染流产嗜性衣原体的绵羊，如果不是终身感染的话，感染也可能持续几年的时间，并在排卵时期排出微生物，而山羊是否也如此，尚不清楚。流产嗜性衣原体也可感染人，偶尔引起妊娠妇女流产。

2. 弓形虫病 在美国，弓形虫病是引起山羊流产的常见原因，山羊弓形虫性流产的症状与绵羊的症状相似。

3. 钩端螺旋体病 能引起山羊流产的最常见的肾脏钩端螺旋体的血清型是感冒伤寒型和波蒙纳型。山羊对钩端螺旋体病敏感，而绵羊则相对耐受。患病山羊在出现钩端螺旋体血症期流产。有些患羊出现贫血、黄疸和血红蛋白血症，而有些患羊则无体温升高和黄疸症状。通过血清学诊断或在母羊尿液、胎盘以及胎儿肾脏中检出钩端螺旋体可确诊。

4. 布鲁氏菌病 马耳他布鲁氏菌是引起山羊流产的主要病原体，流产布鲁氏菌偶尔也引起山羊流产。流产最常发生在妊娠的第4个月，患羊可能伴发乳房炎和跛行。胎盘外观正常，但是患病母羊可能有慢性子宫病变。成年羊感染后终生带菌，并通过乳汁排出细菌（马耳他布鲁氏菌病是人兽共患病，但是在美国，人很少染病）。在美国，常通过检测和捕杀患羊控制此病。可用试管凝集反应和卡片检测法作为筛选检测。

5. 伯氏柯克斯体感染 越来越多的人认识到，伯氏柯克斯体（*Coxiella burnetii*）是引起山羊流产的重要原因，特别是在美国的西部更是如此。伯纳特氏立克次体感染偶尔也引起绵羊暴发性流产。感染后，常引起妊娠后期的羊流产、死产和产出孱弱胎儿。羊群中50%以上的羊都不能幸免。胎盘覆盖有灰黄色分泌物，胎盘间区域增厚。光镜检查可见胎盘坏死性血管炎，绒毛膜上皮细胞肿胀。伯氏柯克斯体直径小于1 μm，其感染只限于胎盘，这有助于诊断。通过免疫染色法、PCR技术或微生物分离法鉴定伯氏柯克斯体而确诊。立克次体也感染人，引起人Q热病。

6. 李斯特菌病 单核细胞增多性李斯特菌是山羊常见的病原菌，引起山羊散发性流产。流产胎儿没有明显的损伤，常发生自溶。山羊流产前无临床症状，但是流产后可能发生重度乳房炎。从胎盘、真胃内容物或子宫分泌物中分离出细菌可确诊。对于发生暴发性流产的羊群，推荐使用四环素预防性治疗。

7. 山羊疱疹病毒1型（CpHV1） 与牛传染性鼻气管炎病毒紧密相关，可引起妊娠后期山羊散在性流产，通常没有其他临床症状。病毒还能引起成年山羊外阴和阴道炎、龟头包皮炎和呼吸道病，以及新生羔羊的肠道疾病和全身性疾病。流产胎儿新鲜或自溶，没有肉眼可见的病变。在肝脏、肺脏或其他器官坏死组织细胞中发现包含体可作出初步诊断，用PCR或免疫染色法分离出山羊疱疹病毒1型可确诊。并非所有胎儿都有病变或者都能分离出病毒，因此，诊断时应该采集多个胎儿。感染的山羊可能变成潜在传染源，并在受应激时排出病毒。在美国，目前还没有商品化疫苗可供使用。

四、猪流产

本部分内容见繁殖管理：猪。

引起猪繁殖障碍的多种因素都能导致严重的后遗症，其中包括流产，产出孱弱新生仔畜、死产、干尸化胎儿、胚胎死亡和不孕症。因为猪的胎儿多，因此猪干尸化胎儿比其他动物多。如果少数几个胎儿死亡，很少发生流产，而是形成干尸化胎儿，并在分娩时和活胎儿或死产胎儿一起被排出。

（一）非传染性病因

环境高温（>32 ℃）使猪返情率升高，并增加胚胎死亡率、降低产仔率和窝产仔数。如果热应激发生在配种或胚胎附植时，对猪的影响最大。在夏季，繁殖母猪的胚胎死亡率和不规则的返情率增加。环境高温起重要作用，但是有迹象表明，季节性孕酮水平低是主要因素。

雌激素性真菌毒素（玉米赤霉烯酮和玉米赤霉烯醇）妨碍母猪妊娠和胚胎附植，可引起不孕症或胚胎死亡，减少窝产仔数，但是很少导致流产。另一类真菌毒素，即伏马毒素，能引起猪急性肺水肿，患猪从急性病恢复后2~3 d流产。

猪其他中毒性流产或死产的原因包括甲酚喷雾（用于控制疥癣和虱子）、双香豆素和硝酸盐中毒。营养性繁殖障碍并不明确，维生素A缺乏引起先天性畸形，并且可能导致流产。维生素B₂缺乏引起早产（提前14~16 d）。钙、铁、镁和碘缺乏会出现死产或产出孱弱儿。

不正确使用丙烷加热器可导致一氧化碳中毒，增加死产和足月胎儿自溶。流产胎儿组织呈桃红色，但是母猪本身无症状。

（二）传染性病因

引起猪繁殖障碍的主要传染性原因包括猪繁殖与呼吸障碍综合征病毒、猪细小病毒、伪狂犬病病毒、日本乙型脑炎病毒、经典猪瘟病毒、钩端螺旋体和猪布鲁氏菌。

1. 猪繁殖与呼吸障碍综合征（PRRS） 是由动脉炎病毒属病毒引起的。该病是美国最重要的猪病，也是世界范围内多数国家猪的重要疾病。多数PRRS病毒株在妊娠90 d前不能通过胎盘，因此，多数流产都发生在猪妊娠末期。患猪产出的一窝仔猪中，有新鲜和自溶的死胎儿、受感染的弱仔以及未受感染的健康仔猪，这些健康猪常在生后的几天内患呼吸道疾病。在流产前几日，患病母猪食欲不振、高热，并发呼吸道疾病。常见猪群中细菌感染猪的数量增加。脐带出血是PRRS流产唯一肉眼可见的病变。并非所有的胎儿都受感染，因此，诊断时应该同时采集几个胎儿的样品。因为胎儿胸腺和胸腔液中持续存在病毒抗原，用PCR检测3~5个胎儿胸腔液的混合液是最可靠的诊断方法。提高猪群管理水平对防控PRRS很重要。目前有灭活疫苗和弱毒疫苗可用。

2. 猪细小病毒感染 在美国，猪细小病毒感染普遍存在，几乎所有母猪在第二次妊娠前都自然感染，感染后终生免疫，因此，只有头产感染病。在妊娠前70 d，胎儿受感染可导致其死亡。因为并非所有胎儿都同时感染，因此可见于不同月龄死亡的胎儿，有些胎儿存活并出生，但是持续感染。在妊娠后70 d感染时，多数胎儿的免疫反应增强，可自行清除病毒，出生时健康。受影响的胎儿直到分娩时才能被排出，因此头产母猪分娩时，见到有不同月龄死亡的胎儿、干尸化胎儿、死产以及夹杂产出健康的仔猪是猪细小病毒感染的标志。可通过荧光抗体检测、从干尸化胎儿的肺脏中分离到病毒或者从死产胎儿检测到哺乳前抗体而确诊。公猪通过多种途径排出病毒，急性感染后几周内通过精液排毒，将病毒传染给猪群。有灭活疫苗可用，并且有很好的预防效果。

3. 猪伪狂犬病（奥耶斯基氏病，猪疱疹病毒1型感染） 伪狂犬病引起猪CNS和呼吸系统疾病。处于潜伏期感染的猪血清学检查呈阳性。妊娠早期感染导致猪胚胎死亡及胎儿被吸收；妊娠晚期感染导致流产、死产和孱弱仔猪，胎儿干尸化不常发生。流产胎儿无明显可见病变，但是在少数胎儿的肝脏和扁桃体可见针尖大白色坏死点。通过病毒分离、PCR或荧光抗体染色进行诊断。在美国，市场上有基因缺失疫苗，可从血清学上区别免疫过的和自然感染的猪，曾经被用于联邦政府根除猪伪狂犬病项目。但是，自从2003年美国在商品猪根除猪伪狂犬病后，没有继续使用这种疫苗。在美国的许多州，都有野猪隐藏病毒的情况，自2003年以来，有与野猪接触的猪场曾经散在暴发伪狂犬病。目前，通过减少猪群的数量，使猪伪狂犬病的发病率得到控制。

4. 日本乙型脑炎 是一种虫媒传播的疾病，感染后引起猪繁殖障碍和人脑炎。感染母猪产出于不同月龄死亡的仔猪（包括干尸化胎儿）、死产、孱弱胎儿和有中枢神经系统症状的仔猪。脑积水和皮下水肿是仔猪最常见的大体病变。猪是伪狂犬病毒最主要的繁殖宿主，因此给猪接种疫苗不仅可预防猪繁殖障碍，而且可以预防人感染。

5. 经典猪瘟（猪霍乱） 是由猪瘟病毒引起的。在美国，此病已被根除，但是在世界的多数地区还是一个严重的问题。高强毒株常引起母猪严重的疾病，常见受感染的猪流产。中低强度毒株感染后，母猪产出干尸化胎儿、死产、弱仔及持续感染的胎儿。荧光抗体染色和分离病毒作为诊断手段。现有灭活疫苗和弱毒疫苗可用，但是，在美国禁止应用猪瘟疫苗。

6. 猪圆环病毒感染 猪圆环病毒2型（PCV2）感染广泛发生、普遍存在。其特征包括，散在发生、妊娠后期流产，妊娠期满时死亡胎儿数量增加，死亡的猪胎儿日龄大小不等，从干尸化胎儿到死产胎儿都有。未形成干尸的胎儿，体腔内有大量的血清样液体，光镜检查可见心肌坏死并（或）纤维化。猪圆环病毒2型存在于心脏和其他组织中。由猪圆环病毒2型引起猪繁殖障碍的发生率很低，当感染发生时会很快消失，或许因为多数猪和病毒自然接触，在繁殖前就产生了免疫。目前，有用于生长猪和育肥猪接种的疫苗，但是其对防止繁殖障碍的效果还不清楚。

7. 钩端螺旋体病 肾脏钩端螺旋体（特别是波莫纳型）是引起猪繁殖障碍的主要原因。尽管成年猪发生急性钩端螺旋体病，但是多数病例无症状。猪感染后1~4周流产，因此，流产的胎儿自溶，也见有干尸化胎儿、胎儿浸渍、死产和孱弱胎儿。诊断基于在胎儿组织或胃内容物发现钩端螺旋体。每6个月用多价苗接种免疫1次有助于预防此病。从前，使用链霉素清除带菌者或在感染暴发期间治疗妊娠猪，但现在对食用动物不再使用链霉素。试验证实，饲料中添加高水平的土霉素、泰乐菌素和红霉素以及高水平的四环素可清除带菌者体内的钩端螺旋体。然而，现场结果表明，用抗生素不能真正消除钩端螺旋体感染。钩端螺旋体病为人兽共患病。

8. 布鲁氏菌病 由于美国联邦政府和州政府实施的防治规划，在美国，商业猪场的猪已经很少发生布鲁氏菌病（猪布鲁氏菌感染）。猪感染后可在妊娠的任何时期流产，母猪流产时并非总有症状。流产可能是由于子宫内膜炎和胎儿受感染。尽管有些胎儿发生自溶，但是极少见到胎儿或胎盘病变。用血清学方法诊断，或从胎盘和胎儿组织中分离到细菌而确诊。对猪布鲁氏菌病没有十分有效的治疗方法。通过检测和捕杀患病猪的方法控制此病。布鲁氏菌病是所发现的猪的少数性病之一。猪布鲁氏菌可感染人，从而引起严重的疾病。

9. 其他流产的传染性病因 猪口蹄疫、非洲猪瘟和猪流感常引起猪流产，但是患猪及其同群的猪常有上述疾病的临床症状。据报道，肠道病毒和脑心肌炎病毒感染能引起猪流产，但是在经济上，并不具有重要性。墨西哥的某些地区，蓝眼副黏病毒是引起流产、死产和胎儿干尸化的重要原因。能引起猪散发性流产的细菌还包括：金黄色葡萄球菌、链球菌、猪丹毒杆菌、沙门氏菌、多杀性巴氏杆菌、化脓隐秘杆菌（放线菌）、单核细胞增多性李斯特菌和大肠埃希菌。

五、马流产

本部分内容见繁殖管理：马。

（一）非传染性病因

马最常见的非传染性流产是双胎妊娠，多数因双胎妊娠而引发的流产发生在妊娠的8~9个月，并且流产前母马可能出现泌乳现象。胎盘不足最终引起双胎流产。脐带异常，如因脐带长度反常（＞100 cm）而发生脐带扭转，被认为是流产的罪魁祸首。确诊因脐带扭转引起的流产须见到脐带局部肿胀或出血的症状，因为有些正常出生的马驹也发生脐带扭转。胎儿血循环异常的表现，例如皮下水肿，肝脏肿胀变软以及胎盘血管纤维化，都是脐带阻塞的症状。马很少发生异位妊娠，但是异位妊娠可导致马妊娠7~10个月时流产。

1. 母马繁殖（能力）丧失综合征（MRLS） 始于2001年春天，肯塔基州及其临近州暴发了妊娠马早期和后期的流产、死产和产出孱弱胎儿，孱弱胎儿在出生的几天内死亡。同时，各种年龄的马，无论公马和母马，纤维素性心包炎和单侧眼色素层炎病例大量增多。所有上述症状叠加在一起可确定为母马繁殖（能力）丧失综合征。分析记录表明，早些年肯塔基州周围曾经发生过该病，从那以后，远离纽约的许多州，如佛罗里达州，也出现母马繁殖（能力）丧失综合征病例。最近，澳大利亚也报道了带有同样临床症状和风险因素的马流产风暴。

多数早期流产发生在马妊娠的40~80 d，有些流产最晚发生在妊娠的140 d。少数患马表现出疝痛、发热以及（或）阴门内流脓性分泌物，但是，大多数患马无临床症状。典型的症状首先是流产，或超声检查时发现子宫内有死亡胎儿。胎儿多在死亡后的2 d~2周内排出，并且在排出时已经发生自溶。患马常出现中性粒细胞性胎盘炎和子宫炎。多数马在繁殖季节配种不能妊娠，但是在下一个繁殖季节可正常妊娠。妊娠后期流产常发生在妊娠10个月到妊娠期满，并且患马无分娩征兆。检查时可见胎盘和脐带增厚、水肿、呈淡浅棕色或黄色，常出现中性粒细胞浸润，中性粒细胞性脐带炎是母马繁殖（能力）丧失综合征的特征性症状。不管流产发生在妊娠的早期还是晚期，都可从胎儿体内分离到各种细菌，但是，这些细菌并不是引起流产的原因。牧场上见到东方黄褐天幕毛虫（*Malacosoma americanum*）就是一个危险的信号，整个毛虫或其外壳可以引发妊娠早期和晚期的马流产，但是，口服毛虫的消化道并不引发流产。引起流产的机制还未被证实，据推测，毛虫外壳内有不明确的毒素，可能与流产有关，而细菌性感染只是继发的；或者毛虫体表的毛刺入马口腔或肠黏膜，而这些毛上带有细菌，从而导致菌血症，并且细菌进一步局限于子宫或其他器官内，在澳大利亚，马可接触到列队毛虫（*Processionary caterpillars*）亦称带蛾毛虫（*Ochragaster lunifer*）继而暴发繁殖（能力）丧失综合征。

预防包括加强牧场管理，控制东方黄褐天幕毛虫的数量，以及通过其他程序防止妊娠马接触东方黄褐天幕毛虫。

2. 苇状羊茅草（牛毛草）中毒 摄入被内生菌

支顶孢（*Acremonium*）污染的苇状羊茅草可引起马妊娠期延长、无乳和围产期胎儿死亡。胎盘增厚并水肿，子宫颈内口处胎盘异常破裂，绒毛膜尿囊先于胎儿通过产道，而不是附着在子宫壁上，导致胎儿缺氧而死亡。牧草、干草或者畜床垫草都可能含有污染的苇状羊茅草。

（二）传染性病因

传染性流产包括病毒性疾病（如马鼻肺炎、马病毒性动脉炎）、细菌性感染和真菌性感染。

1. 马鼻肺炎（马疱疹病毒1型感染） 是马流产最重要的病毒性原因。受感染的马流产多发生在妊娠7个月后，并且在流产前没有临床症状，胎盘可能正常或水肿。肉眼可见的胎儿病变包括皮下水肿，黄疸、胸腔液体量增多、肝脏肿大并有直径约1 mm大小的黄白色斑点，组织学检查可见这些损伤为含有核内包涵体的坏死灶。包含体还出现在坏死的淋巴组织内，常出现坏死性支气管炎。通过荧光抗体检查或者从胎儿组织内分离出病毒而确诊。预防此病须在母马妊娠的第5、7、9个月接种疫苗，并避免妊娠母马参加表演或其他活动，以防止被感染。

2. 马病毒性动脉炎（EVA） 临床病例6～29 d出现流产。胎儿心肌或胎盘出现动脉炎表现，但是通常胎儿无病变。种马可能持续感染，EVA可通过交配或气雾传播。根据流产前短期内有EVA病史可作出诊断，从胎盘或胎儿组织内分离出、或用PCR技术确定病毒而确诊或用母马的血清转化试验检验而确诊。通过加强管理可预防该病，减少病毒在繁殖马群传播的机会，减少带毒公马的数量都有助于预防此病。在美国，有用于未妊娠母马接种的弱毒疫苗。根据抗体效价不能鉴别接种疫苗和自然感染的马。繁殖母马的血清学状态，将影响其引入计划。因此，在接种疫苗前，应确定繁殖母马的血清学状态，并且之后的所有接种都应记录。

3. 马细菌性流产 由埃利希体引起的波托玛克马热（Potomac horse fever）可导致妊娠中后期的马流产。流产的马患胎盘炎，并常发生胎衣不下。有人已经从流产胎儿的淋巴组织中分离到病原体。组织学检查可见胎儿结肠炎，发现结肠炎可作出假定性诊断。有疫苗可预防马波托克热，但是其对流产的预防效果不清楚。

最近有人认识到，在肯塔基州、北爱尔兰和英格兰，钩端螺旋体病是引起马散发性流产的重要原因。多数胎儿在妊娠6个月后流产，母马通常健康，感染不在马和马之间传播，因此常常发现农场中只有1匹马流产。胎儿或胎盘没有肉眼可见的病变，但是光镜检查可见化脓性胎盘炎。通过对胎盘或胎儿肾脏、肝脏或肺脏组织荧光抗体染色检查，可作出诊断，也可通过胎儿血清学检查作出诊断。肯塔基州马流产的绝大多数病例是由波摩那血清型的肯尼威克型肾脏钩端螺旋体引起的，当然也发现了其他血清型的钩端螺旋体导致马流产。

由兽疫链球菌引起的流产，或由其他链球菌、沙门氏菌、大肠埃希菌、假单胞菌、雷克伯氏杆菌或其他细菌引起的流产，细菌通常是通过子宫颈上行感染，从而导致胎盘炎。患马胎盘水肿，在子宫颈内口处覆有棕色的纤维坏死性分泌物。慢性胎盘炎导致胎儿生长缓慢。胎儿排出时重度自溶。从无菌采取的胃内容物可分离到病原微生物。

4. 马真菌性胎盘炎 是由于真菌经子宫颈上行感染所致，表现为绒毛膜增厚、覆有不同量的分泌物。病原体包括曲霉菌、毛霉菌、念球菌。妊娠后期流产的胎儿新鲜，活胎儿生长缓慢。可见肝脏肿胀、苍白，有时可见皮炎，在胎盘、肝脏、肺脏内或胃内容物可见菌丝。

第四节　牛生殖道弯曲杆菌病

牛生殖道弯曲杆菌病是牛的一种性病，主要特征是胚胎早期死亡、不孕、全群牛的分娩季节延长，偶尔流产。世界各地均有此病报道。

【病原与流行病学】牛生殖道弯曲杆菌病由性病胎儿弯曲杆菌（*Campylobacter fetus venerealis*）或胎儿胎儿弯曲杆菌（*C. fetus fetus*）引起。弯曲杆菌可自行运动，革兰氏阴性、菌体弯曲或呈螺旋状，有端鞭毛，微需氧。多年来，胎儿弯曲杆菌被认为是一种肠道菌，只是偶尔引起牛流产，并不引起不孕。然而，胎儿弯曲杆菌也是引起典型不孕综合征的重要原因，通常认为不孕综合征是由性病胎儿弯曲杆菌引起的。胎儿弯曲杆菌有不同菌株，确定其中引起不孕菌株的唯一办法是检测其在青年母牛群感染的可能性。弯曲杆菌的抵抗力弱，加热、干燥和暴露于空气中很快死亡。采集动物样品后应迅速在微氧或厌氧条件下培养，否则弯曲杆菌不能生长。

胎儿弯曲杆菌经交配传播，也可能由污染的器械、垫草以及用污染的精液授精而传播。个体公牛对该菌感染的敏感性不同。有些公牛感染后终身带菌，而有些公牛可抗感染。造成上述差别的主要因素与年龄相关的阴茎包皮和阴茎上皮隐窝的深浅有关。小于3～4岁的公牛隐窝还未发育，感染时间短，其与感染母牛开始配种后不久，几分钟或几天，再与未感染的母牛配种即可传播该病。在感染的公牛中，自发清除弯曲杆菌似乎和任何免疫反应无关，因此可随时再次感染。3~4岁以上的公牛，其阴茎上皮隐窝较深，能提供恰当的微氧环境，容易建立细菌的慢性感染。

母牛带菌的时间也各异，有些牛可迅速清除感染，而其他牛可携带胎儿弯曲杆菌至少2年以上。感染几个月后，大约有50%的牛，其子宫颈分泌液中含有大量IgA抗体，这对诊断有一定的意义。尽管多数妊娠牛生殖道内无感染，但是整个妊娠期内，阴道有可能处于慢性感染状态。

【临床表现】患牛无全身症状，但是有不同程度的黏液脓性子宫内膜炎，引起早期胚胎死亡、黄体期延长、发情周期不规则、屡配不孕，因此产犊周期延长，直到完全清除感染并能成功繁殖为止。临床上并不常见流产。在非集约化饲养的牛群中，只有当妊娠诊断发现妊娠率较低时，才有可能注意到弯曲杆菌感染，但是更重要的是，妊娠期长短有很大的差异，特别是在近期弯曲杆菌感染的牛群。在随后几年中，不孕症只发生在青年母牛和新感染的母牛。公牛无临床症状，也能正常产生精液。

【诊断】弯曲杆菌病的症状与滴虫病的相似，诊断时应做鉴别。检测抗体无助于诊断，因为抗体常由非病原性弯曲杆菌引起。阴道黏液凝集试验（VMAT）有益于诊断，但是由于存在个体差异，应至少采集牛群中10%的牛的样品，或至少采集10头牛的样品。可用ELISA检测牛子宫颈黏液，敏感性强，比VMAT检测的抗体反应的范围更广。也可在流产或感染后立即采集阴道样品，培养细菌来确诊，但是细菌的数量可能很少。此外，因为胎儿弯曲杆菌稳定性差并且需要特殊的分离技术，培养的成功率受限。

正确的诊断方法是检测繁殖青年母牛是否感染，但是在实践中很少应用。更常用的方法是，刮取或用吸管吸取包皮腔和穹隆处的样品，或灌注缓冲液后充分按摩穹隆处，收集液体，再用荧光抗体试验检查吸取或冲洗样品，并做细菌培养。在采集的样品中胎儿弯曲杆菌只存活6~8 h，但是如果接种在克拉克（Clark）培养基或类似的培养基上，可存活48 h以上。为了更准确地诊断，间隔约1周的时间，两次采集公牛样品做检查。

应注意，从胎盘分离到弯曲杆菌，有可能是因为非病原性胎儿弯曲杆菌污染所致。相反，未能从感染流产的胎儿或胎盘分离到胎儿弯曲杆菌，常常是因为污染微生物菌落的过度生长或是空气中的氧气对弯曲杆菌产生致死作用。

【治疗与控制】确诊牛生殖道弯曲杆菌后，应立即接种疫苗，感染的牛和有感染风险的牛都应该接种疫苗。给感染牛接种疫苗可加速患牛清除胎儿弯曲杆菌，尽管患牛有可能成为带菌者，但是其繁殖力将极大改善。在日常应用中，在繁殖开始前约4周接种1次疫苗，因为抗体反应期短，在繁殖季节中期对母牛再次接种疫苗。同时也给公牛接种疫苗（治疗的同时也预防），但需要给母牛接种双倍剂量，间隔3周再次接种。用链霉素治疗（20 mg/kg，皮下注射，1~2次）能清除公牛的感染，同时可用5 g油剂链霉素涂抹阴茎，连续3 d。

实际上，很少有人治疗牛生殖道弯曲杆菌病。人工授精是防止牛生殖道弯曲杆菌病最好的途径，因为妊娠结束后6个月以上的牛还能分离到胎儿弯曲杆菌，有人建议，应一直使用人工授精，直到牛群中所有的牛都有至少2次妊娠为止。

第五节　大动物布鲁氏菌病

布鲁氏菌病是由布鲁氏菌属的细菌引起的，其特征是流产、胎衣不下，公畜感染后在某种程度上发生睾丸炎和副性腺感染。布鲁氏菌病在世界的大多数国家流行。主要感染牛、水牛、美洲野牛、猪、绵羊、山羊、犬和麋鹿，偶尔感染马。人类布鲁氏菌病有时表现为波状热，特别是由马耳他布鲁氏菌造成的感染，是一个严重的公共卫生问题。

一、牛布鲁氏菌病（传染性流产，班氏病）

【病原与流行病学】牛、水牛和美洲野牛布鲁氏菌病几乎无一例外都是由流产布鲁氏菌（*B. abortus*）引起的，然而，猪布鲁氏菌（*B. suis*）可偶尔感染牛。猪布鲁氏菌感染无临床症状，不在母牛之间传播。在某些国家，牛也发生马尔他布鲁氏菌病（*B. melitensis*），其症状与流产布鲁氏菌感染一样。美国没有马耳他布鲁氏菌病。

感染迅速扩散，并在未接种疫苗的牛群中引起许多牛流产。在一个牛群中，该病呈地方性流行，感染的牛只流产1次，下一次妊娠或泌乳正常。感染后，患牛出现短期菌血症，并产生凝集素和其他抗体；有些牛抗感染，少部分感染的牛自行康复。在流产或正常分娩前，通常患牛血清凝集试验呈阳性，但是也有约15%的牛阳性出现的时期延迟。潜伏期各异，并且潜伏期和感染时妊娠所处的阶段呈负相关。从牛奶和子宫分泌物中排出病原菌，患牛可能暂时不育。在妊娠期和产后复旧期，子宫内可见到病原菌，但是在未孕的子宫内，细菌很少长时间存留。分娩后，随着液体的减少，从阴道排菌数量明显减少。有些患牛流产后，下次正常分娩还从子宫内向外排菌。感染牛从乳汁中排菌的时间各异，多数牛终身排菌。常从干奶期奶牛乳房分泌物中分离到流产布鲁氏菌。

牛通过摄入病原菌而自然感染。在流产的胎儿、胎衣和子宫分泌物中有大量细菌，牛有可能通过摄入污染的饲料和水，或舔舐其他牛的外生殖器而感染。通过与感染的公牛交配而传播给易感母牛的方式很少。人工授精时，将被布鲁氏菌污染的精液输在子宫内可能发生传染，但是据报道，将精液输在子宫颈中部不会造成感染。布鲁氏菌还可通过黏膜、结膜、伤口或皮肤进入人和动物机体。

有人从胎儿和在低温环境中保存2个月以上的粪便中分离了布鲁氏菌，但是在直射的阳光下，几个小时内即可杀死布鲁氏菌。

【临床表现】最明显的临床表现是流产，感染也能导致死产或弱仔、胎衣不下及泌乳量减少。只发生流产的病例，一般其健康状况不受影响。

公牛的精囊、壶腹、睾丸及附睾可能受感染，因此，布鲁氏菌可出现在精液中。在受感染公牛的精清中可能检测到凝集素，也可能发生睾丸脓肿。长期感染的患牛可能出现关节炎。

【诊断】根据细菌学和血清学诊断，从胎盘中可分离流产布鲁氏菌，但是更方便的做法是，用纯培养法从流产胎儿的胃内容物和肺脏组织中分离细菌。当子宫复旧完成后，多数牛不再从生殖道排菌。感染灶存在于网状内皮系统的某些部位，特别是存在于乳上淋巴结及乳房内。应优先选择活牛乳腺分泌物作为细菌培养的样品。

血清凝集试验已成为标准的诊断方法，凝集试验还可检测乳、乳清、精液和血浆中的抗体。也可用ELISA检测乳中和血清中的抗体。当用标准平板凝集试验或试管凝集试验检测时，在未接种疫苗的动物中，其血清样品在1∶100稀释倍数以上完全凝集时，被认定是阳性，或者在4～12月龄接种免疫的动物中，其血清样品在1∶200凝集时也被认定为阳性，这些牛均被归类为阳性反应牛。其他用于诊断的方法有补体结合试验、利凡诺沉淀试验和酸化抗原程序。

【筛查】根据行政区域性防制或清除计划，布鲁氏菌乳汁环状试验（BRT）用于确定感染的牛群很有效，但是，假阳性率较高。任何地区牛群中布鲁氏菌病的发病情况都可通过每隔3～4个月用BRT实施监控。可在农场或牛乳加工厂采集每个牛场的乳样，对牛群中BRT阳性牛再单独采血检测，反应阳性者扑杀。

对某一地区的泌乳或非泌乳牛群也要做布鲁氏菌病筛查，检查淘汰和从中间或终端市场替换牛的血清，或是从屠宰场采集牛血清检查，追踪反应阳性牛来源的牛群，并对其进行检查。筛选试验，包括布鲁氏菌病检测卡（玫瑰环）试验和平板试验，可用于实践或实验室检测疑似感染的动物，以此减少繁琐费力的诊断试验的数量。

用布鲁氏菌乳汁环状试验检测奶牛群或市场上的牛，划分出布鲁氏菌病非疫区，并保持其清洁，既经济又有效。目前，美国所有的成年牛在屠宰时都要经过采样检查。

其他敏感筛选方法的试验用于布鲁氏菌病感染状况不明的牛的检测，用一连串的试验检测，以提高检测出牛群中受感染牛的可能性，因为这些牛可能成为牛群中的感染源。这些试验还可用于确定平板或纸片试验的检测结果，特别适用于检测疫苗接种牛的血清。补体结合试验和利凡诺沉淀试验主要用于检测和布鲁氏菌感染有关的抗体。另一种补充诊断程序是，用连续稀释布鲁氏菌乳汁环状试验检测个体牛不同乳区的乳样，这种方法可用于检测有疑似血清检测反应的慢性乳房感染的牛。

【控制】因为没有实际治疗办法，因此控制牛布鲁氏菌病的重点，应放在检测和预防上面，最终能否消除该病，取决于检测程序和能否清除阳性反应牛。许多个体牛群和地区利用此法，已经彻底根除了布鲁氏菌病。对每个牛群须每隔一定时间进行检测，直到连续2～3次检查结果呈阴性为止。

对未感染的牛群实施防护，在购进牛时最容易传染。此外，对犊牛和未妊娠的青年母牛用疫苗接种，新购进的牛须来自无布鲁氏菌病的地区或牛群，并经检查为血清反应阴性，在进入牛群前，须隔离约30 d并检查为阴性。

用布鲁氏流产菌株19或RB51接种以增加抗感染力，但是抵抗力不完全，有些接种的犊牛也感染，这取决于接触布鲁氏菌的程度。少数接种的犊牛产生菌株19的抗体，能在体内存留几年，从而混淆诊断检测结果。要减少这个问题，在美国，多数犊牛使用菌株RB51疫苗免疫，它是一种致弱毒株，可使动物产生多数血清学试验检测不到的抗体。

在美国，选择布鲁氏菌病多发地区或某些牛群，用菌株19或RB51疫苗对全群的成年牛群接种，取得了一定的效果。

作为控制疾病的唯一方法，接种疫苗很有效，降低牛群内阳性反应的数量直接和接种牛的百分数有关。然而，从控制到根除该病的角度出发，检测并屠杀阳性牛计划很有必要。由于美国已经根除了流产布鲁氏菌，所以所有的州都被认为是无布鲁氏菌病区。

在美国，有些非家养的美洲野牛和麋鹿群的布鲁氏菌病呈地方性流行，也很少将流产布鲁氏菌传给家养牛群。但是，黄石公园区域的几个牛群曾经与感染的麋鹿接触，就发生过流产布鲁氏菌传染。人们对有关某些控制布鲁氏菌病的方法有着很多争论，有人认为应给麋鹿种群接种疫苗。

二、山羊布鲁氏菌病

山羊布鲁氏菌病的症状类似于牛的布鲁氏菌病。以山羊为主要畜牧业的国家，多数都流行此病。在美国，很少发生山羊布鲁氏菌病。此病的病原菌是马耳他布鲁氏菌，主要通过摄入病原微生物而感染。该病引起妊娠4个月左右的羊流产，也可引起关节炎和睾丸炎。可通过对乳汁或流产胎儿的样品做细菌生物学检查而确诊，也可通过血清凝集试验诊断。屠宰受感染羊群可清除此病。在有些国家，马耳他布鲁氏菌病呈地方性流行，常用Rev菌株1（马耳他布鲁氏菌）疫苗接种，Rev. 1是马耳他布鲁氏菌的致弱毒株，可用于皮下注射或结膜内途径接种。马耳他布鲁氏菌对人有较高致病性。

三、马布鲁氏菌病

马可感染布鲁氏流产菌或猪布鲁氏菌。马感染布鲁氏菌后常发生化脓性黏液囊炎、鬐甲瘘或项韧带炎。偶尔发生流产。受感染的马不大可能成为其他马匹、动物或人的病源。因为牛的布鲁氏菌病已经被根除，所以在美国，马的布鲁氏菌病很少。

四、猪布鲁氏菌病

虽然猪布鲁氏菌病的临床表现各不相同，但是和牛、羊的临床症状相似，该病的发生具有自限性，但可在一个猪群内持续发生多年。猪布鲁氏菌很少感染其他家畜。人布鲁氏菌病多发生在从事肉品加工的工人，并且通常传染源是被感染的猪。在美国，野猪布鲁氏菌病的发病率最高，在家畜中，猪的发病率很低。最近，还没有家猪群感染布鲁氏菌的报道。

【病原与传播】猪布鲁氏菌主要是通过摄入受感染的组织或液体而传播的。受感染的公猪在交配期间传播疾病，可从精液中检查到病原菌。

种猪是感染源。仔猪通过吃乳而感染，但大多数断奶期的仔猪不会被感染。

【临床表现】感染布鲁氏菌后，患猪出现菌血症，并可持续90 d以上，在菌血症期间或之后，细菌在各种不同的组织内局限化，临床症状主要取决于细菌局限化的部位。常见的临床表现是流产、暂时或永久性不育、睾丸炎、跛行、后躯麻痹、脊柱炎，以及偶尔发生子宫炎或形成脓肿。

流产率在0%~80%之间，流产可能发生在妊娠的早期而不被发现。通常，母猪或后备母猪妊娠早期流产后很快返情，并接受再配种。

母猪和后备母猪以及公猪感染布鲁氏菌后常见不育，并且可能是该病唯一的临床表现。在试图治疗其他疾病之前，逻辑上须检测不育问题猪群是否有布鲁氏菌病。母猪不孕常是暂时的，但是不排除永久性不孕。公猪感染后常发生单侧睾丸炎，并且繁殖力降低。

【诊断】诊断猪布鲁氏菌病的主要方法是做布鲁氏菌病卡片试验，然而，也可用各种其他血清凝集试验或补体结合试验检测。但是，大家公认，上述试验在检测个体猪布鲁氏菌病方面存在局限性。因此，在任何控制计划中，都需检测全部猪群或猪群中的某些猪，而不是检测个体猪。几乎在任何猪群，都能见到凝集效价低的猪，用于为牛设计的附加试验也可用于检测猪。

【预防与控制】购进低凝集效价的个体猪须谨慎，除非了解购买猪场的情况。购进猪或外出参加评比的猪入群前须隔离。更新的猪须购自无布鲁氏菌病的猪群，购买前需检查布鲁氏菌病，并在入群前隔离3个月。

没有疫苗预防猪布鲁氏菌病，实践上也没有可推荐的治疗方法。预防此病要靠检测出阳性猪并且隔离，捕杀感染的种猪。野猪布鲁氏菌病是个问题，是人和家猪群感染的潜在病源。

五、绵羊布鲁氏菌病

马耳他布鲁氏菌感染某些品种的绵羊后其临床症状与山羊的临床症状类似。然而，绵羊布鲁氏菌感染引起绵羊特有的疾病，临床表现为附睾炎和睾丸炎，繁殖力降低，造成严重的经济损失。偶尔可见胎盘炎和流产，并且可能致使胎儿在围产期死亡。该病最初是在新西兰和澳大利亚被发现的，此后，在世界的许多养羊地区都有报道。在美国，绵羊布鲁氏菌感染绵羊的情况少见。

公羊早在8周龄时就已经试验性地经各种非交配途径而被感染。公羊间可以通过接触而传播该病。母羊通常不主动感染，但是已经发现，有母羊与被自然感染的公羊交配后而被感染的现象。经污染的牧草传播该病的可能性不大。公羊受感染后持续带菌，并在几年内大量地排出绵羊布鲁氏菌。

该病的主要临床表现为公羊出现附睾、睾丸鞘膜和睾丸损伤，母羊出现胎盘炎和流产，以及偶见围产期胎儿死亡。病变发展迅速。在公羊，首先见到的精液质量明显降低，并可检测到炎症细胞和病原微生物。自然感染的病例很少见到急性全身症状。急性期过后，症状轻微，几乎观察不到。在附睾和阴囊鞘膜处可触摸到病变，单侧或双侧附睾肿大。附睾尾部比附睾头或体部更易受损伤，最明显的病变是可见到大小不等的精子囊肿，精液浓缩。鞘膜常增厚、纤维化、广泛粘连。睾丸纤维性萎缩，损伤通常不可逆。在少数情况下，可触摸到的病变能迅速康复，而有些病例，精液内长期有细菌，而临床上无可见损伤。

因为不是所有被感染的公羊都表现出阴囊组织明显的异常（也不是所有附睾炎都归因于布鲁氏菌病），所以，必须对所有公羊进行检查。对无损伤，但排菌的公羊，必须经过精液细菌培养加以鉴别，有必要反复检查间歇性排菌的羊。光镜观察染色的精子涂片也有助诊断，荧光抗体检查是特异性高的诊断方法。用于根除疾病和鉴别患羊的血清学诊断试验包括ELISA、补体结合反应、血凝抑制试验、间接凝集反应和凝胶扩散试验。

在繁殖季节前，常规检查和淘汰生殖器官明显异常的公羊，能有效地降低该病的发病率和因其所致的传播。因为随着年龄的增长，公羊对病原的敏感性也明显增加，所以，培育青年公羊、隔离老龄公羊，有可能时淘汰感染的公羊，有利于羊群健康。

有些国家推荐使用马耳他布鲁氏菌（Rev. 1）弱毒疫苗免疫断奶的公羊，因为很明显，母羊感染无一例外是因与感染的公羊交配所致，所以，因母羊感染而引起的流产，可通过限制对公羊接种疫苗而得到控制。美国没有可推荐使用的疫苗。

金霉素和链霉素同时应用，对治疗羊布鲁氏菌病很有效，然而，除非是治疗特别有价值的公羊，不然对患羊治疗很不划算，因为即使能消除感染，也没有办法恢复其繁殖力。

第六节 传染性无乳症

近200年来，传染性无乳症一直是意大利奶绵羊和奶山羊的主要疾病，该病的特征为间质性乳房炎，泌乳量减少、关节炎、传染性角膜结膜炎。常见于传统饲养的牧场。传染性无乳症主要是由无壁细菌无乳支原体（Mycoplasma agalactiae）引起，但近几年，许多国家都分离出了山羊支原体（M. mycoides Capri, Mmc, 从前叫亚种蕈状支原体，Mmm LC），而在患乳房炎、关节炎（偶尔在患呼吸道疾病）的山羊体内分离到亚种山羊支原体（M. capricolum capricolum, Mcc）和腐败支原体（M. putrefaciens）。这些细菌感染的临床表现和传染性无乳症十分相似，世界动物卫生组织将上述支原体感染列为B类疾病。

【病原与流行病学】由支原体引起的传染性无乳症，患畜临床症状消失后，病原体能持续存在1年以上，这些动物成为主要的微生物宿主，将带菌者引入易感羊群，初期可引起高发病率和高死亡率。一旦羊群发生感染，幼畜吮乳时受感染，成年羊通过挤奶员的手臂、榨乳机械或通过垫草感染。其他传播途径包括短距离内通过气雾传播和摄入污染的水传播。

绵羊和山羊对无乳支原体同样敏感，但是山羊对亚种山羊支原体、亚种蕈状支原体和腐败支原体格外敏感。在同一个区域放牧的绵羊和山羊都可检出上述支原体。一般来说，山羊的临床症状更加明显。在南美的驼科动物体内曾经检测到亚种蕈状支原体和亚种山羊支原体抗体，但是未分离出支原体。羊驼、美洲驼和驼马感染后表现出多发性关节炎、肺炎和胸膜炎，也可能发现支原体。有人从牛体内分离到亚种蕈状支原体，但其对牛的致病作用还不清楚。

传染性无乳症在地中海周边的许多国家都有报道，尤其在葡萄牙、西班牙、希腊、意大利、法国、土耳其、以色列、北非以及中东的许多地区、印度和南美洲。在过去十年中，在新西兰，均有患关节炎的山羊和犊牛，感染亚种蕈状支原体的报道。在美国，也有零星发病的报道。

【临床表现与病理变化】潜伏期从1周到2个月不等，紧接着出现高热和神经症状，偶尔有死亡，呈急性经过，或者更常见呈亚急性或慢性经过，患畜出现乳房炎、关节炎和传染性角膜结膜炎。感染初期，患畜出现间质性乳房炎，乳腺温度升高、肿胀、疼痛，紧接着乳汁的质和量突然下降，乳汁颜色淡，呈颗粒状，水和固相物质分离，或者乳汁呈黄色黏稠的块状，乳凝块可能堵塞乳头管；几日后，因为分泌乳汁的组织受损，使得感染乳房皱缩，乳房内有脓肿，可见乳后淋巴结肿胀。一般情况下，几周后临床状况得到改善，乳腺的部分功能恢复，但是乳汁质量未能恢复。某些病例，乳腺萎缩和纤维化使得其不能再泌乳。

急性综合征可能导致流产或弱羔，因为摄入感染的乳或因产奶量减少而使羔羊挨饿。成年羊感染时可见关节炎，羔羊患关节炎时跟不上羊群。患羊跛行，或因不适而跪行；患羊关节发热、肿胀、疼痛，眼角流出清澈分泌液，紧接着出现结膜炎、角膜炎、角膜混浊，有脓性分泌物，偶尔出现眼溃疡和眼球炎。严重病例可能出现永久性失明。尸检急性期死亡的动物常见弥漫性腹膜炎。受感染的乳房一侧或双侧萎缩。光镜检查可见乳腺基质的慢性炎性反应，纤维化增加并且腺泡数量减少。受感染的关节囊水肿，滑膜可能有纤维蛋白沉着，关节表面可能受侵蚀，偶尔出现关节僵硬。角膜炎初期，角膜水肿、白细胞浸润；后期，角膜和睫状体有大量的脓性分泌液。

在法国西部，奶山羊群常发生腐败支原体感染，在有临床症状或无临床症状的羊体内都能分离出病原微生物，通常奶产量会受到严重影响。

【诊断】在严重感染的羊群中很容易作出临床诊断，因为受感染的羊群会出现3个主要的症状，即乳房炎、关节炎和角膜炎，尽管这3种炎症很少同时在同一个患畜出现。急性病例会出现败血症，没有特殊局部症状，可干扰诊断。

实验室诊断是确诊的唯一方法。最好从活的羊采样，样本包括鼻拭子和分泌物、乳房炎母羊的乳汁、关节炎患病羊的关节液、眼病患病羊的眼部拭子，以及采集感染的和未感染的羊血液，用于抗体检测。耳道内有大量的病原性支原体，也可在疾病的急性期从血液中分离到支原体。从死亡动物采集的样本包括乳房组织、相关淋巴结、关节液、肺脏组织（患病和健康组织的交界处）、胸膜或心包液。采集后，要使样品在阴凉环境下存放并保持潮湿，应立即送至诊断实验室检查。可以直接用临床采集的样本（包括乳汁）做PCR检测，结果可用于确诊。

通常用生长抑制试验或用超免疫兔血清试验鉴别病原微生物，也可用临床样品包括乳汁，直接做PCR检测。据报道，PCR和变性梯度凝胶电泳一次性反应可检测所有的病原性支原体。

用补体结合试验或ELISA检测血清中的抗体可以作出快速的诊断，但是对慢性感染的羊群不敏感。间接ELISA，有些是商业出售的，在防治规划中用于常规筛选羊群无乳支原体感染，但是很少用于筛选亚种蕈状支原体和亚种山羊支原体感染。对未发现有传染性无乳症病例的地区，有必要经分离和鉴定支原体确诊是否有动物感染。用于诊断腐败支原体感染的血清学试验的应用仍受到一定的限制。

许多其他的支原体，例如精氨酸支原体、牛生殖器支原体和牛支原体，偶尔可从患乳房炎病例的乳汁、眼球拭子和关节液中分离到，但是其致病性还不清楚。其他引起乳房炎的细菌包括葡萄球菌、链球菌、大肠埃希菌和克雷伯菌。引起关节炎的细菌还有山羊关节炎脑脊髓炎病毒和猪丹毒丝菌。

【治疗与防控】常规实验室检测及更换动物可有助于防止疾病扩散或引入，同时还可以对血清和（或）乳汁（包括奶罐中的乳）做血清学检测、细菌培养和PCR检测。应淘汰或隔离被感染的动物，因为乳房组织的损伤是不可逆的。当情况不允许时，应当改善挤奶卫生，给幼畜饲喂经过巴氏消毒的奶。

抗生素（例如青霉素）抑制细胞壁的合成，但是对传染性无乳症无效。体外试验表明，无乳支原体对喹诺酮类和大环内酯类抗生素敏感，用药后能改善临床症状，尤其是在感染的早期给药。但是，有可能产生隐性带菌者。有报道认为，某些无乳支原体菌株对四环素产生抗药性。另外，红霉素和泰乐菌素能损伤小反刍兽的乳腺组织。在许多无此病的国家和地区，一旦确认有感染的畜群，应全群扑杀，以防止扩散。

在地中海周边的一些国家，弱毒疫苗和灭活疫苗都有应用，效果喜忧参半。有些疫苗能保护动物使之不发生临床疾病，对病区动物有保护作用。然而，2种疫苗都不能阻止支原体感染的传播。一般来说，在欧洲使用的灭活疫苗，尤其是甲醛灭活苗，免疫持续时间较短。目前，市场上出售含2～3种病原菌的疫苗，但是从发表的数据看，关于其有效性的报道不多。

人兽共患病的危险性：尚未有证据表明本病能传播给人。

第七节　卵巢囊肿

在家畜中，牛最常发生卵巢囊肿，特别是奶牛更多发，犬、猫、猪和马零星发生。在检查母马生殖器官状态时应注意，发情期马正常卵泡的直径是4～6 cm。在春秋繁殖季节过渡时期，马的发情周期不规律，会出现不排卵现象。但是在这种情况下，不能用治疗牛卵巢囊肿的方法来治疗马。马卵巢颗粒细胞瘤可使卵巢体积明显增大，但是，其有别于牛卵巢囊肿（见繁殖管理：马）。

牛卵巢囊肿结构有3种情况，即卵泡囊肿、黄体囊肿和囊肿黄体。与其他2种囊肿比较，囊肿黄体是正常排卵后形成的黄体。囊肿黄体是正常的黄体，因为其是在牛正常的性周期或妊娠时形成的，不引起繁殖性能异常。正常黄体质地均匀，触之类似于肝样基质；而囊肿黄体的中心区域柔软，因为有血凝块退化后形成的液体。

最常在发情后的5～7 d检查到囊肿黄体，因为此时正是红体结束或者黄体生长时期。无论囊肿黄体还是正常的黄体，在其顶部都可能有排卵冠或乳头状突起，有没有排卵冠或乳头状突起不能作为诊断囊肿状态的参考，因为有10%～20%的正常功能性黄体不能形成排卵冠。牛卵巢囊肿的2种形式，即卵泡囊肿和黄体囊肿，在病因和病理发生方面有关联，但是临床表现各异。

一、卵泡囊肿（囊肿卵泡，慕雄狂，"爬跨牛"）

卵巢囊肿患畜的临床表现相差很大，然而，所有的症状都与原发性病变有关，即卵巢上薄壁的囊肿以及对发情周期正常内分泌的影响，特别是缺乏由黄体产生的孕酮对丘脑下部和垂体的负反馈调节作用。

卵巢囊肿主要发生在奶牛，肉牛偶有发生。品种上发病率的差异是由于对奶牛的管理更细致，容易发现个体发病牛并及时治疗。在同一品种的某一家族个体牛更常见，这表明在病因方面有遗传性因素。

卵巢囊肿综合征通常被认为与产奶量高有关，然而这是有偏见的，因为产奶量高的奶牛有可能更常被检查，如果发现有卵巢囊肿更有可能得到治疗。此外，尽管高产牛的繁殖能力有所降低，人们也不愿意随便将其淘汰。有迹象表明，卵巢囊肿使牛多产奶，而不是高产使牛患卵巢囊肿。随年龄增长，发病率升高。多数病例发生在分娩后的3~8周内，产后第一次排卵的期间，这也与此时的日产奶量峰值及体况迅速下降相吻合。据报道，泌乳牛群卵巢囊肿的发病率为5%~25%，问题牛场的发病率或许更高。当然，发病率也受牛场的健康计划影响，如对牛群健康检查和检测的频率等。

【病因与发病机制】奶牛卵巢囊肿的发生与遗传因素有关，例如，患卵巢囊肿牛所产的小母牛比正常牛所产的小母牛发病率高。围产期应激可诱发卵巢囊肿。应激能使有遗传素质牛丘脑下部和垂体机能不全，使得发情时促黄体素（LH）相对不足，这被认为是该病的发病机制。这可能反映出丘脑下部的促性腺激素释放激素（GnRH）缺乏。另一种对发病机制的解释是，某些卵巢囊肿患牛发育的卵泡缺乏LH和促卵泡素受体。

在正常的发情前期，黄体退化与优势卵泡发育相一致，而任何其他卵泡的生长受到抑制。卵泡囊肿的患畜，卵泡发育成熟后不排卵，优势卵泡继续增大。病因中的一个重要因素是，GnRH缺乏或异常释放。机理可能是下丘脑功能不足，致使卵泡雌激素不能引起GnRH释放，最终结果是发情时不排卵，这可能和雌激素受体α有关。此外，其他卵泡也可能生长，形成同侧或双侧的多卵泡囊肿。

外观上，囊肿卵泡类似于发育卵泡，直径从1.7 cm至5~6 cm不等。患侧卵巢的体积和形状取决于囊肿卵泡的数量和体积。囊肿卵巢至少在最初产生类固醇激素，产生的激素从雌激素、孕酮到雄激素不等。机体产生的多种激素的作用，或发情周期中正常黄体分泌的高水平孕酮不稳定（或两者），引起动物生殖道、体态和行为的变化。

【临床表现】患牛行为异常，从乏情到频繁的、间歇性发情不等，带有极其凶猛的公牛行为，包括爬跨其他牛、刨地和哞叫；慢性卵巢囊肿患牛的头、颈部雄性化，阴门、会阴及骨盆韧带松弛，尾根部高

举。但是，另外一些患牛可能表现为性静止。造成不同临床表现的原因是由于卵巢囊肿的持续时间、激素的性质或者患病卵巢缺乏激素所致。

通常，患牛卵巢增大、变圆，但是其体积因囊肿的数量和体积不同而异。囊肿呈泡状，表面光滑，凸出卵巢表面，尤其是当囊肿的直径超过2.5~3 cm时。常常是多泡囊肿，直径可达4~6 cm。在囊肿卵巢产生的激素刺激下或是缺乏周期中正常激素（特别是孕酮）的情况下，根据囊肿的性质和持续时间不同，可经直肠检查触摸到子宫相应的变化。因此，在发病的第1周，子宫壁增厚、水肿，类似于前次发情的延续；发病6~7 d时，子宫质地呈海绵状。在慢性病例，常见子宫壁萎缩、无弹性。常见黏液和黏液脓性阴道分泌物，偶尔可见子宫角明显变短或子宫积水，子宫腔充满液体，子宫壁变薄。

【诊断】直肠检查有助于区别是排卵前优势卵泡还是卵泡囊肿。只有在发情时，牛子宫才有收缩力和弹性，并且卵巢上有卵泡。如前所述，囊肿患牛在黄体退化后、排卵前的卵泡不排卵，在做生殖器官检查时发现，卵巢上有大卵泡，无黄体，子宫缺乏收缩力。经直肠的超声扫描技术可用于区别黄体和卵泡，并且有助于诊断囊肿类型（卵泡囊肿和黄体囊肿）。经直肠检查很容易鉴别多泡性囊肿。病史、临床症状以及子宫变化（如果有）都可作为诊断的辅助证据。

【治疗】用LH型激素治疗有效。在过去，人们常用人绒毛膜促性腺激素（hCG）治疗，用10 000 USP（美国药典）单位肌内注射最有效，当然也有用更低剂量的hCG肌内注射或静脉注射治愈疾病的报道。

用100 μgGnRH治疗卵巢囊肿也有效，并且比hCG的抗原性低。为促进治疗后开始首次发情，在hCG或GnRH注射后7 d，用前列腺素（PG）$F_{2\alpha}$产品注射。排卵同期化计划，例如OvSynch（同期排卵——译者注）技术，结合应用GnRH和$PGF_{2\alpha}$控制卵泡生长、黄体溶解和排卵，这可使牛在固定的时间做人工输精（TAI），而不用做发情鉴定，并且已经成功地用于治疗牛卵巢囊肿。同期排卵计划包括，先注射GnRH，7 d后注射PG，48 h后第2次注射GnRH，最后在第2次注射GnRH后的0~24 h内人工授精。但是，在用药后第1次发情时配种容易产双胎。事实上，第1次发情配种可尽快建立妊娠，以减少再次发生囊肿的危险。

手动操作捏破囊肿的方法有引起卵巢损伤的危险，并引起出血和局部粘连，不应忽视。但是，临床上用捏破法治疗卵巢囊肿，常不会出现问题。所以，应权衡捏破法和激素疗法的费用。

【预后】用LH类激素治疗后，15~30 d内患畜会

正常发情，并可配种。用GnRH治疗后，约有25%的病例需要第2次治疗，有5%的患畜需要第3次治疗。第3次治疗时，有1/3的病例没有反应。未加治疗的病例也可能自然恢复，特别是产后50 d内发生囊肿的病例常可自然恢复。治愈后的牛，在下次分娩后，比未治疗过的牛更容易复发。同样，治愈牛产的后代更易发病。当牛卵巢囊肿很明显带有遗传性因素时，单个牛场使用人工授精技术繁殖，不大可能明显改变疾病的发生率。在瑞典，人们利用淘汰以及在人工授精过程中选择性使用公牛精液的办法，对降低卵巢囊肿的发生率取得了一定的效果，同时也可治疗病牛。

【牛群卵巢囊肿诊断注意事项】 偶尔，个别牛场在几个月之内，卵巢囊肿的发病率异常高（50%左右），确定其发病原因并非易事，但是需要注意下面几个问题：①诊断方法是否准确，即被诊断为囊肿的结构是否是真的囊肿？这可通过二次诊断确定，测定乳或血浆中孕酮的水平，用超声检查疑似病例，用前列腺素产品治疗后，观察卵巢的变化和发情活动的时间以及（或）通过继续学习提高诊断技能。②牛群直肠检查的计划是否改变？对所有的产后牛日常检查和观察的频率增加表面上可增加发病率。③牛群围产期并发症和应激是否增加？围产期奶牛出现问题（例如双胎、乳热症、难产、胎衣不下和酮病等）更容易患囊肿，应该试图减少并发症的发生。④是否考虑到牛群的基因？大家公认，某些品系的牛更容易患卵巢囊肿。⑤是否评价牛群的营养计划？营养问题常常成为卵巢囊肿的原因，但是在对照试验中很少得到证实。钙和磷、维生素E和硒及能量缺乏或不平衡常会导致卵巢囊肿；发霉的饲料或雌激素物质含量高的粗饲料可能致病，但是需要用更好的办法检测。要确保牛群营养适宜。在问题牛场，可用检测体况评分的程序来降低卵巢囊肿的发生率。

二、黄体囊肿

黄体囊肿的特征是卵巢体积增大，有一个或多个囊肿，由于囊肿壁是黄体组织，因此，比卵泡囊肿壁厚。由于不同兽医人员使用的诊断技术不同，卵泡囊肿和黄体囊肿发生的比率有很大差异。近些年，黄体囊肿的发病率上升，现在，有些兽医对黄体囊肿的定义更为自如，将不同于传统黄体（CL）任何形式的黄体结构均定义为黄体囊肿，这种趋势可能是商业宣传的结果，并且普遍接受$PGF_{2\alpha}$可溶解奶牛黄体的特性。黄体囊肿的发病率与卵泡囊肿相似。

【病因与发病机制】 真正黄体囊肿的基本病因与卵泡囊肿的相同，只是LH的释放比卵泡囊肿时多，并足以引起卵泡的黄体化，而不足以引起排卵。卵泡囊肿进一步发展成为黄体囊肿，未排卵的卵泡自发地部分黄体化或经过激素治疗后黄体化。

【临床表现】 黄体囊肿的病牛体态正常，不发情。直肠触诊可发现，子宫处于发情周期中黄体期的静息状态。黄体囊肿结构光滑，突出于卵巢表面，一般为单个结构。

根据对囊肿和子宫的触诊以及在一定程度上根据体态变化和性行为表现，可区别黄体囊肿和卵泡囊肿。孕酮检测和超声检查也有助于区别二者。但是，不管用哪种方法诊断，最终的确诊都存在一定的主观性。人工捏破囊肿时，仅用较小的压力即可使卵泡囊肿破裂，而对黄体囊肿则需较大的压力。LH和GnRH治疗对2种囊肿都有效，但是，$PGF_{2\alpha}$可溶解黄体囊肿以及间情期的所有黄体结构。

【治疗与控制】 如果确诊为黄体囊肿，最好的治疗方法是使用溶解黄体量的$PGF_{2\alpha}$，用药后3～5 d患牛表现出正常发情。用$PGF_{2\alpha}$治疗的主要局限性是无法准确预测黄体组织的量，如果被诊断为黄体囊肿的结构实际上是发育的黄体（如上所述，有时叫囊肿黄体），可能对$PGF_{2\alpha}$治疗没有反应，因为直到发情6 d以后，奶牛黄体才对$PGF_{2\alpha}$的溶解作用高度敏感。在治疗卵泡囊肿时使用的hCG和GnRH对黄体囊肿也有很好的治疗效果，在用药后的5～21d能发情。不提倡用人工破裂法治疗黄体囊肿。在许多奶牛场，由于发情鉴定实践欠佳，对卵泡囊肿和黄体囊肿治疗的选择是采用同期排卵，然后在固定时间内实施人工授精，使用该方案治疗，可确保患牛治疗后及时配种。

第八节 马媾疹（马生殖器痘，公马交媾性龟头炎）

【病原与流行病学】 马媾疹是马的一种良性性病，全球性流行。本病由马疱疹病毒3型（EHV-3）引起，公马和母马都可感染。马疱疹病毒3型有单一的抗原型，但是在组织培养中，也有小型和大型斑块变异体，这表明变异可能发生在现场疫情暴发的严重时期。尽管该病的主要传播途径是交配，但是也有记录表明，通过受污染的物品和工具或使用同一个手套为多个母马做直肠检查也可引起疫情暴发。可能正是因为这个原因，在从未配种的马也分离到疱疹病毒3型。

马水疱性媾疹只有在疾病的急性期传播，病愈后的马似乎不排出病毒。然而，对携带者的带毒情况尚不清楚，可通过观察康复后遗留的疤痕识别潜在的病毒携带马，但从未发现这种无症状而携带病毒的马。康复马的免疫力短暂，但是有迹象表明，在同一个繁殖季节内康复马复复发的可能性不大。

【临床表现】在交配或兽医检查4~8 d后，母马表现出临床症状，在外阴、阴道黏膜、阴蒂窝及会阴皮肤表面有多个直径达2 mm的圆形红色结节。这些病变发展成囊泡，然后成为脓疱，最终破裂，形成潜在的溃疡，患马疼痛，溃疡最终融合，形成更大面积的病变。患马会阴部水肿，水肿可能扩展到大腿之间。偶尔溃疡会发生在乳头、唇部和鼻黏膜处。常见由于链球菌引起的继发性感染，导致溃疡部位扩大并排出黏液脓性分泌物。此时，患马体温升高。未发生细菌继发性感染时，皮肤在3周内愈合，但阴蒂和阴道黏膜溃疡愈合较慢。皮肤病变愈合后留下浅色瘢痕，长时间不退。尽管如此，患马妊娠率并不降低。

公马感染后其病变类似于母马，在阴茎和包皮处均有病变。因此，由于交配时疼痛，公马不愿交配。如果在感染的溃疡阶段交配，溃疡处出血，血液进入精液后会减少精子活力。

【诊断】根据临床症状作出初步诊断，可通过检查（用电镜）溃疡边缘组织细胞内的病毒而确诊。在细胞或组织样品中可观察到典型的疱疹病毒核内包含体。急性和康复期患马的样品可用血清中和试验或补体结合试验检查，但是必须谨慎对待检测结果，因为在生殖器官损伤时也能分离到马疱疹病毒1型（EHV-1）和4型（EHV-4）。

【治疗与预防】停止交配，有利于溃疡愈合和防止疾病的传播。建议使用抗生素软膏，预防继发感染。在病变愈合前，隔离所有受感染的马匹，检查马匹时使用一次性器械。在疾病急性期，应采用人工授精法配种。目前没有疫苗可用。在繁育前，应仔细检查所有的马匹，但是应该记住，该病的潜伏期可达10 d。

第九节 大动物乳房炎

乳房炎即乳腺组织的炎症，多数是由细菌或真菌感染引起的。炎性过程中，泌乳上皮细胞的病理变化引起泌乳功能降低。依据病原体不同，功能性损伤可能影响到随后的泌乳，从而降低生产力并影响哺乳仔畜的体重。尽管多数感染导致相对轻微的临床或亚临床局部炎症，但严重的病例能导致无乳，甚至引起全身机能紊乱，直至死亡。几乎所有哺乳动物都患乳房炎，包括人类，并且该病在世界范围分布。气候条件、季节变化、垫草、家畜的饲养密度和饲养经验等可能是乳房炎发病的影响因素和病因。然而，对于乳制品生产的主要原料提供者——奶牛，最易发生乳房炎，在生产实践中有着重要的经济意义（见乳房疾病）。

一、牛乳房炎

几乎所有的细菌或真菌病原体都有机会侵入乳腺组织，引起感染，导致乳房炎。然而，多数感染是由不同种类的链球菌、葡萄球菌和革兰氏阴性杆菌引起的，尤其是能发酵乳糖的肠源性大肠埃希菌。从流行病学分析，感染源可能是传染性细菌或环境性致病菌。

除了支原体能在奶牛之间通过气溶胶传播，并侵入牛乳腺，继而形成菌血症外，病原菌还能通过挤奶工的手或挤奶器传播。其他病原菌，包括金黄色葡萄球菌、无乳链球菌和牛棒状杆菌都是通过这种方式传播的。大多数其他种类的病原菌是环境性致病菌，但是某些链球菌和葡萄球菌也具有传染性。

牛舍的垫料是环境性致病菌的主要来源，但是污染的乳头和乳头消毒杯、乳房内灌注、泌乳期间冲洗乳房的水管、水池或排水孔、皮肤损伤、乳头创伤及蚊蝇等均是乳房感染的细菌来源。

乳腺感染有隐性乳房炎和临床型乳房炎。

（一）隐性乳房炎

隐性乳房炎是指有感染、但没有引起明显的局部炎症或全身性症状，而只是偶尔出现奶质异常的乳房炎症。多数炎症没有症状，如果感染持续2个月以上，则称之为慢性炎症。一旦感染，多数会持续整个哺乳期甚至终生。检测隐性乳房炎最好的办法是乳中体细胞（主要是中性粒细胞）计数，可使用加利福尼亚乳房炎检测法（CMT）检测，或者用奶牛改良组织提供的自动化方法检测。体细胞计数与炎症成正相关，但是有可变性（尤其是依据单一的分析结果），当奶牛体细胞数≥280 000/mL（≥5个线性单位）时，奶牛发生感染的概率在80%以上。同样，牛场奶罐中体细胞数量越高，牛群中感染牛的数量就越多。鉴定致病菌需要做奶样细菌培养。

【流行病学】所有奶牛群都有隐性乳房炎患牛，然而，奶牛隐性乳房炎的发生率为15%~75%，单个乳区的感染率为5%~40%。许多不同的病原菌都能导致慢性感染，但只是偶尔表现乳房炎的临床症状。控制隐性乳房炎发生的主要措施是减少病原菌感染，如无乳链球菌，金黄色葡萄球菌，以及其他革兰氏阳性球菌，如最重要的停乳链球菌（传染性细菌或是环境致病菌）、乳房链球菌、肠球菌和许多其他的凝固酶阴性葡萄球菌，包括猪葡萄球菌（*S. hyicus*）、表皮葡萄球菌（*S. epidermidis*）、木糖葡萄球菌（*S. xylosus*）和中间葡萄球菌（*S. intermedius*）。

泌乳奶牛，不论是在泌乳期还是干乳期，极易受传染性病原菌感染。感染主要集中在乳腺，病原菌通过挤奶工的手或挤奶器传播。有报道表明，分娩前初产的青年母牛可感染葡萄球菌和链球菌，但是，不同地区和不同畜舍感染率有很大不同。由角蝇（*Haematobia irritans*）引起的乳头皮炎可增加青年母牛感染的危险，尤其是在温暖的环境中，因为角蝇能携带金黄色葡萄球菌。

传染性病原菌和凝固酶阴性葡萄球菌在感染发病率上几乎没有季节性差异。

【治疗】治疗乳房炎的前提是病畜治愈后所获得的生产效益高于治疗费用。由传染性病原菌感染的病例，清除感染能降低未感染奶牛的感染源。因培养病原菌而导致的治疗延迟，不会造成严重的经济损失。然而，许多被选作治疗对象的隐性乳房炎患牛都有慢性感染，根据体外检查预测治疗结果并不可靠，尤其是金黄色葡萄球菌感染。由于乳腺纤维化和形成小脓肿，给药后药物在乳腺内分布不足，因此很难从感染持续时间、感染乳区数以及其他变量的角度评价奶牛的免疫状态。

对整个牛群进行抗生素治疗，或者更为经济的是对所有感染的奶牛进行抗生素治疗，可以迅速减少无乳链球菌感染的发病率。应当对感染奶牛的所有4个乳区进行治疗，以确保清除病原体，并避免对未感染乳区产生交叉感染的可能性。治愈率常为75%～90%。对含有阿莫西林、青霉素的乳腺内用药品，要按照药品说明书用药，而红霉素与普鲁卡因青霉素G灌注液有相同的治疗效果。因此，乳腺内灌注液更受欢迎，因为其灭菌效果更佳，并能更可靠地预测用药后肉和奶的休药期。

需通过体细胞计数和细菌学方法对接受治疗的牛群进行检测，以便对最初治疗中未确诊或未治疗的奶牛进一步的确诊和治疗，通常检测间隔为30 d。对治疗无效的少数奶牛须隔离或淘汰。另外，在治疗期间，未做挤奶后乳头药浴以及全部干奶牛治疗，将最终导致牛群的再次感染。注射给药不如乳房内灌注疗效好。

在体外，多数其他链球菌对多种抗生素具有敏感性，尤其是对β-内酰胺类药物。尽管有明显的敏感性，但是链球菌感染比无乳链球菌感染更难治疗。通常，应该在泌乳结束时，用乳房内灌注干奶牛用药品治疗由乳房链球菌和停乳链球菌引起的隐性感染，此时，治愈率可超过75%。

金黄色葡萄球菌感染常导致乳房深部脓肿。与链球菌相比，金黄色葡萄球菌对抗生素（尤其是β-内酰胺类）的耐药性更普遍，并且当抗生素浓度减少时，金黄色葡萄球菌随着吞噬作用进入细胞，并能在细胞内存活，因此，金黄色葡萄球菌引起的乳房感染很难治疗。乳房内灌注仅能治愈35%～40%的病例，

然而，这对于慢性感染来说治愈率较低。

对于金黄色葡萄球菌引起的慢性隐性乳房感染，可使用注射和乳房灌注相结合的疗法提高其治愈率。然而，全身性治疗包括超药物说明书用药，应当准确地确定奶和肉禁售期限。治疗时应当保证用药期足够长（7～10 d），以便能有效地杀死病原菌。在干奶期进行治疗最经济并不大可能导致奶中药物残留。依据药敏试验结果，在乳腺组织中分布均匀的亲脂性药物，如土霉素（11 mg/kg，每日1次）是全身治疗的首选药物，但是几项研究表明，用土霉素治疗4 d或少于4 d对隐性乳房炎无效，治愈率并不明显高于自愈率；在这种情况下，就应考虑是否实施治疗。当未分离出菌时，应当对感染乳区进行30 d以上的细菌学监测，包括治疗无效期。

在慢性乳房炎的患牛，偶尔发生早产无乳，尤其是耐药性病原菌感染的病牛。在实践中，最佳选择是淘汰乳房感染的奶牛或者使感染乳区干奶，并继续挤奶。这样做对于牛群中基因优良的牛或能维持到产犊的奶牛有益处，通常这些奶牛的奶产量可能不变。本病治疗目的是消除乳区组织因感染而造成的纤维化，降低乳区进一步的病变以及减少感染其他奶牛的危险性。

（1）干奶期奶牛乳房炎治疗 泌乳周期中的干奶期对于产奶牛的乳房健康是关键时期。乳腺组织经历明显的生化、细胞和免疫学变化。泌乳期结束后的1～2 d乳腺组织开始复旧，持续10～14 d。这期间，乳腺极易受新病原体的感染。然而，受感染的乳腺对细菌性病原体有极大的免疫力。因此，干奶期是抗生素治疗与免疫协同的最佳时期，而且不用花费大量的治疗费用。泌乳末期向乳房内灌注抗生素成为治疗乳房炎患牛的标准方法，有近30年的历史。

市场上有许多奶牛干奶时用的产品，大多数都含有青霉素、邻氯青霉素、头孢菌素或大环内酯类药物，如红霉素或新生霉素。泌乳期最后一次挤奶后，立即向每个乳头注入干奶用药品，每个乳区注一管。不要重复进行乳房灌注治疗，如果需要延长治疗时间，全身性给药可作为乳房灌注的辅助疗法。除了消除已有的隐性感染外，对于奶牛的治疗最主要的作用是预防新感染。然而，大多数干奶产品对革兰氏阴性菌很少或几乎没有作用，并且，在干奶期开始时使用上述药品，对围产期的新感染的治疗没有效果。

（2）青年母牛乳房炎治疗 通常认为，青年母牛在产犊前不会发生乳房感染，但是近期的研究否定了这种假设。很多分娩青年母牛的感染是由一些葡萄球菌，但不是金黄色葡萄球菌引起的，自愈率很高。然而，在某些牛场，大部分青年母牛是在分娩时感染

的，其中有些是由金黄色葡萄球菌引起的。潜在的感染源，包括牛奶（喂给犊牛）以及本身的某些部位，如扁桃体和皮肤。也有地理位置性致病因素：苍蝇叮咬乳头引起的皮炎，在发病机制中有一定作用。在预产期前7~14 d，向乳房内灌注β-内酰胺类抗生素能减少分娩时乳房感染的几率。然而，在乳房灌注前，应先进行乳头的彻底消毒，以防止污染。当然，逐头牛乳房内灌注的工作量很大，对多数奶牛场，并不推荐使用。然而，如果牛群记录表明，初产奶牛分娩后首次泌乳时感染比例过高，尤其是金黄色葡萄球菌感染，在预产期前1~2周向乳房内灌注抗生素可降低损失。

【预防】改善挤奶技术和挤奶卫生，可避免由无乳链球菌和金黄色葡萄球菌引起的新感染。保持垫料清洁干燥，挤奶时保持乳头的清洁和避免乳头损伤，都能有效地控制感染。防止感染传播最重要的管理措施是在挤奶后，用有效的杀菌剂（如1%碘伏或4%次氯酸盐）药浴乳头。挤奶后应立即药浴乳头，而不是喷雾。其他措施也能够增加乳头的卫生，包括对干奶乳头使用单独的毛巾清洁、挤奶工戴手套、挤奶前使用杀菌剂（喷雾或浸泡）、感染牛挤奶后清洁挤奶器或对感染牛单独挤奶。这对开放饲养的奶牛，由于营养和繁殖原因，很难做到隔离饲养。应当对挤奶设备进行日常检查，以确保挤奶机械的乳头真空器的吸力适中并且稳定。在挤奶过程中，应当维持适当的震动功能，必要的话应该替换橡胶空气软管。

严格的挤奶卫生能减少非传染性病原菌的感染概率，但对传染性病原菌则没有那么大的作用。对于环境性致病菌，更重要的是要适当保持牛舍干燥、清洁。应重点加强垫料管理，并采取任何其他措施，以减少奶牛乳头与病原体接触的机会。与纤维素性垫料比，无机垫料不易滋生细菌，因此，与木屑、稻草、回收纸张或粪料相比，沙子最好。需说明的是，由克雷伯氏菌（Klebsiella）引起的乳腺感染与木屑垫料有密切关联。同样，由环境链球菌引起的乳腺感染率与稻草垫料密切相关。然而，细菌的含量根据湿度以及是否存在有机物（例如重新利用的沙子）有很大不同。因此，鉴别感染源不能只基于垫料的选择。清除乳房部位的毛，防止乳头创伤，通过控制钾、钠的摄入量来减少围产期母牛乳房水肿，以及防止冻伤和蚊蝇叮咬，都对控制环境乳房炎的发生有积极的影响。

（二）临床型乳房炎

临床型乳房炎是机体对感染的炎症性反应，引起明显的乳汁异常（如颜色变化、有纤维块等）。随着炎症进展，乳房还出现红、肿、热、痛；只出现局部临床症状的属于轻度或中度乳房炎。如果炎症引起全身性症状，出现发热、厌食、休克等，则被认为是重度乳房炎。如果发病急，症状严重的临床病例常如此，则称之为急性重度乳房炎。重度感染的奶牛，感染乳区有更多浆液性分泌物。

亚临床型乳房炎患牛，尽管任何乳区都能同时被感染，但是某一时间只有一个乳区表现出典型的临床型乳房炎症状。由支原体引起的多个乳区感染常表现临床症状。当金黄色葡萄球菌引起的亚临床型、慢性乳房炎，在患牛同时处于免疫抑制（如分娩）时，可能恶化，会出现坏疽性乳房炎。与亚临床型乳房炎一样，采集感染乳区的乳样，进行细菌培养，是确定临床型乳房炎病原菌的唯一可靠的方法。

当宿主的防御和入侵病原菌之间的平衡受破坏，出现明显的炎症应答，患牛会表现出明显的临床症状。任何病原菌感染乳房后都会有2种结果，即导致临床型乳房炎，或是隐性乳房炎，最终导致哪一种要取决于感染持续的时间、宿主的免疫状态和病原菌的毒力。控制临床型乳房炎通常注重于预防和清除环境病原菌。因此，临床型乳房炎的流行病学及预防和前面讨论过的关于控制隐性乳房炎的理念相似。

【流行病学】除了支原体性乳房炎暴发外，大多数奶牛群的临床型乳房炎是由环境病原体感染所致的。此外，许多临床型乳房炎是一过性的，尤其体现在初次发病的母牛和乳区。因此，从流行病学的角度来看，评定临床型乳房炎是根据其发病率而不是患病率。监测隐性乳房炎的标准方法，即常规体细胞计数（SCC）并对体细胞计数高的牛做细菌培养，这种方法不适用于检测临床型乳房炎。由慢性感染所造成体细胞计数过高的奶牛，偶尔会表现临床症状，通常症状轻微。然而，体细胞计数低的奶牛也容易发展成临床型乳房炎，特别是病初呈急性发作的病例。体细胞计数低的牛群，实际上临床病例的发病率（每年每100头牛30~50个病例）较体细胞计数高的牛群还高，这些病例是由环境微生物引起的。同样，采集体细胞计数低的奶牛的乳样做细菌常规培养，也不适用于预测其是否能发展成临床型乳房炎，尤其是培养不出细菌的情况更无法预测。

因此，临床型病例的发病率，以及来自每个病例的可确定风险因素（例如季节、年龄、泌乳的阶段以及感染史）的数据都应记录，作为乳房炎防治计划的一部分。应从感染乳区采集奶样，如果可能的话，进行抗生素药敏试验。对于管理良好的牛群，由传染性病原菌体引起的乳房炎已经得到控制，目标应为每个月每100头泌乳牛临床型乳房炎的新发病数为2例。每年每100头泌乳牛患严重乳房炎的病例在1~2例的范围内。

通常情况下，从临床型乳房炎患牛采集的奶样中，有10%～40%的样品不能培养出细菌。然而，在培养出细菌的样品中，分离的细菌中有90%～95%的细菌是各种链球菌、葡萄球菌或大肠埃希菌。除此之外，特别是分离出单一的优势病原菌，如非大肠埃希菌的革兰氏阴性杆菌或真菌，可认为是感染源。

（1）**重度临床型乳房炎**　大肠菌群（乳糖发酵革兰氏阴性杆菌，肠杆菌属）是重度临床型乳房炎最常见的原因。感染后，大肠埃希菌在牛奶中的数量迅速增加，往往在几个小时内就达到峰值。细菌随中性粒细胞进入乳腺，细菌浓度下降（多数病例会迅速下降，但是真正严重的乳房炎可能需要数日时间）。多数大肠埃希菌感染会被乳腺清除，很少出现临床症状或仅表现轻微的临床症状。但是，如果细菌的浓度升高到足以引起急性炎症反应时，最终会出现全身症状。

大肠埃希菌性乳房炎使患牛的死亡率或因无乳而淘汰的百分率（30%～40%）高于其他病原体感染后的死亡率和淘汰率（2%）。克雷伯氏菌感染的牛预后应特别注意，因为患牛被淘汰或死亡的概率是其他大肠埃希菌感染患牛的2倍。因此，对严重临床型乳房炎的治疗应主要针对大肠埃希菌感染，但是对病原菌须重新考虑，同时使用辅助疗法，包括补液；对大肠埃希菌性乳房炎病例，可能是治疗方案中最有益的部分。如果确定了病原体，使用抗生素疗法最理想，但是，在确诊最初病例后的数小时内不可能确定病原菌。此外，在美国，目前多数用于治疗严重临床型乳房炎的抗生素治疗方案并没有通过食品及药品管理局（FDA）的批准。

大肠埃希菌性乳房炎患牛的许多炎症和全身性变化，多是由于细菌释放出的脂多糖（LPS）内毒素所致。在治疗初期，细菌可能已经释放出大量LPS。因此，治疗时应注重用补充液体、电解质和消炎药治疗内毒素引起的休克。静脉输液是初期给药的优选方法。如果使用等渗盐水，须在4 h以上的时间内给足30～40 L，在农场现有的条件很难能做到，更可行的做法是用2 L 7%的NaCl溶液（高渗盐水）静脉注射。静脉注射可以使液体快速进入血液循环，然后应给奶牛提供自由饮水，如果患牛不能饮入至少37 L的水，可向瘤胃内灌入15～20 L水。许多因内毒素休克的奶牛伴有轻微的低血钙，因此应皮下注射500 mL葡萄糖酸钙（为了避免静脉注射可能出现的潜在并发症）。另外，也可投给专为围产期奶牛低钙血症设计的胶体钙，能被快速吸收。如果牛仍然处于休克状态，应继续口服或静脉注射等渗溶液，而不能用高渗溶液。

在疾病的早期，糖皮质激素对大肠埃希菌类细菌

内毒素引起的乳房炎有作用。据报道，向乳腺内注入大肠埃希菌后，立即给奶牛肌内注射30 mg地塞米松，可减少乳腺肿胀程度和抑制瘤胃蠕动。肌内注射10～20 mg异氟泼尼龙，也可以减少乳腺局部肿胀。牛对糖皮质激素诱导的免疫抑制表现敏感，但是，只用1次糖皮质激素，不大可能对内毒素引起的严重临床型乳房炎患牛造成不利影响。暂时性抑制炎性中性粒细胞浸润有利于炎症恢复。对妊娠牛须谨慎使用糖皮质激素类药物。然而，严重的临床型乳房炎本身就可能会导致牛流产。

使用糖皮质激素治疗革兰氏阳性菌引起的乳房炎的相关文献很少。有理由预测，糖皮质激素的抗炎活性可能对革兰氏阳性菌感染无益，甚至可能会产生不利影响。向乳房内灌注糖皮质激素，以减少局部炎症，而不影响中性粒细胞向乳腺内迁移，是优选的治疗方法。在欧洲，尽管人们联合使用抗生素和糖皮质激素类药物治疗乳房炎，但是，其与单独使用抗生素治疗相比，是否有更好的治疗效果还不清楚。按一般的治疗原则，应保留糖皮质激素疗法，在病程早期单剂量用于革兰氏阴性菌感染的重度乳房炎的治疗。

非类固醇类消炎药（NSAID）被广泛用于治疗急性乳房炎。氟胺烟酸葡胺、氟比洛芬、卡布洛芬、布洛芬和酮洛芬已被用于大肠埃希菌性乳房炎或内毒素引起的乳房炎的治疗研究，全身应用上述药物的治疗效果要优于口服阿司匹林，因为口服不容易在乳腺组织中达到有效的药物浓度或产生疗效。FDA特别禁在食用动物上应用安乃近。苯基丁氮酮严格禁用于20月龄以上的奶牛，对使用者零容忍，可检测到的任何浓度的残留都是违法的。因此，安乃近和苯基丁氮酮不应用于奶牛乳房炎的消炎性治疗。

在以安慰剂为对照的双盲设计的试验研究中发现，用酮洛芬治疗急性临床型乳房炎加快了炎症康复。尽管作为兽用产品酮洛芬已经用于马疾病的治疗，治疗指数高，在泌乳奶牛体内药代动力学良好，并且在法国已经证明可以用其治疗牛病，但是，目前美国还没有将此药用于食用动物的明文规定。避免食用动物残留数据库（FARAD）建议，如果静脉或肌内注射酮洛芬，剂量为3.3 mg/kg，每日1次，连续用药3 d的话，须停药7 d后屠宰，24 h后可挤奶。

氟尼辛葡甲胺可用于治疗肉牛和非泌乳奶牛的呼吸系统疾病。在美国这是唯一允许用于牛的NSAID，也是治疗临床型乳房炎最合理的选择。现场的试验研究表明，用1.1 mg/kg剂量的氟胺烟酸葡胺，治疗临床型急性乳房炎，未能提高成活率和产奶量。然而，在试验性乳房炎的研究中，该药可缓解临床型乳房炎的临床症状，如发热、精神不振、心率、呼吸频率和乳

房疼痛。FARAD的资料建议，按照说明书使用氟胺烟酸葡胺的要求，须在停药4 d后屠宰、72 h可挤奶。与糖皮质激素一样，非类固醇消炎药可缓解症状，并促进机体恢复，在感染早期用药可增加治疗效果。

虽然相对于内毒素性休克的直接辅助疗法来说，抗生素疗法是次要的，但它仍然是治疗方案中的一个完整部分。偶尔，大肠埃希菌感染确实会导致慢性乳房炎。研究表明，有40%以上的大肠埃希菌性重度乳房炎病例可能会出现菌血症。此外，许多其他的病原体，包括革兰氏阳性球菌，引起严重的临床型乳房炎，初期的症状与大肠菌群性乳房炎难以区分。

治疗严重大肠埃希菌性乳房炎时如何选择合适的抗菌药，主要取决于病原菌对药物的敏感性以及药物在靶组织（大肠埃希菌性乳房炎是牛的血浆部分）维持有效浓度的能力。

有研究发现，与肌内注射红霉素相比，或者与非全身性应用抗生素相比，肌内注射庆大霉素，并不能更有效地防止大肠埃希菌性重度乳房炎导致的无乳或死亡，也不能更有效地改善其他临床结果。在试验性感染大肠埃希菌的奶牛，向乳房内灌注500 mg庆大霉素，结果和未治疗的感染牛相比，牛奶中细菌浓度峰值、感染持续时间、体细胞计数、牛奶中血清白蛋白浓度或直肠温度均未降低。另外，庆大霉素容易通过乳-血屏障，导致药物在肾脏残留6个月以上。随着监管机构的关注和复杂的药物残留检测的增加，医生应慎重考虑用药，牛肾脏清除氨基糖苷类抗生素的半衰期为30～45 d，用药后应延长牛奶禁止出售的时期。

与未全身性应用抗菌药物的患牛相比，静脉注射土霉素（11 mg/kg，每日1次）可提高奶牛临床大肠埃希菌性乳房炎（不一定严重）的治疗效果。肌内注射头孢噻呋钠（2.2 mg/kg，每日1次），能降低奶牛重度大肠埃希菌乳房炎的死亡率和淘汰率。孢噻呋钠在乳腺内分布不佳，重点是治疗奶牛感染，而不只是治疗乳房炎，因为有出现败血症的危险。

对患重度临床型乳房炎的母牛，须应用对革兰氏阳性菌具有良好杀菌作用的药品，进行乳房内灌注，这种治疗方法对大肠埃希菌性乳房炎病例的治疗效果不大，但对革兰氏阳性球菌引起的乳房炎可能有效。对乳汁异常的牛需要抗生素治疗，但对食欲、精神和奶产量的改善应进行严格评估。此时，不必要的延长治疗时间，会因废弃牛奶而增加畜主的费用，并增加市场销售牛奶中抗菌药物残留的风险。

（2）轻度临床型乳房炎 从临床型乳房炎患牛采集的奶样，进行细菌学培养，有10%～40%的样品分离不到细菌。许多轻度乳房炎病例（近80%）是大肠

埃希菌感染，治疗前需要处理。此外，许多患轻度乳房炎的临床病例，病原体和宿主防御功能的失衡是暂时性的，在更为慢性乳腺内感染的病例，常发生病原体和宿主防御功能的失衡。对轻度乳房炎患牛采用"无抗生素"的方法治疗，可避免因丢弃牛奶的损失以及因用抗生素治疗而造成药物残留的风险。虽然大肠埃希菌性轻度临床型乳房炎的治愈率和自愈率相似，但是，有关其他病原体引起轻度临床型乳房炎病例疗效的信息并不多。

据报道，由链球菌引起的临床型乳房炎的病例中，用抗生素治疗时，有60%～65%的病例可杀灭细菌。然而，许多研究报告未报道治疗牛的治愈率与未治疗牛自愈率的比较。一项在加利福尼亚州涉及3个奶牛场的研究中，用阿莫西林、头孢匹林或催产素（非抗生素）治疗由链球菌和大肠埃希菌性轻度临床型乳房炎，在用药后的4 d和20 d进行细菌学治疗效果评估，结果没有差异。虽然牛奶生产和销售没有差异，但是未经治疗牛的复发率和发病率都较高，尤其是在链球菌感染的情况下。科罗拉多州的乳业研究报告了类似的结果，采用非抗生素法治疗链球菌性临床型乳房炎，临床乳房炎和乳腺内感染的发生率以及群体牛体细胞计数都随之升高。

根据一般观察和牛群病史，可确定牛群中轻度临床型乳房炎的治疗过程，使用经证实的乳房内灌注药品治疗是最好的选择，判定治疗效果应基于细菌检测，但是更实际的做法是基于奶质是否恢复正常。然而，应该检测复发率，因为许多病例开始时看起来已经被成功地治愈，但实际上并未被治愈。

如果在没有全身症状的情况下，受感染的乳区常反复发生乳房炎，反复治疗可能会使之变成慢性感染。通过大量注射药物的方法治疗，可适度增加治愈率，但是不能避免废弃牛奶的损失及其相关的治疗费用。如果按照标准的治疗方法不能获得理想的治疗结果，最好是延长治疗时间，而不是改换使用其他的抗菌药或增加每次治疗药物的剂量。研究证实，用灌注法治疗8 d比治疗2～5 d更能提高革兰氏阳性球菌感染的治愈率，特别是能提高凝固酶阴性葡萄球菌和链球菌感染的治愈率。如果感染乳区乳样不能培养出细菌或大肠埃希菌，治疗不会有效，然而如果分离出革兰氏阳性球菌，则可以进行治疗。

（3）异常病原体 铜绿假单胞菌（*Pseudomonas-aeruginosa*）能引起临床型乳房炎的暴发，通常发生持续性感染，其特征是间歇性的急性或亚急性发作。铜绿假单胞菌存在于奶牛场的水和土壤环境中。据报道，牛群通过接触污染的洗涤水（尤其是胶水管）、挤奶杯内衬以及挤奶工做乳房内治疗而感染病原菌。

对乳房实施治疗时未使用无菌操作技术，或用受污染的挤奶设备，可能会导致乳腺组织受铜绿假单胞菌感染，紧接着某些牛会表现出急性、重度乳房炎，并有毒血症，死亡率高；而另一些牛表现出亚临床感染。铜绿假单胞菌可在乳腺中持续生存长达5个泌乳期，也可能自愈。对重症病例，除了辅助疗法外，治疗基本没有价值，可淘汰患牛。

化脓隐秘杆菌（*Arcanobacterium pyogenes*）常引起牛和猪的化脓性炎症，并且也可引起青年母牛和干奶牛乳房炎。泌乳期牛乳头损伤后，偶尔由化脓隐秘杆菌引发乳房炎，也可能是继发性感染。化脓隐秘杆菌性炎症的特点是有大量恶臭的脓性分泌物。化脓隐秘杆菌常引起干奶牛和青年母牛的乳房炎，这些牛通过夏季在田野放牧或者进入池塘或潮湿地区而感染。动物间的传染媒介是齿股蝇（*Hydrotaea irritans*）。通过限制乳房浸入深水中的时间和控制蚊蝇叮咬来控制乳房感染。在易感地区，对青年母牛和干奶牛使用长效青霉素预防性治疗可有效减少感染。治疗化脓隐秘杆菌性乳房炎很少见效，并且感染乳会区失去产奶功能，受感染的奶牛可能会出现全身症状，应将乳房出现脓肿的奶牛屠宰（见放线菌病）。

支原体可能会导致重度乳房炎，并可能在牛群中迅速传播，后果严重。牛支原体（*M. bovis*）是最常见的乳房炎病原体。其他重要的病原体包括加利福尼亚支原体（*M. californicum*）、加拿大支原体（*M. canadense*）和牛生殖器支原体（*M. bovigenitalium*）。支原体感染发病迅速，青年母牛和奶牛暴发呼吸道疾病以后，感染是内源性的。支原体性乳房炎常见于青年母牛，病例逐渐增多，外来牛会被感染，可感染几个乳区或全部乳区，产奶量急剧下降，并很快出现浆液性或脓性渗出物。最初，受感染的乳腺分泌物中有小颗粒或片状沉积物。尽管局部乳腺组织感染严重，但是牛通常不表现出全身性症状。感染可能持续整个干奶期。

由于没有有效的治疗措施，应隔离受感染的牛，至少是在受感染的这个泌乳期隔离，甚至终身隔离。鉴别受感染的牛很困难，因为患牛常无症状。对奶罐和挤奶器械的日常检查有助于发现受感染的奶牛。然而，对临床型乳房炎患牛乳腺分泌物进行培养是最可靠的监测方法。如果奶牛继续表现出临床型乳房炎或全身症状，应该将其淘汰。要严格执行卫生清洁规定，尤其在泌乳或治疗期间。不宜将支原体感染患牛的乳喂给犊牛，因为这可能会导致犊牛呼吸道和内耳感染。在支原体感染的牛群中，应该用牛奶的替代品，而不是用患乳房炎牛的废弃牛奶哺育犊牛。

星形诺卡霉菌（*Nocardia asteroides*）引起坏死性乳房炎，其特征是发病急、体温高、厌食、迅速消瘦并且乳房明显肿胀。乳房的反应是特征性肉芽肿性炎症，并导致广泛纤维化，触诊可发现有结节。牛群的发病史表明，乳房的感染可能与治疗一般性乳房炎时没有严格无菌操作有关。建议将受感染的牛屠宰。

沙雷菌性乳房炎可能是奶管、乳头药浴、供水污染所致，或与在挤奶过程中使用的其他设备污染有关。沙雷氏菌能抵抗消毒剂。对沙雷氏菌感染的乳房炎患牛，持续表现临床症状的应予淘汰。

各种真菌均可引起奶牛乳房炎，特别是长时间反复使用抗生素输液治疗的个体牛再使用青霉素后。在青霉素和其他抗生素存在的条件下，真菌生长良好。在乳房灌注抗生素的过程中将真菌带入乳房，进而繁殖并引起乳房炎。然而，从未接受过乳房内灌注的青年母牛也能患真菌性乳房炎。临床症状严重，伴有发热，随后约2周内自然恢复，或者很少发展成慢性、坏死性的乳房炎。其他真菌感染引起轻微的炎症，并且有自限性。如果疑似真菌性乳房炎，应该立即停止抗生素治疗。在乳房炎治疗期间，如果塑料灌注管仅尖端部分（而不是完全）插入乳头内，真菌或其他细菌性乳房炎的感染会减少。

当来自土壤中的抗酸性分枝杆菌［如偶发分枝杆菌（*M. fortuitum*），耻垢分枝杆菌（*M. smegmatis*），母牛分枝杆菌（*M. vaccae*）和草分枝杆菌（*M. phlei*）］随油剂或软膏中的抗生素（尤其是青霉素）一起进入乳腺时，可引起类似于结核杆菌所致的慢性、硬化性乳房炎。油剂可显著提高分枝杆菌的侵袭力。显然，这种疗法不正确。否则，分枝杆菌趋向于腐生，且至少在下一个泌乳期从感染乳区消失。在此期间，患牛表现出中度乳房炎。据报道，确实有几次由分枝杆菌引起乳房炎的暴发，尤其是伴随偶发分枝杆菌和耻垢分枝杆菌感染所引起的乳房炎。

【预防】 利用核心抗原技术，基于J5突变的大肠埃希菌制作的菌苗有助于减少大肠埃希菌性临床型乳房炎的发病率和严重程度。使用该菌苗时，应在干奶期多次接种，以减少临床型大肠埃希菌性乳房炎（常发生在泌乳早期）和早期乳房炎的发病率。

二、山羊乳房炎

引起山羊乳房感染的微生物和引起奶牛乳房感染的相似，通常凝固酶阴性葡萄球菌感染最普遍，并能引起持续感染，使体细胞计数增加，反复发作。金黄色葡萄球菌性乳房炎的发病率和感染水平较低（小于5%），但是金黄色葡萄球菌感染是持续性的，并且难以治疗。链球菌感染乳腺的病例可能是隐性的，也可能是临床型的，但是和奶牛相比，山羊乳腺感染链球菌要少得多。停乳链球菌并不是山羊乳房炎常见的病原菌。

支原体感染，主要是荚状支原体（大菌落型）和腐败支原体感染，有时会引起山羊暴发重度乳房炎。腐败支原体感染还引起败血症、多发性关节炎、肺炎和脑炎，同时引起哺乳羔羊重度疾病和高死亡率。据报道，山羊支原体也能够引起山羊重度乳房炎和感染羔羊。母山羊通常在约4周内痊愈。

和奶牛一样，革兰氏阴性微生物引起间歇性感染，可能是重度的，但常有自限性。化脓隐秘杆菌感染有时产生多个结节性脓肿。

患病山羊表现出乳房炎的症状，继全身感染后，出现关节炎和脑炎；绵羊感染会有渐进性肺炎的症状。因为患病乳房纤维化而变硬，因此常常出现无乳。

山羊细菌性乳房炎的诊断、控制和治疗程序和奶牛的相似，然而，很难用体细胞计数法监测隐性乳房炎，因为不易识别感染和未感染的羊，特别是在泌乳后期的羊更不易识别。因为山羊乳中上皮细胞数比牛乳中的多，随着泌乳的进展，脱落而进入乳中的上皮细胞增多，因此，泌乳后期，在未感染的山羊乳中，体细胞数超过1 000 000/mL是正常的。正确的挤奶程序以及良好的环境卫生可以减少感染的流行和传播。应淘汰慢性感染的山羊，因为这些山羊可能感染荚状支原体，或者感染腐败支原体和山羊支原体未能及时恢复。

三、绵羊乳房炎

乳房炎是绵羊的重要疾病，发病率超过2%，除重度感染引起患羊死亡外，羔羊也会因饥饿和断奶体重过低而死亡。绵羊乳房炎的表现形式有超急性、坏疽性（常由金黄色葡萄球菌引起）、急性、亚急性或隐性。病原菌通常包括金黄色葡萄球菌、凝固酶阴性葡萄球菌、链球菌、大肠埃希菌、溶血性曼氏杆菌和化脓隐秘杆菌。

奶牛乳房炎的诊断原则和治疗方法可用于绵羊乳房炎的治疗，关于绵羊乳房炎的控制知之甚少，但是配种前仔细检查绵羊乳腺，以发现和清除慢性乳房炎患羊应该有益于控制。

四、马乳房炎

泌乳期母马偶尔发生急性乳房炎，最常发生在干奶期，表现为一个乳腺感染或两个乳腺都受感染。兽疫链球菌是最常见的病原菌，但是也有报道发现有马停乳链球菌、类马链球菌、无乳链球菌和绿色链球菌感染，各种不同的革兰氏阴性菌也可感染。感染的乳腺明显的疼痛和肿胀，甚至波及到邻近组织，乳腺分泌带有絮状物的液体，体温升高，精神沉郁；由于疼痛，患马行走时后肢僵硬或者站立时后肢分开。治疗方法与牛的乳房炎类似，但是，使用乳房内灌注疗法时，应分别向两个乳头管内插入灌注管。有人建议全身用药，口服磺胺甲氧苄氨嘧啶（5 mg/kg，每日2次），或者联合使用磺胺和青霉素（肌内注射20 000 IU/kg，每日2次）和硫酸庆大霉素（静脉注射2 mg/kg，每日3次）。继续治疗应基于细菌培养和抗生素敏感性试验结果。马乳房炎若不及时治疗，会形成乳房脓肿或硬结。关于马隐性乳房炎的发病率和持续时间知之甚少。

五、猪乳房炎

对养猪场来说，猪乳房炎很重要，母猪和青年母猪可患极急性乳房炎，最常见的是肠杆菌类（大肠埃希菌、产气肠杆菌和克雷伯氏菌）感染。最常发生于分娩或刚分娩后，患猪表现出中度到重度毒血症，体温升高到42℃或低于正常体温。感染乳腺肿胀、呈紫色，有水样分泌物。患猪死亡率高。除非人工饲喂仔猪，否则仔猪将死亡。痊愈的猪，在下次分娩时，奶产量受影响。对猪超急性大肠埃希菌性乳房炎的治疗方法类似于牛乳房炎的治疗方法，可全身应用氨苄青霉素、双氢链霉素或土霉素。用抗生素治疗泌乳猪乳房炎，需要考虑到药物残留时间，因为经常在仔猪断奶后淘汰患猪。

老龄猪可能发生亚急性乳房炎，可能导致一个或多个乳腺硬化，影响母猪哺育多个仔猪的能力，这种类型的乳房炎最有可能和链球菌或葡萄球菌感染有关。猪乳腺肉芽肿性损伤和李氏放线杆菌（Actinobacillus lignieresii）、牛放线菌以及金黄色葡萄球菌感染有关。坏死杆菌和化脓隐秘杆菌也可导致猪乳房炎。彻底检查猪的乳腺和做细菌培养对诊断上述细菌引起的急性和亚急性乳房炎很重要（见产后泌乳障碍）。

在猪乳房炎的控制方面研究的不多，但是在分娩前、分娩时以及分娩后的一段充足时间内，将母猪饲养于消毒舍内，有助于防止大肠埃希菌性乳房炎所造成的严重损失。

第十节　大动物子宫炎

一、急性产后子宫炎

在各种家畜，急性产后子宫炎常发生在产后10～14 d，该病的发生是由于分娩时生殖道污染所致，常（但是并非总是）发生于难产后。牛子宫炎最常见的病原菌是大肠埃希菌、化脓隐秘杆菌，有时是革兰氏阴性厌氧菌，如产黑素普雷沃菌（Prevotella melaninogenica）和坏死杆菌。子宫炎发病急，受感染的牛，马，羊和母猪常表现为精神沉郁，体温升高，食欲不振。奶牛患子宫炎时有水样恶臭的分泌物，但相对来说，没有其他动物明显。产奶量减少，无法哺育仔畜。

全身应用抗生素治疗急性产后子宫炎效果良好，如有必要，可以与NSAID及辅助疗法（如输液疗法）联合使用。全身性投给头孢菌素或青霉素，对治疗奶牛子宫内膜炎最合适，因为其对大多数常见病原菌感染有疗效，在子宫内膜组织中能够达到治疗浓度，并且能够防止子宫炎和子宫内膜炎的潜在后遗症，如心内膜炎和肾病。应用土霉素治疗需要使用大剂量（11 mg/kg，每日2次），以维持子宫组织内5 μg/g的药物浓度，该组织的药物浓度在许多病原菌（如化脓隐秘杆菌）的最小抑菌浓度（MIC）以下。排出子宫炎患畜子宫内容物对治疗有益，但是只有在抗生素治疗开始实施后方可排出内容物，排空子宫时需小心，因为感染的子宫脆弱，易受损伤，操作不当可能导致菌血症。

二、子宫炎与子宫内膜炎

1. 牛子宫炎与子宫内膜炎　有几种特殊的疾病和子宫炎或子宫内膜炎相关，这些疾病包括布鲁氏菌病、钩端螺旋体病、弯曲杆菌病和滴虫病。更常见的是，子宫内膜炎由于非特异性细菌感染所致。

正常情况下，子宫是无菌的，相比之下，阴道中藏匿着无数的微生物。阴道内正常菌群中或环境中的机会性病原菌能随时侵入子宫，健康的子宫能够非常有效地清除这些不断入侵的微生物。然而，在刚分娩后的一段时期内，牛子宫内有各种微生物侵入。在产后数日或数周后，多数牛恢复了子宫的无菌环境。而那些持续感染的牛，会发生慢性或亚急性子宫内膜炎，常可影响繁殖。奶牛隐性子宫内膜炎的发病率超过了子宫内感染的发病率，这种形式的子宫内膜炎的发病机制尚不清楚；但是，已明确产后子宫疾病，尤其是高产奶牛，易受免疫力降低的影响，而免疫力降低可能与能量负平衡有关。

奶牛最常见的致病微生物是化脓隐秘杆菌，单独感染或与坏死杆菌及其他革兰氏阴性厌氧菌混合感染。子宫感染的症状各异，患牛从子宫和阴道持续流出脓性分泌物或絮状分泌物，而正常牛在发情时流出清洁的液体。子宫质地可能发生变化，但是只靠直检，其本身就不是精确的诊断方法。采用内镜检查可提高诊断的精确性和特异性，人工阴道检查或用仪器检查阴道内容物，可确定阴道分泌物的性质，用于诊断临床型子宫内膜炎。诊断隐性子宫内膜炎需要做子宫内膜细胞学检查，或使用超声检查，因为隐性子宫内膜炎没有任何其他症状。不管是隐性还是临床型子宫内膜炎，患牛都没有全身症状，食欲和产奶量通常也不受影响。

几十年来，治疗奶牛子宫内膜炎一直使用子宫冲洗法，尽管子宫灌注抗生素可以清除子宫内细菌，但是尚未有证据表明，此法可以消除子宫内膜炎症或可以恢复繁殖力。许多常规使用的子宫内灌注制剂都对牛子宫组织有害。对牛奶和胴体药物残留关注的不断增加，以及不良的或不确定的疗效，应重新考虑将子宫内疗法作为治疗牛子宫内膜炎的常规方法。向子宫内灌注特殊的、为子宫内用设计的头孢匹林制剂（许多国家有出售，但是美国没有出售）可提高子宫内膜炎患牛的繁殖力。全身性给药，用以治疗临床型或隐性牛子宫内膜炎的效果未得到证实。

处于发情期的奶牛，对子宫感染有较强的抵抗力，分娩后的牛，经过多个发情周期，患病率会减少。这使得PGF$_{2\alpha}$或其类似物的使用增多，治疗子宫内膜炎时，可使用溶解黄体剂量的PGF$_{2\alpha}$。使用PGF$_{2\alpha}$或其类似物的另一个优势是刺激子宫收缩，以排出子宫内分泌物。

2. 马子宫炎与子宫内膜炎：尽管马急性子宫内膜炎伴随传染性子宫炎发生，但是马大多数繁殖问题与非传染性子宫内膜炎相关。在母马，最常见的子宫内膜炎病因是兽疫链球菌感染，但是，还可能有其他微生物，包括大肠埃希菌、肺炎克雷伯氏杆菌和绿脓杆菌。有些病例是由真菌感染所致，特别是当母马抵抗力降低时，或是大量使用抗生素治疗的情况下。

马患子宫内膜炎时很少见到有分泌物排出（传染性马子宫炎除外）。确诊子宫内膜炎最好的方法是做子宫内膜细胞学检查或做子宫内膜活组织检查。此外，辅助诊断是用超声检查子宫角内是否有移动的液体，特别是在间情期，能检测到有液体存在即可确诊；从无菌采集的子宫内膜样本分离到潜在的病原菌也可辅助诊断，因为大多数致病微生物是共栖菌，所以单纯的分离病原菌不能作为诊断依据。

子宫内疗法是治疗马子宫内膜炎的通用方法，多种抗生素可用于子宫内灌注，有效剂量主要依据经验来确定。例如，使用青霉素（5 000 000 U；主要对兽疫链球菌有效），羟基噻吩青霉素（6 g，广谱），氨苄青霉素（3 g，溶剂），庆大霉素（2 g，对革兰氏阴性菌有效）和卡那霉素（2 g，对革兰氏阴性菌有效）。对于真菌感染，灌注100 mg两性霉素B或500 mg克霉唑有效。应当连续数日用药，最好是在发情期治疗。上述大多数治疗用药均是美国标签外用药。

有些马，尤其是配种后，易患子宫内膜炎，配种后或人工授精后，这些马子宫腔内积液，这和持续性子宫内膜炎症有关。相反，正常马对配种有明显的（但是一过性的）炎症反应，子宫很快就恢复无菌、无炎症状态。配种后若马患子宫内膜炎，可用子宫冲洗法治疗或者应用催产素，以排出子宫内液体。

3. 猪子宫炎与子宫内膜炎 在欧洲或其他地区有报道认为，猪患子宫内膜炎时，在发情初期从阴道流出大量分泌物。病因通常是猪葡萄球菌或大肠埃希菌。猪子宫内膜炎在交配或人工授精时传播，发情前期或发情期后15～25 d表现出症状。感染会持续很长时间，伴有临床症状，在每个发情期复发。有些母猪会自然痊愈，但是对于不能自愈的猪，似乎没有有效的治疗措施。剖检可见，子宫内有大量的脓性渗出物，看起来更加类似于子宫积脓（见下述）。

4. 其他动物子宫炎与子宫内膜炎 绵羊、山羊和骆驼科动物也患子宫内膜炎。对于一些商品绵羊和山羊群，通常在临死前很少对其进行诊断，并且采取治疗措施也不切实际。对从子宫持续性流出分泌物的动物，胎儿浸溶的残留物可看做是慢性感染源。对骆驼科动物子宫内膜炎的治疗，通常依据治疗牛和马子宫内膜炎的方法，根据经验进行治疗。

三、子宫积脓

子宫积脓的特征是子宫内积聚脓性或黏液脓性分泌物，牛患子宫积脓总是伴随持久黄体，并且发情周期停止。马患子宫积脓时，子宫颈常常纤维化、无弹性、腔道粘连或有其他损伤。患马可能会有性周期或者性周期紊乱，生殖道内无分泌物流出或间歇性流出，流出时间与发情周期相一致。一般说来，受感染的动物不表现出全身症状，但是马的全身症状明显。无论是牛还是马患子宫积脓，在治疗前，都必须和妊娠做鉴别诊断。

对牛子宫积脓的治疗方法是，注射正常溶解黄体剂量的$PGF_{2\alpha}$或其类似物。有约80%的患牛，在治疗后排出子宫分泌物且细菌被清除。虽然在治疗后首次配种的妊娠率可能很低，但是多数牛可在3～4次授精期内妊娠。约有20%的患牛需要重复治疗。使用前列腺素不需要子宫内治疗合用。

面对感染马子宫颈的变化，排除子宫内分泌液实际上不可能。可以使用大量液体冲洗子宫，但是会复发，永久性治疗方法是切除子宫。

小反刍动物、猪和其他动物也可患子宫积脓；因其机体小及管理实践不同，很难确切诊断。一旦确诊为子宫积脓，应当考虑排出子宫内容物。

四、马传染性子宫炎

马传染性子宫炎（CEM）是马（试验驴）的一种急性、高传染性性病，其特征是从阴道流出大量的黏液脓性的分泌物，多数患马发情期提前。感染的种公马和慢性感染的母马无临床症状。该病主要发生于欧洲，由于从技术上确定致病微生物传播很困难，因此阻碍了准确确定疾病的分布情况。

【病原与传播】 马传染性子宫炎由革兰氏阴性、微需氧球杆菌——马生殖道泰勒菌（*Taylorella equigenitalis*）引起，马生殖泰勒菌被称作马传染性子宫炎病原菌（CEMO）。不同的菌株对药物的敏感性存在差异，有些菌株对链霉素敏感，某些菌株则能抵抗链霉素（事实上，这有助于从污染物中分离这种难培养且生长缓慢的病原菌）。最适培养条件是用巧克力Eugon琼脂，在37℃、5%～10%的CO_2条件下培养。马泰勒菌不酵解糖，但是对过氧化氢酶、细胞色素氧化酶和磷酸酶呈阳性，并且对其他常规的生化试验无反应。

马传染性子宫炎主要是在交配过程中传播的，但是污染物（器械和设备）也会造成传播。未被发现的感染母马和种公马是疾病暴发的感染源。受感染的种公马无临床症状，而微生物存在于包皮垢内和阴茎表面，尤其是在尿道窝处。本病传染率极高，事实上与受感染的种公马交配的母马都会被传染。

【临床表现】 母马经交配感染后10～14 d，可见从阴道内流出大量黏液脓性分泌物。母马经历短发情周期后进入发情期。尽管数日后分泌物减少，但是母马仍持续感染达数月。慢性感染的母马不表现症状。大多数母马感染后，即使交配也不能妊娠，但是，如果确实妊娠了，在分娩时或分娩后不久会感染马驹，当受感染的马驹到性成熟时，就会传播马传染性子宫炎病原菌。

【病理变化】 马传染性子宫炎造成的病变包括，子宫内膜、子宫颈内膜及阴道黏膜水肿和充血。光镜检查可见，在急性期，子宫内膜组织有中性粒细胞浸润，在感染过程后期，有淋巴细胞、巨噬细胞及浆细胞浸润。

【诊断】 根据病原菌分离可诊断本病。虽然母马生殖道其他细菌感染时，阴道也可能流出大量分泌物，但并不常见，除马生殖泰勒菌外，马生殖道内没有其他交配病原体是传染性的。用棉拭采集母马子宫内膜（最好在发情期）、阴蒂窝和阴蒂窦的样品进行细菌培养。对疑似种马应当从尿道窝、尿道、包皮腔及阴茎体处采样，如果可能的话，可以采取射精液体或精液。应至少检测3次，才能确诊种公马无马传染性子宫炎病原菌感染。用疑似患病种公马和易感母马交配试验，然后对母马进行细菌学筛选检测，是确定马传染性子宫炎的理想方法。所有采集样品的棉拭子应放入运输培养基（最好是含碳Amies培养基）中运输，运输时将样品放在冰上或在4℃保存，在24 h内送到有资质的实验室（运送时间太长可能冻结）。尽管各种各样的血清学检测试验已经完善，但是目前没有一个能可靠地检测带菌马的带菌状态。

【治疗与控制】对种公马的治疗可使用洗必泰彻底清洗，然后涂呋喃西林软膏治疗。每天重复，持续5 d。治疗后，至少10 d以上，再对种公马重新检测。大多数母马数周后能够清除子宫感染。转成慢性感染的马，在阴蒂窝或阴蒂窦处隐藏马传染性子宫炎病原菌。治疗方法和对种公马的一样，可用洗必泰清洗阴蒂周围，然后涂以呋喃西林软膏。对某些感染的母马，有必要用手术法切除阴蒂窦，以清除感染。

控制马传染性子宫炎取决于发现受感染的带菌马，并取决于对患马进行治疗或取消其繁殖计划。许多国家严格执行进口规则，以避免引入马传染性子宫炎病例，该病的患病率也相应低。

第十一节　羊包皮炎与外阴炎

羊包皮炎和外阴炎有普通和特殊两种形式，第一种是地方性包皮炎和外阴炎，其发病和饲喂高蛋白饲料，从而使得局部氨浓度高有关。病原微生物是肾棒状杆菌（*Corynebacterium renale*）或其他产脲酶微生物，此种类型的包皮炎程度严重。另一种被称为坏死性，或溃疡性龟头包皮炎和外阴炎，致病原因不清，但是，和嗜组织杆菌/嗜血杆菌组的其他支原体微生物一样，亚种蕈状支原体与疾病发生有关，另外还有可能是由病毒引起的。

一、地方性包皮炎与外阴炎（鞘腐烂，阴茎坏疽，地方性龟头包皮炎）

【病因与流行病学】这种中度传染病是由肾棒状杆菌引起的，该菌为革兰氏阳性菌、可水解尿素类白喉菌。当摄入高蛋白食物时，尿中尿素浓度增加。肾棒状杆菌水解尿素，致使体内局部产生大量的氨，而氨能刺激阴茎、包皮内层、包皮腔及周围皮肤。这种状况在去势的雄性动物更常见，可能是因为去势后阴茎发育受影响。某些病例病情恶化是由于阴茎和包皮不能分离，从而导致尿液淤积在包皮内。如果包皮周围的毛剪得过短或者是因黏附泥土或有机物而打结，包皮的毛失去其将包皮腔尿液排出（正常时，这些毛有助于排空包皮腔的尿液）的作用，就可能发生溃疡性损伤。

美利奴羊和安哥拉阉山羊发生溃疡性包皮炎的概率最高，这是因为这些动物包皮周围的毛长，使得尿液浸湿包皮周围区域，从而有助于细菌的生长及其活动。经试验，包皮或外阴溃疡的感染物可传播该病。溃疡性包皮炎和外阴炎随着当地的饲养方法不同而呈季节性发生。当在郁郁葱葱的草场（如春季和初夏新西兰的牧场以及秋冬季节巴西南部的牧场）放牧时或给羊饲喂含高蛋白的饲料时，包皮炎和外阴炎的发病率最高。

【临床表现】病情轻微时，症状只限于包皮肿胀，病情严重时，表现为包皮肿胀及发炎，影响排尿，最终导致尿闭，这需要与尿结石区别开。该病的组织学特征表现在棘皮症，角化不全和角化过度，随后出现白细胞浸润和溃疡。在包皮口、包皮唇腔、包皮内层以及阴茎上可见溃疡和结痂。包皮内积聚尿液和分泌物，患畜极度不适。如果包皮口或尿道堵塞，患畜可能死亡。溃疡性外阴炎表现为外阴炎症，包括肿胀、变红，随后出现黄色分泌物，并且在外阴、阴道前庭及阴道后部形成结痂。阴蒂头可能出现红肿和溃疡。

溃疡性包皮炎或外阴炎的病变应和颗粒包皮炎或外阴炎（支原体或解脲支原体感染）、疱疹病毒性龟头包皮炎或外阴阴道炎、溃疡性皮肤病（只有绵羊发病）或传染性脓包（只有山羊发病）相鉴别。去除溃疡性包皮炎或外阴炎的结痂后，很少甚至没有出血。

【治疗与控制】如果可能，应隔离患羊，停止饲喂高蛋白饲料。应检查病变部位，确保尿道通畅。剃除和清理包皮周围的被毛有助于控制感染。肾棒状杆菌通常对青霉素和头孢菌素敏感，用这两种药物治疗很有效。理论上，将摄入的蛋白限制在正常需要的水平，将有助于控制溃疡性包皮炎。每3个月给阉羊埋植70～100 mg睾酮，有助于预防溃疡性包皮炎。通过"缩短阴囊"方法阉割，形成的诱发性隐睾症能导致动物不育，这些动物体内睾酮含量高，比用常规方法阉割的动物包皮炎的发病率低。

二、溃疡性龟头包皮炎与外阴炎（生殖器病）

溃疡性龟头包皮炎和外阴炎的特征是阴茎头和包皮溃疡和发炎，受感染的母羊阴唇溃疡和发炎。首先发现患羊包皮或阴门肿胀或出血，检查可见溃疡，触摸时随时会出血，母绵羊尾巴下面（和阴唇接触面）可能同样受感染。该病在繁殖羊群传播，使多数羊染病，影响妊娠率。

溃疡性龟头包皮炎和外阴炎的病因不清。有人曾经从受感染的绵羊体内分离到亚种蕈状支原体。常分离出化脓隐秘杆菌。从某些病例中还分离出羊嗜组织杆菌。病毒也可能参与致病，例如羊疱疹病毒2型。

应将受感染的羊清除或隔离。如果可行，将受感染的羊隔离饲养。可用抗生素治疗受感染的公羊，受感染的母羊用抗生素治疗效果也很好。包皮冲洗可防止粘连。应用托拉霉素（Tulathromycin）可有效治疗该病。患畜痊愈后，其繁殖力不受影响。

第十二节　猪产后泌乳障碍综合征与乳房炎

猪产后泌乳障碍综合征和许多病因学及病理生理学因素有关，从该病使用过的名称方面也能反映出其复杂性。例如，猪产后泌乳障碍综合征和乳房炎又叫乳房炎-子宫炎-无乳症（MMA）、无乳综合征、泌乳障碍综合征、乳腺水肿、围产期缺乳综合征、无乳毒血症和产后乳房炎，然而，这些名称并非同义，并且常被误用。目前，根据患病乳腺的数量，将该综合征分类，即单一或是多腺性乳房炎（包括产后泌乳障碍综合征，即PPDS，见大动物乳房炎）。

通常，全群猪中仅有1或2个乳腺表现出急性或慢性乳房炎（急性或慢性单腺性乳房炎）。当所有乳腺均发生急性感染时，可视为原发或继发性乳房炎（急性多腺性乳房炎）或是乳腺水肿（"硬乳房综合征"），其中，初产猪更常发。急性多腺性乳房炎常表现无乳并伴发全身症状，而硬乳房综合征无全身症状。不管是哪种情况，都在产后头3 d内发病，并很快导致仔猪饥饿。尽管该病散在发生，并且只限于几头母猪发病，但有时很多母猪可同时发病，并且近乎呈流行性发生。

有时区分多腺性乳房炎和硬乳房综合征很困难。因此，两者经常被畜主认为是"急性乳房炎"。

产后泌乳障碍综合征的特征是暂时性缺乳，能导致急性多腺性乳房炎，应该被认为是猪泌乳失败的普遍原因。乳房炎-子宫炎-无乳症是误称，只是更普通的产后泌乳障碍综合征的一部分。尽管乳腺肿胀并且较热，但是肉眼可见的原发性乳房炎并不常见。同样，只是偶尔可见猪群中有子宫炎（更常见的是子宫内膜炎）。最后，完全无乳少见，更多的母猪可继续产乳，但是产量明显减少（缺乳，或更确切地说是泌乳障碍），主要的临床症状是母猪不能产足够的奶，仔猪生长缓慢，死亡率增加。

猪乳腺的解剖及结构和牛的不同，猪乳腺没有明显的腺池（腺窦），每个乳头通常有2个完整的腺系统和2个乳头孔。当有3个乳头孔时，其中1个孔的乳头管在乳头基部形成盲端，没有乳腺组织，在乳头孔周围没有括约肌，因此，通过乳头开口实施乳腺内治

疗是不可能的。乳腺发育几乎都发生在妊娠的后半期以及泌乳的头几日，每次妊娠都有新乳腺组织产生，因此，在乳腺发育期和妊娠期满时，饲料营养至关重要，而在妊娠中期相对不那么重要。在整个泌乳期间，乳腺的感染对下一个泌乳期不会有太大影响。然而，乳头管的慢性损伤在两个泌乳期间可能都会发生。

一、急性多腺性乳房炎

这种乳房炎综合征见于各种类型的猪群，包括卫生良好和消毒措施严密的猪群。急性多腺性乳房炎主要发生在产后的头3 d，并对仔猪影响严重，也可能伴随母猪特殊的全身疾病（如败血症、伪狂犬病）和猪繁殖与呼吸障碍综合征。

【病原与发病机制】病因是多种因素性的，乳腺感染更多是继发的，并且已经分离出多种微生物，包括大肠埃希菌，克雷伯氏杆菌、肠杆菌、柠檬酸杆菌（Citrobacter spp.）、葡萄球菌（例如表皮葡萄球菌）和绿脓杆菌，上述菌都是猪场内的常在菌。

尽管猪场内许多猪被重度感染，但是这种类型的乳房炎并不具有传染性。分娩后，乳腺受环境菌感染，极少数的细菌（常少于100个）就足以在乳腺内增殖。

猪常见的主要致病因素是母猪本身、仔猪（原发型不常见）或环境因素（例如，受肺炎克雷伯氏杆菌污染的木屑垫料）。

【临床表现】常见食欲不振、便秘、体温升高和精神不振等全身症状，局部症状表现为乳腺硬结、重度水肿和乳腺区域皮肤充血。然而，许多母猪（尤其是初产母猪）乳腺水肿无任何急性乳房炎症状。间接证据表明，这常和产奶量增加（分娩时或分娩后溢乳）有关，产奶量常增加到仔猪难以吃完的程度。

一旦发生多腺性乳房炎，不可能再（随催产素）分泌乳汁，患病母猪俯卧，拒绝仔猪接近乳头。细菌繁殖和毒素吸收导致患猪出现全身症状。整窝仔猪常见的结果包括死产和屠弱仔猪数增加，仔猪腹泻、饥饿、低血糖引起的弱仔、被母猪压死的几率增加，以及对其他疾病的抵抗力降低，容易出现除上述外的其他问题（例如僵猪）。

【诊断】不易作出早期诊断，对仔猪的影响多是由于母猪早期泌乳量不足的问题。主要的鉴别诊断是围产期乳房水肿，多见于初产母猪，无任何全身症状；还要与PPDS相鉴别，PPDS很少单个发生，而是影响多数猪。应对患猪做全面检查，包括仔细触诊乳腺，但是要确诊须谨慎，因为乳腺变硬而无全身症状并不一定是急性乳房炎。尽管猪围产期乳腺水肿常

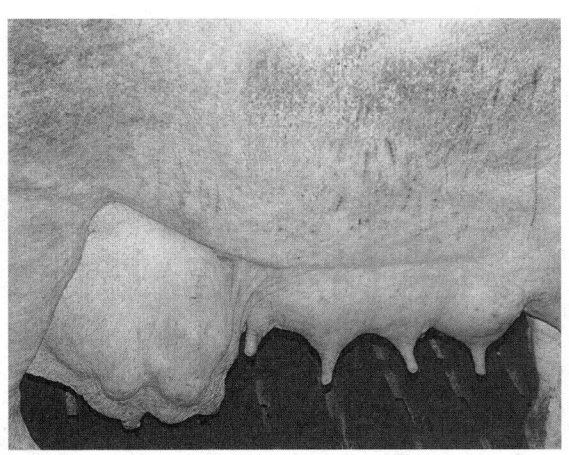

图11-1　猪单腺性乳房炎，局部视图
（由Guy-Pierre Martineau博士提供）

见，但是对其研究并不多。急性多腺性乳房炎患猪常常爬卧、不安。然而，围产期乳腺水肿确实可以导致急性多腺性乳房炎。与牛的乳房炎不同，乳汁细胞计数不适用于诊断猪乳房炎。

【治疗与控制】尽快全身应用抗生素治疗。长期控制此病还需要找出致病因素并加以排除。一般的抗生素治疗以及皮质类固醇类治疗，有助于减少炎症反应强度。应尽快加强卫生管理，让其他母猪代养是仔猪存活的有效途径。

二、急性单腺性乳房炎

泌乳或断奶母猪常见单腺性乳房炎，而在老母猪更常见。

【病因与发病机制】猪急性单腺性乳房炎致病微生物与引起急性多腺性乳房炎（见上述）的相同。有时只有1～2个乳腺感染，应找出病因。常见乳头外伤性病变或者仔猪难接近乳头。吸吮老母猪腹股沟部乳头的仔猪常常在放乳期不能接近乳头。通常仔猪在生后24 h已经选定乳腺，吸吮感染急性单腺性乳房炎的仔猪生长缓慢，而同窝的其他仔猪生长正常。乳汁分泌受后天性乳腺构造问题（发生在老母猪）、外伤性病变以及乳头其他异常的限制。在前次泌乳、妊娠过程中或者是在断奶到发情间隔期都可能形成乳头病变。

【诊断】每次分娩前都应检查乳腺的完整性，除了伴发仔猪无法接近乳头的病例外，应查出致病因素，包括瞎乳头。乳头外伤性病变可能是损伤的结果，包括仔猪或其他母猪的损伤，或是地板上的划伤等。遗憾的是，这些损伤开始时不被发现，直到几周或几个月后才被发现。

【治疗与控制】受影响的乳腺在当前泌乳期或在下个泌乳期都不能泌乳，在随后的泌乳期，应限制母猪哺乳仔猪的数量，或淘汰母猪。

三、慢性或干奶期乳房炎

断奶猪或干奶猪乳房炎是一类常见的乳房炎，涉及一个或少数几个乳腺腺体。在新近断奶的母猪中，发病率为10%～20%。慢性乳房炎的特征是乳腺组织形成脓肿或肉芽肿，常见于断奶时或断奶后不久，致病菌不清。仔猪尖牙、同栏内争抢和断奶母猪间的打斗都可损伤乳头。另外，老母猪腹股沟部乳头的特殊解剖结构致使其易受损伤，使细菌通过乳头损伤进入乳腺。

四、母猪产后泌乳障碍综合征（PPDS）

PPDS是仔猪出现问题（如腹泻、被压、发育不全、营养不良、生长缓慢）的主要原因，但是很难说清该病的特征，因为临床表现各异，并且很难确定病因。在某些特定的猪群，PPDS影响15%～20%的母猪，再高的发病率也不常见。青年母猪的头胎和二胎更易常患PPDS。

【病因与发病机制】该病发生有多种致病原因，这使得诊断和临床检查更为复杂。过去，曾将其视为是MMA的一部分，相反PPDS应被认为包括更广泛的病理学。因此，MMA本质上是PPDS的亚型，或许临床表现最重，但是最少见。

有证据表明，脂多糖（LPS）内毒素，所有革兰氏阴性菌细胞壁成分，起着中心作用。子宫（如子宫内膜炎或子宫炎）、乳腺（如急性多腺性乳房炎）或肠道（例如给猪饲喂磨成细粉状的饲料，使猪便秘，使得细菌过度生长，结果从肠道内吸收内毒素）可以吸收细菌内毒素。找出细菌毒素的来源对某一猪群制定最佳预防措施很重要。

初乳分泌取决于复杂的激素间平衡（动态稳定）。细菌的LPS内毒素甚至在分娩前发挥作用，影响仔猪的先天性免疫系统功能（巨噬细胞活化）。这些变化影响乳和初乳的生产及分泌。此外，初乳的能量和免疫球蛋白的含量同样重要。任何原因使摄入初乳量减少，都将导致不良后果，如仔猪腹泻，营养不良，生长缓慢。

泌乳量减少的其他原因，应考虑包括急性多腺性乳房炎、乳房和乳头异常、低血钙（在母猪不常见）和急性（无乳）或慢性（乳汁减少）麦角中毒（实践中不常见）。事实上，麦角衍生物能抑制催乳素释放。

致病因素与母猪应激密切相关，也与细菌繁殖状况和随后出现的内毒素血症有关。涉及本病的因素众多，并与不同的病症（如膀胱炎、子宫炎、阴道炎、便秘、乳房炎等）相关联。

【临床表现】 PPDS几乎无一例外发生在分娩后的头3 d内。临床症状有多种，各猪群之间患猪表现不同。PPDS通常与肥胖母猪综合征、难产和产后高热有关。管理实践报道，PPDS发病率高的猪群，与母猪分娩过程中过多的人为干预或者对母猪注射过多的药品（抗生素、催产素、前列腺素）或对仔猪注射抗生素有关。该病对仔猪的损害发生在产后最初几日，仔猪消瘦或腹泻（或两者）、营养不良。

【诊断】 本病诊断较困难，主要根据临床症状。在仔猪吃奶时可以很好地实施临床检查。受感染母猪的放乳反射缺失或持续时间短暂，会导致仔猪相互抢奶且哺乳时间延长。开始时，仔猪试图反复频繁地吃奶，哺乳后也不安定。由于仔猪争抢吃奶，可能使奶头受到创伤，而当仔猪能量储备耗尽时，试图吃奶的次数减少。仔猪喜欢聚在产仔箱最温暖的地方，常被母猪压死。

母猪乳房肿胀，触压疼痛，乳头损伤，这些与泌乳不足的临床症状一致。肉眼观察，乳房从正常到表现各种不同的症状，如肿胀、坚硬、触之有热感，有时皮肤呈片状紫色。从奶样中可分离、培养出纯细菌。母猪的直肠温度从正常到40.5℃以上不等，但是用产后直肠温度超过39.5℃，来预测泌乳早期问题的做法受到质疑。观察到哺乳母猪生理性体温升高时，不应该误认为是发热。还可能看到母猪食欲不振或厌食，便秘以及精神沉郁。在一些母猪中还会出现阴道分泌物异常和增多（如子宫颈炎、子宫内膜炎）。母猪的膀胱炎，子宫炎、阴道炎、便秘、乳房炎以及新生仔猪腹泻，应被视为一般综合征（需要对群体全面诊断，而不是只针对个体猪检查）。

【治疗与控制】 全身或局部治疗（抗生素，NSAID）有一定作用，但只是短期有效。氟尼辛葡甲胺有助于中和内毒素。但是如果长期应用，依赖抗生素治疗产褥热，可引起急性乳房炎、阴道炎、子宫内膜炎或新生仔猪腹泻。在发生难产或子宫内膜炎的情况下，使用催产素或前列腺素（或两者）有效。更有效的方法是将患病母猪的仔猪寄养。使用催产素（每头母猪5~10 U），间隔2~3 h使用1次，共4~5次，偶尔对恢复哺乳有效。对于泌乳障碍综合征常发的猪群，应用前列腺素F$_2$引产可降低发病率，因为可在短时间内快速诱导分娩和奶头扩张。

应尽可能发现、纠正或减少致病因素。在分娩过程中尽可能避免人工干预，必要时才冲洗子宫。没有明确的证据表明，使用疫苗有作用。良好的卫生可以减少母猪的乳房炎和仔猪腹泻的发病率，但是产后泌乳障碍综合征在健康和卫生条件良好的猪场也常见。

对于患慢性乳房炎的母猪，使用板条式分娩栏，每次使用前用消毒剂清洗，并对饲养区域消毒能有效控制发病率；剪掉或磨平新生仔猪牙齿的做法并不能控制慢性乳房炎的发病率，仔猪尖牙确实能够导致乳房炎高发，这可能是与仔猪口腔菌群的改变有关。

第十三节　牛、绵羊妊娠期延长

牛和羊都是由胎儿诱导分娩的，分娩开始启动时，胎儿体内可的松水平升高，从而引起母体一系列的内分泌活动。胎儿可的松水平升高是由于胎儿成熟的垂体产生促肾上腺皮质激素（ACTH）增加所致，ACTH产生增加是由于胎儿缺氧和血中碳酸过多引起的。每个胎儿的妊娠期都是独特的，但是，每种动物妊娠期都有一个大致的范围（表11-1）。

牛的妊娠期受公母牛的品种、犊牛性别、单胎还是多胎、母牛的胎次及胎儿的基因型影响。环境因素，包括营养、外界温度及季节变化，影响较小。牛的品种对妊娠期长短影响最大。欧洲黄牛（*Bos taurus*）品种间妊娠期差异较大（例如，荷斯坦牛妊娠期为279 d，而夏洛来牛为287 d）。瘤牛（*Bos indicus*）品种妊娠期（平均为296 d）稍长。相同品种内，个别公牛的后代妊娠期较长，难产的概率增加。绵羊正常的妊娠期是144~150 d。

【病因与发病机制】 对奶牛来说，通常知晓配种日期，因此一旦确认妊娠后，可计算并记录分娩日期。肉用品种牛，母牛与公牛一起饲养，不知道确切的配种和产犊日期，但个别妊娠牛会在预期公认的产犊季节分娩。应检查个别未在预期的时间分娩的牛，以确认其是否妊娠，并确定其妊娠是否正常。

很少确切知晓羊的产羔日期，除非是人工控制交配或人工授精的羊。多数羊群中，公、母羊合群饲养，交配后，母羊在臀部留下颜色标记，表明已经交配。臀部的颜色间隔14~17 d改变，说明重新配种，妊娠诊断按后面的日期计算，产羔日期也延后14~17 d。要淘汰个别未产羔的羊或检查其是否妊娠。

多数情况下，并非是妊娠期延长，而是人为的错误。错误计算分娩或产羔日期，未能记录后续配种日期，误诊妊娠，不能准确识别个体羊等都可能误认为正常动物妊娠期延长。真正的妊娠期延长比较少见，而妊娠期延长的共同特征是下丘脑-垂体-肾上腺轴异常。对疑似病例应进行仔细检查。有些病例，胎儿死亡或严重畸形，已无经济价值。如果妊娠继续延长的话，母羊生命会受到威胁，建议终止异常妊娠。

（1）**胎儿死亡性妊娠期延长**　胎儿死亡后，可能发生流产、胎儿浸渍或胎儿干尸化。在流产和胎儿浸渍的病例，缺失了维持妊娠的激素，患畜常表现出妊娠已经终止，流产胎儿可能被发现，母畜出现异常的阴道分泌物，也可能返情或者胎儿骨骼遗留在子宫内。

形成胎儿干尸化的病例，胎儿死亡并非很明显，卵巢上的黄体仍然存在，阴道没有分泌物，这种异常妊娠可无限期地继续下去。妊娠晚期，畜主发现患畜妊娠的外部症状，包括腹部增大，和同期妊娠的其他牛相比不明显。临床检查发现，尽管母畜妊娠，但是胎儿已经死亡。直肠检查发现，子宫紧包着形状不规则的胎儿，没有胎水，也没有孕脉。经直肠做超声检查可以确诊。一次性肌内注射前列腺素F_2可排出干尸化胎儿，48 h后胎儿从子宫排出到阴道内时，可人工取出。

诊断绵羊干尸化胎儿可用腹部触诊的方法，同时施以腹部超声检查。从经济方面考虑，应淘汰患羊。

（2）**胎儿畸形性妊娠期延长**　这些病例通常是由于胎儿垂体-肾上腺轴异常，不能启动分娩所致。受影响的胎儿或者死亡，然后流产，或者无限期地在子宫内存活。这种现象与遗传、传染、中毒及未知原因相关。

遗传异常：荷斯坦牛，遗传性妊娠期延长是由胎儿常染色体的隐性基因所致的。在妊娠期满时，胎儿肾上腺不能对其促肾上腺皮质激素产生反应，从而不能产生皮质类固醇类激素，其结果是胎儿继续生长，直到超过其血液供应。用地塞米松诱导分娩会导致分娩异常，原因是产道没有充分准备。剖腹产可挽救母畜，但是因肾上腺机能不全，胎儿难免死亡。

各种不同品种的牛中，有3种遗传异常可导致妊娠期延长，包括胎儿垂体异常。其中第一种异常是胎儿超大（巨型胎儿）；第二种是犊牛严重颅面畸形，比正常犊牛小；第三种是胎儿多处骨骼异常，克隆动物常发生遗传异常。

妊娠期延长与胎儿过大：已有报道，由于胎儿过大引起的荷斯坦牛、爱尔夏牛和瑞典品种牛妊娠期延长21～150 d。某些病例，可见患牛腹部明显膨大。除非胎儿超出其血液供应后先死亡，否则没有启动分娩的可能。宫颈开张不全，难产不可避免。犊牛出生重为48～80 kg，过度成熟，表现为蹄比正常犊牛长，牙齿发育良好。因为表面活性剂释放受阻，因此犊牛呼吸困难，犊牛可能死于低血糖症。剖检可见垂体和肾上腺发育不全。

胎儿颅面缺陷性妊娠期延长：该类型妊娠期延长已在爱尔夏、格恩西奶牛和娟姗品种有报道，并被认为是隐性基因所致。受影响的犊牛在妊娠7个月时停止生长。格恩西奶牛患此病时不能自发分娩，因为犊牛的垂体不能启动分娩。通常犊牛在产出时死亡，有些犊牛颅骨和面部畸形。

多骨骼异常性妊娠期延长：曾有报道发现，海福特牛发生该病。受影响的犊牛表现出垂体不发育或发育不全，关节弯曲、斜颈、驼背、脊柱侧弯，某些犊牛有上颚裂。

克隆性妊娠期延长：已有报道，经体细胞克隆产出的犊牛和羔羊发生妊娠期延长。在妊娠后期可观察到早期胎盘畸形，并导致胎儿死亡。克隆的胎儿很难自然出生，常发生妊娠期延长。胎儿的肺和母体乳腺发育迟缓，胎儿很难存活。

传染性原因：虽然牛病毒性腹泻病毒可导致牛流产，它也可以导致胎儿先天性缺陷，包括小脑发育不全，无脑儿和脑积水。受影响的犊牛出生时带有重度CNS缺陷，但是如果影响到垂体功能，偶尔会发生妊娠期延长。有关瘟病毒属的边界病病毒可以导致羊胎儿重度大脑异常，牵涉羔羊垂体时可能会导致妊娠期延长。

赤羽病病毒出现在非洲、澳洲、中东和远东，由昆虫传播给孕牛和孕羊。在妊娠的76～104 d时感染赤羽病病毒，可使牛胎儿出现积水性脑畸形（液体充满脑室）。在妊娠的105～174 d感染该病毒，可造成胎儿积水性脑畸形和关节挛缩。受影响的胎儿大脑重度损伤，大脑皮层缺乏和颅腔内充满液体。小脑发育不全，脑干比正常小。如果胎儿垂体功能受到影响，可导致妊娠期延长。

在非洲、澳洲、北美洲和南美洲以及欧洲部分地区发现的蓝舌病病毒感染，也是由昆虫传播的，偶尔可以导致妊娠期延长。在妊娠60～120 d时感染该病毒，牛胎儿出现积水性脑畸形，而在妊娠后期（120 d之后）感染，胎儿CNS受损伤较轻。

有记录表明，在妊娠期间用裂谷热病毒弱毒疫苗接种的绵羊，妊娠期有超过200 d的。受影响的羔羊出现严重的大脑缺陷和骨骼异常。有些母羊在妊娠4个月时出现羊膜水肿，未流产的母羊出现了酮血症。

中毒性原因：意外食入或试验性饲喂植物毒素会导致胎儿畸形和妊娠期延长。在绵羊妊娠早期，饲喂加州藜芦（*Veratrum californicum*，skunk cabbage）导致胎儿畸形、巨型胎儿和妊娠期延长。在妊娠14 d时，给绵羊饲喂加州藜芦可导致胎儿颅骨缺损、大脑和眼畸形，某些病例妊娠期超过230 d。加州藜芦含有胺环巴胺，被认为是导致胎儿畸形的有毒成分。这种植物还含有一些有毒的生物碱，会引起绵羊胃肠机能紊乱、呼吸困难和抽搐。在日本，白藜芦（*Veratrum* *album*）也同样可以引起荷斯坦牛妊娠期延长和胎儿畸形。

藜科冈羊栖猪毛菜（*Salsola tuberculatiformis*）（花椰菜钾猪毛菜）中含有一种未经鉴定的毒素，可导致绵羊妊娠期延长。妊娠期延长超过220 d，受影响的羔羊垂体、肾上腺和甲状腺萎缩。在妊娠初期和后1/3期，胎儿似乎最易受毒素影响。冈羊栖猪毛菜毒素中毒使得羊妊娠期延长、羊水量不断增加。受影响胎儿出现腭裂，不能正常吞咽羊水。超重的胎儿以及不断积累的胎水的重量可能会导致羊耻骨腱破裂。

【诊断】当牛群或羊群中发生一些妊娠期延长的病例时，应全面调查，找出原因和确定可行的防治措施。遗传性异常可通过研究受影响胎儿系谱或者找出其异常的染色体组型而确诊。应调查是否可能接触有毒植物以及病毒感染，找出病毒或感染病毒的血清学证据，可以明确是否是病毒感染所致。对于某些妊娠期延长病例的病因尚未明确，有时可发现胎儿垂体发育不全或损伤，但是其潜在的病因难以找到。

【治疗】对疑似妊娠期延长的病例，如果有配种记录，应该核查记录，以确定是否已过分娩期。对实际上妊娠期没有延长的病例采取治疗措施，可能会导致早产，早产胎儿难以存活。一旦确定真正的妊娠期，需对母畜进行全面的临床检查。

通过直肠检查触摸牛子宫及其内容物是重要的诊断方法。在某些病例，可以触摸到胎儿的某部分，而在另外一些病例则很难能检测到胎儿异常的头盖骨。超声检查可以确定胎儿异常，包括可确诊胎儿充满液体、薄壁的颅腔。延期妊娠的胎儿，由于其重量增加，可能使其在子宫内向前延伸到瘤胃底下，致使直肠检查难以触摸到胎儿。

有些病例，妊娠期延长，胎水过多，通过分析胎水样品中钠和氯化物的水平确定胎水的来源。羊水中含约120 mmol/L钠和90 mmol/L的氯化物。尿中含有50 mmol/L钠和20 mmol/L的氯化物。然而，羊膜水肿以及尿膜水肿和妊娠期延长没有多大相关性。多数有巨型胎儿的病例都存在羊水过少。

在真正妊娠期延长的病例，胎儿不太可能有任何经济价值。治疗应着眼于排出胎儿，降低对母畜的损害。在胎儿过大的病例，母畜因胎儿和胎水的重量而感到不适，乳房前组织痛性水肿预示耻骨腱破裂或即将破裂。在患羊腹部施加帆布吊带，直到妊娠终止，可防止进一步损伤。在治疗前须检查母畜的一般健康状况，并和畜主商议治疗价值。

成功地诱导分娩需要下丘脑-垂体-肾上腺轴参与。在妊娠期延长的病例，妊娠之所以能维持，主要是因为黄体继续产生孕酮。不能自发诱导病畜分娩，是由于胎儿可的松分泌不足或者黄体不能溶解。肌内注射前列腺素F$_{2\alpha}$（或其合成类似物——氯前列烯醇）和糖皮质激素——地塞米松，可成功地诱导牛和羊分娩。前列腺素能溶解黄体，糖皮质激素能启动分娩前母体多种激素的变化。引产时，建议给奶牛使用500 μg氯前列烯醇和20 mg地塞米松，给绵羊使用125 μg氯前列烯醇和16 mg地塞米松。一次性注射上述2种药物通常可达到引产效果，分娩应开始于注射后的24～72 h。

诱导分娩需细心监测，如果发现子宫收缩乏力或有损伤腹壁的可能，可实施人工助产，上述任何一种情况下都不能排出胎儿。一旦分娩开始，如果胎位不正则需要产科协助。如果胎儿非常大，可能会因胎儿和骨盆腔大小不协调而难产，此时需要小心牵引胎儿，如果此法不可能解救难产，则需要实施剖腹产术。如果母畜患重病，但是能够承受手术的话，不需要尝试通过阴道分娩，直接选择剖腹产。胎儿成熟障碍是个问题，特别是对于非常珍贵的动物的克隆后代，需要加强护理与一定仪器设备。

胎儿娩出后，用催产素可加速子宫复旧。胎衣不下采用常规的处理方法。采用补液疗法以及给予抗生素和与NSAID（如氟尼辛葡甲胺），有助于患畜恢复。

第十四节　山羊假孕

繁殖季节奶山羊假孕是乏情的主要原因之一，老年、经产山羊最常发生假孕。其特征是卵巢上有持久黄体，但是子宫内无胎儿。

【病因与发病机制】不管是未配种且有发情周期的山羊，还是配种后胚胎或胎儿死亡的山羊，黄体不退化是此病发病机制的主要因素。未配种的山羊，甚至在非繁殖季节，也可自发地发生假孕。有人认为假孕和遗传有关，但是，最近在英国的一项研究表明，患假孕山羊的后代和未患过假孕母山羊的后代相比较，假孕的发生率没有显著差异。

【临床表现】子宫积水（子宫内积聚液体）是假孕的主要临床特征。动物机体长期、持续地受黄体孕酮的影响，从而发生子宫积水。如果不作出诊断，假孕可持续几个月，子宫内的积液量可达几升。这些病例腹部下垂，乳房也可能增大，给人以妊娠的假象。

【诊断】用超声技术检查病畜，可显示积液为无回声的黑色图像，大小不等，由薄的双层组织分开，为弯曲、拉长的子宫角的断面。如果积液量大，检查者晃动母羊的腹壁时，可见组织层有波动。用超声检查法做早期妊娠（配种或人工授精20～30 d后）诊断时，很难区分正常妊娠和子宫积水，因为此时难以检查到胎儿或胎盘复合体，可能错把子宫积水当作胎水。

【治疗与预后】使用溶解黄体剂量的前列腺素 $F_{2\alpha}$（或者其合成的类似物）诱导黄体溶解，并排出子宫积液。如果在繁殖季节治疗，母羊在 $2\sim3$ d 内发情，可以配种或人工输精。假孕可能随着黄体（老化）停止产生孕酮而自发结束。因此，子宫颈松弛、子宫收缩，从而排出子宫内液体，这个过程被说成是"暴涌"（Cloudburst）。用前列腺素治愈后，母羊的繁殖力不受影响，所以不建议淘汰山羊。

第十五节　大动物胎衣不下（胎盘滞留）

一、牛胎衣不下

牛胎衣不下（胎盘滞留）指分娩后 24 h 内，胎衣未自行排出。正常情况下，在排出胎儿后 $3\sim8$ h，牛可自行排出胎衣。健康奶牛胎衣不下发病率为 $5\%\sim15\%$，而肉牛发病率较低。牛流产（尤其是布鲁氏菌或真菌感染引起的流产）、难产、死产、早产或引产、产双胎、低血钙症、处于高温环境、老龄牛、患胎盘炎以及营养不良时，胎衣不下的发病率增加。胎衣不下的奶牛更易患子宫炎、真胃移位和乳房炎。

胎衣不下使得母体胎盘组织有中性粒细胞浸润。中性粒细胞浸润可延续到产后期，从而继发并发症。患胎衣不下的牛，妊娠后期可的松含量增加，前列腺素（PG）E_2 和 PGF_2 的比例改变，子宫收缩力增加（决定胎衣不下是胎盘能否分离，而不是子宫收缩力）。

胎衣不下通常易于诊断，分娩 24 h 后，胎膜还悬垂于阴门之外，胎膜已经变质、变色并腐败。偶尔胎衣滞留在子宫内，外部看不见，这种情况下，患牛从阴门排出污秽的分泌物。多数胎衣不下病例不表现全身症状，若发现全身症状，则表示已经引发毒血症。单纯性的胎衣不下，只是外观不雅、不便于挤奶，一般不直接影响牛的健康。然而，发生胎衣不下的牛易患子宫炎、酮病、乳房炎，甚至再妊娠时流产；再分娩时，更容易发生胎衣不下。

不推荐手术剥离胎衣，因为可损伤子宫内膜。可以修剪露在外面的过多的胎膜，以便于挤奶工操作和减少对生殖道的污染。未经治疗的牛，在 $2\sim11$ d 内可自行排出胎衣。日常向子宫内投入抗生素没有益处，反而可能有害。尽管有人在不同的时间应用催产素、雌二醇、$PGF_{2\alpha}$ 和口服钙制剂，但都未证明可以加速胎衣排出或者可以防止并发症。当出现全身症状时，应全身应用抗生素治疗。对胎衣不下发病率异常高的牛群，应该寻找和消除其诱发原因。给牛群添加维生素 E 和硒等营养素有一定效果。

二、马胎衣不下

马通常在分娩后 3 h 内排出胎衣，但在没有任何症状的情况下，胎衣的排出也有可能延迟 $8\sim12$ h，甚至更长时间。引起胎衣不下的原因尚不明确，但其发生与感染、流产、妊娠期过短或过长、子宫弛缓有关。发生胎衣不下的马下次更易复发，弗里斯（Friesian）马尤其如此。部分胎衣不下时，胎衣在子宫内（通常是在上次妊娠空角的前端），外部看不见，但同样可能导致并发症。因此，应该对排出胎衣的完整性进行检查，以确定胎衣完全排出。

胎衣不下，可能继发子宫炎，甚至腹膜炎，蹄叶炎也是其潜在的后遗症。基于这些原因，通常在分娩后 $3\sim4$ h，胎衣仍未排出时，使用催产素治疗（肌内注射，5 U，每 $2\sim3$ h 注射 1 次）。手术剥离胎衣，有损伤子宫或使子宫脱出的风险，因此不建议。但是可以轻轻牵拉出已经松动的胎衣。如果胎衣长时间滞留不下，则应预防性给予抗菌药物治疗，同时合并应用 NSAID 或采取其他治疗方法，以防止发生蹄叶炎。母马患胎衣不下治愈后，一般不会降低其生育能力。

三、其他动物胎衣不下

母山羊和母绵羊胎衣不下发病率增多与窝产仔数多及助产有关。治疗时，采用全身性治疗，以防止感染，也可轻轻牵引露在外面的胎衣，看胎衣是否已经分离。母猪胎衣不下时，胎衣隐藏在子宫内，在外阴部看不见。也可能有猪胎儿滞留在子宫内。通常，滞留的胎儿和胎衣在子宫内腐烂，此时会出现全身症状，阴道排出脓性分泌物。虽然偶尔会出现严重或致命的并发症，但是预后良好，繁殖力也不受影响。出现全身症状时，应用抗生素治疗。

第十六节　公牛精囊腺炎

精囊腺是成对的副性腺，位于骨盆底、壶腹侧方，在膀胱颈背侧。精囊腺分泌透明液体，增加精液的量，并为精子提供营养和缓冲。"精囊"这个术语用词不当，因为这个囊并非是精子储库。

精囊炎是一种炎症，常波及一个或两个精囊腺。精囊炎患畜分泌的脓性分泌物污染精液，包含传染性病原菌。精液采集中心应将采集到的带有脓性污染物的精液弃掉。在繁殖性能检查中，如果发现有患精囊炎的公牛，不宜作繁殖公牛用。对难以治愈的公牛应淘汰。

【流行病学】据报道，有饲养牛的地方就有精囊腺炎。公牛精囊腺炎的发病率为 $1\%\sim10\%$，然而，有报道发现，在舍饲的公牛群中，精囊腺炎的发病率为20%，甚至可高达49%。各种年龄的牛均可发病，但是最常见于1岁的牛，常在繁殖健康检查或首次采精时发现。因为许多患精囊炎的1岁公牛被淘汰，所以在成年公牛发生精囊腺炎的较少。

【病因与发病机制】 精囊腺炎被认为是典型的由细菌感染所致。最常见的细菌是化脓隐秘杆菌、绿脓杆菌、链球菌、葡萄球菌、变形杆菌和大肠埃希菌。其他病原菌包括牛生殖道支原体、衣原体和病毒。

公认的发病机制包括病原菌从尿道上行或者从睾丸或附睾经精管下行感染精囊，也可能是其他组织器官的感染，经血液转移至精囊。上行感染途径被认为是不可能的，除非公牛患有阴茎创伤或尿道炎。如果精囊腺炎和传染性附睾炎或睾丸炎都发生在同一侧，可能是通过下行感染途径感染。由全身性感染、脐带炎、传染性关节炎或肺炎诱发成精囊腺炎，似乎更有道理。

有人曾报道精囊腺和排泄管先天性畸形。对患精囊腺炎的青年公牛的研究结果显示，在精阜处排泄管有先天性畸形，致使精子或尿液从骨盆内尿道回流到精囊，如果精囊内层因管内异常物质的刺激而退化，可使局部产生明显的炎症，这种非传染性的精囊腺炎可能说明某些病例治疗效果不佳。

【临床表现】 精囊腺炎常无外部症状，急性或精囊化脓的病例，公牛站立时弓背，排粪或直肠检查时表现疼痛，爬跨时小心谨慎。但是，这样的临床症状也不常见。

【诊断】 采集精液样品可见精液被脓性物质污染。如果公牛患精囊腺炎，直肠检查可发现精囊体积增大、形状不规则并且常常纤维化。一侧或双侧精囊腺炎，如果是单侧的，腺体的体积不对称，很少形成脓肿，但是形成脓肿的病例，精囊腺明显增大，触摸时有波动感。

精液中有脓汁并非精囊腺炎所特有，患附睾炎、睾丸炎以及包皮炎的公牛，精液中也可能含有脓性分泌物。出现异常精液时需触摸整个生殖道，以确定病因。采精前需用水或盐水冲洗包皮，以减少包皮炎脓汁污染精液。可以做精液细菌培养，但是除非用尿道插管的方法无菌采集精液，否则培养没有价值，因为包皮上的微生物可能污染精液。

【治疗与预后】 因为精囊腺炎可能是由细菌感染引起的，所以可对患牛按照说明书的剂量给予广谱抗生素治疗。没有报道明确用哪种特异的抗生素治疗，最好用长效抗生素，因为不用每天给难驾驭的公牛注射药物。精囊腺炎是一种炎症，NSAID有助于减少脓性分泌物产生。某些公牛，在治疗的间歇可能暂时

缓解脓性污染，但是长期治疗的病例预后不良，特别是对慢性病例。不到1岁公牛患精囊腺炎，可能自发痊愈。被脓汁污染的精液不适合用于人工授精，应该弃掉。在某些选择性的病例，腺体内注射抗生素取得了成功。有人用手术法切除感染的精囊腺，但是很难操作。1岁龄公牛手术预后良好，但是用手术法治疗成年公牛慢性精囊腺炎还没有成功的报道。

第十七节　滴虫病

滴虫病是牛的性病，其主要特征是早期胎儿死亡和不育，导致产犊间隔时间延长。滴虫病呈全球性分布。

【病原与流行病学】 滴虫病的病原为胎儿毛滴虫（*Tritrichomonas foetus*）。虫体呈梨形，大小为（10～15）μm×（5～10）μm，具有多形性。在人工培养基中培养时，胎毛滴虫可能变成球形。在其前端有3根鞭毛，长度与虫体几乎相等，有一波动膜使其体长增加，波动膜连接长丝，长丝向后延伸，成为后部鞭毛。虽然胎毛滴虫可在冷冻精液中存活，但是在干燥、高温环境中不能存活。

胚胎三毛滴虫存在于牛的生殖道中，当与受感染的公牛自然交配时，有30%～90%的母牛会被感染，这表明胚胎三毛滴虫有菌株差异，不同品种牛对胚胎三毛滴虫感染的敏感性也不同。各年龄段的公牛都可能长期受感染，但是青年公牛较少长期感染。相比之下，多数奶牛配种后3个月内不感染胚胎三毛滴虫，但是这些牛的免疫力不会长期存在，确实会再次发生感染。当用感染公牛的精液人工授精时，也会传播滴虫病。

【临床表现】 滴虫病最常见的症状是由胚胎死亡所引起的不孕，母牛复配，配种员经常发现，本应该妊娠的牛又发情了。上述情况外加妊娠诊断结果不理想（例如太多空怀牛和复配的牛）可考虑是否是滴虫病的影响。滴虫病是牛场很棘手的问题。除了在正常分娩季节预期分娩牛的数量减少外，会发现更多未妊娠、生殖道异常的牛，包括子宫积脓、子宫内膜炎或胎儿干尸化。

患牛也可能发生胎儿死亡和流产。有人在妊娠8个月牛的阴道内发现胎毛滴虫，显而易见，被感染的母牛也可产出活胎儿。偶尔在生产后，患牛会出现子宫蓄脓。

【诊断】 病史和临床表现有助于作出诊断，但是在本质上与牛生殖道弯曲杆菌病一样。确诊取决于能否分离出胚胎三毛滴虫。很难将胚胎三毛滴虫和消化道内的其他毛滴虫相鉴别。诊断的方向应注重检查公

牛，因为公牛最有可能带虫。用吸管吸出包皮穹窿处刮下的上皮细胞，也可使用盐水或乳酸林格氏液（不含防腐剂）冲洗。将采集的抽吸或冲洗样品离心、浓缩后，用暗视野光镜检查。同时，立刻将样本接种到液体培养基（例如钻石氏培养基）中。有兽医曾报道，使用商业化的培养基可获得更好的培养结果。此外，将培养基培育超过标准的48 h，可提高诊断的准确性。每隔48 h从试管底部采样，共采样10 d，在100～400倍视野下检查，可观察到运动的毛滴虫。有人曾研究使用PCR直接从包皮样品中（不做培养）检测毛滴虫的可能性，以减少需要确诊滴虫病的时间。目前，有些实验室正在检验这些方法。

研究表明，有90%～95%受感染公牛的样品，在培养时可见到虫体。每间隔1周培养1次，3次培养成功，对感染公牛的检出率可达99.5%。阴道分泌物（治疗子宫积脓后）或阴道黏液（在接近黄体期结束时采集）也有诊断价值。

为确定公牛是滴虫病阴性，采集其培养样品的次数，取决于牛群中流产的发生率。长期空怀和迟迟不孕的奶牛数量多时，检测公牛的频率应该适当增加，以确定公牛是健康的。

【治疗与控制】有人用各种咪唑类药物治疗公牛滴虫病，但没有一种药物既安全又有效。异丙硝唑最有效，但是由于其pH低，常在注射部位造成无菌性脓肿。此外，成功治疗后的公牛易再受感染。对异丙硝唑的耐药性也是需要考虑的问题。然而，最大的问题是需要反复采样检测是否成功治愈，这意味着永远无法确定个体公牛为阴性。因此很难确定该治疗方法的效果。

控制滴虫病的手段包括清除感染方法是淘汰所有的公牛，或用未使用过的公牛替换现有公牛，也可以通过检查来淘汰阳性公牛。反复检测老龄公牛可能做不到，要将所有公牛淘汰也需谨慎。只允许健康公牛（无滴虫）与健康母牛（无滴虫）交配，防止再次感染。健康母牛被定义为能够产出健康犊牛的母牛（尽管有些感染的母牛也能产出活胎儿）和青年处女牛。在几个牛群混合饲养的情况下，应注意确保，不要将繁殖母牛和青年母牛和有潜在感染可能的公牛接触。

迪美唑可安全消除精液中的胚胎三毛滴虫。目前虽已经开发出多种牛用疫苗，但是没有一种是高效的，尤其是在没有其他防治措施的时候，单靠疫苗效果不佳。

第十八节　乳房疾病

见大动物乳房炎和伪牛痘。

一、牛乳头及其皮肤病

1. 牛溃疡性乳头炎（牛疱疹病毒Ⅱ型感染）　牛疱疹病毒Ⅱ型（BHV-Ⅱ）感染可引起奶牛乳头和乳房皮肤急性、溃疡性病变，常被称为牛溃疡性乳头炎。BHV-Ⅱ感染呈散在发生或暴发，患牛产奶量减少，并增加患细菌性乳房炎的概率。

病牛临床症状从相对轻微的小块水肿，到严重的溃疡。牛溃疡性乳头炎早期症状各异，但是病变常从乳头皮肤一个或多个不同大小水肿、变厚的部位开始，形成小水疱并迅速破裂，形成溃疡面，不久形成暗色的结痂，结痂易破裂出血，尤其是在挤奶时更易使结痂破裂。病变区域大小不等，可能涉及大部分乳头壁和乳头孔。乳头疼痛，奶牛常抗拒排乳，从而易发生乳房炎。各年龄段未感染过的牛均易感，但是第1次泌乳的牛发病率最高。损伤严重的需要几周时间才能痊愈。

基于临床症状可作出初步诊断，需要根据组织病理学检查结果或者从早期病变处分离出病毒而确诊。治疗应注重于护理，因为目前对此病毒还没有有效的治疗方法。用加润肤剂的含碘消毒剂涂在乳头上，有助于抑制该病毒。重要的是隔离感染的奶牛，并使用单独的设备挤奶，此外，单独使用清洗乳房的毛巾并清洗挤奶工的手套，有助于防止传播病毒。

2. 假牛痘　假牛痘是由痘病毒引起的牛乳头皮肤病变的疾病。

3. 牛乳头疣（牛乳头瘤病毒感染）　几种牛乳头状瘤病毒（BPV1，BPV5，BPV6和BPV9）可引起牛乳头状瘤或纤维素性乳头状瘤。在某些牛群中，奶牛乳头皮肤上常出现苍白、光滑而突起的病变，可长期存在，无其他症状。另一种情况是，在乳头孔处出现纤维状或蕨类植物的叶子状病变，影响挤奶。牛疣单独分布或呈片状分布。最近有研究，在感染牛的血液、乳汁、尿液或其他体液中发现了牛乳头状瘤病毒的DNA。通过检查乳头处的病变，并且排除是由其他原因引起时，可作出初步诊断。多数情况下，没有必要治疗牛疣，但若损伤影响到挤奶，则需要切除。当牛群暴发牛疣时，建议使用自身疫苗和杀病毒的乳头擦剂进行治疗。

4. 牛乳头末端表皮角化症　泌乳期奶牛乳头尖皮肤上，常出现光滑或粗糙的圈状突起。发生角化的乳头尖，从最初出现光滑的环状病变，不影响挤奶，到有放射状裂纹的严重角化环。乳头角化严重时，影响泌乳前清洁乳头。通过临床检查病变乳头可作出诊断。乳头角化的程度根据下列特征区分：①无环状突起；②光滑环状突起；③粗糙环状突起；④非常粗糙带裂纹的环状突起。

引起乳头皮肤角化的因素很多，因此，预防该病应注重于避免多种潜在的致病因素。发生角化常与天气变冷有关，可能是因为外周循环发生变化引起的。导致乳头角化的致病因素很多，包括不正确使用乳头消毒剂，潮湿乳头暴露在寒冷的环境中，不正确地设置挤奶机器，导致过度挤乳，挤乳时未充分按摩乳房以及放乳不充分。排除潜在的因素后，患病乳头通常在几周内恢复，也可能在干乳期后恢复。

5. 乳房皮炎 引起乳房皮炎的因素很多，包括化学刺激物、晒伤和细菌感染。接触的化学刺激物主要是垫料中的物质（比如石灰石）或挤奶过程中使用的化学药物。除去这些刺激性物质，皮炎症状消失，但是清洗乳房并使用润肤剂可加快皮炎愈合。乳房脓疱病（乳房痤疮）是细菌性皮炎，其特征是乳房或乳头皮肤上有小脓疱，从脓疱中常分离到葡萄球菌。治疗乳房脓疱病的方法是剪去患部毛发，每日清洗皮肤，直至康复为止。

6. 乳头冻伤 牛暴露在寒冷的环境中或爬卧在冰冻的垫料上，潮湿的乳头易皱裂或出现裂纹。气温在0℃以下时，易使皮肤冻伤。皮肤冻伤后肿胀、变色，最终呈皮革样。防止乳头冻伤最好的办法是，在进入休息区前，或者当温度在−17℃放牧时，使奶牛乳头保持干燥。工作人员也要确保奶牛乳头以及乳房皮肤接触到的垫料区域完全干燥。为抵御寒冷而特别设计的乳头消毒剂产品（例如，粉剂以及其他适用于寒冷气候的制剂）为防止乳头冻伤起到了一定的作用。

7. 乳房疮（乳房坏死性皮炎） 在乳房的皮肤上可见潮湿、有腐烂气味的坏死性病变。青年母牛乳房外侧和大腿内侧易发生病变。乳房两侧受奶牛后肢挤压，致使摩擦而损伤，引发皮肤炎或坏死。乳房水肿是导致乳房坏死性皮炎的因素，应同时治疗。每日用防腐液清洗坏死的皮肤，并保持皮肤干燥，再应用些温和的收敛剂，可达到治疗的目的。前部两个乳区间感染疥螨会出现相同的症状。据报道，老龄牛比青年母牛更易感染疥螨。可在肿胀坏死的区域涂以正规杀螨药，但是，在用药期应严禁出售牛奶。

二、牛生理性紊乱

1. 乳房水肿 乳房水肿常发生于高产奶牛（特别是青年母牛）分娩前后，其诱因包括首次分娩时的月龄（大龄青年母牛更易发）、妊娠期长短、遗传因素、营养、管理、肥胖以及产前缺乏锻炼。产前日粮中含有过量盐，可增加乳房水肿的严重程度。通常生理性水肿无疼痛感，与分娩前乳房压痕性对称水肿同时发生。乳房水肿可导致临床型乳房炎，偶尔可以转

为慢性病，持续整个哺乳期。如果水肿影响奶牛乳房支撑能力或者影响泌乳能力时，应进行治疗。分娩前给奶牛挤奶可治疗乳房水肿。提前挤奶对青年母牛乳房水肿有效，但对老龄奶牛可能导致生产瘫痪。反复按摩和热敷刺激血液循环，可促进水肿消退。利尿剂对消除乳房水肿有效，糖皮质激素也有助于治疗，利尿剂和糖皮质激素合剂可用于治疗乳房水肿。

2. 小母牛乳腺早熟发育 偶尔可见青年母牛在分娩前就开始泌乳。单个乳腺的早熟发育，有时是由同群中其他牛吸吮造成的，对称性乳房早熟发育与卵巢肿瘤或饲喂含雌激素饲料或真菌感染的饲料有关。停止饲喂受污染的饲料，通常可以避免乳房过早发育。

3. 排乳障碍（排乳减少） 在少数情况下，刚分娩的青年奶牛可能存在排乳障碍的问题。惧怕挤奶或不熟悉挤奶过程是造成排乳障碍的常见原因。对待要挤奶的奶牛要有耐心，不可粗暴，确保奶牛不被惊吓。在安装挤奶设备之前，需要给予奶牛足够的刺激时间（>20 s）。有时候需要肌内注射催产素（20 IU）来缓解排乳障碍。

4. 无乳症 无乳症偶尔发生在青年母牛，可能是内分泌原因，或是乳房局部的问题。在近期分娩的奶牛中，无乳症是由于重度的全身疾病或牛支原体性乳房炎造成的；无乳症也与放牧或食入感染内生菌的苇状羊茅草有关。

5. "瞎"乳区（无功能乳区） 瞎乳区通常是奶牛干乳或泌乳期乳腺重度感染的结果，青年母牛瞎乳区通常是由于其他母牛或犊牛吸吮而造成的。在下个泌乳期，有些瞎乳区仍可恢复产乳，发生纤维变性的区域会继续扩大，药物治疗感染的区域可以消除感染。瞎乳区或无功能乳区很少是天生的。

6. 牛乳房先天性疾病 先天性疾病包括一些结构缺陷，但最严重的是副乳头。副乳头通常出现在两后乳头的后方、前后乳头之间或附着在前或后乳头上。切除青年奶牛副乳头不仅是提高乳房外观形象的需要，减少患乳房炎的可能，也有利于挤奶。在小母牛1周龄到1岁时（最好在3～8月龄）容易用外科手术法切除副乳头。对于围产期的青年母牛，在开始泌乳前切除副乳头，术后要对切口进行缝合。

三、创伤与结构性疾病

1. 乳房与乳头挫伤 如果发生乳房及乳头表面的创伤，要用消毒液清洗，或者作为开放性伤口治疗，常对伤口施以防腐粉或喷雾处理。如果伤及到乳头，辅以绷带会加速愈合。伤口涉及乳头孔时，挤奶后应敷以消毒药膏并包扎。通常建议乳房内注入抗生素，用以预防性治疗，以防止发生乳房炎。

大的乳静脉撕裂应采取急救措施，因为可能大量出血，建议应立即压迫或结扎止血。

乳房和乳头深部组织伤口需要立即（在6 h内）清洗，注射适量镇痛剂，保定患畜，局部麻醉后缝合伤口。当伤口涉及乳头管时，需插入带盖的乳头插管，并保留24 h，以防止通过伤口渗奶（延缓或阻止愈合），并有助于挤奶。向受伤乳区内注入抗生素制剂，以防止感染。

2．乳头阻塞　后天性乳头阻塞通常是乳头损伤后肉芽组织增生的结果。当阻碍乳汁流出时，才会意识到乳头阻塞。阻塞的范围从弥漫性的、紧密粘连的病变到高度移动的、弥漫在整个乳头管的散在病变。有些"游动物"是由干奶期乳导管的乳脂、矿物质和组织形成的。可以通过奶流是否间歇中断确认。通过用力向下挤压乳头管，或使用专门的工具穿过乳头管的方法清除"游动物"。有时可见到青年母牛乳腺乳池基部环形褶处膜性阻塞，并且治疗效果不佳。

3．乳头完全阻塞　严重创伤后粘连物填充乳头管，可造成乳头完全阻塞。治疗方法类似于乳头狭窄（见下文），通常预后需更加谨慎。对于严重受伤的乳头，应永久停止挤奶。

4．乳头狭窄　乳头狭窄的特点是乳头孔明显缩小或奶头管呈条索状，挤奶困难。乳头狭窄常是由于挫伤或伤口肿胀、形成血凝块或痂或是由于乳房感染（特别是泌乳前的青年母牛）。最开始仔细触诊乳腺可以诊断乳头阻塞。复杂的乳头阻塞或贵重动物的乳头阻塞可能需要影像学诊断协助，如超声检查、放射造影或乳头内镜检查。

治疗效果视严重程度不同而有所不同。保守疗法包括，使用乳头插管和外部挤压法，以清除阻碍物；而对重度病例，需要专家实施乳头切开术或乳头内镜检查（内镜手术）。对乳头所有的损伤处理或手术过程，都应小心谨慎，以防止感染。当涉及乳头或乳头孔时，应向相应乳区注入预防用抗生素。对于乳头乳池或乳腺乳池的持续性瘘管，最好在干奶期进行手术修复。

5．乳房悬韧带断裂　有些老龄牛出现渐进性乳房悬韧带（通常是中间韧带）断裂，导致乳房底下落，乳头水平偏斜。分娩时或分娩后，偶尔发生急性悬韧带断裂。这种情况下，奶牛易患乳房炎。对乳房悬韧带断裂没有有效的治疗方法，使用支持托带也效果不佳。乳房韧带断裂的发生可能有一定的遗传基础。

6．乳房血肿　创伤（常与不当的房舍环境有关）可导致乳房挫伤和血肿。血肿通常表现为软组织肿胀，血肿部位多为前乳房的前侧或后乳房的下方。很难将血肿与脓肿区分开。如果不及时治疗，严重血肿会导致贫血。多数情况下，常用压迫性包扎和使牛安静的保守疗法治疗血肿。除非血肿已出现感染，否则不可切开或引流。在血肿恢复期，应谨慎挤奶。如果血肿继续扩大，应当做急诊处理，因为患牛可能因失血过多而休克。

7．乳房皮下脓肿　乳房皮下脓肿（未涉及腺泡）常发生在皮肤和皮下结缔组织之间。用针穿刺入脓肿抽吸出脓汁可作出诊断。脓肿通常继发于创伤、慢性乳房炎、感染的血肿或重度挫伤。对于慢性和乳房浅表的脓肿，应该切开，排出脓汁并引流。每日用消毒液和水冲洗，直到伤口完全愈合。

8．血乳　产犊后出现略带粉色或红色的乳汁很常见，这是由于乳腺小血管破裂所致。乳房水肿性肿胀或创伤是产生血乳的主要原因。血乳不宜食用。多数病例，如果能定期挤奶，均可在4～14 d自愈。单个乳区乳汁中持续有血液很可能是急性、重度乳房炎所致或者是因创伤所致，应停止挤奶，直到不出血方可开始挤奶。如果怀疑是乳房炎，需向乳房内注入抗生素。

9．乳头括约肌机能不全（乳漏）　高产奶牛乳房内压力大，可能会导致乳头漏乳。致病因素包括高峰乳流率、短乳头以及乳头尖内翻。当牛群中许多牛有漏乳现象时，建议缩短挤奶间隔、增加挤奶频率。偶尔可见奶牛连续漏奶，是因为其乳头受重度损伤或有异常的条纹状乳头管，总体来说，没有有效治疗方法。多数连续漏乳的奶牛都会感染乳房炎。建议淘汰连续漏乳牛。

第十九节　子宫内翻与脱出

多种动物都可发生子宫脱出，然而，常见于奶牛、肉牛和绵羊，猪较少发生。而马、犬、猫、兔则少见子宫脱出。引发子宫脱出的病因有很多，例如母畜卧于前高后低的畜床、子宫尖端内翻、母畜难产或胎衣不下时过度牵拉、子宫迟缓、低血钙及缺乏锻炼等，均可引发子宫脱出。

子宫脱出发生于产后或分娩后的几个小时内，因为此时子宫颈开张，并且子宫松弛。通常，牛子宫孕角会完全脱出，脱出的子宫悬垂于踝关节以下。子宫空角内翻，空角未能翻出是因为子宫角间韧带的牵拉。通过仔细检查脱出子宫表面可确定空角的位置。有时母猪一侧的子宫角内翻，另一侧子宫角内未产出的仔猪阻止子宫进一步脱出。小动物两侧子宫角全部脱出是常事。

治疗牛子宫脱出需先剥离（如果胎衣未脱离）胎盘，彻底清洗子宫内膜表面，修补裂伤，于子宫表面涂抹甘油，以消除水肿，增加润滑。然后将子宫送回腹腔。手术前，首先进行硬膜外麻醉。如果母牛呈站立姿势，将清洗干净的子宫用托盘或用吊带托住，由助手将其抬高至阴门的高度，在子宫颈部（或未脱出的子宫角凹陷处）用持续性力量将子宫一点点推回。子宫复位后，将手插入子宫角检查，以确保没有子宫角尖端内翻，否则可刺激患牛努责，致使子宫再次脱出。向子宫内灌注温热的无菌生理盐水，有助于确保子宫尖端完全复位，并且不会损伤子宫。如果母牛躺卧，应将牛俯卧，并将后肢向后拉，使其后躯抬高。当抬高患牛后躯时，应注意将脱出的子宫一起抬高，以防止拉伸和撕裂子宫动脉。

马子宫脱出的复位治疗方法基本和牛的相同，但通常对马使用镇静剂，使其保持站立，注意不要造成子宫穿孔。

猪和小动物子宫脱出的治疗，可用一只手从外侧复位子宫，同时另一只手通过腹壁切口，将子宫拉回腹腔。当子宫复位后，静脉注射催产素（5 IU），或肌内注射（20 IU），以增加子宫张力。在多数情况下，静脉注射含钙制剂也可增加（多数病例）子宫张力。由于子宫脱出开始于子宫角顶端，凯斯理克（Caslick）缝合或其他形式缝合阴门都无益于事，只有完全而正确地将子宫复位，并使子宫恢复其张力才能防止子宫再次脱出。

预后取决于子宫受损或污染的程度。对于洁净、损伤程度轻微的脱出子宫，如果能迅速复位，则预后良好，并且不会在下次分娩复发。

如果有子宫内膜撕裂、组织坏死、出现感染或延误治疗时，易出现并发症。子宫长时间脱出可能导致休克、出血、血栓栓塞。有时膀胱和肠管也随子宫脱出，位于子宫腔内，应在子宫复位前将膀胱和肠管还纳。可用导尿管或经子宫壁穿刺膀胱的方法排尿。抬高后肢、压迫子宫有利于膀胱和肠管复位。在必要时，可小心纵向切开子宫，将膀胱和肠管复位。切除重度损伤和坏死的子宫，只能保存患牛的性命。子宫复位后需给予辅和抗生素治疗。

第二十节　阴道与子宫颈脱出

阴道外翻和脱出，有时子宫颈也随之脱出，最常见于牛和绵羊。犬也发生阴道脱出，但是发病机制不同于牛和羊（见阴道增生）。成年牛和绵羊阴道脱出多发生于妊娠后1/3时期内。诱导因素主要是，随着妊娠子宫体积增大、腹内脂肪增加，使得牛、绵羊腹内压增加，或因瘤胃扩张，腹压叠加作用于松软的骨盆带、骨盆腔和会阴部，由于妊娠后期外周循环血液

中雌激素和松弛素浓度增加，骨盆腔和会阴部组织受激素作用而变松软。当动物趴卧时，腹内压力增加。除此之外，绵羊趴卧时喜欢前高后低的卧姿，由于重力作用使阴道外翻和脱出。剪短羔羊尾可能损伤骨盆带的支持结构（如尾骨肌肉），如果将尾巴剪得过短，会导致阴道脱。断尾时应该在尾巴腹侧的皮肤痕处剪断，留下2～3个完整的尾椎。

阴道脱出开始时类似肠套叠，阴道前庭和阴道连接处的阴道底壁外翻，导致患畜不适，再加上露出的阴道黏膜受刺激和肿胀，使患畜努责，结果使阴道脱出的更多，最终使得整个阴道全部脱出，此时可在阴道脱出部分的下端看到子宫颈。膀胱和肠管可能包含在脱出的阴道之中。当膀胱随阴道脱出时，尿道被堵塞，膀胱充满尿液、体积增大，除非做导尿处理，否则会影响阴道复位。尿液蓄积多时，膀胱可能破裂，从而危及患畜生命。

虽然阴道脱出常发生在成年动物妊娠后期，但是年轻、非妊娠的绵羊或牛也会发生，特别是肥胖的动物。诱发因素包括，采食含有雌激素的植物（特别是三叶草）和人为投给有雌激素的化合物（常以促生长剂埋置的形式投给）。圈养比放养动物更易发生子宫颈阴道脱，这说明缺乏锻炼是导致该病的促进因素。为采集胚胎而多次超数排卵，使牛体内雌激素超出生理浓度，也是导致阴道脱出的原因。子宫颈阴道脱出的发病机制可能有遗传方面的因素，因为特定品种的牛（婆罗门牛、婆罗门杂交牛和海福特牛）和绵羊（克里山绵羊、罗姆尼羊）更易发病。猪阴道脱出与摄入含雌激素活性的真菌毒素有关。

整复脱出的阴道，首先要进行硬膜外麻醉，冲洗脱出的阴道，必要时需导出膀胱内的尿液。导尿时可抬高脱出的阴道，使尿道通畅，易于导出尿液。必要时也可以采用阴道壁穿刺的方法抽出尿液。润滑阴道（甘油有润滑和减少阴道充血与水肿的作用）后将其复位，使其保持复位状态，直至感觉到阴道恢复体温为止。

可用嵌入式的布纳（Buhner）缝合法固定阴道，这是一种在阴道前庭周围使用的包埋式环形缝合法，对阴道壁外翻处加以固定。布纳缝合已基本上取代以前各种缝合阴唇（不能阻止阴道内翻至阴道前庭处）和阴道内置装置（造成不适和进一步努责）以阻止阴道脱出的方法。采用布纳缝合法应在分娩前拆线，以防止分娩时阴道大范围裂伤。尽管子宫颈外口水肿、发炎，但是子宫颈阴道脱出很少会中断妊娠，且不会导致难产或产后子宫脱。

有的羊群，很多母羊同时发生阴道脱出，成为全羊群的问题，手术治疗不切实际。在这种情况下，使

用商品化的阴道固定装置（一种轴承护架）有一定效果。使用固定装置的绵羊不影响产羔。永久性固定技术（子宫颈固定术或阴道固定术）是将子宫颈或阴道壁固定在骨盆周围其他组织结构上。这项技术可能对个别慢性或复发性的阴道脱出病例有效，但是多数病例都可用布纳缝合术治愈。

第二十一节　大动物外阴炎与阴道炎

各种母畜很少发生产后阴道挫伤和血肿，但是马和猪除外。偶尔，母猪阴道血肿可能破裂，从而造成严重（甚至是致命）的出血，可以通过结扎母猪阴部内动脉的阴道动脉分支控制出血。在各种母畜，难产都可以导致坏死性阴道炎，阴道前庭炎和阴唇炎。发病症状包括弓背、举尾、食欲不振、努责、阴唇及其周围肿胀，有时有浆液性恶臭的分泌物。该病从产后1～4 d开始，持续到2～4周。多数病例，只需要采用保守疗法治疗即可。由于梭菌和其他微生物可能在破损组织中增殖，导致破伤风、黑腿病或者其他类型的梭菌性肌炎，所以用抗生素预防性治疗是明智之举。坏死性阴道炎可能造成阴道永久性狭窄，阴道粘连或阴道周围脓肿。

奶牛常发生阴道前庭淋巴细胞性疱疹，也被称为颗粒性生殖器疾病、颗粒性外阴炎或颗粒性外阴阴道炎，其特征是阴道前庭充血、前庭黏膜淋巴小结增生。这些病变不能成为一种特征性疾病，但是可刺激阴道前庭黏膜。在山羊和牛阴道局部接种尿素分解脲支原体或者支原体，可试验性复制该病。

奶牛传染性脓疱性外阴阴道炎是由牛疱疹病毒1型引起的，通过自然交配、鼻分泌物而传播，或者由昆虫（蝇）机械性传播。以阴道损伤为特征。被感染的奶牛表现出阴道不适（翘尾、频繁排尿），在阴道前庭黏膜上有许多圆形的白色凸起。在很短时间内，这些白色凸起形成脓疱，继而糜烂或形成溃疡。阴道有黏液脓性分泌物。颗粒性阴唇阴道炎不影响母畜妊娠。组织学病变包括前庭和阴道上皮细胞坏死，如果在细胞核内发现包含体，则是典型的疱疹病毒感染。公牛感染（阴茎和包皮上有类似的病变）后，精液里含有病毒。将病毒产物接种于子宫内，可引起坏死性子宫内膜炎及子宫颈炎。

在非洲东部和南部，有一种以奶牛阴道炎和公牛附睾炎为特征、散在发生的疾病，被称为传染性不孕症，通过自然交配而传播。在感染初期，奶牛患有重度阴道炎症状，阴道黏膜发红，但是没有溃疡、糜烂或水疱，随后患牛排出呈奶白色至黄色、黏稠的分泌物。接着感染蔓延到子宫和输卵管，继发输卵管炎和输卵管伞粘连，导致永久性不孕。尽管传染性不孕症可以通过分泌物试验性地传播，但是其发病原因仍然不清楚。

很多国家报道了牛卡他性阴道炎，尽管有报道认为肠道病毒与该病有关，但是病因依然不清楚。在世界上有牛结核病的地区，牛阴道病变也许是与生殖器感染的公牛交配后的原发性病变，或者是患子宫疾病的迹象。

绵羊阴唇炎的病因之一是溃疡性皮肤病，以外阴皮肤、阴茎、包皮和面部皮肤陈旧性溃疡为特征。高蛋白饲料与产脲酶的微生物（通常是肾棒状杆菌）的相互作用也是产生包皮炎和外阴炎的病因。在绵羊外阴皮肤上曾发现蠕形螨，蠕形螨通常与病变无关，但是可使外阴皮肤产生肉芽肿。

马性交病疹是由马疱疹病毒3型引起的，无全身性症状，发病急，与感染公马交配后感染，感染后2～10 d，阴道和阴道前庭黏膜上出现红色丘疹，丘疹延续到阴唇周围的皮肤，并迅速形成脓疱，然后溃烂，最后愈合，形成无色结痂。公马在阴茎和包皮处形成同样的丘疹，引起公马不适，可能阻止公马交配，但是并不特别影响其繁殖力。

马媾疫是马的性病，早期症状是阴唇水肿，继而出现阴唇阴道炎，皮肤肿胀而敏感。

交配时损伤牛和马的阴道可能是由于这些动物阴茎的体积相对较大，牛角也可能损伤其他牛的阴门和阴道，各种动物阴道损伤也可能是不经意造成的。

第二十二节　雌性小动物繁殖疾病

见繁殖管理：小动物。

一、难产

难产包括异常分娩或分娩困难。原因涉及母体因素（阵缩微弱、产道狭窄）和（或）胎儿因素（胎儿过大和胎位异常）。某些品种的动物更常发生难产。最近一项调查（犬253次分娩，产1 671条仔犬）结果表明，拳师犬难产的发生率（个体犬为32%，全部分娩时为27.7%）高，主要是由于阵缩微弱，也有胎位不正性难产。

有下列情形之一应该确定发生了难产：①有难产或生殖道阻塞史；②直肠温度下降到37.7℃以下后24 h内还未发生分娩；③强烈努责持续1～2 h后仍未见犬或猫产出；④主动分娩持续1～2 h，仍未见犬或猫产出；⑤在主动分娩过程中，母畜休息超过4～6 h以上；⑥在分娩过程中，母犬或母猫有明显的疼痛（如嚎叫、舔或啃咬外阴部）；⑦异常的阴道排泄物

（如在产出胎儿前，阴门流血或墨绿色液体——表明胎盘已经剥离）。

为了确定正确的治疗方法，必须找出难产的原因（阻塞性的和非阻塞性的），并且须检查母体的全身状况，了解病史（包括配种日期、上次分娩情况、骨盆是否损伤等）。应该检查母畜是否有全身性疾病，如果有全身性疾病，应立即实施剖腹产手术。在分娩时正常的阴道排出物是呈墨绿色的，颜色异常或有其他不正常现象应该引起注意。消毒手指后经阴道用指检的方法，可以确定产道的开放情况以及胎位和胎式。用X线检查、B超检查，可以确定胎儿的数量、大小、位置以及存活情况。

难产发生时，当母畜和胎儿的情况稳定、胎向和胎位正常、产道畅通，此时可以考虑用药物助产。肌内注射催产素（犬用3～20 U，猫用2～5 U），每次间隔30 min，共注射3次，同时缓慢静脉注射10%葡萄糖酸钙（3～5 mL）可以促进子宫收缩。如果以上药物不起作用，须进行剖腹产手术。手术适应证包括产道狭窄性难产、休克或有全身性疾病、原发性宫缩无力、分娩期过长以及用催产药物无效的情况。

二、假妊娠（假孕）

假孕多见于犬，猫很少发生。假孕发生在间情期末，并伴有乳腺增生，泌乳和行为的变化。有些犬甚至表现出要分娩的症状，如母性增强、做窝、拒食等。通过查看妊娠记录、腹部触诊、X线检查和超声检查可作出诊断。

由于间情期末孕酮水平降低，而催乳素含量增加与假孕时临床表现有关。不需要治疗假孕，因为在1～3周的时间内可自行回复。假孕犬表现继发性的乳腺肥大、不适。可对乳房交替冷敷和热敷或者用有弹性绷带包裹腹部，可缓解症状。畜主必须注意，不可挤乳，因为会刺激乳腺生乳。

口服镇定药（地西泮），可最多用药4 d，能够明显改变犬的行为。因为雌激素有潜在抑制骨髓功能的作用，应禁止使用。醋酸甲地孕酮（一种孕酮，2.5 mg/kg，口服，每日1次，连续服用8 d）是美国唯一批准可用于治疗犬假孕的药物。长时间或者重复使用醋酸甲地孕酮可引起子宫积脓。雄激素类（如米勃酮，16 μg/kg，口服，每日1次，连续服用5 d）也可以缓解犬假孕的临床症状，但是在美国，米勃酮不允许用来治疗犬的假孕。如果出现反复假孕，可以给其配种，使其妊娠或者实施卵巢子宫切除术。

三、卵泡囊肿

卵泡囊肿指卵巢中充满液体的囊状结构，导致长

时间分泌雌激素，继而表现出持续的发情前期或发情期的症状，并吸引公犬交配。在这种异常发情周期中，卵巢不会排卵。当犬发情期超过21 d或者发情前期加上发情期持续40 d以上，可怀疑犬患卵泡囊肿。而对于猫来说，卵泡囊肿引起的不正常发情周期很难与正常周期区分开来。

主要的鉴别诊断要与功能性的卵巢颗粒细胞瘤相区分。如果阴道细胞学检查发现有角化细胞，表明血清中雌激素含量升高。

选择治疗方法是切除卵巢和子宫。如果要使犬繁殖，可以肌内注射促性腺激素释放激素（GnRH，25 μg）或人绒毛膜促性腺激素（静脉注射220 IU/kg，或者共计1 000 IU，静脉和肌内各注射500 IU），以使囊肿卵泡黄体化。

四、猫乳腺肥大（乳腺复合性纤维腺瘤，乳腺纤维腺瘤病，腺性乳房肥大）

猫乳腺肥大是一种良性疾病，有一个或多个乳腺迅速异常生长。猫科动物乳腺肥大有两种类型，即小叶性增生和纤维上皮细胞性增生。小叶性增生常见于1～14岁的猫，一个或多个乳腺上有可触摸到的团块。纤维上皮细胞性增生常见于年轻的、有性周期或妊娠的猫，也见于用孕激素去势的公猫。

猫科动物乳腺肥大被认为是激素依赖性、乳腺发育不良性变化。猫发情期后1～2周内，或者用孕酮治疗后2～6周发病。迅速肥大的乳腺常出现红斑，有时皮肤坏死，皮肤和两后肢水肿，很容易与急性乳房炎相混淆。

虽然患猫可以自愈，但是实施卵巢子宫切除术或乳房切除术是根本的治疗方法，并且卵巢子宫切除后可以防止复发。

五、乳房炎

乳房炎是由细菌感染引起的乳腺的炎症。多见于产后犬，猫产后较少发生乳房炎，假孕泌乳的犬极少患乳房炎。引起乳房炎的因素包括卫生环境差，仔畜造成的创伤和全身性感染。乳房炎有急性和慢性之分。

乳房炎可能是局部（只涉及单个乳腺窦）的、单个乳腺内呈弥漫性的，也可能在多个乳腺内呈弥漫性的。发病动物可能无临床症状或者症状明显。从患病乳房中挤出乳汁，眼观正常或者颜色和稠度异常。患急性乳房炎时，被感染的乳房热而且痛。如果急性发展成为腐败性乳房炎，可见全身性症状，如体温升高、精神不振，厌食，嗜睡，母畜弃绝幼畜。慢性或亚临床型乳房炎主要影响幼畜的生长。

从病史调查和临床检查可以作出诊断，同时用光镜检测乳中炎性细胞的数量。有全身性症状的猫或犬，要分别检测每一个乳腺的乳样。在开始治疗之前，应采集（或用细针抽吸）乳样，进行细菌培养和药敏试验。从受感染的乳腺得到的乳汁或液体，其中有大量的大肠埃希菌或葡萄球菌。

在细菌对药敏试验的基础上，选择广谱抗生素治疗。因为抗生素能经乳汁传给仔畜，所以在仔畜断奶前，禁止使用四环素和氨基糖苷类抗生素治疗乳房炎。细菌培养结果没有出来的初期，建议用口服头孢氨苄（5～15 mg/kg，每日3次）和阿莫西林/克拉维酸盐（14 mg/kg，每日2～3次）进行治疗。热敷可以促进乳腺排出炎性液体，并且可以减轻不适症状。当腐败性乳房炎引起脱水和有休克危险时，可进行输液疗法。乳房化脓时，应切开乳房，并做引流，作为开放性伤口治疗。

非腐败性乳房炎最常见于断奶时。受感染乳房表现为乳房肿、热，触诊时疼痛，动物表现敏感，无其他症状。每日热敷4～6次，可以让幼畜吃奶。断奶时，当母畜泌乳停止，可以通过减少饲料和饮水来减少泌乳。在此期间，乳房不应受到泌乳刺激，应给幼畜饲喂足够的饲料并提供饮水。

六、子宫炎

子宫炎是产后子宫感染所致，诱发原因包括产出胎儿时间延长，难产以及胎儿滞留或胎衣不下。在感染的子宫中分离出的主要是大肠埃希氏菌，而链球菌、葡萄球菌、变形杆菌和其他细菌相对较少。

子宫炎主要的临床症状是从阴门流出脓性分泌物，犬和猫患子宫炎时精神沉郁，体温升高，嗜睡，食欲不振并且可能弃绝幼崽，仔犬不安，不停嚎叫。任何动物产后有全身症状或者阴道流出异常的阴道分泌物，都应考虑是否患子宫炎。有时可触摸到子宫弛缓，如果有胎儿滞留或有胎衣不下，可用X线检查。血象表现白细胞增多，核左移。

治疗方法包括静脉补液、加强护理，根据外阴部排泄物细菌培养及药敏试验结果，选择使用抗生素治疗。皮下注射前列腺素$F_{2\alpha}$（0.1～0.25 mg/kg，连用2～3 d）或肌内注射催产素（犬5～20 U，猫2～5 U）有助于排出子宫内容物。如果患畜病重或将来不作为繁殖用，可在病情稳定后实施卵巢子宫切除术，否则，当哺乳期结束后也可以考虑选择切除术。

七、卵巢残留综合征

卵巢残留综合征指曾经切除卵巢、子宫的犬或猫，表现出还有卵巢功能的临床症状，并非是病理状况，而是卵巢子宫切除术的并发症。当残留的卵巢组织内血管增生、恢复其功能时，就会发生卵巢残留综合征。患畜常表现出发情（阴门膨胀、下垂、接受交配）的情况最为常见。

鉴别诊断包括阴道炎、子宫积脓和是否有外源性雌性激素治疗。确诊卵巢残留综合征，需要检查已切除卵巢的动物阴道角质化上皮细胞，也可检测促黄体素，以区分卵巢切除和未切除的犬。

剖腹探查可发现卵巢残余并可一并切除，是治疗该病的首选方法。

八、子宫积脓

子宫积脓是由激素调节的、发情后期发生的疾病，其特征是子宫内膜的囊性增生，继发细菌感染。据报道，子宫蓄脓多见于老龄犬（5岁以上）发情后的4～6周期间。

【病因】与子宫积脓相关的致病因素包括，为延缓或抑制发情而注射含孕激素的长效化合物、对误配以及交配或授精后感染的犬使用雌激素。孕酮促进子宫内膜生长和分泌，而子宫肌层的活动减少。囊性子宫内膜增生以及子宫分泌物的积聚有利于细菌生长。孕酮还会抑制白细胞对细菌感染的反应。最有可能引起子宫感染的细菌，来自阴道正常菌群或亚临床尿路感染的细菌。尽管从子宫积脓的病例能够分离出葡萄球菌、链球菌、假单胞菌、变形杆菌和其他细菌，但最常见的是大肠埃希菌。

由于猫需要交配刺激而排卵以及从黄体产生孕酮，因此猫子宫积脓的发病率明显低于犬。注射甲羟孕酮或其他孕酮类化合物可引起犬和猫子宫积脓。子宫卵巢切除后，剩余部分子宫组织也会发生积脓。产后子宫炎也能继发子宫积脓。

雌激素本身并不能促使囊性子宫内膜增生或子宫积脓，但是，雌激素确实增加了孕酮对子宫的刺激作用。为防止妊娠（误配），在间情期给动物注射外源性雌激素，可增加发生子宫积脓的危险，所以这种方法并不鼓励使用。

【临床表现】在间情期（通常在发情后4～8周）可见子宫积脓患畜的临床症状。临床症状各异，其中包括嗜睡、食欲减退、多尿、多饮以及呕吐。子宫颈开放时，从阴门流出脓性分泌物，常含血液；当子宫颈管闭锁时，无分泌液流出，由于子宫体积增大，致使患畜腹围增大。随病情进展而迅速发展，患病动物会出现休克和死亡。

全身检查发现，患畜嗜睡、脱水、子宫增大，若子宫颈松弛，则可见从阴道流出黏液脓性分泌物，有时带血。只有20%的患畜出现发热，也可能会出现休克。

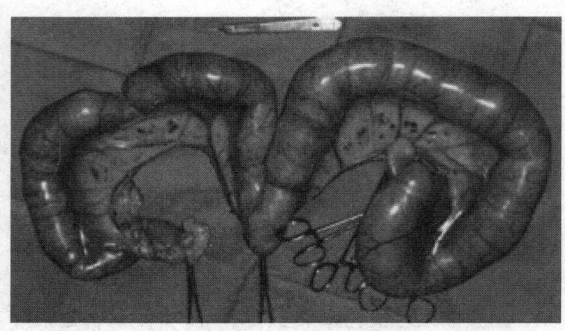

图11-2 从7岁龄金毛猎犬手术切除的积脓子宫，配种后4周，患犬曾出现厌食，阴道流出分泌物
（由Mushtaq Memon博士提供）

子宫积脓患畜的白细胞象不尽相同，有的患畜白细胞象正常，然而，以中性粒细胞增多和核左移较为普遍。但患败血症的动物会发生白细胞减少症。有时会出现红细胞和血红素正常的轻度非再生性贫血（PCV为28%～35%）。也会由血细胞蛋白过多而引起的高蛋白血症。尿液分析结果也不尽相同。大肠埃希菌感染子宫时，由于内毒素造成的肾小管功能性损伤或肾脏对抗利尿激素不敏感（或两者都有）而出现等渗尿。由于免疫复合物沉积引起的肾小球肾病可能会产生蛋白尿。一旦子宫积脓得到缓解，上述肾病都能痊愈。

【诊断】处于间情期的犬或猫，出现任何疾病症状时，特别是出现多饮、多尿或呕吐时，都应考虑是否患子宫积脓。根据病史、体检、腹部X线检查和超声检查可确诊。阴道的细胞学检查有助于判定阴门流出分泌物的性质。全血细胞计数（CBC），生化检测和尿分析结果，有助于排除其他原因造成的多尿、多饮和呕吐，并且还有助于预测肾脏功能、酸碱平衡状态以及败血症情况。需对子宫分泌物进行细菌培养和药敏试验。

鉴别诊断包括妊娠、其他原因引起的从阴门流出分泌液、多尿、多饮和呕吐的疾病。

【治疗与预后】卵巢子宫切除术是治疗的首选方法。如果考虑患犬或猫还将用于繁殖，可以考虑用药物治疗。静脉补液，同时使用广谱抗生素治疗。在实施卵巢子宫切除术之前，应尽快纠正体液、电解质和酸碱失衡。由细菌感染所引起的疾病，需要排除子宫渗出物。手术后连续7～10 d口服（根据分离培养和药敏试验的结果选择药物）抗生素。

尽管前列腺素在美国还未被批准可以应用于猫和犬，但前列腺素$F_{2\alpha}$制剂已经可以应用于治疗未出生的动物。前列腺素$F_{2\alpha}$（$PGF_{2\alpha}$）能溶解黄体、使子宫肌收缩、松弛子宫颈管，可排出子宫渗出物。对超过8岁的犬或不再配种的动物尽可能不要应用$PGF_{2\alpha}$治疗。在临床症状改善之前，由于$PGF_{2\alpha}$的副作用多，应限制其在重症动物身上的应用。在子宫颈闭锁的情况下，要谨慎使用$PGF_{2\alpha}$治疗犬或猫子宫积脓，因为有可能造成子宫破裂。另外，禁止在怀孕期间使用$PGF_{2\alpha}$，因为前列腺素会导致流产。

使用天然提取的$PGF_{2\alpha}$时，推荐剂量为0.25 mg/kg，皮下注射，每日1次，连用5 d；合成的类似物（氯前列烯醇）比天然的$PGF_{2\alpha}$更有效，并且已经用于犬子宫积脓的治疗。基于细菌分离培养和药敏试验的结果，可选择应用广谱抗生素治疗（≥2周）。

$PGF_{2\alpha}$的副作用包括不安、焦虑、气喘、多涎、心动过速、呕吐、排尿和排便。猫则表现为叫声异常以及刷拭行为。注射$PGF_{2\alpha}$ 2 h之后，上述不良反应消失。$PGF_{2\alpha}$对犬的半数致死量为5.13 mg/kg。猫的用量达到5 mg/kg时，出现严重的共济失调，呼吸窘迫和肌肉颤抖。如果出现严重的副作用，采用与治疗休克相应的速度静脉补液。注射$PGF_{2\alpha}$之后，子宫排空的效果不尽相同。

有些欧洲国家还使用其他抗孕酮激素（例如阿来司酮）治疗子宫积脓，据报道，与前列腺素相比，阿来司酮几乎没有副作用，并且可用于治疗子宫颈闭锁的子宫积脓病例。在一项研究中，有人使用10 mg/kg的阿来司酮分别在第1、2和8 d给15例子宫颈闭锁性子宫积脓患犬注射，结果发现，所有用药的患犬子宫颈开张的平均时间为26±13 d。

药物治疗结束后2周，应对动物再次体检。如果发现患畜阴门流出含血的或黏液脓性分泌物或者发现子宫增大，可用$PGF_{2\alpha}$，采用同样的方案治疗，可重复注射。然而，预后可能不太理想。经过药物治疗之后，如果子宫颈开张，则子宫积脓治疗愈后良好，如子宫颈闭锁，则后续治疗较困难。在所有治疗有效的病例中，有90%子宫颈开张性子宫积脓的犬（70%的猫）仍有可能生育。子宫颈闭锁性子宫积脓的病例，经药物治愈后很有可能复发，约有70%的犬，治愈后2年内会复发。因此，治愈后如果患犬发情，或者随后的每次发情，应该给其配种，待产出够用的仔犬或猫崽后，给其去势。因为前列腺素安全范围窄，不应让畜主自行给犬注射，可能引起人的哮喘或流产。

九、胎盘座复旧不全（SIPS）

胎盘座复旧不全（SIPS）是子宫内膜胎盘部位的恢复异常，年轻母犬（3岁以下）头胎后常发。患有SIPS的母犬，除了在产后几周内从阴门排出含血分泌物外，无其他症状。可使用排除法诊断；鉴别诊断包括子宫炎、阴道炎和膀胱炎，可采用辅助疗法治疗。

对贫血的母犬，程度达到需要输血时，以及将来不作繁殖用的母犬，建议实施卵巢子宫切除术。

十、阴道黏膜增生（阴道脱）

阴道黏膜增生的病例，常起始于尿道口前方阴道底部的阴道黏膜，通常发生在发情前期和发情期，此时雌激素含量升高，对阴道黏膜产生刺激作用。偶尔，阴道脱持续整个妊娠期，或者在分娩时复发。最常见的症状是阴道壁从阴门脱出。开始脱出时，阴道壁表面光滑、新鲜，随着脱出时间的延长，阴道壁变得干燥而粗糙。表面附有少量阴道分泌液。尽管增生的组织始于尿道口附近，但是很少见排尿困难。阴道增生会阻碍交配，如果增生延续到阴道穹隆处，唯一的临床表现是拒绝交配或者阴茎不能插入。随着雌激素水平降低，阴道增生会自发消退。

通过查看发情记录（确定发情周期的时期）和阴道检查诊断。通过检查阴道上皮角质化细胞，是否有发情时排出的带血的黏液以及发情表现而确定是否有雌激素性刺激。鉴别诊断需要与阴道瘤相区别，通过采集脱出组织的活体样本可作出鉴别诊断。

如果组织增生不严重，无需治疗；如果增生组织从阴门脱出，则需要保持脱出组织的清洁和湿润，可涂以抗生素软膏治疗。为防止创伤，可在脱出的部分加上伊丽莎白圈。患畜可用人工授精技术繁殖，一旦发情周期的卵泡期结束，增生组织会立即消退。如果脱出组织部分多或有大面积损伤，则需要进行黏膜下切除。但即便是手术切除脱出组织，也常复发。在去除雌激素的几日内阴道增生可消退。阴道增生很少在分娩期复发，可能和雌激素减少有关。卵巢子宫切除术是治疗的首选方法，因为摘除卵巢可消除由性腺产生的雌激素，可治愈阴道增生，并可防止复发。

十一、阴道炎

阴道炎症可发生于初情期前或性成熟（去势或未去势）的母犬，猫则少见。阴道炎多由细菌感染所致，细菌感染也多继发于如前庭阴道狭窄等解剖结构异常。病毒（如疱疹病毒）感染、阴道异物、肿瘤、阴道增生、雄激素类固醇（如米勃酮）或雌雄间性，都能引起阴道炎。

最常见的临床症状是患畜从阴门流出分泌物、舔舐阴门、吸引雄性、频繁排尿。无全身症状，并且血象和生化指标也正常。而子宫颈开张性子宫积脓则不然，可用于二者的区别诊断，而且阴道炎最主要的鉴别诊断疾病是子宫颈开张性子宫积脓。诊断检查应包括指检阴道、阴道镜检查、细胞学检查。如果必要，可对分泌物进行细菌培养，也可做腹部X线检查或子宫B超检查。可用有防护的消毒棉拭子采集阴道前端分泌物，做细菌培养。阴道内常有正常菌群，因此，对细菌培养结果需要谨慎对待。大量增长的细菌，特别是一种菌大量生长，比生长缓慢的多种细菌对确定阴道细菌感染更重要。

应清除阴道异物或解剖结构异常等诱发因素。阴道局部处理（如清洗阴道）有助于治疗细菌感染。对持续性阴道感染，可全身应用广谱抗生素。初情期前患阴道炎的动物通常不需要治疗，因为随第1次发情，阴道炎可自愈。因此，等到患畜第1次发情之后，再决定是否选择卵巢子宫切除术治疗阴道炎，是明智之举。

第二十三节　雄性小动物繁殖疾病

这部分内容还可见繁殖管理：小动物，前列腺病，生殖系统先天性与遗传性异常，以及不育症。

一、睾丸炎与附睾炎

创伤、感染（真菌、细菌或病毒感染）或睾丸扭转均可引起睾丸或附睾的急性炎症。临床可见睾丸、附睾和（或）阴囊肿胀、疼痛。阴囊皮肤可能有伤口或其他病变。猫很少患睾丸炎和附睾炎。

应仔细触诊阴囊内容物，包括输精管和精索静脉血管，以确定阴囊内发炎的组织结构。超声检查有助于确认病灶、睾丸扭转以及附睾或附睾的局部病变，还可能发现不常见的阴囊肿大的病因，如阴囊疝。

诊断性检查应包括是否有犬布鲁氏菌感染（见犬布鲁氏菌病）。此外，精液细胞学检查以及做细菌和支原体培养有助于诊断，但是从病畜或处于疼痛时期的病畜采集精液有一定的困难。用作细胞学检查和细菌培养的睾丸样品，可用细针穿刺法采集。如果需要的话，在非侵入性诊断检查之后，可以进行睾丸组织病理学切片的检查和细菌培养。由于有引起附睾肉芽肿的风险，所以很少做附睾细针穿刺采样和组织切片检查。如果不留作种用，阉割同时可采集样品。

除非确诊睾丸炎和附睾炎的病因，否则难以治疗。尽管可以积极治疗，但是对患畜能否保持生育能力的预后须谨慎，因为存在生殖上皮不可逆性损伤、精细管变形、出现免疫介导性睾丸炎或者管状系统阻塞的可能。这些后遗症可能几个月才会出现。冷敷可以降低因肿胀和过热引起的睾丸损伤。对单侧感染的病例，需保护未受疾病影响的另一侧睾丸或附睾，以避免在患病过程中通过热、压力以及感染扩散而使其受损。去势单侧睾丸要谨慎。如果细菌培养呈阳性，应全身应用抗生素，连续应用不得超过3周。对于犬布鲁氏菌病没有成功的治愈方法。所有抗真菌药物都能直接或间接干扰精子发生。

如果组织病理学检查提示患畜处于免疫介导的反应阶段（如淋巴细胞、浆细胞浸润），可以考虑用免疫抑制药物（如强的松，1 mg/kg，每日2次）治疗。然而，慢性布鲁氏菌感染也能引起淋巴细胞、浆细胞性炎症。此外，由于下丘脑-垂体-性腺轴的抑制作用，糖皮质激素可引起睾丸萎缩和不育。睾丸扭转可引起缺血性损伤，如果扭转发生几个小时，损伤则是不可逆性的。如果不再留作种用，阉割是解决任何原因引起的睾丸炎和附睾炎的最佳选择。同时，如果怀疑是细菌感染所致，可连续应用广谱抗生素 7～10 d。阴囊皮肤病变与其他皮肤病的治疗方法相同。

慢性睾丸附睾炎：可能是急性睾丸炎的后遗症或者根本没有睾丸炎症的病史。可能引起慢性睾丸附睾炎的原因包括急性睾丸附睾炎、免疫介导性睾丸炎和附睾炎、肿瘤和精子囊肿或肉芽肿。多数动物除不育外，无其他症状。体检常可发现睾丸萎缩，有时可触摸到肿瘤，有时触摸附睾感觉其硬化或肿大，这可能会被误认为是睾丸萎缩。附睾萎缩很少见。

睾丸萎缩的另一种非炎性原因包括，曾经受到极度压力、热、冷和细胞毒素的影响或者受激素（例如糖皮质激素，对侧睾丸支持细胞瘤产生的雌激素）的影响。

慢性睾丸附睾炎病例，预后恢复正常生育能力的可能性不大。如果此犬留作种用，上述的诊断和治疗计划仅可用作紧急处理。

二、龟头包皮炎

犬常发生阴茎和包皮黏膜炎症。正常情况下，包皮分泌物不会有明显的特征，轻度龟头包皮炎有轻微的脓性黏液，性成熟的犬常发，一般可自行消退，临床上不重要。除了适当清洁外，无需做诊断和治疗。创伤、裂伤、肿瘤、异物、感染、包茎都可能导致更严重的龟头包皮炎。龟头包皮炎患畜最常见的临床症状是包皮上有黏液脓性分泌物，还可能见到患畜过度舔舐包皮。除了外伤或异物刺激之外，包皮很少出现肿胀和疼痛。如果有全身性疾病的症状，应考虑是否伴有更严重的疾病。猫很少发生龟头包皮炎。

为了确定病因，应彻底检查阴茎和包皮，甚至检查到包皮穹隆。检查前需要对患畜镇静或全身麻醉。包皮细胞学检查有助于确定病因。由于包皮内存在正常菌群，所以有时候很难解释细菌的培养结果，但是做包皮腔内的细菌培养，确实有助于找出异常的微生物，并可确定难治愈疾病感染细菌对抗生素的敏感性。

治疗方法包括除去致病因素、修剪包皮口周围的长毛、用温和的防腐剂（如稀碘伏或洗必泰）或生理盐水彻底冲洗包皮腔。如果怀疑是细菌感染，将包皮内测涂上抗生素软膏，连用7～10 d。不论采用哪种治疗方法，慢性的龟头包皮炎很容易复发。去势可使生殖器产生的分泌物减少，但是不能完全停止其分泌。

三、嵌顿包茎

嵌顿包茎指阴茎勃起后无法完全回缩到包皮腔内。采精或性交后经常发生此现象。嵌顿包茎患畜包皮口处皮肤内翻，牵拉伸出的阴茎、影响阴茎静脉回流。嵌顿包茎的其他原因包括小动物包茎、阴茎周围有异物、带状毛发盘绕包皮口或创伤。根据检查或触诊，很容易将嵌顿包茎和阴茎异常勃起、先天性包皮过短、阴茎外口先天性异常或阴茎缩肌麻痹区分开。

嵌顿包茎必须紧急处理，否则暴露的阴茎很快就会水肿，因为其静脉回流受阻。持续暴露将会使其变得干燥和疼痛。如果不及时治疗，可能发展成溃疡，缺血性坏死或坏疽。如果能在阴茎出现严重水肿和疼痛之前被发现，很容易治愈。治疗方法包括小心清洗和润滑暴露的阴茎。向后滑动包皮，进一步暴露阴茎，使阴茎重新进入包皮内。包皮口翻转的阴茎包皮通常很容易滑过阴茎。一旦循环恢复，阴茎水肿迅速消失。

如果翻转的包皮不能滑过水肿露出的阴茎，可冷敷并用手指轻轻加压，应用高渗溶液，有助于减轻肿胀。由其他原因导致的嵌顿包茎，或持续时间较长时，需要镇静或全身麻醉后，切开包皮，以彻底检查包皮腔，去除牵拉物，缓解静脉回流受阻。然后将阴茎送进包皮内，缝合切口。如果尿道受损，应防止尿道狭窄，可在尿道内留置插管。如果阴茎或包皮严重坏死，可将其切除，并有必要阉割患畜。

四、包皮过长

由于包皮口过小，导致阴茎无法伸出包皮外，可能是先天性的，也可能是由于肿瘤、水肿所致，或者是由于外伤、炎症或感染后纤维化而引起的。临床表现不尽相同，通常情况下，很难被发现，只有当犬试图交配而不能交配时才有可能被发现。通过检查包皮和阴茎可以确诊。需根据包皮狭窄的程度以及公犬的用途制订治疗方案，如果患犬不作繁殖用，不需要治疗，但是阉割可以阻止其阴茎勃起。如果公犬用作繁殖，可以手术扩大包皮口，如果是包皮过长引起的龟头包皮炎，一般不会干扰正常的排尿。

第二十四节 犬布鲁氏菌病

尽管犬偶尔感染流产布鲁氏菌、猪布鲁氏菌或马耳他布鲁氏菌，但是，其散发病例通常和家畜感染密切相关。

犬布鲁氏菌是引起家养犬流产的原因，犬是该菌的终宿主，犬布鲁氏菌很少自然感染其他动物。感染犬布鲁氏菌使某些断奶仔犬的数量减少75%。该病在密切接触的犬中迅速扩散，尤其是在交配或流产时，可通过摄取被感染的物质或者通过交配途径传播。公犬和母犬同等易感。曾经有犬布鲁氏菌传染给人的报道，但是很罕见。

犬布鲁氏菌病的主要症状是在妊娠期的后1/3期流产，并且没有流产预兆，患犬还表现出死产以及不能再妊娠。流产后长期从阴道流出分泌物，以后妊娠可能再次流产。被感染的犬可发展为全身性淋巴结炎，并常发生附睾炎，睾丸鞘膜炎以及前列腺炎。偶尔并发脊柱炎和葡萄膜炎。感染后常见菌血症，并可持续约18个月，发热并不是该病的典型特征。

诊断该病依据病原体的分离和鉴定或者血清学试验。通常，较容易从阴道分泌液、流产仔犬、血液、乳汁或被感染犬的精液中分离出病原微生物。最广泛应用的血清学试验是试管凝集或玻片凝集试验。某些未分离出布鲁氏菌的犬也发生非特异性凝集反应。为消除非特异性抗体，可以用2-巯基乙醇处理血清并重新检测。某些实验室认为，琼脂凝胶免疫扩散试验诊断犬布鲁氏菌病特异性很强。有时还采用免疫荧光试验与ELISA。

有人曾经尝试免疫接种未获成功，控制此病可通过阳性培养或血清学检测，发现被感染的犬，然后将其隔离或清除。在家养犬中，单独饲养犬的发病率要低得多。用链霉素或庆大霉素和四环素联合用药，长期治疗，多数病例可治愈。对感染犬实施绝育手术是安乐死的另一种替代方法。

为预防犬布鲁氏菌病，应在购入或配种前对犬进行检测。美国的某些州已有此病的报道。犬布鲁氏菌病是人兽共患病，尽管人感染犬布鲁氏菌的病例很少，但是需要采取适当的预防措施。

第二十五节 乳腺肿瘤

不同种类的动物患乳腺肿瘤的概率有很大不同，犬是家畜中最常发生乳腺肿瘤的动物，其发生率比妇女的患病率约高3倍。犬肿瘤中大约有50%是乳腺肿瘤。牛、马、山羊、绵羊以及猪很少发生乳腺肿瘤。犬和猫的乳腺肿瘤在生物学特征和组织学方面都有差异。犬乳腺肿瘤中大约有45%是恶性的，而猫的乳腺肿瘤中约有90%是恶性的。相对于猫的乳腺肿瘤，犬的更加复杂，更多是混合瘤。

【病因】除小鼠乳腺肿瘤外，其他动物乳腺肿瘤的发生原因均不清楚，致癌RNA病毒可引起某些近亲繁殖品系鼠发生乳腺肿瘤。激素在乳腺组织的增生和肿瘤形成中发挥作用，但确切机制尚不明了。据报道，在动物乳腺肿瘤细胞上有雌激素或孕激素受体（或两者都有），这些受体可能会影响激素诱导的乳腺瘤的发生机制，同时也影响激素治疗。

已经证实遗传和营养因素影响小鼠和人的乳腺瘤形成，但还没像对犬或猫乳腺瘤影响理解的那么深。试验证明，饲喂肉类、一岁肥胖以及诊断前一年就已经肥胖的犬（无论是否切除卵巢和子宫），发生乳腺肿瘤的危险性升高。到目前为止，在临床水平上，还未证实有致癌基因和抑癌基因。从实践的角度来看，不管乳腺瘤体积大小或者涉及乳腺的数量多少，都应视为潜在的恶性肿瘤。犬和猫的乳腺癌主要是在局部淋巴结和肺扩散。犬乳腺癌有5%～10%可能会转移至骨骼，主要转移至中轴骨，但是也转移至长骨上。

（1）犬乳腺肿瘤　犬乳腺肿瘤最常发生在未绝育的犬，雄性犬极少发生。在第1次发情前切除卵巢的犬，患乳腺瘤的概率降低到0.5%，如果在第1次发情后切除卵巢，患乳腺瘤的风险降低到未摘除犬的8%。一般认为，母犬性成熟后去势与未去势母犬患乳腺瘤的风险相同。然而，问题是在肿瘤切除时摘除卵巢子宫有什么影响。还有一个问题就是外科手术后动物存活的时间。在一项研究中，有人在切除肿瘤前对2岁以下的犬去势，其存活的时间比未去势的犬或在切除肿瘤前2岁以后去势的犬生命长45%。

后方的2个乳腺比前方的3个乳腺更易患肿瘤。眼观可见，在一个或多个乳腺腺体形成单个或多个结节（1～25 cm）。切面常呈分叶状，灰褐色，并且坚实，常见有充满液体的囊肿。混合型乳腺瘤的切面有可辨认的骨样或软骨样物质。

犬乳腺肿瘤中，有50%以上的是良性混合瘤，恶性混合瘤只占很小的比例。恶性肿瘤上皮和结缔组织分别或混合存在，能够转移。在组织学上，世界卫生组织（WHO）把犬乳腺肿瘤分为癌（有6种类型和不同亚型）、肉瘤（4种）、癌肉瘤（混合乳腺肿瘤）和良性腺瘤4种类型。这种分类方法是根据肿瘤范围、涉及的淋巴结以及是否出现转移性病变（肿瘤淋巴结转移系统，TNM）进行分类的，它包括未分类的肿瘤和明显的良性增生。除肿瘤大小和形态以及去势的时间外，肿瘤组织特殊染色方法（KIT受体染色和AgNOR染色）对于判断肿瘤转归也有价值。

（2）猫乳腺肿瘤 中老年（平均11岁）未去势的母猫最常发生乳腺肿瘤。早期去势，尤其是在第1次发情前去势，可以降低猫乳腺肿瘤的发病率，但是与犬相比，在多大程度上降低发病率没有明确的记录。前方2个乳腺或胸部乳腺，比后方乳腺发病率高。

组织学上，猫的多数乳腺肿瘤是腺癌，而且管状或乳头状腺癌比实体或黏液腺癌更常见。与乳腺癌相比，混合型乳腺肿瘤和肉瘤更不易诊断。猫科动物乳腺良性肿瘤比较少见，只占猫乳腺肿瘤的10%左右。TNM分期系统常用于猫和犬乳腺肿瘤的分期。

在猫乳腺上已发现一种叫做猫科动物乳腺肥大的实体组织团块。主要发生在有发情周期的年轻健康猫或妊娠猫的乳腺上。去势的猫，包括使用外源性孕激素（醋酸甲地孕酮）药物的老年雄性猫，患病的临床表现是一个或多个乳腺迅速生长。

【诊断】 在体检中发现乳腺上有团块，可怀疑是乳腺肿瘤。通常团块出现的时间不清楚，但是，确定其生长速度有助于判定预后。触诊局部淋巴结可以帮助确定瘤组织转移的程度。胸部X线检查，最好是3个方位（腹背位和两侧位）检查可以确定是否有肺转移。细针穿刺采样可区分炎症和肿瘤性病变，但有可能导致错误的结论并延迟手术。组织病理学检查有助于诊断和确定治疗方案和判定预后。

【治疗与预后】 尽管对手术治疗的最佳程序尚未达成共识，但已明确，对乳腺肿瘤最佳的治疗方法是实施手术。单纯切除肿瘤（肿瘤切除术）、简单地切除乳房（只切除患病腺体）、改进的乳房切除术（切除患病腺体和相关淋巴流经的腺体以及相关的淋巴结）以及全部乳房切除术（切除整个乳房以及其相关的淋巴结）各有其优缺点。对于犬乳腺肿瘤的治疗方法，与其他手术方法相比，复杂的手术程序并没有延长患犬的存活时间，而更简单的手术程序反而有一定的优势。对于猫的乳腺肿瘤，全部乳房切除术，延长了乳腺患肿瘤的间隔时间，但是未延长患猫存活时间。

从理论上讲，使用抗癌药物防治肿瘤转移（辅助化疗）很合理。然而，没有资料证实化疗是治疗犬乳腺肿瘤的有效的方法。因为事实上，根据组织病理学检查结果，犬的乳腺肿瘤中有一半是恶性的，对于这部分恶性肿瘤，难以确定辅助化学疗法对其的治疗效果。联合应用阿霉素和环磷酰胺，治疗猫乳腺肿瘤效果不大。放射疗法和抗雌激素化合物疗法都没有作用。

最近有人证实，非类固醇消炎药对炎症性乳房癌和犬亚型乳腺瘤有效，通常，犬亚型乳腺瘤难以用手术和药物治疗。这与目前人们用低剂量的化学治疗其他恶性肿瘤的观点一致，因为该药有抗肿瘤和抗血管增生的作用。

乳腺肿瘤预后受多因素影响。多数患乳腺肿瘤的犬会在1年内死亡，患乳腺肉瘤的犬，其生存时间比患乳腺癌的短。其他因素，包括肿瘤大小、是否转移到淋巴结以及核分化情况，都影响患病动物的预后。猫乳腺肿瘤的大小很重要；猫科动物乳腺肿瘤的直径大于3 cm时，其平均生存时间为6个月，但是猫乳腺肿瘤直径有的小于2 cm，其存活时间超过4年。

第二十六节　前列腺疾病

相对于其他动物，犬的前列腺疾病更普遍。良性前列腺增生症是犬最常见的前列腺疾病。细菌性前列腺炎、前列腺脓肿、前列腺和前列腺周围组织囊肿以及前列腺腺癌较少发生。尽管上述疾病均有临床症状，表现为排粪时里急后重、间歇性血尿、反复性尿道感染、后腹部不适，但是多数患前列腺疾病的犬没有临床症状。另外，前列腺细菌感染和肿瘤还有些非特异性症状，如发热、不安、食欲不振、身体僵硬、后腹部疼痛。患前列腺腺癌的犬可影响骨盆骨和腰椎，会导致后肢步态异常。前列腺疾病不太可能导致不育或尿失禁。前列腺腺癌会引起尿道完全阻塞。

检查前列腺应该包括腹部和直肠的触诊。典型肿大的前列腺位置比正常的靠前，可在腹后部触摸到，正常时可在骨盆腔内触摸到。触诊前列腺时，可感知其大小、形状、对称性、质地、游离性和是否有疼痛感。前列腺正常的背沟（凹陷）有助于判定其形状和对称性。

腹部X线检查有助于确定前列腺的大小、形状和位置。可用X线检测腰下淋巴结、腰椎骨和骨盆骨，以确定是否有骨膜新生骨和骨转移。也可用阳性造影剂逆向尿道造影检查，而前列腺异常或前列腺周围组织囊肿难以与膀胱相区分。超声检查，根据前列腺组织的回声情况，可能会发现更多用于诊断的信息，并且可以识别触摸不到的前列腺损伤病灶。大范围前列腺尿道病变以及断续的前列腺尿道壁均是前列腺瘤的证据。

用于细胞学和微生物学检查的样品，可通过按摩前列腺和尿道插管获取，按摩前列腺容易做到，但是，样品通常混有尿液。此外，对患前列腺炎或前列腺脓肿的犬，按摩前列腺可能导致败血症。

因为前列腺液常回流进入膀胱，患细菌性前列腺炎的病犬多发生尿道感染。当出现尿道感染时，对精液中的前列腺液（射出精液的第三部分）进行微生物学检查，比检查按摩前列腺获得的样品，能更准确地判断前列腺感染情况。从精液或通过前列腺按摩所获得的样品，常难以发现肿瘤细胞。

可在B超引导（或不用）下，经皮肤用细针穿刺采集前列腺样品，简单安全，当然也有穿透其周围组织的危险。采集前列腺活组织样品，然后进行检查，是最具有决定性的诊断方法，可以区分各种前列腺疾病，当然也是最具侵入性的方法。虽然通过超声引导可以安全采集前列腺活组织样品，但是通过剖腹术采集前列腺样品最理想。

一、良性前列腺增生

良性前列腺增生（BPH）是犬最常见的前列腺疾病，多数发生在6岁以上未去势的公犬，原因是雄激素的刺激或者雄激素和雌激素比率改变的结果。但是，为什么有些雄性犬患病而另一些则不患病还不得而知。有些犬早在2.5岁就开始增生，4岁以后出现囊性增生。良性前列腺增生症可能没有临床症状，也可能有里急后重、长期或间歇性血尿的症状，还可能出血。根据全身检查以及无痛、对称性增大的前列腺史作出诊断。X线检查可确定前列腺肥大。超声扫描图像可观察前列腺是否对称，并见有多个弥散性的囊状结构。按摩采集的精液或射精样本的细胞学检查，可见出血并伴有轻度炎症症状，无败血症或肿瘤迹象。只有通过活组织检查才能确诊。去势是最佳治疗方法，去势后几周内前列腺明显退化，几个月就可完全愈合。

对拟作种用的雄性动物，可用药物治疗。雌激素可以减少前列腺增生，但因其有潜在的副作用而不建议使用。当有雌激素（如外源性注射或睾丸支持细胞瘤的产物）刺激时，会出现前列腺鳞状转移瘤。鳞状转移瘤可引起前列腺增大，临床症状恶化。还会增加前列腺囊性变和感染的风险。此外，雌激素可引起丘脑和垂体的负反馈（从而减少精子发生）作用对骨髓有潜在的毒性，从而可导致贫血、血小板减少和白细胞减少。醋酸甲羟孕酮曾经用于治疗犬的前列腺肥大，激素及有关药物用于治疗，但是同时可使睾酮浓度降低，睾丸退化，用药后只有53%的犬可检测到前列腺体积减小。

也许治疗犬良性前列腺肥大最有效的药物是非那雄胺，它有阻断5α-睾酮还原酶的作用，这种酶能将睾酮转换成双氢睾酮。双氢睾酮是促进人和犬前列腺肥大的主要激素。给试验用比格犬口服1 mg/kg非那司提（每日1次），连用16～21周，有50%～70%的犬前列腺肥大减轻，且不影响精液品质。有人给9条前列腺肥大的犬口服低剂量的非那雄胺（0.1 mg/kg，每日1次），用药16周，犬肥大的前列腺体积减小了43%，临床症状减轻，双氢睾酮含量减少了58%，睾酮水平

维持正常，并未影响患犬的精液品质、繁殖力及性欲。然而，如果不连续使用非那雄胺，会使前列腺肥大复发。对于体重为10～50 kg的犬来说，低剂量（0.1～0.5 mg/kg）的非那雄胺等同于5 mg合适剂量（每日1次）的非那雄胺胶囊。

对良性前列腺增生的一种新疗法，即抗促性腺释放因子疫苗，可在一定范围内用于初情期以后的公犬。这种疫苗的作用是抗促性腺激素释放激素（GnRH）的免疫调节反应，而GnRH可间接降低血浆中睾酮的浓度。在一项有13条犬的研究中，2次皮下注射（间隔4周）抗促性腺释放因子疫苗，使前列腺的体积减小约50%。疫苗制造商推荐每6个月重复免疫1次。然而，还未见有更多的评价该疫苗长效作用的研究结果发表。此外，还尚未明确该疫苗对犬繁殖力的影响。

二、前列腺炎

犬前列腺炎症通常是化脓性的，可能会导致前列腺脓肿。前列腺炎常与良性前列腺增生有关（见上述）。各种微生物，包括大肠埃希菌、葡萄球菌、链球菌和支原体均可感染前列腺。感染途径可能是血源性的或是尿道的上行性感染。由于前列腺液在正常情况下回流入膀胱，尿道感染常会伴发前列腺感染。基于前列腺炎症的进展和临床症状的严重程度，可将犬前列腺感染分为两种类型，急性前列腺炎和慢性前列腺炎。

1. 急性前列腺炎 患犬表现出不安、疼痛和体温升高，严重病例可能出现脱水、败血症和休克。中性粒细胞增多，核左移，单核细胞增多，以及（或）可见毒性白细胞。超声扫描检查可见低回声少量聚集的液体。最理想的是采集前列腺样品，可通过按摩采集或采集射精精液中的前列腺液或用细针穿刺法采样，做细胞学检查、细菌培养以及药敏试验。按摩急性感染期的前列腺可能会使病原菌进入血液，引起败血症。基于这个原因，采用其他方法采集前列腺液较好。然而，急性细菌性前列腺炎或脓肿患犬有时不能射精，细针穿刺法可使病原菌进入腹腔。如果尿分析发现尿中含血、脓和细菌，应对尿样进行细菌培养和药敏试验。通常在尿样和前列腺样中会见到同种病原微生物。

对伴有脱水和休克症状的急性前列腺炎患犬应当静脉输液，根据细菌药敏试验结果选择应用抗生素治疗，连续应用3～4周。控制感染后，应考虑给犬去势。某些情况下，受感染的前列腺内有许多小脓肿，并可能融合成更大体积的脓肿，对体积较大的脓肿最好采取外科引流治疗，并考虑给患犬去势。在抗生素

治疗和感染消除2～4周后，应对尿液或前列腺液（或两者）再次进行细菌培养。

2．慢性细菌性前列腺炎 除反复的泌尿道感染外，可能无临床症状或仅限于尿道出现异常。常见前列腺体积和形状异常。慢性细菌感染的犬可以射精，按摩前列腺或用细针穿刺法获得样品，应对前列腺液和尿液进行细胞学和微生物学检查。

慢性细菌性前列腺炎很难根除，由于有前列腺血液屏障，许多抗生素不能渗透入前列腺组织实质，因此，非电离的pH中性高脂溶性抗生素（如红霉素、克林霉素、复方新诺明或恩诺沙星）最有效。用抗生素治疗应至少连续应用4周以上。用药期间或用药几个月后，要反复进行细菌培养，以明确是否出现抗药性或顽固性感染。用去势法治疗慢性细菌性前列腺炎的效果还不肯定，然而，去势后前列腺退化至少有利于防止其感染复发。

三、前列腺与副前列腺囊肿

前列腺及其相关组织偶尔可见到体积较大的囊肿，症状与其他类型的前列腺肥大相似，只有当囊肿足够大，压迫邻近器官时，症状会比较明显。大个囊肿可能会导致腹胀，需要与膀胱和前列腺脓肿相区别。

药物治疗无效，禁忌用雌激素治疗。单纯去势益处不大，但是摘除囊肿后可实施去势术。完全切除前列腺囊肿是有效的治疗方法。如果不可能彻底切除囊肿，囊肿遗留部分可以用网膜叶填充，并缝合固定。"网膜化"能起到囊肿引流作用，达到治疗目的。手术切除比袋状缝合术更可取，因为袋状缝合术瘘需要长时间的护理。

四、肿瘤

前列腺最常见的肿瘤是腺癌，源于尿道或尿道上皮组织。源于前列腺尿道的转移细胞腺瘤能偶尔侵入前列腺。去势并不能阻止犬前列腺肿瘤形成。

前列腺肿瘤的临床症状与其他前列腺疾病相似，会出现疼痛和发热。如果肿瘤波及尿道，会出现排尿困难和尿道阻塞症状。直肠检查可见，前列腺体积可能正常，但是不对称，并呈结节状。超声扫描检查可见前列腺形状不规则，有高回声、质地不均匀的病灶。有80%以上的患犬，在诊断出前列腺腺癌时，已经有明显的转移。最常见的转移部位是局部淋巴结、腰椎和骨盆骨。除非是疾病末期，否则肿瘤组织很难能够转移到远部器官（如肺脏）。由前列腺疾病引起的尿道阻塞的犬患肿瘤的可能性很大，正如之前描述过的去势犬的前列腺肥大一样。可由活组织采样检查确诊。用于人前列腺癌诊断的前列腺肿瘤标记物，例

如前列腺特异性抗原或前列腺酸性磷酸酶，在犬体内不存在。

目前，对犬前列腺癌尚无有效的根治方法。由于在确诊时，犬前列腺癌就已经有很高的转移率，以及前列腺切除后尿失禁的发病率也很高，所以不建议将前列腺完全切除作为治疗手段。放射疗法由于其辐射作用，而引起尿道膀胱纤维化，导致排粪、排尿失禁。替代的方法是烧灼前列腺组织，如经直肠使用高强度超声波，经尿道向前列腺内注射无水乙醇，经尿道激光汽化术或经尿道电凝切除前列腺组织，都已经在试验研究中获得成功，但还未应用于治疗犬前列腺癌。在一项研究中，有人使用一种相对简单有效的方法治疗了32例前列腺癌患犬。口服环氧酶抑制剂——吡罗昔康（0.3 mg/kg，每日1次），或者口服卡洛芬（2.2 mg/kg，每日2次），与未治疗的患犬相比，显著延长了患犬的平均存活时间（6.9个月：0.7个月）。

五、前列腺石

发生前列腺石（罕见）时，也常会有其他的前列腺疾病出现。前列腺石不透射线，偶尔在腹部X线片中见到前列腺石。

第二十七节　犬传染性生殖器瘤

犬传染性生殖器瘤（TVT）呈菜花状、有蒂，或呈结节状、乳头状或多叶状，大小从5 mm到10 cm以上不等。生殖器瘤坚硬易碎，表面常出现溃疡和炎症，易出血。可单个存在，也可为多个，外生殖器最常见，但也可出现在生殖器周围的皮肤上。通过直接接触肿瘤物质而传播，从一处传播到另一处，从1条犬传给另1条犬。也可能传播到邻近的皮肤以及口腔、鼻腔黏膜或结膜。传染性生殖器瘤有时源于包皮或阴道组织深部，不仔细检查时不易发现。因此，有时错把生殖道出血误认为是血尿。开始时生殖器瘤生长迅速，转移率低（5%）。如果发生转移，多转移至局部淋巴结，也可转移至肾脏、脾脏、眼、脑、垂体、皮肤、皮下组织、肠系膜淋巴结和腹膜。

由于犬传染性生殖器瘤具有大而圆形的同质细胞，并且核居中，因此很容易根据细针穿刺采样或压片后的细胞学检查结果作出诊断，也可以进行活体采样，然后通过组织病理学检查诊断。但是，犬传染性生殖器瘤很难与其他圆形细胞肿瘤相鉴别，尤其是更难与生殖器外部的淋巴肉瘤相鉴别。该病的发病率因地区不同而异，有的地区发病率很高，而有些地区则很低。

尽管犬传染性生殖器瘤可以自行消退，但是其

发展是渐进性的，应采取相应的治疗措施。手术切除、放射性治疗和化学疗法都有效，但是应考虑选择化学药物治疗。据报道，静脉注射硫酸长春新碱（0.5～0.7 mg/m²，每周1次，连用3～6周）有治疗效果。一般情况下，第6次用药后肿瘤全部消失。静脉注射阿霉素（体重大于10 kg的犬按30 mg/m²用药；小于或等于10 kg的犬按1 mg/kg用药；每3周1次）也有治疗效果。对长春新碱治疗无效的动物，可采用放射疗法。

用化疗法或者放射法治疗后，肿瘤消失的患犬则预后良好，如果已经转移至其他器官，而不是只有皮肤部位的转移，则预后不良。由于生殖器肿瘤所处的解剖位置特殊，通常很难彻底切除肿瘤。除非切除肿瘤后辅以放射治疗或化学治疗，否则肿瘤很可能复发。

（田文儒 译　靳亚平 一校　丁伯良 二校　马吉飞 三校）

第十二章　呼吸系统
Respiratory System

第一节　呼吸系统概述

呼吸系统执行着多项功能，其中最重要的功能是将氧气传递给心血管系统，再经心血管系统传输到身体各部，同时排出组织细胞产生的二氧化碳。肺换气是在肺泡内进行的，原因在于肺泡壁这一气血屏障是一种薄而可透过性的膜。在导致呼吸膜损伤或影响气体及血液供应的一些疾病过程中，气体交换障碍或大范围的机能障碍会造成严重后果。除气体交换功能外，呼吸系统还具有维持酸碱平衡、贮备血液、过滤甚至可能破坏栓塞物、代谢一些生物活性物质（如5-羟色胺、前列腺素、皮质激素、白细胞三烯）、激活一些物质（如血管紧张素）等功能。呼吸系统通过对所吸入的气体进行加温、加湿，过滤尘埃，从而保护气道。在动物用力喘气时，上呼吸道还具有感知气味以及调节体温的功能。

吸入气体中的大颗粒尘埃常常沉积于鼻道、喉、气管和支气管黏膜上，可由气管黏膜上的纤毛运动将其移至咽部后被吞咽下去，或经咳嗽排出体外。小颗粒则可能沉积到更深的肺泡内，并被巨噬细胞所吞噬。针对微生物或其他外源颗粒的入侵，机体利用解剖结构进行防御，包括非特异性或特异性免疫机制（细胞及体液免疫）。不同种类的动物个体发生疾病的致病因素常常不同，可以采用疫苗、抗生素以及其他生物制剂（如干扰素类和淋巴因子）等进行治疗。其他因素还包括鼻道的迂回曲折，体毛、纤毛和黏液的存在，咳嗽反射，支气管收缩。细胞防御（细胞免疫）包括巨噬细胞和中性粒细胞。巨噬细胞可吞噬外来入侵者或将它们（或至少是它们的重要抗原）递呈给淋巴细胞，诱导机体的免疫反应；而中性粒细胞通常会在抵抗入侵者过程中死亡，死亡的中性粒细胞及胞内具有潜在损伤作用的酶类均需清除出去。分泌防御包括具有抗病毒活性的干扰素；能溶解外来入侵者的补体；分布于肺泡表面，可防止肺泡塌陷，促进巨噬细胞功能的表面活性剂；可阻止细菌附着的纤维结合素、抗体以及黏液等。

呼吸系统在执行很多功能的同时，尽量降低能量消耗。而一些疾病的发生常常对其造成影响，如限制肺脏扩张的疾病（纤维变性、胸腔积液、乳糜胸、气胸或胸腔积血）、阻碍空气进入的疾病（鼻肿瘤、细支气管炎、支气管狭窄、喉麻痹或肺水肿）或者导致气血屏障增厚的疾病（病毒或毒素引起的间质性肺炎、肺水肿），呼吸的用力程度随着病程的发展而增加。

不同种动物间，其呼吸道解剖结构有明显差异，具体表现在：①上呼吸道及下呼吸道的形状；②鼻甲骨的宽度、形状及结构；③支气管的分支模式；④终末细支气管（包括旁路通气）的解剖结构；⑤肺分叶和分成小叶的情况；⑥胸膜厚度；⑦纵隔完整性；⑧肺动脉与支气管动脉和细支气管的关系；⑨血管分流存在情况；⑩肥大细胞的分布；⑪胸膜血液供应。解剖结构上的每一种变异，均暗示其在功能上的差异，而这可能影响到呼吸系统疾病对某种动物的致病机制。根据呼吸道解剖结构上的相似性，可分为三大类物种：牛、绵羊和猪；犬、猫、猴、大鼠、兔和豚鼠；马和人。

不同种动物（的呼吸系统）存在着显著的生理差异。比如牛易于经咽逆呕，易患肺动脉高压症，在寒冷的环境中可导致（肺脏）通气减少，其肺脏相对较小，潮气量和有效余气量低，所以对于外界环境温度的变化，牛比其他大多数动物都要敏感。这些解剖结构以及生理上的差异，在很大程度上决定了有的病原只感染某几种动物。比如，溶血性曼氏杆菌（Mannheimia haemolytica）感染牛，却并不感染猪；再如，肺炎对某些动物（牛、猪）危害很大，而对其他动物（犬、猫）则次之。

缺氧（低氧合状态，常称为缺氧症）常引发呼吸系统疾病的临床症状。可能的因素：①血液携氧能力降低（比如因CO中毒或亚硝酸盐中毒的贫血性缺氧或各种原因导致的真性贫血）；②血流量减少（比如充血性心力衰竭或休克所致的循环障碍性缺氧）；③肺泡通气量不足或气体弥散障碍（如发生肺炎、肺水肿、慢性充血、气胸以及呼吸肌麻痹时的缺氧）；④组织有效氧不能充分利用（比如氢氰酸中毒所导致的组织中毒性缺氧）。

组织缺氧的代偿性机制包括：呼吸加深、频率加快，该反应受颈动脉体和主动脉体这两个重要的外周化学感受器的调节；脾脏收缩，可以释放更多的红细胞进入血液循环；心搏量增加、心率加快。如果出现脑缺氧，受神经元活力降低的影响，呼吸功能可能进一步减弱。尽管红细胞增多的程度有种属依赖性，但缺氧也会促进红细胞生成。此外，动物在缺氧时，肠的运动性及分泌功能将减弱，心肌、肾以及肝功能也可能会减弱。当补偿机制无法正常运行时，将发生恶性循环，导致全身组织器官功能更加低效。

一、呼吸机能障碍的临床特征

根据黏膜的损伤程度，可出现浆液性、卡他性、化脓性或出血性鼻液。流鼻液表明正常分泌物的增加，有时伴有中性粒细胞（化脓性）或血液（出血性），也表明动物发病时减少了用舌头清洁鼻孔的行为。鼻出血（从鼻腔流出血液）通常是由于血管破裂所引起，如马喉囊真菌感染或运动性的肺出血，或鼻腔内真菌感染、鼻腔肿瘤、系统性凝血病、脉管炎、血小板减少症（免疫介导的或由于立克次体感染的结果）、高黏稠度综合征或鼻创伤。咯血（咳出血液）通常见于患慢性肺脓肿病牛，其肺动脉瘤破裂后出现。出血也可见于鼻息肉、肿瘤、肉芽肿、创伤、血小板减少症及欧洲蕨和草木樨中毒。

当呼吸用力并导致窘迫时，呼吸增强（呼吸加深加快）即变为呼吸困难。尽管如此，呼吸增强并不总是疾病的特征（比如当健康动物剧烈运动后出现的用力呼吸）。导致毒血症的传染病可进一步使动物受到损害，如溶血性曼氏杆菌引起的牛肺炎。呼吸困难可由呼吸道本身的疾病引起（如呼吸道阻塞、肺炎、支气管炎、肺泡炎），或由其他疾病引起（如心力衰竭、酸碱平衡失调、胸腔积液、血液携氧能力异常、神经肌肉功能异常）。胸腔入口处以上的阻塞性疾病（比如喉瘫痪、颈部气管塌陷）或者胸腔积液导致的吸气困难称为吸气性呼吸困难。胸腔入口处以下的阻塞性疾病（如弥散性支气管炎或肺水肿）导致的呼气困难称为呼气性呼吸困难。固定的呼吸道阻塞（如气管肿瘤、异物、狭窄）或者同时伴有上呼吸道及下呼吸道阻塞性疾病（比如由充血性心力衰竭导致的胸腔积液）将同时导致吸气性呼吸困难和呼气性呼吸困难。其他症状包括咳嗽、清除渗出物以及伴有呼噜音的浅表性呼吸，通常与胸膜炎的疼痛有关。

二、呼吸机能障碍的原因

呼吸道先天性畸形比较少见，但也有发生，如鼻窦和鼻甲的囊肿、气管发育不全及副肺存在。上呼吸道机能障碍最常见的原因之一是鼻炎（可导致中性粒细胞、巨噬细胞及液体渗出）及鼻黏膜的糜烂和溃疡（或两者）。这可能由病毒、细菌、真菌或寄生虫引起，也可能由超敏反应产生，如局部变态反应及过敏（见免疫系统）。另外，鼻甲骨萎缩（如猪萎缩性鼻炎）时，鼻腔丧失了主要的滤除功能，使肺暴露于更严重的尘埃及微生物的危害中，也是造成呼吸机能障碍的原因。肿瘤、肉芽肿、脓肿或异物也可引起鼻腔阻塞。由上呼吸道感染、牙根感染及去角术引起的窦炎等均可造成呼吸机能障碍。

喉炎、气管炎和支气管炎可引起咳嗽，还可能导致吸气性呼吸困难和呼气性呼吸困难。如果刺激由黏膜糜烂所致，咳嗽可能是干性的；如果主要呼吸道有大量渗出，咳嗽可能是湿性的。严重的肺水肿和肺气肿可导致极度的呼吸机能不全。

最常见的呼吸系统疾病是肺炎。对各种类型肺炎的分类有多种方法，一种有价值的方法是根据肺部病变的分布来划分：局灶性肺炎，一个或多个分散性病

灶，呈不规则排列，如其他部位栓塞所致的脓肿、肺结核或放线菌病。小叶性肺炎强调的是解剖学上的肺小叶的炎症，如多杀性巴氏杆菌引起的支气管肺炎中的小叶性病变。大叶性肺炎时波及大部分肺叶，通常比较严重，如牛的巴氏杆菌引起的纤维素性肺炎。弥散性或间质性肺炎通常波及整个肺脏，如绵羊的梅-迪病或超敏反应时的肺炎。根据肺炎的特征或病因可用下列方法进一步予以描述，如坏疽性肺炎、寄生虫性（蠕虫性）肺炎、吸入性肺炎等。

感染的发生可由一种或多种因素作用所致：机体防御机制缺失；高致病性病原体；接种物的量太大；动物防御机制降低。

一般认为，多数肺炎的起因源自鼻腔正常菌群的突然改变，这通常是由于运输、并发症诱发应激，或者病毒感染、毒性作用引起细胞损伤，导致宿主机体防御机能下降，一种或多种细菌急剧大量增殖。这些细菌可被大量吸入肺中并可突破正常的防御机制，然后定居、增殖并引起炎症。另外，应激通常是呼吸系统病毒感染的一种前兆，尤其是在一群动物被集中运输、管理及混群造成应激时。一些呼吸道病毒的感染，可引起肺泡吞噬细胞的吞噬机能出现暂时性障碍。这通常发生在病毒感染数天后。吸入的细菌增殖和肺炎的发生，通常会导致严重的感染，并有大量的渗出物进入肺泡。

肺炎也可由病毒、细菌及真菌的直接感染所致，也可直接由血源性毒素或吸入的毒素，或误吸入食物或胃内容物而引起。

通过动物机体的自愈或适当的治疗，渗出物可从肺脏中排出，呼吸道黏膜的损伤可痊愈，但严重的后遗症会持续存在。支气管扩张症是支气管及肺实质的慢性损伤，特征是不可逆的圆柱状或囊状扩张、继发感染和肺扩张不全。病毒性致病因子所致的细支气管的溃疡，可导致细小支气管内结缔组织性栓塞，这种病变称为闭塞性细支气管炎，可引起永久性阻塞、肺扩张不全及严重的呼吸功能不全。慢性过敏性支气管炎或细支气管炎造成的细支气管狭窄有类似的临床症状。然而，过敏性支气管炎（如马气喘病）所导致的呼吸道狭窄症状，可在给予支气管扩张剂后迅速得以缓解。一些慢性肺炎（如绵羊的梅-迪病）的特征为细支气管周围淋巴滤泡增生和平滑肌增生，导致坚硬的弥散性病变，还可出现弥散性纤维变性及弥散淋巴细胞浸润。吸入性肺炎常导致坏疽的发生，并伴有严重的毒血症和急性炎性反应。

多数传染性肺炎发生于肺前腹侧部，但是传染性因子和肿瘤细胞可通过血液侵入肺中，从而严重损伤肺功能，因慢性心力衰竭还可引起肺水肿。胸膜炎、

脓胸、胸腔积液、乳糜胸、肺不张、横膈疝或气胸，也可严重损害呼吸功能。肺栓塞时，由于肺脏换气部位缺乏肺动脉血的供应，而导致急性暴发性的呼吸功能衰竭。肺梗死可降低呼吸机能，但很少见，因为肺脏为双重血液供应。中毒性损伤（如牛3-甲基吲哚中毒）可引起肺水肿、气肿及肺泡上皮坏死，随后这些细胞出现代偿性增生，从而影响气体交换，导致严重的缺氧和呼吸困难。

尽管肺炎相当重要，但胸部的其他一些严重疾病也可引起呼吸机能障碍。肺水肿，即间质组织、呼吸道及肺泡中液体的异常积聚，可发生于循环障碍，特别是在心室衰竭及毛细血管通透性增加时，偶尔发生于过敏和变态反应时以及患某些传染病时。犬头部外伤可引起肺水肿，出现呼吸困难及张口呼吸。动物宁愿站立而不愿躺下或仅以胸骨卧下，有的采取坐姿。胸部听诊可出现喘鸣音或流水音。

胸膜炎可由任何进入胸膜腔的病原引起，但通常是由肺炎发展而来的。呼吸快速而浅表、体温升高和胸部疼痛都是胸膜炎的症状。胸部听诊可出现摩擦音。

脓胸（即胸膜腔积聚脓性分泌物）由通过血液进入胸腔的化脓细菌或真菌所引起，或由肺炎、创伤性网胃炎或胸腔透创发展而来。可能有咳嗽、发热、疼痛和呼吸困难的症状。

血胸（即胸膜腔积血）通常是由胸腔的创伤、全身性凝血病或胸腔肿瘤所引起。胸腔积液（即胸膜腔漏出液积聚）通常是由于静脉血或淋巴回流受阻所致。乳糜胸（即胸腔乳糜积蓄）相对少见，且多发生于猫，可由胸导管破裂引起，但通常是自发性的。上述三种疾病的症状都有呼吸窘迫（如呼吸快速而浅表，呈吸气性呼吸困难）及衰弱。

气胸（即空气进入胸膜腔）可能是创伤性或自发性的。空气通过胸壁透创进入胸膜腔，或由肺气肿发展而来，也可由肺大泡破裂引起。如果大量的空气进入胸膜腔，肺就会塌陷；如果纵隔脆弱或不完整，可发展成双侧性气胸，表现为明显的吸气性呼吸困难或快速而浅表的呼吸。

三、诊断技术

病史调查和体格检查有助于病因的分析以及呼吸系统疾病部位的确定。当怀疑有上呼吸道阻塞性疾病或固定的呼吸道阻塞（如气管异物、肿物、狭窄）时，颈、胸部X线检查有助于疾病的诊断。对表现有下呼吸道症状的动物，很有必要进行胸部X线检查，但对于胸部过大的成年马或牛，胸部X线检查的诊断价值有限。动脉血气分析或脉搏血氧测定，均有助于对表现有严重呼吸困难的患畜进行评估，判断是否需要氧气治疗。

当怀疑上呼吸道有阻塞性病变时，应进行呼吸道内镜检查，最好不要镇静。需要对喉头的功能进行评价，检查鼻咽、口咽、喉头、气管及主要支气管有无阻塞性病变。

对于弥散性或小叶性肺脏疾病，诊断程序包括气管冲洗、支气管镜检查，以及同时进行的支气管肺泡灌洗和支气管内活检、肺脏穿刺抽吸或肺活检。当怀疑有细菌性肺炎时，推荐对气管冲洗物进行细菌培养。对气管或支气管肺泡灌洗液进行细胞学评估可有助于真菌、寄生虫及变态反应性肺变的诊断。对肺脏穿刺抽吸物检查，通常有助于真菌性肺炎的诊断，但对于肺部单个损伤性病变的确诊率较低。单个肺部肿块性病变通常需要肺脏活检或外科切除术后才能确诊。超声检查对于胸腔疾病（如胸腔积液、气胸）和邻近胸膜表面的肺脏实质性病变而言是一种灵敏的诊断技术。

犬、猫胸腔积液时，应实施胸腔穿刺术，并对穿刺液进行细胞学及微生物学评估。猫的胸腔积液通常伴发心脏疾病，应进行超声心动图检查。对于怀疑乳糜渗出的动物，应测定血清及液体甘油三酯水平。乳糜渗出与液体甘油三酯水平的相关性高于血清。

急性流涕或打喷嚏（或两者）提示感染（病毒或细菌）或鼻腔异物的存在。慢性鼻液时则需要做进一步的检查，如X线检查（鼻、马咽鼓管囊）、鼻CT、鼻镜检查、鼻咽镜检查、鼻黏膜刮取物活检。当有大量黏稠或出血性鼻液时，鼻镜检查的意义不大。鼻组织的细菌学培养对于细菌性鼻炎具有诊断意义；然而，在某些动物（如犬和猫）原发性鼻炎比较少见，通常是由继发感染所引起。鼻组织细胞学检查有助于鼻腔真菌感染的诊断。呼吸系统真菌感染时，应考虑进行血清学检查，但由于假阳性及假阴性的存在，分析血清学检查结果时，还应参考患畜的临床症状及真菌病原体的检出情况进行综合判定。

四、呼吸道疾病的控制

集约化饲养的动物，诱发呼吸道病的主要因素有：突然更换日粮、断奶、寒冷、贼风、潮湿、灰尘、高浓度的氨气、通风换气不良、不同年龄段的动物混群等。应尽量减少应激，避免不同来源动物的混群。建立单个动物的档案、精确记录临床及死后诊断以及坚持记录诊断及治疗情况对减少和控制动物肺炎的暴发是很重要的。另外，长途运输是一种重要的应激因素，也是导致大动物呼吸系统感染的主要原因之一。

免疫接种有助于控制呼吸道感染。但在生产实践中，往往由于免疫时机不当、使用无效或不适当的疫苗，以及管理中的严重失误常常导致防治效果不佳。多数情况下，当呼吸道天然防御屏障出现严重损伤时，即使经化学或生物学治疗也不能使其恢复。

呼吸道黏膜表面含有淋巴滤泡，可同机体其他部位交换淋巴细胞。然而，呼吸道黏膜中的多数淋巴细胞只产生IgA，而其呼吸道淋巴结中的淋巴细胞可产生IgM和IgG。根据感染病原的不同，呼吸道存在细胞和抗体介导的多种免疫反应，包括：调理作用、凝集作用、固定作用、毒素和病毒中和作用、阻断对细胞的黏附、溶泡作用、趋化作用。由于年龄、种属以及对病原体特异性致病机制的应答方式不同，可出现不同类型的免疫反应。

种属差异在于呼吸道不同部位可产生不同的免疫反应类型。大的微滴性抗原可刺激上呼吸道产生IgA，而下呼吸道免疫则需要小的可增殖性抗原颗粒的刺激。为了产生足够高的抗体水平，确保肺脏得到保护，常需要在抗原中添加佐剂并进行多次免疫，或使用可增殖性抗原进行免疫。这种效果在野外条件下很少能达到（例如，用呼吸免疫在牛体做的许多田间试验，经统计学分析没有明显的效果）。

环境管理是呼吸系统变态反应性疾病治疗过程中的一个重要环节。例如，马气喘病（复发性呼吸道阻塞）或牛过敏性肺炎的临床症状，可以通过避免接触被真菌染污的干草而得到有效控制。

五、治疗原则

另参见呼吸系统全身性药物治疗。

呼吸系统疾病的特征通常表现为分泌物、渗出物异常增多，而排除能力降低。治疗的目的是减少渗出，降低其黏度，使之有利于排出。措施有控制感染和炎症，改善分泌物状态，如果可能，还可促进体位性排液及采用机械清除。治疗方法包括：改善空气质量，使用祛痰药、镇咳药、支气管扩张剂、抗生素、利尿药及其他药物。然而，临床试验表明，祛痰药的作用甚微或根本无效。

应保持一定的空气温度，吸入湿润空气有利于呼吸道分泌物的排出。为了促使分泌物液化，有时会使用祛痰药。然而，应结合辅助性的呼吸治疗措施，如促进体位排液、适度的运动及胸部叩击，这些措施除引起咳嗽外，还可促进咳痰及分泌物的排出。对于严重呼吸道阻塞则需要通过抽吸，机械去除牢固及黏滞的分泌物。

镇咳药可解除无痰性咳嗽的痛苦，但呼吸道分泌物太多时要禁用。含有阿托品的制剂也应禁用，至少

理论上是这样，因为阿托品可增加呼吸道分泌物的黏度。

动物患有哮喘或慢性呼吸道疾病时，由于支气管肌紧张可引起呼吸道阻力增加，用支气管扩张药可使其得到缓解。甲基黄嘌呤，如茶碱和氨茶碱是有效的支气管扩张剂，可用于除牛（可能还包括犬）以外的其他动物。但与β2-激动剂相比，其治疗指数相对较低，疗效略差。异丙肾上腺素、克伦特罗以及肾上腺素一般也有效。色甘酸钠也可用于治疗马呼吸道炎症性疾病。过敏情况下使用皮质类固醇类很有效，但全身应用时可能会有一定的不良反应。雾化吸入糖皮质激素疗效切实，且不良反应很小，甚至没有，但给药时要求有面罩等气雾剂传导装置。抗组胺药可缓解由组胺释放引起的支气管紧张，但对大动物疗效有限。通过除去刺激因素、使用温和镇静剂或缩短兴奋周期，可显著地降低支气管痉挛。

细菌感染时，应使用抗菌疗法。很重要的一点是选择对某种特异性病原体最有效的药物，或者是从几种药物中选择毒性作用最低的。对呼吸道分泌物进行培养，然后进行药敏试验，尽管不是准确无误，但可提供有价值的指导，以确定合适的抗生素。了解抗微生物制剂的组织穿透力和药物代谢动力学特征，同样很重要。

已经证明下列药物对所列动物有效：牛——土霉素、头孢菌素类、荧光喹诺酮类、大环内酯类、氟苯尼考、青霉素类和磺胺类；绵羊和山羊——土霉素、头孢菌素类、大环内酯类、青霉素类和磺胺类；猪——林可霉素、壮观霉素、青霉素类和磺胺类；犬和猫——头孢菌素类、氯霉素、复方阿莫西林克拉维酸、氨基糖苷类、复方磺胺甲恶唑、荧光喹诺酮类和四环素类；马——青霉素类、氨基糖苷类、头孢菌素类、荧光喹诺酮类、磺胺类和四环素类，后者应用时要慎重，因有时会引起严重的腹泻。氨基糖苷类也可使用，但有肾毒性。甲氧苄啶通常与氨苯磺胺联合使用，对多种动物的呼吸系统疾病有效，但在美国不允许用于食用动物。恩诺沙星（美国准许用于小动物和牛，但不允许用于马）和头孢噻呋等药物对肺炎也有疗效。

如果没有检出特异性的细菌，应使用广谱抗生素，并且一旦开始使用，应坚持使用一个完整的疗程。只有彻底了解了药物之间潜在的相互作用，才可使用复合抗微生物制剂。由于食用动物的药物残留问题，兽医必须按照药物说明书合理使用，并给生产者提供有益的忠告。在某些情况下，超出说明书范围应用抗生素也是许可的，但必须符合1994年颁布的"兽药使用诠释法（AMDUCA）"中的相关规定。

多数肺机能紊乱所致的缺氧可通过输氧得以恢复。然而，连续高浓度输氧，易造成局部吸收性肺不张，从而加重缺氧，另外还可引起局限性肺炎。缺氧通常伴有不同程度的高碳酸血症和酸血症。动物出现呼吸衰竭或昏迷、窒息时，需实施气管插管和机械性换气。在条件许可的情况下，测定动脉血气及pH，在监控治疗效果方面极其有用。

治疗肺水肿时可用利尿药。渗透性利尿剂的利尿作用很弱，碳酸酐酶抑制剂（如乙酰唑胺）的利尿作用温和，而作用于肾小管袢的利尿剂（如呋塞米）则有很强的利尿作用。

第二节　吸入性肺炎

吸入性肺炎（异物性肺炎、吸入性肺炎、坏疽性肺炎）是一种由异物进入肺中所导致的，以肺炎、肺坏死为特征的肺部感染。炎症反应的严重程度取决于吸入物类型、吸入的细菌种类以及吸入物在肺脏的分布情况。

【病因】给药方法不当是导致吸入性肺炎最常见的原因。采用灌服或用剂量注射器灌服液体药物时不宜太快，以使动物能及时吞咽。当动物舌头伸出，头位过高，或者动物咳嗽及嚎叫时灌药尤其危险。经鼻腔插管灌药也有危险性，特别是对虚弱动物必须小心。

吸入刺激性气体和烟雾是不太常见的原因。当动物食道部分阻塞而试图采食或者饮水造成吸入呕吐物时，均可导致异物性肺炎。吞咽功能失调也是吸入性肺炎的常见原因，如麻痹或者昏迷的动物（成年牛全身麻痹时或奶牛产后瘫痪），患迷走神经麻痹、急性咽炎、咽区脓肿或肿瘤、食管憩室、腭裂或脑炎的动物。

猫吸入一些无味的刺激物，如矿物油后，特别容易发生肺炎。绵羊药浴时操作不当可导致吸入液体。患白喉性喉炎的犊牛和羔羊，吸入炎性产物后，也容易发生异物性肺炎。用桶饲喂牛乳时，犊牛不慎吸入牛乳，则牛乳作为异物会弥漫分布于肺部，引起坏死性肺炎。羔羊发生营养性肌病时，吞咽肌功能会受到影响。给猪饲喂干燥的细小颗粒状饲料往往会使其吸入一些饲料颗粒。治疗产乳热伴发的吸入性肺炎有很高的致死率。吸入性肺炎是患肌无力犬死亡的重要原因。鹿科动物患慢性消耗性疾病时，常因中枢神经系统功能失调而发生吸入性肺炎。确诊患有吸入性肺炎的鹿及麋鹿也应诊断其是否患有慢性消耗性疾病。

【临床表现】近期的异物吸入史是最有价值的诊断依据。患马常出现发热（40～40.5℃），但几天后恢复正常体温。猫和犬患病时也会发热，但牛较少发热。病畜表现为急性呼吸困难，呼吸过速，心动过速，伴随皮肤发绀，支气管痉挛症状。患病动物会出现坏疽性的恶臭呼吸，并且随着疾病的发展进一步加重。病畜常常会流脓性鼻涕，有时颜色为红褐色或绿色。鼻涕或痰液中时常会出现所吸入的异物（如油珠）。听诊能听到喘鸣音，胸膜炎摩擦音，皮下气肿的爆裂音。奶牛如吸入瘤胃内容物，常因毒血症而在1～2 d内死亡。牛和猪的治愈率要高于马类，但总体来说，对所有不同种动物都有较高的致死率。绵羊药浴后常会暴发吸入性肺炎，一般从第2天到第7天造成较大损失，随后发生率逐渐下降。

【病理变化】肺炎通常位于肺的前腹侧部，常表现为单侧性的，也可呈双侧性的。在疾病早期，肺脏出现明显的充血，并伴有小叶间水肿。支气管充血，充满泡沫。肺炎区呈锥形，基部朝向胸膜。随后可见化脓和坏死，病灶变软、液化，呈红棕色，具恶臭味。常常有急性纤维素性胸膜炎和胸膜渗出物存在。存活的动物常出现慢性脓肿和胸腔脏器与胸膜壁层的纤维素性粘连。

【防治】某些麻醉剂，如硫代巴比妥盐可刺激流涎。硫酸阿托品有助于控制多涎（不推荐用于全身麻醉的反刍动物）。使用一种带有可膨胀管套的气管导管，可防止外科手术时的液体吸入。对于喉麻痹或食管扩张的动物，应使用经皮内镜胃管来饲喂食物。

病畜应饲养于安静的环境，不应抑制其生痰咳嗽。一旦获知动物吸入了异物，不管异物是液体还是刺激性气体，不等动物出现肺炎症状，就应使用广谱抗生素治疗。气管中的冲洗液有助于鉴定致病原，并应做相应的药敏实验。还可考虑采用雾化疗法，以使抗生素更易进入肺脏，从而促进炎性分泌物排出。护理和辅助治疗等措施与传染性肺炎相同。对小动物可采取氧气疗法。使用一些抗氧化剂，如维生素E，对该病治疗有效。但即便是采取了多种治疗和处置措施，吸入性肺炎病例通常预后不良，因此该病的重点在于预防。

第三节　衣原体性肺炎

衣原体是一种衣原体目细菌，为胞内寄生菌。在生产实践中，衣原体病原微生物能感染大多数真核宿主细胞，这些普遍存在的革兰氏阴性菌能引起多种疾病。

【病原与流行病学】对衣原体目细菌的分类并没有一个统一的标准，常根据宿主类型或疾病来分类。衣原体各菌株感染能力和复制能力比较一致，但也不是绝对的，其宿主和疾病症状之间也相互关联。现在一般认为共有9种衣原体，下文所涉及的是已知能引起呼吸道感染的衣原体。

鸟类鹦鹉热亲衣原体（*Chlamydophila psittaci*）是一种名为鹦鹉热或饲鸟病的人兽共患病的病原，该病原最早发现于鹦鹉或家禽。该衣原体感染人后能引起非典型性肺炎或一些能威胁生命的急性疾病。在多种哺乳动物中也发现了鹦鹉热支原体（如：牛，猪，马，犬），并且其病理相关性和人兽共患潜力已被证实。猫属衣原体（*Chlamydophila felis*）能引起猫呼吸道感染，传染给人后能引起非典型性肺炎或结膜炎。肺炎衣原体（*Chlamydophila pneumoniae*）主要是一种人类病原，但也会感染树袋熊、马和青蛙。流产亲衣原体（*Chlamydophila abortus*，以前也称为鹦鹉热亲衣原体Ⅰ型）是一种主要引起小反刍兽流产的病原（绵羊衣原体对妊娠妇女有害），但也在牛、猪和马呼吸道中被发现。牛感染反刍动物衣原体（*Chlamydophila pecorum*）是很常见的，还常伴随着流产型衣原体感染。牛衣原体病的症状非常多样，常包含多个器官的症状（呼吸障碍，生殖障碍，乳房炎，关节炎，肠炎，腹泻）。在一群患有肺炎的老鼠中曾分离到鼠衣原体（*Chlamydia muridarum*）。猪衣原体（*Chlamydia suis*）是流行最广的衣原体病原，它能引起多系统症状，其中就包括呼吸障碍。

随着分子生物学技术的迅猛发展，常可在一些无明显临床症状的动物（如宠物和一些农畜）中检出衣原体。流行病学调查数据表明，衣原体病在世界范围内广泛发生，但这些流行病学调查结果的重要性依然未知。

【临床表现】衣原体感染呼吸系统后并不表现出特异的症状。大多数情况下，支原体感染能产生从急性到慢性炎症和从严重到轻度或者亚临床的各种程度的症状。

对于禽类来说，鹦鹉衣原体感染造成的疾病（禽衣原体病）可引发结膜炎、浆膜炎、纤维素性心包炎、贫血和白细胞增多症或单核细胞增多症。犬类感染鹦鹉热亲衣原体（多数为经禽类传染）后表现出支气管肺炎的症状，包括发热和干咳，但也会出现角膜结膜炎、胃肠道症状（呕吐，腹泻），甚至一些神经症状。对于猫类，感染猫衣原体后会发生鼻炎、结膜炎或支气管肺炎，但常出现血清反应阳性的猫不表现临床症状。感染流产亲衣原体的母羊所生羔羊会患急性衣原体性肺炎，这些羔羊出现发热、嗜睡和呼吸困难，开始流浆液性鼻涕后为黏脓性。

在牛、猪中普遍存在衣原体感染，但常常难以诊断。到目前为止，这些农畜中，牛已被检测到带有反

刍动物衣原体、流产亲衣原体和鹦鹉热亲衣原体；在猪中出现了猪衣原体（以前称为猪沙眼衣原体）、鹦鹉热亲衣原体、流产亲衣原体和反刍动物衣原体。畜群中常出现几种衣原体的混合型感染，甚至单个个体也会出现。急性呼吸道衣原体感染后，上、下呼吸道都会受到影响。临床症状包括发热、抑郁、流鼻涕、尖声干咳和呼吸困难。此外，牛和猪感染衣原体后还会出现角膜结膜炎、脑脊髓炎、多发性关节炎、心包炎、肠炎、流产和繁殖障碍等疾病。对于有衣原体病流行的畜群，其刚出生仔畜对衣原体有抵抗力，但出生2周左右就可感染衣原体，因此幼龄动物相对于老年动物会表现出更多的临床症状。

对于马类衣原体病的描述是多种多样的。母马会出现流产并伴发支气管肺炎；马驹发生多发性关节炎、肝炎，有的病例还发生致死性脑脊髓炎。最近的研究数据表明，鹦鹉热亲衣原体或流产亲衣原体是引起马复发性气道阻塞的重要病原，也是炎症的诱发因子或一些严重疾病的指征。

根据血清学检测结果，多数衣原体感染农畜并不一定会表现出临床症状，但他们会在一种亚临床水平下引起慢性持续性或复发性的衣原体疾病。衣原体可作为条件性致病菌存在于动物体内，当外界不良环境因素刺激时，可引起急性感染或者长期的隐性感染，所以其造成的经济损失往往比一些严重但很少发生的衣原体疾病要大。

【病理变化】该病会出现急性的肺部病变，包括细支气管炎、严重局灶性肺炎和肺萎缩。衣原体侵染肺组织时常伴随一些巨噬细胞、粒细胞和活化T细胞的浸润。也会发生肺水肿，肺泡气体交换障碍和酸碱平衡失调（血氧不足或呼吸性酸中毒），甚至因肺功能的多重损伤而出现急性呼吸窘迫。

支气管间质性肺炎和肺泡炎时会出现Ⅱ型肺细胞增生，混合性炎性细胞涌入造成肺泡腔缩小。常在呼吸道和肺血管周围发现淋巴细胞聚集。

对于慢性衣原体感染（常为亚临床），肉眼检查呼吸道时，仅见轻度损伤或肺尖叶上出现一些很少、但较明显的局灶性肺萎缩。组织学病变包括中性粒细胞性炎症、肺泡细支气管炎和淋巴组织活化（扁桃体、气管和肺淋巴结等）。细支气管（细支气管套）、增生性细支气管和细支气管上皮处的支气管相关淋巴组织活化，是发生慢性小呼吸道阻塞和持续性通气量减少的原因。

【诊断】仅通过临床症状或病理变化不能对衣原体性肺炎进行确诊。衣原体感染的确诊需采集动物恰当的临床病料，然后通过适当的实验室诊断技术直接检测病原体。这些诊断技术包括：直接涂片镜检，细

胞学染色镜检，病原分离培养，免疫荧光试验，酶免疫分析法，基于核酸扩增原理的检测（PCR和基因芯片技术）。在活畜，病样可采集鼻和眼拭子、气管冲洗物或气管肺泡灌洗液。衣原体性包含体可在受感染组织中检测到。

因为衣原体感染并不会引起动物体内抗体水平出现较大的变化，所以血清学检查往往更适于流行病学调查，而较少用于疾病诊断。动物体内衣原体抗体的标准检测方法为补体结合试验，所用抗原为原始的或部分提纯的衣原体脂多糖，但现有的许多ELISA方法也可用于检测。

【防治】通过传统的免疫接种诱发机体产生特异性免疫力并达到100%保护率的防治方式，并不适用于衣原体感染。但以治疗为目的进行疫苗接种，对于保障动物健康和提高经济效益仍有重要意义。猫衣原体疫苗已上市，但对其作用的报道还很少。

四环素类、喹诺酮类、大环内酯类、林克酰胺类和利福平等抗生素对衣原体的复制有抑制作用。四环素类或氟喹诺酮类（如恩诺沙星）是常用的抗衣原体药。该病需及早治疗，并且用药至少需持续5～7 d。

没有一种抗生素疗法能完全消灭衣原体。值得怀疑的是，在尚未完全清除衣原体时，抗生素通过抑制抗原的产生，降低动物对衣原体的免疫反应，而引起衣原体的持续性感染。

第四节　膈疝

膈的完整性遭到破坏，腹腔脏器进入胸腔，即称膈疝。

【病因】在小动物，汽车撞伤是常见原因，但先天性的膈缺损也能引起膈疝（如腹膜心包疝）。在马类动物中，膈疝也时有发生，但不常见，主要由先天或后天性损伤、难产或一些重度使役造成。牛很少发生膈疝。

【临床表现】因动物种类和患病时间不同而有不同症状表现。犬和猫的急性病例会出现特征性的呼吸困难。呼吸困难的程度由轻度到威胁生命都有发生，这取决于发生膈疝的内脏的重量。如果由胃形成膈疝，它会很快发生臌胀，这时动物病情很快恶化。对于一些慢性病例，其全身症状，例如体重的衰减比呼吸症状表现的更为严重。体检可发现，肺呼吸音消失和/或胸部听诊时能听到胃肠蠕动音。虽然先天性腹膜心包疝与呼吸或胃肠系统以及受损的静脉回心血量减少等有关，但其最易被发现。马常表现为急性、严重的疝痛，并继发肠变位，或呼吸症状和呼吸困难。在牛和水牛中，膈疝可能与创伤性网胃炎和网胃疝

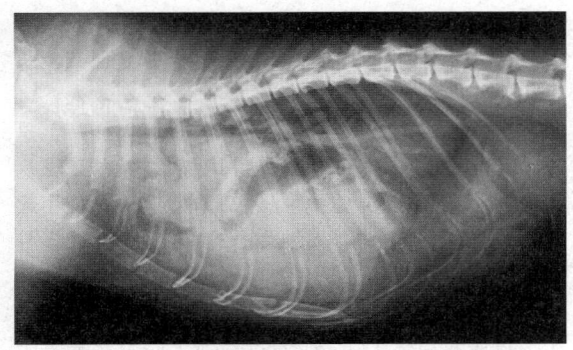

图12-1　膈疝

肠袢（气体阴影）与肺野重叠，横膈膜轮廓不清，腹腔结构模糊不清。（由Joe Hauptman 博士提供）

有关。

【诊断】仔细的物理学检查，包括听诊和叩诊，通常能发现胸腔疾病。多数情况下通过X线检查即可确诊。X线检查可发现横膈膜轮廓缺失，腹腔器官进入胸腔以及腹腔脏器的移位（图12-1）。X线造影检查可确诊本病，可经口灌入钡剂（胃肠型）或经腹腔注射（celiogram）水溶性造影剂。马和奶牛的X线照片或许难以获取，而超声检查将有助于该病的诊断。经腹腔穿刺术和胸腔穿刺术采集样品进行检测，心电图检查和血液学分析也有助于本病的诊断。对马、牛等动物膈疝的确诊还必须采用外科手术进行腹腔探查。

【治疗】手术治疗膈疝是首选的治疗方法。除膈疝外，其他部位也可能存在损伤。手术前要切实保定好动物。若膈疝是慢性的，对动物进行麻醉时需特别小心，因为复张性肺水肿可能是致命的。

第五节　喉头疾病

另见喉偏瘫。

一、喉炎和喉软骨病

喉炎是喉黏膜或软骨发生的炎症，由上呼吸道感染或直接吸入一些刺激物（如灰尘、烟雾、刺激性气体、异物等），或气管插管时造成损伤或过度吼叫，或保定器具、绳索造成的损伤（对于家畜）引起。喉炎可伴发于犬的传染性气管和支气管炎及犬瘟热，猫的传染性鼻炎和嵌杯病毒感染，牛的传染性鼻气管炎和牛白喉，马 I 型疱疹病毒感染、马腺疫、病毒性动脉炎和传染性支气管炎，羊的坏死梭杆菌或化脓棒状杆菌感染及猪流感。

黏膜或黏膜下水肿通常是喉炎的主要表现。严重时，声门明显受阻。过敏反应、吸入刺激性物质或喉

部手术亦可引起水肿。插管麻醉，特别是导入不充分或技术不熟练时，有可能引起喉头水肿。短头而过度肥胖的犬及喉麻痹的犬在兴奋或高温治疗时，严重喘气或用力呼吸可导致喉头水肿和喉炎。牛可见于黑腿病、荨麻疹、血清病和过敏症。猪可发生于水肿病。马、牛和绵羊的喉头水肿可导致杓状软骨病。

喉软骨病是一种化脓性软骨基质疾病，主要发生于杓状软骨。已确认，该病由微生物感染引起，也经常是吸入刺激性物质的后遗症。喉软骨病的特征为喉黏膜坏死和溃疡，杓状软骨内脓肿，范围超过或刚好位于声带尾侧。起初常表现为喉急性炎症。随后，出现喉软骨进行性肿大，常导致持久性上呼吸道阻塞，表现为打鼾和运动耐受力下降。喉软骨病可发生于马、绵羊和牛，特别是年轻雄性动物易发。训练比赛中的纯种赛马、特赛尔绵羊、无角短毛羊和比利时蓝白花羊易发该病。喉接触性溃疡常发生于育肥牛，通常引起坏死性喉炎和喉软骨病。

【临床表现】炎性水肿轻微且未侵害深部组织时，主要症状为咳嗽。开始为干咳，声音短促而刺耳，以后变得软而湿润，可能有很痛苦的表现。按压喉部、接触寒冷或有灰尘的空气、吞咽粗糙食物或冷水以及投药等均可以引发咳嗽。小动物的声音变化可能很明显。患喉软骨病时，由于杓状软骨肿胀，机能降低，可引起喘鸣。动物出现明显的口臭和呼吸困难，并有杂音，站立时低头、张口，因吞咽困难而痛苦。全身性症状通常由原发病引起，如牛白喉，体温可高达40.5℃。特别在劳累时，动物可因窒息而死亡。

患病时喉水肿会在数小时内出现。表现为吸气困难，气体流经喉部时发出喘鸣声。由于呼吸很费力，出现呼吸速率的下降。可见黏膜发绀，脉搏加快，体温升高。马出现大量流汗的现象。如果犬患该病，在炎热天气时，出现体温极度失调，常表现出高热。未经治疗动物伴有明显的喉部阻塞并最终虚脱，还常出现肺水肿症状。

【诊断】根据临床症状、喉部听诊、触诊喉部时出现喘鸣声加重可进行初步诊断。确诊需用喉镜探查。对神志清醒的马和牛可经鼻腔插入柔软的内镜，而对犬和猫则必须进行麻醉或止痛。根据病史及临床症状，对原发病及伴发的喉头综合征可作出快速的诊断。发生双侧喉瘫痪、喉脓肿、咽部创伤和蜂窝织炎、咽后脓肿或肿块时，也能引起类似的症状。

【治疗】发生喉阻塞时，应马上进行气管插管术；若气管插管术难以施行，则应从声门处插入软管，以使气流通畅。注射皮质类固醇可缓解炎症肿胀造成的阻塞，氢化可的松为首选药，同时需进行全身性抗生素治疗。对于不能使用皮质固醇类药的病畜可给予其

NSAID。使用利尿药，如速尿，可缓解喉水肿或可能出现的肺水肿。必须尽快确定和治疗原发病。为促进动物的康复，应使之呼吸一些湿润的空气；将动物饲养于干净温暖的环境中；饲喂松软或流质食物，并防止灰尘。使用止咳药治疗咳嗽，投喂抗生素或磺胺类药物控制细菌感染。为控制疼痛，适当服用一些止痛剂（特别是对猫）可促进其饮食，从而加速康复。杓状软骨部分切除，对马的喉软骨是一种有效的疗法，但赛马手术后能否完全恢复竞技能力还不能肯定。喉气管开口术或永久性的气管开口术已成功用于抢救患喉软骨病的牛和绵羊，但存在很大的麻醉风险。对于反刍动物，可选择长期的抗生素疗法，如林可霉素可非经口给药（5～10 mg/kg），连用14～21 d，早期可同时使用短效皮质类固醇药物。

二、喉麻痹

喉麻痹是一种上呼吸道疾病，常见于犬，猫则很少发生。症状包括干咳、声音改变、呼吸有杂音，并且在应激或用力时出现明显呼吸困难，有喘鸣和虚脱表现。可能出现反胃和呕吐。临床症状病程较缓慢，通常在呼吸窘迫症状出现前，可达数月至数年。这在一些大型品种的中老年犬，如拉布拉多猎犬、爱尔兰雪达犬和大丹犬，是常发生的一种后天性喉麻痹。而在法兰德斯畜牧犬、兰伯格犬、西伯利亚雪橇犬、斗牛犬和竞技雪橇犬中，是一种较少见的遗传性先天性喉麻痹。

根据临床症状可作出诊断，确诊需在轻度麻醉时用喉镜检查。常出现喉头运动消失或呼吸异常。肌电图显示阳性波峰、去神经性电位，有时表现为肌强直。放射检查无诊断意义。喉头肌组织切片可见去神经性萎缩。

鉴别诊断包括肌炎，喉返神经或迷走神经肿瘤，炎症，重症肌无力，重度甲状腺功能减退，创伤以及更广泛的全身性神经变性。治疗的目的是缓解呼吸道阻塞症状。镇静和皮质类固醇对轻症病例有暂时的效果。严重阻塞可能需要作气管切开。最确切的疗法是手术扩大声门，目前推荐的技术包括杓状软骨移位、喉室声带切除术和部分杓状软骨切除术，城堡形喉正中切开术或永久性气管造口术。

第六节　肺线虫感染

肺线虫感染（蠕虫性支气管炎、蠕虫性肺炎）是线虫感染下呼吸道而引起的支气管炎和肺炎，病原包括牛和鹿胎生网尾线虫、驴和马安氏网尾线虫、绵羊和山羊丝状网尾线虫、毛细缪勒线虫、猪圆线虫、犬

奥氏奥斯勒线虫以及猫奥妙猫圆线虫。其他线虫感染也有发生，但很少见。

上面所列的前3种线虫属毛圆线虫总科，有直接生活史，其他的属后圆线虫总科，除奥氏丝虫外均有间接生活史。

寄生于右心室和肺循环中的一些线虫，可能与肺病有关，如脉管圆线虫和犬恶丝虫，在一些国家的犬中均可发现这两种线虫。在临床上表现为心脏或肺综合征相关的症状，或二者兼有。

【流行病学】由3种网尾线虫引起的疾病造成的经济损失最大。胎生网尾线虫常流行于欧洲西北部，是引起青年放牧牛群大规模暴发蠕虫性气管炎或肺线虫病的病因。最近报道认为，老龄牛也有发病。绵羊和山羊的肺线虫——丝状网尾线虫存在于澳洲、欧洲和北美洲，但地中海一些国家发病较多，虽然其致病性相对较弱，但也会造成经济损失。安氏网尾线虫能引起马剧烈咳嗽，但因为在马类中不常见（驴除外），所以与其他能引起咳嗽的呼吸道疾病鉴别较困难。毛细缪勒线虫分布于世界各地，通常对绵羊无致病性，但能使山羊表现出严重症状。在许多国家还存在其他一些肺线虫引起不同动物的零星感染。

（1）**网尾线虫属** 成年雌虫在支气管中产下虫卵，这些虫卵可在支气管中孵化（胎生网尾线虫），也可随痰咳出后被吞咽，然后在粪便中孵化（安氏网尾线虫）。在温暖潮湿的环境下，初期幼虫最快1周就能在动物粪便中发育为感染性幼虫，但在北温带的夏季，也需要2～3周，方可发育为感染性幼虫。幼虫一旦发育具有感染性后，能通过粪便向周围环境机械性传播，对于胎生网尾线虫，能通过粪便中的水玉霉孢子进行扩散。一部分感染性幼虫能在草场越冬，但如果天气很冷，大部分幼虫会死亡。感染携带线虫的动物是每年新感染发生的主要来源，越冬的幼虫也是感染的另一来源，在一些国家，甚至是主要来源。一般认为，驴是牧马场安氏网尾线虫的主要宿主。因为胎生网尾线虫对牛的危害最大，所以对其研究较多，大量观察也表明，胎生网尾线虫对其他动物也有一定危害。动物在初次大量接触感染性幼虫后即可表现出临床症状，疾病的严重性及免疫反应的强度与摄入的虫卵量有关。牛和绵羊常于初到牧场的第1个季节发病，但据报道，老龄牛发病数也在增加，这主要归因于这些老龄牛在年轻时曾施行过一些有效的驱虫预防措施。因马的感染需经驴传播，所以初次感染可发生于任何年龄的动物。一旦发生过感染，成年动物能逐渐对更严重的感染产生免疫，但这些亚临床感染的动物也会成为传染源。偶尔情况下，原先受过感染的成年动物或畜群已有1年以上再也没发生感染，这时动物机体对丝虫免疫力逐渐减弱，当再次接触大量感染性幼虫后，还可能出现临床症状。在欧洲一些国家，牛常在冬天进行舍养，放牧时间从4月末或5月开始，初次感染常发生于6月中旬和7月末，但对于原先没接触感染的犊牛，其感染最严重期为8月至10月初之间，那时第二代感染性幼虫已在牧场中大量繁殖。

（2）**其他线虫** 其他线虫只能引发零星的疾病，因为他们的发育需要中间宿主或非放牧动物。猪圆线虫需要蚯蚓作为中间宿主，因此感染只局限于能接触牧场的猪，并且对于有机化养殖的农场更易发生。毛细缪勒线虫及红色原圆线虫需蛞蝓或蜗牛作为其中间宿主，绵羊和山羊采食这些宿主后受到感染。猫感染猫奥妙猫圆线虫需食入一些如鸟或啮齿动物，而这些鸟或啮齿动物先前吞入过作为深奥猫圆线虫中间宿主的蛞蝓或蜗牛。成熟的奥氏奥斯勒线虫常定居于犬的气管结节中，并在此产卵和孵化。仔犬通常通过唾液（舔舐哺乳母犬）或感染犬的粪便而被感染。嗜气毛细线虫虫卵随食或饮水进入猫体内，完成一个直接生活史。

【发病机制】肺线虫的致病作用与其在呼吸道中的感染部位、动物摄入感染性幼虫的数量及免疫状态有关。在胎生网线虫的潜伏期，幼虫发育引起嗜酸性粒细胞浸润而使支气管发生堵塞，从而引起呼吸道不畅和末梢肺泡塌陷。一般表现为中度的临床症状，当大量幼虫感染时，动物在潜伏期可能因严重的间质性肺气肿而死亡。

在明显期，定居于肺段支气管和肺叶支气管的成虫能引起支气管炎，常在支气管壁出现嗜酸性粒细胞、浆细胞及淋巴细胞浸润；管腔内可见细胞性渗出物、泡沫性黏液及成虫。支气管中的异物刺激还可引起明显的咳嗽，整个反应过程使呼吸道阻力增加。在明显期，由于虫卵及第一期幼虫被吸入肺泡及支气管，主要引起慢性、非化脓性、嗜酸性、肉芽肿性肺炎。一般出现于肺后叶；分布广泛时病情严重；并发支气管炎时则可引起死亡。并发间质性肺气肿、肺水肿及继发感染则可使死亡增加。存活动物体重明显下降。

明显期结束后存活下来的动物（胎生网尾线虫约需2～3个月），在随后4周内排出大部分或几乎全部的成虫，细胞性渗出物消散。如果受损伤的肺脏不继发感染，大部分在转归期康复。少数病例在转归期临床症状加重，这是因为出现了以Ⅱ型肺泡上皮细胞增生为特征的弥漫性增生性肺泡炎。其原因不明，但已发现，持续使用驱胎生网尾线虫药（大环内酯、多拉菌素、依立诺克丁、莫昔克丁）的牛极少出现症状加重。

丝状网尾线虫感染与胎生网尾线虫相似，但很少并发间质性肺气肿。安氏网尾线虫感染时以支气管病变为主；驴或马驹肺泡产生反应时，由于小支气管间歇性阻塞，常出现肺叶区过度膨胀。

其他肺线虫感染的致病作用基本相似，但一般不出现如此严重的症状，可能是因为虫体在肺脏定居受到较多限制的缘故。有些肺线虫感染明显期及相关病变可持续4个月以上（如野猪后原线虫和奥妙猫圆线虫），甚至有的还可持续2年以上，如毛细缪勒线虫。猪感染野猪圆线虫的病变为局部支气管炎和细支气管炎，并出现相关的肺泡过度膨胀，而且一般在肺后叶边缘，其显著特征是细支气管和肺泡管平滑肌细胞增生并有明显的黏液细胞增生。明显期临结束时（成虫被杀死）形成灰绿色淋巴小结（2～4 mm），光镜下可见以嗜酸性粒细胞为中心，外围绕着淋巴细胞和浆细胞的结节中有死亡的虫体片段。

毛细缪勒线虫和红色原圆线虫感染时，针对细支气管和肺泡中的寄生虫、虫卵和幼虫产生反应，主要出现慢性、嗜酸性、肉芽肿性肺炎。周围的巨噬细胞、巨细胞、嗜酸性粒细胞和其他免疫炎性细胞，在肺后叶背缘胸膜下形成灰色或灰黄色斑块（1～2 cm），也会出现较小的（1～2 mm）绿色结节状损伤。绵羊感染时，这类病变对绵羊的影响很小，可能主要是肺后叶背缘胸膜下未明显受损之故。这种感染是肺线虫致病谱中最轻的一种。

猫感染猫肺线虫后，肺后叶有肉芽肿肺炎结节区，如果已经完全扩散，临床表现则很明显，偶尔可以致死。一个显著的特点是肺动脉及小动脉基质平滑肌肥大和增生，在气管和大支气管黏膜中形成的欧式类丝虫结节强烈刺激呼吸道，出现持续性咳嗽。嗜气毛细线虫感染会引起慢性气管炎和支气管炎。

以前未感染过的成年动物，感染后产生的病变和发病机制与幼龄动物相似。而有一定免疫力的成年动物再次感染寄生虫（如成年牛的蠕虫性支气管炎），则能导致不同的病变。由于免疫反应不完全，许多幼虫在终末支气管和肺泡中被杀灭之前就侵入到肺部。在终末细支气管未被杀灭的幼虫可侵入到支气管并引起支气管炎，其特征是在支气管壁有明显的嗜酸性粒细胞浸润，管腔有黄绿色的渗出物，主要成分是嗜酸性粒细胞、其他炎性细胞及寄生虫碎片。如果形成大量结节并出现广泛的嗜酸性支气管炎，则可引起严重的临床症状，这也是造成再次感染的原因。

【临床表现】肺线虫感染的临床表现为中度咳嗽，咳嗽频率稍有增加；或者出现严重的持续性咳嗽，呼吸紊乱，甚至出现呼吸衰竭。增重减慢，泌乳减少，牛、绵羊及山羊在并发感染时体重下降。各种动物均有明显的亚临床症状。

牛表现最为一致的症状是呼吸急促和咳嗽。最初为呼吸快而浅并伴有咳嗽，运动时加重。随后出现呼吸困难，动物站立时头往前伸，张口和流涎，出现厌食并迅速消瘦。支气管分叉处肺音特别明显。成年奶牛的产奶量严重下降，肺后叶有异常肺音。成年奶牛在秋季常出现再次感染，尽管症状比初次感染轻，但仍有广泛性咳嗽、呼吸急促及产奶量明显下降等症状（图12-2）。

绵羊和山羊感染丝状网尾线虫时症状与牛相似。毛细缪勒线虫或红原圆线虫一般不引起绵羊的肺部症状，但毛细缪勒线虫能在山羊引起与丝状网尾线虫相似的症状。安氏网尾线虫可引起老龄马的咳嗽、呼吸急促及消瘦，但马驹或驴则很少出现上述症状。

猪感染后圆线虫的主要症状是持续咳嗽，并可能转为阵发性。

猫和犬分别感染猫肺线虫和奥氏奥斯勒线虫时，可出现咳嗽和呼吸困难。肺线虫感染一般不会使家畜死亡，但小猫感染后常引起死亡。

图12-2　牛肺线虫
（由Dietrich Barth 博士提供）

【诊断】根据临床症状、流行病学、在粪便中发现第一期幼虫及对同群动物进行剖检可以作出诊断。支气管镜检及X线检查也有助于诊断。在潜伏期和转归期，粪便中没发现幼虫，通常在再感染时也不会发现幼虫。一些实验室已应用ELISA对丝虫进行检测。该方法主要用于筛查隐性感染的病牛，而很少用于急性呼吸系统疾病的鉴别诊断。疾病暴发初期，幼虫数量可能很少。利用适当的盐溶液作粪便浮集，大多数都可检测到第一期幼虫或幼虫卵。对马进行支气管灌洗能诊断安氏线虫的感染。改良的贝尔曼法是一种检查幼虫的常规方法：用卫生纸或奶酪布包裹25～30 g粪便，悬浮或置于装水的烧杯中。4 h后取烧杯底部的水进行检查，严重感染时30 min内即可检测到幼虫。

在宠物和马，因为感染率相对较低，所以一般要在抗生素治疗无效之后才会怀疑该病。在感染明显期，支气管中很容易发现网尾线虫及猪圆线虫的成虫。在肺线虫感染的其他阶段（或其他肺线虫感染时），需对病变的支气管黏膜作涂片或组织学切片检查，以便进行确诊。

支气管镜可检查奥氏奥斯勒线虫结节，也可收集气管冲洗物（犬和马），检查虫卵、幼虫和嗜酸性粒细胞。

剖检时应注意气管，尤其是气管分岔部的检查，以确定奥氏奥斯勒线虫及其引起的病变。

【治疗】有几种药物可用于肺线虫的治疗（表12-1）。牛常用苯并咪唑（苯硫哒唑、奥芬哒唑、丙硫咪唑）和大环内酯类药（伊佛霉素、多拉霉素、依立诺克丁、莫昔克丁），他们对各阶段的网尾线虫均有效。上述药物对绵羊、马及猪的肺线虫也有效。左旋咪唑常用于牛、绵羊和山羊，但用药2周后需重复用药，因为其对早期幼虫的作用较小。苯硫哒唑和美倍霉素已成功应用于抗猫肺线虫。上述两种药物对犬奥氏奥斯勒线虫的感染疗效并不理想，但有证据证明，延长苯硫哒唑及丙硫咪唑的治疗时间效果很好。猫嗜气毛细线虫同样较难治疗，但据报道，用左旋咪唑5 d 1个疗程，共进行3次，每个疗程间隔9 d，已取得成功。

放牧的家畜应转入舍内进行治疗，并发感染的家畜也需要采取辅助疗法。

【控制】控制畜群肺线虫感染主要依靠免疫接种或驱虫药。欧洲已有口服的胎生网尾线虫（北欧）和丝状网尾线虫（南欧）疫苗。这两种疫苗每间隔4周口服2次，至少要在放牧或接触传染源前2周完成免疫。合理的使用疫苗能预防本病，但有些免疫过的动物可能会出现轻度感染，在某些情况下分泌出的幼虫会造成进一步感染。

随着长效驱虫药的出现（如：伊维菌素、多拉菌素、莫昔克丁、依立诺克丁），驱虫预防已得到有效实施。在放牧季节可进行2或3次驱虫，具体免疫接种时间需根据当地放牧情况和线虫流行情况而定，这不但能有效驱虫，还能防止感染的进一步发展，并刺激畜体对寄生虫产生免疫力。当感染（尽管不是太严重）发生时，采用多种治疗方法可控制胎生网尾线虫。然而，这些治疗方法在控制胃肠道寄生虫方面使用最为普遍。

其他零星散发感染，可通过避免将马与驴一起放牧，猪采取舍内圈养，山羊和绵羊分开放牧等饲养管理措施来防控。

第七节 真菌性肺炎

真菌感染肺部可引起一种急性到慢性的脓性肉芽肿性肺炎。

【病原】隐球菌、组织胞浆菌、粗球孢子菌、芽生菌、肺孢子虫、曲霉菌、念珠菌和其他一些不常见的真菌已被证实是家畜真菌性肺炎的致病原（也见真菌感染）。这些病原常导致免疫力低下的动物发病，但他们也能使个别健康动物发病。动物因吸入真菌孢子患病，这些孢子能通过血淋巴扩散。肺组织及其分泌物是这些微生物极好的繁殖场所。已认为，大部分真菌感染源与土壤有关，而不是动物间的水平传播。因为在某些环境中，动物接触这些病原的比例很高，所以这种条件下动物个体的易感性、微生物的致病性、宿主的免疫反应及并发感染等流行病学问题仍待解决。芽生菌和组织胞浆菌流行于密西西比河和俄亥俄河谷一带，而在美国西南部和墨西哥西北部地区已发现球孢子菌。隐球菌常在鸽子粪便中积聚。

【临床表现】真菌性肺炎更常见于小动物。芽生菌感染常发于年轻的雄性大型犬。隐球菌对猫的鼻腔

表12-1 抗肺线虫推荐药[a]

寄 生 虫	宿 主	治疗药物
胎生网尾线虫	牛	伊维菌素、多拉霉素、莫昔克丁、依立诺克丁、苯硫哒唑、丙硫咪唑、左旋咪唑
丝状网尾线虫	绵羊、山羊	伊维菌素、多拉霉素、莫昔克丁、依立诺克丁、苯硫哒唑、丙硫咪唑、左旋咪唑
安氏网尾线虫	马、驴	伊维菌素、莫昔克丁
猪圆线虫	猪	伊维菌素、莫昔克丁、多拉霉素
奥妙猫圆线虫	猫	苯硫哒唑、美倍霉素、司拉克丁[b]
奥氏奥斯勒线虫	犬	苯硫哒唑、丙硫咪唑
嗜气毛细线虫	猫	左旋咪唑、司拉克丁[b]

a. 对于严重病例，非类固醇消炎药有效。

b. 临床经验认为有效，但没公开的证据或商品推荐。

有偏嗜性，能引起肉芽肿性鼻炎和鼻窦炎。急性暴发性临床症状很少出现，大多数发病动物呈慢性病程。发病时以短暂湿咳为特征，流黏液状或黏液脓性鼻涕。随着病程的发展，呼吸困难，消瘦和全身衰弱变得越来越明显。呼吸方式异常，类似于膈疝。听诊时呼吸音刺耳。严重的病例，呼吸音减弱甚至听不到。气管支气管淋巴结肿大，可压迫并导致呼吸道变窄。还能发生中性粒细胞增多或核左移，再生障碍性贫血和周期热，也可能与细菌感染并发。X线检查可见气管支气管淋巴结肿大，形成各种结节性至线形排列的间质性浸润。

【病理变化】 肺部可发生多灶性、融合性肉芽肿性或化脓性肉芽肿病变。在黄色或灰色坏死区，可见脓肿及空洞的形成。巨噬细胞内或严重炎症区可见许多病原微生物。病原还会扩散到其他器官，如皮肤、眼、外周淋巴结、骨、中枢神经系统、公畜生殖器、口腔、鼻腔。

【诊断】 根据动物患有慢性肺炎，出现上述症状，而抗生素治疗无效，则可初步诊断为真菌性肺炎。确诊需经实验室检查，X线检查也有助于诊断。血清学检查能提供假定诊断。已研制出一些用于诊断的抗原（如组织胞浆菌素、芽生菌素）。对痰液或肺外炎症部位分泌物进行细胞学检查，能查到致病原。剖检时进行适当的培养和组织学检查可证实临床上的诊断。一些特殊染色法能使病原微生物更易识别。

【治疗】 对全身性真菌感染尚无理想的治疗方法。两性霉素药效不错，但会引起肾中毒。酮康唑和其他一些新抗真菌药，如伊曲康唑和氟康唑，对伴侣动物真菌性病原有较好效果，但疗效不稳定。通常需延长临床用药期至少2个月，方可完全消除感染。

第八节　咽炎

一、咽炎

咽炎是口咽壁或鼻咽壁发生的炎性疾病。咽炎可继发于上呼吸道的病毒或细菌感染，如马腺疫和犬瘟热。

除吞咽时不同外，大多数动物咽头的结构相似。马的咽喉尾侧有独特的解剖学特点，包括两个完全独立的结构，即鼻咽部和口咽部（也见于咽淋巴样增生）。

【临床表现】 一般情况下患咽炎的动物饮食正常，但因摄食和吞咽疼痛而减食。患有继发性咽周围蜂窝织炎和脓肿的动物，可能因咽部阻塞而发生急性呼吸困难。例如马驹发生继发于咽后淋巴结脓肿的化脓性咽炎时，会出现急性呼吸困难，此时需用气管切开术进行抢救。

【诊断】 咽炎的诊断包括全面体检、头部X线检查、咽内镜观察、脓肿细菌培养或鼻咽拭子病毒分离。有些小动物因口腔疼痛而不愿开口，可能患有咽后脓肿和出现穿透的异物，也可能口腔或扁桃体已有肿瘤形成。异常的咽组织应作活检和组织病理学检查，以排除咽肿瘤。口腔检查或内镜检查是诊断小动物咽炎最好的方法。而对于大动物，用内镜（常作上呼吸道检查）有助于咽炎的诊断。

【治疗】 对于细菌性咽炎，应根据细菌培养和药敏试验结果，进行全身性抗菌药治疗。脓肿成熟时应排出脓汁并进行冲洗。病毒性咽炎也应给予抗菌药治疗，以防止继发性细菌感染。动物患细菌性咽炎或病毒性咽炎，都应使用NSAID进行治疗。因异物损伤造成的咽炎，在异物被去除后即可缓解，同时有效的外科排脓和坏死组织的切除也能促进康复。

对患有咽淋巴样增生的赛马可用一些如氟胺烟酸葡胺、保泰松、地塞米松等消炎药进行局部或全身性治疗。常用的局部消炎药有氢化泼尼松、二甲基亚砜、甘油和呋喃西林。较大的咽部肿块也可用激光进行切除。一些兽医发现，超强免疫法也有益于控制咽部淋巴样增生。

猫嵌杯病毒感染时可出现轻度、中度或严重的口咽部黏膜溃疡。虽然目前还没有特效的抗病毒疗法，但对感染猫进行全身性抗菌药治疗可防止细菌继发感染。当患病动物因口咽部严重的黏膜溃疡，无法维持其水化作用时，往往需要通过静脉注射或经口外途径，给动物补充营养物质和电解质。

二、咽部创伤

在反刍动物中，咽部创伤并不少见，往往继发于医源性因素，如投药枪（译者注：一种动物投药器械）使用不当或经口插入胃管时方法不正确。患牛因咽黏膜破损，而发生头部严重肿大和近侧颈部继发弥漫性蜂窝织炎。食物常被阻挡在咽部而造成急性呼吸困难。对于咽部创伤难以痊愈的反刍动物，应给其提供暂时性的瘤胃瘘管，以供给食物。该病应使用全身性抗菌药和消炎药治疗。一些患畜也可能需做外科引流术，以排出蓄积在咽部的饲料及脓汁。

对于小动物，口咽部被异物刺伤在犬中很常见，而猫却不多见。但猫却容易吞入一些线状的异物，这些异物可能会同其舌头缠在一起，在镇静剂或全身麻醉状态下，对猫口腔进行仔细检查，能看到这些异物。其他能刺入动物体的一些异物还包括别针、针、小木块或骨碎片。疑有异物刺入口咽部的小动物，应在镇静或全身麻醉状态下对其口腔进行检查，X线检查或超声诊断也可用于探查异物的位置。一旦发现异物，则应直接通过口腔将其从咽部排出或通过接近体表处将其排出。

第九节　肺气肿

肺泡性肺气肿和间质性肺气肿是该病的两种常见形式。肺泡性肺气肿由终末细支气管远端肺泡永久性扩张和肺泡壁非纤维化性损坏引起。而间质性肺气肿是肺泡支撑连接性组织（小叶间、胸膜下、纵隔、皮下）间有气体存在引起的气肿。

【流行病学与发病机制】 患慢性阻塞性肺病病人，约10%左右会发展为肺气肿；主要致病因素是烟草烟雾暴露和 α_1-抗胰蛋白酶缺乏。对于动物，该病主要继发于原发性阻塞性肺脏疾病。虽然肺气肿的病因还不完全明了，但至少有两种可能：①肺泡中中性粒细胞和巨噬细胞分泌的蛋白酶过多，而抗蛋白酶活性不足，造成肺泡壁和间质基质破损；②该病可能继发于慢性支气管炎或细支气管炎引起的呼气障碍，这相当于一个单向阀，吸入的气体可通过呼吸道或肺泡孔进入肺泡，但不能离开肺泡。

马发生与慢性支气管或细支气管炎相关的复发性呼吸道阻塞或肺气肿时，大量气体在肺泡滞留，引起肺泡高度膨胀，但有一小部分马肺泡性肺气肿，可能是因为与肺炎有关的慢性肺泡壁过度膨胀和蛋白酶/抗蛋白酶分泌失衡引起。犬先天性肺叶气肿（见于北京犬）继发于支气管软骨不发育或发育不全，这样的软骨在呼气时发生塌陷，导致气体滞留在肺内。牛易发生间质性肺气肿，这是因为其肺中小叶间隔发育较好，而旁路通气缺乏。常出现间质性肺气肿的疾病包括：有呼吸道阻塞和呼吸困难症状的肺部疾病，如牛呼吸道合胞体病毒感染；急性呼吸系统综合征，如急性肺水肿和肺气肿；与间质性肺气肿有关的霉烂甘薯中毒。严重的间质性肺气肿能引起肺各部位出现大气泡，还可伴发背部皮下气肿，气体由肺通过纵隔和胸腔入口进入背部皮下。

【临床表现与诊断】 临床症状的出现取决于原发病的病程。患畜常表现用力呼吸，听诊可出现异常呼吸音，如喘鸣音和捻发音。胸部听诊区因肺过度充气而显著扩大。尸检肺脏无塌陷，依然维持过度充气状态。肺组织学检查是鉴别肺气肿性肺过度充气与慢性细支气管炎或支气管炎引起的呼吸道阻塞性气体滞留的唯一方法。胸膜下区域及间质组织可见大小不一的气泡（大泡），这与肺气肿病牛肾脏及心包周围所见到的气泡一样。一小部分患复发性呼吸道阻塞的马，也会出现肺气肿。其病变可见胸膜下出现大泡，或者局限于单个肺叶的气肿或弥漫性损伤。

如果存在持续性呼吸困难或呼吸加深，患病动物死亡前仅出现轻微的肺气肿。这些濒死期的病变应与死前病变进行鉴别。

【治疗】 肺气肿是一种不可逆的肺部病变，但针对原发病的治疗，可显著改善临床症状，尤其是在呼吸道阻塞时，给予支气管扩张剂和消炎药时效果更明显。

第十节　牛呼吸道疾病

在全世界范围内，呼吸系统疾病是对养牛业影响最大的疾病之一。

一、过敏性鼻炎与地方性鼻肉芽肿

牛过敏性鼻炎是一种罕见的疾病，但如发生并转变为慢性病时，可能会导致肉芽肿的形成。对花粉或真菌孢子过敏反应是该病的病因。该病呈季节性发生，在温暖潮湿条件下易发，主要症状包括流鼻涕、打喷嚏和突发性的呼吸困难。如不及时治疗转为慢性病例，可见鼻腔黏膜表面有多发性肉芽肿。鼻液细胞学检查可见嗜酸性粒细胞。治疗要点在于清除过敏原或使动物远离过敏原。可选用皮质类固醇药物来阻止过敏反应。

二、鼻窦炎

【病因】 牛的窦炎常发生在额窦和/或上颌窦。额窦炎常发生于断角后的感染，上颌窦炎常继发于牙齿感染。现已从感染窦中分离到很多种细菌。

【临床表现】 若断角后伤口处于开放状态，可能会马上发生额窦炎或者在断角伤口愈合后数月发生。该病多发生于单侧，症状包括：食欲减退，发热，单侧或双侧鼻液，鼻道中的气流状态改变，口臭，头部运动异常。在长期额窦炎病例，可出现额骨变形，眼球突出和一些神经症状。

【诊断】 通常可根据病牛的临床症状作出诊断。额窦或上颌窦受侵袭时叩诊音沉闷。X线检查时窦内可见液性阴影，有齿病或发生骨溶解。窦内穿刺物细胞学检查时可发现脓性物质。

【治疗】 应对感染窦进行排脓。应使用合适的解剖图标，谨慎选择环锯术的位置。若上额窦炎是由牙齿感染所引起的，则可用窦环锯术去除感染的牙齿。引流术完成后，每天使用消毒液对其清洗。若出现全身症状，则需要用一些非口服性抗生素。必要时，可选用NSAID缓解疼痛。该病的预后需谨慎。

【防制】 防制该病最好的办法，就是在犊牛较小时即对其实施断角术，并使用封闭式断角技术。若不能满足上面的要求，则应做好外科器械的灭菌工作，防止灰尘和苍蝇。

三、坏死性喉炎

坏死梭杆菌是引起坏死性喉炎（犊牛白喉，喉坏死杆菌病）的主要病因，该菌为厌氧菌，无芽孢，革兰氏染色呈阴性，是消化道、呼吸道和生殖道常见的一种条件性致病菌。坏死梭杆菌可引起动物体的一些坏死性病变（即坏死杆菌病），包括坏死性喉炎。

坏死性喉炎是由坏死梭杆菌引起的一种坏死杆菌急性或慢性感染，通常侵害犊牛的喉黏膜及软骨。临床症状包括：发热、咳嗽、吸气性呼吸困难和喘鸣。坏死性喉炎主要发生于3～18月龄的育肥牛，但也有5周龄的犊牛和24月龄成年牛发病的记载。该病全世界均有报道，全年均可发生，但秋冬季节多发。

【病原】该病的诱因还不完全清楚。从患牛的喉部常能分离到厌氧坏死杆菌，但该菌不能穿透完整的黏膜。病牛被宰杀后常能见到喉部接触性溃疡，已确认，喉部是坏死梭杆菌的入侵门户。

【疾病传播、流行病学与发病机制】坏死性喉炎常发生于饲养拥挤、环境卫生差的牧场或育肥场。该病在育肥牛中的发病率大概为1%～2%，大多数病例呈散发，全年均会发生，但高峰期在秋冬季节。呈混合型上呼吸道感染，可由牛传染性鼻气管炎病毒和副流感病毒-3型、支原体、细菌（包括巴氏杆菌和嗜血杆菌）等引起。在咳嗽和吞咽时接触到上述病原，可引起育肥牛喉接触性溃疡的发生。通常认为，声带突和杓状软骨内侧角的溃疡为坏死梭杆菌的进入提供门户。

坏死梭杆菌能引起喉黏膜发炎、坏死和水肿，导致声门裂发生不同程度的狭窄，进而引起吸气性呼吸困难和喘鸣。若感染波及喉软骨则会发生喉软骨炎，这将导致慢性喉畸形。病原入侵咽部时，动物会有吞咽疼痛的表现。由该菌产生的外毒素，可引起动物出现一些全身症状。

【临床表现】病初，可见湿咳、痛咳。常表现为以张口呼吸、头颈伸展、响亮的吸气性喘鸣音为特征的严重吸气性呼吸困难。涎液增多，吞咽频繁，吞咽带痛；双侧脓性鼻液；有时呼出气有恶臭味。全身性症状包括：发热（41.1℃），食欲减退，精神沉郁以及黏膜充血。未经治疗的犊牛通常在2～7 d内死于毒血症和上呼吸道阻塞。长期感染的后遗症包括吸入性肺炎和喉部永久畸变，并导致慢性剧烈咳嗽及吸气性呼吸困难。

【病理变化】病灶通常位于声带突和杓状软骨内侧角。急性病变以喉黏膜出现坏死性溃疡灶，溃疡灶周围表现水肿和充血为特征；病灶会沿声带褶扩散并波及环杓肌背侧。慢性病例的病变包括软骨坏死，伴有肉芽组织包围的瘘道。

【诊断】通常根据临床症状就足以作出诊断，但因为还有其他大量的疾病能引起上呼吸道阻塞，所以确诊需对喉头视诊检查。可通过口腔插入喉镜或进行X线检查等方法，但操作时应十分小心，以防进一步造成呼吸窘迫。对有严重吸气性呼吸困难的牛，在进行喉镜或内镜检查前应进行气管造口术。鉴别诊断包括：咽部创伤、严重病毒性喉炎（如：牛传染性鼻气管炎）、放线杆菌病和喉水肿、脓肿、创伤、麻痹或肿瘤。

【防治】可静脉注射或皮下注射土霉素（11 mg/kg，每日2次），皮下注射长效四环素（20 mg/kg，每72 h注射1次），或肌内注射普鲁卡因青霉素（22 000 U/kg，每日2次）。可选用NSAID（口服阿司匹林，100 mg/kg，每日2次；静脉注射氟尼辛，1.1～2.2 mg/kg，每日1次，或分成两份每日2次；或采用肌内注射或静脉注射酪洛芬，3 mg/kg，每日1次，连用3 d）用于降温，治疗喉头的炎症和水肿。静脉注射或肌内注射单剂量的地塞米松（0.2～0.5 mg/kg），可缓解严重呼吸窘迫病畜的喉水肿症状。对于吸气性呼吸困难的牛可实施气管造口术。应对病牛加强护理。对于脱水动物应进行静脉输液。在发病早期就得到积极治疗的病例一般预后良好；慢性病例需要在全身麻醉的状态下，清除坏死灶或肉芽组织并排除喉囊中的脓液。据报道，晚期病例经外科手术治疗后治愈率为60%。

坏死性喉炎尚无特殊的防治措施。但是该病的发病机制表明，采取一般性呼吸道病原体的控制措施对坏死性喉炎亦可能有效。

四、育肥牛气管水肿综合征

气管水肿综合征以下段气管背侧壁黏膜及黏膜下层广泛性水肿为特征。其病因不明，可能的原因包括呼吸道病毒和细菌，饲槽所致的气管创伤，静脉瘀血，胸腔入口处过多脂肪堆积引起的被动充血、水肿，超敏反应和真菌毒素中毒等。

在整个北美，该病主要发生于育肥中后期的育肥牛，但在美国南部平原育肥场中，夏季发病最为严重。该病发病突然，似乎与炎热的气候或运动刺激导致的呼吸增强有关。最初的症状是出现响亮的吸气噪音（喘鸣音）和呼吸困难。强迫运动可导致呼吸窘迫恶化。牛表现发绀、昏倒，并在24 h内窒息死亡。通常情况下，每栏只有1头或2头牛发病。

急性型的剖检病变包括，从胸廓入口到颈部中段区域的气管背侧黏膜层和黏膜下层，出现水肿和/或出血性增厚。气管内有广泛性出血，但肺部无损伤。

慢性型的病变包括在后1/3处的气管出现充血，气管内有黏液脓性分泌物。致死病例中，气管病变部位被完全阻塞。

应限制患牛运动和运输。对于急性病例，推荐使用抗生素和皮质类固醇类药物进行治疗，尽管其疗效并没有报道。严重情况下，可能需要气管切开。建议提供阴凉场所，并用风扇或喷水来降温。已经康复的动物容易复发本病，建议送屠宰场屠宰。

五、牛呼吸道疾病综合征

牛呼吸系统疾病（BRD）的病因较复杂，是环境因素、宿主因素和病原体之间相互作用的结果。环境因素（如断奶、运输、混群、拥挤、粉尘、通风不足）作为应激因素，对宿主免疫和非免疫防御机制产生不利影响。此外，某些环境因素（如拥挤和通风不足）可以促进病原体在动物之间传播。许多病原体都与BRD有关。一种初始的病原体（如病毒），可能会改变动物的防御机制，允许细菌在下呼吸道定居。

（一）犊牛地方性肺炎与船运热性肺炎

地方性肺炎与船运热性肺炎在病因和发病机制，以及在综合防制措施等方面有许多相似之处。

1. 犊牛地方性肺炎 犊牛地方性肺炎是指犊牛的传染性呼吸系统疾病。有时使用"犊牛病毒性肺炎"这一术语，但鉴于当前对其病因和发病机制的了解，已经不推荐使用该词。地方性肺炎主要发生于6月龄内的犊牛，特别以2～10周龄最多，但在1岁的犊牛中也有此病发生。与肉用犊牛相比，奶犊牛地方性肺炎更为常见，但在3月龄以下的屠用犊牛中该病较易发生。在牛舍内饲养比在围栏中饲养的奶犊牛更易发病。发病高峰可能与被动性获得性免疫力下降有关。发病率可能接近100%，病死率有所不同，但可达到20%。

【病原】 该病病因大体上类似于牛呼吸道疾病（BRD）综合征。该病发病机制包括应激方面的因素；也可能与最初的呼吸道病毒感染，继发下呼吸道的二次细菌感染有关。应激源自环境和管理等方面的原因，包括通风不足、频繁引进新犊牛、拥挤、营养因素（如劣质母乳代用品）。母源抗体被动转移的部分或完全障碍是与该病发生密切相关的一种重要宿主因素。几种病毒中的任何一种均可感染犊牛，多种细菌可以再次感染患有该病的小牛。支原体和细菌性病原，包括多杀性巴氏杆菌、溶血曼海姆菌和牛支原体是最常分离到的病原微生物。个别的病毒和细菌的病原学、临床症状、病理变化以及治疗将在"病毒性呼吸道感染"和"细菌性肺炎"中讨论。

【防控】 当在同一个圈舍饲养不同年龄的犊牛时，难以控制地方性肺炎的发生。肺炎的严重程度可能会因饲养管理的加强、合适的圈舍条件、足够的通风和良好的护理而降低。预防措施首先是在母牛产前3～4周，免疫接种特异的呼吸道病毒和细菌疫苗，以提高初乳的抗体水平。在出生后的最初6 h，犊牛必须摄入相当于其体重的8%～10%的优质初乳。新生奶犊牛在8～12周龄前应单独饲养在笼或圈舍中，并喂全脂牛奶或纤维含量低于0.25%的优质母乳代用品。使用犊牛笼饲养犊牛是奶牛存栏的首选标准，并已被证明能明显改善犊牛的呼吸系统健康状况。然而，在寒冷的天气中，将牛奶送到各个单独饲养犊牛的圈舍是一件工作量大而麻烦的事情。自然通风条件良好的单独犊牛舍是另一种较好的选择。应在首次组群前3～4周，对犊牛免疫接种呼吸道病毒疫苗，虽然在某些情况下，机体被动免疫的存在可能会干扰主动免疫反应。建群时，应挑选年龄相近的犊牛，每群限制在10头以内。随着犊牛的成熟，牛群越来越大，圈舍、设施也需扩建，劳动力也随之增加。当建群和清群时，应实行"全进全出"的管理模式。只要初生肉用犊牛护理良好且身体健壮，并可自行走动时，应尽快将其与母牛调离犊牛密集区。

2. 船运热性肺炎 船运热性肺炎或无差别发热，是一种由多致病因素引起的牛呼吸系统疾病，在重要的致病原中，以溶血性曼氏杆菌感染为主，多杀性巴氏杆菌或睡眠嗜组织菌相对少见。船运热性肺炎的发病与犊牛群在不同的地域环境、不同营养和遗传背景下混群饲养密切相关。犊牛混群饲养7～10 d后，该病的发病率达到最高，可以接近35%，死亡率为5%～10%；然而发病率和死亡率的水平很大程度上取决于具体的致病因素。

【病因】 船运热性肺炎的发病机制中包括应激因素，可伴有或不伴有病毒感染，相互作用的结果是破坏宿主的防御系统，有助于上呼吸道内共生菌的增殖。随后，这些细菌定居于下呼吸道，导致前腹侧肺脏发生支气管肺炎。目前认为，有多种应激因素可抑制宿主机体的防御机制。长途运输是一种常见的应激因素，这可能与长途运输过程中的疲惫、饥饿、脱水、寒冷或过热，以及暴露于汽车尾气等因素有关。其他应激因素包括经过嘈杂的拍卖市场、混群、加工处理、到达饲养场后进行的外科手术、多尘的环境条件以及到达新的饲养场后更换高能饲料所引起的营养性应激等。个别病毒和细菌的病原学、临床症状、病理变化以及疾病的治疗将在"呼吸道病毒感染"和"细菌性肺炎"中讨论。

【防控】 船运热性肺炎的预防应着眼于减少可引发该病的应激因子。应尽快将牛分群饲养，新引进的牛不应放入原先的牛群中。条件许可时，应尽量避免将不同来源的牛分在一起饲养。然而，在北美牛肉行业，对大型集约化育肥场，这种风险几乎无法避免。应尽量减少运输时间，在长途运输过程中要有一定的休息时间，并提供必要的饲料和饮水。犊牛最好在装运前2~3周断奶，需要进行外科手术处理的应该在运输前就完成；然而，能作此类"预处理"的牛犊的数量相当有限。在牛到达育肥场48 h内应进行分群处理。高能日粮饲料应逐渐递增，因为酸中毒、消化不良和食欲减退均可抑制机体的免疫应答。动物维生素与矿物质不足时应予以纠正，还应采取必要的防粉尘措施。

长效抗生素，如土霉素、替米考星、氟苯尼考或泰拉菌素一直广泛应用于控制"刚引入"的牛发生船运热性肺炎。实践证明，抗生素的应用可显著降低发病率、提高增重率，在某些情况下，还能降低死亡率。但需要注意的是，在饲料或饮水中投放大剂量药物的作用有限，因为患牛饮欲、食欲下降时，血液中抗生素无法达到有效浓度，而且反刍动物对上述多数口服抗生素的吸收率低。

将呼吸道病毒疫苗，尤其是弱毒疫苗用于育肥场的疾病预防，历来一直存在争议。据报道，使用疫苗后能增加船运热性肺炎病牛的死亡率。弱毒疫苗产品正在不断改进，使用这些疫苗后无需加强免疫，在这点上使得他们比灭活疫苗更适合用于刚引入牛群的免疫。有条件的话，可在牛群运输前2~3周接种船运热性肺炎病毒和细菌疫苗，到达育肥场后再接种一次。

（二）呼吸道病毒性感染

1. 副流感病毒3型

【病原】 副流感病毒-3型（PI-3）是副黏病毒科中的一种RNA病毒，牛PI-3感染很常见。虽然单独的PI-3也可引起牛群发病，但通常仅为轻微或亚临床感染。PI-3最重要的作用是作为引发剂，可引起继发性细菌性肺炎。

【临床表现与病理变化】 临床症状包括发热，咳嗽，浆液性鼻液，呼吸频率增加和呼吸音增强。病变的严重程度与细菌性肺炎的发作有关。PI-3引起的肺炎很少造成死亡。病变包括肺脏腹侧部实变、细支气管炎和伴有明显充血、出血的肺泡炎，可发现有包含体存在。最致命的病例是并发细菌性支气管肺炎。

【诊断】 PI-3的诊断程序与牛呼吸道合胞体病毒的相同（见下文）。

【防治】 治疗重点在于细菌性肺炎的抗菌治疗，也可考虑应用NSAID。

目前，PI-3疫苗已问世，该疫苗常与牛疱疹病毒1型（传染性牛鼻气管炎）疫苗联合使用。弱毒疫苗与灭活疫苗可用于肌内注射。此外，含有温度敏感突变株的疫苗，可用于鼻内接种。

2. 牛呼吸道合胞体病毒

【病原】 牛呼吸道合胞体病毒（BRSV）是一种RNA病毒，属于副黏病毒科，为一种肺炎病毒。这种病毒因其特有的致细胞病变效应——形成合体细胞而得名。除牛以外，绵羊和山羊也可感染呼吸道合胞体病毒。人呼吸道合胞体病毒（HRSV）是引起婴幼儿呼吸器官疾病的一个重要病原，已知HRSV存在抗原亚型，初步证据表明，存在有BRSV亚型。BRSV呈全世界分布，是存栏牛群的原发性病毒。

与呼吸系统疾病有关的BRSV感染，主要发生于肉用犊牛和奶犊牛。被动获得的免疫力不能阻止BRSV的感染，但可降低疾病的严重程度。犊牛初次感染该病毒将引起严重的呼吸系统疾病，再次感染时则仅引起较轻或亚临床呼吸系统疾病。BRSV发病率高，是牛呼吸道疾病综合征的一个很重要的病毒，牛下呼吸道对该病毒极为敏感，受其影响，牛呼吸道更容易继发细菌感染。该病暴发时发病率很高，死亡率为20%以下。

【临床表现与病理变化】 病牛常表现发热（40~42℃）、精神沉郁、采食量下降、呼吸加快、咳嗽、流泪、流鼻涕等。该病的后期有明显的呼吸困难，甚至张口呼吸，也可发生皮下气肿，经常继发细菌性肺炎。此前认为是一种双相疾病模式，但并不一致。

肉眼病变包括弥漫性间质性肺炎、胸膜和间质性肺气肿并伴有间质性肺水肿。这些病变与其他原因引起的间质性肺炎很相似，应注意鉴别（见间质性肺炎）。细菌源性支气管肺炎经常出现。组织学检查显示，在细支气管上皮细胞和肺实质出现合胞体细胞，胞质内出现包含体，细支气管上皮细胞增生和/或变性，肺泡上皮化、水肿或形成透明膜。

【诊断】 BRSV的诊断需经实验室确诊。虽然BRSV是一种很难检测到的病毒，但在动物潜伏期或急性期采样，可以提高病毒的检出率。可用酶免疫测定来检测BRSV抗原，并建立相应的诊断方法。已证明，荧光抗体和免疫过氧化物酶染色也能有效检测BRSV抗原。

急性期和恢复期的双份血清样本可用于确诊本病。但是，急性期临床病例的血清抗体滴度高于2~3周后血清样本，因为抗体反应通常发展很迅速，而临床症状则要在病毒感染7~10 d之后才会出现。在暴发牛呼吸道疾病时，对于抗体效价很高的血清样品及临床症状都有诊断意义。感染BRSV的犊牛，在被动诱导抗体存在情况下不能血清转阳。

【防治】 治疗以抗菌疗法控制继发性细菌性肺炎

为重点。病毒性间质性肺炎无特效方法，必须采取辅助疗法和纠正脱水。据报道，抗组胺药和/或皮质类固醇对治疗该病有效。有一些病牛未经治疗，数天内即可痊愈。

一般的防控措施已在"犊牛地方性肺炎与船运热性肺炎"中讨论过。选用灭活疫苗和弱毒疫苗，可减少感染BRSV所造成的损失，但还缺少田间试验数据来评估这些疫苗的效果。

3. 牛疱疹病毒1型

【病原与流行病学】 牛疱疹病毒（BHV-1）与牛的许多疾病有关，如：牛传染性鼻气管炎（IBR）、传染性脓疱性外阴阴道炎（IPV）、龟头包皮炎、结膜炎、流产、脑脊髓炎和乳房炎等。已确认，BHV-1仅有一种血清型，但根据病毒DNA的核酸内切酶酶切图谱，BHV-1有3种亚型：BHV-1.1（呼吸亚型）、BHV-1.2（生殖器亚型）及BHV-1.3（脑炎亚型）。因为 BHV-1.3有独特的疱疹病毒特征，被重新分类为BHV-5。

在牛群中，BHV-1感染很普遍。在育肥牛中，呼吸型是最常见的。单一的病毒感染并不危及动物生命，但容易继发细菌性肺炎并导致死亡。在种牛中，流产和生殖器感染较为常见。生殖道感染常见于公牛（传染性脓疱性龟头包皮炎）和母牛（传染性脓疱性外阴阴道炎，IPV），这通常发生在交配或者与受感染牛密切接触后的1~3 d内。无可见病变时可发生传染，人工授精亚临床感染公牛的精液也能发生传播。隐性感染BHV-1的牛，在病毒被再次激活时，一般也无临床症状，但他们是其他易感动物的传染源。

【临床表现】 呼吸型和生殖器型感染的潜伏期为2~6 d。在呼吸型，临床症状由轻至重，这取决于是否发生了继发性细菌性肺炎。临床症状包括高热、食欲减退、咳嗽、唾液分泌过多、流鼻涕（从浆液性到黏液脓性）、结膜炎伴有流泪、鼻孔红肿（俗称"红鼻子"）、脓性分泌物阻塞喉部时可引起呼吸困难。鼻腔病变包括许多聚集在鼻中隔黏膜上的浅灰色坏死灶，尤其在外鼻孔内侧常见。随后可出现假性白喉黄色斑块的形成。结膜炎伴发角膜混浊可能是BHV-1感染时出现的唯一症状。在未继发感染细菌性肺炎时，病牛通常在发病后4~5 d即可恢复。

流产可与呼吸道疾病同时发生，但在感染后100 d时也可见到。无论疾病严重程度如何，都可能会发生流产。流产一般发生于妊娠的后半段，但也有可能发生早期胚胎死亡。

生殖器感染时，首先出现尿频、尾根高举和少量阴道分泌物。阴门肿胀，阴道黏膜先出现小型丘疹，随后发生糜烂溃疡。如未继发细菌感染，在10~14 d

内患牛即可康复。有细菌感染的情况下，可能有子宫炎和短暂的不孕，并在几周内伴随有脓性分泌物流出。在公牛，类似的病变可发生在阴茎和包皮。

犊牛感染BHV-1后可能会比较严重，并引起全身性疾病。在全身性病毒感染后，可在短时间内出现发热、流泪、流鼻液、呼吸窘迫、腹泻、共济失调，最终惊厥而死亡。

【病理变化】 单纯的IBR感染，病变仅限于上呼吸道和气管。鼻腔黏膜和鼻旁窦可见大小不等的瘀点至瘀斑等出血点。坏死灶发生主要集中在鼻、咽、喉、气管。病变可合并形成斑块。

鼻窦常充满浆液性或浆液纤维素性分泌物。随着病情的发展，咽部覆盖着一层纤维素蛋白性渗出物，气管中可发现淡红色液体。咽部和肺部淋巴结急性肿胀、出血。气管炎可能会蔓延到支气管和细支气管，此时可见呼吸道上皮脱落。病毒所引起的病变往往被继发性细菌感染所掩盖。犊牛BHV-1全身感染时，在鼻部、食道、前胃等可见糜烂和溃疡灶，其上被覆着坏死组织碎片。此外，可在肝脏、肾脏、脾脏和淋巴结发现白色病灶。流产胎儿所有组织均可出现苍白的局灶性坏死性病灶，这在肝脏表现尤为明显。

【诊断】 对于单纯的BHV-1感染，可根据其特有的临床症状和病理变化而作出诊断。然而，由于疾病的严重程度有所不同，最好采用病毒分离的方法，将BHV-1与其他病毒进行鉴别。应在疾病早期进行采样，2~3 d内可作出诊断。血清抗体效价的升高也可用于BHV-1的确诊。在流产牛中，不可能检测到抗体效价的上升，因为通常在流产之前，感染已经发生并持续了很长一段时间，此时抗体效价已经达到峰值。BHV-1性流产可通过特征性病变，和对胎儿组织的病毒分离、免疫过氧化物酶测定或荧光抗体染色而作出诊断。在病牛死后不久，通过眼观病变和显微病变的检查也有助于作出诊断。

【治疗与控制】 抗菌疗法可防治继发性细菌性肺炎。其一般性防控措施已经在"船运热性肺炎"中讨论过。弱毒疫苗或灭活疫苗免疫，通常可提供足够的保护。肌内注射和鼻腔内注射弱毒疫苗都有效，但对孕牛肌内注射弱毒疫苗却可引起流产。通常，肌内注射疫苗使用方便，是育肥场最常用的免疫接种方法。种用后备母牛和公牛，应在配种前6~8月龄接种疫苗，每年1次。有人建议青年公牛不接种疫苗，因为他们在作为种公牛出售时，会因抗体阳性而遭到摒弃。在进入育肥场前2~3周，架子小牛（feeder calves）应进行预防接种。西欧一些国家已经或正试图根除其国内牛群的BHV-1。可通过血清学监测、扑杀阳性病例、生物安全和疫苗接种等综合措施来根除该病毒。为根除该病，已经研发出缺失突变株疫苗，这将有助于区别疫苗和野毒株产生的抗体应答。

4．牛病毒性腹泻病毒 牛病毒性腹泻病毒（BVDV）是黄病毒科瘟病毒属的一种RNA病毒。BVDV作为牛呼吸系统疾病（BRD）的原发性病原一直存在争议，但似乎这种病毒具有诱导免疫抑制作用，进而引起继发性细菌性肺炎。据报道，育肥牛到达育肥场后，BVDV的血清转阳与育肥场犊牛发生呼吸道疾病有关。但实际上，带有很高效价BVDV抗体的犊牛到达育肥场后，发生呼吸道疾病的可能性很低，据报道，在犊牛呼吸道多重病毒感染时，BVDV是最常出现的一种病毒。一些研究表明，存在持续性BVDV感染的育肥场中，发生呼吸道疾病的风险也会增高。

急性BVDV感染的治疗方法主要是辅助疗法，包括使用抗菌药防治细菌性肺炎。该病控制的一般原则已在"犊牛地方流行性肺炎和船运热性肺炎"中讨论过。现有灭活疫苗和弱毒疫苗可用于肌内注射。近来，同时含有Ⅰ型和Ⅱ型两种基因型的病毒疫苗也有市售。母牛配种前接种弱毒疫苗是防止以后产犊后发生持续感染的一项重要措施。经常检测持续性感染犊牛，并将阳性牛随时清出育肥场作为一项重要的对策，旨在减少育肥场内高危群体疾病的发生。

5．牛其他呼吸道病毒 有几种其他的病毒也可能与BRD有关。牛疱疹病毒4型就涉及多种疾病，其中包括BRD。牛腺病毒和很多疾病有关，腺病毒3型是引起BRD最常见的血清型。已经确认，有两种牛鼻病毒的血清型可以引起牛的呼吸道感染。据报道，其他与BRD相关的病毒还包括牛呼肠孤病毒、肠道病毒以及冠状病毒。越来越多的证据证明，对于以往的认识，牛冠状病毒在BRD中可能扮演更重要的角色。

这些病毒的作用类似于前面讨论的其他病毒。即在有其他应激因子联合作用时，他们可以作为细菌性肺炎的引发剂。目前还尚未研制出疫苗来控制这些病毒性呼吸道疾病。

（三）细菌性肺炎

1．巴氏杆菌性肺炎

【病原】 溶血曼氏杆菌血清Ⅰ型是从牛呼吸道疾病的肺中最常分离到的病原。虽然多杀性巴氏杆菌不常分离培养，但它是引起细菌性肺炎的一种重要病原。睡眠嗜组织菌也被公认为是牛呼吸道疾病的一种重要病原。这些细菌是牛鼻咽中的正常栖居细菌。当发生慢性肺炎并出现脓肿病变时，常能从病灶中分离到化脓性隐秘杆菌。

正常情况下，溶血曼氏杆菌定居于狭窄的上呼吸道，特别是扁桃体隐窝，因而很难从健康牛中分离出

来。在应激或病毒感染后，上呼吸道的溶血曼氏杆菌迅速繁殖并在肺脏定居，这时可分离培养到病原菌。这可能与环境中的应激因素，或病毒感染造成的宿主防御机制的抑制有关。溶血曼氏杆菌在肺组织繁殖的对数期会产生一些毒力因子，比如一种被称作白细胞毒素的外毒素。在这些毒力因子和宿主防御机能的相互作用下会导致组织损伤，包括特征性的坏死、血栓形成及各种渗出物，并加速肺炎的发展。对于多杀性巴氏杆菌引起肺炎的机制研究还相对较少。在发生一些如地方性犊牛肺炎或育肥牛肺部损伤的疾病时，病牛呼吸系统防御能力逐渐下降，多杀性巴氏杆菌就可能趁机在肺部繁殖，引起化脓性支气管肺炎。在上呼吸道的防御系统受损后，睡眠嗜组织菌入侵肺并引发肺炎。该细菌能从肺到脑、心肌、滑膜、胸膜和心包表面进行全身性的传播；这些器官的受损常导致育肥末期（入舍40～60 d后）牛的死亡。

【临床表现】 病毒性呼吸道疾病临床症状的出现常常先于细菌性肺炎。细菌性肺炎发生后，临床症状逐渐加剧，主要表现为精神沉郁和毒血症。一系列临床症状出现，包括精神沉郁、体温升高（40～41℃），而机体其他系统未见异常等都与BRD早期病例相似。本病常出现浆液到黏液脓性鼻液、湿咳、呼吸浅表急促症状。肺区听诊支气管呼吸音增强，出现捻发音、喘鸣音。一些严重病例会发展成胸膜炎，以呼吸不规则，呼气时有啰音为特征。发展成为慢性肺炎后，动物出现明显的发育不良症状，这些通常都与肺脓肿的形成有关。

【病理变化】 溶血曼氏杆菌感染可导致严重的急性、出血性、坏死性、纤维素性肺炎。这种肺炎会出现支气管肺炎型病变。严重时，前腹侧实变肺脏呈深红、棕灰色，小叶间隔凝胶状增厚，并发纤维蛋白性胸膜炎，出现广泛血栓和肺坏死灶，局部发生支气管炎及细支气管炎。

多杀巴氏杆菌能引起少量纤维素性及纤维素脓性支气管肺炎。与溶血曼氏杆菌相比，多杀巴氏杆菌仅有少量纤维素渗出，轻度血栓形成，局限性肺坏死，化脓性支气管炎和细支气管炎。

肺脏睡眠嗜组织菌感染会出现化脓性支气管肺炎，随后出现败血症及多器官感染。睡眠嗜组织菌还与肥育场犊牛的广泛性纤维素性胸膜炎有关。

肺炎转为慢性后会出现肺脓肿，一般发病后约3周出现脓肿，直到4周才形成包膜。从脓肿穿刺物中常可分离培养出化脓隐秘杆菌。

【诊断】 通常情况下，诊断不采用血清学试验和直接的细菌检测，而是主要依赖于尸体剖检变化和细菌培养。因为这些相关细菌是上呼吸道常在菌，采用

气管拭子法收集濒死期动物的下呼吸道分泌物，经气管冲洗或支气管肺泡灌洗，可提高细菌培养的特异性。用于细菌培养的肺组织可于尸体剖检时采集。如有可能，还应采集未经抗生素治疗的病牛的样品，用于细菌的药敏试验。

【治疗】专业技术人员的早期确诊与抗生素的应用，对该病的治疗十分重要。需要建立一套完善的治疗方案，以确保生产者采取标准化诊断及治疗方法。一些长效抗菌药如妥拉霉素、替米考星、氟苯尼考和恩诺沙星等对治疗BRD有效，常作为育肥场治疗该病的首选药或次选药。这种治疗方式避免了饲养者为了防止疾病传播而进行的隔离饲养，病牛可以直接在正常圈舍内接受治疗。有证据表明，NSAID可作为控制BRD病牛发热的辅助药物，但尚缺乏其治疗后的复发率和死亡率方面的数据。倘若没有及时治疗，而且已出现了肺脓肿，则用抗菌药也很难治愈，可以考虑将病牛淘汰。

【控制】一般性的防控措施在"犊牛地方性肺炎及船运热性肺炎"中已有讨论。溶血曼氏杆菌和多杀性巴氏杆菌菌苗的价值尚存在疑问，甚至一些文献指出，这些菌苗可能还会加重病情。弱毒疫苗和亚单位疫苗（白细胞毒素）等新型疫苗的问世，使疾病的防治希望大增，在该病高发的育肥场，新引进犊牛入场时进行一次免疫接种，即可使该病的发病率降低25%；但是，并不是所有高危的育肥场都有同样的试验结果。理想情况下，犊牛的免疫接种应在进入育肥场前3周进行，到育肥场后还可再进行重复免疫。给妊娠母牛进行免疫接种，能使犊牛获得被动免疫力。睡眠嗜组织菌菌苗已研制成功，有证据表明，犊牛进入育肥场后，仅免疫一次该菌苗即可有效控制BRD。

2. 支原体肺炎 牛支原体是育肥场中一种新出现的、可引起育肥牛、青年奶牛和肉用犊牛呼吸道疾病及关节炎的致病病原。实验性感染常引起隐性或轻度的呼吸道症状。但这并不能排除支原体与其他病毒或细菌协同引起BRD的可能性。支原体可从未患肺炎的犊牛呼吸道中分离到，但患呼吸道疾病的犊牛中更易分离到支原体。牛支原体与育肥牛的中耳炎有关，在育肥场还可诱发慢性肺炎及多发性关节炎综合征。这些牛均出现肺部损伤，其中有40%~60%的病牛可发生多发性关节炎或腱鞘炎，引起严重的慢性跛行。抗生素治疗对慢性病例无效。由于该病常呈慢性发展，许多病牛最终均被安乐死。本病的病变包括慢性支气管肺炎，伴随干酪样坏死及凝固性坏死。严重病例中，80%以上的肺组织受损。支原体的培养需要用特殊的培养基及培养条件，支原体的生长可能需要1周。牛支原体疫苗已有销售，但效果依然不明确。

3. 衣原体性肺炎 目前已经证明，衣原体与牛的肺炎等许多疾病有关。实验性感染已复制出支气管肺炎的临床症状及病理变化。衣原体与溶血性海姆菌的协同作用已经被实验证实。因为衣原体较难检测到，所以对于其在疾病中的作用还有待研究。衣原体可以通过对肺组织切片作吉曼尼兹法染色（Gimenez stain）或荧光抗体检测。分离该菌需在鸡胚卵黄囊中进行接种。衣原体对四环素类敏感。

六、牛传染性胸膜肺炎

本病是一种高度接触性传染性肺炎，一般伴发胸膜炎。发生于非洲，在中东地区曾有小规模的暴发。美国自1892年，英国自1898年，澳大利亚自1973年起即无此病发生。欧洲最近一次暴发牛传染性胸膜肺炎是在1999年的葡萄牙。在亚洲，对该病的了解较少，中国最近一次暴发是在1995年。

【病原】本病的病原为蕈状支原体（见羊传染性胸膜肺炎）。易感牛因吸入患牛咳出的飞沫而感染。山羊和绵羊在流行病学的意义不大。败血症阶段在肾和胎盘出现病变并成为传染源，本病可经胎盘垂直传播感染胎儿。病原在环境中存活力很弱。该病潜伏期不一，但大部分在感染后3~8周发病。在一些地区，易感牛发病率可达到70%，只有不到10%的病牛出现临床症状。初次感染该病的牛群死亡率有可能达到50%。治愈的动物中，25%康复牛可能成为带菌者，并且肺部出现脱落的不同大小的坏死组织块等慢性病变。带菌者在临床和血清学上都不易查出，这已成为控制该病的一大难题。品种的易感性、饲养管理和动物的健康状况是影响发病的重要因素。

【临床表现】临床上急性病例体温可高达41.5℃，厌食，疼痛性呼吸困难。在炎热的气候中，动物常常独自站在阴凉处，低头、伸颈，背微弯曲，肘外展，叩击胸部疼痛，呼吸浅而快，呈腹式呼吸。如果强迫动物快速行走，则呼吸更加迫促，出现柔缓而湿性的咳嗽。病程发展迅速，病牛很快消瘦，呼吸极度困难，呼气时有喉鸣。病牛侧卧不起，1~3周后死亡，慢性病例可持续3~4周，通常呈现不同程度的症状，随后病变渐渐消失，似乎可以康复。亚临床感染的病例常成为重要的带菌者。

【病理变化】胸腔中可能含有高达10 L的黄色清亮或血性液体，并混有纤维素性絮片。胸腔气管上覆盖一层纤维素。该病大部分单侧发作，超过80%~90%的病例只感染一个肺。病变部分肿胀、变硬。由于肺小叶间增宽，肺泡变硬，呈灰、黄或红色，所以切面呈胸膜肺炎的典型的大理石样。组织学检查为严重的急性纤维素性肺炎，伴有纤维素性胸膜炎。肺血管栓塞，肺组织有坏死区。间质组织中因有水肿液而明显增厚，其中含有许多纤维素。慢性病例的病变中有一坏死中心，被厚厚的纤维素性被膜隔离，并可能有胸膜粘连。在这些坏死区，支原体可以存活，而病牛则为带菌者。

【诊断】诊断主要依据临床症状、补体结合反应、乳胶凝集试验或竞争ELISA及尸体剖检。进一步确诊可通过下述方法：分离支原体，通过生长抑制，兔抗支原体高免血清进行免疫荧光试验及PCR扩增。通过免疫印迹试验确认血清学反应。一旦怀疑暴发本病，建议立即对可疑动物进行剖杀检查。

【控制】许多国家通过扑杀感染或接触过病原的动物而消灭了本病，因此有些国家法律规定该病必须上报。在容易控制牛群调运的国家，可以采用检疫、血液检查和屠杀来消灭本病。在对牛群活动不能被限制的地区，通过免疫接种弱毒疫苗（如T1/44株）可以控制该病的传播。然而，疫苗只有在牛群接种覆盖面较大（较高的疫苗接种率）的情况下才能有效。通过进行屠宰场检查，血液检测追踪传染来源，并采取严格的措施限制牛群的迁移，也有利于在这类地区控制该病。

因为治疗作用不能消除该病原微生物，而且经治疗后可能成为带菌者，所以建议只在流行区进行治疗。据报道，肌内注射泰乐菌素（10 mg/kg，每日2次，连用6次）与2.5% 单诺沙星（2.5 mg/kg，每日1次，连续3 d）有效。

七、间质性肺炎

该分类代表了一系列以急发性严重呼吸困难和肺部综合性病变为特征的呼吸道疾病。病变包括肺水肿和肺充血，间质性肺气肿及肺泡上皮和透明膜的形成。

牛感染肺线虫后也会出现一种非典型性间质性肺炎。

（一）牛急性肺气肿与肺水肿

牛急性肺气肿与肺水肿（ABPEE）（再生草热、牛非典型性间质性肺炎）是牛急性呼吸窘迫的一种较常见的病因，特别是成年肉牛。其特征是突然发生，轻微咳嗽，或以死亡告终或几日内迅速好转。虽然只是一小部分发展为严重的呼吸紊乱，但该病是一种群发病，发病率超过50%。牛群常在秋季转入草木茂盛的草场后的5~10 d发生急性肺气肿和肺水肿。据报道，一些牧草、苜蓿、油菜、羽衣甘蓝和萝卜叶等饲草也与本病有关。

【病因】许多疾病的暴发与自然界中氨基酸——L-色氨酸的代谢有关。在反刍动物的瘤胃，L-色氨酸被降解为吲哚乙酸，然后又被某些瘤胃微生物转化为3-甲基吲哚（3-MI）。3-MI被血液吸收，经肺组织中活性很高的多功能氧化酶系统代谢，对肺产生毒性。很显然生长茂盛的牧草中，L-色氨酸含量可能很高，特别是秋季（当然不排除在其他季节）。

【临床表现】ABPEE最常发生于大型肉用母牛，但在相同的饲养管理条件下，各种性别的牛、奶牛和肉牛均可发生。哺乳犊牛一般不发病。通常在转入较好的草场5~10 d暴发ABPEE，但在草场放牧3周以上的牛则很少发病。

一些症状轻微的病例常常被忽视。病牛精神不佳，但仍然很机敏，呼吸急促并有呼吸过度，但听诊时不易发觉。这种牛常在几天内自行恢复。严重病例表现为深度呼吸紊乱，张口呼吸，伸舌，流涎，吸气时有喉鸣，但很少咳嗽。疾病早期听诊时呼吸音极轻。轻微的运动即能增加呼吸困难和促进死亡。若不发生死亡则很快恢复，第3天即开始采食。在这一阶段听诊时可听到粗糙呼吸音，一些动物背部（肺气肿型）有劈啪声。一些牛从鬐甲部开始沿背部有皮下气肿，需3周左右才能完全康复。

【病理变化】病牛死亡或宰杀后，其肺脏重量增加，但不出现正常情况下的塌陷。肺脏呈现广泛的不同程度的实变，有明显的气肿和水肿，在肺小叶间和胸膜下形成大气泡。喉、气管和大支气管黏膜下常有出血。组织学病变以充血、肺泡水肿、形成透明膜和II型肺细胞的早期肺泡上皮增生为特征，偶尔可见支气管坏死区。肺气肿发生较快，常局限于间质筋膜并伴发水肿。

病后3 d宰杀的牛肺脏仍然变重，不出现正常塌陷。肺脏呈粉灰色，变硬，水肿和气肿不明显或不出现。组织学检查可见广泛的肺泡上皮增生，呈弥散性急性增生性肺泡炎。

【诊断】可根据病史、症状和病理变化作出诊断。由于本病无特异症状，并由多种病因引起，因此必须从饲养管理上寻找线索，如放牧地或牧草是否有变动。

【治疗】严重的病例一般很虚弱，在驱赶和治疗时应该小心，以防造成突然死亡。将牛群从发病牧场迁移，在4~7 d内仍不能阻止新的病例发生。目前仍无有效药物可完全治疗牛急性肺气肿和肺水肿。

【控制】控制本病的主要措施是加强采食管理，包括以下方面：避免采食引起ABPEE的牧草；在可放牧之前喂干草，限制在可疑牧场的逗留时间；限制放牧时间，随后逐渐延长放牧时间；采食尚未丰茂的牧草；推迟采食丰茂的牧草，直到霜降之后；最初放牧的草场应少放养易感动物（不到15月龄的牛或绵羊）；

采用条区轮牧。

药物控制本病的方法是饲喂莫能菌素或拉沙洛菌素，这两种药能抑制细菌左旋色氨酸转换成3-甲基吲哚。放牧前一日可以开始应用莫能菌素，而拉沙洛菌素则需要在6 d前就开始添加。一旦出现临床症状后，这些药对治疗没有效果。

（二）过敏反应

牛过敏反应或I型超敏反应能导致非典型间质性肺炎。Ⅰ型超敏反应的靶器官主要是肺脏。主要临床特征是急性呼吸窘迫。死于过敏反应的牛，均表现与非典型间质性肺炎所出现的相同的病变。治疗主要采用肾上腺素治疗，辅助疗法包括使用皮质类固醇类或NSAID。如果存在咽部或者喉部水肿，则需要做气管造口术。

（三）过敏性肺炎

过敏性肺炎（外源性过敏性肺泡炎，农民肺病）在成年牛中呈急性型和慢性型，类似于人的农民肺病。在污染的农场，人和牛由于共同接触了霉干草的灰尘均可发生此病。

【病原】敏感牛吸入嗜热放线菌的抗原物质（通常是枯草小多孢菌的孢子）即可发病。草料、谷物及湿贮的蔬菜温度高达65℃（湿度30%~40%）时，放线菌大量繁殖。抖动干草时，含有大量孢子的灰尘散出。微小的孢子（1 μm）可进入最细小的呼吸道和肺泡，激发过敏性肺炎。虽然可能有Ⅳ型过敏性物质，但一般认为主要是Ⅲ型过敏反应（见免疫性疾病）。

本病只发生在贮存干草季节多雨的地区，表明只有被孢子反复致敏和刺激才能发病。该病大多发生在冬季后半个饲喂期，并且只有在舍内饲喂发霉干草时才有发生。每个冬饲期结束后，成年牛广泛存在抗枯草小多孢菌血清抗体（通常用免疫扩散试验检测），许多外表正常的牛表现血清阳性。相比之下，在饲喂"优质"干草或喂青贮饲料的牧场，仅极少数成年牛为血清阳性。

【临床表现】一些急性病例可能在几周内死亡。一般只有严重的急性病例才出现临床症状，表现为呼吸紊乱、厌食、5岁以上的牛泌乳停止，也可能出现咳嗽和发热，听诊时有偶发性杂音，极少死亡。

慢性型发病率较高。大多数情况下表现为消瘦、生产性能下降和持续咳嗽，感染牛的精神和采食都很好，但出现呼吸急促和呼吸过度，牛群中可听到连续不断的咳嗽声。听诊时胸部有捻发音，严重的病例有时有广泛的干性啰音。病牛不愿走动。若有广泛性肺纤维化则可导致充血性心力衰竭。

【病理变化】肉眼损害不明显，常见周边肺小叶过度膨胀，胸膜下散在小的灰色斑点。虽然严重的急

性病例可能有一过性肺水肿的特征，但组织学病变为肺泡间细胞浸润，上皮样肉芽肿及细支气管炎性闭合。一些慢性病例可见小的肺泡上皮细胞增生并伴有间质性纤维化。这些区域可扩展到大部分肺脏，临床上与弥漫性纤维素性肺泡炎（DFA）难以鉴别。大量证据表明，DFA是过敏性肺炎的终止期。

【治疗与控制】由于不可能保护牛免于再受抗原的刺激，大多数病例用地塞米松（0.1~0.2 mg/kg）治疗后，仅部分康复，来年春季放牧时一般明显好转。由于贮草季节较潮湿，又不可能改变饲喂方式，因此预防本病有些困难。

（四）弥漫性纤维化肺泡炎

弥漫性纤维化肺泡炎是一种慢性、进行性呼吸系统疾病，发病原因尚未确定，可能由多种病原引起。多数感染牛的血清检测为干草小多孢菌沉淀抗体阳性，而且这种情况可能已表明进入过敏性肺炎终止期。除了上述呼吸道症状外，病牛在终止期出现心力衰竭前，其精神和食欲都较正常。其他症状还包括咳嗽，呼吸加快，呼吸困难和体重下降。剖检可见右心室肥大，肺泡间质性纤维化，肺泡腔萎缩，肺泡增生，支气管炎和毛细支气管炎。目前无治疗方法。

（五）育肥牛急性呼吸窘迫综合征

育肥牛的急性呼吸窘迫综合征，伴有非典型间质性肺炎的一些临床症状和病理变化。此病常散发，病原尚未确定。育肥小母牛的发病率似乎高于育肥公牛。牛呼吸道合胞体病毒、瘤胃内3-甲基吲哚异常增多，空气污浊，以及之前存在的慢性细菌性胸膜肺炎等，都可能是该病的病因或诱因。临床症状包括以呼吸促迫和呼吸困难为特征的呼吸窘迫，病牛可能死之前无任何临床表现。病理变化为非典型间质性肺炎，伴有明显的肺气肿和肺水肿。迄今还尚未有效的治疗方案，目前主要以对症治疗和辅助治疗为主。多数情况下，对病牛紧急屠宰是最经济的选择。预防措施包括接种呼吸道合胞体病毒疫苗，控制育肥场尘埃，以及避免突然更换日粮等。

（六）4-甘薯黑斑霉醇中毒及紫苏酮中毒

临床病理特征与急性牛肺气肿和水肿（ABPEE）极为相似，常发于采食被茄皮镰刀菌（*Fusarium solani*）感染的霉烂甘薯，或白苏（*Perilla frntescens*）。霉烂甘薯中毒是由于采食被镰刀菌感染的甘薯，产生的甘薯呋喃萜类毒素所引起；最终产生肺炎球菌毒素——4-甘薯黑斑霉醇。紫苏酮中毒是由于摄入了植物磷紫苏（紫薄荷）的叶子和种子所引起，其中含有肺炎球菌毒素，主要见于美国东南部。上述两种中毒的发病机制都与急性牛肺气肿和水肿相同，治疗方法也一样。

（七）有毒气体

二氧化氮是地窖气体的主要成分；人暴露于二氧化氮下所引起的疾病又叫作青贮者病。牛暴露于二氧化氮下则会引起呼吸窘迫，剖检可见非典型间质性肺炎病变。治疗方法是使用利尿药、糖皮质激素，为防止肺炎的发生还可使用抗生素。

氧化锌产生于氧乙炔切割或电弧焊接镀锌管的过程中。在较为密闭而通气不良的牛舍进行上述切割或电弧焊接施工时，能使圈养的牛群发生以呼吸窘迫为特征的氧化锌中毒。病理变化与前述的非典型间质性肺炎相似。治疗方法同二氧化氮中毒。

（八）腔静脉血栓形成及转移性肺炎

【病原】静脉血栓和转移性肺炎与肺脏的多灶性脓肿有关，而这种脓肿是由尾部的下腔静脉发展为肺动脉血管系统内脓毒血栓所引起。腔静脉血栓最常见的原因是瘤胃酸中毒引起瘤胃炎和肝脓肿，当血管壁被脓肿浸润时，就可能引起静脉血栓。引发该病最常见的细菌包括坏死梭杆菌、化脓隐秘杆菌、葡萄球菌、链球菌和大肠埃希菌。

【临床表现】成年牛出现的临床症状较明显，主要呈急性型，表现为呼吸窘迫，而慢性型的表现为体重下降和慢性咳嗽。常见的症状还包括呼吸急促、心跳过速、血性杂音、咳嗽、黏膜苍白、肺音增强、咯血和鼻出血。发热和黑粪症也可能出现。病死率为100%。

【病理变化】可见腔静脉血栓以及肝脓肿。肺脏可能出现化脓性肺炎、肺脓肿、动脉瘤和破裂的动脉瘤血栓。

【治疗与控制】由于预后不良，不建议进行治疗。如需要尝试，治疗包括抗生素和辅助疗法。防制措施应着眼于减少瘤胃酸中毒的发生，因为它能导致瘤胃炎及肝脓肿的形成。

第十一节　马呼吸道疾病

病毒性呼吸道感染在马中很常见，其中最常见的是马疱疹病毒感染、马流行性感冒和马病毒性动脉炎。这些疾病均表现出发热、浆液性鼻涕、下颌淋巴结肿大、厌食、咳嗽等症状。除呼吸道疾病外，马疱疹病毒1型（EHV-1）还能引起流产及神经性疾病。马动脉炎能引起呼吸道疾病、结节性脉管炎和流产。马疱疹病毒2型、马鼻炎病毒和呼肠孤病毒是普遍存在的病毒性呼吸道病原体，但能引起的临床疾病最少。在阿拉伯马驹中，腺病毒性肺炎常伴发严重的混合免疫缺陷。亨德拉病毒是在澳大利亚鉴定出的一种马的人兽共患病病毒，它能使马很快致死，这种病毒通过近亲接触传播疾病。

继发性细菌性呼吸道感染（除腺疫外）的原发病主要是病毒性疾病，因为病毒感染呼吸道后损伤或破坏呼吸道的防疫系统，例如：流行性感冒病毒破坏了呼吸道黏膜纤毛，疱疹病毒破坏了支气管的淋巴样组织。最易引起马发生肺炎的病原微生物，是一些来源于马的上呼吸道定居微生物群落的条件致病菌。继发性细菌感染的临床症状包括脓性鼻液、精神沉郁、持久热、肺泡音异常、高纤维蛋白原血症和白细胞增多。继发性细菌病还可引起黏膜细菌性感染（鼻炎、气管炎）或其他更严重的侵入性疾病，如肺炎、胸膜性肺炎等。虽然一般也能分离到马放线菌、博代氏杆菌、大肠埃希菌、巴氏杆菌和绿脓杆菌等细菌，但马兽疫链球菌是马肺最普遍的条件致病菌。马腺疫的病原——马链球菌是上呼吸道的一种主要细菌性病原，它能不依靠其他因素的诱导入侵呼吸道黏膜。马红球菌是感染5月龄以下马驹的下呼吸道的主要病菌，它能引起肺实变和肺脓肿。然而，迄今还尚未有成年马发生马红球菌性肺炎的报道。

非传染性呼吸道疾病是一种普遍的、伤害较小的疾病，它能感染不同年龄段的马。炎性呼吸道疾病的特征为，气管黏膜分泌过多，呼吸道高度敏感以及青年马使驭能力差。该病的病因还不甚清楚，但病毒性呼吸道感染、过敏及环境因素在病理生理学中发挥了重要作用。呼吸道反应性疾病（气喘病）发生于有过敏性呼吸道疾病及遗传因素的老龄马，接触有机灰尘是该病的诱因。一些狭小的呼吸道常被支气管痉挛及过多的黏膜分泌物所阻塞。该病的临床症状由轻到重，依次表现为运动时的不耐性到静息状态下的呼吸困难。

呼吸系统是最容易进行诊断的动物机体系统。通过内镜可直接观察到上呼吸道、咽鼓管囊、气管和支气管。内镜检查的适应证有：上呼吸道杂音、吸气困难、运动呼吸困难和单侧或双侧鼻液。头骨的X线检查可显示出面部畸形、窦的畸形（鼻窦炎、牙畸形、窦内囊肿），咽鼓管囊（积脓、膿气），软组织结构（会厌、软腭）。经气管冲洗和支气管肺泡灌洗，是得到下呼吸道分泌物的最重要的技术。经气管冲洗是为了取得分泌物，以进行下呼吸道细菌和真菌的培养。支气管肺泡灌洗是为了对患有弥漫性、非传染性肺病的病马进行下呼吸道细胞学评估。对鼻液拭子进行细菌培养，可以对疑患腺疫的病马进行确诊，但不适用于肺部传染病的诊断。

胸部X线检查与超声诊断是检查下呼吸道比较有效的技术。胸部X线检查常用于检测肺组织、纵隔和横膈膜异常。包括肺肝变（肺炎）、支气管疾病、肺脓肿、肺间质性疾病、纵隔肿大（肿瘤、脓肿、肉芽肿）在内的几种疾病，是最容易通过胸部X线检查作出诊断。胸部的超声诊断是评估胸膜腔积液、肺表面实变和肺表面脓肿的最适当的技术。超声诊断能确定胸膜腔中液体或空气的体积、位置及特性（气胸）。此外，超声诊断技术还能探测纤维素性渗出物、气体回声（厌氧菌感染）、肿块及小腔积液，并且临床工作人员还可以通过超声引导精确定位穿刺部位。超声诊断技术对判断动物的预后状况也很有帮助。

胸腔穿刺术是为了释放动物胸膜腔中不正常积液所用到的常见手术，该手术须在超声技术的指引下进行。肺活检及细针抽吸术是对动物具有损伤性的检查方法，这些方法仅在其他诊断方法无效的情况下才被采用。但肺肿瘤、肺纤维化及肺间质性疾病需要进行肺活检，才能得到确切的诊断。

接种疫苗并不一定能预防马的呼吸道感染，但执行严格的免疫程序，能降低病马感染的持续性及严重性，当然这也要视疾病种类及所用疫苗来定。预防马流行性感冒、马病毒性流产、马病毒性动脉炎及马腺疫的疫苗的种类较多，但其效果并不明确。疫苗需根据当地疾病的流行情况而权衡使用，还应顾及疫苗的价格及存在的风险。疫苗的选择及免疫程序的制定是依据马的种类及其同传染源的接触情况来定的。美国的马业协会传染病专业委员会已经制定了相应的马类疫苗指导方针，一些使用意见可在 http://www.aaep.org/vaccination_guidelines.htm 上查询。

无论何种呼吸系统疾病，保持良好的环境及辅助疗法是马匹恢复健康最重要的手段。空气中灰尘少且氨气含量少的厩舍环境，可防止马的呼吸道黏膜纤毛系统进一步损伤。可口的饲料有利于病马在治疗阶段及时康复，防止体重下降及过度虚弱。充足的水分可降低呼吸道分泌物的黏性，有利于其从下呼吸道清除。舒适、干燥、温度适宜的饲养环境，可最小限度地降低呼吸道调节温度的压力。

一、马疱疹病毒感染

（一）马疱疹病毒感染

马疱疹病毒感染又称为"马病毒性流产"。

【病原与流行病学】 马疱疹病毒1型（EHV-1）与马疱疹病毒4型（EHV-4）是在抗原性上不同的两组病毒，一般称为EHV-1亚型1及EHV-1亚型2。这两种病毒广泛存在于世界各地的马群中，能引起急性热性呼吸道疾病，其特征是鼻咽炎及气管支气管炎。在马群密集的地区，马驹每年都要暴发呼吸道病。刚断奶的马暴发本病大多数是由EHV-4引起。发病年龄、季节及地理分布不同可能与马的免疫状况和密度有

关。不同个体感染后的结果与毒株、机体免疫状况、妊娠状况和年龄有关。妊娠马感染EHV-4后极少发生流产。

大多数情况下，母马亚临床感染EHV-1后数周至数月可发生流产。2000年以来的暴发记录已经证实，神经型EHV-1能增加发病率及致死率，并且出现毒力及性状的演化。因此，美国农业部已经认定，神经型EHV-1有成为新兴疾病的可能。马是上述两种亚型病毒的自然宿主，常表现为隐性感染或病原携带者。直接或间接接触有感染性的鼻腔分泌物、流产胎儿、胎盘或胎盘液均可引发感染。

【临床表现】 EHV的潜伏期为2～10 d。体温高达38.9～41.7℃，中性粒细胞减少和淋巴细胞减少，流浆液性鼻液，身体不适，咽炎，咳嗽，食欲不良，下颌和咽后淋巴结肿大。马感染EHV-1后出现双相热，病毒血症与第二热峰同时出现。病马常呈继发性细菌感染，出现肺病，鼻腔有黏液脓性渗出物。以前曾被病毒感染和被免疫致敏的马则呈温和型或隐性经过。

感染EHV-1和流产的马几乎没有任何前驱症状，感染后2～12周，一般在妊娠7～11个月时发生流产，流产胎儿新鲜或轻微自溶，流产后胎盘立即排出。对母马的生殖道及以后妊娠没有影响。妊娠后期感染可能不会引起流产，但小马驹出生后易暴发病毒性肺炎。小马驹对继发性细菌感染非常易感，常常在数小时或数日内死亡。

暴发EHV-1感染时，一些马常出现神经性疾病（见脊柱和脊髓病）。临床症状有轻度共济失调，严重的后躯瘫痪，病马不能站立，膀胱和尾巴功能丧失，会阴及腹股沟部甚至后肢皮肤感觉丧失。一些病例较特殊，呈渐进性瘫痪，最后发展到四肢，并以死亡告终。预后则根据症状的严重程度及躺卧时间长短而定。

【病理变化】 EHV-1和EHV-4的致病机制有明显的不同。EHV-4感染局限于呼吸道上皮和相关的淋巴结；而EHV-1株对血管内皮，特别是鼻黏膜、肺、肾上腺、甲状腺和中枢神经系统的血管内皮有亲嗜性。另外，EHV-1可通过白细胞相关病毒血症来接近感染外周组织，从而引起流产或神经性疾病。

病毒性鼻肺炎的肉眼病变表现为呼吸道上皮充血和溃疡，肺脏有多个绛紫色的小坏死灶。组织学检查可见呼吸道上皮和相关淋巴结的生发中心有炎症、坏死和核内包含体。肺病变的特点是终末细支气管有中性粒细胞浸润，细支气管和血管周围单核细胞浸润，肺泡有浆液纤维蛋白性渗出。

EHV-1流产的典型病变包括小叶间肺水肿，胸腔中大量的积液；肝脏多处灶性坏死；心肌、肾上腺

和脾脏被膜下有瘀斑；胸腺坏死；肺、肝、肾上腺及淋巴网状组织有核内包含体。

与EHV-1相关的神经性疾病可能不出现肉眼病变，或在脑膜、脑及脊髓的实质仅有少量出血。组织学病变为散在性，主要有脉管炎（内皮细胞损伤和血管套）、血栓形成和出血，严重的病例有软化区。病变可能出现在脑和脊髓的任何部分。

【诊断】马病毒性鼻炎与马流感、马病毒性动脉炎及其他马呼吸道感染仅凭临床症状难以区分，必须通过PCR或病毒分离进行确诊，分离病毒最好使用感染早期采集的鼻咽拭子和枸橼酸盐抗凝的血样（血沉棕黄层）。

在怀疑是EHV-1流产的病例中，确诊需借助PCR技术，或者病毒分离，或流产胎儿特征性的肉眼和组织学变化。肺脏、肝脏、肾上腺及淋巴内皮网状组织是病毒增殖的部位。流产母马的血清学检查意义不大。RT-PCR技术能准确检测出鼻液，脑脊髓液或者神经组织中的特定EHV-1毒株，对确诊有重要意义。根据一些临床症状和脑脊髓液的分析（脑脊液黄变，脑脊髓蛋白细胞分离），可作出推测性诊断。尸检可发现特征性的血管套和中枢神经系统（CNS）出血。

【治疗】对本病无特异性治疗方法。良好的休息及护理可降低细菌继发感染的风险。马的体温高于40℃以上时，建议使用解热药；出现脓性鼻液或肺病时，应给予抗生素治疗。产前感染EHV-1的马驹，尽管进行精心护理并使用抗生素进行治疗，但大部分在产后很快就死亡。患有与EHV-1相关的神经性疾病，若没有出现躺卧或仅躺卧2～3 d，预后一般较好。口服伐昔洛韦（30 mg/kg，每日2次）对治疗病马及在疾病暴发期间的预防有一定作用。应进行精心护理以免发生肺充血、肺炎、膀胱破裂或肠弛缓。大部分病马可以完全康复，但一小部分病马会有神经性后遗症。

【控制】EHV-1或EHV-4自然感染后似乎既有体液免疫也有细胞免疫，免疫学上正常的马驹，初次感染后，两种病毒亚型间极少有交叉保护，但马在重复感染某一特定亚型病毒后，则具有很好的交叉保护作用。大多数马都隐性感染EHV-1和EHV-4。虽然各种应激或免疫抑制会导致疾病的复发并有病毒排出体外，但大多数马中病毒以休眠的方式存在且终生带毒。呼吸道对病毒再感染的免疫力可持续3个月，但多次感染产生的免疫水平，能防止呼吸道疾病的临床症状。妊娠母马的抵抗力下降将会引发白细胞相关的病毒血症，从而导致胎儿胎盘感染。

防控与EHV-4和EHV-1相关疾病的管理措施，主要是减少病毒的传播。从市场引进（或从赛场回来）的马在与本马场的马（尤其是妊娠母马）混养前，应隔离3～4周。减少饲养管理中的应激因素，尽量避免并防止隐性病毒的复发。应将妊娠马与刚断奶的奶马、周岁马和未训练的马隔离开。暴发呼吸道疾病或流产时应将感染马隔离，并采取适当的卫生措施。在最后一例病马康复后3周内，所有的马均不能离开疫区。

一些国家已允许通过非口服途径接种弱毒疫苗，而另一些国家则禁用。目前EHV-1灭活疫苗是生产厂家推荐用于预防母马感染EHV-1后发生流产的产品，并应在妊娠的第3、5、7和第9个月时使用。但现有的疫苗并不能预防所有病毒的感染，因为各种病毒存在其抗原的多样性。依据所使用的疫苗情况，马驹应在4～6月龄时进行EHV-4和EHV-1疫苗的首免，并以4～6周为间隔进行二免和三免。成年后每6个月进行1次补免。预防马疱疹病毒感染的免疫程序，应包括疫区中的所有马。

（二）其他疱疹病毒感染

马疱疹病毒2型（EHV-2）普遍存在于各种年龄正常马的呼吸道黏膜、结膜及白细胞中。其致病意义尚不清楚。EHV-2可能是疱疹性角膜结膜炎的病因。马疱疹病毒3型（EHV-3）是马交媾疹，一种良性外生殖道丘疹的病原。

二、马流感

【病原与流行病学】马流感是发生在易感马群中的一种高度传染性、传播迅速的疾病。除冰岛和新西兰外，世界上其他国家的马群中，已发现两种免疫学上不同的流感病毒。自1980年以来一直没有分离到正黏病毒A/Equi-1。正黏病毒A/Equi-2首先在1963年引起大流行中分离到，此后在许多国家呈地方性流行。中国、日本与澳大利亚在2007年暴发了马流感，数以万计的马受到感染。自1993年以来，中国还从未报道过马流感的流行，日本自1972年以来也未报道过马流感的流行，而澳大利亚从来没有报道过马流感的疫情。

新生马、免疫功能不全的马，以及从其他地区或国外引入的易感马的隐性感染和散发性临床病例，使该病得以持续，并呈地方性流行。还不清楚是否存在马流感的带毒状态。病毒感染的结果很大程度上取决于机体的免疫状态；易感马可能出现轻度感染或隐性感染或严重发病。除驴、斑马或过度劳累的马外，马流感很少致马死亡。本病的发生主要通过吸入呼吸道分泌物进行传播。当一匹或多匹急性感染马引入到易感马群中，即可引起疾病的流行。疾病流行的范围与病毒的抗原特异性及马群的免疫状态有关。多次自然感染或定期免疫接种，可能是造成全球一些地区A/Equi-2抗原漂移的原因。

【临床表现与病理变化】马流感的潜伏期一般为1~3 d。该病突然发生，体温可高达41.1℃，流浆液性鼻涕，下颌淋巴结肿大，无痰干咳。病马常精神抑郁，厌食，虚弱。临床症状通常在无并发感染时一般不超过3 d。流感病毒在呼吸道上皮细胞中大量复制，导致气管、支气管和纤毛被破坏。咳嗽是该病出现最早的症状，并且可以持续数周。虽然本病初期只会流少量的浆液性鼻液，但如果继发细菌感染就会产生脓性鼻液。轻度感染马2~3周后可逐渐康复，严重感染的则可能需要6个月。完全限制其高强度的体力活动，可以促使病马早日痊愈。呼吸道上皮组织需要21 d左右才能修复，在这期间马容易继发细菌感染，如发生肺炎、胸膜肺炎和慢性支气管炎。限制运动，控制尘埃，提供良好的通风和保持马厩良好卫生，可以最大限度减少并发症的发生。主要的并发症有血管炎，肌炎，但心肌炎很少发生。

【诊断】马群中出现迅速传播的呼吸道疾病，以发病快、高热、精神沉郁为特征，咳嗽是马流感的初步诊断依据。一般需通过病毒分离，流感A抗原检测或血凝抑制试验才能确诊。鼻咽拭子主要用来进行病毒分离及抗原检测，应在发病后尽快采样。通过鸡胚分离病毒有很高的特异性，但由于细菌容易污染样品，造成对流感病毒的检测缺乏灵敏性。而通过人用流感病毒A型试剂盒来进行抗原检测，可在不受细菌污染影响下迅速取得结果。

【防治】没有发生并发症的病马需要休息和良好的护理。病马应休息1周，发热的马应至少休息3周（为了让呼吸道黏膜绒毛组织再生）。病马体温超过40℃时，建议使用NSAID。发热持续3~4 d以上，或有脓性鼻液或出现肺炎时，应使用抗生素。

预防本病需要完善饲养管理制度及制定合理的免疫程序。新引进马需隔离观察2周，以防传染。现在市场上已有许多马流感病毒疫苗可供选用。现已有一种鼻内接种的弱毒流感疫苗，接种后可刺激鼻黏膜（局部免疫）产生保护性抗体，已证实该疫苗能抵抗流感病毒的自然侵袭，可用于6月龄左右马驹。这种疫苗对热敏感，其不能在鼻道外复制。大多数商品流感疫苗均为油佐剂灭活苗，主要用于肌内注射。已证明，一种新型疫苗——重组金丝雀痘载体流感疫苗，能有效预防流感病毒。由于现有疫苗对马提供的免疫持续时间有限，应每6个月对马匹进行1次加强免疫。马驹应在6月龄时肌内接种弱毒疫苗或三联灭活苗，并且每3~6周进行1次加强免疫，直到马驹10~12月龄为止。

三、马病毒性动脉炎

马病毒性动脉炎（EVA）是由一种RNA披膜病毒引起的，常出现呼吸道病的临床症状、血管炎及流产。感染病毒性动脉炎的马，常表现发热、厌食、精神沉郁。呼吸道感染的临床症状为：流浆液性鼻涕、咳嗽、结膜炎、流泪、眼睑及眼眶周围水肿。该病临床症状一般持续2~9 d。治疗手段包括辅助疗法（支撑绷带），用NSAID作降温及消炎。一般不需抗生素治疗。许多种马自然感染后多成为病毒携带者，这是病毒能在马群中长期存在的主要原因。免疫接种（弱毒疫苗）是为了预防EVA通过种马性交传播，而这与预防呼吸道疾病是不同的（见马病毒性动脉炎）。

四、亨得拉病毒感染

亨得拉病毒（HeV）（马麻疹病毒）是副黏病毒亚科，尼帕病毒属的一种新发现的病毒，1994年在澳大利亚被首次鉴定。这种病毒的传播媒介是一种地方特异种的果蝠（也被称为狐蝠），现怀疑，与这些蝙蝠亲密接触，将使亨得拉病毒传播于马。病毒经口鼻感染马，病马的尿液、唾液及呼吸道分泌物中都含有亨得拉病毒。

1994、1995、1999、2004、2008与2009年，在澳大利亚发生人与马的亨得拉病毒感染，该病常以多发、散发为特点。在该病的首次暴发中，21匹病马有14匹死亡。在这次暴发中，两名病马看护者出现了流感样症状，其中1人死亡。从该死者的肾脏分离培养出的病毒，经鉴定与5匹感染马肺中分离的病毒相同。在2008年，澳大利亚经历了迄今为止最大的一次亨得拉病暴发，这次同样造成1名兽医死亡。

在马与马之间及马与人之间传播病毒需要非常紧密的接触，所以现认为该病毒传染性并不高。感染的病马症状较为严重，常发生致死性呼吸道疾病，临床以呼吸困难、血管内皮受损和肺水肿为特征。精神沉郁、食欲缺乏、发热、呼吸困难、共济失调、心动过速和泡沫性鼻液，是该病常见的临床症状（见亨得拉病毒感染）。

五、胸膜肺炎

胸膜肺炎（胸膜炎）因肺部及胸膜腔内的感染而被命名。在许多病例中，它继发于细菌性肺炎或穿透性胸部损伤。自发的胸膜炎（没有伴发肺炎）在马中是少见的。在美国，70%有胸膜渗出物的马患有胸膜肺炎。两者在诊断上的主要不同点是，单独胸膜渗出是由于肿瘤性渗出、心脏衰竭和包虫病引起。

【病原与发病机制】病毒性呼吸道感染、长途运输、全身麻醉和过度运动容易造成肺自身防御机制损伤，是继发细菌感染的先决因素。头部活动被限制导致运输过程中大量细菌于12～24 h内在下呼吸道感染与繁殖，这可能是在长途运输过程中，发生肺炎的唯一重要的先决因素。赛马最容易受到感染。大多数患有胸膜肺炎的均为不到5岁的赛马。运动导致的肺出血为细菌繁殖提供了适宜的环境，从而使赛马易发生呼吸道感染。

多数情况下，马胸膜肺炎都是多种微生物或厌氧、需氧菌的混合感染。在许多患胸膜肺炎的马中，能从其气管分泌物中分离到多种微生物。最常见的需氧微生物是马兽疫链球菌、大肠埃希菌、放线杆菌、克雷伯杆菌、肠杆菌、金黄色葡萄球菌和巴氏杆菌。可从40%～70%的患胸膜肺炎的病马中分离到厌氧菌，其中拟杆菌、梭菌、消化链球菌和梭形杆菌是最常见的。虽然已从胸膜渗出物中分离到支原体及诺卡菌病原体，但马胸膜感染还是常由细菌引起。

【临床表现与病理变化】患胸膜肺炎的马常出现发热，精神沉郁，嗜睡及食欲不振。胸膜肺炎的特殊症状包括：迈步时出现明显胸部疼痛（胸壁痛），敏感警惕，胸部叩诊时常退缩，呼吸浅表和内毒素血症。患马因胸膜痛而显现出面部表情焦虑；站立时肘头外展；不愿活动，或直接趴下，并伴有咳嗽。病马步态僵硬，迈步犹豫，一些马在对其进行胸部听诊或叩诊时常发出呻吟声。鼻液是一种易变的症状。腐败的呼吸味或恶臭的鼻液表明是厌氧性细菌感染。许多病例的呼吸形式以快而浅的呼吸音为特征，这是由于胸膜积液使胸壁疼痛和限制肺部扩张所致。当病马出现大量胸膜渗出物时，可在其胸部观察到水肿块。已产生毒血症的病马，当毒素进入黏膜后，会延缓毛细血管的再充盈时间（2 s以上）并出现心动过速。听诊时，腹侧肺区肺泡呼吸音减弱，在背侧肺区则有异常呼吸音（捻发音）。心音模糊或消失，还可能出现听诊范围扩大的现象。胸膜摩擦音在吸气末、呼气初时最明显，虽然这种病理音并不常见，但能在最急性期（在渗出物出现前）或胸部引流后的病马中听诊到。

【诊断】对患最急性胸膜肺炎的病马进行实验室检查，可出现白细胞减少、中性粒细胞减少、中性粒细胞核左移、血浓缩和氮质血症等异常现象，这提示病马已患细菌性败血症或毒血症。在病情较平稳的马，可见白细胞增多、成熟中性粒细胞增多、高纤维蛋白原血症、高球蛋白血症（慢性抗原刺激）、低蛋白血症（从胸腔中丢失）和慢性贫血。

胸部超声诊断是探查胸膜渗出物的一种很好的技术手段，它可以对已经出现部分肺区呼吸音消失，胸部疼痛和/或胸部叩诊浊音的病马进行确诊。胸膜渗出液（肿瘤性渗出液）以无回声层呈现，然而大多数细胞分泌物是有回声的。气体回声表明胸膜渗出液中有一些空气小泡，这表明由厌氧菌造成胸膜感染，或发生支气管胸膜瘘，或医源性的气体引入。如果病变发生在肺外周部位，可通过超声波探测到肺萎陷、肺实变和肺脓肿。可用超声波探查到大面积的肺实变连同血清样化脓性胸膜渗出液，这与肺梗死和坏死性肺炎是一致的。还可通过胸部超声波探查到内脏与胸膜壁层的粘连，做胸腔穿刺术时应避开这些区域。

做胸腔穿刺术之前，应先通过超声诊断，确定最佳穿刺点，以使其达到最大量的引流，同时还需避免刺伤心脏或横膈。为诊断和治疗马胸膜肺炎，也可采用胸腔穿刺术。胸腔中的积液应缓慢排出，以避免血压过低。应首先从积液最多的一侧胸腔排出渗出液。一般需要进行双侧穿刺。在排出一侧胸腔积液后，应马上取出胸导管，到另一侧胸腔继续穿刺，以保证连续排液。胸腔穿刺术进行后，可用胸部X线检查肺实质的损伤状况、纵隔的结构状况以及是否出现气胸及气胸的严重情况。

胸水的一般检查包括其颜色、气味、体积及浑浊度。胸水恶臭表明组织坏死及厌氧菌感染，预后需谨慎。对腐败性胸水进行细胞学检查，显示其为脓性渗出液（中性粒细胞在90%以上），其中白细胞数明显增多 [(25～200)×10⁹个/ L] 和总蛋白升高（超过3.0 g/dL）。在渗出液中能同时观察到细胞内和细胞外的细菌，革兰氏染色可用于指导最初进行的抗生素治疗。还应对气管吸入物进行细菌培养及相应的药敏试验，往往气管吸入物培养获得的阳性菌要比胸水的多。

【治疗】对胸膜肺炎病马的管理包括：每日进行超声波检查，以监测渗出物的产生情况，评价引流的效果，鉴定所分离的液体容器和评估外周肺病状况。应通过胸水量及性质，来确定是单次引流，还是间隔或连续引流。连续性引流适用于纤维蛋白性渗出液、细胞性渗出液、恶臭性渗出液和/或大量渗出液。一种单向膜（海姆立克氏操作法）可使胸水持续的引流，并能使发生气胸的危险性降到最低点。一种能留置胸腔内的导管，可进行长时间的持续引流。药物治疗包括广谱抗生素、NSAID、镇痛药以及辅助疗法。广谱抗生素治疗一般是针对厌氧及需氧菌（如青霉素、庆大霉素、灭滴灵），应根据药敏试验来选用。在一些病例中，有些病马尽管经过了数周到数月的抗生素治疗和胸内导管引流，也不能得到治愈。通过胸部切开术，可人工排除胸腔中沉积的纤维蛋白和坏死的肺组织，但这项技术仅仅限于慢性的、单侧胸腔感染的病马。

胸膜肺炎的并发症包括血栓性静脉炎、蹄叶炎、支气管胸膜瘘、肺脓肿和胸部肿块。

对于胸膜肺炎病马的预后，在过去的20年间已得到很大改观，这得益于诊疗技术的不断进步与发展。据业内一些学者报道，病马的存活率已高达90%，其中有60%的马可以恢复其运动性能。住院治疗不一定能治愈病马，但如错过疾病治疗的最佳时机（48 h内），将会导致厌氧菌感染，最终疗效极差。放置胸内导管并不一定会影响病马痊愈后的运动功能。而对于患有出血坏死性肺炎的马，一般的治疗手段很难使其存活。

六、马红球菌性肺炎

马红球菌是1～5月龄马驹患肺炎的最严重的病原。虽然它并不是引起这一年龄段马患肺炎的最常见病因，然而马红球菌肺炎的暴发却能造成很大的经济损失。这是由于该病死亡率高，疗程长，疾病早期难诊断及预防措施昂贵。8月龄以上的马很少患此病。可靠的流行病学数据表明，马驹出生后1周内，其肺部感染就已发生。

【病原与发病机制】 马红球菌是一种革兰氏阳性菌，兼性寄生菌，在土壤中普遍存在，仅有几种（vapA、vapB、vapC）具有病原性。在特殊前提下，本病的发生与环境中的红球菌大量繁殖或母马排出细菌的量无关。而临床疾病的发生与马驹个体的免疫活性却密切相关；马驹体内缺少 γ-干扰素，很容易患红球菌性肺炎。马驹吸入载有红球菌的尘埃颗粒是肺感染的主要途径。病驹排出的粪便带有大量病菌，是引起周边环境污染的主要来源。病驹吞下带菌的痰液后，病菌能在其肠道中大量繁殖。红球菌的致病性与其在细胞内的生存能力相关，这取决于巨噬细胞中吞噬-溶酶体融合的能力及呼吸道防御系统对红球菌的吞噬作用。

【临床表现与病理变化】 红球菌感染的进程较缓慢，常表现急性、亚急性临床症状。当马驹肺部感染非常严重并导致呼吸困难时，才能观察到该病的一些临床症状。

该病的肺部病变较为一致，包括由亚急性到慢性的化脓性支气管肺炎、肺脓肿和化脓性淋巴结炎。大部分马驹的初始症状表现为嗜睡、发热和呼吸急促。咳嗽不一定发生，脓性鼻液则很少见。胸部听诊有捻发音，并有不对称性或区域性分布的喘鸣声。严重实变的肺区呼吸音消失，胸部叩诊发出沉闷的共鸣音。许多病驹由于结肠微脓肿而发生腹泻。

肠道与肠系膜是红球菌除肺外最常感染的部位，常引起肠和肠系膜脓肿。发生腹腔器官感染的马驹常出现发热、精神沉郁、厌食、消瘦、疝痛和腹泻等症状。肠道的病理变化以多病灶溃疡性小肠结肠炎和盲肠炎为特征，并伴发派伊尔淋巴集结肉芽肿，或肠系膜化脓性炎症，或结肠淋巴结化脓性炎症。腹部感染红球菌的马驹，其预后比仅肺部感染的马驹严重。腐败性骨骺炎及骨髓炎是红球菌骨部感染引起的疾病，但除肺外，这种感染一般很少发生。脊椎骨髓炎能引起脊椎病理性骨折和脊髓萎缩，是红球菌性骨髓炎的一种很严重的症状。据报道，马红球菌感染后能引发全眼球炎、喉囊积脓、鼻囊炎、心包炎、肾炎、非腐败性眼色素层炎和滑膜炎，以及肝、肾脓肿。

【诊断】 全血细胞计数和血清化学的常规检验表明，该病的非特异性异常与感染及炎症的一致性。常出现中性粒细胞增多及高纤维蛋白原血症，这些结果的严重性牵涉到预后。对胸部进行X线检查，可见肺门的凹陷，肺实变和肺脓肿。1～5月龄马驹患红球菌病时，出现肺部结节状损伤和纵隔淋巴结肿大。确诊本病需进行气管冲洗物的细菌培养。对气管冲洗物进行细胞学检查，可发现细胞内有球杆菌，这提示，在细菌培养结果未出来之前，就应对该病及时进行抗生素治疗。

【治疗与预后】 历年来常联合使用红霉素（25 mg/kg，口服，每日4次；酯或盐）和利福平（5～10 mg/kg，口服，每日2次）治疗马驹红球菌病。这两种抗生素均有抑菌作用，但当联合使用时，他们的协同作用凸显，能使患红球菌肺炎的马驹存活率明显提高。利福平是脂溶性药物（能渗入化脓灶），能聚集于吞噬细胞中。红霉素则能聚集于粒细胞及肺泡巨噬细胞中，但它的抗菌作用会轻微受到细胞内pH影响。利福平与红霉素联合治疗会产生一些副作用。腹泻、特应性发热、呼吸急促、厌食、磨牙和流涎等症状在使用红霉素后时有发生，近年已有马红球菌对红霉素-利福平产生耐药性的报道。

阿奇霉素是新一代的大环内酯类药物，有着优于红霉素的生物利用度，能在吞噬细胞及组织中达到较高的浓度。已证实，阿奇霉素用于病人时，产生的胃肠不良反应较少。该药用法为：口服（10 mg/kg），每日1次，临床症状稳定后，再每隔1 d服用，直至病马康复。阿奇霉素与利福平联用，优于红霉素-利福平的最大优点在于每日只需1次用药。

克拉霉素是治疗马驹患严重疾病时选用的大环内酯类精选药，与其他药物相比，克拉霉素对从肺炎马驹中分离到的马红球菌的最小抑菌浓度（克拉霉素、红霉素和阿奇霉素的最小抑菌浓度分别为0.12 μg/mL、0.25 μg/mL和1.0 μg/mL）的效果最好。对于治疗马驹红球菌肺炎，联合使用克拉霉素和利福平（7.5 mg/kg，口服，每日2次）要优于红霉素-利福平和阿奇霉素-

利福平的联合药。用克拉霉素–利福平治疗马驹能提高其存活率，并能比上述两种联药降低发热天数。据报道，克拉霉素–利福平的副作用主要为引起治疗马驹的腹泻。抗菌药的疗程一般为3～8周。

辅助疗法包括提供干净、舒适的饲养环境和可口、无尘的饲料。Judicial 静脉输液治疗和生理盐水喷雾，有助于肺内渗出物的咳出。NSAID能使直肠温度维持在39.7℃以下。当病驹呼吸道受到严重感染时，需使用鼻部供氧装置来维持病驹呼吸。支气管扩张剂能否改善动脉氧合作用还尚未确定。对因呼吸困难、疼痛、频繁捕捉、住院治疗和运输等造成应激的马驹，应对其使用预防性抗溃疡药物。

通过适当的治疗，马红球菌肺炎的存活率能达到70%～90%，而那些未经治疗（或不合适的抗菌药治疗）的病例，其死亡率高达80%。药物治疗的停止，取决于以下一些参数，他们包括临床症状、血清纤维蛋白原含量、X线照相对肺实变和肺脓肿的分辨结果。已在使用上述3种大环内酯类药治疗的哺乳马驹的母马中，观察到由艰难梭菌（*Clostridium difficile*）及抗生素副作用引起的小肠结肠炎。

【**预防**】以下是降低地方性农场马红球菌肺炎发病率的几种措施：尽早发现临床病例，对新生马驹增强被动免疫力和提高初生马驹的非特异性免疫力。马驹应在通风良好、无尘环境下喂养，并避免厩舍过度拥挤。肺炎马驹应被隔离，其粪便要及时清理，并作堆肥处理。对马群中患肺炎马驹的免疫监视计划包括：每周两次的体格检查和听诊，每月一次的全血细胞计数和血纤维蛋白原含量测定。马驹的白细胞数大于$14×10^9$个/L时，应通过超声检查作进一步评价。超免血浆的应用可减少马红球菌肺炎在马群中的发生及严重性，但也并不能完全有效的防治该病。可对刚出生1周的马驹静脉注射超免血浆（1L），随后在其25日龄时再注射1 L。1月龄的马驹体内产生的γ–干扰素浓度较低，更容易感染一些临床疾病。给予一种非特异性免疫刺激剂，可促进γ–干扰素的产生，使易感群体得到保护。还有一种少见的治疗方法，是用麦芽酚镓作为铁模仿剂来干扰铁依赖性马红球菌的繁殖。通过鼻饲管将镓（20 mg/kg）投服于新生马驹，可以抑制或杀灭细胞内的马红球菌。

七、马驹急性支气管间质性肺炎

马驹急性支气管间质性肺炎呈散发性，病程急，以急性呼吸窘迫，高致死率为特征。

【**病原、流行病学与发病机制**】该病新近报道于北美、澳大利亚及欧洲部分地区。其病原尚不清楚。该病可能有多种因素引起，这些因素在动物体内引发一系列连锁反应，最终导致动物肺部严重受损，引发急性呼吸窘迫。温暖的气候（30℃左右）是该病流行的常见因素。许多马驹在出现临床症状时有过抗生素（特别是红霉素）治疗史。迄今尚未分离出病毒，也未鉴定出细菌病原体。但已从病驹肺脏中培养出肠道革兰氏阴性菌、马红球菌、绿脓杆菌和卡氏肺囊虫。

【**临床表现与病理变化**】本病主要发生于1周龄到8月龄的马驹。急性支气管间质性肺炎常呈急性或最急性发作，并伴有高热。该病发展迅速，能导致患马因呼吸衰竭而突然死亡。病驹皮肤黏膜常发绀，不能或不愿运动。严重的呼吸窘迫是该病最明显的临床症状。急性呼吸窘迫病驹的临床病理学检查包括动脉血气分析、全血细胞计数、血清化学分析及胸透。低血氧症、高碳酸血症及呼吸性酸中毒是该病的常见症状。动脉血气分析结果，能确定呼吸系统损伤程度及监测治疗效果。补氧疗法对支气管间质性肺炎引起的低血氧症效果并不理想。支气管间质性肺炎与细菌性肺炎一样，在许多病驹中均出现高纤维蛋白原血症及中性粒细胞增多症。

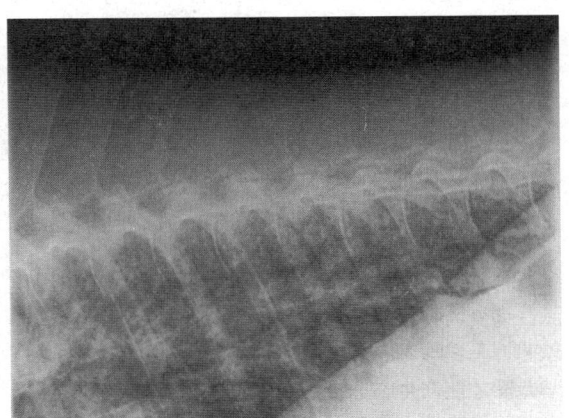

图12-3　患急性支气管间质性肺炎的5月龄纯种马驹的胸透图

在肺后背侧有一弥漫性间质性纹理并伴有明显的支气管周性浸润。（由Bonnie R. Rush博士提供）

【**诊断**】患病马驹的体格检查和临床病理表现与患严重的马红球菌肺炎的马驹很相似（见上文），胸透检查是最有效的诊断方法，能将红球菌性肺炎与支气管间质性肺炎很好地进行鉴别。支气管间质性肺炎表现为肺后背侧间质有弥散阴影，支气管间质不透明。随着病情的发展，肺部X线检查的图像也在变化，在支气管造影照片中可见融合的肺泡结节状斑块。呼吸困难的马驹不能对其进行气管吸入法，但在其病情稳定后，可采用气管吸入法以获取样本，进行细菌培养及相应的药敏试验，细胞学检查及病毒分离。对气管的吸出物进行细胞学检查，可发现伴有或没有脓毒症的中性粒细胞炎性浸润。一些病原菌常从病马驹气管吸出物中或患支气管间质性肺炎病马驹尸体中分离到，但没有分离到单一的病原菌。

剖检可见死马肺部弥漫性肿大，胸膜脏层表面有肋骨压迹。切开肺表面可见正常肺组织夹杂一些暗红斑驳的坏死灶，及小叶间隔水肿。最明显的组织病理学变化是严重的弥漫性、坏死性细支气管炎，肺泡间隔坏死及中性粒细胞性肺泡炎。存活的马驹表现增生性上皮和间质反应，包括细支气管和肺泡上皮增生，Ⅱ型细胞增生及透明膜形成。

【治疗】因为支气管间质性肺炎的病原还不清楚，主要采用对症治疗。包括消炎治疗、广谱抗生素治疗、体温调控、支气管扩张、补充氧气和辅助疗法。静脉注射皮质类固醇药（即地塞米松0.1 mg/kg，每日1次）进行消炎治疗，能提高存活率。用酒精浴、空调或风扇，连同NSAID调节体温（＜39.7℃）。抗生素治疗支气管间质性肺炎几乎无多大效果。尽管如此，还应使用广谱抗生素防治细菌继发感染。辅助疗法包括提供干净舒适的环境、适口无尘的饲料及溃疡的预防。

【预后】虽然该病死亡率高，但病驹在经过精心治疗后预后良好，存活率可达70%。支气管间质性肺炎治愈后，由于肺功能的下降，还会出现一些后遗症，有的不能察觉，有的表现出运动耐受性差。

八、马腺疫

马腺疫（马瘟热）是一种以上呼吸道淋巴组织化脓性病变为特征的马接触性传染病。其病原菌为马链球菌，马链球菌有较高的宿主特异性，只有感染马、驴、骡才能产生临床疾病。马链球菌为革兰氏阳性，有荚膜，β溶血，属兰氏C群链球菌，并且其为胞内寄生菌，是马腺疫的主要病原。

【病原与发病机制】马腺疫是一种高传染性、高致病性和低致死率的疾病。该病通过病原污染物或直接与病畜分泌物接触而传播。病原携带者体内长期有病原菌存在，在疾病流行及无病原区暴发疾病中起重要作用。马链球菌在环境中的存在取决于环境温度及湿度，它对干燥、高温及阳光很敏感，并且需在黏液分泌物中才能存活。在理想的环境状况下，该细菌可在宿主外存活4周左右。病马使用过的马圈及马棚用具，应被视为污染物，必须在疾病暴发被扑灭后1个月，经全场消毒后才可重新使用。

【临床表现】马腺疫的潜伏期为3～14 d，该病最早出现的症状为高热（39.4～41.1℃）。发热的最初24～48 h内，病马表现出马腺疫的典型症状，包括流黏液性到黏脓性鼻液、精神沉郁和下颌淋巴结肿大。发生咽后淋巴结转移的病马出现吞咽困难，吸气性呼吸杂音（咽的背部受压迫），淋巴结的肿大扩散到头、颈部。对马腺疫具有一定免疫力的老龄马出现非典型的症状或卡他性鼻炎，流黏液性鼻液，咳嗽，轻微发热。转移性马腺疫（假腺疫）以机体其他部位淋巴结发生肿脓为特征，尤其是腹部淋巴结，胸部淋巴结很少出现脓肿。

【诊断】对脓液或鼻拭子样品进行细菌培养，可确诊本病。全血细胞计数显示中性粒细胞增多和高纤维蛋白原血症。血清生化分析各项数据不显著。一些复杂的病例需通过内镜检查上呼吸道（包括喉囊），超声波检查咽后区域或X线检查头颅，来确定咽后化脓灶的位置及其延伸状况。

【治疗】护理病马的环境应为温暖、干燥和无尘。对淋巴肿胀部位进行热敷有利于化脓灶的成熟。对成熟的脓肿灶进行排脓，可加速病马康复。破裂的脓肿灶需用聚乙烯吡咯酮碘溶液（3%～5%）冲洗数天，直至排脓停止。对急性发作的病马，可使用NSAID，能减轻病马的疼痛并起到退热及增强食欲的作用。

关于抗生素疗法还存在争议。一些学者认为，在化脓灶形成后进行抗生素治疗，能使发热及精神沉郁等临床症状暂时得到缓解，但这样会推迟化脓灶的成熟，最终延长病程。抗生素疗法常用于缓解呼吸困难、吞咽困难、持续高热及严重嗜睡或厌食等症状。感染早期（发热24 h以内）使用青霉素，有利于抑制化脓灶的形成。过早使用抗生素治疗的缺点是：动物不能产生保护性免疫反应，这将导致病马在停止抗生素治疗后，对感染高度敏感。如果必须用抗生素，建议肌内注射普鲁卡因青霉素（22 000 IU/kg，每日2次）。

【预防】大多数马在自然感染本病后，能延长其免疫力，主要与局部（鼻黏膜）产生的抗吞噬M蛋白的抗体有关。通过肌内免疫接种，可降低50%的马群发病率，但肌内注射不能诱导黏膜免疫。局部（黏膜）抗体的产生需要黏膜抗原刺激。现有一种马链球菌弱毒株鼻腔内注射疫苗，能引起黏膜免疫应答。这种弱毒株对温度不敏感（机体内部温度能使其灭活），与鼻内接种的流感病毒疫苗很相似。已报道的一些并发症，包括肌内注射部位（注射者手中的活菌）发生马链球菌性脓肿、下颌淋巴结肿大、流浆液性鼻液和出血性紫癜。

【控制】感染马应隔离并由饲养员精心护理。所有接触过马腺疫的马匹应每日测两次体温，发热的马应被隔离（用青霉素进行治疗）。被病原污染的用具应用洗必泰或戊二醛等消毒液清洗。苍蝇能机械性传播病原，所以应采取措施控制疫病暴发时的苍蝇数量。修蹄匠、训练员和兽医应穿着防护性衣服进入马圈，或到另一个马圈前必须更换衣服。此外，应仔细检查隔离区马群有无再发病症状，并对其鼻液等分泌物进行细菌培养，应隔离观察14～21 d。在隔离期间应进行两次鼻咽拭子细菌培养。

大多数马在治愈后1个月内还可持续排出病原。需对隔离马每4～7 d进行1次鼻咽拭子细菌培养，只有出现3次阴性结果后才能解除隔离，最短的隔离期应为1个月。已发现少数马排菌的持续时间很长（可达18个月）。喉囊积脓是造成排菌时间延长的主要原因。常用鼻咽拭子细菌培养，或喉囊冲洗来鉴定持续排菌的携带者。

九、复发性呼吸道阻塞

复发性呼吸道阻塞（Recurrent Airway Obstruction，RAO）（气喘病、慢性阻塞性肺病）是一种常见的马生产性能限制性、过敏性呼吸道疾病，以慢性咳嗽、流鼻和呼吸困难为特征。当易感马圈养、稻草卧床和采食干草时易发生呼吸道阻塞，反之，排除这些刺激因素后症状能得到缓解。接触过敏原后出现的病理生理变化，包括小呼吸道中性粒细胞性炎症、黏液分泌物增多及支气管狭窄。

【病因】该病平均发病年龄为9岁。将近12%的成年马有不同程度的因过敏原引起的下呼吸道炎症。该病无品种及性别的差异，但确实存在对该病敏感的遗传因子。

【临床表现】病马表现出鼻翼扩张、呼吸急促、咳嗽及喘线。典型的呼吸形式为呼吸过程延长，用力呼吸。在采食或运动时频繁咳嗽。因呼气困难代偿性地造成腹肌肥大，出现典型的喘线。特殊的听诊音，包括呼气声延长、喘鸣声、气管啰音和肺听诊区扩大。喘鸣声是气流通过狭窄呼吸道时产生的，在呼气时最明显。捻发音可能提示呼吸道中黏性分泌物过多。轻度至中度感染的马在静息状态下几乎不表现临床症状，但在表演或竞赛时会出现咳嗽和运动耐受性差。患反复性呼吸道阻塞的马一般不出现典型的发热症状，除非继发细菌感染产生肺炎。

美国东南部的马在盛夏放牧时，由于对霉菌及青草花粉过敏，会出现一些临床症状。这被称为夏季牧草阻塞性肺病。对该病的管理与马气喘病管理相同，此外需尽量避开牧草。

【诊断】对复发性呼吸道阻塞的诊断多根据其病史及特征性症状，血液学和血清化学检测结果对该病的诊断意义不大。RAO马作X线检查，可发现支气管周浸润及肺脏过度扩张（膈膜扁平）。由于RAO马具有特异性临床症状，所以胸部X线检查对诊断RAO意义不大，除非病马在经过14 d的规范化治疗后仍无起色。然而，胸部X线检查仍有助于与其他一些疾病（如间质性肺炎、肺纤维素化或细菌性肺炎）作重要的鉴别诊断。

支气管肺泡灌洗很少用于诊断突发性的RAO，并且该方法对静息状态下呼吸困难的马有伤害。一般仅对生产性能低下，运动时咳嗽轻微的马进行支气管肺泡灌洗。RAO马表现出中性粒细胞性炎症（中性粒细胞占总细胞数20%～90%）提示下呼吸道炎症，马RAO应与同样伴有气喘病的马嗜酸性肺炎、马真菌性肺炎或马肺线虫感染等病进行鉴别。细胞学检查能发现库施曼螺旋物，这表明阻塞的小呼吸道中已存在浓缩黏液/细胞管型。

【治疗】本病最重要的治疗方法是环境管理，减少对过敏原的接触。药物治疗能缓解临床症状，但停药后如果病马仍处于接触过敏原的环境中，该病还会复发。干草中的有机尘是最常见的过敏原，引发易感马突然发作并不需要明显霉变的干草。易感马应以新鲜牧草为粗料，并补给一定的颗粒饲料。牧场中的卷捆干草特别容易引起过敏，这是牧场中病马治疗失败的普遍原因。厩养马应保持干净、可控的饲养环境。全价商品饲料可弥补单一的粗饲料。干草块和青贮的过敏原含量较少，可作为粗饲料供易感马食用。给马饲喂前先用水浸泡干草，可控制病情较轻患马的临床症状，但对高度敏感的马无效。在马舍饲养的马匹不应随意转到室内含沙子的相似的马舍，干草不能悬挂储存，不能让易感马躺卧稻草垫。患有夏季牧草阻塞性肺病的马应将其饲养于无尘的马舍。

药物治疗包括联合使用支气管扩张药（缓解呼吸道阻塞）和皮质类固醇药（减轻肺炎）。在使用皮质类固醇药并控制临床症状后，支气管扩张药才能迅速缓解呼吸道阻塞。严重感染的病马，通过雾化性支气管扩张药及全身性皮质类固醇药治疗，能有效控制病情。患有轻度至中度呼吸道炎症的马，可通过雾化性皮质类固醇药及支气管扩张药来进行治疗。单独使用支气管扩张药治疗RAO效果不好。NSAID、抗组胺药和白三烯受体颉颃剂对本病无疗效。

十、多结节性肺纤维化

间质性肺炎（多结节性肺纤维化、肺纤维化）是一组因肺结构紊乱造成肺纤维化的疾病，该病一般发生于中年到老年阶段的马（平均年龄13岁）。现已提出假设，该病由多种致病因素引起，其中包括一些毒素和对常见病原的特应性反应。感染马表现为心动过速、呼吸急促、静息下呼吸困难、嗜睡、发热和体重下降。胸透可见弥散的、严重的结节状肺间质出现阴影。尸体剖检可见肺部膨胀，胸膜上可见肋骨压迹。活组织切片检查或死后尸检可见肺组织纤维化，其特征为肺泡实质扩张伴有胶原，管腔内聚集许多中性粒细胞及巨噬细胞。近年来有研究者发现，患间质性肺炎马的肺泡巨噬细胞中有核内包含体存在，并从这些病马中分离到马疱疹病毒5型。这种类型的间质性肺炎被称为多结节性肺纤维化。已确认，消炎药、抗生素及皮质类固醇药对伴有肺纤维变性的间质性肺炎疗效甚微。虽然对这些病例的预后需谨慎，但通过阿昔洛韦（20 mg/kg，每日3次，用6周）治疗，仍能提高马疱疹病毒5型病马的存活率。

十一、炎性呼吸道疾病

炎性呼吸道疾病（IAD）（下呼吸道炎症、细小呼吸道炎性疾病）是一类无传染性的下呼吸道异质性炎性疾病。有22%～50%的赛马会发生本病，这通常是赛马竞技能力下降和训练中断的主要原因。

【病因与病理生理学】已确认，IAD的一些病因包括：过敏性呼吸道疾病，复发性肺应激，灰尘吸入肺内，空气污染物和/或持续的呼吸系统病毒感染。IAD常发生于明显的病毒性呼吸道感染后，可能是因为机体免疫力低下，不能完全清除小呼吸道中的病毒或细菌所致。已从IAD病马中分离到肺炎链球菌，但其在病理生理学中的作用还不清楚，因为抗生素治疗对大多数病马几乎无效（或短暂效应）。

【临床表现】该病最常见的症状为慢性咳嗽及流黏液至黏液脓性鼻液。该病很少出现发热及听诊的异常。患IAD的马在快速奔跑时极易疲劳。内镜检查可发现咽部、气管和细支气管有黏液脓性分泌物。

【诊断】根据马运动能力差及出现的一些临床症状，可对本病作出诊断。支气管肺泡灌洗常用于鉴定肺炎的类型。支气管肺泡液的细胞学检查可呈现出以下任何一种炎性特征：①伴有大量有核细胞、轻度中性粒细胞增多（占总细胞的15%）、淋巴细胞增多及单核细胞增多的混合性炎症；②异染性细胞增多（肥大细胞超过总细胞数的2%）；③嗜酸性炎症（占总细胞数的5%～40%）。这些混合性炎症的出现，可能是由于环境刺激或先前感染疾病的结果。

【治疗】治疗计划的确定，取决于支气管肺泡液检查所提示的炎症类型。不管细胞学特性如何，患IAD的马在采取措施避免运动或刺激引起的支气管狭窄之前，都需接受雾化支气管扩张剂的治疗。对于混合型炎症的马，建议用低剂量的干扰素-α来调节免疫能力及抗病毒。干扰素-α能减少气管渗出，并能改善混合炎症IAD马的细胞学特性。嗜酸性支气管肺泡液，可代表Ⅰ型超敏反应。除气管渗出外，在病马中还可见外周嗜酸性粒细胞增多、粒状肺浊斑和嗜酸性肺肉芽肿。倘若鉴定这种肺泡液，应考虑除超敏性肺炎外，很可能是寄生虫性肺病。推荐使用全身性皮质类固醇药治疗，以减轻马嗜酸性IAD引起的肺部炎症。肥大细胞炎症可提示是肺局部超敏反应，也可提示可能是呼吸道阻塞复发的早期形式。在感染IAD马中常伴随支气管肺泡液中的肥大细胞，采用奈多罗米钠雾剂（肥大细胞稳定药）或吸入性皮质类固醇药（氯地米松或氟替卡松），能改善炎性呼吸道疾病的临床症状。

十二、运动性肺出血

大多数赛马均发生过运动性肺出血（EIPH）（鼻出血、"出血病"），该病同样发生于一些运动项目中的马（如马球，绕桶赛等），这些马需要在短时间内做大量剧烈运动。仅有少量（约5%）的EIPH马出现鼻出血症状。45%～75%的赛马通过内镜检查，能观察到气管支气管出血，超过90%的赛马，经支气管肺泡灌洗液的细胞学检查，能检测到出血。

【病因】一般认为肺出血的病理生理学机制包括，极限运动时肺血管压明显升高，新血管形成继发肺部炎症，运动时产生胸内剪切力造成出血。一些研究还表明，EIPH由肺静脉管壁增厚引起，肺静脉管壁的增厚导致脉管直径减小，使肺毛细血管的血管内压力升高。

【诊断】在运动后30～90 min，通过内镜能检查到马的呼吸道出血，即可确诊为EIPH。其他能引起上呼吸道出血的，还包括喉囊霉菌病和筛骨血肿，在内镜检查时必须排除这两种病。对疑患EIPH的马，在运动后不能及时检查，可对其进行支气管肺泡灌洗液细胞学检查，半定量检测含铁血黄素吞噬细胞即可诊断。对细胞进行含铁血黄素染色（普鲁士蓝），易于对细胞进行鉴别。通过胸透可在肺背侧区，观察到肺泡或混合性肺泡间质性阴影，但胸部X线检查对EIPH的诊断或管理都没多大效果。

【治疗与控制】速尿灵（呋塞米）可降低纯种赛马EIPH的发生及减轻病情。患EIPH马和健康马，在使用速尿灵后，均能提高赛跑能力，这说明速尿灵能通过与EIPH不相关的机制来提升马奔跑能力。使用鼻翼扩张器能使支气管肺泡液中的红细胞数减少33%。一些可选择的治疗方法包括：促凝血剂（如维生素K、结合雌激素、氨基己酸），抗高血压药，流变剂（pentoxyphylline），支气管扩张药，延长休息时间，饲料添加剂（hepseridincitrus bioflavinoids）和消炎药，但上述这些治疗方法还均未证明其有效性。

十三、喉偏瘫

本病以左侧杓状软骨和声带不全麻痹或麻痹为特征，临床上表现为运动时乏力和异常呼吸音（"喘鸣症"）。右侧或两侧性喉麻痹较少见。

【病因与发病机制】喉神经末梢部分有髓鞘的粗纤维退行性变化，引起喉头自身的肌肉神经性萎缩，其中最主要的是环杓肌萎缩。左喉返神经相比于右神经往往更易发生轴突营养障碍，这可能是由于左喉返神经较长。左喉麻痹是可遗传的。引起本病的原因还包括迷走神经或喉返神经的直接损伤，血管周围意外注入某些刺激性药物，植物（鹰嘴豆与山黧豆）和化学物质中毒，但上述原因并不多见。双侧喉麻痹应怀疑是铅中毒。腓骨神经（长度同左返回喉神经相似）在中毒时也可能受到影响，腓骨神经营养不良会出现跛行症。虽然所有品种的马都可患此病，但雄性马和长颈/大体型马的发病率更高。该病在即将出售的年轻纯种马中的发病率为3%～5%。

由于外展肌失去神经控制而引起相关杓状软骨和声带塌陷，这将造成声门横断面积减小，气流阻抗增加，维持气体交换时呼吸辅助肌所做的功增加。另外，由于声门柔软、压力增加，促使杓状软骨进一步塌陷，导致气流阻力进一步增加。剧烈运动时，受侵害的一侧完全塌陷，左侧杓状软骨横至中线（受呼吸道负压的影响）靠近外展的正常软骨而阻塞了呼吸道（动态性塌陷）。在受侵害一侧开放室中因共振产生特征性的吸气哨音，环状软骨和声带边缘振动则产生严重的喘鸣。刺耳的喘鸣声来源于杓状软骨和声襞中的气体涡流运动。

【临床表现与诊断】在运动和运动乏力时的主要临床症状表现为吸气性杂音。患马在静时一般不表现出临床症状，但会发出一些反常的嘶声。内镜检查发现杓状软骨和声带活动异常即可确诊。喉麻痹时，杓状软骨和声带位于喉腔中间且静止不动。常出现两边喉软骨运动不同步，表现出多变的临床症状。在踏车练习期间出现喉头协调障碍、运动乏力及呼吸杂音的马，应对其进行喉头内镜检查，以确诊喉头机能紊乱。

鉴别诊断包括区分其他能引起上呼吸道阻塞和运动乏力的喉部疾病。多数这类疾病都可通过内镜检查，很容易与喉偏瘫进行鉴别。唯一可能与喉偏瘫混淆的是杓状软骨炎，但可通过杓状软骨形状及大小的观察来避免误诊。发生杓状软骨炎时，软骨横向增厚，失去原来特征性的"黄豆"状，外展和内收均受限制。随着病情的发展，杓状软骨的中轴表面变形，肉芽组织从黏膜中突起，对侧杓状软骨可能出现接触性损伤。如果右侧软骨运动性降低，应考虑是杓状软骨炎。对咽部作X线检查时，一般可在软骨炎病例的杓状软骨内呈现矿物化。

【治疗】喉修复成形术能使病马在吸气时使喉的感染部位保持稳定，并防止马在运动时呼吸道的动态性塌陷。通过喉切开术进行喉室切除或通过内镜激光对喉室声带进行切除，可以改善马在运动时的通气，减少喘鸣声。赛马一般都要进行喉修复成形术，这是有效地减轻呼吸气流阻力的唯一技术。该手术的并发症包括慢性咳嗽、慢性食物返流、植入衰竭和植入感染。赛马在手术后运动性能将得到一定改善，但不太可能完全恢复其运动性能。

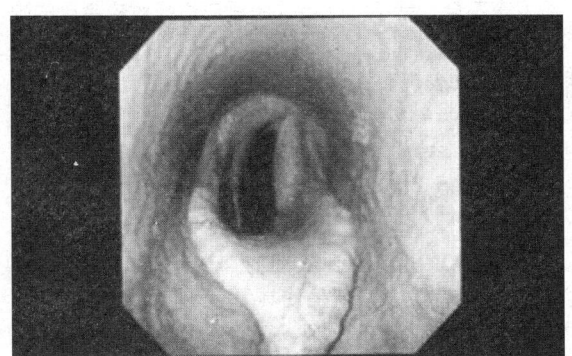

图12-4　马患左侧喉麻痹，在安静状态下，内镜下观察到四级麻痹的左侧杓状软骨
（由Bonnie R. Rush博士提供）

十四、咽淋巴样组织增生

咽淋巴样组织增生（PLH）（咽炎）是发生于青年（1～3岁）马咽背侧壁的常见疾病。病马没有散在的淋巴样扁桃体组织团块，而是在咽的背壁及侧壁有散在的点状或滤泡状的淋巴样组织。在成年马，这些滤泡同黏膜组织融合，不易被发现。这些淋巴样滤泡以结节的形式出现在咽背壁，并向下延伸到咽侧壁和侧鼻咽部。曾经认为，PLH是导致赛马比赛性能下降的重要原因，但其临床重要性还存在疑问。实际上几乎所有年轻马都有咽淋巴滤泡增生，对大多数马来说，这仅是正常的免疫学反应。

有时咽部的淋巴样滤泡会增大，并和周围组织滤泡融合，这时滤泡可能会充血或发炎，能分泌黏液性或黏液脓性分泌物。这种情形说明有轻微的或亚临床性病毒感染，可能伴随机能障碍。咽部疼痛的表现包括：食欲下降，频繁吞咽。一般情况下，该病没有治疗的必要，马出现咽部疼痛时，保证充足的休息和投喂NSAID即可。

十五、软腭背侧移位

软腭背侧移位（DDSP）是马机能受限的一种上

呼吸道疾病，是引起马运动时出现上呼吸道杂音的常见原因。发生DDSP时，软腭尾部游离边缘移向会厌软骨，使气道功能性阻塞。咽部的横断面积减少，气道阻力及气体湍流增加。

【病因与发病机制】DDSP有几种病理生理机制。由于感染引起的上呼吸道炎症，可导致迷走神经咽部支发生病变，该神经穿过喉囊间室壁，使控制软腭的咽部肌肉发生神经肌肉性机能障碍。咽后淋巴结同迷走神经咽部分支有直接接触，咽后淋巴结病变会压迫和刺激迷走神经。局部麻醉迷走神经能诱导出临床症状。先天性的会厌发育不全会造成DDSP，因会厌组织发育不全，就不能保持软腭后部边缘对应会厌的腹侧位置。

【临床表现】在呼气时因软腭的振动，DDSP会发出独特的气过水声。马在刚开始奔跑时无噪音，但在高速奔跑时，软腭就会移位，出现强咽（choke down）现象。头的姿势（屈曲）与软腭位移有密切的关系。

【治疗】出现上呼吸道感染的马（2岁），治疗DDSP的最有效方法就是使其休息和用抗生素治疗。舌向尾侧退缩抬高了软腭，而且将喉头推向尾侧，这两种现象都会造成DDSP。当马运动时，给它系上舌带，能减少舌向尾侧退缩。对易患DDSP的马进行胸骨甲状舌骨肌切除术，改变上呼吸道的解剖学结构，约50%的马取得了成功。软腭切除术（悬雍垂切除术）也经常运用于DDSP患马，成功率约50%，但外科手术后得到改善的机制不甚明了，可能归因于减少了堵塞气道的软腭，使短软腭更容易回到会厌下的位置，并稳固软腭后部边缘，使其保持在会厌腹侧。通过内镜引导，注射十四烷基磺酸钠，进行硬化疗法，已在少数病马中获得成功，8匹患马治疗后，有7匹呼吸杂音消失，6匹比赛能力得到改善。

十六、会厌软骨内陷

会厌软骨内陷不常见，能引起呼吸杂音及运动乏力。发病时杓状会厌襞可完全包住会厌的尖部及侧边缘。能见到会厌全部，而且会厌所处的位置（背侧到软腭）也正常。但是，会厌边缘呈明显的锯齿状，背侧会厌被杓状会厌襞黏膜所遮盖。会厌软骨内陷的临床症状包括：运动时吸气和呼气均有杂音，运动能力欠佳。咳嗽、流鼻涕和摇头等症状时有发生。确诊需借助内镜检查。会厌内陷的外科矫正部位是杓状会厌襞的中轴周围，矫正后会厌活动自如。借助于Nd:YAG激光内镜，并借助于弯形长刀，经鼻腔或口腔，或直接用咽喉切开术，进行杓状会厌襞中轴横切术。通常而言，仅外科横切术就能治愈该病，复发率

仅有5%。术后，患马仍能正常参赛。

十七、会厌下囊肿

会厌下囊肿较少见，能引起青年马呼吸杂音。该病可能出生就有，待到开始训练时才出现症状。怀疑囊肿与甲状舌管内残留物有关。临床症状包括呼吸杂音和运动乏力。囊肿体积大可能会引起马驹咳嗽、吞咽困难和误吸。诊断需借助上呼吸道内镜检查。囊肿的囊壁光滑、有波动感，里面包含黄色浓稠黏液。鼻咽部检查有时看不到囊肿块，为此，需在全身麻醉下经口腔检查确诊。组织学特点是，会厌下囊肿上面排列着复层鳞状和假复层柱状上皮细胞。治疗该病需全部清除囊肿内壁内的分泌腺。囊肿破裂后使病情缓解，但通常还会复发。尽管内镜下Nd:YAG激光手术能完全切除分泌腺，最常用的方法还是用喉腹侧切开术。

十八、第四鳃弓缺陷

喉头的一些外表组织，譬如甲状软骨翼、环甲软骨肌和食道上括约肌，皆由第四腮弧分化而来。若这些组织中的一个或多个组织发育不全或发育不良，将会导致单侧或双侧鳃弓缺陷。右侧鳃弓缺陷往往比双侧缺陷或左侧缺陷更普遍。该病的严重程度取决于缺陷发生的程度。该病最常见的临床症状为呼吸杂音，但也可见轻度吞咽困难、打嗝和咳嗽的病例。喉头触诊能检查出一侧或两侧甲状软骨翼缺失，由此产生的环甲关节的缺失，以及缺失环状软骨和甲状软骨间可触及的间隙。X线检查可见咽环状软骨扩张，可见从咽部到颈部食管连续的气柱。内镜有时可检出咽腭弓喙移位。在病马受训期间，进行内镜检查能看到动态性声带塌陷，患病马不可能成为优秀的赛马。

十九、鼻道疾病

（一）鼻中隔疾病

马鼻中隔疾病比较少见，多数是先天性的，只有当马运动之后才被发现。马驹鼻梁受到外伤能使鼻中隔偏斜和变厚。能引起鼻中隔罕见的疾病，包括淀粉样变性、真菌感染和鳞状细胞癌。

鼻中隔变厚或偏斜能使马在运动时出现低沉的鼾声，面部变形。用触诊、望诊和内镜检查鼻中隔时发现异常。很难用内镜检测鼻腔的大小，但容易鉴定鼻黏膜的异常。精确的头颅背腹侧X线照片可对鼻中隔畸形、偏斜、变厚进行确诊。组织学检查鼻中隔上的任何结节或散在的病损，可以鉴别肿瘤、淀粉样变性或真菌感染。

对于大多数病例，手术切除鼻中隔是唯一的治疗

手段。中隔的病变部分可以用产科钢线从中隔的背侧、腹侧和后侧横断。手术中会大量出血（4～8 L），用浸有生理盐水或1：100 000肾上腺素溶液的消毒纱布填塞鼻腔，以减少出血。气管切开术应在麻醉苏醒前实施。

术后护理包括非经肠途径投给抗生素和NSAID。鼻腔内的纱布和气管导管应于术后48～72 h移除。所有伤口的二期愈合需经3周时间。术后应使马休息2个月左右方可恢复正常活动。大多数马术后劳役时仍有呼吸杂音，但比术前轻，运动耐量也得到提高。如果未成年马接受手术，术后可能会出现上颌变短，切齿不齐或鼻孔坍塌，待马成年之后进行手术较为理想。

（二）鼻息肉

鼻息肉是鼻腔黏膜、鼻中隔或齿槽黏膜的蒂状增生物。鼻息肉多半为单侧、单处发生，但也有双侧、多处发生的。鼻息肉由慢性炎症导致的黏膜过度肥大或纤维结缔组织过度增生而形成。这种病的发生不分年龄、品种或性别。

临床症状为病侧鼻道通气不畅、吸气困难；单侧鼻孔流恶臭黏液脓性鼻液，并有少量鼻出血。息肉向下延伸，直到突出于鼻孔外。息肉可通过内镜和X线检查，病理组织活检样品可确诊。经伪鼻孔切口、用环钻钻孔或形成骨瓣后行外科切除术。

（三）鼻后孔闭锁

鼻后孔闭锁的原因在于胚胎发育期间形成的颊鼻膜，将早期的颊膜口腔与鼻窝永久分隔所致。单侧和双侧鼻孔闭锁均已在马中发现。双侧闭锁的马出生后，很快就会表现出明显的临床症状，因为后鼻孔闭锁使马呼吸严重困难，几乎看不到空气从鼻孔流

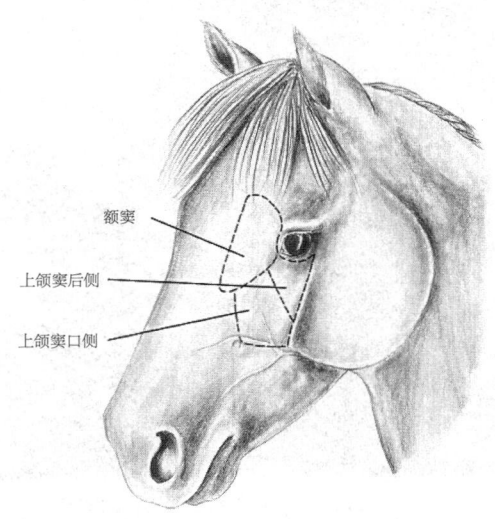

额窦

上颌窦后侧

上颌窦口侧

图12-5　马鼻旁窦
（由Georghe Constantinescu 博士绘制）

通。内镜或胃管插入腹侧鼻甲后在眼内眦水平的位置受阻。

双侧闭锁威胁马驹生命，应在出生后立即进行气管切开术。可用电凝法、激光或切除法（切除中心线双侧的皮瓣）将闭锁的薄膜打孔。应在两侧鼻后孔内置导气管支架，并保留6周。

二十、鼻旁窦疾病

上颌窦是最大的鼻旁窦，它被一个薄薄的中隔分成口侧和后侧两个部分。额窦在口侧端与背侧鼻甲窦相通，形成了额鼻甲窦。鼻甲是精巧卷曲骨骼，附于鼻道侧面，包含着鼻甲窦。上颌窦的后侧和口侧各有开口通入中鼻道，并且上颌窦后侧与额窦由较大的额上颌孔相通。因此，一个鼻窦腔患病时可累及其他鼻窦。

大多数鼻旁窦疾病引起黏液脓性或血性鼻液。与肺、咽部和喉囊疾病不同，流出的鼻液源于鼻中隔口侧到后侧边缘，因此鼻窦疾病流鼻液是单侧性的。常见症状为单侧面部肿大、溢泪，鼻窦叩诊呈浊音和吸气杂音。内镜检查可见由鼻颌窦开口流进鼻道的脓性、血性或块状分泌物。X线检查可见头颅旁侧或背腹侧的流体线、窦囊肿、固体肿块或与牙病、肿瘤病相关的溶解/增生性变化。头颅背侧至腹侧的侧位影像可观察牙根病变。CT特别适于腹侧鼻甲窦疾病的诊断。额窦或上颌窦穿刺液可进行细菌分离培养、药敏实验和细胞学检查。在用镇静剂及局部麻醉之后，可检查各鼻窦。马呈站立姿态，插入关节内镜（4 mm）接受检查。选择另一个插入口，以便插入器械到鼻窦取样、清创组织及冲洗窦腔。

（一）鼻窦炎

上呼吸道感染波及鼻旁窦，则引起原发性鼻窦炎。上呼吸道感染常累及所有鼻窦腔，但有时仅累及腹侧鼻甲窦，放射影像学难以诊断，外科手术也很难开展。继发性鼻窦炎源于牙根感染、牙根断裂或窦囊肿。第一臼齿、第四前臼齿和第三前臼齿是最可能发生牙根脓肿的部位（频率递减）。继发性鼻窦炎和原发性鼻窦炎的症状很相似，包括单侧黏脓性鼻液和单侧脸部变形。牙根脓肿典型症状是有恶臭的鼻腔分泌物。原发性鼻窦炎的治疗包括窦腔冲洗和基于药敏试验的抗生素治疗。继发性鼻窦炎的治疗，需拔掉受感染的牙齿或行鼻窦切开术排脓。

（二）筛骨血肿

进行性筛骨血肿病因不明，鼻道和鼻旁窦出现局部破坏性血肿块，貌似肿瘤，但它不是新生物肿块。大的血肿通常发生于筛骨迷路，小的血肿发生于筛窦底层。筛窦的血肿块可伸展到鼻道。血肿扩大产生压

力，致使周围骨组织坏死，但很少引起面部变形；该病主要发生在6岁以上的马。临床症状常见单侧鼻自发的、间歇性少量出血。血肿扩大和鼻道感染可导致气流减少和呼气恶臭。长年累月的病例，可见血肿块从鼻孔伸出。内镜检查多半可见病损延伸到鼻道，用X线检查测定血肿的大小。保守治疗包括肿块病灶内注射4%的甲醛。用内镜针注射福尔马林，很快使血肿块减退，但容易复发。据报道，病灶内注射福尔马林可引起神经症状，这与血肿进入颅腔的并发症有关。外科手术治疗也有效，在额鼻部造成骨瓣，可行手术切除血肿。

（三）窦囊肿

窦囊肿是单一囊腔或多个囊腔充盈液体，囊腔衬有上皮细胞。窦囊肿可从上颌窦和腹侧鼻甲向前额窦发展延伸。典型的马窦囊肿出现在1岁以下，但9岁以上的马也偶见。主要的临床症状是面部畸形、流鼻涕、部分气道阻塞。X线检查比内镜检查更容易识别鼻窦囊肿。X线检查可见多个窦腔密度较大，窦内可见流体线。偶见牙齿变形、牙床变扁、软组织矿化和鼻中隔偏斜。治疗方法为手术清除囊肿和相关联的鼻甲内层。预后良好，很少复发。有的马术后仍排出轻度的黏性分泌物。

二十一、喉囊疾病

（一）积脓

喉囊积脓，是指喉囊内蓄积脓性、化脓性渗出物。该病因上呼吸道细菌感染（主要是链球菌）而产生。临床症状包括间歇性脓性鼻液、腮腺部位肿胀并伴有疼痛，严重时头部僵硬、萎靡不振、打鼾。有时发热、抑郁、厌食。需内镜检查喉囊确诊。X线检查可检出咽部喉囊有流体线，也可鉴别相关的咽后肿块。仅全身用抗生素治疗感染很难奏效，有必要灌洗喉囊。青霉素凝胶（用青霉素钠盐）直接用于喉囊可提高灭菌效果。治疗咽后脓肿，可用内镜刀片切开咽后脓肿，使其流入喉囊。若此法不成功，需行手术引流。喉囊积脓，可压迫背侧咽部，导致上呼吸道阻塞。此时可采用气管切开术，提供暂时的气道。若喉囊积脓未能得到治疗，喉囊中可形成软骨样物质，这便成为慢性感染渗出的源头。少量的软骨可用内镜清除，但对蓄积的渗出物、软骨样组织或尚未处置的咽后脓肿需用手术引流。

（二）喉囊真菌病

喉囊的霉斑常位于喉囊中间的背后侧，在颈内动脉上方。某些病例真菌斑多发而散在。最常见的喉囊真菌病是曲霉菌属感染。临床症状由脑神经和喉囊黏膜层中的动脉受损而引起。最常见的症状是鼻出血，由真菌侵蚀颈内动脉（多数情况）或颈外动脉分支的血管壁而造成。出血是自发性的，且十分严重，若出血反复发作，可能危及生命。出现吞咽困难、霍氏综合征（Horner's syndrome）和软腭背侧移位，这与真菌损伤横穿喉囊浅表处的脑神经和交感神经有关。吞咽困难是不良预兆。内镜检查喉囊可确诊。根据药敏试验结果，施行全身和局部抗真菌治疗。施行局部抗真菌治疗时，用内镜活检导管直接将药物灌注到病损部位。预防致命性出血，可沿着横穿喉囊受累动脉的走向用球头导管（balloon-tipped catheter）或卷曲

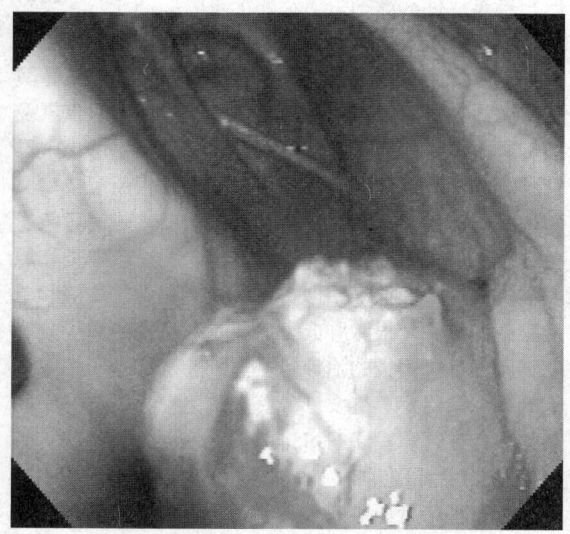

图12-6 咽后破裂的内镜影像，马链球菌通过右喉囊会厌前腔感染
（由Bonnie R. Rush 博士提供）

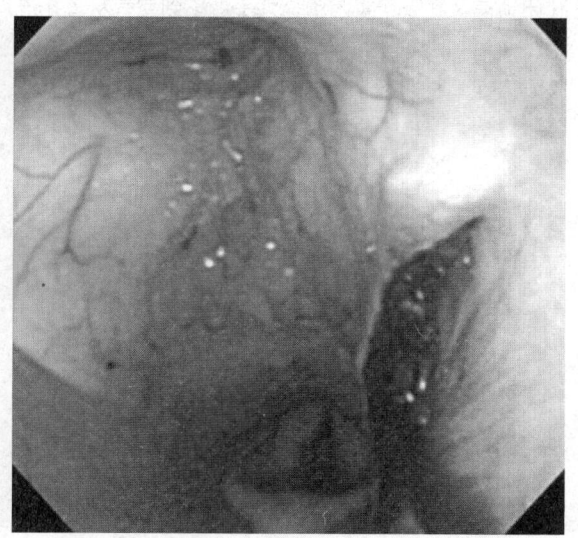

图12-7 喉囊真菌病内镜图像
（由Sameeh M. Abutarbush博士提供）

状栓子（coil embolus）予以封闭。需封闭抵达病损部位的近/远端动脉，以阻止脑底韦氏动脉环（circle of Willis）血液逆流。

（三）喉囊臌胀

喉囊臌胀常见于从出生到1岁的马，而且小母马比公马高发。受累喉囊因充满空气，导致腮腺区膨胀，但无痛感。严重感染的动物出现鼾声。咽鼓管的咽部管口炎症或变形时则产生鼓音，此时咽鼓管起单向阀的作用，只许空气进入喉囊，但空气不能回流到咽部。诊断基于临床症状和头颅X线检查。严重感染的动物可继发喉囊积脓。喉囊臌胀通常是单侧的，但也有双侧的报道。用NSAID治疗和抗菌药治疗能解决大多数上呼吸道炎症。手术治疗适于喉囊口变形的病症，膜开窗术可分隔感染喉囊和正常喉囊。该手术旨在为异常喉囊内的空气排入正常侧咽部提供路径。手术预后良好。

（四）头长肌断裂

外伤性头长肌断裂是喉囊严重出血的第二大（真菌病为最主要原因）原因。头长肌是头部腹侧直肌之一。头长肌由头盖骨的基部嵌入蝶底骨。头长肌断裂出现在该肌肉背侧嵌入喉囊之处。断裂起因于头顶外伤，导致大量出血。咽后间隙出血会引起窒息和死亡。内镜检查（后屈）可见，喉囊喙侧和内侧部分有膨胀和出血。X线侧位片，可发现基蝶骨发生撕脱性骨折，并与喉囊区相重叠。这个骨折经常伴有典型的神经功能损伤。治疗包括使患马休息4～6周，投给广谱抗生素5～7d，以防肌肉断裂处感染。痊愈后预后良好，若有长期神经症状或反复出血则预后不良。

第十二节　猪呼吸道疾病

根据临床症状的程度和持续时间，可将猪的呼吸系统疾病分为两类：一类是可感染大批猪只，并且比较严重、但持续时间短的疾病；另一类是持续性地存在于猪群中，但持续期不定的疾病。第一类疾病可引起很大损失，但损失可在短时间内消失而不持续。这类疾病包括：猪流感、经典猪瘟、肺炎型伪狂犬病、猪圆环病毒相关疾病，以及猪繁殖与呼吸综合征。病毒持续地存在于猪群中，但临床暴发具有自身限制性。第二类中最重要的综合征是支原体肺炎和胸膜肺炎。萎缩性鼻炎曾经被认为是引起猪呼吸系统疾病的重要病因，在采取相应的根治措施后，其发病率已经大幅下降。在一些猪群中，可能主要是沙门氏菌和猪副嗜血杆菌感染。单纯的支气管败血性波氏杆菌感染引起温和型的萎缩性鼻炎后果不严重。但是，如继发产毒巴氏杆菌感染，将会减慢仔猪的生长速度、降低

饲料利用率，是造成经济损失的重要原因。地方性流行性肺炎单独由支原体引起时，后果不严重。但是，当有继发感染时，如继发多杀性巴氏杆菌感染，所产生的后果会很严重。有些猪群被胸膜肺炎放线杆菌（Actinobacillus pleuropneumoniae）感染，常导致严重的后果。蠕虫幼虫的移行及第一类感染在继发第二类感染时，常导致严重的后果。

第二类疾病的严重程度和造成的损失与猪群的密度、群体类型以及猪群的大小有关。在生产并出售断奶仔猪的猪群可能不太重要，但在高密度的育肥猪群中就显得很重要。此类疾病的死亡率通常较低，经济损失是由于生长速度下降或猪只大小参差不齐、饲料转化率降低，以及额外用药的费用，特别是往饲料中添加药物所产生的费用。然而，适当的管理措施可以避免应激，从而可以将损失降低到最小程度。

最后，必须强调的是，猪呼吸系统疾病常常是由多方面原因（合并感染）所致，很少是单一病原作用的结果。

采取一些措施可减少发病，有可能建立无第二类疾病的猪群，如引入SPF猪，早期断奶治疗，或从无肺炎猪群引猪。后一种方法花费最少，但是由于第二类疾病的病原很复杂，所以，所有猪应从同一猪场购入。当从育肥猪场购买断奶仔猪时，也应遵循这一点。

保持猪群无呼吸系统疾病很困难，因为这些病原可通过气溶胶传播。有些病原体，如猪肺炎支原体（Mycoplasma hyopneumoniae），据称可传播约3 000 m以上，传播距离与当地的气候、地形和猪群密度有关。但是这些假设是依据数学模型推测出来的，并非来自试验数据。

密闭猪群可通过人工授精或胚胎移植引入新的遗传物质，而不购入动物，这一措施有助于建立对现有微生物的免疫，并避免引入新的传染病、新的毒株或血清型。多场地生产或"全进/全出"制是指再次进猪前整个猪舍或猪栏空置一段时间，这在降低慢性肺炎潜在影响方面是一项强有力的措施。

在多数猪群，呼吸系统疾病呈地方性流行。控制这类疾病应主要从以下方面考虑，避免管理不当造成应激，养殖密度要适当，通风换气要良好，温度要适宜，禁止自由混养和串群。以上措施加上多场地生产或"全进/全出"制及封闭式饲养管理，可极大地减少或避免预防性或治疗性投药。

一、萎缩性鼻炎

萎缩性鼻炎的临床症状表现为打喷嚏，继而鼻甲骨萎缩、可能伴有鼻中隔变形、上颌缩短或扭曲。目前，此病的发病率显著下降，认为不再是影响猪群健

康的主要威胁。

【病原】病原较复杂，至少包括两种微生物。多种传染病（如包涵体鼻炎和伪狂犬病）及非传染性因素（如粉尘和高浓度氨气）均可引起打喷嚏和流泪，但通常不会导致萎缩性鼻炎。支气管败血性波氏杆菌一直被认为是猪萎缩性鼻炎的主要病因。该菌无宿主特异性，尽管引起萎缩性鼻炎的菌株一般只从猪体分离到。犬、猫、啮齿类动物及其他动物均可长时间携带支气管败血性波氏杆菌，但其在猪萎缩性鼻炎传播中的作用尚不清楚。某些多杀性巴氏杆菌的产毒株（A型和D型），通常与支气管败血性波氏杆菌（B. bronchiseptica）共同作用，引起持久性鼻甲骨萎缩和鼻腔变形。两种病原菌均可导致临床上出现萎缩性鼻炎。

萎缩性鼻炎可分为两类：非进行性萎缩性鼻炎和进行性萎缩性鼻炎。非进行性萎缩性鼻炎，由支气管败血性波氏杆菌引起，出现暂时的轻微症状，可能不影响动物的生长及生产性能；进行性萎缩性鼻炎，由产毒多杀性巴氏杆菌感染引起，症状严重而且持久，通常导致生长迟缓。

从外地引进受感染猪只或不同来源的猪只混群以后常导致本病的暴发。任何日龄的仔猪均可感染，尤其是可感染多杀性巴氏杆菌。拥挤、通风换气不良、混群和驱赶以及其他并发症都是使疾病加剧的重要因素。

【临床表现】常于3～8周龄时出现急性症状，包括打喷嚏、咳嗽及泪管发炎。严重病例鼻腔出血。鼻泪管闭合后，在内眼角下面出现泪痕。随着疾病的发展，一些严重感染的猪可发生上颌外斜或缩短；有些只出现一定程度的鼻甲骨萎缩，而没有明显的外部变形。可由上、下门齿的位置来判断变形程度，但要考虑品种变异。除上述临床症状外，该病的暴发常常影响猪的生长速度和饲料转化率。

一个猪群中萎缩性鼻炎的严重性，很大程度上取决于产毒性多杀性巴氏杆菌存在与否，饲养管理水平以及猪群的免疫状态。后者既与预防接种有关，又与母猪群是否经产有关，因为小母猪更易感染，且初乳中的抗体水平比老母猪的低。

【病理变化】评价萎缩和变形的程度，最好是在第二对前臼齿（第一对后臼齿在7～9月龄出现）上颌断面处检查；有人建议还应检查纵切面。在炎症活动期，黏膜苍白，表面可能存在脓性物质。后期阶段鼻腔较干净，但鼻甲骨有不同程度的软化、萎缩或变形；鼻中隔歪斜；周围骨骼结构呈不对称性变形。

【诊断】症状和病变是诊断的基础，但仍应进行多杀性巴氏杆菌产毒株的分离和鉴定。常规监测繁殖猪群的方法是，测定屠宰猪的鼻甲骨萎缩程度，然后给猪群打分，但是需与坏死性鼻炎相区别。

【控制】完全避免猪群出现轻微的打喷嚏几乎不可能。尸体剖检时常常出现轻微的鼻甲骨和鼻骨异常，甚至在那些不表现鼻炎临床症状的猪群中也很常见。当猪群中萎缩性鼻炎造成的损失比较严重时，应采取下述控制措施：药物预防，免疫接种，暂时停止向猪群引入新猪，改善饲养管理（如改善通风换气和卫生状况、喂低尘饲料）。药物预防通常包括给所有母猪，尤其是分娩前母猪和初生仔猪，应用抗生素，有时还包括刚断奶仔猪。断奶仔猪及育肥猪日粮中投药（有时包括母猪的日粮）通常是有益的。最常使用的药物有：头孢类、磺胺类、泰乐菌素和四环素。

产毒多杀性巴氏杆菌、支气管败血性波氏杆菌（P. bronchiseptica）及两者的二联菌苗已研制成功。多杀性巴氏杆菌的类毒素疫苗和菌苗-类毒素混合苗市上有售，多数猪群应用后都获得满意的效果。菌素-类毒素混合苗可很好地防止感染。通常情况下，应在分娩前4周和2周进行母猪免疫，仔猪应在1周龄和4周龄时免疫接种，注射疫苗时应参考疫苗使用说明。免疫母猪的初乳中含有高水平的抗体，可使哺乳仔猪获得免疫力。仔猪鼻内接种用的多杀性巴氏杆菌弱毒苗也有销售。

二、支原体肺炎

支原体肺炎（地方性肺炎，EP）是猪的一种慢性且具有传染性的肺炎，临床上呈温和型，特征是：在猪群中可造成地方性流行，引起持续性干咳、生长发育迟缓、呈散在性"突然发作"式呼吸困难、屠宰猪肺病变率高。本病呈世界性分布。

临床暴发支原体肺炎时可引起患猪发育迟缓和饲料转化率降低。在饲养管理条件较差时，大群猪被密闭饲养于通风换气不良的猪舍中，一旦暴发本病可造成更大的损失。该病的影响不同且难以预料，使大型猪场的生产效率受到限制。但是，在疾病控制良好的现代化猪场，支原体肺炎基本呈亚临床型，造成的经济损失较小。

【病原与流行病学】过去曾主要用"病毒性肺炎"和"地方性兽疫肺炎"来描述这一特征性疫病综合征，但现已知，该病主要是由猪肺炎支原体所引起的。这种多形性的微生物比多数细菌要小，普通光学显微镜下难以看清楚。营养需求苛刻，培养时需要特殊制备的培养基，从野外病例中分离很困难。病原体在外界环境中或在消毒剂作用下，很快被灭活，但在寒冷气候下可存活较长时间。病原体具有宿主特异性。

支原体肺炎常常并发感染其他支原体、细菌和病毒，使肺炎加重。某些猪鼻炎支原体（*M. hyorhinis*）毒株，或某些病毒可单独作为主要病原因子，引起一种综合征，类似于猪肺炎支原体（*M. hyopneumoniae*）引起的肺炎。

多数采用现代化养猪方式的国家，屠宰猪中30%～80%的肺出现与支原体感染相关的肺炎病变。所有年龄的猪都易感，但在一个猪群中，感染多发生于生后的几周内，多由母猪或混群的其他仔猪引起。所有产仔的带菌母猪均可将病原体由乳汁传播给仔猪，但多发生于（小母猪）第一窝。此外，随着分离生产的适应，此病发生变得缓慢，18～20周龄出现。3～5月龄猪的肺炎发病率最高。随着免疫力缓慢产生，肺部病变可逐渐消退，较大的猪及成年猪可完全恢复。

【临床表现】在有本病流行的猪群中，虽然发病率较高，但临床症状很轻，而且死亡率很低。咳嗽是最常见的症状，猪群受到惊扰时最明显。个别猪或部分猪偶尔会发展成严重肺炎。常见的诱发因素是气候变化，但其他应激（如一过性病毒感染、移行性寄生虫及混群）也可引起突然发作。猪群首次感染本病往往比较严重。

【病理变化】肺的病变呈灰色或紫色，最常见于尖叶和心叶。陈旧病变界限清楚。相关的淋巴结可能肿大。组织学变化为小支气管内存在炎性细胞，血管周围和细支气管周围形成管套和广泛性淋巴样组织增生。

【诊断】一般依据临床症状，病理变化及流行病学特征即可作出诊断。猪肺炎支原体通过荧光抗体技术，可在感染肺的组织切片中发现，有时也可进行培养来分离鉴定。血清学试验，主要是补体结合反应和ELISA，偶尔可用于猪群的基本情况调查，但其结果比较难以解释。最近，可用PCR方法检测，可从鼻拭子样品中检测猪肺炎支原体，该方法具有很高的灵敏度和特异性。

【控制】当本病首次传入猪群时，用抗生素进行群体治疗（如用泰乐菌素、林可霉素、硫黏菌素或四环素）有助于控制症状的严重程度。当本病在呈地方性流行的猪群中突然发生时，用抗生素对病猪逐只进行治疗时，由于控制了细菌的继发感染，可使病情得到缓解。

灭活支原体培养物已被用来制造疫苗，包括全细胞制剂以及新型亚单位菌苗。这类疫苗对生长期的猪具有很好的保护作用，避免造成肉眼可见的损伤，还可显著减轻猪的临床症状（咳嗽）。最近的数据表明，母猪在分娩前用肺炎支原体疫苗免疫后，能够显著地减少仔猪的感染。

通过改善猪舍条件和饲养管理，尤其是改善通风换气和过度拥挤的状况，同时给予药物疗法和接种疫苗，可降低或消除该病造成的经济损失。从猪出生到出栏实行"全进/全出"制管理，能够有效地减少本病带来的负面影响；通过上述措施可提高生产效益并减少肺损伤。

在大型集约化猪场，控制该病的一个可行办法是，建场初即引入无支原体的后备猪群，并且采取严格预防措施，防止与其他猪群直接或间接接触。遗憾的是，以这种方式建立起来的很多猪群，无支原体状况没有维持很长时间，特别是在养猪密度高的地区更是如此。野外调查表明，在寒冷、潮湿的气候下，该病原可通过空气在相距至少1 600 m的大猪群之间传播。

在美国和欧洲部分地区，通过种群重建技术，已建立了很多无支原体肺炎的猪群。最近，通过早期断奶治疗，在一些猪群也已消灭了本病。施行这一计划中的最大问题是猪群暴发率高，以及证实猪群无支原体肺炎的监测方法难度大。根据目前此病暴发流行情况，该病原在一些猪群中从未被成功消除过；而且病原体可以长时间共存于种群中，并难以检测到。利用鼻拭子PCR技术能检测到无临床症状、损伤及抗体阴性的病猪。通过电镜观察，此类病猪的气管切片可检测到纤毛处的病原体。

三、坏疽性鼻炎

坏疽性鼻炎（牛鼻症）是青年猪的一种不常见的散发性疾病，特征是鼻吻部化脓和坏死，由口鼻黏膜的创伤所引起。文献中存在混乱是由于还误用"牛鼻症"一词来描述萎缩性鼻炎。

【病原】从病变样品中常分离出坏死梭杆菌，毫无疑问，这是本病的病原，但其他类型的微生物也普遍存在。这些微生物通过腭部的损伤侵入，常常是由于修剪獠牙过短，或使用的器械不锐利，而造成腭部损伤。

【临床表现与病理变化】症状包括面部的肿胀和变形。偶尔出血，抽鼻音，打喷嚏，恶臭味的鼻分泌物；有时会波及到眼，出现流泪和脓性分泌物；食欲下降，消瘦。通常情况下，猪群中只有1～2头受到感染。

通常面部硬性肿胀，根据病变时间不同，切开后可发现大量灰红色、具恶臭味的坏死组织，或者是灰绿色的组织碎块。面骨和鼻骨可能受到损害，因此，面部明显变形。

【诊断】由坏疽性鼻炎引起的面部肿胀，很容易与萎缩性鼻炎相区分。分泌物的特征和其在鼻及面部内的位置是慢性鼻炎所特有的。

【防治】要避免口腔及鼻部的损伤，提高对猪的饲养管理水平，改善卫生状况。当本病反复发生时，修剪仔猪獠牙时应小心仔细。如果病情加重，治疗效果可疑。早期实施外科手术和创腔填塞磺胺或碘酊有效。青年猪口服磺胺二甲基嘧啶也有效。

四、巴氏杆菌病

猪的巴氏杆菌病最常并发于支原体肺炎，尽管猪流感、伪狂犬病、支气管败血性波氏杆菌、副溶血嗜血杆菌（*Haemophilus parahaemolyticus*）也可引起肺的变化进而导致巴氏杆菌属（*Pasteurella* spp.）感染，致病菌微生物通常是多杀性巴氏杆菌。它可引起渗出性支气管肺炎，有时导致心包炎和胸膜炎。在没有支原体及其他肺炎传染因素存在时，猪也可发生由巴氏杆菌引起的原发性、散在的纤维素性肺炎。

在原发性和继发性类型，容易导致胸腔慢性病变及多发性关节炎。诊断要依据剖检变化和从病变组织中分离出巴氏杆菌。从肺炎病例分离出的巴氏杆菌主要为荚膜A型无毒菌株。多杀性巴氏杆菌的产毒株，在支气管败血性波氏杆菌（*B. bronchiseptica*）存在情况下，是引起萎缩性鼻炎的病原。

仔猪偶尔发生败血型巴氏杆菌病和脑膜炎。已从流产的胎儿中分离出溶血性曼氏杆菌，成年猪也可发生败血症。但没有明显的病变，致病机制还不清楚。猪源性溶血性巴氏杆菌经常难以定型，不属于羊和牛的常见血清型。但是，一些在英国暴发病例和绵羊的密切接触有关。

控制继发性、肺炎型巴氏杆菌病一般依靠预防和控制支原体肺炎。对所有类型的猪巴氏杆菌病，用抗生素或者抗生素结合磺胺进行早期强有力的治疗，可以防止形成慢性后遗症。现已发现巴氏杆菌对某些抗生素的抵抗力在增加。

五、胸膜肺炎

为严重的接触性传染性呼吸系统疾病，主要发生于青年猪（6月龄以内），但在初次暴发时，成年猪也可被感染。特征是发病急，病程短，发病率和死亡率都高。世界各地均有发病，其流行有上升趋势，但一些报道表明，在较长时间存在某些国家中，本病的严重程度有所降低。

【病原】致病微生物是胸膜肺炎放线杆菌。主要经鼻-鼻接触传播，并且多数康复猪成为携带者。试验感染时，临床症状于4～12 h内出现。气溶胶的传播能力有限。

【临床表现】病起急骤，在首次感染的猪群中，传播很快。一些猪只死前没有任何临床症状。出现严重的呼吸窘迫，伴有猪肺病（thumps）症状，有时张口呼吸，可见带血的泡沫性口鼻分泌物。其典型症状是体温升高到41.5℃，厌食，不愿走动。

尽管该病主要发生在青年猪，但胸膜肺炎放线杆菌（*A. pleuropneumoniae*）也可引起成年猪的致死性感染或母猪流产。病程可有超急性到慢性多种表现，发病率可达50%，不经治疗则死亡率较高。幸存下来的猪表现生长率下降及持续性咳嗽。

一旦该病在一个猪群发生，尽管存在急性发作，但一般只是造成生长率降低或屠宰时才发现胸膜炎。而且，临床症状严重的病猪，剖检时并不一定表现出与之相对应的病理变化，并且在运输中常发生死亡或发现病死尸体。支原体、巴氏杆菌、猪繁殖与呼吸综合征或猪流感病毒的并发感染也较普遍。

【病理变化】肺炎通常是双侧性的。病理特征为严重的纤维素性坏死和出血性肺炎，并伴有维素性胸膜炎。维素性胸膜炎和心包炎较严重。急性病例，肺呈现灰暗、肿胀，切面有血样液体渗出；还存在在不同大小的出血性、甚至坏死性大泡。气管内含有大量带血泡沫。慢性病例中，病变多数已机化和局限。胸腔外的病变不常见。

【诊断】猪群突然发病，结合临床症状和眼观病变可作出初步诊断。并发感染，如感染巴氏杆菌时，可使诊断复杂化。已经感染并且产生了一定免疫力的猪群，病型可能不太典型。许多血清学试验，包括补体结合试验和ELISA已用于猪群的诊断或检测带菌猪，但结果并不是总能解释清楚。确诊要依赖胸膜肺炎放线杆菌的分离和鉴定，该菌为革兰氏阴性菌，分离培养时需要添加V因子（NAD，烟酰胺腺嘌呤二核苷酸）。与金黄色葡萄球菌一起培养时，可为其提供必需的生长因子。

【治疗与控制】疾病发生迅速，在感染猪群中持续性存在，使治疗变得困难。头孢噻呋、四环素、合成青霉素、泰乐菌素及磺胺都有使用。初次治疗要经非肠道途径，以后可饮水或拌料给药，这样也可保护与其接触的猪只。

据说一些疫苗效果不错，但由于幸存猪多半成为带菌猪，很难控制。早期断奶隔离，实行"全进/全出"制，尽可能降低饲养密度，改善通风换气。没有胸膜肺炎的猪场应尽可能从无胸膜肺炎放线杆菌感染的猪场购进后备猪；如果证明本病难以控制，应考虑淘汰后重建猪场。血清学检验是实验室早期诊断猪群感染的有效方法，但可能无法识别病原携带者。

六、猪流感

猪流感是由A型流感病毒引起的一种急性、高度传染性的呼吸道病。然而，野外分离株的毒力存在差异，并且临床表现可能由继发感染的微生物所决定。猪是经典猪流感病毒（SIV）的主要宿主（据报道，猪源A型流感病毒可感染人，但不易在人群中传播，然而也曾有过免疫缺陷病人感染该病毒死亡的报道）。在2009年，一株H1N1A型流感病毒在全球蔓延，它既感染人、猪和家禽，也有少量的犬、猫和其他动物被感染。本病常发生于美国的中西部地区（偶尔也发生于其他地区）、墨西哥、加拿大、南美洲、欧洲（包括英国、瑞典及意大利）、肯尼亚、中国、日本、中国台湾及东亚的其他国家和地区。

【病原】　猪流感病毒（SIV）属于正黏病毒科A型流感病毒群，含有血凝素抗原H1和神经氨酸酶抗原N1（如，H1N1）。最近，又报道了SIV新亚型（H3N2、H1N2和H2N3）。B型和C型流感病毒已从猪中分离出，但还未造成典型的疾病。中等毒力毒株所致的典型A型流感病毒感染可有利于下列病原的增殖：伪狂犬病病毒、副猪嗜血杆菌（见格氏病）、胸膜肺炎放线杆菌或猪肺炎支原体，感染任何一种都可暴发并发症。带毒猪与非免疫猪的混群是重要的诱发因素。除非在低温条件下，病毒离开活细胞后存活时间超不过2周。病毒很容易被消毒剂灭活。

【传播与流行病学】　在北美洲，本病最常暴发于秋季和冬季，常于特别寒冷季节之初出现暴发。在温带地区，感染可发生于任何时候。通常，暴发开始时只出现1~2个病例，随后迅速传遍全群，主要通过空气和猪只接触而传播。病毒可在带毒猪体内存活3个月，并且可在两次暴发之间从临床上表现正常的动物中检出病毒。在抗体阳性猪群，当免疫力下降时可再次暴发感染。40%的猪群可为抗体阳性。以前未感染的猪群和无流感的国家发生猪流感，一般是引入带毒猪所致。

【发病机制】　感染谱在亚临床到急性之间变动。在经典的急性型流感中，感染后16 h内病毒在支气管上皮内增殖，并且引起支气管上皮细胞局灶性坏死、局部肺不张及肺大面积充血。24 h后，出现支气管渗出及广泛的肺不张，肉眼可见尖叶及中间叶的单个小叶呈现紫红色的病变。病变可继续发展到感染后72 h，此后，很难检出病毒。初次暴发造成的繁殖障碍可能是次要的，因为很少从胎儿体内分离到病毒。

【临床表现】　典型急性暴发的特征是突然发病、在1~3 d内传遍全群。主要症状是精神沉郁、发热（42℃）、厌食、咳嗽、呼吸困难、衰弱、虚脱及眼、鼻有黏液性分泌物。死亡率一般为1%~4%。在没有混合感染的情况下，该病的病程通常为3~7 d，并且临床恢复和突然发生一样迅速。但是，由于免疫应答、临床症状消退后，病毒可继续在猪群中循环，一些猪会变成慢性感染。条件好的猪场，主要经济损失是猪群生长缓慢及出栏推迟。据报道，仔猪的死亡率较高；非免疫猪群暴发后，对其繁殖性能有影响，如母猪怀孕后期出现流产。

【病理变化】　没有并发感染时，病变通常局限于胸腔。肺炎区界限明显、塌陷、呈淡紫色，有可能扩展到整个肺脏，但腹侧部更易出现广泛的融合性病变。非肺炎区呈现苍白和气肿。呼吸道含有大量的黏液脓性分泌物，支气管和纵隔淋巴结水肿，但很少充血。也可能出现严重的肺水肿，尤其是小叶间水肿，或者浆液性或浆液纤维素性胸膜炎。当病变最明显时，组织学变化主要是渗出性支气管炎并伴有间质性肺炎。

【诊断】　可根据临床症状和病变作出初步诊断，但确诊要靠病毒的分离和特异性抗体的检测。分离病毒可用发热期的鼻液，或者急性阶段早期的病变肺组织。用血凝抑制试验检测急性期和恢复期的血清样品，如果证明特异性抗体滴度升高，则可作出回顾性诊断。检测时必须包括H3和H1血清亚型的抗体。这一方法也可用于猪场调查。诊断无并发症的猪流感时，必须排除下列疾病：巴氏杆菌病、伪狂犬病、猪的繁殖与呼吸综合征、衣原体及嗜血杆菌感染。

【治疗与控制】　尽管抗生素可以减少细菌继发感染，但至今尚无有效的治疗方法。祛痰药可减轻严重感染病猪的症状。免疫接种和严格的进口检疫是唯一特异性预防措施。良好的饲养管理及避免应激，尤其是减少拥挤和尘埃，有助于降低损失。市场上销售的灭活苗包含了H1N2和H3N2亚型，可刺激机体产生强烈的保护性免疫应答。

第十三节　绵羊与山羊呼吸道疾病

呼吸系统疾病对绵羊和山羊的危害取决于发病率、影响生产性能的程度和动物的价值（商业羊群相对纯种羊群或宠物），以及某些疾病是否在国际间进行传播（对进、出口市场的影响）。

上呼吸道：绵羊和山羊的上呼吸道疾病包括由羊狂蝇（Oestrus ovis）幼虫引起的窦炎、鼻腔异物和鼻肿瘤。与窦炎相关的临床疾病包括：单侧或双侧浆液甚至黏液脓性鼻液、单侧或双侧鼻孔阻塞、咳嗽、打喷嚏，以及轻度到重度呼吸窘迫。

虽然绵羊和山羊很少患肿瘤，但鼻孔却是肿瘤的常发部位。已报道的鼻肿瘤的类型包括腺乳头状瘤（鼻息肉）、腺瘤、腺癌、淋巴肉瘤（山羊）和鳞状细胞癌（绵羊）。

地方性绵羊和山羊鼻腺瘤/腺癌已有报道。肿瘤病理组织学检查为良性或低度恶性，由一种反转录病毒所引起，该病毒与引起绵羊和山羊肺肿瘤的另一种反转录病毒关系密切（见肺腺瘤病）。鼻腺瘤多发生于成年动物（2～4岁），但也有4月龄患有鼻腺瘤的报道。此病对性别和品种嗜性尚不明确。鼻腺瘤可造成单侧或双侧的鼻病变，引起单侧或双侧的浆液性、黏液或黏液脓性鼻液。单侧进行性肿瘤会引起鼻中隔变形，导致双侧鼻病。患病动物表现进行性呼吸困难（吸气性），包括张口呼吸、鼻孔吸气量减少、鼻甲骨周围听诊/叩诊有浊音、打喷嚏以及摇头。随着肿瘤的生长，可出现眼球突出及面部畸形。已有报道用手术法去除鼻腔肿瘤，手术效果取决于肿瘤的类型、动物状况及损伤范围。手术去除非侵袭性肿瘤对健康动物是有益的。

咽喉最常见的疾病为创伤和脓肿。咽部创伤通常多是过度使用经口投药器械（投丸器、剂量注射器、开口器及胃管）所致。损伤会导致离散性脓肿或广泛而弥漫性蜂窝织炎，从而干扰动物的吞咽，导致呼吸困难或窒迫。发生咽部创伤时经常分离到的细菌包括：隐秘杆菌属、多杀性巴氏杆菌、溶血性曼氏杆菌及梭杆菌属（Fusobacterium）。

引起绵羊和山羊干酪性淋巴结炎的假结核棒状杆菌（Corynebacterium pseudotuberculosis）定居在头部的局部淋巴结，特别是咽头淋巴结。淋巴结肿大引起的临床症状与咽炎相似。

下呼吸道：肺炎是下呼吸道的常见疾病，可由病毒、细菌或寄生虫引起。肺炎可分为急性、慢性或进行性。

引起急性肺炎的病毒有副流感3型病毒（Parainfluenza-type 3, PI-3）、腺病毒和呼吸道合胞体病毒。病毒性肺炎多发生于羔羊及幼羊。

PI-3是一种有包膜的RNA病毒（副黏病毒科），能引起轻度间质性肺炎。临床症状包括咳嗽、浆液性鼻和/或眼分泌物、发热（40～41℃）、呼吸频率增加。经鉴定，单纯性绵羊PI-3的血清型与牛的不同。从受感染动物的鼻拭子分离出病毒，或通过急性期和恢复期的血清抗体水平的对比结果，均可确认该病毒的感染。温和型感染的动物疗效无法保证。严重感染的动物通常伴有继发感染，推荐使用对下述病原有效的药物进行抗菌治疗：通常有多杀性巴氏杆菌、溶血性曼氏杆菌、化脓性隐秘杆菌、副百日咳波氏杆菌（Bordetella parapertussis）和支原体属。目前还没有专门供小反刍动物使用的PI-3疫苗。

腺病毒无包膜，为双链DNA病毒（腺病毒科）。目前，已证实有2种山羊和6种绵羊腺病毒血清型可引

起肺炎。腺病毒引起的肺炎十分普遍，在幼畜更是如此。临床症状通常是温和的，包括咳嗽、呼吸频率增强、食欲减退和发热。推荐的治疗方法与PI-3感染相似，目前仍没有疫苗可用。

呼吸道合胞病毒是一种有包膜RNA病毒（副黏液病毒科），从绵羊和山羊肺炎病例中均已经分离到该病毒，但是否是引起小反刍兽呼吸系统疾病的主要病因，仍不为人们所熟知。

慢性进行性病毒性肺炎是成年动物的常见病，包括进行性反转录病毒间质性肺炎（绵羊进行性肺炎或梅迪病）、由山羊关节炎-脑炎病毒引起的肺炎和山羊肺腺瘤病、南非羊肺炎、绵羊传染性肺肿瘤（山羊罕见）。

肺部慢性、进行性增生性病变通常与慢病毒（反转录病毒科）感染有关，或所谓的慢病毒感染。发生进行性肺炎和肺腺瘤病时，整个肺脏渐进性地出现异常细胞增生。在感染绵羊中，由于肺脏功能丧失将导致进行性呼吸困难、食欲减退和体重下降。

溶血性曼氏杆菌、多杀性巴氏杆菌、支原体属、肺炎衣原体和沙门氏菌属（Salmonella spp.）都与绵羊和山羊的原发或继发支气管肺炎有关。多杀性巴氏杆菌和溶血性曼氏杆菌均可从正常绵羊和山羊上呼吸道中分离培养到。并非所有可诱发急性呼吸系统疾病的因素都已经清楚，但易感动物病毒急性感染后，导致呼吸道保护机制受损，某些细菌可趁机侵入肺组织，增殖并造成严重的疾病。动物感染PI-3病毒、腺病毒或副百日咳波氏杆菌时，可能更易发生溶血性曼氏杆菌继发感染。另外，绵羊肺炎支原体（Mycoplasma ovipneumoniae）感染能引起轻度支气管肺炎，但患严重肺炎的绵羊和山羊呼吸道内也可同时分离到溶血性曼氏杆菌，表明支原体（Mycoplasma）的存在使肺脏更易受这种细菌的感染。此外，新引进动物、高密度饲养、通风不畅以及低的营养水平都是诱发肺炎的应激因素。

伪结核棒状杆菌引起干酪性淋巴结炎可导致肺和纵隔淋巴结脓肿。导致绵羊和山羊进行性虚弱，可伴有或无明显的临床症状。

绵羊和山羊的寄生虫性或蠕虫性肺炎通常由感染丝状网尾线虫（Dictyocaulus filaria）、毛细缪勒线虫及红原圆线虫所致（另见肺蠕虫感染）。与引起前腹侧肺叶支气管肺炎的急性病毒性或细菌性肺炎相比，寄生虫性肺炎侵害膈叶。网尾线虫（Dictyocaulus）在整个生命周期中都有单一的宿主，而原圆线虫（Protostrongylus）和缪勒线虫（Muellerius）为间接性的生命周期，需要靠多种螺或蛞蝓作为中间宿主。网尾线虫和原圆线虫的成虫寄生于支气管，引起咳嗽、轻

度到中度呼吸困难、食欲减退（厌食）、产奶量下降及体重下降。缪勒线虫（*Muellerius*）成虫寄生于肺泡和肺实质中，据认为它在三种肺蠕虫中致病力最小。缪勒线虫（*Muellerius*）对山羊影响较绵羊重。

肺蠕虫感染的诊断可用粪便贝尔曼检测来确定。针对网尾线虫（*Dictyocaulus*）和原圆线虫（*Protostrongylus*）感染，有效的治疗药物有左旋咪唑（8 mg/kg，皮下注射或口服）、伊维菌素（0.2 mg/kg，皮下注射或口服）、芬苯达唑（5~10 mg/kg，口服）、莫昔克丁（0.2 mg/kg，口服或皮下注射）或非班太尔（5 mg/kg）治疗。据报道，皮下注射或口服伊维菌素（0.3 mg/kg）、口服芬苯达唑（15 mg/kg，每3周1次，连用2次）。口服阿苯达唑（10 mg/kg）能有效的治疗缪勒线虫引起的感染。在美国，标签外使用这些药品或改变推荐的用药途径时，需要在兽医指导下使用，动物屠宰前应有足够的休药期。

一、绵羊鼻蝇蛆

绵羊鼻蝇蛆，即羊鼻蝇幼虫，是一种遍布全世界的寄生虫，其幼虫阶段寄生于山羊和绵羊的鼻腔及鼻窦中。本病也见于大角绵羊（*Ovis canadensis*，加拿大盘羊），羱羊（*Capra ibex*，欧洲北山羊），以及非特异性寄主，如人和犬。在全球范围内均有本病发生。

成蝇呈淡灰棕色，约12 mm长。雌蝇将幼虫产于绵羊的鼻孔内或附近。这些亮白色的小幼虫（开始时长度小于2 mm）移入鼻腔，多数都会在鼻旁窦中度过一段时间。随着幼虫（蝇蛆）的成熟，逐渐变成乳白色，随后深色，最后在每节背侧边缘出现一个深色或黑色条纹。在幼龄动物中，幼虫期最短持续1~10个月。成熟后，幼虫离开鼻腔，落到地面并挖穴进入地下数厘米，化蛹。根据环境条件不同，化蛹期可持续3~9周，此后成蝇，从蛹皮中出来，钻出地面，很快进行交配，随后雌蝇开始产出幼虫。

【临床表现】 一旦幼虫开始在鼻腔中移行，就产生大量的鼻液，起初为清亮黏性的，随后呈黏液脓性，而且多半带淡色放射状细血丝，是由于幼虫的钩和刺所致的少量出血。幼虫的持续活动，特别是其数量较多时，可引起鼻黏膜增厚，与黏液脓性分泌物一起导致呼吸障碍。阵发性喷嚏并伴有幼虫的移行。存在于窦中的幼虫有时不能逃脱出来，死亡后逐渐钙化或是导致腐败性窦炎。产生于窦中的化脓性炎症偶尔可扩散至大脑，从而导致严重后果。但是，鼻蝇蛆的主要影响还是瘙痒，使放牧采食时间减少，健康状况下降。尽管有时会有很多幼虫出现，但通常只发现4~15只幼虫。

为逃避成蝇产幼虫，羊只可能四处奔逃，鼻抵地面，并且打喷嚏，以蹄子挥打或摇头。尤其是在一日中较温暖的几个小时内，羊鼻蝇最活跃，一小群羊经常聚集一起面向一个中心，头下低并紧靠在一起。

【治疗】 口服或皮下注射伊维菌素（200 μg/kg）能有效治疗各阶段的幼虫。其他有效的治疗药物包括依立诺克丁（0.5 mg/kg，剪毛后涂抹）及多拉克汀（200 μg/kg，肌内注射）。在美国，标签外使用这些药品或改变推荐的用药途径时，需要在兽医指导下使用，动物屠宰前应有足够的休药期。

二、山羊接触传染性胸膜肺炎

山羊接触传染性胸膜肺炎是一种高度致死性疾病。常发生于山羊，在中东及非洲和亚洲的多数国家很常见。该病首次于2002年在欧洲的巴尔干半岛和土耳其被发现，但并未传播到邻国希腊和保加利亚。据报道，最近有绵羊和被捕获的野生动物，包括瞪羚和小反刍兽，曾暴发此病。

【病原】 山羊支原体肺炎亚种（*Mycoplasma capricolum capripneumoniae*）——支原体F38型（*Mycoplasma biotype F38*）是此病的致病因素。本病可能由传染性气溶胶传播，感染率可达100%，死亡率60%~100%。本病可经临床健康带菌动物传播到一个新的地区。动物集中或舍饲易引起本病传播。

肺炎和胸膜肺炎也可由包括山羊蕈状支原体（*M. mycoides capri*）在内的其他支原体引起。分类变化意味着这个亚种现在也包括丝状支原体丝状亚种（*M. mycoides mycoides*）大菌落型。丝状支原体山羊亚种的发病率和死亡率较低，同时也可发生关节和乳房感染。

【临床表现】 常见衰弱、厌食、咳嗽、呼吸增强、流鼻液并伴有发热（40.5~41.5℃）。运动不耐受，最终发生呼吸窘迫，包括张口呼吸和泡沫性的唾液。据报道，本病有败血型，但不伴有特异的呼吸道损伤。

【病理变化】 病变主要发生在胸腔。典型病变为胸腔含有多量淡黄色液体，急性纤维素性肺炎伴有严重的纤维素性胸膜炎。有时硬化只见于一侧肺。丝状支原体山羊亚种感染常见有浆液纤维蛋白性液体导致的肺小叶间隔膨胀，在羊传染性胸膜肺炎中少见。

【诊断】 临床症状、流行病学及尸体剖检变化都有诊断价值。应分离和鉴定出致病微生物，但可能很困难，而且需要特殊的培养介质。PCR方法可直接检测胸水和受损的肺组织，因此，极大地方便了羊传染性胸膜肺炎的诊断。血清学实验包括补体结合试验、间接血凝试验和ELISA法；乳胶凝集试验既可直接用于全血样品的现场检测，也可用于血清样品的实验室检测，但与其他丝状支原体可能发生血清学交叉反应。

【控制】 感染羊群必须隔离检疫。一些国家已有市售疫苗，据报道，保护效果较好。肌内注射泰乐菌素（10 mg/kg，每日1次，连用3 d）有效，也可使用土霉素（15 mg/kg）。在美国，标签外使用这些药品或改变推荐的用药途径时，需要在兽医指导下使用，动物屠宰前应有适当的休药期。

三、巴氏杆菌与曼氏杆菌性肺炎

多杀性巴氏杆菌与溶血性曼氏杆菌引起的支气管肺炎病变分布在前腹侧肺脏，世界范围内各年龄段绵羊和山羊均可发病。对幼龄羊的危害尤其严重，是导致羔羊或幼羊发病和死亡的常见原因，尤其是在羔羊未吃到足够多的初乳时，或当从初乳获得的被动免疫力减弱时。受到应激的羊更易发病，如运输、断奶或者引入其他农场的羊混群饲养时（另见绵羊与山羊的巴氏杆菌病）。

【病原】 多杀性巴氏杆菌与溶血性曼氏杆菌属于革兰氏阴性杆菌，可单独或与其他微生物合并感染而引起肺炎。动物呼吸道病原体，如副流感3型病毒、呼吸道合胞病毒、副百日咳波氏杆菌或支原体属原发性感染时，易继发感染巴氏杆菌和曼氏杆菌（*Mannheimia*）。这两种病原体是绵羊和山羊上呼吸道内正常栖居菌，但由A型溶血性曼氏杆菌引起的肺炎要比多杀性巴氏杆菌多。类似于犊牛感染时的情况，与溶血性曼氏杆菌相比，绵羊和山羊多杀性巴氏杆菌感染时引起较轻的疾病，且病程较短。在绵羊和山羊，A_2型溶血性曼氏杆菌感染最为常见。在绵羊，重要但较少流行的血清型有A_1、A_6、A_7、A_8、A_9和A_{12}，而在山羊中则是A_1和A_6。

【发病机制】 应激似乎是破坏呼吸系统防御机制的重要因素，使得多杀性巴氏杆菌、溶血性曼氏杆菌、支原体属、其他细菌和病毒侵入肺组织，并导致肺炎。在一些实验动物及犊牛中，病毒性肺炎使肺泡巨噬细胞功能受损，机体对所吸入的细菌性病原体清除能力下降，使病原体得以感染动物。病原-宿主的相互作用最终造成了组织损伤，尤其是发生大量中性粒细胞聚集，其裂解后所释放出酶将使更多的肺组织受损伤，其机制可能与绵羊和山羊的巴氏杆菌和曼氏杆菌肺炎相似。

【临床表现】 幼龄羊与成年羊均可发生溶血性曼氏杆菌性肺炎，通常是在受到应激期间，如产羔/产仔、断奶、环境温度的骤变、通风不足、放养密度过大，特别是产房条件不理想时。在绵羊与山羊，通常是在受应激后10～14 d出现群体性暴发。例如，在饲养场，通常在新引进羊到达饲育场约2周后暴发该病。

早期的临床症状较明显，表现为感染引起的内毒素血症。可在没有观察到临床症状的情况下发生猝死。此病通常发病迅速，伴有呼吸窘迫，包括张口呼吸、食欲减退、精神沉郁、灌注不良（毛细血管再充盈时间延长和四肢末端发凉）、发热（40～41.1℃）、眼和鼻有浆液（早期）到黏液脓性（晚期）分泌物、咳嗽及嗜睡。有时可听到粗厉的呼吸音，尤其在前腹侧肺野。此病的发病率和死亡率不定，在急性期幸免于难的动物可能发展成慢性病。

【病理变化】 病变通常仅局限于双侧肺脏的前腹侧肺叶。病变区域表现为红色到紫色，由于实变，触摸时质地坚硬。胸膜炎时，胸膜腔内有数量不定的稻草色液体，受影响的肺叶胸膜表面被覆着一层黄色纤维蛋白。慢性病例可发生广泛的胸膜粘连和多发性脓肿，脓肿大小不定。

【诊断】 在急性病例，气管拭子或气管冲洗液培养物，肺组织或相关淋巴结培养物均有诊断价值。组织病理学检查有助于本病的鉴别诊断，尤其是怀疑有其他类型的肺炎时（如：成年绵羊和山羊的反转录病毒间质性肺炎）。在慢性病例，细菌培养的诊断意义不大。最初感染可能是巴氏杆菌或曼氏杆菌，但随后的培养物鉴定结果可能指向肺脓肿常见病原体——化脓性隐秘杆菌。

【治疗与控制】 如果有可能，应根据细菌培养和药敏试验结果进行治疗，尤其是当群体暴发流行，危及价值较大的动物，或在急性或慢性疾病先期治疗失败时，应这样做。推荐的常用抗生素类包括头孢噻呋（1.1～2.2 mg/kg，每日1次）、土霉素（非长效制剂10 mg/kg，每日1次；或一次性使用长效制剂20 mg/kg）、氨苄西林（20 mg/kg，每日2次）、氟苯尼考（20 mg/kg，每隔48 h 1次）以及泰乐菌素（10～20 mg/kg，每日1～2次）。体温恢复正常后应继续治疗24～48 h。疗程通常4～5 d。对急性病例，NSAID（如阿司匹林、氟尼辛、葡甲胺或酮洛芬）结合抗生素疗法有助于控制内毒素血症和炎症。NSAID治疗只应短暂应用，因为长期使用会引起胃溃疡或肾脏并发症。在美国，上述部分抗生素与NSAID的使用属于标签外应用，在屠宰前都应当有足够的休药期。

通风不良、拥挤、不同农场羊的混群（饲育场或市场）、营养不良、母源抗体被动免疫失效、运输和其他应激都与肺炎的暴发有关。生产实践中，该病的防控在于消除诱发因素。目前，此类肺炎尚无有效的疫苗可用。

四、进行性肺炎

绵羊进行性肺炎［梅迪病、Zwoegersiekte病、La

bouhite病、格拉夫-里内特病（进行性肺炎）]和梅迪-维斯纳病是由慢病毒（反转录病毒科）所引起的绵羊的一种慢性病，二者的病原在结构和抗原上相似。进行性肺炎病毒与梅迪（意思是"呼吸困难"）病毒引起的慢性进行性肺炎有相似的临床症状。维斯纳（意思为"消耗性的"）世界上许多地方用这个词语，意思是可导致绵羊轻瘫和瘫痪的神经类型的疾病。一种与之密切相关的慢病毒可引起山羊关节炎-脑炎（CAE），主要侵害神经系统和关节。据报道，绵羊慢病毒感染血清阳性率差别很大，在美国西部的49%到大西洋北部地区的9%之间变化。这种差异在其他国家也有报道，可能是由于不同的气候条件（干旱与潮湿气候）和饲养管理（放牧和严格限制饲养）所致。芬兰种绵羊可能比其他品种的绵羊更容易被感染。

【病原与发病机制】病原体慢病毒可持续存在于感染绵羊（具有体液及细胞免疫反应）的淋巴细胞、单核细胞和巨噬细胞中，可用一些血清学方法检测到。血清学阳性，说明绵羊和山羊感染了慢病毒，并具有传播病毒的能力。病毒通常是经口传播，通常是摄入含有病毒的初乳或乳汁，或者是吸入受感染动物的气溶胶颗粒造成传播。子宫内感染比较罕见。所有品种的绵羊和山羊似乎都易感，然而，一些品种对慢病毒存在一定的抵抗力。饲养管理状况可影响发病率。

【临床表现】2岁以内的绵羊很少出现症状，4岁以上的绵羊最常见。本病进展缓慢，主要特征是消瘦和呼吸困难不断加重。咳嗽、支气管渗出、沉郁和发热很少见，除非发生继发性细菌感染。可能发生非炎性的顽固性乳房炎。脑炎型（绵羊脱髓鞘性脑白质炎）病羊可出现共济失调、肌肉震颤或转圈，继而发展成不全麻痹，最终变为完全麻痹。

【病理变化】进行性肺炎的大体病变局限于肺和相关的淋巴结。当打开胸腔时，肺不会塌陷，而且异常硬度，重量增加（为正常的2～4倍）。在疾病的早期，难以看到肺变化；在疾病后期，肺出现灰色或棕色硬化区，呈斑驳状。纵隔及气管支气管淋巴结增大、水肿，整个肺部可见到间质性肺炎，血管周围及支气管周围淋巴细胞增生和平滑肌肥大。当发生CNS病变时，表现为脑膜白质脑炎并伴有继发性神经脱鞘。所有病变均为进行性的，并且均由宿主的细胞免疫反应所致，而非病毒的直接损伤。

【诊断】进行性肺炎的鉴别诊断包括肺腺瘤（南非羊肺炎，见下文）、蠕虫性肺炎和肺干酪性淋巴结炎。尸体剖检及受侵袭肺组织的病理组织学检查，对于上述几种肺炎的诊断非常有用。当出现神经症状（绵羊脱髓鞘性脑白质炎）时，还应考虑下述疾病的可能性：李斯特菌病、绵羊疯痒病、跳跃病、狂犬病、脑脊髓线虫病和占位性损伤。

在活体动物可使用琼脂凝胶免疫扩散（AGID）和ELISA检测。AGID特异性高（100%），检测灵敏度为11%（感染2周后）或约100%（感染5周后）。据报道，间接竞争ELISA试验有很高的灵敏度和特异性，在检测近期感染的动物时，出现假阴性结果。血清学试验被认为是检测受感染绵羊的有益手段，尤其在通过病理组织学检查或经病毒分离证实羊群发病时。PCR和病毒分离是检测病毒的敏感和特异的方法，但与血清学检测相比，二者更昂贵和费时。

【控制】对该病尚无有效的治疗手段，也没有可用的疫苗。控制和预防的唯一方法是血清学检测，并淘汰血清学阳性动物。由于潜伏期和血清抗体转化时间长，建议每隔1年再检测1次，甚至1年两次。除了血清学检测和淘汰措施外，应考虑隔离初生羔羊，尤其是在血清学阳性的羊群。应使用血清学阴性或经加热处理的绵羊初乳饲喂羔羊，或使用代乳品进行人工哺乳。

五、肺腺瘤病

肺腺瘤病（南非羊肺炎）是绵羊的一种传染性、病毒性的肺脏肿瘤病，山羊很罕见。欧洲、亚洲、非洲及南美洲和北美洲都报道了本病。

【病原】感染绵羊呼吸道分泌物具有传染性。病原是一种B/D型反转录病毒，绵羊肺腺瘤反转录病毒（JSRV）。地方性鼻肿瘤病毒是一种与反转录病毒密切相关的病毒，可引起绵羊和山羊的鼻上皮瘤（见上呼吸道地方性动物腺瘤/腺癌）。自然传播可能通过呼吸途径，密切接触（如在同一饲槽采食）可传播该病毒。

【临床表现】自然感染后的潜伏期可长达数月，所以，在绵羊2～4岁时一般才出现较明显的临床症状，当肿瘤变得很大或很多而影响呼吸时，才产生临床症状，感染绵羊体重下降，呼吸窘迫程度加重甚至喘息，不用听诊器也可听到湿性啰音。咳嗽不明显，在无继发感染时患羊无明显发热。迫使其低头时常有泡沫性黏液从鼻孔流出。发病后数月或数周可出现死亡，有时是死于继发的细菌性肺炎。

【病理变化】肿瘤局限于肺，少数见于相关淋巴结。肿瘤可从小结节状到广泛的硬化区不等，可波及到腹侧1个或多个肺叶。肿瘤变坚硬、灰色、扁平，界限很明显。呼吸道中存在大量白色的泡沫状液体。组织学变化是由柱状的II型肺泡细胞及支气管中的类似细胞（细支气管细胞，Clara cells）大量增生所致。

【诊断】当成年绵羊出现慢性体重减轻，呼吸困难，湿啰音，肺分泌物蓄积，大量浆液性鼻涕，不发热等临床症状时，可高度怀疑为肺腺瘤病。一个羊群中可有多只羊受到感染，但在一般只看到1或2只羊出现临床症状。目前，受累肺的组织学检查仍是确诊的有效方法。最近研究进展证明，在症状出现前，用PCR技术分析受感染绵羊血液单核细胞可检出JSRV。

【控制】该病没有特效疗法及可用的疫苗。凡表现有肺腺瘤病症状的羊只，一经确诊应立即清除。然而，亚临床感染的羊是病毒的携带者。

第十四节　小动物呼吸道疾病

呼吸道病常发生于犬和猫。尽管咳嗽和呼吸困难等临床症状通常与呼吸道的原发性疾病有关，但也可继发于其他器官系统的机能紊乱（如充血性心力衰竭）。

幼龄动物和老龄动物患呼吸道病的危险性比较高。初生时，呼吸系统和免疫系统的发育尚未完善，使病原体易于侵入并在肺内传播，并且发生肺泡充溢。老龄动物的慢性退行性变化，破坏了正常黏膜纤毛的清除功能和免疫学机能，可使肺更易受到空气传播的病原和有毒颗粒的损害。

原有的共栖微生物［包括多杀性巴氏杆菌、支气管败血性波氏杆菌、链球菌、葡萄球菌、假单胞菌（pseudomonads）及大肠菌类细菌（coliform bacteria）多种菌］，正常情况下存在于犬和猫的鼻道、鼻咽部、支气管上部，有时周期性地出现于肺中，而不引起临床症状。当呼吸道防御机制受下列因素的损害时，可造成条件性感染：①犬发生犬瘟热、副流感病毒或2型犬腺病毒原发性感染；猫发生鼻气管炎病毒或杯状病毒原发性感染；②其他损伤，如吸入烟雾或有毒气体时；③患充血性心力衰竭和肺肿瘤时。继发性细菌感染可使犬和猫呼吸系统病毒感染的防治复杂化，病原体可持续定殖于康复动物的呼吸道中。当动物受到应激时，疾病可复发；并且还可成为其他动物的传染源。饲养管理水平低（如过度拥挤）时，常常导致卫生及环境状况不良，应激使感染率升高，感染的严重程度加剧。感染的传播常发生于养猫场所、养犬场、宠物商店、运载工具和收容所等。

先天性异常，如鼻孔狭窄、软腭伸长及支气管狭窄，均可引起呼吸机能障碍。呼吸道的赘生物及退行性变化、气管塌陷，可导致呼吸困难及其他呼吸系统疾病的临床症状。

支气管塌陷常见于玩赏犬和小型犬，罕见于猫，其病原学不详。患病动物表现慢性干咳，呈吸气性或呼气性呼吸困难，动物也常常呈现肥胖及伴发心血管病和其他肺病（特别是慢性支气管炎）。针对肥胖动物，该病防治的关键在于减轻体重。其他措施包括：限制运动，降低兴奋和应激，以及用镇咳剂、抗生素、支气管扩张剂及皮质类固醇等药物进行治疗。

一、过敏性肺炎

过敏性肺炎为肺和细小气道的急性或慢性过敏反应。

【病原】犬和猫的肺过敏性反应的根本病因很难确定。Ⅰ型或速发型过敏反应可能是最普遍的机制，但Ⅲ型和Ⅳ型过敏反应也可参与其中（见免疫系统疾病）。典型的病理变化为嗜酸性粒细胞浸润，但是也可观察到由单核细胞、嗜酸性细胞、中性粒细胞组成的混合炎性浸润，或淋巴性细胞为主的浸润。

肺嗜酸性粒细胞浸润（Pulmonary infiltration with eosinophilia，PIE）是一组既与肺有关，又与外周嗜酸性粒细胞增多症有关的疾病，但并非所有的过敏性肺炎都与PIE有关。引起PIE的原因包括：寄生虫的移行、对犬恶丝虫微丝蚴的反应、肺线虫、慢性细菌或真菌感染（组织胞浆菌病和曲霉菌病）、病毒、外部抗原及未知的沉淀性因子。当犬被其微丝蚴致敏后，可发生犬恶丝虫性肺炎，猫感染犬恶丝虫后可见到类似的反应。肠道寄生虫和主要的肺寄生虫的移行，可引起亚临床型或温和型过敏性肺炎。

肺结节性嗜酸性肉芽肿综合征很少见，犬的严重肺嗜酸性粒细胞浸润样并发症常与恶丝虫感染有关。此时，由微丝蚴（或其他抗原）引起的严重的肉芽肿性过敏反应将导致肺泡和肺间质混合性浸润，并伴有大小不定、多发性肺结节分散于整个肺野。伴随的病理变化还包括嗜酸性肉芽肿性淋巴结炎、气管炎、扁桃体炎、脾炎、肠炎、胃炎和胆管周围炎。肺过敏症也可能由药物和吸入过敏原所引起，但在小动物有关这方面的文献记录太少。

【临床表现】最常见的症状是慢性咳嗽，既可为温和型，也可能很剧烈，或生痰性或非生痰性，或进行性或非进行性。发病动物体重下降，呼吸急促，呼吸困难，有喘鸣声，运动不耐受，偶尔还可见到咯血。患病严重的动物休息时表现中度到剧烈的呼吸困难和发绀。听诊时呼吸音的变化从正常到呼吸音增强，出现爆裂音或喘鸣音。通常不发热。呼吸困难和咳嗽的严重程度与呼吸道和肺泡内炎症的严重程度有关。

【诊断】诊断主要依据病史、X线检查及临床病理变化。胸部X线检查常可见不规则斑片状肺泡浸润，支气管及肺间质纹理增强。犬恶丝虫病或寄生虫性肺病的影像学检查可发现其潜在的病因。典型的血液学变化是轻度的白细胞增多症、程度不一的外周嗜酸性粒细胞增多症（4%～50%），偶尔为嗜碱性粒细胞增多。当怀疑肺寄生虫病或犬恶丝虫病时，可进行粪便检查或隐性犬恶丝虫检验。支气管肺泡灌洗液细胞学分析、培养及幼虫检查通常都助于诊断。患过敏性肺炎时，支气管灌洗液细胞学检查，常表明嗜酸性粒细胞占优势，对无菌收集的支气管灌洗液进行细菌培养，结果通常为阴性。

【治疗】发现根本原因后，消除致病因素并短期实施糖皮质激素治疗，可使问题得到解决。如口服泼尼松龙，开始时1～2 mg/kg（按每千克体重计），然后逐渐减量，用药10～14 d足以解决问题。当PIE继发于犬恶丝虫病或肺寄生虫病时，在治疗寄生虫病前或治疗中用泼尼松龙，可控制肺病症状。当不能确定起决定作用的病因，用泼尼松龙治疗时间常需要延长到3～12周。怀疑有严重支气管收缩（痉挛）时，可用支气管扩张剂或β$_2$-激动剂。对有严重呼吸困难的动物应给予吸氧。

二、犬鼻螨

犬鼻螨又称犬鼻肺刺螨（*Pneumonyssoides caninum*）或犬肺刺螨虫（*Pneumonyssus caninum*），此病分布广泛，在美国、加拿大、日本、澳大利亚、南非、意大利、法国、西班牙、挪威、瑞典、芬兰、丹麦和伊朗均有报道。

【病原与流行病学】犬鼻螨通常感染犬，也曾有银狐感染的报道。尽管有报道认为大于3岁的犬更易感染，大型犬的发病率高于小型犬，但犬鼻螨感染似乎没有品种、年龄和性别方面的差异。

螨虫寄生于鼻道和鼻旁窦，犬鼻肺刺螨的全部生命周期并不清楚。认为其传播是经犬与犬之间的直接或间接接触所致，目前没有证据显示犬鼻肺刺螨具有

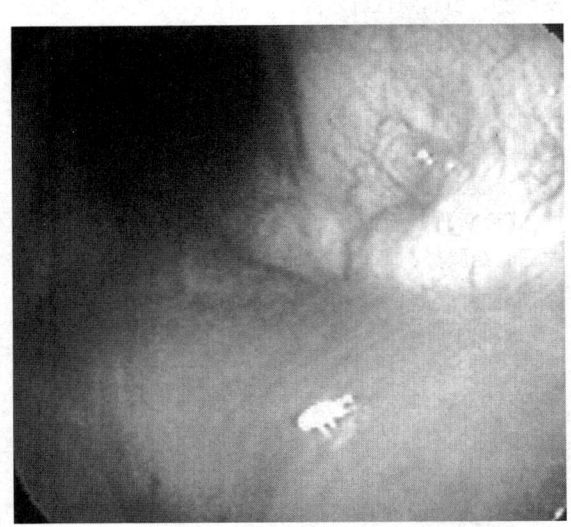

图12-8 鼻咽部螨虫的内镜检查图
（由Steven L. Marks 提供）

人畜共患的风险。

【临床表现】鼻螨感染后最常见的临床症状包括：鼻出血、打喷嚏、逆向喷嚏、嗅觉受损、面部瘙痒、流鼻液、摇头及喘鸣。其他的临床症状还包括咳嗽、烦躁不安、虚脱。上述症状并非犬鼻螨所特有，可见于多种上呼吸道疾病。

【诊断】可根据临床症状进行鉴别诊断，包括多种上呼吸道疾病，如鼻炎（原发性、继发性细菌、寄生虫或真菌感染）、口或鼻的赘生物、牙病（口鼻瘘）、鼻腔异物及喉麻痹。为了排除并发的全身性疾病，应进行全血细胞计数（CBC）、血清生化分析及尿液分析。如有鼻出血，除进行血小板计数外，还应考虑进行一步法凝血酶原时间、部分促凝血酶原激酶时间及口腔黏膜出血时间测定。

还应考虑拍摄鼻/牙X线片，做鼻腔X线检查。当临床症状提示有喉部疾病时，还应进行喉部检查。另一种成像方式，如CT还可提供出色的鼻腔和鼻旁窦影像。由于医源性损伤难以与原发性病变鉴别，更具侵袭性的诊断程序（如鼻镜检查，鼻冲洗，鼻活检）必须在影像学检查完成之后方能进行。

鼻镜检查和鼻冲洗是最有用的诊断方法。使用可弯曲鼻镜还可观察鼻后孔。采用U形弯头鼻镜（后屈视野）检查最直观。将鼻镜推入口腔，直到抵达软腭下可被勾住为止。再对其进行轻柔的牵引操作，检查人员即可观察到鼻后孔及尾侧鼻道。一些学者还报道将麻醉剂或氧气灌入鼻腔，以促使螨虫向鼻咽部及内镜移行。

鼻腔冲洗有助于犬鼻肺刺螨的鉴别诊断。通常是给患犬插带套囊的气管插管，全身麻醉患犬后，用纱布填塞住口咽部，用福利氏（Foley）导管（一种双腔气囊导管）或固定好的注射器，经外鼻孔用生理盐水冲洗并收集口咽部的冲洗液即可。亦可施用逆行性冲洗方法，即置改良的导管于软腭后，封闭鼻咽部，然后用生理盐水冲洗。该方法可经外鼻孔收集冲洗液。以上两种方法收集的冲洗液，均应使用光镜查找螨虫。若有螨虫，则用内镜检查或鼻腔冲洗液来进行鼻螨病的确诊。不过，该方法尚不能确定该病是原发还是继发。

【治疗】目前尚无用于犬肺刺螨虫治疗的药物，建议皮下注射或口服伊维菌素（200～400 µg/kg）、口服米尔倍霉素（1 mg/kg，连用3次，每次间隔10 d）及局部用司拉克丁进行治疗，但是治疗的病程未知。治疗有效率大于85%，且预后良好。但治疗并不能完全消除临床症状，在疑似感染而非确诊病例更是如此。在这种情况下，该症状很可能是由于并发上呼吸道疾病的结果。治疗是基于确切的诊断，但对于高度

疑似病例也可用经验性治疗。

三、猫呼吸道疾病综合征

猫呼吸道疾病综合征的典型特点是鼻炎、结膜炎、流泪、流涎及口腔溃疡。引起该病主要的病原有：猫病毒性鼻气管炎［feline viral rhinotracheitis（FVR）；Ⅰ型猫疱疹病毒］、猫嵌杯样病毒（feline calicivirus，FCV）、猫衣原体（Chlamydia felis），或混合感染，引进的猫和当地品种猫均可感染。猫的肺炎（鹦鹉热衣原体和支原体感染）似乎不太重要。典型的猫传染性腹膜炎可引起全身性疾病，但引起上呼吸道感染症状较轻。

FVR和FCV有宿主特异性，尚未发现对人类有威胁。据报道，猫的衣原体可引起人的结膜炎。

【病原】大多数急性猫上呼吸道感染是由FVR病毒引起的，但FCV在某些种群中的感染也很普遍，也可发生两种病毒的双重感染。其他病原体，如猫衣原体（C. felis）、支原体属和呼肠孤病毒，认为是引起其他感染的病原，或使FVR或FCV感染更为严重。伴有汉赛巴尔通体菌（Bartonella henselae）感染时也会加重猫上呼吸道感染。

这类病原可通过气溶胶飞沫及污染物自然传播，饲养人员也可将其传递给易感猫。康复的猫可携带病毒数月。FCV可持续排出，而传染性的FVR病毒可间歇性释放。应激可加重继发症。FVR和FCV的潜伏期为2～6 d，肺炎的潜伏期为5～10 d。

【临床表现】FVR的初期特征为发热、频繁打喷嚏、结膜炎、鼻炎、常流涎、兴奋或运动可诱发喷嚏，发热可至40.5℃，但可消退并波动于正常体温至39℃之间。起初出现浆液性鼻液和眼泪，很快分泌物就变成脓性黏液，而且数量增多，这时出现明显的精神沉郁和厌食。严重衰竭的猫可出现溃疡性口炎，有些猫出现溃疡性角膜炎。轻症病例症状可持续5～10 d，而重症病例可延续到6周。除了幼猫和老猫以外，一般死亡率较低，预后较好。通常病程会延长并出现明显的体重下降。FVR常并发继发性细菌感染，导致流产或全身性感染。

猫的FCV有很多血清学上相关的毒株，这些病毒似乎对猫的口腔上皮和肺的深部组织具有亲嗜性。有些FCV无致病性，有些病毒仅仅引起流涎和舌、硬腭或鼻孔的溃疡；另一些病毒可导致肺水肿及间质性肺炎。临床上，常常不可能鉴别FVR和FCV感染。有两株可引起暂时性的"跛行综合征"，而没有口腔溃疡和肺炎症状，表现为一过性发热，后肢交替跛行，触诊时感染的关节出现疼痛。这些症状最常发生于8～12周龄的幼猫，常不用治疗即可恢复。这种综合征可发生于FCV免疫接种的幼猫，尚无疫苗能保护这两株病毒感染导致的"跛行综合征"。

杯状病毒也可在淋巴细胞-浆细胞性齿龈炎和口炎的猫中发现。浅表的病变会很快愈合，发病动物可在发病后2～3 d恢复食欲。临床病程常持续7～10 d。急性发热反应、食欲下降、精神沉郁是常见症状，也可出现浆液性鼻炎和结膜炎。

猫亲衣原体（C. felis）感染的特征是引起结膜炎，感染猫偶尔打喷嚏，也可能发热。随着疾病进展，从浆液性眼泪到黏液脓性结膜炎、淋巴细胞浸润及上皮细胞增生，康复期中的猫还会复发。

支原体可感染眼和上呼吸道，特征是产生严重的结膜水肿，但鼻炎不严重。

正规免疫接种的成年猫，很少发生严重的病毒性上呼吸道疾病。这类猫应检查其他比较少见的上呼吸道疾病，包括猫白血病病毒和猫免疫缺陷病病毒并发感染的免疫缺陷病。

【病理变化】病变常局限于呼吸道、结膜和口腔。FVR感染使结膜和鼻黏膜变红、肿胀、并覆有浆液性至脓性渗出物。严重病例可出现局灶性坏死。喉和气管可能有轻度炎症，肺可发生充血，并伴有小范围硬化。除受应激的幼猫外，很少看到肺的病变。FVR感染独特的组织学病变是产生嗜酸性核内包含体。在疾病早期，包含体可存在于舌、鼻黏膜、扁桃体、会厌、气管和瞬膜的上皮坏死细胞中。出现包含体是短暂性的。FCV感染不出现包含体。

FCV引起的特征性病变是口腔黏膜溃疡。舌和硬腭的病变开始为水疱，随后破裂。溃疡偶尔会出现在鼻中隔上皮。较强毒力的FCV可破坏支气管和肺泡上皮细胞，引起急性肺水肿，进而发展成浆液脓性细支气管增生和间质性肺炎。

猫肺炎的早期，病原微生物可通过结膜涂片或刮取物涂片的姬姆萨染色来鉴定细胞质内原生小体（包含体）。支原体主要以细胞外球形体的形式存在，常见于结膜上皮细胞的表面。

【诊断】初步诊断可依据典型的临床症状，如打喷嚏、结膜炎、鼻炎、流泪、流涎、口腔溃疡及呼吸困难。FVR常常感染结膜和鼻道，而FCV常常感染口腔黏膜及下呼吸道。衣原体感染可引起慢性的轻度结膜炎。以上这些特征可因混合感染而难以明显区分。姬姆萨染色结膜刮取物进行细胞学检查，可作为衣原体和支原体有效的鉴别方法。确诊要依靠病原体的分离和鉴定。口咽部黏膜、外鼻孔和结膜囊是首选的采集部位。然而，间断性排放病毒，以及因有病的猫和临床上正常的猫之间血清流行病学和病毒分离率相仿，因此诊断FVR较为困难。

【治疗】治疗主要用对症疗法及辅助疗法。广谱抗生素对继发细菌感染［如阿莫西林-克拉维酸、头孢菌素、复方磺胺甲恶唑、氟喹诺酮、四环素、氯霉素（译者注：氯霉素在我国已禁止用于食品动物）］有效，对猫亲衣原体也有效。四环素对猫亲衣原体十分有效。应经常清除鼻腔及口腔的分泌物，使猫感到舒适。雾化法和盐水滴鼻有助于黏性分泌物的清理。鼻腔滴入血管收缩药（如0.25%硫酸麻黄碱溶液，每鼻孔2滴，每日2次）和抗生素有助于减少鼻腔渗出量。长时间应用鼻充血减轻剂会导致鼻反弹性充血及恶化临床症状。应使用含抗生素（猫亲衣原体感染时用四环素）的温和性眼膏，每日5～6次，可防止干性分泌物对角膜的刺激。如果FCV感染引起角膜溃疡（疱疹性角膜炎），可使用含碘苷或阿昔洛韦或加有抗生素的眼科制剂。口服赖氨酸（250 mg，每日2～3次）可干扰疱疹病毒的复制及减轻FVR的感染。如果呼吸困难较重，应将猫放入氧气帐中。输液以矫正脱水，需要经鼻饲。对严重衰弱的猫应施行食管造口术和插管饲喂。疾病的早期阶段可用抗组胺药（口服扑尔敏，每日2次，成年猫8 mg，幼猫4 mg）有助于缓解病情。

【预防】现有两种类型FCV-FVR弱毒疫苗。第一种类型的疫苗是非经肠途径使用；9周龄以上的猫应免疫2次，间隔期为3周，幼猫应每隔3～4周免疫1次，直至12周龄。成年猫每1～3年用单次剂量重复接种1次。

第二种类型的疫苗主要用于健康猫，将疫苗滴入结膜穹窿和鼻道。应告知猫的主人口鼻途径接种后通常会打喷嚏4～7 d。接种疫苗的小猫到12周龄时应再免疫1次。最好每年用单次剂量重复接种1次。

现有FVR-FCV弱毒疫苗可经非肠途径接种，可与灭活疫苗或弱毒（猫传染性粒细胞缺乏症）疫苗联合使用。经非肠道途径接种的完全灭活病毒疫苗亦有销售。

鸡胚或细胞系培养的猫亲衣原体疫苗接种可用非经肠道途径给予。12周龄以上的猫应使用单次剂量；幼猫到16周龄时应重复免疫1次，所有的猫都应每年免疫1次。已确认猫的住所被猫衣亲原体感染，就应使用这些疫苗。衣原体疫苗和FVR-FCV、传染性粒细胞缺乏症疫苗均有市售。规范的免疫接种和控制环境因素（与病猫接触、过度拥挤和应激）可提供良好的对上呼吸道疾病的保护作用。

四、肺吸虫

猫肺并殖吸虫（*Paragonimus kellicotti*）和卫氏并殖吸虫（*P. westermani*）常见于动物的肺囊肿，如犬、猫及其他一些家养或野生动物的肺中。偶尔可见于其他脏器或脑中。肺吸虫感染最常见于中国、东南亚和北美。卫氏并殖吸虫是中国与其他远东国家人与其他动物的一种寄生虫。

成虫呈肉样，淡红棕色，卵圆形，大小约为14 mm×7 mm。虫卵棕黄色，卵圆形，有明显的卵盖，大小约100 μm×60 μm。虫卵穿出包囊壁，被咳出，后又被吞咽，最后进入粪便。在其生活周期中，螺为第一中间宿主，小龙虾和蟹为其第二中间宿主。犬和猫食入含有带囊尾蚴的生小龙虾或蟹后被感染。吸虫的幼虫穿过肠壁进入腹膜腔，穿过横膈入肺，并在其中定居。

感染的动物会产生慢性的、深部的、间歇性咳嗽，最终会衰弱和昏睡，但很多感染往往注意不到。在粪便和痰中发现特征性虫卵即可作出诊断。X线检查可确定肺内病变位置。异常感染可用血清学方法鉴定。

口服芬苯达唑（50 mg/kg，每日1次，连用10～14 d）或口服阿苯达唑（25 mg/kg，每日2次，连用14 d）能有效地减少产卵存活时间，最终杀死寄生虫。口服吡喹酮（25 mg/kg，每日3次，连用3 d）能有效治疗犬肺吸虫。

五、肺线虫

另见肺蠕虫。

（一）奥妙猫圆线虫

奥妙猫圆线虫是猫最常见的肺线虫，世界多数地方均已发现，包括美国、欧洲和澳大利亚。这是一类很小的寄生虫（雄虫7 mm，雌虫10 mm），寄居于深部肺组织中。卵被挤入肺泡管和邻近肺泡，形成小结节，并在其中孵化，一旦幼虫从中脱出，就被咳出、吞咽，并进入粪便中。在感染动物粪便中的幼虫呈紧密蜷曲状，有波浪形尾并带有刺，虫体长度小于400 μm。在其生活周期中，螺和蛞蝓为第一中间宿主，蛙、蜥蜴、鸟类及啮齿动物可作为有囊幼虫的转运宿主，一旦猫食入任意转移宿主，幼虫便从胃穿出，经腹腔和胸腔进入肺中，在24 h内幼虫即可进入肺中，大约1个月后可在粪便中见到幼虫。

尽管本病的感染率较高，但通常缺少临床诊断的体征。可见到慢性消瘦、咳嗽、呼吸困难及肺喘鸣音。肺常出现灰色硬化、直径为1～10 mm的突起结节；慢性病例还可见到广泛的肺泡病变。治疗通常很困难而且往往不必要，口服芬苯达唑（50 mg/kg，每日1次，连用10～14 d）或皮下注射伊维菌素（400 μg/kg，隔3周后再用药1次，连用2次）有疗效。

（二）嗜气毛细线虫

嗜气毛细线虫，常寄生于狐狸的额窦、气管、支气管，罕见于鼻腔，但在犬和其他食肉动物中也有发现。其长度为25～35 mm，雌虫产卵两端带有卵塞，类似鞭虫虫卵，但其卵壳是无色到淡绿色且有纹孔。虫卵产于肺中，被咳出并吞噬至胃，进入粪便。虫卵可通过气管冲洗、支气管肺泡灌洗或用粪便漂浮法检出。其生活周期是直接型；犬可因食入幼虫卵污染的食物和水而感染，幼虫在肠道孵化后，通过循环系统进入肺和支气管。感染后约40 d幼虫可成熟。

临床症状包括咳嗽、打喷嚏和流鼻液。治疗可口服芬苯达唑（50 mg/kg，每日1次，连用10～14 d）或皮下注射伊维菌素（200 µg/kg，隔3周后再用药1次，连用2次）。

（三）类丝虫

奥氏丝虫是犬的气管蠕虫，常常见于支气管分叉处周围的薄壁结节中。美国、南非、新西兰、印度、英国、法国和澳大利亚已发现类丝虫。雄虫约5 mm，雌虫约10～15 mm，生活周期为直接型。感染的母犬可在舔舐和清洁幼犬时，通过唾液将幼虫传递给幼犬。食入后，通过血液到达肺和支气管。

最常见的临床症状是持续性干咳，伴有严重呼吸困难。从粪便中检查到幼虫具有诊断意义，但由于这些幼虫不活动且数量不多，故支气管镜检是最好的方法。外科切除结节及联合使用芬苯达唑、左旋咪唑和噻苯咪唑，可有效治疗感染的犬。单独使用化学药物也能成功治疗，但有时不能痊愈。

褐氏类丝虫（Filaroides hirthi），类似于欧氏类丝虫，见于肺实质中。雌虫生殖方式为卵胎生。成虫在肺实质的巢中，引起局灶性肉芽肿反应。轻度感染很难诊断。硫酸锌漂浮法常常比贝尔曼氏法更有效。据报道，先口服芬苯达唑（50 mg/kg，每日1次，连用10～14 d），或口服阿苯达唑（25 mg/kg，每日2次，连用5 d为1疗程，2周后再重复治疗1疗程）有效。皮下注射伊维菌素（200 µg/kg，隔3周再用药1次，连用2次）也有效果。

六、呼吸系统肿瘤

（一）鼻腔与副鼻窦肿瘤

这种鼻腔与鼻旁窦肿瘤占所有犬和猫肿瘤的1%～2%。犬的发病率是猫的两倍，两种雄性动物的发病率比雌性高。诊断发病的平均年龄，犬为10.5岁、猫为12岁。犬中鼻腔肿瘤几乎全是恶性的，60%～70%为癌，其中以腺癌最多。犬的筛鼻甲骨是常发部位。长头型和中长头型犬种比短头型犬种似乎有更高的发生率。猫的鼻腔肿瘤中有90%是恶性的，最常见的是淋巴肿瘤，其次是癌。典型的鼻和鼻旁窦瘤是局部侵袭性的，很少发生转移；发生转移的多半是癌，且多发于疾病晚期。常见的转移部位是局部淋巴结、肺和脑。犬比猫更易发生副鼻窦肿瘤。若不予以治疗，确诊后一般可存活3～5个月。

最常见的临床症状是慢性流涕，可能是黏液性的，也可能是脓性的或浆液血液性的。起初流涕是单侧的，但常常发展为双侧性。也可发生周期性打喷嚏、鼻出血和呼吸鼾声。由于骨或鼻窦软组织结构受到破坏，可导致面部或口腔变形。肿瘤扩散到眼球后部，导致眼球突出症及暴露性角膜炎。如果鼻泪管阻塞会发生继发性溢泪。在疾病后期，如果肿瘤侵入颅腔，则会出现CNS症状（如定向力障碍、失明、癫痫发作、麻痹和昏迷）。

病史和临床症状是诊断依据，要排除其他原因引起的喷嚏、流涕或面部变形。鼻腔X线检查或CT检查可见典型的鼻腔及额窦密度增加，以及骨骼受破坏的迹象。对慢性鼻部疾病CT诊断的可靠性优于X线检查。确诊要靠对肿瘤的活组织检查。

治疗主要依据肿瘤的形状和病变范围。用放射疗法治疗犬鼻腺癌。如果早期诊断，采取大范围的外科切除、化疗、放疗或联合几种方法，则预后良好。

（二）喉及气管肿瘤

犬和猫患喉及气管肿瘤较少见。据报道，犬的喉肿瘤多为大嗜酸性粒细胞瘤、鳞状上皮细胞瘤、肥大细胞瘤、黑色素瘤和骨肉瘤；最常见的猫喉肿瘤为鳞状细胞瘤、淋巴肉瘤和腺瘤。犬和猫也发生良性的炎性喉息肉。气管肿瘤非常罕见。气管软骨发育异常（骨软骨瘤）是一种气管良性瘤，主要见于1岁以下的犬。其他良性的间质肿瘤、癌和肉瘤也偶尔可见。

喉肿瘤的最常见症状包括：吸气性呼吸困难、喘鸣、声音改变（嘶哑或失音）、咳嗽、劳累性呼吸困难。与气管肿瘤有关的典型的临床症状是咳嗽、呼吸困难、喘鸣及较少见的咯血。喉和气管肿瘤可出现上呼吸道阻塞症状（吸入性或呼出性呼吸困难）。呼吸困难的程度与管腔的阻塞程度有关。

诊断要根据病史和临床症状，要排除其他原因引起的上呼吸道阻塞或咳嗽。喉镜或气管镜可确定肿瘤大小。确诊要做活组织检查。

外科手术切除是首选的治疗手段。放射治疗对射线敏感的肿瘤有暂缓作用，如鳞状细胞瘤、肥大细胞瘤和淋巴瘤。治疗犬气管软骨发育异常，手术切除是最有效疗法。

（三）原发性肺肿瘤

犬和猫的这类肿瘤很少见，但是最近20年来，有关肺肿瘤报道至少增加了1倍。这是由于动物平均寿命增加、检测手段不断改进和有关知识不断增多及暴露环境致癌物增加的缘故。诊断原发性肺肿瘤的平均年龄，犬为10～12岁，而猫为12岁。该病在犬、猫中没有品种和性别差异。原发性肺肿瘤常起源于末端小支气管和肺泡，偶尔以继发肿瘤形式出现，从而使原发性和转移性肿瘤的鉴别变得困难。

　　犬和猫的原发性肺肿瘤中80%以上是恶性的，腺癌和退行性癌是最常见的形式。猫的鳞状细胞癌比犬的更常见到。原发性肺肉瘤和腺癌在犬、猫中都较罕见。原发性肺肿瘤一般可转移到肺的其他部位、气管淋巴结、骨骼及大脑。约50%犬的腺癌可通过呼吸道转移至肺。肿瘤也可转移到胸膜、心包、心脏、横隔膜以及其他胸外部位，如肝、脾及肾。犬患乳头状（支气管肺泡）腺癌比患其他肺肿瘤预后要好，但组织学分级和临床症状的观察是判断预后及存活的决定因素。犬患有中等或低分化的肿瘤，早期复发和转移的频率较大。

　　【临床表现】　原发性肺肿瘤有多种临床症状，这取决于肿瘤的位置、肿瘤生长的速度、有无原发或并发的肺病，以及畜主对该病的认识。共同的症状包括：咳嗽、厌食、体重下降、运动耐力减小、瞌睡、呼吸急促、呼吸困难、喘鸣、呕吐或反胃、发热和跛行。犬的最常见症状是慢性、无痰性咳嗽。猫的咳嗽不常见，更常见到的是非特异性症状，如厌食、体重下降、呼吸困难及呼吸急促。犬和猫的呼吸急促或呼吸困难都表示肿瘤的负荷或胸腔积液。猫患原发性肺肿瘤后，胸腔积液很常见。跛行可能是由于肥大性骨病（猫不常见），或是肿瘤转移到骨骼或骨骼肌的缘故。胸腔听诊可能正常，呼吸音增强与肺气道疾病相关，呼吸音低沉是由于肺硬化或胸腔积液的缘故。

　　【诊断】　有1/3或更多的原发性肺肿瘤是在X线检查其他疾病或尸检时偶然被发现的。当动物表现有关临床症状时，胸部X线检查对该病的初步诊断非常必要。犬的原发性肺肿瘤有多种形式，或单一病灶，或多个局限性块状病变，或全肺弥散型，或一个肺叶实变。猫的单一局限性块状病变较少见，而全肺弥散型或一个肺叶实变很常见。胸腔积液在猫较普遍，而在犬则不多见。犬、猫都可发生胸壁损伤或肺门淋巴结病变。其他肺病也可能有相似的肺部X线表现，通过排除其他原因可作出初步诊断，但确诊则要靠活组织检查。

　　【治疗】　外科手术切除病变肺叶是首选的治疗手段。不能手术的或转移的瘤可通过化疗得到控制。分化良好的犬原发性肺肿瘤，无淋巴结转移，术后平均存活时间为15～26个月，如果确诊时已有淋巴结转移，其存活时间就会缩短。复发和肿瘤的转移是引起死亡的常见原因。

（四）转移瘤

　　局限的肿瘤可通过血液、淋巴途径或者是肿瘤细胞的直接扩散至全肺。某些原发性肿瘤，如乳腺癌、骨肉瘤、血管肉瘤及口腔黑色素瘤，最常转移至肺脏。肺脏可能是肿瘤转移的唯一部位，或者在其他器官也同时出现转移。对于前一种情况，诊断方法是确定潜在的原发性肿瘤，或仔细复查病史，以揭示以前是否做过肿瘤切除。如果恶性肿瘤的晚期出现肺转移，则预后不良。

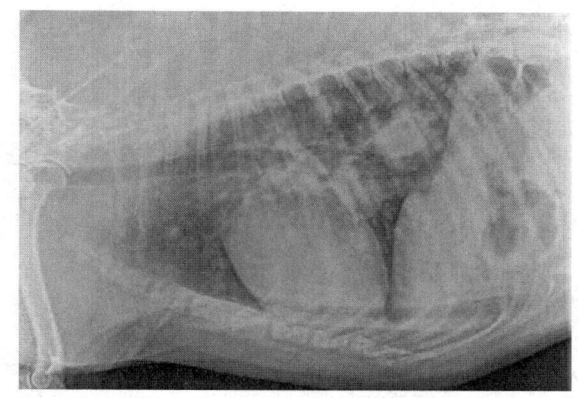

图12-9　犬肾细胞癌肺转移侧位X线片
（由Ned Kuehn博士提供）

　　除了咳嗽较少见以外，转移瘤的临床症状类似于原发性肺肿瘤。症状的严重程度取决于肿瘤的解剖位置及病变是单一性的还是多发性的。

　　诊断与肺原发性肿瘤类似，由于常规X线检查常显示不出小的病灶（直径≤3 mm），因此40%以上的肺转移瘤病例可能被忽视。

　　已知肿瘤有较高的肺脏转移率，因此，切除肿瘤前应做胸部X线检查。治疗癌症的主要目的在于防止肿瘤的转移，而不是将其消灭。生长缓慢或单一的肿瘤转移，适于外科切除治疗。对某些不宜外科手术切除的肿瘤，施行化疗或放疗可能有效。总之，肿瘤肺转移的动物常预后不良。

七、肺炎

　　肺炎为肺和支气管的急性或慢性炎症，特征是呼吸机能紊乱及低血氧症，还并发由有关毒素引起的全身性反应。常见原因有为下呼吸道的原发性病毒感染。

　　犬瘟热病毒、Ⅰ型和Ⅱ型腺病毒、副流感病毒及猫嵌杯样病毒可导致远端气道的损伤，诱发继发性细菌感染。寄生虫侵入支气管，如类丝虫（*Filaroides*）、猫圆线虫（*Aelurostrongylus*）或并殖吸虫属（*Paragonimus spp.*）均可导致肺炎。原虫，如鼠弓形体（*Toxoplasma gondii*）引起的肺炎较少见。结核性肺炎尽管不常见，但犬比猫更常见。犬的霉菌性肉芽肿肺炎比起猫的发生率高。猫的隐球菌性肺炎已有报道。支气管黏膜的损伤或吸入刺激物，可直接导致肺炎并易继发细菌感染。吸入性肺炎可由连续性的呕吐、食道机能异常、不正确的灌药（如油和硫酸钡）及强制饲喂引起，有腭裂的新生仔吸吮后也可引起。

【临床表现】最初的症状多是原发疾病的症状。常见嗜睡和厌食，可见深咳嗽。尤其在运动后，进行性呼吸困难、以唇"吹气"以及发绀比较明显。体温中度升高并可能有白细胞增多症。听诊时常发现肺实变区，实变区可不均匀分布，但弥散性分布更常见。在肺炎的晚期，通过X线检查可观察到由于炎症过程引起的肺密度的增加和支气管周围的实变。可能出现并发症，如胸膜炎、纵隔炎或条件性致病菌的入侵。

【诊断】支气管肺泡灌洗液的分析对细菌性感染的诊断是有价值的。细胞学检查可以反映动物的免疫反应状态，可确定细胞内或细胞外的细菌位置。尤其对顽固病例，有必要做细菌培养和药敏试验，包括厌氧菌和支原体的培养。病毒性病因一般会导致初期体温升高到40～41℃。通常可预料出现白细胞减少症，但在很多病毒性呼吸道感染中（如犬传染性支气管炎、猫嵌杯样病毒性肺炎、猫传染性腹膜炎肺炎）看不到。最近作过麻醉或有过严重呕吐病史的，可能患有吸入性肺炎。急性感染的动物可能在发作的24～48 h内死亡。霉菌性肺炎通常呈慢性病症。尸检时常发现粟粒状结节，提示原虫性肺炎。

【治疗】动物应置于温暖、干燥的环境。若有贫血应予以纠正。如果发绀严重，可用氧气疗法，可施氧气笼罩，氧气浓度为30%～50%。根据经验，应尽早使用抗菌化学疗法。若需要，可根据支气管肺泡灌洗液的分析结果更换药物。根据需要进行辅助疗法，如补充氧气、肺的物理疗法（喷雾疗法和轻拍背部）及支气管扩张药。治疗后48～72 h发现无效，则应重新评价治疗方案。抗菌化学疗法应在临床症状消退和X线检查未见异常后继续使用1周。

应经常对动物复查，间隔一定时期拍1次胸片，以监测肺炎复发情况及早期潜在疾病过程，以及检测一些并发症，如肺实变、肺不张和脓肿形成。

八、肺血栓栓塞

另见血栓症，栓塞与动脉瘤。

肺血栓栓塞（pulmonary thromboembolism，PTE）是指肺的一个或多个血管被血块阻塞所致的疾病。尽管有病的动物或处于某种疾病状态的病人为数很多，而且使用了较低的诊断标准，但PET真实的发病率仍不明确。动物PET死亡率尚不明确，但可能不低。动物得以生存全靠早期诊断和适宜的治疗。

在肺血管系统的静脉循环中，血栓栓子受阻，如果阻塞得很结实，则会产生肺血液动力学的后遗症。先前存在心脏或呼吸功能损伤的动物，则更易患病且较严重。PTE的急性肺损伤的后果包括通气/血流比例失调、低氧血症、强力呼吸及支气管收缩。PTE血液动力学后遗症与阻塞的程度及同时存在的心肺疾病有关。可出现心肌缺血、心律不齐和右心心力衰竭症状。因心脏静脉回流减少，肺动脉血流严重受阻，其结果心排血量减少。

犬的PTE的发生与蛋白丢失性肾病、犬恶丝虫病、心内膜炎、心肌病、坏死性胰腺炎、皮质醇增多症、免疫介导的溶血性贫血、败血病、糖尿病、肿瘤、动脉粥样硬化、创伤及大型外科手术有关。猫的PTE多半与心肌病和肿瘤有关。

【临床表现】PTE呈非特异的临床症状，症状可轻可重，反映了心肺功能损伤的严重程度。常见呼吸困难、呼吸急促、精神抑郁。咳嗽、发绀、咯血、虚脱、休克及猝死均有可能发生。

【诊断】PTE与很多其他疾病相似，譬如肺炎、肺水肿、肺出血、肿瘤和胸腔积液，因此诊断常常困难。常规诊断试验，如胸部X线检查、动脉血气分析是非特异性诊断，难以确诊。患有PTE的犬和猫，胸部X线检查时正常分别占9%～27%和9%。X线检查常低估临床呼吸功能损伤严重度，因此应怀疑PTE。血气分析显示低氧血症和低碳酸血症，表明气体交换效力低下，即使血气值正常也不能排除PTE。超声心动图可辅助评估、说明病情变化，提示PTE和肺动脉高压（右心室、肺动脉及下腔静脉扩张；右心室运动机能减弱、三尖瓣返流及异常的中隔心室壁运动）。超声心动图结果正常也不能排除PTE诊断。螺旋CT血管造影或选择性肺血管造影对人的PTE诊断是黄金标准，但这些先进的影像学研究只在个别的兽医研究所里才能开展。

【治疗】越早治疗越好，包括呼吸和心血管系统的支持疗法、防止血栓的形成和复发或溶栓治疗。当呼吸困难明显或动脉血氧饱和度低于92%时，应给予补氧和使用支气管扩张剂。虽然未分级，肝素或低分子量肝素抗凝血药不能溶解血栓，但能抑制血栓扩散并防止静脉血栓的复发。抗血小板药，如阿司匹林或氯吡格雷，可以合用，但不能替代抗凝疗法。溶血栓药能快速溶解血栓，改善心血管功能，并改善血液动力学的稳定性，从而减少大面积PTE患者的死亡率及休克。用链激酶和组织型纤溶酶原激活物等血栓溶解剂的兽医经验有限。

九、鼻炎与鼻窦炎

鼻与鼻窦黏膜的炎症可为急性或慢性炎症。

【病原】病毒感染是犬与猫急性鼻炎/鼻窦炎的最常见原因。猫病毒性鼻气管炎（FVR）、猫嵌杯样病毒（FCV）感染、犬瘟热、犬1型和2型腺病毒感染，以及犬副流感是最常见的病因。FCV和FVR有慢性感染型，表现为间歇性排毒，这种现象与应激反应有关。细菌性鼻炎或鼻窦炎往往是继发的并发症。犬的原发性细菌性鼻炎非常罕见，细菌性鼻炎可能是感染败血波氏杆菌所致。有慢性鼻窦炎的猫，细菌性鼻炎似乎是常见的合并因素。过敏性鼻炎或鼻窦炎是一种难以确定的遗传性过敏症，发病有季节性，可能与花粉有关。该病亦可常年发生，可能与房舍尘土及霉菌有关。吸入烟雾或刺激性气体和灰尘，或异物卡塞于鼻道都可引起急性鼻炎。

由于原发性鼻疾病使鼻黏液增多，而改变了黏膜纤毛清除鼻内废物的功能，慢性鼻炎常继发细菌感染或定殖。慢性鼻炎的潜在病因包括特发性慢性炎症性疾病（淋巴质浆细胞鼻炎）、创伤、寄生虫（黄蝇属，Cuterebra）、异物、赘生物或霉菌感染。猫的慢性鼻窦炎常是急性病毒感染的后遗症，引起鼻和窦黏膜腺体增生及上皮细胞的变化。当顶齿根脓肿扩散到上颌骨隐窝时，会产生鼻炎或窦炎。霉菌性鼻窦炎可由新型隐球酵母、曲霉菌属和青霉菌属（Penicillium spp.）引起。猫比犬更易感染隐球菌，而曲霉菌感染多见于犬，罕见于猫。

【临床表现】急性鼻炎的特征为流鼻涕，打喷嚏，抓挠面部，呼吸鼾声，张口呼吸和吸气性呼吸困难。上呼吸道炎症常伴发流泪和结膜炎。感染组织常充血和水肿。鼻液为浆液性，但继发细菌感染后变成黏液性。如果黏膜出现炎症细胞浸润，鼻液会变为黏液脓性。打喷嚏，是为了清除上呼吸道的分泌液和渗出物，最常见于急性鼻炎，而慢性鼻炎倾向于间断性打喷嚏。也可见到吸入反射（"逆向喷嚏"），这是一种短时间的用力吸气的阵发性动作，以利于清除鼻咽部的阻塞物。

当发炎的黏膜和腺体及其分泌物使鼻道变窄时，出现呼吸鼾声、张口呼吸及吸气性呼吸困难。急性单侧性鼻流涕，若伴有抓挠面部，则提示鼻腔可能有异物。初期为单侧而后变成双侧性的慢性流鼻液，或者鼻液由黏液脓性变为浆液血液或鼻出血，则提示肿瘤性或真菌性疾病。约35%的鼻隐球菌病猫出现鼻嘴部面部畸形（背侧肿块）。犬真菌性鼻炎多表现为头部回避行为和面部疼痛。

【诊断】要依据病史、体检、放射影像学（特别是CT）、鼻镜检查、鼻活组织检查、深部鼻组织培养，排除引起流鼻液和打喷嚏的其他原因。应用先进的成像技术和鼻活组织检查，只能对36%的猫慢性鼻病和53%的犬慢性疾病作出特异性鉴别（如真菌性鼻炎、赘生物和异物）。

隐球菌抗原的血清效价测定是鼻隐球菌病特异而敏感的检测方法。曲霉菌病的血清学评价有不少问题，阴性试验结果并不能排除感染的可能。鼻组织培养法检查曲霉菌（Aspergillus）也会出现假阳性结果，正常犬的假阳性率可达30%，而患鼻肿瘤的病犬可达40%。血清学阴性结果并不能排除鼻曲霉菌病，但只要血清学阳性，加之鼻组织培养检出曲霉菌，则高度提示曲霉菌感染。

【治疗】对轻症或急性型病例，辅助疗法即可奏效。患有重症鼻窦炎的幼猫或成年猫，则需经非肠途径补液，以防脱水，并借鼻胃管补充营养，以维持体重。继发细菌感染的慢性鼻窦炎要用抗菌的化学药物治疗3～6周。间断使用血管收缩药，以减轻鼻腔充血，但只能暂缓鼻黏膜的充血状况。

真菌性鼻窦炎应根据真菌病原体的鉴定结果实施抗真菌药治疗。口服氟康唑（50～100 mg，每日1次）或口服伊曲康唑（50～100 mg，每日1次）可有效地治疗猫鼻隐球菌病。单独口服伏立康唑（voriconazole，4 mg/kg，每日2次）或联合口服特比萘芬（terbinafine，15 mg/kg，每日2次，连用1个月）对犬鼻曲菌病有一定的效果，但口服抗真菌药的治疗效果差别很大。鼻内局部应用恩康唑（enilconazole）或克霉唑（clotrimazole）或复方克霉唑溶液和长效乳膏剂，经鼻窦滴入，治愈率可达90%以上，但仍有再次感染和复发的可能性。

对药物治疗无效的病例需外科手术治疗，包括窦切开术或鼻切开术，灌洗、活组织检查以再次确诊。对鼻腔肿瘤，实施放射治疗是最可行的方法。

十、扁桃体炎

【病原】犬的扁桃体炎常见，但猫则较为罕见。扁桃体炎在犬类很少作为原发性疾病发生，若有发生则常见于小型犬种。该病可继发于鼻、口或咽部病症（腭裂）、慢性呕吐或返流（巨食管症），或慢性咳嗽（支气管炎）。慢性扁桃体炎也可发生于短头型犬，而这种犬常患有咽炎，伴有软腭伸长和咽部黏膜增生等病症。认为幼犬的慢性扁桃体炎是咽部防御机制成熟的象征。

大肠埃希菌、金黄色葡萄球菌和溶血性链球菌是扁桃体炎的致病菌，常从发炎的扁桃体中培养分离。植物纤维或其他异物卡于扁桃体窝中，可导致局限的单侧炎症或扁桃体周围脓肿。其他物理或化学因素也可刺激口咽部及单侧或双侧扁桃体。扁桃体炎也可伴有由物理创伤或继发细菌感染造成的扁桃体赘生物。

【临床表现与诊断】 扁桃体炎并非总是伴有明显的临床症状。发热和不适不常见，除非发生全身性感染。作呕，呕逆或短暂轻度咳嗽，并有少量黏液排出。严重的扁桃体炎可出现食欲不振、倦怠、流涎和吞咽困难。

扁桃体肿大可能仅仅突出隐窝，或可能形成足够大的团块，引起吞咽障碍或吸气性喘鸣。腐败化脓性渗出物可包围扁桃体，扁桃体发红并伴有小的坏死灶或坏死斑。扁桃体炎通常是全身性或局部炎症疾病的体征，因而，诊断原发性扁桃体炎先要排除潜在的疾病。鳞状细胞癌、恶性黑色素瘤及淋巴肉瘤常发生于犬的扁桃体，应与扁桃体炎相区别。扁桃体的淋巴肉瘤一般产生双侧对称性增大，而非淋巴肿瘤常为单侧扁桃体肿大。

【治疗】 细菌性扁桃体炎应及时用抗生素进行全身性治疗。青霉素有效，但对于顽固病例，需做细菌培养和药敏试验。咽部受严重刺激时，施以温和的止痛药，饲喂几日柔软可口的食物，直到吞咽障碍解除。对于不能经口采食的动物，则需非胃肠途径补液。

慢性原发性扁桃体炎很少需要做扁桃体切除术，一旦切除便提供了永久的缓解。扁桃体切除术的适应证还包括：扁桃体肿瘤和扁桃体肿大，因为发生这两种情况会干扰空气流通（例如，在短头型犬中）。

十一、气管支气管炎

（一）气管支气管炎

气管支气管炎为气管和支气管的急性或慢性炎症，根据病原体的不同，气管支气管炎可以是原发性的，也可以是继发性的。支气管炎可进一步扩展到细支气管甚至肺实质。

【病原】 犬的传染性气管支气管炎（犬窝咳，见下文）常继发于呼吸系统的病毒感染。气管支气管炎的其他原因包括寄生虫（如奥妙猫圆线虫也见于猫）、嗜气毛细线虫、狐齿体线虫（*Crenosoma vulpis*）及欧氏类线虫的感染。

气管炎可继发于口咽疾病，或与心脏病或非心脏病性肺病有关的咳嗽。其他原因包括吸入烟雾或暴露于有害化学烟雾。患慢性支气管炎的中年或老龄犬的病情加剧，常发生于气候剧变或其他环境应激后。猫支气管哮喘（过敏性支气管炎）是猫的一种综合征，与人类的哮喘类似。幼猫、暹罗猫及喜马拉雅猫易发病。呼吸道异物及发育异常，如喉的畸形易导致支气管炎。慢性支气管炎常感染小型犬，有的大型犬也能感染。特征是持续咳嗽2个月以上，但无明确肺部疾病。支气管炎扩张可发生于犬慢性支气管炎的末期。认识到气管支气管炎常常作为继发性疾病综合征出

现，对于诊断和控制有关的原发性疾病有重要意义。

【临床表现】 痉挛性咳嗽是突出的症状，休息后、环境改变或开始运动时最严重。听诊时，呼吸音可能基本正常。严重病例吸气时可听到爆裂音，呼气时可听到喘鸣音。体温轻微升高。支气管炎的急性阶段持续2～3 d，但咳嗽可能持续2～3周。严重的支气管炎和肺炎难以区别，支气管炎常常扩展到肺实质而引起肺炎。猫的支气管哮喘可导致发绀和呼吸困难，并伴有嗜酸性粒细胞增多症。

【病理变化】 在急性和慢性炎症阶段，呼吸道充满泡沫性、浆液性或黏液脓性渗出物，慢性支气管炎时，含有多量的黏液。黏膜上皮粗糙而且不透明，这是由于弥漫性纤维变性、水肿及单核细胞浸润的结果。气管支气管黏液腺和杯状细胞增生和肥大。咳嗽的目的是清除呼吸道中蓄积的黏液和渗出物。

【诊断】 根据病史及临床症状，在排除其他原因引起的咳嗽后可作出诊断。慢性支气管炎时，胸部X线检查可发现支气管纹理增粗。支气管镜检查可发现支气管中发炎的上皮及黏液脓性分泌物。另外，气管镜检查还可采集体外检查用的活组织样品及拭子样品。支气管冲洗是辅助性诊断方法，可发现致病因子及重要的细胞反应（如嗜酸性粒细胞）。

【治疗】 不管是温和型还是急性病例，辅助性治疗是有效的，但需对并发疾病治疗。保持休息、温暖及较好的卫生条件很重要。可用广谱抗生素对咳嗽进行治疗。持续性干咳用含有可待因的镇咳剂效果最好。保守疗法效果不好时，应作胸部和颈部气管的X线检查，实验室检查可用于其他疾病的鉴别诊断。支气管肺泡灌洗或支气管冲洗液可用于细胞学检查和细菌培养，以鉴定出病原体，然后对病原体做药敏试验，以选择恰当的抗生素进行治疗。肺的理疗包括：氯化钠雾化疗法和温和的拍打，使分泌物松动，刺激排痰。热水喷淋产生的蒸汽浴可替代雾化疗法。

（二）犬传染性气管支气管炎

一般来说，犬传染性气管支气管炎（犬咳嗽病）是由上呼吸道炎症引起的一种温和、自身局限性疾病，可感染所有年龄的犬，幼犬可发展成为致命的支气管肺炎，在衰弱的成年犬或老龄犬或变为慢性支气管炎。该病在密闭圈养环境（如兽医院与犬舍）中的易感犬群中传播很快。

【病原】 犬副流感病毒、犬2型腺病毒（CAV-2）或犬瘟热病毒都可以成为原发的或单独的致病因子。犬呼肠孤病毒（1、2和3型）、犬疱疹病毒及犬1型腺病毒（CAV-1）是否可作为该病的致病原目前还不清楚。支气管败血性波氏杆菌可作为原发致病菌，尤其是在不到6月龄的犬中。但是，它也可和其他细菌

（通常为革兰氏阴性菌，如假单胞菌）、大肠埃希菌及肺炎克雷伯菌（*Klebsiella pneumoniae*）在病毒损伤呼吸道后，一起继发感染。这些病原体中几种并发感染较普遍。支原体的作用尚未明确证明。应激和极度不良的通风、温度和湿度可明显增加疾病的易感性及严重程度。

【临床表现】 突出的临床症状是出现阵发性刺耳的干咳，随后可能出现干呕或呕吐。轻轻触诊喉头或气管很容易诱发阵咳。除部分食欲下降外，感染犬表现的其他临床症状很少见。体温和白细胞计数一般正常。出现较严重的症状，如发热、脓性鼻液、精神沉郁、厌食及生痰性咳嗽，表明并发了全身感染，如犬瘟热或支气管肺炎，尤其在幼犬。应激，特别是不良的环境条件和营养失调，可导致恢复期动物复发。

【诊断】 接触其他易感犬或感染犬后5～10 d，突然发生特征性咳嗽，应怀疑为气管支气管炎。通常，疾病的严重程度在前5 d会减轻，但病程可持续10～20 d。气管插管造成的损伤会产生类似的综合征，但一般较轻微。

【治疗】 本病高度传染性，也是一种自限性疾病，最好不要将发病动物送往医院治疗。恰当的饲养管理措施，包括良好的营养、卫生、护理及纠正环境诱因可加速恢复。含有可待因衍生物的镇咳药，如口服二氢可待因酮（0.25 mg/kg，每日2～4次）或口服或皮下注射布托啡诺（0.05～0.1 mg/kg，每日2～4次），只有在需要控制持续性无痰咳嗽时才使用。除了严重的慢性病例，抗生素一般不必应用；严重病例在应用药物时最好使用头孢菌素类、喹诺酮类、氯霉素（译者注：氯霉素在我国已禁止用于食品动物）和四环素，因为这些药物可以在气管支气管黏膜中达到有效浓度。需要用抗生素治疗时，应首先对气管抽吸物或支气管镜检时采集的样品进行培养和药敏试验，筛选合适的抗生素。口服或肌内注射抗生素可能不会明显减低气管分叉处或主支气管的支气管败血性波氏杆菌的数量。因此，非肠道途径使用抗生素无效的严重病例，可将硫酸卡那霉素（250 mg）或硫酸庆大霉素（50 mg）稀释于3 mL生理盐水中，进行气雾疗法，每日2次，连用3 d。犬实施气雾治疗前应先用气管扩张药处理。气管内注射抗生素（如庆大霉素）可替代气雾疗法。皮质类固醇有助于减轻临床症状，但应和抗菌药同时使用；病情严重、有咳嗽的犬禁用。

【预防】 预防应该用犬瘟热、副流感和CAV-2弱毒疫苗，CAV-2弱毒疫苗也可提供对CAV-1的保护，市售疫苗一般均是由上述病原体制备的多联苗，常包括细小病毒弱毒疫苗与钩端螺旋体抗原。初次免疫接种应在6～8周龄时进行，间隔3～4周龄重复1次，共重复免疫2次，直到14～16周龄。以后每年进行1次重复免疫。当支气管败血性波氏杆菌感染的危险性很大时，使用活的无毒力的鼻腔接种疫苗比使用含灭活或细菌抽提物的疫苗效果好。一种无毒力的支气管败血波氏杆菌苗可与副流感弱毒疫苗联合作鼻内使用，3周龄以上的幼犬鼻内接种一个剂量。

（李小兵　李心慰 译　董秀梅 一校　田文儒 二校　丁伯良 三校）

第十三章 泌尿系统
Urinary System

第一节　泌尿系统概述

泌尿系统的主要功能包括：①排出代谢废物；②调控水和电解质的代谢，维持细胞外环境的恒定；③合成红细胞生成素，调节造血功能；④产生肾素，调整血压和钠的重吸收；⑤使维生素D转变成其活性形式（1，25-二羟胆钙化醇）。

泌尿系统的许多疾病可以通过患畜的症状、病史、体格检查、血清学检查、尿液分析和尿液需氧菌的培养来诊断。病史的调查应包括患畜的饮水量、排尿频率、尿量、尿液外观和排尿行为。获知既往和现在的用药情况、食欲、饮欲、体重的变化、过往的疾病或伤害等方面的内容同样重要。

体格检查应包括触诊膀胱和检查外生殖器官。不论雌、雄犬，都应直肠检查尿道，雄犬还应检查前列腺。由于猫的体型小，不能进行直肠检查，但猫比犬更易直接触诊到肾脏。对所有表现出排尿障碍的动物还应进行全面的神经学检查。另外，如血常规、检测酸/碱比率的血气分析、血压、尿蛋白、肌酐比值、碘海醇清除试验、腹部X线检查、腹部超声扫描、上下尿路的对比分析、膀胱镜检查和肾穿刺活检都对诊断有价值。

1. 尿液分析　尿液分析是诊断泌尿系统疾病最重要的方法之一。尿液的采集有自主排尿采集法、手压膀胱法、插导尿管法和腹壁穿刺抽取法四种方法。每种方法都有其优缺点（表13-1）。尿液分析应包括尿液的收集方法、尿的相对密度、尿颜色、尿浊度、尿pH、尿糖量、尿酮量、尿胆红素量、尿潜血、尿蛋白和尿中的白细胞（试纸法检测尿中白细胞不适用于猫）。尿沉渣镜检应包括红细胞、白细胞、上皮细胞、肾管型、细菌、酵母菌、寄生虫卵、脂肪、精子和晶体的检查。尿样分析延迟则结果会不真实（如尿液pH、晶体构型改变等），因此记录采集样本的时间和开始分析的时间是很重要的。如果样本不能立即分析，应先将其冷藏。

尿蛋白可根据尿的相对密度来评价。浓缩的尿样中蛋白质含量也许差异不显著，然而在同倍稀释样本中就可能有显著差异。尿试纸可以半定量测定尿蛋白，但受尿液pH的影响。因此，这种试纸只能用来筛选尿蛋白，而不能作为蛋白尿的确诊方法。单个尿样或24 h尿样的尿蛋白/肌酐比率是定量测定尿中蛋白所需。犬尿蛋白/肌酐比率的诊断意义如下：尿蛋白/肌酐比率0.0～0.5为正常；大于0.5为异常。猫科动物尿蛋白/肌酐比率小于0.4为正常。一定是要在尿液分析的基础上再解读尿蛋白/肌酐比率，因为炎症和血尿会使尿蛋白/肌酐比率异常升高。

2. 尿液细菌培养　用尿液分析来排除尿路感染并不可靠，不是所有的尿路感染都与炎症反应相关。此外，当每毫升尿样中杆菌大于10 000 CFU和球菌大于100 000 CFU时，通过光学显微镜均发现了尿样中的细菌。在采样时25%～30%患尿路感染犬，其尿液细菌计数低于这些数字。因此，尿细菌培养对于排除尿路感染十分重要。

一般做细菌培养的与尿液分析所用的尿样相同。然而，用腹壁穿刺法是首选，因为腹壁穿刺法获得的尿样是无菌采集的。如果尿样是用其他方法而非腹壁穿刺抽取获得的，那就要进行定量的尿液培养。如果尿液样品收集于自主排尿或手压迫法，而尿液中细菌计数：犬细菌计数不少于100 000 CFU/mL或猫细菌计数不少于10 000 CFU/mL，就认为存在大量细菌；如果犬细菌计数为10 000～90 000 CFU/mL、猫细菌计数为1 000～10 000 CFU/mL，则疑为尿路感染。如果样品通过导尿管采集，犬细菌计数不少于10 000 CFU/mL、猫细菌计数不少于1 000 CFU/mL可认定存在尿路感染，同时如果犬尿样中含1 000～10 000 CFU/mL、猫含100～1 000 CFU/mL，则疑为尿路感染。

3. 血清学特征　血清的生化评价，包括尿素

表13-1　尿液采集方法的优点与缺点

收集方法	优　点	缺　点
自主排尿	对动物无危害（如创伤、细菌感染）；避免医源性血尿	可能包含下尿道和生殖道的碎片（如细菌、渗出液）；如果尿培养出现细菌生长，那就必须区分是尿道污染还是尿道感染；需要做定量尿培养
手压膀胱	非自主排尿时获得尿样的一种方法	可能引发尿道创伤，导致血尿；可能对动物产生应激，尤其在膀胱疼痛时；如果尿培养出现细菌生长，须区分尿道污染和尿道感染，需要做定量尿培养
插导尿管	当不能用上述方法收集尿样时使用该法	对尿道有潜在创伤，特别是膀胱；比其他方法更易带入致病菌；动物可能需要镇静；有引起膀胱感染的危险；如果尿培养有细菌生长，须区分尿道污染和尿道感染，需要做定量尿培养；这是最不理想的尿液收集方法
腹壁穿刺	尿培养首选的收集方法；避免样品在下部尿道的污染	如果操作不正确或患畜移动，会存在潜在的创伤危险；与自主排尿法相比，更易被致病菌侵入；如果穿刺针穿透结肠，则样品也有被污染的可能

氮、肌酐、钙、磷、碳酸氢盐和电解质，对诊断许多泌尿道疾病非常有用，并可大致判断肾小球滤过率。尽管尿素氮和肌酐的升高是肾功能不全的指标，但这也受非肾因素的影响。例如，脱水可以引起血清尿素氮和肌酐的增多，却不伴有肾功能衰竭；饮食和胃肠出血也会影响尿素氮，尿素氮对肾小球滤过率的评估不如肌酐。而发生严重肌萎缩患畜的血清肌酐水平会出现异常下降；发生严重肌肉损伤患畜的血清肌酐水平异常升高。尽管血清肌酐和尿素氮增加，类同于肾小球滤过率下降，但二者并非线性关系。肾脏疾病早期，肾小球滤过率出现巨大变化，仅会引起血清肌酐和尿素氮的小幅提高，而肾脏疾病晚期，肾小球滤过率的变化微小，但血清肌酐和尿素氮的变化巨大。

4．其他诊断试验　检测肾功能不全更敏感的方法，包括血浆清除率试验（如菊粉廓清率）、放射性核素技术、内生肌酐和外生肌酐清除率试验，但这些试验在常规临床实践中不实用。碘海醇清除率试验是最近开发出的检测肾功能不全的替代方法。该试验需准确记录体重，经静脉准确注入碘海醇，严格定时收集血液样本并进行检测，不需要定时收集尿样和特殊的设备。近年来，血浆外生肌酐清除率试验已应用于犬病诊断。

泌尿道疾病的病因，膀胱X线检查、超声检查和膀胱镜检查，可提供另外有价值的信息。因为肾脏对疾病的应答有限，所以在诊断肾功能不全时，肾活检的用处不大，但有明显蛋白尿的动物例外。

血气分析或血清碳酸氢盐水平是提供酸碱状态的有用信息，尤其对肾功能不全的动物。慢性肾功能衰竭普遍会发生代谢性酸中毒进而导致蛋白分解。

治疗原则

多种病理过程可导致泌尿系统疾病，而恰当的治疗（下面的章节将进行讨论）取决于发病的位置、严重程度和致病原因。参见"泌尿系统的全身性药物治疗学"。如果病情不危及生命，在开始治疗前应收集适当的具有诊断意义的样本。值得注意的是，一些诊断测试和治疗有引起伤害的危险。如果检测不出特定病因，应实施非特异性疗法和辅助疗法（如液体检测、酸液注入）。

第二节　先天性与遗传性畸形

泌尿系统的先天性、遗传性畸形，包括一类可能从亚临床到严重功能性障碍的解剖学缺陷。这虽不常见，但仍是兽医基础知识的重要组成部分。

一、肾脏畸形

1．肾脏发育不良与发育不全　这种缺陷多发于犬，许多品种均有报道，包括阿拉斯加雪橇犬、伯灵顿㹴、松狮犬、可卡犬、杜宾犬、荷兰狮毛犬、拉萨阿普索犬、迷你雪纳瑞、挪威猎鹿犬、萨摩耶犬、西施犬、软毛麦色㹴、标准贵宾犬。肾脏发育不良在猫和羔羊较罕见。猪可表现为先天性肾脏发育不良或与维生素A缺乏症有关。本病在马不常见。

肾脏发育不良可能是单侧的，也可能是双侧的。双侧肾脏发育不良的动物通常在新生仔畜早期即死亡，而单侧肾脏发育不良动物的典型症状是对侧肾脏肥大。病变肾脏通常较小、坚硬、苍白，肾脏皮质也可能萎缩。组织学检查可见不成熟的肾小球、原始的肾小管和继发性炎症病灶，尤其多见间质填充纤维结缔组织。

在出现尿毒症之前，发病动物常表现烦渴、多饮、多尿的症状。如果在出生后最初几个月内出现肾脏功能衰竭，也许还会出现侏儒症。尿常规、血常规、血液化学变化与其他的慢性渐进性肾脏疾病相同。通常在6月龄至2岁时会诊断出尿毒症。根据动物品种和发病年龄可认为是疑似病例，确诊须通过肾脏活检。治疗主要控制慢性肾脏功能衰竭。

2．肾缺损　缺少一侧或双侧的肾脏引起肾脏缺损，总伴发输尿管发育不全，也可能伴发同侧生殖器官发育不良。该病偶见对侧肾脏功能正常，仅发生代偿性肥大。比格犬、喜乐蒂牧羊犬和杜宾犬的肾脏缺损有家族遗传倾向。猪单侧肾脏缺损是最常见的先天性肾脏疾病；而绵羊、牛和山羊较少发生。双侧肾脏缺损则会导致围产期动物死亡。

3．多囊肾　肾脏实质内形成多个囊肿，触诊肾脏极度扩张，该病在犬和猫可能与肝脏、胆管囊肿有关。多囊肾可能无临床症状，或可能导致渐进性的肾脏功能衰竭。该病在比格犬、斗牛犬、凯恩犬、西高地白犬呈家族性发生。多囊肾在波斯猫和国内长毛猫呈常染色体显性遗传。猪的多囊肾也有遗传性，但也可能与维生素A缺乏有关。多囊肾在牛和马常发，而羊非常罕见。可依据物理检查、X线检查、超声检查或剖腹探查法进行诊断。此病可能会并发肾盂肾炎并导致突发性肾脏功能不全。

4．单纯肾囊肿　此类孤立的单室性囊肿一般不与肾脏集尿系统相通，余下的部分肾脏功能正常。这些囊肿的起因还不确定，该病偶见于各种家畜。

5．假性肾囊肿　假性肾囊肿是指液体积聚到肾脏实质外，已经确定猫能发生该病。假性肾囊肿的来源尚不清楚。假性肾囊肿液可能位于肾脏实质和肾脏包膜之间，或肾小囊和纤维薄壁囊之间。该囊肿被称为假性囊肿是因为囊肿没有内衬上皮。因为组织学检查的数量有限，尚不能确定肾脏周围充满液体的结构是否均为假性囊肿。这些结构中的液体不是尿液或淋巴液，性状类似漏出液。临床症状特点为渐进性增大。腹部触诊发现肾区有一个又大又硬且无痛的肿块。肾脏功能检查和尿液分析通常是正常的，但可能会出现轻度氮血症。通过排泄性尿路造影或超声进行诊断。治疗包括探查术以明确诊断，引流假性囊肿液，并尽可能多地切除假性囊肿壁。虽然评估的病例数有限，但其预后可能良好。

6. 其他的肾脏畸形　大约5%犬会出现双重或多重肾动脉狭窄。其他先天性缺陷包括肾脏移位、肾脏融合和肾母细胞瘤。肾母细胞瘤是一种胚胎性肿瘤，除猪外，其他家畜很少发生。它对动物可能没有影响，但也可能变得巨大而引起腹胀。

二、输尿管畸形

1. 输尿管异位　此缺陷普遍发生在3～6月龄的幼犬，雌犬比雄犬多8倍。马输尿管异位是最常见的先天性尿路异常；与犬类似，该病多见于雌性马驹。临床上，牛、羊和猪很少发现输尿管异位。经常与输尿管异位相伴发生的异常包括输尿管积水、肾积水、肾功能发育不全、膀胱发育不全、尿道外括约肌无力。持续的尿淋漓是该病的典型标志，单侧输尿管异位的动物可能表现正常，但双侧输尿管异位的动物表现一定不正常。由于尿液的刺激作用，可能出现轻度的阴道炎或外阴炎。异位输尿管可能开口于尿道、子宫或阴道内。单侧输尿管异位发生在左侧和右侧的概率相同，双侧都受累的病例约为25%。异位输尿管一般源自于中肾和后肾管道系统的发育中断。因为西高地白㹴、狐狸和微型贵宾犬是高发品种，西伯利亚爱斯基摩犬和拉布拉多猎犬有家族发生史，所以怀疑该病有遗传性。可以通过静脉尿路造影确定输尿管的位置来进行确诊。

将异位的输尿管通入膀胱或者施以输尿管肾切除术，是常用的成功手术方案。输尿管肾切除术的适应证包括输尿管同侧的严重肾病，如肾发育不全、肾积水或单肾的肾盂肾炎。主要的术后并发症是持续性尿失禁、肾积水和排尿困难。在膀胱颈和尿道发育不正常，及双侧输尿管异位时，最常发生尿失禁。肾上腺素制剂，如苯丙醇胺（0.5～1.5 mg/kg，口服，每日2～3次）可使尿失禁降到最低。

2. 其他输尿管畸形　输尿管发育不全、输尿管加倍和输尿管囊肿很少被认为是输尿管畸形。输尿管囊肿的特点是膀胱内一段输尿管黏膜下层扩张。可通过排泄性尿路造影进行诊断。如果病变继发单侧肾水肿和输尿管水肿，输尿管肾切除术治疗比较合适。如果该侧输尿管和肾脏正常，除了结扎异位输尿管末端之外，还可以切除或切开输尿管囊肿。

三、膀胱畸形

1. 脐尿管残留物　脐尿管闭合不全导致的先天性异常，包括开放性脐尿管、脐尿管憩室、脐尿管窦和腹内脐尿管囊肿。任何家畜品种都可能发生，但猫、犬和马在临床上最常见。其临床症状和治疗方法取决于异常的种类。开放性脐尿管常与持续性尿失禁、尿液灼烧腹部和发生尿路细菌感染有关。脐尿管憩室也容易导致尿路细菌感染。上述两种疾病需要用阳性膀胱造影术来确诊。治疗方法包括手术切除法和适宜抗生素治疗2～4周。手术切除是目前脐尿管窦和腹内脐尿管囊肿的常规治疗方案。

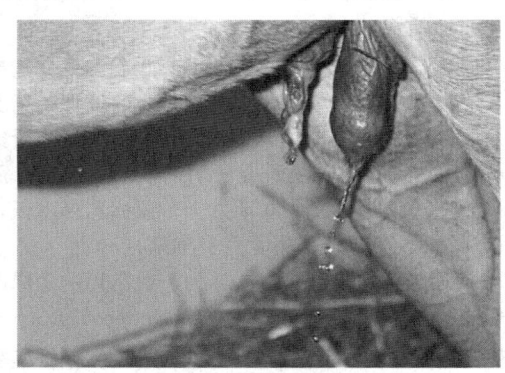

图13-1　马驹开放性脐尿管
（由Sameeh M. Abutarbush博士提供）

2. 其他膀胱畸形　已报道的膀胱畸形包括双膀胱、膀胱发育不良、膀胱发育不全、膀胱缺损和膀胱外翻等，并常与其他尿路畸形相关。通常用物理检查、排尿观察和对比造影诊断。其临床症状和治疗取决于膀胱畸形的种类。

四、尿道畸形

先天性或遗传性尿道畸形在所有家畜中均不常见，包括尿道发育不全、尿道无孔、尿道下裂、尿道上裂合并膀胱外翻、双尿道、尿道憩室、尿道直肠瘘和尿道狭窄。

1. 尿道下裂　尿道下裂起因于阴茎伸长时尿道沟闭合障碍。解剖定位上，尿道口在阴茎尖端的腹尾侧，与腺体、阴茎、阴囊、会阴或肛门的划分类似。阴茎或阴囊可能都发育不良。雄犬最常发，患病率最高的是波士顿㹴，暗示其具有遗传基础。公牛很少发生此病。临床症状取决于尿道口的位置，以及尿液灼伤和尿路感染使易感性增加引起的并发症。尽管手术矫正也取决于尿道口的位置，但阴囊前的尿道造口术通常是有效的治疗方法。

2. 尿道直肠瘘与直肠阴道瘘 这些先天性畸形主要影响犬、猫和马。雄性动物的这种畸形多于雌性，雄性动物更容易患尿道直肠瘘，而直肠阴道瘘在雌性占主导地位。犬中的英国斗牛犬是易感品种，这可能是胚胎泄殖腔异常分离并进入尿道和直肠的先天性缺陷造成的。临床症状包括血尿和继发于尿路感染的排尿困难。在排尿时，可能会发现尿液同时经肛门和尿道排出。手术矫正并预防尿路感染并发症是适宜的疗法。

第三节　大动物泌尿系统传染病

一、牛膀胱炎与肾盂肾炎（牛传染性肾盂肾炎）

牛膀胱炎是牛膀胱的炎症，可以上行蔓延到输尿管，导致肾脏感染（肾盂肾炎）。羊也有类似的情况出现。该病在世界各地零星分布。膀胱炎和肾盂肾炎在分娩后最常见（一项研究表明，平均发生在产后83 d），多产奶牛高发。在地方上，该病患病率低，不足2%。公牛膀胱炎和肾盂肾炎罕见。

【病原与发病机制】 过去认为，最常见的病原菌是肾性棒状杆菌组（Corynebacterium renale group of bacteria），包括牛肾炎棒状杆菌（C. renale）、膀胱炎棒状杆菌（C. cystitidis）、多毛棒状杆菌（C. pilosum）和大肠埃希菌（Escherichia coli）；然而现在发现，牛肾盂肾炎最常分离到的细菌是大肠埃希菌和化脓隐秘杆菌（Arcanobacterium pyogenes）。葡萄球菌（staphylococci）和链球菌（streptococci）作为条件性环境细菌也可能引发本病。

最常见的致病菌在环境中无处不在，并普遍定植于阴道和包皮。肾盂肾炎由膀胱上行感染而来。膀胱炎可能不会波及输尿管或肾脏，只有输尿管黏膜的防御机制受损，才能上行感染至肾脏。通常在发生创伤性损害（如分娩或阴道畸形）时，致病菌会侵入或定植于膀胱和输尿管的黏膜层。分娩、泌乳高峰和高蛋白饲料的应激（可导致尿pH升高进而利于棒状杆菌入侵和定植于尿路）是促成本病发生的因素。用未经消毒的导管进行常规的膀胱导尿，可以促进棒状杆菌在牛群间传播。减少导尿次数也能减少棒状杆菌引发的肾盂肾炎。

【临床表现与病理变化】 患牛可见的第一个明显标志是血尿。由于上行感染波及输尿管引起输尿管炎，随后影响到肾脏，动物表现出不适症状包括频频

作排尿姿势、食欲不振、轻微发热、生产性能低下、腹痛躁动、甩尾、多尿、血尿或脓尿。在慢性病例可能会出现腹痛、腹泻、多尿、多饮、尿淋漓和贫血。随着病情发展，膀胱红肿、增厚，输尿管增厚和扩张，有脓性渗出物。病变的肾脏表面有多发性小脓肿，可能延伸到肾脏皮质和髓质。

【诊断】 诊断依据临床症状，血尿，最近的分娩史，触诊左肾扩大、分叶减少并带痛感，肾脏、输尿管和膀胱的超声检查，膀胱炎症的内镜检查，尿中白细胞和细菌的显微镜检查，蛋白尿和血尿的试纸检查，定量尿液细菌培养确定致病菌。直肠检查不能触及右肾，只有娟姗牛和小母牛能触到右肾的末端。在急性肾盂肾炎早期，直肠触诊可能无法检出扩张的输尿管和肾脏。通常只发生一侧肾脏的病变。

【治疗】 早期诊断和及时、持续地治疗，并用导尿法取尿样进行培养和药敏试验是治愈本病的保障。治疗肾棒状杆菌引起的肾盂肾炎，选择青霉素（22 000 IU/kg，肌内注射，每日2次）或甲氧苄氨嘧啶-磺胺邻二甲氧嘧啶合剂（16 mg/kg，肌内注射，每日2次），连续用药3周以上。两种药物的给药剂量、次数和时间可参考药物说明书，且必须采取足够的预防措施来防止抗生素残留进入人食物链中。大肠埃希菌感染需要用广谱抗生素。在某些情况下，头孢噻呋（1.1～2.2 mg/kg，肌内注射或皮下注射，每日1次）或庆大霉素（2.2 mg/kg，肌内注射，每日2次）可以连续用药3周以上。由于氨基糖苷类的组织代谢时间极长，可能不能应用于肉用动物。调整尿液的pH在理论上有意义，因为在酸性尿液中（pH<7）大肠埃希菌生长良好，而在碱性尿液中（pH>7）棒状杆菌生长良好。仅限于一侧肾有肾盂肾炎并有非蛋白氮血症的动物，可能适用单肾切除法。

即使环境中普遍存在病原微生物，也应隔离患病动物，以减少牛群中的病原菌。因为公牛可能是棒状杆菌的带菌者，所以在牛群中可以开展人工授精。

二、猪膀胱炎-肾盂肾炎综合征

猪膀胱炎-肾盂肾炎综合征是导致母猪死亡的主要原因之一，在世界各地均有报道。饲养管理发生变化会增加本病的发病率，特别是被限制活动的妊娠母猪。地方性群发膀胱炎和肾盂肾炎综合征的显著特征，包括外阴形态与发情周期不符、对猪群生育的影响小、发病率低、死亡率高和老龄母猪（6岁以上）多发。

【病原与发病机制】 从患有膀胱炎和肾盂肾炎的病猪体内可以分离出多种不同种类的细菌，包括大肠埃希菌、化脓隐秘杆菌、链球菌和葡萄球菌。这些内

源性条件致病菌通常存活在尿路下段，通常是非特异性尿路感染的原因。猪放线杆菌作为特定的尿路病原菌，是猪尿路上行感染的重要原因。猪放线杆菌原被分类于真细菌和放线菌属，是革兰氏阳性菌，在厌氧条件下生长良好，是猪泌尿生殖道内的一种共生微生物。猪放线杆菌带有毛缘，母猪尿道短而宽，因此猪放线杆菌易于感染膀胱。

尿素被脲酶裂解成氨，增加了膀胱内的碱度。pH升高使细菌增殖，导致黏膜表面发生炎症反应。碱性环境也能抑制菌群的生长和促进尿盐结晶，特别是鸟粪石。这些沉淀物不仅进一步增加了膀胱黏膜的炎性变化，也有助于保护细菌免受抗生素和宿主防御机制的破坏。虽然对肾脏的感染机制尚未完全清楚，但推测，继发的细菌产物（可能是源自大肠埃希菌）使输尿管瓣膜损害，可能会使动物发生肾盂肾炎。

【流行病学】限位栏中的猪易出现饮水减少、会阴部易被粪便污染、体重过大和腿部受伤，这会造成排尿次数减少和泌尿生殖道细菌的数量增加，促发猪膀胱炎。已经从待宰公猪的包皮腔中、新生仔猪的阴道中和各个阶段生产母猪的阴道中，分离出了猪放线菌。猪放线菌还可以从废弃的尿中、被污染的助产服袖子上、笔式产房和保育室内，以及繁殖区的靴子上分离出。曾经认为交配是该病唯一的传播途径，但现在人们了解到该微生物无处不在，随时可以侵入并定植到各阶段猪的阴道内。

【临床表现】临床症状取决于疾病的严重程度和所处的阶段。急性重症病例可因急性肾功能衰竭而死亡。患病动物通常表现不发热、食欲不振、血尿和脓尿。尿液常呈红褐色且有强烈的氨味。尿pH从正常的5.5～7.5上升到8～9。那些在初次感染后幸存的动物，经常出现体重下降和生产力低下，并继发晚期肾病，而被迫从后备群中过早淘汰。膀胱黏膜表面可出现卡他性、出血性、化脓性或坏死性炎，并引起膀胱壁增厚。在膀胱内常见鸟粪石。输尿管通常有渗出物，直径可能会增至2.5 cm。肾脏主要的病变是单侧或双侧的肾盂肾炎或肾盂炎。骨盆区内的肾脏常因血、脓、恶臭的尿液使肾乳头肿胀，呈不规则的溃疡和坏死。长期的肾盂肾炎最终发展为纤维化。

【诊断】出现频繁血尿和尿液混浊的症状，可初步诊断为膀胱炎和肾盂肾炎。尿沉渣检查可能发现炎性细胞、红细胞、肾颗粒管型、细菌和晶体。根据明显的病理变化，通常不难确诊。要正确地分离致病微生物，在采样过程中尽量避免尿样暴露于有氧环境中。在取样时，膀胱应保持封闭，膀胱颈应用全棉脐带线结扎。肾脏组织取样方法相同。检查一侧肾脏的病理变化就可确定是肾盂肾炎，另一侧肾脏应如前所述结扎输尿管保持封闭。应在37℃厌氧条件下于多黏菌素萘啶酸琼脂（Colistin nalidixic acid agar）上培养5～7 d。如果检验部门距离较远，拭子应放入Kary Blair厌氧运送培养基内运送。

【防治】如果在病程早期正确应用抗生素，可治愈尿路感染。通常选择青霉素和氨苄西林，因为该抗生素在碱性条件下有效且通过尿路排泄。通常的剂量为2.2 mg/kg，肌内注射，连用3 d。也可口服水溶性氨苄青霉素2.3 mg/kg，连续5 d，但生物利用度和成本可能会成为问题。已报道，饲料中加入柠檬酸可以酸化尿液。结果表明，临床泌尿道疾病的发生率降低，用药组和对照组尿液pH和每毫升尿的细菌浓度差异极显著（$p < 0.000\ 1$）。每日用70 mg柠檬酸，连续14 d，没有出现适口性问题。

在繁殖和分娩过程中，以及在整个妊娠期间保持良好的卫生，是预防泌尿系统疾病的关键。卫生设备必须设计合理，既可以减少繁殖群病原体的传播，又可以有效去除环境中的粪便。应保证自由饮水，因为当使用间歇输水系统限制供水或者饲养管理不当时，妊娠母猪的尿参数会不正常，包括尿量减少、尿的相对密度升高（> 1.026）和肌酐浓度增高。老龄母猪易发生泌尿系统疾病，采取适宜淘汰程序，对种猪群保持最理想的胎次分布很重要。

三、猪肾蠕虫感染

【病原】有齿冠尾线虫（肾虫）是粗短的蠕虫（长2～4.5 cm），在一对输尿管、肾周脂肪和肾脏内发现有包囊。肾蠕虫在世界各地均存在，特别是在热带和亚热带地区。该寄生虫主要发现于美国东南部和中南部户外散养猪中。虫卵孵出后不久即进入尿液，3～5 d达到感染阶段。幼虫很容易受极端温度、干燥和阳光照射的影响。感染性幼虫可经皮肤渗透或食入（蚯蚓可以作为中间宿主）而感染动物。幼虫进入肝脏，并在肝脏内各处移行达3～9个月。然后幼虫穿透包囊，通过腹膜腔迁移到肾脏周围区域。有时，一些幼虫会迁移到其他组织和器官或发育中的胎儿内。通常9～16个月出现感染，但最早可在6个月即发生感染。

【临床表现与诊断】当肾蠕虫大量寄生时，可能影响猪的生长发育。幼虫迁移影响组织器官的结构和功能，因此常引起重大经济损失。通常最严重的病变发生在肝脏，表现为肝硬化、瘢痕形成、门静脉广泛血栓和数量不定的坏死。也有可能损害肾脏和肺脏。

在肾脏或包囊内的蠕虫钻入输尿管时，在尿液中可能会收集到虫卵。在感染的潜伏期很难诊断，确诊依赖于蠕虫的鉴定或病理剖检。

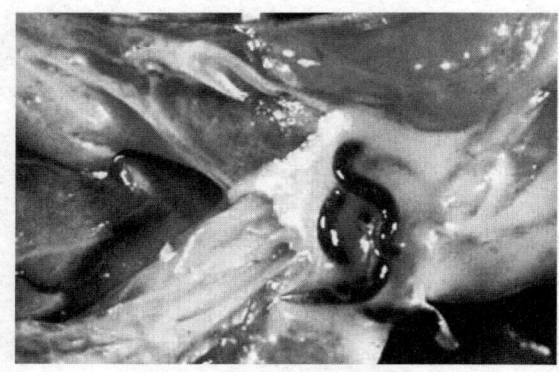

图13-2 迁移的猪肾蠕虫
（由梅里亚动物保健有限公司提供）

【控制】 要做好该蠕虫发生区的防控。由于潜伏期长，可以实施"初产母猪"的防感染育种计划来控制本病。用无本病的年轻公猪替换老龄公猪、只用初产母猪繁育和仔猪断奶后立即出售的方法能控制本病。2年内按此方案实施可能根除本病。使用驱虫剂和加强环境卫生控制（饲养在混凝土或限位栏内）是控制肾蠕虫较常见的措施。

伊维菌素（每吨饲料1.8 g，连用7 d）、芬苯达唑（每日9 mg/kg，饲喂3～12 d）或左旋咪唑（每吨饲料0.36 g）对冠尾属线虫有效。多拉菌素（单次注射300 μg/kg）也被批准用于治疗此蠕虫病。

第四节 大动物泌尿系统普通病

一、尿石病

对于尿石病更详细的介绍见本章第六节尿石病部分。

（一）反刍动物尿石病

尿石在牛、绵羊和山羊中较常见。尿石可存在于泌尿道的任何地方，尿道结石是临床常见情况。尿道结石因阻塞尿道而导致尿潴留、膀胱膨胀和腹痛，并出现尿道或膀胱穿孔或破裂，最终导致动物出现尿毒症或败血症而死亡。本病是商品家畜的重要常见病，但后备动物也经常出现该病。在冬季完全舍饲或天气恶劣且饮水不足，尤其水中矿物质含量较高时，阉牛和羯羊更易发尿石病。尿石病的发生无特定的地理分布，不同类型的尿石与饲料的矿物质有关。尿石病在雌雄动物均可发生，但阻塞性尿道结石由于解剖学差异主要发生在雄性动物上。

【病因与发病机制】 反刍动物的尿石病被认为主要是一种营养性疾病。在美国犊牛、羔羊和幼年阉割动物，饲喂钙磷比为1:1或高镁的饲料，尿石病的发病率最高。反刍动物饲喂钙磷比低的高能饲料，会增加引发磷酸铵镁结石的危险，而反刍动物在富含二氧化硅的土壤上放牧，则可能形成二氧化硅结石。高钙日粮（如地三叶草）可能会导致碳酸钙结石，而盐生植物或甜菜根等可能导致形成草酸钙结石。水和日粮中的矿物质含量不平衡，比水缺乏可能更易诱发尿石。通过确诊动物尿石病发现，所有雄性动物更容易发生该病。

尿石最常嵌入的部位是牛尿道乙状弯曲末端，以及绵羊和山羊乙状弯曲部和尿道突。嵌入处的刺激性引发炎症和肿胀，使尿道阻塞。因为缺少阴茎和尿道成熟所必需的激素，所以阉割的年轻雄性动物容易患尿石引发的尿道阻塞。

【临床表现】 临床上分为不完全或完全尿道阻塞。牛尿道不完全阻塞在出现持续带痛（尿淋漓）的排尿困难后，滴下微带血的尿液；在完全阻塞发生前，包皮阴毛上的尿液可能已经干燥并可测出矿物质。完全尿道阻塞的动物多表现为里急后重、尾巴抽动、交替负重和伴有疝痛。也可观察到食欲不振、腹胀、沉郁和直肠脱垂。患病阉牛会翘起尾巴和出现尿道搏动。山羊则会发出惨叫声。

尿道完全阻塞常见的后遗症是尿道穿孔或膀胱破裂。膀胱破裂往往导致尿毒症而引起动物死亡。病程5～7 d。虽然尿道穿孔也可能导致尿毒症和死亡，但常因因腹部皮肤坏死和脱落而形成的一个伪尿道。

【诊断】 直接根据病史、临床症状和临床检查进行诊断。乙状弯曲区非常敏感。触诊可识别尿道异常搏动和阻塞引起的组织肿胀。直肠触诊可发现膀胱膨胀或不可触及，这与膀胱破裂表现一致。对绵羊和山羊的尿道检查，可能会发现结石堵塞尿道。如果尿道阻塞的早期症状未被察觉，那么动物只表现出食欲不振、精神沉郁、阴茎皮下肿胀或尿渗漏入腹膜腔，由尿渗漏入腹膜腔而引起的腹胀必须与瘤胃臌气、腹膜炎、腹膜肿瘤、子宫水肿和胃肠道阻塞相区别。触诊子宫能检测到液体，从后面见动物的腹部呈对称性、梨形胀大。腹部超声检查显示大量低回声液体。

可以根据穿刺收集的腹腔液肌酐含量升高2倍或比血浆肌酐含量高来确诊膀胱破裂。由尿道穿孔引起的沿包皮和下腹部的皮下肿胀，必须与跌打损伤、皮下脓肿、脐周炎或腹壁疝进行区别。种公畜因脱肛和阴茎鞘感染引起包皮裂伤，也必须与阴茎血肿进行区别。有急性腹痛症状的动物，须排除消化不良、胃肠道瘀血或阻塞、原发性肠炎、真胃溃疡和球虫病外的其他腹痛病因。

【治疗与控制】 治疗阻塞性尿道结石，一般用构建新尿道和纠正体液电解质平衡的方法。在大多数情况下，阻塞物必须用手术取出，然而严重尿毒症和重度精神沉郁的动物必须补液，并结合纠正酸碱度和电解质紊乱的治疗手段。如果尿道破裂，则会随钾离子浓度的改变而发生低钠血症、低氯血症、高磷血症和代谢性碱中毒。静脉注射生理盐水可以治疗，输液量应根据临床脱水情况计算。一旦动物完成补液和修补好破裂的尿道后，液体疗法则起利尿的作用。

有早期尿道阻塞的临床症状且尿道和膀胱完整的动物，可采用解痉剂和镇静剂进行保守治疗。阴茎乙状弯曲部的括约肌应保持松弛状态。然而，小反刍动物很少用保守疗法，保守疗法仅限于在急性或部分尿道阻塞且没有尿道和膀胱损伤的情况下应用；而不应用在复杂的或晚期的病例上。可用温和法或尿道截断法取出绵羊和山羊的尿道结石。有必要采取适当的保定、镇静和局部麻醉。虽然技术方法各异，但典型方法是阴茎外置术。虽然截断术有效，但大多数动物仅暂时有效（＜2 d），因为往往存在多个结石，导致阻塞的复发。

会阴部尿道造口术被推荐为雄性阉割动物有效的手术技术。尿道造口术的短期并发症包括术后出血、手术伤口裂开和皮下积尿。而常见的长期并发症是尿道狭窄。此外，会阴部尿道造口术会使雄性动物丧失繁殖力。对于像尿道穿孔等更复杂的病例，有必要采取阴茎近端到乙状弯曲部或会阴区附近的阴茎截断术。还需穿刺尿处的皮肤，引流皮下聚积的尿液。这些腹部伤口可使用局部抗菌剂和驱蝇剂，以预防感染。

用膀胱切开术配合改善饲养管理的方法，治疗绵羊和山羊的尿路结石，比会阴部尿道造口术更有效。膀胱切开术可去除多个膀胱结石，可双向冲洗尿道，并减少尿道狭窄风险。插导尿管的膀胱切开术通常是首选的治疗方法，该法有利于结石的自发消除。尿道无损伤、无腹腔积液和血清钾浓度小于5.2 mmol/L，能提高小反刍动物插导尿管膀胱切开术的术后存活率。

如果膀胱破裂，必须恢复动物排尿的能力并纠正尿毒症。腹腔积尿的动物，应用乳头管或套管针缓慢地排出积尿。去除尿液可以缓解腹膜炎并使动物感到更舒适。泌尿系统功能恢复后的24 h内，其体液、电解质和酸碱平衡通常会恢复。持续性尿毒症可能有肾积水和/或肾盂肾炎的发生。尿道造口术可使尿液排泄通畅。膀胱破裂前有长期腹胀的病例，通过外科手术修复破裂的膀胱基本不会治愈。实施了尿道造口术并清除腹腔积尿后，膀胱可自行痊愈，但需在术后3～4个月内实施最佳的护理，避免出现并发症。一些动物虽然经过治疗，但可能还会排尿不畅，并且再次发生腹腔积尿。这些动物可用插导尿管膀胱切开术进行治疗，再辅以适当的抗生素和液体疗法。

在防止尿道结石形成的几项措施之中，最重要的

是确保日粮中钙磷比为2：1。集约化浓缩饲料，如许多育肥饲料，经常导致尿结石的形成，并引起尿道阻塞。因此，用浓缩料进行饲喂，必须要适当补充钙。减少尿道结石形成的辅助措施还包括在总日粮中加入高达4%的氯化钠。这能促进尿液中钠和氯离子浓度的增加，从而增加水的摄入量来稀释尿液，就会增加矿物质的溶解。

氯化铵可用作尿液的酸化剂（体重30 kg羊，每日7～10 g/只；体重240 kg阉牛，每日50～80 g/头）。尿液酸化能阻碍磷酸铵镁晶体的形成，试验证明这是一个有用的预防措施。

在影响尿结石形成的关键问题之中，日粮评估是减少本病发生的最重要措施。小型反刍动物适合用商品化的阴离子膳食补充剂。

（二）马尿石病

相对于小反刍动物或阉牛来说，马属动物尿石病不常见。本病可发生在未发育成熟的马，但成年马更多发。所有品种的马都可能发生本病。雄性马比雌性更易患尿石病，是由雌、雄马尿道的解剖学差异决定的。

马尿石直径一般为0.5～21 cm，重量可达6.5 kg，最常见于膀胱内。大多数马尿石是由各种水合形式的碳酸钙组成的，或偶见磷酸钙或鸟粪石。碳酸钙结石在临床上有2种独立的形式。第一种是由从脆到硬、黏度不一的盐和黏蛋白的凝结物，这些结石常为黄色椭圆形或不规则形，表面粗糙或呈针状，质地柔软，手术中往往会破碎。第二种结石白色表面光滑，质地坚硬不易破碎。这些形式之间的化学成分几乎没有差异。

【病因】 马尿石的形成机制尚不清楚，尽管尿液pH呈碱性和矿物质含量升高可能利于马尿结晶的形成和析出沉淀。正常马尿还含有大量的黏蛋白，可作为晶体黏附的黏合剂。饲喂矿物质含量高的饲料和饮水，可增加尿中溶质的浓度，从而促进结晶和沉淀。多发性肾结石可导致马肾乳头坏死（与NSAID的使用，致使机体脱水有关）和乳头矿化。

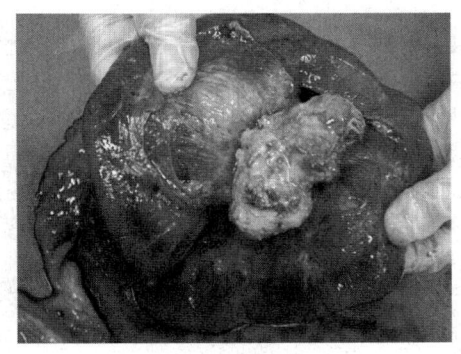

图13-3 马肾结石
（由Sameeh M. Abutarbush博士提供）

【临床表现】临床症状取决于尿石的位置。多数尿石位于膀胱并常导致排尿困难、尿频和血尿。在运动后和尿液的终末段血尿最明显。尿石病患马经常表现出排尿姿势，并在排尿前后持续保持这种姿势不变。其他症状包括雌性会阴部和雄性后肢内侧尿液刺激症状。阉马和种马长时间伸出松弛的阴茎，且发生间歇性排尿不尽。患马可能会偶尔出现反复发作的绞痛或后肢运步异常。尿道结石最终可造成尿道阻塞，常伴有烦躁不安、大汗淋漓、不同程度的腹痛和尿频。直肠检查膀胱扩张。大多数致死性尿石病患马的膀胱内常出现单个大结石，偶尔发现数个小结石；很少在膀胱颈或坐骨弓处发现结石。超声检查可偶然发现马的膀胱结石和肾结石，应告诉畜主阻塞可能会复发。

出现尿结石症状的成年马发生双侧肾结石的情况并不少见。慢性间歇性输尿管阻塞，最终会导致肾功能衰竭，导致体重下降和厌食症。

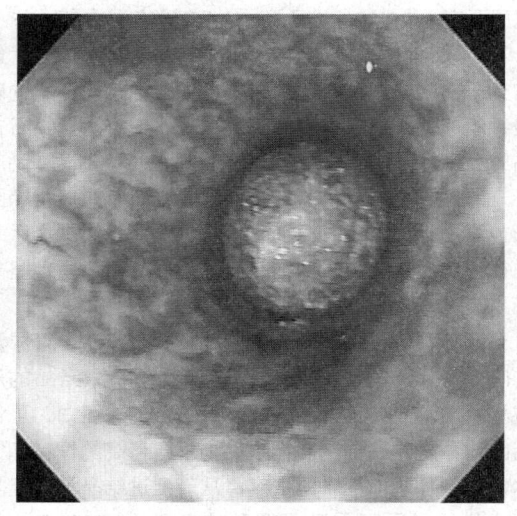

图13-4　公马尿石症（内镜）
（由Sameeh M. Abutarbush博士提供）

【诊断】尿石病通常根据病史和临床症状进行初步诊断，在经直肠检查可触到膀胱颈或其附近出现一个呈卵圆形、坚实的囊状团块而容易确诊。多数情况下很容易触诊到尿石，因为只有结石直径达几厘米以上，才表现出临床症状。用7.5 MHz线性探头经直肠超声检查可以看到结石。如果无法实行超声检查，应当插导尿管到膨胀的膀胱内，排空尿液后便于触诊，并能消除尿道结石、尿道狭窄或尿道窦包皮垢嵌顿嵌顿。尿液分析经常发现有红细胞、中性粒细胞、碳酸钙结晶和尿蛋白。马膀胱结石可以不必用膀胱镜、超声和X线进行检查，但这些检查可能会对诊断或预后

提供依据。超声检查对确诊肾结石是必要的。输尿管结石和膀胱结石通常经直肠检查可以触及。

【治疗】已描述了几种去除膀胱结石的手术方法。手术方案包括腹中线或中线旁切口进行剖腹探查和膀胱切开术、直肠周围膀胱切开术、坐骨下部尿道造口术、尿道括约肌切开术、激光或体外冲击波碎石术。根据结石的大小、位置和数量，患病动物的性别和生理状态，以及可使用的手术设施来确定合理的手术方法。膀胱破裂尽管在成年马罕见，但也可发生于尿道阻塞、突然摔倒或马产驹后。

二、马驹尿渗漏腹膜腔

马驹尿渗漏腹膜腔是指马驹的尿液渗漏进入腹膜腔中。本病最常发生于分娩过程中马驹膀胱被撕裂、治疗幼驹疾病过程中长期卧床或脐部脓肿继发脐尿管破裂时。输尿管或尿道的破裂较少见。研究表明，雄性膀胱破裂的发病率比雌性高，可能是雄性马驹骨盆狭窄和尿道又长又窄所致。雄性和雌性马驹都可发生脐尿管破裂。创伤性膀胱破裂是膀胱充盈的马驹在通过产道时受子宫收缩压迫引起。虽然多数马驹在出生时发生的膀胱破裂被认为是创伤性的，但是有些马驹破裂的膀胱边缘光滑或周围未出血，表明该破裂是先天性的（膀胱壁发育缺陷）。多数膀胱撕裂发生于膀胱背侧。在脐尿管破裂的情况下，脐带残端感染能使脐尿管壁变薄并导致尿液漏到腹腔或肚脐附近的皮下。早产仔畜、新生仔畜脑病、膀胱炎、上行感染、腹部外伤、被动免疫转移失败和败血症可能会诱发马驹膀胱破裂。

【临床表现】马驹一般在出生时正常，但逐步变得昏昏欲睡，超过24～48 h出现心动过速和呼吸窘迫。脐尿管破裂的马驹在较长时间里可能不会出现症状。但随着病情的发展，腹部明显胀大，冲击性触诊有液体震荡感。多数马驹频繁排尿且尿量较少。这种尿淋漓常被误解为努责。其他马驹也可能表现无尿或排尿正常。

【诊断】腹部超声检查、血液和腹腔液的分析有助于诊断。马驹通常表现中性粒细胞增多。血清出现高钾血症与低钠、低氯血症是由于尿中高浓度的钾，以及低水平的钠和氯离子，迅速跨腹膜吸收入血造成的。心电图可因高血钾表现出特宽型的QRS波和高尖的T波。如果不及时纠正，马驹则可能因血清钾浓度增加诱发心动过缓和心律失常（房室传导阻滞、心房停顿和心脏骤停）。血清尿素氮和肌酐值可能正常或升高。血气分析也可能正常或显示代谢性酸中毒。腹腔液量多、呈淡黄色，用超声容易诊断。腹腔液肌酐水平至少是血清的2倍，该结果是最准确的确诊依

据。如果实验室不能检测肌酐，可经导尿管灌注膀胱10 mL亚甲蓝，如果腹腔与膀胱相通，那么在15 min内亚甲蓝可出现在腹腔液中。

进行性沉郁和尿淋漓这两种临床症状常会干扰诊断结果。鉴别诊断包括败血症，缺氧、缺血性脑病/新生仔畜脑病，持久性胎粪嵌塞或其他原因引起的腹痛。

当脐尿管破裂时，腹部超声检查有助于建立病因诊断。超声检查脐带残留物可能会发现有感染或脓肿。还可通过超声检测到腹腔内大量液体（尿液）积聚。新生马驹很少因为一侧或两侧输尿管的破裂而导致氮血症。

【治疗】简单的病例通过手术即可得到纠正。在手术前先将马驹保定。当血钾浓度高于6 mmol/L时，应术前使用500 mL生理盐水、碳酸氢钠加10%的葡萄糖静脉注射30～40 min，或者单独用碳酸氢钠降低钾离子浓度。上述补液方法能使钾离子进入细胞内。如血钾高于8 mmol/L或者上述补液治疗无效，可考虑静脉注射含0.1 mg/kg胰岛素的葡萄糖生理盐水和/或腹膜透析。

修复膀胱应用可吸收缝合线。因其他手术缝合材料能进入膀胱，将会成为结石的核心，所以不应该使用。如脐部肿大（表示感染），应在手术时将其去除并做细菌培养。手术修复膀胱后，为减轻膀胱膨胀和术部漏尿，应留置导尿管48 h，但首次修补很少这样做。

如早期发现其他方面健康仅发生膀胱破裂的马驹且术前处理适当，则预后良好，治愈率可达95%。在患败血症或早产的马驹，常发腹膜炎、切口感染粘连和麻醉死亡的并发症，其预后一般。所有卧地不起的马驹都应认为是膀胱破裂的高发群，需要预留导尿管。

第五节　小动物泌尿系统传染病

小动物泌尿系统传染病多是由需氧菌感染引起的。常见菌包括大肠埃希菌、葡萄球菌属、肠球菌属和链球菌属。较不常见的细菌包括克雷伯菌属，变形杆菌属和假单胞菌属。巴氏杆菌属感染猫比犬常见。支原体是一种罕见的泌尿道感染病原，通常与其他细菌合并感染。钩端螺旋体病是由丝状细菌感染肾脏和许多其他器官的人兽共患疾病。真菌、酵母和寄生虫通常不感染泌尿系统。

泌尿道细菌感染通常是上行感染，从尿道进入膀胱，在某些情况下会再进入肾脏。易感因素包括尿流异常（如尿潴留）、泌尿道上皮防御机制降低、全身免疫防御机制降低、尿浓缩不足或糖尿。除了未去势的老龄雄性犬常发细菌性前列腺炎外，雌性犬比雄性犬更易发泌尿道感染。犬并发一些疾病（如糖尿病或肾上腺皮质机能亢进）危险性更大。成年猫相对于犬而言，对细菌性膀胱炎的抵抗力强。1～10岁的猫有下尿路症状，但细菌培养呈阳性的不足2%。年老的猫、免疫抑制的猫或患全身性疾病的猫（如糖尿病、甲状腺功能亢进症、慢性肾功能衰竭）更容易发生细菌性尿路感染。除了肾脏钩端螺旋体外，尿路病原体不具人兽共患性。然而，泌尿系统上驻留多重抗药性细菌与动物和人类的健康相关。抗生素的剂量不足和选择不当是产生抗药性的促发因素。动物长期接受抗生素治疗或免疫功能低下可能（很少）被念珠菌感染。全身真菌感染（如芽生菌病、曲霉病或原藻病）也可能波及泌尿系统，肾脏和前列腺最易受感染。

一、细菌性膀胱炎

细菌性膀胱炎是膀胱的感染和炎症。临床症状有尿频、血尿、排尿困难和随地排尿。尿液末段的血尿更明显。触诊动物腹部末端出现疼痛，感觉膀胱可能增厚或不规则。无明显症状的动物在进行尿常规检查时，偶尔会诊断出细菌性膀胱炎。长期使用糖皮质激素、肾上腺皮质功能亢进和糖尿病，常会伴有无症状的尿路感染。

尿常规检查往往显示尿蛋白和尿血红蛋白含量增多。用试纸检测犬猫尿中白细胞部分（即硝酸盐）是不准确的，不要使用。如果细菌脲酶阳性（如葡萄球菌属或变形杆菌属），则尿液pH呈碱性（7.5～9.0）。碱性尿动物的尿液pH不会异常，但随日粮和其他因素的影响也可改变尿液的pH。尿沉渣应当用显微镜检查。在发生膀胱炎时，尿沉渣中会出现WBC、RBC或细菌增多。细菌可能与着色的沉淀物相混淆，可采用过滤污渍法或与不染色的沉渣对照来区别。即使沉积物中缺乏明显可见的细菌，也不能排除尿路感染。

如果临床症状和/或尿常规检查显示为感染，应进行尿液的细菌培养和药敏试验。样品采集的首选方法是膀胱穿刺术，其次是无菌导尿或用无菌采集杯接取中段的尿液。定量培养对解释结果很有必要，尤其是对未用膀胱穿刺采集的样品。最好在2 h内进行样品培养。如果实验室在异地，样品应冷藏运抵实验室，并在24 h内处理。如果样品不能冷藏，用市售的含保存剂的工具包，可在室温下维持细菌存活24 h。应首选既能定量培养细菌，又能用药敏试验检测抗生素最低抑菌浓度的实验室。

单纯细菌性膀胱炎可采用尿中药物浓度高的广谱抗生素治疗2周。初次选择合适的药物包括阿莫西林（10～20 mg/kg，口服，每日2～3次），头孢羟氨苄（22～30 mg/kg，口服，每日2次），头孢泊肟（5～10 mg/kg，每日1次，FDA批准仅用于犬）或奥美普林-磺胺二甲氧嘧啶（首次27 mg/kg，然后13.5 mg/kg，口服，每日1次）。推荐治疗后3～7 d重复进行尿液培养。如果仍为阳性，要根据新的药敏试验结果选择另一种抗生素，进行更长疗程的治疗（如3～4周）。非常顽固的或复发的感染，应进行4～6周的治疗。即使症状已消失，每个疗程都应进行尿液培养。慢性或反复感染的动物，在成功治疗后3个月内，每月都要做尿液培养。如果所有这些培养都呈阴性，那么翌年应每2～4个月进行一次尿液培养。由于治疗中可能出现抗生素的耐药性，所以应对每个尿液培养阳性的样品均进行药敏试验。

患顽固性和复发性细菌性膀胱炎的动物要评定其潜在的病因。腹部X线检查常用来诊断膀胱结石，观察用双重对比膀胱尿道造影术拍摄的腹部X线胶片，超声检查和/或膀胱镜检查，以排除透亮的膀胱结石、解剖缺陷和肿瘤的干扰。曾有长期使用糖皮质激素引发本病的报道。血清生化和全血细胞计数对排除全身性疾病有重要作用。再者，诊断要注意与猫免疫缺陷病毒病、猫白血病和犬猫的甲状腺功能亢进症相区别。

当药物治疗有效却仍频发不明原因的膀胱炎时，可根据以下治疗方案进行处理，用低剂量预防性抗生素防止细菌上行感染：①现症感染的抗生素治疗必须按疗程完成；②在不使用抗生素3 d后，再采集尿液做细菌培养；③预防方案要立即开始实施。预防措施包括使用广谱抗生素（如阿莫西林、头孢羟氨苄），无限期地于睡前给予每日总剂量的1/3。每6～8周，应停用抗生素3～7 d，重新采集尿样进行细菌培养和尿液分析。每一次新感染，应根据细菌培养和药敏试验结果选择抗生素治疗一个疗程。治疗性抗生素一般不同于预防性抗生素。最有效的治疗性抗生素（如氟喹诺酮类，第二或第三代头孢菌素类）应用于治疗已有抵抗力的感染。如复发的感染对预防性抗生素已有抵抗力，则在感染被根治后，该抗生素仍可作为未来的预防用药。促进动物白天频繁排尿对防止复发感染有益。

二、肾盂肾炎

肾脏感染（肾盂肾炎）通常是细菌上行感染引起的，也可能经血源传播。本病的致病菌和诱因与细菌性膀胱炎相似。常见病因是肾结石和输尿管结石阻碍尿液正常流出肾盂。幼犬或幼猫的先天性畸形（如异位输尿管）也是诱因。年幼、衰老、免疫抑制或尿浓缩能力不足的动物易患肾盂肾炎。多数病例不能确定

根本原因。特定菌株的毒力因子在尿路上皮的定植上起作用，特别是由大肠埃希菌引起的肾盂肾炎。

急性肾盂肾炎的动物表现肾区或侧腹部疼痛、发热、在倦怠、间或呕吐、多尿和多饮。尿液分析显示蛋白尿、脓尿、菌尿和/或血尿。在新鲜尿沉渣中经常出现白细胞管型。尿液细菌培养常呈阳性，全血细胞计数可显示白细胞增多，核左移。血液生化检查可能正常或显示氮血症（肾前性或肾性）和/或高球蛋白血症。动物可出现肾脏功能衰竭。由于慢性肾盂肾炎的临床症状轻微或缺乏，而更难被识别。动物常出现多尿和多饮。在许多情况下，该病直到发生了肾脏功能衰竭，才被发现。虽然尿液分析存在异常，但往往很少像急性肾脏感染那么明显。如果细菌数很低，单一的尿液培养可能呈阴性。其他有价值的诊断试验包括腹部超声检查法和静脉肾盂造影术。这两种检查能观察到因肾盂症和局部阻塞引起的一侧或两侧肾盂的扩张。因肾盂扩张引起的肾脏大小不一和结构变化，常提示为慢性肾盂肾炎。在某些情况下，可通过在超声引导下做肾盂穿刺术，从扩张的肾盂获取尿样进行分析和细菌培养。

肾盂肾炎应根据尿培养及药敏试验结果，选用广谱抗生素积极治疗4～6周。推荐治疗膀胱炎的抗生素对该病同样有效，但使用次数应当增加（如阿莫西林片，每日3次，而非每日2次）和/或剂量更大。氟喹诺酮类药物或者氟喹诺酮类与β-内酰胺抗生素合剂通常有效。与其他软组织感染的用药剂量相同。有发热、厌食、脱水或氮血症的动物应住院，并进行静脉注射抗生素和液体疗法。液体疗法可防止急性肾盂肾炎发展为急性肾脏功能衰竭，对已发生肾脏功能衰竭的动物能改善肾灌注和减轻肾毒症的症状。急性肾盂肾炎动物的肾脏功能能否恢复正常，取决于治疗前肾脏的损伤程度。当出现严重的肾盂积水、肾脏功能丧失的慢性肾盂肾炎时，一旦动物病情稳定，首选的治疗方法是实施肾脏切除术。肾脏切除术可消除传染源，并有希望挽救对侧的肾脏。静脉肾盂造影术和/或肾脏显影可评估肾脏的功能。如两侧肾脏都受到严重影响，则单独药物治疗是唯一的选择。多数病例可能转为慢性、持续肾脏功能衰竭。

初次治疗后的5～7 d进行尿液培养，评价抗生素的疗效。重复治疗后的3～7 d和随后连续3个月，每月再进行尿液分析和细菌培养。如果所有的细菌培养都呈阴性，可逐渐延长尿液细菌培养的时间间隔。动物肾盂肾炎具有较高的持续复发感染的风险。

三、间质性肾炎、肾小球肾炎与血管炎

犬急性间质性肾炎常是由肾脏钩端螺旋体引起

的。猫很少发生钩端螺旋体病，症状没有犬严重。犬肾炎的其他感染因素包括杜氏利什曼原虫和伯氏疏螺旋体。这些全身性虫媒病是特定地区的地方病。肾小球肾炎是肾脏主要的病理变化，它被认为是免疫复合物病而非真正的尿路感染。弓形虫病可引起肾脏或泌尿系统的其他部位的肉芽肿。引起犬猫血管炎的全身感染性疾病（如猫传染性腹膜炎，落基山斑疹热）也可导致肾脏功能衰竭。

四、犬狐膀胱毛细线虫感染

犬狐膀胱毛细线虫可感染犬和猫的膀胱，偶尔感染输尿管和肾盂。该病呈世界性分布，野生动物是其主要宿主。也可在猫中找到与之相似且罕见的猫毛细线虫。犬、猫因采食含有第一期幼虫的蚯蚓而被感染。成熟的毛细线虫呈丝线状、偏黄色、13～60 mm长。卵有略凹的外壳，无色有盖，（63～68）μm×（24～27）μm。多数犬、猫无症状，有的出现尿频、尿失禁和不定点排尿症状。虫卵可随尿流出，尿沉渣中也可发现。镜下可见血尿和上皮细胞增多。已报道的治疗药物包括左旋咪唑、苯硫达唑、阿苯达唑和伊维菌素。无推荐的治疗方案，但单次皮下注射伊维菌素0.2 mg/kg可能有效。该药未获FDA批准在本病中使用，且牧羊犬禁用。该寄生虫在未再次感染的情况下可能有自限性。

五、水貂与犬巨大肾虫感染

水貂是最常见的肾膨结线虫（*Dioctophyma renale*）的终末宿主，肾膨结线虫是已知呈世界分布的最大线虫。许多其他物种，包括犬和人类，也可能会被感染。终末宿主是摄入含有幼虫包囊的生鱼（如梭子鱼、大头鱼）或青蛙，以及被感染的环节动物。幼虫穿透肠壁，首先移行到肝脏，然后到达肾脏。该寄生虫在犬往往不能到达肾脏，仅在腹腔可发现游离的虫体。犬的肾虫比水貂的大，可达103 cm。

雌虫大于雄虫，都呈血红色。雌雄虫必须在同一肾脏，才能完成生命周期。虫卵呈筒形、黄棕色、壳有密集的凹陷，（71～84）μm×（45～52）μm，随尿液排出。

肾虫在肾脏可引起梗阻、肾盂积水和肾脏实质的破坏，最常侵染右肾。如果两侧肾脏都被寄生，常会导致肾脏功能衰竭，也可发生慢性腹膜炎、腹膜粘连和肝脏疾病。临床症状包括血尿、尿频、体重减轻、肾脏或腹部疼痛。尿液分析可发现蛋白尿、血尿和脓尿。静脉肾盂造影或超声检查显示肾盂积水的肾脏肿大。如果雌雄线虫都寄生在同一侧肾脏，并且输尿管畅通，可根据尿沉渣中的虫卵来进行诊断，或可用剖

腹探查法进行诊断。肾虫可能会出现在腹腔、肝小叶间或肾脏内，需要通过肾脏切开术才可见到肾脏中的虫体。

如果对侧的肾脏没有受到波及，则单侧肾脏切除术是首选的治疗方法。在已知野生动物有此类寄生虫感染的区域，建议禁止饲喂生鱼或其他水生生物。

第六节　小动物泌尿系统普通病

一、肾脏功能不全

肾脏滤过功能障碍导致的氮血症（血中含氮化合物过多）可分为肾前性、肾性、肾后性和混合性4种。肾前性氮血症发生于全身平均动脉血压下降到60 mm Hg以下和/或因脱水导致血浆蛋白浓度增加时。脱水、充血性心力衰竭和休克可能会导致肾前性氮血症。肾前性氮血症经适当的治疗一般可治愈，因肾脏结构没有发生改变，一旦恢复肾灌注，肾脏功能即可恢复。肾性氮血症是指在发生急性或慢性原发性肾脏（或肾内）疾病时，肾小球滤过率减少约75%。肾后性氮血症发生于泌尿道完整性被破坏（如膀胱破裂）或尿液流出受阻（如尿道或双侧输尿管阻塞）时。一旦恢复排出足够的尿量，肾后性氮血症也可治愈。

（一）慢性肾病

慢性肾病的病程因功能性肾脏组织长期（≥2个月）受损而延长，通常表现为进行性过程。虽然肾脏中的结构与功能改变无明显的相关性，但可发现肾脏结构明显改变。慢性肾病在出现明显临床症状之前，往往持续数月或数年，并呈不可逆的渐进性病程。虽然小于3岁动物先天性疾病导致该病的发病率呈一过性升高，但随年龄增长5～6岁发病率增加。在老龄动物中，犬和猫慢性肾病的发病率高达10%和35%。而一般小动物发病率较低，为1%～3%。一些品种的犬猫与慢性遗传性肾病相关（见先天性与遗传性泌尿系统畸形）。犬猫非遗传性慢性肾病没有明显的品种或性别倾向。

根据实验室检查和临床症状的不同，慢性肾病通常被分为四种不同的类型（表13-2）。Ⅰ型，肾脏受损但未出现氮血症和临床症状。但肾病很少在这个阶段被检测到。Ⅱ型，病情恶化，肾小球滤过率低于正常水平（<25%），出现氮血症，但尚未观察到临床症状。然而，这个阶段可伴有尿浓缩能力受损和尿量增多。Ⅲ型，肾小球滤过率进一步下降，出现氮血症且常见临床症状。Ⅳ型，临床症状进一步恶化并出现严重的氮血症，并有明显的临床症状。该分类方法仅适用于慢性肾病。

表13-2　肾病阶段的分类法*

分型	I 无氮血症肾病	II 轻度肾氮血症	III 中度肾氮血症	IV 严重肾氮血症
	肌酐（mg/dL）			
犬	<1.4	1.4～2.0	2.1～5.0	>5.0
猫	<1.6	1.6～2.8	2.9～5.0	>5.0

　　* 国际肾脏权益协会推荐。

　　1. **根据血压划分亚型**　患慢性肾病的犬猫约20%有全身性高血压，高血压与肾脏、眼、中枢神经系统和血管系统靶器官的损害相关。推荐根据血压测定结果对慢性肾病动物分亚型（表13-3）。

表13-3　动脉血压（AP）的测定和靶器官损害风险的慢性肾病亚型*

亚型	AP0 无或最小风险	AP1 低风险	AP2 中等风险	AP3 高风险
	血压（mm Hg）			
收缩压	<150	150～159	160～179	>180
舒张压	<95	95～99	100～119	>120

　　* 国际肾脏权益协会推荐。

　　通常处于中等风险或高风险亚型（特别是靶器官曾经损伤）的动物，应进行药物降压。

　　2. **基于蛋白尿的亚型**　常规试纸检测尿蛋白没有特别明确的意义，因为很多阳性反应（犬1/3，猫2/3）是假阳性。虽然本试验有一定的筛选作用，但阳性结果还应借助更特异的试验来进一步验证，如磺基水杨酸试验、尿蛋白：肌酐的比值测定或蛋白的特异性分析。

　　白蛋白的物种特异性抗体可特异而敏感的检测尿蛋白及其浓度。微量蛋白尿是指尿蛋白含量在尿常规试纸检测时呈阴性，而在物种特异性蛋白抗体检测反应中呈阳性。微量蛋白尿动物常发展为肾病、全身炎症、代谢疾病、肿瘤或传染病。

　　在老龄动物和患有慢性肾脏疾病的动物，蛋白尿是一个重要的症状，并与预后不良有关。蛋白尿数量减少标志着抗高血压药物治疗效果较好。在蛋白尿基础上，患慢性肾病的动物也应该用尿蛋白：肌酐比值来确定亚型（表13-4）。

表13-4　基于蛋白尿划分的慢性肾脏疾病的亚型[a]

亚型	N 非蛋白尿	BP 边缘型	P 蛋白尿
犬	<0.2[b]	0.2~0.5	>0.5
猫	<0.2	0.2~0.4	>0.4

　　a. 国际肾脏权益协会推荐。
　　b. 尿蛋白：肌酐比值。

　　【病因】确定引起肾脏疾病的主要过程，尤其是在 I 型和 II 型，对判定预后和制定治疗计划很重要。已知慢性肾病的病因包括大血管腔隙（如全身高血压、凝血因子缺乏病、慢性灌注不足）、微血管腔隙（如全身性肾小球高血压、肾小球肾炎、发育障碍、先天性胶原蛋白缺陷、淀粉样变）、间质隙（如肾盂肾炎、肾肿瘤、阻塞性尿路病、过敏和免疫介导性肾炎）和管状腔隙（如肾小管重吸收缺陷、慢性低肾毒性阻塞性尿路病）。慢性全身性肾病的许多病因与进行性间质性纤维化有关。间质性纤维化的严重程度与肾小球滤过率下降的幅度呈正相关，与预后呈负相关。通常，无论最初起因如何，慢性肾脏疾病与在动物中发现的肾小球、肾小管间质及血管病变往往是相似的。在这一点上，肾脏组织学仅显示间质纤维化，即慢性间质性肾炎。此术语描述了任何原因引起的慢性肾病终末期的肾脏形态学外观。又因为急性肾病可能会发展为慢性病，所以任何引起急性肾病的原因也可能是慢性肾病的原因。

　　【临床表现】当肾单位功能受损不足75%时，一般无临床症状（III型和IV型）。例外的是慢性肾病作为一种全身性疾病的一部分（如全身性红斑狼疮、全身性高血压）导致机体其他组织受损而表现部分症状，慢性肾病伴有肾病综合征，或伴有明显肾炎和导致腰痛的关节囊肿胀及偶尔呕吐。

　　最早的临床症状是因肾脏功能不全出现烦渴和多尿，但在肾单位功能受损约2/3（II型末期或III型初期）之前不能被观察到。II型不出现新的临床症状，肾组织进一步被破坏导致氮血症。最后，IV型出现明显的尿毒症综合征。最初的偶尔呕吐和昏睡与尿毒症有关。在III型和IV型中，疾病持续发展数月（犬）到数年（猫）后，厌食、体重减轻、脱水、口腔溃疡、呕吐和腹泻的症状表现明显。牙齿松动、上下颌骨变形或病理性骨折可能与肾病引起的骨营养不良有关，但这些症状不常见，仅见于幼犬先天性肾病晚期。对III型和IV型的动物进行体格和影像学检查，通常发现肾脏小而不规则；患肾肿瘤、肾盂积水或肾小球肾炎的动物肾脏可查出正常到巨大的不同变化。在III型和

Ⅳ型后期，可见非再生性正红细胞正色素性贫血引起的黏膜苍白。

【诊断】 Ⅰ和Ⅱ型经常误诊，通常为在诊断其他疾病进行影像学检查或尿液分析时确诊出本病。在Ⅲ型和Ⅳ型，血清尿素氮、血清肌酐和无机磷浓度增加。由于肾大量排出钾加上摄入不足引起钾缺乏和酸中毒，在猫常见而犬偶发。在Ⅳ型末期或每次明显的肾前性氮血症时，可能会出现高钾血症，这与少尿和无尿有关，是慢性肾病的附加症状。约20%患病犬猫的任何型，都可以发生全身性高血压及相关并发症。用X线检查可以发现骨质疏松症，但此症状出现得晚，对诊断没有帮助。

犬尿的相对密度为1.001～1.060，猫为1.005～1.080，这取决于机体水平衡的需要。脱水和肾脏功能正常的动物，犬尿的相对密度大于1.030，而猫大于1.035。当脱水时无法浓缩尿液是慢性肾病的早期征兆，但患原发性肾小球肾炎的犬和一些猫，可能会出现氮血症并同时保留浓缩尿液的能力使尿的相对密度大于1.035。即便如此，在肾原性氮质血症动物的血清肌酐大于4 mg/dL时，尿液浓缩仍较罕见。

慢性肾病的多饮多尿应与原发性烦渴疾病（如甲状腺功能亢进症、精神性多饮）或直接干扰尿浓缩机能的疾病相区别。这包括导致肾小管溶质滞留（如利尿药的使用、糖尿病）、中枢性尿崩症和肾性尿崩症（如肾上腺皮质功能亢进、高钙血症、子宫蓄脓、引起败血症的疾病）等。肾上腺皮质功能不全会导致尿液浓缩缺陷，并可能与少尿性肾病的Ⅱ型和Ⅲ型相混淆，因为肾前性氮质血症可能是因呕吐、腹泻、烦渴与肾上腺皮质功能减退而引起的。检测高钾血症、低钠血症和/或血浆Na^+:K^+比值降低等，有助于建立肾上腺皮质功能不全的初步诊断，但必须通过激素试验确诊。此外，肾上腺皮质功能减退的动物经适当治疗，会迅速恢复。

用X线检查、腹部超声检查法、包括尿液分析和尿培养的临床病理学检查和测量血压的方法进行联合检查，可以评估疾病的严重程度和预后，监测疗效和确定复杂化因素。特定的肾功能检查和肾穿刺活检可能有助于确定Ⅰ型到Ⅲ型的确切原因，但Ⅳ型出现的晚期病理变化是非特异性的，组织学检查往往无法识别其主要原因。Ⅳ型后期在临床上常被描述为肾脏功能衰竭终末期，在病理上为慢性泛发性肾炎。慢性肾病更容易与可逆的急性病相区别。在通常情况下，上述疾病可以通过适当的病史、体况检查和实验室检查完全区分开，但可能仍需肾脏穿刺活检。然而，一系列的形态病变引起的慢性肾功能衰竭的治疗是相同的，所以肾脏活检可能也无法确诊。

【治疗】 当犬猫仅剩一小部分（5%～8%）肾脏组织有功能时，经适当的治疗仍可存活很长时间。建议治疗应随病的发展阶段而变化。Ⅰ和Ⅱ型的动物通常表现最少的临床异常，应针对本病的主要原因进行深入的识别和治疗。对并发症（如全身性高血压、钾平衡失调、代谢性酸中毒、细菌性尿路感染）应积极识别和辅助治疗。约20%患慢性肾病的动物能在任何阶段出现全身性高血压，并不能通过低盐日粮来有效控制。对AP2和AP3亚型（表13-3）抗高血压药物一般选择钙通道阻断剂，如苯磺酸氨氯地平（0.25～0.50 mg/kg，口服，每日1次）或血管紧张素转换酶（ACE）抑制剂，如依那普利或贝那普利（0.5 mg/kg，猫每日1次，犬每日2次）。如果ACE抑制剂与肾病专用日粮结合使用，应仔细监测血钾。特别是在Ⅳ型可能发生高钾血症，当血清钾浓度超过6.5 mmol/L时，应改变日粮或调整剂量。虽然可以同时服用ACE抑制剂和钙通道受体阻滞剂，但通常建议猫用钙通道阻断剂，犬用ACE抑制剂作为初始治疗。除了持续供应新鲜的饮水和促进（并记录）摄入足够的食物之外，身体状况评分应是评估摄入量是否足够的常规方法。此阶段动物应用市售维持日粮进行标准饲养，有严重蛋白尿的禁用此法。所有患病动物应每隔6～12个月重新评估，如果病情恶化或可更早进行评估。

在Ⅱ型和Ⅲ型，除了每3～6个月进行评估之外，对并发症的控制原则是相同的。这些评估应包括血液学、血清生化和尿液分析。由于犬猫慢性肾病容易出现尿路的细菌感染，应每年进行一次尿培养并对可能受感染的动物随时进行尿液分析。肾脏持续性损伤的恶性循环可引起本病进一步发展。可减缓这种病情恶化的措施包括限制饲料中的磷，日粮中补充鱼油，使用降压药（高血压犬猫）和使用ACE抑制剂（蛋白尿P亚型，表13-4）。在此阶段限制日粮中磷酸盐和酸必不可少，并应饲喂适于肾病的专用日粮。如果动物有严重酸中毒（血浆碳酸氢盐小于15 mmol/L）或当日粮改变后2～3周仍然有酸中毒时，可口服柠檬酸钾或碳酸氢钠。如果2～3月内限制饲料磷的方法维持血清磷正常水平失败，可用含有醋酸钙、碳酸钙、碳酸钙加脱乙酰壳多糖，或氢氧化铝的磷酸盐结合凝胶混饲给药，会达到所需的疗效。在此阶段，饲料中添加n-3多不饱和脂肪酸也有确切的疗效。

在Ⅲ型末期和Ⅳ型，除了对该动物每1～3个月进行评估外，上个阶段所有管理原则仍然适用。限制饲料蛋白质可缓解尿毒症。应饲喂高品质蛋白质（如鸡蛋的蛋白质），犬每日应喂2.0～2.8 g/kg，猫每日应喂2.8～3.8 g/kg。按照犬猫慢性肾病配方生产的商品日粮一般均符合本要求。给予H_2受体颉颃剂如法莫替丁（5 mg/kg，口服，每日3～4次）能降低胃液酸度和呕吐。合成的类固醇，如羟甲烯龙或苯乙酸诺龙，有助于刺激贫血动物产生红细胞，但对本病无效。

重组促红细胞生成素和其他红细胞生成刺激剂（如Darbopoietin、促红细胞生成素受体持续激活剂）可有效地刺激红细胞的产生，但用人重组促红细胞生成素处理的动物，约50%出现抗促红细胞生成素抗体，并可能会导致顽固性贫血。在特效产品问世前，现在临床上建议，仅在动物出现明显贫血症状（如非其他因素引起的乏力、明显嗜睡）时，使用促红细胞生成素，这种情况一般发生在红细胞比容小于20%时。

在动物医院静脉注射或皮下注射和畜主自行皮下注射多离子溶液，对间歇性尿毒症的动物较有效。口服维生素D可减少尿毒症的症状，并延长生存期，特别是犬。然而，维生素D疗法需要事先分辨高磷血症（血清磷小于6.0 mg/dL）和有可能诱发的高钙血症。益生菌类药物和一定的膳食纤维，可以增强肠道对含氮化合物和尿毒症毒素的分解。食管插管喂食可以有助于控制慢性厌食症。如果治疗不能改善肾脏功能并减轻尿毒症的症状，应谨慎选择安乐死或肾脏替代疗法（肾脏移植和/或透析）。

（二）急性肾损伤

急性肾损伤出现在突然发生的肾脏严重受损时。主要的原因是毒素（如乙二醇、氨基糖苷类抗生素、高钙血症、血红蛋白尿）和缺血（如弥散性血管内凝血或严重的长期灌注不足引起的栓塞）。

【临床表现】 轻度急性肾损伤经常无法辨别，严重的原发病或反复发作的疾病都可能导致慢性肾病。通常普遍认为急性肾损伤晚期以食欲不振、沉郁、脱水、口腔溃疡、少尿、呕吐和/或腹泻为临床特征。体况检查经常出现脱水，但其他方面却常不显著，触诊肾脏偶尔引起疼痛，肾脏可能正常或略肿。

【诊断】 动物有低血压、休克或最近接触已知肾毒素的病史，突发尿毒症是急性肾病动物的典型临床症状。出现脱水和/或氮血症并存在不适当的浓缩尿（尿的相对密度1.007～1.035）则显示肾脏功能不全。慢性和急性肾病（急性肾病要明确原因）的鉴别很重要，因其预后和特异疗法可能不同。急性肾损伤的动物常有相应的病史和其他尿检异常，管型尿是常见而明确的示病症状。其他尿检可能发现尿沉渣中存在大量肾上皮细胞和白细胞、糖尿、结晶尿、酶尿和/或肌红蛋白尿/血红蛋白尿。急性肾损伤动物的血清尿素氮、肌酐、无机磷浓度常升高，并出现代谢性酸中毒。少尿或无尿动物补液后伴发高钾血症是预后不良的标志；相反，尽管多尿动物出现低钾血症，但预后良好。贫血常见但并非每次均出现，缺少该症状可能有

助于区分急性与慢性肾病。

肾脏损伤后，通过代偿性肥大和适应性机能亢进来恢复肾脏功能的潜力很大。患慢性肾病动物的大部分再生过程可能发生在初诊之前。相反，患急性肾脏损伤的动物如果能够承受尿毒症，其改善肾脏功能的潜力也很大。尿毒症的持续时间可能与一些肾毒素（如使用氨基糖苷类抗生素1～3周和乙二醇4～8周）的毒力有关。肾脏活检可能对评估本病的严重程度、范围、原因和潜在可逆性有价值。

【治疗】 如已明确病因，则应当制订特异的治疗方案，例如犬乙二醇中毒用4-甲基吡唑或乙醇治疗。液体疗法适用于所有脱水和无饮、食欲的动物。除了存在高钾血症的病例建议用生理盐水外，补液宜用多离子溶液如乳酸林格液。可谨慎添加碳酸氢钠来纠正酸中毒。

对少尿或无尿的动物，如果饮水充足且尿量每小时低于0.5 mL/kg，常推荐使用促进尿量增加的疗法。这种方法已受到质疑，因为尿量可能增加，但肾血流量和肾小球滤过率没有相应增加。对动物肾脏功能衰竭少尿期使用过多的液体，可能导致危及生命的肺和脑水肿。尽管如此，大量增加肾血流量和肾小球滤过率可提高尿量，对患病动物确实有作用。本疗法需要通过留置导尿管，定量密切监测尿液的产生。建议监控中心静脉压以防止补液过多。连续方法常包括初始稍微过量补液，可使用试验剂量的复合盐溶液50 mL/kg，静脉注射。如果在3 h内未能产生足够的尿量，进一步措施包括渗透性利尿（10%或20%甘露醇或右旋糖酐0.5～1 g/kg，静脉注射，作为缓释剂使用时间超过15～30 min，交替注入乳酸林格液30 mL/kg，静脉注射，30 min以上）。后续措施通常包括速尿（2 mg/kg，静脉注射，可以加倍，如果尿液量没能增加到每小时0.5 mL/kg以上，间隔2 h用3倍量）。然而，速尿可使氨基糖苷类引起重度急性肾脏功能衰竭恶化。肾血管舒张药（多巴胺用5%葡萄糖稀释，静脉注射，每分钟1～5 μg/kg）加上速尿（2 mg/kg，静脉注射）可以试用2 h。多巴胺会导致室性心律失常，而且高剂量的多巴胺可导致肾血管收缩。多巴胺对猫产生肾血管舒张作用最小，可首选钙通道阻滞剂（如苯磺酸氨氯地平0.25～0.5 mg/kg）。如果未能恢复尿量，切忌过量补液，以避免水分过多。每日液体疗法基于维护和补液所需的量，并持续到肾脏功能和临床状况改善为止。在此阶段放置胃导管极便于病畜的管理，应对有显著肾性氮血症的所有动物施行补液（补液后血清肌酐大于10 mg/dL）。

第二个治疗方案，不是上文所讨论的积极措施，而是直接用复合盐溶液进行液体疗法，使肾脏再生。

此外，有显著氮血症的厌食动物应该放置胃管饲喂补给营养。如果没有上述恢复排尿的措施，有必要采取腹膜透析、血液透析或安乐死。

二、肾小球肾炎

由慢性肾病引起的肾小球肾炎可引发犬急性肾脏损伤，也偶见于猫。犬猫的患病类型和亚型与上文介绍（表13-2至表13-4）一致。动物原发性肾小球疾病作为慢性肾病的一种原因，与原发性肾小管间质病相比，其临床和实验室检查情况可有所不同。肾小球基底膜损伤可引发蛋白尿，并能导致低蛋白血症。动物可表现出低蛋白血症相关症状（如外围水肿、血凝过快和血栓形成、高胆固醇血症）而不表现尿毒症，或者出现除尿毒症之外的其他症状。

继发性肾小球肾炎可见全身性或肾小球性高血压后遗症，在动物慢性肾病III型和IV型常见。尽管原发性肾小球病的总患病率尚不清楚，但犬比猫更常见。

免疫介导肾小球肾病的特点是肾小球毛细血管壁上有沉积物或形成原位免疫复合物，然后引起炎性改变。研究发现，犬肾小球肾炎的发病年龄平均为4～8岁，其中55%为雄性，无品种差异。免疫介导性肾小球肾炎与肿瘤、立克次体病、全身性红斑狼疮、心丝虫病、子宫蓄脓、慢性败血症、腺病毒的感染有关，但通常为原发性。尽管起因是多因素的，但犬肾小球病与肾上腺皮质机能亢进病及糖尿病相关，很少形成免疫复合物。

研究发现，猫患肾小球肾炎的平均年龄为3～4岁，75%是雄性，无品种差异。猫原发性肾小球病最常与猫白血病病毒的慢性感染、猫免疫缺陷病毒或猫传染性腹膜炎病毒有关，但也报道其与肿瘤和全身炎症性疾病有关。相对来说，年轻和雄性的动物多发，表明高发猫白血病病毒感染是引起猫病的原因。

家族性肾小球肾炎作为引起慢性肾病的原发性病因，在一些品种的犬中已有报道，包括伯恩山犬、英国可卡犬、杜宾犬、灵犬、拉萨狮子犬、贵宾犬、罗特维尔犬、萨摩耶犬、西施犬和软毛麦色梗。尽管有些具有蛋白尿和相关的临床异常，与引起免疫介导的肾小球肾病相似，但本病不是免疫复合体病。

犬和猫的淀粉样变性包括中国沙皮犬和阿比西尼亚猫的家族淀粉样变性，多数情况是反应性或继发性淀粉样变。在这类疾病中，慢性炎症造成血清含量升高，使淀粉样A蛋白沉积在不同组织中。当犬肾脏受损，淀粉样沉积物通常以非家族性形式出现在肾小球。然而在沙皮犬、至少25%的阿比西尼亚猫和很多无家族性病的猫，其淀粉样变性主要发生于干扰肾浓缩机制的肾髓质部，与肾小球淀粉样蛋白沉积物相比，它更有可能产生无蛋白尿的慢性肾病。肾小球淀粉样变通常引起显著的蛋白尿。非家族性的淀粉样变通常影响中年到老年的犬猫。已报道比格犬、柯利牧羊犬、沃克猎犬是高风险的品种。家族性疾病通常在动物年轻时就被诊断。

【临床表现】肾小球肾炎常导致蛋白尿（主要是白蛋白尿）并能产生低蛋白血症、腹水、呼吸困难（由于胸腔积液或肺水肿）和/或外周性水肿，可称为肾病综合征。蛋白质消耗最先造成体重下降，在仔细体况检查时可能很明显。严重或慢性肾小球肾炎是慢性肾病的原因，患肾小球肾炎的多数犬和猫最终发展为肾病的III型和IV型阶段。在蛋白尿的慢性肾病中可普遍发生全身性高血压，且在任何阶段均可被检测到。

蛋白尿可导致抗凝血酶III经肾小球基底膜丢失，引起犬高凝状态。蛋白尿也促成轻度血小板增多症和发生血小板过敏，通常，当血浆白蛋白水平不大于1.0 g/dL时，更利于病犬血凝异常。患有肾小球肾炎或淀粉样变的犬，可见继发于肺部血栓栓塞的严重呼吸困难或其他血栓性疾病后遗症。目前尚不清楚猫蛋白尿是否也存在高凝状态，因为血凝过快症状在猫中还未见报道。

【诊断】在慢性肾病的不同阶段，其血清尿素氮、肌酐和磷浓度通常都升高。动物应以血压测量值（表13-3）、蛋白尿（表13-4）和血清肌酐（表13-2）为基础，确定型和亚型。不管存在或不存在氮血症，均可出现水肿和明显蛋白尿。除75%猫和15%犬能检出明显腹水、胸腔积液和/或外周凹陷、无痛的皮下水肿外，体况检查结果常是非特异性的。相对于肾脏功能不全的程度来说，尿的相对密度可能并不太高。尿蛋白：肌酐比值大于2.0，表明起因于肾小球。如果尿沉渣检查排除了炎性泌尿道疾病和蛋白尿引起的出血，则比值升高的程度可有助于区分管型蛋白尿（典型比值为0.5～2.0）、肾小球肾炎（典型比值为0.5～15）和肾小球淀粉样变性（典型比值为0.5～40）。然而，这些范围存在交叉，在肾小球肾炎的初始阶段这个比值常降低；随着病情发展，严重程度增加，在IV型末期随着肾小球滤过率下降到非常低的水平，该病处于衰退末期。

通常需要进行肾脏活检来确定肾小球肾炎的类型。最常报道的是猫膜性肾小球肾炎，犬在组织学上表现为肾小球淀粉样变性和膜性、增生性和膜增生性的肾小球肾炎的分布大致相等。蛋白尿的严重程度并不总是与组织学病变或氮血症的严重程度相一致。全身性高血压大部分发生于因肾小球肾炎而丢失蛋白的动物，因此血压应成为确定动物肾小球肾炎的依据。

腹部和胸部X线检查、超声检查和特殊的血清学检测可排除各种炎性疾病、传染性疾病和肿瘤性疾病。犬肾小球肾炎诊断应包括全身性红斑狼疮（如抗核抗体效价和红斑狼疮前期）的试验，对其他传染性病原体和心丝虫病进行适当的抗原或抗体筛查试验，在猫，应对猫白血病病毒、猫免疫缺陷病毒、猫传染性腹膜炎病毒、全身性红斑狼疮和心丝虫病感染病原进行检测。

【治疗】治疗肾小球肾病有6项基本原则：

（1）如果鉴定病因是免疫复合物，应该实施治疗。

（2）如果存在肾病综合征的临床表现，应该先用减少蛋白尿的疗法。这包括采用低蛋白和低盐的肾病处方饲料；如果需要，及时使用利尿剂。

（3）抗血栓药（如阿司匹林）可导致犬低蛋白血症（血浆白蛋白小于1.0 g/dL）及犬低血清抗凝血酶III（小于正常的30%），但对猫没有影响。当犬有明显的蛋白尿且血清蛋白小于2.0 g/dL时，适合用低剂量阿司匹林治疗（5 mg/kg，口服，每日1次），但当发生黑粪症或疑似胃溃疡时禁用。阿司匹林易与血浆蛋白结合并通过肾脏排泄，所以需要调整使用剂量。

（4）因为蛋白尿可促进肾间质纤维化，所以有必要采取限制肾小球蛋白质损失的治疗，包括限制日粮中的蛋白质和n-3多不饱和脂肪酸的添加量，并使用ACE抑制剂。

（5）尽量减少肾小球免疫复合物的沉积程度和影响，尤其经活检证实患肾小球炎和原发性抗原刺激物不明的动物。虽然免疫抑制药（如硫唑嘌呤、环磷酰胺、环孢素）作用效果不确定，但是可用于犬肾小球肾炎。对于淀粉样变，已尝试应用二甲亚砜和秋水仙碱，但没有一致的结果。这些消炎药应在畜主同意的基础上使用。皮质类固醇类仅对轻度肾小球病有效，用于其他肾小球疾病可使蛋白尿更加恶化，应避免用于淀粉样变性的动物，因曾报道其能加快淀粉样蛋白的沉积。

（6）慢性肾病的临床表现，应根据疾病的类型来观察和管理。

【预后】虽然经研究发现，犬肾小球肾炎的平均存活时间为87 d，但经早期诊断和适当治疗后其存活期可更长。近期研究还发现，用安慰剂治疗犬肾小球肾炎，其存活期超过6个月。据报道，淀粉样变动物的平均存活时间为49 d到20个月不等。

三、肾小管缺损

（一）肾性酸中毒

急性肾损伤和慢性肾病的II～IV型发生的代谢性酸中毒，是由于病肾的尿酸化能力降低造成的，简称尿毒症性酸中毒。虽然尿毒症性酸中毒的单个肾小管细胞重吸收碳酸氢钠和/或分泌氢离子的能力正常，但一般远远低于肾小管的总细胞丛。如果食肉动物处于代谢或日粮的酸性状况，常见酸性产物蓄积。这在经常饲喂酸化饲料的猫中显得更为严重。

犬猫肾小管缺陷较罕见，可导致高氯性代谢性酸中毒，称为**肾小管性酸中毒**。已在犬和猫中发现了I型和II型两种类型的肾小管性酸中毒。I型（远端），远端肾小管逆浓度梯度分泌氢离子的能力有缺陷；II型（近端），近端肾小管重吸收碳酸氢根的能力降低。I型已在犬猫中有过报道，II型主要发生于犬，曾报道以后天获得（庆大霉素肾毒性和特发性形式）和遗传性（范可尼综合征，见下文）形式引起的近端肾小管缺陷。

犬I型肾小管性酸中毒与骨骼脱钙（由于过量氢离子缓冲）和肾结石（由于骨吸收引起的高钙尿症）有关。根据高氯性代谢性酸中毒的存在，以及因缺乏细菌脲酶使全身性酸中毒，引起尿液pH异常升高等症状可诊断本病。代谢性酸中毒或口服氯化铵后不产生酸性尿，这也是诊断依据，但严重代谢性酸中毒的动物应禁止口服氯化铵。根据血浆碳酸氢盐水平正常或降低，而尿中部分碳酸氢盐含量增加等变化，可诊断II型肾小管性酸中毒；这种检测在临床上并不实用，主要根据病史、病征和临床病理结果来诊断本病。

治疗包括口服足以维持血液正常pH的碱化剂（碳酸氢钠，I型每日1 mmol/kg和II型每日用1～6 mmol/kg，口服）。治疗犬II型肾小管性酸中毒比较麻烦，因为补充的碳酸氢盐很容易经尿丢失。

（二）范可尼综合征

范可尼综合征以近端肾小管重吸收缺陷为特征，常导致尿中多量溶质过度流失。已报道犬后天性范可尼综合征（特发性庆大霉素肾中毒），及不同品种犬的遗传性范可尼综合征（最典型的为Basenjis犬），通常，成年雌雄犬都可发病。尿中常排出过多的葡萄糖、钠、钾、磷、尿酸、碳酸氢盐、白蛋白和氨基酸，血糖浓度正常。疾病早期血清电解质正常，但后期出现低磷血症、低钾血症和代谢性酸中毒。

临床症状包括多饮、多尿和体重减轻等。如果动物处在慢性肾病的III或IV期，可能会出现尿毒症症状。根据尿中排出过量葡萄糖、钠、钾、磷和碳酸氢盐，而血浆浓度正常这一特点可确诊本病。由于肾近曲小管重吸收少量穿过肾小球滤过屏障的白蛋白，致使尿白蛋白浓度过低。鉴别诊断包括单纯性肾性糖尿和其他原因引起的慢性肾脏疾病。早期遗传性范可尼综合征，其肾脏的显微病变并不明显，但随病情发展，可表现慢性非特异性肾病的特征。已成功研制出一种遗传标记物。还尚未确定改变肾小管缺陷的治疗方案。后天性范可尼综合征的组织学变化因病因不同而异。

如果血清浓度较低，应口服氯化钠、氯化钾、磷酸根和碳酸氢盐。对急性或慢性肾病犬，应进行适当对症治疗。遗传性疾病病程缓慢，即使治疗，常因尿毒症而死亡。

（三）肾性糖尿

肾性糖尿通常是一种肾近曲小管的先天性缺陷疾病，尽管血糖浓度正常，但常出现糖尿。患病动物可能无症状、多饮多尿或由于尿液中细菌定居与葡萄糖的存在，使尿道严重感染并反复发作。根据出现持续性糖尿（但血糖浓度正常）而无其他肾重吸收异常的状况可确诊本病。该病的生物学特性知之甚少，是公认的罕见病。一般认为，该病不呈进行性过程，不需要治疗。

四、阻塞性尿路病

即使肾脏原本能正常工作，一旦在肾脏任何部位出现尿流阻塞，均可导致肾性代谢产物蓄积和肾后性氮血症/尿毒症。虽然尿石、肿瘤或血凝块可阻塞不同动物的输尿管（或尿道），但犬尿结石和猫基质晶体塞是阻塞尿道的最常见原因。

肾脏积水以尿液在从一侧或两侧肾脏流出时，发生部分或完全阻塞而引起肾盂扩张为特征。如果是急性、完全和双侧的阻塞，因为生存期短，肾脏形态学变化不明显。当单侧或部分阻塞时，由于动物存活期相对长些，常造成肾脏实质严重萎缩和患侧肾囊肿。输尿管阻塞常发生在输尿管下方。流体静力压增强导致肾脏实质萎缩。首先肾盂假性憩室消失，随后发生皮质萎缩。受损的肾脏严重肿大，最终成为无功能的囊状物，其内充满尿液或含有细菌的浆液性液体。

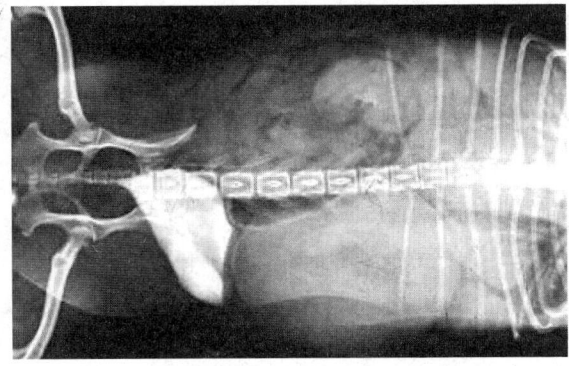

图13-5 肾脏积水病例静脉肾盂造影腹背向投影X线片
（由Ronald Green博士提供）

【临床表现】尿道阻塞的动物常表现尿频、尿淋漓和血尿，以及明显的腹部疼痛。尿毒症的症状发展迅速，包括呕吐、脱水、体温降低和严重的精神沉郁。触诊膀胱表现肿胀和疼痛，导尿管不能轻易通过。由于高钾血症，特别当血钾大于7 mmol/L时，可出现心动过缓或心律不齐。由于未受损的肾脏代偿性肥大，常导致非氮血症状态，只有动物出现肾脏疾病或肿大，或通过体况检查和/或X线检查或超声成像可触及或观察到肾脏积水，才可确诊单侧输尿管阻塞。

【诊断】病史、临床症状和体况检查通常是尿道阻塞的简单诊断法。所有患急性尿毒症（包括有慢性肾脏病史）的猫，均应怀疑有输尿管阻塞。通过下行性尿路造影术或腹部超声检查，可诊断动物双侧或单侧输尿管阻塞。血钾含量测定可立即确定心律失常。如果检测结果太慢，采用心电图可提供高钾血症（心动过缓、高尖的T波、PR间期增加、QRS波群扩大和心房停顿）的诊断依据。

【治疗】应排除尿道阻塞（见尿路结石）。输液能改善肾脏功能，纠正电解质和酸碱平衡紊乱。生理盐水是高血钾动物首选制剂。一旦出现明显的高血钾（血钾大于7 mmol/L）、心律不齐或原发性肾脏疾病，应在实施尿道阻塞的治疗方案前，通过恢复肾脏的排泄功能，在12 h内使血钾和酸碱平衡恢复正常，能避免矫枉过正。对严重高钾血症和心律失常的动物，可使用碳酸氢钠（0.5 mmol/kg，缓慢静脉注射5 min以上）或输注胰岛素和葡萄糖，使钾进入细胞内。由于阻塞后连续利尿1～5 d，常在矫正尿道阻塞的24～48 h内观察到低钾血症和/或脱水。每日应监测血浆电解质、体重、尿量、血细胞比容和血浆中的总固形物，并应适当调整液体的类型和数量。

外科手术通常是排除输尿管完全阻塞的必要措施。在可能的情况下，应去除阻塞物恢复尿量。在某些情况下，输尿管结石必需手术摘除。特别是猫，因其输尿管非常小且脆弱，必须进行输尿管部分切除和输尿管再植术。在某些情况下，可能需要单侧肾切除，但是在没有证据证明对侧肾脏能够维持生命时，不应切除另一侧肾脏。对侧肾脏的肾小球滤过率的评估非常重要，评估标准如下：正常肾的大小、形状及与超声波的一致性；尿路造影术显示血管和排泄状态正常；超声波检查肾脏正常；肾脏活检穿刺检查正常。

五、肿瘤形成

（一）肾肿瘤

犬肾肿瘤很罕见，占所有肿瘤的0.5%～1.7%。良性肿瘤不常见，一般在尸检时偶然发现，很少有临床意义。腺瘤、脂肪瘤、纤维瘤和乳头状瘤均有报道。

原发性恶性肾肿瘤（除肾胚细胞瘤外）在中年至老年动物中最常见。除德国牧羊犬易发遗传性双侧多灶囊性腺癌外，其他品种犬都可发生肿瘤，发病犬一般为5~11岁。最常见的原发恶性肾肿瘤是癌，这种肿瘤源于肾脏的肾小管上皮细胞。通常是单侧的，位于肾的一端，界限清楚。肾脏大小由稍肿大直至比正常肾脏大数倍，颜色可呈黄色、白色或灰色。肾癌早期可转移到不同器官，最常见的是对侧肾、肺脏、肝脏和肾上腺。

肾胚细胞瘤（胚胎肾瘤，韦尔姆瘤）发生于残余的胚胎组织。该病可见于幼龄动物，不到1岁的犬最易诊断出肿瘤。任何品种犬都可发生肿瘤。雄性发病率一般比雌性多2倍。肾胚细胞瘤一般是单侧性的，但偶见双侧性的。肿瘤可无限生长，将整个腹腔占据的状况并不少见。转移可波及局部淋巴结、肝脏和肺脏。

移行细胞癌源于肾盂、输尿管、膀胱或尿道［见（二）下泌尿道肿瘤］的移行上皮细胞。其他原发性的恶性肾肿瘤不多见，包括血管肉瘤、纤维肉瘤、平滑肌肉瘤和鳞状细胞癌。

肾脏是癌细胞转移或多中心肿瘤的多发部位。转移病变可能是单侧或双侧性的。淋巴肉瘤是最常累及肾脏的多中心肿瘤。高达50%患淋巴肉瘤的犬猫都有肾脏病变，在某些情况下，只影响肾脏或肾脏与大脑同时受损。肾脏病变常为多病灶性或弥漫性、间质性和双侧性，并导致肾脏变大、变形。猫淋巴肉瘤常伴有猫白血病病毒感染。

【临床表现】症状非特异性，可包括体重减轻、食欲不振、精神沉郁和发热。双侧肿瘤不常毁坏整个肾脏组织，能引起慢性肾脏疾病，出现尿毒症的相应症状。细心的畜主可能会发现动物腹腔中的"肿块"或腹部肿大。通常会发生持续血尿。在极少数情况下，肾脏肿瘤可产生过量的促红细胞生成素，引起红细胞增多。

【诊断】病史和临床症状可表明肾脏某区域有团块或肾脏肿大，这可由超声检查或X线检查来确诊，当然也可用排泄性尿路造影或肾动脉造影确诊。胸部X线检查可显示转移性癌。偶尔可在尿沉渣中发现肿瘤细胞。经皮穿刺活检和细胞学检查足以诊断犬猫的淋巴肉瘤，特别是已经扩散的病例或超声检查发现多病灶的疾病。肿瘤的分型常需经穿刺活检或外科楔入活检取得的组织，通过组织学检查来确定。

【治疗】除淋巴肉瘤外，所有肾肿瘤均需手术切除，常实施单侧肾脏切除术。淋巴肉瘤最好采用联合化疗法（见犬恶性淋巴瘤）。除淋巴肉瘤外，化学疗法对肾肿瘤一般无效。

（二）下泌尿道肿瘤

犬输尿管、膀胱和尿道的肿瘤不常见，猫更少见。猫的发病率低，可能是由于致癌的色氨酸代谢物在尿中含量低的缘故。犬猫平均发病年龄为9岁。

在下泌尿道，原发性肿瘤更趋向于恶性而非良性。乳头状瘤、平滑肌瘤、纤维瘤、神经纤维瘤、血管瘤、横纹肌瘤和黏液瘤均比较少见。

在下泌尿道原发恶性肿瘤中，移行细胞癌在犬猫中是最常诊断出的癌症。还常发现鳞状细胞癌、腺癌、纤维肉瘤、平滑肌肉瘤、横纹肌肉瘤、血管肉瘤、骨肉瘤。移行细胞癌可能来自黏膜层的单个或多个乳头状的突起，可弥漫性渗入输尿管、膀胱、前列腺和/或尿道。膀胱移行细胞癌常发生于某一特定犬种，特别是苏格兰㹴，也与之前用环磷酰胺治疗有关。移行细胞癌具高度侵袭性和频繁转移性，最容易转移到局部淋巴结和肺脏。输尿管和膀胱肿瘤可引起慢性尿液梗阻并继发肾脏积水。尿道肿瘤更易引起急性阻塞性尿路疾病。较难治疗的继发性泌尿道细菌感染常与膀胱和尿道的肿瘤有关。

【临床表现】血尿、排尿困难、尿淋漓和尿频是最常见的症状。输尿管阻塞和单侧肾盂积水的动物可能出现腹部疼痛的症状，可触诊到肾脏肿大。双侧输尿管阻塞和肾脏积水或尿道阻塞的动物可能出现明显尿毒症的症状。膀胱壁可能变厚，经直肠可摸到索状尿道或尿道肿块。

【诊断】病史和临床症状可明显提示动物患膀胱或尿道肿瘤引起的下泌尿道疾病。尿分析常显示血尿，这也可能是继发感染的迹象。慢性、单纯性泌尿道感染应与肿瘤相鉴别。尿沉渣中可发现肿瘤细胞，特别是移行细胞癌。兽用膀胱肿瘤抗原检测有助于确诊犬膀胱肿瘤，尽管有时会出现假阳性反应。常用膀胱尿道造影、逆行尿道造影或超声波检查肿瘤的位置和大小。活组织检查可确诊肿瘤。

【治疗】如可能的话，切除肿瘤是最有效的治疗方法。转移的细胞癌常定位于膀胱三角区或尿道，因此必须对下泌尿道施行根治性修复外科手术。由于动物术后极易复发和迅速转移，常预后不良。放射疗法和/或应用吡罗昔康、顺铂、多柔比星或米托蒽醌的化学疗法一般可延长患病动物的生命。

六、排尿障碍

排尿障碍是由于尿液的储存或排泄功能紊乱所致，也可能是神经源性或非神经源性的。尿失禁是指丧失主动控制排尿，伴随持续的或间断性的无意识性尿液排出。尿失禁动物在躺下时，可能会留下一摊尿液或行走时流出尿液。外阴或包皮周围较潮湿，外阴或包皮周围的皮炎由尿液刺激引起的。

储尿障碍以漏尿为特征，这都是由于膀胱舒张障碍、尿道闭锁不全、解剖缺陷或储尿外溢所致的。急迫性尿失禁可见逼尿肌敏感，常与膀胱炎有关。去势动物（特别是母犬）由于性激素的缺乏，最常发生非神经性尿失禁，这与激素敏感性尿道发育不全有关。也可见原发性尿道括约肌发育不全。也可在幼龄动物检查发现与解剖缺陷有关的尿失禁。例如，输尿管单侧先天性异位的动物可能会正常排尿，但仍可能间歇地滴尿，而双侧输尿管异位的动物却难以正常排尿。当尿道部分阻塞引起膀胱膨胀和充溢性尿失禁时，逆行尿失禁可能会进一步发展。

正常排尿障碍，以频做痛性尿淋漓的排尿姿势和仅有少量尿液排出为特征。尿闭可能是由于结石、肿瘤或尿道狭窄的机械性阻塞，使膀胱过度膨胀，并导致逼尿肌收缩乏力或神经性疾病所致的。动物排尿异常可因膀胱过度膨胀引起漏尿，并发展为溢出性尿失禁。

排尿障碍的神经系统病因可归纳为上或下运动神经元损伤。骶部脊髓和骨盆神经的损害及逼尿肌弛缓，会出现下运动神经元的症状，该症状常以易触到膨胀的膀胱为特征。猫的植物神经机能异常是一种多系统疾病，其特征是植物神经功能广泛障碍，包括源于下运动神经元的尿失禁。脊髓胸腰段损伤或大脑、小脑、脑干的疾病可导致上运动神经元的症状，特征为膀胱膨大，却不易被触摸到。另一种尿闭的神经性原因是，在正常排尿反射失调时发生的功能性阻塞（逼尿肌-括约肌的协同动作障碍），这是由于交感神经的神经冲动对尿道括约肌的过度放电，导致逼尿肌在收缩时尿道无法松弛所致。神经源性尿失禁的动物可出现下运动神经元性漏尿和/或因膀胱膨胀过度（任何神经源性原因）漏尿而发展为充溢性尿失禁。

【诊断】临床症状通常显示为排尿障碍。病史调查应包括发病年龄、动物的性别、去势年龄、用药情况，以及尿道疾病的既往史。需进行详尽的体况和神经系统检查，观察排尿活动，包括排尿前和排尿后膀胱容积的估计。

可轻易触摸到下运动神经元受损或弛缓扩张、变大的膀胱。机械性或功能性尿阻塞或由脊髓损伤引起上运动神经症状的动物，也出现膀胱扩张变大，但尿液不能轻易排出。在压迫动物排尿时必须谨慎，以免膀胱破裂。应采用普通或对比X线检查、膀胱镜检查或超声检查，确诊机械性阻塞的类型和位置。

动物功能性尿阻塞（反射性协同动作障碍）通常表现尿流中断性尿频、膀胱扩张、阻塞的结构原因无可辨认和充溢性尿失禁，通常神经系统检查可见异常。导尿管可轻易插入患功能性阻塞动物的膀胱，但不能插入机械性阻塞动物的膀胱。

【治疗】准确诊断或确定病变部位对选择适当药物非常重要。激素性尿失禁的动物可用适量的性激素来治疗，例如雌性动物可使用己烯雌酚，雄性动物则使用睾酮。剂量应调至维持控制所需的最低量。市场上可能已很难购到己烯雌酚。可用α-肾上腺素能受体激动剂（例如苯丙醇胺，每日2~4 mg/kg，分次给药）替代，可单独或与雌激素复合物联合治疗尿道机能不全的动物。麻黄碱作为另一种α-受体激动剂，证明对治疗雌犬的尿失禁有效，但它常伴有焦虑和兴奋的副作用。伪麻黄碱对此病明显无效。急性尿失禁（逼尿肌功能失调）可应用抗胆碱药治疗，例如氯化奥昔布宁（0.5 mg/kg，口服，每日1次）或丙胺太林（犬小于20 kg，每日7.5 mg，犬大于20 kg，每日15 mg，猫每3日7.5 mg）。胆碱能药，如氨甲酰甲胆碱，可用于逼尿肌弛缓的动物。功能性阻塞可用交感神经阻滞药物（如酚苄明，2.5~10 mg，每日1~3次）治疗，胆碱能药是一类很重要的药物。

机械性尿道完全阻塞是一种急症，应尽快插入导管并将阻碍物推入膀胱或用手术来解救。逼尿肌因过度伸张而弛缓但无神经损伤的动物，可通过膀胱内留置导尿管3~7 d，使膀胱减压对动物有一定疗效。此法可连续或间断地进行。而伴有神经性弛缓的动物，常对药物治疗无反应，可采用手挤压膀胱或每日进行多次导尿操作。

七、尿石病

尿液中某些矿物质沉淀会形成结晶，这些晶体聚集增大至肉眼可见，常被称为尿石（结石）。尿石一般含有一种有机基质，该有机基质在尿石间很少变化，占其总化学成分2%~10%。组成尿石的其余90%~98%是矿物质，而矿物质的成分变化取决于尿石的类型。尿石病是指尿石位于泌尿道任何位置的一般术语。尿石可发生在肾脏、输尿管、膀胱或尿道中，分别被称为肾结石、输尿管结石、膀胱结石和尿道结石。

所有种类动物的尿石由约10种不同的矿物质组成。用定性分析法鉴别尿石的矿物质组成是不可靠的。尿石中的矿物质类型可通过晶体光学、红外吸收光谱法和/或X线衍射法很容易鉴别。尿石中的矿物质都有化学名、常见矿物质名或晶体名（表13-5）。随着时间推移，尿液的性质会改变，可能导致单个尿石中有一种或以上晶体类型。在这种情况下，尿石核心与尿结石在初步形成时的状况一致，而尿石的外层则与近期形成尿结石的状况一致。

表13-5 尿石名称

矿物名	化学式	化学名
鸟粪石	$Mg NH_4PO_4 \cdot 6H_2O$	磷酸铵镁
水草酸钙石	$CaC_2O_4 \cdot H_2O$	一水草酸钙
草酸钙石	$CaC_2O_4 \cdot 2H_2O$	二水草酸钙
羟磷灰石	$Ca_{10}(PO_4)6(OH)_2$	磷酸钙（羟基形式）
尿酸盐	$C_5H_4N_4O_3$	尿酸盐
尿酸铵	$NH_4 \cdot C_5H_4N_4O_3$	尿酸铵
尿酸钠	$Na \cdot C_5H_4N_4O_3 \times H_2O$	一水尿酸钠
胱氨酸	$(SCH_2CHNH_2COOH)_2$	胱氨酸
硅石	SiO_2	二氧化硅
黄嘌呤	$C_5H_4N_4O_2$	黄嘌呤

犬猫结石形成的机制还不被完全了解。然而有三种主要影响因素：①基体，无机蛋白核心也许有助于最初尿石的形成；②结晶抑制剂，罹患尿石症动物的有机和无机的结晶抑制剂可能不足或功能失调；③沉积结晶因子，尿液中的尿溶质和其他化学因子之间复杂的关系，可能出现利于结晶的条件。不管潜在的机制怎样，只要在尿中形成尿石的成分有足够高的浓度、结晶通过尿路的时间延长，就可产生尿石。要形成尿石病，除特定的结石（如鸟粪石、胱氨酸、尿酸盐）外，也必须存在其他有利结晶的条件（如适合的pH）。这些条件会受泌尿道感染、饮食情况、肠道吸收情况、尿量、排尿次数、治疗药物和遗传的影响。

尿石病的相关临床症状很少由微小的结晶引起。然而，下泌尿道中出现肉眼可见的尿石，常干扰尿量和/或刺激黏膜表面，导致排尿困难、血尿和痛性尿淋漓。肾结石常无症状，除非同时存在肾盂肾炎或结石进入输尿管。输尿管阻塞可能会出现呕吐、昏睡和/或侧腹及肾痛等症状，特别是当急性输尿管完全阻塞伴随肾小囊膨胀时症状更明显。与单侧尿道结石相关的唯一临床症状是疼痛，但在犬猫中很难观察到。如输尿管阻塞初期的症状无法诊断，则单侧输尿管阻塞可导致同侧肾积水伴有功能丧失。猫的输尿管结石还可因为原先慢性代偿性肾脏衰竭而促发尿毒症。肾脏功能不全的临床症状一般不明显，只有当2/3或更多肾脏实质功能丧失，双侧输尿管都阻塞时，才可观察到临床症状，并出现对侧的慢性肾病或肾盂感染加剧的情况。单侧输尿管结石可通过腹部影像学检查或外科手术鉴定。

腹部触诊有助于检测膀胱结石，触摸膀胱，可感觉膀胱壁增厚，并有摩擦感。尽管依据触诊的摩擦音，可以显示有单个巨大的或多个尿石，但也不足以确诊所有动物患尿石病；尿道结石可经直肠触诊或用导尿管定位。由于多个尿石可能存在于整个泌尿道，只有完整泌尿道的X线检查才可确定本病；直径大于3 mm的尿石经X线检查也可被发现。X线可穿过含尿酸盐（偶见胱氨酸）的尿石，常用对比X线检查或超声检查来确定尿石的存在。尿分析包括新鲜尿样的晶体镜检、细菌培养和药敏试验，这是诊断的关键，有助于确定尿石的类型。也可采用超声检查和膀胱镜检查。

尿道阻塞： 尿道阻塞在雄性犬猫很常见。可能突然发生或迁延数日或数周。动物病初会频作排尿，但仅有细流、少量几滴或无尿排出。动物在试图排尿时大声呻吟表现出强烈的疼痛。完全阻塞36～48 h内会引起尿毒症，出现精神沉郁、厌食、呕吐、腹泻、脱水、昏迷，约在72 h内死亡。尿道阻塞是一种急症，应尽快抢救治疗。

如果膀胱未受损，触诊呈膨胀、坚硬并有痛感；在触诊膀胱时应小心，避免医源性破裂。如膀胱已破裂，就不能触摸到膀胱，通过腹腔穿刺有时能发现尿液。动物自发性的膀胱破裂可能使病情出现暂时好转，这是由于消除了膀胱膨胀所致的疼痛；然而，腹膜炎、尿毒症毒素的吸收，以及钾的迅速出现，均可导致精神沉郁、腹胀、心律不齐和死亡。

高钾血症和代谢性酸中毒是尿道阻塞并发症，常危及生命。心电图（记录心律和比率）和血清钾可帮助诊断。病初的紧急救护包括立即使用导管插入术疏通阻塞，以及生理盐水输液疗法。在尿道外口的阻塞，可用轻柔的按摩方法取出结石。有时尿液流体静压使部分尿道膨大，随着尿液突然流出，尿道结石就可被冲洗出来。用最大的导尿管接触到结石后，导尿管外周与尿道腔内壁远端封闭，然后输入等分的生理盐水和水性润滑剂的无菌混合物，这样尿石即可被冲回到膀胱内。如果尿道结石不能被冲回膀胱，就要用尿道切开术除去阻塞的结石。根据临床状况，尿道切开术的部位可采用缝合或施行永久性的尿道造口术。尽管有些病例的尿石可被溶解，但最好采用膀胱切开术，取出冲回膀胱的结石，以免尿道结石的复发。应定量分析结石成分，根据结果实施合适的药物治疗，并防止结石复发。

（一）犬尿石病

犬尿石最常见的是由磷酸铵镁、草酸钙或尿酸盐组成；较少由胱氨酸、硅石、磷酸钙和黄嘌呤组成。一般的治疗方法包括外科手术切除法和药物治疗法，根据尿石的部位和化学成分，以及患畜的特殊因素，制订合适的治疗方案。肾结石一般与肾损伤的病情加重无关，因此，建议大多数的肾结石动物勿用外科手术治疗。

1. 鸟粪石　犬最常见的尿路结石由鸟粪石组成。矿物成分主要是磷酸铵镁（$MgNH_4PO_4 \cdot 6H_2O$），但也常有少量碳酸磷灰石和尿酸铵存在。在多数情况下，鸟粪石形成与产生脲酶的葡萄球菌属或变形杆菌属感染尿路有关。尽管猫常发无菌的鸟粪石，但犬少见。该病在英国可卡犬家族中发现过，并显示其有遗传倾向。

药物治疗包括溶解结石和防止结石形成。二者的治疗目的是降低尿中NH_4^+、Mg^{2+}和PO_4^{3-}的浓度。尿中的鸟粪石极其不饱和有利于结石的溶解；只有降低鸟粪石饱和度，才可使其难以形成结晶，有利于防止结石的形成。一般难以确定用手术、碎石术还是药物治疗。根据畜主的意见、动物是否有食欲、是否有碎石术的可能、临床基本原理和适应证及禁忌证等方面，作出最后决定。如果结石溶解延迟或失败，可能比手术治疗更昂贵。外科手术切除尿石常不彻底，稍不注意仍会有较小、隐蔽的尿石遗留在尿路中，成为复发的孳生地。

在用药物开始溶石前，应进行体况检查、全血细胞计数、血清化学分析、尿分析、尿液细菌培养和药敏试验，通过腹部X线检查来记录结石的大小、测量血压（如果可能的话）。药物溶石的禁忌证包括心力衰竭、水肿、腹水、胸腔积液、高血压、肝脏功能衰竭、肾脏衰竭和低蛋白血症。然而，鸟粪石溶解的禁忌证常不包括慢性肾病。

（1）溶解方案　利用酸化尿液降低尿液pH，使其低于6，另外选择针对个体的饲喂方案可能有效，一些市售的日粮能够平衡营养，促进溶解鸟粪石。犬饲喂这些日粮一般会降低蛋白、磷酸盐和镁的吸收，但钠吸收量高。这将导致渗透性利尿，减少每日尿素产量，增加尿量。尿素浓度低是该日粮的最重要特点之一，也通过产菌脲酶的作用，减少了氨量。任何时候，包括在治疗时，都不应该使用其他饲料，可饲喂足够新鲜的饮水。

应治疗脲酶导致的泌尿道感染。根据药敏试验选择适当的抗菌药。在正常犬尿中，多数葡萄球菌和变形杆菌感染对阿莫西林或氨苄西林敏感。可使用脲酶抑制剂，但一般并不常用。特别是当耐药性干扰抗生素对尿液的杀菌效果时，用脲酶抑制剂（如醋羟胺酸）联合治疗能增强鸟粪石的溶解率。醋羟胺酸的安全有效剂量为12.5 mg/kg，口服，每日2次。其副作用是当给予高剂量时，可导致犬发生轻微溶血性贫血。

大约治疗4周后，应重复进行体况检查、血清化学分析、尿分析和腹部X线检查或超声检查。如果出现严重的副作用，尽管预料会出现可耐受的轻度低蛋白血症，也应停止溶石治疗。遵医嘱治疗预期可达到以下效果：尿pH低于6.5、尿的相对密度低于1.025、血清尿素量低于10 mg/dL。X线检查的结石大小应与原先的X线片进行比较。应每4周重复一次常规检测，直至X线检查不能见到结石为止；这个过程一般需要8～12周，但也有可能达到20周。治疗8周后结石仍未减小，则可能不是鸟粪石，也可能是未按治疗方案进行治疗所致，应采用另一种方法治疗。肾结石溶解速度远低于膀胱结石的溶解速度。

手术治疗鸟粪石后的复发率为20%～25%，且多在1年内复发。许多小的鸟粪石在手术去除时，通常很难去除全部的结石原料。针对这种情况，应在拆线时就开始施行4周的溶石方案，有助于防止由于残留结晶原料引起的复发。一旦泌尿道已无结石，就表明预防方案是成功的。

（2）预防方案　预防患鸟粪石尿石病动物复发的关键是实现并保持尿液无菌。畜主应注重尿液pH常规检查。如果新鲜尿液呈碱性，则需要做尿液分析和细菌培养，如果犬存在感染，则应适当治疗。

一旦结石被完全溶解，则应考虑预防计划。目标是预防产脲酶微生物引起的泌尿道感染。应降低尿中鸟粪石溶质的浓度。饲喂商品日粮也许能降低尿中尿磷酸盐和镁，并保持酸性尿。应消除产脲酶微生物的感染，畜主应定期检查禁食一夜后首次晨尿的pH；大多数犬在饲喂正常日粮的情况下尿液呈酸性。每周应检查一次尿液pH。

2. 草酸钙结晶或结石　犬草酸钙结晶或结石的发生率在明显上升。任何品种犬，包括迷你雪纳瑞犬、拉萨犬、约克夏犬、卷毛比熊犬、西施犬、小型贵宾犬都可能发生草酸钙结晶或结石。患犬多为2～10岁。高钙尿症常导致草酸钙结晶或结石形成，这是由于肠过度吸收钙（吸收性的高钙尿症）、肾脏不能保存钙（肾漏出性高钙尿症）或骨钙的过度动员（重吸收性高钙尿症）而使肾廓清钙率增加。

吸收性高钙尿症具有尿钙排泄增多、血清钙浓度正常、血清甲状旁腺素浓度正常或降低的特征。由于吸收性高钙尿症取决于日粮中的钙，禁食期尿排钙量与未禁食的相比，常表现正常或明显减少。已确认，犬肾脏漏出性高钙尿症发生率低于吸收性高钙尿症。犬肾脏漏出性高钙尿症具有血清钙浓度正常、尿钙排泄增加、血清甲状旁腺激素浓度增加的特征。禁食期间，患犬不表现尿钙流失减少。犬肾脏漏出性高钙尿症的根本原因还未知。重吸收性高钙尿症具有因血钙过多而导致尿钙过多滤出和排泄的特征。犬高钙血症仅偶尔发生草酸钙尿石。

常规实验室检查应包括血清钙、磷酸盐、总CO_2和氯化物的测定，以排除甲状旁腺功能亢进症和肾小管性酸中毒的可能性。用药物溶解草酸钙结晶或结石的方法目前尚未成功。治疗需采用手术摘除或碎石术，并配合预防方案。

预防方案 草酸钙结晶或结石的主要问题是复发。"理想"日粮应为低草酸盐、低蛋白和低钠日粮，并维持尿液pH为6.5～7.5，尿的相对密度低于1.020。市售许多罐头食品可达到上述要求，可使复发的危险度降到最低点。可根据需要添加柠檬酸钾，以保证尿pH在所要求的范围内；也可用水适度降低尿浓度。如果尿液已达到这些指标，并且草酸钙结晶还可在新鲜的尿液中被发现，就应考虑使用维生素B₆和/或噻嗪类利尿药（尽管尚未被证明有效）。应间隔1～4个月做尿液分析来重新评估治疗效果。氯噻嗪利尿药也有一定效果。

3. 尿酸盐结石 尿酸铵结石在达尔马提亚犬和先天门静脉血管分流的犬中最常见。尿酸铵结石的形成依赖于尿中尿酸盐和铵的浓度，其他因素不明。达尔马提亚犬不能将大部分代谢产生的尿酸盐转变成尿囊素，因此可将核酸代谢产物即相对不溶的尿酸盐大量排泄。降低肝脏尿酸盐转化为尿囊素的生物机制，不在于降低尿酸酶的活性，而在于减少了肝脏尿酸盐的运输；其他品种犬比达尔马提亚犬肝脏运送尿酸盐的速度大约快3倍。最终结果是，达尔马提亚犬仅30%～40%的尿酸盐转换为尿囊素，而其他品种的转化率约为90%。

用高动物蛋白日粮饲喂达尔马提亚犬，尿中排泄的净酸量和尿铵也随之增加。尿中高浓度铵和尿酸盐相结合增加了尿酸铵结石形成的风险。动物蛋白日粮引起排泄酸性代谢产物的过程很重要，因为这个过程尿铵排泄增多，并且尿酸铵为不溶性产物。据报道，尽管在有些研究中用来检测尿中尿酸浓度的方法不可靠，但尿酸盐排出与达尔马提亚犬的结石形成相同，而其他品种并非如此。门静脉血管吻合犬的尿铵输出增加，部分原因可能是提高了氨的滤过量，因为发现血浆氨水平趋于升高。

（1）溶解方案 尿液的碱化可最大限度地减少肾脏产氨量；目标是达到尿pH大于7。如果需要，尿的碱化可以在每5kg食物中添加NaHCO₃1 g（1/4匙），口服，每日3次。柠檬酸钾（每日25～50 mg/kg）是可替代的适口性较好的碱化剂。

应减少尿中尿酸盐的排出。这可通过饲喂低嘌呤和低蛋白的商品饲料来实现。此外，给予黄嘌呤氧化酶抑制剂别嘌呤醇（15 mg/kg，口服，每日2次），可保证核酸代谢产物以黄嘌呤、次黄嘌呤、尿酸和尿囊素的形式排出，而不是完全尿酸盐的形式。然而，别嘌呤醇降低尿中尿酸盐排泄是可变的，应测量尿中尿酸盐水平（尽管这可能有些困难）。患肝病或原发性肾脏衰竭的犬应谨慎使用别嘌呤醇，因为该化合物能在肝脏中代谢成激活型并经肾脏排泄。重要的是，喂过别嘌呤醇的犬不能饲喂高嘌呤日粮，因为可能导致黄嘌呤结石。

应增加尿量来降低尿中溶质的浓度。这可以通过饲喂限制蛋白质的罐头食品来实现。可通过减少尿素的形成，使肾髓质尿素浓度下降，从而阻碍反向尿浓缩系统。也可采用每5kg日粮中添加食盐1 g（1/4匙），或食物拌水的方法。不要给高血压的动物饲喂食盐，但对无慢性肾脏疾病、无蛋白尿或低蛋白血症且血压正常的犬来说，几乎无风险。

（2）预防方案 预防方案旨在减少尿中铵和尿酸盐的浓度，使其不能析出形成结晶。

应饲喂低蛋白和低嘌呤日粮来降低尿中尿酸盐的排出。应根据需要进行碱化，以确保排出碱性尿。可考虑用别嘌呤醇（10 mg/kg，口服，每日1次）进行治疗。在理想情况下，别嘌呤醇不需要添加到日粮中；但如果尿酸盐结晶持续存在，用低量别嘌呤醇维持是合适的。

已研发出用于减少达尔马提亚犬肝脏尿酸盐转化成尿囊素的溶解和预防方案，但肝脏其他方面正常。这些方案对门静脉血管分流犬可能不安全。在用低蛋白日粮饲喂时，门静脉血管分流犬可发生低蛋白血症、水肿和腹水。这些别嘌呤醇对犬的安全性还未确定。此外，碱化易诱发肝性脑病，这是因为碱化增加了胃肠道对日粮中蛋白代谢产物的吸收。

4. 胱氨酸结石 犬肾结石几乎全以胱氨酸形式组成，且具有肾小管重吸收氨基酸缺陷的疾患，被称为胱氨酸尿症。健康犬可重吸收97%的胱氨酸，而患犬可排泄滤出大量胱氨酸，甚至出现分泌纯胱氨酸。胱氨酸是相对不溶的氨基酸，因此在高浓度条件下它会沉淀形成结石。尽管患胱氨酸尿症的犬，其胱氨酸过多丢失到尿中，但血浆胱氨酸水平仍与健康犬保持一致；事实上，尿石的形成才是发病或死亡的主要原因，而并非胱氨酸重吸收遗传缺陷。通过尿液分析鉴定胱氨酸结晶表明，犬有形成胱氨酸尿石的危险性。不是所有排胱氨酸尿的犬都发生尿石，其原因不明。然而，现在无尿石也不排除将来不出现尿石，所以要加强预防措施。

胱氨酸尿症具有性遗传特点。然而纽芬兰犬为单纯性常染色体隐性遗传。这种缺陷也在腊肠犬、巴吉度猎犬、英国斗牛犬、吉娃娃犬、约克夏狸、爱尔兰㹴和混种犬中报道过。已确认，除纽芬兰犬外，胱氨酸尿症几乎仅出现在公犬。正常饲喂犬的尿每克肌酐中胱氨酸浓度大于75 mg，提示其易患胱氨酸尿石症。

胱氨酸溶解度依赖于尿液的pH，当尿液pH大于7.5时，胱氨酸溶解度可迅速增加。饲喂以肉为基础日粮的犬易排泄酸性尿，常导致尿中胱氨酸过饱和。

胱氨酸尿症的肾小管重吸收缺陷是终身无法治愈的。如不采取预防复发的措施，胱氨酸结石会在一年内复发，而且尽管尽力预防，结石也常复发。

溶解与预防方案　应减少尿中胱氨酸。低蛋白碱化饲料能缩小胱氨酸结石的大小。也可通过使用N-（2-巯基丙酰基）-甘氨酸（2-MPG，硫普罗宁）或青霉胺，使尿中胱氨酸的浓度降低。应用2-MPG，15～20 mg/kg，口服，每日2次，作为溶解用；而应用2-MPG，10～15 mg/kg，口服，每日2次，则作为预防用。也可使用青霉胺（15 mg/kg，口服，每日2次）替换2-MPG；但唯一不足的是，用青霉胺治疗，约40%犬会出现厌食和呕吐等症状。通过拌料给药可以部分消除呕吐症状，然而，还是建议大幅度消减剂量或完全不添加。

应碱化尿液使其pH大于7.5。每5kg日粮中添加碳酸氢钠1 g（1/4匙），每日3次，很容易实现，但补充钠可增强胱氨酸尿症，所以首选柠檬酸钾（20～75 mg/kg，口服，每日2次）。

水和食物混合可增加尿量。日常饮食中不要添加盐，因为钠的排泄增加可导致胱氨酸排泄增多。如果尿量足够多且尿pH持续高于7.5，则多数患胱氨酸尿症的犬，会排出稍过饱和或不饱和状态的胱氨酸。在这种条件下，只有使用相对小剂量的2－MPG或青霉胺才可能实现24 h不饱和状态。

5. 硅石结石　早期的报告表明，硅石结石主要发生于德国牧羊犬，但现在许多品种犬也时有发生。雄性动物的尿道阻塞最常见，但也应注意表现出类似症状的其他类型的结石。其平均发病年龄约为6岁。结石通常为多个且在膀胱和尿道产生。硅石不能透过X线，并常有一个"插座石"样外观。鉴别需要进行光谱分析，但不能用结石定性试剂盒分析。

虽然植物常是二氧化硅的丰富来源，但日粮对自然发生的二氧化硅尿结石的作用仍未确定。如果患犬饲喂富含二氧化硅的日粮，或者经常复发二氧化硅尿石症，则建议改变日粮结构。对硅酸盐尿病病，建议采用一般治疗原则即可。日粮中应添加额外的盐和/或水，来诱导利尿和降低尿中溶质浓度。当发生本病时，应消除尿路感染。日粮中要避免植物蛋白过高。

（二）猫下泌尿道疾病

血尿、尿频与尿淋漓是猫下泌尿道疾病（猫泌尿系统综合征）的特征性临床症状。虽然还不能确定该常见综合征特有病因，但相关的病因包括尿路感染、肿瘤、创伤、尿道梗阻、尿路结石和无菌性膀胱炎（猫间质性膀胱炎）。

1. 猫尿石病　猫尿石病是一种常见的疾病，雌、雄猫发病率相同。迄今都认为，大多数猫的结石形状很小并类似沙子，或是含有大量牙膏样有机基质而呈凝胶状的非典型结石阻塞物。基质晶体阻塞物最常见于尿道口附近，是引起尿道阻塞的主要物质。近来观察发现，主要由草酸钙引起的尿石病，在猫中的发病率明显增加。猫最常见的结石是由草酸钙、磷酸铵镁和尿酸盐组成的。

通常，根据血尿、排尿困难、尿道阻塞等临床症状，可怀疑为尿石病。尿石与尿路感染或肿瘤的鉴别，可采用尿液分析、尿液细菌培养、X线检查和超声波检查。用X线检查、膀胱镜或超声波检查尿石非常重要，因为只有约10%的猫科动物可在腹部触诊到膀胱结石。直径大于3 mm的结石通常不能透过X线，但常见的尿石较小，可用双重X线检查对比确定。约20%患血尿或排尿困难的猫，通过X线检查可见到尿石。

临床处置膀胱结石的最常用方法是手术排除或用碎石术，其次食疗可用作预防。首选治疗无菌鸟粪石的方法是药物溶解。猫科动物肾结石与肾损伤病情加重无关，患肾结石的猫不进行手术一般也能存活。

2. 草酸钙结晶或结石　草酸钙结晶或结石是最常见的猫科动物尿石和肾结石，但其根本原因还不清楚。常见的治疗方案包括尿液酸化、低镁日粮，可使猫鸟粪石的发病率降低。据报道，镁是大鼠和人草酸钙形成的一种抑制剂，因此，猫尿中镁离子浓度降低，可增加猫患草酸钙结晶或结石的风险。

促进草酸钙溶解的药物疗法尚未确定，因此手术和碎石术是去除此类结石的主要手段（小的膀胱结石可能通过尿液排出）。然而，一些草酸钙结晶或结石，尤其是在肾脏的草酸钙结晶或结石，可能数月至数年都不引起临床症状。由于肾脏切除术会不可避免地破坏肾脏，所以不推荐此方法，除非确定该结石是临床严重发病的诱因。结石复发仍然是个难题。已按配方研制出各种限制草酸钙结晶或结石形成的处方食品，应在肾结石和膀胱结石除去后持续使用。已有商品化的可降低鸟粪石和草酸钙结晶或结石形成的饲料出售。防治的关键是消除相关尿路感染，去除矿物质，补充维生素C、维生素D和多饮水。

3. 鸟粪石　已确认，猫尿粪石有三种类型：由大量基质组成的非晶体尿道阻塞物、无菌尿粪石（可能由某些食物成分形成）和尿路产脲酶菌感染后形成的鸟粪石。无菌尿粪石比感染尿粪石更为常见。猫还有另一种类型的尿粪石，该结石有一个易使尿路感染产脲酶菌的无菌鸟粪石核心构成，且其周围沉积有感染的鸟粪石薄片。

治疗无菌鸟粪石的重点是降低尿pH至6.0，并供给低镁日粮来降低尿中镁离子浓度。降低尿pH和镁离子浓度的最好方法是饲喂市售的专用处方饲料。一些配方日粮能减少磷酸铵镁和草酸钙结晶或结石的形成。通常，这些配方日粮中不能同时给予氯化钠和尿液酸化剂，因为日粮中已经添加了氯化钠及酸化剂。此外，这些饲料不能用来饲喂患酸尿症、任何原因引起氮血症、心功能不全或高血压的猫。每4周应分别用X线检查或超声波和尿液分析，监测尿结石的大小和结晶体。如果治疗后使尿液中镁、铵和磷酸盐保持不饱和状态，则鸟粪石晶体不能形成。因为小的结石可能无法用X线法检测到，经X线检查确认尿结石溶解后，还应继续饲喂溶解结石的日粮4周以上。如经治疗仍未能使结石完全溶解，很可能是矿物质成分鉴定错误，或者尿石核心与尿石表层的矿物质不同，也可能是畜主没有遵守治疗方案。

4．猫的其他尿石 猫很少发生尿酸铵、尿酸、磷酸钙和胱氨酸结石，尿酸铵和尿酸类结石约占猫尿结石的6%。虽然已从少数病例中确认，肾小管重吸收缺陷和肾门静脉管畸形是结石形成的原因，但猫尿酸盐结石形成的真正原因还尚未确定。然而，食用高嘌呤前体（特别是肝脏）似乎是形成强酸性和浓缩尿的一种危险因素。

促进猫尿酸铵结石持续溶解的医疗方案还不成熟，手术去除结石仍是最常用的方法。对于一些小结石，尿道水压排出法通常有效。本病的预防应包括在日常饲料中降低嘌呤前体的含量，并促使形成低浓度低酸性的尿液。虽然别嘌呤醇可减少猫的尿酸盐形成，但在确定其对治疗本病确实有效前，必须对别嘌呤醇的有效性和潜在毒性进行研究。

5．无菌膀胱炎（猫间质性膀胱炎） 虽然还有争议，但猫间质性膀胱炎一直是不明原因的无菌性膀胱炎的代名词。尽管本病与精神焦虑和神经激素因素的改变有关，但这种疾病的根本原因尚不清楚。

诊断本病需排除由其他原因引起的猫下泌尿道疾病，如尿道阻塞、细菌性尿路感染、肿瘤或其他占位性病变和尿石病。排除上述疾病的诊断方法包括X线检查、超声波检查、尿液分析、尿液细菌培养和膀胱镜检查。

由于引起猫间质性膀胱炎的原因不明，因此，治疗本病的目的是降低膀胱炎的严重程度和发病率。治疗注意事项包括通过改变环境减少压力，调整日粮（如使用罐头食品），环境中应用外激素和镇痛药［如布托啡诺（butorphanol），0.2～0.4 mg/kg，口服，每日2～3次］。其他药物［如阿米替林（amitriptyline），每只猫 5.0～12.5 mg，口服，每日1～2次；氯丙咪嗪（clomipramine），0.5 mg/kg；口服，每日1次；氟西汀（fluoxetine），1 mg/kg，口服，每日1次］会产生多重效果。

（曹荣峰 译　秦顺义 一校　崔恒敏 二校　丁伯良 三校）

第十四章 行为学
Behavior

第一节　概述

　　动物的"行为"是动物的遗传组成、生存环境以及动物的种种经历（即动物先前在遗传与环境互作条件下获得的经验）共同作用的结果。本节主要讨论有关家畜的异常行为以及用于诊断宠物行为问题并进行矫正的方法。对于不同类型的家畜，首先概述其正常的社会和群体行为，然后对其普通的行为异常进行描述。

　　动物的基本需求包括食物、水、舒适的感觉、害怕与痛苦的自由以及表达正常行为的能力。当动物的这类需求得不到满足时，动物的行为、健康和福利就成为人们关注的焦点问题。例如，宠物的异常行为，往往会削弱宠物与主人之间已经建立起来的纽带关系，最终宠物将渐受冷落，这也是许多宠物被遗弃或者被迫进行安乐死的首要原因。研究表明，多数宠物主人不会向兽医报告他们宠物表现出的行为变化，而大多数兽医对这方面的问题又不太重视。因此，兽医在每一次调查走访中，一定要多问、多观察，仔细甄别动物表现出来的任何行为改变或者出现的行为问题，确保宠物的行为、体质健康以及福利能得到有效的、人性化的管理。

一、将行为服务纳入兽医实践

　　兽医在每一次调查走访过程中，对动物的任何异常行为要进行例行检查，以确定其行为和先前走访时的观察结果相比是否有所变化。这样做的好处在于让兽医能有效地对宠物的健康和福利作出评价，有利于兽医和客户展开对话，可以让客户知道密切关注动物行为的变化对于成功的宠物护理至关重要。此外，兽医还要记录客户对于行为问题的反应，这样在将来对走访结果进行比较的时候好把握一个尺度。

　　利用行为调查问卷进行调查是收集有关信息简便易行的方法。而一份标准化的问卷，可避免遗漏某些重要的问题，并且利于不同次调查结果的比较。如果对宠物进行第一次调查访问时就采取这种方法并能连续进行下去，将有利于提前发现问题并对动物的行为异常进行观察。提前察觉动物行为的变化往往能为管理这些问题提供一个最佳机会。如果在调查访问过程中直接察觉出动物的某些异常行为，兽医就能判定这些相关迹象（如不停地狂吠、咆哮、猛冲等）是否符合相关诊断标准（如恐惧性攻击、防卫性攻击等）。

　　应用整合团队的方法可提供行为观察服务，团队成员可在行为调查（问卷）方面提供帮助，并能为新的宠物饲养者提供一些有关宠物选择的建议和预防性指南。那些技术高超、训练有素的兽医或者团队成员

通过举办培训班，与宠物饲养者进行交流并训练他们的宠物，教育他们如何预防并管理宠物的某些异常行为。有一整套好的资源材料与网站链接提供切实可行的、完善的行为指南，可作为团队所提供服务的补充。

　　兽医行为技术人员能监督那些由动物医院提供的预防性的咨询行为与培训服务。在行为咨询期间，通过查阅病历、示范行为矫正技术和产品、回访病例并提供不间断的支持，他们还可以扮演一个整合团队的角色。兽医、团队技术人员以及其他团队成员如果对动物行为感兴趣，可参考表14-1列出的部分相关信息资源网站。

表14-1　兽医与相关技术人员可参考的动物行为资源

组　　织	网　　站
兽医与技术人员行为协会	
美国动物行为兽医协会	avsabonline.org
伴侣动物行为治疗研究会	cabtsg.org
欧洲兽医临床伦理学会	esvce.org
兽医行为技术员学会	contact svbt.org
澳大利亚兽医行为兴趣学会	ava.com.au
兽医与技术人员行为认证组织	
美国兽医行为学家学院	dacvb.org
欧洲兽医行为医学学院	ecvbm.org
澳大利亚兽医科学家学院	acvsc.org.au
兽医行为技术人员研究院	avbt.net

　　兽医似乎天生就对他的客户如何训练宠物感兴趣。训练人员应该具备全面的有关动物典型行为的专业背景，并能采用适用于各种动物的学习原理，对动物行为进行塑造和矫正。宠物犬训练者协会（APDT）、美国人道协会以及美国动物行为兽医协会，已经出版了有关切实可行的人性化训练与行为矫正指南。APDT可提供由职业犬训练师认证委员会（ccpdt.org）颁发的证书。兽医应当积极地与每一位犬的主人进行有关犬的训练话题的讨论，这样做有助于犬的主人理解动物学习的原理以及如何区分那些使用技术不当的训练师和使用现代的、人性化的、基于技术的训练师。

二、动物行为术语

　　1. 异常行为　这类行为表现为动物在某些行为以及动作方面的功能异常。另外，行为病理学或行为疾病也是人们经常会使用的术语。比较而言，许多对动物行为的抱怨其实并不是由于动物行为异常，而是动物的主人不喜欢动物的某些行为罢了（如突然撕咬垃圾、上蹿下跳、捕猎、放牧、守卫等）。

2．**攻击** 狭义的攻击是指袭击，广义是指敌对行为。在后一种情形下，攻击可能是形势所迫，也可能是行为失控；可能事出有因，也可能毫无道理；可能是种间特异性的，也可能是种内特异性的或是由于某种挑战、竞争，解决的方式为顺从或发生争斗。

3．**焦虑** 焦虑是个体对未来可能发生的危险或不幸产生的忧虑，可能同时伴有行为与躯体症状（警惕并左顾右盼、自发性的活动过度、不断加强的躁动与紧张）。

4．**强迫或妄想-强迫障碍** 强迫障碍可能是由焦虑、冲突或沮丧引起的。与换位行为不同，强迫行为的表现与动物所处的最初的背景无关，没有明确的目标，行为的启动和终止都有行为失控的因素。这样的强迫行为可能是重复性的、夸张的、持续性的或由于强度太大而难以终止。某些特定强迫行为的形成似乎有遗传倾向（如东方品种的猫喜欢吸吮体毛、德国牧羊犬喜欢逐尾，杜宾犬则喜欢侧面吸吮）。强迫障碍或妄想-强迫障碍是一个诊断性术语，指的是行为病理状态，通常使用5-羟色胺抑制剂的精神治疗药物进行治疗使病情得到改善。然而，在一系列的报告中（如运动、自我损伤、幻觉），有观点认为强迫或妄想-强迫障碍和多种神经递质有关系（如多巴胺、β-内啡肽）。这可能表明，病程会随着时间的推移而改变，或者诊断结果其实包含了不止一种障碍。

5．**冲突** 一旦某个宠物有竞争的动机或者受到刺激要完成多个对抗行为，冲突就不可避免。当一条犬受到欢迎的暗示但是由于之前或许有过不愉快的经历（如大喊大叫、击打、针刺），就会对接近目标充满恐惧，也会导致冲突的发生。由此产生的行为很可能是移位行为（见行为医学概述：换位行为），或者是攻击行为。

6．**换位行为** 这一类型的行为一般表现为与环境格格不入或者就是被"换位"，因为动物不能——不管是身体上的原因还是行为方面的原因——执行另一项行为或者在其他方面自身受到束缚。这类行为相对密度定向行为的特异性要差一些（见行为医学概述：重定向行为），重定向行为的意图在于另外一个目标。当移位行为发生时，行为或许就会与所处环境格格不入（如转圈、咬空气，甚至排尿）。冲突、沮丧可能导致移位行为，换位行为就是某种真空行为。

7．**优势** 优势是一个经常被误用的概念。优势的行为学概念，指的是在一个资源有限的环境内，动物对某一资源的竞争性控制以及高等动物取代低等动物控制同一资源的能力。等级通常是通过控制资源或获取以及限制交配的能力来定义（如配对的阿尔法狼通常认为要完成所有的交配行为）；然而，通过DNA

分析的结果，要比以行为观察为基准的分子结果更支持一个事实：配对外的交配总是更普遍。

优势是不可互换的一个等级层次。优势等级，特别是那些呈现线性的、其中已经确定了等级的"优势"动物，大都是试验或人为操纵的结果。"优势"动物一般并不需要从事太多的攻击与打斗行为。大多数高等级动物很少必须通过竞争来获取某些资源的权利。实际情况是，人们通过观察其他动物在社会群体中表现出来的性格特点与差异行为的频率以及这些动物对各种各样社会与环境因素作出适当反应的能力，就能比较容易地鉴别那些高等级动物。

8．**害怕** 害怕是一种担心受怕的感觉，与某些物体、个体或者某些社会情境的存在或者渐近有关。恐惧是正常行为的一部分，也是一种适应反应。判定动物的害怕或害怕反应是异常的还是不适应，必须由反应的性质与情形来决定。例如，使用火可以做许多事情，但躲避火则是一种适应反应。如果宠物对某种良性刺激有恐惧的表现，例如，在特定类型物体的表面行走或者户外行走，这样的恐惧就不太正常；如果这样的情形一直出现或反复发生，基本可以判定这只宠物适应环境的能力比较差。正常和异常的害怕行为通常以分级反应的形式发生，而反应强度与刺激的渐近成正比。那些导致极端害怕行为突然发生的、全有或全无、严重的、异常的反应，通常被称为恐惧症。

9．**沮丧** 当动物被鼓励完成一系列行为，但由于自身处在特定环境中，很可能会遇到一些生理上或心理上的障碍而不能完成，动物往往会表现出沮丧的行为。例如，一只猫从窗户上看到屋外有一只猫，但它无法走到屋外的时候它就会沮丧；一条犬对门或者围栏的另一侧的刺激无可奈何的时候也会沮丧。此时，沮丧的动物可能会表现出一些重定向行为（如袭扰另外一只宠物或者宠物主人）、移位行为（如刻板的走动）或者表现出与沮丧有关的一些信号（如呜咽或嚎叫）。另外一个宠物由于遭受了目标性挫折而表现沮丧的例子是那些追逐激光玩具的猫或犬，因为它们永远不会有任何收获。这一类型的沮丧可能会导致动物迷恋性地追逐其他光线与阴影。

10．**恐惧症** 动物的大多数恐惧反应是经验性的，但有时候，即使动物经常接触某些恐惧因素，也不一定能获得经验。恐惧症是指深刻的、迅速形成的恐惧反应，这样的恐惧反应不会随着目标物的暴露与否而消退。恐惧症的发生一般具有突然性、全有或全无、反应深刻且极度异常等特点，往往导致极端的恐惧行为（紧张症、恐慌）。随即发生的过度的焦虑反应是恐惧症的典型特征。恐惧症还可能随着时间的推移进一步恶化。例如，由于不断暴露于某些恐惧因素（如风暴恐惧症），某些动物的恐惧感会变得越来越强烈。一旦这样的反应形成定式，当恐惧因素再次出现时，动物的反应将变得十分直接而强烈。对动物来说，任何一次恐惧经历都会使该动物在今后遇到与这次恐惧经历、记忆有关的事件时产生恐惧反应（如风、雨或阴沉的天空和风暴恐惧症）。虽然有时候动物的恐惧感会随着反复暴露于恐惧因素而减退，也没有导致一些不良后果，但动物恐惧症的表现即使在不再暴露于恐惧因素的情形下，在数年之内仍然可能处在或超过先前的较高水平的状态。有时候，主人的反应可能会无意中加重宠物的害怕与恐惧行为。如果主人有不高兴或消极的行为（如沮丧、惩罚性动作），就会强化宠物的害怕、恐惧状态。而恐惧状态要么需要通过不惜一切代价的措施去避免，如果确实难以避免，就需要忍受强烈的焦虑或痛苦。

11．重定向行为 这类行为指的是动物的定向行为从主要目标转向另一个、可能不太适当的目标。当动物处于情绪波动状态但又无法到达适当的目标，如果动物进一步的行为被终止，动物就会重新定向到另一个目标。

12．刻板行为 这类行为主要是指那些重复发生的、顺序相对不变的、没有明显目的或实际作用的行为，但通常源于那些有因果效应的普通维持行为（如美容、采食、行走）。不是所有的刻板行为都符合强迫或妄想-强迫症（obsessive-compulsive disorders，OCD）的诊断标准，但大多数强迫或妄想-强迫症与刻板行为有关。动物的刻板行为是一个非特异性的症状，通常是一个描述性的说法，不是作出的诊断。

13．真空行为 这类行为指的是在缺乏相应的引发行为的刺激因素的情形下，动物表现出来的一种本能的或无意识的反应。表面上看，这类行为没有明确的、实质性的、利己的目的。

三、行为问题的诊断

兽医必须对某一物种的行为与发育、学习的原理、恐惧与焦虑的症状等有较深的理解，才能把动物的正常行为与异常行为以及行为病理学区分开来。当兽医接诊有异常行为的动物时，第一步要做的就是排除有关的可能导致或加重行为症状的医学问题。此外，虽然人们通常会考虑疾病对行为的影响，但压力一样能导致动物在行为、生理以及免疫反应方面的改变，这些方面的改变随着慢性反应的延长，可能会对动物的健康与行为产生各种各样的影响。已有的研究表明，压力会导致动物下丘脑—垂体轴以及多巴胺、5-羟色胺、去甲肾上腺素和催乳素水平的变化。在动物中，应激还可能引起或加重胃肠道疾病（包括猫

的神经性厌食症）、猫间质性膀胱炎、皮肤病以及某些行为障碍，如强迫障碍、夸张的恐惧反应、心理性烦渴和多食症与睡眠障碍。

任何行为问题的诊断需要鉴定所有的行为和医学症状、了解病史、进行身体和神经学的检查，通过诊断测试排除潜在的可能，会导致或加重行为症状的医学因素（表14-2）。

如果确实没有引起行为症状的医学因素，那么，就应该为动物的行为史做好记录，主要包括以下几个方面：①动物的性别、品种、年龄（品种体质）；②动物首次表现出某些状态或疾病的年龄；③这种情形或疾病的持续时间；④实际行为的描述；⑤某种状态或行为的频率（可以每小时、每日、每周、每月等为单位）；⑥发作平均持续时间（可以秒、分钟、小时等为单位）；⑦发作持续的范围；⑧任何发作模式、频率、强度和发作时间方面的变化；⑨任何尝试过的纠正措施以及动物表现出的任何反应；⑩任何使某种行为停止的举动（如动物可能由于劳累而卧倒在地）；⑪动物和主人的24 h明细表，以及任何日常变动；⑫环境和居住条件；⑬动物的家族史；⑭其他主人认为和动物行为问题有关的因素。在家畜方面，这些应该限定在专业问题的范畴之内，这样做利于人们更好地对家畜进行圈养、管理控制畜群行为和生产，以及进行繁殖管理。

对于动物表现出的每一个行为问题，诊断时应该遵循ABC原则，即，某种行为发生之前发生了什么（前期，antecedent），问题的描述（行为，behavior），以及该行为发生后随即产生的后果（后果，consequences）。随着动物的逐渐成熟与学习经验的不断积累，动物对某一刺激的反应也会不断得到改进。因此，对动物最初表现出的行为问题进行评价的重要性和最近发生的事件同等重要。

动物行为史的相关资料的收集，可在到访动物及其主人之前，通过动物主人完成一份动物行为史问卷进行部分了解。然而，要想达到能进行诊断的程度、判定预后，并制定一个切实可行的治疗方案，还需要进一步与那些负责动物护理、起居以及训练的人员进行互动性的询问和讨论。如果动物主人能提供一些有关动物表现某些行为的录像带或者视频短片，会对诊断提供帮助，并对预后有一个深刻的认识，为相关问题的管理或改进提供思路。

在访问期间，兽医通过观察宠物和它的主人如何互动，也可以获得一些可能影响诊断、预后或治疗方案的其他信息。评估内容一般包括动物如何应对其他动物和人、声音、娃娃玩偶或常规操作，如身体检查、抚摸或某些器具的使用如笼头、口套及挽具等。

在访问期间，还要对宠物如何响应指令并对有哪些零食或玩具最可能刺激宠物进行评价。

四、预后

要想使有行为障碍的动物的行为状况得到改善，客户应该充分理解兽医的努力并遵守双方的约定。由于矫正某些不良行为的措施，要求动物的主人必须做好准备，并能对动物的行为问题做到具体情况具体分析。让动物用一个更理想的反应来替代旧有的行为模式，一开始的时候一般要避免或防止对抗情形的发生。这也许是一个缓慢的、渐进的过程，并且动物主人的期望目标或许也需要进行矫正。动物每一次暴露于会产生不良后果的环境中，均可能加重任何潜在的恐惧感或焦虑感，但宠物一旦成功地摆脱了困境（如通过逃脱或攻击），之前的行为则会进一步得到强化。在随后的时间里，对某些特定情境的预防与避免、对成就目标的期望、如何对环境因素进行管理和改进、需要怎样矫正宠物的行为等问题全都要详细审查，做到既切实可行又容易让动物主人接受。

五、行为问题的治疗

对于生产性动物，治疗的重点主要在于群体管理、环境因素或起居因素等方面的改善，并且在某些情况下，会把个别动物从群体中隔离出去或者转移到其他群体中。对于不同种的动物，在有关章节中讨论其特殊性。

对于伴侣动物，行为问题的治疗会因诊断结果及预后发生变化。一般来说，治疗过程的开始主要在于如何避免和预防问题的出现，而动物主人则通过制定有效的治疗措施矫正宠物的行为，结果是尽管实现了个别理想的治疗效果，但治疗过程可能会渐渐地被重新导回到问题情境。在治疗过程中，有必要根据环境因素的变化采取某些矫正措施，有利于宠物远离那些导致行为问题发生的刺激因素（看到或听到刺激物）或远离那些发生行为问题的地域。矫正宠物的行为可能还得运用一些学习、行为矫正的原理，并结合使用一些改进安全性、减少焦虑或者有助于更有效地获得反应的制品（如口套、笼头、无冲力保护带、镇静帽等）。药物和天然产品，也可用于某些具体行为问题的治疗。

行为矫正应遵循一些基本原则。最常用的行为矫正技术包括形成习惯、根除、脱敏、对抗条件反射作用、反应替代以及定型等。泛滥疗法人们说的多、用的少，因为它可能会使大多数动物的行为状况变得更糟。虽然有人声称经常使用惩罚措施，并且取得一定程度的成功，但很少有人能正确地使用惩罚措施。对于一次成功的惩罚来说，那些厌恶刺激（如利用高分贝的噪声惊扰犬、对一只猫喷水等）必须掌握到刚好临近异常行为发生的程度，异常行为在未来发生的概率才会减少。人们使用的大多数厌恶刺激在具体内容、持续时间或者应用时间等方面的掌握不是很恰当，往往还没等到具体的矫正效果出现，动物主人却已经生气了。事实上，最近的研究已经证实，惩罚训练和对抗技术更有可能导致攻击和回避行为加剧。

表14-2　异常行为症状的医学因素

病理状态	异常行为症状
中枢神经系统疾病，特别是影响脑前部、边缘部、颞部或下丘脑区的中枢神经系统疾病	意识的变化、对刺激的反应的变化、已经学习并掌握的行为的丧失（如随地便溺）、定向障碍、不知所措、行为表现程度的改变、暂时性的定向障碍、发声，性情变化（恐惧，焦虑）、采食症状
部分性癫痫发作（颞叶性癫痫）	咬空气、转圈、身体急转、尾巴折断、咬牙切齿、凝视、性情变化（如间歇性的恐惧或攻击状态）、重复行为、感觉过敏
感觉障碍	对刺激的反应变化无常、不知所措、定向障碍、易怒、攻击、发声、随地便溺
疼痛	对刺激的反应改变（如活动减少、坐立不安、易怒、攻击、自残、随地便溺
内分泌功能障碍（如甲状腺功能低下或亢进、肾上腺皮质功能低下或亢进、胰岛瘤、糖尿病、睾丸瘤或肾上腺瘤）	情绪多变、易怒、嗜睡、对刺激的反应不积极、焦虑、随地便溺或做记号、醒夜、喘气、活动减少或增加、采食症状、攻击、攀爬
代谢性障碍（如肝、肾的病变）	与受影响器官有关的各种症状
外周神经病变	自残、易怒、攻击、转圈、感觉过敏
消化道疾病	舔舐、贪食症、异食癖、食粪症、随地便溺（粪便）、翻卷舌头、咬槽咽气癖
泌尿生殖系统疾病	随地便溺（尿）、烦渴
皮肤疾病	精神性性脱毛（猫），肢端舔皮炎（犬），咬趾甲癖、感觉过敏、其他自伤行为（咀嚼、咬、吸吮、抓）

大多数与行为矫正有关的人性化的、被动的或主动的技术并不难学，并且能取得和预防技术一样的成功效果。以下就对有关技术以及相关策略的基本原则做一个简短的概述。

1. 典型条件反射 某一非条件反射刺激与中性刺激的配合会产生条件刺激和条件反应。典型条件反射既可以积极的也可以消极的方式发生。将滴答器与宠物青睐的小食品（针对滴答器训练）或者门铃信号来客（针对热衷于迎接新到店客人的宠物）配合应用，就是积极条件情绪反应的例子。

由于中性刺激与某些容易引起恐惧的刺激反复多次的配合作用，动物会对一个先前的中性刺激（视觉的、听觉的、气味的、有生命的、无生命的）建立起恐惧条件情绪反应，结果动物发生行为问题就不可避免。此时，中性刺激本身就会引起恐惧反应，例如，门铃声与陌生人来访的配合（针对害怕来访者的宠物），或者门铃声与动物主人希望宠物或跳跃或吠叫（牵引、皮带更正）而进行的言语的、身体的训练的配合等。同样，当宠物或弓步或跳起迎接新认识的人时，惩罚与某些中性刺激的配合（如牵扯活动项圈、带齿项圈、恫吓、牵拉、口头指正），就可能导致宠物对新来的人产生一种条件恐惧反应。而动物主人如果对当时的情形感到紧张或害怕，会进一步增强宠物的恐惧情绪状态。对宠物来说，去兽医诊所可能开始只是一个中性刺激，但如果让宠物觉得它会和一个不愉快的结果有联系，或者使主人的焦虑进一步增强，再次去诊所时，动物就会心生恐惧。

2. 对抗条件反射作用与脱敏 对抗条件反射作用是将某种使动物不愉快的刺激与非常积极的某种事物经常、反复配合，直到该刺激与动物行为之间产生正的相关性。要想获得成功，对抗条件反射作用应与脱敏配合使用（即将刺激的强度降低到不会引发恐惧反应的水平，比如减少相关物体体积、增加距离、变换环境，或将某一刺激矫正到不像之前那样具有威胁性）。

脱敏和对抗条件反射作用非常耗时。有关训练必须不断地重复，反应强度才会减弱，然后变为一个正反应。人们必须认真考虑动物所有的交流信号。虽然客户通常想要事半功倍的效果，但是欲速则不达，急功近利的做法会引起动物发生焦虑，并且会破坏任何行为矫正程序。

3. 人工条件反射 人工条件反射是指动物的某种行为导致相应的后果。其结果会使未来发生反应的可能性要么增加要么减少。行为-后果的关系有4种类型：正惩罚和负惩罚以及正强化和负强化。强化会增加某一行为被重复的可能性，而惩罚会降低某一行为发生的可能性。负条件反射是指去除刺激，而正条件反射是指应用刺激。

（1）正强化 是指个体作出某种行为或反应，随后会同时得到某种奖励（通常是指那些能产生愉快效果或有一定吸引力的事物），从而使相关行为的发生概率增加的过程。在正强化训练中，奖励应随时随地给予，一直到被强化行为得到巩固能可靠地反复出现。如果行为是基于命令或者暗示来进行，那么一个指令或者某一手势应该在行为-奖励过程之前发生。一旦反射建立起来，行为就可基于各种方案进行强化的结果，在给予奖励之前，就可对反应的数量或者反应的持续时间进行适当调整。正强化需要奖励，但奖励并不等同于正强化。奖励可以是宠物喜闻乐见的任何事物，诸如爱抚行为、散步、游戏项目如玩具、食品、口香糖或周到的照顾。但必须指出的是，除非行为和奖励（及时性、一致性、连续性）之间有明确的关系，否则，奖励不会实现正强化行为的目标。

（2）负强化 是指通过取消某些刺激（通常指那些不受欢迎的事物）来增加某行为在以后发生的概率。

负强化一定不能与惩罚混为一谈，因为惩罚的目的是为了减少某一行为的发生，而强化是为了巩固某一行为。一个负强化的例子就是逃逸行为。如果动物预期某一结果可能是令人讨厌的，例如可能会招致主人的呵斥，如果动物跑开了，其结果就不会发生。同样，如果主人对笼头施以一定压力直到动物表现出主人想要的行为，将紧张的压力释放出去就是负强化。负强化的一个潜在的后果就是，如果宠物在发出威胁或攻击的信号或行动后，刺激（如犬、送货人、主人）消除了，行为就会得到强化，并且行为的发生就会由于刺激的退却而增加。

（3）正惩罚 是指当某些刺激（通常是那些不能产生愉快效果的事物）出现时，会减少某些行为的发生；而负惩罚是指当某些刺激（一般是那些能产生愉快效果或有吸引力的事物）被移除后，行为发生的减少。在正惩罚中，如果最先使用某些刺激不能使行为发生减少，其可能原因要么是给予惩罚的时机掌握的不好，要么是相关行为受到的刺激太过强烈以至于惩罚难以发生作用。人们（宠物主人、训练师）使用正惩罚，目的是让宠物变的害怕重复某种行为。然而，一种潜在的后果是，宠物会对惩罚者心生畏惧，从而导致宠物发生防御性攻击或会对一只接近的手都会害怕不已。此外，如果不愉快后果只发生在宠物主人在场的情形下，那么，一旦宠物主人不在场，宠物或许会继续表现相关的行为。与正惩罚有关的另一个问题是，如果宠物作出不为人们所欢迎的行为（如对小汽车吠叫、在大街上前后分腿站立向人致意、跳到陌生人身上）而接受到一个令其不愉快的后果，就会导致对以上刺激产生条件性恐惧（见上文）。

应用惩罚措施时，要尽量避免造成动物疼痛或不适，否则，就是不人道的。惩罚不能用于训练动物产生良性行为，而只用于阻止动物的某些不良行为。如果惩罚的目的是使宠物害怕重复某种行为（如袭击垃圾、把东西从柜台拖出、咀嚼植物）或是想让宠物远离某一区域（房间、沙发、床），那么，环境性惩罚（在微开的门上放一东西以惊打宠物）或远距离惩罚（如喷水，尽管宠物已经在视野之外）可能是最合适的。如果该类型的惩罚能够一直保持下去或足够让宠物心生厌恶，就可能实现避免宠物作出某些行为的目标。然而，在重点考虑如何阻止宠物作出人们不喜欢的行为之前，宠物主人首先应该重点考虑为宠物提供一个喜闻乐见的替代物（如睡的地方、攀爬的地方和咀嚼的东西）。使宠物受到触动的设备如移动探测报警器或压缩空气、令其不愉快的物体底面（双面胶带）、难闻的气味或远程触动设备（压缩空气）都可以成为有效的威慑物，与宠物主人在不在现场没有关系。

（4）**负惩罚**　是指动物表现某一不良行为时，通过去除某一良性刺激，以减少动物不良行为的发生概率。如果宠物在受到人们的爱抚或戏耍时就表现不良的行为（如开始乱咬、哼哼唧唧面相古怪、随意攀爬），则立即停止对宠物的爱抚或戏耍来惩罚宠物。有必要让宠物明白什么样的行为会导致那样的爱抚或戏耍的停止；否则，宠物可能会由于得不到相应的奖赏而变得沮丧，从而使不良行为得到强化。

4．二阶强化因子　通过一定距离传送过来的信号然后立即给予奖赏就是二阶强化因子。常用的二阶强化因子一般有这样一些形式：简单说几个字（"好棒！"）、训犬响片或吹口哨。通过反复连续地把这些二阶强化信号和某种重要的奖赏诸如一个小玩具或一块小点心配合起来使用。二阶强化因子可引起等同于奖赏产生的反应，前提是只要二阶强化因子与奖赏的配合使用能一直保持下去。响片训练需要经常实践并掌握好时机，但一旦达到目的，动物每一次表现出良性行为都可能是对自身继续表现该行为的强化。响片训练是一个很好的立即"标记"良性反应的方法，也是逐渐塑造动物某些新的或更加良性的行为（如行为表现的持续时间更久、更放松）以及把正面情绪反应与刺激关联起来的好方法。

5．普雷马克原理　相对来说，利用某一动物更愿意去做的行为作为强化物去强化一个动物不太愿意做的行为，有利于让动物不断重复本来不太愿意做的行为。此时，动物更愿意做的行为就是强化物。例如，如果宠物想要外出或穿过街道去溜达一圈，宠物主人可以趁机事前训练宠物按照指令蹲下或坐着别

动。那些想要往前走的马或犬，也可以被教导在松弛的缰绳或皮带上行走，最终该行为将得到巩固。

6．过度学习　过度学习是指某一已经学会的反应被不停地强化和进行表达。这种现象经常用于某些特定事件的训练，但在预防犬类动物的恐惧性反应中可能会应用不当。过度学习在三方面特别有用：延迟遗忘、强化已学会的行为，而且，在动物一旦处于相似的环境中，过度学习还增加动物下意识地作出某些反应或者将该反应作为首选反应的概率。

7．塑造法　塑造法是一种逐渐趋近的做法，从一开始就对动物表现出任何期望出现的行为给予奖励的做法。例如，当训练幼犬坐下的时候，幼犬即使只表现出下蹲的姿态即给予奖励，自然会增加幼犬重复下蹲行为的概率。此后，只有幼犬在表现出更接近于真正坐下的行为时才会得到奖励，最后，幼犬就会表现出真正的坐的行为。塑造法还可以用于奖励动物延长某一行为。

8．消退　一旦所有的强化刺激被取消后，动物的某一行为会停止，称为行为消退。例如，如果人们爱抚跳到他们身上的一条宠物犬以示关爱，宠物就会继续表现这种行为；如果人们对于宠物的表现无动于衷，由于没有奖励，犬最终将不再表现之前的行为。然而，任何形式的间歇性强化刺激—即使人们只是偶尔抚摸一下跳跃起来的犬作为回应，也将延长动物回应的表现。有价值的奖励、长期表现某些做法以及间歇性的强化刺激，都会延长动物对某些行为的消退时间。宠物主人必须做好准备，有些行为在消退之前其强度起初还会增加。在行为消退训练中，任何对动物屈服让步的做法将会使消退变得更加困难，因为动物会"发现"，它的桀骜不驯的强度越大得到的回报越大。

9．适应　适应是动物逐渐对某一连续刺激作出的反应不断减少的过程。通常，如果动物发现，某些反复发生的刺激并没有什么特别的针对意义，动物将对该刺激逐渐习以为常，不再作出反应。例如，在一个与公路接壤的牧场内的马，第一次受到过往车辆的惊扰时可能会跑开，但最终会对类似的刺激视而不见、充耳不闻。那些与潜在的不良后果有关的刺激带来的适应比其他刺激更难消除。在某些被捕猎动物中，被捕猎动物很难适应对猎食者的声音作出的反应，因为在这方面，这些被捕猎动物一直接受自然选择的作用并且通常有了一定的适应能力。如果动物的恐惧反应过于激烈，不仅适应不会发生，宠物反而会变得越来越害怕刺激（敏感化）。

如果动物在最后一次经历某一刺激后发生了适应，中间即使经过了一段较长的间隔期，如果动物再次暴露于该刺激，动物也可能会再次作出反应，称为

自发恢复。

10. 泛滥疗法 该方法用来治疗动物对无害刺激产生的恐惧，做法是迫使动物一直呆在相关刺激的环境中直至恐惧消失。但这一做法很少对犬类动物有效，因为该做法起初会增强恐惧，直到所有生理的以及情绪性的症状全部消退后，犬的恐惧才会消退。如果做法不当，泛滥疗法可能会因此增加某些问题行为的发生。在实践中，更常见的是将泛滥疗法控制在适当的水平作为动物行为矫正的一个部分，在这一过程中，刺激的水平虽然很低但足以让动物产生一定的恐惧，并且宠物能平静地将自己限制在适当的位置直到适应。然后，该过程还可以和强化刺激结合起来（如当宠物的害怕反应减退或消除时，宠物得到强化或者刺激被消除）。

11. 回应替代 回应替代是指利用良性反应代替动物的不良反应。例如，人们可以通过给予高价值的奖励来训练那些有不良反应的动物，使其由不良行为转变为目标行为。然而，如果动物的某些行为一定程度上是其天性使然（如讨好、吠叫），这种行为的替代训练就特别困难。回应替代的一些具体例子包括训练犬坐下或躺下替代跳跃、攀爬、随意撕咬，或者训练犬在松动的皮带上坐、行走，或者对那些突然加速前行或要跑向门外的犬给以支持或帮助。替代训练一开始应该在各种最容易取得成功的环境中进行。对动物来说，理想的训练结束点是在其表现的十分平静与安详的时候。因此，动物主人必须学会观察动物的眼神、姿态、面部表情以及呼吸状态，这样才能逐渐塑造动物的良性行为。然后，替代训练可以转移到干扰因素越来越多的环境中以及最可能导致动物表现不良行为的环境中进行。

用良性行为取代不良行为，替代训练必须与脱敏训练结合进行，具体可通过逐步接触低强度的刺激进行目标行为练习和放松锻炼，同时给予最有价值的奖励进行强化。如果宠物表现的比较恐惧或焦虑，重点也应该放在对抗性条件反射方面，这样一来，动物每次接受到有关刺激时，总是和积极正面的结果相关，而没有消极的结果。

六、药物治疗原则

药物治疗如果能和行为矫正结合使用，对所有行为问题的治疗效果都是最有效的。但使用哪类药物或补充剂可能需要通过诊断来决定。精神药物和各种天然药物的应用有利于减少与恐惧症、恐慌或慢性焦虑状态有关的症状的发生，特别是在宠物非常焦虑、恐惧或冲动而不能学习的情况下，可提高动物的受训能力。在动物脑部病变或发生冲动性失控的情形下，药物的效果非常显著；但在大多数情形下，药物被人们作为辅助治疗手段，治疗可能与某些行为问题有关的焦虑或兴奋，有时，药物的使用是为了宠物的福利。

靠证据来进行决策是一种提供信息与治疗方案的最佳手段。选择治疗方案应根据有关证据并结合门诊师对病例、客户以及行为问题的专业见解。在动物行为问题治疗中，只有少数几种药物经过在严格的、随机对照试验条件下充分的测试。迄今为止，在北美地区获得上市许可的治疗行为问题仅有的药物，包括用于犬类的氯米帕明、氟西汀和司来吉兰，以及镇静药乙酰丙嗪。对于大多数治疗其他动物行为问题的用药情况，收集的资料极少，许多信息来自有关人医的文献。由于药物代谢和受体效应在不同物种之间变化较大，可能会给治疗过程中如何合理控制药物剂量、效应的持续期、用药禁忌以及不良反应带来不便。

经药物管理部门批准可以应用的药物应是兽医治疗中的首选。原因在于这类药物不仅疗效、不良反应、禁忌、毒性、药代动力学以及安全性已经相当明确，而且来自制造商的技术支持还可以提供额外的专业服务，这一点在治疗过程中一旦发生不良反应的情况下尤其重要。人们在宠物中已经进行了使用其他未经过批准的药物进行治疗的研究，但这些药物的适用性和有效性的证据往往来自于小规模的试验研究、病例报告研究或有关疗效的一些零星报告（表14-3）。因此，医师在配药前应熟知各种药物的标示、建议剂量、潜在的不利影响以及禁忌。没有被批准可用于某些物种的药物应该不需要书面用药指南、预防措施以及知情同意。此外，动物主人应该对可能达到的预期结果予以理解。也许，必须对几种药物进行混合才能达到使用要求，但药物配方的变化一般会改变药物的药代动力学、安全性、有效性以及稳定性。最近的一些对基于行为药物的透皮剂如氟西汀、阿米替林、丁螺环酮等使用的研究表明，与口服相比，透皮剂的吸收效果几乎为零。

配药之前，数据库中至少要有体检、血检和尿检的信息。对于表14-3中的许多药物来说，可能需要数周才能达到治疗效果，并且为了防止复发，可能需要延长治疗时间。但如果能结合定期体检与实验室监测可能会降低相关风险发生的机会。

多种类型的天然药物已经被人们用于治疗焦虑症。有关其有效性的大多数证据来自于人们的口传。有许多研究结果支持某些天然药物对恐惧症和焦虑症的预防和治疗有一定疗效，包括犬科动物犬信息素、猫科动物信息素Feliway®、茶氨酸、活性肽、激素酶®（含厚朴与黄柏）以及其他如褪黑激素、芳香疗法以及L-色氨酸等。

表14-3 犬与猫行为治疗中的药物剂量[a]

药 物	犬	猫
镇静剂		
乙酰丙嗪	0.5~2 mg/kg，按需服用[b]或每日3次	0.5~2 mg/kg，按需服用
苯二氮类药物		
阿普唑仑	0.01~0.1 mg/kg，按需服用或每日4次	0.125~0.25 mg/猫，按需服用或每日3次
氯硝西泮	0.1~1 mg/kg，每日2~3次	0.1~0.2 mg/kg，每日1~3次
氯拉卓酸	0.5~2 mg/kg，按需服用或每日3次	0.2~1 mg/kg，每日1~2次
地西泮	0.5~2 mg/kg，按需服用（如每隔4~6 h）	0.2~1 mg/kg，按需服用或每日3次[c]
劳拉西泮	0.025~0.2 mg/kg，每日1次或按需服用	0.025~0.05 mg/kg，每日1~2次
奥沙西泮	0.2~1 mg/kg，每日1~2次	0.2~0.5 mg/kg，每日1~2次
三环抗抑郁药		
阿米替林	1~4 mg/kg，每日2次	0.5~1 mg/kg，每日1次
氯米帕明	1~2 mg/kg，每日2次[d]	0.25~1 mg/kg，每日1次
多塞平	3~5 mg/kg，每日2~3次	0.5~1 mg/kg，每日1~2次
丙咪嗪	1~4 mg/kg，每日1~2次	0.5~1 mg/kg，每日1~2次
抑制5-羟色胺再摄取药物		
氟西汀	1~2 mg/kg，每日1次[d]	0.5~1.5 mg/kg，每日1次
氟伏沙明、氟戊肟胺	1~2 mg/kg，每日1~2次	0.25~0.5 mg/kg，每日1次
氟苯哌苯醚、帕罗西汀	0.5~2 mg/kg，每日1次	0.25~1 mg/kg，每日1次
舍曲林	1~4 mg/kg，每日1次或分剂量每日2次	0.5~1.5 mg/kg，每日1次
β-受体阻滞药		
普萘洛尔	0.5~3 mg/kg，每日2次或按需服用	0.125~0.25 mg/kg，每日3次
阿扎哌隆		
丁螺环酮	1~2 mg/kg，每日1~3次	0.5~1 mg/kg，每日1~3次
三唑并吡嗪		
曲唑酮	2~5 mg/kg，按需服用或8~10 mg/kg，每日2~3次	
抗痉挛剂		
卡马西平	4~8 mg/kg，每日2~3次	2~6 mg/kg，每日1~2次或25 mg/猫，每日2次
加巴喷丁	10~30 mg/kg，每日3次（惊厥剂量）	5~10 mg/kg，每日1~2次（惊厥剂量）
左乙拉西坦	20 mg/kg，每日3次（惊厥控制）	20 mg/kg，每日3次（控制惊厥）
苯巴比妥	2.5~5 mg/kg，每日2次[e]	1~2.5 mg/kg，每日2次
溴化钾	10~35 mg/kg，每日1次或分剂量每日2次	不推荐使用
激素		
醋酸甲羟孕酮	10~20 mg/kg，皮下注射	5~20 mg/kg，皮下注射
醋酸甲地孕酮	2~5 mg/kg，然后，最低有效剂量	2~5 mg/猫，然后，最低有效剂量
神经胶质调制器		
丙戊茶碱[g]	2.5~5 mg/kg，每日2次	
单胺氧化酶抑制剂		
司来吉兰[h]	0.5~1 mg/kg，每日1次（上午）	0.5~1 mg/kg，每日1次（上午）

a. 多数药物的应用未经批准，提示谨慎使用。

b. 按需服用。

c. 注意——仅有很少的报道认为：地西泮可能会导致猫发生肝坏死，而其他苯二氮类药物可能有潜在的影响。

d. 许可用于犬的惊恐不安症的治疗。

e. 如血清中药物含量不足，则应降低稀释度。

f. 潜在的后遗症包括雄性乳房雌性化、乳腺癌、免疫抑制、糖尿病、骨髓抑制、子宫积脓——不作为主要的行为治疗药物。

g. 在北美地区不可用。

h. 许可用于治疗犬认知功能障碍综合征。

第二节　家畜的一般社会行为与行为问题

一、马

（一）社会行为

马是社会性动物，野生条件下（或在牧场）在一定范围内结伙生活（带有家眷），群体内一般包括数匹母马和年龄为2～3岁的母马后代，并且群体中至少有1匹公马、最多可有6匹公马。群体的核心是繁殖母马，这些繁殖母马即使在种公马离开或死亡后依然生活在一起。群体大小一般在2～21匹马之间，多匹公马的群体内马匹的数量要大于单匹公马群体的马匹数量。群体的生活范围不会仅仅限于某一特定地理区域，通常会游走以寻找生存资源。小公马和小母马通常在2岁前离开群体（此时已经性成熟），单独行动数月，然后加入一个不同的群体或组建一个新的群体。一些小公马还会形成"光棍帮"，能有16匹公马之多，这些公马之后会加入到其他种马已死或者被赶跑的群体中。

虽然马群体中的等级结构似乎是线性的（有时偶尔会有一些三角关系），但与年龄、体重、身高、性别或者在群体中所生活的时间长短不存在必然的关系。这些因素在解决马厩内的马的行为问题时都非常重要，并且在将马相互引见之前，必须仔细考虑以上这些因素。群体中社会等级高的母马的后代似乎在生活期的后期会享有较高的社会等级，表明在群体中马的社会等级的高低可能既有遗传成分也有群体经历的成分。人们可以通过观察群体行为（如寻找生活资源，如出水孔等）判定母马个体的等级高低。母马会通过对群体内的食物资源和种公马数量作出决定，选择继续留在这一群体里还是离开。高社会等级的母马可以成功地干涉低社会等级的母马对所生的幼驹的护理。母马有"死党"，优先由某些马给它梳毛，且它会给其他特定的马进行梳毛。就像许多其他物种，马在群体内的社会等级是基于其他低等级的马的屈服建立起来的，而不是通过争斗获得的。

大多数交配由群体内等级排名最高的公马来完成，因为这样的种公马能确保自己最先接近愿意接受交配的母马，并且最先有资格迫使来自其他群体的某一匹母马离开现在的群体。在春季和夏季，如果没有妊娠，马的发情周期大约21 d。马的性行为有3个阶段：求爱、交配以及交配后行为。在求爱过程中，种公马会接近母马、腾跃、嗅母马的身体，用头、脸触蹭母马为母马梳理皮毛。如果母马没有做好交配的准备，则会尖叫、踢或者走开。反之，母马会站着不动，将尾巴向身体一侧偏离并排尿，引导种公马爬

跨。牧地配种一般能达到100%的成功率，而人工选配的成功率只有50%～60%。这很可能与牧场马之间的熟悉程度、母马的受精率较高以及马之间的争斗较少有关。

母马的排卵一般发生在发情行为结束前36 h，妊娠期315～365 d、平均340 d。影响妊娠期持续时间的因素包括营养状况、配种季节（夏末配种的个体妊娠期较短）、性别（怀小公马的妊娠期稍长）。即使在人工光照条件下，母马通常在夜间生产。母马和幼驹关系的建立发生在出生后的24 h。大多数护理行为由幼驹发起而由母马终止，尤其是在幼驹出生后的第1个月。

在出生后的第1个月，幼驹表现出对母亲最大的依赖性，与其他马的接触最少。幼驹的大部分时间是在母亲附近休息。大约在2～3月龄时进入社会化期，幼驹开始与其他马驹玩耍并且探索周围的环境。在出生后的前42 d，幼驹受到细致的护理非常重要。在这一时期，咬的行为（磕牙）达到高峰。幼驹一般对着成年个体做这一行为，可能是为了减少攻击行为的发生，也可能是一个移位护理行为，如对着空气做护理行为。咬和呷不是一回事，咬是一种攻击性的行为或威胁行为。梳理毛的行为在这一时期也达到高峰。

幼驹到4月龄时，开始发展独立的关系，会花更多的时间用于成年个体的维持行为上，诸如采食牧草以及站着休息。活动的时候有性别差异，小公马要比小母马花费更多时间去爬跨、争斗，而小母马主要是梳理体毛与奔跑。小公马只为小母马进行梳理体毛，而小母马既为小公马也为小母马梳理体毛。

（二）行为问题

许多行为问题与圈禁有关。在活动范围不受限制的情况下马会自由走动，一天中超过60%的时间用在觅食上，其余的时间用于休息（站着或躺着）、梳理体毛或从事另一项活动。在有谷物的条件下也会观察到相同的情形，即使可以自由采食谷物，马也会选择少食多餐的进食方式。马是高度社会化的动物，需要与其他动物进行接触以保持正常的维持需要和福利。隔离马可导致问题的发生。管理马群中行为问题的主要目标是鉴定出那些不太正常的马的行为，然后予以矫正。

1. 攻击　攻击行为是马群中一个常见的问题，包括追逐、颈部角力、又踢又咬以及其他威胁行为。进攻的信号包括耳朵向后摆平、嘴唇收回、尾巴快速运动、蛇形行走、扒蹄子、低头、粪便堆展示、发出呼噜声、尖叫、前肢扬起（以后肢站立于地面，身体后3/4深度弯曲）以及作出威胁要踢的姿态。而顺从的马则通过躲避、低下颈部与头部、夹紧尾巴并转身

离开攻击者作为回应。

（1）**对人的攻击**　这类行为主要发生在马厩中，因为在马厩中马会感觉到自己是在一个狭小的易被侵犯的空间内。马对人的攻击行为包括害怕、诱导性疼痛、与性有关的（激素的）、学习性的以及与优势有关的行为。一些马尤其是青年马，在与同类玩耍时也会表现出进攻的迹象，如踢或咬对方。尽管攻击行为对其他马来说不算什么大事情，但对人来说是非常危险的。

对马的攻击行为进行管理的第一步是找到其原因，如果可能的话消除有关因素。还可以通过培训和正强化，结合脱敏与对抗条件作用以建立对马的控制。

与优势相关的马的攻击行为不同于犬的与身份相关的攻击（人们一般认为是优势攻击），后者的发生很难说出什么前因后果。环境因素的管理也是很重要的，良好的管理应包括为马提供充分的资源如空间、食物和水等。有些马被认为有病理性的优势攻击行为，这些马会攻击在它们附近的其他马和人。这些马应和其他马以及人完全隔离开来，一般预后较差。

（2）**对其他马的攻击**　大多数情况下，对其他马的攻击与性竞争、恐惧、优势或者领地争端有关（保护群体与资源）。正如某些马经常攻击人一样，一些马对其他马的攻击可能是病理性的。解决这类问题的第一步是把攻击性强的马与其他马隔离，并使作为下属的马远离优势马。隔离可通过实体墙或两层围栏来完成，后者有利于避免马隔着围栏踢。马应该有充足的生活资源，而脱敏和对抗条件作用是最好的治疗方法。如果发生与性有关的攻击行为，通过阉割和注射孕激素（如甲羟孕酮70～80 mg/300 kg，每日1次）可以解决问题。人们应该仔细权衡这类治疗的不良反应，并且要密切监测马的种种动向。添加含色氨酸的日粮或抑制5-羟色胺的药物在某些情况下也可能有一定效果。一般应避免使用惩罚性的手段。

（3）**母性攻击**　分娩后最初几日，母马攻击人的事很常见。该行为受激素控制，通常会随时间的推移而消退。应该让母马在生产之前熟悉照料者，而产后一般不接触其他陌生人。在大多数情况下无需专门治疗。

（4）**交配攻击**　配种时种公马发生的攻击行为通常与过度使用或者与在非配种季节使用有关。种公马交配时可能会对交配对象有一定的偏好，可能对人为选定的母马不满意，换一匹母马可能有助于问题的解决。如果种公马在还是幼驹的时候与母马一起被关在马厩里，它们或许对交配有一些社会阻抑（由于其他个体在场或者同时参加从而降低个体活动效率的现象），如果强迫交配就会导致攻击行为的发生。治疗的目标是处理导致攻击行为发生的主要因素，更换母马（由于公马有偏爱）或尝试人工授精。身体素质的限制（如跛行）和脱敏也有一定作用。响片训练已被成功地用于脱敏配种时发生攻击行为问题的种公马。

2．刻板行为　马的强迫行为可分为运动相关行为和口腔行为，这些行为之所以称为刻板行为是因为它们反复发生，占据马日常活动的很大一部分，但毫无实际意义。圈禁与管理水平低下是致病的首要因素。此外，寝具、饲料以及社会关系也会影响刻板行为的发生。有较多社会交往的马，会吃到不止一种的粗饲料，每日饲喂2次或更多，而且卧在干草上，一般不会发生这些行为。咬槽癖和咀嚼木材是口腔行为的例子，一般发生在马匹迂回行走、拖延行走以及蹄部扒拉的时候，而且蹄部扒拉是运动型刻板行为的例子。带有某一个刻板行为的马很可能会表现出另一刻板行为。在纯血马群体中，这些行为一般常见于母马和2周岁的幼驹。

（1）**咬槽癖（吞气症、吮气症）**　在马厩中，马常用其门牙咬某些物体（如水槽），还有弯曲脖颈并将空气吸入咽部的动作。有些马会吸入或吞咽空气。在某些情况下，马会吸入空气而不咬任何物体。采食适口性好的饲料（如谷物、糖蜜等）与咬槽癖有关。缺乏锻炼也与咬槽癖有关，与速度赛马和盛装舞步马相比，耐力马较少发生咬槽癖。纯种马比其他类型马更容易发生咬槽癖。圈养的马发生咬槽癖的比率较高。一旦该行为习惯已经养成，即使马被转移到牧场上，其行为也会持续存在下去。胃肠道不适也有可能导致咬槽癖。咬槽癖的主要并发症之一是门齿损伤，其他问题包括十二指肠溃疡和网膜孔疝。在大多数情况下，咬槽癖是马的一种良性行为，并不影响马的福利，也无需治疗。大约有近10%的马驹在20周龄断奶并被圈养在马厩中时开始出现咬槽癖。而那些一直在牧场放牧的马则不会发生咬槽癖。据推测，马可以通过观察其他马而学习咬槽癖。

马的咬槽癖可以通过寻找围栏上与马厩中水平地面产生U形碎片的遗失甚至磨损的门牙、有咬槽行为的马颈部肌肉增生而得到诊断。在某些情形下，马护理者也许能直接观察到该行为。管理措施包括提供更多的粗饲料、加强运动和社会接触。把圈养的马转到牧场上或许有助于问题的解决，给马匹提供一些玩具、一些有益的刺激都是可行的。在马的头部后面用一根皮带缠绕脖颈，在马每一次想要弯曲脖子时就会施加一定压力。实质上这样做是对马咬槽癖的惩罚，但惩罚与行为有关，与护理者无关。另外，还可使用末端开放的口套，让马能吃能喝但能阻止马啃咬周围的东西。

有些马总有办法利用口套来啃咬东西（啃咬一个

流线型的物件，如一根棒状物），而且大多数马似乎更能忍受脖带而不是口套。在马厩中尽量不要有水平表面和马能啃咬的物件，这可能有助于将咬槽癖的发生降到最低。各种手术措施已经被建议用来管理马的咬槽癖，但高低不等的成功率与对动物福利的不良影响是其明显的缺陷。

（2）咀嚼木材（嚼木病） 就像咬槽癖一样，咀嚼木材的马用门牙啃咬木块，但与咬槽癖不一样的是马会将碎木片吞咽下去。可以确定导致马咀嚼木材的原因是饲料中缺乏粗饲料。精料、浓缩料以及缺乏锻炼和刺激都可能提高咀嚼木材的发生率。在牧场上，马通常每日用8～12 h采食，而圈养的马每日用不到3～4 h的时间采食。在寒冷、潮湿的天气马咀嚼木材的现象会增加。给马提供更多的粗粮、运动、刺激、玩具或社会接触可以减少这类行为的发生。消除暴露的木材和用铁丝等覆盖围栏边缘、在围栏边缘喷洒气味剂也有助于减少马咀嚼木材行为的发生。

（3）食土癖（PICA） 大多数马会进食沙子或灰尘。被吞食的土中铁和铜的含量比其他土壤丰富，因此对马有一定的吸引力。但如果马吞下石头，问题就变得严重了，因为吞下的石头可引起肠梗阻。管理措施包括增加粗饲料和锻炼以及提供盐块和玩具。

（4）烦渴症 马的烦渴症类似于人们在犬中常见的烦渴行为。最常见的很现实的一个问题就是由于尿频而使得马厩遍地是尿。当马发生烦渴症时，排除导致该行为发生的医学因素（如尿崩症）对马的管理很重要。

（5）马厩步行与摇摆 这些行为多见于圈养马，没有任何目的，很难被打断，而且比其他类型的动作要慢一些。马厩步行的马通常在马厩中转圈子，当被转移到空间更大的地方（如牧场或谷仓）后，马还会继续在小范围内转圈。把马拴起来防止其行走将会使马开始表现另外一种动作——摇摆：在同一地点抬起双腿并从一边到另一边移动重心和头的位置。马厩步行的可能原因包括缺乏锻炼、社会接触和幽闭恐惧症。压力和焦虑似乎会加重该症状。治疗重点在于增加锻炼和刺激，提供社会接触，把马转移到牧场放牧；提供厚厚的寝具并且每天饲喂2次以上也有助于问题的解决。在极端的情形下，可使用选择性抑制羟色胺再摄取的药物来进行控制。在马厩中正对马的前面安装一面大镜子可能有助于减少马发生摇摆。

（6）马厩弹踢 由于感觉无聊、出于攻击目的或感觉沮丧，马可能会弹踢马厩的墙壁。给马准备饲料时，如果马够不着饲料就会弹踢。此时，如果马吃到了饲料，则弹踢的行为会得到加强。而马在不能实现其目标的时候（如运动、交配或社会接触），也可能

会感到沮丧。很有可能，马厩弹踢是某种形式的自残。许多弹踢马厩墙壁并在墙壁上打洞的马同时会吃来自这些孔洞的木头。处理措施是直接消除任何潜在的影响因素。对于攻击性的弹踢的处理措施可见对马攻击行为的阐述，对于其他多数影响因素的处理措施，类似于对引起马厩步行因素的处理措施。动物主人在马弹踢的时候绝不可以给马喂食，避免马强化弹踢行为。此外，提供更多的社会接触、锻炼和刺激也有助于问题的解决。

（7）扒拉 该行为类似于弹踢但危险性较小，马在感到沮丧并有所期待的时候，或许就会用蹄子扒拉或挖掘。该行为也可能是一个移位行为。把地板变为混凝土地面可能会防止扒拉行为的发生，但不会改变马做扒拉行为的动机，并且某些马（尤其是种马）可能会用后腿站立而不是扒拉。处理措施类似于处理弹踢时采用的措施。

（8）摇头 摇头是指在没有任何刺激的情形下，一匹马不受控制地摇动或者颤动它的头。有些马也会喷响鼻，在某一物件上磨蹭头，并显示某种焦急的表情。最常见的是马头上下晃动。关于马头摇动有5个等级：①间歇性的迹象，主要是面部抽搐；②中度症状，带有明显的摇动，会给骑乘带来干扰；③严重阶段，难以控制；④失控并且不可骑乘；⑤以怪异的方式作出危险行为。在大多数情形下，马看起来好像有鼻螨或被苍蝇叮咬。由于许多病理因素可能导致摇头（如癫痫发作、呼吸道疾病、耳部和眼部疾病、胃肠道疾病、疼痛），因此必须排除这些病理性因素。摇头的行为原因包括不合适的马钉、骑士的控制力不够、恐惧和焦虑以及可能会导致极端的颈椎屈伸以及强迫障碍的盛装舞步。去势公马似乎比种公马或母马更频繁地受其影响。管理措施包括对任何潜在的医学问题的处理、脱敏和对抗条件作用的应用，以及做好使用选择抑制5-羟色胺再摄取药物的准备。

（9）自残 有些马会咬或用后肢弹踢腹部而自伤。其中的一些马会发出声响。潜在的原因包括换位行为、自我强化行为以及重定向行为。皮肤疾病和疼痛也会导致自残，因此，必须消除马的这些致病因素。自残行为在青年公马中（＜2周岁）似乎更常见，并且很可能为一些环境压力因素所导致。管理措施包括给予马充分的刺激和锻炼以及增加社会接触。

3. 害怕与恐惧症 与犬类动物中发生的情形类似，马也会有害怕和恐惧的表现。两个主要的表现是发出噪声和场所（或环境）恐惧症。马对新事物有与生俱来的害怕（恐新症），该症状解释了一些行为问题，如与运输车相关的行为问题。管理措施与犬和猫的情形类似。

与运输车有关的问题　有两个主要表现阶段：马在装入运输车时与运输过程中。可能因为先天的因素（如恐新症，运输车内部黑暗的环境、运输车运行不平稳、噪声）和学习因素（如对以前的事故的经历、晕车、从前装车时受过惩罚），马对于进入运输车的车厢感到害怕。一匹马或许很容易就装入运输车中，但在车厢内马可能会表现出较多的行为问题。原因可能是在运输车行进的过程中，马很难在车厢内保持身体平衡而产生某一应激事件，如马可能会随着运输车的行驶而奔跑或者发生晕车。在少数情况下，马不愿意离开运输车。在运输过程中以及运输刚结束后，马的心率、唾液皮质醇水平一般会增加。

对运输车运输马产生行为问题进行管理的最好的方法，是利用食物与零食进行缓慢的脱敏和对抗条件反射作用的训练，这一过程可能需要很长的时间，而且在问题严重时未必适用。脱敏训练应该在计划使用运输车行驶前很早就进行。应避免使用惩罚措施，因为惩罚可能会加剧已有的行为问题，并且对马和护理人员都有危险。有些马喜欢看着他们的环境，因此，面朝后的运输车更适合于马匹的装车。马是群居动物，可以互相学习；如果另一匹马看到有马发生运输车相关问题，装车过程可能会促进马对有关行为的学习。马驹应该在幼龄时与他们的母亲一起装车运输。一些镇静剂如甲苯噻嗪（xylazine）等可在某些紧急情况下使用；但在药物的作用下，马也许不能很好地学会装运，也不能很好地平衡自己供人骑乘及完成后续行为。

4. 马繁育有关的行为问题

（1）**安静发情**　在青年母马中，特别是在首次发情周期行为性不发情是一个常见的问题。行为性不发情发生时触诊卵巢正常，排卵也正常，但母马却不接受种公马的交配。原因可能与环境压力因素和交配偏好有关。多准备一些种公马可能会有所帮助，如果母马仍然在哺乳马驹，断奶有助于解决问题。

（2）**慕雄狂**　使母马表现过度性行为的医学因素包括颗粒细胞瘤、持续存在的卵巢卵泡。这些医学因素应区别对待，因为持续存在的卵泡可能自行消退，不必经过相关处理（尽管它可能需要利用促性腺激素或促黄体生成激素或增加日光浴到最低16 h等方法来处理），而颗粒细胞瘤需要手术切除。马的过度的发情行为非常明显，表现为下蹲并频繁排尿、特别容易接收雄性、暴露阴蒂（"闪现"）。一些颗粒细胞瘤产生睾丸激素，导致母马发生类似种公马的行为（如攻击、爬跨、裂唇嗅和尿液标记等）。管理措施应直接针对最基本的问题。

（3）**心理性发情**　心理性发情的母马表现发情行为与任何生理性发情的相关因素有关。治疗措施类似于慕雄狂。

（4）**性欲低下**　被过度使用的种公马、性格温驯的种公马与攻击性较强的母马配种，以及先前发生过交配不成功的种公马或许不愿交配。对于马来说，自淫是常见的行为。小公马在出生后的最初几周就会开始爬跨，但一般很少发生射精行为，因而生育率不受影响。一些畜主使用各种设备防止马自淫，这些设备本质上是对有自淫行为马的惩罚并可引起疼痛。金属容器一般会让试图交配的公马产生恐惧，并会使种公马发生性欲低下的倾向。管理措施应直接消除最基本的问题。种公马应该用发情母马来调教，让其充分休息、喂食充足，增加与牧场上的母马的社会接触。使用人工阴道脱敏种公马也是可行的方法，而使用抗焦虑药如地西泮进行治疗可能解决潜在的焦虑行为。其他情况下可能需要采集精液进行人工授精。

（5）**阉割后公马的类种公马行为**　约50%的阉割公马有类似种公马的行为，包括示爱和爬跨母马、裂唇嗅、争斗和攻击幼驹。由于公马的大脑在出生前就被雄性化了，因此这些行为并不需要雄激素就能表达出来。有些阉割公马在爬跨时会勃起和发生插入。如果条件允许，应检查马是否发生垂体腺瘤。通常，睾酮水平应小于0.2 ng/mL。治疗措施包括隔离、使用孕激素和选择性抑制5-羟色胺再摄取药物来治疗。

5. 采食异常

（1）**食粪癖**　采食粪便主要出现在马驹出生后的前8周。马驹通常采食其母亲的新鲜粪便，而人们认为母马的信息素在这种行为中起重要作用。在粪便中发现的脱氧胆酸，可能有助于避免马驹发生肠炎与沉积髓磷脂，该行为可能还涉及B族维生素的摄取和肠道菌群的形成。在成年个体中，该行为主要与粗饲料的采食量不足有关。

（2）**肥胖症**　运动量减少和过量饲喂适口性好和高浓缩饲料会导致马发生肥胖症。在牧场里，马一般需采食8～12 h，同时不停地走来走去；但圈养的马走动时间一般不足3～4 h。增加运动和社会接触以及增加粗饲料有助于马保持适当的体重。

（3）**厌食症**　马是群居动物，社会关系或环境方面的任何变化都可能增加马的压力并导致厌食症。对幼驹合理的断奶也是预防厌食症发生的重要措施。温驯的马可能不会到攻击性强的马附近采食。管理措施应该直接针对最基本的问题。增加社会接触并把受影响的马与攻击性强的马隔离开，有助于问题的解决。

6. 拒绝哺乳　拒绝哺乳的行为有3种类型：①躲避马驹，主要见于初产母马，似乎害怕幼驹；母马不会攻击马驹；但不允许马驹哺乳；②对马驹哺乳缺乏耐心，主要见于初产母马或乳头疼痛的母马；③攻击幼驹，在这一过程中，母马会表现出类似于种公马的行为或踢或咬马驹。在阿拉伯马与摩根马中，该行为或许有遗传因素的作用。一些母马用蹄子扒拉马驹以刺激马驹站起来，这一行为有别于攻击行为。管理措施的重点是保护幼驹。在极端情况下，在出生后第一个12 h内，应当给幼驹提供初乳，然后用奶瓶喂养初乳或让另一匹母马交叉护理。约束初产母马并让幼驹哺乳，可能会让母马学习到养育幼驹是很舒服的行为，同时，鼓励母马让幼驹不受任何限制地哺乳。在母马哺乳幼驹的过程中，避免任何干扰对于幼驹的养育成功至关重要。母马乳房炎或胎衣不下要予以足够的重视。对一匹攻击性较强的母马，可以考虑给予适当的约束，如设立一处屏障或拿绳子系住。在幼驹哺乳时喂母马一些零食，有助于让母马脱敏。在某些情形下，通过将母马与幼驹隔离，或者假装威胁幼驹，对幼驹（如其他马、犬）做某些动作以刺激母马的行为，对解决问题也有一定的帮助。药物治疗如使用乙酰丙嗪、甲苯噻嗪、地西泮以及孕激素等可能会有一定效果，但这些药物会进入乳汁进而影响马驹的生长发育。

二、牛

（一）社会行为

放牧牛指的是那些成群结队的母牛与犊牛；公牛一般要与牛群隔离开，直到繁殖季节才混养在一起。牛在群体中的优势地位与牛的年龄、性别、体重、有无角、领地统治力有关。品种似乎也有重要的影响，重型奶牛较轻型牛更具有优势，但轻型肉牛较重型肉牛有优势。当一个重型老龄牛被引进到一个新的群体中后，通常会顺从于群体内已有的成员。在大的群体中，母牛之间存在三角关系。在奶牛群中，群体内的等级经常由于群体中母牛的加入或淘汰而改变。等级一旦形成，公开的攻击行为就会减少。

关于牛的语音沟通人们知之甚少，最常发生的就是哞、一般叫声、鸣叫、咆哮。一个陷入困境的母牛或犊牛会发出叫声或鸣叫，一头好斗的公牛会咆哮，而一头饥饿的犊牛会发出高强度的"咩"的叫声。

自然条件下，母牛全年发情，5~7月份达到高峰，而12月份到次年2月份之间不太活跃。发情周期通常为18~24 h，一般晚上开始。常见的发情行为包括采食量减少、运动增加、裂唇嗅、站在另一头母牛的身后并把下颌搁在其背上，增加舔和嗅的行为。在发情周期，攻击与爬跨的次数会增加。发情鉴定是一个重要的实践环节，特别是在奶牛中，人们常使用人工授精为母牛配种。有许多方法来提高发情鉴定的准

确性，包括在母牛的背部放置染料和计步器，染料会把发情母牛的腹部染色，而计步器会记录运动增加了多少。在一些农场，仍在使用逗情公牛进行发情鉴定。牧场里的公牛会在处于发情前期的母牛旁边吃草，公牛会头对头与母牛站在一起或者把头搁在母牛的背上休息。随着母牛发情状况的进展，公牛会尝试爬跨、舔舐母牛的阴户并且表现裂唇嗅。

在牧场，牛的分娩通常发生在夜间，犊牛通常在出生后3 h内开始哺乳。初生犊牛将花费大部分时间待在母牛身边直到4~6个月后，此时，犊牛会和其他犊牛形成不稳定的群体。母牛即使在第二头犊牛出生的情形下，也会和犊牛保持母子关系。在牧场上，犊母牛一般8月龄断奶，而小公牛11月龄断奶。社会地位会随着年龄的增加而增加，而社会关系至少在1周岁之前一般不会稳定下来。

（二）行为问题

大多数牛的行为问题涉及繁育、攻击，一般与管理不善和圈养有关。

1. 与繁育相关的行为问题

（1）安静发情 安静发情最常见于小母牛的第一个发情周期，通常缺乏发情的身体症状（如阴道分泌物、外阴松弛和行为迹象）。发情鉴定的方法有助于识别发情母牛。近年来，使用异性双胎不育雌犊（freemartin）与犬进行发情检查，已经受到广泛的欢迎。

（2）慕雄狂 性行为大量增加的情形主要发生在4~6周岁，并已经生产1~3头犊牛的高产奶牛中。这些奶牛通常毫无节制地爬跨其他奶牛，行为就像公牛一样，并且自身的产奶量会显著降低。在大多数情况下，慕雄狂与卵巢囊肿有关，利用促黄体生成素或人绒毛膜促性腺素治疗有一定效果。

（3）自淫 公牛的自淫一般不会影响生育能力。公牛将表现出不充分的勃起、拱背，并做出骨盆部位推进的动作。因为该行为不会导致攻击行为的增多或者降低生育能力，所以无需专门处理。增加运动和刺激可以降低自淫的发生频率。

（4）性欲低下 许多疾病会导致公牛性欲低下，因此，管理公牛性欲低下的第一步是排除并治疗牛可能发生的疾病。性欲低下的公牛会拒绝爬跨、躲避发情母牛、不能勃起。公牛性欲低下的行为方面的原因包括青年公牛试图配种攻击性强的母牛时经验不足、公牛采精频率过于频繁以及新环境带来的压力。使用一头新的逗情公牛，更好的情形是使用一头正在发情的逗情母牛可能会刺激这些公牛进行交配。让牛看其他的公牛爬跨可能会增加其兴奋性。食物奖励（如糖蜜等）也有一定效果。在许多情况下，应该淘汰性欲低下的公牛，或利用其他方法采集精液如电刺激射精

法来采精。

（5）**慕雄狂阉牛** 慕雄狂阉牛指的是那些被其他公牛经常爬跨的阉公牛。在饲养场饲养的公牛中，大约有3%的公牛会发生该问题，原因可能与激素水平和拥挤程度有关。阉牛通常被注入了合成代谢类固醇，最常见的是己烯雌酚或雌激素，这些因素会导致它们爬跨其他阉牛。被爬跨公牛体内的这些激素水平通常较低。在群体数量大、非常拥挤的阉牛群体内，慕雄狂阉牛的数量要更多一些。这一问题或许与牛在群体内的优势有关；在群体内更具优势与攻击性的公牛通常爬跨其他公牛，但很少发生勃起与插入。无论是慕雄狂阉牛还是实施爬跨的公牛，因为心理性应激以及身体活动的增加，可能无法获得合适的体重。最常用的解决方案为淘汰慕雄狂阉牛。为牛增加能藏身的地方、架设高过头顶的电线、提供充足的食物和水有助于避免争斗。在慕雄狂阉牛的后背涂抹香精类的气味剂，也有助于减少此类行为的发生。

2．攻击 牛的攻击行为通常是由于恐惧、学习以及体内的激素状态等因素导致。母牛之间的攻击行为的后果要比公牛之间的攻击更严重。长角的牛会用头顶、撞（用角顶或撞）对手的体侧。不长角的母牛会把自己的头当做槌来使。两头母牛争斗起来可能会进行很长的时间。每头母牛休息的时候，会把它的鼻口部置于另一头母牛的乳房和后腿之间使其不能动弹。对人的攻击通常包括顶、踢、挤。应该淘汰攻击性强和比较危险的牛。

（1）**公牛的攻击** 众所周知，公牛最善于发动冷不防的攻击。一些公牛可能还会爬跨其他公牛，而这些公牛往往会用攻击来应对。此类争斗会带来严重的伤害甚至引起死亡，特别是在公牛长角的情形下。乳用型公牛通常比肉用型公牛更具攻击性（通常体型更大、更重）。公牛会在地面上扒拉、掘地，并且长角的公牛会前膝跪在地上用角掘地。因为人工饲养的公牛更容易攻击其他公牛，有人认为社会化不足或许会导致公牛发生这种行为。攻击性强的公牛应该与其他牛隔离开来，如果其行为威胁到人的安全，淘汰可能是最好的选择。

（2）**踢** 该问题的发生主要见于肉牛，最常见于小母牛。肉牛繁育不会专门选育其温和性并且通常只给予最低限度的管理。这些牛在被关入笼中或围栏内进行体检时可能会变得相当危险，一旦发生弹踢行为，可能会导致严重的伤害。应该谨慎管理这种牛，尽可能使其平静下来。如果肉牛表现出平静的行为，可给予食物奖励。

3．有关育犊的行为

（1）**相互吸吮** 非营养性吸吮是犊牛中常见的一个问题，哺乳犊牛吸吮其他犊牛或母牛身体上任何可吸吮的附属物或皮肤标签。该行为会导致皮肤红肿甚至发生脐疝（如果哺乳犊牛吮吸另一个犊牛脐带鞘）。营养不良可能会导致犊牛产生这一行为（增加粗饲料的采食，可能把该行为的发生降到最低）。用围栏围住或隔离吸吮犊牛一般无助于解决问题，犊牛会继续吸吮水斗或着迷于吸吮自己。在断奶6 d后的犊牛中该问题更普遍。非营养性吸吮大多数发生在采食后。在紧邻饲喂区旁边提供干奶头有助于减少这种行为的发生。将这种行为的发生降到最低水平的其他方法包括给哺乳犊牛安置一个锯齿状的鼻环、在犊牛吸吮的部位使用一些令犊牛感觉不快的材料、给犊牛带上口套。这些措施虽然能防止相互吸吮行为的发生，但不会减消犊牛吸吮行为的动机。

（2）**交叉哺育** 在某些情形下，交叉哺乳犊牛很有必要。乳用奶牛比肉用型母牛更可能拒绝一头新的或不熟悉的犊牛。母牛和犊牛之间纽带关系的建立基于胎液与视觉信号。因此，用羊水浸泡过的编织物或者死去的犊牛的皮肤覆盖新来的犊牛或蒙住奶牛的双眼，有助于问题的解决。用食物奖励对母牛进行鼓励也有一定的效果。

4．其他另类的行为问题

（1）**不愿进入挤奶厅** 这一问题主要与管理有关。当习惯于在有立柱的牛舍中边采食边挤奶的奶牛被转移到行动自由的牛厩中时，如果挤奶的时候不喂食，奶牛可能会拒绝进入挤奶厅。以往的不良经历（如乳房炎、异常的电击、来自操作者的惩罚等）也有影响。此外，如果奶牛通常是在某一体侧挤奶变为从另一侧挤奶，就可能增加其发生焦虑甚至产生攻击行为。提供更充足的谷物类饲料喂养、一个安静的环境，而且很有可能一头经过挑选的母牛"伙伴"，有助于将问题的发生降低到最少。随着电动挤压大门的引入，类似问题的发生可能会上升。

（2）**甩食** 这种行为在最近的几年开始出现，而潜在的原因还不是很清楚。受该行为影响的牛用口咬住食物，然后甩在自己的背上。一个可能的原因认为这是牛的某种维持行为，目的是在尾巴被截短的情形下减少苍蝇的叮咬。食物中混杂的物品或许也是重要原因，在饲喂全价混合日粮的肉牛中该问题更普遍。

（3）**卷舌** 卷舌主要发生在肉牛中，并且最有可能是一种刻板行为，与圈养有很大关系。受影响的犊牛伸出舌头，然后翻卷回口内，随后吞咽唾液。一项研究表明，有卷舌行为的肉犊牛不发生真胃溃疡，而那些没有该行为的犊牛有真胃溃疡。这或许表明，该行为可以减少应激。但犊牛不管有没有卷舌行为均不会发生真胃糜烂。增加某些刺激因素（如添加吸吮奶嘴）可能减少这一行为的发生。

三、猪

（一）社会行为

猪是社会性的动物，在自由放养的环境下，一般8头左右的猪就会形成一个群体。典型的猪群通常由3头母猪和他们的后代组成，公猪独立独行。等级的形成和社会成熟度有关。在同一群体内的母猪同时发情，平等参与群体的母性行为；一头母猪会在其他母猪都采食时依然与仔猪待在一起。在自由放牧条件下，猪会有共同筑巢的行为。圈养的猪，等级早在1周龄时即形成。在猪舍里，仔猪会与新引进的仔猪打斗。仔猪还会在出生后第1周结束的时候，形成按照母猪乳头划分的等级；占主导地位的仔猪吸吮第一对奶头，体重增加更快。一旦形成乳头等级次序，只要群体内仔猪不发生变化，等级结构就保持稳定。通常体重较大的猪更占优势。似乎遗传和经验起着重要作用；优势母猪生优势小猪。一旦等级形成了，争斗多数被威胁所取代。但争斗仍然会发生，导致仔猪受伤。因此，许多生产商常修剪仔猪和母猪的牙齿。修剪仔猪牙齿也有助于防止母猪的乳头被咬伤。仔猪断奶通常在3～4月龄，但在大规模生产条件下，仔猪可提早在3～4周龄时断奶。

通常，母猪的发情周期每年有2次，繁殖2胎次。在繁殖周期，公猪的出现及其信息素是诱导小母猪发情的主要因素。产后母猪断奶有助于诱导发情。公猪可用来鉴定母猪发情。当出现一头发情的母猪时，公猪通常会相当积极地发出声音（求爱歌）并表现裂唇嗅。在求爱期间，公猪会用鼻磨蹭母猪的头、肩部、肋部以及肛门生殖器区。通常，公猪会排尿数次并产生浓浓的唾液，其中含有丰富的信息素。在没有其他猪存在的情形下，人工喂养大的公猪性能力低下。

猪主要通过发声交流，人们所知道的大约有20多种。哼哼声是最常见的声音之一，一般出于对熟悉声音的响应或寻找食物（拱地）时发出。猪在兴奋时哼哼声短促，而接触性的呼叫则较长，一般与愉悦的刺激有关。当猪的性兴奋被唤起时，会发出尖叫声；当受到伤害时，猪会声嘶力竭地尖叫。处于优势等级的猪会对等级低的猪吠叫作为一种威胁。猪的视觉信号发展进化的水平一般。尾巴的形态指示猪的健康状况。一个紧凑卷曲的尾巴表明猪只健康，而一个抽搐的尾巴表示皮肤受到了某种刺激。在猪的大规模生产中，猪的尾巴通常被截掉以避免咬尾的发生。猪的嗅觉信号高度发达，但有性别差异。母猪比公猪能感觉到更低浓度的气味和信息素。当群体新引入一头猪，原有的猪就会用鼻子嗅其气味对其进行审查。猪在被蒙住眼睛的时候，依然可以形成社会等级，这一点表明嗅觉和声音交流的重要性。

仔猪的社会化在5周龄的时候与同种个体开始发生，在14周龄的时候会与其他物种的个体开始发生。14～17周龄的猪最敏感，这一时期任何不良的或不愉快的经历都可能延迟性成熟，导致第一次产仔推迟。在自由放养的条件下，组群会促进觅食、育幼以及免于被猎食者捕获。处在自由放牧条件下的仔猪会选择一个地方排便。在商业化生产中，最引人注目的群体行为表现为新生仔猪在感到冷的时候会蜷缩在一起。

（二）行为问题

猪的许多行为问题与圈养和应激有关。治疗措施通常直接针对社会群体的管理，如果有可能，要建立正常的生活环境，并维持好动物福利。

1. 攻击

（1）对其他猪的攻击 仔猪出生后第1周内，就会表现出攻击其他仔猪的迹象，同时形成奶头等级。此后，群体中新个体的引入会导致攻击行为的发生，因为猪要建立社会等级。猪可能花1～2 min的时间用鼻子嗅对方，发声，然后撕咬直到其中一头猪认输后退。在年龄较大的猪群中建立等级可能需要几天的时间。猪群内一旦建立起社会等级，争斗就很少发生了。等级的保持主要通过优势猪发出的威胁以及较低等级猪做出的顺从姿态（如扭动着头走开）。在发情期，母猪会对新引进的母猪表现出严重的攻击行为。

顺从的母猪表现最基本的发情行为，产仔数少，并且体重减少（最有可能是由于营养不良）。猪的大多数攻击行为似乎与食物资源有关。拥挤的环境和食物数量有限会增加攻击行为的发生。在繁殖期，种公猪会争斗并会不断发声；公猪会肩并地高视阔步、嚼动下颌（产生信息素丰富的唾液），最后双方相互面对并开始攻击。特别是长着獠牙的公猪之间的攻击会导致严重的损伤。品种因素可能起重要作用；大白猪比汉普夏猪更具攻击性，但汉普夏猪比杜洛克猪又更具攻击性。体脂含量可能也是一个重要因素，脂肪含量低的品种在受到人工管理的时候会变得更具攻击性。管理措施包括：向已有的群体新引入猪不能操之过急，应该为低等级的猪提供适合躲避的场所，提供足够的生活资源和玩具，并应用公猪信息素。大多数生产商将猪舍中的灯光控制得比较昏暗以减少攻击行为的发生。使用镇静剂如阿扎哌隆（azaperone，2.2 mg/kg）或安哌齐特（amperozide，1 mg/kg）有助于减少攻击行为的发生，但可能不经济。锂（一种抗精神病药）已被成功地用于减少猪的攻击行为的发生。

（2）咬尾 咬尾行为主要见于圈养猪。过度拥挤和无所事事似乎是主要的原因。自由放养条件下的猪每日要用5～10 h寻找食物和拱地，但在圈养条件下猪的采食时间较短。不带有寝具的板条地板、低盐饮食以及含铁量低的土壤似乎易使猪产生咬尾的倾向。一旦咬尾行为发生，受伤尾巴流出的血液的味道似乎会刺激其他猪，进一步的咬尾甚至可以导致个别受害猪死亡，但很少升级为纯粹的同类相残。大多数的猪只损失是由于继发感染猪的淘汰。管理措施包括淘汰咬尾巴的猪（如果数量不多）以及提供某些刺激如稻草床垫让猪去拱，提供玩具以及带有玉米粒的玉米棒让猪咀嚼。大多数商业生产者均给仔猪断尾，但这样做不会减少猪咬尾巴的动机，而且，猪或许会咬尾巴残端或耳朵。

（3）**同类相残**　同类相残行为多见于初产母猪，死亡仔猪的4%是由于同类相残，并且大约18%的窝产仔数受到同类相残行为的影响。母猪刚产仔后如果遭受应激，同类相残最常见。通常，母猪会通过嘶叫警告在它的头部附近走动的仔猪，然后发动攻击、咬伤仔猪，导致死亡。产仔箱已成功地用于减少同类相残的发生率。使用阿扎哌隆（2.2 mg/kg）也可以防止同类相残的发生。

（4）**压死仔猪**　体重较大的母猪躺在仔猪身上导致仔猪死亡。这种情形通常发生在仔猪身体虚弱、发育不良或生病不能迅速移动躲开母猪。但压死仔猪也是一个繁殖与管理问题——母猪天生就有很强的护仔性，母猪会阻止生产者对仔猪进行照顾；对护仔性不强的母猪的选育使得母猪母性较差。管理措施包括提供适当的产仔箱，产仔箱的侧面有斜坡与障碍杆，有危险时能让仔猪离开母猪，防止母猪翻身时压到仔猪身上。此外，红外线灯泡可为仔猪提供替代热源并驱动仔猪远离母猪休息。

2. 与繁殖有关的行为问题　繁殖问题通常与公猪和母猪以及同期发情有关。因为对性行为进行严格的遗传控制，这些问题在猪的生产中特别重要。在猪的繁育管理中，选配是一个重要的因素。

（1）**性欲低下**　公猪性欲低下可能是由营养问题（营养不良或营养过剩）与行为因素如压力或恐惧等造成的。将一头公猪放置于一头攻击性较强的母猪面前，可能导致其性欲低下。社会化水平、与亲和性好的母猪发生持续数日的视觉上的社会接触（在有一定距离的不同猪舍中彼此视觉接触，不是一个挨着一个的猪舍），以及适当的营养是成功管理的关键。

（2）**繁殖障碍**　本症状多见于圈养小母猪，而圈养带来的应激似乎起着重要的作用。群体重组或过度拥挤也会提升群体内的应激水平。这两个因素（圈养和拥挤）会导致慢性应激、性成熟延迟、繁殖障碍的发生。另一方面，急性的与温和的应激如运输以及生产者采取的温和操作措施会加快发情周期的到来。

（3）**拒绝哺乳**　通常情况下，母猪侧卧并发出哼哼声吸引仔猪来哺乳。母猪拒绝哺乳仔猪最常见的原因是乳房炎。有必要通过体检排除这方面的影响以及其他发病的情形。母猪爬卧在地上，仔猪无法接触到奶头。乳房炎主要发生在哺乳期的后期，其时产仔箱已经被移除。发生产后泌乳障碍综合征和乳房炎的母猪通常体质太虚弱以至于难以移动，使得仔猪不能哺乳。这些母猪通常不进食，使得仔猪的增重性能表现较差。这些母猪的仔猪应该饲喂乳粉替代品与固体食物。把母猪的乳汁与食物混合或将食物变得甜一些是可取的做法。

3. 刻板行为　刻板行为的问题在猪中不常见，主要与管理、无所事事以及营养方面的问题有关。最常见的刻板行为包括圈养母猪在地板上擦鼻腔分泌物或磨蹭另一头猪、咬栏杆以及烦渴症。在问题出现的早期，对环境因素的改进通常会取得良好的效果。对猪来说，提倡多次进食但每次不宜多食以及提供一些玩具、垫料、带玉米粒的玉米棒，还有干净的铁丝等会丰富猪的活动内容，并有一定的精神刺激作用。

四、绵羊

（一）社会行为

绵羊是一种受捕猎动物，唯一的防御手段是逃离。绵羊会表现出强烈的群居性的社会本能，使得绵羊会与其他绵羊紧密地联系起来，但优先与已有关联的群体中的绵羊产生联系。绵羊群的从众行为会保护个体免于被食肉动物捕获。羊群中一般包括多个雌性、后代以及一个或多个雄性。繁殖母羊往往趋向于留在它们的母系群体生活，而公羊可形成临时性的、不稳定的、很容易被解散的单身雄性群体。如果在某一群体中大多数公羊死于争斗或疾病，剩下的那些公羊就会加入另一群体中。在一般的放牧情形下，绵羊会一起以很休闲且亲和的方式采食牧草。绵羊的社会等级没有牛那样明显。

群体的动态在含有4只或更多个体的群体中表现得非常明显，证据就是大家愿意跟着头羊一起行动或者逃走。一旦逃跑被阻止，甚至是一只母羊也会承担责任或通过踩蹄发出威胁。把羊只从羊群中分离会导致压力和恐慌。把羊只与其他绵羊隔离会导致严重的应激，应避免这样的管理措施。在其他羊不在现场的情形下，可使用镜子。

处于发情状态下的公羊会通过与另一只公羊争斗挑战其社会等级和交配优先权。社会等级取决于角的有无与大小、体重以及鬐甲与跗关节的高度。年龄可能也有一定作用，因为周岁母羊的羔羊死亡率极高。

在动情期，较高等级的雄性专注于向雌性示爱，在一定程度上不吃草，但低等级的公羊会吃草。含有40～50只母羊与1只成年公羊的群体和含有25～30只母羊与1只青年公羊的群体是常见的进行羊群管理的组群方法。公羊的死亡率是母羊的5倍。通常，处在顺从地位的公羊与等级地位较低的公羊被排除在交配个体之外，除非低等级羊的数量远远高于较高等级的公羊的数量，这一情形会分散高等级公羊的注意力因而能获得一些本属于高等级公羊的交配机会（这一点不需要合作行为）。虽然高等级的公羊通常长有较大的角，但统计环境中各种因素的作用（如群体中低等级的公羊的数量）避免了这类第二性征性状发生极端的选择反应。

在大的羊群或在大牧场的羊群中，等级较低的个体会有更多的机会交配。在狭小空间圈养的、相对较小的群体，社会等级在交配行为中起着决定性的作用，畜主应该理解这些群体中的低等级公羊或许就得不到交配的机会。羊是季节性多次发情的动物，在7～12月龄的时候达到性成熟。交配行为包括轻推、踢或者用前腿扒拉、身体低位拉伸以及推进。当公羊之间发生争斗的时候，同样会发生以上这些行为以及头对头用角进行冲撞。

羔羊在10周龄时人工断奶，但这些羔羊在与母羊分离2个月后仍然能认识母羊并且返回到母羊身边。在自然状态下，绵羊6月龄断奶，通常，它们的母亲会再次发情。母羔羊会继续跟着母羊，但公羔羊不会。

绵羊的聪明程度可能比人们通常认为的要高。它们很容易对喂食呼叫作出回应，或许还可以自行解决问题，学习记住它们的名字，携带包裹，甚至可以进行响片训练。绵羊可以在一个开放的、没有围栏的领域内放牧并且会宅守（依然留在本部场地）在一个限定的区域内，该行为是羔羊从母羊那里学来的。在绵羊脑的右颞叶和前叶，绵羊具有专门的神经机制，因而能记住熟悉的人或绵羊的面孔长达2年之久。

（二）行为问题

1. 同性恋 在绵羊中，同性恋是一种常见的行为，在全部是公羊的群体中高达30%的公羊有同性恋行为。在公、母羊混合的群体和已有异性性经验的公羊中，同性恋的发生率就会下降，但不会根本杜绝。出于配种目的而制定的群体内失调的性别比例是否为同性恋的发生提供了便利，目前还不清楚。

2. 偷羔羊 母羊会在分娩之前窃取别的母羊的羔羊，但却会拒绝接受自己生出的羔羊。羔羊会寻找柔软、温暖、无毛的区域（无论它们身在何处），这样的行为有助于落单羔羊的养育，但也使得偷羔羊变的更容易。单个的羊笼或设置部分围栏通常可以防止偷羔羊行为的发生。母羊起初会隔离羔羊，因而，在合适的地方为母羊提供一个庇护场所，有利于避免偷羔羊行为的发生。羊毛的气味对母羊识别单个羔羊非常重要，还有羔羊头的形状和颜色也很重要。母羊更容易接受有其熟悉头部着色的羔羊。

3. 排斥羔羊 排斥羔羊可能与社会等级有关或者是由于分娩时行为的、生理的或环境压力（如下雨）所致。羊毛的气味对母羊很重要，一旦母羊感觉羔羊的味道不熟悉，羔羊更有可能被排斥。试验结果表明，只要头部的任何特征发生变化，就存在羔羊被排斥的风险。尾部特征的变化不会产生类似的问题。如果能尽早发现母羊的排斥行为，用立柱限制夹限制母羊与羔羊呆在一起可能会解决问题。有时候或许需要采取一些使母羊镇静的措施。

4. 交叉哺育 交叉哺育对于那些被遗弃、拒绝或者成为孤儿的羔羊的哺育可能是一个行之有效的方法。交叉哺育的关键在于使用宫颈刺激的做法蒙蔽母羊（使用宫颈刺激气球，刺激母羊催产素的释放和母性行为）。用母羊自己的羔羊穿过的T恤覆盖在要被交叉哺育的羔羊身上，可以产生让母羊容易接受的气味，因为那样的气味如同母羊自己死去羔羊的皮肤发出的气味。

5. 刻板行为 绵羊的刻板行为包括吸吮羊毛、互相吸吮以及自体吸吮（吸吮乳头或尾巴）。

五、山羊

（一）社会行为

山羊的社会行为类似于绵羊，角在其社会等级的形成中发挥着重要作用。山羊在幼龄期也会有躲藏行为，但不像牛，在出生后的前6周比接下来的6周会在更多的时间里远离奶羊。奶羊传授早期的行为方法，而羔羊开始后来的行为。山羊的性行为与绵羊稍有不同。比利（Billy）山羊会把它们的头高高地甩向空中，射精时脖子会从中部弯曲。它们还经常尿在前腿上，然后用前腿磨蹭母山羊作为它求爱仪式的一部分。母山羊尿的气味非常重要，在裂唇嗅过程中会被传送到犁鼻器。

（二）行为问题

行为问题在山羊中并不常见，也许是因为如果有人从他们的地盘走过的时候，人们会认为成年公山羊会找麻烦，所以总是躲得远远的。在这样的群体中，行为问题实际上可能更罕见（与通常报道的较少不同），因为他们的维持条件非常相似地模仿了在自由放养条件下山羊的情形。驯化对山羊社会模式的影响可能比对其他物种的影响较少。

1. 自体吸吮 是山羊最常出现的行为问题。在妊娠后期堕胎的山羊或那些哺乳护理一结束即第二次妊娠的山羊，可能会发生自体吸吮。后一种情形会有示范效应，而正在哺乳的奶羊不会发生该行为。治疗措施包括在母山羊妊娠前对其行为和环境进行多样化改进、建立稳定的社会伙伴关系，以及准备好在必要时使用的一些抗焦虑药物。

2. 刻板行为　山羊的刻板行为与绵羊类似。从某一群体中隔离出来的山羊会产生竞争性的"养育"或行为升级。

六、鸡

（一）社会行为

自由放养的鸡都是社会性动物。在这些群体中，母鸡和雏鸡是核心，而公鸡独立生活。社会成熟发生在 1 周岁时，但大多数鸡会在达到该年龄前就被送往屠宰场。自由放养的鸡比笼养鸡表现出更多的攻击行为。等级的建立基于多种因素（如体格大小、年龄、肤色和社会环境）。一个新个体或外来个体的等级低于本场鸡。筑巢和采食行为都属于基因控制的行为，并且鸡的采食量是被向上选择的性状。如果提供筑巢的材料，母鸡会筑巢。从来没有使用过巢箱的成年鸡在给其提供巢箱的情形下，会使用巢箱。

（二）行为问题

攻击与啄羽或拔毛是鸡群中两种最常见的行为问题。他们可能有一定相关性，很可能有类似的最基本的影响因素，包括压力、过度拥挤和资源竞争，如食物竞争。这两种状况可通过解决最基本的问题来入手，在某些情况下，要去除始作俑者。改进群体的生活环境与管理措施，以及通过在群体中去除或增加某些个体，以改变社会结构或许有助于问题的解决。在极少数情形下，攻击行为可以恶化到自相残杀。肉鸡和自由放养的鸡更可能表现出这些问题，因为在大规模生产条件下的蛋鸡通常是小群体笼养。

鸡的攻击行为主要表现在啄头部、面部或啄、拔羽毛等。鸡有尖锐并且强壮的喙，可能导致严重的伤害。降低笼养条件下自然光照的时间、食物中添加色氨酸以及断喙，可以最大限度地减少攻击行为的发生。虽然断喙是对症治疗的一种方式，但是会产生福利问题。

梳理羽毛与羽毛护理是鸡日常卫生行为的一部分，也可能是社会活动。沙浴有助于减少拔羽行为的发生。

七、犬

（一）社会行为

自由放养的犬成群生活，群体内包括不同年龄的公犬与母犬。社会等级可由年龄决定，但在某种程度上，性别、体格大小和气质是重要的决定因素。犬的社会结构先前曾被称为集群等级，但这一表述并不能合理地解释犬与犬之间或犬与人之间的关系。

对野狼行为的科学研究已经证实，狼群是一个家庭，由有资历的亲本个体指导群体的活动。犬类的驯化已有15 000年的历史，人工选育使得犬的外形发生了极大的变化。经过驯养，犬已经失去了狼的诸多"身体语言"元素，保留了一些未成年时的特征（性早熟、幼态延续）。对诸如放牧、狩猎、取回、指向、守卫和陪伴等行为的选育在不同品种间也产生了广泛的行为差异。因此，对犬来说，要解读其他类型的犬的信号是很困难的，尤其是解读那些不同品种的犬的信号。因此，要想使不同品种的犬之间交流顺畅，不同品种犬的早期社会化是很重要的工作。

术语"优势"描述的并不是两个个体之间的关系；它是一个相对性的术语，是通过资源对每一个个体的价值（控制资源的潜力）以及学习的累积效应而形成的。犬的等级既不是静态的也不是线性的，因为获得和保持某一特定资源的动机以及以前的学习，会决定两个个体每次相遇时相互之间的关系。稳定性是通过尊重而不是犬之间的敌对行为来维持的。

犬使用视觉信号（包括身体姿势、面部表情、尾巴和耳朵的装饰物以及竖毛）、发声、信息素以及气味与其他犬交流；然而，人与犬的关系是遗传因素、早期训练以及社会化共同作用的结果，并通过学习和有关结果定型，不是通过优势或等级关系来定型。

1. 犬的发育　犬发育的第一个重要时期是幼龄期，指的是从出生到3周龄这一时期。幼犬出生时闭着眼睛，运动能力有限。在出生的最初几周内，母犬的护理至关重要。母犬给幼犬梳理毛发，激发幼犬的食欲，促进排泄，且有助于把幼犬保持在窝内。良好的母性护理会增加幼犬的抗压能力和神经系统的成熟。同样，在出生后的2周内，细致的人工护理可产生温和的刺激，能提高幼犬心血管性能和对疾病的抵抗力。这样护理长大的幼犬成熟得更快，在解决问题能力方面会有更好的表现，并能像成年犬那样更好地抵抗压力。有关研究结果表明，在产前期与幼犬刚出生期，用添加了二十二碳六烯酸的饲料喂养母犬，会改善幼犬的大脑和视网膜发育以及可调教性。

在幼期和社会化期之间有一个过渡期，在此期间，幼犬的眼睛睁开并开始具备一些运动技能。此时，和同窝伙伴的互作是影响社会技能形成的重要因素。

发育的下一个阶段（社会化或敏感期）主要是指从出生后第3周到第12～14周的时期。这一时期，幼犬最友善，最容易与犬、人、其他动物以及周围环境中的事物融洽相处（包括景象、声音、气味、触摸、味道）。在第3周和第8周期间，幼犬开始探索它们的环境，继续与它们的同窝伙伴以及其他犬完善社会技能。断奶通常在7周时完成，幼犬在8周的时候开始形成对某些排泄位置的偏爱。

当社会化时期逐渐接近尾声时，让幼犬佩戴一些附属物就不太容易了。因此，在这一敏感时期，缺乏适当的社会化和多样化的环境条件，会让幼犬对刺激发生过度的反应，主要包括恐惧和攻击行为。与母犬和同窝伙伴度过前7～8周，对幼犬与其他犬在形成社会技能等方面起着重要的作用。然而，如果在社会化时期结束之前，幼犬与人、其他宠物以及新的环境因素还没有发生接触，犬可能会发生社会行为失调而无法应付相应的变化。这一环节可以在幼犬12周龄前为幼犬注册参加社会化教学班来完成，如此，幼犬可以在可控的、有指导性质的、积极的环境中接触到不同的犬、人以及其他刺激（如新的表面、噪声、气味，移动的物体、制服和人为的操作等）。相似的是，拜访兽医或美容师、乘车、家庭来访者以及声音脱敏录音带的使用等，会给幼犬提供更多地接触各种刺激的机会。如果发现幼犬有任何恐惧的迹象，应努力通过循序渐进的手段并使用幼犬喜爱的零食或玩具帮助幼犬克服恐惧，确保获得一个正面的结果。将幼犬不间断和产生积极效果的各种刺激进行接触应持续到成年。如果恐惧行为加剧，应寻求紧急援助。

发育的第3个（青年期）时期是在3月龄到1周岁之间。家犬在6～9月龄达到性成熟（比一些大型犬晚一些），而在12～36月龄达到社会成熟。社会关系的建立会让群体内冲突的发生降到最低水平。虽然遗传和之前的社会化在某一个体的行为中起着重要的作用，但在这一时期，让犬积极地接触大量的有生命的和无生命的刺激，应该会最大限度地减少恐惧和焦虑的产生。

家犬属于非季节性繁殖的动物，平均一年发情两次（在1～4次之间）。如果母犬没有妊娠，母犬也会通过体内激素的变化表现得看上去似乎已经妊娠了，这被称为假孕，而假孕可能与明显的生理以及行为变化包括泌乳、筑窝以及保护性攻击某些物件如玩具等有关。

2. 犬的预防性咨询　兽医和工作人员应与育种师、培训师、宠物商店和庇护所加强协作，确保新近收养的犬在各方面从一开始就走上正轨。对于幼犬来说，主要的咨询内容包括对社会化的建议、犬的一般行为以及管理措施（如咀嚼、跳跃、以咬为乐、排泄等）以及基于强化的训练指南。目的应该是强化犬的良性行为，并忽略或预防犬的不良行为。

口腔行为是一种常见的问题，因为幼犬有正常的、目的在于探索与游戏的行为需要。因此，提供不包括人们扮怪相在内的一些建设性的社会活动，诸如拔河游戏、取回、行走和奔跑、追逐、捉迷藏以及与其他犬游戏，并且在培训中给予犬一定的奖励会让犬关注一些积极的刺激。笼头对于控制犬的头部和口部是一个更好的选择。另一种管理犬口部刺激和探索的方式是给犬提供适于咀嚼的玩具、塞满食物的玩具以及分发食物的玩具。当幼犬不能有效地被监管，应通过建立家庭制确保成功（并要避免失败）。建立可以为犬提供稳定的和可预测的日常活动，开始的时候要满足犬的社会与身体需要，随后可给予犬一些自由的环节；在此期间，犬就会有机会小憩与休息或从事利用食物以及咀嚼玩具进行探究性游戏。在这段"自由"期，把犬关进板条箱、笼子或房间，犬会学会以自己的方式打发时间；此外，这样做也可以防止犬对财物造成损害、随地便溺，甚至隔离焦虑的发生。犬的不良行为还可以通过环境管理（如儿童门、关闭屋门、捆绑、威慑设备）进行预防。绝育的公犬也可能有助于预防受睾酮影响的行为的发生如尿液标记、攀爬以及随便走动。

（二）行为问题

犬的行为问题有两种类型：业主不能接受的正常行为（如某些管理问题）和异常行为（或行为病理学）。第一种类型需要积极听取建议或者掌握正常行为有关的资源材料以及学习原理，因此，第一类问题的解决可能会从一位优秀的训练师那里大大受益。第二种类型需要通过行为咨询来确定行为问题的原因和预后，并实施行为矫正、环境管理，在某些情况下，也可使用药物或添加剂。

行为问题的诊断过程及利用行为矫正和药物进行治疗在前面的章节中描述过。如果确定是一个管理问题，动物主人需要咨询如何有效满足宠物的需求和加强良性的管理手段，同时预防不良管理措施的出现。对于大多数犬管理中存在的问题，从兽医人员或培训人员等优质资源得到的咨询意见以及训练师的亲自指导是必不可少的。选择训练师应该根据他们的学历并进行详细审查，以确保他们使用基于强化的训练技术。基于正向惩罚的技术不应该用于训练，因为他们充其量只会抑制不良行为，但会导致犬恐惧、回避，甚至攻击行为的发生。管理问题包括不适宜的活动（如啃咬或者有人呲牙咧嘴扮怪相）、不守规矩的行为（如拉、前后分腿站立、跳跃、爬跨、活跃过度）、某些形式的吠叫、破坏性行为以及随地便溺。

如果某些行为问题被确定为异常行为或者属于通

过训练难以解决的管理问题，解决时就需要把行为矫正技术、预防问题的进一步发展而对环境因素进行的矫正措施以及用于行为管理的产品和药物结合起来。

1. 害怕与恐惧症　害怕是犬对一个具体的或感知到的威胁性刺激或情境作出的正常反应。当犬预感到某种威胁或可怕的情形的时候，对害怕和焦躁或忧虑作出的反应就是焦虑。恐惧症是一种夸大的害怕反应。害怕反应可能包括喘气与流涎、夹着尾巴、耷拉下耳朵、凝视、降低身姿、竖毛、发声或位移行为如打哈欠或舔唇。虽然躲避与逃跑是一种策略，但有些犬会变得具有攻击性，目的在于消除引起害怕的刺激。

一些更为常见的表现包括：①对其他犬的害怕，尤其是那些不熟悉的犬、看上去总是对其他犬有威胁的犬或曾与其有过不愉快经历的犬；②对不熟悉人的害怕，尤其是那些之前没见过的、看上去或行为举止或嗅起来的味道不同于犬已经习惯了的人（如年幼的儿童）；③对无生命的刺激的害怕，如害怕高声或不熟悉的噪声（如枪弹、建设工地、卡车发出的声音）、视觉刺激（如雨伞、帽子、制服），环境因子（如庭院、公园、寄宿犬窝）、表面（如草、瓷砖地板、足迹）或各种刺激的组合（如真空吸尘器、乘车）；④对特定环境的害怕，如兽医诊所或美容店。有些犬会有更多的一般性焦虑，害怕反应在很大的范围内会出现，但一个"正常"的宠物在同等情形下将不会有任何反应。虽然害怕和焦虑有可能有遗传方面的原因，但早期刺激以及管理方面的不足、社会化的缺乏（即不熟悉）或者先前在遇到有关刺激（或相似的刺激）时发生过不愉快的后果，都可能成为诱发害怕与恐惧的因素。

犬的恐惧反应通常与高分贝的噪声（如枪声、烟花爆竹）或刺激组合如下雨、雷声、闪电有关，有时甚至与某些静态的或与雷暴相关的压力变化有关。有些害怕行为（如兽医诊所、去户外、进入特定房间或穿过特定类型的地板）可能会变得十分强烈，犬就会被认为发生了恐惧症。

2. 惊恐不安症　据估计，大约14%的犬患有惊恐不安症。惊恐不安症可能导致破坏性行为（尤其是在门口或针对宠物主人的财物）、痛苦的发声、随地便溺、流涎、来回走动、烦躁不安、难以安定、厌食症及重复或强迫行为。当犬独处的时候，会表现出焦虑行为，在人离开犬单独留下的15～30 min内，犬会表现出焦虑。视频记录可能是一种非常有价值的辅助诊断措施，将犬的行为变得可视化，能让人们确定是否还有其他焦虑症的并发症状（自主刺激、原动力行为增多、警惕和扫视行为增多）。诊断通常要求排除出现症状的其他常见因素（如不完整的室内训练、探

索性游戏和废弃物中寻找物件、导致吠叫的外部刺激、导致焦虑的恐惧噪声或圈养焦虑）。对焦虑、噪声以及雷雨恐惧症进行分离后发现之间存在关联，所以，人们应该对表现出焦虑症状的犬进行诊断，以查明是否还有其他因素。很多有惊恐不安症的宠物在主人准备离开时（如穿鞋子、拿钥匙、走向房门、刷牙）就会表现有关症状。主人在家的时候，犬可能渴望不断接触或接近主人。当主人回来时，犬的欢迎反应通常是极其夸张的，犬很难平静下来。

3. 强迫行为　强迫障碍一般指那些重复性的、刻板的、运动性的、修饰性的、采食性的或引起幻觉的行为，这类行为的发生非常不合时宜，而且发生的频率或持续期极其反常。虽然目前人们对于犬是否会妄想存在争论，但犬似乎能感受和体验内心的忧虑。因此，妄想-强迫症这一术语业已被用于描述这类行为障碍。对这类行为的诊断首先应对行为进行观察与描述，必要时包括录像。因为许多强迫障碍很可能有遗传的作用，发病的特征和年龄也是值得重点关注的环节。例如，德国牧羊犬和杂种斗牛犬的自旋或追逐尾巴已为人所知，而齿侧吸吮的一个基因座位已经在杜宾犬中被鉴定出来。问题最先出现时一般表现为某种移位行为，其时，犬非常沮丧、煎熬或特别兴奋。在日常行为中，犬预测能力的不足、环境变化、不可预见的后果，对于正常行为的实施缺乏足够的情绪排泄出口，以及慢性的或复发性的焦虑可能是启动因素。在这一点上，如果宠物主人能教会犬一些适当的、乐于接受的替代反应（如向人打招呼时先坐下来或者以其他游戏替代转圈行为）以及提供一些有益的替代品（如从玩具中采食），该问题可以顺利地解决。但随着有关行为频率或强度的增加，就有可能发展成为强迫行为。当犬的行为干扰了犬正常功能的发挥或犬的行为和外界刺激无关时，就会被诊断为强迫障碍。

虽然大多数犬对抑制血清素再摄取的药物有一定的反应，但在其他神经递质中的变化中可能起重要的作用（如多巴胺、脑内啡、N-甲基-L-天冬氨酸）。因此，强迫障碍实际上可能包含一系列不同的病因条件。医学问题可以导致类似症状的出现。如果这些因素不能通过查询病历、物理的和神经系统的检查以及适当的诊断测试排除，那么，针对疑似医学或行为因素的问题可通过更专业化的测试或治疗性反应试验（如使用治疗强迫障碍的药物）也许能够解决（表14-4）。

4. 攻击　在整个北美地区，被犬攻击是转诊病人实践中非常普遍的行为问题，接近待处理病例数量的70%。攻击也是人们关注的一个主要问题，因为仅在美国，每年至少有500万人被建议去医院治疗犬咬伤。大

多数犬攻击的形式，除捕食行为以外，一般是距离增加型的行为（即犬试图主动地增加自身和刺激之间的距离）。许多种类的攻击行为带有不同动机，但在大多数情形下，恐惧、焦虑、遗传因素和学习的反应通常起重要的作用。早期生长发育、社会化和以往经验的影响，都在攻击行为的形成过程中起重要作用。

攻击是指威胁行为或伤害性的袭击，主要表现为身体姿势、面部表情的微妙变化，发声撕咬。易兴奋的犬发生攻击的风险也高，因为它们的攻击决策受其生理状态的影响（即逃跑或争斗）。为了能使处理措施卓有成效，宠物的焦虑和兴奋首先必须通过避免具体的诱发因素或使犬保持在低于可能发动攻击的阈值进行严格管理。基于奖励的训练、药物治疗、能使宠物平静的行为管理设备的结合使用很可能有用得着，以利于接触疗法的成功实施。

治疗犬的攻击行为前，从业者必须评估受伤的潜在风险。所有的可能会引发犬攻击行为的刺激应该准确地予以确定，保证初始工作阶段的安全。预测能力是预后中的一个关键问题，既对预防事故的进一步发生，又对形成治疗的刺激梯度具有重要意义。任何犬表现出的蛛丝马迹、环境、行为史以及攻击的目标也会提供极有价值的信息，有助于人们对目前存在的问题是否安全并能否得到有效的管理作出判断。攻击类型是一个辅助因素——部分类型可以被管理和改进，而另一些类型需要预防。最后，临床医生必须评估宠物主人是否具有有效地并且安全地防范攻击的能力。无法预测的攻击，一般出现在相对良性的互动中，主要涉及那些免不了要接触攻击性强的犬的目标（如儿童、其他家养宠物），出现在一只体型较大的犬面前，或采取放任的态度使预后恶化。必须明确任何可能导致或有助于发生攻击行为的医学问题，因为这些问题在诊断、预后以及治疗中是重要的影响因素。

（1）**与害怕有关的攻击** 这是大多数犬发动攻击的根本原因。与害怕有关的攻击一般由某一威胁犬的刺激触发。当攻击是针对挑战或对抗发生的直接反应时，可能会被称为防御性攻击。处于害怕状态的犬可能会尽量避免刺激，但如果他们不能逃脱（如被皮带系住、圈住、走投无路或者身体被控制），就会变得具有攻击性或如果犬知道攻击可成功地消除威胁，就会受到激励而原地不动（如在保护财物时、主人与刺激之间、靠近食物或玩具）。遗传因素、成熟程度、学习、刺激（大小、威胁程度、以往的经验）以及逃生能力都是影响一条犬可能采取争斗或逃跑的因素。社会化不当、学习、攻击行为的强化（如刺激的消退）以及惩罚，都会导致与害怕有关的攻击行为的发生。诊断是基于识别害怕的症状以及首次发生攻击的病历来进行，因为犬会对最初的接触表现出害怕，但随着时间的推移，当犬知道自己会获得成功的时候，犬会表现出更具防卫性的攻击行为（没有威胁）。

（2）**占有性攻击** 这种类型的攻击最有可能出现在有人或动物接近犬的时候，其时犬正占有某件它希望保留的物品。正处在食用或咀嚼某一物品过程中的宠物更可能表现攻击行为，但该行为也见于一些正处在某一物品附近的犬。最常见的占有性攻击，一般发生在犬特别想占有某食物、点心、咀嚼玩具或被盗物品的时候，但有时候与睡觉的地方、家庭成员或另外一只宠物有关。尽管遗传因素和早期的经验在该行为的形成发展中起重要作用，但物体对宠物的相对价值与失去那件物体后对另一条犬或者人发出的威胁决定了宠物拥有它的意愿。一些新颖的或稀罕的物品对犬来说可能更有吸引力。当犬得到了某件物品或者嘴里正叼着某件东西时，如果主人威胁、惩罚或冒犯宠物，害怕与防御行为也起重要作用。犬或许知道它能通过攻击成功地保留那件物体。为了预防该问题发生，可通过训练幼犬来进行，当幼犬食碗被拿走或当它们放下一个玩具，它们将获得同等的或更大价值的东西（点心、游戏、玩具）。在成年犬，当成年犬得到人们给的物品就表现出占有性时，在管理上应通过防止成年犬接近那些物品或限制犬的活动范围以及训练犬根据暗示交出并放下那件物品来进行（开始的时候可用低价值的物品当成高价值的奖赏）。如果安全性是一个重要的问题（即犬会通过咀嚼某些物品

表14-4 强迫障碍的临床表现与医学差异

强迫障碍症状	医学排除症状	诊断测试
采食性的症状：异食癖、舔、吸吮、吞咽（发汨汨声）	胃肠道、食物耐受不良	内镜、食物试验、类固醇试验、胃肠道的保护剂
多食、多尿、多饮	泌尿生殖道/肾、肝、内分泌	修饰性脱水测试
皮肤病/自我创伤：咬指甲、侧吸、舌舔皮炎、心因性脱毛	特应性皮炎、过敏、食物反应、寄生虫、感染、神经病变、疼痛	皮肤测试（如刮皮肤、活检）；治疗效果
神经性症状：转圈、凝视星星、猛扑、猛咬飞蝇、追逐影子	癫痫或复杂性不完全癫痫或神经病变	神经性测试（如磁共振成像）；癫痫治疗试验（如左乙拉西坦、溴化钾、苯巴比妥）

伤害自身），尽可能用某一更高价值的物品对犬进行交换。提供更多的玩具和多样化的小餐（如喂食玩具），可能会减少犬占有物的价值和新颖性。

（3）**游戏攻击** 游戏攻击是幼犬的一种正常行为，可能会一直持续到成年，是遗传因素（性早熟）和学习共同作用的结果。当幼犬带有攻击性地与其他幼犬游戏的时候，它们可能会伤害、咬对方，但通常它们会自己解决相互之间的冲突。然而，如果问题变得有些失控，主人就得干预，重新定向犬的活动，转化为其他形式的游戏（如喂食玩具），或者用指令或皮带以及笼头中断其行为。如果幼犬在和人玩耍时发展到咬的地步，可用其他形式的口腔游戏指导幼犬使用它的口（如去取回某件物品、拔河游戏）或可立即停止工作（负惩罚）并要等口腔游戏停止时再行恢复先前的行为（正强化）。另外，一条皮带和笼头或严厉的责备（滚开）也可用来中断宠物以咬为主要内容的游戏。不应该使用惩罚来阻止一般游戏，因为这样做可能会导致宠物对主人心生害怕、发动防御性攻击、导致由于争斗诱发的攻击行为或不经意间对某些幼犬产生强化。

（4）**重定向攻击** 当犬被阻止或无法对其主要目标展开攻击的时候，攻击就会转向第三方。有关这种类型的攻击的描述最常见于犬会咬自己的主人，因为在它和其他犬进行争斗时，主人会试图控制或限制它使争斗停止或中断。同样，可能会对兽医攻击的犬或许会咬对其进行限制的其他人。

（5）**焦躁/冲突/冲动/控制/攻击** 对家庭成员的攻击经常会被误认为是某种优势或地位相关性攻击。其实，对家庭成员的攻击通常源于害怕或防卫行为、资源守卫、重定向行为或冲突情形（竞争性的情感状态和不可预知的后果）。在一些犬中，问题可以追溯到主人曾经试图禁止过度的游戏攻击。当一条犬攻击成功达到了目的（保持了资源）或解除威胁，宠物知道攻击是成功的（负强化）。如果主人继续威胁、冒犯、挑逗或惩罚宠物，有些犬可能会停止它们的反应，但大多数犬会变得转向采取更积极的防御。当犬正在休息或睡觉、咀嚼着某一心爱的物品、或不再关注人们的爱抚的时候，它们的可能反应要么表现恭顺行为要么表现威胁行为。然而，如果主人得寸进尺，试图移除资源或试图爱抚那条已经表现出不友好姿态的犬，攻击可能升级并且不再表现发动攻击的信号。由于犬变得更加谨慎并充满戒备，同时主人变得更加害怕并/或充满挑衅，主人与宠物的关系可能会迅速恶化。

遗传因素及早期经验可能也起重要作用，多数这类犬很容易变得兴奋、会过度恐惧或可能有病理行为。其他情形主要是学习的结果。犬的项圈被抓或在洗澡期间、剪指甲或清洁耳朵时发生的攻击均是防御性反应。干扰一只处于兴奋状态的犬可能招致重定向攻击。因此，当一条犬明显要攻击家庭成员时，很难确定犬潜在的动机，因为每个事件已经添加到先前的学习、害怕性条件反射以及潜在的冲突中。武断地认为犬是在寻求优势或凌驾于主人之上的地位，不能合理地解释犬对主人的攻击。目的在于施加优势的物理手段（如钉扎、翻滚、口头约束）是不可取的，也有潜在危险。对一些相对良性的威胁作出过度、冲动的反应是这一攻击类型犬的一个独特亚型。在这种犬中，攻击的展示与威胁程度不成比例。在一些品种的品系中，如英国史宾格犬或英国可卡犬中，冲动控制能力的不足一直被称作愤怒综合征。这些过度的和失控的反应可能与行为病理有关，其中有人认为与中枢神经系统中的血清素传输的改变有关。

（6）**攻击其他犬** 在同一群体内或家庭内的犬通常会避免不以攻击为目标的冲突。交流基于优势和顺从的信号，两个个体中的一个对另一个表现出顺从会避免之间的遭遇升级。决定哪只犬会顺从的原因可能与其占有的资源不同有关，因此，优势只是一个相对的概念。生活在同一家庭的个体之间的攻击通常是一种异常行为，可能是由恐惧和焦虑、重定向攻击、冲动控制不良、种内的沟通技巧所致，而这样的情形是由于遗传因素、早期社会化或先前的经验和学习的不足以及对个别资源的相对占有欲望等所致。

主人或许会通过不经意的支持或鼓励在遭遇中通常会表现出顺从行为的犬，这样做在解决犬对犬的攻击中发挥着重要作用。如果其中一条犬对另一条犬发出信号或作出反应的方式发生改变，年龄或疾病可能起了重要作用。雄性对雄性的攻击可能有潜在的内分泌因素，这些因素的影响可能通过绝育得到改进。当青年犬成熟时，问题或许就来了，表现为威胁、故作姿态以及与一条成年犬在游戏时或在建立对资源的控制时表现受压抑的撕咬。在任何情况下，如果犬不通过攻击或伤害就无法解决冲突，主人就应寻求行为指导。对陌生的犬与非家庭群体成员的攻击可能属于害怕、占有、保护或领地争端行为。

（7）**领地攻击** 当某条犬接近某一领地时，该领地原有的犬会表现出攻击行为。领地可能是固定的（如院子、居室）或可动的（如汽车）。定义犬的行为属于领地攻击类型的关键在于犬在位于领地之外时不会对相似的刺激表现出害怕。害怕、焦虑、防御以及占有行为，都可能成为影响领地攻击行为的因素，因为宠物最可能对不熟悉的刺激展现攻击行为，并且当宠物在自己的领地时，逃跑或避免（争斗）的动机会减少或移除。学习（负强化，当刺激消退时）和害怕性条件反射（不愉快的后果，如吼叫、处罚和圈禁）也起重要作用。

（8）**捕食攻击** 捕食攻击是最危险的攻击类型之一，因为攻击之前通常没有警告。袭击的目的就是杀死猎物，并且撕咬起来放任不羁。事件的过程可能包括跟踪、追逐、咬、杀死。儿童和婴儿可能会面临较大的危险，因为他们的身材大小和行为与犬的部分猎物非常相似。虽然针对某一物种的外延性的社会化可能会减少对某些特定物种的捕食，但捕食个体在一起形成一个群体时，捕食行为会得到增强。由于捕食是一个正常的、危险的犬科动物的行为，因此必须对任何表现出捕食行为的犬采取措施，防止该行为反复发生。

（9）**疼痛或医学诱导性攻击** 任何引起疼痛或增加躁动的疾病（如牙科疾病、关节炎、外伤、过敏）都可能导致攻击。犬在被人为操控或预感到要被人为操控时，会变得极具攻击性。疾病的治愈或许会解决预期发生的行为，但是，犬一旦学会攻击行为，该行为可能会持续一段时间。

（10）**母性攻击** 这种攻击可能发生在带有一窝幼犬未绝育的母犬或假孕母犬中。攻击对象可以是人或其他动物。攻击的征兆一般出现在当母犬保护幼犬或模样像幼犬的玩具时，但当激素状态恢复到正常并/或幼犬断奶后，攻击问题应该能较好地得到解决。同时，母性攻击这个术语已被用来描述母犬对幼犬的攻击或自相残杀。该问题可能有遗传因素的原因，但据报道，母犬在生产第一窝后，母性攻击会发生的更频繁。卵巢子宫切除术可预防母性攻击的进一步发生。

（11）**突发性攻击** 该术语是指在没有明确的或可识别的刺激下的攻击行为。它是专为已经经过医学的与行为的全面评估的犬而设定的，但不可能对所有的犬进行分类。该行为可能与行为的病理变化如冲动控制不良有关。这些病例的预后通常很差，因为不能有效地对其实施管理。

5．**害怕、恐惧、焦虑与攻击的治疗** 在管理、提高或解决行为问题而实施具体的治疗之前，总有一些适用于大多数情形的共同的因素。最初讨论的重点是：①对与某一行为问题有关的正常行为的理解；②确保所有宠物的需求目前已得到充分的满足；③对学习原理和基于强化的训练进行复查（可预见的后果）；④同时从环境与宠物两方面管理，防止行为问题的进一步发生。应对问题行为背后的原因、诊断以及动机进行复查。最后，主人应对短期和长期后果的现实期望有一定的预知能力。

在大多数案例中，治疗的重点是利用刺激改变犬的情绪反应（对抗条件反射作用）与/或利用基于强化训练的技术，用某一良性反应替换不良反应（反应替换）。然而，高度兴奋的犬反应的方式就是自主战斗或逃跑，并趋于作出反射性反应。因此，继续治疗之前，必须降低犬的兴奋度。该问题可通过以下方式解决，包括训练犬根据暗示变得冷静、在接触过程中（脱敏）将刺激的强度最小化或利用管理设备如可以改变犬的专注度并有助于犬冷静下来的笼头，或者利用减少焦虑与病理行为的药物或天然产品。早期药物干预对于获得成功的治疗效果或许是必须的，并可能最有益于那些处于害怕、焦虑或恐惧中的宠物。有共同的因素影响害怕、焦虑或恐惧症以及多数类型攻击的治疗。

最重要的环节是，鉴定每一种情形下问题究竟因何而发生，这样一来，人们首先就会制订出一份预防计划，并且，用于反应替代以及对抗条件反射的刺激梯度也会建立起来。预防措施要确保安全性（如在攻击情形下），防止对户主一家进一步的伤害或对家庭宠物的伤害，避免引起宠物焦虑行为的进一步发生，并确保现有的问题不会通过恐惧条件反射作用（即不愉快的结果）与学习（即负强化，如果刺激消退）进一步恶化。

通过鉴定并避免犬可能接触的任何刺激能最有效地实现预防的效果。一根皮带和头带、皮带和挽具或口头命令（当有一定效果时）也可以防止犬接近刺激。如果无法保证回避某些刺激并且存在发生攻击的可能性，那么一个篮框式的口套可能是最好的选择。

因为最终的目标是成功地暴露、镇静并强化处于当前问题情形下的宠物，所以，有必要确定需要训练宠物的哪些行为以达到有效接触的目的。例如，如果问题出现在室内，犬或许首先需要学习非常专注地坐、很放松的下蹲、和坐在垫子上的命令（或其他位置，如房间或板条箱）。放下或给的命令、来或召回的命令可能也需要训练。当问题出现在户外，坐与集中注意力或坐下以及镇静也可能有一定作用，但有一条宽松的皮带牵着往前走、后退或转弯以及离开或许是避免接触刺激的最佳选择。训练应在受到各种干扰最少的环境中进行，直到主人可以实现即刻的和持久的成功。通过鉴定宠物最青睐的一系列奖赏，可在训练新行为时使用；然后，可以逐渐混合去对宠物具有一般激励效果的奖励，以保证先前在各种情形下学过命令的及时性和使用时机。同样，还需要设计用于控制刺激强度的手段（如体积、距离、位置）。然后，暴露练习可以通过建立这样一些情形来完成：最高价值的奖赏用于强化良性行为并且以始于低水平刺激的正反应为条件。避免挫折可以通过如下手段来进行：确定刺激强度的水平，可以实现并强化其稳定及积极的结果，可通过利用管理设备如笼头或控制身体前端的挽具确保安全性和成功。药物和天然疗法可以经常用来治疗过度紧张或有异常行为的犬，利于成功地完成行为矫正。

对于噪声恐惧症，控制暴露最容易通过如下方式完成，在每一次成功的脱敏与对抗条件反射作用后，逐渐增加录音播放。对于惊恐不安症，一旦游戏、锻炼以及训练形成习惯，当宠物休息或执著于自己青睐的咀嚼有食物或填充点心的玩具的时候，额外的强化重点在于逐渐形成较长时间的心不在焉的状态。除非宠物展现出持续时间更长的并越来越镇静的行为，尤其是在某一位置，如垫子、床、板条箱或房间内的时候，否则任何关注或加固感情的行为应该被忽略。在转移到短期的训练项目或离开之前，首先必须训练犬休息或玩耍玩具，不是随着主人按时起床或围着房子转悠。药物或自然疗法可能减少宠物的焦虑并提高治疗的成功率，而一个笼头可能有助于训练并保持越来越长时间的蹲坐停留。

治疗害怕、广义焦虑障碍、恐惧症和强迫障碍的最常用的药物是选择性抑制羟色胺再吸收的药物（如氟西汀）和三环类抗抑郁药（如氯米帕明）。可考虑把氟西汀用于某些由于冲动或高强度焦虑导致的攻击行为的治疗。也有人说，在以上这些情况下，卡马西平曾被用于辅助治疗。尽管在3～4周内并没有观察到全面的治疗效果，但在第1周取得了一些效果。对于选择性抑制血清素再摄取药物与氯米帕明，治疗强烈害怕与恐惧症和强迫障碍可能需要最高剂量。对于某些强迫障碍，特别是那些有自残成分的类型，可能需要同时使用加巴喷丁或卡马西平。

当人们可以预测引起焦虑的事件要发生时（如雷暴雨、烟花、主人外出、访问兽医、乘车、接触正在散步的犬或陌生人、家中来客），可以在事件发生前1h给宠物使用苯二氮类药物结合抗抑郁药。由于苯二氮类药物有不同的作用和相对较短的半衰期，其疗效、剂量和持续时间应在其治疗使用中预先确定。

丁螺环酮是另一种温和的抗焦虑药，可连续使用。曲唑酮与其他抗抑郁药同时使用，也可以予以考虑；如果在引起焦虑的事件前使用或持续使用，也许会起到镇静的效果。应谨慎使用抗焦虑药，因为某些抗焦虑药物有可能难以抑制处于害怕状态下的犬，可能会导致犬盲目自信并更具攻击性。

在欧洲，司来吉兰（授权在北美地区用于犬治疗犬的认知功能障碍综合征）也被用于治疗某些犬情绪障碍或慢性焦虑症。普萘洛尔已与某些行为药物结合

使用以减少焦虑的体征。要持续使用某些药物达到减少焦虑的效果，可选择的天然药物有犬平息信息素（dog appeasing pheromone）、激素酶（含厚朴、黄柏）、L-茶氨酸、α-生物活性肽（α-casozepine）或褪黑激素或芳香疗法。L-色氨酸与低蛋白饮食相结合或许会减少某些情形的焦虑和攻击。虽然药物可以减少焦虑、冲动，并且发挥作用时会使脑病理状态正常化，但必须同时给予环境管理与行为矫正，以达到对犬行为有效和持久的改进。

6. 多动症 虽然有关犬的多动症的记录并不多，但在已有的大量案例研究中，有报道称犬有过度的原动力行为，有时伴有使其根本难以集中注意力和学习的刻板行为。训练这样的犬使其行为变得镇静或许比较困难，并且即使在休息时，犬可能会有交感神经活动的迹象（如心跳和呼吸频率增加、血管扩张）。据报道，这些犬对安非他明或哌甲酯的治疗（0.25～0.5 mg/犬，每日2次）有反应。如果低剂量无效，并且没有不良反应，剂量可每隔几日逐步提高，最高可达到2 mg/kg。但大多数被视为多动的犬实际上是过度活跃（即与犬的需要相比，提供的活动不足）。

7. 进食障碍 与采食有关的行为问题包括采食量过多（多食）、不足（厌食）、采食太快（狼吞虎咽）、饮水过多（烦渴）、采食非食用物品（异食癖）或吃粪便（食粪症）。治疗以上这些问题，首先应排除医学原因。有些采食腐肉的犬表现出上述行为是其获取食物过程中的正常行为，并且会被一次又一次的成功强化。食粪症偶尔会有医学原因，而正常的母性行为包括采食幼犬的粪便和尿液。作为探索行为的一部分，许多犬对粪便感兴趣并采食粪便、堆积的粪肥和猎物（死的或活的）。在游戏过程中，犬可能学习到粪便的味道对其有吸引力（尤其是其他物种的粪便或者是未完全消化的食物）。厌食的犬可能有焦虑症，并且某些犬可能形成对某些味道的偏好与厌恶，而厌恶会使犬减少采食量。虽然一些有异食癖以及多食症的犬有强迫障碍，但多数犬、尤其是幼犬，开始咀嚼和采食一些非食用物品是其研究与探索行为的一部分。许多饲养问题可以通过食物计划得到改进，在该计划中，给予犬的食物作为训练的强化因子，应营养平衡，并被放置在玩具中，犬需要咀嚼或者做出操作性的行为才能释放其中的食物。这一设计鼓励犬进行探索，使得采食成为一个愉快的、消磨时间的以及精神上的挑战性活动，并可以限制犬的采食数量与防止暴饮暴食。

8. 排遗行为问题

（1）便溺 由于缺乏训练或训练不足，犬可能会将随地排尿作为一种标记行为或由于害怕、焦虑而随

地排尿。然而，疼痛、感觉迟钝、大脑皮层的疾病包括认知功能障碍以及任何导致粪便或尿的排出量增加、更频繁的排遗、排遗疼痛或缺乏控制的医学因素首先必须得到排除，因为它们都是潜在的致病因素。

一份详细的行为历史记录对于确定犬是否曾被室内训练过很有必要。如果没有，应对室内训练方案进行审查，重点是在理想的位置进行排遗的强化，而不是在不适当的地点进行排遗的惩罚。这样做需要主人陪犬到排遗区域（如室外）、强化排遗、监督室内宠物预防或中断其任何排遗的企图（可借助皮带确保持续的监督），并以适当的时间间隔或如果有迹象表明宠物做好了排遗的准备（如嗅、走向门口、偷偷溜出去），就将宠物送回排遗地点。当主人不能监督时，一份进度表（确保宠物离开之前完成排遗，并且让某人返回去把必须进行排遗的犬带到排遗区域）和圈禁训练结合使用最有效。

宠物可被圈禁远离它们可能会排遗的区域，也可被保留在它们不会排遗的地方，如犬笼、房间或板条箱，犬就在其中采食、游戏或睡觉。另外，可在限定区域内给犬提供一个室内的排遗区（如纸片、室内用的幼犬便盆），当主人不在家的时候，犬可以自行排遗。从宠物店或任何大量使用笼养的地方得到的犬，通常很难进行室内训练，因为它们从来没有过必须要抑制排遗的经历，并且很可能已经学会了玩耍粪便或吞食粪便。

（2）**标记行为** 作为一种社会通讯和嗅觉通讯的形式，标记最常出现在未绝育的雄性犬中，但该行为也在雌性个体（尤其是在发情期）和绝育的雄性与雌性犬中也可见，通常作为其他气味的覆盖标记（如在其他宠物排尿过的地方或其他东西上如其他犬、人或猫残留气味的毛毯）。有些犬会在它们访问陌生的家庭时做标记，尤其是当另一条犬的气味存在时。犬做标记时常见的身体姿势是一条腿抬起或部分抬起，而要被标记的表面是竖立的。粪便标记比较罕见。

尽管标记可能是犬日常交流的一个组成部分，但犬在室内的标记行为不会为人们所接受。绝育雄犬会减少该行为的发生，而良好的监督可以预防或抑制大多数标记行为。正如对便溺进行管理一样，将犬限定于远离可能会被标记但主人又不能监督到的区域。与焦虑有关的标记行为或许可通过以下方式减少发生的次数，如鉴定并处理有关因素，也许借助药物或使用能够减轻焦虑的天然药品会有一定效果。

（3）**兴奋、顺从和与冲突相关的排遗** 犬过于兴奋时就会排遗，如迎接人的时候。有些犬在表现出顺从的姿态时会排尿（如蹲到地上或翻转身子露出肚皮）。因为尿控缺失可能与犬同时既想问候又想表现

恭敬的行为有关，很多排遗行为或许是由于冲突性的行为动机所致。治疗的重点在于避免导致排遗行为的刺激（伸手、接近、目光接触），并且在犬表示欢迎的过程中避免任何惩罚，否则会增强犬的顺从、害怕和冲突行为。可通过教学过程让犬掌握与极度兴奋的欢迎或恭敬姿态不协调，但可为人所接受的替代行为，例如一个轻松的蹲坐或任何形式的游戏及宠物或许已经学习过的"小把戏"，例如，让犬取回物品或伸出一只爪子。苯丙醇胺可能增加括约肌控制能力，而丙咪嗪可改善与减少焦虑。

（4）**其他排遗障碍** 具有惊恐不安症或其他害怕以及恐惧症（如雷雨恐惧症、烟花爆竹恐惧症以及对兽医办公室的害怕）的犬，可能在这些刺激发生期间排遗，鉴定与治疗这些症状有助于控制便溺。

9. 衰老与认知功能障碍 衰老的过程与身体系统内逐步的且不可逆转的变化相关联，会影响宠物行为（见表14-2）。在年龄较大的宠物中，有关的变化可能包括肝或肾功能衰竭、内分泌失调（如库兴病）、疼痛、感觉迟钝或任何影响CNS（如肿瘤）或循环系统（如贫血、高血压）的疾病。为了诊断一条老龄犬行为症状的产生原因，需要审查有关该犬的一份详细的病历、体格检查、神经系统的评估和诊断试验结果，目的在于排除已有症状的潜在的医学原因。很多宠物主人不报告这类症状，可能因为宠物主人认为这些症状微不足道或认为这些症状对他来说一般无能为力。然而，一项研究结果表明，30%的11～12周岁的犬与近70%的15～16周岁的犬有与认知功能障碍综合征有关的症状（CDS）。

处于衰老过程中的犬可能会表现出认知能力下降（记忆、学习、知觉、意识），具体会表现为一种或多种临床症状。有时，这些症状用首字母缩略词DISHA表示，并包括定向能力减退、互作行为、时睡时醒交替反复、便溺以及行为变化（可增加也可减少，并且反复发生）。此外，据报道，宠物还会表现出焦虑、情绪激动和对刺激作出的反应发生改变。脑老化最先出现的和最突出的症状是学习或记忆能力的衰退，但评估起来非常困难，没有具体的办法来操作。但对老龄犬的神经心理学测试已经记录到这样的结果，记忆力下降开始于6～8周岁，到9周岁时就会出现学习障碍。犬的认知功能障碍综合征不管是在临床症状还是脑病理学方面，都类似于人的阿尔茨海默病（Alzheimer's disease）的早期阶段。正如在人中的情形，尽管其他宠物会表现不同程度的缺陷，但一些宠物随着年龄的增加，也很少表现或根本没有临床损害症状。

在每一次医疗访问中，兽医必须积极主动向宠物

主人询问老龄犬存在的有关医学的或行为的症状，并向业主解释，早期检测会为改善有关症状以及减缓认知功能下降提供最好的机会。治疗应首先着眼于丰富的环境因素（不管是物理的还是精神刺激），这一点已被证明，会减缓认知能力下降和改进认知功能障碍综合征。司来吉兰是单胺氧化酶B的一种有选择性的和不可逆的抑制剂，或许会改善CDS的症状，其作用途径是通过增强儿茶酚胺传递和降低活性氧的产生以及加快活性氧的清除。丙戊茶碱可以增强脑氧合、抑制血小板聚集和血栓形成，在一些欧洲国家已得到许可，用于治疗有脑老化症状的老龄犬。

许多天然产品，包括食物和添加剂，也被证明具有很好的效果。兽医配方饮食（Hills b/d®），并辅以多种抗氧化剂（包括维生素E和维生素C和晾干的水果和蔬菜），线粒体辅酶如左旋肉碱和α-硫辛酸，和ω-3脂肪酸，已被证明可改善老龄犬的许多认知功能，通过对照组给相似的老龄犬饲喂标旧日粮获得。最近，另一种配方饮食（普瑞纳一®充满活力的成熟性7+），可为老化神经元提供来自于含有中链三酸甘油酯的植物油的一种替代能源，也已被证明能显著改善老龄犬的认知功能。

其他已被证明能改善犬认知功能的天然补品，包括其中含有磷脂酰丝氨酸、银杏叶、白藜芦醇、维生素E和维生素B_6的Senilife®，S-腺苷-L-蛋氨酸（Novifit®），以及其中含有磷脂酰丝氨酸，并结合α-硫辛酸、肉碱、脂肪酸、谷胱甘肽与其他抗氧化剂的Activait®。

八、猫

（一）社会行为

猫是社会性的动物，在野生条件下营群居的生活方式，群体中主要由各位王后和它们的后代组成。群体的密度部分取决于食物资源。因为猫的繁育受到人工选择的影响较犬少，不同品种猫在身体和行为性状之间几乎没有差异。大多数猫是孤独的猎手，捕食啮齿类动物和其他小动物，这可能是它们为什么能与人类成功共存的原因。小猫通常会选择学习捕食猎物而不是享受母亲捕食到的猎物。幼龄期的小猫如果得不到多种多样的食物，也可能在一定程度上形成基于质地和味道的食物偏好。

有亲缘关系的多个世代雌性会生活在一起，这在一定程度上会为小猫提供共同养育环境。在自由放养条件下，小猫可以留在社会群体中直到12~18月龄。小猫6月龄达到性成熟。猫群中的王后会被诱导排卵并且通常为季节性发情（通常从冬季到夏季），如果不繁殖，大约每3周发情一次。幼猫5~8周龄断奶。

尽管一些小猫会哺乳更长的时间，但该行为更可能是社会性的而不是营养性的行为。幼猫的早期断奶会促进小猫玩耍与捕猎行为的提早发生。

猫的社会化时期比犬要短得多，可能在7~9周龄开始减弱。在如此之短的时间段内，将猫暴露于其他猫、其他的动物、人和环境的各种刺激对于预防害怕非常重要。2~7周龄大小的幼猫如果经常受人的管教，可能会对人更友好、更加外向并且攻击问题也更少。完全由人亲手饲养的小猫，可能缺乏猫科动物的社交技巧，并且可能对具体的对象与社会游戏表现的超常活跃；然而，如果一只小猫是与家里其他的猫一起被养育大，并且有利用棒式玩具玩游戏的时间，可以防止这些问题的发生。遗传因素、特别是父本的遗传物质在性格的塑造中起重要作用，猫会表现的很活跃、贪玩且有攻击性、平静且善于交际或胆小且害羞。社会性游戏，包括咬、追逐和打闹等，大约在4周龄开始表现，在6~9周龄达到高峰，在12~14周龄下降。

猫的社会活动可能会直接针对人类，尤其是如果没有其他的猫与其一起玩的时候。实物游戏在6~8周龄开始，在18周龄达到高峰。实物游戏会模拟捕猎程序，具体项目包括跟踪、追逐、扒、猛扑以及撕咬，并可能针对实物对象或社会伙伴。

猫有可能形成对于排遗物中的某些成分的特殊偏好。许多猫排遗前或排遗后在地上挖个洞（这可能是做标记并覆盖尿液和粪便）。猫非常强烈地受气味的影响或许会用尿（喷洒）、粪便或皮脂腺分泌物（如来自于脸颊腺体或脚垫）做标记作为应答。尿液标记、漫游并与其他猫打架等行为都受激素的影响，绝育通常可以预防或解决这些行为问题。

（二）行为问题

猫的行为问题可分为两类：第一类行为是主人不能接受（如攀爬、抓和过度的夜间活动）的猫的正常行为（管理问题），第二类是异常行为。

第一种类型问题的解决需要根据正常行为而提出的建议或材料以及学习原理，使主人能保证宠物的需求得到满足，良性行为被强化，而不良行为得到预防。

第二类行为需要进行行为咨询，以确定行为的发生原因和预后的情形，实施行为和环境矫正，并且在有相关说明的前提下配伍药物或添加剂。最常见的猫的行为问题包括排遗和攻击。因为猫遭遇的攻击可能是微妙且被动的，它们的发生频率可能被严重低估。

不管对于预防还是治疗，满足猫的行为需求非常重要。因为猫的时间通常用于捕猎和采食、探索、社会活动、休息和性活动（可通过绝育减少），猫的主人应该接受各方建议懂得如何解决这些问题。例如，在一整天内，可以只给猫一小部分猫食，并放置在玩具里，猫必须做出某种形式的操作才能释放食物（摔打、追逐、翻滚）。为了添加一个狩猎的元素，人们可以给予猫追逐的机会、猛扑以及咬主人悬在空中或者在猫的前面由人拉动的玩具。

猫的玩要似乎受到两种机制的激励：一种情形是猫起初是否对具有适宜特性的玩具（有纹理、体积小）感兴趣；另一种情形是猫能不能很快习惯下来。主人应寻找猫感兴趣的许多玩具，并且用几种不同的玩具与猫玩，直到猫的兴趣减弱。也可以给猫提供一些小的玩具用于摔打与追逐、一些盒子或容器用于探索，以及偶尔给猫一个薄荷玩具（50%～75%的猫会有反应）让猫变得更兴奋。猫的主人也应该为猫提供攀爬、栖息与抓的机会。

教导猫学习基于强化训练中的基本行为，能让主人重点奖励良性行为（如在哪儿排遗、爬、抓或坐卧）。应该避免惩罚，因为它会导致猫对主人产生害怕和焦虑或害怕主人的管理与爱抚。否则，最好的情形是，猫只会在主人在场时才会停止不良行为。如果猫所有的需求被满足，矫正不良行为的最好方法是阻止猫访问可能导致问题出现的区域。另一个选择是教导猫如何避免去那些有使其感觉不快的味道（如苦苹果的味道）、气味（如柑橘）、物体的基底面（如上下颠倒的地毯、双面胶带）或一个动态感应装置（如警报器、喷气器）的区域。

假定所有可能的医学原因被排除，一份完整的病历能够帮助确定病因、预后以及最合适的治疗方案。对猫来说，尤其是那些有排遗与标记问题的猫，特别重要的是要评估环境，可拜访住户，也可让主人对房屋进行图解，由此可确定环境是如何影响问题的发生的，以及如何对环境进行矫正，从而改进猫的行为。

反应替换（训练一种可替代的良性行为）可能是一种有用的方法，如果猫在训练过程中对一个或多个简单的命令（如来、坐）作出了反应，就奖励食物或喜爱的玩具。一根皮带和挽具可以作为训练的辅助用具，用以预防不良行为以及确保安全。对于害怕行为的预防，至少在短期内应该防止猫接近相关刺激。例如，如果猫对其他猫或访客感到害怕或进行攻击，将猫圈禁于远离刺激的地方是确保安全以及防止问题进一步恶化的关键所在。这一环节通常涉及在猫屋中提供排遗箱、玩具、床上用品与食品。当猫表现得很平静、很舒适的时候，才有可能通过使用猫喜爱的玩具、点心或食物，利用对抗条件反射作用在逐渐接触过程中将猫引入平常的环境中。

一些药物如氟西汀、帕罗西汀和氯米帕明以及天然产品，如feliway®、L-茶氨酸或生物活性肽或许会

降低由强化引起的焦虑程度。对于猫与猫之间的攻击，丁螺环酮或苯二氮卓类药物可能会增加受害猫的信心。

1. 便溺 在进行行为诊断和治疗之前，首先必须排除医学问题，因为任何影响尿量、频率、控制或进入排遗箱能力的疾病都可能对便溺有影响。评价行为病历就是作出诊断、确定预后以及制定治疗方案的主要过程。一份病历的重要方面包括排遗排的是尿还是粪便、表面积存的尿液是垂直（喷）形成的还是横向形成的（便溺）、持续时间和频率、便溺猫的特征和气质、猫什么时候便溺、排遗箱的细节（编号、放置、清洗、基板、大小）、猫的日常习惯和猫的居室环境。

（1）尿液标记（撒尿） 撒尿就是指尿流垂直喷洒到物体表面，通常伴随着尾巴的提升与颤动，并且在某些情况下，还有脚步的踩踏动作。猫一般不在平整表面做标记（如主人的衣服、被褥或台面）。撒尿在未绝育的公猫中最常见。标记的原因可能与焦虑有关，或许也与日常习惯或日程、环境、家庭环境（如家庭中有人员或宠物的增加或离开、装修、家具的添加或移除）发生变化有关。另外，标记可能是对新的或不熟悉的视觉、听觉和嗅觉刺激的直接反应，或许就是一种在猫无法接近刺激时的重定向行为。

治疗方法包括预防、环境改变、行为矫正和药物治疗的结合使用。提供更多的排遗箱，对撒尿的区域利用菌类或酶清洁剂清洗，并要定期清洗排遗箱，可以减少或消除猫的一些标记行为。绝育手术可以减少大约90%的未绝育雄性猫的标记行为问题。惩罚是不可取的，因为它会增加焦虑猫的害怕与焦虑行为。在必要的时候，也可使用药物如氟西汀和氯米帕明与/或天然补剂如猫的信息素。

（2）不当排遗 公猫与母猫都会用尿液、粪便或者二者同时使用来弄脏平整的表面。猫总是返回相同的位置或底面，或许是对某一个位置或底面有偏好。不使用他们的窝排尿、排粪或既不排尿也不排粪的猫或许就会躲避排遗窝、箱子或具体某一位置。躲避的常见原因可以是任何医学问题，该问题可能会导致排遗痛苦、排遗频率增加、缺乏控制力或无法接近排遗箱。如果医学问题已被排除或已经过治疗而猫的排遗问题仍然存在，则必须把治疗重点放在行为病历上。躲避还可能与箱子的形态特征（大小、形状、罩）、基板（纹理、深度、气味、清洁状况）或吸引力不强的位置有关；其他原因包括在排遗箱内或靠近排遗箱时不愉快的经历（如噪声、医学问题引起的疼痛、清洁不足）；或者难以接近排遗箱等都可能导致躲避行为。焦虑在猫弄脏平面的行为中并不是特别重要的原

因，除非恐惧或引起焦虑的事件（如声音、攻击或来自于其他宠物或人的威胁）导致猫表现出躲避排遗箱的行为。表面与位置偏好或许就是由于躲避行为发生的结果，但有一些猫会对某一特定的气味、纹理或位置特别感兴趣。

治疗的重点在于为猫提供一个窝、排遗箱以及对猫最具吸引力的地点，并要减少或预防使用已经被弄脏的地方。要做到以上这几点，可通过阻止猫接近相关区域、在污染区使用气味驱逐剂、使某区域令猫感觉不愉快或限制猫远离那些可能会做出污染行为的区域（如小房间、大板条箱）。更频繁地清洗排遗箱、改变某些具体位置的功能（如在该区域放置食物、水、供猫抓的柱子或游戏中心）可以减少污染的发生。

2．攻击

（1）对人的攻击　对主人的攻击或许与害怕有关或者可能是由于玩耍或捕食的原因。主人在抚摸猫的过程中，有咬的行为的猫或许对身体接触的容忍度较低，而有些猫当它们正在休息、睡觉或吃东西时（这可能是一个已经学习到的、害怕或社会性的问题），咬的目的在于阻止人们接近或触摸。当猫兴奋时，如果有人走近它，攻击会特别强烈。当猫的兴奋是由于某一刺激，但猫根本无法接近该刺激（如另一只猫在外面、很高的噪声）时，猫可能会重新定向攻击任何接近的人。

有些猫会表现出某些异常的和毫无前因后果关系的社会反应，包括在有人接近或触摸时的攻击行为。这可能有遗传的因素，再加上社会化不足、早期不适当的某些操作以及引起害怕或外伤的早期经历。然而，在表现有关行为的时候，大多数攻击行为其实也有学习的成分，因为任何由于主人的原因导致的不愉快的反应（如害怕、惩罚）将导致害怕反应增加，但主人的退让会负强化相关行为。对陌生人的攻击一般有害怕的成分。

（2）对其他猫的攻击　由于游戏、捕猎行为、重定向行为、害怕，猫或许会攻击其他猫，并且猫的攻击行为也许是一种与社会地位相关的行为，猫利用攻击获得对睡眠区、公共区域或财产的控制。最终，在任何一对猫之间形成的关系会受到学习的影响，因为任何一只猫引起的害怕反应可能增加攻击行为，即使另一只猫会退让（负强化）。猫最常见的害怕反应是对不熟悉的猫的攻击，这可能与领地问题有关。

（3）治疗　治疗猫的攻击行为的原理和实践措施与犬的类似。第一步是确保不会发生进一步的伤害。躲避（对于争斗中的猫进行物理的、视觉的以及优先进行味觉的隔离）至关重要，最好进行早期干预。只有在所有的猫都表现平静后（这一过程可能需要数日

到数月的时间），即可开始利用脱敏和对抗条件反射作用外加猫喜爱的食物进行治疗。

将猫重新引入正常环境的过程中，训练1只或同时训练2只猫戴上皮带和挽具，可能有助于确保安全与距离，而给攻击者带上一个铃铛，可以帮助被攻击对象监控其行踪。提供更多的三维空间和足够的资源，可以进一步减少冲突。应避免惩罚，因为惩罚会增加猫的害怕和焦虑。必要时可以使用药物。

3．猫的强迫障碍　猫的刻板行为来自正常行为，如跟踪、追逐、梳理等。这些行为会由于诸如与人或其他猫的关系变化带来的压力或焦虑而加剧，或可能由于主人无意中的强化行为或对某些行为（增加冲突和焦虑）的惩罚而加剧。如果这些行为的发生根本没有具体的原因，或以一定的频率或持续期发生，明显超过了完成某一任务所需，应该考虑是否可诊断为强迫障碍。医学问题必须排除，因为他们是许多相同症状的产生原因。例如，自残、过多的梳理和/或自我定向的攻击，就可能是因为任何可能会导致神经性疼痛或瘙痒等的因素所致，包括不良的食物反应、特异性皮炎、寄生虫引起的过敏等。

有的猫吸吮、舔舐、咀嚼或者甚至吞咽非营养物质——包括天然材料如毛或棉、化纤织物、塑料、橡胶、纸张、纸板与线绳，如果问题的发生变得非常频繁并且强度增加或许就有强迫障碍。病情会发展变化，特别是那些可能会影响胃肠道的材料首先应该排除掉。东方血统的猫会比其他品种的猫更频繁地发生异食癖，特别会吸吮毛绒物体。幻觉和运动性强迫障碍比犬少。但首先需要排除疼痛与任何影响神经系统的疾病。通过对环境条件的改进，猫的状况通常会得到改善，做法是为猫提供更多的可控制与可预测的对象以及增加物品富集度，结合增加大脑血清素的药物如氟西汀和氯米帕明的使用量。

4．过敏　过敏可能不是一种障碍，而是一系列的医学或行为问题的一种症状。最常见的是皮肤以及腰骶部可能会抽动或有皱褶。猫有可能会表现出过度的自我梳理、发出嘶嘶声或咬背部或侧部，并伴有密集的尾巴摇动。有些猫尖叫、飞奔甚至排便。这些事件发生时，猫高度兴奋，并且会受到某些身体接触或外部刺激进一步的激励。当这些问题的发生强度、频率和持续时间很严重时，必须对强迫障碍予以重视。一些医学原因如神经性疼痛、皮肤病、肌肉组织病、癫痫发作也可出现类似的症状。因此，在诊断过程中，有必要对神经性疼痛、癫痫、瘙痒或强迫障碍做治疗反应试验。

5．害怕　猫的害怕行为可能与遗传因素、早期充分的社会化和暴露不足或引起害怕的经历有关。猫

可能会对陌生人、陌生的猫、犬、噪声、地点以及各种情形如乘车、兽医的来访和陌生的环境等感到害怕。有些猫也可能对熟悉的人和猫感到害怕。具体的表现有摆出威胁性的姿态与做出公开的攻击行为或躲避、退让与藏匿，并可能撒尿。

治疗过程的开始阶段应该鉴定并避免任何可能会导致害怕的各种情形、刺激、接近或操作。当猫足够平静时，施予脱敏和对抗条件反射作用，会逐步改善猫的害怕问题。有时可以使用药物治疗。

6. 衰老与认知障碍 老年猫和青年猫也有类似的行为问题，但老年猫发生病理生理性基础病的可能性较高。许多疾病，包括那些影响CNS、代谢和内分泌系统（如肾病、甲状腺功能亢进）、感觉迟钝、疼痛（如关节炎）等，可能带有行为症状。一旦医学问题已经被排除或经过处理但问题仍然得不到解决，就需要行为治疗。高龄宠物中的行为问题可能更难解决，主要是因为这些宠物的认知功能下降、患有不可能彻底治疗的疾病，以及药物禁忌或不良反应。

在猫中，认知功能障碍综合征不像在犬中那么常见。但一项研究表明，在超过11周岁的猫中，大约35%的猫至少表现认知功能障碍综合征的一种症状，在超过15周岁的猫中大约50%的猫至少表现认知功能障碍综合征的两种症状。大脑的变化类似于犬的认知功能障碍综合征。尽管司来吉兰和丙戊茶碱已被核准作为标签外的药品使用，并且许多补品包括senilife®与novifit®有专用于猫的标签申明，但目前没有专门针对猫CDS的获得治疗许可的药物或食物。环境丰富度与精神刺激对于认知功能障碍综合征的预防和治疗至关重要。

第三节 人与动物之间的纽带

伴侣动物现在被认为是家庭成员，对许多家庭来说，过去那种让农场里的犬和猫呆在室外是数十年前的事了。人类–动物之间的纽带已经成为家喻户晓的一个名词，反映了犬、猫以及其他宠物已经进入我们的日常生活。大多数宠物主人不只有一只宠物。猫的受欢迎程度和数量不断增加，带动了专门针对猫的兽医实践的发展。然而，2008年进行的一项有关宠物受到的护理的研究报道，犬被兽医就诊的次数是猫的2倍还多。即使在有多个宠物的家庭里，犬被兽医就诊的机会往往比在同一个家庭的猫要多。

有儿童的家庭最有可能饲养宠物。大多数夫妇也有宠物，并且近来宠物最大的增长率一直发生在退休夫妇群体中。目前，单身人士中只有不到一半有一只宠物。如何整合发展让家庭所有成员和谐共处的方法

是成功的兽医实践中的一个重要特征。

随着人们的人–动物纽带意识的不断增强，宠物能像人一样完成许多同样的支援功能早已为人所知，并且宠物的角色已经扩展到新的应用领域。同时，公众关注的重点是确保宠物得到充分的考虑和照顾。艾伯特施韦策的概念"敬畏生命"已经成为与动物相关的决策标准。人–动物纽带的确认已成为兽医实践的一个里程碑。

一、兽医之家实践或兽医团体实践

今天，宠物在客户生活中的重要性类似于它们在兽医生活中的重要性，因为兽医成天跟动物打交道，兽医就是专门的职业。客户变得非常重视和关心他们的伴侣动物的健康和福利。他们对兽医护理的期望正在变得更类似于人类的医学护理——客户期望不管是对动物还是他们自己都要有超级护理。随着高科技医学在兽医领域内的推广，许多客户需要并期待一个更复杂的家庭支持水平。当前，动物不断提升的重要性给兽医实践带来了一场革命，将来要包括整个家庭。因为兽医现在是和整个家庭加上动物打交道，而不再仅仅是与动物打交道，伴侣动物兽医实践的方式与强调的重点已经发生变化，正如一些术语如"兽医家庭实践"或"兽医社会实践"所反映的那样。

这样的做法会在家庭和他们的动物之间建立起终身的关系。一个进入某一家庭的新动物就会为兽医与家庭讨论动物的生命周期提供新的机会，同时也是为家庭优化人与动物之间少有行为问题的关系的可能性提供了一个总的看法。家庭的情感需求以及动物的医疗需求都应得到重视。上层社会经济条件优越的客户尤其可能把他们的宠物看做伴侣。许多带有伴侣动物的客户都是有小孩的家庭，特别是那些既有猫又有犬的客户。这些家庭很可能在与宠物相关的服务或兽医服务方面花费巨大。

在儿童的生活中，动物被公认为起着一个中心的与塑造性的作用。一些研究表明，成年前养宠物的孩子的自尊和自立的测定值得分更高。实践医师可能会将儿童纳入他们与家庭的交流中给予特殊考虑，容易使有孩子的家庭在咨询过程中气氛融洽舒适（提供游戏区域并为孩子们出现在检查室做好安排或者能让人看到其在检查室附近出现）。能给动物提供延伸诊断与治疗的医院，有时会发现整个家庭会来给动物提供支持，有时还会花上数小时，随时准备为需要帮助的动物提供支持。这些医院可能会计划给这样的家庭在附近提供各种便利。

在公共区域为顾客提供放松的区域、柔和的光线，并在测试室提供舒适的座位，顾客与医务人员之

间没有任何障碍等是提高顾客满意度的部分要素。毫无瑕疵的清洁也很重要。在基于这样的价值观的兽医实践中，每个人都明白，每一次医疗干预都带有情绪后果，并且医疗能力和提供情感上的支持向来都是紧密联系在一起的。各种资源会为兽医人员提供基于技能交流的通信模型。交流的重要作用在最近有关主人–宠物与客户–兽医纽带的研究中得以揭示出来，因为这样的纽带影响宠物接受到的护理的质量。交流的效果显著影响宠物主人对兽医的忠诚度。宠物的主人们更关心动物的健康和福利结果，而兽医通常强调交流中的时间和服务。客户看重的是真爱的价值，而兽医看重的是他们从动物那里获得的利益。焦点调查小组发现，客户希望兽医教育他们，并通过各种形式清楚地解释重要的信息。客户希望兽医能提供一些选项，并与兽医建立起令人尊重的伙伴关系。他们希望双方的交流充满良好的言语交换、倾听，并能提出正确的问题。如果这样的互动不能发生时，交流就会中断。

正如宠物手术或医疗问题的研究结果所揭示的那样，客户非常关注他们宠物的生活质量。在为动物阉割或绝育之前、过程中与之后，客户想要有效减轻动物的疼痛，即使他们可能不想在家里进行这样的医疗实践。人们觉得，他们的犬需要一个良好的生活质量包括运动、游戏或精神激励、健康和伙伴关系。如果犬有心脏病，因为考虑到他们不能主观地评估自己的宠物是否正在承受着痛苦，犬的主人会表示极度的关注。对绝大多数人来说，宠物的寿命就意味着他们的生活质量。在影响生活质量的各种变因中，宠物与他们的互动是最重要的。

一项研究报道，兽医掌握一些非技术性的能力非常重要，包括建立良好人际关系的技巧。使用这种技巧，兽医和他们的员工能促进客户对医疗情况和预防医学措施的理解。他们可以鼓励客户参加幼犬的社会化课程班来提高犬的记忆力、协助行为评估并准备为客户提供保守性的动物护理或处理动物临终关怀的问题。顾客的坚持一般低于兽医相信的水平，但随访交流可提高客户的坚持水平。兽医专业学生的课程越来越多地提供建立沟通技巧的实践，让学生锻炼接触客户、开放式提问、提供反馈式的倾听和同情、教育客户、满足客户和接受治疗者的需求，并强调支持与合作。

尽管有最佳的沟通技巧，但有研究表明，兽医会不可避免地遇到粗心的、漠不关心的、过分参与的或斤斤计较的客户，以及不好控制的、危险的或是脏兮兮的患病个体，这些情形往往会带来一些医疗和情绪问题。几乎所有的兽医觉得，他们不会准备通过自己的教育和专业背景处理这样的非医学问题。提前做好计划并形成特定的介入操作程序，能让兽医人员做好应对这些情形的准备。

二、健康的宠物对人体的益处

宠物的陪伴能让人感到放松与愉悦。宠物既能提供社会支持又能提供社会地位。在逐渐了解他们客户的过程中，兽医能评估宠物对一个家庭的重要性，以及在何种程度上家庭成员会受益于与某种宠物生活在一起的潜在的心理影响。对于弱势群体，如那些面临着越来越多的行动不便和失去亲密伴侣和家庭成员的老年人，宠物的贡献可能会被放大。许多研究报道，在人们感到生活有压力的时期，宠物能提供有意义的安慰，预防人们发生抑郁和产生孤独感。如果有伴侣动物的陪伴，独居的老年妇女精神健康的评分会更令人满意；甚至有报告认为，处于在校学习年龄阶段的女性，比起独居者，有宠物的陪伴，孤独感少多了。

无论是猫还是犬，对于患有阿尔茨海默氏病但有宠物陪伴，并能在家里得到护理的患者与社会生活严重萎缩的艾滋病男性患者来说，动物伴侣会带来类似的与人相似的抚慰作用，这已有报道。对于经历过典型的生活压力的老年人，如果有伴侣动物的陪伴，遭受压力的影响就较小（正如通过大量的医学访问测定结果表明的那样），表明犬可以作为一个压力缓冲剂，弱化不良事件对人的影响。与动物互动式的关爱交换让人在感觉付出与被需要的同时，也会有被照顾的感觉。动物一贯的忠贞不渝能给人在遭受挫折期间带来面对挫折的勇气，因为动物的情感不会受到人的身体能力或情绪等因素的影响。

伴侣动物为人们与其他人的社会互动与对社会活动的积极参与带来了方便。犬的社会化影响早已在各种公共场合以及患有各种障碍的人中间为人称颂。伴侣动物会为没有几个朋友的人起到一个结识新朋友的帮手的作用，同时也创造了一个更丰富多彩的带有增强伙伴关系的家庭环境。甚至一个人带有一个动物生活的一个家庭单位，当有人回到家里的时候，有人会打招呼或表示认识。

宠物的激励作用是抑郁症的一个非常有效的解药。许多人受到鼓舞而去遛犬、志愿带着犬去访问护理之家或积极地照顾宠物，而如果没有宠物的话，他们一般对生活缺乏热情或者有时候会抑郁。在其他社会接触发生的地方进行遛犬和户外活动，是与犬科动物伴侣生活的两种健康效应。

日常的舒适性、社会化和宠物所提供的激励也会使心血管系统受益。当一个人通过宠物放松自己、跟宠物谈话或仅仅是看着宠物的时候，血压会瞬时降下来。当高血压患者进行药物治疗时，随机给一些患者分配一些宠物，得到宠物的患者完成压力性的任务效果更好，但血压的测试结果相同，表明各位有宠物陪伴的患者之间应激反应较低。尽管宠物不是随机地指派给人们，而是由他们或他们的家庭作出选择，但一些研究显示，一个人的长期健康与宠物的陪伴有关。在澳大利亚进行的一个大型研究中发现，有宠物陪伴的人的心血管系统的有关指标的测定结果，比没有宠物陪伴的人表现好。两项研究报告表明，养宠物与降低死亡率相关。人们发现，发生心衰后生存一年的病人，更可能在有伴侣犬陪伴以及有人性化的社会支持的人中出现。

三、动物辅助治疗、活动、教育

当公众开始把动物带进护理之家，并且把其他设施与居民分享的时候，被称为动物辅助治疗的行业产生了。除非有医学监督，这些做法现在被称为"动物辅助活动"，但那些有医学治疗的部分则被称为"动物辅助治疗"。一个新兴的领域是动物辅助教育，就是提供动物帮助改善孩子的课堂行为或学习。筛选动物和为人们提供培训的程序由Delta协会提供并已经进行了标准化。然而，这些环节既非立法所需作为认证过程的一部分，也无一个常规的教育过程提供给想要在该领域工作的人们。

通过动物辅助治疗国际协会，针对服务于健康专业人员的一个指导性方案鉴定程序最近已经开发出来。丹佛大学为学生提供的社会工作，动物辅助治疗是重点。一些在人类健康行业内工作的人们，如临床心理学、社会工作、职业治疗、物理治疗或护理，已经把动物辅助活动和治疗整合进了他们的专业实践中。

更多的人继续采取志愿行动把他们的动物带入医疗、学习等各类场所，通常伴有筛选过程与当地团队组织的训练项目。这些团队在发展切实可行的筛选方法用于选择，并为参与这些方案的人与动物做好准备工作的时候，通常会受益于兽医援助与组织领导力。

四、援助与其他工种犬

通过动物辅助活动、治疗或教育，让某些有特殊需求的人周期性地接触某一动物，如果产生了健康的效果，那么持续的接触会带来更大的益处。训练援助或服务犬与人合作可完成特定的任务。除了为视觉障碍患者提供导盲服务的犬与为行动不便的患者提供服务的犬，犬还能帮助人们应对许多其他病变，如癫痫、创伤后应激障碍、自闭症。犬的一个新出现的作用是作为精神病治疗的服务犬，协助患有精神疾病的人们，如精神分裂症、双向型障碍、陌生环境恐惧症、焦虑等。其他的援助体现在协助执法、农业或嗅探炸弹、搜索和救援任务或战争任务等。犬的类型

范围从利用高强度训练进行专门化繁育的目的类型到利用最少的格式化训练作为庇护来源的类型都有。对犬进行专业训练和与这些犬形成工作伙伴关系，需要巨大的金钱与时间的投入。由于人们与他们的犬形成了牢不可破的工作伙伴关系，操作者不可避免地与犬在情感上紧紧联系在一起。这些工作关系的细节有所不同。援助犬，在它们的早期生活中通常有好几个操作者，之后，则只是跟着某一个操作者度过它们全部的清醒时间。一些工作犬不工作时可能会呆在某一装置中，而许多警犬则与它们的训导员的家庭生活在一起。

虽然没有法律或法规对援助犬进行认证，但援助犬的国际化是一家从事开发国际标准的组织。位于加利福尼亚Santa Rosa的Bergin犬研究大学援助犬学院为健康专业人员开设课程，为学员最终颁发援助犬教育科学或人犬生命科学硕士学位。

尽管每一种涉及工作犬的情形都独一无二，但犬对于训导员来说是非常珍贵的且有价值的。当这样的犬发生医疗问题时，兽医通常是距离他最近的专业人员并能给训犬员与动物提供支持。对犬的性能产生不良影响的治疗方法，尤其是在较长的一段时间内，会破坏犬的某些功能的发挥。如果客人有残疾，就需要特殊的起居环境用于与兽医沟通，并方便兽医向客户提供指导。倾听和尊重尽管对所有的客户都很重要，但在这些关系中更具特别重要的意义。

五、动物福利

减少或防止动物的疼痛或抑郁的发病率，促进动物福利（甚至快乐）是动物福利的总体目标。这些目标关系到农场的、实验室的动物、伴侣动物。令动物厌恶的操作，即使不常进行，也会给猪和其他家畜带来压力，使动物的繁殖与发育受到影响；令动物厌恶的操作对其他场合的动物也有类似的影响。当给被人为虐待的或被护理不周的动物寻求帮助的时候，最先找的人就是兽医。

对动物进行故意的、处心积虑的虐待，是家庭之外任何地方最可能发生虐待动物模式的一个极端标记。向上级汇报虐待动物嫌疑案例的兽医，有时可以避免其他弱势家庭成员对动物进行相似的虐待，尤其是儿童或老年人。两项研究报道表明，超过90%的兽医会将虐待动物嫌疑案例报告给当局。大多数人认为家庭中虐待动物的行为，倾向于与针对孩子或老人的虐待行为有关。

虽然兽医有时会看到虐待动物的情形发生，但和以下几种情形比起来，虐待动物并不常见，如漠不关心、管理不善或缺乏动物基本的医疗保健常识，其中

有些可能是无意的。一个更严重的问题发生在动物囤积者可能是精神病患者的时候。一些团体经常结合动物绝育的效果与精神卫生机构的努力来处理这类案例。人们也许没有意识到，他们拥有的动物一般超出了他们的护理能力。

有关动物福利的一个重要的、普遍的社会问题是遗弃和杀害伴侣动物。尽管动物遗弃率已有所下降，但问题仍然大范围存在。动物的行为问题和业主缺乏相关知识会增加遗弃的可能性。兽医团队可以提供帮助与有关伴侣动物更现实的早期教育，如果出现问题，兽医团队还会鼓励进行早期干预。

六、安乐死、宠物损失与客户、兽医的悲伤

正如任何亲密的关系那样，当伴侣动物死亡或生病了，人们可能会感到压抑、痛苦、悲伤。这种情形可能包括动物的家庭和社区中的邻居，以及一直提供护理的兽医团队。宠物死亡的重要性和随后对客户造成的情绪上的影响，明显体现在以下几个方面：在兽医职业领域内、教育与支持群体、热线以及咨询服务人员。犬和猫相对较短的寿命意味着客户在其一生中会面对失去数个动物的现实。（参见安乐死）

一个额外的棘手的问题是由安乐死带来的死亡那一刻的责任承担。哲学的困境与人类安乐死的情形完全一样。一个人必须权衡想要的或感知的义务，以减轻痛苦与杀害生命的罪过或对尊重生命的宗教争议所带来的痛苦。作出对动物安乐死决定的难度掩盖负罪感的缺失，并且会有"一定有其他方式可以采取"的想法的失落感。即使有家人的支持，这些感觉也难以得到缓解。在一项研究中，已婚夫妇中大约一半的妻子和超过1/4的丈夫们认为，他们对家庭宠物的死亡感到极其不安。

作为一种替代安乐死的方法，为客户（想为动物提供保守疗法）提供保守指导意见是非常重要的。已经开发的临终关怀程序，能保证提供给动物高质量的临终关怀。正如在人类医学中，家庭可以把良好的医疗护理和缓解疼痛结合起来对待动物。治疗的技术层面不再优先于人文关怀，后者作为一种特定的方法来处理家庭和动物的痛苦。

尽管兽医客户要经历种种痛苦，动物死亡的过程、尤其是执行安乐死的行为，对兽医来说就是一个耗时且情感备受煎熬的任务，约占此类情感对决的2%～4%。一项研究发现，在研究为动物实施安乐死样本中，会导致兽医、兽医护工以及研究与动物收留职员中11%的人员产生诱发犯罪的创作性压力。而在那些对自身的社会支持感到满意并且已经从事动物实践领域工作更久的人们，报道的压力水平较低。在最近的研究中，几乎所有的兽医们觉得，他们在那样的时刻向客户作出解释的时候倍感训练不足。几乎一半兽医后悔出现在安乐死那样的特定场合，并且大多数私人执业兽医师认为，他们在执行安乐死后感到内疚。对自己的宠物实施安乐死后，大多数人感到沮丧，而30%感到内疚，这些数字在女兽医中的比例会更高，表明在过去这些年中她们的影响随着职业领域中男女从业人员比例的变化，可能已经上升了。

在整个关系中，富有同情心的兽医会把自己包括在他们的客户对动物的回忆周期中，并尊重家庭对动物的一切考虑。兽医可以这样认为，许多悲伤的客户在接受已经永远失去动物这一事实之前，将需要一年的时间通过度假和家庭传统来恢复。因此，兽医或许应考虑一年后给有关家庭送一个记忆卡。

（李桢译　张建斌　一校　崔恒敏　二校　马吉飞　三校）

第十五章 临床病理学与检查程序
Clinical Pathology and Procedures

第一节　实验室样本的采集与送检

随着检测方法的日趋成熟，每个兽医诊断实验室都可提供一系列独特的诊断检验方法，以适应不断变化的检验需要。可获得的、基于新型分子生物学技术的检验方法越来越多，就是这种趋势的表现。因此，样本采集和送检程序亦应因之改进。执业临床兽医必须与诊断实验室人员保持良好的沟通，以便能高效完成诊断工作，并为畜主提供最佳服务。执业兽医提出的检验申请必须具体且明确。实验室人员能够对有关样品采集和处理的问题提供指导，也可为实验结果的诠释提供帮助。虽然大多数诊断实验室公布的用户指南都包含有关于样品采集和送检的推荐程序，但下列普遍采用的程序是应当规范的。

不论以何种方式送检，都应随同样品一起提供详细的病史，以便帮助实验室人员进行确诊。这些信息包括：畜主、动物种类、品种、性别、年龄、动物的标识、临床症状、眼观病变表现（包括大小和位置）、已采取的治疗措施（如有）、上次治疗后的复发时间以及该群动物的发病率/死亡率。如果怀疑为人兽共患病，应在送检单中明确标注，以提醒实验室人员。送检单应装在防水袋内，以避免包装袋内材料中可能存在的液体对其造成损坏。在对样品袋和容器做标记时，应使用防水记号笔。

（一）组织学检查

活体组织或剖检时采集组织进行显微镜检查，对诊断可能是至关重要的。使用这种相对快捷和价廉的诊断技术，通常可节省大量时间和费用，也可挽救动物生命。可用于检验福尔马林固定组织的免疫组化方法（IHC）越来越多，进一步巩固了这种诊断技术的使用。

自溶组织一般无法用于组织病理学检验，因此及时进行尸体剖检和采集器官样本是至关重要的。在固定组织之前，严禁将组织进行冷冻。除神经组织外，用于组织学检验的样本，其厚度绝对不要超过1 cm（以5~7 mm为宜），采样后立即将其置于至少10倍体积的10%福尔马林磷酸盐缓冲液中，以保证充分固定。用于组织学检验的组织样品应能够代表所有出现病变的组织，在进行皮肤穿刺活检和通过内镜检查采集活体组织样本时，应直接从肉眼可见病变的中心采取样本。楔形活组织检查或在尸体剖检时采集的组织样本，应包括一些外观正常的周围组织，正常组织和病变组织的交界处组织可能包含有关键信息。对小型肿瘤（1.5 cm以下）切除进行活组织检查时，可切下一半的组织；较大的肿瘤可切成面包片大小，使福尔马林能够浸透到每块组织的表面。或者，也可采取一些有代表性的样本（宽7 mm，包括正常和异常组织交界）。采集的组织样本应在固定液中放置24 h以上；需要送检时，可将经初步固定后的样品置于少量新鲜福尔马林固定液中运送。固定时间过长会对检验产生不利影响，因此若要进行免疫组化检验，应立即送检。组织学样品应放置于不易破损的容器中进行运输，采用的包装方式应能避免在运输过程中发生泄漏。固定的组织应避免进行冷冻。

尸体剖检中采集特殊组织样本时，需要格外注意。由于胃肠道黏膜可迅速发生腐败分解，因此对尸检时采集的肠段应纵向切开，以便能够将其充分固定。若要送检脊髓，应按纵向方向小心切开脊髓，以便使固定液能更快地渗透。脑组织的固定非常困难，特别是死前仍未确定出现病变的神经解剖学部位时。理想状况下，要进行全面的组织病理学分析需要对整个的、完整的脑组织进行固定。要进行充分固定，就需要将脑在大量福尔马林中浸泡数日，因此运送的脑组织一般都只是部分固定状态。如果样品次日送抵，可以暂时不固定脑组织，只进行冷藏，仔细包装好后进行送检，待送到诊断实验室后再进行固定。通常，将脑组织纵切开，一半不进行固定（新鲜），可进行适度冷藏，用于进行微生物学检验；而另一半可在运送途中进行不完全固定。但在出现单一性的单侧病变时，这种方法就无法满足检验要求。将脑组织切成适宜于进行快速固定的大小后，可出现明显的人为变化，应尽可能避免采用这种方法；首选方法是将完整的脑/切半的脑组织置于大量福尔马林溶液中，固定24 h以上。

（二）微生物学检验

在送检单上应注明任何对诊断有用的特殊试剂。大多数实验室都需要某些不常用的试剂（如厌氧培养、特殊培养基），除非已经指定了鉴别诊断的病原。各实验室的技术和微生物检验能力各有不同；可采用的检验方法有细菌培养、真菌培养、病毒分离、原位杂交、各种PCR方法、荧光抗体试验、乳胶凝集试验、免疫印迹、ELISA及其他许多方法。大多数检验技术，包括新型分子生物学技术，不是依靠完整活微生物的增殖或可视化，就是检测这些病原体的核酸和蛋白质。因此，应无菌采集未固定的样本（组织、体液等），并立即送检，以避免降解。若要进行PCR检测，送检样本时特别要注意避免不同动物组织的交叉污染，这一点适用于组织、体液，甚至解剖器械。而且，用于PCR检测的拭子样本不应放置于含有琼脂或活性炭的运输培养基中。应避免使用藻酸钙拭子。而应使用棉拭子或聚酯纤维拭子，将其置于含有少量无菌生理盐水或病毒运送培养基的试管中运送。

某些检验方法允许将不同动物的器官样品进行混

样，但绝大多数不可以，送检时最好将每种组织单独采集于无菌袋或无菌管中，并粘贴详细标签。肠道样品不得与其他组织样品混装在一个容器中。大多数微生物检验所用的组织和体液样本可以在运送前进行冷冻保存，但如果样品可以冷藏保存且可在24 h内直接送到实验室，则一般不应进行冷冻。该原则的例外情况是，某些毒素的分析，例如，产气荚膜梭菌（*Clostridium perfringens*）和肉毒梭菌（*C. botulinum*）的毒素检验，采样后必须立即冷冻，以避免毒素降解。应提供充足的制冷剂，以便使样本在送达实验室前，一直保持冷藏（或冷冻）状态。

（三）毒物学检验

如果怀疑为某种已知毒素，实验室不应只是"检查是否中毒"，而始终应进行具体毒素的检测。对临床表现和流行病学调查结果进行完整描述，有助于将中毒与疑似中毒的传染病区分开。多种较常见中毒病的适宜检验样品见表15-1。应采集的最关键样品一般是胃内容物、肝脏、肾脏、全血、血浆或血清以及尿液；但也有例外，如进行胆碱酯酶检验时应采集脑组织。对于一些疾病的调查，需要对饲料或饮水进行分析才能做出诊断。如对样品送检程序有疑问，应与实验室联系。

用于化学检验的组织或体液应尽可能新鲜并冷藏保存。对某些检验，冷冻是避免挥发性化学物质降解的关键，极少数情况下还需要使用化学防腐剂。运送样本的首选方法是，将样本放置在聚苯乙烯冷藏盒、金属罐或结实的纸板箱内，并加上冰块。如果冰块融化，必须能够确保包装不发生破损。放置在有干冰的聚苯乙烯泡沫箱内的样品，可保存72 h。包装内含有干冰时，必须在包装外粘贴相应标签，并适当通风，以避免压力升高。

样本的包装和运送容器应不含任何化学品。塑料袋和塑料瓶都是理想的容器。应避免使用带有金属螺旋盖的瓶子。样品应单独包装。容器必须粘贴有标签，注明辨识样本的所有必要信息，如果邮寄的话还必须要符合邮政法规。

表15-1　毒物检验样本送检指南

疑似毒物或检验项目	所需样本	备　注
氨	全血或血清	冷冻
	尿液	冷冻
	瘤胃内容物	冷冻（或加1~2滴饱和HgCl$_3$）
抗凝剂（华法令及其相关化合物）	全血	肝素或EDTA
	肝脏	冷藏
	饲料	
	胃内容物	
砷	肝脏	
	肾脏	
	尿液	
	摄入物	
	饲料	
氯酸盐	胃内容物	冷冻，置于密闭容器中
	尿液	
	饲料	
氯化烃类	大脑	只能使用玻璃容器
	饮水或饲料	避免污染
	体脂	冷藏或冷冻
	肝脏	
	肾脏	
胆碱酯酶	血清	冷冻
	大脑	
铜（以及镍、铁、钴、铬和铊）	肾	
	肝	
	血清	
	饲料	
	全血	
	粪便	

（续）

疑似毒物或检验项目	所需样本	备 注
氰化物	饲草 全血 肝脏	火速送实验室或立即运送，置于密闭容器中冷冻
双香豆素	饲草 肝	
乙二醇	血清 尿液 肾脏	样本应新鲜，且用福尔马林固定
氟化物	骨骼 水 饲草 尿液	最好送病变骨骼
除草剂（多种）	施用除草剂的杂草 尿液 摄入物 肝脏或肾脏	
离子载体	饲料 瘤胃内容物 心脏 骨骼肌	固定在福尔马林中 固定在福尔马林中
铅（以及汞、镍、钼、铊）	肾脏 全血 肝脏 尿液	首选肝素抗凝血
汞和钼	肾脏 全血 肝脏 饲料	首选肝素抗凝血
真菌毒素	饲料、饲草 肝脏、肾脏	有关特殊检验方法，请咨询实验室人员
硝酸盐	草料 水 体液（如眼房水）	冷藏
有机磷（和氨基甲酸酯）	饲料 摄入物 尿液	并应送检外观正常动物的尿液、血液和胃内容物
草酸盐	新鲜草料 肾脏	勿浸泡；固定在福尔马林中冷冻
酚类化合物	胃或瘤胃内容物	置于密闭容器中
多氯（及多溴）联苯	脂肪 大脑 饲料	
瘤胃pH	摄入物	冷冻
硒	全血 饲料 肝脏 剪下的毛	肝素抗凝
钠（氯化钠）	脑 血清 脑脊液 饲料	另一半使用福尔马林固定

（续）

疑似毒物或检验项目	所需样本	备　注
氟乙酸钠（1080）	胃内容物 肝脏	冷冻
士的宁（和其他一些惊厥剂，如 溴杀灵）	肝脏 肾脏 胃内容物	
硫酸盐	水 脑	福尔马林固定
溶解固体总量（TDS）	水	
三芳基磷酸酯	饮水或饲料 饲料	
尿素	饲料	冷冻
维生素A（以及D和E）	肝脏 血清	冷冻
维生素D_3（灭鼠剂）	肾脏	
锌	肝脏 肾脏 血清	使用"微量元素"管
磷化锌	肝脏 胃内容物	冷冻

如果可能涉及法律诉讼问题，所有装运样品的容器应密封盖印，以便能及时发现篡改，或亲手送到实验室，并应索要收据。对样本的保存流程链，必须要进行准确的文字记录。

如果怀疑饲料或饮水是中毒的来源，这些饲料或饮水的所有描述性标签都应随同组织样本一起送检。如果可能的话，应从可疑的批次或装运饲料中采集有代表性的混合样品进行送检。在某些情况下，如果可疑饲料的量足够使用，可使用部分饲料饲喂实验动物，其目的是复制在自然病例中出现的症状和病变。

（四）血液学检验

常规血液学检验需要采用抗凝全血和若干血液涂片。应在采样后立即制备血涂片，以最大限度地降低细胞变形的可能性。抗凝血应冷藏保存，血涂片不应冷藏。由于乙二胺四乙酸（EDTA）对保护血液细胞成分效果最佳，且可防止血小板聚集，因此在血细胞计数（CBC）时应将EDTA作为首选抗凝血剂。做血凝试验时，应将血液采集到含有柠檬酸钠抗凝剂的蓝帽管中。混合后，将样品离心5 min，然后除去血浆，转移至无抗凝剂的洁净试管内。在开始检验前，应将血浆冷冻保存。由于冷冻可导致细胞溶解，出现明显的溶血，干扰检验，因此全血不应进行冷冻保存。

（五）临床化学检验

大多数临床化学检验需要使用血清，但也有一些特殊项目可能需要使用血浆。由于血浆中的抗凝剂可能对检验产生干扰，因此如果没有明确的要求使用血浆，一般都应送检血清。高脂血对许多化学检验项目有干扰作用，因此在采集样品前12 h，犬和猫应禁食。

分离血清时，应将血液吸入红帽管或分离管中，在室温下静置20～30 min，使其彻底凝固并完全收缩。血液凝固不完全可能会因存在有潜在的纤维蛋白而造成血清胶体化。轻轻转动涂药棒，将凝血块从管壁（边缘上）分离开。然后将样品高速离心（大约1 000 g，2 200 r/min）10 min。处理样本时操作粗暴或红细胞与血清未完全分离时，会造成溶血，干扰某些检验项目。

对已收集到血清分离管中的样本直接进行离心，可以在致密细胞和血清之间形成一层胶状物。应对胶层屏障的完整性进行检查，若有明显可见的裂缝，建议再次离心。如使用的是红帽管，应取出血清，转移至一个洁净的新试管中。检验之前，血清应冷藏或冷冻保存。许多商业化实验室都提供样品容器和邮寄服务。

（六）血清学检验

血清学检验一般需要使用血清，但血浆也能满足要求。采样方法与临床化学检验所描述的一样，且始终不应该出现溶血。在某些情况下，可能需要采集双份样品才能满足诊断需求。对于急性期的样品，应在发病早期进行采集，并冷冻保存。恢复期样品应在10～14 d后采集，两份样本应同时送交实验室。

（七）细胞学检验

通常可使用自然风干涂片。快速风干涂片的细胞变形最小，因而可提高诊断质量。然而，根据所使用的染色方法，有些实验室更喜欢用乙醇固定的涂片。可通过细针穿刺抽吸或刮取法采集样本。采集外表病变样本，也可采用印片（触片），但这种方法的污染程度往往较大。抽吸液应在风干之前制备涂片。可采用传统血液涂片的方法制备液体涂片。含有大量细胞的体液可直接制备涂片，细胞含量较少的体液应先进行离心浓缩。对于浓厚材料或黏性体液，采用压片技术很易制备涂片，即将第二块载玻片放置在抽吸液上，然后沿下层载玻片的长轴方向迅速且平稳地滑动。

因为甲醛气体可引起样本的人为变化，因此在将血液或细胞涂片邮寄到实验室时，绝对不能将其与福尔马林固定组织放置在同一包装内。现在，许多实验室都能提供免疫组织化学检测服务，要获得可靠结果就需要正确处理送检的细胞学样本。一般情况下，使用自然风干的、未固定涂片即可满足要求；但某些情况下，建议将样本置于含有运输培养基的试管中送检。

（八）体液分析

对各种渗出物进行体液分析通常包括蛋白质含量的测定、总细胞计数和细胞学检验。根据体液的来源（如滑液）或外观（如乳糜液），也可能需要进行其他检验。对积液样品进行常规分析时，应将其采集到EDTA管（紫帽管）中。如需进行生化检验（如甘油三酯、胆固醇、脂肪酶）或细菌培养，则应采集另外一份样品，置于血清管（红帽管）中。完成采样后，应立即制备细胞学检验用涂片，以最大限度地降低细胞变质和其他体外人为变化的程度。

（九）遗传分析

依据所检测的具体基因特性，遗传分析的范围从染色体核型分析到特定基因的鉴别。应联系提供检测的实验室，以确定样品采集和处理的细节，所需样本范围从毛发到皮肤或血液。许多需要用血液进行的遗传分析，需要将样本采集到枸橼酸盐-葡萄糖管（黄帽管），并连夜将冷冻管送至实验室。用于遗传分析的组织样品应不进行固定，采集后立即送检。与大多数分子生物学技术一样，获得可靠的检验结果的关键是无菌采样和防止样品间的交叉污染。

第二节　私立诊所实验室的诊断程序

许多实验室检验项目可以由私立诊所实验室完成。可利用商业化实验室对现场检测方法进行评估，以确定现场检测方法是否经济实用。由于诊断实验室的检测时间和报告时间可能存在问题（如夜晚和节假日），因此一般可能会需要进行一些现场诊断筛选试验。但由于这些检验人员很少接受技术培训，因此质量控制程序必须十分严格。在质量控制问题上必须投入大量时间和精力，在许多情况下阻碍了现场检测方法的应用。误差不仅可发生在检验程序上，而且也可发生在样本采集和处理以及结果记录上。

检验工作既可使用人工方法，也可使用自动化方法。人工方法往往耗时长，且比较容易出现人为误差。也可使用自动和半自动系统，但比较昂贵。需要考虑的因素包括仪器和试剂的成本（包括校准的材料和质量控制）、可获得的人员培训、技术支持以及仪器的维护和保养。虽然仪器保养协议的成本可能会高达仪器购买成本的10%，但由于仪器维修费用很高，协议保养通常还是很合算的。

一、临床生化检验

临床生化检验是指对血浆（或血清）中各种物质进行分析，如基底物质、酶、激素等，在疾病诊断和疾病监测中应用。也包括其他体液（如尿液、腹水、脑脊髓液）的检验。一个检验项目很少是具体针对某一临床病情的，以下分六个方面介绍临床最常用的生化检验项目及其影响因素。因此，与其说六个方面的指标仅仅是肯定或否定6种可能性，不如说利用精选的检验指标，通过模式识别过程为指向各种不同疾病提供信息。在开展生化检验时，应同时进行全面的血液学检验，对这两类指标同时进行评价，对于许多种具特征性疾病的最佳鉴别是至关重要的（见临床血液学检验）。

（一）基础检验项目

很多兽医实验室都能提供基础检验项目，这些是适用于最一般情况下的最基本的检验项目。小动物的典型检验项目包括总蛋白、白蛋白、球蛋白（按前两项之差来计算）、尿素、肌酐、丙氨酸转氨酶（ALT）和碱性磷酸酶（ALP）。此外，血浆颜色发黄时，可考虑检测胆红素。这种检验组合可依据动物种类进行修改，例如，马和其他家畜的"肝酶"检验更合适采用谷氨酸脱氢酶（GDH）和（或）γ谷氨酰转移酶（γGT），而对竞技动物检验肌酶（CK和AST）水平更为合适。

（1）**总蛋白**　水平升高见于脱水、慢性炎症和异型蛋白血症；水平降低见于水中毒、严重的充血性心力衰竭（伴有水肿）、蛋白丢失性肾病、蛋白丢失性肠道病、出血、烧伤、日粮中蛋白质缺乏、吸收不良和某些病毒病（尤其在马）。

（2）**白蛋白** 水平升高见于脱水；水平降低的原因与总蛋白相同，再加上肝功能衰竭。

（3）**尿素** 水平升高见于日粮蛋白质含量过高、日粮蛋白质质量低劣、碳水化合物缺乏、分解代谢性疾病、脱水、充血性心力衰竭、肾功能衰竭、尿道阻塞和膀胱破裂；尿素水平降低见于日粮蛋白质含量过低、严重的脓毒症、合成代谢激素的影响、肝功能衰竭、门体静脉分流（先天性或后天性）和先天性尿素循环代谢缺陷。

（4）**肌酐** 水平升高见于肾功能障碍、尿道阻塞和膀胱破裂；水平降低是由于样品腐败造成的。肌肉发达的发病动物，其肌酐浓度高于正常；而肌肉不发达的动物，肌酐浓度低于正常。

（5）**ALT** 水平升高可见于肝细胞损伤、肌肉损伤以及甲状腺功能亢进。

（6）**ALP** 水平升高见于骨质沉积增加、肝脏损伤、甲状腺功能亢进症、胆管疾病、肠损伤、库兴病、使用皮质类固醇、巴比妥类及全身性的组织损伤（包括肿瘤形成）。

（7）**GDH** 水平升高见于肝细胞损伤，尤其马和反刍动物的肝坏死。

（8）**γGT** 水平升高见于长期肝损伤，这在马和反刍动物疾病诊断中特别有用。

（9）**CK** 传统的"肌酶"，其水平显著升高见于横纹肌溶解症和大动脉血栓栓塞。甲状腺功能减退时可出现轻度升高。

（10）**AST** 水平升高见于肌肉和肝脏损伤，在甲状腺功能减退时也可出现升高。

一般情况下，样品腐败时血浆酶水平会出现下降。罕见的情况是，器官发生萎缩或纤维化引起血浆相关酶的活性非常低。

（二）特殊检验项目

根据主要症状，可在基础检验项目组中进一步增加检验项目，以便为多饮症病畜和虚脱病畜创建检验项目组合。应该将这些项目指标整合在一起，使其形成一个可用于对典型病例进行鉴别诊断的模式/指标体系。例如，多饮症的检验项目组合可增加钙、葡萄糖和胆固醇的检验。检验钙可用于鉴别甲状旁腺功能亢进症及造成高钙血症的其他病因（这可引起多饮和肾功能不全）；检验葡萄糖可用于筛选糖尿病，有助于构建库兴病的特征性指标模型；胆固醇的检验也可加入到"库兴模式"的鉴别中。肾功能衰竭的检验项目已包含在基础检验项目中。相反，"虚脱动物"的检验项目组可增加钙和葡萄糖的检验，以区分低钙血症或低血糖。筛选阿狄森氏病或低钾血症时，可增加钠和钾的检验。下文描述的是在扩展检测项目时应考虑增加的分析物。

（1）**血钠** 水平升高见于康恩氏综合征（醛固酮增多症）、限制饮水、呕吐和多种原因造成的脱水；水平降低见于阿狄森氏病、各种高钠体液丢失如某些类型的肾病以及在静脉输液治疗过程中钠离子供应不足。

（2）**血钾** 水平升高见于阿狄森氏病和严重的肾功能衰竭（特别是晚期病例）；降低见于康恩氏综合征、慢性肾功能障碍、呕吐、腹泻和输液过程中钾供应量不足。缅甸猫可发生先天性低钾血症。

（3）**氯化物** 水平升高见于酸中毒以及引起血钠水平升高的其他原因；降低见于碱中毒、呕吐（特别是食后），也与低血钠症有关。

（4）**总CO_2（重碳酸盐）** 水平升高见于代谢性碱中毒，降低见于代谢性酸中毒。在评估呼吸性酸碱平衡失调中意义不大。

（5）**血钙** 水平升高见于脱水（同时白蛋白水平也会升高）、原发性甲状旁腺机能亢进（甲状旁腺肿瘤）、原发性假性甲状旁腺机能亢进（产生甲状旁腺素相关肽或PRP的肿瘤，通常是肛周黏液腺癌或某些类型的淋巴肉瘤）、恶性肿瘤引起的骨骼侵蚀、甲状腺毒症（不常见）以及产后瘫痪的治疗过度；降低见于低蛋白血症、产后瘫痪、草酸中毒、慢性肾功能衰竭（继发性甲状旁腺功能亢进症）、急性胰腺炎（偶见）、手术干预甲状旁腺以及先天性（自身免疫性）甲状旁腺机能减退症。

（6）**磷酸盐** 水平升高见于肾衰竭（继发性甲状旁腺功能亢进症）；降低可见于某些奶牛母牛躺卧综合征，也可作为马和小动物应激模型的一部分。

（7）**镁** 水平升高很罕见，包括在急性肾衰竭期间；降低可见于反刍动物的急性（蹒跚病）或慢性日粮缺乏，以及腹泻（不常见）。

（8）**葡萄糖** 水平升高见于摄入的碳水化合物过多、剧烈运动、应激或兴奋（包括操作应激和采样应激）、糖皮质激素治疗、库兴病，在静脉输液中葡萄糖或右旋葡萄糖液过量以及糖尿病；降低见于胰岛素过量、胰岛素瘤、胰岛细胞增生（不常见）、丙酮血症或妊娠毒血症、急性发热性疾病和先天性疾病（某些品种的犬）。

（9）**β-羟丁酸** 水平升高见于糖尿病酮症酸中毒、丙酮血症或妊娠毒血症以及极端饥饿。

（10）**胆红素** 水平升高见于限饲（对马和松鼠猴为良性反应，对猫可引起脂肪肝）、溶血性疾病（通常轻度升高）、肝功能障碍和胆道梗阻（肝内或肝外）。从理论上讲，溶血的特征是游离（间接）胆红素升高，肝病和肝后疾病的特征是结合（直接）胆红素升高；但是，在临床实践中这种区别并不令人满意。分析造成黄疸原因的更好方法是检验胆酸。

（11）**胆酸** 水平升高发生于肝脏负离子转运失常时，常见于肝功能障碍（与胆红素相比，肝损伤更容易影响胆酸水平），以及门静脉出现分流时（先天性或后天性）。门静脉出现分流的特征是在采食后胆酸水平显著升高，而限饲后其水平正常。胆管梗阻时，也可出现胆酸水平升高；猫的传染性腹膜炎或温和性的肝脂肪沉积症，可见有胆酸水平轻度升高。

（12）**胆固醇** 水平升高见于摄入脂肪过多、肝胆疾病、蛋白质丢失性肾病（以及在一定程度上造成蛋白质丢失的其他综合征）、糖尿病、库兴病和甲状腺功能减退；降低见于严重肝功能障碍的某些病例，偶见于甲状腺功能亢进症。

（13）**乳酸脱氢酶** 是一种普遍存在的酶，包括许多同工酶。要确定酶活性升高的原因，需要对同工酶进行电泳分离。

（14）**山梨醇脱氢酶** 水平升高见于马的急性肝细胞损伤，但该分析物非常不稳定。

（15）**α-淀粉酶** 水平升高见于犬急性胰腺炎和慢性肾功能障碍。α-淀粉酶不能作为猫胰腺炎的指标。

（16）**脂肪酶** 水平升高见于犬急性胰腺炎（比淀粉酶的半衰期长），也偶见于慢性肾功能障碍。脂肪酶（常规分析）不能作为猫胰腺炎的指标，但胰腺特异性脂肪酶是猫和犬胰腺炎很有用的指标。

（17）**免疫反应性胰蛋白酶（胰蛋白样免疫反应）** 水平降低见于犬的胰腺外分泌功能不足。升高（不规则性的）见于胰腺炎（见胰腺疾病的检验）。

（三）模式识别

模式识别的本质是确定可以诠释全部检查结果的某一种疾病，不仅包括生化检验结果，同时也包括临床症状和血液学检验结果。然后，可进行更深入的具体调查，以确立或否定这一假定诊断。如果有一种疾病可以说明所有检验结果，还必须要通过进一步检查来进行鉴别。虽然任何一种疾病都很难遇到"教科书"式的病例，但在发现最有希望的探诊过程中，通常可出现"最佳拟合"路径。但如果有两种或更多假定诊断结果能同时解释所有的指标异常，往往会适得其反。

（四）样品处理

大多数生化检验既可以用血清，也可以用肝素抗凝血浆进行。只有极少数检验项目（如胰岛素）需要用血清，而检验钾最好用采血后立即分离的肝素抗凝血浆。血糖测定需要采用氟化物/草酸盐抗凝血浆。从市场上可以采购到加抗凝剂和不加抗凝剂的采血

管。塑料管非常适合用于抗凝血的采集，而要采集凝固血液，必须使用玻璃管或特殊涂层的塑料管，以避免血块黏附在管壁上。

生化检验用血样应在采集后尽快分离，以便使由溶血和细胞内液某些成分（如钾）渗出造成的人为变化降到最低。抗凝血样本可立即离心，但凝血样本形成血凝块至少需要30 min。由于在氟化物/草酸盐样品中细胞不再进行呼吸，很容易发生溶血，因此及时分离十分重要。专有的促凝胶或促凝塑料球可促进血液凝固，可以涂布在分离管内，也可在离心前添加到采血管中。

大型吊桶式离心机可容纳几乎任何类型或大小的试管，但需要仔细平衡转子。血样可以3 000 r/min离心10 min。由于两用型高速微血细胞比容离心机分离样品的速度更快，且可用于测定血细胞比容（PCV），因此在实际应用中倍受青睐。但这种离心机只能处理数量有限的小容量试管。

一些"分离胶管"可以将血清或血浆永久分离（分离胶一般由疏水有机化合物和硅石粉组成，为具有触变性的黏液胶体，可以在血清与血块间或血浆与血细胞间形成隔离层，使血清或血浆被完全分隔。可用原管直接上自动分析仪。译者注），否则必须将分离的血清或血浆转移到一个新试管中，新试管必须有充足的标记。然后将样品送到专业实验室或在现场进行分析。

（五）现场检验

许多生化检验项目可以在现场进行分析，而不需要大型分析仪器。

（1）**总蛋白** 可采用折射测定法，如果购买一台血清总蛋白测量仪，也可用于测定尿相对密度。这种仪器可以用于测量腹水和胸水蛋白。读数可按克每分升（g/dL）显示，将此结果乘以10即可换算为国际（SI）单位制克每升（g/L）。

（2）**尿素** 可采用层析试纸条进行估算，这种方法与实验室标准方法的结果高度一致。也可采用快速全血比色条，但这种方法最大读数只能达到20 mmol/L，因而限制了其应用。测量尿素时，不能使用专用的反射率计。

（3）**血糖** 血糖测定仪可使用全血，在糖尿病人家庭广泛使用。其测量结果的准确性使其足以测量动物血液，但出现意想不到的低血糖时应由专业实验室确认。可以使用新鲜全血，若不要求立即进行分析，则应将氟化抗凝血或血浆作为首选样品。

（4）**酮类** 既可用尿液（首选样品）也可用血浆/血清，使用尿酮试纸可进行定性测定。也可使用具有测量β-羟基丁酸功能的全血血糖仪。

（5）**甘油三酯** 在高脂血症的血浆或血清样品中，用肉眼可以直接看到。如果在储存样品管的上层见有乳状物，可认为有乳糜微粒存在。否则，就是甘油三酯。这种方法只是一种定性检测，但仍然非常有用，特别是对患马。

（6）**胆红素** 在大多数动物种类也可用肉眼鉴别。马和牛血浆一般呈黄色，这可能给判定造成问题，但其他种类动物的血浆，出现黄色均表明有异常，可能有胆红素水平升高。对颜色的明暗和深浅进行肉眼评估，可提供更多的信息。

除简单的基本检验项目之外，在临床急诊中应用最多的主要分析物，就是钠和钾。检测钠钾最好的方法是使用专用的离子选择性电极测量仪。也可使用全血分析仪，但必须非常小心，以避免因溶血不明显而造成的人为变化。还可使用能估算各种分析物的重症监护仪，包括葡萄糖、尿素和电解质；然而，这类仪器尚未用非人类血液进行广泛验证，阐释有关数据时必须小心谨慎。

除了这些急检基本项目外，扩展现地检验项目需要能检验多种分析物的专用仪器。可用的仪器有两种类型，即基于透射/吸收光度学（湿化学法分析技术）的仪器和基于反射光度学（化学分析技术）的仪器。透射/吸收光度法是参考方法，所有参考值和诠释指南都是以此方法为基础。反射光度法与参考方法并不完全符合，最好将其限用于简单的检验，如葡萄糖和尿素。为了能够用于更广泛的分析，如酶的分析，应优先选用湿化学仪器。

与专业实验室开展的检验项目相比，现地检验同一个项目必然更为昂贵，且检验项目的范围也较有限。另外，现地检验的精确度或可靠性也可能较低。但是，现地检验仍然可以作为临时急检的最好方法，其结果是否合适可以由专业实验室来确认。由于费用、精确度、可检验的项目范围等原因，加上临床病理学家在结果解释方面可提供帮助，因此在对非急诊病畜进行详细病情检查时，最好从一开始就选用一家专业实验室。

在一般病情检查中需要进行现地检验时，必须要认真细致，确保检验质量。每个检验项目，至少每天都必须进行已知样品的检验，样品既要有正常样品，也要有病理样品。如果这些检验结果都在容许误差的范围之内，则对病畜的检验结果就可以被接受。另外，强烈建议去参加外部质量评价程序。雇用经过培训的技术人员可以解决一些问题，但在正常工作时间之外和节假日期间可能会影响结果的时效性。主管实验室的兽医应对所有签发的结果负责，对证明其检验准确性和可靠性负有法律责任。如果所采用的检验标准与参考实验室的标准不同，则在没有得到外部确认时，其检验结果是不可靠的。

（六）胰腺疾病的检验

1．胰腺炎

（1）**血清淀粉酶和脂肪酶活性** 该项检验已经在诊断人和犬的胰腺炎中使用了几十年。遗憾的是，这两个指标对犬胰腺炎都不具有敏感性和特异性。在一项研究中，胰腺全部切除后，血清淀粉酶和脂肪酶活性仍然很高，表明血清淀粉酶和脂肪酶活性不只是来源于胰腺外分泌。临床资料也表明，这两种标志性指标只对大约50%的胰腺炎具有特异性。许多非胰腺疾病，如肾病、肝病、肠道病和肿瘤性疾病，也可引起血清淀粉酶和脂肪酶活性升高。使用类固醇激素进行治疗也能造成血清脂肪酶活性升高，引起的血清淀粉酶活性变化各有不同。因此，检验血清淀粉酶和脂肪酶活性对于诊断犬胰腺炎的用处不大。血清淀粉酶和（或）脂肪酶活性达到参考值上限的3～5倍，病犬的临床症状符合胰腺炎，可提示诊断为胰腺炎。然而，需要重点强调的是在符合该诊断标准的犬中，大约有50%的犬并没有发生胰腺炎。血清淀粉酶和脂肪酶活性对猫胰腺炎的诊断没有临床价值。虽然发生实验性胰腺炎的猫可表现血清脂肪酶活性升高和血清淀粉酶活性降低，但这种变化与发生自发性胰腺炎的猫并不一致。在一项使用12只患严重胰腺炎的猫进行的研究中，没有一只猫的血清脂肪酶或淀粉酶活性高于参考值范围的上限。

（2）**血清中免疫反应性胰蛋白酶（TLI）浓度** 主要检验胰蛋白酶原，这是健康动物血液循环中唯一一种形式的胰蛋白酶。但是，如果血清中存在有胰蛋白酶，采用相应检测方法也可检测到。血清TLI浓度可采用种特异性试验方法来检测，已经开发出用于犬和猫的检测方法，并已得到验证。健康动物的血清TLI浓度很低，但在发生胰腺炎的过程中，渗漏到血管中胰蛋白酶原大量增加，导致血清TLI浓度升高。提前激活的胰蛋白酶也可造成血清TLI浓度升高。但是，胰蛋白酶原和胰蛋白酶都可被肾脏迅速清除。此外，提前激活的胰蛋白酶均可被蛋白酶抑制剂迅速清除，如α_1-蛋白酶抑制剂和α_2-巨球蛋白。反过来，α_2-巨球蛋白-胰蛋白酶复合物可以被网状内皮系统清除。因此，血清中TLI的半衰期很短，只有出现明显的活动性炎症时才能造成血清TLI浓度升高。由于猫和犬发生胰腺炎后，分别对血清cTLI和fTLI的浓度变化很有限，同时也由于仅有少数实验室将这类检验作为常规检验项目，因此血清TLI浓度检验对于猫和犬胰腺炎的诊断用处不大。

（3）**免疫反应性胰脂肪酶（PLI）浓度** 检验的

是血清中经典的胰脂肪酶浓度。与血清脂肪酶活性相反，该项目是检验血清中所有甘油三脂酶的酶活性，无论其细胞来源如何。最近已开发了犬（cPLI）和猫（fPLI）血清PLI的检验方法，并得到了验证。血清PLI对胰腺的外分泌功能非常特异。此外，在胰腺炎的诊断中，血清PLI的敏感性远远大于目前可用的其他任何诊断方法。

已经分别开发了检测犬和猫血清PLI浓度的检测试剂，即Spec cPL®和Spec fPL®，可从市场上购买。此外，已经发布了一种半定量的现地检测试剂盒，即SNAP cPL，用于犬胰腺炎的诊断。如果检测样品的斑点颜色比参考斑点的颜色浅，就说明可以排除胰腺炎。检测样品的斑点颜色比参考斑点的颜色深，即可怀疑为胰腺炎，应提示临床兽医，在实验室进行血清Spec cPL浓度检验。

已经评估了诊断犬和猫胰腺炎的其他检验项目。然而，业已证明这些指标对于诊断犬或猫自发性胰腺炎基本没有临床价值，包括血浆胰蛋白酶原激活肽（TAP）浓度、尿TAP浓度、尿TAP：肌酐比值、血清 α_1-蛋白酶抑制剂胰蛋白酶复合物浓度，以及血清 α_2-巨球蛋白浓度。

2. 胰腺外分泌功能不全 过去，将一些粪便检验项目用于诊断胰腺外分泌功能不全（EPI）。通过显微镜检查粪便中的脂肪和（或）未消化的淀粉或肌纤维，是发现消化不良最有用的方法。但是，鉴于已经有多种诊断EPI的检验方法可供使用，已很少采用粪便镜检法。采用检验粪便中蛋白水解活性法进行小动物EPI的诊断已有几十年。在这些方法中，大多数都不太可靠，特别是X线片间隙试验。最可靠的一种方法是采用预制药片灌注在明胶琼脂上。然而，已有报道，该方法可出现假阳性和假阴性结果。在临床上，粪便蛋白水解活性检验法仅限于某些种类的动物，在评价这类动物的胰腺功能时，尚无更为特异性的检验方法可以使用。

（1）**血清TLI浓度** 是诊断犬和猫EPI的首选检验项目。TLI试验测定的是血液循环中的胰蛋白酶原。在健康动物血清中，只存在有极少量的胰蛋白酶原。但是，发生EPI的犬和猫，其胰腺腺泡细胞数量急剧下降，血清TLI浓度明显降低，甚至检测不到。犬TLI的正常参考值是5.7～45.2 μg/L，诊断为EPI的阳性判定标准值是≤2.5 μg/L。猫血清TLI的参考值是12～82 μg/L，诊断为猫EPI的阳性判定标准值是 ≤8 μg/L。极少数情况下，血清TLI浓度低于阳性判定标准的动物，并不表现有EPI临床症状，这可能是由于胃肠道出现功能冗余造成的。同时，许多患有慢性腹泻和消瘦的犬和猫，其血清TLI浓度也可出现轻微下降。这

些动物大部分都患有慢性小肠疾病，应进行相应的检查。但也有少数犬和猫可能患有EPI。如果这些动物未出现小肠疾病的症状，可采用胰酶进行试验性治疗，并在1个月后重新检验血清TLI浓度。

（2）**PLI** 对胰腺外分泌功能也具有高度特异性，可用于EPI的诊断。但是，最初的研究表明，在正常犬的血清PLI浓度和EPI患犬的血清PLI浓度之间有少部分发生重叠，这使得检验PLI在准确诊断上比检验TLI稍逊一筹。应对这些情况，对犬和猫的PLI检验都进行了优化，将判定标准提高到较高浓度，目前使用的检验标准已经不再适合应用于犬和猫EPI的诊断。

（3）**犬粪便中弹性蛋白酶浓度** 该项检测方法最近开发出来，并已得到验证。已证明此法不如血清cTLI浓度检测法，可出现许多假阳性结果。这种方法也比血清cTLI浓度检测法更加繁琐，价格也更高。粪弹性蛋白酶浓度对于诊断因胰管阻塞而引起的EPI可能有用，但这种疾病在犬和猫极为罕见。如果要将粪便弹性蛋白酶浓度用于EPI筛选试验，则每个阳性试验结果（即粪便中的弹性蛋白酶浓度＜10 μg/g）必须要用血清cTLI浓度检验法进行确认。

二、临床微生物学检验

现场微生物学检验对执业兽医师来说是一种非常有价值的方法，可以用最小的投资获得快速检验结果。一般不需要昂贵的仪器设备和材料，就可以进行常见需氧或兼性厌氧致病菌的分离，如葡萄球菌、链球菌和大肠菌群病菌的分离。而细菌培养基的制备也不难，从科技用品供应商处购买更为方便。使用标准培养基（血琼脂和麦康凯琼脂平板）进行需氧培养时，大多数细菌都很容易生长。基本设备包括培养箱、冰箱、本生灯或便携式气灯，以及带有低倍物镜、高倍物镜和油镜的显微镜。材料包括接种环、制备的细菌培养基、显微镜载玻片、革兰染液、3%过氧化氢酶、氧化酶试剂、微生物鉴定系统以及通用的兽医微生物学教科书。

（一）样本的选择和采集

虽然从事兽医工作有时很难采集到最佳样本，但在某些情况下采用某些方法，可以确保采集到最佳样本。遵守以下原则，可以采集到适宜样本，取得高质量的微生物学检验结果：①必须从对疾病有代表性的病变部位，用无菌方法采集样本。②拭子是采集的最常见样本，但由于在采集过程中可能被共生菌污染，且提供的样品量也很小，因此一般不能将棉拭子作为首选样本。在从皮肤脓疱、耳、眼结膜、引流管或创伤深部、软组织感染或生殖道采集样本时，拭子最为有用。③采集的样本应有足够数量，以满足检验的要

求。④必须在疾病发展过程中的适当时间进行采样，必须在开始进行抗微生物治疗之前进行采样，以尽可能分离到病原体。⑤如在样本采集后不能立即开始进行培养，应将样品冷藏保存。

（二）样本的处理

微生物学检查既包括样品的直接镜检，也包括对样品进行培养。应使用油镜对革兰染色涂片进行检查，以确保检查正确无误。通常应接种固体（琼脂）培养基和液体（肉汤）培养基两种。使用固体培养基可以进行菌落分离、细菌的粗略定量和从潜在致病菌中选淘或鉴别出正常菌群，而使用肉汤培养基可以对少量微生物进行分离。

应当将临床样本接种到普通培养基和选择性培养基上，以尽可能分离出细菌。使用最广泛的普通培养基是含有5%绵羊血的胰酶解酪蛋白/大豆胰蛋白胨琼脂平板。选择性培养基和（或）鉴别培养基有麦康凯琼脂（革兰阴性菌）、甘露糖醇盐琼脂（葡萄球菌）和苯乙醇琼脂（革兰阳性菌）。细菌培养基应贮存在冰箱中，但接种前应回温到室温。

接种到平板培养基上的方式取决于样本的种类。接种液体样品可使用无菌注射器或移液管。将棉拭子在2 cm直径的区域内轻轻转动，可以将棉拭子样品直接接种在平板上。接种粪便样品时，可采用拭子蘸取样品。手术活检样本可以直接接触琼脂表面进行接种。

细菌的鉴定需要分离到单个菌落。最常用的菌落分离方法是用金属接种环在平板培养基上划线。在将样品接种到平板培养基上之后，将接种环用火焰进行灭菌处理，冷却后，从最初接种区开始进行多次垂直划线。将平板旋转90°角，对接种环火焰灭菌和冷却，再划线，重复三次以上。这样就可以在平板上形成4个扇形区，在出现菌落后，就可以对样品中存在的相对数量细菌进行定量。

接种样品后，应当对平板和培养管进行标记，并放置于35～37℃培养箱内。平板培养时，应将平板盖冲下进行培养，以避免盖上形成的冷凝水流到琼脂表面造成细菌成片生长。

（三）细菌的鉴定

评价细菌培养情况的第一步是用肉眼观察平板培养基。大多数细菌在24 h内即可产生明显的菌落，但也有些细菌可能需要48～72 h。检验方法包括观察菌落形态、菌落类型和数量，以及血液琼脂培养基出现的溶血反应。可根据是否可在鉴别培养基或选择性培养基上生长，进行进一步的分类。

在观察完平板培养基后，应当对每种不同类型的菌落进行革兰染色检查。通过革兰染色反应，加上菌落形态特性，可以对细菌做出初步鉴别。如果出现多种类型的菌落，应对每个类型的菌落都进行传代培养。挑选单一菌落，在非选择性培养基平板上进行划线培养。这样可以确保得到未知细菌的纯培养物，进行生化特性鉴定和细菌鉴定必须采用纯培养物。

从市场可采购到几种微生物鉴定系统，鉴定系统可能是人工鉴定，也可能是自动化的鉴定系统。每个鉴定系统通常都包含一整套用于特定微生物种属鉴别鉴定的程序试条包。目前有葡萄球菌、链球菌、棒状杆菌、非发酵革兰阴性杆菌和肠杆菌的专用系统试条。所有试条都可用以同时进行多个生化项目的检验。大多数人工鉴定系统都包含有由一系列孔穴组成的测试板或测试条，孔内含有检测底物。将未知细菌的纯培养悬液加到测试孔内，然后将测试条置于37℃，进行24～48 h有氧培养。用肉眼观察测试孔的色度变化，通过对测试结果进行计分，即可得出其生物编码。将该数据代码与系统数据库进行比较，即可获得被检细菌的鉴定结果。多数鉴定系统都足以对生长快速、兽医常见的需氧或兼性厌氧性致病菌做出鉴定。

（四）药敏试验

对可在24 h之内生长的需氧菌进行药敏试验，常用的方法有两种。这两种方法都已被临床和实验室标准协会（CLSI）[前身是美国临床实验室标准化委员会（NCCLS），译者注]接受。第一种方法是定性试验方法，以K-B琼脂纸片扩散法为基础。第二种方法是定量的，需要对抗菌药物进行一系列的稀释，既可用液体培养基，也可用固体琼脂培养基。第二种方法也被称为最低抑菌浓度测试法（MIC）。

在对生长迅速的常见需氧致病菌或兼性厌氧致病菌进行药敏试验时，较为广泛采用的是琼脂纸片扩散法。对许多难以培养的细菌，如副猪嗜血杆菌（Haemophilus parasuis）或巴氏杆菌属细菌（Pasteurella spp.），其药敏试验的标准化问题亟待解决。B-K琼脂纸片扩散法是将浸渍有抗菌药物的纸片，贴在琼脂平板上，使纸片中的药物在琼脂中扩散。简单的方法是，将生长活跃期的试验菌稀释为相当于0.5麦氏比浊管的标准悬液。在稀释后15 min之内，用无菌棉拭子蘸取菌悬液，并迅速在水解酪蛋白（Müller-Hinton，MH）琼脂板的整个表面进行3次涂布接种。为确保菌液涂布均匀，每次接种都要将平板旋转60°。然后取药敏片贴到平板培养基表面，并轻轻按压，以确保纸片与琼脂平面紧紧贴在一起。将平板倒置于35°培养箱中进行培养。培养18 h后观察平板，用尺子测量完全抑菌圈的直径大小，以毫米（mm）为单位。为了对每种供试药物都能做出敏感、中敏或耐药的解释，需要将每种药物纸片周围的抑菌圈大小与CLSI在文件M31-A3中发布的标准进行比较。

要想取得药敏试验的可靠结果，必须遵循标准化程序进行操作。任何程序上的偏差都会造成结果出现错误。必须要妥善贮存药敏纸片和试验培养基，每次试验都要确保质量控制。

不能每周定期开展药敏试验的所有动物诊所，可能都希望使用兽医诊断实验室，来代替其进行药敏试验。

三、细胞学检验

细胞学检验是检查疾病过程中一个很有用的临床工具，最初开发这种方法主要是为检查或治疗疾病的下一步措施提供快速、廉价的指南。过去20年，细胞学检验技术及其解释已经发展成为一个完整的学科。本节只是为执业兽医制备样本和进行基本解释提供一段简短的指南。本节中大部分内容都指的是小动物，但其基本原则适用于所有种类的动物。

应当将细胞学检验作为指南。在许多情况下，依靠细胞特征不足以进行确诊，也不能指出疾病可能出现的各种变化。这时可能需要对组织结构进行全面检查。细胞学检验与组织学检验是两种截然不同的方法。如正在考虑采用复杂、昂贵或危及生命的治疗方法，则应尽可能采用组织学检验方法进行确诊。

（一）细胞学检验技术

要对细胞学检验结果做出全面解释需要采用高品质的样本。执业兽医采集的样本量很少的话，就不适于做出全面阐释。样本采集看似简单，但要保证采集的全部样本都是高品质样本需要一些经验。如要将样本送到实验室进行检验，建议多送几份。另外，在诊所内取一份制备好的样本进行染色和检查，不仅可以对样本质量进行监控，而且也可以做出初步诊断。开展此项工作需要有过硬的染色技术和高质量的显微镜，并附带一套物镜，包括油镜在内。

1. 染色 诊所内开展细胞学检验准备的染液和染色方法，与血液学检验的准备完全相同。细胞学检验的经典染色是改良瑞氏染液（瑞氏姬姆萨复合染液）和梅-格瑞-姬姆萨（MGG）染液。过去几年，已开发出快速优质的罗曼诺夫斯基染液，用于细胞学和血液学检验，专业兽医诊断实验室也经常使用。目前已开发出许多不同品牌的快速染液，建议要试用多种染液，以确定哪种染液最为适合。检验结果欠佳不一定是采样技术的问题，而可能是染液有问题。许多染片可采用将已经染色的载玻片再次放入染液中，使其染色更深；如果染色过深，将载玻片置于乙醇中可达到部分褪色的效果。对福尔马林固定的样品进行细胞学检验，必须使用HE或巴氏染液进行染色。送实验室进行检验的样本，要说明是否使用了福尔马林。

2. 细针穿刺术 采用细针穿刺术的目的是采集到人为损伤或血液污染最少的大量细胞样本。基本采样包内含有21号和25号针头，以及3 mL、5 mL和10 mL注射器。根据病变物的特性和是否会出现血液污染问题，选用相关设备，进行精确的采样。

采用细针穿刺术时，基本都使用25号针头和10 mL注射器。将针头刺入病灶内，在不同采样区内反复变换方向，同时用注射器轻轻抽吸。停止抽吸后，再拔出穿刺针头。如果在拔针时继续抽吸，就会将细胞样品猛烈吸入注射器管内，造成细胞破裂。有时样品量通常非常少，可能并未吸入到注射器管内，仅存于针头内。样品采集完后，取下注射器，吸入空气，重新装好，用注射器将样品轻轻涂布在清洁、干燥的载玻片上。注意涂布样品时用力过大可能会造成细胞破裂。另取一张载玻片置于样品上，纵向滑动将样品涂成单层。不能反复滑动载玻片，因为这可能会造成细胞破裂。不用担心部分涂层过厚，边缘一般都比较薄，足以对单个、未重叠细胞进行检验。涂布的样品应尽快风干，以减少细胞皱缩造成的影响。可使用吹风机进行风干，但必须避免样品过热。

可以根据不同情况对细针穿刺术进行适当调整。如果有血液污染问题，可以采用小号注射器并减少抽吸力度，也可将注射器筒完全取下。将注射器完全取下后，可以将不带注射器的针头刺入病灶内，并不断改变方向从病灶内部采集样本。拔出针头后，重新接上注射器，轻轻推动针筒吹出样本。这种采样方法对采集脆弱细胞样本时也特别有用，如采集淋巴结的淋巴细胞样本。已经证明，在从脾脏病灶采集细胞样本时，使用这种方法采集的细胞数量要远多于抽吸法。在采集骨髓样本时，由于注射器抽吸力度过大，也可能会造成血液污染问题。如果仍然存在有血液污染，可采用离心法去除血液。但如果用样品直接制备涂片，由于组织中的大量细胞有聚集的倾向，因此可制成边缘部分较薄的涂片。使用极细的针头（25号），一般可减少血液污染的程度，增加采集到足够细胞的机会。

从某些组织中采集的细胞数量往往很少，而且通常都含有间充质细胞（结缔组织），这些细胞彼此间紧密黏附在一起，因而不易出现成片脱落。从这类病变采集样本时，可能需要使用较大孔径的针头，且要加大抽吸力度。但是，使用21号以上的大针头，常会采集到组织块，这更适用于组织学检查，而非细胞学检验。

3. 细胞学的印压涂片 细胞学的印压涂片常用于表面有溃疡的病灶的检验。由于制备的细胞学的印压涂片通常只能采集到表面炎性渗出液样品，基本没有深层组织的细胞样品，因此其应用价值不大。在对组织样本进行固定和处理之前，进行活体组织检查时采用这种方法更好，可以立即对病变做出判定。可将手术切除下来的样品再切开，对表面进行反复吸附，以去除表面污染的血液和血清，然后用洁净、干燥的载玻片轻轻按压在表面较干的样品上。一张载玻片上可制备若干不同病变部位的样本。制备的印片，应立即进行风干，然后进行染色。

4. 体液检查　对于采集的体液（如尿液、胸水或腹水）样本应进行浓缩，迄今为止浓缩细胞的最佳方法是采用细胞涂片离心机。但是，由于很少有诊所能够拥有细胞涂片离心机，因此浓缩细胞的常用方法仍然是对样本进行离心并采集离心沉淀物作为样品。细胞涂片制备完成后应迅速风干，然后进行染色。

如要将体液送至实验室检验，可加入几滴福尔马林（浓度并不重要），有助于保护细胞，避免在运输过程中细菌过度生长。出现严重的细菌过度生长会掩盖细胞，其代谢产物常会破坏细胞学检验的细胞。支气管肺泡灌洗液和尿液样品常含有传染性病原，且在采样过程中很容易污染细菌，加入福尔马林对此类样品特别有用。必须要告知实验室样本中含有福尔马林，不能使用罗曼诺夫斯基染色法。常推荐在样本中加入EDTA，可保护细胞学检验样品，但收效甚微。

脑脊液样品中的细胞变质速度非常快，细胞数量一般也很少。对脑脊液检查来说，细胞离心涂片机是必不可少的，这通常只能在实验室完成。在脑脊液中加入几滴10%福尔马林溶液，可以在运输过程中很好地保护细胞。

（二）细胞学检验的诠释

下图是细胞学检验诠释的规则系统，也涵盖了临床兽医常提出的问题。从临床角度看，通常并不需要完成该系统的每个阶段。例如，对炎症与肿瘤进行简单的鉴别，就足以对病例管理下一步应采取的措施作出决定。对细胞学检验进行全面的阐释，可能需要专业实验室提供服务，确诊需要组织病理学检查。

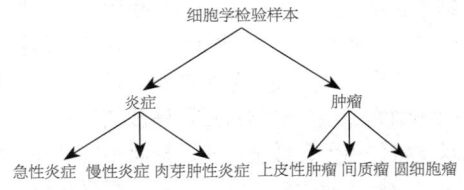

阐释细胞学检验样本的规则系统

1. 炎症　识别基本炎性细胞——中性粒细胞、嗜酸性粒细胞、淋巴细胞、巨噬细胞和浆细胞，对阐释细胞学检验样品是必不可少的。有些肿瘤中含有大量炎性细胞，但即使在肿瘤坏死组织中，这种情况也非常罕见。如果在样品中仅见有炎性细胞，通常提示是原发性炎症。肿瘤表面出现溃疡可引起炎症，但即使在这种病例中，炎性细胞通常也不会延伸到肿瘤的深部。但是，在肥大细胞瘤中有一小部分几乎完全是由含少量肥大细胞的炎症、出血和水肿组成的，即使采用组织学检验方法也无法鉴别。

（1）中性粒细胞　是炎症部位最先出现的细胞，且只要存在有炎症刺激物，炎症部位就一直黏附有中性粒细胞。出现大量中性粒细胞表明有急性炎症，且常伴有数量较少的巨噬细胞。这种类型的炎症通常是由感染或异物刺激所造成，包括针对被毛和嵌入在软组织中的角蛋白发生的疖性反应。这些细胞的胞浆内可能含有致病性微生物或异物。

（2）巨噬细胞　虽然在发生炎症后2～3 h内，炎症部位即可出现巨噬细胞，而且出现巨噬细胞也未必是慢性炎症的指标，但是随着时间的推移，巨噬细胞的数量常会不断增多。巨噬细胞可以吞噬细菌，也可吞噬较大的组织，如真菌、细胞碎片和异物。巨噬细胞常与组织破坏有关。

巨噬细胞源自循环的单核细胞，形态各异。组织中的巨噬细胞，其胞浆可随着时间的推移而显著膨大，且常发生空泡化。细胞核呈圆形。也可出现多核巨噬细胞，特别是在有异物刺激和长期病变时。在某些情况下，巨噬细胞变成上皮样细胞，细胞核呈椭圆形或圆形，核仁较小，且常常比较模糊。其细胞质膨大，但着染均匀，且无液泡。这类细胞的外观看起来很像上皮细胞，在检验这类细胞时必须格外小心。但是这类细胞一般不会形成细胞聚集，这是与上皮细胞进行鉴别的关键。

在支气管肺泡灌洗液中几乎总会见有巨噬细胞，巨噬细胞源自于肺泡和体腔液（变型过程中的细胞）、关节液（机体的正常成分，但发病时数量增多）和囊肿内容物（非特异性反应）。

（3）嗜酸性粒细胞　嗜酸性粒细胞内含有分叶的细胞核和嗜酸性胞浆颗粒。不同动物的嗜酸性粒细胞略有不同，但一般都比中性粒细胞稍大。在细胞学检查时，着染较差的嗜酸性粒细胞有时很难与中性粒细胞区分开来。嗜酸性粒细胞常与肥大细胞一起出现。嗜酸性粒细胞与过敏有关，在发生寄生虫病、猫的皮肤表面感染病毒和真菌时，嗜酸性粒细胞显著增多。在发生特定的嗜酸性粒细胞增多性疾病时，例如，猫嗜酸性粒细胞肉芽肿（罕见于犬）和马嗜酸性粒细胞溶胶原性肉芽肿，主要细胞类型是嗜酸性粒细胞。在犬皮肤肥大细胞瘤的某些病例中，嗜酸性粒细胞的比例非常高，但肥大细胞却寥寥无几。

在兽医常遇到的动物种类中，兔和豚鼠的炎性细胞相当于其他种类动物的中性粒细胞，但胞浆内有嗜酸性颗粒。这种细胞被称为异嗜细胞，很难与嗜酸性粒细胞区分。在鸟类和爬行动物，相当于中性粒细胞的也是含有嗜酸性颗粒的异嗜细胞。

（4）**淋巴细胞** 淋巴细胞通常很小，胞浆极少，染色质着染较深，无核仁。其细胞核几乎呈圆形，相对较大，大小类似于红细胞的细胞核（造血器官中的红细胞为没有成熟的红细胞，有核。译者注）。在炎症反应过程中，可见有中淋巴细胞和大淋巴细胞，这类细胞的染色质稍微开放，胞浆较多。淋巴细胞连同浆细胞一起，都是慢性炎症反应的一部分，常在开始发生急性炎症数天后出现在组织中。但对于特殊刺激物并不具有特异性，且大部分是小淋巴细胞。如果出现的主要是中淋巴细胞和大淋巴细胞，很可能是淋巴瘤。但是在炎症过程中，甚至可见到少量大型成淋巴细胞。体液中存在的正常反应性淋巴细胞，一般比软组织中的同种淋巴细胞要大。

（5）**多核细胞** 多核细胞为大型细胞，常有两个以上细胞核，有1～3个小核仁，胞浆出现空泡化。多核细胞由巨噬细胞转化而来，常出现在炎症晚期。应检查胞浆内是否存在有真菌和异物。常见有少量多核细胞与其他炎症细胞混杂在一起，形成肉芽肿反应的一部分。禽类和爬行动物的多核细胞几乎没有特异性，在许多局灶性炎症病变中，无论何种原因，都常见有多核细胞，且在炎症过程中很早即可出现。

（6）**成纤维细胞** 成纤维细胞并不是炎症细胞，但却常与炎症一起出现。成纤维细胞增殖参与所有组织损伤后的修复反应，大约2 d后即可出现在炎症病变中。典型的成纤维细胞和纤维细胞为纺锤形细胞，胞质尾足较长；细胞核呈圆形或椭圆形，核仁不明显；细胞质中等，着染均匀，呈浅蓝色。细胞轮廓不明显，呈"飘渺"状。从组织中提取出来的成纤维细胞，一般呈圆形，失去其纺锤形状。但有少数成纤维细胞仍保持偏平状，特别是在细胞群中的细胞。从细胞学上，反应性成纤维细胞无法与低度分化的纺锤细胞瘤进行明确区分。如果在炎症细胞出现的同时发现有纺锤形细胞，则很可能是反应性纺锤形细胞，但也不能排除肿瘤。由于成纤维细胞和纤维细胞是结缔组织的主要细胞成分，因而相互之间常紧密黏附（成纤维细胞常通过基质糖蛋白的介导附着在胶原纤维上。译者注），细胞的收集率往往较低。

2．肿瘤

（1）**肿瘤检查** 炎性病变是以出现不同类型的细胞为特征。出现的主要细胞种类完全相同证明是正常组织、增生或肿瘤。理论上，在对样本是否为肿瘤进行细胞学检验时，第一步是确定细胞来源于何种类型的组织。若无法确定，有必要鉴定细胞的可能行为。这一般无需专门鉴别细胞类型，即可做出鉴定。要确定组织类型和病变的可能行为，应进行如下检验：①细胞数量，②细胞在涂片中的分布状况，③细胞形状，④胞核胞浆的比例，⑤多形性（细胞核和细胞质的），⑥核仁的数量、形状和大小，⑦细胞质的成分，如黑色素含量、异染颗粒、脂肪等。要对细胞类型和可能行为进行分类，需要进行组织活检。除少数情况之外，确诊都需要采用组织学检验方法。

基本组织类型有3种：上皮细胞、间质细胞（支持组织或结缔组织）和圆形细胞。

1）**上皮细胞** 上皮细胞呈圆形、立方形或多边形，多成堆紧密排列，成团或成片脱落。其胞浆轮廓清晰，脱落细胞的数量中等。常见的上皮细胞一般只有一个细胞核。

2）**间质细胞** 间质细胞是一种紧紧排列的细胞，脱落时呈单个脱落或很小的团状脱落。其典型形态为纺锤形，但体外的间质细胞常聚集在一起，呈圆形，特别是单独出现在涂片上时。在小团中的间质细胞，其纺锤形通常更为明显。细胞轮廓不明显，呈"飘渺"状。双核细胞并不少见。

3）**圆形细胞** 圆形细胞在体内没有黏附力或黏附力极小。这类细胞通常可出现大量脱落，在涂片中呈单个存在，不会凝聚成团。这类细胞包括肥大细胞、淋巴细胞、组织细胞、浆细胞和传播性交媾瘤中的细胞。

（2）**肿瘤评估** 为鉴别良性肿瘤和恶性肿瘤，必须对细胞群某些特征的异型化程度进行评估。一般来说，细胞的恶变程度越高，其分化程度就越低，细胞群内的异型性也越大。良性肿瘤内的细胞一般大小均匀、胞核胞浆比例一致，细胞的相似度极高或细胞来源相同。细胞的恶化程度越大，与这些标准的差异也就越大。核分裂像是判断恶性肿瘤的主要指标。

恶性肿瘤的标准包括：细胞大小和形状的异型性、细胞脱落数量增多、细胞胞核粗大、胞核胞浆的比例升高、细胞核大小异型性高且多核细胞的数量增加、异常核分裂像较多、染色质粗大且常发生凝聚、由于相邻细胞的核仁非常接近，造成核仁形态发生变化，以及核仁粗大、数量增多、形状不规则和形状异常。这些指标也有很多例外，此时需要采用组织学检验方法才能做出全面解释。

甲状腺癌的细胞通常都是高度一致的、分化良好的细胞。甲状腺癌可以简单地根据犬的（但不是猫的）肿块大小、有无包膜和软组织侵润情况做出诊断。其恶化的主要特性，如包膜浸润、软组织浸润和血管浸润，只能用组织学方法来确定。其他组织发生的、无法对良性和恶性肿瘤细胞进行区分的肿瘤包括顶浆分泌腺瘤、基底细胞瘤、黑色素细胞瘤和肝脏的增生性病变。

淋巴瘤与大多数恶性肿瘤不同，其常见特征是细胞群内的细胞均匀一致，比正常淋巴细胞大。因此，对于这种类型组织发生的恶性肿瘤，没有必要进行形态学变化的检查。

某些正常组织，如肝样腺，有多种类型的细胞（补充细胞和末端细胞），因此在形态上有所不同；肝样腺出现的少数良性肿瘤也会有类似的异型性。

许多乳腺肿瘤可表现出明显的细胞形态的异型性，但从组织学上可将其归为良性肿瘤。乳腺肿瘤生物学行为的指标是其结构特征，如局部组织浸润和血管浸润。采用细胞学检验无法确定。这些例外情况往往使细胞学检验结果的解释不可靠，特别是对这些类型的组织。

梭形细胞肿瘤大多数不会发生转移，但具有局部侵袭性，往往难以切除。与上皮细胞瘤相比，肿瘤的恶化指标对这些肿瘤的生物学行为一般不太重要。

（三）常见的细胞学检验结果

细胞学检测的某些特点可以对样本做出更准确的解释。下面列出了一些细胞学检验的常见结果及其解释。

1．成熟脂肪细胞　在良性脂肪瘤和成熟体脂中可见有成熟脂肪细胞。采用细胞学检验不能对这些细胞进行区分。脂肪细胞是间充质细胞，由于一般不会脱落，因此细胞数量通常很少。如果从结节状肿块中心采集的样品中检出成熟脂肪细胞，即可诊断为脂肪瘤。

2．梭形细胞　通常，将活化的梭形细胞与梭形细胞瘤中的梭形细胞进行鉴别是不可能的。鉴定肿瘤形成的指标包括缺乏反应性刺激物，如炎症或出血，以及出现细胞数量很多、团块较大的高密度细胞。细胞形态的异型性越大，提示其侵害性也越严重。

3．角蛋白　角蛋白内含有成核的鳞状上皮细胞和终末分化的无核鳞状上皮细胞。角蛋白可能是源于动物皮肤或任何样品处理人员皮肤表面的污染物，是一种人为变化。从皮肤角质囊肿中也可采集到角蛋白，这类囊肿一般都是良性的且非常普遍，特别是在犬的皮肤。如果仅在载玻片中心见有大而密集的角蛋白团块，说明角质蛋白不是人工污染物，而是来自于病变组织。

4．血液　血液是细针吸取物中的常见污染物，但主要来源于组织中充满血液的囊腔内。这类组织可能是非肿瘤性的，如血肿或严重的挫伤；也可能是肿瘤性病变，如血管瘤和血管肉瘤。检出梭形细胞并不足以区分出血是肿瘤引起的，还是非肿瘤病变引起的。从血管系统直接采取的血液一般含有大量血小板。细针穿刺时使用25号针头可以减少血液污染。在对实质器官，如肝脏、脾脏、肾脏和骨髓进行细针穿刺采样时，几乎总会见有血液污染。

5．无细胞　未检出有细胞是细针抽吸活检中普遍存在的问题。由于间充质细胞都是紧密黏附的细胞，不会出现脱落，因此如果在进行细针抽吸活检中采用的方法正确无误，未检出细胞就表明有间充质细胞增殖（包括脂肪瘤）。

6．细胞内胞质颗粒　犬肥大细胞瘤非常常见，在含胞质颗粒的细胞中最重要的就是肥大细胞。这类细胞大小中等，胞核呈圆形。用罗曼诺斯基染色时，颗粒较小（与细菌大小相仿），呈深蓝色或紫色，常大量存在于胞浆内。分化程度低的肥大细胞，胞浆颗粒较少，但对这类肿瘤进行分级时，细胞学检验并不是一种好方法。这类细胞比较脆弱，在受损细胞中常含有大量颗粒。犬常见有嗜酸性粒细胞，极偶然的情况下才是优势细胞类型；但在其他种类的动物并不常见。马肥大细胞瘤的细胞学检验特征与犬类似；但猫肥大细胞瘤出现的颗粒一般较小、比较均匀，且颗粒不太清晰。

甲状腺细胞也有深色的颗粒，一般呈蓝色或黑色。这些酪氨酸颗粒体积小、数量少，很难看到。出现较大的黑色颗粒则与黑色素瘤有关。通过细胞学检查无法将良性黑色素瘤与恶性黑色素瘤进行鉴别。但犬有毛皮肤上的黑色素瘤通常是良性肿瘤；而无毛部位，如嘴唇、脚、嘴，出现黑色素瘤一般都是恶性肿瘤。基底细胞瘤内也常含有黑色素细胞，尤其是猫。这类肿瘤通常是良性肿瘤，通过细胞学检查有时也无法与恶性黑色素瘤区分。巨噬细胞内也可见有黑色素，有时含量还很大，但是胞浆内的颗粒通常较大，而不同于黑素细胞胞浆内出现细小的颗粒。有时，在骨肉瘤的成骨细胞内也可见有非常细小的品红颗粒。软组织内发生出血时，巨噬细胞胞浆内也可见有金黄色粒状物积聚。有时，肝细胞内可见有浓染的胆汁，在充满胆汁的胆小管中偶尔可见有呈细长条状的深色物。

7．细胞内胞质空泡　在脂肪细胞中可见有单个大液泡。正常细胞或良性肿瘤细胞的细胞核小、边界常不清晰，细胞常有折叠感，好像泄气的球。细胞较小，胞核粗大且比较突出，有些胞浆不仅清晰还常有小空泡，强烈提示有恶性肿瘤。

含有多个、泡沫状小空泡的细胞有巨噬细胞、皮脂腺细胞和唾液腺细胞。这些细胞的区分非常困难。发生部位和其他临床特征是解释此类细胞的决定因素。

8．圆形细胞瘤的鉴别 圆形细胞包括肥大细胞、浆细胞、淋巴细胞、组织细胞和传播性交媾瘤细胞。肥大细胞的胞浆内有独特的颗粒，通常很容易鉴别，但胞浆内没有颗粒或颗粒很少的情况是个例外。典型淋巴样细胞的胞核胞质比很高，其他细胞很少有这种特征。肿瘤的淋巴样细胞为中淋巴样细胞到大淋巴样细胞，其细胞核的大小至少是红细胞的1.5倍。常有多核仁，有时非常突出。但是，极少数小细胞淋巴瘤病例的细胞，无法与正常淋巴细胞区别。

组织细胞瘤中的组织细胞没有细胞学特征。这类细胞属于圆形细胞，胞浆淡染、量中等。这些细胞的一致性相对高，胞核偏心，核仁模糊不清。在解释组织细胞时，问题略微多一些。组织细胞属于抗原提呈细胞系的成员，如巨噬细胞和郎格罕细胞，但其范围可以从炎性、反应性细胞到高度恶化的圆形细胞瘤。与胞浆量较大的其他圆形细胞相比，组织细胞往往较大，有时可出现空泡化，胞核呈椭圆形或锯齿状。即使在完整活组织检查中，一般也难以确定组织细胞的浸润，总是需要采用组织学检查方法来进行检验。

肿瘤浆细胞包括骨髓瘤的细胞。这类细胞通常分化良好，并具有正常浆细胞的大部分特征。发生肿瘤时，可见有大量的肿瘤浆细胞，其他类型的细胞极少。浆细胞发生良性结节状增殖时，即浆细胞瘤，可表现有比较明显的多形性，通常与正常浆细胞存在明显的差异。大多数肿瘤浆细胞的外观与组织细胞相似，从细胞学上很难区分。肿瘤浆细胞的细胞核呈圆形，染色质粗大，有时聚集在核膜周围。细胞核常呈偏心状，胞浆嗜碱性浓染，高尔基带出现核旁淡染。

传播性交媾瘤细胞的胞浆量一般中等（较淋巴母细胞多），常有小空泡。胞核染色质粗大，有1～2个相当突出的核仁。分裂相非常多。与大多数肿瘤的细胞学检验结果不同，传播性交媾瘤细胞的胞核胞质比没有太大变化。

（四）特定部位的细胞学检验

1．淋巴结 正常淋巴结、增生淋巴结和早期淋巴瘤的细胞都是混合型淋巴细胞。主要是小淋巴胞，并伴有数量不等的中淋巴细胞和大淋巴细胞，以及少量浆细胞。淋巴细胞群高度一致提示可能是肿瘤。淋巴结穿刺样品中常见有非常淡染的、较大的淋巴细胞群，有些细胞完全丧失胞浆。这些细胞正处于不同退化阶段，应当予以忽略。将其与红细胞大小进行比较很有用处。成熟的正常淋巴细胞和肿瘤性的小淋巴细胞（极少）的细胞核大小与红细胞相同。但是，淋巴母细胞的细胞核直径至少是红细胞的1.5倍大小。然而，发生淋巴瘤的淋巴结中可能仍然含有大量正常淋巴样细胞。要区分肿瘤与增生，必须将较小

的成熟淋巴细胞与较大的未成熟淋巴细胞进行比较。尽管两种淋巴细胞的比例存在有显著差异，但是一般来说，大多数细胞学家都将淋巴细胞群中未成熟淋巴细胞的比例大于50%作为淋巴瘤的诊断标准。有些细胞学家要求的未成熟淋巴细胞的比例更高，尤其是在只有一个淋巴结出现肿大时。如有疑问，应进行活体组织检查。如果要考虑对淋巴瘤进行治疗，采用组织病理学方法进行确诊是必不可少的。

通常很难对颌下淋巴结进行检验评估。口鼻部位的淋巴都引流至颌下淋巴结，该淋巴结常受到强烈抗原刺激物的影响。颌下淋巴结经常发生增生，在组织学上多为非典型性的，尤其是在猫。猫也可发生一些不常见的肿瘤，影响该淋巴结，如T细胞丰富的B细胞淋巴瘤和霍奇金淋巴瘤。为此，在对颌下淋巴结病变进行解释时必须非常小心谨慎，因为在诊断为肿瘤时经常会出现假阴性结果和假阳性结果。

在对怀疑发生颌下淋巴结肿大采集的穿刺物样品进行检验时，经常仅见有泡沫状大细胞，这些细胞起源于唾液腺。这种检验结果可能是由于抽样误差所造成，也可能是有涎腺病病例发生唾液腺肥大所引起。涎腺病的病因尚不清楚，但有极少数颌下淋巴结穿刺物样品含有这种细胞。

2．体液 有意义的体液检验项目有总蛋白（用手持式折光仪检测）、细胞总数和细胞类型鉴别（表15-2）。由于淋巴管或血管漏出的液体及其吸引的多种炎症细胞，很快就会造成漏出液发生改变，因此很少有纯粹的漏出液。漏出液吸引激活的巨噬细胞，以及数量不等的未退化中性粒细胞。也可能存在的淋巴细胞被归类为小淋巴细胞，但大多数看上去比循环淋巴细胞稍大，也参与了体腔的液体反应过程。此外，当体液积聚在体腔内时，内膜间皮细胞发生增殖并脱落到体液中。这种细胞个体较大，且常为多核，外观各不相同，大的核仁常呈团块状。有时这些细胞可呈葡萄串状，细胞间隙细小暗淡。通常认为这些特征与恶性肿瘤有关，但在这类病例中，细胞只是反应性细胞，并非肿瘤细胞。在对体液中的这类间皮细胞与肿瘤细胞进行鉴别时，必须特别小心。有少数这种间皮细胞的细胞质包膜周围有冠状物（呈轮廓模糊状），这是间皮细胞的一个显著特点。

表15-2 漏出液和渗出液的特点

项目	总蛋白（g/L）	细胞总数（个/μL）
漏出液	<2.5	<1 500
变性漏出液	2.5～7.5	1 000～7 000
渗出液	>3.0	>7 000

间皮细胞数量众多，特别是在心包液中。家畜较罕见有恶性间皮细胞瘤，但通过细胞学检验不可能将肿瘤间皮细胞与反应性间皮细胞进行鉴别。多倍体程度也不是其显著特点。

随着漏出液发生改变，混合型炎症细胞数量增多，并大量出现于渗出物中。这类样品中也可能会出现间皮细胞，因此检出第二种细胞群有助于肿瘤的诊断。非典型细胞的聚集团边界光滑、细胞致密且无间隙，提示存在有第二种肿瘤细胞群。

（1）**气管或支气管肺泡灌洗液（BAL）**　在健康动物和发病动物的气管或支气管肺泡灌洗液中均可见有呼吸道上皮细胞。上皮细胞可保持其原有结构，表面有纤毛、胞核位于细胞底部，但其形态一般呈圆形，纤毛模糊不清。

巨噬细胞是健康动物BAL中的主要细胞类型。巨噬细胞来源于深层肺泡，也是机体正常防御机制的组成部分。在发生肺脏积液（如心血管机能不全）时，巨噬细胞大量增多；发生炎性疾病时，还同时伴有其他炎症细胞。在巨噬细胞的细胞质中，有时可见有细胞碎片、异物、含铁血黄素、红细胞和微生物。在多种亚急性和慢性肺脏疾病中，均可见巨噬细胞数量增多。

在健康犬和猫的BAL中，中性粒细胞的比例在5%以下。中性粒细胞是呼吸道系统的非特异性炎症细胞，其出现并不一定表明存在感染。在发生炎症反应时，甚至在过敏反应病例中，数量最多的细胞是中性粒细胞。但是，在检出有中性粒细胞时，始终应仔细检查细胞质内是否存在有病原。检查涂片时，有时也可在细胞外发现细菌，但胞外细菌往往是来自于咽部的污染物。

因为细胞内的染色颗粒一般都比较模糊且难以辨认，因此在对BAL中的中性粒细胞和嗜酸性粒细胞进行区分时，必须格外小心。在健康犬的BAL中，嗜酸性粒细胞占总细胞的比例可高达5%，在健康猫可达10%。嗜酸性粒细胞的比例超过10%，提示发生了呼吸系统过敏性疾病，但肺线虫、心丝虫也可引起这种反应。感染肺线虫时，有时也可见有呈卷曲结构的幼虫。

在BAL检样中常见有核鳞状上皮细胞和无核鳞状上皮细胞，常与细胞表面的细菌有关。这可表明其为来源于咽部的污染物。细菌是咽部的常在定植物，尤其是较大的、呈并列排列的西蒙斯氏菌属（*Simonsiella*）细菌。该类菌的存在只能证明污染来自于咽部。如果同时存在有细菌和鳞状上皮细胞，就不能确定污染物是来自于呼吸道，还是咽部。在中性粒细胞的胞浆存在有细菌，即可确认有明显的感染。

（2）**滑液**　对关节滑液进行全面检验应包括蛋白质含量、黏蛋白凝块以及其他因子。但在一般临床条件下，进行一整套检验通常是不可行的。在所有这些检验中，都必须要进行细胞学检查，尤其也要考虑临床症状时。正常滑液中含有少量单核细胞。正常动物滑液中的细胞数量差别很大（如犬为0~4 400个/μL）。如果犬滑液中的细胞总数超过500个/μL，通常表明细胞数量显著增多。用高倍显微镜检查时，正常滑液中每个视野（400×）一般只有2个细胞。

巨噬细胞的数量常随着关节的损伤而增多，特别是退化性关节病例。这种巨噬细胞的胞浆呈空泡化，尤其是在吞噬有细胞碎片或红细胞时，表明巨噬细胞有活性，这是在正常关节的单核细胞中不会出现的一种特征。在退化性关节病的滑液中，通常仅见有巨噬细胞。

在滑液检样中常见有出血，但多是人为造成的。发现有出血也可提示有关节积血，尽管并不总是如此。但发生真正的关节积血时，在巨噬细胞的细胞质中可见有红细胞。血液污染也包括白细胞，如中性粒细胞，这就造成对关节内的炎症细胞无法做出全面解释。

中性粒细胞可见于化脓性关节炎和自身免疫性关节病。通过临床病史一般可对这两种疾病做出鉴别。发生化脓性关节炎时，有时可在吞噬细胞的胞浆内见有细菌。无论采用细胞学检验方法还是采用细菌培养方法，未见有细菌并不能排除细菌是造成关节炎的原因。如上所述，中性粒细胞可能来自于污染的血液。

3. 鼻腔灌洗液　鼻腔灌洗液的细胞学检验方法与BAL的检验类似。有少量呼吸道上皮细胞会随着渗出液一起冲洗出来。嗜酸性粒细胞占优势可提示有吸入性过敏原、寄生虫或真菌，有时也可提示有细菌或肿瘤。因此，与其他部位相比，如气管或支气管，从鼻腔中检出嗜酸性粒细胞对于特定疾病的指示作用很小。

渗出性中性粒细胞是最常见的渗出细胞，但是，与BAL一样，一般提示有继发性感染。在鼻内出现肿瘤时，可见有肿瘤特征性的细胞（见肿瘤），但是未检出这种细胞并不排除肿瘤。只有少数几种肿瘤可侵蚀表层的呼吸道上皮，并造成肿瘤细胞脱落。

同样，在鼻腔灌洗液中未检出真菌菌丝，并不能排除真菌感染。在采用细胞学检验和真菌培养时，都必须直接采集真菌斑块，否则会出现很多假阴性结果。很少见有病毒包含体。

4. 阴道细胞学　阴道细胞学检验方法可用于鉴别犬发情周期的不同阶段，但其检验结果的解释必须与动物行为相结合。使用棉签或玻璃棒，可以从阴道穹窿顶端到尿道口部位，采集到脱落细胞的样品。将细胞样品轻轻滚涂在载玻片上，风干后进行染色。需要检查的特征包括中性粒细胞、细菌、红细胞，以及存在的上皮细胞的类型。上皮细胞（按分化顺序）可分为副基底层细胞、中层小细胞和中层大细胞以及表层细胞。副基底层细胞较小，细胞核呈圆形，位于细胞中央，核仁模糊不清，胞浆相对较小，胞核胞浆比约为1∶1。中层小细胞的胞核与副基底细胞相似，但胞浆量更大。中型大细胞的细胞核也基本类似，但胞浆量非常大，且外形不规则、有棱角。表层细胞的胞浆量也非常大，但其胞核致密（核小与核固缩）或无核。

发情周期的各阶段是逐步发生变化的。如果检验结果与发情周期的具体阶段都不相符，就必须判断是周期的哪一阶段。①在发情前期，所有类型的上皮细胞连同中性粒细胞、红细胞和黏液一起出现。随着发情前期的不断发展，上皮细胞逐渐达到终末分化期（表层细胞），而中性粒细胞也在慢慢减少。常可见有大量细菌。②在发情期，90%以上的上皮细胞都是表层细胞，且无黏液衬托。可见有大量细菌，但无中性粒细胞。③在间情期，副基底细胞和中层细胞占上皮细胞总量的80%以上。可见有数量不等的中性粒细胞和细菌，但数量比发情前期少。发情前期的某些阶段很难与间情期进行区分。④在乏情期，以副基底细胞和中层细胞为主，中性粒细胞和细菌较为罕见。在区别发情各阶段时，红细胞根本没有用。

5. 脑脊液 由于采集到的保存完好的细胞样品在检验之前很容易发生变质，因此对脑脊液（CSF）的细胞学检验结果很难进行解释。正常脑脊液中的细胞数量很少（犬0～5个/μL，猫0～8个/μL）。不同个体的细胞数量差异很大；同一只动物的脑池和腰椎穿刺抽吸液的细胞数都不相同。由于脑脊液中的白蛋白水平是血清白蛋白量的大约20%，因此其中的细胞会迅速发生变性。理想情况下，应在采样后1 h内进行细胞计数和形态学观察。

由于细胞数量很少，所以不宜使用自动细胞计数器，可使用血细胞计数器。细胞学检验样品制备可采用血细胞离心涂片机。可采用一种简易的沉淀方法（其详细内容不在本书的范围之内）将细胞浓缩至玻片上，非常适合于实际应用。在一张脑脊液涂片上，如发现有核细胞的数量在1～2个或以上，即可认为具有潜在的重要意义。

在脑脊液中有核细胞数量增多被称为脑脊液细胞增多。在中枢神经系统发生传染性和非传染性疾病时，无论是脑脊髓液细胞增多程度，还是细胞类型都存在有极大的差异和交叉。检验结果的解释应与其他临床表现细节相结合。如果检出有中性粒细胞和（或）巨噬细胞，还应检查胞浆中是否有细菌和真菌。未检出微生物或脑脊液细胞增加，并不能排除感染，但在中枢神经系统发生非感染性疾病也会引起中性粒细胞增多。

除了淋巴瘤之外，很少能在脑脊液中发现有肿瘤细胞。如脑脊液中检出非炎性细胞，应使用上述基本原则进行解读。

6. 尿液细胞学 可以将尿液制成湿样或细胞学干涂片进行检验。由于湿样不能进行染色，因此最好仅限于检查结晶和红细胞。虽然可检出有核细胞，但在大多数情况下无法识别，最好采用细胞学干涂片进行检验。

常见的尿晶体至少有10种，其鉴定方法不在此赘述，通过参考插图可以很容易完成（见尿石症）。

由于尿液中的细胞可迅速发生变性，特别是存在有细菌时，因此尿液样品采集后，应迅速进行离心和检验。如不能迅速检验，一般可在尿液中添加硼酸，以避免发生变性和细菌过度繁殖。添加几滴福尔马林是一种更好的保存方法，但采用这种方法后不能再进行罗曼诺斯基染色。

正常尿液中一般只有极少量的有核细胞，偶见有单个的泌尿道上皮细胞。尿液中也可见鳞状上皮细胞，来自于尿道末端、阴道、阴门和包皮上皮。罕见的是，慢性炎症造成膀胱上皮细胞发生鳞状上皮化。

尿液样本中出现的肿瘤细胞几乎都是上皮细胞。这类上皮细胞呈圆形、多边形，常凝聚成团，在形态上呈明显的多形性。均匀一致的细胞是正常细胞的可能性更大。细胞呈轻微多形性可能与增生有关（如息肉样膀胱炎的某些病例）。

在膀胱发生肿瘤和炎性疾病时，通常可在尿液中见有红细胞，但在未出现其他病变迹象时也常见有红细胞。这可能是采样时造成的人工污染，但也可能是间质性膀胱炎病例的常见现象。在猫，间质性膀胱炎通常是猫泌尿系统综合征的同义词，但犬和人也可见有间质性膀胱炎，提示引起该病还有其他未知致病因素。出现顽固性血尿，但未见发生肿瘤或炎症的细胞学证据，提示可能是间质性膀胱炎（见尿液检验）。

7. 肝脏细胞学 尽管细胞学检验是检查肝病的常用方法，但对其有效性尚有分歧。大部分样本都可见有血液污染，从而掩盖了炎性浸润。许多肝脏疾病的诊断都依靠肝脏的结构特征和病变分布情况，而不是依靠单个细胞的形态学检验。发生某些肝脏疾病时，肝细胞发生增殖，但单个细胞没有明显的形态学变化。这些因素都会造成无法从肝组织细胞学检验结果中获取足够的信息。

肝脏的采样方法与其他器官的采样方法类似。通常要在超声引导下进行采样，但是也可在第十肋间隙的肋骨与肋软骨连接处进行盲采。采用这种方法，不会造成太大的出血风险。

正常肝脏的肝细胞呈丰满的、多角形圆形细胞，直径25～30 μm。细胞核大而圆、居中，有单个核仁，大而明显。少数细胞有双核。细胞质量一般较大，呈蓝色颗粒状。

肝细胞代谢发生改变常见于细胞质内。出现大量弥散性小液泡或一个大液泡，提示有脂肪积累。造成脂肪蓄积的原因可能有多种，猫肝脏脂质沉积综合征可出现明显的脂肪蓄积。肝细胞肿大、细胞质着染清晰，但无弥散性液泡，是糖原贮积过量的特征。造成这种现象的最常见原因是循环类固醇水平升高。

通过检查细胞质，也可以对胆汁淤滞和色素沉积（如铁）情况进行评估。肝细胞内通常都有脂褐素色素沉积，这种色素颗粒较小、分布均匀、着染深，但胆汁和含铁血黄素一般出现在细胞质内，呈稍大的浓染颗粒。在胆小管中（胆小管阻塞）也偶见有胆汁沉积，在肝细胞表面呈黑色条带状。

由于样品必然存在有血液污染，因此无法对炎症进行细胞学检验。若在肝细胞群内见有炎症细胞，只应认为是严重的炎症反应。虽然可以检出单个炎性细胞，但无法确定肝脏的主要发病部位。发生弥漫性肝炎时，可见有中性粒细胞；发生更局限化的胆管炎时也可见有中性粒细胞。门静脉周围发生炎性疾病时，如猫的淋巴细胞性胆管周炎和犬的慢性活动性肝炎，常见有小而成熟的炎性淋巴细胞。应检查吞噬细胞的细胞质内是否有微生物，但肝脏疾病不常见有这种现象。

原发性、增生性、结节状肝细胞病变包括再生性增生、结节性增生、腺瘤（肝癌）和肝细胞性肝炎。胆管增生可表现为囊肿、腺瘤或癌。与胞浆少的肝细胞相比，胆管细胞相对较小，呈立方形或扁柱状，在细胞学样品中有时可呈管状结构。其胞浆也呈比较均匀的淡染，没有明显的颗粒。核仁较小，且不清楚。由于这些病变大多数仅造成囊性间隙，而不是细胞性的病变，因此很少能从囊性胆管中采集到明显的细胞。如果采集到大量的胆管上皮细胞，就有可能是肿瘤。

由于良性增生性病变中的肝细胞与高分化癌中的肝细胞非常相似，通常无法区分，因此对肝细胞增生进行解释是比较困难的。只有在检出低分化度的多形性细胞时，才可以对病例做出充分的解释。肝脏出现的增生性病变经常会出现假阴性结果。因此，细胞学检验对结节性肝细胞病变的价值有限。

细胞学检验是诊断圆细胞肿瘤的一种实用方法。即使有严重的炎症病变，也可见有少量、较小的成熟淋巴细胞。出现大量中淋巴样细胞和大淋巴样细胞表明有淋巴瘤。

常见的可影响肝脏（特别是对猫，但偶尔也对犬）的其他圆形细胞肿瘤是肥大细胞瘤。由于肥大细胞内的颗粒是异染性颗粒，因此很容易做出诊断。正常肝脏的抽吸物中含有少量肥大细胞，但在肿瘤中通常存在有大量肥大细胞。如果从细胞学检样中检出其他细胞，则应按照上述原则进行解读。

8. 肾脏细胞学　正常肾脏的抽吸物几乎都只含有一种肾小管细胞群。这种细胞呈中等大小，17～20 μm；胞核位于细胞中央，核仁小且模糊不清；胞浆量中等、淡染。猫肾小管细胞的胞浆中常见有脂滴，这是其正常特征。肾小管细胞可呈单个或团块状，有时可见有管状结构，有时其胞浆内含有深色小颗粒。

肾淋巴瘤是猫和犬最常见的肾脏肿瘤疾病。由于细胞常广泛分布于组织中，因此细胞学检验一般不会出现假阴性结果。通过采用上述标准即可做出诊断。原发性肾肿瘤并不常见。

囊性病变包括肾囊肿，最常见于猫，但偶尔也见于犬，以及肾盂积水。在这两种疾病中，采集的细胞量通常较少，液体量很大。在进一步确定囊性结构的性质时，对样品的细胞成分进行检验没有多大帮助作用。

肾脏的大多数炎症病变都是慢性的，可产生纤维性结缔组织。从这些病变中采集的细胞量一般都非常少，细胞学检验通常并不是一种有用的方法。有时也可对化脓性炎症做出诊断。细胞学检验对诊断猫传染性腹膜炎是有价值的，尽管更常用的是血清学诊断方法。因为炎症一般都比较严重且很广泛，因此采集的细胞量一般都很大。广泛存在有炎性细胞混合物，加上适当的病史，就是该病的指征。

9. 乳腺细胞学　在鉴别乳腺组织是发生炎症还是结节性肿瘤病变时，细胞学检验是非常有用的。乳腺肿瘤通常不会发生炎症。

对肿瘤病变进行解释时，必须使用肿瘤细胞学检查评价标准（见细胞学检验）。判断乳腺肿瘤的表现和预后所采用的标准，是用组织学方法进行评估，而不是用细胞学方法。但是，对于肿瘤的表现，细胞形态学未必是一个很好的指标。犬和猫发生乳腺肿瘤时，其预后的两个主要特征是出现局部组织侵袭和血管侵袭。猫乳腺肿瘤的大小也是一个很有用的预后指标。

四、临床血液学

血液学是研究血液中的细胞成分的数量和形态，

包括红细胞、白细胞和血小板（凝血细胞），并利用其检验结果进行疾病的诊断和监测（见造血系统概述）。

（一）血液学检查项目及意义

1. 红细胞 对红细胞进行的3种常规检验项目是：血细胞比容（PCV），指红细胞在全血中所占的比例；全血中溶解红细胞中的血红蛋白（Hgb）浓度；以及红细胞总数，指单位全血中的红细胞数量。虽然这3个项目都是独立进行检验的，但实际上是采用3种不同方法检验同一种物质，不应将其作为单独变量进行解释。由于这3个指标的相互关系各不相同，因此应进一步计算2个有意义的指标，即平均红细胞体积（MCV）和平均血红蛋白浓度（MCHC）。见公式：

$$MCV（fL）=\frac{PCV（小数）\times 1\,000}{RBC（\times 10^{12}/L）}$$

$$MCHC（g/L）=\frac{全血血红蛋白浓度（g/L）}{PCV（小数）}$$

不同种类哺乳动物的MCV差异很大，从山羊的15 fL到人类的90 fL。鸟类和爬行动物的红细胞更多，可达到300 fL。但是，不同种类哺乳动物的MCHC（或红细胞大小）差异很小，为330 g/L。

一些人为因素可造成测定的红细胞参数出现明显变化，可能会将人引入歧途，这些变化包括：①陈旧样品造成红细胞膨胀，引起PCV和MCV升高、MCHC降低；②脂血会导致血红蛋白值升高的假象，因此也会出现MCHC高的假象；③溶血可引起PCV降低，而血红蛋白值不变，也会出现MCHC高的假象；④检测管充盈不足可引起红细胞皱缩，导致PCV和MCV降低、MCHC升高；⑤自身凝集反应可造成红细胞数低的假象，并因此出现MCV高的假象。

采用罗曼诺斯基染色法对红细胞形态进行形象描绘，也能够提供有用的诊断信息。最常用的形态描述有：①正常红细胞，表示红细胞大小正常。②巨红细胞，表示红细胞异常增大，一般呈多染性。③小红细胞，表示红细胞异常小，常由于血红蛋白前体缺乏造成的。④红细胞大小不均，表示红细胞形态变化，这是由于存在有巨红细胞、小红细胞或这两种细胞共存造成的。⑤血色正常，表示红细胞的颜色正常。⑥多染性，表示红细胞的颜色不同。常描述巨大的、幼稚的、蓝染的、多染性的巨红细胞的形态。这大致相当于新亚甲蓝染色后所见的"网织红细胞"，其中的网状组织代表残存的胞核。⑦红细胞血红蛋白减少，表示红细胞的染色强度下降，通常是由于血红蛋白前体缺乏造成的，特别是缺铁。⑧平血形红细胞，表示低色素红细胞的极端形式，仅有薄薄的一层血红蛋白。

在评价红细胞系的基本状态时，通常将PCV作为一个变量使用——发生红细胞增多症时，PCV升高；发生贫血时，PCV降低，即使样品出现严重溶血无法测量PCV，通过测量Hgb仍可能获得有价值的数据。在临床上，也不应当对类似情况下的红细胞计数值进行解释。

PCV异常高（红细胞增多症）可能是相对的，原因是血浆中循环红细胞的比例发生了变化，而红细胞的大小未发生任何变化；PCV异常高也可能是绝对的，因为红细胞发生了实质性的增大。绝对的红细胞增多症可能是原发的（如真性红细胞增多症，或罕见的导致红细胞生成素异常生成的肿瘤），也可能是继发的（其他器官系统疾病造成的结果，见红细胞增多症）。

当PCV很高，一般在0.70以上时，只能怀疑为真性红细胞增多症和导致红细胞生成素异常生成的肿瘤。真性红细胞增多症的特征是，成熟的红细胞数正常和红细胞生成素水平正常（或较低）；而导致红细胞生成素异常生成的肿瘤可见红细胞出现再生像，伴有红细胞生成素水平升高。相对红细胞增多症也可引起PCV非常高，而成熟红细胞正常。继发性红细胞增多症一般可见PCV轻度升高，常带有再生的迹象（发生肺源性和心源性疾病时更为明显，而激素原因引起的很少发生）。依据临床症状，通常可对红细胞增多症做出鉴别诊断。

造成PCV异常低（贫血）的原因可能有失血（出血）、循环红细胞发生溶解（溶血），或骨髓（发育不全或再生障碍）生成红细胞不足。根据发生的疾病呈急性还是慢性，其表现也各不相同。由于贫血是随着现有细胞达到寿命终点而逐渐发生的，因此再生障碍性贫血总是呈慢性发作（见贫血）。

发生急性出血性贫血时，外部失血很容易通过临床症状察觉，但体腔内出现失血只能通过穿刺进行确认。开始时，所有的血液学指标都可能正常，而体液流失可能需要12 h，才能造成PCV降低。红细胞在数日内即可发生再生，血液循环中可出现幼稚红细胞（除马外，其他动物血液循环中出现再生的迹象并不是很容易察觉）。出现再生迹象时，可见有多染性的巨红细胞和幼红细胞（有核红细胞）。晚幼红细胞的胞核较小、无活力，胞浆量中等，颜色与多染性巨红细胞类似；而早幼红细胞的胞核较大、有活力，胞浆稀少。这类细胞与淋巴细胞最明显的区别在于，其细胞核着染致密。

如果机体出现大量失血，红细胞象可呈现着色不足。因此，这种类型的贫血就可表现MCV升高、MCHC降低。如果发生体腔内出血，由于血红蛋白前体可被循环再利用，因此血红蛋白水平不会出现明显的下降。但是，由于游离红细胞发生分解，因此可见轻微的黄疸。如果有点畸形，一些游离的红细胞可能完整地返回到血液循环中。

发生急性溶血性贫血时，可立即出现PCV下降，早期有些可出现明显的黄疸。在发病的早期阶段，即使非常细心地采样也可见有明显的溶血。与失血性贫血一样，在发生溶血性贫血数天内红细胞即可出现再生，可见有明显的多染性巨红细胞和有核红细胞。由于机体未损失血红蛋白前体，因此不会见有真正的血红蛋白过少。

如果血液流失到粪便或尿液中，或发生吸血性的外寄生虫，就很难鉴别慢性失血性贫血。可能会出现严重的贫血，从红细胞涂片上呈现再生性。通常可出现非常明显的血红蛋白过少。发生长期顽固性疾病时，铁和其他血红素前体的消耗非常明显，造成大部分红细胞为小红细胞，MCV异常减小。腹腔内发生间断性出血，由于流入腹腔内的血液可返回到血液循环中，所造成的表现略有不同。因此，在发生下次出血之前，PCV可能很快恢复正常，也不会出现血红蛋白缺失的症状。

发生慢性溶血性贫血时可呈现红细胞再生，只有自身免疫性溶血性贫血（AIHA）的一些病例，开始治疗之前反而不会表现红细胞再生或再生非常少。红细胞着色过浅不像发生出血性贫血那么明显，较常见红细胞畸形（包括靶形细胞和皱褶红细胞）。球形红细胞，即丧失其典型双凹面结构的红细胞，可确诊为AIHA。由于网状内皮系统和肝脏一旦发现有红细胞破坏的产物，就会立即将其清除，因此可能不会出现黄疸。

如果红细胞的生成只是受到其他一些疾病的抑制，就可能出现轻微的再生不良性贫血和再生障碍性贫血。蛋白质、矿物质或维生素缺乏可引起再生不良性贫血，但这种疾病更有可能是由于其他疾病所引起（如慢性出血或吸收障碍）而并非单纯性的营养缺乏。一些疾病可能会抑制红细胞生成素的产生，如肾衰竭、可刺激红细胞生成素生成的激素缺乏（如甲状腺功能减退、阿狄森病）以及慢性衰竭性疾病，如慢性感染、慢性寄生虫病和肿瘤。如果是由营养缺乏所造成，则红细胞形态呈非再生性，也会出现红细胞着色过浅。自相矛盾的是，由于维生素B12和叶酸缺乏可抑制早期成熟红细胞，从而出现大红细胞象。骨髓发生肿瘤时，由于红细胞生成的成分被排挤出来，可引起严重贫血。但因为剩余骨髓试图代偿，因此可见有部分再生。在这种情况下，其他骨髓细胞系也会受到影响。

真正的再生障碍性贫血是指全部骨髓发生造血功能衰竭。首先出现的是短寿粒细胞和血小板减少，随之逐渐出现严重的贫血，多表现为正细胞正色素型。

2．白细胞　白细胞包括粒细胞（大部分哺乳动物的中性粒细胞，兔、爬行动物和鸟类的嗜异细胞；嗜酸性粒细胞以及嗜碱性粒细胞）和无粒白细胞（淋巴细胞和单核细胞）。尽管白细胞计数习惯上是按照每种白细胞占白细胞总数的百分比计算的，但是有临床意义的是每种白细胞的绝对数值，该数值可通过将每种白细胞所占百分数乘以白细胞总数来计算。由其他种类白细胞数量出现绝对减少而造成另一种白细胞所占的百分比升高，实际上其数量根本没有增加。

（1）成熟中性粒细胞　细胞核呈分叶状，但是当需求量大的时候，大量不分叶的、胞核呈杆状的未成熟中性粒细胞就会进入血液循环中。中性粒细胞起着吞噬细胞的作用，在发生传染性疾病和炎症时起着十分重要的作用。引起中性粒细胞数的增多（中性粒细胞增多症）的原因有炎症、细菌感染、急性应激、类固醇的影响和粒细胞系肿瘤（不采用特殊染色法或骨髓活检，很难将粒细胞性白血病与单纯的中性粒细胞增多症鉴别开）。造成中性粒细胞数减少（中性粒细胞减少症）的原因有病毒感染、接触毒素（包括食源性毒素）、某些药物（如卡比马唑和甲硫咪唑）、中性粒细胞发生自身免疫性破坏、不涉及粒细胞的骨髓瘤以及骨髓发育不全。

（2）嗜酸性粒细胞　特点是在罗曼诺夫斯基染色下呈明显的粉红染色颗粒。嗜酸性粒细胞可造成组胺失活，并能抑制水肿的形成。嗜酸性粒细胞数升高（嗜酸性粒细胞增多症）的原因可能有过敏/超敏反应、寄生虫病、组织损伤、肥大细胞瘤、发情期以及母犬的妊娠期或分娩时。一些大型品种的欧洲犬种（如德国和比利时牧羊犬、罗特韦尔犬），其嗜酸性粒细胞数通常都较高。也可见嗜酸性粒细胞数（高嗜酸性粒细胞综合征）极高的情况，这可能是由于速发型超敏反应和嗜酸性粒细胞白血病（慢性骨髓性白血病的一种类型）。嗜酸性粒细胞数减少（嗜酸性粒细胞减少症）几乎都是由于糖皮质激素的作用所引起，不是内源性的、就是治疗性的。

（3）嗜碱性粒细胞　在大多数种类的动物都很罕见，其特点是在罗曼诺夫斯基染色下呈蓝染颗粒。嗜碱性粒细胞与肥大细胞密切相关，同样也可通过释放组胺引发炎症反应。在一些种类的动物发生过敏反应时，既可以造成嗜酸性粒细胞数升高，也能引起嗜碱性粒细胞数升高（嗜碱性粒细胞增多症）。

（4）单核细胞　是一种体积较大的细胞，胞浆呈蓝灰色，也见有液泡，胞核呈肾形或分叶状。单核细胞的主要功能是吞噬作用，从本质上等同于组织巨噬细胞。单核细胞数升高（单核细胞增多症）可见于任何一种慢性疾病，特别是慢性炎症，发生肿瘤时尤为明显。犬使用类醇时，也可出现单核细胞增多。

（5）**淋巴细胞**　主要是在骨髓、淋巴结、脾脏和与胃肠相关淋巴组织中发育。淋巴细胞是最小的白细胞，呈圆形，胞核染色均匀，胞浆较少。淋巴细胞主要起免疫功能的作用，包括产生抗体和参与细胞介导免疫应答。有些淋巴细胞仅能存活数天，但大部分淋巴细胞可长期存活。在血液、淋巴腺、淋巴结和脾脏滤泡中的循环淋巴细胞数量处于总体平衡状态，未必能够反映出淋巴细胞增殖的变化。淋巴细胞数增多（淋巴细胞增多症）可能是生理反应，尤其在猫，但显著增多通常表明是白血病。也可见有不成熟淋巴细胞或形态奇异的淋巴细胞。淋巴细胞数减少（淋巴细胞减少症）通常是由于皮质类固醇的影响，不是内源性的（应激或库兴氏病）、就是治疗性的；发生某些病毒性感染时，特别是细小病毒感染，可能伴有中性粒细胞减少。如果未发生白血病，淋巴细胞减少也可能是实质器官发生淋巴肉瘤的一种表现。

3. 血小板　哺乳动物的血小板是从骨髓中的多核状巨核细胞脱落下来的细胞碎片，呈淡蓝色颗粒状（远小于红细胞）；禽类和爬行动物的血小板是一种有核的真正细胞。血小板的主要功能是维持内皮细胞的完整性，参与凝血过程，修复受损内皮细胞，确保血块的机械强度。

在发生损伤后，出现血小板数增多（血小板增多症）是对血小板消耗做出的一种反应，也可见有大的幼稚型血小板；脾切除后，血小板可作为脾脏的备用品，释放到血液循环中；使用长春新碱治疗后，从巨核细胞脱落下来的血小板数量会增多；发生巨核细胞白血病时血小板数量也会增多。

血小板计数减少（血小板减少症）的原因有自身免疫反应、血栓性/血小板减少性紫癜、骨髓抑制和骨髓再生障碍、骨髓瘤以及马传染性贫血。表现的症状是出现瘀点和瘀斑，而不只是明显的出血，在血小板数达到$20 \times 10^9/L$以下之前，很少见有这种症状。同样，血小板功能异常时也可出现类似症状，但血小板数量和形态都正常。

（二）血液样品的制备和评定

虽然某些现场血液学检验项目只是定性检测而非定量检测，但是可以用最少的专业设备提供与实验室全面检验几乎一样多的检验信息。

应当将血液学检验用的血液样品采集于含EDTA抗凝剂的试管中，并立即混匀，以避免血液凝固。较大的试管（2.5 mL）比小的儿科用试管（1 mL）的效果要更好，且不易造成血液凝固。不过，由于小动物进行采血可能只能使用小试管，因此最重要的是要将血液恰好采至试管刻度。白细胞发生形态学变化的速度最快，特别是在马血，因此如果不能立即对血样进行检验，应将血涂片与血样一起送至实验室。

PCV可通过微量血细胞比容法进行测量，这是一种参考方法。可采用毛细管吸入3/4混合均匀的血液，将一端封闭——最好采用热封口，如有本生灯的话，否则应使用专用的封口剂封口。将毛细管置于高速微量血细胞比容离心机中离心6 min，然后用带滑动游标的微量血细胞比容读数器读取PCV。应注意血浆的外观（如正常、黄疸、溶血、脂血）和血沉棕黄色层的厚度，这些情况可以为白细胞计数提供很粗略的指导。

从血涂片中可以获得更多的信息。制备血涂片时，可以将一小滴血液滴在干净载玻片上，用一磨边的玻片作为涂布器，推动载玻片上的血滴，使其成薄血膜。适宜的薄血膜应很薄（1个红细胞的厚度），到载玻片末端的涂片边缘应逐渐变薄。要确保用磨边推片平行于载玻片两个长边。形成薄血膜后，应立即用风扇将载玻片迅速吹干。可以将风干后的血涂片放置在载玻片邮寄盒内寄送给实验室，也可以在诊所内进行染色和检验。采用商品化的罗曼诺夫斯基快速染液时，只需要将载玻片连续浸没在3种染色液中即可。采用这种方法染色的涂片，其细胞形态清晰，虽然染色数天后质量有所下降，但仍可以与更耐久的染色剂相媲美，如雷氏曼染液或梅-格瑞-姬姆萨（MGG）染液。载玻片应进行自然风干或是用吹风机吹干（不能擦干），在油镜下观察。

诊所现场取得的所有血液学检验指标，都可以为临床提供有价值的信息。主要缺点是没有白细胞计数的数值，因而也就没有分类白细胞计数的数值。这在临时急诊检查时是可以接受的，可尝试采用血细胞计数板对白细胞进行计数。可以使用带有改良牛鲍计数刻度的玻璃板，将特制的专用盖玻片覆盖其上，这样在两侧都可以见到牛顿环。将血液样品用特克氏液或类似稀释液按1∶20的比例进行稀释。应使用可分配0.95 mL和0.05 mL（50 μL）液体的自动移液器，以确保稀释的准确性。血液样品应充分混匀，并静置10 min，在此期间细胞可进行染色。然后用毛细管（PCV）将血液加入到血细胞计数器的计数池内。计算四个角4个大方格内的细胞数，将细胞总数除以20，再乘以$10^9/L$，即可得到白细胞总数。

许多血液学检验仪器都可以在诊所内使用。通过离心，将血沉棕黄层制成涂片，染色后进行白细胞检测的仪器并非真正的血液分析仪，测量的计数结果只是近似值。虽然这种仪器可以测量出白细胞总数，但在白细胞分类计数却不能区分淋巴细胞和单核细胞，分类计数结果与标准方法的一致性也不是很好。这种方法仅适合作为急诊时的近似值估计方法，另外每次都必须对血涂片进行检查。采用微量血细胞比容法测量PCV也是明智之举。

专业实验室使用的是阻抗法细胞计数仪（库尔特原理），在熟练的技术人员手中运转良好。但是，未经培训的技术人员操作时很难发挥其最佳性能。兽医只能使用以库尔特原理设计的细胞计数仪，因为未采用库尔特原理设计的仪器对非人类样品的检验结果并不太好。能够自动对白细胞进行分类计数的仪器，在非人类血液的检测中表现较差，不经过血涂片检查，其检验结果是绝对不可接受的。血液学检验室必须要具备血涂片检查设备，对每份血涂片样品都应进行检查。质量保证与生化实验室相同。如果其检测的精确度和可靠性不能保证达到与参比实验室一样的标准，那么在未经外部确认之前，其检验结果是不可靠的。

1．红细胞 应注意观察红细胞的大小，大小的一致性，是否存在小红细胞、巨红细胞和异形细胞，以及细胞的颜色、着染的均匀度，是否出现着色不足、多染性红细胞和有核红细胞。应当对红细胞象进行全面的描述性检验，包括红细胞的再生性或着色过浅的程度。

2．白细胞 应当对白细胞进行定性评估（即很少、少、正常、稍多、多、很多）。这种评估可能与实际非常一致。可以对每种类型白细胞的比例进行估算，更好的方法是，可计算100个或200个白细胞，进行正式的白细胞分类计数。应注意观察不常见的或异常的白细胞型（如杆状或中毒性中性粒细胞），或病理性白细胞（如幼淋巴细胞、淋巴母细胞或肥大细胞）。

3．血小板 应当依据在标准高倍放大镜下（×1 000，油镜），视野内可观察到的血小板数量，对血小板进行定性评估。应检查多个视野，如果血小板数量少，则应检查更多的视野。可以将检验结果分为：未见（在整个载玻片上），偶见（在整个载玻片上见到的数量很少），量少（每个高倍视野中5个以下），正常（每个高倍视野下5～20个），或大量（每个高倍视野下20个以上）。马的正常血小板数量大约是其他动物的一半。血样采集超过数小时后，血小板就可能凝集成片，载玻片上就会留下明显的无血小板区。在报告血小板数量少之前，应浏览一下载玻片，观察是否有成片凝集的血小板，还应注意观察是否有大型或巨型血小板。

五、尿液检验

尿液检验是实验室检验的一个主要项目，兽医诊所内很容易开展，也应被视为基本检验数据库的一部分。尿液检验对诊断各种泌尿道疾病非常有用，也可为其他系统的疾病提供信息，如肝功能衰竭和溶血。可采用膀胱穿刺法、尿道导管插入术或接取排出的尿液采集尿液样本，采集的尿样应在30 min内进行检验。如不能立即检验，可将尿样冷藏24 h或送至外部诊断实验室，但这可能会造成晶体析出。冷藏不会引起尿液pH或相对密度发生变化。

（一）尿液的外观检查

1．颜色 肉眼检查时，正常尿液通常呈透明状，颜色呈黄色或琥珀色。颜色的深浅在某种程度上与收集的尿液量和尿液的浓度有关，因此在解释时应以尿相对密度（USG）为基础。尿液颜色正常时也可能存在重大疾病。尿液颜色异常可能是由于内源性或外源性色素所引起，但这不能提供具体信息。半定量试纸条法是一种比色试验，对其结果进行解释需要知道正常尿液的颜色，因为尿液颜色判断失误可能会造成假阳性结果。马的尿液在经过一段时间后颜色会变成褐色。

2．透明度 尿液通常都呈清澈状，但是当出现色素尿、结晶尿、血尿、脓尿、脂尿，或存在有其他物质如黏液时，尿液的透明度较低。根据产生的原因不同，尿液离心后，其升高的浑浊度可能会消失。

3．气味 正常的尿液具有轻微的氨气味，这种气味取决于尿液的浓度。有些种类的动物，如猫和山羊，由于尿液的组成成分不同而具有刺激性气味。细菌感染可引起脓尿，导致尿液有强烈的气味；如果细菌产生尿素酶，就会使尿液出现强烈的氨气味。

4．尿液化学检验 要准确测量尿液的相对密度和对其进行化学分析，必须在室温下进行。尿液化学检验一般应在离心之前进行；但如果尿液已发生变色或出现浑浊，最好使用离心后的上清液进行检验（见尿沉渣检验）。

5．相对密度 相对密度是指单位体积液体的重量与同等体积蒸馏水重量的比值；因此相对密度取决于液体中所含质点的数量、大小和重量。相对密度与渗透压不同，渗透压仅与液体中质点的数量有关，需要用专门仪器进行测量。

应使用动物样品专用的折光仪测定尿液相对密度（USG），这种仪器有专门用于校准猫尿的标尺。测量猫以外的其他动物的USG，应采用犬用标尺进行测量。健康动物的USG值差异很大，这主要取决于体内水和电解质的平衡。因此，解释USG时要根据临床症状和血清化学检验的结果来进行（见泌尿系统概述）。动物发生脱水或其他原因造成的肾前性氮血症时，尿液相对密度较高，其USG值在1.025～1.040以上（取决于动物种类）。发生脱水或肾前性氮血症的动物，出现尿液相对密度较低属于不正常现象。造成尿液相对密度下降的原因，可能有肾功能衰竭、肾上腺皮质机能低下或机能亢进、高钙血症、糖尿病、甲状腺功能亢进症、使用利尿剂治疗或尿崩症。尽管发生糖尿病时尿量会增多，但也会使USG值升高。

6. 半定量比色试纸条 使用半定量比色试纸条，如Multistix®或Chemstrip®，可以同时开展几种半定量化学检验项目。这种试纸条常用来检测尿液pH、蛋白质、葡萄糖、酮体、胆红素/尿胆素原和潜血。有些试剂条还可以检测白细胞酯酶（用于白细胞的检验）、亚硝酸盐（用于细菌的检验）和USG值；但这些项目对动物无效，因此不应该使用。试纸条的缺点是会受到潮湿的不利影响，保质期也有限。装试纸条的瓶盖应始终盖紧，过期后未使用的试纸条应当废弃。

7. 尿液pH 犬和猫的尿液pH一般为酸性，马和反刍动物的尿液呈碱性，但pH也可因日粮、用药或患病而有所不同。测定pH的比色试纸条的检测精度在~0.5个pH单位之内。例如，读数为6.5时表明实际pH可能在6.0~7.0。便携式pH计比pH比色试纸条更准确。产尿酶细菌感染尿道后，会导致尿液呈碱性。由于在碱性尿液中可形成一些晶体如磷酸铵镁，而在酸性尿液中可形成其他晶体如胱氨酸结晶，因此尿液pH可影响尿结晶的形成。

8. 蛋白质 蛋白质检测试剂盒采用一种显色指示剂（四溴酚蓝），主要用于检验尿液中的白蛋白。其检测范围在10~1 000 mg/dL。造成蛋白尿的主要原因是肾前性（发热、剧烈运动、惊厥、极端的环境温度和高蛋白血症）、肾性（主要是肾小球疾病，偶见于肾小管疾病）或肾后性（炎症、出血和感染）。尿蛋白检验呈阳性时，必须要根据USG、pH和尿沉渣检验结果来解释。例如，稀释尿中检出微量蛋白比浓缩尿中检出微量蛋白的意义更大（如果尿的渗透压高于血浆，则称浓缩尿；反之，称为稀释尿。译者注）。尿液呈碱性时可能会出现假阳性结果。同样的，出现其他蛋白时，如本斯-琼斯蛋白，也可能会造成假阴性结果。磺基水杨酸沉淀法也可用于蛋白尿的检验，该方法检测的是白蛋白和球蛋白，但对于犬和猫这种方法不太准确。如果尿沉渣呈阴性而蛋白呈阳性，可通过尿蛋白浓度与尿肌酐浓度之比（尿蛋白-尿肌酐比值，即UP：UC）来进行定量分析，核实其重要性。UP：UC的解释如下：＜0.5：1.0（犬）和＜0.4：1.0（猫）为正常，0.4或0.5~1.0：1.0为可疑，＞1.0：1.0为异常。发生原发性肾性氮血症，猫的UP：UC＞0.4：1.0和犬＞0.5：1.0都被视为异常。

可使用一种半定量的尿微量白蛋白检验方法，其检验范围在1~30 mg/dL。犬或猫白蛋白的检测可采用具有特异性的ELISA技术。由于不同种类动物的白蛋白存在一些差异，因此用于犬和用于猫的试剂盒也不同。尿微量白蛋白检测方法检测的白蛋白浓度低于标准比色试纸条。肉眼可见血尿时，必然会出现微量白蛋白尿或UP：UC升高，而发生脓尿时二者都会升高。

9. 葡萄糖 检测葡萄糖可采用能特异性氧化葡萄糖的葡萄糖氧化酶反应方法。由于大多数种类动物的肾糖阈＞180 mg/dL，猫的肾糖阈＞240 mg/dL，因此正常情况下不会出现尿糖。血糖正常时，葡萄糖的滤过率小于肾糖阈，这些滤过的葡萄糖在肾近曲小管被再次吸收。糖尿可能是由高血糖症（由于糖尿病、内源性或外源性糖皮质激素过量或应激）或肾近曲小管缺陷（如原发性肾性糖尿或范可尼综合征）引起。如出现糖尿，应当对血糖浓度进行检测。尿液中含有高浓度抗坏血酸（维生素C）或含有甲醛时（尿液防腐剂乌洛托品的一种代谢产物，可用于预防尿道细菌性感染），可能会发生假阴性结果。如果尿液污染了过氧化氢、氯或次氯酸盐（漂白剂），则可能会发生假阳性结果。

10. 酮体 酮体是由脂肪酸代谢生成的，包括乙酰乙酸、丙酮和β-羟基丁酸。酮体检测板可以检测乙酰乙酸和丙酮，但不能检测β-羟基丁酸。检测板上含有硝普钠，可以与乙酰乙酸和丙酮发生反应，变为紫色；其对乙酰乙酸的敏感性比丙酮要高。酮尿与原发性酮病（反刍动物）、继发于糖尿病的酮病（小动物）、低碳水化合物日粮（尤其在猫）有关，偶见于长期禁食或饥饿。尿液中存在有还原性物质时，可造成假阳性结果。

11. 胆红素/尿胆素原 血红蛋白降解时，部分亚铁血红素转变为胆红素，胆红素在肝脏结合并经胆汁排出。一些结合胆红素被肾小球滤过随尿液排出。犬的肾脏可以将血红蛋白转变为胆红素并分泌，但猫的肾脏不能。公犬的分泌能力较母犬高。检测用试纸试剂盒用重氮盐产生颜色变化，对结合胆红素比非结合胆红素（游离胆红素——译者注）更敏感。肝脏疾病或溶血时，结合胆红素超过了肾阈值，即发生胆红素尿。犬浓缩尿的少量胆红素可能是正常的。黑色素尿和吩噻嗪可以引起假阳性反应；大量抗坏血酸（维生素C）可引起假阴性反应。胆红素经小肠微生物区系形成尿胆素原，吸收进入门脉循环并经肾脏排出。尿胆素原是通过小肠内的胆红素驱使形成的，然后吸收到门静脉循环，经肾脏排出。尿液中含有少量尿胆素原是正常的。尿液中的尿胆素原增加出现于高胆红素血症。阴性结果可见于胆道阻塞，但该检验不足以特异地用到临床上。

12．潜血　潜血试剂盒是用一种"假性过氧化物酶"法检测未受损的红细胞、血红蛋白和肌红蛋白。出现阳性反应可能是由于出血（血尿症）、血管内溶血（血红蛋白尿症）或肌红蛋白尿症。后两者可通过检验血浆鉴别——血管内溶血后血浆出现粉红色到红色，而肌红蛋白很快从血浆清除，其结果是清澈的血浆。与其他的比色试剂盒一样，污染的尿液会产生假阳性结果。诠释阳性结果应结合尿沉渣镜检。

（二）尿沉渣检查

尿沉渣镜检应是尿常规检验的一部分。离心尿液时，取3～5 mL尿液转移至锥形离心管中，以1 000～1 500 r/min离心3～5min；弃去上清液，在锥形管的尖底部留下大约0.5 mL的尿液和尿沉渣。将锥形管尖底部在桌上轻轻敲打几次，重悬尿沉渣。在载玻片上滴几滴尿沉渣，盖上盖玻片。常规检验时，建议采用非染色尿沉渣进行检验。显微镜检查时，采用100倍（检查晶体、管型和细胞）和400倍（检查细胞和细菌）进行检验。通过关闭显微镜的可变光阑，降低聚光镜，可以增强样品的对比度。应用染料，如Sedistain®（由美国BD生物科学公司生产，译者注）和新亚甲蓝，有助于细胞的鉴定，但可能会造成样品稀释，也可引入污染物，如染色液沉淀物和晶。检查细菌时，使用改良瑞氏染色可以提高其敏感性、特异性以及阳性预测值和阴性预测值。

1．红细胞　在非染色尿沉渣中，红细胞小而圆、略带橙色、外观平滑。在放大400倍下进行镜检时，正常尿液中含有的红细胞数量应<5个/视野。尿液中红细胞数量增多（血尿）表明泌尿系统的某个部位可能发生出血；但是，通过膀胱穿刺或导尿管插入术进行样品采集时也可能会引起出血。

2．白细胞　白细胞略大于红细胞，细胞质呈颗粒状。在放大400倍下进行镜检时，正常尿液中含有的白细胞数量应<5个/视野。白细胞数量增多（脓尿）可见于炎症、感染、创伤或肿瘤。用导尿管插入术采集的尿液或采集的排泄尿液，可造成少量白细胞从泌尿生殖道混入尿液中。

3．上皮细胞　移行上皮细胞是一种来自于膀胱和近端尿道的常见污染物，与白细胞类似，但比白细胞大。这类上皮细胞的细胞质量大、呈颗粒状，细胞核呈圆形，核居中位。在排泄的尿液中可见有鳞状上皮细胞，细胞较大，呈椭圆形至立方形，细胞核时有时无。在发生移行细胞癌的动物，有时可见有肿瘤性移行细胞。在发生鳞状细胞癌的动物，可见有肿瘤性鳞状细胞。

4．管型尿（管型）　管型是黏蛋白在肾小管腔中凝聚而形成的一种细长形、圆柱状物，其内可能含有细胞。①透明管型，是由纯粹的蛋白质凝固所形成，外观呈无色透明状，内部结构为均匀的圆柱状体，两端钝圆，其基质是黏蛋白。在出现发热、运动和肾脏疾病时，可见有透明管型。②上皮细胞管型，是由肾小管内层脱落的上皮细胞包囊或黏附于黏蛋白上形成的。发生肾小管疾病时可见上皮细胞管型。③颗粒管型，已确认是发生崩解的上皮细胞管型。④蜡样管型，外形与颗粒管型一样，由颗粒管型在肾小管中长期停留变性后形成。其边缘一般比较尖锐，有切迹。⑤其他细胞管型，都是异常表现，包括红细胞管型和白细胞管型。红细胞管型是由于肾出血而形成。白细胞管型是由于肾脏发生炎症所致，如肾盂肾炎。脂肪管型比较少见，但可见于脂质代谢紊乱，如糖尿病。尿液中含有几个透明管型或颗粒管型是正常现象。但是，细胞管型或其他管型增多则表明肾脏出现损伤，也可能是肾上皮细胞发生毒性损伤（如庆大霉素、两性霉素B）出现最早的实验室异常现象之一。

5．病原体　在采用膀胱穿刺术采集的尿液中，出现细菌提示存在有感染。在采集的排泄尿样或采用导尿管插入术采集的尿样中，可能存在有泌尿道末端污染的少量细菌，并不表明存在有感染。尿沉渣中的杆菌最容易鉴别。细胞碎片的有些颗粒可能会误认为是细菌。通过对尿沉渣进行革兰染色，可以对疑似菌进行确认；但是，最好采用需氧培养方法来确诊尿道细菌感染。在极少数情况下，在尿沉渣中可检出酵母菌和真菌菌丝以及寄生虫卵，这些并不一定与临床疾病有关。可检出的寄生虫虫卵包括齿冠尾线虫（*Stephanus dentatus*）、犬狐膀胱毛细线虫（*Capillaria plica*）、毛细线虫（*C. felis*）及肾膨结线虫（*Dioctophyma renale*）。此外，尿沉渣中也可见有犬恶丝虫（*Dirofilaria immitis*）的微丝蚴。

6．结晶　许多尿沉渣中都含有结晶。出现结晶的类型取决于尿液pH、结晶形成物质的浓度、尿液的温度，以及尿液采集与检查之间的时间长短。尿结晶不是尿石症的同义词，而且尿结晶也未必就是病理性的。此外，发生尿结石时可能并未出现尿结晶。

磷酸铵镁结晶常见于犬和猫的尿液中。犬的尿液中见有磷酸铵镁结晶并不表示有疾病发生，除非尿道发生产脲酶菌的并发感染。未发生感染时，犬尿液中出现磷酸铵镁结晶与出现磷酸铵镁尿石症无关。但有些动物（如猫）尿道未发生细菌感染，仍可出现磷酸铵镁尿石症。这些动物出现的磷酸铵镁结晶尿可能是病理性结晶。磷酸铵镁结晶通常呈"信封状"或"棱柱状"，但也可能呈非结晶形。

草酸钙尿结晶不太常见于犬和猫的尿液中；如果长期出现，可提示发生草酸钙尿结石的风险升高（见尿石症）。但是，健康马和牛的尿液中常见有草酸钙和碳酸钙结晶。二水合草酸钙结晶呈四面体或信封样，中间有两条对角线相互交叉。一水合草酸钙结晶呈哑铃形。发生乙二醇中毒时，常可见有一种特殊形态的草酸钙结晶，见于中性到酸性尿液中，其形状小，呈扁平状，无色，状如"栅栏桩样"。

检出尿酸铵结晶提示有肝脏疾病（如门脉短路）。这些结晶出现在酸性尿液中，呈黄棕色球形，表面凸起呈不规则状、多刺状，但也可能呈非晶体状。某些种类的动物，如禽类和爬行动物，以及某些品种的犬，尤其是斑点犬，正常尿液中可见有尿酸铵结晶。

胱氨酸结晶为六边形且大小不一，可出现在酸性尿液中。检出胱氨酸结晶提示近曲小管发生氨基酸重吸收障碍。据报道，许多品种的犬和少数猫可发生胱氨酸尿。在腊肠犬、纽芬兰犬、英国斗牛犬、苏格兰㹴犬，胱氨酸尿结石的发病率很高。

发生胆红素尿症时，常伴有胆红素结晶。但是，在少数犬出现胆红素结晶是正常的。

7. 脂肪 脂肪滴常见于犬和猫的尿液中，可能被误认为是红细胞。脂肪滴的大小常有所不同，与其余的尿沉渣相比，脂滴常以不同凝聚状漂浮在尿液表面。脂滴不是病理性的。

8. 精子细胞 在生殖功能正常的公犬尿液中，通常可见有精子细胞。

9. 植物材料 有时，在接取的尿样中可见有植物材料。发现有植物材料时表示尿样有污染，并非病理性的。

（三）膀胱肿瘤抗原的检测

膀胱肿瘤抗原的检测可用于筛查犬的移行细胞癌。这种检测结果对移行细胞癌并无特异性，非肿瘤性疾病（如尿路感染、血尿等）也可出现阳性。但是检测结果为阴性时，出现移行细胞癌的可能性不大，具有诊断意义。对移行细胞癌具有较高发病风险的犬（如苏格兰㹴），在未见有其他症状或未见有下泌尿道疾病的实验室检测证据时，可采用这种检测方法进行定期筛检。

六、寄生虫学检验

（一）小动物的体内寄生虫检查

小动物的体内寄生虫检查是通过检查粪便中的寄生虫卵进行。应采用新鲜粪便样品进行检查，最好用粪环从直肠中采集粪便样品。采集的粪样应置于密闭容器中，加注适当标识后送交诊断实验室。寄送的

粪样应固定在10%甲醛溶液中，也可在冷冻条件下寄送。其他防腐剂（如乙酸钠甲醛、聚乙烯醇）能更好地保护原虫，也有助于特殊染色（如三色染色法、铁苏木精染色法）。

可采用粪便直接涂片法和粪便漂浮法进行粪常规检查。可通过在混合粪便样品中（用木制棉签的一头蘸取粪便）加1滴生理盐水（用于可游动的生物）直接制备涂片，然后加入卢戈氏液染色（以观察内部结构，如贾第鞭毛虫属（*Giardia*）寄生虫，并在载玻片上盖上盖玻片。粪便漂浮法主要用于诊断，需要大约2 g粪便，制备较为干净的样品。常用的漂浮液是糖［密度（sg）为1.27］和硝酸钠（sg为1.39）。采用硫酸锌（sg为1.18）漂浮法时，需要连续检查3 d，这是检查贾第鞭毛虫包囊的首选方法，这种包囊随粪便排泄时呈间歇式排泄，故需多次检查。采用贝尔曼沉淀法可对能游动的线虫幼虫进行收集和浓缩；一种可用于小动物的简便方法是，在一滤茶器放置几层纱布，在其锥形漏嘴的广口端装上橡胶管和开关，将约2 g粪便置于纱布内，通过漏嘴加注温热的自来水或生理盐水，1 h后取沉渣物进行检查。幼虫由于重力作用而下沉，可从漏斗底部收集，并进行镜检。检查寄生虫的幼虫时，由于幼虫不易漂浮，也可采用特殊程序，如福尔马林乙酸乙酯沉淀法。采用饱和糖溶液（sg1.30）漂浮法，聚焦到盖玻片下，即可检查到隐孢子虫（*Cryptosporidium*）卵囊（4～6μm）或弓形虫卵囊（12μm）。在进行镜检前10 min内，载玻片上的卵囊即可浮动到盖玻片的底面。

采集1滴血液直接制备血涂片，可用于检查能运动的犬恶丝虫（*Oirofilaria immitis*）的微丝蚴，但这不是唯一的检查方法。更精确的血液检查方法是改良的诺茨检查法：在15 mL试管中加入9 mL 2%福尔马林溶液，再加入1 mL血液，以1 500 r/min离心。弃去上清液，在沉淀中加入1滴亚甲基蓝染液，混匀后吸取适量滴在载玻片上，盖上盖玻片后进行显微镜检查，即可将犬恶丝虫的微丝蚴与非致病性隐蔽棘唇线虫（*Dipetalonema reconditum*）的微丝蚴辨别开。对已经过治疗的犬，首选方法是防止患犬体内的犬恶丝虫变成微丝蚴，并采用商品化ELISA试剂盒检测犬恶丝虫雌成虫的循环子宫抗原。猫发生恶丝虫病时，由于恶丝虫的数量太少，因此无法依据微丝蚴血症或抗原血症的检查结果进行确诊；可以利用犬恶丝虫的抗体滴度，检测猫发生的提前暴露和可能存在的现症感染。

（二）家畜的体内寄生虫检查

应使用塑料手套从牧场采集新鲜的家畜粪便样品，最好从直肠采样。应将样品置于密闭样本瓶内，并进行恰当标识。由于不同动物排出的寄生虫卵囊数

量差异很大，因此最少应采集10头动物的粪便，才能作为代表畜群样本的数量。可以将多份粪便样品充分混合形成一个组合样品，以便对一个畜群的混合样品进行检查。

可以采用改良的威斯康星离心漂浮法或类似方法，计算粪便中的虫卵数，以便对发生"胃肠道寄生虫综合征"中的线虫（如牛的毛圆线虫幼虫）相对感染负荷进行评估，也可用于检查球虫和其他寄生虫，如肺线虫的幼虫和绦虫。取3 g粪便样品置于容器内，悬浮于约15 mL水中，通过纱布过滤到15 mL离心管内，以1 500 r/min离心3 min。弃去上清液，在沉淀中加入饱和糖溶液混均，将混合液倒入小管内，用吸管逐渐注满小管，使液面突出于管口形成正弯月透镜形，然后在管口盖上22 mm×22 mm的盖玻片。将试管再次以1 500 r/min低速离心5 min。盖玻片上的表膜就可能含有虫卵，将盖玻片取下，置于显微镜载玻片上，对毛圆线虫和类圆线虫虫卵进行计数。所得总数除以3可得到每克粪便样品的虫卵数（EPG）。如果存在其他寄生虫，也应记录，一般丰度指数表示方法为+1（极少）、+2（少量）、+3（大量）或+4（不计其数）。

饱和食盐溶液（sg为1.20）是检查家畜寄生虫的一种廉价介质，但食盐对金属可能有腐蚀性。硫酸镁（sg 1.20）是检查猪粪的首选介质。计算EPG时，也可使用特制载玻片，其上有已知容量的计数室，尤其是对小反刍动物。用巴斯德吸管将含有滤液（通常是饱和盐水）中的粪样注入到计数板上每个计数室内，在低倍显微镜下进行虫卵计数。常用的计数板是麦克马斯特计数板，计数板上有两个计数室，每个计数室的容积为0.15 mL。例如，如果3 g粪便与42 mL浓缩液混合，然后进行计数，所得虫卵数乘以50即可得粪样中的EPG。在幼龄动物检出的EPG值和相对蠕虫数之间的相关性一般比较高，但成年动物检出的EPG值通常比较低（<5 EPG）或出现负数。青年牛的EPG值一般是成年牛的10倍，青年牛的EPG>50表明有中度感染，EPG>500则表明虫卵数量很多需要进行治疗。

由于吸虫虫卵不容易漂浮，因此通常采用粪便沉积法进行计数。取2 g粪便样品，加入35 mL肥皂水（2%洗涤液），混合后用纱布进行过滤，注入50 mL离心管中。用肥皂水加满离心管，静置3 min，之后弃去一半上清液。重复2~3次，直至上清液透明。最后只留下15 mL上清液，其余全部倒掉，再加入2滴新的亚甲基蓝染液混均，然后倒在有网格的培养皿中，在解剖显微镜下进行虫卵计数；也可将悬液滴加在载玻片上，加上盖玻片后进行镜检计数。肝吸虫（学名肝片吸虫，*Fasciola hepatica*）的虫卵呈金黄色、圆桶

状、个体稍大；而瘤胃吸虫（学名前后盘吸虫属，*Paramphistomum* spp.）的虫卵呈灰色、椭圆形，非致病性瘤胃原虫相比个体较小，据此可以将肝吸虫虫卵与瘤胃吸虫鉴别开来。商品化的筛网沉淀试剂盒可缩短一半的样品处理时间。在牛检出片形吸虫的EPG值>3提示可能会造成经济损失，EPG值>10与出现临床症状有关。

（三）体表寄生虫的检查

对于患有皮肤病的动物，应通过检查体表寄生虫或其存在体表寄生虫的证据来进行诊断。例如，在猫或犬的身上可能并未发现有跳蚤，但是使用湿纸巾对体表检查时，即可看到跳蚤小黑点样排泄物在纸上形成略带红色的细小污点。检查寄生虫时，有时必须刮取皮肤碎片进行检查。检查生活在皮肤深层的寄生虫（如疥螨，学名*Sarcoptes*）或毛囊内的寄生虫（蠕属，学名*Demodex* spp.）时，需要使用手术刀片实施深层皮肤擦破法（直到血液渗出）。将刮下的皮肤碎屑置于载玻片上，加一滴矿物油，盖上盖玻片，在低倍镜下进行全面观察。加入几滴10%氢氧化钾溶液，可清除碎屑，观察更加清晰。

七、血清学检验

对现场用的血清学检验试剂盒的可靠性、易用性以及可用产品种类，都在继续不断地进行改进。这类试剂盒可以检测传染病的抗原和抗体、激素和免疫球蛋白水平。其中，许多都是微孔板ELISA或以膜为载体的ELISA方法，也有的采用其他方法，包括免疫扩散、免疫色谱法及凝集试验。依据检测方法的不同，所需样品可以是血浆、血清、全血、粪便或唾液。

1. 猫白血病病毒（FeLV）　要诊断感染猫，预防病毒传播，对FeLV进行血清学检测是很重要的。由于对感染猫进行疫苗接种并不能控制疾病的发展或传播，因此建议在接种FeLV疫苗之前进行血清学检测。目前使用的大多数现场诊断试剂盒，都是检测FeLV特异性可溶性蛋白*gag*中的p27蛋白，在发生病毒血症期间可产生大量p27蛋白。感染时间和出现可检测抗原的时间有所不同，但很可能在28~30 d。接种FeLV疫苗后，抗原检测不会出现阳性结果，小猫也没有母源抗体存在。通常认为检测血清、血浆或全血比检测唾液或眼泪更可靠。大多数检测试剂盒都包含有阳性对照和阴性对照，因此可以发现检测过程中出现的技术问题。

在筛选过程中出现的阴性结果是很可靠的；但在检测可溶性抗原时可能会出现假阳性结果，尤其是在发病率较低的猫群中。真阳性结果既可以表明有暂时性病毒血症，也可表明是长期性病毒血症，因此不应

仅依据一次检验结果做出临床诊断。要对阳性结果进行确认，尤其是对无症状猫，应结合采用其他试验，如使用另外一个厂家生产的试剂盒对可溶性抗原进行检测，也可采用荧光免疫检验方法检测血液或骨髓中的抗原。对于检测结果不一致的猫，应在60 d内使用两种相同方法进行复查；另外，在其感染状况得到确认之前，这些猫都应被认为可能存在感染。

实时PCR是一种非常敏感的检测方法，可检测细胞相关的前病毒DNA或病毒RNA，用这种方法已经确诊了一些以前认为已清除感染的猫。这些猫的前病毒DNA检测呈阳性，但是FeLV抗原检测呈阴性，且不会出现排毒，也不会出现临床症状。但是，输血也可能会造成FeLV前病毒传播，因此只有FeLV PCR检测呈阴性的猫才能作为候选的献血猫。

2．猫免疫缺陷病毒（FIV） 由于感染猫血液中的FIV抗原浓度通常都很低，因此现场诊断试验主要是检测抗FIV抗体，而不是抗原。检测试剂盒只能给出抗体检测结果呈阳性或阴性，但不能测定抗体效价。感染后60 d内一般可产生抗体，但其产生的时间差异很大，且少数感染猫产生的抗体无法检测到。一旦产生抗体，即可持续2年以上，除了小猫体内存在的暂时可检测到的母源抗体以外。因此，6月龄以下的小猫抗体检测呈阳性时，应在6月龄后进行复检。如果检测结果仍然呈阳性，说明小猫很可能已受到感染。

目前使用的现场检测ELISA试剂盒灵敏度很高，但不能鉴别由接种FIV疫苗产生的抗体和自然感染产生的抗体。已经开发出一种ELISA试剂盒，似乎可有效鉴别由接种FIV疫苗产生的抗体和自然感染产生的抗体。这种鉴别检测试剂盒还不能作为现场检测试剂盒，但可用于参考诊断实验室。将现场检测作为一种筛选方法是比较合理的。检测结果呈阴性时，可确认猫未被感染。对检测结果呈阳性的猫，如果不清楚其疫苗接种情况，则应使用鉴别试剂盒进行检测。检测结果呈阳性时，尤其是无临床症状的猫，应该采用另一种检测方法进行确认，如蛋白质印迹法。由接种过疫苗的母猫所产小猫的抗体持续时间各不相同。

3．犬细小病毒（CPV） 检测粪便中的CPV抗原，既可采用ELISA试剂盒，也可采用免疫扩散检测试剂盒。这两种检测方法对该病毒具有高度特异性，但对于最近接种过疫苗的犬，采用这类试剂盒可检测到其暂时排出的病毒抗原。灵敏度稍低有多种原因。犬感染后3～5 d开始经粪便排毒，持续时间仅7～10 d，因此有临床症状的犬并不一定能检测到病毒。血便以及抗原-抗体复合物的形成可能会造成假阴性结果。现场检验试剂盒对新型CPV2c毒株的敏感性似乎较低。

虽然尚未批准可用于猫的CPV现场检测试剂盒，而多个研究表明可用于检测猫粪便中的猫泛白细胞减少症病毒，其特异性和敏感性尚不清楚。有些猫在接种疫苗后检测结果呈阳性，即使使用的是灭活疫苗。

要评估是否需要再次接种疫苗，以及是否存在母源抗体干扰，可以采用检测抗CPV抗体的试验方法。这些检测方法不能用于细小病毒感染的诊断，也不能鉴别自然感染的抗体和免疫接种产生的抗体。目前可使用的有ELISA试剂盒和免疫色谱试剂盒。这些都属于半定量方法，采用将阳性对照孔的颜色变化与样品孔的颜色变化进行比较，来确定相对的抗体水平。能够抗CPV感染的抗体水平仍不清楚，但可按照其他方法测定的保护效价来解释其检测结果。

4．犬瘟热病毒（CDV） 可采用检测CDV抗体的现场检测试剂盒，通常与犬细小病毒抗体检测相结合。这类试剂盒多采用检测血清或血浆中的抗犬瘟热病毒IgG的半定量ELISA方法，可用于评估是否需要重复免疫接种，以及测定幼犬体内的母源抗体水平，但对于诊断犬瘟热病毒感染的用处不大。已经开发出了检测CDV抗原的免疫色谱法，其灵敏度和特异性很高，尤其是对眼结膜拭子；但检测血液和鼻拭子时，其灵敏度和特异性较低。目前免疫色谱法尚不能用作现场检测。

5．伯氏疏螺旋体 莱姆病是由蜱传播螺旋体——伯氏疏螺旋体（*Borrelia burgdorferi*）所引起。该病的诊断试验存在一些潜在问题，包括临床正常动物检测出的阳性结果比例较高、出现明显临床症状后持续存在有抗体、免疫犬抗体效价的解释问题以及感染后4～6周内检测不到抗体。一种现场ELISA检测试剂盒，使用的是伯氏螺旋体特异性的保守蛋白为基础的合成肽（C6），可以检测血清或血浆中抗伯氏螺旋体抗体，能够最大限度地减少其中一些问题。在犬发生自然感染后3～5周内，这种蛋白对诱导体液免疫应答起着很重要的作用。疫苗免疫不会引起针对该抗原的交叉免疫反应，因此采用C6蛋白的检测方法能够鉴别疫苗免疫产生的抗体和自然感染产生的抗体。由于基于C6的检测方法与其他的蜱传播病原或自身免疫抗体无交叉反应，因此其特异性也比以前的检测方法更好。

当前使用的检测抗伯氏螺旋体抗体的检测方法是一种筛选试验方法，仅给出了阳性或阴性结果，因此也不是定量反应。尽管这种检测方法仅获准用于犬，但在猫和马也得到了验证。监控治疗效果时（如检测抗体效价下降情况），也可使用参考实验室使用的定量检测方法，但是这些检测结果并不一致。

6. 犬埃里希体 犬埃里希体病是由某些犬埃里希体引起的一种蜱传播疾病。可引起血小板减少症、贫血症、中性粒细胞减少症以及其他非特异性临床症状。虽然在白细胞中检出有犬埃里希体桑葚胚可以诊断该病，但检测抗体的血清学试验方法更为常用，且灵敏度也更高。犬埃里希体病的现场检测试剂盒既是定性方法（仅给出阳性或阴性结果），又是检测抗体的半定量方法。目前广泛采用的是ELISA检测方法，可用于血清、血浆或全血的检测。这种试剂盒采用的抗原是主要外膜蛋白的重组蛋白或犬埃里希体的全部菌体蛋白。采用这种检测方法时，不同种属的犬埃里希体刺激产生的抗体似乎都具有交叉反应。由于抗犬埃里希体的抗体持续时间很长，且在亚临床感染时也存在这种抗体，因此抗体检测不能鉴别暴露和犬埃里希体诱发的疾病，也不能有效反映治疗效果。

7. 犬布鲁氏菌 犬布鲁氏菌感染可呈亚临床性，也可引起各种不同的临床症状，包括流产、不孕不育及椎骨椎间盘炎。犬布鲁氏菌感染最常发生于交配中，因此在该病预防中很重要的是对种犬进行检测。在快速平板凝集试验中使用2-巯基乙醇（2-ME），可以消除IgM造成的非特异性反应，减少假阳性结果，可用作现场诊断试剂盒。这种方法可以检测血清中针对细菌表面抗原的抗体。依据所采用确证方法的不同，该方法检测的灵敏度和特异性有所差异。已开发出ELISA和免疫色谱法，可以对犬布鲁氏菌的抗体进行定性和半定量检测。使用任何一种试剂盒检测出阳性结果时，都应使用PCR方法或血培养方法进行确认。

8. 心丝虫抗原—犬 与犬微丝蚴血症的筛选试验相比，检测犬心丝虫抗原的血清学试验方法的敏感性更高，而且还可以检测隐性感染。最早在感染后约5个月时即可检出犬心丝虫抗原，比微丝蚴血症的检出时间一般早几周。但是，大环内酯类药物进行预防的犬以及感染蠕虫数量较少的犬，其时间范围可能会延迟几周。可使用的抗原检验方法有ELISA和免疫色谱法。所有试剂盒均可用于检测血清或血浆，有些试剂盒还可用于检测全血。有些试剂盒可以在室温下储存，但其他试剂盒则必须冷藏保存，使用前恢复至室温。这些试剂盒都可进行批量检测，也可进行单份样品的检测。所有试剂盒的特异性都很高。出现假阳性结果一般都是由于技术问题所致，如洗板不充分或没有在最佳时间读取试验结果。这些检验程序应严格遵循厂商的说明进行。采用任何一种检测方法，都必须严格按照试剂盒生产商的说明书进行。

不同检测方法的敏感性各不相同，且受虫体载量、蠕虫性别（可以检出雌虫抗原，但仅感染雄虫的无法检出）以及雌虫发育期的影响。任何一种检测方法的敏感性都不会达到100%。在抗原检测结果出现意外错误时，建议使用另一种检测方法进行复检。

使用杀成虫药治疗后，到6个月时就无法检测到抗原血症。一些犬心丝虫成虫的死亡至少需要1个月时间，但是治疗后5～6个月时出现抗原检测阳性并不足以说明治疗失败。2～3个月后必须进行复检。

9. 心丝虫抗体和抗原—猫 猫心丝虫病在本质上不同于犬心丝虫病，因此推荐的血清学检验方法也不同。猫体内的蠕虫数量一般很少——仅有1个或2个。与犬相比，猫受到单性感染的频率较高。猫罕见有循环微丝蚴血症，且微丝蚴的寿命较短。这些差异通常是由于猫对心丝虫感染的免疫反应更有效。但是，心丝虫可引起猫的严重疾病。

心丝虫抗原检测方法对感染猫的敏感性比犬的低，据报道其敏感性为50%～80%。因此，抗原检测出现阴性结果并不能完全排除心丝虫感染。也可将抗体检测方法作为筛选方法，但是存在抗体并不能确诊猫心丝虫病。短暂接触心丝虫幼虫即可刺激抗体的产生；许多早期心丝虫感染都会自发性地清除，不会发育为成熟心丝虫。心丝虫抗原检测方法和抗心丝虫抗体检测方法相结合，其灵敏度和特异性比使用任何单一方法都要高得多。对于出现心丝虫病临床症状的猫，在使用一种检测方法无法确诊时，有必要采用联合检测方法。

市售的检测猫心丝虫抗原和抗心丝虫抗体的试剂盒有几种不同规格。这些试剂盒都是定性或半定量方法，既可用于检测血浆也可用于检测血清。

10. 犬和猫的妊娠诊断—松弛素 松弛素是唯一已知的妊娠母犬和母猫特有的激素，是在受精卵植入胎盘时由胎盘产生的。在受精后20～25 d，即可首先在血浆中检出松弛素。但在出现假孕或未发生妊娠的母犬或母猫体内，不会出现这种激素。妊娠40～50 d松弛素的浓度达到峰值，在分娩时其浓度下降，但到哺乳期50 d之前仍可检出松弛素。检测松弛素的临床检验试剂盒有微孔板ELISA和免疫移行定性试验，可以检测血清、血浆或全血。这些检测方法的特异性似乎都很高，也就是说，未发生妊娠的动物不会检出松弛素。据报道，有些母犬所怀的胎儿非常小或有1只或多只死胎，可能会出现假阴性结果。

11. 犬和猫的促黄体生成素—排卵时间和卵巢切除 母犬血清中的促黄体生成素（LH）水平一般都很低，只是在排卵开始前出现急剧上升。在促黄体生成素水平出现激增2 d后开始排卵，且LH水平在24～40 h内达到峰值后即可回到基线。在LH水平发生激增时，血清孕酮水平开始上升。母犬在LH水平出现激增后4～7 d内受孕，绝大多数是在第5和第6 d受孕。此外，LH水平的激增决定了妊娠期，分娩发生于LH水平出现激增后的64～66 d。在开始出现发情行为之前3 d到出现发情后5 d，LH水平随时都可出现激增，因此通过发情行为无法准确预测LH水平。

通过测定LH水平确定排卵时间需要每日进行检测，根据阴道细胞学，在50%以上的阴道上皮细胞呈角质化时开始排卵。偶尔在未发生排卵时也会出现LH假高峰期，但随后不会出现孕酮水平升高。由于这种原因，在确定最准确的排卵时间时，建议同时进行LH和孕酮水平两种指标的检测。在LH水平出现升高，但孕酮水平并未升高时，可被认为是发情前期的波动，需要继续进行排卵检测。

当前使用的现场检测试剂盒实质上是定性检测，可检测血清LH水平，血清LH浓度＜1ng/mL判为阴性，LH浓度＞1 ng/mL判为阳性。这种试验是一种免疫色谱测定法。

切除卵巢的母犬和母猫的血清LH浓度＞1 ng/mL。由于未切除卵巢的母犬在即将发生排卵时，其LH水平也在1 ng/mL以上。因此，LH水平出现一次升高并不能确定其生殖状况，但LH浓度低则表明该动物未切除卵巢。

12．犬排卵时间的确定—孕酮 血清孕酮水平随着LH的激增而开始出现升高，排卵前轻微升高，排卵当日进一步升高至4.0～10.0 ng/mL。在整个妊娠期或间情期，孕酮水平持续升高，并一直保持在高浓度水平。由于与LH相比，高浓度孕酮水平的持续时间更长，因此没必要进行每日检测。建议在间情期的期末开始进行检测，每2～3 d检测一次，一直连续检测到高浓度范围，表明发生排卵时为止。

现场用孕酮检测试剂盒采用的是半定量ELISA方法，试剂盒所检测的是排卵前的孕酮浓度。有些试剂盒另外提供2种孕酮浓度范围（中、高），而其他试剂盒仅提供"排卵前"和"排卵日或排卵后"的孕酮浓度。与其他的检测方法相比，现场用试剂盒的准确度较低，尤其是在1.5～10 ng/mL范围时，该值是排卵早期检测的关注值。在孕酮浓度较高时，检测的准确度也较高。如上所述，为达到最精确的育种管理，建议对LH和孕酮同时进行检测。

13．甲状腺素 可采用血清总甲状腺素（T4）检测，作为犬甲状腺功能减退的筛选试验，也可用于猫甲状腺功能亢进的诊断（见甲状腺）。此外，在对甲状腺机能减退症或亢进症治疗效果进行监控时，也需要检测T4浓度。现场ELISA检测试剂盒，需使用另外一台仪器读取结果，可以半定量检测犬和猫血清中的T4浓度。按照预估的结果范围，检测时可在两种"动态范围"选用一种进行检测。将这种检测方法与检测T4的其他方法进行比较后，其公布的数据在结论上有较大差异。建议对实验室保存的犬和猫的混合血清进行定期检测，以监控这种检验方法的符合率。

14．马驹的免疫球蛋白（IgG） 检测马驹出生24 h内的血清IgG浓度，对于预防与由母马哺喂马驹初乳中的IgG被动转移发生障碍的相关疾病非常有用。采用现场检测方法有助于及时诊断，迅速治疗。一般认为马驹的最佳血清IgG浓度在800 mg /dL以上，小于200 mg/dL表明被动转移发生障碍。浓度在200～800 mg/dL表明有部分转移的迹象。

虽然放射免疫法（RID）被认为是检测IgG浓度最准确的方法，但与其他多种检测方法相比，这种检测方法耗时较长（5～24 h），因此不能作为需要治疗性干预的指标。比较快速的筛选检测方法有硫酸锌浊度试验、戊二醛凝集试验和ELISA检测试剂盒。

硫酸锌试验的基本原理是在血清中加入含锌溶液时，通过出现不同程度的沉淀来估测血清中的IgG浓度。血清IgG浓度在400～500 mg/dL时，溶液通常可见有浑浊。这种方法需要约1 h，检测时硫酸锌溶液需要现配现用，也可购买相应的试剂盒。

采用戊二醛凝集试验时，应在10份10%戊二醛溶液中加入1份体积的血清，然后每间隔一定时间检查试管，直至60 min为止。血清中存在的IgG可以在试管内形成固体凝块。凝块形成时间在10 min之内通常对应的IgG浓度在800 mg/dL以上，而凝块形成时间在60 min内可认为IgG浓度在400 mg/dL以上。这两种方法都使用血清而不是血浆进行检测，因此在计算检测所用时间时，应将血液凝块时间和血清分离的时间计算在内。

现场检测用ELISA试剂盒或现场检测方法既可采用血清，也可采用全血样本，需要约10 min。大多数检测都是半定量方法，依据颜色变化程度不同，对应的IgG浓度分别为＜400 mg/dL、400～800 mg/dL或＞800 mg/dL。目前也可采用一种手持式比色免疫定量检测方法。

对这些检测方法的灵敏度和特异性有各种不同的报道。一般来说，在检测IgG浓度为400 mg/dL以上的马驹时，所有检测方法的灵敏度似乎都较高。因此，对于发生被动转移完全障碍的马驹，采用其中任何一种检测方法几乎都能全部检出。有些检测方法的特异性很差，根据这种检测结果对某些马驹制订的治疗方案可能根本就没有必要。

15．犊牛的免疫球蛋白 基于上述与马驹相同的原因，检测新生犊牛的血清IgG浓度也是很重要的。但与马驹不同的是，IgG浓度在1 000 mg/dL以上是出现完全被动转移的指标，浓度在1 000 mg/dL以下则表明发生被动转移障碍。与马驹相同，放射免疫法也是准确检测血清IgG浓度的金标准，但与其他方法相比，完成该试验需要的时间较长，因此很少使用该方法。已经使用的其他方法有硫酸锌和亚硫酸钠浊度试验、戊二醛凝集试验、用折光仪测定血清总蛋白的试验以及横向流动ELISA试剂盒。

亚硫酸钠浊度试验和硫酸锌浊度试验两种方法，都是以在这些溶液中可形成高分子量蛋白质沉淀为基础。采用血清作为样品，孵育15~30 min后读取结果。依据所选用的终点不同，这两种方法的检测结果在敏感性和特异性上差异很大，同时由于所用试剂还存在一些技术难点，造成检测效果下降。戊二醛凝集试验的操作方法与马驹的方法相同，在60 min内未见有凝块形成表明发生了被动转移障碍。

对于饮水充足的健康犊牛，通过折射仪测定血清总蛋白浓度是检测被动转移完全的一种相当可靠的指标。血清总蛋白浓度在5.2 g/dL，大致相当于1 000 mg/dL的IgG浓度。

商品化ELISA试剂盒以血清为样品，大约需要20 min。这种方法属于定性检测，仅可表明IgG浓度在1 000 mg/dL以上或在1 000 mg/dL以下。其敏感性和特异性相当好，且与其他一些方法相比，这种检测方法几乎不受某些因素的影响，如犊牛脱水，试剂的稳定性也很好。试剂盒的存储和使用必须遵循制厂家的建议。

第三节 影像诊断学

一、X线检查

X线检查是兽医行业中最常用的诊断技术之一。X线检查可通过非创伤性技术和较为经济的方法，为兽医提供大量信息。这种方法并不会改变疾病进程，也不引起动物难以承受的不适。虽然X线检查本身是无痛的，但通常需采取镇静措施，以减少在操作过程中动物出现的焦虑和应激，对发生疼痛性疾病的动物，如骨折和关节炎，也可控制动物在保定时引起的痛苦。

（一）设备

X线检查是利用一种可产生X线的专用真空管进行的。真空管的电流［以毫安（mA）级测量］和电压［以千伏（kV）级测量］决定着产生的X线强度和数量，在三种曝光条件中，绝大多数X线机都可以设置其中的两种条件。千伏级电压电位（kVp）是在任何给定千伏条件下能达到的最高电压。

设置的电压越高，产生的光束的穿透力就越强，产生的可穿透被透射物体的X线的比例也就越高。不同类型的组织在射线吸收上的百分比差异也有降低，这就会造成最终图像的对比度下降（低对比度）。在检查含有许多不同组织密度的部位时（如胸部），高kVp技术最为有用。更高的kVp技术适于体型较大、体壁较厚的动物。递增电压并不是一种线性函数关系，小幅度加大kVp条件会大幅地增加穿透动物的X射线量。但是，由于很多因素都与X射线的产生和吸收有关，因此达到85 kVp以上时，这种影响极不明显。

提高X线机上的毫安数即可增加产生的X射线量。X射线的能量谱是穿透不同密度组织的X射线光子的相对数量，如骨、软组织和脂肪组织，因此基本不变。但是，X线片上变暗的量与到达胶片的光子总量有关。因此，提高毫安数可增强胶片的对比度。毫安数值的变化相对是线性的。在组织密度相似的部位（如肌肉骨骼系统的软组织），可以采用增强对比度的方法。

放射影像曝光的第三个主要参数是曝光时间。增加曝光时间就是增加了产生的光子量，因而也就增强了胶片的暗度。在一般诊断的曝光范围内，该参数是一个线性关系。

上述三种参数是相互依存的关系。曝光时间和毫安数的依存关系非常密切，常用毫安秒（mAs）这一术语来表示这两个因子的乘积。在提高毫安数时，按一定比例适当减少曝光时间，不太可能会造成运动图象模糊。通常来说，最好尽量减少曝光时间，但保持适当毫安秒和对比度。提高kVp值，可以增加穿透动物的光子量，所以胶片变暗。这种效果可以在一定范围内使用，以校正曝光不足的情况。反过来同样也是如此。

校正以前不太满意的胶片时，对于对比度高的检查部位（骨骼）可通过调整mAs值来校正曝光不足或曝光过度，对于对比度较低的检查部位（胸部）可通过调整kVp值来进行校正。采用这种方法可以在调整解剖部位的胶片暗度的同时，保持相对一致的对比度。

为操作人员制作一张X线片制备技术流程图，可使其操作更为简便，采用这种流程图仅需按照被检动物的大小和被检解剖部位，按照标准化方案进行简单调整。这种方法也可保证不同动物的相同解剖器官X线片的外观保持一致。必须为每台X线机制作一张技术流程图。但是，可以做出一些概括。只要动物不是特别大，胸部曝光的mAs值应≤5，检查腹部时mAs值适合用10，检查骨骼时mAs值适宜用15~20。许多现代X线机，技术流程图都内置在机器中。操作者只需要输入动物种类、身体部位和厚度，X线机即可自动完成技术参数的设置。这很方便，也可以减少技术错误，但可能需要更改设置以适应特定仪器、胶片成像的速度以及观察人的喜好（如对比度）。

在自动曝光控制（AEC）系统中，操作人员只需设定kVp和mA值，X线机即可在适当时间停止曝光。如果操作正确，该系统可使不同动物的曝光时间几乎相同。但是，需要设置适宜的kV值，且动物的体位也非常关键。要获得相同的胶片，就要求不同动物的体位完全一致。AEC图像传感器上的心脏或肺脏，在X线片上的图像完全不同。当由同一人员对相同解剖部位制作大量胶片时，AEC可能是最有效的。

现在的X线机都配置了瞄准仪，可以将电子束流的大小限定在射线影像区内。这样可以减少X线散射量，提高图像的对比度和清晰度。X线散射也是操作人员发生辐射暴露的主要来源，因此采取适当的准直技术对减少这种风险是很重要的。

在制作X线照片时，一些X射线发生散射。在拍摄对象的厚度超过10 cm（数字系统为超过15 cm）时，散射就会造成X线胶片发生多余曝光的问题。可在动物和胶片之间放置一个滤线栅，以减少曝光胶片上出现的散射X线。滤线栅是由铅条和塑料条交替排列组成的一片薄板。X线滤线栅比值影响滤线栅吸收散射线的效能。栅比是滤线铅条高度与其间隔距离的比值。栅比为8∶1时，对于曝光胶片上散射的消除效果要优于栅比为6∶1时的效果。

传统上一直使用特制优化胶片来保存X线片，但这种方式正在迅速被数字化记录方式取代。即使是最好的卤化银胶片，对X射线的敏感性也不高。为此，通常将胶片放置在专门设计的磷光屏之间，这种磷光屏是由包裹在塑料基质内的微小磷光晶体组成的嵌板，可以引导磷光散射向胶片。这种磷光屏的感光性远大于胶片的感光性。当X射线撞击晶体时，会引起晶体发出荧光，随后使胶片曝光。这种记录X射线影像的方法比单独使用胶片更为有效，还可明显减少对患畜（有时可降低100倍或更高）和操作者的辐射暴露。并且，这种方法可减少在影像上的散射量。磷光屏和胶片应放置在遮光但X线可穿透的盒子内。

磷光屏与胶片之间的发射光谱和感光度必须相互匹配。一家公司生产的胶片通常对其他厂家生产的磷光屏并不是最灵敏，应该避免将不同品牌的磷光屏和胶片进行混用。磷光屏与胶片组合后的感光速度有所差异。磷光屏中的晶体颗粒越大，与X射线之间的相互作用就越大，产生的光量也就越大。遗憾的是，较大的晶体颗粒产生的光区也较大，会引起胶片清晰度下降。同样，含有较大颗粒卤化银的胶片对曝光也更为敏感，也可造成最终图像的清晰度和分辨率下降。

因此，微粒胶片与微粒磷光屏相匹配，吸收更多射线即可制成非常清晰的影像。反过来，采用大粒胶片和大晶体磷光屏也是如此。

这些组合的感光速度可设定为100～1 600，感光速度为100时相对慢但清晰度非常好，1 600的感光速度很快但清晰度较差。兽医上使用的胶片磷光屏组合一般设定的感光速度为200～800。在对小的身体部位和骨骼进行照相采用的感光速度为200，而对小动物的较大腹部和大动物的胸部进行放射照相时采用的感光速度为800。在对特殊用途选用适宜感光速度时，不仅要依据照相部位而且还要依据X线机的性能。使用小型便携式X线机时，结合快速胶片磷光屏组合，也可用于较大的身体部位，实际上也提高了这类X线机的实用性。

（二）暗室

胶片一经曝光，必须在暗室中处理，对记录在胶片上的现有图像进行显影和定影，使图像见后保持不变。应当注意确保没有外部光线进入暗室。即使是极少量的白光也会造成胶片明显模糊，降低其诊断质量。用于暗室照明的红色灯带有滤光片，可以滤除胶片敏感的光频率，使得胶片不会被曝光。胶片对光谱的灵敏性不同，因此在更换暗室红色灯滤光片时，必须对滤光片的光频提出明确要求。

传统显影是在洗手池内完成的，在池内灌满显影液，将架上的胶片放入并浸没在其中。但是现在很容易买到自动化胶片处理仪，在经济上是合算的。采用自动化处理系统可以提高显影的质量和一致性，也可以缩短处理时间。传统方法每周仅能处理相对很少的胶片，将会证明购置自动处理系统是合理的。任何情况下，冲洗胶片时都必须严格按照胶片要求的时间和温度来进行。对这类要求已经标准化很多年，自动化系统的设计也符合这些要求。

无论采用手动方式还是自动化方式，使用化学药品时都必须小心谨慎。暗室内污染有化学药品可造成胶片、磷光屏和衣服发生毁坏。显影液中污染有定影液时，可造成显影液失活，应更换显影剂。化学药品处理不当会造成胶片上出现很多人工伪影，对操作人员的健康也具有潜在危害。

（三）无胶片X线影像技术

最近开发的图像记录系统不需要使用胶片、磷光屏或化学药品。这些系统可能会在未来10年之内几乎完全取代胶片。与传统放射影像相比，这种技术具有如下几个优点：①只要采取足够的数据保护措施，就不会发生X线图像丢失情况；②无需胶片贮存库，也无需为其服务人员提供所需要的空间和环境；③可以进行后期制作和优化；④图像可以远程传输用于解释；⑤通常可以快速获取图像；⑥不需要暗室。

这类系统可以分为两类。在计算机放射照相术（CR），以平常方式对暗盒中的半导体影像板进行曝光，然后在特制阅读器内以电子方式读取，这种阅读器可以检测影像板内每个半导体元件上的静电荷大小。在直接数字放射照相术（DR）中，碘化铯闪烁器矩阵吸收X射线，产生光脉冲，采用光敏二极管/晶体管元件组成的大矩阵（数百万）进行检测。在这两种系统中，每个检测器的电输出与穿透检测器的X射线量成正比，可以进行精确的量化，即"数字化图像"。此外，所产生的数据还可通过计算机进行处理，按照针对射线摄影区域预置的处理算法在监视器上显示出图像。然后，可用电子方式保存数字化图像，从任何一台可访问图像档案的计算机也都可以方便地获取。

这两种系统的差别在于，在对CR影像板进行曝光的中途，随后要将影像板放置在阅读器内。由于阅读时可能会造成影像板发生磨损，因此必须定期更换。此外，阅读器读取的潜影是否准确代表了真实的图像，也是个问题。当需要在许多地方制作放射图像的情况下，磁盘的便携性有非常大的益处。CR系统也比其他系统相对便宜，只比最简单的DR系统稍贵，分辨率一般较高，在对较小的解剖部位进行照相时分辨率是很重要的。

DR的电子系统非常复杂，与任何复杂电子系统一样容易遭受损伤。该系统对震动和电子干扰特别敏感。但是，只要适当注意，DR系统还是可靠耐用的。该系统不需要对图像记录板进行操作，因而减少了系统的磨损。与CR相比，该系统的主要优点是图像显示速度快，空间分辨率和对比度也较高。DR系统的灵活性和可靠性使其成为人医放射科的常规检查手段，同时兽医院的使用也越来越多。也可采用整合笔记本电脑的DR系统，并在检测器与计算机之间进行无线通信联系，这非常适合用于马的流动医院。在许多地方，也可以无线方式将图像发送到存储系统中。随着DR系统价格的下降及其性能、可靠性、易用性和分辨率的不断提高，预计大多数的医疗机构最终会使用DR系统，以取代CR系统和传统的胶片成像方法。目前使用的DR系统还不能与标准的快速胶片法或CR系统的空间分辨率相媲美，但新一代DR系统所存在的差距正在缩小。通过提高对比度，可以在很大程度上弥补其空间分辨率低的缺陷。

数字化图像的出现已经引发了图像贮存专用系统和格式的发展。通过将完整的一套数据存储在不同地理位置的不同计算机上，或将数据文件复制保存在安全场所的光存储介质上，可以防止数据的丢失。避免

资料毁损更为复杂。由于很多种电脑程序都可以很容易地操作以数字化格式存储的图像，因此很可能使图像资料发生改变（有意的或无意的）。为此，许多电子格式的图像不能被认可为法律文件，也不为法庭所接受。已经开发出专门的医学图像格式，美国X线学学会、美国兽医放射学会和其他学会，也已经同意将其作为生成和储存的医学图像的标准格式。这种格式就是医学数字成像和通讯标准（DICOM）III格式。DICOM格式的主要特点是在图像文件中有一个隐藏的文件头，可以记录所有对图像进行的操作，或每次保存文件时留下的文件头。文件头还包含了有关患者和图像生成要素的大量信息，这些信息必须在创建图像之前予以确定。采用这种方法更容易对图像发生的意外或恶意篡改进行追溯。采用DICOM III格式，也很容易将图像传输到网站，便于对转诊患者的阐释或患者的转诊。新购置的任何数字化系统均应符合DICOM III标准。

（四）动物的保定

要获得高质量的X线片，必须对动物进行适当的保定和摆位。工作人员徒手保定动物应着合适的防护服，但尽量少采用徒手保定的方式。在美国的某些州，只能在有明确规定的环境下才准许使用徒手保定方式。通常需要使用镇静药或短效麻醉药物。采用化学保定方式，可以降低对徒手保定的需求，还可降低X线片的劣质率或不合格率，同时可缩短完成检查所需的时间。在许多情况下，可以使用沙袋、胶带和泡沫软垫来保定动物。通过一些练习，往往可以在用徒手保定的同时完成放射检查，采用这种方式的优点是一般不大可能发生动物伤人事件。

通过减少曝光时间以及将以mA值调至可达到检查部位所需mAs的最大值，也可将动物运动造成的影响降至最小。某些情况下可对其他技术参数做出调整，如提高kVp值或缩小胶片的焦距。但胶片焦距变动过大可能会严重影响图像的质量。在大多数情况下，只要无医疗禁忌，最好使用化学药物保定动物。

（五）辐射安全

进行放射线检查时必须高度重视辐射安全。X线诊断仪是一种强大的辐射源，如果使用不当，会造成超时使用的工作人员伤害性暴露。现代X线机使用的曝光参数已经大大小于过去采用的参数，但仍然可以造成伤害。保定动物时，必须使用可减少工作人员暴露的铅围裙和铅手套。在X线机的主要射线下不应使用铅手套。铅手套和铅围裙能够使散射X线下降到0.1%，但对于原始X射线的降低幅度仅有1/10。也可推荐使用防护罩和防护眼罩，尤其是给大动物进行X线照相时，技术条件要求相当高，同时光束的方向很

可能是水平的。在对马的前肢、颈椎和头骨进行检查时，特别容易对胶片/检测器操作者或马匹造成实质性暴露。

孕妇和18岁以下的人应尽可能避免直接参与X线检查。孕妇如果要直接参与X线片的制作，应当穿上完全包围其腹部的围裙。对于参与X线影像的人员，应进行辐射暴露的监测。非常重要的是，要识别并纠正那些可能导致人员过度辐射暴露的条件。在对员工的身体状况是否与辐射暴露有关存在疑问时，对人员辐射暴露进行的监测结果，也可为其是否严格遵守辐射安全标准提供证据。

（六）图像的判读

放射图像是对三维体形成的一种复杂的二维图像，其生成的格式一般人并不熟悉。初学者很难判读放射图像。要成为行家里手，需要有丰富的经验和对细节的关注。解读图像的基础是要正确识别位置和曝光条件。位置识别错误或不一致，就无法对图像进行解读；采用的技术不当也会进一步减少从X线片获取的信息量。

虽然经验有助于图像的判读，但即使是非常有经验的人，自觉运用系统化方法对X线胶片进行评估也可提高读片技能，并可确保不漏掉非关注点的病变或图像边缘的病变。只要识别出图像中的所有病变，就可以明确阐述这些病变的合理原因。在根据可获得的临床信息和病理学信息进行解读时，从图像研究中获得的信息量最多。这样就可以确定动物发生疾病的最可能的原因。在许多情况下，征求放射科医生对于X线图像解读的意见，既是合适的，也是明智之举，尤其是在随着可采用的放射影像数量和做出诊断的可能性不断增多的情况下。

（七）对比的方法

X线检查作为一种诊断工具出现后不久，在对许多组织进行评估时，很显然都缺乏足够的X线胶片的对比。为了将器官与其周围组织区别开来，开发出了针对器官自身进行对比的方法。造影剂是一类毒性极低的、不透X线的化合物。静脉内和动脉内造影剂一般为碘制剂，可以增加血液的不透明度，使血管结构清晰可见。碘制剂主要经由肾脏清除，使泌尿道的集尿系统清晰可见。口服造影剂主要是硫酸钡制剂，可以映衬出胃肠道黏膜和内腔的轮廓。鞘内造影剂也是碘制剂，可用于脊髓和脑膜检查。这些对比方法已在很大程度上被现代成像技术取代，但在某些情况下，这种方法仍然是评价器官结构的最好影像方法。许多对比方法不需要特殊仪器设备，在一般兽医临床中可以应用；但是，最好由有丰富经验和训练有素的人员来进行解读。

二、超声检查

（一）超声检查的原理及用途

超声检查是兽医临床中第二种最常用的图像诊断方法。超声检查利用频率范围在1.5~15MHz的超声波，依据成像组织和器官对超声波的反射模式来得到机体器官的图形。这种方法显示的图像格式有多种不同类型。兽医最熟悉的（以及能显示解剖学上真实图像的）是B型灰阶超声扫描法。声波束是由与动物接触的换能器产生的。换能器首先向动物发出超声波，然后转变为接收模式。在声波穿过不同密度的组织时，其速度变化不同即可出现不同的回波，即使是接近微观水平的差异也会引起不同的变化。组织密度变化越大，回波的强度就越大。只要有很小一部分回波反射到换能器，就会引起振动。然后换能器再将回波的能量转换为电脉冲信号，通过计算机记录在超声波机上。回波的强度、脉冲之后回波所需的时间以及发送声波的方向全部都会被记录下来。超声检测仪在检测同一解剖平面时，可利用多个反射回声，生成代表组织结构的图像。在现代扫描超声波机中，声波每秒都会对身体进行多次扫描，生成一种实时的动态图像，这些图像可随着换能器在身体上的移动而发生变化。这种实时图像更容易解读，检查人员可以进行连续扫描，直到获得令人满意的图像为止。随后可以将图像定格，并以数字方式或胶片形式记录下来。对于实时扫描的小片段进行记录时也可采用数字格式。公认的标准化、法定数字图像的格式是DICOM III标准。

扫描充盈气体的组织或骨骼组织时，不能采用超声检查法。在软组织/气体界面声波被完全反射，吸收也发生在软组织/骨界面。气体和骨骼还会在非本身的其他组织产生"背影"。肠道内的气体可造成相邻腹部器官的成像受到阻碍，对心脏进行超声成像检查时，必须从不需要声速穿过肺脏的部位进行。

超声图像会受到被检查组织深度的限制。虽然大多数扫描器可显示的组织深度为24cm，但在该深度下的超声信号一般都很嘈杂。这是由于大多数组织回声不能直接反射到换能器上，而是反射在其他方向。在24cm深度下，声波的能量损失可造成回声非常弱，扫描器不能将回波与背景电子噪声区分开。此外，一些未直接反射回来的超声可以经由组织外的光路反射，返回到换能器上。这种回声返回到换能器上所需的时间很长，出现在一个虚假位置，在超声图像上形成噪声。低频换能器扫描的深度要大于高频换能器扫描的深度。在流体介质中几乎不会出现束流强度的损失，因此在束流穿过流体介质时，如心脏中的血液或膀胱中的尿液，可以在降低瞬时分辨率的情况下增加最大扫描深度。

虽然超声检查可用于大多数软组织，但在小动物检查中绝大多数仍用于心脏和腹部器官检查。通过腹部扫描，可以对腹部组织进行全面评价。每位超声检验师都会形成自己独有的一套全面评价腹部的体系。这种系统性评价可以确保能够扫描到所有组织。过去只是检查肾上腺和胰腺等器官是否有病变和是否出现肿大，但是现在老练的超声检验师采用现代化超声波机制作出的超声图像质量非常高，可以检测到正常肾上腺和胰腺。

超声检查也被广泛应用于肌肉骨骼系统软组织的检查。超声波可用于检查和评估马属动物腿部肌腱和韧带发生的撕裂。超声波也广泛应用于关节和关节周围的骨骼边缘的检查，这种方法所获得的信息是标准的放射学检查无法得到的。虽然超声波不能用于骨骼本身的检查，但这两种成像方法可互补。在对小动物进行检查时，经验丰富的检查者很容易发现肩部和膝关节的韧带、肌腱、关节囊和关节软骨发生的软组织损伤。如果检查者熟悉正常解剖结构和这些组织的病理变化在超声图像中的表现方式，就可以采用超声波对大多数关节和肌肉进行检查。

在多数情况下，器官、组织和结构出现大小和形状变化都是很明显的，但反射波图形是依据检验者对其他发病动物器官和组织的扫描结果进行比较后做出的。对扫描结果进行评估的人员必须确切掌握每种器官的正常反射波图像，这需要长期的经验积累，也需要与正常器官进行比较才能获得。由于每种器官的实质产生的回声可能高也可能低，因此必须对几种组织产生的回声反射特性进行比较。病变器官产生的回声反射不是出现均匀性变化，就是发生局灶性或多灶性变化。与均匀性变化相比，局灶性变化一般更容易发现。对某种特定疾病来说，其超声图像有时具有很强的特征性，但非特异性的超声图像更为常见。虽然超声检查对诊断疾病是相当敏感的，但在多数情况下超声波变化对于特定疾病并不具有特征性。

超声检查也可用于引导活检器械，以便为特殊病理诊断获取组织样本。这样在许多情况下就没有必要进行开放式手术探查。例如，肝脏和肾脏等大型器官内部的病变，即使采用剖腹术可能也检查不到，但通过超声引导就可以检测到病变。采用术前诊断方式，才有可能对手术方法和术前治疗做出更加周详和具体的计划。在对动物进行大剂量镇静作用之下，这类检查一般都能够安全进行。在不采取全身麻醉的情况下，也可对大动物进行超声引导活检和病变穿刺抽吸。

（二）超声检查的应用

1. 超声波心动描记术 利用超声波反射性能观察心脏的诊断方法，被称为超声波心动描记术。过去采用的是M型超声心动图。向心脏发射一狭窄的声束，余辉荧光屏即可显示回声的图形和强度，荧光屏上的X轴表示的是时间，Y轴显示的是深度，类似于常见的心电图图像。可以评估心室壁及瓣膜运动的模式和振幅，也可以沿着声束分别对各种组织的大小进行评估。要获得诊断结果并对其进行解读，需要有丰富的经验。将M型检查与实时B型检查相结合，可以提高声束定位的准确性，也可获得更多信息，如房室的形状。

也可采用超声检查图像，获取心血管功能的量化信息。对具体参数的测定，既可用M型扫描，也可采用二维B型图像。然后可使用数学公式计算心脏输出量、心室收缩力、射血分数、心室壁僵硬度和其他心脏功能参数。

多普勒超声利用的是一种常见的现象，即移动物体，如一列火车，所射出的声波，对于相对于移动物体而静止不动的人，所接收的声波频率存在有明显的变化。如果移动物体正在逐渐远离观察者，则声波频率变低；反之，若波源发射器正在向观察者移动，则声波频率就会变高。超声波也是如此。流动红细胞的回声会造成反射回换能器的声波频率发生改变。声波的频移量与红细胞流动速度成比例，无论这种关系是呈正比还是呈反比，都可以使用频移量来确定血流方向。这种方法可用于鉴别瓣膜性返流（缺乏）、流速增快（如血管狭窄时）及心脏或机体其他部位血管发生的血流异常。

多普勒信号的显示格式有两种。第一种，即频谱多普勒，可采用波束来测量血管内特别细小的血流量。这种方式类似于M型显示，只是y轴上显示的是频移或流速。第二种方式显示的是多普勒频移，可选择的扫描部位较大，采用实时B型图形，可以将速度和方向显示为彩色频谱。颜色（通常是红色或蓝色）显示的是血流方向，色度显示的是平均流速。这种方法可以检查较大的部位，但时间分辨率较低。为此，可采用彩色编码的B型血流量检测方法来指导光谱样本量的放置位置，以便能够获得更加准确和完整的信息。因此，多普勒检查可以补充和改进超声心动图的准确性和特异性。检查人员也可采用光谱多普勒进行定量检查，以便确定测定值，如通过瓣膜和狭窄区的血压梯度或进入某个器官的血流阻力。有时，在出现明显病变之前，即可检查到血流模式异常。

2. 超声造影术 超声造影剂可以增加血液及血流经过的任何组织的反射率。血液反射率的增强，通常是通过在血浆中灌注或形成瞬时微气泡来实现的。回声反射性的增强与流经组织的血流量有关。这种微气泡很快被吸入血浆内，因此不会引起栓塞的风险。

评价组织中血管分布状况的能力，可以为存在的病变类型提供更多信息。例如，肉芽肿中的血流一般比正常组织的血流差，也不会肿大到周围组织；而肿瘤的个体较大，对比度的保持时间比周围组织的更长。造影剂在提高超声检查的敏感性和特异性上具有巨大前景。但是，目前高昂的成本阻碍了造影剂的全面应用，仅在特殊情况下或资助的研究项目中才有应用。

三、计算机断层扫描

采用计算机断层扫描（CT）时，X-射线管环绕身体周围移动，连续投射可穿透身体的扇形薄层X-射线。X-射线管对侧的探测器对穿透身体的X-射线数量及投射角度进行连续测量。由于X-射线管不断发生移动，探测器接收的X-射线量可随穿透组织的不同而发生变化。利用计算机对采集的数据进行数字化处理，确定扫描组织内任何一点最有可能的密度，然后将该密度显示在监视器上。将穿透身体某一部位的射线的所有这些密度组合在一起，形成该部位的断层图像。这种断层图像一般称作切面，图像中的每一个衰减点称作体素（单位体积）。然后将动物移动几毫米，按以上步骤重复检查。通过对某一身体部位进行连续扫描，可以得到感兴趣部位的整套图像，不会出现任何组织的重叠现象。CT对比度的分辨率比标准X射线片好得多，因此通过CT扫描可以对诸如大脑的某一部分和单个肌腹等组织进行独立且清晰的检查。常使用X线造影剂，以进一步提高组织的对比度，也有助于对病变特征进行描述。

现代多层面CT扫描仪，每旋转一周可获得高达128个断层图像；每转一周的时间只有1/2 s。这类仪器具有连续旋转扫描的功能（即螺旋式扫描），可在一次屏气时间内（大约10 s）完成人体内整个腹部或胸部的扫描。相应的影像重建时间也很短，现在完成全部检查比15年前获取单幅影像所需要的时间都要短。现在兽医也已有16层扫描仪，其完成扫描的时间比将病畜保定在扫描台上的时间还要短。即使采用这种特别快速的仪器进行检查，也必须对待检患畜进行麻醉和保定，但麻醉时间虽短，获得的信息价值却非常大。采用现代的CT图像重建算法，可以为已知密度组织构建三维结构图像。可以制成骨骼组织图像，去掉覆盖的软组织；对于已经增强了对比度的血管，也可制成无任何组织覆盖的血管结构图像。采用最新式扫描仪获取的血管结构图像，可以与其竞争对手传统血管造影术制成的血管影像相媲美。

除了CT所特有的一些影像学检查外，在传统上采用放射方法进行检查的一些组织结构和疾病，也正在利用CT检查方法取代常规的X线检查。与任何传统的X线检查相比，采用CT方法对任何一种动物的头骨进行扫描，所获得的信息更多，诊断价值也更高。头骨的解剖结构十分复杂，在X线检查时可出现结构重叠现象；但采用CT扫描可使这种问题得到极大的简化，诊断时也更加具体和准确。采用CT方法对马的肢蹄进行扫描，可以发现其骨骼结构和蹄结构出现的变化，这种病变即使采用非常精细的放射影像都不易发现。

由于CT的安全性较高、检查速度也更快捷，可以用于对椎盘和椎骨进行直接摄影，因此CT也正在迅速取代检查骨髓病的脊髓造影术。此外，正在采用CT作为筛选方法，检查癌症患者的肺脏和其他器官是否有癌症转移的证据。与X线检查相比，CT扫描的肺脏转移病灶更加明显。遗憾的是，还没有可扫描成年马腹部或胸部的CT扫描仪。假如有这样的一套仪器，CT就很可能会迅速成为扫描马的这些部位的首选影像方法。在未来的几年内，也可能会应用CT来检查心脏，其速度和精度可以与超声心动描记术相媲美，这种情况在人医已经出现。

在从无法使用超声波或其他成像方法对身体的一些部位（如肺部和脑）进行活组织检查和穿刺采集样时，CT可起到很好的指导作用。进行影像引导治疗时（如肝肿瘤结节的射频消融术），也可采用这种方法。

采用CT扫描可以检测到体内深层组织发生的结构变化，包括肿瘤、脓肿、血管畸形、隐性骨折和血肿。放射科医师必须有扎实的解剖知识，具有从身体的任何层面上都能够确定其结构的本领。在CT扫描评估时，了解生理学知识和人为现象是非常重要的。

四、磁共振成像技术

磁共振成像技术（MRI）是当今普遍采用的最新成像技术。这种方法利用的是一种强大的磁铁，强度可高达地球磁场的40 000倍，可以使磁场内机体内的氢原子在瞬间达到有序排列状态。原子数为奇数的所有原子都会受到影响，但对于氢原子的作用远远大于对体内其他天然元素的作用。如果对氢原子施加射频脉（RF）冲，那么这些氢原子的排序就会呈正向或反向排列。射频脉冲一关，氢原子就会随磁场重新排列。氢原子排序的速度受到其中部分分子（和分子特性）的限制。在这中松弛期或重排阶段，氢原子可以发出无线电波，采用高灵敏度设备可检测到这些电波。无线电波的频率取决于磁场的强度。通过将扫描仪磁场构建成每个小离散体素都具有不同的磁场强度，使每一个体素都能用一种频率来表示。然后，通过测量每个频率的信号强度和持续时间，就可以估算每个体素的化学成分。MRI实际上这是靠显示屏上表示的每个体素的信号强度来进行的，与CT几乎一样。每个体素发出的信号强度很小，因此要获得与体素相关信号强度在统计学上有显著的确定意义，就需要进行多次重复或多次脉冲。因此，每次扫描可能需要几分钟才能完成。对身体断层进行连续扫描的方式与CT检查的方式相同。在数据采集方式上MRI与CT有所不同，可同时采集到所有体素的断层成像，但每一次只能采集到一套断层的数据。在3个正交平面中，扫描时一般可采集到1个以上的平面，不同的磁脉冲序列显示不同的组织类型。同样，与CT不同的是，尽管MRI扫描仪的计算机或独立的工作站都可完成三维透视图，但MRI扫描几乎不会转换格式以形成斜面影像。

解读MRI图像需要有扎实的断层解剖学知识，也需要成像系统的物理学知识。因为这种类型的影像是基于体内的化学成分而不是密度，因此可以提供身体结构的精密细节和比对。然而，数据采集的时间限制了这种方法在大幅度运动部位上的应用，如胸部和上腹部。MRI对皮质骨的成像效果的确不好，因此在检查骨骼病变时应用有限，但MRI非常适合于骨髓和软骨的成像。与CT一样，MRI最初主要用于神经影像，现在仍然是该部位的主要成像检查手段。MRI应用的另一个主要领域是检查体内深部血管，尤其是腿部、颈部和头部血管。MRI也经常用于关节和肌肉的成像，由于MRI是软骨和韧带成像的唯一手段，因此也已成为检查关节完整性的有价值的方法。

在大脑和其他软组织成像中常见有MRI扫描的图像比对度增强。在确定扫描检查病变的病因学时，这种比对度的增强可以使放射科医师做出相对明确的诊断。在其他情况下，这种高比对度影像是唯一能显示病变存在的方法。专门设计用于MRI的试剂与CT和X线检查的试剂不同。

在过去，MRI仪器的体积非常大，购置、安装和维护费用也很高，但现在使用的许多MRI仪器体积较小、磁场强度较低，其中有些是专门为兽医设计的。也有马肢体专用的扫描仪供使用，但价格仍然相当高。

采用MRI进行全面扫描所需要的时间，导致必须在全身麻醉条件下才能完成。对于病畜，通常采用注射麻醉法，除非有专用的麻醉机、氧气瓶和监护设备。注射麻醉法可能并不适合所有的病畜，因此病畜专用场所最好配备合适的麻醉设备。由于使用的是强磁，因此出于安全考虑，不应将强磁性材料带入检查室内。此外，MRI扫描应该由经过专门培训的技术人员进行操作。这种培训既不能作为兽医课程的一部分，也不能是兽医技术课程的一部分，而必须是参加

专门的培训，最好是参加放射技术学校的培训课程。

鉴于MRI仪器的购置费用和维护费用较高、成像技术较为复杂，解读图像时需要特殊的培训和经验，因此一般只有大型私人诊所和学术研究的专业兽医院才有MRI扫描系统。

五、核医学成像技术

放射性核素闪烁扫描术

核医学成像技术是给病畜服用极微量可发射 γ 射线的放射性同位素，然后，用 γ 照相机检测体内的同位素。根据所进行的检查项目，也可酌情注射、口服或吸入同位素。放射性同位素通常存在于对某些组织和器官具有特殊亲和力的大分子中。例如，某些有机磷酸盐对骨骼具有亲和力，与胶体硫结合的同位素可存在于肝脏和脾脏内。极少数放射性同位素会对某种特定的组织具有直接的亲和力。碘就是一种明显的例外，非常强烈地集中在甲状腺内。吸入气体或气溶胶内的同位素集中存在于呼吸道和肺脏，也可经吸收后进入血流。在兽医上，最常用的同位素是亚稳态锝^{99}（^{99}mTc），但在特殊情况下也可使用放射性碘、铟和铊。

γ 照相机采集的数据可以直接显示在显示器上，也可投映在胶片上作为永久记录。大部分现代化仪器也可将数据发送到电脑上进行分析，能增大计算偏差和确定器官边缘。操作人员可以选择感兴趣的部位对含量计数和按时间计数进行分析。当检查所使用的放射性药物可被代谢或在某个器官中的驻留时间有限时，就可确定该器官的功能。可以采用这种动力学检查方法对器官功能进行检查，如肺脏、肾脏和心脏。这种检查方法可能检出解剖学静态显像无法发现的异常情况。功能性影像学是核医学检查的一种强大功能，与解剖影像系统相比，这种方法可以更早、更容易地发现疾病。高级的MRI检查可模仿闪烁照相影像的功能，但其适用范围和可用性都非常有限。

单光子发射计算机断层成像术（SPECT）和正电子发射断层成像术（PET）是先进的闪烁成像技术，在人医上广泛应用于疾病的检测和评估。这两种方法都是根据体内沉积的放射性核素，生成类似于CT的横断层面影像。与平面影像相比，这种影像的敏感度较高、特异性也较高。PET影像常规应用于许多疾病的分期和评估，特别是癌症。这种技术的基础是使用较轻元素发射的正电子发射同位素的，如氧、氮、碳和氟，在评估代谢和定位这些元素时具有很高的灵敏度。

在兽医上使用核医学影像的主要问题涉及购买和使用放射性药物的管理问题。所有的使用都必须进行严格记录，与人医不同的是，在检查完后必须将病畜

留在院内，以便将大部分药物从体内清除出去。限制该方法应用的另一个原因是病变的生理特性，在某些疾病中病变可能造成影像的空间分辨率较差。

第四节　动物尸体处理与场地消毒

在养殖场发生动物死亡或进行屠宰时，应当对动物尸体和不适于用作食物的部位进行妥善处理。应迅速将上述场所清理干净，处理方法应可避免对家畜、野生动物或人的健康造成感染性或毒性危害。可从当地的环境保护机构获取安全和合法处理尸体的资料。任何情况下发生动物死亡都提示有发生传染病或中毒的危险，应立即通知最近的动物卫生官员。

作为一般的预防措施，处理尸体和消毒剂的人员在进行处理和消毒时，应穿防护服，并配备适当的装备。采用的尸体处理方法应当避免对土壤、空气和水造成污染。对死于传染病和中毒病的动物，其毛皮和其他部位应该采取安全处理措施，不得保存使用。

对确诊或怀疑为羊痒病或牛海绵状脑病的绵羊或牛，不得采用化制处理方法。处理这些动物的首选方法是焚毁，但也可采用深埋法。

1. 化制　化制通常是一种安全、快速、经济的动物尸体处理方法。化制需要使用避免危害健康的设备和方法。地方性法规明确规定了将尸体运送到化制厂的必要条件。

2. 掩埋　如果有当地环保部门批准的场地可供使用，则掩埋是首选的处理方法。在选择掩埋场地时必须考虑土壤深度是否足够，且应避开地下电缆、输水管道、煤气管道、化粪池和水井。掩埋坑或掩埋沟的宽度至少为2.3 m，深度至少为3 m。掩埋坑有发生塌方的危险，若没有适当的撑柱和采取其他适当保护措施，不得进入。按照这种深度，1.3 m² 的占地面积可容纳1头成年牛或马的尸体、5头成年猪或羊、100只成年鸡或40只成年火鸡。深度每增加1 m，每1.3 m²占地面积可容纳的动物数量就可增加1倍。被尸体污染的垃圾、土壤、粪便、饲料、牛奶或其他原料，也应掩埋在尸体坑内，并在上面覆盖至少2 m的土壤。不应将覆盖的土壤夯实。尸体发生分解和产气可造成夯实的掩埋坑发生破裂、冒泡和液体渗漏。应当将覆盖的土壤进行堆积，并平整均匀。

3. 焚毁　对于一头或少量动物尸体的处理，最好的方法是按照当地法律和条例的规定，使用焚化炉进行焚毁，这也是患痒病的羊和患海绵状脑病的牛的首选处理方法。

在开放场所进行动物尸体的焚毁必须要有法律许可。对家禽尸体的处理，只有在深埋不可行时才能采用焚毁方法。焚毁场所应远离公众视野，场地应平坦、开阔，且远离建筑物、干草堆或稻草堆、架空电线和浅层地下管道或电缆。焚毁场地应位于房屋、农场建筑物、道路或居民区的下风向，应该避免焚烧后的残渣随降水而污染环境。

应当在动物尸体下方铺设足够的易燃材料，使其能够完全烧成灰烬。铺设易燃材料时，必须保证有充足的空气流动。不应使用汽油或其他高挥发性易燃液体。

准备燃烧层时，占地面积应能容纳所焚毁的动物尸体数量：约2.5 m²可容纳1头成年牛或马、5头成年猪或绵羊、100只成年鸡或40只成年火鸡。如将燃烧层与主风向呈直角，则燃烧效果最佳。

在适宜条件下，焚毁应在48 h内完成。应根据需要另行添加易燃材料。当大火燃尽时应把灰烬深埋，并清理该区域。

4. 其他处理方法　已开发了堆肥、发酵、干挤压方法，用于处理某些死亡动物和废弃物，杀灭病原微生物，减少体积，以及生产饲料。关于这些方法和其他可替代的处理方法，应咨询地方环境保护机构和国家农业部门。

5. 场地的消毒　必须首先移出粪便、饲料和残留物，并采用掩埋或焚毁方法进行安全处理，再对所有的畜舍和设备进行彻底刷洗和清洁，然后使用化学消毒剂进行消毒。除采用蒸汽清洗法以外，只能在0℃以上条件下使用液体进行清洗。将某种清洁剂，如磷酸钠或碳酸钠，溶于热水中有助于清洗。在使用消毒剂进行消毒之前，必须用清水冲洗掉所有残留的清洁剂。对清洁液、冲洗水和消毒剂的盛装和安全处置，必须做出规定。

对无有机物表面进行一般消毒时，推荐使用的消毒剂有次氯酸钠或次氯酸钙（有效氯1 200 mg/kg）、碘、苯酚和季铵盐类化合物。新型消毒剂利用几种消毒剂量的组合（如季铵盐和戊二醛），可提高消毒效果。有关针对具体动物疾病病原的消毒剂信息，可以从动物卫生机构获取。消毒剂都应有美国环境保护署或其他国家类似机构的批准声明。必须遵守标签上的使用说明。

第五节　动物安乐死

安乐死是一种简单的无痛死亡。动物的安乐死是指以人道方式杀死动物的行为。动物安乐死的主要目的是：①减轻被安乐死动物的疼痛和痛苦；②在动物丧失意识之前，尽量减少动物的疼痛、焦虑、痛苦和恐惧感；③使动物的死亡无疼痛、无痛苦。

观察动物的行为和生理反应有助于评估是否正在

实现安乐死的目标。通过观察动物正在经历的痛苦和/或恐惧感受，可以说明动物的各种行为和生理反应，包括（但不限于）哀叫、挣扎、试图逃跑、焦躁不安、呆立、攻击、可怕的姿势或面部表情、颤抖、流涎、排尿、排粪、肛门松弛、瞳孔散大、气喘、心动过速和出汗。不同种类动物和不同动物个体对安乐死过程（抓捕、保定、关押、静脉穿刺、用气体处理等）的反应不同，因此每次实施安乐死都必须仔细监控。

在实施安乐死期间，按下列顺序出现生理功能的丧失有助于防止动物恐惧和痛苦：①迅速丧失意识，②丧失运动功能，③心脏和呼吸功能停止，④大脑功能出现不可逆的丧失。如果在意识丧失之前发生运动、呼吸和心脏功能的丧失，动物就会出现恐惧和痛苦的感受。某些种类的动物，尤其是兔和鸡，恐惧可引起动物出现紧张性瘫痪，必须当心，不要将这种行为反应与意识丧失相混淆。

在处理动物尸体之前，必须采用与该种动物安乐死相适宜的方法，对动物死亡情况进行核实。不能将昏迷与死亡相混淆。由于变温动物的生理状况有所不同，因此很难确定其是否死亡。

实施安乐死经常会造成组织中出现化学药物残留，必须采取适当处理措施，以免造成环境或其他动物（如食腐动物、食肉动物）发生污染。

在美国，对用于人类食用或其他动物食用的动物，所采用的安乐死方法必须符合USDA的规定，未经FDA批准，不得使用可造成组织残留的化学药物。

在对动物实施安乐死时，必须要考虑的其他因素有操作者、观察者和其他动物的安全；人对于安乐死的心理感受，如悲痛和悲哀；以及其他动物的恐惧和不安，这些动物接触过正在实施安乐死动物表现的行为、发出的声音和信息素。在一些社团和兽医学院，咨询服务和失去爱宠支援热线对悲伤的宠物主人非常有用。参与安乐死或动物屠宰的人员也可能会感受到负面的心理影响。工作场所有支援程序和无障碍咨询服务，有助于缓解安乐死操作人员的心理压力。

操作人员必须熟悉有关药物、方法和设备的知识，掌握实施安乐死动物品种和个体动物的行为及生理；经过技术培训；证明具备执行安乐死操作的技能。

要确保对动物实施人道的致死，最重要的是选择适当的安乐死方法和药物。选择的依据包括该种类动物的行为、生理和代谢，以及可影响使用特定方法效果的每个动物体的任何特性。在选择安乐死方法和药物时，决定性因素还有环境条件、可以对动物进行关押保定的手段、操作者的技能和知识、实施安乐死动物的数量以及使用动物的用途。在非临床兽医环境条件下实施安乐死，如在野外条件下对野生动物进行安乐死，可能会限制安乐死的选用。但是在任何情况下，人道对待动物应该是一个普遍关注的问题。对于食用动物、皮用动物或毛用动物进行屠宰时，在对野生动物和未驯化动物实施安乐死时，都应该坚持相同的人性化标准。

不同种类动物可采用的安乐死方法和药物见表15-3。熟知实施安乐死种类动物的生理和行为，以及选用安乐死方法和药物的具体技术信息和安全防护措施，是操作人员的责任。美国兽医协会安乐死小组2000年的报告（2007年修订）提供了详细的附加说明，以及具体技术和安全信息的参考文献。

因为新生动物对缺氧的耐受性更强，致死所需要的时间较长，因此对于16周龄以下的动物不应该单独使用吸入性药物。给爬行动物、两栖动物、潜水鸟、水生动物和穴居哺乳动物使用吸入性气体药物，可能需要更长时间才能使其失去知觉。对于无法进行注射的小动物（7 kg以下），可采用吸入性麻醉剂。安乐死使用的吸入性麻醉剂的优选顺序是氟烷、安氟醚、异氟烷、七氟烷、甲氧氟烷和地氟醚，有时也同时使用一氧化二氮。

注射性药物是最快速、最可靠的，在可以采用静脉穿刺时也是首选药物，不会引起动物出现恐惧，也不会对操作人员造成不必要的风险。所有巴比妥酸衍生物都是可以采用静脉注射的安乐死药物。某些注射剂（如马钱子碱、尼古丁、咖啡因、硫酸镁、清洁剂、溶剂、消毒剂、其他毒物或盐类、氯化钾作为单独药物，以及所有神经肌肉阻断剂）是绝对不能使用的药物，作为安乐死药物已经淘汰不用。

当操作人员正确使用维护良好的设备，以及在其他安乐死方法不可行时，或预期用途的动物有禁忌时，采用物理方法也是进行安乐死的人道方法，这类方法有击昏、枪击、颈椎脱位、断头、微波辐射以及胸部压迫。不应将放血、击晕和脑脊髓刺毁法作为唯一的安乐死方法，但可作为其他方法的辅助方法。

表15-3　各种动物安乐死使用的药物及方法[a]

动物种类	可使用的[b]	有条件使用的[c]
两栖动物	巴比妥类药物，吸入性麻醉剂（用于适宜的动物种类），CO_2，CO，三卡因甲基磺酸盐（MS-222），盐酸苯佐卡因，双侧脑脊髓刺毁法	刺穿击昏法、枪击、击晕和断头，断头和脑脊髓刺毁

（续）

动物种类	可使用的[b]	有条件使用的[c]
禽类	巴比妥类药物，吸入性麻醉剂，CO_2，CO，枪击（仅用于自由放养禽），浸渍（仅用于卵和1日龄雏鸡）	N_2，氩气，颈脱位，断头，胸部压迫（仅用于小型、自由放养禽）
猫	巴比妥类药物，吸入性麻醉剂，CO_2，CO，氯化钾与全身性麻醉剂结合	N_2，氩气
犬	巴比妥类药物，吸入性麻醉剂，CO_2，CO，氯化钾与全身性麻醉剂结合	N_2，氩气，刺穿击昏法，电击
鱼	巴比妥类药物，吸入性麻醉剂，CO_2，三卡因甲基磺酸盐，盐酸苯佐卡因，2-苯氧乙醇	断头和脑脊髓刺毁，击晕和断头/脑脊髓刺毁
马	巴比妥类，氯化钾与全身性麻醉剂结合，脑脊髓刺毁	水合氯醛（镇静后静脉注射），枪击，电击
海洋哺乳动物	巴比妥类药物，盐酸埃托啡	枪击（体长在4 m以下的鲸类）
水貂、狐狸和其他皮毛哺乳动物	巴比妥类药物，吸入麻醉剂，CO_2（对水貂实施安乐死，在无辅助剂时需要采用高浓度），CO，氯化钾与全身性麻醉剂结合	N_2，氩气，电击后采用颈椎脱臼法
非人灵长类动物	巴比妥类药物	吸入性麻醉剂，CO_2，CO，N_2，氩气
兔	巴比妥类药物，吸入性麻醉剂，CO_2，CO，氯化钾与全身性麻醉剂结合	N_2、氩气、颈椎脱臼法（1 kg以下）、断头、脑脊髓刺毁
爬行动物	巴比妥类药物、吸入性麻醉剂（用于适宜的动物种类），CO_2（用于适宜的动物种类）	脑脊髓刺毁，枪击，断头和脑脊髓刺毁，击晕和断头
啮齿动物和其他小型哺乳动物	巴比妥类药物，吸入性麻醉剂，CO_2，CO，氯化钾与全身性麻醉剂结合，微波辐射	甲氧氟烷，乙醚，N_2，氩气，颈椎脱臼法（200 g以下大鼠），断头
反刍动物	巴比妥类，氯化钾与全身性麻醉剂结合，脑脊髓刺毁	水合氯醛（镇静后静脉注射），枪击，电击
猪	巴比妥类，CO_2，氯化钾与全身性麻醉剂结合，脑脊髓刺毁	吸入性麻醉剂，CO，水合氯醛（镇静后静脉注射），枪击，电击，打击头部（3周龄以下）
动物园动物	巴比妥类药物，吸入性麻醉剂，CO_2，CO，氯化钾与全身性麻醉剂结合	N_2，氩气，脑脊髓刺毁，枪击
自由放养的野生动物	巴比妥类静脉注射或IP，吸入性麻醉，氯化钾与全身性麻醉剂结合	CO_2，CO，N_2，氩气，脑脊髓刺毁，枪击，致死性捕获（经科学测试）

a. 经改编，获得许可，源自AVMA安乐死小组2000年报告（2007修订）和欧盟委员会关于实验动物安乐死工作小组1997年报告。要获取完整资料，包括此处未描述的安乐死方法，请参考完整报告。

b. 可采用的方法，是那些仅以此实施安乐死时，可引起人道性死亡的方法。

c. 有条件使用的方法，是根据技术性质或由于操作员可能出现失误或安全隐患可能不一定总能导致人道死亡的方法或科学文献中未充分证明的方法。

第六节　肉品检验

通过有资质的人员对肉品进行检验，可以剔除食品供应链上有害的、掺假或贴错标签的肉品或肉制品，避免消费者受到源自食用动物、环境或人类的物理的、传染性的和毒物性的危害。标准化规程并不包括有关可利用胴体、器官或动物其他部分的所有可能性；要确保被批准的食品都是符合卫生条件的和纯正不掺假的产品，还需要有个人评判（见食物和纤维的化学残留）。

肉品检验活动可分为宰前检验、宰后检验和加工检验。

一、宰前检验

宰前检验是在屠宰场进行屠宰的当日进行的，目的是检验和判定不适于进行屠宰的动物，并记录宰后可能并不明显的疾病的症状或病变（如狂犬病、李斯特菌病或重金属中毒）。检验时，应当将动物关在光线充足的舍内，以便清楚地观察动物的休息和运动。在对动物进行检验并确认其可作为人类消费的候选动物之前，不得进入屠宰间、整形间或食用动物产品操作间。必须配备出入口、通道和设备，以便对隔离的异常动物进行密切检查和准确判定。

严重瘸腿的动物，通常称之为"无法自行站立的动物"（downers），以及残疾或濒死的动物，不能作为食用动物进行屠宰。对于疑似出现发热的任何动物，都应检查直肠温度进行核实。猪的体温应该不超过41℃，牛、绵羊、山羊、马、骡的体温应不超过40.5℃。出现临床症状和病变、但不能立即判定为废弃的动物，可判定为"可疑"，应对其胴体和内脏分别进行检验。可以将某些动物留存下来，以便使其发生的轻微疾病得以康复，也可使其生物物质和化学品残留得到消除。有些药物可造成食用组织不再适于作为人类食物，使用这类药物进行治疗的动物或接触这类药物的动物，不应作为食用动物进行屠宰。

怀疑为外来疾病或寄生虫病的动物不可屠宰，应立即报告就近的联邦或国家卫生官员。

对边虫病、钩端螺旋体病或结核病检测呈阳性反应的动物，不能作为食用动物。对于牛结核病呈阳性反应的牛，应在宰前检验时检测其体温。

对疑似有外来病或寄生虫病的动物，应予以控制，并立即报告联邦或州动物卫生官员。

动物福利和人性化屠宰问题对畜牧业越来越重要。美国的屠宰厂都要定期接受检查，以确保其完全满足1978年的人道屠宰行为法案及相关法规的规定。在屠宰之前，采用人道方法对动物进行处置是很有必要的，包括刺激的方法、工人不虐待动物、饲料和饮水的供应、围栏设施的安全、防滑地板以及避免动物受到恶劣气候条件的危害。

大多数大型肉类生产商都要求致死动物的方法符合人道屠宰条例。因此，应采用一次击打、枪击或电击、化学品或其他快速有效的方法，使这些动物丧失疼痛的感觉，然后才能进行吊挂、提升或切割。

公认的宗教仪式屠宰方式，如按伊斯兰教律法和犹太教教规的屠宰法，可以免除以上这些要求。

二、宰后检验

在对动物进行屠宰并取出内脏后，必须立即对肉品进行检验，检查其是否存在不适于食用的变化和病变。宰后检验时，应当对动物胴体、加工流程、设备和设施的所有部分都进行检查，以防止可食用部分发生污染。检疫人员必须确保废弃胴体和肉品的安全处理。下列不能作为人类的食品：哺乳期的乳腺、喉肌、甲状腺和肺脏。不能作为食用的还有，使用铅条、海绵铁或易碎的练习用子弹击昏动物的大脑、颊肉和头，以及怀疑含有抗生素、磺胺类药物或其他残留的胴体。中枢神经组织和脊髓必须要废弃，以消除食品供应链中出现牛海绵状脑病的威胁。

常规的宰后检验应包括以下步骤。

1. 牛

（1）**头部**　切开左侧和右侧寰椎淋巴结、下颌淋巴结、腮腺淋巴结和咽上淋巴结，并眼观检查。将两侧咬肌切开进行检查。对舌头进行检查和触诊。

（2）**内脏**　检查腹腔内脏和肠系膜淋巴结。对瘤胃网胃结合部进行检查和触诊。检查食管和脾脏。切开前、中、后纵隔淋巴结和左右两侧的支气管淋巴结，并进行检查。对肺脏的肋面和腹侧面进行检查和触诊。从心底向心尖沿着心室间隔切开心脏，检查并切开心脏内层表面和外层表面。切开肝淋巴结并进行检查。相向切开胆管，并对其内容物进行检查。对肝脏的背面和腹面，以及肝脏的肾压迹进行检查和触诊。

（3）**胴体**　检查内表面和外表面。对髂内淋巴结和腹股沟浅淋巴结或乳腺淋巴结进行触诊。对横膈膜和肾脏进行检查和触诊。

2. 犊牛和小肉牛

（1）**头部**　切开咽淋巴结并进行检查。

（2）**内脏**　对支气管淋巴结、纵隔淋巴结、心脏和肺脏进行检查和触诊。检查脾脏。对肝脏的背侧面和腹侧面进行检查和触诊，对肝淋巴结进行触诊。检查腹腔内脏。

（3）**胴体**　对暴露的内表面和外表面进行检查。触诊肾脏和髂内淋巴结。

3. 绵羊和山羊

（1）**头部和胴体**　对体腔和外表面进行检查。触诊胴体的背部和侧面。检查头部、颈部及肩部。触诊肩前淋巴结。对肾脏进行检查和触诊。触诊股淋巴结、腘淋巴结和腹股沟浅淋巴结或乳房淋巴结。必要时切开淋巴结，以排除干酪性淋巴结炎。

（2）**内脏**　检查腹腔内脏、食管、肠系膜淋巴结、网膜脂肪和脾脏。检查胆管、胆囊及其内容物。对肝脏、肺脏的肋面和腹侧面进行检查和触诊。触诊支气管淋巴结和纵隔淋巴结。对心脏进行检查和触诊。

4. 猪

（1）**头部**　检查头部肌肉和颈部肌肉。切开下颌淋巴结。

（2）**内脏**　对肠系膜淋巴结和脾脏进行检查和触诊。触诊肝门淋巴结。检查肝脏的背面和腹面。触诊左右两侧的支气管淋巴结和纵隔淋巴结。对肺脏的背面和腹面进行检查和触诊。对心脏进行检查和触诊。

（3）**胴体**　检查内表面和外表面，切除任何疑似异常的部位。对肾脏进行检查和触诊。

5. 家禽　检查胴体表面，修整瑕疵、瘀伤和病变。触诊胫骨检查有无骨骼疾病。适当检查胴体的内表面、肾脏和肺脏。检查内脏，对心脏、肝脏和脾脏进行触诊。

6. 马

（1）**头部**　检查头部表面。对下颌淋巴结、咽淋巴结、腮腺淋巴结、咽鼓管囊和舌进行触诊、切开和检查。

（2）内脏 对肺脏、支气管淋巴结和纵隔淋巴结进行检查和触诊，切除任何疑似异常的部位。对脾脏、肝脏及肝门淋巴结进行检查和触诊。切开肝管。检查剩余内脏。

（3）胴体 检查胴体的内表面和外表面。触诊腹股沟浅表淋巴结或乳腺淋巴结及髂内淋巴结。对肾脏和横膈膜进行检查和触诊。检查腹腔内壁是否存在有寄生虫囊肿，并予以切除。检查胸椎棘突、棘上囊及前两节颈椎椎管的情况。对白色和灰色马，应检查其腋下和肩胛下的组织是否存在有黑素沉着病。

三、废弃胴体

在宰前检验中，发现家畜明显存在有任何不可逆的疾病或不宜使用的健康状况，都应完全废弃，对这些家畜应采用人道方法进行销毁和处理（见动物尸体的处理和场地消毒）。

被物理因素、传染性因子或有毒物质污染的胴体，不应批准作为食用。对于发生全身性健康状况或疾病的胴体也不应予以批准，包括癌症，该病可造成肉的正常特性发生明显变化，以至于无法食用，也可造成肉出现明显异常，有充分的理由认为不适合食用。对出现的不影响完整胴体卫生状况的局部病变，应通过修整予以切除，剩余胴体仍可食用。

结核病的特殊注意事项： 当有证据表明家畜患结核病时，应当废弃整个胴体。这类情况包括存在有活动性病灶时；发生恶病质的动物；在肌肉、肌间组织、骨骼、关节，除了胃肠道外还有腹部的其他器官，或与这些部位相关的淋巴结存在有结核病变；胸腔或腹腔存在广泛性病变；病变呈多发性、急性和活跃的渐进性；以及病变性质或病变程度表明其并非局灶化病变。

当在某个器官或部位本身或其相应淋巴结中发现有病变时，应当将该器官或部位废弃。如果在猪体发现的病变呈局灶性，且仅存在于一个原发性感染部位，如颈部淋巴结，则应首先废弃感染器官或感染部位，未感染部分仍可留作食用。即使某个胴体受结核病的影响非常轻微，也应先经过商业烹饪加工之后，才能被认为是安全的，但是对于没有在联邦或州官方兽医检查合格的屠宰场内进行检疫的胴体，不能采用这种方法。

四、不卫生肉品的检测

供人类食用的肉品应该来源于健康、且已完全放血的动物。动物体内含有的物理因素、传染性因子或有毒物质，可能危害人类的健康，另外其组织也有可能有害于健康，因此不应作为食用。健康食品的认定需要采用综合评估方法，包括化学检验、组织学检验、微生物学检验、感官检查和毒物学检验。

对肉品进行检验应在足够亮度的光线下进行。应采集表面的或组织内可见的异物做进一步检查。所有物品，如羽毛、纤维、毛发、昆虫幼虫或寄生虫，都可以为肉品的种类、来源和处理提供宝贵的资料。应注意肉类的颜色、气味和质地。肉品应该结实有力，切面应有光泽。颜色变成灰色或绿色表明有细菌作用。肉品呈暗红色可能是由于放血不彻底，造成动物死亡后仍有血液滞留所引起。肉质颜色一直呈鲜红色，表明添加了有害的亚硝酸盐。可采用紫外线光对啮齿动物的尿液和某些腐败菌所产生的荧光物质进行目测检查。应当很容易辨别发生瘀伤、出血或炎症的部位。由污染的化学品、鱼、尿液或其他来源出现的气味是不可接受的。在对气味不能完全确定时，可通过将肉煮沸或油炸，增强可能存在的有害气味之后进行辨别。

可采用组织学检验方法对物理因素、感染性因子或有毒物质造成的疾病进行检验。同样，也可采用微生物学检验方法对肉品腐败情况进行检验，可确定肉品中是否存在有可引起人患病的传染性微生物。如果怀疑肉品有掺假或含有毒素，应进行化学检验和毒物学检验。要确保肉品未发生细菌污染，有必要增加微生物检验的随机检测量。

五、屠宰场的环境卫生

应当确保屠宰场的建筑物、设备、人员和操作程序持续达到卫生要求，并避免发生胴体及肉品的掺假。地板、墙壁和天花板的建筑材料和建筑方法应便于进行卫生操作和彻底清洗。应当为屠宰、清洗和个人卫生提供充足的冷水、热水和清洁用品，且便于取用。在对设备和工具进行清洗后，用于设备和工具消毒的水温至少应达到82℃。器具、刀具及用具在接触过患病胴体之后，应首先进行清洗和消毒，然后再使用。污水排放系统，应有适宜的存水弯和污水处理系统，应足以维持屠宰场的卫生条件。应有充足的通风量，以确保食用产品区没有难闻的气味。应采取防止苍蝇、啮齿动物和其他体外寄生虫进入的措施。清洗和检疫时，照明应能维持足够的亮度。设备所用材料和构造应便于进行彻底清洗，且应进行适当的维护。应该在方便的地方，为可食用肉品和不可食用肉品分别单独提供洁净的容器。应提供放置动物头部的架子或桌子。操作人员应着装干净，严格遵守所有的卫生和消毒程序。

第七节 马的售前检验

马的潜在买家一般都要求进行售前检验。售前检验的目的是降低买方承担的待售马总体健康状况和运动稳定性方面的风险。检验不意味着对马匹的健康做出保证，但就兽医而言，只是试图确定先前存在的任何疾病或可能影响以后健康的潜在疾病（如退行性关节病，见跛行的检查）。

进行售前检验的兽医应该对马的具体品种有丰富的经验，了解交易马匹的用途。在理想情况下，检验人员也应了解所有与售前检验相关的法律法规。检验过程中形成的所有记录均应保存在买方的文件中，同时应当为买方提供一份报告。由于售前检验是造成买家不满而提起诉讼的常见原因，因此售前检验应做到全面、且要小心谨慎。由此产生的诉讼问题主要是由于客户对售前检验流程缺乏了解，对其安全投资的期望过高造成的。

一、检验前议题

在开始阶段，就应对具体马匹交易有关各方（如买方、驯马师、法定代理人）的职责进行明确。有时，驯马师也可能就是法定代理人。在评估马匹的运动前景是否能达到买方期望，以及马匹是否适合买方等方面，驯马师应确实负责。若买方有代理人，检验兽医应促使代理人将收集的所有信息随同报告一起，送达买主本人。马匹买方的经验和实际期望水平有所不同。兽医应查明买方的特定期望，确定检验的局限性，重点强调检验并不排除风险。

卖方是马匹相关信息的拥有者，但也需要进行一定程度保密，以避免由于诊疗信息传播不当造成马匹声誉受到影响。如果买方或买方代理人有要求，卖方和/或其兽医可以同意将马的病历提供给检验兽医。在检验结束后，将这些病历记录退还给卖方。试用期通常是可以接受的也应得到支持，特别是卖方得到买方对马匹安全做出保证时。另有一种方法是，在买卖双方均同意的、专业化管理的马棚进行试用。卖方可以要求对马匹进行投保。

习惯上，建议检验兽医在以前的医疗活动或个人行为中，未曾接触过马或卖方。但是，如果在一个小社区内或同一寄养马场内销售马匹，这往往是不可能做到的。在这种情况下，兽医与有关各方的关系应予以明确声明。如果待售马匹处于其他地方，且检验兽医不是买方的执业兽医时，则情况正好相反。检验兽医可能要求买方执业兽医对检验报告和任何辅助资料进行复审，如X线片、实验室检验报告等。另外，如果在检验过程中出现任何质疑，应遵循经过执业资格

认证的兽医专家的意见。

如果兽医具有应用购买马匹所在领域相关比赛规则的知识（如对高度的要求），则应对售前检验中如何运用这些规定做出解释。兽医应建议买家了解具体规定，并对矮种马或普通马的"档案"进行验证。买方对所有规定要求进行验证，有助于减少以后出现的问题。

买方应当对国家和国际疾病检疫及其他要求进行评估，检验兽医应严格遵循。药检结果应提供给买方，对其局限性应进行分析讨论。如果马匹是通过竞标购买的，或卖方并不了解买方是谁，应强烈建议进行药物检验。即使买方不要求进行药物检验，在开展检验时检验人员一般也会采集血样，并对血清或血浆进行冷冻保存。假如在售后出现问题，这些样本可能就很有用处。

对表演马进行售前检验时，一般要在多种不同训练条件下进行。理想的情况是，在特定水平的竞技中，所购买马匹目前正处于活跃状态。虽然通过售前检验可以做出一些稳定的预期，但这并不意味着可以预测马的健康状况。以下是检验者可能会面对的问题的例子。在对这些条件或其他条件做出任何修改时，都应予以记录，并作为检验记录的一部分。①目前正处于专门运动早期训练阶段的马，而买主最终都希望其竞技状态达到更高水平。②正在从休息期恢复的马，但其刚返回竞技状态的时间很短暂。③身体有点毛病的老龄马，但经验不足的骑手正在购买，用作教导者，此时新的买主可能会降低对马匹体力的要求。④将购买马匹作为一项金融投资。⑤买马的目的是作为消遣或追踪，此时对马的工作负荷要求不大，但马的姿态非常重要。在遇到这些情况中的任何一种时，需要采用不同的处理方法，检验人员应询问并理解不同的问题。

对训练前的马和同窝马进行检验，给检验兽医造成的问题有所不同。检验人员必须对哺乳期、断奶期或刚满1岁时可能出现的限制性条件有所警觉，这些条件可能会降低马匹未来的工作能力。在检验母马和种马时，需要有繁殖检验程序相关的经验（见母马的繁殖性能检验和公马的繁殖性能检验）在任何情况下，全面了解具体品种的惯例和政府有关疾病的规定都是至关重要的。

二、病史调查

兽医收集病史的最简单方式是在检验之前要求卖方填写病历表并签字，这有助于在交易事务中用法律手段约束卖方，并为买方及其代理或检验兽医提供其已知或未知的信息。可以为买方设计一套类似的调查

问卷，以了解其期望、计划用途以及以往有问题马匹的经验。在互联网上很容易找到这类问卷，也可根据实际需要进行修改。

三、体格检查

表演用马的体格检查可分为4个步骤。第一，在马厩中观察马匹。第二，用缰绳牵引马匹，进行慢步和快步的直行、转弯试验和转圈行走，以观察马匹。第三，通过骑乘，观察马匹状态。第四，用诊断方法，如X线检查和超声检查。

英国有一个标准的5级审核程序：第1阶段，初步检查；第2阶段，手牵慢跑；第3阶段，骑乘或用长绳牵引进行剧烈运动，以评估体能训练情况、心脏、呼吸，以及可能表现出来的紧张；第4阶段，经过一段时间（最多30 min）的休息，评估心脏和肺脏的恢复能力，在此期间可以完成一些文书工作，如鉴定报告的编制；第5阶段，再次手牵慢跑，评估步调。

第一步： 任何售前检验成功的关键是要有一个合理的计划。在检验第一阶段时，应准确记录马的全部标识。书面记录马的毛色，以及根据牙齿核实的年龄。马身上的标记符号和其他永久性特征也是很有用的。最常见标记有星状、条纹状、浅色斑纹，或在马的脸部剪一下作标记。马腿上的白色标识也应予以描述。其他有记录价值的标识包括面部和颈部的涡漩、烙印和纹身。应注意是否存在有任何疤痕、护腕或关节积液。在某些情况下，烙印或纹身可以提供信息，如年龄（如美国赛马会的纹身在数字前有个字母；"A"代表的是1971年和1997年）。对检验的日期、时间和地点也应予以记录。

理论上，第一阶段检验的地点应在马厩内或没有直射阳光的、光线较暗、适于进行眼科检查的场地。可以在马厩的柱栏内，在安静环境下进行体温和脉搏的记录、听诊心肺和进行口腔检查。在马厩内也应观察马的咀嚼情况、粪便和饲料的特性和/或料槽中残留的口服药物。

第二步： 在马厩外进行第2阶段的检验时，可以先从身体总体状态和皮肤情况开始。可以将体况按照消瘦（1分）到肥胖（9分）进行评分（1～9分）。4分、5分和6分为正常。然后，进行眼观检查和触诊四肢、蹄（包括检蹄器），进行被动和主动屈肢检查，并在不同的路面让马直线及转圈运动，观察马的运动情况。这对于基本的神经系统检查也是很有价值的。

第三步： 许多检验人员都感觉，观察骑行时马的状态是很有帮助的，可以排除任何细微的健康问题。若买主就是骑手，通过骑乘检查可给检验人员提供一些观察结果，可深入了解骑手的潜能。虽然鉴定马的适用性是驯马师和买方的职责，但这些观察结果也值得兽医注意。对此部分检验，英国马兽医协会建议兽医在适合于马年龄和健康状况的水平下使用马匹。推荐的方法是，手牵马匹疾驰5～10 min后，再让检验人员评估马匹的呼吸，并进行心脏听诊。对年轻马或未经训练的马，可以延长时间。然后在恢复过程中，对马进行监控。之后，用手牵引马进行慢走，重复数次，以检查训练时是否存在跛行加重的情况。所有这些均应及时记录在报告中。

第四步： 检验的第4阶段应包括可确定其健康状况的所有必要的诊断方法，包括X线检查（特别是脚、趾关节和后膝关节）、超声检查和磁共振扫描检查（见跛行的检查）。X线检查是最常用的诊断方法。最近的一项有关售前检验的回顾性研究报告指出，采用X线分级方法，级别较高的高舟状骨和远节趾骨（如2～3级）与跛行有关，而相同级别的趾骨与跛行的关系可能性不大。

四、结果报告

应准备好一份总结报告，并提供给买方。已经发布的报告样本有很多种，可以从快讯或检查清单表格中获得。任何异常或不满意的结果都应在报告中予以描述，包括这种结果对功能影响的意见。美国马从业者协会，每年都会在其会员名录中发布年度资源指南，提供的指南范围包括繁殖、药物治疗、销售问题（如隐睾症、牙齿咬合不正、赛马上呼吸道问题的售后检验、X线胶片的保管）以及销售信息的披露，还包括报告售前检验的具体指南。英国马兽医协会还出版了售前检验准则。

第八节 反刍动物与猪的售前检验

一、检验要求

也可参见生物安保。

牛、绵羊、山羊、鹿和猪的贸易对全球畜牧业持续发展至关重要，计划出售或计划移动到其他场所的动物，其健康问题极为重要。买方、卖方、州和联邦政府的动物卫生官员和其他从事牲畜交易的人员，都要保证动物是健康的，不会将疾病传播到新的畜群或新的地区。

在美国国内，每个州都有其特殊的动物卫生要求，合法转入本州的动物都必须符合要求。每个州都试图保护本州的动物群体，因此这些要求经常发生变化，建议与目的地的州兽医机构联系。如果运达某个州的动物，没有适当的健康合格证明，很可能要进行隔离检疫，直至完成适当的检测和检疫。极少情况下，由于会给该州的动物群体构成严重威胁，可能会对输入动物进行销毁。

目的地州可能会要求提供装运动物有关的附加声明。这些声明，一般包括动物及其来源的其他信息，可添加在兽医检疫证书（CVI）中。对某些种类的动物，还需要许可证编号。总体来说，这些补充文件要为动物达到或超过该州的规定要求提供保证。

由于美国在布鲁菌病、结核病和伪狂犬病的消灭计划中不断取得进展，USDA宣布许多州已经消灭了这些疾病。一个州一旦被认定为"无病"，其他州应根据原产地州的地位，对这些动物疾病的检测实行免检，并直接接收。如某一个畜群或禽群已被宣布为无某种疾病，包括分类为认可无病、证明无病或有保留的无病，许多州会对动物个体的特定疾病予以免检。

将电子CVI作为官方认证，特别是将其与无线射频识别系统（RFID）相结合后，可以减少准备和分发所需文书的时间。虽然目前州间动物运输还不需要RFID，但作为每头动物官方身份认定的公认格式还是必需的。如果一个州对动物的身份证明有特殊要求，则在与目的地州政府的动物卫生官员联系时即可得到确认。

每个国家对进口动物也有专门的卫生条例。这些条例是为了保护本国的动物群体，其众多原因与美国各州设立的特殊引进要求都是一样的。OIE已经制定出动物和动物产品流动的全球标准。

每个国家的首席兽医官（CVO）负责保障所在国的动物群体健康，以及在发生人兽共患病时的公共卫生问题。要获取目的国的动物健康要求，可以联系目的国的CVO，更简便的是联系位于几乎每个州的USAD地区主管兽医官（AVIC）办公室。AVIC可获取所有外国目的地的动物健康要求。在动物离开原产地之前，为将要运至国外的动物准备兽医检疫证书（CVI）大部分都要有AVIC的担保签字。如果没有正当文件，动物将会在口岸或登陆港口被扣留或拒绝入境。

在展览、销售或私人财产转让协议中，对动物流动的要求高于目的州或目的国对动物运输的要求，这是常有的事。要确定这些特殊要求，应与会议东道主或动物的买方联系。

USDA兽医认证程序，通过征募私人兽医从业者，促进了动物的流动。这种方法可以为家畜生产者提供基本服务，减少了对于州或联邦政府动物卫生机构的需求。认证兽医最终可以负责所需文件的编写，并负责证明动物已经过检疫验讫，且无传染性、接触性或传播性疾病的症状。

在对任何待售动物进行检验时，应当注意以下几点：①兽医只对支付费用的人负责，报告也只应交给此人。在检疫之前，兽医应将检验费用告知支付报酬的人员。②检验前，应明确动物的用途。③检验兽医不仅必须具有动物护理和治疗的知识，而且必须了解动物的用途。

由于检验兽医有可能会受到法律诉讼，因此可以选择不提供售前检验的书面报告。但对检验结果应当做好书面记录，因为在未来某个时间可能会需要这些资料。兽医的责任是提供信息和识别异常情况，是否购买的决定必须由准备购买者做出。准备购买者也可选择另一个兽医进行附加检验。

二、检验程序

检验可分为3个部分：病史调查、临床检查和特殊检查或诊断程序。

1. 病史调查 完整病史的获得需要询问卖方、查验卖方的记录和观察剩余的畜群或禽群及其饲养环境。应当注意动物的品种、性别、年龄、毛色、斑纹、纹身、耳标、烙印和其他识别信息。如适用，应当对注册证明进行检查，最后确定动物的身份。

对种用动物，还应考虑其父代和母代的记录，包括繁殖能力、该系谱可能存在的遗传缺陷，以及死亡原因，如果有死亡的话。此外，还应当对动物本身的繁殖记录进行评审，以确定其繁殖能力。应当对动物所在群体的繁殖记录进行检查，以便发现是否有影响繁殖的疾病。对于成年母畜，如果适用，应记录其配种日期和妊娠阶段。

应对记录进行审核，以确定该动物以前是否发生过疾病、外伤（及其严重程度）或外科手术。应当记录以前的疫苗接种情况、疫苗类型和接种日期。由于动物有可能正处于疾病的潜伏期，因此在交易之前，应确定原产地畜群或禽群的健康状况，以及是否与其他动物发生过接触。还应该确定动物是否使用可能改变其正常状态的药物或进行的治疗。如果这类病史无法确定，最好进行可疑药物的检测。

2. 临床检查 应当对动物体所有部位及其功能进行检查。通过临床检查，应确定动物目前的健康状况和身体各系统的状况。

3. 特殊检查和诊断性检查 如前所述，在销售时进行一些诊断性检验，以满足目的地州或目的国的要求，但是卖方、买方或其他交易相关人员可能会要求进行另外的诊断检验和特殊检查。根据临床检查结果的提示，可能也有必要进行附加检验。例如，某些疾病在卖方所在地理区域并不存在，但买方所在地区流行有该病，在启运之前往往需要对这些特殊疾病进行免疫接种（如果可以的话）。经过检验后编写的兽医检疫证书（CVI）必须准确地反映认证兽医的检查结果。

如果购买的公畜是以繁殖为目的，则应进行完整的繁殖性能检查。

第九节　放射疗法

近几年，对放射疗法的需求及其应用都已显著增多，这直接导致美国兽医放射学会批准设立了一个放射肿瘤学专业委员会，该委员会专门对放射肿瘤学进行认证。目前兽医影像学和放射治疗的先进性已达到相当高的水平，因此仅有少数放射科医师能够熟练地从事影像学和放射治疗两个领域的工作。

放射治疗通常是采用线性加速器作为电离辐射的来源，用于治疗肿瘤，有时也可用于少数良性肿瘤的治疗。放射治疗仪可产生强大的X射线和电子束，能量达400万～2 000万eV。X射线可用于深层肿瘤的治疗，而电子束一般用来治疗皮肤肿瘤和皮下组织肿瘤。线性加速器是复杂的机器，维持其安全、有效使用需要医疗物理学家的支持。这种仪器的适应性强、速度快，可以抵消不断升高的维护费用的增长，而这也是治疗技术更加精细、更为复杂所必需的。

放射治疗的另一个主要优点是无需长期使用放射性物质，如铯-137和钴-60，老式放射治疗仪需要使用这类放射性物质，且要进行定期更换，并必须由经过严格训练的专家进行处理。这类同位素的管理和使用，需要依法进行多次安全检查。处于公共安全的顾虑，目前几乎不可能购买这种放射性元素。

使用计算机治疗计划系统，可以改进治疗辐射束在患畜体内的定位及分布。这样可控制正常组织的辐射剂量，提供所治疗肿瘤组织的辐射剂量，从而达到提高治愈率或控制率、降低正常组织出现并发症的效果。最好将这种方法与计算机断层扫描（CT）或磁共振（MRI）成像技术联合应用，可以确定肿瘤在身体内的准确位置和范围，及其与正常组织的相对位置。对于大型的复杂肿瘤，要制订治疗方案可能需要数小时时间。

只要有可能，手术切除肿瘤仍然是首选治疗方法。但在许多情况下，大型肿瘤或关键部位，如大脑的肿瘤不适合进行全部切除甚至部分切除。即使切除了肉眼可见的肿瘤组织，显微镜下可见的肿瘤细胞病灶仍然可能扩散到术野之外。在所有这些情况下，使用放射治疗方法，常与化疗方法相结合，对于治疗残存癌症都有一定疗效。在治疗脑瘤、鼻肿瘤和其他头颈部肿瘤时，常使用放射疗法。放射疗法可能是治疗脊柱癌和骨盆癌的唯一方法。在对纵隔型膈膜、皮肤肿瘤和皮下软组织瘤进行手术之前或手术之后，都可以采用放射疗法。但在治疗肺部肿瘤或腹腔肿瘤时，很少采用放射疗法，原因是这些部位的肿瘤具有较强的转移性。随着放射治疗方法精密度的不断提高，可采用放射疗法治疗的肿瘤也越来越多，至少是部分治疗。

由于放射治疗方法存在严重的和危及生命的并发症的风险，因此只能由受过专业培训且在该领域有丰富经验的兽医才能开具处方，且只能由其亲自操作。对已经放射治疗的肿瘤，任何时候要想进一步治疗，也应咨询放射科治疗专家。如果正考虑进行外科手术，这一点是特别重要的。

近距离放射疗法是通过将放射性粒子植入肿瘤内进行放射治疗的方法。由于对植入肿瘤内的放射源很难进行维护和固定，因此很少用于动物癌症的治疗。明显的例外情况是，使用放射碘治疗猫甲状腺腺瘤。植入体内的放射源的剂量非常小，可以永久植入身体内，也使得放射治疗和核医学之间的界限十分模糊。采用这种技术，可以极大地增加未来短距离放射治疗程序的适用性。由于这种方法能给患畜或兽医院造成辐射暴露过多和污染的风险，因此只能在经批准的设施条件下、在相关部门支持下、由经过适当培训的人员进行操作。

（庞全海 译　张万坡 一校　梁智选 二校　靳亚平 三校）

第十六章　急症与护理
Emergency Medicine and Critical Care

第一节　急症概述

患急症的病畜面临着特别的危险，这是因为引发急症的疾病可直接威胁动物的生命，需要迅速积极地治疗，并且在急症出现最初症状24～48 h后病畜的症状、损伤和毒性作用可能尚未完全显现。急性病、中毒、外伤、代谢失调的慢性病或突发的并发症都可能引发急症。所有病畜术后的异常状况都应作为危急状况来对待，直至排除威胁生命的麻醉意外或手术并发症为止。急症处理的黄金原则是优先处理威胁生命安全的病因。

决定急症处理成功的因素包括：原发性疾病或损伤的严重程度、体液和血液的丢失量、患病动物的年龄、既往病史、相关状况的数量与程度、初始治疗的延迟时间、输液剂量与速度，以及输入液体的种类（如晶体液、血液成分或人造胶体液）。应在正确的时间，选择正确的剂量，并以正确的顺序进行治疗。治疗失败通常是由于没能在疾病发展的关键期进行迅速治疗所致。

畜主初次打电话咨询时，就应指导其对病畜进行专业性的护理。指导畜主进行正确的急救与运输程序能够挽救病畜的生命。门诊部及全体工作人员必须随时准备应对急症病例，特别要对两个以上的危急病畜同时到达门诊部的情况进行准备。首次诊查或进行治疗类选法时，需要通过快速而精确的评估来确定病畜病情的稳定性。只要出现威胁动物生命的呼吸系统和循环系统的问题，应立即开始急救。一旦病畜的病情稳定，就可以针对潜在病因实施更系统性和组织性的病史调查和体格检查（再次诊查），以及对潜在病因实施更明确的诊断和治疗。

一、急救与运输

当病畜受伤时，畜主能够给予积极的医疗协助，在畜主初次打电话咨询时，应询问病畜的意识状态、呼吸类型以及血液循环情况。首先应关注畜主的安全，用一块浅色的布遮住动物的头，能够减轻外部刺激导致的恐惧和攻击反应。猫可放于黑暗的箱子中，尽量减少运输应激。箱子应有一个足够大的洞以便于观察猫的活动。如果没有发生面部损伤和呼吸困难，可以指导畜主用一条长布带给宠物戴上口套。在开始进行任何急救程序之前，畜主应对宠物进行充分保定，确保畜主和宠物的安全。

移动病畜时，应尽可能避免头部、颈部和脊柱的运动，一块平整而坚固的木板、纸板或者厚布都可以用来提供支撑。拍摄X线片时，X线可以穿透这些物质，从而避免拍照时对动物的移动。

对于畜主来说，迅速检查某一丧失意识的病畜是否心跳、呼吸骤停（CPA）是非常困难的。宠物缺少对外界刺激的反应或者柔软的躯干变僵硬，并非是检测心跳、呼吸骤停的可靠指征。畜主仅考虑病畜的脉搏或心率也会耽误治疗。正确的方法是指导畜主观察丧失意识宠物胸部的呼吸运动，并触碰角膜观察是否出现角膜反射，这两项中的任一项或两项全部缺失即可确定动物已发生心跳、呼吸骤停。

在运输病畜时，口对鼻复苏法和胸外按压法能为病畜提供维持生命所需的呼吸和循环支持。如果病畜意识已经丧失且呼吸停止，应该指导畜主合上病畜的嘴，然后，畜主将嘴唇放于病畜的鼻孔上吹气，首先给病畜3～4次强有力的吹气；如果病畜不能自主呼吸，畜主应帮助其呼吸并维持在10～12次/min。还应指导畜主按压下颌骨左侧后方的食道以确保大部分空气进入气道而不是胃。如果不能感知心跳，应以5:1的比率同时进行胸外按压和人工呼吸。当然，在病畜运输过程中还必须有其他人来驾驶汽车。

应询问畜主病畜是否正在流血或创伤处是否出血。动脉出血应用手指直接压迫再用绷带压迫止血，任何长条状的布或纱布均可作为绷带使用。当需要较轻的压迫力时，通常面巾和手巾最适于作为绷带使用。如果绷带被血液浸湿，可以在其外部再扎上其他可作为绷带使用的材料。四肢静脉出血（出血颜色较暗且流出缓慢）时，可采取将出血肢体抬高并使其高于心脏的方法。止血带仅限于附肢（如四肢和尾）出血，且普通压迫止血法无效时使用。止血带扎紧后每隔5～8 min应适当放松结扎，以便血液流通到肢体末端。

在病畜运输过程中，应保留刺入机体的异物，但应注意避免造成更深的刺伤或异物的移动。当箭状异物刺入腹腔时，在运输过程中不能移动箭状异物的柄，以免划伤肠道。通常对暴露在身体外面的箭状异物的柄进行固定是非常必要的。可稳固地握住箭状异物的柄将其切断，仅保留小部分暴露于身体外面以便查找。

在运输过程中，应该对犬肘关节或跗关节以下有显著位移的骨折，及由此造成肌肉、神经、血管或骨骼的损伤提供支撑保护。一旦宠物被适当的保定，畜主可将卷起来的报纸或杂志作为支撑夹板使用，并用长布条对其进行固定。

在病畜运输过程中，外伤后精神状态发生改变的动物应保持头部与躯体呈水平状态或使头部高于躯体20°。应避免任何急拉或颠簸动作，应该尽量减少对颈部或可能梗塞颈静脉的操作。

二、抢救区

门诊部的中心区域应作为抢救区来使用，抢救区配备的相关设备可随时对病畜进行复苏。全体兽医诊疗人员必须熟悉抢救区，并精确知道所有急救必需设备和药品的位置。应定期组织演练来应对诸如心跳、呼吸骤停及其并发症，需要进行心、肺、大脑复苏处置之类的紧急情况，以确保每名兽医都熟悉自己的职责并且能够提高相应的诊疗技术。急救术或救护车中应准备以下物品：不同规格的气管插管、喉镜1个、带有18号或20号标准针的不同规格的耳咽管、强心药、氧气以及小号和大号急救袋。其他必备物品还有被毛剃除工具、术前擦洗液、静脉导管及冲洗液、骨内导管及冲洗液、用于静脉注射的等渗晶体溶液、压力输液袋、人造胶体溶液、绷带以及外伤搬运器材等。更多辅助设备包括除纤维颤动器、心电图机、带有和哨状吸头的抽气机、间接血压计以及加热设备。

第二节　急症病例的评估及初诊

一、初检（治疗类选法）与复苏

治疗类选法是在病史和体格检查（见表16-1）基础上的快速评估，以确定急症病畜治疗优先权的方法。依据若干病史或视诊所见的临床表现可直接将病畜转入急诊区而无需参考其他检查结果。这些病史或临床表现包括：明显的外伤或怀疑有外伤、中毒、大量呕吐或腹泻、尿道阻塞、呼吸困难、心跳和呼吸骤停、突发性（心脏或脑部）疾病、意识丧失、精神状态急剧改变、急性运动能力丧失、大出血、器官脱垂、蛇咬伤、中暑虚脱、广泛暴露的软组织或骨骼的开放性创伤、贫血、烧伤、难产、休克，以及迅速出现代谢失调的疾病（如胃扩张或肠扭转）。首先应视病畜情况决定是否依次进行开放气道、人工呼吸和胸外心脏按压处理，接下来应检查出血位置并确定意识状态和疼痛程度。病畜发生灾难性紧急状况的最常见原因包括：①呼吸道问题：呼吸道阻塞或破裂；②呼吸问题：张力性气胸造成的发绀，肺泡积液（水肿液或血液），影响通气的气体滞留或控制呼吸中枢的脑干部受损引起的严重支气管狭窄；③循环问题：心跳和呼吸骤停，严重的慢性或急性心律失常，心脏压塞，内部或外部出血造成的严重急性血容量下降。

（一）呼吸道病变

威胁生命的致命性或严重的呼吸道病变包括大气管完全阻塞以及大气管和小气管的部分堵塞。

【诊断】　大气管完全阻塞的动物会丧失意识并窒息。不使用听诊器也可听到由于大气管部分阻塞引起的呼吸杂音（喘鸣或鼾声），同时可在整个胸部听诊到高亢的呼吸音，并伴有可视黏膜发绀和焦虑等症状。胸腔外的气道（鼻腔、咽、喉和颈部气管）会发

表16-1　治疗类选法的评价参数

参数	评估指标	意　义
黏膜颜色	粉色	正常的血细胞比容（PCV）及组织灌注充足
	苍白或白色	贫血或休克
	青紫色	严重血氧不足
	黄色	由于肝脏疾病或溶血导致血清胆红素含量增加
毛细血管再充盈时间	1~2 s	组织灌注正常与毛细血管再充盈迅速
	大于2 s	组织灌注不良或外周血管收缩
	小于1 s	高动力性循环状态，见于发热、中暑、分布性休克或血容量减少性休克早期的代偿期休克
心率	70~120次/min（小型犬）60~120次/min（大型犬）120~200次/min（猫）	心率正常，提示至少有一项心输出量的构成部分正常
	心动过缓	心输出量减少并发组织灌注不良，猫休克时更易发生心动过缓（低于120次/min），缓慢不规则的心率与即将发生的心搏停止、病态窦房结综合征以及严重的高钾血症有关
	心动过速（犬大于180次/min，猫大于220次/min）	对心血充盈不足进行代偿的结果，窦性心动过速通常由血量减少性休克或疼痛引起，心动过速时心跳不规则或脉搏虚弱通常提示心律失常应进行心电图检查
脉搏频率与性质	有力且与心率同步	正常，应触诊股动脉和指动脉
	脉率不齐	通常提示心律不齐
	强脉	休克时的高动力性循环状态
	弱脉或脉搏消失	心输出量减少，外周血管收缩，脉压降低
精神状态	对外周环境敏感	总体精神状态和新陈代谢正常
	精神沉郁（视觉及触觉反应弱，昏睡但可被唤醒）	任何疾病均可导致
	昏迷（只有疼痛刺激才能唤醒）	严重的神经和代谢紊乱
	昏迷（任何刺激都不能使其苏醒）或惊厥（全身抽搐、流涎、面部颤动和大小便失禁）	导致脑电波异常的原发性神经系统疾病、导致脑电波异常的代谢性疾病（糖尿病、肝性脑病、低糖血症、毒素中毒等，既往病史、当前的治疗情况以及是否为毒素中毒都是重要的问题）

生吸气喘鸣，胸腔内气管或细支气管会发生呼气喘鸣。可能造成大气管病变的原因包括异物、水肿、喉部麻痹或轻度瘫痪、气管萎陷、软腭被拉长、吸入胃内容物、肿瘤、咽部血肿。小气管严重阻塞的动物会

发生由膈膜功能异常而造成的呼吸困难、发绀和窒息。听诊可发现气体通过肺泡时发出的尖锐喘息音。对于一些严重威胁生命的疾病，可见动物可视黏膜发绀、张口呼吸、瘫坐并窒息，常见的病因包括过敏反应、哮喘（猫）以及由水肿、黏液、渗出物或异物造成的支气管阻塞。

【治疗】 对于丧失意识或窒息的动物需要立即进行气管插管。如果上呼吸道阻塞，可在阻塞部位以下立即进行气管切开术，然后插入导管，补充氧气。一旦建立并固定好通气通道后，利用呼吸辅助袋人工补充纯氧。在此期间应进行听诊，如发现肺泡音消失或减弱，则表明有胸腔积液或积气，需立即实施胸腔穿刺术。如发现心音和脉搏已消失，需立即实施心肺脑复苏。

对于大气管局部梗阻，可在能够张开且喘气的口部插入导管，给予高流速的氧气，直至气道畅通为止。大剂量使用麻醉/镇定混合剂可减轻动物的焦虑和挣扎，为初步检查咽喉部，去除咽部异物提供便利。在必须进行气管插管时，应该迅速进行全身麻醉（如依托咪酯、氯胺酮/地西泮、异丙酚等）。在插管期间，需要评估喉部软骨的外展性。当咽喉部及气管病变不能直接插管时，或预计需要延长插管时间时，必须实施气管切开术。经气管插入导管可以保证供氧的稳定。当气道病变位于胸腔时，必须建立通畅的气道至气管分叉处。因小气管堵塞引起发绀的相关疾病可应用面罩或鼻插管补充流动氧气，并配合使用麻醉/镇定联合治疗。肾上腺素具有扩张支气管的作用，可用于治疗过敏性哮喘（0.01～0.02 mg/kg，静脉注射）和危及生命的哮喘（0.02 mg/kg，肌内注射）。皮质类固醇激素（泼尼松琥珀酸钠，15 mg/kg，静脉注射；地塞米松，2～4 mg/kg，肌内注射或静脉注射）可用于治疗过敏性支气管炎和哮喘。在紧急情况下，可用于扩张支气管的药物还包括：氨茶碱、特布他林（肌内注射）和沙丁胺醇（雾化）等。

（二）呼吸状态异常

【诊断】 犬猫出现伴有呼吸频率增加和呼吸困难的呼吸抑制时，需要立即转变呼吸方式。改变体位使其呈端坐呼吸：犬用弯曲的肘部支撑身体，背部弓起或后腰部向上抬起，头颈伸展；而猫可以使身体蜷卧在四肢上，使其胸骨位置略微升高。出现明显的用力呼吸、张口呼吸和进行性发绀时，提示肺功能严重障碍并即将发生呼吸暂停。

通过仔细检查呼吸式和进行胸腔听诊可确定病变部位是在胸腔还是在实质器官，这将有助于确定相关的复苏操作。在动物稳定前就拍摄X线片或进行可导致动物紧张的诊断操作，会导致动物迅速发生呼吸困难。

胸腔疾病可导致呼吸动作不协调。如吸气时胸腔扩张而腹腔收缩，呼气时胸腔收缩而腹腔扩张。猫的呼吸要比犬的深且缓慢。不论吸入空气还是补充氧气，或胸腔内存在腹腔内容物，其呼吸式是相同的。胸部听诊时可发现病变区域的肺呼吸音减弱。

发生肺实质性病变的动物表现平静以及胸部和腹部呼吸运动协调一致。除了伴发小支气管水肿和收缩时发生呼气性呼吸困难外，肺实质性病变在吸气和呼气时都表现呼吸困难。猫表现快速，浅同步呼吸是由于胸腔的主动运动所造成。在疾病的早期，胸腔听诊表现肺呼吸音增强。随着病情的发展，肺脏病变处可听到伴有捻发音和啰音的较粗重的呼吸音。导致肺实质性病变的最常见原因是肺水肿，其他原因包括CNS疾病、肺炎、吸入异物、肺损伤及血红蛋白异常。进行心杂音、心动过速或心律失常的检查，有助于判断该疾病是心源性还是非心源性的肺部实质性病变。造成肺水肿的非心源性原因包括癫痫、迅速窒息、溺水、电击、急性肺损伤和呼吸窘迫综合征。

【治疗】 利用面罩、头罩或呼吸辅助袋等工具立即给病畜补充氧气。为使动物镇静可联合使用麻醉/镇定剂以减轻挣扎和焦虑。持续补充氧气时最好使用鼻输氧导管。鼻腔局部麻醉后，将鼻输氧导管插进鼻腔。给氧速度应保持每分钟50～100 mL/kg，氧气浓度为40%～60%，在此情况下可对动物进行检查和治疗。使用鼻咽输氧管、气管输氧管或双侧鼻输氧管的输氧效率更高。如果出现发绀、呼吸困难或呼吸程度加深时，应进行鼻腔插管并通过正压通气输入纯氧。

1. 危重的胸腔疾病 伴随着急性心血管代谢失调，肺呼吸音消失，胸腔呈筒状等症状的危重胸腔疾病为张力性气胸。注入利多卡因进行局部麻醉，在肋间（第7至第8肋间隙）皮肤上切一小切口，用止血钳进入胸腔以释放其中的压力。这样可以保证心血管灌流和肺脏恢复扩张。最后，在开放的胸腔内放入胸导管，并手术缝合肋间切口。

当未发生张力性气胸，胸腔内的积气或积液严重抑制呼吸时，应实施胸腔穿刺术。如果时间允许，穿刺部位应剃毛并消毒。如果诊断为胸腔积液，可将针头在胸骨和肋软骨联合处向前方刺入；若诊断为胸腔积气则在位于胸腔1/2处的背部，高于胸骨和肋软骨联合处刺入。在穿刺部位对皮内、皮下组织和肋间肌进行局部麻醉。当针插入皮肤前，吸取一滴生理盐水置针管的中心处，然后将针垂直于胸壁逐渐插入胸腔，如果针管内的生理盐水发生移动，则证明已插入胸腔内。进针时要迅速，保证针紧贴胸壁以防止由于肺恢复扩张导致针头刺破肺脏。一旦针头进入胸腔，则要连接抽吸装置（通常是一个四分器、三通活塞、注射器）后开始排液。对于患某些疾病（如张力性气胸、持续性出血）导致胸腔不能被完全吸空的情况，或者必须在几分钟到几小时里反复进行抽吸的情况，可以在胸腔内放置留置导管以便持续进行抽吸。

2. 肺部实质性疾病 主要治疗方法有补充氧气、注射利尿剂（速尿，1～4 mg/kg，静脉注射），以及给予镇静剂减轻焦虑。心源性水肿通常伴有心跳加速，心杂音以及心律失常（由听诊来判定）等症状，可直接在剃除被毛的腹部局部，腹股沟或者黏膜处，直接涂抹具有静脉扩张作用的硝酸甘油软膏（猫，厚0.635 cm；大型犬，厚1.27 cm）以缓解心源性水肿。在初期病情稳定后，可进一步诊断（如胸部X线检查和心回波描记检查）以帮助确定病因并选择特异疗法。

如果即将发生呼吸衰竭时，可见肺部液体从口腔或鼻孔流出，此时应立即进行气管插管并实施气道吸液操作，然后利用人工呼吸辅助袋补充纯氧。需要两名以上医护人员实施体位肺实质排空操作（EPPE），即将病畜垂直提起并头部向下排出肺内物，在操作过程中还需要对气管插管状态进行监护。人工按压胸腔有助于排出呼吸道和肺部液体。实施体位肺实质排空操作期间需要人工通气并输入纯氧。

（三）循环系统问题

【诊断】 动物血液循环障碍主要表现为身体灌注参数的改变〔即心率、黏膜颜色、毛细血管再充盈时间（CRT）和直肠温度和脉搏性质〕。心杂音、心动过速、心律失常或心音减弱，以及听诊时肺部出现液体音时，都有助于鉴别心力衰竭是否由灌注量不足所致。测量动脉血压和中央静脉压，可以为达到复苏终点和监控复苏后机体的变化趋势提供客观数据。

犬低血容量性休克的早期代偿阶段伴有心率增加，黏膜呈粉红色或红色，毛细血管再充盈迅速，以及大脉等症状，而猫却很少出现上述症状（除非伴有明显疼痛）。随着病情的发展，犬开始出现黏膜苍白，毛细血管再充盈时间延长，脉搏虚弱，心动过速等典型的休克中期或早期代偿阶段的临床表现。猫出现黏膜苍白，毛细血管再充盈时间延长，脉搏虚弱或消失，体温过低，心率正常或偏低等临床症状。休克后期犬和猫的心率减慢，并开始失去意识。后期的临床症状包括心力衰竭、肺水肿、严重的低血压、少尿和呼吸式异常，最终导致心肺骤停。

【治疗】 治疗的目的是补充组织所需的氧气和营养物质。这需要心脏能够有效地泵血、有足够的血红蛋白、充足的血容量、合适的血管紧张度以及足够的氧气和营养物质。低血容量性休克和分布性休克的一般治疗原则如下，但需要根据患病动物的个体情况和病情适当修正。

（1）补充氧气 氧气（浓度至少达到40%～60%）需要通过面罩，头罩，鼻插管，气管内插管或气管壁插管等吸入方式进行补充。

（2）止血 控制出血对于维持机体稳定必不可少，这一操作通常需要在循环恢复前进行。必须仔细检查动物身体两侧任何有明显出血迹象的部位。可以直接按压出血部位进行止血，也可使用止血钳进行止血。若血液从皮肤创口慢慢渗出，应使用压迫绷带包扎止血。必要时可采用更为积极的止血方法，应用充气套或止血带暂时绑缚于出血部位直到出血停止。

在血压和循环恢复之前，胸内或腹部出血的外部表现可能并不明显。推荐使用腹部创伤超声重点评估技术（FAST）迅速诊断腹水，将探头从腹中线尾部到剑突软骨部，越过膀胱，并从左侧到右侧腰窝的附属区域进行扫描。

持续的腹部出血首先可通过补充低于正常终点的小容量复苏和腹部反压力来（见下文）进行治疗。持续的胸内出血应立即实施胸腔插管以排出血液和测量血液损失量。体腔内出血的确诊和止血方法的选择通常需要通过体腔探查来确定。

（3）补充血容量 通常使用静脉导管或骨髓腔导管进行补液，对于体重大于30 kg的犬可同时插多个导管进行快速、大剂量补液。可反复小剂量补充等渗晶体液（10～15 mL/kg）直至达到理想的复苏终点（如低于正常心血管参数）。然而单纯补充晶体液会引起组织间隙液体过剩的风险。胶体液和晶体液同时使用可减少晶体液的使用量，补充较少的液体即可迅速达到扩充血容量，减少重要器官（如肺、脑）细胞间隙液体渗出的目的。等渗胶体液通常为羟乙基淀粉或无基质血红蛋白。当出血严重时，全血、无基质血红蛋白或便携红细胞是初期补充血容量的必需品。

补充低于正常复苏终点（监测灌注参数）的小剂量复苏等渗晶体液可避免造成体液过载和高血压，是发生头部创伤、肺水肿或挫伤、腹腔或胸腔出血、心脏病畜和低血容量性休克猫的理想治疗选择。首先应补充等渗晶体液（10～15 mL/kg，静脉注射），然后反复多次补充羟乙基淀粉（淀粉代血浆）或去基质血红蛋白（犬：5 mL/kg，静脉注射；猫：1～5 mL/kg，缓慢静脉注射）直至达到预期的治疗效果。晶体和胶体液的最低补充量达到并维持收缩压为90 mmHg，较低的心率，毛细血管再充盈时间改善和脉搏质量提高的效果。更详细的说明可参阅"液体疗法"。

（4）控制疼痛 在初期体液复苏阶段进行镇痛，

有利于心血管系统达到最佳应答状态和缓解焦虑。镇痛时可使用全身麻醉剂，也可应用局部麻醉剂使其渗透到作用部位。（见疼痛的治疗）。

（5）**加温** 动物休克时应该在液体复苏期间进行加温，直到直肠温度超过36.7℃。最好使用加热鼓风机来提高周围环境的温度，或用毯子包住热水瓶和热水袋来实现这一目的。胃、腹膜和尿道灌洗会引起严重的体温过低，此时需要及时加温治疗。在采用初期液体复苏并提供充足的血管内容量，以及因外周血管舒张造成的影响缓解后，才应进行体表加温操作。

（6）**皮质类固醇** 皮质类固醇用于治疗皮质类固醇不足的疾病（如急性阿狄森氏病，肾上腺皮质机能不全）。没有证据表明高剂量的类固醇药物不能降低由低血容量性、败血症或心源性休克造成的死亡率，但高剂量的类固醇药物有增加疾病发病率的危险，因此不推荐使用。

（7）**心血管辅助疗法** 经过输液已充分补充血容量（即中央静脉压超过 5~8 cm H$_2$O）后，可使用强心药、全身性血管舒张药、升压药等药物进一步治疗，但这些药物不能恢复血压和组织灌注；由心脏收缩力不足造成的低血压也可使用前述药物（强心药、全身性血管舒张药、升压药等）进行治疗。可使用增强肌肉收缩药（如多巴酚丁胺，初期每分钟2~5μg/kg，这样的滴注量可保证最佳的心输出量）维持心血管功能。可按照推荐的方法反复多次补充去基质血红蛋白（犬：5 mL/kg；猫：1~3 mL/只，缓慢注入），因为它既可以补充胶体渗透压也可以温和地升高血压。初期复苏阶段补充的剂量要保持缓慢恒速注入（犬：每日10~15 mL/kg；猫：1~3 mL/h，直到总量达到每日5 mL/kg）以维持灌注量。如果初期补充剂量效果很好，则预期后期的治疗效果也会很好。另一种具有血管加压作用的药物是多巴胺（每分钟5~20 mL/kg，静脉恒速注入），以很小的剂量即可维持动脉收缩压在90 mmHg以上。休克时流向肾脏、胃肠道以及其他器官的血量也会受到严重的影响，应对尿量、心率、血压、心电图、脉搏强度和黏膜颜色予以密切监测，因为过度的血管收缩会使器官的功能进一步恶化。如果发生明显的器官功能下降或心律失常，应该停止静脉滴注，多巴胺的作用会在5~10 min内消失。

（8）**后肢和腹部绑定** 当怀疑是由于创伤造成的腹部持续出血时，向后肢和腹部施压可以提高组织灌注。通过在一定区域内压迫动脉和小动脉，增加区域性血管阻力，产生腹部压塞，从而有效地减缓或阻止出血，重新分布血液使其从外围向更靠近中心的循环流动。后肢和腹部施压时，可将卷成圆筒状的棉花或毛巾沿着腹中线置于两腿之间，这样可以避免影响呼吸运动和压碎脾脏或肝脏。如果时间允许，还应放置导尿插管。然后将后肢和腹部用衬垫绷带或毛巾从后肢脚趾到剑状软骨连续螺旋包裹，用胶带或弹力绷带将螺旋缠绕好的绷带进行固定。应避免在胸内出血或颅内出血时进行腹部绑定。一旦机体灌注稳定后，从腹部至尾部方向分段缓慢解开绷带（每15 min释放一段）。一旦出现任何代偿不全迹象时，应迅速重新绑定最后解开的区域。

二、复诊

对急症病畜进行复诊是获得全面病史、进行全面体检、收集各种诊断信息的重要过程。这些资料可为确定特异性诊断、治疗和监测方案提供指导。

病史记录要简洁明确。现病史要由畜主提供，畜主应向医生提供诸如动物患病前的情况等信息，且非常有必要提供自发病以来每日的病情发展状况。既往史包括以往患病情况，药物治疗情况，药品和食物过敏情况，输血和最后接种疫苗的日期。即使看起来涉及不到的其他器官系统也要进行病史检查。

必须从头部到尾部进行全面的身体检查。要特别注意听诊心肺异常和触诊腹部、直肠和关节的疼痛或肿大情况。进行完整的神经和整形外科检查通常非常必要。对于急性腹痛需要通过判断疼痛部位、听诊腹部肠音来确定疼痛是来源于网状内皮组织、生殖系统、泌尿系统、胃肠系统，还是来自于腹膜间隙，或者是腹壁肌肉、皮肤、神经或脂肪。出现不明原因的发热时需要对腹腔、肺脏、生殖系统、泌尿系统及心血管系统进行检查。

初期检查的症状资料应包括血细胞比容（HCT）、总固形物、血糖和尿素氮（BUN）水平等。其他重要的诊断检查包括尿常规（应在补液前进行）、静脉或动脉血气指标、电解质分析和血清生化分析。当怀疑发生凝血障碍或即将进行手术时，可利用血涂片估算血小板数量、利用口腔出血时间估计血小板数量和功能以及凝血状况（包括活化凝血时间、凝血酶原时间、活化部分凝血活酶时间等）。

初诊时前3个部分（即气道、呼吸和循环）中的任何一项指标异常均可迅速造成由组织供氧不足导致的无氧代谢，这将迅速引起A型乳酸中毒。利用乳酸测定仪可以准确、方便、快速地测量乳酸含量。犬和猫正常的乳酸含量应小于2 mmol/L。通过治疗潜在的组织供氧不足可使乳酸水平迅速恢复正常，这有助于提高病畜的存活率。对于低血容量的病畜，乳酸水平和其他指标可作为复苏终点判定的参数。据报道，在小动物的某些疾病过程中，疾病初期血液乳酸水平的升高与并发症和死亡率的增加关系密切。

第三节 特异性诊断与治疗

一、创伤

创伤的类型可以提示诊断和治疗的方向。钝性创伤通常会引起胸腔和腹腔出血、脏器破裂、骨折和神经系统损伤。穿透性创伤通常出现在由尖锐物体刺伤机体造成的很少是直线型的创道上。高处跌落可导致长骨骨折、面骨骨折以及胸椎损伤。被较大型犬咬伤的犬，会因摔打攻击运动中持续存在的剪切力导致较深的锐性伤口、脊髓损伤和气管破裂。在完成气道、呼吸和循环复苏并制止出血和缓解疼痛后，应对神经系统、胸部、腹部、皮肤以及肌肉骨骼系统进行仔细评估。

发生外伤的动物应按照存在多处创伤的情况进行处理。在对脊柱骨折或脱臼进行彻底的检查前应固定颈部和脊柱。应进行胸部听诊以确定是否存在心律不齐，并根据呼吸音的有无和性质来鉴别诊断胸部创伤。触诊腹部以观察是否存在疼痛、积液或疝气。如果存在明显的肿胀或骨骼移位，末端骨折应该使用绷带或夹板固定以免再次发生损伤。由于在创伤发生12～24 h内许多症状都未显现，因此，应对病畜认真监测以便及早发现威胁生命的潜在并发症。

初期的诊断工作应包括在补充体液前对最基本症状资料的收集。即时检验（point-of-care tests）应至少包括HCT、总固形物、BUN和血糖。扩展的基本症状资料包括动脉或静脉的血液、电解质、血乳酸、凝血时间/部分促凝血酶原。这些基本信息可为制定初始治疗方案及随后的监测提供依据。利用胸部和腹部侧位X线片，可观察胸部和腹部外伤的最初变化。

（一）胸部创伤

肺挫伤、气胸、心律不齐、胸腔出血、心包出血、肋骨骨折、连枷胸和膈疝仅是胸部创伤时必须考虑且可威胁生命的很小一部分并发症。在输氧并应用止痛剂后可进行详细体检。心电图、胸部X线片、血液分析以及诊断性或治疗性的穿刺术，有助于确定胸部创伤的范围和严重程度。

严重的肺挫伤导致血氧不足、用力呼吸（与肺实质病变情况下所呈现出的情况相一致）和肺部听诊时有捻发音及啰音。输氧后如果动物的状况没有改善，应采取迅速镇静、气管插管、正压通气并给予纯氧等措施。应对气道进行抽吸以排除阻碍空气流动的血液和组织碎片。

呼吸困难并伴有胸部和腹部运动不同步（短促的呼吸）时，多提示胸腔积气或积液，应立即实施胸腔穿刺术。对呼吸困难的动物应首先进行胸腔穿刺术，然后再进行X线检查。当胸内无法形成负压时，应重复进行胸腔穿刺术或应用胸腔引流管持续进行引流。在胸腔引流72 h后，胸腔穿刺术中如仍能排除大量全血或仍然发生空气进入胸腔时，应对胸腔进行手术探查。

胸部创伤超声重点评估技术（TFAST）有助于诊断气胸、血胸和胸壁外伤，如操作人员能熟练掌握该技术且熟知胸部损伤声谱图的变化，则应用该技术可替代X线检查。应进行胸腔触诊以检查是否存在骨移位、连枷节段、肋骨断裂、肋间肌撕裂或疝气。当连枷节段影响呼吸时，可利用由金属棒或夹板制成的外部框架或可塑材料制成的胸部形状对该节段加以固定。胸部的贯穿性咬伤，应在麻醉状态下进行探查以便进行清创并放置引流物，如伤口穿透胸壁，则可能需要利用外科手术技术进入胸腔以便检查深部组织的损伤、修补或清除这些组织并清洗胸腔以减少污染。

应通过心脏听诊和心电图检查心律不齐。胸部创伤中最常见的心律不齐是窦性心动过速、室性早搏和室性心动过速。在心律不齐影响组织灌注、持续的心率过快（犬超过180次/min）、多型性室性早搏和纤维性颤动节奏（R波落在T波上的现象，扭转型室性心动过速，心室颤动）等情况下，应使用利多卡因进行治疗。

（二）腹部创伤

如果没有发生内脏器官在体腔之外形成疝气的情况下，腹部损伤的程度和严重性最初并不明显。应对腹部表面进行检查以便发现瘀伤、擦伤、裂伤、突起、局部肿胀、疝、腹胀和疼痛等征候。若无其他确诊结果，明显的腹痛和休克通常提示存在腹腔内出血。脾脏或肝脏破裂是腹腔内出血最常见的原因，然而，所有腹部器官都很容易受到钝性创伤。其他常见的腹腔内出血包括肠系膜血管撕裂、肌肉损伤或腹膜后间隙中的肾脏受损撕裂等。

在通过触诊或视诊发现明显的腹腔出血时，在排出腹腔血液之前应按照大约40 mL/kg或循环血量的一半准备输血量。实施积极的静脉补液后，因血压升高会造成一个或多个已形成血凝块的出血点被冲破进而导致再次出血，并形成明显的腹部肿胀时，可通过少量静脉补液达到较低的正常血压值（收缩压，90 mmHg）的方法，来避免动脉压或静脉压的突然升高。当确定腹部存在持续性出血后，应及早进行后肢和腹部固定以减少出血量直到完成止血为止。

腹部器官损伤后，器官的功能障碍或中空脏器破裂的临床症状通常要过几个小时才表现出来。急性腹痛是一个关键的体征。腹部X线检查可以确定是否存在器官变位、肿胀、扭转、腹腔积气或积液。积液可以通过4象限腹腔穿刺术进行诊断。可应用超声检查评估技术（FAST）对少量的腹腔积液进行诊断，并在超声的指引下将其吸出。

当腹腔积液难于诊断时，应通过腹膜灌洗进行确诊。在腹腔内放置有孔的导液管并注入温和的等渗生理盐水（20 mL/kg），待生理盐水注入几分钟并分布于整个腹腔后将其导出并进行诊断。

清亮的积液表明几乎不存在腹腔内出血的可能性，积液中PCV为1%时提示轻度的腹腔内出血，积液中HCT大于5%说明存在严重的腹腔内出血，需认真进行监测。

应对积液进行包括白细胞总数、植物和动物纤维、细菌以及白细胞内的细菌等细胞学检查。对生化指标中的肌酐、钾、胆红素、淀粉酶、磷等检查，有助于诊断泌尿系统破裂、胆囊破裂、胰腺损伤或缺血性肠病。腹腔积液中葡萄糖浓度为20 mg/dL或远低于外周血葡萄糖时是脓毒性腹膜炎的特征，应进行手术探查。如果对腹腔积液的第一次检查未能得出具有诊断意义的结果，但临床症状持续存在或继续恶化，可在几小时内重复应用腹腔穿刺术、腹膜灌洗或超声检查评估技术进行检查。腹膜后出血、筋膜出血和胃肠道系统出血的情况难以确定。

急症剖腹探查术实施的原则是持续出血、无法稳定的休克、器官扭转或局部缺血、膈疝和有确诊依据的脏器破裂或腹膜炎等。对膈疝的修复手术应立即进行，特别是胃进入胸腔的膈疝、造成呼吸困难的膈疝或者持续出血的膈疝。

怀疑存在腹膜后筋膜间隙出血（合并发生骨盆骨折）或中空脏器出血的急性创伤动物存在的其他症状，包括PCV降低、无反应性失血性休克以及在腹腔穿刺术、腹膜灌洗或超声检查评估技术中未发现有诊断意义的结果等。X线检查可典型地显示出腹膜后间隙的扩张和缩小。在此情况下，进行手术探查之前应拍摄静脉内肾盂造影照片，以便弄清肾血管内血液供给的情况或输尿管腹膜后部的情况。

二、心肺脑复苏

实施心肺脑复苏（CPCR）的效果取决于导致心脏停搏的潜在原因和处置的及时性和有效性。心肺脑复苏可分为3个阶段：基础心脏生命支持（BCLS）阶段，包括提升血氧含量、改善通气状况和循环状态；晚期心脏生命支持（ACLS）阶段，包括应用心电图仪监测心率、应用药物、必要时进行去除心脏纤颤；复苏后处理阶段，包括加强监测常见的心脏停搏后并发症，以及加强对导致心跳和呼吸骤停的潜在原因进行诊断和治疗。

（一）基本心脏生命支持

在气管插管和提供100%氧气的正压通气措施完成前，应持续进行口对鼻复苏。一旦通过气管插管确保气道畅通，并听诊胸部以确定气管内插管的位置后，应进行2次快速的人工呼吸，并对气管内插管予以适当的固定。应将呼吸频率维持在20～40次/min，在实施心肺脑复苏时应监测呼气末CO_2分压。当呼气末CO_2分压低于10 mm Hg时，提示插管插进了食道、心肺脑复苏术无效或换气过度（如果能够维持适度的组织灌注）；当呼气末CO_2分压值在12～18 mmHg范围时提示自主循环正在恢复；当呼气末CO_2分压值大于45 mmHg时提示肺换气不足或复苏成功后增加了CO_2向肺脏的输送。

当动物处于侧卧体位时（心脏泵技术），应通过按压胸部心区（通常位于第4和第5肋间）的方法来提高小动物的循环能力。体重超过15 kg的犬应右侧卧并对胸部的最宽部分进行按压（胸泵技术），对于大型犬也可以选择仰卧并对胸骨下1/3处进行按压，按压频率为80～120次/min，每次按压应以类似于咳嗽的方式按压30%的胸壁并快速释放。体重不到15 kg的犬直接按压心脏有助于前向血流，但是总体上来说胸内压力的变化是前向血流产生的更重要的机制。只有在对病畜进行听诊、触诊或心电图检查等快速诊断时才可暂时停止胸外按压。

应通过使用多普勒探头或测量呼气末CO_2分压的方法，迅速评估组织灌注状况，以确定基础生命支持程序的有效性。若组织灌注不良则必须调整基础生命支持程序。如果腹腔内无病变则可人工引导腹压的形成。人工形成腹内反压力可通过将两手置于腹部表面并迅速向背部按压，并确保腹部按压在两次胸部按压之间进行。人工形成腹压的目的是改善在按压循环时心脏舒张期的静脉回流状况。已知或怀疑存在创伤并且近期实施过腹部手术的动物存在腹压提示治疗不当。

（二）晚期心脏生命支持

在晚期心脏生命支持阶段，应通过心电图来确定心律不齐的类型，然后据此进行药物治疗或去除心脏纤颤。目的是重建心脏的电活动和心肌活动。兽医上主要的心脏异常节律包括窦性心动过缓、心脏停搏、无脉性电活动（PEA，以前被称为电机械分离）、心室颤动或心室纤颤。依据心律不齐的类型和静脉内、骨内和气管内的给药途径选择药物（见表16-2）。能够通过气管内途径给药的药物包括纳洛酮（naloxone）、阿托品（atropine）、抗利尿激素（vasopressin）、肾上腺素（epinephrine）和利多卡因（lidocaine）（为了便于记忆取首字母缩写为 NAVEL）；通常情况下若通过气管内给药则药物剂量应加倍。由于存在发生心律不齐、心肌出血和心肌血管撕裂的危险，因而不推荐心脏内给药。

表16-2 心肺脑复苏所需药物、剂量及适应证

药物	剂量[a]	适应证
肾上腺素	1 mL/2.27~4.54kg（1：10000浓度）	心脏停搏、心室纤颤、无脉性电活动
阿托品	0.1 mL/2.27 kg（0.5 mg/mL溶液）	窦性心动过缓、心脏停搏、无脉性电活动
碳酸氢钠	0.2~2.0 mL/kg（1 mEq/mL溶液）	重度代谢性酸中症合并心肺复苏术（必须保证呼吸畅通才能有效）、高钾血症
葡萄糖酸钙	1 mL/（5~10）kg（2%溶液中不含肾上腺素）	无脉性电活动、无脉性心室自身节律、高钾血症
胺碘酮	5 mg/kg	心室纤颤、无脉性室性心动过速
硫酸镁	30 mg/kg	低镁血症、尖端扭转型室性心动过速
利多卡因	2~4 mg/kg	心室颤动、清晰的心室纤颤
抗利尿激素	0.4~0.8 U/kg	心脏停搏、心动过缓、无脉性电活动

a. 若通过气管内或舌下含服给药，则剂量加倍。

如果确诊或怀疑病畜存在循环血容量不足，应迅速注入等渗的电解质晶体液以恢复循环血容量并促进组织灌注。而诸如羟乙基淀粉、右旋糖苷70和无基质血红蛋白等人工胶体，只需更少的体积就可快速恢复血管内血容量。过度的扩充血容量可因心肌收缩力弱和心律不齐导致迅速发生肺水肿。由于中心静脉压升高可能会减少流经心肌和大脑的血量，因而调整病畜血容量时应慎重。

如果实施胸外基础心脏生命支持未能成功（缺乏自主呼吸或未能产生可感知的前向血流），则应在5~10 min后实施胸内心肺脑复苏（见下文）。在开始实施基础心脏生命支持期间确定需要进行胸内心肺脑复苏的病例，包括以下情况：未被觉察到的心脏停搏、近期腹部或胸部手术、怀疑存在胸膜或心包疾病、伴有出血的胸壁或腹壁创伤、膈疝以及胸外按压未能产生足够前向血流的大型犬。

（三）心搏停止的心律失常

1. 心脏停搏 心脏停搏在心电图上表现为一条平直的直线，这表明心脏的电活动已完全停止。若无其他依据通常认为心脏停搏的动物会发生高钾血症。心脏停搏常伴发高钾血症，因而在确定或怀疑动物心脏停搏时应及时补充葡萄糖酸钙。顺序应用胰岛素

（0.2 U/kg）和葡萄糖（按照1~2 g葡萄糖/U胰岛素的比率）可暂时降低血清钾的水平。可应用阿托品和肾上腺素恢复心搏动。表现为心脏停搏的多种类型的心律失常实际上是清晰的心室纤颤，因而对于这些心律失常应及时进行胸内心脏按摩和直接观察心肌活动，也可依据具体情况选择应用肾上腺素或进行电击去除心脏纤颤操作。

2. 心室颤动 心室颤动是前纤维性颤动，它比室性心动过速表现得更加无秩序。可应用利多卡因平抑起搏点，若利多卡因无效，且经2次大剂量推注无效的情况下，可实施电击去除心脏纤颤的操作。

3. 心室纤颤 这一异常心律是由存在于心室上的多个起搏点在同一时刻迅速而又各自独立地发出搏动信导致心肌活动不协调。在此情况下，心室不收缩也无心输出量。治疗的目的是消除多个起搏点的电活动，并且用一个较强起搏点的电活动来替代。心室存在少数几个较强的起搏点（粗的心室纤颤）时，去除心脏纤颤的成功率较高。而心室存在多个较弱的起搏点（细的心室纤颤）时，去除心脏纤颤的成功率较低。

4. 无脉性电活动（PEA） 无脉性电活动在心电图中可表现出正常节律或心律不齐（通常为室性或室上性起源的心动过缓），但是心脏没有产生与电活动相关的肌肉活动（如心室不收缩也无心输出量）。对于这种类型的心率不齐，配合进行胸部听诊、中心脉搏（股动脉）触诊和心电图诊断非常重要。PEA听诊无心音、触诊无脉搏，但是严重的血容量过低、心包积液、胸腔大量积液或积气也会造成听诊时听不到心音。与通常正常的或较缓慢的无脉性电活动相比，与这些情况相关的心电图检查表明已发生了快速型心律紊乱，无脉性电活动通常提示预后不良。可应用阿托品、肾上腺素或抗利尿激素纠正此种心律失常；无脉性室性心动过速可实施与去除心脏纤颤相同的操作。

5. 窦性心动过缓 窦性心动过缓时，心电图上P波、QRS波和T波波形正常，但出波时间远晚于正常。引起窦性心动过缓的疾病很多，包括导致迷走神经兴奋性升高的消化系统、泌尿系统或胸部疾病，以及因尿道阻塞或尿道破裂导致的高钾血症以及心跳呼吸骤停时的超长心肺脑复苏。确诊或怀疑高钾血症时，可应用葡萄糖酸钙、胰岛素和葡萄糖进行治疗。窦性心动过缓时推荐使用的药物是阿托品。

如已确诊心跳呼吸骤停是由药物所引起，则在晚期心脏生命支持时，除对心脏进行常规心律失常处理外，还应给予相应药物的颉颃剂。诸如地西泮、咪达唑仑等苯二氮卓类药物可作为氟马西尼（flumazenil）的颉颃剂，诸如芬太奴（fentanyl）、吗啡类等阿片类

药物可作为纳洛酮（naloxone）的颉颃剂，同时还具有部分颉颃布托啡诺（butorphanol）的作用，甲苯噻嗪（Xylazine）可作为育亨宾（yohimbine）的颉颃剂，右旋美托咪啶（dexmedetomidine）可作为阿替美唑（atipamezole）的颉颃剂。如病畜正在进行吸入麻醉时，则应停止进行并吸入新鲜的氧气。

（四）胸内心肺复苏（紧急开胸术）

应尽可能迅速剃除切口部位的被毛，一般来说，在此情况下没有足够的时间进行彻底的消毒准备。使用解剖刀片或梅氏解剖剪沿着第4或第5肋骨的冠状边缘从脊柱向胸骨方向切开皮肤和皮下组织，用直槽止血钳或梅氏解剖剪钝性分离肌肉组织；应用梅氏解剖剪剪开胸膜；切开胸膜后应立即暂停通气，并用拇指和食指固定进入胸腔的手术器械以免损伤心脏或肺脏。在胸膜缩入切口的腹面后，使用梅氏解剖剪从背侧沿肋间隙顺着肋骨的冠状边缘剪开肌肉，应小心进行这一操作，以免损伤胸腔内胸骨表面和侧面的血管。打开胸腔后应持续进行人工呼吸，将心包横膈膜韧带提起并剪断。从背侧扩大切口达到膈神经，接下来将心脏提出心包囊并观察心脏的同步自发性收缩，如果不能观察到心脏收缩，可用一只或两只手握住心脏从心尖部向心基部渐次进行挤压。然后松手以便血液再次充满心室。如果观察到心肌有细的或粗的纤维性颤动时，则应进行胸内去心脏纤颤的操作。

可将降主动脉分离并暂时性横断钳闭供给大脑的直通血流；可利用非创伤性血管夹、包有橡胶头的夹具、福氏海绵镊实施主动脉横断钳闭术，也可用橡皮管、橡胶管、脐带胶布带包裹主动脉，然后用止血钳在被包裹的主动脉处夹紧。在没有严重并发症的情况下，主动脉横断钳闭术可持续10 min。

在晚期心脏生命支持程序中，心电图可用于评估病情并确定治疗药物。在自主循环恢复过程中，允许使用大量温的等渗灭菌盐水灌洗胸腔，然后放置胸腔引流管并手术闭合胸腔。当处理好可致心搏停止的潜在问题后，心脏血管支持中频繁出现的问题是维持血液循环。对心搏停止后恢复的病畜应密切监测至关重要。因为经常会发生重度酸碱平衡失调及电解质紊乱（尤其是高钾血症），这些问题可能需要进行相应的治疗。还应密切监测诸如心电图、血压、神经功能状态和脉搏血氧饱和度等其他生理参数。如前所述，在应用多巴胺、多巴酚丁胺和无基质血红蛋白升高血压的同时也可能需要维持心输出量。

休克、心跳和呼吸骤停所引发的无氧代谢会导致血液乳酸水平急剧升高（正常值小于2 mmol/L）。自主循环恢复后，乳酸水平也可能会急剧升高，并需要进行相应治疗。当心跳呼吸骤停恢复后，可给予有助于减轻脑水肿的药物（如甘露醇和速尿）进行治疗。

第四节　液体疗法

心脏功能、血容量、血管健康状态对于循环系统至关重要。这些因素中的一个或多个异常可引起循环系统产生代偿性变化以维持组织灌注，而这些异常变化发展的结果可引起被称为休克的血液动力学变化和细胞变化。随着休克的发展，运送到组织的氧和底物不足以满足细胞维持和修复所需的能量。如果休克继续发展且细胞的能量无法得到满足时，就会造成器官功能衰竭并导致死亡。及早诊断休克的类型和阶段，对于制定一个成功的液体疗法方案至关重要。

休克通常分为3类：低血容量性休克、心源性休克和分布性休克。血容量损失15%以上时会导致低血容量性休克。当心力衰竭致心脏输出量不足时会导致心源性休克，常见的原因包括肺栓塞、心梗、心脏瓣膜功能不全、心肌炎和心律不齐。分布性休克是由血流从中心循环向外周流动时，由于外周血管舒张而导致的血流分布不均造成的，也可以由全身性炎症（如败血症和过敏反应）引起。在休克早期和中期阶段，不同类型的休克可能造成不同的血液动力学状态。机体可能常同时存在两种以上类型的休克，低血容量在每种类型的休克中均起着重要作用。采取快速和积极的液体复苏，再辅以根据需要进行的止血，能够获得最好的治疗效果。能否制定一个有效的液体复苏方案取决于不同体液的分布、流体运动动力学以及对两种液体分布状态的理解。

一、体液分布及其流体动力学

体液主要分布在三大部位：血管内、细胞间质和细胞内。血液可以从毛细血管流向细胞间质及细胞内。由毛细血管内皮细胞和内皮下细胞基质组成的"隔膜"可以将组织液与毛细血管内液隔开，这样的"隔膜"允许水分和小分子颗粒（如离子、葡萄糖、醋酸盐、乳酸盐、葡糖酸盐和碳酸氢盐等）通过，而氧气和二氧化碳等气体可通过毛细管内皮细胞自由扩散进出血管。

细胞间质间隙就是毛细血管和细胞之间的空间，间质内的液体可以携带基质和细胞存在于细胞间隙内。细胞膜将细胞间隙分成细胞间质，这层膜可使水分自由通过，但小分子和大分子颗粒不能通过。任何粒子在间质组织和细胞之间的运动都必须依赖一些运输机制（如通道、离子泵和载体机制）才能实现。

各种液体均以一个恒定的速度穿过毛细血管内皮细胞膜，通过间质组织，进入或离开细胞。通过毛细血管"隔膜"的液体量取决于诸多因素，这些因素包括毛细血管胶体渗透压（COP）、组织液静压和渗透率。血液中存在的正常颗粒-球蛋白、纤维蛋白原和白蛋白形成毛细血管胶体渗透压。毛细血管静压是由血压和心输出量形成的朝向毛细血管"隔膜"外的压力。当毛细血管静压超过毛细管胶体渗透压，膜孔增大，或当血管内的胶体渗透压低于间质胶体渗透压时，液体流向组织间隙。

二、液体复苏方案

在发生低血容量性休克的急性心输出量减少阶段，机体通过代偿性神经内分泌反应恢复体内的血容量，满足代谢需要并增加ATP。当组织灌注不足时，尽管机体仍在进行代偿，但会发生失代偿性休克。一种有效的液体复苏方案对于最大可能地提高病畜的存活是至关重要的。

液体复苏方案应包括以下步骤：①确定缺乏液体的部位；②针对病畜病情选择液体；③判定复苏终点；④确定实施复苏方案所需的相关复苏术。

（一）液体缺乏的测定

血管内液体的缺乏可以通过灌注不良（休克）和组织氧合不足而表现出来。体内液体的缺乏导致血管壁张力降低并刺激压力感受器，进而刺激交感神经。可检测的临床指标包括心率、脉搏、毛细血管充盈时间、黏膜颜色、意识和直肠温度。临床上可利用上述这些灌注参数和血压判定血管内液体的缺乏量。大多数血容量不足的动物，通常也缺乏血管外液。

细胞间隙和细胞内间隙液体缺乏的临床表现是脱水，可利用一些物理参数来估计脱水的比例。口腔黏膜半干燥、皮肤弹性正常、眼睛湿润，表明脱水程度为4%~5%。口腔黏膜干燥、皮肤弹性降低、眼睛依然湿润，表明脱水程度为6%~7%。随着脱水程度加深，大量液体从血管内流向间质组织，引起与脱水并发的组织灌注不足。黏膜干燥、皮肤弹性严重下降、眼睛回缩、体重骤降、脉搏微弱而快速（同时发生血管充盈不足）表明脱水程度达8%~10%。口腔黏膜非常干燥，皮肤弹性差或完全丧失，眼睛严重凹陷、目光呆滞、意识模糊、体重骤降、脉搏、微弱线状表明脱水程度达到12%。

临床上利用物理指标判断脱水程度时，在两种情况下会产生误诊。一种是长期瘦弱的动物由于消耗了眼睛周围的脂肪和皮肤中的胶原蛋白，在不脱水的情况也可能出现皮肤弹性差，以及出现眼睛凹陷等症状。另一种是体液迅速流向第三液空间（包含液体从局部组织间隙和血管内漏入体腔），使得血管内液体大量流失，而此时并不能观察到组织间隙组织

液丢失的临床症状。针对这两种情况，在判断脱水之前，需要评估黏膜和眼球的湿润程度、ＨＣＴ和总固形物。

（二）液体的选择

应选择补充体内缺乏的液体。晶体液是含有小分子量粒子的水溶液，可自由通过毛细血管膜，胶体液是含有大分子量溶质的水溶液，不能自由通过毛细血管膜。血管内血容量不足应补充胶体液，组织间隙内组织液不足应补充晶体液。

1. 晶体液 存在于晶体溶液中的小分子粒子主要是电解质和缓冲物质（见表16-3）。钠离子浓度等于细胞内钠离子浓度的溶液称为等渗溶液。向血管内注入等渗晶体液（如乳酸林格氏液，0.9%生理盐水）可以补充组织间隙的组织液，并能将细胞内液体的聚集量降低到最少。健康动物经静脉补充等渗溶液的75%以上会在1 h内转移到血管外，这是因为等渗溶液可以在隔膜之间自由移动。低渗溶液（如5%的葡萄糖溶液，半强度生理盐水）会引起细胞内液体的聚集，所以不能用作复苏液体。

晶体液中含有缓冲物质，因此，具有平衡体内酸碱度的作用。醋酸盐、葡萄糖酸盐和乳酸盐都可转化为碳酸氢盐，具有提高血液pH（7.4）并使其恢复正常的作用。普通的生理盐水（0.9%）虽是等渗溶液，但却没有缓冲作用，因此，可用于治疗一些特殊的临床疾病，这些疾病包括低钠血症、高钠血症、高钙血症、低氯性碱中毒、头部外伤和肾衰引起的少尿症。

晶体液的选择取决于钠、钾的浓度以及动物血清和输入液体的渗透压摩尔浓度（见表16-3）。作为液体复苏方案中的一部分，补充具有平衡作用的等渗晶体液（如乳酸林格氏液、Normosol-R®缓冲液和Plasmalyte-A®缓冲液）有助于改善大部分的临床问题。

（1）钠含量 当血清钠含量正常时，可用平衡等渗溶液进行补液治疗。血钠浓度中等程度至严重程度降低（小于130 mEq/L）或升高（大于170 mEq/L）时，可能会导致血清渗透压摩尔浓度发生变化并引起神经系统疾病，因此，必须注意不可过快地升高或降低血清钠浓度。一般情况下，钠浓度的变化量不应大于每小时0.5 mEq/L 或每日8~12 mEq/L，这样可以保证神经细胞有足够时间适应渗透压摩尔浓度的升降变化并避免造成脑水肿或脱水。

血清钠含量的变化量（Δ［钠］）可使用以下公式进行估算：

Δ［钠］＝（待补充液体的钠含量-病畜体内的钠含量）/（体内总水分+1）

一般情况下，体内总水分含量=0.6×体重（kg）

表16-3　晶体液

晶体液	张力	钠 （mEq/L）	钾 （mEq/L）	钙 （mEq/L）	渗透压 （mOsm/L）
乳酸林格氏液	等渗	130	4	3	273（pH 6.7）
Plasmalyte-A®	等渗	140	5	0	294（pH 7.4）
Normosol-R®	等渗	140	5	0	295（pH 7.4）
生理盐水（0.9%）	等渗	154	0	0	308（pH 5.7）
葡萄糖溶液（2.5%，用0.45%生理盐水稀释）	等渗	77	0	0	280（pH 4.5）
葡萄糖溶液（5%，用水稀释）	低渗	0	0	0	253（pH 5.0）
生理盐水（7.5%）	高渗	1 232	0	0	2464（pH5.2）
Normosol-M*和5%葡萄糖混合液	高渗	40	13	0	363（pH 5.2）

　　动物血清钠含量下降时，应该用等渗生理盐水（0.9%）进行补液。血清钠含量的增加意味着水分的丧失，因此，也可使用等渗生理盐水进行补液以提高机体水含量。必要时可使用含2.5%葡萄糖的半强度乳酸林格氏液、含2.5%葡萄糖的半强度生理盐水、0.45%的生理盐水以及5%葡萄糖溶液治疗持续性的高钠血症。治疗必须谨慎，以确保钠浓度缓慢下降。经适当补液后，若病畜（特别是头部受伤和尿浓缩不足的病畜）依然存在持续性高钠血症时，可用去氨加压素进行治疗。

　　（2）**钾含量**　当血清钾含量正常时，可用平衡等渗溶液进行补液治疗。在临床上低钾血症很难诊断。几乎没有临床证据证明，在补液初期使用乳酸林格氏液或Plasmalyte-A®会造成钾过量。一旦动物病情稳定，可在待补的液体中加入氯化钾，补充含钾液体的速度应控制在每小时0.5 mEq/L（或低于0.5 mEq/L）；当严重高钾血症（低于2 mEq/L）伴发诸如因膈肌麻痹造成的呼吸抑制和无显著特点的低运动神经性麻痹或瘫痪之类的严重临床症状时，补充含钾液体的速度可远高于该值。快速补液时必须密切监测血清钾水平。通常将含20～40 mEq/L氯化钾的等渗晶体溶液作为维持液进行补充。在后续治疗中，如果能够对补液动物进行密切监护，则在补前应测定机体的血钾含量。

　　对于患有高血钾的动物，输液时要有选择性地谨慎进行。当怀疑出现由高血钾造成的肾衰性少尿症时，要补充不含钾的溶液（如0.9%的生理盐水）。临床上需要补充不含钾溶液的情况包括：肾衰性少尿症、中暑、肾上腺皮质功能不全（阿狄森氏病）以及大量肌肉溶解。在通过补充体液及利尿药治疗高钾血症后，应再补充一定量正常pH的平衡电解质溶液以促进钾的排出。

　　（3）**渗透压摩尔浓度**　渗透压摩尔浓度的定义是：每单位溶剂含有的溶质粒子数目。血清渗透压摩尔浓度可以使用以下公式进行计算：

渗透压摩尔浓度（mOsmol/kg）=［2（［Na$^+$］+［K$^+$］）+葡萄糖］/18+血尿素氮/2.8

　　正常血清渗透压摩尔浓度为290～310 mOsmol/L。在补液时应使用不会明显改变血清渗透压摩尔浓度的溶液来补充体液。

　　高渗溶液包括高渗盐水，含有5%葡萄糖的Normosol-M®溶液或任何添加葡萄糖的等渗液体。除了高渗生理盐水以外，还可使用高渗葡萄糖溶液作为迅速从血管流向第三体液空间病畜的维持溶液。

　　高渗盐水含有较高浓度的钠离子。通常采用3%、7%或7.5%的高渗盐水进行静脉补液，其作用机制是迅速将水从细胞间隙转移至血管内，进而迅速提高血容量。高渗盐水也具有减少细胞肿胀和改善心肌收缩力的作用。如果动物患有伴发性组织间隙组织液不足（脱水）或引起体内水分丢失的疾病（如体温过高、糖尿病等），使用高渗盐水可造成严重的高渗性神经系统并发症。由于高渗晶体溶液在1 h内会流入组织间隙，因而推荐联合应用胶体液和高渗盐水来治疗由液体渗出引起的组织间隙水肿。

　　2. **胶体液**　当需要补充胶体液时，必须要决定是使用天然胶体液（如血浆、白蛋白或全血）还是人工胶体液（见表16-4）。当动物需要补充红细胞、凝血因子、抗凝血酶Ⅲ或白蛋白时，血液制品是最好的选择。

　　如果治疗目的是迅速提高病畜的组织灌注量，则使用人工胶体液可以迅速达到治疗目的。可选择的人工胶体液包括右旋糖酐、羟乙基淀粉（HES）和无基质血红蛋白。

表16-4　人工胶体液

胶体	平均分子质量（D）	分子质量范围（D）	半衰期（h）	胶体渗透压（mmHg）	浓度（%）	最大吸水量、（mL水/ g胶体）
右旋糖酐70	70 000	10 000~80 000	25	59	6	29
淀粉羟乙基醚	450 000	10 000~3 400 000	25	30	10	20
人造血	65 000~130 000	500 000以上	30~40	20	13	—

（1）**右旋糖酐**　是一种由线性葡萄糖残基组成的多聚糖，是由多种不同的明串珠菌属细菌（*Leuconostoc* bacteria）在含有蔗糖的培养基中通过葡聚糖蔗糖酶催化产生的人工胶体液。右旋糖酐是等渗溶液，可在室温下贮存。存在于脾脏、肝脏、肺脏、肾脏、大脑和肌肉中的葡聚糖酶可将右旋糖酐完全分解为 CO_2 和 H_2O，其分解速率大概为每日70 mg/kg。对于健康犬，使用右旋糖酐70后可使血浆容量增加1.38倍（138%）。

给予健康试验犬一定量的右旋糖酐70能够对凝血功能造成影响，这些影响包括延长口腔黏膜出血时间和部分促凝血酶原激酶时间、降低血管性血友病因子抗原和Ⅷ凝血因子的活性等，但右旋糖酐70不会造成临床上的出血。含有纤维蛋白单体和右旋糖酐的共聚物能够阻止血栓的形成。右旋糖酐在体内代谢时可能会引起血糖水平升高。右旋糖酐70会引起总固体物含量的变化，但不会影响实际的蛋白含量，同时可能会对血液交叉配合试验造成一定的影响。右旋糖酐应用于犬时，很少发生中等程度至威胁生命的不良反应。

（2）**羟乙基淀粉（HES）**　是从玉米和高粱中获得的主要由支链淀粉构成（98%）的一类黏性聚合物。排出羟乙基淀粉分子的速率取决于体内不同组织（肝脏、脾脏、肾脏和心脏）对羟乙基淀粉分子的吸收率。羟乙基淀粉分子被组织吸收后逐渐回到循环系统，通过网状内皮系统吸收后，经淀粉酶的酶促作用降解为较小的颗粒，最后经尿液和胆汁排出体外。羟乙基淀粉经血液中 α-淀粉酶介导的水解作用，可使其分子质量降低到72 000道尔顿以下。组织内羟乙基淀粉的代谢可能是由细胞质中溶酶体所介导，可导致体内血清淀粉酶水平上升但不会影响胰腺功能。

决定不同类型羟乙基淀粉在血液中存在时间的主要因素是饱和度，而不是分子质量的大小。给健康犬注入25 mL/kg的淀粉羟乙基醚（最常见的HES）后，最初的血浆容量可增加1.37倍（137%）。血管内羟乙基淀粉的存留时间显著高于右旋糖酐；在分别静脉注入24 h后，血管内羟乙基淀粉的含量为38%，而右旋糖酐仅为19%。为白蛋白大量丢失或毛细血管的通透性增大的病畜恒速注入羟乙基淀粉，可以为机体提供恒定量的大分子粒子，也可能维持或提高毛细血管胶体渗透压和血容量。

羟乙基淀粉具有保持血管内的液体，并防止细胞间隙内蛋白流失的作用。在进行麻醉时，应用羟乙基淀粉要比其他胶体溶液更有优势，因为其分子质量较大，而血管里的大分子物质有助于限制肺部液体的流通量。给予犬高达100 mL/kg的羟乙基淀粉并未产生毒性和过敏反应。但是在快速静脉注入的情况下，很多猫会发生中度的不良反应（恶心、呕吐等）。但在缓慢静脉注入（5~15 min）时这种不良反应会被降到最低。

在实验室进行的凝结试验中，羟乙基淀粉对凝血作用的影响很小，但在临床应用当中，除非超过其每日的最小使用量（每日20~40 mL/kg），否则并不会引起出血。羟乙基淀粉由于具有增加血容量的作用，因而对凝聚物、细胞和蛋白质均有一定的稀释作用。病畜术后大量使用HES会加重渗出作用，因此，需要认真做好止血工作。

（3）**无基质血红蛋白（Oxyglobin®）**　是一种牛血红蛋白聚合溶液，可以增加血浆和总血红蛋白的浓度，常用于治疗伴发组织缺氧的贫血和血容量不足，具有类似于羟乙基淀粉的胶体性质，具有温和的血压加压作用。这种深色溶液可使血清颜色加深，进而对某些血清化学指标的测定产生干扰，这与测定血清化学指标所选用的仪器和试剂有关。使用无基质血红蛋白也会出现胆红素尿现象。犬的最佳使用剂量不超过每日30 mL/kg，输液速率低于每小时10 mL/kg。对于血容量正常的病畜，补液时必须缓慢，并且仔细监测，避免因输入胶体过量和血管收缩造成血容量过多。

3. 液体的选择　细胞间隙和胞内液体缺失（脱水）时可补充晶体液。血管内血容量（灌注量）不足则只能使用晶体液进行补给。然而，静脉内迅速注入大量的等渗晶体溶液可导致血管内静水压力迅速增加，造成血管内毛细血管胶体渗透压的迅速降低，使大量液体自血管内漏出并流入细胞间隙。灌注不足和液体复苏阶段联用晶体液和胶体液进行治疗，可降低补充液体的使用总量（晶体液的使用量减少40%~60%），减少发生血容量过多的可能性并能缩短复苏时间。

包括细小病毒性腹泻、胰腺炎、感染性休克、大面积创伤、中暑、感冒、烫伤、毒蛇咬伤和肿瘤在内的许多情况都可造成毛细血管的通透性增加，并引起全身性炎症。针对由于毛细血管通透性增加和毛细血管蛋白漏出增加所造成的血容量不足时，首选的胶体补充液是羟乙基淀粉或无基质血红蛋白。对病畜单独使用晶体液进行复苏时需要消耗大量的溶液，同时也会造成病畜毛细血管的通透性增加并最终导致间质性水肿。

许多动物都会发生第三体液间隙的体液流失（很可能是由于严重的局部炎症造成），进而需要大量补充液体，但却难于确定维持体液平衡所需的补液量。

（三）确定液体复苏终点

没有一个"标准"的晶体液或胶体液输入方案可以确保小动物的体液复苏。由于存在如肾功能、第三体液间隙、脑损伤、肺损伤、心脏疾病、心衰或封闭性的体腔内出血等许多可变因素，因此，在治疗时要根据病畜的症状制定补液速度和补液量。应给予足量的补液量以达到预期的复苏终点，这也被称为早期目标导向治疗。治疗终点通常决定于反映灌注状态的典型症状，包括心率、血压、中央静脉压、黏膜颜色、毛细血管再充盈时间和脉搏强度。血清乳酸含量升高但不超过2 mmoL/dL时可以维持足够的组织氧化。使用其他仪器可以测定更多的高级复苏终点指标，这些指标包括中心静脉压在5~8 cm H₂O，中心静脉氧饱和度大于70%，排尿量至少为每小时1~2 mL/kg。

休克会耗尽细胞内储备的能量，导致细胞和器官功能障碍。仅仅测定氧合状态和灌注量就认为血液循环恢复到"正常"状态是不充分的，因为在此情况下可能并未生产出足够的ATP来维持和修复受损组织。当怀疑动物患有全身炎症反应综合征，并表现出相应的症状（如血管扩张、毛细血管通透性增加和心输出量不足）时，复苏终点可参考超常复苏（见表16-5）终点。这样做的目的是通过给予高于细胞正常浓度的氧和葡萄糖，使其产生足够的能量以便修复和维持细胞功能。

然而，进行超常复苏时可能会出现一些情况。增强对血管壁的压力可以移除受伤病畜血管内所形成的可挽救生命的血凝块，进而引起明显的出血。组织液静水压突然升高会加重脑和肺水肿或出血。低常复苏终点的相关指标是正常值的最下限（见表16-5），目的是：①使用最小量的液体恢复血管内的液体量；②最大限度地减少液体外渗进入组织间隙（特别是大脑和肺脏）；③测定将要输入病畜体内液体的数量，以便将补液过多引起心脏损伤的液体过载的风险降到

最低；④减少血凝块移动的可能性。应使用小剂量复苏术以达到最低复苏终点。

表16-5　复苏终点

检测参数	终点	
	超常	低常
血压		
收缩压	90~120 mmHg	80~90 mmHg
平均动脉压	80~90 mmHg	60~80 mmHg
中心静脉压	6~8 cm H₂O	3~5 cm H₂O
心率[a]		
犬	<140次/min	<140次/min
猫	160~200次/min	160~200次/min
毛细血管再充盈时间	1~2 s	1~2 s
脉搏强度（股动脉）	强	强
复苏方法		
犬	大剂量	小剂量
猫	小剂量	小剂量
	全身性炎症反应综合征	心脏衰竭
		封闭性体腔内出血
临床适应证	肾上腺皮质功能减退	持续性出血
		脑疾病
		肺水肿
		肾衰竭少尿症

a. 为适当止痛后的测定值。

（四）选择合适的复苏方法

对犬低血容量性休克进行复苏时，应参考超常复苏终点，此时应使用大剂量复苏术。通常情况下，应首先静脉注入20~50 mL/kg的平衡等渗晶体液，随后给予5~15 mL/kg的羟乙基淀粉或右旋糖酐70。当选择无基质血红蛋白作为胶体液进行补液时，其剂量为5 mL/kg。如果在初期大剂量补充液体后组织灌注依然没有达到理想的超常复苏终点，则可利用小剂量血管内复苏术向血管内再次补充一定量的胶体液。

发生严重出血时，可利用大剂量复苏术的全血制品。然而，在初期补充无基质血红蛋白后，可减慢输入全血的速度，这样可减少因快速输入全血时发生输血反应的概率。

对于发生封闭性体腔内出血、颅脑损伤、肺挫伤、肺水肿、心源性休克以及肾衰竭少尿症的犬和低血容量的猫，建议采用小剂量复苏术。初期给予少量的平衡等渗晶体液（犬：10~15 mL/kg；猫：5~10 mL/kg）。然后给予羟乙基淀粉或右旋糖酐70（犬：5 mL/kg；猫：2~5 mL/kg），补液时间要超过1~5 min。应重新监测灌注参数，可依据实际情况按照初期输入剂

量进行多次补液直至达到复苏终点。给犬补充无基质血红蛋白胶体液时，剂量为2～5 mL/kg。无基质血红蛋白不允许在猫身上使用，但每只猫以1～5 mL（0.25～1.0 mL/kg）的剂量经5 min以上缓慢注入的方式可获得成功。

体温过低的病畜（特别是猫），可显著地限制心血管对液体复苏的反应，因此，在开始输液时可用循环热水毯进行外部热敷。尽管存在持续性低血压，若未采取积极的升温措施，而迅速大量补液可导致猫发生肺水肿。

三、治疗效果的评估

一旦液体治疗方案开始实施，对其效果进行持续评估至关重要。当补充足够的液体却没有达到合理的复苏终点时，应考虑以下几个原因：补液量不足、持续出血、第三体液间隙的存在、心脏疾病、严重的血管扩张、血管收缩、低糖血症、低钾血症、心律不齐以及脑部病变。应当尽快确定病因并及时治疗。如果能够测定中心静脉压（CVP），则需要检查CVP是否已接近治疗终点（见表16-5），如果CVP未接近治疗终点或不能够测定中心静脉压时，对如何有效地进行液体复苏是一个很大的挑战。通常情况下，应补充10～15 mL/kg的晶体液和5 mL/kg羟乙基淀粉的胶体液。如果经过上述处理后灌注参数得到改善，那么造成非响应性休克的最可能的原因是体液不足，此时应补充胶体液至理想的复苏终点。

若动物的组织灌注足够但仍然存在低血压症状，则可使用升压药进行治疗。如果未使用升压药时，也可按上表给出的参考量输入人造血（Oxyglobin®）。如果输入无基质血红蛋白后血压没有上升，则可恒速（每分钟5～15 mg/kg）静脉注入多巴胺，待血压稳定后立即停止用药。

四、复苏后液体维持方案

在完成对低血容量性休克的复苏和毛细血管通透性升高的全身炎症反应综合征的治疗后，如何继续维持血管内的血液量是一个关键问题。按照每小时静脉注射0.5～1 mL/kg（犬）或0.25～1.0 mL/kg（猫）羟乙基淀粉或人造血（Oxyglobin®）进行处理，这样的剂量可维持足够的平均动脉压和中心静脉压。在同时补充晶体液和胶体液的情况下，晶体液的给药量应比单独补充时减少40%～60%。

复苏后液体维持方案应依次满足以下3个要求：补充丢失的体液（补液），维持体液的稳定（正常的内环境稳态）和补充持续消耗的体液。复苏后可利用重新评估的水合参数计算补液量。计算公式如下：补

液量=脱水程度（%）×体重×身体总水量（0.6）。通常使用Normosol-R®或Plasmalyte-A®补液4～12 h可恢复体液至正常水平。

再水合的比率中应计入维持体液所需的补液量（大动物每日40 mL/kg，小动物每日60 mL/kg）。超长时间的非肠道给药（通常超过一个疗程）会导致血清钠水平升高，这时需要补充诸如半强度生理盐水或5%葡萄糖之类的溶液来缓解水分的缺乏。

持续或加速的体液丢失通常是变化的，这就需要实时评估体液丢失量并及时补充。可以通过测量尿液和粪便量，鼻饲管抽吸量以及呕吐物量来估计持续丢失的体液量。由发热或较高的代谢造成的未被觉察的体液损失，可按照每日15～20 mL/kg的剂量增加维持体液所需的补液量。

监测液体疗法：进行补液治疗的病畜都应进行每日至少2次水合率和体重测定在内的身体检查。过量补充晶体液可造成呼吸频率增加和呼吸运动增强、听诊有捻发音或喘鸣音、鼻孔流浆液性分泌物、眼结膜水肿、颈静脉怒张或搏动、身体颤抖、浮肿、高血压（收缩压大于140～150 mmHg）、中心静脉压升高（大于8～10 cmH$_2$O）、体重显著增加（超过12%～15%）、PCV和总固体量迅速和（或）急剧下降。对于尿道插管的病畜，可以监测尿量并与补液量相比较。对于特定病畜还可监测肺毛细血管楔压和心输出量的变化。

停止静脉补液时，应让病畜通过主动饮水和采食，或采取适当的肠饲（通过胃管）方式，或进行皮下给液来保持机体的正常含水量。在24～48 h之后逐渐减少静脉给液量，可使肾髓质重建渗透梯度，并有助于防止由于利尿作用造成过多的水分损失。

第五节　重症动物监护规程

成功处理重症小动物的关键是预先处理，而不是临床治疗。在机体器官衰竭前，应对动物进行有效治疗和积极监控，及时发现并防止器官功能障碍，这通常需要在整个治疗过程中反复进行积极的复苏和治疗。

组织缺氧和器官受损或衰竭可发生在原发性疾病过程中，也可发生在继发性疾病或治疗继发性疾病的过程中。容易受到影响的器官包括心血管、肾脏、肺脏、胃肠道和肝脏。如果疾病会影响到多个器官系统，则诸如营养不良和凝血功能障碍之类的问题应预先给予准备。最佳的护理应包含完善且系统的诊断程序、监护规程、特异性治疗方案和维持治疗方案。

20项规程是重症动物应至少每日评估1次的20项

关键参数，这其中很多参数甚至需要每日多次测量。应用20项规程可以确保每个病畜的临床状况和治疗措施的全面性，并可满足病畜病情发展的需求。与其他监测工具一样，20项规程不是一个静态概念，而是一个动态概念，每一个特定的参数都将随着实验室检测技术的进步、疾病病理学的发展，以及重症监护概念的完善而改变。部分新近引入20项规程的参数包括血液乳酸水平、肾上腺功能、体液血糖水平以及超声检测技术。

1. 体液平衡　液体疗法的目的是提供充足的组织灌注（血容量）和水分（组织液），但不造成组织间隙体液过多。外周组织灌注可通过测定心率、黏膜颜色、脉搏强弱、精神状态、血压、中心静脉压、尿量及血液乳酸含量等生理指标进行评估。机体的水合状况可根据黏膜和角膜的湿润程度、皮肤弹性以及体重等进行评估。患有全身炎症反应综合征（SIRS）的病畜需要补充比预期更多的液体，这是由外周的血管扩张和内皮细胞完整性被破坏而造成的，因此，最佳的治疗方案是同时补充胶体液和晶体液。

2. 胶体渗透压　正常情况下，血管内的胶体渗透压由白蛋白提供。在大量失血或血浆蛋白渗出时，会导致血管内的白蛋白丢失。多种全身炎症反应综合征会同时导致血管内胶体渗透压下降和毛细血管通透性增加，这时需要使用分子量大于白蛋白的人工胶体液进行治疗。血液的胶体渗透压（COP）可以测定，正常犬的COP大约为20 mmHg。对于COP或总蛋白中度或严重下降的病畜，应及时补充天然或人工胶体液。天然胶体液包括血浆、白蛋白和无基质血红蛋白，人工胶体液包括右旋糖苷和羟乙基淀粉。

3. 血糖　治疗目标是保持血糖浓度维持在80～120 mg/dL之间。患有败血症的动物发生低血糖的可能性较大，严重时可引起低血压、精神沉郁到昏迷或惊厥等神经系统的功能障碍。其他可导致低血糖的原因包括营养不良、糖原过多病、幼龄动物、体重过轻、严重肝脏疾病、门静脉血管畸形、肿瘤、肾上腺皮质功能减退以及因治疗需要而给予胰岛素。对任何原因导致的低血糖都应补充葡萄糖进行治疗，最好通过中心静脉导管来给予浓度大于5%的葡萄糖溶液。临床上罹患低糖血症的病畜无论是否使用高糖溶液进行治疗，都应诊断是否患有胰岛素瘤并可使用胰高血糖素进行治疗。化脓性腹膜炎的特异性表现是血液中血糖值和腹腔液中的葡萄糖值相差大于20 mg/dL。

对于患有糖尿病的病畜，使用胰岛素进行治疗有助于防止发生酸中毒和高渗性并发症。在密切监测血糖水平的同时，恒速滴注胰岛素能够缓慢可控地降低病畜的血糖水平。在头部受到外伤的人类急症中，严格控制血糖升高可改善神经系统疾病的治疗结果。罹患急性创伤的病畜，由于产生大量的循环应激激素，会导致胰岛素抵抗，并可引发严重的需要使用胰岛素进行治疗的问题。然而，在兽医学中目前还没有明确的证据表明，严格控制血糖有益于急性创伤病畜的治疗。

4. 电解质与酸碱平衡　低钾血症可能是造成重症动物虚弱和肠梗阻的重要原因之一。通常来说，经口摄入钾量的减少和/或经消化道和尿液排出的钾量增加是造成病畜低钾血症的原因，此时应通过静脉注射补充钾离子。尿路破裂或阻塞、肾功能衰竭、再灌注损伤或大量细胞死亡等疾病过程中发生的高钾血症是可威胁到生命的并发症。高钾血症通常可以引起慢性心律失常，并且能暂时使用葡萄糖酸钙和（或）胰岛素以及葡萄糖进行治疗。其他应监测的重要电解质包括钠、钙、磷、镁和氯化物。测量血液电解质时，阴离子隙（AG）可以用下列公式计算出：AG = [Na] + [K] - [HCO_3] - [Cl]。正常AG值介于12至24 mEq/L之间。

代谢性酸中毒通常因灌注不良造成乳酸大量堆积而引起。产生的乳酸可消耗等量的氢离子，而后使血气值发生改变。利用手持式或台式分析仪可方便地测量乳酸水平。利用足够的液体实施液体复苏的方法治疗高乳酸血症可提高病畜的存活率。治疗高乳酸血症的方法还包括最大限度增加血流量和组织输氧量，很少采取静脉注入碳酸氢钠的方法治疗因灌注不足导致的酸中毒。一旦组织灌注恢复正常，则需重新评估体内的酸碱状态。

酸中毒还与一些以产酸为特异性病理表现的潜在疾病有关。可发生高度阴离子隙酸中毒疾病的首字母缩写为"MUD PILES"：甲醇中毒、尿毒症、糖尿病酮症酸中毒、摄入三聚乙醛或丙二醇、使用吲哚美辛或异烟肼、乳酸过多、乙醇或乙二醇中毒以及误食水杨酸盐。

如组织灌注恢复后，严重的代谢性酸中毒仍持续存在，则必须缓慢输入碳酸氢钠溶液，使其血清值恢复到13～15 mEq／L。碳酸氢钠用量的计算方法如下：

$$NaHCO_3（mEq）= 0.3 ×（15-测定的NaHCO_3量）× 体重（kg）。$$

应认真监测血清碳酸氢盐的水平并及时补充，以满足病畜的需要。

5. 血氧含量与气体交换　动脉血气分析可用于诊断低氧血症或高碳酸血症。此外，脉搏血氧饱和度测定（SpO_2）是一种无创检测血红蛋白血氧饱和度的方法。补氧和（或）人工通气可根据脉搏血氧饱和度值是否小于96%这一标准来确定。可通过气管插管或直接在动物鼻腔处采取呼出气体（这也反映了动脉二氧化碳水平），测定呼气末二氧化碳的含量以诊断高碳酸血症。在初始监护阶段，对于出现呼吸抑制的病畜应持续监测二氧化碳水平，以便维持足够的氧气补给量，并确定是否需要进行人工通气。如果补充氧气不能缓解低氧血症（动脉氧分压低于60 mmHg，血氧饱和度小于90%）或高碳酸血症（动脉二氧化碳分压超过 60 mmHg），或用力呼吸也不能得到充足的氧气时，则需进行人工通气。不能等到呼吸衰竭或心跳停止时才开始人工通气。应持续监测人工通气过程中动脉血气变化，以便确定是否需要调整呼吸机的设置。

6．意识及精神状态　造成动物意识水平下降的原因应排除低糖血症、高糖血症、肝性脑病、酸中毒、电解质紊乱、渗透压失衡、突发性高血压、低血压以及休克在内的代谢性疾病。颅内压增高可导致颅内出血，液体过多和（或）局部缺血。在对病畜进行药物治疗前，应仔细评估药物对精神状态和意识水平的不良反应。

7．血压　可通过直接或间接法来测量血压，监护的目的是维持平均动脉压大于60 mmHg（收缩压大于90 mmHg）这一正常状态。对于心脏功能正常的低血压动物可采取输液、输氧和镇痛等疗法。血容量恢复后仍然存在的低血压可能是由于以下一个或多个因素造成：低血糖、酸中毒、碱中毒、电解质紊乱（如钾、钙、镁）、脑干病变、心律失常、代谢毒素（如肝、肾）、持续体液损失、肾上腺皮质功能减退（如皮质醇缺乏）、心脏疾病、血管过度舒张和收缩。应当判定是否需要使用正性肌力药物来维持心脏的功能。一旦血管血容量（中心静脉压大于8 cmH$_2$O）和心脏功能水平得到适当恢复时，可恒速静脉注射升压药多巴胺（每分钟5～15 μg/kg），推荐使用方法为：开始治疗时给予最低使用剂量，随后以2 μg为单位缓慢增加。也可通过静脉注射无基质血红蛋白来升高血压。

虽然高血压在兽医病历中比较少见，但它可能会造成包括视网膜脱落或神经紊乱在内的灾难性后果。高血压可加重慢性肾脏疾病的蛋白尿症状。中度至重度高血压可以通过口服降压药进行治疗，常用药物有血管紧张素转换酶抑制剂（如贝那普利）、钙通道阻滞剂（如氨氯地平）、动脉扩张药（如肼苯哒嗪）和全身注射型降压药（如硝普钠）。

8．心率、心脏节律与心脏收缩力　心电系统和心力检查应单独分开进行。当心律失常造成心脏灌注不足并经吸氧和止痛药等一系列治疗无效时，应使用特效抗心律失常药物进行治疗。对于患有全身炎症反应综合征（SIRS）的病畜可利用超声波心动图检查来检测心脏收缩力并发现其他的心脏疾病。如果心脏收缩力下降，可静脉注射多巴酚丁胺，以每分钟5～10 μg/kg（犬）或每分钟2.5～5.0 μg/kg（猫）的剂量进行治疗。

9．白蛋白　部分血管内胶体渗透压通常是由白蛋白产生的，这些渗透压也可由人工胶体组成的部分胶体渗透压来维持，但白蛋白除了具有维持血管内胶体渗透压的作用外，还具有药物、阳离子和激素运输载体等作用。贮存在组织间隙中的白蛋白可以替代血清白蛋白，血清白蛋白含量的降低反映了身体总白蛋白量不足。白蛋白水平低于2 g/dL预示着预后不良。常采用输血或直接输入白蛋白的方法使其含量提升至2 g/dL。在输入白蛋白后，首先得到补充的是贮存在组织间隙中白蛋白，因此，应输入数倍于血浆白蛋白需要水平的白蛋白，才能提高血清白蛋白水平。

10．凝血　弥散性血管内凝血（DIC）是动物在休克和严重外伤、败血症或全身炎症反应综合征时，发生的组织或毛细血管损伤，毛细血管内皮细胞暴露于含有炎性介质的血液中，在一段时间内血流相对停滞而引起的血管内广泛凝血综合征。在DIC的早期阶段，临床症状可能极少或根本没有。然而，随着DIC的发展，它将导致重剧而明显的临床症状。监护的目的是在早期阶段发现DIC，并减缓或防止DIC的进一步发展。

早期DIC的特征是高度凝血，这是由于血清抗凝血酶（AT）水平降低和任何造成凝血机制被激活等原因引起。由于整个机体的凝血机制被激活，造成凝血因子数量骤减，血小板因参与凝血而使外周血液的血小板数量下降。在此阶段，凝血酶原和部分凝血酶的作用时间减少，使凝血过程迅速进入后期血凝不良状态，这是由于凝血因子被大量消耗所造成。在凝血后期，凝血酶原作用时间、部分凝血酶作用时间延长和纤维蛋白原降解产物增加。

治疗DIC的关键在于治疗潜在疾病，并排除持续激活凝血机制的刺激因素。在早期高度凝血阶段，治疗的重点在于最大效应地发挥血清抗凝血酶（AT）的作用，它是凝血机制中含量最多的天然丝氨酸蛋白酶抑制剂。血清抗凝血酶水平适当恢复后，可皮下注射少量肝素（50～100 U /kg，每日3次）。如果AT含量低于正常值60%，则应输入血浆使其含量增加到80%以上。发生DIC的病畜应每日检测凝血参数（凝血时间、凝血活化时间和血小板计数）。凝血弹性描记法提供了另一种检测凝血机制中血细胞含量的方法，并有助于确定是处于高凝状态还是低凝状态。

非DIC造成的血栓，其形成机制可用魏克氏三特征来解释：即血管内皮损伤、血液瘀滞和高凝状态。魏克氏三特征中的一个及以上特征可能发生于血管异常、心房肥大、严重的全身性疾病（全身炎症反应综合征、免疫介导的溶血性贫血）、外伤、肿瘤、肾脏疾病和肾上腺皮质机能亢进等疾病过程中。最常见的严重高凝状态的表现是主动脉和肺动脉栓塞。经X线检查肺部没有显著变化，但却出现明显的低氧血症时，可怀疑为肺栓塞。应采取抗凝治疗和输氧疗法，并且密切监视血氧含量和气体交换情况。

引起低凝状态的疾病包括摄入抗凝血灭鼠剂、突发性肝功能衰竭、急性血小板下降、毒蛇咬伤、过量补充液体和胶体液造成的凝血酶稀释、先天性凝血机制缺陷（如血管性血友病、A型或B型血友病）。应对造成血凝障碍的原因进行针对性的治疗。

11. 红细胞与血红蛋白浓度　由于血红蛋白携带血液中的大部分氧气，因此，保持足够的血红蛋白水平对于维持输送足够的氧至关重要。贫血的临床表现包括心动过速、呼吸数增加、精神沉郁、虚弱和低血压，通过输注全血或无基质血红蛋白，使红细胞数增多、HCT上升到20%以上或血红蛋白含量增加到7 g/L。对于一些溶血性贫血或慢性贫血症，如果未出现其他临床症状，HCT在输血前一般维持在一个较低的百分比。

在使用含有红细胞的血液制品时，应先进行交叉配血试验。如果要进行多次输血，也应进行交叉配血试验。对于猫只能使用同一特定类型的血液进行输血。

增加血液输氧能力的一种方法是使用商品化的无基质血红蛋白。

当动物的HCT超过55%（除了狩猎犬和生活在高海拔地区的动物）时，可诊断为微血管循环积和高血压。利用静脉输液和放血疗法治疗真性红细胞增多症，可以改善微循环状态，提高组织含氧量。

12. 肾功能　对患有低血压的动物同时使用有潜在肾毒性的药物，或患有原发性肾损伤的动物，应每日进行肾功能检测。在输液前采集尿液并进行尿分析有助于评估肾脏功能，正常尿量应至少为每小时1 mL/kg，可通过使用留置导尿管对尿量予以密切监测。患多尿型肾衰竭的病畜通常直接使用药物进行治疗。对于少尿或无尿型肾衰竭的病畜，需要采取透析的方法来维持体液和电解质的平衡。持续监测血清BUN、肌酐、电解质和磷含量对治疗有指导意义。持续进行尿液分析，检测糖尿、蛋白尿和肾小管性酸中毒等指标，有助于评估发展到明显肾衰竭和尿毒症之

前肾小管的急性损伤程度。

13. 免疫情况、抗生素用量与选择以及白细胞计数　当检查或治疗罹患中性粒细胞减少症或正在使用免疫抑制药物的病畜时，应严格实施无菌操作技术。这些动物应与其他动物隔离饲养，并由做好隔离防护措施（洗手、接近动物前戴手套、穿好隔离衣或防护服等）的专人照看。

最终要根据细菌培养和药敏试验结果选择抗生素，但在等待这些结果时，应依据感染部位、疑似细菌类型，并结合临床经验采取必要措施进行治疗。

患有持续性低血压或胃肠道疾病的动物可能会受到细菌感染，因此，在细菌培养结果出来前或发生全身性感染的可能性未被排除前，应使用广谱抗菌药。

动物医院应当制定抗生素使用方案，以尽量减少凭借经验使用抗生素的数量，以便减少医院环境中耐药细菌的产生，并提高这些细菌的药物敏感性。定期对环境中的细菌进行培养和敏感性监测，可作为判定医院内感染和细菌耐药性的证据，这有助于查明感染源和控制医院内感染。第一代头孢菌素（如头孢唑啉）可治疗革兰氏阳性和革兰氏阴性菌感染，给药剂量为22 mg/kg，每日3次；另一类可替代第一代头孢菌素的药物是氨苄西林与β-内酰胺酶抑制剂（如克拉维酸或舒巴坦），它们对革兰氏阴性菌、革兰氏阳性菌和厌氧菌均有良好的效果。如果怀疑一种细菌已产生耐药性，在体液和组织灌注恢复后，可使用庆大霉素（3～5 mg/kg，静脉注射，每日1次）针对革兰氏阴性菌感染进行治疗，每日使用1次抗生素不太可能产生肾脏毒性，采用多次少量的给药方法可以得到相同的抗菌效果。每隔6～8 h缓慢静脉注射甲硝唑（7.5～12.5 mg/kg）20 min，可用于治疗厌氧菌感染。

一些新型抗生素类药品如氟喹诺酮类药物（如恩诺沙星）、碳青霉烯类（如亚胺培南）、第三代头孢菌素（如头孢他啶）和万古霉素等应专用于已对其他抗生素产生耐药性的细菌感染。

14. 胃肠道运动性与黏膜完整性　重症病畜，即使未患有原发性胃肠道疾病时也会出现胃动力不足、胃肠梗阻和应激性胃溃疡等症状，因此，需要每日进行3次听诊检查肠音状况。胃复安（每日1～2 mg/kg，恒速输入）具有中枢性止吐作用，且可以促进胃肠蠕动。其他促进胃肠蠕动的药物包括西沙必利/雷尼替丁和红霉素。若怀疑或已诊断为胃或肠阻塞，则应避免使用促进胃肠蠕动的药物。

放置鼻饲管可以除去胃肠道内的气体、减少胃内容物逆流并持续降低胃内压。通过鼻饲管也可给予少量的葡萄糖和电解质溶液或流质食物为肠道上皮细胞提供营养，这有助于防止胃溃疡和由于继发性肠道细

菌移位导致的肠黏膜损伤。放置鼻饲管但仍然持续频繁呕吐的动物可使用止吐药，这样可提高病畜的舒适度并减轻吸气障碍、迷走神经机能紊乱，以及因反射性呕吐引起的心动过缓。甲氧氯普胺通过促进胃排空，阻碍了存在于化学感受器触发区（CRTZ）、呕吐中枢和周围神经的多巴胺受体的作用。昂丹司琼和多拉司琼是有效的止吐剂，他们作用于化学感受器触发区和呕吐中枢，并可阻碍5-羟色胺受体的作用，其使用剂量为0.6 mg/kg，每日1次。马罗斯坦是一种NK$_1$受体颉颃剂，它可以阻止由化学感受器触发区、呕吐中枢和外周感受器造成的呕吐反应。对于那些血压正常并且状况稳定的动物，在治疗难以控制的呕吐时可以使用氯丙嗪（犬：0.05～1 mg/kg，静脉注射，每4～8 h 1次；猫：0.01～0.025 mg/kg，静脉注射，每4～8 h 1次）。对于顽固性呕吐，需要联合使用不同作用机制的止吐药进行治疗。

胃肠道溃疡往往伴随着诸如低血压、肝脏和肾脏疾病过程中出现的高胃泌素血症，以及需要人工通气的神经系统和呼吸系统疾病之类的危重疾病的发生。组胺H$_2$受体颉颃剂如雷尼替丁、法莫替丁，质子泵抑制剂（如奥美拉唑和埃索美拉唑等药物）有助于防止胃溃疡的发生，但因此改变胃内的pH会影响胃内的菌群。硫糖铝和钡剂有助于促进食道和胃黏膜糜烂与溃疡的愈合。

15. 药物剂量与代谢 每个病畜都应保留一份药物使用记录，并且应每日详细观察并记录药物潜在的相互作用、药物用量以及可能产生的不良影响。如果肾肝功能受损，应减少一些药物的使用剂量，以减轻肝脏和肾脏的负担。通过每日观察，应确保计算药物剂量的正确性，以及药物剂量符合按病畜体重计算的使用量。任何突发新的临床症状都应依据药物治疗对象和药物潜在不良反应进行深入研究，以确定治疗方案。

16. 营养 当病畜的营养需求得不到满足时，病畜可能会迅速进入能量负平衡状态，这将导致胃肠功能紊乱、器官功能障碍、伤口愈合不良甚至死亡。直接的肠内营养补充可以改善胃肠道屏障、功能和活力，应首选肠内营养输入。多数病畜能够忍受智能跟踪控喂（trickle flow feeding techniques）的饲养技术。使用鼻饲管是较好的给药方法，同时也可以减轻胃的压力，防止呕吐。对于大多数需要长期人工饲喂的动物，利用食道造口插管、胃切开术插管和空肠造口插管可达到良好的治疗效果。

营养药物可以与流食混合在一起饲喂动物。如果动物已饥饿较长时间，应缓慢增加营养的补充量（每日增加25%）以避免发生因再灌食综合征引起的高糖血症、低钾血症、低磷酸盐血症和低镁血症。

对于最初的12～24 h，可供给每日所需热量1/3的食物，食物应用2份水稀释成流食后灌食。这些食物可在12～24 h内通过灌食的方式恒速补充，也可将其均分为小的团块状食物，每隔2～4 h饲喂1次。在输液期间也可每6 h给服1次饲丸。每次饲喂小团块状食物或恒速补充食物6 h，应经抽吸胃管检查胃内是否有残留的食物并据此调整饲喂量。抽吸后的胃管应使用生理盐水进行冲洗。如果动物已经适应最初的灌食方式，那么在接下来的12～24 h里，可以取两份食物与1份水混合制成浓度较高的流食进行灌食。如果动物仍能适应，可直接灌食未稀释的饮食以提供每日所需的全部热量。随着动物逐渐恢复，可以通过逐渐减少灌食的次数并增加灌入食物的数量，甚至引入团块状食物的饲喂方式。

当营养需求通过日常进食的方法不能满足时，应使用肠外营养方式进行补充。由氨基酸和碳水化合物溶液组成的部分胃肠外营养，可用静脉注射的方法进行补充，这样更容易满足动物所需的部分热量。由于具有较高的渗透压，完全肠外营养必须通过中心静脉导管来补充。对于长期厌食的病畜可能有必要补充维生素。

通常使用食欲促进药物如5－羟色胺颉颃剂赛庚啶和5－羟色胺受体激动剂米氮平，用来缓解猫因胃管或强制饲喂造成的厌食。但苯化重氮类药物不是猫很好的选择。使用食欲促进药不能保证动物维持稳定的摄食量，因此，对于重症的猫科动物不建议以此作为主要的营养补充方法。

17. 止痛 疼痛可以激活身体的应激激素系统，并导致发病率和死亡率升高。疼痛的临床症状（如心率增加和黏膜苍白）与休克时出现的症状相似（见神经系统药物治疗学与疼痛治疗）。应出现疼痛症状而未表现出明显疼痛症状的病畜，其治疗方案中应包括止痛（表16-6）。建议根据病畜需要优先使用止痛药。

使用阿片类药物可以安全地对病危动物起到止痛作用。阿片类药物（静脉注射、肌内注射或皮下注射）镇痛效果较好且对心血管系统的不良反应最小，并且其药效可通过使用颉颃剂（如纳洛酮）逆转。长效阿片类药物最好不用于病情不稳定的动物。有报告显示，静脉注射吗啡5～10 min后，引起组胺释放导致低血压，但似乎并无临床意义。其他药物（如氢吗啡酮、羟基二氢吗啡酮和芬太尼）则没有这方面的风险。以恒定的速率静脉注入药物能够产生持续的镇痛效果，通常来说静脉给药操作也较为简便，造成的疼痛也比间断性肌内或皮下给药要轻。对于猫而言，舌下含服丁丙诺啡可有效控制身体任何部位的疼痛。

表16-6 紧急情况下止痛药的使用

药物	剂量	备注
吗啡	犬：0.05~0.4 mg/kg，静脉注射，每1~4 h1次；0.2~1 mg/kg，肌内或皮下注射，每2~6 h1次；0.23 mL/kg，0.1 mg/kg用0.9%的生理盐水稀释后硬膜外注射，每8~24 h1次	静脉注射时可适当增加给药量，犬增加0.1 mg/kg，猫增加0.02 mg/kg，直到药物发挥作用。对于犬，在增加0.1 mg/kg恒速静脉注射后，可保持每小时0.1 mg/kg的输入速率，如必要，也可逐渐增加剂量
	猫：0.05~0.2 mg/kg，肌内或皮下注射，每2~6 h1次	
羟吗啡酮/氢吗啡酮	犬：0.02~0.1 mg/kg，静脉注射，每2~4 h1次；0.05~0.2 mg/kg，肌内或皮下注射，每2~6 h1次	对心血管的影响最小，可能会导致气喘
	猫：0.02~0.05 mg/kg，静脉注射，每2~4 h1次；0.05~0.1 mg/kg，肌内或皮下注射，每2~6 h1次	可将剂量均分并恒速静脉注射4 h以上
芬太尼	犬：2~10 μg/kg，静脉注射，每30~60 min 1次；每小时2~20 μg/kg，恒速静脉注入	由于该药的半衰期短，因此最好以恒定的速率给药
芬太尼透皮贴剂	体重不到2.5 kg的动物：12.5 μg /h；体重2.5~10 kg的动物：25 μg /h；体重10~20 kg的动物：50 μg /h；体重20~30 kg的动物：75 μg /h；体重超过30 kg的动物：100 μg /h	贴剂不能分割使用，在大型动物可以使用多个贴剂
布托啡诺	犬：0.2~0.5 mg/kg，静脉、肌内、皮下注射，每1~3 h1次	有最大应用剂量限制，对大多数犬的作用时间较短
	猫：0.1~0.4 mg/kg，静脉、肌内、皮下注射，每1~6 h1次	可将剂量均分并恒速静脉注射4 h以上
丁丙诺啡	犬：0.005~0.02 mg/kg，静脉或肌内注射，每1~6 h1次	作用效果难以逆转
	猫：0.005~0.01 mg/kg，静脉或肌内注射、舌下含服，每4~8 h1次	据报道，猫舌下含服的吸收效果极好

利用经皮肤吸收的芬太尼贴剂可以缓解持久性疼痛，但这需要长达12 h才能使血药浓度达到有效治疗剂量，因此，必须通过注射的方法才能使血药浓度达到有效水平。

对于某些动物，若单独使用阿片类药物不能有效控制疼痛，则可在使用阿片类药物的同时，恒速静脉输入氯胺酮（天冬氨酸受体颉颃剂）的方法，来增强止痛效果。氯胺酮可能对心血管系统造成影响，因而确定病畜是否能够使用该药至关重要，但该药不能单独作为疼痛缓解药来使用。利多卡因（静脉恒速注入）与氯胺酮和（或）阿片类药物联合应用，可作为一种缓解全身性疼痛的辅助性用药。

可以采用局部浸润或神经阻滞的方法来缓解局部疼痛。通过胸腔导管或腹腔导管间断注入布比卡因可缓解胸腔和腹腔疼痛。硬膜外注射止痛药可以缓解因盆腔、下肢和腹部创伤或疾病造成的疼痛。

18. 护理 重症动物的护理需要技术精湛、知识丰富、责任心强并训练有素的护理队伍。侧卧的动物应每4 h翻一次身或适当变换位置以免长期压迫肋骨，防止褥疮和肺膨胀不全症的发生。每日进行3~4次物理治疗对于维持肢体运动、保持肌肉张力和促进局部血液循环具有重要意义。导管应贴上标签并标明放置的日期，应每日检查导管的感染或移位情况。当取下导管时，应将导管尖端保存，以便在有迹象表明导管插入的部位发生炎症时进行细菌培养。应及时清

除尿液和粪便污染。躺卧的动物需要定期进行检查和清洁，以防止尿液腐蚀皮肤，采取尾部包裹法可将由腹泻造成的污染降至最低程度。

19. 伤口护理与更换绷带 应及时更换污染或弄湿的绷带。出现远端肢体浮肿时，可绑缚轻微压力绷带来缓解浮肿情况，这需要每日更换绷带（另可参阅伤口处理）。开放性创伤在就诊时应进行简单的包扎以防止进一步污染或院内感染，直到实施清创手术时才可拆除绷带。应注意局部皮肤的肿胀或擦伤，以确定病情的进展和消退程度。

20. 细心看护 应鼓励畜主对病畜进行探视，在护理过程中应轻抚动物并亲切地对其讲话，以降低动物的应激和焦虑反应。可从家中带来一些病畜熟悉的物品（如玩具或毯子等）有助于某些宠物的恢复。应将不同治疗操作集中在一次完成。在病畜情况允许时，在夜晚应关灯，使病畜不受打扰地休息和睡眠一段时间。

第六节 眼科急症

发生眼部急症后，应及时诊断并采取适当的（通常是积极的）治疗措施以维持动物的视力。

一、外伤性眼球脱出

外伤性眼球脱出常常是伴随钝挫外伤发生的（如车祸或与其他动物打斗）。创伤后眼球从眼眶中脱

出，同时眼睑痉挛阻止眼球向框内回缩，而继发性眼窝出血和肿胀会使眼球进一步远离眼眶，随后发生角膜结膜干燥或软化。可根据瞳孔大小及瞳孔反射、眼球暴露时间、眼球或眼眶的损伤程度、动物品种（短头型动物预后良好）和其他全身性损伤的程度等来判断预后。只有大约40%~60%的犬和极少数的猫可以恢复视力。治疗应首先在患处适当敷水以湿润暴露的角膜结膜。常规麻醉后，进行侧面眦切开术，之后采取2或3个间断水平褥式缝合（眼睑的1/2处进针）完成暂时性的完全睑缝合术，在放置支架后给予全身性抗生素和皮质醇等药物并局部使用抗生素和扩瞳药（当瞳孔缩小时）。当发生轻微的瞬目反射后，应立即拆除缝线和支架（通常经过7~21 d），也可采取更保守的疗法，即每2~3 d拆一处缝线直至全部拆完。过早拆线会导致眼睑闭合不全和持续发生逐渐恶化的角膜溃疡。并发症包括角膜溃疡、眼炎、视神经退化、干性角膜结膜炎和内直肌损伤。

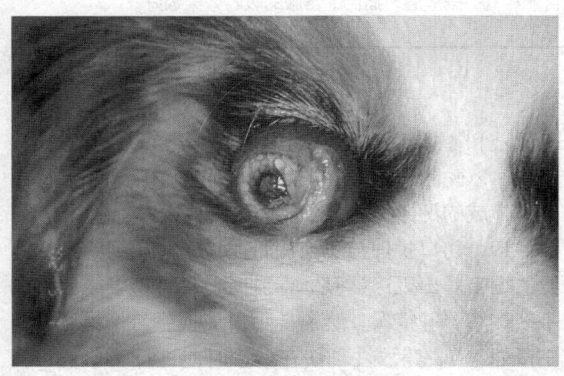

图16-1　犬外伤性眼球突出
（由Kirk N. Gelatt博士提供）

二、外伤性眼球后出血

眼眶和眼球挫伤可导致眼球后出血，这足以破坏眼眶的血管并引起眼球突出，以及虹膜睫状体炎和眼睑闭合不全症。这种情况通常发生于犬、马、猫等动物。已确认，眼球突出和由此造成的眼睑闭合不全与瞬目反射受损和急性接触性角膜炎有关。同时也可能造成结膜下和眼内出血，但是后者可以通过眼内检查来预防。通过眼科检查可确认是否出现角膜和巩膜破损，建议使用B超检查来确诊眼内出血时有无发生视网膜脱落。

药物疗法和外科手术疗法包括局部或全身应用抗生素和皮质类固醇药物，必要时可使用扩瞳药，实施临时性完全眼睑闭合术以保护角膜直到瞬目反射恢复。预后谨慎，因为可能继发青光眼和眼球痨。眼内的出血通常会被重吸收。

三、眼睑撕裂

发生眼睑撕裂后应尽快使其对合。治疗眼睑边缘撕裂时应保证创缘完全对合，以防形成永久性V形缺陷而影响眼睑功能。小型犬和猫需要进行单层缝合（使用4-0丝线单层间断缝合），大型和巨型犬需要双层缝合；眼睑板和眼轮匝肌需要进行深层缝合（使用4-0可吸收缝线单层间断缝合），表层组织（皮肤）用4-0丝线单层间断缝合即可，7~10 d后拆线。马需要进行双层缝合。一些特定部位缝合后，应给予犬和猫带上伊丽莎白项圈，马带上硬眼罩，以防止自我损伤。术后可局部使用抗生素和皮质类固醇激素，也可全身应用抗生素和NSAID类进行治疗。

四、角膜异物

角膜异物多见于犬、猫和马。通常为有机物，但也有砂粒、金属和玻璃等异物。临床症状包括眼睑痉挛、流泪和继发虹膜睫状体炎（房水混浊、瞳孔缩小、虹膜肿胀、眼压降低、眼前房积脓）。常规眼科检查可发现角膜表面或角膜内及第三眼睑穹窿后的异物。附着在眼球表面的异物可经局部麻醉后，利用大量灌洗或小号眼科有齿镊直接摘除的方式移除。若异物已嵌入更深层的角膜深层或已穿入眼前房，则需进行全身麻醉后仔细摘除角膜深层或眼房内的异物。角膜切口处用6-0或8-0可吸收缝线进行单纯间断缝合。术后治疗包括局部和全身应用广谱抗生素、扩瞳药和全身性NSAID，根据需要可使用降低眼内压的药物。一般预后良好，视力可完全恢复。罕见并发症包括造成不同形状角膜瘢痕、化脓性眼炎、白内障和继发性青光眼。

五、贯穿性眼内损伤

异物进入眼内造成的贯穿性损伤最常见于犬和猫。常常是由铅粒和子弹部分或全部穿过眼外膜所引起，而碎屑或刺（如仙人掌）往往也可以导致贯通性损伤。铅粒或子弹造成损伤后，创口通常会自我闭合并形成轻微的角膜皮样瘢痕，这可能会导致眼内出血、晶状体和眼后壁的贯穿伤。晶状体被穿透可迅速形成白内障，也可能造成玻璃体、视网膜出血和视网膜脱落。利用眼科超声检查和眼窝X线检查有利于确定异物的位置，以及眼内和眼眶组织的完整性。幼犬被猫挠伤后常见前部晶状体撕裂或破裂的症状。

贯穿性晶状体损伤应尽早实施晶状体切除，这是由于脱离的晶状体组织会逐渐形成晶状体诱发型葡萄膜炎，通常会发展为继发性青光眼和眼球痨。眼后段的变化通常可以使视网膜最终复位。视网膜焦点变性通常出现在视网膜的贯穿性损伤和脱落的位置。发生这种情况时，通常预后谨慎，可以依据治疗效果及眼内异物的逐层清除状况判断其预后。

治疗原则是控制创伤引起的继发炎症，维持正常眼内压。扩瞳药、局部和全身应用抗生素以及皮质类固醇药物可用来治疗前葡萄膜炎。眼内出血通常易于痊愈，其中眼前房出血通常在1～2周内消失，而玻璃体出血则要3～6个月才能痊愈。

六、深层角膜溃疡、角膜后弹性层膨出、虹膜脱出

大多数角膜溃疡利用适当的抗生素、抗蛋白酶（通常是局部血清）和扩瞳药治疗会迅速治愈。然而，如果直到疾病晚期才发现的、难以与其他眼科疾病相鉴别的或者局部治疗不当的角膜溃疡由于病情恶化而难于治疗，这些都需要利用手术实施结膜移植或者最近才开始使用的商品化的猪小肠黏膜下层或实验性羊膜移植进行治疗。深层角膜溃疡、角膜后弹力层突出和虹膜脱出常见于犬、猫和马等动物。发生这些情况后需要立即进行手术，以保持角膜的完整性。短头犬和干燥性角膜结膜炎犬最易感以上疾病。这些缺损往往出现在角膜中央并严重影响视力。利用泪液分泌测试法检测泪水的分泌量和局部荧光法确定溃疡范围是诊断这些疾病的重要辅助方法。角膜培养和细胞学检查可帮助选择局部和全身抗生素。通常会继发前葡萄膜炎并伴发房水混浊、瞳孔缩小、眼压降低和前房积脓等症状。

角膜溃疡的深度可利用放大观察、聚焦显微和局部荧光等方法进行精确测量。因为需要较长的时间来形成血管和愈合，中央角膜溃疡最易受到损伤。进行适当的溃疡清创术是保证结膜移植成功的关键。角膜溃疡（深层角膜溃疡、角膜后弹性突出或虹膜脱出）最适于采用眼球结膜移植术（360°、180°、桥式或

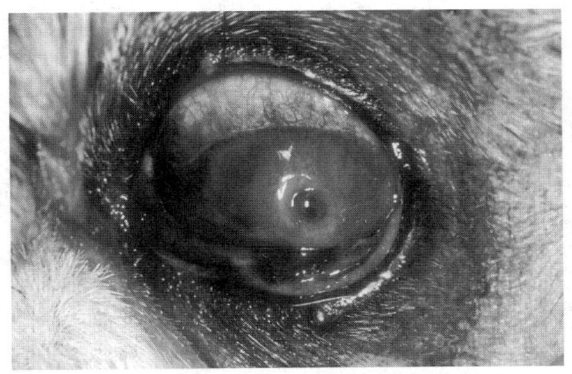

图16-2　短头犬因角膜后弹性层膨出及虹膜脱出引起深层基质角膜溃疡

（由Kirk N. Gelatt博士提供）

蒂式）进行治疗。对于伴随着虹膜脱出的全层角膜溃疡，也可采用眼球结膜移植术，但是术后容易出现面积更大、程度更密集的角膜混浊。术后治疗包括局部和全身应用广谱抗生素、全身应用NSAID或皮质类固醇激素和扩瞳药。在4～8周时可适当减少用药次数。术后并发症包括畸形角膜瘢痕和色素沉着、继发性白内障以及很少发生的细菌性眼内炎。

七、角膜撕裂

角膜撕裂多见于犬、马，少见于猫。咬伤、自伤和其他意外事故都可能造成部分或全层角膜撕裂。部分角膜撕裂的动物非常痛苦，需要立即用可吸收缝合线进行单纯间断缝合并将其闭合，不建议切除撕裂的角膜。

全层角膜撕裂的主要症状包括疼痛、眼睑痉挛、流泪、角膜缺陷和不同类型的虹膜脱出，也常见于显著的房水混浊、眼前房出血、瞳孔缩小和变形。通常情况下，虹膜脱出部要比潜在的角膜撕裂大得多。预后取决于角膜撕裂的大小和位置、涉及的其他眼组织、动物的性别（马）和年龄、损伤的持续时间，以及其他全身性损伤程度。如果不能直接检查整个眼部，则需利用B超进行检查。

用6-0号到8-0号可吸收缝线进行单纯间断缝合来闭合裂口。缝合处采取第三眼睑睑瓣移植，球结膜移植，或局部眼睑闭合术以提供支持和保护作用。手术后应防止继发性虹膜睫状体炎。治疗方法包括使用局部和全身抗生素、全身性NSAID以及扩瞳药。术后并发症包括不同形状的密集的角膜瘢痕，虹膜后粘连引起的白内障、继发性青光眼、眼球痨和细菌性眼内炎。

八、青光眼

存在较高眼内压（IOP）（大于30～50 mmHg）的动物通常会患有高眼压性青光眼。临床症状包括"牛眼"（buphthalmia）、瞳孔散大、角膜水肿、巩膜静脉充血和不同类型的眼痛。潜在的青光眼可以是开角形的，也可以是窄角形的。可以是急性的，也可以是慢性的。最易发生原发性青光眼的犬类品种包括美国可卡犬、巴吉度猎犬、松狮犬、秋田犬、中国沙皮犬、挪威猎鹿犬和萨摩耶犬。主要依据精确的眼压测量进行诊断。Tono-Pen®和TonoVet®品牌的压平式眼压计应用较为广泛。利用眼前房角镜检查和其他诊断方法，可检查前房角和含有视神经乳头的眼后段的情况。

治疗目标是迅速降低眼压，并尽可能维护视力。短期治疗方法包括使用甘露醇（1～2 g/kg，静脉注射）、局部β-受体阻滞剂和碳酸酐酶抑制剂、全身性碳酸酐酶抑制剂、前列腺素类药物或缩瞳剂（毛果

芸香碱或地美溴铵）。直到IOP小于30 mmHg时，局部的药物治疗才会发挥明显的作用。如果使用甘露醇治疗2～4 h后仍不能降低眼压，则需在全身麻醉后进行前房穿刺术。长效治疗方法包括局部和全身使用降眼压药物、巩膜睫状体光凝术、睫状体冷冻术和前房分流术。

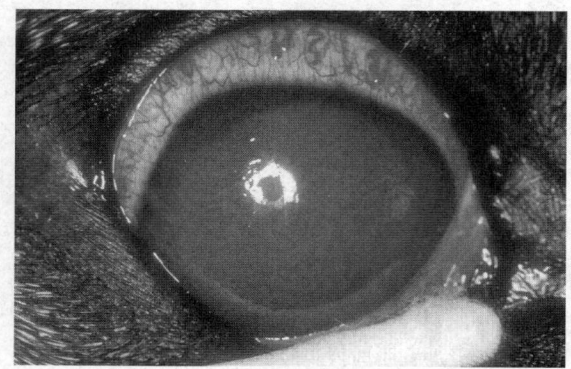

图16-3　充血或高眼压性青光眼的犬

结膜充血，瞳孔扩张，弥漫性角膜水肿不利于深部眼科检查。经压平式眼压计测定的眼压为55 mmHg。（由Kirk N. Gelatt博士提供）

九、晶状体脱位

晶状体脱位通常发生于中年的小猎犬，常见于吉娃娃、刚毛猎狐犬和杰克罗素狄，这是由于该类犬的悬韧带缺陷造成的。临床表现为急性角膜水肿、眼压升高、眼睑痉挛、流泪及睫状体充血。晶状体位于瞳孔前面并完全陷入眼前房内，通常是紧贴于晶状体后囊的玻璃体堵塞瞳孔并显著升高眼后段的眼内压。因此，在角膜中央进行平压眼压检测可能会得到错误的低眼压结果，但直接检查眼后段通常是不可能的，因此，需要利用B超检查眼后段的玻璃体和视网膜。

治疗方法包括降低眼压到正常水平（通常使用甘露醇，1～2 g/kg，静脉注射）；用10%的苯肾上腺素可促进瞳孔处房水的流动。尽可能及早进行晶状体摘除术，最好的方法是超声乳化白内障吸除术或囊内摘除术。术后治疗包括局部和全身应用抗生素及皮质类固醇药物，维持大小适度但能运动的瞳孔，密切监测眼压以及其他辅助治疗（包括使用局部β-受体阻滞剂、局部和全身性碳酸酐酶抑制剂、前列腺素类药物等）。长期的术后并发症包括前葡萄膜炎、继发性青光眼和视网膜脱落。

十、前葡萄膜炎（红眼病）

前葡萄膜炎或虹膜睫状体炎是一种常见的动物疾病，且经常与其他类型的角膜和（或）结膜炎相

混淆。前葡萄膜炎常发生于犬、猫和马，但在其他动物中并不常见。前葡萄膜炎临床表现为急性羞明、疼痛、眼睑痉挛、结膜充血红肿、角膜水肿、眼内压降低、瞳孔缩小、伴随前房积脓的前房反应（房水内的蛋白数量和炎症细胞数量增多）和（或）眼前房积血。此外，慢性前葡萄膜炎可能会引起房前和房后虹膜粘连、瞳孔变形、白内障、伴随外围房前和（或）环状房后虹膜粘连的继发性青光眼以及虹膜膨隆。

前葡萄膜炎可能与外伤、全身性疾病（尤其是双侧受损）、白内障、原发性和转移性肿瘤以及其他原因有关。预后及治疗取决于病因。治疗方法通常包括使用散瞳药、局部和全身应用抗生素、皮质类固醇激素或NSAID以及其他针对特定病原的药物。一般急性前葡萄膜炎预后良好，但应预防复发或转为慢性前葡萄膜炎（如犬眼色素层皮肤综合征、金毛猎犬葡萄膜炎和马复发性葡萄膜炎），因为这一疾病非常容易产生继发性白内障、难以治疗的青光眼和眼球痨。

十一、急性失明

急性失明的发生可能与多种眼科和中枢神经系统疾病有关，通常会伴发突发性失明、瞳孔大小不等、瞳孔扩大、瞳孔直接和间接的对光反射丧失等症状。双眼视力丧失比较常见，但当一只眼睛失明时，另一只眼睛也可出现视力下降。对于急性视力下降而言，只有局部大面积的视网膜及视神经病变才能导致失明。检查方法包括全面的眼科检查和一般的身体检查，这是由于许多全身性疾病均可导致失明。因为视野评估不能在动物身上进行，所以进行主观的视力测试是必要的，包括威胁测试、眩眼反射、光亮处和黑暗处的迷宫测试、视网膜电流图描述检查和视觉诱发电位检查。

十二、视神经炎

视神经炎可分为视神经乳头炎（用检眼镜可直接看到发炎的视神经乳头）和球后视神经炎，主要表现包括瞳孔扩大、瞳孔反射丧失和任何检眼镜不能发现的异常失明。利用闪光视网膜电流图结合视觉诱发电位检查和荧光素血管造影等手段可用于视神经炎的确诊。其他检查方法包括血细胞计数、血液生化分析、神经系统检查、X线检查、玻璃体和脑脊液检查等。

视神经乳头炎常见于患有肉芽肿性脑膜脑炎的犬；全身性病毒、细菌、真菌感染（犬、猫、马和牛）以及发生创伤的动物。其病理表现包括视神经乳头边缘模糊并肿胀、不定量出血及渗出。视神经乳头周围视网膜炎通常变为半透明或不透明，因此，应针对潜在的全身性疾病进行治疗。全身性类固醇药物可

用于治疗视神经炎。积极地治疗结果包括瞳孔反射恢复，瞳孔大小正常，并在数日后恢复视力。

十三、突发性获得性视网膜变性（SARD）

SARD仅见于犬，其临床表现包括急性视力丧失（通常发生在数日后），瞳孔广泛性扩张且瞳孔反应消失，眼底检查正常。该病常发生于中年犬，并且这些犬常常患有肝脏疾病或伴有体重增加、多尿、烦渴和多食症的肾上腺皮质机能亢进。通过视网膜电位检测发现外层视网膜功能丧失，数周后进行眼底检查可发现视网膜完整但视神经退化。该病目前尚无有效的治疗方法。

十四、视网膜脱落

视网膜脱落是动物的常见多发病。它是造成动物失明（单侧或双侧）的重要原因之一，也是白内障和晶状体手术后的重要并发症之一。一旦被诊断为视网膜脱落，应及时进行药物和（或）手术治疗，以制止视网膜变性并促进视力恢复。影响该病发生的因素包括动物品种（如西施犬的玻璃体易脱水收缩）、白内障或晶状体切除、外伤（犬、马和猫）、全身性高血压（犬和猫）和全身性真菌病（犬和猫）等。病史、完整的眼科及全身检查、血常规检查、血液化学分析和其他诊断方法，都对找出潜在的病因起重要作用。此外，眼底检查、B超检查、视网膜电图检测和测量血压等方法，在视网膜脱落的诊断中也发挥重要作用。

渗出性非孔源性视网膜脱落可能会造成视网膜内炎性和出血性渗出，通常也会造成视网膜变性，但其视力可以恢复。苏格兰牧羊犬发生继发性视网膜脱落后，可对周围正常的视网膜进行激光凝固疗法。修复孔源性视网膜脱落时，若视网膜破裂形成孔洞并伴随着流泪，可以尝试使用已在人类成功应用的玻璃体视网膜手术技术，包括眼内填充气体和硅油、巩膜扣带术、激光疗法和视网膜冷凝固定术等。

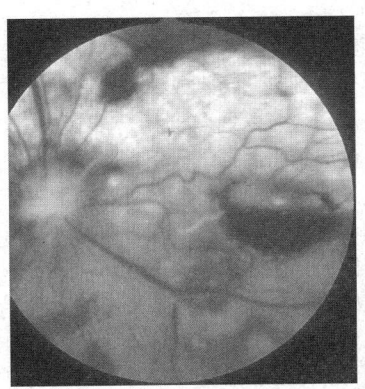

图16-4　犬单侧视网膜脱落
（由Kirk N. Gelatt博士提供）

第七节　创伤处理

创伤愈合是在组织损伤处修复正常解剖结构的连续性过程。了解创伤愈合的正常过程十分必要，这有助于在处理创伤时作出合理的决定。正确使用创伤处理的原则有助于避免伤口过早闭合及发生潜在的并发症。

创口可以分为清洁创、污染创和感染创。清洁创是在无菌条件下形成的，例如外科手术切口。根据细菌的数量可以区分污染创和感染创，其判定标准为：如果每克组织所含细菌数大于10^5个，就足以造成创口感染。创口的污染程度、创口的血液供应情况和创口形成的原因都会影响感染的发展。因此，每个因素必须单独进行评定。

一、创伤愈合一般原则

虽然创伤的类型有许多种，但是大多数创伤在愈合过程中都经历着在组织内由细胞因子和其他趋化因子介导的相似阶段。每个阶段的持续时间随着创伤类型、处理方法、微生物以及其他生理因素的变化而变化。以下是皮肤在受到全层创伤后愈合的3个主要阶段。

1. 炎症期　是创伤愈合的第一阶段。它可以依据控制出血和解决感染来区分为数个小阶段。在初期阶段，血管收缩立即控制出血，紧接着在几分钟之内血管扩张。在第二阶段，血细胞黏附于血管内皮。在30 min内，白细胞穿过血管基底膜到达创口，最初中性粒细胞发挥主要作用（因为在外周血中），然后，中性粒细胞逐渐死亡，单核细胞在创口成为主导细胞。第三阶段是清创。尽管中性粒细胞可吞噬细菌，但是在创口愈合过程中单核细胞比中性粒细胞更为重要。从血液中迁移来的单核细胞称为巨噬细胞，它可以吞噬坏死组织细胞碎片。巨噬细胞还可以吸引间质细胞，但目前机制尚不明确。最后，在慢性炎症中，单核细胞融合形成多核巨细胞。淋巴细胞可促进创口处对异质碎片的免疫应答反应。

2. 增生期　是创伤愈合的第二阶段。它包括成纤维细胞、毛细血管和上皮细胞的增生阶段。在增生期，间质细胞转化为成纤维细胞，搭建成纤维蛋白束，为细胞移动提供一个框架。在健康的创口，成纤维细胞从初期损伤开始至3 d内出现，这些成纤维细胞首先分泌细胞基质，之后分泌胶原蛋白。早期分泌的胶原蛋白使创口强度迅速提高，随着创口压力的变化，胶原蛋白继续更新而提升创口强度的速度减慢。

再生的毛细血管为创口供应血液。创口的中心是一个低氧压区域，它可以随着氧梯度吸引毛细血管生长。因为成纤维细胞的再生需要氧气，所以它的活性取决于毛细血管的再生速度。当毛细血管和成纤维细胞增生后，肉芽组织开始生长。由于广泛的毛细血管进入肉芽组织，因此，非常易碎但同时对感染具有抵抗力。

在初期创伤形成的几小时内，上皮细胞向创口的迁移即已开始。基底上皮细胞扁平化并迁移穿过开放性创口。上皮细胞可以小团块的形式在创口处移动，也可以通过"跃过作用"互相穿越来覆盖创伤造成的缺损。迁移上皮细胞可分泌诸如可以增强创口愈合能力的转化生长因子α和β一类的介质。虽然上皮细胞的移动方向是随意的，但是当与其他上皮细胞在任意方向接触后即停止移动（即接触抑制）。上皮细胞移动并穿过开放性的创口，可在48 h内覆盖一个正常愈合的手术切口。在一个开放性的创口处，上皮细胞必须依赖一个健康的肉芽组织床以便于移动。干燥创口的上皮形成较为缓慢。

3. 修复期 是创伤愈合的最后阶段。在这期间，新形成的胶原纤维和成纤维细胞沿着创口线性张力重组。分布在无功能方向上的纤维被功能性纤维所取代。这一过程可以让创口强度在很长一段时间里缓慢增强（长达2年之久）。大多数创口的强度要比原来的组织低15%～20%。然而，膀胱和骨组织在损伤和修复后，可以100%恢复到它们的原始强度。

二、初期创伤处理

创伤处理的第一步是全面评估创伤动物的稳定性。明显的开放性创伤也会影响到更多细微的潜在危及生命的问题出现。可以降低动物对细微的潜在危及生命问题的注意力。完成初步评估后，应使动物保持稳定状态。创伤的急救应在确保动物安全后立即进行。持续性出血可以采用直接按压的方法进行止血。对于严重动脉出血的创口，应采用充气式止血带代替传统止血带进行止血。充气式止血带应该保持充气状态直到控制出血为止。使用充气式止血带可以避免因使用狭窄的止血带而造成的神经血管并发症。

创口可覆盖一层无菌无绒的敷料，以保护其免受进一步污染或损伤。检查和彻底清创的时间间隔应尽量缩短，以降低细菌污染的风险。如果创口被感染，应采集样本进行细菌培养和药敏试验。抗生素疗法可用于所有污染创、感染创和穿刺创。广谱抗生素（如第一代头孢菌素）一般建议在细菌培养和药敏试验的结果出来后再使用。也可应用镇痛药物缓解疼痛。

1. 创口灌洗 创口灌洗可以清洗肉眼可见的和不可见的组织残渣。这样可减少组织上附着的细菌，有助于减少伤口并发症的发生。如果灌洗液无毒，在创口灌洗时应使用大量的灌洗液去除残渣碎片。推荐的灌洗方法是用35 mL注射器和19号针头，在3.6288kg/cm² 的温和冲洗压力系统中进行灌洗。使用抗生素进行灌洗尚存争议。

理想的灌洗液应无毒且对愈合组织具有杀菌作用。虽然生理盐水没有杀菌作用，但是它对愈合组织的毒性最小。外科擦洗剂不能被用作灌洗液，因为其成分对组织有害。稀释的防腐剂可以安全使用。0.05%的洗必泰具有持续的广谱抗菌作用，同时引起组织炎症程度较轻。然而，革兰氏阴性菌对洗必泰具有耐药性。更高浓度的洗必泰溶液对愈合组织具有毒性。1%的碘伏是一种有效的抗菌剂，但其持续抗菌活性最弱并可被化脓性组织碎片所抑制。

2. 清创术 在创口预处理和剃毛后，可以施行清创术。清创前应对皮肤和周围组织的生存力进行评估。蓝黑色、皮革样、质地薄、皮肤颜色苍白的组织是不能存活的，这样的组织应迅速切除。清创术可以逐层进行，也可以一次性切去完整的坏死组织。对于活性不确定的组织，或者与基本结构如神经血管束相连的组织应保留，并采用分期清创术。

经过初步检查、冲洗和清创后，必须决定是否闭合创口或将其处理成一个开放性创口。应考虑供创口闭合皮肤的可用性和污染或感染程度。如果最终决定不闭合创口，则应该处理成最利于愈合的开放性创口。

3. 创口闭合 虽然一期缝合是闭合创口的最简单方法，但是仅限于理想状态下进行，以避免发生伤口并发症。创口闭合主要依靠缝合，以及使用钢钉闭合或氰基丙烯酸盐粘合剂等方法。清理后的清洁创通常可以痊愈且不发生并发症。一期缝合时，应逐层闭合创口组织，以尽可能减少可导致血肿的"死角"。缝线类型和缝合方式的选择取决于动物的大小及创口的大小和位置。

一期缝合术并不适用于严重污染或感染的创口。因此，必须等到创口污染或感染控制后，才能进一步闭合创口。创口可以处理成为一个短期开放性创口，直到长出健康组织后再进行闭合。届时，在发生并发症的风险最低的情况下，创口可安全地进行闭合。从初期清创到后期闭合所需时间，依据创口污染或感染程度的不同而异。轻微污染的创口可在24～72 h后闭合，严重感染的创口可能需要更长的时间。

如果创口从形成到闭合的时间超过5 d，即认为是二期缝合。这也就意味着肉芽组织在创口闭合前已经开始形成。

4. 开放性创伤的处理 当创口不能或不应该被

闭合时，采用开放性创口处理（即二愈合治疗）最为合适。这种创口包括皮肤大面积损伤而导致伤口不能闭合或者是严重污染的创口。四肢纵向的脱套伤特别适合采用开放性创口进行处理。开放性创口处理有利于实施分期清创术，同时也不需要专门的设备（如皮肤移植可能需要的设备）。然而，这样会增加治疗成本，延长愈合时间，并可能由于伤口挛缩导致并发症。

开放性创口的处理基于反复包扎和必要的清创，直到创面愈合。传统疗法需要能吸湿的敷料，在清创手术后每次换绷带时使用这些敷料。在形成肉芽组织床之前，绷带应至少每日更换1次。在愈合早期，绷带应至少每2 d更换1次。在肉芽组织开始生长后，绷带应换成干燥的、不粘连的敷料，以防止损伤肉芽组织床。肉芽组织床和早期的上皮组织都很容易被损伤，肉芽组织床的损伤将延迟伤口的愈合。

近来，潮湿伤口促进愈合的概念已经出现，这种技术是将伤口愈合和自溶清创结合起来的一种促进伤口的愈合方法。使用潮湿的伤口敷料可以保持白细胞的活性，以便其可以帮助清创。许多敷料都可以使用。藻酸盐敷料是渗出性创口常用的敷料，它可以刺激肉芽组织的生成。凝胶常被用于干燥创口的水分保持。一般情况下，潮湿的伤口敷料需每2 d换1次。

（1）**糖敷料** 在过去的300多年，糖已被用来作为一种廉价的伤口敷料。糖的使用是基于其高渗透压，它可以将创口内的液体吸出去，减少创口液体残留并抑制细菌的增长。糖可以清除创口处的坏死组织并能保护有活性的组织。在创腔内撒一层1 cm厚的砂糖，然后覆盖上厚的敷料以便从伤口吸收渗出的液体。糖敷料应每日更换1次或2次，也可根据需要（如当绷带湿透时）更频繁地更换。在更换绷带时，创口应用大量的温盐水或自来水冲洗。糖敷料可一直用到可见的肉芽组织形成后。一旦所有感染得到控制，创口应立即闭合或者被上皮组织覆盖。因为大量的液体会从伤口渗出，此时应对病畜的血液动力学和组织水合状态进行监测并采取相应措施进行治疗。低血容量和低胶体渗透压并发症的发生可能与使用糖辅料有关。

（2）**蜂蜜敷料** 100多年前，蜂蜜已被用作伤口敷料。已确认，蜂蜜的有益作用与葡萄糖氧化酶产生的过氧化氢酶活性有关。蜂蜜的低pH可以加速创口愈合。用于伤口愈合的蜂蜜必须未经高温消毒，同时蜂蜜的来源也是影响伤口愈合的因素之一，麦卢卡蜂蜜是伤口护理的最好选择。接触伤口的敷料应在蜂蜜中浸泡后使用，每日更换绷带或根据需要更频繁地更换。

三、引流

引流是直接引导液体从伤口或体腔内流出。被动引流技术需要重力或毛细管作用将液体从伤口或体腔吸引出来。烟卷式引流管是柔软、扁平的乳胶管，常用于被动引流。引流管必须放置在最低处以确保其发挥适当的作用。坚固的引流管是由红色橡胶管或硅胶管所构成。双管引流既可以将液体排出腔外，又可以将空气引入腔内。有效的引流需要负压将液体从创口吸引出来。红色橡胶管或硅胶管可以和封闭的间歇性低压泵以及与手持充电装置相连接的低压抽吸装置一起使用。封闭式引流装置的有效使用，可大大降低因采用被动引流术所引起的潜在感染。直到创口内流出的液体减少到一定量，并且不含有脓液时才可移除引流管。应对引流液进行细胞学检查。

四、包扎

绷带包扎的目的包括控制出血、固定受伤区域、防止伤口进一步损伤或污染、防止伤口干燥、吸收渗出物和协助完成清创术。进行包扎时，为避免引起并发症必须遵循以下原则：包扎的绷带应给予足够的衬垫，绷带应平顺并且服帖；共包扎3层（内层、中层和外层）；包扎时避免损伤新形成的肉芽组织和上皮细胞。

内层绷带直接与创口接触，利于组织液渗入到中层绷带。内层绷带分为可黏附绷带或非黏附绷带。非黏附绷带使用的是细网状不粘材料，它可以用于健康的肉芽组织床中已经生长的创口。非黏附内层绷带可以防止组织脱水并减少损伤。可黏附绷带使用粗网状材料，容易使组织纳入绷带，纳入的组织会随着绷带的更换而去除。可黏附绷带根据内层绷带性质分为干-干、湿-干、湿-湿绷带。干-干绷带是用干纱布敷在伤口上，取下绷带时非常痛苦，但这有助于清除创口腐败组织。湿-干绷带是用盐水浸湿纱布直接敷在伤口上，取下绷带时同样也非常痛苦，但是与干-干绷带相比，会降低组织发生脱水的风险。湿-湿绷带由于太潮湿而容易使肉芽组织床受损。

中层绷带用来吸收组织液、保护伤口、支持或固定肢体。这一层通常是由填充的衬垫或卷起的棉花构成。外层绷带的功能是将内层和中层绷带固定在适当的位置，提供压力，保护内层绷带免受外界环境的损伤，这一层是由胶带或弹性绷带构成。

五、创口处理的外科技术

1. 推进皮瓣移植术 可用于移植皮肤，减轻压力。最简单的推进皮瓣移植术是拉动皮肤使其覆盖在邻近的受损部位。由于忽略了这些皮瓣的血管供应，因而使其术后在表皮的位置升高。皮瓣的存活取决于皮瓣蒂部的皮下血管网和受皮瓣区的血管再生情况。连有皮下血管网的皮瓣血管供应受皮瓣基底宽度的影响。皮瓣的长宽比例过大会导致皮瓣远端供血不足而降低其存活的可能性。皮瓣移植时压力过大会增加手术失败的风险。

最基本的推进皮瓣移植术是单蒂推进皮瓣移植术。切开两条细长分叉且垂直于创口的切口，经过修整的皮瓣组织被推进、缝合到接近创口的部位。对于较大的创口，使用两条单蒂皮瓣要比使用一条大皮瓣更为安全。两条推进皮瓣缝合形成H形。还有一些其他的易于描述的皮瓣移植术，包括双蒂推进皮瓣移植术和V-Y推进皮瓣移植术。这些技术中的每一种都依赖于拉伸皮肤覆盖创口。由于这个原因，这些技术在局部解剖范围内使用时具有局限性（如眼睑周围区域就不能使用这些技术）。

以动脉为轴心形成的皮瓣被称为轴型皮瓣（动脉性皮瓣）。该皮瓣可用于覆盖大面积的组织，同时皮瓣内新的血液供应系统可以确保移植皮瓣成活。肌型皮瓣不仅可以覆盖缺失的皮肤，还可以重建受损的体壁。存活下来的轴型皮瓣要比相应的皮下血管网皮瓣再生的面积大50%，因此，可以覆盖更大面积的组织。因为轴型皮瓣是依赖于动脉的，所以只适用于特定部位而不适合于全身所有部位。最好的轴型皮瓣是位于近尾端腹壁浅动脉的轴型皮瓣，它可以从腹壁尾端向前端拉伸以覆盖住第2～5对乳腺。

2. 游离皮肤移植术 用于大面积的组织损失，例如大面积烧伤和皮肤脱套伤。这种移植术最好采用粗网状辅料进行包扎，以利于积液的排出和防止血肿的形成。在鳞状上皮、裸露的骨、软骨、肌腱等部位不适于皮肤移植。所移植皮肤的基底应是健康、并带有血管丛的组织。起初，移植皮肤的营养通过毛细血管的渗透作用供给，即将血浆渗入到其膨胀的毛细血管内，因此，也可引起皮肤水肿。皮肤移植的血管在术后48～72 h开始生长。若初期静脉回流受阻，造成的水肿可立即引起移植部位坏死。水肿可在术后4～6 d随着正常血液回流而消除。

所有移植的皮瓣或皮肤都需要有一个清洁、健康的受植区才能存活。特别是对皮下血管网皮瓣和自由皮肤移植尤为重要，因为它们不包含直接供应皮肤血液的动脉。受植区必须清除组织碎片、感染和坏死的组织。

虽然在解剖结构上对皮瓣已有了详细的描述，但是想要确定它们的存活力并不容易。最简单但不准确的评估皮瓣存活的方法是人为评定，包括评估它的颜色、温度、知觉和出血状况。皮肤颜色发绀不能被用

来作为评估皮肤活性的标准，挫伤、发绀的皮肤往往是可存活的。组织从深紫色到黑色的连续变化预示为坏疽。皮肤温度可受血管舒张状态的影响，因此，不能作为精确评估存活力的方法。切口表面出血可能发生在已存活的皮瓣，也可能发生在含有部分动脉功能但静脉回流很差或没有静脉回流的皮瓣。皮瓣移植后，可能在最初几日出现水肿，到静脉血管完整形成后即可缓解。

六、影响创口愈合的因素

影响创口愈合的因素可根据其来源分为物理因素、内源性因素和外源性因素。

1. 物理因素 主要是环境因素。温度会影响创口的拉伸强度。30℃是创口愈合的理想温度。当温度降低到12℃时，创口的拉伸强度降低20%。理想的创口愈合也需要充足的氧气。由于血管断裂，创口的含氧量要比周围健康组织的含氧量低，低含氧量会影响蛋白质的合成和成纤维细胞的活性并导致创口延迟愈合。导致含氧量降低的原因很多，包括血容量低、存在失活组织和绷带过紧等。

2. 内源性因素 通常反映动物的整体状况。贫血可以通过降低组织含氧量来影响创口愈合。虽然对创口愈合的最适营养水平还是未知的，但是营养对整个机体具有重要的影响。当血清总蛋白低于2.0 g/dL时，这种低蛋白血症可延迟创口的愈合。因为创口愈合过程是蛋白质合成的过程，所以营养不良可以影响创口的愈合。补充DL-甲硫氨酸或半胱氨酸（一种在创面修复中起重要作用的氨基酸）可以预防创面的延期愈合。尿毒症可以通过延缓生成肉芽组织和诱导合成劣质的胶原蛋白而干扰创口的愈合。虽然糖尿病被认为能影响人的创面愈合，但是尚未证实对动物也有同样的影响。肥胖致使创口愈合不良，是由于皮下脂肪造成缝合的密闭度差。创口血液灌注减少也会导致创口愈合不良。

3. 外源性因素 包括外界任何可以影响创口愈合的化学药品。可的松通常会引起创口并发症。皮质类固醇激素可明显抑制毛细血管的生成、成纤维细胞的增殖和上皮形成的速度。与可的松类似，维生素E通过延缓胶原蛋白的产生而抑制创口愈合，这种作用可以在补充维生素A后得到改善。当体内缺乏维生素E或可的松时，额外补充维生素A时不会对创口愈合起到改善作用。维生素C是脯氨酸和赖氨酸羟基化作用所必需的维生素。锌是上皮细胞和成纤维细胞增殖所必需的微量元素，然而过量的锌可以抑制巨噬细胞的功能而延迟创口愈合。辐射不利于创口愈合。辐射处理7 d后，人工造成创伤的创口愈合受到影响。细

胞毒性药物也可以延迟创口愈合。烷化剂（如环磷酰胺和苯丙氨酸氮芥）通过影响DNA合成而延缓创口愈合。虽然已确认，大多数NSAID在创口愈合方面是安全的，但是最近研究表明，COX－2抑制剂能延缓创口的愈合。

七、特殊创口的处理

1. **撕裂伤** 如果是简单的撕裂伤，且创口污染不严重，通常可以完全愈合，创口应在闭合前彻底清洗并清除杂物。如果创口边缘有压力，应当采用减压缝合术、滑动皮瓣术或移植术。很深的创口应根据受伤的严重程度，依照以上原则进行处理。基层结构损伤（如肌肉、肌腱和血管）必须经过初期处理后才能闭合。如果撕裂创口被严重污染，创口的一期愈合可能会不显现，被污染的创口可放置引流管后闭合或者按照开放性创口进行处理。

2. **咬伤** 咬伤是引起创伤的一个主要原因，特别是被散养的动物咬伤。猫咬伤的创口是较小的穿透性创口，通常会引发感染，因此，处理这样的创口应该像处理脓肿一样采取细菌培养、清创术、抗生素疗法和引流术。犬咬伤可造成多种不同的情况。犬咬伤的创口特点鲜明，其主要的组织损伤通常发生于创口表面下部。皮肤表层可能只有小型的穿刺伤或擦伤，而肋骨可能已经骨折或者内脏器官已受到严重的损伤。病犬应在创口处理前进行全面彻底的检查并使其保持稳定。在采取最终的创口处理方法之前，应该采取外科手术进行扩创，以便进行全面的检查并测定创伤的范围。在检查完毕后可进行清创术。若未进行彻底清创，则不推荐直接进行创口缝合，因为创口通常已被污染。根据创口的损伤程度，可以结合引流术使创口延期愈合或者进入二期愈合状态。

3. **脱套伤** 脱套伤导致大面积的皮肤损伤和不同程度的深层组织损伤。这些损伤是剪刀作用于皮肤所形成的，包括风扇皮带造成的损伤和交通事故造成的组织损伤。生理性脱套伤的受损皮肤依然存在，但是完全与基底筋膜脱离。若损伤阻断了皮肤的血液供应，不久创口就会形成坏疽。脱套伤从解剖学角度来看，皮肤已从体表脱，显然需要进行多次清创。区分可存活和不可存活组织是创口早期清创处理所面临的一个问题。对于不确定其活性的组织应尽量保留，随后再次进行清创术时，可将坏死组织去除。骨科创伤通常明显地伴发于脱套伤，直到局部感染得到控制后，才能最终稳定动物的状态。

4. **枪伤** 枪伤造成的损伤大部分是看不见的。子弹往往夹杂着皮肤、毛发和泥土射入体内，如果子弹射穿身体，则出弹口处的创伤往往要比进弹口大。

大多数的损伤是由子弹的形状、空气动力稳定性、质量和速度所决定。高速射入的子弹由于产生很强的冲击波而穿透组织，因而会造成更严重的损伤，冲击波也会对组织和血管造成钝性损伤。

枪伤一般都是感染创，因此，不建议对创口进行一期缝合。这些伤口应该采取开放性处理或推迟一期缝合时间。待初诊完成及动物状况稳定后，应探查伤口以确定受损程度并决定修复的方案。如果发生骨折，修复方法应依据骨折的部位和类型而确定。为了保持骨折部位的绝对稳定，通常采用外部固定或接骨板固定，以便能够对软组织进行适当的处理。腹部枪伤通常需进行剖腹探查术。如果胸部枪伤造成出血或气胸，则不能采用保守疗法治疗，而应采用胸廓切开术。

5. **压疮** 压疮或褥疮是由于压力所引起的坏死。压疮很难治疗，因此，应积极进行预防。预防措施包括经常改变动物的体位，给予足够的营养并保持清洁，以及提供一个垫料充足的卧床。易发生压伤的原因包括截瘫、四肢瘫痪、不正确的骨接合术和长期静卧。轻微的褥疮可通过清创和包扎以防止进一步的损伤，较严重的伤口需要借助扩创手术进行处理。在清创术完成且肉芽组织床开始生长时，可采用推进皮瓣或蒂状皮瓣闭合创口。

第八节 马的急症

马的急症会给兽医带来很大的挑战，也会造成畜主的情绪波动。通过对畜主进行应急准备和急救程序的培训，可减少此类问题的发生。最常见马的急症包括腹痛（疝痛）、外伤和割伤以及马驹的急性病。

一、马的紧急治疗方法

（一）应急液体疗法

由失血、衰竭、急性横纹肌溶解和过热引起的急症，需要进行紧急补液。当不能口服物理性液体、体液流失过多或体液正在大量丢失时，可通过静脉补液以维持体液的量。

对于健壮的马，补充疗法是液体疗法的主要方法。制定一个补充液体疗法方案需考虑补液量、类型、补液途径和补液速度。每日基础补液量可用如下公式计算：补液量（L）＝维持量（每日60 mL/kg）＋直接损失量［体重（kg）×估计脱水百分量］＋持续损失量。持续损失量很难确定，成年马的维持量约为1 L/h，脱水百分量可利用临床和实验室检验参数进行评估（表16-7）。这些数据应结合马的临床状况综合考虑。例如，一匹紧张的马可能由于受刺激而产生短暂性心率增高或由于脾脏收缩造成PCV增高。

表16-7 马脱水的体检与实验室评估参数

脱水百分量	心率（次/min）	毛细血管再充盈时间（s）	血细胞比容（%/L）	总蛋白（g/L）	肌酐（mg/dL）
6%	40~60	2	40	7	1.5~2
8%	61~80	3	45	7.5	2~3
10%	81~100	3	50	8	3~4
12%	>100	>4	>50	>8	>4

持续损失量很难确定，这是因为通过胃肠道损失的液体很难进行测量。马胃肠道每日分泌和重吸收的液体量相当于细胞外液总量（约占体重的30%）。除非发生肠梗阻，才可以计算回流量。如果大肠不能重吸收水分（如腹泻），那么失水量会更多。发生严重腹泻时每日可丢失大约50%的细胞外液。

这种计算方法只提供一个粗略估计，补液量还应根据病畜补液后相关参数的反应（如心率、脉搏、毛细血管再充盈时间、尿量、HCT、总蛋白量、肌酐）进行调整，这些参数可以依据病马的临床情况进行监测。严重休克马的心血管参数应持续进行监测，或至少每15 min测量1次，直到症状改善。当马发生严重持续性液体损失时，心血管参数应每4 h监测1次，实验室检验参数应每日检验4次，直到病情稳定。利用这些参数，所需液体估计量可以得到确定。

马的有效补液物质包括晶体液（存在于体液中可自由通过毛细血管膜的物质，包括电解质、盐和葡萄糖）和胶体液（由于其较大的分子质量而存在于血管内数小时的物质）。胶体液包括血浆、白蛋白、葡聚糖和羟乙基淀粉。晶体液通常用于健康马的补偿液体疗法，而胶体液主要用于复苏治疗（见液体疗法）。

可用于马的两种基本晶体液类型是：含有电解质的浓度等于血浆浓度的平衡电解质溶液（BES）和只含有氯化钠的盐溶液。虽然人们认为葡萄糖溶液是晶体溶液，但是很少单独使用。在可以进行血清化学分析的条件下，选择BES还是选择盐溶液取决于其分析结果。当盐浓度小于125 mmol/L并且无水肿现象，或发生代谢性碱中毒，钾含量大于5.9 mmol/L时，可选择盐溶液，否则就使用BES。如果不能进行血清化学分析，使用BES是安全的，除非怀疑发生高血钾周期性麻痹，在这种情况下可以使用盐水、葡萄糖和（或）碳酸氢钠。

补充胶体液有两个目的—预防血液蛋白不足引起的水肿和维持血管内的血容量。含有抗体的商品化产品也可用于治疗或预防内毒素血症，如马红球菌性肺炎、西尼罗河病毒感染和梭菌病。胶体液包括天然胶体液和人工胶体液两种。天然胶体液包括血浆、血清产品和白蛋白。一般来说，当需要增加胶体压力或需要凝血因子和特定的抗凝血剂（如抗凝血酶Ⅲ）时，选用血浆。一般不常使用白蛋白溶液，这是因为影响血管通透性的白蛋白在血管内的半衰期很短，他们对整个血浆也没有额外的益处。马最常用的人工胶体是羟乙基淀粉，它可以用来增加血浆胶体渗透压，通过临床反应（减少水肿）或增加胶体渗透压（测量胶体渗透压）是评估其作用效果的最好方法。折射仪不能用于监测输入人工胶体的治疗效果。

在休克状态下使用液体疗法的目的是增大循环血容量以提高组织灌注和氧气输送。在补液第1 h内，等渗晶体液的补液速度达到60~80 mL/kg时会产生最佳效果。高渗盐水可重新分配体液分布，使血管外液体进入血管内而迅速增大循环量，且高渗溶液具有短时间内持续作用的效果（大约45 min）。胶体液可维持高渗晶体液的作用效果，所产生的作用达数小时之久。应用于复苏时，高渗盐水（4 mL/kg）和羟乙基淀粉（4 mL/kg）结合使用能产生最好和更持久的效果。

补液速度与输入管道的直径成正比，与流体的黏性和管道的长度成反比。特氟纶或聚氨酯14号导管常用于成年马。当利用重力作用输入液体时，输入的液体高于颈静脉3 m以上即可产生2~3 L/h的流速。如需增加流速，可以使用连接有大口径连接套的10号或12号导管，但10号导管易形成血栓。最后，两侧的颈静脉都可以插入导管，以便增加液体的给予量。也可利用压力袋或充气泵增加液体流动速度。蠕动泵可导致血管内皮损伤并增加发生血栓的危险。

（二）鼻胃插管法

鼻胃插管法是马疝痛病例中可用于挽救生命的最重要方法。用拇指控制导管位置，使其正确进入鼻腔。如果在进入时遇到了一个硬结构（筛窦区），则将导管向腹侧偏移，一旦进入咽部，可感受到软阻力。将管翻转180°弯曲插入食道后，马随即产生吞咽动作，然后将导管推入食道。向导管内吹气，使食道扩张，有助于促进导管插入。如果马咳嗽，导管应收回再重新插入，直到插入正确的位置。导管一直插入到胃内（第14肋骨）。如果通过贲门困难，可以管内注入60 mL甲哌卡因（mepivacaine）。一旦导管进入胃内，且没有发生自发性胃食返流（即任何形式的食糜返流都未自发发生），可进行灌（洗）胃。在没有检查到返流时，不能使用鼻饲管对患疝痛马投药。可以将导管装满水，管末端向下以判定是否存在胃内容物。回流的总量减去泵入的水量即为净返流量。

鼻饲管返流是不正常的。如果马长期插管，偶尔会有少量的返流（低于1 L）。当存在返流情况时，应注意返流的数量、性质和与疝痛发作时间的关系。此外，还应注意胃减压反应。

通常情况下，鼻饲管返流伴发于小肠梗阻，可能是功能性的也可能是机械性的。小肠近端病变的早期即产生大量逆流，且在疝痛发作初期即发生。小肠（回肠）远端的病变，最初无逆流，但通常在发生疝痛几小时后开始逆流。如果结肠扩张的压力使十二指肠向盲肠基部弯曲，这时大结肠疾病也偶而与逆流有关。

恶臭、发酵或大量血样逆流物预示为肠炎早期。肠梗阻的逆流物通常是新鲜饲料和肠道分泌物。来源于小肠的逆流物是碱性的，而含有胃分泌物的逆流物是酸性的。马胃逆流比较罕见，因此，通常不进行pH测定。应注意胃减压反应。患有功能性肠梗阻的马，其对减压反应表现为疼痛减轻和心率降低。尽管有些马也产生了临时减压反应，但减压对患有机械性梗阻的马通常并不能缓解痛苦。其余的检查应侧重于确定是否存在功能性或机械性肠梗阻。应注意逆流量的多少，应据其确定静脉补液的量。患有功能性肠梗阻的马，一般要每4 h进行1次胃减压，如果病情严重，可每2 h进行1次。鼻饲管只有在需要的时候才被留在体内，因为它会导致某些马发生咽喉炎症。

（三）腹腔穿刺术

腹腔穿刺术在诊断腹部疾病方面有很重要的作用（如腹痛、体重减轻或术后问题）。超声检查可以确定收集液体样本的最佳位置，可以使用18号针头、导管或套管进行采集。采用无菌技术收集液体样本，采集后放入抗凝管或培养管内。

腹腔穿刺的正常值为总蛋白低于2.5 g/dL、白细胞数不到5×10⁹个/L。细胞学检验结果为中性粒细胞约占细胞总数的40%，其余的细胞为淋巴细胞、巨噬细胞和腹膜细胞。发生肠嵌闭后，在发病1~2 h内穿刺液的蛋白量增加；在发病3~4 h后，穿刺液中可见红细胞；若病程持续6 h以上，穿刺液中白细胞逐渐增加，则提示正在发生肠坏死。

肠穿刺术有时应注意区别肠破裂。肠破裂时肠穿刺术的细胞学检查显示，出现植物性物质、细菌和碎片，但没有细胞出现。马的临床状况与是否发生破裂并不一致，在破裂早期（2~4 h），可能并未表现临床症状。肠破裂时腹腔积液的细胞学检查显示，出现中性粒细胞、细菌和被中性粒细胞吞噬的细菌。

在穿刺过程中引起的血液污染应与内出血或严重肠坏死相区别。取自皮肤血管的血液通常会向下自旋，并在离心后旋转减速，使样品清澈。如果是腹部血管被刺破，血液也会向下自旋。新鲜血液的污染指标为超过12 h后血液中不存在血小板。若脾被意外刺破，离心后显示其PCV高于外周血的HCT。发生内出血后，血液产生溶血现象（导致离心后产生红色上清液），不能看到血小板，但可见噬红细胞作用。超声影像显示腹腔积液在腹部的位置。如果样品中存在乙二胺四乙酸钙时，会错误地引起总蛋白含量升高，因此，采样管内要去除该抗凝剂。

腹部外科手术后，总蛋白量（TP）在第3~4周增加，在2周内白细胞数量增加，中性粒细胞不发生变性。在实施肠切开术或吻合术后，在开始的12~24 h里可能出现变性的中性粒细胞和不常见的细菌。在未来2周，白细胞数仍然升高，但中性粒细胞不发生变性，并且没有细菌出现。在术后的一段时间总蛋白量仍然升高。如果发生化脓性腹膜炎，将会出现细菌感染症状（如发热、精神沉郁、食欲不振、肠梗阻、疼痛和内毒素血症）。白细胞数和总蛋白含量也将明显升高。在细胞学检查中，超过90%的细胞是中性粒细胞，并出现变性的中性粒细胞，也可见自由的和被吞噬的细菌。

（四）套管针术

套管针术有助于减轻因腹腔室隔综合征造成的腹部压力（严重的腹部膨胀伴随着疼痛和呼吸困难）。套管针术只用于大结肠膨胀，而不能用于小肠。因此，前期诊断并确定病变肠段的位置非常重要。对于成年马，可以通过直肠触诊进行检查。对于幼驹或小型马，可以采用X线检查和（或）超声波检查。大肠的膨胀部位必须紧贴体壁，以便可以安全插入套管针。最常见的实施套管针术的部位是腰窝的右上侧，将套管针刺入盲肠基部位置，减压后，拔下套管针，在退出套管的同时注入抗生素（通常是庆大霉素）。

实施套管针术后，最常发生的2个问题是腹膜炎和局部脓肿。马应观察24 h以确认是否出现腹膜炎的征兆。也可利用腹腔穿刺术确诊腹膜炎，并运用广谱抗生素疗法进行治疗直至痊愈。局部脓肿可直接实行外部引流。

（五）气管造口术

如果可能的话，气管造口术的切口应尽量短，提前做好相关手术准备并完成局部麻醉。在出现急性呼吸困难，且术前准备来不及时，应在没有准备的情况下完成气管造口术的相关操作。

在颈部底端和颈正中线1/3连接处，切1个8~10 cm的纵切口，略高于胸骨甲状舌骨肌所形成的V型部。切口应保持在颈正中线处，以便于引流。沿颈正中线分离胸骨甲状舌骨肌，暴露气管。横切口应选择在2个气管环之间，避免损伤气管软骨。如果在手术过程中马的头部是抬高的，气管切开处应远离皮肤切口处，避免头部降低时，皮肤覆盖气管切口。在紧急情况下，应使用易于插入的J型气管套管。如果病马表现安静或在非紧急情况下，应优先考虑使用支撑插管而不是J型插管。如果动物需要进行通气，应使用外翻边硅树脂插管以提供一个封闭的通气系统。

气管插管应每日清洗，并根据病情需要及时进行更换。可将石油凝胶涂布于切口周围，防止皮肤灼伤。一般情况下（特别是对于马驹），应尽早去除气管插管，以避免造成永久性气管畸形。判定插管是否可以移除的方法是暂时堵住插管并判断马是否可以呼吸。一旦去除插管，术部应每日清除2次分泌物，以使创口进入二期愈合状态。创口通常会在10～14 d内闭合，并在3周后痊愈。

二、马外伤与急救

涉及肌肉骨骼系统的常见急症包括骨折、脱臼、撕裂、刺伤、感染和运动性横纹肌溶解。虽然这些急症不能在野外进行治疗，但是准确的诊断及适当的紧急治疗对于病马康复是非常重要的。

（一）骨折与脱臼

对病马进行全面的体检，但病马受伤的严重程度和其他因素（例如紧张、疲惫、脱水、畜主或驯马师的焦虑）会影响检查的完成。发生骨折后，接骨的目的是减轻焦虑，防止发生进一步损伤，保证运输安全和便于进行其他检查。受伤的肢体在进行X线检查或运输到手术台之前应实施紧急接骨术。

1. 初诊 当听到较大的断裂声、发生急性非负重跛行、肢体变形或明显不稳定时，应考虑是否发生了骨折或脱臼。在进行体格检查时应进行最大程度的保定，以避免病马或旁观者受到进一步伤害。如果病马处于侧卧姿势，检查应在使马站立前完成；如果病马处于站立姿势，则检查应在移动病马之前完成。应用镇静剂和马勒保定病马。α_2-受体激动剂（如甲苯噻嗪或联合应用甲苯噻嗪和乙酰丙嗪）可用于镇静。如果需要在剧烈运动后立即进行镇静，可能需要增加药物剂量至双倍量，才能够达到有效的镇静效果。若使用甲苯噻嗪后不能使其镇静，可用布托啡诺或地托咪啶。由于α_2-受体激动剂通常会使马向前倾斜，这可导致增加受伤前肢的负重并减弱肢体的控制能力，因此，应用其最小的有效剂量。如果马俯卧不起或怀疑受到严重损伤，对剧烈运动后的病马可联合使用甲苯噻嗪和乙酰丙嗪进行镇静，随后用克他命、地西泮或替来他明—唑氟氮草进行全麻诱导。愈创甘油醚和硫喷妥钠联合使用会导致低血压，因此，不是理想的选择。可通过检查心率、黏膜颜色、毛细血管再充盈时间和脉搏性质，对循环系统状况进行简要评估。心

率大于80次/min并伴有毛细血管再充盈时间延迟和脉搏虚弱时，表明需要采取输液疗法。

在完成对病马的整体状态检查后，应立即进行受伤部位的局部检查。应将肢体分为四段，以便于定义接骨的方法。一段损伤为自马蹄球节向下部位的损伤，包括附着于掌骨或跖骨上的伸肌和屈肌肌腱的损伤。二段损伤为自球节到腕关节或跗关节之间部位的损伤。三段损伤包括前肢从腕骨到肘部或后肢从跗关节到膝关节之间部位的损伤。四段损伤包括前肢肘部以上或后肢膝部以上部位的损伤。

骨折的发生可根据肢体不稳固、捻发音和运动异常来确定。在关节水平线上出现从外侧部向内侧部的异常运动，应怀疑是脱臼。利用X线检查可以确诊是骨折还是脱臼。如果现场不能拍摄X线片，应对骨折或脱臼部位采取外部接骨术，之后立即将马运往设备先进的诊所做进一步检查。特别是在野外环境中，不完全（极其细微）的桡骨、胫骨和其他骨骼的骨折很难用X线检查确诊。因此，长骨发生严重跛行并局部疼痛时，在运输病马之前应及时采用外部接骨术，避免骨折部位的位移而导致更严重的损伤。实验室测定的各项生化指标越来越普遍被用于骨折的诊断，甚至在野外条件下也能使用。如果条件允许，水合参数和电解质平衡参数可用于指导补液量和补液类型。

2. 急救 对外部损伤进行初期治疗的目的是减轻焦虑、固定骨折或脱臼部位，防止进一步损伤并便于运输。对创伤病马进行紧急接骨的原则，包括实施骨折外固定之前对伤口进行适当的处理，提供足够的垫料以防止皮肤擦伤，在伤处上方和下方进行处理以固定关节，阻止前内侧和头尾向的运动，夹骨板的末端不能位于长骨中间段或骨折线后端。

对伤口进行仔细清洗和清创。用含有无菌药膏的合适垫料敷于患处。可用纱布将棉花衬垫固定在整个受伤部位，以起到固定的作用，然后用弹性绷带包扎固定。绷带应系紧，以防止棉花衬垫松弛脱落，最好使用玻璃纤维绷带将夹板固定在患处，这种方法用于固定脱臼极为管用。如果没有玻璃纤维绷带，可用强力胶带固定。夹板内必须使用衬垫以免导致疼痛增加。

3. 1级损伤的固定 1级损伤包括指（趾）骨骨折，球节、系部和蹄关节脱臼，1根或多根屈肌肌腱断裂。虽然伸肌肌腱断裂在分类上属于1级损伤，但是由于其需要不同的夹板进行治疗，因此，将在后面单独论述。前肢和后肢固定方法略有不同，这是由于后肢存在交互的结构。

对于前肢损伤，应使掌骨（跖骨）和趾骨的中心线对准并排列形成直线，然后固定形成直的圆柱状，这样，马将用其脚趾承受身体重量。前肢腕关节上部

用绷带绑定，然后用夹板对前肢末端的头向方向进行固定，夹板从趾端一直延伸到腕部。如果存在前内侧不稳定，则可采用外侧夹板进行固定。

对于后肢损伤，如果动物不能负重，则交互结构可以阻止肢体末端的拉伸运动。因此，最好用夹板在肢体的尾向方向进行固定，夹板从脚趾一直延伸到飞节端。如果存在前内侧不稳定，也应采用外侧夹板进行固定。

商品化的夹板不仅可用于球节或趾关节脱臼，还可用于一段损伤的骨折固定。然而，它不能为关节脱臼提供内侧横向足够的支撑力。这种夹板易于获得和使用，并可以有效地实现固定。有2种规格可供使用，一种是稍向前弯曲的夹板（用于前肢），一种是在球节处有一个向后弯曲的弧度（用于后肢）的夹板。稍向前弯曲的夹板可更加有效的固定前肢和后肢的损伤部位。后肢夹板有一个脚跟垫片以帮助负重，当然也可选择将脚跟垫片焊接在后肢夹板处以增加受力面积。防滑带应绑于蹄板上以起到防滑的作用（特别是有水泥地板的情况下）。

当前肢和后肢的两个伸肌肌腱完全断裂，马的关节发生移位，这将损伤球节的背部并导致进一步的损伤。在这种情况下，需要采用外部接骨术防止球节移位，需要将蹄平放在地面上，用夹板在前肢或后肢的前方进行固定。

4．2级损伤的固定　2级损伤的例子包括掌骨（跖骨）骨折、腕骨或跗关节损伤、肘突骨折、桡神经麻痹。前肢的2级损伤需要用两个夹板进行固定，两板形成90°夹角，一个在外侧面，另一个在尾侧部，夹板从蹄部延伸至肘部。对于肘突骨折和桡神经麻痹，其固定的目的是防止肌腱挛缩和造成肢体背部损伤，此时只需尾侧部的夹板即可固定。后肢损伤也和前肢的处理方法一样，需要两块夹板（侧面和尾部双向固定，从蹄部延伸至膝关节）。膝关节弯曲使得尾侧部夹板难以使用，因此，尾部夹板可终止于飞节端，而不是在膝关节处。另外，可以使用专门定制的夹板用于固定跗关节。

5．3级损伤的固定　3级损伤包括桡骨或胫骨骨折。发生骨折后，屈肌的肌肉将会压迫损伤部位起外展肌的作用，导致内侧肢体骨位移和粉碎。桡骨和尺骨的内侧没有成块的肌肉来防止折断的骨组织扎透皮肤。外部接骨的目的是防止屈肌压迫损伤部位。对于前肢骨折，夹板应从外侧面固定，从蹄部延伸至肩部隆起，夹板的顶端可用绷带缠绕在胸部以增加其稳定性。对于后肢，夹板应从外侧面固定并从蹄部延伸至髋关节。

6．4级损伤的固定　4级损伤包括肩胛骨、肱骨、股骨和骨盆骨折。由于这些部位不能用绷带固定，因此，不建议采用外部接骨术。在损伤周围的血肿和水肿可以起到功能性固定的作用。肢体末端不适合用绷带固定，因为这将使动物更难于移动而增加骨折部位的运动。若骨盆骨折，是否需要运输应根据情况而定，因为骨折碎片移动会划伤主要血管。对于骨盆骨折，全身麻醉应该推迟3～4周进行，以避免发生致命的大出血。

（二）安全运输原则

在装运受伤马匹之前，应确保车辆可以正常运行，尽可能使马保持稳定并固定损伤部位。可设置一个低坡道以便于装卸受伤的马匹。在进入车厢后让病马靠在车厢和隔板上以减少受伤肢体的负重。设置固定的间隔区要比松散的临时装载的畜栏更有利于马的运输。可在病马腹部放置一根吊索，以帮助减轻受伤肢体的负重。许多拖车的车厢呈45°倾斜状态（倾斜负载拖车），这样可以使马在运输过程中保持平衡。如果用一辆常规的水平负载拖车进行运输时，前肢受伤的马应面朝车尾部，后肢受伤的马应面朝车头部，以减轻突然刹车造成的损伤。车厢内应提供干草以减轻马的紧张和焦虑。运输过程中应经常停车检查马的状态并为其提供充足的饮水，如果存在严重的心血管衰竭症状，可在运输过程中采取输液疗法。

如果病马受伤严重，需要保持平卧时，可用大的油布或毯子将其拉到拖车内。病马在运输过程中应该进行镇定以避免受伤。可使用头部保护装置或绷带来保护眼睛和头部以避免自伤。应使用绷带绑住下肢，避免因四肢乱动造成损伤。

（三）创伤与撕裂伤

马的创伤和撕裂伤很常见。诊断这些损伤的步骤包括识别损伤所涉及的结构、控制出血和评估转诊的必要性。发生肌腱损伤、滑膜结构穿透伤、广泛的撕脱伤或严重失血时，应安排转诊以便进行手术治疗。除了伤口处理，还需进行预防破伤风、镇痛和适当的抗生素治疗等操作。如果发生严重失血，应在运输前、运输中或者在运输前和运输中持续进行心血管辅助疗法。

1．评估　在寻找主要问题之前应进行一个简要的体检。如果伤口位于肢体部，跛行的出现和跛行程度应该成为预示着更严重的潜在损伤的指示器。需检查以下方面：损伤部位、出血、外观、是否存在穿透体腔的现象、损伤所牵连的滑膜结构或肌腱。关节、腱鞘和肌腱（尤其是屈肌肌腱）的损伤会暴露或深入至骨组织，对这些损伤的重要潜在结构应进行彻底的检查。若发生严重出血，应先控制出血，再做进一步诊断。绷带压迫止血法可直接用于出血区。通常无法找到出血的血管。某些伤口会显著损害皮肤和皮下组织的血液供应，导致局部皮肤组织脱落（如严重的擦伤或损伤邻近组织）。胸部或腹部的创伤可能导致穿透重要器官。对于胸部的创伤，若发展成为开放性或闭合性气胸时，可以引起严重的呼吸困难。若病马发生胸部创伤并出现呼吸困难，则应对是否发生气胸予以评估。

凡涉及滑膜结构的潜在损伤应该立即进行诊断。应对病马进行保定，并根据需要给予镇静剂。应选择远离伤口周围的关节或腱鞘，剪开并作无菌处理，盐水或平衡电解质溶液无菌注射到滑膜组织，注射量根据损伤部位的需要而定，从用于远端跗骨联合损伤的几毫升到膝盖关节损伤的上百毫升不等，应对所有可能受伤的关节联合处进行判定。观察伤口是否有注入的溶液漏出。

肢体末端的伸肌肌腱损伤可导致蹄部无法触及地面，引起马的关节变形，这表明距离掌骨和跖骨最近的肌腱受伤。屈肌肌腱损伤导致球节（浅屈肌）伸展过度，脚趾（深屈肌）举起，球节完全触地（悬韧带断裂）。就目前观察到的情况而言，马必须暂时承受肢体的负重。对于完全性跛脚，严重拉伸的浅表血管可形成血栓和缺血性蹄损伤。当发生完全断裂时，在完成更有效的固定操作前，应采取相应措施支持球节部避免其继续负重。最初伤口处理的目的是为了尽可能的清除伤口污染，并防止在运输过程中伤口被进一步污染，这主要通过盐水灌洗和彻底的清创术清理创口污染物来实现，可将局部防腐剂或抗生素注入伤口内，进行进一步的净化。如果支撑结构（骨、肌腱）损伤或躯体出现明显的不稳定状态（脱臼时），则必须对损伤肢体进行固定。

2. 气胸 开放式胸部创伤可发展为气胸，并导致表现为限制呼吸性的呼吸困难。在背部肺区听诊不到呼吸音。由于马的纵隔不完全，可以由单侧的胸部创伤导致双侧气胸。通过暂时密封胸部创口来处理开放性气胸，可利用密封的层状材料（如符合要求的塑料布）来包扎创口以达到封闭的目的。随后使用无菌技术，在背部第12肋间插入1支14号导管，吸净胸部的空气，这个过程需要使用1个三通活塞。

3. 穿透性腹部创伤 穿透性腹部创伤是严重的致命的潜在创伤。它可以导致内脏器官被穿透或发展为腹膜炎。如果怀疑存在穿透伤，则应立即清洗伤口，探查异物是否存在并清除异物。腹腔穿刺术可用来检测腹腔是否被肠道内容物污染，进而证实内脏器官是否破裂。然而，在腹膜炎初期，腹腔穿刺术可能不能准确诊断腹膜污染，需要病情发展几小时后，才能对腹膜炎作出诊断。应将伤口包扎好，并首先使用

全身性广谱抗生素进行治疗。若存在大伤口或腹部肌肉受损时，可对腹部进行辅助疗法。

（四）头部损伤

头部损伤会导致严重的CNS损伤。损伤分为原发性损伤（即挫伤、割伤或出血导致的急性损伤）和继发性损伤（即随后发生的水肿、再灌注损伤和坏死）。治疗头部损伤旨在尽可能减少CNS的继发性损伤。造成运动马匹头部受伤的原因包括跌倒造成的直接创伤，以及击打头部和向后摔倒造成的头部创伤。相关损伤包括蝶骨骨折和头部腹侧直肌的撕裂。蝶骨骨折可导致急性视神经损伤和大脑损伤，造成暂时性或永久性失明，通过X线检查可作出诊断，治疗主要以辅助疗法为主，并以防止大脑发生继发性损伤为重点。向后摔倒极易造成直肌和头长肌的断裂，而连接于头盖骨基部的肌肉损伤后可能引起血肿，甚至插入肌肉的撕脱性断裂。由于这些肌肉的位置处于喉囊隔内，当血肿破裂时血液有可能进入喉囊中，并导致可能需要采用输血疗法的鼻出血症状。当发现喉囊来源的鼻出血，以及喉囊隔内存在大血肿时，可利用内镜检查术进行诊断。X线检查可确诊喉囊上部伴有不透明软组织附着的撕脱性骨折。

【治疗】 马头部损伤可以引起严重的共济失调，因此需要谨慎控制好马匹。如果这匹马已卧下，最好采用短期的全身麻醉，以便将马移动至有条件的地方再进一步检查。若马肺换气不足，则应立即实施气管插管辅助呼吸，以防止血液碳酸过多症，同时可用NSAID缓解炎症。尽管有争议，但是皮质类固醇可以用于损伤初期阶段的治疗。二甲基亚砜常被用来减少继发性水肿。金属镁近来被认为是另一种可以治疗急性脑损伤的药剂。

（五）眼部损伤

眼部损伤通常由创伤引起，包括眼周撕裂、角膜撕裂、异物穿透伤和直接击打眼睛造成的视网膜脱落（见眼科急症）。急性眼损伤的诊断包括检查眼睛的各个结构以及颅神经功能。通过眼睑、结膜、角膜、晶状体和眼底检查可以确定眼部损伤程度。视力可以采用威胁反应，并辅以障碍绕过测试进行检查。动眼神经、滑车神经和外展神经的功能用瞳孔的光反应和眼球所在位置进行检查。面部神经和支配眼睛的交感神经可通过眼睑状态和睫毛位置进行检查。

治疗急性眼损伤包括减少疼痛和炎症、防止感染和进一步损伤。如果怀疑被异物刺穿，应立即采取外科手术治疗，以防进一步伤害。消炎药可用于减少疼痛和眼部损伤引起的相关炎症，这类药物包括NSAID、二甲基亚砜溶液和局部渗透性药物。由瞳孔痉挛引起的疼痛，可以采用阿托品扩张瞳孔来减轻疼

痛。应避免阳光直射保护眼睛。急性损伤也可以由溃疡和继发性细菌感染引起，局部使用广谱抗生素可预防继发性感染造成的溃疡。急性失明的马在其所处环境中移动不便，因此，应对已失明的眼睛予以保护，并小心谨慎地控制病马，以防发生进一步损伤。

三、马的其他常见紧急情况

（一）食道阻塞（窒息）

参见食道阻塞。

食道阻塞对于马来说较为常见，通常是由食道内饲料阻塞所致。最易发生阻塞的部位是食道的胸腔入口处。诱发因素包括未充分咀嚼并快速吞咽的食物、不适当的咀嚼食物（牙齿损伤）、近期的镇静处理、饲料品质不良和饮水不足。

【诊断】 食道阻塞的临床症状包括：唾液和饲料经鼻腔流出、流涎、咳嗽和频发的吞咽动作。食道阻塞可通过颈部触诊法、鼻饲管插入法或内镜检查法进行确诊。对于难于确诊的病例，可采用X线检查和X线人工对比技术进行诊断，特别是当怀疑为异物性阻塞、紧张性阻塞或憩室性阻塞时更应采用此法。

【治疗】 一旦确诊为阻塞，应立即给马带上口笼，以防止阻塞处被进一步挤压。在注入镇静剂使食道肌肉组织松弛后，大多数阻塞物即可顺利进入胃内。α_2-受体激动剂如甲苯噻嗪或地托咪啶可以起到较好的镇静作用。静脉注射0.11 mg/kg的催产素也可以使食道肌肉充分松弛，并已被成功地用于治疗食道阻塞。在给予食道弛缓药物后，通常1 h内即可解除阻塞。如果病马发生脱水，则应采用静脉输液法，这也有助于解除阻塞。

如果阻塞症状1 h后还没有缓解，则应适当镇静处理后（马低下头）插入鼻饲管，用温水或0.9%生理盐水灌洗食道。不要给病马灌喂矿物油，以免吸入气管造成损伤。利用食道灌洗管（实际上就是一个管口带有翻边的鼻饲管）可用于治疗食道阻塞。另外，也可将一支气管导管通过鼻腔插入食道，然后再插入一个更小的鼻饲管用来灌洗。食道灌洗可在全身麻醉后反复进行。然而，如果灌洗数小时后仍不能缓解阻塞症状，则需要进一步检查以排除食道内的异物。

解除阻塞后可利用内镜检查食道黏膜的受损情况。食道黏膜溃疡会引起食道狭窄，造成阻塞复发。即使未造成肉眼可见的食道损伤，在病马发生食道阻塞后的2~4周内再次复发的可能性最大。饲喂糊状、颗粒状的饲料或草料可以防止阻塞复发。当发生食道损伤后，食道狭窄状况最多可维持30 d。在解决食道狭窄之前，应遵循医嘱改变马的饲料60 d。可同时使用广谱抗生素和消炎药物用于预防或治疗吸入性肺炎。建议使用溃疡散促进溃疡愈合。

（二）直肠撕裂

参见直肠撕裂。

直肠撕裂是马的严重损伤性疾病。该病以预防为主。一旦发生直肠撕裂，应及时转诊可获得良好的治疗效果。直肠撕裂根据撕裂的黏膜层和撕裂的位置分为4种程度。一度撕裂仅包括黏膜和黏膜下层的撕裂；二度撕裂是肌层撕裂并伴有黏膜下层突出；三度撕裂包括黏膜、黏膜下层和肌层撕裂，而浆膜层完好无损。对于腹膜后区的三度撕裂，由于该区没有浆膜，因此，造成的完全撕裂可延伸到直肠周。三度a级撕裂通常不损伤腹膜脏层。三度b级撕裂通常发生于直肠系膜。四度撕裂包括黏膜、黏膜下层、肌层和浆膜撕裂，且腹腔有潜在的被肠道内容物污染的可能。由直肠触诊造成的大多数撕裂伤位于腹膜腔内背侧，并可延伸到结肠系膜处。

【诊断】 当触诊时肛门阻力突然消失或大量的新鲜血液从直肠内流出，通常怀疑发生了直肠撕裂。血性黏液通常预示着黏膜受到损伤。如果怀疑存在直肠撕裂，应该立即评估其严重程度，并进行初期治疗，或依据病情进行转诊。

若病马紧张，则应在诊断过程中实施硬膜外麻醉预以镇静。溴丙胺太林可以用来减弱肠蠕动。不能使用金属镜进行诊断，因为它会加重直肠撕裂，应采用手指触诊（最好用裸露的手）进行仔细检查。触摸到薄的片状组织表明只是黏膜撕裂；如果触摸到仅连有一层薄膜的大腔洞，则表明是三度撕裂；如果触摸到肠管则表明是四度撕裂。

【治疗】 一度和二度撕裂可以应用抗生素、润肠通便的饮食（油与青草）和镇痛剂（氟尼辛葡甲胺）促进排粪。三度和四度撕裂应采用外科手术进行治疗。不管是什么程度的撕裂，在运输过程中都应当防止排泄物污染伤口。利用直肠填塞术可以很好地实现这一目的。可联合应用甲苯噻嗪和甲哌卡因实施硬膜外麻醉进行镇静。将一个长6.5 cm，由弹性织物包裹着棉花制成棉条，插入直肠内至少10 cm处，然后采用荷包缝合法或巾钳固定法使肛门闭合。插入肛门的棉条不应填满，以避免进一步扩大撕裂处。病马应全身使用广谱抗生素和氟尼辛葡甲胺，并接种破伤风疫苗。转诊时能否有效预防排泄物造成的伤口污染，是三度和四度直肠撕裂治疗成功与否的关键。

在转诊后，应再次检查创口，以便发现在运输过程中是否造成了额外的伤害。可采用腹腔穿刺术对腹膜炎进行诊断。根据诊断结果可选用多种治疗方法，对于没有受到排泄物污染的二度撕裂，初期的治疗措施是通过使用单手捆绑法进行直肠修复。应严密监控病马直肠周围的脓肿情况。对受到排泄物污染的三度直肠撕裂，撕裂处应用浸有碘的纱布覆盖，并每日清理患处。对于受伤母马，裂口可能延伸至阴道，因此首先应闭合撕裂口。应给予病马润肠通便的饮食，并配合使用矿物油等通便药物。病马排粪时往往很痛苦，因此，有必要使用镇痛剂。由腹腔后部撕裂引起的大多数严重并发症是形成脓肿并向前蔓延至腹腔内（腹腔内阻力最小），故应在直肠或阴道进行适当的引流，可防止腹腔内脓肿的发生。对于发生在近尾端的三度和四度撕裂，采用直肠修复法进行初步治疗。据报道，可使用直线吻合器初步修复四度撕裂创口，采用这种方法时，要求腹部没有被污染或污染程度最小。另外，可以通过切开腹正中线，在小结肠近尾部做反肠系膜切口，然后进行腹腔内修复。实施腹腔内修复时切口应尽量靠近尾端，并注意绕过母马的乳房或避免引起公马的包皮反射。这种方法的优点是可以促使大结肠排空，进而减少了粪便负荷。

三度和四度撕裂可用插直肠套法进行治疗。直肠套是由一个可紧附于肠管内的塑料环制成。通过肠切开术将直肠套缝合到小结肠黏膜上，以便在愈合过程中保护伤口。由于正常黏膜的更新，直肠套大约10 d就可脱落。在其他情况下，采用袢式结肠造口术可以保持肠管远端开放。结肠造口术后，在撕裂治愈后应缝合结肠。进行排泄物污染创处理时，也应尽量缝合撕裂或使撕裂创口尽可能的对接，如果撕裂处过大，则需采用瘘管治疗。

（三）内脏切除术

内脏切除术要比开放性去势术更危险，而对于标准竞赛用马、比利时马（腹股沟环较大）和刚阉割的公马危险性更大。

【诊断】 通过辨认突出于手术切口的组织结构，来判定是否应实施大网膜切除术或小肠切除术。指导畜主使马保持安静，用毛巾托住准备切除的组织，以避免进一步的拉伸或损伤非常重要。应通过检查尽快确定受伤的组织，并及时进行治疗。

【治疗】 实施大网膜切除术时，应采用直肠触诊法，确保只切除受伤的大网膜。实施短期全身麻醉，清洁大网膜和阴囊后，切除大网膜，用纱布填塞后闭合阴囊，全身给予抗生素治疗。2 d后可移除纱布，移除纱布后要使用抗生素持续治疗24 h。

小肠切除术应采用短期全身麻醉，充分清洗肠管并检查损伤程度。肠系膜血管撕裂或嵌闭需要实施切除术，因此，需要通过外科手术缝合阴囊。如果小肠无明显异常，则应将其重新放回到腹腔内，这时通常需要切开内腹股沟环。需要注意的是，腹膜腔内的肠管应穿过腹股沟管而不是穿过手术伤口进行复位。如果不能减轻疝的大小，应将阴囊填塞并转诊。如果能减轻疝的大小，则应将腹股沟管和阴囊用无菌纱布填塞并缝合阴囊（填塞的纱布应留一小段端头暴露于创口之外）。全身应用广谱抗生素治疗，并密切监测提示可能发生的肠道坏死的马疝痛和肠阻塞。如果发生疝痛和肠阻塞，则应进行腹部探诊手术。如果恢复良好，48 h后可移除填塞的纱布，移除纱布后要使用抗生素持续治疗24 h。

四、新生马驹的重症护理与急症

（一）初诊

早期发现异常对于成功治疗病危马驹极其重要（见新生幼畜的管理）。出生后，马驹的心血管和呼吸系统必须立即适应子宫外的环境。造成心血管和呼吸系统障碍的因素包括肺部发育不良、原发性或继发性的表面活性剂缺乏、病毒或细菌感染、胎盘异常、宫内缺氧和吸入胎粪。

自主呼吸应该开始于出生后1 min，许多幼驹的胸腔离开母体骨盆后即试图呼吸。在出生后的第一个小时内，健康马驹的呼吸数可以高达80次/min，但在接下来的几个小时内，其呼吸数可降至30～40次/min。由于气道开放和气管内液体的排出，出生后立即进行胸腔听诊可听到一些杂音。横躺时，呼气末肺部可以持续听到轻微的噼啪声。在初生后的适应期，新生马驹出现轻微发绀现象是正常的，但在出生后几分钟内即可缓解。同样，健康新生马驹心跳呈现出良好的节奏，出生后1 min其心率至少为60次/min。在心脏左侧通常可以听到连续性心杂音，而声音的大小随体位的改变而变化。可能在出生后一周内听到变化的心脏收缩杂音（血液流动产生的杂音）。若其他方面表现健康的马驹在出生1周后仍可听见心杂音，则应进行更彻底的检查，因为某些心杂音的出现往往与持续性缺氧有关。

幼驹通常在产道内没有反应。在难产情况下，缺乏这种反应性可被误认为胎儿已经死亡。在分娩过程中，确认胎儿已经死亡还需进行以下检查，如检查舌头、颈部和任何可见肢体的脉搏，或者触诊胸部检查心跳。

如果幼驹的鼻腔可以插管，则可实施经鼻气管内插管后测定呼出气体的二氧化碳分压。在这种情况下对马驹进行鼻气管内插管相当容易。带有充气囊的长气管导管有多种型号（外径为7～12 mm）可供选用。将手指放入鼻孔内引导着导管的插入，插入的位置可通过触诊喉部进行确认。使气囊膨胀，并向管内手动充入纯氧或空气。利用二氧化碳分析仪或一次性呼出二氧化碳监测仪持续检测呼出气体的二氧化碳分压。

马驹出生过程呼出气体的二氧化碳分压是变化的，这种变化与心输出量和呼吸频率有关，但应始终保持在大于20 mmHg，通常情况下接近30 mmHg的范围内。一旦对活马驹开始人工通气，必须继续通气直到马驹可以进行完全自主呼吸为止。

初生马驹脱离产道后即可发生翻正反射和屈肌反射。出生时颅神经反射已发育完全，但是惊恐反射可能需要长达2周的时间才可以发育完全，因此，新生马驹的惊恐反射发育不完全不能作为判定其视觉障碍的依据。出生后1 h内，正常幼驹可表现出单侧耳廓控制的听觉定位。新生幼驹正常的瞳孔方向是在腹正中方向，在出生后1个月内，这个角度逐渐向背侧扩展。幼驹应在出生后2 h内独自站立，出生后3 h独立吃奶。有些幼驹可能在站后不久即排粪，但有的幼驹直到成功吮吸母乳后才开始排粪。排尿时间差异较大，小母马通常先于小公马排尿。在出生后的几日内，常见小公马在排尿时不能将阴茎伸出。

新生马驹的步态呈过度伸展，伴有重心不稳的姿势。通常见双前肢极其过度伸展，偶尔可见单侧过度伸展，这往往发生于围产期缺氧/缺血的幼驹，通常这种情况在几日后便可消失，不用专门进行治疗。马驹在出生后几周内脊髓反射敏感，对外部刺激反应过于敏感（如噪音、突然的视觉变化和触摸）。

（二）难产与复苏

大多数初生幼驹很容易适应子宫外的环境，然而对于那些适应性差的马驹，立即进行诊断并采取相应的复苏手段非常重要。利用改进的阿普加新生马驹评分系统，可以指导初期复苏和确定胎儿可能的损伤程度。在开始复苏前，应进行简短的体格检查，对于患有严重肢体挛缩、眼畸形和脑积水的马驹，可在商讨后决定是否继续治疗。

初期检查应在胎儿期就开始进行，随后的检查主要针对高危妊娠出生的马驹，对于任何正常生产的马驹应进行安静而快速的检查。对于正常生产的健康马驹要最大限度减少粘连部位产生的影响，而高危分娩出生的马驹，通常会不可避免地破坏一些正常的粘连部。

应该对任何明显的外围脉搏的力度和频率进行检查，一旦胸部离开产道就开始测量脉搏。在强有力的宫缩时会发生心动过缓（脉搏低于40次/min），一旦胸部离开产道，其脉搏速率就会很快上升。持续的心动过缓表明人为过度干预了宫缩。

与新生马驹相比，胎儿通常存在血氧不足，这种血氧不足是由维持胎儿血液循环的母体发生肺动脉高压所引起。在正常分娩时，轻度的窒息反应可以促使胎儿较好地适应子宫外的生活环境。如果出现了比轻度短暂窒息更严重的情况时，胎儿受到刺激会在子宫内开始呼吸，这称为原发性窒息。如果由原发性窒息所引起的初期呼吸不能有效缓解窒息时，则在数分钟后进入下一个呼吸阶段，称为继发性窒息反应。如果窒息症状仍不能改善，马驹则会产生继发性呼吸暂停，除非采取复苏术，否则这种情况将不可逆转。因此，马驹复苏的第一要务是建立气道和呼吸式。如果幼驹不是自发呼吸，就假定为继发性呼吸暂停。在清理完鼻腔内容物后应该尽快清除气道异物。如果气道存在胎粪，应在分娩完成前或马驹产生自发呼吸前对气道进行抽吸。如果鼻咽的抽吸物中含有黏稠的分泌液则应持续对气道进行抽吸。但过度抽吸会造成过度缺氧而加重心动过缓。一旦幼驹开始自发呼吸应立即停止抽吸，因为继续抽吸会导致更严重的缺氧。如果幼驹在出生后几秒内并不自主呼吸，应采用触觉刺激促使其呼吸，如果触觉刺激仍不能引起自主呼吸，则应立即插管并进行人工通气。如果鼻气管插管法和急救包（或类似的装置）都无效，则应实施口对鼻人工呼吸。使用纯氧进行强制呼吸是维持胎儿循环的最佳方法。然而，人类医学临床症状表明，对于新生幼驹使用室内空气或纯氧进行人工通气并没有显著的临床差异。

几乎90%的幼驹只需要进行强制呼吸而不需要其他额外的治疗即可复苏。如果存在于产道内的马驹没有很快地产出（如难产），应立即采用鼻气管插管法。这项"非可视的"技术可能需要一些练习，但关键时刻可以挽救病驹的生命。鼻气管插管还有利于通过气管内给予诸如肾上腺素之类的药物。一旦幼驹开始自主呼吸，应通过鼻腔将加湿氧气以8～10 L /min的速度给气。

当实施人工通气后幼驹仍然心搏缓慢并出现非灌注性心律时，应采用胸部心脏按压。应使幼驹以右侧位躺在坚硬的地板上，使其背部靠墙或其他支持物上。因为大约有5%的幼驹出生时已发生肋骨骨折，因此，在做胸外按压前，应对肋骨骨折情况进行检查，通过触诊可以判断出大多数的肋骨骨折。在一侧胸腔出现多处和连续性的骨折时，通常位于沿肋骨的最大弯曲处到肋骨软骨连接点的一条直线上。比较麻烦的是，第3～5肋骨是经常发生骨折的地方，而该区域位于心脏上方，因此，胸部按压会造成潜在的致命威胁。幼驹呼吸时在肋骨上方进行听诊，如听到明显的"咔嗒声"，则可断定该处存在触诊时未能发现的肋骨骨折。

在胸部按压后，如果非灌注性心律持续超过30～60 s时，则应立即进行药物治疗。尽管用于复苏的最佳剂量和使用频率存在争议，但肾上腺素仍是可选药物之一。加压素作为心血管复苏药物已得到极大的关注，但其临床应用经验有限。不推荐使用阿托品治疗新生马驹的心搏迟缓，这是由于心动过缓通常是由缺氧造成的，如果缺氧未纠正，使用阿托品反而会加速心肌的缺氧。不推荐使用吗啉吡酮（doxapram），因为它不能恢复继发性呼吸暂停，而这种情况在新生幼驹中最常见。

马驹出生后必须立即适应独立的体温调节。马驹出生后儿茶酚胺的水平会激增，与之相适应，通过促进线粒体的氧化磷酸化解偶联作用释放能量来产热。对于经历缺氧、窒息的新生幼驹和那些出生时患病的幼驹，这种非颤栗性产热作用被减弱。使用苯二氮镇静剂进行麻醉的母畜所产的幼畜也会存在类似的现象，因此，在母马难产或剖腹产过程中选择镇痛和诱导麻醉的药物时应考虑以上问题。在马驹出生、复苏和治疗过程中，通过对流、辐射和蒸发方式丢失的热量相当高，因此，必须注意保暖，以便将冷应激对新生和重病马驹的不良作用最小化。一旦复苏完成，应将幼驹体表擦干，并放置在干燥的草垫上。可利用辐射热灯或热空气循环毯等加温装置对幼驹进行保温。

在产后复苏期间，应谨慎使用液体疗法。除非发生严重出血，新生马驹一般不会发生体液衰竭。事实上，许多受伤的新生幼驹血容量会增加，这是由于新生马驹的肾脏功能不同于成年马，因此，对新生马驹进行输液时，不能简单地按比例缩小使用量。如果对存在失血的马驹静脉输液进行复苏时，可采用20 mL/kg不含葡萄糖的聚离子等渗溶液输20 min以上（50 kg的马驹大约输入1 L），出现失血性休克时，对表现出精神沉郁、脉搏虚弱、肢体末端发冷等临床症状可采用这种"休克"注入疗法。马驹经过初期和后期必要的液体注入治疗后，应重新进行检查，特别对于病重的马驹，复苏后可以每分钟4～8 mg/kg葡萄糖的速率（平均体重50 kg的马驹注入240 mL/h 5%葡萄糖溶液或120 mL/h 10%葡萄糖溶液）静脉注射含葡萄糖的溶液。这种疗法有助于纠正代谢性酸中毒、维持心肌糖原存储耗竭时的心输出量，并可预防窒息后出现的低糖血症。

（三）早产、发育不良与胎儿过度成熟

传统意义上讲，早产的定义是妊娠期不到320 d便产出的幼驹。由于大多数母马的妊娠期范围在310～370 d以上，因此，就可能有一个妊娠期为315 d的母马在第313 d分娩出足月的幼驹，而一个妊娠期为365 d的母马在第340 d分娩属于早产。延期产下的幼驹称为成熟不良。过度成熟的幼驹指延期产下的轴向骨骼尺寸正常但体形瘦弱的幼驹。发育不良的幼驹在过去被认为是胎龄过小的幼驹，且其胎盘功能不全。过度成熟的幼驹通常是停留在子宫内的时间过长但发育正常（可能是由于控制分娩的信号异常所致），且其胎盘已经过度成熟的幼驹。过度成熟的幼驹由于在子宫内过长的发育时间可能导致出现显著的异常，并且其胎盘功能不全，这通常发生于采食了被内生真菌感染的苇状羊茅的妊娠母马。

早产、发育不良和胎儿过度成熟现象可能与高危妊娠有关。医源性原因包括早期实施引产术、受孕日期记录不准确、误诊为晚期疝痛或因子宫出血认为已经流产。虽然目前尚未定论，但大部分是先天的原因，这些原因可在马驹出生后对其继续产生影响。早产、发育不良和胎儿过度成熟会对胎儿的全身系统造成影响，因此，对其进行全面评估是非常必要的。

这些幼驹常见呼吸衰竭，这是由于呼吸道发育不成熟、呼吸道的控制能力不强、呼吸肌无力、肺的顺应性不良和胸壁的顺应性过强所造成，但通常不是由于表面活性剂缺乏引起。大多数幼驹需要补充氧气和创造良好的治疗环境，以达到最佳的氧合作用和通气作用。必须尽最大努力使这些"懒散的幼驹"保持胸部俯卧姿态。一些病驹可能需要进行机械性通气，这些幼驹同时需要进行心血管辅助疗法，但往往对其使用一些升压药和正性肌力药，如多巴胺、多巴酚丁胺、肾上腺素和抗利尿激素后，其反应不敏感，因此谨慎使用这些药物和采取合适的静脉输液疗法是必要的。初期排尿量减少反映出肾功能较差，主要是由于从胎儿到新生仔畜肾小球滤过率的转变延迟。这种延迟是由于肾小球滤过率转变失败或继发性缺氧或缺血性损伤引起。对于这种情况应谨慎采用静脉输液疗法，在初期输液时需要控制输液量以防输液过量。许多早产、发育不良和过度成熟的胎儿由于发生过围产期窒息综合征，而导致缺氧性损伤和全身功能障碍。例如缺氧缺血性脑病，该病与患有这种疾病的正常出生马驹的治疗方法类似，这些幼驹容易发生继发性细菌感染，因此，必须经常检查监测，以预防发生败血症和医源性感染。

这些幼驹的消化系统功能通常不成熟，这是由先天性的发育不良或继发性缺氧造成的。运动功能障碍和不同程度坏死性结肠炎是其常见症状，通常还会发生高糖血症和低糖血症。高糖血症的发生通常与应激因素、循环血液中儿茶酚胺的含量升高和糖原异生作用增强有关；而低糖血症的发生与糖原存储减少、糖原异生作用障碍、败血症和缺氧性损伤有关。内分泌系统，特别是下丘脑-垂体-肾上腺素轴的功能发育不成熟会导致新陈代谢紊乱。如果可能的话，应等到新陈代谢和心肺指数稳定后再进行饲喂。开始饲喂后，应在初期饲喂少量日粮，并且在随后的几日里缓慢增加日粮的饲喂量。

特别对早产幼驹，骨骼肌肉系统的疾病较为常见，例如显著的屈肌松弛和肌肉张力降低。过度成熟的幼驹可能产生关节挛缩畸形综合征，这最有可能是由于胎儿过大进而减弱了其在子宫内的活动能力所致。

早产幼驹常常表现屈肌松弛，并降低骸骨的骨化程度，这会导致在没有严格控制负重的条件下，其腕骨和跗骨易受到损伤。一般采用站立和锻炼的物理疗法可以治疗，但在治疗时应确保马驹不产生疲乏，并避免不正确的站立姿势。用绷带包裹肢体只会增加肌肉松弛，但是如果发生严重的屈肌松弛，可用轻质绷带固定在球节上部，以防止进一步损伤。这些幼驹易发生肢体畸形，因此，在其生长过程中要密切监测此类问题。

早产、发育不良和胎儿过度成熟的幼驹如能给予特殊护理并注意细节，其预后总体上来说是良好的。多数幼驹（80%以上）可以生存下来，并成为健壮的运动用马。败血症和肌肉骨骼畸形等并发症的出现是运动能力不良最显著的指征。

（四）缺氧缺血性脑病

缺氧缺血性脑病（HIE）的临床症状差异很大，从轻度的吸吮反射消失到重度的癫痫症状都有可能出现。患病马驹通常在出生时正常，但几小时后显现出CNS不正常的迹象。然而，有些幼驹出生后即出现不正常迹象，还有一些直到出生24 h后才表现出临床症状。缺氧缺血性脑病通常与不良的围产期活动有关，包括难产和过早分离胎盘，但也有些患病幼驹在围产期未发现缺氧状况，这表明曾发生过未被注意到的子宫内缺氧（见缺氧缺血性脑病）。

治疗各种类型的缺氧和缺血性脑病的方法包括控制发作、常规脑辅助疗法、纠正代谢异常、维持正常的动脉血气值、维持组织灌注和肾脏功能、治疗消化道功能紊乱，以及预防、诊断和治疗早期继发感染和常规辅助性疗法。必须控制癫痫的发作，因为这会使脑氧消耗增加5倍。安定和咪达唑仑可用于紧急状态下控制癫痫发作。如果用安定不能控制癫痫发作或二次发作，应使用咪达唑仑以恒速静脉注入或采用苯巴比妥进行治疗。

（五）败血症

患败血症的幼驹，初期相当敏感，根据病原体和免疫状态的不同其临床症状也有所变化。尚未建立获得性被动免疫的幼驹发生败血症的风险较大。目前认为，建立获得性被动免疫后，幼驹的IgG超过800 mg / dL即可抵御败血症的发生。促进败血症发生的其他危险因素包括：任何不顺利的生产过程、母马患有疾病和幼驹其他异常情况。尽管脐部经常是病原体感染的主要路径，但是消化道也是引发败血症的病原体侵入的主要部位，其他感染路径还有呼吸道和伤口。

败血症的初期症状包括精神沉郁、吸吮反射减弱、长期躺卧、发热、体温降低、虚弱、吞咽困难、体重减轻、呼吸加快、心动过速、心动过缓、毛细血管再充盈时间减少、颤抖、跛行、听觉下降和冠状垫炎。治疗后，患败血症幼驹的成活率有所提高。如果在败血症早期即确诊，患病幼驹可能预后良好（这也取决于致病病原体的类型）。革兰氏阴性菌导致败血症较常见，但革兰氏阳性菌导致败血症发生的情况也有所增加。在患病期间，隔离病畜十分重要。应进行血液培养并通过适当方式采取局部相关样本进行细菌培养（如果有局部症状存在的话）。对病原菌进行药敏试验后，即可使用广谱抗生素进行治疗，静脉注射丁胺卡那霉素和青霉素是很好的首选抗菌药物，但应密切监测肾功能。其他种类的首选抗菌药物包括高剂量的头孢噻呋钠或特美丁。若幼驹尚未建立获得性被动免疫，则应进行相应治疗。即使没有发生低氧血症，也可采取以5～10 L /min的速度鼻内输入氧气，这可以降低呼吸运动，并为由败血症造成的需氧量增加提供支持。对于诸如急性肺损伤和急性呼吸窘迫综合征等严重的呼吸道疾病，可通过机械通气进行治疗。如果马驹血压低，可恒速静脉输入升压药或正性肌力药。升压药或正性肌力药治疗通常仅限于转诊中心使用，因为在这里可以保证药物被恒速输入，并可密切监测血压变化。某些兽医也使用NSAID，如在特定情况下使用皮质类固醇进行治疗。但应谨慎使用这些药物，因为他们可能会导致一些严重的不良反应，这些不良反应不只限于肾功能衰竭和胃或十二指肠溃疡。

治疗患败血症的幼驹时，辅助性护理也非常重要。幼驹应该处于温暖干燥的环境中，若处于躺卧状态，应每2 h翻身1次。若败血症幼驹存在胃肠道功能异常，则饲喂过程极其危险，此时需要提供全肠外营养。如果条件允许，应每日称重并经常监测血糖水平。低速静脉输入葡萄糖可使幼驹的血糖水平持续升高，这时可采用恒速静脉输入低剂量胰岛素来缓解。必须经常检查长期躺卧的幼驹，以防止发生褥疮溃疡、角膜溃疡、发热以及关节和骨骼肿胀。

幼驹早期败血症通常预后尚可。一旦病情发展成为败血性休克，尽管幼驹短期存活率和人败血性休克的短期存活率接近，但其预后往往不太乐观。如果患病赛马的幼驹，后期能够长期存活并且运动能力相对较好，那么其在赛道上的表现与同龄同种健康的马驹很相似。

（秦顺义 译　曹荣峰 一校　靳亚平 二校　金天明 三校）

第十七章　野生动物与实验动物
Exotic and Laboratory Animals

第一节　非洲刺猬

刺猬属食虫目刺猬科，腹部白色，有四个脚趾的中非刺猬（*Atelerix albiventris*），又称为非洲小刺猬，是栖息于非洲中部或东部干燥、开阔地带的土著动物。它们属夜间活动型，常常为找寻无脊椎动物类食物而爬行数公里。在美国的一些州和自治市，饲养刺猬是非法的，而在其他州，则需要许可证。此外，刺猬的繁殖、运输、贩卖或展览需要获得美国农业部（USDA）的许可证。

一、解剖学、生理学与行为

刺猬背部覆盖着浓密的角质刺，每根刺都有一个基部球囊将刺牢固地附着在球囊和皮肤表面狭小的空间中。健康的刺很难从毛囊里毫无损伤地拔出。带刺的皮肤由一层薄薄的无毛表皮和一层厚厚的富含脂肪且分布少量血管的纤维状真皮组成。反应灵敏的刺猬会使刺立起或平放。如果刺猬受到惊吓，膜肌肉会收缩牵动全身宽松多刺的皮肤。膜边缘加厚形成轮匝肌，紧裹带刺皮肤的荷包式肌肉遍布刺猬全身。非洲小刺猬的部分生理学资料见表17-1。

刺猬具有冠状齿，最前面的四颗门牙大而前倾，上颌骨的两颗门牙间有一道缝隙。非洲刺猬的胃为单胃，并存在呕吐反射。雄性刺猬有开口位于腹部中部的明显阴茎包皮，没有阴囊；睾丸位于肛门旁的凹陷处侧面，被脂肪包围着，繁殖期活跃的雄性，其睾丸可以触摸到。雌性泌尿生殖系统的开口是一个离肛门仅几毫米的头盖型结构。子宫新月形，仅一个子宫颈，没有子宫体。圈养的非洲刺猬可以全年多次发情和繁殖。由于排卵可以诱导，未交配的刺猬可出现假孕现象。刺猬出生时无毛，眼睛和耳朵闭合；刚出生时，其体刺被一层薄膜覆盖，在出生后的最初几小时，这层膜即会脱落。

刺猬擅长攀爬、挖掘、游泳和慢跑。它们有敏感的嗅觉和听觉，但视觉不发达。刺猬觅食时，一般会发出各种各样的抽鼻子的声音；焦虑不安时，会发出响亮的嘶嘶声，夹杂有噗噗声和类似咳嗽的声音。极度痛苦的刺猬会发出尖叫声。经过耐心驯化，大多数刺猬可以被驯服。

刺猬表现出一种被称为自我涂擦或称蚁浴的独一无二的行为，这种行为可以被不同的物质，尤其是带有强烈气味的物质引发，刺猬将这些物质置于口中，与泡沫状的唾液混合，然后用舌头将混合物涂到刺上，此行为的目的还不清楚。

二、管理

1. 笼舍　野生刺猬属独居型，作为宠物豢养时，人们常把它们关在单独的笼子里。也有一些刺猬养殖者成功地将多个刺猬关在一起，但这样会导致不合理摄食和打斗受伤。健康的刺猬十分活跃，其最小的领地空间为60.96 cm×91.44 cm，刺猬能攀爬，并能从小洞逃跑，因此豢养刺猬的笼子必须安全有盖，如果钢丝间距足够密，有钢丝壁的玻璃缸或塑料底的笼子比较合适，但钢丝间隔太宽可能导致四肢被钢丝线卡住，其头部的刺被卡住时会出现死亡。刺猬的笼舍中还必须有一个可以隐蔽的地方。笼舍的底应柔软、能吸水，回收的报纸是刺猬垫料很好的选择；也可以选择白杨刨花、苜蓿芯块和干草等，不建议选用电线、雪松、玉米芯及有灰尘的或有气味的垫料，使用布料可能会造成刺猬四肢被缠绕。垫料的厚度应在7.62～10.16 cm，便于刺猬挖掘。

环境温度应为22～32℃；最理想的温度范围为24～29℃。温度过低或过高，非洲刺猬会进入蛰伏状态，对宠物刺猬而言，被认为不利于健康，可使用加热垫或用于爬行动物的红外加热器，刺猬偏爱较低的湿度（<40%），回避明亮的光线，但是，每日应该提供10～14 h的温和光线。尽管一些刺猬养殖者企图将他们的宠物改变为白昼型，但大多数刺猬仍然是夜间活动。

有些刺猬使用垫草托盘，给猫用的天然植物垫草是最好的垫料。不能使用黏土、聚丛型落叶或沙子，他们会粘在动物身上。许多刺猬会在笼舍里排粪和练习车轮，所以日常的清洁工作往往是必要的，强烈建议使用表面是坚固的金属材料或是塑料的练习车轮。刺猬腿可能会卡入练习轮的钢丝圈中。每日应该放刺猬出来活动。硬纸管、秸秆、安全的攀爬器材、游泳浴盆及其他玩具可以作为刺猬娱乐的工具。弄脏的刺猬可以用温和的宠物香波和带柔软鬃毛的蔬菜刷进行沐浴。

2. 饮食　市场上精制的刺猬食品是刺猬理想的食物，如果不使用刺猬专用食品，也可以选择低能量的猫粮或犬粮，食物应当定量以防止肥胖。依据动物的体重和活动量，每日标准的饲喂量为3～4茶匙（15～20 mL）主食。在生长期和繁殖期，活跃的雌性刺猬可自由采食，建议使用富含钙的食物。

除了主要的食物外，每日还应饲喂1～2茶匙（5～10 mL）不同含水量的食物和（或）无脊椎动物饵料（如罐装的猫粮或犬粮、熟肉或鸡蛋、低脂肪的农家奶酪、黄粉虫、蚯蚓、蜡虫、带内脏的蟋蟀）和1茶匙（5 mL）蔬菜/水果混合物（如豆、熟胡萝卜、南瓜、豌豆、番茄、绿叶蔬菜、香蕉、葡萄、苹果、梨、草莓）。无脊椎动物类食物和干的食品可以隐藏在笼舍的垫料中，以提高刺猬的觅食能力。不应投喂生肉或生鸡蛋，他们可能带有沙门氏菌，牛奶则会导致腹泻。对于饲喂商业食物的刺猬来说，不必补充维生素或矿物质。改变食物品种，刺猬经常会接受很慢，因此饮食的改变必须要谨慎。应持续不断供给淡水，大多数刺猬都能学会从水瓶中饮水。

3. 配种与新生刺猬护理 雌性刺猬需至少6月龄后才能配种。交配后的3周内体重增加50 g或更多，则提示妊娠。在第30天，可以发现腹部和乳房增大。刺猬有时会有咬死或自食新生刺猬的行为，因此，从分娩前的约5 d开始到产仔后的5～14 d，雌性刺猬需要严格的私密空间，并与其他刺猬和人隔离。

如果出现无法哺乳或者有弃婴的现象，可以由另一个有相似年龄幼崽的雌性刺猬代为哺育小刺猬。如果没有替代的哺乳雌性刺猬，可以用喂食导管或注射器饲喂犬科代乳品。尽管如此，人工饲养的刺猬幼崽死亡率仍然会较高。幼小刺猬一般在5～6周断奶，8周后可以转移到单独的笼子里，3周龄时开始每日训练，可调教出温驯的刺猬。

4. 保定与检查 由于大多数的刺猬在被限制时都会蜷缩成一团，因此，进行全面检查往往需要使用化学镇静剂。在被保定前，应该首先在检查室里观察刺猬。健康、无问题的刺猬应该活泼，走路时腹部会起来离开桌面，而虚弱或机警的刺猬常表现为蹲伏。刺猬的鼻子一般湿润而灵敏，除了在防卫时发出的嘶嘶声外，呼吸一般没有声音。刺猬的粪便通常为深棕色，柔软，类似小球状。刺下的皮肤会轻微干燥或有掉皮现象，但过分的掉皮、刺根的缺失、红斑，以及结痂则是不正常的现象。

一旦刺猬被保定或麻醉（如服用低剂量的异氟醚），就可以进行接下来的检查工作。应根据眼睑的肿胀程度评估水肿情况，眼睛应该干净；耳廓边缘没有结痂，边缘规则；牙齿白色，牙龈均为粉红色；检查口腔和舌头是否有溃疡、异物和包块；正常的淋巴结很难触诊，当形成肿瘤或感染时就会变大；心律正常没有杂音，股动脉搏动明显；腹部轮廓平坦，有时也会因肥胖、器官巨大症、包块或体液而膨胀；检查包皮或外阴是否有炎症、排泄物、附着碎片；可在肛门附近触摸到睾丸；检查脚趾是否有纤维缠绕或趾甲过长。

5. 临床技术 通常从刺猬的颈静脉采集血液样本，颈静脉解剖位置与其他小型哺乳动物类似。也可以从颅腔静脉采血，但由于刺猬心脏与颅骨的位置相互关联，存在着比较大的刺穿心脏的风险。股骨侧隐静脉或头部静脉可以用来注射或收集小体积血样（最

多0.5 mL）。

在长刺或长毛的区域可以进行皮下注射，虽然长毛的皮肤更富有弹性、血管也丰富，但很难进入。带刺皮肤下的真皮中血管较少，所以从此处注入的药物或液体经过几小时还不能吸收，带毛和带刺的皮肤连接处是皮下注射的理想位置。肌内注射的部位可以是肱三头肌、四头肌、臀肌或轮匝肌。如果刺猬蜷缩，静脉注射导管常常会发生脱落。使用22或25号注射针或2.54 cm的脊椎穿刺针可将骨内导管放置在胫骨脊内，即使刺猬身体蜷曲，导管仍然可进入。

X线检查是非常有用的，但刺猬的刺可能会使影像的细节模糊不清。从侧面照相时，可以将刺从胸部和腹部拉开，再用大型塑料夹固定。麻醉通常是为了合适的定位。

口服药物可能很难实施，有些刺猬常接受混合果味的液态药物。另外，可以将药物注入黄粉虫或混合在其偏爱的食物中。由于体刺和自我理毛行为，外用药物的使用会变得复杂，并且有些气味甚至可以诱发蚁浴行为（见上文）。

对生病的刺猬，建议环境温度控制在27～29℃，提供刺猬喜欢的食物和活的无脊椎动物，可促进其自由摄食；厌食的刺猬可应用注射器或食管喂食高能量的犬粮或猫粮，为了方便不间断地辅助喂食，可在咽部或食道置进食管。

刺猬不是利用细菌发酵而获取营养的动物，对抗生素的使用并未引起特别的重视。有关该物种合适的药物种类和药物剂量，可查阅《外来动物处方一览表》或其他资料。

6. 麻醉与外科手术 如果麻醉过程超过20 min，建议麻醉前禁食4～6 h。异氟醚常用于诱导麻醉和维持麻醉，由于唾液分泌会比较多，建议麻醉前用阿托品处理。也可使用氯胺酮、安定、咪达唑仑、甲苯噻嗪、替来他明或唑拉西泮，但可能会延长苏醒时间。对较长时间的手术或者口腔手术，可用导管插管术，用1.0～1.5 mm的气管插管、聚四氟乙烯静脉插管或者进食道。

体刺可剪断剔除或用固定支架牵引。刺猬可能会自己损伤到创伤伤口或手术的伤口，任何时候都应尽可能快地用皮下缝合线进行初步缝合。刺猬可以很好地接受使用绷带以及使用低浓度的洗必泰药浴。如果皮肤肌肉受损，受伤的皮肤必须用隔离层包裹。卷起的肌肉组织收缩会导致伤口裂开。伊丽莎白项圈对刺猬没有实用性。

刺猬卵巢子宫切除手术的步骤类似于其他哺乳动物，但刺猬的卵巢和输卵管系膜周围包围着大量的脂肪组织。最好是采用封闭式的手术实施阉割，从肛门

旁的皮肤开刀，切除睾丸。

三、疾病

刺猬的多种疾病，包括疥癣、牙病、肺炎、胃溃疡、肿瘤和肝病，通常会表现出非特异性的临床症状，如昏睡、体弱和厌食。这些经常出现的临床表现使诊断检测显得重要，即使诊断时需要麻醉。

1. 心血管病与血液病 扩张型心肌病是一种常见的疾病，但是这种疾病的病因尚不清楚。通常患病的刺猬都在3岁或以上，但也可能在1岁龄刺猬的身上出现。病症包括呼吸困难、活动减少、体重下降、心律不齐、腹水、急性死亡。X线检查可见典型病症为不同程度的心脏肿大、肺水肿、胸腔积水、肝充血、腹部积水。一些患病的刺猬还会出现肺和肾梗塞。目前，正常的超声心电图测量的标准尚未发布，但是对心壁运动（心率）和心室大小的评判经常足以用于确认诊断结果。血液学和生化指标的测定可用来筛查并发症，并能监控治疗效果。虽然地高辛、呋塞米和依那普利对治疗该病有帮助，但是对患有充血性心力衰竭的刺猬来说，远期预后不良。

已经观察到刺猬鞍状血栓主动脉血栓和肺血栓栓塞症。患有并发症的宠物刺猬还可能会发生心肌钙化和脾髓外造血现象，这些病变的临床意义尚不清楚。

2. 胃肠与肝脏疾病 刺猬肠炎可能是由沙门氏菌或其他细菌引起。刺猬的沙门氏菌病可能没有临床症状，也会引起腹泻、体重减轻、食欲下降、脱水、嗜睡和死亡。通过排泄物的培养可以进行确诊。虽然具有临床症状的刺猬的治疗方法已做了介绍，但还应劝告刺猬的主人存在有人兽共患的可能性和产生抗药性的风险。念珠菌病（白色念珠菌Candida albicans）和隐孢子虫病是其他已经报道的传染病。虽然在野生刺猬中已鉴定出很多种线虫病、绦虫病与原生动物病，但在宠物刺猬中，这些疾病的重要性却微乎其微。

刺猬胃肠道阻塞常是因吞食橡胶、头发或地毯纤维所致。病症包括急性厌食症、昏睡、虚脱，也可能会出现呕吐，但不常发生。诊断胃肠道阻塞比较复杂，因为患病的刺猬，胃肠道中的气体膨胀是一种非特异性的现象。曾有小肠肠系膜扭转导致死亡的报道。消化道的炎症包括食道炎、胃炎、肠炎、结肠炎，也可见穿孔的胃溃疡。大多数患病的刺猬都有一些非典型的病症，比如食欲减退和体重下降，但未观察到呕吐和腹泻症状。

腹泻还有可能与一些市场销售的食物或者不合适的食品（如牛奶）有关。胃肠道肿瘤，尤其是淋巴肉瘤，是比较常见的疾病。其他值得注意的胃肠道症状还包括饮食变化、毒素和肝病。刺猬的消化不是依靠

肠道细菌的发酵，目前尚无类似于草食型哺乳动物那样的对抗生素敏感性的相关资料。

刺猬的脂肪肝比较普遍，有可能是心肌病、肿瘤、饥饿、肥胖、中毒、妊娠或传染病的后遗症。具体病症可能包括嗜睡、食欲不振、黄疸、腹泻，以及肝性脑病的一些症状。脂肪肝的治疗方法与其他动物类似。引起肝功能衰竭的其他重要原因包括原发性和转移性的肝肿瘤。据报道，在使用过地塞米松的刺猬体内，出现了由人的单纯性疱疹病毒Ⅰ型引起的肝坏死。

3. 皮肤病 由华衣疥螨（Caparinia spp.）引起的刺猬疥螨病非常普遍。症状包括嗜睡、食欲减退、皮肤角化过度、脂溢性皮炎、刺的脱落、松散，刺的基部和眼睛周围还会出现白色或褐色的痂（螨虫的排泄物）。刺猬可能刮伤或擦伤自己，但许多个体并没有明显的瘙痒。一些刺猬会有临床症状不明显的感染。可以通过刮取皮肤碎屑确诊，治疗方法是使用伊维菌素或者将伊维菌素和双甲脒组合使用。所有垫料都必须撤除，笼子里的用具都要消毒或者丢弃。在治疗期间，笼子里应该铺满纸，而且纸必须每日更换，房屋里的所有刺猬都应该同时治疗。

宠物刺猬能滋生跳蚤。对小猫安全的洗发水和搽粉产品对刺猬似乎也是安全的。柏氏禽刺螨（Ornithonyssus bacoti）也能导致皮肤片状剥落和刺的脱落，氟虫腈（fipronil）喷雾是一种有效的治疗方法。

皮肤癣菌（毛藓菌Trichophyton erinacei，T. mentagrophytes，小孢子菌Microsporum spp.）导致结壳，通常是非瘙痒性皮炎，特别是在脸和耳廓周围。相对其他皮肤癣菌病而言，一些感染是继发的，如疥癣或创伤。可以通过将刺在DTM培养基中培养来确诊。治疗方法包括局部使用抗真菌剂，如果需要，也可以全身涂抹灰黄霉素或酮康唑，也可以使用石硫合剂治疗。房间里的其他刺猬也可能会有症状不明显的感染，建议对所有的动物进行治疗。

皮肤肿瘤是常见的疾病，报道过的有鳞状细胞癌、淋巴肉瘤和皮脂腺癌。还有曾经报道过疑似病毒病原的乳头状瘤，在手术切除后，在其他部位复发也很常见。皮肤和皮下结节也可能由脓肿、分支杆菌病、黄狂蝇（Cuterebra）幼虫引起。

接触性皮炎可能源于不卫生的垫料。蜂窝组织炎发病的同时总是伴随有继发性肌炎和败血症，大多数情况下主要的原因是创伤。过敏性皮炎也曾被当成有趣的事情描述过，限制性抗原饮食，抗组胺类药或者类固醇对该病有一定的帮助。新刺生长时刺猬会觉得瘙痒，如同发生在年幼的刺猬身上一样。落叶型天疱疮也有过报道，观察到的症状包括刺的脱落、皮肤剥

落、湿疹，表皮有蜀黍红疹项圈。据有关报道，注射地塞米松是一种有效的治疗方法。

4．肌肉与骨骼疾病 曾有报道肌炎继发于蜂窝织炎。也观察到骨关节炎。当刺猬肢体卡在钢丝笼或者运动轮中时会发生骨折。夹板疗法能处理四肢末端的骨折，也可以实施外科手术矫正，但任何固定装置必须能够承受强大的卷曲功能。跛行可能是由于内生的脚趾甲、关节炎、营养不良、爪部皮炎、脚或脚趾被纤维材料束缚、神经性疾病或肿瘤所致。

5．肿瘤 在雌性和雄性非洲刺猬中，肿瘤都很常见。影响身体各个系统的多种肿瘤类型已有描述，最常见的肿瘤是乳腺肿瘤、淋巴肉瘤、口腔鳞状细胞癌。虽然刺猬早在2岁就可能发生肿瘤，但诊断时被发现的平均年龄是3.5岁。在一项调查中，超过80%的肿瘤是恶性的。增生型子宫肿瘤或者息肉很常见，常与阴道出血、血尿和体重下降有关。卵巢子宫切除术可以延长患子宫肿瘤的刺猬的寿命。一些恶性肿瘤还与逆转录病毒感染有关。

肿瘤的临床表现主要取决于肿瘤的位置及疾病的严重程度，可能包括明显的肿块、体重下降、厌食、嗜睡、腹泻、呼吸困难和腹水。可根据细胞学或组织病理学确诊。影像诊断和血液检测可有助于确立疾病的程度和判断预后。治疗方法通常包括手术切除和辅助疗法，尽管其他的治疗形式也可能有一定帮助。并不是在宠物刺猬身上的每个肿块都是肿瘤性质，如脓肿、骨囊肿、乳头状瘤和子宫息肉的发生。

6．神经性疾病 神经性疾病的病症，特别是运动失调，可能是由于冬眠、脱髓鞘、肿瘤、肝性脑病、创伤、毒素、梗死或营养不良所引起。处于低温（或者有时特别高温）环境，刺猬会进入麻木或者休眠状态。在这种状态时，刺猬可大大降低对刺激的反应，减少心跳频率和呼吸次数，可能增加对感染的敏感性。休眠能持续数周，在此期间，刺猬可能会出现共济失调期。

前庭系统的病症可能是由于中耳炎或中枢神经性疾病所引起。血钙过低可能是由于产后惊厥、营养不良或者其他不明原因所致，往往补钙能够解决。椎间盘疾病也有过报道。

脱髓鞘麻痹（刺猬摇摆综合征）在宠物刺猬发生率多达10%。初期可能发生在刺猬的任何年龄段，但在不到2岁的刺猬中更加常见。早期症状是不能合拢垂兜。进一步发展为轻微的、间歇性运动失调。症状常逐渐加重，包括跌倒、颤抖、眼球突出、脊柱侧弯、癫痫、肌肉萎缩、自残、体重严重下降。瘫痪通常都是从后肢往前肢蔓延，而且通常在初期

病症后的9~15个月就会全身瘫痪，18~25个月后出现死亡。在发病晚期，大多数刺猬都会出现吞咽困难，而在此之前刺猬的食欲通常正常。可通过尸体剖检来确诊。组织病理变化包括脑及脊髓白质的液化、轴突肿胀，脊髓腹侧神经束退化，轴突和髓鞘退化，外周神经也有可能发生病变。虽然病因不明，但是似乎有遗传学上的依据。虽然尝试了很多治疗方法，但都没有成功；在刺猬生命垂危时，建议实施安乐死。

7．营养失调 常见刺猬肥胖。健康的刺猬应该能够完全卷起，没有任何凸出的脂肪沉积物。通过减少高脂肪的食物，定量配给主食，并增加运动的手段治疗肥胖症。减肥要循序渐进，防止肝脏出现脂肪沉积症，主人应该监控刺猬的体重。营养过剩或不足都可能会出现饮食的不平衡，如以无脊椎动物为主的饮食习惯可能会导致钙的缺乏。

8．眼病 刺猬很容易患角膜溃疡和其他一些眼部疾病，诊断和治疗的方法与其他动物种类一样，局部用药的治疗方式可能相对困难。失明刺猬生活在它们的圈养环境中，应最小程度地影响它们的生活质量。眼球突出相对普遍，这会给眼睛的功能带来不良的后果。

9．口腔与牙齿疾病 口腔肿瘤，特别是鳞状细胞癌在刺猬中常见。口腔常见的疾病还包括牙结石、牙龈炎、牙周炎。如果遇到晚期的牙周组织疾病需要拔出刺猬所有的牙齿时，刺猬可以靠吃软的食物来维持生命。牙齿断裂和牙齿脓肿也会发生。有报道称放线菌可以感染刺猬，针对刺猬的牙齿脓肿，可以考虑采用厌氧培养法进行诊断并进行治疗。

牙齿过度磨损发生于年老的刺猬，出现这种情况的动物应该喂食软的食物。刺猬的牙齿不会再生，所以不应该进行修整。刺猬很容易因为牙缝塞入硬物（如花生）而感染疾病。雄性刺猬在咬自己的伴侣时，可能会感染口腔炎，可以投喂软的食物结合抗生素进行治疗。

10．耳病 刺猬耳廓皮炎很常见，可以观察到耳周围皮肤结痂，耳内积累的分泌物及耳廓边缘的溃烂。重要的病因是皮癣和螨虫，营养缺乏、皮肤干燥、角化过度的皮脂溢及扩展的耳道疾病也可能会导致该病。偶尔可见与猫耳螨相似的症状，其诊断和治疗方法与猫类似。刺猬也可患细菌性或真菌性外耳炎，这些感染常继发于螨病或慢性炎症，所导致的症状包括脓性分泌物，有臭味，脸和耳敏感。诊断方法类似于其他动物，可以采用耳部细胞学检查、皮肤碎屑检查，采用清洗，局部的抗菌剂/消炎药治疗。刺猬也可发生中耳炎或内耳炎。

表17-1 非洲微型刺猬的生理学资料

项　目	数　据
平均体重	雄性400～600 g，雌性300～600 g
寿命	平均4～6岁，也可能活到8岁
体温	35.4～36.0℃
成年刺猬齿式	2（I3/2:C1/1:P3/2:M3/3）=36，可以注意它的变化
胃肠通过时间	12～16 h
心率	180～280次/min
呼吸频率	25～50 次/min
性成熟年龄	2～3月龄
生殖年龄	雄性：终生；雌性：2～3年
妊娠期	34～37 d
产仔数	3～4个（范围为1～9个）
出生体重	10～18 g
眼睛睁开的时间	14～18日龄
乳牙长出的时间	在第18 日龄开始，全部乳牙在第9周龄长出
恒牙长出的时间	从7～9周龄开始
断奶期	5～6周龄（3周龄开始采食固体食物）

11．生殖系统疾病 包皮炎可能是由于积存于包皮下的污垢所引起。外阴出血经常是由于子宫瘤或子宫内膜息肉引起。也曾报道，子宫积脓和子宫炎。难产也常发生，治疗方法同其他小动物。早产偶尔也会发生，没有吮吸反射的幼体预后较差。如出生后72 h的新生刺猬体况较差时，可怀疑患无乳症。可以通过尝试挤压乳腺来确诊，然而，这往往需要麻醉，可能会导致刺猬流产，或者蚕食幼刺猬。无乳症的原因包括营养不良、应激、催产素不足、年轻雌刺猬乳房发育不良与乳房炎。

12．呼吸系统疾病 刺猬上下呼吸道感染的因素包括不理想的环境温度、芳香剂、尘土或不卫生的垫料，由免疫力下降引起的并发症，以及经口腔感染的呼出物。症状包括流鼻涕，呼吸音增强、呼吸困难、嗜睡、食欲不振和猝死。通过X线检查、血液学检查，以及气管或者肺呼出物的培养可以进行诊断。治疗方法包括抗生素、喷雾法、辅助性护理以及对诱发疾病的治疗。诊断呼吸困难疾病时，应考虑与肺肿瘤和心脏病的鉴别诊断。

13．泌尿系统疾病 膀胱炎和尿结石病可能会引起尿液颜色变化、排尿涩痛、尿频、食欲不振和昏睡。通过对尿液进行微生物培养、分析和X线检查可以得到诊断结论。肾脏疾病也很常见，在许多情况下，可能继发于全身性疾病。已确定，刺猬可以发生肾炎、肾小管坏死、肾钙质沉积症、肾小球硬化症、梗死、多囊肾、肿瘤，以及各种肾小球肾病。虽然还

有多尿症和（或）烦渴的表现，但与肾病相关的症状越来越无特异性。治疗措施包括对诱发疾病的治疗，液体疗法和辅助性护理。

14．人兽共患病 在宠物刺猬中已发现几株沙门氏菌。已有许多传染人（特别是儿童）的病例记载。已确定，所有的宠物刺猬都能携带和传播沙门氏菌。由于受感染的刺猬可以间歇性地散布病菌，所以阴性的培养结果不能排除带菌的状态。消除带菌状态的治疗方案不太可能成功，反而可导致对抗生素的耐药性。

野生的非洲刺猬对口蹄疫易感。在1991年，为了防止这种疾病传入美国，USDA禁止进口非洲刺猬。还尚无报道野生或圈养的非洲刺猬感染狂犬病，但蚁浴时出现的流涎现象有时会错认为是狂犬病的症状。也有刺猬脚癣传染给人的详细报道。

第二节　两栖动物

两栖类由3个目组成：无尾目（青蛙和蟾蜍）为最大目，超过3 500种；有尾目（火蜥蜴、蝾螈和鳗螈），约有375种；无足目（蚓螈），约有160种。

一、环境影响

为了保持健康，圈养的两栖动物需要适宜的环境条件。作为变温动物，两栖动物在它们所处环境的不同温度间来回活动以调节体温。合适于新陈代谢所需的温度范围，称为最适生存温度区间（POTZ），因

种类而异。如果处于POTZ之外的温度环境中，动物的新陈代谢（包含免疫功能调节和消化功能）会受到不利的影响。热带两栖动物生存于不适宜的温度环境，常会出现传染病和营养不良等问题。

两栖动物需要水分来免受干燥伤害。水生两栖动物能够适应有适当游泳地域的水族馆。陆生两栖类的隔栏内则需要盛有浅水的器具。水分也可以通过汇合的小溪流、瀑布或者超声加湿器进入养殖场或用喷雾瓶经常喷雾。由于两栖动物的皮肤具有半渗透性，容易吸收有害物质，水必须清洁并且不含氯、氨、亚硝酸盐、杀虫剂以及重金属等有毒物质。在使用前，将自来水放在桶内，并用活性炭过滤器循环过滤24 h或以上，能除去其中的氯。一些自来水中可能含有氯胺。在水能过滤除氯之前，氯胺键必须用除氯药剂断开。外置活性炭罐或底砂过滤器有助于维持水槽瀑布、溪流以及池塘中水的质量。

可以选用的基底包括碎石、泥土、水藓苔及覆盖物。碎石既不能太大，又不能太小，太大会被动物吞咽，太小容易混入粪便。禁止使用带有化学添加物（如杀菌剂）的泥土。水藓苔、未处理的硬木，以及落叶都可以用做基底，而雪松和松针中含有毒性油类物质应该避免选用。一些两栖动物不能忍受低pH，如果接触泥炭苔和水藓苔可能会使皮肤受刺激。建议将泥土在93.33℃加热30 min，以杀死节肢动物，如恙螨和寄生蠕虫。在低于0℃条件下冷冻基底，也可以有效地去除去多数传染性微生物。

为了防治两栖动物疾病需要进行充足的通风（每小时交换1～2次新鲜空气）。建议给陆生两栖动物提供鲜活植物，他们可以净化空气、除去土壤中的有机废物、过滤光线、产生湿气，提供隐藏和栖息的场所。水生植物对水进行充氧，去除含氮废物，提供隐藏区域，常是两栖动物幼体的一种营养来源。为了防治代谢性骨病，建议使用能发出生物活性紫外线B（280～320 nm）的灯泡提供全光谱的光照，灯泡必须每6～8个月更换1次或参照产品说明书。

可以用漂白剂（每升水含30 mL漂白剂）消毒工具和笼舍材料。建议用药的最短时间为30 min。当养殖一群以上的动物时，应该多准备几套工具。加湿器和喷雾瓶每周都必须消毒，以去除包括假单胞菌和气单胞菌在内的潜在致病菌。

二、临床技术

在处理两栖动物前，应该堵塞所有能逃离检查室的可能途径（如通风管和水槽排水管）。推荐具备的物品包括处理过程中保持两栖动物潮湿的盛有去氯水的喷雾瓶、抄网、带气管和气石的小气泵、水质测试

试剂盒、小的房间加湿器、大豆胰蛋白酶肉汤血培养瓶、麻醉药（三卡因甲烷磺酸钠）、带微升刻度的注射器。同时还应准备好小的培养拭子、载玻片、盖玻片、不同型号的解剖刀、各式各样的针头和注射器、无菌红色橡胶管以及无菌生理盐水。

养殖历史记录应包括动物饮食和嗜好的描述；动物栖息地的环境参数，包括湿度、温度、水质以及照明，种群结构和生殖情况，最近迁入或者减少的动物数量以及药物使用情况。客户（养殖者）所关注的问题都应该详细描述。复查饮食和水质记录，对判断动物关键性的动态变化非常有用。使用容易从很多宠物商店获得的简单测试套装，分析动物住地的水样，包括氨、亚硝酸盐、pH、硬度、碱度以及铜含量。另外，客户（养殖者）还必须要测定并记录采集水样时的空气和水的温度。

处理前，应该记录动物的身体状况、灵敏性、姿势和行为。寄生虫或微生物感染，畸形或营养缺乏可能会引起身体的不对称性。肌肉萎缩一般是源于营养不良、不适宜的环境温度，或者慢性疾病（如分支杆菌病、着色真菌病、微孢子虫病）。神经性损伤的检测方法：首先观察动物在养殖场周围的移动情况，然后评估其对外来刺激的反应。如果动物不能维持平衡或者呈现不正常游泳姿态，也可以怀疑其存在神经性损伤的可能。检测时，大多数两栖动物都会企图逃跑，企图挣脱被控制的四肢。如果动物身体被倒置，大多数种类都将尝试自己矫正。触摸它们的眼睛，很典型地会引起眨眼反射或者眼球收缩。

当对两栖动物做身体检查时，需要较低的温度、明亮的光线及放大设备。用索引卡片、塑料卡片或橡胶压舌板的边缘能打开动物的嘴。应该评估口腔黏膜的颜色，并记录所有损伤（如眼球后的损伤、胃肠叠套）。溃疡、红斑、出血，以及肤色的褪色都可能预示着饲养不当、创伤或感染（微生物或寄生虫）。导致细菌或真菌感染的不合适的基质或环境卫生能引起动物脚的损伤。触诊动物或者轻轻刮取受感染部位的皮肤碎屑，通过瑞氏-姬姆萨（Wright's—Giemsa）染色和革兰染色进行细胞学检查。常常通过观察剑状软骨上的皮肤或用8 MHz便携式皮肤多普勒检测仪测试心率。由于肺呼吸（如果存在）依赖于口腔抽吸所产生的正压流通来完成，因此，呼吸频率可以通过观察下颌间隙部位的快速动作来估算。动物的鼻孔中应该没有黏液，否则可能是呼吸性疾病的征兆。小杆线虫（Rhabdias spp.）是一种具有直接型生活周期的线虫，它可以引起豢养动物的呼吸道感染。有时可以从动物的口咽腔黏液中检测到这种线虫的卵或幼体。经常能发现动物的眼睛损伤，包括结膜、角膜、虹膜以

及晶状体的变化。常见的角膜疾病包括非特异性角膜炎和脂质角化病。可以收集角膜碎屑做细胞学检查。眼球炎和葡萄膜炎与全身的或局部的感染有关。用细胞学的小号针收集眼房水和玻璃体液的样品做细菌和真菌培养。体腔触诊可以发现存在的卵、膀胱结石、异物或肿瘤。常见体腔积水和皮下水肿（全身水肿和腹水），可能的原因包括心力衰竭、心机能不全、肾脏、血糖或肝脏的疾病、肿瘤、微生物感染、寄生虫感染、中毒、不适宜的环境条件或其他未知因素引起。建议收集体液做生化分析、细胞学评估，并做细菌和真菌培养。从体侧腹部静脉、舌静脉、股静脉、尾静脉或心脏穿刺收集血液，加入肝素锂，可用于血液学评价。一次抽取血液的体积等于一只健康动物体重的1%或者患病动物体重的0.5%。对大多数两栖动物来说，还没有一个确定的标准值。收集初次受束缚后的无尾目两栖动物的尿液用作分析。一些动物比如毒蛙可以饲喂后立即置于干净潮湿的纸巾上，然后收集其未被环境生物污染的粪便做便样。可采取粪便直接镜检或漂浮法镜检鉴别原生动物与后生动物。

麻醉：麻醉是需要进行更深入检查或者为了诊断或进行外科手术的辅助手段。可以使用三卡因甲烷磺酸钠、盐酸氯胺酮、氟烷及异氟醚。三卡因甲烷磺酸钠是一种高水溶性的白色晶体，可配成10 g/L浓度作为储存液，用前进行适当稀释即可。因为大多数两栖动物可以通过皮肤吸收三卡因，因此可以通过洗浴的方式进行麻醉。作为诱导麻醉，很多大型两栖动物麻醉剂的用量为2～3 g/L。对于短时间的麻醉操作，麻醉处理后，两栖动物应该立即移开，用新鲜水冲洗。对于较长的麻醉过程，两栖动物在被麻醉后，应维持麻醉剂的药物浓度为100～200 mg/L。对于更小的两栖动物，100～200 mg/L的诱导剂量更为安全，添加了麻醉剂的溶液必须通气，以避免缺氧。三卡因会产生一种酸性物质，必须用碳酸氢钠、氢氧化钠或磷酸二氢钠溶液缓冲使pH到大约7。将异氟烷气体通入密闭容器的浴液中，可以实现经皮的吸收和吸入式的吸收。盐酸氯胺酮的使用方法是以75～125 mg/kg的剂量，经皮注入或进入背淋巴囊。但可能会很难维持外科麻醉期，而且恢复时间也会很长。

三、传染病

1. 细菌病 红腿综合征一般是指两栖动物腹部皮肤充血，并伴随全身性感染。腐生性、革兰阴性菌（如气单胞菌、假单胞菌、变形杆菌及柠檬酸杆菌）是引起红腿病的代表性的细菌。病毒、真菌和其他致病菌也能引起相似的病变。腹部充血是一种非典型的病症，可在动物中毒时出现。营养

不良、新捕获、不好的水质或者不合适的环境条件下养殖的两栖动物，特别容易受到感染。细菌性疾病的临床病症包括嗜睡、消瘦、皮肤、鼻和脚趾溃烂，腿和腹部皮肤特有的点状出血，出血也可能发生在骨骼肌、舌头和瞬膜。但在急性病例中，可能不会出现这些病症，全身性感染的组织学病症包括肝脏、脾脏和其他内脏器官的炎症或点状坏死。开始治疗前，应培养血液或体腔液（如果有）。在收到细菌培养和敏感测试结果前，针对个体可以首先使用恩诺沙星（5～10 mg/kg，口服或肌内注射，每日1次）或土霉素（50 mg/kg，口服，每日2次）治疗。如果怀疑是真菌感染，使用0.01%的伊曲康唑药浴（5 min，每日1次，连续8 d）可能会有效。

由包括偶然分支杆菌（Mycobacterium fortuitum）、海洋分支杆菌（M. marinum）、蟾蜍型分支杆菌（M. xenopi）等耐酸性杆菌引起的分支杆菌病，主要发生于体弱的两栖动物。虽然常常是皮肤感染，但摄取传染性病原体，也会导致胃肠疾病和全身感染。受感染的两栖动物皮肤、肝脏、肾脏、脾脏、肺，以及其他体内脏器可能会出现灰色结节。受感染的动物尽管可能食欲正常，但体重却仍会下降。在粪便和口腔黏液中可以检测到抗酸性杆菌。可以通过在具有体表病灶的临死动物体内寻找耐酸性杆菌来进行分析。培养分支杆菌需要特殊的培养基，如改良罗氏培养基，但培养常失败。对于这种潜在的人兽共患病，不建议进行治疗。

衣原体病是一类严重的两栖动物传染病。基于组织学损伤和包含体的存在，衣原体病的传染源应属于鹦鹉热衣原体（Chlamydophila psittaci）。采用分子学方法如PCR技术后，显示出还有其他种类的衣原体，包括肺炎衣原体（C. pneumonia）、流产嗜性衣原体（C. abortus）和猪衣原体（Chlamydia suis）与这些感染有关。在看似健康的青蛙体内也发现了衣原体，这就引发了另一个问题：这些动物是否是传染源，或者是否是传染病菌的载体。该病最初出现在一群食用过未煮熟的牛肝而死亡的非洲爪蟾（xenopus laevis）中。被感染的青蛙会急性死亡或表现出昏睡、身体失去平衡、皮肤脱色、点状出血与水肿。组织学检查，可在肝脏和脾脏的窦内皮细胞中识别出胞浆内嗜碱性包含体。继发性细菌感染常常会出现在受感染的两栖动物，必须进行适当处理。抗生素包括多西环素（5～10 mg/kg，口服，每日1次）或土霉素（50 mg/kg，口服，每日1次）可以有效治疗衣原体感染。

2. 真菌病 很难彻底区分很多感染两栖动物的真菌种类，因为它们产生相似的临床症状，包括昏睡、皮肤溃疡。通过检查皮肤碎屑的湿涂片可以鉴定一些真菌，而其他的真菌鉴定则需要进行培养、组织

学检查和特殊的染色方法。处置方法包括适当的清洁卫生，局部或全身使用抗真菌药物（如伊曲康唑）。其他抗真菌药（如氟康唑）也有效。

壶菌病是两栖动物最严重的真菌性传染病，该病与世界上很多地方的青蛙数量下降有关，因为气候的变化有利于该病原体。壶菌病由蛙壶菌（*Batrachochytrium dendrobatidis*）引起，这种以角蛋白为食的真菌在皮肤的外表皮层中被发现。对所有壶菌而言，两栖动物是目前唯一已知的脊椎动物类宿主。壶菌的游动孢子能使两栖动物的群体数量减少。临床表现包括厌食、嗜睡、皮肤过度脱落、瞳孔缩小，以及肌肉运动不协调。诊断时，可以用光镜观察，对皮肤碎屑进行瑞氏-姬姆萨染色或者革兰染色可观察到球形单细胞生物体，但这种生物体不常容易看到。在组织病理学上，包含游动孢子的孢子囊与皮肤角化过度以及潜在的皮肤感染有关。治疗方法包括：伊曲康唑（0.01%，药浴5 min，每日1次，连续10~11 d）局部处理，使动物维持在合适的温度范围内。全身性的抗真菌药对治疗表皮感染没有效果。

水霉病是指由几种条件性真菌，或者感染水生生物鳃和（或）皮肤及两栖动物幼体的"水霉"引起的疾病。水中，刚刚感染的动物皮肤上出现发白的絮状增生物。在真菌丛生阶段，由于藻类的存在会呈现绿色。一旦从水中移出，菌丝丛会坍塌，而且很难看见，其他症状还包括嗜睡、呼吸困难、厌食及体重减轻。随着感染程度的恶化，可能还会出现皮肤溃烂。水霉病的诊断方法是在皮肤的刮取物中寻找菌丝和薄壁的游动孢子。有效的治疗方法是用孔雀石绿（67 mg/L，15 s，每日1次，持续2~3 d）或硫酸铜（500 mg/L，2 min，每日1次，连续5 d，之后每周1次直到痊愈）浸泡。继发细菌和寄生虫感染可存在于一些皮肤溃烂的动物中。应该改善劣质水源。

着色真菌病由着色的或黑色的几个属［如枝孢属（*Cladosporium*）、着色真菌属（*Fonsecaea*）、瓶霉菌属（*Phialophora*）、赭霉菌属（*Ochroconis*）、万氏霉菌（*Wangiella*）］的真菌所引起。可以在有机基质中发现，如表层土和植物腐败物。症状包括厌食、体重减轻、肉芽肿性皮肤病变或溃烂、体腔膨胀，以及神经性疾病。通常通过尸检找到带有着色真菌细胞和菌丝的弥散性肉芽肿来诊断。真菌培养经常不会成功，而需用组织病理学检查结果来确诊。可以用伊曲康唑（10 mg/kg，口服，每日1次，连续30 d）进行治疗，但感染一旦扩散，常预后不良。

3. 寄生虫病　很多在两栖动物体内和体表发现的原生动物和后生动物并不具有致病性，除非两栖动物宿主受到"环境压迫"或者免疫功能低下。由于处于卫生条件差和不适宜的温度环境内，新捕获的或转运的两栖动物对寄生虫特别敏感。当野外捕捉的两栖动物被带回圈舍，如果缺少中间寄主或终末寄主，具有间接生活周期的寄生虫容易死亡。相反，封闭的环境中，有直接生活周期的寄生虫所导致的感染可以扩散。优良的卫生条件对寄生虫病的控制是必要的，卫生工作包括日常清除蜕下的皮（壳）、排泄物、残留的食物以及围栏内的动物尸体。

用放大器和明亮的冷光光源，对两栖动物做周密检查可以发现体外寄生虫。为了区分引起结节和表皮损伤的寄生虫，需要检查皮肤碎屑和进行活体组织切片。体内寄生虫则常通过检查新鲜的粪便样本进行识别。有的小青蛙très透明，透明法足够清晰地看到体内的线虫。在有的病例中，只能在尸检时才能发现原生和后生的寄生虫。粪便中发现鞭毛虫、纤毛虫和蛙片虫属正常现象，健康的两栖动物不需要进行治疗。即使在粪便中发现很多线虫幼虫也是非致病性的，仍然建议给予治疗，因为致病和非致病种类不能轻易区分。

棒线虫病由肺棒线虫引起，通常会导致豢养两栖动物的肺损伤和继发性感染。该线虫的直接生活周期中有自由生活阶段，蠕虫的成虫在肺中生活，产卵并储存其中，卵被动物从肺中咳出进入口腔，再被吞下进入消化道，然后通过动物排泄进入到环境中。具有传染性的第三期（L3）幼虫钻入新宿主的皮肤，发育成熟，并转移到肺中。患病的动物会厌食、消瘦，通常都很虚弱。通过在口腔和鼻腔分泌物中寻找卵或蠕虫来对患病动物进行死前诊断，如果从带有临床症状的动物的新鲜排泄物中发现线虫幼虫或虫卵时，可以怀疑动物已经被感染。当怀疑有棒线虫感染时，建议用芬苯达唑（100 mg/kg，口服，每日1次，连续2 d，然后12~14 d后重复1次）处理，或伊维菌素（200~400 μg/kg，口服1次，然后12~14 d后重复1次），第2次每日2次芬苯达唑治疗或每日1次的伊维菌素治疗后，动物应该转移到一个新构建的环境中，以防在自由生活期间被再次感染。

毛细线虫（*Pseudocapillaroides xenopi*）寄生在动物皮肤内，它会影响水生的非洲爪蛙群体。毛细线虫感染的临床症状包括皮肤变色、粗糙、凹陷及溃烂。随着感染的发展，会出现昏睡、厌食和蜕皮。诊断时在动物体表黏液下可检查到微小的白色线虫，皮肤碎屑中还可以看到寄生虫幼虫和卵细胞。在水中加入噻苯咪唑0.1 g/L进行治疗会有效。左旋咪唑和其他驱虫药也可能有效。为了避免感染的扩散和蔓延，经常性地换水以消除蜕皮所带寄生虫是必需的。

4. 病毒病　肾腺癌（Lucké肿瘤）是美国东北地区和北中部地区野生豹蛙（*Rana pipiens*）的常见疾

病。由于温度会影响病毒复制，因此在夏天可以见到一些青蛙患有肿瘤。当温度为5～10℃时，青蛙处于冬眠，可以检查到病毒颗粒和包含体。肿瘤转移到肝脏、肺和其他器官都很常见；原发性和转移性肿瘤都可以变得非常大。肿瘤不可治疗。肿瘤是疱疹病毒诱发癌症的典型病例。

已确认，虹彩病毒（在蛙病毒属 genus Ranavirus）是遍布世界的野生两栖动物种群群体死亡的原因。蛙病毒包括青蛙病毒3、蝌蚪水肿病毒和虹彩病毒，有较强的致病性，可以导致蝌蚪和成蛙100%的死亡率。有几种病毒能导致白细胞和淋巴组织急性坏死，这种组织结构上的变化能在很多器官中见到。其中一些导致类似细菌性皮肤败血症的损伤。源于病毒感染后继发严重感染，许多"红腿病"的暴发可能存在潜在的和未确诊的病毒感染。除了辅助性护理和对细菌或真菌继发感染的适当治疗外，目前尚无治疗虹彩病毒病的方法。

四、普通病

1. 营养性疾病 大多数两栖动物长期需要鲜活食物。虽然大多数成年陆生和水生两栖动物以无脊椎动物为食，包括蚯蚓、红蚯蚓、黑蠕虫、白蠕虫、颤蚓蠕虫、跳虫、果蝇、蝇蛆、面包虫及蟋蟀，一些两栖动物以脊椎动物为食，并需要鲜活的小鱼、孔雀鱼、金鱼、乳鼠或大鼠。为了防止营养性疾病，必须添加维生素和矿物质。这些添加剂通常采用"肠道加载"昆虫（用市场上可以得到的富含钙的食物喂养的昆虫）或涂层昆虫（喷涂了含维生素D$_3$和钙的复合维生素预混剂俗称"喷粉"）。

代谢性骨病在摄食无添加剂的无脊椎动物的两栖动物中很常见。除蚯蚓外，大多数用作食物的无脊椎动物都会发生钙磷比例失调。这就导致了下颌骨畸形、长骨骨折、脊柱侧弯，最终手足抽搐和腹胀。诊断要通过X线检查，寻找变薄的长骨、下颌和舌骨畸形、病理性骨折，病情严重时，还要检查胃肠道气体。治疗方法包括纠正日粮，口服葡乳醛酸钙1 mL/kg，每日1次，连续30 d。须用具有生物活性中波紫外线进行全波段照射。对严重病例，还要补充维生素D$_3$。

硫胺素（维生素B$_1$）缺乏症发生在以含硫胺素酶冷冻鱼为食的两栖动物。临床症状包括颤抖、痉挛和角弓反张。初期处理是肌内注射或体腔注射硫胺素（25～100 mg/kg），随后每次进食时，口服硫胺素25 mg/kg，也可以通过定期在每千克鱼料中补充硫胺素250 mg来避免硫胺素缺乏。

肥胖也是一种疾病，摄食过量是肥胖的主要原因，因为只要能够得到食物，许多两栖类动物都能连续摄食，而不考虑它们的能量需求。超大的脂肪体可以在体腔内触诊到；然而，在雌性动物中，需要用超声检查来区分扩大的脂肪体与卵块。也可将温度维持在两栖动物最适温度范围的上限，加快代谢速率，增加热量消耗。最后，减少热量的摄入也可以用于控制体重。

2. 肿瘤 自发性肿瘤发生在大多数器官或系统中，但很罕见，除了由污染物或传染性病原体引起外，如由病毒诱发的影响北方豹蛙（见上文）种群的肾癌或日本赤腹蝾螈的表皮乳头状瘤。随着豢养动物寿命的延长和更好的健康护理，人们可能会识别更多的肿瘤病例。

3. 创伤 在豢养的两栖动物中，创伤性损伤比较常见，包括撕裂伤、骨折、内出血、脱水，足趾、四肢或尾的损失。快速评估伴随辅助疗法是成功治愈的关键。从隔栏中逃脱的或者没有受到适当护理的两栖动物经常会出现脱水现象。对于较小的两栖动物（小于30 g），大多数骨折可以通过在笼中休息进行保守治疗。对于较大的两栖动物，使用外部或内部固定可能会有所帮助。在创伤性病例中必须考虑对疼痛的处理。阿片样物质受体的存在表明，使用阿片样药物可能是有益的（丁丙诺啡，0.02 mg/kg，肌内注射、皮下注射或口服）。使用NSAID（美洛昔康，0.2 mg/kg）似乎也可以减轻疼痛。

五、急救护理

初期的紧急救援包括提供液体疗法、输氧，适宜的温度和湿度环境。将动物放置在盛有使皮肤能吸收的等渗或略低渗的液体的浅浮槽中。等量2.5%葡萄糖和0.45%氯化钠的混合液以及乳酸林格液是有效的。对于较大的动物，可以在体腔、静脉或者骨间肌采用推注的形式使用药液（5～10 mL/kg）。由于缺乏对接触有机磷药物反应的了解，疾病发作的动物可以当成相似的疾病来处理，如低血钙症（葡萄糖酸钙，100 mg/kg，肌内注射、静脉注射、皮下注射或体腔内注射，每日1～2次）、有机磷中毒（阿托品，0.1 mg/kg，皮下注射或肌内注射，根据需要），硫胺素缺乏症（维生素B$_1$，25～100 mg/kg，肌内注射或体腔内注射，根据需要）。如果怀疑患有败血症，应开始使用抗生素（如恩诺沙星，5～10 mg/kg，口服、皮下注射、肌内注射或体腔内注射，每日1次）治疗。治疗外伤性损伤时，应该减少血液的流失，提供液体疗法和呼吸支持（多沙普仑，5 mg/kg，肌内注射或静脉注射，根据需要进行），减少疼痛（丁丙诺啡，0.02 mg/kg，肌内注射、皮下注射或口服，或美洛昔康，0.2 mg/kg），然后实施矫正治疗。

六、两栖实验动物

两栖动物长期被用作实验动物。豢养繁殖和容易从供货商获得的种类包括非洲有爪蛙类（非洲爪蟾Xenopus laevis，非洲蟾蜍X. tropicalis）、非洲小青蛙（Hymenochirus boettgeri）、红腹蟾蜍（东方铃蟾Bombina orientalis）、钝口螈（Ambystoma mexicanum）和虎纹蝾螈（A. tigrinum）。从野外捕获供实验室研究使用的两栖动物包括北方豹蛙（豹蛙 Rana pipiens，有时称为草青蛙）、牛蛙（R. catesbeiana）、甘蔗蟾蜍（Bufo marinus，有时被称为海蟾蜍）和泥螈（斑泥螈Necturusmaculosus）。有时还使用其他北美蛙科动物。收购或进口两栖动物时，必须遵守国家法律和取得所有需要的许可证。

颗粒饲料可用于一些水生物种，像非洲爪蛙、牛蛙和蝾螈，便于饲喂大群的两栖动物。这些饲料必须存放于凉爽、干燥的地方，以保持新鲜。所有动物喂饱后，应挪走剩余饲料，避免污染水源。应建立操作和研究条款，以使动物的应激降到最低。必须避免过度拥挤，以保持卫生、防止疾病扩散和减少群体压力。

很多用于实验室研究的水生动物都保存在大型再循环水系统中，这种系统有多个使用同一水源的水箱。输送到各个水箱的水都经过过滤和消毒，使用一个或多个不同类型的过滤器来维持适当的水质。这些过滤器包括一个除去悬浮废弃物的机械过滤器，一个转换含氮废弃物、减少有毒化合物的生物过滤器和一个除去溶解有机化合物的化学过滤器。此外，建议增添一个灭活微生物的紫外线消毒灯。灯管必须保持清洁，每隔6～8个月更换1次，以保持其杀菌功能。臭氧是一种强氧化剂，可谨慎使用，用以除去水中悬浮的有机物和潜在的病原体。

如果没有安装良好的生物过滤器，则氨中毒现象会很常见。两栖动物接触过量的氨，可使其产生过量黏液，体色变得暗沉，并试图逃离现场。出现氨中毒时，两栖动物应从受污染的水中转移，并用除氯和富氧的淡水彻底冲洗。如果水源的氨浓度超过0.5 mL/L就可以确诊，然而，对于一些两栖动物，氨水平超过0.1 mL/L就会出现中毒现象。许多热带鱼店均出售检查氨浓度的试剂盒。

第三节　雪貂

驯养的雪貂（宠物貂Mustela putorius furo）属食肉目、鼬科，被豢养的历史超过2 000年。雪貂用作研究动物，经常用于呼吸系统的研究，是螺杆菌（Helicobacter sp.）感染的动物模型。最近几年，雪貂在美国已成为流行的宠物，在欧洲、澳大利亚和新西兰，也被用作狩猎动物。

一、管理

雄性雪貂的体重可达2 kg，平均体重为1.2 kg。雌性雪貂可重达1.2 kg，平均体重0.8 kg。4～8个月达性成熟，出现在出生后的第一个春天。因为成年雌性会被诱导排卵，如果不配种会产生严重的高雌激素血症，所以绝大多数的雪貂在6周龄前被切除卵巢或者睾丸。如果在生命的早期性腺被切除，雪貂也会有较少的麝香气味，它是鼬科动物的特征。在被切除卵巢或被阉割时，通常会切除其肛门的气味腺。大多数雪貂生理特征与家猫类似。雪貂需要高脂肪和高蛋白质的食品，应该用雪貂商品粮或高质量的猫或猫仔的食物进行饲喂。大多数成年雪貂都有很大的脾脏。这通常是因髓外造血组织增生所致，为非致病性；最终诊断时，可采用超声检查和抽吸物检查。

疫苗接种：雪貂每年都要接种狂犬病和犬瘟热疫苗。在美国，有一种由FDA批准的狂犬病疫苗。须给超过16周龄的雪貂接种疫苗，并每年重复进行。如果这种疫苗难以获得，须用灭活的鼠源疫苗代替。雪貂的犬瘟热疫苗应该是鸡胚苗或重组疫苗。不应使用水貂或雪貂培养的疫苗（如大多数犬的多价疫苗），因为他们会引起血清转化和疾病。目前在美国有两种被FDA批准的雪貂犬瘟热疫苗。雪貂大约应该在8周龄、10周龄和12周龄时接种此疫苗，然后每年重复接种。雪貂经常发生疫苗反应，建议在接种疫苗之后20～30 min内观察接种疫苗的动物，且每次只接种一种疫苗（即狂犬病或犬瘟热）。商业养殖的雪貂经常在6～8周龄接种C型肉毒梭状芽孢杆菌（clostridium botulinum）疫苗。

二、传染病

1. 细菌病 在所有断奶后的雪貂的十二指肠和胃中能发现螺杆菌。该细菌是条件致病菌，能诱导慢性、持久性胃炎，形成类似于人类疾病的溃疡。在慢性病例中可以发现胃淋巴瘤。螺杆菌感染的临床症状包括食欲不振、呕吐、磨牙症、腹泻、黑粪症、唾液分泌过多，也可能会出现嗜睡、体重减轻和脱水。由于这种细菌的存在会诱发或加重溃疡，这些动物在前腹部触诊可能会疼痛。确诊需要对外科手术获得的组织进行检查或进行内窥镜活组织检查，但由于这种微生物在雪貂胃肠道无处不在的原因，所以这种检查无需经常进行。活检标本应该进行银染和尿酶检查。可以对粪便样本进行分子检测。采用多种药物治疗方案，包括阿莫西林（20 mg/kg，口服，每日2次），甲硝唑（20 mg/kg，口服，每日2次），次水杨酸铋（1 mL/kg，口服，每日2次），克拉霉素（25 mg/kg，口服，每日1次）和奥美拉唑（1 mg/kg，口服，每日

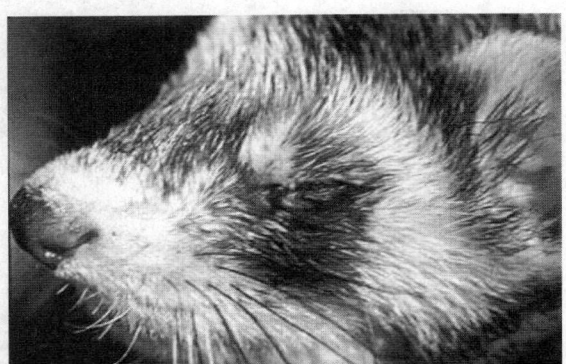

图17-1　雪貂犬瘟热病例

感染早期（约10 d）有结膜分泌物（上半图）。晚期具有标志性的结膜和鼻分泌物（下半图）。（由John Gorham博士提供）

1次）可以用于难治的病例，疗程通常为21 d。由于该病原体为条件致病菌，查找潜在的诱因很重要，如胃肠炎、外来异物或应激。

弯曲杆菌（*Lawsonia intracellularis*）可以引起增生型肠道疾病，尤其是在较年轻的雪貂中。症状包括腹泻、体重减轻和脱肛。

其他细菌感染类似于在其他食肉动物中所见到的。雪貂对鸟型结核分支杆菌、牛结核分支杆菌和肺结核杆菌敏感。皮内试验不可靠。

2. 病毒病　雪貂对犬瘟热病毒敏感。病毒通过悬浮微粒或接触受感染的分泌物进行传播。感染后7～10 d开始出现临床症状，开始表现发热，在下巴和腹股沟区发生皮炎，进而出现厌食、黏膜红斑、黏脓性眼屎和流鼻涕等症状，也会出现面部和眼睑的棕色硬壳、脚垫角化过度；呼吸系统的症状出现很快，疾病发展迅速。通过病史、临床症状和阳性免疫荧光抗体试验或组织病理学进行诊断。死亡率接近100%，死亡一般发生在感染后的12～14 d。

人流感病毒会引起雪貂发热、嗜睡、厌食、流鼻涕、打喷嚏、抑郁。应该采取相应的治疗措施，治疗方法包括使用防止继发性感染的抗生素、抗组胺药和金刚烷胺（6 mg/kg，通过鼻腔，每日2次），通常在7～14 d内痊愈。

有两种冠状病毒导致雪貂疾病。雪貂的肠冠状病毒引起流行性黏膜性肠炎。这种疾病具有高传染性，常由无症状的幼年动物引入到雪貂群中。在引入新雪貂或者接触污染物2～14 d后，开始出现临床症状，包括厌食、呕吐、绿色或黏液状的腹泻、黑便、脱水、嗜睡和体重减轻，这种疾病在年龄大的雪貂中最严重，需要数月时间才可能完全恢复。这种病毒导致小肠绒毛变钝，以至消化不良和吸收障碍。尽管用扫描电镜可识别粪便中的冠状病毒，但是确诊较困难。脂肪肝可能会导致谷丙转氨酶和碱性磷酸酶升高。治疗为辅助性疗法，包括液体疗法、营养支持，使用广谱抗生素和胃肠道保护剂。预防方法是隔离新雪貂，使用清洁的新垫料和玩具，在处理其他雪貂后，应洗手和换衣服。

最近已证明，第二种相关的冠状病毒在雪貂中，可导致全身化脓性肉芽肿性炎症，类似猫传染性腹膜炎。该病发生在年幼的雪貂（平均11月龄），并在几个月内恶化。临床症状包括厌食、体重减轻、腹泻和腹部膨大，以及少见外周淋巴结变化。尸检时，在许多器官可见白色结节，该病在最初被称为先天弥散性肌筋膜炎。这些结节为化脓性肉芽肿性炎症，涉及许多器官包括腹膜、脂肪组织、内脏、血管等。应对该病进行治疗，但这种疾病通常是致命的。

水貂阿留申病是一种最初在貂中见到的细小病毒病，确认了至少两种不同的雪貂病毒株。这种病毒引起器官中免疫复合物的沉积，导致系列非特异性的临床症状，如体重逐渐减轻、虚弱、运动失调、肝肿大、脾肿大。在血液检测中，严重的高丙球蛋白血症是最明显的标志。依据其临床症状和高球蛋白血症进行鉴别诊断。两种最常见的病毒抗体检测方法是对流免疫电泳和免疫荧光抗体检测。确诊往往比较困难，因为许多外观健康的雪貂抗体检测也为阳性，该病毒已在动物的尿液、粪便，以及有症状和无症状的动物血中发现。对本病没有特效的治疗方法。

3. 真菌病　雪貂对犬小孢子菌（*Microsporum canis*）和须毛癣菌（*Trichophyton mentagrophytes*）敏感，真菌通过直接接触或污染物传播，往往与过度拥挤和接触猫有关。在仔雪貂和年轻的雪貂中真菌感染更为普遍，常具有季节性和自限性。雪貂中的其他真菌病还包括隐球菌性脑膜炎和芽生菌病，导致肉芽肿性脑膜脑炎。真菌性肺炎在雪貂中罕见，但皮炎芽生菌（*Blastomyces dermatitidis*）和粗球孢子菌（*Coccidioides immitis*）可引起本病。

4．寄生虫病　耳螨是雪貂最常见的皮外寄生虫，是由犬耳痒螨（*Otodectes cynotis*）引起的。在犬和猫中也发现了相同的病原体，这种疾病可以在种间传递，诊断和治疗与犬和猫相同。跳蚤也常见于雪貂中，跳蚤可以在雪貂和其他家养宠物间传播。可通过肉眼观察进行诊断，治疗方法与犬和猫的相同。由于雪貂厚的皮下油脂，许多长效的局部治疗药物如氟虫腈，需持续较长的治疗时间。雪貂的疥癣是由疥螨（*Sarcoptes scabiei*）引起的一种全身性皮炎，或仅限于脚、脚趾，以及雪貂独特的脚垫。

由犬恶丝虫（*Dirofilar*）引起的恶丝虫病，在雪貂中也有发现，特别是在一些地方病流行地区进出室外的雪貂，即便是单个的蠕虫都能引起疾病，临床症状包括嗜睡、咳嗽、呼吸困难和腹水。对右心室进行超声波心动图扫描识别蠕虫可能较困难，因为这些报道的病例中只有相对较少的蠕虫数。外周血的微丝蚴血症在雪貂中不常见，因此，检测抗原应更为有用。心线虫治疗方法类似于犬和猫，可长期使用抗血栓药和杀成虫药。球虫病可以引起年轻雪貂的疾病，包括腹泻、昏睡、直肠脱垂。诊断和治疗与犬的相似。直肠脱垂通常在治疗潜在疾病后痊愈，局部性痔疮药膏可能也有效。

三、肿瘤

1．皮肤肥大细胞瘤　可能是雪貂最常见的非内分泌性肿瘤。这些肿瘤可以出现在身体的各个部位，但主要发生在躯干和颈部。肿瘤表现为凸起的、不规则的、经常是有疙瘩的肿块。罕见全身性的症状，被抓挠时肿瘤可能会出血，治疗方法是切除肿瘤。

2．淋巴瘤　在雪貂中常见，能影响许多器官系统包括淋巴结、脾脏、肝脏、心脏、胸腺和肾脏，也存在于脊椎和中枢神经系统。年轻雪貂的淋巴瘤经常迅速恶化，而在成年雪貂中通常是慢性疾病。由于淋巴瘤群出现在相关联的或同居的雪貂中，因此怀疑这些病例的病原是病毒。诊断应包括全血白细胞计数、化学仪器、X线检查、超声检查和任何可疑组织的穿刺检查。雪貂的治疗方案没有标准化，在可能的情况下，可进行肿瘤组织切除，化疗和/或放射治疗。免疫抑制是雪貂化疗的一个常见的问题，无论何种治疗方案，经常性的全血白细胞计数检查都是必要的。

3．脊索瘤和软骨肉瘤　在雪貂中已有报道。脊索瘤通常表现为尾巴上有牢固包块，尾巴在地上的拖动可能会使包块变得溃烂，但很少引起其他方面问题。据报道，颈部也出现过类似肿瘤。如果可能，建议通过外科手术切除肿瘤。软骨肉瘤可以出现在沿脊柱、肋骨或胸骨的任何地方，易引起脊髓压迫及

相关的临床症状。如果可能，治疗方案应包括肿瘤切除。

4．脾肿大　常见于成年雪貂，通常由髓外造血作用引起，也可能会出现淋巴瘤和血管内皮瘤。

四、内分泌紊乱

1．胰岛素瘤　在2～3岁以上的雪貂中是非常普遍的，这些胰β细胞的功能性肿瘤可引起胰岛素水平升高，导致低血糖症，相关的临床表现为虚弱、嗜眠、后肢麻痹、多涎、磨牙症、癫痫。诊断是基于低血糖的出现及相应的正常或升高的胰岛素水平，其他血液指标通常是正常的。在诊断这些胰腺包块时，超声波检查偶尔会有帮助。虽然可以药物和外科的治疗，但是不能治愈，养殖者应了解到这种疾病的长期性。外科治疗包含胰岛素瘤摘除术或部分胰腺切除术，在整个胰腺中常见微小的肿瘤，因此，切除整个肿瘤是不可能的。在有些病例，手术后会出现一段时期的血糖正常，但大多数情况下还需要继续进行药物治疗。外科手术的主要好处是降低病症的严重性，便于管理和适当地增加存活时间。药物治疗包括使用强的松（0.5～2.0 mg/kg，口服，每日2次）和氯甲苯噻嗪（5～30 mg/kg，口服，每日2次）消减肿瘤的作用，然而，这并不直接影响肿瘤。强的松增加静止时的血糖水平，并调低周边胰岛素受体，而氯甲苯噻嗪降低β细胞释放的胰岛素并竞争周围胰岛素受体，这些药物可以单独或协同使用。通常，第一次使用强的松的剂量就接近2.0 mg/kg，然后再增加氯甲苯噻嗪。药物治疗是终身性的，改变剂量后5～7 d应监测葡萄糖水平，之后至少每3个月监测1次。

2．肾上腺皮质机能亢进　由过量分泌的性激素黄体酮、睾丸酮（以雄烯二酮的形式）和由肾上腺网状带分泌的雌激素引起的，可在1.5岁的雪貂幼体中见到。病貂最常见的临床症状是毛发脱落，从尾巴和

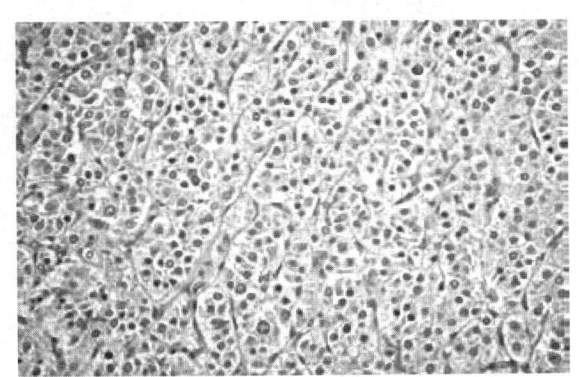

图17-2　雪貂胰岛细胞腺瘤（H&E染色，40×）
（由纽约动物医学中心提供）

臀部开始，并发展到侧面和头部。在雌貂，也可以看到外阴肿胀和乳头肿大现象，而雄貂可能在前列腺肿胀后出现攻击行为和排尿涩痛。患有严重的高雌激素血症的雌、雄个体中也出现骨髓抑制。可依据病史和体格检查作出诊断，在肾脏前部肿胀的肾上腺往往触感明显，CBC、生化指标检查通常是正常的。由于包块不会像其他种类病变那样通常会钙化，所以X线检查无效。超声检查可以显现肿大的腺体，确诊需要对三种性激素进行测定，测定可在美国田纳西州大学进行。

可以采用药物和外科手术方法治疗。手术切除肾上腺比药物治疗可能更有效，但手术后仍有约40%的复发率。左肾上腺更容易切除，因为右肾上腺与尾腔静脉紧密相连。如果两侧都受到影响，可以切除几乎全部的肾上腺。这些腺体的组织结构可出现增生、腺瘤或腺癌，此3种情况下对肾上腺功能的影响是相似的，但其转移性却不相同。如果完全或部分切除两个肾上腺，可能会形成肾上腺皮质功能减退，可以通过补充盐皮质激素及糖皮质激素进行治疗。肾上腺皮质机能亢进的药物治疗目的在于减少临床症状，但并不影响肾上腺，常采用醋酸亮丙瑞林治疗，这个原理尚不完全清楚，可能与下调外周的激素受体有关。亮丙瑞林是促性腺激素释放激素（GnRH）兴奋剂的一种复方制剂，可在1月龄（肌内注射，0.1～0.4 mg）和4月龄（肌内注射，2～4 mg）给予药物。应建议雪貂养殖者，这是为控制疾病的临床症状的一个终生的治疗过程。近年来，一些临床兽医师仅仅在繁殖期的几个月中（通常是11月到3月）采用药物治疗肾上腺皮质机能亢进。据报道也可以使用褪黑激素治疗，每只雪貂1 mg，口服，每日1次或注射复方制剂，治疗持续4个月。这种药物能抑制脱毛，也有助于改善其他症状，但亮丙瑞林仅仅只是对症治疗。醋酸德舍瑞林是另一种促性腺激素释放激素兴奋剂，在美国还没有应用，但有望成功治疗雪貂的肾上腺皮质机能亢进。用于控制人类性激素水平的药物已开始用于雪貂，并有望控制临床症状。

五、其他非传染性疾病

在雪貂中，由于它们好奇的自然本性，胃中异物很常见。异物通常为软橡胶或塑料物品，但也可能是毛粪石。临床症状包括厌食、磨牙症、多涎、上腹痛、腹泻和黑粪。因胃炎出现的呕吐比由于异物产生的呕吐更为常见。可用平片X线检查或对比造影进行诊断。治疗包括外科手术或利用内窥镜消除，消除异物后，应治疗胃炎。

通常，4岁以上的雪貂可患有扩张性心肌病。临床症状与胰岛瘤相似，所以检查雪貂时发现嗜睡、虚弱、腹水、呼吸加快或运动不耐受时，两者都应排除。可通过X线检查和超声心动图进行诊断。根据超声心动图异常情况，应用的药物包括呋喃苯胺酸、地高辛、依拉普利、贝那普利和匹莫苯等。使用剂量应参照剂量说明。

雪貂的肾脏疾病与其他动物类似。在成年雪貂中常见肾囊肿，通常不会产生问题，除非大量存在。投喂高植物蛋白食物的雪貂会形成结石，常由鸟粪石组成。

第四节　鱼类

见水产养殖系统。

水生生物医学已经成为动物医学中实践性很强的公认的专业。作为水产专业中重要组成部分的鱼类医学，正随着水产养殖或生产医学相关的附属专业、宠物鱼及观赏鱼医学（针对个体动物）的发展而发展。尽管水产动物医学的相关文献将会出版，但本章的重点是有关宠物鱼和观赏鱼的医学。

作为动物样本在内的观赏鱼可以明显地区分为淡水和海水品种。多数的宠物鱼是淡水鱼，其中许多在美国、亚洲或其他地区的养殖场养殖。宠物交易中的很多鱼是出口到美国的，实际上，除了一些小丑鱼（Amphiprion spp.）以外的所有海水鱼都是野生的，观赏鱼贸易是全球性的产业，鱼在到达批发商或零售商之前只需要通过几个经销商。在设计检疫议定书，预测近期可能发生的疾病类型及其严重性时，鱼的来源是一个重要的考虑因素。在隔离期间（最初30 d），海水鱼特别容易被寄生虫和细菌感染，到达宠物商店或家用水族箱的最初几周也具有这样的风险。

池塘里养殖的观赏锦鲤和昂贵的金鱼是受欢迎的宠物鱼，也受到兽医的特别护理。许多高品质的鱼都是从日本（锦鲤）或者中国（名贵的金鱼）进口，可能有很高的价格（高品质的锦鲤高达数千美元）。许多高品质的观赏鱼深受养鱼爱好者的青睐。这些鱼容易受监管部门关注的几种疾病的感染，最明显的是鲤鱼的春季病毒血症和锦鲤的疱疹病毒病，两者都有报道。

近年来，对个别的宠物鱼、展览动物和有价值亲本的临床护理已经发生了令人瞩目的变化。这些变化包括对疾病诊断而言非致命性药物的使用和一些复杂的治疗方式等。放射技术和超声检查特别适合水生动物疾病诊断。准确鉴定细菌性病原的血液培养技术和抗生素治疗之前的敏感性检测有助于减少鱼类死亡、手术活检，以及疾病的确诊。包括开腹探查术和鱼鳔修复术在内的外科手术的应用，可以挽救那些将要实施安乐死的动物。

治疗鱼病的兽医诊所常需配备一些相应的设施。除了常规设备之外（如显微镜、载玻片、盖玻片、基本的手术工具或解剖工具），水质检测设备也是必需的，此外还应包括检测溶解氧气、二氧化碳、氯、氨、亚硝酸盐、硝酸盐、pH、总碱度、总硬度、盐度等的基本设施。能够完成这些检测的商品化试剂盒在费用上也是可接受的。淡水和海水的测试系统是相似的，但是，在淡水水体中检测氨需要使用纳氏试剂。在兽医实践中，纳氏试剂的使用有两个缺点：①纳氏试剂中含有砷，因此必须作为危险废物进行处理；②它不能在海水系统中使用。作为一种选择，建议采用水杨酸氨试剂检测氨的方法。在许多被出售给水产养殖业的试剂盒中并不包含氯的检测，需要单独预定。另外，应该配备铜的检测试剂盒，用于海水系统。如果诊所有足够多的病例，强烈建议购置一台电子测氧仪。

除了这些基本的设备外，诊所还应配有一些容积为37.9～75.8 L的鱼缸用于诊疗。鱼缸还应附带简单的泡沫分离器和充氧装置。如果在操作中使用自来水，应配置去氯器。此外，需配备三卡因甲烷磺酸盐（MS-222）和小苏打用于镇静或者麻醉。其他有用的设备还包括用于测量水体积的1 L的量筒，用于称量麻醉剂的精确到克的天平，如果进行放射治疗、外科手术或其他流程需要转运麻醉鱼，还需要一个用电池供电的气泵。在外科手术中，37.9～75.8 L的鱼缸可以用作很好的容器，一个钻有小洞的有机玻璃或塑料盖放置在鱼缸上，使水流漫过鱼体并返回到鱼缸中，鱼可以被放置在一个V形泡沫床中，采用水族箱专用的小水泵使麻醉剂处理过的充气水循环，水流出鱼缸，越过鱼鳃。

提供鱼类诊疗的兽医应经常学习不断更新的管理条例，包括即将实施的美国农业部认证程序。

一、管理

在渔业生产中，疾病预防总是比治疗更为重要。一旦鱼生病，及时、准确地识别所有的问题是很困难的，治疗也必须在流行病发生的早期阶段实施才会有效。在大多数情况下，鱼类的全面健康管理计划应以水质、营养、卫生、检疫为基础。尽可能努力维持洁净的环境条件，包括最大限度减少有机残渣的积累，网具和设备的适当消毒、每个养鱼单元的彻底消毒，有助于减少疾病暴发。

鱼缸和设备的清洁卫生应首先进行一般性的清洁和有机垃圾的清理。在3.785 kg水中加入35 mL家用漂白剂（含3%～6% NaHClO），稀释成浓度为200 mg/L的消毒液；在该浓度下浸泡1 h后，将会杀死大多数相关病原体，包括大多数病毒。漂白剂不应该用于存放活鱼的封闭水体，因为挥发性物质可能进入溶液和杀死附近水族箱中的鱼体。分支杆菌有蜡质细胞壁，很难用漂白剂杀死。漂白剂处理后用酒精喷涂设备和接触面，对消除分枝杆菌效果良好。季氨盐类化合物也是非常有效的消毒剂，可用500 mg/L浓度作用1 h。

1. **生理学** 鱼是冷血动物，所有的生理活动受水温影响很大。在淡水中，鱼的内部组织是高渗的，然而，在海水中它们是低渗的。皮肤表面受伤会使渗透压调节更加困难，由于体液平衡的破坏和循环系统的衰竭可能造成严重的后果。

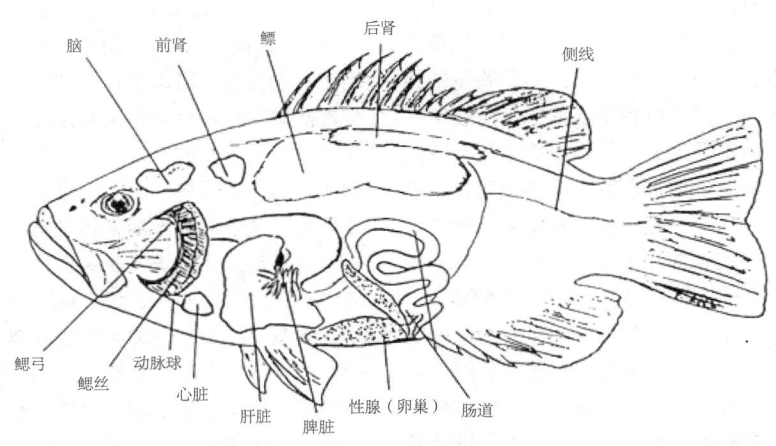

图17-3 鱼类基础解剖学
（由Peggy Reed 女士绘制）

鱼类缺乏淋巴结组织和枯否细胞。吞噬细胞存在于脾脏和肾脏的造血组织中，通常还存在于心脏的心房中。鱼的种类不同，肾脏结构也存在差异，一般分为前（头）肾和一个后（尾）肾，位于腹膜后部、脊椎的腹面。在肾脏中存在有造血组织、肾组织和内分泌组织，造血组织位于颅端，排泄的组织位于尾部。二价离子的排泄主要通过肾脏，单价离子和含氮的排泄物则是通过鳃。因此，肾脏和鳃的病变可能会严重影响呼吸、排泄和体液的平衡。

硬骨鱼的鱼鳔是前肠的一个附属器官，主要是调节身体浮力，也可以用于发声。管鳔类的鱼鳔和胃肠道之间是开放式的连接方式，而闭鳔类则不同。鱼鳔内气体产生和吸收用来维持身体的浮力或比重和鱼体平衡。锦鲤和金鱼的鱼鳔有2室，鳕的鱼鳔是3室。侧线感觉系统在身体两侧，头部接受水体环境刺激，通过CNS协调适应性反应。

所有鱼类都存在体液免疫系统，但在不同类别中存在相当大的差异。虽然抗体的产生经常与温度密切相关，但特异性血清抗体总是能被检测到。在鱼的血清和组织液中发现的免疫球蛋白的产生与脾脏和肝脏中发现的B淋巴细胞相关。然而，鱼类缺乏与其他动物的IgG类似的免疫球蛋白。与其他脊椎动物相同，当对感染原发生免疫反应时，鱼体内的IgM能明显增加。在感染过程中（或接种疫苗后），当大多数病原体快速复制时，鱼体内有效抗体的产生往往依赖于环境温度的升高，不同种类的鱼（温水鱼或冷水鱼）产生抗体的理想温度环境不同，极端环境温度（高于或低于自然栖息地）会抑制抗体产生。与其他脊椎动物相似，鱼类的T淋巴细胞，与细胞免疫有关。鱼的免疫力并不像其他动物一样与年龄有关，幼鱼常常具有免疫力，能成功接种疫苗。在鱼类的皮肤和胃肠道的黏液中能检测到抗体。

当鱼体内的免疫记忆反应出现后，获得性免疫力持续时间是有限的，注射抗原比群体药浴所获得的免疫力持续时间要长。虽然抵抗特定疾病的鱼用疫苗在防止经济损失方面有重要意义，但是方式上还有待进一步改进，这些改进包括增加自家疫苗的使用，一些公司应与兽医以及养殖户一起合作，开发用于特殊情况的定制疫苗。一些疫苗如杀鲑气单胞菌（*Aeromonas salmonicida*）疫苗，可开发用于宠物鱼，尤其是锦鲤。

2. 病史调查 如同所有的动物一样，一个好的养殖记录对于疾病的确诊至关重要。对于鱼病而言，特别关注的问题包括被感染鱼的数量，是一个品种还是多个种类，以及发病的时间长短。对鱼类环境和管理的完整描述，包括养殖鱼池的体积与设计，养殖鱼类的数量和大小，种类，新增加的鱼类情况，检疫、隔离情况，以及早期使用的药物等。还可以要求客户将鱼和水的样品带到诊所，兽医师可能还会走访养殖现场。实地考察将给予养殖体系更精确的评价，鱼的行为也更加容易观察到。如果鱼要带回诊所，那么客户应提供一个有典型病症的鱼类样本。活体鱼类应放置在用电池供电充气的冷藏箱中运输，单独的水样应装在塑料桶中，并放置在冰上运输。用于水质分析至少需要1 L水样，如果麻醉后的鱼类要求重复检查，可能还会需要更多的池水。对于刚死亡不久的样本也有诊断价值，可以送到兽医诊所，也可以直接送到在鱼类尸体剖检和诊断方面有丰富经验的实验室（见下文），水样也应与尸体样本一同递交。

3. 尸体剖检与诊断技术 其他动物的尸检方式同样也适用于鱼的尸体剖检上，重点在于精确和彻底的记录，临死前存在的症状、新鲜尸检材料，新鲜组织涂片和压片后显微镜直接检查的结果。鱼体腐烂的速度很快，很多腐生的微生物能在腐烂的组织中快速繁殖，因此除非在鱼体死后立即收集样本，否则病原体的分离工作会变得复杂。通常鱼的尸检应该包括血液采集（临死前），皮肤、鳍和鳃组织的检查，内部器官细菌和病毒的培养与组织学观察。可采用兽医临床诊所以及进行尸体剖检和水产微生物学检测的常规诊断设施。应尽可能提交活鱼，如果鱼刚刚死亡，鱼眼应该很清晰，鳃的颜色和纹理也应正常，不应该有"死鱼"的气味。刚死的鱼可以用潮湿的纸巾包裹，置塑料袋中，放置在冰上运送。水样应该总是随着鱼体样本一同提交。已经死亡并冷藏的鱼类的诊断价值是有限的，但刚死并冷冻的鱼可能在细菌学、病毒学或毒理学检测方面会有价值。

新鲜的鳃丝组织、皮肤黏液和鳍的样本都应该收集，可制备湿涂片，在40倍、100倍与400倍的光学显微镜下检查，淡水可以用于制备淡水鱼外部组织的湿涂片，而海水鱼类则应用海水制备湿涂片。如果不能确定鱼的种类，可以使用鱼缸里的水或采用提交的水样本。确保准备装置中的盐度接近于环境盐度，使生物能保持足够长的存活时间以便于鉴别。鱼类组织应进行形态、寄生虫、真菌或细菌检查。如果鱼体已经安乐死，建议对内部器官也进行显微镜检查。胃肠道中无异常部分还应进行寄生虫检查，脾、肾和肝等部分也应该进行寄生虫、肿瘤或其他异常状况的检查。

个体大于25~100 g的鱼可以从尾静脉收集血液，血样体积取决于鱼的种类和需要检测的血液学指标。对于被安乐死的较小个体，死后马上切断尾柄，显露尾部血管，收集血液于血细胞比容管中。血液学和血清化学指标的作用是有限的，因为正常值往往不容易得到，然而，这些信息还是具有一定的临床意义。肝素锂是鱼用抗凝血剂的首选，血浆可用于生物化学指标的检测，血清可用于某些病例的诊断（如重金属毒性）。全血（1～2滴）可以置于脑心肉浸液中，在室温下用电动摇床培养，如果培养基出现浑浊说明有细菌生长，则可以接种一环此血培养物进行全身性病原细菌的初步分离。

实施安乐死的鱼应在无菌条件下打开腹腔，使用无菌拭子擦拭后肾或其他有关器官，放入运送培养基中送到实验室，初步的分离工作直接在增菌培养基上（即含5%绵羊血的胰蛋白酶的大豆琼脂）进行。尽管血琼脂中加盐对于海洋鱼是有用的，如果使用血琼脂，加盐就没有必要了。Ordal's培养基或类似的噬纤维菌属的培养基可用于分离黏细菌（黏细菌，包括柱状黄杆菌*Flavobacterium columnarae*）。改良沙氏（Sabouraud's）培养基，对于分离真菌是一个很好的培养基。推荐勒文斯坦培养基（Lowenstein's）或增菌（Middlebrook）培养基用于分离分支杆菌，水解酪蛋白是一种作为从鱼体内分离的最常见细菌敏感性试验的选择性培养基。如果能见到鱼体的脓肿或其他明显的异常症状，这些地方的组织应进行细菌培养。一般而言，从鱼体组织分离的细菌或真菌应置于室温25℃条件下培养。有些重要的病原在37℃条件下完全不生长。培养的标准温度来自于哺乳动物。有的人兽共患的病原，如分支杆菌，可以在25℃与37℃两个温度条件下培养。抗酸性染色可应用于肉芽肿材料的染色，阳性结果表明极有可能是分支杆菌，如果鱼在死亡之前旋转，或者有其他神经性疾病的行为，应当对脑组织进行培养。

如果怀疑是病毒性疾病，则应当收集合适的组织，并提交实验室冷冻。在美国，从事水产动物医学的兽医、应关注表17-2中列出的几种病毒性疾病。

4．治疗　对宠物和观赏鱼的治疗通常是以管理环境为基础，然后进行有针对性的治疗来控制特定的病原。严禁在缺乏诊断试验的情况下进行药物预防，那样有可能导致耐药细菌感染和其他并发症的出现。

药物治疗可以通过几个途径实施，包括药浴（将药物加入水中）、药饵、注射或者局部用药。一般来说，药浴和局部用药对治疗外部感染最有效，而药饵和注射最适合于内部感染。

使用药浴治疗需要准确测量治疗用水的体积，计算方形箱体的体积，需要测量箱体的长度、宽度和深度，并将3个测量值相乘。计算圆柱形容器的体积时用3.14乘以半径的平方再乘以深度。直接计算到以"升"为单位，如果以厘米为单位测量时，应乘以0.001；如果测量时以英尺，那么结果为立方

英尺，把立方英尺转换为加仑，再乘以7.481。如果是一个不规则的形状，它的体积不能用数学方法计算，但是购买一个流量计来测量需要充满水的箱体体积会比较容易。或者，通过测量填满一个1 L的量筒（或20 L的桶）所需要的时间，来测量每分钟流入水的体积。利用这些数据，确定填满一个箱体或者景观池塘需要的时间，可以提供一个相当精确的体积评估值。

一些用于水产养殖和宠物鱼的药饵能以商品的形式购买，定制的药饵可以用于观赏鱼类。片状、颗粒状或者是凝胶状食料，可以用作宠物鱼药饵的基础饲料，烹饪油是观赏鱼颗粒状或片状饲料的有效黏合剂。随着凝胶的冷却，更容易将药物添加到食用商业凝胶中。一般来说，当明胶还热的时候不适合加入药物，因为一些药物尤其是土霉素不耐热。

可以采用肌内注射或腹腔注射的方法给药，肌内注射的部位可以是背鳍两侧的背部肌肉。腹腔注射的注射部位可以是腹鳍的前面，稍偏离腹部正中。通常用软膏对局部的病变部位进行直接治疗，治疗时用手控制鱼体，而通常不用将整个鱼体移出水面。当鱼体返回水中之前，实施治疗的部位应该可以离开水体数秒钟（少于1 min），以便药物吸收，这个治疗过程有必要重复。

虽然紫外线穿透水的能力很弱，但晒伤还是有可能发生在水表面游泳鱼或投喂诸如吩噻嗪的光动力药物诱变的动物（尤其是那些底栖性的种类）。受影响的鱼背部表面会有明显的损伤。遮阳处理可以解决这个问题。

（1）美国食品和药品管理局（FDA）批准的药物和监管　（FDA）批准的可供选择的鱼用治疗药物数量有限，但在过去的几年中在新药审批方面已经取得了重大进展，预计这一趋势还将会继续。FDA网站（www.fda.gov/cvm/aqualibtoc.htm）是药品和化学品（尤其是那些用于水产养殖的）管理条例最好的实时信息来源。FDA批准的可用于食用鱼的药物在表17-3中列出。另外，FDA还列出一些作为"低监管标准"的化合物，虽然这些化合物没有完全批准，但被认为是无害的，完全可以用于食用鱼。其中，盐是最重要的物质。少数的化合物，如硫酸铜和高锰酸钾没有被FDA批准使用，但是在水产养殖中有使用，被列入"中等监管条例"中。最后，还有几个不是FDA批准的化合物，在可控条件下可用于宠物鱼养殖，他们的使用现在没有合法性，不能用于食用动物的养殖实践中。除了了解FDA条例外，养殖者还应熟悉环境法规，在室外池塘的疾病治疗中，联邦和州环保法规最应令人关注。

表17-2 在美国被监管的鱼类疾病

疾病种类	病原体	易感对象	临床症状与病理学	温度范围	在美国的状况
病毒性出血性败血症（Egtved病）	弹状病毒属隶属：弹状病毒科	原发性：大马哈鱼、大菱鲆、鲱、褐牙鲆继发性：茴鱼、白鲑、犬鱼、大西洋和太平洋鳕、黑线鳕、许多淡水、海洋和河口性物种	急性形式：非特异性大出血（眼睛、鳍、皮肤），身体变黑、突眼、有腹水慢性形式：几乎没有先兆神经性反应：旋转、跳跃总体特征：脾脏肿大、腹水、肾脏坏死组织学：肾脏、肝、脾局部坏死，肌肉出血	最佳范围：9~12℃	目前在野生种群中有零星的、有限的分布，在太平洋西北部和阿拉斯加（野生大马哈鱼、黑线鳕和鳕）中流行，是北美洲五大湖地区新兴的疾病
传染性造血器官坏死病	弹状病毒属隶属：弹状病毒科	原发性：养殖大马哈鱼；湖鳟和红点鲑有抵抗力	死亡率迅速增加（小于1岁龄的鱼），昏睡但有时突然快速游动，泄殖孔凸出、拖便，眼球突出，腮苍白，体色变深，腹部膨大，有腹水（可能出血）	最佳范围：10~12℃；>15℃时极少	目前在美国西部有零星的、有限的分布，在西北太平洋和阿拉斯加（野生大马哈鱼）流行，在欧洲和亚洲的部分地区也有发生
鲤春病毒病	隶属：弹状病毒科水疱性病毒（暂定名的）	原发性：鲤（包括锦鲤、金），六须鲶（欧洲鲶），圆腹雅罗鱼、丁鱥	非特异性病症：体色变暗，眼球突出，鳃丝发白，腹部肿胀，腹水，腮、皮肤、眼睛出血，包括鱼鳔等器官有出血点，泄殖孔突出，带黏液状粪便。同时感染气单胞菌或其他种类的常见细菌	12~22℃	美国几乎没有（在捕获鱼中最后一次发生在2004年，而野生鱼在2007年），在东欧、俄罗斯、中国和中东有发病
流行性造血器官坏死病	蛙病毒属隶属：虹彩病毒科	原发性：河鲈继发性：虹鳟（包括野生和养殖的）	起河鲈的急性发病，并有高的死亡率；体色发黑、运动失调、昏睡，鼻孔周围出血，虹鳟的发病率和死亡率不太严重；组织病理：肾造血组织坏死	河鲈>12℃虹鳟11~17℃实验室8~21℃	在美国从来没有发生，是澳大利亚的地方性疾病
真鲷虹彩病毒病	虹彩病毒	真鲷，许多其他的河口物种和海水品种	严重贫血、昏睡、鳃丝发白，脾脏肿大		在美国从未发生，发生在日本和我国台湾
传染性鲑贫血症	鲑传贫病毒属隶属：正黏病毒科	大西洋鲑、褐鳟、海鳟、虹鳟	鳃发白，严重贫血（红细胞比积<10%）、肝脏肿大（黑色或棕色），腹水，内脏、肠系膜和鱼鳔出血	在体外：能复制的最高温度为15℃不能重复的温度为25℃	目前在美国东北部有零星的、有限的分布；在缅因州、新不伦瑞克、苏格兰和挪威有流行
锦鲤疱疹病毒病	疱疹病毒科鲤科的疱疹病毒3	鲤，及其杂交种，包括锦鲤、鬼鲤	鳃组织严重坏死	最佳范围[a]：22~25.5℃	目前在美国有零星的、广泛分布
流行性溃疡综合征（真菌性肉芽肿病）	丝囊霉菌	油鲱，鲻，其他许多淡水和河口性品种；黑鱼、（鲤科）鲅敏感；丝足鱼，金身和其他易感的观赏鱼；罗非鱼有抗病力	深度溃疡坏死（穿透体壁），肉芽肿组织反应；深度溃疡：中心为红色，边缘为白色；为无隔膜的菌丝体入侵（可培养有，但很困难）	<25℃（在半咸水系统中降低盐度有助于该细菌生长）	目前在美国，零星的、有限的分布

（续）

疾病种类	病原体	易感对象	临床症状与病理学	温度范围	在美国的状况
三代虫（仅Gyrodactylus salaris）	单殖亚纲（仅Gyrodactylus salari）	大西洋鲑、虹鳟、溪红点鲑、北美湖红点鲑，褐鳟，河鳟，北极红点鲑			在美国从未发生

a. ＞30℃死亡率停止，但是幸存者仍然保持带病状态。

表17-3　美国食品药物管理局批准允许在水产养殖中使用的药物（2007）[a]

药物	物种	适应证	给药方案	注释
浸泡				
福尔马林（西方化学公司出品的Parasite-S®；纳切兹动物供应公司出品的Formalin-F™）	所有有鳍鱼	抑制体外原生动物（斜管虫、口丝虫、钟形虫、小瓜虫、杯体虫、车轮虫）和单殖吸虫（锁盘虫、指环虫、三代虫）	水族箱或水池：鲑鳟：水温＞10℃时，170 μL/L，最多1 h；水温＜10℃时，250 μL/L，最多1 h；所有其他的有鳍鱼：250 μL/L，1 h；土池：15～25μL/L，不定期	药物使用温度不应低于4.4℃。当水温超过26.7℃，发生严重藻华时或者溶氧小于5 mg/L时也不应使用。如果有必要应该在5～10 d后再处理一次。有条纹鲈的池中不要处理。用药前，从大批量中取少量样本，检查其对福尔马林任何不正常的敏感性
	所有有鳍鱼卵	抑制水霉菌科中的真菌	所有有鳍鱼卵：1～2μg/mL，15 min；鲟：最多1.5μg/mL，15 min	应进行初步生物测试，确定物种的敏感性
	对虾	抑制原生动物寄生虫（波豆虫、钟形虫、聚缩虫）	水箱或水池：50～100μL/L，每天至多4 h；土池：25 μL/L，单一治疗用量	药物使用温度不应低于4.4℃。水温超过26.7℃，严重藻华或者溶氧小于5 mg/L时不应使用。如果有必要应该在5～10 d后再处理一次
福尔马林（阿金特实验室出品的Paracide-F®）	鲑、鳟、鲶、大口黑鲈、蓝鳃太阳鱼	抑制外部原生动物（斜管虫、口丝虫、钟形虫、小瓜虫、杯体虫、车轮虫）和单殖吸虫（锁盘虫、指环虫、三代虫）	水箱或水渠：鲑鳟：水温＞10℃时，至多可用170 μL/L，至多可到1 h；水温＜10℃时，至多可用250 μL/L，至多可到1 h；鲶、大口黑鲈、蓝鳃太阳鱼：至多可到250 μL/L，至多可到1 h；土池：15～25 μL/L，不定期；	药物使用温度不应低于4.4℃。水温超过26.7℃，严重藻华或者溶氧小于5 mg/L时也不应使用。如果有必要应该在5～10 d后再处理1次。有条纹鲈的池中不要处理
	鲑、鳟、犬鱼卵	抑制水霉科的真菌	1～2 μg/mL，15 min	预先应测试，确定物种的敏感性
过氧化氢（依卡化学公司出品的35%PEROX-AID®）	淡水养殖的有鳍鱼卵	抑制由水霉病引起的死亡	冷水和温水：500～1000mg/L，在连续流水系统中持续15min，每日1次，直至孵出。温水：750～1000 mg/L，在连续流水系统中持续15 min，每日1次，直到孵出	在治疗全部鱼群之前，先用少量鱼进行初步测试
	淡水养殖的大马哈鱼	抑制由细菌性烂鳃病引起的死亡（嗜鳃黄杆菌）	100 mg/L（30 min）或50～100 mg/L（60 min），每日1次，隔天交替，3个疗程	在治疗全部鱼群之前，先用少量鱼进行初步测试

（续）

药物	物种	适应证	给药方案	注释
过氧化氢（依卡化学公司出品的35%PEROX-AID®）	淡水饲养的冷水有鳍鱼和斑点叉尾鮰	抑制体外柱形病（柱状黄杆菌、柱状曲桡杆菌）引起的死亡	鱼苗和成鱼（除白斑犬鱼和匙吻鲟）：50～75 mg/L（60 min），每日1次，隔天1次，共3次。稚鱼（除白斑犬鱼、浅色鲟和匙吻鲟）：50 mg/L（60 min）隔日1次，共3次	对角膜白斑鱼小心使用；在治疗全部鱼群之前，先用少数鱼进行初步测试
盐酸土霉素（雅来大药厂公司出品的OxyMarine；凤凰科技公司出品的Oxytetracycline HCl Soluble Powder-343®；辉瑞公司出品的Terramycin-343 Soluble Powder）	有鳍鱼稚鱼和幼鱼	标记骨骼组织	200～700 mg/L盐酸土霉素，持续2～6 h	
三卡因甲基磺酸盐（阿金特实验室出品的Finquel®；西部化学公司出品的Tricaine-S）	鱼（叉尾鮰科、鲑科、犬鱼科，河鲈科）、水生两栖动物和其他水生变温动物	临时保定	15～330 mg/L（鱼）1：1 000 至 1：20 000（其他变温动物）	将药粉加在水中，依照预期的麻醉程度、动物种类、大小、水温和水的软硬度以及发展阶段来决定麻醉浓度；应该用少量的鱼做初步的测试。停药期21 d（鱼）；其他变温动物仅用于实验室和孵化场。水温高于10℃

注射

药物	物种	适应证	给药方案	注释
绒毛膜促性腺激素（英特威公司出品的Chorulon®）	有鳍鱼的雌、雄亲鱼	催产	50～510 IU/0.45 kg，雄性；67～1816 IU/0.45 kg，雌性	肌内注射最多3个剂量；供人食用的鱼用总剂量不超过25 000 IU；被限制使用，或由有资质兽医预订

加药饲料/混饲

药物	物种	适应证	给药方案	注释
氟苯尼考（先灵葆雅动物健康公司出品的Aquaflor®）	鲶	抑制由爱德华菌引起的鲶肠败血症的死亡	每日10 mg/kg，连续10 d	兽医饲料用药物（Veterinary Feed Directive，VFD），停药期12 d
	大西洋鲑	标记骨骼组织	每日250 mg/kg，连用4 d	鲑＜30 g。在饲料中单一添加。停药期7 d
土霉素二水化合物（辉宝动物健康公司出品的鱼用Terramycin®200）	大马哈鱼	控制溃疡病，疖疮病，细菌性出血性败血症和假单胞菌病	每日2.5～3.75 g/45.36 kg，连用10 d	混合配给。水温度不低于9℃。停药期21 d
	鲶	控制细菌性出血性败血症和假单胞菌病	每日2.5～3.75 g/45.36 kg，连用10 d	混合配给。水温度不低于16.7℃。停药期21 d
	龙虾	抑制高夫败血症（Aeroccocus viridans）	药饵：1 g/0.45 kg，连用5 d	在饲料中单一添加。停药期30 d
磺胺地托辛，奥美普林（挪威法玛克水产医药公司出品的Romet®-30）	大马哈鱼	控制疖疮病（杀鲑气单胞菌）	每日50 mg/kg，连用5 d	饲料混合，停药期42 d
	鲶	控制肠道败血症（爱德华菌）	每日50 mg/kg，连用5 d	饲料混合，停药期3 d
磺胺甲基嘧啶（雅来大药厂出品）	虹鳟、溪红点鲑，褐鳟	控制疖疮病（杀鲑气单胞菌）	每日10 g/45.36 kg，连用14 d	饲料混合，停药期21 d，未上市

a. 这是一个简短摘要。完整的使用说明需要参考药品说明书。该许可仅适用于新兽药申请（NADA）中以特定的药物为主要内容的部分；其他来源的有效成分（比如，来自于化学公司的原料药，或者一些公司生产的类似化合物，而不是这些由NADA指定的药物）并没有被新兽药批准。这个许可仅适用于按照适应证和以标签上指定的方式用药这两种情况。

很多情况下，除了鲶或大马哈鱼外，鱼的治疗管理需要采取兽药标签外应用。为了准许合法使用未被批准的观赏鱼用药物，FDA正在建立一个新的检索系统。在FDA网站上有最新的信息，那里提供的信息适用于宠物鱼药物的使用。

目前，在美国有3种FDA批准的抗生素可用于食用鱼，其中一些可用于观赏鱼，特别是锦鲤。但是FDA批准的药物加在饲料中作为饵料使用，在现行的法律中是不允许的。考虑到鱼用药饵使用的必要性，FDA已经表明，如果遇到以下情况，通常不会反对兽医标签外使用鱼用药饵：①超出标签使用方法，治疗联邦法律所定义的小物种；②用于一种水生物种，该药饵已被批准可以在标签范围外用于另一个水生物种；③已经建立了明确的正式兽医—客户—患者的相互关系。

兽医们还应熟悉兽医饲料用药物（VFD）。这是农村地区的从业者特别感兴趣的，他们可能会要求为养殖鱼类编写处方。为了使兽医能够按照VFD的要求给药，必须确认兽医、养殖者和患者的关系，兽医必须仔细检查鱼，并且确定采用VFD允许药物（如氟苯尼考）治疗的细菌性疾病。超出标签范围使用VFD是法律禁止的。

一小部分化合物被FDA指定为"特别重点监管"类，它们的使用可能会导致FDA的强制性措施。其中最重要的有氯霉素、硝基呋喃类和孔雀石绿。这些化合物不应该以任何理由用于食用动物，用于非食用种类也是被劝阻的。

（2）**抗生素**　抗生素可以通过任何推荐的方式应用于宠物鱼；但是，药饵是最常见的，也是最有效的方式。常用于宠物鱼或观赏鱼的抗生素包括土霉素、磺胺类药物和恩诺沙星（用于锦鲤和展览鱼）。表17-3中列举了规定的剂量和停药时间。土霉素（Terramycin®200）饲喂剂量为55～83 mg/kg，每日1次，连用10 d，控制许多革兰阴性菌的感染，包括柱形菌病。因为市场供应的土霉素衰减较慢，一些分离的细菌可能会产生明显的抗药性。Romet®-30（磺胺地托辛和奥美普林，表17-3）也可以有效对抗许多革兰阴性细菌，耐药性较小。添加药物的饲料对于病鱼来说其适口性是一个问题，因为病鱼往往可能会食欲不振。艾弗罗（Aquaflor®）（表17-3）是最近批准可用于鲶和大马哈鱼的含氟苯尼考药饵。可以作为VFD产品出售。尽管它特异性的治疗鲶的爱德华菌感染，但这种广谱抗生素对许多革兰阴性菌有很好的效果。红霉素不是FDA批准在鱼类上使用的药物，但是该药对治疗革兰阳性菌感染有很好的效果，特别是链球菌。红霉素的使用剂量为100 mg/kg，混饲，每日1

次持续14 d。红霉素药饵的适口性可能是一个令人关注的问题。红霉素已经用于大马哈鱼的细菌性肾病，以及食用和非食用品种的链球菌感染。在食用动物上使用必须得到FDA的许可。

因为使用效果未知或效果有限，以及对环境的破坏（即抗生素可杀死生物过滤器上的生物），一般不建议采用抗生素药浴的方法。土霉素药浴使用（100～400 mg/L，每日1 h，连续10 d）有一些效果。浸浴使用土霉素可能会被硬水螯合，因而在海水中是无效的。恩诺沙星的浸泡使用方法是2.5～5.0 mg/L，每日5 h，连续7 d。接触5 h后，建议换水，药物可能会被硬质水螯合。卡那霉素也被用作药浴，剂量为50～100 mg/L，每日5 h，每3 d重复1次，共治疗3次。在水中5 h后，水质会发生变化。在使用氨基糖苷类抗生素治疗病鱼的过程中，对肾脏的损伤是值得关注的问题。在文献资料中还讨论了很多其他的方案。

注射是控制抗生素在鱼体上使用剂量的最有效的方法。恩诺沙星可以肌内注射，剂量为5～10 mg/kg，高剂量应该3 d重复1次，将处理过程减到最小，通常建议3个疗程。使用恩诺沙星时，建议使用较低的浓度（22.7 mg/mL），即使用于大鱼，高浓度用药会有不良的组织学反应。如果注入的量过多，可以采用多点注射。其他注射的抗生素还包括丁胺卡那（肌内注射，5 mg/kg，3 d1个疗程，共3个疗程）。与其他氨基糖苷类一样，还应该考虑对肾脏的损害。红霉素（肌内注射，10 mg/kg，每日1次，连用3 d）可以用于治疗革兰阳性感染的个体较大的鱼。

过氧化氢（35%）最近被FDA批准可用于有鳍鱼，控制由嗜鳃黄杆菌（*Flavobacterium branchiophilum*）引起的大马哈鱼的细菌性鳃病，由柱状黄杆菌（*F. columnare*）引起的冷水有鳍鱼和鲶体表的柱状病，以及卵的真菌感染（水霉病）（表17-3），这些都是鱼类常见的外部感染性疾病，可能是受操作影响，或者与过高的有机物含量有关，或者是由于水温偏低造成的。过氧化氢可用于短期、连续洗浴药物。治疗过程每日进行，或者隔日1次，连续3次。建议在处理大批鱼之前先进行初步的生物敏感性测定。匙吻鲟对过氧化氢敏感，不建议使用。其他敏感种类还包括北方犬鱼，白鲟及某些情况下的大眼狮鲈。

用于局部治疗的抗生素软膏能应用于观赏鱼。一些药物似乎吸收得相当迅速，但如果治疗一个实质性的伤口，也许是应该覆盖一层防水化合物。频繁使用抗生素药膏（即每日2次）对治疗宠物鱼的表面溃疡效果较好。

（3）**杀寄生虫药**　福尔马林已被FDA批准，可用于有鳍鱼类和对虾（咸水）、小虾（表17-3）。作为一种保护剂，甲醇可以添加到福尔马林中。福尔马林消除鱼体表的原生动物寄生虫和单殖吸虫，对体外的细菌和真菌感染可能也有一些效果。15～25 mg/L的浓度可以用作长期药浴。在池塘中使用，建议采用较低的浓度，因为福尔马林能消除水中的溶解氧。在用福尔马林治疗的过程中大量曝气是必要的。25 mg/L的浓度相当于2滴/4.546 L（福尔马林用于玻璃缸中的鱼）。使用浓度≤25 mg/L时，化学药物处理后没有必要换水，在这个浓度，福尔马林对生物过滤器影响很小；然而，如果使用纳氏试剂检测氨，几日内都可以观测到很高的值，这是两种化合物相互作用的结果。短时间用福尔马林药浴，浓度可以达到250 mg/L，维持30 min，但是在治疗过程中密切观察是必不可少的，因为250 mg/L的浓度会使一些鱼致命。水温超过25℃时，浓度不应超过170 mg/L，如果对药物有明显的不良反应，鱼应该立即放入干净的水中。如果福尔马林是放置在低于7.2℃的低温条件下，会产生多聚甲醛的白色沉淀。因为多聚甲醛对鱼有很强的毒性，产生沉淀或变成浑浊的福尔马林绝对不能使用。福尔马林是致癌物，对操作人员具有潜在毒性；企业在应用化学药品时，应具有药物安全数据表，还应告知员工适当的安全防护措施。

盐被FDA归为"低监管"的一类。盐在水产上有很多的用途，包括破坏单细胞原生动物和渗透调节。通常盐度测量以千分数（ppt）或g/L（1 ppt = 1 g/L）表示。海水的盐度通常是32～37 g/L。通过增加或减少淡水或海水鱼接触的水中的含盐量，渗透压会改变，很多寄生虫会被消除。淡水鱼类在盐度30 g/L的水中浸泡0.5～10 min（不同种类有所差异），对于杀死体外寄生虫有效果，转运鱼体时强烈建议采用该方法。当鱼有痛苦的表现时（通常表现为侧卧），应该将他们从盐水浴中移出。使用盐是减少因引进鱼而将原生动物带入养殖系统的快捷而且有效的方法。建议运输淡水鱼时采用5～10 g/L盐度，大多数种类能容忍该浓度几个小时甚至几日。在淡水鱼养殖系统中，长期提高盐度至2～3 g/L，能使寄生的原生动物降至最少。因为池塘的体积很大，盐并不能广泛的用于生产实际，除非是为了控制或预防亚硝酸盐中毒，但可用于体积不超过几千升的观赏性池塘。在降低海水鱼盐度方面有用的资料很少；然而，在转运鱼类时，经常建议调整温度和酸碱度的淡水浸泡法。治疗一些寄生虫病，特别是隐核虫属（Cryptocaryon），将盐度降低至16～18 g/L，会非常有用。

硫酸铜（CuSO₄）还没有得到FDA的批准；然而，大量含有CuSO₄的混合物已经被美国环境保护署（EPA）批准，作为灭藻剂用于水生环境。目前它属于"中等监管"类型，并且用于食用鱼的生产中。CuSO₄作为杀虫剂，因为其相对较低的成本，已经被用了很多年，特别是在大型生产池塘。铜对鱼有较高的毒性，安全使用既取决于治疗用水的体积，还与水的总碱度有关。在淡水水体中，CuSO₄使用的浓度应该以水的总碱度（Total Alkalinity，TA）为基础，如果TA小于50 mg/L，则硫酸铜不能安全使用。如果TA为50～250 mg/L，CuSO₄的安全浓度可以通过TA除以100来确定。例如，如果TA =100 mg/L，那么CuSO₄的安全的浓度是1 mg/L，如果TA大于250 mg/L，CuSO₄的浓度不应该超过2.5 mg/L。CuSO₄也有灭藻的活性。水华的快速死亡会加速氧气的消耗。在没有增氧设备的池塘使用CuSO₄会有风险。如果池塘中有过多的水华（透明度≤45.72 cm）或水体由于其他原因（如多云的天气或较高的温度）已经缺氧，那么使用CuSO₄就很危险。

在海水系统有时使用螯合铜，因为螯合铜存在的时间更长。螯合化合物可能很难安全使用，用时需要仔细监控。CuSO₄可以用来治疗海水鱼病，但是，活性铜离子（Cu²⁺）的浓度必须精确测量（可以使用检测试剂盒），应该维持0.2 mg/L浓度3周。当在海洋水族馆使用非处方的商品时，应遵循标签的使用说明，Cu²⁺浓度至少应该每日测试1次。

铜对无脊椎动物和植物有非常强的毒性，因此在用铜处理时，这些都必须移开。最后，铜在生物滤池中也会影响细菌，预计治疗后的几日内氨会在短时间增加，建议监测氨的浓度，直到测量值稳定下来。

目前，高锰酸钾（KMnO₄）也被FDA认定为"中等管控"的药物。KMnO₄被用做外部驱虫剂、杀真菌剂和杀菌剂。高锰酸钾是一种强氧化剂，可以"灼伤"有机物质，使其离开鱼体表。过度使用，特别是在短时间内多次使用（超过1周1次），会杀死鱼体。KMnO₄使用的浓度须随不同水体进行调整。在水质清澈的水族馆或者观赏性水池，1～2 mg/L的浓度通常是安全有效的。在有机物含量较高的水体中，高锰酸钾的需要量则大。可以采用生物检测的方法确定高锰酸盐的需要量：将待处理的水放在一个小容器内，按2 mg/L浓度加入KMnO₄，在4～8 h内维持粉红色的最低浓度将是用于治疗的正确浓度。如果水中有机负荷过多，所需KMnO₄的浓度大于6 mg/L时，则应该评估卫生设施。使用2 mg/L或更少浓度的KMnO₄对生物滤池状态几乎没有影响。高锰酸钾的毒性随着水的盐度增加而增加，因此不建议在海洋系统中使用。

几十年来，有机磷酸酯类一直用于控制非食用鱼的单殖亚纲寄生虫、寄生甲壳类和水蛭。在淡水环境中，仅有观赏鱼类可以使用，0.25 mg/L浓度，长期药浴。市场出售的大多是含85%的活性成分的可湿性粉剂。药物的毒性和有效性受pH影响，酸性越高，毒性越强。正因为如此，在海水环境中（pH为8.0～8.3）有必要增加剂量，在一些设施中的用量达到1.0 mg/L。在使用有机磷酸酯类治疗前，一些兽医将阿托品添加到海洋观赏鱼的食品中。由于环境原因，不应该在室外池塘中使用有机磷酸酯类，除非在州法律中存在这种使用方法的特殊的条款，并且有兽医跟随。采用有机磷酸酯类治疗后，设施在排水前的装水时间必须达到96 h。至少48 h内，通常禁止潜水人员进入观赏鱼池中。在美国，有机磷酸酯类不能用于食用鱼。

除虫脲是几丁质合成抑制剂，能有效抵抗锚头鳋（*Laernea*）、鱼鲺（*Argulus*）和只在观赏鱼上出现的其他寄生桡足幼体的感染，使用时用0.03 mg/L的浓度长期浸浴。该药的半衰期相当长（＞1周），处理过后的水在排放前应该通过活性炭过滤。

甲硝唑用于控制肠道原生动物，可以药饵形式施用，在鱼厌食时也可用浸泡的方式。虽然在抗鞭毛虫（*Spironucleus* spp.）感染方面非常有效，但是在抗胃部的隐鞭虫（*Cryptobia iubilans*）感染似乎没有效果。采用大约7 mg/L浓度（250 mg甲硝唑溶于45.46 L水中），每日1次，连用5 d，建议每日治疗结束几小时后换水。甲硝唑用于制备药饵，用量为50 mg/kg，口服5 d。有信息表明过度使用甲硝唑治疗（10倍推荐量，30 d）可能会造成一些鱼不能繁殖。在美国，甲硝唑不得用于食用鱼。

芬苯达唑一直被用于控制鱼类肠道寄生虫。通常的用法是25 mg/kg拌料投喂3～5 d。但是，治疗试验的效果还没有得到评估，一些临床兽医也用2 mg/L浓度的左旋咪唑浸泡治疗。在美国，这些化合物不得用于食用鱼。

吡喹酮是用来控制肠道绦虫，以及鳃和皮肤上的单殖吸虫感染。在大型海洋水族馆常用吡喹酮长期浸泡控制梅氏新贝尼虫（*Neobenedenia* spp.），使用浓度为2 mg/L，在几周内都能保持活性。处理过的水在被排放之前应该用活性炭过滤处理。吡喹酮也可以35～125 mg/kg的量口服3 d，或者以浓度10 mg/L短期浸浴处理3 h。最近的研究结果显示，采用50 mg/kg的剂量，连续投喂黄尾无鳔石首鱼，每日1次，连续7 d有效。在美国，食用鱼禁止使用吡喹酮。

氯喹已用于控制观赏海水鱼的淀粉卵涡鞭虫（*Amyloodinium* sp.）病，使用时采取10 mg/L浓度，长时间浸泡。在循环系统中效果似乎很好；然而，在治疗间隔、对生物滤池的影响，或者其他基本饲养效果方面，基本上没有任何数据。建议每周检查鱼体（包

括被感染组织的切片检查），以便评估治疗效果。一些养殖者已经使用氯喹（10～15 mg/L，连续7 d，随后改为10 mg/L），同时降低盐度（16～18 g/L），治疗海水鱼的隐核虫属病。治疗效果还不确定，但由于不需要进行密集的水质测量（在使用Cu^{2+}时如此），优点是减少了劳动强度。在美国，食用鱼禁止使用氯喹。治疗用水在排放之前应该用活性炭过滤。

（4）**麻醉药**　三卡因甲基磺酸盐（MS-222）是一种苯唑卡因衍生物，有两种产品：三卡因（Finquel）和S-三卡因（Tricaine-S）被FDA批准用于鳍鱼。在用于食用动物时，MS-222的停药期为21 d。MS-222在镇静、手术麻醉和安乐死方面非常有用。MS-222是酸性物质，因此，小苏打可以用作缓冲剂（以重量计，2 g小苏打∶1 g MS-222）。尽管不同鱼种存在敏感差异性，但当MS-222浓度在50～100 mg/L时，一般具有镇静作用。对于大多数种类而言，麻醉诱导剂量可能接近125 mg/L；然而，当麻醉不熟悉物种的时候，最好从较低浓度（即50 mg/L）开始，再提高浓度，直到达到期望的效应。诱导期后，浓度可以下降到50～100 mg/L以维持期望的麻醉深度。应该监控呼吸作用，如果鳃盖的运动停止，鱼应该立即移入清洁的充气水中。浓度1 g/L的加缓冲剂的MS-222也可以用于鱼的安乐死。MS-222对光敏感，应该在暗处储存。颜色变成棕色的药品应该废弃。

丁香酚和丁香油（非处方药，通常含84%丁香酚）作为麻醉剂，受到宠物鱼爱好者的欢迎。在美国，它们没有被FDA批准用于鱼类，FDA可能采取监管行动防备兽医在食用动物使用丁香酚。在麻醉鲳时，将浓度50 mg/L、100 mg/L和200 mg/L含量的丁香酚与MS-222比较，结果发现对鱼有镇静作用；然而，还存在镇痛、长时间复苏和安全范围狭窄的担心，尤其是在更高的浓度下。MS-222和丁香酚使用的结果都会导致淡水白鲳血氧不足、血碳酸过多症、呼吸性中毒和高血糖。

（5）**其他化合物**　绒毛膜促性腺激素是经FDA批准的作为辅助产卵的药物。兽医可以在激素诱导产卵方面提供帮助。绒毛膜促性腺激素是一种处方药，被限制使用或在执业兽医的嘱咐下使用。

5. 手术　在处理宠物或观赏鱼的一些医学问题时，包括肿瘤病、难产（即排卵受阻的鱼）以及解决浮力问题的鱼鳔修补，手术越来越多地成为了一种选择。鱼的皮肤没有皮下组织，不像家畜的皮肤组织提供柔韧性；因此，鱼类的伤口通常不能采用手术缝合来痊愈而是通过二期愈合。手术前的临床评估类似于其他物种，但会更加注重超声成像方面的检测，而减少血液学方面的检测。在水产方面放射检查和超声检

查有很好的用途，建议在外科手术之前采用这些技术。

文献中描述了怎样对鱼进行外科手术。对于比较小的鱼类，比如锦鲤，很容易构建一个泡沫板"床"，上面简单地覆盖洁净的塑料膜，以避免鱼与泡沫板直接接触而损伤皮肤、鳞片或黏液。"床"可以放置在一个玻璃缸上，使用带漏洞的塑料托盘，以便排水。

使用水泵通过一个小管从玻璃缸内泵取溶有麻醉剂（通常是MS-222见上文）的水，使水流过鱼鳃。理想情况下，应当检测麻醉溶液中的溶解氧、氨和pH。鱼体可以用洁净的塑料手术单覆盖，紧接着在手术位置做简单的准备。需要做的全部工作是沿着切口线拔掉鳞片，用无菌盐水浸泡的无菌拭子仔细清洗该区域。可以使用浓度很低的消毒剂，如聚乙烯吡咯酮碘或洗必泰，但是如果鱼体是干净的，这些可能就没有必要了，因为正常的黏液具有显著的抗菌性能。

通常不建议在鱼体上使用可吸收的缝合线，因为他们可能会存留相当长的一段时间（有时会超过1年），应当选用单丝线和锋利的针。简单、不连续的缝合方式对缝合鱼的皮肤会比较好，但其他方式也能成功。手术部位痊愈时，应该拆除皮肤上的缝合线，时间一般在3～4周。外科手术钉也已经成功应用于鱼类。由于在一些鱼类上使用氰基丙烯酸盐组织黏合剂后出现严重的炎症反应，其使用效果尚不能确定。如果术后使用抗生素，采用5 mg/kg剂量，肌内注射恩诺沙星是一个不错的选择，但仅仅只适用于非食用鱼。布托啡诺的用量为0.1～0.4 mg/kg，肌内注射可以用于控制非食用鱼的术后疼痛。强烈推荐在复苏和愈合期将淡水水体中的含盐量增加至1～3 g/L。大多数的淡水鱼类应能耐受3 g/L的盐度。

6. 应报告的疾病及其监管 随着美国观赏和养殖鱼类监管的加强，包括美国农业部为转运动物提供的健康证书的职业兽医的服务要求也在增加。一个全国性的水生动物健康计划正在走向成熟，在今后若干年，应该更清晰地明确兽医的职责。美国农业部动物卫生检查局（USDA-APHIS）为那些希望在该市场增加客户的从业者提供自愿的培训，目前正在酝酿为认证兽医颁发的特殊的水生生物证书。关于水产医学的联邦法规信息可以在http://www.aphis.usda.gov/animal_health/animal_dis_spec/aquaculture/网站上得到。州法律可能比联邦法律更严格，在州法律中对水生动物进口的规定有明显的不同。州兽医是州动物健康条例信息的最基本的来源。

世界动物卫生组织监测包括鱼类、软体动物、甲壳类动物在内的动物疾病。他们在线发布了水生动物健康代码和水生动物诊断测试指南（http://www.oie.int/eng/normes/en_acode.htm？e1 d10）。从业者应该随时关注被监管的疾病状态的变化，如果有情况发生而没有报告，他们将要承担责任。在美国，水生动物兽医最关心的监管类鱼病包括锦鲤疱疹病毒、鲤春病毒血症和病毒性出血性败血症（表17-2）。水生生物疾病报告的通知单应该直接上交给州兽医和美国农业部地方兽医主管（Area Veterinarian in Charge，AVIC）。

7. 隔离 强烈建议宠物鱼和某些计划在公共水域展示的动物要经过隔离观察，隔离时间最短为30 d，但也可能需要更长时间。与其接触的所有动物需被隔离安置。隔离鱼类应该有特定的设备（如网、水桶和虹吸管等），保持与其他动物分开。隔离设备和检疫区入口处的足浴池都应该使用消毒剂。

收到病鱼时，应该详尽地掌握之前治疗或者疾病暴发的情况。在隔离期应尽早对鱼进行检查，肉眼观察可能就足够了，但对于经济价值高的样本，建议进行完整的临床检查，包括记录鱼类的重量，完成鳃、皮肤和鳍的活检。在装运过程中使用抗生素预防可能是允许的，尤其是近期进口的海洋生物。使用吡喹酮治疗海水鱼的单殖吸虫病时也应当谨慎。金鱼通常有严重的单殖吸虫感染，使用福尔马林或吡喹酮进行治疗可能是合适的。锦鲤疱疹病毒病（KHV）是一种严重的、应该上报告疾病。为了避免引入KHV，应当对确定的锦鲤种群进行隔离。锦鲤应该在24℃条件下至少隔离30 d。在隔离期间发病的鱼应该做KHV检查。

二、环境性疾病

水质不好是环境诱导性疾病最常见的病因，所以一些评估水质量的方法是必需的。可以使用价廉的检测试剂盒，所提供的信息也相当准确。应鼓励专业水产养殖者或高级别的热带鱼爱好者购买和使用自己的水质检测设备。从事水产医学的兽医，应该对水质变化和控制有一个全面的了解。

水质基本参数分为四大类：溶解气体、含氮化合物、碳酸盐化合物和盐度。养殖环境的类型、生物种类、养殖密度不同，这些参数的重要性也各不相同；然而，低溶解氧气和高氨是最有可能直接使鱼致死的两项水质参数。

1. 氯及其他毒物 除了以下要讨论的水质问题外，水生生物对各种各样的毒物也敏感。特别提到的毒物是氯，氯是自来水中常见的添加物，有时被用于消毒水族箱或水族设备。它对鱼体有很高的毒性，浓度0.02 mg/L时，会出现不良反应，0.04 mg/L时，会出现死亡。水生系统中氯含量的测量可以采用简单的比色法进行。在鱼类存活的任何时候都不应有氯的存在。很多试剂盒能测量游离氯和总氯，两个结果都应该是零或无法测出。游离氯是指具有漂白活性的次氯酸（HOCl）和次氯酸根离子（OCl⁻），总氯则是游离氯加上作为氯胺固定的氯气。许多城市，氯化氨被用作分子稳定的手段，这种水可能检测不出游离氯，却能测出很高含量的总氯，这说明存在氯胺。当用硫代硫酸钠消除氯氨时，氨就会被释放到水环境系统中。在这种情况下，反复换水（每次都需要脱氯，并释放额外的氨）可能会导致高氨水平，同样也可能会导致生物中毒。当氨被释放时，合适的生物过滤器能够使之转化，但一个新的或被破坏了的细菌滤床则不能通过脱氨基作用来处理流入的氨。使用专门用于处理氯胺的去氯器能够解决这个问题。绝对安全地使用脱氯化合物，还应该检测脱氯前后水中氯的含量。依照宠物店购买的药物的标签说明使用往往是有效的，然而，在极少数情况下，自来水中也存在有比预期更多的氯。治疗时水的体积计算不准确，也可能导致治疗效果不佳或者无效。

在养殖实践中，常常会有鱼类长时间接触亚致死浓度氯的状况，即便是经验丰富的养殖者也会遇到这种现象。每次兽医都应该测试使用自来水作为水源补充的养鱼箱中氯的含量。氯中毒的临床症状是非特异性的，但可能包括鳍边缘不整齐，体表和鳃上黏液过多，眼浑浊以及昏睡或者兴奋的行为，有时会发生较低的慢性死亡。

其他有毒物质还包括硫化氢和重金属。在维护不好（没有经常打扫沉积物，导致厌氧代谢发生）的水族箱中，硫化氢是经常出现的问题。对这些区域进行清洗或其他方式的处理，可以使硫化氢释放到水体中，导致鱼类急性和灾难性的死亡现象。硫化氢的另一个常见来源是井水，如果存在这种情况，能闻到独特的"臭鸡蛋"气味。硫化氢是挥发性的和暂时的，所以除非在问题发生的当时收集水样，否则不可能进行确诊。有报道认为，鱼类急性死亡率的硫化氢浓度为0.5 mg/L，但是只要能检测到硫化氢都应该引起重视。

水中重金属可导致急性中毒，但更多是慢性死亡。如果家庭管道中有铜管，铜可能渗入到水中。如果释放足够的量，可能导致鱼类死亡。当水能停留在管道中时，问题最有可能发生，应测量被怀疑水铜的含量。解决方案包括在自来水放入水族箱前经过长流水，或用特殊的过滤（如活性炭）去除金属元素。

2. 溶解气体 氧气是最重要的溶解气体。在池塘中，藻类的光合作用是氧气主要的来源。光合作用存在昼夜变化，在白天，产生光合作用，氧气含量升高，二氧化碳水平下降；晚上，由于呼吸作用会导致溶解氧（dissolved oxygen，DO）下降，二氧化碳增加。DO浓度大于5 mg/L时，大多数有鳍鱼代谢旺盛，DO浓度小于5 mg/L时，鱼的代谢会受到影响；溶氧下降，鱼可能会窒息死亡，但这与鱼的种类、大小和低溶氧持续的时间有关。缺氧死亡的鱼体的基本标志包括突然、高的死亡率，通常发生在早晨（溶氧水平最低时），通常个体较大的鱼比小型鱼受影响要大。溶氧量低时，鱼经常停留在水的表面，呼吸空气，这种行为称为"浮头"。浮头的原因可能不同，包括低溶氧、高亚硝酸盐或者鳃病。

在室外池塘，低溶氧最常发生在凌晨，但也可在任何时候发生。在池塘中，最常见是在天气多云、藻华死亡、池塘转水时。池塘转水是引起池塘灾难性死鱼的常见原因。最常发生于深水池塘（＞1.8 m），这种池塘有分层现象。池塘底部的水温变冷，形成温度梯度，温暖的表层水和凉爽的底层水之间称为温跃层。温跃层在表面水（表水层）和底层水（底水层）之间充当一个物理屏障。由于光合作用，氧气产生发生在表面，深水层变成低溶氧状态，生物需氧量升高。当池水混合，或"转水"，水中的溶解氧被深水层所需要的生物需氧量所消耗，这种溶解氧的突然消耗，可以导致氧气的耗尽和鱼体死亡。在美国南部，池塘转水的最常见原因是夏季雷雨时，冰冷的雨水加上风和波浪所释放能量使池水充分混合。在佛罗里达，飓风过后，鱼类出现死亡，归因于池水的混合。池水的混合也会因拖网捕捞、充气或其他导致表层水和深水层混合的人为措施所引起。通过在最危险的阶段（通常在炎热的夏季），每周1次的上下氧气交换来避免由于池水混合所导致的鱼类死亡，如果检测到分层，在水体溶氧形成明显的分层之前，池水应当充气或混合，以破坏分层状态。

当评估水中溶解氧、室内养鱼系统的充气供氧或展示缸的充气状况时，如果水质清澈，则应同时关注水体溶解氧量和氧气饱和度。水中能溶解氧的饱和度与水温、盐度和水深有关。当然，在这三个因素中，水温最重要。其中任何变量的增加，水中氧饱和度都会下降。如果已知水的温度、盐度和水深，溶氧饱和度可以用于确定一定溶氧量的氧饱和度。如果氧气饱和度低于100%，这可能表明充气不足或环境卫生问题（系统内出现缺氧或有机物过多）。在这两种情况下，无法维持养殖系统处于或接近100%的氧饱和度，这种情况需要修正。大多数鱼适应氧气含量大于5 mg/L，然而，饱和度百分比应该被视为养殖系统健康程度的一个指标。

气泡病是由于水中溶解气体过饱和引起。在宠物鱼，它可能与井水的使用有关，因为井水中可能含有高浓度的氮气或二氧化碳。可以在水与鱼接触之前，通过曝气的方法解决。在水族箱中出现气泡病的常见原因是充气泵的使用和有时在冷水情况下过度曝气。气泡病表现为眼球突出，鳍、角膜或其他组织出现微小的气泡，在鳃上毛细血管中存在气泡栓塞是诊断的依据。治疗气泡病的方法是充分曝气，使过剩的气体挥发。正如上面描述，可以使用氧饱和度表对气体过饱和状态评估。解决问题的根本方法包括鉴定和除去多余的气体来源。

当二氧化碳浓度超过 20 mg/L 时鱼会出现中毒。受影响的水经常为酸性（pH小于7），对过多二氧化碳的现场快速处理的方式是对可疑水进行1 h的充分曝气。超过1 h后，pH显著增加（如大于1单位），表明二氧化碳过剩。鱼暴露于高浓度的二氧化碳中可能深度昏睡。杂交条纹鲈接触有毒浓度的二氧化碳（约40 mg/L），可以观察到背部会露出水面，在受影响的鱼缸中加入盐时鱼体反应剧烈，并试图离开水体。有报告表明，可能由于水中高含量的二氧化碳诱发，养殖的鲑科鱼类出现肾钙质沉着症和内脏肉芽肿，导致代谢性酸中毒，泌尿器官和组织中有钙的沉积，周围会出现大量肉芽肿。治疗二氧化碳中毒的方法是强有力的曝气。应该检测和减少水体中二氧化碳的浓度。

3. 含氮化合物 含氮废物从鱼或食物的降解物直接进入水生系统。鱼类食物中蛋白质含量通常非常高，经常超过38%，可以显著增加系统中氮的含量。鱼体内的氮是以氨（NH_3）的形式通过被动扩散从鳃毛细血管排出。一旦NH_3被释放到水体中，就进入了氮的循环，自然的转化过程是细菌种群将氨转变为亚硝酸盐（NO_2），进而转化为硝酸盐（NO_3）。硝酸盐可通过厌氧代谢转化为氮气（N_2），氮气具有挥发性，能迅速离开水生系统。系统中的植物或藻类能直接利用氮的代谢产物。

NH_3有剧毒，经常限制集约化养鱼系统的鱼的生产。NH_3是不稳定的，当它进入水生系统时，就会建立NH_3和铵（NH_4^+）之间的平衡。对比NH_3和NH_4^+，NH_3对鱼更有毒，NH_3的形成是受高pH（大于7）和水的温度的影响。当pH超过8.5时，水中任意量的NH_3都可能存在危险。一般来说，一个正常运行的水生系统应该不会含有氨，因为一旦氨进入系统，它会被环境中的需氧细菌转化。测试氨的试剂盒通常并不直接测量氨，而是测量NH_3和NH_4的组合，称为总的氨态氮（Total amomonia nitrogen，TAN）。TAN小于1 mg/L，通常不用担心，除非pH大于8.5。然而，如果NH_3的量增加，应该寻求原因。现存的有毒NH_3的量，可以根据用TAN、pH和水温进行估算。当NH_3含量超过0.05 mg/L时，会明显损伤鳃组织，含量达到

2.0 mg/L，对很多鱼都是致命的。鱼暴露于含氨的水中，可能会反应迟钝、食欲减退。旋转、迷失方向感和抽搐等神经性的症状暗示着急性中毒现象。

喂饲过多或生物过滤器出现故障（死亡）是NH_3增加的常见原因。如果可能的话，一旦检测NH_3含量偏高，应尽快换水（≥50%）。如果TAN非常高（即，>5 mg/L）、水的pH呈酸性（即，<6.0），应将鱼转移至一个干净的养殖系统中（平衡pH与温度），避免在换水过程中，由于pH的变化，水中的氮从氨态氮到铵态氮的突然转变。应中断投饲，或者显著减少投饲量，直到问题解决。

在高NH_3浓度时，宠物鱼的疾病会出现两种状态。由于生物过滤器没有时间形成，在养鱼系统建成的最初2～3周，随着其中NH_3的升高，会出现新缸综合征；刚开始的养鱼爱好者极有可能会在新的系统中，投放过多的鱼或者投喂过多的食物，导致NH_3浓度上升到最高值，鱼发病甚至死亡。对TAN的日常监测和经常性的换水对于控制氨氮是必要的，直到生物循环过滤器形成，TAN浓度指标降低，NO_2浓度升高。

旧缸综合征通常很少见。它的特点就是极高的氨含量（TAN可能大于20 mg/L），和极低的pH（经常是<6，严重情况下<5）和完全缺乏碱度。这种情况产生的原因是由于系统内的缓冲能力衰竭，常常是由于超过几个月期间不合适的管理方式的累积。由于缓冲能力（碱度）丧失，有机酸累积，降低pH，酸性环境使生物过滤器中的细菌致死，导致NH_3的积聚。在解决这种状况时，尽可能多的排出"劣质"水很重要，避免由于pH上升，过多的NH_3-H转变成有毒的分子状态（NH_3）。随着pH上升至高于7时，铵转变成分子状态的氨（有毒），这种简单的水质变化，可能导致灾难性死亡后果。非处方类的化学除NH_3的药物有助于防止鱼类死亡，但是，水生系统必须经彻底清理后才能再使用。系统的恢复可能需要几周时间。

在氮循环中，第二个降解的产物是亚硝酸盐（NO_2），这对鱼也是有毒的。亚硝酸盐可以被动地穿过鳃上皮组织进入血液循环系统。它可以和血红蛋白形成高铁血红蛋白的复合物，导致高铁血红蛋白症或棕色血液病。如同其他动物一样，红细胞中含有的高铁血红蛋白将无法运输氧气，结果导致生理性缺氧，与水中的氧气含量多少无关。鱼类对亚硝酸盐毒性的敏感性存在种间差异（例如，鲈、蓝鳃太阳鱼等棘臀鱼科有耐受性），因为盐度环境，已确认海水鱼对NO_2毒性有抵抗力；但是，亚硝酸盐存在时，美国红鱼会出现褐血病。可以通过观察类似巧克力的褐色鳃的特性，初步诊断褐血病。血液样本也表现一种异常

的颜色。可以确定血液中高铁血红蛋白的浓度，虽然这对于临床诊断来说不是必要的。水质检测可以确认NO_2的存在。鱼会受到高铁血红蛋白症的影响，典型症状表现为缺氧，常常表现为浮头。

治疗亚硝酸盐中毒最快的方法是换水，但对大的养鱼池可能是不现实的。增加水中氯（Cl^-）的浓度，会在鳃上皮细胞中形成Cl^-与NO_2之间的竞争性抑制。许多水族馆在水中加盐，以保持一定量的氯残留，在这种情况下，亚硝酸盐不太可能成为一个问题。在室外的淡水池塘，可以通过添加盐增加Cl^-浓度，使Cl^-与NO_2的比例达到6∶1。这将大大减少血红蛋白转化为高铁血红蛋白的比例，导致鱼得到及时救助并阻止24 h内死亡率的升高。为了确定所需盐剂量的数量，必须用试剂盒测量当时NO_2和Cl^-的浓度，所需Cl^-的浓度（mg/L）＝（6×NO_2）—Cl^-（当时的）。一旦所需Cl^-的浓度确定，水的体积可以用m^3计算，盐可以用来增加Cl^-，使其达到所需的浓度（0.45 kg盐将使274 075.635 m^3的水中的Cl^-浓度达1 mg/L）。尽管盐可能用来阻止因亚硝酸盐中毒导致的死亡，但在水族馆和花园池塘中，还是建议换水和使用生物过滤器的方法。

尽管硝酸盐的毒性不如氨或亚硝酸盐强，但板鳃类软骨鱼的一些种类的甲状腺肿与长期接触硝酸盐有关，低浓度的碘（I^-）化物会加剧该现象。碘的浓度应该维持在0.10～0.15 μM，每周监测2次。臭氧作用可以转化可利用的碘，使之氧化成生物学上不能利用的碘酸盐（IO_3）。

4. 碳酸盐化合物　在水的质量管理中碳酸循环是一项重要的内容，在二氧化碳、pH、总碱度和总硬度之间的动态循环反映了其复杂性。在含有藻类或植物的水生系统中，二氧化碳的昼夜波动规律与水中溶解氧变化规律恰恰相反。随着二氧化碳浓度的变化，水中pH也会改变。在白天，随着二氧化碳浓度下降，pH会上升，在下午pH会达到峰值。相反，由于二氧化碳浓度在夜间升高，pH也会下降，因此，天亮前，pH会达到最低水平。在有良好藻类组成的淡水池塘中，pH从6.5到9.0的昼夜变化并不少见，大多数的淡水鱼能够容忍pH的合理波动，许多鱼种的致死限大约为pH4和10，海水鱼所能容忍pH波动范围更小，海洋环境的pH更加稳定，为pH8.2～8.3。对于海水水族箱，pH在7.8～8.5的范围内，通常被认为是正常的。

尽管由于pH不合适引起的鱼类死亡现象非常罕见，有时Ca（OH）$_2$被错误的施用到淡水池塘中，Ca（OH）$_2$将迅速使pH升高到超过10，并杀死水中的所有鱼类。在池塘中正确使用石灰将在下面讨论。

被释放到水生系统中的二氧化碳进入碳酸盐循环：$H_2O+CO_2 \longleftrightarrow H^+ + HCO_3^- \longleftrightarrow 2H^+ + CO_3^{2-}$，这个过程受系统中的碳酸盐（$CO_3^{2-}$）驱动，通过测试总碱度（TA）来衡量。对于大多数鱼类而言，水的碱度应该是适宜的，为100～250 mg/L。当TA小于50 mg/L时，被认为碱度偏低，水的缓冲能力不足以阻止较大的pH波动。作为灭藻剂和有效的驱虫剂的硫酸铜，其毒性与TA密切相关，如果TA小于 50 mg/L，硫酸铜就不能安全使用。为了提高碱度，白云石（$CaCO_3$和$MgCO_3$）或者农用石灰（$CaCO_3$）可以被添加到水生系统中。对于小的水生系统来说，白云石是最方便使用的，可以购买22.68 kg/袋包装的白云石，往往会有效果。小苏打（$NaHCO_3$）也可以用来增加水生系统的碱度。添加这些化合物后，碱度将会缓慢改变，所以应该连续检测几日，如果有必要甚至要检测数周。缺乏碱度可以损害生物过滤系统，其结果会造成系统内的氨积累。在淡水系统中，碱度应不低于100 mg/L；而在盐水系统中，碱度应不低于250 mg/L。

在过去，总硬度（Total hardness，TH）与总碱度（TA）混淆。两者都是体现每升溶液中碳酸钙的毫克数。所不同的是，TA是测量水体中CO_3^{2-}的部分，而TH是测量钙（Ca^{2+}）的部分。测试TH也会受系统中其他二价阳离子的影响，包括镁、锰、铁和锌。TH对于确定幼鱼钙的使用量很重要。可以添加氯化钙、白云石或农用石灰到水中，增加钙的浓度。

5. 盐度　海水盐度由一系列复杂的盐分决定。海水的盐度约3%，为30 g/L。对于海水鱼，许多海水中的微量元素是必不可少的，所以必须购买或配制"海盐"。通过使用精制食盐或软水盐（NaCl），淡水的盐度可能会增加，为降低渗透压或消除某些体表寄生虫，在淡水系统中经常使用盐。盐度可以通过盐度计或购于宠物商店的比重计测量。重要的是不要与氯化物的测量混淆，氯化物的测量通常用于评估高亚硝酸盐和高盐度条件下，淡水系统中NO_2与Cl的比，测量水中的氯化物，可用ppm（即mg/kg）表示，如果所有盐度都是存在于水中（即已添加盐）测试不能正常进行，因为氯化物的量过高。计算需要增加盐度时补充盐量的最简单的方法是计算总体积的升数（3.8 L＝1加仑），记住1 g/L = 1 ppt。大多数非池塘的淡水系统应保持剩余盐度为1～3 g/L，因多数盐水系统都有一个30～33 g/L的盐度。

三、营养性疾病

根据鱼类的品种和养殖系统不同，鱼类营养的控制存在很大的差异。对业已形成的食用鱼产业，高质量的饲料是现成的。而新品种和观赏鱼，特别是海水品种，对发展规模化商业养殖而言，营养是最大的要素之一。一般鱼类需要高蛋白的食物，其中鱼粉提供了高含量的蛋白质。大多数鱼不能合成抗坏血酸，因此，适当的营养补充是必要的。抗坏血酸应当以稳定的形式提供，经常被称为"稳定态C"。为了使营养物质降解减少，食物必须存储于凉爽、干燥等的地方。

由于胶原蛋白合成不足脊柱发生萎缩，出现被养鱼者称为"断背病"的传统的抗坏血酸乏症。不太明显的缺陷症还包括伤口无法愈合和免疫功能受影响。从鳃组织的湿涂片中可见鳃软骨变形，可能表明抗坏血酸缺乏。

B族维生素和叶酸缺乏，生长速度会减慢，斑点叉尾鮰还会出现贫血，被称为鲶的营养性贫血，是因细菌污染饲料所引起。如果怀疑饲料中营养物质缺乏，应马上从不同来源的批次中打开新的包装。泛酸缺乏症会伴随着棒状鳃，也被称为营养鳃病。急性维生素B$_1$缺乏会引起神经系统的病症，包括抽搐和死亡；慢性缺乏症导致鱼体失去平衡、浮肿、生长缓慢。血管角质化、色素沉着过度、颜色变深、眼出血等病症与核黄素缺乏有关。烟酸、生物素、维生素B$_6$不足会导致神经性异常，包括肌痉挛和抽搐。胆碱和肌醇缺乏导致生长缓慢。维生素A缺乏导致生长缓慢、视网膜萎缩。维生素E缺乏导致肌肉的病变，包括肌肉畸形。已确认，骨骼肌异常与缺少与硒和食物腐败有关。腐臭的食物会导致脂肪组织炎症。鳟、大马哈鱼、鲶、温水鱼类、观赏鱼的营养指标已由美国国家科学院公布。

饲料存储不当可能会受到真菌毒素的污染。由曲霉菌（Aspergillus spp.）污染所产生的黄曲霉毒素会导致虹鳟的肝肿大和肝癌。应经常性地更换鱼饲料，干燥的饲料，应每6个月更换1次，湿型或半干型的饲料，每1~2月更换1次。

饲料投喂的方法和用量应根据鱼类种类、年龄、养殖系统以及水温而异。一般认为每日用于维持基础代谢的饲料量为体重的1%~2%，而用于生长的饲料量为体重的3%~5%，一些观赏型的鱼类可能需要更多。摄食行为可以作为衡量鱼类健康状况的重要指标。食欲旺盛是令人满意的，相反食欲突然下降则应引起警惕。为了降低鱼类个体间的大小差异，饲料投喂的区域应该尽量分散。对于较大规模的投饲量，应优先选择少量、多次的喂食方法，尤其是对于幼鱼更应如此。应鼓励专业养殖者定期称量有效鱼体重量，估算单独鱼缸中或者观赏鱼的总重量，并投喂相应的饲料。

四、寄生虫病

所有动物主要的寄生虫种类在鱼类中都有发现，

似乎野生的健康鱼常会携带更多的寄生虫。具有直接生命周期的寄生虫可成为养殖鱼类的重要病原，而没有直接生命周期的寄生虫常常会以鱼类作为中间寄主。对特定的鱼类宿主的认识，大大促进了人们对具有特异性宿主和组织的寄生虫的识别，而对其他寄生虫的认知是因为他们普遍发生且缺乏宿主特异性。对含有活寄生虫的新鲜涂片的检查常常是诊断的方法。

最常见的鱼类寄生虫是原生动物（表17-4）。这些原生动物包括寄生在体表和在特定器官内发现的种类。大多数原生动物有直接的生命周期，但黏孢子虫需要无脊椎动物作中间宿主。

1. 感染鱼鳃和皮肤的原生动物

（1）纤毛虫 纤毛类原生动物是最常见的鱼类体表寄生虫。大多数纤毛虫具有间接生命周期，以二分裂方式繁殖。纤毛虫具有运动性、黏附性，可以在宿主的上皮组织中发现。在上皮组织中最常见的纤毛虫种类是小瓜虫（Ichthyophthirius multifiliis），小瓜虫比其他种类的纤毛虫有更复杂的生活周期。

小瓜虫引起的感染被称为"颅出血"或"白斑病"。这种寄生虫是一种专性病原体，在没有活鱼存在的情况下无法生存。所有的鱼都容易受感染，海水鱼类也会出现类似的刺激隐核虫（Crytocaryon irritans）。寄生虫很容易通过直接接触或污染物（网等）而水平传播，即便是幸存下来的鱼在疾病再次暴发时也很难被治愈，并且还可以作为感染源而保留下来，这种侵入鳃、皮肤或鳍的上皮组织的寄生虫，会留下一个小伤口和可见的小白点或包裹着虫体的包囊。由于其独特的生活周期中会导致快速的集中感染，所以小瓜虫会引起大量的损伤（见下文），被感染的鱼往往反应非常迟钝并体表覆着可见的白点。死亡的速度可能很快而且是灾难性的。非专业人员可能不容易识别局限于鳃部的感染（因为白点并不很明显），但很容易通过鳃部活检技术进行诊断。使用放大倍数为40×或100×的光学显微镜就可识别小瓜虫。它既大（0.5~1 mm）又圆，周身覆盖一圈纤毛，并且有一个典型马蹄形大核。其特征性的运动有不断旋转或类似变形虫的运动。

小瓜虫感染需要立即而彻底的治疗。福尔马林或铜制剂往往是作为选择的药物。用于宠物鱼的非处方药常包括福尔马林和孔雀石绿，并且是有效的。但由于监管部门对于孔雀石绿使用的担忧，兽医们一般不会提供此药。治愈小瓜虫病需要多次用药（间隔时间依据水温而定）。在典型的家庭水族缸的温水（如＞26℃）条件下，被感染的鱼应每2~3 d治疗1次。控制海水系统中的隐核虫，通常需要浸泡用药至少持续3周，将盐度降低到16~18 g/L。

表17-4　鱼类的原生动物寄生虫

	寄生虫	组织	易感物种	症状	诊断	治疗
体表纤毛虫（运动型）	鱼虱属（淡水），隐核虫属（海水）	鳃、皮肤、鳍片	所有	白点病；如果只在鳃上，则没有可见白点	湿涂片	淡水：福尔马林，硫酸铜；海水：福尔马林，Cu^{2+}，减小盐度，氯喹（据证明疗效不彻底）
	车轮虫属（淡水、海水），唇纤毛虫属（淡水），布鲁克虫属（海水）	鳃、皮肤、鳍片	所有	高呼吸率、浮头、黏液分泌增多、鱼体无光泽、体虚	湿涂片	淡水：福尔马林，硫酸铜；海水：福尔马林，Cu^{2+}
	四膜虫属（淡水）	皮肤、眼睛、肌肉	所有（"孔雀鱼杀手guppy killer"）	黏液、鱼体无光泽、眼内损伤、眼睛突出	湿涂片	体表如上，改善卫生环境；体内：无治疗方法
体表（固着的）	杯体虫（Ambiphyra和Apiosoma）	鳃、皮肤、鳍片	主要为池塘鱼类	黏液分泌增多、鱼体无光泽、浮头、体虚	湿涂片	福尔马林、高锰酸钾、硫酸铜；管理：降低密度，良好的卫生环境
体表鞭毛虫	口丝虫、隐鞭虫（也见于体内）	鳃、皮肤、鳍片	所有	蓝色黏液、鱼体无光泽、浮头、黏液增多、体虚	湿涂片	福尔马林、硫酸铜、高锰酸钾、盐
体表鞭毛藻类	卵甲藻属（淡水）；淀粉卵涡鞭虫属（海水）	鳃、皮肤	海水鱼类更易感染，尤其是小丑鱼和红鼓鱼	死亡、昏睡、浮头、"绒状丝"（如果在皮肤上）	湿涂片	氯喹（仅用于非食用鱼）；海水食用鱼用淡水浸泡
体内鞭毛虫类	旋核鞭毛虫属；六鞭毛虫属	肠	所有慈鲷科、betas鱼、丝足鱼、其他的观赏鱼	体重减轻（厌食）、稚鱼和幼鱼死亡	湿涂片	甲硝唑（只用于非食用鱼）
	隐鞭虫	胃	非洲慈鲷科	极度消瘦、厌食	湿涂片、组织学检查	无治疗办法，管理：良好的卫生环境、饲喂、放养密度、剔除受感染的鱼
	锥体虫属	血液	吸口鲶属（蓝眼睛）	贫血、死亡	湿涂片	无治疗办法
球虫目	球虫	肠	多种	消瘦、死亡	组织学检查	磺胺甲嘧啶（疗效不确定）
寄生黏孢子虫（中间宿主）	脑黏体虫（旋转病）	头部、软骨、脊椎	虹鳟、大马哈鱼	黑尾、骨畸形	组织学检查、分离寄生虫	无治疗办法，注意饲养管理
	角形虫（Ceratomyxa shasta）	尾部、肠	鲑科（西北太平洋）	消瘦、扩张和出血的排泄口	湿涂片、组织学检查	无治疗办法，注意饲养管理
	放线孢子虫（增生性鳃疾病，汉堡鳃疾病）	鳃	斑点叉尾鮰	死亡、浮头	湿涂片、组织学检查	无治疗办法
	尾孢子虫	鳃	斑点叉尾鮰，其他	无特点，严重缺氧	湿涂片	无治疗办法
	球孢子虫（肾水肿）	肾脏	金鱼（池养）	死亡、肾脏明显增大和形成囊肿	组织学检查	无治疗办法
	肾脏增生病	肾脏	虹鳟，所有的大马哈鱼	昏睡、身体发黑、积液、眼球突出	湿涂片、组织学检查	无治疗办法
微孢子虫（直接宿主）	卵巢匹里虫	卵巢	美鳊	不育	将"大理石纹"卵巢组织进行湿涂片	无治疗办法，管理：每年替换一次雌性亲鱼
	脂鲤微孢子虫	骨骼肌	霓虹灯鱼（霓虹脂鲤病）、神仙鱼，或其他的淡水养殖种类	反常的运动	湿涂片、组织学检查	无治疗办法

小瓜虫有直接的生活周期，成虫具有巨大的繁殖能力。成虫离开鱼体宿主，在环境中会形成包囊，并释放出数以百计的尚未成熟的寄生虫（幼虫），这些未成熟的寄生虫必须在特定的时段内找到宿主（温水性鱼类需数日，冷水性鱼类可以数周），具体时间依水温而定。正是由于该原因，空置养鱼设施是防止再次感染的方法之一。在包囊期，化学方法很难控制寄生虫的生活阶段，但可通过彻底的清洁和除去砂石底床的碎屑来移除包囊。

有两类重要的纤毛虫，他们可以自由活动，寄生在鱼的皮肤和鳃表面。他们包括斜管虫（*Chilodonella* spp.）[类似于海水的布鲁克原虫（*Brooklynella* spp.）] 以及在淡水和海水鱼中都可以找到的轮虫。患斜管虫病的鱼典型特征是体弱，在感染最严重的部位会出现大量黏液分泌物。如果鱼鳃被严重感染，鱼会呼吸困难，包括呼吸频率加快和浮头等现象。鳃丝明显肿胀，鳃上分泌大量黏液。病鱼食欲减退，当采取强光照射（或捕捉）刺激时，病鱼会出现明显的应激反应。对新鲜组织进行活检，很容易区分受感染组织中的唇纤毛虫属（*Chilodonella*）。他们为0.5~0.7 mm，外形似心形，外周围绕着平行排列的纤毛，以缓慢的螺旋状旋转。治疗见表17-4。

将具口纤毛的纤毛虫归为一类，统称为车轮虫。他们包括车轮虫、小车轮虫属、三分虫和旋带虫。除黏液分泌常常不太明显外，车轮虫感染后，其他相关的临床症状与斜管虫感染症状很相似。活体检查被感染的鳃和皮肤，能很容易识别车轮虫，在40~100×的光学显微镜下随时可见车轮虫。车轮虫沿着寄生组织的表面移动，外形似小碟子状，或从侧面看像小气泡状，虫体可以是圆柱形、半球形或圆盘状。车轮虫口吸盘的外周有齿环。车轮虫的治疗见表17-4。车轮虫感染常常预示着不良的环境条件或者是养殖密度过高，因此，仅仅采取化学药物治疗不能完全控制病情。

科利斯四膜纤毛虫（*Tetrahymena corlissi*）是另一种纤毛虫，能运动，表面寄生，偶尔也能在骨骼肌和眼液等组织内发现。尾丝虫（*Uronema* spp.）是在海洋鱼类中发现的类似原生动物。四膜虫呈梨形，10~20 μm长，带有数排纵向排列的纤毛以及不明显的胞口。取自池塘或水族箱底部濒临死亡的鱼体，很少见到鱼体外感染的四膜虫，四膜虫的出现常常与环境中丰富的有机物质有关。如果四膜虫仅局限于寄生在鱼的体表，他们可以很容易通过化学药物治疗和环境改良消灭虫体。而该虫一旦进入体内，则不能治愈，并且会导致严重的死亡。眼内感染四膜虫的鱼体，眼球会明显突出。使用光学显微镜检查眼部液

图17-4 蓝鳃太阳鱼的典型红肿病变
（由Ruth Francis-Floyd博士提供）

体，很容易鉴别寄生虫。

双吸虫（*Ambiphrya*）与杯体虫（*Apiosoma*）是固着类纤毛虫，能在鱼的皮肤、鳃、鳍上发现。相比水族箱中的鱼，池塘养殖的鱼体表更常见，并且偏重于有机质营养丰富的环境。一般不会在海水鱼上发现这类寄生虫。当从侧面检查时，双吸虫呈罐状，中间和胞口处长有纤毛带，附着点在末端。杯体虫为瓶状，数量较少时（每个低倍镜视野不超过1~2个），两种均无明显致病性。然而，当大量出现时，这些寄生虫会引起上皮组织的严重损伤，鱼体可能感染环境中的条件致病菌，从而影响呼吸活动、妨碍渗透压调节。被感染的鱼体，体表无光泽、食欲降低、体虚、感染部位的上皮细胞增生。鳃部的严重感染破坏性极强。单独使用福尔马林、硫酸铜、高锰酸钾或盐浴都可以控制此寄生虫。严重的感染常常与养殖密度过高和环境条件不良有关，应予以纠正。

钟形虫（*Heteropolaria* spp.）是有柄的、集群性纤毛虫，最常见于鱼的外骨骼表面，尤其是鳍条末端和鳃盖骨，在淡水游钓鱼类中最为常见，尤其是棘臀鱼（如大口黑鲈，蓝鳃太阳鱼和太阳鱼），常与"红肿病"的发病有关。在感染的初期，骨骼轻微凸起，并出现红色斑点；随着纤毛虫的不断生长，他们会变成絮状。需要用光学显微镜检查，以便将钟形虫与真菌菌丝区分，两者混合感染的现象也很常见。疾病进一步发展的典型症状表现在鱼体侧形成浅层溃疡。需要将病灶边缘的鲜活组织进行湿涂片观察，来区分钟形虫、真菌菌丝以及柱形细菌。与嗜水气单胞菌共同感染会出现典型的红肿病。如果出现死亡，可以单独使用高锰酸钾或硫酸铜进行治疗。如果全身的细菌感染是疾病流行的原因，则在病鱼能摄食的条件下，于颗粒饲料中添加抗生素制成药饵。

（2）**鞭毛虫** 口丝虫（*Ichthyobodo* spp.）是寄生在鱼鳃和皮肤上的最常见、最小的（大约15 μm×5 μm）长有鞭毛的原生动物。体平扁、梨形，有两根不等长的鞭毛。这些寄生虫能在淡水鱼和分布广泛的海水鱼中发现。口丝虫以急速的螺旋式移动，自由游动的虫

体很容易利用直接涂片进行识别，一旦附着寄主就很难被看到，但可以在400×显微镜下看到其特有的摇曳式运动，并且这种运动很典型。由于丰富的黏液分泌物，使受感染的皮肤常常会覆盖一层灰白色的物质"蓝色黏液病"，鳃会出现肿胀。被感染后，寄主的行为症状包括昏睡、厌食、浮头以及鱼体无光泽。用盐、福尔马林、硫酸铜或高锰酸钾药浴很容易控制口丝虫。由于这类寄生虫有直接生活周期，单独的治疗方法就足以控制。如果发生再次感染，应对养殖环境和检疫程序进行评估。

海水养殖鱼类最严重的健康问题之一是感染腰鞭毛虫类的淀粉卵涡鞭虫（*Amyloodinium* spp.）。与淡水鱼的卵甲藻虫（*Oodinium* spp.）相似，虽不如淡水种那样常见，但也会导致高死亡率。这些寄生虫会导致一种被称为"丝绒病""黄锈病""金粉病"和"珊瑚鱼病"的疾病，由于他们的寄生使鱼身呈现金棕色而得名，致病阶段的生物体有颜色，能进行光合作用，无鞭毛，这些不能运动的藻类在寄生阶段黏附并侵入寄主的皮肤和鳃。成熟时，这些寄生虫能引起囊肿，囊中包含有许多有鞭毛的、小的、自由游动的虫体，这些虫体可以开始新感染阶段。淀粉卵涡鞭虫的控制具有一定的难度，预后需谨慎。在美国，硫酸铜是唯一能用于食用动物的治疗剂，为了打破寄生虫的生活周期，重复的治疗是必要的。这种疾病对小丑鱼的影响特别严重。治疗观赏鱼类可选择氯喹宁进行药浴，浓度为10 mg/L。

2. 体内原虫寄生虫　六鞭毛虫（*Hexamita* spp.）和旋核鞭毛虫（*Spironucleus* spp.）是常见的、小的（约9 μm）、两面对称的、生有鞭毛（4对）的原生动物，常见于有鳍鱼的肠道。在观赏鱼中，慈鲷科鱼极易感染此类寄生虫。这些寄生虫的致病性变化较多且与存在数量有关。如果鱼体虚弱或低倍镜观察肠组织或肠内容物湿片有超过15个寄生虫时，强烈建议治疗。治疗鞭毛虫唯一有效的药物是甲硝唑（仅用于观赏鱼），这种药应口服，但当鱼厌食时也能药浴。水质不好或鱼体密度过高的条件下，会引起鱼慢性感染。

隐鞭虫（*Cryptobia* spp.）和锥形虫（*Trypanosoma* spp.）属为长方形（6～20 μm）、细长、运动活跃的双鞭毛原生动物，在海水和淡水有鳍鱼的鲜血和组织的涂片中很容易检测到。在血液中的一般称为锥体虫，虫体有发达的波动膜。锥体虫可以通过水蛭进行传播，从南美引进的蓝眼吸口鲶的贫血与锥体虫有关。隐鞭毛虫（*Cryptobia iubilans*）与非洲慈鲷和七彩神仙鱼的肉芽肿病有关。临床症状表现为严重的消瘦和精神不振，有临床表现的病鱼应予以剔除。通过对新鲜组织的显微镜检查可做出假定诊断。典型的是在

明显增厚的胃中可发现肉芽肿。由隐鞭虫引起的肉芽肿中不会出现抗酸物质。在400×或更大的放大倍数下可观察到运动的鞭毛虫。

孢子虫　球虫病虽然在淡水和海水的有鳍鱼中常见，却很少能在活鱼中诊断出。它可以感染很多种有鳍鱼。很多种鱼球虫的生活周期还不清楚，一些种类的发育过程中甚至不止一种宿主。除了感染肠道外，内脏器官也可以被球虫感染；在内脏器官的直接涂片和组织切片中，可发现孢子化的类艾美耳球虫的卵囊或有性、无性阶段的虫体。一些国家允许在鱼饲料中添加磺胺二甲基嘧啶治疗食用鱼（21 d的休药期），使用方法是水温10℃时，每100 kg鱼每日用药22～24 g，持续投喂50 d。在美国，这种药物还未得到FDA的批准。据报道，对于水族箱中的鱼，每周用1次磺胺二甲基嘧啶10 mg/L，持续2～3周，可以进行预防，但安全性和有效性方面的数据还比较少。

黏孢子虫是鱼类常见的寄生虫。黏孢子虫没有明显的生活周期，利用其他水生生物（如环节动物）作为中间宿主。因此，在自然水体中或室外池塘集中养殖的鱼体黏孢子虫感染更为常见，也更具有致病性。该寄生虫趋向于专一宿主和组织。因此，疾病的症状与特定的病原体和宿主有关。除非存在必需的中间寄主，否则在观赏的水族缸中养殖的病鱼不会传递疾病。

观赏鱼有两种重要的黏孢子虫感染疾病。"金鱼肾水肿"由黏孢子虫的金黄色球孢子（*Sphaerospora auratus*）引起。这种疾病的典型症状是肾变性、腹水，常常通过在肾脏的组织切片中鉴别孢子进行诊断。被感染的鱼腹部显著膨胀，但也会有一些其他的临床症状。X线检查可以显示后肾有包块，尸体剖检和组织学分析后才能出具最终的诊断结果。还无实用有效的治疗方法。尾孢子虫（*Henneguya*）是偶尔在观赏鱼中发现的一种黏孢子虫，它会引起白色的结节状病变，这种病变常出现在鳃组织中，并且极其明显。使用显微镜观察孢子分叉状的尾部附着器，可以很容易分辨尾孢子虫。如果抽干池水，并且用高浓度的石灰消毒，会明显减少中间宿主数量，从而避免感染。在缺少中间宿主的情况下，水族箱中的感染具有自限性。虽然已认定，偶尔出现的囊肿是一种偶然现象，但鳃组织严重损伤时应与瓣间囊肿的扩散分布有关。

水产上主要的黏孢子虫病包括鳟眩晕病、大马哈鱼肾增生病以及斑点叉尾鲴鳃增生病（"汉堡鳃病"）。眩晕病由脑黏体虫引起，寄生虫感染鱼苗脊椎和头盖骨的软骨时，会引起骨骼明显畸形，当受到惊吓刺激时，被感染的鱼苗特异性地表现出快速追赶的行为（眩晕）。由于鱼体和鱼尾会明显变黑，这种

病有时也被称为"黑尾"，康复的鱼仍然为病原携带者。成鱼则不会出现这些病症，但与感染相关的骨骼畸形，则难以治愈。预防该病发生的方法是采购未被感染的亲鱼，并将它们养殖在没有中间宿主（颤蚓蠕虫）的环境中，可以通过检测被感染鱼头骨中的孢子来预判眩晕病，应根据组织学和血清学结果进行确诊。在美国的一些州，眩晕病受到监管部门的关注。

肾增生病（Proliferative kidney disease，PKD）是影响北美和欧洲鲑业的重要疾病之一。虹鳟尤其容易受到感染。PKD由鲑四囊虫（Tetracapsuloides bryosalmonaea）引起，是一种长有四个明显极球的黏孢子虫。夏季水温超过12℃时，最常发生，主要感染1岁龄或更小的鱼。临床症状包括昏睡、变黑以及由眼球突出、腹水和体侧肿胀所表现的体液蓄积现象。感染的鱼常常贫血，致使鳃发白。更为严重的情况，后肾呈现灰白色、斑点状并有明显的增大。诊断应以对可疑病原体的观察为基础，肾脏组织的湿涂片姬姆萨染色，可见10～20μm直径的虫。被感染组织的组织学检查HE染色，以及免疫组化分析是确诊所需要的。该病无治疗方法，但康复的鱼能抵御再次感染。应以消毒为前提，降低非病区的感染群体数量，替换成健康群体。如果及时消毒，在非疫区感染的群体数量应会减少，健康数量会增加。远离病原体是最好的预防措施。

鳃增生病（"汉堡鳃病"）是由Aurantiactinomyxon ictaluri 引起的斑点叉尾鮰的一种黏孢子虫感染。这种生物有复杂的生活周期，它以寡毛类蠕虫（鳃尾盘虫）做中间宿主。斑点叉尾鮰可能是A. ictaluri的异常宿主，这种疾病常发生在新开挖的池塘，或先前感染过后又抽干水并重新注满水的池塘。虽然鳃增生病能引起接近100%的灾难性的死亡率，如果处理得当损失却可以降低到1%。疾病发生在水温16～26℃时，劣质水源、特别是低溶氧量或高氨氮，都会加重鱼的死亡。受感染的鱼鳃部严重肿胀、充血。可以通过观察被感染组织湿涂片作出诊断，鳃丝呈现肿胀、棒状、折断的现象。软骨坏死是鳃增生病诊断的有力证据。尽管如此，组织学检查对该病的确诊仍是必要的。

微孢子虫个体小，是存在于细胞内、能产孢子的生物，这类生物长有单一极丝，是有鳍鱼常见的寄生虫。它们有宿主和组织特异性，还能感染鱼体中寄生的蠕虫。它们的孢子抗性极强，已认定微孢子虫病无法治疗。微孢子虫有直接的生活周期，因此，有可能在水族箱中水平传播。建议预防微孢子虫病的方法是减小养鱼密度和消毒。

卵巢具褶孢子虫（Pleistophora ovariae）可感染美鳊（诱饵鱼）的卵巢组织，并导致不育。它没有中间宿主，能水平传播（通过摄取具有传染性的孢子）或垂直传播（通过受感染的卵细胞）。随着受感染鱼的年龄增加，鱼的繁殖力下降，并最终导致不孕。极严重的情况是，感染的卵巢组织会呈现大理石样花纹。可通过检查疑似组织的湿涂片，观察微孢子虫的孢子进行诊断。

真霓虹灯鱼病是由脂鲤匹里虫（Pleistophora hyphessobryconis）引起的，它感染包括脂鲤、神仙鱼和刺鳐在内的许多观赏鱼的骨骼肌。被感染的鱼由于肌肉损伤会呈现出不正常的运动，尸检时会发现肌肉组织呈现大理石花纹或坏死，很容易在感染组织的湿涂片中观察到寄生的孢子。

3. 蠕虫 蠕虫在野生和养殖鱼中都很常见（表17-5）。鱼类常作为包括人在内的多种动物寄生虫幼虫的中间寄主或转运寄主。有直接生活周期的蠕虫在高密度鱼群中影响最重要，有时会发现鱼体有很多的寄生虫，形成沉重的负担。通常在野生鱼中存在更普遍的严重寄生现象。

单殖吸虫具有明显的生活周期，常见，有高致病性，是皮肤和鳃的专性寄生虫。淡水寄生虫长0.1～0.8 mm，在显微镜下很容易观察到；尽管如此，几种重要的海水鱼的寄生虫明显更大，也极其常见。通过特有的后固着器和带有大、小挂钩的吸盘，可以鉴别蠕虫。由于寄生虫的快速聚集会使其他的养殖鱼类受到感染，可通过连续感染和将蠕虫转移到其他水族箱或池塘中，虽然很多种类的蠕虫具有宿主的专一性，但水产中所见到的常见种类蠕虫却很少有选择性。淡水养殖中最常见的两种虫体是三代虫（Gyrodactylus）和指环虫（Dactylogyrus）。三代虫是金鱼的一种常见寄生虫，三代同体，常见于皮肤；指环虫产卵，是一种主要寄生在鳃部的寄生虫。唇齿鲑三代虫（Gyrodactylus salaries）是一种需要报告的大马哈鱼疾病，但在美国还未见报道（表17-5）。任何在鲑科鱼类发现的三代虫科都应很好的辨别以确定是否是G. salaris。

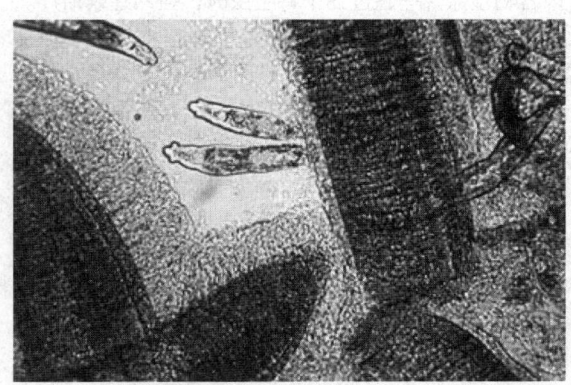

图17-5　鳃柄上单殖吸虫（指环虫）未染色的新鲜压片（100×）
（由Ruth Francis-Floyd博士提供）

表17-5　鱼类的蠕虫寄生虫

	寄生虫	组织	易感物种	症状	诊断	治疗
单殖亚纲	三代虫属（卵胎生）	皮肤、鳍	金鱼、锦鲤（易感）	极多黏液、鱼体无光泽、消瘦	湿涂片	福尔马林、高锰酸钾、吡喹酮（水族箱）
	指环虫属（卵生），锁盘虫属	鳃	金鱼、锦鲤、神仙鱼、七彩神仙鱼（易感）、斑点叉尾鮰	浮头、消瘦、皮肤损伤	湿涂片	福尔马林、高锰酸钾、吡喹酮（水族箱）
	本尼登虫属，新本尼登虫属（卵生）	眼角膜、鳃、皮肤	海水热带鱼、其他海洋种类、海水神仙鱼（易感）	眼损伤、鱼体无光泽、消瘦、死亡	湿涂片	吡喹酮（水族箱）、淡水浸泡（虫卵仍留在水体中）
	多后盘目	鳃	条纹鲈	鱼鳃苍白、浮头、死亡	湿涂片	福尔马林、淡水浸泡
复殖亚纲（中间宿主常为软体动物）	异形科	鳃	红尾黑鲨、黑鲨、彩虹鲨、神仙鱼（淡水）、其他池养鱼、观赏鱼	鳃红肿、缺氧、浮头、不耐运输和装卸	湿涂片	无治疗方法，管理：生产池塘螺的控制、减少靠近池塘的鸟
	弯口属	骨骼肌	大口黑鲈、棘臀鱼科、杂交条纹鲈	黄苞病	直接观察、湿涂片	无治疗方法，管理：生产池塘螺的控制
	类吸虫	骨骼肌、内脏	斑点叉尾鮰	无症状	直接观察、湿涂片	无治疗方法
	茎双穴吸虫属	内脏、心脏、后肾	大嘴黑鲈、蓝鳃太阳鱼、棘臀鱼科、大马哈鱼、其他种类的鱼	无症状	直接观察、湿涂片	无治疗方法，管理办法如上
	双穴吸虫属	眼睛（晶状体）	鱼是中间宿主（无确定的种类）	白内障、失明	直接观察、组织学检查	无治疗方法
绦虫	阔节裂头绦虫	内脏、肌肉组织	大马哈鱼，其他的淡水鱼类	膜粘连、不育（如果生殖腺被感染）	直接观察、湿涂片	无治疗方法
	鲶似原头绦虫	肠（成虫）	斑点叉尾鮰	无症状	直接观察、湿涂片	对食用鱼无治疗方法
	钝棘原头绦虫	卵巢（幼虫期）	大嘴黑鲈	不育	直接观察、湿涂片	无治疗方法
	头槽绦虫	肠（成虫）	鲤、观赏鱼	消瘦、肠炎、死亡	直接观察	吡喹酮（水族箱）
棘头虫类	棘头虫属	肠	野外捕获的大马哈鱼及海洋鱼类	肠炎、死亡	直接观察	无治疗方法
线虫类（鱼作为直接宿主）	毛细线虫属	肠	神仙鱼、七彩神仙鱼、其他的海洋鱼类	消瘦、腹膨胀	直接观察、湿涂片	芬苯达唑、左旋咪唑（水族箱）
	驼型线虫属	后肠	大口黑鲈、其他棘臀鱼	从肛门伸出的可见的蠕虫	直接观察	无治疗方法
	嗜子宫线虫属	后肠	观赏鱼	从肛门伸出的可见的蠕虫	直接观察	芬苯达唑、左旋咪唑（水族箱）
线虫类（鱼作为中间宿主）	胃瘤线虫属	在体腔内形成囊蚴	神仙鱼、其他观赏鱼类	消瘦、腹膨胀	直接观察	无治疗方法
	盲囊属	在内脏中形成囊蚴	大口黑鲈、棘臀鱼	经常无症状	直接观察	无治疗方法
水蛭类	水蛭	皮肤	淡水垂钓鱼类、观赏鱼类	贫血、消瘦	直接观察	有机磷酸盐或酯（水族箱，无流出水）

尼奥本尼登虫（*Neobenedenia*）和本尼登虫（*Benedenia*）是海水鱼类的两种重要的单殖吸虫。他们常侵入皮肤和鳃组织，尼奥本尼登虫也可能在眼角膜处出现。这两种寄生虫都会产生易于通过污染物传播的黏性卵。单殖吸虫感染的鱼会表现出兴奋的行为特征，包括鱼体无光泽以及在水族箱中物体上摩擦身体两侧。鱼体因褐色变成苍白。受感染的鱼呼吸急促，鳃盖张大，鳃丝肿胀、苍白色。出现局部的皮肤损伤并伴有零星的出血和溃疡。如果眼部被感染，角膜的溃烂会变得明显。该病死亡率很高，或呈慢性持续。

吡喹酮（2 mg/L，长期药浴）是治疗淡水和海水观赏鱼单殖吸虫感染的选择药物。而福尔马林是食用鱼治疗的唯一选择。由于指环虫的卵对化学药物具有抗药性，所以治疗指环虫感染时建议采取间隔1周的多次用药方法。在过去，有机磷酸盐药物（0.25 mg/L，长期药浴）已经成功用于观赏鱼，但已确认用吡喹酮治疗更为有效。在有板鳃亚纲鱼类的水体中应避免使用有机磷酸盐。可以采取淡水浸泡1~5 min来消除海水鱼体上的单殖吸虫，浸泡时间依据不同品种的耐受度而定；尽管如此，虫卵可能仍不会被破坏或者消除。为了防止这种疾病的发生，应避免引入已被感染的鱼。

复殖吸虫有着复杂的生活周期，有多个幼虫阶段可以感染一个或多个宿主。除极少数例外，大多数复殖吸虫第一个中间宿主一般是软体动物。缺少软体动物，复殖吸虫一般不能完成其生活周期。通常可以通过计数虫体总数或显微检查鱼体组织或体腔中所获得的尾蚴、囊蚴或成虫而作出诊断，鱼体可以形成有颜色的包裹寄生虫的组织囊肿。根据皮肤中囊肿的不同颜色，可以分为黑、白或黄蛆病。重度感染的鱼常虚弱、消瘦、呆滞和食欲不振。不建议治疗。

池养的幼龄热带鱼可能会患严重的鳃病，这种病来自鳃组织的后囊蚴囊肿。虽然偶尔才能见到急性死亡病例，但在捕捞和运输过程中，鱼体处于不适的溶氧条件中时，受感染的鱼死亡更常见。患病的鱼不能治愈，然而采用淡水缓慢冲洗以消灭中间宿主的方法，能有效预防该病的发生。

类吸虫（*Bolbophrus confusus*）是一种复殖吸虫，它已在密西西比州、路易斯安那州以及阿拉巴马州的一些养殖塘内引起斑点叉尾鮰幼鱼的死亡。类吸虫的终末寄主是白鹈鹕，第一个中间宿主是羊角蜗牛（旋节螺属）。尾蚴从位于鱼组织中的包囊中释放出来，并在任何组织中形成囊幼，但主要发现于斑点叉尾鮰幼鱼的皮肤和骨骼肌中。当囊幼寄生在内脏器官中，会引发严重的疾病（死亡率高达95%），尤其是后肾和肝脏。相关的器官会导致类似于肠败血症或肠道病毒疾病的症状，其病症是腹部积水和眼球突出。皮肤和肌肉病变通常导致肿块凸起，颜色为白到微红。在骨骼肌中存在复殖吸虫，可能会导致鱼肉加工厂受到污染。

绦虫的幼虫和成虫在鱼类中都是常见的。幼虫会在内脏器官和肌肉内形成囊，而成虫通常在肠道中发现。相对而言，水生甲壳动物是最常见的中间宿主；因此，野生和池塘养殖的鱼可能会受到严重的感染。阔节裂头绦虫（*Diphyllobothrium latum*）是常见的可以引起人感染的鱼类绦虫，通过摄入含有幼虫的食物导致感染。购买的观赏鱼可能会有严重的绦虫感染，但一旦进入水族箱中，其发病程度就会受到限制（除非喂食被感染的中间宿主）。尚无安全、有效的治疗绦虫幼虫感染的办法。鳋头槽绦虫（*Bothriocephalus acheilognathus*）是偶尔在鲤科鱼类和观赏鱼中发现的亚洲绦虫。通常在前肠中发现，病鱼可能伴有肠炎和肠壁的变性。吡喹酮是治疗观赏鱼绦虫病的药物，但并不准许用于任何水生生物，且不能用于食用动物。

棘头虫（头部多棘的蠕虫）常见于野生鱼，幼虫寄生于组织中，成虫寄生在鱼的肠道中。它们在鲑科鱼和海洋鱼中更为常见。节肢动物是它的第一中间宿主。通过观察成虫突出的吻和吻突上遍布的吻钩很容易识别棘头纲动物。

在能接触到中间寄主的野生鱼体内线虫很常见。鱼类可以作为成虫寄生的终末寄主，也可以充当作为转运或者幼虫寄生的中间寄主（如异尖线虫、真圆线虫属和其他种类），可感染高等食肉类脊椎动物，包括人类。在鱼的几乎所有组织或体腔中，都可以发现包裹在囊中的或自由活动的线虫。如果存在甲壳类中间寄主，水族箱和养殖塘中的鱼都可能会受到严重感染。剑水蚤属（*Cyclops*）和水蚤（*Daphnia* spp.）是嗜子宫线虫（*Philometra sp.*）常见的中间宿主，嗜子宫线虫对孔雀鱼和其他观赏鱼具有致病性。在病鱼（红线虫病）肿胀的腹腔和突出的肛门可以看到血红色的蠕虫。毛细线虫（*Capillaria* spp.）常在观赏鱼中发现，尤其是淡水神仙鱼。毛细线虫的重度感染可以导致幼鱼生长缓慢，运输和操作过程中抵抗力差，建议使用芬苯达唑（25 mg/kg，连续3 d）进行治疗，但疗效尚不能完全肯定，也可以使用左旋咪唑（10 mg/L）药浴3 d进行治疗。伊维菌素对观赏鱼类有很强毒性，特别是慈鲷科鱼，所以不建议使用。

水蛭是吸食鱼血的寄生虫，也可以作为鱼类血液寄生虫（如锥虫、隐鞭虫和血簇虫）的载体。由于血液长期丧失和血液性疾病，水蛭能使鱼体产生衰竭性贫血。水蛭最常见寄生于野生鱼中，但通过引入患病的鱼、植物等也可以导致水族馆和池塘中的鱼受到侵扰。有机磷酸盐（0.25 mg/L，长时间药浴）是有效的，但没有批准用于食用鱼。另一方面，环保法规可能限制其在室外池塘中使用。因为水蛭卵可以孵化出幼虫，幼虫长成成虫后又会孵出新的幼虫，因此，控制水蛭可能需要多次处理。预防措施包括隔绝水蛭（即有效的检疫）。在休闲的垂钓池塘中，水蛭的侵扰常具有自限性。

4. 桡足类　一些桡足类，如锚头鳋，在它们复杂生活周期的特定阶段中，是有鳍鱼的专性寄生虫。它们失去了桡足动物的特征（包括附属器），而变成为杆状或囊状的结构，这些结构特别适合虫体的穿刺、附着、摄食和繁殖。更明显的是，它们出现了倒刺样的附着器，附着在皮肤和鳃上，摄食血液和组织液，会引起出血、贫血和组织损坏，也会为其他病原体提供入口。在淡水和海洋鱼中可以发现许多种桡足类寄生虫。锚头鳋（锚头鳋属Laernea spp.）普遍存在于各种观赏鱼和池养鱼中，包括金鱼和其他鲤科鱼类。鳋（Ergasilus spp.）寄生于鱼的鳃部。有机磷酸盐能有效控制寄生桡足幼虫，但是法律的限制性条款制约了临床使用。采用盐浴的方法在淡水鱼的治疗上已取得了一些成功，具体方法是：对患病鱼进行含盐量3%（30 g/L）的浸浴（不超过10 min，当鱼翻转时移出），然后在受感染的水池中添加盐（5 g/L），浸泡3周。增加盐分能杀死孵化中不成熟的幼虫。

鲺（伪鳃亚纲Branchiuria）与寄生的桡足类有亲缘关系，具有适合在皮肤表面快速运动的扁平身体。它们通过钩子和吸盘的方法，间歇性地依附于鱼的体表，将穿刺口器（口针）插入皮肤进行吸食。海虱子是人工养殖大马哈鱼的一种严重疾病。如果遇到这些寄生虫，建议咨询鲑健康专家，因为可选择的治疗方法是有限的，并且兼顾环境问题也非常重要。鲺（Argulus spp.）是水族馆、养殖池和野生淡水鱼类的常见虱子。有机磷酸盐（0.25 g/m³，长时间药浴）可用于治疗患病的观赏鱼但不准许用于食用鱼。

五、细菌病

细菌性传染病在高密度养殖的食用或观赏鱼中很常见，这类疾病的暴发经常与劣质水、水环境中有机物的沉积、鱼的处理和运输、显著的温度变化、缺氧或其他有胁迫的环境有关。大多数鱼类的细菌性病原体是需氧的革兰阴性杆菌，诊断时需要从受感染的组织中分离纯化病原菌并开展细菌鉴别。建议在使用抗生素之前先进行药敏试验。

多种细菌可导致类似的综合征，一般称为出血性败血症，其特征为体表变红和腹膜、体壁和内脏出血。发病率和死亡率高，但有不确定性，取决于低溶氧、水质问题、胁迫或外伤等先决条件。随着病情的发展，溃疡性损伤是常见的病症，如果应激原因不能得到控制，鱼的死亡将会很明显。如果鱼濒临死亡，建议使用抗生素治疗。从受感染鱼中分离的常见细菌，包括淡水鱼中较常见的气单胞菌（Aeromonas spp.）和假单胞菌（Pseudomonas spp.），经常从海洋鱼类中分离的弧菌属（Vibrio spp.）。控制疾病的基础是除去诱发因子。如果允许使用抗生素进行治疗，有条件时，药物的选择应建立在药敏试验的基础上。

杀鲑气单胞菌（Aeromonas salmonicida），属革兰阴性杆菌，无运动性，是金鱼溃疡病和鲑疖病的病原，也能引起锦鲤和金鱼非常严重的疾病，这种病也发生于除了上面提到的其他淡水和海洋鱼种。在急性发病时，鳍条、尾、肌肉、鳃和内脏器官会有出血现象。在多数慢性发病时，病灶部位的肌肉发生肿胀、出血、组织坏死等现象，这些病变发展呈现出从皮肤表面向内的深漏斗状脓肿，液化性坏死发生在脾脏和肾脏中，诊断时需要从感染的组织中分离病原并鉴别纯培养的细菌。良好的检疫措施可以避免染病，适时接种疫苗是更为可取的处理方法。使用合适的抗生素治疗，疾病可能得到治愈。从名贵锦鲤体内采血培养，分离杀鲑气单胞菌，并进行鉴定和敏感性试验是一种有效的方法。商品化疫苗对于预防大马哈鱼和锦鲤的杀鲑气单胞菌病是有效的，但有关锦鲤预防效果的资料有限。

弧菌病是许多人工养殖的、水族馆中和野生海水鱼及过河口性鱼类一种潜在的、严重的、常见的全身性疾病，淡水鱼中很少见。鳗弧菌（Vibrio anguillarium）和其他弧菌（Vibrio spp.）可引起该病，产生全身性的临床表现，包括皮肤、鳍和尾的出血和溃疡以及内脏器官的出血和功能衰退。诊断时需要鉴别从被感染组织中分离和纯化培养的细菌。从鱼体中分离出弧菌（V. cholera）并不少见，只要分离物不是O型种类的都不必引起惊慌。预防措施包括减少应激和降低密度。冷水弧菌病（Hitra病）是海水鲑科鱼类养殖中的一个严重问题，其特征包括高死亡率、抗药性和应激反应，其病原为杀鲑弧菌（V. salmonicida）。因为弧菌（Vibrio spp.）在海洋环境中无处不在，所以回避是困难的。甲醛灭活的弧菌Vibrio作为预防性疫苗已被应用于鲑科鱼类养殖中。使用抗生素治疗前，应进行药敏试验。

耶尔森菌病（肠型红口病）是集约化养殖大马哈鱼（鲑科鱼）中的一种严重的急性或慢性细菌病，病原体为鲁氏耶尔森菌（Yersinia ruckeri），表现为嘴（红口）、皮肤、肛门和鳍变黑、出血，慢性病例表现为食欲不振、眼球突出、肿胀和内脏器官退化，死亡率不能确定，但劣质水环境和有关的应激因子都会使其升高。可通过从感染鱼的内脏器官中分离、鉴定纯培养菌进行诊断。幸存的鱼仍然是病原菌的携带者，有可能不断地释放细菌，尤其是在有压力的环境条件中和水温15~18℃时。建议降低受感染鱼的数量和避免引入被感染的鱼，预防疫苗接种是疾病流行地区常用的手段。耶尔森菌病可以用抗生素成功治疗，但应基于药敏试验的结果上进行药物选择。治疗过程应持续至少14 d。

斑点叉尾鮰爱德华菌（*Edwardsiella ictaluri*）能引起鲶形目鱼类的肠道败血症，是斑点叉尾鮰养殖业中最重要的传染病。感染发生在水温为22~28℃时的春季和秋季，处理过程中的应激反应、化学药物治疗以及劣质水源条件，都可能加重死亡发生，这种疾病有两种表现形式—肠（或肠道）型和脑膜型。在肠型，被感染的鱼可能发展为以嘴、鳃盖和眼睛周围块状的出血斑为特征的皮肤损伤；或者可能发展成沿着体侧麻疹状的红色点状损伤。可表现出血性肠炎，肠道可能出血和充满液体或气体，常常见到肝脏的病变，这种病变可能是多病灶的坏死、化脓或出血。在脑膜型，感染病鱼可能很少能看到被感染的外部病症，细菌通过嗅觉系统进入CNS，形成严重的脑膜炎。在鱼苗中，炎症可能会严重到足以侵蚀颅骨，导致典型的"头洞"型损伤。以脑膜型感染的鱼可能会表现出反常的行为，包括旋转、不稳定游动和失去方向感，诊断时应进行细菌培养和分离。每当怀疑叉尾鮰爱德华菌（*E. ictaluri*）感染时，都可进行脑组织培养进行验证，在25℃下培养48 h，爱德华菌可在血琼脂培养基上生长。采用抗生素治疗前应进行药敏试验。疫苗接种可用于斑点叉尾鮰苗。

迟钝爱德华菌（*Edwardsiella tarda*）能引起各种水生和陆生生物，包括鱼类、爬行动物和哺乳动物（包括人类）的肠道疾病。在鲶形目鱼类中，这种细菌引起的疾病被称为鲶腐败性肺气肿病，病症为恶臭的、气态的病变，感染率通常为5%~10%，死亡过程长期而缓慢。临床上，由于骨骼肌肉组织充气性病变所产生的异常浮力，使被感染的鱼不能正常游动。当疾病突发时，极其恶臭。据报道，迟钝爱德华菌能在相当宽的温度范围内感染淡水、海洋养殖池，以及自由放养的大口黑鲈；临床症状包括明显的皮肤溃疡与全身性疾病；总体的死亡率通常较低，一般不超过5%。用血琼脂培养基（25℃培养24 h）容易分离到病原体。根据药敏试验结果选择抗生素，疗效较佳。

近年来基于基因组的研究，对造成鱼类烂鳃病、冷水病及细菌性鳃病的细菌种类经历了重大的修订。这些重要疾病的致病原因已经转移到了黄杆菌属（*Flavobacterium*）。这些革兰阴性、杆状或丝状细菌，能进行一种独特的滑行运动。皮肤或鳃病变处有黏稠状或絮状的表面渗出液，这些渗出液常覆盖在坏死组织、溃疡和边缘出血处。

柱状黄杆菌（*Flavobacterium columnarae*），是引起柱形病的病原菌，常见于温水性鱼类。通过被感染的皮肤和鳃的湿涂片，观察到典型细菌可做出判断，确诊时还需通过利用Ordal's培养基或者其他嗜纤维菌属培养基分离病原体。由于柱状黄杆菌不能在Müller-Hinton培养基上生长，药敏试验很难进行。如果在感染早期诊断出此病，用高锰酸钾或过氧化氢治疗可能会有效。如果疾病发展成慢性，可能会转变成全身性感染，在这种情况下，建议使用氟苯尼考或土霉素进行治疗。减少池水中有机物的沉积，避免外伤可以预防柱形病。以前感染海洋鱼的类似生物分属于柱状黄杆菌，但现在已有其自己的属名，现在命名为海洋曲桡杆菌（*Tenacibaculum maritimum*）。

嗜冷嗜纤维菌（*Flavobacterium psychrophila*）能引起大马哈鱼和其他冷水性品种鱼的冷水（躯干肉茎）病或者细菌性冷水病。温水鱼接触低温环境很少会感染。水温4~10℃时，疾病最为严重，温度超过18℃时，看不出病症。皮肤病变通常从鱼的背部和后部表面开始，但可能在身体的任何部位发现。晚期的症状表现为肌肉的坏死和溃疡，甚至会出现肌肉组织暴露。随着病情的发展，感染会变为全身性的，典型病症会涉及脾脏、肾脏和肝脏。通过免疫组织化学或PCR技术，或用嗜纤维菌属的培养基分离嗜冷黄杆菌（15~20℃，3~6 d），均可确诊。疾病的暴发可用土霉素加以控制。

由嗜鳃黄杆菌（*Flavobacterium branchiophilum*）引起的细菌性鳃病是养殖的大马哈鱼幼鱼或富含有机物

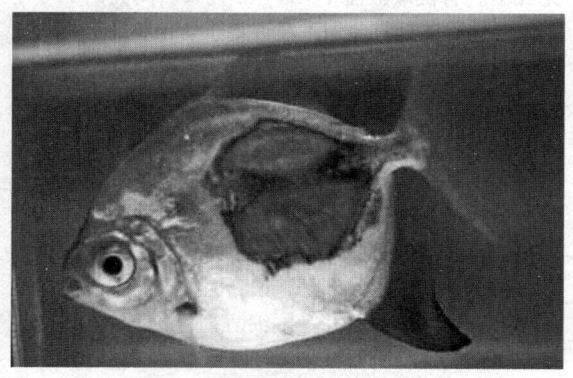

图17-6　银麒灯柱形病典型糜烂
（由Ruth Francis-Floyd博士提供）

条件下养殖鱼的最常见疾病，在观赏鱼中偶尔能发现此菌。本病可能是由拥挤和水质差，尤其是有机物含量过高、氨氮水平过高和淤泥过多时引起。病症包括鳃肿胀、出现斑点，在细菌生长后出现不一致的斑点，可以通过直接镜检鳃涂片进行确认。

能够看到鳃片的组织增生、粘连和畸形等症状。患病的幼鱼，死亡率高且病程长。预防措施包括改善水质和避免放养过密。进行单一的高锰酸钾治疗，然后向水生系统中加入盐（2～5 g/L）可有利于控制死亡，但要长期解决此问题，环境卫生是至关重要的。需用抗生素治疗来控制继发性细菌病。

细菌性肾病对大马哈鱼养殖经济很重要。病原为鲑肾杆菌，是一种专性细胞内生活的细菌，是为数不多的引起鱼类疾病的革兰阳性菌之一。临床上，受感染的鱼出现嗜睡和发黑病症。典型病变包括在内脏中，尤其是在肾脏或体壁，出现局部或成团的灰色肉芽肿；眼球突出，失明以及消瘦。假定诊断是基于在肾脏涂片中可见革兰阳性小杆菌，确诊时需要用含有半胱氨酸的选择性培养基对细菌进行分离和鉴定，培养条件是15℃，3～6周。鲑肾杆菌可以水平和垂直传播，在此流行病中幸存的鱼仍然是病原携带者。受感染的雌性鱼应在产卵前14～60 d肌内注射红霉素（11～20 mg/kg），以防止病原垂直传播。疾病暴发的初期在饲料中加入红霉素（100 mg/kg，持续10～21 d）是有效的；然而，美国FDA不批准这样的使用。获取无病的鱼群，而且避免被已感染的野生鱼传染是最好的预防措施。

革兰阳性菌感染，在养殖鱼类和水族馆鱼中，多由链球菌（Streptococcus）及相关菌属，乳球菌属（Lactococcus）、肠球菌属（Enterococcus）、漫游球菌属（Vagococcus）所引起。类似的感染并不常见，但一旦发生，即可导致很高的死亡率（>50%）。慢性感染可能会持续数周，而且每日只有少量鱼死亡。已知的易感种类包括大马哈鱼、各种海水鱼（如鲕、海鲈）、罗非鱼、鲟和条纹鲈。易感的观赏鱼包括彩虹鲨、红尾黑鲨、玫瑰鲃、斑马鱼、一些脂鲤及慈鲷科鱼类。一般而言，所有的鱼都是易感的。链球菌感染的一个典型的症状是神经性疾病，经常表现在水层中旋转或表现螺旋运动。疑似病鱼的脑和肾应在血琼脂培养基上培养，25℃，24～48 h。对分离确定的细菌进行革兰染色结果呈现典型的阳性球菌链，即可做出推断。确诊时需要对该菌进行明确的鉴定。抗生素治疗应基于敏感性的测试。红霉素常是治疗该病的选择药物，但FDA不批准使用。该病的传染源可能是和环境有关的或者包括鲜活食物，如水丝蚓、两栖动物或已受感染的鱼。如果能识别和消除传染源，就可以防

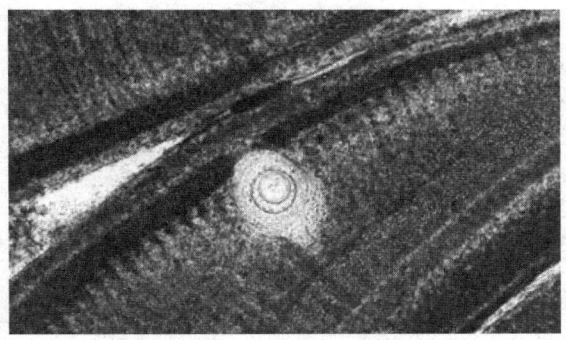

图17-7　未染色的鳃组织新鲜压片，示由分支杆菌感染引起的全身性肉芽肿（100×）
（由 Ruth Francis-Floyd博士提供）

止将来疾病的流行。已经从罗非鱼和观赏鱼体分离出链球菌，并且具有人兽共患病风险。在水产养殖设施中使用自家疫苗是有效的。

分支杆菌病是一种全身性慢性或急性肉芽肿疾病，它发生在观赏鱼与养殖的食用鱼中，特别是集约化条件下养殖的鱼。环境诱因包括循环养鱼系统中的低溶氧、低pH和高有机负荷等因子。作为水生系统消毒的手段，紫外线的正确使用可降低细菌数量，是控制观赏鱼感染的有效方法。致病菌可以是任何数量的分支杆菌（Mycobacterium），包括鱼分支杆菌（M. piscium）、海洋分支杆菌（M. marinum）和偶然分支杆菌（M. fortuitum）。海龙科（Syngnathids）海马尤其敏感，但这种疾病可能发生在任何鱼中。这些革兰阳性菌、无运动性的抗酸细菌很难培养，但可以用改良罗氏培养基或Middlebrook培养基，在25℃下培养3～4周来进行分离。病症多变且无特异性。症状包括消瘦、腹水、皮肤溃疡和出血、眼球突出、体表苍白、骨骼畸形。在尸检时，内脏可见灰白色的、坏死的病灶，这些病灶有时会合并形成肿瘤样的包块。肉芽肿可能不太明显，常首先在患病鱼的脾脏或其他内脏湿涂片上发现。诊断是基于发现来自可疑病变组织的肉芽肿中的抗酸杆菌。确诊需要进行细菌分离与鉴定。尚无有效的治疗方法可消除鱼体中的分支杆菌。分支杆菌是能引起人兽共患的传染病，应告知水族管理人员处理或清洁被感染的鱼或展品时存在潜在的风险。在添加其他鱼类前，应对被感染的水族箱进行消毒。漂白剂不是分支杆菌有效杀菌剂，建议使用酒精或酚类化合物进行消毒。

由鲑立克次体（Piscirickettsia salmonis）引起的立克次体病在智利、挪威、爱尔兰和加拿大的鲑科鱼类养殖中有报道。类立克次体的生物在罗非鱼、黑鲈和蓝眼吸口鲶中有所报道。立克次体病可以引起急性死亡，感染率高达95%，病鱼几乎没有明显的病症，温

度突然下降时可以导致罗非鱼的急性死亡。慢性感染时没有特异性的外部病症，包括厌食、鳃苍白、皮肤损伤；而体内的病变非常典型，肉芽肿病变可能会遍及整个内脏。最典型的病变可能会出现在肝脏和肾脏组织中，表现为颜色由灰色到黄色的带状病灶的杂色区域。内脏的病变与分枝杆菌病晚期病例中所见的极其相似，因此正确鉴别尤为重要。从组织学结构分析，可在巨噬细胞及肝脏、脾脏、肾脏造血组织中可以看到细胞内的病原体。对血液或组织涂片进行姬姆萨染色或吖啶橙色，可以观察到细胞内的病原经常成对出现，在巨噬细胞或肝细胞中为弯曲的革兰阴性杆菌。虽然类立克次体病原体可用各种细胞系进行分离。但是也可根据血清学技术确诊一可疑病例。

人们还不了解鱼体内类立克次体病的传播方式。陆生种类往往需要载体，然而，已有证据证明鲑立克次体（R. salmonis）能在海水中存活14 d，预示着在没有载体的情况下，病原体在水生物间的水平传播存在可能。可以选择土霉素治疗，虽然还不清楚使用抗生素是否能彻底治愈晚期的感染病例。类立克次体病原体似乎没有人兽共患病的威胁，因为他们似乎并不能在哺乳动物的体温下生存。

六、真菌病

水生真菌往往被认为是次生的组织入侵者，伴随着外部创伤、病原体、不良水质或低水温的环境损害。因为许多真菌生长在腐烂的有机物质上，所以，他们在水环境中非常常见。

水霉属（Saprolegnia）的感染是鱼和鱼卵中最常见的真菌感染。明显的症状是生长在皮肤、鳃、眼睛或者鳍条呈灰白色的絮状增生物，菌丝能侵入身体的深层组织中。已确认，所有的淡水鱼类都被认为是易感的。将感染组织直接涂片，通过观察到没有分离的菌丝和菌丝体可确定水霉病。真菌的有性繁殖阶段只有在微生物培养时才能看到，并且需要进行特别鉴别。沙布罗葡萄糖琼脂适用于包括水霉属的卵菌纲真菌的初步分离。预防措施包括除去诱因，如不合适的温度，不适当的卫生设施，过多的化学药物处理或存在患病的死鱼和腐烂的有机质。如果环境洁净，且消除表皮病原体，通常单独使用高锰酸钾、福尔马林或过氧化氢治疗足以控制体表的水霉病。还有一些有效的非处方药可在宠物商店购买到，这些药物中含有孔雀石绿成分，这些稀的溶液在家用水族箱中应是有效的，但不应由兽医分发，而且绝不能用于食用动物。也不提倡用于动物标本防霉。

流行性溃疡病是一种需要报告的疾病，它由卵菌纲真菌（Aphanomycetes invadens）引起。在许多淡水鱼和过河口鱼类中，都有相关报道包括大西洋鲱和乌贼及包括丝足鱼和鲃的观赏鱼。罗非鱼似乎对该病具有抗性。这种疾病在美国偶尔见到，尤其是在沿着大西洋沿岸的河口地区。病变特征为深度溃疡，这种溃疡可能会延伸至腹腔中，溃疡中心呈红色但周边呈白色。在湿涂片或组织结构上可观察到无间隔的侵入的菌丝，常伴有肉芽肿的组织反应。这种真菌可以培养，但难以鉴定，因为很容易长满更为常见的真菌，或混合感染引起溃疡性损伤的细菌。如果怀疑丝霉菌（Aphanomycetes invadens）感染，必须通知当地兽医和美国农业部所属的州兽医。

腐皮镰刀菌（Fusarium solani）正成为圈养海水鱼，特别是板鳃亚纲鱼的一种重要病原。这种病原体发现于热带和亚热带地区的水生植物和土壤中。该临床病例已在窄头双髻鲨和红肉丫髻鲛以及一些海洋鱼类包括神仙鱼、鹦嘴鱼中有过报道。疾病的发生与低水温（<27℃）有关。丫髻鲛是极易感的，会沿着头部形成腐烂和肉芽肿病变。消除病变需要将受感染鱼类的水温升高到更合适的温度。

鳃霉属（Branchiomyces）会引起温水性鱼类鳃组织的偶然性真菌感染。与此有关的有两种：血管内的血鳃霉（B. sanguinis）和血管外的穿移鳃霉（B.demigrans）。两者可能是相同真菌的两种临床表现。临床疾病与特定的环境条件有关，包括温水（>20℃）、高浓度的非离子氨、高有机质负载量、拥挤状况及水华。患病的鱼表现出呼吸极度困难和死亡率突然升高。病情严重时，鳃组织出现明显的损伤，一般表现在鳃弓基部和主鳃片上。湿涂片可以显示血管中有分枝、无隔的真菌菌丝，一般会伴随肉芽肿组织反应。

霍氏鱼醉菌（Icthyophonus hoferi）可引起包括观赏品种在内的过河口鱼和海水鱼的全身性真菌感染。这种疾病是全球性的，感染养殖鱼类和野生鱼类。该真菌在淡水鱼中罕见，对金鱼和孔雀鱼的试验性感染已得到了验证。无明显的特异性症状，仅表现消瘦、腹水和异常的游动。尸体剖检表明，主要的病变为肌肉、心脏、肝脏和肾脏的肉芽肿炎症，这是与分支杆菌感染最主要的鉴别诊断。本病常通过摄入传染性物质进行传播。野生鱼类是真菌的传染源。

据报道，还有许多其他不常见的鱼真菌感染病例。实验室培养与完整的临床评估资料将增进人们对这些疾病的进一步了解。

七、病毒病

鱼类病毒性疾病的报告正日趋增多。不断有新病毒的报道，对病毒调查结果的重要意义的解释也在发生变化。有几种观赏鱼的病毒性疾病值得报道（表17-2）。

虽然感染恒温动物病毒的培养是在不变的温度条件下进行，但鱼类病毒对温度范围要求更为广泛而且明确，鱼类细胞培养的温度较低。由于这种相对明确的温度范围，温度改变可以使病毒病的控制成为可能，尽管往往只是延长了病毒病的潜伏期。由于许多鱼类的病毒性疾病有地理位置的局限性，在无病地区的监管机构和渔场都视病毒病属外来疾病，要求引入鱼类的安全证件。许多病毒在幼鱼阶段会产生高死亡率，而成年鱼中很少或没有损失，但成年鱼会变成病毒携带者。正是由于该原因，为了禁止病毒携带者，经常需要无特定病原替代鱼种证件，可以利用特定的测试程序得出结论。用于控制鱼类疾病的大多数疫苗是针对细菌性疾病；而控制一些病毒病的疫苗的使用正在出台。虽然抗生素和其他药物可以用于控制细菌的继发感染，但药物对病毒病没有效果。包括减小胁迫和拥挤、生物安全措施和温度调控方面的管理技术，为控制鱼类病毒性疾病提供了最大的希望。

1. 鲤痘疮病　鲤痘疮病是最早确认的鱼类疾病之一，它是由鲤疱疹病毒-Ⅰ引起的。痘病变也可能在其他种类的鱼中发生，有时被称为鱼痘。典型的病变表现为病鱼呈光滑、隆起，表面可能为乳白色。鲤痘疮病均为良性，表皮增生无坏死区域。病情严重时，可能导致乳头状增生物的形成，可能是并发细菌感染的部位。该病通常具有自限性，而且疗效甚微。因为关系到锦鲤的审美效果，鲤痘疮病可能是锦鲤的一个重要疾病，因此也严重影响鱼类的市场价值。对于执着的鲤爱好者，最好在隔离期剔除感染鲤痘疮病的鱼。手术切除鱼痘病变部位毫无意义。

2. 锦鲤疱疹病毒　1996年首次确认锦鲤疱疹病毒（KHV）由鲤疱疹病毒-3引起。最近遍布美国，已确认为地方性疾病。确诊的疫情必须上报美国农业部州一级兽医部门和地区兽医部门。因为这种疾病是地方性的，管理机构需向世界动物卫生组织（OIE）上报疫情，疫情上报时，不需要进行诸如扑杀的特殊处理。

KHV可导致锦鲤和普通鲤的临床症状，而金鱼和草鱼无临床表现，但可能成为病毒携带者。病后存活下来的锦鲤，也可成为病毒携带者。水温22～27℃时可出现临床病症，水温度为22～25.5℃时，出现最大死亡率。死亡率可高达80%～100%。任何年龄的鱼都易感，但幼鱼的死亡率可能更高，尤其是鱼苗。最明显的病变发生在鳃组织上，鳃被严重感染，并形成红、白相间的外观，有的病例中会伴有明显的出血症状。需与柱形病加以区分。KHV感染的鱼会昏睡、在水表面游动、还可表现呼吸困难等症状。细菌或寄生虫严重感染时，可能会掩盖KHV是鳃病变主因的事实。该病通过接触患病或携带病毒的鱼水平传播，也可以通过接触污染的水、基质或设备传播。

当怀疑KHV时，可以将受感染的鱼运送到实验室进行确认。刚死的样本应置于冰上，在24 h内送达。PCR技术或病毒分离鉴定可用于确认死亡鱼类的传染病。由于锦鲤的价值，迫切需要死亡前的检测方案。血液，活检时取的鳃组织、粪便或黏液，可用于评估疑似病鱼的状态。取自这些样本的细胞培养，阳性反应表明正在感染的状态。PCR检测阳性表明存在病毒，可能存在感染或者鱼可能是病毒携带者。用血液样本进行间接测试，包括ELISA技术或病毒中和试验，检测结果往往不能肯定。阴性的检测结果可能表明感染是真阴性，这表明感染处于早期阶段，或者鱼类还没有产生可供测量的抗体反应。由于循环抗体减少，以前被感染了的鱼类，可能也会得到阴性的检测结果；然而这种鱼仍然可以充当病毒的载体。在一些非专业人员中存在着一种误解，认为血清学检测阴性是可以足够排除病毒载体的筛选试验。实验室工作者应向养鱼者明确表明，即使血清学检测阴性，仍存在感染的可能性。

如果确诊锦鲤群被KHV感染，强烈建议销毁这些锦鲤。幸存的鱼作为病毒的携带者，仍可以充当稚鱼的感染源。尽管当水温接近30℃时，死亡会减少或停止，但幸存鱼仍有可能处于带毒状态，会感染其他的鱼。

谨慎的隔离检疫方案是预防KHV的最好办法。为了使KHV引入的概率降到最低，建议被引种的锦鲤应在24℃下，至少隔离30 d。如果在隔离期间发生疾病，为了排除KHV，应对鱼进行特别处理。引种时可以增加对KHV抗体的血液检测，但绝不能以其取代隔离措施。检疫后作为额外的预防措施，可以将新的鱼放置在一个单独的区域，使其与已经确定的鱼群分隔开，并进行至少2周的疾病监控。如果锦鲤被带去展览，每次返回后都应进行隔离观察。应强烈鼓励锦鲤爱好者参加英式展览（与日式展览相比），因为英式展览中，参赛的鱼不会放置在共用的容器中。

3. 斑点叉尾鮰病毒（channel cattish virus disease，CCV）**病**　这种斑点叉尾鮰稚鱼的急性恶性疱疹病毒感染，能引起水温不低于25℃的小鱼（≤5 cm）80%以上的死亡率。随着鱼的年龄增长，死亡率逐渐降低，在1岁以上的鱼中，临床传染罕见。急性感染通常源于近期应激事件，如运输、低溶解氧或化学药物处理。被感染的鱼出现腹水、眼球突出、鳍出血的症状。通常选用斑点叉尾鮰的卵巢作为分离病毒的细胞系，然后通过血清中和试验进行确认。典型的细胞病变包括细胞融合、形成合胞体和核内包含体。有证据表明CCV能进行垂直传播；因此在流行病中的幸存者不应该用作亲本。虽然在疾病暴发的过程中，CCV可以引起严重的死亡率，但鲶养殖中每年患CCV的病例数还相对较低。

4. 传染性造血组织坏死病 这种疾病是由弹状病毒科中的粒外弹状病毒引起，被世界动物卫生组织列入须申报的疾病名录。它是太平洋西北地区和阿拉斯加的鲑科鱼类（大麻哈鱼Oncorhynchus spp.）的地方性疾病，已发现于海马、犬鲑、奇努克鲑、红大马哈鱼和红大麻花鱼，以及凶残的硬头鳟和彩虹鳟中。属于红点鲑属（Salvelinus）的湖鳟和红点鲑则具有抗病性。该病在欧洲和亚洲部分地区也有报道，大多数的流行病是源于进口被感染的卵或鱼苗。

不到2月龄的鱼苗急性患病很少会出现外部病症，可能会导致较高的死亡率（＞90%）。疾病通常发生在水温10～12℃时，偶尔会发生在15℃以上。典型的病症包括嗜睡，偶尔过度兴奋和眩晕。病鱼可能会体色变黑、腹部膨胀、眼球突出、鳃苍白，粪黏液状，重要的鉴别诊断包括传染性胰腺坏死和病毒性出血性败血症。肾脏和脾脏的造血组织由于坏死而受到最严重的影响。

影响因素包括年龄（＜2月龄的鱼更容易被感染）、密度和水温。由于运输时拥挤的原因，在大坝边用卡车运输幼鱼是重要的风险因素。尽管在淡水鱼中有报道过很多疾病的暴发，但在海水网箱中养殖的大西洋鲑中也出现过此类疾病。可通过分离病毒（从幼鱼的脾、肾及亲本的卵巢液）进行诊断，并用血清中和试验确诊。快速血清学检测的诊断效率较高。从黏液中分离病毒的非致命性检测方法也已经有报道。该病通过水进行水平传播，也有怀疑是垂直传播。无症状的带菌鱼是传染源。

5. 病毒性出血性败血症 该病由弹状病毒科中的粒外弹状病毒引起，在美国是一种重点监控的疾病。该病导致肾脏特别是前肾中造血组织明显坏死，后肾中的大部分肾小管除外。虹鳟、溪鳟、湖鳟（属红点鲑），以及大西洋鲑、褐鳟和金鳟（属斑鳟）易

图17-8 斑点叉尾鮰出现与病毒病诊断一致的临床症状
（由Ruth Francis-Floyd博士提供）

感。该病毒也能引起其他各种淡水和海洋冷水鱼的疾病，包括犬鱼、比目鱼、白鱼和海鲈。病毒性出血性败血症也在太平洋西北地区自由放养的海水鱼中，包括溯河产卵的鲑（银大麻哈鱼和大鳞大麻哈鱼）及北海的黑线鳕和鳕。

该病的发生有3种类型：急性、慢性和神经性。急性死亡发生在不到3 g和低于30日龄的虹鳟苗。急性死亡的鱼肾脏肿大，肾脏前段坏死、发白，肝脏可变为苍白色，伴有斑点状的出血，体表可见全身性出血，出血分布在眼睛、皮肤、骨骼肌和内脏。最明显的病变是肝脏、脂肪组织及骨骼肌内普遍出血；垂死的鱼躺在池底，并可能表现出鱼体（偶尔）无光泽和螺旋状游动的行为；随着鱼龄增长，死亡率会由80%～100%下降至10%～50%。慢性型是一种持久性的感染，红细胞和白细胞数量较低；从所有的组织中都能分离出病毒。慢性感染的鱼几乎不会表现出可见的外部病症。据报道，本病的神经型主要发生在养殖的淡水鱼类，但在海水鱼类中也有报道。

传染的最佳温度范围是9～12℃；温度高于15℃时，该病毒不能复制。分离病毒选择的细胞系是蓝鳃太阳稚鱼（BF-2）。病毒鉴别通过血清中和试验确认，较新的诊断测试方法还包括免疫荧光、ELISA与PCR技术。在欧洲被确定的无病区域中，病毒性出血性败血病是严格监管的疾病。尚无有效的商品疫苗。从事鱼类收集工作的兽医，必须确保从疾病流行地区收集的易感鱼经过了适当的检测，并确定其无病毒感染。

6. 鲤春病毒病（Spring Viratmia of Carp, SVC） 该病由鲤弹状病毒（Rhabdovirus carpio）所引起，感染养殖鲤，表现为急性、恶性、常伴有出血症状。该病被OIE列入须申报的疾病名录。从历史上看，在欧洲和苏联曾有过该病的报道；然而，2002—2007年间，美国有几次该病暴发的报道，发生于野生鱼和养殖的观赏性锦鲤。在美国，该病被认为是外来鱼类疾病，必须上报。SVC导致鲤，包括锦鲤及草鱼、大头鱼（鳙）、银鱼及鲫发病。有限的试验表明，普通金鱼可能是易感的。

该病无特殊的临床表现，可能包括皮肤变黑、眼球突出、腹水、鳃苍白出血和泄殖孔隆起并拖带管状浓黏液样粪便。如果鱼鳔存在点状出血，则表示有SVC。如果同时感染气单胞菌属或其他全身性细菌，可能会掩盖病毒的存在，感染的细菌可以用抗生素进行控制；但在美国要求灭绝被感染或被接触的鱼。这种疾病会导致成鱼和幼鱼的死亡。临床疾病发生在低温（12～22℃）下，这是与KHV病的重要区别。该病毒很容易在普通鱼类细胞系中分离，通过血清中和试

验和荧光抗体检测进行鉴定。

7. 淋巴囊肿病 该病为典型的慢性病，它感染野生或养殖的海水和淡水鱼类，由虹彩病毒科的二十面体DNA病毒所引起。本病感染较为明显，鳍表面良性的菜花样病变是其典型病症。这种疾病影响大范围的鱼类，一般认为是全球性的。在水族贸易中，彩绘玻璃鱼常常也会被感染。假定诊断是基于增大的成纤维细胞（达1 mm）的存在，这种细胞很容易用光学显微镜观察到。显微镜检查时能显现典型的葡萄样充满病毒的细胞。通过组织学方法可以确诊。福尔根着色反应（Feulgen）阳性的细胞质内含物和过度增大的细胞核是该病的典型特征。尽管该病常具有自限性，但还是会影响鱼的美观。

8. 病毒性红细胞坏死症 这是OIE规定的须报告的传染病。已有超过20种海水和溯河性鱼类（包括养殖和自然分布的）感染的报道，其特征是红细胞的变性。受影响的鱼种包括太平洋鲱、大西洋鳕、太平洋鲑（犬鲑、粉鲑、银鲑、奇努克鲑）、硬头鳟，以及在台湾养殖的鳗。该病是慢性疾病，外部病症可能轻微或不存在。病鱼贫血，鳃和内部器官变得苍白。疾病的严重程度与鱼的年龄和种类有关，体重不到1 g的幼鱼的感染最严重。

该病典型的病变是贫血鱼的循环血红细胞中出现单一的嗜酸性胞质包含体。将新鲜血涂片进行姬姆萨染色，能最直观地看到包含体。到目前为止，还没能成功分离出这种病毒。组织学上，肾脏的造血活动可能会明显增加，在循环血的红细胞中，可发现圆形的胞质包含体（0.8～4 μm）；姬姆萨染色后，包含体会被染成粉红色或洋红色；红细胞可能会有其他明显的衰退性变化，包括细胞质空泡化和核染色质的边缘化。据报道，并发含铁血黄素沉着症和骨髓成红血细胞增多症的溶血性贫血出现于垂死的太平洋鲱。外周血中偶见多核巨幼红细胞，巨噬细胞可能吞噬异常的成红细胞。在贫血鱼的流动的红细胞中存在典型的细胞质包含体，就可对该病做出假定诊断。确诊时需要使用透射电镜，在感染鱼的红细胞胞质中观察到六边形的病毒颗粒。曾怀疑在海洋中存在有该病毒，但还未被认定。由于来自感染亲鱼的鱼苗具有高的患病率，所以怀疑此病毒是垂直传播。

9. 流行性造血器官坏死病（Epizootic haematopoietic necrosis, EHN） 蛙虹彩病毒属是虹彩病毒科中感染鱼类的重要种类。其中的一种可导致EHN，此病被OIE列为须申报的疾病。首次报道是1984年春天发生于澳大利亚的河鲈，尽管不那么严重，但也能引起虹鳟的疾病。类似的病毒已在德国的六须鲶和法国、意大利的黑色大头鲶中有过报道。

EHN易感染上皮细胞，导致血管内皮细胞坏死性损伤和一些内脏的病变。与EHN有关的最具一致性的病变是前肾和肝脏的造血组织局部坏死，血管内可见坏死的造血细胞。行为症状包括嗜睡、体色变黑、无规则的游动。死亡发生在4～5 d后。假定诊断应依据临床症状和细胞培养物中可疑病毒的分离。可选择蓝鳃太阳稚鱼（BF-2）的细胞系进行病毒分离，病毒检测也可通过ELISA、免疫荧光或电镜来完成。河鲈中EHN流行病在春季和夏季最常见，几乎只感染幼鱼。幸存者似乎对再感染具有抵抗力。目前尚无EHN是垂直传播的证据，也未发现河鲈是病毒携带者。怀疑存在一种未经确认的传染源和载体宿主。已有证明污染物能传播EHN，也证明鸟类能携带受感染物质。

10. 大口黑鲈病毒 1995年从南卡罗来纳州垂死的大口黑鲈中分离出这种蛙病毒。先前已从佛罗里达州的几个湖泊中的大嘴鲈分离出这种病毒，但与疾病没有直接的联系。也在一些东南各州和许多中西部州的大嘴鲈中发现此病毒。由于该病毒通常是从正常的鱼体组织中分离所得，所以人们对这种疾病还缺乏详细了解。1995年，仅在2～3个月内，在66 000多公顷的区域内，约有1 000尾鱼死亡。病变无特异性，也无详细的描述。胖头鱼肌细胞（Musclecelloffat head minnow，FHM）是分离该病毒的细胞系。

11. 其他虹彩病毒 在观赏鱼中，已有几种虹彩病毒的描述。其中最初报道的两种与大嘴鲈病毒密切相关，但近期研究表明，从孔雀鱼和温泉鱼中分离的病毒并不像最初认为的那样有密切联系。据报道，有一种虹彩病毒导致淡水神仙鱼（*Pterophyllum scalare*）全身性感染，但未分离到病毒。使用罗非鱼心脏细胞系，已从属于毛足鲈属的丝足鱼体分离出虹彩病毒。这种病毒不能在FHM细胞系或其他分离鱼病毒的常用细胞系中增殖。丝口鱼病毒与全身性疾病和毛足鲈（*Trichogaster* spp.）的丝口鱼的死亡有关。非常有限的资料表明，在水温达30℃或以上时，大嘴鲈病毒和丝足鱼虹彩病毒的临床疾病可能更为严重。

12. 传染性鲑贫血症 这是美国水产养殖中新出现的疾病。它已由OIE归类为重要疾病，美国农业部已经把它列为全联邦范围内的需要申报的疾病。首次报道是1984年来自挪威西海岸养殖的大西洋鲑。感染鱼的症状是昏睡且严重贫血（垂死的鱼中PCV＜5%）。病原体为正黏病毒。急性暴发可导致高死亡率。最初的症状包括昏睡的鱼在网箱或鱼池边缘徘徊。随着病情的发展，垂死的鱼会躺在底部。

最明显的外部病变是鳃苍白和眼睛前部出血。体内，肝脏出血变黑，这是传染性鲑贫血的一个重要的症状。其他病变可能包括肝脏附近的纤维蛋白囊，充满黏液的膨胀的腹部，有时黏膜也会出血。受感染的鱼通常会有明显的腹水，骨骼肌也存在出血。组织学上，最重要的病变是多病灶、出血性肝坏死，这种坏死可能呈现带状；肝细胞可能是黑色，肿胀，坏死区域呈嗜酸性。循环流动的红细胞很小，能看到胞质空泡化、核变性和细胞破碎的迹象。被感染的鱼可能出现淋巴细胞减少症和血小板减少症，外周循环中未成熟红细胞明显增加。除了鱼鳔和皮肤可能出血外，慢性感染的病症非常轻微。

根据临床病症进行诊断，重点在于贫血（PCV＜10%），总体表现是肝脏的变黑和坏死。确诊时可用SHK-1细胞系分离病毒。通过透射电镜，可在心脏血管的内皮细胞中观察到病毒。病毒有囊膜、略微多形性，大小约100 nm。疑似的病例也可以通过荧光免疫抗体技术检测冷冻组织进行验证。该病属水平传播，病毒通过皮肤、黏液、粪便和尿液排出。海虱（鲑疮痂鱼虱）可以作为传播的载体，海虱存在时，疾病暴发似乎更为严重。目前尚无该病毒垂直传播的证据。已确认海鳟可能是传染源。已证明在疫情暴发中幸存的鲑能产生保护性免疫力。在挪威这种疾病已受到严格监管，现在美国也一样，任何疑似病例都应当立即向美国农业部通报。

13. 传染性胰腺坏死病 该病是由双RNA病毒引起，导致鲑科鱼的稚鱼和幼鱼发生急性、全身性传染病。该病毒的原型是水生双RNA病毒，可以进一步分为A和B两种血清型，在血清中和试验时，不会产生交叉反应。B血清型目前只有10种分离株，他们都来源于欧洲。相比之下，A血清型含有200多种分离株，已进一步细分成9个血清亚型A_1-A_9。发病和死亡仅出现在幼龄鱼种，通常体重不到3 g；尽管如此，仍然可以从幸存者的整个生命期中分离出病毒，使动物始终处于持久的带毒状态，尚未有带毒者再次发病的报道。这种病毒呈垂直传播和水平传播，除了冰岛与澳大利亚，世界广泛范围内都有报道。虹鳟对该病有高度敏感性。在美国，条纹鲈和他们的杂交种被认为是潜在的携带者。其他受影响的鱼种还包括淡水鳗、鲥、比目鱼、黑鲈、鲱及包括软体动物和甲壳类等动物的水生无脊椎动物。在美国，已确认溪红点鲑是传染贮主。

临床感染无特异症状。患病的鱼可能厌食、运动失调，螺旋式游动。病鱼体色变暗，眼球突出，体表可能有明显的出血点。在体内可见内脏表面的出血点；肠中无物，可能有黄色渗出液。粪便中的假包囊在水体中很明显。组织学上，凝固性坏死的病灶部位包含胰腺的腺泡和胰岛细胞，以及肾脏的造血细胞。可见胰腺腺泡细胞胞浆内的病毒包含体。通过分离病毒，随后进行血清中和试验可以确认感染。大多数鱼的细胞系是敏感的。可用荧光抗体、补体结合反应和ELISA技术鉴定病毒。被感染的鱼尚无治疗方法，但可通过购买SPF的鱼种、隔离，以及用碘伏（20～50 mg/L）消毒鱼卵来避免感染。虽然传染性胰腺坏死病不是美国农业部管控的疾病，但在美国的各个州都存在有地方条例。

八、肿瘤

鱼类中也发现了与其他动物类似的肿瘤疾病。在一些地区的某些鱼种，肿瘤的发病率往往会很高。一些肿瘤受基因调控，如野生剑尾鱼杂交的恶性黑色素瘤，可能还有鳕的假鳃肿瘤、甲状腺瘤、白斑犬鱼的恶性淋巴肉瘤和金鱼的纤维瘤或肉瘤。据报道，鲨鱼、鳐、虹肿瘤的发病率较低。

性腺肿瘤是锦鲤重要的肿瘤病。代表性症状是病鱼腹部肿胀，根据疾病严重程度，病鱼体质会明显下降。用超声波可以确证肿块的存在。活组织的切片检查并不能提供明确的诊断结论。对病鱼实施剖腹手术，常可以观察到性腺组织的局限性肿瘤。对于不是极度虚弱的鱼，最好实施外科手术以切除肿瘤。

唇纤维瘤已在淡水神仙鱼中有报道，并已通过电镜在受感染的组织中观察到逆转录病毒。宠物鱼的唇纤维瘤很容易被切除，建议全部或局部扑杀该鱼群。

（杨广 译 王春生 一校 张雨梅 刘宗平 二校 马吉飞 三校）

第五节 实验动物

一、管理规则

大多数美国实验室必须遵循两项主要的动物福利法规：《动物福利法》（Animal Welfare Act，简称AWA，1966年颁布）和关于实验动物人文关怀及使用规定的《公共健康服务政策》（Public Health Service Policy，简称PHS政策，颁布于1985年）。

美国农业部（USDA）动植物检疫局（APHIS）负责监督执行《动物福利法》，其中包括实验动物的看护、动物试验条例及监督，以最大程度减少实验动物疼痛或痛苦。《动物福利法》也对动物园、参展商、动物经销商和动物商业运输中有关动物事宜进行监管。所有恒温动物无论是活着的还是死亡的都受《动物福利法》监管，但是科学研究用的小鼠和大鼠以及农业研究用的鸟类和农场动物除外。1970年，根据《动物福利法》制定了《兽医管理条例》，要求犬类动物必须进行适量的运动；1985年，还增加对非人类灵长类动物要进行心理关怀这一要求。《动物福利法》通过自我报告的机制强制执行，并由APHIS进行日常和突击检查。如果违反了《动物福利法》，会受到罚款、通报批评、刑事诉讼或取消使用受《动物福利法》保护的物种进行研究的资格等处罚。

《公共健康服务政策》基于一系列自愿的实验动物护理规准，《实验动物管理与使用指南》于1963年首次颁布。《公共健康服务政策》要求机构使用本指南作为基础来制定和实施涉及动物的研究方案。《公共健康服务政策》于2002年进行了修改。《实验动物管理与使用指南》现正在使用的是第七版，最后更新于1996年，目前正在联邦政府的独立咨询机构美国科学院的主持下进行修订。《公共健康服务政策》适用于联邦资金资助的所有研究机构，涵盖所有的脊椎动物，而不只是恒温动物。《公共健康服务政策》的执行是基于自律，机构必须向联邦官员提供遵守《公共健康服务政策》保障动物福利的书面材料，递交年度报告，并及时报告所有违背条例的事件。未能执行《公共健康服务政策》的机构，将撤回部分或全部研究项目的联邦资助基金。

1. 专业认证　国际实验动物评估与认证委员会（AAALAC）成立于1965年，是一个非盈利性的民间组织，通过自愿认证和评估流程，促进人类在科研中人道地对待实验动物。在29个国家中，超过750家企业、大学、医院、政府机构和其他科研机构自愿获得了AAALAC认证。AAALAC认证的机构每3年须接受全面的同行审查，监督他们在动物护理和使用方面的工作。此认证被美国国立卫生研究院（NIH）认可，可以作为符合《公共健康服务政策》的证明。

2. 兽医管理　根据《动物福利法》的规定，所有从事动物研究、展览、批发销售或商业运输的人员，必须建立兽医管理和动物管理流程。APHIS要求每一个有许可证的个人及注册机构建立兽医管理程序（PVC），包括雇佣主治兽医（AV）。如果主治兽医不是全职雇员，机构负责人必须准备一份书面的兽医管理程序，安排主治兽医定期巡访，至少每年1次。无论雇佣与否，必须保证兽医有足够的权力，能够对动物进行全面护理。兽医管理程序中必须包含相关的设备、人员、器材和服务，以符合相应的标准；确保在紧急情况、周末和假期等时候所需的兽医管理；包括要求雇员通过每日对所有动物的观察以评估其健康状况，以及确保设备人员与主治兽医间直接的经常的信息交流渠道。

主治兽医的职责包括使用适当的方法预防、控制、诊断和治疗疾病和损伤；在对动物保定、麻醉、镇痛、镇静和安乐死等操作上对相关人员进行指导和培训；确保对动物的处置程序符合已制定的兽医医疗和护理条例。除了这些一般性的责任外，主治兽医对以下方面的管理程序每年至少检查1次，以确保符合现行兽医管理标准。涉及的方面有：疫苗接种、生物制剂和药品的管理、设备安全检查、寄生虫控制、急救护理、安乐死方法、营养、病虫害防治和产品安全、检疫手续、运动（仅限犬类）、环境和社交需求（非人类灵长类动物）、水质（针对海洋哺乳动物）以及野生或外来动物的捕捉和控制方法等。

3. 动物护理与使用委员会　从1985年以来，《动物福利法》和《公共健康服务政策》要求实验动物管理与使用委员会（IACUC）不仅要监督科研中的动物护理而且要监督动物使用。IACUC的职责是由《动物福利法》《公共健康服务政策》及联邦相关的政策和法规所规定的。根据《动物福利法》，IACUC必须包括至少一位接受过实验动物科学培训，具有相应的专业知识和技能的兽医，至少有一位从业科学家，至少有一位不隶属于该机构的人员。《公共健康服务政策》要求委员会至少由5名成员组成，其中兽医、科学家、非科学家和该机构外的人员至少各有1人。

每个IACUC主要有三方面责任：检查研究方案；每半年评估1次研究机构的动物护理和使用情况，其中包括检查动物的生活环境和从事动物研究的实验室条件以及开展对动物福利关注的调查活动和对存在问题的解决。IACUC检查研究方案中包括许多复杂的环境下使用动物研究的好处、科学性、动物福利以及兽医专题。IACUC也有责任监督正在进行的研究是否符合规定，并有权中止不符合条件或存在不可预见的负面后果的科研项目。自1985年以来，IACUC已经成为美国监管研究机构中动物福利的主要组织。

4. 用于研究的动物　根据《动物福利法》，注册的研究机构每年须向APHIS提交一份年度报告，包括一份详细的常用动物名称和使用数量的清单及相关说明。在《动物福利法》的要求下，有1 072个研究机构于2006年在美国注册。依据这些机构的报告，共使用了1 012 713只研究动物。用量最多的动物是兔（239 720）、其次是豚鼠（204 809）和几种仓鼠（167 571），这些仓鼠中90%是叙利亚品种。使用的其他动物包括犬（66 314）、灵长类（非人类）动物（62 315）和猪（57 671），较少使用的是家猫（21 637）和绵羊（13 577）。

由于很难估计准确的使用数量，小鼠、大鼠、鸟类、两栖类和鱼类的使用量联邦政府不要求报告。通常认为全球用于哺乳动物研究的实验动物中，小鼠数量超过了90%。据推测，2000年全世界科研用小鼠的数量超过2 500万，大约是1990年用量的2倍。

家养小鼠（*Mus musculus*）和相关的亚种，因具有个头小、适应性强、温驯、饲养成本低、繁殖力强、良好的健康和遗传背景的特点，通常作为研究模型。由于将外源基因插入小鼠基因组（转基因）以及敲除原有基因（基因剔除）技术的发展，增加了小鼠作为研究对象的应用。由于这些技术，已产生了超过1 500种基因突变型的小鼠，有微小的免疫功能缺陷的，以及各种与高等哺乳动物遗传性疾病完全类似的基因突变小鼠。

在其他啮齿类动物中，挪威鼠（*Rattus norvegicus*）是仅次于小鼠的研究动物。大鼠和小鼠有很多共性，因此也常用于研究，由于比小鼠个头大，更适合进行各种大型操作。许多突变系、近亲系和远交系大鼠被用于广泛的研究，如衰老、癌症、生殖生理学、药效、行为学、成瘾性、酒精中毒/肝硬化、关节炎、脑和神经损伤、高血压、胚胎学、畸形、内分泌疾病、神经生理学、传染性疾病、中风、器官移植和手术引起的疾病。

虽然豚鼠（*Cavia porcellus*）是首批用于医学研究的动物之一，但由于其孕期长（59～72 d）、产仔数少（2～5只）、血管通路细小、难以麻醉，它的使用已经减少。豚鼠在一些重要领域仍在使用，如免疫学、疫苗和传染性疾病的研究，并用作听觉模型。

除了叙利亚仓鼠（*Mesocricetus auratus*）外，几种其他种类的仓鼠也用于科学研究，包括亚美尼亚仓鼠、西伯利亚（加卡利亚）仓鼠、中国仓鼠、欧洲仓鼠和土耳其仓鼠。仓鼠容易获得，容易繁殖，相对较少自发疾病，但容易受多种诱发型病毒性疾病感染。他们被用于研究肥胖、致癌、前列腺疾病、毒性、传染性疾病（包括慢性病毒）、龋齿、慢性支气管炎和畸形发生。

在研究中使用的其他啮齿类动物还有沙鼠、鹿鼠、龙猫、棉鼠、稻鼠、多乳鼠、埃及刺鼠、八齿鼠、田鼠、旱獭等。

尽管啮齿类动物模型是科学研究中最常使用的，但是大型动物模型为生物医学研究提供了独特的机会。犬用于心脏病学、内分泌学、矫形术、假肢器官、外科技术、药物（代谢）动力学和产品的安全性研究。从1984年开始，犬的使用开始下降，家畜的使用增加。一方面因为对犬的使用监管加强了和公众关注的结果，另一方面家畜的比较解剖学和生理学特征更有利于特定研究。例如，猪被用于心血管（尤其是动脉粥样硬化）、消化生理学、外科模型和异种器官移植等方面的研究。绵羊被用于新生发育研究、人用疫苗改良、哮喘的发病机制与治疗、药物传输、昼夜节律和外科技术的研究。

非人类灵长类动物在视觉、神经科学、传染病、疫苗和产品的安全性试验的研究中有重要作用。近年来，他们在免疫缺陷病毒感染模型和与衰老相关的神经退化性疾病研究中起到越来越重要的作用。

虽然自1980年以来猫在研究中的使用数量一直持续下降，但猫仍然是神经科学和传染病研究的重要模型。

除了小鼠和大鼠外，兔是研究中最常见的哺乳动物，自1987年以来使用数量有所下降。兔常用于产品安全性试验、多克隆抗体的生产和视力、矫形以及心脏病科学的研究。

在科学研究中使用的其他动物还有山羊、犊牛、马、雪貂、犰狳、负鼠、家禽和野鸟、爬行类、两栖类、鱼类及无脊椎动物。

二、管理

在畜牧和兽医管理中长期执行的质量控制程序，为科学研究提供了基本保证。为了对实验动物进行适当的管理，动物管理和研究人员必须重视动物的健康和福利，在人性化的护理和使用实验动物上须接受良好的培训，积极性高，经验丰富，勤勉履行义务和责任。必须建立标准的操作方法，且提供培训和监督，以保证持续的贯彻执行及高水准的动物管理。科研机构必须仔细控制环境条件，遵循动物管理和使用程序，尽可能为研究提供最好的条件。《实验动物管理和使用指南》是实验动物管理的基本原则和主要参考标准。

无疾病和无病原的，无特定感染性抗体的啮齿类实验动物，很容易通过商业途径购买到。对于这种质量等级的动物，应将其装在有过滤装置的容器中，并在具有物理和程序性屏障的设施中运输，防止将疾病引入群体。

尽管一些灵长类动物的群居地远离许多能引起感染性疾病的环境，但许多使用的灵长类动物都是野生的。基于这个原因，除了按规定的要求外，进行适当的检疫、隔离和适应是必需的。

1. 饲养场所 无论是笼养、围栏还是放牧饲养，都应该给动物提供足够的空间，以满足正常的生理需求，允许动物能调整姿势，满足特定物种的行为要求。如果条件允许，能够和谐相处的动物群体应该饲养在一起。场所的主要设施应持久耐用，容易清洗和消毒，设计得舒适、安全。最近出现的静态微分离笼子（顶部过滤），具有先进的独立通风系统，被广泛应用于啮齿类动物饲养，能防止传染源在笼间传播；但是感染还是会在饲养群中水平传播或从父母垂直传播给子代；杂交育种和回交育种的幼鼠可能延续感染；实验小鼠可能通过污染的环境、其他小鼠共用饮水瓶和试验设备或者在送往实验室时接触到病原体。笼子里的独立通风设备能延缓笼子内的环境恶化，维持一个稳定、健康的微环境；它节省了空间，并能够减少气味、过敏原和灰尘，还能减少热损耗。通风笼的一个潜在缺点是，无毛基因型和新生仔畜可能会受凉，可采用筑巢的材料来减少这种风险。

美国联邦法律规定，在不受试验要求或行为因素限制的情况下，实验犬应当进行有规律的锻炼，并与其他犬接触。非人类灵长类动物的住所必须提供多样环境和社交机会，以促进他们的心理健康，更好地适应居住环境，以配合试验进行。非人类灵长类动物的成功饲养策略包括：成对或成群居住，变化饮食内容和喂养方法，使用辅助装置（如栖木、秋千、梯子）使内部环境多样化，提供设施增强视觉、听觉和触觉刺激，参与具有挑战性和趣味性的行为试验。许多机构已经取得了比其他实验动物更多的环境练习许可，并已经实施。

在任何时候都要仔细监控动物生长环境的温度、相对湿度、通风率、照明条件（光谱、强度和光照周期）、气态污染物（如氨气）和噪声。不稳定的环境条件会对动物的舒适度、健康和代谢产生较大的影响，进而影响试验数据。通常，大多数啮齿类动物的环境温度应保持在18～26℃，兔的环境温度为16～22℃，雪貂为15～18℃，灵长类动物为18～29℃。在此温度范围内，最佳的系统应保持温度在设定温度点的±1℃范围内变化。对于大多数物种，相对湿度应保持在30%～70%，湿度在设定点的10%范围内变化。通风速率应是每小时更换10～15次新鲜空气。除非空气已被去除微粒物和气态污染物，否则空气不应循环使用。照明应分布均匀、充足，这样有利于动物健康，并方便人员观察动物，安全有效地履行管理和保洁职责。根据动物种类由定时器自动控制白天—黑夜的光照循环，以保持动物昼夜节律和神经内分泌协调。笼具内的微环境可能与房间的大环境有很大的差异，对于养在笼内的每个物种应更精确地设置最佳环境条件。

2．塑料 垫料应无刺激性，具吸附性，无化学污染和病原体，不可食。塑料或饲养笼要定期更换，以保证动物身体干燥和清洁。接触类垫料主要包括碎玉米芯、硬木片、再生纸、热处理后的软木屑和未使用过的纤维。不推荐使用未经处理的软木屑，因为它们含有挥发油，可能会改变肝酶系统，从而影响某些研究。

3．饲养 饲料数量要充足，适口性好，无污染，营养全面，能够满足相应动物品种的要求。推荐

使用实验动物专门的饲料，它们成分均匀，无污染，已经粉碎加工成适宜的形式。饲料在生产、运输、储存和使用过程中要最大限度地降低其变质、污染或感染的可能性。大多数小动物的采食量与它们的能量需求有关，并受环境影响，或取决于它们的基因型，应自由采食。兔、试验用肉食动物、猪、水陆两栖动物和灵长类动物则每日定量饲喂。通常，实验动物每日最低消耗占体重4%～6%的食物。除了商品颗粒饲料外，在某些研究中也可以使用半配合或全配合饲料。当需要无菌饲料时，高压灭菌或经辐射处理过的饲料可用于啮齿类动物。

4．水 应根据具体物种的需要，为其提供充足的未受污染的饮用水。推荐按照水质量保证体系来测量水的pH、硬度、化学成分和微生物数。某些试验或饲养条件下要求高纯度的水、去离子水、酸化水、氯消毒的水或无菌水。水通常是人工添加，动物自由饮用或由自动饮水装置提供。特别是在啮齿类动物的饲养中，自动供水增强了通风式笼养系统的优势，降低了运营成本/费用，提高了动物管理人员的安全性，节省了劳动力，也减少了管理员对小鼠的影响，可以持续提供高质量的水。

对于两栖动物来说，水的质量是最重要的环境影响因素和决定健康的关键因素。水质不合格或水温波动会产生生理应激，影响采食、消化和吸收，改变免疫系统，增加感染的概率。两栖动物的用水不应该含有亚硝酸盐、氨和氯，大肠菌群数不超过200个/mL。pH为6.5～8.5。两栖动物可能被饲养在静态水的小容器内，通过生物过滤对水进行循环和周期性部分补充新鲜水能抑制细菌数，防止有毒化合物累积。对于大多数研究用两栖动物，其理想的水温范围是：南非四倍体爪蛙（*Xenopus laevis*）和蝾螈（*Ambystoma mexicanum*）18～22℃；热带爪蟾，因为它的体积比西非森林二倍体爪蛙更小，成熟更快，适宜的水温应为21～29℃。

5．环境卫生 高水平的卫生系统是必备的。居所和配套空间应洁净，经常进行清洗和消毒，保证他们没有灰尘、碎屑和潜在的有害污染。主要活动场所应根据需要进行清洗和消毒，以保持动物清洁、干燥。对于饲养在硬底笼中的啮齿类动物，通常每周清理1～3次；对于饲养在吊笼中的啮齿类动物、兔和非人类灵长类动物，排泄物底盘和笼子每隔1周清理1次。对于较大的动物，排泄物和脏的垫料应每日清理，至少每隔1周清洗和消毒1次。水瓶和其他饮水或喂食设备应每周至少清洗和消毒1次。笼、架内或房间内的自动给水装置应具备连续或定期冲洗功能，也可以经常定期地手动排水、冲洗和消毒。将笼和其他

设备加热到82.2℃，或使用适当的化学消毒剂（如次氯酸钠溶液）能杀死无孢子病原菌和病毒。在使用清洁剂或消毒剂后，所有笼具等设备应彻底清洗。

6．环境中的害虫防制 必须建立预防、识别、消除或控制昆虫、逃跑或野生的啮齿类动物的专业管理程序。杀虫剂一般仅限在不用于动物、非饲料或垫料存储区域使用。如果在动物附近或他们的食物和笼具附近使用时，应及时告知研究人员。建议使用相对惰性的物质，如硅凝胶或硼酸粉，来控制如蟑螂等爬行昆虫。

7．群体监测 虽然大部分商业化饲养的啮齿类动物、部分兔和少量的犬、猫、灵长类动物可作为SPF动物，但是必须有效执行预防和控制程序，监测常驻动物群体自然疾病的发生。应定期告知研究人员动物的健康状况。除了监测传染病外，对质量保证程序，还应监控遗传稳定性，尤其是在研究设施中繁育的近交系小鼠，以及也会影响群体健康的环境因素（饲料、水、垫料的质量、卫生程序的有效性、空气处理与质量、照明、噪声等）。

群体健康监控包括对一个群体内动物的常规生理评估和实验评估以及能够及时发现潜在问题的发病率和死亡率报告系统。对群体的发病和死亡原因的全面研究在监控程序中是必需的。一些实验动物的某些生理数据，见表17-6。

虽然有普适的一般原则，但必须为每种设施中的动物制定专门的健康监测方案。例如，所有灵长类动物一般在运达后要被检疫和隔离，应进行身体检查、结核菌素试验、基本血液学检查和其他临床病理检查。此外，还需进行猴疱疹病毒I型（*Herpesvirus simiae*，B virus）、猴反转录病毒和其他灵长类物种可能携带的病毒的血清学评估。只有当灵长类动物的健康状况良好，且适合于使用时，才能解除隔离。此外，灵长类动物应定期接受体检，涉及每项规定指标。根据群体动物的属性、价值及研究使用不同，体检的频率分为每季度1次，每半年1次或一年1次。

对于群体饲养的大鼠和小鼠，疾病监测方案包括以下每一种或所有项目：①供应商的监控；②检疫和隔离的评估；③研究过程中不间断的临床评估和事后评估；④哨兵动物监控程序；⑤研究结束时的评价。此外，所有移植的肿瘤、细胞或其他来自于动物的生物制品要进行人兽共患病原体筛查。在动物来源不明的情况下，如外来的或其他非许可来源的动物，需要特别关注群体健康。不管是移植肿瘤动物还是非商业来源的动物，传染性病原的存在对常驻动物群体和全体人员的健康构成极大威胁。

虽然使用顶部过滤的笼养技术可以阻碍病原体在啮齿类动物笼与笼之间的传播，并且能显著地减少地方性动物疾病的传播，以及防止幼龄动物流行病的发生，但是它给哨兵动物程序带来了困难。因为大多数实验室啮齿类动物疾病无临床症状，具有较高的不可预知的传染性。健康监控程序传统上依据传染性病原体首先传播给哨兵动物，然后依据哨兵动物诊断出病原体类别，这种方法能提醒工作人员存在某种传染病，保证研究群体免于感染该病原体。在具有顶部过滤器的笼具广泛使用之前，投放到开放笼子里的哨兵动物很容易接触到空气中的污染物颗粒和来源于群体

表17-6 实验动物生理数据[a]

种类	妊娠期（d）	窝产仔数	性成熟的年龄和体重	通常寿命（岁）	平均体温（℃）	心率（bpm）	饮水量（每日）[b]
小鼠	19~21	6~10	6周龄（20~30 g）	1~3	37	310~840	4~7 mL
大鼠	21~23	6~14	3月龄（0.2~0.3 kg）	2~3	38	300~500	30 mL
豚鼠	59~72	1~4	3~4月龄（0.4~0.5 kg）	3~4	38	230~380	150 mL
金黄仓鼠	15~18	4~10	2月龄（85~110 g）	2~3	38	280~410	30 mL
沙鼠	25	2~9	3月龄（60~100 g）	3~4	39	250~360	4 mL
兔	30	4~12	5~6月龄（3~4 kg）	5~7	39	200~300	300~700 mL
松鼠猴	150	1	3~5岁（0.6~1.1 kg）	16~20	39	300~380[c]	70~110 mL
恒河猴	164	1~2	3~4岁（5~11 kg）	15~30	38	120~180[c]	0.2~1.0 L
黑猩猩	227~235	1	7~10岁（40~50 kg）	20~30（雄）30~40（雌）	37	60~120[c]	2.2~2.7 L
狒狒	164~186	1	3~5岁（11~30 kg）	30~40	39	95~145[c]	1.0~1.5 L

a. 生殖周期特点。

b. 随每个笼子的动物数、食物湿度和温度而变化。

c. 麻醉状态下的结果。

中感染动物的气溶胶。

带过滤器的笼具可以保护群体动物免于疾病传染，同时，也阻碍了哨兵动物暴露在病原体中。由于各种原因，监测专用的哨兵动物优于监测啮齿类动物群体。目前，哨兵程序条例采取的方案是让哨兵动物定期接触群体动物用过的脏垫料，这种间接的接触对于检测许多细菌性病原体并不是理想的，因为细菌性病原体多是通过气溶胶和皮螨传播。这些间断性存在、具有自限性，需要高剂量才具有感染性，能导致病情迅速恶化的病原很难通过哨兵动物接触受污染的垫料来检测到。如果哨兵动物的年龄或遗传背景使他们对感染具有相对的抵抗力，则哨兵动物本身也影响到对病原的报告。

目前，影响啮齿类实验动物（特别是小鼠）健康的主要是诸如病毒、细小病毒、幽门螺旋杆菌（ *Helicobacter* spp. ）、蛲虫，以及在群体中感染和寄生的皮螨，它们干扰生物过程，影响到研究数据。所有这些病原体以及小鼠肝炎病毒，主要是通过那些具有独特基因型的活体小鼠在不同研究机构间的交易带入群体。因为检疫程序不能准确检测出这些病原体，使情况变得更加复杂。鼠科诺如病毒是小鼠饲养群中存在最普遍的病毒，这种病毒在科研小鼠中已存在了几十年，但直到2003年才被发现。鼠科细小病毒是十年前发现的，这些病毒可能长期存在于老鼠中，他们污染环境，并能在环境中持续传播几个月，这些特点使得他们能在带顶部过滤器的笼子系统中存在。

第六节　马驼和羊驼

4种南美骆驼科动物（SAC）包括马驼（llama）、羊驼（alpaca）、原驼（guanaco）和骆马（vicuña）。这类动物源自南美安第斯山脉，由野生原驼与骆马作为基础畜群，分别驯化为马驼与羊驼。

成年羊驼的平均体重为60～80 kg，肩高76～97 cm。羊驼主要用于生产羊毛纤维。羊驼的毛生长迅速，每12～24个月需要剪1次。成年的马驼是比较庞大的动物，平均体重120～200 kg，肩高102～127 cm。马驼主要用作驮畜，可以负重25～40 kg。成年的雌雄个体体重相似。原驼和马驼大小相似，但体重略轻。与马驼和羊驼不同，原驼和骆马不同部位的毛色差别很大。原驼和骆马有"野生式样"的特点，颈部、背部和两腿外侧呈浅棕色或棕褐色，下腹部和腿内侧面呈白色。骆马稍高于羊驼，具有较长的颈部，毛更短，胸部区域有围嘴状的长毛区。骆马有极好的毛纤维，在大部分南美国家受到

保护。

所有南美骆驼均有74条染色体，可以异种交配，产出各种F-1后代。最常见的自然杂交是马驼和羊驼交配，产生"呼里佐"，后代的大小、身体特点和毛的质量介于亲本之间。为提高毛的质和量，最近尝试将羊驼和骆马杂交，产生羊驼骆马后代。正常的雄性马驼和羊驼被称为种马（西班牙语是machos），而被阉割的雄性称作阉马。雌性称为母马（西班牙语是hembras）。新生仔畜至6月龄幼崽被称为幼崽。

大多数马驼的特征是"香蕉形"耳朵，平坦的背部，尾根位置高。马驼品种之间没有什么明显的区别，但几个不同品种是因为毛的长度和卷曲程度而分类的。一种"苏利式"的马驼最近被引入北美市场。

相比之下，从形态学上羊驼分为两种——华卡约羊驼和苏利羊驼。比较常见的华卡约羊驼有弧状毛，小腿和面部周围的颜色不同。苏利羊驼有平伏带凸纹的毛结构（"拉斯塔法里式发绺"），头部毛比较少。羊驼有较短的"矛形"的耳朵，尾根较低，有较长的背部和倾斜的尾部。

南美骆驼与旧大陆骆驼（东半球骆驼，双峰驼和单峰骆驼）的亲缘关系最为密切，具有相同数目的染色体，相似的解剖学和生理学特点，相同的疾病易感性。虽然经常参考牛、绵羊和山羊来推断骆驼的给药量、疾病易感性和管理决策，但一定要记住，南美骆驼和常见的反刍动物亲缘关系相对较远。

一、管理

马驼与羊驼能适应广泛的气候范围，只要给它们提供适当的避风场所，在冬季气温低至−20℃的区域可以成功饲养。热应激对于具有中等至厚实的皮毛外表的动物来说是一个严重问题，它们对高温和高湿度很敏感。剪毛后，留下至少2 cm长的剩余的毛，以防止晒伤皮肤。提供遮挡物和足够的水通常会使马驼能应付中等高的温度和湿度。空调、雾化器和潮湿的沙坑能维持厚实皮毛外表的温暖、潮湿的环境。马驼和羊驼可以很好地适应潮湿的气候条件，只要温度不太高，很少遇到腐蹄病或"烫伤"的问题。

马驼与羊驼可以与其他动物同圈，包括绵羊、山羊和马等。单独的马驼（最好是阉割过的）已经成功用作羊群的保护动物。马驼和羊驼是群居动物，如果与群体或其他动物分开，它们会很不适应；如果可以，患病的动物应与畜群安置在一起。如果有足够的空间，大群雄性（或雌性）可以一起饲养。因为非妊娠雌性的存在，正常的雄性和刚被阉雄性经常花很多时间争斗，通常是互相咬耳朵、脖子和阴囊。马驼和羊驼一般不会破坏围栏，通常用1.5 m或1.2 m的围栏

来限制他们。不需要使用铁丝网围堵，电围栏已经被采用了。

南美骆驼一个独特的行为特征是将粪便堆在一起。所有骆驼在同一类堆上排粪排尿，最佳的排粪地点是牲口棚的深处或其他隐蔽的地方。正常粪便常呈结实的小球状。除非牧草非常有限，南美骆驼不会在粪堆周围或下游吃草。南美骆驼（雄性和雌性）的尿道直径比较小，排尿过程比其他大小相似的动物时间长。

1. 处理 马驼和羊驼易驯化，大多数动物很容易学会进入牲口棚或畜栏吃食。只要把一只胳膊绕着动物的脖子底部，另一只手抓着尾巴或侧腹，就可以保定多数动物。套上笼头的马驼可以很容易地被带入一个较小的区域进行检查和治疗。经过特殊设计的斜槽用于生殖检查和其他可能不舒服的检查。相比之下，如果不用斜槽围栏保定羊驼，而是人工保定羊驼，羊驼会更好地服从。对于马驼和羊驼来说，保定动物的头部是特别重要的，它们的颈部肌肉非常发达，可以以惊人的速度移动。对于大多数检查没有必要给动物服用镇静剂。

2. 饲喂与营养 成熟的雄性和大多数妊娠中期的雌性动物，需要摄入具有10%~14%的粗蛋白和50%~55%的总可消化养分（TDN）的干草才能保证身体健康。妊娠后期和哺乳期的雌性需要略高比例的粗蛋白和60%~65%的总可消化养分。一般情况下，大多数骆驼科动物每日需要摄入相当于自身体重1.8%~2.0%的干物质。因为食用豆类可能导致肥胖，通常没有必要饲喂。触诊腰椎组织和肋骨是评估身体状况的最佳方式。

在日照不足的冬天，季节性维生素D缺乏症是厚毛动物饲养中的一个问题。这种病会引起生长缓慢，角畸形，脊柱后凸，不愿意运动。这种疾病在生长迅速的新生仔畜身上更为严重。对于年龄不到6个月的幼崽，如果血清磷低于3.0 mg/dL，钙磷比例大于3:1，维生素D浓度低于15 nmol/L可诊断为维生素D缺乏症。这个年龄组正常的磷和维生素D浓度分别为6.5~9.0 mg/dL和大于50 nmol/L。

3. 麻醉 有几种镇静和麻醉骆驼科动物的方法（表17-7）。一般来说，要达到同样的麻醉效果，羊驼要比马驼使用更多的药剂。短时间麻醉不需禁止采食和饮水，然而，在必要时需禁食禁水。

甲苯噻嗪可用于直立位镇静。高剂量会导致动物躺倒，产生20~30 min的轻度麻醉。氯胺酮、甲苯噻嗪和布托啡诺同时使用，会产生20~30 min横卧麻醉。布托啡诺可以提供短时间镇静作用，在牙科手术中特别有用。

马驼和羊驼可全身麻醉，并且通常麻醉诱导前不需要镇静。麻醉诱导和维持方式与其他当地动物相似。

4. 临床病理学 骆驼科动物的血液学和临床化学与其他动物类似，但有几项存在明显差异。骆驼科动物的红细胞相对较小，使用自动的细胞计数可能会产生异常。正常参数：PCV为27%~45%，RBC为$10.1 \times 10^{12} \sim 17.3 \times 10^{12}$/L，WBC为$8 \times 10^9 \sim 21.4 \times 10^9$/L。

马驼和羊驼的基础血糖浓度更类似于典型的单胃动物而非反刍动物。基础血糖为82~160 mg/dL，应激后血糖水平常超过300 mg/dL。

5. 抗生素使用 目前没有批准用于马驼和羊驼的药物。骆驼科动物有可能成为食用动物，需要慎重考虑停药时间。用于南美骆驼科动物敏感性细菌治疗的抗生素见表17-7。

二、繁殖

1. 繁殖生理学

（1）雌性 相对于体躯比例，未孕南美骆驼科动物的生殖道相对较小。子宫形态与母马的相似，有相对短的子宫角和子宫体。直肠触诊可触及宫颈，有2~3个环状隐窝。尿道开口于阴道后部，有尿道膨大部。

在10~12月龄，卵巢开始活动。骆驼科动物是诱导排卵。从初情期开始出现卵泡发育周期，每12~14 d有1个卵泡成熟。由于雌性体型小，过早生育存在难产的可能，雌性通常要超过18月龄，体重达到40 kg（羊驼）或90 kg（马驼）才开始繁殖后代。

如果雌性接受了求偶，它通常会在几十秒或几分钟内采取胸部朝下卧着（cushing）的姿势让雄性进入交配。雄性在交配的过程中，通常会发出声音。射精量相对较少（2~5 mL），大部分直接进入子宫体。受精过程在后续时间里完成。交配完成约24 h后，精液中的排卵诱导因子刺激排卵。通常交配后第7 d，可以在子宫内发现受精的卵母细胞，并在约30 d着床。胎盘是由两侧子宫角发育、上皮绒毛膜形成的。虽然排卵发生在两侧，但95%或以上的受孕是在左侧的子宫角。双胞胎是极为少见的，大多数双胞胎常被吸收或在妊娠早期流产。

雌性体内出现功能性黄体（CL），就会激烈拒绝雄性求偶。初次交配超过15 d后，雌性拒绝再与雄性交配，表明已经受孕。有功能性黄体时，雌性动物血液中黄体酮的浓度通常在1.0 ng/mL以上，并可通过交配6~9 d后的排卵和交配超过21 d的妊娠判定。常有周期性的持续黄体出现，当用血清中黄体酮水平判断是否妊娠时，会导致假阳性结果。马驼妊娠超过45 d

表17-7 马驼与羊驼选定用药

药 物	用 量	注 释
镇静/麻醉剂		
甲苯噻嗪	0.1~0.2 mg/kg，静脉注射	镇静
	0.3~0.4 mg/kg，静脉注射	躺下
布托啡诺	0.1~0.2 mg/kg，静脉注射或肌内注射	镇静
KXB混合液：氯胺酮（4.0 mg/kg），甲苯噻嗪（0.4 mg/kg），布托啡诺（0.04 mg/kg）	每22.5 kg体重/mL，肌内注射（马驼） 每18 kg体重/mL，肌内注射（羊驼）	混合液：1000 mg氯胺酮、100 mg甲苯噻嗪和10 mg布托啡诺，如果需要维持麻醉，在内侧大隐静脉注射初始剂量一半
抗生素		
水溶性普鲁卡因青霉素	20~40 000 IU/kg，皮下注射	
长效四环素	18~20 mg/kg，皮下注射，每2~3 d 1次	
头孢噻呋	2.2 mg/kg，静脉注射或肌内注射，每日2次	
甲氧苄啶/新诺明	3/15 mg/kg，静脉注射，每日2次	
氨苄西林钠	6 mg/kg，静脉注射或肌内注射，每日2次	
恩诺沙星	5 mg/kg，静脉注射，每日2次	
庆大霉素	0.75 mg/kg，静脉注射，每日3次 4~5 mg/kg，静脉注射，每日1次	
妥布霉素	4 mg/kg，静脉注射，每日1次	
丁胺卡那霉素	12 mg/kg，静脉注射，每日1次	
生殖类药		
hCG[a]	5000 IU	
促性腺激素释放激素	1.0 µg/kg	
氯前列烯醇	100~150 µg，肌内注射，24 h重复1次	
地诺前列素氨丁三醇	5 mg，皮下注射，24 h重复1次	
驱虫药		
伊维菌素	0.2 mg/kg	
双羟萘酸噻嘧啶	18 mg/kg	
芬苯达唑	5~10 mg/kg	
氯舒隆（Clorsulon）	7~14 mg/kg	
丙硫咪唑	10 mg/kg	
抗球虫药[b]		
泊那珠利	20 mg/kg，每日1次，连用3日	理想的情况下，应接着用磺胺二甲氧嘧啶，第1 d皮下注射55 mg/kg，随后2 d皮下注射27.5 mg/kg
胃药		
奥美拉唑	0.4 mg/kg，每日2次	
螨虫病，局部治疗		
混合以下物质		
矿物油	56.7 g	
二甲基亚砜，10%	56.7 g	使用前摇动，每隔5 d用刷子将混合药液应用于病变部位，共5个疗程
伊维菌素（注射用）	4 mL	
庆大霉素	1 g	

a. 人绒毛膜促性腺激素。

b. 用于治疗艾美耳球虫。

后可以进行直肠触诊。但对羊驼进行直肠触诊通常可能是不安全的，除非触诊人手很小。在约28 d时可以通过直肠超声进行妊娠确诊，由于存在液体，早在第10～12 d时超声诊断结果可能是不准确的，21 d时如能观察到一个强回声的"胚胎"就可确定妊娠。在45～60 d范围内，腹部超声方法能得到可靠的妊娠确诊结果。

骆驼科动物的正常妊娠期是（342±10）d，羊驼稍短。大多数正常分娩（＞70%）发生在上午。由于幼崽过大导致的难产是很罕见的。分娩前很少有明确的标志特征。第一阶段通常持续1～6 h，可能伴有排尿次数增多，出现"呻吟声"，并离开畜群。第二阶段幼崽会很快降生（通常＜30 min），羊驼幼崽重5.5～8.0 kg、马驼幼崽重11～16 kg。第三阶段应该在4～6 h内完成。如果是第1次产仔，所有阶段通常会更长些。胎盘滞留是很少见的。产仔后不久子宫即开始恢复，大多数雌性在产仔后14～21 d内可以再妊娠。雌性有4个乳头，整个围产期乳房不会显著增大。很少发生乳房炎。

（2）雄性 雄性天生有两个睾丸。成熟羊驼和马驼的睾丸分别至少为2 cm×4 cm和3 cm×6 cm。与其身体相比，睾丸小于许多其他家畜品种，并且十分贴近体壁。尿道口相对较小，并且在平坐骨弓处有一个尿道憩室，难以做逆行插管。不刺激时包皮向后，因此向后排尿，而伸向前方的阴茎纤维，呈现出S形弯曲。阴茎的顶端存在软骨突起，尿道开口在顶端往后1～2 cm处。雄性常患尿结石，由于尿道直径（1.17～1.67 mm）很小，愈后效果较差。

雄性激素可能从不到8月龄就开始产生，最早在14月龄时就可以通过睾丸鞘膜穿刺采集到一些精子。由于通常包皮粘连阻止了阴茎伸长，直至18～24月龄或以上才能交配。大多数雄性在18～24月龄进入生育期，最佳繁育年龄是30月龄。羊驼的性成熟年龄可能比马驼更晚。

由于骆驼科动物精液总量少且是滴流射精，因此难以进行精液评价。可以训练雄性动物与配备人工阴道的雌性模型进行交配，收集精液通常需要深度镇静或麻醉，采用电刺激射精方法。即使是在已知有生育能力的雄性动物收集精液，也是不稳定的。最可靠的做法是从已交配母畜的阴道中收取。

2. 生殖管理问题 生育问题在马驼和羊驼上是比较常见的。虽然大多数生育问题主要涉及雌性，但雄性也有很多相关问题，包括睾丸发育不良、阴茎损伤和热应激，其特征是阴囊水肿，活动减少，不主动配种。生育能力可能永久损伤或下降长达6周以上。勤剪羊毛，适当遮阳，提供充足的水，可以避免问题

的发生。遇到没有经验的雄性动物，应目视确认阴茎插入阴道情况。

由于先天畸形的发病率相对较高，从未生育过的动物其不孕不育的原因应该根据解剖学进行诊断。对于一胎多仔动物，阴道狭窄、子宫感染和宫颈损伤的问题也比较常见。完全性子宫狭窄可能造成难产。所有这些问题的诊断方法都与在母马中使用的方法相似，但对羊驼进行直肠触诊通常是不安全的，除非对其使用镇静剂。如果子宫活体检查或培养物正常，当母畜有优势卵泡时应进行配种，此时宫颈是松弛的。

可用人绒毛膜促性腺激素或促性腺激素释放激素来诱导成熟卵泡（＞7 mm）的排出。交配或激素治疗后7 d，孕激素浓度增加（＞1.0 ng/mL）表明黄体生成。尽管黄体持续存在，但量比较少。前列腺素治疗会导致持久黄体减少，在整个妊娠期都会导致流产。不建议用前列腺素或糖皮质激素来诱导分娩。马驼和羊驼出现过用前列腺素治疗后迅速死亡，尤其是在高剂量给药时，但皮下注射除外。

三、畜群健康

1. 新生仔畜护理 新生仔畜应该自己站立，出生后2 h内需进行人工护理，最初几日每1～2 h照看1次。出生后第1 d体重增加可能是最小的，此后马驼应每日增重250～500 g，羊驼每日增重100～250 g。健康的仔畜在1月龄时体重应是初生时的2倍。

出生后最初24 h，仔畜的日常护理包括称重，用7%碘酊或0.5%洗必泰浸渍消毒脐部3次。某些地区须注射补充硒（羊驼0.5 mg、马驼1.0 mg）。

2. 寄生虫控制 寄生虫的控制方法随气候条件、种群密度和寄生虫种类不同而变化，控制方法应因地制宜。

尚无寄生虫药物被批准用于南美骆驼科动物。然而，通常认为是安全有效的驱虫剂包括伊维菌素、双羟萘酸噻嘧啶和芬苯达唑。所有反刍动物中的寄生虫都已产生抗药性，因此必须制订一个有效的驱虫方案，特别是在脑膜蠕虫的发生区域。肝片吸虫是一个严重的问题，用氯舒隆或阿苯达唑控制通常是有效的，但氯舒隆必须在用药6～8周后再用1次。

3. 疫苗接种 大多数南美骆驼科动物的疫苗接种方案均来自于临床实践。多数动物应接种C型和D型产气荚膜梭菌（Clostridium perfringens）疫苗和破伤风菌疫苗。一些有肝片吸虫（Fasciola hepatica）感染和遭蛇咬中毒的地区，允许使用多价疫苗预防诺氏梭菌、败毒梭菌、索氏梭菌和肖氏梭菌等。一套比较有效的接种方案是：3月龄初次接种，1个月后加强1

次，此后每年加强1次。马驼和羊驼出生时有免疫功能，因此新生仔畜的初次接种可以在出生后的第1周开始，以后间隔3周进行2次加强免疫。

因继发感染钩端螺旋体而引起流产已成为一个区域性的问题，通常可以通过初次接种后再每年2次加强接种来预防。狂犬病灭活疫苗已在狂犬病流行区域投入使用，但效果未知。对其他病毒性疾病（包括西尼罗病毒感染）的控制都应使用灭活疫苗。

4．牙齿的生长与护理　南美骆驼科动物的牙床与牛类似。出生时，两对下门齿通常穿出牙龈线，早产儿的一个特征是没有萌发出切齿。中央、中部和侧腭的乳切齿分别在2～2.5岁、3～3.5岁和4～6岁时更换，依据牙齿推测年龄，在这两种动物中是相当不准确的。

南美骆驼科动物一个特征是第3上切齿和上下两侧犬齿会发育成格斗齿，可能超过3cm长。这些牙齿在争斗的时候可能会给其他雄性个体带来严重伤害，因此通常需要在18～24月龄时用产科线或研磨机将这些牙齿切至与牙龈持平，凡是正常的雄性个体都需要这样做。大多数雌性的"格斗"齿仅勉强或不会穿透牙龈，如果有的话，也需要切割。格斗齿通常切割后就不再生长。采取拔牙的方法来避免周期性的修整是不可行的，因为牙根非常深，并且是弯曲的。

羊驼的切齿是开放性牙根，会终生生长。如果羊驼切齿和牙床咬合不好就需要定期修整，因此比马驼更麻烦。羊驼的后牙根很深，通常锐利，不需要定期修整。稍大的动物表现出咀嚼困难或体重下降时，需要对前臼齿和臼齿咬合进行检查，纠正出现的问题。

在第二前臼齿、第一和第二臼齿下牙床侧面较低位置，看到的严重肿胀是牙齿感染引起的。排脓道可能存在或者不存在。触诊该区域通常是不痛的，大多数动物表现无异常。从脓肿中一般分离不出细菌。长

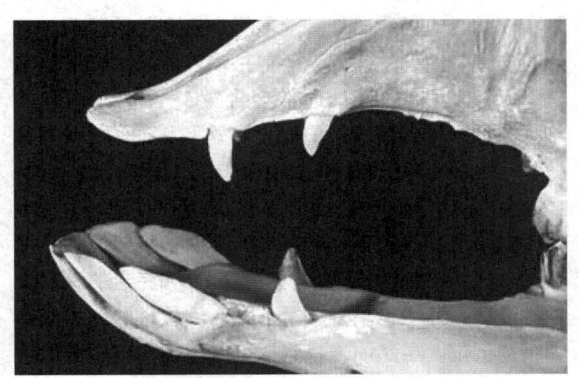

图17-9　马驼上、下颌骨
图中上颌齿示第三切齿和犬齿。下颌齿所示是I1～I4。马驼的格斗齿是上颌第三切齿、上犬齿和下颌第四切齿（共6齿）。（由Bradford B.Smith博士与Karen I.Timm博士提供）

期使用抗生素治疗是治标不治本的，而且疗效甚微。拔牙时通常需要对感染的牙齿做侧切口，因为齿根分散，故要先分离牙齿，并防止牙齿进入口腔。在拔牙过程中，应小心避免下颌骨断裂。

5．趾甲修剪　有些动物很少需要足部护理，而有些则需要每隔2～3个月修剪指甲，这受到饮食、遗传和环境因素的影响。指甲应修剪到与脚掌底部齐平。

四、疾病

1．先天性与遗传性畸形　虽然先天遗传性畸形很少被明确证明是遗传的，但其他种类动物的遗传性畸形在南美骆驼科动物中也会发生，因此，在育种时要考虑遗传缺陷。面部和心脏畸形是报道中最常见的遗传异常。有限的基因库可能是南美骆驼科动物常见先天遗传性畸形的原因，患病的个体通常有不止一种缺陷。

鼻后孔闭锁是最普遍的先天性缺陷，这是在胚胎发育过程中内鼻孔（鼻后孔）打开失败导致的。它可以是单侧的也可以是双侧的，可能会导致鼻孔完全或部分闭锁。因此，主要的临床表现是新生仔驼出现不同程度的呼吸窘迫。在护理过程中呼吸窘迫可更明显，喘气的时候就会呛入奶。不建议手术矫正。

歪脸有轻微的（上颌骨左右偏差＜5°）到严重的（左右偏差＞60°）。下颌骨可能有类似的偏差，也可能没有。严重时鼻孔闭塞，门齿和牙床错位，通常必须对这种幼驼实施安乐死。歪脸这种缺陷与后鼻孔闭锁有一定联系，因为它们偶尔一起发生。

偶尔能看到幼驼白内障。白色驼出现的蓝眼睛和耳聋也有一定的关联。已确认，耳融合（尖端或基部）和短耳（"地鼠"）是遗传缺陷，后者是显性性状。

心脏畸形是比较常见的，最常见的是室中隔缺损。

经常会出现各种肌肉与骨骼缺损，包括并指（趾）和多指（趾）畸形。也可见关节挛缩、踝骨旋转、前肢畸形和肌腱松弛等。

马驼和羊驼其他已确定的先天性异常包括肛门闭锁、结肠闭锁、脐疝和几种不同类型的尾部缺陷，包括尾根部明显的横向偏差。

南美骆驼科动物比其他动物更易出现泌尿生殖器缺陷。比较明显的缺陷有单角子宫、卵巢发育不全、双宫颈、阴道或子宫部分发育不全，在雌雄间性情况下表现的阴蒂肥大，以及睾丸异位和发育不全。偶尔出现单肾缺失，通常与鼻后孔闭锁有一定关联，也曾发现两侧肾脏缺失的情况。

2．细菌病　已确定，南美骆驼科动物可患布鲁氏菌病、结核病和约内病（副结核病），但这些疾病的自然发生率比较低。报道有C型和D型产气荚膜梭菌感染的病例，提倡在大多数驼群里使用类毒素

疫苗作为一种常规的预防措施。虽然马驼不易患破伤风，但多数驼群应接种C/D型类毒素，包括破伤风类毒素。

A型产气荚膜梭菌是应激环境下，尤其在南美洲的重要病原菌，在4周龄以下的幼驼中导致高死亡率。A型产气荚膜梭菌的内毒素菌株被认为是特别致命的。南美骆驼科动物感染A型产气荚膜梭菌后的临床症状与其他种动物相似，很快出现神经性病变，随后不久死亡。

南美骆驼科动物也可发生炭疽病，但只能接种灭活疫苗。

由细菌引起的呼吸道感染在北美洲比较少见，在南美被称为"羊驼高热"的病由兽疫链球菌所引起，这往往是由于环境应激所致。

据报道，伪结核棒状杆菌（*Corynebacterium pseudotuberculosis*）能引起个别南美骆驼科动物或其群体出现脓肿的问题，与羊接触和剪羊毛产生的伤口，可能是导致发病的原因。

3. 病毒病 大多数骆驼科动物（如马驼）对特异性的非致病性腺病毒表现为血清学阳性。偶尔，一头马驼对牛病毒性腹泻病毒产生一定的抗体效价，很少会出现轻度腹泻、呼吸系统疾病，甚至流产。在妊娠期间接触会导致幼驼持续感染。少数南美骆驼科动物在感染马疱疹病毒Ⅰ型后，会出现神经性病变和失明。

已发现，在西尼罗病毒蔓延北美洲时，南美骆驼科动物被认为是易感者，大多数南美骆驼科动物在接触时产生了抗体，一些发展为严重感染和死亡。幼驼和免疫抑制的个体威胁最大。批准使用于马的西尼罗病毒疫苗对南美骆驼科动物有很好的免疫反应。南美骆驼科动物也能患口蹄疫，但临床表现通常比较轻微，受感染的驼带病毒的状态持续时间很短。

4. 支原体感染 原先被认为是附红细胞体病的症状现在已知是由支原体（*Mycoplasma haemolamae*）感染所引起。大部分南美骆驼科动物现已处在病媒昆虫、被污染的针头或经胎盘传染的威胁中。具有健全免疫系统的骆驼，一般是感染后具有了对该病原的免疫能力，只有当应激或真正免疫抑制时，它们的红细胞中才会有此病原体，可用PCR检测。感染后的骆驼表现贫血，使用长效四环素治疗不能完全清除感染，但能改善骆驼贫血。

5. 胃肠疾病 南美骆驼科动物的口腔和食管与其他动物相比无异常。胃有3个不同的隔室（C-1、2、3），不等同于反刍动物的4个胃。虽然不归类为反刍动物，但他们也能打嗝、反刍和再咀嚼，已认定C-1和C-2是前肠发酵室。C-3胃室的末1/5类似于能分泌胃酸的单胃。盘旋的结肠通常是一个扁平的单螺

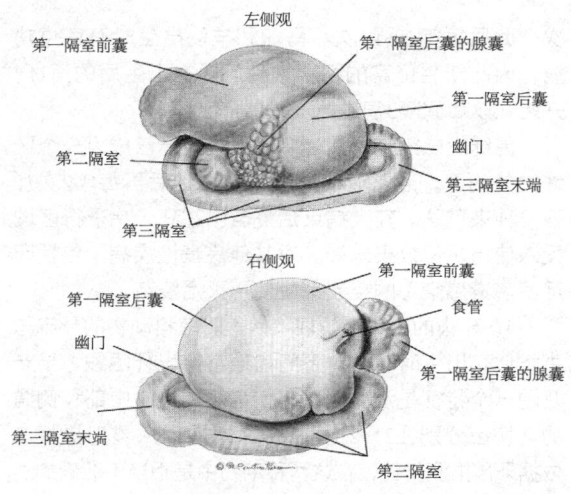

图17-10 马驼胃

第一隔室是发酵室。注意腹侧腺囊有腺上皮。第二隔室的功能类似于反刍动物的网胃。（由Gheorghe Constantinescu博士绘制。经许可改编自《大动物应用解剖彩色图谱》，Hilary M. Clayton和Peter F. Flood，Mosby-Wolfe，1996年）

旋，当向心的弯曲转变为反向的回旋时很容易造成堵塞。

（1）**巨食管症** 中度至重度的食管扩张在马驼和羊驼中是比较常见的，尤其是在噎住之后。症状包括体重慢慢变轻，常伴随着餐后反胃或吐出的食物起泡沫。该病无明确的年龄和性别之分，也无一致的病因。疑似病例可用钡餐对比造影确诊，始终还无成功治疗的方法（如外科手术或改变喂养方法）。长期患病的预后不良，一些骆驼治疗后可保持正常，其他骆驼治疗不理想，会持续失重。

（2）**胃弛缓** 胃弛缓是一种偶发的、病因不明的疾病。症状包括采食量下降或完全停止采食、体况下降和衰弱，也可能出现其他胃肠道疾病包括腹泻。虽然还未清楚明确的病因，但包括输液的辅助疗法通常是有用的。停食3～5 d通常会导致C-1和C-2胃室的细菌和原虫死亡。通过胃管接种骆驼科动物C-1胃室液体（0.5～1.0 L）或者羊/牛瘤胃液，通常会起到明显改善食欲和重新建立菌群的效果。

（3）**溃疡** 在胃C-3隔室的远端泌酸部位和最接近十二指肠的部位，很容易发生部分和完全的深度侵蚀性溃疡。症状包括采食量下降、间歇性的剧烈疝痛和精神沉郁。虽然尚未找到明确的病因，但应激似乎是一个重要原因，问题往往出现在影响群居结构的环境变化、严重伤害和患病后3～5 d。

尚无有效的死前诊断方案，通常是根据病史和临床症状来治疗。理论上有用的口服药物尚未被证明有

效，肠胃外用药奥美拉唑能有效降低胃酸的产生。减少应激（包括共同圈养），使用抗生素和辅助疗法等都是有用的。

（4）**肝脏疾病** 南美骆驼科动物肝脏表面通常有多个裂隙，而腔壁表面光滑，裂隙不明显，没有胆囊。它们似乎特别容易感染肝片吸虫，感染后10～12周粪便中出现蜕落虫体，临床症状包括虚弱、生长缓慢和急性死亡。很少见到有黄疸。发现血清胆汁酸浓度（＞25 μmol/L）和酶的浓度升高时（正常时，碱性磷酸酶15～121 IU/L，AST 66～235 IU/L）即可诊断。

（5）**脂肪肝** 肝脏脂肪沉积是南美骆驼科动物一个比较普遍的问题。尽管有报道说可发生无任何前兆的急性死亡，但经常见到与其他动物一样的肝功能衰竭临床症状。尚未确定明确的病因，可能与应激和/或采食量突然下降或变化有关。通常可根据症状进行治疗，未经治疗的动物死亡率很高。

（6）**小肠与大肠疾病** 马驼与羊驼腹泻比较少见。已确认的新生仔驼腹泻的主要病原有轮状病毒、冠状病毒和致病性大肠埃希杆菌。稍大的新生仔驼腹泻更可能与艾美耳球虫感染有关。有些幼驼出生后有一个2～3周的短暂腹泻。年长动物腹泻的病原有沙门氏菌、贾第鞭毛虫和隐孢子虫。治疗方案与其他动物相同（如液体和电解质平衡和适当的抗菌药物）。

成年南美骆驼科动物腹泻比较少见，但容易在食物改变时发生。严重腹泻包括嗜酸性粒细胞性小肠炎、艾美耳球虫（*Eimeria macusaniensis*）或副结核分支杆菌感染和严重的线虫寄生。与牛副结核病相比，南美骆驼科动物腹泻的临床过程往往短而致命。通过粪便检查确诊感染艾美耳球虫后，必须及时治疗，因为感染能引起动物出现明显的虚弱症状。虽然有多种措施，建议口服泊那珠利（ponazuril），随后非肠道给予磺胺二甲氧嘧啶治疗。

淋巴瘤是在南美骆驼科动物中发现的唯一肿瘤，发生率很高。它可能长出一个小淋巴瘤或原始的恶性圆细胞瘤。临床症状和发展过程随器官各异。

6. **呼吸道疾病** 对马驼与羊驼听诊较困难。在正常情况下，微小的空气流动都能听到，但在感染、充血或二者兼有的部位却很难辨别。肺炎的诊断可能需要侧位X线检查。肺部细菌性感染比较少见，链球菌属和棒状杆菌属的细菌是最常见的致病菌。

慢性阻塞性肺病的出现频率在增加，喂饲方式可能导致发病，并可加重临床症状，如咳嗽、呼吸急促和呼吸困难。治疗方法包括改变喂养方案以减少灰尘、霉菌和花粉。支气管扩张药可能会有帮助，但仍未经证实。

7. **皮肤疾病** 骆驼科动物正常皮肤组织学的特征是血管明显，周围有嗜酸性粒细胞。驼与绵羊和山羊相同的几种皮肤疾病包括癣、传染性脓疱皮炎、嗜皮菌病和龟头包皮炎。

8. **剪毛损伤与晒伤** 与剪毛有关的并发症是很常见的。在松弛和褶皱的皮肤部位容易出现撕裂伤，比如腋下附近。通常只要伤口愈合就无大碍，可缝合也可不缝。热剪机可能会导致灼伤，通常在背部出现厚痂，可能类似于"烂毛症"。由新手进行剪毛的记录往往有助于明确诊断。抗生素软膏对这些医源性损伤通常是有益的。

剪毛之后也可能出现晒伤。如果发现在急性阶段，避免进一步日晒和应用芦荟护肤液是有用的。如转为慢性阶段，被晒伤的部位会出现从轻度脱皮到溃烂的变化。

9. **溃疡性蹄皮炎** 经常在潮湿条件下的马驼和羊驼会发生"足浸病"，根据感染的厌氧菌不同，脚掌会起泡和脱皮。为解决此问题，需要长期进行清创、用杀菌剂和护脚。只有明确是细菌感染，才能用青霉素治疗。这些疾病需要比较长的愈合期。

10. **螨虫与虱子** 所有4个属的螨虫病（即疥螨属、痒螨属、足螨属和蠕形螨属）均在骆驼科动物中确诊过。这几种螨虫感染均有脱毛、角化过度和刮擦瘙痒的特征。临床症状可能类似于缺锌。采取深层皮肤碎屑或皮肤活组织检查可以确诊是否感染。虽然有多种治疗方法，但大多数螨虫对常规的伊维菌素肠道外给药敏感，每10～14 d重复1次，口服治疗似乎并无效果。足螨的感染可能需要更高剂量的局部治疗，每14～21 d重复1次。局部治疗也可用于腿下部难治的疥螨感染。

对于虱子的侵扰，重要的是确定是叮咬的虱子（*Damalinia breviceps*）还是吮吸的虱子（*Microthoracius cameli*），这可以借助放大镜或显微镜来辨别。可以尝试使用透明胶带搜寻驼毛深处的虱子。吮吸虱可以像螨虫的常规治疗那样注射伊维菌素来治疗。然而对叮咬虱肠道外给予伊维菌素无效，局部应用合成的除虫菊酯制剂是有效的，不过对这些虱子的临界剂量尚未明确。对虱子和螨虫的预防措施，包括对新增畜群的常规管理，以及用于配种的动物外出和返回的管理。

11. **铜缺乏症** 铜缺乏的特征包括毛发褪色、变硬。幼年驼生长不良，易于感染。最好的确诊方法是比较与正常个体的肝铜含量差异。治疗需要从日粮中补充铜，但过量添加也会导致铜中毒，诊断中发现铜中毒比缺乏更常见。

12. **鼻背脱毛（黑鼻综合征）** 最常见的临床症状通常是鼻梁脱毛。皮肤正常或脱屑，色素沉着，增厚。一般黑色毛发的个体易患该病，大概是因为昆虫喜欢待在温暖的黑暗处。有些动物这种症状可能是由擦鼻子继发的，另外一些动物可能是因为苍蝇叮咬而恶化。全身或局部使用类固醇类激素可迅速起作用，但类固醇类激素可能会导致骆驼流产。在北方的气候条件下，病情往往在冬季的几个月里会自然改善。有时也能看到耳朵脱毛，特别是黑色羊驼。

13. 突发性角化过度症（锌反应性皮肤病） 这种疾病可以发生在任何年龄。皮肤上长出一些有坚硬外皮的非痒性丘疹。丘疹进一步形成斑块，然后大面积的增厚和结痂。病变最常见于毛发比较稀疏的会阴部、腹部、腹股沟区、大腿内侧、腋下和前臂内侧，面部也可能发生，症状可能时好时坏。可通过皮肤活检来诊断。治疗方案为每日补充1 g硫酸锌或2～4 g蛋氨酸锌。应尽量减少钙的补充，并停止饲喂苜蓿干草。受感染的动物可能是对锌反应比较敏感，并不缺乏锌。

14. 特发性鼻/口周过度角化皮肤病 大多数骆驼科在6月龄至2岁感染该病。鼻及口周部位可见不同程度的角化（严重的结成硬皮）。鼻梁、眼周和耳周区域少见感染。炎症性病变可能不断变化。诊断时需要区分病毒传染性脓疱皮炎、嗜皮菌病、皮肤癣菌病、细菌性皮炎和自身免疫/免疫介导的疾病。治疗旨在解决继发性细菌感染（如每日用10%的聚乙烯酮碘和7%的碘酊擦洗）。抗生素应用效果不佳，可选用糖皮质激素制剂或曲安奈德（2 mg/mL）治疗。有些动物对以上所描述的任何治疗方法都没有效果，包括马驼和羊驼的幼仔缺陷综合征。这些动物的免疫应答尚存在问题。

第七节　海洋哺乳动物

海洋哺乳动物多种多样，包括鲸类、鳍脚类、海牛类、海獭和北极熊。鲸类动物包括具有不同生理学和解剖学特征的两类——齿鲸（齿鲸亚目）和须鲸（须鲸亚目）。鳍脚类动物分3个主要的群体——海豹科、海狮科和海象科。海牛类是单一的目，包括海牛和儒艮。海獭（*Enhydr alutris*）是海洋鼬科动物，已确认，北极熊（*Ursus maritimus*）是海洋里唯一的熊科动物。

目前，批准在海洋哺乳动物上使用的药物和疫苗还比较少。许多推荐用法是基于个人的经验或公开发表的报告，但临床兽医师在应用时应慎重。

一、管理

对人工饲养的海洋哺乳动物的基本管理原则是尽可能的模拟它们的自然环境。尽管有一些海洋动物迁徙到淡水里生活，但大部分生活在海洋栖息地，贝加尔海豹（*Phoca sibirica*）和5种江豚已经完全适应了淡水栖息地。海牛亚种发生变异后可在淡水里生活，但儒艮（*Dugong dugong*）全部生活在海洋里。

海洋鲸类应生活在盐度为25～35 g/L的水中，且最好使用均衡的海盐来调整盐度。饲养海洋鲸类的用水应尽可能接近于大海中部水的pH（8.0～8.3）。淡水鲸类和海豹需要和自然栖息地相似的水源。美国于1972年颁布的《海洋哺乳动物保护法》中明确提出，用于饲养海洋哺乳动物的用水，每100 mL水中大肠埃希菌数不得超过1 000个MPN（每100 mL中最可能的数量）。

海洋哺乳动物在极端的温度下很容易发生环境疾病和传染病。一般来说，鲸类动物和鳍脚类动物能更好地适应寒冷环境，而不耐热，但不同种类具有耐受差异性。不恰当地将不同种类的动物放在一起展览，会危及一些动物的健康。

良好的空气质量与良好的水质一样重要，尤其在室内（空气要每小时交换10～20次）。对任何一种鲸类，很难确定适宜的光周期、光谱、光强、声音的耐受性和适宜的滑翔距离。在缺乏专业数据的情况下，任何因素的极端变化对动物都是有害的。

除了可以在陆地上蠕动外，鳍脚类动物和鲸类动物对环境的要求是一样的。尽管鳍脚类动物可以饲养在淡水中，但最好选择上面已列出的适合于鲸类的盐水池。大多数鳍脚类动物从食物中获得新陈代谢需要的水，如果采食脂肪含量高的鱼，则可不需要淡水。然而，通常要允许鳍脚类动物接触饮用水。

鳍脚类动物的养殖池应当设置避风所和遮阳棚。不同品种的蠕动需求是不同的，一些鳍脚类动物仅在特定时间登上陆地（如北海熊仅在产仔的时候登上陆地）。

海牛目动物是温水性动物，对水的要求与鲸类动物相似，但美国最常见的海牛目动物，佛罗里达海牛（*Trichechusmanatus latirostris*），每年在海水和淡水环境之间进行周期性的迁移。如果与野外迁移时一样，饲养用水的盐度能周期性的变化，可更好地人工饲养海牛。

人工饲养的海獭在寒冷的海水系统中生长更好。因为海獭主要靠毛皮抵御低温，所以水里必须没有油污和有机物质，以免黏附甚至破坏他们的毛皮。

自然界的北极熊生活在北极和亚北极的冰上。虽然在人工饲养时北极熊成功适应了亚热带气候，但是在温暖的气候下很容易患皮肤疾病。通常要为人工饲养的北极熊提供淡水，并且要注意过滤，确保水质。

1. 保定　要对海洋哺乳动物进行全面体检，必须将其保定。对于驯化的鲸类和鳍脚类动物，可以通过训练便于检查和采集诊断用的样品，并且有熟悉的护理员在场对检查或采集样本很重要。

　　如果是复杂的处理或未经驯化的鲸类动物，最安全的控制方法是使它离开水。如果不使用网捕，养殖场地应可以排水，以便使鲸搁浅。一旦动物因排水失去浮力，应立刻将其放置在厚泡沫垫上，以减少挣扎和损伤。在海边或野外遇到小型鲸类动物，可选择使用网具抓捕，但要求由熟练的技术人员来操作，以防止出现动物或人员的溺亡或损伤。用网具捕获的鲸类动物应放置在泡沫垫上或专门设计的担架或浮板上悬浮于水上。

　　通常3~4个人即可控制住小型鲸类（海豚），一人控制尾部，其余的人靠体重压住其身体，胸鳍自然放置于身体两侧，避免造成永久性损伤。大型鲸类的尾部力量很大，需要借助机械来保定。

　　尽管小型鳍脚类动物在水中可用捞网捕获，但通常在陆地上更容易捕获。较大型鳍脚类动物不能在水中用网捕，而应当引诱或驱赶使其离开水，或者排干池中水。在陆地上可用捞网控制较大型的鳍脚类动物，而吊货网、挡板和船篙也是有用的。一旦俘获后，可让有经验的驯兽师骑坐在小型海豹的背上，抓住头部，进行常规的处理。对于大型鳍脚类动物或进行更为复杂处理时，需要将其放入专门设计的比较紧固的笼子。

　　海牛相对比较温驯，控制它们的主要困难是体积大和身体重，并要注意它们很易翻滚，可采用与鲸类保定相似的方式。可以用控制其他大型鼬科动物的方法来控制海獭。可用捞网将它们从池内捞出。一旦离开了水，口袋、箱子或者其他保定设施均可用来控制它们。北极熊个体较大，危险性大，不建议人工控制它。

2. 麻醉　善于潜水及对海洋环境的生理适应性，使得对鲸类和鳍脚类动物的全身麻醉较难。在其他动物上常用的麻醉药物对海洋哺乳动物的安全范围狭窄，或可引起意料不到的反应。安定药、镇静剂和麻醉剂只能由有经验的人员用于海洋哺乳动物。鲸类动物需要专用的麻醉器械和呼吸机。海牛在治疗的时候很少需要全身麻醉或镇静处理。海獭可用地西泮（0.2 mg/kg）或替来他明-唑拉西泮（1 mg/kg）来镇静。芬太尼（0.22 mg/kg）联合地西泮（0.07 mg/kg）可达到协同麻醉，用于海獭可很好地帮助采集样本。外科麻醉可用较高剂量的芬太尼-地西泮（0.33 mg/kg/0.11 mg/kg），替来他明-唑拉西泮（2 mg/kg），或者氟烷、异氟醚、七氟醚，与笑气合用或不合用。使北极熊镇静的常用药有埃托啡、替来他明-唑拉西泮

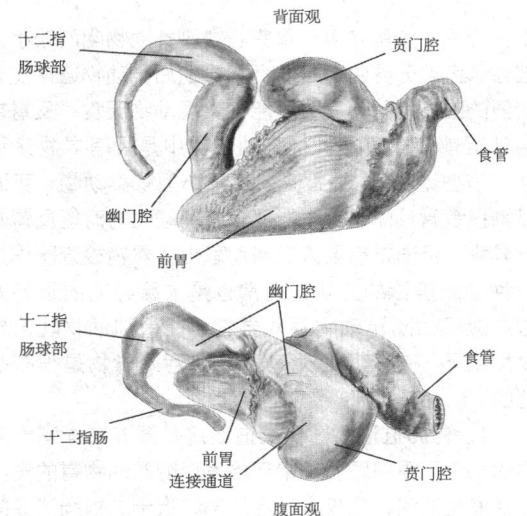

图17-11　海豚胃

上图：背面观；下图：腹面观。由德克萨斯农业工程大学Raymond Tarpley博士提供幻灯片。（由Gheorghe Constantinescu博士绘制）

（加或不加美托咪定）、氯胺酮与甲苯噻嗪，或者其他用于镇静的多种药物。所需要的剂量主要取决于动物个体大小与生活环境。

二、环境性疾病

1. 角膜水肿　在淡水或咸水里饲养的鳍脚类动物经常会发生角膜水肿，在饲养的鲸类动物上也能发现，但野生动物很少发生。该病是由多种环境问题造成的。简单地将动物从淡水转移到咸水，或从咸水转移到淡水，就会导致出现临时症状。缺乏遮阴和过度的强光也是引起该病的因素。卫生条件不好的水质（如细菌超标、过度使用强氧化类消毒剂）也会引起此病。营养不良也被认为是病因，但补充维生素C或维生素A并未起到好的效果。在发病机制上，除了潜在的角膜损伤外，该病是自身限制性疾病。

2. 角膜溃疡　人工饲养的鳍脚类和鲸类动物经常发生角膜溃疡病。可能是直接损伤或是角膜水肿的后遗症或是角膜水肿未治疗所引起。角膜荧光素染色后，经荧光显微镜检查见角膜上皮缺损即可确诊。对于驯养的动物，轻微损伤可以适时局部治疗。而对于未经驯化的动物，需要结膜下注射抗生素和类固醇类药物。角膜大面积损伤时需进行眼睑缝合。角膜深度溃疡或撕裂会引起后弹性膜溃烂，因此应当用丙烯酸甲酯薄片将角膜固定住。发生角膜水肿后，能否成功治愈并预防复发主要取决于是否消除了潜在的病因。

3. 异物　许多人工饲养的海洋哺乳动物都习惯于吞下抛入池内的物体。鲸类动物第二胃室的开口很

小，异物一般留在第一胃室。鳍脚类动物幽门较小，挡住了大部分异物通过。吞入异物后，动物通常没有明显的临床症状，有时可能会发现动物厌食、反胃或精神沉郁。一般通过检查动物胃中是否有异物来诊断。小型动物可X线检查，对于小型鲸类动物，可通过触摸食管诊断是否有异物存在。动物有时能反胃吐出异物，但通常需要人工帮助取出。胃镜检查既作为一种诊断确诊的方法，通常也是去除异物的最好方法。应尽力防止动物吞入异物，在受训动物吐出异物后给予一定奖励，对动物避免吞入异物是很有益处的。

4. 胃肠道溃疡 胃肠道溃疡是圈养海洋哺乳动物的一个严重问题。通常尸检发现鲸类动物胃的贲门部易发生溃疡，是仅次于幽门部和近十二指肠溃疡的严重临床问题。鳍脚类动物的胃溃疡经常发生胃穿孔，进而导致腹膜炎，随后发生死亡。海牛目动物也经常发生胃溃疡。尽管鲸类动物的胃溃疡穿孔少于鳍脚类动物，但仍然应该作为严重的问题对待。导致溃疡的原因有很多，包括寄生虫损伤、变质鱼肉中组胺的升高等，但主要是环境条件或有关的应激造成的。剧烈的环境变化，包括驯兽员变动和同伴动物变化等，都会引起鲸类动物或鳍脚类动物产生严重的胃肠道溃疡。

胃肠道溃疡的临床症状包括嗜睡、厌食、腹部僵硬、皮色苍白、偶尔反胃等。出血性消化道溃疡会出现贫血和白细胞增多。一般通过胃部冲洗液中是否含有哺乳动物红细胞来诊断，通过内镜检查损伤部位来确诊。没有发生穿孔的溃疡通常采用保守疗法，每日少量多餐，投喂甲脒咪胺（4.5 mg/kg，每日2次）和铝凝胶抗酸剂（也可合用或不合用聚二甲硅氧烷）。为了确保完全治愈，必须找到病因并解决。出现穿孔并伴有腹膜炎时，通常采用大剂量的广谱抗生素和输液治疗。与人类一样，以前患过溃疡病的海洋哺乳动物，很容易因为应激再次引发消化道溃疡。

5. 创伤 海洋哺乳动物经常发生创伤性损伤（如割伤、枪伤或螺旋桨造成的创伤）。海牛经常进入佛罗里达州人们经常驾船休闲娱乐的水域，因此螺旋桨造成的损伤是其主要外伤病。如果体腔没有损伤，创伤性伤口通过清洗、清创，一般就可以慢慢愈合。为防止感染，在恢复期应使用抗生素。维持良好的水质和高营养水平有利于伤口愈合，大的伤口也能较好地愈合。

6. 油污 石油烃类物质泄漏导致的油污是海洋哺乳动物面临的重要问题。海獭具有天生的梳理皮毛的习惯，并且由于缺乏疏油的皮脂层，因此尤其容易受到油污的影响。油污产生的重要影响包括肝中毒、肾中毒、消化道损伤和丧失恒温能力，然而最致命的影响是动物吸入挥发性的烃类物质直接导致肺部损伤。

研究表明，与海獭不同，鲸类动物和鳍脚类动物能够尽可能地避开石油泄漏，并且相对更能耐受皮肤直接接触油污产生的毒性。这类动物一般不会摄入大量的油污，如果鲸须粘上油污后，鲸可以在24～36 h内清除干净。与其他哺乳动物一样，包括人类，鳍脚类动物和鲸类动物均容易因吸入挥发性烃类物质导致肺严重损伤，因此在救治受到石油污染的动物时，应优先考虑降低石油烃类对救助人员的影响。对接触油污的动物处理，主要包括去除皮肤上（使用温和的洗涤剂）和消化系统（活性炭灌胃）中油污，并使用适当的生理辅助疗法。必须意识到在抓捕、运输和保定应激下，这些动物对烃类物质的毒性阈值会更低。

三、营养与营养性疾病

一般来说，圈养海洋哺乳动物的食物仅仅或主要是冷冻的鱼。由于这些食物供给的难度，容易导致某些营养性问题。每种鱼的营养价值是不完全一样的，投喂单一种类的鱼无法满足动物对平衡营养的需要，同样地，一种鱼也不能满足所有食鱼动物的需要。通常只能投喂适宜人类食用的鱼。

冻鱼的贮存和解冻必须严格控制，饲料鱼应冷冻在-28℃，以减少因氨基酸和不饱和脂肪酸氧化导致营养下降。由于动物主要从食物中获取水分，因此鱼在冷冻时的脱水对动物来说也是个严重的问题。脂肪含量较高的鱼贮存不要超过6个月，可能除了毛鳞鱼外，很少有鱼适宜贮存1年以上。为了保持最佳的维生素含量并减少水分流失，冻鱼应当在冷藏条件下的空气中解冻，水中解冻会导致水溶性维生素流失，室温解冻会导致细菌滋生而腐败。

海洋哺乳动物的能量需求随着年龄的增长、环境温度和水质的变化而不同。快速生长的幼龄海豚和鳍脚类动物，每日需要采食占自身体重9%～15%的优质鱼，随着年龄增长，仅需要占体重4%～9%的食物以维持自身代谢，大型动物（如鲸和象海豹）成年后一般需要更少的食物（占体重的2%～5%）。

海牛主要食用水草、各种生菜和蔬菜等，辅以高蛋白的猴头菇、胡萝卜和香蕉，多种维生素和微量元素添加剂以平衡钙磷比。海牛偶尔也会在野外采食时摄入一定量的动物蛋白。海牛每日的采食量占体重的7%～9%，一般每日需要喂几次，以适应他们吃草的饲养模式，

海獭的日粮通常包括各种无脊椎动物（棘皮动物、软体动物和偶尔的甲壳类动物）和鱼类。成年海獭每日需要占体重25%～30%的食物。

野生北极熊要求高脂肪的食物，尤其在冬天冰封期他们靠脂肪维持生命。他们的食物中需要额外补充维生素A。从皮肤病学角度考虑，每日应补充 $2.0 \times 10^4 \sim 1.0 \times 10^6$ IU的维生素A。通常，喂养的北极熊饲喂大量的鱼。

1. 新生仔畜营养　年幼未断奶的海洋哺乳动物经常发生搁浅事故，需要及时喂以类似于母乳的食物。在人工饲养时，新生仔畜常会被父母抛弃而需要人工喂养。海洋哺乳动物的乳汁中含有较高的脂肪含量，大多数动物不能耐受碳水化合物，新生仔畜饲喂含碳水化合物的配方奶，会发生严重的甚至危及生命的细菌性胃肠炎。大多数海洋哺乳动物新生仔畜需要从替代奶水中获得大量的热量。在过去几年中，一些商业化的代乳品（如Zoologic® Milk Matrix）替代了过去常用的成分非常复杂的制剂。当遇到需要饲养海洋哺乳动物新生仔畜时，建议联系专业的海洋哺乳动物救援中心，听取他们的建议。

海豹科和海狮科的新生动物可以用相同的配方奶替代母乳喂养。鳍脚类动物幼崽应当在其出生的第1周每4 h喂1次，渐渐地增加配方奶的量，减少投喂次数至每日5次。斑海豹（Phoca vitulina）幼崽应该用吸管喂食，直到2～3周龄他们可以吃小块的鱼时才能断奶。象海豹幼崽也需要用吸管饲喂，直到他们4周龄断奶时为止。加州海狮（Zalophus californianus）幼崽可以在4周龄时强制喂鱼，到6周龄就可以自由采食了。

新生海象（Odobenus rosmarus）可以用配方奶喂养，也可以将切碎的软体动物（蛤）拌鲜奶油投喂，而不用鱼。他们也能耐受碳水化合物。海象比其他鳍脚类动物有更长的哺乳期。

新生鲸类比鳍脚类动物哺乳期长。从常见的海豚（Delphinus delphis）到灰鲸（Escrichtius robustus）均能够用奶瓶成功喂养。鲸类动物乳汁的脂肪含量差别很大，宽吻海豚（Tursiops spp.）乳汁约含17%的脂肪（是大多数鳍脚类动物的1/2），白鲸（Delphinatperus leucus）乳汁含27%，鼠海豚（Phocoena phocoena）乳汁含46%，蓝鲸（Baleanoptera musculus）乳汁含42%。采用羊皮奶头或者胃管，用商业配方奶辅以一定量的碎鱼肉和油，可以成功喂养宽吻海豚和鼠海豚幼崽。

新生海牛出生后不久就开始啃海草，但需要持续护理达18个月，早期断奶后他们可以用人工奶喂养。新生海獭从降生开始也可以用人工配方奶成功喂养。新生北极熊是极端晚成动物，明显发育不成熟的免疫系统是一主要问题。北极熊的乳汁中脂肪含量（31%）较高，含有极少量的乳糖。北极熊可以用鲜奶基质或油基质的配方乳成功喂养。

2. 硫胺素缺乏症　任何食鱼动物都易发生硫胺素缺乏症。食物中的硫胺素容易被饲料鱼中含有的活性硫胺酶和抗硫胺素物质所破坏。如果投喂前放置很长时间，这些活性酶还能破坏人工补充到饲料鱼中的硫胺素。硫胺素缺乏的临床症状主要是CNS紊乱，动物可能会出现厌食，反胃或共济失调，进而发展到抽搐、昏迷和死亡。

患硫胺素缺乏症的动物肌内注射盐酸硫胺素（可达1 mg/kg）非常有效，口服补充也有效。食物中应补充硫胺素，总量应达到25 mg/kg，最好在正餐前2 h给药。

3. 维生素E缺乏症（黄脂症、白肌病）　维生素E的抗氧化性质在维持细胞膜的完整性上发挥了重要作用。饲料鱼在储存过程中由于氧化作用，常破坏维生素E和其他抗氧化物。通过试验，在海豹科动物上产生的黄脂症，被怀疑与维生素E缺乏和低钠血症有关。饲养食鱼动物通常要在食物中补充维生素E作为抗氧化剂，添加量可高达100 mg/kg，以维持血清中高水平的维生素。如果饲料鱼能被适当地保存和解冻，则不必补充。

4. 低钠血症（食盐缺乏，艾迪生氏病）　鳍脚类动物的低钠血症与肾上腺衰竭和艾迪生氏病的发展密切相关，该病往往是环境应激综合征，而不是单纯因为缺盐。该病在淡水动物上的鳍脚类动物中最常见，但也见于海水中饲养的动物。海豹科动物中最常见，海狮科和其他海洋哺乳动物偶尔发生。低钠血症的症状包括周期性虚弱、厌食、嗜睡、失调、震颤和抽搐等，血清钠水平可降至140 mEq/L以下。严重时动物衰竭出现艾迪生氏病危象，可致死。

低钠血症的紧急治疗包括氯化钠输液和糖皮质激素补充。对于严重患病的动物长期治疗需要补充盐皮质激素，配合口服氯化钠，并定期监测血清钠水平。其次，对饲养在淡水中的鳍脚类动物提供盐水池，并在食物中补充氯化钠（3 g/kg食物）。动物在补充盐的时候应当确保其能连续得到淡水。

5. 组胺中毒（鲭中毒，马鲛中毒）　鲭亚目（鲭、金枪鱼）和其他深色肉质的鱼类货架期较短，即使在低温冷冻中其保质期也较短。在中毒的海洋哺乳动物体内发现了一些复杂的物质，包括鱼肉中大量的组氨酸在细菌的作用下脱羧形成的组胺。这种毒性也存在于非鲭亚目的鱼类，包括处理不善的鲱、凤尾鱼和沙丁鱼。组胺中毒在鳍脚类动物上最常见，但在其他海洋哺乳动物上也有发现。临床症状有厌食、嗜睡、口腔或咽喉发炎红肿、结膜炎和易流泪等。偶尔出现呕吐、腹泻、瘙痒、荨麻疹或表现出反映腹痛的姿势。抗组胺药，包括甲腈咪胺，可缓解症状。但这种病常常是自限性的，一般在2～3 d内可进食。在非常严重或急性情况下，肾上腺素能有效对抗组胺反应。遇到呼吸困难的动物，可以使用可的松和盐酸苯海拉明。在预防措施上，尽可能避免喂食鲭亚目的鱼类，并注重鱼的品质、保存和加工方法。

四、细菌病

1. 放线菌病　诺卡放线菌病在体弱的海洋哺乳动物上常见报道。目前已在宽吻海豚、白鲸、领航鲸（ *Globicephala* spp.）、鼠海豚、虎鲸（ *Orcinus orca* ）、伪虎鲸（ *Pseudorca crassidens* ）、飞旋海豚（ *Stenella longirostris* ）和斑海豹（ *Hydrurga leptonyx* ）上确诊出诺卡菌。由放线菌属（ *Actinomyces* spp.）引起的感染也已在宽吻海豚上诊断出。

2. 布鲁氏菌病　早在1994年，就报道了海洋哺乳动物感染布鲁氏菌病的血清学证据。从那时起，已证明许多鳍脚类动物和鲸类动物被证明对布鲁氏菌产生抗体。几种海洋布鲁氏菌已被人工培养，遗传分析表明这些菌与已知的陆生布鲁菌氏不同。分别从鲸类动物和海豹体内分离的布鲁氏菌，已被命名为鲸类布鲁氏菌和鳍脚类布鲁氏菌。从海豚、鼠海豚和鳍脚类动物分离的菌株差别很大，但从大西洋到太平洋的同种动物分离的菌株似乎变化不大。由于培养技术和血清学方法的限制，对该病的诊断目前仍然存在争议。有关布鲁氏菌病在海洋动物的病理生理学知之甚少。已报道感染该菌会引起睾丸炎、流产和脑膜脑炎。布鲁氏菌通常是继发性或条件性感染病原。由于对该病的临床经验不多，尚无有效的治疗或控制方法。尽管有人类感染的报道，但尚未确定是否为人兽共患。

3. 梭菌性肌炎　在饲养的虎鲸、领航鲸、宽吻海豚、加州海狮和海牛上已诊断出因感染梭菌属（ *Clostridium* spp.）细菌而患有严重的肌炎。所有的海洋哺乳动物可能对该菌都易感。此病的特征是急性肿胀，肌肉坏死，在受感染的组织里有胀气，并伴随着显著的白细胞增多，如未进行治疗，可致命。诊断时会发现感染组织里有革兰阳性杆菌，经厌氧培养、细菌种类鉴别即可确诊。治疗方法包括全身和局部使用抗生素，外科手术清除脓肿部位脓液，并用双氧水冲洗。市售的梭菌性灭活菌苗常用于海洋哺乳动物，但对其疗效如何尚未研究。据报道，当肉毒杆菌病在水禽中流行暴发时，人工饲养的加州海狮也感染了此病菌。感染动物在死亡前几日常停止进食并出现无法吞咽的症状。

4. 肺炎　人工饲养的海洋哺乳动物（北极熊除外）死亡的主要原因是肺炎。大多数情况下，海洋哺乳动物肺炎主要是由细菌引起，且在陆地生物分离培养的大多数微生物在海洋哺乳动物中已经发现。肺炎通常是由于管理不善引起的。海洋哺乳动物需要良好的空气质量，包括要求在室内设施的水面上有良好的空气交换。即便是极地动物，提供温和的空气或者训练动物适应低温环境，对于预防肺部疾病是很重要的。适应低温的动物通常是相当耐寒的，但是突然从温暖的环境转移到冷空气中，即使有温暖的水，仍然会诱发急性肺炎，特别是处于营养不良或遭受其他应激的动物。肺炎的临床症状有嗜睡、厌食、严重口臭、呼吸困难、发热和白细胞明显增多。该病发展很快，通常根据临床症状诊断，依据对治疗措施的反应来确诊。治疗方法包括纠正不良环境、使用大剂量抗生素和辅助方法。最初通常使用广谱抗生素，常用头孢氨苄（ 40 mg/kg，每日3～4次），然后依据呼吸孔或气管样品中分离的细菌种类和对药物的敏感性调整用药。

5.（皮肤型）猪丹毒　丹毒是人工饲养的鲸类和鳍脚类动物的严重的传染病。丹毒丝菌（ *Erysipelothrix rhusiopathiae* ）既能导致猪和其他家养动物患上丹毒病，同时也是鱼的常见病原菌。海洋哺乳动物的败血性疾病通常是急性的或者极严重的，感染的动物会突然死亡，可能没有任何前兆，也可能突然消沉、食欲不振或者发热。典型的菱形皮肤病变是该病慢性的皮肤型表现，这种情况只要及时使用抗生素，通常能康复。

除了广泛分布的瘀点外，对极严重的病例进行尸检通常不能发现非常明显的病变，只能依据从血液、脾脏或体腔中分离培养的微生物来诊断。死亡的慢性型的动物已经发现患有关节炎。

因为缺乏明显的前兆症状而难以诊断，急性或极严重的丹毒病往往很难治疗。皮肤型丹毒病使用青霉素、四环素和辅助疗法，通常能恢复正常。

预防丹毒病主要靠投喂很好的保存和加工的高品质饲料鱼。虽然疫苗可以预防本病，但接种疫苗还存在着争议。给海洋哺乳动物最好接种灭活丹毒疫苗。弱毒疫苗应避免作为初次接种用疫苗，因为再次接种时可发生致命的过敏反应。因此，一些疫苗免疫程序已减为1次接种，即便抗体滴度可能低于有效水平。

如果鲸类动物需要进行再次接种疫苗，需要在舌头底部黏膜下层注射小剂量的疫苗进行敏感度测试。在30 min内，过敏性动物在注射部位会出现肿胀和发红。因为疫苗是极其刺激的，即使对于不敏感的哺乳动物，在任何接种部位，接种量都不应超过3～5 mL。使用较长的注射针头（＞5 cm），以确保疫苗沉积在肌肉中，而不是肌肉和脂肪间，否则形成无菌性脓肿。疫苗应注射于背鳍前部、侧面的背部肌肉组织中，注射于背鳍后部的肌肉中可能会导致严重的组织反应，使动物数日无法活动。为了保持较高的抗体滴度，6个月后应追加疫苗注射，每年需要再接种1次。

6. 钩端螺旋体病　已在海狮科鳍脚类动物和熊中诊断出钩端螺旋体病。海豹患该病的特征为消沉、活动不积极、烦渴和发热。加州海狮和北方海犬可能导致流产和新生仔畜死亡。病变包括严重的弥漫性间质性肾炎，肾小管中充满螺旋体。胆囊中可能含有浓缩的黑色胆汁，但肝炎可能并不明显。组织学上可见枯否细胞增生、噬红细胞作用增强和含铁血黄素沉着，胃肠炎也是一种病征。通过荧光抗体技术，已鉴定了感染动物的钩端螺旋体不同血清型（犬型、出血性黄疸型、秋季热群和波摩那型）的抗体。对鳍脚类动物的治疗与犬类似。对人工饲养动物进行预防时，需要对处于隔离期的新引进动物进行血清学检查。在该病流行地区饲养的动物应接种疫苗。钩端螺旋体病是人兽共患病，应采取适当的预防措施。

7. 链丝菌病（海豚假痘病、嗜皮菌病）　链丝菌病是一种由刚果嗜皮菌（*Dermatophilus congolensis*）引起的皮下感染病，在鳍脚类动物和北极熊中已有报道，与海豹痘有明显不同。据报道，海狮可同时感染链丝菌病和痘病。皮肤链丝菌病常表现为全身出现明显的花纹状结节，通常会死亡。以活体检查或在培养物中发现该菌可作出诊断，全身长期使用高剂量的抗生素能够治愈该病。

申克孢子丝菌（*Sporothrix schenckii*）是一种皮下真菌病的病原菌，在太平洋斑纹海豚（*Laegenorhynchus obliquidens*）上曾有报道。

8. 分支杆菌病　海洋哺乳动物很容易感染各种分支杆菌。据报道，一头在地中海搁浅的野生宽吻海豚感染了未经确认的分支杆菌病，有证据表明，该病是澳大利亚海岸野生的海狮的地方性疾病。最初认为该病是由牛型分支杆菌（*Mycobacterium bovis*）引起的，随后的分子学测定，鉴定为南半球野生鳍脚类动物特有的病原菌，现在归类为结核分支杆菌（*M. tuberculosis*）家族中专门的一类。通常认为是亚南极海狗（*Arctocephalus tropicalis*）将该病传播给了其他的鳍脚类动物，因为他们与其他感染的动物，比如澳大利亚海狮（*Neophoca cinerea*）和新西兰海狗（*Arctocephalus forsteri*）生活在一起。通常认为，分支杆菌一直是人工饲养动物的疾病。鳍脚类、鲸类和海牛目动物已经出现了多种分支杆菌病，病原菌有牛分支杆菌、耻垢分支杆菌（*M. smegmatis*）、赤塔分支杆菌（*M. chitae*）、意外分支杆菌（*M. fortuitum*）、龟分支杆菌（*M. chelonei*）和海水分支杆菌（*M. marinum*）。动物患病后可见皮肤和全身症状。显著的表征是非典型分支杆菌感染后会发生免疫抑制。

一般用高浓度的牛或禽类纯化的蛋白衍生结核菌素做皮试，可对暴露于病原的动物进行筛查，但其反应性和有效性还存在争议。鳍脚类动物一般注射于后肢蹼厚实的边缘，在注射后48 h和72 h时进行观察。ELISA筛查可用于检测海豹的抗体，但是在作为筛查试验前需要进一步的评估。通过对来自于病变组织、气管冲洗液或粪便中的微生物的分离、鉴定可对该病作出诊断。在海洋哺乳动物上分支杆菌病是一种新兴的疾病，可能具有公共卫生的重要意义。

9. 其他细菌病　海洋哺乳动物可能对所有的病原菌都易感。多杀性巴氏杆菌已经引起多起海豚和鳍脚类动物暴发出血性肠炎，伴随精神沉郁和腹部不适，并引起急性死亡；据报道，该菌也能引起鳍脚类动物发生肺炎。溶血性曼海姆菌（*Mannheimia haemolytica*）会使海豚患出血性气管炎。

类志贺邻单胞菌（*Plesiomonas shigelloides*）是斑海豹肠胃炎的致病菌。类鼻疽伯克菌（*Burkholderia pseudomallei*）曾经在远东导致饲养的各种海洋哺乳动物暴发严重的致命性疾病。沙门氏菌曾导致海牛和白鲸发生致命性胃肠炎。一头海豚因葡萄球菌性脊椎骨髓炎（化脓性骨髓炎）引发败血症而死亡。另一例由金黄色葡萄球菌引起的内椎间盘骨髓炎病例，通过较长疗程应用头孢唑啉钠和头孢氨苄而成功治愈。金黄色葡萄球菌也是虎鲸致命性肺炎的致病菌。在开放海域，弧菌（*Vibrio* spp.）可通过愈合慢的伤口感染鲸。

五、真菌病

人工饲养的海洋哺乳动物似乎特别容易发生真菌感染，往往是在应激、环境应激和其他传染病之后继发感染。一些全身性真菌病具有明显的地理分布。通常根据临床症状初步诊断，依据活组织检查，或者可能的话通过培养物（首选此法）来确诊。用乳酚或棉蓝染色的湿涂片，可以即时诊断一些形态明显的真菌。用温的10%氢氧化钾溶液清洗组织涂片，可进一步鉴定菌体和菌丝特征。

鳍脚类动物患脚癣病后，可以外用药物来治疗。对于小型鲸类，可以用吊索把他们吊离水面2~24 h进行治疗，要确保无须治疗的身体部位保持湿润，除非全身治疗。

1. 曲霉病　致命的肺曲霉病已在一些鲸类动物上确诊过，包括宽吻海豚和虎鲸。也在鳍脚类动物上发生过，包括南极海狗（*Arctocephalus gazella*）、斑海豹和加州海狮。皮肤曲霉病已在灰海豹（*Halichoerus grypus*）中发现，并伴有分支杆菌病，死后诊断存在呼吸道病变。皮肤病变时外用聚维酮碘并口服酮康唑治疗（10 mg/kg，口服，每日1次）有效。

2. 念珠菌病 念珠菌病是人工饲养鲸类动物常见的真菌性疾病，一般会在应激、氯气消毒水后氯未除尽或者滥用抗生素治疗后继发。念珠菌病在鳍脚类动物上也有报道。念珠菌通常感染鲸类动物的体孔处。尸检时经常发现食管溃疡，尤其多发于胃食管连接的部位。在鳍足类的海豹科中，炎症多发于皮肤黏膜交接处，特别常见于嘴、眼睛、肛门和外阴闭合的周边部位。依据在培养物或活组织上是否有该菌存在进行诊断。酮康唑（6 mg/kg，口服，每日1次）对治疗念珠菌病比较有效，同时需要改善不良的环境条件。补充0.01 mg/kg的脱氢皮质醇可能有利于弥补口服酮康唑对糖皮质激素生成的抑制。氟康唑（2 mg/kg，每日2次）也有疗效。有一例报道，酮康唑对北部的象海豹（*Mirounga angustirostris*）可能会产生毒性反应。念珠菌病及早检查和治疗通常是有成效的。在患有严重的、晚期肺病的宽吻海豚中，另一种条件性致病菌，即新型隐球菌（*Cryptococcus neoformans*）被检出。以常规哺乳动物使用的剂量长期使用曲康唑（120 d）是无效的，即使血清药物浓度高于建议的治疗范围。

3. 皮肤癣菌病 真菌性皮炎的病原菌一般是毛癣菌（*Trichophyton* spp.）或小孢子菌（*Microsporum canis*），治疗时通常外用聚维酮碘或口服灰黄霉素，或者二者同时用。

4. 洛博芽生菌病（Lobomycosis） 又称为瘢痕疙瘩样芽生菌病。这种毁容性的皮肤病是因为感染了一种外形类似酵母菌的真菌（*Lacazia loboi*），这种病仅在人类和大西洋宽吻白海豚（*Sotalia fluviatilis*）中有报道。该病原菌尚不能人工培养。切除疗法和全身使

用抗真菌药物均有不同程度的疗效。尚未证实该病是否会人兽共患。

5. 全身性真菌病 海洋哺乳动物的全身性真菌病有人兽共患的风险，在处理死亡和患病的动物时，应采取预防措施以防止人员感染。芽生菌能在宽吻海豚、加州海狮、北海狮（*Eumetopias jubatus*）、北方海狗和北极熊上引起致命的疾病。致命的全身性组织胞浆菌病在人工饲养的格陵兰海豹（*Pagophilus groenlandicus*）、宽吻海豚、太平洋斑纹海豚上有报道。在宽吻海豚、加州海狮和海獭上发现了球孢子菌病。通过加强管理，连用70 d伊曲康唑（3.5 mg/kg，口服，每日1次），结合使用抗生素，必要时加以辅助疗法，芽生菌病可以成功治疗。

6. 接合菌病 由各种镰刀菌引起的皮肤病在小抹香鲸（*Kogia breviceps*）、大西洋斑纹海豚（*Laegenorhynchus acutus*）、斑海豹、灰海豹、加州海狮和北方象海豹中已有报道。该病主要通过培养物或活体中分离鉴定的微生物进行诊断。有效的治疗药物有酮康唑（5 mg/kg，每日1次，连用10 d）、氟康唑（0.5 mg/kg，每日2次，连用21 d）和伊曲康唑（1 mg/kg，每日1次，连用120 d）。毛霉菌（*Mucor* spp.）和虫霉菌（*Entomophthora* spp.）曾给宽吻海豚、鼠海豚和格陵兰海豹带来致命的疾病。其他的接合菌已被确诊为不同海洋哺乳动物的致命的传播病菌。因为抵抗力较低，一些体弱的动物很容易感染上这些条件性致病菌，要想成功治疗，首先必须提高其自身的抵抗力。两性霉素B可以用于接合菌病的治疗，新的咪唑药物也值得考虑。

六、寄生虫病

海洋哺乳动物易于感染各种寄生虫，包括各种线虫、吸虫、绦虫、螨虫、虱子和棘头虫。这些寄生虫在海洋动物中的感染并不多见，但近年在捕获的海洋动物中常见到某些寄生虫病。

1. 棘头虫病 鲸类动物是球体棘头虫（*Bolbosoma* spp.）的主要宿主，但也能被棒体虫属（*Corynosoma*）大量寄生。而后者的主要宿主是鳍脚类动物和海獭。球体棘头虫在鳍脚类动物中已有报道。海獭棘头虫（*C. enhydra*）仅在海獭上报道过。通过检测粪便中的虫卵可诊断棘头虫病，但临床症状和治疗方法均无详细的记载。据报道，三种细颈棘头虫（*Profilicollis*，在鸟类上也有发现）可引起海獭腹膜炎并伴有肠穿孔。通常在寄生虫产卵前动物已经死亡，因此在动物死亡前难以诊断，也无成功治疗的报道。

2. 螨虫病 海豹科和海狮科动物均发现有鼻螨和肺螨。肺螨导致动物不停地咳嗽。鼻螨会引起流鼻

图17-12 飞旋海豚念珠菌病，喷水孔周围灰白色病变
（由Louise Bauck博士提供）

涕，似乎只稍微不适。通过检查鼻腔分泌物和痰中的螨虫来诊断。这些螨虫的生命周期是未知的。通过两次注射伊维菌素即可迅速清除感染的螨虫，注射剂量为200 μg/kg，两次注射间隔2周。治疗受感染的动物还需要消除饲养环境的问题。螨虫还会导致鲸类动物的喉部变得粗糙不平，但其总体的危害性和治疗方法未知。

疥癣已在加州海狮上确诊。在鳍状肢和其他接触的身体表面会出现非瘙痒性的脱毛损伤、皮肤过度角化、脱屑、脱皮症状。诊断需要从深层皮肤碎屑中鉴定出螨虫。在一些慢性病例上，会继发细菌感染，导致脓皮病。治疗方法同犬。该病在鳍脚类动物上的诱发因素未知。螨虫不易在相互接触的动物间传播。

野生鳍脚类动物常见大量的吸血虱感染，可引起严重的贫血症。虱子能够被清楚地看到，而且很快传播开来。吸血虱对伊维菌素和氯化烃类杀虫剂高度敏感，鱼藤酮粉也很有效，感染的动物必须从水里捞出来，撒药粉前擦干身体，要确保离开水超过12 h。治疗必须连续进行10~12 d，只要不再有新的传染源，捕获的海洋动物就能根除吸血虱。

3. 肺线虫病　肺线虫病常见于所有的鳍脚类动物。海狮易寄生肺线虫（*Parafilaroides decorus*），海豹易寄生耳圆线虫（*Otostrongylus circumlitus*）。后者也在一些海豹科动物的心脏中发现，但不会引起微丝蚴血症。这两类寄生虫都以鱼为中间宿主。在不同的鲸类动物宿主中至少有4种肺线虫，包括*Halocercus lagenorhynchi*，该线虫造成大西洋宽吻海豚产前感染。

可以通过检查粪便或支气管黏液来诊断肺线虫的感染。厌食、咳嗽，有时有血性黏液是肺部寄生虫的初步症状。治疗肺线虫感染的方法包括在气管内给予能溶解黏液的药物，抗生素可治疗并发的细菌性肺炎，同时使用伊维菌素、强的松或地塞米松。动物感染后普遍出现精神沉郁、脱水、中性粒细胞增多的临床症状，进而死亡，因此诊断诸如海豹上耳圆线虫感染是比较复杂的。在寄生虫变为第一阶段幼虫时可在痰或粪便中检测出。已经报道了一些成功的治疗案例，在气管内给予左旋咪唑（5 mg/kg，每日1次，连用5 d）。然而，如果开始时用地塞米松、抗生素和黏液溶解剂，之后结合伊维菌素和芬苯达唑联合治疗3 d应该更有效。鲸类动物的肺线虫可能也对左旋咪唑和伊维菌素比较敏感，但是，两头白鲸在肌肉中注射磷酸左旋咪唑后突然死亡，说明肌内注射这种给药方式可能是不妥的。1%的鳍脚类动物对肌内注射左旋咪唑也表现出神经病学反应，因此推荐采用口服或皮下注射的方法。

肺线虫感染后经常无临床症状，只有当动物因其他原因变得很虚弱的情况下才会表现出临床症状。在人工饲养时，只要鲜鱼里没有幼虫，动物一般不会感染上肺线虫。喂食冻鱼能预防再次被感染。

4. 心丝虫病　在鳍脚类动物的尸检中经常发现棘唇属（*Acanthocheilonema*），但在鲸类动物、海獭和海牛上未发现。海豹科动物上发现有心丝虫（*A. spirocauda*）感染，海狮科动物皮下寄生一种丝状丝虫（*A. odendhali*）。心丝虫通过海豹棘虱（*Echinophthirius horridus*）传播。在流行地区，海狮科和海豹科动物都能感染上犬恶丝虫（*Dirofilaria immitis*），但海豹科不是正常的宿主。犬恶丝虫病也称心丝虫病通过检查血液中的微丝蚴来诊断，该病由叮咬过犬的蚊子传播。口服高剂量的磷酸左旋咪唑（40 mg/kg，每日1次，持续1周）能够成功清除饲养的鳍脚类动物感染的犬恶丝虫。在流行地区有蚊子的季节，在食物中拌入伊维菌素（按犬的剂量，每月1次）或乙胺嗪（diethylcarbamazine，3.3 mg/kg，每周1次）能有效预防犬恶丝虫病。

5. 其他线虫　异尖线虫科（Anasakidae）寄生虫是在海洋哺乳动物胃中发现的。在附着部位出现肉芽瘤的形状，会导致失血，溃疡，最终穿孔和腹膜炎。生鱼是最常见的传染源。野生鲸类和鳍脚类动物常感染对盲囊线虫（*Contracaecum* spp.）。人工饲养的北极熊很容易感染严重的蛔虫病。治疗胃线虫病，可口服敌敌畏（30 mg/kg）、芬苯达唑（11 mg/kg）或甲苯咪唑（9 mg/kg），连用2次，间隔10 d。也可以考虑使用伊维菌素。

钩虫（钩虫属，*Uncinaria* spp.）常寄生于鳍脚类动物，仅海狗感染比较严重，初生的幼仔可通过初乳感染。皮下注射二碘硝酚（12.5 mg/kg）或伊维菌素（100 μg/kg）能有效驱除该寄生虫。

许多大型旋尾线虫（*Crassicauda* spp.）能够感染鲸的硬膜窦、大血管、肾脏和乳腺导管。没有成功治疗的记载，但全身使用驱虫剂可能是有效的。

6. 绦虫病　太平洋裂头绦虫（*Diphyllobothrium pacificum*）常寄生于海狮，感染严重时会导致肠梗阻。吡喹酮（10 mg/kg）或氯硝柳胺（160 mg/kg）是有效的治疗药物。其他常见的绦虫有寄生于海豹的阔节裂头绦虫（*Diphyllobothrium lanceolatum*）、鳍脚类的复殖绦虫（*Diplogonoporus tetrapterous*）、鲸类的链尾蚴（*Strobilocephalus triangularis*）。鲸类动物感染后，往往贯穿鲸脂都会有皮下绦虫囊肿。通常仅绦虫幼虫存在于鲨鱼体内。据报道，若干种绦虫寄生于海獭和北极熊中，但其临床表现还不清楚。

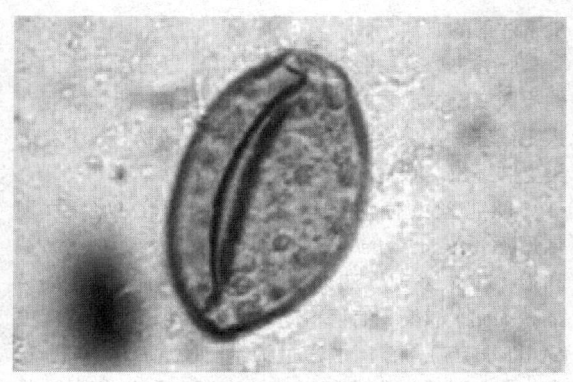

图17-13 鼻吸虫卵
（由James McBain博士提供）

7. 吸虫病 在鳍脚类和鲸类动物中常见吸虫感染，鲸类动物鼻腔和鼻窦中经常发现鼻吸虫（*Nasitrema* spp.）。吸虫卵会导致鲸大脑组织坏死引起动物行为偏差，也会引起局部肺炎。吸虫感染往往伴有口臭，喷水孔周围有褐色黏液，并且偶尔咳嗽。依据喷水孔棉拭子或粪便中是否有典型的吸虫卵来诊断。口服吡喹酮（10 mg/kg，2次给药，间隔1周）通常是有效的，只要不喂鲜活鱼就不会再感染。

肝片吸虫（*Zalophotrema hepaticum*）是加州海狮严重感染的肝吸虫病原，它会导致胆管肥大和肝脏纤维化。成年动物症状比较明显，包括黄疸、嗜睡和厌食，常见胆红素血症和血清肝酶升高。诊断的依据是在粪便中发现肝片吸虫卵。有效的治疗药物有吡喹酮（10 mg/kg）或硫氯酚（20 mg/kg）。

其他各种吸虫还能感染海洋哺乳动物的胃、肠、肝、胰腺和其他腹部器官，在尸检时经常发现由吸虫导致的胰腺纤维化。

8. 球虫病 在斑海豹上发现有艾美耳属球虫，并出现了致命的出血性腹泻。这种寄生虫的临床症状比较少见，除非宿主因捕获、管理或饲养方式改变产生应激会有临床表现。曾有报道海豚囊等孢球虫（*Cystoisospora delphini*）导致宽吻海豚患肠炎，但其他的研究人员认为这种寄生虫是鱼的双孢子球虫，与该病无关。寄生于亚马逊海牛（*Trichechus inunguis*）和佛罗里达海牛的两种艾美耳球虫*E. trichechi*和*E. nodulosa*均与此病无关。这些球虫对其他动物使用的抗球虫药如安普罗利比较敏感。

9. 肉孢子虫病 肉孢子虫（*Sarcocystis neurona*）在加州海獭中患病率很高，感染后可能无症状或者可能引起急性脑炎出现神经性症状。死前诊断方法目前仍在开发中，也没有成功治疗的报道。肉孢子虫已在许多鲸类、海狮科和海豹科动物的肌肉中发现，似乎没有可鉴别的临床症状。

10. 弓形虫病 已知弓形虫（*Toxoplasma gondii*）可以感染加州海獭种群，可能无症状，也可能发展为严重的脑炎。据报道，弓形虫可引起佛罗里达海牛致死性脑膜脑炎，也有报道弓形虫可引起斑海豹和北方海狗致命的脑膜脑炎，曾报道弓形虫病在加州海狮中传播。弓形虫在大西洋宽吻海豚、里氏海豚（*Grampus griseus*）、条纹海豚（*Stenella coeruleoalba*）和飞旋海豚中也均有报道。死前诊断方法目前仍在研发中，没有成功治疗的报道。

七、病毒病

1. 腺病毒 已从塞鲸（*Balaenoptera borealis*）、北极露脊鲸（*Balaena mysticetus*）中分离到腺病毒。从6只搁浅的患有肝炎的小加州海狮肝脏中也分离到。鲸类感染未发现引起疾病。鳍脚类动物感染后会出现虚弱、消瘦、畏光、烦渴、腹部僵硬、出血性腹泻的症状，最终后肢麻痹，淋巴细胞相对减少，单核细胞相对增多。所有的鳍脚类动物都会发展为肺炎，并在28 d内死亡。

在所有病例中，最突出的组织学病变是肝坏死。在一些动物，肝中出现块状凝固性坏死，无明显的带状分布。在肝细胞中有嗜碱性核内包含体，或在枯否细胞内有双染色的颗粒状核内包含体。没有证据表明肺中可检测到腺病毒。来自加州海狮的腺病毒是否会引起人类疾病还未知。

2. 杯状病毒（圣米格尔海狮病毒） 杯状病毒已从海狮科、海象、大西洋宽吻海豚和黑䲢（*Girella nigricans*）中分离到。海洋杯状病毒与猪传染性水疱病病毒具有相同的血清型。几种鲸类动物具有对猪水疱疹病毒不同血清型的抗体。大多数4月龄加州海狮有对该病毒一种或多种血清型的中和抗体。可能是黑䲢导致杯状病毒在加利福尼亚沿海海洋哺乳动物中流行。迄今为止，生活在大西洋中的海洋哺乳动物没有确诊感染该病毒。

该病毒感染海洋哺乳动物均能引起皮肤水疱的病变。在鳍脚类动物中，水疱最常见于前鳍状肢背面。在海豚类，水疱通常与"刺青"样损伤和旧伤疤有关。水疱直径1 mm至3 cm，水疱通常会溃烂，并且留下浅表的、可快速痊愈的溃疡，但是偶尔水疱也会较严重，留下印章似的损伤。只可采用辅助疗法，皮肤损伤通常也能不治自愈。感染可能会导致鳍脚类动物过早分娩。海狗感染后会有间质性肺炎和脑炎，不能健康成长。

猪种海洋杯状病毒会产生与猪传染性水疱病相同的疱疹损伤。人类频繁接触海洋杯状病毒也能产生中和抗体。一次实验室意外的接触杯状病毒曾导致局部的皮肤损伤，以及从临床患病的灵长类动物上分离到杯状病毒同样造成皮肤水疱，说明对这些病毒必须小心处理。

3．疱疹病毒 疱疹病毒已从新生斑海豹、加州海狮和灰海豹上分离到。在白鲸、暗黑斑纹海豚（*Lagenorhynchus obscurus*）等各种各样鲸类和鳍脚类动物的皮肤损伤部位发现有疱疹病毒样颗粒。疱疹病毒感染鳍脚类和鲸类动物，造成的疱疹病毒样病变相差较大。在斑海豹和灰海豹上发现了两种特征不同的疱疹病毒。海豹疱疹病毒I型（PhHV-Ⅰ）是一种α-疱疹病毒，与犬疱疹病毒相似；海豹疱疹病毒Ⅱ型（PhHV-Ⅱ）推断是γ-疱疹病毒。除了发现死亡的鼠海豚有疱疹病毒性脑炎外，鲸类的疱疹病毒病变仅限于皮肤和黏膜部位损伤，但临床意义不大。在海獭受到漏油应激反应时，舌下溃疡处发现有疱疹样病毒。

大西洋水域的年幼斑海豹感染PhHV-Ⅰ型病毒后，先出现流鼻涕、口腔黏膜炎症、呕吐、腹泻和发热，紧接着出现咳嗽、肺炎、厌食、嗜睡，在1～6 d内会死亡。受到拥挤应激时，感染该病毒的海豹发病率可达到100%，死亡率达50%。该病毒的潜伏期为10～14 d。太平洋斑海豹感染后会出现肾上腺和肝功能不全的症状。

PhHV-Ⅱ型病毒会引起灰海豹约直径0.5 cm范围的脱毛，且反复发作。白鲸的疱疹性病变部位一般都是圆形的，直径可达2 cm，病灶部位可能会出现轻微凹陷，也可能出现增生隆起。某些病灶中心可能会坏死，也可能会有疣状增生。在鲸类尚无全身性感染的记载。

诊断通常依据尸检或者根据临床症状和活组织检查中检出特征的核内包含体。在海豹中，必须区分由疱疹病毒引起的间质性肺炎与由流感病毒引起的支气管肺炎。

在疱疹病毒全身性感染时，一般采取辅助疗法。在一份文件记载的疫情中，尽管口服阿昔洛韦不能消除感染，但明显缓解了临床症状。给海豹接种1 mL的三价脊髓灰质炎病毒疫苗，对防止疑似疱疹病毒病复发有一些效果。尽管能够降低该病毒在海豹复发的严重性，但接种后活的脊髓灰质炎病毒，对公共卫生存在潜在风险。应激和免疫抑制能引起潜伏病毒的复发。没有任何证据表明鳍脚类或鲸类动物的疱疹病毒为人兽共患。

4．流感病毒 已从斑海豹体内分离到四种不同的A型流感病毒，从搁浅的领航鲸体内分离到两种其他亚型的流感病毒。流感病毒感染可能是很常见的。搁浅的领航鲸感染流感病毒后，仅表现出一些非特异性的临床症状，包括虚弱和脱皮。而海豹感染流感病毒后临床特征比较明显。即使营养充足的人工饲养动物也会变得虚弱，共济失调，呼吸困难。据报道，由于筋膜限制了空气从胸廓入口逸出引起动物颈部肿大。偶尔会有明显的白色或血色鼻涕。流行期间，病毒在斑海豹的潜伏期不超过3 d。许多因素可能会引发大规模疫情，过高的种群密度和反常的温暖天气都会导致很高的死亡率。

在斑海豹，流感病毒性肺炎以坏死性支气管炎、细支气管炎和出血性肺泡炎为特征。领航鲸感染病毒的特征是肺出血和肺门淋巴结异常扩大。鉴别诊断见上面的疱疹病毒。

由于该病毒传染性强，不建议辅助疗法。人在进行动物尸检的过程中，或感染病毒的海豹打喷嚏，都会导致人眼睛感染，若在2～3 d内发展成角膜结膜炎，即表明感染上了完全相同的病毒。即使没有任何抗体，所有感染的人都会在7 d内完全康复，表明病毒作用只是局部的，像新城疫病毒一样。

5．麻疹病毒 海豹科对犬瘟热病毒以及与之相近但截然不同的海豹瘟热病毒［phocine distemper virus（PDV）］易感。通常年幼的海豹易于感染，表现为精神沉郁、厌食、结痂结膜炎、流鼻涕和呼吸困难。从未接触过该病毒的动物感染后，会引发肺炎，死亡率很高。在北海的野生斑海豹中曾广泛暴发。接种犬瘟热病毒疫苗的海豹，对来源于死亡的野生海豹组织悬液中的麻疹病毒能产生免疫反应。

海豚犬瘟热病毒（鲸豚麻疹病毒，CMV）与牛瘟病毒和小反刍兽瘟病毒相似，已报道与鼠海豚、英国海域常见的海豚、地中海条纹海豚、西大西洋和墨西哥湾的宽吻海豚发病死亡有关。已报道领航鲸幼崽、白喙豚（*Laegenorhynchus albirostris*）、格陵兰海豹、冠海豹（*Cystophora cristata*）和地中海僧海豹（*Monachus monachus*）已感染了PDV和/或者CMV病毒。野生格陵兰海豹和领航鲸，已经分别成为PDV和CMV病毒的主要贮主。

对麻疹病毒病的治疗多采用辅助疗法。常因感染麻疹病毒后抑制了机体的免疫力，从而引起继发感染，幼年动物死亡率很高。欧洲救助中心推行接种一种亚单位疫苗，似乎有一定的免疫保护性。但这种方法在北美地区并没有推行，很大程度上是因为缺乏有效的疫苗。

6．痘病毒 痘病毒若感染圈养的和野生的鳍脚类和鲸类动物，具有形态学上特征的皮肤病变。加州海狮、斑海豹和灰海豹的皮肤损伤可能是由于副痘病毒（parapoxviruses）引起，而南美海狮（*Otaria byronia*）和北方海狗可能不是。从灰海豹的痘样病变部位已分离出一种正痘病毒。一种尚未分类的痘病毒与大西洋宽吻海豚和一只搁浅的大西洋斑纹海豚的皮肤损伤有关，虎鲸、暗黑斑纹海豚、长喙真海豚（Delphis capensis）、白头喙头海豚（Cephalorhynchus hectori）和棘鳍鼠豚（Phocoena spinipinnis）也有同样的报道。

近来，人工饲养的鳍脚类动物在断奶后出现了痘病毒的暴发。潜伏期为3~5周，上皮表面一旦出痘，则开始全面传染。头部、颈部和脚蹼部位长出小痘（直径0.5~1 cm），发病第1周痘的直径长大到1.5~3 cm，第2周可能出现溃烂，或发展成卫星病灶。四周后病变开始消退，但痘痕有可能会持续15~18周。痊愈后，可能会有区域性的脱毛和瘢痕留下。

鲸类动物的皮肤痘病毒感染可以发生在身体的任何部位，但较常见于头部、胸鳍鳍状肢、背鳍和尾鳍。痘的形状有环状、针孔状、黑色点状、斑纹状（"花纹"病变）。环状或针孔状痘一般是单独的，0.5~3 cm的圆形或椭圆形，有时候会连成一片。他们通常是浅灰色的，边缘是暗灰色的，但有时也能看到完全相反的颜色。痘痕可能会持续数月或数年，但没有明显的不良影响。

主要鉴别诊断包括皮肤链丝菌病和杯状病毒病。在活体病变部位会发现嗜酸性粒细胞和胞浆内包含体，电镜观察可见典型的痘疹病毒粒子。

海洋哺乳动物的痘病毒不会引起全身性感染，即使患有皮肤痘病毒的动物出现了死亡，那也是其他因素导致的。治疗上主要是控制皮肤病变部位化脓后的继发性细菌感染。在接触感染的动物时如果未戴手套，则鳍脚类动物的副痘病毒可能传染人的手。

7. 其他病毒病 通过对脑部的免疫荧光检测，一头挪威的环斑海豹（Phoca hispida）被确诊出患有狂犬病。当时，该地区的狐狸也出现了狂犬病流行疫情。在鲸类动物中，还分离到其他的棒状病毒，但未明确该病毒属于狂犬病毒属、暂时热病毒属或水疱性病毒属，可能是鱼的棒状病毒。

据报道，乳头瘤病毒感染过许多鲸类，包括独角鲸（Monodon monocero）和几种露脊鲸。出现了与陆生动物一样的典型症状，尚无有效的治疗方法，病变通常是自限性的。

有记载，人工饲养的太平洋斑纹海豚曾感染B型肝炎病毒样的嗜肝病毒，并且长期反复发作。没有证据表明该病是人兽共患。

迄今为止，海洋哺乳动物感染的唯一的逆转录病毒，是从加州海狮复发的皮肤病变部位分离到的泡沫病毒，该海狮随后死于巴氏杆菌肺炎并发疱疹病毒病。

免疫组化染色表明，3只成年斑海豹感染了冠状病毒，其中两只死亡时没有任何临床症状，第3只出现短暂厌食、行为异常后突然死亡。

从加州灰鲸的直肠拭子中分离到一种未知的致病性肠道病毒，目前尚未归类到杯状病毒。宽吻海豚中发现一种抗体，与疾病无关联，但能抗人类流感病毒（攻毒）和脊髓灰质炎病毒。

人工饲养的白鲸出现严重的肠炎、呕吐、并迅速的导致其死亡，怀疑可能是细小病毒性肠炎，但没有分离到病毒。

八、肿瘤病

尽管有很多报道，但肿瘤在海洋哺乳动物中是很罕见的。除了恶性淋巴瘤在斑海豹封闭种群里水平传播外，肿瘤的发病率很低。

（陈京华 译 杨广 一校 张雨梅 刘宗平 二校 马吉飞 三校）

第八节 水貂

一、管理

水貂（北美水貂Mustela vison）应单只饲养于金属丝笼里，窝可置于笼内或笼外，留有门洞供其进出。制作窝的木料无需油漆和防腐剂处理。适宜的筑巢材料包括舒适、无刺芒的湿地干草、碎秸秆、未处理的木屑或细刨花。应根据需要清洁巢笼及更换筑巢材料，尤其在产仔前。笼顶全年都应有透光的顶棚遮挡。笼内空气要流通，在炎热季节应有遮阴设施。

水貂的饲喂方法是：将湿的食团置于金属丝笼的顶端，或将市售的干燥颗粒料置于食槽中。在断奶期和断奶后期，考虑到幼崽不能够到笼顶，需要将食槽放在地面上供幼崽采食。并保证持续供给充足的新鲜饮水。水槽一般固定于笼外，笼内设置嘴唇触碰式饮水头。在养殖棚中一般采用自动供水系统，具有独立的供水奶嘴或悬浮杯等，同时保持适当的温度。

养殖场必须配备冷藏设备，以便冷藏肉类饲粮。日常提供解冻的鱼类和肉类饲粮时，需额外添加商品化谷类制品和维生素，将其与水混合调至适宜的食团，食团的干湿度以其不会掉入金属丝笼内为宜。预混料可每日饲喂，或当日即配即食，或冷冻备存并根据需要适量解冻。在大农场，也可在全年或部分时间内使用干燥的颗粒料。

养殖者通常按1雄5雌的比例饲养种貂。貂是季节性繁殖家畜，其性行为受日照时间的增加而增强。在饲舍中要谨慎使用人工光源，否则会影响貂的光照周期，进而扰乱其正常的繁殖周期。在北半球，繁殖周期始于2月底或3月初，通常持续4周左右。将雌貂放入雄貂笼中，1 h内会发生交配。如果放入后，两者发生争斗就应及时将其分开。交配行为会引起排卵。母貂通常在3月中旬前交配，7～8 d后第二次交配，随后还可以第3次交配。因此有的母貂可能交配2～3次。两次交配的受精卵可以发育成同龄的幼崽。由于受精卵着床有可能延迟，因此明显的妊娠期在40～75 d不等。

水貂产仔1年1窝，每窝崽数1～12只（平均为4只）。多数幼崽出生于4月的最后1周和5月的前两周。新生幼崽出生时闭眼、无毛、重10 g左右，但经过夏天的迅速增长，至10月份体重就可达800 g（母崽）或者1 600 g（公崽）。幼崽在6～8周龄时断奶，断奶后应及时分开并单笼饲养。成年貂动作灵敏、强健且凶猛。抓捕时要求戴特制的皮手套或者用金属抓捕笼。

皮毛的收集通常在11月和12月进行。对水貂施行安乐死的最常用方法是使用一氧化碳。在美国，养貂场应取得资格证并根据美国动物皮毛委员会的规定，严格的人道主义对待貂。

二、细菌病

1．肉毒素中毒　未接种疫苗的水貂在摄入饲料中含有的C型肉毒素后，有时会因肉毒素中毒而导致体重明显下降。通常，水貂在摄入该毒素后的24 h内死亡，未死亡的貂表现出不同程度的麻痹和呼吸困难。尸检无特征性病变，死因与呼吸麻痹有关。取患病水貂的血清培养或组织滤液做小鼠接种试验，可确诊该病。在几乎所有肉毒素中毒暴发的病例中，免疫血清型多为C型肉毒素。

为避免接触有毒饲料，应对储存饲料及其成分进行毒素检测。痊愈的貂对再次中毒无免疫力。每年都要对11～12周龄的幼崽和种貂进行疫苗接种，推荐使用一种包括C型肉毒素、假单胞菌、犬瘟热和貂肠炎病毒的四联疫苗。

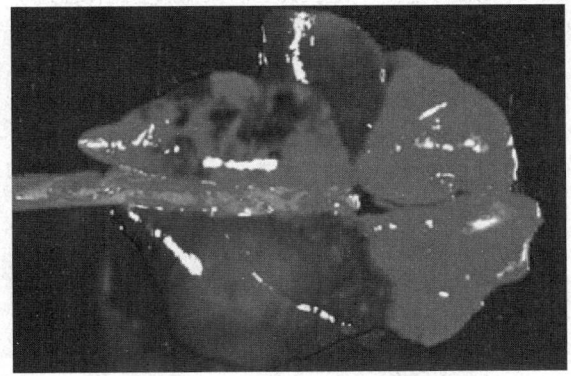

图17-14　水貂出血性肺炎
肺脏质地坚实、暗红，打开胸腔后肺脏回缩不良。（由John Gorham博士提供）

2．出血性肺炎　绿脓假单胞菌（*Pseudomonas aeruginosa*）可导致重大的经济损失。不同年龄段的貂均易感，但尤以秋季换毛期多发。水貂经常未见任何前驱症状即死亡。死亡时鼻部可见血性分泌物。眼观可见一个或多个肺小叶肿胀和实变的重度出血性肺炎症状。治疗方案包括全群紧急接种疫苗。推荐使用含假单胞菌的四联疫苗（如上所述）。

3．尿路感染与尿石症　尿路感染，常被称为"李子膀胱"，在春末引起母貂（处于妊娠和哺乳的）发病，在夏末及秋季的公貂（处于快速增重和换毛期的）发病，并导致严重的经济损失。可能的发病诱因包括饲料、笼子、窝被致病菌污染，饮水量的减少，以及粉尘吸入量的增加。

水貂可能未见明显症状即可发生死亡，或出现排尿困难或尿淋漓，偶见血尿。尸检可见急性出血性膀胱炎或肾盂肾炎，该病通常与肾和膀胱的结石（磷酸镁铵）有关。分离到多种病原体，包括葡萄球菌、大肠埃希菌类和变形杆菌。

当出现大范围暴发时，应进行细菌培养和药敏试验，在饲料中添加药物。防治措施包括：做好环境卫生管理以减少环境污染，增加供水量，并进行种群净化。若持续存在磷酸镁铵结石的问题，在3月至6月初和7月中旬至10月可在饲料中添加75%的饲料级磷酸（按8 g/kg的标准加入湿混合料中），以降低尿的pH；但幼貂禁用。同时，可在饲料中添加0.5%的NaCl以增加饮水量。

4．乳房炎　多种致病菌可引发水貂的乳房炎，主要包括葡萄球菌、链球菌和大肠埃希菌。典型的葡萄球菌型乳房炎引起感染的乳腺形成脓肿，而亚临床型只引起幼貂的轻度腹泻。与奶牛感染的情况相似，大肠埃希菌可引起最急性的坏死性乳房炎。发病诱因包括：笼子和巢箱的卫生条件差，窝的入口有粗糙而尖锐的边缘，以及食物被细菌重度污染等。防治措施包括加强管理，以及根据药敏试验结果选择适当的抗生素来治疗感染的个体或种群。

5．其他细菌病　其他细菌病或疾病症状包括：败血症、肺炎、化脓性胸膜炎、流产、脓肿、蜂窝织炎和散发性肠炎；有时波及全群。已分离出多种细菌，包括变形细菌、克雷伯菌、弯曲杆菌、大肠埃希菌群、链球菌、葡萄球菌和沙门氏菌。

应根据药敏试验结果选择治疗用药。药物可以拌料或饮水，也可经胃肠外给药。给药剂量根据体重估算：雌貂按0.8～1 kg，雄貂1.8～2.1 kg。可使用猫的推荐剂量，并根据体重予以调整。某些磺胺类药物（如磺胺喹噁啉和磺胺二甲基嘧啶）和链霉素禁用于貂。甲氧苄氨嘧啶/磺胺嘧啶会使妊娠期的母貂流产。

应查明并除去污染源。肠炎常由被污染或变质的食物以及脏的窝所引起。脓肿常由损伤所致，引起损伤的因素包括：笼内的铁丝和小木片，干草或秸秆垫料上的芒刺或食物中的骨刺。饲料被死亡的动物组织污染或携带病原菌的动物污染，曾导致土拉热、炭疽、布鲁氏菌病、结核病和梭菌感染等疾病的暴发。精选饲料原料和对笼具消毒是防治多重感染的重要措施。滞销产品不能用作貂的饲料。

图17-15　左侧水貂的足垫肿胀及过度角质化，有时在犬瘟热发病后1～2周可见眼部病变
（由John Gorham博士提供）

三、病毒病

1. 水貂阿留申病（浆细胞增多症）　病原是一种细小病毒，该病以繁殖性能降低、逐渐消瘦、口腔和胃肠道出血、肾衰竭和尿毒症及高死亡率为特征。各种毛色的水貂均可感染，但尤以遗传自阿留申色系水貂的浅毛水貂最易感。这种细小病毒并不是水貂病毒性肠炎的病原（参见下文）。该病可经子宫垂直传播，或通过直接或间接接触传播。

感染后，患病动物的抗体水平通常显著升高，但抗体不能中和病毒，可形成免疫复合物沉积于各组织中，导致免疫复合物性肾小球肾炎和动脉炎。眼观病变包括：脾脏肿大，肾脏有肿胀、形成白斑、萎缩和呈小颗粒状等不同类型的病变，肠系膜淋巴结肿大。组织学病变包括：肾脏、肝脏、脾脏、淋巴结和骨髓组织中有浆细胞浸润，胆管增生，膜性肾小球肾炎和纤维蛋白样动脉炎。由阿留申病病毒检测呈阴性的母貂所产的幼崽，可能会死于急性间质性肺炎。

该病可通过检测和扑杀等程序予以控制。通过定量免疫电泳法进行特定抗体的血液检测，可筛选出阳性水貂。所有阳性水貂均应淘汰。在晚秋选择种貂和毛用兽之前，以及1月份、2月份配种前，均应进行检测。对新引进的貂群也必须进行检测。

目前既无有效的疫苗，也无有效的治疗方法来防控该病。病毒存在于感染水貂的唾液、尿液、粪便和血液中。笼子先要蒸汽消毒，再用2%的氢氧化钠浸泡或喷洒。在感染貂场中，对用于运输、免疫和检测水貂的设施均应进行消毒。同时，需对可能是病原携带者的浣熊和苍蝇进行控制。

2. 貂瘟热　各年龄段的水貂都对犬瘟热病毒易感。潜伏期9～14 d。在表现临床症状前5 d，该病毒即会在受感染水貂体内出现。病愈的水貂可持续排毒数周。该病可通过接触或经空气直接传播或间接传播。

临床症状表现为鼻和眼多分泌物，鼻部、足部和腹侧皮肤充血、增厚并结痂，出现抽搐和"阵发性嚎叫"等神经症状，或者上述症状同时出现。应用ELISA法、免疫组织化学法或荧光抗体检查法，在膀胱上皮细胞、肾脏、胆管、肠、肺和气管可检测到胞浆包含物、核内包含物或犬瘟热抗原，偶尔在脑组织中亦能检测到。

在疾病暴发时，应对感染水貂予以隔离，并尽快对整个貂群接种疫苗。接种疫苗12周内，可能发生嗜神经性的犬瘟热死亡。幼貂应在11～12周龄时，使用四联弱毒疫苗进行预防接种。成年貂通常在统一的时间接种。

3. 水貂病毒性肠炎　该病是一种高度接触性传染病，病原是一种细小病毒，与引起猫泛白细胞减少症的病毒亲缘关系较近，但又不完全相同。该病对各年龄段水貂均易感，但以幼貂多发。通常经粪/口途径传播，潜伏期4～8 d。

临床症状表现为突发性厌食，精神委顿，水样、黏液样或血样腹泻，甚至死亡。大体病变的特征为小肠松弛、膨胀及充血，肠腔内充满液态恶臭的内容物。一些水貂可能猝死，却无任何大体病变。肠道的病变特点为黏膜层浅表性糜烂，肠绒毛变短及数量减少，隐窝扩张。与猫泛白细胞减少症相似，在气球样变的上皮细胞内可能含有包含体。该病可通过荧光抗体检测法进行确诊。脾脏和淋巴结的病变特点为淋巴细胞衰竭和坏死。

在疾病暴发初期，应淘汰或隔离所有出现临床症状的水貂，无临床症状的水貂要紧急接种疫苗。可口服高岭土、果胶和新霉素的混合物治疗患病水貂。可通过接种疫苗来预防水貂病毒性肠炎。对所有11～12周龄的水貂均应接种四联苗（以预防水貂病毒性肠炎、犬瘟热、肉毒中毒和假单胞菌病）。建议每年接种1次。

4. 水貂奥尔斯基病（水貂伪狂犬病） 该病偶发于饲喂了携带伪狂犬病毒猪肉的水貂。患畜临床出现CNS症状，表现为持续或阵发性惊厥，兴奋与抑制交替，某些病例出现自残行为，死亡率可能很高。可通过病毒分离和血清学试验确诊该病。由于被病毒污染的猪肉是主要的感染源，因此，所有的猪肉产品均应煮熟后再饲喂水貂。

5. 流行性卡他性胃肠炎 已经有上百万只水貂发生急性卡他性胃肠炎，致病因子疑似为一种病毒。该病常发于成年黑貂。常暴发于应激时期，如脱毛早期、春季交配期和产仔期。临床症状（黏液样粪便和食欲减退）很少会持续超过5～6 d。如果被感染的水貂因阿留申病毒导致免疫抑制，可能出现死亡。目前尚无疫苗。发病后只能进行对症治疗，且对此治疗价值存在争议。要注意与水貂病毒性肠炎做鉴别诊断。

四、朊病毒病

水貂传染性脑病 是一种渐进性神经性疾病，该病并不常见，但在大型农场中的死亡率可高达60%～90%。潜伏期为8～12个月。患貂经常出现强迫性撕咬、共济失调、嗜睡，笼中出现散在的排泄物，患貂将尾部翘起（像松鼠一样）。脑的组织学病变表现为灰质呈海绵状，星状细胞增多和神经元细胞空泡化。在神经组织中检测出特异性的朊病毒蛋白时对该病有诊断意义。其传播机制尚不清楚，牛卧地不起综合征被怀疑是传染源。该病尚无有效的疫苗和治疗方案。

五、营养性疾病

1. 黄脂症（黄脂病） 常见于生长迅速的青壮年水貂，由饲料中含有过量酸败的不饱和脂肪酸或缺乏维生素E所致。患病水貂被发现时可能已经死亡，或在出现轻度的运动困难后死亡。尸检时可见内脏或皮下脂肪为黄色且具抗酸着色。去除饲料中酸败的脂肪和恰当地储藏食物，可有效防治该病。治疗方法是连续4周在食物中添加维生素E（每只15 mg），对患病幼貂连续数日注射维生素E 10～20 mg。在营养均衡的饲料中添加维生素E可以预防该病。

查斯特克麻痹症（硫胺素缺乏）是由于饲喂了含有硫胺素酶的生鱼引起的。这类鱼包括白鱼、淡水胡瓜鱼、鲤、金鱼、溪鲦、黑头呆鱼、七叶树夏纳鱼、胭脂鱼类、海峡鲶、鮰、桃花鱼、白鲈、加拿大梭鲈、梭鱼、江鳕和海水鲱。患病水貂常表现厌食、体重减轻、死前抽搐和瘫痪。应将含多量硫胺素的鱼于83℃煮5 min后饲喂，或在日粮中隔日添加此类生鱼，可有效预防本病。患病水貂经皮下注射50 mg盐酸硫胺素后可快速痊愈，并应在其日粮中添加足量的硫胺素（啤酒酵母）。

2. 佝偻病 快速生长期缺乏维生素D、钙和磷可导致佝偻病的发生。患病水貂常表现为青蛙样的不稳定的匍匐爬行姿势、骨软且个体偏小。日粮应按需进行补充，严重病例需单独进行治疗。

3. 哺乳病 该病是一种代谢性疾病，主要危害哺乳期及产仔后40 d的水貂。此病的特征为脱水严重，血清电解质失衡，肾功能衰竭及死亡。如果发现母貂开始拒食时，即经腹腔注射或皮下注射补充无菌液体可完全治愈。这类疾病受多种因素影响，虽然与某些浅色基因的突变有关，但产仔多和高温应激时母貂发病更严重。一般讲，患病母貂常伴发亚临床乳房炎。供应充足的饮水、环境降温、帮助多产仔母貂哺育幼崽，以减小母貂负担，以及提早断奶可避免此病。

4. 水貂绵毛症 常表现贫血，可能是由于某些鱼（太平洋长鳍鳕、煤黑鱼、牙鳕）干扰水貂铁代谢，进而影响到黑色素的形成。彻底煮熟那些致病鱼（83℃ 5 min或以上）或隔日喂上述鱼可预防本病。

5. 水貂生物素缺乏 可引起水貂灰绒毛症及针毛丧失，该病常发生于饲料中生鸡蛋（特别是火鸡蛋）比例较高时。鸡蛋中有一种抗生物素蛋白成分，能使生物素失活，而生物素是色素合成和毛发生长所必需的维生素。可对发病水貂每次注射生物素1 mg，每周用药两次，连用4周，且饲料中添加生物素。鸡蛋在91℃煮5 min可预防生物素缺乏。

六、中毒

1. 铅中毒 水貂铅中毒的发生，与其食入金属网或从其他设施脱落的含铅油漆有关。患病水貂体重逐渐降低，在出现临床症状后1～2个月死亡。临床症状表现为胃肠炎或CNS紊乱。可用EDTA钙络合剂对患病个体进行治疗，同时避免动物接触含铅的物质。

2. 杀虫剂 除了除虫菊、增效醚及鱼藤酮外，其他杀虫剂对水貂的毒性都很大。即使除虫菊、增效醚及鱼藤酮也不能用于8周龄以下水貂，且应避免用于水貂能接触到的地方（如网箱）。其他类型的杀虫剂也应尽可能避免使用。

3. 木材防腐剂（含氯仿、甲酚） 可引起出生3周左右，甚至年龄更大的水貂死亡。水貂能啃咬到的地方（围栏、窝或垫料）不能使用经防腐处理的木质材料，用作垫窝的木屑也不能含木材防腐剂。

4．己烯雌酚 可使水貂发生繁殖障碍和尿路感染的概率增高，所以饲料中不应含有己烯雌酚。同样地，若饲喂水貂的肉中含有过多的甲状腺或甲状旁腺也会导致水貂的繁殖障碍。

5．氯化烃类物或多氯联苯 饲料中含有氯化烃类物或多氯联苯会导致水貂繁殖障碍。水貂对多溴联苯极其敏感，每千克饲料中含1 mg就会导致窝仔数及幼崽存活率下降。

6．二甲基亚硝胺 二甲基亚硝胺对水貂有肝脏毒性。过去常用硝酸钠作为鲱食品的防腐剂，导致二甲基亚硝胺的生成，引起肝变性、腹水及肠道广泛性出血。

磺胺喹噁啉会破坏水貂正常的血凝机制，引起肠道广泛性出血。链霉素对水貂亦有毒性。

七、其他杂病

1．嗜毛和咬尾 在水貂中常见，可能是由圈养所引起。嗜毛会降低毛皮的经济价值，咬尾常引起致命性出血。迄今尚无有效的治疗方法，应淘汰有此恶癖的水貂。

2．尿失禁（湿腹病） 肥胖的雄貂在夏末和秋季常发，是一种非致死性疾病。主要表现为尿淋漓，尿道口周围的毛皮被污染。因为受污染部分的被毛必须弃除，所以本病严重影响毛皮的经济价值。此病病因尚不明确，但遗传品系、饲料中高脂肪及肥胖这三个因素对发病率有很大的影响。应对患貂供应充足的饮水。

3．饥饿与水貂畏寒症 在冬季和早春，饲料供应过少或摄入脂肪不足常引起水貂死亡。患病水貂消瘦，持续跑动直至虚脱死亡，或发现时已死于笼中。该病常发于环境温度骤降时，在早春水貂配种期间也特别多见。剖检发现水貂机体消瘦，体脂缺乏，在某些病例还伴有脂肪肝和胃溃疡。这种由于管理不当引起的疾病必须与传染性疾病相区别。

4．灰痢 水貂灰痢在临床上与犬的慢性胰坏死病相似。以极度饥饿、排大量灰色恶臭粪便为特征。受感染水貂常死于饥饿。现已证明，其病因与胰脏异常，病毒、细菌及寄生虫感染无关。治疗价值尚不确定。

5．胃溃疡和肝、肾脂肪沉积症 水貂常发本病。病因包括饲料中脂肪含量高、其他疾病或应激导致的数日食欲不振（常发生于妊娠后期的母貂、断奶期的仔貂及秋季长毛期的水貂）。

6．遗传性疾病 水貂有时会发生脑积水、无毛、"歪脖""短尾"、埃勒斯-当洛（Ehlers-Danlos）综合征、半椎体及酪氨酸血症等遗传性疾病。此类疾病应通过淘汰种貂及同窝仔貂来防治。

7．球虫病 有时引起幼貂的体重减轻。感染水貂表现为腹泻、脱水和体重下降。可应用抗球虫药来防止本病暴发，良好的卫生管理、定期清除粪便可有效防治本病。

8．水貂蝇蛆病 雌肉蝇可在水貂的皮上直接产蛆，幼虫钻入皮肤后引起炎性脓肿样病理变化。患貂焦躁不安，消瘦，甚至死亡。在出现苍蝇前几日将5%的马拉硫黄粉撒在水貂产窝的垫料下有助于防止苍蝇产生。产仔前和产仔后1周内禁用。在首次用药后，间隔两周可重复用药1次。

第九节　灵长类（非人类）

在研究中广泛应用的灵长类动物包括：恒河猴、猕猴属恒河猴，猕猴（*Macaca mulatta*），猕猴属食蟹猴（*M. fascicularis*），豚尾猕猴（*M. nemestrina*）；一些非洲种灵长类主要为*Chlorocebus aethiops*（非洲绿猴、长颈黑颈猴）和狒狒（*Papio* spp.）；还有一些南美洲起源的物种，即松鼠猴（*Papio* spp.）、枭猴（*Aotus trivirgatus*）、绒猴（*Saguinus* spp.）和绢毛猴（*Callithrix* spp.）。南美起源的灵长类很少被使用。

由于原产国对灵长类动物出口或捕获的限制增加，导致进口减少，目前主要依靠饲养繁殖。除用于科学、教育及展览外，美国禁止进口灵长类动物。

灵长类动物是许多传染病，包括多种人兽共患病的天然宿主，对许多人类传染病如麻疹、肺结核等也很敏感。所以，新捕获的灵长类动物在研究应用或引入养殖场前必须进行1～3个月的检疫隔离，以便于正确评估其健康状况，并使其适应试验环境。检疫的基本原则是各组动物完全隔离，不同运输批次、不同来源及不同检疫期的动物不能混养。美国灵长类动物的进口必须经过至少31 d，从最初进口到批准使用要经过疾病防治中心的注册登记。在检疫期死亡或因病重需进行安乐死的进口动物，必须进行尸体解剖，并将死亡病例报告呈递给疾病防疫中心的检疫部门。非人灵类长类的治疗见表17-8。

一、细菌病

1．胃肠道疾病 与灵长类动物胃肠道疾病有关的最常见细菌包括空肠弯曲杆菌、志贺菌，有时可见肠毒性大肠埃希菌、绿脓杆菌、耶尔森菌、劳索尼亚细胞内寄生菌、沙门氏菌和产气杆菌。灵长类动物可间歇发病，也可隐性携带上述病原菌。螺杆菌可引起胃炎、厌食和呕吐。

表17-8　灵长类（非人类）动物治疗用药[a]

抗生素类	
阿莫西林	11 mg/kg，IM或SC，sid
	11 mg/kg，PO，bid
阿奇霉素	40 mg/kg，PO，sid
头孢唑林	25 mg/kg，IM或IV，bid
头孢曲松钠	25 mg/kg，IM或IV，sid
多西环素	2.5 mg/kg，PO，sid
恩诺沙星	5 mg/kg，IM，sid
红霉素	30～50 mg/kg，IM，bid
庆大霉素	3～5 mg/kg，IM或SC，sid
青霉素G钾+苄星青霉素G	20 000～60 000 U/kg，IM，sid或bid
复方新诺明糖浆	甲氧苄啶 4 mg/kg，PO，bid
	磺胺甲噁唑 20 mg/kg，PO，bid
驱虫药	
芬苯达唑	50 mg/kg，PO，sid，连用3 d，2周后重复1次
伊维菌素	200 μg/kg，IM或SC
甲苯咪唑	22 mg/kg，PO，sid，连用3 d，2周后重复1次
甲硝哒唑	30～50 mg/kg，PO，sid，连用5 d
吡喹酮	5 mg/kg，IM
噻苯咪唑	100 mg/kg，1次，PO，3周后重复1次
麻醉剂与镇痛药	
盐酸氯胺酮	10 mg/kg，IM，只用于保定；与0.5 mg/kg地西泮或咪达唑仑合用，IM，用于肌肉松弛
酮洛芬	2 mg/kg，IM或IV，sid
吸入气体（异氟烷，氟烷）	1%～2%；维持外科麻醉期
氟尼辛葡胺（镇痛药）	1 mg/kg，IM或IV，bid
丁丙诺啡	0.01～0.05 mg/kg，IM，SC，bid～tid
酒石酸布托啡诺	0.1～0.15 mg/kg，SC，qid
美托咪啶	10～35 μg/kg，IM
咪达唑仑	0.05～0.1 mg/kg，IM或慢速IV
羟吗啡酮	0.15 mg/kg，IM，IV或SC，4～6 h 1次
异丙酚	1 mg/kg，IV诱导麻醉；每分钟0.3～0.5 mg/kg恒速注入
替来他明–唑拉西洋	3～5 mg/kg，IM，只用于保定

　　a. 均为标签外用法。

　　IM表示肌内注射，SC表示皮下注射，PO表示口服，IV表示静脉注射。sid表示每日1次，bid表示每日2次，tid表示每日3次，qid表示每日4次。

　　胃肠道疾病是圈养灵长类动物的主要问题。临床症状包括水样或黏液血样粪便、迅速脱水、消瘦和虚脱，直肠脱垂是偶发的后遗症。蠕虫或原虫可能使情况更复杂。除非采取适当的治疗措施，以恢复和维持正常的体液和电解质平衡，否则在急性暴发期死亡率非常高。尸体剖检常见的病理变化为出血性肠炎、小肠结肠炎、结肠溃疡或单纯性结肠炎。

　　严重的临床症状和死亡通常由脱水、低血钾和代谢性酸中毒所致。可经注射电解质溶液的方式来恢复和维持体液平衡。对于大多数灵长类动物，通常可以简单地胃肠外给药，但钾、维生素B、电解质、次水杨酸铋和抗菌剂可经口或鼻胃管给药。应根据致病微生物的培养鉴定及其药敏试验制定有效的治疗措施。恩诺沙星（5 mg/kg，每日1次）或甲氧苄啶（4 mg/kg）与磺胺甲噁唑（20 mg/kg）配合使用，每日口服，连服10 d，可有效治疗志贺菌病。建议采用阿奇霉素（30～50 mg/kg，肌内注射，每日2次，使用7～14 d）治疗与弯曲杆菌有关的腹泻。

2. 肺炎 由细菌引起的上呼吸道疾病和肺炎可导致广泛发病和死亡，尤其是新引进的灵长类动物。致病微生物包括肺炎链球菌、克雷伯肺炎杆菌、支气管败血性博代氏杆菌、流感嗜血杆菌以及多种链球菌、葡萄球菌和巴氏杆菌。

肺炎常伴发或继发于其他原发性疾病（如痢疾或呼吸道病毒感染）。临床表现为咳嗽、打喷嚏、呼吸困难、黏液性或黏液脓性鼻涕、嗜睡、厌食和体重减轻。剖检病变主要为支气管肺炎或大叶性肺炎。根据经验，用阿奇霉素、甲氧苄啶/磺胺甲噁唑、青霉素或头孢菌素（后两者中任意一种与氨基糖苷类联用）可有效治疗。取咽拭子或气管冲洗液进行细菌培养，有助于分离致病菌和检测抗生素的敏感性。加强护理并采取其他辅助疗法，如补液、供氧等有助于某些病例的康复。

3. 结核病 所有灵长类动物均对结核病易感，但在不同种属上的流行存在一定的差异。东半球的灵长类动物，如恒河猴患结核病已有很多报道，而西半球的灵长类动物，如松鼠猴则较少。东半球灵长类动物在检疫期结核病发病率低于1%，但其中45%（尤其是食蟹猴）直到首次检疫期30 d才能检出。临床症状不是判定猴结核病严重程度的可靠指标，外观健康的动物在胸腔和腹腔脏器可能有广泛性粟粒样病变，仅在死亡之前很短时间内出现衰弱症状。但是出现以下症状应怀疑为进行性结核病：咳嗽、食欲减退或体重减轻、同时伴有或单纯有淋巴结肿大或皱缩、皮肤创伤不愈合或腹腔肿块。应进行强制性检疫，结核菌素皮试是常规监视中的主要诊断方法。应对运达后的所有灵长类动物隔离进行结核菌素试验，此后每隔2周检验，直到全群至少连续3次检验结果为阴性，解除隔离后14 d内应进行最后一次检疫。

恒河猴从初次感染到皮肤试验呈阳性的时间因感染途径、疫苗接种和病原体的不同而异，一般为3~4周。疫病后期皮肤试验呈阴性，可能是并发病毒感染如麻疹或免疫抑制性疾病导致免疫无应答。感染动物也可能发展为潜伏性结核病。这些动物外观看起来非常健康，且皮肤试验呈阴性。在环境应激和免疫力下降的情况下，隐性感染的结核病可能复发，导致动物发病且有潜在传染性。

经检疫并且解除隔离后，所有的灵长类动物至少每半年做1次结核菌素皮试，最好每季度做1次。这种试验包括给动物注射结核菌素或者在上眼睑边缘的皮肤内注射旧结核菌素（0.1 mL，15 mg或者1 500结核菌素单位）。在注射后24、48和72 h对动物进行检查。这种阳性过敏反应以眼睑水肿和变硬为特征，并导致不同程度的眼睑下垂。胸透有助于诊断症状明显的病例，但结果不可靠，因为动物很少发生像人结核病那样的钙化或形成空洞。其他的诊断方法，例如，胃和气管灌洗样品的培养、PCR和染色，ELISA以及禽源和非典型结核菌素的腹部皮试比较试验等，可以协助诊断。对腹部皮试呈阳性或可疑的病例进行活检，有助于鉴别是否为迟发型的变态反应。鉴于其对公共卫生健康的危害，建议对所有阳性动物采取安乐死。然后通过尸检来进一步证实这些动物是否患有结核病。一旦检出阳性病例，同群动物应隔离，每隔2周进行一次皮试。对于仍处于隔离期的动物，其隔离期应重新计算并应持续进行皮试。在灵长类动物设施内工作的人员应定期进行皮试。

二、真菌病（见真菌感染）

小孢子菌和毛癣菌属很少感染灵长类动物。癣病典型的局部治疗方法是使用十一烯酸软膏或1%的癣退乳剂，每日2次，持续2~3周，或口服灰黄霉素（25 mg/kg）或酮康唑（5~10 mg/kg）3~4周。念珠菌是皮肤、胃肠道和生殖道的一种常住腐生菌，是身体较虚弱灵长类动物的兼性病原菌。在舌或口腔黏膜，可见有白色、隆起的溃疡灶，真菌也可感染指甲。口腔病变必须与外伤、猴痘或疱疹病毒感染相区别。局部使用制霉菌素乳剂对浅表性感染有疗效。口服制霉菌素（200 000 U，每日4次，临床痊愈后继续用药48 h）对胃肠道念珠菌病疗效甚佳。已有关于枭猴感染刚果嗜皮菌的病例报道。患猴的面部和四肢见有乳头状瘤病变。该病可以传染给人。曲霉菌病可发生于不同种类的灵长类动物，对免疫功能低下的个体通常是兼性病原体。在美国西部和西南部，粗球孢子菌与地方流行性真菌性肺炎和传染性真菌病（裂谷热）有关，这种土壤真菌的孢子播散到空气中，猴类或猿类接触后可能发病。

三、寄生虫病

新引进的灵长类动物携带有多种寄生虫。有些与动物共栖，其他种类的寄生虫可通过良好的卫生和饲养管理而被控制。但是，一些寄生虫引起严重的疾病和消瘦，需经特殊治疗才能消除。

1. 节肢动物 灵长类肺部螨病（肺刺螨）常见于野外捕获的亚洲和非洲灵长类动物，特别是恒河猴和狒狒。实验室饲养的灵长类动物很少被感染。肺刺螨的生活史尚不清楚。感染后除引起喷嚏和咳嗽外，通常无严重的临床症状。病理变化包括终末细支气管扩张和局灶性的慢性炎症。眼观病变有时可能与同结核性肉芽肿相混淆。在封闭的繁养群体里，可以使用伊维菌素（200 μg/kg，皮下注射）予以治疗。

灵长类偶尔会患疥癣（疮螨，疥螨）或被吸血虱（钝猴虱）叮咬，可引起皮炎，特别是野生灵长类动物。使用伊维菌素（200 μg/kg）进行全身治疗，每3周重复给药1次，或者用除虫菊酯进行局部治疗，如有必要，可在3 d后重复一次。为防止被动物摄入，应避免使用毒性大的驱虫剂局部使用。

2. 蠕虫　结节线虫（*Oesophagostomm*）可因虫体发育和宿主免疫反应，而在宿主大肠段形成特征性肉芽肿结节。这种结节可能破裂并引起腹膜炎。类圆线虫（*Strongvloides*）和毛圆线虫（*Trichostrongylus*）具有侵袭性，成虫可引起肠炎和腹泻，幼虫移行时引起肺脏损伤。这些蠕虫以及鞭毛虫病能够通过口服噻苯咪唑（100 mg/kg，间隔2~4周）或皮下注射伊维菌素（200 μg/kg）得到有效治疗。改善环境卫生可提高驱虫剂的疗效。前睾棘头虫（*Prosthenorchis*）是一种丝状蠕虫，常见于中美洲与南美洲的灵长类动物，虫体钻入回盲肠结合部的黏膜中，有时会引起肠穿孔，大量寄生会导致肠阻塞。蟑螂是中间宿主，杀灭蟑螂并执行严格的卫生措施，可有效控制该病。双瓣线虫（*Dipetalonema*）和四瓣线虫（*Tetrapetalonema*）存在于西半球种群的腹腔中；可大量寄生，但对宿主无明显损害。肺丝虫常见于南美洲猴。

3. 绦虫　史氏绦虫（*Bertiella studeri*）和其他肠道绦虫可见于野生灵长类动物，通过吡喹酮（5 mg/kg，肌内注射）可得到有效治疗。已有关于体内胆囊绦虫病的报道。

4. 原虫　灵长类动物可能是各种肠道阿米巴虫的宿主。与人类相同，组织内阿米巴虫是灵长类（非人类）动物的主要致病原虫。关于猴子感染发病的报道较少，多见于南美的蛛猴和绒毛猴（woolly monkeys）。严重感染时可引起严重的肠炎和腹泻，且粪便中被证实有大量包囊。贾第虫寄生在小肠前段，可引起水样腹泻。建议使用甲硝哒唑（50 mg/kg，口服，每日1次，连用5~10 d）进行治疗。隐孢子虫也可引起灵长类动物腹泻，多见于年轻动物。该病尚无特效疗法，但可进行辅助治疗，免疫力正常的动物可自愈。

灵长类动物也有血液寄生虫，如疟原虫（*Plasmodium*）、利什曼原虫（*Leishmania*）和锥虫（*Trypanosoma*）。一般来讲，寄生虫和自然宿主之间存在着动态平衡，感染之后很少会引起明显的临床症状。在一些适宜媒介蚊生存的地区，猴疟疾偶尔会传染给人。某些灵长类动物如夜猴是研究疟原虫的极佳动物模型。

在中、南美洲，有灵长类动物弓形虫病自然发病的报道。其临床症状无特征性，表现为嗜睡、厌食和腹泻。组织学变化通常为肝脏点状坏死和伴有水肿的

纤维素性肺炎。急性病例的血涂片中可检出虫体。

四、病毒病

灵长类动物可感染多种疱疹病毒；许多病毒是以潜伏或亚临床感染方式存在于宿主体内，但若自然传播给其他动物，则可导致严重的疾病，甚至死亡。所有的猕猴均是猴I型疱疹病毒（疱疹病毒，B病毒）的潜在传染源。猕猴感染后，常呈亚临床型或仅表现轻微症状（如结膜炎，口腔水疱），而人类感染却可引起致死性脑炎或脑脊髓炎。传播途径包括：咬伤、抓伤，或者浅表性伤口和黏膜（如结膜）被带毒的唾液、眼结膜分泌物和生殖泌尿道分泌物污染。B病毒脑炎对人类致死的事实证明，应采取适当的防控措施来防止人与猴的分泌物或体液直接或间接接触，以避免人类因感染B型病毒性脑炎而死亡。

感染I型疱疹病毒（T型疱疹病毒）的松鼠猴可发生轻微的疱疹性舌溃疡和口腔炎，但是自然传播给夜猴和绒猴可造成致死性流行。人疱疹病毒（单纯疱疹病毒I型）可引起人和一些灵长类动物的轻度感染，但夜猴、长臂猴和树鼩高度易感且可引起患病动物死亡。临床症状包括黏膜、皮肤溃疡、结膜炎、脑膜炎和脑炎。

黑猩猩和猴可自发感染传染性肝炎病毒A（肠道传播的肝炎病毒），临床症状不明显。灵长类动物体内ALT和AST值升高可作为诊断的指征。该病可通过黑猩猩传染给人。

尚无保护工作人员和灵长类动物免受疱疹病毒和肝炎病毒感染的疫苗，因此人和动物应避免接触。防控措施包括：对管理灵长类动物的工作人员进行培训，使用保护性设备（如衣物、面具、护目镜、防护罩和手套），将不同种的动物隔离在不同房间以及实施严格的卫生管理。

某些病毒通常会引起新引进灵长类动物的临床疾病。参照人类麻疹的感染概率，可推测出灵长类动物对麻疹病毒的感染率。该病毒在灵长类动物的面部、胸部以及身体下部引起非瘙痒性斑疹，也可引起间质巨细胞性肺炎、鼻炎和结膜炎，尤其在西半球猴会发生肠胃炎。目前还没有针对该病毒的特效疗法，建议使用人麻疹疫苗对猕猴幼崽、其他猕猴和狨猴进行免疫接种。猴痘和其他痘病毒可在灵长类动物群中传播。猴痘是一种需上报的动物传染性疾病，该病以斑状丘疹和痘样小脓包为特征。感染猴常可存活，并且在康复后产生对该病毒的免疫力。

发生于非人灵长类动物的免疫抑制性疾病，可能是由一些反转录病毒引起的，包括几种原来称为C型和D型致瘤RNA病毒的正交反转录病毒

（orthoretroviruses）和几种猴免疫缺陷病毒（SIV）。猴免疫缺陷病毒是慢病毒，与Ⅰ型人免疫缺陷病毒（HIV-1）和Ⅱ型人免疫缺陷病毒（HIV-2）关系密切。已在不同种的灵长类（非人类）动物中得到分离毒株。猴免疫缺陷病毒对自然宿主（非洲灵长类动物）呈低致病性，感染猴通常无明显的临床症状，但是，与艾滋病毒相似，如果在猕猴中跨越种间传播就会导致灾难性疾病的发生。免疫缺陷性病毒已被证实能够感染人类，但感染后对人的长期影响尚不明确。

β反转录病毒属的正交反转录病毒（以前称为D型反转录病毒的小圆病毒，有5种血清型）感染猕猴会导致机体产生免疫缺陷，进而诱发猴群患上一系列诸如纤维瘤、非典型分支杆菌病、肠道隐孢子虫病、囊虫性肺炎、弥散性巨细胞病毒感染和念珠菌病等传染病。东半球猴与猿感染上δ逆转录病毒属的致瘤RNA病毒（原称C型反转录病毒）后主要会导致原发性淋巴组织增生病，偶尔会是T细胞淋巴瘤。不同病毒病的临床症状和易感性具有很大的种间差异。病毒在灵长类动物之间通过直接或间接接触被感染的血液或其他体液而传播，或可通过母体垂直传染给后代。

野外捕获的灵长类动物常会有出血性病毒病，如埃博拉病、马尔堡病和蚊媒黄热病等人兽共患病感染的风险。这些人兽共患病应与猴出血热作鉴别诊断。非洲猴感染动脉炎病毒后临床症状不明显，但亚洲地区的猴类却对该病毒有极高的感染率和致死率，该病以近十二指肠端的肠出血性坏死为特征性病变。

五、营养性疾病

见营养：野外动物与动物园动物。

所有实验用灵长类动物均对维生素C缺乏敏感。维生素C缺乏症可能导致免疫抑制。在维生素C缺乏的临床症状出现之前，对感染性疾病易感。若储存条件适宜，包装完好的商品化猴粮中的维生素C在3个月内是稳定的。食粮中应添加绿叶蔬菜和柑橘类水果。补充维生素C的普遍方式是口服含抗坏血酸的儿科维生素制剂。每日摄入3~6 mg/kg的维生素C可以预防坏血病。治疗坏血病应每日服用25~50 mg/kg抗坏血酸至临床症状消失，且日粮中必须添加足够的维生素C。灵长类动物还需要维生素D以预防灵长类佝偻病和骨软化病，亚洲和非洲的灵长类动物可以利用维生素原D_2（存在于植物中）；中美和南美洲的灵长类动物则不能，而是需要维生素原D_3。鱼肝油能够提供足量的维生素原D_3，或在日粮中添加1.25 IU/g以上的维生素原D_3。晒太阳能促进维生素D的活化。如果缺乏维生素原D_3，美洲灵长类就可能患上纤维性骨营养不良症。

六、其他疾病

1. 急性胃扩张 圈养的灵长类动物偶发胃扩张会危及生命，该病可能与长期禁食后喂食、持续较长时间的饮水不足以及突然喂食过多有关。病因包括产气荚膜梭菌造成的胃内容物发酵和胃功能异常。猴类突发胃扩张的临床症状与小动物的相似。若不及时治疗，急性胃扩张常可致死。治疗时应排空胃内容物，注射相近体积的电解质溶液。急性胃扩张常引发休克和脱水，应及时治疗。治疗过程中需要连续数日定期进行胃排空，直至胃肠道功能恢复正常。持续性的盐酸缺乏会造成代谢性碱中毒。需要经由非胃肠道补液疗法，补充适量的氯化钠和钾。

2. 破伤风 自由放养和野生的猴类常因争斗、分娩、冻伤，以及其他原因引起皮外伤而有感染破伤风梭菌的危险。对有发病风险的群体，应考虑注射破伤风类毒素进行免疫。

3. 肠腺癌 近年来，圈养的老龄灵长类（非人类）动物的数量持续增加，这主要与饲养、营养以及兽医护理的改善有关，同时也与作为衰老研究的动物模型的热点关注有关。随着灵长类种群老年化的增加，（尤其是猕猴）肠腺癌的发生率也随之增加。在一些养殖场，30岁以上灵长类动物肠腺癌的发生率超过20%。肠腺癌的一般临床症状表现为：食欲下降、体重减轻、贫血和腹部形成明显肿块。粪便潜血检查结果通常呈阳性，X线检查可能会显示部分肠阻塞。活组织切片检查可诊断为肠腺癌。肠道肿瘤的位置大多在回盲结肠连接处，很少发生在小肠。组织学病变包括肠壁增厚、管腔狭窄（称为"餐巾环"病变），以及不同程度的出血和溃疡。癌细胞通常不会转移，外科手术切除对一些动物有很好的疗效。

4. 创伤 偶尔同笼动物打斗可导致外伤，撕咬或拉扯毛发等自残行为可致外伤或被毛稀疏。激烈争斗造成的大面积软组织损伤，会引起细胞内容物的释放（如导致高肌酐和高血钾），会引起肾衰竭，甚至死亡。大剂量补液可避免急性肾衰竭的发生，注射抗生素可预防感染和败血症的发生。此外，还应制定有利于灵长类动物心理健康的措施，比如群居、修建运动围栏、建立逃跑的庇护所、开展觅食活动和提供笼内玩具等，也应该为群居灵长类动物提供躲避和逃跑的设施。

七、心理健康与环境强化

制订有益于圈养灵长类动物身心健康的管理措施。加强其心理健康的措施包括：建立适当的社会群体关系（即同种动物共处），提供外出觅食、探索的机会，以及提供适合其物种、年龄、性别和身体状况的活动；营造适合其运动和休息的居住环境；与饲养员相处融洽，以及除去应激因素。在设计和实施环境强化方案时应满足上述基本条件，以尽量减少动物之间斗殴所致的外伤，降低刻板行为和自残行为的发生率，改善已有的异常行为。可使用苯二氮卓类药物和氟哌丁苯治疗动物的自残行为（如撕咬、拉扯毛发），但效果不确定，故不建议进行长时期的药物治疗。通过视觉、听觉刺激和身体接触驯化各类灵长类动物，使其配合试验研究和日常管理，以减少心理应激。另外，还可改善饲料槽以及其他投喂设施，提供操纵镜（manipulation mirrors），有计划的轮流给予各种笼内玩具以保持新奇。动物行为的评估、定期检查和设施改善后效果评估的方案应由相关专业人员制定。

第十节 玩赏鸟

随着鸟类医学的进步，关注重点已从传染病学和急诊医学转向健康保健。营养和行为习惯对鹦鹉的健康至关重要，在玩赏鸟健康管理中起重要作用。在20世纪80年代中期，随着野外捕获鹦鹉的进口量锐减，目前玩赏鸟主要是人工饲养的鹦鹉，因此兽医需要面临一系列新的医疗问题。随着鹦鹉等玩赏鸟的饲料营养和饲养管理知识的不断完善，人们意识到，有必要为这些动物提供一种心理上适应的环境。

一、管理

由于鸟类在疾病晚期才表现出潜伏的临床症状，加上鸟类的代谢速度快，会导致在对其进行治疗或抽样检查时缺氧或死亡。因此，必须逐步改良对鸟类的诊疗方法，并不断地再评估鸟类的耐受力。良好的沟通，能让主人了解患鸟病情的潜在严重程度，并确定是否需要进行一步的诊断和治疗。

1. 病史 如果可行的话，应将鸟和鸟笼一并带来。根据对笼子的检查，可以做一些推测性诊断，例如，由镀锌笼具或餐具所致的锌中毒、环境中的细菌生长情况、不恰当的栖息环境、领地行为或性行为以及营养失调等。

检查者应熟悉常见鸟类的正常行为。下面将介绍一些品种的特殊行为，有助于对其进行身体检查。

有些行为可能会被主人或兽医误认为是疾病症状，如派尔诺斯鹦鹉（*Pionus spp. parrots*）就是典型例子，当这些鸟类受惊吓时常发出快速的抽鼻子吸气的声音，这可能被误认为是呼吸困难。

作为猎物，鸟类常用"掩蔽"行为来隐藏疾病症状。掩蔽行为可能包括持续发声，保持羽毛平滑（与生病或睡觉时的羽毛松散不同）和表现出异常的采食行为。人工饲养的鸟表现出这种掩蔽行为的程度各不相同。然而，细心的主人可以分辨他们所饲养鸟的细微行为差异，例如早上不鸣唱，不与人互动或不吃食物。这些变化被认为是疾病的隐性症状。经验较少或

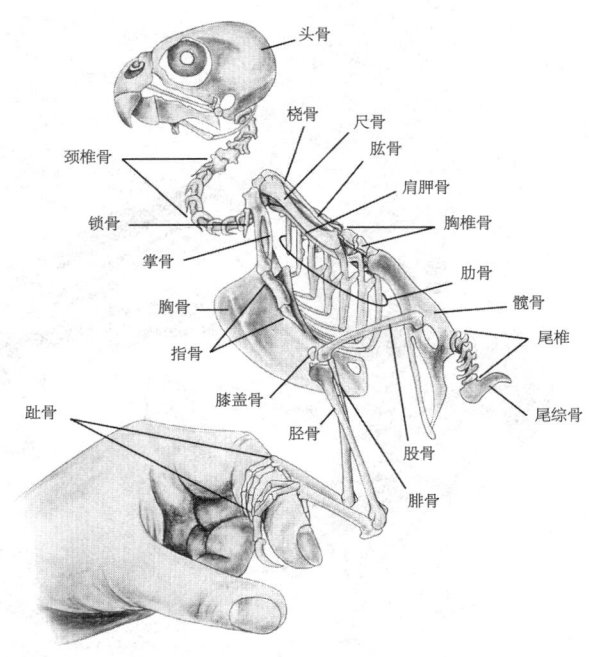

图17-16 澳洲长尾小鹦鹉骨骼

（由Gheorghe Constantinescu博士绘制）

者较少与鸟交流的主人可能不会注意到这些早期症状。羽毛甚至可以有效地掩盖严重的瘦弱或腹胀。鸟类的这些问题常常出现在代谢失调的晚期。

鸟类家养时间的长短与原发性传染病的发病率成反比。新捕获鸟，或由于表演及参观宠物商店而接触户外其他鸟的鸟类，极可能感染接触性传染病。最近未接触过隐性感染鹦鹉的鸟，更易发生慢性营养缺乏和继发感染。营养不良是鸟类患亚临床疾病的主要原因，当发生继发感染时往往表现出临床症状。

一份详尽的病史应包括鸟的来源，是由亲鸟抚育还是人工饲养；之前的用药或治疗情况；目前的饮食（包括提供食物及实际采食的情况）；当前环境，包括笼养状况，饮食或笼养状况的改变，患鸟与家里其他宠物或与其他鸟的近期接触情况，鸟类所处环境的温湿度，室内外所呆的时间和光照时间的管理。

2. 体格检查 临床兽医应在保定之前观察患鸟及其行为。为了减少鸟要被捕捉的恐惧感并让鸟放松，应尽可能坐着观察。应注意是否出现张口呼吸、喘气、尾巴显著摆动、呼吸加强或可听见呼吸音等。如果出现这些呼吸损伤的症状，随后的处理就要缩短时间。兽医刚刚进来的时候，患鸟会让羽毛暂时平滑，但是很快就会恢复羽毛散乱和嗜睡的状态。如果出现典型的羽毛散乱病症，可以确诊为患鸟，但如果没有出现，也不能确保该鸟是健康的。

保定方式应尽可能减少应激。一些接受过毛巾训练的鸟，会将毛巾作为避难所，这样可将保定时的应激减到最小。同样，一些鸟已被训练得允许其主人整理其肢趾和翅膀。如果主人协助，则鸟对兽医师以及场所的应激会减小。不管是否有主人在场，必须注意兽医出现对于患鸟所导致的心理影响。某些鸟类，尤其是非洲灰鹦鹉（*psittacus erithacus*）因特别敏感，有发生恐惧症的倾向。小声说话和眼神交流通常可以安抚保定中的鸟。

兽医师应熟悉各种动物医院的诊疗技术以及不同鸟类的基本行为倾向。例如，当倚靠检查者的身体时，任何年龄的伞形美冠鹦鹉（*cacatua alba*）通常会配合全部的检查，包括将嘴巴掰到足够大以便做彻底的口腔检查。但是，这类鸟却常常不愿意单脚站立。相反，大多数亚马逊属鹦鹉在一个较低的高度，通常会单脚站立，但通常不接受搂抱或配合做口腔检查。

鹦鹉的保定包括固定头部，通常用拇指压住下颌骨的一侧，食指或中指压住另一侧。反方向握住中等或较大鹦鹉的脚和主翼羽毛。这样可以使胸部和腹部随呼吸自由扩张。如果主翼羽毛已经休整过，可用一条毛巾防止翅膀在保定时拍动。

在保定期间必须监控患鸟对操作和检查的反应。如果呼吸变得非常困难，脚瓜紧握的力量减弱，或者当手动保定放松时头部不能移动，就表明患鸟缺氧，这时应将它放回笼子里或桌上。

重症鸟甚至不能耐受极轻度的处置，在进行检查或治疗前，可将鸟及鸟笼置于富氧、潮湿且保温的环境中。

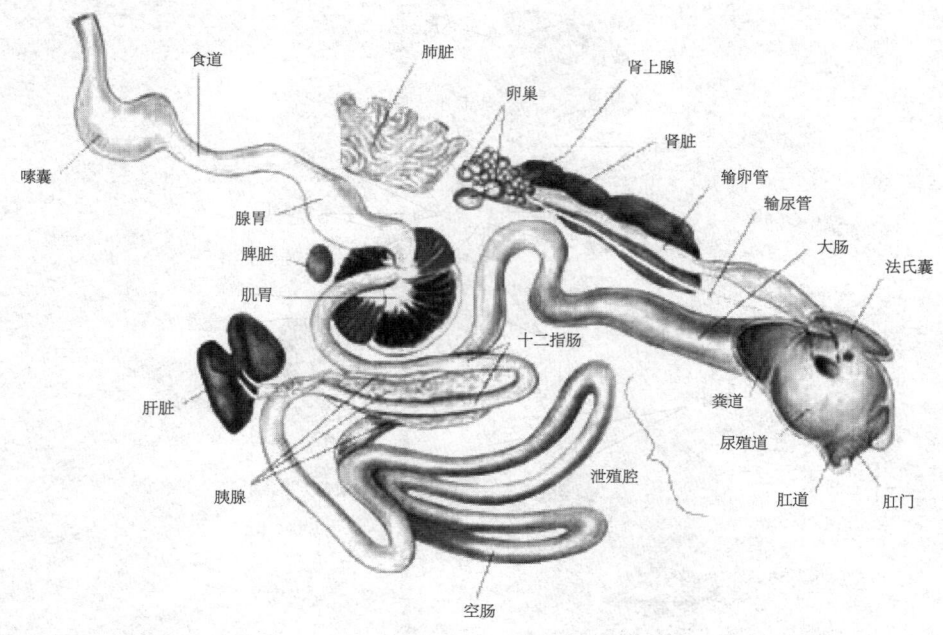

图17-17 澳洲长尾小鹦鹉内脏
（由Gheorghe Constantinescu博士绘制）

为了监测鸟类的健康和康复情况，有必要精确称量其体重。还应关注皮肤和羽毛的总体状况，包括喙和趾甲的匀称性和完整性。胸肌检查有助于粗略衡量鸟类机体的大体状况。一些过胖的鸟类，脂肪组织可能过度沉积于胸肌表面，但更多的脂肪沉积于颈部、大腿和腹部，这种情况在亚马逊鹦鹉中尤为常见。鸟类的双翼和双腿应有同等程度的伸展、弯曲和活动范围，抓握力也要相当。同样，其关节也具有对称性，且触诊时应无痛感。粗糙的羽毛表面覆有腊样物质，表明有鼻涕，而头上有干块状物质则说明该鸟有呕吐的症状。

应激、体温过高、潜在疾病或者肥胖均可导致鸟的呼吸加快。当其出现气喘时应将其释放，症状会在3 min内缓解，否则会引起潜在的心肺疾病突发。可在头背侧胸腔完成肺部听诊。在此期间还可能发生心律失常，但由于鸟的心率较快，所以不易识别。泄殖腔应有足够健康正常的张力以保持紧闭状态。

3. 常规修剪方法

（1）**翅翼修剪**　饲养者常常需要修剪鸟翼，所以有必要探讨其修剪方法。主人可能认为要定期修剪羽翼。但要注意，对于圈养的鸟类不同部位羽毛的换羽期有很大差异。在此需要强调的是：修剪羽翼是要遏制鸟的飞行，但不能确保鸟不飞。在有风的时候，在室内只能低空滑翔的鸟也可能飞到室外。所以要与饲养者探讨羽翼修剪的程度和目的。羽翼修剪的基本方法有以下3种：①修剪两翼尾端的4~7片初级飞羽，使其长度较覆羽短，修剪飞羽的数量应与鸟的体重呈反比。②保留1~4片尾端初级飞羽，其余全部剪除。虽然这种方法颇受争议，但一些饲养者已使用多年。如果宠鸟已适应，可继续沿用此法。③不定量地去除一侧的初级飞羽，这种方式在多数情况下未必严谨，但一些饲养者发现，此法能确实有效地限制飞行。即使把一侧的飞羽全部剪掉，但一些小型鸟会将尾巴偏向被剪的一侧以保持平衡，仍能飞行。

如果在其趾甲被剪去的同时过分地削减羽翼，会对鸟类造成身体和心理上的伤害。稳定性和飞升能力的突然缺乏会使鸟在飞行过程中坠落，可能导致龙骨或喙受伤。而在心理上则会引起鸟的安全感缺乏和严重的行为异常。

（2）**指甲修剪**　饲养者常常会修剪鸟的趾甲，这仅仅是饲养者自身的爱好，而不是因为趾甲生长过长。然而，这种修剪会减少鸟类的稳定性，从而增加了其从栖木上掉下的概率。通常情况下，削钝它们像针一样的趾甲保留足够的趾甲，可以有稳定的抓握能力。

根据鸟的体型不同可以使用不同的工具修剪趾甲。人用的指甲刀适用于修剪小型鸟类的趾尖。猫爪刀、怀特指甲刀（white's nail trimmers）及带有磨砂的马蹄钻也可以用于鸟类趾甲修剪。带有磨砂的工具还可除去鸟喙侧缘多余的角质。喙畸形的鸟类常常有潜在的营养缺乏、疾病或者早期的创伤。若鸟类在粗糙的表面上啄食，那么几乎不需要对喙进行修剪。

各种尺寸和质地的水泥杆都可用作鸟的栖息处。选择适宜尺寸的水泥杆置于笼中恰当的位置，就很适用于体重250~700 g的中等体型鹦鹉。这种栖息杆有助于磨钝趾甲和去除鸟喙侧缘多余的角质。应将其置于鸟短暂停留的地方（比如在食盆或水杯前），而非置于它们站着梳理羽毛或睡觉的地方，这样会刺激其脚底皮肤。

几十年来，鹦鹉被大量引进，从其佩戴的开口环形钢带可识别他们的检疫地。现在多使用条纹腿进行个体识别。金属环对鸟有一定的危害，如果使用不恰当的工具除去腿环也存在一定的风险。开口的（有缝的）检疫钢环相当结实，使用大小相同的边缘锋利的螺旋刀才能打开。铝环一般拴在人工饲养的幼鸟腿上，去除时应谨慎操作避免铝环卷曲。这些金属环需要切割2次才能除去；使用锋利的专用工具可减少对腿的损伤。塑料环也可采用此法去掉。微芯片正在替代金属环用作身份标记。对鹦鹉而言，最好将其置于左胸肌内。这种微芯片植入很少出现不良反应，也大大降低了芯片丢失的风险。

4. 临床病理学

相对其他动物而言，鸟类的临床检查反映出的症状不大明显，因此，血液学与血液化学就显得尤为重要。应根据鸟的体重和健康状况确定采血量。采血量不能超过体重的1%，静脉注射量则为体重的0.5%~1%。通常在比左侧更粗的右侧颈静脉采血。翅静脉也可采血，但容易形成血肿。对于中等到大型的鹦鹉、海鸟和家禽，也可在中跖静脉采血。对小型鸟类采血时间可能会较长，为防止凝血，在采血前应使用抗凝剂包被注射器。

不同种类鹦鹉的正常血细胞比容（PCV）变化很大。例如，澳洲鹦鹉的正常PCV较其他种类的鹦鹉高，平均值为50%~55%。但是美冠鹦鹉（Cacatua spp.）的PCV较低，约为40%。

常规的白细胞参数也可以作为鸟类诊断的重要依据。白细胞数量和种类增多都是潜在疾病的表征，并有助于推断可能的病因。

由于鸟类的红细胞有核，所以不适合用传统的哺乳动物白细胞检测。各类稀释剂（如Eosinophil Unopette®溶液和Natt-Herricks®溶液）的使用都有利于白细胞的精确检测。虽然白细胞计数估测法不太精确，但对均匀度和厚度一致的血涂片，其结果仍有参考价值。不同种类和不同年龄鸟类的正常白细胞数量值见表17-9。成年澳洲鹦鹉白细胞数量为

表17-9　几类玩赏鸟的正常血液学指标[a]

鸟	样本数（n）	WBC×10³/μL	PCV
非洲灰鹦鹉（Psittacus erithacus）	176	8~11	42~50
亚马逊鹦鹉属	155	7.5~12.5	44~49
相思鹦鹉（Melopsittacus undulates）	57	2.5~6.5	42~53
澳洲鹦鹉（Nymphicus hollandicus）	212	3.0~7.8	45~57
伞形美冠鹦鹉（Cactua alba）	115		38~48
金刚鹦哥属	62	7.5~11.5	42~49
折衷鹦鹉属	44	7.0~11.7	41~49
情侣鹦鹉（Agapornis属）	31	4.5~9.0	39~51
金刚鹦鹉（Ara属）	146	8.5~15.5	41~52
派尔诺斯鹦鹉	28	7.0~11.5	44~51
和尚鹦鹉（Myiopsitta monachus）	62	5.5~12.5	38~48
塞内加尔鹦鹉（Poicephalus senegalus）	26	6.5~12.0	37~49

a. 样本是在健康检查时取得。通过行为学观察，排除其他的并发症，也未经治疗。

$4×10^9/L~7×10^9/L$。而成年金刚鹦鹉白细胞总值数较高（$12×10^6~15×10^6$个）。

鸟类的生理差异决定了多数生化指标值与已知的哺乳动物正常值有较大差异。由于主要的蛋白质代谢终产物是尿酸而不是尿素，因此，鸟类的尿酸水平就显著高于哺乳动物，而BUN则显著偏低。当患有关节痛风或者严重肾脏疾病时，尿酸可能会升高。严重脱水时也可能导致尿酸的水平升高。目前尚无可靠的生物化学指标来检测早期的肾脏损伤。

鸟类的血清或血浆葡萄糖水平比哺乳动物高，依据品种的不同，其浓度范围为180~400 g/dL。预示糖尿病的葡萄糖水平也随着鸟的品种与个体而异，但通常为650 g/dL到大于1 000 g/dL。

肝酶类检测通常包括AST和乳酸脱氢酶（LDH），其正常参考值为哺乳动物的数倍（AST，10~400 U/L；LDH，75~450 U/L）。同时检测肌酸磷酸激酶（CPK）活性，可鉴别诊断AST的升高是由肝脏损伤还是由肌肉坏死所致。因LDH是一种短暂的酶，因此不能用于诊断肝脏坏死。和哺乳动物相比，鸟类丙氨酸转氨酶（ALT）水平很低（5~15 U/L），但该值的升高却是肝细胞坏死的指征。鸟类的胆红素还原酶水平较低，因此总胆红素的正常值也很低，并且肝病不一定会导致胆红素水平升高（总胆红素范围0~0.1 mg/dL）。胆汁酸检测是肝功能评估的有效指标，对多数鸟类而言，其正常值低于100 mol/L。建立不同鸟种的胆汁酸正常参考值范围，将会拓展胆汁酸检验的用途。

检测淀粉酶和脂肪酶水平有助于胰腺疾病的诊断。目前，虽然已确定鸟类会发生原发性胰腺疾病，但其发病率尚不清楚。继发性胰腺炎更为常见，且通常继发于体腔因素所致的炎症，如卵黄性腹膜炎。

鸟类钙和磷含量的参考值与哺乳动物相似。产蛋期前，母鸟的血清钙磷含量会升高达正常值的3倍（钙约为30 mg/dL；磷＞10 mg/dL），且具有正常的相对比例。经折射计测得的鸟类血浆固形物总量显著低于哺乳动物，对多数鸟类而言，其正常参考值为3.0~5.5 g/dL。

5. 常规用药程序　可以通过多种途径注射给药。皮下注射常用于注射给药和免疫接种，此法在常规治疗中（如抗生素注射）被广泛使用。初步研究表明，多数药物的皮下注射与不会导致肌肉坏死的肌内注射的效果相当。为了确保药物或液体被注射到皮下部位，皮肤应清晰可见，使用酒精有助于更好地观察皮肤。需要小剂量精确给药时，则有必要使用带有27号针头的胰岛素针（50 U或0.5 mL）。皮下注射液体常用于鸟类。为了促进吸收和减少应激，液体应加热至22~23℃，同时按100~150 U/L的剂量加入透明质酸酶。注射部位包括背部、腹股沟部和胸部皮肤。也可选择翼膜内侧作为注射部位，但是可能会造成临时性的翼下垂或者翼部不适。维持补液时为50 mL/kg，每日分2~3次给药。对脱水鸟的治疗，每次皮下注射25 mL/kg（即每日补液量的50%），每6~8 h重复1次，直到脱水症状消失。

在大多数玩赏鸟，肌内注射的部位常选择胸肌，一些鸟类，特别是肉食性鸟类，也可选择腿肌。鸟类的肌纤维比哺乳动物的更加致密且富含血管，肌内注射时就更容易发生肌肉损伤和意外地注入静脉中的现象。

静脉注射有时可用于鸟类。强力霉素、两性霉素B、化疗药物、造影剂以及液体注射剂均可采用静脉注射给药。

需要匀速输液或间歇性的液体注射治疗时，可在颈静脉、翅静脉及中跖静脉中放置留置管。通常，在鸟类的近端胫跗骨和远端尺骨内也可插入留置管。可以使用标准的皮下注射针头（初次注射常用25号针头，原位二次注射时用22号针头）。对体型大的鸟而言，可以使用带探头的脊髓穿刺针。如果没有探头和第二针，骨栓可能会阻塞针头。当液体流动受阻时，可以间歇性用肝素化生理盐水冲洗骨内或静脉注射留置管。

6. 强饲法　对厌食症患鸟，可采取强饲法进行喂养以满足其能量需求。商品饲料既方便又适用。强饲之前，先要给予充足的饮水，以防止嗉囊内食物太干燥和胃肠道阻塞。对成年鸟，通常以30 mL/kg的标准每日喂料3～4次。幼鸟的嗉囊有更大的扩展性，每次饲喂量可达到其体重的10%（100 mL/kg）。口服药可直接加入饲料中或直接经口饲喂。填喂时，使用恰当的保定方法，以利于将药物从口腔侧缘转置其舌头上，可有效减轻应激、减少药物损失并减小误吸的可能性。特殊情况下可饮水给药。恩诺沙星和多西环素饮水常可以达到有效的血药浓度。但是，大多数情况下，因不能精确定量给药、药物在水中的稳定性及适口性等问题，常使这种方法的疗效欠佳。

7. 镇静　在诊断或治疗过程中，有时需要进行镇静治疗。用异氟烷或七氟烷通过面部呼吸罩进行麻醉，能安全地对大多数应激状态或轻度疲惫的鸟类镇静，且恢复迅速。0.25～1 mg/kg的速眠安（Midazolam）肌内注射能有效缓解抓捕过程和像放置伊丽莎白圈这样的处置时所致的焦虑。

因为鸟类缺乏会厌软骨，容易看到气管的开口和杓状软骨，因此鸟类插管容易施行。麻醉前的禁食时间应尽量缩短，通常禁食4 h。即使已经禁食，麻醉前也要触诊检查鸟的嗉囊内是否有食物或液体。临床上，嗉囊延迟排空的现象常见于病鸟。如果嗉囊内仍有食物和水的鸟必须麻醉，无论是否施行插管法，在麻醉期间均应抬高其头部。在口腔至声门部位放置纱布海绵，可进一步降低发生误吸的风险。因鸟类缺乏气管韧带，若插管过度膨胀就会增加支气管坏死的风险，因此应使用无气囊式气管内导管。麻醉过程中，小型的动物呼吸机适用于大多数体重约为100 g的

鸟，能有效改善麻醉过程中的换气。如果手头没有呼吸机械，手动的间歇正压换气，能有效增加被麻醉鸟类的氧气供应。二氧化碳分析仪也有助于麻醉监测。

环境管理十分重要，应将重症患鸟置于能提高温度、湿度的环境中（如使用有温湿度调节功能的商品化孵箱）。对于在家里发生紧急情况的鸟类，可以用干净的塑料布包裹住鸟笼的三面，剩下的一面放置电加热板来升温提供一个温暖的环境。有远程监控装置的电子温度计可以准确监测环境温度。应将患鸟置于安静的环境中，包括要远离狂吠的犬以及其他嘈杂的环境，以减少应激。

对患鸟而言，鸟笼的管理十分关键。如笼内有栖木，则应抬高食物和饮水的位置，使鸟类无需下落到笼底，即可在栖木上取食。最好是移走笼中的栖木，患鸟不仅易于获得饮水与食物，而且不会因维持在栖木上的姿势而消耗额外的能量。

二、幼雏疾病

目前对鹦鹉目幼鸟疾病的诊断存在困难。集约化人工饲养及错误的饲养管理方法都是疾病的诱因。正确的育雏期管理、孵化和产蛋环节控制是鹦鹉幼鸟疾病防控的必要措施。人工繁育使幼鸟的发病率升高。对于在野外患病而致种群数量减少的鸟类，通常要进行人工繁育。但是，因为基因改良（如对鸟类毛色的基因选育）及人工孵化和饲喂所致的发育问题，又会导致相关疾病的发病率升高。

鹦鹉幼鸟的疾病多由一些特定的病毒感染引起，特别是多瘤病毒属和环病毒属。

异物：可通过嗉囊切开术到达嗉囊、腺胃或者肌胃的黏膜表面和腔内。常用这种方法取出幼鸟消化道中的异物如饲管等。对于体型大的鸟或年龄稍大的鸟，则需要用硬式内镜来探查和取出上消化道中的异物。根据接近异物的难易程度，内镜可经口进入，或通过嗉囊造口进入鸟的消化道。

1. 嗉囊灼伤　嗉囊损伤最常见于因不正确饲喂热食所致的嗉囊烫伤。烫伤程度和鸟类的临床表现有很大差异。一些鸟会因组织损伤而患病，并且可能发展为毒血症，即使加强辅助治疗，患鸟也可能死亡。这些患鸟也不适合手术治疗，除非他们耐过最初的发病。当灼伤部位长出肉芽，重新长出健康的组织以利于手术修复时，才能进行手术。

另一种嗉囊灼伤的情况是患鸟不表现任何临床症状，直到饲喂者在嗉囊的灼伤处发现食物或空洞。在这种情况下，嗉囊形成瘘管，坏死组织与健康组织间有分界线。受损组织的功能下降，因而必须施行切除术。术前须进行辅助性治疗。

2. 肝脂肪沉积 幼鸟的肝脏相对重量（占身体重量的比例）通常比成年鸟大，因而一定程度的肝肿大对幼鸟来说是正常的。但是，幼鸟的肝脏脂肪沉积常具有以下特点：①常见于人工饲喂的幼鸟，饲喂者在商品日粮中，又额外添加了花生酱、油或其他高脂饲料。②患鸟较同日龄的健康鸟超重，并伴有严重的呼吸困难。抓取患鸟时要尽量轻柔。首先，最好先进行充分的吸氧治疗。患鸟肺和气囊的呼吸容量严重不足，呼吸的同时进食对氧的需求会超过其自身氧储备量。此外，需要进行营养改变，大幅度减少每一次喂食的谷类比例、调整日粮配方，以及在日粮中加入半乳苷果糖。当患鸟的肝脏功能不全时，应采用胃肠外补液，有助于治疗高体温患鸟的脱水，并帮助机体排毒。如果可能，应采取血样检测是否有并发性感染和其他疾病。

3. 发育不良 遗传因素、先天因素和饲养管理都将影响幼鸟的发育。通常，宠鸟在购回后不久就会发现存在发育不良的情况。可能的原因是饲养管理不当，如鸟的新主人缺乏人工饲喂的经验。环境温度不适、人工饲喂量及营养配方不当，都会导致发育迟缓，投喂反应下降及胃肠道阻滞。

送达商店后不久即被主人买走，这种鸟常被误认为已"断奶"。在自然环境下，这些鸟已能自主采食，但仍需接受亲鸟的哺喂。被卖给不知情的鸟主人后，因为采食不足，鸟常会在数日或数周后表现出明显的虚弱。这些鸟还可能有肝功能下降和免疫力下降等潜在问题。经过辅助性治疗后，少数鸟能存活，但大多数会死亡。

4. 八字腿 八字腿专用于描述幼鸟的各类腿部畸形。患鸟常表现为后肢膝关节韧带松弛，和/或股骨、胫跗骨和跗跖骨间的成角畸形。有关病因学的资料较少，但病因包括营养不良（与代谢性骨病的病因相同）、围栏内不适当的支架或垫料。已经有多种外部矫正的方法，这些方法已成功地用于幼鸟的矫形。也可通过外科手术予以矫正。

5. 下颌前突 这种情况常见于同一窝中的个别鸟。如及早发现，可对下颌骨进行矫正，以避免使用假体或者穿窦钉固定。假体会导致鸟类运动不便，疼痛，并经常需要重置。穿窦钉固定术用于临床的时间相对较晚，是一种更加可靠的矫正方法，但也存在一定的风险。

6. 脚趾萎缩综合征 该病在幼鸟中十分常见，常涉及多个脚趾。在脚趾连接处形成一个环状纤维组织带，导致血液循环障碍。其病因尚不清楚，有人认为与环境湿度过高、过低，或败血症有关。如果及早发现，对环状组织行清创处理，并在患处覆盖湿敷料，可有效治疗。有时需要在患处表面中部和偏向后部切一纵向切口，以便使患部肿胀处的血液循环畅通，之后再在脚趾切口处进行缝合，并覆盖创口。如果严重的循环障碍导致明显的坏死，则需要截肢。

7. 隐眼（眼睑闭锁） 该综合征多见于澳洲鹦鹉，多为同窝的数只鸟同时患病。常呈双侧对称性发病。如果有眼睑，通常具有正常的结构，但长度显著变短，导致眼裂减小甚至闭锁。如果眼裂变小但并未影响其视力功能，则不建议或无需施行手术纠形。若睑裂缺失或功能性视力下降甚至丧失，通过结膜外翻术来延长睑隙，有一定的成功率。

8. 下颌闭锁 该综合征常见于澳洲鹦鹉，可整窝发病。由博德特菌（*Bordetella sp.*）引起的鼻窦炎或继发性骨髓炎与该病有关。

9. 鼻后孔闭锁 该病常见于非洲灰鹦鹉。当鼻孔、鼻窦及鼻后孔间不全闭锁时，会引起鼻内黏液蓄积，甚至可能导致鼻窦和鼻孔感染。咽部与鼻窦之间不全或完全闭锁时，必须手术修复。当手术解除闭锁后，在动物康复过程中可以用工具保持手术开口畅通。

三、细菌病

尽管多数革兰阴性肠杆菌科细菌是条件致病菌，但其依然是鸟类常见的病原菌。也常分离出大肠埃希菌、假单胞杆菌、气单胞菌属细菌、黏质沙雷菌、沙门氏菌、克雷伯菌、肠杆菌、变形杆菌和柠檬酸杆菌。

有关沙门氏菌病的报道较少，但在临床上可引起鸟类的免疫抑制和应激。

有报道显示，被宠物猫或大鼠咬伤的鸟感染了巴氏杆菌，并引发败血症。

支原体病常见于澳洲鹦鹉，与慢性鼻窦炎有关。因病原很难培养，故其准确的发病率未知。

禽结核是灰颊鹦鹉和其他长尾鹦鹉的常发疾病，还可感染多种其他种类的鸟。

引起鸟分支杆菌病的3种常见病原包括鸟分支杆菌、细胞内分支杆菌和日内瓦分支杆菌。在宠物鸟，最常感染的器官是胃肠道、肝脏和脾。

普遍认为，葡萄球菌、链球菌（尤其是溶血性链球菌）和芽孢杆菌都是鹦鹉皮肤病的致病菌。葡萄球菌是从多种鸟类的足趾皮肤炎（禽掌炎）患处分离到的常见菌。与其他物种相似，从鸟类分离到耐药金黄色葡萄球菌的频率也呈上升趋势。

梭状芽孢杆菌常继发感染损伤鸟泄殖腔组织，导致鸟类泄殖腔脱垂和多发性乳头状瘤病。多种梭菌属感染均可引起鸟类几种特定的综合征。在这些病例中，由于需氧培养呈阴性，或培养出非主要致病菌，因此有必要用革兰染色或其他的细胞学检查来鉴定病原。如果革兰染色结果怀疑这些微生物是梭菌属微生物，则需要进一步厌氧培养予以确定。有关笼养鸟抗菌药的用药推荐次数见表17-10。

四、衣原体病（鹦鹉热，饲鸟病）

鹦鹉衣原体（*Chlamydia psittaci*）已经作为鹦鹉热亲衣原体（*Chlamydophila psittaci*）被重新分类。这种微生物的若干参数也被重新测定，包括潜伏期、必要的持续治疗时间以及隐性感染的情况。应在现行的州和联邦条例中制定关于亲衣原体检测、报告、治疗和检疫的内容。

鹦鹉热亲类衣原体病的临床表现各异。非特征性症状包括：眼、鼻或者结膜分泌物增加、厌食、呼吸困难、精神沉郁、脱水、多尿、胆绿素尿以及腹泻。

多种抗原和抗体试验对疾病诊断均是可行的，但有一定局限性。由于亲衣原体细胞内生长的特性，且使用抗生素后其数量减少，因此抗原试验常呈假阴性。重症患鸟的抗体反应也可能不明显，也会有假阴性结果。但是，隐性感染的鸟却可能检出抗体效价。这些因素导致仅用抗体试验不能充分地筛查出鸟的衣原体病。使用PCR检验技术可以确诊该病。从组织样本中分离培养或鉴定衣原体的方法也不常用。送检样品前，应向实验室人员咨询样品采集和运送的方法。

强力霉素常用于治疗亲衣原体感染。治疗群体感染的方法包括：强力霉素拌料和饮水，饲喂金霉素浸泡的籽实或者其他食物。在1 kg燕麦、种子和葵花子油的配合料（配方为：1份燕麦，3份脱壳小米，5～6 mL/kg葵花籽油）中，加入300 mg盐酸强力霉素（胶囊），配制成含药饲料，饲喂患病的澳洲鹦鹉。含药饲料要每日现配现用，持续饲喂30 d。强力霉素也可加入饮水中给予，澳洲鹦鹉200～400 mg/L、戈氏凤头鹦鹉400～600 mg/L和非洲灰鹦鹉800 mg/L。由多西环素-水合物或含钙的强力霉素糖浆，可用于澳洲鹦鹉、塞内加尔鹦鹉及蓝额和橙黄翅亚马逊河鹦鹉衣原体病的治疗，剂量为40～50 mg/kg，口服，每日1次；以推荐用量为25 mg/kg口服，每日1次，用于治疗非洲灰鹦鹉、凤头鹦鹉、蓝色和金色金刚鹦鹉及绿色金刚鹦鹉的衣原体病。这些间接的抗生素治疗方式依赖于吸收足够的抗生素以维持有效的血药浓度，如果抗生素不足则无效。

五、真菌病

1. 念珠菌病　白色念珠菌（*Candida albicans*）是一种条件性致病的酵母菌，并且通常不是原发性病原体。在鸟类的消化道里通常只有少量的念珠菌，当免疫抑制导致消化液中的正常菌群失调时，这些少量常驻的念珠菌就会转化为致病菌。

念珠菌病主要侵袭未断奶的雏鸟。由上述因素引起的内源性的念珠菌过度增殖所致。经亲鸟哺育或接触不清洁的人工饲养器具，也可经口摄入大量的念珠菌。

（1）临床表现　人工饲养的鸟患念珠菌病，最常见的症状是嗉囊排空延迟并伴有嗉囊壁增厚，进而出现逆呕（regurgitation）、体重减轻和精神沉郁等症

表17-10　用于玩赏鸟的抗菌药[a]

药　名	剂　量	给药途径和用药次数[b]
硫酸阿米卡星	15 mg/kg	IM, bid
头孢他啶钠	75 mg/kg	IM, tid
环丙沙星	25 mg/kg	PO, 悬浮液, bid
克拉维酸/阿莫西林	75～100 mg/kg	PO, tid
克林霉素溶液	100 mg/kg	PO, bid, 连续5 d用于治疗梭状芽孢杆菌
强力霉素混悬液	25 mg/kg	PO, bid, 连续45 d[c]
强力霉素注射液（20 mg/mL）	50～100 mg/kg	IM, 每5日1次, 然后每周1次, 连用6周[c]
恩诺沙星, 口服或者注射	15 mg/kg	PO或IM, bid
甲硝唑	25 mg/kg	PO, bid, 连续14 d用于治疗贾第虫、梭菌病
马波沙星	2.5 mg/kg	PO, sid
甲氧苄啶/磺胺甲基异噁唑	30～75 mg/kg	PO, sid～bid

a. 大多数未经批准使用，应谨慎使用。

b. 可能随病因和物种不同而变化。

c. 治疗衣原体应延长时间和加大剂量。

IM表示肌内注射，PO表示口服。sid表示每日1次，bid表示每日2次，tid表示每日3次。

表17-11 玩赏鸟逆呕的鉴别诊断

病 名	易感动物	常见因子（已知）	典型症状
中毒	多种鸟类	铅、锌、农药、药物	呕吐，异常滴下物，嗜睡，可能有CNS症状
口腔上胃肠道刺激	澳洲鹦鹉属多种鸟类	植物（黄金葛，喜林芋属），多种药物，其他腐蚀性物质	嗜睡，流涎，被动逆呕水，舌和咽部红斑
前胃扩张综合征	金刚鹦鹉，袖珍金刚鹦鹉，非洲灰鹦鹉，凤头鹦鹉	可疑病毒	体重减轻，呕吐，粪便中有种子，可能有中枢神经症状
细菌性胃肠感染	多种鸟类	革兰阴性菌	呕吐，水样滴下物，嗜睡
念珠菌病	澳洲鹦鹉，相思鸟，其他	念珠菌属	逆呕，嗉囊扩张，口咽和嗉囊损伤
滴虫病	相思鹦鹉，澳洲鹦鹉，白鸽，其他	毛滴虫属	逆呕，口腔和嗉囊损伤（白色物质），嗉囊中有黏液
前胃或者嗉囊阻塞	凤头鹦鹉，金刚鹦鹉，折衷鹦鹉，澳洲鹦鹉，其他	木屑、玉米芯或其他垫料、纤维、其他动物尸体、蛔虫	呕吐，精神沉郁，体重减轻
前胃腺癌	多种鸟类	肿瘤	呕吐，体重减轻，嗜睡，重度疼痛，猝死
内部乳头状瘤	亚马逊鹦鹉，金刚鹦鹉	未知，可能是疱疹病毒	呕吐，严重腹泻，泄殖腔和后鼻孔继发感染
腹部包块	相思鹦鹉	肾脏或性腺肿块通常是瘤	体重减轻，跛行，呕吐
行为病	多种鸟类	求偶行为	对着镜子、主人、玩具或同笼伴侣回吐

状。引起鸟类回吐的各类疾病的鉴别诊断参见表17-11。成鸟发病隐匿，很少表现出明显的临床症状。

（2）诊断 通常用细胞学方法进行诊断。在重症患鸟，当组织被侵害时，在嗉囊或咽部的刮取物或粪便中，可看到酵母菌生长产生的菌丝。

（3）治疗 如果鸟巢或饲管等处存在外源性的念珠菌，首先应根除致病源。初生幼鸟的嗉囊通常是空的，在嗉囊功能正常前，应减少饲喂量。胃复安有助于增加嗉囊动力和抑制逆呕。制霉菌素能抑制真菌，是治疗念珠菌病的最常用药物，用药剂量为300 000 U/kg。该药须直接接触感染组织才有药效，因此通常需在喂料前给药，每日3次。某些念珠菌对制霉菌素具有耐药性。使用单一抗真菌剂治疗时，一些鸟会因为免疫抑制而难以治愈。对这些病例，通常使用全身性治疗的药物，如氟康唑（10 mg/kg，每日2次）。

进行群体治疗的传统方法是用洗必泰10 mL兑4.546 L饮用水，持续给药1～3周。但因为洗必泰是一种消毒剂，其使用也会抑制正常消化液中的菌群。也有报道介绍，用苹果醋酸化上消化道，可以抑制念珠菌的过度滋生。

玩赏鸟常用的抗真菌剂见表17-12。

2. 曲霉病 引起玩赏鸟真菌感染的常见病原是烟曲霉（Aspergillus fumigatus）。它是一种条件致病性微生物，像许多细菌的继发感染一样，经常在相同部位和相同条件下发生。营养不良，尤其是维生素A缺乏的鸟类容易发病。卫生条件差、通风不足、特别是在温度、湿度过高的季节，都会导致发病率升高。

（1）临床表现 曲霉和细菌感染引起的鼻炎或者鼻窦炎有相似的症状。取病变组织或组织碎片，进行革兰染色或改良的瑞氏染色，可见真菌菌丝。对于由曲霉引起的眶下鼻窦炎，在进行有效治疗前要进行手术清创。弥漫性或慢性真菌性鼻窦炎可能导致上呼吸道中骨结构改变和永久性骨畸形。

免疫力低下的鸟会发生曲霉菌病性气管炎。鹦鹉科鸟类和猛禽感染后，常在鸣管处形成曲霉菌肉芽肿，难以根治。出现呼吸困难之前会有叫声的改变。患鸟常伸颈呼吸以获得更多的氧气。

下呼吸道疾病，包括气囊炎，常由曲霉菌侵袭而发病。气囊或体腔中常形成肉芽肿，常见于胸腔后部或腹部气囊。这些损伤必须采用外科手术切除。

（2）诊断 可用抗体滴度检测法诊断该病，抗原检测也有助于诊断。半乳甘露聚糖是曲霉菌属的一种抗原，可用于鹦鹉曲霉菌病的诊断。测试中可能会出现假阴性和假阳性，所以有必要向实验室咨询出现这种现象的原因。患鸟的血清电泳检查时出现β球蛋白含量升高。同时，单核细胞和异嗜性细胞显著增多，并同时伴有白细胞总数增多。直接观察到真菌菌丝、细胞学检查和真菌培养可确诊该病。即使细胞学检查已确诊，但因其生存力低下，真菌培养也可能呈阴性。

表17-12　玩赏鸟用抗真菌剂[a]

药　名	剂　量	给药途径和用药频率
两性霉素B	1 mg/kg 气管内给药； 0.25~1 mg/mL无菌水喷雾给药	气管内给药，sid； 喷雾给药，10~20 min，bid
氟康唑（片剂）	5 mg/kg	PO，sid
5-氟胞嘧啶	0.25 mg	PO，bid
F-10[b]（季铵盐消毒剂）	1.5/400 mL蒸馏水	喷雾于皮肤和呼吸道可能的真菌
伊曲康唑溶液（10 mg/mL）	5~10 mg/kg	PO，sid~bid （对非洲灰鹦鹉应低剂量谨慎使用）
酮康唑	10~30 mg/kg	——
特比萘芬	10 mg/kg	PO，sid
制霉菌素口服悬液（100 000 U/mL）	1 mL/350 g	PO，bid

a. 这些药物大多数未经批准使用，应谨慎使用。
b. 季铵盐和双胍的混合物，无毒，两性表面活性剂。

（3）**治疗**　两性霉素B是唯一安全有效的杀霉菌药，常用于喷雾、鼻腔冲洗、气管内给药和静脉注射。0.25~1 mg/mL浓度的灭菌溶液常用于喷雾。用于鼻腔和鼻窦冲洗的浓度一般较低（0.05 mg/mL），因为氯化钠会降低其药效，不要用氯化钠溶液稀释两性霉素，冲洗鼻腔时添加透明质酸酶可增加抗菌剂的渗透性，作用机制与其降解鼻窦内干酪化碎片中的透明质酸有关。冲洗液中透明质酸酶的添加剂量是75~150 IU/10 mL，也可适当添加抗菌剂。在使用含药灌洗液之前，要先用不含药的温热等渗盐水或无菌水冲洗患处。冲洗获得的有机碎片可用于细胞学检查和培养。为避免患鸟将这些感染性碎片误吸入下呼吸道，治疗过程中应保持鸟的头部向下。

在美国，伊曲康唑（5~10 mg/kg，口服，每隔24~48 h用药1次）是治疗全身性曲霉菌感染的最常用吡咯类药物。非洲灰鹦鹉对该药很敏感，每日1次摄入2.5~5 mg/kg时就会出现逆呕和厌食。克霉唑（10 mg/mL）越来越多地用于鸟类的喷雾治疗。特比奈芬（10 mg/kg，口服，每日1次）与伊曲康唑联用或直接代替伊曲康唑也越来越普遍。伏立康唑等新的吡咯类药对耐药的曲霉菌株有效。

难以治疗和康复困难使感染曲霉菌的患鸟出现一些潜在的问题。慢性维生素A缺乏、鳞状上皮化生、免疫抑制、瘢痕形成和肺泡壁增厚等都为再次感染创造了条件，因此重复感染很常见。

一旦形成曲霉菌肉芽肿应手术切除（安置腹式呼吸管），也可冲洗或使用内镜行肉芽肿吸引术。气管和耳道感染时，常见肉芽肿的复发、继发性炎性改变以及透明膜增生。

3. 鸟类胃酵母菌感染（巨杆状核细胞症、巨型细菌或禽胃酵母菌）　胃部酵母菌曾被认为是一种细菌，这种微生物呈全球分布，病原变种多。定植于胃肠道，主要是腺胃。

（1）**临床表现**　巨型细菌病的最常见症状是慢性消瘦，逆呕亦常见，异食症常继发采食量减少。粪便中含有未消化的种子或食物团块。该病临床症状与前胃扩张综合征的症状相似，死亡率可能较高，但也可痊愈。已恢复的鸟，既可能复发，也可能成为经粪便排菌的携带者。此病往往并发于免疫抑制病（如圆环病毒感染）。

（2）**诊断**　用改良的瑞士染色或革兰染色，常可检测到粪便触片中的病菌。胃酵母菌是革兰阳性棒状大杆菌，长径方向呈斑状或条纹状。尽管从粪便中发现的酵母菌大小和长度各异，但是比鸟体内正常的消化杆菌大几个数量级。这种菌很难培养。兽医实验室可通过镜检和PCR技术进行鉴定。

（3）**治疗**　治疗的目的是减少病原微生物的数量，提高患鸟的整体健康状况和免疫能力。多种吡咯类药物治疗巨型细菌病均有效，其中两性霉素B最常用。据报道，酸化的腺胃不利于巨型细菌的增殖。

4. 马拉色菌感染　马拉色菌可存在于鸟的皮肤上而不发病。要判断患有皮炎和脱羽症的患鸟是否感染马拉色菌，应进行组织病理学诊断而非细菌培养。推荐治疗药物是氟康唑（5~10 mg/kg，口服，每1~2 d服药1次）。局部治疗可使用0.1%稀洗必泰喷雾或使用克霉唑。

5. 其他真菌病　偶有报道玩赏鸟会感染发癣菌属（*Trichophyton*）和小孢子菌属（*Microsporum*）引起的皮肤癣菌病。犬猫已有治疗方案。有报道显示，隐球菌会引起鸟的面部皮炎。其治疗包括清创和长期使用伊曲康唑。隐球菌可能引起人兽共患传染病。在玩赏鸟中，胞内寄生菌病和毛霉菌病也偶有报道。

六、寄生虫病（见家禽）

1. 循环系统的寄生虫 已有资料表明，变形血原虫（*Haemoproteus*）在进口凤头鹦鹉的检出率很高。不同物种体内都有卡氏住白细胞原虫、疟原虫和弓形虫，在猛禽、金丝雀和鸽最常见。而这三种寄生虫目前对鹦鹉目动物不是主要的病原。但金丝雀仍然会发生弓形虫病。

2. 胃肠系统的寄生虫

（1）梨形鞭毛虫病 该肠道原虫病多见于澳洲鹦鹉。成鸟可能是带虫宿主。本病可能因摄入感染性包囊而直接传播。感染的澳洲鹦鹉表现为用嘴拔掉腋窝和大腿内侧的羽毛，同时发出鸣叫声，上述症状是否由梨形鞭毛虫引起尚未被证实。感染的澳洲鹦鹉排出大量带气泡的"爆米花"样粪便。

用温盐水处理的新鲜粪便，镜检可观察到运动的滋养体。由于包囊外形多变，建议使用多种方法进行检查。人医上鞭毛虫快速检测法是否适用尚不确定。许多兽医诊断实验室通过粪便检查以确诊该病。

建议使用甲硝唑（50 mg/kg，每日1次，连用5~7 d）治疗。据报道，从芬苯达唑的犬用剂量外推来治疗梨形鞭毛虫病时，可引起澳洲鹦鹉死亡。

（2）滴虫病 鸟毛滴虫（*Trichomonas gallinae*）（称为猛禽蜷缩症和鸽溃疡病）偶见于玩赏鸟，尤其是虎皮鹦鹉。猛禽和鸽发生滴虫病时，口咽、嗉囊和食道黏膜常附有淡黄色干酪样物质。虎皮鹦鹉一般没有明显的口腔损伤，但流涎和呕吐增加。通过直接（亲代育雏）或间接接触（摄入受污染的食物和水）传播，猛禽因食入受感染的鸽子或斑鸠而感染。脱落物用温盐水漂片，在显微镜下观察到鞭状的微生物。

治疗用药包括卡硝唑（20 mg/kg，口服1次），罗硝唑（5 mg/kg，每日1次，连用14 d），或甲硝唑（40~60 mg/kg，口服，每日1次，连用5 d）。

（3）其他原虫病 其他原虫类寄生虫如球虫多发于鹌鹑类或三鸠鸽类，但也偶发于鹦鹉和雀形目鸟。隐孢子虫在各类鹦鹉和胡锦雀中普遍存在，但已认为是继发感染而非原发性病原体。弓形虫是一种高致病性原虫，可引起金丝雀肝脾肿大，球虫样卵囊可随粪便排出。

（4）线虫病 玩赏鸟会感染不同种属的线虫，且野鸟能将某些线虫传播给户外圈养的鹦鹉。通过摄入虫卵而直接传播。临床症状包括体况下降、虚弱、消瘦甚至死亡，严重感染时常致肠阻塞。虽然虫卵的排出是间歇性的，但肠线虫感染仍可通过粪便漂浮法予以诊断。使用双羟萘酸噻嘧啶（20~50 mg/kg，口服）或芬苯达唑（20~50 mg/kg，口服）治疗有效。在温暖季节，户外笼养鸟可能发生感染，应定期使用上述驱虫剂。

（5）绦虫病 随着从依赖进口到国内自主繁育的转变，鸟类的绦虫病已非常罕见。中间宿主为昆虫、蛛形纲动物、蚯蚓和蛞蝓等。推荐使用吡喹酮（8 mg/kg，口服或肌内注射）治疗。因鸟类饲养地缺乏天然的中间宿主，故绦虫病极少复发。

3. 被皮系统寄生虫

（1）鳞状面（腿）螨 有膝螨属螨虫（*Cnemidocoptes pilae*）常见于虎皮鹦鹉，而在其他鹦鹉目较罕见。虎皮鹦鹉发病的典型症状为口角、蜡膜、喙的边缘出现白色多孔的增生性结痂，病变偶见于眼眶周围、腿部和肛周。雀形目鸟也可感染，但临床症状各异。雀形目鸟（特别是金丝雀和欧洲金翅雀）在腿和足趾（"穗足"）的表面形成痂皮。鹦鹉和雀形目的免疫功能低下与螨虫致病性有一定关系，免疫力强的个体一般不会被感染。

即使临床症状表现为特征性的皮痂形成，但刮除皮痂后，螨虫仍会从虎皮鹦鹉面部残留的碎屑中复发。对于感染脚螨属的雀形目鸟类，刮下皮屑常导致感染部位出血，因此一般不推荐采用此法治疗。口服或注射200~400 μg/kg的伊维菌素有效，通常在2周内重复用药1次。

（2）羽螨类 鹦鹉很少感染各类羽螨。户外鸟舍（尤其是在巢箱）偶有感染红螨（鸡皮刺螨）的。虽然少数饲主认为螨虫病与啄羽拔毛有关，但引起羽毛脱落的更常见原因是鸟的习性、饲养管理和全身性因素。

除虫菊酯喷雾剂、5%西维因粉剂和伊维菌素，可用于治疗鸟类的螨虫感染。常用5%西维因粉剂与巢箱底层的垫料混合来处理巢箱。鸟笼应彻底清扫，木制的巢箱应丢弃或更换。

4. 呼吸系统寄生虫

（1）气囊螨虫 气囊螨虫（*Sternostoma tracheacolum*）寄生在整个呼吸道，最常见于金丝雀和胡锦雀。可在呼吸系统的组织中找到各个发育阶段的螨。对气囊螨虫的生活史知之甚少。

鸟类发生轻度感染时通常无症状；严重感染时表现为呼吸困难（高亢的呼吸音和破裂音）、打喷嚏、尾部上下摆动、张口呼吸等。口咽部见有大量的唾液，可表现为流涎。捕捉、运动和其他应激会使临床症状加剧。该病死亡率很高。在暗室里用气管透照法可偶见螨虫。试探性治疗有助于确诊此病。

若尝试治疗的效果明显，应及早进行治疗，并采用简单的保定方法。可用伊维菌素按200~400 μg/kg剂量给药，2周内重复用药1次。

（2）肉孢子虫病 在美国南方，肉孢子虫病是引起户外饲养鹦鹉死亡的主要原因。在严重感染地区，室内饲养的鸟甚至可以通过污染的食物感染发病。昆虫（如蟑螂）或老鼠可经感染的负鼠粪便将肉孢子虫卵囊带入到鸟类的饲料中。鸟食入中间宿主的粪便，会引起致命性疾病。东半球种属对该病有免疫力，但未经免疫的鸟类（如凤头鹦鹉，非洲灰鹦鹉和折衷鹦鹉）死亡率极高。澳洲鹦鹉也极易感染，剖检尸体时通常会观察到肾和肺的损伤。虽然本病不直接传播，但同群的鸟常同时发病，据报道可引起大群死亡。

临床症状包括嗜睡、被动性逆呕和贫血。长期使用甲氧苄啶/磺胺类（25 mg/kg，每日1～2次）和乙嘧啶（0.5 mg/kg，口服，每日1次）治疗通常有效。尽管特定的血浆电泳结果可能有指示意义，并已开发出抗体，但尚无特异性的诊断方法。肌肉活检检出包囊可确诊该病，但并不常用。可通过连续PCV抽样来判断治疗效果。治疗马感染相关原虫（住肉孢子虫）的新药，尚未用于鸟的治疗。

眼观病变包括肺脏质地变实、肺出血和肾脏病变。也可能出现CNS受损的临床症状。如果神经症状明显，组织病理学检查样品应包括肺、肾、肌肉和CNS等组织。

七、病毒病

1. 鸟类多瘤病毒（乳多空病毒，虎皮鹦鹉幼雏病，鹦鹉多瘤病毒）　鸟类多瘤病毒（AVP）主要感染幼鸟。尤其是在混合集约化鸟场和开放型鸟场中，AVP是引起留巢鹦鹉（幼鸟）死亡的主要传染源。典型症状表现为：身体机能健全的幼鸟，在羽翼未丰的年龄，突然出现昏睡和嗉囊阻塞，并在24～48 h内死亡。对雏鸟进行注射时可观察到皮下出血，无症状的成年鸟可能是病毒携带者。这种病毒在包括虎皮鹦鹉在内的成年鹦鹉中的流行概率是较高的。

对死亡雏鸟的大体剖检病变包括骨骼肌苍白和皮下斑状出血。肝肾肿大呈灰白色、充血、颜色不均一或有针尖状的白点。内脏可能出现点状或斑状出血，尤其是心脏。心脏有时肿大，并见有心包积液。核内包含体通常见于肝脏、肾脏、心脏、脾脏、骨髓、尾脂腺、皮肤和羽毛毛囊等组织中。常对活鸟的血液、鼻后孔和泄殖腔拭子进行DNA探针检查。

大型鸟舍的控制方法：避免在饲养过其他品种的鸟舍中饲养虎皮鹦鹉和相思鸟，严格执行标准的卫生程序，防止外来人员进入育雏室，杜绝引入未经过90 d隔离检疫的鸟。

宠物店的预防措施：不同来源的雏鸟应隔离饲养；从已进行多瘤病毒检测和疫苗接种的养鸟场采购雏鸟；理论上不应购买和出售不能自主进食的雏鸟。

检查包括收集泄殖腔和鼻后孔拭子，进行脱落病毒的PCR检测，血液病毒中和抗体试验用于检测可能感染的鸟只。

可使用市售疫苗。对繁殖用鸟只，间隔2周分2次接种疫苗，应在繁殖淡季完成。疫苗制造商建议雏鸟在35日龄后首免，2～3周后加强免疫1次。

2. 玩赏鸟泄殖腔乳头状瘤病（内部乳头状瘤病）　泄殖腔乳头瘤病与一种可引起急性帕切科疾病的疱疹病毒毒株有关（如下）。乳头瘤病往往群发，特别在金刚鹦鹉和亚马逊鹦鹉的繁殖群更易发病。病变始于泄殖腔内边缘，最终导致泄殖腔红肿脱垂，病变可蔓延至嘴和上消化道。治疗方法包括手术摘除（手术切除、电烙术、冷冻手术、放射治疗）或化学腐蚀（局部用硝酸银），但不能根治。此病每年都可能复发，自家苗免疫作用尚不明确。可以多次切除乳头瘤，但可导致泄殖腔狭窄等后遗症，并出现继发感染，尤其是大肠埃希菌、梭状芽孢杆菌引起的继发感染。

3. 鹦鹉喙羽病　鹦鹉喙羽病（psittacine beak and feather disease，PBFD）的病原是鹦鹉圆环病毒。该病并非根据典型的临床症状命名，据首次报道，发病的凤头鹦鹉既无喙异常，也无严重典型的羽毛异常。PCR筛查已大大降低此病在人工养殖凤头鹦鹉中的发病率。然而，在非洲灰鹦鹉、折衷鹦鹉、相思鸟、吸蜜鹦鹉和其他种类中，该疾病仍较常见。任何种属的鹦鹉均可感染本病，欧洲大陆的种类更易感，且在野生和家养鹦鹉中均有报道。自然感染主要见于幼鸟，3岁以上的成鸟很少感染。

典型症状包括：羽毛脱落、纤羽异常（缢缩、短小呈棒状）、成羽畸形（轴出血）以及羽用型物种缺乏绒羽。还可能出现彩色羽毛颜色变浅。该病能导致免疫抑制。雏鸟可能呈急性感染，精神沉郁后数日，生长期的羽毛发生明显病变，并导致猝死。

诊断依据包括：大体病变、血浆PCR检测以及感染毛囊活检显示嗜碱性包含物的存在。PCR可用于检测隐性感染的鸟。这些鸟可能随后发病，也可能产生抵抗力。对于PCR检测结果呈阳性但无症状的鸟，建议隔离后再检查。

在大多数临床病例中，鉴于该病的高度传染性和不良转归，对临床感染的鸟只一般应隔离并最终施行安乐死。在有易感种属的繁殖场，建议严格卫生管理并注意防尘，对鸟和环境进行PCR检测筛查，并长期施行隔离措施。在受感染的繁育场，应对所有蛋进行清洁，若有必要应进行人工孵化。

4. 帕切科病（帕切科疱疹病）　帕切科病（Pacheco's disease，PD）是由疱疹病毒引起的一种高度传染的急性病，常见于鹦鹉。它与应激有关，通过健康携带者排毒，使易感鸟群发生感染。该病毒通过直接接触、空气传播或由粪便污染的食物或水间接传播。金刚鹦鹉、亚马逊鹦鹉、和尚鹦鹉及锥尾鹦鹉也常发病。欧洲大陆的物种一般不携带病毒和发病。巴塔哥尼亚种和一些锥尾属鹦鹉可能是该病毒的自然宿主，发生应激时，一些个体能无症状地排毒。其他物种也可能是携带者。

晚期症状包括引起外观健康鸟的急性死亡，粪便稀少并含有浅黄色尿酸盐。由于发病急，组织无明显病变。然而，此病通常引起感染鸟的肝、脾和肾肿大。肝脏颜色严重变浅或呈花斑状，心包和肠系膜脂肪组织出现瘀斑和瘀点。应注意与急性沙门氏菌病、多瘤病毒病和鹦鹉的呼肠孤病毒病进行鉴别诊断。暴发本病时，可用阿昔洛韦（80 mg/kg，每日3次；或按照400 mg/kg饲料，拌料）。然而，处理不慎会加剧传播的风险。在本病暴发期间制备和使用自家苗，能有效降低发病率和死亡率。

5. 前胃扩张综合征（金刚鹦鹉消瘦症） 尽管所有鹦鹉均易发生腺胃扩张（PDD），但该病主要发生于金刚鹦鹉、锥尾鹦鹉和非洲灰鹦鹉。近来，有人认为此病与波纳病毒感染有关，正在研究该病的PCR检测方法。发病鸟只常表现为慢性消瘦（常继发于初期食欲增加后），消化道中存在未消化的食物（当粪便中存在完整的种子时最易辨认）和回吐（反胃）。可在X线检查中发现腺胃膨胀，一些种类会出现抽搐、震颤、虚弱、共济失调和失明等神经症状，有可能伴随胃肠道病变。此病呈散发，发病率低但死亡率高。

典型的组织学变化包括腺胃和部分胃肠道呈现多病灶淋巴细胞性和浆细胞性的神经节神经炎。鼻后孔和泄殖腔拭子或粪便的PCR检测，以及血清学检查（如ELISA）都证实鸟体内存在波纳病毒。鉴别诊

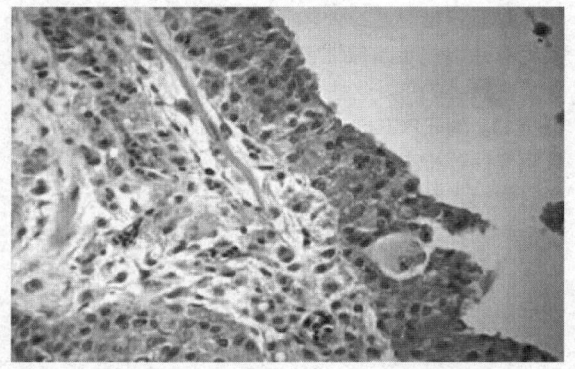

图17-18 金丝雀皮肤痘病，显示细胞质嗜酸性包含体
（布林体，Bollinger's bodies）
（由Katherine Quesenberry博士提供）

断包括重金属中毒、异物阻塞、体内乳头瘤样增生、体内肿瘤和胃肠道传染病（包括细菌和真菌性的腺胃感染）。临床病变多样，可能表现为血清肌酸磷酸激酶增加，淋巴细胞、单核细胞和异嗜性细胞的轻微增多。由于吸收不良导致总蛋白含量偏低，对感染鸟只进行腺胃组织活检时，可见组织容易裂开。嗉囊活检是一种微创诊断方法，当观察到样本中有多量神经组织分布时可确诊该病；但当嗉囊活检为阴性时并不能排除PDD的存在。

治疗腺胃扩张的方法为饲喂易消化的食物，并辅以NSAID（如美洛昔康、塞来昔布等）。若证实鸟舍有腺胃扩张的病例时，应隔离患鸟、加强通风，以减少或根除本病。

6. 其他疱疹病毒的感染 虽然疱疹病毒也可引起亚马逊鹦鹉气管炎，但发病率低。其他疱疹病毒的临床症状，包括引起凤头鹦鹉属乳头状瘤基部病变和金刚鹦鹉足部皮肤褪色。

7. 痘病 因进口限制，蓝顶亚马逊鹦鹉已很少发生痘病。兽医通常在金丝雀、相思鸟和鸽子等有特定宿主范围的玩赏鸟中发现痘病。

（1）**临床表现** 临床表现有以下三种不同类型。①皮肤型：最常见于无羽毛覆盖部位，如面部，特别是眼眶和嘴附近，腿部和脚部，出现不连续的丘疹、脓疱或者结痂（因感染阶段不同而异）。死亡率较低，且这种感染通常具有自限性。②白喉型（"湿"型）：白喉型可由皮肤型进一步发展而成，也可独立出现。表现为眼睑炎、结膜水肿、结膜炎，进而口咽黏膜、上呼吸道和食管的纤维素病变，死亡率通常很高。③急性型：普遍表现为精神沉郁、发绀、厌食和迅速死亡。

该病毒会引起嗜酸性胞浆内包含体（布林体）取代上皮细胞的胞核，导致细胞肿胀。与原发性损伤比较，永久性损伤较少见，但常见眼睑疤痕化和角膜轻度浑浊等后遗症。

（2）**诊断** 通过病毒分离和观察到气球样变性的表皮增生、上皮内囊泡、嗜酸性变化、胞浆内包含体等典型的组织学病变进行诊断。

（3）**治疗与控制** 防控措施包括注射维生素A、外用眼膏、热敷、保湿和注射抗生素治疗，每日应清理感染区，并注意饮食调节。该病毒通过昆虫（蚊子叮咬）或受损皮肤传播。因此，防止疫情暴发的重要途径是灭蚊和室内饲养。可用市售的金丝雀痘和鸽痘疫苗防控本病，但要注意种属特异性问题。

8. 嗜内脏速发型新城疫（外来新城疫） 嗜内脏速发型玩赏鸟新城疫（VVND）的病原是一种副黏病毒，能感染大多数鸟类，对家禽养殖业造成重大威

脏。传播途径包括：经呼吸道传播，摄入受粪便污染的饲料或水，直接接触感染鸟和媒介物。

鸟类可能无临床症状或急性死亡，表现为精神沉郁、厌食、消瘦、打喷嚏、流鼻涕、呼吸困难、结膜炎、腹泻（亮黄绿色物）、共济失调、甩头和角弓反张。慢性发病时，可能观察到单侧或双侧的翅膀和腿瘫痪、斜颈、打转、瞳孔放大等症状。主要与其他副黏病毒（非新城疫）、鹦鹉腺胃扩张综合征和重金属中毒进行鉴别诊断。

病变包括肝、脾肿大、所有内脏和气囊的浆膜表面有出血点或出血斑、气囊炎及大量的淡黄色腹水。传统的诊断方法是进行病毒分离，但现在可用全血或血清进行琼脂凝胶免疫扩散试验进行诊断。

只能对症治疗，但是不建议进行治疗。若疑似VVND感染，必须向相关部门报告。接种疫苗不能消除体内病毒且影响检疫，因此进入美国的鸟只禁止接种疫苗。

亦有几种致病力较弱的副黏病毒毒株。据报道，3型副黏病毒病最常发生于草原鹦鹉、相思鸟和胡锦雀，可能尚未引起明显的临床症状即致患鸟猝死。病程较长时，可能会出现呼吸道症状、胰腺炎和斜颈。

9. 禽流感　禽流感病毒是一种正黏病毒。由于某些毒株可致人发病，且不断发生基因突变，该病毒将受到更多关注。原因在于它既是人兽共患病，又影响家禽养殖业的经济效益。

八、老龄疾病

随着玩赏鸟平均寿命的增加，老龄疾病的发病率也随之增加，比如白内障、肿瘤、关节炎和心血管疾病。

1. 白内障　随着年龄增长，许多种类的鹦鹉都会出现白内障，尤其是亚马逊金刚鹦鹉和澳洲鹦鹉。这些种属可能对该病易感，也可能是由于老龄鸟比例过高。若为慢性发病，通常发生适应性视力下降。

每次年检时都应对眼睛进行检查，以便发现晶状体浑浊的早期病变。由于宠物鹦鹉的角膜和瞳孔较小，可导致众多的后天性疾病，建议眼科医生对老龄鸟进行筛查。老龄鸟可能患有其他眼科疾病，如干燥性角膜结膜炎、角膜溃疡、第三眼睑异常、眼前房积脓、前葡萄膜炎、眼结膜肉芽肿和结膜感染（如衣原体、支原体、痘病毒感染）、哈德腺腺瘤和淋巴瘤。

对于体形较大的鹦鹉，可采用手术切除白内障。手术前应对其健康状况和白内障对其生活质量的影响程度进行评估。由于鸟虹膜中是骨骼肌而非平滑肌，所以常用的扩瞳剂不适用于鸟类。对于视力下降的鸟

类而言，内部环境的微小改变都很危险。

2. 关节炎　任何年龄的鸟均可发生化脓性和创伤性关节炎。化脓性关节炎最常出现于趾部。多种动物均可发生老龄性关节炎，鸟类也不例外。鸟较小的体形增加了X线诊断的困难。从X线检查看，尽管髋关节活动受限常见于老龄鸟，但后腿膝关节病更常见。鸟的体重过大、全身状况较差、陈旧性损伤以及任何并发的疾病可能是诱发或加重关节炎的原因。常并发爪部炎症，导致活动减少，可能也正是由于鸟活动减少的结果。营养不良常影响跖部上皮组织的完整性，感染的鸟常并发肥胖症。鸟笼的环境，尤其是鸟笼材料的品种、直径和栖木的质地，在给关节炎患鸟提供舒适安定的环境方面具有重要作用，同时也能预防和减少跖部皮炎的发生。如果可能的话，应该留下鸟的指甲尖，以利于增加其抓握时的力度和稳定性。翅膀有助于保持平衡因此不应过度修剪羽毛。美洛昔康等药物、氨基葡萄糖、针灸和其他全身疗法已成功用于减少鸟类的炎症反应及其不适。

关节痛风也常见于老龄鸟。根据病程进展、对生活质量的影响以及预后的差异，可区分关节炎和关节痛风。

3. 心脏病　随着鸟类寿命增长和诊断技术的提高，心脏疾病的发病率呈上升趋势。由于与呼吸道疾病等症状相似而很难被检出。患鸟虚弱、嗜睡、呼吸频率增加并伴有呼吸困难。右心发病时，常见肝肿大和腹水。疾病也可能是亚临床型，在诊断测试或治疗过程中可突然发病并导致死亡。鸟类的右侧心脏疾病比左侧心脏疾病更常见。

建议联合心脏科医生一起治疗疑似有心脏病的患鸟。对心血管异常的诊断和对治疗方案的制订，既需要禽类解剖学和生理学的知识，又需要心脏科医生的诊断技能和用药规范。尽管是借鉴哺乳动物的方法来治疗鸟类，但大量报告显示，心脏药物治疗可有效改善鸟的心脏功能，提高生活质量和延长寿命。

（1）肺动脉高压　鸟的心血管系统在解剖学和生理学方面不同于哺乳动物。其右侧房室瓣为单一、无腱索的肌性瓣膜。鸟类的房室瓣不具有保持肺血管低阻力（血管扩张性和脉管系统补充）的生理功能，导致肺脉管系统既不能通过改变血管直径，也不能通过改变血管的使用比例来适应心输出量的增加。这至少是家禽业肺动脉高压综合征（PHS）及鹦鹉右心疾病发病率高的部分原因。PHS对肉鸡和蛋鸡影响的研究表明，肺动脉高压能使鸡血管内两种血管活性物质（舒血管成分和缩血管成分）增加。对于PHS易感的肉鸡和蛋鸡，血管收缩剂的效应比血管舒张剂的效应更强。对于患有肺动脉高压的老龄鹦鹉，可尝试使用

血管舒张疗法。金刚鹦鹉哮喘理论上可导致肺动脉高压，其机制与慢性毛细管缺氧和继发性红细胞增多症有关。

（2）**动脉粥样硬化** 鹦鹉常发生动脉粥样硬化。除在非洲灰鹦鹉有幼年发病的记录外，其他均发生于老龄阶段。X线检查显示，右侧主动脉弓扩张伴密度增加。常出现高脂血症，表现为胆固醇和甘油三酯含量升高。遗憾的是，尚缺乏准确的死前检查方法。尸检观察到动脉壁显著增厚。

（3）**心脏超声波** 处理患鸟时的应激，可使其心脏内的血流速度增加300%。因此，除最温驯的鸟外，在人为保定做心脏超声波检查前应吸入麻醉剂。对鸟类进行超声心动图时，所需的设备包括一个带多普勒功能、最小速度为100帧/s的超声波装置，或最低频率为7.5 MHz的相控阵探头。鸟类的解剖结构限制超声波心动描记仪的使用。现已获得部分鸟的心腔大小、血流速度和功能收缩性等正常参数，并发现有瓣膜闭锁不全的情况，相关研究正在进行中。

九、肿瘤病

鸟类肿瘤常见部位和发生种类与其他伴侣动物相同，不同的是肿瘤的分布和发病率。

1. 假性皮肤肿瘤 黄色瘤是通常分布于皮下的黄色脂肪样团块。尽管任何部位都可发生黄色瘤，但最常见于翼远端、龙骨、胸耻骨区。大多数鹦鹉可发生黄色瘤，其中鸡尾鹦鹉和虎皮鹦鹉发病率极高。虽然病因尚不明确，对早期病例进行饮食调整有一定疗效，如补充适量的维生素A或维生素A前体。黄色瘤常见于血管附近。如果进行手术切除，应采取严格的止血措施。

玩赏鸟脂肪瘤最常发生于虎皮鹦鹉，极少发生于其他鹦鹉。常见发病部位为龙骨或胸耻骨区。

2. 皮肤与皮下肿瘤 纤维肉瘤是带有小叶的皮下包块，但不浸润皮肤，偶见红斑性皮肤损伤。纤维肉瘤往往具有局部浸润性和复发性。手术切除后进行放射疗法和化疗，具有一定的疗效。

鳞状上皮细胞癌最常见于翼远端、趾骨和头部的黏膜与皮肤交界处。该肿瘤具有局部浸润性。除手术切除外，采用顺铂放射治疗也初见成效。尾脂（用嘴整理）腺也可发生鳞状细胞癌。

据报道，鹦鹉也可发生肌肉骨骼系统肿瘤，包括骨肉瘤、软骨瘤、软骨肉瘤、血管瘤和平滑肌肉瘤。虽然可借鉴使用犬猫肿瘤学的其他治疗方法，但仍建议采取大范围的手术切除。

体内的癌包括卵巢肿瘤（多种细胞起源）、肾癌、肝癌、肝胆管腺癌（与亚马逊鹦鹉的乳头状瘤有关）。卡铂和顺铂已经成功用于治疗各种体内癌。凤头鹦鹉服用顺铂后的毒性研究表明：鹦鹉对此药的耐受量可能比哺乳动物大。胃癌通过尸检得到确诊，发病部位通常在腺胃和肌胃交界处。胃肿瘤的致死原因可能包括胃出血、胃穿孔、败血症、内毒素休克、营养不足和吸收不良等。

垂体腺瘤最常见于虎皮鹦鹉和澳洲鹦鹉，也可见于其他鹦鹉。发病时可见急性神经症状（如癫痫和角弓反张）。受到影响的垂体激素使患鸟表现出与该激素相关的症状（如ACTH引起的烦渴多饮和多尿症）。

据报道，在几种鹦鹉体内发现胸腺瘤和甲状腺腺癌。原发于胰腺的多种细胞起源的肿瘤也有报道。

与其他伴侣动物相似，玩赏鸟淋巴瘤可表现出多种临床症状。化疗和放射治疗已被成功用于治疗淋巴瘤。尚无证据表明鹦鹉的淋巴瘤与逆转录病毒的存在有关。

除澳洲鹦鹉发生一种混合型肺肿瘤之外，鹦鹉极少发生原发性呼吸道肿瘤。可能出现转移性肺肿瘤，但与犬的转移性肺肿瘤发生率相比，其概率很低。

许多鸟类化疗报告表明：鸟类对化疗药物的耐受性比预期更高，肿瘤对化疗药的应答也比预期更差。报道显示鸟类肿瘤的抗辐射能力比哺乳动物更强。

十、营养性疾病

在过去的十年，鸟的营养得到了很大改善，现已有颗粒料和有机配合饲料销售，家养的青年鹦鹉普遍可接受这些饲料。然而，少数品种鹦鹉的营养要求尚不清楚，玩赏鸟常在营养不良的情况下发生多种疾病，包括肝脏疾病、肾功能不全、呼吸功能障碍、肌肉骨骼疾病和生殖问题。玩赏鸟相关营养信息。

1. 维生素A缺乏症 玩赏鸟常呈亚临床发病，难以识别是否患病。该病的典型症状是口腔、眼睛和鼻窦内部及其外周出现白斑（过度角化）。常见后鼻孔乳头变钝或消失。顽固性或复发性的爪部皮炎、鼻窦炎和结膜炎等慢性上皮病，通常提示主要病因是维生素A缺乏。治疗时可按100 000 U/kg肌内注射维生素A。鸟缺乏维生素A时，每日用维生素A前体，如螺旋藻（spirolina），喷洒拌料是一种安全的添加方式。应该对玩赏鸟饮食中维生素A的含量进行评估。

2. 碘缺乏症 甲状腺肿或甲状腺增生并不常见。典型症状包括呼吸喘鸣、喘息以及由甲状腺挤压鸣管所产生的破裂声。复方碘溶液（1滴/250 mL饮水）可治疗本病。待甲状腺消散成颗粒状或种子状，且临床症状消退后停止用药。

3. 钙、磷和与维生素D_3失衡 众所周知，以籽实为主的饲料中钙磷比例失衡，且缺乏氨基酸。许多鹦鹉喜食葵花籽，该食物钙含量低、缺乏必需氨基酸且富含脂肪。与普遍观点相反，红花种子的脂肪含量比葵花种子更高，也存在氨基酸和钙含量不足的问题。

4. 非洲灰鹦鹉急性低钙血症 此综合征的特点是乏力、震颤和抽搐。虽然正在对该动物甲状旁腺激素异常及其对紫外线的需求进行研究，但病因尚不明确。肠外补充钙制剂能使症状立即改善。应与重金属中毒、病毒性感染（PDD、圆环病毒）、创伤和特发性癫痫进行鉴别诊断。对于雏鸟（尤其是非洲灰鹦鹉），低钙血症可表现为骨营养不良，长骨和椎骨弯曲变形。

5. 维生素D中毒 在大多数情况下，口服摄入过量的钙不会引起临床症状，但是口服过量的维生素D_3会导致钙在组织（如肾脏）中的有害聚集。对敏感的物种（如金刚鹦鹉）应慎重添加。

6. 其余营养相关问题 除了上述鹦鹉传统日粮引起的营养缺乏症外，以下日粮的问题也值得注意：①由于缺乏纤维素酶，鸟类对生胡萝卜中的维生素A的吸收利用相对较差。②鸟对种子和颗粒饲料中添加的色素和防腐剂有潜在敏感性。③以种子为主食的玩赏鸟，易发生脂肪肝、动脉粥样硬化和右心衰竭等疾病。④由于食入储存不当的种子和宠物级别的花生导致黄曲霉毒素中毒，从而继发肝纤维化和肝硬化。⑤主人提供的食物（餐桌上的食品、配制的颗粒饲料和蔬菜等）和鸟实际所采食食物（籽实）的差异。⑥通过饮水补充维生素和矿物质降低了水的适口性，这不仅不利于补充营养物质，还可导致饮水量下降和脱水。

十一、繁殖病

1. 挟蛋症 这种病常见于笼养雌鸟，多发生于玄凤鹦鹉、虎皮鹦鹉和相思鸟。通常这些鸟本来产蛋就慢，病因包括钙缺乏、营养储备的大量消耗和潜在的输卵管运动迟缓。有必要在取卵前采用支持性护理，如补液、注射补钙、增加温湿度。

催产素及禽用类似物、精氨酸催产素与前列腺素$F_{2\alpha}$和E_2，都会引起子宫部收缩，并可能诱发产蛋。如果蛋与子宫壁粘连，无法下行（常因软组织肿胀或尿酸盐和粪便蓄积），使用这些药物理论上可能导致子宫破裂，但尚无相关报道。

如果通过药物处理仍不能排卵，可在吸入麻醉后手术取出。轻度麻醉可使应激降低（因疼痛减轻），肌肉松弛度增加。应抬高头部和胸部以利于呼吸。除卵和子宫壁发生粘连外，在胸骨末端和蛋之间运用手指推压能使蛋缓慢排出。此时，子宫往往会外翻，显现

的白色小孔即为子宫开口位。开口逐渐扩大，通常不需再额外施压。蛋产出后，子宫能正常复原。如发生出血，建议使用抗生素防止泄殖腔或子宫感染。手术后，雌鸟会持续萎靡，伴有呼吸困难，并持续24 h。第2个蛋可能会在第2 d产出，所以建议多次触诊。

虽然大型鹦鹉患病出现过度产蛋的情况并不常见，但此类鹦鹉也可发生挟蛋症，可能与肥胖、整体营养不足、习性和饲养条件有关。

2. 卵巢囊肿病 患有卵巢囊肿病的鸟类往往有过早产蛋的历史。可能已数年停止产蛋，但直到发病时，主人们才注意到生殖行为的异常。患鸟常出现精神沉郁、反应迟钝和呼吸困难。腹部触诊常膨大伴有腹水。卵巢囊肿病的积液通常是渗出液。应对渗出液进行检查，以确定是否有继发感染或卵黄性腹膜炎。小心地从腹中线抽吸出积液可缓解呼吸困难的症状。

在鸟安定状态下拍摄的X线片往往证实有股骨和其他长骨的骨质增生。在侧面图中，胃移向头侧，肾和性腺部位出现占位性肿块。除正常发育的卵泡外，超声波也可检测到囊性卵泡。

用利普安（100～800 μg/kg，肌内注射，30～45 d，一个疗程）治疗可导致卵泡闭锁、囊性卵泡体积减小和活动性减弱。若无并发感染或肿瘤形成，则无需进行外科手术。

3. 脱肛 该病常见于成年的伞形鹦鹉和摩鹿加凤头鹦鹉，病因不详。但大多数病例具有以下的几个特征：①翅膀张开，②哺育期延长和/或继续觅食，③对至少一人过度依恋，④与主人表现为亲子或伴侣关系，而主人可能未意识到，⑤长时间不排粪，如整夜笼内未见粪便。

不依赖于人类的凤头鹦鹉没有类似的医疗问题。虽然病因尚不明确，但被提及的原因包括长期乞食引起排泄口过劳和扩张；对人类的异常性吸引导致排泄口变形和移位；粪便在泄殖腔长时间滞留引起其扩张。也可能由上述多因素的共同作用所致。

若及时发现和尽早治疗，外科手术配合行为矫正可解决上述问题，并防止继发感染和其他并发症。鸟主人常爱抚鸟以吸引其注意，因而不愿改变这种行为。如果鸟仍将主人视为其父母或配偶，则将持续其行为并导致病症复发。应避免的行为包括按抚鸟，尤其是背部（如抚摸）；饲喂温热的食物，或用手或嘴饲喂食物；将鸟贴近身体加以爱抚。若鸟主人极力试图改变鸟的行为模式，建议咨询有兽医行为学资质且治疗过鹦鹉的兽医。

十二、中毒

1. 重金属中毒 玩赏鸟易发生铅和锌中毒。油

漆、彩绘玻璃灯或窗子、窗帘铅砝码上涂抹的铅，以及其他含铅金属物体经常被玩赏鸟采食。锌中毒的来源可能是镀锌的笼线和涂抹在其他金属物体上为防止生锈的发亮金属。

重金属中毒的临床症状包括呕吐、多饮、抑郁、胆绿素增多、嗜睡和虚弱。亚马逊鹦鹉属、锥尾鹦哥属、折衷鹦鹉和其他一些种属在铅中毒时可出现血红蛋白尿。铅中毒可引起神经系统过度兴奋和癫痫。

根据血清铅和锌的水平进行诊断。实验室应采取适当的诊疗方法。在急性病例及初步诊断血清重金属含量尚不明确时，X线检查常显示砂囊内有高电子密度的金属物。此种情况下，确诊前的治疗可挽救鸟的生命。所有病例可使用乙二胺四乙酸钙治疗（肌内注射30～50 mg/kg，每日2～3次直至症状消失），且起效快。也可配合施行液体疗法。若鸟病情稳定且能口服药物，可配合使用D-青霉胺（30～50 mg/kg，每日2次）和其他口服螯合剂。

2. 聚四氟乙烯中毒 如果锅过热，不粘锅涂层可产生致命的酸性气体。一些地毯清洁剂、微波炉中塑料熔化或烧毁、香水、除臭剂、燃烧的蜡烛和新加热系统产生的其他气溶胶对玩赏鸟有刺激性或毒性。

3. 铁贮积病 虽然本病常表现为血色素沉着，但不同血色素沉着症的病理和生理变化不同可能还不相同。因此，这种情况统称为铁贮积病。这种病常发于宠物八哥和犀鸟，也发生于天堂鸟等动物园鸟类，偶见鹦鹉属尤其是吸蜜类鹦鹉患病的报道。铁贮积病可能与摄入过多的铁有关。但并非所有鸟类在摄入相同的食物后都会受到影响。这可能与应激或遗传因素有关。某些富含维生素C的食物，如柑橘类水果，可增加铁的吸收。犀鸟和八哥的日粮中含铁量应小于50～100 mg/kg。如果出现临床症状，有效的办法是降低日粮中的含铁量和维生素C以及定期放血。对八哥和犀鸟而言，应谨慎定期给予低铁日粮（可使用商业饲料）。

十三、外伤

当鸟急性出血时，最重要的是要分辨出是明显的外出血（如翼、血羽、喙、趾甲），还是无活动性出血且笼子或鸟身上沾有血迹。如果仍有明显的出血，需进行人工止血，若出血已停止可不进行治疗。

呼吸困难的鸟最初应置于供氧孵化器内。若无过热（气喘和展翅）症状或头部外伤，则应加热孵化器。只要患鸟可经受治疗，就应尽快进行皮下注射补液。治疗可在进入孵化器之前或之后进行。最初可能出现伴有呼吸急促的低血容量休克。对出现穿透伤或广泛外伤的鸟而言，在其病情稳定后的一段时间内应注意是否出现脓毒性休克或败血症。

治疗轻微创伤或外部创伤鸟的首要目的是使其存活，其次才是处理创伤组织。例如，一只鸟由于腿被捆绑而挣扎数小时，胫跗骨可能已断裂，但这只鸟更易死于长时间挣扎引起的应激，而不是骨折。暂时固定受伤组织是恢复体内稳态的第一步。固定好受伤组织后才能进行后续治疗。

十四、杂病

患有糖尿病的玩赏鸟出现多尿、烦渴以及高血糖和糖尿的症状。鸟类的正常血糖水平显著高于哺乳动物。糖尿病常伴发有肥胖、胰腺或生育问题，并发症可能呈一过性。对不同种属而言，可能表现出胰岛素缺乏或胰高血糖素相对增加。鸟类持续高血糖的机制可能与哺乳动物不同，因此，对鸟类糖尿病的分类有很大的争议。目前，鸟类高血糖的病因尚不清楚。胰高血糖素调节鸟类血糖水平的作用似乎较胰岛素强得多。哺乳动物胰岛素对鸟类的作用是多样的，但作用效果不如哺乳动物明显。口服降血糖药物，如格列吡嗪和格华止，一般经饮水给药，因为饮水量在达到药物的治疗水平后会减少，摄入的药物量也随之减少。

痛风是由尿酸在机体内异常沉积所致。关节痛风发生于鸟类的关节部（最常见的为跗关节和趾关节），常导致剧烈疼痛。如果不能有效控制病情，可施行安乐死。可根据是否有痛风石对关节痛风进行诊断，痛风石由尿酸结晶于皮下和关节内，呈黄白色。多数情况下，由于痛风石常位于血管内，手术易引起严重出血，因此手术去除痛风石不可行。此外，除非可以查明、纠正或控制潜在病因，否则新的痛风石又将迅速出现。别嘌呤醇（口服10～30 mg/kg，每日2次）和秋水仙素（口服0.04 mg/kg，每日1～2次）可能会有效控制关节痛风。内脏型痛风死前不易诊断。尿酸常沉积于多种器官的浆膜面和肾小管。临床症状通常只表现为急性死亡。内脏痛风很少引起血清尿酸含量升高。引起鸟类痛风的遗传、营养或环境因素还不明确。但是，目前通常采用低蛋白日粮治疗高尿酸的患鸟。

羽毛囊肿是由羽毛向内生长所致，可导致肉芽肿团块形成。如若不将大量羽毛囊剖开，本病易复发。对于有多重因素影响羽毛生长的鸟类，如有基因缺陷的诺维奇金丝雀，该办法并不可行。

羽毛破坏性行为

"啄羽"一词通常用于描述从轻度整羽到重度自残的行为。出现啄羽后的管理通常较困难。啄羽很少由单一病因引起，谨慎的做法是研究所有可能引起啄羽的原因，包括潜在的医疗问题。在啄羽刚出现时，兽医应与主人有效沟通，让其认识到该病不能通过某一简单的（或事实上，几种）治疗方法治愈。目的旨在改善鸟的健康善况，逐渐减少甚至消除啄羽行为。

啄羽症可能的病因包括：①体内寄生虫（澳洲鹦鹉多为梨形鞭毛虫病）和少数绦虫或蛔虫。②体外寄生虫（少量）。③伴有搔痒的肝病。④体腔肉芽肿或肿块。⑤瘤形成导致的局部啄羽与潜在的肿块有关。⑥原发或继发于过度拔羽或残羽的毛囊炎或皮炎。细菌、病毒、真菌或酵母均可诱发。⑦过敏。虽然难以确诊，采用筛查法做假定性诊断，排查环境或饲料中的疑似致敏原，可使啄羽症状减轻。⑧内分泌异常，甲状腺功能减退最为常见。但鸟类的甲状腺功能减退常被过度诊断，因为目前尚缺乏鸟类甲状腺素含量的正常参考值，已有记录的T_4基础值范围小，且通过测试难以获得准确的甲状腺激素含量。尽管如此，肥胖鸟如果限饲后体重不减轻，同时出现羽毛品质差和较少换羽的现象，则可能患有甲状腺素缺乏。这些鸟的啄羽行为常表现为试图去除陈旧和破损的羽毛。⑨重金属中毒，尤其是锌。已有人猜测修羽和啄羽行为与摄入锌有关。许多病例经X线检查未查见重金属，则需要通过分析血液中的锌进行诊断。

营养不良导致的啄羽比上述情况更为常见。用纯籽实饲料和人类餐桌剩食饲喂常导致多重营养不良，进而引起皮肤和羽毛的发育异常，导致啄羽的发生，并可诱发许多后续医疗问题。籽实和多数颗粒料中添加的染料和防腐剂对鸟类有害。多数家养环境的湿度较低，也对皮肤有干燥作用。自然阳光、新鲜空气、湿度和正常光/暗周期不足都会对鸟类产生不利的生理和心理影响。

虽然药物治疗和环境因素改变可降低啄羽症的严重程度，但常演化为强迫行为。对上述问题的治疗可能在开始时有所改善，之后病情又会复发。心理应激源可使啄羽成为一种替代性行为。遗憾的是，消除应激源后啄羽行为却可能持续。鸟类在野外忙于寻找食物、维护其在群体中的地位、寻求伴侣、躲避捕食者和繁殖抚养后代，因而不会发生啄羽。因此，饲喂条件良好，所有需求均被满足的鸟会因为行为上的原因而出现啄羽。引起鸟类啄羽的心理情况也是多样的。过度刺激可能会引起神经质的鸟啄羽。为了感到刺激，或者通过增加笼内活动来引起威胁感，一些无聊的鸟也会啄羽，当有环境干扰或在躲避潜在的捕食者时，他们就会停止啄羽。性成熟的鸟开始啄羽可能是将其作为释放多余能量和不安的方式。这些鸟的主人常观察到鸟表现出更强的笼中领域性、对家庭成员更具侵略性，以及对陪伴的人类和无生命的物体表现出性行为。

要找到改变环境的恰当方法，需彻底了解鸟所处的环境和伴随啄羽出现的行为变化。当病史表明引起啄羽的原因为社会或性因素时，兽医和主人应在改变环境的同时给予激素或精神药物（表17-13）进行治疗。这些药物不会长期有效，还可能出现不良反应。给予玩赏鸟的大多数药物，未获得FDA认可。除了传统疗法外，针灸对一些病例也有效。不论是由于其抗前列腺素作用还是本身缺乏脂肪酸，日粮中补充ω-脂肪酸对防止本病有一定疗效。

对于玩赏鸟而言，似乎难以找到治疗啄羽症的理

表17-13　治疗玩赏鸟啄羽症的精神病药物[a]

药　名	剂　量	注　释
精神类药物		
阿米替林	1~2 mg/kg，PO，sid~bid	用药数周后可达最佳药效
氯米帕明	1 mg/kg，PO，sid	与阿米替林作用相似，但可在阿米替林治疗无效时使用
地西泮	2.5~4.0 mg/kg，PO，按需	药效欠佳，需较大剂量才能发挥镇静作用
氟哌啶醇	0.15 mg/kg，PO，大型鸟sid；0.2 mg/kg，PO，小型鸟bid	有严重不良反应，包括：厌食、肝功能障碍和CNS症状。多用于凤头鹦鹉
氟西汀	2 mg/kg，PO，bid	药效不定，需用药数周才可达最佳药效
激素类		
醋酸甲羟孕酮	——	减少性行为，因对增重、多尿、烦渴、嗜睡、肝病、糖尿病和死亡等有严重不良反应而不推荐使用
促性腺激素释放激素（如醋酸亮丙瑞林）	300~800 μg/kg，IM	通过降低性激素负反馈调节以减少性行为

a. 均为标签外用法。

想方案。环境干预、良好的营养保证和适应种属和性情的心理调节，可有效减少本病的发生。建议咨询熟悉鹦鹉且经资格认证的行为学家。

第十一节　垂腹猪

垂腹猪（PBP）有较短或中等长度的皱鼻子、耳小直立、头部面颊大、脖子短、有明显的大肚子、摇晃的背部和不停摆动的直尾。1岁垂腹猪的CON和LEA线不应超过45.72 cm（理想高度≤35.56 cm）或体重不超过43 kg（理想体重≤22.7 kg）。垂腹猪的寿命为8～20岁，通常为10～15岁。过小或肥胖的垂腹猪寿命可能会缩短。血液和血清生化指标参考范围。

一、管理

1．环境　垂腹猪对过热或过冷较敏感，应为其提供干净、干燥和宽敞的环境。成年猪的适宜温度范围为18.3～23.9℃。因为猪不出汗，温度达29.4℃或以上会对成年猪产生应激。长期高温和高湿的环境对不能适应的垂腹猪可能是致命的。成年垂腹猪的降温法包括使身体周围的空气流通、湿润皮肤以蒸发降温（湿度低时更有效）、进行遮挡及使其在阴凉区生活。

新生仔猪对气流和寒冷敏感，要求环境温度一般应达到32℃。猪受寒后会出现扎堆、发抖和毛发竖立的现象。恶劣环境可导致新生仔猪24～36 h内濒死和低血糖。可用加热灯或垫子供暖，但应密切监控，防止猪因咀嚼电线而触电；温度过高会引起猪伸展四肢和喘气。

2．圈舍　垂腹猪可被饲养在室外或室内（或室内外），但必须经适当的驯化使其适应特定的环境。

饲养于室外的垂腹猪应有一个大的围栏（4.5 m²/头），围栏内有躺卧、采食和饮水的场所。猪会用泥土遮盖排泄物，应每日清除粪便，并加入新鲜的泥土覆盖和吸收尿液。应放入干草或稻草以在一定程度上满足猪翻拱的需求。活动式围栏的基部偶尔应填补一些新鲜的泥土。栅栏应固定好，以防被连根拔起，但围栏也应灵活，以便能定期移动和添加新鲜、清洁的泥土。围栏内被清除的陈旧泥土在闲置数月后可再次使用。如果围栏固定在固体表面（如混凝土板），则应每日清除粪便和尿液，并根据需要提供新鲜的干草或稻草。饮水器应牢固，以防因猪翻拱导致溢水或被咬坏。

饲养于室内的垂腹猪应有一个特定的场地（如洗衣房），在场地的一角为排粪区，而另一角是躺卧和采食区。废弃的箱子去掉一侧便于进出，可用于垂腹猪的排粪。因为猪有好奇心和咀嚼各种东西的习惯，

因此应使用无毒的褥草。提供毯子既可让猪藏身，也可满足其在室内翻拱的需要；也可选用装有泥土的盒子。

3．运动　垂腹猪不论是在室外还是室内都应进行运动。他们可被训练用皮带牵着走，或到锻炼区域再放开。每日锻炼很重要，不仅有利于身体健康，也能缓解无聊情绪，否则可能出现破坏性咀嚼、呆立或攻击行为。即使有机会，垂腹猪的锻炼量也不大，但外部环境中的各种刺激有益于其性情的形成。垂腹猪是喜欢冒险的食者，但许多庭院和园林植物对其是有毒的。

4．性情　健康去势的垂腹猪成年后，为保持其地位，可能对其他的垂腹猪和人变得更具侵略性和攻击性。这些攻击行为需要予以纠正，否则宠物可能学会用攻击性行为去获得它想要的一切。将厌恶的方式（如拍手、大声说话、跺脚）和对垂腹猪正确行为的奖励结合起来可有效解决问题。垂腹猪需要救助或被抛弃的一个常见原因是不能纠正其不良行为。

5．接种疫苗　去势的垂腹猪应接种疫苗以防止丹毒和破伤风。对饲养在户外并可与其他动物（如宠物动物园）接触的垂腹猪而言，接种破伤风类毒素十分重要。可以考虑使用钩端螺旋体病六联疫苗，但使用后会发生高热。因尚无专门批准用于垂腹猪的疫苗，所以常用市售的家猪疫苗替代。丹毒疫苗和破伤风疫苗首次免疫时接种2次，间隔3～4周，之后每6个月加强免疫丹毒疫苗1次，每年加强免疫破伤风疫苗1次，或在每年体检时同时加强免疫1次。育种的垂腹猪至少应进行丹毒病、钩端螺旋体病（六联苗）和细小病毒病免疫，疫苗应在配种和再次配种前接种2次，间隔3～4周，或每6～12个月接种1次。其他疫苗应在有感染风险时使用。针对各种病原体的常规疫苗接种，不仅能最大限度地减少发病，而且有助于防止人兽共患病的发生，还可达到宠物许可证的要求。给垂腹猪使用商品猪疫苗时应注意其安全性和有效性。特别是小猪应考虑每千克体重给予抗原的剂量。给予过量的抗原可能导致不良反应。由于美国垂腹猪的狂犬病发病率极低，因此垂腹猪可不接种狂犬病疫苗。

6．寄生虫的防治　垂腹猪体内外的寄生虫可能引发健康问题，询问主人时应考虑疥螨病和蛔虫病等人兽共患性。通过粪便漂浮法，应对6周龄和10周龄的垂腹猪分别检查鞭虫和蛔虫。驱虫可口服3 mg/kg芬苯达唑，每日1次，连用3 d；皮下注射伊维菌素300 μg/kg；或肌内注射多拉菌素300 μg/kg。垂腹猪最常见的外寄生虫是疥螨，注射用的伊维菌素和多拉菌素对其效果明显。

7．牙齿保健　应修整新生垂腹仔猪的8颗獠牙

（4颗乳侧切牙，4颗乳犬齿），以免伤害到同窝其他仔猪和划伤母猪的腹部。5～7月龄长出的四颗犬齿（恒齿）应在1岁时或1岁后进行第一次修整。细长的犬齿可能引起不适、错位咬合、持续咀嚼和流涎。垂腹猪的犬齿不断生长，每年使用产科线锯、机械锯或其他工具修整一次。修整时需进行镇静或麻醉。牙齿应尽可能修整至牙龈线，切勿伤及口腔黏膜或嘴唇；所有猪在修整犬齿后都不应露出牙根管。通常应使用破伤风抗毒素（500～1 500 U，根据垂腹猪大小调整剂量）和抗菌药。对免疫注射过破伤风类毒素疫苗的垂腹猪，可以不注射破伤风抗毒素。在修整犬牙时，可使用仪器人工刮除牙垢。用于小动物的口腔清洁剂可用于垂腹猪的保健，使用时应使其头部向下以避免吸入清洁剂。

老龄垂腹猪可能会出现脓肿和/或牙根裸露；如果出现厌食和/或磨牙症，在镇静（2.2 mg/kg替来他明-唑拉西泮，腿部肌内注射）后，使用内镜或徒手检查口腔。X线检查可对牙根脓肿进行诊断。对老龄垂腹猪而言，下颌骨角排液管的肿胀意味着发生了犬齿脓肿。即使是对熟练的外科医生而言，去除脓肿也是有难度的，可能会导致下颌骨骨折。然而，垂腹猪拔牙后使用抗生素和破伤风等预防措施，则恢复良好。

二、繁殖

1．母猪　小母猪大约在3月龄第一次发情。如果和同窝的公猪饲养在一起，小母猪缺乏发情或腹部膨大，则表明其可能已妊娠。如果母猪未出现发情周期，在发情后13 d黄体开始溶解时，使用具有促流产作用的前列腺素$F_{2\alpha}$，2次注射（25 kg猪的注射剂量为8 mg和5 mg），每次间隔12 h，3～7 d后即可发情。

垂腹猪特别容易难产。垂腹猪的产道对触诊检查胎猪而言过于狭窄，因此X线检查或超声检查可发现未出生的仔猪。如果阴道腔已打开，可使用催产素（5～10 U）帮助分娩。应在母猪中毒及子宫和血管变脆之前，及时决定是否施行剖腹产。虽然剖腹产有几种方法，但右侧法的优点有2个：护理人员可避开切口；借助重力牵拉闭合切口，可减少切口开裂的机会。无论采用哪种手术方式，初生仔猪都需要护理。

4～6月龄是垂腹猪进行卵巢子宫切除术的最佳时间。年长的雌性垂腹猪在21 d发情周期后的2～3 d会出现暴躁行为。由于子宫角阔韧带中富含大量血管，因此在发情期间对老年的垂腹猪实施卵巢子宫切除术是一项艰巨的任务；手术应延迟到发情7～10 d后进行。与膀胱切开术相同，采用远端正中线法作为卵巢子宫切除术的常规办法。子宫角向后折叠，位于子宫体与卵巢旁。在对犬和猫实施手术时，无需与卵巢韧带分离。结扎子宫的残留部分时应避免刺穿子宫颈，防止阴门间歇性术后出血。因术后伤口易裂开，右侧法可用于极度肥胖的垂腹猪。异氟醚和七氟醚麻醉有极好的肌松作用。恶性高热罕见于垂腹猪，迄今仅有一例垂腹猪在异氟醚气体麻醉下出现恶性高热的个案。术中和术后的低温应引起重视。诱导麻醉时应记录直肠温度，并在完全复苏之前应维持其正常体温。使用甲苯噻嗪加替来他明-唑拉西泮注射麻醉，5～6 h后才能恢复正常的体温调节。由于一些垂腹猪长时间处于背卧位时可出现呼吸暂停，因此插管优于面罩；但对垂腹猪插管并不容易，且长时间插管可能导致喉头水肿和术后并发症。

尽早切除卵巢能减少卵巢囊肿、子宫肿瘤和子宫内膜囊性增生的发生。体积增大的卵巢或子宫肿瘤（≥9～13.5 kg）可引起明显的腹部肿胀。外阴出血可能是子宫肿瘤的表现，可危及生命。虽然可以通过手术切除大部分卵巢瘤或子宫瘤，但对于肿瘤广泛扩散和浸润性生长的病例需要实施安乐死。

2．公猪　应将配种的垂腹猪公猪饲养在安全的围栏内；因为公猪对周围的动物或人群中会表现出不可预测性行为，因此不宜作为宠物饲养。通常在8～12周龄去势，使用注射或气体麻醉。一种麻醉方案是后腿部肌内注射2.2 mg/kg甲苯噻嗪进行诱导麻醉，再用6.6 mg/kg替来他明-唑拉西泮后腿部肌内注射麻醉。由于垂腹猪可能存在隐睾现象，因此有必要在手术前确认两个睾丸是否均降下。腹股沟疝可能是另一并发症。从颅部至阴囊方向做皮肤中线切口，结扎和剥离输精管和血管的步骤与犬类似。两个腹股沟环的区域应接近，以防止形成疝。去除被膜、提睾肌和外部的皮下组织，随后缝合以消除空隙，可防止血肿的形成。阉割时，包皮憩室或"气味腺"可通过外翻切除，以减少恶臭包皮液的蓄积和排放。脐疝可同时予以切除。早期阉割可能会影响包皮憩室的发育，户外饲养的垂腹猪可不切除。生殖道手术后，应及时注射破伤风抗毒素（用于近期未进行破伤风类毒素免疫接种的猪）和抗菌药。

三、饲养与营养

随时提供饮用水以防止脱水和食盐中毒（由缺水所致）。给予均衡的饲料以满足日常营养需求和防止肥胖。市场上可购买到垂腹猪在初生期，生长期及日常饲料的粉料或颗粒料。每头猪每日至少饲喂2餐。在专业兽医的指导下，可以饲喂商品化家猪粉料或颗粒料。为满足垂腹猪食欲，可在饲料中加入绿叶蔬菜、苜蓿和青草（但非杂草，因为其中某些有毒）。

可给予少量的水果，如苹果和葡萄等。由于垂腹猪易超重，应避免饲喂高能零食。

由于肥胖垂腹猪的最小运动量几乎不消耗能量，因此即使限制能量摄入，减肥也很困难。垂腹猪跛行是运动量受限的另一个常见因素。通过修整来保持蹄的正常长度有助于保持其运动性。肥胖的和瘸腿的垂腹猪可选择进行游泳锻炼，但需对其进行驯化和监管。

断奶仔猪若在出生后24 h内吃到足够的初乳，则生长较快。未吃到初乳的仔猪易患腹泻和败血病。为满足早期营养需要，可使用市售代乳品，也可使用2%～3%的巴氏杀菌奶或奶粉。在仔猪学会用浅碗或盘子喝牛奶之前，每隔4～6 h用带奶嘴的瓶子饲喂牛奶约28.35 g；通常情况下，24 h内需进行人工喂养。随着猪只长大，应逐渐增加饲喂量，而在腹泻时减少饲喂量。暴饮暴食导致的腹泻可用高岭土/果胶制剂治疗，每4 h给药1次。革兰阴性菌（如大肠埃希菌）可引起感染性腹泻，治疗可口服或胃肠外给予庆大霉素，或口服壮观霉素。应逐渐从液体饮食转换至固体饲料，开始时混入少量饲料使牛奶成稀粥状，随后逐渐增加饲料比例，至14 d时全部转换为饲料。转换为饲料后应提供更多的饮水。

三磷酸盐结晶尿可引起垂腹猪的尿石症，在日粮中加入尿液酸化剂可预防本病。至少有一种市售的垂腹猪饲料含氯化铵，还可购买含有氯化铵或柠檬酸的饲料添加剂。主人也可喂给水果或维生素C以酸化尿液。供给清洁和新鲜的饮水可防止三磷酸盐结晶尿的蓄积。在水中添加果汁中可增加饮水量并酸化尿液。尿石症与垂腹猪久待在凉爽天气中而饮水不足有关。

四、疾病

适宜的圈舍、营养和护理将最大限度地减少垂腹猪或其他种属动物疾病的发生。垂腹猪患病情况与商品猪相似，但某些疾病更多发于垂腹猪。

1. 胃肠系统 由于垂腹猪是杂食性动物，且易于吞食多种物体，因此胃炎和胃内异物是其常见病。室内饲养垂腹猪不能使其固定待在某个地方，加上为防止肥胖而减少其摄入能量，从而导致其不断寻找食物。将每日的日粮分为两次或多次饲喂，提供低热量食物（如生菜、卷心菜、芹菜、胡萝卜或青草）有助于满足食欲。如果吞入的异物较小或较柔软，异物在通过胃肠道时只引起轻度局灶性胃炎，则只需进行抗生素治疗。较大的异物可能会停留在胃内，或部分进入十二指肠甚至小肠。临床症状多呈急性，如呕吐和疝痛，在几日或几周内病情加剧，但也可能较轻微。X线检查可显示出明显的异物，或胃延迟排空。虽然

CBC的结果可表明感染情况，但通常意义不大；血清酶和电解质水平可反映出脱水情况。可进行手术治疗，如果胃肠组织已发生广泛坏死则手术意义不大。对逐渐恢复的垂腹猪要补液、补充营养、抗菌治疗和破伤风预防。

老龄垂腹猪肠管狭窄，常发生下消化道阻塞。典型症状为厌食、排粪少和腹部膨胀，腹部X线检查可观察到臌胀的肠道。镇静后用内镜对口腔、食道和胃进行检查以排除其他疾病情况。剖腹探查术后不论是否切除肠段均可通过吻合术进行治疗。

（1）**大肠埃希菌病** 青年垂腹猪易患大肠埃希菌病或大肠埃希菌腹泻。以出生后24 h内摄入初乳不足的仔猪致死率较高。老龄垂腹猪对大肠埃希菌病有较强的抵抗力。可通过病症、病史和粪便培养进行诊断。环境卫生可最大程度减少年轻垂腹猪群中传染性大肠埃希菌的数量，护理也可有效预防本病。可用市售的猪疫苗来预防大肠埃希菌病，母猪产仔引起母体免疫反应，且分泌IgA进入乳汁，因此免疫接种必须在产仔前进行。根据体外药敏试验进行治疗，但通常有效的抗生素包括口服或注射用庆大霉素或注射用头孢噻呋。

（2）**小肠结肠炎** 鼠伤寒沙门氏菌可感染任何年龄段的垂腹猪，并引起小肠结肠炎，但通常发生于断奶仔猪。沙门氏菌的来源包括垃圾桶中废弃的食物，接触带菌猪（如母猪）或其他动物的粪便。症状包括轻度腹泻至黏液性和血性的重度腹泻。通过病征、病史、粪便培养或PCR进行诊断。沙门氏菌对多种抗生素有耐药性，因此，体外药敏试验非常重要。治疗可胃肠外给予2.2 mg/kg庆大霉素，每日1次，连用3 d，或2.2 mg/kg恩诺沙星，每日2次，连用3 d。未经治疗的垂腹猪可能会死亡。患小肠结肠炎的部分垂腹猪在恢复期可能继发直肠狭窄，导致巨结肠和腹部膨大。用力排粪可致直肠脱垂。可以用手术治疗直肠脱垂，但不能从根本上解决问题。应当告知其主人，包括鼠伤寒沙门氏菌在内的多种沙门氏菌为人兽共患病。通过对健康垂腹猪进行粪便培养或PCR检测，可确定其是否感染沙门氏菌。多重检验比单一检验更加准确。商品猪的疫苗较少用于垂腹猪。

猪霍乱菌感染引起的菌血症或败血症，常侵袭断奶后的垂腹猪。病菌来源与鼠伤寒沙门氏菌相似。轻度或不明显腹泻通常伴有发热、嗜睡、厌食、四肢发绀和卧地，随后死亡。诊断、防治及其人兽共患的可能性与鼠伤寒沙门氏菌病类似；其人兽共患性主要危及免疫功能低下的人群。

（3）**便秘** 垂腹猪可出现便秘；但正常垂腹猪的粪便形状为一个或多个小圆柱体，若为多形性粪球，

则怀疑垂腹猪便秘。久坐不动的垂腹猪由于摄入的水较少易出现便秘，某些疾病也可导致便秘。治疗前应仔细检查。如果患有结肠炎，则禁止灌肠。轻度便秘可使用粪便软化剂或轻泻剂，如硫酸钠或硫酸镁。由于强制口服药物（特别是矿物油）会导致吸入性肺炎和死亡，因此药物最好混入食物中饲喂。为增加垂腹猪的饮水量，可加入果汁或明胶调味。有规律的运动有利于粪便的正常排出。

导致直肠脱垂的原因包括腹泻刺激肠道引起的肠道紧张、鼠伤寒小肠结肠炎感染后的直肠狭窄、直肠脱垂后的整复、膀胱炎、尿路结石、长期咳嗽、难产和可能的遗传因素。麻醉后对直肠进行荷包缝合可治疗简单且病程短的直肠脱垂，缝合后的直肠只能排出少量的粪便。复杂的病例需手术切除。虽然术后复发的可能性较小，但无论采用何种治疗方法，都仍有复发的可能。

老龄垂腹猪可发生淋巴肉瘤、淋巴瘤和肠道癌症。临床症状表现为呕吐、厌食、黑便、贫血和慢性消耗性疾病，最终死亡。通过尸体的组织病理学检查可以确诊。

2. 体被系统　垂腹猪几乎都存在皮肤干燥和鳞状皮肤的问题，并伴有程度不同的瘙痒。每周要用湿毛巾擦拭皮肤以除去皮肤上的鳞片。使用保湿乳液（如芦荟）可暂时缓解干裂问题。补充脂肪酸可长期缓解症状，但应慎用，否则会导致肥胖。

疥癣是垂腹猪最常见的体外寄生虫病。可根据剧烈瘙痒和皮炎进行假定性诊断。许多病例中，主人的手臂或腹部也出现瘙痒性皮肤病变。对病程较长的病例，可刮取不同部位的皮屑（深部刮取至带血）进行确诊，但病程较短的病例，因螨虫数量较少可能呈假阴性结果。幼龄垂腹猪的传染源通常是母猪，而老龄垂腹猪的传染源为其他感染猪。被其他猪只孤立和作为宠物饲养的年轻垂腹猪通常为带螨者，在螨类数量增加而引起明显的临床症状之前，该病通常为亚临床疾病。用伊维菌素（皮下注射，300 μg/kg，间隔2周重复用药1次）或多拉菌素（肌内注射，300 μg/kg，间隔3周重复用药1次）进行治疗。首次检查时，应对幼龄垂腹猪预防性注射抗寄生虫药物。

黑色素瘤是垂腹猪常见的皮肤肿瘤。通过组织病理学检查肿瘤的去除及转移情况，有助于判断预后。垂腹猪的黑色素瘤偶见自然消退，并伴有头发、皮肤和虹膜的依次褪色；患猪的寿命常不受影响。

在突然的高强度阳光暴晒后，垂腹猪会出现晒斑。皮肤损伤可能不明显，但晒伤的垂腹猪表现出疼痛，可能会导致后肢无力或轻瘫。晒伤的垂腹猪可能呈坐姿，并因剧烈疼痛而呻吟。完整的病史对诊断十分重要。应避免阳光照射，并对症治疗。

背出血综合征的病因不明，虽无阳光暴晒史，但也出现晒斑症状（舔背、呻吟和剧烈疼痛）。患病的垂腹猪腰部皮肤表面可见大小不等的圆形、浆液性渗出性病灶。无论是否对症治疗，患猪在行动受限的几日后可恢复。某些康复猪会复发此病。

猪红斑丹毒丝菌引起的丹毒会导致猪的全身性感染。临床症状、诊断及治疗详情。

3. 肌肉骨骼系统　垂腹猪常发生下背部、后肢或前肢无力引起的**跛行**。由于身体构造的原因，垂腹猪容易发生肌肉拉伤、韧带损伤及背部和四肢的骨折。因害怕受伤，垂腹猪常企图挣脱人为的保定，因此在进行长时间检查、X线检查、修蹄、采血和牙齿护理等程序时，应进行镇静或麻醉。施行上述诊疗时，大腿肌内注射2.2 mg/kg替来他明−唑拉西泮有良好的镇痛和化学保定作用；麻醉效果虽好，但复苏时间较长，需仔细监测。也可使用气体麻醉，其优点为复苏快。镇静或麻醉前应禁食24 h，禁水4～6 h。

垂腹猪背部或四肢受伤后，常用消炎药进行治疗，如阿司匹林联合抗酸剂、氟尼辛葡甲胺或糖皮质激素（如地塞米松）。在这些药物无效时，可使用硫酸葡胺聚糖和/或氨基葡萄糖/硫酸软骨素。

常见肱骨远端、肘部和股骨的骨折。从家具上跳下（肱骨远端）、犬咬伤（肘部）、保定（肘部和股骨）、马踢腿（股骨）和其他创伤都能导致骨折。在用针、螺丝、平板和外部设备固定好骨折部之后，患猪的活动性得到一定程度的恢复，治疗时应避免败血症的发生。

传染性关节炎可以感染从幼龄至老龄垂腹猪。临床常表现为一肢或多肢的跛行，可能伴有关节肿胀。猪红斑丹毒丝菌、链球菌属、猪滑液囊支原体、猪鼻支原体、葡萄球菌和副猪嗜血杆菌均可引发本病。病程早期使用抗菌药物（如11 mg/kg林可霉素，每日2次，连用3 d）可有效治疗该病。转为慢性或误诊均可造成抗菌药治疗无效，而病猪则持续跛行。对慢性病例应使用消炎药止痛。包括假单胞菌属在内的多种环境细菌，可通过肚脐导致新生仔猪染病。在多发性关节炎后，若出现退变性关节炎和慢性炎症引起的关节融合，应考虑施行安乐死。软骨病可发生于肩、肘、髋和跛行后膝，但垂腹猪等生长缓慢、肌肉不发达的动物不易发生此病。

生长过快和/或蹄部破裂是造成垂腹猪跛行的常见原因。在粗糙的地面（如混凝土）进行定期运动可磨损蹄端以保持适当的长度。在麻醉和镇静后，每年都要对垂腹猪生长过快和狭长的蹄子进行修整，使其保持正常长度。蹄部生长过快会导致蹄裂。蹄裂的垂腹猪应使用碘伏和防腐药清洗蹄部，并进行全身抗菌治疗（4.4 mg/kg头孢噻呋，每日1次，连用3~10 d，或口服11 mg/kg氨苄青霉素，每日2次，连用7~10 d）。

毛霉菌属感染引起的结合菌感染常见于垂腹猪的后肢末端。病菌包裹整个脚部快速生长，形成波及骨的感染/脓疮组织。治疗时应对其进行截肢。

犬咬伤、皮肤和口腔擦伤或外科手术等伤口被污染可导致破伤风。当垂腹猪处于易患病的环境中时，应免疫接种破伤风类毒素。任何手术或牙齿护理（如修整犬齿）后，若没有破伤风类毒素疫苗，应在颈部进行破伤风抗毒素的肌内注射（500~1 500 U，根据体重调整）。发病早期，治疗破伤风采用大剂量破伤风抗毒素和青霉素，同时给予镇静剂以最大限度减少外部刺激或采用辅助疗法。

4. 神经系统 猪链球菌Ⅱ型、其他链球菌属、猪霍乱沙门氏菌、副猪嗜血杆菌、大肠埃希菌、其他革兰阴性菌和产单核细胞李斯特菌（按重要性依次递减）均可引起全身性细菌感染。CNS症状包括发热、精神沉郁、共济失调、蹒跚、姿势异常、头颈弯曲、转圈、眼球震颤、抽搐和死亡。出生4~6月龄的垂腹猪最易患病。感染早期使用适当的抗生素治疗（如标签外用药的氟苯尼考可穿透血/脑屏障）效果最佳；然而，病猪可能无临床症状即死亡。由于猪链球菌Ⅱ型是人兽共患病，因此对怀疑死于CNS疾病的垂腹猪进行尸检时，应谨慎操作以防感染人。

高热的垂腹猪可表现为精神沉郁、不愿走动、卧地、张口呼吸或喘息，通常初期发热，之后体温降低。预后不良，但某些高热垂腹猪可在凉爽地面休息，头部先用水降温10~15 min，然后在头部周围放置冰袋。如果仍无法降温，需用冷水灌肠，同时增大皮肤上放置冰袋的范围。继续进行对症治疗。

食盐中毒 可在缺水36 h以上突然补水后发生，或偶见于过量食用高盐食物时。食盐中毒的垂腹猪可能出现痉挛，盲目行走，以及失明、姿势异常的CNS症状。抽取存活患猪的血液做诊断，血清中钠离子的含量通常高达160~183 mEq/dL（正常值142~153 mEq/dL）。有必要采用渐进性的补液治疗以对症治疗来消除脑水肿，但病情严重的垂腹猪，会发展为长期无意识和失明状态。组织病理学诊断中可见脑组织中有嗜酸性粒细胞浸润。

垂腹猪发生的痉挛常由未知原因引发。不到1岁的垂腹猪最易患上此类疾病。发生痉挛的频率从最初的每月1~2次逐渐变为每日几次。对于不频发的痉挛一般不需要治疗，频繁发作的痉挛可用地西泮治疗。除地西泮以外的其他镇静安眠剂用于控制最严重的痉挛。患猪的痉挛会随年龄增长而逐渐停止。

5. 呼吸系统 萎缩性鼻炎是垂腹猪群中的一种传染病，病初会出现打喷嚏、流鼻涕、流眼泪以及生长迟缓的症状。幼龄猪更易感。临床症状、诊断及治疗详情。

因肺容量相对较小，垂腹猪感染肺炎的症状会非常严重。引起肺炎最常见的原因是，因感染猪肺炎支原体（*Mycoplasma hyopneumoniae*）而致免疫功能低下，从而继发感染多杀性巴氏杆菌。幼龄垂腹猪发病的感染途径为垂直传播，或断奶后与感染猪混饲。多杀性巴氏杆菌是导致数日持续咳嗽的主要病原，因此，用抗生素治疗是最有效的。商品猪所用的猪肺炎支原体疫苗已被用于幼龄垂腹猪，以预防肺炎支原体及其继发的巴氏杆菌性肺炎。没必要给成年垂腹猪接种疫苗，除非有证据表明一直存在感染致病菌的风险。

胸膜肺炎放线杆菌（*Actinobacillus pleuropneumoniae*）可引起致命性肺炎，该病经母体或带菌者传播。不同血清型感染可导致不同的临床症状，包括咳嗽、发热、嗜睡和突然死亡等。及时给予青霉素和头孢噻呋的抗生素治疗有效。治愈的垂腹猪在肺部的感染区通常会有永久性的组织损伤，容易复发呼吸系统方面的疾病。若存在暴发该病风险时，商品猪所用的疫苗也可用于垂腹猪。

对于集市、展览馆、宠物动物园中的，以及与其他猪群接触过的垂腹猪而言，猪流感是一种严重的病毒性肺炎。虽然可在7~8 d后自限性康复，但也可致命。在家猪群中，H_1N_1、H_3N_2、H_1N_2与H_2N_3是最常见的猪流感毒株。如果垂腹猪发生猪流感，用于商品猪的多价疫苗也可用于垂腹猪。猪流感是一种人兽共患病。

6. 泌尿系统 膀胱炎与尿结石是垂腹猪群中的常见疾病，以尿频和尿急为特征。辅助诊断方法有：尿液分析、尿液细菌培养、全血细胞计数、血清化学检测、X线检查与超声波扫描。可以用膀胱穿刺的方法无菌采取尿液，用于尿培养。根据体外药敏试验的结果，对未产生磷酸盐结晶尿的膀胱炎应进行广谱抗生素治疗。尿液酸化可以减少膀胱炎的复发。发生膀胱炎后，可能因上行性感染导致肾炎的发生。钩端螺旋体病可能是引发肾炎的首要原因。检测到血清尿素氮和肌酸酐值升高有助于诊断膀胱炎及肾衰竭。对饲养的垂腹猪，常规采用六联疫苗来预防钩端螺旋体病，这种疫苗也可用于防止密集饲养的垂腹猪群发病。接种疫苗可以减少肾脏的钩端螺旋体排出量，使患猪转为慢性感染，从而减少这种人兽共患病的传播。

对尿急又不能排尿的垂腹猪，使其镇静，用X线（平片或对比）检查或用超声波扫描诊断出尿道及膀胱结石的位置后，要立即用膀胱穿刺术排出尿液以减小膀胱的体积。

如果堵塞发生在尿道，建议施行膀胱切开术（适用于雌性和雄性），以便确认并摘除所有可能存在的结石。雄性垂腹猪的尿道结石可用如下方法移除：穿过阴茎鞘暴露阴茎末端，行尿道插管，将尿道中结石反洗入膀胱。若用此法不能移除的结石，则必须切开尿道堵塞部位，用外科手术的方法摘除结石。但是手术切口愈合后的瘢痕组织也可能会造成尿道阻塞。应将膀胱切开并冲洗后才缝合尿道，以降低结石的复发，同时也可检查到更多的结石。然后将膀胱闭合，插入弗利导尿管后通过腹壁肌层牵出体外，随后依次缝合膀胱、腹壁及皮肤切口。手术数日后，将导尿管闭合，检查尿道的通畅性及尿液流出情况。如果尿道不通畅，要再次打开导尿管，数日后再次重复此过程。直到尿道通畅后，方可移除导尿管。虽然雌性动物的尿道相对较短，但仍可能发生尿道堵塞。若不借助内镜，尿道导尿管插入术的施行较困难，其方法是将导尿管插入尿道，使其膨大后在尿道口施行荷包缝合术，尝试从尿道入口反向冲洗尿道壁，随后切开膀胱，移除所有可能存在的结石，最后常规闭合膀胱切口。可能勿需将弗利导尿管插入膀胱。后续治疗包括抗菌药物治疗以及尿液酸化治疗。经过上述治疗，若某些患猪仍不能恢复，则需施行安乐死。会阴尿道造口术的治疗方式只会暂时获得成功，因为手术部位会被尿液中的非晶态物质和尿道息肉堵塞，且尿道造口术无法再次实施。但是据报道，仍可使用外科手术方法来纠正垂腹猪失败的会阴尿道造口术。膀胱破裂是非常严重的并发症，因为即使将结石摘除并用外科手术修补膀胱后，膀胱也难以恢复其正常的紧张度。激光碎石术已被用于不能用冲洗方式移除的尿道结石。

垂腹猪每年一次的体检中，尿常规分析使及早诊断及预防泌尿道疾病成为可能。要注意垂腹猪发生的心理依赖性饮水，尤其是年幼的垂腹猪，出现烦渴和多尿的症状。垂腹猪可能因为烦躁情绪或其他原因，养成频繁饮水和排尿的习惯。该病要与膀胱炎和晶体尿症鉴别诊断。检测禁水前后12 h的尿相对密度，以判定患病的垂腹猪是否有尿液浓缩能力。若具有尿液浓缩能力则表明肾功能正常，且可以排除由糖尿病所引发的多尿症。评估每日饮水量和尿液排出量，有助于进一步诊断心理依赖性饮水症，或以此建立耗水量和排尿量的正常值。解除猪的烦躁情绪有助于改善这种行为。青年患猪的临床症状会逐渐加重。如果限制

猪群饮水，仅在喂食时提供饮水，则要注意预防食盐中毒。

慢性肾衰竭是老龄垂腹猪的死因之一。可能的临床症状包括昏睡、厌食、脱水、氮质血症、呼气中含有氨的气味及体温降低。对轻症病例而言，补液和抗菌药（普鲁卡因青霉素22 000 IU/kg，肌内注射，每日1次，连用3 d）等对症疗法能暂时缓解病情。

第十二节　兔

欧洲兔或东半球兔（家兔）是家养兔的唯一种属。野兔包括棉尾兔（棉尾兔属）以及"真正的"野兔或长耳大野兔（兔鼠）。饲养的兔用于生产毛皮、肉、兔毛及展览，还可用作实验动物。

一、管理

肉用、皮毛或毛用兔的管理方式与宠养兔完全不同。美国兔繁殖协会（www.arba.net）提供了生产用兔和宠养兔的管理指南。美国家兔协会（www.rabbit.org）也提供了照料宠养兔的方法。

1. 保定　要使用正确的方法抓取和保定兔。兔的后肢强壮，用力踢出可导致后肢骨折。一定不能抓兔的耳朵，正确的抓取方式应是一只手从脖子后面抓住颈背部，另一只手牢牢地托住其腰部。如果抓取方式不当，兔在挣扎的过程中极易造成腰椎的骨折及脱臼。

2. 体格检查及样品收集　很多适用于犬与猫的体检技术也可用于兔。详细的口腔检查应包括脸部的触诊和下颌末端的检查，以评估牙齿的健康状况。耳镜和鼻镜的检查有助于检查臼齿的健康状况。可通过挤压兔的外生殖器来判断其性别，如果暴露出裂缝状阴道则为雌性，若暴露出阴茎则为雄性。雄兔的睾丸沉降发生在10～12周龄。兔的正常体温为39.6～40℃。如果体温低于38℃或高于40℃，则应引起重视。

兔的采血部位为耳缘动脉、中央耳动脉、头静脉、侧隐静脉和颈静脉。耳缘静脉或耳静脉是静脉给药和导管插入的部位。兔的耳部脉管系统对温度非常敏感。使用局部麻醉剂浸膏，同时给兔保温（至少要给兔耳保温），有助于实施上述医疗程序。

3. 临床病理学　兔的临床病理学症状与其他家养动物不同。中性粒细胞与淋巴细胞的正常比值为1：1。因为有红染的细胞质颗粒，兔的中性粒细胞被称为假嗜酸性粒细胞或异嗜细胞。异嗜细胞比嗜酸性粒细胞小，异嗜细胞胞质内的颗粒也比嗜酸性粒细胞内的颗粒小。因其特殊的钙代谢，兔的正常血钙值高

于其他动物，且其波动范围也较宽，由此可能导致兔高血钙症的误诊。兔尿的颜色可呈黄色、褐色或微红色。诊断试纸能快速鉴别正常的兔尿和血尿。正常情况下，兔尿中含有微量的葡萄糖和蛋白质。

4. 治疗 法规许可用于兔的药物很少，因此治疗兔病常需标签外用药，常使用适用于其他动物的药品。特别需要注意的是，使用抗生素药物会抑制胃肠道的正常菌群，进而导致菌群失调或肠毒血症。该现象被称为抗生素中毒。禁用于兔的抗生素有：克林霉素、林可霉素、红霉素、氨比西林、阿莫西林/克拉维酸和头孢菌素。杀跳蚤药氟虫晴也禁用于兔，因其可导致严重的中毒反应。中毒后需要强饲以提供营养支持，灌食可使用灌食空针、口胃管（14号）、胃管（4~8号）或咽造口管（为猫设计的柔软的食道造口管）。给兔插胃管的成功率较犬猫低。

5. 繁殖 中等体型的兔4~4.5月龄性成熟，大型兔6~9月龄性成熟，小型兔（如波兰兔和荷兰兔）3.5~4月龄性成熟。兔是诱发性排卵的动物。与通常的看法相反，兔有繁殖配种期，每间隔16 d就有14 d左右可接受配种。可通过阴道口的颜色和阴唇的湿润度来判断其是否接受配种。阴道红色且湿润，雌兔最容易受配。阴道呈粉白色，阴唇只有一点或不湿润时，雌兔不接受配种。许多饲养者让雌兔在产崽后的10~16 d进行配种以确保其受孕，但这种方法也不可靠。判断是否妊娠的较好办法是，触诊雌兔腹部，感觉子宫内是否有葡萄大小的胚胎。最好的触诊时间是配种后12 d。雌兔常出现假孕现象，任何诱导排卵的因素，如在雌兔周围放入一雄兔或其他刺激因素，均可导致假孕。

生产上公兔与母兔的配比通常为1：10，但许多商业养殖者发现，公母配比为1：20~25更经济。公兔每日配种也不会降低受精率，但频繁配种后需要休息一段时间。按惯例是将母兔放入公兔的笼舍内去配种，配种计划应当常年保持。母兔产仔间隔时间太长容易致其肥胖，难以配种。母兔连续妊娠和哺乳会使其体重过低，对公兔配种的接受性和受精率也会大幅度下降。如果将配种推迟数周，同时给予充足的喂食，体重会很快恢复。

母兔的妊娠期约为31~33 d。怀胎数少的母兔（≤4个）比怀胎数多的母兔妊娠期长。如果母兔妊娠32 d仍未分娩，应注射1~2 IU的催产素诱导其分娩，否则在34 d后，母兔就可能产出死胎。有时，妊娠的母兔会因为营养缺乏或疾病而流产或吸收胎儿。

要在配种后的28~29 d把产窝放入笼内。如果产窝放得太早，母兔的粪尿会将窝污染。分娩前的1~2 d，母兔会从身上拔毛在产箱内做窝。刚出生的

仔兔无毛、闭眼、无听力。在出生后的2~3 d，仔兔身上开始长出毛发，出生后10 d，仔兔睁开眼睛并能听见声音。新生仔兔到7日龄左右才能自我调节温度。母兔产后可随时配种。有些商品养兔者为增加繁殖量，在母兔分娩后的7~21 d即再次配种，而多数用于展览和家养的兔在分娩后35~42 d才再次配种。

多数中等体型的母兔有8~10个乳头，每窝产仔12~15只。如果母兔不能很好地饲养所有的幼兔，需在产后3 d内，将仔兔从产箱中取出，送给产仔少、年龄相当的母兔。将寄养的仔兔与母兔自己的幼仔混合，并覆盖上母兔的毛，母兔通常能够接纳这些仔兔。母兔更容易接受体型较大而不是较小的仔兔。母兔每日哺乳1~2次，每次不到3 min。仔兔出生后4~5周断奶。

6. 喂养孤仔兔 可人工喂养仔兔，但死亡率很高。应将仔兔置于温暖、干燥和安静的环境中。母乳替代品的配方为：半杯炼乳、半杯水、一个蛋黄和一汤匙玉米糖浆。根据仔兔的日龄，饲喂量从1/2汤匙到2汤匙。仔兔在15~18日龄后可饲喂青草。

7. 外科手术 术前无需禁食。兔不会呕吐，且在长时间禁食后胃也不会排空。术前给兔注射布托啡诺或地西泮能让手术顺利进行。使用阿托品对兔进行镇静容易导致心动过缓。相反的，胃长宁可用于缓解心动过缓，减少上呼吸道和唾液的分泌（0.01~0.1 mg/kg，肌内注射或皮下注射；或0.01 mg/kg，静脉注射）。异氟烷通常用于全身麻醉，但术前与NSAID和镇静剂（如口服0.3 mg/kg的美洛昔康，静脉注射0.4 mg/kg的布托啡诺）联用可使异氟烷在肺泡的最低浓度从2.5%降至2.3%。兔长而窄的咽和大的舌头使其不易插管，但练习后可实施。在会厌处给予利多卡因可抑制喉痉挛。

目前已有几种针对兔插管技术的报道，均需选择适宜大小和长度的导管以免损伤气管。儿科喉面罩、无囊套的科尔导管或有囊套的墨菲眼式气管内插管（ET管）均可用于兔，但应严格选择适合病兔大小的插管（2.0~4.0 mm）。反复插入插管易引起病兔的气管损伤，由于兔气管的血管解剖特点，采用经典的盲插管法时，握住兔的头部使其鼻朝天屋顶天花板方向。插管应经门齿后进入喉。操作者注意听取吸气音和呼气音，并在吸气音最强时渐次插入ET管。另一种方法是将兔侧卧位保定，使其头向背部屈曲。将导管沿其硬腭至喉咙背侧移动，直至插管中出现冷凝气体。管中的冷凝气体有助于判断其吸气和呼气的周期，导管应在最大吸气时插入。用带有米氏0号片的喉镜、兔口腔镜和颊部扩张器，可实现会厌的直接可视化及导管的插入。不论采用何种方法，都应确保导

管的正确插入。

注射用氯胺酮（20~50 mg/kg）与甲苯噻嗪（5~10 mg/kg，肌内注射）等镇静剂联用，可达到较好的全身麻醉效果。与单独使用氯胺酮~甲苯噻嗪相比，氯胺酮（35 mg/kg，静脉注射）、美托嘧啶（0.03 mg/kg，肌内注射）和丁丙诺啡（0.03 mg/kg，肌内注射）三药联合的麻醉时间更长。当美托嘧啶采用肌内注射而非皮下注射时，阿替美唑（1 mg/kg，静脉注射）可用作麻醉逆转剂。

术后护理的关键所在是要让兔进食，1~2 d的镇痛治疗可避免其食欲不振。兔在疼痛时常缩成一团并发出吱吱的叫声或磨牙。镇痛治疗的药物有阿片样药物，如丁丙诺菲（0.01~0.05 mg/kg，皮下、肌内或静脉注射，每日2~3次）或布托啡诺（0.05~0.4 mg/kg，皮下或肌内注射，每日2~3次），还包括NSAID，如卡洛芬（1.5 mg/kg，口服或皮下注射，每日2次）、氟尼辛（0.5~2 mg/kg，口服，肌内深处注射或静脉注射，每日1次，不能超过3 d）、美洛昔康（0.3 mg/kg，口服，每日3次；或1.5 mg/kg，皮下注射或口服，每日1次）。口服11 mg/kg的曲马多对兔无不良反应，且证实有效。虽然芬太尼贴片可有效镇痛，但兔毛生长快，贴片容易脱落。电针和穴位按压也可有一定的镇痛作用。

术后护理是保证术后恢复效果的关键所在。术后应尽快给予干草和水。苜蓿干草可用于增进食欲。香蕉是兔最喜爱的食物，可用作术后零食。对不能自主进食的患兔要进行人工饲喂。"特级护理"（爱宝宠物产品）是一种可调制成稀粥的恢复日粮（10~15 mL/kg，口服，每日3~4次）。

应对家养和群养兔去势以减少其攻击行为。去势对肉用兔而言没有好处。与多数其他有胎盘的哺乳动物不同，但与有袋动物相似，兔的阴囊位于阴茎前方的侧面。去势可采取闭合式及开放式两种，但均要将腹股沟浅环闭合以防止形成疝。

要对雌性宠物兔施行卵巢切除术以降低患子宫癌的风险。雌兔的两个子宫角通过两个单独的子宫颈与阴道相连。兔的输卵管环绕成圈，比猫和犬的更长。年老或经产的母兔由于子宫系膜有大量脂肪，因此卵巢切除术的施行较复杂。术后粘连是常见的并发症，钙阻断剂治疗能降低其发生率（维拉帕米，200 μg/kg，皮下注射，每日3次，连用3 d）。

对兔施行胃切开术以去除胃中毛团时，要通过头盖形的腹壁切口用支持缝合线将胃提起。在胃大弯处做一切口。毛团通常坚硬成团，因此容易被去除。还要注意去除幽门括约肌处的毛发，并检查胃黏膜是否有异常。由于胃是酸性环境，因此缝合时使用纤细易吸收的单丝缝合线比用肠线更好。缝合应将胃黏膜整合但不能将其刺穿。术前和术后均应对兔进行输液和抗生素治疗。若病兔仍厌食，则需对其进行强饲。

兔会咬扯皮肤上的缝线，因此要用4~0号且易吸收的合成线进行表皮与表皮之间的缝合。可使用组织胶使缝合处平整光洁。兔能耐受其主要成分。

8. 安乐死 惯用方法是从耳缘静脉注射过量的巴比妥酸盐，但兔会乱跳和尖叫。建议在给予巴比妥酸盐之前单用氯胺酮（50 mg/kg）或联用镇定剂（如乙酰丙嗪和甲苯噻嗪）进行镇静。为避免出现不良反应，安乐死制剂应用生理盐水1∶1稀释。

9. 其他管理技术 兔后肢的趾甲容易抓伤管理员未经防护的手臂。每1~2个月应修剪一次趾甲。无需给兔去爪，但可给某些兔爪套上黏附式趾甲套。

为方便识别，饲养员通常给兔刺花或打耳标。观赏兔右耳常挂有美国养兔者协会的注册标志。选择耳软骨前、靠近头部的位置打耳标不易丢失。

二、兔舍

1. 宠物兔 兔舍通常建于后院、地窖和车库。为了方便照料兔，兔舍的位置应便于接近，生活在后院兔舍中的兔患病时会被忽略。兔舍应通风良好，并远离犬及其他食肉动物。

2. 家兔 经过训练，适应笼养和周期性的封闭生活后，兔才能更好地融入家庭。兔有啃咬的习惯，可能会啃咬家具、窗帘、地毯，撕咬电线危及自身甚至引发火灾。在无人看管时，应将兔限制在安全区域内。

3. 笼子与附属设施 兔笼应使用耐啃咬的材料制作，还要易于清洁和移动。最好是用12号线制成全金属丝笼，为支撑兔的重量，笼底要用16号线。可将兔笼用铁丝悬吊于天花板上或置于金属框架上。兔笼的尺寸取决于兔的大小。超过5.4 kg的大型兔的笼子尺寸至少为76.2 cm×91.44 cm到91.44 cm×121.92 cm。3.15~5.4 kg中等体型兔的笼子尺寸为60.96 cm×76.2 cm到76.2 cm×91.44 cm。小型兔的笼子尺寸为45.72 cm×60.96 cm。兔笼应安装料槽和饮水系统。料槽最好用金属板制成，底部带有小孔或放置过滤器以去除粉末（饲料渣）。与同等大小的其他动物相比，兔的饮水量更大，因此应让其自由饮水。兔常啃咬水阀，除非使用不锈钢水阀或不锈钢中心的水阀，否则会被咬坏。带有吸管的小瓶适用于兔。小型兔有时也用瓦罐和金属罐饮水，但易被污染，应每日清洗和消毒。应丰富笼内设施以充实兔的生活。最好每日让兔到笼外活动。

应设置巢箱，既便于放入笼内，又易于在两窝产仔的间隙清洗和消毒。清洗后消毒巢箱，在放回笼子前再次清洗有助于降低发病率。巢箱应大小适宜，既不至于拥挤，又能令仔兔保暖。中型兔巢箱的标准尺寸是40.64 cm×25.4 cm×20.32 cm。无论冷暖，铺有垫料的木制、金属或塑料制的巢箱都很适用，稻草、木花或者碎甘蔗等适于做垫料，而碎纸屑、干草或树叶都不如上面几种垫料舒适。不宜使用碎木屑等边缘粗糙的垫料，以避免雌兔在进出窝时受伤，引发乳房炎。

4．围栏 围栏地板应防滑，并铺上稻草来吸水，也可以先铺上碎纸屑再覆盖稻草或干草。刨花或锯屑由于气味太浓，不是垫料的最佳选择。围栏至少高1.22 m。

5．群养 若要群养，和谐共处是要考虑的主要因素之一。适合群养的兔应性情温驯且不好斗。紧张的情绪会影响兔的性情。虽然成年雄兔会相互攻击甚至发生激烈的搏斗，但群居生活对兔的成长有益。去势兔更能和谐共处。群养的基本原则是：性别相同，大小相近。群养前最好先有一段比邻亲近的时间。此外还要注意饲养密度的问题。建议每只兔的占有面积为0.3～1.0 m²，以便其建立领地范围。也有建议每只兔占有的面积以其能跳3.5次为宜。此外，应为群养兔提供逃跑和藏匿之所，并且要时常监管。

6．养兔场 需根据气候来设计兔舍。顶部呈A型、无侧壁的小型兔舍可在气候温和的地区使用。而气候特别热或冷的地区，则需建立温控养兔场。养兔场需建立在近乎水平的地面上，采用排水良好的土壤或瓦制排水沟排泄粪便。因兔对热应激敏感，养兔场应尽可能处于遮阴处。提供合适的处所后，尽管兔可以耐受零下温度，但最适生存温度范围是16.1～22.2℃。此外，兔舍应随时保持良好的通风。

7．环境卫生 打扫卫生的频率取决于圈舍内的系统设施。兔通常会选择固定的排泄场所，比如笼子的一角。保持环境卫生是兔的重要生产管理措施。环境卫生差可致病，甚至致死，因此要经常清洁和消毒笼舍。巢箱使用前后均需消毒。要使用价廉而有效的消毒药水定期消毒笼舍、料槽和饮水设施，消毒液可选用家用型含氯漂白剂（用前以氯漂白剂28.35 g：1.101 L水稀释），也可用其他腐蚀性小的消毒剂。引进新的兔群前，须对笼舍进行彻底的清洁。

自动化兔场长期面临处理脱落毛发的问题。雌兔有拔毛筑巢的习惯，拔掉的部分毛发会飘到空中。这些毛发会附着在笼子、天花板和灯等各处，必须定期清理。清除笼子上兔毛的最佳方法是清洗、用丙烷喷灯火焰灼烧。其他地方的兔毛可用清洗、擦拭、掸扫或吸尘器打扫等方法清理。围栏或金属丝底板的笼舍应每隔2周进行刷洗或用软管冲洗。坚硬地板上的尿液要用酸性洗液清洗。

应定期清除粪便。过多的粪便堆积会使空气中氨含量过高，使兔易患呼吸道疾病。通过有效的排粪系统，粪便可转换为肥料。

三、营养

兔是小型草食动物，有其特殊的采食和消化特点。兔是挑食的动物，喜欢采食营养丰富的叶子和植物幼嫩部分，不喜欢富含纤维素的成熟部分。兔的新陈代谢率高，只有选择植物最富含营养的部分才能满足他们的需求。兔是非反刍类草食动物，后肠发达。发达的盲肠内共生有丰富的微生物群落，可利用小肠中未被消化的营养物质。消化物在后肠被分离成颗粒。大的消化物颗粒（主要是木质纤维素）在肠的快速蠕动下移动，通过结肠，最终以坚硬的粪粒排出。肠的逆蠕动把小颗粒和可溶性成分运送到盲肠进行发酵。然后，盲肠内容物会以"软便"的形式排出，被兔从肛门处直接采食。这些再消化的物质可为兔提供营养所需的菌体蛋白、维生素（包括所有的必需B族维生素），以及少量的挥发性脂肪酸。但以这种方式获得的氨基酸不能满足其蛋白质需求，尤其是幼兔和生长兔。因此，虽然兔的必需氨基酸需求量不确定，但也要在日粮中额外添加氨基酸。

因为后肠对消化物颗粒的选择性分离以及大颗粒的快速排泄，使兔消化纤维的能力较差。兔日粮中需要大量的纤维素（约含15%的粗纤维），以促进肠道的蠕动，并减少肠道疾病。纤维可吸收细菌毒素，并以硬便的形式排出。低纤维素日粮会使肠毒血症等肠道疾病的发病率升高。病因与低纤维素日粮中含有多量的淀粉有关。螺状梭菌等致病菌以淀粉作为增殖的底物，会产生致命的毒素。高纤维日粮（粗纤维含量＞20%）则会使盲肠阻塞和黏液性肠炎的发病率升高。盲肠产生的挥发性脂肪酸是一种重要的代谢产物，它通过维持盲肠内的低pH来控制肠道内致病菌的增殖。

兔日粮中需补充维生素A、维生素D及维生素E。肠道内的微生物能合成足够的B族维生素和维生素K，所以日粮中不需要额外添加。疾病和应激会增加兔对维生素的需求。饲料的配制和储存都应遵循一定的规则，以降低维生素的氧化损失，维生素A和维生素E比其他维生素更易被氧化。日粮中苜蓿粉的含量超过30%，通常就能提供足够的维生素A。日粮中维生素A的水平应为5 000～75 000 IU/kg。维生素A的含量不足或过量会导致流产、有害物质的再吸收以及胎儿脑水肿。维生素E缺乏会导致脱毛、肌肉萎缩、胎儿和新生仔兔死亡。宠物店出售的宠物兔日粮或仓储的大批兔粮若未充分混匀，会导致兔的营养缺乏。还要注意，货架上为小型哺乳动物准备的包装干草是否已过期。

基础日粮的成分（如蛋白质、纤维、脂肪以及能量）要根据兔的生活期（成长期、妊娠期、哺乳期、干奶期）、饲养方式、环境和生活方式灵活调整。兔的营养需要量应达到国家研究委员会的要求（表17-14）。颗粒料营养均衡且价格合理。要随时给兔提供新鲜干净的饮水。饲喂干草（苜蓿或三叶草）和粮食（玉米、燕麦、大麦）时要额外添加少量的矿物

盐。饲养条件下的实验兔或宠物兔长时间食用含苜蓿粉的商业日粮，可能会导致兔的肾脏损伤和尿道中的碳酸钙沉积。在干奶期，应将日粮的钙含量降低至0.4%～0.5%，以降低上述疾病的发病率。饲喂含提摩西草的颗粒料就能满足钙需求。不用于繁殖的成年宠物兔应饲喂高纤维的颗粒料，每日按照每2.25 kg体重1/4杯的量限饲，以预防肥胖症，并维持胃肠道健康。在此限饲水平下，应提供干草任其采食，以预防胃毛团症和肠道梗阻。

兔能将难于消化的物质高效率地转化为可使用成

表17-14 兔的营养需求

	总蛋白（%）	可消化蛋白（%）	脂肪（%）	纤维素（%）	可消化碳水化合物 NFE,（%）[a]	总消化成分（%）
维持期	12	9	1.5～2	14～20	40～45	50～60
生长期及育肥期	16	12	2～4	14～16	45～50	60～70
妊娠期	15	11	2～3	14～16	45～50	55～65
哺乳期（一胎7～8只）	17	13	2.5～3.5	12～16	45～50	65～75

a. NFE = 无氮浸出物。

分。因此母兔、育成兔和青年兔易出现饲喂过多或过少的情况。在生长期的不同阶段，母兔妊娠和哺乳的不同时期，饲喂量是不同的。兔的生长期饲喂原则是，一次性在料槽中加入可食用20 h的饲料，每日空槽4 h。母兔在产仔后应任意采食。通常在哺乳期的第1周，要遵循从限饲到逐渐添加到足够日粮的原则饲喂母兔。每年繁殖5胎次的兔在产仔的间期要限饲；一旦开始哺乳，就应持续提供足够的日粮。

四、细菌病与真菌病

1. 兔巴氏杆菌病 巴氏杆菌病是家兔常见的一种高度接触性传染病，主要经直接接触传播，也可经空气传播。致病菌为革兰阴性的多杀性巴氏杆菌。在普通养殖场，30%～90%外观健康的兔可能是病菌携带者。几个隔离饲养的实验兔场已确定无该致病菌。

（1）临床表现 感染多杀性巴氏杆菌可表现各种临床症状，包括鼻炎、肺炎、中耳炎、结膜炎、脓肿、生殖道感染和败血症。

鼻炎（鼻塞或兔卡他性鼻炎）是呼吸道和肺黏膜的一种急性、亚急性或慢性炎症，主要由巴氏杆菌引起；但也分离到假单胞菌、博德菌、葡萄球菌及链球菌等病原菌。最初表现为鼻子和眼睛流出稀薄浆液性渗出物，随后变成脓性分泌物。由于兔用爪抓挠鼻部，前肢脚爪内上侧的皮毛可黏附渗出物，干燥后板

结成块，所以应将此处的皮毛修剪干净。患兔常咳嗽和打喷嚏。一般说来，兔的抵抗力较低时就会出现鼻塞。痊愈后的兔可能仍是病菌携带者，随后可能发生肺炎。

家兔的肺炎很常见。肺炎常继发或并发肠炎。致病菌是典型的多杀性巴氏杆菌，还包括其他的病原菌，如肺炎克雷伯菌、支气管炎波士菌和肺炎球菌。上呼吸道症状（鼻塞，如上述）通常是肺炎的前兆。空气不流通、环境卫生差和不适宜的兔箱材料都是本病的诱因。肺炎的病例数与兔场空气中的氨含量呈正相关。患兔通常在出现肺炎症状后的1周内死亡。患兔厌食、精神倦怠、呼吸困难以及高热。剖检见支气管肺炎、胸膜炎、胸腔积脓、心包膜有出血点。根据临床症状、病变特征和细胞培养结果可确诊该病。抗生素治疗常常无效，因为发现其患病时，肺炎已发展至中晚期。

多杀性巴氏杆菌或家兔脑微孢子虫感染会导致兔发生中耳炎或内耳炎（斜颈或头部倾斜）。脓汁或液体在中耳积聚会导致兔的头部扭曲，如斜颈。但并非所有中耳受到感染的兔都会斜颈。该病需要长时间的抗生素治疗，以让药物渗透到感染区域。抗生素治疗只能阻止病情恶化，因此一旦确诊，应淘汰患兔。

幼兔和成年公兔对多杀性巴氏杆菌或金黄色葡萄球菌引起的结膜炎尤为敏感，但发病率较低。通过直

接接触或污染物传播。患兔常用前肢摩擦眼睛。常用含有磺胺、抗生素的眼用软膏或抗生素和类固醇进行治疗，效果良好，但易复发。用抗生素溶液冲洗泪小管，治疗慢性感染的展览兔，效果较好。结膜炎也可并发兔痘病和黏液瘤。

巴氏杆菌引起的皮下或内脏脓肿，可能很长时间都不表现临床症状而自发破裂。当饲养在一起的公兔发生争斗时，其外伤常转化为脓肿。兔脓肿治疗方式不同于猫的脓肿。不宜采用刺破或用潘罗导管排出浓汁的方法。尽可能用手术的方法将包膜很厚的脓肿整体切除。开放性创口应清洗或刮除，不缝合使其进行二期愈合。面部脓肿通常与牙齿疾病相关。养殖场患兔最好淘汰，而不进行治疗。对宠物兔而言，在细菌培养和药敏试验的基础上进行抗生素治疗并联合脓汁引流，疗效较好，但易复发。

巴氏杆菌常可导致生殖道的感染，其他器官也可受到影响。生殖道急性或亚急性炎症常见于成年兔，且母兔比公兔更易感。若双侧子宫角均受感染，常致母兔不孕；若单侧受到侵害，胎儿可能会在另一侧的子宫角内正常发育。母兔子宫蓄脓的唯一症状是阴道排出灰黄色的黏性分泌物。公兔则表现为尿道排出脓性分泌物和睾丸肿大。前列腺和输精小管可发生慢性感染，并可通过交配传播，所以最好淘汰养殖场的患病公兔。宠物兔受到感染后，常用手术法移除感染的生殖器官，同时用抗生素进行治疗。受污染的笼舍和器具都要进行彻底的消毒。

巴氏杆菌可能会导致败血症，导致患兔在无任何临床症状的情况下猝死。尸体剖检结果显示，死于败血症的兔仅见多个器官充血、瘀血和出血。

（2）**诊断** 根据临床症状和多杀性巴氏杆菌的分离可诊断巴氏杆菌病。用间接荧光抗体检查鼻拭子能有效查出带菌者。用于儿科的小型盐水浸湿鼻咽拭子技术优于标准的大鼻拭子技术。建议在镇静后，将拭子从外鼻孔中央通过鼻甲到软腭的背面，收回拭子，将拭子上的分泌物做荧光抗体检测或接种到培养基中。检查抗多杀性巴氏杆菌抗体的ELISA试验，也有助于检出带菌者。PCR能鉴别不同的菌株，但在商业养殖中不太实用。

（3）**治疗与控制** 巴氏杆菌病的治疗较困难，难以根除致病菌。抗生素治疗只能暂时缓解病情，但是受到应激后又可能复发。恩诺沙星（200 mg/L饮水，连续14 d，或5~10 mg/kg注射给药，每日2次，连用14 d）对上呼吸道多杀性巴氏杆菌感染有一定疗效。据报道，替米考星（25 mg/kg，皮下注射）对巴氏杆菌感染有较好的疗效。普鲁卡因青霉素（60 000 IU/kg，肌内注射，连用10 d）建议用于个别患兔，因为

青霉素的使用可能会使兔发生肠毒血症而死亡，所以要按规定使用青霉素。

现已开发出一种有效的经鼻接种的疫苗，但该疫苗尚未用于商业养殖中；因此在大型兔场，最有效的控制方法就是淘汰患兔。据报道，现已有两种方法来抑制巴氏杆菌的传播。第一种方法是淘汰阳性兔、净化兔场，一旦确定兔群无巴氏杆菌感染，就必须隔离饲养。第二种方法是用恩诺沙星治疗妊娠的感染母兔。虽然母兔呈巴氏杆菌阳性但仔兔呈阴性。用间接荧光抗体检查鼻拭子能有效地查出带菌者。

2. 李斯特菌病 李斯特菌病是一种散发的败血性疾病，以突然死亡或流产为特征，多见于中晚期妊娠的母兔。饲养管理差以及应激是本病的重要诱因。该病临床表现多样但无特征性，主要包括厌食、精神沉郁和体重减轻。与牛羊疾病不同，兔李斯特菌很少侵害CNS。致病因子可通过血液扩散到肝、脾以及妊娠子宫。尸体剖检可发现肝脏表面有针尖大小的灰白色坏死灶。因发病前很难确诊，所以很少进行治疗。单核细胞增生性李斯特菌能感染多种动物，包括人类。用常规方法很难分离出病菌，所以往往需要采用特殊技术。

3. 肠道疾病 肠道疾病是引起幼兔死亡的主要原因之一。尽管许多的腹泻病一度被混为一谈，被称为肠炎综合征或黏液性肠炎，但一些特定的肠道疾病已被阐明。饲粮因素、抗生素治疗及其他因素均可导致肠道菌群紊乱，致使兔发生肠道菌群失调和胃肠道疾病。关于由毛团症引起的胃肠道阻滞。

（1）**肠毒血症** 肠毒血症是一种暴发性腹泻病，主要侵害4~8周龄的兔。有时也侵害成年兔和幼年种兔。症状表现为嗜睡、被毛粗糙和会阴部附着有绿褐色粪便，并于48 h内死亡。患兔前一晚看似正常，但次日早晨已死亡。剖检可见肠毒血症的典型病理变化，如肠道充满液体、膨胀、浆膜面有斑状出血。肠毒血症的主要病原体是螺状梭菌，此菌会产生一种小分子毒素。病原菌的传播方式未知，推测可能是一种共生细菌，正常情况下数量很少。饲粮类型似乎是影响本病的因素之一，当饲喂富含粗纤维的饲粮时，兔肠毒血症的发病率较低。因抗生素会选择性作用于正常的革兰阳性菌，所以使用林可霉素、克林霉素和红霉素能诱发梭状芽孢杆菌所致的肠毒血症（如难于分离的芽孢梭菌），因此，兔禁用这类抗生素。大多数抗生素治疗时，都要注意肠毒血症的发生，已经证明使用青霉素和头孢菌素会导致发病。口服青霉素治疗致其发病率高达40%~80%，因此兔禁用此类药物。抗生素所致的腹泻与自然发病的症状（如上所描述的肠毒血症）极其相似。因患兔死亡迅速，所以常来不

及对兔群进行治疗。但当兔群规模较小时，投喂消胆胺会达到较好的预防及治疗效果。减少幼兔的应激反应（如断奶）以及任其随意采食干草或稻草有助于预防肠毒血症。在幼兔的日粮中加入250 mg/kg的硫酸铜也有助于预防肠毒血症。在治疗肠毒血症的过程中，个别患兔要辅以补液疗法。几乎无证据表明抗生素治疗有效。根据病史、临床症状、病理变化和检出螺旋状芽孢梭菌可以诊断本病。将肠内容物放入离心管中以20 000 g的速率离心15 min，然后培养上清液及残渣交界处部分，就可得到此病菌。如要进一步确诊，则需通过体外或体内试验，证明盲肠内容物的上清液中存在有少量毒素。

（2）**泰泽病**　泰泽病是由毛样杆菌所引起，临床症状以剧烈腹泻、厌食、脱水和嗜睡为特征，6～12周龄的断奶仔兔常在1～3 d内死亡。急性暴发时死亡率高达90%以上。部分兔转为慢性感染，表现为临床消耗性疾病。泰泽病通过消化道传播，还与卫生条件差和应激有关。病理变化包括坏死性肠炎以及肝脏和心脏的局灶性坏死。此病的诊断依靠组织学特殊染色（如姬姆萨法和镀银法），可在细胞内见到典型的泰泽杆菌。由于该菌在人工培养基上不生长，因此不能进行细胞培养。可感染实验动物通过血清学试验进行诊断。兔泰泽病感染的物种范围广泛，虽然有在孕妇体内检出抗体效价的记载，但至今未见有人感染该病的报道。用于治疗其他动物的抗生素用于兔时疗效不佳，但土霉素对控制该病的暴发有一定的作用。至今尚无有效的疫苗。用1%的过氧乙酸或3%的次氯酸盐对饲养设备进行消毒和净化，可以减少耐寒孢子的存在。

（3）**大肠埃希菌病**　大肠埃希菌感染是引起兔腹泻的病因之一。值得关注的是，无论何种病因所致的兔腹泻病，都常见有大肠埃希菌的过度增殖。血清型 O_{103} 的致病性大肠埃希菌携带有微绒毛粘连基因（eae），这种基因编码紧密黏附素，是一种与黏附和抗损伤有关的细菌外膜蛋白。血清型O_{15}：H，O_{109}：H_2，O_{103}：H_2，O_{128}和O_{132}也是重要的致病菌株。正常健康兔的胃肠道中没有任何致病性大肠埃希菌菌株。

不同年龄兔感染大肠埃希菌病会表现为两种病型。1～2周的兔发生严重的黄痢，死亡率高，常见整窝的兔死于黄痢。4～6周龄的断奶仔兔发生的腹泻病症状与肠毒血症相似，肠腔内充满液体，浆膜表面有瘀点，与兔泰泽病和肠毒血症的病理变化相似（同上）。患兔常在5～14 d内死亡，耐过者消瘦和发育不良。用血平板分离培养大肠埃希菌，然后进行生化或血清型鉴定，可以确诊该病。在电镜下观察到有大肠

埃希菌黏附在黏膜上也有助于确诊。重症病例无法治愈，轻症型可用抗生素治疗。应扑杀严重感染的患兔，并对饲养设备进行彻底消毒。给断奶的兔饲喂含高纤维的食物，可以预防大肠埃希菌病的发生。

（4）**增生性肠炎**　增生性肠炎是由胞内劳森菌（*Lawsonia intracellularis*）引起的可致断奶仔兔腹泻的一种疾病。临床症状包括：腹泻、精神沉郁、脱水，症状经1～2周消退。该病通常不致死，除非并发感染了其他肠道致病菌。尸检时见回肠增厚并形成皱褶；组织学观察，在陷窝肠细胞中见有杆状、弯曲或螺旋状、嗜银染色的菌体，根据上述病变可以确诊该病。细菌培养时需要在培养介质中加入肠细胞。用免疫组化或PCR技术也可以确诊增生性肠炎。建议隔离患病动物并进行对症治疗。

（5）**黏液性肠病**　黏液性肠病是一种特殊的兔腹泻病，以轻微的炎症、分泌物增多、小肠和大肠腔内黏液蓄积为特征。其病因尚不清楚，可能是其他肠道疾病的并发症。诱发因素包括：变换饲料，饲料纤维素含量大于22%或小于6%、抗生素治疗、环境应激及细菌侵袭。临床表现包括：排出胶状或黏液包裹的粪便、厌食、嗜睡、体温下降、脱水、被毛粗糙、常因胃内水分过多使腹部膨胀。触诊可摸到坚硬的盲肠，会阴部常沾有黏液和粪便。可根据临床症状和尸检时发现直肠内有胶状的黏液来确诊此病。患兔可存活1周左右。本病没有治疗价值，但可尝试以下方法：密集补液、灌肠以促进黏液物质排出、抗生素治疗及给予止痛药等。预防上与其他类型的兔肠炎相同。

4．乳房炎（蓝色乳房症）　乳房炎在商品化兔场中很普遍，在小规模养殖场中偶见。卫生消毒不严格会促进乳房炎的传播。乳房炎影响母兔泌乳，还可发展为败血症而导致母兔迅速死亡。引起乳房炎的常见病原是葡萄球菌，但也分离出链球菌和其他细菌。发病时乳房灼热、红肿、继而乳房发绀，因此又叫"蓝袋"。患病母兔食欲下降、渴欲增加、体温常超过40.5℃。如果早期使用抗生素治疗（从母兔出现食欲下降时开始），可以治愈该病，且损伤仅限于1～2个乳腺。有2个以上乳腺受损的母兔就失去了保留的经济价值。因为青霉素常引起兔的腹泻，在给药前，要用干草或高纤维食物替代颗粒料。为避免疾病传播，不要用患兔用过的工具来饲喂其他母兔。人工饲喂患病仔兔的难度较大。维修兔笼入口处粗糙的边缘，可以减少母兔出入时乳头的损伤，从而降低乳房炎的发生。兔笼在使用前后都要进行消毒。目前尚无预防乳房炎的有效疫苗。

5．密螺旋体病（性病，梅毒，螺旋体病）　密螺旋体病是由兔类梅毒密螺旋体引起的、发生在家

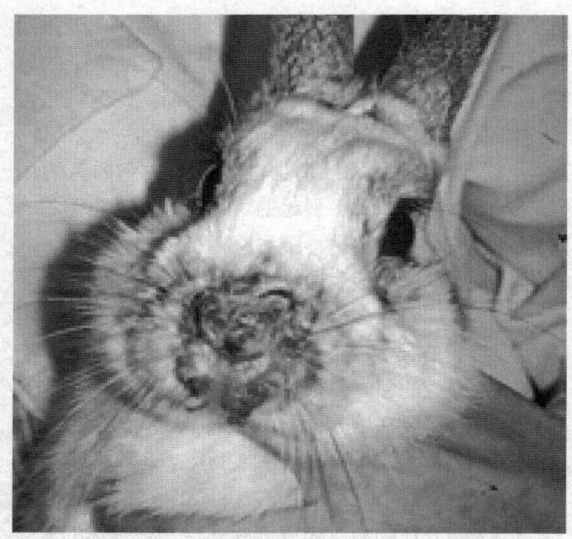

图17-19　典型兔密螺旋体（兔梅毒）感染，示鼻子区域的皮肤病变
（由Katherine Quesenberry博士提供）

兔的一种特殊的性病。雄兔和雌兔都可能发生，通过性交传播，也可由母兔传播给后代。病原兔毒密螺旋体（T. cuniculi）和引起人类梅毒的梅毒密螺旋体（T. pallidum）同源性高，但对人和其他的动物无感染力。本病的潜伏期3～6周，病变部位先出现小疱和溃疡，最终形成大片的结痂，主要限于生殖器周围，也可波及嘴唇和眼睑。诊断主要依据病理变化和在暗视野镜下观察到病原的螺旋状运动，也可用血清学检测方法，如人梅毒的玻片沉淀试验和血浆反应素纸片快速试验。应与笼内擦伤鉴别诊断。

治疗可用苄星青霉素G，按42 000 IU/kg，皮下注射，每周1次，连用3周，可根除兔群内的密螺旋体病。无论有无病变，同窝的兔须共同进行治疗。患兔一般在10～14 d痊愈，治愈后不复发。用青霉素治疗时引起兔的腹泻，可能是由于肠道内革兰阴性菌的增生引发了肠炎。在用青霉素治疗时应饲喂干草，可根据情况及时使用止泻剂。

6. 皮肤癣菌病（钱癣） 临床上皮肤癣菌病通常散发，偶见流行发病。常见诱因包括饲养管理差、营养水平低下和其他环境应激因素。病原主要是须发毛癣菌和犬小孢子毛癣菌。该病经直接接触感染。避免接触污染物，如毛发，可限制本病的传播。临床隐性感染的携带者很常见。感染始于头部，然后传播至全身各部位。感染部位皮肤发红、圆形、凸起、表面覆有灰白色麸皮样皮痂。伍德灯光照检查结果阴性不能排除皮肤癣菌病，因为不是所有的致病菌都发荧光。可取病兔患部与健康皮肤交界处的毛发和皮屑做特殊

的检测：如接种于皮肤真菌试验培养基或沙堡培养基。病变边缘氢氧化钾皮肤刮片检出了真菌即可确诊。因患兔对人和其他动物都有感染性，所以需隔离治疗或扑杀。治疗时可用灰黄霉素，按25 mg/kg，每日1次，共2周；或按825 mg/kg剂量加入饲料中也有疗效，但有用药限制；供食用的兔禁用该药。灰黄霉素有致畸作用，孕兔禁用。标签外使用局部抗真菌药膏伊曲康唑（5 mg/kg，口服，每日1次，共4～6周），克霉唑或咪康唑也有效。也可以用1%的硫酸铜溶液药浴或者用226.8 g的MECA（亚氯酸和二氧化氯的产物，按照碱：活化物：水=1：1：10混合）在26 d内喷6次。

7. 土拉热 土拉热在家兔中少见，野兔和啮齿类高度易感，已发展为流行病。超过90%的人感染病例都与接触过野生兔形目动物有关。本病的病原为土拉弗朗西斯菌（Francisella tularensis），是一种革兰阴性需氧杆菌，呈两极染色，不运动，呈球形、杆状等形态。该病主要在美国的中南部流行，具有高度传染性，传播途径包括皮肤接触、呼吸道吸入、消化道摄入和吸血性节肢动物叮咬。土拉热可导致急性致死性败血症。尸检发现肝脏上有许多白色的小坏死灶，肝和脾充血肿大，根据上述病变可诊断该病。该病尚无明确的治疗方法，是一类必须上报的疾病。

五、病毒病

在美国，病毒不是兔病的主要病因，兔病毒病包括传染性纤维瘤、乳头瘤病、兔痘病，多发性黏液瘤病和疱疹病毒感染（Ⅲ型病毒）。在美国，轮状病毒性肠炎可能与兔的所有肠道疾病有关。病毒性出血性疾病在美国以外的所有养兔的国家都有发现。2000年4月，美国农业部在爱荷华州的一个兔场中检测到杯状病毒，联邦和州立机构快速反应，相互合作，防止了疾病的暴发，并消除了传染源。美国现已根除兔的出血性疾病。

1. 黏液瘤病 黏液瘤病是由黏液瘤病毒引起的，是对所有品种的家兔都具有致死性的疾病，病原属于痘病毒科。黏液瘤病又叫"大头病"，以皮肤渗出黏液或发生黏液瘤样肿胀为特征。野生兔有很强的抵抗力，如白尾灰兔（棉尾兔）和长耳大野兔（野兔）。黏液瘤病毒感染棉尾兔时，会表现出与感染纤维瘤病毒一样的纤维瘤样病变。所有哺乳动物的病毒性疾病都难以治愈。黏液瘤病的分布范围很广，在美国主要分布在加州和俄勒冈州的沿海地区，在这些地区经常零星发病，很少流行。这些地区是加州林兔（Sylvilagus bachmani）地理分布区域。该病死亡率可达25%～90%，主要是通过蚊子、跳蚤、螫蝇等昆虫媒

介传播，也可直接接触传播。

病初的典型症状是结膜炎，迅速发展为眼部出现奶油样分泌物。患兔表现为：精神沉郁、厌食、发热常高达42℃。急性发病时，有些病兔在出现症状后48 h内死亡，耐过兔会逐渐衰弱，皮毛粗糙，眼睑、鼻子、耳水肿，并引起头部肿胀；母兔阴门发炎水肿，公兔阴囊肿胀。这个时期的典型症状是兔耳因水肿而下垂。出现临床症状1～2周后，可能排出脓性鼻液，兔呼气困难，呈昏迷状态，而后死亡。偶尔有兔可以存活数周，此时，在兔的鼻子、耳朵、前肢等部位出现纤维性结节。用病毒的实验室毒株对兔攻毒，注射数日后，在注射部位出现小结节，随后在身体其他部位长出小结节，尤其在耳部多见。

剖检结果表明，急性死亡的兔无特征性病理变化，有时可见脾脏肿大，组织学检查发现脾脏中淋巴细胞耗竭。存活时间较长的患兔皮下水肿，皮肤上有肿瘤结节。季节性发病时，外阴部肿胀的临床表现和高死亡率具有诊断意义。在结膜上皮细胞的胞质中观察到大块的嗜酸性包含体，也有助于诊断该病。

黏液瘤病毒的弱毒疫苗对实验室用兔和生产用兔具有保护性。但在美国未生产该疫苗，目前亦无有效的治疗方法，对患兔处理方法有安乐死、深埋或焚烧。防治措施是避免兔接触携带病毒的节肢动物。

2. 兔（肖朴）纤维瘤病毒　肖朴纤维瘤尽管可以人工感染导致家兔发病，但只有白尾灰兔可以自然感染。在野兔流行病区和能够接触到带毒节肢动物的区域，可能发现有家兔感染此病。

纤维瘤病毒属于痘病毒属，主要引起腿、足和耳朵等部位产生肿瘤。最初病变表现为皮下组织的轻度增厚，随后发展为界限清楚的柔软肿块。肿瘤可以保持数月，肿瘤消失后组织并无损伤。对肿瘤进行组织切片观察，可以观察到胞浆内包含体。家兔患肖朴纤维瘤的临床症状不明显，目前尚无有效的控制措施。

3. 兔痘　兔痘是家兔的一种急性、高致死性、全身性疾病，野兔尚未发现感染此病。自1930年以来，该病在美国暴发过数次。诱发兔痘的病毒与牛痘病毒有着密切的关系，一些兔痘的暴发可能是由牛痘毒株所引起。患兔皮肤上不一定出现痘样病变，大多数病例出现高热和鼻分泌物增多。本病死亡率不等，但通常死亡率较高。本病的特征性剖检病变表现为皮疹、皮下水肿、口腔及其他天然孔的水肿。出现水肿病变，但不形成明显痘疹的兔痘可能与兔黏液瘤病混淆。分离病毒或用血清学方法可以诊断该病。兔痘在兔中传播迅速，但免疫接种牛痘病毒疫苗可以阻断传播。兔痘病毒不感染人。

4. 乳头状瘤病　家兔有两种类型的传染性乳头状瘤病。兔口腔乳头状瘤是临床上的重要疾病，由口腔乳头瘤病毒引起。其病变表现为在舌头下表面或口腔黏膜上出现一些灰白色、带茎的或疣性小结节。另一种类型是由棉尾兔（肖朴）乳头状瘤病毒所引起，其特征病变是在颈、肩、耳和腹部出现角质疣。该病最初是由棉尾兔自然感染，通过带菌的节肢动物等媒介进行传播，因此控制节肢动物是防止该病的主要措施。兔口腔乳头状瘤病毒不同于肖朴乳头状瘤病毒（也不同于肖朴纤维瘤病毒），肖朴乳头状瘤病毒引起的皮肤瘤不会发生在口腔。这两种肿瘤病都不用治疗，经过一段时间后均可自行消退。

5. 轮状病毒感染　在许多国家，已从腹泻病兔上分离到轮状病毒。对全世界兔群的血清学研究表明，某些品种成年兔的轮状病毒阳性率可高达100%，表明其自然分布广泛。轮状病毒存在于感染兔的粪便中，主要通过粪-口途径进行传播。断奶仔兔最易感。轮状病毒致病性温和，但多数感染兔伴发梭状芽孢杆菌和大肠埃希菌等细菌感染。混合感染导致更高的死亡率。本病尚无有效的治疗方法，若该病未全群传播则患兔最终可自愈。试验证实，在接种兔轮状病毒后排毒期仅为1周。因此停止繁殖4～6周后该病就自然消失，血清反应阳性的母兔不会将疾病传染给子代。

6. 兔杯状病毒病（病毒性出血症疾病）　1984年中国首次报道兔杯状病毒病，随后在欧洲大陆的家兔和野兔中传播。1988年，在西半球国家中，墨西哥首次报道该病。墨西哥于1992年成功地根除此病。最近暴发兔杯状病毒病的国家是澳大利亚（1995）、新西兰（1997）和古巴（1997）。1995年时，澳大利亚南部的一次实验室意外导致杯状病毒泄露，致使8周内死亡1 000万只兔。兔杯状病毒病是2000年4月在美国艾奥瓦州通过27只兔的试验来确证的。其传染源尚未确定。在美国，兔杯状病毒已被根除，已无此病发生。

在欧洲，家兔的兔杯状病毒病感染率很高，但是棉尾兔和长耳大野兔不敏感。人类和其他物种也不感染。杯状病毒的传染性很强，其传播方式有直接接触传播和通过污染物间接传播。杯状病毒病是一种高热病，首先出现肝脏坏死、肠炎和淋巴坏死，继而发生许多实质器官的凝血障碍和出血。患兔几乎无临床症状，在感染6～24 h内因发热而死亡。本病的发病率常可达100%，死亡率60%～90%。在美国报道过此病。20世纪80年代后期，灭活疫苗在欧洲有效地降低了兔杯状病毒病的发生。推荐兔在10周龄时接种疫苗，而且每年加强接种1次。

六、寄生虫病

1. 球虫病 兔球虫病是一种常见的且分布广泛的原生动物疾病。治愈的兔常为病原携带者。球虫病有两种解剖学形式：一种是肝型，由斯氏艾美耳球虫引起；另一种是肠型，由大艾美耳球虫、无残艾美耳球虫、中艾美耳球虫、穿孔艾美耳球虫、黄艾美耳球虫、肠艾美耳球虫或其他的艾美耳球虫引起。肝型和肠型都是通过采食孢子化卵囊而感染，感染源通常存在于污染的食物和饮水中。

（1）**肝型球虫病** 疾病的严重程度与摄入球虫的数量有关。幼兔最易感。患兔会出现食欲不振和被皮粗糙。肝型球虫病通常呈亚临床型，生长期兔生长迟缓，偶尔会出现在较短病程后死亡的现象。实验室大量攻毒会导致患兔常在发病后1个月内衰竭死亡。尸检可见肝的实质部有小的、淡黄色的结节。在疾病早期，结节是分散开的，到疾病的后期结节会相互融合。早期病变组织内充有乳样内容物，后期病变组织内充满奶酪样内容物。光镜下观察，结节主要由增厚的胆管和胆囊构成。根据大体观察的结果，同时在显微镜下观察到胆管内有球虫存在时，即可确诊该病。在光镜下观察肝组织的触片，常常可以看到球虫卵囊。也可用粪便漂浮集卵法来证明有球虫存在。

此病在治疗上比较困难，因此防重于治。按0.04%的浓度在饮水中加入磺胺喹噁啉并持续30 d，就可以防止严重的斯氏艾美耳球虫感染所致肝型兔球虫病出现临床症状，但却不能防止组织病变。也可以在饲料中加入0.025%磺胺喹噁啉持续20 d，或者每隔8 d喂药2 d直至上市。由于饲料级的磺胺喹噁啉很难购得，所以液体的磺胺喹噁啉使用更为普遍。肉用兔的休药期为10 d。肉兔其他抗球虫药的休药期尚不明确。其他磺胺类的药物包括磺胺地托辛（0.5～0.7 g/L饮水）。其他有效的抗球虫药包括氨丙啉（9.6%或mL/L饮水用）、盐霉素、地克珠利和妥曲珠利。最好的治疗措施是至少用药5 d，停药5 d后，再重复用药。成功治愈的兔对该病有免疫力。

若不同时制定卫生管理措施，难以成功治愈本病。通过防止食槽和盛水器被粪便污染，能够消除传染性虫卵通过粪-口途径的传播。兔笼要保持干燥，并及时清除粪便。铁笼笼底也应每日冲刷，以破坏原虫的生活周期。最好用10%的氨水消毒笼子和能接触到粪便的辅助设备，可杀死球虫卵囊。

（2）**肠型球虫病** 在饲养条件和环境卫生都良好的情况下也可能发生肠型球虫病。通常都是轻度感染，且无可见的临床症状。感染早期几乎无病理变化；后期可见肠道增厚和发白。良好的环境卫生措施可以消除肝型球虫病，但是无法消除肠型球虫病。通过粪便漂浮集卵法以及在光镜下观察确定球虫卵囊的类型，均可确诊该病。用上述方法确诊该病时，还可观察到大量的非致病性点滴覆膜孢子酵母（saccharomycopsis guttulatus），要注意与球虫卵囊区别。治疗方法同肝型球虫病，但是磺胺喹噁啉要连续给药7 d，间隔7 d后再重复给药。

2. 幼蠕虫感染 家兔很少感染成年绦虫，但常见感染绦虫幼虫，该病通常在腹膜浆膜上形成囊肿。兔是两种犬绦虫的中间宿主，即连节绦虫和豆状绦虫。连节绦虫在家兔中少见，在野兔中较普遍。豆状绦虫的幼虫期囊尾蚴黏附在肠系膜上。在形成充满液体的囊泡前，其幼虫主要在肝脏中移行，在肝脏被膜下留下白色的、弯曲的通道。蠕虫幼虫感染者一般无临床症状，主要靠尸检确诊该病。通常不需要治疗，防止措施为禁止犬（为绦虫的终末宿主）进入贮存兔的饲料和垫巢料的地方。同时禁止用患病死亡的兔喂犬，以破坏病原的生活周期。治疗上可用甲苯咪唑，按1 g/kg饲料或50 mg/kg体重，连续治疗14 d。

已有报道兔感染浣熊拜林蛔线虫，其症状与感染家兔脑包内原虫相似，目前尚无有效治疗方法。

3. 外寄生虫病 兔痒螨耳螨是兔的一种分布广泛的常见寄生虫病。病变部位主要是外耳道，引起浆液分泌过多，形成厚厚的棕色结痂，导致"耳朵溃疡"。患兔不断摇头、搔耳。并导致生长停滞、生产力下降，易继发感染。当感染侵害至内耳，损伤CNS后，将导致患兔斜颈。保定和麻醉患兔，用稀释的过氧化氢浸泡去除病变部位棕色的松软渗出物。治疗上可以选用犬猫用的杀螨虫药。去耳聍剂可以用来去除大量结痂的渗出物。在耳部、头下部和颈部都应

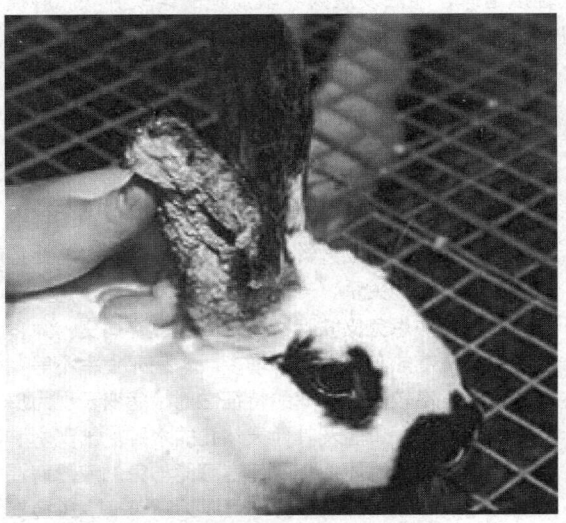

图17-20 兔痒螨，耳部明显损伤
（由Dietrich Barth博士提供）

涂抹药物。用铁笼代替固定的兔笼可以显著降低耳螨病的发生。本病经直接接触感染。按200～400 mg/kg皮下注射伊维菌素，给药2～3次，每两次之间间隔10～21 d，可有效治疗皮肤和耳朵的螨虫病。也可以用塞拉菌素治疗，其剂量为6 mg或18 mg。

皮肤螨虫病也普遍存在，主要有两种病原：姬螯螨属（*Cheyletiella*）和持铲属（*Listrophorus*）。兔可感染姬螯螨属的多种螨虫。在北美最常见的是寄食姬螯螨。兔也感染持铲属的一种螨虫，囊凸牦螨。这些螨虫生活在皮肤表面，不会像疥螨病那样引起搔痒。皮肤螨患兔无明显临床症状，但会逐渐变得虚弱。姬螯螨属皮肤螨导致出现"头皮屑"。正如其名字所说，在病变部位取一些皮屑置于黑纸上或黑色背景下，可以看到"皮屑在跳动"。本病经直接接触感染。采取皮肤刮擦物在光镜下观察即可确诊该病。姬螯螨属螨虫可引起人类轻度的皮炎。及时打扫兔舍和垫草，用氯菊酯杀虫剂消毒可有效预防该病。

兔很少感染（人）疥螨和猫疥螨。这些螨虫能钻入皮肤，并在皮下产卵，导致患兔剧痒。家兔一旦感染就很难根除。该病极具传染性，且可感染人。

犬蚤、猫蚤和人蚤都可感染兔和其他动物。吡虫啉是一种杀成年蚤的药物，治疗患兔时的剂量应将猫用剂量分为2～3次给予。氟虫清有潜在的毒性，不宜使用。也不宜使用灭蚤项圈。

4. 兔脑包内原虫病（小孢子虫病）　兔脑包内原虫（*Encephalitozoon cuniculi*）是一种分布广泛的兔原虫感染源，有时感染小鼠、天竺鼠、大鼠和犬。一般无临床症状，部分兔会出现轻度的慢性肾脏病变。也有出现脑部病变的，表现为抽搐、震颤和头部歪斜。出血性巴氏杆菌感染也常导致头部歪斜，很难与兔脑包内原虫感染所致的头部歪斜相区分，这两种感染都很普遍，有时可同时发生。该病的传播途径尚不清楚，病原体主要通过尿液排出。本病在兔场为轻度传染病。尸检时最明显的病变是肾脏表面凹凸不平；光镜下病变表现为脑组织和肾脏内局灶性肉芽肿和假性囊肿，有时可见重度局灶性间质性肾炎。组织学观察到假性囊肿或通过姬姆萨、革兰或古氏石炭酸品红染色发现病原，即可确诊该病。几种血清学和皮肤试验有助于普查兔脑包内原虫的抗体，但不能作为诊断该病的依据，因为血清学阳性的兔也可能是耐过兔。该病尚无有效的治疗方法。也有证明用奥苯达唑或阿苯达唑（20～30 mg/kg，口服，每日1次，连用7～14 d，然后改为15 mg/kg，口服，每日1次，连用30～60 d）或芬苯达唑（20 mg/kg，口服，每日1次，连用5～28 d）可能有效。防治上，必须有良好的环境卫生制度，也可以净化抗体检测为阳性的繁殖母兔。要与贝利蛔线

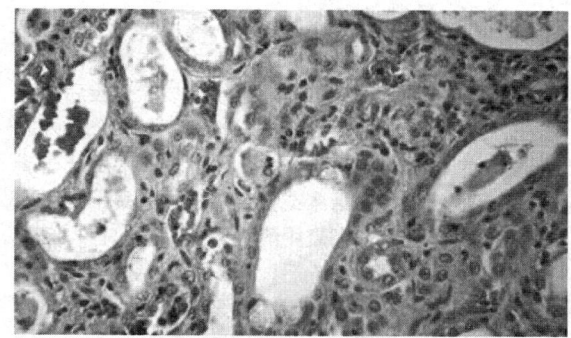

图17-21　兔肾小管上皮细胞内脑包内原虫细胞内囊肿
（HE染色，40×）
（由Tracy Bartick博士提供）

虫虫体（*Baylisascaris* spp.）移居至神经系统作鉴别诊断。这种人兽共患病会引起人免疫缺陷。

5. 蛲虫　兔蛲虫一般无临床症状，但常困扰养兔人。兔蛲虫分布广泛，兔场常见。通过采食污染的食物和饮水而感染该病。成虫寄生于盲肠或结肠前段。尸检时发现成虫或在粪便检查时可观察到虫卵，即可确诊该病。因蛲虫直接生活史的特点，一次治疗不能根除，常发生再次感染。治疗可以用枸橼酸哌嗪，按3 g/L饮水2周，间隔2两周后重复用药1次；也可用50 mg/kg的芬苯达唑混饲，连用5 d。兔蛲虫不感染人。

七、普通病

1. 背部骨折　由于腰椎的移位和断裂，导致脊髓压迫或断裂。这种病变常发生于商品兔和观赏兔。该病表现为后肢瘫痪，由于括约肌失控致使粪尿失禁，随着脊髓压迫区域的肿胀消失，在3～5 d内最初的麻痹症状逐渐消失。治疗上可以用消炎药物糖皮质激素（如地塞米松）来消除肿胀。若1～2周后仍麻痹或失禁，表明预后不良。可对患兔施行安乐死。

2. 食仔症　青年母兔可能会咬死或吃掉仔兔，其原因是多方面的，包括精神紧张、不哺乳和过度寒冷。犬或其他食肉动物进入兔场，常导致母兔不安，以致咬死或吃掉仔兔。母兔吞食死亡的仔兔是自然现象，属于其清理巢穴的本能反应。如果所有的管理措施都很合理，母兔连续咬死两窝仔兔，则应淘汰该母兔。

3. 牙科病　牙科病表现为唾液分泌旺盛、磨牙和厌食。临床检查方法有口腔检查和下颌部触诊。异物（如植物性异物插入牙齿与牙龈之间）、牙齿修整后牙髓的暴露或其他疾病都可能造成牙齿脓肿。牙齿脓肿也可能表现出与眼球后脓肿相同的病变。兔门齿的生长可能与饮食有关，颗粒饲料使其易患牙科疾病，继而影响其他牙齿的生长。可通过全面的口腔检查和X线检查来诊断该病。治疗可用细齿拔牙器将病

牙彻底根除。门齿需修整成弧形，可用专业修复工具或与其相似的弧形工具。为阻止牙齿的生长，需用小窝刮除术破坏牙齿顶端的基本组织。拔除牙齿后，残留的牙髓几乎不具备再生能力，但之后2~3个月内需进行X线检查，以确定拔牙是否成功。对术后牙槽清洗、填充胶状的强力霉素或抗生素浸过的聚甲醛丙烯酸甲酯小丸。无商业用聚甲醛丙烯酸甲酯出售，因此需要自己制作。牙齿拔除后，齿龈组织必须缝合。拔出病变牙齿前，必须先手术去除牙槽侧壁。氢氧化钙治疗可引起组织坏死，应禁止使用。

如果颊齿的解剖结构正常，拔除颊齿时按常规程序将牙松动再使牙脱位即可。拔出多颗颊齿后，兔预后不良。通过恰当调整饮食，一些几乎没有臼齿的观赏兔也可生存。牙齿修复后需继续检查其咬合面，并做出相应调整。治疗方法包括镇痛，以及根据细菌培养和药敏试验结果，进行长期的全身性抗生素治疗，持续4周到数月。

错位咬合： 兔的门齿、前臼齿和臼齿终生生长，通过对应牙齿的磨损来保持正常长度。咬合不正（凸颚、短颚）是兔常见的遗传病，表现为门齿生长过度和采食饮水困难。在修整牙齿时需用地西泮按7~10 mg/kg肌内注射，20 min后联合氯胺酮25 mg/kg肌内注射对患兔进行麻醉。可用骨钳或剪钳切除过度生长的牙齿，但用磨牙工具或齿挫会更安全。用齿挫修整时，应稍稍用力以保持齿挫的稳定。不能暴露位于牙本质中的粉红色牙髓。如有牙髓暴露，为防止牙髓坏死，应将暴露部分摘除。应在无菌条件下摘除牙髓，而后用氢氧化钙填充。禁止对持续生长的牙齿进行硬性填充。

有时，颊部牙齿的生长过度会造成舌损伤或面颊病变。咬合不正为遗传性疾病，所以患兔不能留作种用。饲养的仔兔会因为咬拽笼具的金属丝而损坏其门齿，造成牙齿歪斜，随着牙齿的生长而致使咬合不正。这种情况造成的咬合不正很难与遗传性的咬合不正区别，所以患兔均应淘汰。遗传性的咬合不正一般可在3~8周龄时被检查出。

4．啃毛与毛球症（毛粪石） 兔不断地自我梳理，因此胃内常有毛发。正常情况下，兔毛通过胃肠道，随粪球排出体外。兔吞食兔毛是由于食物中缺乏纤维素，通过增加食物中的纤维素含量或饲喂干草颗粒可防止兔的食毛癖。在饮食中加入0.25%的氧化镁对防止兔食毛癖有帮助。有时，兔啃毛是由于无聊，可以通过丰富兔的生活环境来防止其异食癖。

当兔吞食过多的兔毛，兔毛在胃内积累并堵塞胃幽门部，引发疾病。患兔通常表现为食欲不振、体重减轻，在3~4周内死亡。死前很难发现幽门梗阻，偶尔可触诊到毛团，X线检查不能诊断该病。

毛球病主要的临床表现为胃肠运动失常和肠道阻塞。毛球症更像是厌食症的结果，而非厌食的病因。气体积聚造成肠道膨胀和疼痛。采食量减少和胃肠道运动不足致使盲肠内pH升高、微生物菌群改变和生态失调。水和电解质平衡改变使患兔酮中毒和肝脏脂肪沉积，也可能发生胃溃疡和胃破裂。

本病的治疗目标为：清除阻塞物、刺激胃肠运动、恢复胃肠道菌群的平衡、缓解脱水和厌食症状。使用胃肠运动兴奋药如胃复安（0.5 mg/kg，口服或皮下注射，每日3~4次），补液疗法，镇痛治疗及抗溃疡疗法。饲喂益生菌或健康兔的粪便，都有助于恢复胃肠道菌群的平衡。

常用的治疗方法为破坏毛团并促使其排出体外。菠萝汁中含有消化酶菠萝蛋白酶，常被用来治疗毛粪石症的早期患兔，用胃管或灌胃针对成年兔1次灌服10 mL新鲜的或冷藏的果汁，每日1~2次，持续3 d。菠萝汁和其中的酶都有助于破坏毛球基质。罐装的菠萝汁无效，是因为制作过程中酶被灭活。木瓜中含有木瓜蛋白酶，又称木瓜酵素。木瓜蛋白酶不能破坏毛发自身，但有助于分解包裹住毛球的黏液。人类的健康食物和营养贮备含有的菠萝蛋白酶和木瓜蛋白酶有助于消化。矿物油和缓泻药对胃内毛团的排出无效。在治疗期间饲喂粗饲料（干草或稻草）食物，有助于携带毛发通过胃肠道并随粪便排出体外。也可用外科手术治疗该病，但存在一定风险。

本病重在防制。提供高纤维食物、防止压力和肥胖、丰富生活环境、及时清除每日梳理脱落的毛发，可有效预防该病。使用矿物油、润湿剂和蛋白酶等可有效预防该病，但在临床上尚未得到普遍认同。

5．中暑 兔对热敏感。潮湿闷热的季节，兔舍或运输过程中通风不良，都易诱发中暑，导致兔死亡，妊娠母兔最常发。中暑兔表现为四肢伸展和呼吸急促。在建造兔舍时，应建造底箱，以便在炎热潮湿的季节能喷水降温。要给兔提供充足的凉水。如能控制兔舍内环境，最佳状态应是温度15.5~21℃，湿度40%~60%，每小时换气10~20次。铁笼比固定兔笼更为适用。炎热天气，尤其是预计接下来1~2 d会更热时，可让兔凉水浴。热应激导致繁育公兔的精子大量失活，可能持续数周不能成功配种，直到新生精子替代在热应激中被杀死的精子。

6．笼舍创伤性足底炎（尿皮炎） 笼舍创伤性足底炎常与兔密螺旋体病混淆，依据在暗视野检查无密螺旋原虫和体内缺乏密螺旋体抗体，可以鉴别诊断。笼内潮湿及笼底污染能引发该病，主要感染肛门和外阴部。由于膀胱括约肌松弛，患兔尿淋漓，由此可引发感染。肛周皮肤皲裂。病变区域易继发感染条件性致病菌。病变部位有褐色皮痂覆盖，并且有出血性脓性渗出物。保持笼底的整洁、干燥，并对病变部位使用呋喃西林或抗生素药膏可促进恢复。

7. 酮病（妊娠毒血症）　酮病很少发生，患病母兔在分娩过程中或产前1~2 d死亡。该病最常发生于初产母兔。发病诱因包括肥胖和缺乏运动，可能由饥饿所致，另有一些不明因素如厌食症。临床表现为两眼无神、目光呆滞、呼吸困难、虚脱，最后死亡。肝脏和肾脏脂肪变性是最主要的病理变化。机体动员脂肪，将脂肪转运到肝脏分解供能，因而导致脂肪肝。依据临床症状和尸检病变来确诊本病。注射葡萄糖有助于治疗该病。青年兔在没有长胖之前，早期配种，有助于防止本病。胃中有毛球也是引发酮病的一个常见原因。

8. 垂皮湿性皮炎（湿颈症）　雌兔颈腹部皮肤有许多厚厚的皱褶。兔喝水易打湿该部位的皮肤（又称流涎症），继而引发炎症。兔牙齿咬合不正、开放式盛水器以及潮湿的兔舍都是引发该病的原因。患兔的毛发变差，潮湿区域被感染和污染，如果感染假单胞菌，感染区域常变成绿色。用带阀的自动给水系统可普遍降低湿颈症的发生。如果仍用开放式取水器，应将开口变小，或将取水器放高。一旦该部位感染，应将毛发剪短，并涂抹消毒粉。病情严重时需进行胃肠外抗生素治疗。

9. 眼科疾病　角膜溃疡是兔最常见的眼科疾病。该病常由外伤引起，但应排除一些潜在因素。在麻醉过程中应严格保护眼角膜。干燥性角膜炎或干眼症会使泪液分泌减少，增加角膜受损的风险。眼窝或牙科疾病、兔脑包内原虫病伴随的面部麻痹等导致眼球突出症，患兔因眨眼困难而致角膜损伤。浅表溃疡可用广谱眼用抗生素治疗。局部用阿托品，每日2次，1~2 d内观察治疗效果。眼睑上皮发生难以愈合的溃疡时，要在局部麻醉后施行溃疡清创术，之后的治疗方法同浅表性溃疡。如果以上方法无法治愈，则需要用外科手术法移植结膜瓣。该病应与角膜闭塞（结膜组织的过度生长）、角膜边缘或角膜皮样囊肿（角膜上有异常的皮样组织）鉴别诊断。皮样囊肿边缘的毛发突起，该病变不会引起疼痛。

最近已确认，前房葡萄膜炎继发感染兔脑包内原虫，会导致虹膜肿胀，且在虹膜上形成白色和粉红色结节，其病变本质为细菌所致的虹膜或角膜间质脓肿。孢子在晶状体内繁殖，导致患兔白内障，甚至晶状体破裂。采取病料，对离体组织做组织病理学观察，或利用DNA探针技术在晶状体内含物中发现病原菌，即可确诊该病。治疗上，可使用晶状体超声乳化白内障吸除术或摘除术去除患兔的晶状体。晶状体去除后可自然再生。不推荐给患兔移植晶状体假体。未进行手术治疗的患兔，预后多不良，多数将发展为青光眼。药物局部治疗可使用NSAID、散瞳剂以及抗生素药物。首次用药后，需在5~7 d内关注病情发展，并测定眼内压。在治愈后2个月内，每2~3周应检查1次。

遗传性青光眼在下页讨论。

10. 溃疡性足皮炎（踝关节溃疡）　本病不侵害踝关节，主要波及跖骨的跖面，偶有波及掌指区的掌侧面。兔在铁丝笼内为支持身体重量致足部皮肤受压，或因顿足引起皮肤外伤，继而细菌感染引起皮肤坏死，从而形成本病。多种诱因，如兔笼底部尿液或粪便的堆积、神经紧张、脊髓损伤引起后驱瘫痪、兔笼使用的金属丝类型等，均可影响病变的发展。遗传因素也与本病有关。獭兔、巨型花明兔和巨型纹路兔等繁殖能力强的兔更易感。患兔站姿异常，主要靠前肢负重，如果四肢都感染，则患兔靠趾尖行走。治疗上，用清创剂冲洗患处后局部涂擦抗生素，并注射抗生素。病变严重时，先用X线检查排除骨髓炎。患兔需从铁笼转移至笼底平整的兔舍。本病治疗麻烦、耗时长，且易复发。感染的商品兔应予淘汰。兔的大脚以及脚垫较厚都可遗传给子代，选择这些兔进行繁殖有助于降低该病的发生率。

11. 尿道结石　尿道结石常见于观赏兔，偶见于商品兔。发现兔有血尿时，常怀疑患病（一种尿液试纸可快速测定是否为血尿）。正常兔尿液pH平均为8.2。当尿液pH升高到8.5~9.5时，尿液中的碳酸钙和三磷酸钙晶体沉淀而形成尿结石。兔营养失衡（特别是食物中钙和磷的比例）、遗传倾向、传染病、饮水不足以及代谢失调都能诱发本病。治疗上，可外科取石、酸化尿液以及降低食物中的钙含量。兔颗粒饲料中主要成分为苜蓿，而苜蓿中钙含量很高。可将兔饲料改为禾草或梯牧草的干草，也可饲喂燕麦，能有效防止疾病的复发。治疗方法包括手术取出尿结石、酸化尿液和减少饮食钙的摄入。主要用作兔饲料的紫花苜蓿含钙量高，因此不应饲喂该饲料，转为饲喂青草、猫尾干草和燕麦片，可有效防止本病的复发。

12. 遗传病

（1）脑积水　脑积水以头部增大为特征，偶发于新生兔。发病兔头骨顶部呈圆顶状，脑穴较正常兔增宽。大多数患病兔出生即死亡；偶有存活数周者，但均出现神经症状。尸检见脑肿大；切面见脑室均显著扩张充满脑脊液。脑积水的病因包括遗传因素或饲料中维生素A缺乏或过量。在维生素缺乏或过多的病例中，育种畜群的繁殖能力降低（生育力低，产仔数少，流产等）。因此，在治疗中有必要正确评估维生素A水平，同时对血清和肝脏进行检测。血清中维生素A含量低于2.6～4.2 IU/mL则定义为缺乏。血清维生素A含量正常，而肝脏中维生素A浓度高于4 000 IU/g则定义为中毒。通过增加饲料中胡萝卜素和维生素A的含量，可治疗维生素A缺乏症。治疗维生素A过多症需要减少饲料中维生素A的添加水平。但要减少肝脏中维生素A的蓄积非常困难。如果雌兔的繁殖性能受损，就经济价值而言，应淘汰患兔而不是尝试减少维生素A的蓄积。因遗传性脑积水表现为隐性遗传，控制其传播需要对双亲进行筛选。

（2）眼积水（蓝眼病、月球眼、婴儿青光眼） 眼积水属于常染色体特性不完全显性遗传，临床表现多变。早在3月龄时就可出现眼内压升高。单眼或双眼都可发病。青光眼可用药物治疗（2%多佐胺，每日3次，每次1滴）或手术摘除。发病动物不可进行配种。

（3）八字腿 八字腿可能是遗传紊乱造成的一条或多条腿的外展，最早发生于3～4周龄。单侧或双侧同时发病，但多发于右后肢。饲喂于光滑箱子或地板的幼兔易出现髋关节发育不良。

13．肿瘤 迄今为止，兔最易发的肿瘤是子宫腺癌。易感性与动物繁殖力有关。子宫腺癌可能出现多发性肿瘤，常转移至肝脏、肺和其他器官；可并发囊性乳房炎。建议对丧失繁殖能力的雌兔施行卵巢摘除术。手术摘除子宫腺癌后，应监视癌症的转移。恶性淋巴瘤（淋巴肉瘤）较为常见，可发生于2岁以下的兔。典型的淋巴肉瘤会发生肾肿大、脾肿大、肝肿大和淋巴结病变。据称，胸腺瘤或胸腺淋巴瘤是兔最常发的纵隔肿瘤。

第十三节　平胸类鸟

鸵鸟源于非洲，1850年开始其羽毛、肉和皮制品的商品交易。鸸鹋源于澳大利亚，其肉、油和皮毛制品具商业价值。饲养南美鸵鸟主要在于羽毛的生产。

鸵鸟（*Struthio camelus*）是种群数量最大的平胸类鸟，身高达2.4～2.8 m，体重65～130 kg，最重可达160 kg。雄性为黑色和白色，雌性为褐色。

鸸鹋（*Dromaius novaehollandiae*）的体型仅次于鸵鸟，高达2 m，重达18～48 kg。雄性和雌性均有褐色至灰褐色的翅膀；羽轴和羽尖呈黑色。鸸鹋不能飞，但可快速奔跑，全速奔跑可达51 km/h。

南美鸵鸟高达1.7 m，重达40 kg，生长于南美洲，分为两个种群：具有5个亚种的大型美洲鸵鸟（*Rhea Americana*）和具有3个亚种的小型美洲鸵鸟

（*Rhea pennata*）。与鸸鹋相同，他们的羽毛为褐色至灰褐色。

一、管理

不同平胸类鸟的保定方法各不相同。徒手或用挂钩抓住鸵鸟的头，并将头巾覆盖在其头上。一旦覆上头巾，则可压着鸵鸟指引它移动。通常引导鸵鸟倒退比前进容易。鸸鹋需从后面捕捉，抓住其翅膀，轻轻向上提起并翻转，避免从正面接近，以防被其爪子抓伤。美洲鸵鸟的捕捉与鸸鹋相似。使用头巾可使操作更顺利。

4月龄至1周岁幼鸟的最佳保定方法是：先慢慢将他们集中赶入封闭的禽舍中，如果看不到外面且挤在角落里，他们就会坐下来。就容易对他们进行性别区分、分群管理、驱虫和采血。如果没有封闭区，可用胶合板或塑料板将鸟围在狭小的空间内。

1．体格检查与实验室检查 捕捉动物之前应检查其外观、步态、身体状况、呼吸频率和性情，以及其他与行为相关的问题。

外部检查包括检查其新鲜的粪便和尿液。尿中出现绿色的尿酸盐提示肌肉或肝脏的疾病。粪便需用漂浮法检查绦虫节片。

眼睛和鼻窦应检查有无分泌物和肿胀，鸟喙和口腔有无损伤。触诊颈部，尤其在胸廓入口区域检查有无肿胀。应注意其整体状况，根据脂肪所占比率进行体况评分。检查羽毛和皮肤有无损伤和寄生虫。进行胸部听诊。腹腔的触诊从胸甲尾部的嗉囊开始，直至两腿之间的前胃。腹腔后部的触诊需注意有无液体沉积和蛋滞留。最后，检查泄殖腔的解剖学结构是否正常。如有必要，应采取气管和阴道分泌物，并进行全血细胞计数和血清生化检查。肝素钠为首选抗凝剂。应准备载玻片以便立即进行细胞学评估。

静脉穿刺术和导管插入术的最佳部位是翅旁腹部体表尺静脉和内侧跗静脉。鸸鹋和美洲鸵鸟也可在颈静脉进行。尽量避免对鸵鸟进行颈静脉的静脉穿刺术和导管插入术，因为容易形成血肿，并且鸵鸟的突然移动会造成颈静脉撕裂而致大出血。右侧颈静脉比左侧更为发达。

2．麻醉 对平胸类鸟进行抓捕和外科手术时，化学保定需采用兽医实践中常用的药物。幼龄鸟类用异氟烷和七氟烷进行麻醉，操作程序与小动物同。推荐使用插管法，但套囊不能是膨胀的。先短时间使用赛拉嗪和氯胺酮制剂进行诱导麻醉，进而用插管法进行气体麻醉。2.5 mg/kg赛拉嗪进行静脉注射，出现镇静作用后，用1 mg/kg氯胺酮维持麻醉，具有较好的效果。按0.2 mg/kg静脉或肌内注射地西泮用于稳定的

麻醉复苏。

3．外科手术　平胸类鸟的外科手术包括胃肠道手术、整形手术和创伤修复。前胃切开术多用于异物的取出和嵌塞的治疗，是鸵鸟最主要的手术。幼鸟的腹壁很薄，切开时需特别小心。当卵黄囊不吸收或感染时常行卵黄囊切除术。雌鸟遇产蛋问题时常通过手术取出多数滞留的蛋。与其他动物相同，骨折固定手术时需用钉子、平板和穿刺固定钉。撕裂伤的修补也与大多数动物相同。捕捉时由抓捕钩造成的上段食管撕裂伤常取二期愈合，除非受伤严重，一般不进行缝合处理。

就动物生产而言，在任何情况下，外科矫治的花费可能都会超过个体动物的商品价值。饲养者应考虑到其治疗价值。

4．营养　迄今为止，对于平胸类鸟的营养学研究还很少。商品化饲料的配方主要根据在非洲和澳大利亚的研究资料，同时借鉴了禽场的经验。目前，幼鸟孵出直至3月龄，饲料蛋白水平为14%～20%，3月龄后降低蛋白质水平。鸵鸟和美洲鸵鸟的后部肠段具有发酵功能，幼龄动物即具有消化纤维的能力。因此，可采用更为经济的绵羊、山羊、鹿或其他野生动物的饲料来替代市售幼鸵鸟饲料。在巢里孵化的幼鸟具有食粪性，孵出后的几周内会采食双亲的排泄物。

5．预防接种　如果证实禽群感染有沙门氏菌、大肠埃希菌和梭状芽孢杆菌病，常采用自家菌苗进行免疫接种。

二、繁殖

1．解剖学　所有雌性平胸类鸟只在左侧有单个卵巢和输卵管。输卵管的组成包括：①漏斗部：受精部位；②壶腹部：含有丰富的白蛋白；③峡部：形成蛋壳内膜和外膜；④子宫：形成蛋壳；⑤阴道：开口于泄殖腔左侧十点钟方向。

雄性平胸类鸟肾旁有两个腹内睾丸。繁殖季节时，睾丸体积增大2～3倍，在非繁殖季节不产生精液。雄性平胸类鸟均有阴茎，用于将精液从雄性泄殖腔射精管运送至雌性泄殖腔内。鸵鸟、鸸鹋和美洲鸵鸟的阴茎形状各异，但是功能相同，均在背侧有一供精液运输的凹槽。

2．配种　鸵鸟和美洲鸵鸟属长日照发情动物。配种季节由日照时长和环境温度调节。在北美洲，其配种季节为春季和夏季。鸸鹋属短日照发情动物，发情季节在深秋和冬季。发情季节到来时，雄鸟和雌鸟表现异常活跃。雄性鸵鸟改变羽毛颜色以取悦雌性，雌性鸵鸟出现鼓翼动作。产蛋前这种行为持续数日至数周。一般而言，雌鸟比雄鸟先进入发情期。因此，早

期的蛋通常未受精。非洲鸵鸟和鸸鹋也是如此。如果每日拾蛋，会发现雌性鸵鸟在发情期隔日产蛋1次。野生平胸类鸟的标准窝卵数为15～25枚，而饲养类的标准窝卵数为30枚左右。连续产蛋量从0～167枚不等。

3．孵化　如果鸟蛋采集后采用批量孵育，则应注意保持温度凉爽，尽可能控制在15.6℃。生理零点（胚胎停止发育的临界温度）为22.2℃。胚胎期的蛋细胞数为60 000个，应在孵化前降低蛋的温度，以保证细胞同时发育。一般而言，若种蛋是干净的，则无需清洗，若种蛋是湿的或脏的，在降温前则需用43.3℃的温消毒剂溶液进行清洗（如洗必泰、次氯酸钠和季铵类）。

商业上用强制空气式孵化器孵蛋。鸵鸟蛋常在36.1℃下孵化40～42 d，并于40 d或幼鸟敲蛋想要破壳而出时转至孵化器。鸸鹋在36.1～36.7℃下孵化54～58 d，于50～52 d或幼鸟敲蛋时转至孵化器。美洲鸵鸟在36.7℃下孵化40 d，于38 d或幼鸟敲蛋时转至孵化器。当孵化温度和孵化器内温度相同时，需提高环境湿度。

孵化过程中应执行良好的基础管理和生物安全措施，包括实施"全进全出"管理政策。幼鸟应饲养在空间充足、温度适宜和通风良好的地方，供给干净的饮水和饲料。为减少应激，在幼鸟3月龄前应避免混群饲养。

4．繁殖疾病　很多疾病能够导致繁殖障碍，包括不产蛋，产畸形蛋和污染蛋。常发疾病包括细菌性输卵管炎和子宫炎。多种致病菌均可造成严重的感染。病情较轻者，仅子宫或壳腺感染，临床症状从蛋壳异常至完全不产蛋不等。由交配或子宫松弛造成的细菌感染可上行性蔓延，发展成肺泡炎或异物性腹腔穿孔。发病雌鸟一般有产蛋不稳定、产畸形蛋、有臭味蛋或产蛋突然中断的病史。体格检查发现，体温和呼吸频率不定，泄殖腔下方黏附有排泄物，雌鸟带有恶臭味。发病雌鸟的白细胞计数从$8×10^9$/L至$10×10^9$/L以上不等。超声检查和X线检查能有效评价输卵管渗出物的多少和稠度。治疗方案应基于细菌培养和药敏试验。

三、雏鸟的管理

幼鸟饲养管理和鸟舍管理的基本原则包括："全进全出"的管理体系、鸟群和设施的生物安全性，以及无应激的环境，这些都与平胸类鸟的成功繁殖密切相关。一般而言，幼鸟较少患感染性或接触性传染病，临床上大多幼鸟疾病由环境干扰造成，例如通风不良、养殖密度过高、环境温度过高、过量使用抗生素、不正规的孵化程序、营养不均衡及其他一些与饲

养管理相关的疾病。出现患病动物后，应对受威胁群体进行统计，并采取相应措施来防止疾病在其他幼鸟中的蔓延。通常将患鸟隔离或者施行安乐死。发生传染病时，若不隔离患鸟就直接治疗患鸟，将威胁到其他幼鸟的安全。

沙土、青草、紫花苜蓿或本地牧草均可作为幼鸟的垫料，如果从孵化出即置于这些垫料上，并提供足够的空间、良好的通风、充足的采食和饮水，则幼鸟会生长良好。若每只鸟的禽舍空间有 9.3～12.35 m²，则3月龄后鸵鸟幼鸟生长状况最佳，很少发生与饲养管理相关的疾病（如腺胃阻塞、腿部问题和羽毛脱落）。鸵鸟幼鸟不宜饲养于水泥地面上。适度的运动对于幼鸟腿部发育和消化功能很重要。

四、传染病

传染病主要感染6月龄以内的幼鸟，感染源包括细菌、真菌、病毒和寄生虫。但是，在对幼鸟进行病原分离检查的同时应综合考虑营养状况、环境状况、饲养管理和遗传因素。

腹泻是平胸类鸟最常见的临床症状。卵黄囊吸收后幼鸟将发生腹泻，并于8～12日龄时食欲转好。若幼鸟反应灵敏、行动活跃，则不需要治疗。当饮食骤然变化时，幼鸟也会发生腹泻，可饲喂益生菌加以改善。大肠埃希菌、沙门氏菌、假单胞菌、空肠弯曲杆菌、克雷伯菌、产气荚膜梭菌、大肠芽孢梭菌、分支杆菌（感染成鸟）、链球菌和葡萄球菌，均可导致细菌性腹泻。鉴定清楚细菌的来源（如禽舍、孵化器、卫生不佳、苍蝇等造成的空气传播等），通过细菌培养和药敏试验来选择适合的抗生素进行治疗。副黏液病毒、呼肠孤病毒、疱疹病毒、类伯尔纳病毒、肠道病毒、腺病毒和冠状病毒等都是可造成腹泻的疑似病原。病毒性腹泻只能对症治疗，同时应根除所有可能的病毒传染源（如野鸟、发病雌鸟和人）。胃肠道阻塞是导致腹泻的另一原因，需进行手术治疗，为避免复发，应逐渐调整环境和饲料。对于真菌性念珠菌造成的腹泻，应停止抗生素治疗，并保持环境干燥。虽然造成鸵鸟幼鸟腹泻的原虫还未发现，但是也可添加甲硝唑进行预防性治疗。管理不良也导致肠炎，包括用药过度和炎热季节时饮水中电解质过多。

自然孵化幼鸟卵黄囊炎的发病率一般较低。但是，饲养者常协助幼鸟孵出或将脐肠系膜血管打结并用绷带捆绑腹部，由此诱发卵黄囊炎。当卵黄膜（卵黄囊内层）对卵黄物质的吸收延迟时，卵黄囊可通过回肠开放的流入孔被污染。从卵黄囊分离到的细菌大多为革兰阴性菌；但是，也见有继发于非感染性因素的卵黄囊吸收不良。

鸵鸟幼鸟常发痘病毒感染，在面部、耳朵和颈部出现典型的痘疹结痂。痘病毒由昆虫传播，不具传染性，且死亡率低。在大暴发时，进行禽痘疫苗的群体紧急接种可阻止疾病的扩散。虚弱的幼鸟，尤其在有外寄生虫感染的情况下，会继发感染葡萄球菌性皮炎。

东方马脑脊髓炎感染鸵鸟幼鸟表现为衰竭综合征，会导致死亡。各个年龄的鸸鹋对该病均易感，并引起烈性致死性胃肠炎。因此，在存在该病毒的地区，鸸鹋的免疫接种十分重要。

禽流感是部分种群的一大问题，进行平胸类鸟的交易时为必检项目。

五、寄生虫病

1. 原虫 已从平胸类鸟肠道内分离到许多原虫，包括六鞭毛虫、贾第虫、毛滴虫、隐孢子虫和弓形虫。他们的致病性至今尚不明确，但免疫抑制可能会促进发病。治疗可用甲硝唑，10 mg/kg，口服，每日2次。球虫病常发，虽然暂认为其无致病力，但也可用磺胺类药物进行防治。

2. 绦虫 非洲常发鸵鸟候杜绦虫（*Houttuynia struthionis*），但在美国少见。鸵鸟候杜绦虫的中间宿主暂不清楚。可定期口服15 mg/kg的芬苯达唑，每日1次，连用5 d。

3. 线虫 道氏利比亚圆线虫（*Libostrongylus douglassii*）是显著影响鸵鸟经济价值的一种胃肠道寄生虫。成虫和晚期幼虫寄生于鸵鸟胃肠隐窝内。以在粪便中发现毛圆线虫样虫卵为诊断依据。采用0.2 mg/kg伊维菌素或15 mg/kg芬苯达唑进行治疗。另外一种出现明显临床症状的线虫为贝利蛔线虫，经口由臭鼬或浣熊传播。贝利蛔线虫为嗜神经寄生虫，感染后将出现CNS损伤和神经症状。防止臭鼬或浣熊粪便的污染是防止该病的最佳途径。

4. 节肢动物 平胸类鸟可感染三类节肢动物：虱、扁虱和羽螨。鸵鸟特别容易感染虱。禽虱（*Struthioliperurus struthionis*）会造成皮肤和羽毛的损伤。用家禽适用浓度的扑灭司林喷雾治疗或按1 mL/49.5 kg注射伊维菌素治疗均有效。个别种类的蜱也可感染平胸类鸟，但他们的主要生物学意义在于携带病原体。羽螨寄生于羽毛下静脉，以吸血为生。在羽毛下静脉，肉眼可见淡红色细小颗粒。蜱和螨的治疗采用0.2 mg/kg的伊维菌素，每隔30 d用药1次。

六、消化系统疾病

与饲养管理相关的疾病有前胃阻塞和异物阻塞。无论垫料和饮食是否改变，幼鸟被转移至新环境后均易发消化道阻塞。动物发生胃肠道阻塞后也可继发前胃阻塞。沙砾和浓缩饲料造成的消化道阻塞可用蚤草轻泻剂进行药物治疗或采用辅助疗法。前胃切开术适用于草料和铁器、碎石、珠宝等异物造成的阻塞。

幼鸟常发泄殖腔脱出。幼鸟发生腹泻或胃肠道阻塞时常导致泄殖腔脱出。泄殖腔的复位很简单，只需用荷包缝合术固定 24 ～ 48 h 即可。

各个年龄段的鸵鸟均可发生肠扭转，原发部位是结肠。日粮发生骤变，尤其是纤维含量的增高会导致鸵鸟群发生肠扭转。临床症状包括排粪减少至便秘、轻度腹泻、腹部膨胀和呕吐。可借助腹腔穿刺术和X线检查进行诊断。若能及早确诊，外科手术是良好的矫正方法，但常因费用昂贵而不可行。

七、肌肉骨骼病

任何年龄段的鸟类都可能因抓捕、运输、被肉食动物攻击和打斗造成肌炎。临界性营养缺乏会引起应激使相关的肌炎恶化。临床上，患鸟不能站立。输液疗法可纠正酸中毒，并有利尿的作用，同时配合消炎疗法，使用抗生素以防止梭状芽孢杆菌的感染。推荐治疗方法为：按 5.0 mg/kg 给予维生素E，同时添加 0.06 mg/kg 的硒。如证实与营养缺乏有关，可在饲料或饮水中添加维生素E以纠正。

为治疗过劳或外伤继发的肌炎，可采用多种治疗方法，包括吊起鸟训练其腿部和游泳样运动。但是，采取这些方法治疗患鸟会产生过度应激，最好让患鸟休息至其可自行站立，该过程大概需要至少 90 d。如果患鸟活动灵活，食欲良好，则说明预后良好。

八、中毒

已知平胸类鸟能发生许多不同的中毒病。饲料中添加过量硒会造成鸵鸟急性硒中毒，导致肺水肿和瘀血。饲料添加莫能菌素会造成鸵鸟和鸸鹋的肌炎和吸收不良综合征。市售鸵鸟饲料中若混入牛饲料，所含的棉酚则会造成鸵鸟吸收不良综合征。斑蝥产生的斑蝥素会导致鸸鹋发生出血性胃炎和肠炎。幼鸟对昆虫叮咬敏感，当幼鸟吞食了或口腔被红蚁和黄蜂叮咬后常导致死亡。香烟里的尼古丁会使鸟类出现CNS症状。含有龙葵素的有毒植物（如银叶、龙葵）会导致鸟类上吐下泻。硝酸盐含量高的植物会使鸟类呼吸困难，并出现CNS症状。氨中毒发生于通风不良的谷仓内，会导致鸟角膜水肿、溢泪和呼吸困难。

九、外伤

用力拖拉或交配意外会导致翅膀脱臼和骨折。多数疑似翅膀脱臼的病例其实是由桡神经麻痹造成，而并非关节脱位。将翅膀用绷带绑至后背，保持 1 ～ 2 周即可缓解症状。对于翅膀骨折的病例，根据断裂的位置，可通过半克针、夹板或两者同时运用进行固定，偶尔也运用髓内针。

由围栏导致的颈部撕裂伤常损伤气管和食管。治疗时气管采用一期缝合，食管新鲜伤口也可采用一期缝合，但如为陈旧伤，食管内侧会呈颗粒状。重症者，可在颈部末端 1/3 处对食管做一切口进行插管，以保证饮食需求。

钢缆索围栏造成的小腿伤也很常见，创伤处理原则包括清创和伤口包扎。如果在小腿受伤的病例中有骨骼暴露的情况，则需每周进行X线照相以检查是否有应力性骨折发生。若无意外，软组织一般在创伤后3周愈合，但鸟类有可能发生跗跖骨骨折。站立于多冰、泥泞的环境常导致指骨脱臼。若脱臼未及时处理，则需将患病腿取常规屈曲位绑定 5 ～ 6 周，至足够的软组织纤维化以保证关节脱位处复原。如果单纯的绑定不成功，则需参照马属动物的标准操作程序施行关节融合术。

（彭西 译　金天明 一校　张雨梅　刘宗平 二校　马吉飞 三校）

第十四节　爬行动物

爬行动物纲有 8 000 多种，但在临床上只会遇到数十种。通常将所有鳄目、前齿毒蛇（及部分后齿有毒类）和两个种的毒蜥蜴（Heloderma spp.）视为危险动物，并受联邦或州立法的饲养限制。这些种属通常不作为宠物饲养，因此省略对其的介绍。爬行动物分为四个目，包括：鳄目（鳄、短吻鳄、印度鳄），龟目（海龟和陆龟），有鳞目（蜥蜴和蛇）和喙头目（大蜥蜴）。

爬行动物属于脊椎动物，拥有与哺乳动物相似的器官系统。但是，他们是变温动物，依靠环境温度和行为控制他们的核心体温。爬行动物具有肾门静脉循环和肝门静脉循环，主要依赖进化适应来排泄氨、尿素或尿酸。爬行动物的红细胞有核，其代谢率较哺乳动物低。所有的爬行动物均要蜕皮（表皮周期性脱落的正常现象），昼出的种类需要广谱光源照射，以利于维生素 D_3 的合成和维持体内钙平衡，且体内受精，生殖方式为雌性产蛋（卵生）或产崽（卵胎生）。

爬行动物属于社会化程度低的生物，雄性多的群体会挑起种内争斗。"一夫多妻制"的某些种类相处和睦，然而，独居的爬行动物最适合宠养。大多数爬行动物的寿命超过 10 ～ 20 年，需要饲养者长期喂养。

解剖学

爬行动物均具有泄殖腔，是下段胃肠道、生殖道和泌尿道的开口。另外，肺的结构简单，由导管囊形成海绵样的空腔，而不是肺泡。

蜥蜴是四足爬行动物，具有简单的脏器分布。爬行动物缺乏横膈膜，所有脏器都在一个体腔内。树栖蜥和巨蜥等蜥蜴的体腔被肺后膜或肝后膜分成多个腔室。蛇的器官纵向排列，蟒蛇是最原始的蛇，具有左右两个肺，但其他蛇左肺发育不全。有鳞目爬行动物具有未发育完全的气管环，雄性具有成对的交配器（即半阴茎）。

龟类具有特征性的壳，形成背甲和腹甲。内脏器官由两片薄膜隔开，心脏位于心包膜内，肺位于心脏背侧，通过肺后膜（或横膈膜）与其他内脏分开。龟类具有发育完全的气管环，雄性只有单个交配的阴茎。

生理学

爬行动物依赖环境温度和行为保持其体温在最适温度范围（POTZ）内。在种族特异的POTZ内，爬行动物为了自身特殊的代谢活动而保持其最适体温。但特有的代谢活动是随昼夜、季节、年龄和性别不同而变化的。爬行动物的代谢率比哺乳动物和鸟类低。常数K值可用于计算能量消耗、营养需要和比速增长的药物剂量，其计算公式为 $K(W^{0.75}) = BMR$（即基础代谢率kcal/day），K=10（即爬行动物的能量常数），W=体重（单位：kg）。

蛇、蜥蜴和龟鳖的心脏均具有三个室，两个心房和一个心室，而鳄的心脏有四个室。所有爬行动物都与哺乳动物相似，具有肺循环和体循环。除鳄以外的爬行动物，静脉血和动脉血功能的划分主要通过心室的肌嵴。外周血细胞类型包括血小板、红细胞、异嗜白细胞、嗜酸性粒细胞、嗜碱性粒细胞、淋巴细胞和单核细胞（包括嗜苯胺蓝小体）。爬行动物，尤其水栖类爬行动物，存在肾门静脉循环和肝门静脉循环，以及心内和心外血管分流。

爬行动物的皮肤通常严重角质化，有鳞屑保护。龟类的壳由真皮骨骨板和角质化的鳞甲组成。因皮肤不具有外分泌腺，爬行动物的皮肤干燥。但是，某些种类发育成熟的雄性蜥蜴的后肢沿颅正中线有一连串股骨前孔，另一些种类的蜥蜴雌雄均具有这种腺孔，但雄性更发达。色素细胞很常见，它使很多动物种类变色，尤其是避役科动物。鳄鱼和一些蜥蜴具有骨皮肤结构（皮肤骨化）。这种结构会干扰X线检查与外科手术。一些蛇类在上颌骨处有一个热感受器，以便在捕食时对猎物进行定位。皮肤特征（如冠、刺和垂肉）常用于形态变化种类的物种和性别鉴别。

所有爬行动物都要蜕皮，蜕皮频率取决于物种、年龄、营养状况、环境温湿度、繁殖状况、寄生虫量、激素水平、细菌或真菌性皮肤病和皮肤损伤，一般整个蜕皮过程会持续7～14 d。

生殖

大多数物种在配种前都需要某种特殊的条件，例如冬眠和季节性降温。许多物种均为两性异型。雄性蜥蜴普遍更大，具有肛门前孔或股骨前孔，尾根处具有颜色突出的阴茎膨大。通过润滑钝圆的探针探查半阴茎可鉴别蛇的性别。探针可进入雄蛇6～14片尾下鳞，而进入雌蛇3～6片则会触及泄殖腔腺。成年龟类的两性异型性通常很明显，雄龟腹甲有凹陷，且尾巴更长。多数爬行动物具有领地行为，尤其是蜥蜴和龟类，同种雄性争斗可造成重伤。另外，雄性对雌性过分热情和追随会给雌性动物造成困扰。体内受精，生殖方式为卵生或卵胎生。大多数蛇和蜥蜴的性别由遗传决定，多数龟类和一些蜥蜴的性别与孵化温度有关。

一、管理

1. 种类 不同来源不同种类的爬行动物不能混合饲养。最理想的是将不同种类的动物单独饲喂，应该避免动物为食物、沐浴区和栖息地发生争斗。大多数不繁殖的观赏蛇和水栖龟可群养，但当动物有创伤时，应单独饲喂。像变色龙（*Chameleo* spp.）这类的蜥蜴极具领地性，若需长期笼养，必须单独喂养。

2. 围场 虽然许多饲养员和经销商将动物密集养殖，但是饲养围场的大小对动物很重要，因此至少需要满足动物的最小空间需求（表17-15）。应根据不同动物的居住习性给予足够的生活空间、合适的居住设施和居住类型（如树栖型、陆生型、地下型或水栖型）（表17-16）。

爬行动物常用玻璃箱进行饲养，这为饲养者带来了视觉上的享受，但会造成动物的应激反应。玻璃不是一个好的绝缘体，可能因热量的大量流失造成剧烈的温度变化。即使整个箱顶采用筛网，还是会阻碍通风。虽然塑料或玻璃纤维的饲养箱较贵，但更适于饲养动物。

网笼和动物饲养箱可用报纸、人造草皮和有机微粒（如树皮芯片）垫底，但必须定期更换。也可使用土、沙和落叶，但需用烘箱烘烤后使用以保证卫生。因碎石和沙砾不易清洁，且常被爬行动物吞食，故不推荐使用。其他基本设施包括足够的爬行动物洗澡用的水池和纸箱、软木树皮和碎纸等各式隐蔽所。树栖类动物需要干净、安全的树枝样设施。常用肥皂和水清洗笼子，若需彻底清洗则需采用漂白粉，有些消毒

表17-15　爬行动物饲养空间的最小推荐量

爬行动物种类	最小空间量
陆龟和甲鱼	每0.1 m甲壳长度需 0.4 m²
水栖海龟	每0.1 m甲壳长度需0.25 m³
陆生蜥蜴	每0.1 m体长需 0.2 m²
树栖蜥	每0.1 m体长需 0.4 m³
蟒蛇	每米体长需 0.6 m²
王蛇和鼠蛇	每米体长需 0.6 m²
翠绿林神蛇和鞭蛇	每米体长需 1.2 m²
树栖蛇	每米体长需 0.8 m³

表17-16　某些特定爬行动物饲养管理要点

种　类	栖息地/饲养场地类型	最适温度范围[a]（℃）	湿度（%）	光照[b]	是否冬眠	饮食[c]
玉米锦蛇	陆地、灌木丛	25~30	30~70[d]	NS	是	C
蟒蛇	陆地、热带雨林（半树栖/水栖）	28~31	70~95	NS	否	C
球蟒	陆地、灌木丛	25~30	50~80	NS	否	C
美洲壁虎	陆地、干枯灌木丛	25~30	20~30[d]	NS	否	I、C
绿鬣蜥蜴	树栖、热带雨林	29~33	60~85	BS	否	H
鬃狮蜥	陆地、沙漠	20~32	20~30[d]	BS	否	I、C、H
水龙	树栖、热带雨林	24~30	80~90	BS	否	I、C、H
草原巨蜥	陆地、干枯灌木丛	25~32	20~40[d]	BS	否	C、I
希腊龟	陆地、温带/亚热带	20~26	30~50	BS	是	H、C
箱龟	陆地、温带/亚热带	22~28	50~80	BS	是	H、I、C
美洲龟	陆地、热带	25~30	30~50	BS	否	H、C
红足龟	陆地、热带	25~30	50~90	BS	否	H、C
红耳红腹拟龟	温带/亚热带，碎石铺底或不铺，水深至少30 cm，陆地面积占池塘的1/3	24~28	水栖	BS	可能	H、I、C

a. POTZ：最适温度范围，根据气温梯度对温度进行调整，一般白天上升5℃，夜晚降低5℃。

b. BS：必需广谱光照（UVB 290~300 nm）；NS：无需特殊光照要求。

c. Ii：食虫动物，Hh：食草动物，Cc：食肉动物。大写字母表示成年动物的偏好，小写字母表示未成年动物的偏好。

d. 蜕皮时对湿度的要求明显增高。

剂（如酚类消毒剂）是有毒的。有些地区的气候适于放养爬行动物，但应防止盗窃、肉食动物攻击和携带病原的野生动物的威胁。

3. 加热　可使用包括白炽灯泡、红外线陶瓷加热板或加热包、加热索、列管式加热器、暖气炉、对流式暖房器和阳光照射在内的多种加热方式。适当大小的加热器应保持恒温，防止动物接触，并安放在墙边以形成温度梯度。"高温岩石"常造成烧伤。电灯泡不能用于夜晚加热。

4. 环境光照　广谱光照对所有爬行动物均有益，但是紫外光（波长290~300 nm）对大多数昼行蜥蜴和龟类维生素D₃的合成和钙的调节尤为重要。

最好的光源是未经滤过的日光，但也有许多人造的条形荧光灯、小型荧光灯和卤化汞灯可供使用。市场上的适用于爬行动物的每一种灯的外包装上几乎都会注明"广谱"，这会给购买灯管的兽医和顾客造成困扰。适用于爬行动物的灯应当标记有提供紫外光或者其他更加稳定的光谱，且已通过光谱仪测试。即使是适合的灯也必须安放在离爬行动物较近的地方，并定期更换位置。大多数透明塑料和玻璃滤光片可以吸收UVB波长的光。一般每天照射12 h。

5. 湿度　湿度太高或太低都会产生严重的问题。尽管有专门的加湿器和洒水系统，湿度还是不易控制。不应通过减少通风来维持温度和湿度，这样会导致皮肤和呼吸系统疾病的发生。

6. 检疫与记录 虽然许多爬行动物疾病的潜伏期尚不清楚，因此推荐检疫隔离期为3~6个月。同时畜主应配合做好饲养管理、营养情况、繁殖活动、接触动物、疾病暴发流行或者健康状况等任何变化的详细记录。

7. 营养 爬行动物种类鉴定对于准确评价饲养动物饮食是必需的（表17-17和表17-18）。以啮齿类动物为食的食肉动物（如大多数的蛇）只要满足其食物需要就很少出现营养问题。肥胖的啮齿类动物长期冻存后营养价值较低。不建议投喂活的啮齿动物，因为爬行动物在捕食时可能受伤，同时鉴于动物的福利，有些国家明文规定不可饲喂活的动物。市场上可供食虫类爬行动物食用的昆虫很多，包括蟋蟀、蜡螟、特博蠕虫、蝗虫、黄粉虫、蟑螂和苍蝇。饲喂富含钙的昆虫类食物，或在饲喂前将高钙添加剂撒在昆

表17-17 可用于爬行动物的动物性食物成分

食物项目	干物质（%）	蛋白质（%）	脂肪（%）	能量（kcal/g）	钙（%）	磷（%）	钙磷比
粉虫	42.2	52.8	35	6.53	0.06	0.53	0.11
蝗虫	31.2	61.7	19.4	--	0.1	0.75	0.13
蟋蟀	38.2	55.3	30.2	--	0.23	0.74	0.31
蚯蚓	22	49.9	5.8	--	0.59	0.85	0.69
小鸡肉	25.6	20.5	4.3	1.21	0.01	0.2	0.05
蛋（整个）	25.2	12.3	10.9	1.47	0.05	0.22	0.02
小鼠（1~2日龄）	--	--	--	--	1.6	1.8	0.88
成年小鼠	--	19.86	8.81	2.07	0.84	0.61	1.37

表17-18 可用于爬行动物的植物性食物成分

食物项目	干物质（%）	蛋白质（%）	脂肪（%）	能量（kcal/g）	钙（%）	磷（%）	钙磷比
苜蓿	--	15.5	37.1	3.94	1.29	0.21	6.14
苹果[a]	--	0.2	0.6	0.57	0	0	0.57
香蕉[a]	29.3	1.1	0.3	0.79	0	0.02	0.25
黑色醋栗	--	--	--	--	0.06	0.04	1.4
黑莓	--	--	--	--	0.06	0.02	2.62
西兰花	--	3.6	0.3	--	0.1	0.06	1.49
卷心菜	--	1.3	0.2	--	0.04	0.03	1.22
胡萝卜	10.1	0.7	--	0.23	0.04	0.02	2.29
干三叶草	--	11	1.9	--	1	0.2	5.0
羽衣甘蓝	--	--	--	--	0.2	0.07	2.76
小红莓	--	--	--	--	0.01	0.01	1.36
小青梅	--	--	--	--	0.02	0.01	1.5
蒲公英	--	--	--	--	0.18	0.07	2.4
莴苣	--	1.7	0.1	--	0.08	0.03	2.67
茴香	--	2.8	0.4	--	0.1	0.05	1.96
无花果	--	--	--	--	0.28	0.09	3.04
草（草坪）	33	2.4	1.2	1.58	0.1	0.09	1.1
卷心莴苣	--	1.2	2.5	0.14	0.03	0.02	1.34
无头甘蓝	--	--	--	--	0.17	0.06	2.9
柠檬	--	--	--	--	0.11	0.01	9.17
生菜[a]	4.1	1	0.4	0.12	0.02	0.02	0.85
芥菜苗	--	--	--	--	0.06	0.06	1
橘子	13.9	0.8	--	0.35	0.04	0.02	1.71

（续）

食物项目	干物质（%）	蛋白质（%）	脂肪（%）	能量（kcal/g）	钙（%）	磷（%）	钙磷比
欧芹	--	--	--	--	0.2	0.13	1.53
小萝卜	--	--	--	--	0.04	0.02	1.63
树莓	--	--	--	--	0.04	0.02	1.41
红色醋栗	--	--	--	--	0.03	0.03	1.2
菠菜	--	3	0.3	--	0.09	0.05	1.69
西红柿[a]	6.6	0.9	微量	0.14	0.01	0.02	0.62
大头菜	--	1.1	0.9		0.05	0.01	2.89
西洋菜	--	2.2	0.3		0.22	0.05	4.23
白葡萄[a]	20.7	0.6	微量	0.63	0.01	0.02	0.86

项目中带有上标a的，表示这些食物的钙磷比例较低，则可能不适于作为爬行动物的饲料。

虫身上，可预防爬行动物缺钙。

为草食性爬行动物提供丰盛且营养的饮食较为困难，应将钙磷比例高且适合特殊种群营养需求的果蔬作为草食性爬行动物的食物，可参考人类营养数据库（http：//www.nal.usda.gov/fnic/foodcomp/search/）。因光照不足和低钙饮食引起的钙和维生素D3缺乏症，会导致食虫性和食草性爬行动物，发生营养性甲状旁腺功能亢进。现在市售的爬行动物饲料包括湿的、罐头的和干的颗粒料。这些市售料虽未通过详细的评估，却能为爬行动物提供均衡的饮食。虽然有些动物会喝水钵里的水，但其他动物仅通过采食植物上的露珠摄入水分。水质差可致蛇发生口炎，饮水不足使绿鬣蜥发生肾脏疾病。

二、体格检查

成功诊断和治疗爬行动物疾病，需要适当的保定和采用多种临床技术。虽然与家畜的规程相似，但也有一些爬行动物特异的方法。可检查以下项目：观察不受束缚时的安静状态下的动物，行为评估，观察运动情况及明显的神经症状（如跛行、瘫痪、麻痹和头倾斜）。尽可能随时观察处于适宜环境内的爬行动物很重要。对于神经敏感或具有攻击性的物种，应随时用毛巾、蛇钩、透明的塑料容器和保定管做好保定。长手套会降低临床医生的触觉，但在处理大蜥蜴和小到中型具有攻击性的鳄鱼时需要佩戴。当处理大型或有毒的爬行动物时，应加强措施以确保兽医人员、动物园饲养员和饲喂者的安全。在许多情况下，运用化学麻醉药可加快诊疗速度，并大大降低爬行动物和人类的风险。应推行对爬行动物进行麻醉，即使是易管理的种类也应先行镇静或麻醉，否则会延长处置时间，使动物产生不必要的应激和不适。但镇静剂和麻醉剂可能会影响临床病理检查结果，特别是血液学指标。

应根据立法规定和安全需求来制定具有潜在危险性的爬行动物的检查方法。在法律上，龟鳖被认为是无危险性的动物，但少数物种，如具有凶猛撕咬能力的甲鱼和鳄鱼属，其危险性很高且具有凶猛的伤害力，应给予重视。此外，濒危野生动植物国际贸易公约（CITES）也明确将附录1和附录2中的爬行动物列入宠物的范围。甚至常见的宠物（如玉米锦蛇）在一些疫区也被视为非法饲养动物。

与其他动物相比，爬行动物患有人兽共患病的风险较低，处理病畜后进行个人卫生消毒即可将风险降至最低。主要的动物传染病原包括沙门氏菌、假单胞菌、分支杆菌、隐孢子虫、立克次体和舌形虫（节肢动物肺寄生虫）。最具有公共卫生意义的是与爬行动物共生的沙门氏菌，在处理该类疫病时，临床兽医师应参考爬行和两栖动物兽医协会的相关规定和手册（http：//www.arav.org/ECOMARAV/timssnet/arav_publications/arav_publications.cfm）。

在使用某些药物，尤其是麻醉药和氨基糖苷类等禁用于爬行动物的药物时，如果超过剂量会导致死亡，因此必须精确称取每只动物的重量。定期称重还有助于对生长情况、笼养管理情况、治疗效果、疾病发展及愈后情况进行评估。与体重有关的体长和体态等指标可用于体况评估。通过测量蜥蜴和某些品种蛇的吻肛长度，可推算出器官位置和体重。测量与体重相关的头、胸、甲长度和体重可评估龟类的体况。

应用冷光源的体腔透照法对小蜥蜴和蛇的内部结构进行显影，尤其是对疑似异物阻塞的病例具有诊断意义。使用热光源时应避免烧伤。

爬行动物的听诊检查很难，且其结果常无参考价值。使用电子听诊器时，将湿纱布置于壳/鳞屑和听诊器隔板之间有助于诊断。多普勒超声对心率检查非常有用。

1. 蛇 对有攻击性或性情不明的蛇，应在打开运输袋前先鉴定并保定其头部。一般来说，用拇指和中指握住其头骨两侧，再将其头部固定于枕部，食指放在头顶，另一只手托住蛇的身体。用该法保定蛇的头部对其头颈部连接提供了支撑，因为仅固定枕部易导致脱臼。检查体型更大的蟒蛇时，需要二、三或甚至四个助手保定蛇的身体。为避免给蛇、畜主和工作人员造成危害，常需给有攻击性的大型蛇类注射镇静剂。

无毒蛇类，应根据其大小进行单手或双手固定。检查前，应使用树脂玻璃管保定紧张不安或有攻击性的蛇，或实施镇静。临床医师应尝试对其肌肉紧张度、本体感觉和活动性进行评估。患有全身性疾病的蛇常表现为跛行、乏力和不爱运动。可用来评估神经机能的指标有：头部运动、体态、泄殖腔紧缩度、本体感觉、皮肤刺激、撤退、乳突和翻正反射等。

对全身皮肤，尤其是头部和腹部的彻底检查，可为蜕皮障碍（蜕皮不足）、外伤、寄生物（特别是常见的蛇螨—蛇刺螨和蜱）和微生物感染提供诊断依据。如条件允许，应对近期蜕下的皮肤进行检查，以明确是否存在透明膜滞留。由蜱和螨聚集在皮肤的皱褶、眶下凹、鼻孔和角膜边缘等处形成皮肤隆起，可能被误诊为是恶病质（"极度消瘦"）或脱水。眶下凹和鼻孔处的皮肤不会脱落。若非即将蜕皮，其眼睛都应保持清亮，眼球表面的透明膜应光滑平整，任何皱褶都表明有透明膜滞留。透明膜即为透明的融合睑，可保护角膜免于暴露。眼睑下液体通过导管排到颅盖顶。导管阻塞时，透明膜下大量液体积聚导致的肿胀，常引发感染。下层角膜损伤会导致全眼球炎和眼睛肿胀。眼球后脓肿的形成会导致正常大小的眼球突出。其他眼部病变包括葡萄膜炎、角膜脂肪沉积和眶下异物，异物主要为木屑和饲养场内其他材料的碎屑。

从头到尾触诊头部和体部可用来检查肿胀、创伤和其他畸形。记录内部器官与吻的距离，计算其在吻-肛长度中所占比例，可对病变波及的器官作出评估。刚进食的蛇，身体中部的膨胀与胃中的食物有关，如果此时抓取可能导致反胃。检查时可触及排卵前卵泡、卵、粪便、肿胀的器官和一些块状物。泄殖腔的检查可通过专用的耳镜或采用手指触诊法。

常常最后检查口腔，因为多数蛇抵抗这种检查。在口腔打开前，仍可以看到蛇信在唇切迹处有规律地快速伸缩。用一个塑胶或木制压舌板可以将蛇口慢慢打开，以便对口腔黏膜和颊部进行检查，诊断黏膜是否有水肿、多涎、出血、坏死和浓缩的渗出物。白色的渗出物可能是内脏痛风导致的尿酸盐沉积。还应检查咽和声门是否有出血、异物、寄生虫和分泌物。张口呼吸表明有严重呼吸疾病。还要注意到是否有鼻腔和牙齿开放性骨性融合。

2. 蜥蜴 蜥蜴在大小、力量和性情方面有很大的差异，因此，需要使用不同的保定技术。树蜥蜴和巨蜥以强大的咬力著称，而其他种类，尤其是美洲大蜥蜴，则可能使用爪子和尾巴。保定小蜥蜴的关键是要在其逃跑前控制住他们。应将蜥蜴装入安全系紧的布袋中进行运送，这样便于确定蜥蜴的位置、并在打开前控制住他们。大蜥蜴的最佳保定方法为，从侧面将其前肢与身体、后肢与尾根部分别绑在一起。切忌将后肢固定在脊柱部位，因为那样容易导致骨折和脱臼。为便于保定，可用毛巾缠住焦躁不安的蜥蜴。对小蜥蜴，可以用肩带将其前肢缠绕固定在体腔部位，同时应避免影响其呼吸。由于许多种类的蜥蜴都能以自切的方式断尾，以逃避抓捕，因此应避免抓握蜥蜴的尾巴。遮挡住蜥蜴的视线（如用毛巾缠其头部）是简单易行的保定和检查方法。鬣鳞蜥和巨蜥的保定常利用其血管迷走神经反射：用手指轻柔按压双侧眼眶，该法可使多种蜥蜴进入麻醉状态长达45 min之久（或使用疼痛或噪声刺激使其苏醒）。应用该技术，能轻松打开其口腔。如果可以，应在放松状态下观察蜥蜴是否有神经系统病变。平静的蜥蜴可以在地板上或环绕桌子走动。然而，若无绝对把握，都应将蜥蜴放入塑料围栏内，以防止其在检查过程中逃跑。

检查体表是否有寄生虫（事实是螨虫和蜱），以及因打斗、交配和灼烧所致的外伤。如有这些情况，蜥蜴更可能发生脱皮。典型的蜕皮障碍和皮肤滞留发生在足趾和尾巴周围，滞留的皮肤会引起局部缺血坏死。大面积的皮肤皱褶和隆起提示有恶病质或脱水。

头部主要检查结构是否异常。然后用钝的压舌片打开口腔，对大蜥蜴，可用轻轻按压其垂肉的方法。口腔的彻底检查，可为外伤、感染、肿瘤形成和水肿，尤其是咽水肿提供依据，声门也应列入常规检查部位。应该对口腔内部损伤范围进行评估。鼻孔、眼睛和鼓膜鳞屑应干净整洁，无排泄物污染。一些种属的鬣鳞蜥鼻孔周围有白色干物质属正常现象，因其能通过专门的鼻腺分泌盐类。吻的检查主要看是否有外伤，动物企图从有设计缺陷的饲养场逃跑或躲避笼内同伴常可致外伤。通过触诊检查头、身体和四肢，若有肿块或肿胀，则提示可能有脓肿或骨代谢紊乱。患有严重的低钙血症和高磷血症的蜥蜴，可能表现为周期性震颤和肌束震颤。对大多数蜥蜴做轻柔的体腔触诊检查时，一般可触及胃肠道内的食物和粪便、脂肪组织、肝脏、卵泡和卵。还要注意是否有胆囊结石、粪石、肾肿胀、肠梗阻、卵或卵泡滞留及体腔内肿块。

应防止排泄腔被粪便污染。视诊和指诊检查均为常规的检查方法。通过泄殖腔手指触诊，可检查到绿色美洲大蜥蜴的肾脏肿大。蜥蜴易发生难产，因此在检查过程需做性别鉴定。幼年蜥蜴难以分辨性别，但多数蜥蜴物种都是雌雄异体的。

3. 陆龟、海龟、甲鱼 尽管中小体型陆龟的有力反抗会给检查带来不便，但并不能妨碍保定。耐心地将陆龟头朝下保定，常可使胆小的龟从壳中伸出头来。将拇指和中指放在枕髁后方以防止头部回缩。对一些大型龟类，不能自由牵引其头部，此时，需使用镇静剂或神经肌肉阻滞剂。应将攻击性很强的水生动物进行背位保定。一些颈部长的种类（如鳄龟）有强大的咬力，因此检查时应特别注意。某些种类在腹甲前和/或后部具有功能性连接部位，在此部位闭合时，应避免手指被卡住。

龟类头部检查包括鼻孔有无分泌物，嘴有无损伤和过度生长的现象。若无明显的肿胀或炎症反应，打开眼睑时龟类眼睛应清澈明亮。检查时常见结膜炎、角膜溃疡及浑浊。检查鼓膜鳞屑，以确认是否有与耳部脓肿相关的病变。稳定分散地按压上颌骨和下颌骨可以打开口腔，此时应插入开口器以防止口闭合。具有攻击性的龟多为水生种类，当其受到威胁时会张开口腔，此时稍加保定就可进行口腔前庭的检查。正常口腔黏膜为苍白色，充血则可能与败血症和毒血症有关。罕见黄疸，但偶见于严重的肝脏疾病所致的胆汁血症。口腔黏膜有苍白色沉积物则表明有感染，或有与痛风相关的尿酸盐沉积。声门位于肥厚的舌头后方，很难看见，但检查呼吸系统疾病时，需检查声门的炎症反应和分泌物的情况。

其体表皮肤应无损伤。皮下肿胀通常是脓肿。水生种类对体表和深部真菌性皮炎尤为敏感，易感部位为头部、颈部和四肢周围。通过稳定的牵引，可以将中小型龟类回缩的四肢从壳下牵出。由于壳内空间是有限的，所以要轻轻地施加外力使后肢进入壳内，但可导致前肢和头部分突出，反之亦然。楔形物或张口器可以用来防止连接处的完全闭合。所有的海龟都不会在伸展四肢时闭合连接处。要检查体表是否有寄生虫（尤其是蜱和蝇）、蜕皮障碍、外伤及由捕食者造成的感染。同时也要考虑到群居生活中由打斗和求偶所致的外伤。与其他爬行动物相比，海龟的四肢骨折并不常见，但其发生常与粗糙的保定方法和继发性营养性甲状腺机能亢进有关。局部皮下肿胀通常是脓肿，但显著的关节或四肢肿胀更常见于骨折、骨髓炎或脓毒性关节炎。

进行股骨前沟触诊时，应将海龟头朝上保定。轻轻摇晃动物有助于进行卵、膀胱结石或其他体腔团块的触诊。应检查壳的硬度、结构畸形、外伤或感染。饲粮中钙缺乏、磷过量或光照不充足时会导致甲状旁腺功能亢进，并因此导致壳的软化和矿化不全。引起壳重叠的主要病因是湿度不适宜，而非饮食失调。壳发生感染时，主要表现为鳞甲松动和软化，伴有红斑、瘀斑、化脓或干酪样渗出，并伴有恶臭。

肛门脱垂通常较明显，一旦发生应先明确脱垂组织。脱垂物主要包括泄殖腔组织、壳腺、结肠、膀胱或阴茎。通常用指部触诊和内镜进行检查。

三、麻醉与镇痛

进行一些简单操作（如采血）时只需简易保定。此时可采用短时固定技术，如仰卧保定、降低光强度或轻轻按压眼部（血管迷走神经反应）。进行具侵害性和疼痛性的操作时，必须要全身麻醉。虽然不同种类的爬行动物在解剖学、生理学和药理学方面存在差异，但是一些基本原则仍可通用。下面主要介绍实际操作方法，而非爬行动物麻醉方法的详尽综述。

1. 麻醉前评估与稳定 对动物进行全面的临床检查，并精确称重。所有爬行动物均应进行体液状态评定，尤其是精神委顿或冬眠后的动物。对重量不足、脱水或精神委顿的动物，应待其状况改善后再进行可选择性程序（如去势）。进行非选择性的外科手术麻醉前应调理脱水。甚至对垂死的难产爬行动物，在术前稳定24~48 h也有益。术前未进行稳定的爬行动物易在术中或术后发生死亡。虽然口服补液是生理学上最常规的补液方法，通常不会引起损伤，但此法仅适用于轻度脱水的动物，且可能引起呕吐，因此在术前禁用。腹腔注射是更可行的方法，但是药物的吸收需数小时，如果计划实施剖宫术或腹腔镜检查时应慎用。对于脱水的外科病例，在术前、术中或术后应慎用静脉注射或骨内注射疗法。

在爬行动物治疗期间，应随时保持最适合的环境温度以维持生理平衡、促进康复和增强免疫力。虽然低温可降低动物活动性，但并无麻醉效果，从福利的角度出发也不宜采用低温进行麻醉。低温还会降低药物代谢率，使恢复期延长。

为了避免大量进食和反胃影响肺部功能，进行选择性外科手术前都需禁食。要根据爬行动物的饮食规律制定禁食方案，一般来说，进行外科手术前应禁食一个饲喂周期。麻醉前，通常不能给爬行动物投喂乙酰丙嗪（Acepromazine）、阿托品等镇静药；但可考虑术前给予止痛剂（表17-19）。

2. 麻醉剂诱导 静脉注射或骨内注射异丙酚

表17-19　爬行动物止痛剂、镇痛剂和麻醉剂的使用

药　物	剂量和用药途径	说　明
吗啡	1.5 mg/kg，IM，SC	海龟
	10 mg/kg，IM，SC	蜥蜴
		对蛇为非镇痛药，可能引起呼吸抑制
布托啡诺	20 mg/kg，IM	蛇
		对鬃狮蜥和红腹拟龟为非镇痛药，可能引起呼吸抑制
美洛昔康	0.2 mg/kg，IV，IM，SC	
氯胺酮	10~40 mg/kg，IM	镇静，延长麻醉效应
	40~60 mg/kg，IM	深度镇静，但对护理期过劳者的疼痛无效
	10 mg/kg氯胺酮，联合使用美托咪啶 0.1 mg/kg（或右美托咪啶0.05 mg/kg）和 吗啡1.5 mg/kg，IM（或50%剂量，IV）	许多海龟的深度镇静/麻醉 对水生动物效果更显著 其效果可被阿替美唑（0.5 mg/kg，肌内注射）和纳洛酮 （0.2 mg/kg，肌内注射）逆转
咪达唑仑	2 mg/kg，IM	给予低浓度氯胺酮可以增加镇静效果，本身作用很小
替来他明/唑拉西泮	3~12 mg/kg，IM	陆龟，蜥蜴，蛇
丙泊酚	3~10 mg/kg，骨内注射，IV	对爬行动物低剂量率 亚麻醉剂量产生不稳定的短期镇静作用
异氟醚	1%~5%	常规气体制剂；亚麻醉水平提供短期镇静作用。一些种类可 采用呼吸面罩或清醒（镇静）时插管
七氟烷	2%~7%	与异氟醚效果十分相似，但是复苏更快，是濒死或大型爬行 动物的首选制剂

（Propofol）是一种快速、可控的诱导麻醉方式。该药的毒性相对较小，注射到血管周围时发生血栓性静脉炎的风险也较低。需要引起重视的是，进行静脉注射相对困难，尤其是正在进行其他处置的活跃动物。

如果不能实行静脉注射或静脉注射操作有危险时，可以使用足量的化学保定剂肌内注射以便气管插管。至于肌内注射部位，蜥蜴和海龟优选前肢肌肉，蛇则选取轴上肌。近来证实，氯胺酮、美托咪啶（Medetomidine）[或右美托咪啶（Dexmedetomidine）]和吗啡联合肌内注射是对多种海龟有效的麻醉方式，其麻醉作用很容易被阿替美唑（Atipamezole）和纳洛酮消除。

在吸气室中或使用面罩，也可对爬行动物施行吸入诱导麻醉。然而，海龟和鳄鱼可以憋气，这就会使呼吸缺氧期延长。蜥蜴和蛇的联合诱导麻醉需要10~30 min，建议先在局部使用利多卡因喷雾，再对有意识的病畜施行插管法，但应考虑到这样会有应激加强和儿茶酚胺释放增加的不良反应。操作过程中还可能被咬伤。

3．麻醉维持　异氟醚或七氟烷是麻醉维持的常用药物。与其他麻醉药物比较，这些挥发性药物作用快速、易于控制且容易复苏。因其代谢排泄不依赖肝和肾，因此降低了对精神委顿的或有肝、肾功能障碍的爬行动物进行麻醉的风险。

爬行动物的插管法相对简单，小规格的气管导管

或导尿管很容易从舌根部插入声门，用一根手指从下颌内侧的空间将舌头向前上方顶起有助于操作。爬行动物的声门扩张度较大，而且在麻醉状态下声门的运动受到抑制；使用导向探针就更利于气管导管的放置。某些海龟的气管分支与头部距离很远，有报道显示一些蛇的气体交换在气管肺中进行的；用短的气管导管插管时位置应准确。

非鳄类爬行动物缺乏肌肉隔膜，应利用骨骼肋间肌（有鳞目）或四肢运动（海龟）控制呼吸。在麻醉的平台期，这些肌肉的活动性受到抑制，因此需要进行间歇性正压通气。在麻醉前驱期首先应评估通气率，随后用二氧化碳描记仪监测，终末潮气量应保持在15~25 mm汞柱。电子呼吸机能精确控制通气率和通气压力。

爬行动物麻醉程度的监测与哺乳动物差异很大。爬行动物以眼睑和角膜反射作为监测比较可靠。然而，达中毒剂量时角膜反射会消失，瞳孔直径与麻醉深度相关性较差（若瞳孔直径固定不变和扩张，则表明麻醉过深、大脑缺氧或死亡）。只有在外科手术麻醉的平台期，颌紧张度、舌头、四肢或尾巴的撤回反射才会消失。翻正反射和本能活动消失、肌肉的完全松弛均与之有关。

对大多数蛇和一些蜥蜴而言，心率的监测方法包括听诊、可视化技术或心搏动的触诊。脉搏血氧测定法是在食管或泄殖腔置入反射探针，用于监测脉搏的

频率和强度。虽然动脉血氧饱和度的检测值通常很低，且对爬行动物也不是很准确，但监测动脉血氧饱和度的变化趋势通常是有意义的。多普勒超声也可广泛用于外周动脉或心脏的检查。血气的评估常常受心内或肺内分流的影响，尤其是在水生物种。然而，呼气末二氧化碳分析被证实有效。

手术临近结束时，应停止供给麻醉剂，同时通气5 min以促进药物排出。此时还应停止供氧，以利于人工呼吸机持续供给室内空气，促进自主呼吸。

4．术后护理　一旦能自主呼吸，爬行动物就可以放回保育箱或动物饲养场中进行康复。在动物翻正反射及自主活动能力恢复前，应进行持续的监测。是否给予额外的镇痛、补液及营养支持应视情况而定。

四、诊断技术

1．放射学　爬行动物在解剖学上的差异决定了很难获得高品质的放射显影图。多数宠养爬行动物的体型较小，且缺乏弥散脂肪组织，常导致获得的显影图反差效果不好。厚而致密的角质化鳞屑、骨化的皮肤或壳会严重妨碍X线的穿透力，因此只能使用大功率进行拍摄，但这样不能显示软组织的精细结构。

尽管存在种种困难，爬行动物多数较大的组织仍能获得高质量的X线片。高精度扫描/胶片联合（如乳房X线片）能得到足够好的精度和反差，尤其是小动物。使用不同的药剂也有助于提高反差。浓度为30%的硫酸钡可用于胃肠道摄影。水溶性碘化合物如碘海醇可用于胃肠道、泌尿生殖道和静脉注射技术。将空气注射入蜥蜴体腔内有助于识别排卵前卵泡。

2．蛇　对蛇X线检查时，若不进行麻醉，要使其保持姿势和保定均较困难。如果仅检查射线不能穿透的异物，要使蛇处于自然的卷曲状态。如果要对骨骼、呼吸、消化系统进行详尽的检查，则要使其处于伸展状态。可以用塑胶保定管使其保持伸展状态，但这又会产生一些摄影伪像。在体型较大的蛇类，做全身X线需拍摄数张照片。用水平线束拍摄侧位图可避免内脏器官位移形成的伪像。如果不能形成水平线束或水平拍摄时有不安全因素时，将蛇呈侧卧保定就能拍到标准的侧位照片。背腹位的观察常受到脊椎骨和肋骨的干扰，但是当存在明显的病变时，包括卵的损伤和出现矿化团块，背腹位观察还是有诊断价值的。

3．蜥蜴　将小蜥蜴绑在X线胶片或桌子上，就可进行背腹位拍片。用棉球遮住眼睛，再用自粘胶带固定好，蜥蜴就会平静、不乱动。背腹位观察有助于鉴别体内异物、肠阻塞或体腔内团块物质。尤其是在检测呼吸系统时，水平X线光束能够拍摄到最佳的蜥蜴侧位图，进行拍摄要将X线管旋转90°，并将胶

片垂直放置在蜥蜴的背面。为防止产生四肢和体腔的叠影，检查身体时要将蜥蜴放在卷好的毛巾上或泡沫垫子上。鳄鱼的X线照片和读片方法与蜥蜴相似。

4．海龟　大多数海龟都很容易固定和保定。在拍摄背腹位垂直光束的X线照片时，多数有意识的个体会在足够长的时间内保持静止，故有利于曝光拍摄。理想的情况下，海龟的头和四肢应从壳中伸展出来，以减少四肢肌肉组织在体腔中内脏上形成叠影。许多活跃的动物要用丝锥保定在箱子上，或将他们放在射线可以穿透的容器中，因为可能会出现材料伪影，此方法对小动物（曝光量低时）不适用。在进行水平光线X线检查时，如果海龟龟缩不动，最好将其竖立固定在中央盾板上，使其四肢和头伸展。尽量使其壳侧面边缘接触箱片匣，从左右两侧拍照。第三种基本的体腔检查是水平的头尾向（前后向）检查。将海龟竖立固定在中央盾板上，使其甲壳尾侧边缘尽量靠近箱片匣；头部正对X线管，光束中心要落在背甲颅骨处的中央。头和四肢的X线检查通常是在麻醉情况下，头和四肢都伸展出来时进行。可用沙袋、泡沫和胶带协助保持体位。标准的判读需要同时进行正侧面和背腹位的观察，轻微的旋转都会使判读更为困难。

5．超声波检查法　是一种实用的标准化技术，近些年才普遍用于爬行动物的诊断。对于薄壁组织、引导穿刺活检尤其重要，还可与彩色多普勒血流影像技术合用对心脏疾病进行检查。可是超声波设备昂贵，而且因爬行动物体型和超声波应用的不同，需要配置各种带有小型印记的探针。超声波不能穿透矿化组织或空气，因此超声检查在检查呼吸系统和胃肠道疾病上有很大的局限。

体积大的爬行动物需要用5 MHz的探针，对大多数的爬行动物来说，7.5 MHz的探针就足够了。当检查非常小的样本（或眼睛的超声波检查）时，用10～20 MHz的探针比较合适。通常需要大量的凝胶或一个水浴器才能保证良好的接触，以获得好的影像。保持动物的正常体位有助于诊断，即便达不到上述目的，至少可查出与器官移位有关的并发症。超声检查辅助X线检查是很有意义的，尤其是对生殖道（诊断卵巢的活力及区别排卵前和排卵后卵的阻滞）、肝胆、泌尿系统、软组织团块和心脏的诊断。虽然在蛇中有报道超声检查会造成医源性创伤，但超声检查已用于指导肝脏的活组织检查。

6．断层扫描（CT）和磁共振成像（MRI）　CT具有分辨率高和成像精细的特点，可选择性地用于爬行动物呼吸和骨骼系统的影像诊断。MRI主要用于软组织的高精度成像，有助于诊断爬行动物神经系统、肝脏、肾脏和生殖系统疾病。该技术的缺点包括需要施

行全身麻醉以避免运动、设备利用率低且价格昂贵。

7. 内镜检查 内镜检查是爬行动物医疗诊断的重要工具之一，考虑到许多种类的爬行动物小而精细的特点，该技术有望发展为微创技术。灵活的内镜对蛇的呼吸系统检查及多种动物的胃肠道检查有用。与硬性内镜比较，柔软可弯曲的纤维内镜的主要缺点是影像质量较差。对多数宠养爬行动物而言，因其紧凑体型及体腔构造特点使钢性内镜在多数情况下均适用。设备须与患畜体型大小相匹配，一般而言，直径为1.9 mm和2.7 mm的镜管和套管系统适用于多数宠养类，能顺利进行气体吹入、液体灌洗和活组织取样的操作。

空气吹入是为成像提供必需的镜头器官距离。做胃肠道内镜检查，需要用到空气或生理盐水；体腔镜检查则首选医用的二氧化碳或盐水。体腔的压力很少达到5 mm汞柱，当对小的新生动物或空腔脏器（如膀胱、输卵管、排泄腔或胃）做内镜检查时，用温的无菌生理盐水冲洗脏器，通常会获得比吹气法更清晰的图像。

推荐在内镜检查中全程施行全身麻醉。对口腔前庭和排泄腔等部位做检查，可以用开口器或其他恰当的方法保定清醒状态或被镇静的动物，最好采用全固定术以避免对设备、患畜或工作人员造成伤害。进行体腔镜检查须施行麻醉。

8. 采血 一般来说，静脉穿刺对爬行动物很少使用。从健康的爬行动物获得的安全血量可达到0.005 mL/g，从虚弱动物获得的血量要减少些。对大多数爬行动物来说，血液学和生化方面的数据相对较缺乏。而且，血液学指标因物种、环境、营养、年龄、饲养和冬眠的差异而有很大的变化。因此，所发布的数值范围可能有其局限性。更可靠的做法是，建立单个动物的观测范围值，用系列样本来监测血液学和生化指标的变化。由于受血样外周环境和采样器具可能破碎的影响，从趾甲采血可能导致粪便和尿液的污染，组织酶类升高，血象和电解质也发生改变。更受关注的是，剪断趾甲采血关乎伦理道德和动物福利。

蛇静脉穿刺的常用部位是尾静脉和心脏。尾静脉从尾根部直达泄殖腔，在尾巴下侧25%～50%的位置，且避开雄性动物的成对半阴茎。对于蜥蜴来说，更具临床意义的血管是腹中尾静脉，最好是靠近尾下20%～80%的部位。龟类更具临床意义的血管是颈静脉、龟甲下静脉窦和背尾骨静脉。优选左右侧颈静脉，因为这会降低淋巴管污染的风险。

9. 尸体剖检 尽可能进行详尽的尸体剖检，有利于疾病确诊。群体疾病暴发时，选择性致死及剖检一个至数个动物，常是最有效且节约成本的诊断方法。新鲜尸体剖检可提供用于实验室检查的器官活检组织、血液和其他体液。然而，送检从已死爬行动物上取得并保存在保温箱内的微生物学样本时应格外谨慎，尤其是细菌样本。

五、外科手术

通常，对患病爬行动物实施外科手术应遵循与家畜相同的原则。临床医师必须熟悉其特殊的解剖结构，以及对药剂准备、保定和设备的特殊要求。限于篇幅，本文对此仅做基本的论述。施行手术前，有必要参考其他参考资料，如爬行动物解剖学、生理学、畜牧学、麻醉学和外科学，以及家畜外科学。

对于大型爬行动物，如巨龟，推荐使用适用于大动物的大型手术器械。对体重在5～50 kg的爬行动物，用多数小动物的手术器械即可。然而，体重小于1 kg的观赏爬行动物通常需要用到显微外科器械。这些手术器械不是标准手术器械的小型化版本，而是带有精细的小尖端设备。因为小型手术器械价格昂贵，也可选用眼科设备。塑胶固定牵开器适用于不同大小的切口，而且不影响通气。也可使用小型的标准腹部牵开器，但缺点是重量大。眼睑牵开器对小蜥蜴和蛇体腔切口的闭合是很有帮助的。环氧树脂或低温兽用丙烯酸酯类用于多数海龟腹甲的闭合和壳的修复。

推荐用可快速吸收的缝线缝合内部软组织。若考虑到在体内的耐久性，则首选聚二恶烷酮线或尼龙线。单丝尼龙和聚二恶烷酮线适用于皮肤的缝合，对大海龟或巨蜥蜴则可能要用金属丝。

由于大多数爬行动物比哺乳动物要小得多，因此，在对爬行动物手术过程中推荐进行一定程度的放大操作。可使用头带镜或框架式手术镜（放大2～4倍），配有专用的卤素或氙光源，具有功能多样、舒服适用及简单好用的特点。

健康爬行动物通常能耐受的最大失血量范围为0.004～0.008 mL/g。需要做外科手术的患病动物通常免疫力低下，用于诊断的血液样品可能要在外科手术前采集。相比较于爬行动物能承受的失血量，外科手术中失血量是较少的。有必要使用棉签或棉花棒、血管夹和放射外科学方法尽量减少出血。

患病动物保定位置依赖于动物种类和手术需要。注意头颈的位置不要影响呼吸；避免头部、四肢或腹腔压力过大，以免造成压迫性坏死、内脏破裂和肺换气不足；避免关节的过度伸展或屈曲，以保证外科手术部位容易触及，这样，外科医生也不会因频繁调整手术姿势而导致疲劳。沙袋、豆袋、泡沫支架和胶带可以用来保定患病动物。

爬行动物的皮肤被切开后容易外翻。因此，为了确保将来没有蜕皮障碍，推荐使用外翻缝合术（如水平或垂直的垫式缝合）。皮肤缝合材料应牢固且不能被吸收。在固定受损的壳或者包括鳞甲在内的厚型角质化皮肤时，需要用金属缝线。由于上述缝合方式会引起皮肤轻微的外翻，所以在缝合时也提倡用一些U形钉。鉴于爬行动物的伤口愈合需要一段时间，因此，要在手术后6~8周才能拆线。

术后首先考虑的因素是镇痛、补液、温度、营养和卫生等。现在普遍认为，爬行动物具有感受疼痛的能力。对哺乳动物来说，疼痛可以延缓愈合过程并降低机体正常的免疫功能。目前尚无证据表明爬行动物没有类似的现象。从临床上讲，接受过术后止痛的爬行动物比没有接受过术后止痛的动物会恢复的更好一些。常规术后护理应包括持续使用阿片类和/或NSAID。

美国FDA批准的用于爬行动物的药物很少。可以通过多种途径给药，主要有口服、皮下注射、肌内注射、静脉注射、心内、体腔内、骨内、滑膜内或气管内注射。某些药物可用于局部，如泄殖腔给药，也可通过吸入法（喷雾法）或直接病灶内给药。由于爬行动物是变温动物，最佳温度区（POTZ）之外的温度范围对药物分布、新陈代谢、排泄和消除半衰期有显著的影响。一些治疗方案规定治疗中的爬行动物应处于恒定的温度环境中。如果已有药物的一些药物代谢动力学数据，它的消除周期应该是已知的且恒定的。然而，如果温度低于或高于正在治疗的爬行动物的最佳温度，动物会受到应激而导致身体衰弱。即使设定的治疗温度在最佳温度范围内，始终恒定的温度也可能会导致应激。

爬行动物有发育良好的肾门静脉系统。在到达全身静脉循环前，血液从身体一半近尾部通过肾脏。如果注入身体一半近尾部的部分药物通过肾小管分泌排出，可能会明显降低半衰期。然而，研究表明这些影响未必具有临床意义。令人担忧的是，在尾部注射的肾毒性药物可能在肾组织达到很高的浓度。同时，龟类的膀胱可能是一个蓄药池，并在给药后几个小时导致第二次达到药物峰浓度。乌龟、海龟、淡水龟的壳在很大程度上也是活体组织，因此，所有龟类的药物治疗应该建立在身体的总重量基础之上。

1. 给药剂量和异速增长 给药剂量可依据某些爬行动物的药代动力学研究报道确定。当查阅不到某些物种的特定信息时，可根据亲缘关系相近的物种进行推断。对一些特定的物种，若无药代动力学资料，也无可靠的临床经验可借鉴，需要根据其他动物的药代动力学资料推断。通常使用药物代谢率而不使用体重来计算给药剂量和给药频率。基本的速率方程式如

下所示：其中W代表体重，K代表能量系数，对爬行动物而言该值通常是10。对于没有参考数据的动物，可以根据已知动物（不管是另一爬行动物还是哺乳动物或鸟类）获得药代动力学数据，使用该方程式来计算给药剂量和频率。

最低能量消耗，$MEC = K（W^{0.75}）$

最低特定能量消耗，$SMEC = K（W^{-0.25}）$

2. 抗微生物药 大多数爬行动物的细菌感染是由革兰阴性细菌引起的，尤其是假单胞菌属、气单胞菌属、柠檬酸杆菌属、克雷伯菌属和变形杆菌属等。细菌对抗菌药物的耐药性很常见，但多数革兰阴性菌对某些特定抗菌药物十分敏感，因此，在治疗前，应采样进行革兰染色、细胞学检查、细菌培养和药敏试验。通常要等药敏试验结果出来后再进行抗菌剂治疗。在这些情况下，通常要首选阿米卡星、头孢他啶和恩诺沙星或环丙沙星（表17-20）进行治疗。在治疗重症感染时，阿米卡星可与氨苄西林或阿莫西林联用治疗呼吸道感染，也可与头孢他啶联用治疗全身性感染。新霉素可治疗胃肠道感染。甲硝唑、林可霉素或克林霉素可以用于治疗厌氧菌感染。

在爬行动物中可能发生真菌和酵母菌感染。爬行动物长期使用广谱抗菌药容易发生胃肠道真菌病。皮肤真菌病可以通过外科清创和局部敷用抗真菌剂治疗。胃肠道感染可用制霉菌素治疗，发生全身性感染时可用酮康唑或者氟康唑。当发生肺真菌病时，抗真菌药物考虑通过雾化吸入或者气管内或者肺内注射。

疱疹病毒可导致龟类严重的发病率和死亡率。阿昔洛韦（Acyclovir）在疱疹感染初期使用有一定的疗效。

3. 驱虫药 爬行动物常用驱虫药见表17-21。

过量驱虫药可能会使机体产生如癫痫发作样的神经症状的毒副作用。伊维菌素对所有龟类致命，有报道称其对某些鬣鳞蜥蜴、石龙子和靛青蛇产生不良反应。杀螨菌素对箱龟和钻纹龟有效，但所有龟类应避免使用伊维菌素和杀螨菌素，可选择更安全可代替使用的药物。爬行动物可使用氯菊酯（Permethrin），且能安全有效地杀灭蜱螨。

4. 其他药物 爬行动物其他各种疾病所需药物剂量见表17-22。

5. 输液疗法 爬行动物类的脱水通常与长期食欲不振、水分丢失、饮水困难或丧失饮水能力有关，而不是因为屡次呕吐或腹泻造成多种电解质丢失引起。爬行动物机体水平衡是不同于哺乳动物的，因为每单位体重爬行动物机体内有更高比例的总水量（63.0%~74.4%）和细胞内液（45.8%~58.0%）。这些数值似乎是淡水种类体内最高，陆生爬行类相对较低，海栖爬行类最低。陆生爬行动物的生理盐水浓度

表17-20　爬行动物抗菌剂的使用

药　物	剂　量	注释（备注）
阿昔洛韦	80 mg/kg，PO，sid 涂擦乳膏每日不超过12次	抗病毒药
阿米卡星	松鼠蛇：首次IM，5 mg/kg，随后IM2.5 mg/kg，间隔3 d 松鼠龟：5 mg/kg，隔日IM，30℃ 美洲鳄（幼年）：2.25 mg/kg，每隔3~4 d，IM，22℃ 皇家蟒蛇：3.5 mg/kg，每隔4~5 d，IM	保持补液
阿莫西林	22 mg/kg，PO，每日12次 10 mg/kg，IM，sid	如果不与氨基糖苷类联用，常无效
两性霉素B	0.5~1.0 mg/kg，体腔内，IV，1~3 d 1次，持续14~28 d	曲霉菌病；建议用液体制剂治疗
氨苄西林	赫曼陆龟：50 mg/kg，隔日，IM 20 mg/kg，IM，sid，26℃，7~14 d	
阿奇霉素	球蟒：10 mg/kg，每隔2~7 d，PO	
羧苄西林	200~400 mg/kg，IM，sid	
头孢氨苄	20~40 mg/kg，PO，bid	
头孢他啶	20~40 mg/kg，每隔3 d，IM 蛇：20 mg/kg，每隔3 d，IM，30℃	
头孢噻呋	陆龟：20 mg/kg，IM，sid；4 mg/kg，IM，sid（上呼吸道感染） 蛇：2.2 mg/kg，隔日，IM 龟：2.2 mg/kg，IM，sid	
头孢呋辛	100 mg/kg，IM，sid，10 d，30℃	
环丙沙星	10 mg/kg，PO，隔日口服	
克拉霉素	沙漠龟：15 mg/kg，2~3 d，PO	支原体属
克林霉素	5 mg/kg，PO，sid	
二甲硝咪唑	40 mg/kg，PO，sid，连用5 d	
多西环素	2.5~10 mg/kg，PO，sid-bid，连用10 d 赫曼陆龟：首剂量为50 mg/kg，IM，之后25 mg/kg，每3 d，IM	
恩诺沙星	5 mg/kg，IM，每隔12 d，PO 陆龟上呼吸道感染：15 mg/kg，每隔3 d，IM； 鼻腔潮红，每12 d 1~3 mL（用水溶解成200 mg/L恩诺沙星） 缅甸蟒蛇（幼年）：首剂量为10 mg/kg，后5 mg/kg，每隔48 h，IM 假单胞菌属：10 mg/kg，每隔48 h，IM 赫曼陆龟：10 mg/kg，IM，sid 哥法地鼠龟，蛇：5 mg/kg，每隔12 d，IM 印度星龟：5 mg/kg，sid-bid 箱龟：5 mg/kg，每隔45 d，IM	
氟康唑	蜥蜴：5 mg/kg，PO，sid 海龟：21 mg/kg，SC，5 d后10 mg/kg，SC	
庆大霉素	美洲鳄：1.75 mg/kg，每隔3~4 d，IM，22℃ 纹龟：10 mg/kg，隔日，IM，26℃ 红耳甲鱼：6 mg/kg，每25 d，IM 地鼠蛇：2.5 mg/kg，每隔3 d，IM，24℃	保持水合作用
伊曲康唑	变色龙：5 mg/kg，PO，sid 刺蜥蜴：23.5 mg/kg，PO，sid，用药3 d，可维持药浓度6 d 海龟：5 mg/kg，PO，sid或15 mg/kg，PO，间隔72 h	真菌性皮炎
卡那霉素	10 mg/kg，IM，sid，24℃	建议用液体制剂治疗

（续）

药　物	剂　量	注释（备注）
酮康唑	鳄鱼：50 mg/kg，PO，sid 海龟：25 mg/kg，PO，sid，连用14～28 d 陆龟：15 mg/kg，PO，sid	
林可霉素	10 mg/kg，PO，sid 5 mg/kg，IM，sid-bid	
马波沙星	球蟒：10 mg/kg，每隔48 h，PO	
甲硝唑	细菌感染，25～50 mg/kg，每隔1～2 d，PO	对三色旗蛇、王蛇、靛蛇或委内瑞拉响尾蛇最大剂量为40 mg/kg
新霉素	10 mg/kg，PO，sid	不宜全身给药
制霉菌素	小肠真菌感染的海龟：100 000 U/kg，PO，sid，连用10 d	
土霉素	5～10 mg/kg，IM，PO，sid，连用 7 d 美洲鳄：10 mg/kg，每隔4～10 d，IV	注射部位有疼痛、刺激、炎症反应 上呼吸道感染
哌拉西林	50～100 mg/kg，每隔12 d，IM	建议用液体制剂治疗
多黏菌素B	1～2 mg/kg，IM，sid	
磺胺嘧啶银	每隔24～72 h，局部用药	皮肤感染的广谱抗菌
磺胺多辛 + 甲氧苄啶	15～25 mg/kg，PO，IM，sid 30 mg/kg，隔日，IM	建议用液体制剂治疗
磺胺甲氧嗪	首 次80 mg/kg，SC，后40 mg/kg，SC，sid连 用4 d； 或50 mg/kg，PO，sid，连用3 d，间隔3 d后重复	球虫感染
妥布霉素	龟：10 mg/kg，IM，sid 陆龟和甲鱼：10 mg/kg，每隔12 d，IM 海龟、蛇和蜥蜴：2 mg/kg，IM，sid	建议用液体制剂治疗
泰乐菌素	5 mg/kg，IM，sid	

表17-21　爬行动物驱虫药

药物名称	剂　量	寄生虫	备　注
内寄生虫			
阿苯达唑 （25 mg/mL）	50 mg/kg，PO，单次剂量	蛔虫	
芬苯达唑	25～100 mg/kg，PO，每5～7 d 1次	线虫、鞭毛虫	
伊维菌素	200 μg/kg，IM，28 d后重复1次		不能用于龟鳖目，小蜥蜴和靛青蛇需谨慎使用
左旋咪唑	5～10 mg/kg，IM，14 d后重复用药1次； 400 mg/kg，PO，1次	肺线虫和其他线虫	蛇、蜥蜴、龟类需谨慎使用
甲苯咪唑	20～25 mg/kg，PO，14 d后重复用药1次	圆线虫和蛔虫	
甲硝唑	原生动物感染，250 mg/kg，PO，单次用药（14 d后可重复用 药1次）；或者100 mg/kg，PO，14 d和28 d后重复用药1次；或者25～40 mg/kg，PO，3～4 d后重复用药1次	原生动物	
奥芬达唑	68 mg/kg，PO，单次用药	蛔虫	
巴龙霉素	35～100 mg/kg，PO，sid，连用28 d	阿米巴原虫、隐孢子虫	不能排除隐孢子虫

（续）

药物名称	剂　量	寄生虫	备　注
吡喹酮	8 mg/kg，PO，IM，14 d和28 d后重复用药1次；或者30 mg/kg，PO，单次用药	绦虫、吸虫	
噻吩嘧啶	5 mg/kg，PO，14 d后重复用药1次	线虫	
甲氧苄啶/磺胺类	30 mg/kg，PO，sid，连用14 d	球虫	
外寄生虫			
条状敌敌畏	每30 cm³的空间用1 cm²的药条，连用28 d；或者每25 cm³的空间用2.5 cm²的药条，每周用药2～3 d		有毒，应该清空动物；避免动物直接接触
氟虫腈	喷雾，每7～10 d用药1次	螨虫和虱	
伊维菌素（10 mg/mL）	喷雾，每升水用1～2 mL，每7～10 d用药1次；200 μg/kg，IM，每7～14 d用药1次	螨虫和虱	不能用于龟鳖目；小蜥蜴和靛青蛇需谨慎使用
苄氯菊酯（10%）	局部喷雾	螨虫和虱	在美国，许可后方能用于爬行动物
巴龙霉素	35～100 mg/kg，PO，sid，连用28 d	阿米巴和隐孢子虫	不能排除隐孢子虫

表17-22　适用于爬行动物的各类药物

药品名称	使用剂量	适应证
别嘌呤醇	20～25 mg/kg，PO，sid	痛风，减少尿酸的形成
氢氧化铝	100 mg/kg，PO，每12～24 h 1次	降低血磷水平
氨茶碱	2～4 mg/kg，IM	用于需要扩张支气管时的呼吸道疾病
精氨酸加压素（抗利尿激素）	0.01～0.1 μg/kg	蛋粘连（比催产素更有效）
抗坏血酸	10～200 mg/kg，IM，必要时使用	溃疡性口炎
降钙素	1.5 U/kg，SC，tid；50 U/kg，IM，2周后重复1次	血钙过多，也建议使用输液疗法；副甲状旁腺机能亢进
葡萄糖酸钙（10 mg/mL）	100 mg/kg，IM，qid；或者400 mg/kg，IV，骨内注射，给药超过24 h	鬣蜥低血钙症；高磷浓度可能导致软组织矿化
甲氰咪胍	4 mg/kg，PO，tid-qid	逆呕、呕吐、胃炎、胃肠道溃疡
西沙比利	0.5～2.0 mg/kg，PO，sid	改变肠胃运动机能；不建议与克拉霉素联合应用于龟
胆骨化醇	100～1 000 U/kg，IM，单次用药	低血钙症、鬣蜥纤维素性骨营养不良
维生素B₁₂	50 μg/kg，SC，IM	刺激食欲
地塞米松	30～150 μg/kg，IM，IV，骨内注射	炎症、休克
地诺前列素（PG）	500 μg/kg，IM，单次用药	蛇卵粘连
多沙普仑	5～10 mg/kg，IV，骨内注射	兴奋呼吸系统
氟尼辛	100～500 μg/kg，IM，IV，sid-bid	炎症、疼痛
呋塞米	2～5 mg/kg，IM，IV，sid-bid	利尿
碘	2～4 mg/kg，PO，每7 d 1次	预防食物导致的甲状腺肿
铁	12 mg/kg，IM，每7 d 1次（短吻鳄）	短吻鳄贫血
左旋甲状腺素	20 μg/kg，PO，隔日1次	龟甲状腺功能减退
胃复安	60 μg/kg，PO，sid，连用7 d	刺激龟胃排空
氢化泼尼松	1～2 mg/kg，PO	消炎，减少肾钙质沉积
硒	25～500 μg/kg，IM	蜥蜴硒缺乏
硫糖铝	0.5～1.0 g/kg，PO，tid-qid	刺激胃
硫胺素	50～100 mg/kg，IM	硫胺素缺乏
维生素A	5000 U/kg，PO，IM，每7 d 1次	维生素A缺乏症（由于反复治疗会导致维生素A过多症）

是0.8%，由此得出结论，普通0.9%的生理盐水对于大多数爬行类来说是高渗的。260～290 mOsm（毫渗透压摩尔）/L的等渗葡萄糖水是常用的输液用液体。一般说来，基本输液量为每日5～10 mL/kg，补液量不应超过每日35～40 mL/kg。即使在休克的情况下，输液速率也应控制在每小时3～5 mL/kg。

在许多情况下，让爬行动物在具有物种特异性最适温度的温水浅滩生态养殖场中游泳能促进其饮水。当爬行动物能自主饮水时可采用此方法。然而，在很多情况下，口服液必须通过胃管输送。可使用哺乳动物的电解质溶液进行口服补液，但最好进一步稀释10%～15%以配制略微低渗的溶液。当鳖类（也可能是其他种类）洗澡时，泄殖腔可吸收大量的水。泄殖腔注射也能帮助水分的吸收。口服液疗法对维持机体需求、纠正轻度脱水均有效，并可用作口服给药和喂食的载体。口服液疗法适用于那些活跃警觉的爬行动物，当他们饲养在适宜温度下时，口服液可提高胃肠活力，促进液体迅速吸收。然而，长期通过胃管补液会产生应激，且不适用于体型较大的龟鳖类，因此，需长期口服治疗时推荐使用食管插管术。小剂量时，可通过皮下给药，但对于中度至重度病例需采取体腔注射、静脉注射或骨内注射途径。

与胃管补液相比，体腔内补液具有快速、应激小和输液量更大的特点。然而，大剂量体腔内补液会损伤肺功能，且吸收可能会很慢。静脉导管术不容易实施，需要在较短时间内完成。较大的蛇在紧急情况下可实施心内导管术。最好用助推器或输液泵控制补液进度，如果无法使用这些器材，则将每日输液总量分为3～4次进行推注，每次注射至少10～20 min。静脉导管通常能保持72 h，心内导管可保持24 h。对于蜥蜴、小型鳄鱼和龟鳖类，可采用骨内输液。通过骨髓穿刺或X线检查确定正确的穿刺位置后，直接将穿刺针插入长骨骨髓腔。对骨营养不良的蜥蜴必须格外小心，以免造成四肢骨折。骨内输液的速率与静脉注射相同。一般情况下，补液的适宜速率为每小时0.8～1.2 mL/kg，但发生严重脱水、休克及手术时，需以每小时3～5 mL/kg的速率维持2～3 h。

胶体剂在爬行动物中不经常使用，因为大部分的水分流失来自于胞内，而不是血浆；但在急性出血的情况下可以使用。如果发生大出血（如血细胞比容＜5%），需通过静脉注射和骨内注射补给全血。对于单一的输血，没有必要进行交叉配血试验。理想情况下，供体和受体应是同一种动物。

六、细菌病

爬行动物常发细菌病，大多数感染是由机会性病原感染免疫抑制的宿主引起。需要使用综合性方案以确保治疗计划的成功。确定病原菌和去除发病诱因很重要。若饲养管理不当和营养缺乏时，适用的治疗方案也会以失败告终。

在确定适当的治疗方案时，建议采用细菌培养和药敏试验。大多数细菌感染由共生的革兰阴性菌引起。厌氧菌感染的情况也不少，但厌氧菌很难培养。涂片观察到革兰阳性菌，但细菌培养阴性，则提示是厌氧菌感染。或者，如果基于需氧培养和药敏试验的治疗方案效果不理想，那么应考虑为厌氧菌感染。

1．败血症　不同动物的许多感染性疾病的症状相似，通常其死亡原因是败血症。这种全身性疾病可继发于外伤、局部脓肿、寄生虫感染或环境应激。通常可以分离出气单胞菌属和假单胞菌属，前者可由外寄生虫传播。可引发急性死亡或呈慢性经过。常见的晚期症状是呼吸困难、嗜睡、抽搐和共济失调。胸腹部可见瘀斑，龟类则形成腹甲红斑。良好的卫生环境和饲养管理是减少败血症暴发的重要因素。患病的爬行动物应隔离并进行抗生素治疗。

2．龟败血性皮肤溃疡病（SCUD）　典型的SCUD是由弗氏柠檬酸杆菌（*Citrobacter freundii*）引起的水龟壳病，然而患病龟的皮肤和龟壳中却能分离出多种细菌。沙雷菌（*Serratia* spp.）可协同促进弗氏柠檬酸杆菌侵入机体。鳞甲出现凹痕，蜕皮时伴有潜在的脓性分泌物。厌食，嗜睡，壳和皮肤可见点状出血，也常见肝脏坏死。推荐应用全身性抗生素治疗。良好的卫生对预防至关重要。

另一种龟类壳病由甲壳类动物常见的传染性病原体贝内克菌（*Beneckea chitinovora*）引起。可见红斑以及外壳凹陷形成溃疡。少见败血症。除使用抗生素外，还可局部外用碘酒。淡水龙虾常引发该病，不建议饲喂。

3．溃疡性或坏死性皮炎　溃疡性皮炎常发于饲养在极度潮湿、卫生不良环境中的蛇和蜥蜴。潮湿的

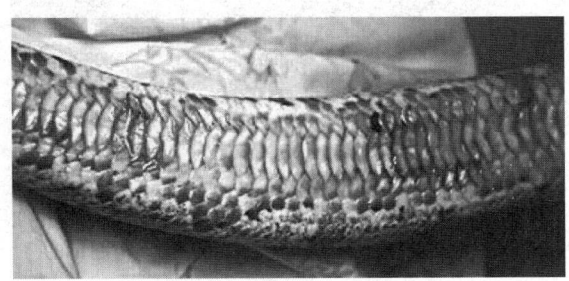

图17-22　球蟒溃疡性皮炎（鳞片腐烂，坏死性皮炎）
本病由内向外，而非普遍观点认为的由外向内发展，发病原因是免疫力下降后细菌入侵。（由Roger Klingenberg博士提供）

垫料利于污染的细菌和真菌生长，并且接触到粪便的降解产物时，会引起轻微的皮肤糜烂。如果治疗不及时，将继发感染气单胞菌属、假单胞菌属，以及许多其他细菌，从而导致败血症和死亡。

常见症状有红斑、坏死、真皮溃疡和渗出。尽管这些病变常为皮肤损伤后遗症，但通常是由皮肤损伤引起的，球螨的典型性坏死性皮炎即是如此。这种疾病不是由极度潮湿和差的卫生条件引起，饲养在干净环境中动物也容易感染。初期表现为鳞片状出血，随后出现脓疱，最终脓疱破裂，形成溃疡。需要采用全身性抗生素治疗，外用抗生素软膏，并保持良好的卫生环境和饲养管理。

水疱病曾被认为是一种单独疾病，其实它只是溃疡性（坏死性）皮炎的早期阶段。如果早期采取治疗措施，可消除发病部位皮肤特征性的脓疱或水疱，不致发生溃疡性病变。低热损伤时会出现充满液体的囊泡，因而似水疱病。

4. 脓肿 所有种类的爬行动物均可因外伤、咬伤或饲养管理不良而引发脓肿感染。皮下脓肿被称为结节或肿胀。鉴别诊断包括寄生虫性结节、肿瘤和血肿。可从爬行动物的脓肿中分离到厌氧菌消化链球菌和需氧菌假单胞菌、气单胞菌、沙雷菌、沙门氏菌、微球菌、丹毒丝菌、弗氏柠檬酸杆菌、摩氏摩根菌、变形杆菌、葡萄球菌、链球菌、大肠埃希菌、克雷伯菌属、亚利桑那杆菌和嗜皮肤的菌株，且常为混合感染。局部小型脓肿应完全切除，以避免频繁复发。较大的脓肿，应引流排脓并及时进行局部伤口处理。尽可能将脓肿内层刮掉。应采用适当的全身性抗生素治疗，如非必要，很少对较大脓肿实施完全切除术。脓肿感染中常见厌氧菌，应用适当的抗菌剂（如甲硝唑、头孢他啶或青霉素增效剂）进行治疗或在日常饲养管理中添加作为预防。

血源性感染会引起内脏脓肿。雌性生殖系统脓肿很常见，并可导致体腔炎。由于很少单独使用全身性抗生素，外科手术也可导致脓肿。

蛇常发生眼睑下脓肿，其他爬行类则常发生结膜炎。疾病严重程度从轻度炎症至全眼球炎，甚至会导致上行性传染性口炎（见下文）。海龟、无睑蜥蜴和鳄常用局部抗生素软膏治疗。对于有眼睑的蛇和蜥蜴，可通过手术在眼睑处做一小楔形切口排脓，再用抗生素溶液（如庆大霉素）冲洗眼睑周围区域和泪小管。某些受感染的爬行动物，尤其是海龟，需要补充维生素A。

5. 传染性口炎 蛇类、蜥蜴类和龟类均可发生传染性口炎，口腔瘀斑为其早期症状。随着病情加重，牙弓周围出现干酪样物质。重症时，感染会蔓延到下颌和上颌。常分离到的为气单胞菌和假单胞菌，以及多种其他的革兰阴性菌和革兰阳性菌。在饲养不善时这些菌可引起呼吸道或胃肠道感染，建议使用外科清创术、抗菌剂清洗、全身性抗生素治疗和辅助疗法。当发生溃疡形成或肉芽肿形成的严重情况时，建议进行外科手术。建议持续使用维生素补充剂，尤其是维生素A和维生素C，但对疾病不一定有效。

6. 肺炎 呼吸道的感染很常见，其发病率与呼吸系统或全身性寄生虫感染、环境温度不适、环境卫生差、并发症、营养不良、维生素A缺乏症均有关。常见症状为张口呼吸、流鼻涕和呼吸困难。常可分离出气单胞菌和假单胞菌，但多数呼吸道感染为混合感染。重症者和长期患病者可能发展为败血症。治疗方法包括改善饲养管理和使用全身性抗生素治疗。用生理盐水稀释的抗生素结合乙酰半胱氨酸进行雾化疗法，配合使用胃肠外抗生素治疗。呼吸道感染的爬行动物应

图17-23 眼睑下脓肿
常影响蛇视觉，其初发原因为残留的眼盖及其对眼睑的损伤。（由Roger Klingenberg博士提供）

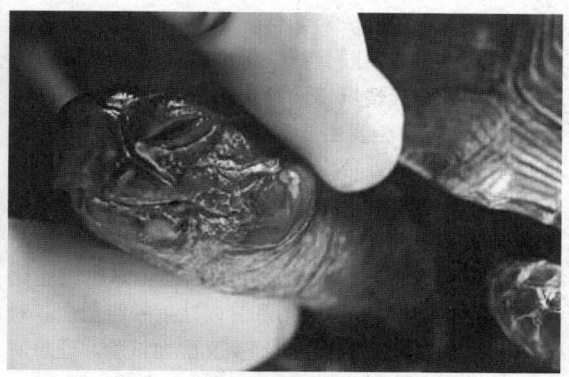

图17-24 海龟耳部脓肿引起的中耳感染
对箱龟而言，脓肿通常与维生素A缺乏有关。此箱龟正采用鼓膜切开引流排脓法治疗，随后用抗生素溶液冲洗。（由Roger Klingenberg博士提供）

饲养在中等偏上的最适温度中。环境温度升高不仅能刺激免疫系统，还有助于呼吸道分泌物的排出。海龟常潜在缺乏维生素A，需通过饮食改善。很多患肺炎的海龟直到维生素A缺乏得到改善才完全好转。

7.**耳炎**　耳部感染经常发生于龟类，尤其是箱龟和水龟。鼓膜可见明显肿胀，有干酪样物质存在。可分离出变形杆菌、假单胞菌属、柠檬酸杆菌属、摩氏摩根菌、肠杆菌属和其他细菌。必须切开鼓膜，并对患部进行刮除术。当所有的感染源被清除，咽鼓管暴露后，即可实施有效的脓肿切除术。开放性创面需用稀释的聚维酮碘或类似产品冲洗几日，以防止伤口过早愈合，并保持创面清洁。无需进行全身性抗生素治疗。耳部感染可继发于维生素A缺乏症，可通过饮食补充维生素A。

8.**泄殖腔炎**　通常由外伤引起，感染性泄殖腔炎的特点是水肿和出血性分泌物渗出。由维生素或矿物质失衡形成的泄殖腔结石应人工去除，之后注意调整饮食。泄殖腔周围的脓肿常向头侧蔓延。上行性泌尿系统或生殖道感染是其常见的后遗症。有效治疗包括外科清创术、局部伤口处理和适当的全身性抗生素治疗。应当进行粪便检查，以确定是否由寄生虫感染引起。

9.**脊髓骨髓炎**　过去在有关爬行动物的文献中称此病为佩吉特病，如今将其称为一种慢性的细菌性脊髓骨髓炎。过去描述此病的特点是破骨细胞吸收和沉积反复发生，导致骨致密和成骨不全。目前对蛇类增生性和进行性脊髓病变进行研究认为其与慢性细菌感染有关，最常见的为沙门氏菌。可通过活检或血液培养进行诊断。长期抗生素治疗有一定效果，但预后不良。

10.**分支杆菌病**　分支杆菌感染多呈慢性消耗性经过，常发生于野生或进口爬行动物，剖检可见肉芽肿。龟类一般出现肺损伤，而蜥蜴、蛇和鳄通常在内脏出现肉芽肿。已分离出的菌株有溃疡分支杆菌、龟分支杆菌和海鱼分支杆菌。所有菌株均需在低温下培养，需要较长时间才能开始增殖。利福平和异烟肼具有肝毒性，不宜长期使用。暂无成功治愈的案例。

11.**亚利桑那沙门氏菌和爱德华菌感染**　临床上正常的爬行动物体内也可分离出这些细菌。当处理或治疗这些爬行动物时须考虑此类共生生物的人兽共患性。这些微生物难以从爬行动物及其卵中除去，因此不推荐使用药物来消灭这些病原。兽医和爬行动物饲养者可参考爬行动物和两栖类动物兽医协会提供的宣传手册。

七、真菌病

湿度过高、环境温度较低、并发症、营养不良和其他应激因素，都可引发爬行动物的真菌病。全身性真菌病经长期发展而来，其发病机制不明，但良好的卫生条件和饲养管理能降低感染率。引起系统性真菌病的致病菌包括曲霉菌属、分子孢子菌属、绿僵菌、毛霉菌、拟青霉属、青霉属和Nannizziopsis vriesii的无性金孢子菌属。爬行动物系统性真菌病治愈的报道较少。呼吸道深度真菌感染的治疗建议包括两性霉素B（5 mg/kg，150 mL生理盐水雾化1 h，每日2次），以及噻苯咪唑（50 mg/kg）和酮康唑（35 mg/kg）的配合口服使用，每日1次。浅表或局部的真菌感染，建议手术切除局部伤口的肉芽肿。正常爬行动物的粪便含有对哺乳动物有致病性的蛙粪霉菌。

所有爬行动物均可患皮肤癣菌病。地丝菌属、镰刀霉、毛孢子菌属是最经常分离出的菌种。大多数情况下，先发生皮肤损伤，后继发真菌感染。对于外壳被真菌感染的龟类，可通过局部清创和外用复方碘溶液（Lugol's solution）或聚维酮碘（Povidone Iodine）进行治疗。口服灰黄霉素（20～40 mg/kg），每72 h 1次，进行5次治疗，已被推荐用于真菌性皮肤感染。外用1%托萘酯乳膏（Tolnaftate cream）有效，紫外线照射也可取得一定疗效。

胃肠道组织溃疡与毛霉、镰刀菌感染有关。绿僵菌和拟青霉属可引起肝脏、肾脏和脾脏的慢性内脏型肉芽肿。在死亡之前，除体重下降很少出现其他症状。动物直到死亡前数日仍继续采食。

真菌最常感染的部位是皮肤和呼吸道。可分离出绿僵菌、毛霉菌和拟青霉菌，也已从蜥蜴和龟类的肺部病变处分离出曲霉菌和念珠菌。大多数感染可形成肉芽肿或斑块，导致死亡之前有呼吸窘迫的迹象。

大的蛇感染念珠菌可用制霉菌素治疗（10万U，口服，连用10 d）。

八、病毒病

目前对爬行动物病毒性疾病的病原知之甚少，已确认，有一些病毒与爬行动物疾病高度相关，但还需进一步证实。

1.**蛇的包含体病（IBD）**　大蟒蛇和几个种类的巨蟒最容易感染IBD。因感染的蟒蛇数量很多，以及他们可以多年携带该病毒，而不表现出任何临床症状，所以蟒蛇是该反转录病毒的正常宿主。各类免疫抑制性因素可引起发病，早期症状包括生长迟缓、厌食、体重下降、继发性细菌感染、伤口愈合不良、皮肤坏死和反胃。实际上，还应注意每一条患病蟒蛇是否发生IBD。该病急性期的典型特点是白细胞增多，但化学指标正常。随着病情的发展，白细胞计数往往降至正常水平以下。蟒蛇虚弱和脱水的程度都可能造成器官损伤并影响血液化验结果。随着疾病发展成慢性病，某些蟒蛇表现出神经系统症状，轻者则面部抽搐和异常伸舌，重者则仰卧后不能翻正和严重抽搐。

由于巨蟒感染时发病急、神经症状严重，已确认，不是IBD逆转录病毒的自然宿主。大多数巨蟒表现为严重的神经症状。这种明显的神经症状在蟒蛇可持续几个月甚至更久，但大多数巨蟒在出现临床症状后数日或数周内死亡。

逆转录病毒通过体液传播。常见的传播方式包括：繁殖、打斗创伤、粪便/口腔污染和蛇螨。根据病史和临床症状可初步诊断。血液检查结果取决于疾病的不同发展阶段，但蛇病早期阶段几乎不会出现白细胞计数升高的情况。常可在血涂片中发现白细胞的细胞质中有包含体。通过活检内脏组织，如肝脏、肾脏、食道、扁桃体和胃，若发现特征性的包含体即可确诊。

IBD无法治愈，多数饲养者选择对其实施安乐死。饲养者也可选择隔离饲养的蛇类，进行辅助疗法和保守治疗。重要的是劝导饲养者不要贩卖受感染的蛇及其幼崽，以免引起疾病在全球范围内传播。

2. 其他反转录病毒 与肿瘤有关的逆转录病毒也在拉氏蝰蛇、玉米蛇和加州王蛇中发现。从拉氏蝰蛇肉瘤中分离出的逆转录病毒被命名为蝰蛇病毒。另一相似病毒已从玉米蛇横纹肌肉瘤中分离出，并被命名为玉米蛇逆转录病毒。

3. 腺病毒 腺病毒可引起蛇类（加蓬湾毒蛇、球蟒、蟒蛇、玫瑰蟒、鼠蛇）、蜥蜴（杰克逊变色龙、草原巨蜥、松狮蜥）和鳄鱼的致命性肝病或胃肠道疾病。

松狮蜥的腺病毒通过粪便/口腔污染传播。患病蜥蜴幼崽的临床症状更明显，该病毒也会感染成年蜥蜴，但临床症状较轻微。症状不一致，常包括嗜睡、乏力、消瘦、腹泻和猝死。幼年松狮蜥的发病率很高，但通过辅助治疗可提高其存活率。输液、灌食和使用抗生素对预防继发性感染有效。

由于松狮蜥腺病毒病的症状不确定，且与球虫病和营养不良所引起的症状相似，因此需进行确诊。通过在一些内脏器官（主要是在肝脏）内发现有特征性核内包含体可确诊。当对一大型蜥蜴养殖场进行诊断时，为了确诊患病蜥蜴，可通过肝组织活检进行生前检查。从新鲜粪便中鉴定腺病毒的方法将在不久后实现。

痊愈的蜥蜴至少应被隔离3个月。痊愈后病毒排除的时间不确定，因此应劝阻饲养者不要购买曾染病动物。

4. 疱疹病毒 已从淡水龟、乌龟和绿海龟中分离出疱疹病毒。对于淡水龟，疱疹病毒可能引起肝坏死。在陆龟中，疱疹病毒可引起口腔黏膜坏死，并伴有厌食、反胃、口腔及眼部出现分泌物。对于陆龟的治疗包括隔离和支持疗法，口腔病变应用5%阿昔洛韦。阿昔洛韦（80 mg/kg，口服，每日1次）对沙漠陆龟的病变有改善作用。疱疹病毒的诊断依据是存在核内包含体和电镜下出现病毒颗粒。

圈养的绿海龟感染疱疹病毒会引发灰斑癣和肺-眼-气管病，而放养的绿海龟感染则发生纤维乳头状瘤。饲养于拥挤、过热等应激环境中的幼龟会流行灰斑病（海龟疱疹病毒I型），初期表现为皮肤表面形成圆形小丘疹，并逐渐融合为斑块状。皮肤活检显示在表皮细胞中有嗜碱性核内包含体，电镜检查见细胞质中有病毒粒子。虽无特效疗法，但减少拥挤和应激能降低发病率。发生肺-眼-气管病时出现尖锐的呼吸音，眼球上和整个口咽和气管形成溃疡和干酪样碎片。该病的发病率具有上升的趋势且死亡率高。

据报道，自由放养的海龟（特别是在夏威夷周围）可发生纤维乳头状瘤。传播途径未知。以形成浅灰色至黑色的包块为特征，其直径可达20 cm。包块的位置可反映出症状的严重性。眼周的包块形成会导致视力模糊，发生于鳍状肢可影响游泳和觅食能力。内脏也会出现包块，主要见于肺、肝、肾和胃肠道。根据特征性病变和组织学检查可确诊。通过大面积的手术切除进行治疗，以减少复发的可能。有些龟可自行恢复，而有内脏损伤的龟常常死亡。目前怀疑纤维乳头状瘤由疱疹病毒引起，受感染龟应当隔离饲养。

5. 副黏病毒 副黏病毒感染在蝰蛇中比较常见，但也在无毒蛇中报道。这种具有高度传染性的病毒主要引起呼吸道症状，通过呼吸道分泌物传播。该病毒引发的重度炎症常导致继发性细菌感染，应特别注意是否发生流鼻涕、张口呼吸、口腔中出现干酪样脓汁和呼吸困难的情况。偶尔会出现神经系统损伤，包括震颤和角弓反张。

若辅助疗法、抗生素治疗和喷雾疗法对呼吸道感染治疗无效，则应怀疑是否为副黏病毒病。通过肺部内镜活检和尸检样本的组织学和电镜检查，可检出病毒粒子。血凝抑制试验可用来检测动物园和私人喂养的蛇体内副黏病毒抗体，以排除阳性效价动物，以此作为受感染动物的筛选方法，可防止携带动物进入非感染区域。

暂无特效疗法，但辅助疗法和抗生素治疗有效。应隔离受感染的动物，并进行严格的卫生管理。尚未研制出有效疫苗。

6. 乳头状瘤 病毒粒子可通过咬伤伤口在欧洲绿蜥蜴间传播。形成的乳头状瘤直径有2～20 mm，可以单个或多个的形式存在。发病初期没有明显征兆，但受感染的蜥蜴可出现昏睡、厌食，甚至死亡。可通过电镜检测病毒粒子进行诊断，可通过手术切除单个包块进行治疗，但常复发。隔离受感染的蜥蜴是防止传播的唯一方法。

玻利维亚侧颈龟也可感染龟乳头状瘤型病毒，表现为头部散在白色椭圆形的皮肤病灶。也可见主要发生于腹甲的溃疡性外壳病变。通过电镜观察到病毒粒子进行诊断。采取辅助疗法和保守治疗，并隔离受感染动物。

7. 虹彩病毒　虹彩病毒在多种龟类、蛇类和蜥蜴中均有报道。曾在一只死亡前无任何症状的赫尔曼陆龟中发现了虹彩病毒。澳大利亚壁虎的进行性贫血与虹彩病毒有关，临床症状从无到口腔炎、鼻炎、结膜炎、气管炎、水肿和皮肤脓肿。在有些情况下，虹彩病毒的转归与两栖类蛙病毒密切相关。虽然此病毒的临床重要性仍不清楚，但龟类虹彩病毒应引起重视。

8. 其他病毒　也有许多其他病毒的报道，但关于他们的诊断、控制和治疗方面的资料却很少。已从阿美蜥属蜥蜴中分离出两株非致病性的棒状病毒。除疱疹病毒和腺病毒外，在蛇的肠道中还发现了细小病毒和小核糖核酸病毒，但其确切的影响尚未知晓。从凯门鳄和树栖蜥的局部皮肤病灶中分离出了痘病毒类病毒。曾在4条猝死的中国蝰蛇体内分离出一株呼肠孤病毒。

九、寄生虫病

1. 外寄生虫　除了野生的和新购买的爬行动物之外，其他爬行动物很少患外寄生虫病。螨虫分布在世界各地，大多数种类的爬行动物都深受其害。可因贫血引起动物活跃性下降、严重感染和死亡。受感染的爬行动物皮肤粗糙，蜕皮困难。常见的蛇刺螨（*Ophionyssus natricis*）和蜥蜴螨（*Hirstiella* spp.）体长一般小于1.5 mm，常寄生于眼睛周围、Gluttal褶皱与爬行动物其他褶皱中。螨类也可与嗜水气单胞菌、多种其他细菌、立克次体和一些病毒的机械传播有关。肉眼可直接看到螨虫，但数量少时很难看到。如果怀疑有螨虫，可将爬行动物置于白纸之上并轻轻摩擦，可观察到螨虫脱落。受感染的爬行动物通常需要长时间的水浴来淹死螨虫。检查浴液可发现很多被淹死的虫体。Gluttal褶皱、面部周围及眼睛与眼眶之间缝隙都是螨虫容易寄生的部位，应仔细检查。

目前有许多治疗方法，虽然伊维菌素也有效，但批准用于爬行动物的是氯菊酯。

蜱也是爬行动物常见的寄生虫，严重感染可导致贫血。软蜱可能会导致瘫痪，伴有咬伤部位肌肉变性。已发现蜱感染与绿色蜥蜴乳头状瘤相关病毒、几种血簇虫和奥斯基麦当纳丝虫有关。可以手工除蜱。当因多发性皮肤咬伤伤口和潜在的致病菌传播造成全身性感染时，建议使用全身性抗生素治疗。

水蛭病可发生于多种海龟和鳄的腿部、头部、颈部和口腔。

海龟常发生皮肤蝇蛆病。肤蝇（包括黄蝇属）可穿破海龟皮肤表面，并在创口处产卵，在囊样结构中生长并孵化成幼虫，直到发育成熟才离开创口。体表损伤部位的特征是皮下肿块形成，做进一步检查，可发现肿块有一个由黑色痂样物质粘合的裂口。对该病的治疗方法为：轻度扩张该自然裂口，并用镊子将蝇蛆取出，然后用聚维酮碘、洗必泰等冲洗伤口，再灌入抗生素药膏。对多发性损伤的爬行类动物，建议使用全身抗生素治疗。皮肤蝇蛆病还可在旧伤口处复发，此时必须手动取出蝇蛆，并局部和全身使用抗生素以处理潜在的损伤。在蝇大量繁殖的季节，将海龟饲喂于室内，或用屏障遮挡他们的外箱，以提供一定的保护。

预防体外寄生虫感染的最佳措施是对所有新进动物进行彻底筛选和检疫。

2. 蠕虫　圈养应激及封闭的环境使动物容易感染直接生活史的寄生虫。应尽力消除爬行动物体内的寄生虫和环境中的中间宿主。

致病性吸虫可寄生于海龟的血管系统及蛇的口腔、呼吸系统、肾小管和输尿管。化学治疗药物，如吡喹酮肌内注射或者口服5～8 mg/kg能取得一定的疗效，但不能完全清除。

绦虫可感染几乎所有目的爬行动物，但是在鳄鱼体内却很少见。爬行动物是多种属寄生虫的终末宿主、转续宿主或中间宿主。尽管大多数种类的绦虫对野生爬行类动物没有致病性，但是也有感染后引起体重减轻甚至死亡的个案报道。绦虫生活史的复杂性及

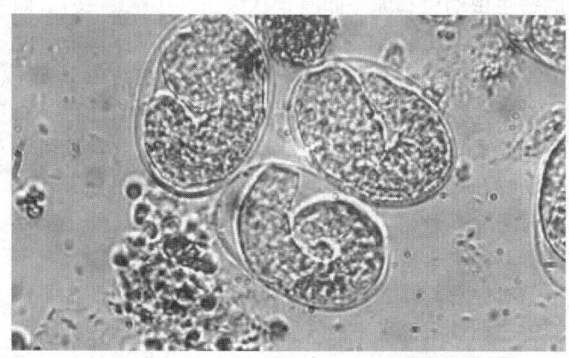

图17-25　分离自东帝汶大蟒蛇的杆线虫和类圆线虫的胚卵（400×）

如仔细观察，可见卵内的幼虫在游动。（由Roger Klingenberg 博士提供）

中间宿主地域分布的局限性，限制了爬行动物受感染的概率。发生感染时，可在动物泄殖腔附近发现节片，或在粪便中分离出典型的绦虫卵。治疗方法是肌内注射或者口服吡喹酮5～8 mg/kg，连续使用2周。迭宫绦虫属的实尾蚴可致皮下组织内形成轻度的肿胀。可通过外科手术将这种幼虫取出。

线虫可见于所有目的爬行动物，一些种属很重要。类圆线虫属常寄生于爬行动物的肠道，其幼虫可见于呼吸道和呼吸器官的分泌液中。在蛇，幼虫可存在于遍布整个体壁的肉芽肿中，提示幼虫可穿透皮肤。当卫生管理差而导致环境严重污染时，常发生广泛的寄生虫感染。在多种蛇的肺部发现有杆线虫属及相关种属的线虫，同时在口腔及肺部抽吸物中发现有受精卵。在排泄物中也可发现受精卵和幼虫。在患有口腔炎的蛇牙龈处亦可观察到类似于杆线虫属的幼虫。感染时临床症状常不明显，但也可继发细菌性肺炎。病情严重的病例可引起死亡。

蜥蜴会感染泡翼线虫属的捻转血矛线虫（胃虫）。感染严重时导致胃溃疡。捻转血矛线虫卵呈椭圆形，并可能已为胚卵。多数蛇都会感染棘口线虫。这种钩虫可经皮肤侵入，嗜寄生于上消化道，能引起附着部位的糜烂性损伤。其卵和泡翼线虫属卵相似。在蛇，上述寄生虫可引起大的肉芽肿，并引起胃肠道阻塞。

爬行动物常可感染蛔虫。卵和哺乳动物宿主的蛔虫卵相似。蛇感染后可导致重度损伤和死亡。感染蛇表现出反胃和厌食的临床症状。主要的病变是在胃肠道中形成大的肉芽肿结节，可能形成脓肿并导致肠壁穿孔。

爬行动物还可感染其他多种线虫。在粪便中可检出毛细线虫、鞭虫和蛲虫卵。如果捕食了感染寄生虫的猎物，则可能在粪便中检出猎物所携带的非致病性的寄生虫幼虫和卵（如鼠管状线虫、小鼠蛲虫）。如果出现寄生虫感染的迹象，应采取措施加以诊治。

有些线虫的幼虫（如类圆线虫和窠首线虫）被怀疑或证实经皮肤侵入，而不是经口重复感染途径。由于经口重复感染这种途径引起的感染不明显，使得爬行动物在被寄生虫感染至濒死前通常都不易被发现。及时清除排泄物和保持良好的卫生环境，有助于降低圈养动物载虫量。

旋尾总科蠕虫-龙线虫属可引起皮肤损伤。多种旋尾总科蠕虫都可寄生于肠系膜、体腔和血管。这些蠕虫需要一种机械性媒介物，因此降低了人工养殖或长期笼养的爬行类动物蠕虫的感染率。该病的治疗方法是升高环境温度至35～37℃，持续24～48 h。但是，某些适应冷环境的爬行动物可能承受不了这种治疗方式。

3．舌形虫 舌形虫可见于多种爬行动物，具有不同的致病性。舌形虫感染有时会导致肺炎症状，但是这些原始的节肢动物可寄生于任何组织，因此症状也随他们的迁移途径和组织应答不同而有所差异。最初发现舌形虫主要存在于热带毒蛇，然而对其他爬行动物的尸检结果表明，舌形虫还存在于更多的种属。对88只鬃狮蜥进行尸检，发现就有11只感染了舌形虫。尚无确实有效的治疗方法，已证实8 mg/kg剂量的吡喹酮及5～10倍普通剂量的伊维菌素可降低排卵数量，但不能根除这种虫。最新的处理方法是通过内镜检查进行定位，然后机械性的移除所有的舌形虫成虫。舌形虫可在动物间传播，因此应引起重视。

4．原虫病 爬行动物体内可发现多种原虫，大部分是无害的共栖体。最严重的爬行动物原虫病原是侵袭性内阿米巴。它引起的临床症状包括食欲减退、体重减轻、呕吐、黏液样或出血性腹泻及死亡。内阿米巴病可在大型的蛇群中传染。草食动物的易感率比肉食动物低。很多爬行动物，包括乌蛇、北方的黑鞭蛇和箱龟，都很少感染或死亡，但可携带该寄生虫。大多数海龟对该种寄生虫有抵抗性，而巨龟则具有易感性。其他具有抵抗力的动物还包括东王蛇、鳄和眼镜蛇（因捕食其他蛇获得一定抵抗力）。多数蟒蛇、游蛇、眼镜蛇、蝰蛇和颊窝毒蛇都具有高度易感性。直接接触包囊可感染该病。慢性感染病例常形成肝脓肿，脓肿中含有大量侵袭内阿米巴滋养体。尸检时，从胃一直到泄殖腔都可观察到大体病变。肠道可见趋于融合的溃疡区、干酪样坏死、水肿和出血。肝脏肿大易碎，并有多量肝褐色的脓肿病灶。在新鲜粪便涂片、组织压片或组织切片中鉴定出滋养体或包囊，即可确诊。海龟和蛇不宜混养。

治疗侵袭性内阿米巴病首选的药物是甲硝唑（20～40 mg/kg，口服，每48 h 1次）。四环素和巴母霉素（Paromomycin）也用来治疗该病，但对肝脓肿型无效。此外，应加强环境卫生管理。

报道称，鞭毛虫尤其是六鞭毛虫可引起海龟的泌尿道疾病和蛇的肠道疾病。在一些蛇肠炎病例中发现的贾第虫，实际上可能是栖息于肠道的六鞭毛虫或者相关的一种非致病性鞭毛虫类。对这些寄生虫进行鉴别分类需要专业知识，需用专门的防腐剂固定虫体，并染色观察。口服甲硝唑25～50 mg/kg，3～5 d重复1次，可治疗鞭毛虫感染。治疗靛青蛇、王蛇和响尾蛇应使用最低剂量的甲硝唑。早期研究显示，苯并咪唑具有疗效，也可使用。

爬行动物也可感染球虫：如肾脏的孢子球虫属感染、胆囊和肠道的等孢子球虫属感染及胆囊的艾美球虫属感染。疾病的严重程度随球虫和受感染物种的不同而异。由于具有直接生活史，这些寄生虫，尤其在免疫抑制的爬行动物，可大量繁殖。卵囊不易碎，能够在干燥的环境中存活数周。需进行严格的日常清洁来清除排泄物以及被排泄物污染的食物和水。昆虫和其他食物也是传染源（例如当蟋蟀摄取粪液时可能同时摄入卵囊），需每日清除。治疗措施是口服磺胺二甲氧嘧啶，50 mg/kg，连用3 d，之后每48 h服用1次，直到消除感染。治疗一般要持续2～3周，应持续抽检粪样，以判断疗效。

另一种治疗球虫的有效药物是甲氧苄啶/磺胺类药物（Trimethoprim/sulfa），使用剂量是30 mg/kg，每48 h使用1次。对脱水或者肾衰竭的爬行动物使用磺胺类药剂时需进行监护。如疑似有上述情况，可口服适当剂量的电解质平衡液。最佳的治疗效果也只能清除50%的病例的球虫。但仍有必要通过治疗来控制球虫感染，同时应周期性监控球虫数量。

有报道称，在爬行动物体内已发现疟原虫（疟疾的）及其他的胞内血液原虫。他们存在的影响还不明确，因此也无需进行治疗。

有报道称，隐孢子虫病常可导致餐后反胃（蛇）、腹泻（蜥蜴）、明显的体重减轻和长期虚弱乏力等症状。该病原侵袭胃肠道黏膜，导致胃皱褶明显增厚和胃动力减弱。在胃部有或不一定有肿块形成，发生在蛇时可触及，对照X线片和内镜检查，显示出病变部位皱褶增厚。许多蜥蜴，包括欧洲大陆的变色龙和萨凡纳巨蜥，感染部位主要在肠道。大量隐孢子虫的侵袭可致肠黏膜增厚。用抗（耐）酸染色检查新鲜粪便或胃返流物，或者使用内镜进行胃部活检，观察到微小的卵囊时，均可确诊该病。虽然报道了多种治疗措施，但是尚无一种持续有效的疗法（高免牛初乳除外）。渐进性辅助疗法可以稳定该病，并有助于

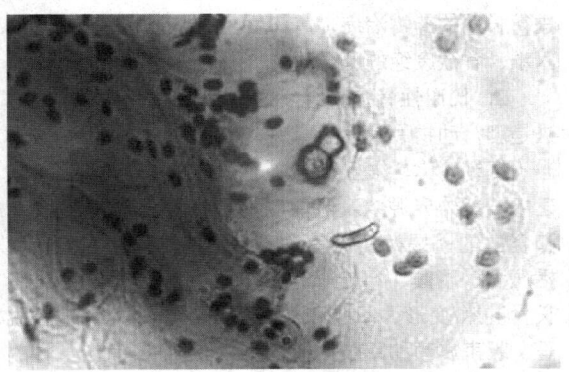

图17-26　热带稀树草原巨蜥的隐孢子虫卵囊（石炭酸品红/亮绿染色，100×）
（由Roger Klingenberg博士提供）

延长感染动物的寿命。对于感染的爬行动物，可选择安乐死。以前认为隐孢子虫病是一种人兽共患病，但是现在发现，普遍发生于爬行动物的种属对哺乳动物无易感性。

十、环境性疾病与外伤

吻突异常：龟类的吻突异常会妨碍采食，并常常继发营养性甲状旁腺功能亢进，导致低钙血症、颅骨畸变、异常牙合和磨损。圈养条件下，饲粮蛋白质水平过高会导致吻突等组织的生长过速，粗糙食料缺乏亦使其不能被自然磨损。治疗措施包括修剪或磨削异常吻突至正常形态。但是由于原发性的错位咬合，吻突异常通常会复发，因此需要进行长期的观察治疗。

多种物种的雄性动物具有高度的自主领土意识，在交配期会对其他的雄性或雌性动物显示出攻击性。同笼的配偶可能会严重受伤，因此需将动物分开饲喂，并降低繁殖群内的动物数量。当分开的个体放在一起繁殖配种的时候，需进行仔细监测。如果爬行动物必须一起喂养，饲养箱就要足够大，以避免洗浴和休息场所等资源的争夺。食物和水应分散放置，防止以强欺弱现象的发生。

由外伤所致的骨折可见于各种爬行动物。对海龟和蜥蜴而言，还常伴有继发性的营养性甲状旁腺功能亢进。应采用轻型的接骨材料来修复长骨。治疗蜥蜴腿部骨折的一种简易夹板疗法，是将损伤的腿部和蜥蜴的躯体（前腿）或者尾巴（后腿）绑在一起，这些夹板有很好的防护性，可以保护受伤的肢体免受进一步的损伤。

须对个体脊柱损伤进行评估，如果不能证实有明显的移位，须进行X线检查来判定。动物可以耐受从尾至腹段的脊柱损伤，但是从头颈至腰段的损伤则经常会导致便秘和尿酸盐沉积，并伴有不同程度的肢体活动障碍。改变环境（如提供较低的树枝、浅的水槽和非磨料基质）并教会饲喂人员排空蜥蜴泄殖腔内容物，有利于蜥蜴的生存。由于骨折通常继发于继发性营养性甲状旁腺功能亢进，因此，充分了解爬行动物的饲养史，有助于对营养需求做出适当的调整。

攻击性的鬣鳞蜥会经常急速甩动尾巴，可能会因撞击到饲养场内的玻璃或其他设施而受伤。持续性的损伤会导致尾部的缺血性坏死，还可能出现继发感染，甚至发展为骨髓炎。在某些病例中，败血性栓子会引起尾部感染。无论是发生哪种情况，除了检查并纠正致病因素外，还需进行尾部切断术。由于脊髓炎可更多地表现为髓内损伤而非外部损伤，因此在进行外科手术之前，需进行X线检查。麻醉后，可利用蜥蜴的自动断尾能力对其施行尾部切断术。仅需将尾部

图17-27　吻突异常，常见于饲喂软料和过量蛋白质的圈养海龟
（由Roger Klingenberg博士提供）

弯曲，再急速扭转使尾部在断裂面折断即可。将断端的骨骼肌纤维修剪整齐，但无须缝合伤口，以利于尾部再生。术后必须保持其生存环境的清洁，但无须使用抗生素。爬行动物尾部坏死后并不通过自切方式断裂，此时就需要施行传统的切断术，术后一次性闭合伤口。

未遮蔽的白炽灯或其他热源可引起烧伤。烧伤的治疗措施包括净化场所、用抗生素软膏涂擦患处，同时将受伤动物置于清洁、干燥的环境中。首选的局部敷药是磺胺嘧啶银药膏，因其具有水溶性，且能有效杀灭酵母和包括假单胞菌属在内的细菌。在未感染的烧伤部位，可以涂布无菌的皮肤保护剂作为"第二层皮肤"。这些药品既允许水通过，又可阻挡污染物。对于严重烧伤的病例，需要补液以减少液体流失，同时进行全身性抗生素治疗，以防止继发感染。另外，应辅以止痛和营养护理。

海龟的外伤可能会导致腹甲、胸甲破裂或二者同时破裂。新鲜伤口应及时处理，其他的修复措施均应延迟。对受污染的组织进行轻柔的清创处理，清洗消毒后，再通过湿干技术用绷带恰当地固定损伤部位。绷带要留置缺口，以便其腿部伸缩。同时，应施行全身性抗生素治疗。待伤情稳定后，应再次清理伤口，并在全身麻醉状态下实施骨折重接，使用压缩绷带进行修复。可使用环氧树脂或用速凝环氧胶粘接的纤玻板来修补损伤的甲壳。牙齿和整形外科的接合剂也可被用来固定破裂的组织。创伤愈合缓慢，通常需要4个月或更长时间。

蜕皮障碍，也称不完全或不充分蜕皮，可由低湿度、外部寄生虫、营养缺乏、感染性疾病、缺乏合适的摩擦设施或甲状腺功能减退引起。蜕皮障碍常发生于眼盖部位及尾部或趾部的环形带。处理眼盖的最好办法是涂擦眼膏，持续数日直至皮肤脱落，使用精细

镊将其小心去除。处理眼盖需要耐心，若强制性将其去除则可能会破坏透明膜。

处理难以去除的蜕皮，可以将爬行动物浸泡在热水（25～29℃）中数小时，再用纱布海绵轻轻去掉。将其置于湿室中也很有效，可简单使用底部有加热器的45.46 L养鱼缸，放入湿毛巾以增加湿度。湿室的上方覆以透光的布能增加潮湿度，但须保持良好的通风以避免过热。

捕食导致的创伤，爬行动物捕食活的无脊椎动物或脊椎动物，未吃完时可能导致严重的创伤，并引起继发性感染和脓肿。应尽可能给爬行动物提供新鲜捕杀或解冻的冷藏啮齿类动物，以减少损伤（未吃完的死猎物应在12 h后清除掉）。在欧洲许多国家，饲喂活的猎物是非法的。咬伤的新鲜伤口要用聚维酮碘（1：10稀释）冲洗。根据细菌培养和药敏试验结果，选择肠道外给予抗生素。未处理的伤口常会发生脓肿，眼观呈柔软或者坚硬的肿胀。这些脓肿，包括纤维囊，应行外科手术将其去除，并缝合伤口。开放性或引流的脓肿应用刮匙刮净，再用聚维酮碘冲洗，并肠外使用抗生素。含蛋白水解酶的抗生素软膏效果很好。

十一、代谢病与内分泌疾病

1. 痛风　痛风见于所有种类的爬行动物。已有内脏和关节痛风的相关报道。X线检查常在感染的器官和关节看到矿化的痛风石。原发性内脏痛风的常见病因是日粮高蛋白，因慢性高尿酸血症导致尿酸盐结晶在器官中沉积。继发性的内脏痛风则见于脱水或肾机能不全引起的慢性高尿酸血症。痛风可导致动物虚弱，一些重度不适的爬行动物出现懒动、拒食或拒饮。

原发性内脏痛风可通过改变饮食进行治疗。继发性内脏痛风可通过改变潜在的诱因（无论是脱水还是肾脏疾病）进行治疗。晚期病例愈后不良。25 mg/kg的痛风平（Allopurinol）可有效降低血尿酸水平。应进行长期的药物治疗，停药后，病症会复发。对移动困难、食欲废绝的爬行动物，须施行安乐死。

2. 代谢性骨病　继发性营养性甲状旁腺功能亢进是爬行动物最常发的骨病。其病因包括饲粮组成不当（低钙磷比，维生素D₃缺乏）或饲养管理不当（缺乏中波紫外光源以及热供应不足）。生长快速的食草和食虫的蜥蜴类及海龟类容易发病。该病的症状包括厌食、嗜睡、行走障碍、下颌骨、上颌骨及/或者长骨肿胀/变形、四肢和脊柱病理性骨折、泄殖腔脱垂、肌束震颤和四肢抽搐。X线检查证实有全身性的骨骼脱钙，同时检测到低的血浆25-二羟胆钙化醇水平降低时，可以确诊该病。晚期会出现高磷（酸盐）血症，以及总钙和离子钙水平降低。对危重病例的治

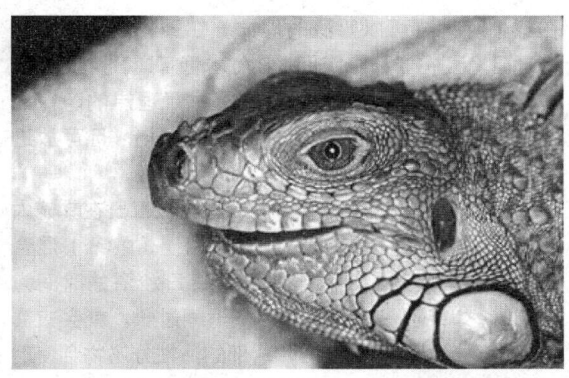

图17-28　鬣蜥蜴继发性营养性甲状旁腺功能亢进症
下颚常表现为脱钙，弓形突出或缩短。长骨可同时表现出肿胀。（由Louise Bauck博士提供）

疗措施包括输液疗法和营养辅助治疗，如果发生急性低钙，还需进行肠外钙治疗。改善饮食和饲养管理是成功治疗的关键。

继发性肾性甲状旁腺功能亢进见于成年动物，并与高磷（酸盐）血症、软组织钙化、骨营养不良和低钙血症有关。尽管确诊需证实肾功能降低（如碘海醇清除率）及进行肾脏病理学检查（如肾组织活检），但通常依赖于病史、X线检查和血浆生化指标进行临时诊断。

肥厚性骨病的报道并不常见，迄今为止仅有关于蜥蜴发病的报道，病变表现为广泛性骨膜增生最初出现于长骨远端，并逐渐向近端蔓延。发病机制尚不清楚，机制可能与慢性缺氧、毒素和迷走神经通路有关。

3. 其他内分泌紊乱　有关爬行动物患内分泌疾病的报道较少。已有海龟发生糖尿病的报道，发病初期出现糖尿和高血糖症，但是多食现象可能明显或不明显。其病因还不确定。蜥蜴胰切除后可导致低血糖症，这意味着激素，如胰高血糖素或生长激素，在爬行动物糖尿病发病机制中发挥作用。

加拉帕戈斯群岛的龟曾发生甲状腺功能减退和甲状腺增生。据推测，天然饮食中的高碘是重要的病因。给龟类饲喂致甲状腺肿的食物可导致这种情况的发生。主要的临床症状是皮下水肿。

据报道，一只雌性绿鬣蜥蜴发生甲状腺功能亢进，主要表现为多食、背棘缺失、过度兴奋、攻击性增加、心动过速及在胸廓入口处触诊到两叶性肿块。施行甲状腺切除手术后，蜥蜴的甲状腺机能恢复正常。

十二、肿瘤病

捕获的爬行动物随着年龄的增加，肿瘤性疾病的发生呈上升趋势，该病应注意与各类疾病进行鉴别诊断。除了自发性的肿瘤性疾病外，肿瘤也伴发于寄生虫病和致癌病毒感染。手术活组织检查是确诊的首选方法。X线检查和超声波检查、细胞学、组织病理学（活检）及病毒分离都可提高诊断的准确性。一旦肿瘤性疾病被确认，就应考虑采取和其他动物相似的治疗方案。

第十五节　啮齿动物

啮齿目包括28个科，共约2 020种啮齿动物，是最大的哺乳动物目。除了南极洲和一些大洋岛之外，他们广泛分布于世界各地。生态学上，他们具有明显多样性，不同啮齿动物可适应从雨林到沙漠等不同环境。在某种程度上，许多啮齿类在一定程度上都是杂食类动物，而其余种类的食谱却较窄，只吃少数几种无脊椎动物或真菌。

虽然啮齿动物具有形态学和生态学的多样性，但他们都有一个共同特征：具有高度特化的利于撕咬的牙齿。啮齿类有一对上下切齿。在每个切齿和第一臼齿之间有一个无齿的间隙叫做牙间隙。这些切牙是无根的，可以持续生长。（牙）釉质存在于切齿的前端和侧表面，切齿后端表面是牙本质。在撕咬过程中，由于切齿相互碰撞，因此会磨损软的牙本质，而留下尖锐的牙釉质尖端。这种自身锐化特性是非常有效的，也是啮齿类成功生存的关键所在。

尽管啮齿类动物的种群数量庞大，但当做宠物的种类很少。通常的啮齿类宠物包括毛丝鼠、沙鼠、豚鼠、仓鼠、小鼠和大鼠。仓鼠、沙鼠、小鼠和大鼠属于啮齿类亚目——松鼠亚目。毛丝鼠和豚鼠属于另一种啮齿类亚目——豪猪亚目。其他不常见的啮齿类宠物包括非洲巨型袋鼠、八齿鼠、草原犬鼠、刺鼠和田鼠。

一、毛丝鼠

毛丝鼠体型瘦长、中等大小，由于其前肢短小，后肢长且肌肉发达，故其外形似兔。它的头部、眼睛和耳朵相对较大，脸颊两侧膨大。由于毛丝鼠妊娠期较长，使得刚分娩出的鼠崽已睁眼且全身长出绒毛。

在野外，毛丝鼠主要生存于智利北部海拔3 000～5 000 m的安迪斯山脉中相对贫瘠的地方。毛丝鼠生活在洞穴或岩石缝隙中，但却善于奔跑。他们是素食动物，有沙浴习性，全年活跃。他们是群居动物，群体数量多达数百只。所有家养毛丝鼠都是1927年由13个人带回美国的毛丝鼠后裔。

1. 生物学　毛丝鼠有多种颜色。野外毛丝鼠最初的皮毛颜色以斑驳的黄灰色为主。通过选择性育种，现在最常见的颜色是深蓝灰色（由占优势的皮毛颜色基因决定）。其他的颜色以最初标准色的突变体出现。眼睛的颜色取决于皮毛颜色基因，可能是黑色、粉红色或红色。白色和黑色纯合子不可杂交。

雌性毛丝鼠的发情周期为38 d。雌性毛丝鼠具有季节性的多次发情，在北半球，繁殖季节是11月到次年5月。妊娠期平均为111 d。通常，雌性毛丝鼠1年可以产2胎，每一胎产1~6只幼仔（平均2只）。幼鼠在8个月时达到性成熟。毛丝鼠的寿命很长，报道称可达20年。

毛丝鼠的性别很难区分。在雌性毛丝鼠的阴道口有一个阴道闭合膜，除了在发情期和分娩期，其他时候都是闭合的。阴道口没有固定的形状，位于肛门和丘形尿道口之间，当它闭合时很难辨认，呈轻微隆起的半圆形区域。当阴道闭合膜将阴道关闭时，尿道口可被误认为生殖孔。雌性毛丝鼠有发育良好的阴蒂，可用手将其从尿道口挤出，并被误认为阴茎。发情期间，阴道是打开的，其阴道闭合膜会溶解消失，发情期之后又会修复。发情期间，会阴不会肿胀，而表现为会阴部颜色的改变，从暗肉色转变为深红色。阴道打开时，会阴部颜色深度会显著增加，并在整个黄体阶段的多数时间保持亮色。

雄性毛丝鼠没有真正的阴囊。睾丸位于腹股沟管或腹部，并有2个小的可动的囊部（肛门后囊）位于肛门附近，尾部的附睾可落入这个囊部。阴囊的外观与猪和猫的非下垂型阴囊相似。阴茎位于肛门下方，由一大块裸露皮肤连接，很容易辨认。弛缓状态下，可以用手将阴茎拉出1~2 cm长。勃起的阴茎顶部可达腋窝，约11 cm长。

在其他啮齿类，可根据肛门与生殖器间的距离来初步鉴定其性别。雄性的距离更远。可以从尿道口挤出阴茎来证实毛丝鼠的性别。有两种区分阴蒂和阴茎的方法：①阴茎明显比阴蒂大；②被挤出的阴茎可以被分离，并和包皮相区别，但是挤出的阴蒂会发生外翻，阴蒂包皮也不明显。

2. 饲养管理 毛丝鼠耐寒，但对热敏感。毛丝鼠适应的环境温度范围是18~27℃。毛丝鼠处于高温环境下，尤其又在高湿环境中，会发生中暑。好的经验法则是逐步升高温度（华氏）和湿度，若温湿度值总和超过150，就可对毛丝鼠造成危害。例如，29.4℃+65%湿度=150。如果生活在过热和潮湿的环境（26.7℃）中，毛丝鼠皮毛就会变得粗糙无光泽。

毛丝鼠可居住在钢丝底或固体底的笼子中，对即将产仔的妊娠毛丝鼠，建议用固体底的笼子喂养。若幼鼠的一条腿陷入笼条间，则易发生胫骨骨折，因此钢丝底笼子的钢丝间隙要窄。毛丝鼠是害羞的动物，

在笼中时需要可以躲藏的地方。在野外，毛丝鼠会将自己隐藏在岩石缝隙间。PVC水管管道，尤其是弯道处和Y、T形部位，给毛丝鼠提供了理想的隐身之处。这些管道直径通常为10.16~12.7 cm，且可放进洗碗机进行消毒处理。

由于毛丝鼠有沙浴的习惯，因此应每日在其笼内放置沙浴盒，盒内装有细沙和漂白土（9∶1）混合的浴沙，高度为5.08~10.16 cm。每日沙浴的时间为30 min。如果沙浴在笼内放置的时间过长，就会被粪便污染。如果不提供沙浴，背部的油性分泌物会使毛丝鼠的皮毛变得凌乱、粗糙、无光泽。沙浴常会刺激眼睛，引起结膜炎，但无上呼吸道感染的临床症状。过度沙浴可引起肺肉芽肿和上皮细胞增生。

虽然有适用的市售毛丝鼠颗粒饲料供应，但也可用豚鼠料或兔子料饲喂毛丝鼠。与兔及其他啮齿类宠物相比，毛丝鼠对膳食纤维的要求较高。因此，其饮食中需添加高品质干草。偶见有毛丝鼠发生尿结石、尿石病、转移性肾钙化和肾炎的报道。典型结石的主要成分是碳酸钙。这与含高钙的饮食有关，如苜蓿干草。

与兔及豚鼠相同，毛丝鼠有两种类型的粪球，一种是在盲肠形成的富氮粪便，另一种是含氮少的粪球。在毛丝鼠饲养场，常见多配繁殖群体，若雌性动物采用单笼饲养，则一只雄性毛丝鼠可同12只雌性毛丝鼠交配。已成功运用多种育种技术，通过观察阴道闭合膜的变化及阴道细胞学检查可判断交配是否成功。妊娠的毛丝鼠不会筑巢。

毛丝鼠拥有发达的雄性附属生殖腺。这些腺体的分泌物可形成坚硬的栓子，交配后仍可存留于雌雄毛丝鼠的阴道处。毛丝鼠的囊状腺体为附属腺体分泌物提供了巨大的容纳空间，当与前列腺分泌物混合时，这些分泌液体会变硬或形成凝胶。交配后，若在笼中发现一个5.08~7.62 cm长、直径约2.54 cm的、不规则的、坚实蜡样的精栓物质，是正常现象。

3. 体格检查 需注意动物的整体外观和行为。病鼠会出现体重减轻、弓背、异常步态、皮毛肮脏或用力呼吸。他们会出现嗜睡或对刺激无反应。抓取毛丝鼠时要轻柔，以减少应激。抓取温驯的非妊娠毛丝鼠时，可以用手抓住并提起毛丝鼠的尾根部，再用另一只手托住毛丝鼠身体，将其移出笼子。可以用毛巾包裹以保定毛丝鼠。对待较小的毛丝鼠，可用手轻轻抓住其胸腔部，但要防止阻塞其呼吸。如非必要，不能抓取妊娠期的毛丝鼠。毛丝鼠妊娠90 d时，可通过触诊进行检查，也可通过定期称重进行检查。6周后，孕鼠的增重迅速。

皮毛滑脱是毛丝鼠的一个保护性反应，这会导致

一大片皮毛缺失，暴露出其下光滑、干净的皮肤。抓取不当、挣扎或使毛丝鼠过度兴奋都会导致皮毛滑脱。这些皮毛需要数月才能重新长出，并常形成不同的形状及颜色。为防止这种现象的发生，抓取时要尽量轻柔以减小应激。

4. 传染病　过去50年中，几乎所有关于毛丝鼠传染性疾病的重要报道都来自于以获取毛丝鼠皮毛为目的的饲养基地，多数细菌性疾病的报道都见于20岁以上的群体。对疾病的分析表明，毛丝鼠对传染病高度易感。然而，在兽医诊疗试验中，很少见有宠物毛丝鼠感染发病。

（1）细菌感染　由正常菌群所致的毛丝鼠条件性感染可引起明显的疾病，病变限于单一的器官（如链球菌属、假单胞菌属和大肠埃希菌）或引起败血症。受年龄、营养状况或饲养相关应激等因素的影响，感染动物常表现为免疫抑制。

诊断依赖于临床症状、组织培养和病原微生物分离。治疗措施包括适当使用全身性抗生素和综合性辅助疗法。通常预后良好。饲养群疾病的防控效果取决于良好的饲养管理和卫生环境，并应对患病者和携带者进行隔离。

历史上，在加拿大、美国和英国，以获取毛皮为目的的毛丝鼠饲养场常发生绿脓假单胞菌感染、耶尔森菌病和李斯特菌病。1954年，在美国的这些农场中，患鼠的数量估计超过100 000只。20世纪60年代中期，患鼠的数量下降到仅几千只。从20世纪80年代开始，在匈牙利、波兰、斯洛伐克和克罗地亚供应毛皮的毛丝鼠场，未见毛丝鼠感染耶尔森菌病和李斯特菌病的报道，这些农场提供了几乎占世界毛丝鼠毛皮年产量20万张中的50%。

在关于毛丝鼠发生条件性全身绿脓假单胞菌感染的描述中，感染动物表现出多种临床症状，包括阴囊肿胀、结膜炎、食欲减退、体重减轻、角膜和口腔溃疡。可使用布托啡诺（用于止痛）进行治疗。现已研制出绿脓假单胞菌疫苗，并用于毛皮供应场的毛丝鼠。

耶尔森菌病、假结核耶尔森菌和小肠结肠炎耶尔森菌的病原菌在世界范围内的温带和亚热带地区广泛存在，并常引起毛丝鼠暴发性发病。小肠结肠炎耶尔森菌是从毛丝鼠中分离出的最常见细菌。耶尔森菌病是一种肠道疾病，可引起回肠、盲肠和结肠上皮损伤，导致黏膜出血和溃疡。淋巴浸润会导致派伊尔结和肠系膜淋巴结肿大，并引起坏死性肉芽肿。肉芽肿病变广泛见于肺脏、脾脏和肝脏，并最终导致动物死亡。

毛丝鼠型的小肠结肠炎耶尔森菌菌株（3型变种，抗原或血清型为1、2a、3）可引起全世界毛丝鼠场长期的地方性疾病。肠道耶尔森菌的致病性取决于一种表达毒力的质粒。质粒介导的致病因子存在于血清中，对吞噬作用、细胞黏附和细胞毒性具有抵抗力。然而，肠上皮细胞对细菌的内吞作用似乎并不由质粒编码。

1949年首次报道了毛丝鼠的李斯特菌病。这种病在皮毛供应场的毛丝鼠中较常见，而在实验毛丝鼠和宠物毛丝鼠中少见。尽管最初的报道称，毛丝鼠对单核细胞增多性李斯特菌高度易感，但这并未证实。毛丝鼠李斯特菌病的病例报道描述了生活在北半球高纬度地区（如加拿大、华盛顿州、英国、克罗地亚、匈牙利和斯洛伐克）皮毛供应场毛丝鼠的发病情况。很多报道称，李斯特菌由摄食被污染的食物所致，且在饲喂青贮饲料的动物中常见。与许多主要引起胃肠道疾病的食物传播性病原菌不同，单核细胞增多性李斯特菌会引起严重且容易辨认的侵袭性综合征，如脑炎、流产和败血症。毛丝鼠的李斯特菌病是一种经血源传播的盲肠疾病。主要的靶器官是肝脏，因该细菌在肝细胞内繁殖。病程早期，大量多形核细胞聚集会导致肝细胞溶解、细菌释放和败血症，耐过的宿主会在肺脏、脑、脾脏、淋巴结和肝脏形成脓肿。外周神经细胞侵入，并迅速进入脑组织，导致以典型的单核细胞性血管套为特征的组织病理损伤，是该菌毒性的一个独特特征。

毛丝鼠的其他传染病的报道包括梭状芽孢杆菌的肠源性毒血症、沙门氏菌感染和克雷伯菌属感染。患病动物表现出非特异性的败血病症状，如食欲减退、呼吸性窘迫和腹泻，并在出现这些症状后的数日内死亡。20世纪40年代和50年代，在美国，有兽医描述了皮毛供应场的毛丝鼠沙门氏菌流行病，以胃肠炎和流产为特征。近年也有关于宠物毛丝鼠感染沙门氏菌的病例报道。

（2）病毒感染　毛丝鼠物种特异性的病毒性疾病还未见报道。毛丝鼠对人的1型疱疹病毒易感，并可作为人类感染该病毒的临时携带者。有两例报道介绍了毛丝鼠的自发性疱疹样病毒感染。患病动物出现结膜炎，随后表现出癫痫、定向运动障碍、卧倒不起和反应迟钝等神经症状。组织学观察见非化脓性脑膜炎，以及伴有神经元坏死和核内包含体形成的脑灰质炎。此外，眼睛还出现溃疡性角膜炎、眼葡萄膜炎、视网膜炎和视网膜变性及视神经炎。临床症状、损伤部位及病毒抗原的分布表明，该病原发于眼部感染，并可继发波及CNS。

（3）寄生虫感染　在皮毛供应场的毛丝鼠中，弓形虫病曾较普遍，但目前较少见。该病的剖检病变包括肺出血、脾脏肿大和肠系膜淋巴结肿大。鼠弓形虫感染也可导致毛丝鼠发生局灶性坏死性脑膜炎。

过去群居饲养的毛丝鼠，如在皮毛供应场和研究基地中，贾第虫感染的发病率常较高。然而，在正常毛丝鼠体内就存在一定数量的贾第虫，且有2/3的毛丝鼠粪便检测都呈阳性。应激和饲养管理不当均会增加贾第虫的感染，并使动物易于感染肠道条件性致病菌，引起严重的腹泻和死亡。

其他原生动物感染包括毛丝鼠艾美耳球虫病、肝脏肉孢子虫病和伴随隐孢子虫病的胃肠炎。

在北美高压气候区，居住于室外的毛丝鼠会暴发由浣熊拜林蛔线虫引起的脑线虫病。有报道称，在一只眼球突出的宠物毛丝鼠中发现了一个由多头绦虫引起的眶（内）囊肿。

（4）**真菌感染** 有两例关于毛丝鼠感染夹膜组织胞浆菌的报道。尸检发现，动物出现多灶性肺出血、肺硬化、大量巨细胞中含有荚膜组织胞浆菌的支气管肺炎、多灶性脓性肉芽肿性脾炎及巨细胞中含荚膜组织胞浆菌的肝炎。用作食物的梯牧草干草可用于荚膜组织胞浆菌的培养。

毛丝鼠的皮肤真菌病并不常见。尽管犬小孢子菌和石膏状小孢霉会导致自发性暴发性疾病，但须疮癣菌是分离出来的最常见的皮肤真菌。感染毛丝鼠的鼻部、耳后及足前端都有鳞形斑状的小块脱毛区。损伤可见于身体各处，在晚期病例，会出现范围较大的局限性炎区，表面常形成结痂。对皮毛供应场的毛丝鼠进行真菌培养，在具有正常皮肤的毛丝鼠中，须疮癣菌的检出率为5%，在有皮毛损伤的毛丝鼠中，检出率为30%。根据病变特点，同时用皮肤真菌试验培养基分离到病原体时，可以确诊该病。紫外光（伍德灯）检查几乎没有帮助，因为大多数病例都是由须疮癣菌引起的，该种真菌在紫外光照射下不会发出荧光。可口服伊曲康唑5～6周进行治疗。通过接触传染，毛丝鼠的皮肤真菌病可感染人类和其他动物。

5. 营养代谢病 在20世纪60年代早期，英国毛丝鼠毛皮繁殖协会提出，大约一半的成年毛丝鼠死亡是由消化道紊乱引起的，其中1/4的死亡是由于（牙）咬合不正引起。饲养管理引起的消化道紊乱仍然是最常见的问题之一。嗜睡和食欲减退是该病的典型临床症状。

臼齿齿冠和齿根的畸形在毛丝鼠中很常见。（牙）咬合不正（流涎症）的并发症包括牙周炎、牙槽骨膜炎及上颌骨和下颌骨臼齿的牙槽脓肿。动物6月龄时即可观察到这些异常现象。临床上，（牙）咬合不正会导致精神不振、皮毛粗糙、食欲减退和体重

减轻。唾液分泌过多会导致下巴和颈部前侧皮肤发炎和脱落。过度生长的牙齿和牙根会穿透大腭或硬腭，导致黏液性脓汁从引流管或眼、鼻排出。咀嚼日渐变得困难，重度营养不良导致低血糖症的发生，并最终导致癫痫发作、麻痹、昏迷和死亡。通常进行全身麻醉后，要用耳镜或小的张开器仔细检查口腔，会观察到前磨牙和臼齿的松动、破碎或尖锐。有时候，饲料或异物会嵌塞于牙齿和牙基部的口腔黏膜之间。X线照相有助于检查牙齿的位置及过度生长的牙根。CT检查可用于（牙）咬合不正的早期诊断。因毛丝鼠的牙齿持续性生长，所以需要提供适当的材料（如浮石和咀嚼棒）给毛丝鼠咬啮。应经常测量牙齿的状况和体重情况，以免产生更多问题。（牙）咬合不正的毛丝鼠不适用于繁殖。

解剖学结构决定了毛丝鼠不能呕吐。当气管入口处被大块的食物或垫料阻塞时，会导致气哽，在产后雌鼠，还可由吞食的自身胎盘引起阻塞。误吸入的微小异物会刺激下呼吸道，导致窒息性的水肿反应，如果毛丝鼠尝试排出异物，就会导致流涎、干呕、咳嗽和呼吸困难。如果不进行处理，气哽就会导致窒息死亡。有报道称，食道扩张会引起反胃和吸入性肺炎。即使对患病动物进行了治疗，动物还是会出现复发性肺炎。可用对比X线检查进行诊断。

胃溃疡常见于幼龄的毛丝鼠，通常由饲喂粗糙的纤维性粗粮或霉变饲料引起。临床上，患病动物厌食或无症状。损伤可能在死后剖检时才发现，胃黏膜见由厚层黑色液体覆盖的溃疡和糜烂病灶。预防措施包括减少饲粮中粗糙物含量和饲喂商品化颗粒料。

饲粮突然改变，尤其是进食过多会导致胃气胀的发生。有关产后2～3周的泌乳期雌鼠发病的报道，其病因与低钙血症有关。在静止状态的肠道中，菌群繁殖导致在2～4 h内出现大量气体的聚积。患病动物嗜睡、呼吸困难并伴有腹部疼痛和膨胀。为了缓解不适，他们可能会打滚或者伸展身体。治疗措施要求通过胃管或者穿刺来释放气体。静脉缓慢注射葡萄糖酸钙，可能对泌乳期的雌鼠有较好的疗效。

便秘比腹泻更常发生，主要由膳食纤维或粗饲料不足引起。环境干燥、肠阻塞、肥胖、缺乏运动、毛粪石症和妊娠母鼠子宫的压迫也可引发毛丝鼠便秘。毛丝鼠可能表现出努责但排粪量减少，粪球变小、变短、坚硬、恶臭，有时表面附着血液。慢性病例常导致直肠脱出、肠扭转、盲肠阻塞或结肠屈曲。治疗此病，应供应苜蓿草块以增加膳食纤维量，增加饲料中矿物油的添加量或用温的肥皂水灌肠。肠粘连、肿瘤或脓肿、肠嵌闭或肠内异物可能导致顽固性肠阻塞。以上病症可通过腹壁进行触诊或用造影剂通过X线检

查进行鉴别，治疗需进行肠切开术和肠吻合术。

在常规病理剖检过程中，病理学家常观察到无临床症状或无其他病变的动物出现脂肪肝，这可能是因为动物死前长期厌食。

有报道称，少数体重超标的毛丝鼠发生了Ⅱ型糖尿病。临床症状常表现为食欲不振、嗜睡和体重减轻。根据多饮和多尿史，高血糖（200 mg/dL）和尿糖可作出诊断。由于毛丝鼠和其他豪猪亚目啮齿类（如豚鼠、八齿鼠、梳鼠）体内的胰岛素生物学效应比猪低，故用重组人胰岛素或猪胰岛素治疗糖尿病有引发低血糖症的风险。通过减轻体重或饲喂高蛋白、低脂和高复合多糖的饲粮可达到治疗目的。

6. 外伤　有些毛丝鼠因互相啃咬皮毛而导致虫蛀样毛皮。临床上常见于肩部、肢侧、腹侧和爪部脱毛，被啃咬区常因绒毛暴露而颜色较暗。这种癖性常由母代遗传给子代。商品饲养群毛皮啃咬的发生率更高，可能是由不适应更换的环境导致。某些临床兽医则认为有啃咬癖的动物营养失调，故通过啃咬皮毛获得所需营养。这种类型的营养失调可能由多重的食物因素引起，但确切的病因有待进一步研究。毛丝鼠存在捕食者逃逸机制，常通过大面积脱毛来实现逃脱，这种脱毛需与啃咬脱毛相区别。

饲养过程中，群养动物咬伤后常发生脓肿，培养脓肿物通常会分离出葡萄球菌。雌鼠比雄鼠大且更好斗，他们对伴侣具有高度选择性，未被选择的雄鼠会陷入被撒尿、踢打和啃咬的境地。受伤动物的耳朵或舌头常被小块咬掉。与年长的雌鼠同笼，年轻的雄鼠可能被咬死。

毛丝鼠的耳廓大而柔软，容易受伤，尤其是被咬伤。治疗时应用消毒液和抗生素软膏清洗创伤区。较大的耳部撕裂伤缝合无效果，通常不建议采用。如果出现严重的创伤，需进行有效的耳部组织清创术或局部切除术。创伤时血液会填满耳部皮肤和软骨之间，从而导致血肿迅速形成。血肿需切开并将内容物缓慢清除，以免对耳朵造成进一步损害。血肿上的皮肤须与皮下的软骨保持相连，必要时应缝合固定。

胫骨骨折是一种常发外伤，通常因后肢陷于鼠笼条之间所致。胫骨是一条比股骨长的直骨，上有少量软组织覆盖，毛丝鼠实际上没有腓骨。胫骨骨折包括骨横断和突然扭转两种，常产生较多的骨碎片。因为毛丝鼠的胫骨较小且骨皮质较薄，故能采用的治疗方法有限。斜骨折可采用髓内针疗法，但髓内针可能移出骨外，影响骨折愈合。因此，外固定法比髓内针法更常用。对横断骨折和扭转骨折来说，髓内针无法克服骨折端旋转力而使其固定。有报道称，在一些兽医学院外科中心，曾使用人用指骨接骨板和外部接骨术

进行固定。对无法进行固定的骨折，需施行下肢截肢术。

7. 繁殖障碍　毛丝鼠胎盘是血绒毛膜胎盘，胎盘迷路血管间膜的细微结构为单层合胞体滋养层细胞。雌鼠偶尔会在产后发生滋养层栓塞，进而导致肺栓塞。

毛丝鼠一般在清晨产崽，极少在午夜之后。难产一般见于单胎、胎儿过大、单只或多只胎儿胎位不正。据报道，子宫迟缓是引起难产的又一原因。对毛丝鼠可行剖宫产术。雄鼠若出现频繁梳洗皮毛、尿频、尿急及反复清洁阴茎，常提示阴茎有毛环。这种毛环存在于包皮下阴茎周围，最终会阻止阴茎回缩入包皮内。重症病例常见肿胀的阴茎突出包皮外4～5 cm，导致包皮嵌顿。这种病症引起疼痛并会造成尿道紧缩和严重的尿潴留。慢性包皮嵌顿最终会引起感染并造成严重的阴茎损害，影响动物的繁殖功能。交配时从雌鼠身上粘上毛发是引发此病的最常见病因。然而，这种情况也见于从未接触过雌鼠的群养或单养雄鼠。雄鼠每年至少应进行4次毛环检查，行为活跃的种鼠应每隔几日检查1次。无菌处理后，可切除或旋下阴茎上的毛环，必要时可对动物实施镇静或麻醉。某些雄鼠的阴茎长时间突出包皮外，但并无肿胀症状，此种情况并非毛环引起，而是雄鼠与其配偶分离造成的过度兴奋或与过多雌鼠同笼导致的过度疲劳。

8. 肿瘤　尽管有报道称毛丝鼠的寿命长达20年，但罕见有毛丝鼠肿瘤的资料。对毛皮供应场毛丝鼠的尸检结果显示，1949年之前1 005只和1949—1952年的1 000只6月龄到11岁的毛丝鼠，均未见有死于肿瘤的个例。1994—2003年间，一所重点大学的兽医院对325只毛丝鼠进行临床普查，仅诊断出3例肿瘤病例（1%）。个例报道提到的毛丝鼠肿瘤包括成神经细胞瘤、上皮癌、脂肪瘤、血管瘤、恶性淋巴瘤、肝癌和腰椎骨肉瘤。

9. 其他疾病　老龄毛丝鼠常发生后囊皮质性白内障和星状玻璃体变性。有报道称，毛丝鼠会发生某些类型的心脏病，如扩张型心肌病、先天性心脏房间隔缺损和心瓣膜病。已有关于毛丝鼠各种心脏杂音的描述，心杂音常见于幼龄动物的常规检查。未见毛丝鼠各种心脏病发病率的报道，也未见关于心脏杂音出现与潜在心血管病理学之间关系的研究。

二、沙鼠

沙鼠，英文名Gerbils，也被译为jirds或sand rats。野生蒙古沙鼠分布于蒙古、西伯利亚南部与中国北部交界处和中国东北地区。宠物用和实验用沙鼠是指爪

沙鼠，常称为蒙古沙鼠。沙鼠属有14个种。现在所有圈养的沙鼠都是由1935年从蒙古东部捕获的20对沙鼠繁殖而来。

沙鼠外形酷似老鼠，头和体长95～180 mm，尾长100～193 mm。雌鼠平均体重50～55 g，雄鼠平均体重60 g。尾部被毛从根部至尖部逐渐增长。背部颜色有灰白色、淡黄色、栗色和灰色多种。腹部颜色通常浅于背部颜色。

沙鼠生活在泥土或沙漠里，对酷热和干旱有较强的耐受力。沙鼠为陆栖动物，可在疏松的沙土里打出简易的洞穴，并在洞内度过大部分时间。

1. 生物学 蒙古沙鼠有几种毛色。野生沙鼠的毛色与刺鼠一致，并受常染色体显性基因控制。野生栗色沙鼠毛色由隐性基因决定，背部呈黄色至姜黄色，腹部呈典型的乳白色，背部黄色被毛的毛尖为黑色，基部为浅橄榄绿色，背部和腹部的毛色存在一条明显的分界线。黑色沙鼠毛色由常染色体隐性基因决定，也可见由常染色体隐性基因控制的白色红眼沙鼠。

沙鼠腹部有一个受雄性激素调节的巨大标记腺体，雄鼠的腺体较大且发育较早。这个腺体主要用作标记领地。雌鼠则靠产仔和较强的攻击性来标记领地。

肾上腺皮质产生的皮质酮和19-羟基脱氧皮质甾酮几乎等量。沙鼠的肾上腺与体重比（脏器指数）是大鼠的3倍。沙鼠红细胞比例高，红细胞具多染色性、嗜碱性点彩和网织红细胞较多。

雄鼠70～84日龄达到性成熟，雌鼠40～60日龄间阴道口开张，30日龄后达到性成熟。沙鼠常常成对生活，年长的雌鼠失去他们的配偶后，很难再接受新的伴侣。早熟雌鼠首次配对更容易成功受孕，同窝早熟雌鼠繁殖期内的窝产仔数是晚熟者的两倍以上。

干乳期的沙鼠妊娠期为24～26 d，而哺乳母鼠的妊娠期则可延长至27 d。若雌鼠是在产后受孕，就会推迟着床，导致妊娠期长达48 d。一般每胎产仔3～7只。幼鼠的吸乳期大致为21 d，16日龄便可开始采食固体食物，一般认为25日龄断奶较合适。沙鼠的正常寿命为2～3岁。

2. 饲养管理 野生沙鼠的食物组成包括绿色植物、根类、球茎类、谷物、水果和昆虫。沙鼠贮存食物，通常无食粪行为，除非食物缺乏营养。可购买市售的啮齿类颗粒料（蛋白质含量为18%～20%）饲喂沙鼠，若饲粮以自制饲料、葵花籽或残羹剩饭为主，常导致特殊营养元素缺乏。葵花籽高脂低钙。建议饲喂颗粒料（5 g/d）以避免肥胖。日粮中的脂肪含量超过4%可导致沙鼠血中胆固醇含量和血脂增高，对雄鼠的影响更为明显。

沙鼠排尿量少，粪粒干而坚硬。相比其他宠物或实验啮齿动物，鼠笼不用清理太频繁。沙鼠对环境温度的适应范围较宽，但喜好较低的相对湿度，若湿度超过50%，则会诱发鼻部皮炎。

由于沙鼠的哈氏腺分泌物常随梳洗动作沾染全身皮毛，且皮肤会分泌脂质物，沙鼠需进行沙浴以避免皮毛油腻。沙浴通常在5 min之内完成。这种行为不仅清洁和梳理了皮毛，还可以使油脂沉积在垫料里充当嗅觉信号。此外，沙浴还可影响自身平衡。如不进行沙浴，积累的油脂可造成皮毛粘结，导致行为异常。缺乏沙浴的沙鼠，尤其是雄鼠，发生"沙滚"（沙鼠在1秒内侧滚或前后翻滚）的频率增加，梳洗行为减少，标记领地行为增加。

沙鼠常以后肢着地直立，考虑到这种特性，鼠笼底部需结实，底部和笼盖之间应保持足够的高度。由于沙鼠的啃咬行为和其肾脏的尿浓缩功能，导致饲养在劣质鼠笼（油漆含铅或用合金材料制成）里的沙鼠发生慢性铅中毒的概率增加。患病沙鼠逐渐消瘦；肝脏萎缩，色泽加深；肾脏皱缩，表面出现皱痕。光镜下，在近端集合管及肝细胞内见有抗酸包含体。

3. 体格检查 需观察沙鼠的整体外观及行为，尤其是与同窝沙鼠比较。患病沙鼠常被其他沙鼠孤立，表现出体重减轻、弓背、嗜睡、被毛粗糙、呼吸困难及丧失探寻行为等症状。患病初期表现为尿液和粪便的颜色、黏度、气味及量的改变。应检查会阴部周围是否有粪尿污染，雌鼠应检查阴门流出物。可采集粪样进行寄生虫检查和细菌培养。应检查被毛及皮肤有无脱毛、打斗伤或其他外伤、外寄生虫，还要检查皮肤弹性以判断是否脱水；检查口腔是否有过度生长的牙齿；检查耳朵有无渗出物和炎症，眼睛有无渗出物和结膜炎；检查脚趾有无溃烂，有无过度生长或破损的趾甲；触诊腹部有无包块。沙鼠正常体温范围为37～39℃。需注意呼吸频率和呼吸困难的其他症状，可使用儿科听诊器听诊胸腔。

沙鼠的尾巴较脆弱，因此只能通过尾根部保定沙鼠以避免损伤。

4. 传染病

（1）细菌、支原体与立克次体感染 "面部湿疹""鼻部溃烂"及鼻部皮炎都是沙鼠常患的皮肤病。外鼻孔周围首先出现红斑，进而局部脱毛，最后发展为广泛的湿润皮炎。病因为副泪腺分泌的卟啉增多（与大鼠的血泪症相似），而卟啉是主要的皮肤刺激剂。试验性副泪腺切除的沙鼠不会发生鼻部或面部的损伤。多种葡萄球菌（金黄色葡萄球菌和木糖葡萄球菌）可协同导致皮炎。各种应激因子可导致副泪腺的过度分泌，如50%的环境湿度或过度拥挤。鼻部皮肤感染可蔓延至上颌窦。受感染沙鼠厌食、饮欲废绝、体重减轻或死亡。可根据病灶的分布情况和性质作出诊断。累积的卟啉可在紫外线（伍德灯）下发出荧光。可常规分离培养出致病性葡萄球菌。治疗包括清洗皮肤病灶、使用外用药或应用亲本抗生素（链霉素可致死沙鼠，禁用）。控制环境湿度低于40%或减少应激源（如拥挤或缺乏沙浴）可预防本病。

沙鼠可自然感染泰泽病，这是一种由专性细胞内寄生的泰氏梭菌引起的肠肝疾病，是沙鼠常发生的致死性传染病。临床和病理学观察常见沙鼠猝死或经短病程后死亡，肝脏有多量坏死点，腹泻，肠道可能出现坏死病变。感染途径可能为经口感染，当沙鼠接触到被污染的垫料时会感染泰泽病。建议用辅助性补液疗法，同时用四环素或甲硝唑预防，可减少同窝沙鼠的死亡。由于这种细菌可形成孢子，故要对饲养环境进行严格的消毒和灭菌。

蒙古沙鼠对幽门螺杆菌易感，常引起严重的胃炎、胃溃疡和胃上皮化生。15月龄以上的感染沙鼠约有1/3发展为胃腺瘤。当使用配比均衡的三联抗生素片（包含阿莫西林、甲硝唑和铋制剂）来治疗自然发病的螺旋杆菌病时，会发生梭状芽孢杆菌引起的致死性肠毒血症。据报道，患病沙鼠在抗生素治疗的7 d内死亡。

（2）**病毒感染**　未见沙鼠自然病毒感染的报道。

（3）**寄生虫感染**　蒙古沙鼠体内发现的寄生虫有隐藏管状线虫、鼠蛲虫和半透明Dentostomella、蛲虫。宠物店的沙鼠常感染鼠蛲虫。半透明Dentostomella蛲虫常存在于试验沙鼠和宠物沙鼠的小肠内。平均每只感染动物有4条虫体，但是不表现出明显的临床症状。

有报道宠物沙鼠可感染短膜壳绦虫、缩小膜壳绦虫和微小啮壳绦虫（膜壳绦虫属），常见症状为脱水和黏液样腹泻。微小啮壳绦虫有直接型生活史，如果人食入可造成潜伏感染。建议喂服氯硝柳胺治疗，0.1 mg/g饲喂两个疗程，每个疗程7 d，中间间隔1周。噻苯咪唑（0.33%混入饲料饲喂7～14 d）或吡喹酮（5～10 mg/kg，肌内注射、皮下注射或口服，10 d内重复治疗）也同样有效。

（4）**真菌感染**　未见蒙古沙鼠自然真菌感染或试验沙鼠皮肤真菌感染的报道。鲜见沙鼠属动物感染其他真菌的报道。

（5）**营养代谢病**　饲喂标准试验啮齿类日粮6个月后，会引发沙鼠的潜在牙周炎。饲喂同样的日粮，10%的沙鼠过度肥胖，部分肥胖鼠葡萄糖耐受性降低，血清免疫活性胰岛素升高，同时胰腺和其他器官出现糖尿病的病变。

5．**外伤**　沙鼠尾部被皮较薄。不像大鼠或小鼠，如果抓住尾尖提起沙鼠，尾部皮肤会滑落引起创伤，裸露的尾巴最终坏死并脱落。如发生尾部皮肤脱落，裸露的尾巴需采取外科手术切除至有皮肤覆盖处为止。

6．**肿瘤**　自发性肿瘤主要见于实验室繁养的蒙古沙鼠。2～3岁以上的沙鼠发生肿瘤的概率达25%～40%。在3岁沙鼠发生的肿瘤中，80%为雄鼠腹部分泌皮脂的标记腺的鳞状上皮癌和雌鼠卵巢的颗粒细胞瘤。腹部标记腺瘤侵犯局部并能转移到淋巴结和肺脏。肾上腺皮质瘤、皮肤鳞癌、恶性黑色素瘤、肾和脾血管瘤是较常发的肿瘤。其他肿瘤，如十二指肠和盲肠腺瘤、肝淋巴瘤、血管瘤和胆管癌、脾和肾血管瘤、子宫肌瘤和血管外皮细胞瘤、卵巢畸胎瘤及恶性黑色素瘤也有报道。然而，这些肿瘤的总发生率还不到5%。

宠物沙鼠自发性肿瘤的个案报道包括浸润性咽管瘤、组织细胞肉瘤、系统性肥大细胞增多症、恶性黑色素瘤和星状细胞瘤。

7．**其他疾病**

（1）**抗生素中毒**　青霉素—双氢链霉素—普鲁卡因联合注射，会引起蒙古沙鼠的急性致死性中毒综合征。毒性取决于双氢链霉素的含量。50 mg双氢链霉素能引起体重55～65 g的沙鼠80%～100%的死亡。

（2）**癫痫**　2月龄左右沙鼠发生固有的反射性癫痫样（阵挛性节律）惊厥的发生率为20%～40%。沙鼠对感觉刺激敏感并有强迫探寻行为，但癫痫发作的频率和严重程度有差异。癫痫通常持续几分钟，或轻或重，但没有持续性。一般癫痫发生率和严重程度随年龄增长而降低或减弱，但某些亚种的成年沙鼠随年龄增长而逐步恶化。这种情况常有选择性地发生于某些种类，宠物沙鼠也可发生。如果经常抚摸出生3周内的沙鼠以预防有遗传倾向性的癫痫，则不必使用抗惊厥药治疗。

（3）**繁殖障碍**　蒙古沙鼠常发生卵巢囊肿，囊肿直径在1～50 mm。摘除囊肿卵巢对繁殖能力的影响不明显，单侧卵巢雌鼠的生育能力比正常雌鼠稍差，一般年长的患鼠才表现出生殖力的明显减弱。

（4）**先天性缺陷**　新生沙鼠偶见心脏室中隔缺损。

（5）**与年龄相关的疾病**　除了肿瘤之外（见上文），老龄沙鼠（尤其是雄性沙鼠）易患慢性肾小球肾病、灶状心肌变性与纤维化变性。50%的2岁以上沙鼠常发生耳内胆脂瘤。耳道内的胆脂瘤从鼓膜移位进入中耳，压迫和继发感染引起骨质坏死和内耳受损。临床症状见头部歪斜。

三、豚鼠

豚鼠和毛丝鼠一样，是豪猪亚目啮齿动物。他们属于豚鼠科，豚鼠科包括14种动物，如为人们熟知的豚鼠和长耳豚鼠。豚鼠科动物的特征是前足4趾，后足3趾。豚鼠体格健壮、头大、腿短、耳朵短小、无被毛。体长200～400 mm，无外尾，体重500～1 500 g。有学者对豚鼠的叫声进行研究，发现可区分出7～11种明显的声音模式。

野生豚鼠分布于南美洲的哥伦比亚、委内瑞拉南部至巴西和阿根廷北部地区，生活于岩石区、热带稀树草原、森林边缘或沼泽地带。他们多达10只为一群栖息在洞穴里。豚鼠夜间较活跃，他们在夜间搜寻各种各样的植物类食物。豚鼠至少在公元前900年就开始被驯化，甚至可追溯到公元前5 000年。

1. 生物学（特征）　美国豚鼠繁殖协会鉴别出13个豚鼠种并划分成集群或品种。最常见的品种是美国豚鼠，原被称为英国豚鼠。纯种豚鼠有稳定的毛色（如黑色、乳白色、红色、淡紫色、米色、橙黄色和巧克力色）。杂交豚鼠有涂层属Coated种、有标记的豚鼠（Marked）种和非刺豚鼠（Ticked）/刺豚鼠（Agouti）种。涂层属豚鼠有阿比西尼亚（Abyssinian）、雷克斯（Rex）、长毛的（Long-haired）秘鲁种（Peruvians）、谢特兰（silkie 或 sheltie）、皇冠（Coronets）和德克赛尔（Texels）、冠毛豚鼠Crested、泰迪（Teddy）和缎毛（Satin）等种类。短毛阿比西尼亚豚鼠看起来似乎不健康，因其被毛排列成涡旋状或玫瑰花状而显得不整齐。豚鼠的被毛由底层绒毛和突出的外层粗毛组成。Rex外层粗毛较短，没有突出于底层绒毛外。Satin含有一种特殊的毛纤维，能产生特殊的光泽。泰迪豚鼠毛干卷曲使得整个身体的被毛竖立蓬松。Marked 种包括达尔马提亚（Dalmatian），玳瑁色（Tortoise shell）和喜马拉雅（Himalaya）亚种。"种类"可根据颜色来区分（如青灰色、龟甲色），但未被认定为单独的品种。

淋巴细胞是豚鼠主要的白细胞，白细胞计数中有45%～80%是淋巴细胞。许多小淋巴细胞的大小与红细胞相当；大淋巴细胞含有库洛夫小体，这种小体是一种存在胞浆内的黏多糖包含体。豚鼠正常情况下会出现库洛夫小体，主要受雌激素控制，妊娠雌鼠外周血中有2%～5%的淋巴细胞存在库洛夫小体。库洛夫小体大量存在于成年雌鼠，其数量会随发情周期的不同阶段而波动。成年雄鼠有少量的库洛夫小体，新生豚鼠则很少见。

和毛丝鼠一样，豚鼠表现出豪猪亚目啮齿类特有的生殖生理学特征。雌鼠的平均妊娠期为68 d（范围为59～72 d），平均发情周期为17 d（范围为13～25 d）。雌鼠长有阴道闭合膜，发情和分娩时会开张，发情间期和妊娠期则会闭合。豚鼠平均窝产仔4只，窝产仔数范围为1～13只。刚出生的幼鼠被毛完全且发育良好。幼鼠尽管5日龄后就能自主采食固体食物，但通常仍需哺乳至21日龄。豚鼠只有一对腹股沟乳头。

雄性豚鼠阴茎结构明显，龟头部有针骨。雄鼠3月龄性成熟，雌鼠2月龄性成熟。豚鼠寿命为6～8岁。

2. 饲养管理　就种群而言，豚鼠能适应一系列气候条件，但豚鼠个体易受到周围温度和湿度变化的影响。豚鼠是一种敏感的动物，如果住所、食物或管理条件发生较大改变，他们可能会拒绝进食和饮水。两只豚鼠合养能减小环境变化带来的影响。生病的豚鼠需住院治疗，可留下一只同窝豚鼠陪伴以减少应激。

自然情况下，豚鼠以一只领头雄鼠为中心形成家系单位。性成熟的雄鼠，尤其是陌生者（相遇）会打斗。如果两只雄鼠从小一起长大或同窝豚鼠都是非繁殖期的雌鼠，相遇一般不会有攻击行为。对豚鼠进行阉割或卵巢子宫切除术可减少打斗，但阉割后的成年雄鼠可因习得行为仍可能好斗。

豚鼠需要持续的饮水供应，饮水需每日更换。豚鼠饮水时，食物会弄脏水槽或吸管。如不经过训练，豚鼠不会使用吸管，且随处排便，喜欢坐在食物里，弄脏食槽和睡觉区域。豚鼠任何情况下都很能吃。

豚鼠会排出两种类型的粪球，一种富含氮用作食粪，另一种不含氮的粪便排泄物。当食物充足时，40%的粪便会被重新采食，且90%的食粪行为发生在夜间。当食物有限时，豚鼠白天有部分时间也会采食粪便。

3. 体格检查　豚鼠容易保定和控制。豚鼠一般不咬人，但幼龄豚鼠可能咬人。健康的豚鼠看起来"愚钝"，实则机警。患病豚鼠一般会表现出疲惫、对周围环境不感兴趣和体重减轻的迹象。患鼠的症状可表现为体重下降、弓缩腰背、步态异常、腹部下垂、被毛逆乱和呼吸困难。严重者贪睡或对刺激无反应。呼吸系统和胃肠道症状较常见，病鼠常流眼泪鼻涕和腹泻。足部检查需注意有无溃烂或趾甲破损。还应检查豚鼠有无过度生长的牙齿。因为豚鼠嘴巴较小，所以口腔检查有一定的难度。应检查耳部有无分泌物和炎症，以及眼睛有无分泌物和结膜炎。还需检查下颌部有无水肿。

豚鼠缺乏明显可进针的外周静脉。一般可从隐静脉和头静脉采出少许血液。如果要获得大量血液，需在麻醉情况下采集前腔静脉血液。此技术需要经验。不当的操作可能引起胸腔、心包腔和肺脏出血，可导致豚鼠死亡。

4．传染病

（1）**细菌感染** 豚鼠对许多常见抗生素都高度敏感，所以在治疗豚鼠传染病时需慎重。马链球菌兽瘟亚种（兽疫链球菌）可能带入豚鼠鼻咽部引起潜伏感染。口腔磨损（如臼齿咬合不正）导致细菌被运送到头颈部的引流淋巴结，引起化脓性淋巴结炎。主要的症状为颈部单侧有较大的肿胀物。受感染动物外观良好，无其他明显症状。治疗可采取手术取出受感染淋巴结。此病需与豚鼠白血病鉴别诊断。链球菌对大多数抗生素敏感性低，并会引起抗生素性菌群失调（如氨苄西林、阿莫西林和红霉素）。

肺炎链球菌可能由鼻孔进入而引起隐性感染。诱发细菌性肺炎的因素为环境温度、湿度或空气流通程度的改变。幼龄鼠、老龄鼠和妊娠母鼠最易感。肺炎的临床症状包括呼吸困难、喘气、打喷嚏、流鼻涕和咳嗽。受感染豚鼠精神沉郁并厌食。肺炎链球菌也能引起中耳感染和头部歪斜。X线检查可观察到受感染脏泡的密度增加。链球菌肺炎应主要与支气管败血性博氏杆菌病鉴别诊断。

兔呼吸道常驻有不致病的支气管败血波氏杆菌，但这种细菌对豚鼠具有高度致病性，能引起豚鼠肺炎、结膜炎、中耳炎、流产和死胎。临床症状包括厌食、食欲不振、流眼泪鼻涕、呼吸困难或猝死（也常见于肺炎链球菌和马链球菌兽瘟亚种感染）。病史调查包括是否曾与兔同笼，建议分开饲养或者只养一类动物。可用环丙沙星治疗（10~20 mg/kg，每日2次）。

豚鼠以前常发生沙门氏菌感染，尤其是用于研究的繁殖群体。由于现在的饲养水平、鼠类管理和食物品质都有所提高，该病很少发生。当豚鼠饲养于户外，因野鼠接近他们的食物，则常导致感染。各年龄段的豚鼠均易感，但常发于年幼或受应激的豚鼠。感染为亚临床经过，很少出现腹泻症状。临床症状包括结膜炎、发热、嗜睡、厌食、被毛粗糙、肝脾显著肿大、颈部淋巴结炎和妊娠母鼠流产。暴发流行病常引起较高的死亡率。如果动物能恢复，会间歇性排菌。通过血液、眼部分泌物、淋巴结和脾脏分离出的细菌可作出诊断。考虑到是人兽共患病和存在潜在带毒情况，不建议进行治疗。

慢性皮炎（尤其是前脚掌）是肥胖豚鼠的常见疾病，常见于圈养在金属笼或粗糙地板上的豚鼠。卫生条件差可诱发此病。患鼠的双脚肿胀无毛，趾面有直径1~3 cm的溃疡和结痂。金黄色葡萄球菌是常见病原，可以通过皮肤伤口进入脚部。垫料中的稻草和芒状物会刺伤脚部。慢性葡萄球菌感染导致骨关节炎和系统性淀粉样变。外科手术治疗效果不理想，因为弥

漫性蜂窝织炎向周围组织浸润，使得脓疮不能被彻底切除或清除干净，切除组织只会导致严重出血。治疗方法是将感染豚鼠隔离到铺有干燥松软垫料的干净笼子内，局部涂擦或肠外给予抗生素，但治愈率低。

在豚鼠中，衣原体结膜炎是导致传染性结膜炎的常见因素之一。它是由一种专性细胞内细菌——豚鼠衣原体引起的。常发生于4~8周龄豚鼠。可引起鼻炎、下呼吸道疾病和流产，并发细菌感染时常伴发呼吸道症状。豚鼠衣原体能在饲养或供研究的动物群体中迅速传播。病原菌主要侵染结膜的黏膜上皮细胞，较少侵染豚鼠生殖道。无症状感染时有发生，临床感染可见轻度结膜炎，表现为黄白色分泌物、眼结膜充血、球结膜水肿，重度结膜炎可见多量脓性分泌物。姬姆萨染色见结膜上皮细胞胞浆内出现包含体可确诊。PCR检测灵敏度高、结果可靠。四环素治疗后通常能痊愈。豚鼠感染后可获得短期免疫力。

（2）**病毒感染** 腺病毒是豚鼠种族专属病毒，能引起原发性呼吸道肺炎。无症状的携带者普遍存在，但流行程度目前还不知。临床感染较少，可经应激或吸入麻醉诱发，常发生在免疫功能不全的、年幼或年老的豚鼠中。发病率低，动物还未表现出临床症状即猝死。

豚鼠其他自然存在的病毒感染，如巨细胞病毒和副流感病毒很少引起明显发病。血清学调查表明，豚鼠对小鼠和大鼠源性病毒可产生抗体，但不致病。

（3）**寄生虫感染** 兽疥癣是由疥螨引起的一类常见病。临床症状明显：剧烈瘙痒、大面积脱毛及角化过度。传播方式包括：动物之间直接接触传播、哺乳时由母鼠传给仔鼠及接触到笼内污染物如垫料。外寄生虫感染时可能仅表现亚临床症状，而应激（如运输和妊娠）、免疫抑制或其他隐性感染疾病可引起临床症状。血液学变化如中性粒细胞、单核细胞、嗜酸性粒细胞和嗜碱性粒细胞增多，搔痒过度可引起抽搐。

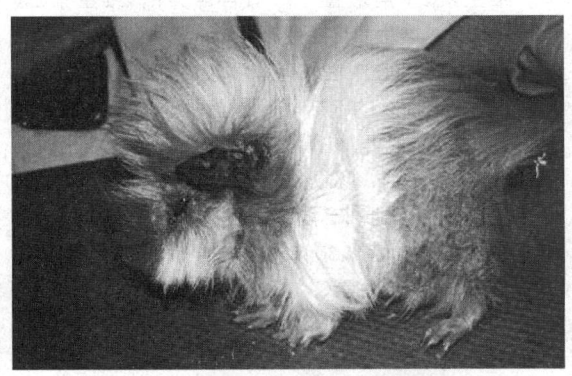

图17-29　疥螨严重感染的豚鼠极度虚弱、被毛粗乱
（由Katherine Quesenberry博士提供）

必要时安定（肌内注射1～2 mg/kg）可控制抽搐。皮肤碎屑检测到疥螨时可确诊。治疗可以选择伊维菌素（200 μg/kg，间隔10～14 d重复1次，或300 μg/kg皮下注射，重复3次，每次间隔3 d）；也可局部涂擦10%吡虫啉和1%的莫昔克丁（Moxidectin）的溶液（每30 d为1个疗程，共3个疗程）；还可用氟虫清（Fipronil）全身洗浴。

其他外寄生虫疾病在豚鼠中不常发生。豚鼠背毛螨（Chirodiscoides caviae）感染会导致豚鼠躯干后侧瘙痒和掉毛，下层皮肤则不易受到感染。亚临床病例不表现临床症状。治疗用司拉克丁（Selamectin）（12 mg/kg），给药2次，期间间隔2周。

豚鼠感染圆羽虱或长虱一般症状不明显，但严重病例会引起颈部和耳部周围的皮肤出现瘙痒、掉毛和鳞状屑。用放大镜可在毛干上观察到虱子。用10%吡虫啉和1%莫昔克丁混合溶液0.05 mL局部涂抹，可有效治疗豚鼠虱子感染。改善环境卫生可有效预防。

（4）真菌感染　豚鼠中的皮肤真菌病较普遍，自然感染常与须毛癣菌有关。典型损伤表现为断毛、毛卷曲和鳞状脱毛。这些损伤最先出现在鼻尖，随后向眼周、前额和耳廓等部位蔓延。严重病例中，背腰部也受到感染，但不波及四肢和胸腹部。该病通常没有或少有瘙痒症状。部分豚鼠表现出较多的炎性病变，如红斑、泡状丘疹、脓疱、结痂、瘙痒和少量瘢痕。高温和潮湿可加重感染。须毛癣菌病是一种重要的动物传染病，临床上15%的正常豚鼠可从其毛皮中分离到须毛癣菌。豚鼠曾是人类感染金钱癣病的一个重要原因。

5. 营养代谢障碍　不同年龄阶段的豚鼠均需补充饲料源性维生素C。饲料组成、储存温度和湿度都会影响饲料中维生素C的稳定性。饲料中维生素C含量会因潮湿、高热和光照而减少。饲料混合后在高于22℃环境中储存90 d，1/2的维生素C会被氧化而损失。维生素C水溶液置于敞口容器24 h，维生素C量可损失50%。维生素C在金属容器、硬水或热水中被破坏得更快，而在中性和碱性溶液中则较稳定。

维生素C缺乏的临床表现是腹泻、脱毛、被毛粗乱、关节痛和消瘦。黏膜上少见瘀点，但可能出现血尿。如不及时治疗，豚鼠会在2周内表现出维生素C缺乏的指征，即空腹血清高胆固醇血症（60 mg/dL以上）和高甘油三酯血症（30 mg/dL以上）。豚鼠生长期每日需要10 mg/kg维生素C，妊娠期间增加到30 mg/kg。红椒、青椒、西红柿、菠菜和芦笋等蔬菜都含有大量的维生素C。

转移性钙化常发生于1岁以上豚鼠。临床表现为肌肉僵硬和生长停止。矿化作用可能局限在肘和肋骨

软组织，或普遍分布于肺脏、心脏、主动脉、肝脏、肾脏、子宫和巩膜等部位。病因主要与低镁高磷饲料、摄入高钙和/或高维生素D等日粮因素有关。喂食高质量的商品化豚鼠饲料则较少发病。

豚鼠另外两种相似的综合征，一种影响骨骼肌（肌肉萎缩症），另一种影响心肌与骨骼肌（肌肉变性和矿化），均与维生素E/硒缺乏有关。偶在后肢主肌群中的个别肌纤维中见有多病灶矿化。受影响的豚鼠常常不表现出临床症状。

豚鼠的自发性糖尿病也很常见，临床表现轻微或多变。患鼠烦渴且体重减轻，但食欲较好。血液和尿液分析显示糖尿、高血糖和高血清甘油三酯；未见酮血症和酮尿。不需要外源胰岛素治疗。

6. 繁殖障碍　1岁以上雌性豚鼠常发生卵巢多发性囊肿，病变波及单侧或双侧卵巢，囊泡直径可达2～4 cm，内含多量清澈透明液体。临床上，卵巢囊肿会引起繁殖能力降低、子宫内膜囊性增生、子宫积液、子宫内膜炎和脱毛。若触诊检查到腹部肿块，可用X线照相与超声波做进一步检查。用简单X线检查难以确诊，因为卵巢囊肿和腹部肿瘤的阴影很相似。腹部超声波能通过卵巢囊肿的内部结构成像来加以区分。治疗采用剖宫术，手术移除卵巢和囊肿。鉴别诊断包括脾、子宫和卵巢的肿瘤。

尽管临床症状相似，但仍有两种公认的方法鉴别妊娠毒血症：禁食/代谢模式和中毒或循环模式，这两种情况均见于妊娠晚期。染病母鼠表现出抑郁、酸中毒、酮病、酮尿和尿液中pH降低（从pH 9降低到pH 5～6）。

妊娠代谢毒血症发生在肥胖的、特别是初次或二次妊娠的母鼠中。这种疾病是由碳水化合物摄入量减少，需动员脂肪来作为能量来源而造成。饲喂规律改变和应激可诱发此病。临床上，母鼠食欲废绝、精神抑郁，随后出现昏迷，常在5～6 d内死亡。晚期病例无法治疗。有效的治疗手段包括静脉或皮下注射5%葡萄糖溶液、口服丙二醇、补充营养、剖宫产等。妊娠晚期，在饮水中加少量葡萄糖可起到预防作用。

妊娠毒血症的血液循环障碍或先兆子痫的发生是由于子宫胎盘局部缺血，妊娠子宫压迫大动脉导致子宫脉管内血液显著减少，进而导致胎盘坏死、出血或引起酮病，甚至死亡。紧急情况下，可采用剖宫产和卵巢子宫切除术挽救母鼠生命。

豚鼠围产期死亡率高。难产和死产与胎儿大、亚临床酮病和耻骨联合融合有关。6月龄的初产母鼠耻骨联合常呈融合状态，在分娩过程中不会分开。初产母鼠的胎儿死亡率高。如果母鼠持续阵痛超过20 min或间歇阵痛2 h后没能生产，则可能发生难产。须仔

细检查子宫颈以估计耻骨联合的分离程度。至少须有食指宽才能让胎儿通过。分离充分时，可肌内注射1~2 U催产素。如果胎儿被卡住，或者注射催产素15 min后还未开始分娩，就须施行剖宫术。豚鼠的双角子宫有一个子宫颈，应在接近双角分叉点剖开。

7. 肿瘤 毛囊瘤是豚鼠最常见的皮肤肿瘤，是一种毛囊上皮细胞的良性肿瘤。肿瘤生长缓慢，为直径0.5~7.0 cm的椭圆形结节。毛囊瘤主要发生在背腰区、骶区、大腿外侧或胸部。雄性的患病率是雌性的两倍。患病豚鼠的平均年龄为3岁。毛囊上表皮样囊肿常与这些肿瘤有关或者独立出现。肿瘤溃疡或囊肿破裂会排出干酪性物质。外科手术切除可治疗毛囊瘤和上皮样囊肿。

生殖道肿瘤发生率占豚鼠自发性肿瘤的25%。尽管乳腺癌在雌性和雄性中都有发生，但大多数肿瘤还是卵巢和子宫肿瘤。

8. 各类杂病与老年性疾病

（1）**抗生素中毒** 豚鼠对多数抗生素高度敏感。包括青霉素、氨苄青霉素（阿莫西林）、杆菌肽、红霉素、螺旋霉素、链霉素、林可霉素、克林霉素、万古霉素和四环素在内的抗生素都有引发肠毒血症的报道。外用抗生素也可引起致命的肠毒血病。豚鼠安全治疗剂量参见表17-23。

表17-23 豚鼠抗生素使用剂量

抗生素	剂 量
头孢噻呋	1 mg/kg，IM，sid（治疗肺炎）
先锋霉素II	12.5 mg/kg，IM，sid-tid，连用5~14 d
环丙沙星	10~20 mg/kg，PO，bid
多西环素	2.5~5 mg/kg，PO，bid
恩诺沙星	5~10 mg/kg，PO或IM，bid
庆大霉素	6 mg/kg，SC，sid（谨慎使用）
甲硝唑	10~40 mg/kg，PO，sid
新霉素	12~16 mg/kg，PO，bid
磺胺甲噁唑	1 mg/mL饮水，连用60 d
磺胺二甲氧嘧啶	10~15 mg/kg，PO，bid

一般来说，应避免使用抗革兰阳性菌的窄谱抗生素，这会导致肠道内革兰阳性菌减少和革兰阴性菌增加，进而发生菌血症或败血症，导致动物死亡。但已证实该类药会导致梭菌属细菌过度生长（梭状芽孢杆菌）。梭状芽孢杆菌是一种致病微生物，使肠道菌群不能恢复正常。

（2）**老年疾病** 尿石病是老龄豚鼠的常见病，因

为雌豚的尿道口靠近肛门，较易受到粪便污染物如大肠埃希菌的感染，因此发病率较高。不同年龄、不同性别的豚鼠均可发病。临床表现为排尿困难、排尿时尖叫，偶尔出现血尿。用腹部放射检查即可诊断，结石常由碳酸钙或磷酸钙组成，X线不易穿透。草酸钙也可形成结石。如不进行治疗，则会发展为阻塞性尿石症，还可并发败血症。

除了年龄和性别，尿石症也与饲粮有关。饲料中苜蓿干草过多会增大钙磷比。喂食含钙或者草酸高的饲料时，如果尿中抗坏血酸盐浓度增大，会增加豚鼠结石形成的概率。

手术移除结石是常规的治疗方法。但往往因缝合材料可导致过度炎症而使其变得复杂。柠檬酸钾和柠檬酸能预防尿中结晶的形成。柠檬酸盐酸化豚鼠尿液的程度低于犬和猫，但可结合水溶液中的钙而变成柠檬酸钙。

（3）**牙齿疾病** 除了豚鼠的前臼齿经常感染外，豚鼠牙齿咬合不正的临床症状和治疗方法与兔的一致。

（4）**脱毛症** 脱毛症可发生在所有妊娠后期（60~70 d）和哺乳期的豚鼠中。这是因为胎儿生长使得妊娠母体的皮肤合成代谢降低。掉毛常始于背部，逐渐向两侧漫延至腹部。因幼鼠常拉扯母鼠的毛造成哺乳期豚鼠脱毛加重。产后或停止哺乳后脱毛症可缓慢恢复。

断奶幼鼠多毛发稀疏，这与换毛有关，此间幼鼠胎毛掉落，开始长出粗糙的成熟毛发。在形成了社会阶层的豚鼠群中，可见咬耳和咬毛现象。居于底层的年幼豚鼠的毛发被居于统治地位的年长豚鼠咬掉。脱毛部位不规则，呈现阶梯式。隔离好斗的豚鼠对脱毛有预防作用。

单饲豚鼠可能因无聊而自我剃毛。但不会发生头、颈部和前肩等接触不到的部位脱毛。改变豚鼠的生活环境和提供大量新鲜的干草能解决这个问题。

发生卵巢囊肿的年老雌性豚鼠可见两侧对称性脱毛。应与虱子感染和癣菌病引起的脱毛进行鉴别诊断。

豚鼠的背侧面和肛周有大量皮脂腺。皮脂腺有睾酮依赖性，成年雄性的脊柱末段、肛周和生殖区褶皱处的皮肤蓄积有大量的皮脂腺分泌物。覆盖这些区域的被毛浓密、杂乱而油腻。应定期清洗这些部位以消除臭味并防止感染。这些分泌物可用医用酒精或凝胶清洁剂去除。

四、仓鼠

金仓鼠或叙利亚仓鼠（金色大鼠）是最普遍的宠物和科研用仓鼠。大多数圈养的叙利亚鼠源自于1930

年从叙利亚阿勒波附近收集到的一窝幼崽。

叙利亚仓鼠头和身体总长170~180 mm，尾长12 mm，体重110~140 g，雌鼠体形大于雄鼠。野生的叙利亚鼠背部呈浅红棕色，腹部呈白色，皮肤非常松弛。

另外两种仓鼠，即普通仓鼠（或称欧洲仓鼠）和大鼠样中国仓鼠（灰仓鼠）因其好斗不适合做宠物，而常用于科研。矮仓鼠如金丝熊（黑线毛足鼠）和蒙古仓鼠（小毛足鼠）性情温驯，不乱咬，不逃跑，圈养生长较快，可作宠物。本节讨论叙利亚仓鼠的疾病。

1. 生物学 叙利亚仓鼠会因至少20种已知的突变影响到被毛颜色。大部分为单个隐形性状，4个优势突变基因中有2个位于性染色体上。有5个突变会导致仓鼠毛发变长（如泰迪熊仓鼠），且如丝缎般光滑。睾酮能影响叙利亚仓鼠毛的长度，性成熟阶段的雄性仓鼠，毛发比雌性和去势雄仓鼠的毛要长得多。去势雄仓鼠毛发蓬松且短。

叙利亚仓鼠在肋椎区域具有由皮脂腺、色素细胞和终毛组成的两侧成对器官，他们对雄性激素具有依赖性。该器官在雄性的体积较大，有大量色素沉积，其主要作用是用于领土标记。所有的仓鼠都有很大的颊囊，能延伸至肩部，当颊囊塞满食物后，宽度可达仓鼠头肩宽度的两倍。

成年雄性叙利亚仓鼠的肾上腺因网状带的增大而增大，体积是雌性仓鼠的3倍。跟沙鼠一样，叙利亚仓鼠也有高比例的多染性红细胞。

雌性叙利亚仓鼠较雄性重，且好斗。未发情的雌性仓鼠会攻击甚至杀死年幼的雄性仓鼠。发情周期为4 d，以最后一日排出大量排卵性分泌物为特征。分泌物呈乳白色，有独特的气味；充满整个阴道，常从阴道口流出，具有独特的黏性，触摸可拉至10.16~15.24 cm长。发情持续1 d，妊娠期为16~19 d。每胎产仔2~16只，平均9只。断奶前幼鼠的死亡主要由母鼠吃幼仔所致。妊娠期环境温度较低（<10℃）、营养缺乏和体重减轻都会增加母鼠吃幼仔的概率。母鼠在照顾幼鼠或筑巢时被打扰，没有提供足够的筑巢材料，温度偏低，食物或水缺乏常导致这种情况发生。叙利亚仓鼠繁殖力强，每年可以产3~5胎。幼鼠20 d左右断奶，7~8周龄又可繁殖后代。叙利亚仓鼠寿命为2~3年。

2. 饲养管理 野生叙利亚仓鼠生活在多岩石的干草原或灌木丛生的山坡浅洞穴中。穴居动物喜欢厚厚的垫草。在笼内铺上至少40 cm厚的垫草会增加叙利亚仓鼠的舒适度。

野生叙利亚仓鼠是杂食性动物，他们食用绿色植物、种子、水果和肉类。当外界环境变冷时，仓鼠就会储存食物，当气温降至5℃以下冬眠。叙利亚仓鼠在冬眠之前并不会增肥，因此如果不定期醒来进食就会饿死。冬眠的仓鼠对外界刺激仍有感觉，如果被抓取就会苏醒。叙利亚仓鼠在肩胛下、肩胛间、腋下、颈部和肾周区域都有丰富的褐色脂肪。

叙利亚仓鼠啃咬能力强，易从笼内逃脱。饲养叙利亚仓鼠的笼内不能有玻璃水管，因为他们很容易咬穿玻璃。建议使用接近地面的不锈钢管。叙利亚仓鼠会因嘴角宽而妨碍他们接近饲料斗，所以颗粒饲料应放置在笼子的底板上。仓鼠有自然食粪性。

3. 体格检查 有同笼伴侣时，应尤其注意观察仓鼠的整体外观和行为。患病动物常离群索居，出现体重减轻、拱背、昏睡、被毛粗乱、呼吸困难和缺乏探究行为等症状。疾病早期表现为大小便颜色、性状、气味和量的改变。要检查会阴部是否有尿液或粪便污染，雌性还要检查是否有阴道分泌物。采取粪样进行寄生虫检测和细菌培养。检查被毛和皮肤是否有脱毛、打架造成的伤口或其他创伤，以及外寄生物；口腔是否有过度生长的牙齿或嵌塞的颊囊；是否有耳分泌物（即是否发生炎症）、眼睛分泌物或结膜炎；脚是否有溃疡，趾甲是否过度生长或断裂。腹部触诊是否有肿块。

叙利亚仓鼠一般不具有攻击性，但如果受到惊吓，被吵醒或被粗暴对待也会攻击对方。比起直接抓起，更容易用小的容器将叙利亚仓鼠兜起来。应将他们具有高度弹性的皮肤全部抓起，以防被咬伤。

4. 传染病

（1）细菌感染 不同年龄的叙利亚仓鼠均可患腹泻病，俗称"湿尾"，幼年仓鼠最易发。增生性回肠炎是3~10周龄的叙利亚仓鼠最重要的肠道疾病，死亡率高。病原是胞内劳森菌。治疗方案包括纠正电解质紊乱，给予抗生素和强饲。多种抗生素的治疗效果较好，包括盐酸四环素（400 mg/L饮水，连用10 d），四环素（10 mg/kg，口服，每日2次，连用5~7 d），恩诺沙星（10 mg/kg，口服或肌内注射，连用5~7 d），甲氧苄啶嘧啶—磺胺类药（30 mg/kg，口服，每日2次，连用5~7 d）。如果持续腹泻则用碱式水杨酸铋对症治疗。每日口服葡萄糖溶液和替代性电解质溶液（如盐溶液或乳酸林格氏液20 mL/100 g）。后遗症包括直肠阻塞、肠套叠或直肠脱垂。

与豚鼠一样，成年叙利亚仓鼠腹泻可能与梭状芽孢杆菌肠毒血症有关，可在注射抗生素如青霉素、林可霉素或杆菌肽3~5 d后发病。

叙利亚仓鼠常发生由毛状芽孢杆菌引起的泰泽病，多由应激因素引起，如饲养密度大、环境温度和湿度高、大量体内和体外寄生虫和膳食营养供应不充足等。毛状芽孢杆菌是免疫抑制动物的机会致病菌，少见于免疫力强的动物。

（2）**病毒感染** 仓鼠多瘤病毒（HaPV）可引起幼年叙利亚仓鼠流行性淋巴瘤和年长仓鼠的上皮瘤。HaPV初次感染叙利亚仓鼠繁殖群，会导致流行性淋巴瘤的发生，发病率高达80%。肿瘤的原发部位常见于肠系膜淋巴结，偶见于腋下和颈部淋巴结。一旦HaPV在仓鼠群体中形成地方性流行，淋巴瘤的发生率会降到一个很低的水平。呈流行性感染的叙利亚仓鼠中，皮肤肿瘤的发病率明显高于淋巴瘤。发生淋巴瘤的患鼠消瘦，触诊有腹部肿块。仓鼠蠕形螨或地鼠蠕形螨可引起仓鼠的蠕形螨病。

（3）**寄生虫感染** 叙利亚仓鼠的粪便涂片中有大量的原生动物。但他们在肠道疾病中的作用尚不明确，对健康仓鼠和患病仓鼠的比较研究表明，原生动物的数量无明显变化。

（4）**真菌感染** 叙利亚仓鼠罕见自发性皮肤癣菌病。

5. **肿瘤** 淋巴瘤是年长叙利亚仓鼠最常见的造血系统肿瘤，淋巴瘤呈多中心性，通常侵害淋巴器官。成年叙利亚仓鼠偶发皮肤淋巴瘤，类似蕈样肉芽肿病/阿利贝尔病（人的一种亲表皮性T细胞淋巴瘤），感染动物表现出厌食、体重减轻和片状脱毛，可误诊为肾上腺皮质机能亢进（库兴病）。库兴病主要是由于仓鼠肾上腺皮质机能亢进，从而出现片状脱毛和真皮着色过度的最初症状。但是皮肤淋巴瘤发展速度快，从发病到安乐死的平均时间为10周。肾上腺瘤在叙利亚仓鼠中很普遍，但临床上少见库兴病。

叙利亚仓鼠常发生肋部器官和皮肤的黑素瘤。雄性与雌性的患病比例为10∶1。

6. **其他疾病**

老年疾病：老龄叙利亚仓鼠发生心房血栓的概率高达70%。多数血栓继发于心力衰竭，主要见于左心房，会引起消耗性凝血病。对接近生命终点的老龄仓鼠而言，该病的发生率无性别差异，但在中老年仓鼠中，心房血栓形成的平均年龄有性别差异：雌性为13.5月龄，雄性为21.5月龄。老龄叙利亚仓鼠心肌病表现为呼吸加快、心动过速及发绀，若不及时治疗，常在出现明显症状后的1周内死亡。心房血栓的形成受动物内分泌状态（尤其是循环雄性激素含量）的影响。去势的雄性叙利亚仓鼠形成心房血栓的概率增加。

老龄叙利亚仓鼠体重减轻主要与肝脏和肾脏淀粉样变有关，长期研究表明，体重减轻是仓鼠的主要死因之一。雌性比雄性的发病率更高（在18月龄以上的

发病率为80%），病情更严重，出现淀粉样变的时间也更早。在实验室，叙利亚仓鼠由于饲养密度过大引起的环境应激常与淀粉样变有关。而宠物叙利亚仓鼠少有饲养密度过大的问题。

退行性肾病也常发于年老叙利亚仓鼠。病变肾脏呈苍白色、颗粒状。镜下观察见肾小球基底膜变厚，严重者肾小球消失。常伴有淀粉样物质沉积。

1岁以上叙利亚仓鼠可患多囊性肝病。由胆管发育缺陷引起，不表现临床症状。尸检可见大量薄壁囊肿。

五、玩赏小鼠与大鼠

因大多数兽医对啮齿类动物（尤其是大鼠）的疾病不熟悉，其饲养者常需四处寻找有经验的兽医。虽然关于野生和实验室啮齿动物的研究资料较多，但对宠物类的研究很少。

实际上，大、小鼠疾病的种类和流行情况与实验鼠有很大差别。宠物鼠疾病的诊治是要对笼养的单一个体进行评估和治疗，而不是对实验室群体的健康管理。临床实践中，常见的疾病包括创伤、传染性疾病及与营养和年龄有关的疾病。在实验室群体中很少见自发感染（如支原体病），而宠物鼠却很常见。大、小鼠最常见的疾病有皮肤病、呼吸道感染和肿瘤。

1. **生物学** 雄性大鼠成熟时间为6~10周龄，雌性大鼠性成熟时间为8~12周龄。大鼠的繁育期为9~12个月。雌大鼠的发情周期为4~5 d，发情持续10~20 h。雌大鼠排卵量为10~20个，妊娠期为21~23 d，配种失败后的假孕持续12 d。一般一胎产仔8~18个，约21日龄断奶。

雄性和雌性小鼠的性成熟时间为6~8周龄，繁育期为9个月。雌小鼠发情周期长4~5 d，发情可持续10~20 h。雌小鼠排卵6~10个，妊娠期持续19~21 d，配种失败后的假孕持续12 d。一胎产仔5~12个，约21日龄断奶。

雄性大、小鼠的性成熟时间与雌性相近。但在青春期时（如大鼠40~50日龄）每日产生的精子数量少。大鼠到75~100日龄时，精子产量和储存量均达到最高值。雄性的啮齿动物性成熟后可持续发情，但雌性只有在发情期才会接受交配。要等到雌性6~8周龄进入青春期后，雄性才能使其受精。

小鼠的一般寿命为18~24个月，大鼠为18~36个月。在不影响整体营养的情况下限制饮食的能量摄入能延长大小鼠的寿命。肥胖在宠物鼠中很常见，控制能量摄入可延长宠物鼠的寿命。

2. **饲养管理** 易清洗、除臭，耐啃噬和抓挠的材料适合做笼子。笼子的底板应能防水且好清洗，不

宜使用铁丝网地板，因为大鼠和小鼠的腿，特别是下肢会被卡在网格中，引起骨折和受伤。

笼内垫料根据其用途分为可接触性的、不可接触性的和娱乐性垫层，或根据材料不同分为如木质、纸屑、玉米屑、纤维素和蛭石类。垫料的目的是保持动物干燥整洁。宠物的主人根据其价格和实用性选择垫料，而实验室的兽医根据其价格和持水性选择垫料。有些垫料含有柠檬和叶绿素，气味好闻，但有刺激作用，颜色也可能污染小白鼠的被毛。一般来说，比起稻草，宠物主人更喜欢用纸屑和软木屑（松木和山杨木），因为更换垫料次数少。雪松木和其他木屑能减少外寄生虫病，且有好闻的气味，但不建议使用这类垫料，因为他们能释放有毒芳香烃物质，这种物质能增加动物患癌症的概率，导致幼鼠的死亡。

主人必须经常更换垫料，同时进行良好的饲养管理，包括定期清洁笼子、降低饲养密度、降低环境温度和湿度。这样能有效减少有毒物质或臭味气体（细菌分解尿液释放的氨）的积累。不宜用玻璃缸来做鼠笼，因空气流通不好，氨就容易积累。因饲养管理和笼子设计的不同，笼子内外的环境温度和相对湿度可能有很大差别。影响温、湿度的因素包括笼子的材料和结构、饲养密度、更换垫料的次数和垫料的种类。

应根据大鼠和小鼠对垫料的尺寸和可操控性的偏好来选择。大小鼠偏好体积较大的粗纤维垫料。当被放在不同类型的垫料上如小纸条、玉米外壳、锯屑和木屑、树皮、小木条等时，大鼠倾向选择长条的软纸。大鼠也会选择不透明或半透明的笼子而不选择透明的笼子。小鼠对纸质和木质材料并没有偏好，但明显更喜欢能供他们玩耍的垫料，如纸屑、绳、木屑、树皮和小木条。可以用两种小鼠较喜欢的垫料制作混合垫料。

可在空间充足的笼中放置中空的管，小鼠对空管的形状、容积或开放度并没有特别喜好，他们更喜欢睡在锯屑上。只有在锯屑被去除后，小鼠才会睡在空管中。比起长的或短而窄的管道，他们更喜欢短而宽的管道。

小鼠和大鼠的生长适宜温度是18～26℃，相对湿度为30%～70%。控制好温度和湿度，可防止卷尾的发生和呼吸道疾病的恶化。生长于低湿环境下的幼鼠会发生尾巴缺血性坏死或卷尾。过高的温度和湿度会导致中暑，间接导致慢性呼吸道疾病患鼠的呼吸困难，最后导致死亡。

宠物鼠主人应该坚持每日检查饮水装置。小鼠短时间缺水且环境温度变化剧烈，超过37℃，就会引起死亡。相反地，健康大鼠对缺水和气温波动的耐受能力更强，能够在18～26℃、没水的情况下生活1周，但体重减轻了65%。

体重200 g或以下的大鼠单独饲养的最小面积为58 cm²，500 g或以上的大鼠则需要152 cm²。体重25 g以上的小鼠单独饲养的最小面积为38 cm²。这些都是最低面积，兽医建议主人应该给宠物鼠提供更大的空间。

对多数啮齿动物的大量研究均集中在调整围栏的面积而不是围栏的周长上。但是大鼠喜欢大点儿的笼子，研究表明，应提供给大鼠较大的空间，最好足以同时容纳5只大鼠。

笼子的最低高度应该考虑到老鼠的常见姿势，包括他们用后肢垂直站立，和向上舒张身体和攀爬等垂直运动。因此大鼠笼的高度至少为30 cm，小鼠为18～20 cm。

增加环境的复杂性很重要。例如，布做的吊床很受大鼠喜欢，浴室悬挂的塑料或不锈钢挂钩相互连接起来组成能摇摆的链条。大鼠比小鼠更喜欢笼内设施，但会在引入后3～4 d就厌倦。轮换更替玩具和增添新设施可增加设施的利用率，喂食也有众多的选择。从简单到便宜的用品，如从一日一片谷物早餐到专门配置的营养餐或没有卡路里的饲料。大鼠喜欢巧克力，喂食少量不会有不良影响。啮齿类宠物喜欢搬运，要将食物从主人手中拿开才食用，对这一日常行为的观察能够发现宠物行为的微小变化。患病啮齿类动物善于隐藏病症。患病大鼠表现出对日常食物缺乏兴趣，这就能帮助主人尽早发现其患病，以便尽早治疗。

雄性和雌性啮齿类混合饲养可使其交配产崽。大鼠和小鼠产后即发情，交配后即可受精。但为了保证上一胎幼鼠断奶后才生下一胎，哺乳期胚胎着床要延迟，断奶后才能着床。除非不同性别的啮齿类动物分开饲养或阉割，否则每隔3～5周就会生一胎。

像兔、豚鼠或南美毛丝鼠一样，大鼠和小鼠并不是严格的草食性动物，而是杂食性动物，会吃植物和动物源性食物。野生大鼠和小鼠能吃多种植物种子、谷物及其他植物性食物，也吃无脊椎动物、小型脊椎动物和动物腐肉。其广泛的食性部分解释了为何他们能成功地广泛分布于各种地理环境中。

为实验室啮齿类动物特制的颗粒料饲喂宠物鼠方便且营养平衡，能满足宠物鼠幼年生长和繁殖的需要。但颗粒料脂肪含量高、纤维素含量少，自由采食可引起病态肥胖。因此，须限制每日颗粒料饲喂量。应偶尔喂食蔬菜及少量水果等高纤维素的饲料。

食粪行为在大鼠和小鼠中较常见。不像兔从肛门处吃盲肠的粪便，大、小鼠常吃鼠笼底板上的粪粒。食粪量因啮齿动物种类、年龄、身体状态（如妊娠期间食粪量增加）、饮食等而不同。如果饲喂营养全面的饲料，大鼠约吃10%的粪便。大鼠群饲时，相互吃粪便。一个群体独特的气味就是由食用粪便造成，群体气味能让鼠辨别对方是否为群体成员。小鼠每日吃6次粪便，成长中的小鼠表现出强烈的食粪癖，每日吃13颗粪粒，随着年龄增长，食粪量逐渐减少，1岁半时每日吃2粒，2岁时减少到每日吃1.5粒。

为避免种间疾病的传播，宠物主人应把不同种类的啮齿动物分开饲养。例如，念珠状链杆菌是大鼠鼻咽部常驻菌群，但会引起小鼠致命性败血症。同种啮齿动物也应采取恰当的饲养方法（包括把年幼和年老的动物分开饲养），以保护弱小动物免受强势动物欺凌。长时间独处的雌鼠除外，雌鼠同笼饲养时通常能和平共处。雄性大鼠一般也很合群，特别是从一开始就共同饲养。但主人不能将陌生的雄鼠放入笼中，否则会打架。雄性小鼠共同饲养一般会打架，除非是在没有雌性存在时的同窝子鼠，因此雄性小鼠最好单独饲养或与雌性配对饲养。

大鼠是群居类动物，相互梳理被毛是一种亲和行为，若单独饲养且不与人接触或没有娱乐设施，会产生孤单应激综合征。把隔离饲养的大鼠放在一个大鼠群体中会打架，易受伤及导致体重减轻。年幼的大鼠应该群饲以建立其社会群体。主人不可将单独饲养的大鼠放在一起。舒适的环境和人类的抚摸能增加宠物大鼠生长因子的产生和脑部与认知能力相关结构的重组。

3. 体格检查　啮齿动物的生活环境能为他们的体况提供有用的信息。因大、小鼠的体积小，所以通过体检获得的信息量有限。应注意观察宠物鼠在笼子里的活力、相互梳理情况、头倾斜或者分泌物的状态，如果呼吸困难或精神沉郁，处理老鼠时要特别小心，他们可能非常虚弱，体检刺激可能导致其死亡。

经常被温柔抓取的啮齿类宠物体检时只需稍加保定。不配合的患鼠必须用毛巾甚至厚的手套严格保定。记录体重以作为计算用药量的依据，体检开始前应先测定体温。

检查头部、耳朵、眼睛和鼻子有无分泌物，口腔主要检查牙齿。检查头部淋巴结和腺体的大小，并触摸其硬度。在体检中头部检查最耗时。触诊腹部是否有异常肿块，但要注意，触摸力度过大会导致内脏破裂。检查肛门生殖器区的分泌物，被毛和皮肤的色泽度。提起啮齿动物时，他们一般会撒尿和排粪。准备好量筒盛尿以进行分析，粪便装在小管中以备检查。轻柔地触诊四肢是否有骨折，特别注意爪子、指甲和脚掌的状态。

老鼠的呼吸和心跳频率很快，故很难测定。呼吸困难是呼吸道或心脏疾病的表征。某些呼吸道感染，如支原体感染，不表现临床症状，对这些疾病主要采用听诊检查而非视诊，大鼠发"鼻塞音"，小鼠发"唧唧声音"，声音明显，不用听诊器即可听到。

4. 传染病

（1）细菌感染　由病原所致的呼吸系统疾病是大鼠的常见疾病。三种主要的呼吸道致病菌能导致明显的临床疾病：肺支原体、肺炎双球菌和棒状杆菌。其他微生物如仙台病毒（副黏病毒）、小鼠肺炎病毒（副黏病毒）、大鼠呼吸道病毒（汉坦病毒）、纤毛相关呼吸（CAR）杆菌和嗜血杆菌等均为毒力较小的呼吸道致病源，很少引起明显的临床疾病。但这些次要微生物与主要致病菌协同能导致两种主要的临床症状：慢性呼吸道疾病（CRD，也叫鼠科呼吸道支原体病）和细菌性肺炎。

CRD是大家所熟知的多因子引发的呼吸道疾病。肺炎支原体是CRD最主要的病原。患CRD的大鼠可以存活2～3年，临床症状多变，感染初期未见任何症状，早期会出现上、下呼吸道症状，包括鼻塞、流鼻涕、呼吸急促、体重减轻、弓背、被毛变粗、头倾斜和耳红等。因环境、宿主和影响病原体-宿主关系的微生物因素的不同，呼吸道支原体病的临床表现差别很大。如笼子内氨浓度；并发仙台病毒、冠状病毒（大鼠唾泪腺炎病毒）、小鼠肺炎病毒、大鼠呼吸道病毒和CAR杆菌感染；宿主的遗传敏感性，支原体毒株的毒力，以及维生素A或维生素E缺乏。

对大鼠的标准疗法是恩诺沙星（10 mg/kg）和强力霉素（5 mg/kg）联合使用，口服7 d，每日2次。抗生素治疗对支原体和CAR杆菌有效，对呼吸道病毒无效。抗生素治疗不能治愈CRD，但可以减轻临床症状。虽然对支原体有很高抗体滴度和抗生素组织水平，但支原体却持续存在于患鼠体内。慢性感染症状包括中耳感染（通过耳咽管），纤毛停滞，气道中富含溶菌酶的炎性渗出物大量蓄积，因渗出物损伤细支气管黏膜，最终造成支气管和细支气管扩张症。严重病例，单侧或双侧肺组织中形成多发性脓肿灶。通过移除垫料、更换干净纸屑来减少笼内氨浓度，同时注射支气管扩张药和低剂量短效类固醇，可减轻重症CRD患鼠的临床症状。

由肺炎球菌引起的细菌性肺炎几乎总会与肺支原体、仙台病毒或CAR杆菌混合感染。感染鼠棒状杆菌也可导致肺炎，但仅表现出乏力或免疫抑制。鼠棒状杆菌肺炎在宠物大鼠中很难见到。由肺炎球菌引起的肺炎可突然发病。幼鼠更容易重度感染，常表现为猝死。成年大鼠可能出现呼吸困难、鼻塞和腹式呼吸症状。在鼻孔周围和前爪上可看到脓性渗出物。取分泌液做革兰染色，或在细胞学检查的样本中，观察到大量革兰阳性双球菌时，即可做出初步的诊断。严重病例可发展成菌血症，并造成多器官脓肿和梗塞。应采取积极的治疗措施，推荐口服使用耐β-内酰胺酶的青霉素，如氯苯西林（Cloxacillin）、苯唑西林（Oxacillin）和双氯西林（Dicloxacillin）等。

被毛螨虫感染或基于唾液腺炎症抓挠后皮肤损伤，合并金黄色葡萄球菌感染会造成溃疡性皮炎。大鼠抗金黄色葡萄球菌感染的能力很强。治疗手段包括剪掉后爪指甲、清洗溃烂皮肤、局部使用抗生素。不需要进行全身性治疗。

仙台病毒和肺支原体是造成小鼠临床呼吸疾病的两种常见病原。仙台病毒可引起急性呼吸道感染，小鼠表现出颤抖和轻度的呼吸急迫。新生幼崽和刚断乳的幼崽可能死亡。成年小鼠一般在2个月内康复。并发性支原体感染可加重症状。肺炎支原体是引起慢性肺炎、化脓性鼻炎和间歇性中耳炎的原因。脓性炎性渗出物的积累和鼻腔增厚可造成震颤呼吸音和呼吸困难。耐过者发展成为慢性支气管肺炎和支气管扩张，有的可发展成肺脓肿（这在大鼠中很少发生）。抗生素治疗可缓解临床症状，但不能治愈感染。

（2）**病毒感染** 小鼠和大鼠的病毒性疾病很常见，大多数疾病的临床症状不明显。因为会潜在地影响研究，所以对实验室动物的影响更大。

大鼠唾液泪腺炎病毒为一种冠状病毒，会引起颈部唾液腺发炎和水肿。患鼠的主人常说其宠物得了流行性腮腺炎。唾液泪腺炎病毒感染具有高度传染性。病初表现为鼻炎，随后上皮细胞坏死，唾液腺和泪腺炎性肿胀，颈部淋巴结肿大。此病没有治疗方法，腺体在7～10 d内会愈合，临床症状在30 d内消失，有微小的残留损伤。重度感染大鼠的麻醉死亡率高是因为上呼吸道管腔直径减小。泪腺功能障碍会导致继发性眼部病变，如结膜炎、角膜炎、角膜溃疡、虹膜粘连和眼前房积血。眼部疾病治愈很快，但偶尔会发展成为慢性角膜炎和眼积水。

5. **寄生虫感染**

（1）**原虫** 内寄生虫常见于小鼠。在消化道里常见到两种寄生虫，一般认为原生动物寄生虫中的鼠六鞭毛虫和鼠贾第鞭毛虫有致病性，但是在免疫活性宿主中不表现出临床症状。根据新鲜的肠内容物或粪便的湿片上检测出特定的滋养体可诊断。治疗可在饮水中添加甲硝唑（0.04%～0.1%，连用14 d），但不能完全消除感染。

（2）**线虫** 小鼠体内普遍存在蛲虫，但并没有致病性。鼠管状线虫（*Syphacia obvelata*）和四翼无刺线虫（*Aspicularis tetraptera*）较常见。通常情况下，蛲虫

的感染标志是寄生虫引起的直肠脱垂。建立隐藏管状线虫感染的诊断可在肛周套一个干净的封口胶袋。成年雌性鼠管状线虫会把卵子存储在肛门周围。四翅类动物不会把卵子存在这个地方。粪便涂片或漂浮法可确诊。伊维菌素（2.0 mg/kg，口服，10 d后重复给予1次）能消灭小鼠体内的蛲虫。用来消灭鼠外寄生虫的建议剂量（0.2 mg/kg，连用10 d后重复给予1次）不能消灭蛲虫。

（3）**螨虫** 毛皮螨是导致鼠类传染性脱毛和皮炎的主要因素。患鼠体表可见全身性脱毛，尤其是不易被梳理的头与躯干部位。被毛通常油腻，如有严重的螨虫感染，则导致明显的瘙痒症，并见有自身性皮肤溃疡。以下三种螨虫较为常见：肉螨属（*Myobia musculi*）、癣螨属（*Myocoptes musculinus*）和亲近雷螨属（*Radfordia affinis*）。其中，肉螨属是最具临床意义的鼠螨。常为多种螨虫混合感染。螨虫通过与患鼠或污染的垫料直接接触而传播。用放大镜或体视显微镜观察到毛干上的成虫、蛹或卵，即可确诊本病。成虫和蛹形似一伸长的白色珍珠，而螨虫卵为椭圆形，可见于毛根或成年雌螨体内。螨虫感染后可用伊维菌素进行治疗（0.2 mg/kg，皮下注射或口服，每间隔10 d用药2次，）。另一种方法是滴几滴伊维菌素药液（用水与丙二醇的等体积混合液按1：100的比例稀释药液，连用3次）于鼠的头部以便在梳理毛发时使药液扩散和摄食。

与小鼠相比，大鼠不易受外寄生虫感染。偶见雷螨属长角亚目的毛皮螨。尽管雷螨属长角亚目感染很少致病，但严重感染会导致自我损伤与溃疡性皮炎。

6. **真菌感染** 皮肤癣菌病在宠物鼠和大鼠上并不常见。其主要病原是须毛癣菌（*Trichophyton Mentagrophytes*）。发病时病变主要见于面部、头部、颈部及尾部。患处凹凸不平，有斑驳的脱毛区，并伴有不同程度的红斑与结痂。该病常引起瘙痒症，且紫外线照射患处不会发出荧光。老鼠是皮肤癣菌的重要传播媒介。该病是一种重要的人兽共患病，主要感染饲养宠物鼠的儿童。须毛癣菌可从临床表现正常的小鼠毛发中分离出来，但在大鼠中则很少见。

7. **肿瘤** 大鼠最常见的皮下组织肿瘤为乳腺纤维瘤。大鼠的乳腺组织在皮下分布广泛，因此从颈部到腹股沟均可发生乳腺纤维瘤。乳腺纤维瘤的直径可达8～10 cm，且雌雄均可发病。直接有效的治疗方法是手术切除肿瘤。根据报道，如果是良性肿瘤，实施乳房切除术后有利于患鼠的存活。接受卵巢摘除手术的鼠患乳腺肿瘤与垂体瘤的概率显著低于生殖系统健全的鼠。然而之前未受累的乳房组织常复发纤维素性肿瘤，因此通常需要数次手术。

相反，小鼠的乳腺瘤几乎都是恶性肿瘤，且不适宜采用外科手术切除。与皮肤相关的自发性肿瘤最常见的是乳腺癌，其次是纤维肉瘤。乳腺肿瘤的发病率因小鼠品系及是否存在小鼠乳腺瘤病毒而异；有些品系的小鼠发病率高达70%。而在野外或远亲杂交小鼠发病率仅为1%～6%。

皮下组织肿瘤基本为恶性肿瘤，并且在确诊时通常已经导致皮肤溃烂。该类肿瘤可以通过手术切除，但复发率很高，且术后预后不良。

8. 其他疾病

（1）齿过长 因为宠物鼠和大鼠的牙齿生长迅速，所以牙科疾病十分常见。切齿过长常见于大小鼠，相反，切齿过度磨损则见于豚鼠与毛丝鼠。过长齿部分用高速钻切除后，牙齿表面干净光滑，不会破碎。使用骨钳切除牙齿的效果却不佳。鼠的门齿可能会纵向裂开；裂隙可从齿尖到达牙根，引起动物的不适。细菌还会从牙齿的裂隙中进入牙根，导致牙根脓肿。拔除切齿可替代修整术，然而由于牙根过长，操作起来有一定的难度。

（2）环节尾 尾部缺血性坏死或环节尾主要发生于幼龄大鼠，偶见于饲养在低湿环境中的小鼠。如果确诊为环节尾，可以将坏疽收缩环以下的尾部切除以治疗该病。

（3）老年病 慢性肾病是鼠常见的老龄性疾病。患鼠的肾脏肿大、颜色苍白、表面凹凸不平、色彩斑驳，常见有针尖大小的囊泡。组织学病变包括进行性肾小球硬化，以及广泛的肾小管间质病变，主要波及近曲小管。蛋白尿中丢失的蛋白超过10 mg/d。雄鼠较雌鼠发病更早，且病变更严重。饮食因素对肾病的发展上有重要作用。限制日粮热量、饲喂低蛋白饲粮（4%～7%），以及限制饲粮的蛋白来源以降低该病的发病率和延缓病情。采用辅助性疗法和饲喂低蛋白质饮食来治疗该病。

（4）小鼠皮肤病 宠物鼠的皮肤病发病率高，占临床病例的25%以上。包括有行为失常和饲养管理不当所致的皮肤病、寄生虫感染性皮肤病及原发性皮肤病。由行为因素、饲养管理和感染所致的皮肤病相对易于诊断和治疗。但以慢性和皮肤溃疡（常继发于细菌感染）为特征的多数皮肤病被诊断为原发性皮肤病。局部和全身性治疗对这类患鼠均无效，通常施行安乐死。

理毛和打斗行为与鼠只在鼠群中所处的社会等级有关。在群养鼠中，理毛行为较罕见，表现为领头鼠轻咬同伴口鼻部和眼睛周围的毛发。这种理毛行为不会造成损伤，通常只有领头鼠保留有完整的毛发。移走领头鼠使理毛行为停止；但另一只鼠可能接替其领

头地位。理毛行为常见于同一笼饲养的雌鼠之间。除非从出生就将雄鼠一起饲养，否则一旦同笼饲养则会经常发生扭斗，甚至发生严重的咬伤，尤其是在臀部、尾部和肩部。

机械摩擦性脱毛与饲养管理有关，常由笼具导致自我损伤所致。鼠口鼻部的侧面小的斑块状脱毛是由金属饲喂器、劣质的饮水装置开口，以及金属笼顶部所致的皮炎。与理毛行为不同，由机械摩擦导致的脱毛伴有皮炎。该病的治疗方法包括更换劣质饲喂器具，使用表面光滑的饲喂器具。单个饲养的鼠会表现出行为异常，如多饮及啃咬笼顶的金属栏，这些是导致皮肤机械磨损和脱毛的原因。在这种情况下，更换饲喂器具无效。有效的方法是在笼中放置转轮或中空管道等丰富环境的玩具。哺乳鼠通常有腹侧壁与胸壁皮肤的脱毛。该现象与乳腺在皮下的广泛分布有关，属正常现象。

有时宠物鼠表现出螨虫感染的临床症状，但无螨虫感染的证据，且不清楚其最近与其他动物的接触史。该类患鼠可以采取活体组织检查，以确定皮肤过敏是由螨虫还是其他变应原如木质垫料所致。小家鼠的皮肤过敏在近交系小鼠上具有典型症状，主要表现为严重的瘙痒症、全身见有细碎的皮屑，偶见溃疡性皮炎。

鼠的原发性皮肤病以瘙痒症和溃疡性皮炎为特征，且排除有寄生虫、细菌或真菌感染。病理组织学方法和免疫荧光显微镜术的检查结果显示，被选择性检查的患病近交小鼠患有由免疫复合物在皮下血管沉积所致的脉管炎。饮食因素与脂肪酸代谢失调会加剧患鼠溃疡性皮炎的发展。C57 BL6品系小鼠常发生该病，是由潜在的免疫介导的脉管炎所致，食物中的脂肪和维生素E含量可调控该病病情。使用0.2%环孢菌素（用2%利多卡因凝胶剂稀释），其中加入50 μg/mL的庆大霉素进行局部治疗，不论溃疡面积多大，最终可以使皮肤溃疡痊愈或不完全痊愈。

鼠的皮肤隆起通常提示有肿瘤或脓肿。采用针刺活组织检查可以确定内容物的性质并提供诊断依据。常常可以分离到金黄色葡萄球菌、肺炎巴氏杆菌及酿脓链球菌这三种条件致病菌，这些细菌还可导致其他脏器的脓肿。使用青霉素类和头孢菌素类进行抗生素治疗，合并排脓和清创术是有效的治疗方法。

（5）**大鼠血泪症** 大鼠的哈德腺（副泪腺）位于眼的后方，分泌多种卟啉类物质使泪水呈现红色。在应激与疾病时，鼠副泪腺的分泌会增加；眼泪在眼部与前鼻孔周围干结，形似血痂。宠物主人通常描述为鼠的眼部与鼻部出血。使用伍德灯照射可以轻松区别卟啉与血液，因为卟啉类在紫外光下会发出荧光。血

泪症不是一种病理状态，它是剧烈应激（如疼痛、疾病和保定）的结果。血泪症通常提示某种慢性隐匿的疾病。

六、试验小鼠与大鼠

用于科学研究的啮齿类动物置于严格的环境管控下，以减少可变因素给动物试验带来的影响。许多因素对动物试验反应与实验室试验结果有潜在影响。科研杂志要求对试验用啮齿类动物及其饲养环境中的材料与方法方面进行标准化描述，以作为整个试验描述的一部分。如果要将一个实验室的研究资料与其他实验室的进行比较，则环境条件、饲养管理规程与实验动物都必须相似。如果试验变量未得到适当的控制，则试验结果将被限制使用甚至无用。试验中最重要的变量之一是传染源对试验大、小鼠的影响。

现今，很少有病原会导致试验大、小鼠出现临床症状明显的疾病。严格的评估实验动物的微生物状态可区分感染与疾病。感染是指有微生物存在，这些微生物可能是致病菌、条件致病菌或者共生体，后两种微生物占多数。不能因为微生物感染导致临床发病而影响研究结果。临床表现正常的健康动物可能也不适用于研究，因为其可能受到病毒、细菌或寄生虫感染，虽然临床症状不可察见，但对鼠有显著的局部或全身性影响。

尽管分子生物学诊断（如PCR）日益频繁，但对啮齿动物的感染进行诊断常借助于血清学试验。实验室在试验分组前对所有的实验动物要做血清学检查。

在逐渐认识到自然病原给试验带来的各种普遍存在的不利影响后，试验人员采取了多种措施以排除实验动物感染。1950年之前，作为实验动物的大、小鼠均自身携带多种自然感染的或体内固有的致病菌。卫生状况、营养、环境控制及饲养管理等方面的改善，使在啮齿类实验动物中检出致病菌的种类和频率显著下降。1950—1980年是悉生动物产生的时期，使用剖宫产技术用未受感染的后代替代受感染的动物群体。通过剖宫产，将足月的胎儿从被感染母鼠体内取出，移至无菌环境中看护。该过程成功根除了非经子宫传播的致病菌。自1980年以来，开始进行根除鼠自身携带病毒的行动，用血清学试验进行特定病原的抗体检测，随后淘汰阳性鼠，或进行剖宫产取出抗体阳性的后代，成功减少了病原体。

在动物日常管理程序中，许多现代化动物设施用于动物的健康监测（表17-24）。动物群体的健康较个体健康更为重要，实验室动物医学是有效的群体医学类型。尽管健康监测费用昂贵，但就长期而言可以显著节省时间、投入和金钱。通过这些程序，参与科研的兽医可以监测种群的健康状况，并通知研究人员病原感染的状况，杜绝大多数病原入侵，并且可以快速发现并处理已经入侵的病原。

表17-24　实验动物啮齿类的常见病原检测

检测项目	病　原	病原描述	易感动物
兔脑炎微孢子虫	微孢子虫	寄生在兔和啮齿类动物的孢子虫	小鼠、大鼠、仓鼠、豚鼠
与呼吸系统纤毛有关的杆菌	与呼吸系统纤毛有关的杆菌	呼吸系统的病原菌	小鼠、大鼠、仓鼠、豚鼠
小鼠脱脚病	小鼠脱脚病病毒	小鼠痘病毒	小鼠
幼鼠流行性腹泻	幼鼠流行性腹泻病毒	小鼠轮状病毒	小鼠
豚鼠巨细胞病毒	豚鼠巨细胞病毒	种属特异性疱疹病毒	豚鼠
H-1	Toolan's H-1	大鼠细小病毒	大鼠
汉坦病毒	汉坦病毒	人兽共患汉坦病毒	大鼠
小鼠肺炎	小鼠肺炎病毒	小鼠乳多空病毒	小鼠
基兰鼠病毒	基兰鼠病毒	大鼠细小病毒	大鼠
淋巴细胞脉络丛脑膜炎	淋巴细胞脉络丛脑膜炎病毒	人兽共患沙粒病毒	小鼠、大鼠、仓鼠、豚鼠
乳酸脱氢酶升高症	乳酸脱氢酶升高症病毒	小鼠动脉炎病毒	小鼠
肺支原体	肺支原体	鼠支原体病原	小鼠、大鼠
小鼠腺病毒1（FL）	小鼠腺病毒	啮齿类腺病毒Ⅰ型（FL）	小鼠、大鼠
小鼠腺病毒2（K87）	小鼠腺病毒	啮齿类腺病毒Ⅱ型（K87）	小鼠
小鼠巨细胞病毒	小鼠巨细胞病毒	种属特异性疱疹病毒	小鼠
鼠肝炎病毒	鼠肝炎病毒	小鼠冠状病毒	小鼠
鼠诺瓦克病毒	鼠诺瓦克病毒	小鼠杯状病毒	小鼠

（续）

检测项目	病　原	病原描述	易感动物
小鼠细小病毒	小鼠细小病毒	小鼠细小病毒	小鼠
小鼠胸腺病毒	小鼠胸腺病毒	小鼠疱疹病毒	小鼠
小鼠微小病毒（MMV）	小鼠微小病毒	小鼠细小病毒	小鼠
副流感病毒Ⅲ型	豚鼠副流感病毒Ⅲ型	豚鼠副流感病毒	豚鼠
多型瘤	多型瘤病毒	小鼠乳多空病毒	小鼠
小鼠肺炎病毒	小鼠肺炎病毒	啮齿类肺炎病毒	小鼠、大鼠、仓鼠、豚鼠
大鼠冠状病毒/唾液泪腺炎病毒	大鼠冠状病毒/唾液泪腺炎病毒	大鼠冠状病毒	大鼠
呼肠孤病毒Ⅲ型	呼肠孤病毒Ⅲ型	啮齿类呼肠孤病毒	小鼠、大鼠、仓鼠、豚鼠
仙台病毒	仙台病毒	Ⅰ型副黏病毒	小鼠、大鼠、仓鼠、豚鼠
大鼠脑脊髓炎病毒	大鼠脑脊髓炎病毒	大鼠小核糖核酸病毒	大鼠
猿猴病毒Ⅴ型	猿猴病毒Ⅴ型	Ⅱ型副黏病毒	仓鼠、豚鼠
泰泽菌	泰泽菌	泰泽病病原	小鼠、大鼠、仓鼠、豚鼠
鼠脑脊髓炎病毒（GDVⅡ）	鼠脑脊髓炎病毒	小鼠脊髓灰质炎病毒，GDVⅡ型	小鼠

第十六节　蜜袋鼯鼠

蜜袋鼯鼠是小型夜行的有袋类动物，原产于澳大利亚和新几内亚。他们属于袋鼯科家族，还包括翼袋鼯。该科内的翼袋鼯自前肢腕关节至后肢脚踝长有滑翔膜，可以滑翔50 m远并捕食，但只消耗少量能量。蜜袋鼯鼠有领地行为并以种群为单位生活，种群中有一个雄性占主导地位。他们白天在树洞中休憩，夜间外出觅食。耐受温度范围大，在环境温度极低时，进入休眠状态以保存能量。蜜袋鼯鼠为杂食性动物，以富含糖分的植物浆液（树液、树胶、花蜜）和无脊椎动物为食。他们使用后肠发酵食物并有发育良好的盲肠利用细菌发酵降解树胶中含有的复合多糖。表17-25归纳了蜜袋鼯鼠重要的生物学与生理学数据。

1. 体格检查　为了进行系统的临床检查，需要使用异氟醚进行麻醉。如果可能，在麻醉前需观察其在笼中的动作以评估其姿势、身体协调状况和行为。一旦麻醉，则需记录泄殖腔温度、心率、呼吸率，并使用儿科听诊器检查其肺和心。肺的疾病易通过X线检查发现。被毛和皮肤应进行寄生虫、创伤、脱毛及水肿的检查；口腔应进行缺齿、牙龈脓肿、牙垢沉积的检查；应注意观察耳和眼的异常情况。应检查泄殖腔，并将雄性的阴茎拉出检查。检查雌性时应对腹部进行触诊检查，并检查育儿袋。应触诊检查较大的关节，检查趾和指甲是否存在创伤。短蜜袋鼯鼠具有对雄激素敏感的额（前额）、咽（喉）、胸骨和泄殖腔旁腺，他们用雄激素来相互标记及标记自己的附属物。青春期雄性的额与胸骨部腺体处皮肤表面毛发稀

疏，油脂分泌旺盛属正常现象。

如果动物脱水，可以使用等渗液进行皮下注射治疗，最高使用剂量为体重的10%。

2. 血液学与生物化学　蜜袋鼯鼠的血液学及生物化学参考范围参见表17-26。采集血样时，有必要进行化学保定，最安全有效的方法是通过面罩或T片给予异氟醚。为了帮助诊断，可以从蜜袋鼯鼠的颈静脉、内侧胫动脉、尾静脉采血。采血的最大剂量为动物体重的1%；通常采血量为0.5～1.0 mL。在剃掉颈

表17-25　蜜袋鼯鼠某些生理学数据

项　目	数　据
平均寿命	9～12年
成年雄性体重	115～160 g
成年雌性体重	95～135 g
呼吸频率	16～40/min
心率	200～300次/min
体温	36.3℃
热平衡区	27～31℃
摄食量	15%～20% 体重/d
牙列	双门齿型
齿式（国际心身医学会）	3 1 3 4 1 0 3 4
青春期	7～10个月
发情周期	29 d
妊娠期	15～17 d
窝产仔数	2（81%）
出生体重	0.2 g
囊袋出现时间	70～74 d
断奶	110～120 d

部被毛并使用窄的物体（如结核菌素注射器）压住时，颈静脉怒张而暴露。在静脉穿刺时，25号针头因其根部容易弯曲而方便穿刺。内侧胫动脉位于后膝关节远端中部的皮下浅层，易于找到，可使用27或25号针头和0.5～1.0 mL注射器采血。在采血后应按压采血处以防产生血肿。尾侧静脉的大小最适合在刺破皮肤后用毛细管收集血滴的方法采血。

表17-26　短头袋鼯的血液学和血清生化指标

	惯用单位（美国）	国际单位
血液学		
血红蛋白	13～15 g/dL	130～150 g/L
血细胞比容	45%～53%	0.45～0.53 L/L
红细胞数	5.1～7.2×10⁶/μL	5.1～7.2×10¹²/L
细胞血红蛋白平均浓度	30～33 g/dL	300～330 g/L
细胞血红蛋白均值	18.2～20.6 pg	18.2～20.6 pg
白细胞数	5.0～12.2×10³/μL	5.0～12.2×10⁹/L
中性粒细胞数	1.5～3.0×10³/μL	1.5～3.0×10⁹/L
淋巴细胞数	2.8～9.2×10³/μL	2.8～9.2×10⁹/L
单核细胞数	0.06～0.2×10³/μL	0.06～0.2×10⁹/L
嗜酸性粒细胞数	0.02～0.14×10³/μL	0.02～0.14×10⁹/L
嗜碱性粒细胞数	0	0
血浆蛋白	5.6～6.9 g/dL	56～69 g/L
白蛋白	3.0～3.5 g/dL	30～35 g/L
球蛋白	2.2～3.6 g/dL	22～36 g/L
生物化学		
谷丙转氨酶	50～106 U/L	50～106 U/L
谷草转氨酶	46～179 U/L	46～179 U/L
钙	6.9～8.4 mg/dL	1.7～2.1 mmol/L
肌酸磷酸激酶	210～589 U/L	210～589 U/L
肌酐	0.2～0.5 mg/dL	17.7～44.2 μmol/L
葡萄糖	130～183 mg/dL	7.2～10.0 mmol/L
磷	3.8～4.4 mg/dL	1.2～1.4 mmol/L
钾	3.3～5.9 mEq/L	3.3～5.9 mmol/L
钠	135～145 mEq/L	135～145 mmol/L
尿素	18～24 mg/dL	6.4～8.6 mmol/L

3．营养及栖息场所　蜜袋鼯鼠的理想栖息方式为一只雄性与多只雌性群居。如蜜袋鼯鼠开始繁殖，幼袋鼯应在断奶后立即移走，否则成年袋鼯将强行驱赶幼袋鼯。蜜袋鼯鼠的木制巢箱要求有舒适的进出口。较大的笼子中要求有水平的通道（与绳索相比蜜袋鼯鼠更偏好树枝），以方便蜜袋鼯鼠夜间活动。树枝上有花蜜的新鲜花朵和昆虫会显得更加自然。

为促进牙齿健康，理想的人工日粮应包含昆虫（蟋蟀、粉虫、蟑螂、蛾），以及每日所需的花蜜或树液替代品（如10%的果糖、蔗糖、葡萄糖、枫糖浆或蜂蜜水溶液）。当活物类食物供应不足时，可在饲料中加入商品化或自制的动物类蛋白（甲壳类或杂食动物源性）。蜜袋鼯鼠比较喜欢水果、坚果和蔬菜，但应适度供应。为了让蜜袋鼯鼠感觉安全，提供的食物应放在高台上。如果饲养管理得当，笼养蜜袋鼯鼠一般发育比较健壮。

4．细菌病　蜜袋鼯鼠对巴氏杆菌、葡萄球菌、链球菌、分支杆菌和梭状芽孢杆菌等常见细菌易感。临床常见精神沉郁、食欲缺乏和体重减轻等非特异性症状。虽然蜜袋鼯鼠为后肠发酵消化，但对广谱抗生素疗法有较强耐药性，可能是因为笼养蜜袋鼯鼠的饲料无需发酵就能消化。注射用长效青霉素和克拉维酸是较适当的首选抗生素。如果经过药敏试验可行或者首选抗生素治疗无效时，恩诺沙星可用于这种动物。将动物保定在小棉布袋中后，在后肢肌肉或胸廓皮下即可注射。适口性好的口服药物可投喂在笼中任其自由采食。

5．原虫病　弓形虫病是有袋动物常患的一种较严重的原虫病，常表现出典型的神经症状。猫粪可污染蜜袋鼯鼠的垫料和食物，应引起注意并避免接触。该病防重于治。

6．寄生虫病　内寄生虫很少引起发病，但粪便漂浮法可观察到大量的虫卵。已知的内寄生虫有拟类圆线虫属*Parastrongyloides*和*Paraustrostrongylus*属的线虫和侧黄吸虫属的肝吸虫。野生蜜袋鼯鼠的巢中普遍含有一定数量专性寄生于蜜袋鼯鼠的螨虫和跳蚤，但笼养蜜袋鼯鼠的外寄生虫却较罕见。喷撒西维因粉（50 g/kg）可有效控制跳蚤和螨虫，窝巢和动物均应喷撒，也可用伊维菌素（0.2 mg/kg，皮下注射或口服）控制体内外寄生虫。

7．骨营养不良　宠养蜜袋鼯鼠长期以单一果实为食易导致骨营养不良。临床表现可从后肢轻度瘫痪发展到后肢麻痹。X线检查可揭示脊柱、骨盆，尤其是长骨的骨质疏松。治疗措施包括限制运动、补钙和调整饮食。

8．肿瘤　老年蜜袋鼯鼠易发肿瘤性疾病，尤其是淋巴瘤。因植入芯片导致软组织恶性肿瘤的个案已发生于红褐色袋鼯（小袋鼯鼠膜薄肌）。半去势可控制红褐色袋鼯恶性睾丸间质细胞瘤。

9．行为　独居、配偶不和睦或笼子不合适，均可导致蜜袋鼯鼠行为失常。需要为蜜袋鼯鼠提供安全的笼子或育幼袋。焦虑症表现为过度梳理引起脱毛，尤其是尾根部。自残、饥饿或过饱、烦渴多饮、食粪癖、同类相食和踱步也与应激有关。有报道称性成熟的雄性蜜袋鼯鼠会发生阴茎异常勃起，阴茎长时间突出于泄殖腔外，因外伤而丧失功能，常被迫切除。

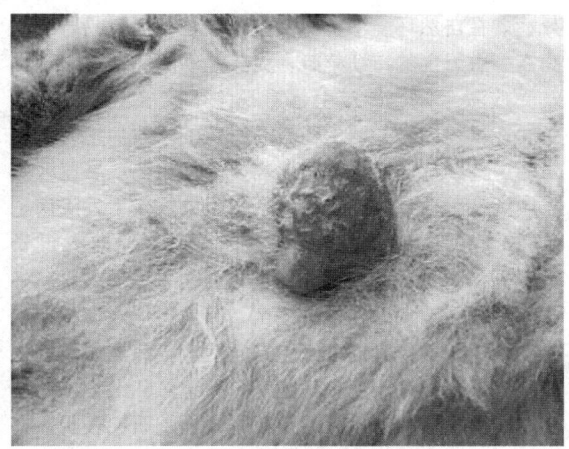

图17-30　老年红褐色袋鼯（小袋鼯鼠股薄肌）的恶性睾丸间质细胞瘤
（由Rosemary Booth博士提供）

10．人兽共患病　沙门氏菌病、梨形鞭毛虫病、钩端螺旋体病和弓形虫病是潜在的人兽共患病。被蜜袋鼯鼠抓伤或咬伤，即使伤口很小，也可能严重感染，因为他们的下切齿是专门用来咬穿树皮的。最好用袋子保定并麻醉后再进行检查。所有的分泌物都应视为具有潜在传染性。

第十七节　动物园动物

　　动物园动物拥有健康的体格，良好的群居性和正常行为，取决于围场设计合理、营养平衡、饲养管理完善、族群结构合理、活动充足及得当的医疗护理。用泥土和植物制成的仿自然围栏，对公众更具吸引力，且对动物具有促进作用，但会使卫生状况和驱虫计划面临更大的挑战且保定操作也更加复杂。不同物种混合展览可能会增加疾病在种间传播的风险，如果搭配不适当则可能导致种间的相互攻击。

　　本章是对动物园动物的饲养管理、预防医学、临床护理程序和一些常见疾病的概述。更为详细的资料参考这部分的其他章节。

一、管理规范

　　1．饲养　动物展览时所处环境应接近于他们生活的自然环境，并且能增强动物园游客的视觉感受。如果在气候炎热时，应为其提供遮阳的地方和充足的水源，在气候寒冷时，应为其提供温暖干燥无风的庇护所，同时供给足够的食物以满足增加的能量需求，多数哺乳动物和鸟类则可以耐受较宽的温度范围。应确保每一只动物都能进入庇护所，防止较强壮个体排挤其他个体享用庇护所、食物或饮水；被排挤动物常

因暴露在外而致冻伤甚至死亡。饲喂容器应设计得既能避免粪便污染，又易于清洗。

　　大量的鸟类或哺乳动物，尤其是不同种动物混合展览时，饮水和喂食的点应该设置在适当的高度，以减少因领地斗争而引起的损伤和死亡。定时喂饲非常重要。对于多种动物，最好少量多次饲喂以刺激动物的活力；这对动物有益且能使动物的表演更精彩。也可以用食物把动物吸引到易于安全检查和治疗的地方。

　　2．繁殖　为促进动物繁殖，应该了解动物的生物学和社会行为学知识。某一物种是独来独往、成双成对，还是群体出没，取决于他们自己建立的社会制度。比如在偶蹄目的混合种群中，可通过多种技术确定动物的发情周期，包括检测尿液和粪便中的激素水平。根据生殖周期监测结果确定何时引入和移走育种的雄性动物，使不同物种雄性动物的轮换与各自雌性动物的发情期相一致。同时还能减少育种雄性动物间的相互损伤。为防止雄性动物攻击产后的雌性动物及其幼崽，在分娩时应将雄性动物隔离数周。应在较冷的季节将雄性动物与雌性动物合笼，以使在温暖的季节产仔。

　　人工授精、试管内授精和胚胎移植等人工繁殖技术，已成功应用于多种动物园动物。这些成果使一些濒危物种的育种计划发生了意义重大的改变，比如黑足雪貂。但是要有稳定的财政、人力和资源的支持，掌握生殖周期的基本参数和使用药物的效应，才能保证育种成功。

　　为了维持动物群体数量，一项新的管理措施是进行选择性繁育。不加选择地繁育违背道义并可能导致过度繁殖，繁育出的后代将会超过展览、动物园或者其他动物园可接受的饲养容量。过度繁育会占用有限的资源，并将威胁到其他笼养动物的繁殖。应该遵循区域协作的育种计划，如物种生存计划。动物园的动物有多种避孕方式，包括永久性避孕技术（去势、输精管切除术、卵巢子宫切除术、输卵管结扎）和一次性可逆避孕技术，比如按性别分开饲养、服用避孕药、激素埋植、使用促性腺激素释放激素促效剂、口服或注射孕激素。可逆的避孕法也用于控制同期发情。目前正应用的猪卵透明带疫苗可起到免疫避孕的作用。动物园与水族馆野生动物避孕中心协会是最新避孕技术的可靠信息来源。

二、预防医学

　　预防医学是动物园动物医疗计划的基础。针对不同的个体或动物群体，应制订适当的预防医疗程序。整个程序包括新引进动物的隔离检疫，定期进行粪便

检查和驱虫、加强预防接种、健康普查计划、营养评估、死亡动物尸体剖检及综合虫害防治计划。在转运到其他动物园之前，或者执行再引入计划需要放归动物前，应对动物进行检查，确保他们符合地方、州和联邦政府关于动物的健康要求。可利用装运前评估的机会对整群动物的健康状况及生活环境进行一次总体评估。

1．隔离检疫 引进的动物必须经过隔离检疫。隔离检疫设施既要便于对动物进行处置，又要易于清洗和消毒。运送的箱子在离开检疫隔离地带前应该清洗并消毒，箱内物品应摆放适当。隔离检疫设施要能够阻挡可能的带菌者和寄生虫进入。隔离区的饲养员应能熟练辨别应激和疾病的征兆，并且应仔细监控隔离检疫期动物的饮食情况和粪便性状。

应严格执行隔离检疫区的出入制度。只有专门人员才能进入隔离检疫区，进入隔离检疫区的人员离开后必须进行沐浴更衣，否则不能返回其他动物区。隔离检疫时间应充足，以确保隔离检疫的动物解除隔离参加展览时，不会将传染性疾病带到长期展览的动物中。隔离检疫区应该遵循"全进全出"原则，即有动物新引入到正在隔离检疫期的动物群体中时，隔离检疫期应该重新开始计算。

在隔离检疫期间，动物应该接受适当的预防接种和诊断测试（如肺结核、恶丝虫）。应该检查并治疗这些动物的体内外寄生虫和清除部分肠道细菌性病原体。在解除隔离前，应该对动物进行体检和实验室诊断，包括X线检查、血清学、血液学和临床化学检查。应该将血清冷冻保存，为以后进行流行病学研究提供参考。所有的操作过程和结果都应该记录在每个动物各自的医疗档案内，医疗档案是医疗计划的重要组成部分。每个动物都应该做永久性标记（如纹身、标号、耳标、脉冲转发机），以确保将来能够识别。

当引进新动物到圈舍内，应采取防范措施以防止自身导致的创伤。制造视觉障碍，比如在栅栏或围墙上悬挂纸条，或用肥皂将玻璃模糊化，是防止新引进的动物在适应新展览馆环境期间发生事故的标准管理方法。

2．寄生虫控制 像家养动物一样，动物园动物也容易受到多种体内外寄生虫感染，可使用类似的药物进行治疗。由于某些药物的种属特异性敏感，选择用药前必须进行小群用药试验。幼龄动物和受到装运应激、患病或者有损伤的动物最容易被寄生虫侵袭。在这种情况下，共生性的寄生虫（尤其是原虫）可能引发疾病。大量球虫、毛滴虫、贾第虫或小袋虫属寄生虫感染会引起急性腹泻。阿米巴虫病在灵长类和爬行动物中相当普遍，甚至可能引起抵抗力低下动物的

死亡。在自然环境下展览及垫料或牧草污染易导致以内寄生虫为主的持续感染，尤其是幼龄和新引进动物及受应激个体。最应引起重视的是直接发育的寄生虫。在饲料中添加驱虫药具有一定的疗效。地方品种对驱虫药的耐药性强，因此需要轮换用药。展览区如无中间宿主存在，间接发育的寄生虫很少引发疾病。

3．预防接种 应该完善肉食动物、非人灵长类、马科动物、偶蹄目和鸟类的预防接种程序。有必要为动物园肉食动物接种疫苗，因为他们对多种疾病易感，比如猫传染性粒细胞缺乏症、猫病毒性鼻气管炎、猫嵌杯样病毒病、狂犬病、犬瘟热和犬细小病毒病。以前只推荐使用灭活疫苗，最近的研究表明，在某些物种中使用弱毒疫苗也是安全的。但仍需进一步研究，因为某些弱毒疫苗（尤其是犬瘟热疫苗）对某些物种致命。但研究显示，在对犬瘟热弱毒疫苗易感的物种身上使用金丝雀痘与犬瘟热重组疫苗是安全的，根据各动物群所处的实际环境，接种适当的狂犬病疫苗。在已知有狂犬病流行的地方，为保护个体动物，只能使用狂犬病灭活疫苗。给动物园动物接种不常见疾病疫苗时，要保证疫苗是针对此种动物专门制备的。现正在研发各种传染病新的重组疫苗和亚单位疫苗来供饲养的动物和人类使用。在这些疫苗对动物种属的安全性与有效性研究完成之前，应谨慎使用。

4．尸体剖检 所有死亡的动物都应该进行尸体剖检。尸体剖检应包括组织的大体病变和组织病理学检查及适当的病毒、细菌和真菌培养。组织应妥善保存以便将来能够进行检查。充分的病理学检查可以评估（动物生前的）用药、管理和营养状况。尸检还有助于鉴定疾病并及时对健康的动物采取保护措施。应记录解剖结构的变化，因为此变化有助于将来对这种动物进行诊疗。

5．害虫控制 应执行持续有效的害虫控制程序，除了使用机械和化学防治方法，还需动物园全体员工共同努力清除害虫的栖息地和食物。选择恰当的药物，妥善使用和保存药物，尽可能减少动物园动物接触药物的机会，以降低二次中毒风险。动物园害虫是重要的疾病传播媒介。如蟑螂是灵长类和鸟类胃肠道寄生虫的中间宿主；啮齿类动物会携带和传播李斯特菌、沙门氏菌及钩端螺旋体和土拉热杆菌。野生或未驯化的肉食动物如狐狸、浣熊及家养的犬和猫可通过捕食攻击毁灭动物集群，并且是狂犬病、细小病毒病和犬瘟热等病毒性疾病重要的带毒者。浣熊可能传播贝利蛔虫，幼虫移行可能导致某些物种致命的神经损伤。鸽、鹅、鸭和八哥是禽病的潜在携带者，他们争夺或污染动物食物并且随处排泄粪便。节肢动物能传播诸如西尼罗病毒等病原体。

三、临床护理方案

合格且专业的饲养员是动物园医疗程序的中坚力量。饲养员应了解他们所看管的动物个体，并且做好日常观察。他们能最早发现异常情况，如厌食、不愿活动、粪便异常或者行为改变等可能反映疾病的早期情况。频繁的观察报告优于不观察。由于多数动物园动物，尤其是被掠食的物种，会本能地隐藏明显的疾病症状，直到疾病晚期才有所显现，因此饲养员必须重视那些看似轻微的变化。兽医经过圈舍时可能会刺激某些动物的反应，也会掩盖饲养员平时可观察到的细微变化。

一旦作出诊断，除了给药方式和保定方法不同外，动物园动物的治疗与家养动物相似。运用比较医学的方法，如借鉴散养动物、相关家畜或人类内外科疾病的治疗方法，常可取得较好的治疗效果。兽医专家、人医和牙科医生常常会诊讨论如何解决内外科综合征。比较解剖学、生理学、行为学、营养学、病理学和分类学的知识有助于治疗。个体和群体的健康都应受到重视。

除非需要其他的医疗条件，否则最好将动物放在原饲养地进行治疗，在此处它可与同种动物和饲养员保持接触。这样也可防止种群结构遭到破坏，否则会使引种很困难。

1. 行为训练 积极的行为训练计划有助于增强卫生保健。通过强化训练，使动物园内的两栖类、爬行类、鸟类和哺乳类动物执行命令，可使各类管理和医疗操作更易完成。管理包括展览时的移入移出、称重、装入保定箱或运输箱。医疗程序包括尿液采集、静脉穿刺、肌内注射、结核菌素试验、超声检查、直肠和阴道检查。通常这些检查被纳入行为与环境强化程序。设计丰富的活动来促使动物表现出更多正常习性，使其参与觅食、群体互动等活动的时间比在野外更多。

保护性接触，是对大象的一种管理模式，指利用正强化来引导大象将身体的一部分暴露于墙上的开口处。借助保护性接触，就能进行耳部静脉穿刺、修蹄、生殖检查、人工授精和清洗身体等常规操作。这种模式为相关工作人员提供安全保障，也给大象一定程度的选择权。

2. 保定 绝大多数动物园动物不愿被保定并会做出反抗。强制给药引起动物挣扎造成的伤害可能比疾病的伤害更大。某些动物即使进行较小的处理或近距离观察也需要保定。体型较大或危险性的动物徒手保定困难，须用保定装置（限位笼）或滑槽系统保定。未经麻醉的动物被保定限制后便可以进行多种操作，包括某些身体检查、结核菌素试验、注射或麻醉给药、采集血样、修剪畸形或增生蹄爪及敷贴外用药。

保定装置的空间大小和部分构件可调，通过移动某些装置的一侧可将动物保定于对侧。以安全接近动物为前提设置开口。许多保定有蹄动物的装置被设计成V形；动物进入保定装置后，降低底板，由于其四肢悬空使躯干被V字装置限制。尽可能引诱或训练动物进入保定装置，而非强行驱赶。最好将保定装置设计为动物常规圈舍的一部分，并位于动物日常活动的地方。展览时应使用装备有可遥控操作门的巢箱或围栏以控制动物。这样动物便可以被转移到保定装置、麻醉箱或运输箱内。称重设备也必不可少。

可用长柄网兜捕获或保定小型哺乳动物和鸟类。这些网兜必须有足够深度以便把动物限制在盲端，并扭转网的开口部以防止动物逃跑。

参与捕捉或保定的人员必须清楚自己的任务，并了解动物的行为特征和体质。这对保证人和动物的安全非常必要。当用手去抓捕被捕获的动物时，操作者应戴厚实的手套以防止被动物的牙齿和爪子所伤。应注意避免给动物造成过大压力，因为手套会阻碍手的灵活程度和感知施用的力度大小。手套难以清洗，并可能成为传播病原体的媒介。

3. 诊断技术 基本的诊断技术历史悠久，包括全面的视诊和身体检查（常要求麻醉）。与其他常进行检查的品种相比，根据解剖学存在的差异来确定是否进行如下检查：易收集样品的实验室检查（血常规、血生化、血清学、细胞学）、粪便的寄生虫检查、尿液检查及需氧菌、厌氧菌、真菌和病毒的培养。最常采用的是X线检查和超声检查。必要时可采用内镜检查、腹腔镜检查和微创手术。较少使用CT和磁共振，但在特殊案例中也可采用。在实际情况中，任何用于其他动物的诊断技术在用于动物园动物时均要做出调整。

4. 给药 被批准用于动物园动物的药物较少。即使标签上未注明，但若某些药物符合标签外用药规程，则可合法地用于其他动物。为动物园动物提供高质量的医疗保健，要求所用药物具有治疗效果、剂量、疗程、禁忌证和毒性等数据的记录。尽可能保证按药物代谢动力学参数给药。如果具体的参数难以得知，可由其他动物的已知参数结合代谢比例进行推测。对那些可能存在器官毒性的药物，要使治疗有效，使用剂量必须适当。随着动物园动物种属特异性药物代谢动力学研究的不断深入，抗生素、抗真菌药和止痛药的治疗剂量和麻醉剂量的掌控逐渐不再依赖经验值。当动物群体首次使用某种药物时，最好先选择1~2个个体进行给药试验。若未出现不良反应，则可对其余动物进行治疗。

给药具有一定的风险。口服给药的优点是对动物的刺激最小，但不能确保群体圈养的每只动物均摄入足量的药物。将药物与动物喜爱的食物混合有助于摄入。在有蹄动物和某些动物，口服抗生素可能会破坏胃肠道正常菌群而引发胃肠道疾病。口服镇静剂或麻醉剂会因消化不充分或吸收延迟而导致起效时间、持续时间和麻醉深度多变。未使用保定装置或其他身体保定方法时，用手持注射器进行肌内注射有一定难度。可以通过注射枪发射注射器进行远距离肌内注射，但距离较远（50 m）且给药剂量较大时（10 mL），此注射方法可能会引起动物疼痛并造成投射和注射损伤。谨慎选择最适药物和药物浓度及注射枪的类型可减小伤害。此外，在使用之前必须练习射击，练习枪法和熟悉注射枪非常重要，因为注射枪在初学者手中可能对动物造成致命伤害。其他损伤较少的肌内注射方法，除了缩短距离还可使用注射器杆和吹枪。通过行为训练，也可让动物主动接受肌内注射给药。静脉注射治疗通常适用于治疗期间已经麻醉的动物或保定于保定装置或小型围栏中的动物。

5. 麻醉 应特别关注动物园动物的麻醉安全。出于动物福利及人和动物的安全，许多用于家畜的常规简单保定，在用于动物园动物时则需麻醉。动物园动物在麻醉之前，兽医应熟悉该种动物并选择合适的麻醉剂。应查阅本动物、同群其他个体的麻醉记录和已发布的相关参考资料。建议与知识丰富的专业人员进行磋商，因为不同种动物麻醉剂的实际药效和使用剂量差别很大。

影响动物麻醉反应的因素很多，包括年龄、性别、生殖周期阶段、综合营养状况，尤其是用药前的精神状态。不同种动物、同种动物的不同群体甚至不同个体之间可能对麻醉反应表现出显著的差异。兴奋的动物需要的药物量更大，一旦麻醉，更易因高热、呼吸抑制和酸中毒而继发捕获性肌病。捕获性肌病也可能发生于徒手保定动物，有蹄动物或长腿鸟类较常发。麻醉动物的监测指标包括心跳和呼吸频率、体温、心电图、氧饱和度（根据气血分数或脉搏血氧测定结果判断）、换气（根据气血分数或潮气末CO_2量判断）及血压（直接测量或采用示波器技术）。必须随时注意保持麻醉动物适当的体位和补充垫料，并防止极端的环境条件下继发并发症。

在自然围栏中进行麻醉时，为减少并发症，应在麻醉前了解其体况。例如，被麻醉枪投射的麻醉动物可能会受到惊吓而撞击围墙或其他围栏。若动物处于群体中，当麻醉反应开始时（如共济失调），其他动物可能会攻击麻醉动物造成外伤或死亡。

某些有蹄类动物，主要是牛科类，单独使用甲苯噻嗪（Xylazine）、地托咪啶（Detomidine）或美托咪啶（Medetomidine）（α_2-肾上腺素受体激动剂）可达到很好的镇静作用，然后可进行某些操作。给予育亨宾、妥拉唑啉或阿替美唑可以颉颃镇静剂的镇静效应。具有危险性的食肉动物不能单独使用α_2-激动剂，因为这些动物可能表现出镇静效应，但当受到刺激时会引发攻击性反应。单独使用这些镇静药物会导致外周血管收缩，与其他药物联合使用会导致显著的高血压，因此，镇静时应监测血压的变化。外周血管收缩可能会干扰脉搏血氧的测定，并给静脉穿刺增加难度。

苯乙酮氯胺酮（单独或与赛拉嗪、美托嘧啶等安定药或镇静剂联合使用）是中小型动物的常用麻醉药，尤其是肉食动物、灵长类和某些有蹄类动物。浓度高达200 mg/mL的氯胺酮制剂可调配成稀的需要的注射溶液。同单独使用氯胺酮相比，与镇静剂或安定药联合使用可快速诱导麻醉、减少兴奋、增加肌肉松弛度，呈现平稳的麻醉诱导和苏醒过程。育亨宾（Yohimbine）、妥拉唑啉（Tolazaline）、阿替美唑（Atipamezole）等颉颃剂可解除赛拉嗪、美托嘧啶的镇静效应，从而减弱氯胺酮的作用并完全、快速地解除镇静效应。

替来他明-唑拉西泮是一种分离麻醉-镇静剂的联合应用，对绝大多数动物均较安全，可快速产生麻醉效应，并且浓度高达200 mg/mL，可减小给药剂量。这种药物的缺点是没有完全的颉颃剂，因此，苏醒时间比有颉颃剂的复合麻醉长。这种麻醉药常用于肉食动物和灵长类动物的麻醉。

镇静催眠药异丙酚具有起效快、作用时间短的特点，是动物园动物较理想的麻醉药。但由于异丙酚必须静脉注射给药，因此使用时受到物种的限制，常适用于爬行动物、鸟类和小型哺乳动物等徒手保定、给药较安全的动物，也可作为辅助麻醉剂用于已预先用其他麻醉药麻醉后的大型哺乳动物。

效果较好的阿片类药物如埃托啡（Etorphine）、卡芬太尼（Carfentanil）和赛芬太尼（Thiofentanil），单独或与阿扎哌隆（Azaparone）、乙酰丙嗪、甲苯噻嗪、地托嘧啶等药物联合，广泛用于有蹄动物、大象和犀牛的麻醉。常选择纳曲酮作为阿片类药物的颉颃剂，纳曲酮是一种纯粹的麻醉颉颃剂，100 mg纳曲酮可完全颉颃每毫克阿片类药物产生的麻醉效应。颉颃剂量的纳曲酮可以通过静脉注射或肌内注射，但某些动物苏醒后容易发生二次麻醉，追加的纳曲酮可通过皮下注射给药。若长距离运输6～8 h后，还未观察到动物的苏醒反应，可肌内注射纳曲酮以防止二次麻醉。人意外接触到强效麻醉镇静剂是相当危险的，因此这些药物应该由受过训练、有经验的专业人员使用，并且只有在签订了意外接触协议后才能使用。

针对特殊的物种和特定目的，已研制出多种复方合剂（使用氯胺酮、舒泰、美托咪啶、地托咪啶、布托啡诺、咪达唑仑、地西泮或甲苯噻嗪）。新奇物种选药应慎重。

小型哺乳动物、鸟类和爬行类常选择吸入性麻醉药异氟烷。在实际应用中，它可作为所有动物的注射麻醉辅助药物和延长麻醉时间的麻醉维持剂。异氟烷是一种安全有效且副作用小、起效快、苏醒期短的麻醉剂。七氟烷比异氟烷起效更快且苏醒时间更短，在某些物种优先选择七氟烷。小动物可进行面罩麻醉或者置于麻醉箱中进行麻醉。吸入性麻醉可依据物种和麻醉程度的不同选用面罩、鼻腔插管和气管插管维持或补充麻醉剂。

6. 监管问题 野生动物的捕获、运输及展览都要遵守当地和联邦政府的法律规定。为了保护这些物种，一定要具备相关的许可证。美国的一些制度也必须与美国农业部、美国鱼类和野生动植物服务中心、美国海洋暨大气总署和国家海洋渔业局等部门的相关规章制度相符。在美国，某些种类动物的健康，如灵长类动物的进口和饲养蝙蝠种群的维持，应遵循美国农业部的动物福利法、永久入境检疫规定和美国疾病控制中心条例。大象在12个月检疫期内，收集7 d内的鼻冲洗物培养进行结核检查，如果3次检查均为阴性结果即可排除结核感染。

7. 人兽共患病 散养或捕获的野生动物可能会带有某些传染病，从而对动物园工作者的健康造成潜在威胁。爬行动物是沙门氏菌的隐性携带者。鸟类也可能携带衣原体病菌。结核能在哺乳动物之间传播，特别是灵长类动物、有蹄动物和大象，可能是被人类传染或动物本身就隐性携带，并传染给动物园工作者。灵长类动物的很多肠道菌或寄生性病原体可传给人类。蝙蝠可能就是组织胞浆菌或狂犬病的传染源。爬行动物中的食肉类、鸟类和以生肉为主食的哺乳动物及那些被捕食的动物都有可能是沙门氏菌的隐性携带者。很多动物园动物包括野生驯养或本地繁殖的动物都可能携带钩端螺旋体。重视这些人兽共患病，建立相关条例，以降低此类病菌对工作人员和参观者的危害是动物园管理的一个重要环节。针对那些与动物有密切接触的工作人员，应出台一项关于职业健康管理办法的规定。每一位工作人员都应配备一次性手术服、手套、护面罩等个人防护装备。除此之外，勤洗手也是很有效的防范措施。

四、常见疾病与控制程序

总的来说，动物园物种从患病到治疗的过程都与家养宠物、养殖动物、实验动物及人类有相似之处。常见疾病包括急慢性肠胃炎、外伤（咬伤、刺伤、裂伤、骨折、脱臼）、局部损伤（脓肿或蜂窝织炎）、广泛的细菌感染（败血症）、寄生性感染、产科疾病、跛行、关节炎和胃肠道异物阻塞等。

鸟类曲霉菌感染通常会导致慢性呼吸道疾病。被感染的鸟类一般表现出体重下降，白细胞数显著增多及后期呼吸困难，如出现局部曲霉肿，会因气管阻塞或真菌性败血症而死亡。尸体剖检一般会发现肺脏和气囊上广泛分布有真菌性肉芽肿。企鹅、野鸡和水禽对曲霉菌都较易感。通常感染晚期才能作出诊断，无需再进行治疗。若要治疗可口服氟胞嘧啶或伊曲康唑，静脉注射两性霉素B或者喷雾恩康唑等抗真菌的药物。

传染性脚皮炎（禽掌炎）是鸟类的一种常见疾病。由局部细菌感染所致，可单侧或双侧发病，以跛行、发炎和肿胀为特点。转归包括慢性脚皮炎、败血症或淀粉样变。病因包括损伤、感染、不适当的垫料、肥胖，或因单侧肢体病变（创伤、关节炎）导致对侧脚过度和异常负重。治疗措施包括消除主要病因，局部和全身使用抗生素及对症治疗，在条件允许的情况下，可进行手术治疗。

鸟分支杆菌病：该病是一种慢性疾病，能感染许多禽群，因生前试验不可靠而致防控困难。对感染环境进行彻底的卫生消毒，同时淘汰患鸟或暴露于疾病环境中的鸟类，有助于控制此病的传播，但不能根除该病。与患鸟或污染的环境接触，有袋动物和年轻的灵长类动物也可能感染发病（如在混养群体中）。有袋类动物表现为进行性肺部和骨损伤，且对多种治疗药物具有耐药性。灵长类动物的病症较轻，但可能导致结核菌素试验非特异性反应。

阻止飞行：阻止鸟类飞行常用的方法是在桡腕关节远端切断一侧的翅膀，偶尔也施行腱切除术或桡腕关节融合术。对孵化后不久的幼鸟进行断翅简单易行。对鸟类做上述处理的合理性尚存争议。

骨折要用夹板固定、敷料固定、外科固定或几种方法联合应用。对动物园动物而言，因为夹板固定的后序护理较难，因此应进行更严格的内固定或外固定。固定方法应达到精细、牢固、术后护理简单的最佳效果。敷料固定需要6～8周时间，因此应保证有适度的活动自由，尽量减少不适。新型玻璃纤维轻巧、结实、防水，适于作为敷料。

哺乳动物结核病：动物园群体时有发生哺乳动物结核病，因此要对灵长类动物、有蹄兽和饲养员做定期检查。由于非特异性反应的发生，对非家养动物皮内结核菌素试验结果的判读可能不准确。当检测结果呈阳性或可疑时，应进一步做全面的健康评估，包括胸部X光照相和取胃、支气管灌洗物做分支杆菌的细胞学检查和培养。淋巴细胞刺激和ELISA等免疫学诊断方法可用于检测动物园中的牛科动物和鹿科动物。正在开发的其他试验还包括抗原85和γ-干扰素检测。

蹄和爪的修剪：当反刍动物、马属动物、大象、犀牛和较大的食肉动物的蹄和指甲发生增生时，需要进行修剪。定期修剪可避免过度增生。偶见有马医修剪马蹄失败的情况，并因此导致其他并发症。为了预防慢性肌肉骨骼性疾病，大象足部的护理尤其重要，通过训练可以实现对清醒状态的大象进行操作。对其他种属动物做足部护理则需要进行化学保定。

下颌骨骨髓炎，又称大颌病，是小反刍动物和有袋动物（小袋鼠和袋鼠）的一种常见疾病，可继发于粗糙的采食、口腔外伤或牙科疾病。动物常见的临床表现为局部面部肿胀、口臭及流涎。治疗方案包括切开脓肿排脓、对感染骨进行清创处理、拔除经X线检查确认感染的牙齿及全身性抗生素治疗。

动物园动物的牙科学具有其独特性。灵长类动物和食肉动物的牙根较牙冠更宽，因此仅使用简单的牵引和旋转工具不能完整地摘除牙齿，需使用牙挺。小型电钻或骨凿用于摘除牙根周围的牙槽骨。当大犬齿碎裂时，牙根管显现，同时牙髓暴露，需要使用长的专用牙科仪器，从狭长的牙根管中移除神经组织。啮齿动物，如海狸、豪猪、水豚的门牙会持续生长，应有粗饲料或木料供啃咬，以防止其门牙过度生长而影响采食。动物园动物牙周病的治疗方法为：全身麻醉后做常规清洗，同时饲喂已添加足够耐咀嚼物的软性配合饲料。

良好的管理、饲养、营养和兽医护理，使许多动物园动物寿命延长。老龄动物易患糖尿病、心脏衰竭、慢性关节炎和肿瘤等疾病，所以应常对老龄动物进行护理。用于人类和家畜的诊治原则，可成功用于动物园动物老龄性疾病的护理。

第十八节　野生哺乳动物的疫苗接种

因为野生动物会发生家畜源性传染病，所以对捕获的野生哺乳动物进行疫苗接种是可行的。然而，商品疫苗仅准许在家养动物中使用，因此，在野生哺乳动物中推荐使用的疫苗，主要是根据一些有限的公开发表的资料和已有的经验（表17-27）。

出于安全考虑，应优选使用细菌或病毒灭活疫苗，而不使用弱毒疫苗。虽然弱毒苗（如狂犬病和犬瘟热疫苗）对家养动物通常是无毒性的，但却可能导致野生动物发病。

根据动物园安全性评价和血清学检测的经验，在某些情况下，弱毒疫苗可用于野生动物；但很少对病毒攻毒的免疫保护效果进行评估。最新研制的犬瘟热载体疫苗（如使用金丝雀痘病毒作为载体）似乎既安全又有效。

一般来说，不能对临床发病的动物接种疫苗。当使用远程给药系统（如飞镖注射枪），必须确保对每（只）动物给予足够的剂量。注射器投射物可能在接触到动物后快速弹回，未释放出足够的剂量，进而不能产生较好的免疫效应。

1．犬瘟热　犬科、浣熊科、鼬科动物家族和某些灵猫科动物对犬瘟热有易感性。鬣犬科和熊科的易感性值得怀疑，或颇具争议。外来食肉动物发病后，临床症状与犬一致，主要表现为神经症状，丧失对人类的恐惧；因此，该病会与狂犬病混淆。犬瘟热感染引起野生猫科动物，如坦桑尼亚狮子的死亡；然而，在动物园里没必要对猫科动物接种疫苗。

在给捕捉的野生动物注射疫苗时一定要小心谨慎，因为他们可能处于疾病的潜伏期。注射疫苗时应优先选择灭活疫苗，但目前尚无有效的灭活疫苗。几种鸡胚弱毒疫苗或禽组织培养来源的疫苗，已在动物园使用数年，基于有限的研究来看，效果良好。使用特定疫苗时需要征询动物园兽医师的意见。各物种和个体对弱毒疫苗反应有很大的变异，不同的弱毒疫苗也因其致弱程度的不同而有差异。市场上应用于貂的弱毒疫苗通常都是高倍稀释的，同时也推荐用于鼬科动物。然而，欧洲貂使用了此疫苗后感染了犬瘟热。雪貂源的弱毒疫苗禁用于任何非家畜食肉动物。

对断奶后幼小动物通过皮下注射或肌内注射给予单次剂量弱毒疫苗，每月加强剂量直到4月龄，而后每年重复接种。以金丝雀痘病毒为载体的犬瘟热疫苗对大耳小狐、海岛猫鼬、雪貂、红熊猫和大熊猫均安全有效。但应根据上述动物体型的大小调整疫苗使用剂量。

2．犬细小病毒和猫传染性粒细胞缺乏症　与抗原性和致病性密切相关的病原，包括犬细小病毒、浣熊细小病毒和猫泛白细胞减少症病毒。野生犬科、猫科、多数鼬科、浣熊科和灵猫科对上述一种或多种细小病毒敏感。弱毒疫苗对某种动物可能是安全的，但是对其他动物则可能毒力太强。因此，对外来物种只能使用组织灭活疫苗或组织培养的灭活苗。疫苗推荐剂量和使用频率已根据经验确定：对于小动物，皮下注射或肌内注射1头份的标准小动物剂量（1或

表17-27　野生哺乳动物推荐使用的疫苗

动物类群	疾病或疫苗	疫苗种类[a]	接种频率
灵长目（尤其是猩猩科）：猴子、人猿	脊髓灰质炎	MLV	1年1次
	麻疹	MLV	1年1次
	流行性腮腺炎	MLV	1年1次
	风疹	MLV	1年1次
	DPT[b]或破伤风	K	1年1次
犬科：狐狸、狼、山犬及野犬	犬瘟热	Vectored, MLV[d]	1年1次
	犬肯尼耳峡谷病毒2型	MLV	1年1次
	犬细小病毒	K	1年1次
	犬副流行性感冒	MLV	1年1次
	钩端螺旋体属CI[c]菌苗	K	1年1次
猫科：非本地猫	猫传染性粒细胞缺乏症	K/MLV[d]	1年1次
	猫病毒性鼻气管炎	K/MLV	1年1次
	猫杯状病毒	K/MLV	1年1次
鼬科/灵猫科/浣熊科：浣熊、臭鼬、白鼬、长鼻浣熊、麝猫、水獭、鼬鼠、貂、蜜熊	犬瘟热	K/MLV, Vectored[d]	1年1次
	猫传染性粒细胞缺乏症	K/MLV	1年1次
	犬腺病毒2型	K/MLV	1年1次
	钩端螺旋体属CI菌苗	K	1年1次
熊科：熊	犬腺病毒2型	K	1年1次
	钩端螺旋体属CI菌苗	K	1年1次
鬣犬科：土狼	犬瘟热[e]	K/MLV	1年1次
	猫传染性粒细胞缺乏症[e]	K/MLV	1年1次
偶蹄目/反刍亚目：鹿、绵羊、牛、山羊、羚羊、骆驼	BVD[f]（疫区）	K	1年1次
	八联梭菌苗	K	1年1次
	五联钩端螺旋体菌苗	K	1年1次或6个月1次
	3型副流感	MLV	1年1次
奇蹄目马科：驴、斑马	破伤风	K	1年1次
	东方马脑脊髓炎	K	1年1次
	西方马脑脊髓炎	K	1年1次
	马鼻肺炎	K	4个月1次
	西尼罗病毒	K, DNA	1年1次
	流感	K	1年1次
猪/西貒科：猪、野猪	五联钩端螺旋体菌苗	K	1年1次
	丹毒菌苗	K	1年1次

a. MLV＝弱毒疫苗，K＝灭活疫苗。

b. DPT，白喉，百日咳及破伤风。

c. 钩端螺旋体病或出血性黄疸型。

d. 非雪貂来源的，优选金丝雀痘重组体苗。

e. 有争论的，一些人认为鬣犬不敏感。

f. 牛病毒性腹泻。

2 mL）；对大动物，按2 mL/4.5 kg计算，最大剂量为10 mL。10～14 d时应加强免疫，之后每隔6～12个月重复接种。含有犬瘟热、犬2型腺病毒、犬副流行性感冒病毒和猫泛白血球减少症、细小病毒的联苗已应用于野生犬科动物，无不良反应，但根据动物园兽医的经验，不同疫苗的使用效果则有所不同。类似的，也有含有猫传染性粒细胞缺乏症、猫鼻气管炎病毒和猫嵌杯样病毒的猫科弱毒联苗。多数动物园兽医使用此疫苗后反映，此疫苗对外来猫科动物效果较好，也有少数有争议的报道。现在使用的疫苗更多是猫传染性粒细胞缺乏症、猫鼻气管炎病毒和猫嵌杯样病毒的联苗。

3．马脑脊髓炎　野生马科动物对马脑脊髓炎敏感。注射疫苗应遵循疫区饲养马推荐的原则。通常根据说明使用三价（东部、西部、委内瑞拉）或二价（东部、西部）灭活疫苗，或联合使用破伤风类毒素，通常采用皮内注射或肌内注射。初次免疫接种应分两次注射，其间间隔1~2周。皮内重复免疫也要分两次进行，其间间隔1~2周；联合肌内注射通常只需单次即可。野生马科动物对西尼罗病毒的易感性还不清楚，但是许多动物园现在已给斑马、貘和相近动物注射有效的马灭活疫苗产品。一种DNA疫苗可能对这些动物也有效。一些动物园也使用常规的马流感疫苗。

4. 马疱疹病毒Ⅰ型感染 此病毒可引起外来马属动物流产。因不清楚弱毒疫苗的毒力，因此推荐使用灭活疫苗。应在3~4月龄给马驹单次疫苗注射，每隔4个月重复注射，直到1岁龄。母马应每隔4个月免疫1次，以防流产，因为即使自然感染康复后，保护性免疫力也只能持续4个月。

5. 丹毒 猪红斑丹毒丝菌（*Erysipelothrix rhusiopathiae*）对野生猪和西猫科（野猪类）是致病的。2~3月龄皮下注射2 mL丹毒菌苗首免，间隔3~5周再免疫1次，之后每年加强免疫1次。鲸类，尤其是海豚，也对丹毒敏感。

6. 猫嵌杯状病毒 外来的猫科动物对猫嵌杯样病毒敏感。与猫鼻气管炎病毒一样，预防此病的疫苗常与其他猫科疫苗联合使用。

7. 猫科动物疱疹病毒鼻气管炎 猫病毒性鼻气管炎是威胁外来猫科动物的一种严重疾病。目前有效的疫苗是灭活或弱毒疫苗，通常与其他疫苗联合使用（如犬细小病毒和猫传染性粒细胞缺乏症病毒疫苗）。对断奶动物以单剂量肌内注射或皮下注射，以后每隔1个月免疫1次直到4月龄，随后每年加强1次免疫。

8. 犬传染性肝炎[腺病毒1型（CAV-1）] 所有犬科动物均易感。狐狸感染后，因其亲神经性而主要表现为神经症状，故被称为狐类脑炎。熊科动物可能也对CAV-1易感。非灭活病毒疫苗在市场上有售。常使用含有犬瘟热和CAV-1或CAV-2的弱毒疫苗。与CAV-1弱毒疫苗比较，CAV-2弱毒疫苗接种后很少会有不良反应（如角膜浑浊），所以优选CAV-2弱毒疫苗免疫，以保护由CAV-1或CAV-2引起的感染。这些病毒的抗原性相近，能提供交叉保护。断奶动物使用此联苗应单剂量皮下或肌内注射，以后每月加强免疫直到4月龄，此后每年免疫1次。

9. 钩端螺旋体病 钩端螺旋体病偶见于外来犬科、浣熊科、熊科、鼬科、猪、西猫科和鹿科动物，以及牛科、骆驼科、长颈鹿科等反刍动物。含有抵抗钩端螺旋体属不同血清型和出血性黄疸型免疫原的灭活苗已用于上述肉食动物。反刍动物、猪和野猪使用含有波蒙纳型、哈尔乔型、出血性黄疸型、钩端螺旋体病和感冒伤寒型血清型的灭活苗进行免疫。肉食动物在6~8周龄时用1 mL或2 mL的剂量免疫，肌内或皮下注射，14 d后重复疫苗1次。之后每6个月加强免疫1次。有蹄类动物用5 mL五价疫苗进行肌内注射免疫，每年、最好是每半年加强1次免疫。预防接种不一定能防止病原微生物的排出。

10. 麻疹、腮腺炎与风疹 猩猩科应接种预防麻疹、腮腺炎和风疹的疫苗，在2~3月龄时皮下注射0.5 mL人弱毒疫苗。该疫苗也推荐用于猴。每年应加强免疫1次。

11. 3型副流感 野生绵羊和山羊对肺炎敏感，类似于家养绵羊的运输热型肺炎。已确认，3型副流感（PI-3）是一种重要的病原，伴发于应激和溶血曼海姆菌感染。PI-3弱毒疫苗，尤其是用于滴鼻免疫，可显著降低羔羊的肺炎发病率。在3~4月龄首次免疫，每个鼻孔1 mL，在运输前3~4周重复免疫，此后每年免疫1次。

12. 脊髓灰质炎 灵长目，尤其是猩猩科（大猿）对脊髓灰质炎易感。口服三价脊髓灰质炎弱毒疫苗较非口服给予灭活疫苗更方便使用。6月龄首免，口服一个人用剂量的糖块（0.5 mL），此后每年免疫1次。接种后，免疫动物应与未免疫灵长类动物（包括人类）隔离1个月。

13. 狂犬病 所有野生哺乳动物对狂犬病均敏感。在自由生活的野生动物狂犬病高发地，动物园动物或饲养动物也有很大的感染风险。在此情况下，建议免疫接种。然而，非口服接种野生动物狂犬病疫苗的有效性尚不确定，也没有批准用于野生动物的疫苗。当必须用疫苗时，只允许用病毒灭活疫苗。已确认，几种来源于神经组织（如鼠类、绵羊或山羊）的灭活疫苗和组织培养灭活疫苗是安全有效的。有限的试验数据表明，组织培养灭活苗可使一些外来的肉食动物产生足够的抗体反应。人类二倍体细胞系源的病毒灭活苗则对家养动物有更好的免疫原性。疫苗的免疫途径应为深部肌内注射。幼年动物在3~4月龄首免，之后每年免疫1次。狂犬病弱毒疫苗已批准可用于家养动物，但不能用于外来动物，因为毒力过强，可能引起临床狂犬病和死亡。上述疫苗的使用，预期能控制住已在几个国家流行的野生动物狂犬病。

捕捉的野生动物，尤其是狐狸、浣熊和臭鼬，即使是幼龄动物，也可能患有狂犬病或是携带者。因为其潜伏期长达1年，所以短期观察不能确诊。州公共卫生兽医协会建议至少隔离180 d。

由于存在感染狂犬病的可能性，所以将野生动物，尤其是野生的肉食动物作为宠物，在许多管辖地区是被禁止的，也是非法的。

14. 破伤风 灵长目、非本地马科、长鼻科（大象）、猩猩科、鹿科（鹿）、骆驼科和野生绵羊、山羊应免疫接种破伤风疫苗。非本地马科和大象的免疫程序与家马一致；3～4月龄首免，肌内注射破伤风类毒素，隔月再注射1次，之后每年加强1次免疫。

可用于预防猩猩科动物破伤风的疫苗包括白喉、破伤风类毒素及用于儿童的百日咳（DPT）疫苗，或单价人用破伤风类毒素。其中应优选单价破伤风类毒素，因为百日咳和白喉对非人灵长类存在健康威胁。初次免疫应肌内注射0.5 mL疫苗，每3个月1次，进行3次免疫，第3次免疫后1年加强1次免疫。此后，每隔3～5年或存在潜在危险后，加强免疫0.5 mL的白喉－破伤风类毒素或单一破伤风类毒素。

破伤风高发区的野生绵羊、山羊和鹿，有时在10～12周龄首免，使用含破伤风梭菌、C产气荚膜杆菌（B、C、D型）、C坏疽抗毒素、肖韦梭菌、诺维梭菌、索德里梭菌和溶血棒状杆菌的多价梭状芽孢杆菌类毒素类菌苗。首免剂量为5 mL，间隔6周后二次免疫的剂量为2 mL，给药途径为皮下注射，之后以2 mL的剂量每年加强免疫1次。

15．其他 许多传染病，包括牛病毒性腹泻（BVD）、蓝舌病、恶性卡他热、恶性疱疹热及鹿流行性出血病，在局部地区感染严重，但在各动物园并未广泛分布。较为遗憾的是许多对传染病非常有效的疫苗，对野生动物的免疫效果却不甚理想。在BVD流行的情况下，可推荐使用BVD灭活疫苗。3月龄时肌内注射首免1头份标准剂量，之后每年加强1次免疫。

目前对蓝舌病、地方流行性出血症及恶性卡他热效果较好的疫苗，在美国尚未使用。

（崔恒敏 译 赵光辉 一校 张雨梅 刘宗平 二校 马吉飞 三校）

第十八章 管理与营养
Management and Nutrition

第一节 管理与营养概述

适宜的管理和营养是保障家畜健康与福利的基本要素。由于动物在依靠管理满足其生理和行为需求的同时，还必须维持较高生产水平，因此在农业生产中管理和营养尤为重要。随着遗传进展使得生产率和生产系统集约化程度不断提高，畜牧业要确保管理和营养不影响动物福利、健康或生产的压力也日益增大。

适宜的管理与营养也是预防与控制许多传染性和非传染性疾病的关键。传染病需要某种特殊病原体（如细菌、病毒、寄生虫）的有效定植，只有微生物存在通常并不足以导致疾病的发生。环境因素和宿主因素影响着动物发生感染后是否出现临床疾病或生产性能是否下降。

预防传染病最有效的方法是消灭和清除造成疾病的病原体。对于大部分常见病，不可能或无法采用这种方法。因此，必须对传染病进行控制，而不是根除，方法是减少病原传播媒介适宜的环境条件、缓解动物感染后引起疾病发生的环境诱因、将增强宿主易感性的环境因素降至最低。能够造成疾病发生的因素称为疾病的风险因素。这些风险因素可能与病原微生物、环境或宿主有关。要预防特定疾病、维持生产性能，管理策略的目标就是发现并降低这些风险因素的影响。

通过管理来预防和控制疾病的全面措施尤为重要，特别是对于控制食品动物生产体系中的（如犊牛和仔猪的肺炎、新生仔畜的胃肠道疾病、育肥牛的呼吸道疾病综合征、传染性不孕症、奶牛的营养代谢病）以及伴侣动物的（如猫的呼吸道疾病、寄宿犬的犬窝咳、马的病毒性呼吸道病）许多常见传染病或非传染性疾病。一般来说，这些疾病不是由多种微生物相互作用的混合性病因引起，就是由没有有效治疗方法（如病毒、某些寄生虫）或没有特异性预防措施（如犊牛的隐孢子虫疾病）的病原所引发的。预防和控制这些疾病需要采取管理措施，减少与感染、疾病发展、生产能力下降相关的风险因素。这些措施通常不针对某一种具体的病原体。大多数疾病的有效控制，还需要针对特定病原体的风险因素采取管理措施。

畜牧业生产对于拟定并实施可保证健康、提高生产力的全面管理策略的需求可能也有所增多。实施这种策略的驱动力不仅来自于行业内部，同时也来自于畜牧业外部不断增长的压力。制订并实施这些管理变革，需要畜牧业生产相关各方面团队的共同努力，包括兽医、动物科学家、营养学家，同时也需要考虑生产者的经济实力。

农业，尤其是畜牧业，面临着来自于消费者和关注当前行业惯例产生问题的公共利益团体的压力。这些问题包括：人类病原体的耐药性与动物用药物制剂的关系，动物集约化生产、动物尸体的处理与环境污染风险之间的关系，管理措施在食源性疾病和控制人兽共患病病原中的作用，以及当前的管理对动物福利的影响。即使没有确切的证据表明畜牧生产与这些公共健康问题有关，但畜牧生产实践可能会由于意识到二者间的关系而发生改变。目前管理措施中的任何改变都需要采用新方法来维持动物健康和生产。识别并作出这些改变，需要进行大量的研究调查。

动物性生产也承受来自于行业内部要求改变多种现有管理措施的压力。最近广为报道的疾病暴发，如蓝舌病、禽流感、马流感，以及不同种类动物发生的传染性海绵状脑病（如疯牛病、绵羊痒病、慢性消耗性疾病），已经把行业的注意力聚焦在将生物安全作为疾病预防和控制策略上。生物安全是一系列管理措施，目的是避免引入传染性病原体或其他病原，预防已引入或已存在的病原体发生进一步扩散。生物安全措施可以在农场、地区或国家层面上实施。这些程序通常包含了一套通用生物安全管理和一套针对特定病原体的管理程序。

越来越多的情况是，畜牧业生产必须要将农场内的食品安全计划作为确保整个食品供应安全和卫生体系的一部分。农场食品安全体系一般以危害分析与关键控制点（HACCP）为基础，由相关产品小组制订和实施。他们十分重视管理措施在确保农产品安全和质量中的关键作用。将管理程序的制订、实施与审核视为确保消费者信心的基础。这种管理程序要求在农场生产的产品进入食品供应链时，应采取降低危害食品安全的物理性、化学性或微生物性风险的措施，并予以记录。

适当的营养管理对于动物健康和生产是至关重要的。营养在动物对疾病（如猫下泌尿道疾病）易感性的影响上、控制某些疾病（如糖尿病、高脂血症、奶牛酮病）上起着十分重要的作用。日粮必须按照配方进行生产，以确保动物基本生理需求（如能量、蛋白质、脂肪、碳水化合物、维生素和矿物质），保证动物最优的生长和生产性能。日粮配方还需要考虑动物的年龄、性别、品种、哺乳期、妊娠状态和体力活动。

营养相关的疾病包括由于营养过量（如直接的毒不良反应、消化不良）、营养缺乏（不是原发性缺乏就是继发性缺乏）或营养不均衡造成的疾病。在畜牧业中，动物的健康和生产会受到饲养管理的重要影响。为确保动物健康和生产，饲料生产和运输与日粮的实际营养价值一样重要。饲料运输不当也可直接引起疾病（如瘤胃酸中毒、蹄叶炎）或增加动物对疾病的易感性（如D型产气荚膜菌肠毒血症）。

伴侣动物的营养相关性疾病包括营养过剩性疾病（如能量和钙过量引起犬发生的发育性骨病）和营养缺乏性疾病（如牛磺酸缺乏引起的猫失明）。如果饲料与造成物理性（如锐器撞击）、化学性（如真菌、有毒植物）、过敏原性（如尘螨、霉菌孢子）或微生物（如霉菌，沙门氏菌）风险因素的饲料源性接触，饲料和饲养管理也影响动物的健康。在预防和控制经粪—口途径传播的传染病中（如沙门氏菌病、反刍动物的副结核、猫弓形虫病），饲料和废弃物管理也起着十分重要的作用。

第二节　生物安全

生物安全的定义是预防病原体从感染动物传播至易感动物，或避免将病原或感染动物引入疾病或病原未流行的场、地区或国家，而采取的一系列管理措施或系统化应用。畜牧场暴发疾病不仅影响动物健康和福利，而且也会影响畜牧场的经济效益。有效的生物安全程序可以降低病原传播和随后发生疾病暴发的风险，也会降低对动物健康和畜牧场效益产生的负面影响。生物安全的原则早已得到兽医工作者的公认。但是，由于存在可对农业经济造成毁灭性打击的疾病暴发问题以及生物恐怖问题（将致病性病原体蓄意引入到主权国家领土内），生物安全作为一门科学立即引起了人们的关注。

有效生物安全程序的好处在于，使动物健康状况和福利达到最优化、提高动物的生产性能、降低生产和投入成本，同时由于无特定病原而提高动物的价值。畜牧生产者意识到在饲养健康畜群和控制疾病上投入的时间和精力可以获得经济利益，因此可以从有效生物安全程序中受益。改善动物健康和福利水平也可以为畜牧生产者树立关注动物福利的形象。

确保家畜健康是一个需要制订全面生物安全计划的过程，这种生物安全计划将可以促进动物健康和福利的必要措施与方针结合。计划的成功实施需要所有参加人员了解并严格遵守制订的方针。

生物安全管理规范的制订和实施需要采用客观的态度，重点应放在与畜牧生产者经济利益相关的病原和疾病过程上。在适用情况下，风险评估对于建立养殖场层面的策略是很有价值的，这种策略有利于避免病原的引入（外部生物安全），也有利于场内已有病原的有效控制（内部生物安全）。生物安全管理规范与农场人员、设施、农场的用途和生产目标相关，因

此应考虑到农场的实际状况。应根据农场情况和目标的变化，对生物安全计划进行检查和修订。

一、现行的生物安全措施

对于将生物安全纳入畜群健康管理的兴趣在日益提高，这也是疾病有效管理和控制的重要组成部分。因此，在为农场提供健康管理服务兽医的直接指导下，畜牧生产者已将生物安全措施纳入其日常生产管理中。

涉及外部生物安全时，从场外引进动物需要采取多个可以确保避免引入外部畜群病原的步骤。确定原产地畜群的健康状况是关键的一步，要求为畜禽提供健康服务的兽医告知目前流行的传染病危害。确定健康状况可能还需要进行诊断检测，以明确具体病原的流行和感染状况。要为确定健康状况获得足够信息，需要在运输之前和到达之后分别进行检测。需要检测的具体病原和检测方法各不相同，但是应当根据检测方法的限度对用于确定健康状况的检测结果进行解读，以便为判定畜群健康状况提供可靠数据。对引入动物进行隔离也是减少疾病引入风险的一个关键步骤。在到场之后对引入动物进行隔离，就有可能对病原感染情况、对相关疾病的免疫接种和药物预防情况进行补充检测，同时也可以对动物健康和福利相关的问题进行总体检查。

内部生物安全方面，在试图控制家畜生产单位内已有病原时，也会出现类似问题。了解畜群健康状况仍然是建立并实施畜群健康计划的基础。与外部生物安全方法相同，除了要应用农场死亡动物的大体剖检信息之外，对疾病流行情况进行的诊断检测也是非常重要的。充分了解畜群健康状况可以为疫苗的选择和应用、抗生素的选择、设备和动物流转的管理措施提供客观的依据。内部生物安全的其他注意事项包括与其他动物接触及其后休息时间的人员管理制度、访客制度、饲料来源、啮齿动物和害虫的控制。

二、生物安全的原则

有效的生物安全程序可以识别风险，并通过有效管理降低这些风险，从而将对动物健康和福利的潜在威胁降至最低。

如果有可能，农场管理应从采用密闭饲养方式开始，以促进动物健康、降低来自于病原体引入和传播的威胁。多数情况下，从外部畜群引进新动物时可将病原体引入畜群中。采用封闭饲养管理模式可以有效降低引进动物时带入病原体的可能性。

在无法采用密闭式管理时，应当对计划引进的动物进行检测、隔离，并在隔离期间对引起疾病的病原

体进一步检测，然后接种疫苗，和/或进行相应的治疗。在最终要从外部引进动物时，这种方法是建立有效屏障防止病原体引入、维持畜群健康的关键。

对员工和必要的服务人员进入生产区应当进行限制。服装、无生命的物体和车辆可以造成病原体的引入和传播。因此，农场员工进出入场的规定是至关重要的。另外，由于非本场员工和服务人员可能曾访问过其他农场或与其他动物发生过接触，有关这类人员进出场的规定对于降低病原体引入的风险同样非常重要。

应避免动物与野生动物和健康状况可疑的畜群接触，因为这种接触对于家畜健康和农场生物安全都是一种直接威胁。但在一些家畜的生产中，如肉牛和鹿在公共区域内放牧和意外接触，无法做到这种控制。应该禁止宠物进入畜舍区域，除非是出于保护畜群或控制食肉动物的目的。由于啮齿动物和昆虫都可以携带和传播病原体，所有生物安全计划都应包含啮齿类动物和昆虫的控制措施。

只要可能，应尽量保证饲料和水不发生污染。饲料和水源污染对于农场的生物安全提出了一个挑战。任何来源的饲料在其生产和储存过程中都有可能发生污染。饲料厂保持清洁卫生，饲料储存区做好虫害控制，有助于防止饲料原料和全价饲料发生污染。对农场的水源进行定期分析可以为评价水的质量和可能存在的传染性风险提供有价值的信息。

对畜群的健康状况应定期进行评估和监测。在仔细考虑内部生物安全计划和制订疾病控制措施时，这一点是非常重要的。应该根据农场的健康管理目标和农场兽医提出的对本场意义最大的疾病的建议，来制订监测疾病的种类和监测频率。

应首先制订一个疾病控制程序，然后使农场所有相关人员都认识并实施。防止病原体进入和抑制现有病原体的活性，需要农场所有员工的努力与合作。

三、防止传染病的引入

饲养无免疫力动物的农场引入致病性病原体对于所有暴露动物的健康来说都是灾难性的。因此，必须特别小心注意避免引入病原体。

引入动物时，必须从已知致病性病原状况的场引进。应当给动物接收场提供一份完整的原产地畜群病史。这通常要求，为双方农场提供健康服务的兽医，就关于畜群健康状况、疫病暴发情况、血清学检测结果、尸体剖检情况、动物的生产性能，以及可能有的屠宰检疫等相关信息进行沟通。畜群原产地疫病控制措施的相关信息对于畜群健康状况的全面了解和诊断检测结果的正确解释都是非常重要的。在动物运输之前，应当将诊断检测结果提供给接收场的兽医，以方便为购买的动物做好准备。诊断检测的时间安排各不相同；对有些动物，采用季度检测结果即可满足要求，而有些动物可能需要在运输之前再进行检测。

动物到达农场时，必须与原有畜群隔离。由于这些新引进动物在运输之后，可能正处于潜伏期或正在排出传染性病原，对原有畜群的健康造成更大的风险，隔离是非常必要的。依据考虑的疾病不同，隔离期的长短也各不相同。要避免引入正在排出传染性病原体的动物，需要隔离的时间应不少于60 d。

要将病原体的传入降至最少，隔离设施与接收农场之间有足够的距离；理想的隔离距离应为3 km。该距离反映出一个事实，即一些飞虫在不同场之间的飞行距离高达2.4 km，可能会将传染性病原体从一个场传播至其他场。要减少疫病传播，建议的隔离距离至少应为300 m。

在对动物进行隔离期间，应当进行动物疫病的监测，对疫病的临床症状每日进行观察。监测项目包括血清学、PCR、培养和敏感性试验以及病毒分离。在隔离期间，要控制主要细菌、体外寄生虫和肠道寄生虫，应该进行药物治疗，如抗生素、化学药物和驱虫药。在动物隔离期间，要使新引进动物建立针对接收场现有疫病的免疫力，任何必要的疫苗都应该进行接种。采用血清、粪便或活体动物对隔离动物进行疾病的暴露控制，必须在接收场兽医的指导下进行。

在有可能情况下，应配备专门人员，对隔离场内动物进行日常管理。这可以降低病原体从隔离场传播至接收场的可能性。在隔离舍内，应使用可清洗或消毒的设备、服装和鞋，且不能被带出隔离场。如果必须将这些物品从隔离场移出，也不应该把这些物品转入接收场。

四、农场员工

员工严格遵守农场生物安全协议，对于动物的健康是至关重要的，也是农场内部生物安全措施中一个重要考虑因素。对于没有任何理由进入农场内的人员，严禁接近场内的畜群或任何建筑物。员工在到达农场时，应该脱掉自己的便服和鞋，彻底淋浴后，换上由农场提供的专用的工作服和鞋子。如果进入农场前不能立即洗澡，员工需要在家里进行淋浴，然后在到达农场时脱掉自己的衣服和鞋子，再换上农场专用的工作服和鞋子。其他人员，如需要进入农场的服务人员也应遵守相同的规定。应尽量减少设备移出和移入栋舍内外，对于员工和服务人员需要在舍内使用的设备应进行清洗和消毒。

每日对脏的工作服和鞋进行清洗消毒是农场保持

良好卫生的不可或缺的环节。着装清洁可以减小病原体在整个农场内传播的可能性，也可还降低已清洁栋舍发生污染的风险。其他考虑因素包括合理配备对手和鞋进行去污染的消毒池。浸脚消毒池并不是鞋类消毒的一种可行方法，且如果维护不好，还可能给鞋造成更大的污染。最后，与其他动物发生接触的员工和来访者，应在12～72 h内严禁接触畜群。

五、运输车辆

粪便可携带大量的致病性病原体，也可为病原的长期存活提供适宜的环境。因此，进入农场运载动物的车辆应进行彻底的清洗和消毒，完全干透后，方可进入农场。污染车辆对农场的生物安全造成直接威胁，只要可能，就应限制车辆进出入农场。理想情况下，待售舍应该位于农场外围边缘区，挑选动物运输时应严禁运输车辆进入农场。可以使用围网，限制车辆进入未知场所，也可以对员工车辆的停放和进出进行协调。不幸的是，在将动物装上车辆时，致病性病原体也可能不是通过进入农场的车辆，而是通过气溶胶途径发生传播。农场与运输动物的主干道之间必须有足够的距离。要减少疾病的传播，最理想的是与其他农场保持3 km的距离，但有些病原体仍可能形成气溶胶，发生远距离传播。

六、虫害与野生动物的控制

野生动物、鸟、犬、猫、啮齿动物和昆虫也可起到致病性病原体传播媒介的作用。因此，应根据需要采取必要的防控措施，以控制生物传播媒介。在实施虫害控制计划时，应咨询虫害控制专家。应根据需要对相关设备进行检查和调整，以限制野生动物、鸟类及害虫的入侵。严禁宠物进入家畜饲养区内。

七、尸体处理

动物尸体的处理方式包括焚毁、掩埋、堆肥处理和化制。尸体的处理方法应与农场的生物安全程序相结合，也可以将病原体的引入或在场内传播的风险降至最小。化制处理通常需要专门车辆进入农场收集动物尸体。因此，应当在农场外围设置动物尸体收集区，以便于专用车辆直接进入收集区，而无需进入农场。当野生动物和食肉鸟类进入堆肥场并将尸体组织散落在农场时，堆肥处理将会给农场的生物安全造成巨大威胁。

八、饲料与水

病原体可通过污染的饲料和水进入农场。在需要购买饲料原料时，应尽一切努力购买未受污染的原料。由于运输动物的车辆存在粪便污染的可能性，不能用于运输饲料或饲料原料。建议对水源进行定期检查，以确定水质和细菌含量。

九、清洁与消毒措施

对动物饲养设施进行清洁与消毒是减少舍内病原体载量、降低疾病对舍内动物威胁以及促进动物健康的一种非常有效的方法。

有效的清洁与消毒措施包括：使用热水和高压器枪清除地面上的有机物。应确保舍内完全干燥后，在干净地面上喷撒消毒剂。只有在消毒剂完全干燥后，方可将动物移入舍内。在冲洗之前，建议在地面上喷洒洗涤剂和泡沫剂，以提高有机物和碎片的清除效果。应根据多种因素对消毒剂进行选择和使用，包括作用原理、存在的有机物、水质、病原体、稀释度、腐蚀特性和安全性。应轮换使用不同的消毒剂，以避免病原微生物产生针对某种消毒剂的耐药性。清洗和消毒后，应严禁员工进入畜舍内，以避免发生污染。如果员工必须进入舍内，应穿上无粪便和灰尘污染的干净衣服和鞋。

第三节　家畜的克隆

通过细胞核移植进行动物克隆的基本概念是，将供体的细胞核移植到无核卵母细胞内，卵母细胞经激活后发育为胚胎，从而所产生的胚胎即可具有与原供体动物完全相同的基因型。

一、克隆的相关技术

在宣布通过细胞核移植技术，采用成年动物体细胞繁殖出第一只哺乳动物（"多莉羊"，1996年由苏格兰罗斯林研究所报道的一只羊）之前，采用桑葚胚期之前的早期胚胎采集的细胞作为高效供体细胞进行细胞克隆的技术，以及胚胎克隆技术已经成功开展了十多年。

最常用于克隆的成年动物组织是皮下结缔组织。将组织研碎后，进行体外培养。将快速生长的成纤维细胞收获后，转移至新的平皿中更新（继代）继续繁殖，直到产生大量细胞。然后，将这些细胞进行冻存，以备将来使用。

细胞核移植时，需要采用同种动物或亲缘关系密切动物的成熟卵母细胞。卵母细胞的遗传价值并不重要，但由于生成的克隆可能含有供体的线粒体，因此其线粒体成分可能比较重要。通常可以从屠宰场材料中采集卵母细胞，然后在体外培养成熟，但是在某些品种的动物，可以直接采集到成熟卵母细胞。

一般都采用带显微操纵器的显微镜进行细胞核移植。移除卵母细胞中的染色体，即可获得无核卵母细胞或胞质体。必须将用于克隆的体细胞，同步至细胞周期的早期阶段（DNA合成之前）。通过电脉冲技术进行细胞膜融合或采用显微操作术将供体细胞核直接注射入细胞质中，即可将体细胞与细胞质融合在一起。

融合后的卵母细胞含有供体细胞的细胞核，经过处理后，即可模拟受精的激活信号，从而刺激卵母细胞发育为胚胎。激活后，可采用外科手术方法将正在发育的胚胎移植到雌性受体的输卵管内，或在体外将其培养至一定阶段后经阴道移植到子宫内（非外科手术），这是经典的细胞核移植方法。

克隆动物的健康与表型：许多因素都可以影响克隆动物个体的健康和表型，包括表观遗传效应、线粒体DNA、子宫内环境和出生后的环境、变异以及个体差异。

1. 表观遗传效应　细胞核移植后，细胞质必须对体细胞的DNA进行改编，使作用与受精卵类似。这主要是通过DNA碱基的甲基化/去甲基化，以及包裹在DNA周围的组蛋白、蛋白质的修饰，来进行调控。这种在未改变DNA自身结构条件下，采用这种方式对DNA转录进行调控的过程，被称为表观遗传调控。卵母细胞必须在克隆早期对供体细胞DNA进行改编，然后在不同发育阶段维持表观遗传修饰的正常表型。供体细胞DNA的改编量和改编的精确度可能是克隆中胚胎发育成功与否的主要原因。表观遗传状态的细微变化可能并不会对克隆动物的健康状况产生影响，但是仍然可能会造成因供体动物不同而出现不同的表型。这种情况的明显例子就见于首只克隆猫，CC。CC的X染色体失活不是随机的，而是所有细胞都出现同一个X染色体失活，推测可能是由于在克隆时对失活的X染色体未能成功重新激活所致。

由于猫X染色体携带有毛色控制基因，因此CC的毛色仅呈现为棕色，而其供体猫却可以出现橙色和棕色两种颜色（如三色猫）。

表观遗传因素也可能影响细胞核移植动物出生后的表型。例如，生长因子基因转录水平高的动物可能比其基因活跃度较低的同胞长得更大一些，即使其基因数目和组成完全相同。但是，在所有种类的动物进行的研究中都已经表明，主要表观遗传异常都不能遗传至后代，这是由于在精子和卵母细胞发育过程中，表观遗传状态发生重置。

2. 线粒体DNA　细胞核移植的胚胎含有基因供体的细胞核DNA，同时还有受体卵母细胞的线粒体DNA。可能也存在有供体细胞的线粒体，但相对较少。线粒体或线粒体混合物对子代特征的影响目前尚不清楚。由于线粒体是细胞能量的来源，因此线粒体的差异可能影响生产、耐力和其他物理或行为特征。

在细胞核移植获得的雌性动物中，由于其体内的异质线粒体存在于卵母细胞中，因此可遗传给雌性个体的后代。但是，在细胞核移植获得的雄性动物携带有异质线粒体时，在其精子使卵子受精后，就会清除这种线粒体，所以认为雄性动物可产生与遗传供体特征相同的后代。

3. 环境　子宫的体积和健康状况，母畜的产奶量，营养、运动、训练方案，以及新生动物发生感染后的处理方法，这些都可能影响到动物是否能够成年。例如，克隆猫CC性格活泼外向、合群，而其基因供体猫却很腼腆。但是，供体猫是一只笼养的、不习惯受关注的试验猫，而CC则生活于备受关注和刺激的环境中。

4. 突变　由于DNA来源于体外培养细胞，克隆动物似乎更容易发生基因突变。供体细胞是在体外进行培养和继代的，突变可能与随着传代次数的增加，异常染色体数量增多有关。

5. 个体变异　由于一个细胞的分化可影响到其周围细胞的状态，因此细胞出现大量分化。在发育过程中，细胞在许多环境因素和内在刺激物的作用下发生增殖或凋亡。因此，个体就会在组织成分发生随机变异，这种情况甚至可以发生在具有相同遗传背景的个体上。一个显而易见的例子就是克隆动物的标记：相同细胞系克隆出的动物个体在类似部位可能呈白色，但是这种白色标记在大小和形态上可能出现明显差异。

二、克隆家畜的现状

目前主要种类的家畜都已通过核移植方法成功克隆活幼崽。例如，猫、犬、马、牛、山羊、绵羊和猪。猫的克隆已连续多次获得成功，可使用临床卵巢子宫切除术采集的组织来获取卵母细胞。使用家猫卵母细胞已经成功获得与其亲缘关系相近的非家猫品种的异种克隆幼崽。

多种因素造成犬的克隆十分复杂。由于尚未开发出体外培养成熟犬卵母细胞的技术，只能在排卵后从输卵管中采集犬的成熟卵母细胞；另外，母犬每6个月只有1次发情，因此卵母细胞的可利用率较低，且受体犬的同步发情也存在问题。在马的克隆中，囊胚的发育率较低（3%~10%），但是移植后的存活率是报道中最高的：大约30%的移植胚胎可发育成活驹，且出生幼驹的成活率也很高（85%以上）。

通过采用屠宰场组织可以非常方便地获得卵母细胞，加快了食品动物的克隆。绵羊和牛的克隆效率较低（只有5%～10%的移植胚胎可发育为活体），大约50%的新生仔畜只能存活4年。绵羊和牛的克隆可频繁发生胎盘异常，尤其是少量的非典型大型绒毛胚胎。克隆的新生犊牛和羔羊后代过大综合征的发生率较高（即胎儿生长过度，伴有相关异常）。克隆山羊在每枚移植胚胎所产活羔方面的效率也类似，但是克隆羔羊的存活率较高。通过体外卵泡穿刺获取山羊的卵母细胞，一般可提高克隆羔羊的存活率。虽然在猪的克隆中仅有1%～5%移植胚胎可生成幼仔，但是由于获得大量卵母细胞很方便，以及有能力将许多重组卵母细胞移植到一头受体猪的输卵管内，因此猪的克隆技术也切实可行。克隆的仔猪一般都很健康；克隆仔猪出现某些畸形的发生率比正常仔猪要高，但并不会发生后代过大综合征。

三、克隆的基本原理

宠物的克隆可能是出于情感的原因或用作濒危动物种类的模型。马的克隆主要是为了延续高价值基因型个体所产后代的生产力，或保存一种基因型（如具有优良性能的骡马）。对家畜进行克隆可能是出于农业生产或生物医学应用的目的。农业应用包括：生产具有优良生产性状的动物，如高产奶牛、屠宰时具有高质量胴体的动物，或生产更多具有一种已确定优良性状的雄性种畜。

克隆在生物医学上的应用在很大程度上与使用经基因改造（转基因）的细胞系进行细胞核移植的能力有关，从而也与生产具有这些特性动物的能力有关。生物医学应用包括：生产具有特定基因型的动物作为疾病模型；生产携带有医学重要蛋白基因的动物，这类蛋白可通过牛奶或组织获取；为人体器官移植而生产携带有转基因器官的（低免疫原性的）动物。

四、争议

有关克隆的伦理问题大体可分为两个方面：有关克隆对动物和人类福利的影响问题，以及反对克隆的原则问题，即反对通过非受精方法生产动物的问题。

与常规育种方法相比，目前的克隆方法可能造成动物遭受更多的痛苦。这是由于采集卵母细胞或移植胚胎时采用的外科手术、妊娠终止、新生动物出现发病或死亡、存活新生动物出现低级畸形、用于疾病模型的动物可能遭受疾病带来的痛苦等原因造成的。在发现这些情况并不仅限于克隆之后，这些关注稍有缓和；已经普遍认为是有价值的其他技术也会发生这类情况，如体外授精和胚胎生产、卵母细胞移植和胚胎移植。此外，正在克隆的许多种类的动物，其可接受的正常结局都是，进行舍饲以获得生产能力最大化，而后进行屠宰，并供人类食用。有关克隆技术的一个激烈争议是，这种方法对生命过程和动物疾病的理解、对人类健康以及对食品生产的潜在价值，要远远超过在动物福利上的成本。

有关克隆的其余顾虑在于克隆对整个动物群体的影响，最常见的是品种的基因变异。在某些种类的动物和某些应用领域这种顾虑是合理的。例如，在奶牛群中，一头公牛可能繁殖出成千上万的后代。但是，这主要与精液冷冻和配送技术有关，而与公牛克隆的关系不大。有可能克隆的少量伴侣动物不一定能够对其整个群体产生影响。实际上，马的克隆使遗传变异增多，如一个主要预期用途就是克隆具有优良竞争力的骡马，这样就可以拯救那些可能早已丢失的基因型。

对人类健康的顾虑主要集中在食用克隆动物的产品上。经过数年的研究，FDA已经得出结论，食用克隆动物生产的奶或肉不会对公共健康构成威胁。因此，有关食用克隆动物产品的其余顾虑更多是基于原则，而不是实际的潜在危害。由于可采用克隆技术生产转基因动物，有关克隆的许多顾虑实际上是针对转基因动物，这反映的是对动物健康、人类健康和环境具有潜在风险的完全不同的一套体系。欧洲国家一直反对将克隆动物用做食品；这主要是基于动物福利和克隆对遗传多样性影响的顾虑，并没有任何证据表明食用克隆动物产品可以给人类健康造成威胁。

关于采用克隆技术进行动物生产的一个关键问题是，这项技术是否违背某些道德禁律；也就是说，人们正在扮演上帝的角色，不通过受精即可创造出胚胎。每种繁殖新技术的产生都曾出现过类似的问题；但许多人认为克隆是一个特例。科幻小说和科幻电影将克隆描绘成一种邪恶力量，也进一步加重了公众对克隆概念普遍存在的道德厌恶感。

反驳这些伦理顾虑的观点是，自然界中存在有同卵双胎形式的克隆；从人们第一次在一个新地区播种第一粒种子，或挑选一头公牛给一头母牛配种开始，就一直在采用"非自然"的方式进行植物和动物的生产，克隆只不过是同一生产线上的一个最新发展。在多莉出生之前的十多年时间内一直采用的胚胎克隆技术基本上没有引起公众的关注；甚至是，就在多莉出生的前一年，宣布通过体外培养胚胎组织的细胞获得两只羔羊，也并没有引起社会反响。因此，公众顾虑的主要道德问题似乎不是采用非受精方法生产胚胎，而是使用现有的已知动物的细胞生产胚胎。

对伴侣动物克隆的争议主要集中在克隆的生产成

本上，在每年都有成千上万只流浪犬和猫被杀掉的时候，克隆却要花费几万至几十万美元。但是，在人们可以免费获得动物时，目前却要花数千美元购买纯种猫和纯种犬。美国文化支持的理念是人们把自己的钱花在任何想干的事情上。

一个相关争议是克隆将动物变成了一种商品或一个物体，而不是一个有情感的动物；通过该方式生产动物，表明人们缺乏对动物作为一个个体的尊重。然而，自从动物被驯化之后，就一直在被买卖；目前精液和胚胎进行冷冻后，运至世界各地，用于生产预期的幼崽。在该领域，克隆似乎并没有表现任何特别的不同之处。

克隆的商业化也可能会带来对丧失宠物的主人造成感情欺骗和感情困扰的问题。克隆公司应当明确说明，克隆技术可以生产出与原有动物遗传特性相同的另一个动物；但这并不能使一头动物"起死回生"。最恰当的比喻就是同卵双胎中最后出生的一头动物；就如同自然出生的同卵双胎，非常相似，但在许多方面也存在差异。

第四节　补充与替代兽医学

2001年，美国兽医协会将补充与替代兽医学（CAVM）定义为"一组混杂有预防、诊断、治疗理念和实践的组群。CAVM的理论基础和技术可能与北美兽医学院教授的常规兽医学有所区别，也可能与当前的科学知识有所不同，抑或两者兼而有之"。虽然许多技术在动物治疗中的应用已有几个世纪之久，但在兽医界的流行只有几十年时间。除了其中公开的部分比较普及，以及只有一些兽医师提倡之外，兽医专业对其他技术在动物治疗中的实际应用一直都持有保留意见。因此，要使CAVM在现代医学中取得合法地位，必须要证明CAVM的作用的合理机制，还要经得起科学的考验。

补充医学与替代医学（CAM）的泰斗兼批评学家，埃查德恩斯特写道，CAM介于"证据与谬论"之间。那也就是说，CAM方法的多元化从透彻的研究到匪夷所思和毫无根据。某些治疗方法缺乏生物学上的可信性；其他治疗方法需要医生和患者采取信任体系，这种体系是一种典型的以信任为基础的治愈，而不是药物治愈。发表的许多CAM资料进一步刺激了这种不可靠的且具有潜在危险的建议。不能总是依赖CAM服务供应商提供所采用治疗方法的科学依据和批判观点。

保护病畜和使病畜受益是受过科学教育的临床兽医师的责任。兽医师有责任对这种治疗方法进行调查研究，以确定哪些是可信的，哪些好得令人难以置信。达到该目的的一种方法是通过采用精心设计的科学试验方案，对相关临床问题进行调查，而后通过对医学文献进行重新讨论，以便对已经积累了独立证实数据的方法进行重新评估。即使某些临床应用尚未得到研究审查，显示具有貌似可信的作用机制且具有安全记录，也仍然有助于为是否推荐采用这种方法提供支持。

虽然与CAVM相关的方式和治疗方法有很多种，但以下介绍的内容只是兽医领域众所周知的和可考虑采用的一些方法。

一、针灸疗法

针灸是指将细长、无菌的实体针插入身体特定穴位的一种治疗方法。针灸有很多种用途，包括缓解疼痛、治疗器官功能障碍、免疫失调和其他许多疾病。尽管当很多人听到针灸时就会想到细针，但实际上针灸包含一系列干预措施，这有可能是为了增强针刺效果，甚至是完全排斥针刺。这种干预措施包括电刺激（如电针疗法）；艾灸，将点燃的艾草放在组织或者细针插入的组织上；低强度激光刺激（激光穿刺）；按压技术（穴位按压）；在穴位注射维生素、盐水或其他溶液（水针疗法）。

与传统中医（TCM）相关的针灸，通常都宣称或多或少是几千年前在中国出现的隐喻性医术基础的直接继承。但实际上，当代针灸术与传统中医几乎没有关系。古代的中国针灸师，就像所有古代文明的医生一样，都不能准确描绘身体内是如何运转的。这种有关器官功能的错误认识可能是由当时的中国遍布着农耕文化所造成的，有些在中医名词术语中非常根深蒂固，并一直沿用至今。当代中医一直在延续使用这种比喻，如"中风"和"脾胃湿热"。

尽管中医的根源可以追溯至汉代（公元前206年—公元220年），甚至更早，然而"传统中医"的概念却是一个比较现代的名词。传统中医学是在毛泽东主席的指示下更新和编辑整理而形成的，目的就是对中医理论进行修订和简化，这有助于解决中国广大患病民众对公共卫生的需求，同时也促进了中医实践，这是典型的中国民族自豪感。后来，将传统中医推广于西方医生。西医与传统中医及玄学在文化上的融合，将针灸转变为"能量医学"。

一些中医医师可能严重依赖传统中医方法来给病人进行诊治，如舌诊和切诊。基于舌象和脉象，采用针灸方法对特殊疾病进行治疗，迄今仍无科学依据。目前存在许多以针灸疗法为主要研究对象的研究机构，这表明即使是对人，也没有任何一种方法是完全可靠的。针灸的理论和应用有很多其他的变化形式。例如，1998年用于兽医领域的术语"医学针灸学"，满足了某些兽医对针灸学习和在理性和科学为基础进行针灸操作的偏好。

1．作用机制　很多针灸师都认为针灸是通过在某些无形通道（经络）中运行无形能量来起作用的。针灸和能量的这种联系似乎源于1930年法国作家Georges Soulie de Morant把中文"气"错误地翻译为"能量"。"能量"修复已经被设定为数千年以来医学中很重要的一部分；中文"气"的概念和其他许多当代文化中的"活力"一词没有根本性的差别。科学的从业医师对这种形而上学的解释极为不满，因此出现其他的作用机制假说也是理所当然的。

其作用的一种理论机制认为，针灸是通过调节神经（通过外周神经、中枢神经和自主神经系统对神经脉冲产生影响）而发挥作用的。根据这种理论，神经调节将身心恢复至全身性体内平衡的状态。生理学研究发现，针灸针或其他工具可以影响到皮肤的传入神经纤维，随后是皮下组织、筋膜、肌肉、肌腱、血管壁或骨膜，据称可诱发局部或外周产生对机体有益的反应。

对于针灸如何减轻疼痛存在有多种假设。有些假设认为，针灸是在脊髓水平上中断了痛觉的信息传递，在脊髓节段产生镇痛效果，或从中枢神经改变了痛觉的处理和接收。还有一些假说认为，疼痛的缓解效果可能只是归功于心理安慰作用、注意力分散、有害刺激消除或者心理上发生痛觉的转变。迄今为止，对于针灸缓解疼痛仍未达成共识，但是有关针灸作用机制和临床效果的大量证据正在逐步为临床上的疼痛治疗充实科学依据，不论是炎性的、骨骼肌性的、神经性的，还是内脏源性的疼痛。

多种神经递质和神经内分泌的反应也与针灸有关。随着研究对于治疗如何影响临床预后作出科学解释，已经发现对针灸最佳效果意义重大的具体参数。例如，与局部病理而不是边远部位相对应的靶向性特殊皮片可以对痛觉控制、机体活力和睡眠质量产生更为强大的促进效果。刺激的频率和持续时间也可以影响镇痛效果。

2．适应证　在兽医界，缺乏支持针灸综合治疗大量疾病的严谨研究。但是，可以根据人和实验动物的观察结果，采用针灸对患畜的急性和慢性疼痛进行治疗。对患有背部疼痛的马进行的试验表明针灸的疗效，但是还没有得到良好科学试验的证实。越来越多的证据支持对患有神经功能障碍和疼痛的犬使用电针疗法。使用针灸可治疗的其他疾病包括肌紧张、肌腱炎、胃肠道蠕动紊乱、循环系统或免疫功能紊乱、生殖障碍和某些心肺疾病。

3．禁忌证　人类医学研究发现针刺的安全性非常高。但是，考虑到针灸可能改变生殖激素的循环水平，因此妊娠期禁用针刺疗法；如果对分布给子宫的某个脊髓片段进行某种程度的刺激，也会出现其他担忧。然而，在妊娠晚期患有腰部及骨盆疼痛的妇女，针灸所产生的不良反应尚未采用精心设计的研究得到证实。如果针灸可造成大量出血或局部感染，则凝血症或免疫抑制可能是相应禁忌证。

如果一头动物的身体状况不足以保证针刺的安全进行，则禁止使用针灸方法。高度焦虑、恐惧或攻击性通常可以抵消针灸所产生的自身健康调控效果。对这种病例，有必要对动物采取镇静措施。

某些传统中医的针灸师声称，癌症是针灸的禁忌证，但没有证据支持这种观点。认为针灸是通过无形能量发挥作用的人都坚持一种观点，即在经络沿线上的任何一点进行针灸，都可能会将能量推进到肿瘤内，促进癌细胞的生长。有关针灸可促进血液循环，从而促使肿瘤转移的观点，同样也是毫无根据的。但是，也没有证据表明针灸自身能够治疗癌症。

4．不良反应　由医学教育专业人员，如兽医，进行的针灸通常是安全的，几乎没有不良反应。只要从业医师具有足够的解剖学知识，就可以将针刺入主要组织或血管的风险降至最低。出现极端的负面反应表明针灸刺入神经，此时，应该立即将针拔出。在对马进行针灸治疗时，踢腿可能会造成操作人员受伤。动物摄入针灸针可能是最常见的问题，但尚无受伤的报道。在人已经有针灸不良反应的报道，包括昏厥、皮肤感染和肝炎；尚无动物发生这些不良反应的报道。

医学文献记载了针灸针碎片或埋植物转移至脊髓、腹腔、心脏、胃部、肺部、胸部、脑部、膀胱、肾脏和结肠的病例。在动物中，无对照的放射照片证据表明，埋植物的迁移距离很长，如从臀部迁移至胸腰部或腹壁。组织中嵌入的铁磁物可能会影响计算机扫描图，如CT和MRI，从而出现假象，难以诊断。金珠埋植（GBI），将细小金属珠永久埋植在体内作为一种"永久性针灸"的方法，与日本的一种技术类似，日本的方法是将针灸针刺入组织内部，然后将表面部分切除，其余植入体内。到目前为止，没有研究证明GBI能引发迁移的风险，也不会造成图像模糊。

埋植物的其他不良反应包括活化肥大细胞、引起银中毒、接触性皮炎和金诱导的骨髓中毒症。

5．争议　有关能量针灸的基本原则尚未得到证实。没有证据表明，存在无形的经络或气。由于兽医针灸临床研究的数据有限，以及对针灸科学基础尚存在争论，以及美国兽医协会尚未将针灸认可为一个专业。

兽医界对于针灸的其他争议包括依据对动物机体能量通道的"感觉"来确定针灸穴位，兽医从业者坚持，他们可以根据动物的心灵感知确定人们过去所描述的针灸穴位。这种方法过度采用迷信的方法，也会对针灸产生匪夷所思的观念，如依据想象穴位之间的情感相互作用而产生的癌症治疗方案。

二、手法治疗

手法治疗是指徒手治疗方法（如按摩或脊椎按摩疗法）的一个通用名称。手法治疗也可能需要仪器的辅助。虽然手法治疗主要用于治疗躯体疼痛或其他肌肉、骨骼系统疾病，但是其他适应证也可包括淋巴水肿、免疫抑制和内脏不适。

按摩方法的差异很大，从传统的揉捏和按抚到用力对深层组织进行的按摩。目前研究最为普遍的是瑞典式按摩法，也被称为经典肌肉按摩法。瑞典式按摩是将多种按摩手法整合在一起，包括轻抚法（按抚和轻滑）、叩抚法（叩击）、揉捏法（搓揉）和摩擦按摩法。轻抚法是对组织进行按压，叩抚法是对组织进行叩击，揉捏法对相邻纤维组织进行拉伸，而摩擦法是拉伸结缔组织以达到缓解挛缩的目的。按摩手法有很多种，但都很相似。例如，瑞典式按摩手法与中国的手法疗法推拿非常类似。其他的按摩技术包括德国结缔组织按摩和罗尔夫按摩治疗法，后者是美国引进的、深层组织按摩法中很剧烈，甚至会感到疼痛的一种手法。

手法治疗的主要目标是脊椎。当人们说起"动物脊椎按摩疗法""兽医手法治疗"或"动物调理"，通常指的是为减轻疼痛或缓解脊椎功能失调而对背部和颈部而采用的按摩手法。有些治疗手法借鉴了人的脊椎按摩疗法，并与调节器或激活器等医疗设备进行了结合。这种"激活器"是一种手提式设备，类似于末端为橡皮钮的金属注射器，可以对病畜进行快速的捶击，大致地模拟了采用拇指对人的身体进行按压的动作。对马可采用更加剧烈而又简单的方法，利用木棍和木块进行敲打，使"突起的脊椎平直"。迄今，所有这些方法对动物的治疗效果均尚未得到证实。

1. 作用机制 按摩的重点是柔软的组织部分——也就是说，肌肉和包裹的筋膜。按摩的治疗效果，如减轻应激和降低血压、恢复胃肠正常蠕动、调节免疫力、改善忧郁，都可能具有共同的作用机制。这种机制是，按摩产生对副交感神经系统的刺激，产生神经调节和体内自我平衡的作用。

在肌肉损伤和长期肌肉松弛的修复中，或在运动前准备和运动后的恢复中，目前还没有有效证据表明按摩可作为主要的治疗方法。但已有研究表明按摩能增加血液流量，因此可促使更多的氧气、营养物质和血源性因子（如中性粒细胞、巨噬细胞）进入损伤组织。但目前的研究不能证实按摩可增加人的大块肌肉或小块肌群的肌肉血流量。

按摩，也被称为人工淋巴引流，可以促进局部淋巴液循环（如淋巴水肿）。按摩师沿淋巴管流向和淋巴结上方进行轻轻按摩，以促进淋巴液被动回流至血管。但这种作用是短暂的。

与缓慢移动的按摩方式相比，脊椎按摩疗法的特点是快速推动。其作用原理很多尚未得到证明。现有知识缺乏很容易造成对其原理进行推测，但是脊椎按摩疗法的理论需要事实来证明。有关理论宣称脊椎按摩疗法可激活肌梭、高尔基腱器官、关节囊的机械性感受器、皮肤上的受体，同时多种类型受体出现激活可以改变CNS的活性、伤害感受的迟钝化、肌肉张力、关节活动性的正常化以及交感神经系统的活性。但这些理论没有得到足够科学数据的证实。脊椎治疗技术中没有一种方法比其他方法更优越，因为在对照试验中没有一种方法在动物上取得疗效。

高速率、低频推压与治疗效果之间的关系已经受到质疑。对特定部位施加的总力不同于对全身施加的力量。由于在脊椎按摩疗法中要逐渐增加力量，接触部位的力量也会随之加大。因此，很多力量并未作用于靶向组织。提示单个脊椎或脊髓片度上的特定作用目标所承受的有效载荷，要远远小于所施加的总力量。

有些人习惯于在快速手法推拉中听到关节腔发出"啪"或"可听见的"声音，就对未产生关节声音的疗效提出质疑。但是，研究表明，声音并非是有效治疗所必备的。利用矫正器治疗通常不会发出关节杂音。

2. 适应证 在兽医领域中，推拿和脊椎按摩法的适应证有颈部或背部疼痛和僵硬，不能直立、柔韧性降低、肌肉痉挛、生产力下降、难以走上走下、无法直线行走或奔跑或尾巴举止异常。但是，没有精心设计的科学试验来表明该种治疗方法可用于犬、猫或马。

3. 禁忌证 由于对辅助疗法出现的不良反应报道不多，其不良反应发生的真实范围和发生率尚不清楚。没有不良反应的报道未必表明所确定的治疗方法都是安全的。应当依据试验证据或可能的合理性，来确定禁忌证。因此，对于极其虚弱或有重病的动物，一般应采用手指按压方法进行较为短暂而轻柔的按摩。软组织按摩法不能直接适用于感染、急性炎症、肿瘤、近期实施过手术和形成血栓的部位。按摩也不适用于急性炎症、皮肤感染、骨折、灼伤、深静脉栓塞或癌症部位。

脊椎按摩疗法的禁忌证包括骨骼或其他结构变弱的情况，如果此时给脆弱的脊柱或四肢施加推力可能会造成重伤。去骨化或失稳性疾病的例子有肾上腺皮质功能亢进、肿瘤形成、继发性甲状旁腺功能亢进、退行性骨关节病和椎间盘疾病。有些脊椎按摩师主张可以对许多疾病进行按摩治疗，包括特发性跛行、椎间盘疾病、摇摆综合征/颈椎供血不足、颈椎病、马尾综合征、尿失禁、神经变性病、手术后的康复、外伤和器官病变。然而，很多这类疾病实际上可能属于禁忌证。一个研究人CAM的参考实验室将关节运动过度、关节炎、椎间盘疾病和神经系统疾病列为脊椎按摩治疗的首个禁忌证，同时还有癌症、传染病、骨折、凝血功能紊乱、骨质缺乏和骨质疏松症。

4. 不良反应 用力过大或突然用力可能会造成器官、血管、神经组织或骨骼受伤。对腹部进行深层按摩可能会损伤器官（破裂/出血）和神经（直接压迫神经）；剧烈按压可能会使得支架、导尿管或栓塞发生移动。采用脊椎按摩疗法，虽然可根据所治疗动物的大小和关节的种类适当调整推压的力量，但推力并不总是无害的。力气大的人可能会对动物造成严重伤害甚至死亡。即使采用轻柔的推力也可能会对年老的、出现关节病变、骨质疏松或肿瘤而孱弱的动物造成损伤。

脊椎按摩疗法所致的损伤通常是由于血管、椎间盘和神经组织受到损伤，从而造成脊髓或脑出现创伤所引起的。人类神经学和神经外科的研究报告表明，中风与上颈椎推拿存在一定的关系。除了快速按摩法之外，在枕骨部位进行深层按摩或其他压迫按摩可造成血管损伤、神经损伤，甚至死亡。对人的颈部脊椎进行按摩治疗引起的中风发生率虽然较少，但已被公认，同时其发生率很可能比报告的更高。损伤的机制通常都涉及动脉内壁分离或痉挛。

一项对颈部疼痛患者的研究表明，有25%的患者在采用脊椎按摩法治疗后，颈部疼痛或僵硬症状加重，且在剧烈按摩后更易出现不良反应。有结果表明，剧烈按摩法并没有表现出较轻柔按摩法更为卓越的疗效，因此脊椎按摩师应考虑采取保守的按摩方法。特别是对于老龄动物或其他虚弱动物，软组织手法治疗比高强度的快速按摩方法更为安全。

5. 争议 从力学的角度来看，直接将人体脊椎按摩疗法应用于动物是无法得到保证的。两足动物与四足动物的脊椎承受力量不同。此外，马的椎骨与人的拳头大小一样，周围包裹有肌肉、肌腱和几英寸厚的韧带层，因此是否可以对马椎骨进行脊椎按摩仍存有争议。

脊柱关节或其他骨骼的"错位"都没有得到证实。即使存在这种疾病，这些疾病的常用诊断方法既没有可重复性，也没有可靠性。尚未确定全面采用推拿疗法对一种疾病进行治疗（包括其最常见的适应证，肌肉骨骼疼痛）。

最后，其他的争议是由于非兽医人员进行手法治疗而引起的。手法治疗具有潜在的风险；当一个缺乏足够解剖学和病理学知识且过度热情的理疗师对患畜进行治疗时，患畜或理疗师发生受伤的风险就会增加。对动物行为不熟悉和保定不当，如果动物对按摩出现反应，就可能会造成理疗师或旁观者受伤；非专业人员并不享有此类事件的责任保险。

即便如此，一些州的立法机构已经更改了兽医从业法案，以适应非兽医团体的需求。这些变化并不一定能够保护动物。对于专门的脊椎按摩护理，兽医在将按摩护理委托给非兽医人员之前，需要考虑几个因素，包括是否要为治疗造成的所有不良后遗症承担责任。

三、草药医学

草药（药用植物）医学是指使用规定的植物产品或直接来自于植物的产品，对疾病进行治疗的行医方法。从史前时代开始到最近，一直在使用草药，部分原因是一直没有有效的替代药物。有些植物确实含有生物活性成分，目前广泛应用的一些药物与传统民间偏方的生物活性成分完全相同，或就是其衍生物。事实上，高达30%的现代药物源自于草药和药用植物。

草药用于兽医领域的有关证据比较分散，从既安全又有效的到既无效又有风险的。但是，通常都缺乏药材质量方法的原创性研究。试验通常都没有确凿的判定点，观察期也较短，临床上观察到的疗效相关性也不明确。此外，通过将草药与广为接受的药品进行直接比较，一般也无法获得数据。然而，由于草药相关数据的不断增多，开具天然植物组方药物的兽医需要查阅相关组方或草药的最新科技文献。

在合理开具草药处方时，需要充分了解其有效成分、安全性和不良反应，同时还需要了解该草药的疗效与用于治疗同种疾病药物的疗效是否相同或更好。大多数草药没有这方面的信息或信息不完整。此外，推荐用于动物的草药通常也没有相应的标准或质量控制检验方法。使用成分不明和活性成分未知的草药时，必须要回答风险与疗效的问题。

1. 制备 只有采用各种不同方法制备后的草药，才能用于口服或外用：可以是新鲜的、干燥的或冷冻干燥的草药，也可以是经提取后保存在油、醇或水中的产品，或是液体、胶囊剂、丸剂、膏药和粉末。挥发性精油是另一种植物提取物，即从植物叶、茎、花、种子或根中提取的快速挥发油，常用于芳香疗法或按摩。

2．哲学态度或文化态度 从业者的哲学素养往往会决定所开草药处方的种类。例如，北美草药学起源于欧洲和美洲土著传统医药，也更多地依赖于药理作用。中国传统兽医（TCVM）草药学认为是药材的药性。西方的草药处方需要与类似于标准医疗评估的体格检查相结合，而TCVM开的处方主要依据舌象与脉象。

3．适应证 草药兽医推荐可使用草药治疗许多不同的疾病。19世纪和20世纪早期的兽医文档表明，在现代制药技术兴起之前普遍采用草药治疗动物。然而，现在的使用方式与过去的使用方式存在很多差别。以前，由于潜在的致病因素并不明确，草药产品主要用于治疗。疾病得以消除（或自行恢复）表明治疗"有效"。由于潜在病原并不明确或完全不清楚，因此对症状相似的疾病无法进行鉴别。兽医几乎没有其他可选用的治疗方法。这些因素造成很难客观地评价使用传统草药的真正药效，这些也使得在目前的治疗中过分相信传统处方的草率性更为突出。

4．禁忌证 草药使用的禁忌证多数是依据经验以及动物的健康状况和草药的假定药效来确定的。特别值得注意的情况包括妊娠、术前状态（植物的抗血小板作用具有干扰凝血的功能）和癌症。也就是说，草本药物之间无法预料的相互作用可能会与常规护理相互抵触，并造成意外的结果。

5．不良反应 不管正确与否，通常认为大部分草药还是安全的。但是，由于没有生产、质量控制标准，以及对患畜的疗效也并不了解，因此草药发生不良反应和相互作用的风险，可能比其他任何CAVM治疗方法都更高。草药的危害性主要来自植物的内在毒性、草药与药品或草药与草药之间的相互作用、加工过程中造成的污染（如重金属、微生物污染、化学毒素、农药）、故意添加的掺杂物（如药物）或处方不合理。已知具有毒性的草药包括：含有吡咯联啶生物碱（如紫草科植物和查帕拉尔群落）的植物；用已知对小动物具有致命性的薄荷油制造的天然除蚤药物；用于治疗皮肤病的茶树（千层树）油，猫如果吸收或食用足量茶树油可发生严重的神经症状和肝中毒。对于许多草药的中毒，目前尚无解药，常使动物因"自然疗法"无效而死亡。

中国"草药"中的动物源性药材，如阴茎、睾丸、胎盘、角，具有引起人兽共患病传播的可能性。

除了对公共卫生的关注之外，动物源性中草药还引发了人们对动物虐待和濒危动物物种的极大关注。考虑到含有大多数哺乳动物或昆虫成分的药效尚不清楚，因此这些药材尚不能用于动物的治疗。

四、保健品和饲料添加剂

保健品包括具有药用效果的饲料或饲料提取物。兽医领域已普遍应用保健品，全球销量约为1000亿美元。大多数情况下，成功的销售业绩并不一定就表明其有效性得到了科学证明。与草药一样，广泛存在各种各样的保健品，但是不同种类和不同动物的作用机制、适应证、禁忌证、不良反应和支持证据存在有很大差异。讨论具体保健品已经超出了本段简要概述的范围。

一种保健品对其说明都有特殊的承诺。"腺体""组织提取物"，或其他听上去很科学的保健品名称，据称能够改善发生同种腺体或组织功能失调动物的健康状况。虽然这些产品未经FDA批准为兽用产品，但非专业的兽医文献都在大力推广兽用腺体和相关添加剂。美国在19世纪晚期就开始使用这种方法，当时是将新鲜甲状腺饲喂给患畜，用于治疗甲状腺功能减退。随后，使用组织和其他器官（卵巢、肾上腺、睾丸、胸腺、脑等）的提取物成为普遍应用的治疗方法。在标准化的药物和激素替代品问世后，由于其疗效更为可靠，且不会产生提取物或浓缩物引起的不可预知的激素效应，因此兽医师基本上停止开出腺体衍生物处方。有一个特殊的例外是给患有胰腺外分泌功能不全的犬饲喂牛的胰腺。值得注意的是，大脑和脊髓衍生物可能会成为传播传染性海绵状脑病的传染源。

五、顺势疗法

顺势疗法，由德国医生塞缪尔·哈尼曼在18世纪后期开始采用的一种治疗方法，是指采用极端稀释的制剂，治疗该物质在未经稀释时所引起的某种疾病的方法；这种制剂可能有助于自愈。据说，这种制剂含有至关重要的活性自愈能量，在经过稀释过程之后，不仅不会发生改变，甚至可得以增强。顺势治疗药物通常含有乳糖片或乳糖液。

虽然稀释顺势疗法的作用机制尚不清楚，甚至不可信，但这种疗法的确具有一定的疗效。对照研究已经证明，顺势疗法的"药力试验"效果与安慰剂的效果类似——通过个人记录所引起的症状。事实上，采用任何分析方法，任何试验也无法将对照制剂与顺势疗法药物鉴别开。因此，大部分人认为，顺势疗法的临床效果实际上是安慰剂效应。

1．适应证　虽然顺势疗法在很大程度上并未得到研究的支持，但采用顺势疗法的医师一般都感觉顺势疗法可用于大部分疾病，包括癌症。兽医上已报道的采用顺势疗法治疗的疾病有猫的排尿不当、生猪的育肥、母牛的产后繁殖、犬巴贝斯原虫病、猪的死胎、犊牛的腹泻、犬的过敏性皮炎、肉鸡的沙门氏菌病、奶牛乳房炎、犬的自发性癫痫、犬的阵发性心动过速、奶牛的乏情、羊寄生虫、牛虱的控制和猪的腹泻。

2．禁忌证　对于采用常规医疗方法能够进行更有意义的诊断和有效治疗的疾病，以及延迟治疗可能是有害的疾病，都不应采用顺势疗法进行治疗。在改善轻度或中度哮喘儿童的生活质量方面，基层医疗机构采用辅助性的顺势疗法作为传统治疗方法的"补充"疗法，所产生的疗效与安慰剂的疗效相同。

3．不良反应　如果顺势疗法药物的稀释度极大，则其产生的直接中毒的概率却极小。顺势疗法文献的确描述的情况有短暂性症状恶化，被称为症状加重或治愈"转折点"。顺势疗法师可能认为这是一种治疗的突破点和即将改善的迹象。

有些医生主张使用顺势疗法"疫苗"或制剂取代传统疫苗，以避免常规疫苗引起的健康风险。然而，在人和动物进行的科学研究中，顺势疫苗一直都无法产生抗传染性病原体的可靠保护力。

第五节　新生仔畜的管理

一、大动物

在妊娠期内管理得当可以有效降低大动物母畜及其后代的发病率与病死率。大动物母畜的管理要点是在产前与产后阶段为其提供适当的营养和保证身体状况，可以降低妊娠相关疾病的发生率，如妊娠毒血症、低钙血症、子宫下垂，也可以提供优质初乳、促进胎儿和新生动物的生长。此外，在分娩前几周对母畜进行驱虫和疫苗免疫，有助于保护母畜及其子代免于发生疾病。大动物的新生幼仔能量储存较少，且由于大动物在妊娠期内不会经胎盘传递母源抗体，因此新生仔畜也就缺乏有效的免疫力。因此，确保母畜能够提供高品质初乳、确保仔畜能够摄入足量初乳，对于仔畜的存活是至关重要的。应当考虑可影响初乳质量、初乳量以及传递给仔畜的初乳量的所有因素。这些因素可分为母畜因素（妊娠期发生的疾病、早产仔畜的哺乳和头胎母畜）、分娩因素（分娩异常、胎盘异常）和仔畜因素（早产、成熟障碍、母畜拒哺、多胎，以及影响仔畜活动和力量的任何因素）。另外，影响仔畜发病率及存活率的环境因素还有气候条件、保育护理和产后治疗、妊娠舍的内环境。

在产后期内可以影响大动物仔畜的具体疾病有产后窒息、低血糖症、低体温症、败血症、捕食、母畜不认羔，以及多种先天性疾病。这些问题可导致畜群出现严重损失，因而纠正管理中的问题是非常有益的。一般来说，出于经济上的考虑，与牛、猪和羊的仔畜相比，应当对马和骆驼的仔畜进行更为精细的管理。然而，在产后及时对所有仔畜迅速进行评定并采取适当管理措施，可以大幅度减少对所有种类动物进行密集、昂贵检测的需求。

（一）分娩

在分娩前3～4周应将母畜转移至产房，可以避免妊娠后期的转群应激，也可提高初乳中针对局部环境中病菌的抗体含量。母畜应该接种特定种类的疫苗，但要避免采用弱毒活苗。应依据产后母畜（如破伤风）、新生畜和仔畜可能发生的疾病风险进行疫苗的选用，要使疫苗诱导的抗体经初乳转运达到最佳，应在分娩前30～60 d进行免疫注射；要减少母畜发生传染病的暴露，应将母畜与新引进动物、患病动物以及中转动物进行隔离。其他产前管理措施还有剪毛以刺激母畜寻找产房、对阴部和/或乳房部位进行剪毛和/或清洗、提前对产房环境和饲料供应量进行调整以避免围产期内突然发生变化而造成应激和厌食。

在条件允许的情况下，应尽量给母畜提供一个宽敞、光线充足、通风良好、干净、已消毒的独立空间供其分娩，并要提供良好的场地环境。可以将大群动物分成小群，以便于观察和饲养。如果在草原上分娩，应采用对分娩草场进行轮换的方式，避免新生畜环境中累积大量寄生虫和病原菌。高产母畜的围栏或圈舍应在每次使用后，进行彻底的清洗并铺设新鲜垫草。

由于诱导分娩常会造成并发症，特别是胎衣不下，因此除非必要，应避免采用诱导分娩。由于母马的诱导分娩常会影响幼驹存活率，而且母马的并发症也会特别成问题，因此更应该避免采用这种方式。在条件允许的情况下，应该对母畜，特别是初产母畜的分娩进行监控，对出现的并发症及时进行治疗。熟悉每种动物的预产时间，有助于确定干预时间。一般来说，在马、骆驼科动物和小反刍动物上一旦活跃分娩开始，产出胎儿则较快（约30 min），而牛比较慢（2～4 h）。产仔母猪每10～20 min应产下1头仔猪。如果分娩艰难的母畜在娩出期内没有明显的娩出就应进行检查；由于在难产时胎驹的存活时间有限，因此对于母马而言，这是一种急症。所有种类的动物发生难产时，人工纠正胎位不正是非常有效的，但在特殊情况下需要采取强制措施（采用全身麻醉、牵引、剖宫产）的母畜，应立即进行处理。对采用人工助产无法纠正的难产、发生严重的产后毒血症、人工方法无法纠正的子宫扭转、死胎或畸形胎的情况，常采用剖宫产方法。

（二）产后的即时护理

由于新生畜的呼吸道可能会被部分胎盘、吸入的羊水或出生时包裹胎儿的表皮膜堵塞，因此在新生畜娩出之后，应立即对呼吸道进行清洗。检查新生畜和胎液是否有胎便染色情况，这可以作为出生应激或围产期窒息的指标。虽然为避免对母畜与其子畜关系造成破坏，希望对新生畜进行的处理尽量轻柔，特别是对初产母畜，但仍应对新生畜的胸部进行轻轻按摩或对四肢进行拉伸可以鼓励仔畜努力进行呼吸。

对出现产后呼吸暂停的新生畜应立即进行治疗。在多种情况下，要刺激呼吸，尝试从口到鼻进行复苏就足以有效。如果效果不显著，可通过口腔在气管内插入适当口径的套管，插管时以采用喉镜进行协助，也可通过将头部和颈部拉伸时慢慢探索性地插入。采用一种鼻支气管插管也可以用于治疗幼驹的呼吸困难。首先应采用吸出法将气管内的残余液体吸净，然后再通过嘴管、手持式复苏包或氧气供气阀技术进行吹气。在治疗期间，应使新生畜保持胸部侧卧姿势，以促进双肺的扩张，应能看到胸部每一次呼吸时的上下起伏。呼吸之后出现并持续发生腹部膨胀是插入食道的表现，应立即予以纠正。使用多沙普仑（0.1～1 mg/kg，静脉注射或舌下给药）可以刺激呼吸动作，但应同时进行适当通风，以避免加剧缺氧。心率过缓是发生缺氧的另一个指标，提示需要补充氧气。可通过在气管导管上安装的氧气阀对氧气量进行间断性调节，也可采用面罩或在一侧鼻孔的眼睛内侧眦按上一个小口径氧气管对供氧量来进行连续调控。依据新生畜的大小不同，氧气流量可以控制在2～7 L/min。

只要仔畜开始出现呼吸动作，即可通过按压胸部解决心脏骤停的问题。较大仔畜应采用右侧卧方式，在其左肘末端、正好位于肋骨软骨结合处的上方对心脏进行按压。使用肾上腺素（静脉注射0.01～0.02 mg，或气管内注射0.1～0.2 mg，间隔3～5 min）和阿托品（0.05 mg/kg，静脉注射或肌内注射）可以促进心脏功能的恢复。

正常生出之后，娩出时脐带如果尚未断开，应该原封不动地保持至少5～10 min，使血液通过母畜传递给新生畜。采用手工方法剪断脐带时，应采用可避免直接拉扯新生畜腹部的方式，并采用2%碘液或0.5%氯己定溶液对脐残进行擦拭，每日2次，直到完全干燥。出血过多时，可采用纯棉脐带线或夹钳进行

短暂结扎。新生畜在娩出后24 h内应排出胎粪。粪便嵌塞的症状包括腹痛和腹部肿胀；使用温热的肥皂水灌肠后即可消退。应避免使用多种灌肠剂，否则将导致直肠水肿和加重努责。应当对初产的母畜进行监控，观察是否出现不认羔、甚至攻击仔畜的行为。在安静的产后环境下尽量减少对新生畜的操作，可以增强母子关系。出现攻击行为时，可能需要使用镇静药和/或保定母畜，如果仍未得到解决可将新生畜移出，并进行特殊照料。

新生畜出生后，应尽快摄入足够的高质量初乳，最好在出生后30～90 min内进行哺乳。对母畜进行手工挤奶，挤出蜡样塞，并检查是否有初乳，可以有助于哺乳成功。应检查新生畜是否存在有可影响其站立和哺乳的先天性疾病，包括早产、骨骼畸形、口腔腭裂以及羊驼羔出现的后鼻孔闭合不全。终生也不可能矫正的其他畸形包括严重的颅面畸形、脊柱畸形和锁肛。脐疝、腹股沟疝和轻微的骨骼肌肉病变均可自愈或容易治愈。

对于在适当时间内（2～4 h）通过人工辅助也无法站立或哺乳的虚弱新生畜，应使用奶瓶或胃管饲喂初乳。如果母畜分泌的初乳量不足，使用同种的其他动物或使用温水溶解以前冻存的（不到1岁）初乳应当是安全的。也可使用不同种类动物的初乳（如给马驹、山羊羔、绵羊羔饲喂牛的初乳），但无法为新生畜提供特定病原体的有效免疫力。商品化代乳品同样有效，但也有相同的局限性。也可以考虑从适宜种类动物采集全血或血浆进行口服或静脉注射。理论上，新生畜在头12～18 h内的初乳采食量可达到其自身体重的5%～12%，健康新生畜的初乳摄入量更大（在24 h内的摄入量可达到自身体重的27%）。初乳质量的评价可采用眼观方法（浓度、黏度、黄色）和糖量折射法，也可使用初乳测量仪。

为了确定初乳抗体是否传递成功，常会对18～24 h内马驹和羊驼羔的血清IgG浓度进行测定。理想的马驹和羊驼的血清IgG浓度，分别为800 mg/dL以上和1 200 mg/dL以上。尽管反刍动物不太常用IgG浓度测定方法，但其理想浓度应为1 600 mg/dL以上。也可将血清总蛋白浓度作为初乳传递的大体估计，应在5.0 mg/dL以上，最好是5.5 mg/dL。

出生18～24 h的新生仔畜，由于其肠道吸收完全抗体的能力较差，因此在疑似或确认有被动免疫转移失败时，需要进行抗体注射。可从当地的同种动物（但马驼血浆可输给羊驼）的母畜供体采集血浆，也可使用其他商品化血浆。最好采用静脉输血方式输入血浆，最小用量为20～40 mL/kg，但羊驼羔常采用腹腔输血方法。对被动免疫转移不全以及无法进行输血

的健康新生畜，可以将其饲养在洁净环境下，并予以密切监控。必须定期对脐带进行消毒，也可应用广谱抗生素来预防败血症。

大动物的新生畜发育较快，一般在出生后1~3 h内即可站立和哺乳。体温一般在37.8 ℃以上（羊驼和小型反刍动物在38.9℃以上），心率一般在80次/min以上。危害新生畜安全的早期症状包括吮吸反射较弱或无、无站立能力、昏睡、行为异常、黏膜和/或虹膜充血。活力下降的新生畜可表现为体温低、血糖低、败血症、产后窒息以及早产或成熟障碍。由于新生畜没有能量储备，在缺乏适当护理或发生疾病时，病情恶化速度很快，因此应立即对引起活力下降的疾病进行鉴别诊断。

1. 低体温症 大多数大动物的新生仔畜对寒冷环境具有相当强的耐受力，尤其是在其被毛干燥之后。但是，仔猪是个例外，需要的环境温度保持在29.4~32.2℃。最行之有效的方法是，在对母猪影响最小的位置安装加热灯或加热垫。但在极端寒冷或严重的恶劣天气下，必须进行遮盖，以避免仔猪因体温过低而死亡。在妊娠后期对母羊进行剪毛，可以促使其寻找庇护所，有利于保护羔羊。对室外生产的动物，如果无法为其提供可靠的庇护场所，则应将分娩时间控制在晚冬或早春。

低体温症可引起虚弱、吸吮能力下降和摄入乳汁的消化能力下降，这些因素都会进一步加剧低血糖症，造成新生畜进入虚弱的恶性循环。对发生低体温症的新生畜，可为其提供外部热源（加热灯、加热毯、保温箱）或浸入温水中（用于小型反刍动物）。在将其放入温水中之前，使用塑料袋包裹仔畜，以保证其被毛和脐带干燥。使用加热灯时，应小心放置，特别是在用于发病动物时，因为如果新生畜无法运动，过高的温度可造成皮肤烫伤。应定期检查体温，当体温升高到36.7℃，就应给新生畜饲喂初乳和葡萄糖。

2. 低血糖症 新生仔畜的低血糖症一般表现为热量摄入不足或由于疾病造成葡萄糖消耗过多。任何可影响仔畜摄取足够母乳的因素都会引起低血糖症，包括仔畜虚弱或发病、同窝之间的争斗以及因母畜泌乳量不足、乳腺炎、弃养而导致母畜哺乳不足。由于代谢增强，低血糖症通常伴有败血症。新生仔畜在低温条件下需要的能量更多，因而低温环境下容易导致低血糖症的恶化。

不同种类动物的低血糖存在某种程度上的差异。反刍动物的低血糖症反映出从虚弱母畜未获得足够的热量和/或同窝之间的争斗，在较低环境温度下放牧的动物常会加剧病情。通过改善管理可以在某种程度

上解决这些问题。但是，羊驼和马发生低血糖症时，应高度怀疑有败血症，需要对可能存在的疾病进行更加精心的治疗和诊断。特殊是在夸特马的幼驹，反复发生低血糖症可能表明有糖原分支酶缺乏症，这是一种造成内源性糖原转化为葡萄糖能力下降的致死性遗传病。由于仔猪对周围环境比较敏感、能量储备和褐色脂肪沉积有限且较大一窝仔猪内部存在对饲料的竞争现象，因而对低血糖症非常敏感。此外，发生低血糖症的仔猪被母猪压死的风险更高，而其他种类的动物很少发生母畜伤害发病仔畜的情况。

低血糖症的临床症状包括虚弱、昏睡、运动失调、异常行为、痉挛和其他神经症状。常会出现体温过低。通过测量血糖浓度可以对该病作出确诊，一般在50 mg/dL以下，但应该注意该种类动物的具体参考值范围。应当对可能造成母畜和新生畜发病的诱发因素（错认母畜、泌乳缺乏、乳房畸形、仔畜败血症）进行检查，同时应立即对新生畜进行治疗。应当检查发生低血糖症的动物是否有低体温症，并尽量采取加暖措施以减少葡萄糖的需求量。可以将葡萄糖配制成5%或10%的溶液，按2~10 mL/kg对马驹、羊驼羔和犊牛进行静脉注射。对仔猪和小型反刍动物，可在加温后进行腹腔内注射（仔猪用5%葡萄糖溶液注射15 L；山羊羔和绵羊羔用10%或20%葡萄糖溶液20~40 mL）。如果方便的话，可通过胃管灌服葡萄糖和初乳。如果在采取的治疗措施中连续进行葡萄糖静脉输液，应定期检测血糖浓度以防止高血糖症的发生，羊驼羔很易发生高血糖症。

在对低血糖症进行治疗的同时，还要对潜在疾病进行诊断和治疗，对所有诱发因素予以纠正。这些方法可以确保新生仔畜在治疗后能有效持续摄入能量，并预防低血糖症的复发。如果发现是母畜拒哺，则应为新生仔畜重新找一个合格的哺育母畜，也可采用乳品的替代品或适宜的代乳品为其制订适宜饲喂方案。

3. 败血症 败血症在大动物的新生仔畜都是非常成问题的疾病。其发病隐匿、病程进展迅猛、死亡率很高。此外，败血症还可引起可造成长期生产力或生产性能下降的慢性并发症。败血症一般是由革兰阴性菌引起的，但革兰阳性菌和厌氧菌均可侵入循环系统。细菌入侵主要通过胎盘、胃肠道和呼吸道以及脐残。细菌的内毒素和外毒素可引起明显的炎症反应，导致新陈代谢和血流动力学发生急剧变化，最终导致多种器官发生衰竭。败血症最终导致败血性休克，其特征是循环衰竭、灌注不足以及无法利用现有的代谢底物。

引起大动物仔畜发生败血症的唯一最重要因素是被动免疫转移不全，可引起转移障碍的许多因素（母

畜、仔畜、分娩）在前文中已经提到。但是，特别是在生产体系中，过度拥挤、通风和环境卫生不良、脐带消毒不当和暴露在自然环境下，也可能是其他诱因。新生仔畜败血症的早期症状包括嗜睡、虚弱、哺乳活力下降和/或吮吸反射频繁或消失、呼吸急速、心率过快、黏膜充血和外周脉搏极快。牙龈、虹膜、冠状动脉和耳内可见有点状出血。发热并不是败血症的典型症状，患败血症的仔畜体温可能正常、低于正常或升高。随着脓毒症的发展，可出现灌注不足、代谢性酸中毒和休克。患病仔畜常出现侧卧，并表现有脱水和低血压的症状，包括心跳过速、手足冰凉、皮肤发绀、牙齿周边黏膜充血和毛细管再充盈时间延长。肠蠕动能力常出现下降，引起胃食道返流、腹胀和疼痛、腹泻或便秘。试验表明，低血糖症、高乳酸盐血症、氮血症、白细胞减少症都与中性粒细胞减少和细胞核退行性左移有关。

败血症的有效治疗取决于早期发现和使用全身性、广谱抗生素进行积极的支持疗法；可行的话，可采用适当的静脉注射液体（晶体和胶体）和输血治疗。正常情况下，发生败血症的大多数大动物新生畜每日需要的补液量为90～120 mL/kg，如果伴随着腹泻，应增加补液量。在容易忽视的护理中，营养供给是关键因素；要提高康复概率，应当为新生畜提供胃肠内、外营养支持。对未断奶的羊驼羔和新生反刍动物，每日饲喂的乳品或代乳品用量至少应为其体重的10%～12%，马驹的用量至少应为20%。对于母乳满足不了需求的仔畜，应供给由葡萄糖、氨基酸、脂类组成的非肠道吸收的营养液。应根据口服量计算静脉注射量，以避免注射液过量引起的并发症。对败血症引起的并发症应每日进行观察，包括对肺和眼进行检查、对关节和脐带进行触诊，这些都是并发症的常发部位。

4. 新生仔畜腹泻 大多数大动物的新生仔畜都常见有腹泻，也可被视为败血症的可能征兆。引起反刍动物腹泻的主要原因有轮状病毒、冠状病毒、隐孢子虫（*Cryptosporidium*）、产肠毒素大肠埃希菌和沙门氏菌（*Salmonella*），这些病原体大多数对仔猪也可造成问题。新生马驹感染轮状病毒、沙门氏菌、梭状芽孢杆菌、类圆线虫属（*Strongyloides*）可引起腹泻。羊驼对隐孢子虫（*Cryptosporidium*）、贾第虫属（*Giardia*）、冠状病毒和艾美球虫属（*Eimeria*）的感染较为敏感。其他须考虑的引起腹泻的原因包括：代乳品配方不当引起的营养性腹泻、5～14日龄马驹发生的"马驹热"腹泻。对新生仔畜腹泻的治疗重点在于维持水合作用、对酸碱和电解质失衡进行预防或治疗。在使用驱虫药可以治疗诱发原因时，可采用抗球

虫药或抗生素进行治疗，并对新生仔畜的脱水情况、能量摄入是否足够以及败血症的症状进行密切监控。

5. 围产期窒息 窒息是由于细胞缺氧造成的，常是血氧结合不足（动脉氧浓度减少）和组织输送减少造成的后果。围产期窒息是由于在分娩前或分娩中子宫胎盘输送能力受损或干扰分娩后仔畜血液的正常流动而造成的。新生仔畜窒息可发生在正常分娩、难产、诱导分娩、剖宫产、胎盘炎、早产儿胎盘剥离、多产、严重的母畜疾病、过期妊娠等情况下。

发生围产期窒息的新生仔畜可表现许多神经症状，包括：神经过敏、嗜睡、昏睡、虚弱、抽搐、肌肉僵硬、神志恍惚、点头、丧失母子关系、不衔乳头、异常发声、不哺乳、吞咽困难、失明、瞳孔不等、眼球震颤、斜视、歪头、呼吸异常、步伐不稳、感觉丧失。血氧量低的新生仔畜还会出现血液停滞和肾缺血。仔畜有时在产出时正常，但在24～48 h后出现神经症状。治疗方法包括使用药物控制抽搐（发生抽搐的动物可使用安定，随后使用苯巴比妥，以避免复发）、使用药物减少脑水肿（静脉注射二甲亚砜或甘露醇）、提供胶体渗透压的输液以及预防继发性败血症。虽然输氧仍存在争议，但如果确定有低氧血症，应采用输氧方法。由于发病仔畜的采食量常达不到标准，导致低血糖症或临床症状的恶化，因此必须提供非肠道吸收的营养支持。要防止嗜睡或昏迷的仔畜发生伤害，需要进行精心的护理。将侧卧仔畜保持胸骨着地姿势有助于呼吸。要避免嗜睡仔畜因眼睑闭合不全造成角膜溃疡和角膜外伤，可考虑定期使用润眼膏。

6. 早产与成熟障碍 早产是指未到达正常妊娠期而出生的仔畜，而成熟障碍则是指在正常妊娠期后出生，但表现有早产症状的仔畜。不同种类的大动物，其正常妊娠期长短不同，马、羊驼与马驼的妊娠期为340 d、牛的妊娠期为280 d、小反刍动物的妊娠期为150 d、猪的妊娠期为114 d。引起早产和成熟障碍的原因包括子宫内的病毒感染、严重的慢性细菌性胎盘炎、先天性胎儿畸形、母畜内分泌紊乱、胎盘功能不全、母畜尿囊积水、子宫颈内口松弛、严重的母畜疾病和母畜长期采食量不足。

发生早产或成熟障碍的新生仔畜，其体貌特征为出生体重小、体型瘦弱、被毛短且稀薄、前额突起、耳朵耷拉和嘴唇薄、门齿缺失、眼睛闭合、立方骨钙化不完全；极度早产的仔畜没有被毛。发生的功能障碍包括虚弱、胸骨着地或无法站立、吮吸反射减少或吞咽困难、韧带和跟腱松弛、体温调节机能差引起的体温过低、肺脏和胸壁发育不成熟造成的呼吸急促和呼吸困难。发病仔畜的开始站立时间和开始哺乳时间

一般较晚，被动免疫转移也会受到影响。此外，胃肠道功能发育不成熟也会影响摄入抗体的吸收，无法进行经口饲喂的可引起腹痛、胃逆流、腹胀和腹泻。

对早产仔畜需要进行良好的护理和高营养供给，直至其能正常站立和哺乳。可引起早产仔畜发病的并发症有呼吸系统的危害（呼吸困难、缺氧、血碳酸过多）和由于被动免疫转移不足而引起的败血症。

二、小动物

（一）初生阶段

新生仔畜出生后的主要生理调整包括心肺功能（肺脏扩张和循环动力）、酸碱平衡和体液分布。因此，毫不奇怪，4日龄以内新生仔畜死亡往往都是分娩相关生理失调造成的，如缺氧或低氧、代谢性酸中毒和脱水。同样，可促进氧气缺乏的不适环境（分娩管理不当或母畜的疏忽）或脱水（环境温度过高、母畜的疏忽及诱发的体温过低）都能单独或共同造成发病率和死亡率升高。在哺乳期内（第5～42天），引起小猫与幼犬发病和死亡的主要原因是环境问题，如意外事故和感染。

新生仔畜的护理：采取多种简单的措施即可将新生仔畜的死亡降至最低，但需要对这些人员进行培训，并在分娩时参与。这些措施包括：①尽早发现难产，并由兽医尽早采取干预措施；②尽早发现黑绿色阴道分泌物，这是胎盘分离的标志物，如果随后未出现娩出，则提示需要兽医应采取干预措施；③在使用刺激子宫收缩的药物时，必须小心（绝对不能使用催产素，除非已经排除梗阻性难产，同时未经训练的人员也绝对不能使用该药）；④如果母畜在娩出后没有立即对胎儿进行清理，应立即对新生畜的口鼻和胎衣进行清理（对口、鼻道进行物理性的清理，并进一步将新生畜放在温暖、干燥的衣料中，将新生畜的头部朝下轻轻摇晃）；⑤对侧卧的新生畜，按摩其外表，并向反方向轻轻拉伸展其前肢和后肢，持续数秒后放开，以刺激呼吸动作；⑥采用药物刺激呼吸，通常采用舌下直接注射方法，应该注意重复实施刺激呼吸的药物可能会增加代谢性酸中毒的风险；⑦维持特定年龄段仔畜的体温；⑧通过人工辅助哺乳或注射等渗电解质溶液（按每30 g体重1 mL，皮下注射或口服，对正常体温或接近正常体温的，起始剂量应减少）的方法，防止脱水；⑨对未断奶仔畜进行监控，必要时及早采取干预措施，对低体温症引起的抑制食欲和降低肠胃蠕动的情况进行恢复。对低体温症的新生仔畜（直肠温度在34.4℃以下）采取经口饲喂或补饲，存在造成返流和吸入的风险。

（二）初生重

初生重低是影响哺乳动物存活的一个决定性因素。不同品种的幼犬，其初生重差异很大，但是幼猫的初生重差别不大。新生幼猫的初生重在70～80 g以下时有较高的风险。同样，体重下降过早（幼犬体重下降超过10%时）也与死亡风险较高有关。

体重监测：对新生仔畜进行持续检测应包括：①对高危新生仔畜，应在出生后立即进行体重监测，并在出生后12 h、24 h以及每日进行监测，直到体重持续增加；②对高危新生仔畜，应在哺乳前和哺乳后进行体重监测，以评估采食量是否足够或是否需要人工饲喂；③通过公共辅助哺乳，人工挤奶和给新生仔畜口服饲喂母乳来确保摄入的初乳量，如果有必要的话，可采集血清并经口服或皮下注射方式补充被动抗体；④每日对肌肉张力和非刺激性活动水平进行评估，有助于尽早发现衰竭；⑤每日对体温和水合作用进行评估。

（三）特殊的生理学问题

1. 组织缺氧和酸碱平衡 出生时，出现呼吸性和代谢性的酸血症是正常现象，可自行恢复。但是，出生时发生严重的或长时间的缺氧可导致长期代谢性酸中毒，这可能是致命性的。通过对皮肤温度和直肠温度、心率、呼吸频率和呼吸特征、黏膜颜色和特征、活力以及对刺激的反应，可以判断是否需要治疗。

2. 体温 仔畜出生40 min后，体温降至最低，以后逐渐恢复到35～37.2 ℃。14日龄仔畜直肠温度在36.1～37.8 ℃，28日龄时可像成年动物一样自动调整体温。对出现低体温症的仔畜进行加温取暖时，应该慢慢进行，至少需要3 h，随后应该饲喂初乳，以防止致死的继发性缺氧性小肠结肠炎。保护措施还包括对特定年龄仔畜的直肠温度（根据年龄）进行严密监测；对环境温度进行监测（每日多次），尤其在提供热源的情况下；在发生明显低体温症期间，应避免口服初乳；还应该避免对新生仔畜进行快速加温保暖。

3. 水合作用 适当的水合作用对正常发育来说是至关重要的。脱水常与早产、体液消耗性疾病（腹泻、肺炎）、发热、环境温度过高、哺乳少、母畜泌乳不足有关。短期体重下降最常见原因是缺水，可通过补充温热的等渗溶液得到缓解。依据造成脱水的原因不同，可以按照每日100 g体重6 mL以上的量进行连续补液。

4. 低血糖症 低血糖症常见于濒死的新生仔畜，且很容易发生在产前母畜长期厌食（超过72 h）、胎盘功能不全、胎盘分离过早、缺氧、难产、用药不慎、泌乳不足或感染情况下。这些病例需要采用

5%～10%葡萄糖溶液进行口服（在正常体温）或静脉注射。

（四）环境条件与辅助饲喂

幼犬和幼猫所处的周围环境温度，在7日龄内应接近29.4～32.3℃，随后在8～28日龄时要达到26.6℃，在29～35日龄时为21.1～23.9℃，35日龄以后为21.1℃。相对湿度应在55%～65%，且应避免噪声、穿堂风和潮湿。

当仔畜吸吮的乳汁量少、产乳量少或其他原因导致乳汁吸入障碍时，应及时进行补料或饲喂全价料。通用的营养指南是：①确保营养来源适宜（尤其注意的是，使用不同种类动物的乳汁几乎相当于营养不良，必须避免）；②依据部分饲养、全价饲养和临床状态，确定个体的饲养量和饲喂频率；③避免任意自然哺乳和人工饲喂，因为这可能会造成腹泻、呼吸困难，和以后出现肥胖与骨骼发育不良；④开始辅助饲喂时，饲喂量要少；⑤如果可能的话，应进行具体的诊断。

在进行辅助饲喂期间，饲养员必须注意观察采食过量的症状（回流、腹泻、腹胀、腹部不适、鼻中有奶涕）。许多常见错误都会导致消化障碍，包括饲喂方法不正确和饲喂量过多、小肠的微生物和细菌菌群平衡破坏、错误的用药，如滥用抗生素。在辅助饲喂的方法中，胃管饲喂的速度较快，因此应激也较小，但需要培训和经验。

（五）成熟

出生后21～28 d是幼犬和幼猫发育成熟期的关键阶段。这个阶段的主要特征与3个部位有关。第一，21日龄时，四肢的神经肌肉发生变化，包括肌肉张力正常化（前4 d屈肌发育成熟，5～21日龄时伸肌发育成熟），在28日龄时动作协调，且外周神经系统可发育到与成年动物一样的条件反射。第二，感官系统和体温调节系统发生变化，包括体温的自动调节，嘴角反射、吸吮反射和肛门-生殖器抑制器反射消失，对声音的定位，以及视觉对深度的感知。第三，心理成熟包括出现哺乳高峰、有能力及倾向抓住第一次看到的东西，然后在断奶的第一个阶段逐渐可抓住非乳样的固体食物，出现向成年样的自主性，包括环境探索和群体交往。

到28日龄时发生的成熟异常可造成不利后果，包括需要推迟断奶（或未做好断奶的指标）、断奶后的环境具有发生受伤的风险、易发生继发性或条件性致病菌感染、分离焦虑症和厌食、群体适应不良、成年体格过小和行为异常，最终造成消瘦。

（六）断奶

断奶是以永久终止哺乳，以及与母畜、也常与同

窝仔畜分开饲养为特点的。出生后通过生理调节未能顺利过渡的幼犬和幼猫，即0～4日龄的仔畜期和21～28 d的成熟期，可能没有准备断奶。未完全准备好断奶的仔畜可能会出现继发性感染、神经性厌食、分离焦虑和行为异常。

对断奶期和断奶后期的幼犬和幼猫，应做好以下监控：采食量和增重是否足够；与同窝幼崽或对人的社会行为，包括采食行为；警觉性和活动性；水合作用和正常体温；消化紊乱，精神沉郁和分离焦虑的症状；视觉和听觉的反应；呼吸频率和呼吸特征；咳嗽；口腔黏膜的状况；腹部不适；寄生虫；病毒或细菌感染的症状；饲养密度过大、噪声、潮湿以及体温过高或体温过低。

消瘦是断奶的常见并发症，以渐进性厌食和生长障碍为特征，常伴有分离焦虑症。引起临床症状常见原因的继发性感染可能会掩盖潜在疾病。消瘦常以生长迟缓开始，在哺乳期的第2或第3周开始出现，而此时饲养员并未怀疑出现发育异常。21～28日龄成熟期并未正常发育，在低于预期体重时进行断奶。因泌乳不足或母性不足造成的乳汁摄入量长期不足，可通过血清碱性磷酸酶和血磷浓度下降（反映的是生长缓慢），以及血清胆固醇和甘油三酯升高（反映的是替代能量代谢）进行诊断。

在条件允许时，应尽早识别出造成消瘦的营养管理原因，这需要对哺乳或断奶后体重较轻的幼犬和幼猫保持一定的觉察。依据病畜的日龄大小和临床症状，可采用种特异性的代乳品或按优质生产配方制备的温粥，通过胃管饲喂、奶瓶饲喂、料盘饲喂方式进行补饲。在进行营养支持的同时，还要控制寄生虫和治疗继发性感染。

对消瘦的幼猫和幼犬应采取的其他保护措施有：①避免极端温度和温度的急剧变化，保持比较温暖的环境。②相对湿度维持在40%～70%，避免出现穿堂风。③经常对幼猫和幼犬进行轻轻抚摸，确保其睡眠时间充足。④避免同时出现应激刺激。⑤避免反复改变日粮。⑥对同窝仔畜的采食争斗进行监控。⑦根据地区要求和个体情况，进行寄生虫控制和疫苗免疫。采用比较安全的治疗药物，如抗虫灵，对高危幼犬和幼猫最早可在14日龄开始口服驱虫药，以后可按每间隔14 d继续用药治疗，直到寄生虫载量得到有效控制。

三、孤鸟与哺乳动物孤畜的护理

如果发现一只孤鸟或孤畜，应首先查找更多的信息，然后再尝试进行野生动物康复。下面是一个综合概述，在进行人工圈养的整个过程中对所有品种的动

物都需要更多的信息。将北美的野生动物当成宠物饲养大多数都是非法的。对大多野生动物，超出最初医疗护理范围之外的护理都需要经过许可，即使是兽医。有关适用的法律法规，应当联系美国鱼类和野生动物服务局和州自然资源管理机构。在未向相关管理机构咨询的情况下，绝对不能对四肢受伤的野生动物进行截肢。

首先应确定仔畜确实属于孤畜。如果雏鸡回到窝内或哺乳动物将仔畜单独留下而在远处观察，其父母会回来重新照顾。人工照料并不排除大多数父母接受返回的后代。新生野生动物，特别是未经确认的品种，如果对其采取保温措施并送到当地的野生动物急救中心，其存活概率较大。由于臭鼬、浣熊、狐狸和蝙蝠可能携带有人兽共患病，因此只能由专业人士进行照料。海洋哺乳动物和海鸟需要使用专业的救护设施。

所有新生动物均需要进行体检，以及水合作用、体温、体重的评估。在人工饲养时，保暖、水合作用和能量都是至关重要的。由于大多数孤畜都无法维持和调节自身体温，因此可以通过电热毯、热水杯、白炽灯或育雏器来提供辅助热源。为能够行走的小动物提供不同梯度的温度，可以使其寻找自己最舒适的空间。为孵出时光秃无毛的动物提供热源时，需要进行精确调节。大多数有胎盘哺乳动物和鸟类的正常体温比人的正常体温高，用手触摸时应感觉到温暖。将舍内相对湿度维持在50%～70%，可以防止动物发生脱水，将幼龄动物与热源隔开也可以避免发生灼伤。应当为患低体温症的孤畜进行保暖，直到其体温达到正常为止，为其提供温热的液体饲料可以维持其水合作用。只要动物体温与水合作用正常，就应饲喂适合该种类动物的饲料来提供能量。开始时使用的饲料应该小而稀，直到确定动物的排泄系统功能正常为止。多数种类动物的胃容量或嗉囊容量大约为50 L/kg。饲喂过多容易引起吸入性肺炎和腹泻。只要孤畜的状态稳定，就应建议允许对其予以放归自然。对最终无法放归自然的受伤孤畜，应该考虑进行安乐死。

采用人工方法饲喂放归自然的野生动物时，应该采用降低成瘾性的方法，将其与同种动物一起饲喂，以减少人工印记。应当将野生动物与家畜分开饲喂。饲料应该保持干净卫生，避免羽毛、皮肤和眼睛接触变质饲料。应当对鸟窝或畜舍进行定期清扫，避免污染害虫。

（一）鸟类

应当为无法行走的鸟建立鸟巢替代品，确保其能够采取舒适的站立姿势，头部可以抬高和脚处于在身体下面。将小鸟饲养在平整台面上可导致外八字腿。

鸟类在放飞时需要利用骨骼功能，因此骨折被认为是致命性伤害。或通过对骨折部位进行迅速固定，可以减少软组织损伤。放飞时，肘部、腕骨、脊椎、后膝和/或肘关节脱臼可造成预后不良。鸟类外表发生严重软组织损伤或长骨中段发生的骨折一般恢复比较快。对发生的撕裂伤，应进行一期缝合，以缩短圈养时间和降低对羽毛生长造成的不良影响。对食肉动物咬伤的小鸟，可采用抗革兰阴性菌的抗生素进行治疗；在伤口完全愈合之前，应持续进行治疗。

确定动物的种类对于动物行为学因素、断奶日粮以及成年后的结局都是非常重要的。北美洲几乎所有种类的鸟都会捕食脊椎动物或无脊椎动物，饲喂给其幼鸟。日粮供应不当可很快引起代谢性骨病。生长期幼鸟需要按重量饲喂钙、磷必须大约为2:1的日粮。不应饲喂牛奶和面包、汉堡、炼乳或生米。浸泡后的粗粉狗粮和猴饼干，不适用于大多数种类的动物。所有种类的动物都需要8～12 h的连续睡眠时间。昼行性动物自行采食时，需要为其提供日照水平的光照。

1. 晚成雏 应当按正常体温对晚成雏进行保暖和补水，直至产生粪便为止，然后开始饲喂。小的、未生长羽毛的幼鸟需要的环境温度为37.8 ℃；大的、已长出羽毛的幼鸟在32.2～35 ℃温度下生长良好。温度过高可造成幼鸟呈张嘴姿势、头部下垂到窝边，如果发生脱水可出现排粪停止。不是所有的幼鸟都会张嘴讨食（雨燕、欧夜鹰）。有些品种的鸟在吃饱后就停止讨食（鸦科），有些鸟却不会，从而出现严重的过食（雀科、金翅雀）。在两次饲喂之间，嗉囊应排空；但不是所有种类的鸟都有嗉囊（食虫类、猫头鹰）。刚出壳雏鸟的饮水量要比较大雏鸟的需要量更大。造成雏鸟无法张嘴的原因包括过冷、过热、虚弱或脱水，未经治疗的疾病和受伤，以及对鸟种鉴别错误。采用优质猫粮或雪貂粮磨成粗粒的饲料酱是大多数晚成雏可接受的临时日粮；在可以饲喂平衡日粮之前，可按150 mg/kg的比例添加葡萄糖乳酸钙后，进行口服，每日饲喂2次。将猎物（鹌鹑或成年小鼠，包括骨头和内脏，去掉头和脚爪）剥皮后制成肉酱，也是许多种类鸟的合适日粮。必须将骨片完全粉碎成粉状，以避免伤害肠胃道。使用解冻后的食物时，需要另外添加维生素。大多数种类的鸟都可使用蛋白/脂肪比高的、碳水化合物低的日粮。

（1）黄莺和啄木鸟 一个简单人工饲养配方是：一杯（116 g）普瑞纳Pro-Plan小猫粮，1.25～1.5杯（300～360 mL）水，2汤勺（14 g）蛋白粉，750 mg来自CaCO$_3$的钙，和0.5汤勺（1.4 g）Avi-Era鸟用维生素粉（Lafeber公司生产）。在将鸟食制成细腻的、可采用适宜注射器进行饲喂之前，不要随意删除或替换原料，可用水浸泡后进行混合。刚出壳雏/雏鸟：每20～45 min（根据日龄）饲喂50 mL/kg，每日饲喂12～14 h，食虫鸟每日饲喂16 h。刚长出羽毛的雏鸟：每1～2 h饲喂50 mL/kg，每日饲喂12 h，并提供自由采食的日粮。

（2）**蜂鸟**　应当立即将雏蜂鸟转给经验丰富的蜂鸟。临时日粮的配方是：1份水和6份蔗糖或5%葡萄糖，每20 min饲喂1次。不要在鸟羽毛上溅上糖水。

（3）**白鸽与灰鸽**　用于刚出壳鸽子的商品化日粮有Rou dybush Squab 和Lafeber Emerai d Carnivore，用于雏鸽/刚会飞雏鸽的日粮有Kaytee Exact人工饲喂配方。嗉囊容量为100～120 mL/kg。当嗉囊排空时应进行饲喂，每日饲喂12～14 h，在张眼之前每1～2 h喂1次，在可以走动和采食种子之前每3 h饲喂1次。每次饲喂之前轻轻触摸嗉囊可以有效预防过度采食。

（4）**猛禽**　可以采用钝尖镊子给新出生雏鸟饲喂小块、温热的水浸肉，每2 h饲喂1次，每日饲喂12 h；出壳后3 d时，可加入小骨粒，5 d时可加入外皮成分（皮肤和毛发）。在两次饲喂之间，嗉囊应该可以排空。到14日龄时，大多数品种的猛禽可以从盘子中采食切碎的肉。只要雏禽的眼睛睁开，就可用木偶禽进行饲喂。

（5）**苍鹭和白鹭**　可采用解冻鱼（5～20 g，如果太大可斜着切成薄片）、活昆虫或解冻的碎鼠肉，每小时饲喂1次，待雏鹭可以自主采食后，可每日饲喂数次。可以在日粮上洒上钙粉。刚出壳的雏鹭需要进行强制饲喂，日龄较大的可以从食盘上采食。

2. 早成鸟　许多品种的早成鸟只要在温暖和安全的环境下，就可以独立采食和饮水。孤寂可以给雏鸟造成应激；镜子、小型填充动物玩具、羽毛掸子或种群关系密切的雏鸟都可成为其同伴。对不常见品种的鸟和刚出壳的虚弱雏鸟进行专业保救，才能获得良好结果。在水盘里铺设鹅卵石可有效避免鹌鹑或小鸭子发生溺水。刚出壳的鹌鹑或双胸斑沙鸟需要的育雏温度为35～37.8 ℃。

（1）**滨鸟（双胸斑沙鸟、矶鹬、反嘴鹬）**　可以在浅水中放入鲜活的、冰鲜的和冻干的小型无脊椎动物（水丝蚯蚓、鳃足虫、蚊幼虫、小磷虾、新鲜小黄粉虫、蝇蛆或棘鳍类热带淡水鱼的微粒），每天至少饲喂4次。

（2）**水禽（鹅、鸭、天鹅）**　应为其提供自然的浮萍或水田芥、小型无脊椎动物、煮熟的碎鸡蛋、小鱼和水禽雏禽料（Mazuri）。应当限制雏禽进入浅水区，雏禽必须能够很容易地从水中出来，到热源上取暖。

（3）**猎鸟（山鸡、鹌鹑、火鸡）**　可以为其提供浸泡的小狗狗粮、体型小的无脊椎动物、带有土壤的小草团或杂草团或者商品化的野禽育雏料。

（二）哺乳动物

对于发生体温过低和脱水的动物应当予以治疗。毛少的新生仔畜需要的环境温度为29.4～32.2 ℃；而有毛的新生动物可以依据其成熟情况和身体状况饲养在较寒冷温度下。只要温度和湿度达到要求，就应使用代乳品，配方是：在100%口服电解质溶液中逐渐加入不同浓度的代乳品，在一次或多次使用的饲料中分别按1/4、1/2、3/4加入，最后全为代乳品。在此过程中，如果新生畜出现消化异常（呕吐、腹泻、胀气），应当将代乳品的用量调整到新生畜最后一次可接受的比例。使用温热的湿纱布或纸巾轻擦拭新生畜的会阴部，可以消除刺激。背部向上是正常的护理姿势，在新生畜躺卧时不能进行饲喂。应该保持环境安静。

1. 幼鹿　应当将幼鹿进行分组饲养，并尽量减少与人的接触。当幼鹿在临时兽医诊所时，应使其远离犬。从新生到2日龄的幼鹿在最初24～48 h内应当饲喂初乳，如Colostrx（先灵葆雅）。重新分群后，可通过奶瓶或胃管饲喂一袋454 g的初乳，每日5次。可使用的代乳品有Fox Valley的代乳品、Lamb的代乳品或山羊奶。2～7日龄小鹿每日应饲喂4次。1日龄时的每次饲喂量应为30～40 mL/kg，逐渐增加到2～6周龄时的50 mL/kg，最大饲喂量是480 mL，每日3次。在4～6周龄时，饲喂次数应降至每日2次，并增加固体日粮（如山羊料、犊牛料和干苜蓿）。应一直可以利用当地的自然枝叶饲料。7周龄时，应给幼鹿饲喂固体饲料，每日饲喂480 mL代乳品。到8～10周龄时，仅饲喂固体饲料。

2. 松鼠　采用注射器进行饲喂是首选方法；Catac奶嘴很好用。新生的东方灰松鼠和狐松鼠在2周龄之前应每2 h饲喂1次。2～3周龄时每3 h饲喂1次，每日8次。4周龄时应取消深夜饲喂。5～6周龄时，将每日饲喂次数降至每日5次，然后再降至4次，7～8周龄时每日3次，到10周龄时每日饲喂1次。每日应对体重进行监测，在松鼠体重达到100 g之前每次的饲喂量为50 mL/kg，以后逐渐增加到70 mL/kg。可使用的代乳品（按体积比）为以2份Fox Valley 32/40和3份水，或将赐美乐、MultiMilk和水按1∶1/2∶2的比例混合。在小松鼠睁开眼睛且可以走动时，应为其提供天然饲料和啮齿动物用的料块；但应严格限制水果。地松鼠在6周龄时断奶，西部松鼠在12周龄时断奶。

3. 家兔与野兔　新生兔的胃容量为100～125 L/kg。每日需要饲喂1～4次；最好是采用粗头无扣注射器。如果乳兔的吸吮反应比较差，使用胃管饲喂时应减量30%，同时还要额外补充饲料，以确保摄入的能量足够。可采用的代乳品（按体积比）有将3份赐美乐乳液与2份MultiMilk乳粉或1份赐美乐乳粉混合；1份MultiMilk乳粉与1.5份水混合；或将以1份赐美乐乳粉、0.5份多脂奶油和1份水混合（用于毛皮兔）。当幼兔张开眼睛时，应为其提供切碎的各种不同菜叶和青草（果园、牧草或燕麦草）。应避免使用水果和高糖蔬菜（如胡萝卜）。

4. **负鼠**　体重低于20 g的新生负鼠预后不良。对于体重在20~35 g的新生负鼠，可按50 mL/kg每日饲喂6次，体重40~100 g的可按50~60 mL/kg每日饲喂5次。可采用的代乳品（按体积比）有将1份赐美乐、1/2份MultiMilk和2份水进行混合。胃管饲喂是首选方法，可使用一种大小为3.5的法国红色橡胶导管，长度到肋骨末端。使用注射器饲喂时，应在注射器连接一条切口平滑的Tomcat导管，逐滴饲喂。当幼负鼠的眼睛睁开时（体重45 g左右），应教会负鼠从浅食盘中舔食。达到大约60 g且能行走时，应将小猫猫粮浸泡在赐美乐中。在幼负鼠吃小猫猫粮时（80~100 g），就可以另外加入10%的天然食物（蟋蟀、蠕虫、切碎的老鼠、当地的水果和高钙蔬菜）。大多数负鼠在体重达到100~120 g都会自主采食。必须确保钙摄入量充足，以防止代谢性骨病的发生。

第六节　疼痛的评估与治疗

出现疼痛的行为表现常用于受伤和疾病的诊断、治疗的指导以及为预后提供信息。出现明显的疼痛症状提醒畜主和兽医要注意：动物发生了疾病。当然，在对动物进行总体评估时主要考虑与临床相关的疼痛，也并不奇怪。比较新的是人们对疼痛复杂性的理解，以及在治疗动物疼痛时近年来对伦理学和医学责任的强调。尽管有限的调查数据和轶事证据表明兽医界对疼痛治疗的关注程度比以前更多，但仍然未将疼痛评估、预防和治疗作为体检和治疗方案中的主要组成部分。

一、疼痛的感知

疼痛起着保护性的作用，可以提醒动物个体发生了来自环境或体内的损伤。根据迄今已知的数据，所有脊椎动物和某些非脊椎动物在对实际发生的或潜在的组织损伤作出反应时，都会感受到疼痛。出现的疼痛类型有很多种，最常见的是急性、慢性的、肿瘤性和神经性疼痛。急性疼痛是对有害的化学性、温度性或机械性刺激作出的预示性的正常生理反应。急性疼痛也可能是由于组织损伤引起的一系列广泛性、持续性损伤和行为的早期阶段。在一次事件之后，如外科手术，出现的急性疼痛一般可在3 d之内得到改善，但也可能持续数周或数月。慢性疼痛可以定义为组织愈合所需要时间比预期时间更长的疼痛，或与渐进性非恶性疾病（如骨关节炎）相关的疼痛。癌性疼痛是指由原发性肿瘤生长、转移性癌或化疗和辐射的毒性作用引起的疼痛。神经性疼痛是指外周神经、背根神经节或背根神经或中枢神经系统（CNS）发生损伤而引起的一种持续性疼痛综合征。兽医界发现的神经性疼痛要少于人医。这是否表明疼痛的发病率很低，还是对此类疼痛的诊断能力不足，尚不清楚。

就感受到疼痛的某一动物来说，必须首先将疼痛信号传递给中枢神经系统中的更高一级中心，进行整合、调节并解析为疼痛的意识知觉。伤害性刺激因素（热、冷、化学性、机械性）可以刺激所谓疼痛感受器的游离感觉神经末梢。A~δ和C纤维可以将感觉信息由疼痛感受器传递至脊髓背角，脊髓背角可以对外周神经和高级神经中心的信息输入进行指导和调节。疼痛信息到达脊髓背角后，可以将对负责伤害刺激作出反射性反应的运动神经元进行刺激（如移开肢体）。更为重要的是，脊髓中间神经元和神经胶质细胞可以放大或抑制疼痛感的输入信号。

感觉信息可沿着不同途径传送至CNS更高一级的神经中心，不同种类动物的传递途径不同。一般而言，疼痛信息可沿着表层的和深层脊髓传递到与丘脑、网状结构（负责觉醒程度）和边缘系统（负责情绪）相关的脑干。疼痛信息从大脑的这些区域发出后，传递到皮质，在皮质部被感知为疼痛。脊髓疼痛路径的活动性受起源于脑干的镇痛系统的强烈影响。内生性镇痛神经递质（如脑内啡、脑啡肽、强啡肽、血清素、去甲肾上腺素）可以抑制疼痛信息在脊髓和大脑中的传递。

在对持续性的感觉输入的反应中，痛觉或疼痛传递路径和镇痛系统的神经解剖学成分可发生改变。广泛性的组织创伤或神经损伤，可造成外周痛觉感受器发生敏化，以及脊髓、背角和大脑的中枢神经发生敏化。外周神经和中枢神经发生敏化的过程被称为"兴奋性升级现象"，是指疼痛状态提高或增强所引起的神经解剖学变化（适应性）。另外，采用传统止痛疗法对这种增强的疼痛进行治疗一般不会有疗效。因此，CNS在应对反复、持续的痛感输入（即疼痛）时所产生的变化，使疼痛的临床治疗变得更加复杂。

二、动物疼痛的识别与评估

动物的疼痛进行评估可能比较困难。动物疼痛的识别不能靠直觉，尤其是那些对某种动物特有的行为或动物个体行为不太熟悉的人。近年来，人们越来越关注这类特殊疼痛行为的确定和评估。随着验证疼痛评估量表的发展，这些努力将会促进动物疼痛的识别和治疗。然而，对动物疼痛的精确评估仍然是一种带有主观性的、具有挑战性的任务。多种因素使得对动物疼痛的评估变得十分复杂。兽医对疼痛的评估应该考虑以下因素：动物种类、品种、环境条件和饲养条件、年龄、性别、疼痛原因（创伤、手术、生病）、发病部位（腹痛、肌肉骨骼痛）、疼痛的类型（急性、慢性）和疼痛的强度。用于疼痛评估的任何疼痛估量表或方法都应能够对个体敏感性进行区分。通过试验已经证实，人和动物对疼痛的忍耐力是不同的，这对于疼痛的临床管理非常重要。例如，动物对疼痛的阈值较低并不能排除治疗的必要性，也不能排除其具有特殊坚韧的性格。

对动物疼痛的评估既没有所谓的"金标准"，不同评估方法和估量表之间也没有可比性。大部分兽用疼痛估量表都凭借对某些行为的辨识和解释，不同观察者的评估会出现某种程度的差异。依据是否出现动物种类特有行为以及尽量减少对这些行为的解读而作出的疼痛分级，可能比依靠主观评估和解释的分级更为准确。目前，用于评估动物疼痛的所有方法都容易出现低估或高估的误差。即使对疼痛的程度有正确估计，但是在确定动物个体如何应对疼痛时仍然非常困难。如果将动物从其正常环境中移出，这种情况尤其明显。最后，目前采用的所有评估方法都是针对物理疼痛的影响进行评估；尚无任何一种方法可以用于动物精神和心理伤害的评估。

生理参数（如心率、呼吸频率、血压的变化以及瞳孔放大）可用于评估对有害（疼痛时）刺激物的反应，尤其在麻醉过程中，也可用于临床状态（如马的急性腹痛）下的疼痛评估。但是，生理指标的测量无法对实施过手术并正在感受疼痛的动物，与未进行手术的动物进行鉴别。发生慢性疼痛的动物，其生理指标也可能处于正常范围。在其他临床症状表明有疼痛发生时，即使未出现生理反应的变化也不能解释为没有疼痛。生理指标的特异性不足以区分是疼痛还是其他应激，如焦虑、害怕，也无法对代谢性疾病的生理反应（贫血症）进行鉴别。

对具体种类或具体品种动物的正常行为特征不熟悉，就很难或不可能对疼痛行为进行识别。无论是大动物还是小动物，在常规临床状态表示疼痛的行为变化都非常微小或花费时间太长，从而无法识别。对动物的行为进行一次观察并不能揭示出疼痛的症状。除非在最严重的情况下，疼痛症状一般都会被日常所见的典型行为"掩盖"。例如，犬即使在疼痛时也会摇

尾巴，引起观察者的注意。当观察者靠近群居动物时，如绵羊，动物可能会受到惊吓，与其他动物聚在一起，试图掩盖疼痛。表现疼痛的行为可能并不是人们所预期的。手术后安静地待在笼子里的一只猫也可能正在发生疼痛；但是，护理人员期望看到更多的疼痛症状，如踱步、烦躁和嘶叫，就很难发现有疼痛。

一般来说，手术和外伤疼痛的相关临床症状比慢性疼痛更为明显，也更容易识别。一般来说，用于评估慢性疼痛的临床指标（如不活动、被毛粗乱、食欲不振、体重下降）不是疼痛的特异性症状，仅表明需要进一步诊断的潜在问题。对慢性疼痛患畜进行诊断和设计治疗方案，需要非常长的时间。要发现慢性疼痛动物更细微的症状，如态度的变化以及与家庭成员或其他动物之间的交往，畜主的仔细观察是十分必要的。完整的病史和体格检查也是疼痛评估的组成部分。在对慢性骨疼痛和脊柱引起的疼痛进行评估时，对跛行的严重程度和动作灵敏性的评估也是非常重要的。在对所有疼痛综合征进行全面评价和准确诊断时，必须进行全面的神经系统检查。最后，对治疗的反应，如使用非类固醇类药物后引起运动增多，可以为疼痛在行为改变中的作用提供重要的诊断信息。

癌症疼痛包括急性疼痛（如肿瘤扩张或手术、辐射或化疗的继发反应），慢性疼痛和神经性疼痛（如神经卡压）。因此，对癌症疼痛进行评估采用的检测方法需要能够对急性和慢性疼痛引起的行为变化进行检测。

三、止痛

手术期间的创伤性以及与疾病（如肿瘤、胰腺炎、胸膜炎、外耳炎）相关的急性疼痛，需要采用一种或多种止痛药进行治疗。最佳药物或药物组合主要应根据预计疼痛的严重性、健康状况及具体种类动物可使用的药物来决定。组织创伤或是疾病引起的组织损伤越广泛，需要使用多种药物的必要性就越强。采用多种止痛药物可以通过叠加或协同作用最大限度发挥止痛效果，同时通过降低每种药物的用量达到尽量降低药物毒副作用的效果。

可以采用一种围术期方法对外科手术引起的疼痛进行治疗：首先在手术之前采用镇痛药进行治疗（术前镇痛），然后在整个手术过程中使用合适的止痛药。止痛药有效持续时间一般为术后3 d。依据多种因素（如诊断程序、康复计划、动物种类、品种），有些动物需要的治疗时间较短，而有些动物的治疗时间较长。疗效持续数日的强力止痛药应该慢慢地减少其用量，而不能立即停药。依据需要制订的给药方案一般都不如根据疼痛制订的给药方案效果好。依据需

要制订的给药方案，要求兽医或畜主观察到动物表现出明显的疼痛行为。对急性疼痛进行积极的预防和治疗常可避免疼痛应答反应逐渐增强，加速正常功能的恢复，减少发展为慢性疼痛综合征的风险。

减少应激、确保整体护理和饲养满足动物的需求，有助于疼痛的治疗。依据具体动物种类和品种，应为其提供最佳的饲养条件、营养供给以及与其他动物或人进行适当接触。例如，在进行疼痛治疗时将一只羊从羊群里隔离出来可能会造成极大的应激，而如果家养宠物与看护人员有很好的互动交流，将其与其他动物隔离可能不会造成应激。

在手术或创伤后使用适宜止痛药可以使得动物得到充分的休息。例如，犬与猫经常睡眠，但是在术后疼痛得到有效控制后应该将其唤醒。将疼痛作为一种保定方法（如避免动物的手术部位发生受伤）是不恰当的，可以采用的有效化学和物理保定方法很多。

对发生疼痛和痛苦的动物进行治疗，需要同时采用良好的护理、非药物治疗方法（如包扎、冰敷或热敷和理疗）和药物治疗方法。治疗急性疼痛可使用的药物有阿片类药物、NSAID、皮质类固醇、局部麻醉药、α_2-激动剂、门冬氨酸（NMDA）受体颉颃剂如氯胺酮。许多动物也可通过对焦虑的治疗得到疗效。乙酰丙嗪是小动物的一种有效的抗焦虑药物，但是只能在使用适宜止痛药之后使用。乙酰丙嗪不具有止痛药的疗效，并且是不可逆的。

四、镇痛剂的药理学

（一）阿片类药物

阿片类药物是主要用其镇痛活性的、一类天然的和人工合成的多样性组群。尽管阿片类药物存在一些已知的副作用和缺点，但仍然是多种动物急性疼痛全身性治疗中的最有效止痛药，尤其是犬和猫。阿片类药物可以与大脑、脊柱、外周神经的特异性受体发生可逆性结合，改变了疼痛的传递方式和感知能力。阿片类药物除了用作止痛剂之外，还可以引起其他的中枢神经系统作用，如镇静、欣快、烦躁不安和兴奋。不同阿片类药物在阿片类受体激动剂（如吗啡、氢吗啡酮）、部分激动剂（如丁丙诺啡）和激动颉颃剂（布托啡诺）之间的临床效应存在差异，同时不同种类的动物和不同动物个体对阿片类药物的反应存在较大的差异，应根据不同动物种类仔细选择药物和调整使用剂量。例如，一条30 kg的犬在外科手术中所需的吗啡剂量（15～30 mg）与500 kg的马的用量相似。同样地，虽然布托啡诺广泛用于马的止痛，但由于其价格昂贵，躯体止痛作用效果相对来说较差，所以很

少用于小动物。阿片类药物的临床效应还取决于患畜等因素，包括是否存在疼痛、动物的健康状况、联合用药（如镇静剂）以及动物个体对阿片类药物的敏感性等。

有关外周内源性阿片类系统（PEOS）的最新资料表明，阿片类药物在尽量降低全身性不良反应的同时，还具有强止痛效应的独特作用。PEOS包括外周阿片类受体（POR）和外周白细胞来源的阿片类药物（PLDO）：内吗啡肽、脑啡肽和强啡肽。为了激活PEOS，组织必须含有大量可分泌PLDO的白细胞和足够数量的功能性POR。组织损伤造成的炎症可引起分泌PLDO的白细胞聚集在受伤部位，同时炎症也会增加POR的数量和效力。此类受体，在正常状态下是没有活性的，而在初级感觉神经元内表达。当有组织损伤和炎症时，受体在背根末梢神经节合成，传递到远侧的外周感觉神经末梢。试验和临床研究表明当有炎症时，外周阿片类是有效的。例如，已经采用不含防腐剂的吗啡注射到使用关节镜检查或关节切开术后的犬和马的关节。

（二）非类固醇类消炎药与皮质类固醇类药

在治疗多种动物术后疼痛的过程中，非类固醇类消炎药（NSAID）十分有效。在手术和外科创伤后，减轻炎症有助于止痛。在外周和中枢神经敏化导致兴奋性增强过程中，炎症都是关键组成部分。早期及时地控制兴奋，对于缓解组织慢性疼痛症状较为关键。NSAID的主要优点是实用性、疗效作用时间相对较长、成本低、给药方式简便。长期使用NSAID可减少炎症、止痛。若是动物没有已知的肾病、肝病、凝血障碍或胃肠疾病，则其可加入动物的止痛治疗方案中。同时，NSAID应该只用于饮水量大的动物。

虽然已经批准了许多NSAID用于马和犬，但在美国目前批准用于猫的只有美洛昔康。在所有食品动物使用NSAID时，都应注意药物的休药期。

皮质类固醇类药也可减轻炎症、缓解疼痛。这些药物可以通过口服、静脉注射、肌内注射、皮下注射、关节内注射。皮质类固醇类药可造成免疫功能下降和其他不利反应（多食症、烦渴、多尿症等），因此在手术后的使用频率要小。但是，偶尔也可用于慢性疼痛综合征，包括口服用药减轻犬椎间盘疾病和关节内注射治疗骨关节炎。皮质类固醇类药与NSAID不应同时使用。

关于NSAID与皮质类固醇类药的药理学，可见消炎药。

（三）α_2-激动剂

塞拉嗪、美托咪啶、右旋美托咪啶、地托米啶和

罗米非定都是有效的止痛剂。α_2-激动剂用于大动物保定，可提供止痛和镇静作用，但有证据表明镇静的作用时间长于止痛作用时间。对于大动物和小动物来说，α_2-激动剂与阿片类药物结合，具有深度止痛和镇静的协同作用，比单一药物的效果好。α_2-激动剂在很多种动物的围术期中也被用作多模式镇痛的组成部分。α_2-受体在中枢神经系统调节疼痛过程中有重要作用。α_2-激动剂可作为麻醉剂在术前使用进行止痛，同时也可在术中持续地静脉滴注，或是术后止痛。一般来说，术后α_2-激动剂的用量比术前要求的用量要低。

注意预防用量过大导致的镇静和共济失调，尤其用于大动物时。另外，即使用量相对较低，这些药物也可引起心输出量极度降低，引起严重的心律不齐。反刍动物的用量尤其低，曾报道羊发生有肺水肿。确保根据患畜小心地选择用量。

塞拉嗪、美托咪啶、右旋美托咪啶（外消旋美托咪啶的纯净S型异构体）用于小动物术后恢复和降低心肺抑制时用量可能是相反的。一旦用错，这些药物就没有止痛作用。

（四）氯胺酮

氯胺酮一直用于身体止痛，对内脏的止痛作用较差。氯胺酮在阻止中枢神经疼痛传递途径的敏化中发挥重要作用，因此对其越来越重视。氯胺酮属于脑和脊髓NMDA受体的颉颃剂。在试验中，抑制NMDA受体能够阻止或降低中枢的敏感性。氯胺酮常以药丸和静脉滴注的形式联合麻醉药控制慢性疼痛。

（五）其他镇痛药物

曲马多，一种使用越来越广泛的兽药，作为一种活性药物能产生多种止痛效应。此类药物能较好地与阿片类受体结合，也能够抑制神经元摄取肾上腺素、5-羟色胺、单胺类递质，这些物质可以抑制中枢神经系统中下行传导通路。与纯粹的止痛剂相比，曲马多镇静作用较弱，对呼吸的抑制作用较弱，可提高口服时的生物利用率；该药并非管制药物。不良反应包括降低癫痫发作阈值、恶心/呕吐或改变某些动物的行为。

有关曲马多在兽医领域应用的临床研究几乎没有。但是，已证实该药可降低七氟烷对猫的最小肺泡麻醉浓度；据报道，在犬实施卵巢子宫切除术后，该药的止痛效果与吗啡类似。需要注意的是，服用单胺氧化酶抑制剂或者5-羟色胺的病人要适量摄取抑制剂，因为这些药物会增加发生羟色胺综合征的危险性。尽管存在如此优点，曲马多也并不能单独用于治疗严重疼痛。曲马多可单独用于治疗轻度疼痛，或配合治疗中度至重度疼痛。

加巴喷丁是最早开发且批准使用的抗癫痫药。近几年，已规定可广泛用于人的神经痛治疗，这也为其在围术期的使用提供了依据。其作用机制仍在研究中，推测与多种受体和离子通道的相互作用有关。最近的数据表明，可通过改变神经细胞膜上的Ca^{2+}离子电压门控通道来起作用，最终导致神经递质释放的减少。

因为该药的安全性、效力和剂量之间的关系尚未明确，应谨慎地将其应用在兽医领域。其不良反应包括嗜睡、疲劳、体重增加等；但是，一般而言，加巴喷丁的剂量使用范围较广。从人类数据和大量兽医实践中推测，小动物使用剂量为每千克体重5~10 mg，口服，每日2~3次；剂量还可以增加，但可能出现主不良反应——嗜睡。

对乙酰氨基酚规定不能用在兽医领域，但在治疗犬类严重疼痛中，其有效剂量为10~15 mg/kg，每日2次，连续服用5 d，有良好疗效。但其确切的作用机制尚不清楚。最近的研究证据表明，该药可间接活化大麻素受体。在犬，所谓的COX-3，即COX-1的突变体，是对乙酰氨基酚另外的一种机制。部分由于乙酰氨基酚的抗炎作用较差，尚不能将其作为经典的NSAID。同样地，血小板出血、出血和GI等不良反应的影响也是较小的。要注意肝病，必须进行血液常规生化检验。由于对乙酰氨基酚能够引起细胞色素P_{450}依赖的羟基化不足以及由此导致的高铁血红蛋白血症，因此不能用于猫。

五、局部麻醉技术

局部麻醉技术广泛应用于大动物的许多微创手术与大型外科手术中。局部麻醉剂在小动物上的应用较少，主要用于促进撕裂伤的愈合。全身性麻醉相对容易，也比较安全，因此在小动物一般不采用局部麻醉。然而，局麻技术不仅可以有效替代某些病例采用的全身性麻醉，而且也正在广泛应用于与全麻技术相结合，以改善术后止痛的效果。术前采用局部麻醉也会造成注射和/或吸入全身麻醉剂的需求减少。

局部麻醉造成的神经纤维传导阻滞，与神经的大小、髓鞘的数量以及活动频率有关。小感觉纤维和自主神经纤维似乎比较大的运动和本体感觉神经更易麻醉。相对于静止休眠神经，反复被刺激的神经对局麻药更敏感。最常用的药物是利多卡因、卡波卡因和布比卡因。

由于布比卡因的作用时间相对较长（3~8 h），使其成为首选术后止痛药。单独采用布比卡因（0.25%~0.75%）或与肾上腺素联合应用，在线性或环形切口时的用量不超过3 mg/kg（犬），也可用于猫去爪手术前的环形封闭（在进行四肢末端的环形封闭时，不应使用含肾上腺素的溶液）、在胸廓切开术后进行肋间神经封闭和胸膜内局麻（稀释成2倍体积）或胰腺炎引起的疼痛进行治疗、截肢时对近端神经进行浸润、对外科手术部位神经末梢的局部麻醉、侧耳切除术时的组织浸润、面部神经（上颌骨神经、眼眶下神经、颏神经、下颌神经）的局部阻滞麻醉。在进行下肢和肛门手术时，要将布比卡因注射到腰椎骨空间的硬膜外腔。静脉注射布比卡因具有心脏毒性。

已经证明，利多卡因可以降低异氟烷的最小肺泡麻醉浓度，也可以减少马肠梗阻的发生率。这已经成为将该药用于全身性镇痛药的理论基础。使用利多卡因进行恒速静脉输液已用于治疗多种动物的疼痛；尤其是，已经提出了多种用于犬的联合镇痛治疗方案（吗啡、利多卡因、氯胺酮）。由于该药对心血管系统具有不良反应，因此在对猫进行治疗时不能采用输液方法。

已经开发出利多卡因透皮贴剂，用于治疗人的神经性疼痛。在犬和猫进行全身吸入利多卡因时，应采用最小剂量，但在局部组织的浓度比血浆浓度高100倍。全身性的吸收速率低，加上皮肤局部浓度高，支持了利多卡因透皮贴剂在犬和猫的安全应用。这种透皮贴剂将导致特异的阻滞，在产生长达72 h止痛效果的同时，可以保留皮肤的感觉功能和局部肌肉的运动功能。但是，还需要进行进一步的临床研究。透皮贴剂必须贴在疼痛附近的部位，如果口服了透皮剂就要注意中毒。

EMLA乳膏，一种含有2.5%利多卡因和2.5%丙胺卡因的易溶性混合物，用于降低儿童静脉穿刺引起的疼痛，也已经对其用于猫、兔子、马和猪进行了评估。只要将乳膏封闭敷裹60～90 min即可获得明显疗效。已报道，儿童可出现非临床性高铁血红蛋白症，并能持续24 h。因此，仔畜或小动物重复给药时应谨慎。

外用辣椒素，红辣椒的活性成分，广泛用于治疗与糖尿病、神经病变有关的疼痛、疱疹后神经痛和骨关节炎。辣椒素可以与无髓鞘的疼痛传入纤维TRPV1受体结合，增加P物质释放。由于其不断地作用，继而出现了由于痛觉减退、神经退化导致的脱敏现象，中断使用后，神经会再生。在兽医领域没有相关对照研究，但有一项研究曾使用鞘膜树脂模拟辣椒素，以犬的骨肉瘤为模型进行姑息疗法，取得了令人满意的效果。TRPV1配体的优点包括疼痛敏感特异性的减少，不会丧失动作或非疼痛的感觉。

六、慢性疼痛

慢性疼痛的治疗可采用药物治疗或非药物治疗方法。一般需要治疗的慢性疼痛症状包括骨关节炎、非外科的椎间盘疾病和蹄叶炎。一些慢性疼痛的治疗也可采用治疗急性疼痛的药物，如阿片类药物和NSAID类抗炎药；但有些慢性疼痛需要使用其他新药，如加巴喷丁、曲马多和对乙酰氨基酚。无论病因或动物种类，慢性疼痛本身就是一种动态疾病过程，需要进行仔细地评估和不断的重新评估。治疗并不能采用单一方式进行，必须随时间进行调整。

慢性疼痛的非药物治疗方法取决于潜在病因和动物种类的不同。这些治疗包括针灸、康复、营养补充料、低剂量的激光、按摩、经皮肤的神经元电刺激和草药。有关仔细审查这些治疗方法的文献数量很少。

（一）骨关节炎疼痛

采用非药物方法治疗骨关节炎疼痛的目标是增加运动、限制疾病的发展、促进关节内组织的修复。控制或减轻体重以及每日进行轻度到中度运动也非常有益。应避免运动过量或进行高强度运动，这可能会加重关节的负担，使疼痛加剧，从而限制了日常活动的能力。在寒冷潮湿季节，采取保暖措施和额外增加的垫草或垫料也可以提高舒适性。通过外科手术中取出骨片和骨关节炎病变，恢复关节的稳定性，也是减缓病程、减轻疼痛的必要方法。在严重病例可能需要进行关节替换或骨关节固定术。当体型较小动物不适合进行手术时，矫正支撑可能是有帮助的。许多研究表明，使用软骨保护剂（如多硫酸糖胺聚糖、硫酸软骨素、氨基葡萄糖、透明质酸）可以刺激软骨基质合成和抑制软骨基质酶的降解。但是，依据所使用具体药物、给药途径、基本构象、药理学和神经组织的不同，该类药物的疗效可能有所差异。近年来进行的再生医学研究也已证明是一种高效疗法，包括使用自身成年动物干细胞。最后，针灸和康复治疗已经用于治疗多种动物的慢性骨关节炎疼痛，治疗效果良好。

（二）癌症疼痛

癌症疼痛面临着极为独特的临床挑战。与其他类型的慢性疼痛一样，常用治疗方法的疗效并不明显。阿片类药物仍是治疗的基础药物，也是多种治疗方法的组成部分。其他止痛药，包括NSAID、曲马多和对乙酰氨基酚（犬），都具有减缓兴奋性增强的作用。由于阿片类和NSAID具有协同止痛作用，因此常联合应用。最近，已将二磷酸盐用于治疗骨转移引起的骨关节疼痛。磷酸盐是人工合成的无机焦磷酸盐的类似物。由于其具有吸附骨骼矿物质基质、抑制骨关节炎引起的病理细胞溶解和延缓骨转移病变进程的能力，因此在减缓疼痛中非常有用。

与所有慢性疼痛综合征相似，癌症疼痛的治疗也需要经常进行评估和重新评估，并依据治疗情况进行适当调整。

第七节　畜舍的杂散电压

术语杂散电压被用以描述农场中性点接地制出现的一种特殊电压情况。如果这种电压的水平达到一定高值，就会造成接触接地设备的动物受到轻微的电击，从而引起相应的行为学反应。如果电压水平仅达到动物可感知电的水平，发生触电的行为（如畏缩）可能仅会表现为日常行为的细小变化。在较高电压水平下可能会出现躲避行为。术语杂散电压容易与其他电磁现象混淆，如电场、磁场以及最近提出的地球表面流动的电流。

20世纪70年代已经对杂散电压对奶牛的影响进行了大量研究。最敏感的奶牛（＜1%）可对从鼻口到蹄部或从蹄部到蹄部的60Hz/2mA（通过均方根平均值或者rms计算）电流作出反应。这与在约1Vrms（Vrms=交流电压的rms平均值）接触电压水平相一致。随着电压和电流的增加，更大比例的奶牛会作出更加明显的行为反应。大量的研究表明回避行为的水平高于第一反应阈值。60Hz流经牛体电流的躲避中间阈值约为8毫安（4~8Vrms）。该反应假定牛接触不同电压的物体，且该电压足以引起足量的电流流经牛体。即使超过该阈值，所有的牛既不会持续作出相应的反应，也不会表现出相同的表征；然而伴随着电压的升高，群体中的这种迹象变得更为普遍，并趋于一致。然而牛群可在1d内消除不良的电压和电流，恢复正常的行为。由非正常行为引起的反应可能需要较长的时间去解决，但需要控制在1月内。

大多数情况下，相对于人类而言，牛对电流的敏感性弱，而对电压的敏感较强。牛和人的组织的电阻相似，尤其在湿润的环境中。牛的接触电阻要低于人的接触电阻。牛站立于潮湿地面时，牛体电阻和地面接触电阻的合电阻约为500Ω。当牛站立于干燥地面时，一般能产生≥1000Ω的电阻。当牛站立或躺卧在干燥垫料上时，产生的电阻可能更高。人类湿手湿脚的接触仅能产生1000Ω的电阻，而干手脚之间的接触产生的电阻在10000Ω以上，因此根据接触点情况不同，能引起人体产生感觉的接触电压要高于引起牛体产生感觉的接触电压。

目前仅有的研究表明，电压和电流对奶牛造成的不良反应，既要表现出电流和电压都足以造成躲避和强迫性的暴露（例如，牛在未与电压和电流接触时不能进行进食或饮水），同时还需要有引起所有

行为上的间接反应（采食量和饮水量下降、产量奶下降）。典型的情况是，农场不同位置的电压水平的差别很大。如果在动物日常活动的地点，如喂料器、饮水器、挤奶区等，电流水平足以产生不良反应，如进食及饮水减少或者出现不正常行为。如果一日内不适电流仅仅出现几次，似乎不会对牛的行为产生不利影响。在饲喂区、饮水区、休息区高频率不适电压的发生会对奶牛产生影响。高频率或短期持续性的在牛群中改变电压，对牛只影响的相关研究表明，由于电流脉冲（或者频繁增加）的持续时间较短，如要引起行为反应需高电压和高电流。

安装的电动栅栏和电子门是农场内引起短期、持续性的电脉冲的主要原因。这些设备主要用于产生强电流脉冲以控制动物的行为。但如果安装不正确，将会在农场意想不到的区域产生电脉冲。引起高频率脉冲的其他原因包括电气设备开启或关闭时，出现开关瞬态。这些高频率的脉冲衰减较快，并不会从源头处传至较远的地方，同时一般也不会引起显而易见的问题。

研究表明猪对电压/电流的反应与牛的反应类似。在高于60Hz、5Vrms的电压情况下，猪可见有行为改变，当暴露于高于8Vrms的情况下猪可出现回避行为。猪的体内电阻和接触电阻较牛的电阻稍微略高，测定的固定值约为1000Ω。在60Hz、5.5Vrms的暴露情况下，母羊具有躲避带电食槽的反应。当电压水平高于5Vrms时，羔羊表现相同的行为。而相对于母鸡，即使当电压达到18Vrms，对其生产性能和行为也没造成任何影响。这可能由于家禽体内的高电阻造成，业已证明家禽的电阻介于350000~544000Ω。

【临床表现】 没有任何一种症状是具有病征性的。据报道，奶牛接触到不同强度的电压后能产生各种不同的症状。农场主通常将产能低下、产奶量降低、不完全或波动性产奶间歇期的出现以及产奶时间延长、拒绝饮食饮水、牛奶中体细胞增加、乳腺炎疾病增加等症状视为杂散电压所致；但在大量对照研究中，这些症状都不很明显。这些症状也可能是由其他的因素引起，如粗鲁对待牛只、缺损的挤奶机、取奶技术和卫生条件不善或营养缺乏。因此，动物的行为或其他症状，不能用于判断该症状是由杂散电压所引起。电学监测是唯一可作为鉴定杂散电压是否是导致异常行为或者性能低下的潜在因素的方法。

动物接触到电压和由此产生的流经体内的电流，可引起从感知性温和行为指示到疼痛性的强烈行为指示之间的各种行为特征。反应的严重程度取决于流经动物体内的电流大小、电流流经动物体内的途径，以

及动物个体的敏感性。间接性的行为反应可能因接触点、电流强度、体内通路、出现频率和影响动物日常活动的其他因素的不同而出现差异。高电压触电的所有有记载的症状都是由行为表现出来的。在动物生活环境中有许多因素值得注意，包括①饮水行为的改变，如饮水量减少，单次饮水的时长延长；②畏惧某些开放的地点，导致饮食和饮水减少，可能由于疼痛（＞8Vrms）会妨碍动物靠近饮食和饮水器械；③在电压/电流暴露的地方牵引、绑定动物较为困难。这些症状在猪、母羊和禽类中非常相似，尽管这些动物出现这些症状的阀值较奶牛会高。

相关研究表明，电压或电流造成的行为变化，可发生生理作用，可引起感觉和行为变化产生不利的生理反应。研究结果表明，在低于行为变化水平之下，皮质醇含量并不会增加，只有部分奶牛在电压或电流高于引起行为变化的强度时，可出现皮质醇含量明显增加，特别典型现象为严重的行为变化，也可引起动物的不适或疼痛。与此同时，接触电流对乳房炎发生率的影响并不确定，试验研究与田间试验的免疫反应表明，电压/电流的强度会引起行为的改变，但是不会影响到奶牛的免疫功能。

【诊断】 为了确定潜在的2～4V（60 Hz）的电压对动物的伤害，必须测定动物可能接触的两个点（动物接触测定），部分动物可能表现出回避行为。检测电阻值以计算动物接触的电压值，是确定动物接触电压水平的唯一可靠依据。测定奶牛接触点的电压值，需在两个接触点之间放置一个500或1 000 Ω的电阻表，同时进行开放电路的测定。未通过分路电阻表进行的读值是无意义的。由于电压的阈值随时可超过该阈值，因此电压值应在不同日期以及同日的不同时间加以测量。如在产奶期，电压值值得怀疑，应对所有的取奶器械加以检测。尽管暴露在60 Hz（2～4Vrms）并不对动物造成危害，但在这些范围内的农场也应该实时监测，并保证不会间歇性出现较高的电压，同时具有资质的电气工程师或当地电力供应商出具调查报告也是可行的。

参考地面测量值对诊断也有一定的帮助。动物的接触检测值通常为接触点电压和电流水平的1/3～1/2。选取的参照地面应在地面的任意接地极或任何电气设备，包铜的探测棒从1.3 m深入到地面8.5 m处。另一个接触点通常为仪表盘到谷仓或者其他的接地中性系统的次要中性点。

较长的绝缘仪表引线（2～3 m）能有助于农场的测量，同时可给60 Hz电作出合理估算值，但是高频检测会产生噪声。

检测高频电压时需要合适的仪器和严谨的测量

技术，监测技术的细节可通过供电商或相关出版物获得。

【防治】 大多数农场的杂散电压源于布线系统未依照相关的规范和标准实施。这些不足包括线路的松动或者因为腐蚀造成的连接、接地故障，接线断路，或由于动物、事故、湿度、腐蚀造成的接线破坏。专业的电工应对系统进行检测，并修复存在隐患的地方。由正常的240V设备产生的电压通常标有分配系统的来源，须由公共事业公司进行检测和校正。电力系统应该完全遵守布线规程，从而有效保护人和动物的安全。

解决杂散电压，查明产生电的来源是第一步。布线系统中的任何较大的失误或代码违例都可引起电力事故或高电压，应及时纠正。如果布线系统正确，就应进行评估以确定降低中性点接地电压的最有效、安全、实用的方法。等电位面在降低接地电位，甚至在降低大量的地面电压方面也是十分有效的。

第八节 通风

通风通常与动物的呼吸系统健康有关；动物呼吸的空气质量直接关系到动物的健康和疾病。同时空气的流通情况也会直接或间接地影响动物健康的其他方面。在泌乳动物环境中良好的通风有助于保持地面干燥，这对于乳腺的健康发育至关重要。良好的通风能保证地面干燥，有助于保证动物蹄部的健康。良好的通风能提高动物的生产性能。例如，保证采食区域的良好通风，能使得动物的生存环境更加舒适，在炎热的季节尤为重要，良好的通风可保证干燥空气的流入。同时舒适、通风良好的饲养区域能有助于动物饲养，对于动物健康也有诸多益处。

通风时，外面的空气进入后会带来大量的水分、热量和其他物质，然后空气会被消耗并被排除。要确定换气次数，关键在于空气的水分含量，可通过相对湿度进行测量。

一、空气质量

定义空气质量并非易事。它与通风情况和空气中含有的疾病传染源有关。相对于动物而言，良好的空气质量是指在空气中无有害的物质，且含有足量水蒸气。当空气中的湿度超过动物所适应的60%～75%时，会造成一定的影响；超过该限度，被认为是空气污染。其他的污染物包括病原微生物、有毒气体、灰尘和异味。有关一种污染物的担忧，主要是其浓度超过预先确定的水平，而不是污染物本身。

已知在气溶胶中存活的许多病原微生物可通过空

气途径传播。在微生物气溶胶和疾病发生之间有两个主要影响因素：①气溶胶化病毒的存活时间，②单位空气中的病毒含量（即浓度）。病毒的存活受到环境空气条件、相对于通风的环境空气的条件和浓度的影响。

湿度是影响病原体的生存能力和含量的主要因素，但对不同的病原体的影响也存在差异。部分病原体适宜在相对潮湿的环境中存活，而有些病原体适宜在相对干燥的环境中生存。维持相对湿度在60%~75%，能影响大多数潜在病原体的存活时间。通风能从动物的生存环境中去除水汽，并保证一定的相对湿度。外来空气可稀释内部空气，降低湿度水平。不断地通过新鲜空气更换污染空气，也是最有效降低气溶胶中病原体含量的方式。

减少空气污染物，包括污染气体和尘埃的浓度是非常重要的手段。例如，氨是由粪便和尿液分解产生的，这可能是牛舍最重要的空气污染物。大量的积累以及高含量氨的刺激性，可直接减少呼吸道上皮纤毛细胞的数量，从而降低黏膜纤毛的运输效率。

二、通风的稀释作用

稀释可减少空气中的热量和水汽浓度，以及空气中病原微生物的含量、有害气体及尘埃不良气味。空气稀释率通常用来表示在单位时间内空气的更换效率。例如，每小时4次的空气通风率表明整个通风设备每小时更换4次空气。事实上，部分空气会绕过圈舍的一定区域，这取决于空间几何学，以及进口设计等。因此，通风效率并不是100%，可能只有65%。通风效率对于特定通风速率所达到的实际稀释度来说是十分重要的（通风空气减少动物饲养空间中污染物的浓度）。通风效率为1.0，即为达到完整的通换空气、空间中减少100%的污染物水平（如果条件外面的空气被认为是参考标准）。但如果通风效率只有0.65，空气更换减少的污染物水平仅为65%。如果通风效率下降，换气就要达到一定的频率。

当通风低于推荐的水平，通常是寒冷天气下通过动物产热来增加畜舍温度，湿气排出极少。有时会导致湿度的增加并引起通气不足（例如，①使畜舍被隔离，②造成温室效应，③产生过多的热量，④内部空气过于干燥）。例如，空气加热会减少相对湿度，没有进行必要的空气交换，可将大量水分蒸发至空气中，如果伴随加热，保持相对湿度在一定的范围内是必要的。如果相对湿度是唯一衡量空气质量的标准，它可能被认为是令人满意的。然而，尽管多余水分可能表现不明显，但降低稀释会导致病原微生物浓度的增加，以及有害气体和尘埃、不良气味的增加。如果这些被忽视，动物出现健康问题将不可避免。此外，

在寒冷的季节加热畜舍并不经济。

三、寒冷季节的通风

在寒冷的季节，最小的通风率在动物畜舍是必要的，无论外面的温度多低，无论是温暖的畜舍还是寒冷的畜舍，保证最小的通气率都是必要的。除此之外，应维持最小的通气率，以保持空气中的传染源浓度保持在最低水平。这个最低水平取决于外界的气候、设计条件、动物数量、种类、年龄和大小，以及畜舍是否需要降温，还是保暖。

（一）畜舍类别与冬季室温

畜舍环境可以通过冬天畜舍的温度来分类。基于所希望保持的内部温度，相应的环境应该在通风设备设计之前就完成。在冷畜舍，内部温度可以随着外界的温度变化。通风系统能够保持内部温度与外界温度的温差在3~6℃。通风系统大部分情况是不受调节的，除了受季节改变的调节外。总的来说，因为存在开放的房梁和檐、侧壁和边墙，自然通风的冷畜舍并不能与外界绝缘。提供一个开放的房梁以及开放的屋檐，一直被认为是一种有效空气交换的方法，特别是在冬季控制水分时。舍内温度由于饲养动物自身的产热会较外界温度高几度。目前建议在两个屋檐之间每3 m有一个5 cm的开口。同时应避免突起的屋顶。由于冬季风的影响，他们的存在可导致大量的风雪进入畜舍。在寒冷的冬季，开放的房梁和屋檐，应被作为一个独立的通风系统，特别是当温度达到周期性的最低点或出现大风暴雨天气时。而在冬季的其他时间，应额外增加通风系统。

温暖型畜舍是与外界隔绝的畜舍，应具备通风良好的通风系统。在冬季，这些畜舍可提供恒定的环境。奶牛舍（内部温度至少应高于0℃）、新生仔猪舍（内部温度应该在25~30℃）均是此类畜舍。合理设计的关键是风扇控制器，以满足动物饲养与外界绝缘的建筑要求。补充热量和通风系统良好运行可弥补外界气候的影响。

部分畜舍并不属于上述两种。介于二者之间或者可调节的畜舍，通常室内温度在冬天会高于0℃。这些建筑可部分隔热，有些只能在地面隔热，并且是自然通风的，但应保持最低限度的通风率。极端天气时，须关闭通风口，以保证粪便不会结冻等。这些措施可以使室内的温度较室外高出10~20℃，值得注意的是，较冷的畜舍会高出3~6℃。但是这个独立的系统也会造成诸多问题。例如，过多的水汽和相对较高的湿度。更为严重的是，窗口在严寒过去后依然紧闭，关闭的通风口限制了空气的流通，造成换气不足和环境恶劣。合理设计并良好管理的畜舍更像温暖型

畜舍。因此，管理和设计此类畜舍应参照温暖型畜舍的指导方针。

（二）冬季通风不良的后果

在冬季肺换气不足对动物的健康是一种严重的威胁。不合理的设计和管理都将会对动物的健康造成威胁。该问题通常出现在冬季、春季、秋季，特别是在雨季和白天温暖、夜间寒冷的季节。

1. 环境空气稀释度下降　冬季畜舍空气质量问题的主要原因是在严寒冬季对通风设备进行了调节，但到温和的冬季并没有增加通风量。该问题在手动控制自然通风的冷畜舍尤为常见。例如，通风口在寒冷、大风的夜晚关闭，但在第2 d，尽管空气依然很寒冷，但并没有及时打开通风口。因为缺少通风循环，可造成空气交换和稀释等不利的影响。

同时，良好的通风系统，需要减少开放口。例如，畜舍的一个机械通风入口槽应需调整，或建筑物的高度应超过边墙，以适应冬季的低通气率。所有的通风口都不应该被遮盖，即使对于控制湿度的空气交换并没有发挥作用。

2. 通风不良对建筑物的影响　天然通风的设计和操作，可造成木质结构和金属结构建筑物腐化，从而对动物的生存环境造成不利的影响。在密歇根的自然通风畜舍，由于通气口的阻塞导致冬季空气交换的阻断，冬季的空气交换应在寒冷气候过后的两个月后，木料的平均水分含量较其他制材高30%左右。与此同时，在这些畜舍限制通风可有效地控制干燥，使得木料的水分含量即使是高温条件下也能保持。温暖、潮湿的条件适于霉菌、细菌、腐败真菌的生长，并加速金属的腐蚀。在设计精细和管理良好的畜舍中，空气交换率得以优化，空气湿度增加最小。虽然析出的自由水和冷凝水也会导致水分含量轻度升高，特别是在温暖的季节，但是适宜的空气交换可以促进木桁架组件的干燥，使得腐烂变质不再成为问题。

四、温暖季节的通风

在冬季，自然通风畜舍，当温度降到最低或者当出现大风或暴雨的极端气候时，开放的房梁和屋檐是通风设备的重要组成部分。然而，在冬季其他时间，额外的通风设备是必要的。通常门廊是打开的，三角屋顶末端部分应打开，或者盛行冬季风向的另一侧的侧墙打开。随后，伴随着春季、夏季气温的提高，侧墙和端壁应该完全开放。一般情况下，大量的通风要好于少量的通风。

闷热、潮湿的夏季是动物健康、舒适和生产性能的最关键时期之一。自然通风的畜舍，完全开放边墙和端壁，允许风吹过动物饲养区域可降低闷热。但当

没有风时，提供足够的空气流通变得较为困难，可通过多种途径进行降温。风扇通常被用来增加空气流动，增加动物表面气体流动的速度，使得动物能够排出过多的热量。另两种方法是通过蒸汽冷却周边空气的温度，或者将潮湿的动物皮肤表面变为水汽。然而，应及时补充动物环境中的水分，确保充足的空气流动。

机械通风的畜舍需要采用固定风机，按最小速率进行连续通风，在春季和秋季按中等速度运转，夏季采用高速运转方式。夏季应使用的最小换气次数为60次/h。在炎热夏季应为90～120次/h。

（王晓钧 译　尹鑫　胡月 一校　靳亚平 二校　梁智选 三校）

第九节　健康与管理的相互作用：水产养殖系统

具体鱼病的讨论见鱼。

水产养殖，即水生动物和植物的生产，在美国直到19世纪后期，才随着多种猎用鱼地品种在本地水系的散养保存开始起步。20世纪50—70年代，美国的鳟、斑点叉尾鮰和热带鱼大规模商业化养殖起步，并在20世纪80—90年代迅速发展。今天，许多种鱼类（如鲤、鲑、鳟、红点鲑、鲶、罗非鱼、鲈、条纹鲈、鳕、海鲈、石首鱼、比目鱼、鲟、金枪鱼、军曹鱼、鳗、观赏鱼、钓饵鱼和热带鱼）、甲壳类（如河虾、小龙虾、明虾、蟹、牡蛎、蛤、扇贝、贻贝、蜗牛），以及其他水生物种（如短吻鳄、龟、蛙等）和植物（如海藻、海草、观赏植物）已经全球化，结果水产养殖成为农业经济体中增长最快的领域之一。

水生动物培育技术有粗放型和集约型两种基本模式。

粗放型养殖就是鱼在池塘、潟湖或湖泊中自然生长，以周围水域中发现的天然食物为食物，就像牧场里的家畜一样。这种方式所需的技术管理要求最低，在设备、机械化和能源都有限的第三世界国家很普遍。集约型养殖是鱼在受控的规范化环境中生长并喂以饲料。这种方式常需要大量的管理，在工业化国家中更常见，可能会利用水箱、水沟、池塘、笼箱和网箱，就像在饲养大动物一样把鱼集中起来。已经开发出多种集约化水产养殖系统和饲养技术，以满足不同养殖品种的需求。

一、生产阶段

鱼的生产过程大体上包括四个不同的阶段，即亲鱼产卵，卵孵化到鱼苗阶段，鱼苗到小鱼阶段，以及

长成或生产阶段。有些物种的亲鱼可以在池塘里自然产卵（如鲶、河鲈）。有些季节性产卵的亲鱼（如鲑、条纹鲈、罗非鱼）要在水箱中改变温度和光照因素诱导产卵。大多数鱼类有固定的产卵期，但多数都可以通过人为调节环境因素成适合的产卵季节或加入激素来人工诱导产卵。对于鲶和河鲈，雌鱼在环境中产卵，雄鱼可以在收集卵前自然受精，然后再收集于可控环境中孵化。而鲑和条纹鲈的鱼卵通常要在受精前人工从雌鱼挤出并收集起来。白子（即精子）也同样由人工从雄鱼挤出后，再与卵子混合，然后在可控环境中孵化获得受精卵。大多数种类的食用鱼通过体外受精的方式生产有活性的卵，而少数重要的商业用热带鱼则采用体内受精的方式生产活幼鱼。

鱼卵的形状大小不同。例如，鲶卵有黏性并胶凝成一团，黄鲈的卵凝成胶条状，鲑和条纹鲈的卵分布在底层。发育中的卵代谢速率极高，因此需要保持水质优良。水中含氮废物水平必须尽可能低，溶氧量必须与品种适合。如此，流水系统或者有适当过滤装置的系统对维持卵是必需的。鱼卵一旦孵化，大多数种类的鱼苗最初从吸附的卵黄囊汲取营养。带卵黄囊的某些种类的鱼苗在孵化时没有能力游泳，但随着成熟和卵黄的耗尽，他们获得了游泳的能力。这时，鱼苗游到水面，鱼鳔充气，并通常开始食用天然或人工饲料。根据种类的不同，鱼苗可以直接在池塘散养，以浮游植物和浮游动物为食，或者放在水池或水箱中开始人工喂养。

某些种类的鱼苗用这种方式维持5～8个月，直到变成指头大小的小鱼（8～12 cm），并大到足以在池塘、水箱或网笼中饲养。在此期间，开始是自然放养的幼鱼能逐步适应人工饲料。随着小鱼长大，饲料颗粒的大小和数量逐渐增加，以促进快速增长。

最后是长成阶段，此时鱼苗在不同的水系环境（如池塘、水箱、水槽）中饲养，饲喂次数增加，以保证最快生长速度达到上市标准。不同饲养系统中鱼苗的放养量取决于几个综合因素，包括在一年中的月份、鱼苗产量、希望达到的养殖密度、所用的水系环境等因素。大鱼苗比小鱼苗早上市，但是更昂贵，因为生产它们需要更多的时间和资源。而且大鱼苗运输的难度更大、成本更高。受到鱼的种类、水温和投料速率的不同，从育苗长到商品市场规格的鱼所需的时间可能从短至6个月（如罗非鱼），长至12～15个月（如鲑）。

二、饲养管理

除了一些特有的差异，水产养殖原则上与陆地上的动物养殖很相似。评估水产动物或水产养殖设施时，应全面包括环境、鱼苗质量、营养、卫生、安全等条件。环境条件取决于养殖鱼的种类，包括无污染和疾病的水源、可接受的水质（如温度、溶氧量、pH、氨、亚硝酸盐、硝酸盐、盐浓度等），以及足够的生物过滤。所有这些因素都必须经过优化，以使水产动物最健康，达到最高的生产率。水源可以来自地下水（井水或泉水）、地表水（溪水、河水、湖泊或池塘）或自来水，各具优缺点。水可以是流动的、静止的或可循环使用的。流水系统（如水沟、笼箱或网箱）通过源源不断的新水更新水质，排走有毒的含氮废物。相反，再循环系统用水量少，但是要依赖辅助机械和生物过滤装置去除含氮废物，并使水体达到可重复使用的状态。

鱼苗的来源依赖于正在饲养的鱼种类。大量鱼类，如鳟、鲑、鲶、罗非鱼和锦鲤几乎全部来自驯养捕获的鱼群，而驯化较少的物种像条纹鲈与其杂交种、鲈、鲽多来自野外捕获的鱼群。其他种类的鱼如鲔、鳗以及一些软体动物和甲壳类动物，从野外捕获幼种再饲养到上市大小。有趣的是，除了极少数稀有物种，大多数热带淡水鱼都是家养亲代鱼繁殖的，而大部分热带海水鱼都是野外捕获的。可以看出，驯养的程度越高，控制鱼生长周期、疾病控制和遗传改良的机会越大。

营养状况对于鱼的生长健康和生殖能力至关重要。饲料的购买和运输是集约型养殖的最主要成本。至今为止，只有两种商业化的科学配合日粮，一种是鳟（肉食鱼类日粮），一种是鲶（杂食鱼类日粮）。因此，目前的食谱都是根据这两个方案再结合特定的鱼类改编而成的。配合饲料颗粒的大小取决于鱼苗所处的阶段和喂养的方式，如人工喂养、自动喂料器（如料斗、传送带和振荡送料器）或鼓风机。此外，许多种鱼不适应配合饲料，尤其是幼鱼、青年鱼，它们需要食用活体食物（如浮游动物、盐水虾）。

三、卫生管理

一条鱼，或者一群鱼的健康状况能够通过临床病史、大体病变和非致死性的最终诊断分析来评估（见尸体剖检与诊断技术）。定期监测水质和鱼的问题，是在发病和死亡发生之前发现水质和病情的最经济实惠的做法。应该根据各设施修订生物安全计划，以减少、控制和根除传染病与寄生虫病的传播。通过采取外部屏障（阻止病原微生物扩散进出设施）和内部屏障（阻止其在设施内传播）的生物安全方案来降低水生动物对病原体的暴露。由于病原体能通过水、设备和人等载体传播，在关键控制点进行恰当消毒可以大大降低暴露。

美国虽然没有普遍采用疫苗接种，但其是保障鱼类健康的一个重要措施。有大量针对病毒性和细菌性病原体的商品化疫苗，可以通过浸泡（即水浴）或肠道外（如肌内注射或腹腔注射）途径免疫接种。其他常用的水产养殖标准管理技术有称重（以精确确定喂食率和治疗方法）和分级（在鱼的不同生长阶段按大小分类，把快速生长的鱼从缓慢生长的群分开，并减少社会等级压力）。

第十节　健康与管理的相互作用：牛

一、肉牛种群

实施某些管理方法能够提高母牛-犊牛群的生产力。这些方法主要与繁殖有关，与提高生产性状相比，改善畜群繁殖力更具有增加母牛-犊牛利润率的潜力。管理方法包括限定繁殖期、确定最优产犊期、繁殖季节评价、良好的母牛更替计划、营养适当、牲畜健康、公牛繁殖性能检查、杂交繁育和保持良好记录。其他与增加肉牛群利润率相关的管理实践包括降低单位生产成本、给小母牛使用生长促进剂、控制体内外寄生虫、加强犊牛管理、集约化管理放牧、犊牛预处理，以及制订销售计划等。

（一）繁殖

在世界不同地区，大都有一个特定的适合母牛产犊、哺乳、再交配的最佳时期，该时期与营养状况关系最为密切，虽然其他环境因素也可能具有一定的作用，如冷或热应激和寄生虫群落。传统上，生产者都以在营养状况最佳时期产犊为目标，因为与在不恰当的时机产犊相比，母牛在最佳时期产犊倾向于更快返情、犊牛更容易茁壮成长。限定繁殖期（65～80 d）的好处在于能提高生产潜力、保持良好的环境因素、产犊期集中和小牛数量更均匀、增加交配前管理与营养监控的机会、改进母牛更新淘汰与选择程序，利用牛群妊娠诊断和交配期评价，能提高早期发现问题的能力（见牛的繁殖管理）。

1．妊娠检测　建立一个均一的、环境良好的、维持费用低的肉牛群是牛场的长期目标。这一目标通过限定交配期（在此期间空怀母牛被挑选出来）而得到加强。与每年妊娠的母牛相比，这些需要被淘汰的母牛通常体型过大、泌乳量过多，或者繁殖能力不稳定。对于多年达不到这一目标的群体，应该通过预产期和体况评分（BCS）来分选母牛，而不是简单地判定为妊娠或空怀。群体妊娠诊断（HPD）代表一个重要的肉牛群体诊断和判断的基础分，也是作出明智决定的一个关键。它通过分析群体模式来解决问题（见繁殖期评价），以及根据特殊目的将牛群分组分类，如饲养策略、产犊管理、分娩鉴定、淘汰或者进入繁

殖。HPD有利于选择后备母牛并淘汰不孕的母牛。

2．育种可靠性评估　繁殖性能受很多因素的影响，包括种公牛的繁殖能力、牛群健康状况和交配的机会。育种可靠性评估是一项评价母牛群繁殖性能的技术，包括获得、分析和解释相关的信息，以及提出改进建议。一项繁殖性能的检测是实际喂养一头活牛犊所需的母牛的数量。对某个特定繁殖期的妊娠母牛（及产犊）的分布进行分析，也是有价值的信息。可以在时间（如21 d的发情期），配种群，母牛的年龄或公、母比例，营养状况（如BCS）等的基础上进行研究。这种分析提供了评价繁殖或产犊期的基础。对于繁殖季节的评价，必须做好妊娠记录，以使日后的分析卓有成效。

因为繁殖性能是牛群的一个重要经济指标，评估种公牛的生殖能力就非常重要。保证一头公牛有繁殖能力是一项成功的繁殖可靠性评估（见公畜的繁殖可靠性评估）。根据对公牛的概算，它们能在65～80 d的一个繁殖期每月配种1头母牛。例如，通过BSE的一头38月龄公牛，应该能在65～80 d内配种38头母牛。这种概算法对14～50月龄的公牛有效，一头公牛最多配种50头母牛。

（二）淘汰母牛的挑选及管理

一个肉牛企业中对牛的淘汰，通常是指去除那些不能满足或维持牛群生产性能和经济标准的牛，其他原因可能包括动物有生理或性情问题，以及环境恶劣或经济需要的情况下，谨慎淘汰不孕的母牛。及时淘汰生产性能低下的母牛对于维持或改善牛群的繁殖力也是必需的。但是，必须淘汰不孕的母牛也不一定总是正确；最近的调查表明，美国43％的淘汰母牛在调查期间正处于妊娠期。另外，"空怀"并不一定就不孕。对备选淘汰牛的鉴定很关键，妊娠检查是一项重要内容。

（三）营养管理

营养是限制肉牛种群繁殖性能最重要的因素。理解繁育种母牛营养管理的基本原理很有必要，包括常用的各种能量检测系统知识以及其对不同动物种类、活动与饲料的应用（见牛的营养）。增加放养量能够提高单位土地面积的收益，但可能导致每头牛的平均收益减少。问题的关键在于保持这两个因素的平衡，使牧场放牧得到最优化利用，并且每头牛都能获得充足收益。过度放牧能破坏环境，并且严重降低每头牛的收益。

一年中不同时节对营养的需求不同。繁殖最关键的时期是刚刚产犊结束以及产犊初期，产犊结束期时因为准备泌乳，胎儿生长最全面；产犊初期为泌乳高峰期加上再次配种的需求（见牛的繁殖管理）。环境

条件可以极大地影响牛的营养需求和摄入量。例如，寒冷的天气能量需求增加，而炎热或恶劣天气能减少觅食的机会。牧草的质量和数量受水分、土壤肥力、植被物种和放牧压力的影响，在年度内和年度间的变化很大。草地牧草养分含量的季节性变化主要与植物的成熟度相关。一般来说，植物最大的营养价值在成熟之前。良好的营养管理包括认真考虑相关动物的品种、放养率、可用的植物物种、放牧季节、施肥和放牧方式等因素，最大可能地满足母牛的营养需求与牧场的养分含量。

体况评分：对于肉牛生产商来说，及时、准确地测定放牧牛群的营养状况是一大挑战，因为许多因素能影响牛对给定营养水平的反应。BCS是一种有效的间接方法，用于测定种母牛的营养状况。BCS代表对体脂（或能量储备）的主观评估，而体脂与母牛的繁殖性能密切相关。BCS及BCS的变化似乎是更可靠的评价营养状况指征，而体重及体重的变化可以随肠道的填充与妊娠的状态而改变。此外，与测量体重相比，评估BCS通常更方便。对肉牛生产者来说，BCS既有重复性又有准确性。最好的方式是，先通过肉眼评估，再触诊脂肪最可能沉积的身体部位而加以强化。对从远处分组观察牧场或围场的牛群评估得到的BCS，精确度要低于那些从近处观察围栏或圈中的牛群。

BCS在全年都会发生变化，应该定期监测。北美广泛使用1~9级 BCS系统。肉牛母牛的参考标准是BCS为5，代表一个平均值，牛膘情适合，既不胖也不瘦。不过母牛效率最佳的BCS随品种和操作的变化而变化，可能高一些或低一些。一般来说，评分在5~6（小母牛在6~7）的母牛应该能产犊，产犊后体重会下降，在再次交配前稍有增重。在放牧条件下，获得1分（34.1~45.5 kg）通常需要2个月。注意不能依赖平均值，因为平均值能掩盖对群体繁殖力有负面影响的差异。

母牛产犊时的BCS可以对其再次配种的前景提供很多信息。然而，如果牛太瘦，此时评估获得BCS，预测的达标需要的时间相对要短。配种时评估母牛的BCS，对群体繁殖力的预测最准确，因为恰好在要预测的事件发生之前。缺点是几乎没机会及时纠正影响当下育种期的显著缺点。在妊娠检查的时候评估BCS有一定优势，就是不需要再单独操控母牛，还能在产犊和之后的再次配种之前的相当长时间内弥补明显的缺陷。缺点是，尽管它可以提供一些线索来解释当前的妊娠模式，但补救为时已晚。评估母牛BCS最理想的时间是在产犊前 2~3个月，它给牛提供了足够时间使其达到理想的产犊前 BCS，因为产犊时的BCS与群体繁殖力息息相关。最好是让农场主以外的人（如兽医、推广专家等）评价牛群的BCS，因为农场主每日都见牛，不容易看出变化。

（四）健康与生产管理程序

一个经济划算的牛群健康和生产管理程序，对大多数母牛-犊牛企业的经济收益很重要。该程序因地区、相对经济学、观念和机遇不同而异。一个好的牛群健康管理程序能在很大程度上控制疾病和生产性能降低的风险，包括考虑生物安全、营养和合理使用生物制剂及疫苗。

启动这样一个程序的着手点是，首先比较某特定牛群的性能与相关标准，了解当前生产的损失，与国家区域性调查数据比较，也能对经济损失进行估测。

对某个特定牛群的重大疾病危害和适当的预防措施，应当与农场主协商建立。必须明确干预牛群的最佳时间。这些预防措施通常与其他管理性任务同步安排，以最大限度地减少对牛群的干扰和劳务成本。一种方式是编制一个牛群健康"日历"，其间健康状况与重大的操作管理要协调一致。对牛群的干预因牛群不同而异，考虑的因素包括繁殖方式、牛群日常工作日程、犊牛断奶日期、犊牛管理措施和既往疾病。

（五）疫苗接种

配种前的疫苗免疫应根据当地流行的疾病和国家的要求，在配种开始前4 周内实施。后备母牛在配种前必须免疫接种与其他母牛相同的疫苗。

产犊前免疫接种的目的是希望通过初乳的母源抗体保护新生犊牛。重要的病原包括那些重大的梭菌性疾病（尤其是产气荚膜梭菌），以及那些引起犊牛腹泻的病原体。

断奶前的干预非常重要，它能帮助犊牛应对断奶的应激，减少因断奶应激降低生物制剂效力的可能性。常规的免疫接种包括梭菌属、牛呼吸系统综合征（BRD）。为了减少寄生虫感染，可以在这个时间使用广谱驱虫剂。在断奶期间，建议进行第二次免疫接种。在此期间可以使用弱毒疫苗。如果犊牛在生产和断奶前免疫过，就不需要再次免疫。对某些布鲁氏菌病控制区，应在规定的年龄段对小母牛进行恰当的免疫接种。

除个别特例外，公牛应该接种与母牛-犊牛群相同的疫苗。公牛不能接种布鲁氏菌病疫苗。目前在美国批准使用的滴虫病疫苗也没有批准用于公牛。牛传染性鼻气管炎弱毒疫苗应谨慎使用，因为公牛可能再次复发该病并且通过精液排毒。而且，运输到其他国家的精液也会带来危害。

（六）犊牛管理

产犊期的管理是优化犊牛群的关键。研究表明，

57 %的死亡率出现在产犊后最初24 h，而75 %的死亡率发生在出生后7 d。此外，在产犊时还存在重要的危险因素，增加犊牛的发病率，可能导致死亡率上升并降低犊牛的性能。在产犊管理中应考虑的因素包括难产（后备小母牛首要考虑因素）、被动免疫转移、产犊环境（包括周边温度）和母牛-犊牛成对管理（见牛的繁殖管理）。在分娩季节刚开始的前4周巡视农场，可评估生产者的准备工作，并有机会对任何改变提供建议。

保存犊牛健康、发病率和死亡率的记录，可以进行风险与风险分组分析，并检测任何增加的发病率。至少应在产犊后2～3周，再走访一次农场，对管理和饲养环境进行评估。应界定发病率和死亡率水平；如果超过了正常水平，应请兽医着手调查。

新生犊牛发生死亡最常见的病因是腹泻（见新生反刍动物腹泻）。通常根据临床症状很难鉴别腹泻是由哪种病原引起的。控制由病原引起的新生犊牛腹泻，需要从健康舍中隔离出患病犊牛，以减少环境污染和病原传播。此外，对于大肠埃希菌和沙门氏菌的控制，应避免在分娩季节购买和引进新生犊牛和母牛。病牛应该立刻隔离以防止进一步污染环境。一旦环境被污染，在潮湿阴冷的环境下，病原体能生存很长时间，隐孢子虫在这种环境下特别适合生存，因此防止污染健康犊牛很关键。应在分娩之前，给母牛和小母牛注射轮状病毒、冠状病毒、大肠埃希菌和产气荚膜梭菌B型和C型的商品化疫苗，以提高初乳中特异性免疫球蛋白的水平。首次免疫、加强免疫以及每年度的加强免疫都是必需的。加强免疫应在产犊前至少2周而不能超过6周。临床试验数据并不一致；一些试验报道没有效果，而另一些报道则认为明显地降低了发病率。在控制新生犊牛腹泻方面，免疫也可能是对适当管理的一个有意义的补充。

内布拉斯加州大学建立的"沙丘产犊体系"是一个优秀的环境控制计划。在这个体系里，妊娠母牛在与产犊区域隔离的牛舍越冬。当第一头母牛分娩，或即将分娩，整个牛群转移到第一个产犊牧场。母牛在此停留2周；之后，所有带犊牛的母牛停留在牧场1，而还没有分娩的母牛转移到牧场2。在牧场2周后，所有分娩的母牛带着犊牛留下来，而所有妊娠母牛转移到牧场3。以后的6周都这样连续进行。当牛群中最年幼的牛犊达4周龄时，也是腹泻风险最低时候，这时可将母牛-犊牛共同饲养。这个体系保证了每头犊牛出生在洁净的环境，因此疾病传播的可能性几乎不存在。在应用这个系统前，腹泻的发病率和死亡率都很高，在采纳后几乎不再困扰犊牛的健康。

在这个及所有的分娩系统中，后备母牛应该与成年母牛分开越冬和分娩，因为后备母牛对病原体的免疫力低于母牛。

1. 去势与去角　与睾丸显著增大后再去势相比，幼公牛去势可以减少应激。此外，早期去势对人道待遇的关注较少些。有多种方法可以采纳，包括开放手术技术、使用橡皮环和无血去势法。最初，经过手术阉割的犊牛比用橡胶环去势的犊牛表现出更多骚动，但操作完成后两组都很快恢复正常行为。幼年去角比角长大之后再去掉的应激也更小。角是饲养周期中最常见的问题（例如，有角犊牛需要更多的空间），并且可能造成同舍犊牛擦伤。此类问题最好通过无角育种或早期去角的管理来解决。

2. 个体标识　母牛和牛犊的个体标识系统能够根据生产性能进行选择，并进行牛群和疾病溯源。塑料耳标是最常用的方法。打烙印的方式受到越来越严的产品质量和动物福利审查的压力。当前，市场上有电子标识的商业产品。这样的措施最终将取代目前的系统。

3. 疫苗接种　接种疫苗可有效预防病毒和细菌引起的呼吸道疾病。犊牛体内残存的被动免疫可能会降低早期免疫的抗体反应，但在这时期使用牛传染性鼻气管炎弱毒疫苗和牛病毒性腹泻疫苗会显著刺激细胞介导的免疫应答。疫苗制造商提供在特定年龄段的免疫程序。在给犊牛打烙印时免疫，对疫苗抗原很敏感，并对以后到育肥场的再次接种提供记忆反应。建议在打烙印时接种梭状芽孢杆菌疫苗和呼吸道病毒疫苗。已经实施许多种犊牛"增值"程序，其中包括在打烙印时接种疫苗。夏季放牧期间，疫苗接种的临床效果不确定，因为通常夏季肺炎的发病率本身就较低。这种接种疫苗计划的主要好处是首次致敏加强了后期断奶前接种的免疫反应。犊牛断奶前往往需要再次接种病毒性呼吸道病疫苗。在犊牛断奶前或断奶期还建议接种曼氏杆菌疫苗。

传染性角膜结膜炎是犊牛哺乳期的一种重要疾病，也是很难控制的一种疾病。免疫接种后的结果不一致。对受到与疫苗同源的毒株感染，可能会提供一定程度的保护，但对异源性毒株攻击产生的保护很低。

4. 植入方案　对哺乳期的犊牛使用激素植入物可使断奶重增加3%～5%，健康犊牛表现最好。不能对45日龄以下的种用小母牛植入激素，也绝不能对公牛植入激素（见生长促进剂与生产增强剂）。

5. 寄生虫控制　犊牛体内的虫卵数一般在春季打烙印时较少，但在仲夏时显著增加。晚春时给母牛驱虫会增加犊牛断奶时的体重。对打烙印时驱虫效果的研究很少，而且结果不一，有些效果呈阳性，有些没有效果。在晚春对母牛和犊牛同时驱虫，效果似乎微乎其微。体外寄生虫也是导致经济损失的重要原因。研究表明，犊牛哺乳时控制苍蝇，会使犊牛体重增加5～10 kg。控制苍蝇的最好办法是使用杀虫剂浸渍过的耳标，但广泛使用含拟除虫菊酯杀虫剂的耳标产生的耐药性问题已日益严重。交替使用有机磷酸盐杀虫剂或有机氯杀虫剂有利于解决这一问题。应用杀虫剂喷雾和背擦装置也有效（也更便宜），但对牛一定要使用到位。

6. 营养 夏季放牧期间，哺乳期的犊牛以牛奶和草料为食，并且草料摄入量持续增加，这时一般不需要额外补充营养。不过在有些地区，可能会缺乏一些微量元素。一般来说，在犊牛出生前要有足够的营养贮备，在出生后再进行补充就很困难，但少数微量元素可能在犊牛时期补充更好。犊牛补饲可增加摄入的可靠性，但代价高昂，效果不定。在断奶前3～4周进行补饲，能有效降低犊牛断奶时的应激与病变（见牛的营养）。

7. 断奶 断奶会给犊牛带来应激，因为离开了母牛，不得不适应不同的饮食和环境。牛群密度增加导致疾病暴发和传播的概率增大。管理方法要致力于减少犊牛断奶应激，并确保牛群保持良好的营养状态和免疫能力。断奶前应做好去势及去角。

肉用犊牛在90～150日龄时早期断奶，能直接有效地利用饲料，可能会比通过补偿母牛分泌牛奶更利于体重增加。在30～60日龄早期断奶，能提高母牛和青年母牛的繁殖性能。在有限的繁殖期，早期断奶能使母牛和青年母牛的发情周期和再次配种提前，并且提高受孕。断奶犊牛的营养需求必须保证满足，以确保其健康和性能。如此早的断奶只有在分娩时母牛处于特别瘦（BCS小于4）的紧急情况下才能实施，目的是为了能提高产前的BCS而未雨绸缪。150～170日龄断奶，能在饲料短缺时减少对母牛的泌乳应激并提高母牛的体况。交配季节的繁殖性能不受此时断奶的影响。在饲料短缺时给犊牛断奶，能减少母牛的营养需要，从而让它们在很少或者无补饲的情况下，也能在入冬之前恢复体况。给犊牛断奶并直接饲喂，比在产奶后期饲喂奶量更多的牛来增加泌乳量更有效。

（七）后备母牛

后备母牛的选择计划一般在断奶时开始，此时后备母牛开始为它们第一个配种期做准备。然而植入激素以促进生长的决定必须要在犊牛2～3月龄替换计划启动就作出。不推荐在断奶或者6月龄后再次给小母牛植入激素。相对于在30或36月龄初产，小母牛在22～24月龄产犊能延长它的生产寿命。

1. 小母牛的选择 在断奶时开始挑选后备小母牛，此时小母牛通常为6～8月龄，根据出生日期、遗传学、体型得分、性情、断奶体重和比例，以及亲本分娩记录选择后备母牛。选生产周期中出生早的小母牛，使后备母牛在交配季节一开始时年龄就稍大而且体重更重。小母牛的体型状况必须经过评估，体型不合格的应该被淘汰，不能作为后备母牛。可用年龄修正过的体型得分估计小母牛成熟时的体型。这些得分对选择后备母牛提供了一个客观的方法，以使牛群规模适应于环境和饲养条件稳定。

一旦选定了有潜力的后备母牛，就要建立一个营养和免疫计划，准备配种。如果计划小母牛在22～23月龄分娩，那么必须在13～14月龄配种。为了保证最佳的受精率，小母牛此时的体重必须达到成年时的55%～65%。必须均衡日粮提供所需的增重，并在既有时间内满足55%～65%成年体重的目标。特殊要求要根据体重和母牛的配种以及距离配种的时间而变化（见牛的营养）。

2. 疫苗接种 后备母牛的免疫程序，能为预防生殖系统疾病提供最佳保护，包括牛传染性鼻气管炎（IBR）和牛病毒性腹泻（BVD）等疫苗。根据当地疫情，也可以免疫接种布鲁氏菌病、钩端螺旋体病、毛滴虫病和弯曲杆菌病疫苗。免疫接种布鲁氏菌病疫苗需要依据当地或者国家的规定。IBR和BVD弱毒活疫苗能对不同毒株提供最广泛的免疫力，应接种两次以确保产生高免疫力。有证据表明，BVD和IBR弱毒疫苗能够一过性感染卵巢，导致受孕率减低。为此，必须在配种前至少1个月进行免疫接种。毛滴虫病疫苗能增加产犊率，并能在感染牛场中缩短持续感染的时间，但不能防止感染。毛滴虫病疫苗在感染牛群或感染风险高的牛群有用，但在感染风险低的牛群使用可能有点得不偿失。

3. 管理 小母牛在第一次配种时应发育良好，妊娠期间的管理必须保证能持续生长。孕牛在妊娠期检查时应与主牛群分开饲养，并保持隔离，直到初产后才可以再返回到繁殖牛群。初产小母牛在妊娠期间营养不良，可能会因体重和体尺不够，增加初产小母牛难产的概率，还可导致生产时身体虚弱、泌乳量不足、产下弱犊，以及引起高概率的产后乏情期，这会增加不孕母牛的百分率，其最终将被淘汰。因此，妊娠小母牛应该与母牛分开饲养管理，并给予更高水平的营养。这种管理只会稍微增加犊牛的出生体重，而如果小母牛的BCS在6～7，就不会增加难产概率。小母牛应比母牛早配种2～3周，并且缩短配种期（约42 d），以确保留在牛群中的是生产力高的小母牛。这也是为了确保小母牛初产后，产后乏情期无论怎样延长，都不会影响其循环及与主牛群再交配的机会。

（八）通用健康管理注意事项

虽然有些风险源自野生动物携带者，但是引入亚临床感染的动物是牛群感染多种传染病的最大风险来源。潜在的传染源包括牛群的补充、有意识的或无意识的运动和接触。根据对病原体暴露的可能性，牛群可分为"封闭式"或"开放式"（见生物安全）。封闭式牛群限制引进与其他畜群或动物接触过的家畜及运输工具。开放式牛群引入病原体的风险更大：主要引进一些采取合作配种或者牛群生物安全极差的公牛或直接引入高风险的小种牛。

通常，所有购买或引进的动物，应与原牛群隔离饲养一段时间（如4周）；引进的牛群应进行与原牛群相同的健康检测程序。谨慎的做法是应购买有健康检查史的牛，并有免疫和治疗的记录。在购买牛之前，买方要确定拟引进的牛群副结核病为阴性，并且无持续性感染BVD、结核病和布鲁氏菌病。如果自身的牛群无牛白血病和无浆虫病，那么购买阴性牛群至关重要。如果青年公牛有滴虫病和弧菌病感染的迹象，应该加以检测。对于人工授精（AI），只有由被认证的AI中心经过严格的卫生程序处理，使其冷冻精液传播性病及其他疫病的风险降到最低点，才能使用。

二、肉牛育肥场

在肉牛育肥场，为了低成本生产符合市场要求的肉牛，青年牛要饲喂高能量的日粮。根据肉牛的初生重和年龄，饲喂时间从60 d到12个月不等。一个成功的现代化牛场主要体现在有杰出的管理、有利的经济形势和相对不受不利因素的影响，如疾病流行、意外的成本增加（如饲料）或终产品出售价格降低。疾病的含义应包括所有能引起动物表现欠佳的因素，如食欲不良、购买到的牛不理想、有临床和亚临床疾病。

要使牛群维持在最佳健康状态，育肥场的兽医要做到：①定期走访牛场。走访的频率取决于牛场的规模、一年中的时间、饲养人员的业务水平、是否是新引进的牛群、按合同规定兽医对整个牛群健康状况负责的程度。②当有疾病流行时，应迅速到达牛场。③在走访期间对病死牛进行剖检，并培训饲养人员，使他们在其他时间可自行剖检。④检查病牛以确保作出合理、准确的诊断，并根据已建立的治疗方案合理治疗。⑤定期检查、分析和解释牛群健康和生产数据，并提出书面建议。应根据牛群反应、复发率和病死率，评价对患病牛群的检测结果，定期检测和分析新制订的管理程序是否有效，包括使用的疫苗和药物。⑥选择和开具育肥场中使用的所有的药物，对使用的药物给予专门化建议，建立避免药物残留的程序。⑦与育肥场的管理者及其他顾问讨论所有牛群的

健康及生产性能表现，制订牛群健康和生产目标，监督取得的成果。⑧将育肥场与其他企业进行比较。兽医应每月出具报表，报告每月生产成本、治疗费用、死亡损失以及增重情况。

当没有现成的兽医可供咨询时，本场管理人员或饲养人员应承担育肥场的疾病防控工作。当地兽医作为育肥场健康管理团队的组成成员，可以对牛群健康计划作出重要贡献。

1. 疫病对经济的影响 疾病可因死亡率、治疗费用或对生产力的影响，而引起育肥场重大的经济损失。临床和亚临床疾病，对于生产性能和经济回报的影响，可能大于死亡引起的损失。彻底了解疾病对于牛群生产性能和经济损失的影响，对养殖管理者制订成本效益方案至关重要。与死亡损失、长期患病牛群打折销售和治疗支出等相关的经济损失已显而易见，也很容易计算。而一些不易察觉的损失，如生产性能降低与胴体质量下降等，却常被忽视。

治疗费用是另一种巨大的经济损失。影响平均成本的因素包括发病率、治愈率、药费、联合或单一抗生素治疗、是否使用辅助治疗、劳务费、育肥场产品标识等。在所有圈养牛群中，发病率对平均治疗费用的影响最大。给牛群预防牛呼吸道疾病的药费，必须合计到牛群总的药费中。

2. 育肥场医疗方案的实施

（1）**定期检查** 育肥场的卫生管理体系，应包括对育肥场所有范围的定期检查。要仔细观察、记录改善畜牧生产的建议，以备与全体员工讨论。尤其要关注给水和给料的方式、牛群的大体状况、每个牛舍内的任何异常现象。育肥场的许多健康问题可以通过高水平的管理来避免。

（2）**疾病监测** 通过定期剖检所有死牛和定期观察患病牛，持续进行疾病监测十分必要。在较冷的天气，兽医赶到之前，尸体可能已经冻僵。相反在温暖的气候，尸体可能因为自溶而失去剖检价值。在距离较远的情况下，专职兽医不能及时剖检每头死亡牛时，可以聘请附近的兽医。在许多情况下，可以培训本场人员，识别常见的剖检病变和采集病料用于分析。

快速确诊是育肥场疾病控制的一个关键。这要求有良好的监测系统、发现病牛的系统程序、合适的检测和治疗设备、动物标识明晰，以及合适的，尤其是用于尸体剖检的实验室设施。要强调对育肥场员工的培训和监督，以利于对患牛的监测和早期治疗。应对员工，尤其是负责检查牛圈中有无病牛的人员，进行常见病的临床知识培训，包括厌食、抑郁、跛行或步态异常、运动僵直、咳嗽、眼鼻有分泌物、呼吸加

快、口鼻结痂、眼窝深陷、被毛粗乱、粪便稀软或坚硬、腹部异常肿胀，以及情绪紧张等。一旦有上述症状或其他疾病症状的牛，须送到兽医院接受更仔细的检查，如有必要应立即治疗。有些育肥场，牛经过治疗即可返回原来所在的牛舍，而有些育肥牛则应住院直到彻底康复。大多数未经治愈或第一次治疗后又复发的牛是否需继续治疗，取决于疾病的性质和经济上的考虑。如果病牛转成慢性病，康复的概率很小，则应出售屠宰（在适当的休药期之后）。

应密切观察转移病牛的牛舍。必须早期发现潜在的流行病，以能在圈舍的阶段就加以考虑。尽管监测圈舍很重要，但对于病牛的检测并不可靠，特别是对刚到牛舍1周的犊牛。区分犊牛是疲劳还是精神沉郁难度很大，因为犊牛很可能是几日前从患有呼吸道疾病的母牛断奶而引起的抑郁。根据体温和粗略的临床检查显示，新到牛舍的犊牛中，有50%以上不显示呼吸道疾病的临床症状。

（3）**治疗方案** 兽医要制订患牛的临床管理程序，并为疾病治疗提供标准方案，包括药物剂量、治疗间隔、给药途径以及休药期。所有员工应严格遵守临床管理程序，以便准确评估治疗是成功还是失败，同时也便于最大限度地降低食品安全危害的概率。应通过定期测定不同治疗方案的反应效果，来评估治疗方案的有效性。不制订治疗方案或治疗方案不合适，往往引起盲目滥用多种药物，进而导致治疗过度，并往往增加病死率。

3. 育肥场记录 育肥场的记录对监测疾病的发生率、治疗效果及生产性能必不可少。而且兽医、动物营养师和养殖管理者应该定期分析这些记录。可以手工记录或利用商用计算机软件。必要的输入记录包括：翔实的描述、处理记录、更新、销售信息、动物识别以及饲料和动物消毒产品的购买。必要的输出记录包括：每舍剔除动物的日出栏量（据此可以绘出一个流行病曲线）；牛舍用药的治疗效果记录；剔除动物中发热的比例，这表明有多少可能感染急性呼吸道疾病，而不是传染性疾病如饲喂过量；日死亡数报告，应包括死亡动物的清单、抵达日期、药物治疗的日期及死因；每头动物个体治疗史的病例摘要；收尾总结，包括所有生产成本、牛舍卫生和生产性能（包括发病率、死亡率、饲料转化与增重比、平均日增重）、每单位收益的成本、饲喂天数以及利润或损失。

（1）**个体治疗记录** 如果在刚进场的时候没做标识，每头经过治疗的牛应有个体标识，并在治疗报告上记录信息。治疗人员应记录饲喂的牛舍、牛栏号、体温、体重、疑似疾病、给予的治疗、牛治疗后所处的位置（例如，哪个病号栏）。应适当评价治疗效果

以评估疾病的严重程度。在发病晚期，特别是呼吸道疾病，常以治疗失败而告终。

对每头治疗的牛都要填写报告，并且所有随后的治疗也要记录。对于复发或死亡的牛，要取回报告进行更新。根据报告中所积累的这些资料，可用于决定某一病牛因患有慢性或难以治愈的复发性疾病，是否该淘汰，也可用于决定替代疗法、解释死亡的原因，以及评估推荐疗法的有效性。

（2）**日发病率与死亡率记录** 该记录包括被治疗牛的牛舍号和牛栏号、诊断的疾病和日期，以便管理者和兽医快速评估育肥场存在疾病的状况。它包含被淘汰和未做治疗的牛数量，然后根据诊断确定是复发还是新发病例，对这些治疗的牛进行分类。连同一份表明牛进入牛舍的日期和数量的详细报告，就有可能绘制出流行病学曲线。

（3）**发病和治疗分析记录** 这些数据汇总了某个牛栏或牛舍的发病率、复发率和死亡率，其重要性在于可作为评估各种疾病治疗措施整体效果的工具。把复发率和死亡率与育肥场设定的目标及文献中的标准进行比较，若比较结果呈明显正相关，则能提醒育肥场的管理者和顾问兽医师，再反馈给所有员工，以感谢他们的辛勤工作，而当慢性病或淘汰率异常高的时候，也可以作出适当的调整。

（4）**死亡分析** 经剖检确定的死亡原因应定期总结。死亡分析包括该病牛在育肥场的天数、观察到的所有早期症状，以及治疗（诊断、使用的药物和治疗时间）。另外，病牛死亡的时候，牛舍在育肥场的位置也应该考虑。

（5）**育肥场性能总结** 大多数育肥场都应对已完成育肥，并运往市场的每群牛进行总结。性能记录和育肥方面须总结的包括平均日增重、总饲料消耗、饲料转化率与每单位体重增重的成本、死亡率、淘汰率和药费。财务总结应提供个体与牛群的利润或损失。如果育肥牛胴体在市场上受到消费者的青睐，则也应将这些信息包括在总结中。

4. 免疫接种方案 疫苗接种程序是育肥场健康计划的一个重要组成部分。安排疫苗接种，取决于育肥场地区和牛引入地区的疾病流行情况。使用的疫苗以及免疫程序应基于预测的疾病发生率、疾病的造成损伤、预防（疫苗加上劳动力）的成本、疫苗的田间效力和其他可用的控制程序。

5. 营养建议 育肥场应经常咨询有资质的动物营养师，来协助制订符合成本效益的日粮。兽医应与动物营养师商榷日粮的组成以及任何对计划的改变。大多数育肥场的营养重点在于，始终开发低成本的日粮（日粮要支持最佳的增长率而无任何不良的影

响）。关于育肥牛的营养需求以及饲料和所用饲喂系统的大量信息，见牛的营养。

　　育肥牛很少罹患营养不良，因为其获得的日粮通常包含维持和促进快速增长所需的营养。根据已颁布的标准制备的日粮，在大多数情况下，应能满足所有的需求。特殊的营养不足极其罕见，但是小型育肥场可能会出现这种情况，他们自行制备的日粮很少，或根本没有注意自家饲料需要补充添加剂的必要性。虽然只有少数营养性疾病可影响管理良好的育肥场，但如果发生这些病，可能会造成巨大的经济损失。这些疾病包括碳水化合物过剩（过食谷物或D-乳酸性酸中毒）、膨胀病或瘤胃臌气和饲喂错误（例如，莫能菌素或尿素等饲料添加剂意外过量，或突然改变日粮配方）。

　　6. 疾病流行　即使育肥场管理很好，仍会突发疾病流行。当养殖事故发生时，许多肉牛会在1~2 d内突然发生感染。在急性传染病如牛传染性鼻气管炎、肺出血性败血病，或嗜组织菌脑膜炎等暴发时，最初仅有少数几个病例出现发病率升高，并持续多日，随后在指示病例后10~14 d，疾病暴发过后，发病率明显下降。在某些情况下，诊断结果显而易见（如由于饲喂不当引起碳水化合物过剩）。在其他情况下（如呼吸道传染病），可能不容易诊断，需要详细的流行病学、临床和实验室检测。完整的调查可能需要不同学科专家会诊。应尽力确定疾病的具体来源。调查应包括对实例的大体描述、完整的疾病暴发史（包括细节和首个病例的患病日期、发病牛总数、治疗、病死率，群体死亡率和疫苗接种史）和若干感染牛的临床检查（样品要适当）以及尸检。确诊后，治疗原则也可大体确定。当暴发传染病时，必须增强监测强度，在发病早期就发现新病例，此时的治疗效果通常良好。

　　应将疾病暴发的所有细节排个时间表，然后进行分析。可以分析暴露程度和疾病暴发过程中新病例发展的相关度。识别疾病发生的流行病学因素，并利用这些信息来控制未来疾病的发生。兽医与动物营养师应给畜主提交一份详细的疾病暴发报告，提出结论和建议。

（一）疾病的控制与预防

　　育肥牛疾病的控制与预防，取决于引进的牛群是否健康；牛群运输过程中是否很少发生应激，是否有一个舒适的牛舍环境，以及一个完善的饲喂系统；是否建立了良好的监测系统；是否合理地使用疫苗以及抗菌药物。

　　1. 育肥场设施　育肥场建设的一个最重要考虑的问题是有良好的排水系统。牛舍和通道应排水通畅，要使刮铲地面便于操作。排水良好要求地面有6%的坡度。为了避免饲养过量，每头牛都应拥有18 m²排水良好的地面和9 m²的水泥地牛栏。

　　牛舍能防风、雨、雪、过热和阳光。种植类似防风林的绿化带，建筑和栅栏的设置，可使风不能偏斜地直接进入舍内。

　　前开式牛棚可阻挡冬季的暴风雪和炎热夏季的阳光。每头牛需要1~1.5 m²的棚顶。牛棚朝向南或东南，并且前部足够高，这样在冬季冬至那天，阳光从背部照射到地面上。棚的后部应不低于2.5 m。

　　在料槽上加盖子，既保护饲料免受天气的影响而变质，又额外增加了牛吃饲料的舒适性。饲料保持干燥和适口，减少浪费。在美国最西南部的育肥场，阴凉对于缓解极端炎热的夏季非常有效。

　　近年来，对育肥场环境问题的担忧日益增多。更严格的环境方面的法律要求所有育肥场的废弃物和排污口，应控制于泻湖系统内。污染防治计划必须在有关政府机构存档。因国家和地区而异，要进行监测、测试和保存记录。此外，食源性疾病，尤其由大肠埃希菌O157：H7和沙门氏菌引起的疾病，已经迫使肉品加工业改变牛肉胴体的加工方式。肉类企业已经向育肥场施加压力，要求提供尽可能洁净的肉牛。

　　2. 牛的运输　牛的水陆运输很久以来就一直与育肥场所发生的牛呼吸道疾病密切相关，因而被冠以"运输热"。随着当前运输的改善，牛的运输距离与育肥场致死性纤维素性肺炎的风险已无关系。显然，在患呼吸道疾病的风险上，断奶、免疫水平、混群和其他应激源等因素远比运输距离更为重要。

　　犊牛在断奶后最初24~28 h，在运输过程中因被禁食和禁水，能使体重明显减轻。这种失重的（或称为缩水）程度不等，最少的是禁食、禁水24 h的犊牛失重4 %，最多的是长途运输超过2~4 d，或未断奶的、高风险、体重轻的犊牛，失重高达9 %。如果犊牛开始正常进食与饮水，大部分水分和电解质可在几日内恢复原状，但一些研究表明，不到35 %的高风险犊牛，能在到达牛舍的头24 h内消耗大量的饲料。缩水超过7 %就会严重影响健康。对于一些受到高度应激的犊牛，体重的总消耗可能要3 周才能恢复。

　　运输设备和设施应符合当地的标准，并且在一年中的任何季节运输，牛都能比较舒适。一些国家严禁运输牛时间过长，运输中途必须卸载休息，补充饲料与饮水。一旦到达目的地，应仔细检查牛有无临床疾病或损伤的迹象。通过给予新鲜干草、少量精料以及饮水，有助于发现厌食的病牛，以便作更为细致的检查。如果运输出现意外延误，并使牛群应激水平升高，将成为十分严重的问题。

3．育肥场牛的购买与引进 到达育肥场后的最初30~45 d，呼吸道传染病是发病与死亡的主要原因。消化系统疾病，特别是碳水化合物过剩，对抵达肥育场后30 d饲喂高能日粮的牛是主要的潜在威胁，但这是可控的。在育肥场，即使在管理良好的条件下，要控制急性呼吸道疾病综合征仍相当困难。

育肥场的主要目的是尽可能地让牛获得高能量日粮，促使快速增长（通常在到达后21 d内），尽量降低因急性呼吸道疾病、其他常见的感染（如嗜组织菌败血症）以及与高能量日粮有关的消化系统疾病引起的发病率与死亡率。

4．超前免疫与预处理 预处理是对准备用于上市和装运的育肥牛的处理，可能包括疫苗接种、去势以及训练犊牛在圈舍采食。预处理的概念，部分基于免疫学和营养学的原则。预先免疫，或者是对从牧场转运到育肥场前2~3周的犊牛进行疫苗接种，是预处理的基础。除了疫苗接种，最近更多的努力是增加转运前的断奶天数，改善牧场的管理（如遗传选择与营养）来帮助犊牛更容易适应育肥场。

在美国，预处理的定义包含以下要素：①至少断奶后30 d销售；②训练从槽中进食与饮水；③寄生虫控制；④疫苗接种，包括牛气肿疽（黑腿病）、恶性水肿、副流感病毒感染、牛传染性鼻气管炎、牛病毒性腹泻（有些程序还要求溶血性曼氏杆菌病、多杀性巴氏杆菌病/睡眠嗜组织菌）；⑤去势和去角的伤口愈合；⑥打耳号；⑦通过特殊的拍卖出售。预处理的牛犊被安置在一个育肥场，通常会一到就开始采食与饮水。如果没有遭受异常应激的话，发病率很低。但是日常监测仍然必不可少。与未经预处理的犊牛相比，这些犊牛通常更容易进食，所以一定注意不要过快增加摄入量，以免引起消化系统疾病。

当在部分预算基础上检查预处理的时候，母牛/犊牛生产商的成本效益通常很有优势。犊牛能以非常低的成本每日增重1~1.5 kg而不变肥。当犊牛长大、经过特殊预处理的时候再出售，该健康项目"红利"能使卖价增加3~8美元/45 kg。

新断奶的犊牛长到1岁架子牛体重期间，后期处理是预处理的一种变化，通常发生在较小的育肥场。主要目标是为1岁牛做准备，使其在育肥场适应高能量日粮而尽量少出问题。饲喂犊牛生长期日粮，可保证快速、有效增重而不会变肥。在刚到达育肥场的最初45 d，在后期处理中见到的疾病谱，取决于犊牛是否进行过超前免疫、预处理，或者是否来自几个不同的未经预处理的牛群。通常大部分损失均由呼吸道（如BRD）和消化道（球虫病）等传染病所致。

新到育肥场而不知其背景的牛群（例如，那些来自于拍卖市场的）需要额外监督和管理。在进入肥育场24 h后，应给这些牛接种疫苗，一些牛需要去势、去角，治疗体内、外寄生虫病。应密切关注背景不明、未经前期处理且应激的牛群在到达育肥场3周以后的BRD症状。在牛的起始料中，要限饲优质粗饲料并补充一些适口性好、营养丰富的浓缩料。每日至少两次仔细观察有无牛患病的迹象，要及时查出病牛并作出相应处理。一旦被确定是健康的无传染病迹象，即可换成育肥期日粮。

对于大多数育肥场来说，标准做法是在牛群抵达育肥场24 h后，应接种抗呼吸道疾病的疫苗。疫苗接种应仅限于那些能真正降低呼吸道疾病的疫苗。对于高风险的没有提前适应的犊牛，有必要使用抗呼吸道疾病的抗生素。大量研究表明，对这样的犊牛使用预防性抗生素非常有益，因为可以大大降低BRD的发病率和死亡率。

无论使用何种系统，在牛群到达肥育场后，应尽快分组称重、检查患病迹象，必要的时候要进行治疗。有些肥育场考虑患急性呼吸道疾病的高风险性，对所有犊牛使用抗菌药物。如果发现病情与常见的呼吸道疾病不同，应让兽医尽早诊断。要仔细检测和监控有特殊应激史的牛群。最年轻和体型最小的牛需要特别关注，将它们与大龄牛分开很有必要。疫苗接种、维生素注射、植入和驱虫等这些既往史的记录很有用，但通常无法获得。牛群到达育肥场的最初几日，要避免不必要的应激，使大多数犊牛能采食到犊牛饲料。根据牛群状况，可能不容易在抵达育肥场的最初几日区分病牛与健康牛，所以有必要每隔几小时仔细监测临床症状。观察进食情况能够发现厌食的犊牛，便于从牛舍牵出作进一步检查。

5．处理程序

（1）**标识** 必须尽快标识每头牛，最好有一个具有颜色标识和编号的塑料耳标，易于从远处就能看到。许多育肥场牛群没有单独个体标识，而是仅有一个表示批（组）号或栏号的标记。具有能够单独标识个体的系统，可在19~25 cm的范围内读取电子标签，这种技术可保留个体信息，包括性能、疫苗和治疗史。这些标签直到屠宰时仍保留在牛体上，此时，耳标识别可以转移到头顶上的传送系统。

（2）**测量体温** 刚到达育肥场时，个别犊牛可能会患有急性疾病但没有显示明显的临床症状，有的犊牛可能出现疲倦和憔悴，但并不发生临床疾病。应及早治疗急性传染病以减少死亡率，但有时很难识别。在处理过程中，通常要测量高风险牛（如未断奶的犊牛、拍卖来的犊牛或经过数日长距离运输的犊牛）的体温。犊牛体温超过40℃，则要用抗菌药物治疗。经过治疗的牛应做标识，并记录在个体数据库，或者合计到已被治疗过的一组牛群或一栏牛群中。

（3）**疫苗接种** 自从疫苗问世以来，对育肥牛接种常见传染病疫苗的价值一直存在争议，尤其是呼吸道传染病。尽管如此，各种各样的疫苗已广泛用于育肥场的健康程序。

在育肥牛中，有可用于下列疾病或感染的疫苗：牛传染性鼻气管炎、肺炎巴氏杆菌、副流感病毒III型感染、牛呼吸道合胞体病毒感染、睡眠嗜组织菌病、牛病毒性腹泻以及梭菌病。预防梭菌病的疫苗非常有效。梭菌抗原的使用数量（2~8次免疫）取决于梭菌病的当地流行状况，包括黑腿病（气肿疽梭菌Clostridium chauvoei）、恶性水肿（腐败梭菌C. septicum）、细菌性血红蛋白尿［诺氏梭菌D型C. nowi,type D.（haemolvticum）］、传染性肝炎（诺氏梭菌B型C. nowi, type B）、破伤风（破伤风梭菌C. tetani）、肠毒血症（产气荚膜梭菌B型、C型和D型C. perfringens, types B. C和D）。在某些情况下，也使用钩端螺旋体病（钩端螺旋体血清型变种哈德乔钩端螺旋体、波蒙纳型钩端螺旋体、感冒伤寒型钩端螺旋体、犬钩端螺旋体与黄疸出血群钩端螺旋体）疫苗。

新引入犊牛的基础免疫计划应包括四联呼吸道病毒疫苗加1种梭菌疫苗。只有能达到以下2种标准的前提下才能接种其他疫苗：①有些疾病危害较大，必须进行预防（如在某些地区的钩端螺旋体病），②许多资料表明，必须使用某些疫苗才能预防疾病。

（4）**去势与去角** 这些手术最好在进入育肥场之前实施，但不可避免仍有一些公牛和有角的牛被出售。何时将这些管理不当的牛去势和去角争议很大，最近的研究表明，与延迟手术相比，在抵达育肥场后的最初24 h之内进行手术更好。

（5）**驱虫药和杀虫剂** 应根据当地条件使用驱虫药和杀虫剂。场主和兽医应了解到育肥牛或1~2岁的犊牛，可能来自有肠道寄生虫的农场或地区。与局部使用有机磷杀虫剂处理相比，使用伊维菌素可提高商业条件下育肥牛的平均日增重和饲料转化率。在放养率较高的小型牧场饲养的青年牛，一般都可能有蠕虫。青年牛也可能罹患牛肺丝虫引起的慢性肺炎。许多青年牛还可感染球虫，因此在饲料中添加适量的抗球虫药很有必要。

（6）**促生长剂** 促生长剂能提高牛的生长率，但其本身不含生长所需的营养成分。一般给予的剂量很小，通常通过植入或饲喂来改变新陈代谢，使肉牛增加身体组织成分并加快生长。促生长剂包括抗菌药物、抗生素、类固醇（如雌激素、雄激素）和离子载体。尽管促生长剂常常伴有活体增重率变化的效果，但它们也能促进成分、形态、成年体重或生长速率的改变。

（二）牛肉质量保障和肉牛安全计划

牛肉质量保障（beef quality assurance，BQA）计划是为了鉴别和避免有质量或安全缺陷的育肥场区域，确保从育肥场运出的所有肉牛都是健康、合乎卫生与安全的，并且肉牛的管理能满足政府和行业的所有标准。

育肥场必须记录所有的生产步骤。生产中的关键点必须监控，以确保没有违规残留或胴体缺陷。这些关键点包括（但不局限于）牛的引入、产品和商品化、牛的处理以及出场牛的评估。育肥场中休药期有一个天然的安全限度，因为大多数肉牛保健产品的休药期比育肥期短。育肥场饲养者必须意识到高残留风险状况。销售不合格的肉牛，即使宰前休药期已经结束，但由于器官受损，可能妨碍药品的正常排出而导致药物残留。

BQA计划建立在危害分析与关键控制点（HACCP）体系的基础之上。应该评估每个生产步骤潜在的质量和安全缺陷，包括细菌污染，它能使牛群或饲养人员发生传染病；化学试剂的使用/污染，可能会导致体内残留；以及物理损伤，如注射部位的损伤、擦伤或在牛体组织中断针。分析内容应包括标准操作程序（例如，设法避免或使粪-口污染降至最低点）。

必须严格遵守关于饲料原料、饲料添加剂和药物（包括给药途径和休药期）的所有相关政府法规。使用标签外应用的药物处方只能由育肥场兽医出具。所有使用标签外应用药物治疗的牛，必须遵守规定，延长休药期，它是由育肥场兽医根据兽医-畜主-病牛三者关系设定。某病牛被标签外应用方式处理后，"食用动物避免残留数据库"是确定宰前休药期的主要咨询依据。

1. 记录保存 肉牛从育肥场转出后，所有记录应当保存2年以上。如果在任何准备屠宰的牛中发现药物残留，育肥场必须向有关政府机构提供相应记录。应确定残留物的来源与原因，并采取纠正措施以防止再次发生。

（1）**个体记录** 应当保存所有单独处理的牛的治疗记录。可以通过手写或计算机系统完成记录。基本信息包括肉牛个体编号、治疗日期、诊断、给药、系列/批号、使用剂量、大约体重、给药途径与部位，以及肉牛可以清除休药期的最早日期。应仔细审查那些患有慢性病或者难以解释的低生长率牛的治疗史。残留筛检在许多情况下非常适用，如活体拭子试验。残留筛检应在育肥场兽医的监督下进行，检测结果将决定育肥牛是否可以被运出栏。

（2）牛群记录 所有作为牛群的一部分（处理或群体给药）接受治疗时应按组或批来标识，并记录治疗信息。记录应包括牛群的批或组别编号、使用的药物、药物的系列/批号、治疗日期、使用剂量、给药途径与部位以及休药期。宰前休药期适用于整个牛舍。在这个体系下的治疗记录，是表明在这批或组每一头牛都接受了治疗。育肥场技术人员应核对运去屠宰的牛的健康记录，以确保治疗的牛群经过了适当的休药期。应根据标签上的说明使用所有杀虫剂，并且记录使用和停药的时间。

（3）治疗方案手册 育肥场兽医应提供给饲养员特定的治疗方案手册，定期审查并且至少每90 d更新1次。应在治疗室保留一份副本，另一份保留在办公室。如果政府对育肥场设施、药物使用程序和避免残留物计划进行检查，书面治疗方案与现行处方是必须具有的两个重要文件。该手册还给牛群健康计划提供了书面指南，从而最大限度地减少错误或失误的机会。

2. 育肥牛的淘汰 外来牛刚到育肥场时要进行全面检查，抵达几周后饲喂高能量日粮，在此期间的任何时候都可对牛进行淘汰。导致淘汰的疾病包括：病因不明的慢性生长迟缓与食欲不振，慢性蹄叶炎，腐蹄引起的慢性跛行，慢性瘤胃膨胀，慢性肺炎，急、慢性肺脓肿与牛病毒性腹泻。上述这些疾病均能导致生长发育不良，临床检查必不可少。

3. 育肥场的动物福利 良好的育肥场设计对确保牛群舒适非常重要。饲养设施必须现代化和高效，当牛从一栋牛舍转移到另一栋牛舍时，饲养员不可粗暴对待；驱赶牛群不要过度使用武力。饲养员必须接受技术培训，所有操作均应尽量减少对牛造成的应激，应能识别疼痛所出现的症状以及病牛发生不适的原因。

兽医应要求育肥场必须具有良好的设计与相关设施，以确保牛群感到舒适，并尽量减少操作过程造成牛的痛苦和压力。兽医也必须是一个有警觉性的监护人，谴责不人道的做法，保证牛群享有合理的动物福利（见动物福利）。

（三）抗菌药物的发展

与所有食用动物一样，对育肥牛使用抗生素正面临越来越严格的审查，因为人们担心具有抗性的人兽共患病病原体可能会转移到人类，并且抗性遗传决定基因也可能转移到人类病原体。一种与抗药性有关的牛病原体是沙门氏菌。曾发生一起大肠埃希菌O157：H7通过食物链转移，导致人兽共患病的事件，但与耐药性没有关系。1999年，美国牛从业者协会出版《药物使用指南》，为育肥场使用抗菌药物提供指导。

三、奶牛

奶业已经进入了一个历史性的经济波动期。20世纪90年代末到21世纪初，牛奶和饲料价格处于小幅波动的时代，随后出现前所未有的牛奶涨价。由于高油价和饲料成本导致生产成本大幅增加，奶业高利润时期很快遭到遏制，原因是美国政府鼓励农民把玉米用于乙醇蒸馏。美国乳制品出口量已大大减少，导致牛奶价格骤降，然而仍未出现生产成本的下降。

（一）现代奶业

在发达国家，奶业结构随着生产效率的提高继续发展。产业整合成为一种常态，通过减少牛群数量，增加牛群规模，同时采用促进更高生产力的专业管理办法。

过去，大多数奶牛被安置在带牛栏的牛棚设施内，是为了最大限度地提高饲养员的舒适度。如今建设的大多数新的无牛栏的设施是使自然通风最大化。从历史上看，牛棚经常被放置在避风的位置，而今天，它们通常是安置在旷野或山顶上，以确保有足够的气流并使奶牛最舒适。挤奶设备的类型也在不断发展变化；尽管有许多利用绳栏或支柱的挤奶设施（人工挤奶），现在大多数是在挤奶厅挤奶（机械挤奶）。大多数挤奶厅已经高度机械化，能最大限度地减少劳动力需求，同时出于经济学原因几乎全日都能挤奶，使投资回报最大化。

牛奶质量传统上由未经巴氏消毒的散装罐装奶的体细胞数（somatic cell count，SCC）和细菌数判定。在所有发达国家中，监管官员设置了可允许的最大SCC。自1986年以来，SCC和细菌数的阈值已逐渐降低。目前，美国和加拿大散装奶粉的SCC上限分别是75万个/mL和50万个/mL。在欧盟，使用几何平均值，SCC的最大值是40万个/mL。

人工授精（通过冷冻精液的商业化流通）是大多数奶牛场繁殖管理的首选方法。事实上，美国45%的乳品经营商在1996年报告，他们的农场都没有种公牛。使用具有遗传优势的优质种公牛，已经使奶产量年增长超过150 kg，但是生育率下降一直伴随着遗传优势的发展。奶牛场通常记录的牛群受孕率低于40%。越来越多的技术应用于现代奶牛场，如胚胎移植、快速激素检测、使用生殖激素控制的育种计划和超声波扫描技术。

动物营养研究也发展迅速，尤其是在瘤胃生理和脂类代谢等领域（见牛的营养）。泌乳牛一般饲喂以成分为基础的日粮（草料和谷物分别饲喂），或者饲喂全价日粮（TMR，草料和谷物混合饲喂）。一个成功的营养方案是基于实验室检测确定的日粮组成的营养成分、营养丰富的日粮配方，并保证所需的营养物质通过饲料双层系统足量摄入。以成分为基础的送料系统很难使瘤胃环境维持稳定和健康。TMR日粮通常是基于混合存储的草料（在北美，通常是苜蓿干草或半干青贮和玉米青贮）、谷物（如高水分玉米或大豆）和副产品，如棉籽或当地现有的商品，如柑橘渣、酒糟或面包店废弃物。在大型奶牛场，奶牛经常被分组饲喂专门配制的日粮，以满足其生产和代谢需要。许多农场利用专业动物营养师来配制日粮。

大多数生产者饲养他们自己的后备母牛，但越来越多的大型奶牛场将青年母牛承包给专业户。在美国，60%以上的新生小母牛要在出生最初24 h内人工饲喂初乳，以保证摄入足够的免疫球蛋白。饲喂经过抗生素治疗或患有乳房炎奶牛的废弃牛奶很合算，但这可能给犊牛传播传染病。为了减少疾病传播的可能性，一些生产者使用巴氏消毒法灭菌废弃的牛奶，或饲喂代乳料。饲喂小母牛的奶量通常有所限制（通常为出生时体重的8%~10%），以促进高蛋白犊牛料的摄入，尽早到达瘤胃发育的目标并在8~10周龄时断奶。加速生长计划（犊牛在6~8周龄断奶）最近越来越受欢迎。这些计划中，犊牛饲喂牛奶或代乳料的量在第1周后增加到体重的12%~15%，然后在断奶前1周减半，以促进固体饲料的摄入量。现在的荷斯坦青年母牛比过去几年公布的标准所示的体重更重、肩胛骨更高。在北美，有效的荷斯坦牛青年母牛饲养计划，是使青年母牛在22.5~25月龄、体重为550 kg时产犊。要采取各种健康管理计划以达到目标，包括驱虫和使用口服抗球虫药、补充硒与离子载体。

（二）奶牛与牛群生产力

每头奶牛的生产力是它的产奶价值、子代价值以及它离开牛群时个体市场价值的总和。许多因素都会影响奶牛的生产力，这也基于奶牛的寿命和产奶期占奶牛生命的比例。非生产期包括从出生到第一次分娩和产犊前的干乳期。必须设法使青年母牛在13~15月龄时达到合适的配种体重，以使其生命周期的生产力达到最大化。

产奶量与泌乳期相关。产犊后牛奶产量迅速增加，在产犊后40~60 d达到稳定，随后以每月5%~10%的速率下降。与老龄母牛相比，头胎牛下降的速率较低。良好的繁殖管理能够确保奶牛的整个生产周期的最大生产比例，即在泌乳高产阶段的早期，而不是泌乳低产阶段的后期。在第6个泌乳期前，产奶量随着年龄和胎次的增长而增加；这些奶牛能比第1个泌乳期的产奶量高25%。疾病或其他导致寿命减少的管理问题，会对生产力产生负面影响。

1. 营养管理 大多数奶牛群的营养管理是决定牛群生产力的最重要因素。营养和生产力之间的关系从出生时就已开始。饲养系统必须在恰当的泌乳期，给每头奶牛提供必需的营养，以保持最佳生产力。

研究已证明，在产奶前2~3周过渡期的日粮饲喂非常重要。干奶期母牛应饲喂相对低的碳水化合物、蛋白质和相对高的纤维日粮，这能反映出非泌乳牛的低营养需求。过渡期日粮必须使瘤胃适应较少的草料和更多的高密度营养泌乳日粮。此外，应激往往与奶牛转移到过渡期牛舍与产犊的关键时刻，奶牛本身减少饲料消耗密切相关。过渡期采食量减少也与体重的过度减轻、高峰期奶产量的减少和产后疾病（如子宫炎、胎衣不下、酮病、真胃变位与脂肪肝）的发病率增加有关。

泌乳牛的日粮必须在提供高能量和高蛋白质，以支持高的产奶量与保持最佳的瘤胃健康和活力之间取得平衡。亚急性瘤胃酸中毒（subacute rumen acidosis，SARA）是一种常见的疾病，源于过度发酵的碳水化合物、长度足够的纤维不足，或两者都有。SARA对健康的影响包括消化紊乱与腹泻、饲料消耗与奶产量下降、乳脂含量减少、瘤胃上皮溃疡、肝脓肿以及一系列与亚临床蹄叶炎相关的蹄病。

饲喂系统的选择与牛群规模及生产水平二者均相关。目前，奶牛场主要使用三种通用型饲喂系统，即TMR、成分饲喂、集约化放牧管理。在正确使用时，每个系统都可为一个高繁殖力奶牛群提供足够的营养。在达到最佳生产力方面，每个系统都有自己固有的缺陷。

对TMR饲喂系统的使用越来越多，因为已有更多的牛群采用自由卧栏或干养方式的牛舍。TMR日粮有其几大优势：奶牛消耗的草料比例合适，消化不良的风险降低，饲料转化率提高，可采用副产品饲料，饲料配方的准确性更高，并减少劳动力需求。但使用TMR饲料，也因日粮配方和饲料传输中的差错，而使牛群的生产性能下降。一篇广泛被引用的报告，描绘了TMR饲喂面临的挑战。一个奶牛群有3种日粮：即营养学家按配方制订的日粮，饲喂给奶牛的日粮以及奶牛实际消耗的日粮。一些常见的错误包括草料检测不充分或不检测，牧草干物质的变化，干物质摄入量的变化，日粮的过度搅拌减少了有效纤维的长度，错误或不精确的日粮混合，以及泌乳末期奶牛的过度喂食或能量不足。当饲喂TMR日粮的时候，饲喂差错往往分布在整个牛群。采用TMR日粮的牛群健康管理计划，应包括日粮配方与传输的监测系统。

成分饲喂的牛群分别饲喂谷物和草料。成分饲喂的支持者强调，使用此法能满足每头奶牛在整个生产周期的生产和代谢需求。成分饲喂系统的主要缺点是草料与精料必须分开单独饲喂，常导致瘤胃性酸中毒与消化不良。

集约化放牧管理系统可满足现代奶牛的需求。在世界的一些地区（例如，新西兰和澳大利亚），草场系统是饲喂奶牛的主要方法。在这些真正的草场系统中，因为每年草场生长条件的变化，使营养不断限制生产力。然而，这种放牧管理系统的经济模式强调的是生产成本低而不求最大生产率。在其他地区，如英国和美国东北部，在春季与夏季轮牧，用于提供泌乳牛的草料需求，并补充饲喂精料与玉米青贮饲料，以实现高的产奶量。在这两种情况下，实行季节性产犊，以使泌乳早期奶牛的能量需求与雨季或春季的牧场条件相适应。因此，对于试图在规定的时期内繁殖所有奶牛的牛群来说，注意繁殖管理是至关重要的。使用集约化放牧管理系统的牛群的生产管理计划，必须包括控制瘤胃臌胀、低镁血症、铜与硒缺乏等问题。放牧奶牛可能会去较远的草场采食牧草。因此，在健康服务体系中必须包括监测与降低跛行这一项内容。

2. 繁殖管理 人工授精（AI）应用遗传学优质的种公牛的精液是最重要的因素，能提高奶业的生产力，自应用以来每头奶牛每年增加产奶量至少150 kg。即使在今天，牛奶产量的遗传学因素大大超过了许多奶牛场实际的产奶量。繁殖障碍是导致过早淘汰奶牛最常见的和花费最大的原因（见牛的繁殖管理）。一般来说奶牛群可终年产犊，当育种管理达不到最佳标准，则导致奶牛不能及时或根本不能妊娠。奶牛长时间空怀可以在以下几个方面降低生产力：①空怀奶牛的泌乳后期时间更长，而产奶量更低。②妊娠花费的时间更长，可能很快就干奶，导致更长的干奶期。③产犊后保持空怀超过300 d，极大增加淘汰的风险。④减少更替后备小母牛。⑤使同步发情和配种空怀母牛需要更长时间的努力，导致劳动力和治疗成本更高。

成功的AI，要求奶牛在最佳生育期，短时间内的发情期进行人工授精，适当解冻的精液要迅速移植给母牛并着床在生殖道恰当的区域。AI成功的最重要因素是发情期的检测，但美国最近的数据表明，只有40%的发情期被检测到。采用同期发情和人工检测辅助手段，提高发情检测的努力很不成功，现代美国荷斯坦牛的发情期持续时间缩短，强度减弱，而奶牛场规模日益扩大，使发情观察更加困难。由于发情检出率如此之低，一些奶业管理者已重新大量使用种公牛自然交配，以确保奶牛及时受孕。在这些牛群中，应包括繁殖性能检查和种公牛管理计划，以确保牛群生产力的持续性（见公牛繁殖性能检查）。然而，自然交配的弊端显而易见，首先降低了对子代的遗传改良，其次购买与饲养公牛的成本提高，再则损坏许多设备，并对人有危险性。

最近，威斯康星州和佛罗里达州的研究人员已开发出同期发情技术，它允许以可接受的受孕率进行定时受精。这些方案已被广泛采用，并在既定的时间内显著增加了妊娠奶牛的数量。许多注射和授精可以每周进行1次，能更有效利用劳动力。

3. 更新管理 更新计划的成功与否能高度影响牛群的生产力。后备母牛的饲养成本在整个生产成本中占重要的比重；通常，母牛产了第二胎才能赚取利润。据报道，大量的死亡率（5%~25%）均来自后备母牛。奶牛场的发病率和死亡率一般在断奶前最高。消化系统和呼吸系统传染病是断奶前死亡的最重要原因。这些疾病可以通过设计良好的健康管理程序得到控制，该程序明确了围产期和分娩过程中的管理与牛舍设计，饲喂足够的高质量的初乳，对初生牛犊采取适当的预防措施（包括良好的营养方案）。

初产年龄推迟会降低奶牛场的生产力，额外增加后备母牛，会使饲养成本明显上升。后备母牛应在23~25月龄时初产，意味着应该在14~16月龄时受孕。充足的营养很重要，以确保青年母牛具有生育力，使母牛体躯增大，以便在产犊时减少难产，并最大限度地提高乳腺发育与泌乳。

4. 牛群的规模、组成与淘汰 生产力与牛群规模之间密切相关。这种相关性的主要原因之一是，一些大型企业有更强的提高生产技术的意愿。政府的政策也能在很大程度上影响牛群的规模（例如，拥有供应管理系统的国家，能有效限制奶牛场从牛奶销售获得的年收入）。牧场牧草的数量和产量可以影响放牧牛群的规模。牛群的生产力由牧草的营养与母牛产奶量之间的平衡所决定。放牧和限制牛群的规模，均越来越受到土地竞争性需求的影响。

产奶牛群对非生产牛群（干奶牛、犊牛、青年母牛和公牛）的比例影响总牛群的生产力。牛群组成是大量相互关联的管理决策的结果，如淘汰政策、繁殖成功率、发病率、更新管理和牛群规模的长期目标。牛群管理者对淘汰牛群的能力能显著影响新牛群的组成。当拥有大量后备母牛时，就必须加大淘汰率，使得牛群更年轻，保留那些未来具有潜在的高产奶量的后备母牛。在一些国家，如美国，牛群的生产没有限制，扩群的长期规划往往影响牛群组成。某些青年牛群或刚建成的牛群，主要通过购进未泌乳牛扩群，尽量减少引入传染病牛（如传染性乳房炎或牛病毒性腹泻）的风险。引入的牛群主要以第一个泌乳期奶牛的比例居多。

淘汰牛能显著影响奶牛群的生产力。不同牛群的淘汰率不同，与发病率或疾病控制计划有关。不孕、乳房炎与跛行是奶牛被淘汰的常见原因。淘汰是控制其他疾病的一个重要手段，如牛结核病、布鲁氏菌病、副结核病和由一些传染性乳房炎病原体引起的慢性乳房炎。

5. 环境条件 即使有最佳的牛舍条件，牛群生产力也会受到环境条件的影响。高产奶牛对干物质摄入量较高，产热更多，不耐受高温环境。高温、高湿且没有凉爽期的天气，一般会抑制奶牛对干物质的摄入并减少产奶量。高温时间长的地区，奶牛场的密度逐渐增多（例如，美国西南部地区），已经使产奶量发生更多季节性变化。

奶牛场饲养者与技术人员采用了各种各样的系统以应对热应激。新建设施的侧门（通常高过4.3 m）和两端开阔，设有风扇和冷却系统使奶牛保持舒适。较旧的封闭设施可通过加装隧道式通风系统来提供足够的空气流动（见通风）。

6. 干奶与干奶牛管理 大多数奶牛产后患病的危险因素均存在于干奶期，产犊后疾病的临床症状变得较为明显。发病往往在干奶期开始出现，如低钙血症（产乳热）、低镁血症、乳房水肿、酮病、真胃变位与乳房炎等。奶牛卫生管理计划专门针对此期间的多种预防，如接种疫苗、蹄保健和营养监测。

干奶期的长短能影响其后泌乳期的产奶量。推荐干奶期为6~8周。干奶期少于40 d的能减少下一个泌乳期的产奶量。而干奶期太长可能会导致体重增加过快并降低生产效率。由于种公牛配种或者繁殖记录不准确（或丢失），造成配种日期不确定的情况下，干奶期较短和较长都很常见。

（三）健康与生产的相互关系

牛群患病的数量和类型是影响奶牛群生产力的一个重要因素。疾病控制计划的基础包括了解发病率、疾病的生物学影响以及控制计划有效性的信息。

大多数研究仅报道容易诊断的、常见的临床疾病，如乳房炎、跛行、产乳热、胎盘滞留或真胃变位。亚临床疾病的发病率更难辨别。获取亚临床疾病信息的成本较高，因为需要作各种筛选试验（例如，诊断乳房炎需细菌培养或体细胞计数，诊断副结核病需粪便培养或ELISA），才能作出诊断。由于检测缺乏重复性，许多亚临床疾病都被报道成流行病。散发性或地方性传染病（如李斯特菌病、牛传染性鼻气管炎、钩端螺旋体病）的发病率也很少评估。有一些是对公众健康带来严重后果的零容忍的疾病。对已确认为无牛海绵状脑病、布鲁氏菌病、狂犬病或结核病的

地区，即使仅诊断出一例可疑病例，也必须立即采取行动。

疾病对生产力的影响：成年母牛淘汰数增加、奶或乳蛋白产量下降、成年母牛的死亡率增加，以及繁殖率降低，都是成年母牛患病后的潜在后果。有临床疾病的奶牛其奶产量往往大幅下降。急性临床症状的持续时间往往很短，但疾病的影响可能会持续整个泌乳期。泌乳早期是许多疾病的最高风险期。泌乳早期的疾病可能会降低高峰期的产奶量，因此能加剧降低总泌乳期产量。许多奶牛场已通过改进畜牧业和健康管理计划，将与传染病及代谢病相关的临床综合征降到最低点。

虽然仍然存在有临床综合征的流行病，但在许多奶牛场疫病的性质已经发生了变化。随着奶牛饲养规模越来越大，而利润空间不断缩小的趋势，已促使人们从减少能对生产力造成重大影响的亚临床疾病，如乳房炎、酸中毒与蹄叶炎，转向优化畜群或组群的生产力。

传染病仍然是导致全球乳制品行业损失的一个重大原因。近年来，英国暴发的口蹄疫（以及牛海绵状脑病）是传染病对生产力产生灾难性后果的绝好例证。其他严重传染病，如结核病、布鲁氏菌病、蓝舌病和水疱性口炎仍继续危害世界各地的牲畜。在北美，必须积极控制的常见传染病包括传染性乳房炎病原体（牛支原体、金黄色葡萄球菌和无乳链球菌），牛病毒性腹泻，沙门菌氏病，副结核病与肺炎。这些疾病大部分已经建立了优良的控制计划，但被采纳情况大相径庭。

疾病可以直接（如乳房炎能使产奶量明显下降）或间接（运动能力降低，导致采食量减少，从而引起产奶量减少）影响生产力。泌乳早期的疾病可引起连锁效应，最终降低生产力。例如，围产期疾病往往是一种综合征，诊断为生产瘫痪的奶牛会增加胎衣不下、复杂性酮血症与乳房炎的风险。难产和胎衣不下的奶牛患子宫炎的风险增加。最直接的影响就是乳房炎对产奶量的影响。单一的临床型乳房炎，可能会损失泌乳期300~400 kg的奶产量，最高损失达1 050 kg。在泌乳早期患乳房炎造成的产奶量损失达450~550 kg（见牛乳房炎）。

亚临床疾病往往造成相当大的损失。最能代表亚临床疾病和生产力之间关系的是隐性乳房炎对产奶量的影响。SCC超过50 000个/mL每增加2倍，初产和经产母牛每日将分别损失0.4 kg和0.6 kg的奶量。当几何平均数SCC大于50 000个/ mL每增加2倍时，初产母牛泌乳期的总产奶量将预计减少达80 kg，经产母牛将减少120 kg。其他亚临床疾病（如副结核病）也与生

产力下降有关。

延缓或妨碍妊娠的疾病，会通过延长奶牛泌乳期低产阶段的时间、减少后代更新或出售的数量，以及增加母牛被过早淘汰的可能性，对牛群生产力产生负效应。一些疾病还与受孕率下降有关。患有胎衣不下、子宫炎、卵巢囊肿的奶牛，其受孕的可能性分别减少14%、15%和21%。乳房炎、子宫炎与卵巢囊肿也可导致奶牛不孕。延长泌乳早期能量负平衡的产后疾病，也可通过改变激素活性而对繁殖性能产生负面影响。

现已开始研究疾病对寿命的影响。大部分奶牛被淘汰是迫不得已（由疾病、损伤或死亡所引起），而不是由于产量低。过早从牛群中淘汰一头牛会降低终生产奶量。繁殖障碍与乳房炎始终是两种最主要的淘汰原因。

（四）健康管理计划

健康管理计划的目标是确保最佳护理和奶牛健康，并减少由疾病和管理失误造成的生产力损失。健康管理计划一般是由兽医和奶牛场生产者，根据预定的性能目标和牛群性能的比较来建立。每个奶牛场健康管理计划的结构都是独一无二的，但通常关键是兽医要对牛群定期观察，结合常规的繁殖检查、审查选定的牛群性能记录，对具体的牛群管理问题作出决策并采取行动。

1. 定期走访奶牛场　兽医定期走访奶牛场的次数可以不固定，在一定程度上取决于牛群规模。对于不到100头奶牛，每周有1或2头奶牛产犊的牛群，适合每月走访1次。与定期走访的牛群相比，这些牛群意外检测出患病奶牛的可能性更多些。对每日有产犊的规模较大的牛群，要保证频繁走访，对于超过200头奶牛的牛群，每周定期走访是寻常之事。特别大型的奶牛场（超过2 000头奶牛）的发展趋势是聘用一名兽医，监督和指导日常健康和性能方面的问题。在以牧草为主的季节，走访牛群的次数，要根据其泌乳期变化而定。有必要在泌乳早期和配种期间走访更频繁些。

走访牛群的活动有4类，即牛群个体保健和提供急症服务、定期开展技术活动、分析计划和培训、提供质量控制计划。每个活动开展的次数各不相同。

（1）牛的日常健康管理和应急服务　检查和管理每头牛是日常巡视牛群的一个重点。频繁巡视牛群能更早发现牛群发病，增加治愈的机会。定期巡视使兽医更好地检查治疗结果，并能根据需要修订治疗方案。需要特别注意那些处于高危期的牛，包括处于临产期的牛。有些牛场制订有一套系统，包括每日例行监测牛的体温，以及产犊后母牛第1周的瘤胃活动。对指标不正常的牛，根据预先设定的预案处理，或者请牛场的兽医诊断。对牛的所有处理都必须记录在案（电脑上或者手写），以保证肉和奶的安全。在已经采纳健康和生产管理的牛场，很少发生为处理紧急事件而非常规巡视牛群的情况。

（2）日常、传统的技术性活动　繁育情况的日常检查占据了兽医日常巡视的大部分时间。成功繁育是牛群生产力的基本要求。繁殖系统的描述详见牛的繁殖管理。检测生育率的最终目标是找出能返回到繁殖程序的不孕牛，产生的数据可用来判断繁殖程序是成功还是失败。要回顾日常繁育程序的执行情况、成功与否和成本—收益率。

一些小型牛场，兽医往往要在定期巡视中进行单独处置（如静脉注射）、采取预防措施（如接种疫苗）和完成一些技术任务（如给犊牛去角）。请兽医而不让牛场职工承担此工作，是因为他们可能操作不多而技术不熟练。在大型奶牛场，因为可能每日都做这些技术工作，牛场饲养员也许就能胜任。

（3）定期分析与训练　定期或者不定期开展技术活动可能并无效果，除非有一整套系统来分析和修正这些活动的成效。健康和生产管理体系必须让牛场主和兽医有时间分析和讨论牛场管理的相关事宜。依赖聘用人员具体实施特定任务的牛场，必须制订培训计划，因为是他们最终负责执行这些体系。制订标准操作规程是保证统一执行的手段。

奶牛场要有规定常见病标准治疗措施的治疗手册，当有多人负责抗生素的使用时，可以按照治疗手册治疗奶牛或者按规定使用处方外药物。治疗手册提供了增加兽医和雇主交流治疗方案的机制，并允许牛场通过使用处方外药物来部分满足要求。

避免食品中的药物残留是奶牛从业者的主要责任。食品生产过程中已明显提高对使用抗生素的监管，因为抗生素会引起食源性病原微生物的耐药性。尽管在肉和奶中检测到的抗生素水平已经非常低，但在散装牛奶和胴体中还偶尔会发现抗生素残留。在美国，散装牛奶的污染极为罕见，因为每批原奶必须进行特定微生物的快速监测。被检出抗生素的牛奶必须废弃，生产商也将会受到处罚。

在美国使用处方外药物，应由有关管理部门的官员根据《动物药物使用条例》监督执行，并应严格遵守。美国奶牛从业者协会对公众和管理者关于使用抗生素问题，也会提出对奶牛应谨慎和正确使用抗生素的建议。

一些奶牛场常聘请一些动物营养专家，帮助收集饲料样本做营养成分分析，配制日粮，向牛场建议耕种作物和收获方法。一些兽医也常在营养管理上花费相当长的时间。有些牛场常雇用一名职业动物营养专家，或者把样本提供给当地公司，让其代做组分分析和营养分析。不管哪种渠道的奶制品营养分析，兽医都发挥必要的监督作用，他们观察牛群的体况，对于高危奶牛（临床和高产奶牛）要观察其总体健康状况，监察与营养有关的疾病的发生率，如临产奶牛的低钙血症和真胃变位，保证有据可查的日粮配方，并精确饲喂。通过周期性地观察牧草状况对牧场进行评估，是牛场营养管理系统的重要组成部分，可以确定放牧的强度。这些质量控制方式，作为健康和生产管理程序的一个重要部分，必须定期执行。

2．**生产性能目标**　生产性能指标是反映牛场表现的标准，标志着牛场管理水平，可用于比较评估牛群的生产性能。要想使用生产性能指标，有必要对牛群建立一个记录系统，以形成牛场的可比参数。在许多案例中，生产性能指标已经计算成算术平均数，这

对正常情况下呈正态分布、有一定合理变异度的数据来说（如奶、脂肪和蛋白质产量），是牛群生产性能有用的指征。然而，许多繁殖指标和评价值，如SCC常不呈正态分布，如果在做管理决策时只用平均值，就可能产生错误的结论。在这类数据中，合适的频数分布更为有用。

生产性能的关键指标必须明确。监测系统必须明确应用的指标、涉及的动物和为达到每项目标再次评估的整改时间。一些典型的生产性能表现包括奶产量、繁殖性能、奶质、更新管理、母牛淘汰、牛群健康和特别报告（表18-1）。生产性能指标应在适当的时候进行复审，在此期间要切实考虑影响一个指标变化所需要的时间。例如，采取缩短奶牛初产天数的管理措施，需要不少于9～10个月的时间才明显见效。时间性的指标，如妊娠的年龄，会更快速地反映当前管理的变化。

表18-1　日常监测活动示例

母牛监测	环境监测	记录监测
体况	牛栏和牛床	牛奶生产
瘤胃填充	牛棚气候	奶质特征
粪便坚实度	挤奶方式	饲料粗纤维分析
粪便未消化部分	挤奶厅条件	饮水质量
乳头端结痂	牧场管理	公牛评估
乳房/乳头/皮肤病变	牧草收获（青贮）	土壤分析
临床疾病病例	玉米收获（青贮）	人工授精记录
生殖检查	地板设计与维护	疾病与药物记录
体表寄生虫	日粮配方	牛场财务报表
运动与蹄评分	饲喂管理	屠宰结果
年轻牛群生长	卫生实践	实验室结果

引自Noordhuizen JP，Dairy herd health and production management practice in Europe：state of the art. Proc 23rd World Buiatrics Congress，Quebec，Canada，2004.

3．**记录保存**　对每头奶牛给予唯一的个体编号，是健康管理程序成功的前提。最常用的牛群编号方法是耳标、颈圈和挂牌。牛场正在逐渐增加使用贴在脚踝上的标签或者颈圈电子标签。最低要求是数据内必须记录有出生日期，配种、产犊时间和周期性的奶产量。理想情况下，可以把营养方案、疾病发生和效益表现的数据摘录其中。

记录分析是健康管理循环中的必要组成部分。大多数或者所有奶牛改良（DHI）系统都要求能获得生产性能表现数据，管理牛场的各种各样的计算机系统贯穿了整个产业。大多数监控系统广泛具有以下特征之一：①人工（手写）卡片系统、②场内电脑程序化、③DHI或④DHI和牛场内电脑系统。不论应用哪

种系统，都应使用简单，并且与每日不间断的奶牛场的操作相关。

记录系统的一个重要作用是产生一个"行为"表（归入产犊，归入干奶等）。这项功能在大型牛场非常关键，因为牛场管理人员不了解牛群的单个奶牛的状况，很容易将其忽略。一些系统还提供一个最低水平的牛群分析，如为生产、繁殖和疾病及时形成性能报告。一些方案还能进行统计学分析。通过该记录保留系统，农场主和兽医可以理解并修改计算方式来形成牛群生产性能指标。

兽医应该确保及时应用采集的信息，只有当农场主经常使用这些数据并理解其含义时，数据采集才可能更准确。兽医应该认真审核和严格评估人工和自动

数据采集系统产生数据的有效性，质疑与正常生产性能指标异常的结果和偏离。农场主和兽医应该在对待牛群状态和目标上保持一致，包括诊断、预防或者定向治疗。典型活动包括列出日常牛群繁殖情况或疾病检查，或选择提供培养用奶样本、疫苗接种、考虑淘汰、配种、体况评分，或牛群治疗。

4. 质量控制程序 质量控制是指实施关键管理措施中为确保一致性的一种方法。对大多数牛群来说，管理的重点领域包括营养管理、挤奶管理和青年牛群管理。一些牛场还开发出环境和牛舍质量控制程序，以及种公牛的特殊管理。

挤奶管理应是质量控制程序的基本组成。至少要按季度观察挤奶程序和对乳头状况进行评分，有计划地定期筛查乳房炎病原体，作为挤奶管理程序的一部分。兽医可培训牛场饲养人员，将"加利福尼亚乳房炎检测"作为监控系统的一部分，定期筛选干奶期奶牛、初产母牛和青年母牛，以及新购买的母牛，收集奶样本，出现阳性反应的可将样品送到相关实验室进行细菌培养。

新生犊牛和后备母牛应与泌乳期母牛隔离饲养，牛场兽医有时可能还没有注意到这一点。然而，对关键管理项目的定期监督，如给犊牛足够的初乳，后备小母牛的生长速率，可以作为定期检查牛群的一部分工作。奶牛场的环境对奶牛的健康和繁殖力有相当大的影响。兽医应定期在牛舍区域"巡视"来评估牛群舒适性和卫生状况。乳房洁净、角和蹄病变，以及呼吸性疾病，通常由牛舍的条件所决定，巡视区域应该包括那些经常被忽略的地方，如干奶期奶牛和青年奶牛的牛舍。

5. 健康与生产问题的调查 即便是在管理最好的奶牛场，也会产生意想不到的健康和生产问题。由健康和生产管理程序组成的监督程序，应在巨大经济损失发生之前就能觉察到潜在性问题。已经描述过有关调查牛群疾病暴发的相关系统。疾病调查的流行病学概念对鉴定风险因素和采取正确措施非常有用。

第十一节　健康与管理的相互作用：山羊

对山羊的管理主要取决于品种（如奶山羊、矮山羊、肉羊、马海毛山羊或绒山羊）和养殖目的（如伴侣羊或者经济动物羊）。所有的羊都是反刍动物，畜牧业的基本原则都是适用的。奶山羊和矮山羊通常集中饲养，统一饲喂。肉用山羊和毛用山羊主要饲养在广阔区域，大多数食物来自采食草，当在营养需求最高的时候偶尔到高质量的草场吃草，比如出生后的头

18个月和妊娠期的最后6周。安哥拉孕羊在能量和蛋白质不足的情况下继续产出马海毛，可能会在应激下流产。

在所有农畜中，山羊的社会等级性最强，因此要提供足够的料槽空间，这样，处于支配地位的动物不能霸占着料槽而阻止其他动物进食。每只母羊可拥有的占用地面积影响攻击行为的次数。有的山羊为顺从其同伴以至于不进食而使体况下降，这种行为必将导致山羊发生消耗性疾病。为了最大程度延长寿命和避免争斗受伤，成年公羊应单独饲养，特别是在争斗频繁的配种季节。如果以群圈养，在配种季节开始之前，公山羊应在一起饲养，使有足够时间彼此熟悉。如果在配种季节，在现有公羊群中引进一只新公羊势必会导致受伤或者死亡。

山羊酷爱冒险，是天生的攀爬家，控制它们很有必要。终极控制是用带电围栏；但山羊常站着顶其他围栏，破坏性非常大。必须排除可能引起断腿和窒息的危害。用绳子拴羊有潜在的危险，因为很容易受到犬的攻击。而且，如果两只羊被拴得太近，经常一只羊会被勒死。绳子与脖颈拴得太紧，可造成很深的擦伤和破伤风。由于羊啃食涂了漆的表面，在陈旧的羊舍导致铅中毒是一种潜在的危险。有效的围栏设置、易于接近设计优良的食槽、有效的运动控制可减少与管理相关的一些问题。

使山羊的蹄、尿和粪便远离多种类型的谷物料槽、干草架和水源极度困难。山羊经常拒食被污染的饲料和水、掉在地面上的干草、被农场宠物或害虫的尿液和粪便污染的谷物。草料槽的设计对减少饲料污染非常关键。许多奶山羊和矮山羊常将污染的干草做垫草。潮湿的垫草容易使幼龄山羊染上球虫病，乳房容易患葡萄球菌脓疱病，即常被误认为的"山羊痘"。类似条件下也容易发生新生羔羊的关节病和肚脐感染。幼龄山羊应隔离饲养在干燥的、有优质垫草的羊舍。在某些地区，羔羊易患白肌病，该病可通过给妊娠母羊/新生羔羊注射维生素E/硒，或者通过在日粮中补充硒而得到控制。最近，对为母绵羊注射维生素E/硒导致流产的关注引起了对妊娠母山羊非胃肠道注射的警觉，口服补药可能更有优势，而且还没有出现导致母羊流产的报道。

在室内圈养山羊很容易患病。在美国南部和西部，安哥拉山羊在极端暴雨情况下才被允许进入羊舍，或者在一年两次的剪毛后几周才进入羊舍，否则会死于冷应激。在美国北部，冬季时常把羊关在室内，恐怕更多是出于农场主自身舒服而不是为了羊的健康。堆积的粪便，头顶的干草堆，或者不绝缘的天花板，联合导致潮湿和氨气累积，尤其是当羊舍门窗

紧闭的时候。温暖、潮湿、通风不良的羊舍易于引起新生羔羊脐感染、乳房炎、肠炎、肺炎和球虫病。羊干酪性淋巴结炎（称为"脓肿病"），由假结核棒状杆菌（羊属）引起，可在密集圈养在一起的山羊群中迅速传播。生长缓慢、无痛的淋巴结脓肿最终破裂，会污染料槽、墙面和其他动物。挤奶架上的钥匙孔式料槽和头保定架是传播的首要来源，因为它们加剧了头颈上脓肿的破裂。感染通过接触脓液传播，并且病原微生物能够渗入皮肤。优先淘汰、隔离感染的山羊对防止环境污染非常重要。澳大利亚有准许用于山羊的疫苗。集约化管理成年奶山羊，可以促使引起山羊关节炎-脑炎（CAE）病毒的水平传播。

成年公羊能产生一种强烈的特殊气味，在配种季节最刺鼻，使饲养人员不愿管理它们，这常导致对蹄子的忽略，察觉不到严重的寄生虫感染。头顶的皮脂腺可以在任意年龄作手术切除，或者在断角时烧灼。但这并不能使公羊彻底消除气味。然而，母羊会被这种气味所吸引，如果附近有一头气味较浓的公羊，它会拒绝与一头除去气味的山羊交配。因此，如果想留用配种，小公羊在断角时就不能故意除去皮脂腺。在面颊、胡须和前腿上撒尿的习惯，有助于公羊散发气味，但在严冬经常会造成溃疡。在繁殖季节，大多数公羊会体重减轻，尽管不一定是因为与太多的母羊交配所致。在发情期，甚至在不准交配的情况下，若和母羊舍距离很近，许多公羊也会减重。一种管理策略能保证公羊在繁殖季节之前，处于最佳身体状态。公羊群中的头羊通常比其他羊的状态好很多。

遗传上纯合的无角母羊通常在解剖学上是雌雄间性，因此不能生育。有多种畸变类型，从青春期后可见稍微增大的阴蒂、公羊状的阴囊和阴茎（经常变短）结构以及卵巢。一些表型是雄性的，假雌雄同体表现出雄性的性欲，伴随交配行为。因为这些山羊不能生育，建议早期鉴别并淘汰。一些纯合的无角公羊可能有生育能力，但是随着性成熟，这些公羊很可能会发生精子肉芽肿而不能繁殖，最好还是淘汰它们而不留用于繁殖。多数农场主通过不用2头无角羊配种来减少纯合无角羊的发生率。多数雌雄间性的山羊是无角的，在有角山羊中偶尔会见到类似的解剖学畸形。这些很可能是嵌合体，是子宫中雌性和雄性接合的结果。与牛相比，山羊中出现这种嵌合体非常罕见。

对于足部保护，见山羊的跛行。

一、围产期管理

母羊常见的问题是多乳头、双乳头和有两个开口的鱼尾乳头。牛多余的乳头可以安全去除，但在奶山羊多余的乳头后面经常有一个功能性乳腺。

新生羔羊必须饲喂初乳。如果有山羊关节炎-脑炎（CAE）疾病，热处理对控制很关键。之后，幼羔可饲喂山羊奶、山羊奶替代物、羔羊奶的替代物或者牛奶（以逐渐递减的顺序）。饲喂的任何新鲜奶，都必须经过巴氏消毒或来自无CAE病毒、支原体和副结核病的农场。新生羔羊应该每日饲喂占体重10%~12%的奶，平均每日喂2次，每次500 mL，但通常总是饲喂超量。

羔羊快到1周龄时，就应饲喂干草和以谷物为基础的缓进式饲料。当它们每日可以很轻松地食入一大捧谷物时即可断奶。但奶山羊断奶最迟不能超过8周龄，其他则不超过6周龄。许多羊场延迟断奶是因为除了喂给羔羊外，羊奶无其他商品化销路。

欧洲奶山羊的雌性羔羊应在5~7日龄时去角，而雄性要提前2 d去角，以最大程度阻止角的生长或随后的异常再生长。努比亚母羊羔角的生长最慢，可以推迟到2~3周龄去角。烙铁烧角是一种备选技术，或使用保定盒和阻断神经的夹子，或者全身麻醉。过度使用烙铁能引起脑损伤或死亡。建议不要用有腐蚀性的膏剂去角。

在山地放牧的安哥拉山羊不必去角，因为羊角可有助于抵御食肉动物的攻击，畜主可通过角来操控羊。当冬天山羊圈养在舍内时，去角有好处，能减少创伤，防止羊角绊在食槽和栅栏上。矮山羊可根据畜主的喜好去角；在美国表演赛的赛场，这不会带来任何减分或歧视。奶山羊通常都要去角，并且在美国评比会场，通常禁止有角的动物。去角或去势后常能引起破伤风感染，可给予破伤风抗毒素加以预防（每只羊羔150 U）。

奶山羊和雄性矮山羊通常在最初几周龄去势，安哥拉山羊去势时间可晚些，在角长好后再去势。宠物公山羊，要尽量在尿道发育完全后去势，减少发生尿石症。为了增加作为宠物的吸引力，这些羊位于角基底部的气味腺连同角也一同得割除。

二、营养

奶山羊的饲养与奶牛相似。优质的干草，最好是苜蓿，是日粮的基础，在哺乳期可补充14%~16%的蛋白质。青贮通常不是日粮成分，因为多数山羊分成小群饲养，不适合使用青贮窖等设施。母羊哺乳后期过度饲喂谷物是一个常见问题。山羊主要在腹腔中贮存脂肪，腹部脂肪沉积过多，能导致分娩困难和发生妊娠毒血症。

通常应饲喂松散的微量矿物盐（TMS），也不要喂砖块盐，TMS的组成随国家地区不同而异（如在美国某些地区，有必要补充碘和硒）。山羊对铜缺乏高度敏感，而且不像绵羊，对铜的毒性有相当抵抗力。因此应提供牛的TMS而不是绵羊的不含铜的盐。绒山羊可能还需要补充硫黄来产生适当的纤维。

作为宠物用的阉羊，喂食过量谷物容易导致尿结石。应在日粮中减少谷物的消耗，增加氯化铵，保证钙：磷比例大约在2∶1，并维持低水平的镁有好处。可用尿道造口术作为患尿结石商品羊的补救措施，但不推荐对宠物羊使用，因为很多羊容易复发阻塞和尿道疤痕，所以只能实施安乐死。宠物羊可选择的外科手术包括输卵管膀胱切开术或膀胱造袋术。应让山羊尽量多饮水，应自由采食干净松散的TMS和洁净新鲜的饮水。为了增加高产母羊的饮水量，冬天的饮用水应温暖而新鲜，夏季时应新鲜而清凉。

三、常见疾病

山羊羔罹患多种球虫，但不是所有球虫都表现出临床症状。球虫病的症状为腹泻或软粪便，体重减轻，全身虚弱和生长停滞。最急性病例，可毫无症状即猝死。所有的山羊羔在1或2个围栏中轮流饲养非常危险；成年山羊能排出球虫并感染新生羔羊。随着羊舍中球虫感染不断扩散，使出生后不久的羔羊发病率明显增加。为了有利于阻止人工饲养的奶山羊感染球虫，羔羊应被分成年龄相当的小群，饲养在户外可移动的羊舍里，羊舍能定期转移到干净的地面。尽管球虫不可能被根除，但至少可通过良好的管理措施来控制感染。在饮水或饲料中添加抗球虫药是很好的管理控制措施。慢性球虫感染是羔羊生长不良的主要原因之一，为达到足够体重（奶山羊为32 kg），通常要推迟一年方可配种，由此造成的浪费显而易见。集约化饲养的安哥拉山羊断奶时也存在这个问题，此时这些羊被圈在更小的羊栏，采食地面上的补充饲料。

在放牧羊和自由放养的羊中，蠕虫病能构成重大的临床疾病。胃肠道线虫病、肝片吸虫和肺线虫感染都可能出现。山羊对寄生虫抵抗力比其他反刍动物弱。1岁龄的山羊在牧场的第一个季节中最常发生寄生虫病，但这些临床疾病在成年羊中也能见到。通常表现生长缓慢、体重减轻、腹泻、被毛肮脏、有贫血症状和下颌水肿（瓶状颌），可能见于胃肠道寄生虫病或肝片吸虫病。捻转血矛线虫感染在美国东南部，已经成为制约肉羊业发展的主要阻力。夏末和秋天持续咳嗽通常是感染肺线虫的表现；常见的后遗症是伴有发热的继发性细菌性肺炎。通常休闲农场的寄生虫感染相对不易被发现，会持续数年不发病，但当羊群数量继续增大、草场过载的时候会突然暴发。畜主应经常留意粪便中出现的绦虫节片，尽管绦虫在临床上

不那么重要，但畜主可以以此检查蠕虫感染情况，并且建立寄生虫控制的完整系统。

D型产气荚膜梭菌是致死性的，而且并不总是与经典的"饲料质量和数量的变化"相关。但有问题的羊群，有必要每4～6个月接种1次疫苗，因为山羊不能维持像牛和绵羊那样较长的免疫保护力。疫苗接种可避免羊出现急性死亡综合征，但即使接种过疫苗的羊也偶尔会出现急性肠炎。感染的羊常出现严重的腹泻和深度精神沉郁；产奶量突然下降。在24 h内可能导致死亡。治疗方法包括输液、纠正酸中毒和使用抗生素。

不建议使用羊传染性脓疱（口疮）疫苗，除非在羊群中存在该病。羔羊感染后的主要问题是哺乳困难，病变扩散到母羊的乳房或者饲养员的手，就会影响参加山羊展。可通过刺种皮肤（如在大腿内侧或者尾巴下面）接种活病毒疫苗。自然损伤与免疫接种导致的损伤都可能会持续4周之久，但当疤痕脱落，这些山羊还可以参加表演。

淘汰对羊群的整体繁殖力至关重要。消耗性疾病非常高发，它不是一种单独的病，而是一种综合征。总的来说，如果一只羊喂得好，饲养在一种无应激的环境，有一口好牙和很少的寄生虫，那么它就该存活并繁殖。如果它没有繁殖力，而且开始"耗费"，它就该立即淘汰。除了营养不良、寄生虫病和牙齿问题，导致消耗病的最大原因是副结核病、（羊）棒状杆菌假结核病引起的内脏脓肿或化脓隐秘杆菌、运动障碍[特别是反转录病毒（CAE病毒）引起的关节炎]，以及一些慢性隐性感染（如子宫炎、腹膜炎或肺炎）。肿瘤很罕见。这些疾病大都无法治疗，而且许多具有传染性，这是严格淘汰政策的基础。

山羊副结核病与牛副结核病不同，它无大量腹泻，尸检病变不显著，因此许多病例在剖检时常被忽略。回盲结节是最适合细菌培养和组织病理学检测的组织。琼脂免疫扩散法是一种有效的血清学检测方法，但它只能用于一群羊的检测与净化。它的应用很有限，而且不能用于上市前的筛选检测。ELISA检测公山羊副结核病的应用在不断扩大。山羊副结核病的控制程序与牛的类似。

山羊关节炎-脑炎（CAE）病毒在集约化饲养的奶山羊场中已成为一个重要的传染源，而在非奶山羊场中的流行却相对较低。山羊感染CAE有众多表现形式：亚临床症状、持续感染，2～12月龄青年羊的进行性瘫痪；配种的母羊在分娩时乳房坚实不发炎但无乳；或者成年羊有关节炎，伴随疼痛和关节肿胀。在成年羊中还可见到慢性、进行性、间质性肺炎或消耗综合征。CAE主要是母羊中含病毒的初乳和常乳传播

给羔羊造成的感染，已经把饲喂热处理过的初乳和巴氏消毒的牛奶作为控制目标。然而，即使采取了上述方法，羔羊依然会持续存在感染。成年羊间的水平传播对疾病的扩散也很重要。如果以根除该病为目标，则必须严格进行定期检测、严格淘汰所有血清学阳性的山羊，或者对血清学阳性和血清学阴性的山羊进行严格的隔离。

第十二节 健康与管理的相互作用：马

合适的管理可以减少马的许多疾病的发生。环境和饲料的信息管理、常规护理蹄和牙齿、坚持适当的驱虫和免疫程序，是构成健康预防计划的基础。当然技术培训也很重要。一旦畜主们认识到其中的好处，他们很乐意改变饲养方案，如合理的饲养规划，可减少不同类型的疝痛和马运动型肌肉病，良好的牙齿保健可以提高饲料利用率，减少与谷仓灰尘和霉菌的接触，可以降低慢性阻塞性肺病的风险。设计特异的驱虫和免疫程序，可减少寄生虫病和传染性疾病的发病率与死亡率。

一、马厩

拴着的马常暴露于众多呼吸道和胃肠道病原体中，包括病毒、细菌、霉菌、尘螨和寄生虫。稳定的环境，指空气质量和通风、动物密度和常规清洁，可以影响疾病的传播。建造谷仓时应当优化通风和采光，尽量减少对灰尘和霉菌的暴露，能调节温度以便于清洗和消毒，为每匹马提供充足的空间。窗户和天窗应提供良好的采光和自然通风。日光对许多细菌和病毒是有效的杀灭剂，还能促进脱毛和定期发情。每小时8次换气对于气候温和、湿度处于平均水平的地方很充分（见通风）。利用顶置式或壁挂式排风扇，能加强炎热潮湿季节的空气循环。安装在顶部或用多重网筛制作的敞开式的舍门，能提供更好的通风。马厩应设有防滑地板和墙壁，或设置隔断，防止相邻马栏间的马直接接触。对于成年马和带有马驹的母马，建议马厩大小分别为3.6 m×3.6 m和5.0 m×5.0 m。马厩门高至少2.4 m，宽至少1.2 m。

复发性呼吸道阻塞（慢性阻塞性肺病）和非传染性炎性呼吸道疾病与接触环境中的过敏原和刺激物、暴露有机尘埃引起的呼吸道过敏有关。最常见的过敏原有真菌孢子和花粉，来自马厩中的刨花、锯屑、粪便、干草、动物的毛发和皮屑中的大量灰尘，室内竞技场尘埃中的二氧化硅，以及内毒素。空气污染物随马厩、垫草和草料中的尘埃而增加。改善管理有助于

防止这些情况，包括用木条替代、泥煤苔或用碎纸代替带灰尘的草垫料，避免尘土聚积；使用浅的而不是深的饲料容器；饲喂前浸湿地面上的干草。如果不在马厩贮存垫料和饲料，可以改善空气的质量。骑乘区域要远离马厩，也会减少其产生的尘埃对马厩的暴露。

对马厩、料草及水桶进行常规消毒，有助于减少传染性病原体在环境中持续存在。有机物碎屑能使大多数化学消毒剂失活，因此消毒应从表面物理清洁（如冲洗，擦洗）开始，随后进行化学消毒。酚类化合物、季铵盐类化合物和氯是最常用的消毒剂。为了进一步减少传染病的传播，马厩应设有墙壁或隔断，以防止马在相邻的马栏之间直接接触。妊娠母马、刚产驹的母马以及刚断奶的小马驹应与1~2岁马和成年马分开。最理想的是，新生马驹应与马群隔离30 d，以减少发生接触性传染性呼吸道疾病，包括呼吸道病毒感染（如马流感病毒和马疱疹病毒Ⅰ型和Ⅳ型）和细菌感染（如马腺疫链球菌）。酒精类洗手液对抵抗大多数传染性呼吸道病毒和细菌是十分有效的。挂壁式手消毒器可放在整个马厩和马具室内，以改善手部卫生，减少传染病的转播。

料草应储存在干燥处，以减少被霉菌及动物排泄物污染。发霉的干草和青贮饲料与马的肉毒梭菌毒素中毒有关。负鼠的粪便可以传播肉孢子虫的孢囊，这种孢囊是马原虫脑脊髓炎的病原体。被鹿尿污染的饲料，被证明在某些钩端螺旋体菌株的传播中起作用。

二、牧场

要确保马匹在优质牧场有充足的时间，对马匹要提供良好的通风、优质的牧草以及运动的机会。运动能改善体况，防止发生异常行为（如啃咬和前后晃动），并降低发生大肠阻塞的风险。放牧亦有助于减少胃溃疡的发病率。减少待在通风不良的马厩里的时间，可降低接触因复发性呼吸道阻塞的吸入性过敏原。优良的牧草是维生素和纤维素的天然来源。如果马匹是分群饲养的，宽敞的牧场能降低马匹竞争，确保最温顺的马也能获得足够的饲草。用高于地面的食槽饲喂干草和谷物，可减少马对沙子、感染性寄生虫卵和动物排泄物的摄入。

牧场和围场的围栏应安全、耐用，以减少自我创伤的风险。围场之间的双层栅栏能最大限度减少马匹之间传播疾病。应避免马匹过于拥挤。由于饲养量过大，造成放牧过度，使牧场地面受到破坏，不仅有利于寄生虫的滋生，还有利于潜在有毒植物的过度生长。

尘埃量过大会使青年马因吸入土壤腐生菌，如马

红球菌，增加呼吸道感染的风险。在发生这种地方流行病的马场，尽量减少对雾化马红球菌易感的幼龄马（＜4月龄）在外界的时间，在牧场和围场采取环境控制策略，如减少粉尘形成、在通风良好的马舍内饲养、轮换牧场、减少母马-马驹的饲养量、灌溉并在污垢地区种草，以及经常清理厩舍、围场、舍内竞技场和牧场排泄物等，可大大减少该潜在致死性细菌性肺炎的风险。在当年度早些交配，以确保母马在较冷的气候产驹，会减少暴露于干燥、尘土飞扬的夏季条件下的易感马驹的数量。尽管采取了牧场管理，但马红球菌仍呈地方性流行，且马驹发病率与死亡率仍很高。通过对1周龄内的新生马驹，预防性服用IL含高浓度马红球菌抗体的高免血浆，25 d后再进行二免，可降低疾病的发生率。

谷仓和牧场过度拥挤，有利于由雾化的呼吸道分泌物介导的病毒和细菌病原体在马之间传播，暴发其他呼吸道传染病。由艰难梭状芽孢杆菌和产气荚膜梭菌引起的肠道感染能在一些马场流行。新生马驹患产气荚膜梭菌性腹泻的发病率升高，与其在出生后头3 d在有灰尘、沙砾、沙面的地面上饲养有关。

只要有可能，最好不要在沙地上放牧，因为在放牧过程中摄入沙容易引起结肠和直肠的沙阻塞、慢性腹泻与体重减轻。如果无法避免在沙地牧草采食，定期饲喂车前草并提供与骨粉等量的微量矿物盐，可降低沙疝痛的风险。

在接近水源的牧场放牧，会使马加剧患上某些特定疾病的风险，如由李氏埃利希体（*Ehrlichia risticii*）引起的水生昆虫和蜗牛传播的波托马克马热。牧场和围场不能存有积水，以减少滋生携带马病毒性病原体的蚊子，包括西尼罗病毒和东方、西方马脑脊髓炎病毒。

三、营养

饮食对马一生的健康都很重要，并且是一种常被忽视的疾病控制手段（见马的营养）。快速生长、关节软骨或生长板创伤、遗传体质和营养不均衡均可导致青年马的发育性骨病。饮食管理涉及调节能量摄入，以避免生长和体增重过快。蛋白质、钙、磷、锌和铜的平衡对软骨内骨化、稳定骨胶原和弹性蛋白的合成非常重要。正常骨发育所需要的日粮中的营养量，由马的生长速度决定。能量过度摄入会导致骨密度降低和皮层增厚，引发软骨病。

蛋白质缺乏会严重干扰软骨内骨化。增加蛋白质摄入可加快骨的生长，但如果日粮中缺乏矿物质的支持，这种快速生长会使软骨内骨化变形。钙、磷不平衡会影响骨密度、生长速度和软骨厚度。铜和锌不足会增加骨软骨病和骨发育不良的发生概率。

饲喂青年马最常见的错误包括过多饲喂谷物、豆科植物（如苜蓿，会导致能量摄入过度），日粮中缺乏促进生长的锌和铜，以及不合理的钙、磷比例。谷粒和草料中含有的钙、磷、蛋白质和赖氨酸的含量较低。从谷物中摄入能量过多，可能比从饲草中摄入过多的能量更为不利；原因之一可能是因为谷物中的能量来源于淀粉，而饲草中的能量来源于微生物产生的挥发性脂肪酸。淀粉，而不是挥发性脂肪酸，会刺激胰岛素的分泌，而后者已知能刺激激素变化而导致软骨病。

老龄马经常存在牙齿问题，影响饲料摄入和咀嚼。压制的或软的颗粒饲料是很理想的食物。干草应该优质、多叶和容易咀嚼。

调控日粮有助于治疗、控制和预防疾病的发生。患有复发性呼吸道阻塞的马应尽量饲喂无尘的食物。向谷物里加水和油可减少尘土。干草应被彻底浸泡，饲喂时尽量贴近地面。如果饲喂全价颗粒料，就可不喂干草。如厩舍是沙质土壤，饲喂干草时应离开地面以减少对沙的摄入。日粮管理可以减少胃溃疡的发生率。苜蓿干草含有高浓度的钙和蛋白质，可作为缓冲性抗酸剂，并对非腺性鳞状黏膜有保护作用。经常饲喂短干草条或在牧场放牧，也可以降低胃溃疡的发生。

对患高钾周期性瘫痪的夸特马的营养管理，重点是减少日粮中钾的摄取，增加肾脏钾离子的排出。日粮控制包括避免饲喂含钾高的饲料，如苜蓿、芒雀麦、菜籽油、豆粕或油，糖或甜菜糖和可替代它们的猫尾草、百慕大草、甜菜浆，以及谷物如燕麦、玉米、小麦或大麦。患马应定期运动和放牧。

诸如夸特马、役用马和温血种马，这些肌肉强壮的马种容易患肌肉肌病，因为在Ⅱ型肌纤维中肌糖原和多聚糖含量比较高。对这种多聚糖肌病，成功管理的重点在增加日粮中脂肪的含量，降低或根除谷物类的摄入。

将马局限在马舍、饲料质量差或高纤维饲料、饮水不足或吞入外来杂质（如橡胶栅栏）等，都很容易引起肠阻塞。减少发生肠阻塞风险的管理措施，包括自由饮用新鲜水（寒冷季节提供温水更好）、足够的运动、优质饲料和良好的牙齿保健。如果已经存在阻塞问题，要把不容易消化的饲料（如成熟的牧草）换成低纤维、容易消化的饲草（如正在生长期的草或豆类干草）。全价压缩料或膨化料有助于软化粪便。

在茂盛的草地上放牧或饲喂大量的豆类干草，与发生蹄叶炎密切相关。大量观察表明，牧场发生蹄叶炎的时候与牧草快速生长时期相关（如春天、初夏和秋天降雨后），这一时期有利于牧草积累一定的碳水化合物，如果聚糖、淀粉、糖等。因为遗传性易感体质和其他代谢因素的影响，包括肥胖（地区性肥胖症）、外周胰岛素耐受性和血胰岛素增高等，一些马与矮马可能对牧草引发的蹄叶炎更加敏感。减少蹄叶炎发生的风险，主要是限制饲喂非结构性碳水化合物，如牧场和其他饲料成分中的果聚糖。

伴有复发性蹄叶炎病史的马与矮马，在牧草快速生长时期（春天和初夏）的时候，应限制其进入牧场放牧。这一时期牧草中的非结构性碳水化合物会从早晨开始增加，下午达到峰值，然后晚上逐渐降低。因此，最常用的一种方法是将易发病的马匹在晚上单独放牧，或者在清晨放牧，到半晌午的时候赶出草场。这些易发病的马，更应避免饲喂多茎的成熟的牧草，因为这些成熟的草里可能含有更多的果聚糖。易发蹄叶炎病的马匹，可在低温且阳光明媚（如在秋天秋高气爽的时候）的条件下进行放牧。因为较冷的气温会减缓牧草的生长，减少果聚糖的浓度。

因为豆科类牧草含有较高的非结构性碳水化合物，所以在饲喂饲草时应尽量避免饲喂豆类饲料。在饲喂前浸透干草可能有助于减少饲草中果聚糖的含量。谷物和糖类饲料也要避免饲喂。可以补饲一些含糖量较低的饲料。

四、蹄部护理

必须对蹄部适当护理。正确的修整和钉掌能保持蹄部平衡，有助于减少蹄叶炎、蹄叉腐疽、白线病和蹄裂的发生。对于幼驹和刚断奶的小马驹来说，应定期检查和修理蹄，以确保其保持适当的承重轴。蹄部平衡能使马驹最大限度地避免发生肢体角度畸形（见马的跛行）。

五、牙齿护理

日常牙齿护理可以降低牙齿疾病的发生概率。锋利的牙齿和凹凸不平的牙套容易撕裂舌头和颊部，造成饲料咀嚼不彻底、采食量减少、窒息、体重减轻，而戴上嚼子后可能会导致口腔的疼痛。经常检查牙齿可以早期发现牙根脓肿，避免发生更多的并发症（如鼻窦炎）（见大动物牙科）。

六、寄生虫控制

寄生虫及其引起的对肠道血管和黏膜的损伤，会导致胃肠道紊乱，包括肠道阻塞、运动性疾病、腹泻与腹膜炎。蛔虫的迁移会导致马驹肺部炎症。马体内的主要寄生虫是线虫类。随着更多有效的驱虫药的问世，一些重要的线虫种类从大的圆形线虫转换成杯口

线虫。更为遗憾的是，许多成年杯口线虫，对苯并咪唑与四氢嘧啶的抗虫标准剂量有了更大耐受性。在集约化管理的马群中，采用大环内酯（如依维菌素或莫西克丁）类驱虫，不能达到除去圆形线虫虫卵的预期效果。现在越来越多的报道表明，马驹与刚断奶的小马驹甚至1～2岁的青年马体中的蛔虫，均表现出对依维菌素或莫西克丁的耐药性，最近发现对四氢嘧啶也产生明显的耐药性。驱虫剂耐药性的问题已经涉及多种寄生虫、多种药物类别和各个年龄段的马匹。

没有哪一种寄生虫控制程序能对所有马匹都适合。马的年龄，群体密度，所在国家的地区、气候、牧场的大小和质量都能影响对寄生虫控制程序的选择。例如，年龄对某些特定寄生虫（如类圆线虫属和马副蛔虫）能逐渐产生抵抗力。但对大多数圆形线虫的抵抗性是不彻底的。

最常用的3类驱虫药是大环内酯（阿维菌素和米尔贝霉素）、苯并咪唑和四氢嘧啶。阿维菌素应用广泛，低浓度时即有效，适当地作用一段时间即可杀死粪便中的虫卵，对成虫、能够转移的线虫幼虫与很多体表外寄生虫如虱子、螨虫、壁虱和马胃蝇（马蝇属）等都有效。对分娩前24～48 h的母马用依维菌素驱虫，可明显减轻韦氏类圆线虫通过哺乳对马驹的传播。由于马都有食粪癖，母马分娩不久就应及时驱虫，以最大限度地减少新生马驹接触母马粪便中的寄生虫虫卵。由于对成年马和迁移过程中的线虫的有效性，应将阿维菌素列入幼驹驱虫计划中。阿维菌素对绦虫（裸头绦虫属）、盘尾丝虫属成虫、吸虫类或盅口属圆线虫囊包幼虫没有效果。米尔贝霉素（如莫西克丁）的组织半衰期和卵再现期较长，对盅口属圆线虫囊包幼虫有效。米尔贝霉素不能用于6月龄内的马驹或体重不足和体质虚弱的马匹。

苯并咪唑对蛔虫、蛲虫和大部分线虫具有很好的驱虫效果，然而很多种类的盅口属圆线虫成虫已对这一类驱虫药产生了耐药性。应适当增加这类药物的剂量，才能杀死移行的未成熟大型圆线虫、囊包盅口属圆线虫和移行的蛔虫幼虫。

四氢嘧啶（噻嘧啶）能够有效杀死线虫和蛔虫，增加剂量对线虫有很好的活性。

异喹啉包括吡喹酮药物属于第四类驱虫药，对马的药谱较窄。在市场上吡喹酮或与依维菌素或与莫西克丁联合销售。

为了减缓抗药性寄生虫的发展，大多数寄生虫控制计划重点，在对马场和个体马制订驱虫程序，来减轻对耐药性的选择压力。该策略包括甄别对寄生虫（如高虫卵排出者）最敏感的马匹，通过减少使用驱虫药治疗的总体数量，利用粪便虫卵减少试验，监测

不同类驱虫药的效果，来最大限度地为马匹提供保护（那些没有暴露在药物选择压力下的寄生虫）。

在北方的初冬和气候温暖的初夏，比较有效的马驱虫方案，应包括抗蠕虫药（如含吡喹酮的产品或双倍剂量的噻吩嘧啶）、杀虫剂（如依维菌素或莫西克丁）和一定剂量的幼虫杀虫剂，抗蠕虫药和杀虫剂1年使用1～2次，来控制绦虫和马胃蝇，使用杀幼虫剂量可以除去囊包盅口属圆线虫幼虫（如口服芬苯达唑，10 mg/kg，每日1次，共5 d，或用单一剂量的莫西克丁）（见马的胃肠道寄生虫）。马驹应每60 d进行1次驱虫，包括安全、有效的驱蛔虫驱虫药。1岁内马驹的驱虫计划中应包括线虫（包括盅口属圆线虫囊包幼虫）和绦虫。

有效的驱虫方案应最少包括以下1种或更多的非化学寄生虫控制方法：①避免过度放牧；②对牧草粗略加工（8～20 cm）；③在干热季节，应当用耙子将牧草堆摊开晾晒，使虫卵暴露在强烈的阳光下，3～4周后再将牧草堆放整齐；④与其他家畜交叉放牧，牛、绵羊和山羊可作为马的寄生虫生物吸尘器；⑤至少割一次草，可以减少寄生虫在牧草中的栖居；⑥种植一年生植物，比如冬小麦；⑦在饲槽内饲喂干草和谷物，不要直接在地面上饲喂；⑧在虫卵再次孵化和发育成具有传播能力的幼虫前（寄生虫孵化和生长的最佳时间5～7 d），每24～72 h要清除1次堆放在马棚、牧场周围和牧草附近的粪堆；⑨定期清理水池，防止粪便污染；⑩隔离新引入的马匹，并检查粪便中是否含有寄生虫，在将其转入新的马场前，应进行一次寄生虫幼虫驱虫；⑪在适当的时候对粪便中的虫卵进行计数，可以鉴定和监控高、中、低圆形线虫卵的排出，还可以监测驱虫药的驱虫效率和评估新引入马匹的健康状况；⑫堆肥。适当堆肥可以杀死圆形线虫幼虫和很多蛔虫虫卵。

七、免疫程序

疫苗接种是为了诱发和维持个体和群体免疫力来抵抗传染病。狂犬病、脑脊髓炎（东方、西方和委内瑞拉）、破伤风、流行性感冒、马疱疹病毒Ⅰ和Ⅳ型、肉毒梭菌毒素中毒、马埃利希体病（波托玛克马热）、马病毒性动脉炎、轮状病毒、西尼罗病毒和马链球菌（马腺疫）都有商品化疫苗。免疫程序根据动物的年龄、用途和饲养环境的暴露程度来制订。种母马的免疫程序很重要，不仅可以使种马获得主动免疫，还可以通过初乳抗体提供给幼驹被动免疫。由于初乳中母源抗体的影响，幼驹的免疫程序会随之发生变动。在美国还有很多资源可以利用，比如美国马饲养者协会能推荐很多通用的马免疫程序。

以下提供的免疫程序适用于免疫马所产的马驹，且马驹通过吸收初乳中的抗体使血浆中的IgG水平达到800 mg/dL以上。

当马驹被动免疫失败（即IgG水平＜200 mg/dL）或其母马产前并未接受免疫接种，应在马驹3～4月龄时首次免疫马疱疹病毒Ⅰ和Ⅳ型、破伤风，东、西方脑脊髓炎疫苗，初免4～6周后进行第二次免疫，在10～12月龄进行第三次免疫。这些马驹可在3～4月龄首次免疫狂犬病疫苗，在12月龄时再加强免疫。流感疫苗接种可在6月龄进行。对于从未接种西尼罗病毒的母马所产下的马驹，可在3～5月龄进行首次免疫接种。

1. 破伤风 推荐用于所有马驹与马。对超过4～6月龄的马驹进行初始免疫，初免4～6周后进行二免，在10～12月龄进行三免。母马在产驹前4～6周应进行一次加强免疫。如果一匹未知免疫状态的马发生创伤，应同时接种破伤风抗毒素和破伤风类毒素，4周后第二次接种类毒素。

2. 马疱疹病毒Ⅰ和Ⅳ型（鼻肺炎） 推荐用于所有马驹与马。在4～6月龄进行初始免疫，初免4～6周后进行二免，在10～12月龄进行三免。青年马非常容易感染，应每6个月进行1次免疫。妊娠期的母马也很容易感染疱疹病毒，在妊娠第3、5、7、9月和产前4～6周接种马疱疹病毒Ⅰ型。

3. 脑脊髓炎（东方与西方） 推荐用于所有马驹与马。在4～6月龄进行初始免疫（在高发病区3～4月龄），初免4～6周后进行二免，10～12月龄进行三免。青年马和高风险地区的马应在第三次免疫之后，每半年进行1次加强免疫。繁殖母马在产前4～6周应进行1次加强免疫。其他成年马可每年接种1次。

4. 流感 推荐用于所有的马驹、种母马、处于高风险地区的马匹，通常是用于表演、竞赛和运输的马。在6月龄后进行初始免疫（肌内注射），初免4～6周后进行二免，在10～12月龄进行三免。如果鼻腔接种弱毒疫苗，可在6～7月龄时首免，在11～12月龄进行二免。妊娠母马应在产驹前4～6周进行1次加强免疫。假如妊娠母马在妊娠的最后3个月之内没有接种疫苗，它产下的幼驹应在5月龄开始接种疫苗。年轻的表演马应每6个月接种1次流感疫苗。成年马每年接种1次流感疫苗。

5. 狂犬病 推荐用于所有的马驹和马。在6月龄进行首次免疫，4～6周后二免，之后每年免疫1次。妊娠母马应在配种前或产驹前4～6周进行1次强免。

6. 西尼罗病毒 在美国本土，推荐所有马驹与马都应接种西尼罗病毒疫苗。在5～6月龄时接种灭活疫苗或重组金丝雀痘疫苗，初免4～6周后二免，第三次免疫应选在10～12月龄下一个病毒高发期之前进行。如果接种黄病毒嵌合体西尼罗病毒疫苗，首免的马应超过5月龄，二免在10～12月龄下一次病毒高发期之前进行。妊娠母马应在产驹前4～6周进行1次强免。所有成年马应每年接种1次。

7. 波托马克马热 建议在疾病流行地区进行疫苗接种，在5～6月龄进行首次免疫，初免3～4周后进行第二次免疫，1岁时再进行1次加强免疫。推荐每年春季进行年度加强免疫。妊娠母马应在产驹前进行加强免疫。

8. 肉毒梭菌毒素中毒（肉毒中毒） 建议在大西洋州中部区域和美国本土，该病常发区域对马进行疫苗接种。初始免疫为连续3次接种，每间隔4周免疫1次，之后每年进行1次加强免疫。免疫母马产下的马驹，可在2～3月龄开始首免。未免疫的母马应在产前3个月内每间隔4周连续接种3次，之后在产前4～6周进行年度加强免疫。

9. 马腺疫 仅限于马腺疫常发或暴露风险高的区域免疫。在4～6月龄开始首次免疫，每隔4周，连续3次肌内注射疫苗。如选用鼻内接种方式，可在6～9月龄进行免疫接种，3～4周后进行二免，三免在12月龄。地方流行性的马场应在种母马产前4～6周进行年度加强免疫。由于免疫会增加免疫介导的出血性紫癜发病风险，马腺疫链球菌SeM表面蛋白效价应超过1：1600，否则应当再次接种。

10. 轮状病毒 轮状病毒引起马驹腹泻是许多马场常见的问题，所以妊娠母马应在妊娠最后3个月内间隔3～4周连续3次免疫。初生马驹可通过吸收初乳中的抗体获得被动免疫。

八、围产期母马与马驹的护理

在妊娠母马产前3个月内，应逐渐提高营养成分，其中蛋白质含量至少在12%～14%。日粮中的钙、磷、铜和锌等微量元素含量应达到平衡。在待产前期，日粮中应加入一些麸皮或车前草等轻泻物，可以保持粪便的柔软，减少产后阻塞的风险。

除了要在整个妊娠期进行驱虫外，在分娩24～48 h之内对母马进行1次驱虫，可防止马奶和粪便中的寄生虫再感染幼驹。母马在产前4～6周应进行1次年度强免以提高初乳质量。母马除了可对疫苗产生抗体之外，还可对其所处环境中的土壤微生物产生抗体。因为在妊娠期最后3～5周生成初乳，所以不能在母马准备分娩时转移到新的场所，而且产后早期的母马与幼驹也应继续在分娩的环境中饲养。

在分娩前，要对母马的乳房进行清洗，并在马棚中铺上新的垫草，不仅可以优化幼驹环境，而且可以

使幼驹在摄入初乳前，减少暴露在病原菌滋生的环境的机会。理想状态下，产房的地板应便于清理消毒。产下幼驹后应立即用2 %的碘酒或双氯苯双胍己烷对幼驹的肚脐周围进行消毒，以免脐带感染和败血症的发生。灌肠剂是经常使用的预防粪便阻塞的一种方式。摄入早期初乳对确保充分吸收初乳中的抗体和刺激早期肠闭合，以减少病原菌通过肠黏膜的进入十分关键（见新生仔畜的管理）。

幼马刚出生4～8周内几乎没有γ球蛋白，完全依靠被动免疫吸收初乳中的抗体来抵抗常见的马传染性疾病。出生10 h内是肠道吸收初乳抗体的最佳时段，出生24 h后会停止吸收。摄入初乳后新生马驹血清中的IgG浓度应超过800 mg/dL。如果马驹血清IgG浓度低于400 mg/dL，在出生后18～20 h内，应额外补充初乳，当出生后20 h以上，或怀疑胃肠功能有损时应输入血浆。

总之，不管是产前还是产后，母马都应饲养在一种便于观察的环境中。注意分娩期间的护理，有助于避免一些可避免的临产问题而损失幼驹（如难产、胎膜没有正常破裂，母性抵抗或攻击）（见孤马驹饲养）。

第十三节 健康与管理的相互作用：猪

合适的管理可以提高繁殖性能和饲料利用率，降低死亡率。一些农畜的疾病经常是管理不当的结果，如共生微生物的增生，或在猪群中引入一种病原体，如猪繁殖与呼吸综合征病毒（PRRSV）。适当的管理猪、人和环境之间的关系，同时采用有效的生物安全措施，对控制猪群中的共生微生物水平、新病原体的引入、疾病表现、猪群的生产率，均有积极的作用。在许多情况下，临床疾病仅仅是一种或多种这些相互关系没处理好的指征。在疾病控制过程中利用化学疗法是第一步，但是消除潜在的环境或管理问题则是最重要的一步。

当在一个猪舍大量饲养猪时，猪-猪之间和猪-环境之间的相互影响就会加强，而管理者-猪之间的相互作用就会减弱。在集约化猪场存在发病的基础，了解它们带来的后果，对在现代养猪业中降低因健康问题造成的损失是很必要的。

在管理较差的猪场，30%仔猪长不到上市时的体重。例如，15%死于断奶前，10%死于保育阶段，5%死于育肥的最后生长阶段。

新生仔猪能否在最初7 d存活取决于3个重要因素：①摄入足够的能量，②适宜的环境温度，③从母猪获得被动免疫力。由于仔猪出生时糖原储备有限，

它们在出生后几个小时内需要更换和添加自己的能量储备。如果得不到能量（初乳），会因为低血糖导致死亡。低血糖可能是仔猪死亡的主要原因，一些管理程序可能会减少这些因饥饿造成的损失。例如，在初生的最初几小时，通过交叉代乳均衡窝内仔猪体重，以消除或明显减少损失，并能对总死亡率产生显著影响。另一个重要的管理因素是哺乳期保持适当的体温调节。在哺乳期，仔猪对于低温很敏感，仔猪出生时及1周内周围环境温度应保持在30～34℃。

除了重要的能量供给作用，初乳给仔猪提供抗体，以保护仔猪免受疾病感染。最常见的致死性感染是大肠埃希菌病；可以通过免疫母猪，使仔猪获得初乳，提供抗体来降低损失，尤其是通过乳汁的介导来抵抗肠道疾病。

任何引起产奶量下降的母猪疾病，都会增加患大肠埃希菌性腹泻的易感性，正如环境温度低所造成的一样，能减慢肠道的蠕动（见产后泌乳不良综合征）。乳汁及其抗体较慢地穿过肠壁，能使大肠埃希菌更容易吸附在肠壁上，从而产生肠毒素，导致肠细胞过度分泌和引起腹泻。

有相当数量的仔猪死于出生后最初几日的挤压。如果母猪有点笨拙，或最温暖的产床靠近母猪，或者仔猪患低血糖症而嗜睡，这些原因都有可能使母猪挤压仔猪。合理设计产床，正确放置加热灯，可以最大限度地减少挤压造成的损失，尽管这样并不可能完全消除对仔猪的挤压。

认真考虑这些管理因素，通常会降低死亡率5%～10%。即使是在集约化猪场，至少一些新生仔猪的死亡是归咎于管理，而在一定程度上，这是可以避免的。

在当今养猪业中，没有哪一种因素对保育猪的影响能超过PRRSV。随着病毒通过感染了的断乳仔猪进入保育舍，PRRSV在猪舍间循环；日龄较大的被感染猪，是4～6周龄断奶刚失去母源抗体的仔猪的病毒来源。在保育期和育肥后期流行的PRRSV，已能显著降低生长率，增加死亡率、饲料转化率和疫苗及药品的费用。然而，管理策略，如局部扑杀病猪，以及免疫接种疫苗，已经非常有效地减轻该病的严重程度。

在净化了PRRSV的猪场，很少有猪死亡（在商业化基础上，2%～3%的保育期死亡率是可以接受的）。在没有PRRSV的情况下，腹泻成为主要传染病，当然饥饿与生长不良也是个问题。由于日粮与周围环境的变化，使断奶也成为一种特殊的应激期。一般说来，断奶越早，管理措施就越重要。在断奶期，仔猪应有相对充足的食槽空间，保证仔猪能够同时采食。在断奶后的最初5～7 d，插入进料板，可以提高料槽空间，促进猪群饲喂。仔猪应容易获得持续的酸化水，但是在断奶后的最初1周饲料应少饲多喂（每日3～5次）。饲料的质量可以增加吸收，同时需要在日粮中加入血浆蛋白与乳制品。环境温度也很关键，仔猪在不太适宜环境下生存，往往容易感染腹泻病。根据将要断奶的日龄，环境温度应保持在25～27 ℃。断奶时仔猪的大小与日龄同样重要；较小的猪更容易挨饿或者腹泻。在防治断奶仔猪腹泻时，口服液是很好的抗生素辅助佐剂。

最后，由于保育环境较温暖，皮肤病如渗出性皮炎（猪脂脓性皮肤炎）可能会流行，在湿度高时常继发感染。在集中饲养的新近断奶的仔猪中，也会引起猪链球菌和副猪嗜血杆菌的感染。

对于生长育肥区，充足的猪栏空间对于减少拥挤、压力和病原体的传播很重要。美国饲料工业协会营养委员会的一份报告（表18-2）介绍了空间对于生长猪的作用。当22～55 kg生长育肥猪在漏缝地板上生长时，应提供每头0.4～0.6 m²空间；体重55～110 kg，则应给予0.8 m²空间。猪长到更重的时候（如120 kg），如能有约1 m²的空间会更合适，但这种建议很难满足经济上的需求。

表18-2　生长育肥猪的空间需求

	断奶至34 kg	34～57 kg	57 kg至出栏
每头猪的睡眠空间或遮阴处（米²）	0.37	0.46～0.55	0.74
每米长自动饲喂器空间的猪数（或按全长计）			
舍饲（头）	4	3	3
放牧（头）	4～5	3～4	3～4
饲养蛋白质补充料饲槽空间的百分数			
舍饲（%）	25	20	15
放牧（%）	20～25	15～20	10～15
对于人工饲喂或人工给水每头猪所占的饲槽长度（从一侧获得）	3/4	1	1/4

由于管理不当造成的最大经济损失是在生长-育肥期。呼吸道疾病（如放线杆菌胸膜肺炎，地方流行性肺炎和PRRS）以及肠道疾病（如回肠炎）能显著降低生长率和饲料利用率。

最近在保育期和生长期采用的最重要的管理技术是动物流动的全进全出和早期隔离断奶。全进全出生产系统大大提高了生长-出栏的生产效率，加强了对疾病的防控，同时能适应圈舍、建筑物和场址作出调整。早期隔离断奶是指仔猪出生后早期（14~16 d）与母猪隔离。仔猪出生后最早得的大多数传染病均来自泌乳期的母猪。如果将每周断奶的仔猪从母猪中隔离出来，那么每一批新的仔猪感染疾病的机会就会减小。保护哺乳期仔猪，在一定程度上可以依靠初乳中的抗体免受感染。在初乳中的抗体消失之前，早期断奶将减小仔猪从乳汁中感染疾病的概率。结合早期隔离断奶和全进全出的先进系统，可防止病原体从成年的、原先感染过的猪，转移到仔猪和易感猪。最终，全进全出制与早期隔离断奶相结合，把母猪群、保育猪和生长育肥猪分开饲养，形成了多点生产的基础。

总之，这些技术代表了生产与疾病控制的一种发展趋势，然而这些技术并不是完全可靠。在某些情况下，它们可能只是推迟临床疾病扩散到邻近的猪群，尤其是猪链球菌和副猪嗜血杆菌感染。但在多数猪群中，实行这种持续局部扑杀和重组猪群，已经显著提高生产效率和疾病控制。

适当的生物安全必不可少，它能对猪场的健康与生产起到保驾护航作用。选购的种猪必须是未感染过PRRSV、胸膜肺炎放线杆菌、猪痢短螺旋体、传染性胃肠炎病毒、疥癣的健康猪。购买后应将引入猪隔离，进入猪群之前应进行病原检测。要限制外来者参观访问，控制啮齿类动物，确保员工（进出淋浴）和设备（熏蒸室）的安全进出。要做好运输车辆的清洗与消毒，尤其是来自全国各地频繁运输猪群的车辆。最后，应用空气过滤系统阻止空气中的病原体的传播，这对人工授精中心与种猪改良站也是很重要的（见生物安全）。

第十四节 健康与管理的相互作用：绵羊

从绵羊上获得的主要产品是羊肉、羊毛和羊皮；世界上一些地区的羊奶也很重要。绵羊可在多种不同的环境下生长，只是在经济效率上有很大不同。任何地方生产系统的类型取决于许多因素，首先考虑的是可行性和牧场的成本、气候以及和其他牲畜和作物的关系。

世界不同的地区采用不同的生产系统。对于大群（超过2 000只绵羊）和小群绵羊的处理，一般采用放养的全年饲养方式，在澳大利亚、新西兰、南非、南美洲的部分地区、东欧、亚洲和美国的这些主要产毛国家，均采用这一典型的绵羊饲养管理类型。欧洲和美国的大部分地区，普遍在冬季采用圈养和集中饲养，在其他季节采取放牧的管理方式。将肉用羊羔的最后生长阶段封闭圈养在饲养场的方式，事实上仅限于北美洲。沿着路边或者公共牧区放牧小群绵羊与山羊，是中东与亚洲常见的管理方式。

一、集约化放牧系统

经济成本是必须考虑的因素。除考虑动物福利和公共卫生外，兽医服务应以增加羊场净收入为目的，而不是仅仅控制疾病。在大多数羊场，尽管疾病的诊断、治疗和防控，包括为解决某一疾病而进行的疫情调查都很重要，而临床疾病的暴发对于长期可赢利性来说却是次要的。从疾病防控的角度上说，技术方面合理的建议，可能会损害羊场的整体经济利益。例如，降低载畜率可能对羊群意味着更好的营养、更低的羊羔死亡率、更低的胃肠道寄生虫危害，但是羊场的净收入会显著下降。通常情况下，每公顷净收入对载畜率的变化是非常敏感的。

有一种更好的方法是"羊群健康程序"。这些程序用于预防健康和生产问题，倘若这是经济实惠的方法，就应采取合适的预防措施。羊群健康程序必须根据具体牧场的需要而调整。对于大多数牧场，羊群健康程序的关键点应包括：①控制体内、外寄生虫；②用经济有效的免疫程序预防疾病；③防止传染病的引入，比如腐蹄病、布鲁氏菌病和体表寄生虫；④提高每头母羊所产羔羊断奶后的数量，同时提高母羊和公羊的繁殖率，降低羔羊死亡率。

当羊毛是收入的主要来源时，由于营养问题或疾病暴发带来的经济问题并不总是很明显。例如，温和的寄生虫侵袭可能会引起疾病，每头绵羊可能会减少几千克羊毛，但是纤维的直径也会减小，使羊毛更值钱。母羊不孕或者在妊娠的头3个月流产，相比抚养一只羔羊的母羊能生产更多的羊毛，因为正在抚养一只羔羊的母羊的营养需求更高，并且比干奶期的母羊产出的羊毛还要少。因此，提供建议或决策时，要考虑纤维和羊肉的价格。

除了种群健康计划，兽医也可建立一种全面的羊群管理咨询体系。这些方案采用的整个羊场的方法，应考虑羊场的物力和财力来源以及与其他牲畜之间的相互关系，如作物与牧草生产。载畜率、羊群运行类型、放牧的时间、市场策划、风险管理，这些都应考虑作为方案中的一部分。羊场的财务分析作为商业和羊场预算的准备和毛利率分析是整个方案的关键部分。

二、夏季放牧与冬季分娩和饲养

这些系统中的兽医服务包括临床和预防兽医学以及管理建议。当单只绵羊的价值升高，临床兽医就显得更为重要。羊毛产量通常最不引起人们的关注，每只母羊连同上市的羔羊，才是成本回报的主要决定因素。最大的潜在损失是由于新生羔羊失去母羊照料、饥饿、冷应激和低温而造成死亡。母羊产羔时的强化管理可减少这方面的损失，但仍伴随新生羔羊因传染病而引起死亡的风险。劳动密集型产羔系统，强化管理幼龄羔羊，以及诊断、治疗与个别绵羊的外科手术，都可能用来评价这些动物的价值所在。应制订预防兽医学程序，以防止与夏季放牧和冬季封闭饲养期间密切相关的影响畜牧业生产的一些疾病。

对于圈养或集中饲养的羊群，饲料和人力是最大的生产成本，所以营养管理能对羊场的可赢利性产生重大影响。管理内容包括：在冬季把羊群的能量需求最小化、利用体脂储备但不致生产降低、饲喂成本最低的日粮（包括农场生产的饲料）。饲料营养不均衡和绵羊被密集限制在羊栏里，是导致疾病，如肺炎、尿结石、D型肠毒血症（软肾病）和脑灰质软化的主要决定因素。

三、放牧羊群

在中东和亚洲服务于小型放牧绵羊群和山羊群的兽医，主要关注对临床疾病的控制和提高小羔羊的成活率。饲料来源匮乏和营养价值低，限制了生产力。对于养羊户来说，饲养绵羊和山羊的初衷主要是供应羊奶和羊肉，通过出售获得现金。羊群的价值与畜主的收入通常有很大关系，能投入兽医服务的资金是有限的。只要有少数几只羊发生死亡或严重患病，都对羊群的生产力和畜主的收入有很大影响。

在亚洲，土地的使用制度通常很复杂，山羊和绵羊掺和在一起，但是就在周围放牧，农作物或种植园企业的生产率也会很高。这在中东也一样，或者可能在别无他用的贫瘠土地上放牧山羊和绵羊。在任何一种情况下，都不太可能对管理系统进行重大变革。

四、有机羊的生产

公共需求正在使动物源产品转向有机生产系统。把羊类产品标记为有机产品所需的标准，要通过管理改善动物的健康和疾病预防，而不是使用药物。然而就以目前的知识而言，与实际可行相比，这种标准更

具有鼓励性质，能对致力于达到该标准，而没有管理系统的有机畜群，引起对健康和福利的关注。

有机羊群应从已知健康状况良好的羊群建立，如无腐蹄病、梅迪病、痒病和地方性流产这些可检测和可根除的疾病。羊群应尽可能符合实际情况，采用封闭式管理，新的遗传种群应来自已知健康状态的羊群。任何新的遗传种群在引入到主羊群及其牧场之前，必须进行隔离检疫和临床观察及检测。预防疾病的引入是最根本的，高水平的生物安全很有必要。

在有机羊生产中要特别关注寄生虫性胃肠炎。有些国家规定允许合理使用驱虫药，而有的国家却不能。管理系统应尽力于避免或者减少摄入寄生虫虫卵，尤其是那些由替换作物的干净小片牧场上放牧、不同品种混合放牧、轮牧等引起的虫卵临产高潮，要注意载畜率。更进一步的策略，包括采食有可能降低胃肠道寄生虫的植物（如菊苣、牛角花、三叶草），使用氧化铜针头，以及进行抗病育种。

五、管理实践与发病因素

管理实践是所有羊群中传染病或者代谢病暴发的主要决定因素。

妊娠毒血症主要见于妊娠后期母羊，母羊的营养水平下降，尤其是怀双胞胎或者三胞胎的母羊最容易患妊娠毒血症。这也与饥饿，妊娠早期母羊过度肥胖、妊娠后期肥胖的母羊主动减少采食量，以及妊娠后期母羊受到应激（如运输或者其他环境变化）有关。

低钙血症发生于妊娠母羊或者经受一段时间的短暂饥饿的泌乳早期的母羊，特别是怀双胞胎或者三胞胎的母羊；妊娠后期采食量减少的结果；以及干旱情况下，断奶羊采食以谷物为基础的日粮的结果。

低镁血症可能发生于妊娠后期或泌乳早期的短暂的饥饿时期，本病也发生于哺乳期母羊转移至生长旺盛的牧场（特别是绿禾谷类作物）之后，或者在生长快速的牧场上的哺乳期母羊（如春季生长）。

嗜皮菌病的发生与剪毛不当导致的羊毛不整齐、带有污渍的羊毛剪下后立即就浸渍，以及下大雨时绵羊毛过长等有关。有些绵羊还带有遗传因素。

干酪性淋巴结炎可能与没有按照从幼龄群到大龄群的顺序剪毛有关，也与在剪毛前没有将被感染羊或者不需要剪毛的羊分开有关，剪毛和浸湿后黏在一起（鼻子挨着羊毛）以及羊毛浸液发生污染等都容易发生干酪性淋巴结炎。

软肾病（D型产气荚膜梭菌感染）见于营养水平不断提高的绵羊，如那些转移到了更好的、牧草或谷物"茂盛"生长的牧场。C型产气荚膜梭菌感染主要见于人工饲养的"懒"羔羊。

有些创伤可能会引起恶性水肿和气肿疽，如剪毛不恰当，疫苗接种。

在长久污染的场地进行某些操作，如去势、交配、剪毛不恰当，或疫苗接种等造成创伤后，都可能会患破伤风。

在有肝片吸虫中间宿主的牧场上放牧的绵羊，能引起黑疫。

丹毒关节炎与污染的羊毛浸液和在卫生条件差的环境下交配、去势和产羔有关。

绵羊包皮炎见于在高蛋白质牧场上放牧的美利奴阉羊。

鳞状细胞癌主要见于短尾根摩勒绵羊的外阴部。

放线菌病见于在荆棘丛生的贫瘠牧场上放牧的绵羊。

与牧草或一些特殊植物有关的疾病风险（如绵羊瘤胃臌气、脑灰质软化、溶血性贫血、食道阻塞和肠毒血症的风险，以及妊娠母羊采食芸薹属牧草后所产的羊羔出现的甲状腺肿大），见对动物有毒的植物。与配合饲料有关的营养缺乏或中毒病的风险（见绵羊的营养）。

第十五节 健康与管理的相互作用：小动物

对防控疫病的合适管理，历来是大动物医学比小动物医学更为关注。然而适当的管理对小动物也同样重要，无论这些宠物是单个或几只在家中喂养，还是较多宠物集中在一起饲养，如犬舍或猫舍。

对那些热衷于饲养宠物的人必须强调，要做一个有责任的宠物主。对宠物主强调教育的领域包括：①日常护理与刷拭，②预防保健，③寄生虫控制，④营养，⑤家庭危害，⑥房舍需求和环境因素。

日常护理与刷拭不仅有利于保持宠物健康，同时也可以在病程早期发现健康问题。密切关注宠物的食欲、饮水、排尿、排粪、步态和一般行为的变化，作出评估。任何一项变化可能暗示着需要做进一步深入检查。要特别注意被毛、皮肤、耳朵、眼睛与牙齿。肛门腺炎和指甲过长是常见的问题。

预防保健在小动物主要是通过疫苗接种。多种控制犬传染病的疫苗都非常有效，它们包括犬瘟热、细小病毒病、肝炎、钩端螺旋体病、气管支气管炎、狂犬病、莱姆病与冠状病毒感染等疫苗。预防猫传染病的疫苗包括泛白细胞减少症、传染性鼻气管炎、杯状病毒感染、狂犬病、猫传染性腹膜炎（FIP）和猫白血病病毒（FeLV）。

免疫程序均有不同之处，但一般在6～8周龄需要进行初次免疫，之后每隔3周免疫1次，直到4～5月龄。此后大多数疫苗每年接种1次。狂犬病疫苗由州法律或地方管辖监管。除成年宠物的狂犬病外，其他疫病的第一轮免疫应包括首免和随后至少1次的加强免疫。

近年来，出现了一些有关犬与猫过度免疫或超免疫的问题。与疫苗相关的肉瘤，特别是纤维肉瘤，已经成为猫越来越严重的问题。该肿瘤的病因尚不完全清楚，但它常出现在接种狂犬病疫苗与猫白血病疫苗的接种部位。在犬已发现，在免疫接种与免疫介导紊乱之间存在某些相关性，如免疫介导的溶血性贫血。

美国猫业协会的指导手册明确指定猫疫苗的不同接种部位。该程序也可用于犬。指导手册建议在猫可以手术切除的部位接种疫苗，如四肢末端而不是躯干。也建议对犬与猫的疫苗接种不要过于频繁。在一些机构中除狂犬病疫苗外，采用3年1次的疫苗接种计划。还建议为处于危险中的宠物储备一些预防某些特定疾病的疫苗，如猫白血病、莱姆病、钩端螺旋体病、猫免疫缺陷病毒与FIP。

其他预防保健措施包括去势和卵巢子宫切除术，以及年度兽医检查。目前预防保健的趋势是强调年检，并把年检和疫苗接种分开。通过预防保健兽医能经常检查动物，并对疾病进行早期诊断。

寄生虫控制仍然很重要。体内寄生虫主要包括胃肠道寄生虫如蛔虫、鞭虫和绦虫。心丝虫是犬与猫的一种重要临床病原体，用预防性治疗可以预防。虽然目前犬心丝虫病可以治疗，但对猫既不安全也没有可接受的治疗。体外寄生虫主要包括跳蚤、蜱和螨虫。一些口服与外用药物可用于控制犬与猫的跳蚤。寄生虫控制的另一重要方面包括预防人兽共患病，如内脏幼虫移行症。

营养是一个重要而又经常被宠物主忽视的方面。市场上大多数的宠物食品都是在大量研发的基础上按配方制成的。对于幼龄、生长期以及老龄宠物，有特定的日粮（从柜台或者兽医部门都能买到），也有针对特殊疾病的日粮。过量饲喂和过度供给可能会出现许多问题，饲喂残羹剩饭要维持在最低限度（见小动物的营养）。

水质不能忽视，尤其是在农村地区和犬舍、猫舍。宠物应能自由饮用新鲜水。

家庭危害对犬与猫有很多威胁。潜在的危害包括电线、铅油漆、清洁用品、防冻剂、室内植物、杀虫剂、处方药、非法和滥用药物、酒精饮料、巧克力、缝纫针以及许多其他因素（见家庭危害）。房屋设计中的生存环境，如陡峭的楼梯、光滑的地面、开放的窗户等，也可能有危害性。

住房需求与环境因素也是为宠物考虑的一个重要问题。对于与主人共享住处的伴侣动物，受到的关注一般是有限的。然而室外的房舍必须有能避免阳光直接照射的棚顶，有能抵挡强风和极端气温的棚舍，通风充足，有足够的新鲜饮用水。这些因素对小猫与幼犬十分关键。为了达到合适的卫生条件，必须有良好的排污系统，表面必须适于清洁与消毒。有危害的环境因素能导致过热、晒伤、脱水、低体温或冻疮。家居也必须是安全的，防止宠物有危险，如其他动物、机动车辆和恶意的恶作剧。如果宠物是被链子拴着的，要小心不能造成自我伤害。其他考虑因素包括服从训练，这可能会有助于减少与其他动物和人类的冲突。

携带宠物旅行是另一项重要的考虑事项。如果要跨越洲界，需要出示健康证明。当计划出国旅行时，建议宠物主要熟悉适当的卫生、检疫、农业，以及海关规定。不允许将宠物放在露天的车上，如皮卡车。晕车与惊恐是犬与猫在旅行中出现的常见问题。这种情况下吩噻嗪镇静剂乙酰丙嗪可能会有用，也可用抗组胺药，如苯海拉明。有一种新制剂，柠檬酸盐允许用于治疗晕动病。

在宠物与畜主之间潜在的疾病-管理相互关系，对预防人兽共患病很重要，尤其是当免疫力低下的人豢养宠物时。感染人类免疫缺陷病毒或正在接受化疗的宠物主人可以安全地拥有宠物，但是应咨询兽医和医生。大多数宠物相关的传染，包括那些由隐孢子虫、刚地弓形虫、沙门氏菌和弯曲杆菌引起的感染，似乎来源于免疫抑制的个人，而不是暴露于动物。可能的例外是巴尔通体属或者猫抓病。因为人兽共患病传播的风险很低，如果采取了基本预防措施，宠物对免疫力低下的人的威胁很小。预防措施包括避免清洁污物盒，或者在清洁时戴上手套，避免接触犬的粪便，健康或成年宠物不应接触年幼或不健康的宠物，由兽医对生病的宠物进行评估，不许猫猎食，不要给宠物未煮熟的食物，防止食粪癖或接近垃圾。

（韩凌霞 译　王利华 一校　靳亚平 二校　张彦明 三校）

第十六节　牛的繁殖管理[a]

母牛/犊牛养殖户的主要现实目标，是每100头母牛每年繁育或售出的犊牛数量达到75～85头。奶牛生产者应努力提高妊娠率，即适合配种母牛在发情期内或21 d内发生妊娠的比例，这决定了在主动休配期末从产犊到发生妊娠的时间。随着妊娠率的提高，从产犊到再妊娠的间隔时间就会缩短，从而能够提高牛群的日产奶量，同时还可以降低因繁殖障碍而淘汰的母

牛数量；这些因素集中在一起就可以提高牛群的经济效益。

采取以下措施可以提高母牛/犊牛和奶牛的繁殖性能：①在执行繁殖方案时要对牛进行正确的鉴别和管理；②保存好可确定牛群重要指标的相关记录，如产犊率、妊娠率、产犊季节的长度、淘汰率、犊牛发病率和死亡率、公牛的育种效率以及生产性能和产量的资料；③满足牛群中不同类别牛的不同营养需要，重点在于营养需要和成本；④建立后备母牛和成年母牛的繁殖育种方案；⑤对公牛进行选育和繁殖管理；⑥对母牛/犊牛群、公牛和犊牛进行免疫接种；⑦对繁殖障碍和流产进行评估；⑧提供足够的设施条件；⑨确保犊牛在出生时得到很好的照料并获得足够的初乳。

一、营养

在肉牛饲养群要实现每年的犊牛产量目标和达到缩短产犊期的目的，营养是最重要的管理因素之一。与肉牛繁殖相关的限制性营养因素通常是能量；能量对奶牛的影响并不很明显，原因是泌乳期奶牛的日粮供给一般都很充足。产犊前的能量水平主要影响母牛的返情时间，而产后的能量水平主要影响其后续的妊娠。繁殖周期内的饲料需要量各不相同（见牛的营养）。

肉牛的营养需要可分为4个阶段，而奶牛的营养需要一般分为3个阶段。第一阶段是从产犊后到配种的时间；这一阶段大约为82 d，是所有阶段中营养需要量最大的时期。此时母牛正处于产奶最高峰，也正在从分娩应激中恢复。在此期间，期望母牛能做好再次配种的准备。

第二阶段是从配种到犊牛断奶；肉牛大约为123 d。奶牛的第二阶段和第三阶段有部分重叠，也不像肉牛那样容易分开。泌乳期肉牛的体重也应增加。虽然有些奶牛在泌乳期仍然可以继续维持其体重，但大部分高产奶牛的体重都会出现持续下降。

第三阶段是从断奶期到产犊前50 d；该阶段大约为110 d，是营养需要量最低的时期。肉牛仅需要维持体况和胎儿的持续发育。在泌乳期最后几个月，奶牛需要增加体重。

第四阶段是产犊前50 d，这是十分关键的时期；胎儿生长发育的75%就是发生这个阶段。母牛在产犊时的体况对于再次配种也是极其重要的；体重下降或体格消瘦的母牛以及在妊娠后期体重没有增加的母牛，其产犊后再次发情的时间都会推迟。

饲养奶牛（见奶牛的营养需要）通常就是为了能

---

a　部分是由美国牧场主协会和美国养牛者协会共同改编的。

在305 d泌乳期内能够获得最理想的产奶量。人们认为，奶牛在泌乳期高峰期（前几个月）体重会出现下降，在其余泌乳期内可逐渐回升。奶牛在早期泌乳期发生代谢性疾病的可能性较高，如脂肪肝和酮病，因此在干奶期不应饲喂过多饲料。另外，饲喂奶牛应尽可能降低产犊相关疾病的发病率（如难产、低钙血症和胎衣不下），这些疾病对于受胎率和产后健康都有不利影响。

断奶犊牛每千克体重所需要的母牛饲料量基本相同，但体型较大母牛比较小母牛所需要的饲料量更多。产奶量高的母牛需要的饲料蛋白质水平较高。当饲料无法满足所有需要时，提高产奶量就会影响到繁殖。

生长期的青年牛和产奶量高的奶牛的蛋白质需要量常是一种限制性因素，而干奶期奶牛的蛋白质摄入量一般都过量。如果要使青年母牛在2岁时产犊，就必须从断奶到配种都要进行合理的饲喂。

要为繁殖期各个阶段提供基本营养需要，就应当对主要粗饲料和本地谷物原料进行分析，以监测其营养成分和实际经济价值。不同地区之间和地区内，饲料原料中的微量元素含量一般都存在有差异。被用于测定日粮能量水平的2种方法是总消化养分体系和美国加利福尼亚州净能体系。这2种体系的应用都很广泛，在运用时均需进行调整，以适用于各个牛场。

即使牛的营养需要都在同一范围之内，将牛分为小群进行饲养和管理也会受益匪浅：在断奶时体重较轻的青年母牛与体重大的相比，需要增加更多体重，才能使其在配种期时出现发情；如果期望头胎母牛能按时配种、按时受孕，那么无论在能量供应上，还是从争食的角度上，都需要对青年母牛给予特殊的照料。这些青年母牛在泌乳的同时仍在生长，而且瘤胃的能力还不能仅通过粗饲料来满足产犊之后的能量需求。要使初产母牛达到最理想的繁殖潜力，就需要饲喂高能量高蛋白质的补充料。与大群中的母牛所产犊牛相比，头胎肉用母牛所产犊牛可以提前30～40 d断奶，以便为青年母牛的生长和泌乳相关需要的恢复提供更多时间。

瘦弱的、老龄的和体型小的母牛无法与同群中体型较大的母牛进行争食，对其进行分群饲喂通常可收到较好效果。

泌乳奶牛通常根据其产奶量来进行饲喂。它们可以牛只个体为基础或按照产奶量分群进行适当的全混合日粮的饲喂。

二、后备母牛与成年母牛的育种计划

如果要使母牛连续产犊，就必须使其尽早产下头胎犊牛。母牛的发情期是由品种、年龄和体重因素共同决定的。青年肉牛在13～15个月时配种，继而在22～24个月时产犊有2个优点——在大群牛开始产犊之前，这些母牛在产犊时可以得到饲喂者更多的照料，随后也会有更多的时间与成年牛群一起进行再次配种。对于计划在14个月进行配种的青年母牛，其体重应达到成年牛预计体重的65%～75%；因此，提供足够的营养是非常重要的。在大群牛进行配种之前，应提前3周对首次配种的青年肉牛进行配种。上述方法并不适用于奶牛，奶牛可以常年产犊。如果青年后备奶牛能在23～25月龄时产犊，其全程利润可达到最大。因此，要保持遗传进展并维持赢利最大化，奶牛场就应当在青年母牛的繁殖方案中使用人工授精技术，这样可以保证妊娠奶牛能在24周龄左右时产犊。

要对未配青年母牛常见的较高淘汰率进行弥补，配种母牛数量应当大于所需数量，如按150%，以便使牛群数量得以维持或增加。

发情不规律与乏情：如果母牛未发情或未检测到发情，不会进行配种。母牛乏情或发情周期不规律可能是由多个因素造成的，包括管理不善或营养不良、疾病、外伤和内分泌功能紊乱。在人工授精配种的牛群中最重要的管理因素之一就是未能检测或检查出发情母牛。母牛发情期的平均持续时间是18 h，但很多母牛的发情期明显较短。要对母牛进行适时配种，制定发情检测的系统化程序是非常重要的。生产者必须熟悉牛的发情表现。可以用体温检测程序的发情辅助检测方法有在尾根部用粉笔做标记；在尾根系上化学或电子激活装置，这样当其他牛爬跨时即可显示出来；以及使用可测量阴道黏液导电率的阴道探头。公牛偷配以及没有做好繁殖记录，常会由于没有配种史但母牛已经妊娠，继而表现出乏情现象。

在许多奶牛群中，由于人为失误、高产奶牛发情表现不明显和热应激引起的不良反应，造成无法将所有发情母牛都检查出来，因此为人工授精而进行的发情检测效率很低。采用预定时间进行人工授精（例如，同步人工授精，TAI）的配种计划，加上对于未妊娠牛进行早期再配种，无需进行发情鉴定，对于泌乳牛的繁殖管理来说是一种成功的方法。采用这种方法可以为TAI提供同步化的卵泡发育、黄体（CL）萎缩和精确的诱导排卵，从而达到妊娠率的最大化。在奶牛群配种管理计划中使用TAI，不仅可以提高总体的繁殖性能和实现利润的最大化，同时还可以降低检测发情的劳动强度。

安静发情是指在没有明显发情期表现的情况下出现的卵泡的正常发育和排卵现象。随着泌乳的进一步发展，安静发情的频率也会减少，因此在产后4

个月时发情率很低。只有通过直肠检查卵巢或检测乳汁或血浆中的孕酮含量才能真正确定安静发情的母牛。

通常可以确定卵巢在21 d周期内的变化情况——特别是在排卵之前3~4 d、排卵时或排卵后3~4 d的变化，也可以估计出现周期的时间。在开始发情的前3~4 d黄体出现萎缩；黄体体积变小，质地从间情期的黄色脂质样变为纤维状斑痂。发情表现为出现明显的卵泡发育、黄体萎缩或完全退化，以及子宫张力增大。阴道黏膜出现水肿，宫颈口松弛扩张与充血，外阴部常可见有数量不等的稀薄透明黏液，外阴肿胀松弛。排卵后立即可出现的特征有分泌的黏液中混有血液和卵巢上形成红体，这种红体在触诊时可在卵巢上触摸到松软区域（直径5~15 mm）。在第4~5 d时，可感觉到黄体较小、质地比成熟黄体更为柔软，在第7 d时黄体体积最大。

在发情周期的几乎一半时间内，检查人员都可以合理预测下次发情的时期。因此可以密切观察母牛，预测下次发情期。对于即将排卵的母牛，无论是否出现发情征兆，都可预测其合适的配种时间，并进行配种。即使这种预测时间出现差错，几天后母牛才出现发情征兆，也可以进行再次配种。由于这些母牛只是没有出现发情征兆，因此无需进行内分泌治疗。

现已开发出使用前列腺素及其衍生物的治疗方法，可用于同期发情，也可减少对发情检测的依赖程度。只有在牛具有功能性黄体时，前列腺素才有效。当进行同期发情时，应对所有母牛使用前列腺素或类似物。对于发情周期第6~18 d的母牛，用药后第2~7 d可出现黄体会退化和发情。其余母牛或已经处于发情期，或在数日内出现发情。11 d后，所有母牛都会处于发情周期的第6~18 d，可再次使用前列腺素。大多数母牛会在第3~4 d时发情，在4~5 d时排卵。既可以在出现发情表现时配种，也可以在青年母牛注射前列腺素后60 h、成年母牛注射后72 h进行一次配种（见发情期的激素控制）。在有些奶牛，采用这种预定配种方法效果可能较差。卵巢囊肿性疾病可能会引起发情周期异常，如卵泡囊肿（乏情、慕雄狂或发情周期短）和黄体囊肿（乏情）。

某些情况下，卵巢失去正常功能。在单独检查时可发现卵巢呈表面光滑、体积变小、类似豆状的结构，在3周时间内多次检查之后可能无活性或无变化。最常见的原因是，奶牛在晚冬或干旱的夏季摄入能量过少，或泌乳奶牛产后体重下降过多。

慢性或重症疾病、外伤或卵巢肿瘤引起的应激，可能会抑制卵巢的活性，导致乏情。先天性缺陷也可造成乏情，如异性孪生和卵巢先天发育不全。对于发生卵巢机能减退，可采用纠正基本病因的方法进行治疗；采用性腺激素或类固醇激素进行治疗通常无效。

三、公牛繁殖管理

对肉牛生产商来说，理想的目标是在45~65 d内产犊率达到95%，以最有效的成本获得最佳的断奶重。公牛的选择、管理和性能评价是肉牛改良的重要组成部分。公牛可影响产犊率和犊牛质量。对于自然交配和人工授精，都推荐使用经过性能测定的公牛（肉牛和奶牛）。

公牛的疾病控制方法应包括下列程序：①在使用公牛前，应检测公牛是否有结核病、布鲁氏菌病、滴虫病和副结核病（也就是说，来源于无副结核的牛群）。之前在其他牛群，特别是疾病状况不太清楚的牛群使用过的公牛，可能会传播疾病，尤其是弯曲杆菌病和滴虫病。②应对公牛免疫接种牛传染性鼻气管炎、牛病毒性腹泻、梭状芽孢杆菌、嗜血杆菌（Haemophilus）、弯曲杆菌病和钩状螺旋体病等疫苗。应在公牛6月龄和1岁时分别接种疫苗，之后在配种季节前1个月，每年接种1次。③每年应在对生产者经济上最有利的时间，对公牛进行1次繁殖性能检查（通常在配种季节前1个月）。

在配种季节前2个月，应将所有公牛放在舍内饲养，以便使其适应环境。建议将牛群中所有新引进的牛（公牛或母牛）进行隔离，以使其进行适当的适应和准备。在配种季节前约1个月时，应进行1次包括全面体格检查在内的繁殖性能检查，包括内、外生殖器检查，阴囊径测量和对精液进行显微镜检查，测定精子活力和检查精子形态（见雄性动物配种前繁殖性能检测）。

在配种季节，应密切注意观察公牛的交配行为。标准的建议是每25头母牛配备1头公牛。依据公牛个体的繁殖性能和性欲高低、地势的不同以及配种季节的长短，这种比例也有一些差异。

在配种季节出现体重下降的公牛，应当在间歇期内恢复，但应避免过度调整。

四、育种

育种可采用人工授精，也可采用自然交配。人工授精的商业化已有超过60年的历史；人工授精已被广泛应用于奶牛，但由于产期和劳动力成本的限制，在肉牛上的应用相对较少。人工授精可选择初生重轻的犊牛。当营养和发情检查管理得当时，可获得满意的效果。未能检查到发情是人工授精失败的重要原因之一。使用优质精液在合适时间对母牛进行正确的人工授精后，首次授精的母牛受孕率可到达50%~60%，二次授精的受孕率也相同。

胚胎移植最常被用于提高珍贵肉牛和奶牛的母牛妊娠数量。胚胎的性别鉴定技术已经可以被应用于实际生产，且目前正在被应用。胚胎克隆和精子的性别鉴定技术，在实际生产中也逐渐变得更容易、更实用。

应根据初情期的体重和年龄，对青年母牛进行配种；在首次配种时，青年母牛的体重应达到预计成年体重的65%～70%。在采用自然交配时，应根据出生犊牛的预期体重来选择合适的公牛；而公牛自身的出生重（不是其成年体重）可作为有用的指标。

也可以对青年母牛和成年母牛进行同期发情，但这种方法需要采用适当的管理和合作。另外，产犊期间的生产与协助需要有足够的熟练技术人员。

人工授精：牛的人工授精主要被用于家畜遗传性状的改良，但其他一些需求也确保了人工授精的广泛应用。奶牛后代测定体系的发展及随后将产奶量记录用作选择优质公牛的客观衡量指标，以及精液冻存技术和液氮冷藏罐的应用，使得在全球范围内广泛采用人工授精技术进行奶牛遗传性能的改良。

被用于测量肉牛经济性状（如生长速度、胴体成分和组成、饲料转化率等）的目标体系的发展，以及由此更加精确地选择种公牛、发情周期的控制，已经使得人工授精在肉牛的应用得以提高。

制备冷冻精液是一种高度专业化的技术。每一个步骤的细节注重对于维持精液质量是十分重要的。不同公牛的精液耐冻性有差异。但是，高质量精液一般都可以得到很好的冻存。在人工授精中心设备完善的实验室内，由经验丰富的技术人员对精液进行处理，可获得良好的效果。

1. 精液样本的收集和处理 可使用假阴道或电刺激射精法（即电刺激精囊和壶腹部）来采集精液。只要样本的质量较高，精子耐冻性和受胎率都应当正常。但对由于基因问题不能通过自然交配使母牛受孕的公牛，不应采用这种技术。

目前牛的人工授精大多数采用冷冻精液。冷冻精液可保质数年；单次采集精液后使用精液稀释液可以增加输精剂量、延长精液受胎率的保持时间、保护精子细胞使之免受温度或pH突然改变造成的影响，并延长精子的存活时间。精液的稀释一般都采用在柠檬酸盐缓冲卵黄稀释液或经热处理的脱脂乳中，加入甘油、糖、酶和抗生素。在冷冻时，最终将精液稀释、分装为每管0.5 ml，内含有2 000万～3 000万个精子。

精液稀释液一般都包含有A液和B液。精液稀释的第一步是在相同温度下，如30℃，使用A液进行稀释。然后将稀释后的精液在40～50 min或更长时间内冷却至5℃。将稀释后的精液在该温度下保持3～4 h，以保证A液中的抗生素在被冷冻保护剂甘油抑制之前能够完全发挥作用。B液中含有甘油（如14%），在5℃下按同等体积加入至稀释后的精液中。每个人工授精中心有其标准稀释液和操作程序。在以牛乳为基础的稀释液中可加入甘油（11%～13%）。在冷冻之前应当将精液置于5℃下保持4～18 h。

为进行冷冻，通常将公牛精液分装在有适当标识的塑料管中（0.25或0.5 ml）。许多类型的细胞都已知有最佳冻存速率，而精子细胞可耐受的冻存速率比较宽泛。在生产实践中，首先将稀释后的精液置于液氮蒸汽进行冷冻，然后再放入液氮中（-196℃）。精液可以在液氮罐中安全贮存20年以上，在运输时也要将精液置于液氮罐中。必须对液氮罐中液氮量加以注意，以免在液氮罐损坏或液氮逐渐蒸发时出现精子死亡。由于精子细胞在解冻后存活时间较短，因此最好精液解冻后应立即使用。精液解冻应尽快进行以避免因过热而造成精液损失。在生产实际中，可以将冻精管放在温水中（35～36.5℃）不少于30 s，进行解冻，然后立刻将精液输入母牛生殖道内。应遵循处理精液的人工授精中心提供的操作规范。

2. 人工授精技术 几乎全部采用直肠法。首先用一次性毛巾彻底清洗外生殖器，然后一只手戴上手套后插入直肠内，握住子宫颈。将装有精液的输精管通过外阴和阴道直接插入子宫颈外口。通过子宫颈上的操作，随着轻轻按压输精管尖端，即可将输精管穿过子宫颈皱襞进入宫颈口与子宫的交界处。应当缓慢输注精液（5 s），以避免造成精子死亡。如果输精记录和子宫黏液的黏度都表明可能出现妊娠，则输精管插入的深度不应超过子宫颈的一半，然后再注入精液。最佳授精时间是发情期的后半期到随后的6 h之内。

虽然高受孕率与除精液之外的许多因素相关，但如果在人工授精时出现受孕问题，就应当对精液进行检查。解冻后精子的运动力是一个重要指标。在人工授精时注入足够数量的活精子细胞是至关重要的。检查精子细胞的形态也有助于评估不孕症中精子的作用。在牛群内，对使用可疑精液和使用其他公牛精液的妊娠鉴定情况进行比较是十分有用的。发情鉴定仍然是影响人工授精效率的最重要因素。首先检查的应当是发情鉴定，其他的检查包括解冻温度、实际输精时的解冻时间、从解冻到输精的温度变化、输精的部位和速度，以及卫生消毒程序。如果采购的精液来源于信誉良好的供应商，不孕通常不会是由于精液质量问题造成的。

五、妊娠鉴定

要实现育种效率的最大化，建议进行妊娠鉴定。

肉牛群的理想繁殖期（无论采用自然交配，还是人工授精）应固定在60~70 d。在此期间，一般母牛都会有2~3次配种妊娠的机会。应当鉴别出未妊娠或仍然需要配种的母牛；如果将这些牛仍然饲养在牛群中，以后还可能会产犊。这些母牛的维持成本很高但很重要，且不同牛场和不同年份差异很大。

肉牛的妊娠鉴定应当在配种期结束后立即（如45~60 d）进行；如果配种期是在6月1日开始、8月初结束，那么就应在9月下旬开始进行妊娠鉴定，此时牛群还在继续享受丰盛的夏季牧草。然后，可能会在昂贵的冬季饲养开始前出售未妊娠的母牛。先对奶牛进行检查以确定其妊娠状态，以及是否要使用前列腺素F$_{2\alpha}$对未妊娠母牛进行同期发情，或定时进行人工授精。对未妊娠母牛或尚未进行发情检查的母牛，则通过评估卵巢中的黄体、卵泡和卵巢囊肿来决定使用哪种激素来诱导发情。妊娠鉴定和卵巢检查最常用的方法是直肠触诊。而最近应用更为普遍的一种替代方法是超声检查法。超声检查法具有以下优点：①可以较早检查出非妊娠母牛（配种后28~32 d），也可以获得卵巢和子宫状态的诊断信息。②可以评估胚胎或胎儿的活力。③可以更容易检查到双胞胎。④可以确定胎儿的性别。⑤可以更准确地确定胎儿月龄。⑥可以显示妊娠牛的孕体，这在牛群发生胚胎死亡的情况时可以使人感到安心。

在对母牛进行妊娠鉴定时，可考虑同时进行牛群的其他健康检查。这些检查项目包括评估体况、生殖道、乳头和乳房、腿部和蹄部、牙齿和眼癌的早期病变。此时还可以进行疫苗免疫接种、体内和体外寄生虫的控制以及肉用牛犊的处理。

六、胚胎死亡、流产及胎儿发育异常

孕体死亡或支持胎儿发育的子宫内环境发生问题可造成妊娠提前终止，导致流产。胎儿发育异常可造成流产或产下犊牛在出生后不久很快死亡。牛的多数流产病例并未进行确诊（见大动物的流产）。

【病因】病毒、细菌（包括立克次体和衣原体）、霉菌、原虫或其他传染性因子都会感染胎盘或胎儿，也可造成两者并发感染。有些微生物通过血液造成子宫感染；有些其他微生物（如性传染病）是在交配时造成感染的。

传染性流产可能是散发性疾病，也可能是群发性疾病。群发性疾病往往可造成重大损失，感染的原因可能有牛传染性鼻气管炎、牛病毒性腹泻、布鲁氏菌、钩端螺旋体（各种血清型）、弯曲杆菌、滴虫、边虫、脲原体、支原体、新孢子虫（Neospora）和其他尚未鉴定的微生物。

真菌性流产通常是由曲霉菌（Aspergillus）或毛霉菌（Mucor spp.）属引起的，这类真菌可经由血液进入子宫，造成妊娠后期发生流产。发生真菌性流产的多数胎儿，皮肤未见有病变；其余胎儿的皮肤上可见有癣样病变。胎盘常会受到严重侵袭，伴有胎盘母面绒毛叶坏死和绒毛叶间增厚。通过对胎儿或胎盘组织培养进行真菌鉴定、对胎儿或胎盘进行组织学检查或使用氢氧化钾溶液冲洗后对胎盘绒毛叶进行直接检查，可以作出诊断。真菌性流产一般总有散发，唯一的控制方法是减少接触真菌。

散发性流产的原因可能有李斯特菌（Listeria sp.）（当pH高于7时，偶尔会存在于青贮饲料中）；或其他细菌，如嗜血杆菌（Haemophilus sp.）、化脓隐秘杆菌（Arcanobacterium pyogenes）、金黄色葡萄球菌（Staphylococcus aureus）、蜡样芽孢杆菌（Bacillus cereus）、多杀性巴氏杆菌（Pasteurella multocida）、铜绿假单胞菌（Pseudomonas aeruginosa）、牛链球菌（Streptococcus bovis）、衣原体（Chlamydia sp.）等；以及病毒（如蓝舌病）。

引起流产的非传染性病因有很多，最常见的有：①隐形基因或致死基因（或两者都有）、脑积水、骨质石化病（"大理石骨"病）、关节挛缩症（"犊牛弯曲性"综合征）以及其他许多疾病，其中一些尚未被完全确定；②毒素（如饲料或水中的大量硝酸盐）、某些种类的松针、有毒植物（如羽扇豆、疯草）、真菌毒素（霉变饲料）；③妊娠母牛发生激素失调；④对孕牛造成影响的外伤；⑤营养缺乏，尤其是维生素A、维生素E或硒（或二者）、碘和锰。

牛发生热应激可造成胚胎早期死亡，使牛群的受胎率下降。热应激影响胚胎存活的机制很复杂。热应激可造成胚胎早期发育终止。随着胚胎的不断发育，热应激对胚胎存活力的影响逐渐降低。在配种后的第1天或第1~3天发生热应激，可降低胚胎的存活率。与此相反，超数排卵母牛在发情后3、5或7 d发生热应激，不会对胚胎发育造成影响。

【诊断】对繁殖障碍进行准确诊断有利于牛群病史的积累，也可以为评估繁殖障碍对牛群生产性能的影响以及为需要采取的预防措施提供标准。大多数病例的诊断都需要实验室协助。送交诊断实验室进行分析用的样本应为精心挑选、保存完好的优质样本。即使采用所有这些措施，有时可能仍无法查出流产的确切原因，尤其是非传染性流产。可能会排除许多传染性病因，但这有助于制订预防策略。流产的实验室诊断既需要进行血清学检查，也需要对胎儿和胎盘进行检查。在进行血清学检查时，应从流产母牛采集双份血清，第一份血清应在流产时采集，第二份血清在流产后10～14 d采集。由于多数病例在流产发生时可能并不存在病原体，所以不可能获得绝对的确诊。

只有通过彻底的检查才可以发现有生理缺陷的新生犊牛，且有时也只有过去一段时间才能检查出来。

【预防与控制】关于预防和控制流产以及缺陷犊牛的发生，有多种因素都是至关重要的。采用均衡的营养方案，有助于避免因矿物质或维生素不足，以及劣质饲料，如发霉谷物或饲草造成的损失。基因育种和完整的保存记录有助于检测和消除已经证明携带有隐性基因或致死基因血统的牛。舒适的牛舍和良好的设施可降低发病率，也可提供有利于健康的优质环境。在评估牛群的繁殖性能、根据牛群的具体需求调整疫苗接种计划以及诊断和控制牛群潜在疾病中，牛的生产者和兽医应共同努力。

为了有效消除热应激，必须对牛群环境进行调整，使牛的温度维持在38.5～39.3 ℃的正常范围内。常用的方法有提供遮阳设施（以减少太阳辐射）和风扇或进行洒水（以促进蒸发降温）。

牛群发生传染病可引起胚胎或胎儿的死亡、流产以及新生犊牛的发病或死亡，从而影响和降低繁殖效率。采用一套完整的疫苗免疫接种程序也不能完全消除繁殖障碍性疾病，但可以最大限度地预防或减少由特定感染造成的损失（表18-3和表18-4）。

表18-3 预防产前疾病的牛免疫程序

	疾　　病	免疫时间
青年母牛	布鲁氏菌病	犊牛期
	IBR	断奶前和配种前
	BVD	
	弯曲杆菌病	配种前
	钩端螺旋体病	
	滴虫病	
成年母牛	IBR	在配种前不久进行强化免疫接种
	BVD	
	弯曲杆菌病	每年接种1次，在配种前进行
	钩端螺旋体病	
	滴虫病	
公牛	IBR	犊牛期进行首免，首次配种前进行强化免疫
	BVD	
	弯曲杆菌病	每年接种1次，在配种前进行
	钩端螺旋体病	

IBR代表牛传染性鼻气管炎，BVD代表牛病毒性腹泻。

表18-4 新生犊牛疾病的免疫程序

	疾　　病	免疫时间
青年母牛和成年母牛	轮状病毒和冠状病毒	按疫苗标签说明进行免疫
	大肠埃希菌菌苗	按疫苗标签说明进行免疫
	梭菌菌苗	按疫苗标签说明进行免疫
犊牛	轮状病毒和冠状病毒（如有该病发生）	按疫苗标签说明进行免疫

七、产犊管理

难产预计发生在10%～15%的头胎产犊青年母牛和3%～5%的成年母牛。虽然在牛群中无法完全避免难产的发生，但可以通过在配种前和妊娠期间采用良好的管理措施显著降低难产的发生率。

1. 营养　青年母牛和成年母牛在产犊前都需要增加体重，但体况超标会造成乳房沉积大量脂肪，导致产奶量下降。骨盆沉积有大量脂肪也会导致难产。良好的体况有利于产犊和泌乳。给母牛定量饲喂来维持或增加其产后体重，可以统一配种期、缩短繁殖期。

2. 产犊设施　在某些地区可能还需要有产犊设施。在产犊季节来临之前，应当对产犊设施进行良好的维修，使之具有其相应的功能。气候条件、地理差异和本地经验常可以在新生犊牛一出生就决定其需要的关注度，以及特殊护理。产犊所需环境（如产犊舍、小牧场）必须保持清洁、干燥，且免受天气变化的影响。还需要有一个处理难产的清洁产犊舍。在与其他牛群隔离的清洁舍中进行产犊，有利于减少犊牛期疾病的发生，尤其是幼犊腹泻。在大型牛群，采用多个产犊小牧场进行定期轮换，可避免致病微生物的聚积。如在恶劣天气下，还需要在不同产犊批次之间对产犊舍进行清洗和消毒。

3. 产犊　需要密切观察分娩，以确定何时需要助产。分娩的全过程共分为3个产程。第一产程，即宫口扩张期，开始于子宫收缩和宫颈扩张，到羊膜和部分胎牛进入产道为止。该产程可能持续1～24 h，1～4 h为正常。第二产程，即胎牛娩出期，其特征是由于阴道腔内的胎牛造成腹部收缩，止于胎牛通过外阴娩出。头胎青年母牛的分娩时间预计为1～4 h。如果胎位正常，经产母牛的分娩时间一般不超过3 h；如果在1 h内未见有娩出迹象，可能需要助产。第三产程是胎衣娩出和子宫复旧。胎衣娩出通常在分娩后12 h内完成。

在临产母牛出现难产、需要采用助产措施的可能性很大时，可以在临近中午时（上午11：00到中午12：00）饲喂母牛，晚上9：30到10：00再次饲喂，这样有助于母牛在白天（早上7：00到晚上7：00）产犊。而且，一旦出现问题更容易被识别并获得帮助。

分娩对于母牛和胎儿来说都很困难。许多因素都可以影响分娩的难易程度，包括母牛的品种、年龄、营养和盆腔大小，公牛的品种和基因型，妊娠期，胎牛的性别、大小、位置和胎位。在这些因素中，有一些因素，但不是全部因素，可以受到管理的直接影响。

发生难产时，母牛和胎牛二者的存活与否取决于能否得到恰当的助产。这需要明确难产的原因、适当的助产设施和足够的辅助。助产延误可能会造成胎儿死亡，或使母牛发生损伤、甚至死亡。非常重要的是，在采用牵引措施之前，需要给母牛扩张阴道口提供足够的时间。助产前，必须首先确定胎儿的准确位置，及时纠正出现的任何胎位不正状况。如果仅仅只是由于胎牛过大难以通过产道，且母牛或胎牛均没有危险，可采用剖宫产或其他外科手术方法进行助产。

4. 产后管理 泥泞的土壤、拥挤、污秽、寒冷和恶劣的天气都会使犊牛更容易发生致病微生物的感染，也可导致母牛和犊牛发生疾病，甚至可出现死亡（见健康与管理的相互作用：牛以及新生仔畜的管理）。

5. 被动免疫转移 通过摄入初乳，犊牛可以从母牛获得被动免疫力。犊牛在出生时的免疫系统并不成熟，在其生命早期抵抗疾病的能力主要依赖被动免疫力的获得。免疫球蛋白（IgG和IgM）和淋巴细胞可直接穿过肠壁被吸收，进入犊牛的循环系统，以提供免疫力。肠道对这些大分子和细胞的吸收能力是一种暂时性现象，这种吸收能力在出生后6～8 h开始明显下降，出生24 h后，肠道通道完成关闭。所以在出生后尽早摄入足量优质初乳，对犊牛的存活和生长非常重要。与被动免疫转移正常的犊牛相比，发生被动免疫转移失败（FPT）的犊牛，其断奶前发生疾病的可能性要高3～9倍，断奶前发生死亡的可能性要高5倍。

减少FPT发生率的重点在于难产的管理、适宜的营养以及对发生FPT风险较高的犊牛进行干预。对发生难产的母牛应立刻进行挤奶，并对犊牛强制饲喂初乳，以确保吸收。对乳房形态不佳或患有乳房炎的母牛也应进行挤奶，并对犊牛饲喂初乳以确保及时摄取。在临床对照试验中，未能证明使用初乳补充剂可有效提升血清IgG水平。在产犊前，为母牛接种针对犊牛肠道疾病病原体的疫苗，可以降低发病率，对于管理良好的牛群是一种很有用的辅助方法。

八、难产处理

难产处理应当从培育适宜的青年母牛开始进行。胎盆不相称是导致难产的一个主要原因。犊牛的出生重、母牛的骨盆大小，以及这两者之间的相互关系是造成难产的主要决定性因素。犊牛的体重是遗传和环境因素共同作用的结果。遗传因素包括性别、妊娠期的时长、品种、杂交优势、近亲繁殖和遗传型。非遗传因素包括母牛的年龄和产次、母牛在妊娠各个阶段的营养以及环境温度。要降低难产率以及减轻难产的影响，应将重点放在后备青年母牛的培育、公牛的选育和难产的早期干预。

1. 后备青年母牛的培育 通过妊娠后期的营养控制，不能降低肉用青年母牛的难产发生率。相反，在肉用青年母牛妊娠的最后3个月内，体重每日下降0.5 kg就会造成分娩乏力、难产发生率升高、犊牛生长速度下降、产后发情期推迟、受胎率下降以及发病率和死亡率升高。建议在妊娠后期的肉用青年母牛应达到适度的增重速度（0.5 kg/d）。在妊娠后期发生蛋白质营养不良可造成弱犊综合征，也可能是初生牛犊发生死亡的一种因素。

即使骨盆大小只是造成难产的一小部分原因，但仍然可以使用测量骨盆面积预测难产作为选择后备青年母牛的标准。在配种前或妊娠检查时测量骨盆面积，已被用于预测在产犊前的母牛骨盆的大小。在配种前发现骨盆过小的青年母牛可以进行淘汰，也可选用体型较小的公牛进行配种；而在妊娠检查时发现骨盆过小的母牛，可进行流产、淘汰或进行标记，以便在产犊时仔细观察。一些证据表明，按照最小骨盆宽度来淘汰母牛，可能会比依据骨盆面积淘汰效果更好。

2. 公牛的选择 将淘汰骨盆小的青年母牛，与使用所产犊牛初生重较低的公牛这两种方法相结合，可显著降低难产的发生率。在控制犊牛初生重和难产发生率上，单独采用初生重较小公牛的方法效果不佳。许多非遗传性的因素也可影响犊牛的初生重，如母牛年龄、环境和出生类型。近几年，适用于后备青年母牛的公牛鉴别水平迅速提高。

在选择可接受的犊牛初生重时，采用初生重的期望后裔差异值（EPD）测量方法比单独使用种公牛出生重更为有效。EPD报告的是所反映出的遗传性状单位（如表示初生重的千克数）。每种EPD值的精确度范围从0～1。精确度越高，表明EPD真实反映公牛性能的可信度越高。在对不同公牛进行比较时，EPD是最有效的方法，而不是预测牛群中一头公牛所具有的具体性状。例如，在与同群青年母牛配种时，与使用初生重EPD值为−2.0的公牛相比，使用初生重EPD

值为4.0的公牛，其后裔的初生重大约要高出2.72 kg。在维持最低适度的断奶重和周岁重EPD时，对青年母牛应当尽量使用初生重EPD低的公牛。要实现这一目的，最好使用EPD精确度较高的公牛进行人工授精。对尚无后裔的周岁公牛也可计算EPD，但精确度较低。直到最近，EPD也仅在同品种内的比较上有用；但是近来已开发出一种可被用于不同品种之间的EPD方法。在选择公牛以控制杂交育种程序中发生的难产时，EPD特别适用。在使用EPD管理难产上，近年来的两大创新是自然分娩百分比EPD和母体产犊难易性EPD。自然分娩百分比EPD与初生重EPD有关，但也可以更准确的预测产犊的难易性。母体产犊难易性是衡量母系父本效应的指标，也是公牛所产母牛产犊难易性的指标。

随着犊牛初生重的增加，难产的发生率也随之升高。在产公犊牛时发生难产的程度要高于产母犊时的难产程度。在一次调查中，胎位异常大约占难产的22%和所有分娩的4%。大多数难产见于头产的2岁青年母牛，随着母牛年龄的增长和体重的增加，难产发生率也随之下降。一些研究表明，之前发生过难产的母牛更容易再次发生难产。环境因素也会对犊牛初生重和难产造成影响。寒冷的气候可能会使犊牛初生重增加，由此造成难产的发生率升高。

3. **早期干预** 虽然尽最大努力来避免发生难产，但仍然会出现一些难产病例。早期介入可以使难产对犊牛的影响减少到最低。应定期对青年母牛进行监视，如果分娩第2产程时间过长（如1 h）则需立刻实行助产。生产者需要确定发生难产和生长发育在经济可接受的水平，并挑选一头公牛进行配种。生产者必须经过良好的培训，以便对难产进行适当干预且清楚何时需要看兽医。一般的经验法则是，如果一头青年母牛在30 min内都没有出现产犊分娩的任何明显进展，则需要求助于兽医。

九、母牛-犊牛配对管理

在产犊期开始前2~3周，应当将成年母牛和青年母牛从冬季牛舍转移至产犊舍，并根据预产期分为不同的组别。应根据预计的产犊日期，将母牛进行分群。在依据妊娠期对青年母牛和成年母牛进行分群时，可以在妊娠检查时确定预产日期。对母牛进行分群管理，有利于对可能产犊和可能需要助产的少数成年母牛或青年母牛给予更为集中的观察。

应当注意观察成年母牛和青年母牛，以确保其能够接受并照料所产犊牛。头胎青年母牛发生拒绝哺乳犊牛的风险尤其高，可造成犊牛发病率升高。如果青年母牛在短期内出现拒绝接受和哺乳所产犊牛的现

象，应尽快将青年母牛带入产犊舍内，并控制母牛使犊牛能够采食到初乳。经历过难产和人工助产的青年母牛拒绝它们的牛犊的风险更高。对于以前发生过产犊和照料困难的成年母牛或青年母牛，应当将其转移至产房，并进行协助和监视。由于难产、拒绝哺乳、体温过低以及与高密度牛群接触，同时进入产犊舍的母牛-犊牛的发病风险会增大。只要一对母犊进入产犊舍，则不能放在普通哺乳舍区，而应转入高危隔离舍内。在高危哺乳舍内犊牛的发病情况可以得到更为密切的监控，也可以得到及时治疗。对这些高危犊牛进行隔离也可以避免其与牛群中的其他牛发生接触。

成年母牛和青年母牛在产犊后，应在24 h内将母牛-犊牛从产犊舍转至哺乳舍内。当母牛-犊牛之间已建立密切关系且进行被动免疫转移时，再将其转移入饲养密度较低的哺乳舍可以降低感染率。应当将健康哺乳舍内的发病犊牛移出，转至发病舍，必要时进行治疗。感染因子可以在临床发病犊牛体内繁殖，并导致环境发生高度污染。也可以将哺乳发病舍与高危哺乳舍并合在一起，但这会使高危犊牛暴露于病原体的机会增多。不应将患病犊牛返回普通哺乳舍。不同犊牛使用的治疗设备应进行彻底的消毒，以避免感染因子在犊牛之间的传播。

第十七节 山羊的繁殖管理

一、初情期与发情期

大多数山羊的发情周期为18~21 d。但温带地区的奶山羊和安哥拉山羊为季节性发情，随着白昼变短在秋季进入发情期。俾格米矮山羊和其他品种的一些山羊（尤其是努比亚山羊）在一年中的其他任何时间都可以发情。依据行为特征、叫声、尾巴下垂、阴唇变红、阴道分泌黏液（致使尾毛粘在一起）以及不时发生的爬跨行为（此行为在牛更为常见），可以对发情作出鉴定。在配种期刚开始时，可见短暂的发情期，这种发情有时可能是由前列腺素诱导所引起。在配种季节开始一段时间后才可见较长的发情期。当山羊发生妊娠时，可表现出明显的发情迹象；自然交配不会妨碍到妊娠，但对于这些山羊不应采用人工授精技术。年初出生的雌性奶山羊，大多数可在达到32 kg或7月龄大时进行配种。以后出生的山羊在首个配种期一般不会出现发情。安哥拉山羊一般直到1岁半到2岁半时才能进行配种。生长良好的公山羊，最早于4月龄即可见初情期。

二、繁殖性能检查

应当对母山羊的外生殖器是否有畸形进行检查，

如阴蒂扩大或阴门缩小常提示为雌雄间性，这是纯合子无角母山羊常见的疾病。有时，可见有阴道很短且无子宫颈的母山羊以及生殖道各部分分段发育不全的母山羊。雌雄间体的山羊没有繁殖能力，应予以淘汰。

在配种期前对公羊进行体格检查应包括检查阴茎和包皮。将公羊以尾部着地的姿势坐下，肩部向下推，使其背部弯曲；这样可以使阴茎更容易突出。剪毛造成的伤（尤其安哥拉山羊）、龟头包皮炎以及在包皮周围出现的蝇蛆造成的旧伤和瘢痕都可能导致阴茎无法伸出。根据其他种类动物的数据，与配种期的其他同龄公羊相比，将睾丸较小且较软的公羊淘汰处理，似乎是一种明智的方法。为避免结石造成尿道阻塞，对公羊实施尿道截短术，对繁殖能力并无明显的不利影响。有时公羊可出现能泌乳的乳房，但这并不妨碍其繁育后代。

干酪性淋巴结炎、精囊肉芽肿、睾丸钙化［可能是由于假结核棒状杆菌（学名Corynebacterium pseudotuberculosis；又名绵羊棒状杆菌，学名Corynebacterium ovis）感染所致］都会导致公羊的生育力下降或丧失。

由重度寄生虫感染、慢性消耗性疾病（如肺炎）造成的贫血，以及肢蹄病可导致性欲减退。发生山羊关节炎脑炎病毒感染的公羊，可出现后膝关节肿胀、疼痛；这些发病公羊可能会爬跨母羊，但由于疼痛而不愿意射精。

三、人工授精

在奶山羊业中，大多数人工授精是由畜主来操作的，而不是人工授精员。一般认为，在子宫腔内或子宫颈深部进行授精时，其受孕率比在宫颈第一圈内或宫颈内口上进行人工授精的受孕率要高。山羊的子宫颈管有许多螺旋状构造，必须将输精管穿过每一个环。可从公山羊畜主或精液代理商处直接采购0.5 mL的冷冻精液。在北美洲，尚无管理冷冻精液采集、加工和销售的法规或行业标准。自然交配是最简单的方法，大多数饲养场都将公羊与母羊饲养在一起。由于品种多样、血统不同，大多数常用的母羊：公羊比例比较低（5:1）。公羊的性欲一般都比较旺盛，可以进行交配的母羊数量要高于这个比例，但是随着公羊年龄增长，以及尤其在非发情期，公羊的效率都很差。

可以使用假阴道采精。大多数公羊会爬跨发情期母羊，并进行射精；经过训练的公羊可以常年射精，甚至爬跨阉割的公羊。老龄公羊通常不愿意与正常发情期以外经诱导发情的母羊进行配种；因此，使用年轻公羊进行精液采集的成功率更高。

四、诱导发情

根据一年中的具体时间及其与母羊自然繁殖期之间的关系，可采用几种方法进行诱导发情。奶山羊畜主感兴趣的是反季节配种，原因是这样可以降低羊群产奶量的季节性波动。

在羊群中突然引入一只有气味的公羊常会造成发情周期提前几周，母羊也会同时表现出一些发情征兆。在引入公羊之前，需要将公羊与母羊隔离（远离母羊的视线和嗅觉）至少3周时间。即使整个羊群的母羊都没有发情，在理论上的非繁殖期内采用这种方法也会使少数母羊受孕。

在1月份和2月份每日人工光照20 h（美国北部），3月1日突然恢复到正常日照时间，可以使山羊在几周后进入发情期。采用这种方法，使畜主很难从羊群中识别出发情母羊；因此，在母羊群中引入一头年轻且充满活力的公羊确实可以使受孕率达到最高。如果对部分母羊进行人工同期发情，那么羊群中的其余部分母羊也会进入发情期。

美国1994年的兽药使用澄清法（AMDUCA）限制对食品动物使用标签外用药，并限制对遭受痛苦或有死亡危险的动物使用标签外用药。根据AMDUCA，不能因生产目的而使用药物改变繁殖性能，而以下提供的有关操纵繁殖性能的论述仅被用于美国之外的国家。

如果黄体功能正常，使用2.5 mg前列腺素（PG）$F_{2\alpha}$即可诱导发情（但在乏情期无效）；前列腺素也诱导短期发情，这在繁殖期开始时往往被视为正常现象。

使用孕酮，结合促卵泡素或孕马血清促性腺激素（PMSG），可诱导反季节发情。采用这种方法可以获得较高的受孕率，采用定期人工授精方法也是可行的，但这些激素不允许在山羊使用。有一种油性孕酮注射剂剂型，每3日1次，可浸渍在海绵中放置于阴道内，也可采用埋置CIDR——一种放置在阴道内的孕酮海绵栓缓释控制装置。市场销售的一种用于猪的产品，含有PMSG和人绒毛膜促性腺激素，也可引起母羊在正常繁殖期之外出现发情。

五、妊娠鉴定

由有经验的操作人员，采用实时超声成像可以准确用于牛、绵羊和马的妊娠诊断，但是仪器较为昂贵。扫描仪最好被用于妊娠期的40~90 d，多胎妊娠诊断的准确率可达95%。在妊娠70 d后，采用常规X线检查的准确率可达100%，妊娠75 d后还可以检测到胎儿的数量。

也可采用乳汁或血清检测孕酮含量，但必须在羊配种之后的恰好一个发情周期时采集样本。检测孕酮含量并不能区分妊娠中期、真孕或假孕，因此这种方法主要被用于判定未孕，但并不能对妊娠进行准确诊断。检测乳汁或尿液中硫酸雌酮含量可以对妊娠进行确诊。在妊娠后40～50 d，硫酸雌酮水平明显升高，且在整个妊娠期内一直维持较高水平。人工流产、胎儿死亡或吸收都会造成硫酸雌酮水平下降；因此，这种方法也是检测胎儿生存活力的一个有效手段。在配种至少30 d后，胎盘也可产生特异性蛋白B，可采用ELISA方法在血清或血浆中检测到。

高产奶山羊品种常会出现早熟性泌乳。这种情况也可见于未配种或初次妊娠期内的母山羊。因此，乳房出现发育并不一定确保发生妊娠。

假孕是奶山羊的一种疾病。假孕的时间可能比真孕的时间稍长或稍短。通常会出现乳房增大，但不会发生实质性充盈。母羊可表现有分娩的迹象；甚至可能会召唤或寻找根本不存在的羔羊。这种假孕母羊有许多可在来年受孕，但也有许多母羊会停止产奶，在一年内没有任何经济效益。

六、分娩

配种后145～155 d（平均150 d）可出现分娩或产羔。初产母羊一般只可产羔1～2只，而以后的产羔数量在2只以上。出现四胞胎也并不少见，尤其在体积大、营养充足并奶量充沛的母羊。但五胞胎和六胞胎较为罕见。在美国和南非放牧的安哥拉羊的群体规模大致相同，但在澳大利亚的羊群规模更大；依据环境恶劣程度，包括是否存在有食肉动物，羔羊的平均断奶时间有所差异。在实施山羊关节炎脑炎病毒和支原体控制程序的羊群中，采用同期分娩是提高奶山羊幼羔存活率的一种有效方法，也是在羔羊吮吸母乳前将羔羊从母羊群中分离并进行隔离的可行方法。注射氯前列烯醇（125 mg）或前列腺素$F_{2\alpha}$（10 mg）30～35 h后通常可分娩羔羊。如果在妊娠144 d之前进行诱导分娩，可能会影响羔羊的生存力。

山羊中胎衣不下并不常见，该病通常是由木乃伊胎或胎儿腐烂或难产造成的。

山羊发生的妊娠毒血症与绵羊发生的该病基本相似。山羊也会有低钙血症或产乳热，但其发生率和严重程度都不像牛那样。通常只表现为产奶量下降的趋势。也会有哺乳期酮病。

在极度寒冷的气候条件下，应保持新生羔羊干燥（尤其是耳朵），以避免发生冻伤。只要能使幼羔体表干燥、充分哺乳且远离穿堂风，就没有必要使用加热灯。对于集中出生的幼羔，应使用碘酒对脐带进行浸渍消毒，以避免发生感染。安哥拉羊、侏儒山羊和

肉用幼羔可由母羊进行哺乳。奶山羊的幼羔通常在出生吸吮初乳之后，即可将其与母羊隔离，然后用奶瓶或乳头奶桶进行饲喂。

第十八节　马的繁殖管理

一、生殖周期

几乎所有母马在白昼时间较长时都会出现多次季节性发情和发情周期。在冬季白昼时长变短时可见有乏情期。在乏情期内，马的子宫松弛，卵巢呈非活跃性，且无明显的卵泡和黄体。宫颈口关闭，但并不结实、也不严密，也可能呈较薄、较短的扩张状。随着白昼时间的不断延长，母马经过春天的过渡，卵巢活力逐渐恢复，并出现许多大卵泡（25 mm以上）。此时，子宫颈和子宫的张力变小。母马在春季过渡期内，母马有3～4个较长的发情间隔期，但此时并不排卵。春季过渡期的结束是以促黄体激素的突然释放和随后的排卵为特征的。在首次排卵后，开始出现首次为期21 d的排卵中间期，随后出现正常的发情周期。

虽然母马在整个繁殖期内每间隔21 d都会定期排卵，但其发情期的时长各不相同（依据对种马的接受能力），范围在2～8 d，与此对应的间情期长度也各不相同。在繁殖期内，早期出现的发情期相对较长，到夏至左右时，母马接受种马交配的时间可能只有2～3 d。

在发情期内，卵巢中的卵泡肿大。通常卵泡的体积增大，到直径达30 mm以上时出现排卵。在排卵前不久，优势卵泡绷紧并软化。卵母细胞通过排卵窝释放。形成的红体和随后的黄体可产生孕酮，孕酮刺激子宫颈管关闭、使子宫的张力增强。黄体逐渐成熟，在5 d时可被前列腺素溶解。如果母马未发生妊娠，黄体会在14 d时溶解，母马返回到发情期，发情周期持续循环。

1. 光照周期的人工控制　在冬季乏情期和春季过渡期之后，有时开始出现自然发情期，此时即可进行配种。由于白昼时长对母马生殖道的变化有影响，因此可通过每日给母马人工光照16 h的方法，使母马开始出现常规发情期，即配种期，这一过程需要8～10周的时间。例如，如果计划在2月15日开始进行配种，则应在12月1日开始进行人工光照。建议母马应经历过秋季时白昼时长逐渐缩短的自然光照期。可以突然给母马进行一日16 h的光照时间，也可在60 d内逐渐将日照时间增加至16 h。采用恒定光照方案，可以从每日下午4：30至晚上11：00进行补光。采用相对经济的渐进式光照方案，第一周每日晚上补光3 h，之后每周再增加30 min光照。采用自动定时器可

以有助于光照时间的可控性，也可以节省劳动力。

人工补光必须在黄昏时进行，在黎明前进行补光没有任何效果。至少需要107 lx的白炽灯或荧光灯光照。灯泡或灯管数量应以使人能够清楚地阅读报纸为标准。例如，3.7 m×3.7 m的马厩可能需要一个200 W灯泡或2个40 W灯泡。在光照良好的小型马场，可以将马匹以群为单位进行日照刺激。

2. 卵巢活性的调控 经常对卵巢活性进行调控，有利于配种计划的安排，也可以确保许多母马和公马在配种期内保持竞争力。在有大批母马预定种公马进行配种时，应该合理安排种公马配种的间隔期，以保证最佳精液质量。地理位置和交通运输的限制，也需要对配种计划进行合理安排。采用排卵控制方案可以在多方面受益（见发情期的激素控制）。

给发情期母马肌内注射PGF$_{2\alpha}$可以使黄体溶解，促进卵泡发育和排卵。黄体只有在达到5～14 d后才能对前列腺素有反应。注射PGF$_{2\alpha}$2～5 d后母马即可进入发情期。但排卵时间变化较大（3～10 d），且取决于注射PG时卵泡的大小和特征。

使用地诺前列素，一种自然产生的PGF$_{2\alpha}$（1 mg/45.5 kg，肌内注射），可能会产生短暂的副作用，如体温下降、心跳和呼吸频率增快、出汗、肌肉痉挛、腹痛、共济失调和虚弱等。这些副作用在15 min内出现，通常在1 h内消退。合成制剂，如氯前列烯醇钠（0.55 μg/kg，肌内注射），产生的副作用很少。

在发情期内使用2 500～5 000 IU人绒毛膜促性腺激素，进行静脉注射或肌内注射，可加速优势卵泡的形成。如果母马在排卵期前卵泡直径不小于35 mm，注射36～48 h后即可排卵。肌内注射地洛瑞林（一种促性腺激素释放激素类似物，1.5 mg），可以使30 mm卵泡在40～48 h后排卵。

采用以下方法，可以进行准确的定时排卵：在第1～10天，肌内注射10 mg 17-β雌二醇和150 mg孕酮。在第10天肌内注射地诺前列素（1 mg/45.5 kg）。在第16天母马进入发情期，在第19天或第20天即可进行人工授精。在第20天、21天或22天大多数母马进行排卵。这种方法可以使发情母马在任何时间都可以受孕，除非在排卵48 h内出现大的优势卵泡。如果存在有成熟卵泡，则只能在排卵后再采用这种方法。

四烯雌酮是一种人工合成的孕酮，可以抑制发情期出现的性欲。可采用刻度注射器或喷洒在饲料中，按0.44 mg/kg进行口服，连用12～15 d。给药结束后4～5 d开始发情，排卵时间不等（8～15 d）。虽然四烯雌酮可以有效地抑制发情，但它不能稳定控制排卵的间隔时间。

3. 发情鉴定 成功的繁殖管理方案都是围绕着良好的发情鉴定程序来进行的。在繁殖期内，应每日或隔日将母马牵到种马面前（调情），同时应对母马的行为进行准确的记录和解读。发情母马可出现翘尾、蹲坐、排尿、阴唇外翻露出阴蒂，最终接受种马与其交配。未发情母马表现为尖叫、踢踹、嘶咬和拒绝公马的示好。季节性乏情期的母马可能会一直处于被动状态。

有些发情母马在遇到种公马的性挑逗时表现出容忍和接受。出现这种现象的原因可能是孕酮缺乏，类似于切除卵巢的母马在被爬跨时的反应。可以通过将母马与种公马进行适当暴露和接触，以便对母马的反应作出全面评估；发情母马可能会由于紧张或缺乏经验，在开始时并不接受交配。有些身旁带有马驹的母马，由于对马驹有保护的天性，因此对种公马的调情不会表现出反应。当母马被调情时，其行为表现应与生殖器检查结果相一致。对于对调情出现的反应可以确定母马是否开始发情，也指示何时应对母马进行触摸和配种。母马在配种后2～3周没有再次出现发情，就表明已经受孕。

在春季过渡期内，出现首次配种期排卵之前，母马一般都有3～4个较长的性接受期（7～14 d）。在秋季过渡期内的繁殖期和冬季乏情期之间，也可见有类似较长的性接受期。

二、母马的繁殖性能检查

对于怀疑生育力有问题的母马，建议进行全面的繁殖性能评估。在制订配种计划之前，应对疾病进行诊断并进行适当治疗，以矫治出现的所有问题。一个协调一致的管理方案应当根据母马的繁殖性能史、既往治疗情况、检查结果、实验室检测结果以及母马的预期用途来制订。

在购买母马或配种之前，或母马发生不孕时，兽医产科医生通常会对母马进行繁殖性能检查。完整的繁殖性能检查包括外生殖器和乳腺的检查、通过直肠对内生殖器进行触诊或超声检查、对阴道进行触诊和眼观检查（阴道镜检查）、采集子宫内膜拭子进行需氧培养以及采集子宫内膜活组织进行组织学检查。

对尚未进行首次配种的青年母马，通过直肠进行触诊和超声检查足以确定子宫的大小和坚硬度、卵巢活性及子宫颈的功能等是否都正常；同时，对会阴部的构造也要进行评估。如发现有阴道气膛或阴道炎的症状（常发生在瘦小、健康的比赛用小母马），提示需要进行子宫内膜拭子和活组织检查。

对于经产的母马，需要通过直肠进行触诊和超声检查，以评价子宫恢复情况。应对阴道进行人工检查，以确定在产驹过程中生殖道是否受到创伤。对处于间情期和在孕酮刺激下的母马，应在发情排卵之后，通过阴道直接触诊对宫颈进行全面检查。对分娩有问题的母马（如难产、胎衣不下），需要进行更全面的检查。所有的产后母马，在子宫恢复期内都会出现暂时性的子宫内膜炎症状；因此，如果在分娩后推迟3周采集子宫内膜拭子和活组织进行检查，常可获得更有用的诊断信息。

对不孕母马需要进行全面的繁殖性能检查。有时，通过宫腔镜检查、内分泌测定或染色体核型测定也可以获得其他信息。

1. 临床特征与既往病史 采用统一标准的繁殖健康检查表格记录检查结果，对于确保检查过程中能够完全覆盖所有检查项目是非常有用的。应准确识别被检查的所有母马。

确定繁殖期和发情期的阶段对于实验室检测结果的正确评估和解释是必不可少的。既往病史应包括以往发情期的时长和特征、配种及受孕情况、治疗方法以及具体的繁殖障碍病。特别是，子宫内膜活检样本的组织病理学检查结果，可以反映出母马繁殖期的具体阶段和最近子宫内的全部活动情况（配种、治疗、产驹）是否良好。无论有无既往病史，在采用可能会危害现有妊娠的任何检查之前（如子宫内膜抹片、子宫内膜活检、对子宫颈直接进行的人工触诊），都应当首先确认母马处于非妊娠状态（见妊娠诊断）。

2. 保定 可采用徒手法、柱式法或柱栏法对母马进行保定。对于烈性母马，用力抽打可能会使其得到短时间的保定，以便完成检查。有时，在烈性母马可能会伤及母马或检查者的情况下，可使用化学保定法。使用乙酰丙嗪（0.02 mg/kg）和甲苯噻嗪（0.3～0.5 mg/kg）进行静脉注射，对于短时间的保定效果很好。如果可能的话，应在使用镇静剂前，对外生殖器进行检查，因为镇静剂可能会改变母马会阴表面的张力和形状。

3. 体格检查 应将母马的尾巴包裹上，并固定在身体一侧。应检查尾部和大腿内侧是否存在提示有生殖道感染的干燥渗出物，或由尿潴留或失禁引起的尿污。也应当对阴蒂的大小和形状进行评估。阴蒂过大的母马可能已经通过外源性激素或雌雄同体的内源激素（雄性伪雌雄同体）出现雄性化特征。正常母马的外阴唇张力及对合良好，可以为子宫抵御环境污染形成第一道防线。分开外阴唇可以确定阴道前庭皱褶的完整性。如果很容易将空气吹进阴道，则母马就容易发生阴道气膣，需要实施阴道成形术（卡氏阴唇缝合术）。

在进行直肠检查时，检查者应戴上干净的袖套，

涂上水溶性润滑剂，然后清空直肠中的粪便。通过直肠进行触诊和超声检查，可以对内生殖道状况进行评估。应当对生殖道的每个部分都进行系统全面的触诊。在对生殖道进行超声检查时，通常使用5～10 MHz线形探头，这样可以对扫描的结构形成矩形横截面图像。一般应观察到卵巢的大小和特征，以及排卵窝。对于无回声的卵泡应进行测量和记录，对出现高回声的黄体也要进行记录。由于正常输卵管体积过小，因此一般无法通过触诊或超声检查到。

应记录子宫的大小、形状和内容物。母马的子宫呈T形，子宫角与子宫体垂直。子宫角和子宫体背侧有子宫阔韧带将子宫固定在腰下部小骨盆腔内。通过超声检查可以准确地评估和测量子宫角。

子宫内有许多内膜褶皱，可以增加子宫腔的表面积。在通过直肠进行触诊时，检查者的手指要沿着两侧子宫角的方向，从头到尾仔细触摸子宫内膜褶皱。在发情期内，子宫的特征也在发生变化。当发情时子宫内膜褶皱出现肿胀，造成在采用超声进行横截面检查时，子宫角出现的回声结构以交替出现低回声和高回声区域为特征。在排卵和黄体形成之后，子宫受到孕酮的刺激，张力增加，子宫内膜褶皱的肿胀消退。妊娠14～18 d后，由于子宫壁逐渐出现明显的增厚，造成触诊不易摸到子宫内膜褶皱。对于出现任何无声的子宫内膜囊肿，都应记录其特点和大小，以供随后的妊娠早期检查参考。

通过直肠检查可以确定子宫颈的长度、宽度和张力，但是要对子宫颈进行全面检查需要通过阴道直接触摸宫颈（见阴道检查）。子宫颈检查也是一种活体检查法，子宫颈的状态随母马的类固醇激素水平而变化。在乏情期内，血清中的卵巢类固醇水平较低，此时宫颈短薄、开放，或许闭合，但容易开放。在发情期首次排卵之后以及随后出现的间情期内，血清中的孕酮水平升高，子宫颈闭合，呈长圆柱体状。在发情期内，血清孕酮水平下降，但雌激素水平升高；宫颈松弛且肿胀。在发情期内，通过直肠对子宫颈进行检查很难准确检查子宫颈的大小。

有时，在阴道内可见少许尿液（尿腔），也可能是一种慢性疾病。母马可能会出现排尿姿势异常，子宫内膜可能会出现长期刺激的组织学表现。在超声检查时，可以将膀胱颈作为判断阴道末端边界的标志，可以对阴道进行检查以确定阴道末端到宫颈是否存在有液体回声。尿腔的确诊需要采用阴道窥器在阴道内直接检查到尿液。

4. 子宫内膜拭子 由于刮取子宫内膜可能会造成妊娠终止（见妊娠鉴定），因此在刮取子宫内膜前，必须先确认母马处于未妊娠状态。首先用碘伏擦

洗液对会阴部进行消毒、冲洗后擦干。操作员可带上灭菌的长臂袖套或洁净的检查袖套，手戴上灭菌手套。在手背和小臂处涂上不含任何抑菌剂的水溶性润滑剂。在采集子宫内膜拭子样本时，必须先依次经过前庭、阴道和子宫颈。必须小心谨慎，避免子宫后部组织中的微生物污染拭子样本，这类污染可能会影响细菌培养结果的准确解释。

将双层保护的子宫拭子缓缓通过子宫颈末端。拭子只有进入子宫体，拭子的外保护层和内保护层才会同时缩回，使拭子暴露在子宫腔内30～60 s。之后棉拭子头即可收缩到内保护层内，然后再回缩至外保护层内，最好再将整个拭子从生殖道内取出。将棉拭子头小心放置在运输容器中，从样品采集后到实验室培养时（在室温下保存时间应不超过72 h），采用这种容器对于保护微生物的生存活力是至关重要的。

大多数实验室在进行一般培养时都使用拭子在5%绵羊血琼脂平板上进行划线培养，革兰阴性菌使用麦康凯琼脂平板进行培养，之后在37℃下进行厌氧培养。

与子宫内膜炎有关的常见细菌有β–溶血性链球菌［90%是兽疫链球菌（Streptococcus zooepidemicus），10%是类马链球菌（S. equisimilis）］、大肠埃希菌（Escherichia coli）、假单胞菌［Pseudomonas，65%为绿脓杆菌（P. aeruginosa）］和肺炎克雷伯菌（Klebsiella pneumoniae）。常被怀疑为污染物的细菌有α–溶血性链球菌、马驹放线杆菌（Actinobacillus equuli）、肠炎沙门氏菌（Salmonella Enteritidis）、类巴氏杆菌、葡萄球菌（Staphylococcus）、肠杆菌（Enterobacter）、变形杆菌（Proteus）、不动杆菌（Acinetobacter）、柠檬酸杆菌（Citrobacter）、产碱杆菌（Alcaligenes）和嗜水气单胞菌（Aeromonas spp.）。

在大多数情况下，只有少量的各种细菌出现并不明显的生长。任何一种细菌出现大量生长，都应被认为是非常有意义的，除非发生过明显的污染。分离到性传播细菌应被认为是一种值得注意的结果，如马生殖道泰勒菌（Taylorella equigenitalis），需要采用一种特殊的培养方法）以及假单胞菌（Pseudomonas）和克雷伯菌（Klebsiella）的某些菌株。由于炎症反应产物可能造成细菌生长受到抑制，因此采用需氧培养方法，有时并不能分离到引起子宫积脓的细菌。

可以将子宫内膜拭子的细菌培养结果作为辅助诊断，但不能作为诊断子宫感染的唯一决定因素。因此在对子宫内膜炎进行确诊时，必须将细菌培养结果阳性与子宫内膜炎的症状相结合。母马表现有感染的临床症状（通过直肠进行超声检查可见有子宫腔液体，子宫末端粗糙或子宫有分泌物，以及在对子宫拭子抹片进行染色检查时可见有炎性细胞），再加上子宫内膜拭子的细菌培养结果呈阳性，则很可能患有子宫内膜炎。在对子宫内膜进行组织学检查时见有炎症，可确诊为子宫内膜炎。在这类情况下，细菌培养结果最有用的就是确定病原菌的药物敏感性以及制定抗生素治疗方案。

在每日进行子宫灌注时，可用无菌生理盐水将药物稀释至60～100 mL灌注量，最常用的抗生素是：青霉素（钠或钾盐）500万IU、氨苄青霉素3 g、替卡西林1～3 g、羧苄青霉素2～5 g、硫酸庆大霉素（采用20 mL碳酸氢钠和20 mL盐水进行稀释）1 g、丁胺卡那霉素2 g、硫酸头孢噻呋1 g或克霉唑500 mg。

5. 子宫内膜活检 一般是在完成子宫内膜拭子样本的采集之后，再采集子宫内膜活检样品。活检样本的采集方法与拭子样本的采集方法相同（见上文）。在进行定位过程中，活检取样器的采样筐应始终保持关闭状态，以避免不慎采集到阴道、宫颈或检查手套。用戴手套的一只手，手动引导活检取样器通过尾部生殖道，进入子宫腔内。用未戴手套的另一只手（在体外）将取样器固定在子宫腔内的同时，将戴手套的手从生殖道内小心拉出，从直肠内插入，将取样器的采样筐固定在子宫角底部的内腔表面上。此时打开取样器钳口，将子宫壁压入采样筐的一侧，钳口随之关闭。在将取样器从生殖道取出的过程中，要使钳口始终处于关闭状态。将样本从采样筐中轻轻取出，然后置于布安固定液中。如果不准备在数日内对样品进行检测，则将样本置于70%乙醇或10%福尔马林中保存。

活检采样后可见有子宫出现少量出血，这种情况很常见。采用活检技术似乎并不会对受精能力造成损伤，在母马发情期内实施活检术，仍可通过配种使其受孕。

对子宫内膜进行组织学检查可以提供有关母马继续妊娠能力的预后信息。子宫腔内容物可出现液体或渗出液。上皮细胞的类型与激素水平有关；发情期内的细胞呈立方形，繁殖期内的细胞呈长短不一的柱状。出现经上皮细胞渗出可能表明有活动性炎症。炎症的类型、特征和部位可表明炎症反应的长期性——出现中性粒细胞表明为急性炎症，而出现淋巴细胞和浆细胞表明为慢性炎症。细胞呈局灶性或弥漫性分布模式、细胞出现的频率和浸润程度（轻微至重度）与炎症的严重程度有关。出现明显的炎症组织学表现，加上子宫内膜拭子的细菌培养结果以及出现感染的临床症状（子宫积液、子宫排出液），均表明采用消炎治疗有益于子宫内膜。

腺体周围纤维化的分布形式和严重程度对预后是

很有用的。腺体组周围出现纤维化（"纤维套"）的临床意义比单个腺体出现纤维化更大。腺周纤维化可能会干扰子宫内膜的腺体功能，也可能是造成胚胎早期死亡的一种因素。腺体增生常发生于妊娠期间，但是未妊娠母马出现广泛性的腺体囊性增生是不利的。腺体囊性增生常与腺周纤维化有关，可能是由于腺周纤维化造成子宫内膜腺体在邻近闭合端出现大量分泌液积聚而造成的。

要预测母马孕育马驹的能力，可以将子宫内膜分为4级。1级是子宫内膜没有明显的变化，不需要治疗。预计产驹率为80%~90%。任何有明显子宫内膜腺周纤维化的均不能划为1级。2级的范围较广，大多数母马都可归为该级。2级又可分为2A级，即子宫内膜变化不严重，以及2B级，即变化较严重。子宫内膜为2A级的母马，预计产驹率为50%~80%；子宫内膜为2B级的母马为10%~50%。通过采用消炎、减轻腺体囊性增生和淋巴缺损进行治疗，有助于改善子宫内膜的状况。子宫内膜的改善状况可使得以后的分级更为容易。目前尚无减轻腺周纤维化严重程度的有效治疗方法。3级是最严重的一类，子宫内膜出现广泛性的严重变化，包括腺周纤维化或炎症。与仅在个别子宫内膜腺上出现的、不太常见的严重病变相比，发生轻度到中度病变的广泛分布危害更大。子宫内膜为3级的母马的预计产驹率不到10%。

在对子宫内膜活检样本的组织学检查结果进行分析时，未损伤正常子宫内膜的范围，比出现任何特殊病变的重要性都要大。对于子宫内膜为1级或2A级的不孕母马，应当调查可引起不孕的生殖系统其他疾病或饲养管理不当。

6. 阴道检查 在使用阴道内窥器进行检查之前，应首先对阴部进行擦拭、冲洗后擦干。分开外阴唇，将内镜按一定的角度插入阴门，以便使其通过横向（阴门-阴道）皱褶进入阴道。插入时有阻力表明阴道张力和功能正常。为了能够对子宫颈和阴道壁进行仔细观察，需要打开内镜的灯光。检查完成后，在取出内镜时应当注意阴门-阴道褶是否闭合。阴门-阴道皱褶的闭合是非常重要的，因为这是避免子宫受到外界微生物感染的第二道防御屏障。

对于孕酮刺激下的母马（即当子宫颈关闭时），只有通过阴道进行直接触诊，才能对子宫颈的完整性及其功能进行全面的评估。子宫颈结构是预防子宫受外部污染物侵袭的第三道防御屏障。

三、妊娠鉴定

不同种马场的妊娠鉴定日程安排都各不相同。一种日程安排是：①第14~18天——检查是否为双胎

妊娠；如果母马未孕，可以在第19~20天时再次配种；②第25~30天——检查胚胎的正常发育情况（在第24~25天出现心跳），再次检查是否为双胎；③第40~60天——检查胎儿的正常发育情况；④秋季检查——以确认母马是否仍处于妊娠状态。

1. 直肠触诊 在排卵后14~21 d，妊娠马的子宫颈应紧闭，阴道明显变长。在14~18 d时子宫张力增加，子宫壁增厚，触诊不再能触摸到子宫内膜褶皱。

当胚体发育到大小和形状都可以辨认时，即可根据其明显的特点判定胎龄。初产母马和生育力低下的母马妊娠25~28 d，仔细认真、经验丰富的触诊人员就可以在子宫角底部的前侧触摸到胚泡，一个直径3.5 cm的凸起。在30 d时，子宫角变小，张力明显增强，在妊娠子宫角的底部可触摸到凸起的、直径达4 cm的胚体。随着胚体的扩张，子宫壁变薄。在42~45 d时，胎体约占子宫角的一半大小，直径为5~7 cm。到48~50 d时，胚体开始向子宫腔扩张，直径6~8 cm，长8~10 cm。

到60 d时，胚体大约占据了整个子宫角和宫腔的一半，但空角的体积仍然很小且张力较强。60 d时的子宫角直径8~10 cm，长12~15 cm。在85 d后，由于胚体的臌胀减小，因此可触摸到胎儿。到90 d时，胎儿充满整个子宫，子宫前端可延伸到耻骨前缘进入腹腔内。

妊娠100~120 d时，妊娠子宫可延伸至腹腔内的盆腔前缘。由于子宫扩张对阔韧带造成向下的牵拉，使得卵巢的位置也向前部和腹部延伸，两卵巢之间的距离更近。妊娠150 d后，通过直肠常触摸不到卵巢。随着胎体/妊娠子宫的扩张，又可以重新触摸到卵巢背侧。检查者应该始终明白，在进行妊娠中期诊断之前，在骨盆腔内并不能同时触摸到有子宫内膜皱褶的两个子宫角。

2. 超声检查 由于马的胚胎呈球形，且其胎膜发育具有特征性模式，因此只有在排卵45 d后，才能采用超声检查对妊娠的阶段进行准确的评估。在妊娠9~10 d时，使用5.0 MHz线性传感器，可首次检查到胚胎，表现为直径4 mm的无回声卵黄囊。从妊娠6~16 d起，无回声的球形胚体在子宫角腔内到处移动，也可出现在子宫体内。由于单向反射的原因，所见早期胚体背侧呈明亮的白线（回声），有时也可出现在腹侧。这种单向反射、胚胎的运动力以及线性生长速度，都有助于将16 d前的早期活性胚胎与某些子宫囊肿进行鉴别。

妊娠17~18 d时，胚体呈特征性的"吉他拨片"状。21 d时，在卵黄囊腹侧可见到胚体。在25 d时，

胚体出现心跳，胚体腹侧的一片无回声区为尿囊液。随着尿囊腔的增大，卵黄囊在胚体所占比例也在下降。尿囊的位置和正在发育尿囊腔的相对大小以及正在退化的卵黄囊，都表明妊娠处于25～45 d。在妊娠第30天，尿囊腔约占胎体体积的一半，因此卵黄囊的大小与尿囊腔大小相同。45 d时，唯一可见的液体腔是尿囊腔，胎儿好像是通过脐带悬浮在子宫的背侧，呈背侧位。

3．内分泌检测 在妊娠40～120 d时，胚体细胞可侵入子宫内膜，形成子宫内膜杯，产生马绒毛膜促性腺激素（eCG，原称孕马血清促性腺激素）。排卵后40～120 d血清eCG浓度升高是子宫内膜杯已经形成的标志。120 d之前eCG浓度一直较高，即使发生胎儿死亡（假阳性）。如果在妊娠40 d之前或120 d之后采集孕马血样，可以使eCG检测出现假阴性结果。

硫酸雌酮是由胎儿产生的，也是检测胎儿生存力的良好指标。在妊娠分别达到60 d之后和150 d之后，血浆和尿液中的硫酸雌酮浓度都会出现升高。

四、妊娠期的寄生虫控制

马的大多数驱肠虫药都可以被安全应用于整个妊娠期，但应当遵循包装说明书上的注意事项和禁忌证。给孕马使用伊维菌素和奥苯达唑一直都很安全。在妊娠的头3个月需谨慎使用坎苯达唑和有机磷酸酯类。一般情况下，在马妊娠前60 d内（即胎体器官形成期）以及产驹前最后几周，不应使用驱虫药。另外，如果当粪便虫卵计数升高时，每6～8周应进行1次驱虫。在整个妊娠期内，可每日给服低剂量的酒石酸噻嘧啶（2.65 mg/kg）。应在秋季使用有效控制马蝇蛆的驱虫药。

可在母马分娩后0～2 d，对母马进行体内驱虫，以减少马驹的产后腹泻，这种腹泻是由于幼驹接触母马的粪便和/或污染的环境，摄入小圆形线虫而引起的。应在幼驹6～8周龄时，与母马同时服用驱虫药；如果粪便虫卵计数较高，可在断奶时再次给药。

五、疫苗接种程序

应根据当地马的疾病状况来制定持续整年的疫苗免疫接种程序。应在妊娠第5、7和9月时进行预防马鼻肺炎的免疫接种。应在母马预产期前4～6周，对需要每年进行强化免疫的疫苗进行接种，以便使母马产生的抗体可通过初乳转移至幼驹（表18-5）。应在出生后的24 h内给马驹饲喂初乳，以有效获得被动转移的免疫球蛋白。

表18-5　种母马疫苗接种程序示例

疫　　苗	时　　间
马鼻肺炎（灭活病毒）	妊娠5、7和9月时和产驹后
破伤风（类毒素）	预产期前4～6周
马流感	预产期前4～6周；对与流动马群接触的母马，在妊娠期内开始时的3次免疫可按每隔4～6周进行1次，之后在每2～3个月免疫1次
东方马脑脊髓炎和西方马脑脊髓炎	通常在繁殖期开始前的晚春或初夏时进行免疫；最初2次免疫间隔4周；根据地理位置不同而定；如果在后期产驹，应在预产期前4～6周再次进行免疫
狂犬病	预产期前4～6周免疫；流行地区应每年进行免疫
肉毒梭菌（类毒素）	开始的3次免疫应按间隔1个月进行；以后每年在预产期前4～6周进行免疫
西尼罗病毒	对妊娠母的免疫尚无建议；临床上，对母马进行免疫好像是安全的，但免疫效果不清楚；最初2次免疫，每次间隔4～6周；预产期前4～6周再次进行免疫
轮状病毒性腹泻	妊娠的8、9和10月
马病毒性动脉炎（弱毒苗）	在进行免疫接种之前，应有由USDA批准实验室出具的抗体效价为阴性的证明文件；不应给妊娠母马进行疫苗接种；在采用正在排毒的阳性种公马进行配种之前，应对母马进行免疫接种；免疫接种后，必须将母马与其他马隔离3周；建议每年进行强化免疫；如要将母马出口或在某些马场进行配种，抗体效价阳性可能会造成麻烦。（种公马也应在配种前3个月进行免疫接种）
马波托玛克热	最初的2次免疫间隔3～4个月，之后每半年免疫1次，预产期前4～6周免疫1次
马腺疫（菌苗）	非常规免疫，仅在保证某种特殊母马安全和特殊情况下使用；偶见出现脓肿和肌肉酸痛的问题；免疫效果不可靠

六、流产

另见马流产。双胎妊娠是造成母马流产的最主要原因，通常认为，马胎盘的容量和胎型不足以维持2个胎儿的正常生长，在妊娠早期，尽管双胎（60 d内）会自发性的减少单胎生存所需的营养，但在7～9个月后仍然会发生流产。流产的临床症状有可能仅表现在乳腺发育不良，但应检查位于胎膜尤其是双胎之间的绒毛膜区域。

对怀双胎的母马，其流产风险很高、难产概率也很高。如果在妊娠30 d内经直肠超声检查确认是双胎妊娠，经直肠人为手动破坏一个胎囊其成功率为85%；若在妊娠30～60 d时发现双胎，可经阴道抽吸出一个胎儿，其成功率为20%～25%；若妊娠110 d时发现，可依靠腹部超声检查向其中一个胎儿心内注射氯化钾的技术处理胎儿，其成功率为50%。成功处理双胎中的一个胚胎后，应立刻进行超声检查，以观察其妊娠状况。

马疱疹病毒1型（EHV-1）感染所致流产是马病毒性流产最常见的原因，流产常发生在妊娠的最后3个月，但通常与呼吸道感染无关。所有妊娠母马应在妊娠的第5、7和9月进行EHV-1的免疫接种。马动脉炎病毒可导致马病毒性动脉炎（EVA）流产，如果计划用EVA血清反应阴性的母马与EVA阳性公马交配，应在交配前予以免疫。EVA免疫后3周应隔离马群，而在妊娠期间不应对母马免疫EVA。

胎盘炎造成的散发性流产是胎盘感染细菌和真菌所致的，主要是由后部生殖道的细菌上行性感染造成的，但也可能是由局灶性或弥漫性感染所致的，引起胎盘炎的细菌包括兽疫链球菌、大肠埃希菌、肺炎克雷伯菌、铜绿假单胞菌、金黄色葡萄球菌、马红球菌以及马放线菌，真菌包括毛霉属和曲霉属。这一类流产是可以预防的，例如，保持良好的繁殖卫生环境，在配种前治疗生殖器官的疾病，在妊娠期保持良好的身体状态以及可防止阴道气膣发生的外阴成形术。对可能患胎盘炎的母马，在妊娠后期应定期经直肠做超声检查，以监控生殖道感染和胎盘异常情况。

流产发生后，应尽快在冷却状态（不能冻结）将新鲜的胎儿和胎膜送至诊断实验室检查，以确定流产的病因。

七、分娩

在预产期前3～4周应将母马转至产房，以加强其对环境中病原体的免疫力，新生驹从初乳中获得抗体，以产生被动免疫力。

应保证产房足够大（至少3.5 m×3 m×3.5 m），产驹区保持通风良好，产床上铺洁净的干稻草，产房墙壁应构造坚固、无尖锐边缘。在天气条件良好的情况下，母马更宜在户外草坪上产驹，无论在何处分娩，都应在不干扰母马自主分娩的情况下对母马进行密切观察。

检查母马分娩前期征兆很有用，但不能以此精确预测产期。母马在预产期前3～6周乳腺开始发育，在分娩前2～3 d初乳即开始形成。初乳可能会从每个乳头分泌、流出，最终干燥形成蜡状，在分娩前6～48 h，95%的母马都会形成这种"蜡状化"初乳，但在某些情况下根本没有这种现象出现，或在分娩前若干日提前出现。在母马产驹前，乳房分泌物中钙和钾的含量增加，而钠含量下降，提取乳腺分泌物做水硬度测试可预测产期。

1. 分娩阶段 明确分娩中正常的分娩过程非常重要，以便识别异常分娩，并有利于确定何时需要人工辅助。分娩分为3个阶段。

第一阶段的特点是由于子宫收缩引起母马腹痛和不安，在分娩前几小时，侧腹和肘后常见片状出汗；子宫收缩的频率和强度均增强，使得胎儿从宫颈进入骨盆腔，胎儿在被排出前会从下胎位翻转至上胎位。在这个阶段，母马可能卧地翻滚，这被认为有利于胎儿转位。

随着子宫压力增大，尿膜绒毛膜进入子宫颈内口，从子宫颈凸出的尿膜绒毛膜没有绒毛，被称为宫颈星。尿膜绒毛膜通常在宫颈星处破裂，流出茶色的尿囊液（"破水"），标志着分娩第一阶段的结束。

第二阶段开始于尿膜绒毛膜破裂，结束于胎儿产出。第二阶段通常持续10～30 min，由于胎儿对子宫颈的刺激（弗格森反射）导致母马腹肌收缩，尿囊液对阴道的润滑作用促进羊膜和胎儿排出，而阴道扩张导致催产素释放和腹肌及子宫肌的进一步收缩。在外阴唇出现带白色的、充满液体的羊膜，母马持续努责3～4次，肌肉强烈收缩，之后有一段时间很短的休息。通常保持母马在分娩过程中侧卧，四肢伸展。

通常马驹前肢纵向先出母体，头和颈的背侧朝上，前肢伸出。马驹的一前肢通常先于另一前肢约15 cm，利于肘部和肩膀顺利通过骨盆腔。马驹在出生时脐带通常保持完整并被羊膜覆盖，羊膜随着母马或马驹的移动而破裂，如果羊膜仍覆盖着马驹的鼻孔，工作人员应移去羊膜，以防止马驹窒息。如果置之不顾，母马可能会因马驹的后肢仍在阴道中而卧地一段时间，如果在尿膜绒毛膜已经破裂、尿囊液排出30 min内马驹仍未顺利生产的情况下，则有必要进行人工助产。

第三阶段为胎衣排出期。通常情况下，胎衣在马驹被产出后会被迅速排出（3 h内），羊膜和脐带的本身重量有助于尿膜绒毛膜与子宫内膜分开，子宫角尖端对羊膜的持续牵引和适当的子宫收缩导致了尿膜绒毛膜的完全分离。母马可能呈站立姿势，同时羊膜挂在阴门外跗关节或以下的位置，如果母马踢外阴悬挂的羊膜则可能对马驹造成危险，所以暴露在外阴的羊膜应打成小结，缩短其长度，确保其悬在跗关节以上。

如果分娩3 h后胎衣仍未被排出，应每隔15～30 min静脉注射或肌内注射催产素（20 IU）直至胎衣被排出。如果产后8 h胎衣仍未被排出，应对胎衣不下采取对症疗法。

2．胎盘早剥 通常情况下，努责开始后，白色半透明的羊膜首先出现在阴唇外，胎盘过早分离的特征在于胎儿被排出前阴唇之间出现呈亮红色、天鹅绒样完整的尿膜绒毛膜囊。阴门出现绒毛膜表明，在马驹能自主呼吸前，它已从子宫内膜分离，此时需立刻撕破尿膜囊绒毛膜进行人工助产，否则马驹就会窒息死亡。缺氧的严重程度和持续时间决定着马驹神经系统受损的程度（见围产期窒息或缺氧缺血性脑病）。

八、难产

大部分母马难产的原因是胎位异常或姿势异常，胎儿的死亡或损伤通常都是因为骨盆腔内胎儿位置不正，胎儿-母体比例失调以及原发性子宫收缩乏力性难产在母马很罕见。如果尿膜绒毛膜破裂30 min后马驹仍未被产出或在第一阶段明显努责4 h以上、第二阶段努责仍失败时，则需进行阴道检查。

可在母马站立时进行初步检查，会阴部应用碘伏擦洗洁净并用水充分冲洗，在分娩的任何时候都应尽力保持卫生清洁。必须进行产道、产力和胎儿状况的检查，须使胎儿头前置、纵向俯卧于子宫内，背部向上，两前肢伸直，头置于两前肢上。大量使用润滑油可缓解调整胎儿及其娩出时的困难。应避免过度的机械或人工牵引，应注意上述助产所花费的时间。如果两个强壮的成年男性仍不能将胎儿牵引出，则应重新诊断并考虑更换其他的助产方案。

静脉注射甲苯噻嗪（0.5～1.0 mg/kg）和布托啡诺（0.01～0.02 mg/kg）有镇静作用，为防止努责影响阴道检查和调整胎儿，可使用稀释至总体积为8 mL的甲苯噻嗪（0.17 mg/kg）和利多卡因（0.22 mg/kg）进行硬膜外麻醉。

找到胎儿的前腿并拉出阴门外，将产科链固定在马驹远侧掌骨上，有助于操作和辅助牵引。一旦胎儿头部露出，并且颈部伸展，即可使用便携式氧气管插入胎儿呼吸道供给低流速氧气，或使用人工呼吸器（急救袋）注气。母马上下活动可促进胎儿正常的转位。在确认胎儿处于正确位置后，可以实施人工

牵引，从背部开始，然后到尾部，一旦马驹的胸部探出，牵引应施加在腹侧靠尾部的方向，牵引应间歇并配合母马努责的频率有节奏地进行。

当马驹被产出后，应对母马内部进行检查，确定是否有生殖道裂伤或存在双胎未产出的情况。可静脉或肌内注射小剂量（5～10 IU）催产素，每15～20 min注射1次，以刺激胎衣排出及子宫复旧。修复会阴撕裂可以在对马驹采取保暖措施后进行，但如果发生阴道气腔，应暂时缝合外阴唇的背侧。

1．控制经阴道分娩 麻醉母马后可控制其经阴道分娩，将母马的后躯吊高，以促使胃肠部分倾向腹前侧，提供更多的空间，利于调整胎儿。如果全身麻醉即可控制经阴道分娩，则不必进行硬膜外麻醉，局部麻醉可以先静脉注射大剂量甲苯噻嗪（1.0 mg/kg），然后静脉注射地西泮（0.05～0.1 mg/kg）及氯胺酮（2.2～2.5 mg/kg）。如果能够使用吸入麻醉，则可以提供更长的操作时间，并且使母马肌肉更松弛。

2．剖宫产 如果不能通过阴道分娩，且母马还有使用价值，同时手术器械齐备，应迅速决定实施剖宫产，以减少对生殖道产生更多的创伤。术后应立刻进行胎衣不下的相关治疗，在没有并发症的情况下，母马一般可以在剖宫产60 d后再次受孕。

3．截胎术 如果缺乏手术器械或由于经济原因不适宜进行剖宫产，可使用截胎术，通常，只有通过1～2次截断可以从母体取出胎儿的情况下能够使用截胎术。术中应小心避免母马子宫和骨盆腔的损伤，在截胎后应立刻进行胎衣不下的治疗。

九、胎盘检查

通常情况下，在马驹通过尿膜绒毛膜囊中无绒毛的宫颈星区域时随着胎膜破裂，应检查绒毛膜（红色天鹅绒面）和尿囊（含有许多血管光洁表面），通常绒毛膜表面颜色从红色至棕色不等。若有许多片状黏稠的分泌液附着于尿膜绒毛膜的宫颈区或在两个子宫角间，则表明可能发生了胎盘炎。应检查胎衣的完整性，要特别注意子宫角是否出现水肿以及未孕一侧的子宫角是否出现褶皱。

羊膜具有白色半透明的外观，包含有许多弯曲的血管，沿脐线可见许多小而苍白的羊水斑。

胎儿和新生马驹的死亡可能与胎膜的损伤有关，通常情况下，胎膜重量为马驹体重的10%～11%，胎盘炎或胎盘水肿可能增加胎膜的重量。胎儿和母体胎膜组成及功能的完整性对于胎儿的正常发育是至关重要的，马属动物为弥散性胎盘类，可直接反应子宫内膜出现的异常变化。

胎衣不下：已确认，在分娩后3 h内胎衣未被排

出为胎衣不下，滞留的胎衣可能是完整的，但通常只有未孕子宫角的胎衣会发生滞留，如果未孕子宫角尖端没有观察到典型褶皱，则很可能发生胎衣不下。如果胎衣暴露在阴门外，不可剪掉羊膜和脐带，因为靠其重量可牵拉胎盘，有利于胎盘被剥离和排出。如果3~10 h内胎衣仍没有被排出，则被视为病理性现象，可能导致子宫炎、内毒素血症以及随后的蹄叶炎甚至死亡。因此应根据情况谨慎处理，如果已经发生难产或子宫出现创伤，在分娩后应立刻积极治疗胎衣不下。

在胎衣不下早期（3~8 h内），可以每隔15 min静脉或肌内注射10~20 IU催产素，直至胎衣被排出，如果母马表现出严重的疝痛或不适的迹象，应减少催产素的使用量。挤奶或吸吮也可刺激内源性催产素的释放。对胎衣不下超过8 h的病例，应使用广谱抗生素，如静脉注射青霉素钾（22 000~44 000 IU/kg，每日4次）、庆大霉素（2.2 mg/kg，每日4次）和氟尼辛葡甲胺（0.25~0.5 mg/kg，每日3次）。

十、产后早期

子宫复旧的特点是娩出胎膜、子宫及子宫颈和相关韧带恢复至未孕时的大小和形态。为达到最大的繁殖率，种母马必须每年产驹，马平均妊娠时间大约为340 d，因此为了保持产驹间隔为12个月，母马需在产驹后25 d内再次受孕。母马可在"产后发情"时受孕，大多数母马产驹后5~11 d开始第一次发情，然而有难产或胎衣不下以及子宫炎的母马，不应在产后发情期受孕，对产后至少10 d以上的母马配种受孕率更高。

如果延迟受孕以及在产后发情排卵（第1次）大约5 d时肌内注射地诺前列素（每100 lb体重1 mg），受孕的生育力可能会升高，之后母马可在随后的第2次产后排卵前进行配种。

十一、公马的繁殖性能检测

见公畜的繁殖性能检测。繁殖性能检测应从检查完整记录开始，记录的信息应包括性欲、交配能力、生育力、既往病史和受伤史以及是否使用过任何药物。并且进行常规体检，注意其是否跛行（尤其是背部和后肢），应同时注意一些可能会影响种马繁殖能力，甚至决定其能否成为种马的遗传因素。阴茎和包皮不应有任何病变，应检查睾丸和附睾的大小、形态以及均等性，睾丸在阴囊内可自由移动，总宽度应大于8 cm。通过触诊和超声扫描检查内生殖器、腹股沟环、主动脉和髂血管。

如果用棉拭子在阴茎窝或尿道采集的样品经有氧培养，发现有铜绿假单胞菌、肺炎克雷伯菌或兽疫链球菌等潜在病原体大量生长，且在母马交配中出现重复性感染，则必须使用添加抗生素的精液进行人工授精。如果需要自然交配，则在交配前应给母马子宫内注射抗生素。如果被马生殖泰勒菌感染，那么该公马不应用作配种用种马（见马传染性子宫炎）。马生殖泰勒菌在常规的有氧条件下不能增殖，需要特殊的培养条件。有生殖器疱疹病变的公马在皮肤溃疡完全愈合前不应被用于配种。

十二、配种

1. 自然交配　母马通常以自然交配方式繁殖，适宜的配种时间是由试情或直肠触诊检查来确定的，因为上述方法可以检测到是否发情，以及卵巢上是否有卵泡发育。当母马卵巢上卵泡直径大于30 mm时或发情开始2~3 d时每隔1 d配种1次，直到开始排卵，否则母马结束发情。母马在发情期结束前0~48 h排卵，应在排卵前配种。

配种前用布将尾部包裹住并将会阴部清洗干净，在交配前应清洗公马的阴茎，以去除包皮垢，尽量减少污染母马生殖道的可能性。应使母马缓慢接近公马，在母马表现出明显的性接受现象（翘起尾巴、后肢外展、外阴唇外翻、排尿）前应一直试情。当母马煽动鼻翼时须额外小心并拉紧缰绳，但这可能会干扰母马表达其性接受；在配种过程中，公马应加以适当控制，以避免对母马造成不必要的伤害，在交配结束后可用温水冲洗公马阴茎以减少污染的可能性。

2. 人工授精　使用人造阴道收集精液，确定精子的活力、形态和浓度是否正常并对活精子进行计数。精液稀释液包括可以提高精子生存能力的抗生素，常见的精液稀释液是葡萄糖脱脂牛奶（配方为4.9 g葡萄糖，2.4 g脱脂奶粉和100 mL无菌蒸馏水）。可加入下列抗生素之一：哌拉西林100 mg（1 mg/ mL）、替卡西林100 mg（1 mg/mL）或混合型庆大霉素，必须用2 mL 8.4%的碳酸氢钠，100 mg（1 mg/ mL）缓冲或硫酸阿米卡星100 mg（1 mg/mL）。也可购置市售专用精液稀释液。

将准备进行人工授精母马的尾巴包裹住，并彻底清洁会阴部，如果使用肥皂则应彻底冲洗，避免留有肥皂残留。应在排卵前对母马进行人工授精，授精用的精液应至少包含2.5×10^7~5.0×10^7个活精子。使用无菌塑料吸管进行人工授精，将精液打入子宫体预示着人工授精的完成，使用一次性的无菌输精器具可防止精液污染。正常精子在母马生殖道内可保持至少48 h以上的活力。之后母马应通过直肠检查或超声诊断来确定是否有排卵发生。

第十九节　猪的繁殖管理

　　商品猪群的繁殖管理涉及透彻理解繁殖生理学、遗传学、营养学、免疫学、疾病控制、环境和其他因素（见猪流产）。在封闭猪群，应强调预防医学和群体保护策略，强调营养和遗传选择并举，减少疾病造成的损失。每隔一段时间应进行育种计划评估，以确保育种进程的有效开展。当分析猪群繁殖性能时回顾一些效率参数（表18-6）。可通过饲料转化率、饲料效率、上市所用时间以及断奶后死亡损失来评定猪群断奶后的性能。

表18-6　猪群的繁殖基准指数

繁殖指数	目　标	干预值
断奶至发情间隔	<7 d	>10 d
（断奶后10 d 95%猪发情）		
（21±2）d内复配	<10%	>17%
异常复配（25～37 d）	<3%	>5%
多次交配	>90%	<85%
流产	<2%	>3%
空怀母猪	1%	2.5%
产仔率	>85%	<80%
出生仔猪总数/窝仔数	>11.5	<10.5
出生活仔猪数/窝仔数	11~12	<10
死胎数	<1%	>3%
木乃伊胎儿数	<0.5%	>1%
窝产仔数（≤7只/窝）	<12%	>15%
断奶仔猪/窝	>9.5	<9
断奶前死亡率	<12%	>16%
每年窝仔数/配种母猪数	>2.4	<2.2
每年断奶仔猪数/配种母猪数	≥24	<21
母猪非生产天数	<70	>80
淘汰率	30%～45%	<30%和>50%

　　猪场出现的问题可能由单一原因引起，也可能由遗传、营养、环境、健康和管理因素综合因素所致。当调查一个猪场的问题时，应将注意力集中在猪群上而不是注意个体猪；在调查猪群状况时需要近期有关猪群的记录；当分析猪群和其记录时，有一定比例的"异常"和生殖问题的猪是正常的。

一、后备母猪与成年母猪的管理

　　1. 挑选　青年母猪的挑选应基于生长速度、疾病状况、生殖器官发育、繁殖史（包括母猪断奶到配种以及断奶到发情的时间间隔、产仔数、泌乳能力和断奶仔猪），体型和乳头（包括乳头数和乳头位置）。后备母猪中，由于一些诸如初情期延迟、无法

受孕、乳头缺陷、运动问题或外阴异常（预示为雌雄同体或生殖器官发育不全）等问题，将有30%～40%的猪会被淘汰。初情期前小母猪通常饲喂生长日粮直到它们体重达到68～90 kg或直到3～5月龄。在这段时间里，小母猪通常与猪群分开管理，饲养在小母猪发育的特定环境中，饲喂专门制订的日粮以选作后备母猪。

　　小母猪体重在136 kg时出现发情周期后选择配种，不应有过度紧张的腿或肌肉，在5个月月龄时其外生殖器应发育良好，乳房和乳垫也应发育完善并至少有6对间隔均匀的乳头。

　　2. 疾病预防措施　猪繁殖与呼吸综合征（PRRS）、猪细小病毒、猪圆环病毒2型感染、猪流感、伪狂犬病、布鲁氏菌病、衣原体、钩端螺旋体病和其他传染病都可影响其繁殖性能。对繁殖猪群（小母猪、经产母猪和公猪）应进行免疫，减少钩端螺旋体病、细小病毒和猪丹毒造成的损失。新引进的青年母猪应至少隔离观察45～60 d，在此期间，应进行眼观检查与血清学检测，以便发现意料之外的传染性病原。要使引进猪与原有猪群的混群时间最短，应利用隔离期的后半段时间，通过引入淘汰母猪、商品猪、交换粪便和/或返饲的方法，使其适应原猪群存在的病原体。这种自然接触当地猪群流行病病原体的方法，可一定程度上防止如PRRS、猪细小病毒和流感等疾病的发生。

　　3. 初情期　为减少生产成本，可使初情期提前，并将初情期作为预测猪生殖能力的指标。在5～8月龄通常可见小母猪初次发情，因基因型、营养状况、体重、季节和管理（包括是否与公猪接触）而有所不同。与性成熟公猪接触，也称为"公猪效应"，是所有管理因素中最有影响力的，当母猪看见性成熟的公猪、听到其声音、身体接触及嗅到公猪散发出的气味时，产生强烈的影响，而随着感官刺激的减少，公猪效应也随着减弱。因此，使用性成熟的不育公猪与母猪的直接接触可使公猪效应达到最大化。每日将接近初情期的小母猪（5～8月龄）与性成熟公猪接触10～15 min可产生足够的刺激。随着公猪效果增强，开始使用其他操纵初情期到来的管理方法，包括杂交繁育、改变圈养方式（如增加限制猪舍外行动的围栏，反之亦然）、将来自不同畜栏的青年母猪混合在一起形成新的群体。有些管理方法是，在青年母猪第二次或第三次发情时才配种，这样可使子宫发育完善，有助于达到最佳的排卵率和产仔数。

　　应建立严格的青年母猪淘汰标准，第一次发情时体重未达到136 kg的应予以淘汰，有些生产商可能会选择给繁殖效率低下的青年母猪注射促性腺激素，以

使其进入发情期，如果是这种情况，其后代不可作为繁殖猪群的后备选择；连续三次发情周期进行交配，都没有受孕的青年母猪应予以淘汰。

可通过在饲料中添加孕酮来控制发情时间（例如，每日给予四烯雌酮15～20 mg，共14～18 d），最后一次饲喂4～9 d后可观察到青年母猪发情，这使得青年母猪和断奶母猪可同期发情或可与青年母猪同期产仔。在妊娠第12天后与妊娠第55天前，可使用前列腺素使青年母猪流产，以使其同期发情，母猪通常在4～7 d后开始发情，如果长期采用上述措施，须评估其成本。

二、公猪管理

在猪群健康计划中，公猪的繁殖力常常没有得到应有的注意。和其他食品动物一样，在配种计划开始前应对公猪进行繁殖性能检查，观察其是否缺乏性欲或不能交配，或是否公猪交配3周后返情母猪的数量上升。最简化的繁殖性能评估应包括既往记录、一般体格检查（包括生殖器检查）、精液评价和性行为检测。

1. 选育 当为配种计划选育公猪时，应考虑以下因素：来源于无特定疫病的猪群，繁殖性能、健康状况、初情期年龄和其他与繁殖相关的指标。要用作配种计划的公猪至少是布鲁氏菌病和伪狂犬病血清学检测阴性的。此外，在最终引入猪群前，应将公猪隔离45～60 d，以使其适应当地水土并再次做相关疾病的血清学检测。来自大窝（10头以上）的公猪更早进入初情期（5.5～6个月），其后代的母猪繁殖力也更强，并更易提前进入初情期。生产性能指标如饲料转化率、背膘厚和平均日增重，也具有高度遗传性。

应检查骨骼的构象，并对潜在自发的行动功能障碍进行检测，应仔细检查任何可能干扰公猪接近母猪、爬跨、成功繁殖、射精能力的不健全因素。急性或慢性的肌肉骨骼不适都可能引起疼痛，导致公猪对爬跨没有兴趣，通常选择3～8月龄的公猪预期交配。公猪的遗传背景应与预期用途相一致，可通过仔细分析猪群来源地的记录来避免选择有遗传缺陷（如脐周或腹股沟疝、隐睾、直肠脱垂和勃起无力）的公猪。

2. 历史资料 完整的历史资料应包括公猪的日龄和来源地、来源猪群的健康情况、免疫注射记录、患病史和治疗记录、与其他动物或场所的接触、隔离时间以及与现有猪舍及舍内猪只的接触时间。还应包括公猪以往性欲、交配行为、受孕率、产仔数和相关性能以及猪群其他公猪的记录。观测年轻公猪的性行为有助于挑选优良种猪。

3. 体况和生殖器检查 常规体况检查是检测生育力的一部分，应着重注意身体状况和骨骼构成，包括背部和腿部，以及其运动功能。骨软化、骨关节病和关节炎都可能导致跛行以及因后腿不堪负重而不愿爬跨，这些问题都需重点考虑。

应检查睾丸、附睾和阴囊并触诊其大小和对称性（直径差不应大于1 cm）、一致性及病理变化。必要时应熟知正常睾丸的均等性，以辨别微小的变化。在采集精液时，应检查阴茎和包皮是否有异常，睾丸的大小与基因型，年龄和在142～282 d之间以及84～171 kg的公猪的体重直接相关。在18月龄前公猪睾丸不断增大，在5月龄和12月龄之间，睾丸发育和精子数量都快速增长。由于年龄和睾丸重量是鉴别性早熟的重要因素，用于配种计划的公猪应至少大于8月龄。

某些疾病（如布鲁氏菌病、猪放线杆菌病）可影响睾丸，因操作不当、其他动物攻击或仪器设备使用不当，也可损伤睾丸。睾丸不应有结节或软性包块，睾丸受外伤或感染的最初反应是肿胀，如果不及时治疗，长期肿胀可导致睾丸萎缩，使硬度增加而弹性下降。单侧睾丸萎缩会导致不对称，这是引发不育的潜在危害，而精液评估可能表现出无精症、少精症、弱精症。精子形态学的变化也表明睾丸有损伤。

4. 性行为鉴定与精液采集 采集精液可用于检查公猪的性欲以及公猪交配和射精能力，也是一次射精尝试；交配前的行为涉及视觉和嗅觉刺激，公猪有节奏的发出呼噜和嚎叫声、格格咬牙、流涎、作出典型的用头接触母猪的行为，或者假意跟随着母猪，以鼻翼摩擦母猪身侧，以试探母猪是否愿意接受交配。应观察公猪的这些行为，因为异常的性行为可能会导致不育，没有经验的公猪常出现持续在母猪头部爬跨的行为。

性欲低下更可能是由于性行为不正确导致的，而不是内分泌的问题。与年长公猪和母猪打斗以及被征服可能会抑制年轻公猪的性欲，同样可见品种和应变压力的差异；胆小、紧张不安、不好斗的倾向性，可以通过在几代育种选择中逐渐明朗化，最终导致公猪性欲低下。生殖器病变或肌肉骨骼不适引起的疼痛对性欲有很强的负面影响，陌生环境会降低性欲，陌生人在场或饲料的诱惑都可能使公猪精力分散，从而影响性欲。

一旦公猪嗅闻母猪外阴、开始爬跨、阴茎勃起并伸出等现象出现时，应密切注意阴茎病变或损伤以及异常勃起。先天性和遗传性疾病包括不完全勃起、阴茎发育不良、憩室以及持久性包皮系带。

采集公猪精液主要有2种方法——戴手套采精以及电刺激采精，第三种方法是使用带水套的人工阴道，但已经很少使用。虽然用手套采集或电刺激采精法都可以得到令人满意的结果，但手套采集法更好，因为这种方法比较简单，同时也可以检测公猪的性行为。公猪可以爬跨发情期的母猪并试图交配，用人工采集精液的公猪常经训练后，可以对模型母猪爬跨，采精人员应从后侧悄悄接近公猪，不要接触或惊吓公猪。采精前应首先摩挲包皮使包皮内液体流出，防止污染采集的精液，用手套背侧顶住公猪腹部，然后可使阴茎插入戴手套的手掌中，在阴茎远侧3～6 cm处施加一些压力。如果刺激适当，公猪的阴茎会伸至最长并变得非常安静，随后立刻射精，一旦阴茎头部已经完全坚挺并且开始射精，这将持续至少3～7 min。当抓握公猪阴茎时会出现假爬跨，应任由其尝试几次假爬跨直到其积极开始再次试图插入。

精神紧张的公猪可能拒绝操作者握住其阴茎，有时尝试多次也不能成功，在这种情况下，可让公猪与母猪自然交配，在公猪阴茎插入母猪子宫颈内开始射精时迅速将公猪阴茎抽出并握住，公猪会继续射精，采取这种方法可以收集到大部分精液。

使用预热的热水瓶（37℃）或泡沫塑料杯作为精液收集容器既方便又经济，先射出的5～15 mL精液通常可以弃掉（不收集此部分），公猪随后会射出小部分凝固状的精液，需要用双层粗纱布来过滤（放置在收集容器口）此部分精液，因为其凝固的半固体状会影响后续的精液品质检验。而后公猪会射出乳白色至奶油色的富含精子的精液，最后射出含少量精子、大量液体与胶状物质的精液。应谨慎地让公猪完成射精，公猪会自主从手中抽回阴茎并停止爬跨，有些公猪在自主停止爬跨前会进行2次或更多次完整的射精。

通过电刺激采精须麻醉公猪，建议注射麻醉剂进行全身麻醉15～30 min。手部润滑后伸入直肠，清空粪便，再插入润滑的探针。使用波兹曼海绵钳和外科手术海绵，轻轻抓裹住距龟头5～10 cm远端的阴茎，将用此法射出的精液，收入罩在龟头处透明的洁净塑料袋中。

5. 精液检查 检查公猪精液质量的指标包括精子活力、形态、密度和总精子数。在精液处理和分析中应确保精液不受温度、渗透压以及pH变化的影响，所有与精液接触的材料和设备都应预先加热到35～39℃。

在收集精液后应尽快检测精子活力。不建议仅靠一滴精液片观察到的精子集聚运动或漩涡运动判断精子活力，使用光镜观察活动精子总数是最好的判断标准。为此，可在预热的载玻片上滴5～10 μL的精液，盖上盖玻片，然后在20倍光镜下，在总面积约5%的随机视野内检测精子活力。

精子形态是评价生育能力的很有价值的指标，特别是评价畸形精子比例较高的精液。使用光镜，染色样片可提供足够的对比度以评估精子形态；使用较高分辨率的显微镜（即相差显微镜，微分干涉显微镜）时，可用戊二醛或福尔马林做缓冲液对样本进行保存，最少应检测100（200更为合适）个精子运动时头部、中段和主段（即中段尾远端）的形态。精子形态可分为3种类型：正常型，头部异常型与尾部异常型（中段、主段含有胞质小滴）。进一步可以检测大量精子，明确主要异常点和次要异常点，如果可能还可进行精子顶体形态检测。

有几种技术可被用于检测已过滤猪精液的精子浓度，可直接对不透明精液进行观察或使用卡拉斯精子密度计协助检查，粗略、主观、定性评估精子浓度。通过校准（光谱）光度计，可对稀释精液样本的不透明性进行测量，来分析测定精子的浓度，用光度计可对公猪精子进行校准，检测的精子浓度可能是实际浓度的±30%，这部分可能是由于技术不当、人为失误或存在于精液中的公猪副性腺产生的不透明分泌物造成的，如果读数超出校准曲线或最佳范围也可导致读数不准确。另一种测量精子浓度更直接的方法是血细胞计数板或计数室，在这种方法中将过滤的精液稀释到1∶200，更为简单的是使用Unopette系统，应先将血细胞计数板计数区充满精液，时长5 min，以使精子完全进入视野中的计数区内，使用显微镜观察，精子计数与正常红细胞计数方法相同，但使用计数室检测精子浓度乏味且费时，在当前快速发展的商业运作中已很不切实际。

在计算每毫升精子浓度后，可通过精子浓度乘以无凝胶的精液总体积（mL）来计算一次射精的总精子数。射精量可通过预热的测量装置（如量筒，一次性塑料量杯）或通过测定射精精液的重量（1 g相当于1 mL）来测量。在更多情况下，采用电脑自动化精液分析系统测定精子活力、精子浓度甚至用于评定精子形态。

6. 检测结果分析 精液价值可受使用次数、年龄、环境、疾病、营养水平、基因型以及固定精子方法等因素影响。因此，精液价值不良的公猪，不一定生育力低下或不育。精液分析结果可在短期内发生极大的变化，所以不可根据一次精液的检测结果就淘汰公猪。品种差异对初情期、性欲、交配能力和受孕率都可能造成影响。

环境可在短期内影响生育能力，主要是因为干扰了睾丸温度调节的能力。公猪接触到过冷或过热的环境后最少在7周内精液分析结果可能均异常。暴露在恶劣环境中时间过长，可能会长期导致精液分析异常或者甚至可能永久性破坏生精功能。任何可使体温升高、从而破坏睾丸温度调节的疾病，也有可能造成暂时异常或不育。

7. 公猪评估准则　理想状况下，应综合考虑性欲、配种能力、精液质量（表18-7）以及配种结果（受孕率和产仔数）等因素。猪精子从产生到成熟的时间应约为51 d。当体外检测精液的精子评价较差或处于正常范围临界点时，应隔3～4周再次采样检测，以确定质量是否有所改善。在2次完整采样的检测中，公猪均无法勃起或被确认为无精症，应将其淘汰。那些疑似有阴茎病变或精液中含有血液的公猪应禁止交配，等2～3周后再次检测。患有永久性包皮系带或习惯性憩室自淫的公猪建议手术矫正；然而这些公猪的后代不应被用于繁育，因为上述症状很可能具有遗传性。所有生育力检测的结果应结合年龄、疾病史、环境应激、以前配种情况、交配方式以及精液采集和处理技术综合考虑。

表18-7　公猪精子评价最小推荐值

参　　数	自然交配	人工授精
颜色	不透明至白色	不透明至白色
总精子数	每次射精>35×10^9个	每次射精>35×10^9个
活动精子比例（未处理）	>60%	>70%
不正常形态（包括胞质小滴）	<25%	<20%～25%
胞质小滴（近侧和远侧）	<15%	<15%～20%

三、繁殖管理

1. 发情　成年母猪和初产母猪均为非季节性多次发情，发情周期持续18～24 d（平均21 d）。母猪在妊娠期间可表现为乏情，哺乳期间通常不会发生排卵时发情，除非群饲、饲喂高营养饲料或接触公猪。部分断奶或用促性腺激素治疗的母猪可在哺乳期诱导发情，但并非每次都见效，并且不经济。子宫复旧通常在产后20～25 d完成，大多数母猪在断奶后3～7 d发情，青年母猪和处于断奶乏情期的母猪可用外源性激素促进发情。然而外源性激素的应用，妨碍自然繁殖效率，这一点在制订繁殖管理方案中应予以考虑，使用外源性激素不可作为解决生殖效率低下的长期方案。

青年母猪发情持续36～48 h，经产母猪为48～72 h，母猪断奶后发情时间受哺乳期长度、营养、体况、遗传和其他管理方法（表18-8）所影响。发情可由某些行为特点（如爬跨、围畜栏行走、嚎叫、倾斜耳朵、脊柱后凸）和某些生理变化（如外阴肿胀、阴道分泌物增多）来判断。排卵一般发生在发情期中期到晚期。在1～4 h内会排出15～24个卵子。排卵率在前四次逐渐增多，所以第4～6窝可能是产仔数最多的。当青年母猪或经产母猪营养不良时排卵率均会下降。大多数青年母猪给予充足饲喂，从而可避免营养不良对早期繁殖性能的不利影响。在一些国家，对青年母猪不提供给充足饲料，只在发情前10 d增加能量摄入（即"快速营养"）。这种情况下，确实增加了排卵率。为了防止刚断奶母猪营养不良，直到发情和配种后应持续给予高能量饲料。

表18-8　影响猪卵巢活性的因素[a]

	繁殖阶段		
已证实的或可能的因素	初情期	断奶后	交配后
公猪刺激不充分	+[b]	+	−[c]
舍饲和群体环境	+	+	
高温环境	+	+	
繁殖季节（夏季/秋季）	+	+	
光周期	+	?[d]	
基因型	+	+	
营养	+	+	
短哺乳期	−	+	
哺乳多个仔猪	−	+	

a. 经许可，改编自Meredith MJ，Pig News and Information 5，1984，published by CAB International，Wallingford，Oxon，UK。

b. 已证实有效。

c. 无证据证实有效。

d. 效果未知。

当经产母猪或青年母猪看见性成熟公猪的身影、听到其声音、闻到其气味和与公猪接触（鼻触碰）时，行为的变化是很明显的。在公猪面前经产母猪或青年母猪若表现为直挺的接受态站姿时，一般为站立发情。生理变化如外阴肿胀和流出分泌液是不可信的，相较成年母猪，这些表现更可能在青年母猪上出现，而且通常是在发情前2～3 d开始出现。发情的根本标准可能是在公猪面前静静站立，也可能是对"骑跨测试"的积极回应（用手在母猪腰部施加压力，然后轻轻坐在母猪背部可引起其站立发情反应）；此测试最好在公猪存在的情况下进行（如在相邻的畜栏）或者将母猪处在有人工合成公猪气味的气雾剂中或布料里。

乏情是经常发生的问题。查情失败需与卵巢确实无活性区别开来。头胎产仔与断奶较早的母猪特别容易发生断奶后乏情。初产母猪在其饲料摄入能力还未达到最大前，必须供给保证其自身生长和泌乳的饲料水平。这个问题可通过以下方法避免：仅在良好体况下对青年母猪进行配种，在第一次妊娠期间不过度饲喂，鼓励在第一次哺乳期用高密度日粮频繁饲喂与湿喂，以增加其能量摄入以及避免产房高温。管理措施如早期隔离断奶与药物控制断奶，后者建议至少在产后10 d进行；这些管理措施可能会导致断奶后乏情。一般技术方针是使母猪早期断奶的不利影响降至最低点，为此，建议初产母猪的断奶期不少于14～16 d，产二胎的母猪断奶期不少于12～14 d，产三胎或以后胎次的母猪断奶期不少于9～11 d。

2. 发情周期的激素控制 对哺乳期母猪进行同步断奶即可达到同期发情的目的，常在断奶后4～10 d发情。在断奶后12 h内肌内注射5 mL含400 IU马绒毛膜促性腺激素（eCG）和200 IU人绒毛膜促性腺激素（hCG），断奶4～5 d后即同期发情。联合使用eCG和hCG，也可诱导初情期延迟的青年母猪和断奶后乏情的母猪发情。

使用外源性前列腺素可造成发情期开始12 d后出现黄体溶解，因此不适合作为控制发情周期的药物使用；然而可通过使用PGF$_{2\alpha}$（肌内注射15 mg，12 h后，肌内注射10 mg）或等量类似药物，诱导妊娠15 d以上的母猪流产，以实现同期发情。也可饲喂四烯雌酮（每日15～20 mg，连续饲喂14～18 d）以实现同期发情。一般在最后1次给药4～9 d后观察是否开始发情，选取孕酮水平下降的时候，联合使用eCG和hCG，可更好地达到同期发情效果。

3. 配种 配种的3种方法是自然交配（公猪和母猪一起饲养，任意交配），人工辅助交配（在人为监督辅助下交配）以及人工授精。自然交配一般见于较小的养猪场，在猪群处于发情周期不同阶段的情况下会取得较好效果。一批刚断奶母猪进行自然交配并不理想，因为母猪发情周期很接近，致使公猪滥配，使用过度。在人工辅助交配中，通常在母猪发情期交配2～3次，在站立发情发生的第1天进行第一次交配，24 h间隔后进行第二次交配，记录交配时间。只要母猪接受公猪的爬跨，许多生产商会让母猪每日交配1次。使用2头不同的公猪和母猪交配可能会增加每窝产仔数，但也可能造成无法发现不育公猪。

人工授精时应每日进行1～2次发情检测，青年母猪开始站立发情后8～12 h内进行2次人工授精，在12～16 h后再次授精，如果每日检测一次发情，那么在站立发情开始后4 h内需给青年母猪授精，成年母猪在12～16 h内进行授精。第二次人工授精应在它们仍处于站立发情期时进行。

人工授精的时间应依据猪场可使用劳动力、建筑设计和猪群遗传等情况而作出一定调整。一些有经验的用户在合适的时间，对青年母猪进行一次人工授精即可获得满意的结果；然而进行2次授精的情况更为常见。人工授精的精液可使用稀释的单精液（来自一头公猪），也可使用稀释的混合精液（来自3～6头公猪）。一般情况下，当对子代有特殊遗传需求时使用单精液配种（如繁殖或表演动物），而混合精液是生产商品猪后代的一种常用手段。在采集后72 h内使用稀释精液的最小推荐值见表18-9。一次用量的精液中总精子数取决于精液的质量和贮存时间。

不应过度使用公猪（表18-10），如果母猪群集中断奶，则建议公猪配母猪比例为，成年公猪为1:4，青年公猪为1:2。在人工辅助交配时，成年公猪每日交配次数不可多于2次，在自然交配时公猪配母猪比例通常为1:15～25（平均为1:17或1:18），在人工授精时公猪和母猪比例可增至1:150～250。

表18-9　人工授精程序中稀释猪精液的最小推荐值

精液变量	最小推荐值
总活动精子数	≥70%
正常形态精子数	≥75%
精子浓度	$25 \times 10^6 \sim 65 \times 10^6$个/mL
一次射精量	≥70 mL
微生物数	无明显的需氧菌生长
精液温度	15～19 ℃

4. 妊娠 在交配后30 min内精子到达输卵管，受精2～6 h内可在输卵管发生，母猪受精率接近100%，对于窝产仔猪数为10～13头的母猪，其胚胎死亡率高达30%～40%。在排卵后48～60 h胚胎即进入子宫，144 h后胚胎从透明带孵出，形成囊胚。母体可在妊娠10～14 d后（胚胎分泌雌激素）确认妊娠，此时胚胎在子宫内迁移分布。妊娠13～14 d胚胎附着，在第40天完成附植；此刻最少需要有4个胚胎，妊娠才能继续进行。在第35天骨骼开始矿化，第70～75天胎儿出现免疫活性。妊娠35 d后死亡的胎儿会被产出或滞留在子宫内。滞留的胎儿在无菌的子宫环境中形成木乃伊，在分娩时被排出。母猪平均妊娠时间为（114±2）d，窝产仔数较多的母猪妊娠期可稍短。

在妊娠前30 d胚胎死亡风险最高，在此关键时期应采取措施，避免应激（如饲喂过多、高温、驱赶或迁移、免疫）。妊娠不到16 d，对热应激尤其敏感，避免与外界动物接触可降低患病危险，如果青年母猪已进行"快速营养"饲喂，在配种后饲喂量应减至最小值（约2 kg），以避免因高能量摄入而导致胚胎死亡。产仔数少于5头的表明可能在附植后发生了胚胎死亡。

为提高初乳抗体水平，应在妊娠的最后6周给予经产母猪和青年母猪免疫接种，免疫程序可以包括接种大肠埃希菌、萎缩性鼻炎、猪丹毒及其他因养猪场不同而需要接种的疫苗。

表18-10　根据配种方案制订的公猪使用指南[a]

公猪月龄	人工授精	自然交配		
	精液采集频率[b]	交配次数（日）	总交配次数（周）	单圈交配（母猪数/月）
6~8月龄	1次/周	1	4	<8
8~12月龄	1~2次/周	1	5~7	8~10
>13月龄	≥4次/2周	2（间隔）	8~10	10~12

a. 改编自 Althouse GC."动物卫生与生产纲要"，2002，by CAB International，Wallingford，Oxon，UK。

b. 取决于公猪性欲。

5．妊娠鉴定　适用于妊娠鉴定的几种技术见表18-11，可根据母猪在交配后18~25 d时未返情而判断其妊娠，准确率达75%~85%。超声检查是另一种常见方法，有3种类型的超声检测仪可供使用：脉冲回波（A模式）、多普勒超声和实时超声。脉冲回波或振幅深度涉及一个放置在体侧皮肤上的手提式换能器，流体区域（即发育的胎儿或胚胎）的反射波由换能器接收，进而被转换成可听或可视的信号；多普勒超声检测使用可听信号将流体运动转化为音频变化，流动声表明妊娠过程中子宫或脐动脉里血液的流动、胎儿心跳以及胎儿的运动；实时超声包括在探头下扫描组织可视化的二维图像，最早可在交配后18 d使用实时超声确诊。超声技术通常用于配种22~75 d的妊娠鉴定，而实时超声技术可用于配种不到18 d的妊娠鉴定。在妊娠超过30 d后，可经直肠触诊确认妊娠，检查者可触诊到与外部髂内动脉相关的中部内侧子宫动脉的颤动、粗细和位置。子宫颈的张力、重量和子宫内容物也有助于妊娠鉴定。也可使用其他方法如激素检测（如雌酮葡糖苷酸，孕酮，前列腺素）和阴道活检，但由于经济原因并不可行。

表18-11　猪妊娠鉴定的常用方法

技　术	检测类型	配种后检测的应用（准确度）
发情检测	非直接	18~25 d每日检测（75%~85%），妊娠期间检测（98%）
外部生理指标	非直接	>55 d（青年母猪），>84 d（母猪）
直肠触诊（母猪）	非直接	30 d（94%），>60 d（100%）
超声检测		
A型	非直接	30~75 d（95%）
多普勒型	直接/非直接	≥35 d（>85%）
实时型（B型）	直接	≥22 d（>95%）

6．分娩　在临近分娩前的24 h内，母猪紧张不安并开始有筑窝行为。乳腺逐渐肿胀，当分娩临近时，乳腺分泌物从浆液性逐渐变为乳汁。当分娩开始时皮质醇水平增加，同时也刺激子宫中前列腺素$PGF_{2\alpha}$的释放。$PGF_{2\alpha}$引起黄体溶解并释放松弛素，使产道和子宫颈肌肉松弛。脑垂体释放的催产素引起子宫收缩并开始努责。胎儿通常在5~45 min内，每隔10~15 min产出1次，子宫角排空是随机发生的。

死胎率通常为5%~10%，胎儿在子宫内死亡一般是由于感染、分娩时子宫角内胎位不正或缺氧所致的。缺氧一般可见于脐带破裂或由于子宫角拉至最长导致的紧缩所致，还有可能是因胎儿在产道内运出时间过长。死胎和弱仔可能是因为产房的低温或母猪的低血红蛋白水平（低于9 g/dL）。仔猪之间娩出的时间间隔延长（如因母猪疲惫、子宫乏力或难产）都可使仍在子宫内的仔猪受损和死亡。仔猪分娩可以头部在前的正位（60%），也可以臀部在前的反位（40%）出生，可注射催产素（10~30 IU）助产，也可手动拉出仔猪。使母猪走动几分钟有助于分娩，如果采用助产技术，每头母猪所产的仔猪至少可多存活1头（见断奶前死亡率）。胎膜应在最后一头仔猪娩出后4 h内排出。

肌内注射10~15 mg天然$PGF_{2\alpha}$或同等剂量的合成类似物可以诱导分娩，当注射$PGF_{2\alpha}$18~36 h（通常为22~32 h）后，有80%~90%的母猪开始分娩，或在妊娠后112~113 d开始分娩。诱导分娩可控制猪在日常工作时间内分娩，避开周末和节假日。必须有良好的记录，记录母猪群平均妊娠天数以及个体母猪的产仔期。在预产期的72 h内必须使用$PGF_{2\alpha}$以防止死胎率增多。早产仔猪需要良好的护理，尤其在冬季。在注射$PGF_{2\alpha}$15~24 h后肌内注射20 IU的催产素，可将分娩集中在一个较短的时间段内。这样虽然缩短了分娩的时间间隔，却增加了难产发生的可能性，通过在外阴黏膜注射5~10 IU的催产素也可成功诱导分娩。

与其他多胎畜一样，猪难产发病率较低（1%~2%）。子宫收缩乏力占猪难产原因的大多数，其他原因包括胎儿胎位不正、产道阻塞、子宫位置偏差、胎儿和骨盆大小不相称以及母体过于兴奋。在进行干预治疗前，对产道的彻底检查是先决条件，对于无阻塞性难产的药物治疗包括使用催产药物（每隔30 min给予20~30 IU催产素，最多使用3次）。如果怀疑为子宫收缩乏力可注射钙制剂。

产后3~4周达到泌乳高峰。母猪在持续8周的泌乳期内泌乳180~320 kg乳汁。泌乳差劣是猪生产能力下降的一个重要原因（见产后泌乳障碍综合征）。

7. 断奶前死亡率 监督母猪产仔可减少仔猪死亡，因为它最大程度的减少死胎发生，应给仔猪保温、护理并防止母猪压伤仔猪或同类相食。降低仔猪死亡率的其他管理技术包括交叉哺育、分离哺乳、精心设计产仔箱和畜栏、产前对母猪进行疫苗接种以及对哺乳期母猪制订合适的饲养方案并保持清洁。

第二十节　绵羊的繁殖管理

在设计繁殖羊群健康管理计划时，需注意以下几点：①绵羊是短日照多次发情的畜种。②排卵季节更可能在秋季或初冬；在晚冬、春天和初夏不排卵，在晚夏处于过渡期。③在排卵季节的长短以及多胎性方面各品种之间差异较大。

一、生殖生理

母绵羊为季节性多次发情动物，在繁殖季节每16~17 d为一个发情周期。控制发情周期的主要环境因素是光照。夏至过后光照时间缩短可引起绵羊分泌褪黑素，从而促发下丘脑产生促性腺激素释放激素。地理位置和环境温度以及绵羊品种均可影响乏情期的长度。细毛羊（如朗布耶，美利奴），热带品种绵羊和多赛特羊比其他品种羊，如萨福克、汉普郡、边区莱塞特和哥伦比亚羊的乏情期短。尽管不同品种的繁殖季长度有所不同，但是对所有品种来说秋季都是生育力最佳的季节，而因每年定期交配，乏情期也不成问题。

发情持续时间（约30 h）也受品种、母绵羊年龄、初情期开始时间、公绵羊出现时间以及季节的影响。秋天绵羊发情持续时间更长更强烈，但青年母绵羊比经产母绵羊发情时间短，并且也不如经产羊强烈。一般情况下，母绵羊在4~5岁时的繁殖性能最强。经产母绵羊的最佳配种（自然交配或人工授精）时间是在发情期的前半段或在开始发情后的12~18 h，母绵羊通常不表现明显的发情症状，而发情检测需要用公绵羊试情，该公羊应为进行过输精管结扎或附睾切除或者是用睾酮处理的阉羊。

青年母绵羊初情期开始的年龄因品种、营养、公绵羊存在与否以及出生季节不同而有很大不同。发育良好的青年母绵羊，尤其是肉用品种，可在7~8月龄交配并达到成年体重的70%，当母绵羊体况评分为3.5分时可达到最大的受孕率。母绵羊在羔羊时就进行交配比在2岁时开始交配的绵羊产羔数更多。

卵泡发育和排卵率是决定生育能力的主要决定因素，排卵率是多基因决定的性状，表现出品种差异，但遗传性相对较低（0.3%~0.5%）。已发现很多品种羊的单个基因可引起较大的影响，布鲁拉美利奴羊最为显著。Fec-B基因（影响布鲁拉美利奴绵羊繁殖力）已被引入其他品种（如边境莱斯特羊）绵羊。

如果母绵羊没有处于最佳体况（3~3.5分），那么在交配前几周的营养补充（"快速营养"）可能导致较高的排卵率。饲料应均衡蛋白（粗蛋白不超过14%）并具有良好的能量利用性。高水平的可溶性蛋白可能会导致早期胚胎死亡，在母绵羊已处于最佳体况时仍继续过度饲喂，可能会导致其生育能力下降。

1. 诱导发情 引进公绵羊或使用孕酮、eCG和外源性褪黑激素可诱导无周期性或在乏情期的母绵羊发情，尽管可能不排卵（见激素控制发情）。

将母绵羊与公绵羊隔离、甚至避免母羊嗅到公羊气味1个月以上，然后使公绵羊突然出现或调情（使用输精管结扎、切除附睾的公羊或睾酮处理的阉羊），可诱导其发情周期开始。这种对"公羊效应"的反应在过渡季节最为明显，常在繁殖季中开始排卵前的4~6周最为常见，但如果母绵羊一旦进入发情周期，此法即没有效果。美利奴母绵羊在整个非排卵季节的光周期中都对"公羊效应"反应迅速。母绵羊通常在引进公羊的48 h内发生反应并排卵，但不一定会发情。安静发情的母绵羊，有正常或短期（5~6 d）的黄体形成后随之发生排卵。在正常黄体退化后，大多数母羊表现出发情（大约在公绵羊引进19 d后）。短期黄体退化后，这些母绵羊排卵但不表现发情，然后通常又会形成正常黄体。最终这种黄体退化后发生发情（大约在公绵羊引进25 d后）。

可通过阴道放置孕酮的方法（如包含天然黄体酮的CIDR或含有合成孕酮的阴道栓）或在饲料中添加药物（如0.125 mg MGA，每日2次），连续给药7~14 d，在停止给予孕酮后注射500 IU的eCG可诱导发情。诱导发情后影响生殖的因素包括品种、季节、哺乳期、营养状况、产后护理、母绵羊的干奶/哺乳状态、公绵羊和母绵羊的比例、引进公绵羊的时间、自然交配或人工授精的时间、授精次数（1～2次）。

可用外源性褪黑激素诱导无周期、季节性乏情的母绵羊发情及排卵。母绵羊与公绵羊被隔离后，在引进公绵羊前须用褪黑激素处理6周，公绵羊引进时期应覆盖2个完整的发情周期（35 d）。外源性褪黑素可有效地终止季节性乏情期，进入过渡期。在许多国家，外源性褪黑素不能用于商业买卖。将母绵羊和公绵羊置于封闭羊舍内，根据管理方案通过操控光周期可获得类似的发情效果。通常于冬至时开始，将母绵羊每日暴露于人工光照下16～18 h，持续8周，当这一段时期结束时已处于冬季中期，将光照时间缩短至每日8 h，需要遮蔽窗户，以减少外源性光源的干扰。如果将公绵羊以同种方式封闭处理，其阴囊周长和繁殖能力都将增加。

2. 同期发情 对有发情周期和无发情周期的母绵羊，阴道内放置含孕酮的栓剂或CIDR（12～15 d后）可使其同期发情，也可通过在饲料添加MGA获得相同效果。处理时间越长同期效果越好，但受孕率较低。在CIDR或阴道栓塞取出后给予200～400 IU eCG可提高同期率和受孕率。如果不用人工授精，在排卵季节时并非必须实施这种方法。使用前列腺素$PGF_{2\alpha}$或其类似物后可进一步加强（在取出CIDR或阴道栓12～24 h前给药）该方法的效果，并且同时可使残余黄体组织完全退化。在耳后皮肤下插入皮下弹性体"插拴"——包含2 mg诺孕美特，14 d后可获得同期发情效果。在8～14 d内注射2次$PGF_{2\alpha}$可使发情周期的母绵羊同期发情。在停止给予孕酮后2～3 d通常可见发情，在秋季可能更短，也可能在第二次PG注射后3 d内发情。相较单独注射PG，使用含孕酮的阴道栓塞或CIDR可达到更好的繁殖效果。而在采用定时配种措施的羊场，注射PG的效果并不可靠。

二、繁殖性能检查

可用几个参数检查繁殖性能，最常用的是母绵羊与公绵羊交配后的产羔率（测量生育力）、母绵羊每次产羔后羔羊的存活率（存活或死亡）以及初次产羔的年龄。经常测量的指标还有母绵羊每次产羔中断尾羔羊率、产羔率（母绵羊与公绵羊接触后产羔数）、断奶率（母绵羊与公绵羊接触后断奶的羔羊比例），后者是更经济的方法。为了测量羔羊损失，可计算死胎率和断奶前羔羊死亡率分别在产羔率和羔羊存活率中所占的比例。

在不同的绵羊养殖系统之间，繁殖性能的目标有很大不同，但都必须和管理制度相符合并有所限制。产毛羊群的品种很广泛（如澳大利亚的美利奴羊），多数由后备母绵羊提供羊毛，由于母绵羊每次生产一只羔羊，因此产羔率不到90%，断奶羔羊数/产羔数小于0.8也是可以接受的，传统上母绵羊在2岁前不会产羔。与之相反的是，主要产肉的羊群在需要饲喂贮存饲料（如生长期很短）和在一年中大多时间需要圈养时，必须要有很好的繁殖能力才能达到高产肉量的目的。第一次产羔时间应为12～14月龄，而且肉用母绵羊每年应至少产羔1.8～2只。在排卵期母绵羊生育力应为95%～100%，青年母绵羊为90%。

生产商寻求进一步增加母绵羊产量，获得利润更丰厚的羔羊肉市场，需要加速母绵羊产羔的速度，达到每8个月繁殖1次（通常称"两年三产"模式）或每7.2个月产羔1次（康奈尔星系统）。这些模式都需要母绵羊不仅在排卵季繁殖，还需要在不排卵及过渡季节也能繁殖。然而在世界上大多数国家，无论管理模式对生产力的要求怎样，秋季配种春季产羔是最主要的繁殖管理模式，因为此时牧草最为繁茂，对于羔羊和泌乳母绵羊来说都是最佳时期。

三、影响繁殖性能的因素

母绵羊和公绵羊交配失败的原因是多种多样的，必须考虑光照的管理控制以及遗传学上羊群品种的不同，如果找不到影响繁殖性能的原因，可使用以下方法作为调查因素的指导。

1. 育种 品种的选择可极大地影响繁殖性能，特别是初次产羔的年龄和生产力。世界各地的绵羊品种非常多样化，熟悉广泛饲养的绵羊品种的特点和性能显得非常必要。终端父本如萨福克郡绵羊、汉普郡绵羊和特克塞尔绵羊常被用于获得肌肉和身体的快速生长。传统上这些品种属于生产力较低的品种，因此当需要获得后备终端父本公绵羊时，这些品种不适合作为母绵羊羊群的首选。母系绵羊的选择应具备以下特点：生育性好，繁殖力高，易于产羔并具有良好母性本能，产奶量高，寿命长，环境适应性强（如草原、圈养或丘陵地区）。某些管理体系还需要母系绵羊排卵期长。在每个地理区域和生产系统，更常饲养某些具体的品种，在北美东北部更广泛饲养的母本品种是芬兰兰德瑞斯绵羊、罗曼诺夫绵羊和无角多赛特绵羊；在美国西部饲养的绵羊品种更为广泛。

一些地区经常饲养具有多个品种特征的杂交绵羊。在杂交模式中母本的杂种优势被用于提高性能，也就是说它们的后裔（F1代）拥有比其父母更好的特征，也被称为杂交优势。其中著名的例子是英国"骡马"绵羊，母本为山地品种（如苏格兰黑面绵羊）具有良好的母性和抗寒性，但生产力并不高。将其与低海拔高生产力、高产奶量品种（如青面莱斯特绵羊）的公绵羊杂交，得到的F1代母绵羊在英国通常被称为"骡马"绵羊，具有高生产力、高产奶量、寿命长且抗寒性好的特点。产下的公绵羊不留做进一步交配。这些母绵羊是非常优秀的母本，然后将其与终端父本（如萨福克绵羊或特克塞尔绵羊）交配，其后代生长良好、胴体品质好。这种杂交属于终端杂交，所有的羔羊（无论公母）被用作食用羔羊。

也被称为混合品种的新品种，是根据预选的生产性状进行有计划杂交和严格的挑选程序得到的成果。在美国，波雷丕绵羊，混合了芬兰兰德瑞斯绵羊、塔尔基绵羊、多赛特绵羊和郎布依绵羊的品种，是这种杂交绵羊广泛饲养的一个例子。农场主选种的目标是得到可以每年产羔2次的母绵羊品种，其具有多产、耐寒并且产毛量高的特点。加拿大研发的里多绵羊，是混合几个品种的新品种绵羊，包括芬兰兰德瑞斯绵羊、多赛特绵羊、萨福克绵羊、德国东佛里生绵羊和什罗普郡绵羊血统，这种母绵羊非常高产、奶量丰沛，是极好的母本，在加拿大中部被广泛饲养。其他混合品种在当地也被广泛饲养，这些品种包括卡他丁绵羊（北美短毛绵羊）、杜泊绵羊（南非洲和北美洲）、库普沃斯绵羊（新西兰和澳大利亚）、考力代绵羊（新西兰）以及英国奶羊（英国和加拿大）。

2. 公绵羊繁殖障碍 即使母羊处于发情期，公绵羊也可能交配失败，公、母羊可能交配，但不会受孕。原因有多种，交配失败的原因如下：①拟进行交配的母绵羊未做好标记或染色。②由于一些疾病导致公绵羊缺乏性欲，或由于太过瘦弱、衰老，母绵羊处于不排卵季节或气候炎热。③公绵羊不愿交配，可能是由于感染性龟头包皮炎所致的疼痛（牛鞭腐病），也可能是传染性臁疮或阴茎包皮过长，或由于跛行而不能正常爬跨。④公绵羊交配经验不足，没有向有经验的公绵羊观察过如何交配。⑤公绵羊无法正常应对环境，如在圈养生长的公绵羊转移至山区牧场。⑥公绵羊数量过少（公、母比例失衡），包括公绵羊的类型（年龄和经验不足）、环境（圈养和散养）、时期因素（排卵和非排卵）或同期发情计划。⑦可能公绵羊有性行为方面的问题，如公绵羊群体之间的互斗、害羞的公绵羊或"坠入爱河"的公绵羊拒绝与不喜爱的其他母绵羊交配。

母羊被反复交配、产羔期分散或母绵羊生产力低下，都易造成妊娠失败。多种交配失败的原因也可使

妊娠不成功。在交配后无法受孕的其他原因包括疾病，如布鲁氏菌病、阴囊疥癣，高热后不孕不育或其他原因导致的睾丸炎或附睾炎；由于机械外力原因导致的生育能力受损，如过度炎热或过度寒冷、腹股沟疝或打斗造成的受伤或环境中的激素干扰导致的生育力下降（如食入含雌激素的植物）；由于年龄、季节、遗传性、疾病引起的睾丸周长不足；先天缺陷或外伤导致的阴茎和精子异常。

3. 母绵羊繁殖失败 和公绵羊一样，母绵羊也可能交配失败，或者虽然交配成功但并不受孕，此外母绵羊也可能无法维持妊娠或生育力低下。同样，原因是多方面的，母绵羊不愿交配可能有以下原因：①母绵羊已经妊娠。②可能处于非排卵期，经产绵羊的非排卵期比青年母羊略长。③母绵羊处于初情期前，受生长（营养）和品种的影响。④使用有致命错误的诱导同期发情方案，如阴道内药物释放装置（CIDR）失去控制、eCG剂量太低或饲料中添加美仑孕酮醋酸酯（MGA）的量不当。⑤植物雌激素或特异性真菌毒素可能会暂时，甚至永久性抑制发情。⑥母绵羊过瘦、处于哺乳期或刚断奶。⑦处于初情期的青年母绵羊饲喂过度，导致不发情。⑧母绵羊可能会显示出控制公绵羊的行为，有些青年母羊更可能出现害羞现象。⑨母绵羊为雄化牝羊或假两性畸形。

母绵羊未受孕或处于妊娠状态可能是由于下列原因：①同期发情方案不正确，如在母绵羊发情前过早引入公绵羊或给予eCG的剂量不足，导致排卵失败。②生殖道有病变。③胚胎早期死亡，原因有多种，如硒缺乏症、流产相关疾病（如边界病，弓形虫病，衣原体病）、应激、妊娠初期的热应激或饲料中高水平的可溶性蛋白质，导致血中尿素氮水平升高。④如果没有观察到流产（妊娠中到中后期），说明母羊可能为受孕失败或仍处于妊娠状态。

母绵羊生育力差、无法受孕的原因有：配种期体况较差（体况评分低），饲料不能提供充足的能量；过于年轻或过于衰老；处于非排卵期或过渡期；eCG剂量不足；早期胚胎死亡以及遗传因素。

四、繁殖计划

最为常用的繁殖计划是秋季交配的母绵羊在来年春季产羔。然而为了在市场上获得更丰厚利润，许多生产商计划在冬季产羔（如1月产羔为3月或4月的复活节羊肉市场提供羊肉）或秋季产羔（如9月产羔为圣诞节羊肉市场提供羊肉）。这需要使排卵期提前至夏末（如公羊效应、褪黑激素）或在春季非排卵期诱导发情（用CIDR仪置入孕酮、阴道栓或MGA，光周期控制）的方案。因为与在冬季或秋季产羔增加的花

费比整体产值要高，在繁殖期外产羔的生产商很少选择每年只产羔一次的繁殖方案；而会采取加速繁殖计划，以利用母绵羊的生产能力，实现超过每年产羔一次的频率。

2种使用最广泛的加速产羔的方案为"两年三产"和康奈尔星方案。前者需要管理2个羊群，每8个月产羔一次（1月、5月和9月），先是A羊群，然后交替为B羊群。例如，在北半球，A羊群在1月份产羔，然后在4月初给羔羊断奶，在此时诱导母羊发情，并引入公绵羊，通常仅仅需要一个发情周期就可完成。这些母绵羊预期在6月再次妊娠。A羊群的妊娠母绵羊在9月会产羔并在11月断奶。在12月份在羊群内引入公绵羊，此时是这些母绵羊的正常排卵期（不超过30 d），在来年5月母羊再次产羔。然后这些5月份产羔的母绵羊，会在8月初断奶，此时可能处于过渡季节，但此时应再交配（使用公羊效应，褪黑激素或外源性孕酮），它们会在后年1月再次产羔。因此A羊群每8个月产羔1次：1月份和9月份产羔，来年的5月份产羔，或称2年3产。B羊群应与A羊群的时间错开产羔，如5月、1月然后9月。

康奈尔星方案与上述方案很相似，但控制更为严格，母绵羊每7.2个月产羔1次，而不是8个月。这意味着母绵羊3年能产羔5次，公绵羊引入时间、母绵羊断奶和再配时间、产羔时间和哺乳时间都非常短。

在提高生产力和获得更丰厚利润的羊肉市场方面，这些方案的效益是相当可观的，它们需要高水平的管理以良好运作。羊群生育力差往往会造成在春季产羔的任务很重，因为在晚春时期配种时未受孕的母绵羊在秋季自然生育力较好时会再次交配。疾病控制方案必须管理得非常得当，在羊舍或放牧地很少有"停工"来清理受污染的环境的时间。另外，在哺乳期母绵羊的体况评分不能太低，因为在断奶后再配前母绵羊没有机会恢复体重。在繁殖期外能自然繁殖的品种（如多赛特绵羊、美利奴绵羊），采用这种繁殖方案占有一定优势。

加速产羔计划是美国东北部和加拿大常使用的方案，在南非和新西兰也越来越被普遍使用。然而须仔细权衡从售出高价值商品获得的收入和饲料、劳动力以及羊舍（冬季产羔）的花费之间的关系。

五、妊娠鉴定

准确的妊娠鉴定有利于分别管理不同的母绵羊，隔离不同妊娠期绵羊，给予补充饲喂、监督产羔并且淘汰未孕母羊。用于妊娠鉴定的程序涉及检测未返情的母绵羊（未被试情公羊爬跨），腹壁实时超声扫描，直肠腹壁触诊（妊娠70 d起），腹部触诊（妊娠100 d起），在交配后18 d测量血浆孕酮浓度（检测到孕酮表明有功能性黄体），腹腔镜（30 d起）。实时超声检测是一种快速、高度灵敏和非常特异的手段，主要用于母绵羊与母山羊的妊娠鉴定。对于早期妊娠（如妊娠20～40 d）的检测，经直肠超声检测最为准确。妊娠成像是通过将超声传感器放置在羊体两侧的无毛区域，然后直向上向前照射对侧最后一条肋骨的部位。此仪器检测成本低，每小时可检查100～150只母绵羊，并能准确检测单胎和多胎妊娠。

六、产前损失

正常情况下，健康绵羊妊娠后，其胎儿损失的概率很低(小于2%)，然而胚胎损失率可能很高（多达30%）。在妊娠12d前，胚胎死亡不会扰乱正常的发情周期，但此后胚胎死亡会延缓发情周期，并可能导致重复配种和产羔期延长。胚胎损失的程度取决于前述的状况，但健康的母绵羊也发生胚胎损失，繁殖力高的品种胚胎损失率更高。

在健康羊群中，孕羊在妊娠中期与后期，胎儿损失率通常较低。然而，当胎儿损失率非常高时，可能表明已发生严重的病理过程，此时可观察到流产、阴道分泌异常液体、死产、新生胎儿死亡或以上所有症状一并出现。发生原因大多数归于传染病，但也可能是营养缺乏或毒素所致。最常见的流产病原（或病因）是流产性衣原体（*Chlamydophila abortus*）、空肠弯曲杆菌（*Campylobacter jejuni*）、胎儿弯曲杆菌（*Campylobacter fetus fetus*）、刚地弓形虫（*Toxoplasma gondii*）、边界病病毒、伯氏柯克斯体（*Coxiella burnetii*）、卡奇谷病毒、沙门氏菌导致的痒疫和其他沙门氏菌、硒缺乏和碘缺乏、植物毒素（如疯草）中毒。在上述情况下，常见的流产率为20%～30%，但一般情况下，流产率大于5%则已视为不正常，需要进行排查。

七、公绵羊的管理

为了达到最佳繁殖力，应在繁殖前对公绵羊进行体格检查，若发现任何异常身体状况应限制交配（见公畜繁殖性能检查）。阴囊及其内容物、阴茎和包皮一定要仔细检查，检测2个睾丸的大小和对称性，仔细触诊每个睾丸的均匀性和弹性。任何可触及的病变，尤其是附睾病变，都应视为具有潜在传染性（如感染羊布鲁氏菌和精液放线杆菌）。应进行适当的检测，以建立羊群的诊断程序，并淘汰感染的公绵羊。应收集精液以评估是否有潜在疾病，尤其在单父系交配方案中更应仔细检测。所有的甄别方案应在交配前6～8周进行，以使管理层可以改变公绵羊的选择或购买无感染的后备公绵羊。

可在公绵羊引入前6周饲喂补充饲料，高蛋白谷物，尤其是羽扇豆可同时增加睾丸大小和睾丸细胞数，提升精子数量。然而日粮蛋白质水平大于14%可能会导致由肾棒状杆菌引起的感染性包皮龟头炎（也称牛鞭腐）。

可以通过给公绵羊带阴茎兜以及每14～17 d改变蜡笔颜色来监测交配活动。当被爬跨的母绵羊比预期少时，建议考虑是否是公绵羊性欲差，公母比低或母绵羊处于乏情期。当母绵羊连续被不同颜色标记时，应怀疑是否受孕失败或发生胚胎早期死亡。

公、母比随品种、公绵羊成熟度的不同和是否正进行同期发情或诱导发情方案不同而有所不同，在羊场中公、母比为1：40是正常的，但如果使用繁殖力高的品种（如芬兰兰德瑞斯绵羊，该品种羊繁殖力极好），公、母比可更低。当实施公绵羊效应时，该比例应为1：20；繁殖期内同期发情时为1：15，而繁殖期外诱导发情时为1：5～7。

在排卵期，公绵羊与母绵羊接触的时间长度应限制在2～3个发情周期以内，以缩小产羔时期，达到优化产羔管理和提高羔羊存活率。繁殖力高的品种可达到只接触35～42 d（2～2.5个周期），繁殖力低表明繁殖管理出现了问题。羊群在交配时应避免分散，为避免分散而聚拢绵羊不会影响交配，因为青年母绵羊有较短而不强烈的发情期，因此，在与公羊交配时最好将其与经验丰富的母绵羊分开。

1. 采精 采集公绵羊精液最常用的方式是使用人工阴道法。收集前，用温水（40～55℃）预热人工阴道，使外壳和柔软内套筒均被预热，用凡士林润滑套筒底侧（阴茎插入处），另一侧连接上玻璃收集杯，公绵羊很快就会学会如何爬跨母绵羊及迅速插入并射精。

另一种精液收集方法是通过电刺激采精。保定公绵羊，用润滑过的双极型电极插入直肠，用一块纱布包住阴茎，以方便将龟头插入直径10～15 mm的收集管中。公羊通常在短的电刺激后射精；当电刺激采精射出的精液不完全时，可采用"尿道抽吸"法。电刺激采精不如人工阴道可靠，因为精液质量不同而且可能会被尿液污染。

人工阴道采集的精液量为0.5～1.8 mL，精子浓度为2.5×10^9～6×10^9个/mL，而通过电刺激采精得到的精液一般较大，但浓度较低。

2. 精液鉴定 采集后立刻检测精液污染情况，并进行精子量、精子浓度和精子活力（波动和前进运动）等的评估。

3. 精液的稀释 可以对精液进行稀释、分装和储存。依据精液的原始浓度、处理及储存方法，以及使用的是鲜精、冷冻精液还是冻融精液，可以对精液进行5倍稀释。大多数精液稀释剂都是以Tris、蛋黄和其他冷冻保护剂（如甘油）为基础的。商品化精液稀释液都含有冷冻保护剂、蛋黄和双蒸馏水。这些稀释液既适用于鲜精，也可用于冻精。

新鲜和冷冻精液稀释液含有全脂、脱脂牛奶或92～95℃水浴加热8～10 min以灭活毒性因子的牛奶、蛋黄/葡萄糖/柠檬酸盐（15%蛋黄，0.8%无水葡萄糖，2.8%蒸馏水稀释的柠檬酸钠二水合物）。另外添加的Tris和甘油可提高冻融精液的精子生存能力，冻融精液与新鲜精液混合可提高精子通过子宫颈时的受精能力，但不包括子宫内人工授精。活精子数量和授精剂量取决于授精部位和处理方法。对于阴道内人工授精，可使用0.3～0.5 mL（含3亿活精子）精液；对于宫颈内授精，可使用0.05～0.2 mL（含1亿精子）新鲜精液或含1.5亿精子的液体存储精液或含1.8亿精子的冻融精液。通过腹腔镜对每个子宫角进行的子宫内授精则需要0.08～0.25 mL（总数为2 000万的活动精子）精液。

4. 精液的保存 将稀释的羊精液，经90～120 min冷却到2～5℃，并保持在此温度，精液可最多储存24 h，48 h后精子的受精力迅速下降。

公羊精液冷冻储存在规格0.25～0.3 mL、3倍颗粒剂量或0.25 mL、单倍剂量的人造细管中，放置于液氮中（－196℃）可成功保持精子活性。但采自不同公绵羊或不同处理批次的精液解冻后精子活力和活性有一定程度的变动。使用冻融的精液子宫颈内授精的产羔率为50%，子宫内授精的产羔率为50%～80%。

冻融会减少精液中活动精子数，冷冻导致精子膜的变化，从而降低精子寿命。膜的变化类似于精子获能和顶体反应，并且影响卵母细胞受精。新鲜精液可减少与精子获能有关的影响和变化。

八、人工授精

用非冷冻精液人工授精的最佳时间是在羊发情期开始后的12～18 h。当使用孕酮、促性腺素和公绵羊效应诱导同期发情时，大多数母绵羊在36～48 h内发情，并在大约60 h时排卵。在取出阴道栓后48～58 h之间进行子宫颈授精。在使用冷冻精液进行子宫内授精时，应在48～60 h进行，在53～54 h时授精，受胎率最高。

稀释的新鲜或冷冻精液能植入阴道或子宫颈，而稀释的新鲜、冷冻或冻融精液还能植入子宫。冻融精液与新鲜精清混合植入子宫颈，受胎率可超过50%。

1. 阴道授精 将连接1～2 mL注射器的人工输精吸管插入阴道深部。这种方法快速且只需简单保定母羊。如果采用子宫颈内授精法，则需保定母羊，并且将其后肢抬到合适的高度，以使授精器材更容易插入阴道。清洁外阴部后，用带照明灯的开膣器找到子宫颈，尽可能在子宫颈深部授精。需要使用连接有注射器的、长而细的人工授精管或半自动授精装置。通常子宫颈管长而曲折、管壁厚，直径大于1 cm的管子难以插入。年老且经产的绵羊子宫颈组织扭曲变形，难度进一步增加。精液可存放在子宫颈前部的褶皱中。临产期的母羊，子宫颈管完全开张；对青年母绵羊，插入开膣器和扩张阴道可能会造成损伤，精液应输在阴道前端。

2. 通过腹腔镜的子宫内授精 在进行操作前，母绵羊应禁食、禁水约12 h，先肌内注射1.5~2 mg甲苯噻嗪镇定，将其放置在保定栏中，然后翻转——先背部斜靠使腹部露出，局部麻醉可先注射2个位点（腹中线两侧4 cm以及乳房前6 cm）。然后升高母绵羊臀部侧保定栏，使母羊身体倾斜约45°，将侧腹部暴露在操作员前，麻醉位点可以插入2个套管针和套管；通过第一个套管吹入二氧化碳，以扩张腹部，通过临侧的套管插入腹腔镜，可见到子宫角，通过第二个套管插入塑料或玻璃的授精移液管或者带有护套的人工授精枪，将精液输在子宫腔内。无论将精液输入一个子宫角还是双侧子宫角，受孕率都相同。

第二十一节 小动物的繁殖管理

一、繁殖性能检查

1. 雌性 繁殖性能检查应从生殖全面检查和用药史开始，包括对以往发情周期的信息（发情开始时间及规律），饲养管理（过去的和准备开始的），产仔情况以及相关的家族史，日常治疗信息（饮食、药物、环境、健康状况）。在进行全面体格检查时应特别注意外生殖器和乳腺的检查，乳腺的评价应包括对乳头正常解剖结构的检查。常见的繁殖遗传性缺陷筛查可以通过一些技术手段来实现，包括X线检查、超声检查、眼底镜检查以及特定的DNA检测。

通过对犬进行数字阴道检查以及阴道镜检查，可发现犬阴道狭窄或外阴和阴道其他缺陷可能会妨碍性交或分娩。阴道狭窄常为先天性，可能会形成其他分支或环形带。最常见是出现在阴道前庭交界处、尿道乳头的头部。此缺陷的遗传情况仍然未知。阴道或前庭狭窄的生理结构在犬类并不少见，通常会妨碍正常交配。如果发生未经限制的交配而妊娠，或经人工授精而妊娠，可能会导致难产。这个问题可以通过简单手术切除隔膜来解决，但部位狭窄问题不经会阴切开术就很难解决。如果母犬的繁殖潜力突出，可选择人

工授精与剖宫产。

由于阴道内通常有多种细菌，包括β-溶血性链球菌和肺炎支原体菌，因此不建议进行阴道内容物的常规培养检查。当开始配种计划前，每个发情期前都需筛选淘汰携带布鲁氏菌的母犬，由于假阳性很常见，所以检测结果是阴性，可信度高，如果检测结果为阳性，则需要实施进一步的血清学检测（如琼脂凝胶免疫扩散试验，AGID）、培养或PCR检测。对于母猫，应进行猫白血病病毒和猫免疫缺陷病毒检测，以供筛选淘汰参考。5岁以上的母犬和母猫，都应进行全血细胞计数检测、血清生化检测和尿液检测。

在预计配种前，母犬应处于最佳体况以提高妊娠率并使分娩更为顺利。一些养殖者经常错过2次配种之间的发情期，这不是最佳的饲养方式，因为发情期间不可避免的雌激素刺激（母猫）和孕酮刺激（母犬，有时为母猫）会促进子宫内膜囊性增生，进而导致子宫蓄脓。保持最佳健康状况的母犬和母猫，可以连续交配繁殖，当不需要再作繁殖用时，应进行卵巢子宫切除术。在妊娠和哺乳期应给予合适营养的饲料并适当运动。

应给母犬接种抗主要传染病（犬瘟热、犬细小病毒、2型腺病毒、狂犬病）的疫苗，其他非主要疾病疫苗的接种，应根据健康状况检测结果（犬的年龄、健康状况、家庭和外界环境、生活方式）而定。母猫同样需要适当接种疫苗（根据免疫效果持续时间而定），以避免猫传染性胃肠炎、传染性鼻气管炎以及杯状病毒病的发生。根据与猫的年龄和饲养方式相关的健康状况测试的结果，接种抗狂犬病病毒和猫白血病病毒的疫苗。在母犬和母猫配种前不建议进行不必要的接种，因为不仅免疫效果几乎没有提高，而且容易造成其不利影响。建议在妊娠期间只接种未曾接种的或未知的疫苗，以及在病毒感染风险高时进行接种。在这种情况下，使用联合疫苗是最佳选择。

使用预防药物预防心丝虫病发生，以及进行内、外寄生虫控制和治疗应在妊娠期和哺乳期进行。对妊娠中后期的动物进行适当隔离，以预防传染性疾病是很有必要的，例如，避免母犬与犬疱疹病毒接触，以及避免母猫的上呼吸道感染。对于用户的教育很有必要，不仅包括普通的的分娩知识，及时识别难产也是必不可少的。将胎儿和子宫定期监控系统使用于母犬和母猫后，能使新生仔畜存活率显著提高，并可降低母畜的发病率和死亡率。

2. 雄性 雄性的繁殖性能检查，也应从整个繁殖情况与总的健康史开始，包括过去和预期育种管理，已经实施的繁育程序结果，相关家族史以及既往史（饮食、用药、环境和健康状况）。建议对遗传缺

陷的品种进行筛选淘汰。

应进行全身体检，尤其要注意生殖器检查。将阴茎从包皮中充分伸出，仔细检查生殖器，在检查前需要镇定动物。如果雄性阴茎根部附近的毛过多，可能会阻碍交配，应予以剃除。触诊犬腹部和直肠可检查前列腺的大小和对称性，而对猫则没有必要，因为猫科动物罕见前列腺疾病。前列腺的任何异常（疼痛或不对称）或精液的异常都可做超声波检查以及尿常规、细胞学检查和细菌培养等进一步的临床检测。应仔细触诊检查睾丸和附睾的对称性，如有异常，可进一步用超声扫描仪检查。应检查阴囊是否有皮炎或创伤，这都可能会影响繁殖力。犬类上包皮口有少量的黏液分泌物是正常的（见雄性小动物生殖系统疾病）。

隐睾是雄性常见的生殖器缺陷，可根据初情期时阴囊内是否缺失一个、甚至是两个睾丸同时缺失来判断；通常睾丸在6～16月龄时下降到阴囊内。有记录犬睾丸下降最迟为10个月。单个隐睾不会导致不孕不育。犬隐睾是可遗传的，像这种有隐性遗传的动物不应作配种用。睾丸下降延迟或下降都是可遗传的，父母都为隐性遗传的个体携带者。由于未下降睾丸的肿瘤和扭转发病率高，建议进行双侧睾丸切除术。使用促性腺激素或睾酮药物治疗诱导睾丸下降已被证实无效，且不道德，睾丸固定术也被认为是不道德的。犬类中存在完全单睾症这种现象但较罕见。

阴茎包皮的持久性系带会阻止阴茎从包皮伸出，从而影响交配，需要手术治疗。阴茎偏差并不常见，存在问题的这些动物在配种时，需要辅助或需要通过人工授精来配种。尿道下裂会阻止精子从睾丸向阴茎龟头处运输，这在体检时就可以检测到。小的缺口可能会自发性闭合，但仍需要进行尿道造口术或阴茎截短术来进行矫正。包皮口狭窄可能会导致包皮过长，这可能是有先天性或慢性炎症如创伤或细菌性皮炎引起的结果。应先解决根本原因，然后如有必要再进行扩大开放手术治疗。

精液鉴定：在理想情况下，应对准备用于配种的公犬进行全面的精液鉴定，对育种用公犬至少每年进行1次精液鉴定。可通过简单地手动刺激公犬采集精液样品，建议使用试情母犬以提高公犬性欲，采精效果更佳。所有设备，如人工阴道收集管、移液管、载玻片和盖玻片，应预热到体温，并保持干燥，远离水和一些污染物，如化学消毒剂等。犬精液由3部分组成，第一和第三部分均是前列腺分泌物，而第二部分射出的精液中富含精子。精子量和睾丸大小相关，大型犬应比小型犬精子数量多。

精液鉴定应包括性欲检查，单次射精的精子总数（正常为2亿～4亿个）、精子运动能力（正常为90%以

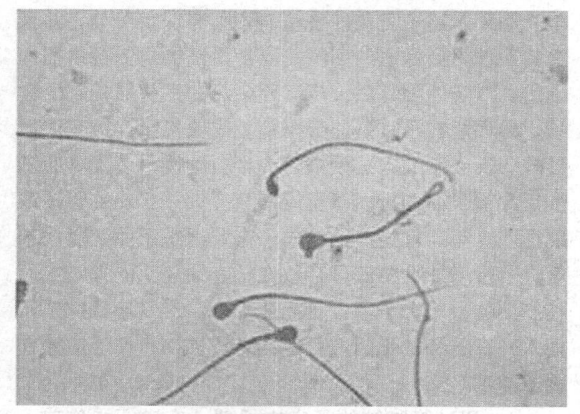

图18-1　犬精液：精子畸形

微头精子是主要的生理缺陷。（由Autumn P. Davidson博士提供）

上精子以中或快速渐进运动），以及形态检查（90%以上精子正常，图18-1）。通常使用血细胞计数仪或分光光度计进行精子计数（个/ mL），单次射精精子数的计算是将计数得到的每毫升精子数乘以单次射精的精液总体积。检查精子运动能力应在样品采集后、未染色前尽快进行，检查时最好使用洁净并预热的载玻片。精子形态学检查常用的商业染色剂有伊红苯胺黑染色和姬姆萨染色。

在采样时应适当收集射出精液的第三部分，一方面可确保收集第二部分富含精子的精液，另一方面也可借此检测前列腺性能，射出精液的第三部分清澈透明（无尿和细胞污染）。仅采集一次样本不足以作出生育力低下或不育的结论。如果样品内无精子，可通过测量射出精液的碱性磷酸酶来评估射精是否完全。当含量超过5 000 μg/dL时，表明已完成第二部分射精，通常已包括富含精子部分。含量不到5 000 μg/dL，表明可能患双侧阻塞性疾病或性欲疾病，阻止了第二部分精液的射出。常规精液鉴定不能评估精子的功能性，而顶体评估需要特殊技术，这在商业市售上无法获得。

如果猫没有在人造阴道内射精的经验或无电刺激射精设备，采集雄猫的精液是非常困难的。可使用细针穿刺膀胱收集尿液法，对尿液中的精子进行检测。也可通过立刻采集母猫交配后阴道内排出物，来判断雄猫是否产生精子（在交配后1～2 h内精子会从阴道消失）。用温生理盐水冲洗母猫的阴道并将液体吸出，吸出的样品离心后检查沉淀物（新亚甲基蓝和血常规染色即可）。睾丸的细针穿刺检查也可被用于证实精子是否发生，检查公犬及公猫是否出现炎症。使用繁殖力可疑的公猫与确定生育能力良好的可繁母猫交配，是检查公猫繁殖力最实际的方法。

二、繁殖管理

（一）犬

　　母犬可以自然交配繁殖，也可以使用新鲜、冷藏或冻融精液进行人工授精。犬定时排卵越来越受到养犬者的欢迎。热门种犬品种的养犬者通常只允许有限的交配次数（通常为2次），并可能根据排卵时间优先选择合适的母犬进行交配。养犬者通常希望可以尽量减少母犬运输的时间，可通过识别繁殖季的排卵期来减少母犬的运输次数。使用稀释精液、冷藏或冷冻精液，或使用生育力低下的种犬时，就必须确定排卵时间，以达到最佳受孕率。适时定期排卵可精确评估妊娠期的长短，也可评估外观表现上不孕的母犬。此外，在最合适时间交配的母犬，其产仔最顺利。

　　了解犬繁殖周期相关的知识是必不可少的，个别母犬可能与正常犬有很大不同，发情周期各异，有时甚至表现周期病理性变化，这些情况都需要兽医作出分析。正常犬的繁殖周期可分为4个阶段，虽然会有一定程度的个体差异，但每个阶段都有其特定的行为、物理和内分泌模式。发情周期正常，但行为模式等异常的母犬需要与真正异常的情况区分对待。检测繁殖力良好的母犬在正常范围内的一些变化是母犬繁殖管理的关键。评价发情周期的真正异常，是检测评估外观表现不孕的母犬的重要组成部分。

　　发情的间隔一般为4～13个月，平均7个月。发情周期中的乏情期主要表现卵巢无活动，子宫衰退和子宫内膜修复。一条处于乏情期的母犬不吸引公犬，也不会接受公犬交配，外阴无明显的分泌物且外阴不发生肿胀。阴道细胞学检查主要可见小副基底层细胞，偶尔可见中性粒细胞和少量的混合菌。内镜下可见阴道黏膜褶皱平坦，较薄且为红色。

　　生理控制乏情结束的机制还不清楚，但黄体功能退化以及催乳素分泌下降似乎是先决条件。乏情期的结束以垂体分泌促性腺激素、FSH、LH和GnRH为标志。下丘脑促性腺激素释放激素以脉冲式分泌，其间歇性的分泌是促性腺激素释放的生理需求。在乏情期，FSH的平均值有所升高，而LH值略微升高，在乏情期后期，LH的脉冲式释放增多，导致发情期卵泡的逐渐形成，雌激素水平为2～10 pg/mL，孕酮达到最低点（小于1 ng/mL）。乏情期一般持续1～6个月。

　　母犬处于发情前期时会吸引公犬，尽管母犬此时会变得性兴奋，但仍不接受交配。血液经子宫从外阴排出，外阴轻度肿大。阴道细胞学检查表明，小副基底层细胞逐渐向小型和大型中间细胞、表面中间细胞、最后向角质层上皮细胞转变，这反映了雌激素的影响。可能会有少量的红细胞出现。阴道黏膜褶皱

　　出现水肿，呈粉红色的圆形。在发情前期，FSH和LH水平较低，在排卵前期激增，雌激素水平从乏情期的基础水平（2～10 pg/mL）上升到发情前峰值水平（50～100 pg/mL），与此同时，孕酮在LH水平激增前（2～4 ng/mL），保持在基础水平（小于1 ng/mL）。发情前期，从第3天持续到第3周，平均时间为9 d。卵巢周期的卵泡期与发情早期相一致。

　　在发情期，正常母犬表现出接受或被动的交配行为。这种行为的发生与雌激素水平下降、孕激素水平上升时期相一致。此时，外阴出血量不同程度减少，外阴水肿趋向最大化。阴道细胞学检查仍是由表层细胞为主（图18-2）；红细胞呈下降趋势，但会一直存在。阴道黏膜皱褶逐渐变得明显促进排卵和卵母细胞成熟。LH水平达到峰值后雌激素水平显著下降，而孕激素水平持续增加（在排卵时通常是4～10 ng/mL），标记卵巢周期中黄体的变化。发情持续3天至3周，平均为9 d。因为LH峰值的持续时间是变化的，可能与排卵期并不完全精确重合，所以发情行为可能会先于或后于LH峰值发生。初级卵母细胞在LH达峰值后2 d排卵，卵母细胞的成熟是2～3 d后；次级卵母细胞的寿命为2～3 d。

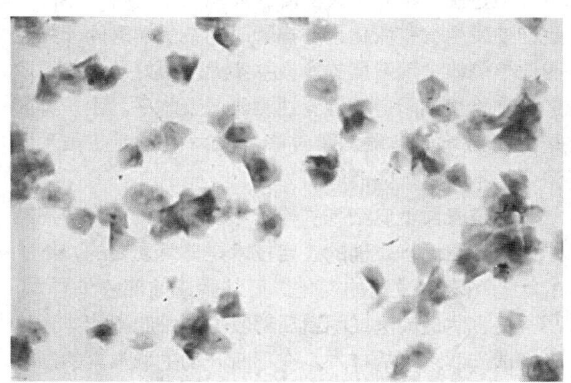

图18-2　发情犬阴道细胞学检查（表面或角化细胞）
（由Autumn P. Davidson博士提供）

　　在间情期，母犬表现出不愿交配，对公犬的吸引力也减少。外阴分泌物减少，水肿也逐渐消失。阴道细胞学检查发现，副基底层上皮细胞和嗜中性粒细胞再次出现。阴道黏膜褶皱变得扁平而松弛。雌激素水平较低，同时孕酮水平稳步上升至峰值（15～80 ng/mL），而在间情期后期逐步下降。孕酮的分泌依赖于LH和催乳素的分泌，由于孕酮水平升高，子宫内膜开始增殖，子宫肌层变厚。

　　在未妊娠的情况下，间情期一般会持续2～3个月，在LH峰值出现后64～66 d终止妊娠。在间情期结束或妊娠时，催乳素水平与孕酮水平互相作用，催乳

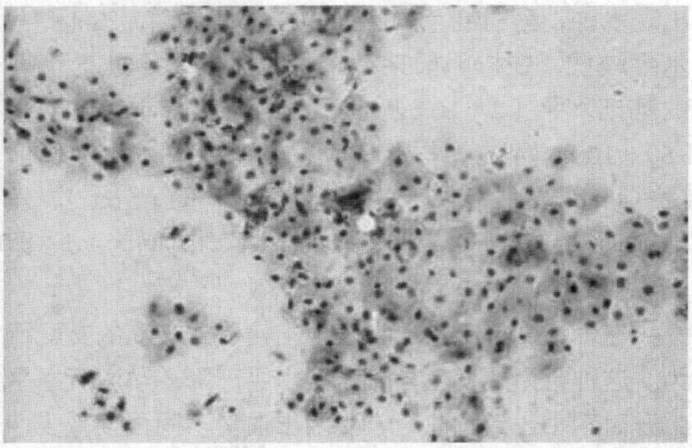

图18-3　间情期的中介层细胞与副基底层细胞
（由Autumn P. Davidson博士提供）

素上升而孕酮下降，达到比妊娠时还高的水平。乳腺导管和腺体组织因催乳素升高而开始增生。

雌激素、LH、孕酮均是定期排卵的重要因素，都需要作为繁殖评估的部分检测对象。

1. 雌激素　雌激素升高能加快阴道上皮细胞代谢更新率，进而导致在阴道细胞学检查时发现细胞角化现象。阴道黏膜也可发生渐进性水肿，采用内镜检查即可发现。许多商业化实验室均可进行雌激素检测，但是由于不同母犬的雌激素高峰浓度各不相同，且即使发生一些变化也与排卵时间或受孕时间无关，因此检测雌激素浓度的意义并不大。最好通过连续阴道细胞检查或阴道镜检查估测雌激素水平。由于排卵是由LH激增而非雌激素高峰所激发的，因此雌激素浓度并不表明排卵时间。

阴道表面上皮细胞的检查可以提供关于发情周期的信息。因此，正确的鉴定技术是非常重要的，细胞的状态可表明激素的变化。可从阴道前部收集样本；阴蒂窝、阴道前庭或阴道后部收集的细胞不能作为检查发情周期阶段的样本。在不断升高的雌激素的影响下，阴道上皮细胞急剧增多，呈多层层叠，可能会对交配中的阴道黏膜提供一定程度的保护。在发情前期雌激素上升时，上皮细胞的成熟率同时增加，在阴道涂片上可见上皮细胞正在发生角质化。上皮细胞在整个发情期持续完全角质化，直到LH激增后7~10 d时出现"间情期转换"，这标志着间情期第1天的开始。之后阴道涂片检测结果可观察到显著变化，在未来的24~36 h内，中性粒细胞和上皮细胞从完全角质化，逐渐变为40%~60%未成熟的（中介层与副基底层）细胞。如果在间情期转变开始后进行阴道细胞学检测，可对LH激增、排卵和受孕期做回顾性分析。

2. 促黄体激素　在发情周期的卵泡末期，在24~48 h内，LH从基础水平迅速增加，然后再回到基础水平。已确认，LH的激增是由于雌激素水平下降和孕酮增加的相互作用引起的。LH激增诱发排卵，这是母犬在繁殖周期中最重要的内分泌活动。

每日测定LH可准确的获知LH激增的时间，这种方法可准确诊断排卵、实现定时配种的目的。用半定量试剂盒测定犬的血清LH水平，以识别排卵前LH峰值，从而确定排卵期和妊娠的时间。用以测定LH的血液样品需每日同一时间采集，因为大多数母犬LH峰值只持续24 h。对试剂盒测定结果的分析因人而异，所以如果可能的话，应由同一人检测所有样品。

3. 孕酮　在排卵前LH水平激增后，孕酮水平开始增加，增加的孕酮和下降的雌激素水平协同作用使外阴和阴道的水肿情况减少，这在阴道镜检查时也可以观察到，而其他临床症状变化不大。每2日收集血液样本进行检测，可确定孕酮升高的最初时间（通常大于2 ng/mL），出现孕酮升高表明LH峰值已过。在大多数兽医商业化实验室中，均可使用放射免疫分析法检测孕酮，也可使用一些半定量试剂盒进行检测。

孕酮变化和发情周期的任何阶段均没有直接联系。当LH出现峰值时，孕酮水平在0.8~3.0 ng/mL波动，排卵期时在1.0~8.0 ng/mL波动，而妊娠期时在4.0~20.0 ng/mL波动。然而，如果可以准确测定孕酮，可通过孕酮水平升高的情况来估测LH的峰值。尽管其准确程度不如实际检测LH激增水平，但通过孕酮水平来估算的方法仍然非常有效，使用往往更为广泛。

当采用半定量孕酮检测方法定时配种时，只能测得大致范围的孕酮水平，这使得人们难以准确识别出孕酮开始增加的天数或生育期的真正时间。应用试剂盒还有一些技术问题，因此检测结果只适用于可接受较大幅度误差的常规配种。一种安全的方法是当孕酮水平大于2 ng/mL时才可进行配种。最优排卵时间的选择应使用商业化实验室的量化孕酮分析（成本差异最小）。无论使用哪种测定方法，在第1次检测到孕酮上升后的2~4 d，应再次进行检测，以确定发情周期阶段、功能性黄体形成和发生排卵。

4. 利用激素水平定时配种　当养犬者初次发现母犬在既定时间有发情迹象时，应立刻通知兽医，发情迹象包括从阴道流出分泌物、外阴肿胀以及对公犬吸引力增强。即使是最细心的养犬者，可能也会在犬发情前期或发情开始的前几日内未曾注意到。阴道细胞学检查可发现处于发情前期（角化细胞/表层细胞比小于50%）的母犬，在发情时间未知的情况下，基础水平的孕酮是很有用的指标，通常为0~1 ng/mL。在细胞明显角化前，即角化细胞/表层细胞大于70%，阴道细胞学检查应每2天进行1次。此时应进行激素检测，对常规配种来说，在孕酮上升到2 ng/mL以上前，应隔日检测1次孕酮。孕酮超过2 ng/mL被认为是孕酮开始上升，这一日称作"第0天"，建议在第2天、第4天或第6 d进行配种。

当需要提高排卵时间准确度时（如使用冷藏或冷冻精液配种，母犬繁殖力低下，或使用繁殖力低的公犬配种），需每日检测LH。一旦确认LH开始激增，立刻制定配种日期。LH激增开始的日子也叫做"第0天"，在细胞角化完成前（即角化细胞/表层细胞大于90%），每2~3日进行1次阴道细胞学检查，最大角化程度通常在配种期前，并持续到间情期初期，一般持续到配种期的最后几日。在间情期转换期确认出现前，应持续进行阴道细胞学检查，这可以对刚刚结束的配种给出回顾性评估。另外，在第0天后至少应进行1次孕酮检测，以确定孕酮水平是否在持续上升，这说明黄体持续分泌孕酮，并表明排卵周期已经开始。

用稀释的冷藏精液做人工授精，应在第0天后的第4天和第6天或第3天和第5天进行。日期的选择根据精液通宵运输是否可行以及其他日程安排确定，用冷冻精液授精，应在第5天或第6天进行。

在整个发情周期都可以将阴道镜检测作为阴道细胞学和激素检测的辅助手段，尤其可用做检测异常发情周期。对于母犬行为和其他可见性变化也应注意。几种检测的信息综合分析后可得到最准确的排卵时间，这些信息包括阴道细胞学检查、阴道镜检查、孕酮或LH测定结果。

5．人工授精 在犬的繁殖中，人工授精的应用逐渐普及，采用人工授精方法可运输转移精液，对老年或低生育力的公犬有辅助生殖作用，它也是一种先进的繁殖技术（如子宫内注入精液）。人工授精可以使用新鲜精液，也可使用冷藏或冷冻精液。涉及人工授精的所有器械应保持清洁，没有任何化学污染。在采集和收集精液后，可将合适长度的人工授精移液管插入母犬阴道，将精液输在阴道头部，或通过子宫颈导管直接进入子宫。由于损害性大，通过腹腔镜或剖腹探查术子宫内授精的方法并不可取。

精液（第二部分）可以用稀释液稀释并冷藏备用（48 h内），如果要长期保存，可加稀释液后置于吸管或做成颗粒，储存在液氮罐中。常用稀释液为蛋清磷酸缓冲液或Tris缓冲液；也可用其他几种商品化稀释液。在使用前解冻精液，检查精液质量后立刻进行人工授精。

（二）猫

母猫表现发情迹象后，应将其带至公猫面前，选择公猫熟悉的、环境安静、地面防滑、干扰小、同时也便于观察的地方进行配种。在较为安全、安静的情况下不应打断猫求爱行为。公猫连续交配数次后多会表现出筋疲力尽，而母猫在连续交配后会翻滚并梳理皮毛，之后可能在一段时间内不接受公猫爬跨。

由于排卵是阴道和子宫颈受刺激引起的，因此建议在3 d以上的时间里多次交配。每次交配之间应隔离公猫与母猫，以防止连续交配耗尽体力或发生不必要的打斗。有些母猫较为紧张，运输应激会影响其繁殖性能。可在21~30 d后通过腹部触诊和超声检查检测确定是否妊娠。

三、发情周期调控

犬和猫的发情周期不如其他动物容易调控，由于缺少试验研究，因此，不建议在有价值的个体进行配种试验。尽管发情周期中某个阶段可能会有延迟，但有可能会回到正常的发情周期中。使用催乳素抑制剂，如溴麦角环肽和卡麦角林，可诱导间情期后期的母猫发情。

卵巢子宫切除术是防止母犬和母猫发情最有效的方法。注射一种人工合成的复合雄激素，可长期抑制母犬发情。一般剂量为每日3 μg/kg，德国牧羊犬及其变种需要每日6 μg/kg。必须在发情前期1个月前即开始注射，常见的不良反应为阴蒂肥大、阴道炎（尤其初情期母犬）、皮肤皮脂腺分泌增多、轻度溢泪以及肝脏功能的改变。在停止注射70~90 d后会自动恢复发情周期。在注射后第二个发情周期后受孕率恢复正常。由于目前尚无雄激素用于配种母犬的安全性研究，因此在没有得到养犬者同意的情况下不应注射雄激素。如果给已妊娠的母犬注射，合成的雄激素会诱发雌性仔犬泌尿生殖系统的严重发育异常。不应给猫注射这种合成的雄激素。

由于醋酸甲地孕酮（一种人工合成的孕酮）的使用，会使子宫内膜增生和子宫蓄脓的危险性增高，而且还可发生其他不良反应，如乳腺增生、肿瘤、胰岛素抗性引起的高血糖以及高泌乳素血症，因此不建议使用于配种的母犬与母猫。

对于发情母猫可用物理方法或更可靠的激素方法诱导排卵，使其进入黄体期（发情后期或间情期，约45 d）。物理方法包括与切除输精管的公猫交配，此法非常有效；或者用无菌的棉签或玻璃棒插入母猫阴道，诱导排卵。后者应反复进行才可获得最好的结果。激素方法包括肌内注射人绒毛膜促性腺激素（500 IU/只）或GnRH（25 μg/只），两种激素均每日注射1次，共注射2 d。

注射睾酮已在赛用灵缇上得到广泛使用，但其安全性和有效性并未有对照研究报道，不建议使用。

四、妊娠鉴定

母犬和母猫都在输卵管中受精。在约18 d时母犬的受精卵进入子宫内，母猫受精卵进入子宫约为14 d。子宫角（蜕膜瘤）在约第21天时形成膨大，如果此时动物配合检查，很容易触摸到膨大的胎囊。妊娠早期阶段胎儿生长迅速，这些膨大每7 d直径就可增至2倍。在35～38 d后变得难以辨认，直到妊娠后期前触诊都很困难，在妊娠后期可以摸到胎儿头部和尾部，腹侧后腹部可触摸到结节性结构。母犬妊娠30 d后，可用试剂盒检测松弛素诊断妊娠，该方法特异性强且敏感性高。

尽管胎儿的骨骼早在第28天时即开始钙化，但直到42～45 d通过常规X线检查，还检测不到骨骼，在妊娠47～48 d时，可明显看到胎儿骨骼。此时X线检查没有致畸作用，妊娠后期的X线检查是确定一窝产仔数的最好方法。

超声检查可用于妊娠鉴定和胎儿成活力检测。超声检查最好在妊娠第25～35 d进行。在21 d前常见"假阴性"结果。多普勒型超声检查可以"听到"胎儿的心脏跳动，比母体心动速率快2～3倍，也可听到胎盘血流声音。超声检查尤其适用于区分妊娠和由其他原因引起的子宫扩张（如子宫积水、子宫蓄脓）。

五、避孕或妊娠终止

犬和猫盲目及不必要的交配是被普遍关注的问题。可通过卵巢-子宫切除术彻底避孕。有60%的杂交母犬不会受孕，建议在手术进行之前，须确定是否是意外妊娠。交配后阴道冲洗对于避孕并没有作用，虽然误配后注射雌激素可以一定程度避孕，但有发生严重副作用的风险，包括子宫蓄脓和潜在致命性的骨髓抑制，因此不建议使用雌激素。如果使用，必须在交配发生后不久，在受精卵到达子宫之前注射。而在间情期给予口服雌激素可显著增加患子宫蓄脓的风险，不建议使用。

安全终止犬猫妊娠的有效方法是皮下注射前列腺素$F_{2\alpha}$（自然激素），剂量为0.1 mg/kg，每日3次；48 h后增为0.2 mg/kg，每日3次，直到经B超确认所有胎儿都排出时停药。注射药物时间可长达14 d，对母犬，可通过同时经阴道每日1次给予前列腺素E（米索前列醇，1～3 μg/kg），来缩短前列腺素$F_{2\alpha}$的用药时间（通常缩短48 h）。用此剂量的前列腺素主要不良反应有气喘、颤抖、恶心、腹泻等，但其影响轻微而短暂。前列腺素的治疗范围较为狭窄，因此应仔细计算剂量。合成的前列腺素（氯前列烯醇，每12～24 h给予1～3 μg/kg，直至流产）对子宫肌层具有特异性。

口服地塞米松（0.2 mg/kg，每日2次）可以有效终止母犬的妊娠。养殖者应知晓用皮质类固醇治疗可能引发的副作用，如气喘、多尿、烦渴等。

已报道，可以通过药物之间的联合治疗，最小化终止妊娠的不良反应，联合治疗的药物包括口服卡麦角林5 μg/kg（每24 h给药1次，持续10 d），同时给予氯前列烯醇1 μg/kg，在LH峰出现后的28 d和32 d，分别皮下注射2次。

六、犬与猫分娩

正常情况下，母犬在间情期第1d后的第56～58 d分娩，或孕酮从基础水平升高（通常大于2 ng/mL）后的第64～66 d分娩，或为观察到母犬接纳公犬交配后的第58～72 d分娩。母猫在LH峰值触发交配行为开始后的第64～66 d分娩。

在没有定期排卵的情况下，预测妊娠期长短较为困难，因为母犬的发情行为和实际受孕时间不一致，并且精液在生殖道内的存储时间变化也很大（通常在7 d以上）。交配日期和受孕日期的关联性不高，导致无法准确预测母犬分娩日期。此外，足月妊娠的临床症状也不明显——X线检查显示胎儿的骨骼钙化时间变化性很大，胎儿的大小也因品种和怀胎数不同而各不相同。分娩前8～24 h，大多数母犬直肠体温下降到37.1 ℃（平均范围为36.7～37.8 ℃）。品种、产仔数都会影响妊娠时间的长度，即将分娩的症状包括会阴部松弛、乳房膨胀以及腹部的一些表观变化，但这些变化不一定都出现。由于无有效的手段监护早产的幼犬，因此不能使用引产的方法干预分娩。同样，过于保守的方法也不可取，容易使胎儿在子宫内死亡。

通常母犬在血清孕酮水平下降至小于2～5 ng/mL后的24 h内进入分娩，这与前列腺素有协同作用，通常间接导致体温短时下降。为识别即将到来的分娩，需要连续监测孕酮水平，但快速检测试剂盒结果不准确，范围在2～5 ng/mL。商业化实验室使用放射免疫分析法，可在12～24 h内定量检测孕酮水平，但这个速度仍然不够迅速，使得作出是否需要助产的决定仍然困难。显然获知排卵时间非常有利，可以在最短时间内获知间情期开始的时间并评估妊娠期的长度。

尚无可诱导母犬与母猫分娩的有效且安全的方法。

七、分娩与排出胎儿

1. 正常分娩　通常母犬和母猫分娩第一阶段持续12～24 h，在此期间子宫肌收缩的频度和强度增加，子宫颈扩张。在分娩第一阶段腹部没有明显收缩（可见的收缩），在分娩第一阶段，母犬和母猫会有行为变化，如藏匿自身、焦躁不安、间歇性做窝、拒绝进食、时而呕吐。常见气喘及颤抖，阴道分泌物呈透明的水样。

正常分娩的第二阶段以腹部收缩为特征，由子宫肌收缩引起，一直达到娩出新生仔畜的高潮。通常在产仔犬和猫崽时，尽管个体之间相差仍很大，但是努责持续时间不应超过1～2 h。整个分娩时间可以持续在24 h以内；然而正常分娩的整体时间应较短，每个新生仔畜娩出的时间间隔也较短。阴道分泌物应为清亮、带血液或呈绿色（胆绿素）。通常情况下，母犬和母猫会在分娩时间歇性做窝，也可能会间歇性哺乳新生仔畜。厌食、气喘、颤抖是常见的症状。

分娩过程的第三阶段，定义为从胎儿被娩出到胎盘被彻底排出的阶段，通常母犬和母猫在胎盘被完全娩出前在第二阶段和第三阶段之间摇摆，直到胎衣被完全排出。在正常分娩过程中，所有的胎儿和胎盘都应从阴道排出，但不可能每次胎衣都随胎儿一起被排出。

2. 难产　导致难产的母源性因素，如子宫收缩乏力和盆腔异常；胎儿因素，如胎儿过大、胎位不正、胎势异常或这几种因素合并出现。在娩出一个或多个胎儿后出现的宫缩乏力（继发性）是最常见的难产原因。

如果在分娩阶段子宫的收缩力有限，则可确切地诊断为难产（偶发的子宫收缩微弱），或分娩中胎儿压力过强。凭借主观的判断，如果分娩第一阶段超过24 h还没有进入到第二阶段，可确诊为难产；如果在分娩进入第二个阶段1～4 h仍然没有正常分娩，胎儿过大或者母体的压力过大，如发生死胎情况，或者第二阶段没有在12~24 h内以正常的方式完成分娩等，均可判断为难产。

子宫和胎儿检测可被用于诊断和控制分娩和难产。剖宫产手术适用于子宫收缩无力，梗阻性的难产，子宫收缩异常，胎儿宫内窒息。

根据监测结果，治疗方法包括使用葡萄糖酸钙和催产素，只有在确定子宫收缩之后的8～12 h（分娩第一阶段）给予药物，或者通过检测子宫，预测在分娩第二阶段子宫收缩无力时给药。提前给药效果不佳。

通常来说，摄入钙会增加子宫肌层的收缩能力，催产素可以增加其收缩频率。当子宫收缩很弱的时候给予10%葡萄糖酸钙（每22 kg 体重1 mL，每日2～4次）。也可皮下注射，避免因为静脉注射而刺激心脏。当子宫收缩频率降低时注射催产素（犬0.5～2.0 U，猫0.25～1.0 U）。最有效的治疗时机是当子宫收缩乏力，在完全停止之前。高剂量的催产素受体使结合位点饱和，反而使得子宫收缩无效。如果胎儿的压力是显而易见（持久性心动过缓），药物反应

不良，那么只能采取剖宫产。

八、产后护理

进行触诊和X线检查（如果有必要）可确定所有的仔犬和猫仔全部被排出。如果母犬或母猫哺育新生仔畜，就不必给它们注射催产素和抗生素，除非有胎儿滞留在子宫内。需要监控产后动物的体温、分泌物（或者恶露）的性质以及奶水。正常情况下，恶露呈暗红色到黑色，且分娩后的前几日很多。没有必要一定要产后动物吃掉胎盘。用碘酒消毒新生仔畜肚脐可以防止细菌污染。

将新生仔畜体表擦干后立即准确称重，在之后的第一周每日称重2次。在24 h之后任何重量的丢失，都会预示着潜在的问题，应该引起注意（例如，补充饲料、辅助吸乳、败血症检查）。

九、围产期问题

犬、猫应在熟悉的环境中分娩，避免受到干扰，陌生环境或陌生事物会妨碍分娩，影响泌乳或影响母性。特别是年轻或初产犬、猫。母畜的惊恐会在几个小时内消退，但是在此期间，新生幼仔必须接受初乳并保持温暖。

母畜精神紧张可能会忽视或过度关怀新生仔畜，舔咬新生幼仔脐带残端，引起出血或损伤腹壁，以至伤害内脏。对新生仔畜的过量饲喂可能干扰其哺乳，如果犬、猫的母性缺乏，它可能会以胸骨着地的姿势躺卧，不让哺乳或者离开新生幼仔。母畜，特别是每一只幼仔分娩后，常常会将幼仔衔住，把幼仔放入盒子，然而，它应该能采取正常的哺乳姿势。

与妊娠相关的代谢性疾病主要是产后低钙血症。产后低钙血症罕见于猫，但是常见于体重低于20 kg的犬，围产期营养不当（高钙、磷或者产前饮食失衡）会使病情恶化。

产后期常见子宫炎和乳房炎。胎衣不下或部分滞留会导致子宫炎，症状包括持续努责似分娩。用超声检查可见子宫内梭形团块。随着感染的发展，从外阴排出异常分泌物，发热，嗜睡等。如果在产后24 h之内，注射催产素可排出胎衣，如果无效，皮下注射前列腺素$F_{2\alpha}$（0.1 mg/kg，每隔12～24 h注射1次）或者皮下注射氯前列烯醇（1～3 μg/kg，每隔12～24 h注射1次）可以排出胎衣。

母犬乳房炎的发病率比母猫更高。引起乳房炎的细菌往往是大肠埃希菌与金黄色葡萄球菌。乳汁积滞和过度处置乳腺一样，可引起母犬乳房炎。

母犬产后子宫出血罕见，可以尝试静脉注射麦角新碱（15 mg/kg），如果不能止血，须行卵巢子宫切

除术。可考虑是否凝血功能障碍。

子宫复旧不全导致子宫有出血点，出血时间超过12～16周（母犬正常子宫复旧时间）。因为可自行康复，除非失血过多，否则不需要治疗。不影响以后的生育能力。

在犬和猫并不常见无乳（除非由其他重病引起）。在剖宫产之前应确定泌乳正常，如果急需实施剖宫产，不管泌乳的状态如何，都需要一定的调理。对长期泌乳不足的犬和猫，应检测炎症性疾病与代谢病，并作相应的治疗。还需做血常规、血清生化、阴道分泌物和超声检查。正常产初乳（一般很少）不应与无乳症相混淆。新生仔畜食入的乳汁与每日增重（出生24 h后）的水平表明泌乳是否正常。催产素的释放（吸乳诱导）促进泌乳，因此新生畜必须花足够的时间吸乳。破坏垂体-卵巢-乳腺轴可以导致自发性无乳。无乳还与早产有关。

雌激素可促进乳腺生乳，因此在剖宫产切除卵巢前乳腺已完全发育。卵巢子宫切除术不会对分娩期正常生乳的犬和猫产生负面影响，如果有影响可能与遗传因素有关。

如果治疗及时，泌乳可恢复。每2 h皮下注射小剂量的催产素（0.5～2.0 U）。注射前应抱走新生仔畜，注射完10 min后将新生仔畜抱回。为确保新生仔畜存活，应当适当补充营养，但不能过度，以使其积极吮吸母乳。如果新生仔畜不主动吮吸母乳，可用手轻轻挤掉乳汁。皮下注射胃复安（0.1～0.2 mg/kg，每日3～4次）可以增加乳汁释放。轻度镇静剂量的乙酰丙嗪可促进乳汁排出，继续治疗直到哺乳量充足为止，通常需12～24 h之后。

十、不育

猫与犬不孕症多与饲养管理有关，可选择最佳时间使雌性与生育力强的雄性交配。很少见感染性、解剖结构性、新陈代谢以及功能上的问题导致不孕。

唯一得到证实能导致母犬不孕的是犬布鲁氏菌病。由犬布鲁氏菌引起的高度接触性传染性疾病可导致流产和不育。用市售的快速平板凝集试验（RSAT）试剂盒检测血清抗体，如果检测结果为阴性，可以排除犬布鲁氏菌感染，如果为阳性，则要进一步进行实验室检测（如AGID，PCR，2-巯基乙醇RSAT）。

导致猫不孕的传染性原因包括弓形虫病、猫白血病病毒感染、猫传染性腹膜炎和猫病毒性鼻气管炎。上述传染病可能会导致流产、新生仔畜死亡、胚胎吸收及不孕症。

不孕的解剖学原因包括后天性和先天性因素，感染或创伤引起的炎症，可使输卵管或子宫角纤维化而导致不孕。可通过剖腹探查术确诊不孕。目前尚无可靠的治疗方法，尽管可以尝试显微手术治疗。雄性双侧输精管阻塞，导致无精子症，最终导致不孕。环境高温可以诱导暂时的或永久性精子缺乏。在夏季，应使配种的公犬（猫）生活在凉爽的犬（猫）舍。阴囊皮炎也可以导致相同的结果。性别分化紊乱可导致不育（如雌雄同体，假两性畸形）。

由代谢引起的不育罕见，不同于罕见的个体的疾病。甲状腺功能低对雄性的性欲和精液质量没有影响。母犬患甲状腺功能减退，可增加其流产率。

发情周期的异常也可导致不孕，长期的乏情期可能是先天的，也可能是后天获得的。一些大型的犬可能直到2岁之后才会出现第1次发情。某些品种通常每年只有1次发情。先天性的乏情可能是由于下丘脑-垂体轴的功能不全或卵巢发育不全所致。

先天性乏情的诊断可根据动物的年龄和排除其他所有可能的原因（包括染色体缺陷、内分泌紊乱、卵巢切除）。因为雌猫性周期是由光照所决定，所以在确诊先天性乏情前几个月，光照条件应是合适的。诱导猫的发情方法是肌内注射2 mg的FSH，每日1次直到出现发情迹象（超过5 d后不再给药）。

先前的卵巢切除术，外源性的激素治疗（包括糖皮质激素），甲状腺功能减退或卵巢疾病（囊肿或肿瘤）可导致后天乏情。可根据病史、体检、生化检验、超声检查、剖腹手术进行诊断。

发情期延长的原因可能是卵巢囊肿（产生大量的雌激素）、功能性卵巢肿瘤，或外源性雌激素。应停止使用外源性激素。剖宫产后的组织病理学检查显示，诱导排卵（人绒毛膜促性腺激素、FSH、GnRH）通常无实际价值。发情间期延长可能是卵巢黄体囊肿所致。卵巢切除术后的组织病理学检查表明，前列腺素的药物处理通常也无实际意义。

睾丸肿瘤通常产生雌激素而导致不育。切除受损的睾丸，可使另一只睾丸恢复产生精子的能力，但预后谨慎。

第二十二节　雄性动物配种前繁殖性能检测

雄性动物配种前繁殖性能检测（BSE）是指对雄性生殖系统潜能的全面评估，包括对雄性的交配能力和性欲的检查，一般体格检查和生殖器官的检查，精子数量和质量检查。BSE不是直接评估生育能力，评估生育能力只能通过与雌性配种后成功产出后代来确定。必须对特殊的雄性动物进行正确识别，详细的病史是很重要的，因为对不育的动物可能需要进行更详尽的检查。交配能力和性欲的检查需有发情期的雌性动物在场，并且通过人工阴道或手动刺激收集精液样品检查，因此，日常配种检查很少评估公牛和公羊的交配能力，因为公牛和公羊是通过电刺激收集精液。

评价精液质量的项目包括：①精液量和精子浓度，可计算出每次射精的精子总数，②精子的活力，在稀释的样品中包括活力（仅针对反刍动物）和个体精子运动的百分比（总的和逐渐的），③形态正常精子的百分数。罗氏染色的细胞学样品也考虑到一次射精中红细胞（血精症）和白细胞（脓精症）的评估。通过电刺激射精收集反刍动物精液，测定阴囊的周长可以评估精子量的潜力，这与每日射出的精子量有关，因此可得知一头公牛或公羊的能力（如在一定时间可交配雌性的数量）。

通过BSE可以将雄性分为合格的，有问题的或不合格的种畜，有身体缺陷的动物可能有遗传不良基因（包括隐睾），这些动物应该被认为是不合格的种畜。以下是各种家畜的BSE指南。

一、牛

虽然在BSE程序中通常不经常检测公牛的性欲，但是如果可能的话，应该观察公牛配种，以评估性欲，爬跨水平、勃起、阴茎伸出、阴茎偏差的存在或者其他畸形、异常情况。已经制订出性欲和其配种能力测试（在设定好的时间内记录围栏中公牛配种次数），但是非常费时，也很难在生产中去实现标准化。另外，由于精液储存条件的不同，如单头牛精液单独储存与多头牛精液合并储存或小牧场与大型牧场的储存，使最终结果难以解释。

BSE的开发和使用，应确保系统地完成检查和精确地报告结果。应将公牛保定在畜栏里检查。进行体况评分，常规体检应特别注意脚、腿、眼睛和阴茎鞘，通过直肠触诊，检查腹股沟环和内部生殖器是否异常（如精囊炎症）。触诊精囊以检查睾丸、附睾、精索和阴囊膜。睾丸应在阴囊内，大小对称、表面光滑、有弹性，并且可以自由移动。隐睾症被认为是一种不良的遗传性状，尽管精子质量达标，但公牛繁殖效果不佳。在反刍动物中，附睾在睾丸背腹侧的位置，附睾尾大部分向腹侧。附睾应没有明显的团块，阴囊周径应从最大直径处测量，15月龄以下的公牛的睾丸直径应该在30 cm以上，16~18月龄应达到31 cm，19~21月龄时达32 cm，22~23月龄时是33 cm，2岁以上公牛的阴囊周径直径应该是34 cm。在测量时把手指放在睾丸上可以导致周径增加的假象。阴囊的周长与精子的数量与生产能力有关系，也与正常形态精子的百分比有关。

常规BSE检查，常用电刺激法采集精液，可使用假阴道采集公牛精液。电刺激采精过程中阴茎会伸出，同时应该检查是否有异常。如果在此过程中阴茎未能伸出，应该垫以纱布轻轻抓住龟头，将其拉出检查，如果有必要，可给阴囊后部的乙状结肠曲施加压力。包皮清洗采样应该单独进行，可用于委内瑞拉胎儿弯曲杆菌（*Campylobacter fetus Venerealis*，使用克拉克培养基）或胎毛滴虫（*Tritrichomonas foetus*）的分离培养（用钻石培养基或者商品化诊断试剂盒），特别是4岁以上生育能力低下的公牛。

电刺激器包括直肠探头，探头内有系列线性电极，连接到可变电流和电压电源。将公牛保定在畜栏内，清空并润滑直肠，电极朝前将探头插入直肠。手工操作变阻器可以提供间歇电流，使电压逐步增加。公牛对电刺激反应各不相同，但是通常使用每2~4 s的脉冲、间歇为5~7 s重复刺激。在这样变化的刺激之后，可以看到阴茎的勃起和伸出，紧接着会有精液流出，有的公牛阴茎并不伸出，在鞘管内射精。可使用任何方便的方法收集精液，通常将一个橡胶假阴道锥上套有塑料缸，再连接46 cm的手柄。通常使用橡胶管连接锥体和试管，这样易于操作。有些公牛最后在一系列间隔1~2 s的瞬时脉冲下射精。老龄公牛一般需要更高一些的电压，才能刺激射精。在一些大型公牛中，探头通常达不到刺激位点，如果用2个或多个型号的探头，BSE可以被用在不同大小的公牛上。通过电刺激而获得的精液，从精液量和浓度来说不代表一次完整的射精。因此，公牛精子的潜在生产性能基于阴囊的周长来评定。相反，用假阴道采集的精液的活力和形态与正常射精的精子的活力和形态没有差别。

如果采用假阴道采精，公牛爬跨试情动物（比如保定的阉牛，母牛或台车），勃起的阴茎直接被插入到假阴道中。在准备假阴道设备的过程中，刺激射精的温度非常关键，通常保持在40.5~42 ℃。温度到达48℃，可促进采集未经过训练公牛的精液。使用假阴道通常不能使用具有杀精子效果的胶状润滑物。射精量一般为4~8 mL，精子浓度为10亿~15亿个/mL。

可通过直肠按摩公牛的副性腺来采集精液。用这种方法，阴茎很少勃起。方法是完全排空直肠后，向后按摩精囊腺，直到从阴茎鞘流出几毫升精液。然后按摩壶腹部，由一名助手像电刺激射精法那样采精。与其他2种方法比，这种方法的成功率较高，但收集的精液品质较低。

只有用假阴道采集的精液才可被用于检测精子浓度、射精量和精子总数。采集精液样品后应立即进行精液鉴定。与精子接触的所有材料都应与精子等温（避免温度休克）、清洁、干燥并无毒。在检查之前的短时间内应保持在37℃或者慢慢加热到37℃，以使精子活力保持最好的状态。精液总活力（漩涡模式）和单个精子的活力都需要评估，个体精子的活力是更精确的方法，可用于对种公牛进行分类。

精子粗评活率主要是评估精子密度和精子活力，在测定时应把未稀释的精液滴在载玻片上，不加盖玻片，用低倍镜（约100倍）检查。运动波强度分为4个级别：非常好——强烈地旋转，快速地明暗波动；好——慢慢地旋转，但波动不强烈；一般——缓慢地运动，波动很小；差劣——非常慢，几乎不旋转。可用温盐水或其他稀释液稀释精液，检测精子活力。将一滴经稀释的精液放在载玻片上，盖上盖玻片，在200～400倍显微镜下检查。在整个视野慢慢移动的过程中，逐渐寻找0～10密度的精子，并估计有多少是前进的，多少不是。

进行BSE的环境温度各不相同，在被检查之前，精子很有可能受温度休克影响。因此，前进行运动的精子超过30%或稍差些，都是可以接受的。如果在最佳条件下检查，一些组织（如加拿大牛从业者协会）建议至少60%的精子有活力，才可认为该公牛是具有潜力的合格种畜。

当检查精子活力的时候，对样品中除精子外的其他的细胞也需要进行评估。红细胞、白细胞与过多的圆形上皮细胞以及未成熟的精子都表明生殖道有异常。仔细检查生殖道，特别是内生殖器，可能找出WBC的来源。最常见的病因是精囊炎。圆形，不成熟的生殖细胞和含有近端胞质液滴的精子可能表明精子不成熟或睾丸的变化以及退化。

可用甲醛盐溶液固定精子样品来检查精子的形态。固定是最好的做法，用相差显微镜在高倍镜（1 000倍）下检查没有染色的精子。还可以用精子染色（如曙红-苯胺黑）来检查精子的形态，但这种方法不如用相差显微镜那样准确。至少应该计数100个精子，检出不同异常类型的精子比例。然而，正常精子的比例是评价公牛性能的唯一指数，这个比例应该大于70%，不再推荐使用活精子染色，因为形态正常的精子数的百分比、阴囊周长，在生育力方面，比一次射精中精子存活与死亡比值更密切相关。

如果公牛身体无异常，能满足阴囊的周长、精子活力和精子形态的最低标准，则可定为"有繁殖潜力的合格种公牛"。如果身体有异常，将会影响繁殖。如果公牛未达到这些标准，可定为"无繁殖潜力的种公牛"，如结果在临界条件下或还有些问题，可定为"暂缓分类"或建议复查。

二、绵羊

在检查公绵羊时可使用与检查公牛相同的BSE，但可使用更小的探电刺激射精探头。体况评分可分为以下几类：评分为1～2分，存在问题（体型偏瘦）；评分为3～4分，符合标准；当评分为5分时可考虑是否有问题（营养过剩，过于肥胖）。任何可见外生殖器异常或肿块、不规则的睾丸或附睾都不合格。附睾的肿块通常是由于感染羊布鲁氏菌而引发的精子肉芽肿，羊布鲁氏菌病是导致绵羊繁殖率下降的主要原因之一。绵羊感染羊布鲁氏菌与睾丸的萎缩有关系，8～14月龄山羊的阴囊周长应在28 cm以上（大于36 cm属于个例），14月龄以上山羊的阴囊周长应为32 cm（大于40 cm属于个例）。阴囊周长小于正常值表明有问题。公羊精子的活力测定标准与公牛的相同，精子直线运动超过70%是例外情况，超过30%为合格，10%～30%为有问题，0%为不合格。形态正常的精子百分比应超过50%，30%～50%为有问题，低于30%为不合格；个别超过80%纯属例外。高倍镜下，每个视野中超过5个白细胞（WBC 与羊布鲁氏菌感染相关）表明有问题。应该用ELISA对群体和超过9月龄的绵羊进行羊布鲁氏菌感染检测，测试结果为阳性则提示公羊不合格。对可疑的结果应进行重复检测（见公羊管理）。

有任何一个指标不合格的公羊，均可归类为"不合格"，任何一个指标存在可疑的公羊应归为"可疑"。对公羊个体而言，其在阴囊周长、精子活力和精子形态方面存在异常，可将该公羊归类为"异常"，而其他的公羊可归类为"合格"。

三、山羊

公山羊的BSE远没有像公绵羊的BSE那么详细，应仔细触诊睾丸，感染羊布鲁氏菌的情况很少见，但是精子的肉芽肿经常发生在无毛部位。这些病变最常在附睾头部被发现。像其他种类动物一样，隐睾症很普遍也可遗传，患隐睾症的公山羊不应用于配种。在年老的公山羊中睾丸的退化是受孕率降低的主要原因。可使用假阴道收集精液。训练公山羊适应这种方法很容易，但对电刺激耐受力低。电刺激只能用于处于麻醉状态的公山羊。评估指标与公绵羊类似。因为用假阴道采集精液，可以检测精子数，而不是利用从阴囊周长估测。精液量应在 0.5～2.0 mL，精子密度应为15亿～40亿个/mL。

四、马

种公马完整的BSE包括病史，全身检查，内、外生殖器检查，尿道和阴茎拭子培养，间隔1 h收集2次精液，用以检查精子活力和精子形态。

病史包括种公马之前的生育能力、繁殖方面的管理。如果配种母马不足10个且妊娠率低，应考虑个体的繁育力。如果种公马近期参加比赛或训练，可进行类固醇或者其他药物的检测。如果这次没有通过BSE，在种公马停止运动或者比赛之后3～6个月再做检查。

在体检期间，应该评估种公马体况以及是否有干扰繁殖的因素。有遗传性的缺陷，包括鹦鹉嘴和白内障，表示种公马不适合被用于繁殖。有失明、残疾或者运动失调、阴茎瘫痪或者其他缺陷的种公马，未来不能被用于繁殖。马的隐睾症是否有遗传性并未被证实，但是隐睾症足以使患病种公马被归为不适合繁殖使用之列。

应触诊阴囊内容物（当种公马第一次射精之后放松的时候可以再进行）。整个阴囊的宽度应该确保大于8 cm（最好大于9 cm），用尺子测量2个阴囊的长度。睾丸应坚实有弹性，在触诊时是均匀的，附睾在睾丸的背腹侧的方位，靠近尾巴。可以轻易触诊附睾尾部，然而附睾头和体部倾向于背侧。一个睾丸旋转180°（在触诊的睾丸附睾尾，也称为精索扭转）是非常常见的，对于健康种公马来说没有临床诊断意义。

超声检查也常被用来评估阴囊内容物，并单独检查每侧睾丸。可以用装有线性5 MHz探头的便携式超声仪检查马的生殖能力。睾丸应表现出均匀的回声，起始于前缘、沿睾丸纵向分布的中央静脉的横截面或纵切面是马睾丸健康的标志，不应该和病理变化相混淆。附睾尾和精索的外观类似一种均质的粗棉布；精索不对称的膨大可能与静脉曲张一致，有可能影响到血液流动和睾丸功能。测量每个睾丸的长度（L）、宽度（W）和高度（H），应用公式：睾丸体积＝（W×H×L）×0.5233来计算每个睾丸的体积；并应用公式：每日精子输出量＝（0.024×睾丸体积）—0.76来估算预期的每日精子输出量，该公式中的睾丸体积为睾丸总体积。

首次采集精液前需要清洗并检查阴茎。阴茎大小可能发生变化但不影响繁殖机能。阴茎可以自由且无损伤的从阴鞘里伸出。通过直肠可以触摸到成年公马体内生殖器、壶腹部、精囊腺及前列腺。不易触诊精囊腺，除非是在发情期公马与母马首次交配使腺体腔充盈，才会触诊到精囊腺。尿道球腺被肌肉覆盖很难触摸到它的结构。通过直肠超声波扫描可以完全观察到副性腺和骨盆部尿道。由于固有存在的一些危险限制了直肠探查，有些兽医只有在发现异常时（在精液中发现血或浓汁）才实施直肠检查。当对公马实行直肠触诊时，可以通过触摸腹股沟环来判断副性腺的大

小及其是否正常。通常感觉像腹膜的皮瓣，在腹部内层骨盆入口处3点钟及9点钟方位处副性腺形成口袋状。

可以通过将假阴道灌满50℃的水（在采精时水温会降到42～45℃），来采集精液；一些公马可能习惯于更高的假阴道温度（50～55℃），但是在采精时假阴道内部温度不可超过55℃。可以用发情期或卵巢切除的母马刺激公马，当公马阴茎勃起时，使用温水清洗阴茎并用干毛巾将其擦干。如果阴茎外皮上携带细菌（如肺炎杆菌或绿脓杆菌），在清洗阴茎采集精液之前，应在阴茎鞘和龟头窝内用棉签取样进行培养。背侧尿道憩室可能充满阴茎垢，使尿道变硬，形似菜豆，导致阴茎兴奋和肿胀，应将阴茎垢予以剔除。在清洗及擦干阴茎之后，可以对尿道末梢取样。之后使公马骑在母马或人工模型的背上，然后应用假阴道采集精液。射精后立即对尿道末梢擦拭取样。公马在下一次射精前可以休息1 h。

尿道拭子的培养结果不易分析。清洗过的阴茎培养物中的细菌长势较温和，清洗前的尿道球腺拭子可能揭示细菌的长势情况。肺炎杆菌或绿脓杆菌的生长表明阴茎适于这些微生物的生长；在美国，这些细菌是仅有的可以传染给母马而引发母马子宫内膜炎的细菌（除传染性马子宫炎外）。射精后的尿道拭子一般没有细菌生长，因为尿道被射出的精液清洗过。射精后尿道拭子上的大部分细菌，尤其是单个菌落表明生殖器内部感染，最普遍感染的是尿道和/或生殖道水疱病。

可以通过总体外观、体积、精子密度、精子活力、形态正常精子百分比及精子形态畸形百分比等指标，来评价射出精液的质量。射出精液不应含脓汁、尿液或血液。正常射出的精液应含有一种黏性、透明的云雾状凝胶，它来源于生殖道，构成精液的第三部分与最后部分。由于最后被射出，凝胶部分可以被假阴道的精液收集瓶口的过滤器剔除，或者通过在实验室向过滤器中倾倒精液来剔除（2种方法择其一，前者优先）。

去除凝胶部分的精液可用于分析。使用血细胞计数器或适当校准的光度仪来测量精液密度。为了达到这种目的设计了一些特殊的商用仪器。精子活力及形态学评估的方法与公牛精子的评估方法相同；然而由于种马的精子密度较低（1亿～4亿个/mL），因此只能评估个别精子的活力。精液鉴定既应对原精液进行检验，也应采用优质稀释液对原精液稀释后进行检验。在检查精子活性前，需要将精液升温到35～37℃。射出精子的总数可以通过公式：去除凝胶的精液体积×密度来计算。

休息1 h后，第二次采集的精子总数，可被用于粗略估算公马的每日射精数。第二次射出的精子与首次射出的精子相比，具有相同或略高的形态学正常精子百分比，同时精子活动性第二次与第一次基本相同或更好。如果精子数量或者质量与这个指导方针不同，可能是精子在排泄管道中储存时间延长，或者其中一次射精没有完全完成造成的，第三次射精应该被保存下来。第三次射精量是第二次射精量的一半，精子具有相同或更好的形态及活动性。当精囊总宽度与精子评估不符时，或者与计算每日精子输出量不符时，可以采集第三次射出的精液。延长精子储存管道可以提高首次射精量，但是精子的活动性及形态不佳。

具有极大精子储存量的种公马在获得典型的精子前需要连续7～10 d采精（精子评估结果需要和连续采集的精子一致）。在一些特殊情况下，精子累积到壶腹部并被浓缩，诱发储精小管堵塞，导致无精子或极少精子排出，尤其是在射精时精子头部分离。可能需要多次尝试来清除堵塞。可采用射出大量头部分离的死亡精子来减轻储精小管堵塞。

当采集壶腹部严重堵塞或者有射精问题的公马精液时，首先仅能采集到清亮的精液。在一些实例中，在连续采集精液之前，有必要区分是由于壶腹部堵塞，还是精子缺乏导致精液量减少，可以通过检测精液碱性磷酸酶水平来判断。因为在附睾液中碱性磷酸酶浓度很高，其值小于100 U/L表明是壶腹部堵塞或射精失败，然而，其值大于1 000 U/L，则表明精子缺乏。

对于优良种公马，在休息至少5 d后的首次射精数，应大于或等于80亿～100亿，第二次射精数应在40亿以上，总精子活力应不低于65%，活动良好者在50%以上，至少50%的精子形态正常。种马在间歇1 h的第二或第三次射精时，至少获得10亿的活动良好且形态正常的精子，该种马被认为是合格的。

通过上述详细检查，可将种公马分成3个等级，即优良、可疑和淘汰。然而分类多少有些主观，分在某一等级中的优良马可能与另一等级中的边缘马相差无几。优良种公马应在正常的繁殖条件下，能与50匹母马自然交配或通过人工授精能配种120匹母马，而且妊娠率达80%以上。可疑的种公马达不到上述要求。当然，被归类为可疑的公马的一些问题，会随时间推移未经处理即自行解决，因此，建议每6～12个月复查1次。差劣的种公马可能会严重影响其繁殖力，或将不良的遗传特性遗传给下一代。还可通过人工授精冷冻精液提高母马繁殖率，在这种情况下可用商品化精液容器检测精子活力。

五、猪

性成熟的公猪两侧睾丸大小应对称，差异不超过1 cm，每侧睾丸长至少8 cm，宽至少5 cm。通过台猪或发情母猪来采集公猪的精液。在挤出阴茎后，戴上手套抓住阴茎尖端并挤压，可以使阴茎勃起并射精。龟头尖端1 cm处为尿道开口，注意防止其阻塞尤其是在使用指压法时。由于射出的精子量很大，可使用隔热容器收集精子以维持精子温度的恒定。在容器口安装滤器或纱布以过滤掉凝胶部分及碎片。正常的公猪一次射精量为50～500 mL；精子密度大于50×10^6个/mL；活力大于70%；每次射精总精子数大于60×10^9个；形态正常的精子百分数大于80%。

六、犬

犬的一个完整BSE应包括病史、体格检查、精子评估及犬布鲁氏菌检测。如果想要确定公犬不育，需要具备完善的育种管理规范，及确定母犬可与其他公犬进行正常交配繁殖。应及时记录下产仔时间及不孕母犬，以及母犬在交配之前的发病史。这些都可用于评估、确定不孕情况是否是短暂性的（例如，在开始发病后60 d，发热能影响精液生产）。

有必要进行一般的体检。关节或脊柱畸形的公犬是不能进行爬跨的。肾上腺皮质机能亢进或甲状腺机能减退等内分泌疾病会降低公犬繁殖率；这些疾病会导致体重或皮毛异常。需要检查公犬阴茎及包皮，有些疾病如系韧带硬化、增长或肿胀均会导致龟头包皮炎，可影响到公犬的正常交配。阴茎的损伤或撕裂会导致公犬在交配时出血，使精液中混有血液。

前列腺需经直肠触诊。对于性成熟（大于5岁）的公犬，最常见的前列腺病症是良性前列腺增生（BPH）：前列腺增大且直肠触诊无痛感。患BPH病的犬无症状或者具有血尿或精血症或里急后重病史。表现临床症状的犬，可通过去势来治疗。种公犬可以通过使用5 α-还原酶抑制剂进行治疗，这种药可以防止睾酮转化形成二氢睾酮。BPH必须进行治疗，否则会发展成前列腺炎。

应对阴囊、睾丸及附睾进行触诊。小且柔软的睾丸常排出劣质的精子；而较大的睾丸又可能患有睾丸炎或附睾炎。触诊到肿块暗示患肿瘤。阴囊畸形，如皮炎，会通过降低阴囊温度而严重影响到精子质量。睾丸的长、宽、高需用卡尺测量，测量结果可作为未来睾丸疑似退化的参照。此外，阴囊总宽度常与体重及公犬潜在精子产量有关。阴囊内容物的超声检查可以查出睾丸或附睾包块。

对公犬进行采精要求犬具有良好的立足处，如厚地毯，而不是光滑的表面或桌子。采精前不能惊吓到犬，因此，一些常规检查应在采精后进行。母犬不在场情况下也可采精（精子数可能较低），但可推荐使用母犬刺激公犬，尤其是初次采精的公犬。在没有母犬试情时用甲基苯甲酸酯可有助于采精，一些兽医使用擦拭有发情期母犬尿液或阴道分泌物的冷冻棉拭子，达到刺激公犬进行采精的目的，但是公犬的反应各不相同。

采精用的锥形瓶，如公犬假阴道的内套，常用无菌且无杀精作用的润滑剂或石油状胶体润滑。可以将阴茎向后拉，用锥形瓶摩擦阴茎。当龟头从鞘中露出时，立刻使用锥形瓶卡住阴茎并暴露龟头。一定的压力会使龟头露出并勃起，然后射精。使用润滑后的锥形瓶接触阴茎，会刺激公犬将阴茎插入锥形瓶，像上述一样用锥形瓶挤压阴茎暴露龟头。戴上手套后刺激公犬阴茎，直到部分勃起即可采精；当包皮滑到尾部龟头腺后，用锥形瓶适当的挤压可以使公犬射精。配有漏斗的烧杯或试管可以套住阴茎尖端来收集射出的精液。一些配种员还简单地用塑料包套住阴茎收集精液。

射出的第一部分精液（来自前列腺，眼观清澈透明）及第二部分精液（富含精子，眼观呈云雾状）均应收集。在这2部分被射出后，应观察盛有收集物的试管，清澈透明层应在云雾层上，此时可以结束采精。公犬可在勃起减弱前继续射精10 min。当阴茎缩回后应检查阴茎鞘，以确保阴茎正常缩回进阴茎鞘，且阴茎鞘中没有夹入毛发。如果阴茎鞘像阴茎一样缩回去，可能会留下剩余的突出物。

精液鉴定包括外观、体积、密度、活力及形态正常精子百分数。精液呈黄色、棕色或红色表明精液中存在血液或脓汁。精液量各不相同，主要依赖于收集的精液的多少及公犬的体格大小；精液量由不到2 mL到20 mL以上，但一般约为5 mL。立即使用保暖设备评估精子活力；精子活力应在70%以上。精子形态评估参考公牛。至少80%的精子形态应该正常。使用血细胞计数仪测量精子密度。将精液按1∶100稀释，计数血细胞计数仪中部大格的精子数，得到的计数结果×10^6即为精子密度（个/mL）。精子总数按体积×密度计算。射出的精子总数范围是$400×10^6 \sim 1\ 000×10^6$个以上，并与公犬体重有关；据说，一只犬每磅体重产精子约$10×10^6$个。

对于进行不育调查的每一只犬均应进行犬布鲁氏菌感染的筛查（见布鲁氏菌病）。

精子质量可能正常或异常，或者射精时无精子，这些在射精中很常见。对于评估正常精子来说，不育很少见，如果发现不育，可能是管理不当或母犬不孕。精液中存在白细胞或红细胞表明有炎症发生，通常为前列腺炎，培养前列腺液及恰当的治疗可有助于提高生育力。如果精子质量不正常，须确定公犬是否最近患病或使用过任何药剂，尤其是合成类固醇类。其他导致精子质量不正常的因素有阴囊或其他部分的炎症，导致阴囊温度较高，睾丸形成肿瘤（睾丸超声检查很有必要，因为许多睾丸肿瘤触诊不到），阴囊创伤或犬布鲁氏菌病。然而，对于犬来说引起精子质量低的大部分因素均为特发性的。

可以检查犬的脑垂体，但通常结果不明确。对于大部分精子质量异常的犬来说，促黄体素及促卵泡素分泌高于正常，原因在于睾丸退化导致脑垂体反馈调节被破坏。因为精子质量异常可能是由近期短暂的疾病或接触毒素所引起，精子发生可能会重新开始，在确定预后前应每3个月采精1次，共采4次。

犬常发生无精症，这可能与犬的睾丸无法产生精子，或者由于附睾堵塞而导致精子无法从睾丸中排出，或者与射精不完全等因素有关。和种马一样，一次射出的精液，可以通过由附睾分泌的碱性磷酸酶水平判断射出精子的好坏。浓度高（其值为5 000 ~ 40 000 IU/L）表明收集到的是附睾液，说明确实患有无精子症；浓度低（小于5 000 IU/L）表明附睾阻塞或射精失败；应使用一种强刺激物（如处于发情期的母犬）重新采精。当出现射精逆行时应采取膀胱穿刺术；当犬由于不适应人工采精而无法射精时，应采集正常交配母犬的阴道分泌液样来刺激公犬。当附睾或精索异常，如附睾发育不全或附睾堵塞时，可进行仔细的触诊及超声波检查。

如果公犬满足上述条件且犬布鲁氏菌感染为阴性，表明其繁殖性能优良。种公犬每年应检查一次犬布鲁氏菌感染。与其他种类动物一样，有问题的犬可能随时间推移恢复健康（如近期发热导致暂时睾丸退化，BPH），而无法治愈或遗传障碍的公犬则应予淘汰。

第二十三节 家畜胚胎移植

虽然人工授精技术已经广泛应用于家畜的遗传改良，但是胚胎移植也已证明是一种极为强大的技术手段，特别是用于优良血统母畜的基因扩繁。对于牛，特别是奶牛业，正在对优良母牛采用超数排卵和胚胎移植（MOET），使育种计划得以蓬勃发展。除了用传统方法进行胚胎移植外，目前如体细胞移植或转基因等克隆新技术也开始兴起，只是暂时尚未推广应用。

胚胎移植技术已经广泛应用于生物学和医学多个领域的关键研究中，如母子的相互作用，人类和动物疾病的模型，能产生用于人类的治疗性蛋白质的转基因动物的生产。下列陈述仅局限于目前对家畜进行商业胚胎移植的原理及方法。除了马以外，大部分哺乳动物的胚胎移植，包括母畜超数排卵的给药方式及剂量，是为了保证移植过程中得到更多的胚胎数。

一、牛

对牛仅偶尔进行单个胚胎的收集，通常在对超排供体母牛进行激素处理后，再进行大量的胚胎移植。在牛，有2种超数排卵（超排）技术：一种是在发情期第10天（将出现发情的当天规定为第0天）肌内注射eCG2 000～2 500 IU，之后2～3 d每隔12～24 h注射2次前列腺素PGF$_{2\alpha}$。

另一种方法是注射FSH。使用eCG的超排效果强于FSH，但使用FSH得到的胚胎质量却更高，所以商业上常使用FSH进行超排。商业应用的FSH来自猪脑垂体提取物，混有LH。然而如果混有过多LH会干扰FSH的最佳超排效果，但是少量的LH反而更有利于FSH的超排效果。

尽管有报道称，一次性注射FSH可以获得满意的结果，但应连续肌内注射FSH 4～5 d，每日2次为最佳。商业用FSH用生理盐水稀释到20 mL，然后连续使用4～5 d。使用FSH注射4 d的方法是：第1天每次4 mL，每日2次；第2天每次3 mL，每日2次；第3天每次2 mL，每日2次；第4天每次1 mL，每日2次，总量为20 mL。出现发情后第10天应用FSH。应用FSH后第3天或第4天注射PGF$_{2\alpha}$，12 h后重复1次。36～48 h后出现发情，发情开始后12 h及24 h观察体温变化，以进行人工授精或，在72 h、84 h、96 h应用hCG或GnRH促进排卵。对奶牛可用的超排方法很多。比如超排前注射雌二醇或者阴道抽取优势卵泡。这些方法的目的是获得更多可用胚胎。

观察到供体自然发情后，应同步对受体进行处理。在供体首次注射PGF$_{2\alpha}$ 12 h之前受体应注射PGF$_{2\alpha}$，受体会与供体同期排卵，但通过比较，供体与受体注射PGF$_{2\alpha}$相差±1 d比较好。超排率可以达到75%～90%，但20%～30%超排的母牛所产胚胎质量不好。使用FSH可以获得高质量的胚胎（每次能冲洗出0~20个以上的胚胎）。每次收集胚胎平均能获得5～7个高质量的胚胎，即可认为是满意的商业结果。

可在发情周期第7天即胚胎植入子宫时进行胚胎采集。在采集胚胎之前，超排之后供体母牛触诊子宫可摸到黄体。从子宫液中采集胚胎方法如下：①5～7 mL利多卡因硬膜外腔麻醉。②使用肥皂或消毒剂洗净外阴，用量依据动物及其子宫颈大小，将安装有金属杆的导尿管插入阴道，用伸入直肠的触诊手臂将导尿管导入子宫颈。③插入子宫颈后，将导尿管深入到一侧子宫角上1/3处；取出导尿管里的金属杆，管口充满15～20 mL空气，空气量与子宫角大小有关，也与品种、年龄、胎次等有关。④子宫颈中含有冲洗液，该液体富含抗生素及牛血清白蛋白，有些还有表面活性剂以减少胚胎形成泡沫。以前，每次采集胚胎前均需要准备冲洗液，该冲洗液由Dulbecco's磷酸盐外加抗生素及1%胎/犊牛血清（或0.1%牛血清白蛋白）组成。现在世界上仍在使用这种冲洗液。⑤用冲洗液冲洗子宫角，每次25～50 mL，少量重复多次，将冲洗液导入胚胎滤器，可持续冲洗子宫角，或使用1～2 L冲洗液连续冲洗子宫。⑥冲洗完成后，冲洗液会流入胚胎滤器中。⑦胚胎滤器送到实验室后，应将其内容物放入检查盘中，可在10倍解剖显微镜下观察。

将所有观察到的胚胎移入到另一个干净培养皿中，培养皿中有含有10%～20%胎牛血清或0.4%牛血清白蛋白的缓冲液。然后在40～60倍的高倍镜下观察胚胎，依据胚胎形态、发育程度（未受精卵母细胞、早期桑葚胚、紧密桑葚胚、胚泡、扩张胚泡、孵出胚泡等）、质量（优秀、良好、一般、差劣、变质）进行分类。质量判定依据胚胎的完整性、胚胎发育情况、细胞质颜色、细胞退化、卵裂球数量、卵周隙距离和胚胎大小等形态特征进行评估。

只有中等、良好或优秀的胚胎可以移植；至少清洗胚胎3遍之后将其保存在培养液中。将移植的胚胎移入干净的含有培养液的器皿中，目的是剔除细胞碎片及可能黏附在透明带上的病原体。在室温下保存胚胎，直到移植入受体中或冷冻或进行性别判断。

自1978年以来，将牛胚胎移植入同步受体最常用的是非手术方法。将胚胎置入一个能和特制的授精"枪"（Cassou-type）契合的0.25 mL小塑料细管中，然后将胚胎移植枪放在一个无菌的套子里，以避免移植枪头部对动物会阴部和阴道造成污染。借助于直肠检查，将移植枪送入子宫颈，然后再插入同侧带有黄体的子宫角。细管里的胚胎等内容物要尽量置于细管顶端，以避免延长不必要的手术时间。第一次接受胚胎移植后，60%～70%的受体可以妊娠，移入2个胚胎的受孕率可高达90%。大量的牛移植胚胎都是经过良好处理的冻融胚胎（46%），一般的受孕率在50%以上。在同样的条件和熟练的操作技术下，冻融胚胎理论上比新鲜移植的胚胎受孕率低10%。虽然移入的胚胎量越多动物的妊娠率越高，但是由双胎引起的难产和胎衣不下的危险率也会增高，而且由此而导致的异性孪生不孕的可能性增高，从而限制了这种方法的广泛应用。

二、绵羊与山羊

小反刍动物的胚胎移植数量只是牛胚胎移植的一小部分：2003年，曾报道50多万头牛进行胚胎移植，但在小反刍动物上报道的胚胎移植仅有3 700只。造成这种现象的原因，除了经济和市场因素外，主要还是现有的绵羊与山羊上的胚胎移植方法，只能靠外科手术或腹腔镜的方法来收集胚胎和进行胚胎移植。

供体和受体羊要通过阴道给予孕酮的当日注射$PGF_{2\alpha}$的方法，以达到同期发情的目的。由于供体母羊的超数排卵处理，受体羊将比供体羊提前进入发情期，所以，受体羊要比供体羊提前12 h消除孕酮（特别是阴道内给予方法）。

FSH是小反刍动物常用的超数排卵激素。在牛上，FSH每日注射2次，3 d内每日的用量递减（例如，第1天每次注5 mg；第2天每次注3 mg；第3天每次注2 mg）。在用FSH处理的最后1 d，消除了孕酮因素，同时注射溶黄体的$PGF_{2\alpha}$。发情鉴定通过公羊拭情的方法进行；人工授精应在孕酮消除后的45～50 h或发情鉴定后的12～24 h进行。子宫颈管内和穿过子宫颈的人工授精很困难，并且需要较高的技术训练。通过腹腔镜进行的人工授精能获得较高的受孕率，因为这种方法使精子集中在子宫角的顶端。

利用手术收集胚胎的方法很常见，但是利用腹腔镜和非外科手术、经子宫颈导管插入的方法收集胚胎的技术正在逐步提高并获得很好的效果，但还是没有外科手术的方法获得的效果好。一般在发情后的7～8 d开始收集胚胎。

三、猪

猪的采胚和胚胎移植还未得到商业化，也没有像反刍动物那样密集。直到最近，才开始研究猪的胚胎移植。由于猪的排卵率较高，所以超数排卵的方法可用也可不用。可以在特定的优良种猪屠宰后进行胚胎收集，收集生殖系统做胚胎的重回收。外科手术法收集胚胎也是通过在尾后腹部剖开术。大多数的胚胎移植是采用手术方法（全身麻醉下经腹部手术）进行的。近年来，通过非手术方法收集胚胎和猪胚胎移植的方法，已经被实施而且很成功，但是这种方法需要特定的仪器和技术较高的专业人员。通常在排卵后的4～7 d收集胚胎。现今非手术方法的胚胎移植获得的妊娠率，依然低于手术方法获得的妊娠率。胚胎不应被移入子宫体，因为这样将导致妊娠率下降。建议每个受体移入16～22枚胚胎，这样获得的妊娠率较高。

四、马

在马业领域，胚胎移植最初是被用于生殖能力低下的马（未被确诊繁殖力低的马，子宫有病理变化或老龄马）或是需要保持未孕状态的赛马来获得其后代。大多数协会组织允许注册经胚胎移植生产的马驹，而且每年允许注册的协会越来越多。由于近年来繁殖协会对胚胎移植的许可，很多畜主能在一个繁殖季节从一匹供体马获得多匹马驹。

胚胎移植技术的提高在于使用了纯化的马促卵泡素（eFSH）超数排卵。虽然在几篇报道中阐明eFSH的使用提高了排卵量和胚胎复活率，但不同马对FSH的反应不同；一些马并不排卵，有些马有很多卵泡排卵，但是最后产生的胚胎数较少。据认为，导致每个卵巢排卵4个以上，而回收率却较低的原因，是卵巢为代偿大量排卵而导致能力不足，或对FSH的过激反应导致排出不成熟卵泡。

另一种提高马胚胎移植的技术，是使用胚胎玻璃化冷冻保存技术。众所周知，冷冻保存马胚胎是一个很大的挑战，可能是由于马胚胎的相对直径较大，胚胎囊限制了冷冻保存液和胚胎之间的相互作用。桑葚期或早期囊胚阶段（排卵后6.5 d内）较适合冷冻保存，因为在解冻后较老的胚胎的形态学质量较差，可能会导致妊娠率低。马胚胎的玻璃化冷冻方法已经在市场上出现，并且据报道母马的妊娠率在40%～60%。

由于一般只能从供体马中回收到1～2个胚胎，所以对供体和受体的育种可靠性评估是很有必要的。每日对发情期的供体马和受体马的子宫和卵巢进行超声检查，可以提供关于排卵的重要信息，这对鉴定排卵期和胚胎回收是非常必要的，另外还可以评定受体的优良，并选取较好的受体马用作胚胎移植。

现今，用来收集马胚胎和胚胎移植的方法是非手术方法。一般在第7天或第8天（第一次排卵记为第0天）进行胚胎回收。使用标准的方法可以使胚胎回收率达到75%；第一次妊娠的青年马和繁殖能力强的马，其胚胎回收率可高达90%，而生育能力低的马只能达到10%～20%。在胚胎回收之前，直肠检查和超声检查主要被用于鉴定黄体的存在，子宫颈张开程度及子宫内液体存在状况。可以用温和肥皂水或聚乙烯吡咯烷酮擦洗会阴部，然后再用清水彻底冲洗。

大多数情况下，在胚胎移植时都不适宜用镇静剂，但对于一些不驯服的马需要使用镇静剂。应避免使用乙酰丙嗪，因为可能导致子宫肌肉松弛，减少液体的回收量或是在冲洗子宫时影响生殖道操作；α_2-激动剂是较好的麻醉剂（如甲苯噻嗪和地托咪啶）。胚胎回收是利用常见的经子宫颈冲洗子宫的程序，即用一个连有充气囊的硅胶管进行。在无菌条件下，将硅胶管（71～86 cm，依据马生殖道的大小不同而定）送入子宫颈然后再插入子宫，此时将气球头部（特制的60～80 mL）充满气体和回收液；然后缓慢地将胶管抽回，以避免球头部对子宫颈产生损伤。然后使用商用的含抗生素、表面活性剂和牛血清白蛋白的冲洗液。在牛，也可选用含1%～5%的胎牛血清的Dulbecco's磷酸盐缓冲液来冲洗；将1～2 L冲洗液灌输进子宫，并使其回流进一个刻度容器或塑料桶，以测定回收液的体积。当子宫内充满了液体时，可以轻轻地通过直肠触摸来辅助液体的回收。胚胎滤器通常装有75 μm的网，并且这个网连接到了外流口导管的末端，可回收40～60 mL的液体。在某些情况下，可注射催产素（10 IU）以减少滞留在子宫内的大量冲洗液。冲洗液应干净并且无明显的碎片和血液。将近100%的用来冲洗子宫的液体应该被回收。一般总量为4～8 L的冲洗液就可以完成胚胎的回收。如果检测到液体滞留或是出口液体流出中断，经直肠的超声波诊断可以检查到管腔内的液体。引起液体流出中断常见的原因，是将导管头部放在了子宫颈的内部，而不是子宫体内：在此处液体容易流进却不易流出。

当冲洗完成后，在15倍的立体显微镜下检查滤器中的剩余液体。一旦发现胚胎，应将其转移到一个无菌的含胚胎培养液的培养皿中（在经济条件允许情况下，用含0.4%白蛋白或含10%～20%胎牛血清的Dulbecco's磷酸盐缓冲液）。胚胎应至少洗涤3次，洗涤方法是依次转移到2个其他的含有培养液的培养皿中。进行胚胎操作时，可用一个0.25 mL塑料细管连接到含有16号针头的结核菌素注射器，或用一个0.5 mL的塑料细管直接连接至结核菌素注射器，或将一个毛细管（20 μL）附着结核菌素注射器上。洗涤胚胎后，应将胚胎转移至受体马（1 h内），或作短暂存储和运输。应详细记录胚胎的发育阶段（桑葚胚，早期或扩张囊胚）和质量（1为最好；5为死亡）。

虽然认为马手术移植比非手术移植妊娠率高，但是非手术方法所进行的胚胎移植仍是目前在马属动物上较为常用的方法。受体马应生育力强，身体状态良好且健康。超数排卵应在发情周期的激素控制下达到最大化，并且要每日进行直肠超声检查。选用供体前1 d至供体后3 d进行超排的受体，可获得较高的妊娠率。另外，应在胚胎移植后（妊娠期12 d）即动物妊娠的4～5 d内使用助孕素（如四烯雌酮）。

非手术方法所进行的胚胎移植是经子宫颈的导管插入术实现的。塑料吸管体积为0.25 mL或0.5 mL，用于装载胚胎；含胚胎的柱段两端应是两个气体柱，气体柱的外端各有一个液段。含有胚胎的吸管被连接进胚胎移植枪。侧边运送所进行的胚胎移植可使胚胎损伤最小化。

短暂存储与运输准备：马匹育种者如果没有足够

的受体，也没有兽医人员及适当的仪器设备，则可收集胚胎作短暂存储，随后将其运送至胚胎移植基地，特别是那些在胚胎收集当日运送完成的胚胎，其妊娠率与那些新鲜的胚胎相比大致相同。在胚胎运送时，应使用含0.4%牛血清白蛋白和抗体的培养液。胚胎应放至含2 mL的聚丙烯管或5 mL培养液的管。含胚胎的管子放入专门设计的、被用于冷却和运送马精液的运送容器。收集胚胎的当日，用航空运输容器将胚胎运输至胚胎移植基地或是用一个特定的容器存储以过夜运输。

第二十四节　发情期的生殖激素控制

激素常用于控制发情周期。发情期的生殖激素控制主要表现在诱导黄体溶解，促使成熟卵泡排卵，抑制发情，诱导间情期动物发情以及发情期动物超数排卵。不同种类动物，达到上述效果的有效处理方法不尽相同。目前，很多方法尚未通过注册审批，在使用时应遵循标签说明。

一、马

表演用马一般不允许发情，所以可对母马使用孕酮抑制其发情，具体可选用油溶孕酮（150～300 mg肌内注射，每日1次）或烯丙孕素（0.44 mg/kg，口服，每日1次）。由于注射剂会刺激肌肉，所以口服孕酮是以前比较常用的方法。不过，现在药房可提供按药方配制的孕酮生物释放载体制剂。这种制剂（1.5 g，肌内注射）每7～10 d给药1次。在过渡季节末，用孕酮处理15 d可以使本年的第1次排卵时间延长10 d。尽管这些制剂可能会抑制发情行为，但是对抑制发情期母马的卵泡生长和排卵可能作用不大。

母马的同步排卵可以通过使用油溶孕酮（150 mg）或油溶17-β雌二醇（10 mg，肌内注射，每日1次，使用10 d），并于第10天配合使用前列腺素$F_{2\alpha}$（10 mg，肌内注射）来实现。孕酮联合雌二醇生物释放载体制剂也可在药房配制合成。在一般情况下，母马在处理后的3 d即可进入发情期，在处理后的9～13 d约有85%的母马开始排卵。

间情期母马（排卵后5 d或更久出现黄体）可通过$PGF_{2\alpha}$（10 mg，肌内注射）或氯前列烯醇（250 μg，肌内注射）处理溶解黄体后诱导发情。经PG处理后，母马将在3 d内返情，平均9～10 d后开始排卵。排卵的时间不尽相同，主要由PG处理时卵巢内的最大卵泡的大小决定。$PGF_{2\alpha}$可引起马发生多种短暂副作用，包括出汗、疝痛和战栗。大幅减少氯前列烯醇的剂量（25 μg）仍然可以诱导黄体溶解，而且几乎可以完全消除$PGF_{2\alpha}$引起的副作用。然而，氯前列烯醇虽然在马上被广泛使用，但是其标签标明只允许在牛上被使用。由于PG能够溶解成熟黄体，所以其对诱导间情期母马发情是无作用的。

间情期或切除卵巢的母马可通过使用油溶17-β雌二醇（1～10 mg，肌内注射）或雌二醇环戊丙酸酯（0.5 mg，肌内注射）来诱导行为发情。一般在处理后12～24 h内即可见母马出现发情。但是这种发情与卵泡生长无关而且是不孕的。雌二醇环戊丙酸酯的作用较持久，但是多次或高剂量使用后，可使母马在有公马接近时产生袭击或防卫行为。在孕酮存在的情况下（例如，处于间情期的母马）使用雌二醇不会诱发发情行为。

具有成熟卵泡（直径＞33 mm）的母马，可通过使用hCG（2 500 IU，静脉注射），地洛瑞林植入（2.2 mg，皮下注射）或地洛瑞林生物释放载体制剂（1～2 mg，肌内注射）来诱导排卵。在处理48 h内约85%的母马可出现排卵，尤其在hCG或注射用地洛瑞林处理36～42 h或地洛瑞林埋植处理后的40～44 h。在一段较长时间内多次重复使用hCG可能会产生抗体，从而可能降低hCG的处理效果，但是地洛瑞林不会出现这种现象。植入型地洛瑞林的应用可能与处理母马乏情期的出现有关，特别是当妊娠黄体被PG溶解时。鉴于此，很多兽医在发现母马排卵后即去除埋植的地洛瑞林，而如果植入体被埋植在外阴黏膜处则是很容易去除的。

马绒毛膜促性腺激素不会使母马超数排卵，而且其他种属来源的FSH对马的作用也不大，但是马的FSH能使母马超数排卵（平均排出3～4个卵泡），但是马FSH目前已无市售产品。经每小时2～20 μg的GnRH处理（通过融合泵）超过10 d后对诱导乏情期母马的卵泡生长和排卵有作用，而加大使用剂量则可诱导超数排卵（平均3个卵泡）。通过每6 h 200 μg GnRH，每12 h 500 μg GnRH处理或使用GnRH激动剂布舍瑞林（10 μg，皮下注射），并在有卵泡直径达到35 mm时每12 h添加hCG（2 500 IU，静脉注射）后可诱导乏情期母马进入发情周期。多巴胺受体颉颃剂多潘立酮（1.1 mg/kg，口服，每日1次）单用或与GnRH（250 μg，皮下注射，每日4次）配合使用也被用于刺激处于卵巢静止期的母马卵泡的生长。

二、牛

母牛的同步排卵可通过孕酮和雌激素联合应用，2倍剂量PG的使用或GnRH与PG的联合应用来实现。$PGF_{2\alpha}$（25 mg，肌内注射）或PG类似物（氯前列烯醇，500 μg，肌内注射）作用于排卵7 d后形成黄体的母牛，可使其在2～5 d内发情。大多数母牛可在2次PG注射间隔的14 d内同期发情和排卵。如此处理后的发情时间比孕酮抑制后的更加不确定，所以在授精时应以发情鉴定的时间为准。肌内注射GnRH 100 μg（第1天），在第7～8天时用PG处理，在第10天的时候再用GnRH处理，同样可以使母牛同期排卵。母牛的授精应在GnRH第二次处理后的0～20 h进行。这种GnRH和$PGF_{2\alpha}$合用的方法被称为"同情排卵"。该方案可做诸多调整，如额外增加类固醇、PG或GnRH都可提高同期程度或人工授精的妊娠率。

目前临床上也已使用一种CIDR装置。这种装置内含孕酮，专门被用于肉牛和奶牛的同期发情处理。母牛用GnRH处理后，阴道内放入CIDR 7 d然后去除，并协同注射$PGF_{2\alpha}$。$PGF_{2\alpha}$注射后的48～72 h，给牛授精，此时GnRH可以注射也可不注射。预先埋植6 mg的诺孕酯，9 d后肌内注射5 mg戊酸雌二醇和3 mg的诺孕酯合剂，是最有效的同期化处理方法，但是由于美国已经禁止在食品动物上使用雌激素，因此这种方法已经不再使用。目前所有的同期发情处理方法，对瘤牛及其杂交种的同期发情效果都没有黄牛的效果好。

肌内注射GnRH 100～250 μg，LH25 mg或hCG 5 000～10 000 IU，都可能会诱导含有成熟卵泡（直径10～15 mm）的母牛排卵。由于内源性LH分泌峰出现在发情开始，因此上述方法不会加快发情期母牛排卵时间，但可用来使具有卵巢囊肿疾病的牛产生黄体，或者诱导处于乏情期的产后奶牛排卵。

牛超数排卵在间情期中期可用eCG（目前市场上难以买到）处理，2～3 d后使用PG诱导黄体裂解，或肌内注射FSH，每日2次，共4～5 d（作用程度不同，要参照说明书），然后通常在第3天或第4天时肌内注射PG（25～35 mg）。出现发情后停止使用FSH。

三、山羊与绵羊

对处于发情周期的山羊，在发情第4天尽早使用$PGF_{2\alpha}$（2.5～5 mg，肌内注射）或氯前列烯醇（62.5～125 μg，肌内注射）即可诱导黄体溶解。对于绵羊，$PGF_{2\alpha}$（15 mg以上）或氯前列醇（125 μg）则须在发情第5天使用时才能起效。在雌鹿上间隔11 d，母羊间隔9 d使用2倍剂量的PG可以诱导同期发情。通过使用孕酮，可使处于发情周期或乏情期的母羊或雌鹿同期发情，阴道内海绵浸剂（安宫黄体酮或氟化黄体酮）在美国曾是应用最广泛的排卵控制剂，但目前在临床上已不可用。牛诺司孕甾酮（每只山羊3 mg）埋植或肌内注射油溶孕酮（每日10 mg）也可达到同期发情的效果。孕酮的使用时间在山羊为10～14 d，绵羊为14～21 d。在停止使用激素后应将母羊与公羊同圈，而雌鹿应在停止添加激素的第2天或第3天恢复发情。在使用激素末期注射eCG（500 IU）可以增强同期排卵程度或排卵效率，两者也可同时使用，但是可能会导致超数排卵，发情周期时间减少，并由于多胎羔羊而产生多种问题。另外，给雌鹿在第9天使用PG和eCG后，在第11天给予孕酮，在第12天和第13天进行人工授精。其他方法与单独使用PG的方法相比，母羊在第一次发情时的生育能力可能会下降，而雌鹿则不会如此。

四、猪

在猪上，可以通过对哺乳母猪同期断奶的方式而达到同期发情的目的，一般同期断奶4～10 d后即出现发情。

断奶后12 h内，给每头母猪肌内注射5 mL eCG（400 IU）和hCG（200 IU）的混合剂，以加强同步发情，断奶后4～5 d即可见发情。eCG和hCG合用也可诱导延期发情后备母猪和断奶后乏情母猪发情。外源性PG仅诱导发情12 d后的猪的黄体溶解，所以对发情控制并不实用；然而，对妊娠15 d以上的母猪肌内注射PGF$_{2\alpha}$（15 mg，12 h后再注10 mg）或肌内注射氯前列烯醇（1 mg，24 h后再注0.5 mg）诱导流产可能会使发情同期化，激素处理后的4～10 d母猪开始返情。通过口服烯丙孕素（15～20 mg，每日1次，连用14～18 d）或埋植牛烯丙孕素（9 d后第二次埋植），并在19 d后撤掉埋植，也可以使猪同期发情；不过，目前在美国以上2种同期发情方法都没有被批准用于猪。助孕素撤除后当日合用eCG和hCG，可达到较好的同期发情效果。

五、犬

对24月龄内的母犬，通过使用米勃酮（雄激素，30～180 μg，口服，每日1次，由母犬体重决定剂量）可以达到抑制发情的目的。为了使其更有效，至少要在发情前30 d开始处理。犬的发情时间不完全一样，但是在停药后都会很快进入发情期，而且处理后在第二次发情时生育能力应该正常。如果母犬已经进入发情前期，可口服醋酸甲地孕酮孕酮（2.2 mg/kg，每日1次，连用8 d），以终止该发情周期。而且必须在发情前期的前3 d（外阴出血）对母犬进行药物处理。下一次的发情时间通常比预期的要早4～6周。为了推迟发情，在乏情期后期（在预期发情的前几周）就开始施用醋酸甲地孕酮（0.55 mg/kg，口服，每日1次，连用32 d）。激素处理过后，在2～9个月（尤其5～6个月）内即可见发情，而且犬的生育能力不受影响。

在母犬的第一次发情期或是初次交配时，不推荐

使用米勃酮和醋酸甲地孕酮。孕酮类激素如醋酸甲地孕酮，可引起子宫内膜囊性增生和子宫积脓等不良反应；长期使用此类激素可能导致肥胖、糖尿病、子宫瘤和乳腺瘤。米勃酮可能引起皮肤、阴道和阴蒂发生变化。

在临床上应用地洛瑞林来抑制发情的方法正处于研究阶段。地洛瑞林的缓释埋植剂可抑制母犬发情1年以上，并且无明显不良反应，生育能力也能完全恢复。

在诱导母犬发情方面仍然存在很多问题，在美国，下面列出的药物都不准许用于诱导母犬发情。虽然已经尝试了很多方法，但是这些方法的重复性差，诱导发情的母犬的生育能力也各有不同。在母犬子宫内膜退化完成前（最近一次发情的135 d后）诱导发情会导致生育能力下降。报道指出，多巴胺受体激动剂卡麦角林（5 μg/kg，口服，每日1次，直至发情后2 d），甲麦角林（0.56～1.2 mg/kg，肌内注射，每3日1次，直至发情），溴麦角环肽（每只犬0.3 mg，连用3 d，之后每只犬0.6～2.5 mg，连用3～6 d，直到发情前期开始后）可诱导大部分母犬可育性发情。此类药物处理的平均时间是16～19 d。用多巴胺受体激动剂处理后的两种明显不良反应是引起母犬呕吐与皮毛颜色发生变化。

地洛瑞林埋植剂的应用可有效诱导发情，但必须在间情期孕酮含量较低的时候使用，否则会使发情抑制延长。植入后10 d去除埋植物可解决此问题。用GnRH类似物来诱导发情的方法正处于研究中。间情期终止使用PGF$_{2\alpha}$后给予全量（2.1 mg）或半量（1.05 mg）地洛瑞林诱导同期发情的方法已经有报道。第1天，使用较低剂量的PGF（50 μg/kg，皮下注射，每日2次），第2天使用中等剂量PGF（100 μg/kg，皮下注射，每日2次），随后5 d使用全剂量PGF（250 μg/kg，皮下注射，每日2次）。据报道，在市场上已有在马属动物中单独使用持续释放型地洛瑞林（1.5 mg，肌内注射），并取得了令人满意的结果。

研究最广泛地被用于诱导犬科动物同期发情的促性腺激素是eCG，在美国，在市场上仅可买到可用于猪的制剂，即80 IU eCG和40 IU hCG/mL的混合制剂。单次注射5 mL以上可高效诱导89.5%的母犬进入发情前期，但是排卵率很低。然而据报道，经eCG和hCG处理的母犬的产仔率可达50%～84%。

六、猫

醋酸甲地孕酮可用于抑制雌猫发情，给药方法是每日5 mg/只，连用3 d，然后每周1次，每次2.5～5 mg，连用10周。由于醋酸甲地孕酮用于雌猫属于标签外用药，因此需要经过主人的同意才可用。而且在药物使用前要让猫度过一个发情期。米勃酮也

被禁止用于猫（有肝脏毒性），但是其效果甚佳，使用剂量仅为50 μg/只，口服，每日1次。长期埋植地洛瑞林也可抑制猫发情，但是抑制时间各不相同。第1 d肌内注射2 mg FSH，然后接下来的4 d，每日肌内注射0.5～1 mg的FSH也可以诱导猫的发情。hCG的推荐量为25～500 IU。使用剂量越大对诱导排卵越有效，但可能会导致卵母细胞退化。对于停止排卵或正处于人工授精的猫来说，肌内注射250 IU hCG或25 μg GnRH可以诱导成熟卵泡（发情第2天出现）排卵。有报道称，给雌猫使用hCG后25～27 h内即可出现排卵。

（新亚平 译　田文儒 一校　马吉飞 二校　梁智选 三校）

第二十五节　牛的营养

一、肉牛

（一）营养需求

在肉牛生产中，无论在牧场还是在饲养场，能有效利用粗饲料的做法都是最经济的。生长期青草或种植牧草因含有充足的营养物质，成年牛和生长育肥牛可以从优质混合牧草（禾本科和豆科）中获得营养以满足其生长和维持的需要。但是，成熟期和风化的牧草、收获后的农作物秸秆、雨淋或腐败变质的饲料作物均可降低其营养价值（尤其是蛋白质、磷和维生素A和β-胡萝卜素），这些饲料只能作为成年牛的维持日粮。当这些饲料被用作其他用途时，则必须补充相应养分。

此外，牧草和其他饲料作物中的常量或微量矿物质含量，受土壤中相应矿物质水平的影响，即某些矿物质水平过高会影响其他矿物质的生物学效价。成熟期的饲草中矿物质含量降低，尤其是磷含量。矿物质可以通过全价混合日粮予以补充，也可以通过动物自由采食矿物质元素预混料来补充。

肉牛每日所需要的某些营养成分都需要从日粮中获得，另一些营养成分则可在体内贮存。当某种营养物质（如维生素A）在体内贮存量较高时则不需要日粮补充，可待体贮耗尽后再进行补充。然而，在出现缺乏症之前很难判断什么时候体贮耗尽。

下述的是肉牛维持、生长、育肥、繁殖和哺乳的营养需求。

1. 水　水本身不属于营养物质，但水参与体温调节、生长、繁殖、泌乳、消化代谢、排泄、营养物质的水解、养分及废物的转运、关节润滑等多种功能。限制动物饮水会影响生产性能。动物因水分缺乏导致的死亡比其他营养物质缺乏引起的死亡要快。

因为饲料中含有水分，消化的饲料在代谢过程中也会产生水（这部分水叫代谢水），所以动物所需要的水不一定通过饮水补充。口渴是需水的一种表现，动物通过饮水来满足对水的需求。体液中电解质浓度增加激活渴的机制，引起对水的需求。

许多因素，包括温度和体重均可影响牛的需水量。一头体重为364 kg的青年母牛在4.4℃环境下每日需水23 L，在21℃下需水增加至34.8 L；同样在4.4℃环境温度下，体重为182 kg的青年母牛则每日需水15.1 L。体重和需水量之间不呈线性相关，409 kg的泌乳牛在4.4℃环境温度下每日的需水量是43.1 L。

2. 能量　具有生产性能的动物需要2种必要的能量，即维持净能和生产净能。维持能量是指用于维持呼吸、循环、消化等所需的能量。在计算总能量需要时维持净能或NE_m要考虑进来。所需的能量中被用于使役、生长、泌乳、繁殖所需的能量叫生产净能或NE_g（表18-12至表18-16）。

除幼犊之外，如果品质合适（绿色、多叶、茎细、无杂草无霉变），粗饲料通常可以满足肉牛维持能量的需要。当草场过牧且补饲不足、牧草品质低劣或出现干旱时，均可发生能量缺乏。为了保证生产，尤其是在使用品质差的牧草时，必须通过精饲料补充能量。

不同品质的粗饲料，可能具有相似的维持能值。特别在寒冷的天气条件下，消化和吸收作用所释放的能量（称为热增量）可用以维持越冬牛群的体温。

3. 蛋白质　目前，用可代谢蛋白质来评估蛋白质的需要量。用可代谢蛋白质表示的蛋白更接近动物用于维持和生产的可利用蛋白。它包括小肠吸收的真蛋白、微生物合成的菌体蛋白和非降解摄入蛋白（UIP）。非降解食入蛋白也被称为过瘤胃蛋白（"bypass" protein）。

除了采食量低引起能量摄入不足以外，蛋白质缺乏是限制肉牛生长、发育、泌乳和繁殖的最常见的因素。蛋白质长期缺乏，即使有充足的能量供应，最终也会导致食欲减退、体重下降和生长发育不良。

不同饲料中蛋白质的消化率变化很大。普通谷物和大多数蛋白补充料的蛋白质消化率为75%～85%，苜蓿干草约为70%，而青干草通常只有35%～50%。低品质饲料，如风化的干草和棉籽壳，蛋白质消化率极低。这样可能会出现摄入蛋白质总量"充足"，但可代谢蛋白质不足的情况。

日粮中蛋白质缺乏会影响瘤胃菌体蛋白的生成，反过来又会降低低质蛋白的利用效率。若蛋白质含量不足，粗饲料中许多潜在的营养价值（尤其是能量）可能会损失。机体几乎不能贮存可代谢蛋白质，所以日粮中必须含有一定量的蛋白质，才能获得理想的效果。

表18-12 肉牛常用日粮饲料中平均营养含量[a]

饲料	消化能 (MJ/kg)	代谢能 (MJ/kg)	维持净能 (MJ/kg)	增重净能 (MJ/kg)	总可消化养分 (%)	粗蛋白 (%)	粗纤维 (%)	灰分 (%)	中性洗涤纤维 (%)	酸性洗涤纤维 (%)	钙 (%)	磷 (%)	干物质 (%)
苜蓿													
青绿	11.43	9.38	5.78	3.35	62	18.9	26.5	10.5	47.1	36.8	1.29	0.26	23.4
青绿，生长后期	12.18	10.00	6.32	3.85	66	22.2	24.2	10.2	30.9	24.0	1.71	0.30	23.2
青绿，盛花期	9.29	7.58	4.06	1.76	50	19.3	30.4	10.9	4.79	3.7	1.19	0.26	23.8
干草	11.09	9.08	5.48	3.10	60	18.6	26.1	8.6	43.9	33.8	1.40	0.28	90.6
干草，晒干，始花期	11.09	9.08	5.48	3.10	60	19.9	28.5	9.2	39.3	31.9	1.63	0.21	90.5
干草，晒干，中花期	10.72	8.79	5.19	2.85	58	18.7	28.0	8.5	47.1	36.7	1.37	0.22	91.0
干草，晒干，盛花期	10.17	8.33	4.77	2.43	55	17.0	30.1	7.8	48.8	38.7	1.19	0.24	90.9
青贮饲料	11.64	9.54	5.90	3.47	63	19.5	25.4	9.5	47.5	37.5	1.32	0.31	44.2
大麦 (Hordeum vulgare)													
籽粒	16.07	12.68	8.62	5.86	88	13.2	3.37	2.4	18.1	5.8	0.05	0.35	88.1
青贮	11.09	9.08	5.48	3.10	60	11.9	2.92	8.3	56.8	33.9	0.52	0.29	37.1
大麦渣，干燥	13.65	11.22	7.37	4.77	74	9.8	20.0	5.3	44.6	27.5	0.68	0.10	91.0
百慕大草 (Cynodon dactylon)													
青绿	11.80	9.67	6.03	3.60	64	12.6	28.4	8.1	73.3	36.8	0.49	0.27	
干草，晒干	9.04	7.41	3.89	1.63		49	7.8	2.7	76.6	—	—	38.3	8.0
啤酒糟，干燥	10.00	10.00	6.32	3.81	66	29.2	7.8	4.18	48.7	31.2	0.29	0.70	90.2
柑橘渣，干燥	15.15	12.39	8.37	5.65	82	6.7	12.8	6.6	23.0	23.0	1.88	0.18	91.1
玉米 (Zea mays indentata)													
酒糟，干燥	16.24	13.31	9.13	6.28	90	30.4	6.9	4.6	46.0	21.3	0.26	0.83	90.3
麸质饲料	14.78	12.10	8.12	5.44	80	23.8	7.5	6.9	36.2	12.7	0.07	0.95	90.0
玉米籽实，破碎	16.41	13.60	9.38	6.49	90	9.8	2.3	1.5	10.8	3.3	0.03	0.32	90.0
青贮饲料，全株	13.27	10.88	7.07	4.52	72	8.7	19.5	3.6	46.0	26.6	0.25	0.22	34.6
棉花 (Gossypium spp.)													
棉籽	16.62	13.60	9.38	6.49	90	24.4	25.6	4.2	51.6	41.8	0.17	0.52	89.4
棉籽粕	13.86	11.34	7.49	4.86	75	46.1	13.2	7.0	28.9	17.9	0.20	1.16	90.2
糖蜜，茎	13.27	10.88	7.12	4.52	72	5.8	0.5	13.3	—	0.4	1.00	0.10	74.3
燕麦	14.23	11.64	7.74	5.11	77	13.6	12.0	3.3	29.3	14.0	0.01	0.41	89.2
高粱 Sorghum bicolor,													
籽粒	15.15	12.39	8.37	5.65	82	12.6	2.76	1.9	16.1	6.4	0.04	0.34	90.0
豆粕 (Glycine max)	15.49	12.72	8.62	5.86	84	51.8	5.4	6.9	10.3	7.0	0.46	0.73	90.9
小麦 (Triticum aestivum)													
麦麸	12.93	10.59	6.82	4.31	70	17.4	11.3	6.6	42.8	14.0	0.14	1.27	89
湿小麦，始花期	13.48	11.05	7.24	4.65	73	27.4	17.4	13.3	46.2	28.4	0.42	0.40	22.2

a. 干物质基础（DE，消化能；ME，代谢能；NEM，维持净能；NEg，生长净能；NE，产奶净能；TDN，总可消化养分；NDF，中性洗涤纤维分总量；ADF，酸性洗涤纤维）。经允许，改编自《肉牛的营养需要》，2000，EM美国国家科学院。美国国家研究院出版社，华盛顿特区。

表18-13　妊娠肉牛的营养需要[a]

	妊娠月数								
	1	2	3	4	5	6	7	8	9
净能需要量（MJ/d）									
维持	25.03	25.70	26.37	27.04	27.67	28.34	28.97	29.59	30.26
生长	9.59	9.88	10.13	10.38	10.63	10.84	11.09	11.34	11.59
妊娠	0.13	0.29	0.67	1.34	2.68	4.94	8.71	14.40	22.48
合计	34.74	35.87	37.17	38.76	40.98	44.12	48.77	55.34	64.34
代谢蛋白需要量（g/d）									
维持	295	303	311	319	326	334	342	349	357
生长	118	119	119	119	119	117	115	113	110
妊娠	2	4	7	18	27	50	88	151	251
合计	415	425	437	457	472	501	545	613	718
钙需要量（g/d）									
维持	10	11	11	11	12	12	12	13	13
生长	9	9	9	8	8	8	8	8	8
妊娠	0	0	0	0	0	0	12	12	12
合计	19	19	20	20	20	20	33	33	33
磷需要量（g/d）									
维持	8	8	8	9	9	9	10	10	10
生长	4	4	3	3	3	3	3	3	3
妊娠	0	0	0	0	0	0	7	7	7
合计	12	12	12	12	12	13	20	20	20
平均日增重（kg/d）									
生长	0.39	0.39	0.39	0.39	0.39	0.39	0.39	0.39	0.39
妊娠	0.03	0.05	0.08	0.12	0.19	0.28	0.40	0.57	0.77
合计	0.42	0.44	0.47	0.51	0.58	0.67	0.79	0.96	1.16
体重（kg）									
母体重	332	343	355	367	379	391	403	415	426
妊娠子宫总重	1	3	4	7	12	19	29	44	64
合计（kg）	333	346	359	374	391	410	432	459	490

a. 成年体重，533 kg；犊牛出生重，40 kg；配种年龄，15月龄；品种为安格斯；见表18-12的缩略词。所有日粮中维生素A的浓度为每千克干物质2 200 IU。

　　经允许，改编自《肉牛的营养需要》（Nutrient Requirements of Beef Cattle），2000，美国国家科学院（National Academy of Sciences）。美国国家研究院出版社（National Academy Press），华盛顿特区。

表18-14　成年母牛的营养需要[a]

	产犊月数											
	1	2	3	4	5	6	7	8	9	10	11	12
净能需要量（MJ/d）												
维持	42.90	42.90	42.90	42.90	42.90	42.90	35.75	35.75	35.75	35.75	35.75	35.75
泌乳	20.01	24.03	21.64	17.29	12.98	9.33	0	0	0	0	0	0
妊娠	0	0	0.04	0.13	0.29	0.67	1.34	2.68	4.94	8.71	14.40	22.48
合计	62.91	66.93	64.59	60.32	56.17	52.91	37.09	38.43	40.69	44.45	50.15	58.23
代谢蛋白需要量（g/d）[b]												
维持	422	422	422	422	422	422	422	422	422	422	422	422
泌乳	349	418	376	301	226	163	0	0	0	0	0	0

（续）

	产犊月数											
	1	2	3	4	5	6	7	8	9	10	11	12
妊娠	0	0	1	2	4	7	14	27	50	88	151	251
合计（g）	771	840	799	725	652	592	436	449	472	510	573	673
钙需要量（g/d）[b]												
维持	16	16	16	16	16	16	16	16	16	16	16	16
泌乳	16	20	18	14	11	8	0	0	0	0	0	0
妊娠	0	0	0	0	0	0	0	0	0	12	12	12
合计	32	36	34	30	27	24	16	16	16	28	28	28
磷需要量（g/d）[b]												
维持	13	13	13	13	13	13	13	13	13	13	13	13
泌乳	9	11	10	8	6	4	0	0	0	0	0	0
妊娠	0	0	0	0	0	0	0	0	0	5	5	5
合计	22	24	23	21	19	17	13	13	13	18	18	18
妊娠导致的体增重（g/d）[b]	0	0	20	30	50	80	120	190	280	400	570	770
产奶量（kg/d）	6.7	8.0	7.2	5.8	4.3	3.1	0	0	0	0		
孕体重（kg）	0	0	1	1	3	4	7	12	19	29	44	64

a. 成年体重，533 kg；犊牛出生重，40 kg；产犊年龄，60月龄；高峰期产奶量8 kg；犊牛断奶日龄，30周；品种为安格斯；乳蛋白，3.4%；产犊间隔，12个月；见表18-12的缩略词。结晶维生素A的添加量为每千克干物质2 200 IU。

b. 成年乳牛没有体增重。

经允许，改编自《肉牛的营养需要》（Nutrient Requirements of Beef Cattle），2000，美国国家科学院（National Academy of Sciences）。美国国家研究院出版社（National Academy Press），华盛顿特区。

表18-15　生长和育肥牛的营养需要[a]

体重（kg）	200	250	300	350	400	450
	维持需要					
维持净能（MJ/d）	17.16	20.26	23.23	26.08	28.84	31.48
代谢蛋白（g/d）	202	239	274	307	340	371
钙（g/d）	6	8	9	11	12	14
磷（g/d）	5	6	7	8	10	11
	生长需要［平均日增重（kg）］					
净能需要量（MJ/d）						
0.5	5.32	6.28	7.20	8.08	8.96	9.75
1.0	11.39	13.44	15.40	17.29	19.13	20.89
1.5	17.75	20.97	24.03	27.00	29.85	32.61
2.0	24.32	28.76	32.98	37.00	40.90	44.70
2.5	31.06	36.75	42.11	47.26	52.24	57.10
代谢蛋白质需要量（g/d）						
0.5	154	155	158	157	145	133
1.0	299	300	303	298	272	246
1.5	441	440	442	432	391	352
2.0	580	577	577	561	505	451
2.5	718	721	710	687	616	547
钙需要量（g/d）						
0.5	14	13	12	11	10	9

（续）

体重（kg）	200	250	300	350	400	450
1.0	27	25	23	21	19	17
1.5	39	36	33	30	27	25
2.0	52	47	43	39	35	32
2.5	64	59	53	48	43	38
磷需要量（g/d）						
0.5	6	5	5	4	4	4
1.0	11	10	9	8	8	7
1.5	16	15	13	12	11	10
2.0	21	19	18	16	14	13
2.5	26	24	22	19	17	15

a. 有小的大理石花纹；体重，533 kg；重量范围，品种为安格斯；见表18-12的缩略词。在育成小公牛和小母牛日粮中的维生素A浓度为每千克干物质2 200 IU。

经允许，改编自《肉牛的营养需要》（Nutrient Requirements of Beef Cattle），2000，美国国家科学院。美国国家研究院出版社，华盛顿特区。

表18-16　生长公牛的营养需要[a]

体重（kg）	300	400	500	600	700	800
维持需要						
净能（MJ/d）	26.71	33.15	39.18	44.91	50.44	55.76
代谢蛋白（g/d）	274	340	402	461	517	572
钙（g/d）	9	12	15	19	22	25
磷（g/d）	7	10	12	14	17	19
生长需要［平均日增重（kg）］						
净能需要量（MJ/d）						
0.5	7.20	8.92	10.55	12.10	13.60	15.03
1.0	15.40	19.09	22.56	25.87	29.05	32.11
1.5	24.03	29.80	35.24	40.39	45.33	50.10
2.0	32.94	40.85	48.30	55.38	62.16	68.69
2.5	42.07	52.20	61.70	70.74	79.41	87.78
代谢蛋白需要量（g/d）						
0.5	158	145	122	100	78	58
1.0	303	272	222	175	130	86
1.5	442	392	314	241	170	102
2.0	577	506	400	299	202	109
2.5	710	617	481	352	228	109
钙的需要量（g/d）						
0.5	12	10	9	7	6	4
1.0	23	19	16	12	9	6
1.5	33	27	22	17	12	7
2.0	43	35	28	21	14	8
2.5	53	43	34	25	16	8
磷的需要量（g/d）						
0.5	5	4	3	3	2	2
1.0	9	8	6	5	4	2

（续）

体重（kg）	300	400	500	600	700	800
1.5	13	11	9	7	5	3
2.0	18	14	11	8	6	3
2.5	22	17	14	10	6	3

a. 成年体重，890 kg；品种安格斯；见表18–12的缩略词。维生素A的添加量为每千克干物质2 200 IU。

经允许，改编自《肉牛的营养需要》（Nutrient Requirements of Beef Cattle），2000，美国国家科学院。美国国家研究院出版社，华盛顿特区。

在商业上，尿素和其他非蛋白氮（NPN）常被作为蛋白源提供总氮量的1/3或更多。这些非蛋白氮在瘤胃微生物的作用下中很快被降解为氨，然后再合成为优质的菌体蛋白。瘤胃微生物在利用非蛋白氮合成菌体蛋白的过程中需要充足的磷、微量矿物质元素、硫和可溶性碳水化合物。饲料厂商必须在饲料标签上明确标出NPN提供的粗蛋白量（%N×6.25）。如果尿素按推荐量饲喂且与其他饲料原料充分混合，一般不会出现中毒。然而，当每45 kg体重尿素的使用量超过20 g时，其快速降解可导致氨中毒。目前使用的几种含10%尿素的尿素–糖蜜液体添加剂，可供肉牛自由采食。在开始使用这些添加剂时一定要慎重，使用舔轮装置（Lick wheel device）是最安全的投喂方式。

4. 矿物质 就质量而言，肉牛所需的矿物质元素与奶牛所需的基本相同，但二者对几种矿物质元素的需要量存在很大差异（表18–17）。肉牛日粮中最常缺乏的矿物质是钠（如食盐）、钙、磷和镁。在某些地区，包括美国一些内陆地区，妊娠母牛的日粮中可能会缺硒。有些微量元素（如铜、钴和硒）的缺乏表现为区域性（可能反映出当地土壤中的缺乏）；有些矿物质元素（硒和钼）在某些地区则为出现中毒水平。目前正尝试着通过施肥来改善土壤中微量元素缺乏的问题。这就意味着肉牛生产者要了解肉牛日粮中矿物质元素的含量。预防缺乏通常采用的做法是补充含微量矿物质元素、钙和磷的添加剂。

肉牛对食盐（NaCl）的需求非常低（占干物质的0.2%）。然而，这里还涉及一个饱感因子，即几乎所有动物如果不能随意吃到盐，它们就会主动寻找。如果牧草多汁，每月每头牛可消耗1 kg盐，如果牧草已成熟而且较干，则盐的消耗量大约减半。把食盐添加到可自由选择的蛋白质饲料中以限制其摄入量，在饮水充足的情况下，肉牛长期日摄入1Lb以上的盐，对其不会产生任何不良影响。食盐缺乏症状是非特异性的，表现为异食、采食量下降、生长缓慢和产奶量降低。

表18–17 肉牛矿物质需求和最大耐受量[a]

矿物质	需要量			最大耐受量
	生长和育肥	妊娠	泌乳初期	
氯（%）	—	—	—	—
铬（mg/kg）	—	—	—	1 000
钴（mg/kg）	0.10	0.10	0.10	10
铜（mg/kg）	10	10	10	100
碘（mg/kg）	0.50	0.50	0.50	50
铁（mg/kg）	50	50	50	1 000
镁（%）	0.10	0.12	0.20	0.40
锰（mg/kg）	20	40	40	1 000
钼（mg/kg）	—	—	—	5
镍（mg/kg）	—	—	—	50
钾（%）	0.60	0.60	0.70	3
硒（mg/kg）	0.10	0.10	0.10	2
钠（%）	0.06~0.08	0.06~0.08	0.10	—
硫（%）	0.15	0.15	0.15	0.40
锌（mg/kg）	30	30	30	500

a. 钙和磷的需要量已在前面的营养需要表中列出。

经允许，改编自《肉牛的营养需要》（Nutrient Requirements of Beef Cattle），2000，美国国家科学院。美国国家研究院出版社，华盛顿特区。

钙是体内最丰富的矿物质元素，98%的钙储存在骨骼和牙齿中，作为其结构的组成物质。其余的2%分布在细胞外液及软组织中，参与血液凝固、细胞膜通透性、肌肉收缩、神经冲动的传导、心脏的调节、某些激素的分泌、某些酶的激活和稳定等重要功能。大部分粗饲料是较好的钙源。禾本科干草、青贮饲料和收获后的作物秸秆中钙的含量相对较低。豆科牧草是钙的优质来源，但非豆科粗饲料中的钙也可以满足肉牛的维持需要。用低钙土壤种植的粗饲料饲喂牛，或高水平谷物配合有限的非豆科粗饲料饲喂育成牛，都可能发生钙缺乏。由于哺乳期肉牛的产奶量不会像奶牛那么高，所以钙的需要量要比奶牛少得多。让牛自由选择磷酸氢钙和碘化或混有微量元素的食盐混合物（2:1）是一种很好的管理办法。也可将碘化或混有微量元素的食盐在矿物质饲槽中单独放置供自由选择。日粮中钙、磷比例应小于2∶1。如果每种矿物质元素都能满足最低要求，并且含有充足的维生素D（暴露在阳光下）的情况下，这个比值范围可以适当放宽。对于放牧的牛，应该补充矿物质添加剂，其中，磷的含量应与钙的含量相当或略高于钙。

体内约80%的磷存在于骨骼和牙齿中，剩余部分分布在软组织中。肉牛日粮中往往都会缺磷，因为粗饲料中磷的含量都偏低，土壤中的磷也缺乏。而且牧草植株成熟后磷含量下降，造成成熟和风化草料中磷缺乏。对于放牧的牛，磷是一种最普遍缺乏的矿物质元素。大多数天然蛋白质饲料都是很好的磷源。充足的磷可以保证肉牛的最佳生产性能，包括生长、繁殖和泌乳等各个方面，推荐采用自由选择混合矿物质或直接添加在饲料中的方式补磷。缺磷表现为生长缓慢、饲料转化率下降、食欲低下、繁殖机能受损、产奶量减少、骨质疏松。饲喂超过推荐量的高磷不但没有任何好处，反而增加对环境的污染。蒸制骨粉、单磷酸钙和磷酸二钙、脱氟磷酸钙和磷酸都是优质的磷源。由于大多数谷物饲料是很好的磷源，所以养殖场的牛很少缺磷，但对于猪和家禽等单胃动物而言，谷物中的植酸磷有一半是不能被利用的。

镁被用于维持神经末梢的电位差，在缺镁时动物无法控制肌肉。在正常情况下不会发生缺镁。犊牛缺镁表现为亢奋、食欲减退、充血、全身抽搐、口吐白沫、流涎，但这种情况很罕见。通常春天野外放牧的成年母牛可发生缺镁（即青草搐搦症）。最初的症状为精神紧张、采食量减少、面和耳部的肌肉抽搐、运动失调、步态僵硬。后期表现为倒地、抽搐，很快死亡。缺镁的成年母牛血液样本检测结果表明，血清镁常低于2.0 mg/dL。在春季，每头牛每日补充28～56 g氧化镁可以避免缺镁缺乏。牛一般不喜食氧化镁，将氧化镁与玉米面混合加以稀释，或将氧化镁溶入可自由选择的液体添加剂中使牛更容易接受。

钾是细胞内液的主要阳离子，对于维持酸碱平衡非常重要。钾参与调节渗透压、水平衡、肌肉收缩、神经传递和一些酶促反应。饲料中很少出现钾缺乏，因为大多数牧草都是很好的钾源，含1%～4%的钾。事实上，春季牧草中的高钾疑是青草搐搦症的诱因。因为谷物饲料中钾含量低于0.5%，所以当日粮中谷物饲料含量非常高（育成牛）时会出现钾缺乏。生长和育肥牛处于钾缺乏的临界状态时会表现出采食量降低和增重下降。但这种情况对牛的影响很小，如果不是有经验的饲养员可能不会注意到，因为钾的体储很少，而且钾缺乏发展迅速。以干物质计，生长育肥日粮中钾含量超过0.6%较为理想。

铜和钴的缺乏通常是区域性的，与土壤中铜和钴水平低有关。美国佛罗里达州的部分地区和密歇根州的偏远地区存在铜、钴缺乏问题。钴是维生素B_{12}的组成成分。牛可以不依赖日粮中的维生素B_{12}，因为瘤胃微生物能利用日粮中的钴合成维生素B_{12}。因此，牛的钴缺乏相当于维生素B_{12}缺乏，牛表现为消瘦、生长停滞、脂肪肝、皮肤和黏膜苍白。铜是许多酶系必需的组成部分，还具有造血功能。建议在饲料中添加钴和铜，可通过全价混合日粮来补充钴和铜，也可通过自由选择混合矿物盐或添加剂预混料来补充铜和钴。

碘是甲状腺素不可缺少的组成部分，因此具有很多代谢调节功能。海风中会携带碘，所以通常情况下，沿海地区碘的供应丰富。在内陆土壤（在美国，特别是阿勒格尼和洛矶山脉之间）中没有充足的碘用以满足大多数家畜的需求。要通过饲喂稳定碘盐以满足牛的需要。

硒是谷胱甘肽过氧化物酶的成分，可催化过氧化氢及脂质过氧化物的还原反应，从而防止机体组织的氧化损伤。硒缺乏会引起犊牛白肌病、骨骼肌和心肌变性和坏死。维生素E对预防缺硒起到了重要作用。缺硒的症状还包括生长停滞、体重下降、免疫反应低下、繁殖机能降低。一般认为每千克日粮中含硒0.1 mg即可满足牛的需要。

5. 维生素 虽然肉牛对所有的维生素都有代谢需要，但日粮中不需要添加维生素C、维生素K和B族维生素（犊牛除外）。瘤胃微生物可以合成足够的维生素K和B族维生素，各组织中可以合成维生素C。饥饿、营养不足或过量使用抗生素等均可使瘤胃功能受损，使这些维生素的合成受到影响。

维生素A可由青绿饲草和黄玉米中的β-胡萝卜素合成。但维生素A的合成能力因牛的品种不同而异，荷斯坦牛能有效地将β-胡萝卜素转化为维生素A，一些肉牛品种合成维生素A的能力较差，因此，肉牛应补充维生素A。维生素A是少有几种可在肝脏中储存的维生素，在肝脏中储存的维生素A能满足6个月的需要，所以饲料中缺乏维生素A几周都可能不表现缺乏症状。初生的犊牛，体内维生素A储存量少，主要靠初乳和常乳中的维生素A满足需要。如果妊娠期的母牛日粮中胡萝卜素或维生素A含量低（例如，在冬季），犊牛出生后2～4周之内就可表现出维生素A严重缺乏的症状，而母牛表现正常。

在育肥牛或妊娠母牛日粮中添加1～2 kg早刈割、优质的豆科牧草或干草，或0.25 kg脱水苜蓿草粉可以预防维生素A缺乏。大多数商品蛋白质和矿物质添加剂都加入了干燥、稳定的维生素A。肉牛每日的维生素A需要量为每45千克体重约5 mg的胡萝卜素或2 000 IU维生素A，哺乳期母牛需要2倍的量以保证牛奶中维生素A含量。

维生素A缺乏能给育肥场带来相当大的损失，尤其饲喂高精饲料和胡萝卜素含量低的玉米青贮日粮。当饲喂储存干草或胃肠道内胡萝卜素被破坏，或肉牛不能将胡萝卜素转化为维生素A时，需要增加维生素A的添加量。生长育肥阉牛和小母牛饲喂低 β - 胡萝卜素饲料数月后，每千克风干日粮中需含2 200 IU维生素A。商品维生素A添加剂价格不是很贵，所以当日粮维生素A不足或存在维生素A缺乏的风险时，需要使用维生素A添加剂。还可以用肌内注射的方法补充维生素A。对于非放牧家畜，每年注射1次，每次注射500万 IU的维生素A。

肉牛很少发生维生素D缺乏，因为它们通常被饲养在户外，可接受太阳直射光或饲喂晒干的粗饲料。在北方的漫长冬季，圈养或晚上出来的犊牛可能发生维生素D缺乏。阳光中的紫外线可将动物皮肤中的7-脱氢胆固醇转化成维生素D，或将收获的植物中的麦角固醇转化成具有活性的维生素D。直接暴露在阳光下，饲喂晒干的饲料或补充维生素D（每45 kg 体重300 IU）均可防止维生素D缺乏。

维生素E和硒与繁殖及各种肌病的发病关系见营养性肌病，硫胺素（维生素B$_1$）相对缺乏引起的易感体质（见脑灰质软化）。

（二）饲养与营养管理

肉牛饲料的品质、适口性和必需营养物质的含量都有很大的不同（表18-12）。任何饲料添加剂，必须适应粗饲料的品种和品质，才能获得最好的饲喂效果。粗饲料的化学分析有助于正确评价其营养价值。有些管理体系饲喂比较经济的低品质粗饲料越冬，肉牛无法获取充足的营养物质以获得最佳生产性能。在漫长寒冷的冬季，用劣质的谷物秸秆切碎饲喂妊娠母牛，可导致高致命性真胃损伤。有效的预防措施就是保证充足的谷物饲料供给，以满足妊娠母牛在寒冷天气中的能量和蛋白质需要。如果没有发生严重的营养缺乏症，而且又能在夏季充足、优质的牧场上弥补冬季增重的不足，这种方法还是可以接受的。如果要达到最佳生产性能（哺乳母牛，快速增长的犊牛，阉牛和母牛的非限制饲喂），谷物饲料应尽量满足或超过其营养需要（表18-13至表18-16）。

下面将分别讨论3种不同肉牛的饲养管理模式（见健康与管理的关系：牛）。

1. 种牛群 在许多地区，生产者制订春季产犊（在美国，2～5月）计划，这主要取决于可用的饲料、草场生长情况和当地的气候条件。特别在南方，秋季产犊越来越普遍，导致泌乳母牛越冬的营养问题要比妊娠母牛和非泌乳牛严重得多。春产的犊牛通常6～8月龄断奶，那些母牛在放牧时再次配种。后备母牛的第一次产犊时间为2岁（24～27个月），好的越冬饲养管理可以确保最大的生长发育和分娩时母牛和犊牛的最小死亡率。在英国，母牛配种体重至少为275～300 kg（杂种品种的配种体重应该大一些），此后应加强饲喂以满足生长、产奶和尽早配种的需要。

成年母牛的体内储备比后备母牛多，因此，营养物质的需要相对要少。因此，可饲喂劣质的饲料越冬，通常可饲喂干草，禾草，青贮饲料或可自由选择的干杂草。日粮至少提供占总干物质8%的粗蛋白，如果达不到这一水平，每日需要饲喂0.5～1 kg含粗蛋白20%～30%的蛋白质饲料或相当于该量的其他饲料。同时，还应补饲矿物质预混料和食盐。

成年肉用母牛从秋季到春季产犊后体重会减轻67 kg。虽然这种体重损失不令人满意，但是如果春季和夏季牧草充足通常不会影响母牛的繁殖性能。在利润最高的管理系统下，成母牛应保持体重不下降。哺乳期比妊娠期需要更多的营养物质。然而，肉用母牛饲养不是为了产肉，像纯种群和展示群频繁出现母牛过肥的情况也是不可取的。大量的脂肪沉积会降低母牛受孕率，造成难产、产犊数量少、母牛寿命缩短。

生产上通常采用"补料饲喂"系统，犊牛可通过围栏内的饲槽自由采食混合谷物饲料。补料包括6份脱皮玉米、3份麦麸和1份蛋白质饲料（最好制粒）。谷物混合饲料的颗粒应稍大一点以防止尘化，也可用含蛋白质12%～14%的商品饲料补料。

生长期公犊牛和1岁公牛每日需约1 kg的蛋白质饲料，1.5～2 kg的谷物饲料和优质的粗饲料。成年公牛越冬的饲喂方式与母牛相同，只是在晚冬时增加饲喂量。对于特别肥胖的公牛应逐渐减少日粮，并增加运动以适合牧场配种。种畜日粮中应有足够的营养，保证在繁殖季节和繁殖季节前的个体增重。营养物质缺乏，尤其是胡萝卜素、磷、能量和蛋白质不足会影响其繁殖性能。日粮中这些营养物质至少在配种前6～8周保证充足。

2. 架子牛 犊牛和1岁牛的饲养措施一般是使其在冬季获得适度增重，夏季在牧场有快速、经济增重。这样的牛可以在春季以架子牛出售或在接下来的秋季在育肥场完成育肥。冬季靠收获的饲料饲喂获得的增重，其成本比夏季在牧场的增重成本高。因此，对于越冬牛，在放牧时尽可能使之多增重。为了确保健康，断奶犊牛每日至少应增重0.5 kg以上。饲喂非豆科粗饲料，推荐饲喂1 kg谷物和0.5～1 kg蛋白质饲料；如果饲喂豆科粗饲料，则无需饲喂蛋白质饲料。较老的牛，特别是进入冬季时膘情很好的，应设法保持秋季体重。供给矿物质预混料和微量元素——食盐，让其自由采食。晚夏放牧的1岁牛可饲喂一定量的谷物饲料以增加出售价格。

3. 育肥牛 这个阶段的肉牛要饲喂充足的谷物饲料和有限的粗饲料，直到达到上市体重。较老的肉牛可以在牧场中育肥（每日可增重几磅），或在育肥场经过60～90 d的高精饲料催肥提高其出售等级，清除脂肪中的黄色物质（牧草中胡萝卜素储存于体内）。断奶犊牛通常直接运到育肥场，育肥100～150 d，1岁牛育肥大约150 d，年龄更大的阉牛育肥100～125 d。在不限饲的情况下，每日每45 kg体重采食大约1 kg全价精饲料，粗饲料的摄入量是精料的1/4～1/3。全价混合日粮的自由采食量为体重的3%。当饲喂犊牛非豆科粗饲料时，为了获得最快的增重和最好的出售等级，每日需要饲喂约1 kg蛋白水平为33%的补料。

育肥牛的谷物饲料应逐渐增加，经过2～3周达到非限饲水平。突然饲喂过多的谷物饲料会导致乳酸酸中毒。育肥初期，供自由采食的全价混合日粮中粗饲料的含量应超过50%。

玉米和高粱青贮的适口性非常好，原则上生产低档牛肉可以采用青贮补充蛋白质和矿物质的方式进行肉牛育肥。苜蓿或青草青贮中含有相对较高的蛋白质、胡萝卜素和矿物质，但能量不足。苜蓿是一种优质粗饲料，但作为单一饲料饲喂犊牛可引起瘤胃臌气。各种谷物的总可消化养分（TDN）对育肥牛而言大致相同。植物源性蛋白质的营养价值相等，而且部分可以用含尿素的添加剂替代。为了获得最佳的生产性能，应提供瘤胃非降解蛋白，也称"过瘤胃蛋白"（见蛋白质）。还应添加矿物质、维生素和所需的饲料添加剂。少量的糖蜜（每日每头0.5 kg）可改善含有玉米芯、风化干草或棉籽壳等劣质粗饲料的日粮品质。

（三）生产性能促进剂

见生长促进剂和生长增强剂。

已有2种生产性能促进剂被用于肉牛生产——类激素生长增强剂（主要经皮下埋植）和瘤胃化学调节剂（被用于调控瘤胃挥发性脂肪酸的产生）。

育肥肉牛的类激素生长促进剂在1948年被发现。有研究表明，皮下埋植己烯雌酚（DES）可使生长率提高10%左右。在FDA宣布其非法之前，DES在育肥牛上被应用了近25年。当时其他类似的化合物被FDA批准使用。DES的埋植大致使平均日增重增加0.23 kg，饲料增重比（0.56）得到改善。

离子载体（聚醚类抗生素）是能够改变瘤胃化学物质的抗生素，它主要通过改变瘤胃微生物增加丙酸的比例和减少乙酸和丁酸的比例来实现。乙酸、丙酸和丁酸被称为挥发性脂肪酸（VFA），是瘤胃发酵的产物，在消化道被吸收供能。由于单位重量的丙酸比其他2种VFA释放出更多的能量，所以在肉牛生产中丙酸是非常重要的。丁酸与乳脂的合成有关，降低丁酸在瘤胃中的发酵比值是不可取的。因此，离子载体（聚醚类抗生素）不能被用于哺乳期奶牛管理。

根据67头育肥牛试验和55头放牧肉牛试验，总结了离子载体（聚醚类抗生素）改善料重比和平均日增重情况（表18-18）。

与饲喂高能饲料相比，当饲喂高粗饲料时离子载体改善肉牛增重效果更明显，主要是因为2个饲喂体系间的能量不同。对于高能饲料，牛采食到满足能量需要为止，离子载体使机体从单位可消化饲料中获得

表18-18 离子载体（聚醚类抗生素）对肉牛生产性能的影响

	对照	离子载体				
		莱特洛霉素	拉沙里菌素	莫能菌素	泰乐菌素[a]+莫能菌素	班贝霉素
育肥场						
剂量[mg/（头·d）]	0	85.8	285.9	272.2	263.2	
日增重（kg）	1.39[b]	1.46[c]	1.38[b]	1.38[b]	1.39[b]	
饲料∶增重	6.81[b]	6.48[c]	6.52[c]	6.44[c]	6.35[c]	
放牧						
剂量[mg/（头·d）]	0		188	167		25
日增重（kg）	0.64[b]		0.78[c]	0.75[c]		0.78[c]

a. 泰乐菌素剂量，98 mg/（头·d）。

b, c. 意味着差异显著（$P < 0.05$）。

更多的能量，使肉牛的采食量减少。对于高粗饲料（单位重量的能量少），牛采食到瘤胃最大容量为止，离子载体使机体从单位饲料消耗中获得更多的能量，增重更多。

二、奶牛

（一）营养需要

相对于其他生理阶段，哺乳期的奶牛需要更高的营养物质（表18-19）。满足这些要求，特别是能量和蛋白质的需要，是面临的一个难题。饲料中必须有很高的营养浓度，以维持生产和代谢健康，同时还要保证瘤胃健康和发酵的高效。

1. 采食量 几乎在所有的生产管理条件下，奶牛和生长期母牛都采取自由采食的方法饲喂。所以，采食量是限制营养物质供应的主要因素。因饲料中的含水量不同，采食量通常指的是干物质摄入量（DMI）。DMI主要受动物和饲料因素影响。动物方面的因素主要包括体重、产奶量、泌乳和妊娠阶段。在DMI高峰，高产奶牛每日DMI为体重的5%，个别极高产奶牛的DMI可能会更高。一般DMI峰值是体重的3.5%～4%。非泌乳成母牛或干奶牛的DMI占体重百分比最低。大多数奶牛在妊娠的最后2～3周，DMI降到最低，不足体重的2%，越肥胖的奶牛采食量减少得越多。这个时期的采食量与产后的健康密切相关，如果这个时期DMI低，会导致产后能量负平衡，增加产后疾病的风险。产犊后，DMI随着产奶量的增加而增

表18-19 大型品种奶牛饲喂指南[a]

	干奶牛	产犊前2周	成母牛（产犊后）				后备母牛（月龄）			
			14 d	14～100 d	100～200d	200～305d	6	12	18	24（产犊前2周）
体重（kg）	675	675	675	675	675	675	200	300	450	625
DMI（kg/d）	14	10	15	30	24	20	5	7	11	10
产奶量（kg/d）			35	55	35	25				
CP（%）	9.9	12.4	19.5	16.7	15.2	14.1	12.3	11.4	8.8	15.0
RDP（%）	7.7	9.6	10.5	9.8	9.7	9.5	9.4	9.5	8.8	10.1
RUP（%）	2.2	2.8	9.0	6.9	5.5	4.6	2.9	1.9	0.004	4.9
MP（%）	6.0	8.0	13.8	11.6	10.2	9.2	7.2	7.0	5.3	9.7
NE$_l$（MJ/kg）	5.53	5.99	9.29	6.74	6.15	5.69	—	—	—	6.61
ME（MJ/kg）							8.58	9.50	7.53	
NDF（%）	40	35	30	28	30	32	30	32	33	35
ADF（%）	30	25	21	19	21	24	20	22	24	25
NFC（%）	30	34	35	38	35	32	35	30	25	34
钙（%）	0.44	0.48	0.79	0.60	0.61	0.62	0.41	0.41	0.37	0.40
磷（%）	0.22	0.26	0.42	0.38	0.35	0.32	0.28	0.23	0.18	0.23
镁（%）	0.11	0.40	0.29	0.21	0.19	0.18	0.11	0.11	0.08	0.40
氯（%）	0.13	0.20	0.24	0.29	0.26	0.24	0.11	0.12	0.10	0.20
钠（%）	0.10	0.14	0.34	0.22	0.23	0.22	0.08	0.08	0.07	0.14
钾（%）	0.51	0.62	1.24	1.07	1.04	1.00	0.47	0.48	0.46	0.55
硫（%）	0.20	0.20	0.20	0.20	0.20	0.20	0.20	0.20	0.20	0.20
维生素A（IU/d）	80300	83270	75000	75000	75000	75000	24000	24000	36000	75000
维生素D（IU/d）	21900	22700	21000	21000	21000	21000	6000	9000	13500	20000
维生素E（IU/d）	1168	1200	545	545	545	545	240	240	360	1200

a. 经允许，改编自《奶牛的营养需要》，2001，美国国家科学院。美国国家研究院出版社，华盛顿特区。
DMI，干物质摄入量；CP，粗蛋白；RDP，瘤胃降解蛋白；RUP，瘤胃非降解蛋白；MP，可代谢蛋白；NE$_l$，产奶净能；ME，代谢能；NDF，中性洗涤纤维；ADF，酸性洗涤纤维；NFC，非纤维性碳水化合物。微量元素添加到日粮中（表示成 mg/kg）：钴：0.11；铜10～18；碘 0.3～0.4；铁：13～130；锰：14～24；硒：0.30；锌：22～70。

b. 乳成分：3.5%脂肪，3.0%真蛋白和4.8%乳糖。

c. 所有的含量是以干物质为基础的。

d. 奶牛体重降低（不能＞0.82）。建议的最低NDF浓度的基础上NDF来自粗饲料源比例。

加，但在泌乳前几周仍然存在能量摄入的增加量滞后于能量需要量。产奶量和相应的能量需要的高峰在产乳后的6～10周，而DMI的高峰期在泌乳后12～14周。DMI与能量需要的差异会造成泌乳早期的能量负平衡。在这个阶段奶牛患代谢病的风险比整个泌乳期其他任何时期都要大。管理和营养对策是尽可能使妊娠后期和泌乳初期的DMI达到最大。

饲料因素也会影响DMI。通常当全价混合日粮中的含水量超过50%时会降低DMI，这主要与发酵特性有关而与水本身无关，因为含水量高的饲料大多是发酵饲料。当日粮中的中性洗涤纤维（NDF）含量超过30%时也会影响采食量，影响程度与NDF来源有关。环境因素也可影响到采食量，环境温度超过等热区温度（>20℃）可降低DMI。如果有可能需要监测DMI，DMI可被用于判断奶牛日粮的营养问题。

2. 碳水化合物 泌乳期奶牛的能量需要主要由日粮中的碳水化合物来提供。碳水化合物主要由纤维和非纤维2类碳水化合物组成。纤维类碳水化合物的含量通常用NDF占干物质的百分数来表示。非纤维性碳水化合物（NFC）的含量用100%减去NDF、粗蛋白、脂肪和灰分的百分数来计算。NFC主要包括糖、果聚糖、淀粉、有机酸和果胶。平衡纤维和NFC的百分数是优化能量摄入和瘤胃健康的一个非常重要的奶牛营养问题。

通常认为日粮中的粗纤维在维持瘤胃健康方面发挥着重要作用，特别是粗饲料中没有被完全粉碎的纤维在维持瘤胃的扩张、运动、反刍和唾液流动中发挥着重要作用。这些作用刺激唾液缓冲液的分泌、保证唾液在瘤胃中的流动速度，进而影响瘤胃环境。唾液缓冲液使瘤胃pH处于正常范围，流动速度快增加瘤胃菌体能量和蛋白的生产效率。然而，纤维提供的能量比NFC少，在瘤胃中的发酵程度也要比NFC低。瘤胃发酵是为机体和瘤胃微生物供能的主要机制。因此，饲料中NDF含量高可促进瘤胃健康，但提供的能量比NFC含量高的饲料少。

为了增加能量供给，通常会减少饲料中NDF，添加淀粉和其他NFC。这将增加瘤胃的发酵速度和发酵程度，从而获得更多的有效能。瘤胃发酵的加强也增加了挥发性脂肪酸的生成，进而降低瘤胃pH。当瘤胃pH等于或低于5.5时，纤维消化减少，采食量降低，瘤胃健康受到影响。NFC和NDF之间存在着一定的相关性，高NFC导致低NDF所引起的不良反应导致反刍和唾液流量减少。

推荐的最低NDF浓度取决于NDF的来源和物理有效性及饲料中的NFC浓度。在一般情况下，牧草中的纤维比非牧草中的纤维更能有效地刺激唾液分泌和反刍。因此，评价饲料中NDF是否充足的指标是粗饲料中NDF所占的比例。高产奶牛的日粮中最低NDF含量为25%～30%。当粗饲料源的NDF等于或超过75%时，总NDF应为推荐范围下限（表18-20）。只有一小部分NDF来自粗饲料，那么总NDF应该是推荐范围的上限。NFC最大推荐量为38%～44%。日粮中NFC的含量越高，越要配合较高的粗饲料NDF。这些建议只是一种广泛性指导，而不是特别严格的规则。饲料的总发酵能力及NDF的发酵能力影响对NDF的需要。含有易发酵NDF的日粮需要较高浓度的NDF，而且单位重量易发酵NDF比不易发酵NDF提供更多的能量。与精、粗饲料分别饲喂相比，饲喂全价混合日粮会使NDF含量低于最小值（见饲养和营养管理）。

3. 能量 饲料能值通常用兆焦（MJ）表示。当饲料的能量表示成多少兆焦并被用于代谢、产热或储存体内时，就会用到代谢能（ME）。用于维持，生长和泌乳的ME利用效率是不同的。净能（NE）系统考虑到这些过程中ME利用率的不同，给出每一种被用于维持，生长和泌乳的饲料的净能值。因此，净能体系在美国已被广泛使用，反刍动物饲料的能值被表示为维持净能（NE_m），增重净能（NE_g），泌乳净能（NE_l）。与ME体系相比，该系统比较复杂且不够直观，存在一些计算上的缺点。然而，NE体系的最大优点在于能客观地比较反刍动物饲料中精、粗饲料的能值。表18-21给出了奶牛常用饲料原料的ME、NE_l、NE_m和NE_g。表中泌乳牛的数据和其他发表的相关数据，均是基于饲料摄入量按3倍维持需要计，超出3倍的没有给出。表中给出的是平均值，个别饲料特别是牧草，实际值可能变动很大。建议通过实验室分析评估精、粗饲料的价值和日粮平衡。ME和NE不能通过实验室分析直接测得。实验室报告给出的能值是估计值，是以酸性洗涤纤维的含量为主要自变量，经公式计算得出的。

表18-20 以粗饲料源中NDF比例为基础的NDF最低推荐量[a]

粗饲料源NDF（占日粮干物质百分比，%）	粗饲料源NDF（占NDF百分比，%）	总NDF最小值（占日粮干物质百分比，%）
19	75	25
18	66	27
17	58	29

a. 经美国国家研究院出版社允许转载，2001，美国国家科学院。NDF，中性洗涤纤维。随着粗饲料源NDF比例下降，总NDF需要量增加。这些数据代表最低需要量；日粮含有更高的NDF不会带来问题，通常适合能量需要低的奶牛。

在美国，成年乳牛的能量需要表示成NE，适用于妊娠干奶牛及哺乳期奶牛。表18-22给出了各种体重成年母牛的维持需要。表18-23给出每千克不同乳脂率的牛奶的能量需要。

所需日粮的能量浓度根据能量需求和饲料摄入量而定。因为哺乳初期泌乳量较高，日粮能量浓度的计算值非常高。然而，满足泌乳初期奶牛产奶量所需日粮的能量浓度太高，满足不了日粮纤维水平的需求（见碳水化合物）。当每千克日粮中能量浓度超过7.16～7.37 MJ时，通常日粮中的纤维含量无

法维持瘤胃健康和功能。因此，奶牛在泌乳初期因不能满足其能量需要而出现体重下降。在泌乳的前3周，奶牛每日通常有20.93～41.86 MJ的能量负平衡。随着能量负平衡程度加大，奶牛患代谢病的风险增加，但不同个体适应能量负平衡的能力不同，有些个体在能量负平衡情况下不表现代谢病。在泌乳初期，影响奶牛能量平衡最重要的因素是采食量，而不是产奶量。因此，迅速增加奶牛产犊后采食量的营养管理策略，才是奶牛健康和生产水平的有力保证。

表18-21 奶牛常用饲料原料中干物质、能量、粗蛋白、纤维和非纤维性碳水合物的含量[a]

	干物质（%）	代谢能（MJ/kg）	产奶净能（MJ/kg）	维持净能（MJ/kg）	增重净能（MJ/kg）	NDF（%）	NFC（%）	粗蛋白（%）
粉碎玉米	88	13.06	8.41	9.04	6.20	9.5	75.47	9.4
玉米青贮	35	9.75	6.07	6.57	4.06	45	40	8.8
牧草	20	10.30	6.45	6.99	4.44	45.8	19.6	26
干草（冷季型草）	84	8.46	5.15	5.57	3.14	58	21.6	13
牧草青贮（冷季型草）	42	8.04	4.86	5.23	2.85	58	18.2	17
禾本科-豆科混合干草	85	8.66	5.23	5.65	3.22	50.8	23.8	18.4
禾本科-豆科混合青贮	44	8.20	5.15	5.53	3.10	50.4	21.5	19
豆科牧草	84	8.75	5.36	5.78	3.35	43	27.3	20.8
豆科牧草青贮	43	8.41	5.11	5.53	3.10	43	25.1	22
燕麦（压制）	90	11.64	7.41	7.95	5.27	30	50.2	13.2
高粱青贮	29	7.74	4.65	4.94	2.60	61	21.9	9.1
豆粕（油浸，44%CP）	89	13.86	8.92	9.59	6.66	15	27.6	49.9
棉籽	90	12.18	8.12	8.20	5.48	50.3	5.1	23.5
酒糟及可溶物	90	12.68	8.25	8.66	5.90	39	24.4	30
玉米（含玉米棒）	89.2	12.18	7.79	8.37	5.65	21.5	65.2	8.6

a. 经美国国家研究院出版社允许转载，2001，美国国家科学院。能值按3倍维持需要的饲料消耗量估算。这些数据具有相对代表性，不同饲料间可进行比对。饲料样品的分析值变差很大，特别是粗饲料。

表18-22 不同体重奶牛的维持能量需要

体重（kg）	每日能量需要（NE$_l$, MJ/d）
400	29.97
450	32.73
500	35.41
550	38.05
600	40.60
650	43.11
700	45.58
750	48.01
800	50.36

表18-23 产奶净能需要

乳脂率（%）	每日每千克乳产量的日粮能量需要（NE$_l$, MJ）
3.5	2.93
4	3.14
4.5	3.35
5	3.52
5.5	3.73
6	3.93
6.5	4.14

4. 脂肪　通过在日粮中补充脂肪可以增加能量。不添加脂肪的奶牛日粮中脂肪含量通常较低，约占干物质的2.5%。添加脂肪，日粮脂肪浓度可达到干物质的6%。反刍动物饲料中的脂肪对瘤胃微生物和家畜有不良代谢作用。这些不良作用表现为纤维消化减弱、消化不良、瘤胃不健康、乳脂率降低。在反刍动物饲料中添加脂肪可以增加日粮中的能量浓度而不增加NFC含量。

在饲料中添加的脂肪有油料作物籽实、动物脂肪和特殊加工的惰性脂肪（不能为瘤胃微生物所代谢）。植物源性脂肪通常含有大量的不饱和脂肪酸，而不饱和脂肪酸对瘤胃微生物活动有不良影响。此外，不饱和脂肪酸在瘤胃中能转换成饱和脂肪酸。饲料中脂肪浓度过高，饱和过程的中间代谢产物可过瘤胃，在肠道中被消化吸收。其中，反式脂肪酸能直接抑制乳腺中乳脂合成。

动物源性脂肪的饱和度高，可减少对瘤胃微生物的不良影响，同时也能缓解对乳脂合成的抑制作用。惰性脂肪对瘤胃微生物的活动和乳腺乳脂合成无不良影响或影响较小。当奶牛日粮中添加400 g脂肪（日粮干物质的2%）时可用植物源性脂肪，油料种子好于油脂。如果需再额外补充200～400 g脂肪，添加高度饱和脂肪或惰性脂肪较好，一般不超过日粮干物质的6.5%。

5. 蛋白质　泌乳牛对蛋白质需要量高，因为乳蛋白的合成需要氨基酸。通常用粗蛋白和代谢蛋白2个体系来表示蛋白质供给量和蛋白质需要量。粗蛋白体系只考虑日粮总蛋白或非蛋白氮的粗蛋白。粗蛋白量是基于日粮总氮的测定，假定蛋白质中氮的含量为16%。粗蛋白体系使用起来相对简单，是奶牛日粮配制的一个传统方法。表18-24给出了不同生产水平的大型和小型奶牛品种所需日粮中的粗蛋白水平。它可评估奶牛日粮蛋白是否充足。可代谢蛋白（MP）体系比粗蛋白体系复杂，因为已经认识到不是所有粗蛋白都能为奶牛提供可吸收的氨基酸，所以代谢蛋白体系正逐渐发展起来。

MP指的是小肠吸收氨基酸和可代谢氨基酸。反刍动物的MP有2种来源，即在瘤胃中合成的菌体蛋白和过瘤胃的日粮蛋白。过瘤胃蛋白指的是瘤胃非降解蛋白（RUP），在瘤胃中可被分解的蛋白是瘤胃可降解蛋白（RDP）。RDP和RUP都很重要，在日粮评价和配制时都必须予以考虑。

RUP通过瘤胃没有发生变化，而成为供肠道消化和氨基酸吸收的一种直接蛋白源。相反，RDP中的氮必须重新参与菌体蛋白的合成，才能为肠道提供可吸收的氨基酸。RDP转化成菌体蛋白的效率取决于瘤胃

表18-24　不同产奶量奶牛日粮中推荐的最低蛋白浓度[a]

产奶量 （kg/d）	日粮蛋白需要量（占干物质百分比,%）			
	大型品种		小型品种	
	粗蛋白[b]	代谢蛋白[c]	粗蛋白	代谢蛋白
18			15.0	12.9
23			16.4	13.1
27	14.5	11.0	17.5	13.3
32	15.0	11.2	18.4	13.3
36	15.8	11.5	19.0	13.3
40	16.5	11.7		
45	17.3	11.9		
50	17.8	12.0		
55	18.3	12.1		

a. 该表为奶牛日粮的评估提供一般性参考，不是日粮平衡的标准。日粮中代谢蛋白的计算需要使用计算机程序。

b. 粗蛋白需要由Spartan Dairy 2.0（密歇根州立大学）建立。

c. 代谢蛋白需要由奶牛的营养需要计算机程序建立，该程序由《奶牛营养需要》（2001，美国国家科学院），美国国家研究院出版社，华盛顿特区，附带。

微生物的生长速度，而瘤胃微生物的生长速度又取决于瘤胃发酵供能。因此，含有充足的RDP和高能量饲料可增加菌体蛋白的产量，菌体蛋白是肠道可消化、吸收的MP。在计算奶牛平衡日粮中的MP时，必须考虑到发酵能，以及RUP和RDP之间复杂的关系。有必要使用具有MP系统的计算机程序做日粮配方。即使是这样的计算机程序，也有许多估计的变量并不确定。因此，要认识到计算出的MP补充量只是一个大概的估计值图（图18-4）。

不同饲料中RUP和RDP的比例不同。一般情况下，高水分、高蛋白饲料（如豆科牧草青贮饲料）中的RDP含量高。相反，加工过的饲料特别是经过干燥处理过的饲料RUP含量比较高。饲料和饲料原料中RUP和RDP比例也不是固定不变的，而是随着采食速度的不同而变化的。采食速度快，饲料通过瘤胃的速度也快，与采食速度慢的相比，瘤胃蛋白降解的机会要少。因此，同样的饲料，采食速度快的RUP比例比采食速度慢的高。选择高RUP补充料，对那些蛋白质需要较多和采食速度较慢的奶牛最有利。泌乳早期的奶牛和快速生长的后备母牛就是最好的例子。配合高RUP补充料就是通常所说的过瘤胃蛋白补充料，即使这类补充料也会有部分蛋白质在瘤胃中被降解。

奶牛同其他动物一样，除了有总蛋白需要量，还有氨基酸需要量。然而，根据氨基酸的需要评价奶牛

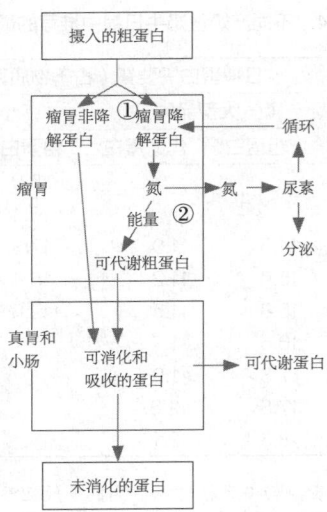

图18-4 日粮蛋白质摄入量与代谢蛋白供应的关系

2个分支点（①和②表示）构成了有关日粮粗蛋白与代谢蛋白供给的主要变量。第一个分支点代表蛋白质在瘤胃中降解的比例。这个分支点受蛋白质固有特性和食糜通过瘤胃的速率影响。第二个分支点表示由蛋白降解产生的氮供微生物合成菌体蛋白的比例。这主要受微生物的生长速度的影响，微生物的生长速度又取决于瘤胃可用能量的供给。不被用于合成菌体蛋白的氮在瘤胃中以氨的形式被吸收并由肝脏转化成尿素。一些尿素再循环回到瘤胃，但其中很大一部分经尿排出。

日粮要比单胃动物困难得多。这是由于为奶牛和其他反刍动物提供的氨基酸还包括菌体蛋白和RUP中的氨基酸。菌体蛋白的氨基酸非常平衡，如果MP能满足奶牛的需要，日粮和大量的菌体蛋白一般也可以满足氨基酸的需要。然而，在某些情况下，选择特定氨基酸组成的RUP或添加瘤胃保护形式的特定氨基酸对高产奶牛非常有益。现有的计算机程序可以估算出日粮为奶牛提供的氨基酸。典型的奶牛日粮中，赖氨酸和蛋氨酸是第一限制性氨基酸。对于典型的饲料，如果MP需要满足，日粮中赖氨酸和蛋氨酸比例应为3∶1，那么用于产奶的氨基酸很可能比较理想。

6. 水 奶牛自由饮用优质的饮水很重要。水的摄入量不足，直接影响采食量和产奶量。奶牛水的需要量与产奶量、DMI、日粮干物质浓度、盐或钠的摄入量、环境温度有关。有几个公式可以被用来估测奶牛的需水量。估计泌乳奶牛饮水量的2个公式如下：

$$FWI = 12.3 + 2.15 \times DMI + 0.73 \times 产奶量$$

$$FWI = 15.99 + 1.58 \times DMI + 0.9 \times 产奶量 + 0.05 \times Na + 1.2 \times 最低温度$$

式中，FWI是饮水量（饮水而不是饲料中的水），DMI单位为kg/d，产奶量单位为kg/d，Na单位为g/d，温度单位为℃。

日粮中的水影响总水需要量，因此，含水量高的日粮可降低FWI。提供充足饮水对促进最大饮水量是非常重要的。水应放在饲料附近和挤奶厅的返回通道上，因为采食或发生挤奶后会伴随着大量的饮水。推荐水池的尺寸为每头奶牛最小5 cm长，90 cm高。如果奶牛群养舍饲使用饮水杯或水池，建议每10头奶牛用一个饮水杯。每头牛饮水速度是4～15 L/min。尤其是挤奶后，为了让许多奶牛同时喝到水，要求水槽体积和饮水杯流量应足够大，以确保在水需求高峰期不受限。水槽和饮水杯应经常清洗，无粪便污染。

水质差会减少水的摄入量，从而减少饲料消耗和产奶量。有几个因素决定水的质量，总溶解固体（TDS）也称总可溶性盐，是一个主要因素，指水中的无机溶解物的总量。TDS单位一般为mg/L或mg/kg，二者在数值上相等（表18-25）。TDS不等同于水的硬度，水的硬度是表示水中钙和镁的含量。没有证据表明水的硬度影响奶牛产奶性能。

其他影响水质的无机污染物，包括硝酸盐、硫酸盐和微量矿物质。硝酸盐浓度（表示硝酸盐氮）低于10 mg/L对反刍动物是安全的。硝酸盐浓度超过20 mg/L会有很大的风险，尤其当饲料中硝酸盐含量升高时会增加其风险。要尽量避免硝酸盐浓度超过40 mg/L。一般建议犊牛饮用水中硫酸盐的浓度低于500 mg/L，成年牛的低于1 000 mg/L。存在于水中的特定硫酸盐可影响牛的反应，如硫酸铁最能抑制水的摄入量。表18-26列出了饮用水中元素污染物的上限。

表18-25 奶牛饮水中总可溶性盐（TDS）的指南[a]

总可溶性盐（mg/L）	说明
<1 000	安全，不应引起健康问题
1 000～2 999	通常是安全的，但可引起不适应该饮水的动物发生轻微的、临时性腹泻
3 000～4 999	初次会拒绝饮用该水或引起腹泻。因为饮水量没有达到最大而使生产性能没有达到最理想的水平
5 000～6 999	妊娠和泌乳动物不应饮用该水。不要求获得最大生产性能的动物可以饮用，该水相对安全
≥7 000	牛不应该饮用该水。会导致健康问题和/或较低的生产水平

a. 经美国国家研究院出版社授权转载，版权2001，美国国家科学院。

表18-26 牛安全饮用水中潜在毒性物质和污染物的浓度[a]

元素	上限（mg/L或mg/kg）	元素	上限（mg/L或mg/kg）
铝	0.5	铅	0.015
砷	0.05	锰	0.05
硼	5.0	汞	0.01
镉	0.005	镍	0.25
铬	0.1	硒	0.05
钴	1.0	钒	0.1
铜	1.0	锌	5.0
氟	2.0		

a. 经美国国家研究院出版社授权转载，版权2001，美国国家科学院。

7. 矿物质

（1）**钙和磷** 相对于非泌乳奶牛或其他牛，由于奶中钙含量高，泌乳奶牛需要更多的钙，因此，泌乳奶牛的日粮需要添加碳酸钙或磷酸二钙等无机钙。哺乳期的前6～8周，大多数奶牛处于钙负平衡，钙从骨骼中动员出来满足牛奶生产的需要。只要日粮中有充足的钙，骨骼中的钙能够在泌乳后期得到补偿，这种钙的负平衡对奶牛无害。不同饲料中钙的吸收情况不同，无机钙的吸收比有机钙更高效。而且，处于钙负平衡的奶牛对钙的吸收能力高于正平衡状态。

在计算钙需要量时，新的营养模型考虑到不同来源钙差异。一般无机钙添加剂的利用率为75%～85%，牧草中钙的利用率为30%。因此，很难给出不同日粮组成中总钙含量的大致推荐值。含有大量豆科牧草的日粮中，钙的最低浓度需要范围为0.71%～0.75%，而含有禾本牧草（包括玉米青贮饲料）的饲料中，钙的最低浓度需要范围为0.42%～0.47%。

有2种方法对干奶牛进行补钙以预防乳热症或产后瘫痪。一种方法是让后备母牛在妊娠最后2～3周处于缺钙状态，这样可刺激产犊前甲状旁腺激素的分泌和骨骼钙的动员。使钙稳恒调节机制在分娩时更敏感，在整个泌乳期奶牛都可以维持血清钙浓度。这种方法要求日粮中钙含量接近干物质的0.3%。这种低钙同时又满足其他营养需求的饲料很难用现有的原料配合而成。另一种方法是饲喂酸化饲料，通常指的是低或负阴阳离子差值（DCAD）饲料。在预防乳热症上，低钙日粮法与DCAD法没有相加作用。当饲喂低DCAD饲料时，饲料中的钙应接近0.9%，基本上超过干奶牛常规日粮钙的需要。

泌乳牛对磷的营养需求与钙类似。磷的吸收率受生理状况和饲料来源的影响。与钙的情况相同，泌乳早期奶牛处于磷的负平衡。在泌乳初期从骨骼动员磷，在泌乳后期则随着采食量增加而从饲料中获得磷。仔畜和磷负平衡的家畜对磷的吸收率高于成年或磷正平衡的家畜。无机磷的利用率优于有机磷。

平衡日粮中保证磷的需要不过量对奶牛生产性能和环境管理非常重要。粪便中排出的过量磷是畜牧生产的主要污染物。新版营养模型考虑到不同来源磷的差异，但与钙相比，不同磷源利用率的差异较小。一般情况下，反刍动物精料中磷的利用率为70%，牧草中的磷的利用率接近64%，无机磷的利用率为75%～80%，但磷矿石的利用率只有30%。奶牛日粮总磷的需要量为0.35%～0.4%，干奶牛为0.3%～0.35%，干奶牛没有必要补磷。

反刍动物饲料中钙、磷比例不是特别重要。只要每种元素都满足需要，日粮中钙、磷比从7:1到1:1都可以。

血清钙和无机磷浓度可被用于评估短期营养平衡，但对评估长期营养状况的价值不大。骨灰分含量是评估长期钙、磷营养状况的最好方法。

（2）**其他常量元素** 奶牛日粮中需要的其他常量元素包括钠、钾、氯、镁和硫。在这些常量元素中，通常需要补钠，常用氯化钠或普通食盐来补钠。饲料中钠不足，则采食量减少，进而影响动物的生产性能。食盐严重缺乏的症状包括舔舐和咀嚼围栏及其他异物，饮尿，一般健壮的奶牛症状更严重。泌乳牛日粮中1～2周不添加食盐，就会表现出产奶量减少。实践证实干奶牛日粮中不添加食盐，并不是预防产犊时乳房水肿的有效办法。每日每100 kg体重非泌乳奶牛钠的维持需要量为1.5 g，妊娠190 d以后每日需要额外增加1.4 g以满足妊娠需要。对于大型品种奶牛，每日钠的需要量为9～10 g。未添加食盐的干奶牛日粮每日提供钠很少超过3 g。因此，有必要在干奶牛的日粮中每日至少补充6～7 g钠（15～16 g食盐）。热应激条件下需要额外添加食盐。

当奶牛饲喂大量禾本科牧草，尤其是处于快速生长期的牧场牧草时需要补镁。因为这些饲料镁含量通常比较低，而钾和有机酸的含量比较高，从而干扰饲料中镁的利用率。氧化镁是反刍动物饲料中常被用于补镁的添加剂。

奶牛同其他动物一样，对日粮无机硫没有需要，对硫的需要仅表现为对日粮含硫氨基酸的需要。反刍动物的瘤胃微生物可以利用非蛋白氮和硫合成含硫氨基酸。低蛋白并补充非蛋白氮的日粮最需要补硫。一般推荐反刍动物饲料中氮：硫为15：1。

推荐典型的奶牛日粮营养浓度为：钠0.23%，氯0.29%，钾1.1%，镁0.21%，硫0.21%。

（3）微量元素 奶牛日粮需要补充或监测的微量元素包括钴、铜、铁、锰、硒、碘和锌。所有这些元素中，硒和铜是最有可能出现缺乏的微量元素。北美洲的一些地区、欧洲和其他一些国家已确定为低硒地带，进而导致这些地方的饲料中硒含量也低。这些地区，家畜饲料中需要补硒。补硒形式包括亚硒酸钠、硒酸钠和蛋氨酸硒。蛋氨酸硒就是通常所说的有机硒。

硒缺乏引起犊牛心肌和骨骼肌发生肌肉病变（即白肌病）。成年奶牛，在硒缺乏时会抑制机体免疫功能，尤其中性粒细胞的功能。尽管饲喂超过需要量的硒不能有效预防胎衣不下，但缺硒却增加了发病的风险。奶牛日粮干物质硒的需要量为0.1～0.3 mg/kg。在美国，奶牛日粮干物质最高允许添加量为0.3 mg/kg。

可根据血液或血清硒浓度准确评估奶牛硒的状态。全血中硒浓度为120～250 ng/mL或血清硒浓度为70～100 ng/mL表明硒充足。

推荐奶牛日粮干物质铜水平为10～15 mg/kg，日粮铜的需要量很大程度上取决于干扰物的浓度。这些干扰物质主要包括硫和钼，但铁、锌和钙也可干扰铜的生物学效价。反刍动物对日粮中铜的吸收率通常很低，只有4%～5%。然而，随着日粮硫和/或钼的浓度增加，其吸收率降到1%或以下。

铜缺乏症包括毛发褪色、眼周脱毛、贫血、健壮牛发病多和免疫抑制。严重情况下，可能发生持续性腹泻。

可以根据肝脏或血清铜浓度评估铜的状况。当每千克肝组织干重铜含量低于20 mg或血清铜低于0.5 μg/mL时表明缺铜。由于肝脏是贮存铜的主要部位，血铜浓度降低前肝脏铜浓度已降低。

奶牛日粮锰缺乏不像铜或硒缺乏那样常见。缺锰症状包括新生犊牛生长受阻、骨骼畸形、繁殖异常、成年母牛不发情。以前推荐奶牛饲料干物质中锰的浓度为40 mg/kg，最新推荐是为15～25 mg/kg。

推荐奶牛和犊牛日粮干物质中锌的浓度为23～63 mg/kg。缺锌症状包括采食量降低、虚弱、鼻孔周围和小腿角化不全，长期缺锌可引起蹄甲薄弱。正常血清锌浓度为0.7～1.3 μg/mL，当血清锌浓度低于0.4 μg/mL时表明锌缺乏。

成年牛很少出现铁缺乏，因为铁在环境中无处不在，而且大多数饲料中铁含量都超过需要量。缺铁的症状主要表现为贫血和低血铁症。110～150 μg/dL的血清铁浓度为充足。然而，当存在炎性疾病时铁浓度会迅速下降，血清铁浓度的这种变化不是由于饲料铁供给不足所致。唯一存在缺铁风险并需要补铁的是哺乳犊牛。

牛的碘缺乏时有发生，主要表现新生犊牛甲状腺肿大。日粮干物质中碘浓度一般为0.2 mg/kg。然而，为了安全起见，推荐饲料中碘的浓度为0.6 mg/kg，因为在常见的蛋白质饲料中存在致甲状腺肿物质。

8. 维生素

（1）维生素A 任何植物中都不含有维生素A或视黄醇，所以奶牛天然饲料中没有维生素A。天然饲料中只有β-胡萝卜素具有维生素A活性，β-胡萝卜素主要存在于植物中，特别是在新鲜牧草中含量丰富。β-胡萝卜素不稳定，其浓度在牧草中不稳定，而且随着贮存时间的延长而减少。对β-胡萝卜素浓度的测定没有实际意义，因此，很少测定。各种牛推荐的维生素A的摄入量都以维生素A的添加量为基础。商品化维生素A：成年母牛（泌乳奶牛和干奶牛）——每千克体重110 IU，即每千克饲料干物质中含4 400 IU；生长母牛——每千克体重80 IU，即每千克饲料干物质中含2 500 IU。饲喂低粗饲料日粮、高玉米青贮日粮、劣质粗饲料日粮和感染时需要增加成母牛饲料中维生素A的量。

血清和肝脏维生素A浓度可以评定牛维生素A的营养状况。维生素A贮存于肝脏中，在日粮维生素A摄入量不足时可释放出来，所以肝脏是评估维生素A营养状况最理想的组织。按维生素A推荐量饲喂的成年乳牛，肝脏维生素A的浓度为每千克干组织300～1 100 mg（表示成视黄醇）。只有当贮存的维生素A基本耗尽，才出现维生素A缺乏的临床症状。当维生素A充足时，成年牛血清维生素A浓度范围是225～500 ng/mL，产犊1周后降至150 ng/mL。

犊牛在出生时机体维生素A贮备少，靠吃初乳获取的维生素A贮存于肝脏中。NRC推荐犊牛饲料中维生素A含量为9 000 IU/kg。大多数代乳品中维生素A含量要比推荐量高很多，当患传染性疾病时会增加维生素A的需要量，特别是患有影响呼吸道或肠道上皮的疾病。

维生素A缺乏最初表现为夜盲症，随后表现生长缓慢、被毛粗糙、免疫抑制。成年牛维生素A缺乏症表现为胎衣不下，生育能力受损。

（2）**维生素D** 维生素D是钙和磷吸收与代谢所必需的。皮肤接受太阳照射可形成维生素D_3（胆钙化甾醇），牧草经太阳照射可形成维生素D_2。由于天然维生素D的结构不稳定，一般认为要根据维生素D的推荐量在日粮中添加。成年奶牛日粮中推荐维生素D的添加量为每千克体重30 IU，即每千克日粮干物质中的添加量约为1 000 IU。

通过对血清中25-羟胆钙化醇的浓度测定，可以评估维生素D的营养状况。正常范围为20～50 ng/mL，低于5 ng/mL表明维生素D缺乏。

（3）**维生素E** 维生素E在新鲜牧草中含量相对较高。因此，放牧奶牛或饲喂刈割鲜草的奶牛，可以不补充维生素E。相反，储存的牧草中维生素E会被分解，所以舍饲饲养奶牛的典型日粮中需要添加维生素E。

维生素E的功能是保护细胞膜使之免受氧化损伤。维生素E缺乏的临床表现为犊牛肌肉营养性疾病（白肌病），成年母牛表现为胎衣不下和容易感染环境性乳房炎。

根据不同妊娠阶段维生素E的推荐摄入量不同：干奶末期——每千克体重1.8 IU，每千克饲料干物质含90 IU；泌乳期——每千克体重0.8 IU，每千克饲料干物质含30 IU。当患环境性乳房炎时需要补充更多的维生素E。维生素E是无毒的，所以几乎不存在过量的风险。

维生素E添加剂可以是天然的，也可以是人工合成的。天然维生素E来自植物油，根据化学结构上的异构体特性确定为RRR-α-生育酚或D-α-生育酚。合成的维生素E添加剂是rac-生育酚或DL-α-生育酚。天然来源的维生素E添加剂具有更高的生物活性。

奶牛血清维生素E浓度可被用于评估维生素E的营养状态。血清维生素E达到2～4 μg/mL可认为维生素E比较充足。然而，血清维生素E除了受维生素E营养状况的影响外，还受血清脂质浓度的影响，血清脂质浓度越高，血清维生素E浓度越高。一般在妊娠后期血清脂质浓度低，采食量高峰期血清脂质浓度高。为了补偿这种波动，有时将血清维生素E浓度表示为与某些血清脂质组分的比值，如与胆固醇或甘油三酯的比值。

（4）**其他维生素** 大多数反刍动物的天然饲料都能提供充足的维生素K和B族维生素，瘤胃微生物也能合成大量的维生素K和B族维生素。因此，不推荐在反刍动物饲料中添加。

（二）饲养与营养管理

在奶牛生产中有3种基本营养管理系统：饲喂全价混合日粮（TMR）的舍饲系统，精粗饲料分开饲喂舍饲系统和以放牧为基础的饲喂系统。

1. 全价混合日粮 TMR包含所有的饲料成分，由所有单项饲料均匀混合而成。与其他饲喂系统相比，TMR具有营养优势，在饲喂过程中日粮中纤维和非纤维部分的比例固定。最大限度地减小瘤胃pH的波动，保证了瘤胃的健康，即便在较高能量摄入的情况下也能如此。

TMR系统精细管理需要有精确称量混合日粮中各组分的设备，还需要将粗饲料和精料混均的搅拌设备。几种具有称量功能的搅拌设备有售。许多搅拌设备还不能将长的粗饲料混合在饲料中，因此限制了干草在TMR日粮中的应用。这就意味着，如何使TMR颗粒的大小适宜且提供有效纤维是TMR急需解决的难题。如果青贮饲料最初颗粒大小适宜，在混合过程中不用进一步粉碎，限制混合时间可以保持充足的有效纤维。现有市售的分样筛可以监测TMR混合粒度。根据常用筛分系统，推荐的TMR混合颗粒大小分配见表18-27。

表18-27 为TMR推荐的颗粒大小[a]

	筛径尺寸[b]（cm）	颗粒大小（cm）	重量百分比
上层筛	1.9	>1.9	2～8
中层筛	0.79	0.77～1.9	30～50
下层筛	0.13	0.18～0.77	30～50
底盘		<0.18	≤20

a. 使用佩恩州分样器。数据来自J. Heinrichs and P. Kononoff，宾夕法尼亚州立大学。

b. 筛孔为方形，对角的孔径最大。

定期监测饲料中的干物质浓度对TMR的管理尤为重要。这是因为TMR配制是以干物质中的营养物质浓度为基础的，而饲料成分按其湿重称重。因此，准确计算干物质浓度至关重要，以确保最终饲料营养浓度达到预期要求。对TMR的水分或纤维等营养元素进行常规分析，有助于饲料原料组成和比例与预期的饲料配方保持一致，而且还能保证饲料长期稳定。

饲料运输和运送管理是应用TMR的另一个重要环节。奶牛应该可以或几乎可以连续采食，因此充足的采食空间很重要，推荐每头牛的最佳空间为45～60 cm。采食空地每日都需要清理，称重剩料，以计算每个牛群的采食量。剩料占到总投料的2%～4%，说明供应量比较合适。通常颗粒大的饲料会剩下，所以应测定剩料中颗粒长度以避免饲料分离的情况发生。

为了有效使用TMR,奶牛必须分群饲喂:最基本分为泌乳和非泌乳牛群,比较理想的是分为2个或更多的泌乳母牛群和2个干奶牛群。1个干奶牛群主要包括干奶后4~6周的牛,另一干奶牛群主要是分娩前2~4周的母牛。日粮平衡是泌乳牛日粮配制的重点考虑因素,与平均生产水平的牛群相比,高产奶牛日粮应更平衡,以确保满足高产奶牛的营养需求。日粮是否平衡还取决于分群的数量和泌乳阶段。泌乳牛分成2群,建议高产牛群的饲喂量比平均生产水平的牛群至少高20%。

2. 不混合或饲喂组分日粮 世界许多地区的传统舍饲饲喂系统采用牧草和精料分别饲喂。与TMR饲喂系统相比,其优点在于不需要专门混合和配送设备,还可以根据个体需求调整精料饲喂量。该系统的一个主要缺点是,淀粉和其他非纤维碳水化合物需要每日分成几顿饲喂,一般在挤奶时间饲喂,因此,可能导致瘤胃pH出现波动,影响纤维消化和瘤胃健康。这个系统现已经得到发展,避免了大量精饲料摄入。这包括奶牛经电子识别后通过电脑配送饲料,还有计算机化的饲喂装置,可根据每个个体的程序全天配送少量饲料。

饲喂组分系统的另一个缺点是无法监测粗饲料的摄入量。如果粗饲料不与其他饲料组分混合,则没有称重的必要。因此,无法根据牧草消耗量准确调整精饲料量。在炎热的天气,这个问题就特别严重,即粗饲料消耗量大幅度减少,而精饲料很少受到影响。这导致日粮中纤维和非纤维碳水化合物的预期比例发生改变。

3. 基于放牧的饲养系统 以放牧为基础的奶牛饲养系统已经得到很大发展,为了使牧草资源的利用更合理,采用了更加现代化的牧场管理方式。这个系统需要对牧场进行集约化管理以获得最佳干物质和营养物质的产量,以满足现代高产奶牛的饲喂和营养。为了实现这些目标,牧区必须经常轮换以确保牧草处于最佳生长期,避免过度放牧。通过使用可移动电子围栏将牧场分成若干个牧区。通过轮牧使牧草的干物质产量和营养成分达到最佳。

从营养学的角度来看,以放牧为基础的奶牛饲喂系统面临3个主要问题,即维持良好的瘤胃发酵状态,保证足够的干物质摄入量,满足能量和蛋白质需求。维持瘤胃健康和保证日粮纤维充足,对以放牧为基础的饲喂系统与其他饲喂系统一样都是一个难题。茂盛的牧草大多是低NDF牧草,会使瘤胃发酵状态,特别是瘤胃pH出现问题。所以有必要补充干草以维持充足的有效纤维含量。

放牧系统可能会限制营养物质的摄入量,因最大采食量低于舍饲饲喂系统而限制了能量摄入,因此,需要补充能量饲料以提高奶牛的产奶量。在未额外补充能量的情况下,每日产奶量很少超过25 kg。能量饲料包括淀粉或高度发酵的纤维饲料,如谷物或谷物副产品。蛋白质尤其是RUP饲料,也需要及时补充。牧草的蛋白质浓度相对较高,一般在瘤胃内可高度降解。

(三)犊牛饲养

为了获得足够的母源抗体,犊牛应在出生后6 h内喂2 L优质的初乳,连喂3 d,最初饲喂的初乳才是被动免疫的关键。

1. 后备犊牛的传统饲养系统 经初乳喂养后,奶牛后备犊牛的传统营养策略是尽量减少液体饲料的消耗量,最大限度提高固体饲料摄入量,刺激瘤胃的早期发育,实现犊牛早期断奶(通常4~8周)。虽然不能达到最大生长率,但饲料成本是最低的。此外,犊牛断奶后患肠道疾病的风险小于液体饲料喂养阶段,因此,有利于早期断奶犊牛的肠道疾病管理。

在这个系统下,大型奶牛品种的犊牛在出生后3~4周每日增重400~600 g。每日需要干物质的摄入量为600~750 g,液体饲料供给量为450 g,这相当于出生重为40~50 kg犊牛每日饲喂4 L牛奶或还原乳,至少分2次饲喂。其余的干物质来自优质犊牛开口料,开口料是为犊牛特殊准备的精料混合物。随着犊牛的成长,每日液体饲料保持不变,随着生长率的增加,犊牛开口料的消耗量也随之增加。

犊牛液体饲料包括牛奶、废弃的牛奶、多余的初乳和代乳品。牛奶和初乳是哺乳犊牛的优质饲料,但要有生物安全预防措施,有些地方要对慢性传染病,如牛白血病和副结核病进行巴氏杀菌和筛选。

代乳品仿照牛奶设计,含蛋白质、脂肪、碳水化合物。代乳品中蛋白质浓度范围为干物质占18%~30%,通常为20%~25%。代乳品中的蛋白质来源可能会影响代乳品质量。来自乳品的蛋白质如分离的乳清蛋白、脱乳糖乳清粉、脱脂奶粉、酪蛋白通常是优质蛋白质来源,即使这些蛋白质的质量可能受到加工方法的影响,但仍不失为优质蛋白质来源。其他动物蛋白如血浆蛋白品质也很好。植物源性蛋白的可接受性存在差异,尤其对于不足3周龄的犊牛。而对于3周龄以上的犊牛,适当加工处理的植物蛋白是可以接受的,但通常不如动物蛋白理想。代乳品中使用的植物蛋白质包括大豆分离蛋白和大豆浓缩蛋白,这些蛋白质经过加工处理可减少抗原、除去胰蛋白酶抑制因子等抗营养因子。不同制造商的加工程度不同,含有相同蛋白源的代乳品的质量并不相同。未经加工的大豆粉不能作为蛋白源添加到代乳品中。

代乳品中脂肪浓度变化范围为10%～30%，大多数为15%～20%。脂肪来源通常包括椰子油、牛油、猪油等动物脂肪，卵磷脂和/或单甘酯通常作为乳化剂添加。脂肪含量显著影响代乳品的能量水平。在寒冷的天气里，犊牛需要更高的能量，所以脂肪含量应达到15%或以上。其缺点是随着代乳品的脂肪浓度的增加，开口料的摄入量减少。

早期引入固体饲料对饲养后备犊牛很重要。固体饲料可促进瘤胃发育。犊牛在出生时瘤胃小且功能不健全，瘤胃的快速发育对犊牛早期断奶至关重要。瘤胃发酵产物，尤其是丁酸可刺激瘤胃的成熟。因此，在饲料中引入易发酵底物对瘤胃发育非常重要。优质犊牛的开口料主要是易发酵的碳水化合物，其特点是质地粗糙、粉粒或粉末含量少、纤维含量相对较高（12%～15%NDF）。粗蛋白含量为干物质的18%～24%。干草的发酵不如精料，因此，犊牛断奶前不宜饲喂干草，摄入干草实际上可能会妨碍瘤胃发育。

促进开口料摄入量的一个关键因素是水的供给。应该让犊牛自由饮水，犊牛的饮水量差异很大，但每日应超过4 L（除了牛奶或代乳品外）。

2. 寒冷气候的犊牛饲养 从出生到3周龄的犊牛热中性区下限温度为20 ℃，3周龄以上的犊牛，热中性区下限温度为10 ℃。当气温低于这些温度时，维持能量的需要增加。在寒冷的天气里，为了补偿增加的能量需要，代乳品中的脂肪含量应不低于15%。此外，

在等热区温度以下，每降低5 ℃则干粉增加50 g/d。例如，不足3周龄的犊牛在温度超过20 ℃时，每日饲喂代乳料粉450 g，0 ℃时增加到650 g，−25 ℃时增加到900 g。干粉代乳料应按比例增加水量进行还原。这些液体饲料每日需要被分成2次以上进行饲喂。除了牛奶或代乳品外，每日至少应饮水2次。

3. 患肠道疾病犊牛的饲养 腹泻是犊牛的一种常见疾病，经常导致脱水而危及生命。口服电解质溶液有利于补水并成功治疗犊牛腹泻。在营养上，治疗犊牛腹泻的目标是要尽快让犊牛重新吃上代乳品。在合理使用口服电解质的情况下，牛奶或代乳品可在腹泻发病后12～24 h内重新饲喂。电解质溶液也可以同牛奶或代乳品一同饲喂。

（四）断奶到成熟期犊牛的饲养

断奶至3月龄，犊牛应该自由采食开口料。如果在此期间饲喂干草，那么干草应该优质而且饲喂数量有限。3～15月龄生长所需的能量主要来自优质的牧草。满足这个时期的蛋白质需要化很大功夫，因为在此期间对蛋白质的需要高于对能量的需要。这是因为对于后备小母牛，身体偏瘦好于过肥。对于大型品种3～15月龄后备母牛的饲料，可参考表18-28。因为RDP过多，故这些饲料中粗蛋白含量高。如果过RUP较高，即便粗蛋白含量较低但仍然可满足代谢蛋白的需要。如果不添加动物蛋白或特殊加工的蛋白饲料，则RUP的浓度很难满足。表中的这些日粮最好采用TMR的形式饲喂。

表18-28 生长期后备母牛的饲料特点[a]

	体重（kg）			
	100	150	200	250
DMI（kg/d）	3.1	4.2	5.2	6.1
精饲料（占干物质百分比，%）	40	20	5	0
粗饲料（占干物质百分比，%）	60	80	95	100
粗蛋白（占干物质百分比，%）	21	20	18.5	18.4
代谢蛋白（占干物质百分比，%）	11.7	9.6	8.5	7.7
RUP（占粗蛋白百分比，%）	32	28	22	21
RDP（占粗蛋白百分比，%）	68	72	78	79
ME（MJ/kg）	10.46	10.05	9.21	9.21

a. 需要量由奶牛营养需要计算机程序得出，该程序由《奶牛营养需要》，2001，美国国家科学院，美国国家研究院出版社，华盛顿特区。当体重小于150 kg时粗蛋白的需要量相对较高，如饲料原料RUP比例较高时可相应降低。

DMI，干物质摄入量；RUP，瘤胃非降解蛋白；RDP，瘤胃可降解蛋白；ME，代谢能。

体重合适的后备母牛在15月龄已达到性成熟，这时应进行配种。妊娠后，需用优质的牧草来满足蛋白质和能量的需要。在此期间玉米青贮饲喂量一般被限制到不超过日粮干物质的1/2。要防止过肥，过肥会增加在产犊时患病的风险。

2月龄至受胎阶段使后备母牛获得最佳生长率，对牛场的经济效益是非常重要的。生长率不足要么会导致初产年龄增大，从而增加母牛的饲养成本，要么

初产母牛体重过小，限制第一个泌乳期的产奶量和受胎率。相反，过度的生长特别是过肥，对产奶量会有不良影响，也增加了在产犊时发生代谢性疾病的风险。从断奶到受胎，这期间的目标生长率应为每日700～900 g。在此范围内，随着饲料中粗蛋白和RUP比例的增加，有利于瘦肉增重，防止过肥。定期称重和测体高可监测生长率和骨架发育是否达到预期目标。即便不同牛场之间饲料相似，后备母牛的生长也会有很大的差异，因此，对生长率的监测显得尤为重要。不同体格的成年母牛在不同年龄范围的（后备母牛）目标体重，可参考表18-29。

后备母牛在不同的年龄阶段对饲料有不同的要求，应根据它们的年龄和体格大小进行分栏饲养。断奶至5月龄之间最多被分成6群。犊牛的年龄越大，相应的群也可以越大，但群内犊牛的体格应相对一致。

（五）加速犊牛饲养计划

在加速犊牛饲养的计划中，断奶前饲喂大量液体饲料，生长期饲喂大量精料。断奶要晚一些，饲喂固体饲料要迟一些（相对于传统的计划）。断奶后，直到3月龄以后才饲喂粗饲料。断奶前和断奶后日粮蛋白浓度相应增加（相对于传统计划），以保证肌肉增重，避免过肥。在此期间的日增重可高达1 kg，后备母牛在22～23月龄进入泌乳牛群。需要密切监测牛群确保母牛骨骼发育，避免过肥。

（六）饲料添加剂

市售一些非营养性添加剂已在奶牛生产中被应用（表18-30）。

（七）营养与疾病

营养对奶牛许多疾病的发生及其严重程度有很大的影响。与营养相关疾病和症状等的简要描述，可参考表18-31。

表18-29 不同年龄小母牛的推荐体重

小母牛月龄	大致目标体重（kg）			
	占成年体重的比例%	小型品种	中型品种	大型品种
出生时	6.2	28	34	47
1	9.1	41	50	68
2	12.3	55	68	92
3	16.2	73	89	122
4	20.0	90	110	150
5	23.7	107	130	178
6	27.5	124	151	206
7	31.2	140	172	234
8	35.0	158	193	263
9	38.9	175	214	291
10	42.5	191	234	319
11	46.3	208	255	347
12	49.9	224	274	374
13	53.7	242	295	403
14	57.4	258	316	430
15	61.1	275	336	458
16	64.7	291	356	485
17	68.5	308	377	513
18	72.2	325	397	541
19	76.0	342	418	570
20	79.6	358	438	597
21	83.3	375	458	625
22	87.1	392	479	653
23	90.8	409	499	681

表18-30　日粮中使用的非营养性饲料添加剂

添　加　剂	作　　用	添　加　量
在一般饲养条件下具有高经济回报率的添加剂		
莫能菌素	增加饲料效率，改善能量代谢	200～400 mg/d
碳酸氢钠和其他缓冲剂	增加饲料消费量，稳定瘤胃pH，改善乳脂	占干物质的0.75%
酵母培养物	增加饲料消耗量，提高纤维消化	可变，参照生产商推荐量
在特殊情况下有很高经济回报率的添加剂		
分娩前日粮中的阴离子添加剂	改善钙的稳恒状态，预防乳热症	可变，计算DCAD[a]，监测尿液pH和干物质摄入量，仅限妊娠末期
丙二醇	改善能量代谢，预防酮病	300～500 mL/d，妊娠末期和泌乳初期
烟酸	改善脂质代谢、瘤胃发酵，增加饲料效率和乳中成分	6 g/d，包括保护和未受保护
霉菌毒素中和剂	有许多产品；有效抗黄曲霉毒素；有效抗单端孢毒素，其中包括DON[b]或呕吐毒素，但需要进一步评估其有效性	可变，请参见制造商的说明
保护性胆碱	改善脂质代谢，预防脂肪肝和酮病	15 g/d，限仅妊娠末期和泌乳初期

a. DCAD，日粮阴阳离子差。
b. DON，脱氧雪腐镰刀菌烯醇。

表18-31　与日粮特点及营养缺乏有关的奶牛疾病或临床症状

症　　状	可能涉及的营养或日粮
流产	微量元素或维生素缺乏，尤其是维生素A、硒、维生素E
贫血	可能是成年牛铜或钴缺乏，犊牛的铁缺乏（成年牛不太可能）
失明和夜盲症	可能是脑脊髓灰质软化的最初症状，可能与维生素A缺乏有关，有或无角膜混浊症状
瘤胃臌气	摄入豆科牧草或饲喂磨得过细的高淀粉饲料（育肥牛经常这样饲喂），尤其未适应这些饲料的牛易患
中枢神经系统症状	运动失调、失明、眼球震颤、抖动、脑脊髓灰质软化伴有的角弓反张；饲喂由微生物引起硫胺素失活的高淀粉日粮和大量饲喂DDGS等高硫饲料
先天性缺陷	维生素A、镁或铜缺乏
惊厥	维生素A缺乏，尤其是生长期犊牛在正常活动时会间歇发生，应与神经性球虫病进行鉴别
卵巢囊肿	泌乳早期能量不足和亚临床症的酮病；维生素E和硒缺乏
腹泻	许多饲料因素包括饲料突然改变，尤其是饲料中非纤维性碳水化合物和瘤胃发酵能力的增加；采食快速生长期的青草，增加饲料蛋白质或盐浓度
真胃变位	有代谢和营养两方面原因；应避免酮症，促进干物质摄入；分娩前、后日粮是管理重点
呼吸困难	非典型间质性肺炎（与从劣质牧场迁移到牧草茂盛的牧场有关）；与瘤胃中色氨酸转化为3-甲基吲哚有关
脂肪肝	泌乳后期或干奶期过肥，妊娠后期和泌乳早期采食量低所致
低镁手足抽搐症	功能性及绝对缺乏镁症；食入青草患病风险增加，特别是配合高钾后更增加发病的风险
食欲不振	许多营养物质缺乏（蛋白质、矿物质、维生素），最终导致采食量降低
共济失调	步态蹒跚与慢性硒中毒有关；脱髓鞘与铜缺乏有关
不孕不育	能量是最明确的与之相关的营养物质；胡萝卜素或锰缺乏也会影响卵巢功能
酮血症	脂质动员过多和糖异生作用不足；妊娠后期过肥和泌乳早期采食量不足是主要营养因素
蹄叶炎	慢性或急性蹄叶炎及其后遗症均由高浓度的非纤维性碳水化合物日粮所致
乳热症（产后瘫痪）	钙的稳衡机制出现问题，而不是因为饲料中钙缺乏；可通过分娩前低钙或酸化饲料控制
异食	诱因不确定，与钠、磷缺乏，低纤维日粮有关
脑脊髓灰质软化	瘤胃破坏硫胺素或高硫饲料在瘤胃产生硫化氢；育肥牛比奶牛更常见
胎衣不下	硒、维生素A、维生素E缺乏，但在饲料中添加这些营养成分也不会降低发病率；与分娩前能量负平衡有关的代谢因素是其诱因

（续）

症　状	可能涉及的营养或日粮
佝偻病与骨软化症	缺钙、磷或维生素D
急性临床性瘤胃酸中毒	通常由于重大错误或配送饲料不均匀致使高淀粉日粮的摄入增加，由于牛不习惯这种饲料，在瘤胃中形成的乳酸导致瘤胃pH急剧下降
慢性临床性瘤胃酸中毒	与大量非纤维碳水化合物和低纤维哺乳期日粮有关；伴有瘤胃挥发性脂肪酸浓度升高和瘤胃pH≤5.2
皮肤问题	包括被毛粗糙无光、异食、容易脱毛、皮肤角质化、皮肤薄、难愈合等问题，可能与维生素A和锌缺乏、广义的蛋白质-能量营养不良等营养问题有关
猝死	维生素A、维生素E、硒或铜缺乏
免疫抑制	免疫抑制包括细胞免疫和体液免疫，可能由于因营养不良，特定营养素缺乏，如维生素A、维生素E、锌、铜、硒，蛋白质-能量营养不良也可导致免疫抑制
中毒	饲料中某些物质具有毒性；包括氰化物、硝酸盐、真菌毒素、有毒植物
尿结石	高磷饲料和低纤维精料
消瘦与生长受阻	许多营养缺乏、体内寄生虫等慢性疾病；有资料记载钴缺乏是牛虚弱的因素；蛋白-能量营养不良
白肌病	饲料中缺硒或维生素E

第二十六节　野生动物与动物园动物营养

动物园动物和野生动物营养领域在最近几十年已取得了长足的发展。动物园和饲料行业的野生动物营养学家在研究许多动物的营养问题过程中，逐步获得了对上述动物如何进行营养管理的相关信息。

所有动物都需要可代谢形式的营养物质和能量。营养物质和能量必须平衡，并以正确的形式满足特定的口味、消化系统和喂养方法。例如，大鹦鹉通常用脚抓取食物，而其他动物用其他部位获取或存放食物（或不对食物进行处理）。如果饲喂某种商品化的膨化食品，饲料颗粒必须足够大，鸟才能容易抓住。野生和动物园动物日粮要考虑到在野外环境的采食习惯，口腔和胃肠道黏膜形态，建立在家养动物、实验室动物和人基础上的营养需要，以及野生物种的营养研究和实践经验。饲料是否适合的最终评价标准是动物的生长状况能否成功繁殖和寿命长短。

美国国家研究委员会（NRC）制定了家养和实验室动物的最低营养需要标准，这对制定野生物种的营养水平非常有帮助。例如，2007年NRC出版了《小反刍动物的营养需要》，其中包括了鹿（白尾鹿、红鹿、驯鹿和马鹿）和骆驼科（马驼和羊驼）的营养数据。此外，非人类灵长类动物的NRC指导已更新升级。

野生动物与家养的同类动物一样，日粮营养物质应满足营养需要。目前已建立了有蹄类动物、鼬科动物、犬科动物、猫科动物、啮齿类动物、灵长类动物、兔形目动物、鹑鸡科的鸟类和雁形目鸟类、鱼的营养需要。然而，NRC制定的营养需要仅仅作为参考，因为家畜饲养者的目标是获得快速、有效的生长性能和较高的产奶量、产蛋性能，这与动物园的饲养目标不同。

虽然NRC的需要不能被直接用于其他物种，但仍可为评估大多数鸟类和哺乳动物的营养状况提供参考。爬行动物和两栖动物日粮的配制和评估更困难，因为这些动物与家养的动物不同，它们属于变温动物，代谢率随环境温度的变化而波动。一旦日粮营养浓度已确定，饲料类型和数量、饲喂方法、喂养频率应根据物种的生理和行为特点来确定。

所有日粮的质量要好，不要饲喂变质或发霉食物、长时间存放的饲料（如袋装饲料超过1年，冷冻食品饲料超过6~12月）。不建议将饲槽每日或每两日"清底"1次，因为底部未吃的饲料可能已变质。应确保添加水和食物之前盛水和食物的器具已彻底清洗。陆生动物也应随时饮用到清洁、新鲜的饮水。有蹄类动物、鹦鹉和啮齿类动物应供给微量矿物质盐块、盐砖或盐"辊"。

禁忌采用自助餐式喂养，因为动物很少能选择均衡的食物，应让圈养动物有较宽的食物选择范围。营养全价的饲粮或自制混合饲粮，多由肉类、水果和一小部分的籽实组成。颗粒饲料对鹦鹉尤其重要，可避免自行选择钙缺乏的籽实。肌肉和内脏、水果、大多数谷物和籽实及大多数昆虫都低钙，过量摄入会导致钙缺乏。含钙量为12%的钙肠道加载（Gut-loading）日粮可用来饲喂昆虫或在昆虫上撒上钙-磷平衡的粉末。然而，食物中是否有足够的钙并不能确定。其他钙源有牡蛎壳、海螵蛸和碳酸钙片。

肥胖比营养摄入不足更为常见。有蹄类动物、灵长类动物、食肉动物过量饲喂优质日粮，加之活动量有限，故很快就会超重。有些鸟类（如平胸类鸟和水禽）快速生长可增加腿病和翅膀问题。因此，需要定期测定成年和生长期动物的体重，监控体重变化。

如果怀疑日粮营养失衡、不足或有毒，应考虑改变日粮。日粮应先用计算机分析评估其营养浓度。在纠正了怀疑或确定有健康问题的基础上，对原料或营养成分予以调整。对圈养的野生动物而言，建立和保存饮食档案对健康评估特别有帮助。另外，个体活动的模式也很重要（例如，肥胖的鸟易患动脉粥样硬化）。

1. 营养添加剂 动物管理者会普遍使用营养添加剂。虽然许多全价饲料不需要添加，但许多人或宠物主人仍在添加。而且，很少事先评估日粮中哪些营养素（如果有的话）不平衡。某些营养素添加过多（如一些脂溶性维生素、硒、铜）与不足同样有害。主要包括各种水果和蔬菜的日粮中可能需要补充微量元素添加剂，添加量应根据日粮组成不同而异。

首先应确定当前日粮的营养含量，才能明确是否需要添加或停止使用某种添加剂。如果日粮中某种营养物质不足，建议以添加一定量的特定添加剂。不建议将添加剂滥用，否则可导致中毒和营养失衡。

2. 水 应定期评估饮水量，对肾脏功能不全的动物（蜥蜴或鸟类容易患痛风），高温或低湿环境下蒸发损失增加的动物尤为重要。应了解水中含盐量，因为不同动物对盐的耐受量不同，有些动物对盐格外不耐受。饲喂干饲料（颗粒、膨化饲料、干草等）比饲喂多汁饲料的动物需要更多水，应保证动物自由饮水。

在野外，许多动物能够摄取食物中的水。依赖食物中水分的动物，当采食低水分饲料（颗粒化、膨化饲料等）时，将无法维持充分的水合作用。许多自由放养的小型和热带蜥蜴可从食物和雨后积水中获取水，在人工喂养时，它们不常喝容器中的水。在自然界中，猛禽不饮水，在人工饲养的情况下，它们有时会喝水。

湿度对许多爬行动物维持水合作用特别重要，尤其是热带品种。对蜥蜴来说，每日用温水喷雾也是其重要的水合作用来源，因此，可能无法观察到蜥蜴喝水。环境湿度过低（或上呼吸道感染）可使半水栖龟（如盒龟）和某些乌龟眼部发生病变，这种病变不同于维生素A缺乏症。用抗生素和高湿治疗对结膜炎有较好的疗效，而补充维生素A则无效。在这种情况下，日粮的使用记录就特别重要，因为有些人工喂养的海龟饲喂商品化猫粮，而猫粮中富含维生素A。有关幼孤动物的营养，详见第1 854页。

一、鸟类

除了被用于生产人类食品或产品的鸡和鸵鸟，大多数鸟类的确切营养需要仍是未知的。许多鸟类日粮多由NRC出版的《家禽营养需要》推算出来。

（一）鹦鹉

宠物鸟主要包括鹦鹉、雀形目和犀鸟等鸟类。鹦鹉主要吃植物性饲料，大体上可确定为草食性或杂食性。根据品种不同，饲料中可含有水果、花蜜、种子或混合成分。有些品种会吃一定量的昆虫和腐肉。鹦鹉品种不同，其营养需要量和日粮敏感性也会各异，但鹦鹉的颗粒和膨化饲料已极大地提高了营养物质的摄入量，改善了健康状况和生活质量。然而，颗粒饲料的组成和质量并不是一回事，必须单独评估。

在过去30多年，鹦鹉营养是研究重点。在这一个阶段，鹦鹉营养上几个疑虑得以消除。细砂对于某些雀形目、鸽形目是必需的，有利于进行物理消化，但鹦鹉则不需要。鹦鹉吃下的籽实在消化之前都是带壳的。Monkey chow biscuits在营养上并不全价，有些品牌常有细菌滋生，有的甚至还能促进日粮中革兰阴性菌的生长。没有添加剂且全部由籽实组成的日粮并不适合鹦鹉。饲喂以籽实为基础的鹦鹉日粮，大多数会发生维生素A、蛋白质（特别是赖氨酸和蛋氨酸）、钙和其他营养物质缺乏。相反，颗粒饲料中添加过量维生素A等维生素，同样可产生不利影响。

1. 蛋白质 鹦鹉对蛋白质（氨基酸）的需要量尚不确定。籽实型鸟粮和餐桌食物型鸟粮最易发生赖氨酸和蛋氨酸缺乏。在确定日粮蛋白质的需要量时必须考虑纤维含量，因为纤维含量增加会使粪便中的蛋白质损失增加。低纤维、易消化的鸟粮（如喂养吸蜜鹦鹉的花蜜）因为蛋白质易消化，即使蛋白质水平低至3%～5%时也会获得很好的饲喂效果。成年虎皮鹦鹉和澳洲鹦鹉的维持蛋白质水平（7%～12%）低于非洲灰鹦鹉的维持蛋白质水平（10%～15%）。所有鸟类的生长和产蛋蛋白质需要量均高于其维持量。换羽期也显著增加对蛋白质的需要，特别是含硫氨基酸半胱氨酸的需要量，因为鸟羽毛中的蛋白质平均占机体总蛋白含量的25%。

高蛋白鸟粮可诱发有遗传倾向或有潜在风险的鸟患肾脏功能不全或痛风。没有肾病的澳洲鹦鹉可以承受非常高的日粮蛋白水平（70%）而无肾脏功能损伤。有文献报道，某些品系的家禽和许多鸟类有发生肾脏疾病/痛风的遗传倾向。

日粮蛋白质水平急剧增加可加重肾脏负担，引起高尿酸血症和内脏痛风。如果需要增加日粮蛋白质，则应逐渐增加以避免肾脏损伤。

2. 脂肪 日粮脂肪可提供必需脂肪酸、能量和激素前体，有助于蛋黄的形成和脂溶性维生素的吸收。过量的脂肪会导致肥胖、代谢性疾病、心脏病和动脉粥样硬化（见宠物鸟）。因为鹦鹉是晚熟鸟，需要的脂肪酸不同于早熟的鸡，故鹦鹉繁殖的脂肪需要通常低于家禽。如果日粮中脂肪处于缺乏的临界状态，鹦鹉和鸡均表现出许多疾病症状。

3. 维生素

（1）维生素A和类胡萝卜素 维生素A是维持视力、繁殖、免疫完整性、生长，呼吸道、胃肠道、肾脏组织上皮细胞及肾脏组织所必需的。饲喂全籽实日粮易发生维生素A缺乏，所以建议补充。但滥用又会产生维生素A毒性，降低其他脂溶性维生素和类胡萝卜素的吸收。在自然条件下，鹦鹉不能直接摄入维生素A，但可从不同植物中获取维生素A前体——类胡萝卜素。有些颗粒饲料中维生素A超过10 000 U/kg（已证明对澳洲鹦鹉有毒）。添加到鸟粮中的维生素A不够规范，发生重大质量问题已有记载。吸蜜鹦鹉的商品化鸟粮中加入高水平的维生素A会引起维生素E缺乏，生育能力下降，增加了铁蓄积病的发病率。优质的鹦鹉颗粒饲料中应包含多种类胡萝卜素、其他维生素A前体及最低的维生素A水平。

某些类胡萝卜素对鸟类而言是构成体内维生素A的前体，也是抗氧化剂，对某些鸟类（如金丝雀和火烈鸟）的羽毛着色是必需的。

（2）维生素D 维生素D的主要作用是提高钙、磷的吸收。维生素D可以直接从日粮中获得，也可经紫外线照射得到。鸟类天然饲料中没有维生素D——天然维生素D源是阳光。在阳光不足的情况下，非洲灰鹦鹉需要口服相当于商品家禽添加量（200 IU/kg）的小剂量维生素D，但紫外光（UV）对维生素D_3的活化同样重要。

维生素D缺乏可能由于饮食不足或缺乏紫外线照射所致。有限的研究表明，鹦鹉对UV的需要存在种属差异。特别是非洲灰鹦鹉需要长期UV照射，才能维持充足的维生素D_3和钙水平。遗憾的是，许多鸟类被完全饲养在室内，主人经常错误地认为它们不需要阳光的直接照射，或透过玻璃它们可获得紫外线照射。建议鸟的主人应让宠物直接接受直射光（注意不要过热）或购买和正确使用紫外灯。

过量添加维生素D可产生毒性。有些鹦鹉品种，特别是金刚鹦鹉，对日粮中过量维生素D敏感，可能会发展为软组织钙化和肾脏功能衰竭。鹦鹉的毒性程度尚未确定，当日粮维生素D的添加水平为2 800 IU/kg时即开始产生毒性。

（3）维生素E 见食鱼鸟的维生素E部分。

（二）雀形类

雀形目有5 000多种鸟类，包括食果、食肉、食虫和食谷物的不同品种。大多数雀形目鸟类可作为宠物（燕雀和金丝雀），主要饲喂籽实，也可以考虑以花和谷物为食。金丝雀的商品化饲料中含有金丝雀蔓草草籽、油菜籽、油菊、亚麻籽和燕麦混合物。大多数这些市售的籽实混合物中缺少大量的维生素和氨基酸，并且脂溶性维生素A、维生素D_3、维生素E、维生素K普遍较低，钙、磷比例失衡，赖氨酸和蛋氨酸不足。

传统上，在金丝雀的繁殖季节饲喂鸡蛋（煮熟的鸡蛋配合软食物可以补充维生素和矿物质），同时配合浸泡过的种子以促进采食。由有机颗粒饲料或颗粒饲料制成的日粮，含有均衡的营养，许多养鸟人用它喂鸟来提供营养。

用可溶性细砂（即牡蛎和海螵蛸）喂金丝雀和燕雀。幼芽、水果和蔬菜可以在心理上刺激和提高雀形目的繁殖。

金丝雀羽毛的颜色部分取决于饲料中的色素。例如，红色的金丝雀在繁殖季节前要饲喂斑蝥黄素。类胡萝卜素的生物学效价不同，各种类胡萝卜素的吸收和代谢存在着品种差异。

（三）鸽形目（信鸽和肉鸽）

大部分鸽子主要采食谷物或果实，也吃一些无脊椎动物。吃种子的信鸽和肉鸽可以饲喂商品化颗粒饲料。另外，鸽形目也能接受鹦鹉专用的小颗粒饲料和饲料糊，这些饲料比其他商品化鸽粮更优质（通常也更昂贵）。

亲鸽用鸽乳（嗉囊乳）喂养幼鸽，鸽乳由脱落的上皮细胞和嗉囊腺体分泌物组成。鸽乳含有丰富的脂肪和蛋白质，几乎不含碳水化合物。食种子的亲鸽很快从鸽乳喂养转成吐出籽实喂养幼鸽。食果的乳鸽（至少白头鸽，*Columba leucocephala*）依赖鸽乳的时间更长，从而增加两窝之间的间隔。

（四）猛禽

猛禽包括许多属的食肉鸟类。大多数中型和大型猛禽可吃掉整个脊椎动物。通常喂食的食物包括小鼠、大鼠、鸡、鹌鹑、鸽子，红隼也吃昆虫。鱼也是食鱼猛禽如鱼鹰和海雕的天然食物。如果饲喂鱼或雏鸡，建议每周补充2次硫胺素（每千克饲料添加30 mg）。投喂猛禽商品化饲料可减少整只猎物的投喂数量。

小型猛禽每日可吃自身体重20%~25%的食物，较大的猛禽可能吃得少一点（少于5%）。人工饲养的猛禽应定期称重，需要根据体况指标调整采食量。以内脏为主的日粮只能被用于临时饲喂，应于每千克鲜肉中添加10 g碳酸钙。

（五）食鱼鸟

企鹅、鹈鹕和其他食鱼鸟类在野外以吃鱼、甲壳动物和鱿鱼为主。这些食物中的脂肪酸、维生素和碳水化合物含量变化很大。人工饲养的食鱼鸟，通常可喂鱿、银鱼、鲱、鲭和鳕。喂养食鱼鸟最重要的方面是鱼的质量（见海洋哺乳动物）。食鱼鸟的所有日粮中应含有多种鱼类，如果长期饲喂单一品种鱼，会发展成对某种鱼的强烈依赖，这会导致营养缺乏，一旦没有这种鱼时会因拒食而发生虚弱。

人工饲养的企鹅常用的添加剂有食盐，脂肪酸，维生素A、维生素D和维生素E。需要补充的种类和添加量取决于日粮质量和组成。日粮中的食盐（每日每只0.5～1 g）可加到水中以维持正常盐腺的功能。

在繁殖和蜕皮季节，以银白鱼为主的日粮应推荐提供必需脂肪酸。

1. 硫胺素 流水解冻的鱼，其中的水溶性维生素会随水而被损耗尽。此外，许多鱼类含有硫胺酶，可导致硫胺素（维生素B$_1$）缺乏。

建议在饲料中每千克鱼补充硫胺素25～30 mg，每日补充1次或每周至少补充2次。

2. 维生素E 大多数鱼类缺乏维生素E。维生素E缺乏的临床表现为虚弱、不能站立或翅膀无法保持正常姿势。慢性维生素E缺乏可发生严重的肌肉萎缩、变性和坏死，进而被纤维结缔组织取代。建议在每千克鱼中添加维生素E 25～100 IU。然而，过量维生素E（每千克食物中维生素E含量为500～10 500 IU）可使生长缓慢、凝血功能紊乱，导致维生素K缺乏（不是维生素E本身的毒性）。

人工饲喂的品种和个体，应注意确保每只鸟都能摄入定量的日粮和添加剂。某些食鱼鸟要投喂商品化肉食性鸟粮、鳟颗粒饲料、和/或小鼠日粮以及鱼等。

（六）水禽

雁形目包括鸭、鹅、天鹅。这些水禽有的是严格的草食性（天鹅、大多数鹅和大多数鸭），有的微食鱼性（海鸭、秋沙鸭）。商品化或猎鸟的颗粒饲料可从市场上购买，但并不适用于所有品种。

天鹅是食草动物，应给这些动物饲喂专门的颗粒饲料。但遗憾的是在实际中经常饲喂生菜和玉米日粮，导致水禽蛋白质和多种维生素缺乏，常常表现为羽毛品质变差、关节肿胀和爪部皮炎。

对于大多数鸟类而言，水禽幼鸟应饲喂高脂肪和高蛋白的开口颗粒饲料。快速生长的大型水禽必须防止骨骼和关节畸形，如滑翼形翅膀综合征和锰缺乏症。

（七）鹑鸡鸟类

许多鹑鸡鸟类属于杂食性。现已有家禽、家养火鸡和日本鹌鹑的商品化饲料。在非繁殖季节里，可饲喂维持日粮，含有不到20%的粗蛋白，每日饲喂2～3次。在繁殖季节，日粮应自由选择，日粮中蛋白质含量较高（20%～25%粗蛋白）。

大多数的鹌鹑主要吃籽实，很容易饲养。一些东半球鹌鹑是食虫的，所以必须饲喂有特定蛋白质的日粮。孔雀（*Pavo* spp.）一般吃无脊椎动物、软体动物、甲虫幼虫，印度蓝孔雀甚至吃有毒的眼镜蛇。其他鸡形目几乎专门吃植物。角雉属（*Tragopan* spp.）、一些野鸡（*Syrmaticus* spp.）和几种松鸡主要吃素食。角雉属只吃幼芽、草、苔藓、浆果和一昆虫。人工饲养的角雉只能喂苜蓿、草、黄瓜、苹果和不同种类的浆果。松鸡以吃含醌类化合物的植物而著名（其他动物无此能力）。人工喂养的松鸡应饲喂天然日粮或至少饲喂大量的树叶，以及草和浆果并辅以少量的颗粒饲料和谷物饲料。用猎鸟和家禽商品化饲料饲喂草食鸟类对繁殖和健康均不理想。

应在家禽饲料中添加抗球虫药物。莫能菌素最常用，但对珍珠鸡具有毒性。所有鸡形目家禽的颗粒饲料通常含有充足的钙、维生素以及在缺乏时额外补充的添加剂。

（八）平胸鸟类

见平胸鸟类。

平胸鸟类是不会飞的鸟，不需要飞行鸟类所需的高能日粮。在自然状况下，鸵鸟、美洲鸵（Rheas）和鸸鹋（Emus）可摄入低质粗饲料日粮，这些日粮在小肠内发酵。雏鸟蛋白和钙的营养需要量比成鸟高，亲鸟对钙的需要会更高（表18-32）。

表18-32 平胸鸟类生长的营养需要[a]

日粮	月龄	预期的体重(kg)	粗蛋白（%）	钙（%）	纤维（%）
开口前期日粮	0～2	0.8～10.5	25	1.2～1.5	—
开口日粮	2～4	11～28	21.5	1.2～1.5	>4
生长日粮	4～6	29～52	17	1.2～1.5	>4
育肥日粮	6～10	53～90	13.5	0.9～1.0	—
育肥后期日粮	10～20	91～110	8.5	0.9～1.0	—
维持日粮	成年		8.0	0.9～1.0	6
亲鸟日粮	产蛋期		14	2.0～2.5	8

a. 经Spix出版社许可，部分转载Donnelly, R.《临床禽类医学》（*Clinical Avian Medicine*），2006。

肉用和皮用平胸鸟类的饲料，已发展到使生长最大化和成本最小化阶段。把动物在最短的时间内饲养至上市并获得经济效益，但过快生长会导致下肢弯曲畸形。

食火鸟是热带雨林的平胸鸟，主要食水果。它们还未形成商品化饲养，也无相关营养需要的文献报道。成鸟通常每日消耗3~5 kg饲料。在动物园饲喂的日粮有水果和蔬菜，如香蕉、苹果、西红柿、木瓜、西瓜、葡萄、芒果、李子、油桃、樱桃、猕猴桃、无花果、甜薯、胡萝卜，通常还添加一些动物蛋白（如雏鸡、小鼠，干燥型犬粮）。

（九）八哥

椋鸟科的八哥属杂食性。在野生环境中优先选择的食物有水果、各种昆虫、小的爬行动物和两栖动物。笼养八哥饲喂低铁颗粒饲料可防止铁贮积病（不到100 mg/kg的铁），通常也可饲喂水果，但由于维生素C会促进铁的吸收，因此，应避免饲喂富含维生素C的水果。

在繁殖季节，黄粉虫等昆虫是亲鸟喂养幼鸟的首选食物。钙肠道加载或用钙粉喷洒昆虫可防止幼鸟的低钙血症。

（十）巨嘴鸟

在自然环境下，巨嘴鸟（*Ramphastos* spp.）除吃水果外，也吃昆虫、啮齿类动物和无脊椎动物。八哥、巨嘴鸟易患铁贮积病。所以基础日粮应是低铁颗粒饲料，每日要饲喂各种水果（苹果、香蕉、葡萄）。如果优先选择水果，可将颗粒粉碎，使低铁颗粒料与水果混合，将颗粒粘在水果上，与水果一同采食。供水对这些长喙鸟是一个巨大的挑战，如果没有足够大的饮水设备，这些鸟可能会发生脱水。

（十一）动物园各种用品管理

对动物种类多的大型动物园，按组改善不同动物营养是管理的关键。饲养者的养殖经验，加之管理者、兽医和外界营养顾问的信息都很必要。从其他单位获得某种动物的寿命和繁殖成功的信息都是非常宝贵的历史资料。在大型动物园，要考虑提高鸟的营养摄入，还需考虑降低浪费、腐败、过饲和日粮准备的时间消耗。

二、哺乳动物

（一）人工喂养的哺乳动物

人工喂养哺乳动物成功的关键是：①选择能够支持适度生长，不会引起肠胃不适的配合饲料；②在合适的时间间隔，恰当的投喂量，并以适当的方式饲喂，以确保动物可以接受，又可防止多食、营养不良，或吸入到肺部；③所有饲养用具应进行清洗和消毒。判断喂养成功的标准是看能否存活，而不以与其亲本的生长和健康状况进行比较来作出判断，大多数性早熟的圈养动物已成功实现人工喂养。越是性晚熟的动物（如有袋类动物、啮齿类动物、兔）越不容易喂养成功，除非在关键阶段得到母兽喂养。只要有可能，第一次尝试用奶瓶进行人工喂养之前，必须掌握乳成分和人工喂养案例的相关数据。有很多有关人工

喂养鸟类、野生动物和家养哺乳动物的相关书籍。然而，大多数动物种类的乳成分数据都没有见诸报道，即使有一些公布的数据也很值得怀疑。不同动物间乳中的乳糖含量差别很大（表18-33）。

表18-33　人工喂养动物园哺乳动物的营养需要

动　物	占干物质的百分比（%）			
	干物质	蛋白质	脂肪	碳水化合物/乳糖
马、犀牛	8~12	15~20	2~15	59~75
灵长类动物	2~14	7~15	25~35	50~60
大象，反刍动物，猪	12~23	21~27	30~45	20~37
啮齿类动物，食肉动物，鹿	18~34	28~42	32~55	5~25
野兔、熊	30~40	25~45	40~50	5~10
海豹	41~61	10~20	74~82	0~2
有袋目哺乳动物	23~28	—	—	1

进食低乳、糖乳的动物（如鳍脚类动物，兔），一般产生的乳糖酶很少，饲喂高乳糖牛奶经常出现严重的胃肠道疾病和腹泻。同样，不能在配方乳中添加蔗糖的原因是许多新生动物几乎不产生蔗糖酶。给许多动物喂食稀释的炼乳或商品化牛、羊、马驹和鹿的代乳品（如大多数有蹄类动物）、商品化犬代乳品（如犬、浣熊、熊、蝙蝠，贫齿类动物、兔、貂、啮齿类动物），商品化猫代乳品（如猫科动物）、人类婴儿配方乳（如大多数灵长类动物），以大豆为基础的人类婴儿配方（如兔、有袋类动物）。在某些情况下，可在这些基础配方乳中加入蛋黄、乳脂、酪蛋白等成分加以调整，以更好地适应某一特定动物种类的需要。必须添加维生素和矿物质，有些公司提供一系列不同脂肪和蛋白质含量的产品，以保证配方乳中理想的蛋白质或脂肪含量。

一些动物（如有蹄类动物、有袋类动物、水貂）需要在出生后12~48 h内吃到初乳，以获得存活所必需的免疫球蛋白。有蹄类动物在出生2~3周的日粮中含有初乳可提供额外的局部肠道保护。奶牛初乳对许多野生反刍动物都有很好的效果，而且奶牛初乳可冷冻贮存。研究表明，无菌采集的同物种血清，可作为初乳的替代品用于口服或皮下注射。初乳或人工初乳对幼崽是否必要很值得商榷。不管怎样，如果需要初乳喂养，初乳应来自同一动物或相似动物。

饲喂次数和饲喂量取决于自然哺育行为、饲料配方，理想的增重和实际的工作负荷。大多数动物种类的胃容量约为50 mL/kg。过饱会导致肠胃不适、排空

时间缩短以及腹泻。每日摄入量的原则，不应超过体重的20%，分多次饲喂，每次不超过35～40 mL/kg。大多数新生仔畜每隔2～4 h饲喂1次，每日代谢能摄入量（kJ）应为879×体重（以千克为单位）$^{0.75}$。食欲、粪便和健康状况应密切监测。应定期记录体重。更小、性成熟更晚的动物通常采用胃管。

见孤儿鸟类和哺乳动物的护理。

（二）蝙蝠

人工饲养的食虫蝙蝠日粮主要由黄粉虫、蟋蟀、果蝇、丽蝇幼虫组成，也常含有其他昆虫。由于昆虫低钙，这些昆虫应喂以高钙饲料，以保证蝙蝠可以吃到昆虫的高钙肠道内容物。可用35%的麦麸、35%的粉碎干燥型猫粮或犬粮和30%的石粉配成黄粉虫日粮。另外，也可在饲喂前将钙和维生素添加剂粉末撒在昆虫上，可滴加维生素到饮水中。也可饲喂含有水和钙溶液的凝胶。

在没有飞虫时，捕食昆虫的食虫蝙蝠必须由人工喂养。一些蝙蝠经过训练可以接受放置在食盘中的活饵料。

许多人工饲养的食虫蝙蝠可以用营养液或固体饲料（表18-34）成功喂养。在饲喂时，液体饲料可以放在浅塑料盘中，并置于蝙蝠栖息和悬挂的绳线或树

表18-34　所选哺乳动物的日粮

淡水獭日粮	百分含量（%）
碎马肉或牛肉	38
碎牛心	20
粉碎的干燥型猫粮	13
甜菜渣	2.9
"MirraCoat"（美毛油）	1.9
碳酸钙	0.8
禽类脂肪	4.9
水	16.9
乳糖	0.04
酸奶	0.72
矿物质-维生素预混料	0.84
所有原料经大的搅拌机混合，按每日饲料量分份冷冻。将乳酸菌所需的乳糖添加在酸奶中有利于保鲜。乳糖和酸奶可任选	
蝙蝠的液体饲料	**百分含量（%）**
混合干粉	
婴儿麦片	20.7
小麦胚芽	4
脱脂奶粉	9
醋酸钙	15.8
糖	45.5
蛋白质添加剂（以酪蛋白为主）	3
矿物质-维生素预混料	2
混合干粉（100 g）与罐装桃蜜（540 mL）、水（260 mL）、玉米油（6 mL）混合，并饲喂去皮香蕉	
大型草食动物颗粒饲料	**百分含量（%）**
小麦粉	30
经日晒、粉碎的苜蓿草（含16%粗蛋白）	22
经粉碎的玉米	19.1
去皮大豆粉（含48%粗蛋白）	11.4
苜蓿草粉，脱水（含17%粗蛋白）	10
甘蔗糖糖浆	5
大豆油	1
磷添加剂	0.8
氯化钠	0.5
矿物质预混料[a]	0.1
维生素预混料[b]	0.1
计算组成（干物质基础）：89%干物质、19%粗蛋白、4.3%脂肪、16%ADF、12%粗纤维、0.75%钙、0.7%磷	

a. 矿物质预混料（每千克预混料，mg/kg）：75 000锌，50 000铁，30 000锰，10 000铜，800碘，200硒和100钴。

b. 维生素预混料（每千克预混料）：5 000 000 IU维生素A，400 000 IU维生素D$_3$，200 000 mg维生素E，500 000 mg胆碱，40 000 mg烟酸，20 000 mg泛酸，4 000 mg核黄素，20 mg维生素B$_{12}$。

枝附近。剩余的液体饲料应每日更换。固体饲料中主要是香蕉，其他还包括木瓜、苹果、梨、西瓜、葡萄和煮熟的胡萝卜和甘薯。也可以用罐装猫粮或犬粮，切碎的蛋配合水果饲喂。

食水果蝙蝠的饲料应低铁以防止铁贮积病。其日粮可由一种低铁颗粒饲料与苹果、香蕉、橘子混合而成。

（三）食肉动物

在美国，大多数动物园使用全价营养的商品化饲料饲喂野生猫科动物、犬科动物、鼬科动物和灵猫科动物，很少使用自制日粮。在世界的其他国家，可能定期饲喂整只或部分动物胴体（如牛或马），以及其他猎物如兔子和鸡。需要将含少量钙、维生素A、碘、牛磺酸和一些B族维生素的添加剂混入肉中。饲喂全价混合饲料大大降低了圈养野生食肉动物的营养问题，然而，这种饲料常引起粪便问题。大多数商品化日粮主要是以马肉及其副产品为基础，也有以牛肉和禽肉为基础的。另外，还包括少量的鱼粉、豆粕、甜菜浆、玉米面以及矿物质和维生素添加剂。

野生猫科动物饲料中的脂肪、蛋白质和维生素A含量比犬科动物高。大多数猫科动物日粮含45%～50%蛋白质、30%～35%脂肪、3%～4%粗纤维、1.2%～1.5%钙、1%～1.2%磷及每千克饲料20 000～40 000 IU维生素A（干物质基础）。野生猫科动物同家猫相近，无法将胡萝卜素转化成维生素A、将色氨酸转化成烟酸、将亚油酸转化成花生四烯酸。它们也不能合成足够的牛磺酸（有豹缺乏牛磺酸的报道），饲喂精氨酸缺乏的日粮易发生氨中毒。因此，在所有猫科动物饲料中，这些营养物质都是必需的。

冷冻、罐装猫粮通常比干燥型日粮适口性好，但许多动物园更倾向使用冷冻食品，因为这类食品不太贵、数量大、容易饲喂。如果不饲喂硬的未加工饲料，只饲喂软的汉堡包样的商品化日粮可引起大量牙垢沉积和牙周病。饲喂软性食物的所有猫科动物，每周应饲喂2次完整的肉骨头。马或牛腿骨适合大型猫科动物，牛尾、肋骨或整只啮齿类动物适合小一点的猫科动物。小鼠、大鼠和雏鸡适合更小一点猫科动物。偶尔饲喂啮齿类动物、家禽、鱼、内脏和整块肌肉可以用来给药或刺激食欲，但无需作为大型猫科动物的主要食物。

犬科动物可以饲喂冷冻、罐装或干燥型日粮。虽然大多数的犬科动物不像猫科动物那么挑剔，但相对干燥型日粮还是更偏爱冷冻和罐装食品。在饲喂软性食物时，日粮中应含有骨头。犬科动物也可以喂肉，并补充适量的维生素和矿物质，添加量根据大鼠、小鼠和小鸟等被捕食猎物不同而异。狐狸和郊狼的日粮中可以添加少量的水果和蔬菜。

大多数鼬科和灵猫科动物可以饲喂猫科动物的冷冻食品或罐装猫粮，也可饲喂以肉类为主的饲料以补充维生素和矿物质。许多品种还能少量食用水果、蔬菜、煮鸡蛋。小鼠、鱼、鸡可偶尔作为零食以刺激其食欲和活动。每周饲喂2次肋骨可以促进牙齿健康。罐装食品适口性更好，但不建议作为基础日粮，因为雪貂无法摄入足够的食物来满足它们对热量和蛋白质的需要。成功喂养淡水水獭的饲料组成见表18-34。

宠物浣熊可以饲喂类似于小型犬科动物日粮，或全价肉类日粮。也可饲喂优质干燥型犬粮配以苹果、香蕉、胡萝卜，也能获得令人满意的效果，同时还可缓解因喂食冷冻或罐装食物带来的肥胖问题。小熊猫能以商品化高纤维素的灵长类动物饼干和竹子为食。草食性的大熊猫需要大量的竹子，可以补充高纤维的灵长类动物饼干。

熊可以饲喂添加维生素和矿物质的肉、冷冻犬科动物日粮、干燥型犬粮、鱼和商品化杂食性动物的饼干。北极熊和科迪亚克棕熊饲喂25%冷冻犬科动物日粮、25%鱼（如银白鱼）、15%干燥型犬粮、15%杂食动物饼干、10%面包和10%的苹果组成的日粮，可获得很好的饲喂效果。也有专门为北极熊配制的商品化饲料。其他种类的熊可饲喂更少量的鱼、更多的杂食性动物饼干、面包和其他产品。马来熊、懒熊、眼镜熊、黑熊日粮中应有香蕉和绿色蔬菜。人工喂养熊的食物摄入量随季节变化很大。通常夏季和初秋的采食量最大，冬季最小。建议在北极熊冬眠之前额外饲喂鳕油。

（四）食虫动物、贫齿目及土豚

大多数鼩鼱、豪猪、无尾猬和鼷鼠可以饲喂添加有黄粉虫、蚯蚓、蟋蟀和小鼠幼崽的冷冻猫粮。碎肉中添加矿物质和维生素，罐装犬粮、煮熟的鸡蛋、少量的水果和蔬菜也很容易被上述动物接受。当用未加工的肉类饲喂某些动物时存在感染细菌的风险。特别是食肉动物和食虫小型哺乳动物似乎特别易感，曾有过败血症和死亡的报道。因此，以肉类为基础的罐装产品是更安全的选择。

犰狳可以饲喂冷冻猫科动物食物、湿化的干燥型猫粮、罐装犬粮或添加矿物质和维生素的碎肉。也可以吃牛奶、碎鸡蛋、熟红薯、碎香蕉以及其他水果。犰狳添加维生素K有助于防止出血，每千克干饲料中含亚硫酸氢钠甲萘醌5 mg就能够满足需要。树懒能消化粗纤维，但在特别寒冷的环境中，消化速度会减慢。它们的食物中应含有灵长类动物食物和灵长类动物高纤维食物的混合物、切碎的青绿蔬菜和优选叶子。食盘应放在适当的位置，动物能轻易从栖息处悬挂取食。

笼养土豚、小食蚁兽和巨型食蚁兽可用半流食替代白蚁、蚂蚁和其他天然食品。人造饲料通常含水、牛奶、肉类和/或肉类产品，如冷冻猫科食物、水貂饲料或干燥型犬粮、煮鸡蛋、蛋白粉、新生动物的谷物饲料、维生素和矿物质添加剂。所有原料在搅拌器内混合成均质糊状。成年巨食蚁兽喂以半液体食物后粪便松软。当发生上述情况时，应逐渐减少配方中的牛奶和水。将维生素K添加到贫齿目动物日粮中具有预防作用。

（五）海洋哺乳动物

见海洋哺乳动物。

除了食草海牛目动物外，人工喂养的海洋哺乳动物的主要食物都是鱼。优质鱼的购买、适当贮存和加工是饲养鲸类和鳍脚动物最重要的营养管理措施。

要密切监测鱼的质量，以下内容对评估鱼的质量有帮助：①检查包装箱上是否注明捕获日期；②鱼的整体外观状况较好；③鱼鳃呈红色（浅粉色表明鱼在捕捞后隔了一段时间才被冷冻）；④双眼不应凹陷，凹陷表明脱水；⑤解冻的鱼应结实，皮肤应完好、不褪色，不应有异味；⑥在冷冻箱底不应有过多的血水，有血水说明这些鱼被反复冻融过；⑦理想情况下，冻鱼的晶状体应混浊，说明鱼在购买前已妥善存放于低于–30℃（温度越高，晶状体越清晰）的环境中。

为了减少过氧化损伤和营养物质的破坏，鱼类应于低于–25℃贮存。如果可能，大多数鱼产品贮存时间不应超过6个月。鲭等富含脂肪的鱼类最长存放3~4月。脂肪含量少的鱼在保存状况良好的情况下可存放9个月。比较理想的情况是，鱼在冷藏室中隔夜解冻。如果不可能的话，在室温下解冻，不应在水中解冻，水中解冻会导致养分流失。许多动物园优先选择速冻鱼，因为可以做到定量解冻没有浪费。

一般原则是，海洋哺乳动物应饲喂海洋鱼类。海鱼组成由于品种不同差异很大，即使相同品种也因年龄、季节和捕捞地点不同而异。大西洋和太平洋鲱、大西洋、太平洋和西班牙鲅、金鲹、毛鳞鱼和生殖洄游银白鱼都可被广泛使用。许多鳍足类动物可吃鱿，海象日粮中含有蛤蜊。目前还没有开发出合适的商品可以替代鱼，使鲸目动物接受，但已有这样的产品被用于鳍足类动物。任何海洋哺乳动物的日粮中应含有2种以上的鱼类以确保营养均衡。不建议饲喂自然环境（野生条件）下对海洋哺乳动物的生存构成威胁的鱼类。

硫胺素（每千克鱼含有25 mg，每日喂食）需要添加到任何海洋哺乳动物的饲料中，因为在几种鱼类中存在的硫胺素酶可破坏硫胺素。补充维生素E可以补偿鱼在贮存过程中天然维生素E的氧化破坏，还有助于防止过氧化损伤。鲅等多脂肪鱼类，富含不饱和脂肪酸，特别容易导致维生素E被破坏和过氧化损伤。无论饲喂什么鱼，建议每日在每千克鱼中添加维生素E100 IU。

尽管这种做法尚存争论，但还是建议在淡水鳍足类动物中添加食盐以防止低钠血症，每千克鱼中添加3 g盐。虽然经常给鲸类动物补充维生素C，但没有确凿的证据证明有益。有证据表明，人工喂养海豚的肝脏的维生素A水平往往比野生同类肝脏的维生素A水平低得多。虽然没有具体的建议，但当人工喂养鲸类时添加维生素A更为理想。

海洋哺乳动物的食物摄入量变化很大，这取决于鱼的脂肪含量、水的温度和活动量。表演用大西洋宽吻海豚一般每日吃7~10 kg鱼。成年海豹和海狮每日吃掉占身体重量5%~8%的鱼。人工饲养的海牛类可饲喂生菜、白菜、紫花苜蓿和水生植物（如水葫芦）。

（六）有袋目动物

大多数负鼠有袋目动物可饲喂干燥型或罐装犬粮或猫粮。小型品种可饲喂灵长类动物的罐装食品。也可饲喂煮熟的鸡蛋、绿色蔬菜、胡萝卜、红薯、苹果、香蕉。袋鼬（如有袋的鼠、袋猫、袋獾）和袋狸可用罐装或冷冻猫粮喂养。此外，蟋蟀、黄粉虫和幼鼠可以用来饲喂更小的物种，较大品种可以投喂小鼠、胫骨或肋骨。袋熊和大型袋鼠可以使用大型草食动物颗粒饲料、兔颗粒饲料或特定的袋鼠颗粒饲料的混合饲料喂养。袋鼠可饲喂小鼠颗粒饲料和兔颗粒饲料的混合料。

所有草食和杂食动物都可饲喂绿色蔬菜、胡萝卜、红薯、苹果、香蕉。应限制草食动物青绿饲料的饲喂量，这些有袋动物应饲喂优质干草。为了防止爪的粗糙病，有袋动物日粮中每千克饲料干物质中至少含200 mg维生素E和0.2 mg硒。目前，考拉可用特定品种桉树叶子成功喂养。考拉的颗粒料正在试验中，未来将有考拉颗粒料。

（七）灵长类动物

灵长类动物可饲喂以商品化猴用饼干或罐装灵长类动物或绒猴日粮（表18-35）。也可供给适量的各种绿色蔬菜、胡萝卜、红薯、苹果、香蕉和橘子。对于大多数动物，猴子饼干和罐装产品应占干物质采食量的50%，水果和零食不超过日粮的25%。根据动物品种不同，绿色蔬菜和枝叶至少占日粮的25%。

西半球的灵长类动物应饲喂以优质蛋白质的猴用饼干（粗蛋白20%~25%），以满足高蛋白的需要。东半球动物可定期饲喂以猴用饼干，但东半球的许多大型物种如长臂猿、红毛猩猩、大猩猩、黑猩猩等也需要高纤维日粮。配制的实验室灵长类动物饼干通常纤维含量非常低（如5%），由于它们的许多天然食物中纤维含量很高（如超过20%），因此，有必要增加大型灵长类动物日粮中纤维的摄入量。

表18-35 非人类灵长类的营养需要[a]

营养物质	浓度	营养物质	浓度
粗蛋白[b]	15%~22%	硒	0.3 mg/kg
ω-3必需脂肪酸	0.5%	三价铬	0.2 mg/kg
ω-6必需脂肪酸	2%	维生素A	8 000 IU/kg
NDF[c]	10%~30%	维生素D_3[f]	2 500 IU/kg
ADF[c]	5%~15%	维生素E[g]	100 mg/kg
钙	0.8%	维生素K[h]	0.5 mg/kg
总磷[d]	0.6%	硫胺素	3.0 mg/kg
非植酸磷	0.4%	核黄素	4.0 mg/kg
镁	0.08%	泛酸	12.0 mg/kg
钾	0.4%	有效烟酸[i]	25.0 mg/kg
钠	0.2%	维生素B_6	4.0 mg/kg
氯	0.2%	生物素	0.2 mg/kg
铁[e]	100 mg/kg	叶酸	4.0 mg/kg
铜	20 mg/kg	维生素B_{12}	0.03 mg/kg
锰	20 mg/kg	维生素C[j]	200 mg/kg
锌	100 mg/kg	胆碱	750 mg/kg
碘	0.35 mg/kg		

a. 基于灵长类动物的研究；其他草食性、杂食性和肉食性哺乳动物的营养需要发表在美国国家研究委员会的系列营养需要；成功的研究和商品化的灵长类动物日粮组成；这些营养物质的浓度没有按群直接进行测试，可能不适合所有的品种或所有断奶生理阶段。

b. 幼龄灵长类动物在哺乳期和生长期，特别是小型灵长类动物更适合高浓度蛋白。所需的浓度受蛋白质品质影响（必需氨基酸的比例和数量）。牛磺酸对出生后第一年的一些灵长类动物是必需的。

c. 尽管NDF和ADF不是营养物质，但与胃肠道健康呈正相关。

d. 存在于大豆粕和一些谷物中的植酸磷的生物学效价很低。

e. 因为某些灵长类动物易患铁蓄积病，特别在某些植物中缺乏铁结合蛋白，当饲喂大量水果时，限制了日粮中的铁，使之接近或略微低于这个浓度。

f. 据anecvcvdotal报道，在某种环境下绢毛猴对维生素D_3的需要量高。

g. rac-α-维生素E乙酸酯。

h. 叶绿醌。

i. 在玉米、高粱、小麦和大麦中的烟酸利用率低，除非这些谷物经过发酵或湿磨，否则谷物副产品中烟酸的利用率同样很低。

j. 抗坏血酸-2-多磷酸盐源的维生素C在日粮膨化和贮存过程中生物活性和稳定性较高。

经允许，改编自《非人类灵长类动物的营养需要》，2003，美国国家科学院。美国国家研究院出版社，华盛顿特区。

高纤维饼干至少占日粮干物质的50%，牧草至少占日粮的40%。在大部时间里，嫩枝的数量不能满足时，可用青绿饲料和蔬菜来替代。

栽培水果应限量饲喂大型猿类和食叶的动物，因为与绿色蔬菜相比，栽培水果含糖量高、碳水化合物结构简单、蛋白质和钙含量低。猴子饼干可以通过泡水或果汁使其更适合某些动物的口味。为了防止营养物质流失，液体应薄薄一层，以便被吸入饼干中。

灵长类动物的日粮还包含有全熟蛋（如果胆固醇不是问题）、酸奶和面包。葡萄、葡萄干、花生、蟋蟀和黄粉虫是大多数动物喜欢的零食。然而，这些食物最多每周饲喂2~3次，不能每日都喂。而且这些零

食中的能量不应超过动物消耗能量的5%~10%。

许多小型灵长类动物喜欢小鼠幼崽。然而，绢毛猴和狨猴的肝炎与饲喂感染淋巴细胞脉络丛脑膜炎病毒的小鼠幼崽有关。大多数动物园已经停止用幼鼠饲喂美洲灵长类动物。葵花籽、大米、玉米面和椰粉可以分摊放置或放在能促进采食的地方。这些食物的能量不应超过摄入计划日粮能量的5%~10%。应准备干草用于筑巢或供动物消遣，也可作为觅食的底板。

许多动物园给大猩猩投喂肉类，虽然动物通常都爱吃肉，但没有证据表明，平衡日粮中还需要添加肉。笼养大猩猩有高胆固醇血症，因此就不应再喂肉食。大多数的灵长类动物，每日至少要饲喂2次。小

型灵长类动物饲喂次数多一些会更好。

西半球灵长类动物不能有效利用维生素D_2。如果它们不能每日接受太阳直射光，必须在日粮中添加充足、稳定的维生素D_3（胆钙化醇）。狨猴的维生素D_3需要量是其他西半球灵长类的4倍。由于维生素D具有潜在的毒性，商品化狨猴日粮只能喂狨猴。小型灵长类动物的非商品化混合日粮（添加维生素和矿物质的苹果、香蕉和谷物）应添加维生素D_3，然而，应注意防止维生素D中毒。

曾有一些关于断奶东半球灵长类动物发生佝偻病的报道，这可能是由于舍饲的结果，户外的灵长类动物表现正常。大多数自由放养的灵长类动物暴露在太阳光B段紫外线（UVB）照射下即可满足维生素D的需要，而室内饲养的动物需要完全依赖日粮。因为乳中维生素D的水平非常低，许多开口料中没有强化维生素，所以断奶幼崽似乎特别易患佝偻病。解决的最好方法是让幼崽接受自然光照射，因为灵长类动物的幼崽不太可能通过日粮添加剂来满足需要。

阳光中的UVB在赤道或赤道附近最高，在秋季、冬季、春季高纬度地区远离太阳UVB辐射，故UVB辐射不足。可用发射UVB的紫外灯进行预防，紫外线灯要放在灵长类动物接触不到的地方。

所有灵长类动物都需要维生素C，商品化猴用饼干中要添加维生素C。将稳态维生素C添加到颗粒饲料后，意味着6个月内饲料中的维生素C不会被显著破坏。补充维生素C是因为摄入的绿色蔬菜、橘子、多种维生素、巧克力、果汁或果汁粉无法提供充足的维生素C。

疣猴亚科动物的人工养殖也许最具挑战性。在这种动物复胃中存在着前胃发酵，这与反刍动物类似。在野外，叶子是大多数疣猴的主要食物（食果的红疣猴例外）。天然食物中纤维含量高，动物需要花费大量的时间觅食。人工养殖条件与野外条件不同，通常大量、快速喂食猴子饼干和水果（含有易消化的糖和淀粉）可能会引起胃肠道问题。有证据表明，大多数疣猴对淀粉和谷蛋白（面筋）敏感。

无面筋、高纤维商品化猴用饼干（NDF 25%～50%，ADF 15%～35%）最近已被用于疣猴的人工养殖。建议给多数疣猴饲喂适口性好的高纤维猴用饼干（占40%）和绿色蔬菜及嫩枝（占60%）的混合日粮。如果可能的话，可以只饲喂高纤维灵长类动物饼干和枝叶。如果不能接受饼干，可添加苹果酱提高适口性。苜蓿颗粒料及优质苜蓿干草可限量饲喂。如果怀疑发生麸质过敏性肠病，日粮中任何小麦、大麦、黑麦或燕麦的产品都应取消。对于疣猴亚科，更换日粮应逐渐进行，以便使胃内的菌群有一个适应过程。

（八）啮齿类与兔形目动物

大多数啮齿类动物与兔形目动物饲喂商品化实验室鼠粮或兔颗粒饲料，都能获得很好的饲养效果。兔子、野兔、鼠兔、土拨鼠、草原犬鼠可饲喂以家兔颗粒料、苜蓿草或干草和一定数量的蔬菜。大多数松鼠可用大鼠颗粒饲料和一定量的葵花籽、小米、玉米及燕麦片混合物。地松鼠也可饲喂以一定量的绿色叶菜、胡萝卜、苹果。大多数鼠科动物，如仓鼠、地鼠、睡鼠和跳鼠都可饲喂以大鼠颗粒料，小型品种可喂以小鼠颗粒料、籽实和谷物混合物、绿色叶菜、胡萝卜和苹果。

应给田鼠（Voles）、旅鼠（Lemmings）准备干草。笼养的田鼠很难管理，可以饲喂以高纤维兔颗粒料。麝鼠（Muskrats）、刺豚鼠（Agoutis）、水豚（Capybaras）可以吃大鼠和兔的混合颗粒饲料并配合苜蓿干草、胡萝卜和苹果。豪猪（Porcupines）可饲喂以大鼠颗粒饲料、兔颗粒料、干犬粮并配以等量的苹果、胡萝卜和面包，如果可能可饲喂以常绿（柳树）枝叶。还建议准备磨牙的骨头。海狸（Beavers）可用兔颗粒料、大型草食动物颗粒饲料和干燥型犬粮混合饲喂，并定期增喂柳树、杨树、山杨或桤木的枝叶。

豚鼠可饲喂以商品豚鼠颗粒料配以青绿饲料和胡萝卜。虽然豚鼠和天竺鼠是唯一已知需要在日粮中添加维生素C的啮齿类动物，但维生素C对兔形目动物和啮齿类动物都有好处。

（九）次有蹄类与有蹄类动物

干草是圈养有蹄类动物的主要食物，应该保证动物每日大部分时间自由采食，而不是按顿饲喂。总的原则是，苜蓿等多叶的豆科干草主要被用来饲喂采食枝叶的动物（如长颈鹿、鹿、泽羚、紫羚、小羚羊、獏），优质干草被用来饲喂草食动物或采食量大的动物（如斑马、大象、水牛、野牛、角马、骆驼）。豆科牧草含氮和钙量高，如果品质好的话，比青干草易消化。禾本科牧草应多叶、呈青绿色，无霉变、无尘土、无过多的杂草和其他杂质，也不应过熟。一些动物园尝试饲喂禾本科牧草及苜蓿青贮，这种饲料通常适口性好。

饲草分析对于质量评估和制定适当的喂养方案非常有帮助。劣质干草中纤维含量高，但蛋白品质差、矿物质含量低，尤其是钙的含量低。低钙可导致骨钙化不良，也会影响血钙水平，进而导致繁殖障碍。在饲喂青贮饲料时要格外注意。如果青贮饲料加工或贮存不当，或被动物或肉食品污染，这些饲料可能含有能产生致命毒素的真菌或细菌（如肉毒梭菌）。

除了干草，还应饲喂颗粒饲料。颗粒饲料中含蛋白质、矿物质和维生素，可满足驯养动物和有资料可查的野生动物（如白尾鹿）的营养需要。大型草食动物颗粒料组成见表18-34。在多数情况下，动物的喂养是按群饲喂而非个体，所以所用颗粒饲料的消化能不要过高（建议大约为每克干物质含12.56 kJ DE），并有足够的纤维维持瘤胃和结肠的正常功能。应注意减少过食精饲料引起的不良反应（如瘤胃酸中毒、疝痛、肥胖）。

建议用中性洗涤纤维（NDF）和酸性洗涤纤维（ADF）含量高的专用颗粒饲料饲喂食枝叶动物，适量NDF和ADF颗粒料饲喂食草动物。介于二者之间的动物应该饲喂以等比混合的食草动物颗粒饲料和食枝叶动物颗粒饲料。食枝叶动物的日粮最好包括等量的颗粒料、适口性好的苜蓿和枝叶。食草动物和食枝叶动物的日粮中，都应含有较高的维生素E和生物素以防止肌肉营养不良和蹄病。

粒度为4.76 mm的颗粒饲料适用于大多数偶蹄类动物，粒度为13 mm的颗粒或小块适用于更大型的奇蹄兽和次有蹄类动物，并能最大程度的减少浪费。商品肉牛饲料不应被用于饲喂动物园的草食动物，因为肉牛饲料中维生素E水平非常低，而且某些产品中可能含有尿素等非蛋白氮，这是后肠发酵动物（如马属动物）所不能耐受的。同时，易消化的能量过高可导致肥胖。貘应饲喂与放牧动物与食枝叶动物一样的混合颗粒料，并配以一些青绿饲料、苜蓿和枝叶的混合饲料。

一般来说，大多数大型有蹄类动物（＞250 kg）每日要消耗相当于自身体重1.5%～2%的干物质。较小型种类（＜250 kg）通常消耗体重2%～4%的干物质。如果牧草优质，颗粒饲料的饲喂量占日粮干物质的10%～30%即可。颗粒饲料中矿物质和维生素应均衡添加，这样才能保证总日粮（包括蔬菜、枝叶和干草）中微量元素和维生素充足。当牧草质量下降，或饲喂小型种类，高纤维颗粒饲料的比例应当增加。

对大多数动物（大象例外），干草不应被放在地上，应放在草架上。对于高个子的长颈鹿、非洲瞪羚等食枝叶动物，干草架应被放在与眼睛平齐的高度。颗粒可以用有盖饲槽或橡胶盘盛放。定期饲喂的颗粒饲料应被放在动物等候区以方便动物近距离观察，易于取食。如果可能，应分开饲喂以确保每个动物能够吃到大致相同的饲料量。如果无法实现分开饲喂，至少有2个分开一定距离的饲养台以减少冲突，确保地位较低的动物可以吃到食物。

除了干草和颗粒饲料，各种水果和蔬菜经常被用来饲喂野生有蹄类动物。对于大多数种类，这些东西只能偶尔作为零食而不是必需的。饲喂量也应限制在总饲喂量的15%～20%，那些在野外以水果和多肉植物为食的动物种类除外。在欧卡皮鹿、小羚羊、犬羚、紫羚和貘的日粮中，建议饲喂青绿饲料和蔬菜（每100 kg体重大约0.5 kg）。大多数圈养的有蹄类动物和次有蹄类动物喜食新鲜的、冷冻的或干燥的枝叶，可能的话可供食枝叶动物自由采食以提高瘤胃功能。

三、爬行动物

见爬行动物。

爬行动物的正确管理与提供充足的营养一样重要。光照、温度、湿度、底板和笼具会影响采食行为，进而影响营养物质的摄入量。在动物活动范围内应设置不同的温度和湿度梯度，让动物可自由选择温暖、干燥的地方或凉爽、潮湿的地方。对在活动区内多个动物为喜欢的位置和食盘进行的竞争也应予以评估。应让活动区内有足够多的温暖地点、紫外线照射地点和食品盘放置位点以满足所有动物的需要。设置可视障碍物可减少动物对喜欢的地方和食盘的竞争。

为了防止爬行动物受伤，也因为猎物福利的原因，兔、大鼠或小鼠等猎物应处死后饲喂。虽然很少见，但猎物确实可以攻击或强行咬住捕食者。饲喂死的猎物还可以减少捕食者因撞到活动区外墙而造成的损伤。然而，当有些爬行动物开始不适应人工饲养时，可能需要活猎物的刺激。还应注意猎物与捕食者间疾病或寄生虫的传播。

脊椎动物猎物应该饲喂营养全面的饲料，各种动物都有专用饲料（如小鼠粮、兔粮、大鼠粮等）。猎物的营养成分含量取决于喂养猎物的饲料（如小鼠饲喂维生素A缺乏日粮，则降低了维生素A在小鼠肝脏中的贮存）。此外，如果将冷冻的小鼠或大鼠作为喂养肉食性爬行动物的常规食物，则冷冻条件应该是最佳的（例如，贮存时间≤6个月，用厚的塑料袋来延缓变质）。另外，减少水分流失的解冻方法也很重要，因为这些猎物，不仅是许多肉食性爬行动物营养物质的来源，也是水的来源。因此，猎物的水合状态非常重要。

熟悉某一动物在野外条件下的饮食习惯，对掌握该动物适宜的饲喂食物和营养水平是必要的。因为脊椎动物和无脊椎动物猎物之间的养分含量存在差异，常见的做法是提供不少于2种的不同猎物。减少对某种单一食物或猎物的依赖，这种方法很值得借鉴，因为一些猎物在一定时间内很难获得。蛇就依赖单一猎物，但这是不可避免的。

许多爬行动物的商品化饲料均有出售。肉食性、草食性、杂食性爬行动物的饲料产品均有冷冻、冷冻干燥、罐装、膨化、制粒或香肠等各种形式。年幼的爬行动物更容易接受商品化饲粮。正确配制、加工的爬行动物饲料比鲜料或活猎物简单、经济。由于厂家提供有关微量营养素浓度的信息很少，故有些日粮无法被合理制作。在选择某种产品时，买方应获得产品配方和特定营养物质浓度的准确信息。然而，目前尚无爬行动物营养需要的对照研究，产品所说的优点并无科学依据。表18-36为爬行动物营养浓度的推荐量。

1．溃疡性口炎　有报道表明，许多爬行动物可以合成维生素C。虽然没有明确的证据，但蛇和蜥蜴发生的溃疡性口炎通常被认为是维生素C缺乏所致。在饲喂束带蛇（*Thamnophis sp.*）维生素C的对照研究中发现，组织水平和身体贮备的维生素C可保持稳定，而由蛇自身合成的维生素C则减少。

表18-36　爬行动物营养浓度推荐量

营养成分[b]	浓度[a]		营养成分[b]	浓度[a]	
	肉食性爬行动物	杂食性爬行动物		肉食性爬行动物	杂食性爬行动物
粗蛋白[c]	30%~50%	20%~25%	铁	60~80 mg/kg	200 mg/kg
精氨酸	1.0%	1.8%	铜	5~8 mg/kg	15 mg/kg
异亮氨酸	0.5%	1.3%	碘	0.3~0.6 mg/kg	0.4 mg/kg
赖氨酸	0.8%	1.5%	硒	0.3 mg/kg	0.3 mg/kg
蛋氨酸	0.4%	0.4%	核黄素	2~4 mg/kg	8 mg/kg
蛋氨酸+胱氨酸	0.75%	0.75%	泛酸	10 mg/kg	60 mg/kg
苏氨酸	0.7%	1.0%	烟酸	10~40 mg/kg	100 mg/kg
色氨酸	0.15%	0.3%	维生素 B$_{12}$	0.020 mg/kg	0.025 mg/kg
亚油酸[d]	1.0%	1.0%	胆碱	1 250~2 400 mg/kg	3 500 mg/kg
钙	0.8%~1.1%	1.0%~1.5%	生物素	0.07~0.1 mg/kg	0.4 mg/kg
磷	0.5%~0.9%	0.6%~0.9%	叶酸	0.2~0.8 mg/kg	6 mg/kg
钾	0.4%~0.6%	0.4%~0.6%	硫胺素[e]	1~5 mg/kg	5 mg/kg
钠	0.2%	0.2%	维生素 B$_6$	1~4 mg/kg	10 mg/kg
镁	0.04%	0.2%	维生素 A[f]	5 000~10 000 IU/kg	15 000 IU/kg
锰	5 mg/kg	150 mg/kg	胆钙化醇（维生素 D$_3$）[g]	500~1 000 IU/kg	500~1 000 IU/kg
锌	50 mg/kg	130 mg/kg	维生素 E[h]	200 IU/kg	200 IU/kg

a. 肉食动物的营养物质浓度推荐值为最低值，杂食性爬行动物的营养浓度推荐值为平均水平。

b. 营养水平表示成干物质基础。

c. 爬行动物的牛磺酸需要量还没有确定（猫的牛磺酸需要量为每千克干物质400~500 mg）。

d. 每千克日粮干物质中需含有花生四烯酸200 mg。

e. 如果冷冻、解冻的鱼占日粮的25%以上，硫胺素的浓度应增加至10~20 mg/kg。

f. 维生素A前体是否需要还不确定，虽然草食性的爬行动物可将胡萝卜素转化成维生素A，但肉食性和杂食性爬行动物能否将胡萝卜素转化成维生素A还不确定。

g. 维生素D的需要量可通过接受太阳照射或人工紫外灯等得到部分或全部满足。推荐量不足以预防绿鬣鳞蜥发生维生素D缺乏症。

h. 如果日粮含高脂肪，特别是不饱和脂肪酸，每千克干物质的维生素E添加量应为300 IU。

2．痛风　大多数爬行动物排出的氮主要为尿酸，但水生爬行动物通常排出大量尿素或氨水。含氮废物相对比例取决于饲料数量、组成、饲喂频率和水合状态。尿酸盐结晶在关节、肾脏或其他器官大量沉积（痛风）是某些人工喂养的爬行动物的通症。病因尚不清楚，但人们普遍认为，高蛋白质可诱发爬行动物痛风。肾脏功能受损和脱水也可能是其诱因。

饲喂的蛋白质品质差（氨基酸不平衡）或组织被分解代谢以供能，均会增加尿酸排出。而有些爬行动物痛风伴有尿素循环水平升高，还有些动物也会发生

食后、临时性循环尿酸升高，可能会干扰诊断。确保易感动物处于充足的水合状态有助于预防关节和器官尿酸盐沉积。饲喂食肉爬行动物低蛋白食物不可取，因为它们适应饲喂高蛋白食物。

3．维生素D和紫外线　大多数脊椎动物可从食物中获取维生素D或利用一定波长（290~315 nm）的紫外线将皮肤中的7-脱氢胆固醇合成维生素D，这是一个温度依赖反应。只有当内源合成不足时，才需要食物中的维生素D，只有动物不暴露在特定波长紫外线下才会发生内源合成不足。许多人工喂养的晒太

阳不足的动物品种易发生佝偻病或骨软化症。进一步可发展为骨折、软组织矿化、肾脏的并发症和手足搐搦。爬行动物通常不表现出一些先兆，但嗜睡、食欲不振、不愿运动常有报道。血清钙离子浓度也没有诊断意义。血液中维生素D的含量是可以测定的，但绝大多数动物的正常值尚不清楚。注射钙和补充维生素D在短期内可缓解上述症状。暴露于UV光或缺乏UV照射是重要的鉴别诊断因子，但往往被忽视。软组织矿化诊断很复杂，通过X线检查或剖检可以确诊。

绿鬣蜥的转移性钙化症不是由于维生素D毒性所致。骨折、循环中25-羟胆钙化醇水平极低或无检出的鬣蜥也发生软组织钙化。转移性钙化的病因尚不清楚，它不同于家畜维生素D缺乏和中毒症状的传统认识。食物中的维生素D可能不足以防止佝偻病和骨软化症。当日粮中维生素D₃高达3 000 IU/kg时仍无法预防骨折和皮质变薄。紫外灯放在蜥蜴上方30.5～45.7 cm，每日接受12 h照射，可使病情不严重的蜥蜴好转。

因为一些蜥蜴要寻找温暖的地方增加体温，通常放置一个白炽灯进行取暖，使之靠近紫外线灯，可确保蜥蜴接受足够的紫外线。在高纬度地区较暖的月份，接受未经过滤的自然光，在余下的月份用紫外线灯照射，均可消除因钙的吸收不足而引起的骨疾病（由于维生素D缺乏）。

某些蜥蜴物种无法从日粮中吸收充足的维生素D₃，原因尚不清楚。一般认为西半球灵长类动物对日粮中维生素D的需要量非常高，可能与维生素D的细胞受体数量比东半球灵长类动物的低有关。需要晒太阳的蜥蜴可能也存在着类似的代谢差异，但目前还没有确定。紫外线灯在宠物商店出售，但标签上的声明可能是不可信的，因为没有十全十美的紫外灯，所以最好听取专家的建议。

（一）鳄

人工养殖的短吻鳄和鳄通常饲喂啮齿类动物、家禽、鱼和以肉类为主的日粮。建议食物种类多样化。以鱼为主的日粮应包括3种以上不同的鱼类，可在每千克鱼中添加25～30 mg硫胺素和100 IU维生素E。有报道表明，饲喂鱼类的鳄，维生素E添加不足会发生维生素E缺乏症（如脂肪组织炎）。虽然以前有报道指出，鳄可以消化碳水化合物，但日粮中的碳水化合物总量不超过20%。商品化鳄干饲料目前有售，可以降低养殖成本，提高养殖鳄的营养摄入量，但在动物园仍然少有应用。

（二）蛇

蛇几乎只吃脊椎动物或无脊椎动物猎物，仅很少几个品种专门食蛋。大多数蚺（Boids）、蟒

（Pythons）、蝰蛇（Vipers）、游蛇（Colubrids）、响尾蛇（Crotalids）、眼镜蛇（Elapids）饲喂以小鼠幼崽、小鼠、鸡、仓鼠、大鼠、豚鼠、鸡肉、鸭肉或兔肉。动物园通常用冷冻、解冻的猎物。虽然推荐在冷藏状态下解冻，但不应该用冷的猎物饲喂。解冻后，猎物应回温至室温，最好热一下再饲喂。某些品种（如眼镜王蛇、猪鼻蛇、乌梢蛇）在野外主要吃其他变温动物。但这些动物有的是可以改变的，至少可以部分改变，它们可以吃更容易得到、更便宜的温血猎物。

切碎的猎物有时以琼脂、凝胶或香肠形式饲喂。其优点是可以配制和饲喂全价营养日粮，可增加平衡的维生素和矿物质添加剂，如果需要也可添加抗生素或抗球虫药。

可将其喜爱的食物香味抹在新食物上。也可将其喜爱的食物包埋在新食物里或黏在新食物上。如果蛇不吃恒温动物，可根据天然饮食习惯，饲喂以安乐蜥、黄鼠蛇、青蛙和银白鱼等食物。猎物的大小通常与蛇的大小成正比，猎物直径不应大于蛇头。为了减少相互厮咬，应将每条蛇放在一个容器里单独饲喂。为了避免食物回流，饲喂后3 d内不要移动蛇。

多数蛇应1～2周饲喂1次。某些大型、不活跃的蛇可6周喂1次。只有在必要时才采用强饲。整个猎物用蛋清润滑后，用手术钳将食物夹住送入喉内几厘米。也可通过管饲饲喂磨碎（均质化）的食物。

（三）海龟

许多野生淡水龟主要以动物为食，也可吃一些植物。有些品种在幼年时食肉，成年后食性变成杂食性或草食性。多数水生龟不是严格意义上的食肉动物，因为它们至少要消耗一些植物。可从许多生产商买到甲鱼饲料，但营养含量有很大的不同。这些产品通常经膨化或制粒，蛋白质含量为30%～50%。这样的饲料适合肉食性和杂食性龟，但更多的杂食性龟的饲料最好能添加一些水果或蔬菜。

肉食性和杂食性龟粮中含水（272 g）、明胶（不加糖或干的，34 g）、玉米油（11 g）、菠菜（23 g）、熟红薯（23 g）、维康美（Vionate，美国产，一种维生素/矿物质补充剂，5 g）、鳟颗粒（50 g），规格为50 IU/g的维生素E（1 g）。这种日粮干物质中含47%蛋白质、14%脂肪、1.5%钙、0.55%磷、维生素A 10 000 IU/kg、维生素D₃ 1 000 IU/kg、维生素E 279 IU/kg与维生素C 280 mg/kg。

（四）乌龟

乌龟是草食性动物，同食草蜥蜴一样，必须消耗植物来保持肠道的生理健康。植物纤维的微生物发酵是龟的重要营养来源。野生龟的食物中往往含有超过15%（干物质基础）的植物蛋白，天然植物在结籽前

蛋白质含量高，但部分蛋白难消化。饲喂颗粒饲料的小型乌龟可有效地利用植物纤维，它们每日的饲喂次数比大型龟多。小型和大型龟都可用合理配制的、膨化的、制粒的龟粮或粗粉龟粮饲喂。

大型龟，如亚达伯拉或加拉帕戈斯陆龟，可以采食苜蓿干草配以乌龟或野生草食动物的全价颗粒料。由于嘴形的关系，这些龟不可能咀嚼较长的干草，因此，干草应该切短。西兰花、青豆、绿叶蔬菜（例如，莴苣、莴苣叶、菊苣）、羽衣甘蓝和胡萝卜丝的混合蔬菜可作为龟配合日粮的补充料。这种混合物包含足够的蛋白质、钙和微量元素，只需要添加个别的维生素和矿物质。栽培的水果中蛋白质、钙和微量元素含量低，如果大量饲喂，需要补充维生素和矿物质。有些爬行动物学家为龟准备了牡蛎壳和细的砾石，因为自由放养的龟有"挖掘"行为。

一般认为龟壳畸形是由于高蛋白日粮引起生长过快所致。湿度和温度也会影响到壳的形状。

（五）蜥蜴

不同种类蜥蜴的食性有很大不同。有食虫的（如日间壁虎和豹纹壁虎、鞭尾蜥蜴、安乐蜥、变色龙、变色蜥蜴）、食肉的（如巨蜥大毒蜥和墨西哥串珠蜥等毒蜥）、杂食性的（如许多鬣鳞蜥属和飞蜥属蜥蜴）和食草性的（如鬣鳞蜥属、卷尾石龙子）。

人工养殖的食虫蜥蜴通常饲喂以黄粉虫幼虫或蟋蟀。因为大多数昆虫钙含量极低（含0.03%～0.3%的钙、0.8%～0.9%的磷），可引起钙、磷比严重失调，所以饲喂蜥蜴前需要校正其中的钙、磷比。用含钙12%的碳酸钙、平衡了维生素和矿物质的日粮喂养蟋蟀、黄粉虫幼虫2 d，然后再将这些蟋蟀、黄粉虫幼虫饲喂蜥蜴。然而，这样的日粮不能作为蟋蟀常规日粮。因为饲喂2 d高钙日粮后，昆虫的肠道中充满了钙，昆虫钙的浓度达到0.8%～0.9%，钙、磷比小于1.2∶1。这种物美价廉的蟋蟀高钙日粮用小麦麸29%、玉米粉10%、粉碎的干性猫粮或犬粮40%，粉碎的牡蛎壳或碳酸钙21%（见蝙蝠，黄粉虫饲料）配制。大型食虫蜥蜴也可饲喂以较大的幼崽和蚯蚓。

食肉蜥蜴可投喂以小鼠或大鼠幼崽、成年小鼠和大鼠、鸡肉和蛋。猎物的大小应适合蜥蜴的品种。杂食性蜥蜴通常饲喂以昆虫、脊椎动物猎物和切碎蔬菜的混合日粮（见"乌龟"，上述混合蔬菜）。大多数蜥蜴应每日（幼年的和小型品种）或者至少每隔1 d喂1次。大型品种应每周饲喂1～2次。

草食蜥蜴膨大的后肠适合发酵植物纤维。盲肠和结肠中的微生物能够消化蜥蜴自身无法利用的植物纤维。同乌龟一样，草食蜥蜴应饲喂植物性饲料来保证健康的肠道功能。不建议饲喂昆虫、脊椎动物猎物或

水果，因为这些饲料纤维含量低并不适合草食动物。草食蜥蜴的日粮有商品化草食爬行动物日粮或蔬菜混合日粮（见乌龟）。

四、鱼

鱼的营养知识在不断扩展，但主要集中在商品鱼类，并不特指某种冷水鱼或热带鱼，以及一些淡水或咸水鱼。颗粒饲料和压片饲料可以买到，也有声称是为特定品种特别配制的饲料，但还没有相关的详细营养资料。

海洋鱼包括草食性、肉食性和杂食性3种。草食性鱼类吃海中岩石上的植物，它们比肉食性鱼类需要更多的纤维。可以将植物放在篮子里进行饲喂，也可饲喂草食性鱼类颗粒饲料。肉食性鱼饲料中应含有大量蛋白质和脂肪，可以是颗粒料，也可以是不同种类的鱼。非颗粒饲料可由卤虫、藻类、鱿、鲱、鲭、鲱、鳕、鲤科鱼和虾组成。了解食物来源很有必要，因为濒危鱼不能被用来饲喂，用以饲喂的鱼不能来自对环境有不良影响的捕鱼地区或通过危害环境的捕鱼方法获得。此外，鱼不应有重金属或有机物污染，如多氯联苯（PCB）和滴滴涕（DDT）等。

鱼的日粮中应添加维生素，包括维生素E、维生素B_1、稳态维生素C，也应添加碘以预防甲状腺肿。一些动物园也添加葡聚糖。也可将维生素和矿物质注射到食用鱼的体内。另外，片剂可加在食用鱼的鱼鳃下再投喂。

鱼的相关产品或颗粒饲料原料的数量和类型应合理。应定期检查鱼是否太胖或过瘦是合理饲喂的重要保障。如果鱼是混在一起饲养的，要确保所有的鱼都能得到充足的食物数量和类型。如有可能，鲨鱼要单独饲喂。

见营养性疾病。

第二十七节　山羊的营养

虽然山羊和绵羊有许多相似之处，但它们的营养需求在几个方面均表现不同。山羊在采食习惯、机体活动、饲料选择、乳成分、胴体组成和代谢病方面与绵羊有明显差异。山羊吃枝叶比绵羊多，而绵羊才是真正吃草的。不过，许多适用于绵羊的喂养和营养原则也适用于山羊。可用体况或体脂覆盖情况评估营养状况。体况良好或有正常脂肪储备的山羊，通常需要充足的能量和相对较少的蛋白质（见绵羊的营养）。

（一）营养需要

1. 水　山羊应自由饮用新鲜、干净的水。山羊是家畜中最能高效利用水的动物，山羊比其他家畜更

能耐受高温应激。在高温时，山羊可以通过减少水分蒸发来维持舒适所需的水分，山羊还可通过减少尿液和粪中水的损失，保存身体水分。影响山羊水分摄入量的因素包括泌乳、环境温度、饲料含水量、活动量和饲料盐及矿物质含量。

2. 能量 能量不足主要由于饲料摄入不足或采食低质饲料所致，饲料中的含水量高也是一个限制因素。能量需要不仅受年龄、体型、生长、妊娠和哺乳的影响，也受环境、被毛生长、活动和饲料中其他营养物质的影响。温度、湿度、光照和风速增加都有可能会降低山羊对能量的需求。剪去羊毛或羊绒可降低被毛保温隔热性能，从而增加对能量的需要（至少在寒冷环境中）。

山羊的活动量变化范围很大，山羊集约化管理属轻微活动，在半干旱地上的活动属适度活动，而每日在植被稀疏的草原和山区远距离放牧属大活动量。

判断能量摄入充足的最好方法是山羊体况适中或腰部、胸部、大腿内侧及肋骨上有脂肪覆盖。如果动物本身没有寄生虫病和疾病，但体况不好，说明饲料的能量不足，过肥山羊的情况刚好相反。山羊生长和泌乳所需的能量与绵羊和奶牛非常类似。因此，除了泌乳奶山羊外，能够满足绵羊的能量需要也会满足其他所有阶段山羊。

3. 蛋白质 蛋白质是机体维持、生长、繁殖、泌乳和被毛生长所必需的。饲料中的蛋白质不足会耗尽血液、肝脏、肌肉中储存的蛋白质，导致机体发病甚至死亡。当饲料中粗蛋白低于6%时可导致采食量和消化率减少，进一步发展为能量-蛋白质缺乏。

大多数牧草中含有充足的蛋白质可以满足其维持需要，但处于哺乳、生长、生病或虚弱的动物，可能需要更多豆科粗饲料和/或蛋白质补充料（如豆粕、棉粕等）。蛋白质饲喂量略高于需要量有助于控制（抵抗和恢复）体内线虫。

4. 矿物质 山羊用于维持和生产的矿物质需求量还没有被确定。已经进行有关山羊矿物质代谢的研究，特别是钙和磷。研究数据表明，山羊对几种矿物质的需求与绵羊相似（有关详细的山羊营养需要，参考最新版《小反刍动物的营养需要》，由美国国家研究委员会发布；www.nap.edu）。满足山羊的营养需求可最大限度地发挥其生产、繁殖性能和免疫系统机能。将特定的矿物质（冬季牧草中的磷，缺硒地带的硒）添加到食盐中，最好以颗粒的形式供其自由选择，还有助于预防大多数矿物质缺乏，提高生产性能。

在放牧条件下，一般可以满足安哥拉或肉用型山羊对钙的需要，但高产奶山羊对钙的需要量还需要进一步确定，因为钙缺乏会导致产奶量降低。泌乳山羊需要有充足的钙以防止产后瘫痪（乳热症）。放牧或喂养谷物饲料的山羊，通常通过日粮、食盐、食盐-微量元素补钙（磷酸氢钙，石灰石等），以满足对钙的需求。豆类（如三叶草、苜蓿、葛根）是钙的优质来源。

缺磷表现为生长缓慢、发育不良，偶尔表现为食欲减退。在日粮缺磷几周的情况下，山羊可以利用体内储备的磷，维持产奶性能，但长期缺磷，产奶量可降低60%。由于山羊易得尿结石，所以钙、磷比应保持在1~2:1，最好为1.2~1.5:1。就放牧山羊而言，缺磷比缺钙更为常见。为了防止结石，钙、磷比应为2:1。

镁缺乏导致低镁抽搐症（青草搐搦症）。与牛相比，放牧山羊发生缺镁症并不常见。山羊可以通过减少镁的排出以弥补日粮低镁。当缺镁时尿中镁排出量减少，产奶量降低。

食盐已被公认是日粮必需的组成部分，但常常被忽视。如果可以自由采食，山羊会摄入比需要量多的食盐，这不会引发营养问题，但在饮用水中盐分含量高的干旱地区，会抑制山羊采食量和饮水量。因为山羊对钠的摄入有非常明确的驱向性，所以食盐常被用作微量矿物元素的载体。

钾在代谢中发挥着重要的作用。然而，粗饲料中一般都富含钾，所以放牧山羊很少发生钾缺乏。只有在泌乳高峰期，由于日粮含有大量谷物饲料，才可能出现钾的摄入量不足。钾的摄入量过多（尤其在妊娠后期），可伴有奶山羊低钙血症。如果低钙血症是羊群普遍存在的问题，要注意减少或监测富含钾的饲料（如苜蓿）。

成年放牧山羊很少出现铁缺乏。因为在出生时机体的铁贮很少，加之羊奶中的铁含量也很低，故铁缺乏在羔羊中可发生。养殖场饲养的羔羊和患有严重寄生虫病的羊易出现铁缺乏。铁缺乏可通过放牧或补充含铁的微量元素加以预防。养殖场饲养的羔羊在缺铁非常严重的情况下，可在出生后的最初几个月里，每隔2~3周肌内注射一次右旋糖酐铁（150 mg，）可治愈。在铁/硒同时缺乏的情况下，应注意先纠正硒缺乏之后再注射右旋糖酐铁。

当土壤中缺碘时，在土地上生长的作物也会缺碘，美国有一些地区就发生此类缺碘状况。因此，碘应被添加到稳定化的盐中。因采食导致甲状腺肿的植物，即使摄入的碘正常或临近正常也会出现条件性缺碘。碘的明显不足会导致甲状腺肿大、生长不良、新生羔羊瘦弱，繁殖能力低下。

锌缺乏会导致角化不全、关节僵硬、睾丸相对较小、性欲低下。每千克日粮中含锌至少10 mg或在微量元素-食盐预混料中含锌0.5%~2%可预防锌缺乏。高钙饲料（苜蓿）可增加山羊缺锌的风险。

5. 维生素 给山羊维生素需要量的建议比给矿物质的需要量的更为稀少。山羊维生素的推荐量最好依据绵羊的推荐量。

（二）牧草与嫩枝的利用

羔羊和山羊日粮的实例，参见表18-37。

山羊不同于其他农畜（除马驼外），无论是落叶还是常青植物，山羊更喜欢灌木和树叶。由于这种偏好，山羊常被用于控制逐渐在牧场蔓延生长的灌木。山羊消耗牧草的量大致与体重相近的绵羊相同。

生长期的枝叶（树叶、树枝和灌木）所含的粗蛋白和磷比牧草中的多。然而，一些适口性好的枝叶营养价值有限，因为枝叶中含有营养抑制因子，当与其他营养物质结合时可妨碍其他营养物质的利用。一种营养抑制因子是树枝和树叶中的木质素，能够与营养物质物理结合（或裹挟）。某些油（萜烯类化合物）大量存在于灌木中，能明显抑制瘤胃细菌的生长。单宁也大量存在于某些植物的枝叶中，通过与酶结合或抑制酶的活性进而抑制饲料的消化。过量的单宁也增加了动物对硫的需要，这一点对毛用山羊更为重要。然而，尽管潜在存在这些问题，如果山羊有机会选择的话，它们会选择更易消化和品质好的枝叶。采食含有单宁的植物有助于控制许多体内线虫。

表18-37 山羊日粮实例[a]

30 kg山羊在非繁殖状态，最低活动量，仅用于维持：
鹰嘴豆秸 630 g
苜蓿，新鲜 95 g
50 kg山羊在非繁殖状况，最低活动量，仅用于维持：
麦秸 716 g
亚历山大三叶草，鲜草 333 g
20 kg羔羊日增重50 g，最低活动量：
苜蓿干草，盛花期 80 g
谷物饲料 360 g
30 kg羔羊日增重150 g：
鹰嘴豆秸 500 g
谷物饲料 400 g
亚麻籽粕 65 g
40 kg妊娠后期，最低活动量：
约翰逊干草 960 g
高粱籽实 350 g
70 kg母羊日产奶量5 kg，乳脂含量3.5%：
玉米青贮（蜡熟期） 1 000 g
苜蓿干草，盛花期 500 g
玉米粒 1 365 g
豆粕 280 g

a. 干物质主要成分。

（三）营养性疾病

1. 肠毒血症 这是一种与饲料有关的疾病。由D型（有时由C型）产气荚膜梭菌产生的毒素，可引起羊突然死亡。产气荚膜梭菌在自然界中广泛存在。当摄入大量碳水化合物或不成熟的多汁饲草时，致病微生物迅速繁殖并产生ε-毒素，使肠道的通透性增加。曾有山羊发生肠毒血症的病例报道，这些山羊通常都饲喂了富含碳水化合物的高精饲料。羔羊和成年母羊饲喂过多的碳水化合物后都可出现腹泻、精神沉郁、共济失调、消化紊乱、昏迷、甚至死亡。预防圈养山羊患肠毒血症最好的方法是少量饲喂奶、谷物饲料和粗饲料，并避免一次饲喂过多。急性消化不良和瘤胃pH低于4.8的瘤胃酸中毒，都可导致继发肠毒血症。

2. 脑灰质软化症 临床症状包括定向障碍、迟钝、漫无目的乱走、食欲不振、转圈，渐进性皮质失明症，伸肌痉挛，偶尔发生头颈僵直。有些羊侧卧，如果不及时治疗将发生死亡。谷物多、粗饲料少的日粮或导致瘤胃pH降低的饲料，是诱发反刍动物脑脊髓灰质软化症的主要原因。这样的饲料可抑制瘤胃硫胺素、硫胺素抗代谢物或硫胺素酶的生成。

患病动物可用硫胺素治愈（200~500 mg，静脉注射、肌内注射或皮下注射）。尽管效果很好，几乎是立刻见效，但是如果发生明显脑损伤，动物很难恢复到令人满意的状况。因此，及时治疗至关重要。饲料应及时进行调整，应减少谷物饲料，增加粗饲料。在关键时期或饲喂易感日粮时，硝酸硫胺有助于预防该病。

3. 妊娠毒血症 常见于妊娠后期，怀多羔母羊易得。临床症状表现为血中酮体水平异常升高，同时伴有低血糖。病羊表现出许多肠毒血症（见上文）症状。在妊娠后期，胎儿发育需要大量葡萄糖，母体开始代谢体脂以满足胎儿对葡萄糖的需要。由于肝脏代谢这些脂肪的能力有限，致使大量的酮体释放到血液中。症状表现为精神沉郁、反应迟钝、角弓反张，最终出现死亡。

在发病初期，症状第一次出现时，一次灌注200~300 mL丙二醇或甘油供能，可有效防止过多体脂代谢。然而，葡萄糖（5%葡萄糖或50~120 mL的23%硼酸葡糖酸钙溶液加在1 L5%葡萄糖中静脉注射）是治疗的首选。

保持合适体况评分可有效预防该病。对鉴别出双羔和三羔的母羊应分别饲喂，减少慢性疾病的发病率，剪毛应在妊娠后期进行，应在日粮中添加烟酸（在妊娠后期日粮中补饲，每日1 g）。

4. 尿结石 尿结石是由矿物质沉积至尿道所引

起的。表现排尿困难而疼痛，排尿用力但缓慢，有时跺脚，并朝阴茎部位踢踏。尿液堵塞只见于公羊或阉割的公羊。尿液堵塞可引起膀胱破裂，出现水腹并导致死亡。以饲喂富含谷物的高精饲料的育肥羔羊和宠物山羊最为常见。患羊排出的尿液呈碱性且磷含量高。

应降低磷的摄入量，使钙：磷保持2∶1以上，则可减少尿结石的发生。应用阴离子盐，如氯化铵（占全部日粮的0.5%），饲料四环素，足够的维生素A（β-胡萝卜素），和增加日粮中食盐的摄入等，都已被证明是有效的方法。患羊灌服氯化铵（7～14 g/d，连用3～5 d）也有较好的效果。放牧的绵羊和山羊发病，主要与粗饲料中硅含量较高有关。

5. 白肌病 该病由缺硒，也可能由缺维生素E所致。山羊的患病率要比绵羊的少。临床症状表现为僵硬（尤其后腿及臀部）、后腹部上提、拱背、肺炎、急性死亡。剖检可见心脏、膈肌、骨骼肌出现白色条纹。天冬氨酸转氨酶和乳酸脱氢酶水平升高，则表明肌肉已受损。血中含硒谷胱甘肽过氧化物酶水平降低。

第二十八节　马的营养

马比大多数农畜的使用时间要长，因役用、参赛和伴侣动物等用途不同而异。因此，饲喂方案必须有利于保持一个长期、高效的运动生涯。以下给出的饲养建议是基于实践经验和科学研究而得。详细内容可参考2007年第6版《马的营养需要》，由美国国家研究委员会（NRC）出版。

一、营养需要

马可以利用干草等粗饲料作为营养来源，其利用效率要比单胃动物的家禽或猪高，但比反刍动物要低。较好的粗饲料至少要占到日粮总量的50%。马的主要发酵部位是盲肠和大肠，在这里产生微生物发酵产物，如可吸收的挥发性脂肪酸、氨基酸和维生素等。根据饲料类型的不同，胃和小肠也存在一定程度的微生物发酵。

1. 水 马对水的需要很大程度上取决于环境条件、工作量或活动量、饲料类型、饲喂量和马的生理状况。在等热区内，假设马消耗的饲料干物质至少为体重的1.5%，成年马每日最低维持需水量为每100 kg体重5 L。然而，当饲喂干草/谷物混合日粮或放牧时，500 kg的马通常会饮用21～29 L水。如果只饲喂干草，饮水量几乎加倍。泌乳或出汗也可增加50%～200%的需水量。一匹体重为500 kg的马在高温

环境下运动1 h，需要喝72～92 L的水来补充出汗和蒸发损失。哺乳期的母马，每100 kg体重需要12～14 L水，用以维持良好的健康状况和产奶量。

如果饮水期间水量不限制，马很容易适应每日定时饮水，但还是建议马可以自由饮水，而且是清洁的饮水。供水不足会降低采食量，并增加疝痛、无汗和其他代谢紊乱的发病率。

2. 能量 能量需要可分为维持、生长、妊娠、哺乳和工作需要。不同生产水平下能量需要的均等估值主要来自于轻型马的研究结果（表18-38和表18-39）。然而，能量需要还因个体差异而有很大不同。有些马需要的饲料比别的马匹多（"难养的马"），而另一些马则表现为能更有效地消化/利用饲料（"好养的马"）。已发表的饲料消化率的数据也存在显著差异。因此，本文给出的能量推荐值，是基于一匹特定马而言的，确定其实际的能量需要。

饲喂量应及时进行调整，以促使体况评分在4～6之间（表18-40）。虚弱和非常瘦弱的马匹抗逆性差，对疾病易感。过于肥胖的马匹对运动和热的耐受能力降低，增加了蹄叶炎和脂肪瘤性疝痛的风险，如果禁食，则会发生高脂血症和高甘油三酯血症。肥胖也伴有胰岛素抗性和葡萄糖不耐受性。

（1）**维持** 为了维持体重和保证正常活动，体况良好、无工作的成年马匹每日DE的需要量（用MJ表示）平均为每千克体重139.39 kJ，好养的或温血马为每千克体重126.83 kJ，难养的马为每千克体重151.95 kJ。对于过肥或过瘦的马匹，公式中的体重应为理想体重（kg），而不是目前体重。据估计，体重每增加16～20 kg，会有1个单位的体况评分的变化，每增重1 kg需要83.72 MJ DE。限制能量摄入可增加高脂血症的风险，所以肥胖的马匹不能长期限制其能量摄入，尤其是矮种马和驴。

当天气温度低于临界温度下限（LCT）时，温度每降低1℃，每千克体重的DE就需要增加0.0034 MJ。然而，在加拿大冷适应的成年马的LCT为-15℃，适应内华达州夏季气温的驴的LCT为26℃。风、降水和身体状况也会影响LCT。因此，LCT的估计值必须基于当地的平均温度、马匹状况和类型。例如，被毛厚、致密的马比毛稀、皮薄的纯种马能忍受更低的温度。

（2）**生长** 轻型马生长的能量需要=维持+生长，每日维持DE（MJ）=（$56.5X^{0.145}$）/1 000×体重（kg）×4.186，每日生长DE（MJ）=（$1.99+1.21X-0.021X^2$）×ADG×4.186，式中X为月龄，ADG为平均日增重（kg）。该方程可估计出能量的需要量，通过调整采食量，使生长马匹具有良好的肌肉型体况。

表18-38　生长期马与矮种马每日营养需要的估值

月龄	体重（kg）	日增重（kg）	消化能（MJ）	粗蛋白（g）	钙（g）	磷（g）	维生素A[b]（IU）
			每匹马每日营养需要[a]				
成年体重为200 kg（小型马）							
4	67	0.34	22.19	268	15.6	8.7	3 000
6	86	0.29	25.95	270	15.5	8.6	3 900
12	128	0.18	31.39	338	15.1	8.4	5 800
18	155	0.11	32.23	320	14.8	8.2	7 000
24	172	0.07	31.39	308	14.7	8.1	7 700
成年体重为500 kg（平均水平）							
4	168	0.84	55.67	669	39.1	21.7	7 600
6	216	0.72	64.88	676	38.6	21.5	9 700
12	321	0.45	78.69	846	37.7	20.9	14 500
18	387	0.29	80.37	799	37.0	20.6	17 400
24	365	0.18	78.28	770	36.7	20.4	19 300
成年体重为900 kg（挽用马）							
4	303	1.52	100.04	1 204	70.3	39.1	13 600
6	389	1.30	117.20	1 217	69.5	38.7	17 500
12	578	0.82	141.48	1 522	67.8	37.7	26 000
18	697	0.51	144.83	1 438	66.7	37.1	31 400
24	773	0.324	164.09	1 492	66.0	36.7	34 800

a. 假定粗饲料优质，有或没有添加精饲料。每日最大干物质摄入量预计为体重的2.5%～3%。

b. 对马而言，1 mg的β－胡萝卜素=400 IU 维生素A。

改编自《马的营养需要》，2007，美国国家科学院。美国国家研究院出版社，华盛顿特区。

表18-39　成年马与矮种马平均每日营养需要的估值

体重 kg	消化能（MJ）	粗蛋白（g）	钙（g）	磷（g）	维生素A[b]（IU）	每日产奶量（kg）
		每匹马每日营养需要[a]				
维持						
200	28.05	252	8	6	6 000	—
500	69.90	630	20	14	15 000	—
900	125.58	1 134	36	25.2	27 000	—
妊娠最后90 d						
214～226	32.23～36.00	319～357	14.4	10.5	12 000	—
500	80.37～89.58	797～893	36	26.3	30 000	—
600	144.83～161.16	1 434～1 607	64.8	47.3	54 000	—
泌乳母马，头3个月						
200	51.07～53.16	587～614	22.4～23.6	14.4～15.3	12 000	6.0～6.5
500	128.09～132.69	1 468～1 535	55.9～59.0	36.0～38.3	30 000	15.0～16.3
900	219.34～227.71	2 642～2 763	100.6～106.4	64.9～68.9	54 000	26.91～29.3
泌乳母马，3个月至断奶						
200	45.63～51.07	506～587	15.0～22.4	9.3～10.5	12 000	4.4～6.0
500	113.86～128.09	1 265～1 468	37.4～55.9	23.2～36.0	30 000	10.9～14.9
900	193.80～219.76	2 277～2 642	67.4～100.6	41.8～64.9	54 000	19.6～26.9

a. 假定粗饲料优质，有或没有添加精饲料。每日最大干物质摄入量预计为体重的2.5%～3%。给定的需要量会随着妊娠/泌乳的进行而发生改变。

b. 对马而言，1 mg β－胡萝卜素=400 IU 维生素A。

改编自《马的营养需要》，2007，美国国家科学院d。美国国家研究院出版社，华盛顿特区。

表18-40 马体况评分

评分	描 述
1 瘦弱	棘突、肋骨、尾基部、髋骨结节、坐骨突出。颈、肩和肩部骨骼结构可见。在腰椎横突上没有明显的脂肪
2 很瘦	少量脂肪覆盖在棘突和尾基部。横突微圆，肋骨、髋骨结节、尾基部、坐骨突出。颈，肩部结构和肩膀依稀可辨
3 瘦	脂肪覆盖在棘突和尾基部，或两者皆有，但个别椎骨的尾基部不可见。横突感觉不明显。在肋骨和髋骨结节上脂肪轻度沉积。坐骨结节不明显。马肩隆、颈部和肩部突出，但骨结构不可见的
4 微瘦	可见轻微隆起的腰部肋骨的轮廓。尾基部结构明显，但有脂肪附着。髋骨结节不可见。肩、肩部和颈消瘦不明显
5 适中	腰平直（无皱褶或隆起）。肋骨不可见但能触摸得到。脂肪覆盖于尾基部并富有弹性，肩部丰满，肩和颈流畅的与身体融为一体
6 微胖	腰下有少量皱褶，轻压不能摸到肋骨，脂肪附着在尾基周围。在肩侧、颈部和后肩有明显脂肪
7 丰满	腰下有皱褶，不能摸到肋骨，脂肪沿肩部、颈部和后肩沉积
8 胖	腰下有皱褶，不能摸到肋骨；脂肪附着在尾基周围，非常柔软。肩部、颈部和后肩充满脂肪，颈部明显增厚
9 肥胖	腰下有明显的皱褶。大量脂肪沉积于肋骨上。脂肪布满尾基部、肩部、后肩和颈部。腹部有大量脂肪（无腹褶）

表18-41 轻型马工作的能量需要[a]和理想体况评分

活 动	消化能（MJ/d）	体况评分
轻闲（维持）	0.138×体重（kg）	4~6
坐缰竞赛，娱乐性（或消遣性）骑乘	5.02×DE用于维持需要	5~6
演出/表演（公园、英国人和西方人娱乐，年轻人活动），马术教学	5.86×DE用于维持需要	5~6
牧场工作，频繁剧烈的表演（耐力和拉运，速度比赛），耐力追踪骑乘，相对较低强度进行3 d（打猎追逐、场地跳跃、盛装舞步），马球	6.70×DE用于维持需要	4~5
比赛训练，集中进行3 d	7.95×DE用于维持需要	4~5

a. 200~600 kg 体重。

温血马、挽用马和挽用杂交马，即使能量需要可减少10%~20%，也能维持其快速增长和良好的体况。

（3）妊娠期和哺乳期 在妊娠期间，如果母马不训练或不是极端天气，维持DE的摄入量在妊娠前8个月通常已足够。妊娠第9、10和11个月的能量需要分别用维持需要乘以1.11、1.13和1.20计算获得。随着胎儿的增大，粗饲料采食量下降，在妊娠后期有必要增加精饲料来增加日粮的能量浓度。母马应在整个妊娠期内保持体况评分大于5。

为了保证哺乳，NRC推荐每日每千克奶所需DE为3 315.19 kJ（表18-39），应增加维持需要（每千克体重151.95 kJ）。哺乳的轻型马（如纯血马、夸特马）每日饲喂117.20~129.76 kJ DE即可维持体重。

挽用型母马每日需要DE 179.99 MJ。然而，这个能量推荐值会使矮种马在哺乳期内体重增加，这说明该能值已超过某些品种的需要量。

（4）工作 许多因素，诸如工作类型、马的训练与状态、疲劳、环境温度和骑手或驾驭者技巧等，都会影响马在工作时的能量需要。运动时间延长，运动强度保持不变，单位时间所需的DE实际上是减少了。由于这些原因，轻型马（表18-41）在各种活动时推荐的DE，应根据不同个体的需要进行调整，以保持在4~6分的体况评分，并获得最佳的运动表现。

3. 蛋白质和氨基酸 盲肠和大肠虽可以合成一部分氨基酸，但不足以满足生长、工作或哺乳的氨基酸需要。饲料中蛋白质的质量非常重要。断奶马驹和1岁的马驹每日赖氨酸的需要量分别为2.1 g/Mcal DE和1.9 g/Mcal DE。虽然还没有建立其他氨基酸需要量的标准，如果日粮精细、粗饲料品质好，则表18-38和表18-39中给出的粗蛋白推荐量应该可以满足需要。

生长马的蛋白质需要量（占日粮的14%~16%）比成年马（日粮的8%~10%）高。老龄马（超过20岁）为维持良好的体况，其蛋白质的摄入量与那些青年马、生长期马相当。然而，在增加老龄马的蛋白质摄入量之前应先评估肝脏、肾脏功能。妊娠最后3个月由于胎儿生长需要增加蛋白质的需要量（日粮的10%~11%），哺乳期还将进一步增加（占日粮的12%~14%）。工作不会显著增加蛋白质的摄入量。假定饲料粗蛋白、DE比保持不变而摄入的能量增加，蛋白质的需要量也要相应增加。

4. 矿物质 因为马的骨骼对其性能的发挥至关重要，所以钙和磷的需要量应格外注意（表18-38和表18-39）。某些矿物质的过量与不足同样有害，因此，矿物质添加剂应补充基础日粮中的不足。如果马摄入的日粮以粗饲料为主，谷物饲料很少或没有，这种情况容易出现缺磷。如果饲喂的谷物饲料比粗饲料多，容易发生钙缺乏。在评估矿物质的摄入量时，应检测所有日粮组成（牧草和粗饲料，精饲料和所有饲料添加剂）中的矿物质总量和生物学效价。然而，除了实际饲养试验，还没有合适的方法被用于测定矿物质的生物学效价。矿物质在血中的浓度不反映饲料常量元素的状况，尤其是钙。

（1）**钙和磷** 处于生长期的马，对钙和磷的需要量比成年马的维持需要高。妊娠最后3个月和泌乳期也显著增加了对钙、磷的需要量。老龄马（超过20岁）需要的磷比成年马的维持需要高（0.3%～0.4%）。老龄马，尤其是肾脏功能不全的老龄马应避免钙的过量摄入（超过日粮的1%）。

对于所有的马，钙∶磷应大于1∶1，而理想的钙∶磷应为1.5∶1。在磷充足的情况下，马驹能耐受的钙∶磷为3∶1，年轻的成年马能耐受的比值为6∶1。工作强度并不能显著增加钙或磷的需要量。

（2）**食盐** 出汗显著影响食盐的需要量。目前缺少食盐需要量的准确数据，推荐每千克日粮干物质中食盐含量为1.6～1.8 g。重役工作1～2 h后的大量出汗可使NaCl的损失超过30 g，饲料干物质中的食盐浓度至少应达到3.6 g/kg。重役工作的马匹对食盐耐受的上限为日粮的6%。NaCl是唯一对马有"营养智慧"的矿物质。如果可能，马可以主动觅盐以满足每日的食盐需要。可准备供其自由选择的盐块补盐，除此之外还可以通过口服的形式，在饲料或水中加盐以补足每日工作造成的盐损失。有些马需要限制食盐的摄入量，过多的盐会限制采食和/或导致厌食。然而，马很少出现食盐中毒，除非吃不到盐的马突然间可以随便采食，或者没有水却迫使马摄入大量盐（例如，比赛期间服用大剂量的混合电解质）的情况下才会出现食盐中毒。饲料或水中食盐含量过高会限制水或饲料的摄入量，虽然不会出现食盐中毒，但可增加发生脱水或能量摄入不足的危险。

补钙、磷和盐的最好方法是将含1/3微量元素的食盐或普通食盐和2/3磷酸二钙混匀供其自由采食。含微量元素的食盐中不再额外添加钙和磷。

（3）**镁** 有限的研究表明，每日每千克体重镁的需要量为0.015 g。轻度运动和剧烈运动的工作马因出汗损失，每千克体重所需的镁分别为0.019 g和0.03 g。生长所需的镁还不是很明确，估计为日粮的0.07%。马的大多数饲料中含镁0.1%～0.3%，因此，不太可能出现镁缺乏，但有哺乳期母马和应激状态的马发生抽搐症的报道。参考其他动物的数据，推荐镁摄入量的上限为日粮干物质的0.3%，然而日粮中含更

高的镁也不会对成年马产生不良影响。

（4）**钾** 成年马对钾的维持需要量为每千克体重0.05 g。大多数粗饲料含1%以上的钾，当日粮中粗饲料含量超过50%或以上时，可提供充足的钾满足其维持需要。因汗液、奶和尿液钾的损失，工作马、哺乳期母马和接受利尿剂治疗的马需要更多的钾。重役可使钾的需要增加1.8倍。已提出，重役马匹日粮中每兆卡DE需要提供4.5 g钾。氯化钾是最常用的补钾添加剂，但安全上限还不清楚。虽然肾脏可有效地排出过量的钾，但高浓度复合盐的快速吸收引起的急性高钾血症可诱发潜在致命性心律失常。因此，应避免大剂量口服钾盐。

（5）**碘** 碘化食盐可满足饲料中碘的需要（每千克干物质为0.35 mg）。妊娠后期母马需要稍高的摄入量（每千克干物质为0.4 mg），但已有报道每日摄入40 mg碘即可出现碘中毒。有文献记载，由于高碘的摄入使母马和马驹出现甲状腺肿，几个病例均是由于饲料中添加了大量干海带所致。

（6）**铜** 马对饲料中铜的需要为8～10 mg/kg，许多商品精饲料配方中含铜量都超过20 mg/kg。粗饲料中1～3 mg/kg的钼即可干扰反刍动物对铜的利用，但不影响马对铜的利用。然而，过量的铁会抑制铜的充分吸收。铜缺乏可能导致青年马、生长期马发生软骨炎，成年马高发主动脉或子宫动脉破裂。铜缺乏也能引起低色素小红细胞性贫血和脱色。马对铜的耐受量很高，而相同剂量的铜对绵羊是致命的。然而，高铜摄入可能会降低硒的吸收和利用。

（7）**铁** 铁的维持需要量为每千克干物质40 g。快速成长的小马驹，妊娠和哺乳的母马，需要量为每千克干物质50 g。几乎所有商品精饲料配方和大多数粗饲料中的含铁量都超过推荐量。生产实际中，只有慢性失血（如寄生虫病）的情况才可能出现缺铁。过量的铁摄入可能会干扰铜的利用。

（8）**锌** 锌的需要量为每千克干物质40 mg，有证据表明这个推荐量可能是真正需要量的2倍，在大多数情况下能防止出现锌缺乏症。锌相对低毒，摄入超出需要量数倍的锌都是安全的，但当锌摄入量超过1 000 mg/kg时可诱发铜缺乏，青年马可发生发育性骨变形。

（9）**硒** 大多数地区，硒的需要量为每千克干物质0.1 mg。然而，世界各地（包括五大湖，太平洋西北部，大西洋海岸，佛罗里达州和新西兰部分地区）的土壤中都严重缺硒。硒是剧毒的微量元素，在其他地区（包括科罗拉多州部分地区，怀俄明州，南达科他州和北达科他州），当每千克饲料中含硒达到5～40 mg时会出现硒中毒的临床症状。运动可增加谷

胱甘肽过氧化物酶（含硒酶）活性，并可增加马对硒的需要量。以每日为基础，每千克体重硒的添加量不应超过 0.002 mg；当饲料中每千克干物质含硒量达到5 mg/kg干物质时，马即表现出中毒症状。

（10）**其他矿物质**　马对硫的需要量没有被确定。然而，含硫氨基酸（蛋氨酸）和维生素（生物素）是保证马蹄健康所不可缺少的。如果已满足了蛋白质的需求，则硫的摄入量不足干物质0.15%，这个摄入量对大多数马都是充足的。

马对日粮钴的需要一般低于0.05 mg/kg。在盲肠和大肠，微生物利用钴可合成维生素B_{12}，因此，只有当无外源添加B_{12}时，钴才是必需的。根据其他动物的数据，钴摄入量上限为每千克干物质25 mg。

马对镁需要量还没有被确定，通常认为在粗饲料中的含量（每千克干物质40~140 mg）足够。

磷酸盐矿石作为补磷添加剂，氟的含量应低于0.1%。氟的摄入量不应超过每千克干物质40 mg。尽管马对氟的耐受量超过反刍动物的耐受量，但氟过量摄入仍可导致氟中毒。

虽然钼是黄嘌呤氧化酶活性的一个重要辅助因子，还没有证实马对钼的具体需要量。过量的钼（超过每千克干物质15 mg）会影响铜的利用。

5. 维生素

（1）**维生素A**　马对维生素A的需要可通过β-胡萝卜素来满足，β-胡萝卜素是一种天然的维生素A前体，或维生素的活性形式（例如，视黄醇）。青绿饲料和优质干草同玉米和胡萝卜一样，都是胡萝卜素的优质来源。据估计，1 mgβ-胡萝卜素相当于400 IU的活性维生素A。然而，由于氧化作用，粗饲料中的类胡萝卜素含量随着贮存时间的延长而下降，贮存超过1年的干草无法提供足够的维生素A。采食青绿饲料的马通常在肝脏中有充足活性的维生素A贮备，可维持3~6个月血浆维生素A的需要量。所有马的日粮应至少提供维生素A 每千克体重30 IU（表18-39）。长期过量饲喂视黄醇或维生素A复合物（大于10倍推荐量）可使骨的脆性增加，骨质增生，皮肤病变，新生马驹发生腭裂、轻度眼炎（根据马和其他动物的数据）等缺陷。安全剂量的上限为每千克饲料干物质含活性维生素A16 000 IU。一般认为β-胡萝卜素没有毒性。

（2）**维生素D**　每日马匹暴露在阳光下超过4 h或以上或采食晒干的牧草，则饲料中可以不添加维生素D。晒不到太阳的马匹，建议生长早期维生素D_3的浓度为每千克饲料干物质800~1 000 IU，生长后期和其他阶段维生素D_3的浓度为每千克饲料干物质500 IU。维生素D中毒表现全身无力、体重减轻，血管、心脏和其他软组织钙化，以及骨异常。日粮中超过10倍推荐量可能导致中毒，并使钙过量摄入症状加重。

（3）**维生素E**　维生素E的最低需要量尚不确定。硒和维生素E有协同作用，可防止营养性肌肉萎缩（白肌病）、脑脊髓病变和马的运动神经元疾病。在干燥的冬季牧场，母马养育的马驹可能会发生维生素E缺乏，只饲喂劣质干草未补充商品化精饲料的马，也可能发生维生素E缺乏。马在极度用力和/或饲喂高脂（＞5%）日粮时会增加对维生素E的需要。如果硒的摄入量充足，对大多生理阶段和中等活动强度的马匹而言，每千克饲料干物质含维生素E50 IU已足够。对于重役和或饲喂高脂（＞7%）的马匹需要添加500~1 000 IU维生素E。过量添加反而使维生素A的吸收降低，应避免过量添加（超过5 000 IU /d）。

（4）**维生素K**　在马的盲肠和结肠，微生物可以合成足够量的维生素K以满足正常需要。然而，摄入发霉的草木樨可导致维生素K依赖性凝血功能障碍。给脱水的马匹注射人工合成的维生素K（甲萘醌）会对肾脏造成伤害。

（5）**抗坏血酸**　成年马能够利用肝脏中的葡萄糖合成抗坏血酸以满足其维持需要。身体或心理处于严重应激状态（如长途运输或断奶）的马匹需要补充抗坏血酸（5~20 g/d）。口服抗坏血酸的生物效价是不同的。抗坏血酸棕榈酸酯比抗坏血酸或抗坏血酸硬脂酸酯更容易被吸收。长期给非应激状态的马补充抗坏血酸，会减少内源合成和/或增加排出，如果突然停止补充会造成抗坏血酸的缺乏。

（6）**硫胺素**　在盲肠和结肠细菌的作用下可以合成硫胺素，但吸收率仅为25%，马匹饲喂劣质干草和谷物饲料也能出现硫胺素缺乏。每千克日粮干物质含硫胺素3 mg不一定是最低需要量，但这个浓度足以维持青年马的采食高峰、正常增重和骨骼肌中硫胺素的正常水平。尽管尚无硫胺素缺乏的记录，但对于高强度训练的马匹，每千克日粮干物质中含硫胺素应为5 mg。偶尔也会因马采食了含有硫胺素酶的植物，出现急性硫胺素缺乏（见欧洲蕨中毒）。

（7）**核黄素**　目前没有马核黄素缺乏的相关文献报道。先前认为的马复发性眼色素层炎（Recurrent uveitis）与核黄素摄入不足有关，但并未得到证实。给马补充水溶性维生素也没有表现出任何毒性，核黄素的推荐量为每千克体重0.04 mg。

（8）**维生素B_{12}**　如果饲料中有充足的钴，肠道合成的维生素B_{12}就可以满足马匹的正常需要，目前还没有马饲料中钴缺乏的报道。维生素B_{12}可以在盲肠内被吸收，成年马匹连续饲喂无维生素B_{12}的日粮11个月，对血液指标和健康状况无不良影响。给比赛用马和马驹注射的维生素B$_{12}$，很快而且几乎全部经由胆汁进入粪便而被排出体外。

（9）**烟酸**　烟酸可由盲肠和结肠的微生物菌群合成，也可在肝脏由色氨酸合成。目前还不清楚马对日粮烟酸的需要量。

（10）**其他维生素**　叶酸、生物素、泛酸和维生素B$_6$均可在肠道中合成满足马的需要量。然而，有报道指出补充生物素（15～25 mg/d）可以改善成年马的马蹄质量，使蹄壁致密富有弹性。

二、饲养实践

比较理想的情况是马可以自由采食含盐的干草和/或牧草，可以自由饮水。一次饲喂不应超过体重0.5%的高淀粉/糖的谷物精饲料（如粗粉、制粒或膨化饲料）。超过这一限量，会降低马的消化率并诱发胃溃疡、胰岛素抵抗、蹄叶炎和疝痛。如果要饲喂大量的谷物精饲料（每日超过体重的0.4%），应分成2次或更多次饲喂。

已有报道，当谷物饲料超过日粮的50%时，可增加成年马发生疝痛和蹄叶炎的风险，高淀粉/糖的摄入，会增加成年马和生长期马胰岛素抑制的发病率。饲喂大量谷物精饲料后，1 h之内不能从事剧烈运动、运输。处于应激状态或因肠动力不足而引起虚弱的马匹，也不能饲喂大量的谷物精饲料。

马对变质饲料中的毒素特别敏感，因此，谷物饲料和粗饲料必须优质无霉变。谷物饲料的含水量要低于13%。潮湿地区，防霉剂可有效防止饲料霉变。另一方面，过度干燥、尘化的饲料会引发或加重呼吸问题。

（一）饲料

1. **牧草**　好的牧草既可以提供营养，也能提供运动场地。牧草应定期刈割、修剪以除去杂草。豆科-禾本科牧草的混合牧场能够保证全价、稳定、持久的营养供给。理想的组合因地区而异，因此，应采用专家推荐的适合当地的组合。有些牧草不适用于马的牧场，如瑞典三叶草（*Trifolium hybridum*）和克莱因稷（*Panicum coloratum*）对肝脏有毒害作用；约翰逊草（*Sorghum halepense*）和苏丹草（*S. sudanense*）中含氰糖苷；狼尾草（*Cenchrus spp.*）、黍属（*Panicum spp.*）、盘固草（*Digitaria decumbens*）、吉库尤（*Pennisetum spp.*）和狗尾草都含有有害成分的草酸盐。这些牧草品种不应该被用于马的牧场。

在沙地上，当牧草短（如过度放牧）时应饲喂干草，防止摄入沙子而引起疝痛。干草应放在饲槽里或放在平台上以减少沙子的摄入。用车前草制品清除马胃肠道的沙子是一种昂贵方法，但疗效尚无相关文献证实。

2. **干草**　马常喂的干草包括禾本科牧草和豆科牧草，禾本科牧草有猫尾草（梯牧草）、雀麦草、海岸狗牙根或野茅，豆科牧草有苜蓿或三叶草。豆科-禾本科混合牧草通常比单一禾本科牧草更高产，其中的蛋白质、矿物质和维生素的含量更高。然而，这些草在潮湿天气不易被晒干。霉变的牧草不应再喂马。海岸狗牙根会增加发生疝痛的风险。苜蓿能被斑蝥污染，而且比禾本科牧草或三叶草更易引起过敏。某些地区使用燕麦草，如果能够适时收获制成草捆，它大致相当于优质的禾本科牧草。某些地方使用的画眉草中缺钙，因此，生长、妊娠和哺乳马匹要慎用（要经过准确的营养分析）。

收获的牧草以什么样的形式饲喂值得关注。当整株玉米制成的半干青贮作为粗饲料时要慎重，因为存在霉变的风险。霉变的玉米青贮能导致致命的脑白质病。在牧场上饲喂的大圆捆干草已被证实增加了肉毒梭菌中毒的风险。推荐将压成立方形或切碎的牧草喂马，但也存在着咀嚼问题，为了减少窒息的危险，这些饲料需要浸泡后使用。

3. **精料与其他添加剂**　饲料主要包括谷物和粮食副产品，具有高能量和/或高蛋白。谷物饲料在饲喂前进行的加工通常可以提高养分的利用率。然而，谷物饲料被磨碎或轧制后更易霉变。不同谷物饲料的密度不同，因此，应以重量计而不是体积。

燕麦是马的最传统的谷物饲料，可以整粒饲喂，也可以轧制或压制后饲喂，加工后可使体积增加20%～30%，消化率大约提高10%。有壳和无壳燕麦均比普通燕麦能量高，在应用燕麦时应逐渐添加以减少疝痛的发生率。

对马而言，大麦是优质的谷物饲料。它的能量比普通燕麦高，但比玉米低。它可以作为唯一的谷物饲料单独饲喂以满足高能量的需要。大麦也应经轧制或压制。大麦的适口性不如燕麦或玉米。

玉米是一种高能量饲料，对从事重役或需要额外增重的马匹，玉米很有用。然而，玉米淀粉不如燕麦淀粉易消化，更容易过小肠消化，如果大量饲喂易导致疝痛和/或蹄叶炎。为了最大限度地提高玉米的消化率，玉米粒需要经粉碎或轧制，要注意控制含水量以避免玉米在贮存过程中发生变质。霉变玉米能导致致命的脑白质病。

用高粱和小麦饲喂时要慎重，这些谷物饲料如果被用来喂马需要经粉碎或轧制。通常这些谷物饲料不被用在马的日粮中。

4. **其他添加剂**　小麦麸皮与米糠是常被用来喂马的副产品。然而，麦麸和米糠的磷含量都很高（＞1.2%），因此，日粮要保持适当的钙、磷比。与传统观点不同，麦麸没有通便作用，但对马而言适口性非常好，因此，经常被用来制成湿糊以增加水的摄入量或掩盖其他添加剂的味道。由于麦麸中含磷高，除非平衡钙的摄入量，否则不建议作为主要的或日常的日粮成分。米糠中的脂肪含量比较高，可饲喂需要高能量的马匹。许多米糠制品已经加钙平衡了其中的高磷，但只能限量饲喂（<1 kg/d）。

甜菜渣是制糖工业的副产品，它在马饲料中既可供能也可提供纤维。甜菜渣中的钙、磷和蛋白质含量适中，与糠麸饲料相比，用甜菜渣饲喂更为安全可靠，目前已大量在马饲料中应用。大块甜菜渣在饲喂前应先浸泡，小的甜菜渣不必浸泡可直接饲喂。

食用油脂可以被添加到日粮中增加能量浓度。马的日粮中通常只含有3%～4%的脂肪，如果脂肪逐渐增加，大约需要3～4周的适应过程，马可以耐受日粮中超过10%的脂肪浓度。玉米油和蔬菜油是常用的植物油。为避免腹泻，应逐渐增加日粮油脂的添加量。尽管动物脂肪易消化，但不常被用于马的日粮中。

在所有谷物日粮中，大豆粕是一种适口性好、氨基酸平衡的蛋白质饲料。当牧草或饲草中的蛋白含量低、品质差时，日粮中可添加豆粕。在生长早期或妊娠期，对蛋白质有很高需要时也可饲喂豆粕。亚麻籽粕和棉籽粕中赖氨酸的含量低，所以不适合作为马驹的蛋白质饲料，但可以满足成年马的需要。

甘蔗糖蜜经常被添加到混合谷物饲料中（甜味剂）。它适口性非常好，可最大限度地减少细干粉饲料的分离和精料粉尘的生成。甘蔗糖蜜中钾含量较高。其中，易发酵的碳水化合物和水分可促进炎热天气中霉菌的生长和寒冷冬天的结冻。已报道高蔗糖/淀粉（>30%为非结构性碳水化合物）日粮可诱发相关的胰岛素抗性。

优质石灰石（含钙38%）可作为钙源来补钙。当同时需要补钙和磷时，推荐使用磷酸二钙、蒸制的骨粉或脱氟磷矿石。磷酸氢钙最为理想，因为提供单位磷所需的成本低，磷的生物学效价高，而且适口性较好。

应将食盐制成块或制成粒供马匹自由采食。某些地区牧草和商品饲料中的食盐含量能够减少其需要量，而且出汗损失变化很大，很难给出确切的估计。如果能够提供自由采食的机会，马可以自由摄入充足的食盐来满足它们长期的维持需要，甚至在炎热气候下的食盐需要。含微量元素的食盐在实际生产中常用，即食盐中含碘、铁、铜、钴、锰、锌和硒。对这些微量元素的需要量因不同地区而异。

运动中出汗可引起急性钠/氯/钾缺乏，需要用更快的方法来解决，而不是采用机体的自稳机制。通常在剧烈活动（如马匹表演）之前、期间和/或之后口服电解质溶液。

（二）进食率

不同个体对能量和营养物质的需要量不同，不同饲料中的总养分含量有很大的差异，因此，很难给出普遍的饲喂量。表18-42和表18-43给出的量仅可作为参考，但应监测体况并根据体况调整相应的饲喂量。24 h内的最大干物质摄入量应为马匹体重的3%～3.5%，许多马匹在自由采食的情况下，24 h干物质的摄入量只有体重的2.5%。

表18-42　成年马和矮种马日粮浓度推荐量[a]

	消化能（MJ/kg）	粗蛋白（%）	钙（%）	磷（%）	维生素A（IU/kg）[d]	日粮组成实例			
						每千克干草含8.36 MJ DE[b]		每千克干草含7.52 MJ DE[c]	
						精饲料（%）[e]	粗饲料（%）	精饲料（%）[e]	粗饲料（%）
成年马和矮种马，维持需要	7.53	7.2	0.21	0.15	1 650	0	100	0	100
母马，妊娠最后90 d	9.00	9.5	0.41	0.31	3 280	20B	80	25A	75
泌乳马，前3个月	9.84	12.0	0.47	0.30	2 480	40A	60	50A	50
泌乳马，3个月至断奶	9.21	10.0	0.33	0.20	2 720	30B	70	40A	60
种公马，配种季节	9.00	8.6	0.26	0.19	2 370	25A	75	30A	70
补料	11.72	16.0	0.65	0.35	1 800	70A	30		
马驹（3月龄）	11.30	14.0	0.65	0.35	1 500	50A	50	70A	30
断奶（6月龄）	10.88	13.1	0.55	0.30	1 680	50A	50	60A	40

（续）

	消化能 （MJ/kg）	粗蛋白 （%）	钙 （%）	磷 （%）	维生素A （IU/kg）[d]	日粮组成实例			
						每千克干草含 8.36 MJ DE[b]		每千克干草含 7.52 MJ DE[c]	
						精饲料 （%）[e]	粗饲料 （%）	精饲料 （%）[e]	粗饲料 （%）
周岁马驹（12月龄）	10.46	11.3	0.40	0.22	1 950	40B	60	50A	50
1岁以上马驹（18月龄）	9.84	10.4	0.32	0.18	2 050	30B	70	40B	60
2岁（轻度训练）	10.05	10.1	0.31	0.17	2 380	40B	60	50B	50
成年役用马									
轻役[f]	9.21	8.8	0.27	0.19	2 420	0~25B	75	25B	75
中役[g]	10.05	9.4	0.28	0.22	2 140	40B	60	50B	50
重役[h]	10.67	10.3	0.31	0.23	1 760	50B	50	60B	40

a. 干物质为90%。

b. 优质豆科牧草；DE＝消化能。

c. 禾本科干草。

d. 对马而言，1 mg β-胡萝卜素相当于400 IU 维生素A。

e. 每千克精料中含3.2 Mcal DE；A或B指的是适当的精饲料（表18-43）。

f. 西方娱乐，马道上骑乘，马术。

g. 牧场工作，拉运，速度赛马，跳跃。

h. 竞赛训练，马球。

改编自《马的营养需要》，2007，美国国家科学院。美国国家研究院出版社，华盛顿特区。

表18-43　与表18-42干草联合使用较满意的精料

成　　分[a]	配方 A	配方 B
玉米[b] 或高粱，压制或破碎	45	55
燕麦[b]，轧制或压制成卷	24	24
大豆粕（44% 粗蛋白）	20	10
甘蔗糖蜜[c]	8	8
石粉（34% Ca）	0.5	0.5
磷酸钙，一价（16% Ca，22% P）	1.5	1.5
微量矿物质盐[d]	1	1
	100	100
分析		
DE（MJ/kg）	13.39	13.39
粗蛋白（%）	16	12
可消化蛋白（%）	12	8.5
钙（%）	0.60	0.58
磷（%）	0.67	0.62

a. 除了甘蔗废糖蜜，所有的原料都是基于90%干物质。

b. 大麦可以替代玉米或高粱和燕麦，等重量替代各谷物的总重量。

c. 甘蔗糖蜜不是混合精料的重要部分，但可以减少"细"料的分离和减少尘化。

d. 提供NaCl、Fe、Cu、Mn、Co、I、Zn和Se（亚硒酸钠），即每千克精料含0.2 mg硒。

放牧马对补充精饲料的量取决于牧草质量，精饲料对青年马和哺乳期母马尤为重要。如果牧草质量很好，对于大多数维持需要或轻役的成年马，除了水和盐外不需要补充其他营养物质。马驹补料的理想饲喂量为体重的0.5%~1%，精饲料配方的设计主要考虑生长。在牧场，特别是冬季牧场需要优质干草。

已经开发出马的全价饲料（包含精饲料和粗饲料）。可进行膨化、制粒、切块或挤压等加工。全价料的优势在于质量均一稳定，营养物质的摄入量完全可控，适合牙齿不好的马匹，产生粉尘少（减少呼吸道问题），并减少贮存和运输空间。缺点有增加梗塞和咀嚼木头的可能。咀嚼木头和厌烦行为可以通过搭配饲喂长的干草来缓解。可以用一些恶臭物质来处理马厩和围栏以减少损坏，也可在容易被损坏的地方覆盖金属或用金属替代。

三、营养性疾病

马很少发生单一的营养缺乏。根据马的年龄、类型和所处的地理位置不同，可能出现能量、蛋白质、钙、磷、铜、氯化钠和硒等不同程度的缺乏。营养物质缺乏症状是非特异的，所以对几种营养物质同时缺乏的诊断变得非常复杂。加之对寄生虫和细菌易感，结果造成不同临床症状叠加在一起。单一营养物质的过量更为常见。当营养物质的供给量超过需要量时，就会产生毒性或诱发能量、磷、铁、铜、硒和维生素A等营养物质的缺乏。

1. 能量缺乏 马的营养物质缺乏表现出的很多非特异性变化都与能量缺乏有关，造成机能能量缺乏的原因包括能量摄入不足、消化或吸收不良。在部分或完全饥饿状况下，内脏器官表现出一定程度的萎缩。脑受到的影响最小，但性腺明显缩小，发情延迟。免疫系统受到影响，增加了患病毒性疾病的风险。年轻马匹的骨骼极易受到影响，导致生长变缓或可能完全停止。初期典型的症状为皮下、肠系膜的脂肪减少，腹腔中肾脏、子宫和睾丸周围的脂肪也会减少。长骨骨髓中脂肪含量低是判断长期营养不足的重要指标。马的工作能力受损，由于肌肉中的蛋白质被用于代谢供能，所以内源性氮的损失增加。

2. 能量过剩 高能饲料的过饲会导致肥胖，生长期马可患发育性骨病。肥胖使发生蹄叶炎的风险加大，也容易发生外部肠系膜脂肪瘤压迫小肠引起的疝痛。肥胖的成年马和矮种马均可降低对胰岛素的敏感性，降低产热和运动耐力。

3. 蛋白质缺乏 饲料蛋白质不足主要表现在优质蛋白摄入不足或某种必需氨基酸缺乏。缺乏症的表现是非特异性的，许多症状与部分或完全能量不足的症状相同。马通常表现为被毛和马蹄生长不良、体重下降、食欲不振。此外，血红蛋白、红细胞数量和血浆蛋白生成减少。哺乳期母马的产奶量下降。丙酮酸氧化酶、琥珀酸氧化酶、琥珀酸脱氢酶、D-氨基酸氧化酶，DPN（二磷酸吡啶核苷酸，辅酶Ⅰ）-细胞色素C还原酶和尿酸酶的活性均降低。曾有角膜血管化及晶状体变性的报道。抗体的形成也发生障碍。

4. 矿物质缺乏和过量

（1）营养性、继发性甲状旁腺功能亢进症（大头症，麦麸病） 各年龄段的马匹饲喂以干草或牧草，并补充大量谷物精饲料或麦麸，最有可能发展成为相对或绝对钙缺乏，进而导致营养性、继发性甲状旁腺功能亢进症。磷过量摄入（钙:磷<1）可出现相同的临床症状。尽管骨中的矿物质可使血中无机磷水平升高，但机体的稳态机制使得血钙浓度不能真实反映钙的摄入量。血清碱性磷酸酶活性通常升高，凝血时间可能会略有延长。青年马、生长期马常发生佝偻病和骨质疏松，发生骨折，且难治愈。也有报道面部浮肿和面部骨骼软化，四肢交替跛行等症状（见骨软化症）。

（2）磷缺乏 当饲喂劣质干草或牧草而没有补饲谷物饲料时最可能发生缺乏。缺磷马的血清无机磷浓度降低，血清碱性磷酸酶活性升高，偶尔表现为血清钙水平上升。跛行逐渐加重，骨骼变化与上述钙缺乏症相似。在其他症状表现之前，缺磷的马开始吃土或有其他异食癖。

（3）食盐缺乏 在炎热天气，重役的马最容易出现食盐缺乏症。汗液和尿液损失明显。没有盐的摄入，马容易疲劳、停止出汗，当剧烈运动时出现肌肉痉挛，还可能发生血液浓缩和酸中毒。长期不摄入盐，表现厌食、异食癖症状明显，但这些症状不是缺盐所特有的症状。食盐缺乏的母马，产奶量显著下降。长期缺盐，多尿和多饮可引起继发性肾脏髓质病变。

（4）钾 日粮中长期钾缺乏可导致生长率降低、厌食症、低钾血症。然而，大多数牧草中均含有充足的钾。由于出汗损失引起的急性缺钾表现为肌肉震颤、心律失常、虚弱。过量摄入钾，特别是口服丸药或静脉注射给药，会诱发心颤等心律失常。

（5）镁 马驹饲喂以每千克含镁8 mg的纯合日粮，可出现低镁血症、焦躁、肌肉震颤、共济失调之后卧地不起、呼吸频率增加、发汗、抽搐，并于几周之后死亡。然而，常规饲料中镁含量超过目前推荐的每千克70~100 mg，因此，多数情况表现为镁过量。镁过量摄入的影响尚未确定，然而根据其他动物的结果推断，可能会出现与钙缺乏相似的临床症状。

（6）**铁** 铁缺乏主要由寄生虫病或慢性失血诱发，导致小红细胞低色素性贫血。然而，不太可能发生马的缺铁性贫血。铁过量会干扰铜代谢，引起小红细胞低色素性贫血。依据血中转铁蛋白的浓度，可以准确判断铁的营养状况。

（7）**锌** 马驹缺锌表现为生长缓慢、厌食、四肢末端皮肤受损、脱发、血锌水平降低、血清碱性磷酸酶活性降低。锌过量（超过1 000 mg/kg）与青年马发育性骨病有关。目前尚无成年马锌过量或缺乏的相关文献报道。

（8）**铜** 血铜浓度低与老年临产母马子宫破裂有明显的相关性，这表明随着年龄的增长铜的吸收能力和动员机体铜贮的能力降低。饲料中铜缺乏可引起主动脉瘤、肌腱萎缩，马驹表现为软骨形成异常。铜摄入过量可影响硒和/或铁代谢。

（9）**硒** 硒缺乏可降低工作马血清中的硒含量、增加谷草转氨酶活性，引起白肌病与横纹肌溶解（见营养性肌病）。每千克日粮中含有5 mg，即可引起硒过量，发生鬃毛和尾毛脱落，蹄壳脱落。

5. 维生素 长期饲喂劣质干草可发生维生素A缺乏。如果体内维生素A贮存多，可能几个月不表现出缺乏症状。维生素A缺乏症表现为夜盲症、角膜角化、易感肺炎、舌下腺脓肿、共济失调、繁殖障碍、异嗜、进行性乏力。由于角质层生长不规则，且脆弱，易诱发蹄变形。曾有肠黏膜上皮化生和胃酸不足的报道。泌尿生殖道黏膜上皮化生，骨重建受影响。生长前期，骨小板孔不能适时增大，维生素A缺乏的母马，产下的马驹可见骨骼明显变形。

饲喂太阳晒干的干草或经常晒太阳，能使马很少发生维生素D缺乏。青年马长期舍饲、晒干干草的饲量不足，均可导致骨骼钙化不全、关节僵硬和肿胀、步态僵硬、易兴奋、血清钙和磷降低。

试验性硫胺素缺乏表现为食欲减退、体重下降、共济失调，血液中硫胺素水平降低、丙酮酸水平升高。剖检可见心脏肥大，类似欧洲蕨中毒症状。在正常情况下，饲料中含有的以及肠道微生物合成的硫胺素，均可满足其正常需要。在应激状况下需要量则增加。

虽然饲料含有的和肠道合成的核黄素可满足正常需要，但有证据表明，当饲料品质差时，偶尔也会出现核黄素缺乏。急性缺乏症的最初症状是单眼或双眼卡他性结膜炎，常伴有畏光、流泪。视网膜、晶状体和房水逐渐恶化，最终导致视力受损或失明。马出现周期性眼色素层炎可能与核黄素缺乏有关，也可能是感染钩端螺旋体或盘尾丝虫所致。

马正常饲料中通常仅含有少量的维生素B_{12}。但维生素B_{12}可在马的肠道内合成并吸收。

四、病马的饲养

营养是病马管理和治疗中非常重要的部分。应激（如外科手术、严重矫形手术或感染）可增加分解代谢并显著增加对能量的需要。此外，厌食症或吞咽困难，可导致正常的营养摄入不足。营养不足可造成免疫系统损伤、伤口和骨折愈合延迟、低蛋白血症、肌肉萎缩、虚弱无力。一般来说，当成年马超过3 d食欲不振时，应考虑采取辅助性营养治疗。新生马驹发生摄入量减少，需要在24 h内补充能量。

马的营养需要优先顺序依次是水、能量、电解质和蛋白质。某些水溶性维生素不能在体内贮存，也应予以补充。基础能量需要（BER）表示成kcal/d，可以通过以下公式计算：$BER = 70 \times [体重（kg）]^{0.75}$。例如，体重为450 kg的马，BER大约为6 800 kcal/d；50 kg的马驹，BER为1 300 kcal/d。严重的疾病或创伤（如烧伤）可显著增加营养需要。

对病马的辅助性营养有多种方法。一种简单的办法是促使动物自己采食。应及时发现马的异常嗜好饲料。可给马提供多种饲料，让其自己选择适口性最好的饲料。许多马即使拒食其他饲料，也会采食新鲜的青绿饲料。苜蓿干草的适口性比禾本科干草好。全燕麦、轧制的谷物及糖蜜混合饲料是最开胃的谷物饲料。糠麸粥本身的适口性不好，但加入糖蜜、果渣和食盐之后能改善马的胃口。

马感觉疼痛或正在发热时，使用镇痛剂可提高饲料的摄入量，可使用安乃近、氟尼辛葡胺、甲氯芬那酸、保泰松等NSAID药物。应避免长期服用保泰松，因为它可造成胃和小肠溃疡及肾乳头坏死等副作用。

通过胃管给料是为不愿（或不能）主动采食的马匹提供营养的又一种方法。正常情况下，胃管一日可使用几次或与鼻孔缝合成为内置胃管。这是给患病的新生马驹提供营养的有效方法。同时也是补液和补电解质比较经济的方法。使用人医的肠道营养用药非常有用，可为成年马提供充足的能量。这些产品中能量含量已知，有利于计算马的需求量。将全价颗粒饲料浸泡在水中制成浆，用胃管投喂，然而，利用这种方式饲料可能会阻塞胃管。

第三种提供能量和蛋白质的方法是全部或部分肠外营养（TPN或PPN）。静脉注射对既不能饮水又不能吸收液体的马，是维持水合作用的有效方法。一般使用的溶液有氯化钠、乳酸林格液和5%葡萄糖，这些液体的营养价值并不高。另外，也可使用脂肪和氨基酸溶液。肠外营养的成分有葡萄糖、氨基酸、脂肪、微量元素和多种维生素。合成的溶剂为高渗溶液，可通过颈静脉导管不间断地输注，但使用液泵更为理想。可通过每日2次监测血糖和尿糖来调整输注量。TPN的花费较大，而且要求加强护理和监测，这些都会限制这种方法在成年马上的应用。

一些特殊疾病的营养包括：

马慢性阻塞性肺病，主要是对干草中的灰尘和霉菌敏感。在不饲喂干草时状况会得到改善，可以用制粒或甜菜渣为粗饲料源的全价料替代。效果最好的方法是放牧，半干青贮饲料中也无灰尘。

引起马腹泻的主要原因是结肠病。通常患有该病的马匹应少饲喂谷物饲料，多喂干草。增加饲料中的纤维能锁住水分和使粪便更好成形。如果腹泻伴有体重下降，则应保持谷物摄入量。谷物饲料主要在小肠中被消化，干草在大肠中被消化。除非小肠也发生病理变化，否则饲喂谷物饲料有助于维持体重（见马疝痛，马和马驹的肠道疾病）。

患肝脏疾病的马匹，营养的作用是提供足够的能量，从而缓解肝脏产能的负担，降低肝脏处理代谢废物数量。对食欲废绝的马匹而言，肠道和非肠道给服葡萄糖是一个重要能量来源。能采食的马匹，谷物饲料可以提供充足的碳水化合物。玉米因其低蛋白，高碳水化合物而成为首选。应避免饲喂苜蓿干草等高蛋白饲料。

马可通过尿液排出大量的钙。为了防止肾病，应饲喂低蛋白、低钙饲料，玉米和干草是首选。

五、老龄马与孤驹的饲养

老龄马因牙齿磨损引起体重下降。它们的牙齿因失去磨碎面，故对饲料的咀嚼能力差。老龄马的蛋白质、纤维素和磷的消化能力下降。饲喂以湿的、全价颗粒料可以提高老龄马的福利。

没有吃到初乳的孤马驹必须在出生后24 h之内（最好3~12 h）吃到另一匹母马的初乳或冷冻保存的初乳。也可以静脉注射富含抗体的血浆替代初乳，但这种方法价格昂贵，而且提供免疫保护的时间不确定。

哺育马驹的母马，最好性情温顺，能全面照顾孤马驹。将失去新生马驹的母马的羊膜和/或胎盘放在代哺的马驹身上，以便让母马能接受代哺马驹。在母马接受马驹之前，要有人照顾。最初需要反复通过物理或化学干涉，使母马能够接受新马驹。

如果没有合适的代乳母马，可用泌乳期奶山羊（放在台上或在干草或秸秆垛上）替代。需要持续监测，以确保马驹每隔4 h饲喂1次。

代乳品和山羊奶已被成功用于饲喂孤马驹。马驹在出生后的1~2 d，应每1~2 h饲喂1次，在接下来的2周里，使用热奶容器和人造奶嘴，每2~4 h饲喂1次，每次饲喂250~500 mL。为羔羊设计的各种人造奶嘴最适合小马驹。出生2周后，饲喂间隔可以逐渐延长，每次的饲喂量也相应增加，每日的饲喂量为马驹体重的10%~15%。

应鼓励马驹在早期自由饮用事先准备好的奶桶中的鲜奶。1个月后，除了牛奶或代乳品外，应鼓励马驹吃混合谷物饲料（为生长期马驹设计的饲料，粗蛋白≥18%）和优质干草。马驹在3月龄可断奶并使用代乳品。从出生开始，应为马驹提供可随时饮用的清洁水（见围产期母马与马驹的护理）。

第二十九节 猪的营养

一、营养需要

猪需要必要的营养物质来满足其维持、生长、繁殖、泌乳和其他功能。美国国家研究委员会（NRC）给出了标准条件下各生理阶段猪的营养物质需要量。然而，为获得最佳的生产和繁殖性能，遗传差异、环境、饲料中的营养成分、疾病和其他应激因素，都可能会增加某些营养物质的需要量。

虽然NRC在估计生长育肥猪和妊娠、哺乳母猪的营养需要时已经试图考虑诸多因素，如瘦肉生长率、性别、饲料能量浓度、环境温度、拥挤、母猪生产力等，但为保险起见，营养师、饲料生产商、兽医、养猪生产者都希望营养物质水平比NRC给出的高，以保证摄入足够的营养。因为过饲的不良反应极小，除非营养极不平衡才可产生严重后果。

猪通常需要6种营养物质：水、碳水化合物、脂肪、蛋白质（氨基酸）、矿物质和维生素。能量虽然不是一种特定的营养素，却是一种重要的营养成分，主要来自碳水化合物和脂肪的氧化。另外，当体内氨基酸（来自蛋白质）超过动物维持和组织蛋白合成所需时，它们的碳骨架可氧化供能。抗生素、化疗剂、饲料添加剂等通常也在猪的日粮中添加，以期达到提高增重速度、效率或其他目的，但它们并不是营养物质。

体重为3~120 kg的生长猪，NRC给出的营养需要估计值（表示为饲料营养浓度）见表18-44。妊娠和哺乳母猪的营养需要（表示为饲料营养浓度）见表18-45。表中所列的日粮浓度基于一定饲料的采食量，如果采食量小于表中给出的量，日粮浓度需要增加，以确保每日摄入充足的营养。

表18-44 自由采食下生长猪的营养需要（90%干物质）[a]

	体重（kg）					
	3~5	5~10	10~20	20~50	50~80	80~120
日粮消化能（kcal/kg）	3 400	3 400	3 400	3 400	3 400	3 400
日粮代谢能（kcal/kg）[b]	3 265	3 265	3 265	3 265	3 265	3 265
预期消化能摄入量（kcal/d）	855	1 690	3 400	6 305	8 760	10 450
预期代谢能摄入量（kcal/d）[b]	820	1 620	3 265	6 050	8 410	10 030
预期饲料消耗量（g/d）	250	500	1 000	1 855	2 575	3 075
粗蛋白（%）[c]	26.0	23.7	20.9	18.0	15.5	13.2
氨基酸，总量（%）[d]						
精氨酸	0.59	0.54	0.46	0.37	0.27	0.19
组氨酸	0.48	0.43	0.36	0.30	0.24	0.19
异亮氨酸	0.83	0.73	0.63	0.51	0.42	0.33
亮氨酸	1.50	1.32	1.12	0.90	0.71	0.54
赖氨酸	1.50	1.35	1.15	0.95	0.75	0.60
蛋氨酸	0.40	0.35	0.30	0.25	0.20	0.16
蛋氨酸+胱氨酸	0.86	0.76	0.65	0.54	0.44	0.35
苯丙氨酸	0.90	0.80	0.68	0.55	0.44	0.34
苯丙氨酸+酪氨酸	1.41	1.25	1.06	0.87	0.70	0.55
苏氨酸	0.98	0.86	0.74	0.61	0.51	0.41
色氨酸	0.27	0.24	0.21	0.17	0.14	0.11
缬氨酸	1.04	0.92	0.79	0.64	0.52	0.40
矿物质						
钙（%）[e]	0.90	0.80	0.70	0.60	0.50	0.45
总磷（%）[e]	0.70	0.65	0.60	0.50	0.45	0.40
有效磷（%）[e]	0.55	0.40	0.32	0.23	0.19	0.15
钠（%）	0.25	0.20	0.15	0.10	0.10	0.10
氯（%）	0.25	0.20	0.15	0.08	0.08	0.08
镁（%）	0.04	0.04	0.04	0.04	0.04	0.04
钾（%）	0.30	0.28	0.26	0.23	0.19	0.17
铜（mg/kg）	6.00	6.00	5.00	4.00	3.50	3.00
碘（mg/kg）	0.14	0.14	0.14	0.14	0.14	0.14
铁（mg/kg）	100	100	80	60	50	40
锰（mg/kg）	4.00	4.00	3.00	2.00	2.00	2.00
硒（mg/kg）	0.30	0.30	0.25	0.15	0.15	0.15
锌（mg/kg）	100	100	80	60	50	50
维生素和脂肪酸						
维生素A（IU/kg）[f]	2 200	2 200	1 750	1 300	1 300	1 300
维生素D_3（IU/kg）[f]	220	220	200	150	150	150
维生素E（IU/kg）[f]	16	16	11	11	11	11
维生素K（二甲基萘醌，mg/kg）	0.50	0.50	0.50	0.50	0.50	0.50
生物素（mg/kg）	0.08	0.05	0.05	0.05	0.05	0.05
胆碱（g/kg）	0.60	0.50	0.40	0.30	0.30	0.30
叶酸（mg/kg）	0.30	0.30	0.30	0.30	0.30	0.30
有效尼克酸（mg/kg）[g]	20.00	15.00	12.50	10.00	7.00	7.00
泛酸（mg/kg）	12.00	10.00	9.00	8.00	7.00	7.00
核黄素（mg/kg）	4.00	3.50	3.00	2.50	2.00	2.00

（续）

	体重（kg）					
	3~5	5~10	10~20	20~50	50~80	80~120
硫胺素（mg/kg）	1.50	1.00	1.00	1.00	1.00	1.00
维生素B₆（mg/kg）	2.00	1.50	1.50	1.00	1.00	1.00
维生素B₁₂（μg/kg）	20.00	17.50	15.00	10.00	5.00	5.00
油酸（%）	0.10	0.10	0.10	0.10	0.10	0.10

a. 经允许，改编自《猪的营养需求》1998，美国国家科学院。美国国家研究院出版社，华盛顿特区。NRC估计值属中等水平，生长模型中猪的公母比例为1:1，高-中水平瘦肉生长率（无脂胴体瘦肉增重325 g/d），体重范围为20~120 kg。

b. 代谢能为消化能的96%估计值。

c. 粗蛋白水平适用于玉米-豆粕型日粮。在体重为3~10 kg的仔猪饲料中添加血浆粉和/或乳制品，蛋白水平比表中低2%~3%。

d. 总氨基酸需要量基于以下类型的猪和日粮：3~5 kg仔猪，玉米-豆粕型日粮含5%~25%乳制品；10~120 kg猪，玉米-豆粕型日粮。

e. 体重为50~120 kg的后备种公猪和种母猪的钙、磷和有效磷含量增加0.05~0.10个百分点。

f. 换算：1 IU维生素A= 0.344 μg视黄醇乙酸酯；1 IU维生素D₃= 0.025 μg胆钙化甾醇；1IUE= 0.67 mg的D－α－生育酚或1 mgDL－α－生育酚醋酸酯。

g. 玉米、高粱、小麦和大麦中的烟酸不能被利用。同样，这些谷物副产品中的烟酸利用率也很低，但经过发酵或湿磨的副产品除外。

表18-45　妊娠、哺乳母猪日粮的营养需要（90%干物质）ª

	妊娠ᵇ	哺乳ᶜ
日粮消化能（kcal/kg）	3 400	3 400
日粮代谢能（kcal/kg）ᵈ	3 265	3 265
预期消化能摄入量（kcal/d）	6 405	18 205
预期代谢能摄入量（kcal/d）ᵈ	6 150	17 475
预期饲料消耗量（g/d）	1.88	5.35
粗蛋白（%）ᵉ	12.4	17.5
氨基酸，总量（%）ᶠ		
精氨酸	0.00	0.48
组氨酸	0.17	0.36
异亮氨酸	0.31	0.50
亮氨酸	0.46	0.97
赖氨酸	0.54	0.91
蛋氨酸	0.14	0.23
蛋氨酸+胱氨酸	0.37	0.44
苯丙氨酸	0.30	0.48
苯丙氨酸+酪氨酸	0.51	1.00
苏氨酸	0.44	0.58
色氨酸	0.11	0.16
缬氨酸	0.36	0.76
矿物质		
钙（%）	0.75	0.75
总磷（%）	0.60	0.60
有效磷（%）	0.35	0.35
钠（%）	0.15	0.20
氯（%）	0.12	0.16

（续）

	妊娠[b]	哺乳[c]
镁（%）	0.04	0.04
钾（%）	0.20	0.20
铜（mg/kg）	5.00	5.00
碘（mg/kg）	0.14	0.14
铁（mg/kg）	80	80
锰（mg/kg）	20	20
硒（mg/kg）	0.15	0.15
锌（mg/kg）	50	50
维生素和脂肪酸		
维生素A（IU/kg）[g]	4 000	2 000
维生素D_3（IU/kg）[g]	200	200
维生素E（IU/kg）[g]	44	44
维生素K（二甲基萘醌，mg/kg）	0.50	0.50
生物素（mg/kg）	0.20	0.20
胆碱（g/kg）	1.25	1.00
叶酸（mg/kg）	1.30	1.30
有效尼克酸（mg/kg）[h]	10	10
泛酸（mg/kg）	12	12
核黄素（mg/kg）	3.75	3.75
硫胺素（mg/kg）	1.00	1.00
维生素B_6（mg/kg）	1.00	1.00
维生素B_{12}（μg/kg）	15	15
油酸（%）	0.10	0.10

a. 经许可，改编自《猪的营养需求》1998，美国国家科学院。美国国家研究院出版社，华盛顿特区。

b. 妊娠阶段的估计值基于母猪配种体重为175 kg，妊娠期内增重40 kg（主要包括妊娠过程中组织和胎儿增重）和预计12头的窝产仔数。

c. 哺乳阶段的估计值基于母猪分娩后体重为175 kg，哺乳21 d体重无减少，哺育10头仔猪，仔猪增重200 g/d。

d. 代谢能为消化能的96%估计值。

e. 粗蛋白水平适用于玉米-豆粕型日粮。

f. 氨基酸需要量适用于玉米-豆粕型日粮。

g. 换算：1 IU维生素A=0.344 μg视黄醇乙酸酯；1 IU维生素D_3= 0.025 μg胆钙化甾醇；1I U维生素E= 0.67 mg的D-α-生育酚或1 mgDL-α-生育酚醋酸酯。

h. 玉米、高粱、小麦和大麦中的烟酸不能被利用。同样，这些谷物副产品中的烟酸利用率也很低，但经过发酵或湿磨的副产品除外。

1. 水　猪在断奶前就应使其自由饮水。需水量随年龄、饲料类型、环境温度、泌哺情况、发热、排尿量（由于高盐或蛋白质的摄入引起排尿）或腹泻等情况的不同而异。通常情况下，生长猪每消耗1 kg干饲料需饮水2～3 kg。泌乳母猪因为乳汁中含有大量的水，所以需要更多的水。饮水受到限制会引起生产性能和泌乳力降低，严重时可引起死亡。

水质非常重要。水应该无微生物污染，如果受到微生物污染，水必须经氯处理。水中过量的矿物质也会带来一些问题。水中总溶解固体（TDS）应小于1 000 mg/kg。高水平的TDS（2 000～3 000 mg/kg）可引起腹泻或临时性拒绝饮水，应绝对避免TDS含量超过5 000 mg/kg。猪可以耐受水中含有中等水平的硫酸盐，但要避免超过3 000 mg/kg。

2. 能量　能量需要可以表示为多少千卡的DE，ME或NE。其中DE和ME最常用，NE也越来越受到关注。ME一般是DE的96%。猪的能量需要受体重（体重影响维持需要）、遗传特性（如瘦肉组织生长性能或泌乳能力）和畜舍温度等因素的影响。生长猪可以自由采食。因此，DE主要通过日粮能量水平来控制。如日粮中添加脂肪可增加能量水平，猪的采食量会降低，使增重和饲料效率得到改善，但可能增加体脂。如果日粮中含有大量纤维（5%甚至7%以上）而没有相应的增加脂肪，猪的增重和饲料效率将减少。

3. 蛋白质与氨基酸　氨基酸通常由日粮蛋白质提供，用于维持、肌肉生长、妊娠和泌乳。在22种氨基酸中，有12种可由动物自身合成，另外10种必须由日粮提供才能保证正常的生长。生长猪的10种必需氨基酸包括精氨酸、组氨酸、异亮氨酸、亮氨酸、赖氨酸、蛋氨酸、苯丙氨酸、苏氨酸、色氨酸和缬氨酸。胱氨酸和酪氨酸能部分满足机体对蛋氨酸和苯丙氨酸的需要。妊娠母猪能合成足够的精氨酸，所以不需要通过日粮来补充。以玉米-豆粕日粮为基础的氨基酸需量见表18-44和表18-45。

生产中最重要的氨基酸是赖氨酸、色氨酸、苏氨酸和蛋氨酸。当猪饲料中用量最大的谷物原料为玉米时，猪会明显缺乏赖氨酸和色氨酸。其他谷物（高粱、大麦和小麦）日粮则缺乏赖氨酸和苏氨酸。豆粕的第一限制性氨基酸是蛋氨酸，但豆粕-谷物配合日粮可以满足赖氨酸的需要。当仔猪饲料中含有大量豆粕或含干燥血制品时，日粮含硫氨基酸水平低。

乳蛋白中的必需氨基酸平衡，但因其价格昂贵所以仅在仔猪日粮中被使用。通常在仔猪开口料中使用的乳清粉，其氨基酸的组成合理，但粗蛋白水平较低。以玉米-动物蛋白副产品（肉粉和肉骨粉）为基础的日粮品质不如玉米-豆粕型日粮，因此，可以在日粮中添加色氨酸或富含色氨酸的添加剂。动物蛋白同时也是矿物质和B族维生素的优质来源。

最近研究表明，含有大量动物血浆粉或干燥血细胞的早期断奶仔猪配合日粮中，可能会出现蛋氨酸缺乏。然而，高水平的蛋氨酸可抑制生长，因此，不可随意添加。在母猪的玉米-豆粕型日粮中添加缬氨酸很有意义，但因为价格昂贵而不建议在日粮中添加。

赖氨酸在大多数日粮中都是第一限制性氨基酸，如果在配制日粮时以赖氨酸为基础，其他氨基酸的需要量都应得到满足。在日粮中添加结晶赖氨酸来满足猪的赖氨酸部分需要时一定要慎重。一般原则是在日粮中添加0.15%的赖氨酸（0.19%盐酸-赖氨酸），可使日粮的粗蛋白水平下降2%。然而，伴随着赖氨酸的额外添加，日粮蛋白水平的降低通常又会导致色氨酸、苏氨酸和（或）蛋氨酸的不足。

一些饲料厂配合猪饲料的原则是以"理想蛋白"理念为基础。这种方法要求所有的必需氨基酸都表示成与赖氨酸的比值或赖氨酸需要量的百分数。此外，还有一些日粮的配制以真可消化氨基酸或表观可消化氨基酸为基础。当日粮中使用大量饲料副产品时，这种配制方法就特别有优势。

4. 矿物质　矿物质在体内有重要的功能，日粮需要必需的常量和微量矿物质列于表18-44和表18-45。

（1）钙和磷　虽然钙和磷主要被用于骨骼发育，但事实上对机体代谢也发挥着重要作用，是生长、妊娠和泌乳所必需的。体重为20～50 kg生长猪，NRC的钙和磷需要量分别为0.6%和0.5%，更小的仔猪钙和磷的需要量会高一些，更大的育肥猪钙和磷的需要量会低一点，但钙和磷的比值对所有体重的猪都大致相同。然而，满足最大生长（增重）的钙、磷水平并不能满足最大程度的骨矿化。通常，日粮中需额外添加0.10%～0.15%钙和磷才能使骨骼灰分和力量达到最大。

妊娠母猪，钙和磷的需要量分别为0.75%和0.60%。养猪场通常给母猪的饲喂量比这一数值稍高，以确保钙、磷的充足，以预防泌乳母猪后躯瘫痪。基于妊娠阶段的日采食量，钙、磷的需要量至少为1.8 kg，泌乳阶段的采食量为5.5 kg。如果每日的采食量减少，钙、磷的添加量则需要上调。

当钙、磷比在1.25～1：1时，两种矿物质的利用率均为最高。钙、磷比高，尤其是日粮中磷水平低时会抑制磷的吸收。如果日粮磷水平高，这个比值就不那么重要。以有效磷为基础，钙、磷理想的比值应为2～3：1.

谷物和油料作物中的大多数磷是植酸磷（有机磷），猪对其利用率低。动物源性蛋白（肉粉、肉骨粉和鱼粉）中磷是无机磷，猪对其利用率高。即便都是谷物日粮，磷利用率也有很大差异。玉米中磷的利用率只有10%～20%，小麦中磷的利用率为50%。猪日粮应按有效磷配制以满足磷的需要。

磷酸一钙、磷酸二钙，脱氟磷酸盐和蒸制的骨粉都是优质磷源，也是优质的钙源。石灰石也是优质钙源。

磷是一种环境污染物，所以许多养殖场应减少日粮中磷的添加以减少磷的排放。植酸酶是一种酶制剂可降解植酸，在日粮中添加可进一步减少磷的排放。当每千克日粮中添加500 IU或以上植酸酶时，磷和钙的添加量可减少0.05%～0.10%。

（2）钠和氯　钠和氯主要由食盐提供，其中，食盐含钠40%，氯60%。生长和育肥猪日粮中食盐的推荐量为0.25%，仔猪开口料为0.4%～0.5%，母猪料为0.5%。这些推荐量可以满足机体对钠和氯的需要。动物、鱼和乳的副产品中也含钠和氯，可部分满足需要。

（3）钾、镁与硫　谷物和蛋白质饲料中含有大量的钾、镁和硫，无需额外补充。生产上曾用氧化镁预防食仔现象，但一些研究并不支持这一观点。

（4）铁与铜　铁和铜是许多酶的组成成分，二者均是血红蛋白形成所必需的，因此，都能够预防营养性贫血。乳中铁含量非常低，因此，哺乳仔猪应该补铁，在出生后第3天肌内注射100~200 mg右旋糖酐铁、糊精铁或庚糖酐铁效果比较理想（见铁对新生仔猪的毒性）。给母猪口服或注射铁和铜不能有效预防仔猪的贫血，因为这种方法既不增加初生仔猪铁贮和铜贮，也不能增加初乳中铁的含量。母猪的高铁日粮会导致母猪粪便中高铁，仔猪可从中获取铁。也可将枸橼酸铵铁混入水中或将硫酸铁与载体（如粉碎玉米）混合撒在分娩栏地面等方式补铁。

在日粮中添加药物剂量的铜（100~250 mg/kg）能促进断奶仔猪和生长猪的生长。高铜促生长作用与抗生素的促生长作用具有相加效应。日粮中高剂量的硫酸铜可使粪便颜色变暗。

（5）**碘** 甲状腺利用碘合成甲状腺素，甲状腺素可影响细胞活性和代谢率。各生长阶段猪对碘的需要量为每千克日粮0.14 mg。稳态碘盐中含碘0.007%，饲喂这种碘盐，满足食盐需要的同时也可满足猪对碘的需要。

（6）**锰** 尽管锰对繁殖和生长都是必需的，但需要量还不是特别明确。对于生长而言，每千克日粮中含2~4 mg锰即已满足需要，但妊娠和泌乳母猪日粮中的锰含量要高一些（20 mg/kg）。

（7）**锌** 锌是一种重要的微量元素，具有很多生物学功能。谷物-豆粕型日粮须补锌才能预防皮肤角化。当日粮中钙过量时需要相应增加锌的量，玉米-豆粕型高植酸日粮也要注意增加日粮锌。药物添加量的氧化锌（1 500~3 000 mg/kg）有改善断奶仔猪生产性能的作用。有研究表明，高剂量的氧化锌可降低断奶仔猪腹泻率和腹泻程度。氧化锌同抗生素具有相加效应，二者很像铜和抗生素之间的关系，但日粮中同时含有高铜和高锌没有效果。

（8）**硒** 土壤中硒元素含量的差异，能造成农作物中硒含量差别较大。在美国密西西比河以西地区含硒量相当高，但河东地区的农作物却缺硒。在大多数实际生产条件下，每千克日粮中加入0.2~0.3 mg硒即可满足需要。微量元素硒受FDA管理，猪日粮中最大允许添加量为0.3 mg/kg。

（9）**铬** 铬是猪所需要的又一种微量元素，是胰岛素的协同因子，但其需要量还没有被确定。一些研究表明，日粮中铬添加量为200 μg/kg时，可改善育肥猪的胴体瘦肉率及妊娠母猪的繁殖性能，但这种作用并不确定。

（10）**钴** 钴存在于维生素B_{12}分子中，无需在猪日粮中以元素形式添加。

5. **维生素** 这些微量的营养物质在体内发挥

着重要作用。必需维生素的需要量见表18-44和表18-45。

（1）**维生素A** 维生素A是维持视觉、繁殖、生长、上皮组织完整以及黏液分泌所必需的脂溶性维生素。在绿色植物和黄玉米中，维生素A以类胡萝卜素前体的形式存在，β-胡萝卜素活性最高。可是，黄玉米中类胡萝卜素只有1/4是β-胡萝卜素。NRC推荐猪的玉米或玉米-豆粕混合日粮中1 mg胡萝卜素（化学结构）等于267 IU维生素A。

饲料或者维生素预混料中通常使用稳态维生素A。精饲料中含有的天然维生素A（多用鱼油）可增加日粮维生素A水平。青绿饲料、脱水苜蓿草粉和优质的豆科干草也是β-胡萝卜素的重要来源。天然维生素A和β-胡萝卜素都易被空气、光照、高温、酸败的脂肪、有机酸和某些矿物质元素所破坏。鉴于上述原因，又加之人工合成的维生素A价格也不贵，所以很少将天然饲料中的维生素A作为维生素A的来源。1 IU的维生素A相当于0.344 μg视黄醇乙酸酯。

（2）**维生素D** 维生素D是具有抗佝偻病的脂溶性维生素，是骨骼正常生长和钙化所必需的物质。甾醇类钙化固醇（维生素D_2）和胆钙化固醇（维生素D_3）等前体经紫外线照射可转化为具有活性的维生素D。猪可以利用维生素D_2（经照射的植物固醇）和维生素D_3（经照射的动物固醇），但维生素D_3利用率更高。让猪每日接受短时间的太阳直射光，可以满足其对部分维生素D的需要。维生素D的来源包括经照射的酵母、太阳晒过的干草、活性植物和动物固醇、鱼油和维生素预混料。1 IU的维生素D相当于0.025 mg胆钙化固醇。

（3）**维生素E** 维生素E是脂溶性维生素，在饲料中可作为一种天然抗氧化剂。维生素E有8种天然的存在形式，其中以D-α-生育酚效价最高。维生素E为各年龄阶段猪所必需的，且与硒有关。生长猪的维生素E需要量为每千克日粮11~16 IU，母猪为每千克日粮44 IU。一些营养学家推荐，在美国东部玉米生长区由于饲料中硒水平低，因此，需要提高母猪日粮维生素E的水平。但维生素E的添加只能部分缓解硒缺乏症。青绿饲料、豆科干草和草粉、谷物和谷物胚芽中含有大量的维生素E。高热、高湿、酸败脂肪、有机酸和大量微量元素均可破坏维生素E的活性。1 IU的维生素E相当于0.67 mgD-α-生育酚或1 mg DL-α-生育酚乙酸酯。

（4）**维生素K** 维生素K是维持机体正常凝血所必需的一种脂溶性维生素。维生素K的需要量很低，为每千克日粮0.5 mg。由微生物合成的维生素K，可以被机体直接吸收或通过食粪间接吸收，通常可以满足猪的需要。尽管很少见，但也有新生仔猪和生长猪出血的相关报道。作为一种预防措施，推荐在每千克日粮中添加2 mg维生素K。追溯失血的原因，大多是由于日粮中含有发霉谷物饲料或其他被霉菌污染的饲料原料。

（5）核黄素　核黄素是水溶性维生素，它作为2个重要酶系的组成成分，参与机体的碳水化合物、蛋白质和脂肪代谢。因为猪饲料中通常缺乏这种维生素，所以在预混料中要加入核黄素。核黄素的天然来源包括青绿饲料、乳的副产品、啤酒酵母、豆科草粉和一些发酵及蒸馏副产品。

（6）烟酸（尼克酸）　烟酸作为辅酶的组成部分参与机体的碳水化合物、脂肪和蛋白质代谢。猪可将过量的色氨酸转化为烟酸，但转化率很低。大多数谷物日粮中的烟酸，猪都不能利用。猪日粮中通常缺乏烟酸，需要在预混料中添加。天然烟酸来源于鱼和动物副产品、啤酒酵母和酒糟中的可溶性物质。

（7）泛酸　泛酸是辅酶A的组成部分，辅酶A是能量代谢过程中的重要酶。由于猪的日粮中缺乏泛酸，因此，需在预混料中要添加泛酸的结晶盐D-泛酸钙。天然泛酸来源于青绿饲料、豆科草粉、乳制品、啤酒酵母、鱼可溶性物和其他副产品。

（8）维生素B$_{12}$　因其结构中含有钴，故维生素B$_{12}$也叫氰钴胺素。它有重要的代谢功能。植物性饲料中没有维生素B$_{12}$，动物产品是维生素B$_{12}$的来源。尽管小肠可以合成一些维生素B$_{12}$，但在猪的预混料中通常都要添加。

（9）硫胺素　硫胺素在机体内具有重要作用，但对于猪没有什么实际意义，因为在谷物和其他饲料原料中含有大量的硫胺素能满足需要。

（10）维生素B$_6$　维生素B$_6$是吡哆醇的复合物，对氨基酸代谢有重要作用。常用的天然饲料原料中含有大量的维生素B$_6$。

（11）胆碱　胆碱是维持所有组织正常功能所必需的。猪可由蛋氨酸合成部分胆碱。在天然的饲料原料中含有充足的胆碱可以满足生长猪的需要。一些研究表明，每千克日粮中添加400～800 mg胆碱可提高母猪的窝产仔数。胆碱的来源有鱼膏、鱼粉、豆粕、肝粉、啤酒酵母和肉粉。氯化胆碱是胆碱的主要添加形式，含75%的胆碱。在母猪饲料添加胆碱时，不要加在预混料中与维生素混合，特别是当有微量元素存在时，因为氯化胆碱吸湿性强，对维生素A和稳定性差的维生素破坏性极强。

（12）生物素　玉米和豆粕中的生物素对猪有很高的生物活性，但高粱、燕麦、大麦和小麦中的生物素活性较低。有证据表明，用后者喂猪，特别是种猪有可能出现生物素缺乏。母猪的繁殖性能随着生物素的添加而得到改善。尽管还不是很清楚，但已证明随着玉米-豆粕型日粮中生物素的添加，繁殖性能也得到改善。在某些情况下，生物素添加剂可降低成年猪的蹄部损伤。为保险起见，推荐在日粮特别是母猪日粮中使用生物素添加剂。不应用生蛋喂猪，因为蛋清中含有一种抗生物素蛋白，可与生物素结合从而使之失去活性。

（13）叶酸　叶酸是具有生物活性的一类化合物。在天然日粮中含有充足的叶酸可以满足猪的生长需要。但一些研究表明，母猪日粮中添加叶酸可提高窝产仔数。

（14）抗坏血酸（维生素C）　一般认为在正常情况下，猪可以快速合成维生素C。然而，少数的研究表明，断奶仔猪日粮中添加维生素C，可以改善处于应激状态下仔猪的生产性能。

6．脂肪酸　亚油酸、花生四烯酸和其他长链不饱和脂肪酸都是猪所必需的。然而，长链脂肪酸在体内可由亚油酸合成，所以亚油酸是日粮必需脂肪酸。NRC推荐生长猪和种猪脂肪酸的需要量为0.10%。天然饲料成分中脂肪通常可以满足这个需要量，玉米油富含亚油酸。

二、饲养水平与实践

断奶仔猪、生长和育肥猪、妊娠母猪、哺乳母猪和哺乳仔猪的生产性能与饲料品质及采食量密切相关。掌握猪的日采食量在饲养管理过程中非常重要。断奶仔猪、生长和育肥猪通常自由采食，采食量受日粮的能量水平、环境温度、性别和饲料品质（如是否霉变）的影响，其他饲养管理方面如料槽设计、拥挤状况也会影响猪的采食量。

1．生长-育肥猪　根据NRC生长模型估计，每千克含消化能3 400 kcal的玉米-豆粕型日粮，各阶段生长育肥猪（按体重划分为6个阶段）的日采食量见表18-44。这个采食水平是公猪和母猪的平均水平，当体重同为50～120 kg时，公猪的采食量比母猪要稍高一些。为防止过度拥挤和高温，采用自动喷水降温可以有效地避免采食量的降低。采食量可被用于制定饲料用量计划和指导用药。

2．妊娠母猪（初产和经产母猪）　对于妊娠母猪，NRC推荐每日饲喂1.8～2.0 kg玉米-豆粕型日粮（3 400 kcal DE/kg）可满足维持、肌肉和脂肪组织的沉积（主要指初产母猪），胎儿、胎盘及支撑组织发育的能量需要。成年母猪所需能量主要被用于维持和体重的增加。如果妊娠母猪日粮中含有燕麦、苜蓿粉或其他能量稀释剂，则需要提高饲喂水平，以满足母猪每日的能量需求。妊娠期间，让母猪自由采食高纤维日粮的方法无法控制采食量，无一例外地出现体重增加过多的情况。

管理者应调整妊娠母猪的饲喂水平以保证母猪的适宜体况。在妊娠后期，如体况过好，会导致哺乳期采食量减少、产仔数降低、增加难产的发生率，更多的仔猪被压死，母猪易患产后泌乳障碍综合征。体况过差，母猪易得肩疮，仔猪出生重低，母猪断奶后发情延迟（或乏情）。如果母猪在配种期内体况不好，也会影响下一次分娩的窝产仔数。

3. 哺乳母猪 NRC推荐哺乳母猪每日饲喂4.3～5.7 kg日粮（3 400 kcal/kg）以满足能量需要。能量和饲料取决于哺乳仔猪数、仔猪增重（这2个因素也会影响泌乳量）、母猪体重减少程度等因素。妊娠期内，高能量日粮可自由采食，或将相同数量的日粮分3次饲喂。分娩舍内要保证适宜的温度，在炎热的季节可采用洒水降温以避免母猪采食量降低。

如果采食量太少，会造成母猪在整个哺乳期内的体重损失过大。如果存在这一问题，应在哺乳期日粮中添加3%～6%的脂肪或为日粮追加喷淋额外脂肪。如果这种情况持续存在，需要在妊娠期最后的3～6周为母猪提供更多的能量。

高产母猪要哺育更多的仔猪，所以要饲喂高蛋白、高氨基酸日粮，以使泌乳量达到最高，体重损失最少。母猪日粮中的粗蛋白水平不低于18%（0.90%的赖氨酸）。如果能量摄入充足，高蛋白日粮可有效降低甚至避免哺乳母猪体重下降。

（一）主要饲料原料

养猪业经济生产的基本原则是使用最经济的谷物，不足的部分通过优质蛋白质、矿物质和维生素添加剂来补充。矿物质和/或维生素预混料均有售。在养猪生产中，玉米–豆粕型日粮最普遍，但也可使用其他谷物和蛋白质饲料。

（1）**玉米** 在美国，玉米是猪最常用的一种谷物，它的适口性好、能量高，但粗蛋白相对低。此外，玉米中缺少赖氨酸、色氨酸、苏氨酸等几种必需氨基酸，维生素和矿物质元素含量也相对较低。

（2）**高粱** 在美国的西部和南部，高粱是猪的主要能量饲料。高粱中蛋白质含量取决于高粱的品种、灌溉情况、施肥情况和其他环境因素。通常，高粱可以等量替代玉米，但因其代谢能值比玉米略低，所以饲料效率会稍差一点。

（3）**小麦** 小麦的能值与玉米相同，含2%～3%蛋白质，含有的赖氨酸也比玉米高（0.05%～0.10%）。小麦可等重量或等赖氨酸替代玉米，但不能等蛋白替代，否则会造成赖氨酸缺乏。小麦可替代猪日粮中的

所有谷物。在美国主要有硬红冬小麦和软红冬小麦两种，二者营养价值相同。

（4）**大麦** 大麦的饲喂价值为玉米的85%～90%，蛋白含量比玉米高2%～3%。感染斑点病的大麦不能被用来喂猪。

（5）**燕麦** 燕麦的能量值低，所以在猪日粮中的用量不应超过谷物饲料的20%～25%。日粮中添加燕麦通常会影响增重和饲料效率。但燕麦的适口性好，所以碾压的脱壳燕麦有时会在仔猪的开口料中使用。

谷物饲料应被磨碎或碾碎，使其饲喂价值最大化。玉米和高粱颗粒应达到中等细粒程度（550～600 μm）。小麦应磨得更粗一些（650～700 μm）以防止糊化。饲料粉碎得越细，饲料转化率越高，但过细会增加胃溃疡的发病率。日粮制粒可以在一定程度上改善增重和饲料效率，高纤维日粮（如以大麦为基础的日粮）制粒后的效果会更好。谷物饲料不应含有真菌毒素。根据黄曲霉毒素、呕吐毒素、玉米赤霉烯酮、烟曲霉毒素等真菌毒素在饲料中的含量不同，可不同程度地降低猪的生产性能，尤其影响种猪的繁殖性能。

（6）**豆粕** 在美国，猪饲料中90%以上的蛋白质是由豆粕提供的。豆粕的适口性好，氨基酸组成合理，与谷物饲料中的氨基酸刚好互补。粉碎的全脂大豆也可喂猪，但需要加热处理（膨化或烘烤），以此灭活胰蛋白酶抑制因子和其他热敏感抗营养因子。

菜籽粕也是一种优质的蛋白质饲料原料。低棉酚的棉籽粕（游离棉酚低于100 mg/kg）、花生粕、葵花籽粕和其他油料粕都能被用来喂猪，但这些杂粕赖氨酸含量低，所以通常不宜单独作为蛋白质饲料使用。在猪的日粮中添加动物性饲料，如肉粉、肉骨粉或鱼粉都可以提供一定数量的蛋白质。

猪还能很好地利用大量加工副产品。随着玉米和其他谷物被用于生产燃油酒精的数量增加，干酒糟及可溶物（Distillers dried grains with solubles，DDGS）的产量特别大。尽管DDGS中的碳水化合物比玉米少，但因脂肪含量较高，所以代谢能值与玉米相似。日粮含20%～30%的DDGS不影响猪的利用率，但体脂中因含大量的不饱和脂肪，背膘和腹肉很难被加工成腌肉。

（二）母猪与仔猪的饲养管理

当妊娠母猪的日粮营养充足时，出生的仔猪才会健康、有活力。分娩母猪的体况要合适，既不过肥也不过瘦。太瘦的母猪产的仔猪较小，通常要比初生重大、有活力的仔猪成活率要低。分娩后，母猪应尽快恢复其采食量。如果母猪食入过多，一旦发生便秘也无大碍，可在分娩日粮中添加5%～10%的麦麸或干甜

菜渣，或在日粮中添加0.75%～1.0%的氯化钾或硫酸镁等化学通便剂。

必须要检查并确保每头新生仔猪吃上奶。如有必要，可采用催产素催乳。如果母猪下奶慢，可对一些弱仔用人工乳进行喂养，人工喂养的成功取决于良好的管理和卫生条件。产后3d注射铁制剂或使用前述的补铁方法，以预防营养性贫血。窝产数多的仔猪，可转到产仔数少的母猪处补充初乳，但寄养要在产后24h之内进行。如果仔猪在3周龄以后断奶，应在2～3周为仔猪提供适口性好的开口料（见健康与管理的相互关系：猪，猪的繁殖管理）。

（三）断奶仔猪的饲养管理

早期断奶仔猪（3～4周）在断奶后饲喂1～2周配合开口料，可使其生产性能达到最佳。通常开口料中含干燥乳清粉或乳糖、干燥血制品、高水平赖氨酸。一些养猪场还制定了早期断奶仔猪的用药方案和隔离方案，借此获得更健康的仔猪。在10～16d早期断奶的仔猪需要良好的营养管理。日粮应含更高水平的赖氨酸，高水平的乳糖（糖或来自干燥乳清粉）以及3%～7%干燥血浆粉。日粮应逐渐过渡，从较贵的开口料逐渐换成较便宜的开口料，然后转为玉米－豆粕型日粮。

生长育肥猪最好通过不限饲程序（Full-feeding program）来满足营养需要。限饲会降低增重速度和饲料效率，但可改善育肥猪的胴体品质。应合理设计和调整自由采食的饲槽，以防止饲料浪费或限制增重。

（四）生长促进剂

抗生素和其他药物也可被添加到饲料中用于促进猪的生长。生长促进剂在小猪上应用效果最好，随着年龄和体重的增长，应用效果有所下降。抗生素的添加量和休药期应根据厂家推荐量和法定限量（见生长促进剂与生产增补剂）。

在仔猪开口料中添加有效抗生素可提高增重15%，改善饲料转化率7%；对于生长育肥猪，抗生素可提高增重4%，改善饲料转化率2%。被批准的饲料药物添加剂，包括杆菌肽亚甲基水杨酸酯、杆菌肽锌、班贝霉素、金霉素、林可霉素、新霉素、土霉素、青霉素类、泰妙菌素、泰乐菌素、维吉尼亚霉素。治疗药物包括卡巴氧、阿散酸、洛克沙生、磺胺二甲嘧啶和磺胺噻唑。一些被批准使用的药物只能与特定的添加剂联合使用。安普可以通过饮水给药。另外，高锌（氧化锌形式，含锌1 500～3 000 mg/kg）和高铜（硫酸铜或氯化铜形式，含铜100～250 mg/kg）都可促进仔猪的生长。

为了获得最佳结果，抗生素应在整个生长育肥期内使用。这有利于减少发育不良和不健康猪的数量，使猪生长更快、饲料转化率更高。抗生素也有助于预防和控制腹泻和肠炎。在繁殖期内饲喂高水平的抗生素可改善繁殖性能。但抗菌药物的使用并不能代替良好的饲养管理。

可直接饲喂微生物（称为益生菌），如嗜酸乳杆菌、粪链球菌、酵母的活菌及培养物，有望替代抗生素，但对照研究还没有得出一致的有效结论。在某些情况下，一些特定的糖［甘露寡糖、低聚果糖（也称为益生素）］在仔猪生产上可替代抗生素，但对促生长性能效果不太一致，而且效果不如抗生素。一般认为，直接饲喂微生物和低聚糖可促进肠道有益微生物（如乳酸杆菌和双歧杆菌）的生长，有益微生物的生长则取代了一些有害微生物，其中也包括一些病原微生物。

在育肥猪上已经得到证实，某些"营养重分配剂"具有很好的促进生长、改善饲料转化率和提高胴体瘦肉率的作用。β－受体激动剂如莱克多巴胺和猪的生长激素都属于营养重分配剂。目前，莱克多巴胺是美国唯一被批准使用的营养重分配剂。营养重分配剂的使用影响了营养需求，尤其是增加了日粮中氨基酸的需要量。

三、营养性疾病

对营养缺乏症诊断很困难。患病动物常表现出的临床症状均是管理不善和传染病（包括寄生虫病）及营养不良等多方面综合作用所致。多数营养缺乏症，都具有食欲不振、生长抑制、发育不良等非典型症状。单一营养物质的缺乏可引起虚弱，随后继发性饥饿可引发多种营养物质的缺乏。有的营养缺乏症可能无明确症状。因此，对于轻微缺乏或处于缺乏边缘的营养缺乏很难诊断。

通过对营养缺乏症治疗效果的观察来诊断营养缺乏也并不可靠，特别是有些因长期营养缺乏造成的病变可能是不可逆的。对于某种营养缺乏症，只有通过一些临床症状仔细观察并结合日粮、疾病和管理记录等，才能给出准确的诊断结论。

1. 蛋白质缺乏 蛋白质缺乏主要是由于采食量不足或日粮中一种或几种必需氨基酸缺乏所致，可导致生长育肥猪增重减缓，饲料转化率低，胴体肥胖。泌乳期母猪蛋白质缺乏致使产奶量下降，体重损失增多，断奶后母猪不发情或发情延迟。蛋白质理想的应用状况是，蛋白质消化过程中所有必需氨基酸释放速度与需求相匹配。因此，蛋白质饲料不应由人工定期饲喂，而应与谷物饲料混合在一起饲喂，或在自由选择的基础上与谷物饲料同时利用。

没有证据支持"蛋白质中毒"的说法。含35%～50%

蛋白质的日粮有轻泻作用，饲料利用率降低，但无毒性。

2. 脂肪缺乏 某些长链多元不饱和脂肪酸对猪来说是必需的。亚油酸在日粮中也是必需的，可被用于合成机体所必需的长链脂肪酸。亚油酸缺乏会导致生长猪脱毛、鳞屑性皮炎、颈部和肩部的皮肤坏死、精神委顿。猪常规饲料的天然成分中一般都含有足够的脂肪，以提供充足的必需脂肪酸。

3. 矿物质缺乏 钙、磷缺乏会引起生长猪发生佝偻病，成年猪发生骨软化症。症状包括幼猪畸形、长骨弯曲、跛行，成年猪骨折、后躯瘫痪（因腰部骨折）。当母猪日粮中钙、磷缺乏时，可引起产奶量高、产仔数多的母猪，在泌乳末或断奶后特别容易出现后躯瘫痪。维生素D缺乏也会出现这些症状，但磷缺乏是最常见的原因。

日粮中低盐（氯化钠）可使猪的采食量降低，从而表现出生长缓慢，饲料转化率降低。出现脱毛，皮肤粗糙（不是缺盐所独有的特征）。有报道表明，氯化钠缺乏的猪会喝其他猪的尿。

母猪日粮碘缺乏可产无毛弱仔或死胎。当碘处于缺乏临界值时，新生仔猪出生时虚弱、甲状腺肿大以及组织发生病变（见甲状腺肿大）。如果日粮中碘缺乏，一些饲料原料（包括大豆和豆粕）含有的致甲状腺肿物质会导致轻微甲状腺肿。推荐剂量的碘盐可以预防碘缺乏。

铁和铜缺乏可降低血红蛋白的形成，产生典型的营养性贫血。哺乳仔猪营养性贫血表现为血红蛋白和红细胞数量减少、黏膜苍白、心肌肥大、颈部和肩部的皮肤浮肿、精神委顿、呼吸困难（猪肺病）。铁缺乏较铜缺乏更为常见，以出生早期未经注射或口服铁制剂的仔猪多发。

生长猪锌缺乏，会导致角化不全，日粮中植酸（植酸磷，是谷物和油籽粕中磷的主要存在形式）含量高或钙超过推荐剂量都会导致锌缺乏。锌预防角化不全的作用机制还不确定。

硒和/或维生素E缺乏可引起仔猪、快速生长猪猝死（见猪的营养性肌病）。此外，缺乏硒/维生素E的仔猪在注射铁制剂时更易出现铁中毒（见铁对新生仔猪的毒性）。

4. 维生素缺乏 大多数饲料产品都强化了维生素用量，而且可以买到维生素预混料，常用维生素预混料在养猪场生产配合饲料。目前，维生素缺乏较前些年少了很多。

维生素A缺乏会影响眼及呼吸、生殖、神经、泌尿和消化系统上皮组织的正常功能。当母猪的繁殖机能受到影响时，可产下眼盲、无眼、畸形的弱仔。有

报道，妊娠母猪维生素A缺乏，胎儿表现典型的脊髓疝。当生长猪维生素A缺乏时表现为共济失调、夜盲症和呼吸系统疾病。由于肝脏可储存维生素A，所以维生素A缺乏症很罕见。

维生素D缺乏的症状表现为佝偻病、僵硬、虚弱、骨弯曲和后躯瘫痪。这些症状与钙、磷缺乏无明显区别。

维生素E缺乏可出现繁殖机能低下、免疫系统受损。维生素E缺乏的症状与硒缺乏症状很相似。

当维生素K缺乏时可延长血液凝固时间，因出血而死亡。发霉变质饲料中的某些成分会干扰维生素K的合成。日粮钙也会影响维生素K的活性，引起维生素K缺乏。

核黄素缺乏可影响繁殖机能。初产母猪虽无其他的临床症状，但仍不出现周期发情。经产母猪核黄素缺乏表现为厌食，提前4~16 d早产，常产死胎。死产仔猪被毛稀少、部分被吸收，有的前肢肥大。生长猪日粮中核黄素水平低表现为生长缓慢、食欲不振、被毛粗糙，皮肤上有渗出物，可患白内障。

猪的烟酸缺乏表现为消化道炎性病变、伴随腹泻、消瘦、皮肤和毛发粗糙及耳部皮炎。肠道的炎性损伤可能是烟酸缺乏或细菌感染所致。烟酸对治疗上述缺乏症效果很好，烟酸虽然不能治愈感染性肠炎，但充足的烟酸可增加猪对细菌的抵抗能力。

日粮中泛酸缺乏，使生长猪和妊娠母猪均表现为典型的"鹅步"、运动失调及非传染性血样腹泻。当严重缺乏时可发展为厌食。

猪胆碱缺乏症表现为运动失调、肩部结构异常。剖检可见脂肪肝、肾脏损伤。母猪胆碱缺乏表现为产仔数减少和新生仔猪后腿呈叉开站立姿势。

生物素缺乏表现为脱毛、皮肤溃疡、皮炎、眼周围有分泌物、口腔黏膜炎症、蹄冠部和蹄底纵横开裂或出血。

新生仔猪日粮中维生素B$_{12}$缺乏表现为高度狂躁、失声、后躯疼痛和共济失调。骨髓的组织学检查显示造血系统受损，剖检可见脂肪肝。

第三十节 绵羊的营养

绵羊生产羊肉、羊毛，又可被用于表演和/或玩赏等。其经济、高效的生产性能，取决于合理的饲养、管理和保健，但又受营养水平的影响。种羊的维持、羔羊较高的断奶成活率、羔羊的生长、理想的断奶重和羊毛重等生产指标都是至关重要的。由于羊生存的环境差异非常大，所以维持、繁殖、生长、育肥和羊毛生产的营养要求也很复杂。

一、营养需要

维持最佳生长和生产的饲料包括水、能量（碳水化合物和脂肪）、蛋白质、矿物质和维生素。在应激状况下，需要更多的营养物质。（有关绵羊营养需要的详细内容，可参阅最新版的《小反刍动物的营养需要》，由美国国家研究委员会发布；www.nap.edu）

1．水 在冬季饲喂干饲料时，通常建议母羊每日的需水量为3.8 L，哺乳母羊为5.7 L，育肥羔羊为1.9 L。在许多地区，水是限制性营养物质，即使有水源，也可能因为污物或矿物质含量过高而不适合饮用。为了获得最好的生产性能，当天气温暖时，放牧羊每日都要饮水。因为有供水成本，往往每隔1 d喂1次更经济。如果有松软的雪，牧区的羊不需要额外给水，除非饲喂苜蓿干草和颗粒饲料。如果雪的表面结冰，需要将冰打碎以便让羊吃到雪。如果可能，最好可让羊自由饮用干净的清水。

2．能量 有时日粮中的牧草和饲草缺乏营养价值、品质低劣。因此，提供充足的能量非常重要。品质差的牧草，即便数量多也无法提供充足的能量用以维持和生产。母羊的能量需要在哺乳期最初的8～10周最高。此后，因为产奶量降低和羔羊开始觅食，母羊的能量需要降至产羔前的水平。

3．蛋白质 优质的饲草和牧草一般可以满足成年母羊的蛋白质需要。然而，羊不像牛那能消化劣质蛋白，用牧草和禾本科干草喂羊或在冬季的牧场放牧时，需要补充蛋白质。

绵羊的瘤胃可以将尿素、磷酸铵和缩二脲等非蛋白氮转化成蛋白质，但效率可能较肉牛低。在氮、硫比为10：1的高能饲料中，非蛋白氮源至少可提供部分必需的氮。已证实，育肥羔羊饲料中的紫花苜蓿是生长促进剂，另外可发酵碳水化合物（如玉米和高粱）也可提高氮的利用率。

4．矿物质 绵羊需要钠、氯、钙、磷、镁、硫、钾等常量矿物质和钴、铜、碘、铁、锰、钼、锌和硒微量矿物质。含微量元素的食盐是防止钠、氯、碘、锰、钴、铜、铁和锌缺乏的一种非常经济的方法。在缺硒地区，日粮、复合矿物盐或添加剂中应含硒。绵羊饲料中通常含有充足的钾、铁、镁、硫和锰。在微量矿物质元素中，母羊体内碘、钴和铜的状态最好通过肝脏组织检测来评定。锌是否充足可通过血液测定来评估，在测定时应注意血液不能出现溶血，血液收集管不含有微量元素。硒可通过加有肝素的全血的简单测定来评估。

（1）食盐 在美国，除了西部和沿海岸线的某些盐碱地外，羊应自由采食食盐（氯化钠）。羊需要盐来保持活力、促进生长、泌乳和繁殖。成年羊每日需

要摄入9 g食盐，羔羊减半。牧羊人通常每月对每只母羊提供225～350 g食盐。通常情况下，食盐占日粮干物质的0.2%～0.5%就足够满足需要。

（2）钙和磷 植物的叶子中钙含量相对较高，磷含量相对较低，而种子刚好相反。一般情况下，豆科植物中钙含量比禾本科牧草中的高。当牧草成熟时，磷转移到种子（籽粒）中。而且，植物中的磷含量很大程度受土壤中磷含量的影响。因此，缺乏豆科牧草和牧区植被的劣质牧场，天然低磷，尤其当牧草成熟、种子掉落时，牧草中的磷会更低。

绵羊长期采食成熟、变成褐色的夏季牧草或在冬季放牧时会发生磷缺乏。当长期饲喂这种牧草或饲喂低质干草而没有补充谷物饲料时应该补磷（如脱氟磷酸盐岩）。由于大多数牧草含钙量相对较高，特别是混有豆科牧草的粗饲料，通常可以满足钙的需要。然而，如果只饲喂玉米青贮饲料或其他谷物饲料，绵羊需要每日饲喂9～14 g石粉。

只要日粮中钙的含量高于磷，绵羊才能适应很宽的钙、磷比范围。但是过多的磷可导致尿结石与骨营养不良。育肥羔羊的钙、磷比为1.5：1时最佳。妊娠母羊日粮中磷的含量应达0.18%或以上，泌乳羊应为0.27%或以上。只要钙、磷比在1～2：1，钙的含量在0.2%～0.4%之间都被认为是充足的。

（3）碘 当偶有发生天然饲料不能满足绵羊对碘的需要时，应需要补碘。许多植物中都含有致甲状腺肿物质（如芸薹属的植物甘蓝、芥子等），这种物质会影响甲状腺对碘的利用。美国西部，五大湖区等世界许多地区都天然缺碘。可通过给妊娠母羊饲喂稳定的碘盐来预防缺碘（在成年羊中表现为甲状腺肿，羔羊则表现为被毛稀疏和/或甲状腺肿）。初产母羊缺碘常出现流产、死产或新生羔羊甲状腺肿大。一般每千克饲料中含碘0.2～0.8mg就足够了，这主要取决于生产需要（维持/生产、泌乳等）。

（4）钴 绵羊对日粮钴的需要量为0.1 mg/kg。北美洲与世界其他地区相比，土壤中缺钴相对较少见。通常豆科植物的钴含量高于禾本科牧草。因为很难搞清饲料中钴的含量，所以最好饲喂含钴的微量元素食盐。

（5）铜 妊娠母羊每日铜的需要量不足5 mg，当牧草中的铜达5 mg/kg或以上时，即可满足需要。日粮中的其他成分如钼、无机硫酸盐和铁均可影响到铜的需要量，因此，需要防止日粮缺铜。高钼的摄入会增加绵羊对铜的需要。由于绵羊比牛对铜的毒性更敏感，所以要避免高铜的摄入。当日粮中含铜10～20 mg/kg时，可使羔羊出现铜中毒，特别铜：钼大于10：1时更危险。日粮中铜：钼比最好控制在5：1至10：1之间。

（6）**硒**　利用硒控制营养性肌肉营养不良，在某种程度上是有效的。美国西北部和密西西比河以东为缺硒地区。日粮中硒的需要量为0.3 mg/kg。提供绵羊可自由采食含硒的矿物质预混料可预防缺硒。日粮硒含量达到7～10 mg/kg或更高水平可出现硒中毒。

（7）**锌**　生长羔羊对锌的需要量为每千克日粮干物质30 mg。为了维持睾丸的正常发育，对锌的需要会稍高。典型的锌缺乏症（皮肤角化不全）在其他小反刍动物（山羊）中常见，绵羊偶有发生，特别在饲料高钙（豆科牧草）时易常发。

5. 维生素　绵羊饲料中通常含充足的维生素A（维生素A原）、维生素D和维生素E。在某些特定情况下，仍需补充。B族维生素和维生素K可由瘤胃微生物合成，在实际生产中，不需要补充。然而，绵羊有时会发生脑脊髓灰质软化症，这是由于瘤胃中硫胺素代谢异常，引起瘤胃的pH和/或微生物菌群发生改变所致。维生素C可在绵羊组织中合成。可饲喂富含胡萝卜素的饲料，如优质牧草或青绿干草，使羊在肝脏中存储大量的维生素A，可满足其6个月的需要。

维生素D_2来自日晒的饲草，维生素D_3来自紫外线照射的皮肤。由于多云天气或舍饲，皮肤受到的太阳照射减少，加之当日粮中维生素D_2含量低时，会导致维生素D供给不足。当日粮中钙或磷水平低或二者的比值较为宽泛时，对维生素D的需要量相应增加。但补充维生素D时要谨慎，因为维生素D的毒性能表现为严重的综合征。由于冬季快速生长的羔羊常被饲养于舍内或以青绿饲料为主（高胡萝卜素），加之太阳光照射少，可使骨形成受损，造成维生素D缺乏症。一般情况下，放牧的绵羊很少需要补充维生素D。

天然饲料中维生素E的主要来源是青绿饲料和种子的胚芽。由于维生素E在体内储存很少，所以每日都需要摄入。有时母羊饲喂劣质干草或粗饲料，必须补充维生素E以利于改善生产、提高羔羊断奶重与初乳品质。羔羊维生素E缺乏，同时硒的摄入水平低，可出现营养性肌肉营养不良。

二、饲养实践

（一）农场绵羊的饲养

绵羊能很好地利用贮存的优质牧草（干草或低水分牧草）、豆科牧草青贮或刈割的青绿饲料。优质干草或贮存饲草可提高生产性能。劣质牧草无论数量多少，只能被用于维持。干草质量主要取决于以下几方面：①饲草组成，例如，禾本科和豆科植物的混合粗饲料，如雀麦草/紫花苜蓿或早熟禾/三叶草；②刈割时期，例如，抽穗前的牧草和有1/10开花的苜蓿；③收获的方法和速度，因为它们会影响叶片。日晒和雨淋也可对牧草造成损失；④贮存和喂养过程中变质和损失。这些因素同样也会影响到青贮饲料的质量。对刈割后贮存的牧草进行全面分析，有利于提高这些粗饲料的利用率，并能确保谷物和矿物质饲料的有效利用。

（二）母羊的饲养

为了获得较高的双胎率，断奶至配种期的母羊饲养非常重要。这个时期母羊不应被养得过胖，但要保证适当的日增重。生长率取决于目标体重，一般在配种时应达到成年体重的60%～70%，产羔时达到成年体重的80%～90%。如果牧场的牧草产量低，母羊可以圈养喂给优质的干草，如有必要可补饲少量的谷物饲料。繁殖期采食豆科牧草（如鼠尾草，白三叶草），可减少产羔数量，降低某些饲料的摄入。配种后，母羊仍可进行放牧饲养，可节余一些饲料用于其他时期。良好的牧场可使入冬母羊具有很好的体况。当不能进行牧场放牧时，需要配制合适的饲料（表18-46）。

在妊娠最后6～8周，胎儿生长较快。尤其对于多胎母羊，在营养上这是一个关键时期。产羔前6～8周，应逐渐增加营养水平直到产羔后。饲喂量主要取决于母羊的体况和粗饲料品质。如果母羊体况良好，每日补饲225～350 g即可。日粮中的粗饲料应能提供非泌乳母羊所需的所有蛋白质。如有必要，母羊也可根据年龄、体况和胎次分群饲养。

表18-46　妊娠母羊产前6周的日粮

饲　　料	日粮编号（kg）			
	1	2	3	4
豆科牧草，苜蓿，三叶草或胡枝子	1.36～2.04	0.68～0.91	—	—
玉米或高粱青贮	—	1.81～2.27	—	—
禾本科牧草，半干青贮（50%）	—	—	2.72～3.63	—
棉籽，大豆，亚麻籽或花生粕（90%）；石粉（10%）	—	—	—	0.112
矿物质[a]	自由采食	自由采食	自由采食	自由采食

a. 矿物质混合物：2份磷酸二钙加1份含有微量元素的食盐。

哺乳母羊：多汁牧草可为母羊和羔羊提供足够的能量、蛋白质、维生素和矿物质，因此，没有补饲的必要。在不放牧而采用圈养时，妊娠母羊应饲喂表18-46中的任一种日粮，饲喂表18-47中任一种谷物饲料（450～675 g）。母羊可自由采食复合矿物质，其中，应含有微量元素的食盐和磷酸二钙。产双羔或三羔母羊应与产单羔母羊分开饲养，同时饲喂更多精饲料（谷物饲料）和/或优质粗饲料。哺育双羔母羊的产奶量常比单羔母羊的高20%～40%。在圈养或加速产羔时，羔羊通常于2月龄断奶。此后，母羊的产奶量迅速下降。采用间歇给料对增重而言，羔羊的饲料转化率高于母羊的饲料转化率。

表18-47　妊娠母羊的谷物混合饲料

饲　　料	混合饲料编号（%）			
	1	2	3	4
全大麦，玉米或小麦	60	75	75	50
全燕麦	30	—	25	50
干燥的甜菜渣			25	
小麦麸	10			

（三）羔羊的饲养

从不足2周龄开始，羔羊就应自由采食补料。在牧草有限的地方，应对羔羊进行1～2个月的补料直到牧草生长良好。如果羔羊在3～4月龄没有条件放牧，它们可通过舍饲完成育肥。所用谷物饲料要经粗粉碎或轧片，随着育肥的进行，可采用整粒的谷物饲料。少量新鲜、干净谷物应逐渐被添加到羔羊的饲料中，直至羔羊喂饱为止。

在育肥场将羔羊从出生饲喂至出栏，采用2～3月龄的早期断奶在美国越来越普遍。以干草、谷物和维生素-矿物质添加剂饲料为基础，经过粉碎、混合或者直接饲喂或挤压制粒（粒长5～10 mm）后再饲喂。

经过这样育肥的羔羊，通常在3.5～4月龄就可达到出栏重。育肥场羔羊补料配方可见表18-48。

1．羔羊代乳料　一些孤羔羊、三胎羔羊或一些产奶量较低的母羊所产的羔羊，均可以用代乳品喂养以提高生产性能。在出生18～24 h内，可分多次将占体重10%～20%的初乳喂给羊羔。如果没有母羊初乳，可以用冷冻的母牛初乳。羔羊代乳品专门为羔羊设计，大约含30%脂肪、25%蛋白质和大量抗生素。在某些情况下，建议给失去母羊的孤羔注射维生素A、维生素D、维生素E和硒。在人工饲喂条件下，代乳品应按羔羊体重的10%～20%饲喂，在出生的第1周内每日分4～6次饲喂。3～4周龄每日饲喂次数减少至2次。

可以使用多乳头桶或容器饲喂。较大的羔羊经常饲喂凉的代乳品。9～10日龄，如果给羔羊饲喂补料，这时除了喂奶还要喂水。如果补料和水的摄入量达到一定水平，羔羊可在4～5周龄断奶。

2．羔羊育肥料　羔羊移至育肥场之前应事先做好准备。包括饲料、疫苗接种、驱虫，有时还需要剪毛。如果未采取上述措施，羔羊在到达育肥场后，应休息几日，饲喂品质一般的干草。育肥羔羊的推荐饲料配方见表18-49。

目前尚无最好的方法或饲料进行羔羊育肥。可以选用优质或相对较好的牧草（紫花苜蓿、小麦），无需补充谷物饲料。羔羊也可开始采用放牧或利用作物秸秆，当粗饲料被用完后可以转为谷物饲料饲喂系统。在育肥场育肥的羔羊，通常采用自由采食的方式。粉碎的牧草（苜蓿）草粉和/或高精饲料的混合饲料，可以被制成颗粒料、混合干粉料。自由采食系统可获得最大采食量和增重，并降低劳动力成本。人工喂养可以通过螺旋输送系统或自卸式货车实现机械化饲养。这里还涉及喂养间隔问题，即在下次饲喂之前要确保上次的饲料被全部吃完。饲料消耗量和增重可以人工控制。在使用玉米青贮时，应人工饲喂，以便使腐败变质程度降至最低。

表18-48　哺乳羔羊与早期断奶羔羊饲料配方

饲　　料	日粮编号（%）				饲料	日粮编号（%）			
	1	2	3	4		1	2	3	4
苜蓿，多叶、粉碎	25	30	40	—	糖蜜	—	3.5	8.5	5.5
脱水苜蓿粉	53.5	—	20	48	骨粉或磷酸氢钙	1	1	1	1
带皮玉米				35	石粉	1			
玉米或小麦		55			微量元素+食盐	0.5	0.5	0.5	0.5
燕麦或大麦			20		抗生素			0.002	0.002
大豆、亚麻籽或棉籽粕	19	10	10	10					

表18-49　育肥羔羊推荐饲料配方^a

饲料	开口料10 d期间		高粗饲料		高精饲料	玉米青贮
	干粉料	颗粒料	干粉料	颗粒料		
谷物饲料（玉米，大麦或高粱）^b	500	200	780	400	1 500	540
苜蓿	1 280	1 700	1 000	1 400	200	
糖蜜	100	100	100			
亚麻籽粕	100		100			100
尿素					45	
甜菜渣			200	200		
青贮						1 350
石粉	10				35	10
添加微量元素食盐	10		20	20	35	
抗生素（g）	50	20	20	10	20	10
维生素A（IU/t）						1000 000

a. kg/t；羔羊日粮粗蛋白约占14%（干物质基础）。

b. 小麦可替代其他谷物饲料，但应有一个适应过程。

具有多年饲养羔羊经验的饲养员，通常都让羔羊能尽早采食（10～14 d）。让羔羊开始自由采食含60%～70%草粉的粉料或颗粒饲料比较安全。如果日粮不经制粒，2周内干草可以降低到30%～40%。其他粗饲料如棉籽壳或青贮饲料，可按类似的方式使用。

玉米、高粱或苜蓿青贮可以通过人工饲喂替代一半的干草，但育肥效果和产量在某种程度上会降低。自由采食所需日粮饲料见表18-50。可使用玉米、大麦、高粱、小麦或这些谷物的混合物；0.5%食盐和0.5%骨粉或等量替代物，可被添加到谷物日粮中。无论低质还是优质粗饲料日粮，制成颗粒对羔羊育肥均有益。注意不要大量使用小麦；饲喂小麦比其他谷物如玉米、高粱或大麦，更容导致急性消化不良。

包括食盐等矿物质添加剂，应单独补充或混在谷物饲料中。已证实生长促进剂，可使生长率与饲料转化率分别提高10%～15%与8%～10%，但胴体品质可能会降低。

（四）成年种公羊的饲养

成年种公羊可以放牧，也可以饲喂表18-46中的1、2或3号日粮。在配种期，如果种公羊状况良好，母羊具有良好的催情补饲牧草，就不必补饲谷物饲料。配种季节前种公羊的体况评分应为3～3.5分（1～5分制）。

（五）放牧绵羊的饲养

绵羊的体况、牧场牧草的数量和种类及气候条件决定了补料的种类和数量。补料通常包括高蛋白颗粒料或棉籽粕和盐、中蛋白颗粒料、低蛋白颗粒料或玉米、苜蓿干草和矿物质。在西部冬季牧场，如能适当进行补饲，羔羊数量可以增加10%～15%，每只母羊

羊毛产量可增加400～500 g。

在繁殖季节前3周至配种季节、极冷的天气以及春天青绿饲料长出前约1个月内，建议补饲高蛋白饲料（36%）115 g或补饲中蛋白颗粒饲料（24%）150～225 g。此外，从12月1日开始至剪毛期，羔羊、一岁母羊、牙齿不好的老母羊以及瘦母羊，都应从羊群中被挑出，统一补饲上述饲料。在许多情况下，不同群的成年母羊、羔羊和周岁羊，均应合并饲养并进行特定的日粮补充。

由于雪深或其他恶劣天气条件，绵羊仅靠粗饲料无法吃饱，需要每日饲喂450～1 350 g苜蓿干草和90～150 g低蛋白颗粒混合饲料或玉米（表18-50）。如果没有苜蓿干草，在特殊时期每只绵羊每日应饲喂225～450 g低蛋白颗粒饲料。

1. 牧场牧草的营养缺乏　牧场牧草最容易缺蛋白质、能量和磷。这种情况在牧草成熟期或休眠期更易发生，也可能是缺乏其中的一种或几种营养物质所致。绵羊放牧比较遥远，常处于寒冷的天气中，这就必须保证有更高的能量需要。蛋白质补充料（豆粕、棉籽粕，苜蓿草粉等）可提高劣质粗饲料的消化和利用。如有条件，可将含磷添加剂（如磷酸氢钙、磷酸钙、脱氟磷矿石）添加到食盐中，或添加到微量元素盐中，均可提高绵羊的生产性能。

一般认为，多数冬季牧场的胡萝卜素较充足，因为许多牧草都可以提供与日晒的苜蓿干草一样多的胡萝卜素。然而，当绵羊不补充青绿饲料而只吃干草超过6个月时，建议补充维生素A。对于长期（>2个月）采食干草或风化粗饲料的绵羊，应每日每千克饲料添加45～50 IU 维生素A，可提高其生产水平。

表18-50　牧场绵羊的补饲模式

补饲种类	饲料分类	饲料原料	建议最大用量（%）	推荐蛋白量		
				高（%）	中（%）	低（%）
能量饲料	谷物	大麦	75		33.0	57.5
		玉米	60	5.0	10.0	15.0
		小麦	60			
		高粱	60			
		燕麦	15			
		1号混合谷物	10			
	加工副产品	小麦混合饲料	10			
		小麦加工下脚料	10			
		糖蜜	15	5.0	5.0	10.0
		甜菜渣	10			10.0
蛋白质饲料	30%~40% 蛋白饲料	棉籽粕	75	62.5	32.5	5.0
		亚麻籽粕	25			
		大豆粕	75	10.0	10.0	
		花生粕	25			
	20%~30% 蛋白饲料	玉米蛋白饲料	15			
		玉米干酒糟	10			
		小麦酒糟	10			
		干啤酒糟	5			
		葵花籽粕	25			
		卡尔豆	15			
矿物质饲料		骨粉和脱氟磷酸盐		4.0	3.0	2.0
		磷酸氢钙		1.0	0.5	0.5
		磷酸二钙				
		磷酸一钙				
		磷酸钠				
		食盐或添加微量元素的食盐				
维生素饲料		脱水苜蓿粉	20	12.5	6.0	
		日晒苜蓿草粉	20			
		维生素A和胡萝卜素				
合计				100.0	100.0	100.0
建议组成						
粗蛋白（%）				36.0	24.0	12.0
磷（%）				1.5	1.0	0.5
胡萝卜素（mg/kg）				35.0	17.0	—
母羊摄食率（g/d）				115	150~225	90~450

2. 矿物质混合料　在牧场，便携式矿物盐盒应用起来很方便，可自由选择其中一种矿物混合料。如果碘或微量元素充足，应补饲食盐和骨粉或磷添加剂。当缺碘时应选用碘盐替代普通食盐，如果微量元素缺乏，则使用微量元素盐。

在冬季牧场，应该根据牧场牧草类型、饲喂速度和颗粒料中的饲料原料，来确定磷的添加量。

有人建议，含蛋白质为36%，24%和12%的饲料中，应分别添加1.5%，1.0%和0.5%的磷。如果需要补饲蛋白质，可选用36%的蛋白颗粒饲料，每只绵羊每日应补饲115 g，如选用24%的蛋白颗粒饲料，应补饲150~225 g，12%的蛋白颗粒饲料，应补饲90~225 g，上述颗粒饲料应同苜蓿或三叶草一起饲喂。

三、营养性疾病

绵羊的营养性疾病大多与山羊相同。

1. 肠毒血症 这是一种与饲料有关的疾病，由D型（有时由C型）产气荚膜梭菌产生的毒素，可引起绵羊突然死亡。产气荚膜梭菌广泛存在于自然界。当摄入大量碳水化合物或未成熟的多汁饲草时，致病微生物能迅速繁殖并产生ε–毒素，使肠道的通透性增加。可以通过接种疫苗或在出生时使用抗毒素预防该病，常接种2次C型产气荚膜D毒素，2次相隔至少10 d。

2. 白肌病 该病由缺硒，也可能由缺维生素E所引起。表现为僵硬（尤其后腿及臀部）、后腹部上提、拱背、肺炎、急性死亡。剖检可见心脏、膈肌、骨骼肌出现白色条纹。AST和乳酸脱氢酶水平升高，表明肌肉已受损。血中含硒谷胱甘肽过氧化物酶水平降低。在一些缺硒地区，虽然有些饲料硒和维生素E含量丰富，但在生产管理上，羔羊出生后不久仍需要采取肌内注射维生素E和硒制剂。硒和/或维生素E与微量元素预混料混合（高达90 mg/kg）补饲，可有效预防白肌病。

第三十一节　小动物的营养

家养的犬和猫都是食肉目动物。对野生犬科动物的观察表明，它们的食性广泛，既吃各种植物，也吃小型和大型的猎物。相比之下，猫不表现出杂食行为，而且需要某些特定的动物源性营养物质，如维生素A、花生四烯酸和牛磺酸。因此，在营养上，犬属于杂食动物，而猫归于真正的食肉动物。

采用适当的喂养方法是保持伴侣动物健康的最重要条件。营养管理对于卫生保健、实施药物和手术治疗也非常重要，忽略营养需要比犬或猫的外伤、疾病本身更有害。饲喂配比合理、经过检验、营养均衡、全面的猫粮、犬粮是满足猫、犬营养需要的最简单方法。市场上有许多产品，都是按特定的生理阶段配制的。然而，猫和犬吃各种商品化口粮、合理搭配的自制食物都能长得很好。

尽管有许多全价和平衡的商品化猫粮和犬粮，但仍然会发生营养不良。营养不良指的是营养不平衡，包括营养不足和营养过剩。近年来，肥胖已成为小动物医学中最常见的营养问题。肥胖是一种严重的疾病，能带来许多健康问题，也会缩短寿命。

许多动物采用体重结合体况评分（BCS）来估计其营养状况，这种方法有利于保持理想体重。BCS只能大致评价从瘦到过胖这一范围的身体状况。通常用体格检查、触摸、目测得出BCS。

犬和猫都有5分制和9分制2个BCS评分系统（表18-51）。在9分制评分系统中，BCS每增加一个单位，体重比理想体重高出10%～15%。例如，BCS为7的犬或猫，现有体重大约比理想体重高出20%～30%。

表18-51　猫和犬的体况评分[a]

体况	5分制	9分制
非常瘦	1	1
理想体重	3	4～5（犬）；5（猫）
肥胖	5	9

a. 所用评分应在记录中标出（如BCS=4/5或BCS=4/9）。

用来评估BCS的指标有肋骨、背线（腰）、尾根、腹部（后腿前褶裥）的脂肪覆盖情况。目测和触摸对进行BCS评估都很重要（表18-52）。

一、营养需要与相关疾病

犬是具有生物多样性的动物，正常体重为4～80 kg。幼犬出生体重取决于品种类型（120～550 g）。出生2周后，幼犬的生活就是吃、睡、寻求温暖。幼犬一般不需要补食，除非母犬的产奶不足或是孤犬。在这些情况下，需要人工喂养。犬的前5个月生长速度快，在这期间的平均增重为每日2～4 g/kg。6个月后生长达到平稳期，中小型犬需要8～12个月完成生长，大型和巨型犬需要10～16月。

相比之下，家猫平均体重公猫为3.2 kg，母猫

表18-52　体况评分所用的参数

体况	肋骨	从前面看	从侧面看	从后面看
非常瘦	肋骨没有脂肪覆盖，容易触摸；短毛犬可见每根突出的肋骨	典型的沙漏形	腹部有明显皱褶	骨骼凸出，皮肤和骨间没有多余的组织
理想	很容易摸到肋骨，上面有很少的脂肪覆盖	腰身匀称	腹部有皱褶	外形平滑，能感受到骨上覆有很薄一层脂肪
肥胖	肋骨不容易被触摸到并有很厚的脂肪覆盖	没有腰身	腹部没有皱褶；脂肪沉积在腹部	脂肪层很厚，很难感受到下面的骨骼；尾根微凹

为2.8 kg。猫正常出生体重为90～100 g。生后3～4个月生长非常迅速，小猫每周增重50～100 g。在150～160 d生长达到平台期，通常在200～220 d内完成生长。

犬、猫在不同生理阶段需要不同的日粮营养浓度。美国饲料控制协会（Association of American Feed Control Officials，AAFCO）出版了犬、猫维持和繁殖的营养需要（表18-53和表18-54）。2006年，NRC也公布了不同阶段犬、猫的营养需要（表18-55至表18-58）。AAFCO和NRC提出了最低的营养物质需要量和有潜在毒性营养物质的最高限量。

在一些发达国家，犬、猫的营养性疾病很少见，特别是饲喂优质的、营养全面的商品化日粮。犬、猫饲喂自制的不平衡日粮，或用犬粮喂猫或用人的食物喂犬、猫，可发生营养问题。单一原料制成的犬粮、猫粮，或自制食物可引发某些犬猫营养性食欲缺乏。例如，给犬、猫喂肉或汉堡包或大米可导致缺钙，以及继发性甲状旁腺功能亢进。生的淡水鱼中含有硫胺素颉颃剂，用来喂猫可导致硫胺素缺乏。用肝脏喂

犬、猫，可发生维生素A中毒。

猫的有些营养需要不同于犬，用满足犬营养需要的犬粮喂猫会发生营养缺乏。例如，与犬不同，猫日粮中需要维生素A、花生四烯酸和牛磺酸。猫比犬需要更多的脂肪和蛋白质，以及精氨酸、烟酸、吡哆醇（维生素B$_6$）。有人认为猫缺乏葡萄糖激酶，不能消化食物中的碳水化合物。事实上，猫能产生己糖激酶，能够消化和利用适当加工食物中的碳水化合物。

犬、猫的主人偶尔好意喂一些人的食物也可出现一些问题。例如，葡萄干和葡萄中含有一种未知的物质对犬有毒，能引起肾脏损伤。巧克力中含有可可碱和少量的咖啡因，两者都属于甲基化黄嘌呤衍生物。犬、猫代谢可可碱要比人慢得多。最初的症状表现为胃肠道毒性反应，如呕吐、腹泻。进一步发展为多尿、肌肉震颤、心律失常、惊厥、死亡。夏威夷坚果对犬、猫有毒，可引起乏力、沉郁、呕吐、共济失调、肌肉震颤、高热、心动过速。6枚夏威夷坚果就可引起犬中毒。洋葱和大蒜中含有硫代硫酸钠，可引

表18-53 美国饲料控制协会推荐的犬的营养需要[a]

| 营养成分 | 生长和繁殖 | 成年维持 | | 营养成分 | 生长和繁殖 | 成年维持 | |
	最小值	最小值	最大值		最小值	最小值	最大值
蛋白质（%）	22.0	18.0		镁（%）	0.04	0.04	0.3
精氨酸（%）	0.62	0.51		铁（mg/kg）	80	80	3 000
组氨酸（%）	0.22	0.18		铜（mg/kg）	7.3	7.3	250
异亮氨酸（%）	0.45	0.37		锰（mg/kg）	5.0	5.0	
亮氨酸（%）	0.72	0.59		锌（mg/kg）	120	120	1 000
赖氨酸（%）	0.77	0.63		碘（mg/kg）	1.5	1.5	50
蛋氨酸+胱氨酸（%）	0.53	0.43		硒（mg/kg）	0.11	0.11	2
苯丙氨酸+酪氨酸（%）	0.89	0.73		维生素			
苏氨酸（%）	0.58	0.48		维生素A（IU/kg）	5 000	5 000	250 000
色氨酸（%）	0.20	0.16		维生素D（IU/kg）	500	500	5 000
缬氨酸（%）	0.48	0.39		维生素E（IU/kg）	50	50	1 000
脂肪（%）	8.0	5.0		硫胺素（mg/kg）	1.0	1.0	
亚油酸（%）	1.0	1.0		核黄素（mg/kg）	2.2	2.2	
矿物质				泛酸（mg/kg）	10	10	
钙（%）	1.0	0.6	2.5	烟酸（mg/kg）	11.4	11.4	
磷（%）	0.8	0.5	1.6	维生素B$_6$（mg/kg）	1.0	1.0	
Ca：P	1：1	1：1	2：1	叶酸（mg/kg）	0.18	0.18	
钾（%）	0.6	0.6		维生素B$_{12}$（mg/kg）	0.022	0.022	
钠（%）	0.3	0.06		胆碱（mg/kg）	1 200	1 200	
氯（%）	0.45	0.09					

a. 营养需要表示为干物质基础。AAFCO的犬粮营养组成基于能量浓度为每克干物质含3.5 kcal ME。当日粮的能量浓度超过4.0 kcal/g时，应予以校正。

表18-54　美国饲料控制协会推荐的猫的营养需要[a]

营养成分	生长与繁殖 最小值	成年维持 最小值	成年维持 最大值	营养成分	生长与繁殖 最小值	成年维持 最小值	成年维持 最大值
蛋白质（%）	30.0	26.0		氯（%）	0.3	0.3	
精氨酸（%）	1.25	1.04		镁（%）	0.08	0.04	
组氨酸（%）	0.31	0.31		铁（mg/kg）	80	80	
异亮氨酸（%）	0.52	0.52		铜（mg/kg）	5	5	
亮氨酸（%）	1.25	1.25		碘（mg/kg）	0.35	0.35	
赖氨酸（%）	1.20	0.83		锌（mg/kg）	75	75	2 000
蛋氨酸+胱氨酸（%）	1.10	1.10		锰（mg/kg）	7.5	7.5	
蛋氨酸（%）	0.62	0.62	1.5	硒（mg/kg）	0.1	0.1	
苯丙氨酸+酪氨酸（%）	0.88	0.88		维生素			
苯丙氨酸（%）	0.42	0.42		维生素A（IU/kg）	9 000	5 000	750 000
牛磺酸（膨化，%）	0.10	0.10		维生素D（IU/kg）	750	500	10 000
牛磺酸（罐装，%）	0.20	0.20		维生素E（IU/kg）	30	30	
苏氨酸（%）	0.73	0.73		维生素K（mg/kg）	0.1	0.1	
色氨酸（%）	0.25	0.16		硫胺素（mg/kg）	5.0	5.0	
缬氨酸（%）	0.62	0.62		核黄素（mg/kg）	4.0	4.0	
脂肪（%）	9.0	9.0		维生素B$_6$（mg/kg）	4.0	4.0	
亚油酸（%）	0.5	0.5		烟酸（mg/kg）	60	60	
花生四烯酸（%）	0.02	0.02		泛酸（mg/kg）	5.0	5.0	
矿物质				叶酸（mg/kg）	0.8	0.8	
钙（%）	1.0	0.6		生物素（mg/kg）	0.07	0.07	
磷（%）	0.8	0.5		维生素B$_{12}$（mg/kg）	0.02	0.02	
钾（%）	0.6	0.6		胆碱（mg/kg）	2 400	2 400	
钠（%）	0.2	0.2					

a. 营养需要表示为干物质基础。AAFCO的猫粮营养组成基于能量浓度为每克干物质含4.0 kcal ME。当日粮能量浓度超过4.5 kcal/g时，应予以校正。

表18-55　2006年美国全国咨询中心推荐的成年犬（维持）营养需要[a]

营养成分 （每1 000 kcal ME）[b]	最小值	最大值	推荐量	营养成分 （每1 000 kcal ME）[b]	最小值	最大值	推荐量
蛋白质（g）	20		25	亚油酸（g）		16.3	2.8
精氨酸（g）	0.70		0.88	α-亚麻酸（g）			0.11
组氨酸（g）	0.37		0.48	EPA+DHA（g）		2.8	0.11
异亮氨酸（g）	0.75		0.95	矿物质			
亮氨酸（g）	1.35		1.70	钙（g）	0.50		1.0
赖氨酸（g）	0.70		0.88	磷（g）		0.5	0.75
蛋氨酸（g）	0.65		0.83	钾（g）			1.0
蛋氨酸+胱氨酸（g）	1.30		1.63	钠（g）	75		200
苯丙氨酸（g）	0.90		1.13	氯（mg）			300
苯丙氨酸+酪氨酸（g）	1.48		1.85	镁（mg）	45		150
苏氨酸（g）	0.85		1.08	铁（mg）			7.5
色氨酸（g）	0.28		0.35	铜（mg）			1.5
缬氨酸（g）	0.98		1.23	锰（mg）			1.2
脂肪（g）		82.5	13.8	锌（mg）			15

（续）

营养成分 （每1 000 kcal ME）[b]	最小值	最大值	推荐量	营养成分 （每1 000 kcal ME）[b]	最小值	最大值	推荐量
碘（µg）	175		220	核黄素（mg）	1.05		1.3
硒（µg）			87.5	泛酸（mg）			3.75
维生素				烟酸（mg）			4.25
维生素A（视黄醇当量）		16 000	379	维生素B₆（mg）			0.375
胆钙化醇（µg）		20	3.4	叶酸（µg）			67.5
维生素E（α-生育酚，mg）			7.5	维生素B₁₂（µg）			8.75
维生素K（甲萘醌，mg）			0.41	胆碱（mg）			425
硫胺素（mg）			0.56				

a. 经美国国家研究院出版社授权转载，2006年版，美国国家科学院。

b. ME＝代谢能。

表18-56 2006年美国全国咨询中心推荐的断奶幼犬营养需要[a]

营养成分 （每1 000 kcal ME）[b]	最小值	最大值	推荐量	营养成分 （每1 000 kcal ME）[b]	最小值	最大值	推荐量
蛋白质，4~14周龄的生长幼犬				亚油酸（g）		65	3.3
蛋白质（g）	45		56.3	α-亚麻酸（g）			0.2
精氨酸（g）	1.58		1.98	花生四烯酸（g）			0.08
组氨酸（g）	0.78		0.98	EPA+DHA（g）		11	0.13
异亮氨酸（g）	1.30		1.63	矿物质			
亮氨酸（g）	2.58		3.22	钙（g）	2.0	18	3.0
赖氨酸（g）	1.75	>20	2.20	磷（g）			2.5
蛋氨酸（g）	0.70		0.88	钾（g）			1.1
蛋氨酸+胱氨酸（g）	1.40		1.75	钠（mg）			550
苯丙氨酸（g）	1.30		1.63	氯（mg）			720
苯丙氨酸+酪氨酸（g）	2.60		3.25	镁（mg）		45	100
苏氨酸（g）	1.63		2.03	铁（mg）		18	22
色氨酸（g）	0.45		0.58	铜（mg）			2.7
缬氨酸（g）	1.35		1.70	锰（mg）			1.4
蛋白质，≥14周龄的生长犬				锌（mg）		10	25
蛋白质（g）	35		43.8	碘（µg）			220
精氨酸（g）	1.33		1.65	硒（µg）		52.5	87.5
组氨酸（g）	0.50		0.63	维生素			
异亮氨酸（g）	1.00		1.25	维生素A（视黄醇当量）		3 750	379
亮氨酸（g）	1.63		2.05	胆钙化醇（µg）		20	3.4
赖氨酸（g）	1.40		1.75	维生素E（α-生育酚，mg）			7.5
蛋氨酸（g）	0.53		0.65	维生素K（甲萘醌，mg）			0.41
蛋氨酸+胱氨酸（g）	1.05		1.33	硫胺素（mg）			0.34
苯丙氨酸（g）	1.00		1.25	核黄素（mg）	1.05		1.32
苯丙氨酸+酪氨酸（g）	2.00		2.50	泛酸（mg）			3.75
苏氨酸（g）	1.25		1.58	烟酸（mg）			4.25
色氨酸（g）	0.35		0.45	维生素B₆（mg）			0.375
缬氨酸（g）	1.13		1.40	叶酸（µg）			68
脂肪，矿物质和维生素，所有幼犬				维生素B₁₂（µg）			8.75
脂肪（g）		330	21.3	胆碱（mg）			425

a. 经出版授权转载，2006年版，美国国家科学院。

b. ME＝代谢能。

表18-57　2006年美国全国咨询中心推荐的成年猫营养需要（维持）[a]

营养成分（每1 000 kcal ME）[b]	最小值	最大值	推荐量	营养成分（每1 000 kcal ME）[b]	最小值	最大值	推荐量
蛋白质（g）	40		50	钠（mg）	160		170
精氨酸（g）			1.93	氯（mg）			240
组氨酸（g）			0.65	镁（mg）	50		100
异亮氨酸（g）			1.08	铁（mg）			20
亮氨酸（g）			2.55	铜（mg）			1.2
赖氨酸（g）	0.68		0.85	锰（mg）			1.2
蛋氨酸（g）	0.34		0.43	锌（mg）			18.5
蛋氨酸+胱氨酸（g）	0.68		0.85	碘（μg）	320		350
苯丙氨酸（g）			1.00	硒（μg）			75
苯丙氨酸+酪氨酸（g）			3.83	维生素			
苏氨酸（g）			1.30	维生素A（视黄醇当量）		25 000	250
色氨酸（g）			0.33	胆钙化醇（μg）	188		1.75
缬氨酸（g）			1.28	维生素E（α-生育酚，mg）			10
牛磺酸（g）	0.080		0.10	维生素K（甲萘醌，mg）			0.25
脂肪（g）		82.5	22.5	硫胺素（mg）			1.40
亚油酸（g）		13.8	1.4	核黄素（mg）			1.0
花生四烯酸（g）		0.5	0.015	泛酸（mg）	1.15		1.44
EPA+DHA（g）			0.025	烟酸（mg）			10.0
矿物质				维生素B₆（mg）	0.5		0.625
钙（g）	0.40		0.72	叶酸（μg）	150		188
磷（g）	0.35		0.64	维生素B₁₂（μg）			5.6
钾（g）			1.3	胆碱（mg）	510		637

a. 经美国国家研究院出版社授权转载，2006年版，美国国家科学院。

b. ME＝代谢能。

表18-58　2006年美国全国咨询中心推荐的断奶幼猫营养需要[a]

营养成分（每1 000 kcal ME）[b]	最小值	最大值	推荐量	营养成分（每1 000 kcal ME）[b]	最小值	最大值	推荐量
蛋白质（g）	45		56.3	α-亚麻酸（g）			0.05
精氨酸（g）	1.93	8.75	2.4	花生四烯酸（g）			0.05
组氨酸（g）	0.65	>5.5	0.83	EPA+DHA（g）			0.025
异亮氨酸（g）	1.08	>21.7	1.4	矿物质			
亮氨酸（g）	2.55	>21.7	3.2	钙（g）	1.3		2.0
赖氨酸（g）	1.70	>14.5	2.1	磷（g）	1.2		1.8
蛋氨酸（g）	0.88	3.25	1.1	钾（g）	0.67		1.0
蛋氨酸+胱氨酸（g）	1.75		2.2	钠（mg）	310		350
苯丙氨酸（g）	1.00	>7.25	1.3	氯（mg）	190		225
苯丙氨酸+酪氨酸（g）	3.83	17	4.8	镁（mg）	40		100
苏氨酸（g）	1.30	>12.7	1.6	铁（mg）	17		20
色氨酸（g）	0.33	4.25	0.40	铜（mg）	1.1		2.1
缬氨酸（g）	1.28	>21.7	1.6	锰（mg）			1.2
谷氨酸（g）		18.8		锌（mg）	12.5		18.5
牛磺酸（g）	0.080	>2.22	0.10	碘（μg）			450
脂肪（g）		82.5	22.5	硒（μg）	30		75
亚油酸（g）		13.8	1.4	维生素			

（续）

营养成分 （每1 000 kcal ME）[b]	最小值	最大值	推荐量	营养成分 （每1 000 kcal ME）[b]	最小值	最大值	推荐量
维生素A（视黄醇当量）		20 000	250	泛酸（mg）	1.15		1.43
胆钙化醇（μg）	0.70	188	1.4	烟酸（mg）			10
维生素E（α-生育酚，mg）			9.4	维生素B$_6$（mg）	0.5		0.625
维生素K（甲萘醌，mg）			0.25	叶酸（μg）	150		188
硫胺素（mg）	1.1		1.40	维生素B$_{12}$（μg）			5.6
核黄素（mg）			1.0	胆碱（mg）	510		637

a. 经美国国家研究院出版社授权转载，2006年版，美国国家科学院。

b. ME＝代谢能。

起红细胞氧化损伤，导致犬、猫营养性贫血。洋葱比大蒜的毒性强。危地马拉鳄梨中含有一种有毒成分persin，可引起山羊和犬发生呼吸困难、肺水肿、胸腔和心包积液。高脂肪的食物，如鸡皮肤会引起犬发生胰腺炎。西兰花的毒性在奶牛上已有报道，但对犬、猫无文献报道。无糖食物中含有的木糖醇能造成犬的肝脏损伤。不要将生的食物喂给犬、猫，因生肉中常含有病原体（见食品危害）。

有时主人出于好意，给犬、猫饲喂"天然""有机"或"素食"日粮，均有可能造成犬、猫的营养缺乏。许多已发表的食谱，仅是根据计算得出的一种粗略平衡，其营养成分采用的是平均值。此外，大多数自制食物与全面、均衡商品日粮相比，都没有经过严格审查和检测。如果宠物主人想自制食物，应按兽医营养师制定的食谱进行烹制。其他一些病理变化或厌食或两者，均可诱发某些营养性疾病。主人缺乏喂养知识也常引起犬、猫营养不良。

能量：日粮中有效能值是代谢能（ME），代谢能指的是保留在体内的那部分能量。常用卡（cal）和焦（J）来表示。宠物食品的能量通常表示成千卡（kcal）（等于1 000 cal）。犬、猫需要合理利用蛋白质以维持充足的能量供给，以及维持生长、活动、妊娠和泌乳的理想体重和体况。

犬、猫的能量需要与体重不呈线性相关。最近有证据表明，宠物在家中饲养比在养殖场需要的能量少，并且存在着很大变动。品种间的差异也会影响到能量需要，主要由于不同品种间的体型不同。例如，纽芬兰犬每日需要的能量比大丹犬少。其他活动量、生理阶段、瘦肉率、年龄和环境等因素也影响能量需要量。即使采用特定的配方，能量需要与计算值之间仍有30%偏差。因此，必须定期进行体况评分，按需要进行调整，调整范围建议在30%以内。

许多犬粮原料的ME并没有通过试验准确鉴定，通常用其他单胃动物（如猪）估计或用校正的阿特沃特（Atwater）生理热值计算犬粮原料的ME。许多猫粮的确切ME值尚不清楚，有人认为可以借用犬的数据。校正的阿特沃特ME值为：碳水化合物和蛋白质为3.5 kcal/g，脂肪为8.5 kcal/g。各种环境温度对能量需要的影响在NRC最新出版的《犬和猫的营养需要》中已阐述。例如，环境温度从夏季的14℃降至冬季的-20℃，雪橇犬的能量需要从120 kcal/kg$^{0.75}$增加到205 kcal/kg$^{0.75}$。环境温度对猫的影响不是非常明确，因为大部分的研究是在等热区（20～22℃）进行的。当环境温度为23℃和0℃时，未经气候适应的成年猫，在0℃时每日摄入的能量是23℃时的2倍。

热量需要：犬、猫的能量需要有很大不同。即使体重相同的动物，每日能量需要也可能有3倍的差异，主要受年龄、性别、生理状态（生长、妊娠、哺乳等）、活动、环境温度及任何可能异常情况的影响。对能量的推荐值只是一个参考值，要具体根据犬、猫的反应进行调整。

有许多被用于计算犬、猫能量需要的公式。一个简单的方法是先算出健康犬、猫的静止能量需要（RER）。RER指的是健康、饲喂过的动物，在等热区内休息状态下的能量需要。这时的能量消耗主要被用于生理活动和消化活动。有2个公式可以计算出RER，一个是指数的，另一个是线性的。指数公式为[RER = 70（体重kg$^{0.75}$）]，这个公式适用于任何体重（kg）的动物；线性公式为[RER = 30×体重（kg）+ 70]，公式中动物体重限制在2～45 kg。

维持能量需要（MER）指动物在等热区内适度活动的能量需求。所需能量包括维持体重恒定的食物获取、消化、吸收及随意活动所需的能量。计算公式要考虑到年龄和性别。每日维持能量需要的公式（kcal/d）列于表18-59。

表18-59　猫与犬每日维持能量需要

动　　物	MER[a]（kcal/d）
健康成年犬	
健全	1.8×RER[b]
阉割	1.6×RER
肥胖倾向	1.4×RER
健康幼犬	
4月龄以下	3×RER
4月龄以上	2×RER
健康成年猫	
健全	1.4×RER
阉割	1.2×RER
肥胖倾向	1.0×RER
健康幼猫	2.5×RER[c]

a. MER = 维持能量需要。

b. RER = 静止能量需要。

c. 幼猫可采用自由选择的方式饲喂。

营养分类：营养物质包括水分、蛋白质、脂肪、碳水化合物、维生素和矿物质6种。只有蛋白质、脂肪和碳水化合物能提供能量，维生素、矿物质和水分不能供能。

1. 水　水是最重要的营养物质，缺水几日就会导致死亡。应使动物随时可饮用到清洁、新鲜的水。多个水源可促进动物多饮水，这点对猫特别重要，因为猫不太爱喝水。

有几种方法可以估计每日的需水量。犬、猫对每日液体需要量有基本的原则，但存在个体差异。需水量取决于日粮、环境、活动水平、健康状况等因素。罐装宠物食品水分含量为60%～87%。干宠物食品含水量为3%～11%，半干食品含水量为25%～35%。与吃干饲的犬、猫相比，以罐装食品为主的动物饮水量要少。

在等热区内，大多数哺乳动物每千克体重需水44～66 mL。另一种方法，主要考虑到水的需要量与食物消耗量之间密切相关。在这种情况下，每日的液体需要量（mL）应等于维持代谢需要。第三种方法，每日饮水量为饲料干物质摄入量的2～3倍。提供的水量充足，健康动物可以有效地自我调整饮水量。当管理不当或患病时可出现水缺乏。脱水是一个非常严重的问题，胃肠道、呼吸道与泌尿系统等许多疾病都可以引起脱水。

2. 蛋白质　蛋白质被用于增加和更新机体的含氮成分。饲料中蛋白质的主要作用是提供必需氨基酸，并为非必需氨基酸的合成提供氮源。氨基酸中的氮为合成其他含氮化合物提供氮源，另外，氨基酸氧

化分解也能供能。犬粮中的10种必需氨基酸有精氨酸、组氨酸、异亮氨酸、赖氨酸、亮氨酸、蛋氨酸、苯丙氨酸、苏氨酸、色氨酸、缬氨酸。猫粮中还需要另外一种氨基酸即牛磺酸。当有妨碍氨基酸合成并导致氨基酸过度消耗或损失的因素存在时，其他非必需氨基酸可成为条件必需氨基酸。

犬、猫的蛋白质需要随着年龄、活动水平、性格、生理阶段、健康状况、食物中蛋白质的质量不同而异。大多数商品犬粮由植物和动物蛋白质组成，蛋白质消化率为75%～90%。植物源蛋白质的生物学效价低，品质差的植物源蛋白质日粮消化率低。加工温度过高，不利于蛋白质的消化和吸收。

健康成年犬每日每千克体重需要大约2 g生物学效价高的蛋白质。猫的蛋白质需要量比大多数动物的高，健康成年猫每日每千克体重需要大约4 g生物学效价高的蛋白质。蛋白质的生物效价与必需氨基酸数量和种类有关，并影响着蛋白质的消化率和代谢率。蛋白质的生物效价越高，日粮满足必需氨基酸所需的蛋白质就越少。鸡蛋的生物学效价最高，器官和骨骼上的肌肉比植物源蛋白质的生物学效价高。

犬粮、猫粮中蛋白质需要量有一个基本参考范围，但需要量还应根据日粮蛋白质的消化率而定。如果日粮中蛋白质以植物源蛋白质为主，则蛋白质的需要量要高于动物源性蛋白质。当能够满足健康成年犬代谢所需的氨基酸和氮时，其蛋白质需要量也能得到满足。4～14周龄幼犬，犬粮中蛋白质至少占干物质的22%或每1000 cal ME含蛋白质45 g（AAFCO参考值），当超过14周龄时，每1000 cal ME犬粮中应含蛋白质35 g（NRC参考值）。成年犬至少需要占干物质18%的蛋白质（AAFCO参考值）或每千卡ME含20 g蛋白质（NRC参考值）。

生长猫的猫粮ME有24%～28%来自蛋白质或蛋白质占日粮干物质的30%（AAFCO参考值）或每千卡ME含蛋白质45 g（NRC参考值）。成年猫日粮ME中的20%来自蛋白质或蛋白质占日粮干物质的26%（AAFCO参考值）或每千卡ME含蛋白质40 g（NRC准则）。幼猫比成年猫对日粮中蛋白质品质和氨基酸平衡更敏感。每千克日粮干物质需要添加超过500 mg的牛磺酸。除非添加了人工合成的必需氨基酸，否则日粮中必须添加动物蛋白质以预防牛磺酸缺乏，以及由此导致的中心视网膜变性或扩张型心肌病。

在日粮中没有脂肪或碳水化合物提供充足能量时，利用日粮中蛋白质的能量，用于机体生长或维持的能量转化率相对较低。过高的生物蛋白质日粮中能量相对不足，可引起明显的蛋白质缺乏。

当蛋白质不足或蛋白质和能量比不合适时的症状

表现为：幼犬与幼猫的生长率降低，贫血，体重下降，肌肉萎缩（犬），被毛粗糙、蓬乱，厌食，繁殖障碍，久治不愈的寄生虫病或轻度感染，疫苗接种无效，受伤或疾病后体重迅速下降，对受伤或患病后的治疗无效。高蛋白质摄入本身不会引起犬的骨骼异常（包括大型犬的骨软骨症）或猫的肾脏功能不全。

3. 脂肪 日粮脂肪主要是甘油三酯，还有数量不确定的游离脂肪酸和甘油。脂类有简单的（甘油三酯、蜡质）或复杂的（包含许多别的元素）两种。

根据脂肪酸碳链中的碳原子数量，可将甘油三酯分为短链、中链和长链。必需脂肪酸指不能在体内合成的长链脂肪酸，必须由日粮中获取。摄入的大多数长链脂肪酸在小肠内消化，经由门静脉进入血液循环被运输至肝脏。摄入的长链脂肪酸由小肠上皮细胞消化和吸收后，先进入淋巴系统而不是直接由血液运输。然而，日粮中的中链脂肪酸刚好与此相反，很多人认为，中链脂肪酸从肠道吸收经由门静脉进入血液，不需要淋巴系统的运输。

脂肪酸包括饱和脂肪酸和不饱和脂肪酸两种。饱和脂肪酸没有双键，不饱和脂肪酸有一个或多个双键。含有一个以上双键的脂肪酸被称为多不饱和脂肪酸（PUFA）。多不饱和脂肪酸根据第一个双键的位置可分为 ω-3脂肪酸、ω-6脂肪酸或 ω-9脂肪酸。脂肪酸的双键越多，保存不好时越容易酸败。饱和脂肪酸主要被用于机体供能，而不饱和脂肪酸则存在于细胞膜和脂蛋白中。

日粮中的脂肪酸可以影响组织和细胞膜的组成。一般来说，随着日粮脂肪含量的增加，日粮能量浓度和适口性也会增加，促进能量摄入过多，易引起肥胖。脂肪是高能物质，产生的ME是等量碳水化合物和蛋白质的2.25倍。当日粮脂肪相对于其他营养物质过高时，会导致能量摄入过多，而蛋白质、矿物质、维生素摄入不足。

日粮脂肪有利于脂溶性维生素（维生素A、维生素D、维生素E、维生素K）的吸收、贮存和运输。它们还是必需脂肪酸（EFA）的来源，必需脂肪酸可维持细胞膜的完整性，也是前列腺素和白三烯的前体。

饲料中的脂肪，特别是不饱和脂肪需要用抗氧化剂（天然的或合成的抗氧化剂）加以保护。饲料中天然抗氧化剂（维生素C或混合生育酚）或合成抗氧化剂（如BHA、BHT、乙氧喹）不足，饲料和机体中的多不饱和脂肪酸被氧化，导致脂肪组织炎。饲料脂肪酸败也可引起脂溶性维生素缺乏症。

不同年龄和品种的动物不同对日粮脂肪的需要量也不同。生长犬的日粮脂肪至少应占日粮干物质的8%（AAFCO参考值）或每千卡ME含脂肪21.3 g（NRC参考值）。成年犬日粮脂肪至少占日粮干物质的5%（AAFCO参考值）或每千卡ME含脂肪10 g（NRC参考值）。生长猫、成年猫日粮脂肪至少占日粮干物质的9%（AAFCO参考值）或每千卡ME含脂肪22.5 g（NRC参考值）。

犬、猫需要在日粮中添加特定的脂肪酸—亚油酸，亚油酸是一种不饱和脂肪酸，大量存在于玉米油和大豆油中。猫还需要另外一种不饱和脂肪酸——花生四烯酸。与犬不同，猫不能有效地将亚油酸转化为花生四烯酸，必须从动物源性饲料中获得。推荐幼猫和成年猫每千克日粮中亚油酸和花生四烯酸的摄入量分别为5 g和0.2 g。亚油酸和花生四烯酸都属 ω-6脂肪酸。

最近研究表明，α-亚麻酸（ω-3脂肪酸）对犬是必需脂肪酸，可能对猫也是必需的。ω-3脂肪酸主要存在于水产品的脂肪中，如鱼油。对日粮 α-亚麻酸的需要量取决于日粮亚油酸的含量。目前还不确定 ω-3脂肪酸的需要量，幼犬每千克日粮干物质中亚油酸为13 g，亚麻酸最低推荐量为0.8 g；成犬每千克日粮干物质中亚油酸为11 g，α-亚麻酸应为0.44 g。此外，长链 ω-3脂肪酸——二十二碳六烯酸（Docosahexaenoic acid，DHA）对幼犬和幼猫神经的正常生长、发育是必需的。与不含DHA日粮相比，饲喂含DHA日粮的幼犬表现出更好的学习能力，更容易被调教。二十碳五烯酸（Eicosapentaenoic acid，EPA）是另一种长链 ω-3脂肪酸，对犬、猫的饮食有益。NRC推荐幼猫和成年猫日粮中，每千卡ME中含混合的DHA和EPA为0.025 g。NRC推荐幼犬和成年犬日粮中，每千卡ME中含混合的DHA和EPA，幼犬为0.13 g，成年犬为0.11 g。

大多数商品成年犬日粮中通常含有5%～15%（干物质基础）的脂肪。幼犬日粮中通常含8%～20%（干物质基础）的脂肪。日粮中脂肪含量范围宽的原因是，饲料要达到不同的目的，如在工作、应激、生长和哺乳时的需要比维持水平要高。尽管日粮中含8%～40%（干物质基础）的脂肪，猫也能被成功喂养，但推荐猫粮中的能量有60%来自脂肪。脂肪能显著增加日粮能量，蛋白质、能量比必须平衡，才能满足不同动物不同生理阶段和动物体型的需要。

根据AAFCO推荐加工和配制的全价均衡日粮，犬、猫很少发生必需脂肪酸不足。必需脂肪酸不足表现为以下一种或几种症状：被毛干枯、鳞状皮肤、无光泽、无活力、不发情、睾丸发育不全、性欲低下等繁殖障碍。如果当犬表现出干燥、鳞状皮肤、被毛粗糙时，建议在日粮中补充脂肪酸，但首先要评估机体的代谢状况。

4. 碳水化合物和粗纤维　宠物食品中的碳水化合物包括小分子和大分子糖、淀粉和各种细胞壁多糖、非淀粉多糖和日粮纤维。4种碳水化合物按功能分为可吸收（如葡萄糖和果糖等单糖）、易消化（如二糖、某些低聚糖）、易发酵（如乳糖，某些低聚糖）和不发酵（如不溶性纤维素）的碳水化合物。

虽然犬、猫对单一碳水化合物或淀粉没有最低需要量，但脑和红细胞等特定组织需要葡萄糖供能。如果日粮中的碳水化合物不足，机体可由生糖氨基酸和甘油合成葡萄糖。猫通常可利用生糖氨基酸和甘油合成葡萄糖，这就是为何猫被归为真正食肉动物的原因。犬通常由碳水化合物合成葡萄糖。犬粮中的蛋白质被用于供能，使得氨基酸不再具有参与非必需氨基酸合成和肌肉构建等功能。当生长、妊娠、哺乳需要高能量时，碳水化合物是必需的。不同的碳水化合物具有不同的生理作用。猫粮中充足的脂肪和蛋白质，可以提供生糖氨基酸和甘油，但不需要供给碳水化合物。犬可以很好地利用熟制的非纤维性碳水化合物。如果淀粉未经熟制，犬、猫都很难消化，可引起腹胀或腹泻。除了偶尔发生乳糖或蔗糖不耐受外，犬、猫都能很好地耐受熟制的碳水化合物。

纤维：纤维指植物的可食用部分或类似的碳水化合物，在小肠内有消化和吸收抗性，在大肠中能部分或全部发酵。虽然犬、猫对日粮纤维没有需要，但日粮中含有一定量的纤维对健康有益。

纤维的多样性导致了多种分类方法。一种是按纤维的溶解性进行分类。可溶性纤维比不溶性纤维具有更强的持水能力。甜菜浆、纤维素和米糠溶解度较低，而阿拉伯胶、甲基纤维素和菊粉具有较高的溶解度。车前子既含有不溶性纤维，又含有可溶性纤维。虽然根据溶解度进行分类的方法仍在使用，但根据发酵速率进行分类更科学。发酵是肠道细菌分解纤维的能力，更能准确评估纤维对胃肠道潜在的益处。纤维发酵产生短链脂肪酸如乙酸、丙酸、丁酸。短链脂肪酸有许多优点，可为大肠上皮细胞提供能量，刺激肠道对钠和水的吸收，降低大肠内pH，有利于有益细菌在胃肠道生存。

发酵也产生有害物质，如气体、氨和酚类化合物。高度可发酵纤维可由肠道细菌迅速代谢，产生大量的气体，引起腹泻和腹痛。通过应用适度发酵的纤维，可使发酵产物中有害物质达到最少。适度发酵的纤维主要有甜菜渣、菊粉车前子。当犬粮中添加不超过7.5%的甜菜渣（干物质基础）时，犬的粪便良好，且不影响其他营养物质的消化率。

犬、猫日粮中的可发酵纤维有益生素的作用。益生素能选择性促进肠道有益菌（如双歧杆菌和乳酸杆菌）的生长或活力，且作为不易消化的日粮成分，还可抑制病原菌的生存和定植。有益菌产生短链脂肪酸和某些营养物质（如B族维生素和维生素K）。有益菌还可作为免疫调节剂，减少肝毒素（如血胺和氨）。日粮中果寡糖（FOS）和甘露寡糖（MOS）也能促进胃肠道中有益菌的存活与生长。FOS是一种含有果糖分子且不能被消化的低聚糖。

日粮的甜菜、车前子和菊苣含有FOS。有益菌能够利用FOS供能，而病原菌则不能利用。它还能提高胃肠免疫系统的机能。MOS与FOS相似，只是MOS中的糖分子是甘露糖而不是果糖。MOS主要来自酵母细胞中的天然纤维。MOS抑制有害菌生长的作用机制与FOS不同。病原菌通过指状突起——菌毛黏附到肠壁。菌毛与肠细胞的特定甘露糖残基结合。有菌毛的甘露糖特异病原（Fimbriated mannose-specific pathogens）与MOS结合而不是黏附在肠上皮细胞上。有害细菌可随粪便被排出。

有几种化学方法可以测定食物中的纤维水平。由于各种方法提取出的纤维组成不同，这就导致同一饲料纤维的测定结果存在差异。粗纤维主要由纤维素和木质素组成，不能被哺乳动物分泌的消化液水解，但也不是不参与反应而直接通过胃肠道。增加猫粮中粗纤维水平，可提高排粪量，保证正常的排空时间，改善结肠微生物菌群和发酵模式，改变葡萄糖的吸收和胰岛素动力学。日粮高纤维水平可降低日粮消化率。

5. 维生素　大多数商品化犬粮、猫粮中的维生素都超出最低需要量。因为肝脏能够合成维生素C，故AAFCO没有给出犬、猫日粮中维生素C的需要量。尽管犬、猫可以合成足够的维生素C而不表现出缺乏症，但补充维生素C仍有利于健康，因为维生素C可清除体内自由基并具有抗氧化作用。

AAFCO也没有给出犬粮、猫粮中维生素K的需要量，因为肠道微生物能够合成维生素K。然而，任何改变肠道菌群的因素，如抗生素治疗，都会导致维生素K缺乏。因此，NRC推荐幼犬日粮中每千卡ME含维生素K0.33 mg，成年犬为0.45 mg，幼猫和成年猫为0.25 mg。

脂溶性维生素（犬的维生素A、维生素D和维生素E；猫的维生素A、维生素D、维生素E、维生素K）和11种水溶性B族维生素缺乏症在试验中已得到证实。过量摄入的水溶性维生素很容易被排出体外，所以一般认为，水溶性维生素没有毒性或无不良反应。维生素B_{12}是唯一可在肝脏中贮存的水溶性维生素，犬可贮存维生素B_{12}2～5年。脂溶性维生素（对猫，除维生素K外）在体内均有不同程度的贮存，大量摄入维生素A和D（每日需要量的10～100倍）数月后，可表现出毒性反应。相应维生素缺乏或过量的临床症状如下述：

（1）维生素A　肝脏过度的消耗可导致高维生素A症，发生骨骼损伤，包括颈椎变形、颈椎和关节强直、软骨增生、骨质疏松、胶原合成抑制、生长犬生长板中软骨减少、椎间孔狭窄。

与大多数哺乳动物不同，猫肠道中没有β-胡萝卜素裂解所需的肠加双氧酶，猫不能将β-胡萝卜素转换成维生素A。因此，在猫粮中需要添加肝、鱼肝油或人工合成维生素A以补充维生素A的不足。

猫维生素A缺乏症与其他动物相同，除了典型的干眼症、毛囊角化过度外，很少发生视网膜变性。该病通常与蛋白缺乏症相关联。当猫粮中缺乏维生素A时，发生结膜炎、角膜炎伴有角膜血管化干燥症、视网膜变性、畏光、瞳孔对光反应迟钝。牛磺酸缺乏引起的视网膜变性也会出现这些症状。

猫的维生素A缺乏会耗尽肾脏和肝脏中贮存的维生素A，影响繁殖，造成死胎，先天性畸形（脑积水、失明、脱毛、耳聋、共济失调、小脑发育不良、肠疝），胎儿吸收，以及同其他动物一样的上皮细胞病变。呼吸道上皮、结膜、子宫内膜和唾液腺角质化。扁平上皮角质化和感染后遗症引起的胸膜囊肿常发生在肺部，结膜和唾液腺偶有病变。相关报道表明，还可发生胰腺组织局部发育不良、生精小管明显发育不全、肾周脂肪耗尽、皮肤局部萎缩。临界缺乏更为常见，特别是在慢性疾病中易发生。

每千克日粮中含视黄醇9 000 IU，即可满足在妊娠和泌乳时维生素A的需要量，但这已超过生长猫的需要。表18-54、表18-57和表18-58已列出由AAFCO和NRC提供的维生素A和其他营养物质推荐量。

（2）维生素D　维生素D缺乏可使幼年动物发生佝偻病，成年动物发生骨软化病。幼犬与幼猫的佝偻病很少见，自制的犬粮、猫粮中不加添加剂会发生该病。有报道表明，猫粮中缺乏维生素D，尽管钙和磷正常仍发生佝偻病。佝偻病表现为血清钙、磷含量降低，同时伴有高甲状旁腺素，骨中矿物质沉积减少，骨骺扩大。犬、猫很少出现骨软化症的临床症状。维生素D过量可引起高钙血症和高磷血症，且伴有不可逆的肾小管、心脏瓣膜、大血管壁的软组织钙化。犬可死于慢性肾脏功能衰竭或急性主动脉破裂。猫可死于慢性肾脏功能衰竭。

（3）维生素E　猫粮中高PUFA可引发脂肪组织炎，特别是含有无抗氧化剂保护的鱼油。幼猫或成年猫可发展为厌食症、肌肉变性、脂肪黄染（呈黄色或棕色）。可见心肌和骨骼肌损伤，临床症状与其他动物相似。

（4）硫胺素　饲喂全面、均衡、即食的商品化猫粮，猫一般不会发生硫胺素缺乏。硫胺酶往往在生的淡水鱼中含量较高，可快速破坏猫粮中的硫胺素，引起硫胺素缺乏。虽然罐装商品猫粮中含有鱼，但制作过程中的加热可破坏硫胺酶。食物经二氧化硫处理，以及食物干燥或罐装过程中的热处理均可破坏硫胺素，但硫胺素的缺乏很少见。

猫硫胺素缺乏表现为厌食、被毛粗乱、弓背，随着时间延长，抽搐越来越严重，最后导致虚脱和死亡。剖检可见大脑、中脑有出血点。在发病初期可通过每日2次肌内注射或口服100～250 mg硫胺素，经过几日的治疗予以确诊，该病多于数分钟至数小时内恢复，但治愈后如果在日粮中不补充硫胺素仍会复发。硫胺素缺乏可引起神经功能紊乱，包括迷路翻正反应障碍，在运动和跳跃时可见头部前屈，失去平衡能力，瞳孔对光的反射受损，运动失调、共济失调和辨距障碍等小脑功能障碍。

6. 矿物质　矿物质可分为3大类：每日需要量以克为单位的常量元素（钠、钾、钙、磷、镁）；每日需要量以毫克或微克为单位的微量元素（铁、锌、铜、碘、氟、硒、铬）；还有一类对实验动物非常重要，但对伴侣动物营养作用还不明确的微量元素（钴、钼、镉、砷、硅、镍、钒、铅、锡）。日粮必需矿物质元素对于日粮能量浓度平衡非常重要。某种矿物质摄入过量，也可能会造成吸收过量，或未吸收的矿物质会干扰其他矿物质的吸收。应避免矿物质添加剂的滥用以免造成矿物质不平衡。

均衡日粮很少出现矿物质缺乏。出于治疗目的，普遍采用调控日粮钙、磷、钠、镁（犬和猫）和铜（犬）的摄入。表18-57和表18-58已列出猫粮中所需矿物质的推荐量，许多数据来自猫的成品日粮。

（1）**常量元素**　均衡生长日粮中钙、磷不足并不常见，但含肉量高的日粮例外。如果日粮高磷、低钙，日粮中植酸盐含量高，能抑制微量矿物质的吸收。在犬、猫生长、妊娠、哺乳期间，日粮中钙和磷的需要量都会明显增加。犬粮中最佳的钙、磷比应为1.2～1.4 : 1；AAFCO推荐的最小和最大比分别为1 : 1和2.1 : 1。钙、磷比越高，磷吸收得越少，所以保证这两种矿物的平衡非常必要。钙不足或磷过量都会影响钙的吸收，动物发生过度兴奋，对刺激敏感性增强，肌肉紧张度下降，发生临时性或永久性瘫痪，并伴有营养性继发性甲状旁腺功能亢进。骨质疏松以骨盆和脊椎尤为明显，进而可发展为钙缺乏，发生病理性骨折。当骨质疏松严重时，可通过X线检查予以诊断。通常，这种情况的病例几乎全部都有饲喂肉、肝、鱼、家禽的历史。

生长发育中的大型和巨型犬（断奶到1岁）的钙过量问题较严重。

与低钙日粮（钙含量为日粮干物质的1%～3%）相比，过量补充钙（超过日粮干物质的3%）更能引起快速生长的大型和巨型犬的幼犬发生严重的软骨病和骨骼重建速度降低。小型品种或生长缓慢的犬饲喂高钙日粮，还未见发生跛行、疼痛、活动降低等临床症状的相关报道。

镁是许多细胞酶代谢通路的重要辅助因子，全价、平衡日粮很少发生镁缺乏。然而，钙或磷过量，肠道不溶性的和不消化的矿物质复合物，可降低镁的吸收。幼犬镁缺乏的临床症状表现为沉郁、嗜睡、肌肉无力。过量的镁常通过尿液被排出。有证据表明，猫粮中镁浓度超过0.3%（干物质基础）时，可因日粮碱性太强而使猫受损。

（2）微量元素 饲喂全价、平衡日粮的动物发生碘缺乏症的情况很少见，但当饲料中肉含量过高（犬和猫）或饲料含有咸鱼（猫）时会发生缺碘。幼猫碘缺乏的早期症状表现为甲状腺功能亢进、兴奋性增高，随后发生甲状腺功能减退、嗜睡。也有关于钙代谢异常、脱毛和胚胎吸收等症状的报道。碘缺乏可根据甲状腺大小（每100克体重＞12 mg）和病理剖检进行确诊。当成年猫发生甲状腺功能亢进时，血液中的T3和T4水平增加，但病因不明。

铁和铜：大多数肉类饲料中含有铁和铜，而且都能被有效利用，因此，很少发生营养不足。但日粮如果以牛奶和蔬菜为主，可发生铁和铜缺乏。铁或铜缺乏可发生小细胞低色素性贫血，经常出现白色被毛微红染。

锌：锌缺乏可发生呕吐、角膜炎、毛发脱色、生长迟缓、消瘦。犬粮中含有大量的植酸可降低锌的生物学效价，这表明，宠物日粮饲养试验要比实验室营养分析结果更有价值。

锰：已报道，锰的毒性可使暹罗猫发生白化病，其他动物在锰缺乏时易发生骨质增生。

二、犬粮与猫粮

（一）宠物食品标签

现行规定所有在美国制造和销售的宠物食品，标签上必须包含以下内容：①产品名称，②产品的净重，③生产商的名称和产地，④分析保证，⑤配料表，⑥标注有"犬粮或猫粮"（饲喂动物品种）字样，⑦营养足够的说明，⑧饲喂指南。

产品名称可以标识出特定的宠物食品。产品名称反映出的配料通常能说明其百分含量，如产品名称中有"牛肉"，牛肉在产品中至少占70%，或除了水之外，牛肉应占所有配料总重量的95%。如产品名称用到"牛肉餐（Beef dinner）""牛肉主菜（Beef entree）"或"牛肉拼盘（Beef platter）"等，说明牛肉必须至少占总产品的10%，不包括水，牛肉至少占原料总重量的25%但不超过95%。如果名称中标有"含有牛肉"，说明牛肉至少占总产品的3%，如果用"牛肉味"，说明产品中只要含有牛肉并能检测到牛肉味道即可（＜3%）。

产品重量必须列在宠物食品标签前，即在重要版面下1/3处。

1. 保证分析 这部分标签列出饲喂基础（不是干物质基础）中粗蛋白和粗脂肪的最低值，以及水分和粗纤维的最大值。这种分析没有给出产品中蛋白质、脂肪、水、纤维的实际数量。它只是表明法律规定的产品中蛋白质和脂肪的最小值及水和粗纤维的最大值。实验室仅粗略分析出食物中的实际营养浓度，两种食物的分析保证值可能会相同，粗略分析结果会有很大的不同。蛋白质分析保证值列出的最低值为25%，而产品中蛋白质的含量通常在25%以上。实际养分含量或高于或低于最小值或最大值，与养分保证值存在一定的差异。因此，生产商的养分平均值可被用于评估食品。

将同类（类似的水含量）产品直接对照，才具有可比性（即干燥与干燥或罐头与罐头相比）。不同食品类型间的比较应以干物质或能量为基础。一般原则是，在进行干燥食品分析时，可通过在现值上简单增加10%使其转化成干物质基础，因为干燥食物中的含水量约为10%（例如，干燥食品蛋白质含量25%折算成干物质基础则蛋白质含量等于27.5%）。罐装食品可以简单地乘以4转换成以干物质为基础，因为大多数罐装食品含水量约75%（如罐装食品中蛋白质的含量为6%，折算成干物质基础则蛋白质含量等于24%）。另外，产品干物质近似值可根据分析保证信息计算得出。用100%减去水分可得到日粮干物质。然后计算某营养成分在干物质中的含量，可用下面的公式计算：饲喂状态的营养含量（%）/日粮干物质含量（%）×100＝以干物质为基础的营养含量（%）

2. 配料表 在美国，所有宠物食品销售必须在国家饲料控制协会注册，所有的原料必须经批准是安全的。以改善病情或预防疾病为目的添加药物，必须获得FDA批准。

食品中的成分以饲喂为基础，依次按重量多少降序排列。虽然某些原料（如鸡肉）列在最前面，如果含水量为75%，该原料占干物质的百分比会非常低。此外，原料按具体形式列出，如玉米有玉米片、细磨玉米、筛分玉米、粗磨玉米等。在这种情况下，玉米总含量在日粮干物质中的比例很大，如果按每一种形式列出，该成分可能会在成分列表的后面。这种情况被称为成分分离。

由于产品的成分没按质量或等级列出，因此，很难按成分列表评估产品。该列表仅限于确定犬粮、猫粮蛋白质和碳水化合物的来源。可能造成动物过敏或对某种或多种成分不耐受的列表信息很有用，如牛肉、小麦等食物对动物有不良反应。

产品配方可以是固定的也可以是开放的。在一个固定的配方中，无论原料市场价格如何波动，原料组成和营养成分不应改变。一个开放的配方，日粮组成和实际养分应根据适用性和市场价格而有所变动。大多数全价、均衡的商品化日粮都有一个固定的配方。

3. 营养充足说明 这里要说明食物是如何进行测试（饲养试验与实验室分析）和日粮适用的生活期目的。AAFCO仅分为4个生活期：生长、维持、妊娠和哺乳。在一个标签里经常使用"所有生活期"，表明该产品经过生长测试。生长测试通常包括妊娠和哺乳阶段，所以一般认为适合生长也适合维持。AAFCO没有给出老年、成年和减肥阶段的营养组成。

"全价、均衡"说明产品中包含所有已知的犬、猫所需要的营养物质，这些营养物质相对于日粮能量是平衡的。"全价、均衡"要求必须通过动物饲养试验加以证实，或产品中应包含AAFCO推荐的所有营养物质的最低值。使用注意事项中的，"与营养需要（水平）不同，营养成分的生物学效价没有经过证实"，是因为营养需要是以纯养分为研究基础的，不代表商品宠物食品的成分。实验室分析也不能解决生物学效价问题。加餐、零食、休闲食品（如被用于两餐之间或补喂的食品），治疗或定制的产品（如在兽医指导下使用的食品）可不用进行AAFCO测试。

4. 饲养指南 必须用常用的表示方法，如"猫或犬每千克体重的饲喂量（产品重量/单位）"。建议最好监控体重和体况，以防过度饲喂或饲喂不足。

（二）宠物食品类型

商品化犬粮、猫粮主要有3种形式：罐装食品、干燥型食品，半干食品。所用分类方法都是依据加工方法和水分含量，而不是依据原料或养分组成。全价、平衡的商品化犬粮、猫粮可提供所有所需的营养物质，而且没有任何营养物质过剩。特定营养添加剂在全价、平衡犬粮、猫粮商品化生产中应慎重使用，应适当补充。犬粮不能满足猫的需要，因为犬粮的蛋白质水平低而且不含牛磺酸，不能使尿液pH低于6.5（这有助于防止鸟粪石结晶或在尿道产生磷酸铵镁）（见猫科下泌尿道疾病）。

1. 干燥型食品 干燥型食品在美国和其他国家是最普遍的宠物食品类型。干燥型食品通常含90%干物质和10%的水分。约95%的犬粮、猫粮经过膨化处理。先混合和烹制原料（谷物、肉类和肉类副产品、脂肪、矿物质和维生素），然后使混合原料通过模具。烹制和膨化温度达150℃，可将淀粉转化为更容易消化的形式，并破坏毒素和抑制物质，可瞬间灭菌。然后，被脂肪和/或消化液（来自动物组织的可降解材料，如鸡的消化液）包被以增加干燥后的适口性。

干燥型食品比罐装或软湿型食品成本低，不需要冷藏。干燥型食品有助于按摩牙齿和牙龈，减少牙周炎。

2. 罐装食品 罐装犬、猫食品含水量为68%～78%、干物质为22%～32%。罐装宠物食品与干燥膨化食品的成分相同但营养水平不同。由于罐装食品含水量高，通常含有较高生鲜或冷冻肉、家禽或鱼产品和动物副产品。许多罐装食品中含有谷物（小麦或大豆）组织蛋白。这些材料作为肉的类似物，物理结构与肉类相似且营养品质高。肉与组织蛋白联用，不仅可降低成本，还可以提高产品的营养水平。

罐装宠物食品加工，是先将肉或肉类似物和脂肪、水、干性原料如维生素和矿物质，按适当添加量混合。混合物有时根据产品需要磨成细浆。罐装后，密封和蒸煮灭菌（对罐装后的混合物加热和加压蒸煮，也实现了灭菌），确保杀死食品中的致病菌。罐装食品的优点为保存期长、适口性好。然而，罐装食品比干燥型食品昂贵。

3. 软湿型食品 犬、猫软湿型食品含水量为25%～40%，干物质为60%～75%。这类食品无需冷藏，而使用吸湿剂防腐。吸湿剂与水结合，不利于细菌与霉菌生长，确保了保存期内的食品安全。吸湿剂包括单糖（通常是蔗糖）、山梨糖醇、丙二醇和盐。许多软湿型食品用磷酸、苹果酸或盐酸酸化后可进一步防腐。软湿型食品具有使用方便、高能量、易消化，适口性好等优点。然而，软湿型食品比干燥型食品昂贵。

4. 自制食品 犬粮也可在家里合理配制，能够成功喂养犬，但猫粮很难实现。自制食物的优点是主人可以自由选择新鲜的优质原料。缺点是准备时间长、食品质量变动很大，很难保证成分一致，且成本较高，很难实现营养全面、均衡。很难在如此小的容积内作出营养全面、均衡、适口性好的猫粮。许多自制食物通常具有高蛋白、高能量，但日粮中钙和磷的比例不合适，钙、铜、碘、脂溶性维生素和几种B族维生素也不够充足。许多出版的猫食谱中添加了所需要的营养添加剂，所以食物中灰分或矿物质含量都较高。

三、饲养方法

犬、猫已被驯养成伴侣动物，饮食模式也发生了很大的变化。食物更容易获得而且品质高度一致，相应地增加了食物的摄入量，降低了能量消耗。因此，肥胖的风险增大。同时，伴侣动物的寿命也逐渐增加，随着年龄增长，慢性疾病如骨关节炎、癌症、免疫机能紊乱和认知障碍等也随之增加。健康的犬、猫能吃各种各样的食物，大多数犬在24 h内要吃1～3餐，而大多数猫常少吃多餐，一日可多达18次。

虽然气味、味道、密度、饮食习惯等可影响犬对食物的选择，但大多数犬一般不挑食。而少数挑剔、乞讨的犬常会挑食。同样，气味、味道、密度、饮食习惯也可决定猫的喜好，但猫的采食量受噪声、灯光、餐具、有无人和其他动物（包括其他猫）在场、生理状态、疾病等很多因素影响。在应激状况下，猫即使饥饿也不采食。这增加了猫患脂肪肝的风险，如果不能给予早期、积极的治疗，通常将是致命的。

有些犬、猫通过控制食欲以保持最佳体况，甚至可以随着日粮的改变控制采食量。而有些犬、猫由于采食过多、能量摄入多而导致肥胖。胸腔和盆腔的脂肪覆盖厚度是判断肥胖的指标，所以应定期进行体况评分。

应根据生活期、环境、体重和体况及疾病等变化做日粮调整。犬粮和猫粮中每千克干物质的能量浓度变化范围，分别为2 500～5 000 kcal以上与3 000～5 000 kcal以上。因此，特定日粮的饲喂建议不适用于所有的猫和犬。应建议个体化饲养。最佳的喂养方法是保持最佳体重和体况，切记在生病时勿改变日粮。

当必须更换日粮时，也不应突然改变。需5～7 d逐渐换成新的日粮。新日粮的饲喂量最好略少于计算量。过量饲喂和突然换料经常引起胃肠道疾病，最终导致食欲废绝。对于犬，新的日粮每日或每两日更换25%，直到全部替换成新日粮。猫很容易习惯某一种特定日粮，而抵制日粮变化。猫要慢慢地、逐渐地更换新日粮。有些猫喜欢吃干性食品，有些猫则偏爱湿性食品或罐装食品。

如果将犬或猫的罐装食品转化为干饲料，可在食品中加入充足的温水，食品加温后释放的气味可以刺激采食。因食品原料的品质、粗纤维水平、加工方法和摄入量不同，犬粮的干物质消化率为60%～90%，猫粮的干物质消化率为75%～90%。少量成形的棕色粪便表明消化率较高，而大量的浅色粪便表明食物的利用率较低。

1. **维持** 当犬的体重达到成年体重的90%时，建议日粮的营养水平要比生长期低。日粮目标是维持犬的理想体重和体况。某些成年犬可以自由采食，但大多数都会变胖。为了防止成年犬肥胖，最佳喂养方案是部分限饲，如每日定时定量饲喂2次。大多数犬会马上吃光所有的食物，也有一些犬会整天采食。

许多主人会饲喂点心和零食，这往往是人与动物交流的重要纽带。可以买到低脂、高纤维的全价、均衡休闲食品。然而，大多数零食都不是全价、均衡的。因此，为了防止营养缺乏，每日零食的饲喂量不应超过总能量的10%。事实上，食物中不需要营养添加剂，某些营养添加剂可能是有害的。容易肥胖的动物，零食中的能量应与其能量消耗相匹配。应对动物的体况定期评估，以确保一生中体重不超过理想体重。

一些不爱活动的阉割成年猫，可自由采食低脂食物（9%干物质基础），增加日粮中的不溶纤维可以充饥。猫在冬季（如猫整年在户外或夜间活动）会吃得更多。中年猫与老年猫需要的日粮营养不同。中年猫容易发胖，而老龄猫常常很难保持体重。与年轻的猫相比，老年猫消化蛋白质和脂肪的能力下降。因此，饲喂高度易消化蛋白质和脂肪食物非常重要。应对食物中的营养物质含量进行调整（通常是增加），以弥补蛋白质和脂肪消化率的降低。还应根据动物的活动量，饲喂不同脂肪和纤维含量的食物（根据需要增加或减少），以维持最佳体重和体况。

2. **犬的生长与繁殖** 生长、妊娠和哺乳的营养需要远远超过维持需要。应增加日粮营养浓度、消化率和利用率，以较少日粮提供生长所需的营养。没有必要在全价、均衡食品中补充钙、磷和维生素D，以满足生长和繁殖需要。

（1）**生长** 生长期过量饲喂可以增加生长率。但这种做法并不可取，因为可影响到骨骼发育，也会导致后期肥胖。生长犬的喂养方法应因犬不同而异，实行个性化饲养。建议断奶至6月龄幼犬每日饲喂3次，6～12月龄的幼犬每日饲喂2次。大型和巨型犬的幼犬应饲喂经过饲养试验的全价、均衡日粮，日粮中含有AAFCO规定的最低值的钙、脂肪和蛋白质。小型幼犬饲喂全价、均衡日粮，每日要饲喂3次以上，日粮需经过饲养试验，钙、脂肪和蛋白质的含量均超过AAFCO规定的最低值。

不同品种生长曲线的数据很少。从有限的数据可知，生长速率慢比生长速率快更为理想。应密切监测体重（每周），建议调整饲喂方案，使幼犬每周有少量增重。当大型生长幼犬的饲喂量为同窝幼犬自由采食的50%~70%时，对成年犬的高度、长度以及骨或肌肉无不良影响，只影响身体总脂肪量。用AAFCO批准使用的全价、均衡犬粮喂养生长幼犬，应每日饲喂2~3次。

（2）**妊娠** 建议母犬妊娠期的前2/3饲喂量与维持需要量相同。经常发生的错误是妊娠初期过度饲喂，而在哺乳期却饲喂过少。妊娠期的最后1/3，饲喂量至少比维持需要量多20%~30%。通常在妊娠期饲喂生长期日粮，由于生长期日粮能量浓度高，因此，能够完成从分娩到哺乳的平稳过渡。

（3）**哺乳** 根据窝产仔数的不同，哺乳期母犬需要的能量通常是维持需要的2~4倍，这样可以避免体况的过度下降。建议自由采食经AAFCO批准的全价、均衡的生长期犬粮，其中含脂肪10%~20%（干物质基础），以维持泌乳与断奶时理想体重和体况。如果母犬在哺乳期体况显著下降，犬粮中的脂肪含量应增加20%~30%（干物质基础），而且应使其自由采食。

3. 猫的生长与繁殖 妊娠母猫和母犬最大的差异在于，整个妊娠期内母猫的体重呈线性增加（胎儿生长）。所以，母猫妊娠后所需要的能量会马上增加。而妊娠母犬在妊娠前期、中期胎儿增重极少，能量摄入无需增加，至妊娠后期能量摄入开始增加。

无论怎样饲喂，哺乳期母猫体重都会下降，所以应增加组织储备为哺乳做好准备。幼猫/生长猫的猫粮中含脂肪10%~35%，蛋白质30%~40%，少量纤维（低于5%）（干物质基础）。生长猫、妊娠猫和哺乳母猫，可以自由采食或一日饲喂数次以满足每日的需要。妊娠后期，采食量和营养物质摄入量平均增加25%，预计妊娠期间能量摄入比维持需要高40%。有些猫在妊娠初期和即将分娩之前吃得很少，如果这种变化是持续的，要引起注意。哺乳母猫根据产仔数不同，采食量可为正常情况下的2~3倍。对均衡日粮无需额外补充添加剂。

（1）**老龄犬、猫** 尚未见老龄犬的营养需要与中年犬有所不同的报道。有些老龄犬开始明显超重，还有些出现掉膘。因此，需要喂以能量、脂肪或纤维含量（增加或减少）不同的适当日粮，以维持最佳体重和体况。老龄犬、猫应按预防保健程序进行监控，包括体重和体况的定期评估。慢性退行性器官疾病的发病率随着年龄的增加而升高，早期诊断有利于早期治疗和有效的营养管理。

（2）**工作或应激** 工作或应激犬的能量需要超过维持水平，这取决于动物和工作强度。设计的工作或应激日粮要增加动物脂肪水平，同时相应地增加其他营养物质，使之与能量水平相平衡。在极端应激下

（如阿拉斯加雪橇犬每日需要10 000 kcal），建议不仅要增加脂肪ME比例，也要增加蛋白质ME比例，最大限度减少碳水化合物的比例。

建议每日喂养应基于估计值或基点，根据体重和体况、皮肤和毛发、性能、总体状态综合评估的基础上调整饲喂水平。工作前给一部分日粮（如每日饲喂量的1/3），之后饲喂剩余部分。应有充足的新鲜饮水，在工作犬每日的作息表中要安排出休息、饮水的时间。

四、疾病管理期的营养

虽然没有哪种疾病是通过日粮治愈的，但营养是疾病管理的一个重要组成部分。疾病、健康与营养状况之间的关系复杂。病犬和病猫的营养需要在质量上与健康个体没有区别，但需要量有所不同，可能会增加，也有可能受限。

1. 食物的不良反应 对食物的反应，应使用特定术语进行分类。食物的不良反应指对摄入的任何类型食物出现的临床上的异常反应。食物耐受不良是一种不良反应，不涉及免疫系统，例如，食物中毒。小动物食物过敏反应是另外一种不良反应，它涉及免疫系统，例如，结肠炎或过敏性皮炎。

犬、猫的食物过敏通常伴有消化道症状（如呕吐或腹泻，或两者）或瘙痒性皮肤病。但真正食物过敏的患病率非常小。常年患瘙痒病的犬、猫对食物有不良反应。遗憾的是，食物过敏很难与食物耐受不良区分开，食物过敏的皮肤测试结果并不可靠。因此，应对有不良反应的疑似食物，经过食物试验给出可能的病因和诊断。食物试验所需的时间取决于管理状况。对有胃肠道临床症状的食物试验应持续2周或以上，对有皮肤病临床症状的食品试验应持续10~12周或以上。

在食物试验中，应饲喂一种以前从未食用过的蛋白源或水解蛋白。在选择食物类型之前，应从宠物主人处详细了解宠物吃过的食物类型。如果主人饲喂的是商品化宠物食品，可提供几种单一的新蛋白源（例如，袋鼠、鹿、兔、鸭或鱼）供备选。市售商品化猫用蛋白源有兔、鸭、鹿肉、羔羊。鱼对大多数猫不是新的选择，有可能在饲喂鲭和组胺时出现食物不良反应，但仍不能完全肯定。最重要的是，无论饲喂何种食物，配方必须固定以确保不同批次的原料组成一致。有些产品较昂贵，不仅因为它们独特和有限的蛋白质来源，还由于质量控制程序中的要求，以确保固定配方和消除与以往不同生产批次食物间的交叉污染。

现有一种市售的新型水解蛋白食品，可取代引起

犬、猫不良反应的疑似食物。蛋白质是与食物不良反应最相关的营养物质，因为蛋白质能连接2个IgE分子并释放组胺。食物中的蛋白质被分解为较小的多肽，而多肽片段太短无法连接2个IgE分子。虽然这些新型水解蛋白食品能抑制犬、猫的不良反应，但这类食品太昂贵。因此，往往先尝试一种新蛋白源食物，如果临床症状不缓解，再使用水解蛋白食品。

简单的自制食物也可以使用以上建议的蛋白来源（或主人想要测试的其他原料）。自制食物实际上允许有更多的选择。犬粮中不建议用牛肉、小麦、乳制品蛋白源，猫粮中不建议用牛肉、鱼肉和乳制品，因为它们可能以前已被饲喂过。食谱应接近"全价、均衡"，应使用单一蛋白源依次测试和替代。宠物主人要保证食品的质量控制和一致性，消化道状况测试要2周或以上，皮肤状况测试要10～12周或以上。总之，自制食品与商品化的即食食品相比无价格优势，而且很难自制水解蛋白食品。

食物试验期间，在推荐时间内只能饲喂试验食物，所有的零食、小吃和餐桌食物都不能饲喂，除非这些食物配料组成与试验食物完全相同或含有水解蛋白源。所有嚼服药物和添加剂应从试验食物中去除，因为大多数宠物食品含有相同的蛋白质和添加剂。对于发病的动物要进行脱敏和控制跳蚤等相应治疗。将测试的疑似食物重新加到食物中，一次加入一种，待临床症状复发后即确定对该成分有不良反应。食物成分重新加到日粮中后，可能在食物摄入12 h后即可产生临床症状，也可能需要10 d的时间才能表现出症状。终身治疗的方案就是避开相应的食品，如果不能将不良反应食品种类确定下来，则很难实现终身治疗。

2. 贫血 铁或铜缺乏（或两者）是低色素、小细胞性贫血的主要因素。叶酸和维生素B_{12}（钴胺素）缺乏也可引起贫血。大多数商品化日粮中铁、铜和维生素的含量已超出需要量，因此，发生贫血应调查食物摄入不足、吸收不良、出血或重度寄生虫感染等诱因。饲喂不均衡自制食物也可能导致贫血。

当铁严重缺乏时，很难通过饮食加以纠正，饲喂大量肝脏试图改善铁缺乏的做法通常无效，还可能引起维生素A中毒。当严重缺铁时，大多数动物需要口服或肌内注射补铁，根据成因要继续不定期地补铁。如果铁缺乏与出血、寄生虫、食物营养不平衡或全价、均衡日粮摄入不足有关，一旦这些因素消除，缺铁即可得到纠正，可以不必长期补铁。

叶酸和维生素B_{12}是细胞正常分裂所必需的维生素，维生素B_{12}缺乏通常需要静脉注射治疗。维生素B_{12}缺乏主要由于肠道吸收不良，也可能由于短肠综合征所致。维生素B_{12}在胃肠道的吸收仅限于回肠，外科手术切除大部分回肠，可能会导致动物需要终身注射维生素B_{12}。

3. 厌食症 部分厌食是动物只吃一些食物，犬每千克体重的摄入量不足30 kcal，猫不足40 kcal。完全厌食是连续3 d不吃任何食物。

厌食症（部分或全部）伴随着许多机能失调，包括药物反应或对环境变化反应。疼痛也可能是导致厌食的重要因素，在大多数情况下，当疼痛被控制后，厌食症问题也就解决了。学习性厌食也会导致厌食症。最常见于生病时的饮食治疗，如饲喂有利于治疗肾脏功能衰竭的饮食，然而却增加了尿毒症的风险。强制饲喂也会产生厌食。显然，治疗饮食如果没有被摄入则不会产生治疗作用。即使食物不理想，食入也比没食入要好。如果认为动物饿了就会采食治疗食品的观点是不对的，无论如何都不推荐试图用饥饿刺激食欲。如果一种食物被拒食，应尝试提供另外一种或几种食物，直到确定动物已接受该食物为止。食物里加一些风味物质（例如，猫可以试着加动物脂肪、肉汁、鱼、鱼汁或鱼油）或手工饲喂，有时厌食的犬、猫可进食。如果这些都不成功，必须介入营养辅助疗法。

可通过肠内或肠外提供营养支持。除非存在肠道支持禁忌，否则肠内营养支持是首选。肠内比非肠内营养支持更合理、便宜、安全。此外，肠内营养支持比非肠内营养有更多的食物可供选择。

有多种管饲方法可供选择，包括食道造口管、鼻胃管或鼻食道管、胃造口管、空肠造口管。放置鼻胃管或鼻食道管可以不需要专门的设备。鼻胃管常被短期（1～7 d）使用，而在进行镇静和麻醉时禁用。食道造口管和胃管常被用于长时间（数周或数月）的营养支持。主人和宠物在了解并接受操作规程后，犬、猫可在家进行管饲（除了空肠造口管）。

建议采取逐步增加能量的方法，少量多餐通常好过一次性进食过多。呕吐、腹泻或灌食综合征可能是能量增加过急所致。管的大小将决定选择什么样的食物。F5或F8管通常仅限于饲喂流食。较大的食道或胃造口管也可以容纳重症监护饮食和混合治疗饮食。如果不适合用管饲或管道不能放入，犬、猫可通过静脉注射提供充足的能量、蛋白质、电解质、维生素B和特定的微量元素，直到小肠可以获得相应的营养为止。遗憾的是，肠外营养昂贵，并伴有导管问题、感染和电解质异常等并发症。

4. 恶病质 恶病质常与肿瘤或慢性肾病或心脏病有关。恶病质是分解代谢增强的一种反应，这时动物食欲正常或有所下降。动物的体况下降表明营养需求得不到满足，饮食的目标是增加能量水平和适口性，同时满足蛋白质及其他营养物质的需要。恶病质的日常管理措施是少量多餐（每日3~6餐）饲喂高能（即脂肪含量较高）、全价、均衡的饮食。食物应是犬、猫喜欢的类型（干燥型或罐装型）。如果宠物的体重和体况持续下降，应该考虑管饲，部分或全部肠外营养支持。

5. 腹泻 许多胃肠道疾病可引起腹泻，也可继发于胃肠道外疾病。胃肠道疾病的主要病因有食物不良反应、感染（细菌、寄生虫、真菌、病毒）、炎性肠道疾病、肿瘤以及毒素或药物诱导。某些品种的犬易患胃肠道疾病。德国牧羊犬易患发育性小肠细菌感染；杜宾犬（Doberman Pinschers）、罗特威尔犬（Rottweilers）患细小病毒性肠炎的风险较高；约克夏㹴（Yorkshire Terriers）患淋巴管扩张症的风险较高。

小肠腹泻和大肠腹泻（表18-60）的临床症状不同。建议饮食随着腹泻部位和病因而变化。

小肠腹泻的动物通常要饲喂易消化的食物，而大肠腹泻往往用益生素效果较好，应少量多餐（每日3~6餐）。添加益生菌是管理小肠或大肠腹泻的有效措施。益生菌可在体内存活，是对宿主健康有益的活性菌添加剂，但不是所有的益生菌都具有同样的功效。

某种益生菌对这种动物有效，也可能对另一种动物则无效。益生菌与益生素对宿主有许多相同作用。合生素是益生素和益生菌的混合物，益生素可为益生菌提供营养，促进益生菌在体内的存活。尽管益生菌对犬、猫的研究很少，但研究表明益生菌对多种腹泻都有帮助。

表18-60 小肠与大肠腹泻的特点

特 点	小 肠	大 肠
粪便含血	黑粪	便血
粪便质量	松散，水样牛粪饼	松散到半成型
粪便量	大量	少量
排便次数	正常至增加	增加
粪中黏液	没有	通常存在
里急后重	没有	通常存在
紧迫性	没有	通常存在
体重下降	可能存在	很少

6. 充血性心力衰竭（CHF） 对CHF护理的目标是减少水分潴留，限制钠的摄入，通过促进排尿降低钠的水平。商品化犬粮与猫粮含钠0.45%~0.90%（每100克日粮干物质含钠450~900 mg）。日粮中钠的限制分为轻度限制（每100克日粮干物质含钠400 mg）

和重度限制（每100克日粮干物质含钠240 mg）。根据这些数值，商品化犬粮与猫粮中的钠盐不能属于轻度限制。因此，低钠食品或食谱要用低钠食材。虽然一些生产商为心脏疾病提供兽医治疗饮食，但钠的限制需要特殊食材。在使用和制作食品时，所有加工的肉类、奶酪、面包、心脏、肾脏、肝脏、腌制脂肪、全蛋和零食应避免。相对低钠的食材包括牛肉、马肉、兔、鸡、羊、淡水鱼、燕麦粉、玉米和大米。

心肌收缩乏力可导致CHF，应添加牛磺酸避免心肌中牛磺酸耗尽。已证实犬、猫牛磺酸缺乏可继发扩张性心肌病。肉碱对某些扩张型心肌病的病犬有效，已证实肉碱对某些品种（包括拳师犬和可卡犬）CHF的病犬，尿酸结石和胱氨酸结石的病犬，饲喂蛋白质限制食物的犬都有效。肥胖是CHF的一种病因，肥胖动物除需要控制体重外，还要限制钠盐的摄入量。在某些情况下，水肿可能会表现肥胖，遮盖了消瘦。首先应消除水肿再对体重和体况进行评估。如果体重不足，应增加食物摄入量或饮食中的能量。如果患有肾脏衰竭，应限制蛋白质和磷的摄入量。

7. 便秘 大肠蠕动变慢或大肠吸收水分增加会发生便秘。护理目标是饲喂均衡日粮，增加犬粮中不溶性纤维（占日粮干物质的10%~25%）或中等发酵纤维的量，猫粮中可添加益生菌并保证易消化的均衡营养日粮，每日应饲喂2~4次。根据犬的大小，在现有犬粮中加入1~10汤匙高纤维早餐麦片，则效果显著。商品化猫粮有助于清除毛球（常含有大量不溶性纤维）。

8. 糖尿病 大多数犬的糖尿病（Diabetes mellitus, DM）均为Ⅰ型糖尿病（胰岛素依赖型），都是由于免疫介导的胰岛细胞破坏所致。虽然大多数糖尿病犬仍然具有很高的胰岛素敏感性，但胰腺已经不分泌胰岛素，必须用外源胰岛素进行治疗。有些犬的DM能发展为慢性胰腺炎引起的内分泌和外分泌胰腺组织广泛破坏。肥胖似乎不是糖尿病的危险因素。尚无犬患Ⅱ型糖尿病的报道，虽然有些犬可能发生间情期糖尿病，产生的孕酮颉颃胰岛素，并继发糖尿病。犬绝育后或发情期结束后糖尿病会缓解。

一些糖尿病犬常并发肾上腺皮质机能亢进等疾病，如果肾上腺皮质机能亢进未经治愈则糖尿病很难控制。下尿路感染也会导致糖尿病难控制和胰岛素抵抗，直到感染被治愈为止。接受胰岛素治疗的糖尿病犬，其任何并发病的营养需要，都应优先于糖尿病的饮食治疗。建议在无并发其他疾病的糖尿病犬的日粮中，添加适量的可溶性和不溶性纤维混合物（每100 kcal 含3.5 g），如甜菜渣和纤维素的混合物。尽管不受选择的食物类型影响，但饲喂量应每日都要保持一致。糖尿病患犬通常一日2次胰岛素治疗，建议在饲喂前使用胰岛素。

猫最常患的是Ⅱ型糖尿病，虽然有些猫也可能会发展成Ⅰ型糖尿病，Ⅰ型糖尿病常继发于慢性胰腺炎。糖尿病患猫最主要的病因是肥胖和年龄增长。大多数患猫发展为淀粉介导的胰岛破坏。虽然大多数Ⅱ型糖尿病患猫仍能产生胰岛素，但胰岛素抵抗是该型糖尿病的典型特征。

猫的糖尿病与人的Ⅱ型糖尿病相似，糖尿病患猫治疗的主要目标是控制体重和保持最佳体况，降低餐后高血糖和葡萄糖毒性，同时刺激内源性胰岛素分泌。临时性糖尿病占糖尿病猫的不足20%，这些猫经1～4个月的糖尿病治疗后，可自然康复。未治疗的糖尿病患猫可发展为葡萄糖毒性和高血糖症，并降低胰腺β–细胞功能。经糖尿病治疗后，高血糖被控制，干扰胰岛细胞功能的葡萄糖毒性被清除。

传统上，饲喂添加纤维日粮的糖尿病猫与一般糖尿病犬很相似。然而，最近研究表明，给糖尿病猫喂以高蛋白（含45%以上的热量）和低碳水化合物（不到20%的热量）日粮，能够调节葡萄糖并同时增加自然康复率。尽管如此，一些糖尿病患猫还可能并发其他疾病，因此，膳食上要优先考虑并发病。

9. 猫下泌尿道疾病（FLUTD） 尿结石、尿道堵塞、尿路感染、肿瘤、神经系统异常、突发性膀胱炎（Feline idiopathic cystitis，FIC）、生理缺陷等许多病因都会引起猫下泌尿道疾病。首先要确定FLUTD的病因，因为针对某一病因的治疗方案可能对其他病因是无效的。FLUTD最常见的病因依次是FIC和尿结石。尿道堵塞主要由黏液或黏液和鸟粪石晶体所致。

如无肾脏功能衰竭或糖尿病，猫很少患尿路感染。尿液稀释可使尿液中刺激膀胱黏膜物质的浓度降低，有利于治疗该病。已调查许多稀释尿液的方法，但最安全和最有效的方法是饲喂罐装食品。其他日粮调整包括补钠均已被用于稀释尿液。虽然补钠日粮对猫的FIC有用，但有肾脏疾病的应禁忌。不推荐高酸性日粮，因为高度酸性的尿液可加强膀胱感觉神经传递，进而增加疼痛感。无论治疗与否，FIC通常在2～7 d内使临床症状得到缓解。遗憾的是，在自然康复的猫中，大约有一半在12个月内会复发，而且可能是多次复发。

2种最常见的猫下泌尿道的尿石是磷酸铵镁（鸟粪石）和草酸钙，也可能是其他种类的结石。饮食管理取决于具体尿结石的组成，但不管结石的组成如何，对稀释尿液都是最重要的一个环节。药物溶解可被用于鸟粪石结石，但不能溶解草酸钙结石。稀释尿液可降低矿物质浓度，减少结石的形成。饲喂罐装食品、刺激饮水是尿液稀释安全和简单的方法，可通过设置饮水器刺激饮水。3个主要宠物食品公司都专门为控制鸟粪石结石和草酸钙结石配制了相应的食品。其中有2种食品均含有高钠，因此，有肾脏疾病的猫应禁忌。有些日粮可减少尿结石的发生，但不能防止常见的草酸钙结石的复发。

10. 发热 发热能加快机体代谢，所以也增加能量的需要量。体温每升高0.5 ℃，每日每千克体重的能量需要可增加7 kcal。饲喂日粮应保证适口性好，饲喂量以容易采食完为宜，通过增加日粮中的脂肪含量以增加能量水平，这样的日粮无任何禁忌。因为动物发热通常会降低食欲，因此，少量多餐，多给予关注可刺激采食量。饲喂猫的生长日粮或高热量恢复型日粮，即便采食量少也能增加蛋白质和能量摄入。

11. 胃扩张（胃臌气） 目前，很少有证据表明日粮中哪种特定的营养成分，如大豆蛋白，易引起犬的胃扩张和肠扭结（GDV）。引起GDV的最常见病因主要是品种（即深胸的大型品种）、每日仅食1餐、食碗过高、进食前1 h或进食后2 h的剧烈运动。在阉割时进行的预防性胃固定术，并未表明可以防止GDV，但可以防止复发。为了预防GDV，建议每日少食多餐，避免进食前、后剧烈运动。

12. 头部创伤，烧伤和呼吸道疾病 还不能确定，当犬、猫发生与人类同样程度的重度颅脑损伤、皮肤烧伤超过50%、长期呼吸困难的情况时，是否对代谢或能量消耗产生影响。通常认为应该是有一定影响。大脑是一个最具代谢活性的组织，所以有必要在早期提供积极的营养支持。头部外伤明显改变代谢率的神经调控，通常可增加代谢率。烧伤和大面积的皮肤损失增加了水分和热量的损失，同时也会增加能量需要。呼吸频率升高和呼吸困难也增加了做功强度，导致能量需要增加。如果犬或猫在氧气笼停留1 d以上，必须进行营养支持（静脉注射或管饲）。

脑外伤，烧伤和败血症都会增加代谢，能量需要量根据不同的动物有所不同。在所有情况下，提供的最低能值为每千克体重30 kcal（犬）或40 kcal（猫），随着病情的发展，如果体重的下降明显，每千克体重需要增加5 kcal能量。能量的来源主要是脂肪（60%～90%的能量来自脂肪，10%～40%来自葡萄糖），因为在这些状况下，机体的代谢主要是分解脂肪，烧伤或创伤治疗中肝脏对脂肪的利用率高于对葡萄糖的利用率。蛋白质的摄入也应与能量摄入相匹配，避免净蛋白和肌肉的分解代谢。当用管饲饲喂完全、均衡日粮时，其中，含蛋白质30%～45%、脂肪（干物质基础）25%～30%。人类婴儿食品达不到这一标准。这些营养目标也可以由肠外营养（Ⅳ）给予满足，切记肠内和肠外营养支持并不相互排斥。

13. 肝病　根据潜在的原因和肝脏功能障碍的严重程度，要注意避免犬粮过度消耗肝脏的代谢能力。相反，限制蛋白质的摄入量也同样重要，因为患肝病的犬对蛋白质的需要超过无肝病的犬。因此，保证肝病患犬摄入充足的能量和优质蛋白质，对维持蛋白质和能量正平衡，促进肝脏功能恢复非常重要。膳食中的抗氧化剂，如维生素C和E以及牛磺酸，也能减少氧化损伤。如果肝脏的铜水平已明显升高，建议限制食物中铜的添加量。

肝性脑病患犬必须降低优质蛋白水平以减少氨和其他肝毒素蓄积。可溶性纤维或中度发酵纤维对犬是有益的，这些纤维在结肠发酵可产生短链脂肪酸，从而降低结肠pH和氨的吸收。短链脂肪酸可增加结肠的供血量和结肠氨的输送量。

少食多餐（4～6次/d），可使肝脏在某一时间段内处理的营养物质或代谢产物的数量减少，从而降低对肝脏代谢的需求。患肝病的动物经常厌食。因此，要监测食品消耗量、体重和体况。

脂肪肝是猫科动物最常见的肝脏疾病。通常患有厌食症的肥胖猫易得。出现危及生命的状况时，需要积极的营养支持以恢复肝脏的功能。这种情况下的大多数猫需要管饲。通常为无脑病的猫选择高能量、高蛋白日粮，如重症监护粮。要逐步恢复能量以预防呕吐或电解质异常等并发症。低钾血症是最常见的电解质异常，过量地增加能量会使病情加剧。添加肉碱对患脂肪肝的猫有益。至少在最初阶段，许多猫需要非肠道补液以满足需要。伴有脂肪肝的脑病患猫，需要限制日粮中的蛋白质，但不应过度。这些猫通常在厌食后会继发蛋白质营养不良，蛋白质不足会影响肝脏的修复和恢复。

见小动物肝病。

14. 犬的高脂血症　高脂血症包括原发性高脂血症，或继发于甲状腺机能减退、胰腺炎、肝脏疾病、糖尿病、肾病综合征、肾上腺皮质机能亢进或高脂肪日粮的高脂血症。高脂血症是血浆脂蛋白利用或合成异常，常使血脂升高。原发性高脂血症可能是家族遗传病，如迷你雪纳瑞犬。有些患有高脂血症的犬无临床症状。病犬在临床上可能会出现反复发作、精神沉郁、复发性胰腺炎、呕吐、急性失明、角膜混浊和黄色肉芽肿等症状。

日粮管理目标是通过限制日粮中的脂肪（<10%的干物质基础），降低脂肪的消化和吸收。每10lb体重添加1 g鱼油胶囊，根据胶囊的需要量，每日1次或分成2次饲喂，以降低血清甘油三酯的浓度。尽管鱼油添加剂通常不会使血清甘油三酯恢复到正常值，但部分降低可减轻胰腺炎或解决其他有关脂质显著升高的问题。

15. 犬的吸收不良和消化不良　犬的小肠和胰腺病变往往会导致体重减轻、呕吐、腹泻（有或无脂肪痢）和食欲改变等临床综合征。在这种情况下，推荐低纤维（0～5%）、易消化、含中等脂肪（10%～15%）和蛋白质（20%～25%）及非谷物副产品的碳水化合物日粮，还应添加水溶性维生素。肠炎等胃肠道疾病常发生继发性吸收不良和消化不良。对潜在病因的适当控制，可缓解吸收不良和消化不良。胰腺外分泌功能不全（Exocrine pancreatic insufficiency，EPI）是引起犬吸收不良/消化不良最常见的病因。德国牧羊犬等某些品种患EPI的风险可明显增加。EPI也可引起严重的或慢性胰腺炎。对EPI患犬，应考虑在饲喂前数分钟可在食物中添加酶制剂。EPI动物尤其是猫需要注射维生素B_{12}（钴胺素）（见吸收不良综合征）。

16. 肥胖　肥胖是犬、猫最普遍的营养健康问题，肥胖也带来了一系列健康问题。脂肪组织在体内过度沉积，超出理想体重20%以上的称为肥胖，超出理想体重10%～20%为超重。兽医的判定标准为，犬超出理想体重24%～44%，猫超出理想体重25%～30%为超重或肥胖，5～10岁犬超出体重50%为超重或肥胖。

能量摄入超过能量消耗可发生肥胖。造成肥胖的因素有：①缺乏锻炼；②品种因素（拉布拉多猎犬、迷你雪纳瑞犬、腊肠犬、喜乐蒂牧羊犬、可卡犬、比格犬、巴吉度猎犬和凯恩㹴易胖）；③年龄的增加（随着年龄的增长，代谢率下降，肌肉组织减少，脂肪质量增加）；④阉割；⑤某些内分泌紊乱；⑥药物，如糖皮质激素和苯巴比妥。

与肥胖有关的健康问题包括寿命缩短、生活质量下降、慢性炎症、肺和心血管疾病、运动与热不耐受、关节和骨骼问题（例如，关节炎）、免疫功能受损（犬）、胰腺炎、糖尿病和脂肪肝（猫）以及麻醉后发病率和死亡率增加。

长期以来一直认为脂肪组织具有代谢惰性，疾病的影响主要是负重对关节产生的应激和心脏负荷增加。然而，目前已知脂肪组织不是惰性的，而是一个重要的内分泌器官，可产生激素、蛋白因子和脂肪因子等信号物质。许多脂肪细胞因子的表达、产生和释放增加肥胖，导致持续性、轻度炎症，增加抗氧化应激，抗氧化应激可引起骨关节炎和糖尿病等许多慢性疾病。

肥胖治疗包括短期和长期目标。短期目标是降低体重，达到理想的体况评分。长期目标是保持理想的体况评分。这2个目标均需要调整造成犬、猫超重的生活方式。生活方式的改变要求畜主-宠物共同坚持。如果这一点被忽视了，畜主是不可能坚持下来的。

最成功的减肥计划包括限制能量的摄入与运动相结合。第一步要全面了解饮食史，然后计算能量需要量并降低体重。在肥胖管理计划中，将犬MER的60%，猫MER的70%作为能量起始值。用公式计算出的能量摄入量只是一个初始值，需要根据具体效果进行调整。

减肥计划的下一步是节食。不建议在减肥计划中使用维持日粮，因为维持日粮的配制需要满足成年动物中等活动强度的营养需要。限制能量摄入可能导致某些营养物质的摄入不足。限制饮食治疗减肥不仅限制能量，其他营养素也要充足。选择的减肥日粮中保证有足够蛋白质。大多数配制的减肥膳食都增加了纤维含量。最好将每日的能量摄入分为多次而不是一次采食完。如果给予零食是畜主和宠物之间很重要的互动行为，畜主应选择低热量的食品。大多数的零食不是全价、均衡的日粮，所以零食能量的摄入应限制在总热量的10%以内，以避免造成营养不平衡。

再下一步是确定体重的下降速度：合理的目标是每周体重下降1%左右。如果体重下降的速度比预期的慢，但进展还顺利，畜主也满意，那么就可以用较慢速度减肥。宠物的体重需要每2周监测1次，根据具体效果调整计划。任何体重下降都是积极的，畜主的认可将有助于保持住减肥的动力。

正在减肥的肥胖猫患脂肪肝的风险增加。猫必须继续消耗足够的能量和营养物质。如果猫不喜欢减肥的饮食，需要尝试另一种。饥饿从来都不是减轻体重的安全或人道的方式。

运动结合能量限制是肥胖管理的最佳方法。然而，犬在经历传统减肥计划后，几乎没有任何结果的，或对能量限制已经产生了不良行为的，可另采用Dirlotapide药物减肥法。这种选择性微粒体甘油三酯转移蛋白抑制剂，可阻碍脂蛋白凝集和脂蛋白从细胞释放到淋巴管。药物减肥的机制是由于药物引起肠激素释放并传递到大脑产生饱感。使用Dirlotapide常见的不良反应有呕吐和肝酶轻度升高。Dirlotapide药物减肥不适用于猫、肝病患犬以及长期使用糖皮质激素治疗的犬。虽然这种药物可以达到短期减肥的目的，但一旦停药，体重反弹是一个棘手的问题，除非与传统的减肥计划一样，畜主需要适当调整饲喂的行为方式和运动等。

17．犬胰腺炎　治疗胰腺炎的措施是尽量减少刺激胰腺的外分泌功能直到炎症消除。通常，患犬表现为周期性呕吐。标准治疗方法是采用传统的禁食、禁水（NPO）直至呕吐停止，治疗可持续3~15 d。抗生素、液体和电解质治疗在禁食、禁水期间是至关重要的，如果NPO治疗持续3 d或以上，应制定静脉营养支持（TPN）方案。成年犬和青年犬在能采食之前，可通过静脉注射补充充足的能量、蛋白质、电解质、维生素B和特定的微量矿物质。如果犬出现疼痛或不舒服，可用药物控制疼痛，也可输注血浆。

遗憾的是，全部非肠道营养不能给肠上皮细胞提供任何营养，因此，在饥饿时可发生肠道萎缩。氨基酸谷氨酰胺可为小肠上皮细胞提供40%的能量，应每隔8 h通过口服为肠细胞提供少量营养。

经口营养恢复时，商品化即食的、易消化、含适度纤维（10%~15%干物质基础）和低脂肪（5%~10%）的食物，可以少食多餐（3~6次/d）。因为复发性胰腺炎比较常见，建议长期饲喂全价、均衡、低脂日粮。肥胖和高脂血症是常见的并发症，需要对病因予以查明和解决。

18．犬细小病毒性肠炎　细小病毒性肠炎常见于6~24周龄的幼犬，成年犬很少见。它的特点是呕吐、腹泻（通常带血）和体重下降。严重时可导致败血症及弥散性血管内凝血。静脉输液、止吐药和抗生素治疗很重要。输液速率必须充分考虑到维持需求以及能量的持续损失。白蛋白血症需要晶体治疗或输注血浆。呕吐停止后才可进食和进水。严重情况下，可能需要全部非胃肠道营养。一旦不再呕吐，先少量进水，在完全恢复之前饲喂少量易消化的食物（见犬细小病毒）。

19．慢性肾病　许多代谢异常，可改变动物的营养状况并发展为肾脏功能衰竭。表现为蛋白质代谢过程中的含氮产物清除受阻，钠、钾、磷的调节受损，酸中毒，维生素D代谢异常和经常性厌食症。肾脏功能衰竭饮食管理的目的是减轻肾脏代谢需要和减少不易排出的代谢终产物的产生。首先考虑要确保正常的水平衡。无论动物是多尿、少尿或无尿，均应自由饮水。通过降低日粮中含氮物质，使得肝脏脱氨作用的产物（尿素）减少，血中尿素氮也随之降低。能量供给主要通过日粮中易消化的脂肪和碳水化合物来实现。

日粮中的蛋白质应满足酶和组织修复的需要，保持正氮平衡。在饲喂高浓度易消化蛋白质时，日粮中少量的蛋白质即可满足需要。此外，应限制磷的摄入量，日粮中应有较高的能量浓度，蛋白质应适量（犬粮为15%~20%，猫粮为28%），且蛋白质的生物效价较高，日粮中磷不超过0.4%~0.6%，钠不超过0.2%~0.4%（干物质基础），钙含量平衡和增加水溶性维生素含量。上述磷、钠添加量均低于正常商品化日粮中的添加量。为满足上述条件，需要对日粮进行必要的调整。

饲喂发酵纤维能加速肠道透析，并提供一种非肾途径进行排尿。倘若肾衰加重，尿素氮与血清磷浓度不能再维持正常水平，其中包括脂肪中的较多能量。

何时调整日粮的使用标准（如血清肌酐浓度，尿素氮）还需要商榷。然而，在动物感觉还不错时，调整日粮要好于开始厌食了再做调整。在肾病早期调整日粮几乎无害处。肾病初期表现为酸中毒，所以治疗肾脏疾病的饮食往往可碱化血液pH，减少酸中毒的影响，使动物精力充沛，食欲更好。根据病情发展可能需要其他对症治疗药物，如H_2-受体阻断剂、止吐药，治疗高血压的药物、肠磷酸盐结合剂、钙化三醇，促红细胞生成素和葡萄糖酸钾（猫）等。

20. 犬的尿石症 犬类常见结石中的矿物成分主要是鸟粪石（磷酸镁铵）和草酸钙，其次是尿酸盐和半胱氨酸。无论何种类型的结石，稀释尿液（例如，刺激饮水）都是最重要的环节。

母犬鸟粪石结石比公犬更为多见。大多数犬患鸟粪石结石，都是感染产尿素菌所致。虽然有些食物可以溶解这些结石，但最重要的是先治疗尿路感染。鸟粪石结石通常采用药物溶解，药物溶石之后不必采用食疗。防止尿路感染复发和复发后的治疗至关重要。

草酸钙结石不适合用药物溶解，必须通过排尿、尿水解、手术或激光治疗进行排除。有2种方法被用于日粮管理：①饲喂碱化、低蛋白质、低草酸日粮；②饲粮中应补钠，刺激水的摄入量，稀释尿液。尽管采用了日粮管理，但复发率仍然很高（第1年33%和第3年50%）。

患有肝病（常见的门静脉分流）的宠物可发生尿石。大麦町犬和英国斗牛犬2个品种在无肝脏功能障碍时也易患尿酸结石。药物溶解是一种治疗选择，也可使用限制蛋白质的日粮，降低嘌呤和碱化尿液，并结合黄嘌呤氧化酶抑制剂的药物治疗。可用低剂量别嘌呤醇预防复发。日粮中应最大量地添加饮水。犬能忍受住整夜不排尿。本病复发率很高，尤其是1~6岁的犬，一旦犬到中年，这类结石将容易管理。

胱氨酸尿路结石是由于肾小管缺陷所致。最常见于腊肠犬、英国斗牛犬、法国斗牛犬与纽芬兰犬。可采用日粮管理和巯丙酰甘氨酸对结石进行药物溶解。然而，应谨慎使用限制蛋白质日粮，因为这些犬常患有氨基酸尿和肌氨酸尿（见尿石病）。

21. 猫的黄脂病 幼猫常因饲喂大量不饱和脂肪酸、金枪鱼和鲭油性鱼类（用油包被而不是水），或饲喂一种与多元不饱和脂肪相关的抗氧化剂的不合适的平衡日粮或已变质日粮，可发生脂肪组织炎（全脂肪组织炎，黄脂病）。临床症状表现为厌食、发热、胸部和腹部疼痛、中性粒细胞增多、坏死脂肪形成的皮下结节。患脂肪组织炎的病猫应限制饲喂多元不饱和脂肪酸（可以用单一不饱和脂肪和饱和脂肪），添加10~20 mg维生素E，每日2次，连续5~7 d。也可选用含维生素E（α-生育酚）或其他添加抗氧化剂的商品化猫粮。

（王利华 译 焦小丽 一校 马吉飞 二校 金天明 三校）

第十九章 药理学
Pharmacology

第一节　药理学概述

经过诊断确需进行药物治疗时，应选择安全有效并能发挥相应作用的药物，给药方案应针对具体病例个体化设计。在设计给药方案时，除了药物的有效性和方便性外，许多其他因素，包括机体对药物的反应及药物在体内的代谢，也都应该充分考虑，以便更好地调整给药方式、剂量和给药间隔。对于抗菌药的使用，还应考虑微生物因素，包括耐药性。对于食用动物用药，应充分考虑药物对公共健康和环境的影响，并遵守相应的法规要求。

一、药物的标签外应用、复方药与仿制药

新兽药（new animal drug，NAD）是指任何用于动物而不用于人的，未经验证的，应该在规定、推荐或者标签标示的条件下使用的安全、有效的药物。药物的标签包括产品上的标签及包装中任何附属材料上的标签。处方药的标准以其是否能够给使用该药的非专业人士提供足够充分的指导来界定。如果能够有效指导用药，则必须作为非处方药销售；若不能提供充分指导，则为处方药。

合法使用新兽药，兽医师必须依照标签指导用药，否则该药的使用就是标签外应用。标签外应用是指药物的实际或预期使用与标签说明不一致。包括服用剂量、给药间隔、给药途径、适应证和种间差异。

美国国会于1994年通过了《兽药使用澄清法》（Animal Medicinal Drug Use Clarification Act，AMDUCA），使药物的标签外用途合法化，兽医只要在符合特定标准条件或限制内即可使用。大多数标签外用途的限制对食品动物仍然有效，但对于非食用动物，必须存在一个兽医师—畜主—病畜三方关系。对于食用动物，药物的标签外用途只允许兽医师或在兽医师的监督下使用，且只适用于美国食品药品监督管理局（US Food and Drug Administration，FDA）规定的兽药或者人药；对于需要建立有效的兽医—畜主—病畜关系，且只允许以动物治疗为目标的（如动物患病或者健康受到威胁），不能用于食品生产（如食用动物）；仅适应于剂型药物或饮水给药的，不能直接饲喂给药；如果造成药物残留或任何可能对公共卫生造成威胁的药物都是不允许的；被FDA特别禁止的药物也应禁止使用。

FDA于2005年5月明确禁止应用于食用动物的药物有：禁止哺乳期奶牛使用氯霉素、克伦特罗、己烯雌酚、二甲硝咪唑、异丙硝唑、其他硝基咪唑类、呋喃唑酮、呋喃西林及硝基呋喃类和磺胺类药物（特别批准的药物除外）；禁止20月龄（含）以上的奶牛使用氟喹诺酮类、糖肽类（如万古霉素）和保泰松；禁止金刚烷胺或神经氨酸酶抑制剂类药物用于治疗家禽和鸭A型流感。

复方药尽管属于未批准的药物，但却构成了标签外药物的使用主体。AMDUCA对复方药物合法化作了具体说明，指出禁止超出标签上规定的处理（如粉状药物重组）。Compliance Policy Guideline 7125.40规定了兽医处方的药物制剂配方指导方针。复方药物在满足合法经营、依法手术、药剂师处方及有效的兽医—畜主—病畜关系的条件下（药房或兽医，包括许可证）不会受到监管。人药复合剂和适当剂型的原料药在某些情况下也可以用于动物疾病的治疗，但是必须有合法的医疗鉴定（如动物的健康或生命受到威胁或遭受痛苦）。此外，无论是否作为标签内或标签外用药，一般不允许用未经上市的或已批准的兽药或人药代替复方制剂。

药剂师往往会倾向于价格低廉，但药效相等且不需要开处方的仿制药。但某些州有强制性替代法或药物注明必须按医嘱处方的例外。仿制药可能具有药学等效性，但不一定具有治疗等效性。经FDA证明有治疗等效性的药物已被列入《具有治疗等效性的药物产品批准名单》（Approved Drug Products with Therapeutic Equivalence Evaluations）黄皮书中。仿制药物不仅应与专利药物含有相同的活性成分，而且应符合生物等效性标准。只有在证明仿制药与专利产品有治疗等效性的前提下，才可推荐其作为专利产品的替代品使用。

尽管1994年的《兽药使用澄清法》已经使标签外使用药物（extra-label drug use）在美国合法化，但某些州或其他国家也可能有额外或补充性的监管或法律限制。无论哪种情况，都应仔细阅读所使用药物的标签说明。

二、药物的处置与体内过程

静脉注射以外的给药途径中，药物需要通过用药部位进入血液，分布到机体的不同部位，进而在作用部位通过一定的作用时间和足够的浓度来确保药效和药物安全性。随后，药物逐渐代谢灭活，排出体外（通常为脂溶性药物）。在这些过程中药效与时间的关系（药物代谢动力学）会受到动物和药物类型，以及动物的生理、病理状态（如年龄、性别和妊娠）的影响。此外，联合用药可能会导致药物间的相互作用，从而改变药物效应和药物处置。

（一）药物的吸收

药物的跨膜转运：无论哪种给药途径，药物在到达作用部位前，通常需穿过多层细胞膜或基底膜。膜

屏障或由许多层不同细胞组成（如皮肤、鞘、角膜和胎盘），或由单一的细胞组成（如肠上皮细胞和肾小管上皮细胞），或仅由纤薄的单层细胞组成（如肝窦、线粒体和细胞核）。

药物或其他分子的跨膜转运有自由扩散、被动扩散、协助扩散、主动运输和胞饮等几种方式。其中，被动扩散对外来化合物的跨膜转运尤为重要。

药物经被动扩散的跨膜转运比例受到许多因素的影响，其中最重要的因素是扩散药物的浓度（如溶解浓度）。被动扩散与通透膜两侧的药物浓度梯度有直接关系。药物必须具有充分的脂溶性才能通过细胞膜脂质层，但在细胞膜的另一侧必须是完全水溶性的才能溶解。因此，复合物以简单脂溶性扩散的方式通过生物膜的能力是由其脂溶性程度决定的（即脂水分配系数）。影响药物被动扩散的其他因素包括药物分子量大小、渗透膜的厚度、药可扩散的表面积及其电离程度。

许多药物是弱有机酸或弱碱。在生理pH条件下，药物局部电解（解离状态）和局部非电解（非解离状态）；二者的比例取决于药物的溶解平衡常数（pKa）和药物溶解所在部位的pH。非电解质能够通过脂质膜进行扩散。药物的跨膜分布反映了其在细胞膜两侧的非电解程度。然而，药物的分布也取决于药物与在膜两侧的蛋白质或其他大分子的结合程度。尽管药物主要以非离子化状态存在，但也可能因其脂溶性过大而不能进行跨膜扩散。

脂蛋白生物膜上的水溶性离子通道，为以亲水性药物为主的外源性物质跨膜转运提供了一种方式。非脂溶性（水溶性）成分能够很容易地通过这些离子通道，从而降低直接跨膜转运的程度。静水压或渗透压不同的细胞膜通过促进通道液体流动也能方便药物的运输。只要可溶性分子比水通道小，大量的液体流动将可溶性小分子携带或"拖"过孔道。

许多特异性转运过程说明，某些有机物及其他大分子脂质不溶性物质也可以穿过生物膜。主动转运、易化扩散和协助扩散是特异性物质跨膜转运的三种不同载体介导系统。高选择性的转运调节系统，起初是机体用来转运营养物质和天然物质的。在这些主动转运机制中，能够将物质通过转运蛋白转入和转出细胞。转运蛋白是物质出入细胞的大门（如消化道的上皮细胞和肝窦内皮细胞），或一些组织的"卫兵"（如大脑、脑脊液、胎盘、前列腺、眼和睾丸）。在这些组织，转运蛋白确保外源性物质不能进入受保护的组织。同样，转运蛋白也能影响药物的转运（吸收、分布、代谢和排泄）。目前已知，转运蛋白也是转运子（efflux transporter）中ATP结合转运超级家族（ATP-

binding cassette superfamily）成员，其中包括P-糖蛋白、多重耐药蛋白。P-糖蛋白的反应基质包括外源性物质和食品成分。竞争性转运增加了最具竞争力的分子的口服吸收和分布。

胞饮作用是在哺乳动物细胞，特别是肠上皮细胞和肾小管上皮细胞中的一条重要的药物转运途径。当溶液中的药物分子或者自身分子质量大或者以结合态形成大分子时，可经胞饮作用完成跨膜转运。

1. 从胃肠道吸收的药物 尽管胃肠道对药物吸收的影响已为人熟知，但仍有许多未知因素可能在这个过程中起调节作用，造成药物的不稳定性。重要的影响因素包括：①药物分子的大小、形状和浓度；②药物在一定pH条件下（依赖于平衡常数的药物）的离子化程度；③中性和去离子药物的脂溶性；④联合用药或与食物成分发生的理化作用；⑤药物剂型和剂型特征，尤其是固体药物的崩解速率、降解和溶出度；⑥不同动物群体胃肠道的形态和功能差别；⑦胃动力、胃分泌物和胃肠排空率；⑧肠的运动力、分泌物和运输时间；⑨胃肠道的液体体积；⑩肠内容物的渗透浓度；⑪肠系膜的血液和淋巴液的流速；⑫胃和肠上皮细胞的结构和功能的降解；⑬宿主肠腔的微生物菌群及黏膜酶系统对药物的生物转化作用。

2. 生物利用度 指药物被机体吸收进入体循环的相对量和速率。以上所列出的影响因素及特殊药物的应用都能够影响药物生物利用度。通过消化道上皮细胞，尤其是肝细胞对药物的生物转运，能够大量降低经口服吸收进入体循环的原形药物含量，该现象被称为"首过效应"，其对大多数药物都有明显作用。

3. 局部用药的吸收 药物经局部给药后，可通过皮肤吸收。但皮肤角质层作为有效的生物屏障，也同时阻止了多数药物的吸收。完整的皮肤允许小的脂溶性物质通过，在大多数情况下也能有效地延缓水溶性分子的扩散。非脂溶性药物通常可缓慢渗透进入皮肤，且比体内其他膜有较高的吸收率。通过皮肤吸收的药物量可随热量、水分及角质层损伤程度的增加而增加。某些溶剂［如二甲基亚砜（DMSO）］，可增强药物的皮肤渗透能力。破损、发炎或充血的皮肤也能促使药物更容易通过皮肤渗透。皮肤吸收药物的原理同样也适用于上皮细胞表面的外用制剂。

4. 经气管、支气管表面和肺泡给药的吸收 由于挥发性药物和气体麻醉药物有相对较高的脂水分配系数，且一般都是小分子，因此能迅速扩散进入肺泡毛细血管。气溶胶中粒子在支气管或细支气管黏膜，甚至在肺泡内的沉积取决于液滴的大小。根据上面的原理，大多数药物在这些部位都吸收迅速。

5. 非口服给药的吸收 药物渗入皮肤、胃肠上皮细胞、其他吸收表面或注射到人体组织后，均能进入附近的毛细血管。溶质通过毛细血管壁可经过扩散和过滤两个过程。扩散是脂溶性分子、非脂溶小分子和离子转移的主要方式。因为大多数毛细血管有膜孔，所有药物无论其脂溶性与否，通过毛细血管壁的速率与通过生物膜的速率相比是非常迅速的。事实上，在各种组织中的大多数药物分子的运动只受到血流速度的限制，与毛细血管壁无关。但是，某些内皮细胞，如血脑屏障却比其他细胞有更稳固的屏障作用，因此其具有明显的阻碍药物运输的作用。

水溶性药物通常在肌内注射后10～30 min在注射部位吸收，且对局部血流无影响。药物的吸收速度取决于药物的浓度和脂溶性、注射部位血管的种类（不同肌肉组织间存在差异）、注射体积、注射液渗透压及其他药物因素。其中分子质量大于20 kD的物质主要进入淋巴系统。

皮下组织对药物吸收的影响因素与肌内注射原理相同。尽管药物在皮下脂肪注射部位的吸收通常较为迟缓，但一些药物的吸收速率却与肌肉吸收是一样的。

通过加热、按摩或运动增加注射部位的血液供应能够加快药物扩散，增大吸收率。注射液中加入透明质酸酶，能够促进皮下注射药物的扩散和吸收。

通过一定方式能够延长注射药物的吸收时间，包括固定注射部位、局部降温、用止血带、使用血管收缩剂、用油作溶剂、植入颗粒和不溶性包被剂。在这些包被剂中，有些是可转化为不可溶性盐类的药物（如普鲁卡因、苄星青霉素或类固醇的醋酸酯）或较少可溶性的络合物（如鱼精蛋白锌胰岛素），有些作为不溶性微晶悬浮剂（如药物醋酸甲泼尼龙）。

（二）药物的分布

药物吸收进入血液后，分布到身体的各个部位。能够自由跨细胞膜分布的化合物，可以通过体液运输，及时到达细胞内液和细胞外液。其中易于通过毛细血管内皮细胞之间传递，但不能透过细胞膜的物质，趋向分布于细胞外液空间。有时，大分子药物（>65 kD）或者具有高血浆蛋白结合率的药物，在静脉注射后仍能停留在血管内。药物也可能在进入体内后，在血管丰富的组织（如脑）中进行再分配。由于血药浓度下降，药物容易扩散进入血液循环中，迅速重新分配到其他血流速度快的组织（如肌肉）中；随着时间的推移，这种药物会分布于富含脂质但血液供应较差的组织中，如脂肪库。大多数药物并不会均匀分布于全身，而是趋于在某些特定的组织或体液中积累。药物分布也遵循前文所述的跨膜分布一般原则。碱性药物往往在pH与其pKa相当的组织液中聚集；酸性药物容易集中于pH较高的部位，前提是游离的药物有充分脂溶性能够通过渗透进入各部位膜中。即使膜两边pH只有很小的差异，也能导致药物不均等地分布于与其pKa相近的一侧。如脑脊液（pH 7.3）和血浆（pH 7.4），乳汁（pH 6.5～6.8）和血浆，肾小管液（pH 5.0～8.0）和血浆，发炎组织（pH 6.0～7.0）和健康组织（pH 7.0～7.4）之间。只有自由扩散和游离药物分子，可由膜一侧到达另一侧。与大分子如细胞或体液蛋白质组分结合，溶解于脂肪组织中，在组织（如骨）中形成非扩散性复合物，特定存储颗粒剂固化或与组织选择性位点结合均可抑制药物在体内的运输，即引起特定药物在细胞和器官的分布不均。药物也可通过载体介导的系统转运而通过某些细胞膜，从而导致膜一侧药物浓度高于另一侧。这种非特异性的转运机制存在于肾小管上皮细胞、肝细胞和脉络丛。在外源性物质进入或隐蔽部位该转运蛋白的情况下，P-糖蛋白的基因差异显著影响药物转运。

仅有未结合药物或其游离部分，可经扩散由毛细血管进入组织。药物在循环系统中主要与血浆白蛋白结合，球蛋白尤其是α_1酸性糖蛋白（对碱性药物）也可以发挥重要的作用。药物与血浆蛋白结合程度由很多因素决定，如血浆pH、血浆蛋白浓度、药物浓度、存在与相同结合位点亲和力较高的其他药物及炎性条件下存在急性期蛋白。血浆与蛋白质结合程度和药物对非特异性蛋白结合位点的亲和力，在某些病例中具有重要的临床意义。如潜在的有毒化合物（如双香豆素）可能有98%结合，但如果因某些原因只有96%结合，则血浆中可作用的游离活性药物即翻倍，可引起潜在的有害作用。用药过量超出血浆蛋白的结合能力，导致游离药物过多，进而扩散到各种靶组织使作用过强。较快药物清除率可缓解高浓度药物带来的影响。

药物从血浆蛋白中解离的难易程度同样重要。由于从血浆蛋白库中逐渐释放出来需要较长时间，故结合更紧密的药物有较长的消除半衰期。例如长效磺胺，大多数游离药物易于分布在胞外基质中。含有较多脂溶性药物时才能穿过所有生物膜。在体内分布和消除过程中，药物可以或无法穿透某些生理屏障（如血脑屏障、胎盘屏障和乳腺屏障）。药物经两种不同途径进入中枢神经系统：毛细血管循环和脑脊液。与脑白质相比，药物在脑灰质中渗透速率更大，可能由于药物经血液进入组织时具有较大的释放率。药物因素和不同药物进入中枢神经系统的不同速率包括如下内容：①水溶性电离药物不进入中枢神经系统；②低电离，血浆蛋白结合能力差及脂-水分配系数相当高的药物易于渗透；③将药物直接注入脑脊液可产生意外效果；④脑膜脑炎可以显著改变血-脑屏障的通透性。

选择药物治疗患病妊娠动物时，须考虑胎盘屏障。服用任何药物之前，首先要了解该药物的潜在致畸性；妊娠后期用药时应考虑药物对胎儿和分娩过程的影响。营养物质如葡萄糖、氨基酸、矿物质，甚至一些维生素经胎盘运输。药物主要以脂溶扩散的形式通过胎盘，在此过程中，上述因素起重要作用。药物在胎儿体内的分布形式本质上与成年动物相同，只在药物分布量、血浆-蛋白结合力及血液循环方面有所区别，且胎儿分布中调节膜屏障的通透性更强。

乳腺上皮细胞与其他生物膜类似，可作为一种脂质屏障，许多药物易于从血浆经扩散作用进入乳汁。乳汁的pH在一定范围内有所变化，但通常情况下，未患乳房炎的山羊和奶牛乳汁pH为6.5～6.8。由于部分电离作用，非扩散性药物含量较高，故弱碱性物质常在乳汁累积，酸性药物则与之相反。乳房注入药物一定程度上能扩散到血浆中，其过程如前文所述。

（三）药物的生物转化

药物和脂溶性外源化学物质在酶的作用下转变为水溶性强的复合物，直到可经一种或多种途径排泄。药物经代谢或生物转化，随后排泄的过程称作"消除"。药物的代谢通常经两个阶段：第Ⅰ阶段是化学变化（最常见的是氧化作用，也有还原作用），有利于药物进入第Ⅱ阶段；第Ⅱ阶段是共轭或合成极性大分子，从而使药物呈现水溶性而经肾脏排出。

药物生物转化有如下几种可能的结果：①失活，即活性药物转化为无活性的代谢物；②激活，即无活性药物（前体药物）转化为具药理活性的主要代谢产物；③活性药物经转化后其代谢产物仍具有药理活性；④合成致死因子（或中毒），即药物进入正常的细胞代谢途径，最终因存在错误底物导致反应失败（随后发生细胞凋亡）。

药物生物转化的某些方面具有直接的临床意义，包括细胞色素P450酶的诱导和抑制、营养状况、年龄、疾病条件及种属差异。

由于药物的生物转化在早期可忽略不计，故任何物种新生仔畜对脂溶性药物比成年动物更敏感。肝脏内药物代谢酶的后天合成是双相的，即前3～4周活性呈近线性快速增加，随后直到产后第10周发展较慢，幼年动物服药的剂量和间隔时间须酌情减少。老龄动物的肝重量、肝血流量和微粒体酶活性均会降低。

一些病理状态会损害正常肝微粒体酶活性系统，转而又延长了许多药物的半衰期。弗兰克肝毒性（Frank hepatotoxicity）、急性肝炎或其他广泛性肝病变一定会抑制酶活性。充血性心脏衰竭、循环性休克和肝硬化并发的肝脏血流量变化也可导致同样后果。甲状腺功能减退症往往能降低微粒体酶的功能，甲亢则可增强其活性。

药物基因组学是研究机体对药物不同反应的遗传基础科学。脂溶性药物的生物转化模式具有种属差异。药物在不同动物体内作用持续时间，因其生物转化率的不同而有差异。在过去十年对具同工酶特性的细胞色素家族的研究迅速建立起来。细胞色素超家族中已鉴定的酶有20多种，其中细胞色素3A4的底物范围最广。已发现在人体内有一些酶的变体，在药物代谢中具有潜在的致命性差异。目前，这些突变体也存在于动物体内。除了细胞色素酶的异质性，对其在动物间对映异构体的不同处理的认识正不断加深。对映异构体是原子团绕一个中心或"手性"碳旋转产生的镜像结果。通常，这样的化合物作为外消旋混合物出售（各异构体以50∶50比例混合）；但是，机体通常在处理每个立体异构体时均有所差异，差异也发生在物种间。许多强心药和非类固醇消炎药，以对映体外消旋混合物的形式存在。由一个物种到另一个物种制订剂量或停药期时，必须切记上述因素。

（四）药物与代谢物的排泄

血浆或受体结合位点处药物浓度可通过三条途径降低：①分配或再分配到其他组织中；②代谢失活；③从体内排泄。肾脏是主要的排泄器官，肝、胃肠道和肺也发挥着重要作用。乳汁、唾液和汗液通常不是消除的主要途径，但在乳汁中的活性药物可能会通过哺乳影响子代。

肾脏对外源性物质的排泄主要发生在近曲小管，包括肾小球滤过、被动扩散出入肾小管和载体介导分泌等形式。分子质量小于66 kD的游离态分子容易通过肾小球膜过滤到肾小管中。由于小管液中存在离子障，尿液的酸化或碱化可能会改变一些药物的排泄率。

由于药物分子存在游离态和结合态之间的动态平衡，药物与血浆蛋白结合，通常不会阻碍其在肾小管的排泄。当游离的药物通过肾小管上皮细胞转移或转运后，立即会有药物-白蛋白复合物的解离。两种或两种以上酸性药物或碱性药物配伍作为载体介导的分泌过程的底物，可减缓与载体结合位点亲和力较小药物的消除，从而延长药物作用时间。

药物及其代谢物也可通过肝细胞被动或主动排泄到胆小管，并最终随胆汁进入十二指肠。在肠道菌群的作用下，药物以游离态存在，可重吸收进入血液循环。肠肝循环主要针对排入胆汁的药物，可延长其半衰期。任何原因引起的肝细胞排泄功能损伤或胆汁流动受阻，都会干扰药物的胆汁排泄，正常肠道菌群的破坏或丧失也会造成药物肠肝循环的正常动力学的改变。此时要适度调整给药剂量或给药间隔。

其他的排泄途径在临床上的作用相对较小。然而，有些药物也可直接扩散进入胃肠道随粪便排出。瘤胃网胃可作为药物储藏室或"药槽"。气管、支气管也是潜在的排泄途径。许多非肠道给药的药物可在支气管分泌物中检测到。进行吸入麻醉时，肺泡的药物排泄具有重要意义。影响该排泄途径的主要因素与吸入麻醉药摄取的决定因素（即血浆和肺泡气中的药物浓度及血液/气体分配系数）相同。药物还可通过非离子被动扩散的方式经乳腺和唾液腺排泄。由于反刍动物分泌大量的碱性唾液，故其唾液排泄就显得尤为重要。

当药物排泄器官的排泄功能受损或因疾病、年幼或衰老等原因发生改变时，会导致药物的消除时间延长。此外，食物与营养因素和药物间相互作用也可能改变药物的清除速率。

尿液排泄是体内代谢的重要途径，肾功能衰竭会导致药物清除率降低，从而减慢药物从体内清除的速度。此时，如果正常剂量给药往往导致药物在体内积聚，最终产生毒性。而受损的肾脏会产生肾缺血、肾小球损伤、肾小管受损及肾灌注性受损等各种功能障碍，肾小管上皮细胞的功能障碍，自我平衡机制失调，肾小管、集合管（甚至输尿管或尿道）阻塞性病变，这些都会影响药物的排泄。滤液pH的变化也会改变pKa恒定药物的排泄率。除了直接作用于肾排泄机制，肾脏的病理变化也可影响药物的处置和消除，且大多数情况下药物毒性增加。在尿毒症动物体内，药物与血浆蛋白的结合减少。肾功能衰竭的动物体内代谢反应速率受到抑制，药物的有效消除被破坏，需要经生物转化才能消除。肾功能衰竭相关临床症状和病理生理变化还可以改变特定药物的药效。全身性疾病如酸碱平衡紊乱，高钾血症、低钾血症，高钠血症、低钠血症，脱水，高血压、低血压都可以彻底改变药物的处置和作用。

三、药代动力学

特定药物的动力学特征（吸收、分布、生物转化和排泄）决定其血药浓度。由于组织应答强度一般由受体所在环境中的药物浓度决定，通常推测血药浓度与药物作用时间有关。制订给药方案的参数来源于正常动物药代动力学研究，但通常用于患病、年幼、年老、肥胖、消瘦或妊娠等非正常动物群体。药代动力学的诸多参数可以通过血药浓度随时间变化的研究来确定，下面着重强调一些临床实用的功能和价值。

（一）血药浓度

血药浓度可以测定，并绘制血药浓度-时间曲线。通常，血浆中药物浓度的时间进程与药理作用的给药时间、强度和持续时间有关。因此，给药后依次测定血浆药物浓度可用于制订给药方案，确定适当的给药间隔，以保证疗效，避免药物失效或毒副作用。

许多药代动力学参数可以通过单剂量浓度曲线（血管给药或非血管给药）得出，其中包括中枢和外周室之间的传输速率常数、药物从中央室消除速率常数（Kel）和消除半衰期（$T_{1/2}$），这些参数在确定临床给药间隔时具有重要意义。

1. 单剂量非血管给药后药物的浓度曲线　非血管给药时，药物通常在短时间内进入血浆，血药浓度稳步上升，直到达峰值。药物一旦被吸收进入血液循环，分布、生物转化和排泄即同时进行。在初始阶段，吸收和分布速率大于消除速率。当吸收和消除率相等时，血药浓度达到峰值。此后，由于给药部位药量减少，药物排泄率超过吸收率，血药浓度开始下降。

"生物利用度"用来表示药物的吸收速率和程度，通常指经口服由胃肠道吸收的药物。生物利用度可由静脉注射（吸收效率100%）和口服相同剂量的药物后，两者药-时曲线下面积的比值（百分比）决定。同理也可得出其他途径给药的药物生物利用度。

2. 单剂量血管给药后药物的浓度曲线　当药物通过快速静脉注射给药时，血液中的药物可立即达到最大浓度，随即下降。这种下降曲线可以通过定期监测血药浓度，绘制药-时曲线来确定。

（二）表观分布容积

表观分布容积（Vd）是用于指示药物在血浆和不同组织中分布模式的药物代谢动力学方法，即假设药物在充分均匀分布的前提下，体内全部药量按血中同样浓度溶解时所需的体液总容积。概言之，即药物分布完成后组织稀释药物的体积。单位为L/kg（以动物的体重计算）。药物的表观分布容积由其水溶或脂溶性大小、与血浆或组织蛋白结合的能力及组织灌注决定。脂溶性低，能与血浆蛋白广泛结合及组织亲和力低的药物可保持高血浆浓度，其表观分布容积较小，与血浆容积相近。只分布于细胞外液的药物，其表观分布容积通常约为体重的30%（0.3 L/kg）。能够通过细胞膜的药物可分布于全身体液中，其表观分布容积至少为体重的60%（0.6 L/kg）。药物与外周部位结合会使其离开全身循环，从而导致表观分布容积过大而至超出动物体重。表观分布容积是药物的基本特征，在较大剂量范围内，对于给定物种的动物通常是恒定的。然而，表观分布容积受一些显著临床因素的影响，包括年龄、肾脏、肝脏和心脏的功能状态、液体积累、血浆蛋白浓度、酸碱状态、炎症过程或坏死和其他能改变血浆蛋白结合力的因素。Vd可用来确定用药剂量。达到要求的血浆浓度所需药物剂量换算公式如下：

$$D = C \times Vd \times 体重（kg）$$

式中：D为用药剂量；C为给定药物所需的血药浓度。

（三）药物的清除（排泄）

药物在组织和体液完成吸收和分布后，主要通过肝脏和肾脏清除，血药浓度随之逐步下降。清除速率随物种差异和药物差异而有所不同。单剂量给药5个半衰期后，96.87%的摄入药量已经被机体清除，仅有约3%的药物在体内残留。药物血浆清除率是指每分钟内将所含的药物清除干净的血浆体积，或者单位时间内（通常1min）将所含药物全部清除的血浆体积。因此清除率表示药物从血浆清除的速率或效率，而非药物的清除量。

肾脏清除率是指每分钟药物通过肾脏时被完全清除的血浆体积。药物的肾清除率取决于尿液酸碱度，血浆蛋白结合程度和肾血浆流量。由于饮食、环境温度、生理活动、疾病和联合用药的不同，这些因素在不同动物或同种动物间可能会有差别。对于主要通过肾小球滤过作用排泄的药物，动物的肌酐清除率可作为药物清除的指标，因为肌酐可进行完整的肾小球滤过而被肾小管重吸收。因此，肌酐清除率可以用于调整肾功能损伤动物的某些药物给药方案。

肝脏清除率是指每分钟药物通过肝脏时被完全清除的血浆体积。虽然胆汁排泄有助于药物的肝清除，但除了亲水性高的化合物，大多数药物主要在肝脏的生物转化过程中从血浆清除。影响肝脏清除率的主要因素有肝血流量（运输药物到肝脏）、肝细胞对血液中未结合药物的摄取、微粒体或其他酶系统的药物代谢转化和胆汁分泌率。

一些药物口服后，部分在肝脏的作用下从门静脉系统中清除。这种"首过效应"能够显著减少摄入药物到达全身循环的剂量。特定药物首过效应的大小可以受许多因素影响而改变。肝脏疾病、胆汁淤滞、肝血流量减少及抑制微粒体酶系统的药物均能阻碍药物的肝清除。微粒体酶诱导剂往往会增加联合用药时的肝清除率。目前还没有可靠的可用于评估药物的肝清除障碍（类似于肾脏的肌酐清除率）的肝功能检测方法。患有肝病的动物用药剂量，必须根据临床判断单独加以调整。

稳态血药浓度（重复给药或衡量静脉注射给药） 在某些情况下，药物预期的治疗效果可由单剂量用药产生。然而，要达到满意的疗效，常常需要在较长的一段时间内保持药物浓度达到治疗范围。高剂量给药可能存在潜在毒性作用，因此需要进行定期安全剂量重复给药或持续静脉注射。给药速率取决于一个给药间期和药物消除半衰期内药物浓度的波动量。

静脉注射时，血药浓度持续上升，直至消除率等于注入体内的速率。无论何种药物，在第1个半衰期即可达到平衡浓度的50%，在第2、3和4个半衰期时，分别达到平衡浓度的75%、87.6%和93.6%。通常经过3~5个半衰期可达到稳定状态。达到稳态血药浓度所需的时间仅取决于药物自身的半衰期，即半衰期越短，越能迅速达到稳态。给药剂量和途径对达到稳态所需的时间没有影响。因此，药物通过恒定或间断静脉注射、其他非肠道途径（假设没有任何药物处理以延缓吸收）或口服给药，至少要5个半衰期浓度才能达到稳定状态。与首剂量相比，稳态下药物浓度由给药间隔与半衰期之间的关系决定。与给药间隔相比，具有长半衰期的药物将在体内显著积聚；对于半衰期较短的药物，大部分的药物在给药间期则被消除，故很少积聚。

药物通常需要一定时间才能达到血药浓度稳态。紧急情况下，通过负荷剂量给药可快速达到血浆水平。此时需要单一的大剂量或小剂量频繁给药，使血浆中的药物浓度在稳定状态期间迅速达到期望水平。血浆水平达到稳态所需负荷剂量，可由给药间隔期间药物的消除剂量和保留剂量决定。持续服用相同的剂量药物3~5个半衰期才能达到稳态。如果在负荷剂量之后服用维持剂量的药物，不能使药物浓度维持在负荷剂量所达到的浓度，则在以维持剂量服用3~5个消除半衰期后，药物浓度会逐渐降低或升高，直到新的稳态。

对于大多数药物，适当的给药间隔取决于药物的最大和最小浓度之差（如治疗范围）。给药间隔短于药物半衰期时，由于血液中药量较高，会增强药物引起的毒性作用。延长给药间隔则会由于血药浓度下降，而降低药物的疗效。然而，通常情况下对于半衰期短的药物，给药间隔等于半衰期是不切实际的。通常，安全性较好的药物可大剂量给药，以获得足够的时间和血药浓度；安全性较差的药物可通过谨慎的静脉滴注给药。另一种方法是使用剂量配方或设备，使摄入体内的药物成分能梯度性的释放到周身血流。

四、药物作用与药效动力学

药效学是研究药物在体内的作用机制和生理生化影响的一门学科。它包含初始状态药物与受体相互作用产生的效果和药物作用后的效果。如地高辛通过抑制生物膜上Na^+/K^+-ATP酶活性，从而起到增大心肌收缩力的药效。

某些药物，包括吸入麻醉剂、渗透压利尿剂、泻药、抗菌剂、抗酸剂、螯合剂和尿的酸化剂、碱化剂，是直接通过它们的物理化学特性起作用的。某些抗癌和抗病毒化学治疗剂，即嘧啶和嘌呤碱基类似物，则是通过进入核酸，作为DNA或RNA自杀底物的合成时发挥作用。但是，大多数药物的药效是药物与其受体相互作用的结果。这些相互作用引起受体构象变化，进而启动生化和生理反应，从而发挥药效。

（一）药物浓度与疗效

药物治疗的目的是，在所需的强度和持续时间产生特定的药理效应，同时避免不良反应的产生。一些药物用药动学/药效学（PK/PD）建模方法，对给药剂量和临床反应之间的关系进行了研究。对其他药物来说，在体外系统用一个理想化的数学模型，使药物浓度及其效果的受体占有率和药物反应简单关系概念化。在该模型中，假设药物可逆地与其受体相互作用，并产生成比例的受体数量占用的效果，当所有的受体饱和时，达到最大效应。该模型的反应流程为：

$$药物（D）+受体（R）\overset{k_2}{\underset{k_1}{\longleftrightarrow}} DR \rightarrow 药效$$

药效和游离药物的浓度之间的关系模型，可表示为：

$$E=\frac{E_{max}\times C}{EC_{50}+C}$$

式中：E为浓度C时的药效；E_{max}为药物可产生的最大效应；EC_{50}为产生最大效应的一半时的药物浓度。

以上等式表示为等轴双曲线。它通常是更方便反应数据通过绘制对数剂量或浓度（横坐标）和药物剂量效应（纵坐标）关系的曲线。该变换产生的S形曲线，能很容易地比较不同的药物效力。此外，用于在治疗浓度的药效通常落在的S形曲线近似线性的部分，即在最大效果的20%～80%的部分。这使得更容易解释绘制的数据。

（二）激动剂与颉颃剂

激动剂是一种与受体结合，通过改变（或稳定）处于激活状态受体的比例，进而产生生物应答的药物。完全激动剂是指能够与所有或部分受体结合达到最大应答。部分激动剂产生的应答小于最大应答，即使是在药物结合所有受体的情况下。无完全激动剂时，部分激动剂可产生效应，但存在完全激动剂颉颃剂时，则作为颉颃剂发挥作用。部分激动剂的浓度-效应曲线类似于在非竞争性颉颃剂存在下的完全激动

剂曲线。

颉颃剂是一种阻止由激动剂所产生效应的药物。颉颃剂与受体或其他效应机制的成分相互作用，但缺乏固有活性（如诱发受体与之结合并反应的能力）。竞争性颉颃剂导致可逆的抑制作用，这种作用通过增加激动剂的浓度是可以克服的。竞争性颉颃剂的存在，导致对数剂量效应曲线向右平行移动，而不改变激动剂的E_{max}和EC_{50}值。非竞争性颉颃剂可导致不可逆的抑制作用，可阻止激动剂产生最大效应（即E_{max}和EC_{50}均降低）。然而，在低浓度时，非竞争性颉颃剂可能会导致剂量-效应曲线向右侧平行移动，而不减少激动剂的最大反应。

激动剂而非颉颃剂，在相同受体的同一位点结合时产生效果。通过对其结构和功能的研究可得到这样的解释：受体至少存在活性和非活性两种构象，且处于平衡状态。由于激动剂与受体的活性构象具有较高的亲和力，驱动平衡到活动状态，从而激活受体。相反，颉颃剂与受体的非活性状态的构象具有较高的亲和力，并推到非活动状态的平衡，导致药物不起作用。

备用受体的概念是隐含在非竞争性颉颃剂定义中；后者可有效且不可逆地从系统中除去受体。然而，低浓度的非竞争性颉颃剂可能会导致剂量-效应曲线向右平行移动，而不减少激动剂的最大反应。这是由于观察到最大反应中所有的受体未被结合，在这种情况下，该组织拥有备用受体的诱发。从功能角度看，备用受体的作用是显著的，因为它们增加了组织配位体反应的灵敏度和速度。

（三）构效关系

药物的化学结构决定了它与受体的亲和性和引起反应的能力（即固有活性）。构效关系可用于药物设计，药物结构的微小改变有可能产生更有利的治疗效果和药动学性能。

（四）信号转导与药物作用

大多数受体是蛋白质，其中最有代表性的如调节蛋白、酶、转运蛋白和结构蛋白。核酸也是重要的药物受体，特别是对于用于治疗癌症的化疗制剂。

一些神经递质的受体，通过配体门控或电压门控离子通道的打开和关闭来调节。例如在烟碱样乙酰胆碱受体的配体门控受体通道中，Na^+可顺着浓度梯度进入细胞，产生去极化。临床上，麻醉师使用的神经肌肉阻断药与乙酰胆碱的受体相竞争抑制，但不启动离子通道的开放。其他配体门控离子通道受体包括兴奋性氨基酸（谷氨酸和天门冬氨酸），抑制性氨基酸[γ-氨基丁酸（GABA）和甘氨酸]和某些5-羟色胺（5-HT$_3$）受体。钠通道受体是电压门控受体的典型

例子，它们存在于兴奋性神经、心脏和骨骼肌细胞的膜上。在静息状态下，Na^+/K^+-ATP泵使这些细胞保持胞内的Na^+浓度远低于胞外环境。膜的去极化引起通道打开并且Na^+瞬间涌入，随后通道失活并返回到静止状态。局部麻醉剂可直接作用于电压门控钠离子通道的开关。

许多跨膜受体与三磷酸鸟苷结合蛋白结合进而激活第二信使系统，其中环磷酸腺苷（cAMP）和磷脂酰肌醇是两个重要的第二信使系统。在cAMP第二信使系统中，配体与受体的结合提高或降低了腺苷酸环化酶的活性，这反之又调节三磷酸腺苷形成cAMP。蛋白激酶A被cAMP激活的结果是蛋白质的磷酸化和生理特性的改变。从治疗的观点来看，药物结合到β-肾上腺素能受体、组胺H_2受体或多巴胺D_1受体可激活腺苷酸环化酶；而与毒蕈碱M_2，α_2-肾上腺素受体，多巴胺D_2，阿片类μ和δ，腺苷A_1或GABA型的B受体结合，则抑制腺苷酸环化酶。在磷酸肌醇的第二信使系统中，膜磷脂酰肌醇4，5-二磷酸在磷脂酶C的作用下可水解成1，4，5-三磷酸（IP3）和1，2-二酰基甘油（DAG）。IP3和DAG同时存在或只有IP3的情况下都可以激活激酶，这个过程需要胞内钙库的钙动员。许多药物发挥作用是由于它们与受体的相互作用依赖于这些第二信使，其中包括α_1-肾上腺素受体、毒蕈碱M_1或M_2受体、5-羟色胺5-HT_2受体和促甲状腺激素释放激素受体。

蛋白酪氨酸激酶受体，一般都是专门酪氨酸残基的磷酸化蛋白质，而不是丝氨酸或苏氨酸残基上的跨膜酶。它们包括多种生长激素、胰岛素和内分泌激素的受体。

细胞内受体可调节激素的作用，如糖皮质激素、雌激素和甲状腺激素。这些在细胞核内调节基因表达的激素为亲脂性，可以通过自由扩散达到细胞膜的受体。糖皮质激素受体主要是在细胞质中以无活性形式驻留，直到它们结合糖皮质激素类固醇配体。这导致了受体激活和易位到细胞核，在受体与特定的DNA序列相互作用。不同于糖皮质激素受体，雌激素和甲状腺激素受体驻留在细胞核中。

（五）药物剂量与临床反应

要制订合理的治疗方案，兽医师必须了解药物剂量与临床反应的基本概念。药物的量-效关系可能是梯度性的或量子级的。梯度量效曲线（graded dose-response curve）可以在一个连续的尺度上构造并测量，如心脏速率测量。梯度量效曲线反映药物强度与剂量大小的关系，因此用于描绘药物效果。量子效应曲线（quantal dose-response curve）描述药物引发的"全或无"型反应，如癫痫发作的存在或不存在。

对于大多数药物，能产生指定的量子效应的剂量，在群体中呈对数正态分布，这使得对数剂量应答的频度分布是一个高斯正态分布曲线。需要一个特定的剂量发挥这样效果的群体的百分比，可以从该曲线确定。当这些数据被绘制成的累积频率分布，就产生S形剂量-反应曲线。

受体-药物复合物的解离平衡常数（equilibrium dissociation constant of the receptor-drug complex，K_D）是用于反向（k_2）和正向（k_1）的药物与受体和药物-受体复合物之间的反应。K_D受体占用的药物浓度是最大的一半。具有较高的K_D（低亲和力）的药物从受体分解下来的速度快，相反，药物慢慢地从低K_D（高亲和力）分离受体。这些效应影响该生物反应结束的速率。

药物与受体的亲和力（affinity）是指药物与受体结合的能力（即K_D）。药物与受体相互作用的化学力包括静电力、范德华力、氢键和疏水键。这些分子间力的变化引起系统热能的改变，决定了药物和受体结合与解离的程度。

效价（Potency）是指产生50%的药物的最大效应时所需的药物浓度（EC_{50}）或剂量（ED_{50}）。当EC_{50}等于K_D时，存在占用和响应之间的线性关系。通常，信号放大之间发生受体占用和反应之间，这会导致在上述EC_{50}产生比K_D受体占用后少得多的反应（即对数剂量-响应曲线的横坐标上位于左侧）。药物的效力取决于它与其受体的亲和力和药物与受体相互作用的效率的耦合反应。药物产生作用所需的剂量是负相关的效力。在一般情况下，需要服用高剂量但不切实际时，低效力显得尤为重要。ED_{50}的量子剂量-反应关系是50%的个体表现出特定的量子效应时的剂量。

药效（Efficacy，也称为固有活性）是指药物结合到受体的引起反应的能力。如上所述，药物结合引起在受体构象变化产生的生化和生理反应，可作为药物的应答特征。在某些组织中，即使只有少部分受体被结合，高效激动剂也可产生最大的效果（备用受体的概念如上所述）。

半数抑制浓度（median inhibitory concentration，IC_{50}）是指降低到50%的最大可能效果的指定响应的颉颃剂的浓度。

选择性（Selectivity）是指药物优先产生特定效果的能力，与药物和受体结合的结构特异性相关。如心得安（一种β-受体阻断剂）与β_1和β_2-肾上腺素受体的结合能力相同；心脏选择性β-受体阻断剂（美托洛尔）选择性与β_1-肾上腺素能受体相结合，沙丁胺醇（用于治疗哮喘的β-受体激动剂）与β_2-肾上腺素能受体的选择性结合。沙丁胺醇的选择性，可通过肺部直接用药进一步增强。

药物作用的特异性涉及不同的机制所涉及的数量。特定药物的例子包括阿托品（毒蕈碱受体颉颃剂）、沙丁胺醇（β_2-肾上腺素能受体激动剂）、苯氧苄胺（α-肾上腺素受体阻断剂）和西咪替丁（H_2-受体颉颃剂）。与此相反，非特异性药物通过几种机制导致药物作用。吩噻嗪是一个典型的例子，它引起了D_2多巴胺受体、α-肾上腺素能受体及毒蕈碱受体的封闭。

药物的治疗指数（therapeutic index）是指该药物的中毒剂量与有效剂量的比值，通常表示为半数致死量（LD_{50}）与半数有效量（ED_{50}）的比，可指导选择用药达到预期效果。该LD_{50}和ED_{50}值是来自动物试验中产生的剂量-反应曲线。

在药物的选择和剂量的确定上可参考剂量-反应曲线。一种药物的选择主要基于其特定的治疗适应证的临床效果。在这方面，受体的药物浓度（由药物的药代动力学性质的确定）和药物-受体复合物的疗效的药物的临床效果是主要的决定因素。相比之下，药物的给药剂量，更大程度上取决于效能最大功效。

产生梯度效应的药物-受体复合物最大功效即最大梯度剂量-效应曲线（E_{max}）。E_{max}来自不同个体之间及一个单一的动物的定量的剂量-反应关系。这个E_{max}的临床病例的推断值只是一个估计值，但它有利于药物在指定的相同受体的影响下进行最大疗效的比较。从任一梯度或量子的剂量-反应曲线得到的一种药物的效力（即EC_{50}或ED_{50}）用于确定应给药的剂量。该梯度的剂量-反应曲线的斜率，提供有关药物诱发效果的剂量范围的信息。其他有关的选择性药物作用和治疗指数也获得从梯度的剂量-反应曲线。当量子效应正在拟定中，有关药物的效力、药物作用的选择性、安全剂量范围和个体间反应的潜在的可变性，可以从量子的剂量-反应曲线得到。

药物到达受体的能力可由描述其吸收、分布和清除的药代动力学参数表现出来。药物的血药浓度和其治疗效果之间不是简单的时间相关性，因此在绘制血药浓度（横坐标）对治疗效果（纵坐标）的曲线时，按时间顺序统计数据，其结果为一个循环。这种现象称为滞后中的浓度-效应关系。可卡因和假麻黄碱快速耐受开发中，可观察到顺时针方向的磁滞回线（见下文）。药物的逆时针磁滞回线如地高辛，是对其慢慢地分配其作用部位的观察。血药浓度和疗效的时间相关性在不同颉颃剂间是有差异的。竞争性颉颃剂的程度和持续时间，取决于其血浆浓度，这部分依赖于其消除速率，且根据剂量维持在治疗范围内的血浆浓度，需要作相应的调整。与此相反，不可逆性颉颃剂

作用的持续时间与共消除速率无关，而取决于其血浆浓度，并更多地依赖于受体分子的周转率。

随着时间的推移，大多数受体的密度不是恒定的，这具有重要的治疗意义。下调规律的产生可能是受体持续接受激动剂刺激的结果，并表现为诱发快速耐受性，这表现在磁滞回线的浓度-效应关系顺时针方向性。相反，额外的受体可因响应于慢性受体颉颃作用而被合成，该现象称为上调。由于更多的受体现在可用，在高反应性的反应发生时，细胞暴露于激动剂。

五、剂型与给药系统

不同的剂型和药物传递系统逐步提高了动物护理和福利。剂型的发展借鉴了生物药剂学，集配方、溶解、稳定和控制释放（制药学）；吸收、分布、代谢和排泄（药代动力学，PK）的浓度-效应关系；药物受体相互作用（药效学，PD）和治疗的疾病状态（治疗学）于一体。制剂的剂型通常包括活性成分与一种或多种赋形剂结合，这样所得到的剂型决定了给药途径、临床有效性和药物的安全性。药物剂量的优化对实现临床疗效和安全性也很重要。描述药物反应的PK/PD模型，就是在剂量优化的基础上建立起来的。PK和PD相链接的前提是全身循环的游离药物与受体平衡。该PD阶段涉及药物与受体的相互作用，从而触发受体后事件，并最终产生药效。

由于物种和品种的多样性、动物体型差异、饲养方式差异、季节变化、动物的价值与成本制约、药物残留在动物性食品和纤维中的持久性，方便程度，以及其他差异性因素，兽医配方的给药方案较为复杂。目前已开发出新的解决方案，以满足这些挑战（如对犬和猫的体内外寄生虫的局部给药方案；微胶囊化的非类固醇类消炎药作为一种马用异味消除方法）。控释药物输送系统在兽药领域占有独特地位，许多这样的系统也已上市运用。如已经开发了用于提供抗菌剂、驱肠虫剂、生产促进剂、营养补充剂和其他用于反刍动物的药物等控制释放的丸药。

（一）口服制剂与给药传递系统

口服剂型包括液体（溶液剂、混悬剂和乳剂）、半固体（糊剂）和固体（片剂、胶囊剂、粉剂、颗粒剂、预混剂和舔砖）。

溶液剂是由两种或两种以上物质混合形成的，在分子水平上依然是单一、均相的体系。溶液剂与其他剂型相比有以下几个优点：与固体剂量剂型相比，溶液吸收更快，一般对胃肠黏膜刺激性小；在贮存过程中，不存在悬浮剂和乳剂中或会发生的相分离现象。溶液的缺点包括易受微生物污染和活性成分在水溶液

中容易水解。此外，一些药物在溶液剂中适口性降低。口服溶液剂的常用添加剂有缓冲剂、调味剂、抗氧化剂和防腐剂等。口服溶液尤其适于新生动物和年轻动物给药。

混悬剂是不溶性的药物颗粒的粗分散体，在液体（通常是水）介质颗粒直径一般大于1 μm。悬浮液在溶解不溶或难溶药物或是需要药物成分在胃肠道中，以细碎的形式存在情况下是需要的。后者的一个例子是用二甲基聚硅氧烷治疗"泡沫性臌气"（急性瘤胃臌气），它依赖于细碎的二氧化硅的分散体，对反刍动物的瘤胃进行处理。由于悬浮剂中颗粒的难溶性，大多数悬浮液药物的味道较在溶液剂中少。药物粒径是决定混悬剂溶解度和生物利用度的决定因素。除了上述溶液的赋形剂，悬浮剂中还包括表面活性剂和增稠剂。表面活性剂使固体颗粒变潮湿，从而确保颗粒易于分散在液态体系中。增稠剂降低了颗粒沉降的速率。当晃动容器后能表现出良好地回旋性，这种药物沉降是可接受的。由于坚硬的沉淀物不满足这一标准，悬液结块不可接受。

乳剂是由两种互不混溶的相，即分散相和连续相所构成的体系，其中一种以小液滴的形式分散在另一相中，液滴直径一般为0.1～100 μm。乳剂本质上是不稳定的，通过使用乳化剂固定防止分散液滴的聚结。同牛奶类似，乳剂也会发生乳液分层，通过摇动后又可恢复成均匀的分散体，因此分层还不是一个严重的问题。但仍应尽量避免形成分层，因为分层会增加液滴聚结和破乳的概率。乳剂中其他辅料包括缓冲液、抗氧化剂和防腐剂。可口服的乳剂通常是水包油体系，活性成分在油相，选用便于服用的油性物质，如蓖麻油或液状石蜡，以增加药物的适口性。

糊剂是含有两种成分的半固体制剂，药物粉末在亲水性或亲脂性基质中分散。糊剂中活性成分的粒径可达100 μm。药物成分的载体可以是水、多羟基液体（如甘油、丙二醇和聚乙二醇）、植物油或矿物油。其他辅料包括增稠剂、助溶剂、吸附剂、湿润剂和防腐剂。增稠剂可以是天然材料，如阿拉伯胶或西黄蓍胶；或经合成或化学修饰的衍生物，如苍耳胶或羟丙基甲基纤维素。药物的聚集程度、可塑性和可注射性取决于增稠剂。添加助溶剂增加药物的溶解度是必要的。脱水糊剂是一种不稳定的形式，该制剂的固体和液体成分会随时间的推移逐渐分离，加入吸附剂（如微晶纤维素）可避免其分散。保湿剂（如甘油或丙二醇）可防止从喷嘴的分配器收集到的膏剂形成坚硬的外壳。防腐剂可抑制制剂中微生物的生长。糊剂药物应无味或具有适宜的口味。糊剂已在治疗猫、马的疾病中广泛使用，便于畜主安全给药。

片剂包含一种或多种活性成分和大量赋形剂，可整片吞服、咀嚼或作为调节给药的缓释制剂。吞服及咀嚼片常用于犬和猫给药，而缓释的大型片剂或丸剂以牛、绵羊和山羊给药为主。片剂的物理和化学稳定性通常优于液体剂型。片剂的主要缺点是水溶性低或吸收不良的药物的生物利用度较低，有些药物可能会局部刺激胃肠黏膜。

胶囊剂是一种口服剂型，通常由明胶制成外壳，内填活性成分和赋形剂，可分为固体药物填充的硬胶囊和液体或半固体药物填充的软胶囊。软胶囊有助于药物释放，且胃肠道吸收好，适用于水溶性低的药物。明胶胶囊往往比药片更昂贵，但也有一定的优势，如胶囊的生产过程中很少会改变药物粒径大小，胶囊能掩盖活性成分的不良味道和气味，能保护药物中对光不稳定的成分。

粉剂是一种药物粉末与其他粉末赋形剂混合，用于口服给药的制剂。粉剂比液体制剂的化学稳定性强。由于无崩解过程，粉剂的溶解速度比片剂或胶囊剂更快，这有助于提高受溶解速率限制药物的吸收率。而粉剂的适口性比其他剂型差，因此在饲料中添加粉剂可能会降低动物摄入的药量，这在饲料中尤其要重视。此外，患病动物的采食量较少，因此不宜采用饲料粉剂配方。药物粉末可以可溶性粉末的形式加入饮水或牛奶中用于疾病的预防。药物粉末还可制成乳化剂通过液体浸泡的方式给药。

颗粒剂是由粉末剂凝结而成的分子质量较大的药物剂型，直径通常为2～4 mm。颗粒化有助于避免药物在储存及服用过程中大小相异的粒径成分之间的分隔，增加给药剂量的准确性。颗粒和粉末药剂作用大体相似，但颗粒剂在溶解和吸收前必须先崩解。

预混剂是由活性成分（如抗球虫剂、生产增强剂或营养补充剂）与赋形剂配制而成的固体剂型。预混剂与饲料以每吨几毫克至200 g（以有效成分计算）的比例匀混，主要用于家禽、猪和反刍动物给药。预混颗粒的密度、粒径和形状应尽可能与饲料相匹配，促使其更好地与饲料混合。预混剂不稳定，易带静电，吸湿性也需改善。预混剂配方中存在的赋形剂包括载体、液体黏合剂、稀释剂、抗结块剂和防尘剂。预混剂活性成分与载体（如麦麸、豆渣和稻壳等）表面结合，对活性成分的均匀混合起重要作用。使用载体时在配方中应加入液体结合剂（如植物油）。稀释剂在预混制剂中占主要部分，但与载体不同的是，它与药物活性成分结合。稀释剂包括重质碳酸钙、磷酸二钙、右旋糖和高岭土。配方中的吸水性成分可引起预混剂结块，加入少量的防结块剂（如碳酸钙、二氧化硅、硅酸盐和疏水性淀粉）可防止其结块。混入粉末预混料中的灰尘会影响操作人员健康并造成经济损失，配方中可加入植物油或轻质液状石蜡以减少灰尘混入。克服灰尘的另一种方法来是制作颗粒状预混料配方。

舔砖是一种压缩的饲料添加剂，其中包含一种活性成分，如驱虫药、表面活性剂（用于臌胀症的预防）和营养补充剂，通常用硬纸板盒包装。反刍动物可以自由食用多日，但难于精确控制药物摄入量。对此可通过添加无毒、稳定、适口及优选的低溶解度活性成分来解决。此外，还可通过调配赋形剂来改善舔砖的适口性及硬度，以调节药物的摄入量。如糖浆可提高舔砖的适口性而氯化钠反之。此外，在舔砖生产的压缩过程中，掺入黏合剂如木素磺酸盐，或化学反应过程中加入氧化镁可增加其硬度。配方中糖浆的吸水性也可能影响舔砖的硬度，可通过使用适当的包装来处理。

（二）口服缓释给药系统

利用反刍动物前胃独特的解剖学，已经开发了几种缓释运载系统。较为典型的如使用投丸器，将一些含活性成分的制剂（如抗寄生虫药、营养添加剂、抗臌胀剂和促生长素等）制成药丸投放于瘤胃内。大多数商品化的瘤胃丸是连续给药装置，其活性成分的释放通常依赖于侵蚀，从贮库扩散、溶解，从分散阵列中溶解，或渗透压驱动。瘤胃丸的释药期通常大于100 d。通过服用密度约为3 g/cm³大药丸或形状可变的药物可防止反刍期间药物的回流。

其他形式的口服缓释运载系统也可用于反刍动物。如一些含磺胺类药物的缓释丸可在瘤胃长效（>72 h）释放，用于治疗牛的疾病。含有烯虫酯或除虫脲的缓释丸剂已批准用于牛粪蝇的控制。

用含硒、钴或铜等微量元素制成的反刍动物瘤胃内投放制剂，主要包括可溶性玻璃丸剂或瘤胃丸剂。已有用于牛和绵羊的可溶性玻璃丸剂（含硒、钴和铜）产品。由于玻璃易受温度突然变化的影响，故玻璃丸剂在服用时应至少保持在15~20 ℃，避免其断裂造成返流。可溶性玻璃丸药可溶于瘤胃液中，从而释放结合的元素。玻璃成分决定了丸剂的溶解度，通过增加二价阳离子与一价阳离子的比率，可增加药物的溶解性。玻璃丸剂可在瘤胃中存留长达9个月。

目前已有含硒或钴的绵羊瘤胃缓释丸剂。由铁压缩沙砾制成的硒或钴丸剂可有效释药长达3年之久。单独服用硒或钴瘤胃丸剂时，通常与"研磨器"共服，以防止丸剂表面形成磷酸钙涂层。

用氧化铜丝制备的氧化铜颗粒可胶囊化于明胶中，用于成年绵羊和山羊。口服后，明胶外壳在瘤胃中溶解，释放出氧化铜颗粒，从而进入真胃，其中一些会驻留在黏膜皱襞，并释放出铜。

（三）肠外给药剂型和药物给药系统

肠外给药剂型和给药系统包括注射剂（如溶液剂、悬浮液、乳剂和干粉）、乳房内注射剂和阴道给药。重组蛋白、多肽及疫苗通常为母体给药的专用剂型。

注射剂是将两种或多种成分混合到一起形成的在分子水平上的均一相。"注射用水"是最广泛的肠外制剂。疏水性溶剂或亲水性/疏水性溶剂体系可使易水解的药物更加稳定。肠外注射剂的赋形剂包括抗氧化剂、抗菌剂、缓冲剂、螯合剂、惰性气体和调整性溶剂。抗氧化剂通过优先被氧化进而保证产品的稳定性。抗菌剂抑制了给药剂量降低时产生的微生物的生长，防止产品腐化。缓冲剂保证了有效成分的溶解性和产品的稳定性。螯合剂是添加到复合物中，激活铜、铁和锌等催化氧化降解作用的药物。惰性气体可用于取代溶液中的空气，并提高氧气敏感药物的完整性。剂型的等渗性是通过调节剂实现。未调节等渗性的溶液，当静脉注射大于100 mL时，在低渗和高渗溶液中可分别导致溶血或红细胞呈圆锯齿状。注射剂必须无菌，并进行热原检测。发热物质首要源自微生物的脂多糖，以革兰氏阴性杆菌最普遍。注射剂很常用，因为肌内注射的药物被直接吸收，且注射部位不发生药物聚集。

注射用悬浮剂由0.5%~30%的不溶性固体颗粒分散在液体介质中组成。溶剂可以是水、油或两者均有。注射用悬浮剂通过生产架桥系统，组成群集的粒子一起组成开放结构松散，最低程度减少絮凝。注射用悬浮剂中的辅料包括抗菌防腐剂、表面活性剂、分散剂或悬浮剂及缓冲液。表面活性剂可湿化粉末，提高其可注射性，而悬浮剂则可改善其黏度。悬浮注射剂的可注射性和药时效，受悬浮液的黏度和悬浮药物的粒度影响。这些系统能增强易于水解的活性成分的稳定性。注射用悬浮剂应用广泛，由于解离和溶出悬浮剂中的药物微粒需要更多时间，故与可溶性注射剂相比其吸收率更高。由于油悬剂中的药物颗粒从油释放到油/水界面并在组织液中溶解之前，需要一定的时间将其湿化，所以油溶悬浮剂的释放比水溶性悬浮剂更为缓慢。

乳剂型注射剂是两个互不相溶的液体组成的非均相体系，需要乳化剂来稳定体系。很少有药物需要通过此剂型给药，因而十分少见。使用后可能引发一些不良反应，如乳滴的直径大于1 μm，就有可能在静脉注射后发生血管栓塞。由于适用于稳定剂和乳化剂的物质非常有限，注射用乳剂的配方也受到严格的限制。注射乳剂包括水包油型和油包水型，前者常作为肌内注射的缓控释制剂，后者用于变应性萃取物（allergenic extracts）的皮下给药。

肠外给药的干粉在注射前，要改造成可溶性或悬浮性制剂，其主要优点是克服了药物在溶剂中的不稳定性。

治疗乳房炎的乳管内给药产品，可用于奶牛泌乳期和干奶期。泌乳期奶牛乳房内药物的融合，应表现出分布广泛而快速，而且和乳腺组织的结合能力低的特点。这些特点有助于降低牛奶中药物残留。相比之下，对于干奶期奶牛，则需要延长释药期和与乳房组织结合力强的剂型。粒子的大小非常重要，粒径过大会影响药物活性成分的释放率及刺激乳房组织炎症的发生。药物粒子的大小，对干奶期奶牛乳房炎的影响低于泌乳母牛，缩短药物在泌乳母牛乳房中的滞留时间很关键。在油剂中可加入增稠剂调整悬浮粒子的释放率，加入抗氧化剂可预防酸败。乳房炎注射液需放射照射，以保证严格无菌。

阴道给药系统包括控制内部药物释放的装置（controlled internal drug release，CIDR）、孕酮阴道释放装置和阴道海绵。这些装置可用于绵羊、山羊和牛同期发情。T形CIDR设备和环形孕酮阴道释放装置均由硅胶制成，阴道海绵由聚氨酯制成。这些系统中的活性成分为合成或天然激素，如黄体酮、甲氧基黄体酮、醋酸氟代孕酮或苯甲酸雌二醇等。涂药装置包括开膣器和分离柱塞，用于把海绵伸进绵羊和山羊阴道腔，或把孕酮阴道释放装置伸进牛的阴道腔。在阴道内保留时间取决于整个器具（海绵和孕酮阴道释放装置）或旁翼（控制内部药物的释放设备）。同时使用以上三个装置，可在阴道壁上轻缓施加压力。设备置于阴道部分大于95%。

兽医中使用的植入物大多数是压片或者药物均匀地分布于非降解性聚合物基质中所形成的分散阵列。药物从基质系统中释放的过程，包括药物溶入聚合物、从聚合物中扩散，以及药物从聚合物表面分散进入周围水相环境中。植入物可用于增加食用动物的体重和提高饲料的能量转化效率。这些植入物通常制成片剂。释放受控的植入物，由以硅胶为材料的圆柱形核心和包裹在外层的含有雌激素的硅胶构成，可用于提高种畜的繁殖力。其中包括在聚甲基丙烯酸甲酯或硅胶中含有聚甲基丙烯酸甲酯的耳朵植入物，用于母马无需拆卸的，含有地洛瑞林（GnRH激动剂）的生物相容性植入物，以及用于母羊耳朵来提高繁殖力的缓释褪黑素芯片。可以通过将睾酮芯片（每3个月70~100 mg）植入耳朵，来预防受阉羊的溃疡性包皮炎。

1．重组蛋白与多肽类等特殊剂型 重组蛋白和多肽，在一些国家已用于提高奶牛饲料转化率和产奶量（牛生长激素），提高猪的饲料转换率和瘦肉率（猪生长激素），用于羊的化学剪毛（表皮生长因子），降低马因骨骼疾病导致腿部受伤的发病率（马生长激素）及其他用途。重组蛋白和多肽已被制成溶液、冻干粉剂、植入剂和微颗粒。重组蛋白和多肽理化性质的不稳定，配制过程中需要考虑其特殊因素。化学性不稳定，主要由蛋白质水解、脱酰胺、氧化和外消旋化作用造成。物理性不稳定，主要由聚合、沉淀、变性和表面吸附作用造成。据报道，已有一些生产含有重组蛋白和多肽稳定剂的方法，包括选择载体赋形剂（如油性介质）、使用冷冻干燥的赋形剂、使用稳定剂（如糖和洗涤剂）、蛋白质和多肽的化学修饰，以及位点定向诱变的应用。这些方法的应用能产生性质更稳定的蛋白质。

2．活疫苗、灭活疫苗、亚单位疫苗及DNA疫苗等特殊剂型 弱毒活疫苗中的生物体通常需要经过冷冻干燥，或在少数情况下低于-70 ℃深冻。为了在这些极端条件下保持生物体生存能力，可以在该制剂中加入复杂的蛋白质、多肽或氨基酸、糖类及矿物盐的混合物。另外，还可以通过加入稳定剂（如乳糖或其他糖类、脱脂乳和血清）来保护生物体的活性。

用于灭活疫苗和亚单位疫苗的制剂包括一种或多种抗原、辅助剂、稳定剂及防腐剂（多剂量的产品）。灭活剂（如苯酚、硫柳汞和甲醛），是在不破坏抗原的临界必要诱导保护免疫应答完整性的条件下，杀死病毒或细菌的。佐剂通过刺激免疫系统增强对抗原的免疫原性，并延长抗原的有效释放。通常优选铝制剂如氢氧化铝、磷酸铝和油乳剂等佐剂，用于刺激体液免疫，而皂苷、quil A和免疫刺激复合物是刺激细胞免疫的优良佐剂。

使用质粒DNA为载体，在体内表达抗原并产生免疫反应是新的发展趋势。目前已报道了两种DNA疫苗载入方式。一种是DNA片段外覆金颗粒并用基因枪免疫；另一种是用病毒载体或质粒携带DNA片段，导入动物或人体内。

（四）局部给药方式与给药系统

用于动物局部治疗的剂型包括固体（粉剂）、半固体（乳膏、软膏和糊剂）和液体（溶液、悬浮液的浓缩剂、悬浮乳液和乳化浓缩剂）。值得一提的是，透皮给药系统中，药物可穿过皮肤屏障进入血液而引起临床反应，如用于伴侣动物的膏药。兽医应用中含有一些特有的剂型，如定点给药（spot-on）、浇泼剂（pour-on）和用来控制寄生虫的背脊线浇淋剂（backliner）。

粉剂是细碎的不溶性粉末成分，如滑石粉、氧化锌或淀粉等。粗粉常有沙砾感，而直径小于20 μm的微粒粉剂则较为平滑。一些粉剂具有吸水性，从而可阻碍细菌的生长。其他粉剂可起润滑作用。粉剂可以用于皮肤，但不能用于潮湿的表面，因为可能会导致结块。

乳膏是用于皮肤或黏膜的一种半固体剂型。外用乳剂颗粒直径一般为0.1~100 μm。乳膏剂大多数呈水包油状态，但一部分也可能为油包水。前者容易被皮肤吸收（因此术语称"消失"霜），也很容易通过搓洗去除。相比之下，油包水型乳剂常用于润滑剂和清洁剂，且油腻相对少，易于扩散，随着成分中水分的蒸发可以减轻皮肤发炎的症状。

软膏是含有可溶或分散药物的多脂半固态制剂。软膏基质包括碳氢化合物、植物油、有机硅、碳氢化合物和羊毛脂的混合吸收基质、碳氢化合物和乳化剂混合的乳化基质和水溶性基质。软膏基质通过两种机制影响外用药物的生物利用度。①软膏基质的阻塞性可以滋润角质层，从而加强药物穿过皮肤的通量。②软膏基质会影响软膏和药从软膏到皮肤的药物溶出度。软膏因其阻塞性而成为有效的润肤剂。软膏适用于慢性、干燥性病变，但在渗出性病变中忌用。

外用贴剂是含有相当高比例的精细粉状固体，如淀粉、氧化锌、碳酸钙及滑石粉等较硬的制剂。由于大部分液烃润滑成分被吸收到固体颗粒上，故贴剂比软膏更清爽，但比软膏闭塞性差。贴剂适用于溃疡。

外用液是由两种或两种以上成分组成的分子水平的单相混合物。外用液包括滴眼液、滴耳剂和护肤液。滴眼液是包含一系列药物，包括局部麻醉剂、抗生素、消炎药和作用于眼部自主神经系统药物的无菌液体。可将其滴到眼球上或结膜囊内。滴耳液是抗生素、杀虫剂或消炎剂等药物的溶液。它的溶剂可能为水、甘油、丙二醇或酒精和水的混合物，用于外耳道。护肤液通常是水溶液或悬液，用于发炎溃烂的皮肤。护肤液通过蒸发溶剂使皮肤降温，并会在皮肤上保留一层干粉，适用于多毛区，可用于轻微的渗出和溃疡。

局部用的混悬剂浓缩物，是一种不溶性固体活性成分的混合物，这些固体活性成分在水或油中通常呈高浓度。悬浮剂通常以水为基质，其中的非水溶性活性成分和惰性成分的粒径非常小（0.1~5 μm）。其他添加剂包括悬浮剂、表面活性剂和其他赋形剂，以确保质量稳定。表面活性剂有助于润湿、分散和稳定在连续相中的固体颗粒，防止絮凝并抑制颗粒大小的变化。增稠剂的作用包括增加制剂的黏度，从而克服悬浮颗粒的沉降，并得到长期稳定性。悬浮剂经常用于

局部灌注、浸渍、浇淋及喷雾液体。

悬乳剂结合了乳剂和悬浮剂的所有要素，将各种不同物理特性的有效成分，配制成单一产品。通常，悬乳剂包含一个或多个乳液相中的可溶性活性成分，及一个或多个低溶解度的连续水悬浮相活性成分。

局部用乳剂浓缩物稀释之后，产生两个互不相溶的两相系统：由大小不等（0.5到几百微米）的微小油滴组成的分散相和连续相。用水稀释乳化剂浓缩物会形成乳液，这一过程取决于表面活性剂在油/水界面的聚集结果。与水不混溶的有机溶剂的活性成分，通常称作浓缩乳剂。油滴在浓缩乳剂配方中因絮凝作用会产生一层霜，轻微搅拌就可以很容易使其分散，而液滴的合并却导致乳液的转相或"破裂"。含高浓度Ca^{2+}及Mg^{2+}的水，能与乳剂浓缩物中的阴离子表面活性剂发生化学反应，影响乳化的自发性和稳定性。硫酸锌作为一种可减少嗜血菌病在绵羊间传播的乳剂沉降性添加剂，也可以对乳液产生不利影响。

透皮给药的凝胶剂以普朗尼克卵磷脂有机胶（pluronic lecithin organogel，PLO）为主要载体，可使药物透皮入血。PLO的胶束复合物可增强皮肤对药物的通透性。PLO胶普遍具有良好的耐受性并且摄入无毒性。但并不是所有的药物都适合透皮给药，并且关于透皮凝胶中药物生物利用度的研究也相对较少。透皮凝胶给药用于治疗一些猫犬疾病，包括举止异常、心脏病和甲状腺机能亢进。该剂型应用于耳廓内表面，对猫给药尤其方便。

凝胶贴剂通常由一种药物包括水层、保护支持层、限速释放膜和用于固定药贴的胶黏层组成。适合贴皮肤给药的药物应具有以下理化性质：低分子质量（<500 Da）、高效能、水溶性（促进药物的流动，允许其通过皮肤的表皮及真皮层）和脂溶性（以便穿透皮肤的角质）。芬太尼是一种合成的阿片受体激动剂，可对犬、猫和马使用贴皮给药。

杀寄生虫药物的外用剂型、给药系统与敷用方法 针对宠物和食用动物的内外寄生虫控制，已开发出一些兽医专用的剂型、给药系统及施用方法。

定点给药剂型（spot-on formulation）是包含助溶剂、分散剂和其他活性成分的液体制剂。用于防治犬猫跳蚤、胃肠道寄生虫及犬恶丝虫，有效成分包括氟虫腈、吡虫啉、色拉菌素、吡丙醚、伊维菌素和莫西菌素。专效配方也适用于控制牛虱。活性成分的理化性质是决定局部或透皮给药特征的重要因素。局部抗寄生虫效果在一定程度上取决于活性成分的扩散，与头发、毛皮和油脂的混合，在皮脂腺的聚集等特

征。贴皮剂在不同动物间的不同吸收机制尚不完全明确。然而，低分子质量和高度脂/水分配系数，倾向于形成药物穿过皮肤的有利通道。

绵羊的背脊线浇淋剂产品，由控制虱子和羊绿头苍蝇的浇泼剂和喷雾剂组成。绵羊灭虱剂包括，合成拟除虫菊酯类农药、有机磷农药和昆虫生长调节剂。这些产品应在剪毛或喷雾后24 h内浇泼给药（短毛羊的羊毛生长小于6周，长毛羊的羊毛生长大于6周）。它们对虱子的药效取决于局部活动，而非有效成分透皮吸收进入血液的过程。这些产品可将对虱子有致死性浓度的药物，从给药部位转移到较远部位，而剪毛时羊毛脂的分泌，有助于这个转移过程的发生。

控制绵羊绿头苍蝇产品中的有效成分，包括昆虫生长调节剂、合成除虫菊酯和有机磷农药。通过局部给药，使羊绿头苍蝇杀幼虫剂，在给药时即形成滤泡仓储库，随后作为滤泡外新生羊毛的外膜而转移。

手持喷雾剂常用于长毛绵羊（羊毛生长大于6周），可用来控制虱、蜱、螨和羊绿头苍蝇。使用的杀虫剂包括鱼藤酮、合成拟除虫菊酯类农药、有机磷农药、昆虫生长调节剂和大环内酯。手持喷雾时即把杀虫剂沿着背中线倾斜喷在羊毛上，有时到臀部或胯部，剪过毛的羊也是如此。该给药途径能达到透皮吸收的效果。

市场上销售的一些浇泼剂，其有效成分是经皮肤吸收的。其中，牛的浇泼剂配方中含有伊维菌素、莫西菌素、多拉菌素和依普菌素等大环内酯类抗生素。这些制剂通常是溶液或乳化浓缩液，使用前要用水稀释。人类多数透皮吸收的药物主要经细胞间通路，因而细胞间脂类基质成为吸收过程中的最大障碍。但是，这可能不同于必须考虑到皮肤分泌物的乳化性能，及单位表面积含大量毛囊和腺体的动物（如牛和绵羊）。如有报告称，电离溶液可通过分流途径（汗腺导管、滤泡）跨越动物的皮肤。制备浇泼剂，要求其用于皮肤时可扩散但不会流失，且不受雨水影响。这些过程的控制至关重要，因为一些药物需留在皮肤上，才会对外寄生虫起作用。此外，药物过快地通过皮肤，可能导致有害成分在组织或牛奶中残留。

用浸泡药浴法治疗牛羊外寄生虫时，需要一个浸泡池，可以是便携式装置或是靠屋顶来抵御阳光直接照射的固定设备。排水栏位于池的出口处，便于浸泡治疗的动物返回池里。浸泡液通常为水溶液、乳液或悬浮液，所有这些在使用之前都要用水稀释。由于对化学试剂、劳动力和废物处置的要求较高，浸泡的总费用会很高。浸泡操作要恰当，杀虫剂维持在生产厂

家推荐的浓度。浸泡牛羊的作用效果与浸泡液中的有效成分有关，比如杀虫剂从浸泡液中流失的概率比水流失的概率大很多。流失分为机械性流失和化学性流失。对于羊，机械性流失是由于羊毛筛对有效成分的过滤，筛子过滤的程度主要取决于颗粒的大小。化学性流失主要是由于羊毛对有效成分的优先吸收。为了克服流失，需要应用复杂的浸泡给药方法，包括加固和补液。加固是指向浸泡液中增加未经稀释的化学制品，而不是增加水的含量。补液是指向池内加入水和未经稀释的化学制品，达到开始浸泡时的体积。适当浸泡给药能将有机物质污染最小化。这需要用混凝土或木条建造通向浸泡池的空间，以便能够清除动物蹄部的污垢，浸泡前一晚将动物拴在院子里，并且在此期间只给动物饮水而不能进食。

手动喷洒往往造成喷洒不均匀，是一种效率低下的方法。通过比较，循环和非循环喷雾，均便于湿润牛的皮肤。但绵羊的用药情况不同于牛，即与喷洒物短时间的接触难于摄取杀虫剂，这意味着羊毛几乎都没有被渗透，因此应借助喷雾器对羊进行淋浴或是直接浸泡。

与浸泡相比淋浴所用劳动力少，操作成本低。典型的淋浴包括盛浸泡液的水池、泵，混凝土地板的淋浴间，且配有可旋转和固定喷嘴。有两种类型的淋浴浸泡。常规淋浴通过定期添加新鲜浸泡液，来维持水池体积，并将浸泡液从大的供应池中连续不断地补充到小水池中，以维持浸泡水平。直接浸泡的适当给药，需要注意以上所描述的各种因素。此外，所有设备都必须正常运作，以使羊毛渗透。在剪伤愈合之前，禁止浸泡绵羊（直接浸泡法或淋浴法）以避免梭菌感染或假结核棒状杆菌引起的干酪样淋巴结炎。此外，建议正确使用抑菌剂，防止猪丹毒杆菌造成的浸泡后跛行。

杀虫项圈是浸有活性成分的增塑聚合树脂。根据药物的理化性质，项圈可释放蒸气、粉末或液体活性成分来控制犬猫的蜱和跳蚤。挥发性液体杀虫剂（如敌敌畏或二溴磷等）可用于蒸气释放式项圈。杀虫剂成分通过项圈蒸汽基质扩散，进而以气体的形式释放。亚胺硫磷、司替罗磷、胺甲萘、残杀威等粉状杀虫剂用于粉尘释放项圈。项圈基质中活性成分的易位，会导致表面形成沉积物；杀虫剂在动物体的分布取决于动物体活动。毒虫畏或二嗪磷等非易失性液体杀虫剂可用液体释放项圈。其活性成分作为一种液体，分布在颈圈基质及释放到表面。动物的活动加上脂溶性杀虫剂在皮肤分泌物中的溶散，是杀虫剂从项圈到动物易位的重要因素。

两种类型的耳标式释放型杀虫剂，可用于控制牛

的苍蝇。一种是由高分子聚合物提供支架，并且作为缓释基质的耳标式杀虫剂。另一种是包括一面紧靠相对非渗透膜的杀虫剂蓄库，与另一面缓控释膜的耳标记。这两种类型均依赖于动物的耳朵、头部运动等来把杀虫剂从耳标的表面转移到动物的皮肤或其他动物。

背橡胶通常由支撑在小路、通道或牛聚集地的粗麻布组成。背橡胶通常用农药合成拟除虫菊酯、有机磷酸酯或两者混合物彻底浸泡。油能延缓杀虫剂的蒸发和增强药物在动物表皮的渗入。

集尘袋便于牛对苍蝇和虱子的自我控制，通常由含有合成拟除虫菊酯或有机磷酸酯活性成分的多孔内袋和外层防水衣组成。尘袋挂在小路或通道两边，以便路过的牛通过这些尘袋碰擦而获得杀虫剂。

（五）吸入剂型与给药系统

吸入式麻醉剂在动物麻醉中发挥着重要作用。目前，安氟醚、氟烷、异氟烷、甲氧氟二氮和一氧化二氮是最常用的吸入麻醉剂。这些麻醉剂通常以气体（如氧气）为介质，通过麻醉机的一个或多个气化仪，嵌合于患者的呼吸通路发挥作用。

气道疾病的吸入疗法，用于将较高浓度的药物运输到肺部，同时避免或降低药物的周身性不良反应。此外，吸入药物发挥药理作用比经口服或注射给药更迅速。治疗动物气道疾病的吸入性给药，主要是通过雾化器和计量吸入器实现的。

在家禽养殖中，吸入雾化疫苗的群体免疫是一种常用的方法。

（六）纳米技术与剂型设计

纳米技术是一项可能会彻底改变动物健康状况的新技术。纳米材料通常被定义为小于100 nm的材料。1 nm等于10^{-9} m，人类头发直径约为8万nm。纳米级药品的物理和化学性质（如光学性能、电导率或电磁）显著区别于普通化学品。从公共与环境卫生和安全的角度看，纳米技术所产生的效益，远远高于其任何潜在的风险。

纳米材料主要分为巴基球（又名富勒烯）、纳米管、量子点、树枝状聚合物、纳米壳和纳米纤维。纳米技术在保护动物健康的应用方面，包括疾病的诊断治疗、"智能"药物的投药运送，以及用于测定生殖激素的皮下纳米管植入物。未来的靶向给药，可能涉及表面涂层的生物相容性纳米粒子，如用于细胞内传递含药物或基因的树突状分子制剂。此外，"智能"投递治疗系统，在纳米级别上使小剂量药物应用成为可能。以抗生素为例，该系统将会减少药物用量，降低人体内产生耐药菌株的可能性，并在保障食品安全方面起到重大作用。

六、食品与纤维中药物残留

动物生产中常用兽药及兽用杀虫剂来治疗疾病和控制寄生虫，而农作物保护性化学品则常用于动物饲料生产中。因此，动物性食品中可能掺杂有兽药及兽用杀虫剂，动物纤维中也可能会有兽用杀虫剂残留。因此，兽医从业人员在保护动物健康和提供动物福利时，必须考虑到上述情况的影响。首先，用于人类消费的动物及其制品，其兽药及其杀虫剂残留不能超过法定浓度。其次，动物纤维中的兽用杀虫剂残留对公众及从业者的健康与安全，以及环境安全有着潜在的影响。

（一）动物源性食品中的化学药物残留

兽用杀虫剂的应用及受农药污染的饲料，都有可能造成动物肉、蛋、奶中的化学性残留。

为降低兽药、加药饲料或杀虫剂的残留，应建立广泛的监管和监测体系，以确保食品中药品残留不会损害人类健康。兽药及加药饲料的各级监管机构应实施上市前的审批程序，以此来监控这些产品的质量、安全和有效性。对于兽药而言，还需考虑经药物处理的食用性动物制品的安全性。设定残留上限（maximum residue limits，MRL）或最大耐受量，以及适当的休药期，以确保药物活性成分的残留不会超过MRL。

兽药残留管理主要包括监测与监管两方面。屠宰时随机抽样检测残留。检测组织样品的特定兽药残留、杀虫剂残留及环境污物残留，按照适当的MRL或环境标准来评估残留。选择监测样本量时，1%的动物样本残留量高于MRL，则检测样本中至少有1例违规的概率为95%。相对而言，监管项目的动物样品是根据临床症状或畜群病史来监管涉嫌违规的残留。保障兽药或杀虫剂违规残留的动物不进入食物链。

残留监控也是进口国家动物源食品市场准入的强制要求或重要考量。由于出口国与进口国卫生标准、监管政策及MRL制定方法可能不同，使得符合进口国国家标准变得越来越难。而这往往加剧了同一产品在不同国家或地区注册的难度，在这种情况下就不可能建立MRL。除了复杂的国际贸易要求出口国遵守进口国实施的各种标准，不同的国家标准可能影响公众卫生的保护。

监管部门要审核新兽药和加药饲料上市前的评估申请。这些评估考虑到赞助商提交的科学数据。对于兽医提出的可用于食品动物的药物，数据必须证明可食用动物的剩余产品的任何药残的安全性。这些数据必须显示出化合物的毒理、代谢、药物残留，以及膳食暴露特征。关键参数派生的安全性和残渣评估定义如下。

每日允许摄入量（acceptable daily intake，ADI）是以体重为基准的兽药摄入量，指可被人体有效代谢，并对人体健康无任何已知不良效应的每日可摄入量。ADI指标建立在动物试验评价基础之上，主要对毒理学、药理学及必要情况下的微生物效应学进行评价。以ADI为基础可进一步构建保守安全系数。

安全浓度（the safe concentration）是指在可食性组织中，总残留毒物的最大允许浓度。安全浓度用ADI来计算，应考虑高消费的个体摄入的肉、蛋、奶等日常消费平均重量和数量。

MRL或耐受浓度（tolerance）是使用兽药残留物的最大浓度（mg/kg或μg/kg），是法律允许或接受的食品。它是在认为残留量对人类健康没有任何毒性危害的基础上所表达的ADI。在建立MRL时，其他关于公共风险和食品技术的知识及使用兽药和分析方法上良好的实践也应当考虑。

标志残留物（the marker residue）可以是母体药物、代谢物或其任意结合物，其浓度与药物在靶组织中的安全浓度相关。当标志残留物在靶组织中的含量低于MRL时，则可认为药物总残留已在可食性组织中处于安全浓度内。

靶组织（the target tissue）是药物残留量以较低速度降解到MRL以下的可食用组织。目前认为它适合于监测动物的整个胴体MRL水平。肝或肾通常用来作为监测国内肉制品的靶组织，而肌肉和脂肪通常用来作为监测国际贸易的肉制品的靶组织。

休药期是介于最后一次给动物用药和采集肉产品之间的一段时期，它保证了肉制品中的药物残留浓度低于安全浓度，同时，标记物的残留量低于MRL。药物休药期的不确定，是食品中兽药残留的最常见的原因。为了确定合适的休药期，兽医必须了解肉制品的休药期的临床应用，以及在治疗动物或使用过量兽药时的药代动力学知识。

监管部门在健康动物产生的残留消除数据的基础上确定休药期。这些试验中所用的药物制剂与市场上的相同，均执行最大的标签量。考虑到药物处理时的可变性，使用统计学方法来确定休药期。

不同于最大残留一样可以不考虑剂型、给药途径或剂量方案，在产品表示中的休药期，只适用于执行建议的途径和推荐的给药方案一致时的特殊配方。改变这些因素中的任何一个，都会修改该药在动物体内的药代动力学行为，也会使休药期作废。另外，一系列的生理和病理因素，也可能会改变药物在动物体内的性质，并会延长药物的消除时间。

在美国，根据动物用药使用说明法，一些人用或兽用药品在用于动物时，可以使用额外的标签，（更多信息参见FDA网页：http://www.fda.gov/Animal Veterinary/Guidance ComplianceEnforcement）。然而，兽医师应注意到，少数兽药所使用的额外标签系FDA所禁用。药物标签外应用是除了在产品标签中（标出）或给药的剂量率超过产品标签中规定的物种。对于以这种方式使用的药物，数据不足以证明来自经处理的动物的食品安全性。理解药代动力学的原理以便在标签外用药和可能会改变药代动力学的单个动物用药时对延长休药期进行评估。

消除半衰期是药物浓度减少50%所需要的时间，10个半衰期后99.9%的给药剂量会被消除。在食用动物中，药物残留需要更长的最终消除半衰期，来耗尽至最大残留限量以下。药代动力学的行为，决定了组织中的消除半衰期是否超过在血浆中的消除半衰期。在食用动物中，药物残留浓度对于缓慢的消除阶段，或者γ期终端消除半衰期与时间的剖面，决定半衰期是由清除率（Cl）和分布容积（Vd）共同决定的，如下所示：

$$t^{1/2}=0.693 \times \frac{Vd}{Cl}$$

清除率是单位时间内清除药物在血液中的量，指不可逆转地消除体内药物。药物的主要消除器官是肝脏和肾脏。器官清除与局部血流量和药物的消除效率有关。以肝脏清除为例：

$$Cl_H=Q_H \times E_H$$

在肝脏内，Q代表血流速度，E代表提取率。影响肝脏清除率的因素包括肝脏功能、肝药酶活性及肝血流量。

分布容积把在体内的药物量和在血浆中的药物浓度联系起来，根据以下关系：

$$Vd=\frac{体内药物量}{浓度（C_{max}）}$$

Vd是药物特性，而非生物系统的特性。局限于血管腔隙的药物有一个最小值等于血浆体积的Vd。影响Vd的因素包括药物分子的大小、脂质溶解度、药物的pKa和组织血流量。某些疾病的状态影响药物的体积分布，改变与药物的结合，特别是改变Vd值。

必要情况下，对健康动物用药剂量为推荐剂量的两倍，但药物消除半衰期不变。假设药物代谢被证明是一级代谢，一般情况下，增加一倍的用药剂量会增长药物半衰期的消除时间。因此，休药期应该延长，通过增加一个达到推荐比率浓度的半衰期。然而，如果给药物代谢系统受损，药物代谢能力降低50%的病畜用药，从上述半衰期关系式中，可以得出清除率降低50%时半衰期增长1倍。因此，停药时间应加倍到在相同浓度下，所观察到的动物的一个全功能的药物排泄系统。

应使用快速筛选试验，来验证预测结果。残留物的检测是可能的信号，休药期应适当延长，并重复的快速筛选试验。

农药导致饲料作物的药物残留 使用化学农药会导致其在农作物和动物产品中的残留。在旱季，饲喂被污染的作物副产品的情况可能会更加普遍，例如秸秆和青贮，农产品加工后的残渣，包括葡萄皮渣、柑橘果渣、果渣和罐头厂废渣等。因此，肉、奶、蛋等动物产品中均有可能发现农药残留。为准许食用动物日粮中使用施过农药的饲料作物，故而监管部门设定了动物产品中农药的最高残留量。然而，采取一种建立最高残留量检验的方法与一种兽药的应用是不同的。农药在动物体内的转移研究表明，动物日粮中农药含量和动物食用组织、奶，以及蛋类中的残留量之间的关系决定着农药的最高残留量。动物组织、牛奶和鸡蛋的最高残留限量的建立，涵盖了从膳食暴露评估到牲畜被发现的最高残留浓度。人类膳食暴露评估也进行了验证，符合最高残留限量是可安全食用的食品。在动物生产系统中，遵循动物产品最高残留限量必须奉行，在规定时间，让在作物中的化学残留农药消耗至标准以下，再开始饲养动物，以及在规定的时间内，让在动物体内的残留物消耗至标准以下，再屠宰动物，或两者结合起来。

（二）动物纤维中的化学残留物

从经济角度考虑，主要的动物纤维是羊毛和安哥拉山羊毛。这里重点讨论农药在羊毛中的残留，但其中许多概念也同样适用于安哥拉山羊毛。

苍蝇、虱子、蜱和螨都会对羊毛的产量和养羊业产生不利的影响。多年来主要依靠抗体表寄生虫药来控制。羊使用了化学药物后，主要会造成耐药性寄生虫和羊毛织物被兽药污染这两种问题。特别值得关注的是，耐药性的苍蝇，虱子增加了治疗失败的可能性，在羊毛生长的季节需要再次用药，造成了农药在被治疗的羊群和收获的羊毛中的高残留。然而，在某些情况下，考虑到动物的健康和经济效益，在后期用药更为合理。考虑到公共卫生、公共安全和不断变化的环境标准，羊毛生产商正在寻找以更少的化学药品来防治羊群寄生虫感染的方法。综合防治虫害措施（integrated pest management，IPM）包含不同的方法，如剪切、防蝇及去毛来预防蝇蛆病；遗传改良、淘汰易感动物；生物环境控制（如使用捕蝇器）及选择性使用化学药品。

羊毛中的农药残留受到诸多因素影响，包括化学物质本身、应用化学物质的方法、应用化学物质的频率和时间，以及羊毛的长度（参见剂型与给药系统）。控制绵羊身上的苍蝇和虱子的产品，包括背脊线浇淋剂或喷上含有昆虫生长调节剂（insect growth regulators，IGR）的产品、有机磷农药（organophosphate pesticides，OP）和合成拟除虫菊酯农药；用IGR、氟硅酸镁、OP和多杀菌进行药浴；含有IGR的长羊毛淋浇剂；含有IGR、大环内酯、OP或多杀菌产品的长羊毛喷剂。羊毛生产者必须确保农药按照指标应用。在应用一些化学品6周后，仍能在羊毛中检测到高剂量的残留物。灭虫剂的重复使用，可能导致下一次剪毛期时在羊毛中更高剂量的残留，淋浇剂通常在使用部位的残留量最高。

尽管羊的体外寄生虫药，能导致用药部位羊毛有明显的化学残留，但借助于以下措施，可以成功地减轻这些药物残留可能引起的公共卫生问题。首先，将用于羊毛衣物加工的羊毛原材料进行洗涤，清除杀虫剂残留。其次，对用于药物、化妆品和哺乳期女性用的乳头润肤剂中所含的羊毛脂，可以通过精炼羊毛脂的方法，对其中可能含有的任何杀虫剂残留和蜡组分进行清除。另外，采用合适的监管标准以保障低农药等级羊毛脂的质量。

就劳动保护而言，在剪毛过程中，羊毛脂中残留的杀虫剂对剪毛者和其他羊毛处理者都构成了严重的健康威胁。例如，据剪毛人自述，OP（有机磷酸类）和SP（合成聚酯类）杀虫剂喷洒过的羊毛，会分别造成神经紊乱和皮肤刺激。另外，采用SP杀虫剂处理过的长纤维羊毛，在毛尖部分会形成浓缩的杀虫剂残渣，浓度高到足以造成羊毛从业人员发生皮肤红疹。在澳大利亚，人们通过在杀虫剂产品标签上规定杀虫周期来降低这种职业病风险。在对绵羊喷洒杀虫剂时，两次处理的时间间隔必须按照杀虫剂的说明，并正确处理杀虫后的动物。如果必须在两次杀虫周期中间做杀虫处理，则应做好个人防护工作。

残留在羊毛上的化学残渣，还会随处理过程中的污水排放而进一步污染环境，如排放入江河。对此应通过立法加以规避。对一些杀虫剂而言，排放的环境质量标准业已建立。这种标准要求，排放浓度最高不得对水中对该排放物最敏感的生物造成危害。在欧盟，纺织品必须服从并通过环保认证（欧盟生态标签，eco-label）。在澳大利亚，通过制订羊毛收获间隔时间办法（或称为羊毛禁剪期），羊毛体外杀虫剂残留对环境造成的危害已经减轻。羊毛收获间隔，是指杀虫处理后的羊毛，必须经过一定时间以后才能剪收，以确保收获的羊毛达到环境保护标准。

通过构建羊毛中农药残留量的数学模型，可以辅助用于预测羊毛生长季节不同时期治疗时可能产生的影响，并确定正确使用药物的时间，从而降低羊毛中的药物残留。数学模型可以用于确定羊毛收获的时间间隔，协助羊毛采集者选择正确的兽药和施药方法。最终还可利用检测试剂盒，检测羊毛中农药的残留情况。

第二节　心血管系统的药物治疗学

可参阅治疗原则、心血管系统；心力衰竭控制；液体疗法；和大环内酯。

常用心血管药物和剂量见表19-1。

一、正性肌力药物

正性肌力药通过增加细胞内可与肌蛋白结合的Ca^{2+}数量或增加收缩蛋白对钙的敏感性来增强心肌收缩强度。这一点，反之又可增强心肌细胞收缩蛋白间的相互作用。可通过改变Na^+/Ca^{2+}交换泵，刺激腺苷酸环化酶而增加环磷酸腺苷的量，或通过抑制磷酸二酯酶，减少cAMP的降解来增加细胞内Ca^{2+}的含量。

（一）强心苷类

洋地黄产生收缩效应的机制可能是抑制膜上的Na^+/K^+-ATPase泵；在此情况下，胞内Na^+增加，Na^+与Ca^{2+}交换加强，Ca^{2+}内流增加。胞内Ca^{2+}又可增加肌浆网Ca^{2+}的释放和心肌的收缩力。细胞内外电解质比例的改变，可增强心肌自动化程度，导致心律失常。

在心脏房室（atrioventricular，AV）节点，洋地黄也可减慢传导速度，从而产生负性变时作用。此外，洋地黄增强心脏迷走神经（胆碱能）活动。传导的变化最终会导致AV节点封闭。在毒性剂量时，洋地黄能增加对乙酰胆碱的敏感性，从而直接减慢窦房结活动。由于心房对乙酰胆碱敏感，在患病的心脏心房传导也会加强，这样会导致房性心律失常。洋地黄还可以改善血管压力感受器的反应性，从而尽量减少心衰部位的交感神经活化。

【制剂】地高辛和洋地黄毒苷是使用最广泛的两种制剂。地高辛可以静脉注射和口服。静脉注射地高辛在5～30 min产生药效，2 h后药效达到最大。由于地高辛可导致疼痛和肌肉坏死，故不宜肌内注射。口服后1～2 h产生药效。

【分布】地高辛的吸收随制剂而变化以醇（配剂）形式最利于吸收。不同片剂的生物利用度随产品的溶解度不同而异。以食物形式给药吸收很缓慢，但洋地黄毒苷大多是脂溶性，故吸收很彻底。这两种药物吸收都缓慢，且集中在心脏组织中。只有25%的地高辛能够结合到血浆蛋白，而大约90%的洋地黄毒苷能够与血浆蛋白结合。地高辛主要由肾脏消除，其半衰期（在犬约1.7 d）主要受肾功能影响。洋地黄毒苷在肝脏代谢（代谢产物之一是地高辛），犬半衰期为8～12 h。

【药物相互作用】与奎尼丁一起给药会增加地高辛的血浆浓度，这可能是由于改变了组织结合位点。与戊酸丙胺、螺内脂和卡托普利联合用药，可能也会增加血浆中地高辛浓度。洋地黄和利尿药（如呋塞米）之间的相互作用主要源于对钾的影响（低钾血症）。注射β-肾上腺素能受体激动药可能会增加心律失常。两性霉素B和糖皮质激素会消耗体内的K^+，更易造成洋地黄中毒。

【毒性】洋地黄糖苷类中毒频繁发生，有时是致命的。与犬相比，猫对地高辛更为敏感。中毒的频繁发生可能是由于剂量过多。中毒可能会加重低钾血症。中毒的可能性和严重性与心脏疾病的严重程度有关。洋地黄可诱导产生任何类型的心律失常。由于可直接刺激化学感受器触发器区域，引起的其他中毒症状，包括腹泻、厌食、恶心和呕吐。这些往往是中毒的早期迹象。神经影响包括全身乏力和嗜睡。洋地黄中毒可通过监测药物血浆浓度来诊断（和避免）。中毒治疗包括中止洋地黄药物治疗和钾消耗性利尿剂，注射苯妥英（阻止洋地黄对房室影响）和利多卡因（用于心室心律失常），必要时可使用钾（宜口服）。阿托品可用于治疗胆碱能药物增加引起的窦性心动过缓和第二或三度心脏传导阻滞。

【临床应用】洋地黄用于恢复充血性心力衰竭（congestive heart failure，CHF）动物的循环血流量。如因心肌收缩不充分或者血管收缩率下降引起的心房纤颤或扑动。这两种综合征患畜需要长期治疗。地高辛常用于无肾脏疾病的动物，其中洋地黄毒苷是首选。日常剂量应维持在犬：0.005～0.01 mg/kg，口服，每日2次；猫：0.005～0.01 mg/kg，口服，每24～48 h给药1次。地高辛用药剂量应基于动物的去脂体重，如果动物患有肥胖、恶病质和腹水等情况应减少剂量。对于配剂和片剂，计算地高辛的量应该分别乘以0.75和0.85的基准系数。另外，大型犬地高辛用量最好以体表面积计算（0.22 mg/m²，每日2次）。体重与体表面积（m²）的转换见表19-9。在用洋地黄苷之前，应先纠正电解质紊乱。

表19-1 常用的心血管药物和剂量

药　物	剂　量
氨力农	犬和猫：1～3 mg/kg，静脉注射，负荷剂量，之后30～100 μg/min，静脉注射，CRI[a]
氨氯地平	犬：0.1 mg/kg，口服，每日1次
	猫：0.18 mg/kg，口服，每日1次（或0.625～1.25 mg/只，口服，每日1次）
阿司匹林， 抗血小板药	犬：5～10 mg/kg，口服，间隔24～48 h
	猫：80 mg，口服，间隔48～72 h
阿替洛尔	犬：0.25～1 mg/kg，口服，每日1～2次，最大剂量为2～5 mg/kg，口服，每日1次
	猫：2～3 mg/kg，口服，每日2次
贝那普利	犬：0.25～0.5 mg/kg，口服，每日1次
	猫：0.5～1 mg/kg，口服，每日1次
勃地酮 十一碳烯酸盐[b]	马：1.1 mg/kg，肌内注射，每隔3周
卡维地洛	具有扩张性心肌病的大型犬：起始剂量3 mg，口服，每日1次；逐渐增加到25～50 mg，口服，每日2次
	房室瓣不充盈的小型犬：起始剂量0.25 mg/kg，口服，每日2次，逐渐增加到1～1.25 mg/kg，口服，每日2次
达肝素钠	犬和猫：100～200 IU/kg，皮下注射，每日1～2次
去氨加压素	犬：0.4 μg/kg皮下注射；用20mL生理盐水稀释成1 μg/kg，静脉注射约10 min
硫氮草酮	犬：0.5～1.5 mg/kg，口服，每日3次
	猫：0.5～2.5 mg/kg，口服，每日3次
恬尔心® CD	猫：10 mg/kg，口服，每日2次
XR® 缓释剂	猫：15～30 mg/kg，口服，每日1次
地高辛[c]	犬：0.0055～0.011 mg/kg，口服，每日2次；0.22 mg/m²，口服，每日2次
	猫：0.005～0.01 mg/kg，口服，每隔24～48 h
多巴酚丁胺	犬：每分钟2～20 μg/kg，静脉注射，CRI
	猫：每分钟0.5～10 μg/kg，静脉注射，CRI
多巴胺	犬：每分钟2～15 μg/kg，静脉注射，CRI
	马：每分钟1～5 μg/kg，静脉注射，CRI
依那普利[d]	犬和猫：0.5 mg/kg，口服，每天1～2次[e]
依诺肝素	犬和猫：1～2 mg/kg，皮下注射，每日2次
α-红细胞生成素	犬和猫，最初：100 U/kg，皮下注射，每周3次
	犬和猫，日常：75～100 U/kg，皮下注射，每周2～3次
叶酸	犬：5 mg，皮下注射，每日1次
	猫：2.5 mg，皮下注射，每日1次
肝素（高剂量）	犬：150～250 U/kg，皮下注射，每日3次
	猫：250～375 U/kg，皮下注射，每日2次
肝素（低剂量）	犬和猫：75 U/kg，皮下注射，每日3次
	马：25～100 U/kg，皮下注射，每日3次
肼苯哒嗪	犬：0.5～3 mg/kg，口服，每日2次
	猫：0.5～0.8 mg/kg，口服，每日2次
铁（右旋糖酐）[f]	新生仔猪，肌内注射[e]，100 mg
铁（硫酸亚铁盐）	犬：100～300 mg，口服，每日1次
	猫：50～100 mg，口服，每日1次
利多卡因[g]	犬：1～2 mg/kg，静脉注射；每分钟40～80 μg/kg，静脉注射，CRI
美西律	犬：4～10 mg/kg，口服，每日3次
诺龙癸酸盐	犬：1～1.5 mg/kg，肌内注射，每周1次
	猫：1 mg/kg，肌内注射，每周1次
	马：1 mg/kg，肌内注射，每四周1次
硝酸甘油（药膏） （最低剂量=15mg）	犬：4～15 mg，局部给药，每日3次
	猫：2～4 mg，局部给药，每日3次

（续）

药　物	剂　量
硝普盐	犬：每分钟1～10 μg/kg，静脉注射，CRI
康复龙	犬和猫：1～5 mg/kg，口服，每18～24 h 1次
苯妥英	犬：30～50 mg/kg，口服，每日3次
匹莫苯丹[h]	犬：0.5 mg/kg，口服，每日2次 猫：0.625 mg/kg，口服，每日1～2次
普鲁卡因酰胺	犬：10～30 mg/kg，口服，每日4次；每分钟10～40 μg/kg，静脉注射，CRI 猫：3～8 mg/kg，口服，每日3～4次；每分钟10～20 μg/kg，静脉注射，CRI 马：25～35 mg/kg，口服，每日3次，每分钟1 mg/kg，静脉注射，最大值为20 mg/kg
心得安	犬：0.1～2 mg/kg，口服，每日3次 猫：2.5～5 mg/只，口服，每日3次
硫酸盐奎宁丁	犬和猫：4～20 mg/kg，口服，每日3～4次 马：22 mg/kg，口服每隔2 h 1次
葡萄糖酸盐奎宁丁	马：1～1.5 mg/kg，每隔5～10 min，静脉注射
妥卡尼	犬：15～20 mg/kg，口服，每日3次
组织型纤维蛋白溶酶原激活剂	猫：每小时0.25～1 mg/kg，静脉注射（总剂量为1～10 mg/kg）
维生素B$_{12}$[f]	犬：100～200 μg，口服或皮下注射，每日1次 猫：50～100 μg，口服或皮下注射，每日1次
华法令钠	犬和猫：0.1～0.2 mg/kg，口服，每日1次 马：0.067～0.167 mg/kg，口服，每日1次

a. CRI为连续速率输液（continuous rate infusion）。
b. FDA批准用于辅助治疗劳役过度的马。
c. FDA批准用于治疗患有心力衰竭、室上性心力衰竭、心房颤动和纤维性颤动的犬。
d. FDA批准用于治疗由二尖瓣回流和心室收缩减少引起的轻度、中度或重度心力衰竭的犬。
e. FDA/CVM批准的剂量。
f. 已有一些FDA批准的产品。
g. 已有一些FDA批准的产品；但还没有一个专门批准用于治疗心律失常。
h. FDA批准用于治疗由房室瓣膜闭锁不全或扩张型心肌病引起的轻度、中度或严重的心力衰竭。

（二）磷酸二酯酶抑制剂

磷酸二酯酶（Phosphodiesterase，PDE）抑制剂可抑制cAMP降解，从而增加细胞内cAMP的浓度。其结果是增加心肌收缩力。尽管还有争议，甲基黄嘌呤衍生物已被视为PDE抑制剂，其中以茶碱的作用最强。除了对心脏有影响，这类药物对中枢神经系统、肾和平滑肌（包括支气管平滑肌）作用明显。它们用作治疗心脏疾病，但仅限于有助于支气管扩张的病例。

匹莫苯丹是一种苯并咪唑哒嗪酮衍生物，因可治疗犬类扩张型心肌病和二尖瓣闭锁不全，被欧洲批准为治疗充血性心力衰竭药物。目前在美国还没有批准使用该药。与氨力农和米力农一样，匹莫苯丹也是一种PDE抑制剂，具有加强心肌收缩能力（positive inotropic）和血管舒张作用。此外，匹莫苯丹通过增加收缩蛋白对钙的敏感性来增加心肌收缩力。钙增敏剂可能在没有增加心肌耗氧量的情况下增加心肌收缩力。对于心力衰竭患畜，服用匹莫苯丹会导致因心律失常而致死亡。治疗犬类心力衰竭的匹莫苯丹用量应是0.1～0.3 mg/kg，口服，每日2次。

在扩张型心肌病或房室瓣膜不全患犬的临床试验中，治疗常见的不良反应包括食欲不振、嗜睡、腹泻、呼吸困难、氮质血症、虚弱及共济失调、胸腔积液、晕厥、咳嗽、猝死、腹腔积液和心脏杂音。

在犬体内匹莫苯丹被氧化去甲基化为活性代谢物，大于90%的母体药物和活性代谢物均可与血浆蛋白结合。匹莫苯丹分布稳态量为2.6 L/kg，匹莫苯丹及其活性代谢物的最终消除半衰期分别为0.5 h和2 h。

有限的临床数据表明，匹莫苯丹与速尿灵、地高辛、依那普利、阿替洛尔、螺甾内酯、硝酸甘油、肼苯哒嗪和硫氮䓬酮均可安全配伍使用。地高辛或β-

肾上腺素能阻断剂与匹莫苯丹配伍使用，可用于治疗扩张型心肌病或房室瓣膜功能不全患犬的室上性快速心律失常。匹莫苯丹未被批准用于猫，且缺乏相关安全有效的数据。然而，特发性扩张型心肌病患猫的推荐剂量为：0.625 mg/kg，口服，每日1～2次。

联吡啶衍生物氨力农（amrinone）和米力农（milrinone）的作用机制，可能是在抑制PDE的同时增加细胞内cAMP。这些效应似乎是在心肌耗氧量没有急剧上升的情况下发生的。此类药物的另一个主要功能是舒张外周血管。一些动物心律失常可能会加剧，米力农可缩短慢性心衰患畜的寿命。氨力农和米力农可静脉注射，适合短期治疗心力衰竭。这两种药对犬和猫的临床用药经验还很缺乏，特别是静脉注射米力农。氨力农可以用正常浓度或半浓度的生理盐水稀释用药，但不宜用葡萄糖稀释；负荷剂量应是1～3 mg/kg，并采用恒定速率，按每分钟30～100 μg/kg输注，从最低速率开始逐渐增加到所需要的流速。

（三）β-肾上腺素能受体激动剂

这类药物通过刺激腺苷酸环化酶和增加环腺苷磷酸（cAMP），来激活β-受体产生很强的收缩力效应。

多巴胺是一种内生性儿茶酚胺前体，可选择性的激活β₁-受体。但它也能引起去甲肾上腺素的释放。低剂量时，它能激活肾脏多巴胺受体，导致肾血流量及尿量增加。如果口服给药，由于代谢迅速，半衰期不足2 min，机体并不能有效利用多巴胺。多巴胺可用盐水或葡萄糖稀释，通常采用恒量静脉注射（每分钟1～15 μg/kg）。β-肾上腺素含量上升可能导致心律失常，症状包括心源性或内毒素休克和少尿。

多巴酚丁胺是一种合成药物，功能类似于多巴胺，但不会引起去甲肾上腺素的释放，因此具有除β₁-受体活化以外较小的不良反应。与多巴胺相比，多巴酚丁胺尽管具有高效的正性肌力药和较少的变速性作用影响，但它不会扩张肾血管。和多巴胺一样，口服给药时半衰期大约也是2 min，但多巴酚丁胺也不起作用。多巴酚丁胺也可用5%葡萄糖或生理盐水稀释。它是短期治疗心力衰竭的首选药物。多巴酚丁胺能增加心输出量进而升压。多巴酚丁胺静脉注射，恒定速率范围在每分钟2～20 μg/kg，输液时应监测心律、血压和心输出量。在猫体内，多巴酚丁胺有较长的半衰期，可引起中枢神经系统兴奋，因此通常使用较低的速率（每分钟0.5～10 μg/kg）。

与其他影响肌肉收缩的药物相比，肾上腺素往往需要更多的能量和耗氧量。对氧需求的增加可能有损于心脏。肾上腺素也能引起血管收缩和支气管舒张。肾上腺素在胃肠道会被迅速代谢，因此口服常失效。

肌内注射比皮下注射吸收更快。肾上腺素可作为若干种制剂，经静脉注射，肺部和鼻腔给药均会产生效果。然而，由于心脏工作效率下降，肾上腺素不作为一种正性肌力药，而是用于心脏骤停或过敏性休克的紧急治疗。对室性心律失常也可达到预期的效果。

异丙去甲肾上腺素与肾上腺素一样，是一种非特异性的β-激动剂，能增加心肌耗氧量。除短期治疗缓慢性心律失常或房室传导阻滞，心动过速和其他潜在的患畜不能使用异丙去甲肾上腺素。

钙也是正性肌力药，但必须是缓慢地静脉注射。由于高剂量的钙可以导致心脏麻痹和停顿，故钙的给药必须严谨慎重。以葡萄糖酸钙的形式给Ca^{2+}要优于氯化钙。

二、血管紧张肽酶抑制剂

血管紧张肽酶（angiotensin-converting enzyme，ACE）抑制剂广泛应用于治疗犬充血性心力衰竭。在心力衰竭的发病过程中，由肾脏释放的肾素，作用于血管紧张素原，产生血管紧张素 I，血管紧张素由肝脏分泌，分布于血液中。在ACE作用下，血管紧张素I转变为血管紧张素 II。血管紧张素 II 一方面可引起钠水潴留，另一方面通过刺激肾上腺皮质，合成和分泌醛固酮。血管紧张素 II 也可引起血管收缩，从而增加血管阻力。通过抑制血管紧张素 II 的合成，ACE抑制剂可抑制患心力衰竭动物的血管收缩及减少钠水潴留。ACE抑制剂是一种平衡的血管扩张剂，能减轻心室前、后负荷。在心力衰竭时，这种效应包括降低血管阻力和心脏充盈压，增加心脏输出量和运动耐力。

【制剂】马来酸依那普利是应用较广泛的ACE抑制剂，作为大小不同的片剂口服给药，可延缓心力衰竭犬的死亡，提高其生命质量。卡托普利是人用的首选ACE抑制剂，该制剂已用于犬和猫。和依那普利相比，卡托普利对胃肠道具有较大的不良反应，而且在犬体内半衰期也比较短，故需要多次给药。美国周边的几个国家已经批准贝那普利用于治疗犬类心力衰竭。

【处置】从胃肠道吸收后，依那普利在肝脏转换成有活性的代谢产物。因此，依那普利发挥药效时有（4～6 h）的延迟，但药效会持续12～14 h。依那普利（依那普利拉）的半衰期，在患有严重心力衰竭或肾功能障碍的动物体内会延长。

【药物相互作用】ACE抑制剂与其他血管扩张剂或利尿剂配伍使用会引起低血压。若与保钾利尿剂（如螺甾内酯）配伍则可引起高钾血症。基于临床试验数据分析，依那普利与呋塞米、地高辛、抗心律失常药、β-受体阻断剂、支气管扩张剂和镇咳药均可安全配伍。

【毒性】 与其他治疗充血性心力衰竭的药物相比，ACE抑制剂更加安全，但可能引起氮血症，故用药期间需监测血尿素氮（blood urea nitrogen，BUN）和肌酸酐（可能的剂量调整）。其他可能的不良反应包括胃肠道功能紊乱（食欲不振、呕吐及腹泻）、低血压、晕厥、体弱、共济失调和肾功能不全。

【临床应用】 ACE抑制剂可用于治疗患有心力衰竭的犬和心脏瓣膜疾病，以及扩张型心肌病的猫。尽管ACE抑制剂可能会延缓患有心脏病但无临床症状的动物发生心力衰竭，然而这一结果尚未证实。ACE抑制剂也用来治疗患高血压的病猫。依那普利作为辅助治疗剂，已批准用于犬类，可与呋塞米和地高辛共用，治疗扩张型心肌病；可与呋塞米和地高辛（或无）联合使用，治疗心脏瓣膜功能不全。依那普利治疗犬心力衰竭的剂量为0.5 mg/kg，口服，每日1次。如果14 d后临床效果不明显，可调节至0.5 mg/kg，每日2次。对心力衰竭无症状或轻微症状的动物，开始可用依那普利0.5 mg/kg，每日1次。如果动物临床症状在中度至重度，依那普利可按照0.5 mg/kg给药，每日2次，同时加呋塞米或地高辛（或两者同时使用）。

同依那普利一样，贝那普利须经肝脏代谢转换成有活性的药物。贝那普利可用于心力衰竭的患犬。单剂量给药24 h后，贝那普利拉可抑制血浆血管紧张素转换酶。约有一半贝那普利拉经肝脏排泄，这有益于肾功能衰竭动物。犬和猫的贝那普利拉用药剂量，分别为0.25～0.5 mg/kg和0.5～1 mg/kg，口服，每日1次。

赖诺普利是另一种ACE抑制剂，偶尔用于治疗犬的心力衰竭；但对犬和猫的安全性和有效性尚未证实。不同于依那普利，赖诺普利并不需要肝脏代谢来激活。犬的推荐剂量为0.5 mg/kg，口服，每日1次。

三、血管活性药物

按照对血管的扩张程度，血管舒张药可以分为后负荷减压剂和前负荷减压剂。动脉（如阻力血管）扩张可降低后负荷，而前负荷降低则靠静脉（如容量血管）的扩张。

（一）动脉扩张剂

肼酞嗪是一种小动脉血管扩张剂，通过抑制Ca^{2+}进入细胞内或局部增加前列腺素浓度，使得小动脉平滑肌松弛，因此减小外周血管阻力而不减小心肌收缩力。肼苯哒嗪和平滑肌结合，产生比在血浆中更长的生物半期期。该药经口服后吸收效果良好，但在人体内受首过效应影响。肼苯哒嗪引起中毒的发病率极大，同时，也可能造成低血压，导致反射

性心动过速。由于引起对心肌耗氧量的增加，这种结果可能对患有心力衰竭的动物产生有害的影响。肼苯哒嗪（犬：0.5～3 mg/kg，口服，每日2次；猫：0.5～0.8 mg/kg，口服，每日2次）用于患心力衰竭的动物，降低因慢性二尖瓣关闭不全所造成的后负荷，也可以减少血液回流量及通过影响肺静脉降低左心房的容积。个别动物需滴定给药。

钙通道阻断剂的扩张血管的效应微弱，但可显著地舒张冠状动脉血管。钙通道阻断剂用于治疗肥厚型心肌病和某些心律失常。二氢吡啶类的钙通道阻断剂阿罗地平磺酸盐，用于治疗猫和犬的高血压。推荐剂量：犬，0.1 mg/kg，口服，每日1次；猫，0.18 mg/kg（或0.625～1.25 mg/只），口服，每日1次。

（二）动脉与静脉扩张剂

有机硝酸盐和亚硝酸盐可使动静脉血管平滑肌松弛，也可直接扩张冠状血管。临床上，通常用低浓度的有机硝酸盐和亚硝酸盐，扩张小静脉但不影响体循环血管阻力。这些药物的药效出现较迅速，静脉注射、舌下及局部用药都会因首过效应而受到影响。

硝酸甘油是一种有机硝酸盐，可使血管平滑肌松弛。但使用硝酸甘油的剂量，可显著地引起静脉扩张和前负荷降低。优先使肠系膜上的静脉扩张，可影响从肺部向全身的血流量，也可减少心肌负荷。硝酸甘油可用于治疗急性心力衰竭，尤其是与急性肺水肿有关的心力衰竭。硝酸甘油可以静脉注射、舌下含服和作为软膏剂。最常用为2%的软膏制剂，涂抹到（犬：4～15 mg，每日3次；猫：2～4 mg，每日3次；最低量15 mg）动物皮肤无毛处（腹部或耳）。

硝普钠是一种最有效的舒张血管药物，属有机硝酸盐，能降低前、后负荷。该药物的优点包括药效强，减小前后负荷，快速的血流动力效应，半衰期短，生产成本低。主要的缺点是只能由静脉注射给药，且恒定流速为每分钟1～10 μg/kg。硝普钠可快速降低犬的血压和后负荷。低血压是主要的并发症，在用该药时，需密切监测血压。

哌唑嗪是一种α_1-肾上腺素能受体阻断剂，因此常用来降低前、后负荷。哌唑嗪口服效果较好，但剂量不宜过大。此外，哌唑嗪受首过效应的影响较大，临床上很少用于小动物。

四、抗心律失常药

根据对心肌细胞的电生理效应，抗心律失常药主要分为四大类。

1. 第一类药物 包括标准膜稳定化药物，如奎尼丁、普鲁卡因和利多卡因等。这些药物通过有选择地阻止快速钠离子通道和抑制动作电位0期而发挥作

用。这种现象是由直接的膜稳定或"局部麻药"效果造成的。抑制去极化的0期可以降低动作电位的传导速度。此外，该类药物可增加兴奋性阈值和降低4期自发性去极化，从而减少异常起搏点的出现。该类中一些药物可用于治疗再入式心律失常（re-entrant arrhythmias）。

IA类药物包括奎尼丁、普鲁卡因和在小动物中限制使用的丙吡胺。基于对不应期和复极化的影响，第一类药物还可以进一步细分。

奎尼丁和抗疟疾药奎宁有关。它也可治疗室上性和室性心律失常。也可用于治疗再入式心律失常，如心房颤动。在心房，奎尼丁可间接抑制迷走神经的作用（"阿托品类似物"）。奎尼丁的硫酸盐制剂，经口服后可迅速为机体所吸收。葡萄糖酸形式的奎尼丁吸收较慢。可以肌注奎尼丁，但会引起痛苦。90%的奎尼丁可与蛋白结合，快速地分布于大多数组织。半衰期因物种而异，犬约6 h，马约8 h。

奎尼丁（猫和犬：4～20 mg/kg，口服，每日3～4次；马：按每2小时22 mg/kg），口服，或每5～10 min，静脉注射奎尼丁葡萄糖酸1.0～1.5 mg/kg）可用于治疗室上性及室性心律失常。由于其在不同的动物体内有显著的药效变化，奎尼丁治疗因个体而异。心脏中毒可能导致动静脉（AV）阻滞或室性心律失常。奎尼丁一种阿托品类似物，可通过AV节点和自相矛盾的加速度（paradoxical acceleration）来增加脉冲传导。硫酸盐形式的奎尼丁，会导致血管舒张和胃肠道不良反应。应用于马属动物时，会引起鼻黏膜肿胀、荨麻疹性水疱和蹄叶炎等不良反应。用该药时，通过监测心电图和血浆奎尼丁浓度，可以降低药物不良反应。

普鲁卡因胺可影响心脏的自主性、兴奋性和传导性，类似于奎尼丁，但对自主神经系统的影响则很微弱，不会导致α-肾上腺素能阻滞或反常的加速。普鲁卡因经口服可快速地几乎完全被吸收，仅有约20%和蛋白质结合。普鲁卡因在犬类肝脏转换成无活性的代谢产物。它可作口服胶囊或者片剂供长期使用。治疗急性疾病可以静脉注射和肌内注射。

和控制心房心律失常相比，普鲁卡因（犬：10～30 mg/kg，口服，每日4次；2～8 mg/kg，静脉注射超过5 min，然后每分钟10～40 μg/kg，恒速输注；猫：3～8 mg/kg，口服，每日3～4次；1～2 mg/kg，静脉注射超过5 min，然后每分钟10～20 μg/ kg，静脉注射；马：25～35 mg/kg，口服，每日3次；每分钟1 mg/kg，静脉注射，最大限度为20 mg/kg）通常更能有效地控制室性心律失常。其药效类似于奎尼丁，可弥补奎尼丁对动物不产生作用。产生的毒性包括类似

奎尼丁的心脏毒性、快速静脉注射引起的低血压、胃肠道紊乱（厌食、恶心、呕吐和腹泻），以及可能引起系统性红斑狼疮样综合征。

IB类药物包括利多卡因、妥卡尼、美西律和苯妥英。

利多卡因主要用于治疗急性室性心律失常。利多卡因对自主神经系统有很小的影响。可治疗由异常的浦金野氏纤维或心室纤维引起的心律失常，而不会影响正常心肌组织。尽管利多卡因口服吸收很好，但是受胃肠道首过效应的影响，只有1/3的药物能到达循环系统。肌内注射也能完全吸收。利多卡因分布于血管外组织也很迅速。利多卡因主要在肝脏代谢；患有肝脏疾病或肝脏血流量低会有较长的半衰期，正常在犬体内不足1 h。

利多卡因一般静脉注射；在治疗心律失常疾病时，不应再加入其他药物。为了起效快可以进行静脉注射给药（犬：1～2 mg/kg，快速静脉注射，随后按每分钟40～80 μg/kg）。利多卡因也有一些不良作用。犬的中毒症状主要表现在中枢神经系统。如果血浆中利多卡因浓度过高，动物会出现昏睡、焦虑甚至肌肉抽搐。如果静脉注射太快则会导致低血压。猫对该药敏感，容易引发中毒、心跳停止和中枢神经兴奋。

美西律是一种利多卡因类似物，可用于治疗犬的心律失常（4～10 mg/kg，口服，每日3次）。口服给药的首过效应较小。潜在不良反应包括胃肠紊乱和震颤。美西律可与其他药物一起治疗顽固性室性心律失常。

妥卡尼也是一种利多卡因类似物，受首过效应影响较小，因此口服较理想。妥卡尼用于长期控制犬（15～20 mg/kg，口服，每日3次）的室性心律失常，该病对利多卡因也有应答。潜在的不良反应包括中枢神经系统和胃肠道紊乱、低血压、心动过缓、心动过速，以及其他心律失常和角膜水肿，因此，妥卡尼的使用已受到限制。

苯妥英是一种使用受限的抗心律失常药物。由于其能抑制由洋地黄引起异常的自动性节律，故主要用于治疗由洋地黄引起的心律失常。建议犬用剂量为：30～50 mg/kg，口服，每日3次。

2. 第二类药物　该类药物是β-肾上腺素能受体阻断剂。它们在轻微和中度心力衰竭治疗中起着越来越重要作用。其主要作用是交感神经系统对心衰反应的钝化。

普萘洛尔是一种典型的非选择性、竞争性的β₁和β₂-受体阻断剂。作为β₁-受体阻断剂，普萘洛尔对室上性心动过速有负性变时作用，是一种负性肌力药。这种药效对心脏储备有限的动物（如患有严重心

力衰竭的动物）是一种伤害，但对患有肥厚性心肌病的猫却有益。

普萘洛尔临床治疗包括减少心室率以防心动过速、心房纤颤或心房扑动，治疗肥厚型心肌病、高血压和甲亢。临床上，普萘洛尔（犬：0.1～2 mg/kg，口服，每日3次；猫：2.5～5 mg/kg，口服，每日3次）在患有心律失常的犬和猫作为一种负性变时药，以及作为负性变时和负性肌力药治疗猫肥大性心肌病。普萘洛尔在治疗患心力衰竭的犬之前，有必要定量地接受洋地黄治疗。在治疗肥厚型心肌病的猫时，β-受体阻断剂可能优于钙通道阻断剂。对患呼吸系统疾病（如哮喘）的猫，应避免使用普萘洛尔。

普萘洛尔的毒性作用是封闭β-受体，主要症状包括缓慢性心律失常、低血压、心力衰竭、支气管痉挛和低血糖（特别是患有糖尿病的动物）。心力储备较小的动物在服用β-受体阻断剂时，一定要小心地从低剂量开始。

阿替洛尔是一种选择性β_1-受体阻断剂，能够有效地治疗心律失常、系统性高血压和肥厚型心肌病。患痉挛性支气管病动物相对安全外，与普萘洛尔相比，阿替洛尔要求较少次数给药（犬：0.25～1 mg/kg，口服，每日1～2次；猫：2～3 mg/kg，口服，每日2次）。在治疗轻、中度充血性心力衰竭犬中，β-肾上腺素用量为0.5～0.8 mg/kg，口服，每日1次，建议几周后剂量逐渐增加至2～5 mg/kg，口服，每日1次。

卡维地洛是相对较新的β-肾上腺素能阻断剂，用于治疗犬的心脏疾病。和普萘洛尔一样，卡维地洛是一种非选择性β_1和β_2-受体阻断剂。但不同于普萘洛尔，卡维地洛还能阻断α-肾上腺素能受体，且具有抗氧化特性。由于β-阻断剂的负性肌力作用，在一些充血性心力衰竭中有危险性，卡维地洛使用应限于轻度或中度心力衰竭。然而，与其他β-受体阻断剂相比，卡维地洛可减轻负性变时作用和正性肌力作用，因此可降低心力衰竭症状恶化的可能性。卡维地洛治疗人类左心室衰竭而降低死亡率的事实已被证明。兽医的治疗经验，主要是对大型犬扩张型心肌病的治疗。大型犬的推荐起始剂量是3 mg/d，口服，用药2周，然后剂量上调（如3 mg/次，每日2次，服用2周，等），基于临床反应最高可调至25～50 mg，口服，每日2次。对于房室瓣膜病的幼犬，建议起始剂量为0.25 mg/kg，口服，每日2次，分阶段，每2周剂量上调一次，最高至1.0～1.25 mg/kg，口服，每日2次。

3. 第三类药物 能延长心脏的动作电位和不应期，对快钠传导途径无影响。第三类药物又分为3种：溴苄铵、胺碘酮和甲磺胺心定。目前，在兽药中，尚未临床应用。第三类药品除了对动作电位影响，索他洛尔还是非选择性β-肾上腺素能阻断剂。

4. 第四类药物 包括钙颉颃剂或钙通道阻滞药物。这类兽药包括硫氮草酮、氨氯地平和维拉帕米。

钙通道阻断剂能抑制Ca^{2+}进入细胞内或从细胞内进入心脏和血管的平滑肌。心脏和血管的平滑肌依靠Ca^{2+}进行收缩。此外，能够发生自动性节律的心肌细胞和AV传导组织，部分依靠Ca^{2+}进入细胞内去极化。钙通道阻断剂能够减缓窦性节律和AV传导；患有心房颤动或扑动的动物，钙通道阻断剂可降低其心室传导效率。钙通道阻断剂一般不会造成心律失常，其对心血管不良反应包括低血压、心动过缓、不同程度的心脏传导阻断和由于加重的负性肌力影响，加重心力衰竭。

硫氮草酮可用于治疗心房颤动、室上性心动过速、肥厚型心肌病和高血压。犬的给药量为0.5～1.5 mg/kg，口服，每日3次；猫：0.5～2.5 mg/kg，口服，每日3次，中、高剂量用于治疗犬猫肥厚性心肌病。猫可使用缓释剂硫氮草酮。硫氮草酮治疗肥厚型心肌病的优点，包括降低心律，减轻水肿形成和心室壁增厚，改善心脏舒张度和心室顺应性。为了减慢室性心动过速的心室应答，通常使用较低的起始剂量，在2～3 d后增加剂量，以达到正常心率所需剂量。犬和猫对硫氮草酮很有耐受性。非心血管不良反应可包括胃肠道或中枢神经系统紊乱，以及肝脏酶类增加。硫氮草酮可增加普萘洛尔的生物利用度；和β-受体阻断剂一起使用，可增加心血管不良反应。

作用于血管平滑肌的氨氯地平是一种选择性的钙通道阻断剂，对心肌钙转运的影响很小。推荐用氨氯地平治疗猫和犬的高血压病。

五、作用于血液或造血器官的药物

（一）补血药

补血药可通过药理学方法，提供产生红细胞所需的原料（如血红蛋白合成物），以及刺激骨髓形成红细胞，从而治疗贫血症。

维生素B_{12}为DNA合成所必需，缺乏时可引起核成熟抑制及细胞分化。骨髓中红细胞成熟停止，将导致巨幼细胞性和恶性贫血。维生素B_{12}是一种类似卟啉的化合物，由中心包含一个钴元素的环形结构组成，他由日粮和经胃肠道中的微生物合成所衍生。然而，除反刍动物外，其他动物微生物合成维生素B_{12}的场所为大肠，故合成后不易被吸收。饮食不足导致维生素B_{12}缺乏较少见；缺乏症通常由胃肠道吸收不良所引起。

维生素B$_{12}$的吸收很复杂，取决于胃酸、胃蛋白酶和胃壁细胞或胰管细胞分泌的物质。这些物质能被结合，并保护维生素B$_{12}$免受降解。在这些吸收方式中，维生素B$_{12}$能够特异性地结合其位于回肠绒毛上的受体，通过胞饮进入肠黏膜上皮细胞。虽然在回肠中的吸收受到影响会导致维生素B$_{12}$的持续耗竭，但只有发生数月的吸收不良时才会出现维生素B$_{12}$缺乏症。维生素B$_{12}$在血浆中能结合钴胺传递蛋白。维生素B$_{12}$可大量储存在肝脏中，并按机体需要缓慢释放。也通过肝肠循环分泌到胆汁中。

维生素B$_{12}$可以氰钴胺素口服或胃肠道外制剂的形式摄入（犬：100~200 μg，口服，皮下注射，每日1次；猫：50~100 μg，口服，皮下注射，每日1次）。在治疗方面未见明显的中毒现象。治疗适应证主要局限于维生素B$_{12}$吸收不良，如回肠切除、胃肠切除或吸收不良综合征（如胰腺外分泌功能障碍）。长期服用H$_2$-受体阻断剂（西咪替丁、雷尼替丁或法莫替丁）可导致维生素B$_{12}$缺乏症，因为其破坏了维生素B$_{12}$的酸性吸收环境。

叶酸是合成DNA和RNA的必需物质。叶酸缺乏常导致巨幼细胞性贫血。日粮中的叶酸来源包括酵母、肝脏、肾脏和绿色蔬菜，也可以由微生物形成。叶酸主要存储在肝脏，但其亲和力不如维生素B$_{12}$。由于机体每天都会分解叶酸，如果日粮缺乏，则叶酸的血清含量将会迅速下降。尽管空肠病变能导致叶酸吸收障碍，但不如维生素B$_{12}$那么敏感。

叶酸（犬：5 mg，口服，每日1次；猫：2.5 mg，口服，每日1次）既可口服也可注射给药。临床治疗应用叶酸不会导致严重中毒现象。治疗适应证主要包括，因使用一些药物（如氨甲蝶呤、强化的磺胺类药物和一些抗惊厥药物，如扑痫酮和苯妥英）而引起的叶酸摄入不足，肝脏疾病，吸收障碍或其他一些慢性虚弱性疾病。

铁是形成血红蛋白的必需物质。铁在日粮中，常以血红素或非血红素的小分子形式被机体吸收。其中以非血红素形式吸收的铁，最易受日粮的影响。在空肠近端，铁离子能迅速地与肠管上皮细胞的转铁球蛋白结合而被吸收。铁以同样方式在血浆中运输，但和转铁球蛋白结合较松散，可较容易地转到其他组织中。铁离子通过与其特异性结合的转铁蛋白受体结合进入细胞。在细胞中，铁离子结合去铁蛋白，形成可溶性铁蛋白而被储存。少量的铁离子也储存在不易溶解的含铁血黄素中；当机体的去铁蛋白超出机体正常所需的铁离子，含铁血黄素储存铁也会相应增加。除了通过胃肠道排泄铁离子以外，尚无其他的排泄机制。胃肠道排泄铁离子包括含铁离子的上皮细胞脱落、胆汁排泄，以及日粮中尚未吸收的铁离子。

铁离子治疗适应证，仅限于治疗或预防缺铁性贫血（如失血、妊娠等），可口服或注射给药。口服制剂为亚铁盐，如硫酸盐（犬：100~300 mg，每日1次；猫：50~100 mg，每日1次）、葡萄糖酸盐和延胡索酸盐。为补充体内的铁，治疗可以持续几个月。应用铁离子治疗的效果，可以通过监测血红蛋白的浓度来评估。不良反应一般与剂量有关。初始治疗缺铁症及通过口服（如新生仔猪）失败时，都可用铁离子注射制剂。右旋糖酐铁可以给出生2~4 d的仔猪单一的肌内注射（100 mg）。铁离子伴随的中毒现象有皮肤苍白、血痢和休克。对比不同的注射制剂的疗效，葡聚糖复合物和氢化的右旋糖酐类的疗效比糊精类更高。血红蛋白的形成需要维生素B$_6$和微量元素铜、钴（瘤胃的微生物合成维生素B$_{12}$很重要）。"散装制剂"包含许多补血药物；这种产品的功效不可轻信。和许多的补血药物一样，如果该动物的营养状况较差，这些药物也是无效的。

阿法依泊汀是人类糖蛋白促红细胞生成素（erythropoietin，ERP）的合成形式。阿法依泊汀可治疗犬和猫因慢性肾功能衰竭引起的贫血症。初次剂量为100 U/kg，皮下注射，每周3次，持续4个月，同时监测红细胞压积（packed cell volume，PCV），随后的维持量为75~100 U/kg，皮下注射，每周2~3次。犬和猫中最明显的不良反应是产生ERP抗体、抗药性和严重贫血。其他潜在的不利影响，包括缺铁、高血压、发热、局部蜂窝织炎、关节痛、皮肤黏膜溃疡、红细胞增多症和中枢神经系统紊乱（抽搐）。

促蛋白合成类固醇的化合物结构与睾酮相关，且有相似的蛋白质合成代谢活性，但雄性激素作用（如雄性化）最低。由于其蛋白质合成代谢活性，这些化合物可增加循环红细胞数量，也可能增加粒细胞数量。临床上使用该类药物的症状包括慢性非再生性贫血。在治疗上，动物对该类药物的反应一般不确定，临床上需较长的用药时间才可见到效果，通常至少需要3个月。据称，该类药物发挥药效的机制包括通过ERP刺激因子增加ERP的产量，把一些细胞分化成对ERP刺激因子敏感的细胞（如原始血细胞），或是直接激活红系祖细胞。促蛋白合成类固醇需要有足够的ERP和骨髓细胞。因此，在治疗贫血时类固醇治疗的效果可能有限，需根据各自的情况用药。

根据碳17位置是否出现烷烃取代基，可将促蛋白合成类固醇分为两类：烷基化和非烷基化。口服和注射均可，包括缓释的油剂。促蛋白合成类固醇的吸收和处置过程取决于给药途径及动物种类。大部分经肝脏代谢后被消除。这种烷基化的药物口服后能够很有效地吸收，也可兴奋骨髓。烷基化促蛋白合成类固醇包括羟甲烯龙（犬和猫：1～5 mg/kg，口服，每18～24 h 1次）。非烷基化促蛋白合成类固醇，包括癸酸诺龙（犬：每周1～1.5 mg/kg，肌内注射；猫：每周1 mg/kg肌内注射；马：1 mg/kg，肌内注射，每4周1次）。十一碳烯酸去甲睾酮已获批准用于马属动物，1.1 mg/kg，肌内注射，每3周1次。促蛋白合成类固醇的不良反应，包括钠和水潴留、雄性化和肝细胞中毒。和非烷基化促蛋白合成类固醇相比，烷烃化药物更易使肝细胞中毒，特别是猫。早期可造成明显的胆汁淤积性肝损害，但现在多数可以有效避免。

（二）止血药

凝血因子冻干制剂通常包含一种或多种凝血因子，可用于浅表或局部止血。通过提供外源性凝血因子和促进凝血的基质而抑制毛细血管出血。吸收的凝血因子用于浅表血管和小血管渗血。凝血因子主要包括促凝血酶原激酶、凝血酶（有粉剂、溶剂或海绵球）、胶原蛋白和纤维蛋白原。人工基质包括血纤维蛋白泡沫、吸收性明胶海绵和氧化纤维素。

收敛剂如硫酸铁、硝酸银和鞣酸，通过沉淀蛋白而局部止血。收敛剂不能穿透组织，只能对表层细胞产生作用。他们可造成外围组织损伤。

肾上腺素与去甲肾上腺素通过收缩血管而止血。他们通过局部外用药，降低血液流到组织而达到止血，或通过棉球吸收后塞于鼻腔内治疗鼻出血。

全身性止血药指用于治疗患凝血因子缺乏症动物的鲜血及血液组成成分。包括新鲜血浆、新鲜冰冻血浆、血浆冷沉淀物和富血小板血浆。

维生素K只适用于维生素K缺乏症。维生素K为肝脏合成凝血因子 II、VII、IX 和 X 所必需。主要适应证是杀鼠剂中毒、发霉的草木樨（双香豆素）中毒和磺胺喹噁啉中毒。

维生素K_1（植物甲萘醌）是一种植物源维生素K，因能比同类物如维生素K_3（甲萘醌）更为迅速地恢复凝血因子而显得更安全和有效。虽然维生素K_1可肌内注射和缓慢静脉注射（有过敏性反应的报告），但首选给药途径是皮下注射或口服。肌内注射后在注射部位可见出血。给药剂量有赖于抗凝毒性而定。抗凝剂毒性的性质取决于所选择的剂量方案。只要抗凝剂在体内达到中毒浓度就必须停止用药，因此用药持续时间取决于杀鼠剂水平。第二代香豆素衍生物或茚满二酮药效强，半衰期长。摄入这些长效杀鼠剂后，需要几周的维生素K_1治疗才能痊愈。由于使用维生素K_1后，凝血因子合成会滞后6～12 h，因而治疗期间应监测凝血状态。

去氨加压素是一种治疗尿崩症的人工合成抗利尿激素类似物。在患冯·威利布兰德病（血管性血友病）的动物体内，去氨加压素可短暂地提高血管假性血友病因子水平，而缩短出血时间。对患血管性血友病的犬，在外科手术前使用该药（0.4 µg/kg，皮下注射；1 µg/kg，静脉注射，用20 mL生理盐水稀释，静脉推注时间应超过10 min），可使毛细血管出血得到控制。

（三）抗凝血剂

抗凝血剂可直接或间接地干扰凝血级联。

肝素是一种异体硫酸（阴离子）黏多糖混合物，因最先在肝脏中发现且浓度高而得名。肝素可从猪肠黏膜和牛肺中提取。其作用为间接促进内源性抗凝血物质的生成，特别是抗凝血酶III，肝素辅因子 II。这些抗凝血物质与凝血因子，尤其是凝血酶结合，形成稳定的复合物而使其灭活。当凝血因子被灭活后，肝素又以其活性形式被释放，再使其他凝血因子灭活，所以低浓度下就可以产生很强的抗凝效果。肝素可结合到内皮细胞表面，从而抗血小板聚集和黏附，有抗血栓作用。

肝素临床用于静脉或肺动脉栓塞、房颤所致栓塞的预防和治疗，它也可以作为一种抗凝血剂用于诊断和输血。肝素常配合血液用于治疗弥散性血管内凝血（disseminated intravascular coagulopathy，DIC）和其他高凝固性疾病，也见用于高脂血症治疗。

肝素可成钠盐或钙盐。肝素的吸收和分配因分子和极性都太大而十分有限。由于其口服吸收能力差，是一种非肠道给药抗凝血剂。虽然抗凝活性强，但由于半衰期具有剂量依赖性，稳态浓度难以实现，药动学行为个体差异大。肝素经肝脏内肝素酶和网状内皮细胞代谢，尿中可检测到活性代谢产物。肾功能或肝功能衰竭时，常使半衰期延长。

肝素可通过皮下注射或静脉注射（间歇性或恒量）给药。深部皮下注射或脂间注射，可延长有效浓度维持时间。深部肌内注射可导致严重血肿。高剂量肝素常推荐用于血栓的治疗（犬：150～250 U/kg，皮下注射，每日3次；猫：250～375 U/kg，皮下注射，每日2次）。低剂量（犬和猫：75 U/kg，皮下注射，每日3次；马：25～100 U/kg，皮下注射，每日3次）用于DIC的治疗。在治疗中应监测凝血时间（如活化部分凝血激酶时间）。肝素的不良反应和毒性主要局限于出血，由于肝素是一种外源蛋白，还可能出现过敏反应。只有在置换血液或血浆的情况下，肝素才能用于出血动物和DIC动物。

低分子质量肝素（low-molecular-weight heparins，LMWH，例如达肝素和依诺肝素）常代替"普通肝素"被作为抗凝剂，广泛用于人的各种血栓病。LMWH的分子质量仅为肝素的1/10，可每日给药1～2次，不必监测活化部分凝血激酶时间，而且引起出血或血小板减少的风险小，对凝血酶的影响也小。LMWH主要作用于抗凝血因子Xa。有关本制剂用于指导兽医临床的有效性、安全性和剂量等方面的资料很有限。然而，已有报道达肝素对犬和猫的推荐剂量为100～200 IU/kg，皮下注射，每日1～2次；依诺肝素对犬和猫的推荐剂量为1～2 mg/kg，皮下注射，每日2次，同时监测凝血酶原时间。猫对LMWH个体反应的差异很大。

维生素K颉颃剂（口服抗凝血剂）与肝素不同，主要体现在其活性持续时间和强度方面。维生素K颉颃剂可用于血栓复发（如猫、犬、马的主动脉或肺动脉血栓栓塞、静脉血栓）的长期口服治疗和预防。但临床用药时，尤其要重视维生素K颉颃剂可能引发的毒副作用。

维生素K有多组颉颃剂，它们能阻断凝血因子合成后，维生素K环氧化物的还原，有效地降低维生素K的浓度，从而干扰肝内维生素K依赖性凝血因子的合成。因为用药或意外服用之前合成的凝血因子的存在，它们的抗凝活性（疗效或毒性）会滞后。凝血因子Ⅶ的半衰期最短，也是最先缺乏的凝血因子。

维生素K颉颃剂口服后吸收迅速且完全，在1 h内达到血药浓度峰值水平，几乎全部与血浆蛋白结合，其表观分布容积仅限于血浆体积。它们经肝脏代谢生成初级代谢产物，然后与葡萄糖醛酸结合，具有肝肠循环过程。诸多因素如低蛋白血症、抗菌药物治疗、肝脏疾病、高代谢状态、妊娠和肾病综合征都会增加其活性。潜在的药物相互作用显得至关重要。在它们与血浆蛋白大量结合时，其他与血浆蛋白结合作用更强的药物（如乙酰水杨酸和保泰松）可将维生素K颉颃剂进行置换，使其抗凝作用增强甚至引起中毒。维生素K颉颃剂与其他抗凝血药物也有相互作用。

华法令钠是最常用的抗凝制剂。犬和猫的用量为0.1～0.2 mg/kg，口服，每日1次；马为0.067～0.167 mg/kg，口服，每日1次。维生素K颉颃剂最主要的不良反应是造成出血。在使用华法令时必需严格监测凝血时间（特别是凝血酶原时间）、全血细胞计数（complete blood count，CBC）和临床出血迹象（如粪便和尿潜血）。

纤维蛋白溶解药可增强纤溶酶的作用。纤溶酶的作用是溶解血凝块的内源性化合物。纤溶酶的无活性前体是纤维蛋白溶解酶原，它以两种形式存在：血浆溶解态和纤维蛋白（血栓）结合态。链球菌合成的链激酶和链道酶，可激活两种形式的纤维蛋白溶解酶原。它

们以粉剂、浸剂和灌洗剂形式用于其他治疗手段无效的慢性创伤（如烧伤、溃疡、慢性湿疹、耳血肿、外耳道炎、骨髓炎、慢性鼻窦炎或其他慢性损伤）。组织型纤溶酶原激活剂（Tissue-type plasminogen activator，tPA）优先激活纤维蛋白结合的形式纤溶酶原。与胃肠外给药的链激酶不同，组织型纤溶酶原激活剂不引起全身蛋白水解。选择性溶栓在不增加循环纤溶酶的情况下发生，因此，组织型纤溶酶原激活剂引起出血的可能性比链激酶肠外给药更低。组织型纤溶酶原激活剂可用于治疗猫的主动脉血栓栓塞（每小时0.25～1.0 mg/kg，静脉注射，总剂量为1～10 mg/kg），但其可能引发的再灌注（和释放毒性代谢物）的致死风险和基因工程产品的较高价格，都会限制其使用。

抗血栓形成的药物可影响血小板活性，血小板活性通常受血小板内和血小板外的底物（如前列腺素）调控。血小板活性可借由外源性物质与这些底物反应来调控。非类固醇消炎药可抑制环氧合酶的生成，该酶通过释放进入细胞和血小板的花生四烯酸，抑制前列腺素类物质的合成。非类固醇消炎药可导致所有类型的前列腺素（包括血栓素）生成受到抑制，血栓素可有效促进血小板聚合和血管收缩。除了其对环氧化酶的抑制作用，阿司匹林作为一种强效的血小板活性抑制剂，能不可逆地乙酰化血栓素合成酶。阿司匹林是一种潜在的血小板活性抑制剂，在阿司匹林对血小板活性作用消失之前，新的血小板也会随之产生。高剂量的阿司匹林还可抑制前列腺环素（一种可抵消血栓素的血栓形成作用的前列腺素产品）。因此，必须慎重使用阿司匹林的抗血小板作用。阿司匹林在犬的抗血小板剂量为每24～48 h，5～10 mg/kg，口服；猫为每48～72 h，80 mg，口服。

第三节　消化系统药物治疗学

参见消化系统一章的治疗原则。

一、单胃消化系统

（一）食欲调节药物

食欲紊乱是非常普遍的动物疾病。厌食是常见的临床问题，常继发于许多全身性疾病，并加重疾病诱导的分解代谢。当用动物最喜爱的食物诱食无效时，可采用药物疗法增进食欲，甚至采取进一步措施，如鼻胃管或胃造瘘术灌食、全静脉营养输液以提供足够的营养。

伴侣动物常因暴饮暴食变得肥胖。一般通过宠物主人对动物合理调教，其饮食即可得到很好控制。

如果依然无效，可考虑适当的药物疗法。地洛他派（Dirlotapide）是犬用微粒体甘油三酸酯转运蛋白（microsomal triglyceride transfer protein，MTP）抑制剂型减肥药。MTP可催化富含甘油三酸酯的含载脂蛋白B的脂蛋白，在肠道黏膜形成乳糜微粒及在肝脏合成极低密度脂蛋白。通过口服，地洛他派可在体内选择性地作用于肠MTP。地洛他派的减肥机制不详，但可减少脂肪吸收，发送充满脂质的肠内皮细胞产生的饱感信号。地洛他派可通过增加循环系统中多肽YY的释放量，而以剂量依赖性地降低食欲，体重减轻大多由采食量减少引起的。

地洛他派制剂都是内服吸收，但其在犬体内的吸收差异很大。地洛他派吸收后在肝脏代谢，药物原型及其代谢产物都在胆汁中分泌，有肝肠循环重吸收的可能。虽然血药浓度与疗效无直接关系（疗效与肠道内药物浓度相关），但似乎与全身毒性有关。

现市售地洛他派为5 mg/mL的口服液。给药剂量需根据体重而稍加调整。初始剂量为0.5 mg/kg，两周后加倍；虽然在安全性研究中，10 mg/kg也没有出现严重不良反应，但每日最大允许给药剂量为1.0 mg/kg。使用该药时不必改变动物的饲喂或运动方案，但在体重稳定后应监测采食量，建立恰当的饲喂和运动方案，防止停药后体重反弹。有些犬用药后会出现厌食、呕吐和排稀粪。呕吐的发生率会随着剂量的增大而增加，但也会随着使用时间的延长而降低。当使用剂量每日大于1.5 mg/kg，会出现肝转氨酶活性升高，但与肝变性或肝坏死的临床症状和组织病理学变化无关。

地洛他派禁用于猫。由于它在减轻体重的同时，会增加肝脏脂肪沉积的风险，因此也禁用于正在接受糖皮质激素治疗的犬和患库病的犬。人口服地洛他派后的不良反应有腹胀、腹痛、腹泻、胃肠气胀、头痛、血清转氨酶水平升高、恶心和呕吐。

单胃动物的促食欲兴奋药物包括B族维生素、糖皮质激素类、促同化激素类、苯二氮䓬类药物和赛庚啶（表19-2）。

维生素B制剂常经口服或注射给药，用于体况虚弱的动物，尤其是马，以促进食欲。

糖皮质激素能增加糖异生作用，并颉颃胰岛素产生的整体高血糖效应。类固醇引起的欣快感也会刺激食欲增强。由于骨骼肌肉和胶原蛋白可被分解用于合成糖类，故持续使用糖皮质激素会有异化效应。

苯二氮䓬类药物可通过γ-氨基丁酸（γ-aminobutyric acid，GABA）的诱导作用和对下丘脑饱食中枢的抑制作用有效增强猫的食欲（对犬无效）。安定可通过静脉注射，肌内注射或口服，每日1次。静脉注射后几秒钟猫就开始反应性采食，所以应及时提供可口的食物。安定的代谢物舒宁可以通过口服给药。地西泮食欲兴奋作用更强，但其镇静作用也比舒宁强。

表19-2　用于刺激食欲的药物

药　物	剂　量
强的松	1 mg/kg，口服，隔日1次
安定	猫：0.005~0.4 mg/kg，肌内注射或静脉注射，每日1次；1 mg/kg，口服，每日1次
舒宁	猫：2 mg，口服，每日2次
赛庚啶	猫：1~4 mg，口服，每日2次
米氮平	猫：3.75 mg/只1/4片（每片15 mg），口服，三日1次；犬：体重<7kg：1/4片（15mg/片），体重8~15 kg：1/2片（15 mg/片），体重16~30 kg：15 mg，体重>30 kg：30 mg；每条犬最多不超过30 mg。
醋酸甲地孕酮	犬：5 mg/kg，口服，每日1次

赛庚啶是一种具有抗5-羟色胺作用的抗组胺药。它通过抑制控制饱腹感的血清素，激活受体（五羟色胺受体）来增强食欲。临床上常用于刺激猫的食欲，但一些猫在用药后会出现中枢神经系统兴奋和攻击性行为。

米氮平是一种去甲肾上腺素能特异性5-羟色胺能抗抑郁药，为5-HT$_2$和5-HT$_3$受体颉颃剂，但对5-HT$_{1A}$和5-HT$_{1B}$受体亲和力低。米氮平是组胺H$_1$受体颉颃剂，有显著的镇静效果。米氮平通常不引起抗胆碱能作用、5-羟色胺相关不良反应或肾上腺素能不良反应（体位性低血压和性功能障碍）。抗组胺的不良反应——困倦和体重增加都很明显。米氮平常用于食欲不振和恶心并发的机能紊乱，如胃肠疾病、肝肾疾病，以及其他食欲不振和恶心症状同时存在的情况。米氮平还可用于化疗引起的食欲不振和恶心。

使用米氮平，犬为每日1次，而猫为1周2次。肝肾疾病会导致其清除降低，所以对患肝肾疾病的犬猫要慎用。

醋酸甲地孕酮是一种合成孕激素，具有明显的抗雌激素和糖皮质激素活性，可导致肾上腺抑制，用于癌症和与艾滋病有关的恶病质病人，以刺激食欲、维持体重。用于猫或犬可能具有类似效果。妊娠、子宫疾病、糖尿病和乳腺瘤动物禁用。醋酸甲地孕酮可引起猫的深度肾上腺皮质功能抑制、肾上腺萎缩和糖尿病，病情或不可逆转。

（二）镇吐药与催吐药

位于延髓的呕吐中枢受到刺激后，可引发呕吐反射。催吐药可刺激外周感受器引发呕吐，也可直接刺激呕吐中枢引发呕吐。外周催吐药刺激咽喉部，冲动沿第九脑神经传入呕吐中枢引发呕吐。胃肠的刺激、炎症和腹胀，也可引发冲动，沿胃肠的内脏传入神经，传入呕吐中枢引发呕吐。颅内刺激（头部创伤，颅内压增高或精神刺激）或前庭器刺激（晕车、前庭炎）都可引发呕吐。由于没有受到完整的血脑屏障保护，毒素或药物（如地高辛和抗癌药物）可直接刺激催吐化学感受区（chemoreceptor trigger zone，CTZ）引发呕吐。乙酰胆碱是作用于催吐中心的主要神经递质。多巴胺、α_2-肾上腺素能药、五羟色胺和组胺都可刺激催吐化学感受区引发呕吐。

1.催吐药 常在摄入毒物的紧急情况下使用（表19-3）。一般可催吐出80%的胃内容物。

表19-3 催吐药

药 物	剂 量
阿扑吗啡	犬：4 mg/kg，口服；0.02 mg/kg，静脉注射；0.3 mg/kg，皮下注射；0.25 mg，用于结膜囊中
甲苯噻嗪	猫：0.4~0.5 mg/kg，静脉注射或肌内注射
吐根糖浆	3~6 mL/kg，口服
过氧化氢	犬：5~10 mL，口服

阿扑吗啡是阿片类药物，可作为中枢多巴胺受体激动剂，直接作用于催吐化学感受区。阿扑吗啡可通过口服、静脉注射或皮下注射给药，但肌内注射效果不佳。也可将其片剂直接压在结膜或牙龈上，便于在出现呕吐反应后撤药。呕吐通常发生在给药后5~10 min。虽然阿扑吗啡可直接刺激催吐化学感受区，但它对催吐中心有抑制作用，因此，如果第一次用药没有诱发呕吐，则不需再用药。因前庭刺激也可能参与了阿扑吗啡诱导的呕吐，安静或镇静的动物往往不如活跃的动物容易引发呕吐。由于可引起中枢神经系统兴奋，阿扑吗啡应慎用于猫。阿片类药物引起猫兴奋后，可用纳洛酮（阿片受体颉颃剂）进行治疗。

二甲苯胺噻嗪是一种α_2-肾上腺素能激动剂，主要用于镇静和镇痛。它是一种安全的催吐药，能刺激猫的催吐化学感受区产生催吐作用。由于甲苯噻嗪可以产生深度的镇静和导致低血压，动物用药后应密切监测。给药首选静脉注射，其次是肌内注射。

吐根糖浆属于非处方药，其中的吐根碱是一种有毒生物碱。吐根碱可刺激胃部产生呕吐，一般会在用药后15~30 min内产生呕吐，如果反复使用都未诱发呕吐，则必须洗胃以除去吐根碱，以免中毒。

过氧化氢（3%）可经第九对脑神经，作用于咽背部刺激产生呕吐。小剂量（5~10 mL）过氧化氢，可通过冲洗口腔直至呕吐发生。由于吸入过氧化氢泡沫会导致严重的吸入性肺炎，口腔冲洗时应谨慎，尤其是对猫。

2.止吐药 动物持续呕吐令身体疲惫，可引起脱水、酸碱和电解质紊乱，以及吸入性肺炎。一旦确诊晕车呕吐、心因性呕吐，以及放射和化疗引起的呕吐，应立即使用止吐药，防止过度呕吐（表19-4）。止吐剂在外周可通过受体，减少呕吐反射冲动的传入及抑制其传出；在中枢还可阻断催吐化学感受区和催吐中枢的兴奋。

表19-4 止吐药

药 物	剂 量
乙酰丙嗪	0.025~0.2 mg/kg，静脉注射，肌内注射，皮下注射，最大剂量3 mg；1~3 mg/kg，口服
氯丙嗪	0.5 mg/kg，静脉注射，肌内注射，皮下注射，每日3~4次
丙氯拉嗪	0.1 mg/kg，肌内注射，每日3~4次；1 mg/kg，口服，每日2次
异丙嗪	2 mg/kg，口服或肌内注射，每日1次
异丙胺	0.2~1.0 mg/kg，口服，每日2次
丙胺太林	0.25 mg/kg，口服，每日3次
茶苯海明	4~8 mg/kg，口服，每日3次
苯海拉明	2~4 mg/kg，口服，每日3次
赛克力嗪	4 mg/kg，口服，每日3次
美克奈嗪	4 mg/kg，口服，每日1次
布托啡诺	0.2~0.4 mg/kg，肌内注射，每日1~2次
胃复安	0.1~0.5 mg/kg，肌内注射，皮下注射或口服，每日3次；每小时0.01~0.02mg/kg，静脉输注
昂丹司琼	0.1~0.2 mg/kg，口服，每日1~2次；0.1~0.15 mg/kg，静脉注射，每日2~3次
格拉司琼	0.5~1.0 mg/kg，口服，每日2次；0.1~0.15 mg/kg，静脉注射，每日2~3次
多拉司琼	0.6~1.0 mg/kg，静脉注射，每日1次
马罗皮坦	急性呕吐：2 mg/kg，口服或1 mg/kg，皮下注射，每日1次，连用5日；晕车：8 mg/kg，口服，每日1次，连用2日

吩噻嗪类安定药能颉颃多巴胺对中枢神经系统的兴奋作用，从而抑制各种原因引起的呕吐。这些药物也具有抗组胺和弱抗胆碱能作用。用作止吐药的吩噻嗪类药物有乙酰丙嗪、氯丙嗪和丙氯拉嗪。潜在的不

良反应，包括由于α-肾上腺素能阻滞所致低血压、过度镇静、锥体外系体征、癫痫患者的癫痫发作阈值降低。锥体外系症状可以用抗组胺药（如苯海拉明）颉颃。

抗胆碱能药物能阻断从胃肠道和前庭系统到呕吐中枢的胆碱能神经传入通路。与其他止吐药相比，单独使用效果较差。阿托品、东莨菪碱和异丙胺可穿过血脑屏障，其药效短，可引起猫的兴奋。外周抗胆碱能药包括胃长宁、丙胺太林和甲基东莨菪碱。只有异丙胺和丙胺太林常用于小动物前庭刺激相关的呕吐（参见晕车）。

抗组胺剂可阻断前庭刺激到呕吐中枢的组胺和胆碱能神经传递。组胺（H_1）受体阻断药包括茶苯海明、苯海拉明、异丙嗪（一种有H_1阻断作用的吩噻嗪类药）、赛克力嗪和氯苯甲嗪。它们可引起轻微的镇静作用，尤其是苯海拉明、茶苯海明和异丙嗪。赛克力嗪和氯苯甲嗪在高剂量时有潜在的致畸作用。

甲氧氯普胺可通过三种机制产生止吐作用。在低剂量时，可抑制中枢神经系统的多巴胺能传递；在高剂量时，抑制催吐化学感受区中的5-羟色胺受体；在外周，甲氧氯普胺促进胃和十二指肠的排空。甲氧氯普胺广泛地用于小动物止吐。它还用于控制化疗引起的呕吐和胃排空延迟、返流性胃炎、病毒性肠炎引的恶心和呕吐。甲氧氯普胺的药代动力学个体差异很大，由于其显著的首过效应，口服给药的生物利用度仅有50%。高剂量或快速静脉注射时，甲氧氯普胺通过颉颃多巴胺引起的作用，刺激中枢神经系统产生兴奋（与吩噻嗪类安定药类似）。苯海拉明可消除引起的锥体外系症状。如果动物有疑似消化道梗阻或穿孔时，禁用甲氧氯普胺。

五羟色胺颉颃剂昂丹司琼和多拉司琼，是催吐化学感受区中羟色胺3亚型受体的特异性抑制剂。这些受体在外周位于迷走神经终端，在中枢位于大脑的最后区。一些细胞毒性药物和放射疗法，常损伤胃肠黏膜而释放五羟色胺。这些药物是放疗和化疗病人最有效的止吐药，它们也同样用于接受化疗的犬。昂丹司琼对晕车引起的呕吐疗效不佳。多拉司琼的代谢产物可阻断钠离子通道，有改变心电图（PR及QT间期延长，QRS增宽）的不良反应。

布托啡诺是一种用于犬接受氯氨铂化疗的有效止吐剂，该制剂仅引起轻微的镇静作用。他能对呕吐中枢直接发挥止吐作用。

马罗皮坦是一种神经激肽1（neurokinen 1，NK-1）受体颉颃剂，被批准用于犬呕吐的治疗。迄今，仅有3种神经递质受体（多巴胺D_2，5-羟色胺亚型3和大麻素-1）被确认为当前止吐药的作用靶点。现已证实，P物质在呕吐中发挥了一定作用。P物质是一种结合于NK-1受体上的调节多肽，其在肠道和呕吐中枢也有分布。P物质诱导呕吐，选择性P物质颉颃剂比5-羟色胺亚型3颉颃剂，具有更广谱的止吐作用，可对抗各种呕吐刺激。在临床试验中，马罗皮坦能阻断阿扑吗啡、氯氨铂和吐根糖浆诱发的呕吐。

晕车时需高剂量服用马罗皮坦，每日1次，持续两天给药，而且需要在旅行前2h空腹状态下与少量食物同服。对于急性呕吐（如化疗引起的呕吐）的动物可低剂量口服或皮下注射。

马罗皮坦鲜有不良反应。最常见的是过度流涎、嗜睡、食欲废绝和腹泻。个别犬在用药后可能发生呕吐，和少量食物同服有助于防止呕吐。

（三）胃肠道溃疡的治疗

胃肠道溃疡在大、小动物均常见，与生理应激（内源性皮质醇）和膳食结构有关，致溃疡药物也会引起胃肠道溃疡。幽门螺旋杆菌是造成人类溃疡的首因，也参与了一些动物胃炎的发病。

表19-5　抗溃疡药物

药　物	剂　量
抗酸剂	2~10 mL，口服，每2~4 h1次
西咪替丁	犬：5~10 mg/kg，口服，每日4次 马：4 mg/kg，静脉注射，每日2次； 18 mg/kg，口服，每日2次
雷尼替丁	犬：0.5 mg/kg，口服，皮下注射或静脉注射，每日2次 马：1.3 mg/kg，静脉注射，每日2次； 11 mg/kg，口服，每日2次
法莫替丁	犬：0.5~1 mg/kg，口服或静脉注射，每日1次 马：0.4 mg/kg，静脉注射，每日2次；3 mg/kg，口服，每日2次
硫糖铝	猫：250 mg，每日2~3次 犬：500 mg ~1 g，每日3~4次 马驹：1~2 g，每日4次
奥美拉唑	犬：0.5~1 mg/kg，口服，每日1次 马：4 mg/kg，口服，每日1次，用于治疗； 2 mg/kg，口服，每日1次，用于防止复发
米索前列醇	犬：2~5 μg/kg，口服，每日3~4次

1. 抗酸药　常见的抗酸剂有铝、镁、钙的碱化物（氢氧化铝、镁的氧化物或氢氧化物、碳酸钙）。抗酸剂可中和胃酸、生成水和中性盐。一般情况下自身不被吸收。抗酸药还可降低胃蛋白酶活性、结合胃中胆汁酸和刺激局部前列腺素（PGE_1）产生。非处方抗酸药，是由氢氧化镁和氢氧化铝组成的复方制

剂。两者合用优化了彼此的缓冲能力，平衡了氢氧化铝的便秘作用和氢氧化镁的腹泻作用。口服后最多可有20%的镁被吸收，并可导致肾功能不全的动物出现高镁血症。抗酸药常干扰胃肠道对其他同时给药的药物（如地高辛、四环素类或氟喹诺酮类）的吸收。含铝抗酸药可抑制磷酸盐的吸收。由于小动物给药困难且需频繁给药，铝抗酸药并不常用于抗酸治疗。

2. 酸分泌颉颃剂 对胃酸分泌相关受体和信号转导，以及壁内神经与旁路调控的新理解，促进了特异性酸分泌抑制药的开发。这些特异性酸分泌抑制药，包括激动性受体抑制剂（组胺H_2受体颉颃剂、毒蕈碱受体颉颃剂和胃泌素受体颉颃剂）、作用于抑制性受体激动剂（生长抑素和前列腺素E类似物）和H^+/K^+-ATP酶（质子泵）不可逆抑制剂。

西咪替丁、雷尼替丁和法莫替丁是常用的H_2受体颉颃剂。雷尼替丁抑制胃酸分泌的作用是西咪替丁的3～13倍。法莫替丁是西咪替丁的20～150倍。在人体内，食物可延缓西咪替丁的吸收，略微促进法莫替丁的吸收，而对雷尼替丁的影响极小。有证据表明，西咪替丁可增强胃黏膜防御，防止溃疡形成和提高细胞保护作用。西咪替丁通过抑制肝微粒体酶系统，抑制其他药物代谢（华法令、苯妥英、利多卡因、甲硝唑或茶碱）。与西咪替丁不同，雷尼替丁只会轻微（10%）抑制肝脏对其他药物的代谢。法莫替丁对其他药物的代谢似乎没有影响。为避免相互作用，抗酸药应在给予西咪替丁1 h前或1 h后使用。法莫替丁可以与抗酸药同用；雷尼替丁可与低剂量的抗酸药同用。硫糖铝可能会改变西咪替丁和雷尼替丁的吸收。

西咪替丁在犬体内可抑制胃酸分泌3～5 h。雷尼替丁的消除半衰期长，它可抑制胃酸长达8 h，所以可减少给药次数。法莫替丁每日只需服用1次。这些药物在马体内的口服生物利用度只有10%～30%，因此口服必须加大剂量。

硫糖铝是一种对胃肠黏膜细胞具有保护作用的抗溃疡药。在胃的酸性环境中，分解为蔗糖八硫酸酯和氢氧化铝。蔗糖八硫酸酯聚合成黏稠的黏性物质，结合在溃疡黏膜上，对其起到保护作用，防止氢离子的"回扩散"，使胃蛋白酶灭活并吸附胆汁酸。此外，硫糖铝促进黏膜合成具有细胞保护作用。由于硫糖铝不被吸收，几乎无不良反应。给药剂量可参考人的用量。

抑制胃酸分泌效果最好的是质子泵抑制剂，如奥美拉唑。从结构上来看，这些药物大多为苯并咪唑（一类抗蠕虫药）衍生物；但最新研究表明，咪唑并吡啶衍生物效果会更好。质子泵抑制剂能不可逆的阻断壁细胞上的H^+/K^+-ATP酶质子泵。它们以无活性前体药物形式给药，由于不带电且呈脂溶性，易于穿透细胞膜，而进入酸性的细胞腔内（类似壁细胞小管）。这时原本无活性的药物质子化，并发生分子重排而成为激活状态，再不可逆地与质子泵结合并使其失活。尽管奥美拉唑的血浆半衰期相对较短，但在犬，单剂量奥美拉唑可抑制酸分泌达3～4 d。奥美拉唑同样可以减少胃酸分泌，而有利于马胃溃疡的愈合。由于人用奥美拉唑及其复方制剂对马的生物利用度不高，已专门研制了马的专用制剂。其在猫中的应用还未见报道。在人类，抑制胃酸分泌的不良反应包括高胃泌素血症（引起黏膜细胞超常增生）和胃皱褶肥大，最终形成良性肿瘤。奥美拉唑还可引起急性肾衰竭和钙稳态紊乱，长期应用还会引起骨折。因此，须禁止奥美拉唑长期使用。奥美拉唑还是一种微粒体酶抑制剂，强度与西咪替丁相当。在动物不能口服给药时，可以考虑使用人用（泮托拉唑和艾美拉唑）静脉注射液。

米索前列醇是一种合成的前列腺素E_1类似物，常用于犬，以减轻长期非类固醇消炎药治疗所引起的胃肠溃疡。米索前列醇通过抑制组胺敏感的腺苷酸环化酶的活化抑制胃酸分泌。它可通过刺激碳酸氢盐和黏液的分泌，产生细胞保护作用，增加胃黏膜血流量，降低血管通透性，并增加细胞的增殖和迁移。米索前列醇能预防非类固醇消炎药治疗时，所引起的胃肠道出血和溃疡，但对溃疡的疗效不如H_2-受体阻断剂。米索前列醇的不良反应主要是腹泻和胀气。含镁的抗酸剂可加重腹泻。因米索前列醇可引起流产，故禁用于孕犬。

（四）抗腹泻药

对腹泻的治疗包括补液、补充电解质、调整酸碱平衡和控制不适。在治疗某些类型的腹泻时，抗寄生虫药或饮食疗法也可以发挥重要作用。其他治疗还包括使用胃肠黏膜保护剂、胃动力药、抗菌剂、消炎药及抗毒素（表19-6）。

1. 黏膜保护剂和吸附剂 高岭土果胶复合物常用于腹泻的对症治疗。高岭土是一种铝硅酸盐，果胶是从柑橘果皮中提取的碳水化合物。虽然果胶高岭土制剂，被认为是作为缓和剂和吸附剂，来治疗与细菌毒素（内毒素和肠毒素）结合有关的腹泻，但临床研究并未能证明其疗效。该药或能改变粪便的黏稠度，但并不能减轻体液或电解质丢失，也不能缩短病程。尽管如此，果胶高岭土制剂还常用于小动物、马驹、犊牛、绵羊羔和山羊羔。该制剂可吸附或结合其他口服药物，进而降低其生物利用度。

表19-6 止泻药

药　物	剂　量
果胶高岭土（白陶土）	1～2 mL/kg，口服，每日4次
活性炭	2～8 g/kg，口服
碱式水杨酸铋	每日1～3 mL/kg，分次口服
地美戊胺	0.1～0.4 mg，肌内注射，皮下注射或口服，每日2次
异丙胺	0.2～1.0 mg/kg，口服，每日2次
丙胺太林	0.25～0.5 mg/kg，口服，每日2～3次
阿片樟脑酊	0.06 mg/kg，口服，每日3次
苯乙哌啶	0.05～0.1 mg/kg，口服，每日4次
络哌丁胺	0.08 mg/kg，口服，每日3～4次

　　活性炭由泥炭、木材、椰子或山核桃壳加工而成。将原材料加热后形成许多大孔，极大地增加了内表面积。活性炭有各种孔径大小，市售药用及毒物吸附用活性炭的孔径一般是1～2nm。活性炭可用于吸附导致腹泻的某些细菌肠毒素和内毒素。它还能吸附许多药物和毒素，从而防止胃肠道吸收，是一种常见的非特异性中毒抢救方法。活性炭常不易被吸收，使用过量也不会有危害。

　　虽然其他"黏膜保护剂"的疗效值得怀疑，碱式水杨酸铋被认为是对症治疗急性腹泻的首选人用药物。其疗效已在急性腹泻（产肠毒素大肠埃希菌或"旅行者腹泻"）临床对照试验中证实。铋能吸附细菌肠毒素和内毒素，并具有胃肠保护作用。水杨酸成分有抗前列腺素活性。实际上，犬和猫口服给药时，所有的水杨酸都会被吸收。有些动物可能会不喜欢水杨酸铋的味道，畜主应注意到，用药后粪便变黑，可能会影响对动物是否便血的判断。服用过量可能引起水杨酸中毒，尤其是猫。

　　2．动力调节药　由于抗胆碱能药物可明显地减少肠道蠕动和分泌，故其为止泻制剂中常见的成分。它们的副交感神经阻滞作用能抑制肠平滑肌的收缩，缓解平滑肌痉挛。虽然不能改变病程，但抗胆碱能药物能缓解小动物的腹泻，减少分泌到肠道内液体的量，减轻运动过强的腹部绞痛。鉴于运动过强性腹泻在动物中十分少见，兽药中抗胆碱能药物的使用也较有限。肠道蠕动在许多腹泻动物中已经受到抑制，而实际上这些药物可能会加重腹泻。抗胆碱能药物也有广泛的全身药理作用。剂量较高时，会影响肠道的蠕动。可能的不良反应包括严重的肠梗阻、口干、尿潴留、睫状肌麻痹、心动过速和中枢神经系统兴奋。长期服用可能会导致严重的肠道弛缓。

　　阿托品是最常用的抗胆碱能药物，但因其具有许多其他全身作用，通常不用于止泻。为了避免中枢神经系统兴奋，最好选用季铵，例如地美戊胺、异丙胺、丙胺肽林等不易穿越血脑屏障的药物。

　　阿片类药物均有抑酸和抗蠕动效果，可致肠道的推进收缩减少，分割收缩增加，总体上产生便秘的效果，还能增加胃肠括约肌的张力。有证据表明，阿片类药物能抑制马结肠的蠕动。除了影响蠕动，阿片类还可促进流体、电解质和葡萄糖的吸收。该类药治疗分泌性腹泻作用，可能与抑制Ca^{2+}内流和钙调素活性下降有关。阿片类药经常用于犬的腹泻治疗，由于阿片类药物可能会导致猫的兴奋，因此在猫的使用中还存在争议。吗啡和可待因的致便秘作用早已为人所知，但它们在临床上并不用作止泻药。阿片樟脑酊是一种鸦片酊产品，属于管制药品（5 mL阿片樟脑酊相当于2 mg的吗啡）。苯乙哌啶与氯苯哌酰胺是两种合成的阿片类药物，特异性作用于胃肠道而不引起其他系统性作用，可用于小动物和大动物的新生幼仔。为了防止滥用，苯乙哌啶等含有阿托品的产品属于管制药物，治疗剂量时，阿托品无药效。阿片类药物对胃肠道的作用强大，应谨慎使用。氯苯哌酰胺为非处方药。

　　未经基因检测确认，氯苯哌酰胺不宜用于对伊维菌素敏感的品种犬（柯利牧羊犬、澳大利亚牧羊犬和古英国羊犬）。这些犬可能含有导致P-糖蛋白功能性缺陷的突变基因，该基因可控制药物在许多组织的转运，导致氯苯哌酰胺的口服生物利用度升高，清除率降低，引起中枢神经系统毒性。由于减缓胃肠道转运时间会增加细菌毒素的吸收，故这些药物禁用于感染性腹泻治疗。氯苯哌酰胺用于犬时，最常见的不良反应为便秘和胀气。氯苯哌酰胺还能引起动物特别是猫麻痹性肠梗阻、中毒性巨结肠、胰腺炎和中枢神经系统紊乱。

　　3．抗菌治疗　抗菌剂在多数临床腹泻治疗中的疗效不确定。对于大型动物，抗菌治疗并不能改变细菌性肠炎的病程，某些情况下还会形成永久"带菌"动物（如沙门氏菌病）。内服不吸收的抗菌药物常与蠕动调节药、吸附剂和肠道保护剂配伍使用。抗菌剂虽然经常用于动物的腹泻治疗，但只有在已知病原菌的极少数情况下，才适合采用抗菌治疗。猫和犬感染空肠弯曲杆菌引起的弯曲菌肠炎属于人兽共患病，抗菌治疗可缓解其临床症状，但动物通常仍然带菌。推荐的抗菌药物包括恩诺沙星、红霉素、克林霉素、泰乐菌素、四环素和氯霉素（已禁用）。通常动物肠腔内过度生长的是大肠埃希菌和梭状芽孢杆菌，因此，治疗时应首选对肠腔内厌氧菌有作用的口服药物，如甲硝唑、阿莫西林、氨苄西林、泰乐菌素和克林霉素。马单核细胞埃利希体病（"波托马克"马热病）

是由里氏新立克次体引起，其在临床症状上类似沙门氏菌病。治疗首选静脉注射土霉素。轻度感染的马可口服多西环素。

多种病原体都会诱发年轻动物的肠炎，若肠黏膜丧失完整性，可能会引起败血症或内毒素血症。败血症的症状包括严重的出血性腹泻、发热、巩膜充血、脱水和白细胞象改变（内毒素性休克时，白细胞呈现先减少后增多的特点）。对于败血症或内毒素血症疑似病例，必须全身性应用抗菌药与非类固醇消炎药。新生畜腹泻在其病原培养和药敏结果确定之前就会迅速恶化。因此，广谱抗菌药物治疗应尽早开始。推荐的抗菌药物（取决于动物品种），包括氟喹诺酮类、青霉素类或头孢菌素加氨基糖苷类抗生素（庆大霉素、丁胺卡那霉素）、氨苄青霉素或羟氨苄青霉素、四环素、增效磺胺类药物、氯霉素及氟苯尼考。患脓毒败血症的动物，胃肠吸收有可能发生变化，所以可优先考虑非肠道给药。

4. 非类固醇消炎药（nonsteroidal anti-inflammatory drugs，NSAID）　非类固醇消炎药的抗前列腺素活性，对一些类型的腹泻可能有作用，而对败血症或内毒素血症的治疗显得尤为重要。前列腺素是重要的细胞内信使，通过刺激cAMP的增加，刺激肠黏膜的过多分泌。抗前列腺素药物，可直接抑制肠细胞过多分泌液体和电解质。由于非类固醇消炎药可引起胃肠道不良反应，影响肝肾功能，故应谨慎给药。

5. 抗毒素　抗内毒素抗血清可用于治疗马和犬内毒素血症。高免血清可改善马内毒素血症的临床症状，降低犬细小病毒性肠炎的死亡率。

（五）治疗慢性结肠炎药物

引起动物慢性结肠炎的具体原因往往是未知的，因此，很难制订一个具体的治疗方案（表19-7）。结肠炎治疗的目的是恢复肠道正常蠕动，减轻炎症、痉挛或溃疡。在小动物中，治疗慢性结肠炎以饮食疗法为主。

表19-7　治疗慢性结肠炎的药物

药　物	剂　量
柳氮磺胺吡啶	10～30 mg/kg，口服，每日2～3次
泰乐菌素	40～80 mg/kg，每日1次
甲硝唑	10～30 mg/kg，口服，每日1～3次
强的松	2～4 mg/kg，口服，隔日1次
粗制亚麻籽油	1 oz[①]/d，饲料添加
硫唑嘌呤	50mg/m²，口服，两周1次，之后隔日1次

①　盎司（oz）为非法定计量单位，1 oz＝28.3495 g
——编者注

柳氮磺胺吡啶由磺胺吡啶和5-氨基水杨酸（美沙拉嗪）经偶氮键连接而成。该偶氮键能在结肠被细菌破坏而分解。胺苯磺胺组分被吸收进入血液循环，水杨酸则留在胃肠道中产生局部疗效。被吸收进入全身循环的水杨酸成分不足总量的一半。临床疗效主要依赖于水杨酸的消炎效果。柳氮磺胺吡啶具有抗脂肪氧合酶、减少白细胞介素-1、减少前列腺素的合成和清除氧自由基的活性。柳氮磺胺吡啶常用于小动物溃疡性和原发性结肠炎的治疗，以及浆细胞-淋巴细胞性结肠炎的治疗。

由于只有少量的水杨酸被吸收，其全身作用极小。氨苯磺胺成分可引起犬的干性角膜结膜炎，而水杨酸成分可能会导致猫中毒。柳氮磺胺吡啶剂量变化很大，在初次用药后，其剂量逐渐减少。新开发产品解决了将5-氨基水杨酸释放到结肠的难题和全身性的不良反应。美沙拉明是pH敏感包衣的5-氨基水杨酸，该聚合物涂层可以防止活性药物在到达结肠前释放。奥沙拉嗪由2分子的5-氨基水杨酸，经偶氮键连接在一起构成。现有美沙拉明灌肠剂，直肠给药能使活性药物很快到达结肠。该制剂也可用于治疗犬化疗时引起的出血性结肠炎与自发性远端直肠炎，对犬的肛周瘘也很有效。

泰乐菌素是一种大环内酯类抗菌药物，对一些动物的结肠炎治疗效果良好，通常替代柳氮磺胺吡啶，以治疗慢性病见长。泰乐菌素的作用机制尚不清楚，可能与其对支原体、螺旋体和衣原体的活性有关。通过拌料或饮水对猪给药可得到理想疗效。由于该药味苦，可能会造成一些动物拒绝服药。

甲硝唑对贾第鞭毛虫感染的疗效确切，对一些尚未确诊为贾第鞭毛虫感染的腹泻也有效。据推测，这可能与甲硝唑对厌氧菌的抑制作用有关。甲硝唑通过减弱细胞介导的反应，对胃肠黏膜产生免疫抑制作用。据报道，甲硝唑可对犬的神经系统产生不良影响。

糖皮质激素治疗结肠炎的疗效，可能与它们的消炎和免疫抑制作用有关。某些结肠炎可能是由针对结肠上皮细胞的自身抗体和T淋巴细胞引起。糖皮质激素可抑制免疫反应，可用于经活检诊断患有嗜酸性粒细胞和浆细胞-淋巴细胞性结肠炎的治疗。糖皮质激素还常用于其他治疗方法无效的犬、猫和马。通常先按免疫抑制剂量口服给药，再逐渐减少为最低有效剂量，隔日给药1次。

N-3脂肪酸用于治疗溃疡性结肠炎或克罗恩病。在日粮中添加N-3脂肪酸，可产生少量N-6脂肪酸用于花生四烯酸级联。用于小动物的脂肪酸有几种配方，粗制亚麻籽油可加入马饲料中产生该作用。

强效免疫抑制药物如硫唑嘌呤可用于控制结肠

炎。硫唑嘌呤可代谢为6-巯基嘌呤，其通过干扰核酸合成，损害淋巴细胞增殖而起到免疫抑制作用。

（六）促胃肠动力药

促胃肠动力药能够通过胃肠道来增强物质消化运动（表19-8）。由于促胃肠动力药可使动力模式协调，故常用于治疗人和动物的胃肠动力紊乱，但一些促胃动力药也会产生各种不良反应，使用药变得复杂。

表19-8 促胃肠动力药

药　物	剂　　量
胃复安	犬和猫：0.2～0.5 mg/kg，口服或皮下注射，每日3次；每小时0.01～0.02 mg/kg，静脉滴注 马：0.125～0.25 mg/kg，溶于500 mL多离子水，静脉滴注60 min以上
多潘立酮	0.1～0.5 mg/kg，肌内注射；0.5～1.0 mg/kg，口服
西沙比利	犬：0.1 mg/kg，口服，每日3次。 猫：体重小于5 kg，每只2.5 mg，每日3次；体重大于5 kg，每只5.0 mg。 马：0.1 mg/kg，口服，每日3次
红霉素	0.5～1.0 mg/kg，口服，每日2～3次
雷尼替丁	1～2 mg/kg，口服，每日2次
尼扎替丁	2.5～5 mg/kg，口服，每日2次
新斯的明	0.02 mg/kg，皮下注射，给药间隔随需要变动
利多卡因	马：1.3 mg/kg（大丸药），随后输注，每分钟0.05 mg/kg

甲氧氯普胺（胃复安）是一种具有胃肠道和中枢神经系统作用的多巴胺能颉颃剂和外周5-羟色胺受体颉颃剂。胃复安可促进上消化道神经细胞，释放乙酰胆碱和增强胆碱能受体对乙酰胆碱的敏感性。胃复安能刺激并协调食道、胃、幽门和十二指肠的运动活力。他还能提高下部食道括约肌张力，并刺激胃部收缩，使幽门和十二指肠松弛。胃肠运动紊乱通常是由于胆碱能活性不足所造成的；而胃复安在胃肠运动减弱或消失的疾病中作用最强。胃复安能加速胃内液体的排空，但却能减慢固体的排空。犬术后肠梗阻，常表现为胃肠肌电活性和运动力降低。胃复安对此有较好疗效，但对结肠运动几乎没有作用。

胃复安主要用于减缓患畜恶心和化疗引起的呕吐，也可作为犬细小病毒肠炎的止吐药，也用于治疗胃食管返流及其术后肠梗阻。胃复安用药前要排除胃肠障碍，如幼犬细小病毒性肠炎引起的肠套叠。胃复安的促动力作用，可受麻醉止痛剂和抗胆碱能药（如阿托品）的颉颃。在胃内溶解或吸收的药物（如地高辛）能降低其吸收。被小肠吸收的药物，可提高其生物利用度。由于胃复安能加速食物的吸收，因此糖尿病患畜需提高胰岛素的用药量。应避免吩噻嗪和丁酰苯镇静剂的联合用药，因为它们也有中央抗多巴胺能活性，可增加潜在的锥体外系反应。

胃复安很易穿过血脑屏障，并在脑催吐化学感受区发挥多巴胺颉颃作用，产生止呕吐效应。然而，在纹状体的多巴胺颉颃作用会导致不良反应，统称为锥体外系综合征，包括不随意肌痉挛、运动不安和不适当的攻击性行为。如果识别及时，锥体束外信号可被适当的多巴胺逆转：伴有抗组胺剂抗胆碱能作用及乙酰胆碱平衡，例如盐酸苯海拉明静脉注射剂量为1.0 mg/kg。

西沙比利是胃复安的结构近似物，与胃复安不同的是，它不能穿过血脑屏障，也无抗多巴胺能活性，因此没有止吐作用，也不引起锥体外系效应（极端的中枢神经系统刺激）。西沙比利能加快肌间神经丛节后神经末梢的乙酰胆碱释放，并能抵抗5-羟色胺对肌间神经丛的抑制作用，从而增强胃肠动力和心律。西沙比利比胃复安的促动活性更有效、更广泛，能够增加结肠及食道、胃和小肠的动力。

虽然目前西沙比利的适用性受到限制（见下文），但其对胃复安引起的神经系统不良反应确有很好的疗效，对犬和猫的胃积食、特发性便秘、胃食管返流和术后肠梗阻也有较好的疗效，尤其对猫的巨结肠病引起的慢性便秘很有效。在许多情况下，它能减轻或延迟全结肠切除术。西沙比利对猫毛团和犬的特发性巨食管引发的频繁返流有效，能提高饲喂效率。西沙比利能够增加马的左背部结肠的运动性，并可提高协调回盲肠与结肠的连接。有证据表明，西沙比利可有效预防术后肠阻塞，但迄今为止，临床使用很有限。人和动物的胃肠动力性比较研究表明，使用西沙比利明显优于其他的治疗方法。

据报道，最初西沙比利在人有不良反应，主要表现在排便增多、头痛、腹痛、腹部绞痛和肠胃气胀，但是动物耐受性良好。西沙比利广泛用于人的胃食管返流的治疗，后来发现它能引起心律失常，甚至导致死亡，当时曾将此案例上报FDA。引起人的心脏不良反应与协同药物疗法或特定基本条件密切相关。兽医临床应用西沙比利，尚未见引起不良反应的相关报道。但由于其对人的心血管不良反应，生产厂家已停止生产人用西沙比利。但兽用西沙比利依然可从兽药门市部购到。

多潘立酮是一种外周多巴胺受体颉颃剂，自1978年以来，在美国以外上市，在加拿大为10 mg的片剂。目前，它在美国作为一种临床试验新药（1%口服多潘立酮凝胶剂），用于治疗母马由于苇状羊茅草中毒引发的无乳症。多潘立酮能调节胃和小肠平滑肌运动，对食管运动也有作用。多潘立酮对结肠仅有微弱的生理效应。由于多巴胺阻断催吐化学感受器，使多潘立酮具有止吐作用。多潘立酮不易穿过血脑屏障，也很少有其引起锥体外系反应的报告，治疗效果和胃复安相似。一项研究表明，多潘立酮并不能提高健康犬的胃排空。另一项研究显示，多潘立酮刺激犬的胃窦收缩效果优于胃复安，而在猫中则不然。多潘立酮还可提高犬的胃窦收缩协调性。由于良好的安全性，多潘立酮似乎是替代胃复安的一种理想的药物。

大环内酯类抗生素是胃动素受体激动剂，包括红霉素和克拉霉素。它们通过刺激胆碱能和非胆碱能神经通路来增强动力。在低于抗微生物的剂量下，一些大环内酯类抗生素就可以刺激近端胃肠道的移行性复合物和正向蠕动。红霉素对胃复安或多潘立酮治疗无效的人胃麻痹患者有较好的疗效。红霉素能增加健康犬的胃排空率，但过大食品块进入小肠可导致消化不充分。红霉素刺激从胃到末端回肠和近端结肠的收缩，但结肠收缩并未增加推进动力。因此，红霉素对结肠运动障碍的患畜没有疗效。

人体药代动力学研究表明，混悬剂是红霉素作为促动药的理想剂型。其他大环内酯类抗生素也有促动活性，且比红霉素的不良反应小，可适用于小动物。克拉霉素（250 mg，静脉注射）能增加功能性消化不良和幽门螺杆菌胃炎患畜的胃肠动力，且对胃肠道的不良反应较弱。红霉素和克拉霉素都由肝脏细胞色素酶系统代谢，并能抑制肝脏对其他药物（包括茶碱、环孢霉素和西沙比利）的代谢。红霉素的非抗生素衍生物，已被开发为一种促动药物。

雷尼替丁和尼扎替丁是组胺H_2受体颉颃剂型的促动力药，并能抑制犬和大鼠的胃酸分泌。它们抑制乙酰胆碱酯酶活性，对近端胃肠道的动力作用最强。西咪替丁和法莫替丁不是乙酰胆碱酯酶抑制剂，因此没有促动作用。雷尼替丁和尼扎替丁通过增加与平滑肌毒蕈碱胆碱能受体结合的乙酰胆碱酯酶的数量而刺激胃肠蠕动。它们还通过胆碱能机制，促进猫的结肠平滑肌收缩。

雷尼替丁可见片剂（75、150和300 mg）、糖浆剂（15 mg/mL）和注射剂（25 mg/mL）。口服剂量为1～2 mg/kg，每日2次，能抑制胃酸分泌并促进胃排空。尼扎替丁胶囊有三种规格：75 mg、150 mg和300 mg。与雷尼替丁一样，尼扎替丁也有促动作用，抑制胃酸分泌剂量为2.5～5 mg/kg。雷尼替丁比西咪替丁对细胞色素代谢影响小，而尼扎替丁并不影响肝微粒体酶的活性，所以这两种药物安全性高。

新斯的明能使乙酰胆碱酯酶失活，从而延长乙酰胆碱的作用时间，它也可以直接刺激胆碱能受体。已推荐新斯的明于治疗大动物的麻痹性肠梗阻，但是

它的作用时间（15～30 min）较短。新斯的明可导致胃肠道分泌物增加，所以在治疗小肠疾病时禁用。新斯的明能够降低马的小肠推进收缩并延迟胃排空。

利多卡因可静脉注射用于治疗人的术后肠梗阻，近来也证明，可以用于治疗马的肠梗阻和近端十二指肠炎和空肠炎。利多卡因可以抑制初级神经元传导，并有消炎和直接刺激平滑肌作用。其剂量为，在给予大丸剂1.3 mg/kg后，连续按每分钟0.05 mg/kg静脉输注。大多数马在输液12 h内显效。

（七）泻药与通便药

泻药和通便药能增强肠动力来增加排粪量。这类药物的剂量，通常是靠经验或人用剂量来选择（表19-9）。临床上，这些药物能增加肠道容量与肠道阻力，应在X线照相术和内镜检查前清洗肠道，排除胃肠道的毒素和肛肠手术后软化粪便。

表19-9　泻药和通便药

药　　物	剂　　量
蓖麻油	犬：5～25 mL，口服 马驹：25～50 mL，口服
双醋苯啶	犬：5～20 mg，口服，每日1～2次 猫：2.5～5.0 mg，口服，每日1～2次
镁盐（泻盐）	犬：5～25 g，口服 猫：2～5 g，口服 马：30～100 g，口服
氢氧化镁（镁乳剂）	犬：5～10 mL，口服 猫：2～6 mL，口服 马：1～4 L，口服
乳果糖	犬：5～15 mL，口服，每日3次 猫：2～3 mL，口服，每日3次
多库酯钠、多库酯钙、多库酯钾	犬和猫：2 mg/kg，口服，每日1次 马：10～20 mg/kg溶于2 L水中，口服，每隔1日服用

1. 刺激性泻药　刺激性泻药通过刺激黏膜或壁内神经丛而增加肠道蠕动，它们也激活分泌机制，引发胃肠道腔内积液。这些药物也有较强的不良反应，引起机体过多的液体和电解质损失，它们起到直接或间接（药物需要代谢后才能有活性）的作用。

大黄素是很多植物中的一种活性成分，属于苷类刺激物。它的作用局限于大肠，起效时间为4～6 h。由于其较长的潜伏期和严重的过度腹泻的危险性，在马中应避免重复剂量。在人药配方中已有天然的大黄素，如番泻叶。

植物油是起间接作用的泻药。它们在小肠内由胰脂肪酶水解为脂肪酸。蓖麻油是一种强力泻药，它被水解后释放出蓖麻油酸，能在小肠促进水分的分泌。蓖麻油主要用于非反刍动物和不具有反刍能力的犊

牛。粗制亚麻籽油（注意：熟的亚麻籽油有毒性）水解后释放亚油酸盐，其刺激性不如蓖麻油酸。在每日服用小剂量情况下，亚麻籽油是一种温和的润滑性泻药，也可作为马的脂肪酸来源。

酚酞和双醋苯啶是二苯基甲烷化合物，主要作用于大肠，用于许多人用泻药配方中。酚酞仅对灵长类动物和猪有效。双醋苯啶可抑制葡萄糖吸收和Na$^+$/K$^+$-ATP酶的活性，并可改变内脏平滑肌的运动力。该药可口服或灌肠，但是只有5%的剂量能被有效吸收。

2. 高渗性泻药 这类药物从胃肠道吸收较差。液体通过渗透作用进入小肠内。由于粪便的水分含量升高，常导致肠道扩张并促进蠕动。虽然高渗性泻药相对安全，但剂量过高也会导致大量液体流失和脱水，因此必须保证有足够饮水。高渗性泻药主要有镁盐、钠盐和糖醇类。

镁盐常作为盐类泻剂用于口服。通常，只有20%的镁被机体吸收和经肾脏排出。如果吸收过度或肾脏排出途径受损，则有可能发生严重的血镁过多和代谢性碱中毒。

钠盐能作为盐类泻剂用于口服，但更多以磷酸二氢钠或磷酸钠液进行灌肠。由于钠盐在猫中容易引起致命的高磷血症、低钙血症及高钠血症，因此该药忌用于猫。

糖醇类（例如甘露醇）常在回肠末端和大肠处发酵，吸收较差。乳果糖是一种合成的二糖，能在大肠中发酵产生乙酸、乳酸和其他有机酸，后者可以产生渗透效应。乳果糖可用于治疗猫巨结肠引起的慢性便秘。它还用于肝性脑病的控制，其在大肠中的酸化，可促进不可吸收的铵离子和季铵的形成，从而减少了肝脏的解毒负担。

3. 亲水胶体（容积性泻药） 为不可吸收的合成或天然多糖类纤维素衍生物。这些化合物与水结合，并能增加肠道不易消化的物质，如甲基纤维素、车前草、梅子、麦麸和南瓜子。

4. 润滑性泻药 这类药物能够在粪便表面，添加一层不溶于水的物质，以增加粪便的水分，从而起到润滑作用。润滑性泻药通常含有矿物油或白石油。长期使用会减少肠道吸收脂溶性维生素，引起肉芽肿性肠炎。矿物油在马和牛中比较常用，其他一些商品可以用于猫的毛粪石治疗。

5. 粪便软化剂（表面活性剂） 多库酯钠、多库酯钙和多库酯钾是一类降低表面张力，使水分积聚在粪便中的盐类。多库酯钠也能提高结肠黏膜细胞的cAMP水平，从而增加离子分泌和液体渗透率。当多库酯钠与矿物油同时使用时，会形成肥皂并增加矿物

油的吸收。

（八）干预消化功能的药物

胰酶含有胰脂肪酶、淀粉酶和蛋白酶。他源自猪的胰腺组织。这些酶有助于脂肪、蛋白质和碳水化合物的消化和吸收。胰酶常用于治疗犬和猫的胰腺外分泌功能不全。已有口服胶囊、缓释胶囊和片剂。粉末状的胰酶可以添加到食品中，并应调整剂量以保持粪便正常。抗酸药能减少胰脂肪酶的功效，而H$_2$受体颉颃剂，能增加十二指肠中胰脂肪酶的含量。

熊去氧胆酸是一种天然胆汁酸，它能抑制肝脏合成和分泌胆固醇，并降低胆固醇的肠道吸收。它还可以降低胆固醇饱和度，有利于胆结石中的胆固醇逐渐溶解。熊去氧胆酸也能增加胆汁流量，并减少胆汁盐的肝毒性作用。熊去氧胆酸可用于治疗小动物胆固醇性胆结石、特发性肝脂沉积症和慢性活动性肝炎。犬和猫的用药剂量是15 mg/kg，口服，每日1次。

S-腺苷甲硫氨酸（S-Adenosylmethionine，SAMe）是机体很多细胞都可以合成的一种内源性分子，由蛋氨酸和ATP形成。SAMe是三种生物转化途径的必要成分：转甲基、转硫基和转丙氨基。SAMe不足可导致肝细胞功能紊乱。有证据表明，SAMe缺乏可导致机体不同脏器组织（包括肝脏）的多种细胞结构和功能异常。体内和体外研究表明，外源性给予SAMe有助于提高肝细胞功能，且无细胞毒性或明显的不良反应。SAMe也可增加猫和犬的肝脏谷胱甘肽水平，谷胱甘肽是一种有效的抗氧化剂，他可以保护肝细胞避免中毒和死亡。SAMe每日剂量为18 mg/kg，肠溶片，空腹服用。

水飞蓟是一种治疗肝脏和胆管疾病的天然药物。水飞蓟素是其主要的活性提取物，主要含有黄酮类抗氧化剂，可清除自由基，抑制脂质过氧化。一些临床对照试验证明，水飞蓟对人的急性、慢性肝病的疗效甚高。最近，美国已批准水飞蓟作为兽药配方用于犬和猫。

二、反刍动物消化系统

除前胃（瘤胃、网胃和瓣胃）外，反刍动物胃肠道的其他组成部分与单胃哺乳动物类似。用于治疗腺胃（真胃）和肠道疾病的药物，所遵循的原则也与单胃动物相同。反刍动物不同于其他哺乳动物之处，在于饲料主要在前胃（尤其是瘤胃和网胃）经微生物预消化。在盲肠和结肠再进行胃后发酵，但反刍动物的胃后发酵作用，没有其他草食动物（如马）那么重要。

引起瘤网胃的蠕动或发酵抑制的原因诸多，包括饲喂不当（特定营养过剩或缺乏）、缺水、传染病、中毒、上消化道病变、代谢异常（如低钙血症），或

碱性唾液量减少致使瘤网胃pH下降和微生物菌群改变（参见反刍动物前胃与真胃疾病）。

瘤网胃药物治疗的主要目的是去除病因，并尽快地达到或重建最佳瘤网胃功能的要求，促进正常消化功能的恢复，包括：①确保合适的微生物发酵所需的底物；②提供微生物发酵过程所必需的一些辅因子（如磷、硫）；③去除任何水溶性终产物、未消化的固体残渣和气体；④保持瘤胃微生物的连续流动培养；⑤确保瘤网胃内容物为液体；⑥维持最适宜的瘤胃pH（一般6～7）；⑦促进瘤网胃蠕动活跃。

（一）用于特定用途的药物

1. 食道阻塞 指异物引起的严重不适和急性游离气体膨胀。异物的生理性排除可受到周围肌肉明显痉挛的影响。可用特定的解痉药如乙酰丙嗪（牛：0.05～0.1 mg/kg，静脉注射、肌内注射或皮下注射）进行治疗，或选用具有适度镇静和肌肉松弛剂作用的甲苯噻嗪（牛：0.05 mg/kg，肌内注射）或地托咪啶（牛：0.02～0.05 mg/kg，肌内注射）消除食道阻塞。所有的这些化合物还尚未经FDA批准用于牛。

2. 助酵剂 能够促进前胃功能（发酵和蠕动）的药剂和混合物被称为助酵剂。含有葡糖底物、矿物质、辅助因子和苦味剂（如马钱子）的配方，能限制其在瘤网胃消化不良治疗中的应用。通常，使用生理方法恢复瘤网胃正常的内环境较为理想。

消化不良时不宜经常口服特定的碱化或酸化剂。强碱化剂–氧化镁或氢氧化镁，能使瘤胃pH明显升高，从而形成瘤胃原虫不宜生存的环境。给奶牛服用标签剂量的助酵剂，可明显减轻瘤胃发酵，减少瘤胃原虫数量。因此，助酵剂只适用于确诊过食谷物的牛服用。

矿物油（1～2 L）或二辛酯磺酸钠（dioctyl sodium sulfosuccinate，DSS，在1～2 L的水中含90～120 mL）口服给药或通过胃管给药，随后缓慢按摩瘤胃，有助于结块的瘤胃、瓣胃或真胃纤维内容物溶解和通过。DSS可明显地抑制瘤胃内原虫；因此，瘤胃运动持续减弱时，应尽快服用DSS。

3. 瘤胃液的转移 新鲜的瘤胃液被认为是最有效的"助酵剂"，因为它包含有活性的瘤胃细菌[1×（10^8～10^{11}）个/mL]和原虫[1×（10^5～10^6）个/mL]，以及许多有用的发酵因子（挥发性脂肪酸、微生物蛋白质、矿物质、维生素、缓冲液等）。滤过的新鲜瘤胃液（至少3 L；牛的最佳量为8～16 L，绵羊约1 L）可经口服或胃管给药，用于瘤网胃蠕动停滞的病例。胃液可通过胃管，采用虹吸法，从健康动物的瘤网胃中吸出，也可在屠宰场收集胃液。如能使用瘤胃瘘管供

体动物，则尤为方便。最好是供体与受体相对应，因为这样瘤胃微生物更容易适应。假如出现供体与受体不相适应，必须遵循重建正常的瘤胃菌群，使发酵过程和瘤网胃的蠕动正常的原则。瘤网胃内容物发生腐败时，要先除去胃内容物，再移入新鲜瘤胃液。加入瘤胃液时可用一个大孔径的胃管或进行瘤胃切开术来完成。牛因瘤胃内pH过高引起的瘤胃腐败，可服用乙酸（醋，4～10 L，口服）治疗。

4. 消泡剂 控制急性泡沫臌气的治疗方法涉及消泡剂的运用，其目的是降低泡沫的稳定性，促进游离气体的释放，然后及时的嗳出（参见瘤胃臌气）。

急性泡沫性臌气病牛，可用泊洛扎林治疗，常用灌药或通过胃管给药（25～50 g），为预防泡沫性臌气，可在食物或糖蜜块中分别添加泊洛扎林（每日1 g/45 kg与每日1.5 g/45 kg）。聚合甲基硅油 [3.3%乳胶（牛：30～60 mL；绵羊：7～15 mL）] 的使用方法和泊洛扎林一样，尽管在这种情况下，聚合甲基硅更宜通过注射器或套管直接瘤胃内注射。单独服用乳化大豆油中的多库酯钠 [6～12 oz（170.1～340.2 g）中含240 mg/mL] 或植物油，如花生油、葵花籽油或大豆油（牛：60 mL，绵羊：10～15 mL），也能缓解急性泡沫性臌气。也可通过日粮中添加离子载体（如莫能菌素），或者将其作为缓释胶囊，来降低育肥牛的泡沫性臌胀的发生率。

5. 瘤网胃抗酸剂 瘤胃碱性药主要用于治疗，过食谷物或可溶性碳水化合物引起的瘤胃乳酸酸中毒（pH＜5.5）。（参见过食谷物）全身性的脱水和酸中毒，需要立即纠正体液、电解质平衡和恢复微生物种群的活性。通常，后者涉及瘤网胃内容物的去除与新鲜瘤胃液的更新。抗酸药可以经口服，每日2～3次给药，包括氢氧化镁（牛：100～300 g；绵羊：10～30 g）和碳酸镁（牛：10～80 g；绵羊：1～8 g）。抗酸药应溶于10 L温水中，以确保充分分布于瘤网胃内容物中，口服活性炭（2 g/kg）可通过灭活毒素，保护瘤网胃黏膜免受进一步伤害。口服碳酸氢钠（小苏打）粉末水溶液或碳酸氢钠静脉注射液，均可快速中和瘤胃的pH，同时释放出大量CO_2。反刍动物的瘤胃蠕动力下降常伴随急性瘤胃酸中毒，这就增加了它们发展成危及生命的瘤胃臌气的可能性。

6. 瘤网胃酸化剂 瘤胃酸化剂用于治疗瘤胃积食或单纯消化不良及急性氨中毒。瘤胃积食时，由于大量富含碳酸盐的唾液不断流入，加之瘤胃发酵活性降低和挥发性脂肪酸减少，使瘤胃内的pH常上升到大于7.5。急性氨中毒时，瘤胃内升高的pH增加了脲酶活性，促进了游离氨（铵盐pKa为9.1）的吸

收。弱酸加入冷水中给药时，可将瘤网胃内容物的pH恢复至生理水平，能促进挥发性脂肪酸的摄取，并降低氨的吸收，从而抑制过量的脲酶活性。乙酸（4%～5%）或醋（牛：4～8 L；绵羊：250～500 mL）是最常用的酸化剂。

7. 瘤网胃蠕动的调节 已有数据证实，蠕动调节剂用于牛几乎无临床疗效，故对其用于牛的治疗仍有争议。一些疾病（包括麻痹性肠梗阻、盲肠膨胀和真胃变位）常伴随有胃肠道蠕动失调。通过药理活性调节，可促进一些病例的恢复。但在大部分情况下，恢复蠕动最有效的方法是对可能的失调（低钙血症、内毒素血症、碱血症、阻塞或器官移位）进行对因治疗，随后通过转宿恢复其正常的瘤网胃内环境。对存在饲料和饲喂本身的条件反射，是明显增强瘤网胃蠕动的两种生理手段。

根据作用机制不同，蠕动调节剂可分为胆碱能药（拟副交感神经药）、肾上腺素能药、抗多巴胺药、血清素、胃动素受体激动剂、阿片受体阻断剂或钠通道阻断剂（利多卡因）。

拟副交感神经药（如新斯的明、毒扁豆碱、碳酰胆碱或氨甲酰甲胆碱）很少使用。这些药物均有类胆碱能作用，且存在潜在的危险。新斯的明（牛：0.02 mg/kg，皮下注射；绵羊：0.01～0.02 mg/kg，皮下注射）通常产生的不良反应最少，但它只能增加瘤网胃收缩的频率而非强度。新斯的明恒速静脉注射给药（10 L葡萄糖-氯化钠注射液中加87.5 mg新斯的明，滴速：每秒2滴）用于治疗盲肠扩张/脱落。然而，新斯的明的刺激作用并非总是稳定的，而且对蠕动有一定的抑制作用。这可能是由胆碱能药物刺激肾上腺素能相关神经节所引起。

甲氨酰甲基胆（0.07 mg/kg，皮下注射，每日3次，连用2 d）已经用于治疗自发性盲肠未扭转性扩张。潜在的不良反应包括流涎和腹泻。含新斯的明和氨甲酰甲胆碱的药物配方，还需通过随机对照试验进一步证实。这两种化合物尚未被FDA批准用于牛。拟副交感神经药有时在实践中，用于保守治疗牛真胃左侧变位，尽管有文献报道，这些化合物的使用对于治疗此病的价值不大。

在一些欧洲国家，N-丁溴东莨菪碱（未泌乳成年母牛：0.2 mg/kg，肌内注射或静脉注射；犊牛：0.4 mg/kg，肌内注射或静脉注射）已批准用作控制牛腹泻的副交感神经阻断剂。临床上常可与非类固醇消炎药、安乃近（未泌乳成年母牛：25 mg/kg，肌内注射或静脉注射；犊牛：50 mg/kg，肌内注射或静脉注射）联合应用。有人提议N-丁溴东莨菪碱（每头牛80 mg）和安乃近联合用药，可治疗牛自发性真胃右

侧移位。然而，这种疗效没有在随机对照研究中得到证实。N-丁溴东莨菪碱还尚未得到FDA的批准，而在美国禁止安乃近在食用动物中的使用。

已证实，阿托品（0.04 mg/kg，静脉注射）可减慢真胃的收缩1～3 h。在向瘤胃放置网状磁铁前5min，给予硫酸阿托品（0.5 mg/kg，静脉注射）可防止磁铁进入瘤胃囊中。阿托品（1%的溶液40 mg/头，皮下注射）也可用于确诊患有迷走神经消化不良的疑似牛前胃蠕动紊乱。在阿托品给药15 min后出现心率加快，其中有16%以上是前胃蠕动严重破坏的指证。

甲苯噻嗪（0.2 mg/kg，静脉注射）在放置网状磁铁5 min前给药，可防止磁铁进入瘤胃囊后丢失，但也会导致动物高度镇静，因此不具任何实用价值。用苄唑啉（0.5 mg/kg，静脉注射）、阿替美唑盐酸（0.08 mg/kg）、育亨宾（0.2 mg/kg，静脉注射）预处理后，能恢复甲苯噻嗪引起的瘤网胃弛缓。牛对甲苯噻嗪的不良反应包括心动过缓、体温过低、流涎、多尿、瘤胃臌胀和吸入性肺炎。甲苯噻嗪及其解毒剂均未被FDA批准用于牛。

胃复安（牛：0.15 mg/kg，肌内注射；绵羊：0.023～0.045 mg/kg）有胆碱能和抗多巴胺作用，但在一些物种中，均不增加幽门窦的肌电效能。然而，山羊肌内或静脉注射0.5 mg/kg胃复安，有幽门窦肌电效能增加的迹象，但不作用于真胃。由于胃复安能穿过血脑屏障，故其潜在不良反应为躁动和兴奋。FDA尚未批准胃复安用于牛病。

乳糖酸红霉素是一种大环内酯类抗菌药，能通过与肠平滑肌细胞的胃动素受体结合而增加肠肌电效能。红霉素（0.1 mg/kg，静脉注射；或1 mg/kg，肌内注射）用于牛时，可增加真胃和十二指肠的肌电效能约2 h之多。当红霉素与聚乙二醇混合（10 mg/kg，肌内注射）给药时，其肌电效能可增加到6～8 h。红霉素（2.2 mg/kg，肌内注射）是唯一获FDA批准用于治疗船运热、肺炎、腐蹄病和子宫炎的药物。考虑到注射部位引起疼痛、肿胀和组织污损的风险，建议颈肌深部肌内注射。

促动力羟色胺药物西沙比利（牛：0.08 mg/kg）已广泛用于马，其对反刍动物的促动力效能尚不确定。此外，阿片类药物或利多卡因对反刍动物确切的临床和试验数据尚未公布。

（二）瘤网胃中药物的处置

瘤网胃的形态和功能特点，使其适合植物性饲料的发酵消化，也对许多药物的活性、分布和吸收产生影响，尤其是在口服给药时。瘤网胃的厌氧和还原环境及大量微生物酶的存在，能导致一些药物如甲氧苄啶和强心苷失活。药物在大容积瘤网胃液中缓慢、低

效能的混合，可延迟多相物质达到均一浓度，阻碍瘤网胃对药物的吸收。药物的吸收还受其极性和电离状态的影响，而这取决于药物的pKa和瘤网胃液的pH。后者依赖于日粮与碱性唾液及酸性瘤网胃液比例。除了瘤网胃内环境对药物的活性和处置过程产生诸多影响，药物自身也可能对瘤网胃功能产生不可预料的作用。尤其要注意的是，广谱抗菌药物和抗原虫药能扰乱瘤网胃内正常微生物种群的平衡。

上述诸因素会影响药物在瘤网胃的活性及处置，以及药物对瘤网胃功能的作用，这些都会使反刍动物口服给药更为复杂化。在幼龄动物中，这些不良影响可通过食管沟反射来避免。该反射通过刺激口腔和咽中的受体而产生，这在哺乳期的新生仔畜中能产生良好效应，但在老龄动物中则效果不佳。在2岁后的牛和18月龄后的绵羊中，常发生无规律的、不完全网胃沟关闭。

新生反刍动物的瘤网胃形态和功能，对药物处置的影响比成年动物小。反刍动物出生时，其前胃尚未发育，其本质上为单胃。药物（如甲氧苄啶）通常在成年动物的瘤网胃中被破坏，而在出生后最初2～3周的新生反刍动物可能有很好的吸收。这一发育进程取决于出生和开始饲喂粗饲料，以及在环境中接触微生物之间的时间间隔。

（张小莺　译　王新　一校　丁伯良　二校　田文儒　三校）

第四节　眼部系统药物治疗学

另参阅"眼科学"。

眼的解剖结构为神经组织的局部和/或全身性药物治疗提供了机会。眼与大脑相似，有来自于血管系统的保护性屏障。血眼屏障（如血液-房水屏障和血液-视网膜屏障）可防止炎症细胞、蛋白质和低分子量化合物从全身血液循环进入眼。

血液-房水屏障由虹膜和睫状体上皮组织构成。虹膜的毛细血管内皮没有孔隙，但有紧密连接。睫状体无色素上皮细胞的顶端之间有紧密连接。一旦屏障结构受到破坏，蛋白质和细胞可进入眼前房，造成房水闪光或类浆样房水。血液-视网膜屏障由内皮和上皮两部分构成。内皮部分由视网膜毛细血管内皮组成，也无孔隙。上皮部分由视网膜色素上皮构成。通过全身血液循环治疗眼睛时，这些屏障可阻止药物进入眼睛，尤其是高水溶性化合物，降低其对炎症的治疗效果。当眼睛发炎时，许多药物在眼内的浓度增加。药物在眼内达到其峰浓度所需的时间高度依赖于药物的理化性质。

虹膜、睫状体和晶状体等屏障的存在，以及在瞳孔、小梁和色素层巩膜的网状组织外正常流动的房水，可进一步限制药物的分布。多种酶存在于角膜和睫状体上，在药物进入眼前房的前后，可分解药物为无活性的代谢产物。药物主要是通过房水流经角膜小梁和/或色素层巩膜的网状组织离开眼前房，但少量药物可向后转移进入玻璃体。

一、给药途径

眼部药物进入眼睛主要有三种给药方法，包括局部用药、眼睛局部用药（结膜下、玻璃体内、眼球后和眼前房内）和全身用药。最适宜的给药方法是依据药物治疗眼睛的部位进行用药。通常结膜、角膜、眼前房和虹膜适于局部用药。眼睑可用局部用药方法治疗，但多数情况下需要全身给药治疗。因为局部给药不能渗入眼球后段部分，因此常采用全身给药治疗。眼球后和眼眶组织也需要全身用药治疗。

结膜下或Tenon's囊给药并不是一种真正的全身用药形式，可能是增加了药物的吸收和接触时间。药物可通过注射孔渗漏到角膜，也可通过巩膜扩散进入眼球。如皮质类固醇等溶解度低的药物可作为长效药物，持续作用数日到数周。因此用药剂量应适当，剂量过大时（如长效盐类）可引起明显的炎症反应。对于特农囊（Tenon's）注射，小动物每个位点注射0.5 mL通常安全有效，马和奶牛等大动物每个位点注射量小于或等于1 mL。

很少使用眼球后用药的治疗方法。牛眼球摘除时，眼球后的组织可用局部麻醉药（利多卡因）麻醉，采用彼得森区域（Peterson block）注射（15～20 mL）或眼眶周围分点注射（4个位点，每个位点5～10 mL）。眼眶用药时，必须特别注意确保药物不注入血管、视神经和眼眶孔。眼球后注射因其不良反应的高风险性而不被应用，除非临床医生具有丰富的经验，并且动物被适当的保定。

眼球后段的治疗需要全身用药，并需要配合局部用药治疗眼前段。血眼屏障可限制低脂溶性药物的吸收，但是在炎症情况下，作用部位的药物可达到较高浓度。眼睛开始愈合后，血眼屏障作用逐渐恢复，可进一步限制药物的渗透。在治疗眼球后段疾病时，这种现象经常出现，如应用亲水性药物伊曲康唑治疗小动物的芽生菌病。

局部用药后，高达80%药物可被含丰富血管的鼻咽黏膜吸收进入全身血液循环。由于药物的这种吸收途径不经过肝脏，不存在口服给药出现的首过效应，但这种给药方法可导致全身性不良反应。局部应用β-受体阻断药治疗青光眼，可导致心脏传导阻滞、房性心动过速、充血性心力衰竭、支气管痉挛、呼吸困难和运动耐受力下降。老龄和患心脏或呼吸系统疾病的动物应谨慎使用β-受体阻断药。小型犬或中型犬长期局部应用强效皮质类固醇，易诱发库兴综合征（Cushing's syndrome）。

二、局部麻醉药

对于马眼的常规检查和诊断过程，注射给药阻断局部神经是一种非常有效的方法。对于检查过程中抑制眼睑痉挛，眼睑反射的阻断是最有效的。通过阻断马的上眼睑某些运动神经，帮助检查者控制上眼睑。眼睑反射神经是面神经的分支，贯穿颞弓上缘，可触摸到。阻断感觉输入，常采用眶上神经阻断或环形阻断。眶上神经是额神经的分支，从眼眶上缘的眶上孔穿过。如果注射给药的位置准确，1～2 mL的利多卡因，就可阻断眼睑反射神经或眶上神经，一般3～5 min内起效，阻断持续时间为2～3 h。

局部神经阻断也可应用于食品动物，例如牛可采用眼后阻断或环形阻断。准确的眼后阻断可以阻断第Ⅱ、Ⅲ、Ⅳ颅神经和眼部分支第Ⅴ、Ⅵ颅神经。环形阻断抑制了眼睛周围皮肤的感觉输入。

三、治疗传染病的药物

1. 猫疱疹病毒性角膜炎和结膜炎 当病情比较严重，局部应用抗病毒药物治疗无效时，才能采用全身给药的方法。口服阿昔洛韦（无环鸟苷，acyclovir）：200 mg，每日2～3次，应注意观察毒性反应。口服伐昔洛韦（泛昔洛韦，famciclovir）：15～30 mg/kg，每日2～3次，持续给药10～14 d，可用于长期治疗。终生每日口服L-赖氨酸250～500 mg，通过L-赖氨酸抑制病毒的增殖，可预防或减少猫疱疹病毒严重的反复感染，但体外研究表明可能同时需要较低水平的精氨酸，而且，L-赖氨酸可引起胃部不适。也可每日口服和局部用重组人α-干扰素5～25 U，重组人α-干扰素能够抑制疱疹病毒的复制，可增强巨噬细胞活化和淋巴细胞介导的细胞毒作用。

2. 猫衣原体结膜炎 猫结膜炎由猫属衣原体引起，局部应用四环素治疗无效时，可口服多西环素治疗，剂量为10 mg/kg，每日1次；或5 mg/kg，每日2次。由于猫食道狭窄，口服多西环素片剂后，应口腔灌服3～5 mL液体，以确保药片进入胃内。所有家猫至少持续用药4周，或临床症状消失后，再用药2周。为了避免四环素对妊娠母猫和幼猫的影响，大环内酯类药物全身给药也是有效的，如口服红霉素15～25 mg/kg，每日2次；或口服10～15 mg/kg，每日3次，连续3～4周；或口服阿奇霉素10～15 mg/kg，每日1次，连续3～5 d，然后每周2次，连续3周。另外，也可使用增效阿莫西林12.5～25 mg/kg，每日2次，连续3周。如果治疗停止后，临床症状出现反复，需再持续用药4～5周。

3. 猫弓形虫病 多数猫前眼色素层炎伴有弓形虫（*Toxoplasma gondi*）抗体滴度的增加，通过血清学或眼前房穿刺术可确诊，脉络膜视网膜炎是最常见的临床症状。一般采用口服克林霉素治疗，剂量为8～17 mg/kg，每日3次；或口服10～12.5 mg/kg，每日2次；连续3～4周。同时局部应用皮质类固醇药物，0.5%～1%醋酸强的松龙或0.01%地塞米松乙醇溶液，每日3～4次，以及应用阿托品散瞳。较大剂量的克林霉素可出现厌食、呕吐和腹泻等不良反应。其他较少应用的全身性抗菌药包括联用的磺胺类药物（口服磺胺嘧啶、磺胺二甲嘧啶和磺胺甲嘧啶：100 mg/kg，每日1次）和口服乙胺嘧啶（2 mg/kg，每日1次），连续用药1～2周。不良反应包括胃部不适和骨髓抑制。如果用药超过2周，要经常进行血液监测。

4. 犬和猫的立克次体感染 眼睛的前眼色素层炎、后眼色素层炎和视网膜炎常由埃利希体或立克次体（*Ehrlichia or Rickettsia* spp.）感染引起（参见立克次体病）。四环素类药物具有优良的眼内渗透性，为首选药物。多西环素的剂量为：犬5～10 mg/kg，每日1～2次；猫10 mg/kg，每日2次；连用10～21 d。对于立克次体病地区犬的眼色素层炎，凭借经验应用多西环素治疗比血清学更为合理。也可口服恩氟沙星3 mg/kg，每日2次，连续治疗7 d，但应注意猫每日的剂量大于5 mg/kg可引起视网膜的损伤。氯霉素可干扰血红素合成和骨髓抑制，故不推荐使用。推荐适当的局部或全身应用非类固醇消炎药控制眼部炎症。当严重眼内炎症或浆液性视网膜脱离时，口服抗生素治疗24～48 h后，可同时口服皮质类固醇0.25～0.5 mg/kg，每日1～2次，持续2～7 d。视网膜复位后动物可恢复部分视力，药物用量取决于视网膜脱离的时间和炎症的程度。

5. 犬和猫的眼部真菌病 诊断出患有眼部真菌病的犬和猫需要全身性治疗。为控制继发或潜在的致盲性眼内炎症，应选用全身性抗真菌药、局部和全身性消炎药、局部性散瞳药和睫状肌麻痹药。

芽生菌病经常发生于犬，其中高达40%的犬有眼部症状，通常为前眼色素层炎。治疗方法可注射两性霉素B脱氧胆酸盐，或者口服、肌内注射三唑类药物。犬口服伊曲康唑5 mg/kg，每日2次，连续5 d；然后继续以口服5 mg/kg，每日1次，连续60 d或临床症状消失后连续用药1个月。不良反应主要是由肝脏毒性引起的食欲减退。猫口服伊曲康唑10 mg/kg，每日1次，或口服5 mg/kg，每日2次，但临床上成功治愈的报道较少。酮康唑也可用于治疗芽生菌病，因见效比较慢，所以用药初期应同时使用其他三唑类药物。两性霉素B脱氧胆酸盐对芽生菌病也有效，但存在肾脏毒性。犬和猫静脉注射两性霉素B脱氧胆酸盐的剂量分别为0.5 mg/kg和0.25 mg/kg，每周给药3次，直到动物出现氮血症，或者犬的累积剂量达到4~6 mg/kg，猫的累积剂量达到4 mg/kg。两性霉素B脂质复合物使用相同或稍高剂量时，肾毒性低于两性霉素B脱氧胆酸盐。

组织胞浆菌病的主要病变是肉芽肿性脉络膜炎，同时伴有前眼色素层炎、视网膜分离和视神经炎。治疗方案：口服伊曲康唑10 mg/kg或氟康唑2.5~5 mg/kg，每日1~2次，连用4~6个月；或静脉注射两性霉素B脱氧胆酸盐0.25~0.5 mg/kg，每48 h 1次，至犬的累积剂量达到5~10 mg/kg，猫达到4~8 mg/kg。虽然亲水性三唑类药物伊曲康唑在应用时可完全溶解，但由于氟康唑具有亲脂性和穿过血眼屏障的能力，建议其用于眼部疾病的治疗。

15%的眼部症状是由隐球菌引起，而且猫比犬更为常见。可单独静脉注射两性霉素B脱氧胆酸盐0.1~0.5 mg/kg，每周治疗3次，或者联用氟胞嘧啶30~75 mg/kg，每日2~4次，连续治疗9个月。酮康唑、伊曲康唑和氟康唑也可用于隐球菌病的治疗。猫口服酮康唑5~10 mg/kg，每日2次，或10~20 mg/kg，每日1次，连用6~10个月。如果出现毒性反应，猫口服剂量应改为50 mg/kg，隔日1次。犬口服酮康唑5~15 mg/kg，每日2次；或30 mg/kg，每日1次，连用6~10个月。食物可促进酮康唑从胃肠道吸收进入全身血液循环。酮康唑的主要不良反应为厌食、腹泻、呕吐和肝酶升高。由于酮康唑对中枢神经系统的穿透能力较弱，一般不建议其单独用于治疗隐球菌病。猫每日2次口服伊曲康唑5~10 mg/kg或每日1次口服20 mg/kg的不良反应比酮康唑少，并且脂肪性食物可提高其在胃肠道的生物利用度。伊曲康唑与酮康唑相似，其亲水性使其很难进入中枢神经系统，但伊曲康唑对中枢神经系统和眼隐球菌病的治疗有效。伊曲康唑主要不良反应为腹泻和呕吐等胃肠道反应，同时也可引起肝脏疾病。在应用伊曲康唑的第1个月，每2周检查1次肝脏谷丙转氨酶的水平，以后每月监测1次。氟康唑与伊曲康唑相比，有较好的脂溶性和生物利用度。氟康唑更容易渗透进入中枢神经系统，中枢神经系统内药物浓度为血浆药物浓度的60%~80%，且不良反应较伊曲康唑轻微。犬和猫口服氟康唑的剂量为

5~15 mg/kg，每日1~2次，连用6~10个月。

犬比猫更易发生眼球孢子菌病。尽管酮康唑对中枢神经系统和眼睛的渗透性较弱，但仍可全身给药用于治疗此病。犬口服酮康唑的剂量为15~20 mg/kg，每日2次；猫口服酮康唑的剂量为15~20 mg/kg，每日1~2次。猫服用酮康唑易中毒，可口服较安全的伊曲康唑5~10 mg/kg，每日1次，连用3~6个月或更长，直到症状消失。两性霉素B脱氧胆酸盐也可用于治疗眼的球孢子菌病，静脉注射剂量为0.4~0.5 mg/kg，每48~72 h 1次，累积剂量达到8~11 mg/kg时停药。

6. 传染性角膜结膜炎 牛莫拉氏菌（*Moraxella bovis*）引起的牛传染性角膜结膜炎常采用全身给药的方法治疗，临床常用土霉素或氟苯尼考。注射用长效土霉素（肌内注射或皮下注射20 mg/kg）间隔48~72 h的两次给药，可有效治疗牛传染性角膜结膜炎，但应注意四环素在流行边虫病地区的使用。单次皮下注射氟苯尼考40 mg/kg或间隔48 h 2次肌内注射20 mg/kg，可有效治疗牛传染性角膜结膜炎。牛莫拉氏菌通常对磺胺-甲氧苄啶敏感，肌内注射或静脉注射的剂量为15~30 mg/kg，每日1~2次；而对大环内酯类、林可胺类和青霉素类抗生素耐药。

绵羊和山羊的衣原体（*Chlamydophila*）角膜结膜炎或山羊的支原体（*Mycoplasma* spp.）角膜结膜炎，可采用全身应用抗生素结合局部用药的方法治疗。这些方法包括静脉注射或肌内注射土霉素6~11 mg/kg、肌内注射或皮下注射氟苯尼考20 mg/kg、肌内注射泰乐菌素10 mg/kg、红霉素碱2.2~15 mg/kg或替米考星10 mg/kg，每日1~2次。由于发病羊群的用药问题，多数羊的治疗仅用药1次。

7. 穿透性创伤 所有眼穿透性创伤都应预防感染，采用全身给药的方式，应用广谱杀菌性抗生素对动物进行及时治疗。犬和猫每日2次口服阿莫西林-克拉维酸10~20 mg/kg有效。如果条件允许，通过对眼前房穿刺样本的细胞学培养和细菌敏感性测定，从而选择敏感的抗生素。抗生素的疗程最少持续14~21 d。马采用普鲁卡因青霉素G与庆大霉素联用是适宜的治疗方案，普鲁卡因青霉素G肌内注射的剂量为（2.2~4.4）×10^4 U/kg，每日2次；庆大霉素静脉或肌内注射剂量为6.6 mg/kg，每日1次。

为控制穿透性创伤引起严重的炎症，全身性应用非类固醇消炎药是必要的。可口服或静脉注射氟尼克辛葡胺0.5~1 mg/kg，每日1~2次；或口服或静脉注射酮洛芬（ketoprofen）1.1~2.2 mg/kg，每日1次。如果给药疗程超过5 d，建议应用雷尼替丁（ranitidine）和法莫替丁（famotidine）等H$_2$受体阻断药和奥美拉

唑（omeprazole）等质子泵抑制剂预防胃溃疡。当炎症导致晶状体物质渗漏进入眼前房时，控制炎症的唯一方法是摘除晶状体。

四、治疗眼内炎症的药物

许多传染性和非传染性疾病均可引起眼内炎症，如不能及时控制，可导致不可逆性损伤和失明。根据眼内炎症病因，采用局部和全身给药的方式应用皮质类固醇和非类固醇消炎药控制炎症。长期治疗时要注意动物的监护。随着炎症的消退应缓慢停药，以免抑制肾上腺皮质功能。在治疗各种动物非传染性眼内炎症时，初始阶段全身给药高剂量的皮质类固醇（强的松1~2 mg/kg），并结合局部应用皮质类固醇（0.5%或1.0%醋酸强的松龙或0.1%地塞米松乙醇溶液，每日3~4次）治疗。某些传染性疾病（如立克次体感染）可应用低剂量的皮质类固醇全身给药治疗，同时局部应用皮质类固醇，但须在应用抗生素治疗24~48 h之后。如果眼内炎症的病因未知，局部应用皮质类固醇和全身给药非类固醇消炎药同时进行治疗也是可行的。治疗开始时应考虑使用H$_2$受体阻断药和质子泵抑制剂，注意监测胃肠道反应和肾脏功能。

1. 犬免疫介导性疾病 结节肉芽肿性巩膜角膜炎（Nodular granulomatous episclerokeratitis，NGE）常见于柯利犬，随着肉芽肿病变的生长可侵入巩膜外层和第三眼睑，也可浸润角膜。除了传染性前眼色素层炎和后眼色素层炎，免疫介导的眼色素层炎（色素层皮肤病综合征）与黑色素免疫反应相关，常见于源自北极地区的某些犬种。可采用局部用药结合口服皮质类固醇（强的松0.5~1 mg/kg，每日2次）或低剂量的皮质类固醇结合口服硫唑嘌呤（1.5~2 mg/kg，每日1次，3~5 d后减少药量）两种治疗方法。某些情况下，口服硫唑嘌呤1~2 mg/kg，间隔3~7 d给药1次，连续用药1~8个月可缓解结节肉芽肿性巩膜角膜炎。对于体重大于10 kg的犬，可口服尼克酰胺500 mg和四环素500 mg，每日3次，病情好转后可降低到每日1~2次。硫唑嘌呤的不良反应主要包括胰腺炎、肝脏疾病和骨髓抑制。建议用药过程中进行血液学和血清生化指标的监测。色素层皮肤病综合征经常复发，长期药物治疗是唯一的方法。由慢性眼色素层炎、视网膜脱离或变性而继发的青光眼可导致许多动物失明。

2. 犬视神经炎 视神经炎多发生于犬，其他动物较少发生，可由感染（如犬瘟热，全身性真菌病）、肿瘤、持续的炎症、肉芽肿浸润（网状细胞增多症/肉芽肿性脑脊髓炎）引起。可全身应用皮质类固醇（强的松1~2 mg/kg，口服）治疗数周以保留视力。肉芽肿性脑脊髓炎早期全身应用皮质类固醇治疗是有效果的。全身应用皮质类固醇治疗外伤引起视神经损伤的剂量与上述剂量相同，预后取决于视神经的损伤程度。

3. 马眼色素层炎 无论何种发病原因，马眼色素层炎的消炎治疗原则是非常相似的。急性眼色素层炎应用非类固醇消炎药（氟尼克辛葡胺，0.25~1.0 mg/kg，静脉注射或口服，每日2次），并与局部应用皮质类固醇联用，以控制眼内炎症。保泰松对马眼色素层炎最初的治疗似乎并无效果。高剂量非类固醇消炎药对马的治疗时间比建议时间（通常7~10 d）长，一旦炎症得到控制，给药剂量缓慢下降的时间应超过1~2周。建议同时应用H$_2$受体阻断药和质子泵抑制剂以减少对胃的损伤。雷尼替丁：6.6 mg/kg，口服，每日3次；或1 mg/kg，静脉注射，每日3次。法莫替丁：0.23~0.35 mg/kg，静脉注射，每日2~3次；或1.88~2.8 mg/kg，口服，每日2~3次。质子泵抑制剂奥美拉唑：4 mg/kg，口服，每日1次。如果马同时接受庆大霉素治疗，则需格外小心，应监测马的肾脏功能。已诊断为复发性眼色素层炎的马，可长期每日口服阿司匹林（25 mg/kg），以降低马眼色素层炎的复发。

4. 马视神经炎 剪毛、撞击和跌倒等伤害可导致马的突然失明。这是由于视神经管内视神经受到拉伸或断裂所致。可采用全身应用消炎药进行治疗，常高剂量应用非类固醇消炎药（静脉注射或口服氟尼克辛葡胺0.5~1.1 mg/kg），并且用药时间长于药物标签建议的时间。建议预防性应用H$_2$受体阻断药和质子泵抑制剂。此外，也可应用二甲基亚砜，将二甲基亚砜溶解在20%盐溶液或5%葡萄糖溶液中，静脉注射剂量为1 g/kg，每日1次，连用3 d，然后隔日1次，连用6 d。静脉注射二甲基亚砜可引起溶血和血红蛋白尿。如果72 h后视力没有恢复，则为预后不良。

五、治疗其他猫病的药物

1. 猫嗜酸性粒细胞性角膜炎 嗜酸性粒细胞性角膜炎是由于嗜酸性粒细胞浸润猫角膜引起，可能是一种潜在的猫疱疹病毒引起的免疫反应。通常局部应用皮质类固醇治疗该病是有效的，但某些情况下，也可能无效。口服醋酸甲地孕酮0.5 mg/kg，每日1次，症状减轻后，口服1.25 mg，每周2~3次，有助于角膜炎症的康复，但机制不清。伴有糖尿病、肾上腺皮质功能抑制和子宫增生等与甲地孕酮不良反应相关疾病的猫应慎用。醋酸甲地孕酮对于操作该药物的女性也具有危险性。

2. 猫高血压性视网膜病变　由全身性高血压继发的浆液性视网膜脱落，可导致老龄猫突然失明。可应用钙通道阻断剂氨氯地平（每只猫0.625 mg）和全身性皮质类固醇（强的松0.5～1 mg/kg，口服）控制视网膜脱落后的炎症。血压恢复正常后，视网膜可复位。如果治疗及时，50%的猫可以恢复部分视力。

六、治疗青光眼的药物

前列腺素、缩瞳药、肾上腺素β-受体阻断药和局部碳酸酐酶抑制剂等局部应用的药物是治疗青光眼的主要药物，通常需要全身性给药作为辅助治疗。

1. 渗透性利尿药　在紧急治疗急性青光眼时，首先要降低眼内压。在药理学上应用渗透性利尿药降低眼内压，如应用甘露醇或甘油，同时联用其他的局部和全身性药物。对于房水和玻璃体而言，渗透性利尿药的分子质量较大，可增加血浆渗透压。眼内大部分水存在于玻璃体内，玻璃体脱水可使晶状体和虹膜后移，虹膜角膜角开放，还可减少眼房水的量。1～1.5 g/kg甘露醇静脉注射20～30 min，2～3 h后血药浓度达到峰值，药效可持续5 h。甘露醇不被代谢，因此可用于糖尿病患者。也可口服甘油1～2 g/kg治疗青光眼，但不太理想的是可引起大多数犬的呕吐。甘露醇和甘油可保留水分3～5 h，应及时给予动物排尿的机会。治疗前应检查肾脏功能，治疗过程中应监测心脏功能。如果首次降低的眼内压不能保持，甘露醇可重复用药1次。如果应用甘露醇2次后，眼内压不能维持在正常范围内，不应再用甘露醇控制眼内压。

2. 碳酸酐酶抑制剂　口服碳酸酐酶抑制剂也可用于治疗急性青光眼。碳酸酐酶抑制剂主要抑制睫状体无色素上皮的碳酸酐酶，该酶催化以下反应：$CO_2 + H_2O \xleftrightarrow{\text{碳酸酐酶抑制剂}} H_2CO_3 \rightarrow H^+ + HCO_3^-$。$HCO_3^-$和$Na^+$以主动转运方式进入眼前房，水通过被动转运方式进入眼前房。这种机制可产生40%～60%的房水。常用的给药方案包括口服乙酰唑胺5～8 mg/kg，每日2～3次；口服醋甲唑胺5 mg/kg，每日2～3次；口服双氯非那胺2～4 mg/kg，每日2～3次。醋甲唑胺为首选药，给药3～6 h后药效最大。最常见的不良反应是由于呼吸急促引起的代谢性酸中毒，其他不良反应包括呕吐、腹泻和低钾血症，乙酰唑胺常引起厌食症。每日在食物中添加碳酸氢钾或柠檬酸钾1～2 g，可用于补钾。

第五节　皮肤系统药物治疗学

参见皮肤系统的局部治疗原则。

用于皮肤系统的药物可细分为抗微生物药（抗菌药，抗真菌药）、抗寄生虫药、非类固醇消炎药、免疫调节剂、激素、精神药物，以及维生素和矿物质补充药。

有多种因素可促进皮肤系统疾病特定临床症状的发生和发展。为了获得治疗成功，每种因素都应该被确定和处理。例如，复发性中耳炎主要是一种基础性的皮肤疾病，但其诱发和持续的因素是复杂的。此外，成功治疗皮肤疾病可能需要长期或终身治疗，结果往往是成功的控制疾病而不是治愈。

一、抗菌药物

大多数犬的皮肤感染是由凝固酶阳性的中间葡萄球菌（*Staphylococcus intermedius*）引起的，这种菌可产生β-内酰胺酶。金黄色葡萄球菌、施氏葡萄球菌、猪葡萄球菌和假中间葡萄球菌（*S. pseudintermedius*）等其他葡萄球菌种类也可引起皮肤感染。尽管在北美已发现对抗菌药耐药的菌株之间存在特异性差异，中间葡萄球菌和金黄色葡萄球菌比施氏葡萄球菌凝聚亚种（*S. schleiferi coagulans*）表现出更强耐药性，但不同的葡萄球菌所致疾病的临床症状和流行方式无任何差异。因为表型差异是不可靠的，可采用分子生物学技术对细菌的种类进行鉴定，例如利用PCR技术检测具有种属特异性的耐热核酸酶基因（*nuc*）或对16S rDNA进行测序。

变形杆菌、假单胞菌和大肠埃希菌偶尔是真皮感染的继发性病原体，多杀性巴氏杆菌和β-溶血性链球菌是猫表皮感染最常见的细菌，而放线菌和分支杆菌很少感染犬和猫的皮肤。首次发生脓皮病的动物可应用有效杀灭这些细菌的抗菌药。

大动物的细菌性皮肤疾病主要是由刚果嗜皮菌、葡萄球菌、棒状杆菌属和放线菌等感染引起，但芽孢杆菌和假单胞菌则很少感染。绵羊或山羊的皮肤脓肿或流脓可能是感染假结核棒状杆菌。梭杆菌和拟杆菌是趾间坏死杆菌病（腐蹄病）的主要病原菌。猪疏螺旋体是猪疥癣或耳朵咬伤引起的皮肤病变的继发性病原体。牛和患猪丹毒的病猪可发生梭菌性皮肤系统疾病，并造成严重的经济损失。

如果渗出液的细胞学检查显示存在球菌的感染，应开始根据经验进行抗菌治疗。在世界各地的大多数诊所，从犬分离得到的中间葡萄球菌对口服头孢菌素类药物、氟喹诺酮类药物、抗葡萄球菌青霉素（邻氯青霉素，苯唑西林）和阿莫西林-克拉维酸具有极好的敏感性（＞95%），对红霉素、林可霉素、克林霉素和氯霉素也具有良好的敏感性（＞75%），而增效磺胺类药物的疗效则复杂多变（表19-10）。

表19-10 抗葡萄球菌抗生素的剂量

药 物	剂 量
头孢菌素类抗生素	
头孢氨苄	20～30 mg/kg，每日2次
头孢羟氨苄	犬：20 mg/kg，每日2次；猫：20 mg/kg，每日1次
头孢克洛	10～25 mg/kg，每日2次
青霉素类抗生素	
阿莫西林-克拉维酸	13.75 mg/kg，每日2次
苯唑西林	22 mg/kg，每日3次
氟喹诺酮类药物	
恩诺沙星	5 mg/kg，每日1次
马波沙星	2 mg/kg，每日1次
奥比沙星	2.5 mg/kg，每日1次
磺胺类药物	
甲氧苄啶-磺胺嘧啶	15～30 mg/kg，每日2次
甲氧苄啶-磺胺甲恶唑	15～30 mg/kg，每日2次
大环内酯类和林可胺类抗生素	
红霉素	15～30 mg/kg，每日3次
克林霉素	犬：10～20 mg/kg，每日2次；猫：12.5～25 mg/kg，每日2次
林可霉素	10～20 mg/kg，每日2次

表19-11 抗真菌药物的剂量

药 物	剂 量
灰黄霉素	
微粉	25～60 mg/kg，口服，每日2次
超微粉	2.5～15 mg/kg，口服，每日2次
酮康唑	10 mg/kg，口服，每日1次；20 mg/kg，口服，每48h 1次
伊曲康唑	5～10 mg/kg，口服，每日1次
氟康唑	10～20 mg/kg，口服，每日2次
两性霉素B	犬：0.25～0.75 mg/kg，静脉注射，每周3次，直到累计剂量达到4～8 mg/kg或发生氮血症；猫：0.1～0.25 mg/kg，静脉注射，每周3次，直到累计剂量达到4～6 mg/kg
氟胞嘧啶	25～50 mg/kg，口服，每日3～4次
碘化钾	犬：40 mg/kg，口服，每日1～2次，与食物同时服用；猫：20 mg/kg，口服，每日1～2次，与食物同时服用

皮肤感染的治疗持续时间取决于感染的类型。在一般情况下，治疗浅表感染达到表面愈合需要7 d，治疗深部感染则需要7～21 d。如果持续治疗时症状有所改善，则可能需要8～12周的治疗时间。如果渗出液的细胞学检查为混合感染，以及顽固性或复发性脓皮病，应进行细菌培养和药敏试验。

美国最近的报告已经证明，从犬分离的葡萄球菌对多种抗菌药物的耐药性增强，包括耐受甲氧西林（为细菌耐受青霉素类、头孢菌素类和碳青霉烯类等所有β-内酰胺类抗生素的标志性药物）、氟喹诺酮类药物、大环内酯类抗生素，以及一系列其他抗菌药，但猫的葡萄球菌耐药性较少见。欧洲的一项研究表明，mecA基因阳性（耐甲氧西林）的中间葡萄球菌对所有可用于犬和猫的全身性抗菌药均呈现耐药性。细菌耐药性可导致个体治疗的失败，对动物主人构成潜在的人兽共患的风险，特别是耐甲氧西林的金黄色葡萄球菌和中间葡萄球菌。因此，如果经验性抗菌治疗无效，应对疑似的葡萄球菌感染的病例进行细菌培养和药敏试验，而不是继续尝试其他多种抗菌药治疗。

二、抗真菌药物

治疗皮肤疾病的常用抗真菌药物见表19-11。

1. 灰黄霉素 在水中溶解度非常低，胃肠道吸收因药物颗粒的大小而异。可通过添加含脂肪饮食、聚乙二醇或微粉化的制剂提高胃肠道吸收率。灰黄霉素的超微粉几乎100%被吸收。

灰黄霉素主要分布于皮肤（角质层中浓度最高）、头发、趾甲、脂肪、骨骼肌和肝脏，在给药后4 h内分布于角质层。灰黄霉素可由汗腺分泌排泄，可沉积在角质细胞，并在细胞分化过程中保持紧密地结合，使新生皮肤不被真菌感染。灰黄霉素只对毛癣菌属、小孢子菌属和表皮癣菌属等皮肤癣有效。

灰黄霉素对犬的不良反应可见呕吐和腹泻，但以肝酶升高为主；对于猫的不良反应可见贫血、白细胞减少、呕吐、腹泻、抑郁、皮肤瘙痒、发热和共济失调。一般可特异性发生中性粒细胞减少的骨髓抑制，尤其是小猫和猫艾滋病病毒（FIV）阳性的猫。因此在使用灰黄霉素前，应确定FIV状态，以及避免用于小于8周龄的小猫。波斯猫、喜马拉雅猫、暹罗猫和阿比西尼亚猫的骨髓抑制现象可能更加普遍和严重。此外，灰黄霉素对所有种属的动物都具有致畸作用。

应用灰黄霉素期间，应每2周采1次血样，持续监测动物的血象。FIV阳性的猫经常出现白细胞减少症，所以在灰黄霉素治疗前应注意甄别。

2. 酮康唑（ketoconazole） 是一种人工合成的咪唑类广谱抗真菌药，也是一种有效的麦角固醇的合成抑制剂，麦角固醇是真菌细胞膜的主要脂类。因此，真菌细胞无法维持细胞膜的完整性，从而导致细胞破裂。由于酮康唑治疗效果缓慢，常与两性霉素B配伍用于治疗严重的全身性感染病例。

酮康唑对由疣状毛癣菌（*Trichophyton verrucosum*）、马毛癣菌（*T. equinum*）、须癣毛癣菌（*T. mentagrophytes*）、犬小孢子菌（*Microsporum canis*）和猪小孢子菌（*M. nanum*）引起的皮肤真菌病有效。酮康唑对酵母菌中厚皮马拉色菌（*Malassezia pachydermatis*）和新生隐球菌（*Cryptococcus neoformans*）引起的皮肤真菌病也有效，通常口服剂量为10 mg/kg，每日1次。治疗念珠菌性皮肤病，酮康唑的口服剂量为10 mg/kg，每日1次，持续6～8周。对于某些长期感染的病例，可以应用酮康唑的维持剂量2.5～5 mg/kg。在多数情况下，球孢子菌对酮康唑比两性霉素B更敏感，弥散性感染的动物应用酮康唑治疗的时间最少12个月。芽生菌病、组织胞浆菌病和隐球菌病可联合应用酮康唑和两性霉素B治疗，联合用药不仅比两性霉素B单用效果好，而且也降低了肾脏毒性。总剂量为4～6 mg/kg的两性霉素B结合酮康唑（犬：20 mg/kg，每日1次；猫：10 mg/kg，每日1次）可用于治疗芽生菌病。总剂量为2～4 mg/kg的两性霉素B结合酮康唑（犬：20 mg/kg，每日1次；猫：10 mg/kg，每日1次）可用于治疗组织胞浆菌病。

酮康唑可抑制皮质醇合成，并已用于治疗犬的肾上腺皮质功能亢进，剂量为10 mg/kg，每日1次。用药10 d后，如果皮质醇仍高于正常水平，剂量可增至15 mg/kg，每日1次。

酮康唑在酸性的环境中吸收效果最佳，所以不应同时给予H_2受体阻断药或抗酸药。

犬应用酮康唑最常见的不良反应是食欲不振、呕吐、瘙痒、脱发和可逆的被毛色泽变淡。厌食症导致了进食给药的药量减少。猫似乎对酮康唑更敏感，中毒的临床症状包括厌食、发热、抑郁和腹泻，也有肝脏毒性报道，如胆管肝炎和肝酶升高。因此，猫每日应用酮康唑的剂量很少大于10 mg/kg。

3. 伊曲康唑（itraconazole） 抗真菌作用的主要机制与酮康唑相同。然而，伊曲康唑的药效更强、毒性更低、抗真菌谱更广。即使在高剂量，伊曲康唑也不改变大鼠、犬或人类的皮质激素水平。伊曲康唑应与食物一起服用，但禁止与抗酸药、H_2受体阻断药和胆碱能药物同时使用。

伊曲康唑对皮肤癣菌、念珠菌、隐球菌、组织胞浆菌、芽生菌、孢子丝菌，以及原生动物中利什曼原虫（*Leishmania*）和锥虫（*Trypanosoma*）有效。伊曲康唑治疗犬的皮肤癣菌病剂量为5 mg/kg，每日1次；治疗全身性真菌病时，用量为5～10 mg/kg，每日1次。在真菌感染迅速恶化时，可同时应用两性霉素。伊曲康唑治疗猫皮肤癣菌病和全身性真菌病的剂量为10 mg/kg，每日1次。

犬应用10 mg/kg的伊曲康唑后，有5%～10%的犬可发生一种与剂量相关的严重溃疡性皮炎（因血管炎）。如果发现及时，停药后可恢复。如果早期没有发现，可发展为严重的广泛性坏死和脱落。

4. 氟康唑（fluconazole） 是一种抑制真菌的三唑化合物，其作用方式类似于酮康唑。然而，氟康唑不影响哺乳动物皮质激素的合成。由于氟康唑为低亲脂性的小分子，更适合于治疗中枢神经系统的真菌感染。

氟康唑对皮肤癣菌、念珠菌、隐球菌、组织胞浆菌和芽生菌的浅表性皮肤感染有效。犬的用量为2.5～10 mg/kg，每日1次。猫隐球菌感染可应用氟康唑2.5～10 mg/kg，每日2次。

氟康唑在小动物应用较少，在人类偶尔可引起呕吐、腹泻、厌食和恶心等胃肠道反应。

5. 两性霉素B 两性霉素是从结节链霉菌分离得到的亲脂性多烯类化合物，可与真菌细胞膜中甾醇类化合物（尤其是麦角固醇）结合，引起细胞膜通透性增加，导致营养物质和电解质的渗漏。两性霉素在胃肠道吸收不良，必须胃肠道外给药。两性霉素静脉给药后，在机体内分布广泛，但肌肉、骨骼、眼和关节液中很少分布。

两性霉素B可用于渐进性或弥散性深部真菌病。两性霉素B与氟胞嘧啶或米诺环素（minocycline）联合应用，可治疗念珠菌病和隐球菌病。利福平可加强两性霉素对曲霉、念珠菌和组织胞浆菌的效果，曲霉菌通常对单独应用两性霉素不敏感。

两性霉素B不溶于水，可与脱氧胆酸钠制备成胶态分散形式的静脉注射液。两性霉素B在光照下失活，应避光保存。建议10 mg两性霉素B用5%葡萄糖溶液100 mL稀释后应用，以减少肾脏毒性。稀释时间超过2～6 h后才能应用。如果通过一个蝶阀导管推注10～60 mL葡萄糖给药，补充液体的利尿效果有利于降低两性霉素B的毒性。两性霉素B的剂量为0.15～0.5 mg/kg，每48 h给药1次，直到累积剂量达到4～12 mg/kg。通过每周1次的电解质或尿液分析监控两性霉素B的肾毒性作用，尿常规检测发现肾脏毒性早于生化指标。每次给药前应检查尿素氮（BUN）、肌酐、红细胞压积（PCV）和血浆总蛋白。建议两性霉素B的治疗应持续1个月，以避免复发。

两性霉素B的主要不良反应是肾毒性。大多数犬会产生一定程度的肾损害，而且与总剂量和治疗时间不相关。肾脏毒性的原因包括血管收缩、酸排泄受阻和直接损伤肾小管。猫对两性霉素B比较敏感，建议应用较低剂量。如果猫应用两性霉素B之前，静脉注射苯海拉明0.5 mg/kg，口服阿司匹林10 mg/kg或静脉注射氢化可的松琥珀酸钠0.5 mg/kg，可减轻两性霉素B的发热、恶心和呕吐等不良反应。

6. 氟胞嘧啶（flucytosine） 是作为抗肿瘤药物研发的，可干扰真菌细胞的核酸代谢和蛋白质合成。氟胞嘧啶吸收良好，高浓度时可进入中枢神经系统，大部分药物以原形随尿液排出。

氟胞嘧啶对念珠菌、新生隐球菌及其他酵母菌有效，但对其他真菌的药效较低或无效。真菌易对其产生耐药性，因此常与两性霉素B联合用药。氟胞嘧啶通常只用在治疗隐球菌病。犬和猫的剂量为25～50 mg/kg，每日3～4次。

氟胞嘧啶最常见的不良反应为胃肠道紊乱（呕吐、腹泻和厌食）、骨髓抑制（贫血、白细胞减少症和血小板减少症）和皮疹（脱色、溃疡、渗出和结痂形成）。

7. 特比萘芬（terbinafine） 是一种烯丙胺类化合物，干扰真菌甾醇生物合成的早期阶段，引起麦角固醇不足和角鲨烯在细胞内的积累，导致真菌细胞死亡。特比萘芬可在毛囊、毛发、皮脂丰富的皮肤、指甲板和指甲等处达到较高浓度。特比萘芬治疗结束3周后，人体内的药物浓度仍超过最低抑菌浓度。有传闻报道应用特比萘芬治疗毛癣菌属、小孢子菌属（Microsporum）和表皮癣菌属的感染。猫的剂量为10～30 mg/kg，每日1次。特比萘芬的肝脏毒性、胃肠道症状（如恶心、呕吐和腹泻）和皮肤症状（如荨麻疹、皮肤瘙痒和红斑）在人医中罕见。

8. 全身性补碘 治疗真菌性皮肤病的作用机制尚不清楚，但碘制剂在体外被认为无杀灭真菌的作用。全身性补碘用于治疗小动物的孢子丝菌病、牛的放线菌和放线杆菌病，以及马的足分支菌病（mycetomas）、接合真菌病（zygomycosis）和申克孢子丝菌病（Sporothrix schenckii）。犬口服碘化钾的剂量为40 mg/kg，每日2次；猫口服碘化钾的剂量为20 mg/kg，每日1～2次；牛静脉注射碘化钠的剂量为60mg/kg，每周1次；患孢子丝菌病的马静脉注射碘化钠的剂量为40 mg/kg，每日1次，持续给药2～5d；随后口服碘化钾，2 mg/kg，每日1次，持续给药60d。

全身性补碘后，小动物可能发生呕吐、腹泻、抑郁和食欲不振（尤其是猫）；犬可出现眼和鼻腔分泌物、鳞状物和被毛干枯；大动物可见血清黏蛋白分泌、流泪、咳嗽、食欲改变、关节痛、脂溢性皮炎和局部脱毛等不良反应。全身性补碘也可能导致流产，不应用于妊娠或哺乳期的动物。

三、抗寄生虫药物

1. 伊维菌素 是阿维链霉菌（Streptomyces avermitilis）的发酵产物阿维菌素的衍生物（参见大环内酯类药物）。伊维菌素作为 γ-氨基丁酸（GABA）受体激动剂，可引起敏感的节肢动物和线虫麻痹。伊维菌素可用于治疗小动物疥螨（Sarcoptes scabeii）、耳螨虫（Otodectes cynotis）、布氏姬螯螨（Cheyletiella blakei）、牙氏姬螯螨（C. yasguri）和犬蠕形螨（Demodex canis）；牛的痒螨病（psoroptic mange）、虱子（lice）和牛皮蝇幼虫（Hypoderma larvae）；马颈盘尾丝虫（Onchocerca cervicalis）性皮炎；猪疥螨（Sarcoptes scabeii）。

在美国应用伊维菌素治疗小动物皮肤疾病为标签外用法。对于蠕形螨，口服伊维菌素剂量为0.3～0.6 mg/kg，每日1次，直到1个月内2次皮肤碎屑的检测为阴性。对疥螨、耳螨和姬螯螨，可口服伊维菌素剂量为0.3 mg/kg，两周重复1次。对牛的痒螨和虱子，可单次皮下注射伊维菌素0.2 mg/kg。口服0.2 mg/kg伊维菌素可杀死马微丝蚴，但对马颈盘尾丝虫成虫无效，因此可能会复发，2个月内应重复治疗1次。猪皮下注射伊维菌素的剂量为0.3 mg/kg，两周重复1次；或在饲料中添加0.1～0.2 mg/kg，持续7 d。

哺乳动物只有中枢神经系统内存在GABA，而伊维菌素不易穿透血脑屏障。至少10倍正常剂量的伊维菌素才能引起动物的毒性反应。马口服2 mg/kg的伊维菌素可见共济失调、抑郁和视力障碍等不良反应。牛灌服伊维菌素4 mg/kg或皮下注射伊维菌素8 mg/kg，可导致精神萎靡和共济失调，30 mg/kg才能引起猪的共济失调。

有些品种的犬（柯利犬、喜乐蒂牧羊犬、英国老式牧羊犬、澳大利亚牧羊犬及其杂交品种）存在血脑屏障异常，这是由于多重耐药基因MDR1突变的结果，从而允许伊维菌素进入中枢神经系统，导致犬中毒。犬是由于纯合子突变，产生一个截短的P-糖蛋白（＜正常氨基酸序列的10％），引起用于治疗蠕形螨病伊维菌素的毒性反应。伊维菌素中毒的临界剂量为120～150 μg/kg，此时犬可出现瞳孔散大、共济失调和震颤等短暂的非致命性临床症状，稍高剂量则出现虚脱、昏迷和呼吸停止等症状。类似的特异性反应可发生在任何品种的犬，逐渐增加剂量（每日依次应用50、100、150、200 μg/kg，甚至300 μg/kg）可识别敏感犬，如果出现任何不良反应，则停止用药。猫应用4 mg伊维菌素口腔糊剂治疗（大约70 μg/kg），可出现运动失调、失明、震颤和瞳孔散大，以及10 h后单眼的视网膜萎缩。

2. 米尔贝霉素（美贝霉素，milbemycin） 为吸水链霉菌（Streptomyces hygroscopicus）的发酵产物，作用机制同伊维菌素，作为GABA受体激动剂发挥药效，但对肠道寄生虫具有更广谱的抗虫活性。标签外用法应用米尔贝霉素治疗犬的鼻螨、疥癣和广泛性蠕形螨病。不良反应可见于对伊维菌素敏感的犬种。米尔贝霉素治疗犬鼻螨和疥癣的剂量为1~2 mg/kg，7 d为一个疗程，重复3~5个疗程；治疗犬蠕形螨的剂量为1~2 mg/kg，每日1次。

3. 莫西菌素（莫昔克丁，moxidectin）　为一种米尔贝霉素类化合物。莫西菌素注册用于控制犬恶丝虫（Dirofilaria immitis），也可超出标签用法用于治疗犬的耳痒螨（Otodectes）和蠕形螨病（demodicosis）。莫西菌素可用于治疗牛的虱虫（牛颚虱Linognathus vituli，侧管管虱Solenopotes capillatus，牛咀嚼虱Bovicola bovis）、螨虫（痒螨Psoroptes，牛足螨/牛癣蛀疥癣虫Chorioptes bovis）、蜱（微小牛蜱Boophilus microplus）、苍蝇的成虫和蛴螬（牛皮蝇Hypoderma bovis，纹皮蝇H lineatum）。莫西菌素也可用于治疗羊疥螨（Psorergates ovis）的感染。莫西菌素的口服剂量，犬为0.2~0.4 mg/kg，牛和羊为0.2 mg/kg，每日1次。

4. 塞拉菌素（司拉克丁，selamectin）　为半合成的大环内酯类药物，主要是局部应用，但可发挥全身作用。塞拉菌素对栉首蚤（Ctenocephalides spp.）的成虫和幼虫、疥螨（Sarcoptes scabeii）、犬耳痒螨（Otodectes cynotis）、变异革蜱（Dermacentor variabilis）有效。犬和猫的剂量为6 mg/kg，局部应用。

5. 氯芬奴隆（虱螨脲、氟芬新，lufenuron）是一种昆虫生长调节剂，抑制昆虫外骨骼的重要组成部分——甲壳素的合成。成年跳蚤通过采食摄取氯芬奴隆。虽然其对成年跳蚤没有影响，但阻止了跳蚤生命周期的中间阶段（卵、幼虫和蛹）的发育。氯芬奴隆可有效防治犬和猫的栉首蚤病，口服剂量为10 mg/kg，每月1次。甲壳素也是皮肤癣菌真菌细胞壁的一种成分。初步研究表明，氯芬奴隆可有效治疗小动物的皮肤真菌病，但进一步的研究并没有证明其具有这种药效。

6. 烯啶虫胺（尼藤吡蓝，nitenpyram）　可抑制烟碱型乙酰胆碱受体。烯啶虫胺可用于治疗犬和猫的栉首蚤病，口服剂量为1 mg/kg，给药30 min内杀死动物体表的跳蚤。烯啶虫胺半衰期较短，对跳蚤的药效时间只有24~48 h。通常与昆虫生长调节剂联合应用，以达到持续控制跳蚤的效果。

7. 赛灭磷（畜蜱磷，cythioate）　是通过抗胆碱酯酶活性呈现杀灭作用的有机磷酸酯类药物。赛灭磷可用于栉首蚤的侵扰，犬的口服剂量为3 mg/kg，每周2次；猫的口服剂量为1.5 mg/kg，每周2次。虽然有效血药浓度的维持时间小于12 h，但用药1个月后血清胆碱酯酶的活性仍较低。

四、抗组胺药物

抗组胺药可阻断H$_1$受体或H$_2$受体。H$_1$受体被激活可导致皮肤瘙痒、血管通透性增加、炎症介质的释放及炎性细胞的聚集。H$_1$受体阻断剂通过与组胺竞争效应细胞的H$_1$受体位点发挥药效，但H$_1$受体阻断剂不阻止组胺的释放，仅颉颃其效果。抗组胺药还具有抗胆碱、镇静和局部麻醉等作用，但在药物的效果、剂量、不良反应的发生率和费用等方面差异很大。

特非那定（terfenadine）、氯雷他定（loratadine）、西替利嗪（cetirazine）和阿司咪唑（astemazole）等第二代H$_1$受体阻断药不易通过血脑屏障，或与外周H$_1$受体相比，对中枢神经H$_1$受体的亲和力低。迄今为止，他们还没有被证明可有效控制小动物的皮肤瘙痒。动物对抗组胺药的敏感性差异很大，但总能找到对某种动物有效的抗组胺药（表19-12）。抗组胺药与非类固醇消炎药、糖皮质激素或脂肪酸补充剂呈现协同作用，并在某些情况下，可减少这些药物的剂量。

表19-12　抗组胺药的剂量

药　　物	剂　　量
苯海拉明	2~4 mg/kg，每日2~3次
羟嗪	0.5~2 mg/kg，每日3~4次
氯苯吡胺	猫：2~4 mg，每日2次 犬（<20 kg）：4 mg，每日3次 犬（>20 kg）：8 mg，每日3次；0.25~0.5 mg/kg，每日3次
赛庚啶	0.25~0.5 mg/kg，每日3次；1.1 mg/kg，每日2次
特非那定	5 mg/kg，每日2次
氯马斯汀	猫：0.05 mg/kg，每日2次 犬：0.1 mg/kg，每日2次
异丁嗪	1 mg/kg，每日2次

第一代抗组胺药可引起嗜睡或胃肠道症状（如呕吐和腹泻），过量服用可引起中枢神经系统的过度兴奋，从而危及生命。其抗胆碱能作用可导致高血压（心脏病患者禁忌）、口腔干燥、视力模糊（青光眼禁忌）和尿潴留。羟嗪（安泰乐，hydroxyzine）可致畸。他们也可以刺激食欲，特别是赛庚啶（cyproheptadine）。

第二代抗组胺药高剂量时可出现心脏毒性。高剂量的特非那定和阿司咪唑可导致QT波间期延长和心律失常（如室性心动过速、心脏骤停）。据报道，肝脏代谢功能受损的动物应用大剂量药物可出现心脏毒性。

五、必需脂肪酸

脂肪酸是细胞膜的基本组成成分，而细胞膜是角质层细胞间屏障的重要组成部分。动物机体不能合成必需脂肪酸，必须通过饮食提供。维持犬和猫皮肤动态平衡最重要的必需脂肪酸是亚油酸和亚麻酸。脂肪酸的消炎作用被认为是由于竞争性抑制花生四烯酸代谢，导致炎症介质白三烯和前列腺素的合成和活性的降低，以及正常脂肪酸代谢副产物的形成，代谢副产物具有直接的消炎作用。

必需脂肪酸可用于瘙痒性炎性疾病（如过敏和猫嗜酸粒细胞性肉芽肿）、结痂性疾病（如红斑狼疮）和指甲营养不良的治疗。许多必需脂肪酸的商业性产品，可按照制造商推荐的剂量应用。一种产品无效并不代表其他产品无效，可通过增加标签推荐的剂量或给药次数呈现药效，大约有20%犬和50%猫的过敏性皮肤瘙痒症得到一定的改善。必需脂肪酸很少有不良反应，但是，有偶尔发生胰腺炎的报道。大剂量也可能导致体重增加或腹泻。

六、激素疗法

1. 糖皮质激素　对几乎所有的细胞和器官系统均具有显著的效应，特别是其免疫和消炎活性。糖皮质激素既可用于消炎也可用于免疫抑制，这取决于药物的应用剂量。糖皮质激素可用于治疗过敏性皮肤病、接触性皮炎、免疫介导的疾病（如天疱疮，类天疱疮，红斑狼疮）和肿瘤（如肥大细胞瘤，淋巴瘤）。可依据药效持续时间和相对效果，对糖皮质激素进行分类（表19-13）。糖皮质激素可通过口服、静脉注射、肌内注射或皮下注射给药。

表19-13　糖皮质激素

药　　物	相对效力	药效持续时间
氢化可的松（皮质醇）	1	12 h以下
强的松龙	4	12～36 h
强的松	4	12～36 h
甲基强的松龙	5	12～36 h
曲安西龙	5	12～36 h
氟米松	15～30	36～48 h
倍他米松	25	48 h以上
地塞米松	30	48 h以上

强的松龙（泼尼松龙，prednisolone）用于犬的消炎剂量为0.5～1.0 mg/kg，每日1次；严重情况下可应用2 mg/kg，每日1次；用于猫的消炎剂量为1～2 mg/kg，每日1次。在诱导期的5～7d给予上述剂量，然后降至尽可能低的维持剂量。例如犬的理想维持剂量为0.25 mg/kg或更低剂量，每48～72 h给药1次。维持剂量的给药时间间隔必须超过或等于48 h，才能将对肾上腺的抑制和慢性不良反应降到最低。强的松龙对犬的免疫抑制的剂量为2.2 mg/kg，每日1次；严重的疾病可能需要达到6.6 mg/kg，每日1次；对猫的免疫抑制的剂量为4.4 mg/kg，每日1次。

强的松龙免疫抑制用药的诱导期比消炎用药长，一般为10～20 d。一旦病情得到控制，常采用隔日给药方案以阶梯的方式逐渐减量。不应该突然停止治疗，否则有诱发肾上腺皮质功能减退症状的危险。如果在逐渐减量的过程中疾病复发，用药剂量至少增加到复发疾病阶段药物剂量的上一个阶段的剂量。如果病情好转，应再次逐级降低药量。多数疾病在治疗完全停止后没有复发，其他疾病则需要终身治疗。

糖皮质激素口服给药的方式较好，因便于调节给药的剂量，与埋植形式比较，对生理过程的干扰较少。在某些情况下，若动物处置比较困难或动物主人的坚持，可采用注射给药的方式。通常，注射给药对于不需要重复给药的短期急性疾病效果较好。例如，犬单次注射醋酸甲基强的松龙，肾上腺皮质功能的改变可长达10周。

糖皮质激素的不良反应包括多尿、多饮、多食、体重增加、对感染的易感性增加、胃肠道溃疡、胰腺炎、骨质疏松症、高糖血症、类固醇性肌病和皮肤钙质沉着。不良反应的范围和严重程度与使用糖皮质激素的剂量、持续时间和药物种类密切相关，也与动物个体的敏感性有关。应用糖皮质激素后，机体常发生尿路感染、脓皮病和肺部感染。许多动物长期应用糖皮质激素后可发生尿路感染（在一项研究中为68%的发生率），而且这些动物并没有表现出感染的临床症状。对于长期应用糖皮质激素的动物，每3～6个月进行1次尿液的细菌培养，以判断是否存在细菌感染。

在应用糖皮质激素治疗过程中，由于糖原的堆积，可发生渐进式肝细胞肿胀。此外，碱性磷酸酶（ALP）、谷丙转氨酶（ALT）和γ-谷氨酰转移酶（γ-GT）也显示逐渐增加。犬的ALP增加初始是由于肝脏ALP的增加，但后期是由于可的松同工酶的增加。

大多数糖皮质激素的注射制剂被标示为肌内注射使用，但通常采用皮下注射方式。皮下注射糖皮质激素后可见局部区域的脱毛、色素沉着，以及表皮和真皮萎缩。

2. 甲状腺激素　可用于初级、二级和三级甲状腺功能减退的补充治疗。多数犬甲状腺功能减退是由甲状腺的自身免疫性破坏引起。药物导致的激素水平降低或"正常甲状腺病态综合征"（euthyroid sick syndrome）并没有显现补充甲状腺激素的指征。

合成甲状腺素（T_4）是犬甲状腺功能减退症的首选药物。大多数犬的临床应用剂量为0.02 mg/kg，每日2次。治疗4～6周后，血清药物水平不足或12周后临床效果降低，则表明应增加药物剂量。稀有动物不能将T_4转变为T_3，可选用合成的碘塞罗宁（liothyronine，T_3）。碘塞罗宁不应用于甲状腺功能减退症的常规治疗，因为其绕过了正常的细胞调节通路且半衰期较短。碘塞罗宁的口服剂量为4～6 μg/kg，每日2～3次。甲状腺组织的粗制剂和合成的甲状腺激素组合，因模仿人类T_4：T_3的比例，不能用于动物。

犬和猫的甲状腺功能亢进症状是罕见的，包括多尿、多饮、精神紧张、攻击性、呼吸急促、腹泻、心动过速、发热和瘙痒。犬通常并发心脏病或肾上腺的功能不全。对于心力储备不足的动物，T_4药物应按照推荐剂量的1/4开始应用，逐渐增加至全剂量的时间应超过1个月。

3. 曲洛司坦（trilostane） 是一种类固醇激素合成的竞争性抑制剂，通过抑制肾上腺皮质3-β-羟基类固醇脱氢酶发挥效应，用于治疗垂体依赖性肾上腺皮质机能亢进。曲洛司坦抑制了孕激素和17-羟基孕激素及其终产物的合成，包括肾上腺激素、性激素和胎盘激素。然而，与抑制其他器官的类固醇激素合成相比较，抑制肾上腺类固醇激素合成的用药剂量较低。犬的建议起始口服剂量为2～10 mg/kg，每日1次；再依据定期的ACTH刺激试验（ACTH stimulation test）的结果进行剂量调整，这个试验一般在曲洛司坦给药3～8 h后进行。如果试验结果显示血浆皮质醇的浓度小于20 nmol/L，应在停药48～72 h之后，再次重复ACTH刺激试验；如果血浆皮质醇浓度为20～200 nmol/L，用药剂量不用改变；如果血浆皮质醇浓度大于200 nmol/L，用药剂量应增加。

曲洛司坦的不良反应包括抑郁、共济失调、流涎、呕吐、肌肉震颤和皮肤的变化，有少数突然死亡病例的报告。可发生医源性的肾上腺皮质功能减退，但一般是可逆的。由于曲洛司坦对胎盘激素的抑制，因此禁忌用于妊娠和哺乳期，以及任何用于繁殖的动物。应进行一系列的生化、电解质和血液系统的分析，以及ACTH刺激试验来监测肝脏功能。治疗前及治疗后10 d、4周、12周，以及此后的每3～6个月都应进行肾脏功能监测。

4. 米托坦（氯苯二氯乙烷，mitotane） 是一种氯化烃类化合物，具有强效的肾上腺皮质溶解作用，

造成束状带和网状带的选择性坏死和球状带的部分或完全坏死。米托坦用于治疗垂体依赖性肾上腺皮质功能亢进症。在开始治疗之前，应记录采食量、采食时间，以及24 h的饮水量，以确定肾上腺皮质分泌激素的基线。一旦基线已经确定，每日给药的最大剂量为25 mg/kg，每日2次，直到动物变得昏昏欲睡、饮水量下降、食欲降低或出现其他胃肠道不良反应（呕吐和腹泻），或持续给药5 d。采用ACTH刺激试验确认肾上腺是否已被充分抑制。

多数犬在应用米托坦初始最大剂量5～10 d内出现反应，并依据临床症状（食欲和饮水减少）和ACTH刺激试验的结果确定是否可改变为维持剂量。ACTH刺激试验的结果显示，当血浆皮质醇浓度低于25 nmol/L时，犬应停药2周，然后修改为每周25 mg/kg，分2～3次给药；当血浆皮质醇浓度为25～125 nmol/L时，犬的剂量为每周25 mg/kg，分2～3次给药；当血浆皮质醇浓度高于125 nmol/L时，犬的用药剂量为每周50 mg/kg。

在维持性治疗1个月后，应进行ACTH刺激试验，然后每3～4个月再进行1次。如果血浆皮质醇浓度低于25 nmol/L，应减少米托坦的剂量；如果浓度超过125 nmol/L，应增加剂量，通常每周递增20%～25%。虽然大多数犬的维持治疗都是稳定的，但他们的肾上腺储备可能不足以应付巨大的生理或心理压力。在这些情况下，应停止应用米托坦，并口服补充糖皮质激素0.2 mg/kg，每日1次，并逐渐减量。

米托坦的不良反应比较常见，特别是在其过量的情况下。不良反应包括肾上腺皮质功能减退的症状，如四肢无力、步态不稳、抑郁、呕吐、腹泻和食欲不振；尽管出现了全身性反应，但生化分析和血液分析可能并不显著。减轻不良反应的方法，包括降低应用剂量或停止应用米托坦，以及补充糖皮质激素。通常在1～6 h内临床症状得到改善。医源性肾上腺皮质功能减退是最严重的不良反应，可在维持性治疗过程的任何时候发生。此时应停止使用米托坦，并适当补充糖皮质激素和盐皮质激素。其他罕见的中枢神经系统不良反应，包括小脑性共济失调、致盲、转圈运动和冲撞头部。

5. 孕酮 最常用的孕酮（孕激素，progesterone）类药物是醋酸甲地孕酮（megestrol acetate）和醋酸甲孕酮（medroxyprogesterone acetate）。醋酸甲地孕酮见效快，具有显著的糖皮质激素和轻微的盐皮质激素活性，可口服给药。醋酸甲孕酮具有抗雌激素作用和显著的糖皮质激素活性，可用于治疗疑似由性激素失衡导致的绝育公猫和母猫的双侧性脱毛。猫口服醋酸甲地孕酮的剂量为每只2.5～5.0 mg，每48 h 1次，维

持治疗时减少到每1~2周给药1次。猫肌内注射醋酸甲孕酮的剂量为每只50~100 mg，3~6个月可重复给药1次。

孕酮因不良反应严重，应尽可能避免使用，即使低剂量应用也可长期抑制肾上腺皮质功能。已报道猫应用醋酸甲地孕酮可导致糖尿病，还可见精子生成减少、子宫蓄脓、肢端肥大患畜生长激素水平上升、乳腺增生和肿瘤，以及行为的改变。

6. 生长激素（somatotropin） 是由垂体前叶分泌的一种多肽，既可直接作用于靶组织，也可间接通过肝脏分泌的胰岛素样生长因子（生长调节素）发挥作用，（参见脑垂体）。毛发的生长和皮肤弹性纤维的发育依赖于生长激素的作用。生长激素用于治疗犬的生长激素敏感性脱毛。牛、猪或人应用生长激素（0.1 IU/kg，每周3次，持续4~6周）均有效。毛发在2~3个月内可重新生长，缓解脱毛现象可持续6个月至3年。生长激素可导致糖尿病的发生，犬在应用生长激素治疗过程中，可发展为暂时性或永久性糖尿病患者。在治疗前及治疗过程中，建议每周监测1次血糖。

7. 性激素 犬和猫的几种综合征疾病已归因于性激素失衡，然而，这些疾病的发病机制尚不十分清楚。缺乏雌激素的绝育母犬、缺乏雄激素的公犬和患有对称性脱毛的猫，可应用性激素治疗。性激素补充治疗的剂量是经验性的。缺乏雌激素的绝育母犬应用己烯雌酚的剂量为0.02 mg/kg，每日1次，每个月给药3周，直到毛发再生或每只犬的总剂量达到1.0 mg。毛发再生后，应给予维持剂量，每周1~2次。另一种治疗方法是隔日或每周两次给药，直到见效。在己烯雌酚给药后3~4周，毛发的再生是非常明显的，在4个月内完全缓解脱毛现象。外源性雌激素可引起骨髓的发育不全，所以在治疗中，应每周进行一次血细胞计数和血小板计数。其他潜在的不良反应包括诱导发情、肝脏毒性、慕雄狂、流产、子宫蓄脓或前列腺增生。猫对雌激素高度敏感，己烯雌酚的总剂量达到10 mg，可导致猫的死亡。

缺乏雄激素的公犬口服甲基睾酮的剂量为0.5~1.0 mg/kg，每48 h总剂量最大达到30 mg。另外，丙酸睾酮可肌内注射给药，每周1次的剂量为0.5~1.0 mg/kg，或每4~16周给药2 mg/kg。并发症包括攻击性行为、油性发质的毛发、前列腺肥大和肝脏毒性。在治疗前和治疗期间的每个月都应该进行肝脏功能的评价。

一次性肌内注射睾酮的埋植剂（每只12 mg）可治疗猫的获得性对称脱发，也可联用低剂量的己烯雌酚（每只0.625 mg，肌内注射），或联用低剂量的雌二醇（每只0.5 mg，肌内注射）。据报道，睾酮可引起猫的肝胆疾病。

8. 褪黑激素（melatonin） 由松果体分泌产生，参与控制一些哺乳动物的光照依赖性换毛。褪黑激素的分泌量与光照长度呈负相关，在冬季的分泌量最高。犬的各种毛发的生长障碍包括经常性腹侧脱毛、秃斑和过度的毛鞘角化，补充褪黑激素均可改善。经常性腹侧脱毛可皮下植入褪黑激素36 mg。犬口服褪黑激素也有疗效，经验性剂量为每只犬3~6 mg，每日3~4次。

七、免疫调节剂

（一）免疫增强剂

免疫增强剂用于提高缺乏性免疫反应。然而，动物可应用这些药物治疗不严重的免疫抑制。犬应用免疫增强剂最常见的用途，是治疗慢性反复性金黄色葡萄球菌脓皮病。免疫增强剂对细菌疫苗的免疫调节是首要的治疗方法，不应该被抗菌药治疗替代。应用免疫增强剂的同时，应使用适当的抗菌药，直到感染得到控制。随后，应继续使用免疫增强剂，并成功判断任何复发感染的严重程度和时间。对于一些患有复发性脓皮病的犬，免疫增强剂作为辅助剂或维持治疗显然是有效的，但对于其他疾病无效。

葡萄球菌噬菌体溶解物（Staphage lysate）是一种金黄色葡萄球菌和多价葡萄球菌噬菌体混合的制剂。给予抗菌药的同时，皮下注射葡萄球菌噬菌体溶解物（0.5 mL，每周2次，或1.0 mL，每周1次）。与单用抗菌药相比，联合用药提高了对犬表皮金黄色葡萄球菌脓皮病的疗效。葡萄球菌噬菌体溶解物的作用机制是刺激T淋巴细胞和激活吞噬细胞。IgM水平不足，但IgA和IgG抗体水平正常，不影响葡萄球菌噬菌体溶解物的治疗效果。

金黄色葡萄球菌的类毒素疫苗，可用于预防牛的金黄色葡萄球菌乳房炎，而且用于犬的细菌性过敏症也取得了一定成功。目前可提供多种治疗方案，一种治疗方案是皮内注射类毒素疫苗0.1 mL，每日1次，持续5 d；然后是每周1次，持续1个月；然后每隔1个月给药1次。按照上述治疗方案的时间，皮下注射剂量从0.15 mL增至1.9 mL。犬常见的不良反应为注射部位局部肿胀、发热和全身乏力。

痤疮丙酸杆菌（Propionibacterium acnes）疫苗对犬的标签使用剂量为0.25~2.0 mL，静脉注射，每周1~2次，而且作为复发性脓皮病的辅助治疗呈现一定效果。

许多其他的免疫增强剂应用上文已阐述，但对皮肤疾病的效果却并不确定。

（二）免疫抑制剂

1. 糖皮质激素 是最常用的免疫抑制剂，可用于治疗免疫介导的皮肤疾病。其他免疫抑制剂适用的各种免疫介导的皮肤病，可同时联用或单用糖皮质激素治疗，包括系统性红斑狼疮（SLE）、复合性天疱疮、类大疱性天疱疮和血管炎。

2. 硫唑嘌呤（咪唑硫嘌呤，azathioprine） 在肝脏中转换为6-疏基嘌呤。在核酸合成过程中硫唑嘌呤可与嘌呤竞争，从而阻止快速分裂细胞的增殖。可用来治疗犬的天疱疮疾病、类大疱性天疱疮和系统性红斑狼疮、眼色素层皮肤综合征（uveodermatologic sydrome）的眼部炎症和组织细胞瘤。硫唑嘌呤应用3～5周后才发挥药效，所以常在用药初期联合应用糖皮质激素。硫唑嘌呤的剂量为2.2 mg/kg（50 mg/m²），每日1次，直到见效；随后降低为每48 h给药1次。尽管需要手术除去肛周疥疮残留的疤痕，硫唑嘌呤可与甲硝唑（10 mg/kg，每日1次）联用治疗犬的肛周疥疮。

进食给药或降低剂量可避免由硫唑嘌呤产生的胃肠道不良反应。硫唑嘌呤也可引起骨髓抑制。硫唑嘌呤对血液中红细胞、白细胞和血小板均有影响，以白细胞减少症最为常见。硫唑嘌呤应用的诱导期，应每2周监测一次血细胞计数（CBC），在维持治疗期至少每4个月监测1次CBC。据报道，应用硫唑嘌呤的犬可发生急性胰腺炎和肝脏中毒。由于急性致命性骨髓抑制，猫禁用硫唑嘌呤。

3. 环磷酰胺（cyclophosphamide） 是一种烷化剂，可用于治疗多种癌症，特别是淋巴肿瘤，通常与其他药物联合应用，也可短期用于治疗严重的系统性红斑狼疮（SLE）、类风湿性关节炎、复合性天疱疮和血管炎。环磷酰胺的免疫抑制剂量为1.5～2.5 mg/kg，每48 h给药1次。环磷酰胺应在早晨使用，以避免其在膀胱中停留一夜。因为大多数应用环磷酰胺的动物同时也应用皮质类固醇，而皮质类固醇引起的多尿对动物可能有一定的保护作用。环磷酰胺可引起出血性膀胱炎和膀胱纤维化，所以使用环磷酰胺不应超过4个月。环磷酰胺还具有胃肠道毒性、骨髓抑制、脱毛、不孕不育和致畸等不良反应。

4. 苯丁酸氮芥（chlorambucil） 是一种烷化剂，其药理效应与环磷酰胺相似，但具有见效慢和毒性小的特点。苯丁酸氮芥可用于治疗不能耐受硫唑嘌呤或环磷酰胺猫的免疫复合体病。苯丁酸氮芥剂量为0.1～0.2 mg/kg，每日1次；见效后减少到每48 h 1次。苯丁酸氮芥主要与糖皮质激素联合应用，但对于顽固性疾病也可以与硫唑嘌呤联用（只限于犬）。如果出现出血性膀胱炎，苯丁酸氮芥可替代环磷酰胺。不

良反应较少，可见骨髓抑制、胃肠道刺激和癫痫发作。骨髓抑制一般在开始治疗7～14 d内发生，在停药7～14 d后恢复。据报道，可使已剃毛犬的毛发再生延迟。

5. 金盐疗法（gold salts） 具有消炎、抗风湿、免疫调节和体外抗菌效应。口服和注射给药均可吸收。金硫葡萄糖（硫代葡萄糖金，aurothioglucose）为注射剂，注射给药后吸收迅速，在4～6 h达到血药浓度的峰值，有效血药浓度可保持5～10周，用药6～12周后呈现疗效。金诺芬（auranofin）为口服制剂，口服后只有25%被吸收，血药浓度较低，半衰期大约为21 d，但保留和组织积累的药物只有1%（注射用金制剂为30%）。因此金诺芬对犬的疗效是可疑的。金盐制剂可用于对糖皮质激素不敏感犬和猫的天疱疮，以及猫的浆细胞性爪部皮炎。

金硫葡萄糖的给药方案一般是以试验性的剂量开始，犬体重小于10 kg时，肌内注射1 mg；体重大于10 kg时，肌内注射5 mg。第二周肌内注射剂量为2 mg或10 mg，如果未见不良反应发生，则继续肌内注射1 mg/kg，每周1次，直到疾病的症状缓解。一旦疾病症状缓解，改为肌内注射1 mg/kg，每两周1次，再减少到每月1次。有时需要更高的剂量（1.5～2.0 mg/kg）才能达到缓解症状的效果。如果治疗6～12周仍未见效果，则需要同时给予治疗剂量的其他药物（通常为糖皮质激素）。金制剂不应与其他细胞毒性药物同时给药，因为能增加中毒的风险。不良反应包括过敏反应（皮疹和口腔反应）、肾毒性和骨髓抑制。据报道，犬应用硫唑嘌呤之后立即开始金制剂治疗，可导致犬的中毒性表皮坏死溶解症；建议在硫唑嘌呤4周清除期过后，再使用金盐制剂。

6. 环孢霉素（cyclosporine） 通过抑制白细胞介素-2（IL-2）转录、基因激活和RNA转录而抑制活化T淋巴细胞的增殖。这种早期的T淋巴细胞抑制，降低了肥大细胞和嗜酸性粒细胞产生其他细胞因子，从而抑制单核细胞、抗原提呈、肥大细胞释放组胺、中性粒细胞黏附、自然杀伤细胞的活性，以及B淋巴细胞的生长和分化。

环孢霉素可用于治疗过敏性皮炎和肛门疥疮。标签外应用环孢霉素治疗免疫介导性疾病（天疱疮，SLE）和嗜上皮性皮肤淋巴肉瘤一直不太成功。环孢霉素对皮脂腺炎的疗效一直很好。环孢霉素治疗过敏性皮炎的剂量为5 mg/kg，每日1次；某些个体的给药剂量可减少到隔日1次或3日1次。环孢霉素治疗肛门疥疮的剂量为7.5 mg/kg，每日1次。

环孢霉素的不良反应包括胃肠道反应（恶心、呕吐、软便、腹泻）、牙龈增生、多毛症和乳头状

瘤，减少药量一般可降低不良反应的发生。抑制细胞色素P450的药物（如酮康唑）可显著增强环孢霉素的毒性。如果患有肛门疖疮的动物同时应用酮康唑（10 mg/kg，每日2次），环孢霉素的用量可降低至1 mg/kg，每日2次。如果治疗效果明显，这种用药方案可持续4周；如果出现不良反应（呕吐和嗜睡），则应降低用量。

7. 砜类 氨苯砜（dapsone）是一种具有消炎和抗菌作用的砜类化合物，可抑制中性粒细胞趋化和抗体黏附基底膜、肥大细胞脱颗粒、溶酶体酶的作用和替代补体途径的激活。氨苯砜也可抑制IgG、IgA和前列腺素的合成及T细胞的反应。虽然氨苯砜可用于以中性粒细胞积累为临床特征的各种人类疾病，但对犬的治疗效果是非常可疑的。然而，氨苯砜已用于落叶型天疱疮、红斑狼疮、角层下脓疱性皮肤病、白细胞破碎性血管炎和IgA性皮肤病的治疗。氨苯砜的剂量为1 mg/kg，每日3次（只限于犬），持续2～4周或直到见效，然后每24～48 h给药1次。不建议氨苯砜用于长期治疗。可见轻度贫血或严重的白细胞减少症、血液恶病质、肝脏毒性或皮肤反应的发生。每两周应检查1次动物的血常规、尿常规、血尿素氮（BUN）和丙氨酸转氨酶（ALT）。猫对氨苯砜特别敏感，极易中毒，用药剂量为1 mg/kg，每日1次，可联合应用低剂量的糖皮质激素。

8. 四环素类与尼克酰胺 虽然四环素类和尼克酰胺免疫抑制作用的机制尚不清楚，但四环素类可抑制体外淋巴细胞增殖的转化和抗体生成、补体的激活（补体C_3）、前列腺素的合成、脂肪酶和胶原酶的活性，并且在体内外均可抑制白细胞的趋化性；尼克酰胺可阻断IgE抗体诱导组胺的释放、抑制磷酸二酯酶和减少白细胞释放蛋白酶。四环素类和尼克酰胺的联用可治疗盘状红斑狼疮和红斑性天疱疮。这些疾病的特征是白细胞的趋化，继发于由抗原抗体复合物和蛋白酶释放引起的补体活化。体重大于10 kg的犬，每次每种药物给予500 mg，每日3次。如果出现临床效果，用药频率可降至每日1～2次。呕吐、腹泻和厌食为最常见的不良反应。

9. 己酮可可碱（pentoxifylline） 可导致一系列免疫学和血液流变学的反应，包括红细胞和白细胞变形能力的增加，红细胞和血小板聚集、白细胞内皮黏附、自然杀伤细胞活性、中性粒细胞脱颗粒和单核细胞生成TNF-α、IL-1、IL-4和IL-12的下降，以及抑制T淋巴细胞和B淋巴细胞的活化。己酮可可碱已用于病例数量有限的各种动物疾病，包括血管炎、犬家族性皮肤肌炎、喜乐蒂牧羊犬和柯利牧羊犬的溃疡性皮炎、狂犬病疫苗诱导的缺血性脱毛、耳缘皮肤

病、接触性过敏和过敏性皮炎。己酮可可碱的剂量为10 mg/kg，每日2～3次。一旦见效，应用剂量应逐渐减少至每日1～2次。已有关于胃肠道不良反应（如恶心和呕吐）的报道。

八、治疗精神病药物

治疗精神病药物（psychotropic drugs）已用于治疗标签外的猫精神性脱毛和犬肢端舔舐性皮炎，该综合征特点是过度的自我舔舐（参见犬的强迫性行为；猫强迫性障碍）。该类药物包括抗抑郁药、抗精神病药、阿片受体颉颃剂、抗焦虑药和情绪稳定药（表19-14）。

表19-14　用于皮肤疾病的精神药物

药　　物	剂　　量
抗抑郁药	
氯丙咪嗪	犬：1～3 mg/kg，每日2次
	猫：0.5～1.5 mg/kg，每日1次
阿米替林	1～3 mg/kg，每日2次
多塞平	0.5～2 mg/kg，每日2次
氟西汀	1 mg/kg，每日1次
抗焦虑药	
安定	1～2 mg/kg，每日2次
苯巴比妥	0.5～2.2 mg/kg，每日2次
	猫：每只15 mg，每周2次
羟嗪	2.2 mg/kg，每日3次
阿片受体颉颃剂	
纳曲酮	2.2 mg/kg，每日1次

安定（diazepam）最常见的不良反应是镇静，也可刺激猫的食欲。现已发现，猫应用安定8～14 d后，可出现特异的致死性肝坏死。三环类抗抑郁药除了可抑制5-羟色胺和去甲肾上腺素的摄取外，还是强效的H_1受体阻断剂。这些药物可诱发心律失常和降低癫痫发作的阈值。其他不良反应包括口干、流涎、呕吐、便秘、尿潴留、共济失调、定向障碍、抑郁和厌食症。三环类抗抑郁药不应与单胺氧化酶抑制剂同时使用，包括治疗蠕形螨病的双甲脒溶液。终止其用药时，应缓慢的逐渐减量。

九、维生素与矿物质

1. 维甲酸 视黄醇、视黄酸和视黄醇的衍生物或类似物等天然或人工合成维甲酸类药物，均具有维生素A的活性。在分子水平上，维甲酸（retinoids）对增殖的调节、生长、分化和上皮组织的维护非常重要。维甲酸类药物也可影响蛋白酶、黏多糖的生物合

成、前列腺素、细胞黏附、细胞沟通和免疫力。他们通过抑制细胞增殖和分化的关键酶——鸟氨酸脱羧酶，阻止肿瘤的诱发。维生素A（1 000 IU/kg）已用于治疗猫的毛囊角化病。然而，最普遍使用的维甲酸类药物是异维甲酸（isotretinoin，13-顺式视黄酸）和依曲替酯（芳香维甲酸，etretinate）。目前，依曲替酯的应用被其的活性代谢产物——依曲替酸（acitretin）替代。

异维甲酸可用于治疗雪纳瑞犬粉刺综合征、鱼鳞病、猫痤疮、皮脂炎、嗜上皮性皮肤淋巴肉瘤、角化棘皮瘤，以及皮脂腺增生和腺瘤。异维甲酸的剂量为1~3 mg/kg，每日1次。异维甲酸的不良反应包括结膜炎、皮肤黏膜干燥、脱毛、瘙痒症、多动症、呕吐和腹泻。犬的血浆胆固醇、甘油三酯、ALT、AST和碱性磷酸酶等血液生化指标的升高，通常与临床反应不相关。在极少情况下，犬可发生干燥性角结膜炎。猫的不良反应主要是结膜炎、厌食、腹泻和呕吐。所有的维甲酸类药物均为强效致畸剂，由于依曲替酯的半衰期为100 d，其致畸性可持续长达2年。长期治疗可出现骨骼畸形，包括生长动物骨骺的过早闭合、骨皮质增生、骨膜钙化和长骨软化，相比较而言，使用异维甲酸比依曲替酯更易发生骨骼畸形。长期治疗过程中，应进行完整的体格检查和血清化学成分的分析，在给药初期的3~4个月，需每月检查1次，随后每4~6个月检查1次。

2. 锌 锌是许多酶系统的重要组成，为机体维持生长、代谢、正常繁殖和激素调节所必需，也是机体的角化作用和免疫功能必不可少的成分。在肠道吸收不足时应补充锌，包括Ⅰ型缺乏综合征（西伯利亚哈士奇犬、阿拉斯加雪橇犬）和Ⅱ型缺乏综合征（采食缺锌食物而快速增长的犬）。饮食缺锌分为绝对缺乏和相对缺乏，相对缺乏是由于饮食中高浓度的植酸或矿物质抑制了锌的吸收。Ⅰ型缺乏综合征的犬补充锌的口服剂量为锌元素1 mg/kg（硫酸锌10 mg/kg，葡萄糖酸锌5 mg/kg，蛋氨酸锌1.7 mg/kg），每日1次，通常是终生补锌。如果补锌4周后，效果不明显，应增加50%的剂量。在一些补锌无效的情况下，低剂量的糖皮质激素通过诱导金属硫蛋白，可加强锌的吸收。通过改善饮食，Ⅱ型缺乏综合征的犬在2~6周内可恢复正常，但补锌可加速这一过程。

据报道，黑白花奶牛、丹麦黑斑牛和短角牛的遗传性锌缺乏与肠道吸收不足有关。采用每日1次口服氧化锌0.5 g或硫酸锌2 g并持续一周的给药方案，可迅速降低牛遗传性锌缺乏的症状。除被毛褪色的恢复需要几周的时间外，补锌效果通常是迅速可见的（仅几日）。

第六节 肌肉系统药物治疗学

影响骨骼肌功能的药物可依据其治疗作用进行分类。有些药物可在手术过程中产生麻痹（神经肌肉阻断药），有些药物可减少各种神经系统和肌肉骨骼系统疾病所引起的痉挛（骨骼肌松弛药），有些药物影响骨骼肌的代谢及其他过程的药物。此外，还包括肌肉的正常功能所必需并用于防止或减轻肌肉退化性疾病的营养药物。如白肌病时，应用硒和维生素E预防或治疗骨骼肌的营养不良。甾体类、非甾体类和其他消炎药物（如二甲基亚砜）也常用于治疗骨骼肌急性和慢性炎症性疾病。严重的肌肉萎缩已成为多种疾病综合征的并发症，蛋白同化甾类药物可促进骨骼肌的生长发育，某些情况下可用于肌肉萎缩的治疗。

神经肌肉阻断药、骨骼肌松弛药、蛋白同化甾类药物的临床药理学（参见消炎药）。

一、神经肌肉阻断剂

作用于外周的骨骼肌松弛药可显著影响神经肌肉接头处运动神经和骨骼肌纤维之间神经冲动的传导，从而抑制或使骨骼肌的运动活性丧失，确保骨骼肌的麻痹与中枢神经系统的抑制无关。除非同时应用麻醉药和催眠药，否则动物在失去运动能力期间意识清醒。

通过轴突膜（突触前抑制）和肌膜上的胆碱能受体（突触后抑制）可调节神经肌肉的兴奋传递。

临床上还没有作用于突触前膜发挥神经肌肉阻断作用的药物，但一些重要的物质可破坏乙酰胆碱的合成、储存和释放，导致运动终板的突触前抑制，使骨骼肌麻痹。突触前阻断剂包括生物毒素、电解质、局部麻醉药和抗生素等。生物毒素：黑寡妇蜘蛛的毒液可减少乙酰胆碱的储存；肉毒毒素可抑制乙酰胆碱的释放；河豚毒素和蛤蚌毒素可阻断开放的Na^+通道；杜鹃花的木藜芦毒素导致过量的Na^+进入肌膜，引起持续去极化。电解质：过量的Mg^{2+}通过与Ca^{2+}竞争，可抑制轴突乙酰胆碱的释放和解兴奋-收缩偶联过程；低钙离子浓度，减少释放乙酰胆碱和降低兴奋-收缩耦联过程。局部麻醉药可稳定细胞膜，阻断Na^+和K^+通道。密胆碱（hemicholinium）可阻断胆碱的摄取，从而抑制乙酰胆碱的合成。氨基糖苷类、多黏菌素类、四环素类和林可胺类抗生素通过降低轴突末端膜结合位点的Ca^{2+}量或降低烟碱型受体对乙酰胆碱的敏感性而呈现作用。

突触后阻断剂已应用于临床，其通过竞争的方式阻断烟碱型受体（非去极化药）或与烟碱型受体相互作用，使突触后膜不能复极化（去极化药）发挥作用。去极化药的作用机制尚不完全清楚。所有神经肌肉阻断药的结构与乙酰胆碱（实际上是两个分子首尾相连）相似。去极化药一般为简单的线性结构，非去极化药具有复杂的体积更大的分子结构。神经肌肉阻断药都具季胺结构，因此脂溶性较弱，但维库溴铵（vecuronium）除外。

1. 竞争性非去极化剂 作用于外周的骨骼肌松弛药通常被称为箭毒样药物，因为他们与临床最早应用的箭毒生物碱的作用相似。临床应用的箭毒样药物包括简箭毒碱（tubocurarine）、甲筒箭毒（metocurine）或二甲筒箭毒碱（dimethyltubocurarine）、加拉碘铵（加拉明，gallamine）、泮库溴铵（pancuronium）、阿库氯铵（alcuronium）、阿曲库铵（atracurium）、维库溴铵和法札溴铵（fazadinium）。他们通过与骨骼肌细胞上的烟碱型胆碱能受体相互作用，使骨骼肌细胞不能获得乙酰胆碱传递的信息而导致骨骼肌松弛。

一般而言，非去极化肌松药不被胃肠吸收，必须采用注射方式给药，通常为静脉注射。非去极化肌松药血浆蛋白结合率低，在细胞外液分布迅速达到平衡，不能透过血脑屏障和胎盘屏障。简箭毒碱、甲筒箭毒和加拉碘铵在体内不被生物转化，主要以原形通过尿液排泄，胆汁排泄量较少。其他非去极化肌松药均有一定程度的代谢转化，多数情况下代谢物经肾脏和胆汁途径排出体外。标准剂量时非去极化肌松药的消除半衰期为60～100 min，药效持续时间为30～60 min，但阿曲库铵和维库溴铵药效持续时间仅为20～30 min。

非去极化肌松药静脉给药后，骨骼肌完全松弛并对神经刺激无反应。眼睛等能够快速运动的肌肉最先松弛，随后是四肢和身体肌肉的松弛，最后是膈肌松弛，导致呼吸停止。如果通过气管插管或正压通气控制呼吸，则不会有不良反应。肌肉恢复的顺序相反，膈肌最先恢复功能。目前使用的非去极化肌松药对心血管系统均有影响，主要是由植物神经受体和组胺受体介导。小剂量的简箭毒碱和甲筒箭毒可促进组胺释放引起低血压，但大剂量时则通过阻断神经节引起低血压。术前应用抗组胺药可减少简箭毒碱引起的低血压。泮库溴铵可引起轻微的心率上升，对心排血量影响较小。加拉碘铵可通过抑制迷走神经和刺激交感神经使心率加快。

有些药物可增强神经肌肉阻断药的作用，包括其他作用于外周的骨骼肌松弛药、吸入麻醉药（氟烷、甲氧氟烷）、抗生素（氨基糖苷类、多黏菌素类、四环素类和林可胺类抗生素）和其他药物（奎尼丁、普鲁卡因、利多卡因、安定、巴比妥类药物）。机体处于高镁血症、低镁血症、低钾血症、酸中毒和体温过低等状态时，可延长神经肌肉阻断药的作用时间。重症肌无力的动物对骨骼肌松弛药敏感。

非去极化神经肌肉阻断药的适应证，包括手术区域的肌肉松弛、缺氧动物的机械通气、气管插管、心血管功能异常需要麻醉但不能耐受心脏抑制的动物、中毒或高风险动物的剖宫产、常用抗惊厥药物不能控制的癫痫样抽搐、破伤风、马钱子碱中毒、机体代谢对氧需求减少的寒战动物和某些野生物种的捕捉，例如加拉碘铵用于鳄鱼的保定。严格监控使用神经肌肉阻断药的动物，并且保持必要的通风。

竞争性肌松药的作用可被抗胆碱酯酶药逆转，特别是新斯的明，可降低阿托品给药后严重的毒蕈样反应。这个特性是作用于外周的竞争性肌松药的优点。

竞争性阻断药的应用剂量见表19-15，表中剂量仅作为一般性参考剂量。

表19-15 竞争性非去极化剂和颉颃药

药　物	剂　量
非去极化药	
氯化简箭毒碱	马：≤0.22～0.25 mg/kg，静脉注射犬，猫：≤0.4 mg/kg，静脉注射
加拉碘胺	各种动物（除了猪）：0.8～1 mg/kg，静脉注射
泮库溴铵	犬，猫：0.6 mg/kg，静脉注射
阿库氯铵	犬，猫：0.1 mg/kg，静脉注射
阿曲库铵苯磺酸盐	犬，猫：0.5 mg/kg，静脉注射
颉颃药	
新斯的明	0.04 mg/kg，同用阿托品0.04 mg/kg，静脉注射
吡啶斯的明	0.2～0.25 mg/kg，同用阿托品0.04 mg/kg，静脉注射
腾喜龙	0.125 mg/kg，静脉注射

2. 去极化剂 琥珀酰胆碱（succinylcholine）或称丁二酰胆碱（suxamethonium），是临床常用的去极化肌松药。癸烷双胺（decamethonium）也是去极化肌松药，但临床应用较少。

去极化阻断药占据突触后膜胆碱能受体，引起运动终板区域的长时间去极化，从而阻止突触后膜的复极化，使运动终板对乙酰胆碱的效应无反应，但作用机制仍不清楚。琥珀酰胆碱的特点是在神经肌肉麻痹之前，引起短暂的肌束震颤。琥珀酰胆碱静脉注射20～25 s后，迅速见效，大多数动物药效可持续5～10 min，之后迅速被血浆和肝脏中的拟胆碱酯酶水解，但存在较大的遗传差异。

去极化肌松药还具有与其肌松作用相关的其他药

理效应。琥珀酰胆碱静脉注射后可出现明显的肌束震颤，但全身麻醉时可减弱肌束震颤现象。琥珀酰胆碱可诱导多种心律失常。琥珀酰胆碱可作用于所有胆碱能受体，包括烟碱型受体和毒蕈碱型受体。琥珀酰胆碱可引起突发高钾血症，而且没有麻醉时，肌肉存在疼觉。琥珀酰胆碱诱导的肌肉麻痹恢复后，可能出现肌肉损伤甚至肌红蛋白尿。敏感动物应用琥珀酰胆碱后，可出现恶性高热或与这种综合征相关的临床症状。

改变竞争性阻断药活性的因素（见上文）也可影响琥珀酰胆碱的作用。此外，由于拟胆碱酯酶系统被长期抑制，在用药前一个月内或同时使用有机磷驱虫药或外部驱虫剂，可显著影响机体从琥珀酰胆碱的药效状态恢复到正常状态的时间。已确定某些品种绵羊缺乏拟胆碱酯酶介导基因，牛对琥珀酰胆碱比其他动物更敏感。

临床应用琥珀酰胆碱的适应证与非去极化肌松药相似。但必须强调的是，在没有采取局部或全身镇痛措施时，琥珀酰胆碱不应用作安乐死或阉割保定的药物。应用琥珀酰胆碱捕获猎物是极不可取的。

无颉颃剂可逆转去极化肌松药的作用。用药过量的唯一解救办法是持续正压通气，直至呼吸恢复正常。

静脉注射琥珀酰胆碱的剂量如下：马0.125～0.20 mg/kg，卧下约8 min；牛0.012～0.02 mg/kg，卧下约15 min；犬0.22～1.1 mg/kg，麻痹15～20 min；猫0.22～1.1 mg/kg，麻痹3～5 min。

二、骨骼肌解痉药

骨骼肌痉挛是许多疾病的共同特性，包括外伤、肌炎、肌肉和韧带的扭伤或拉伤、椎间盘病、破伤风、士的宁中毒、神经系统疾病和运动性横纹肌溶解症。紧张性牵张反射的增强是在中枢神经系统和下行通路的参与下，脊髓运动神经元过度兴奋的结果。牵张反射源于中枢神经系统和下行通路神经冲动的增加，导致脊髓运动神经元过度兴奋。药物（表19-16）通过改变牵张反射弧或干扰兴奋-收缩偶联过程缓解肌肉痉挛。中枢性肌松药可阻断脊髓和中脑网状激活系统之间神经元的通路。有些药物还具有镇静作用，有利于缓解动物的焦虑和疼痛。乙内酰脲衍生物（hydantoin derivatives）还可直接作用于肌肉。

美索巴莫（舒筋灵，methocarbamol）是一种中枢性肌肉松弛药，化学上与愈创甘油醚相似，确切的作用机制尚不清楚。美索巴莫对横纹肌、神经纤维和神经肌肉运动终板没有直接作用。但美索巴莫还具有镇静作用。美索巴莫可用于犬、猫和马骨骼肌的急性

炎症和创伤性疾病的辅助治疗，缓解肌肉痉挛。由于美索巴莫是一种中枢神经系统抑制药，不能同时给予与其他中枢神经系统抑制药。美索巴莫剂量过大时常表现为中枢神经系统抑制，也可发生呕吐（小动物）、流涎、嗜睡和共济失调现象。

表19-16 骨骼肌松弛药

药 物	剂 量
美索巴莫	犬、猫：44 mg/kg，静脉注射，每日最高为330 mg/kg用于破伤风或士的宁中毒；每日132 mg/kg，口服，每日2～3次。 马：4.4～55 mg/kg，静脉注射
愈创甘油醚	犬：44～88 mg/kg，静脉注射 马，反刍动物：66～132 mg/kg，静脉注射
安定	猫：2～5 mg，口服，每日3次，用于尿道阻塞
丹曲林	马：15～25 mg/kg，缓慢静脉注射，每日4次；2 mg/kg，口服，每日1次，预防运动性横纹肌溶解症 猪：3.5 mg/kg，静脉注射
苯妥英	马：6～8 mg/kg，口服，每日1次，每3日增加1 mg/kg，直到横纹肌溶解的症状消失或马镇静。

愈创甘油醚（guaifenesin）或称愈创木酚甘油醚（glyceryl guaiacolate），是一种中枢性肌肉松弛药，通过抑制或阻断大脑皮层下区域、脑干和脊髓的中间神经元神经冲动的传递来发挥作用，还具有轻微的镇痛和镇静作用。愈创甘油醚静脉注射引起肌肉松弛，可发挥短期麻醉的辅助作用。愈创甘油醚可使喉部和咽部肌肉松弛，便于气管插管，但对膈肌和呼吸功能的影响不大。愈创甘油醚可引起短暂的心率增加和血压下降，也可用于治疗马运动性横纹肌溶解症和犬士的宁中毒。愈创甘油醚剂量过大可导致长吸式呼吸、眼球震颤、低血压和与药效相矛盾的肌肉僵硬。过量后采用维持性治疗，直至机体内药物被代谢为无毒的水平。

苯二氮䓬类药物（如安定）通过抑制脊髓中间神经元和突触前膜释放乙酰胆碱，从而影响脊髓的多突触反射。在临床上，安定用于辅助麻醉、破伤风临床症状的控制，以及治疗猫的功能性尿道阻塞和尿道括约肌张力过高。

丹曲林（硝苯呋海因，dantrolene）是乙内酰脲衍生物，其结构和药理学不同于其他骨骼肌松弛药。丹曲林可直接作用于肌肉，可能是通过干扰肌浆网释放钙离子来发挥药效。丹曲林对呼吸和心脏功能无明显的影响，但可引起头昏和镇静。在兽医上，丹曲林用于治疗各种动物的恶性高热、猪应激综合征、马麻

醉后肌炎和马运动性横纹肌溶解症。

苯妥英（phenytoin）为乙内酰脲衍生物，主要用作人的抗惊厥药，对马运动性横纹肌溶解症也有一定的疗效。苯妥英可改变神经肌肉接头处神经递质的功能、肌浆网钙离子的释放和肌膜钠离子的流动。调整马的给药剂量，使血药浓度保持在5～10 μg/mL。

三、蛋白同化甾类药物

蛋白同化甾类药物（anabolic steroids）为人工合成的睾酮衍生物，可增强蛋白同化作用和降低雄激素的活性（表19-17）。睾酮及其衍生物可扩散通过靶器官的细胞膜，与细胞质中特定受体蛋白结合。激素受体复合物移行至细胞核，与核染色质结合，刺激特定mRNA的产生，mRNA调节承担蛋白同化甾类药物生理活性酶的合成。

表19-17　蛋白同化甾类药物

药　　物	剂　　量
十一碳烯酸去氢睾酮	马：1.1 mg/kg，肌内注射，每周3次
癸酸诺龙	犬：1～5 mg/kg，肌内注射，每周1次 猫：10～20 mg，肌内注射，每周1次
司坦唑醇	犬：1～4 mg，口服，每日2次；25～50 mg，深部肌内注射，每周1次 猫：1～2 mg，口服，每日2次；25 mg，深部肌内注射，每周1次 马：0.55 mg/kg，深部肌内注射，每周1次

蛋白同化甾类药物通过降低肾脏对氮、钠、钾、氯和钙的消除，促进和维持正氮平衡。蛋白同化甾类药物可促进肌球蛋白、肌浆和肌纤维蛋白的合成。蛋白同化甾类药物可促进食欲、增加体重，改善精神状态，所以用于改善手术、外伤、疾病、糖皮质激素诱导的分解代谢和老龄化引起的机体虚弱。在任何情况下，摄入充足蛋白和热量有助于潜在性疾病的治疗。

蛋白同化甾类药物可引起多种不良反应，可产生雄激素的效应，如增强雄性的性欲，雌性不正常的性行为，以及对生殖系统的不良影响，包括无精症、乏情、睾丸萎缩和阴蒂肥大等。蛋白同化甾类药物可促进水钠潴留而引起水肿，促进肝脏内胆汁淤积而引起黄疸，促进骨骺板闭合而延缓成长。蛋白同化甾类药物一般用于体弱动物的治疗，但在竞技动物上往往被滥用，以获得竞争优势。

第七节　神经系统药物治疗学

用于治疗神经系统疾病的药物可分为：抗惊厥药、安定药、镇静药、镇痛药和精神病药物。参见神经系统的治疗原则、镇痛药药理学和药理学治疗的原则。

一、抗惊厥药

抗惊厥药可用于终止癫痫性惊厥的持续发作，或降低其发病频率或程度。抗惊厥药通常采用静脉注射的给药方式，治疗癫痫发作或癫痫病（表19-18）。长期应用抗惊厥药常采用口服的方式，尽管不同药物口服吸收量存在差异（表19-19）。由于药物吸收的差异性，很少采用皮下注射或肌内注射的给药方式。

表19-18　用于治疗癫痫病的药物

药　　物	动物种类和剂量
安定	犬和猫：0.5～2.0 mg/kg，静脉推注；可重复给药2～3次，每次间隔5～10 min；CRIa：0.5～2.0 mg/（kg·h） 幼驹：0.05～0.4 mg/kg，缓慢静脉注射 成年马：25～50 mg/匹，静脉注射 反刍动物：0.5～1.5 mg/kg，静脉注射或肌内注射
苯巴比妥	犬和猫：2～4 mg/kg，静脉推注；间隔20～30 min后重复给药，直至总药量达到20 mg/kg；CRI：3～10 mg/h直至产生效果 幼驹或马：负荷剂量为12～20 mg/kg，静脉注射时间在20 min以上，然后，每隔8～12hr按照6.65～9 mg/kg，静脉注射时间在20 min以上
戊巴比妥钠	犬和猫：2～15 mg/kg，静脉注射，直到肌缩活动停止 幼驹和马：2～4 mg/kg，静脉注射直到产生效果
丙泊酚	犬和猫：2.5～4.0 mg/kg，静脉注射，直到肌缩活动停止；CRI：0.1～0.3 mg/（kg·min）直到产生效果
苯妥英	犬：2～5 mg/kg 缓慢静脉滴注 幼驹和马：5～10 mg/kg，静脉注射；随后每隔2～4 h静脉注射、肌内注射或口服1～5 mg/kg，直到癫痫性惊厥消失并且保持初始药物剂量

* CRI：恒定速率输注。

表19-19　抗惊厥药

抗惊厥药	剂量和给药次数	半衰期	药物稳态浓度时间	治疗浓度	不良反应注释
临床常用抗惊厥药					
苯巴比妥	犬: 2~4 mg/kg, 口服, 每日2次（起始剂量）; 直到剂量为10 mg/kg, 每日2次 猫: 2~4 mg/kg, 口服, 每日2次（起始剂量） 马: 3~5 mg/kg, 口服, 每日1次（起始剂量）, 每日1次 直到剂量为11 mg/kg, 每日1次 幼犬: 同反刍动物: 11 mg/kg, 口服, 每日1次	40~90 h （比格犬25~38 h）	10~24 d	15~45 μg/mL (66~200 μmol/L), 在20~35 μg/mL (85~150 μmol/L) 的范围内效果较好	镇静, 饮欲亢进, 诱导CYP450酶系统, 肝酶升高, 偶见肝功能衰竭。通过监测血清中药物浓度和癫痫发作的记录, 可适当调整药物剂量。一般猫肝酶无显著升高。在所有动物都应通过监测血清中药物浓度和癫痫发作的日志, 适当调整药物剂量
溴化物 （钾盐）	犬, 猫: 20~40 mg/kg, 口服, 每日1次; 胃肠不适可分为每日2次。 犬: 负荷剂量为400~600 mg/kg, 口服, 分成4次服用, 给药时间应超过1~4 d; 马: 每日90 mg/kg, 口服	犬: 20~46 d 猫: 10 d 马: 5 d	犬: 100~200 d 猫: 6 周	10~40 μg/mL (43~175 μmol/L) 溴化物单用: 1~3 mg/mL (15~20 μmol/L) 溴化物与苯比妥合用: 1~2 mg/mL	镇静, 虚弱无力, 烦躁, 饮欲亢进, 呕吐, 食欲亢进和皮疹。肾功能不全时应降低剂量。过量摄入氯化物可加速溴化物的消除, 饮食中摄入氯化物的量要恒定。用于猫时要特别注意, 须通过X线检查监测胸部, 支气管或哮喘的症状可导致猫的死亡见溴化钾注意事项
溴化物 （钠盐）	17~30 mg/kg, 口服, 每日1次; 胃肠不适时可分为每日2次。溴化钠的剂量小于溴化钾, 因其溴离子含量较高				
安定	犬: 0.5~2 mg/kg 在癫痫初期经直肠给药; 24h内重复给药3次 猫: 0.25~0.5 mg/kg, 口服, 每日2~3次	犬: 2.5~3.2 h 猫: 5.5 h 马: 7~22 h			犬口服安定无效, 直肠给药可提上间歇性癫痫或持续性癫痫。猫口服安定可用作维持药, 肝衰竭等潜在问题
辅助抗惊厥药					
氯硝西泮	犬: 0.1~0.5 mg/kg, 口服, 每日2~3次	1.5~3 h		22~77 ng/mL	为强效苯二氮䓬类药物, 突然停药可导致镇静和脱瘾症状
氯拉革酸	犬: 2~6 mg/kg, 口服, 每日2~3次	5~6 h	1~2 d	20~75 μg/L	作用比氯硝西泮弱15倍, 易出现镇静和脱瘾性抽搐
非氨酯	犬: 15 mg/kg, 口服, 每日3次; 每2周增加15 mg/kg, 直至癫痫得到控制; 最大剂量300 mg/kg	5~6 h	1 d	125~250 μmol/L [a]	血液恶病质, 诱导CYP450酶系统, 肝脏疾病。与其他肝毒性的药物同用时须谨慎
加巴喷丁	犬: 10 mg/kg, 口服, 每日3次; 直肠剂量30~60 mg/kg, 每日3次	3~4 h	<24 h	4~16 mg/L [a] (70~120 μmol/L)	镇静, 眩晕, 共济失调, 虚弱无力, 腹泻。肾功能不全时应减少剂量
左乙拉西坦	犬: 20 mg/kg, 口服, 每日3次	4~10h	2~3 d	35~120 μmol/L [a]	每日剂量大于400 mg/kg时, 可出现烦躁不安, 呕吐和共济失调
托吡酯 丙戊酸	犬: 每日5~10 mg/kg, 口服, 每日3次 犬: 10~60 mg/kg, 口服, 每日3次	2~4h 90~120h	3~5 d <24 h	2~25 mg/L (15~60 μmol/L) [a]	胃肠不适, 兴奋不安。因半衰期较短, 可能无效; 可引起肝毒性及胰腺炎
唑尼沙胺	犬: 每日4~8 mg/kg, 口服, 分次服用; 最高10 mg/kg, 每日2次 [a]	15~20h	3~4 d	10~40 mg/L (45~180 μmol/L) [a]	镇静, 共济失调, 食欲不振

a. 为根据人的血药浓度范围制订。

（一）用于癫痫发作的抗惊厥药

对癫痫病的治疗，可防止因体温过高、酸中毒、血流灌注不足和缺氧等引起的死亡。由于安定对癫痫发作具有迅速的抑制作用，常用于控制小动物和大动物的癫痫病和终止癫痫性惊厥。

马驹与马：安定在马体内的消除半衰期较长。幼驹缓慢静脉注射的剂量为0.05～0.4 mg/kg，或每次5～20 mg；高剂量用药可能导致新生幼驹死亡。成年马的癫痫性惊厥，可每匹马静脉注射安定25～50 mg。为了防止注射安定初期的癫痫性惊厥，可随后静脉注射苯巴比妥12～20 mg/kg，注射时间应超过20 min，然后再静脉注射苯巴比妥维持剂量6.65～9 mg/kg，注射时间应超过20 min，每日2～3次。出现镇静效果后，应减少苯巴比妥的剂量。不稳定的血药浓度可能对药物疗效有影响，治疗幼驹的癫痫性惊厥，可初次口服或静脉注射苯妥英5～10 mg/kg；随后每2～4 h口服、肌内注射或静脉注射苯妥英1～5 mg/kg，持续12 h；之后再口服苯妥英2.83～16.43 mg/kg，每日3次。出现镇静效果后，应减少苯妥英的剂量。

控制癫痫发作的其他方法包括戊巴比妥钠2～4 mg/kg，静脉注射至见效；12%的水合氯醛和6%的硫酸镁的混合物，静脉注射速率不超过30 mL/min，避免过度的抑郁；或5%的愈创甘油醚44～88 mg/kg和与硫戊巴比妥（thiamlyal）2.2～6.6 mg/kg的混合物，静脉注射至见效。由毒素或药物的不良作用（如甲苯噻嗪）引起马的癫痫性惊厥可用安定（0.1～0.15mg/kg，静脉注射）进行治疗。如果怀疑有脑水肿，可参见神经系统的治疗原则。

反刍动物：肌内注射或静脉注射安定的剂量为0.5～1.5 mg/kg。苯巴比妥用于绵羊和山羊的剂量为20～30 mg/kg，静脉注射至出现诱导麻醉效果，药效持续时间为5～30 min。

犬和猫：多种药物可用于治疗犬和猫的癫痫性惊厥。

1. 苯二氮䓬类药物 安定是最常见的用于减少犬和猫运动活性的苯二氮䓬类药物。通过放置静脉导管静脉推注安定0.5～2 mg/kg，间隔5～10 min后，重复用药3次。但是，如果第2次或第3次静脉推注后癫痫性惊厥发作，恒定速率输注（CRI）安定按每小时0.5～2 mg/kg可能更有效，静脉注射苯巴比妥主要用于预防（见下文）。恒速灌注安定时，应用5%葡萄糖或者0.9%的生理盐水作溶剂。但不能与乳酸林格氏液混用，因为乳酸林格氏液中的钙离子可导致安定沉淀。由于塑料能够吸收安定，所以安定不能长时间置于塑料注射器或者静脉输液器中。通常认为恒速灌注

安定时，可使静脉输液器表面对安定的吸收达到饱和状态，因此不会有进一步的吸收。当犬不能静脉注射给药时，可按照0.5～2 mg/kg的剂量直肠给药；若犬需同时应用苯巴比妥，安定的直肠给药剂量则为2.0 mg/kg。也可按照0.5mg/kg的剂量经鼻内给药。推荐在家中应用直肠给药安定的方法，作为紧急治疗犬间歇性癫痫性惊厥的措施，畜主可在24 h内最多给药3次。

其他可用于治疗犬癫痫发作的苯二氮䓬类药物有氯硝西泮、氯羟安定（lorazepam）和咪达唑仑（midazolam）。氯硝西泮静脉注射的剂量为0.05～0.2 mg/kg，美国不允许采用静脉注射方式；氯羟安定的剂量为0.05～0.2 mg/kg，每隔4～6 h给药1次；咪达唑仑静脉或者肌内注射的剂量为0.2 mg/kg。

2. 巴比妥类药物 癫痫发作应用苯巴比妥治疗后，为了防止癫痫持续性发作可静脉滴注（3～10 h见效）或者缓慢静脉推注苯巴比妥（2～4 mg/kg，每隔20～30 min，总剂量达到20 mg/kg）进行治疗。如果注射苯巴比妥可有效控制癫痫性惊厥，则可采用口服给药的方式维持治疗，并在24 h内减少或停止注射用抗惊厥药的输液。同时应用安定和苯巴比妥可增强对呼吸系统和心血管系统的不良反应，应谨慎应用。

丙泊酚（异丙酚，propofol）是静脉注射的短效催眠麻醉药，为一种γ-氨基丁酸（GABA）类似物，通过与GABA抑制性神经递质的位点结合，产生抗惊厥活性。丙泊酚静脉注射后可迅速通过血脑屏障，1 min内起效。但丙泊酚单次静脉推注后，药效维持时间仅为2～5 min。当犬和猫静脉注射丙泊酚的单次剂量为2.5～4.0 mg/kg时，每30 s注入单次剂量的25%直到出现相应的疗效。如果静脉注射丙泊酚1～2次后，再次发生癫痫性惊厥，在可获得确切的呼吸道控制和血流动力学的支持，以及患者可被密切监控的条件下，恒速灌注丙泊酚（每分钟0.05～0.2 mg/kg，最高每分钟0.4 mg/kg）。在静脉注射丙泊酚期间，可能会出现兴奋、阵颤、眼球震颤、肌肉抽搐和角弓反张等类癫痫样症状。

苯巴比妥钠（sodium pentobarbital）一般只用于治疗犬和猫无法控制的癫痫病，尤其是安定和苯巴比妥无效时（表19-18）。犬和猫应用苯巴比妥钠2～15 mg/kg即可达到麻醉效果。苯巴比妥钠是一种呼吸抑制剂，所以应准备辅助呼吸设备。苯巴比妥钠在血管周围注射或者皮下注射时具有刺激性。苯巴比妥钠药效丧失后易出现兴奋现象，而且易与癫痫发作相混淆。

3. 吸入麻醉 在某些情况下，控制或制止癫痫发作需要采取吸入麻醉，此时需要对病畜进行持续

监控。

4. 治疗癫痫的其他方法 缓慢静脉滴注苯妥英2～5 mg/kg可治疗犬的癫痫病。眼部压迫（压迫一只或者两只眼球）通过刺激迷走神经，可能对治疗产生良好的促进作用。现在已研究给犬植入起搏器装置，该装置可重复刺激左侧颈部迷走神经，可能对部分癫痫病的治疗具有积极作用。对穴位KID 1和/或GV 26的刺激可能也有益于癫痫病治疗。

（二）抗惊厥药的维持性治疗

癫痫性惊厥的频率和程度、发病年龄、癫痫性惊厥的发病原因及诊断检查的结果，决定是否开始抗惊厥药的维持性治疗。在一般情况下，应用抗惊厥药维持性治疗动物癫痫病时，动物应在6个月内出现1～2次癫痫性惊厥（排除癫痫性惊厥不是由于反复接触毒素所致）或在任何特定的一日不明原因的癫痫发作超过1次。第一次癫痫发作的持续时间较长或者程度比较严重时，可以考虑应用抗惊厥药进行维持性治疗，或者癫痫发作时辅助紧急治疗（见上文）。

维持性治疗应以单一药物达到效果的最低剂量开始。畜主应该有一个记录癫痫发作频率和类型的记录日志，以便于指导药物治疗方案。记录日志和血清中抗惊厥药的浓度可作为药物剂量改变和选择药物的依据。如果药物控制癫痫发作效果不理想，应检查血清中药物的浓度。如果血清中药物的浓度不在治疗浓度之内，那么在添加或更换另一药物之前，应当先增加该药物的剂量。在治疗早期药物剂量可加倍，但在治疗后期药物剂量可增加25%～50%。单一药物治疗为首选，但如果血清中药物浓度达到或高于治疗浓度，治疗效果仍不满意，则需考虑添加其他抗惊厥药。除了溴化物之外，停止使用其他抗惊厥药应在几周内逐步减量，防止突然停药导致的癫痫发作。由于苯巴比妥的成瘾性，突然停药可导致停药性癫痫发作，故减量停用至关重要。

1. 维持性抗惊厥药 苯巴比妥和溴化物是犬临床常用的维持性抗惊厥药。对于猫，虽然已经应用安定，或开始尝试着应用左乙拉西坦，但仍常用苯巴比妥。苯巴比妥是反刍动物的首选药物，溴化物和苯巴比妥均可应用于马。

（1）苯巴比妥 苯巴比妥因其具有安全、有效、费用低，以及血清中药物浓度便于检测等优点而被广泛应用。苯巴比妥作为犬和猫的长期维持性治疗药物，每日口服剂量为2～4 mg/kg，每日2次。对于所有的动物，口服达到药物稳态血浆浓度需要时间大约为两周，因为口服后药物吸收受很多因素的影响，而且该药的半衰期较长。开始治疗两周后或给药剂量改变两周后开始监测血液中药物水平，血药浓度达

到15～45 μg/mL后，通常6～12个月可控制癫痫的发作。应依据血药浓度和以往治疗史对药物剂量进行调整。犬连续使用抗惊厥药数月或数年之后可产生耐受性，并且导致疗效的下降，但是增加25%的药量通常可提高对癫痫的治疗效果。

苯巴比妥可导致机体依赖性，而且突然停药能够导致癫痫性惊厥。犬的肝毒性和肝损伤与高的苯巴比妥血药浓度（＞35 μg/mL）密切相关。不良反应常见镇静、饮欲亢进、多尿症和食欲亢进，但在用药的最初几周内较少发生。其他少见的不良反应包括特异性过度兴奋、皮炎、贫血、中性粒细胞减少症、血小板减少症、齿龈增生和骨软化症。脑电图记录证明，口服苯巴比妥1.5～3.0 mg/kg，每日2次，还可用于治疗犬癫痫的发作性失控综合征。

马和反刍动物每日口服苯巴比妥的剂量分别为3～11mg/kg和11mg/kg，应定期检测动物的血清浓度。

（2）溴化物 溴化物通过干扰氯离子跨膜转运和增强GABA对细胞膜的超极化过程，发挥稳定神经细胞膜的作用。溴化物（钾盐或者钠盐）是治疗犬癫痫的首选抗惊厥药，可作为治疗犬顽固性癫痫的辅助抗惊厥药，或用于不能耐受苯巴比妥不良反应的犬。在有些国家（如美国）不允许将溴化物制成制剂，可从化学品公司购得分析纯的药物，但是在应用时必须谨慎处理和包装。溴化物可配制成各种浓度的溶液（100、200、250 mg/mL比较常见）或者制成片剂及胶囊剂。

溴化物在犬体内的消除半衰期较长（24 d），大约需要4个月才能达到稳态动力学。溴化物通过肾脏排除，因此，在没有肾功能监测时，肾功能不全的犬禁用该类药物。如果犬存在氮血症，应采用其他种类的抗惊厥药，或者溴化物的初始剂量减半并进行血清药物浓度的监测。由于溴化物不经过肝脏代谢，因此患有肝脏疾病的犬可应用溴化物。

作为苯巴比妥的辅助治疗药物，溴化钾每日口服剂量为20～40 mg/kg，可1～2次或者多次给予该剂量；溴化钠每日口服剂量比溴化钾稍低，为17～30 mg/kg。当溴化物作为治疗犬癫痫的唯一药物时，需要每日给予较高的剂量（50～80 mg/kg）。高盐饮食的犬每日需给予50～80 mg/kg的溴化物，以保持足够的血药浓度，因为较高的氯离子摄入可促进溴化物从尿液中排除，降低血清中溴化物的浓度。许多实验室的检测无法区别血清中的溴离子和氯离子，因此，血清中氯离子可导致溴离子的血清检测值偏高。

由于溴化物在血浆中达到稳态浓度时间大约为4个月，因此，在严重的癫痫性惊厥、每个月都出现的癫痫性惊厥，以及由于苯巴比妥毒性被迫应用溴化

物时，需要给予负荷剂量的溴化物。溴化物负荷剂量为400～600 mg/kg，可分4次口服，混合食物中1～4 d内给予；或按照50 mg/kg的剂量口服溴化物，每日2次，连续4～6 d给予，可减轻由血清中溴化物浓度上升过快导致的不良反应（如恶心、呕吐）。在应用负荷剂量同时或随后立即给予维持剂量的溴化物。如果犬呈现过度镇静，负荷剂量的治疗方案应停止或者尝试划分为更小的每日给予量。负荷剂量应用2周后应检测血清中药物浓度，以确定是否达到治疗浓度。如果为了节约成本，可在4个月时检测血清中药物浓度，此时血清中药物已达到稳态浓度。与苯巴比妥类药物同用时，溴化物的有效治疗浓度为1～2 mg/mL（10～20 mmol/L），单用溴化物的有效治疗浓度为1～3 mg/mL（10～30 mmol/L）。然而，需要制订针对每个患者的治疗方案，并且只限于溴化物有效治疗浓度的上限之内，否则易引起不良反应。

犬对溴化物具有较好的耐受性，但是也存在如味苦、胃刺激、恶心（特别是钾盐的形式）、多尿症、饮欲亢进、食欲亢进、镇静、共济失调和胰腺炎等不良反应。溴化物应与食物共同服用，给予食物的数量和类型应保持不变，因为日粮中盐含量的变化将影响溴化物的肾消除过程。个别病犬必须静脉点滴输入溴化物治疗时，需要监测药物浓度和观察犬中毒的早期症状。犬溴化物中毒的症状包括镇静、共济失调和后肢无力或强直。出现后肢无力的症状应调查是否存在潜在的溴化物中毒，应检测犬血清中溴化物的浓度，并停止使用溴化物几日，观察后肢无力症状是否减轻。严重的溴化物中毒会出现嗜睡、方向感障碍、精神错乱及共济失调，甚至发展为四肢僵直和昏迷。异常敏感的犬对任何浓度的溴化物都可出现毒性反应，但是在溴化物单独使用且浓度小于1.5 mg/mL（15 mmol/L）时是罕见的。当与苯巴比妥同用时，溴化物的血药浓度在2～3 mg/mL（20～30 mmol/L）时可出现毒性反应。静脉注射0.9%的氯化钠溶液很容易治愈严重的溴化物中毒症状，因氯化钠可促进肾脏排出溴离子。

溴化物是猫有效的维持性抗惊厥药，由于易发生不良反应，除非无其他有效药物时才可选用。25%～50%的猫服用溴化物后，出现以咳嗽、X线检查可见以明显肺浸润为特征的支气管疾病。在某些情况下，可诱发致死性哮喘，但在大多数情况下，停止使用溴化物可减轻症状。

溴化物已经作为马的维持性抗惊厥药，但是还没有发表关于其临床疗效的报道。药代动力学研究表明，马每日应用溴化钾的负荷剂量为120 mg/kg，给予超过5 d，之后每日应用维持剂量90～100 mg/kg，

可达到有效的血清溴化物的浓度。

（3）去氧苯巴比妥（普里米酮，primidone） 是一种巴比妥酸盐，在体内有3种代谢产物：苯巴比妥、去氧苯巴比妥和苯乙酰丙二酰胺（phenylethymalonamide）。代谢物苯巴比妥可能是发挥功能的主要成分，而且应用去氧苯巴比妥并不比苯巴比妥具有更好的效果。然而，有研究表明，应用苯巴比妥无效的犬癫痫性惊厥，使用去氧苯巴比妥有良好的治疗效果（如精神运动性癫痫性惊厥）。犬的起始剂量为每日5～15 mg/kg，分3次给予；随着时间的推移，逐渐增加到每日最大剂量为35 mg/kg。有效的血药浓度是由血清中苯巴比妥浓度（15～45 μg/mL）决定。如果去氧苯巴比妥转化为苯巴比妥，一粒苯巴比妥相当于250 mg的去氧苯巴比妥。

去氧苯巴比妥比苯巴比妥更易引起肝脏毒性，包括肝坏死、脂肪肝和胆小管阻塞。需要监测谷丙转氨酶（ALT）、血清碱性磷酸酶和/或胆酸盐等。其他不良反应和过量应用的症状类似于苯巴比妥。

由于去氧苯比妥的毒性，不推荐其应用于猫。但是，初步研究表明，猫可每日应用去氧苯巴比妥40 mg/kg，连续给药90 d。

（4）安定 由于安定在犬的吸收差和消除迅速，而且很容易对其抗惊厥作用产生耐受性，因此不适用于犬的口服维持性治疗。猫比犬不仅具有较低的消除速率，而且不会对抗惊厥作用产生耐受性。因此，安定可用作猫的维持性治疗药物，口服剂量为0.25～0.5 mg/kg，每日2～3次。安定用于治疗行为异常猫时，很少有报道可导致猫急性肝功能衰竭。因此，在使用安定前应进行预处理的化学评价，并且在使用的最初2周，要密切关注猫的反应。

2. 新型或辅助性抗惊厥药

（1）左乙拉西坦（levetiracetam） 为含吡咯烷基的抗惊厥药，但其作用机制尚不清楚。左乙拉西坦常用作犬和猫的辅助性抗癫痫药，偶尔也单独用于抗癫痫的治疗。犬口服左乙拉西坦的生物利用度较好，不经过肝脏代谢，以原形随尿液排出，半衰期大约为4 h。在常规剂量下很少出现不良反应，偶见共济失调。

犬和猫口服左乙拉西坦的开始剂量为20 mg/kg，每日3次。如果犬的治疗效果不显著，治疗剂量可每2周递增20 mg/kg。在犬的试验中，当每日剂量大于400 mg/kg时，可出现流涎、烦乱不安、呕吐和共济失调等不良反应，停药24 h后可消失。应用左乙拉西坦不需要进行治疗监测，而且血清药物浓度和治疗效果之间并没有明显的相关性。

（2）唑尼沙胺（zonisamide） 为含磺酰胺基的

抗惊厥药，可限制癫痫性惊厥的传播和扩散，以及抑制癫痫病灶的活动。唑尼沙胺主要用于当苯巴比妥和溴化物不能完全控制犬癫痫的辅助治疗，但单独应用也有治疗效果。由于唑尼沙胺主要由肝微粒体酶代谢，当犬同时使用对肝微粒体酶具有诱导作用的药物（如苯巴比妥）后，需要应用两倍剂量的唑尼沙胺才能达到单独使用的血药浓度。因此，犬给予苯巴比妥之后应用唑尼沙胺的口服剂量为10 mg/kg，每日2次；未应用对肝微粒体酶具有诱导作用药物的犬，唑尼沙胺的口服剂量为5 mg/kg，每日2次。推荐血中治疗浓度为10~40 mg/mL，在首次给药或者改变给药剂量之后7~10 d可检测药物浓度。不良反应包括嗜睡、共济失调、食欲废绝和胃肠不适等。虽然唑尼沙胺似乎比较安全，但应告知畜主，磺酰胺可引起干燥性角结膜炎、骨髓性恶病质、肝病和血管炎等不良反应。

（3）**加巴喷丁（gabapentin）** 是人工合成的抑制性神经递质 γ-氨基丁酸（GABA）类似物，可通过抑制神经元的钠通道和增强GABA的释放及作用等多种机制抑制癫痫发作。犬口服给药吸收良好，在体内经肝脏和肾脏代谢。犬口服的初始剂量为10~15 mg/kg，每日3次。必要时可口服较高剂量30~60 mg/kg，每日3~4次，但是可能出现镇静和共济失调。加巴喷丁通常不需要进行治疗监测，目前没有关于药物相互作用的报道。治疗猫的癫痫性惊厥可口服加巴喷丁10 mg/kg，每日2~3次。

（4）**非氨酯（felbamate）** 是一种甲酸甲酯类抗惊厥药，通过增强GABA介导的神经元抑制、抑制电压敏感性神经元的钙离子和钠离子通道，以及阻断N-甲基-D-天冬氨酸介导的神经元兴奋等多种机制发挥其抗惊厥作用。在犬体内大约70%的药物以原形经肾脏排出，其余药物经肝脏代谢后排出体外。非氨酯口服的起始剂量为15 mg/kg，每日3次；如果未见明显疗效，药物剂量可每14~21d递增15 mg/kg。非氨酯的主要优点是无镇静作用，其他不良反应的报道较少。非氨酯具有肝毒性、可逆性骨髓抑制、全身震颤及可能的干燥性角结膜炎等潜在的不良反应；因此，推荐定期监测犬的贫血症和肝功能不全。人使用非氨酯易导致再生障碍性贫血和肝脏毒性。目前没有关于猫应用非氨酯的临床报道。

（5）**丙戊酸（valproic acid）** 10~60 mg/kg，每日3次。作为苯巴比妥和扑米酮治疗犬顽固性癫痫性惊厥的辅助药物，同时也用于治疗犬的攻击性行为（见精神病药物）。丙戊酸常见的不良反应包括暂时性胃肠道紊乱、镇静和震颤，罕见肝功能衰竭。

（6）**氯硝西泮（clonazepam）** 和安定不同，犬对氯硝西泮抗惊厥作用的耐受性产生较慢，治疗浓度时其代谢的饱和性降低了消除速率，口服吸收率也较高（特别是微粒制剂），因此，可作为口服治疗犬癫痫的维持性药物。作为犬的维持性治疗药物可单独应用氯硝西泮0.5 mg/kg，每日3次；但最好作为苯巴比妥的辅助治疗药物，氯硝西泮的每日剂量为0.1~0.5 mg/kg。氯硝西泮可引起腹泻。可每日1次给药，持续几日后，再逐渐增加给药频率至每日3次，即可防止腹泻的发生。

（7）**酰胺咪嗪（卡马西平，carbamazepine）** 因迅速诱导肝药酶加速自身消除而不推荐用于犬。有一病例报道表明，犬应用酰胺咪嗪30 mg/kg，每日3次，持续给药1周后，血浆药物浓度迅速下降；尽管未检测到血中药物浓度，但对犬癫痫产生很好的治疗效果，这可能是由于酰胺咪嗪的代谢物具有活性或者犬对酰胺咪嗪的高敏感性。酰胺咪嗪可用于治疗猫的攻击性行为（见精神病药物）。

（8）**氯胺丁酯二钾（chlorazepate dipotassium）** 建议作为苯巴比妥治疗犬癫痫的辅助药物，剂量为2~6 mg/kg，每日2~3次。尽管犬对氯胺丁酯二钾的耐受性相对较低，但长期应用后，突然停药可能导致严重的脱瘾症状，甚至致死性癫痫性惊厥。苯巴比妥可改变氯胺丁酯二钾在体内的蓄积，显著降低给药间隔期间血液循环中去甲西泮（nordiazepam）的浓度。因此，氯胺丁酯二钾与苯巴比妥同时用于控制犬癫痫发作时需要较高剂量。

（9）**苯妥英** 由于苯妥英或称二苯乙内酰脲（diphenylhydantoin）的药代动力学性能较差，不推荐用于犬、猫和幼驹癫痫的维持性治疗。苯妥英在犬体内代谢比较快，降低了其有效性；在猫体内代谢较慢，从而增加了毒性反应（流涎、呕吐和体重减轻）；在幼驹体内的血浆药物浓度不稳定。缓慢静脉注射苯妥英2~5 mg/kg可用于治疗犬的癫痫病。

（10）**美芬妥英（mephenytoin）** 是苯妥英的同系物，但其在犬体内清除速率较慢，因此，可有效治疗犬的癫痫，剂量为10 mg/kg，每日3次；也可与苯巴比妥或者溴化物联合应用。美芬妥英的不良反应只有镇静作用，但有报道，人可出现血液恶病质和肝脏毒性。因此，建议用药后定期监测血液学指标。

（11）**托吡酯（topiramate）** 是一种新型的抗癫痫药，人类对其耐受性良好，而且被越来越多的用于治疗神经性疼痛。在一份报告中，托吡酯用作治疗犬癫痫的辅助性药物，但其疗效有待于确认。托吡酯在犬体内清除半衰期较短，仅为2~4 h，因此可能不具有良好的抗惊厥作用。但是，已有建议临床应用托吡酯的剂量为5~10 mg/kg，每日2次。目前还没有关于托吡酯临床数据的研究，可获得的资料较少。

二、安定药、镇静药与镇痛药

安定药可减轻焦虑和引起无嗜睡的安定。镇静药的镇静作用对神经系统有更深入的影响，能够产生嗜睡和催眠。镇痛药可减轻疼痛，对内脏和骨骼肌肉系统的镇痛效果更为显著。许多药物不能仅依据其一种药理作用，简单地分为安定药、镇静药或镇痛药。例如，许多精神病药物的治疗剂量可产生安定作用或镇静作用，许多镇静药也是镇痛药。另外，划分为安定药、镇静药或镇痛药也能产生其他药理作用，如行为纠正和止吐作用。

各种动物常用的安定药、镇静药和镇痛药见表19-20和表19-21。一些具有这些药理作用但主要用于其他方面作用的药物（如解痉药、止吐药和前驱麻醉药）未被列入。因为很多情况下只需要短暂的药效持续时间，因此强调这些药物的单次给药剂量；有些药物可能需要多次用药治疗，也列出了给药频率。表格中列出的剂量仅作为一般指导作用，只适用于药物单独使用的情况，不涉及麻醉或安定镇痛的药物联用。目前，还没有制订应用这些药物的疗程限制、标签外使用和用药注意等方面的参考资料，产品的标签和使用说明书应提供每种药物的药理学和可替代应用的详细信息。

三、治疗精神病药物

用于治疗人行为失常的抗焦虑药、抗精神病药、抗抑郁药和情绪稳定药，越来越多地被用作动物行为矫正治疗的辅助兽药（参见药理学治疗的原则），但兽医临床研究的报道很少，兽医应用这些药物的准则是基于人医药物治疗的应用。

（一）抗焦虑药

苯二氮䓬类药物和丁螺环酮（buspirone）等抗焦虑药，已用于治疗犬和猫的广泛性焦虑症和恐慌症，也用于猫喷洒尿液。苯二氮䓬类药物如安定、阿普唑仑（alprazolam）、舒宁（奥沙西泮，oxazepam）和氯拉䓬酸（clorazepate）等通过与γ-氨基丁酸（GABA）受体结合，增强GABA介导的氯离子内流，从而引起镇静和肌肉松弛作用，但动物易产生依赖性和脱瘾症状。

安定已被建议用于缓解犬的恐惧相关行为，以及猫的社会性焦虑和尿液喷洒，苯二氮䓬类药物不仅不降低一些动物因恐惧产生的攻击性行为，而且还会增加此类行为的出现。有研究表明，安定能够减少猫的尿液喷洒行为，但是大部分猫停药后会复发。猫使用安定3～5 d内出现肝功能衰竭的报道罕见。

舒宁和阿普唑仑已用于治疗犬和猫的恐惧症，犬口服舒宁的剂量为0.2～0.5 mg/kg，每日1～2次；每只猫口服舒宁1～2.5 mg，每日2次。另外，阿普唑仑用于治疗犬的夜间焦虑症和猫的顽固性随地便溺，犬口服剂量为0.01～0.1 mg/kg，猫口服剂量为0.1 mg/kg或总剂量0.125～0.25 mg，每日2～3次。氯拉䓬酸用于治疗猫的焦虑症，每只猫口服1.75～3.75 mg，每日1～2次。安定、氯硝西泮和氯胺丁酯二钾也具有抗癫痫作用。

丁螺环酮与苯二氮䓬类药物的药理作用不同，可阻断多巴胺受体激动剂5-羟色胺的突触前和突触后的作用；另外，丁螺环酮发挥药效常在给药后7～30 d，而且缺乏镇静作用。与苯二氮䓬类药物相比，丁螺环酮不具有更强的抗焦虑作用，但每只猫给予丁螺环酮2.5～7.5 mg，可用于治疗猫喷洒尿液。

（二）抗精神病药

抗精神病药物可分为乙酰丙嗪（acepromazine）、氯丙嗪（chlorpromazine）、盐酸甲硫哒嗪（thioridazine hydrochloride）低效能药物和氟哌啶醇（haloperidol）、氟奋乃静（fluphenazine）、盐酸甲哌氟丙嗪（trifluoperazine hydrochloride）、甲哌氯丙嗪（prochlorperazine）、氨砜噻吨（thiothixene）和利培酮（risperidone）高效能药物。与高效能药物相比，低效能药物需要更大的剂量才能产生较强的镇静作用、较多的抗胆碱能神经的不良反应和心血管效应；但是，锥体外系统的不良反应（帕金森综合征、肌张力障碍、运动障碍和静坐不能）发病率较低。所有的抗精神病药可用于非选择性镇静和降低行为性觉醒。乙酰丙嗪常用于不频繁的焦虑症，但可引起某些犬和猫与用药目的相矛盾的多动症。有报道称可用甲硫哒嗪（1.1 mg/kg）治疗犬的咬尾、吠叫、咆哮不止等异常行为。

（三）情绪稳定药

锂制剂（lithium）、酰胺咪嗪和丙戊酸等化学结构不相关的情绪稳定药，可用于治疗人的躁郁症、冲动性、情绪性反应和攻击性行为。酰胺咪嗪和丙戊酸同时也是抗癫痫药，猫口服酰胺咪嗪每只25 mg，每日2次，可治疗猫因恐惧导致攻击人的行为，但也可能增强对其他猫的攻击性。锂制剂以原形经尿液排出，由于其治疗指数较小，有必要监测血清中药物浓度，推荐剂量范围0.8～1.2 mEq/L。锂制剂的不良反应包括多尿症、饮欲亢进、记忆力衰退、体重增加和腹泻。研究表明，锂（总剂量75 mg，每日2次）可用于治疗可卡犬对主人的攻击性增强和精神病行为（不自主性咆哮和以爪刨地）。

（四）抗抑郁药

可分为三环类抗抑郁药（叔胺、仲胺）、选择性5-羟色胺再摄取抑制剂和非典型抗抑郁药。他们可

表19-20　无镇痛作用的安定药和镇静药

药物	犬	猫	雪貂	家兔	马	牛	猪
苯二氮䓬类药物							
安定	1 mg/kg, 静脉注射或口服	1 mg/kg, 静脉注射	2 mg/kg, 静脉注射	1~5 mg/kg, 静脉注射, 肌内注射; 2~10 mg/kg, 肌内注射或腹腔内注射	0.05~0.4 mg/kg, 静脉注射	0.5~1.5 mg/kg, 静脉注射	0.5~10 mg/kg, 肌内注射; 0.5~1.5 mg/kg, 静脉注射
咪达唑仑	0.2~0.4 mg/kg, 静脉注射, 肌内注射	0.2~0.4 mg/kg, 静脉注射, 肌内注射		2 mg/kg, 肌内注射或静脉注射			
丁酰苯类药物							
阿扎哌隆					0.4~0.8 mg/kg, 肌内注射		2.2 mg/kg, 肌内注射
吩噻嗪类药物							
马来酸乙酰丙嗪	0.05~0.1 mg/kg, 静脉注射, 肌内注射, 皮下注射; 0.55~2.2 mg/kg, 口服, 每日3~4次	0.11~0.22 mg/kg, 静脉注射, 肌内注射, 皮下注射; 1.1~2.2 mg/kg, 口服, 每日2~3次	0.1~0.25 mg/kg, 肌内注射或皮下注射	1~5 mg/kg, 肌内注射	0.04~0.1 mg/kg, 静脉注射, 肌内注射, 皮下注射或口服, 每日1次	0.05~0.1 mg/kg, 静脉注射, 肌内注射, 皮下注射	0.1~0.2 mg/kg, 静脉注射, 肌内注射或皮下注射
盐酸氯丙嗪	0.55~4.4 mg/kg, 静脉注射, 肌内注射; 1.1~6.6 mg/kg, 肌内注射; 3.2 mg/kg, 口服, 根据需要每日3~4次	1~2 mg/kg, 静脉注射或肌内注射, 每日2次		3 mg/kg, 肌内注射或静脉注射(可导致肌炎)			0.5~4.0 mg/kg, 肌内注射
盐酸丙嗪	2~6 mg/kg, 静脉注射, 肌内注射或口服, 每日3~4次	2~4.4 mg/kg, 静脉注射, 肌内注射, 口服, 每日3~4次			0.4~1 mg/kg, 静脉注射或肌内注射; 1~2 mg/kg, 口服	0.4~1 mg/kg, 静脉注射或肌内注射; 1.6~2.8 mg/kg, 口服	0.4~1 mg/kg, 静脉注射或肌内注射
盐酸三氟丙嗪	1.1~2.2 mg/kg, 静脉注射; 2.2~4.4 mg/kg, 肌内注射	4.4~8.8 mg/kg, 肌内注射			0.22~0.33 mg/kg, 静脉注射或肌内注射(每匹马每日最大剂量100 mg)		

表19-21 镇痛药

药物	剂量						
	犬	猫	绍	家兔	马	牛	猪
阿片类镇痛药[a]							
叔丁啡	0.01~0.02 mg/kg, 皮下注射, 每日2次	0.005~0.01 mg/kg, 皮下注射或肌内注射, 每日2次	0.01~0.03 mg/kg, 静脉注射, 肌内注射或皮下注射, 每日2~3次	0.02~0.05 mg/kg, 皮下注射, 肌内注射或静脉注射, 每日2次			0.005~0.02 mg/kg, 肌内注射或静脉注射, 每日2~4次
酒石酸环丁甲二羟吗喃丁甲羟二羟吗喃	0.2~0.4 mg/kg, 肌内注射或皮下注射; 0.55 mg/kg, 口服, 每6~12 h给药1次	0.1~0.2 mg/kg, 静脉注射; 0.2~0.4 mg/kg,肌内注射或皮下注射, 每4~6 h给药1次	0.05~0.4 mg/kg, 肌内注射, 每4~6 h给药	0.1~0.5 mg/kg, 静脉注射, 每4 h给药1次	0.05~0.1 mg/kg, 静脉注射, 肌内注射或皮下注射	成牛: 20~30 mg, 颈静脉注射	0.1~0.3 mg/kg, 肌内注射
美托咪定	0.002~0.03 mg/kg, 肌内注射, 静脉注射或皮下注射	0.002~0.03 mg/kg, 肌内注射, 静脉注射		5~10 mg/kg, 肌内注射或皮下注射, 每2~3 h给药1次	0.2~0.4 mg/kg, 静脉注射; 1~3 mg/kg, 肌内注射或皮下注射	每头牛500 mg, 缓慢静脉注射, 肌内注射或皮下注射	1~2 mg/kg, 肌内注射或静脉注射
盐酸哌替啶	2~10 mg/kg, 肌内注射或皮下注射, 每2 h给药1次	2~5 mg/kg, 肌内注射, 每2 h给药1次	2~5 mg/kg, 肌内注射或皮下注射, 每2~4 h给药1次	2~5 mg/kg, 皮下注射, 每2~4 h给药1次	0.2 mg/kg, 静脉注射; 0.2~0.4 mg/kg, 肌内注射		0.2~1 mg/kg, 肌内注射, 每4 h给药1次
硫酸吗啡	0.22~0.88 mg/kg, 肌内注射, 缓慢静脉注射或皮下注射, 根据需要每4~6 h给药1次	0.1 mg/kg, 肌内注射或皮下注射, 根据需要给药	0.5~5 mg/kg, 肌内注射或皮下注射, 每日4次	1~2 mg/kg, 静脉注射, 每4 h给药1次			
纳丁啡	0.5~2.0 mg/kg皮下注射, 每4~8 h给药1次	1.5~3.0 mg/kg, 静脉注射, 每3 h给药1次		0.1~0.2 mg/kg, 每2~4 h给药1次	0.02~0.03 mg/kg, 静脉注射或肌内注射		0.075 mg/kg, 肌内注射
盐酸氧吗啡酮	0.05~0.1 mg/kg, 静脉注射, 肌内注射或皮下注射, 每1~3 h1次	0.025~0.05 mg/kg, 静脉注射, 肌内注射或皮下注射	0.05~0.2 mg/kg, 静脉注射, 肌内注射, 每日2~4次	10~20 mg/kg, 静脉注射, 或肌内注射, 每4 h给药1次; 5 mg/kg, 静脉注射, 每2~4 h给药1次	0.33 mg/kg, 静脉注射		2~5 mg/kg, 肌内注射, 每4 h给药1次
乳酸镇痛新	2~3 mg/kg, 肌内注射, 每4 h给药1次; 15 mg/kg, 口服, 每日3次		5~10 mg/kg, 皮下注射或肌内注射, 每4 h给药1次	1~2 mg/kg, 静脉注射, 每4 h给药1次			
非阿片类镇静止痛药							
甲苯噻嗪	0.5~1 mg/kg, 静脉注射; 1~2 mg/kg, 肌内注射或皮下注射	0.5~1 mg/kg, 静脉注射; 1~2 mg/kg, 肌内注射或皮下注射	1 mg/kg, 肌内注射或皮下注射		0.1~1 mg/kg, 静脉注射; 0.5~1.0 mg/kg, 肌内注射或皮下注射	0.05~0.1mg/kg, 静脉注射; 0.1~0.2 mg/kg, 肌内注射	2 mg/kg, 肌内注射
地托咪啶					0.02~0.04 mg/kg, 静脉注射或肌内注射		
非精神类镇痛药							
对乙酰氨基酚	15 mg/kg, 口服, 根据需要每日4次	禁忌	5~20 mg/kg, 口服, 每日1次		30~47.5 mg/kg, 口服, 每日2~4次	26 mg/kg, 静脉注射; 100~124 mg/kg, 口服, 每日2次	10~20 mg/kg, 口服, 根据需要每4 h给药1次

（续）

药物	犬	猫	貂	家兔	马	牛	猪
				剂量			
阿司匹林	10~25 mg/kg，口服，每日2次	10 mg/kg，口服，每48 h给药1次	0.5~20 mg/kg，口服，每日1~3次	1.5 mg/kg，口服，每日2次	0.7 mg/kg，肌内注射或皮下注射，每日1次	0.7 mg/kg，静脉注射、肌内注射或皮下注射，每日1次	50 mg/kg，静脉注射、肌内注射或皮下注射
卡洛芬	4 mg/kg，静脉注射或皮下注射，每日1次	4 mg/kg，静脉注射或皮下注射，每日1次			每匹马5~10 g，静脉注射或肌内注射，根据需要每日3次	50 mg/kg，静脉注射、肌内注射或皮下注射	50 mg/kg，静脉注射、肌内注射或皮下注射
安乃近	28 mg/kg，静脉注射、肌内注射或皮下注射或口服，每日3次	28 mg/kg，静脉注射、肌内注射、皮下注射或口服，每日3次					
氟尼克辛葡胺	1~2 mg/kg，口服、静脉注射或肌内注射，每日1次，最多给药3日	1 mg/kg，口服；0.3~1 mg/kg，肌内注射或皮下注射，每日1次，最多给药5日	0.5~2 mg/kg，皮下注射，每日1~2次	1.1 mg/kg，或肌内注射	1~2.2 mg/kg，静脉注射或肌内注射，每日1次	1.1~2.2 mg/kg，肌内注射或口服，每日1~3次	1~2 mg/kg，静脉注射或肌内注射，每日1次
布洛芬	5~10 mg/kg，口服，每日1~2次	5 mg/kg，口服，每日1次		10~20 mg/kg，静脉注射，每4 h1次			
消炎痛	10 mg/kg，口服，每日1次			10 mg/kg，静脉注射或口服，每4 h1次		1.5 mg/kg，每日1次	
酮洛芬	2 mg/kg，皮下注射、肌内注射或静脉注射，每日1次，连续3日；1 mg/kg，口服，每日1次，连续5日	1 mg/kg，每日1次，皮下注射，给药3日；或者口服，连续给药5日		3 mg/kg，肌内注射	2.2 mg/kg，静脉注射，每日1次	2.2 mg/kg，3 mg/kg，肌内注射，每日1次	
甲氯灭酸	2.2 mg/kg，口服，每日1次	2.2 mg/kg，口服，每日1次			2.2 mg/kg，口服，每日1次		
甲萘奈丙酸	初始剂量5 mg/kg，口服；维持剂量1.2~2.8 mg/kg，每日1次				5 mg/kg，静脉注射；10 mg/kg，口服，每日2次		
保泰松	22 mg/kg，口服，每日3次；15 mg/kg，静脉注射，每日3次，每只犬每日最大剂量0.8 g	15 mg/kg，静脉注射，每日3次；10~14 mg/kg，口服，每日2次			4.4 mg/kg，口服，每日2次，仅1日；2.2 mg/kg，口服，每日2次，连续4日；2.2 mg/kg，口服，每日1次或隔日1次	2~5 mg/kg，静脉注射；4~8 mg/kg，口服	2~5 mg/kg，静脉注射；4~8 mg/kg，口服

a. 推荐剂量的阿片类药物也可导致猫和马的兴奋。

用于治疗各种行为障碍，包括强迫性、刻板性、攻击性和不适当排泄等行为。抗抑郁药的作用机制是阻止5-羟色胺和/或去甲肾上腺素的再摄取或者减少神经递质的循环利用。此类药物产生效果都具有滞后性。

三环类抗抑郁药包括阿米替林（amitriptyline）、丙咪嗪（imipramine）、氯丙咪嗪（clomipramine）和多塞平（doxepin）。有病例报告表明，三环类抗抑郁药在治疗行为障碍时，各药的药效差异十分明显。这些药物的抗组胺作用，可用于由特异性过敏和食物过敏引起皮肤瘙痒症的辅助治疗。三环类抗抑郁药的不良反应包括呕吐、腹泻、过度兴奋、精神沉郁、心律失常（包括心动过速）、体位性低血压、瞳孔散大、流泪减少、流涎、尿潴留、便秘和体重增加。心电图中的QRS波群变宽是该类药物早期中毒的标志性表现。三环类抗抑郁药应用7～30 d后呈现药效。盐酸阿米替林（1～2 mg/kg）可用于治疗犬的分离焦虑症、焦虑导致的攻击性行为、屈服或兴奋导致的多尿症，以及过敏导致的皮肤瘙痒症。盐酸阿米替林（0.5～1 mg/kg）也可用于治疗猫的尿液标记症和高声嘶叫症。盐酸丙咪嗪（2.2～4.4 mg/kg，每日2～3次）可用于治疗犬由于屈服或兴奋导致的多尿症。盐酸氯丙咪嗪（1～3 mg/kg）可用于减少犬反复舔舐肉芽肿的行为，以及转圈和追逐尾部的机械性行为。在有些国家，盐酸氯丙咪嗪可用于治疗犬的分离焦虑症。犬应用多塞平的剂量为3～5 mg/kg。

选择性5-羟色胺再摄取抑制剂包括氟西汀（fluoxetine）、舍曲林（sertraline）和帕罗西汀（paroxetine），可用于治疗动物的精神性脱毛、过敏导致的皮肤瘙痒症、对畜主的攻击性行为、恐惧性行为、强迫性行为和尿标记症，应用7～30 d后呈现药效。最常见的不良反应是动物食欲改变和胃肠道症状，但有时也会出现癫痫症状。这些药物可抑制肝脏细胞色素P450酶的活性，因此可能存在药物间的相互作用。犬和猫口服氟西汀的剂量分别为1 mg/kg和0.5～1.0 mg/kg，每日1次。

（五）其他药物

单胺氧化酶抑制剂［如司来吉兰（selegiline）］可用于治疗犬的认知功能障碍。

第八节 生殖系统药物治疗学

参见生殖系统的治疗原则。

用于调节或控制生殖系统的药物往往是天然激素或化学修饰的激素。促性腺激素释放激素（GnRH）及其类似物多用于治疗卵巢囊肿、控制牛卵巢滤泡的发育动态、诱导母马或母犬的发情（脉冲式用药）、刺激睾丸的功能（例如检测隐睾病）。植入GnRH类似物（如地洛瑞林，deslorelin）可有效的诱导母马和母犬的发情及排卵，长时间的应用高剂量GnRH类药物，通过下调GnRH受体，引起长期（12个月或更长）可逆性不孕，从而达到母畜和公畜的避孕（如犬）。

促卵泡素（FSH）通常从动物的垂体腺提取，可刺激母畜卵泡生长和雌激素的合成，促进公畜的精子形成。促卵泡素可用于多种家畜的超数排卵，以及诱导母犬和母猫的发情。长期或大剂量使用促卵泡素，能引起囊性子宫内膜增生和卵泡囊肿等不良反应。

人绒毛膜促性腺激素（hCG）对家畜的作用与促黄体激素相似，可用于刺激性腺的发育，从而检测隐睾病及治疗牛或犬的卵巢囊肿。在家畜繁殖过程中，hCG也可用于促进母牛或母马成熟卵泡的排卵。人绒毛膜促性腺激素一般是非胃肠道方式给药，血浆药物浓度达到峰值时间需要大约6 h，主要分布于母畜的卵巢和公畜的睾丸，也有部分分布于肾脏近曲小管。

马绒毛膜促性腺激素在多数动物中具有FSH活性，在超数排卵和诱导发情时促进卵巢卵泡的生长。（参见发情的激素控制和繁殖管理）。

雌二醇酯类（如戊酸盐、环戊烷丙酸盐或丙酸盐）比雌二醇具有更长的持续作用时间。这些药物可用于诱导母犬、母马和母牛发情，治疗母犬尿失禁，对前列腺肿瘤和肛周肿瘤具有抗肿瘤活性。这些药物的应用或限制使用因不同国家而异。雌激素可导致犬和猫的骨髓生长抑制和潜在的致命性再生障碍性贫血，犬和猫的囊性子宫内膜增生也与雌激素的应用有关，而且对孕畜有致畸作用。由于这些潜在的并发症，雌激素不被推荐用于终止错配引起的妊娠。

人工合成非类固醇类化合物——己烯雌酚也具有雌激素活性，在美国，食品动物禁用己烯雌酚。雌激素颉颃剂（如三苯氧胺，tamoxifen）已被建议用于治疗犬的转移性乳腺癌。

孕酮（progesterone）和人工合成孕激素可用于抑制或延迟母犬和母猫的发情，也可用于行为矫正和皮肤疾病的治疗。母畜妊娠存在危险时应补充孕酮，如患有潜在内毒素血症的妊娠母马。小动物应用孕激素产生的不良反应包括诱发囊性子宫内膜增生、肾上腺皮质功能抑制、诱发或加重糖尿病和乳腺发育。米非司酮（mifepristone）一种孕酮受体颉颃剂，已试验性用作犬的堕胎药；环氧司坦（epostane）一种孕酮合成抑制剂，用于犬妊娠的终止。

睾酮（testosterone）可用于抑制发情（特别是比赛用灵狷犬）。二甲诺酮（mibolerone）一种微弱的雄性类固醇类激素，可用于抑制母犬发情。二甲诺酮因能加重肛周肿瘤而不能用于贝林登獚或猫。二甲诺酮口服给药后，在肠道吸收，在肝脏代谢，随粪便和尿液排出体外。长期服用睾酮可引起雄性动物的睾丸变性。非那司提（finasteride）一种5α-还原酶抑制剂，可阻止睾酮转化为5α-双氢睾酮，并能抑制雄激素对雄性附属性腺的活性。非那司提0.1~0.5 mg/kg，口服，每日1次，可用于治疗犬的良性前列腺增生。氟他米特（flutamide）能阻断双氢睾酮受体，具有与非那司提相同的作用。睾酮的化学修饰可增强其促进蛋白质合成的作用，同时减弱其雄性激素样作用。睾酮的化学修饰化合物包括十一碳烯酸去甲睾酮（boldenone undecylenate）、癸酸诺龙（nandrolone decanoate）、司坦唑醇（stanozolol），因促进蛋白质合成而用于疾病康复动物或竞技动物。长期使用可引起雌性和雄性动物的暂时性不孕不育。

前列腺素F$_{2\alpha}$（PGF$_{2\alpha}$）及其类似物主要利用其溶解黄体的作用，诱导各种动物的可预测发情或同期发情。PGF$_{2\alpha}$无论单独使用还是在牛和绵羊上联用糖皮质类激素或在犬上联用多巴胺类药物均可终止妊娠。这些化合物也可引起明显的子宫收缩，用于排出子宫蓄脓等病理状态下的子宫内容物。

催产素（oxytocin）可促进排乳，用于治疗无乳症，也可用于乳房炎的辅助治疗；可引起子宫收缩，诱发或增强产后子宫收缩力，促进子宫积液或胎衣的排出。催产素常通过静脉、肌内或皮下注射等胃肠道外方式给药。催产素还可通过鼻内给药，但其吸收不稳定。克伦特罗等β$_2$-受体激动剂可引起子宫松弛。β$_2$-受体激动剂用于推迟分娩（减少后备母牛的产科并发症）便于大家畜的分娩操作。美国禁止克伦特罗用于食品动物。

多巴胺类药物，例如溴隐亭（bromocriptine）或卡麦角林（cabergoline）等可降低血清中催乳素（prolactin）的浓度。他们可有效治疗犬的假孕，溴隐亭对犬的口服剂量为10 μg/kg，持续给药10 d；或者口服30 μg/kg，持续给药16 d；并可辅助前列腺素F$_{2\alpha}$终止妊娠，尽管美国没有批准这种应用。催乳素对包括犬在内的一些动物具有促黄体生成作用。

舒必利（sulpiride）等多巴胺颉颃剂可用于调节季节性繁殖动物，促进春季母马发情周期的发作。

在英国与新西兰褪黑激素（melatonin）专门用于提高羊（新西兰为山羊）早期的繁殖率和排卵率。皮下植入褪黑激素18 mg，再通过接触公羊，在繁殖季节可提高羊的繁殖力。

糖皮质激素类药物，尤其是C-16取代的地塞米松（dexamethasone）、倍他米松（betamethasone）和氟米松（flumethasone），多用于诱导反刍动物分娩。

如地塞米松20~30 mg，肌内注射，在正常足月的孕畜2周内可引起分娩。糖皮质激素的治疗用药可能会无意中导致流产。甲苯噻嗪（xylazine）和其他α$_2$-肾上腺素能药物可引起子宫收缩，对胎儿造成伤害或妨碍分娩操作。

生殖治疗对胎儿或新生仔畜的作用

妊娠或泌乳动物用药，对胎儿或新生仔畜的影响是生殖药理学的重要组成部分。很多因素影响药物通过胎盘的能力，包括各种动物的胎盘结构；但在一般情况下，脂溶性、非电离、低分子质量的药物较易通过胎盘。在抗菌药物当中，氨基糖苷类抗生素具有胎儿肾毒性和耳毒性，氟喹诺酮类药物影响胎儿软骨发育，四环素类药物影响胎儿骨骼和牙齿的发育。胎儿畸形与妊娠动物使用抗真菌药物灰黄霉素和酮康唑有关。所有的癌症化疗药物对发育的胎儿存在潜在的危害。糖皮质激素可导致幼犬的腭裂或其他缺陷。任何用于哺乳期动物的药物都需要考虑药物及其代谢物在乳中的排泄，以及对哺乳新生仔畜的影响。应遵守所有与药物应用或休药期相关法律和法规，确保提供人类食用的牛奶不能有潜在的有害残留物。

第九节　呼吸系统药物治疗学

参见呼吸系统的治疗原则。

用于治疗呼吸系统疾病的药物分为以下几类：镇咳药、支气管扩张药、祛痰药、减充血剂和呼吸兴奋药。另外，抗菌药、消炎药物在治疗多种呼吸疾病中发挥重要作用。

一、镇咳药

咳嗽反射的传入神经接受气管和支气管感觉神经的输入。呼吸道刺激和炎症刺激的传入神经能够兴奋位于延髓的咳嗽中枢。大部分的镇咳药是阿片制剂或类阿片类药物（表19-22），可抑制位于延髓的咳嗽中枢。镇咳作用并不是药物与传统的阿片受体结合的结果。

表19-22　镇咳药

药　物	剂　　量
吗啡	犬：0.1 mg/kg，肌内注射，每日3~4次
可待因	犬：1~2 mg/kg，口服，每日2~4次
氢可酮	犬：0.25 mg/kg，口服，每日2~4次
环丁甲二羟吗喃	犬：0.055~0.11 mg/kg，皮下注射，每日2~4次；或0.055~1.1 mg/kg，口服，每日2~4次

吗啡（morphine）应用低于镇痛和镇静的剂量可产生良好的镇咳作用。由于不良反应和潜在的滥用与成瘾性，吗啡通常不用于镇咳作用。由于存在显著的肝脏首过效应，吗啡的口服生物利用度很低。

可待因（codeine）又名甲基吗啡，吗啡的甲基化降低了首过效应，显著提高了口服生物利用度。磷酸可待因和硫酸可待因在临床上有多种制剂，包括片剂、口服液和糖浆剂。可待因的镇痛作用为吗啡的1/10，但是其镇咳效果几乎等同于吗啡。可待因的不良反应明显低于镇咳剂量吗啡的不良反应。可待因的毒性（特别是猫）主要有兴奋、肌肉痉挛、抽搐、呼吸抑制、镇静和便秘。胃肠道手术后不能应用可待因。可待因的潜在成瘾性和滥用显著低于吗啡。

氢可酮（hydrocodone）的化学和药理学与可待因相似，但其药效强于可待因。氢可酮联合抗胆碱药（后马托品，homatropine）可防止被人滥用。氢可酮可应用于指定的小动物，但猫应谨慎使用。

美沙芬（dextromethorphan）不与传统的阿片受体结合，不具有成瘾性或镇痛作用，因而技术上不属于阿片类药物。美沙芬为羟甲左吗喃（左啡诺，levorphanol）的右旋异构体，羟甲左吗喃的左旋异构体具有成瘾性和镇痛作用。虽然有建议美沙芬用于治疗咳嗽，但犬的药代动力学显示，美沙芬的消除半衰期较短，清除迅速，口服生物利用度较低，因此推荐其用作犬的口服镇咳药还存在异议。

环甲甲二羟吗喃（布托啡诺，butorphanol）属于阿片受体激动剂的颉颃药，用于犬的镇痛和镇咳。布托啡诺的镇痛作用强于吗啡，镇咳作用强于可待因，也可产生强烈的镇静作用。布托啡诺具有低的生物利用度，犬的口服剂量是皮下注射剂量的10倍。布托啡诺用于猫还存在争议。

二、呼吸道疾病的全身性疗法

（一）β-肾上腺素受体激动药

对治疗支气管收缩性呼吸道疾病具有良好的效果（表19-23）。支气管平滑肌受到β_2-肾上腺素受体支配，激活β_2-肾上腺素受体可增强腺苷酸环化酶活性，cAMP合成增加，引起支气管平滑肌松弛。激活肥大细胞上的β-肾上腺素受体，可减少肥大细胞中炎症介质的释放，但是其他炎症细胞不受抑制。有研究表明，β-肾上腺素受体激动药可增强呼吸道黏膜纤毛清除功能。

肾上腺素（epinephrine/adrenaline）兴奋α-受体和β-受体，除了扩张支气管之外，还具有显著的升高血压和兴奋心脏作用。肾上腺素用于治疗危及生命的强烈支气管收缩（如过敏反应），具有能够非特异

性兴奋其他受体及药效持续时间短等特点，因此肾上腺素不适用于长期治疗。常用的肾上腺素溶液的浓度为1 mg/mL。肾上腺素应用后立刻见效，持续作用时间为1～3 h。

表19-23　β-肾上腺素受体激动药

药　物	剂　量
肾上腺素	犬：0.05～0.5 mg，气管内给药或静脉注射 猫：0.1 mg，静脉注射或肌内注射 大动物：0.1 mg/kg，静脉注射、肌内注射或皮下注射
异丙去甲肾上腺素	犬：0.1～0.2 mg，肌内注射或皮下注射，每日4次 猫：4～6 μg，肌内注射，根据需要每30min注射1次 马：0.4 μg/kg，静脉注射（稀释）
特布他林	犬、猫：0.1mg/kg，皮下注射SC，每4h1次，或0.03 mg/kg，口服，每日4次 马：0.003 3 mg/kg，静脉注射，或0.2～0.6 mg/kg，口服，每日2次
沙丁胺醇	犬：0.05 mg/kg，口服，每日4次 马：8 μg/kg，口服，每日2次
克伦特罗	马：0.8～3.2 μg/kg，口服，每日2次

异丙去甲肾上腺素（isoproterenol）是一种强效的β-受体激动药，可选择性作用于β-受体，对心脏β_2-受体的作用，使其不适于长期使用。异丙去甲肾上腺素可通过吸入或者注射给药，药效持续时间较去甲短（<1 h）。50 mL生理盐水含0.2 mg异丙去甲肾上腺素的溶液缓慢静脉注射，可用于缓解马的急性支气管痉挛。心率增加1倍时，应停止使用异丙去甲肾上腺素。

特布他去甲林（terbutaline）是一种β_2-受体激动药，与异丙去甲肾上腺素相似，但作用持续时间较长（6～8 h）。患哮喘的猫长期应用糖皮质激素治疗时，经常发生强烈的支气管收缩，可将注射用特布他林给予畜主，在家中皮下注射特布他林0.01 mg/kg，大约15 min中止哮喘发作。当猫心率增加到240 次/min、呼吸频率下降50%时，表明特布他林发挥了治疗效果。特布他林也可用于长期口服治疗，剂量为每只猫0.625 mg（2.5mg片剂的1/4），每日2次。特布他林不适用于患有肥大性心肌病或青光眼的猫，因为β_2-受体兴奋将加重病情。特布他林可与甲基黄嘌呤支气管扩张药联用。

沙丁胺醇（albuterol）或称舒喘灵（salbutamol）与特布他林相似，主要用于犬和马的全身性给药。

克伦特罗（clenbuterol）常用于治疗马常发性呼

吸道阻塞。与治疗支气管痉挛疗效相矛盾的是，克伦特罗可显著增强患有支气管痉挛马的黏膜纤毛摆动。一般逐渐增加剂量直至获得满意的临床效果，如果最高推荐剂量仍没有效果，说明马患有不可逆性支气管痉挛。克伦特罗常见的不良反应是心动过速和肌肉震颤。克伦特罗可抑制子宫收缩，只有当产科操作需要时，才可用于妊娠后期。克伦特罗具有促进营养成分重新分布的作用，主要使脂肪组织的营养成分转移到肌肉组织。其结果是提高胴体重量，增加肌肉/脂肪的比例，提高饲料转化率。克伦特罗的残留对人类具有明显的毒性作用，故禁止应用于食品动物和用于屠宰的马。

（二）甲基黄嘌呤

尤其是茶碱属于支气管扩张药（表19-24）。茶碱曾经是治疗人哮喘的主要药物。由于茶碱的不良反应发生率较高，随着定量或盘型吸入剂等局部给药方式的发展，茶碱的应用受到限制。甲基黄嘌呤对各种器官系统具有不同的药理作用，包括松弛支气管平滑肌、兴奋中枢神经系统、轻微的利尿和心脏兴奋作用。

表19-24　甲基黄嘌呤支气管扩张药

药　物	剂　　量
茶碱（胃肠外）	犬：10 mg/kg，静脉注射（缓慢）或肌内注射 马：15 mg/kg，静脉注射（缓慢）
茶碱（口服）	犬：5～7 mg/kg，口服，每日3次 猫：3 mg/kg，口服，每日2次 马：10～15 mg/kg，口服，每日2次
茶碱（缓释片）	犬：20 mg/kg，口服，每日1次 猫：25 mg/kg，口服，每日1次 马：15 mg/kg，口服，每日1次
氨茶碱（胃肠外）	犬：10 mg/kg，静脉注射（缓慢） 猫、马：5 mg/kg，静脉注射（缓慢）
氨茶碱（口服）	犬：10 mg/kg，口服，每日3次 猫：5 mg/kg，口服，每日2次 马：15 mg/kg，口服，每日2次

甲基黄嘌呤对呼吸系统的作用源于多种细胞机制，其对腺苷的颉颃作用是目前认为最重要的作用机制。腺苷可诱导哮喘动物的支气管收缩并颉颃腺苷酸环化酶。腺苷酸环化酶可催化cAMP的合成，进而调控支气管平滑肌的松弛、抑制肥大细胞炎症介质的释放。甲基黄嘌呤也可抑制磷酸二酯酶，进一步增加了细胞内cAMP的浓度。甲基黄嘌呤也可抑制平滑肌的钙动员和前列腺素合成，增加储存颗粒中儿茶酚胺的释放，增加心肌和膈肌收缩蛋白中钙离子的供应。甲基黄嘌呤除了促进支气管平滑肌松弛，还可减少肥大

细胞中炎症介质的释放，增强黏膜纤毛的摆动。

茶碱（theophylline）有多种制剂可用，包括注射剂、水溶剂、酊剂、片剂和胶囊剂。茶碱的水溶性差，口服给药存在胃肠道刺激作用。氨茶碱是一种含有78%～86%茶碱的盐，水溶性强，口服胃肠道刺激较弱。其他茶碱盐类，如茶碱胆碱（oxytriphylline）（一种胆碱盐）也可应用，设计给药方案时需要考虑茶碱的含量。

适用于犬和猫的几种茶碱缓释制剂比常规制剂应用少。茶碱口服后吸收迅速而完全。根据人推断出茶碱的治疗血药浓度为5～20 μg/mL。动物对高浓度茶碱敏感，尤其是快速静脉注射后，即使血药浓度低于20 μg/mL也可出现中毒现象。茶碱片剂可停留在肠粪石（如猫的毛团病）中，并持续吸收导致中毒，可出现心律失常、中枢神经系统兴奋、震颤、抽搐、胃肠刺激等现象。茶碱可进行肝肠循环，不管在给药后的多长时间，出现临床毒性反应时推荐使用活性炭。红霉素、西咪替丁（cimetidine）、心得安（普萘洛尔，propranolol）、恩诺沙星和马波沙星可抑制茶碱的代谢，联合应用可导致茶碱中毒。利福平和苯巴比妥可诱导茶碱的代谢，需要增加茶碱的剂量。

茶碱可用于治疗犬和猫的心脏和呼吸疾病，也可用于治疗胸内气管塌陷和各种类型的犬支气管炎，但其效果低于糖皮质激素（如强的松）。茶碱或氨茶碱可用于治疗马常发性呼吸道阻塞，但疗效往往不佳，现已被β-受体激动型支气管扩张药所取代。茶碱应用于牛的临床经验很少，试验证据表明茶碱对牛的支气管扩张作用较弱。

（三）抗胆碱药

抗胆碱药（副交感神经阻断药）是有效的支气管扩张药，可降低刺激性受体的敏感性和抑制呼吸道迷走神经介导的胆碱能平滑肌的张力。胆碱能神经兴奋可引起支气管收缩，哮喘病例存在胆碱受体过度兴奋。

阿托品主要用于麻醉前给药，可防止心动过缓，减少呼吸道分泌物，也可用于有机磷酸酯中毒引起动物呼吸困难的急救。阿托品还用于马的急性支气管痉挛，低剂量静脉注射（0.014 mg/kg）比静脉注射茶碱的作用显著而且毒性低。应用0.022 mg/kg阿托品治疗马常发性呼吸道阻塞，可用于判断预后，如果该剂量的阿托品没有改善肺功能，则其不能用作支气管扩张药。阿托品应谨慎使用，低剂量即可引起马的心动过速、肠梗阻、神经紊乱和视力模糊。

胃长宁（格隆溴铵，glycopyrrolate）在人的药效是阿托品的两倍，但不能通过血脑屏障，起效比阿托品慢，但药效持续时间较长。马应用胃长宁的资料很

少，但可肌内注射2～3 mg，每日2～3次。

（四）糖皮质激素

糖皮质激素可抑制巨噬细胞和嗜酸性粒细胞中炎症介质的释放，但不抑制肥大细胞中颗粒的释放。糖皮质激素可抑制前列腺素、白三烯、血小板激活因子的合成，这三种物质在呼吸道疾病的病理生理学中发挥重要作用。研究表明，糖皮质激素可增强肾上腺素受体激动药对支气管平滑肌 α_2-受体的作用。由于具有免疫抑制作用，糖皮质激素应避免用于呼吸道传染病。

对于犬支气管炎、猫哮喘或常发性呼吸道阻塞的急性发作，静脉注射糖皮质激素可迅速的缓解病情。犬的长期治疗通常选择口服强的松（泼尼松，prednisone）。强的松是一种前体药物，肝脏代谢产生活性产物强的松龙。药代动力学研究表明，猫和马体内的强的松较少代谢为强的松龙。犬应用强的松的消炎剂量为0.5～1.0 mg/kg，长期治疗可采用隔日给药的方式。相似剂量的强的松龙可用于猫，如果应用强的松则需要加大剂量。猫对糖皮质激素有一定程度的耐受性，强的松长期治疗猫哮喘的剂量为每日1.0 mg/kg。另外，每三周肌内注射醋酸甲基泼尼松龙（methylprednisolone acetate）20 mg可治疗猫哮喘。静脉注射冲击剂量的糖皮质激素可急救呼吸困难的猫，强的松琥珀酸钠为5～10mg/kg，地塞米松磷酸钠为1～2 mg/kg。强的松龙应用于马时，可获得的小型片剂不便于应用，推荐地塞米松的马用口服制剂（10 mg/450kg）。马患急性支气管收缩和呼吸困难时，可静脉注射注射用地塞米松进行治疗。

（五）赛庚啶

由于5-羟色胺在过敏原引起的猫支气管收缩中发挥重要作用，5-羟色胺颉颃剂赛庚啶可辅助糖皮质激素和支气管扩张药治疗慢性哮喘猫的支气管收缩，赛庚啶的口服剂量为2 mg，每日1～2次。由于赛庚啶消除半衰期（12 h）较长，需要数日才能达到药物稳态浓度，4～7 d才能呈现临床效果。食欲中枢的赛庚啶5-羟色胺颉颃作用可刺激食欲，导致的体重增加是一个值得注意的问题。在给药的24 h内可出现嗜睡、抑郁和食欲增强。

（六）抗菌治疗

抗菌治疗在呼吸道炎性疾病治疗中起着举足轻重的作用。当气管微生物培养提示为细菌感染或支原体阳性时，应对猫进行抗菌治疗。支原体可从正常的犬分离得到，但正常的猫则无。多西环素、阿奇霉素和氟喹诺酮类药物对治疗支原体感染有效。兽疫链球菌（*Streptococcus zooepidemicus*）继发的细菌感染，可加重马呼吸道的炎性疾病，青霉素、头孢噻呋和甲氧苄

啶-磺胺很容易治愈该病。

三、呼吸道疾病的吸入疗法

治疗呼吸道炎性疾病的最新方法是雾化器或定量吸入器（metered-dose inhalers，MDI）的吸入疗法。应用吸入疗法，通过雾化器或定量吸入器高浓度的药物直接进入肺部，避免或减少了全身性的不良反应。吸入的支气管扩张药和消炎药呈现药效的时间，短于口服或注射给药的方式。雾化器应用于动物的时间较长，但药物分布的总体效率较低，对于畜主来讲设备较笨重且不方便。通过定量吸入器用药治疗人哮喘是很普遍的，似乎也有利于动物给药。人类的定量吸入器设计是在缓慢的深深吸气的动作之后，药物达到最佳的肺部分布。然而，这对于动物是不可能的，可在定量吸入器中增加隔离片使其可应用于动物。单独使用定量吸入器时，高达80%的吸入药量沉积在口咽部，而隔离片减少了药物沉积在口咽部，减少了全身性药物吸收作用。即使在人医，不同的吸入哮喘药物的相对效能、不良反应的风险、适宜剂量仍然不清楚。可在定量吸入器中应用的药物包括 β_2-受体激动药、糖皮质激素、异丙托溴铵、色氨酸钠和奈多罗米。每个定量吸入器设计了每次吸入所释放的药物剂量。美国定量吸入器的标签是释放进入喉舌的药物剂量；而加拿大和欧盟定量吸入器的标签是阀门释放的药物剂量。为了方便客户，定量吸入器通过颜色标志以帮助识别。

（一）β_2-受体激动剂

定量吸入器中沙丁胺醇等短效 β_2-受体激动剂，是治疗支气管收缩急性发作的常用药物，他们可松弛平滑肌并能迅速增加空气流量。虽然可有效缓解症状，但 β_2-受体激动剂不能控制炎症，单一治疗可能会加重呼吸道疾病，并且已经证实可增加人类哮喘的发病率和死亡率。长期治疗后机体可对药物产生耐受性。

沙美特罗（salmeterol）是一种长效 β_2-受体激动药，其起效缓慢（15～30 min），但药效持续时间超过12h。沙美特罗不推荐用于急性支气管收缩，但可每日伴随糖皮质激素使用，比简单地增加糖皮质激素剂量能更好地控制症状。不是所有国家都可以应用含沙美特罗的定量吸入器。

（二）糖皮质激素

吸入型糖皮质激素是最有效的吸入消炎药物。在人医上，早期应用吸入型糖皮质激素可改善哮喘症状、恢复肺功能并可防止不可逆性呼吸道损伤。慢性炎症应用吸入糖皮质激素的潜在不良反应可被其疗效所平衡。人类最常见的药物不良反应包括口腔念

珠菌病（鹅口疮）、发声困难、反射性咳嗽及支气管痉挛。定量吸入器中隔离片的应用可降低这些不良反应。吸入糖皮质激素的全身性不良反应（如抑制下丘脑-垂体轴）的风险低于口服强的松治疗。吸入型糖皮质激素的制剂包括氟替卡松（fluticasone）、倍氯米松（beclomethasone）、氟尼缩松（flunisolide）、氟羟氢化强的松（去炎松，triamcinolone）。目前认为氟替卡松的药效持续时间最长。

（三）异丙托溴铵

异丙托溴铵（ipratropium）是阿托品的季铵盐衍生物，但降低了阿托品的不良反应，临床可用每吸一次释放500 μg药量的定量吸入器。哮喘病人在吸入短效 β_2-受体激动药不能有效缓解症状时，异丙托溴铵可作为辅助的缓解药物来减轻支气管收缩。异丙托溴铵的抗胆碱作用也可减少黏液性分泌物。在猫哮喘试验模型中，长期抗原致敏能增强毒蕈碱型受体对乙酰胆碱的反应。抗胆碱药对毒蕈碱型受体的调节可用于治疗猫哮喘。目前，还没有关于异丙托溴铵用于猫的报道。但是，有报道异丙托溴铵可有效治疗马常发性呼吸道阻塞。异丙托溴铵吸入后吸收较少，因此不会引起全身性抗胆碱作用。

（四）色甘酸钠和奈多罗米

色甘酸钠（cromolyn sodium）和奈多罗米钠（nedocromil sodium）为氯离子通道阻断剂，可调节肥大细胞介质释放和嗜酸性粒细胞的趋向。他们均可应用于定量吸入器中。色甘酸钠和奈多罗米钠对人的安全性均较高，据报道，奈多罗米钠具有更广泛的效果。在人医上，色甘酸钠和奈多罗米钠的临床反应比对糖皮质激素更难以预料。目前还没有色甘酸钠和奈多罗米用于猫哮喘和犬支气管炎的报道，但是，应用奈多罗米钠气雾剂进行预处理，可减轻病毒诱导的比格幼犬呼吸道炎症。有必要进一步研究色甘酸钠和奈多罗米钠应用于哮喘猫后，能否增强猫对脱粒肥大细胞释放5-羟色胺的敏感性。

（五）建议治疗方案

犬和猫呼吸困难的紧急给药，可每隔5 min喷2~4次沙丁胺醇（舒喘灵），直到临床症状得到缓解。辅助治疗包括输氧和静脉注射速效的糖皮质激素。

目前推荐沙丁胺醇治疗猫哮喘和慢性犬支气管炎，需要扩张支气管时并用氟替卡松220 μg，每日2次。对于沙丁胺醇治疗初期只有轻度疗效的动物，可口服1 mg/kg的强的松或强的松龙，5日为一疗程，对其疗效可能有所帮助。对于有些疗效的动物，可隔日口服1 mg/kg的强的松或强的松龙。应用异丙托溴铵、奈多罗米或色甘酸钠进行辅助治疗，可能对某些患畜有效，因此必须对每个患畜进行单个治疗。

对于马常发性呼吸道阻塞的治疗，推荐外部用药和支气管扩张药与消炎治疗的联合应用。目前推荐每2 h应用500 μg沙丁胺醇，需要时可并用氟替卡松2~4 μg/kg，每日2次；也可并用倍氯米松1~3 μg/kg，每日2次。但与氟替卡松相比，倍氯米松可使马肾上腺皮质功能抑制更为严重。

四、祛痰药与黏液溶解药

祛痰药（expectorants）和黏液溶解药（mucolytic drugs）可用于加快支气管分泌物的排出，增强支气管渗出液的清除，促进咳嗽的产生。盐类祛痰药可刺激胃黏膜，通过迷走神经介导的反射活动促进支气管黏液分泌。但是，还无设计良好的研究支持这一主张。这类药物包括氯化铵、碳酸铵、碘化钾、碘化钙、二氢碘酸乙二胺（ethylenediamine dihydroiodide）。含碘药物不能用于孕畜、甲状腺功能亢进的患畜和泌乳母畜。

呼吸道分泌物直接刺激药包括桉树油、柠檬油等挥发油，可直接增加呼吸道分泌物，但对动物的疗效未知。

愈创甘油醚是一种中枢性肌肉松弛药，还具有祛痰作用。愈创甘油醚可通过迷走神经途径促进支气管分泌。支气管分泌物的数量和黏度不变，但可促进呼吸道对颗粒的清除。愈创甘油醚是一种常见的人类感冒药成分，常与美沙芬联合应用。

N-乙酰半胱氨酸（N-acetylcysteine）常用10%的溶液，用于雾化给药。N-乙酰半胱氨酸溶解黏液作用是由其分子中巯基与黏蛋白的二硫键结合所致。乙酰半胱氨酸有助于分解黏痰并促进其清除。乙酰半胱氨酸可增加氧自由基清除剂谷胱甘肽的水平。雾化乙酰半胱氨酸的刺激可引起反射性支气管收缩，因此应先使用支气管扩张药。

登溴克新（dembrexine）是一种酚苄胺，在有些国家可用于治疗马呼吸系统疾病。登溴克新可改变异常呼吸道黏液的成分和黏度，提高呼吸道清除效率。登溴克新还具有镇咳作用和提高肺脏分泌物中抗生素浓度的作用。临床常用登溴克新制粉剂，混于饲料中口服给药，剂量为0.33 mg/kg，每日2次。

五、减充血剂

减充血剂常用于治疗人的过敏性鼻炎，但动物很少应用该制剂。α-肾上腺素受体激动药可引起黏膜局部血管收缩，从而减轻肿胀和水肿。他们可局部用药，作为过敏性鼻炎和病毒性鼻炎的鼻腔减充血剂；或者作为呼吸道减充血剂，与抗组胺药联用全身给药。在人医上，抗组胺药与α-肾上腺素受体激动药联用，可有效治疗过敏性鼻炎，但在动物中的有效性尚未证实。局部应用α-肾上腺素受体激动药的作用时间仅数分钟且不良反应小，但长期使用可引起充血的反弹和黏膜损伤。全身应用α-肾上腺素受体激动药可导致高血压、心脏兴奋、尿潴留、中枢神经系统兴奋、瞳孔散大。全身应用抗组胺药物具有镇静作用。

六、呼吸兴奋药

多沙普仑（doxapram）可兴奋延髓呼吸中枢、刺激主动脉和颈动脉化学感受器，从而增加潮气量。高剂量给药可兴奋中枢神经系统的其他部位。多沙普仑主要用于麻醉过程中的紧急情况或减弱阿片类和巴比妥类药物对呼吸的抑制作用。犬和猫静脉注射多沙普仑的推荐剂量为1～5 mg/kg，或1～2滴滴于呼吸暂停的新生仔畜舌下。成年马静脉注射多沙普仑的剂量为0.5～1.0 mg/kg，幼驹每分钟静脉注射（应小心）0.02～0.05 mg/kg。

第十节　泌尿系统药物治疗学

参见泌尿系统的治疗原则。

一、细菌性尿道感染

细菌性尿道感染（urinary tract infections，UTI）一般是皮肤和胃肠道的菌群扩散至尿道，并攻克泌尿道防御体系的结果。细菌性尿道感染是犬最常见的传染性疾病，犬的一生中发生细菌性尿道感染的时间达到14%。而猫不常发生，大动物则更为罕见。患有下泌尿道疾病的幼猫，其尿液经细菌学检查通常为无菌尿。然而，50%以上患有尿道疾病的老龄猫，则表现细菌性尿道感染，其中大约2/3的猫患有肾功能衰竭。反刍动物的细菌性尿道感染，与雌性动物的导尿或分娩密切相关，也与雄性动物的尿结石有关。马的尿道感染不常见，主要与膀胱麻痹、尿结石或尿道损伤相关。

与人类不同，患病动物的尿道感染往往无临床症状，仅偶尔发现。不经治疗的尿道感染可导致包括下泌尿道功能紊乱、尿结石、前列腺炎、不孕不育、败血症、疤痕性肾盂肾炎和最终的肾功能衰竭。凝固酶阳性的葡萄球菌可参与犬磷酸铵镁结石的形成。未绝育犬的尿道感染常扩散到前列腺。由于血液-前列腺屏障的作用，根除前列腺内的细菌是十分困难的，而且相应的治疗可引起尿道再次感染，从而导致全身性菌血症、生殖道其他部位的感染和前列腺内脓肿。

以往大量的研究表明，犬和猫无论急性还是复发性尿道感染，最常见病原菌为大肠埃希菌。大肠埃希氏菌、链球菌和肠球菌在马尿道感染中占主导地位；而肾棒状杆菌和大肠埃希菌则是反刍动物尿道感染的主要病原菌；由多种病原菌引起的犬和猫尿道感染比单一病原菌感染大约多30%。免疫功能低下动物可见念珠菌等真菌的尿道感染。

应用抗菌药是治疗尿道感染的主要方法，反复出现尿道感染的动物常用的抗菌药见表19-25。抗菌药对病理生理学原因诱发的动物尿道感染常常是无效的，而且还可促进细菌耐药性的产生。高度耐药细菌引起的慢性尿道感染可严重限制治疗药物的选用。

表19-25　常用于小动物尿道感染的药物

药　　物	剂　　量	主要抗菌活性	平均尿药浓度（μg/mL）
阿莫西林	11 mg/kg，口服，每日3次	葡萄球菌、链球菌、肠球菌、变形杆菌	201
氨苄西林	25 mg/kg，口服，每日3次	葡萄球菌、链球菌、肠球菌、变形杆菌	309
阿莫西林-克拉维酸	25 mg/kg，口服，每日3次	葡萄球菌、链球菌、肠球菌、变形杆菌	201
头孢氨苄/头孢羟氨苄	30 mg/kg，口服，每日3次	葡萄球菌、链球菌、变形杆菌、大肠埃希菌、克雷伯菌	500
头孢维星	8 mg/kg，皮下注射，每隔14 d	变形杆菌、大肠埃希菌	无
头孢泊肟	5～10 mg/kg，口服，每日1次	变形杆菌、大肠埃希菌	无
头孢噻呋	2.0 mg/kg，皮下注射，每日1次	变形杆菌、大肠埃希菌	8
脱氧土霉素/多西环素	5 mg/kg，口服，每日2次	链球菌，在尿药浓度高时对葡萄球菌和肠球菌有一定的抗菌活性	50
恩诺沙星二氟沙星奥比沙星麻保沙星	5～10 mg/kg，口服，每日1次	葡萄球菌、部分链球菌、部分肠球菌、大肠埃希菌、变形杆菌、克雷伯菌、假单胞菌、肠杆菌	200（恩诺沙星）

（续）

药 物	剂 量	主要抗菌活性	平均尿药浓度（μg/mL）
庆大霉素	4~6 mg/kg，皮下注射，每日1次	葡萄球菌、部分链球菌、部分肠球菌、大肠埃希菌、变形杆菌、克雷伯菌、假单胞菌、肠杆菌	107
呋喃妥因	5 mg/kg，口服，每日3次	葡萄球菌、部分链球菌、部分肠球菌、大肠埃希菌、变形杆菌、克雷伯菌、肠杆菌	100
四环素	18 mg/kg，口服，每日3次	链球菌，在尿药浓度高时对葡萄球菌和肠球菌有一定的抗菌活性	300
甲氧苄啶-磺胺药物	15 mg/kg，口服，每日2次	葡萄球菌、链球菌、变形杆菌、大肠埃希菌，对肠球菌和克雷伯菌有一定的抗菌活性	55/246

（一）抗菌治疗

对于上述尿道感染，在未得到尿液细菌培养结果时，许多兽医往往凭借经验应用抗菌药物进行治疗。这种方法是不推荐的，因为兽医不能准确的预测病原体或者保证应用最有效的抗菌药。

抗菌药在尿液中的高浓度与治疗无并发症膀胱炎的疗效密切相关。但是，在肾盂肾炎等复杂情况下，组织内抗菌药的浓度对于疗效是同样重要的。多数抗菌药主要经肾脏排泄，所以尿中药物浓度可达到血药峰浓度的100倍。肾脏排泄药物包括很多过程，例如肾单位不同部位的分泌和/或重吸收，其依据药物的分子结构、药物的解离常数、小管液的pH及其与蛋白结合的程度。尿道内尿液的流动是抵御病原体侵入的组成部分，因尿液流动可冲洗尿道上皮组织表面。尿液中高浓度的抗菌药对于清除尿液中的细菌是很重要的，但对于膀胱壁或者肾脏组织感染，必须使用在组织中达到有效浓度的抗菌药。血浆或血清中抗菌药浓度是肾脏或膀胱组织中抗菌药浓度的有效替代指标。

所选择的抗菌药除了具有适当的抗菌活性和在尿液达到有效浓度外，还应具有便于给药、不良反应少和价格相对较低等特点。在获得尿液细菌培养与药敏试验结果后，通过细菌的最低抑菌浓度与平均尿药浓度的比较，从而选择适宜的抗菌药。

阿莫西林（amoxicillin）和氨苄西林（ampicillin）为杀菌性抗菌药，毒性相对较低，抗菌谱较青霉素广。他们对葡萄球菌属、链球菌属、肠球菌属和变形杆菌属具有良好的抗菌活性，在尿中药物对大肠埃希菌和克雷伯菌属也有抗菌作用，对假单胞菌属和肠杆菌属无抗菌活性。由于在胃肠道吸收良好，阿莫西林在犬和猫的生物利用度优于氨苄西林，因此应用剂量相对较低。此外，氨苄西林的吸收还受到进食的影响，所以阿莫西林的疗效可能更好。阿莫西林和氨苄西林同青霉素一样为弱酸性，具有低分布容量，使其在大动物的附属性腺和犬的前列腺液中不能达到治疗浓度。

由于克拉维酸的存在，增加了阿莫西林-克拉维酸（amoxicillin-clavulanic acid）中阿莫西林对革兰氏阴性菌的抗菌谱。克拉维酸与β-内酰胺酶的不可逆性结合，保证了阿莫西林与细菌性病原体的相互作用。这种组合对产生β-内酰胺酶的葡萄球菌属、大肠埃希菌和克雷伯菌属具有良好的抗菌活性。假单胞菌属与肠杆菌属对阿莫西林-克拉维酸仍然具有耐药性。克拉维酸经过肝脏代谢和排泄后，阿莫西林-克拉维酸在膀胱中的大部分抗菌活性可能均由尿液中高浓度的阿莫西林产生。因此，尽管阿莫西林的药敏试验不理想，但临床上阿莫西林治疗尿道感染与克拉维酸-阿莫西林同样有效。

头孢羟氨苄（cefadroxil）和头孢氨苄（cephalexin）为第一代头孢菌素类抗生素。头孢羟氨苄的兽用制剂是混悬液，而头孢氨苄的兽用制剂是人医的片剂或混悬液。他们与青霉素类抗生素相似，为杀菌性、低分布容量的酸性药物，并且相对无毒。犬和猫应用头孢菌素类抗生素可出现呕吐和其他消化道反应。头孢菌素类抗生素比青霉素类抗生素对β-内酰胺酶具有较高的稳定性，所以对葡萄球菌属和革兰氏阴性菌具有更强的抗菌活性。头孢羟氨苄和头孢氨苄对葡萄球菌、链球菌、大肠埃希菌、变形杆菌属和克雷伯菌属具有良好的抗菌活性，而假单胞菌属、肠球菌属和肠杆菌属对其耐药。

头孢维星（cefovecin）为注射用第三代头孢菌素类药物，被批准用于治疗由大肠埃希菌和变形杆菌属引起的尿道感染。皮下注射给药的有效治疗浓度可持续14 d，这特别有利于那些暴躁动物的治疗。

头孢泊肟（cefpodoxime）是口服用第三代头孢菌素类抗生素，在美国被批准用于治疗犬的皮肤感染

（伤口和脓肿），但也用于治疗标签用途外的犬尿道感染。头孢泊肟在犬体内有相对较长的半衰期，因此仅每日用药1次。

头孢噻呋（ceftiofur）是一种注射用头孢菌素类抗生素，被批准用于治疗马和牛的呼吸道疾病，以及大肠埃希菌和变形杆菌属引起的犬尿道感染。头孢噻呋的药代动力学特性明显不同于其他头孢菌素类抗生素。头孢噻呋注射后立即被代谢为去呋喃甲酰头孢噻呋（desfuroylceftiofur），其抗菌活性不同于母体化合物。去呋喃甲酰头孢噻呋对大肠埃希菌的抗菌活性（MIC为4 μg/mL）与头孢噻呋相同，对葡萄球菌的抗菌活性则大大降低，而对变形杆菌属的抗菌活性（MIC为0.5～16 μg/mL）则较为复杂多变。由于去呋喃甲酰头孢噻呋的不稳定性，导致头孢噻呋的平皿药敏试验结果与其对某些病原菌治疗效果不相符。假单胞菌属、肠球菌属和肠杆菌属对头孢噻呋和去呋喃甲酰头孢噻呋具有耐药性。头孢噻呋引起犬的血小板减少和贫血与其用药持续时间和剂量相关，这是推荐给药方案没有预料到的。

氟喹诺酮类药物中恩诺沙星（enrofloxacin）、奥比沙星（orbifloxacin）、二氟沙星（difloxacin）和马波沙星（marbofloxacin）被批准用于治疗犬的尿道感染，虽然均可用于猫，但仅某些药物用于治疗猫的尿道感染。氟喹诺酮类药物为酸碱两性的杀菌药物，同时具有酸性和碱性的特性，在生理pH（6.0～8.0）下具有较强的脂溶性，从而具有较高的分布容积。氟喹诺酮类药物通常对葡萄球菌属和革兰氏阴性菌具有良好的抗菌活性，但对链球菌属和肠球菌属的抗菌活性则较为复杂多变。这类药物的治疗优势在于对革兰氏阴性菌的抗菌活性高和脂溶性高。他们是唯一口服治疗假单胞菌属感染有效的抗菌药。氟喹诺酮类药物适用于革兰氏阴性菌引起的尿道感染，特别是假单胞菌属引起的感染。因氟喹诺酮类药物易渗入前列腺和在脓肿中活性较高，也适用于未绝育雄犬的尿道感染。氟喹诺酮类药物为浓度依赖性杀菌药，具有较长的抗菌后效应，因此每日1次的高剂量用药在相对较短的时间内是有效的。

氟喹诺酮类药物应避免低剂量的长期应用，否则可促进耐药细菌的出现，这些耐药菌株往往对其他抗菌药具有交叉耐药性。涉及假单胞菌属感染的病例，应仔细检查机体潜在的病理学变化，应予全部治愈，否则一旦假单胞菌对氟喹诺酮类药物产生耐药性，无其他药物便于兽医和畜主应用。

庆大霉素（gentamicin）和其他氨基糖苷类抗生素均含有极性较强的分子（水溶性），因此他们的分布容积较低，而且不能通过血液-前列腺屏障。氨基糖苷类抗生素口服不易吸收，必须通过静脉注射、肌内注射或皮下注射给药。氨基糖苷类抗生素与氟喹诺酮类药物的抗菌谱特征相似，除了短期应用，胃肠道外注射给药和中毒的危险性，限制了氨基糖苷类抗生素用于治疗尿道感染。与氟喹诺酮类药物相似，氨基糖苷类抗生素也是浓度依赖性杀菌药，具有较长的抗菌后效应，每日1次给药在短期内是有效的，并最大限度地降低了肾脏毒性。在住院或门诊治疗时，对氟喹诺酮类药物产生耐药性细菌引起的尿道感染，可选用氨基糖苷类抗生素，然而，必须强调查明并消除潜在的病理学变化的重要性。

呋喃妥因（nitrofurantoin）的人医制剂有片剂、胶囊和儿童用的混悬液，兽医临床应用较少。呋喃妥因经常用于人的尿道感染，但其分布容量较低，仅在尿液中达到有效治疗浓度。呋喃妥因常用于由大肠埃希氏菌、肠球菌属、葡萄球菌属、克雷伯菌属和肠杆菌属引起的感染。耐受呋喃妥因的细菌对其他抗菌药无交叉耐药性。然而，需要每日多次给药，使用很不方便。

四环素类抗生素（tetracyclines）为酸碱两性抑菌药，在体内分布容积较高。四环素类抗生素为广谱抗菌药，由于质粒介导的耐药性，使其对葡萄球菌属、肠球菌属、肠杆菌属、大肠埃希菌、克雷伯菌属和变形杆菌属的敏感性经常改变。在多数组织中，假单胞菌对其具有耐药性。四环素类抗生素以原形随尿液排出，因此尿液中高浓度药物可发挥较好的治疗效果。

多西环素（强力霉素，doxycycline）是一种脂溶性四环素类抗生素，猫有良好的耐受性，在前列腺可达到有效治疗浓度，所以常应用其治疗某些尿道感染。如果以胶囊形式给药，用药后的饮水以确保胶囊进入胃内是至关重要的。如果胶囊停留在食管里，随之而来的食管狭窄可导致严重的局部坏死。

甲氧苄啶-磺胺药物是两种不同药物的组合，通过对细菌叶酸代谢途径不同步骤的抑制，发挥协同作用。甲氧苄啶为抑菌药，具有分布容积高和半衰期短的特性；而磺胺药物为酸性抑菌药，分布容积适中，半衰期较长（从6 h至超过24 h不等）。甲氧苄啶与磺胺药物的最佳抗菌浓度比为1∶20，但临床上常用1∶5的配比。虽然药敏试验结果是甲氧苄啶与磺胺药物最佳配比为1∶20，但两种药物组合后的广泛多变的药代动力学特性，很难确定某种给药方案，可使感染部位的甲氧苄啶与磺胺药物的配比是1∶20。尽管甲氧苄啶-磺胺药物能够穿透血液-前列腺屏障，但死亡的中性粒细胞释放出对氨基苯甲酸，使磺胺药物对化脓性组织无效。甲氧苄啶-磺胺药物对葡萄球菌属、链球菌属、大肠埃希菌和变形杆菌属具有增效抗菌作用，对肠球菌属和克雷伯菌属的抗菌活性则复杂多变，而假单胞菌属对其耐药。甲氧苄啶与磺胺药物的一些不良反应常相关联，长期低剂量应用可导致犬的骨髓抑制和干性角膜结膜炎（keratoconjunctivitis sicca）。

（二）给药方案

尿道感染的疗程通常建议为7~21d，主要根据动物（如绝育或未绝育的雄犬）、抗菌药的抗菌活性、尿液中药物浓度，以及患者的病理变化和病原体致病力的不同而制订。氟喹诺酮类药物和氨基糖苷类抗生素通常短期给药即可见效，而一些时间依赖性抗菌药通常需要一个较长的疗程。前列腺炎的犬或其他复杂病变的动物（如肾盂肾炎和膀胱结石）需要4~6周的治疗才能彻底清除细菌。犬应在睡眠及分娩前应用抗菌药，以保证尿液中高浓度药物维持更长时间。

在应用抗菌药4~7d后，如动物需要继续治疗，应进行尿液的细菌培养，以确定抗菌药的有效性。如果观察到相同或不同的病原菌，应及时更换抗菌药，4~7d后再进行尿液的细菌培养。在抗菌治疗结束后7~10d也应进行尿液的细菌培养，以确定尿道感染是否痊愈或复发。

（三）多发性尿道感染的控制

如果尿道感染一年只发生1~2次，则被视为一种急性非复杂性尿道感染。如果经常发生尿道感染，并且诱发的原因不清或不能根除，那么长期低剂量的抗菌药治疗有助于控制病情，因为尿液中低浓度的抗菌药，可干扰某些病原菌菌毛的生长，从而阻止病原菌黏附尿道上皮。

80%的复发性尿道感染是由不同的菌株或不同种属的细菌引起，因此抗菌药的药敏试验仍具有指导作用。与上述尿液的细菌培养方法相同，当结果为阴性时，则需要继续应用抗菌药每日总剂量的1/3，每日1次。抗菌药应在夜间给药，以最大限度地提高膀胱中药物浓度。适合于长期低剂量应用的抗菌药包括阿莫西林、氨苄西林、阿莫西林-克拉维酸、多西环素、头孢氨苄、头孢羟氨苄、头孢泊污和头孢维星。犬可应用甲氧苄啶-磺胺药物，但每日应该补充叶酸（15 mg/kg，每日2次），以防止骨髓抑制；长期用药可出现干性角膜结膜炎。长期治疗期间，每隔4~6周应进行一次尿液的细菌培养，只要结果为阴性，抗菌药治疗就应再持续6个月。如果出现细菌，则应选择合适的抗菌药按照急性尿道感染进行治疗。尿液中无细菌6个月后，停止长期低剂量的抗菌药治疗，患病动物一般不再复发。在某些情况下，复

发性尿道感染，可使这种长期抗菌药治疗方案持续数年。

（四）治疗失误

抗菌药的初期治疗对大多数尿道感染的效果显著，但对某些病例无效或出现反复发作。治疗失败的原因可能是复发或再次感染。复发是指停止抗菌治疗短期内出现同种细菌引起的尿道感染再次发生。复发的原因包括抗菌药选择不当、细菌产生耐药、混合感染而没有根除所有的细菌、不适当的给药方案（包括剂量、疗程、给药间隔时间）或者是治疗方案没有得到良好的实施等。在前列腺炎或肾盂肾炎等隔离感染的情况下，抗菌药在组织内无法达到有效的组织浓度而导致治疗失败。再次感染是指由不同于以前种属的细菌引起尿道感染的再次发生。再次感染的原因包括尿液抑菌特性的降低（如糖尿）、尿道上皮屏障功能的破坏、免疫功能的降低、尿道结构或功能的改变，以及尿潴留等。如果这些问题不能得到纠正，则需要长期应用抗菌药治疗，以防止尿道感染的再次发作。抗菌治疗停止后，相对于复发，再次感染的发生间隔时间较长。

二、真菌性尿道感染

犬和猫的真菌性尿道感染较为少见，而且多由念珠菌引起。在尿液中发现念珠菌属可能是样品污染，然而连续两次穿刺收集的尿液样品中发现念珠菌属，即为确切的感染指征。治疗方法包括消除潜在的诱发因素（如过度的内源性或外源性糖皮质激素，导尿管），以及碱化尿液或非碱化尿液下应用抗真菌药物。氟康唑是治疗念珠菌性膀胱炎的首选抗真菌药物。猫口服剂量为每只50 mg，每日1~2次；犬的剂量为每日2.5~5 mg/kg，分2次口服。消除真菌感染的治疗持续时间是不确定的，但最短也需要7 d。

三、利尿药

利尿剂用于促进水肿或体液容量超负荷动物体内水的排出、调节离子平衡紊乱，以及降低血压和肺动脉楔压（表19-26）。依据利尿药的作用机制可分为髓袢利尿药、碳酸酐酶抑制剂、噻嗪类利尿药、渗透性利尿药和保钾利尿药。每种利尿药的应用和效果取决于其作用机制和作用部位。不同种类利尿药的电解质排泄的类型不同，而同种类利尿药的最大效应相同。因此，如果一类利尿药中的一种药物无效，那么此类别的其他种药物也可能无效。不同种类的利尿药配伍使用，可产生相加效应或潜在的协同效应。

表19-26 利尿药的剂量

药　物	剂　量
呋塞米	4～6 mg/kg，肌内注射，IM或SC，用于急性治疗 犬：2～4 mg/kg，口服，每日1～3次 猫：1～2 mg/kg，口服，每日1～2次 大动物：0.5～1.0 mg/kg，静脉注射或肌内注射，每日1次
双氢克尿噻	犬和猫：2～4 mg/kg，口服，每日1～2次
氯噻嗪	犬和猫：20～40 mg/kg，口服，每日1～2次
螺甾内酯	犬：2～4 mg/kg，口服，每日2次
甘露醇	0.25～0.50 g/kg，静脉注射
二甲基亚砜	大动物：1 g/kg，静脉注射或鼻胃管灌服

（一）呋塞米

呋塞米（呋喃苯胺酸，速尿，furosemide）是一种磺酰胺衍生物，为最常用的兽用利尿药。呋塞米属于髓袢利尿药，通过抑制髓袢升支粗段对钠离子和氯离子的重吸收，促进钠离子、氯离子和水随尿排出。呋塞米在利尿开始前可产生有益的血流动力学效应，血管扩张致使肾血管流量和血液灌注量增加，从而降低体液潴留。显然，肾血管的扩张依赖于肾脏局部的前列腺素合成。

大多数动物的呋塞米消除半衰期较短（约15 min），在静脉注射给药30 min后或口服给药1～2 h后达到峰效应。静脉注射和口服给药的利尿作用持续时间分别为2 h和6 h。呋塞米与血浆蛋白结合率高达91%～97%，而且几乎完全与白蛋白结合。显然，呋塞米在肾脏是通过肾小管分泌排出，其口服的生物利用率较低（仅50%被吸收）。

呋塞米的治疗效果通常依赖于剂量大小。对于急性或短期治疗，可单次静脉注射、肌内注射或皮下注射呋塞米4～6 mg/kg。大剂量急性用药的主要不良反应是急性血管内血容量减少，从而导致心输出量和血压降低，以及急性肾功能衰竭。对猫和一些犬的慢性治疗可每隔1～2日治疗1次。当存在呋塞米与尿液中蛋白结合或肾小管功能异常等肾脏疾病时，需要应用高于正常剂量的呋塞米。如要控制体液潴留，则需增加呋塞米的剂量，同时应用其他体液容积调节药物，如保钾利尿药或血管紧张素转化酶抑制剂，从而有助于避免呋塞米的不良反应。

应用呋塞米可产生许多不良反应。由于呋塞米利尿机制的特点，可导致脱水、血容量降低、低钾血症和低钠血症等，这些不良反应比较严重且危害较大。蛋白结合率高的呋塞米可与其他蛋白结合率高的药物相互作用，任何改变白蛋白浓度的因素，均可影响发挥利尿作用游离型呋塞米的浓度。呋塞米最主要的相

互作用药物是洋地黄糖苷-地高辛和洋地黄毒苷。呋塞米利尿引起的低血钾可增强洋地黄的毒性。如果动物继续进食，低钾血症通常不会发展。低钾血症通过促进抗利尿激素的分泌和钠离子与尿液中钾离子的交换，也易导致动物的低钠血症。呋塞米与非类固醇消炎药同时应用，可影响受前列腺素调控的肾血管舒张。呋塞米可引起呼吸道分泌物的脱水，从而加重呼吸道疾病。

（二）噻嗪类利尿药

双氢克尿噻（hydrochlorothiazide）和氯噻嗪（chlorothiazide）等噻嗪类利尿药的利尿效果弱于呋塞米，因此很少用作兽药。噻嗪类利尿药作用于远曲小管的近端，抑制钠离子的重吸收和促进钾离子的排出。噻嗪类利尿药常用于不能耐受呋塞米等强效髓袢利尿药的动物。因可减少肾脏血流量，噻嗪类利尿药不用于氮血症的动物。由于噻嗪类利尿药与其他利尿药对肾小管作用部位的不同，可与髓袢利尿药或保钾利尿药联用治疗某些顽固性体液潴留。噻嗪类利尿药的不良反应与呋塞米类似，可导致电解质和体液平衡紊乱。

（三）保钾利尿药

保钾利尿剂包括螺甾内酯（spironolactone）、阿米洛利（amiloride）和三氨喋呤（triamterene），而三氨喋呤仅在加拿大可用作利尿药。螺甾内酯是醛固酮的竞争性颉颃剂，临床最为常用。血压或心输出量降低、低钠血症和高钾血症激活肾素-血管紧张素系统，导致充血性心力衰竭的动物体内醛固酮水平升高。醛固酮促进肾小管对钠离子、氯离子的重吸收，以及钾离子和钙离子的排出。螺甾内酯与醛固酮竞争同一受体，引起轻微的利尿作用和保钾作用。螺甾内酯口服给药吸收良好，特别是伴随进食给药。螺甾内酯与血浆蛋白结合率高（>90%），并大部分被肝脏转化为活性代谢产物-坎利酮（canrenone），最后由肾脏排出。螺内酯药效缓慢，在2～3 d内达不到药效峰值。不推荐单独使用螺甾内酯，但可与呋塞米或噻嗪类药物联用治疗顽固性心力衰竭。由于螺甾内酯易导致高钾血症，应避免与钾补充剂或血管紧张素转化酶抑制剂同时使用。

（四）碳酸酐酶抑制剂

碳酸酐酶抑制剂可非竞争性的可逆性抑制近曲小管碳酸酐酶的活性，从而减少二氧化碳和水生成碳酸。近曲小管上皮细胞中碳酸的减少导致细胞内氢离子的减少，从而抑制氢离子与管腔内碳酸氢钠中的钠离子交换。当水随着碳酸氢钠排出时，产生利尿作用。碳酸氢钠的排出可导致全身性酸中毒。因细胞内钾离子在钠离子重吸收过程中替代了氢离子，所以碳酸酐酶抑制剂也能促进钾离子的排出。

（五）渗透性利尿药

渗透性利尿剂包括甘露醇、二甲基亚砜（dimethyl sulfoxide，DMSO）、尿素、甘油和异山梨醇（isosorbide）。甘露醇常用于小动物，用于成年大动物则较昂贵，所以成年大动物常用二甲基亚砜。甘露醇具有渗透性利尿和防止进一步损伤肾小管的作用，初始静脉注射甘露醇的剂量为0.25～0.50 g/kg，给药持续时间应超过5 min。给药后20～30 min应注意动物反应。如果见效，应每隔6～8 h相同剂量重复注射，或恒定速率输注5%～10%的甘露醇溶液2～5 mL/min。每日输液量不应超过2 g/kg。如果不见效，初始剂量可反复给药至累计剂量1.5～2 g/kg。然而，反复给药通常不是有效的办法，而且易引起并发症（如水肿）。

DMSO是一种氧衍生的自由基清除剂和渗透性利尿药，用于治疗大动物的炎症和水肿。DMSO是一种非常有效的溶剂，可携带其他化合物一起穿透完整的皮肤。DMSO可渗透到机体的所有组织，并产生一种许多人难以忍受的气味。DMSO用5%葡萄糖溶液或乳酸林格氏液稀释为10%的溶液（更高浓度会导致血管内溶血），鼻胃管给药或静脉注射的剂量为1 g/kg。

四、多巴胺

多巴胺（dopamine）是一种与肾脏血管中特定受体结合的肾上腺素能神经递质。多巴胺常用于治疗易导致急性肾衰竭的肾血流量减少，也可用于增加肾小球滤过率和钠离子的排出。多巴胺半衰期较短，常采用恒速输液的方式给药，剂量为每分钟2～5 μg/kg。高剂量应用可引起心动过速、心律失常和外周血管收缩。对于单独使用多巴胺无利尿作用的动物，可将多巴胺和呋塞米联合应用则能产生利尿作用。多巴胺的剂量同上，呋塞米为每小时静脉注射1 mg/kg。如果6 h内不见效，则不可能发挥药效，应停止输液，可能需要透析（血液透析和腹膜透析）来维持动物的生命。

五、肾小球疾病

血管紧张素转移酶（angiotensin-converting enzyme，ACE）抑制剂可能有利于治疗犬和猫的慢性肾功能衰竭（chronic renal failure，CRF）。肾脏疾病发展到CRF是由于剩余肾单位功能性适应的结果，包括由血管紧张素Ⅱ调控的肾小球过度灌注和高血压。这些反应在开始时可提高肾单位的滤过能力，弥补肾小球滤过率的降低，但是长时间将导致肾单位进一步损伤。ACE抑制剂通过降低全身血压和局部抑制血管紧张素Ⅱ，从而降低肾小球内压。肾小球高内压可引起肾小球滤膜的机械性损伤，导致肾小球滤膜渗透性和选择性的改变，从而诱发蛋白尿。CRF患畜应用ACE抑制剂可减少尿蛋白。ACE抑制剂还可增加肾衰患者的食欲和体重。犬口服依那普利（enalapril）的剂量为0.5 mg/kg，每日1～2次，猫口服贝那普利（benazepril）的剂量为0.5～1.0 mg/kg，每日1次。

二甲基亚砜已用于治疗犬的淀粉样变性，但效果较复杂多变。二甲基亚砜配制成10%的溶液，每日口服或皮下注射剂量为80 mg/kg，分3次给药。血栓栓塞和全身性高血压是犬的肾小球疾病常见的并发症，但猫相对较少，在必要时也应给予治疗。对于血清白蛋白浓度低于2.0 g/dL、血浆纤维蛋白原浓度高于400 mg/dL和血浆抗凝血酶Ⅲ活性浓度低于70%的高风险动物，可应用阿司匹林预防血栓栓塞，剂量为0.5～5 mg/kg，每日2次。

六、尿崩症

肾源性尿崩症是一种抗利尿激素（ADH）充足但肾脏无浓缩尿液功能的生理性疾病。缺乏ADH可导致中枢或垂体依赖性尿崩症。中枢性尿崩症的动物可给予醋酸去氨加压素（desmopressin acetate），可用鼻腔喷雾剂滴入结膜囊1～4滴，每日1～2次；或者注射用制剂皮下注射0.5～2 μg，每日1～2次。噻嗪类利尿药可使30%～50%肾源性或中枢性尿崩症动物减少多尿症。噻嗪类利尿药抑制髓袢升支对钠离子的重吸收，导致机体钠离子总量和细胞外液容量浓缩的降低，最终能增加钠离子和水在近曲小管的重吸收。氯噻嗪的口服剂量为20～40 mg/kg，每日2次。

七、尿液酸碱度的控制

犬尿液的正常pH为7～7.5，猫为6.3～6.6。如果动物进食后，尿液pH仍然低于标准值，应每日口服柠檬酸钾80～150 mg/kg，分2～3次服用，可以提高尿液pH。氯化铵（每日口服剂量为200 mg/kg，分3次给药）和蛋氨酸（每只猫每日口服剂量为1 000～1 500 mg）是可以提供的尿液酸化剂。长期的尿液酸化及随后发生的酸中毒对动物是有害的，如果没有对动物进行全面评价不建议采用。

八、胱氨酸螯合剂

胱氨酸尿症及继发的胱氨酸结石，是由一种肾小管运输的遗传性疾病，可通过改善饮食、碱化或中和尿液，以及使用胱氨酸螯合剂来溶解胱氨酸结石。碱化与中和尿液可通过上文中的方法来实现。胱氨酸螯合剂包括硫普罗宁（tiopronin）（剂量为15 mg/kg，口服，每日2次）和D-青霉胺（D-penicillamine）（剂量为15 mg/kg，口服，每日2次），应进食时给药。硫普罗宁因不良反应较少而被推荐使用。但两者都会导致库姆斯阳性贫血（Coombs'-positive anemia）、血小板减少、肝酶活性增加、肾小球肾炎、淋巴结肿大、皮肤过敏和伤口愈合延迟，青霉胺还可引起呕吐。一旦结石溶解可采取预防治疗方案。无论是否碱化尿液均须调整饮食，防止结石的形成；但如果尿结石复发，仍需继续使用硫普罗宁。

九、尿失禁

尿失禁常由尿道括约肌功能不全引起，最常见于已绝育的大型母犬（11%～20%的发病率），未绝育的母犬、公犬和猫也有发生。母犬在卵巢和子宫切除后，体内17-β-雌二醇的浓度降低，在术后3～6个月内导致尿道闭锁不全。目前，尚没有批准用于治疗动物尿失禁的药物，多数人用的传统药物也因毒性问题而撤出市场。兽医可在药房购买一些雌激素类化合物和α-肾上腺素能药物（α-adrenergic drugs）用于治疗尿失禁（表19-27）。

表19-27 用于治疗尿失禁的药物

药 物	剂 量
乙烯雌酚	犬：每日0.1～0.3 mg/kg，口服，7～10 d后改为每只犬每周1 mg
苯丙醇胺	犬：1.5～2 mg/kg，口服，每日1～3次
麻黄碱	犬：1.2 mg/kg，口服，每日2～3次 猫：2～4 mg/kg，口服，每日2～3次
假麻黄碱	犬＞25 kg：每只30 mg，口服，每日3次 犬＜25 kg：每只15 mg，口服，每日3次
丙酸睾酮	犬：2.2 mg/kg，肌内注射，每隔2～3 d
环戊烷丙酸睾酮	犬：2.2 mg/kg，肌内注射，每隔30～60 d

己烯雌酚（diethylstilbestrol）是一种类似于天然雌激素雌二醇的非类固醇类雌激素衍生物，因其价格便宜且给药次数少成为治疗母犬尿失禁的首选药物。犬口服己烯雌酚易吸收，达到血药浓度峰值的时间为1 h。由于存在肝肠循环，犬的消除半衰期长达24 h。雌激素可增强尿道括约肌对α-肾上腺素刺激敏感性，因此α-肾上腺素能药物可协同己烯雌酚治疗尿失禁。如有可能，己烯雌酚开始给药的7～10 d，每日均给予最大剂量药物，之后改为每周服用1次最大剂量药物，以避免己烯雌酚中毒。应用雌激素的犬易发生骨髓抑制，导致潜在致命性再生障碍性贫血和早期血小板减少。猫几乎没有造血毒性。犬的其他不良反应包括脱毛、卵巢囊肿、囊性子宫内膜增生、子宫

蓄脓、发情期延长和不孕不育。绝育母犬每周1次给予己烯雌酚时，不良反应较少发生。

苯丙醇胺（phenylpropanolamine，PPA）、麻黄碱（ephedrine）、假麻黄碱（pseudoephedrine）和去氧肾上腺素（phenylephrine）等α-肾上腺素能受体激动药，可直接作用于平滑肌受体，增加尿道平滑肌张力和最大的尿道闭合压。虽然α-肾上腺素能受体激动药临床效果优于己烯雌酚，但其作用持续时间短，通常要求每日用药2～3次。这类药物中苯丙醇胺的效果最佳，而且产生的心血管不良反应较少。苯丙醇胺曾广泛用作非处方感冒药和抑制食欲药，由于节食的滥用引发毒性而退出人药市场，但仍能从一些药房买到。如难以找到苯丙醇胺，可以应用麻黄碱、假麻黄碱或去氧肾上腺素。α-肾上腺素能受体激动药的不良反应包括兴奋、烦躁不安、高血压和厌食症。

睾酮注射给药治疗公犬尿失禁的效果不如应用雌激素治疗母犬尿失禁好。

十、尿潴留

膀胱收缩性降低或尿道阻塞引起的膀胱膨大和尿潴留可导致排尿障碍。膀胱长时间膨胀可破坏膀胱逼尿肌细胞间的紧密联系，阻止逼尿肌的正常去极化和收缩。

在尿道阻塞解除后，猫经常出现人工按压或不能自主排尿的现象。通过应用肾上腺素能受体颉颃剂，证明是由于尿道括约肌过度紧张所致。

酚苄明（phenoxybenzamine）为一种不可逆性肾上腺素能受体颉颃剂，临床应用已取得了一定的成功。犬和猫的口服剂量为0.25 mg/kg，每日2次。

安定是一种苯二氮草类抗焦虑药，也是一种中枢性肌肉松弛药。用于尿道松弛的安定剂量也可起镇静作用。犬口服剂量为0.2 mg/kg，每日3次；猫静脉注射剂量为0.5 mg/kg。猫口服安定可导致特应性急性肝坏死。

氯贝胆碱（bethanechol chloride）可能对逼尿肌反射减弱或膀胱松弛的动物有效，氯贝胆碱为胆碱能受体激动药，可刺激逼尿肌收缩。犬口服剂量为每只5～25 mg，每日3次；猫口服剂量为每只2.5～7.5 mg，每日3次。

（王新 译 张小莺 一校 丁伯良 二校 田文儒 三校）

第十一节 化疗药物概述

使用化疗药物治疗疾病时，应考虑宿主、病原和药物三方面的因素。它们的相互关系称为化学治疗三角，其特征如下图所示。

为了保证抗微生物药物临床使用的有效性与安全

性，美国FDA（Food and Drug Administration，食品与药品管理局）要求临床医师在制订化疗药物临床剂量方案时，必须考虑化学治疗三角中各因素之间的相互关系。

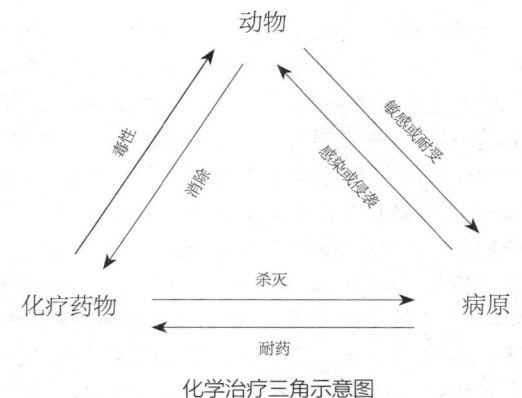

化学治疗三角示意图

化疗药物包括抗细菌药物、抗病毒药物、抗真菌药物、抗寄生虫药物和抗肿瘤药物。其中许多药物对病原体作用的基本机制已经研究清楚。更为重要的是人们对于有害微生物的自我保护，以及免受某些特定的化疗药物损伤的对抗作用的方式，也已经得到了充分的研究和较好的了解。这些研究进展为现代化学治疗药物开创了新的领域。

虽然化疗药物对侵入宿主的病原体有一定选择性毒性作用，但在许多情况下，它们对动物宿主也能产生不良反应。抗真菌（真核细胞）药物较抗菌（原核细胞）药物的不良反应更严重。为减少抗真菌药物对宿主的毒性作用，使用适当的剂量非常关键，同时也要考虑动物疾病状态及配伍用药。被吸收或注射给药进入机体后的化疗药物，在体内的清除与其他外源性化合物的清除过程相似。化疗药物在体内的处置过程和特征会影响药的疗效。疾病过程对于药物的吸收、分布、生物转化和排泄的影响也都关系到药物的临床治疗效果。

病原对宿主的影响和宿主对感染的反应也是化学治疗三角的重要组成部分，疾病的成因、病理生理学反应及最终机体引起的损伤与临床治疗之间具有重要的关系。除了用合适的化学治疗之外，适当的支持疗法（包括补液、输血、使用抗血清、抗炎药物、强心药物和支气管扩张药物）可以有效挽救生命。

病原微生物的生物学特性对治疗效果有很大影响。它们通过感染、产毒（包括内毒素和外毒素）或其他有害化学物质诱导机体产生炎症病理学反应。另外，病原微生物也可以产生自身保护性物质［如多糖－蛋白质复合物（生物膜）］可能阻碍药物进入病菌体内。

此外，非特异性和特异性免疫是宿主动物机体对入侵病原的很重要的免疫应答性反应。在临床治疗过程中，应经常评价动物的免疫能力，注意某些外源性因素（如应激疾病、营养不良和联合用药等）对动物抵抗感染的影响。在骨髓抑制、低λ－球蛋白血症、肺泡吞噬细胞下降、支气管炎、坏死性肠炎、饥饿等情况下，机体的防御机制会受到严重损害。另外免疫抑制剂（如皮质激素、抗肿瘤药物）也会损害机体的免疫反应能力。机体免疫力降低可影响抗微生物药物的有效性，特别是对只具抑菌活性的抗微生物药物。在用抗菌药物治疗细菌、病毒或寄生虫感染性疾病时，要注意保护机体的防御机能，否则，疾病的恢复期会延长。增加机体防御能力的措施包括降低应激反应至最低程度，提供高质量的营养，使用特异性免疫球蛋白和应用免疫调节剂。

抗菌药物临床应用准则

感染性疾病的合理治疗措施，包括选择合适的抗微生物药物和制订适当的疗程，选择的药物需能够有效地抑制或杀死病原微生物，并且不影响动物的免疫应答性反应能力，可以使动物疾病快速康复并且不复发，同时还要尽可能降低或避免病原对药物产生耐药性和药物所引起的毒性作用。为了避免产生抗药性，治疗所需的剂量可能较高，低剂量频繁使用化疗药物容易导致细菌耐药性的产生。

成功的化疗取决于治疗方案的决策。使用化疗药物必须要有明确的临床指征，兽医师应该在确定疾病的病原之后，再选择治疗药物的品种。另外在诊断疾病时，某些细菌的存在并不意味着机体发生了病原感染，此时应注意区分病原微生物和机体共生的正常菌丛。检测细菌生长程度，有助于判断其部位是否存在病原菌感染。例如，在通过膀胱穿刺收集的尿液中，只有当细菌数量大于100 000CFU时，才认为存在细菌感染。某些局部皮肤感染并不一定要全身使用抗微生物药物，例如，某些皮下脓肿可以通过局部使用化疗药物处理即可。

感染性疾病的成功治疗（如临床症状消失）并不能避免细菌耐药性的产生。免疫机能正常的健康动物，能够控制其残存的病原微生物的生长，并最终完全消灭他们。而患病动物免疫能力低下，其体内接触了药物残存的病原微生物可能产生耐药性，成为耐药菌株。

在作感染性疾病治疗的决策时，需要注意四项基本原则，以保证药物在感染部位达到有效药物浓度，从而达到有效的治疗效果。①应分离鉴定病原，考察其对药物的敏感性，从而确定具体的药物品种。②在敏感的药物品种中，应优先选择敏感性较高、穿透力强的药物，通常所选择的药物脂溶性应较好。③剂量方案应个性化，保证药物在感染部位达到有效浓度，并且不损害患病动物。即使过去认为某种药物对某种病原微生物是敏感的，但很可能现在使用这种药物并达到有效的剂量要比原来要高。剂量方案包括剂量（mg/kg）、给药频率（给药间隔时间）和给药途径，最好是以药代动力学—药效动力学联合模型作为基础进行设计，要确定最适合用药疗程往往并不容易。使用大剂量、间隔时间短和短期冲击疗法对杀灭病原微生物是有效的，这还可以降低剂量长期用药所导致耐药性的产生。但是对于生长恢复较慢的器质性病变的感染，充足的用药疗程是必要的。对于某些感染使用抗菌药物存在着极大的风险，特别是在剂量不足的条件下，更容易促进耐药菌株的形成。④为了促进动物机体战胜感染，更快地恢复健康，应强调配合使用某些特殊治疗和适当的支持疗法。

（一）剂量方案的制订

最理想的剂量方案应该是依据药物对某种特定病原的最低抑菌浓度（minimal inhibitory concentration，MIC）和最低杀菌浓度（minimal antibiotic concentration，MAC）而制订的。对于浓度依赖性药物，如氨基糖苷类抗生素和氟喹诺酮类抗菌药物，为了达到最有效作用，其血药浓度应该高于其MIC的10倍或12倍；对于时间依赖性抗菌药物，如β-内酰胺类抗生素和大部分杀菌药物来说，在一个给药间隔时间内，有1/2～2/3的时间，其血药浓度和组织药物浓度应维持在MIC以上。为了弥补动物机体对药物的处置作用所造成的影响，大部分药物的剂量，应保证达到感染或体液等靶组织部位的浓度，超过推算的剂量所达到浓度的数倍。因为浓度依赖性药物，其药效是随着浓度的增加而增加。对于时间依赖性药物缩短给药间隔时间，增加给药次数，可以增加其抗菌的效能。

在当前感染性疾病的环境下，设计一个合适的剂量方案，不仅仅是依赖于标签来选用剂量，而且要考虑到诸多相关信息，如药物对感染微生物的药效动力学特征参数，包括从患病动物中分离培养的病原的MIC或MIC_{90}，并将其相关的药效动力学参数与药物动力学参数进行整合，在此基础上来制订剂量方案。制订浓度依赖性药物的剂量方案所依赖的药代动力学参数包括最大血药浓度（C_{max}）；制订时间依赖性药物的剂量方案所依赖的药代动力学参数包括最大血浆药物浓度和药物消除半衰期。另外，在制订剂量方案时，可以查阅相关的辅助性文献资料。例如，阿米卡星对铜绿假单胞菌的MIC是4μg/mL，根据这一信息，在制订控制该病原感染的剂量方案时，要保证给药后达到的最大血药浓度应在40～48μg/mL以上，如果其感染发生在氨基糖苷类药物难以穿透的组织，那么还需要对剂量进行调整。头孢氨苄属于时间依赖性药物，如头孢氨苄对从犬的皮肤活检组织中分离的中间葡萄球菌的MIC为2μg/mL，则在制订其剂量方案时，所使用的药物剂量是应保证在1/2～2/3的给药时间内，靶组织中药物的浓度应该超过2μg/mL。要达到这一要求有一定难度，因为头孢氨苄在犬体内的半衰期仅为1.5 h。根据文献报道的数据，犬内服剂量为22 mg/kg，其最大血药浓度仅为25μg/mL，在一个半衰期后，其浓度下降到12.5μg/mL，在第2个半衰期后即下降到6.25μg/mL，第3个半衰期后为3.125μg/mL，第4个半衰期（即6 h后），靶组织中的药物浓度即下降到MIC以下。因此为了保证药物浓度在MIC以上，给药后3个半衰期（4.5 h）必须重新给药1次。再下次给药时间为第一次给药后9 h。一般来说，缩短给药间隔时间（即增加给药次数）比增加给药剂量的治疗成本相对较低，因为给药间隔时间每增加2个半衰期，其剂量必须加倍。对于新批准的法定药物，制订其剂量方案时，可以将其药代动力学—药效动力学联合模型结合其药物包装上插入的有关信息，进行分析比较来确定剂量方案。例如，对于浓度依赖性药物，其最大药物浓度C_{max}应该设定在对敏感微生物MIC_{90}的10倍以上。对于时间依赖性药物，血浆药物浓度应该在一半以上的给药间隔时间内大于MIC_{90}。

（二）抗菌疗法成功的必要条件

1. 临床诊断 在治疗感染性疾病时，应该作出一个具体明确的临床诊断，即使是初步诊断。

2. 微生物学诊断 治疗通常是针对某一特定的病原微生物，而在临床上感染通常是混合性的。微生物学诊断的结论较临床诊断准确，但这种诊断也有可能是假定性的（至少在初始阶段是这样），而且也是根据经验进行治疗的。这时很可能需要进行合理的推论。凭经验的抗菌治疗，是基于感染部位和药物对病原微生物的敏感性来筛选其敏感药物，并没有对病原进行分离和培养来确定其敏感药物，这样会引起许多不可避免的问题。传统抗菌治疗主要依赖于一些陈旧的资料，并不会区分病原微生物和正常菌丛，要确定真正的病原十分困难。更重要的是采用传统的抗菌治疗，会导致许多病原菌对化疗药物产生抗药性，使得原来敏感有效的临床治疗无效。

在微生物学诊断中，还应注意使用细胞学方法。瑞氏和革兰氏细胞染色及其镜检有助于判断病原是属于革兰氏阳性菌还是阴性菌，是杆菌还是球菌。

3. 培养及药物敏感性试验 病原的分离与鉴

定，药敏试验和MIC的测定，也是药物筛选及其剂量方案制订的重要基础。可是在临床上要获得能够支持抗菌治疗的全部实验室证据，常常是困难的。在这种情况下，利用最新有关药物的文献，包括药物特性及其药代动力学和药效学资料，有助于制订临床剂量方案。

理想的药物选择及其剂量确定，主要取决于药物对分离的病原的MIC。但是某些微生物生长速度很慢，确定其MIC需要较长的时间，很难及时地作出某种药物对该种病原极敏感、中等敏感或耐药的结论。

在体外，即使是理想的条件下，对收集的样品进行药敏试验，所得出的数据也存在一个局限性。因为试验没有考虑到感染部位药物的分布特性，也没有考虑到宿主因素如炎症或病原因素（包括接种菌量的多少对试验的影响）。制订剂量方案时，需要考虑这些因素所引起的试验误差，从而调整剂量方案，以保证给药后药物在感染部位能够达到足够的浓度。某些有利因素在药敏试验过程中难以显现，如亚抑菌浓度所产生的抗生素后效应，可能提供更为持久的抗菌作用有利于机体消除病原。已经证明，青霉素类、头孢菌素类、大环内酯类、四环素类、氨基糖苷类等抗菌药物，都表现有很强的抗生素后效应。此外，药敏试验也不可能考虑到抗菌药物在体内的浓度—时间过程对抗菌效果的影响。

4. 抗微生物药物的正确选择　抗菌药物的选择，通常要考虑的因素，包括病原微生物种类、药敏试验结果、病原的致病性、病理变化、感染的剧烈程度，所用药物在体内的动力学特征，潜在的药物毒性、器官功能障碍（特别是肾脏及肝脏功能损害情况）及配伍用药所产生的药物相互作用。对药代动力学—药效动力学模型的建立及其相互关系的研究，有利于药物的选择和剂量方案的制订。浓度依赖性药物应该比较分析药物到达宿主体内的最大血药浓度与药物对病原菌的MIC或MIC$_{90}$的比值的大小（其比值越大越好）。对于时间依赖性药物，要注意比较血药浓度从最大血药浓度C_{max}降低到MIC所需要的时间（时间越长越好）。

5. 正确的给药剂量与给药途径　所确定的剂量，必须保证在给药后药物在感染部位有足够的药物浓度和足够的维持时间，而且不引起毒性反应。对于浓度依赖性药物，应使用较高剂量以保证峰值药物浓度在MIC的10～12倍以上，这样有利于治疗的成功，比使用低剂量、增加给药次数更有效。对于β-内酰胺类药物及其他时间依赖性药物，在给药间隔期间，有1/2～2/3的时间其药物浓度在MIC以上，其治疗效果会更好。对于时间依赖性药物，通过缩短给药

间隔时间，比增加给药剂量的方法来提高治疗效果会更好。所制订的剂量方案的疗程至少要7 d甚至更长（虽然大部分抗感染治疗效果在第3～4天就能显现出来）。如果需要，其疗程可能需要更长，以保证病原在体内的彻底清除，防止复发再感染和耐药性的产生。

6. 辅助治疗、营养支持疗法和护理　辅助治疗、适当的营养和全面护理也是感染性疾病成功治疗的关键因素。辅助治疗可能包括使用消炎药物、止泻药物、祛痰药、支气管扩张药、强心剂、尿液酸化剂或碱化剂，免疫增强剂和体液、电解质补充剂。此外，还应保证患病动物能量和营养物质的摄取，特别是蛋白质和维生素。这些营养物质对动物免疫应答反应起着极为重要的作用。

（三）联合抗菌治疗

在某些疾病状态下，需要用多种抗菌药物进行配伍给药治疗。在下列情况下，同时将两种或两种以上的药物进行配伍，对某些疾病的治疗是有益的。①病原微生物对某种常规药物不敏感的混合感染；②要获得协同作用以对抗耐药性菌株（如铜绿假单胞菌）；③提高机体的耐受性；④防止产生耐药性；⑤减少毒性；⑥防止由于存在其他细菌产生的酶对抗生素的灭活。

联合用药可能产生相加作用或协同增效作用，但也可能会产生颉颃作用，有时可能产生严重的不良后果。一般来说，抑菌药物联合应用通常产生相加作用，而杀菌药物联合应用，通常产生协同增效作用。但是抑制细菌生长的药物（抑菌剂）（如大部分核蛋白体抑制剂）与杀菌药物配伍使用会降低后者的杀菌作用。这只是一般性的规律，也有很多例外的情况。将抗菌药分为抑菌药和杀菌药，也可能引起一定的误导作用。因为作为杀菌药，如果在感染部位不能达到一定的浓度，也可能只起到抑菌药的效果。但是，一般情况下，以下的抗菌药物对于兽医学上的大部分病原菌的MIC可能是起到杀菌作用的浓度，如青霉素类、头孢菌素类、氨基糖苷类、复方磺胺类（磺胺类+TMP）、呋喃类、硝基咪唑和喹诺酮类。而下列抗菌药物的MIC起到的只是抑菌作用，如四环素类、氯霉素类、大环内酯类、林可胺类、大观霉素和磺胺类。

联合用药的药物选择依据包括：①抗菌作用机制不同；②抗菌谱具有互补性。β-内酰胺类药物，经常被选择作为联合用药的药物，是因为其作用机制的特异性，与其他抗菌药物的抗菌谱具有互补性，还有利于其他抗菌药物通过被破坏的细胞壁进入病原菌体内。使用克林霉素、甲硝唑或半合成青霉素类与氨基

糖苷类联合应用是联合用药扩大抗菌谱（包括厌氧菌和革兰氏阴性菌）的一个例子。氨基糖苷类抗生素与青霉素或头孢菌素类联合应用可以产生抗菌协同作用。磺胺类药物与甲氧苄啶合用，或克拉维酸与其他β-内酰胺类抗生素药物联合可以起到协同增效作用。

将羧苄青霉素与阿米卡星或庆大霉素或妥布霉素合用治疗假单胞菌感染，是预防耐药性产生的一个较好的例子。

β-内酰胺类抗生素（如青霉素类或头孢菌素类）易被细菌所产生的β-内酰胺酶灭活而导致细菌抗药性的产生，如果配合应用β-内酰胺酶抑制剂（如克拉维酸或舒巴坦）可以减少其灭活反应，增加β-内酰胺类抗生素的抗菌作用。

（四）作用机制

抗微生物药物有许多种方式作用于敏感菌，而细菌也可能通过各种方式保护本身不受其破坏。抗微生物药物的主要作用机制如下（可参看具体每一类抗微生物药物的讨论部分）。

①抑制细菌细胞壁的合成，如青霉素类、头孢菌素类和头霉素类、万古霉素、杆菌肽，以及环丝氨酸；②破坏细菌细胞膜的功能，如多黏菌素B、硫酸抗敌素、短杆菌酪肽、两性霉素类、制霉菌素；③抑制细菌蛋白质的合成，如四环素类、氨基糖苷类、大观霉素、氯霉素类、大环内酯类和林可胺类抗生素；④抑制细菌DNA的合成和复制，如新生霉素、喹诺酮和灰黄霉素；⑤抑制DNA依赖性RNA聚合酶的功能，如利福霉素；⑥抑制细菌叶酸的合成和与叶酸合成相关的细菌DNA合成，如磺胺类药物、甲氧苄啶、二甲氧苄啶等。

（五）抗菌治疗失败的原因

抗菌治疗失败的可能原因包括：①诊断错误，使用抗菌药物治疗病毒和非细菌性感染。②选用药物错误，所选用的药物对细菌病原不敏感或无效，或者病原处于静止状态，为顽固性的病原（"持续存活者"），某些只对繁殖生长期有活性的抗菌药物，此时不能及时发挥抗菌作用。③可能病原原先对所选药物是敏感的，但由于产生了耐药性，也会引起治疗失败。④由于抗生素作用范围的局限性，不足以抵抗多种病原引起的混合感染。⑤联合用药配伍不当，引起药物配伍禁忌；发生耐药条件致病菌重复感染。⑥发生了由原始的或其他的病菌引起的再感染。⑦外科感染时，引流不充分或感染局部存在异物。⑧感染部位的灌注和穿刺，由于炎症、细胞碎片组织的破坏，脓肿等而受到影响。⑨源于细胞内的细菌（胞内寄生菌）能够避免吞噬细胞的吞噬作用。⑩由于疾病营养不良或配伍用药等原因，动物的特异性与非特异

性防御机制被破坏。⑪感染部位发生有害变化，如缺氧、酸中毒、组织碎片蓄积，这些都可能降低抗生素或磺胺类药物的药效。⑫在选择药物品种和制订给药剂量方案时，由于缺乏药物的药代动力学特性参数，导致所采用的剂量方案不合理。⑬使用过期的药物或质量标准不合格的药物产品。⑭所选择使用的药物、由于产生严重的不良反应而被迫停药。⑮联合使用的抗菌药物之间产生相互作用，影响了药物在体内的动力学过程，导致其抗菌作用下降。⑯治疗方案实施没有得到正确的执行，并缺乏畜主的配合。⑰没有实施辅助性治疗或辅助性治疗方法不恰当。⑱营养缺乏没有得到纠正。⑲没有对患畜进行必要的护理，与疾病过程有关的应激性反应没有得到缓解。⑳饲养管理不当。

（六）微生物对抗菌药物的耐药性

在使用抗菌药物治疗感染的动物群体期间，细菌对抗菌药物产生耐药性的问题越来越受到关注。一旦细菌对药物产生了耐药性，必须取消原来的治疗方法，寻找新的合适的敏感替代药物。从药物流行病学及公共卫生安全来讲，其耐药性问题同样受到极大的关注。

抗生素耐药性根据其产生机制分为两类：一类是天然耐药性，是指细菌天生对某种抗生素具有耐药的特性；另一类是获得性耐药性，是指细菌在后天接触抗生素的过程中产生的，它是细菌适应生存的一种方式。根据耐药性产生的遗传学机制，分别称其为染色体介导耐药、质粒介导耐药和转座子介导耐药。表型耐药性是因为生理和功能上的差异所致。细菌细胞壁缺损的变异体如L-型、原生质球和原生质体，以及由于导管和水孔狭窄而造成革兰氏阴性菌的细胞壁对药物的不通透性，这些都是表型耐药性的最好例子。微生物的耐药性是指通常的MIC值升高到一个新的浓度。这个新的浓度水平太高，使用原来的给药剂量方案标准难以在体内血液或组织中达到这个浓度。引起临床耐药性的原因很多。临床耐药性这一术语是用来描述在临床病例中，对药物治疗缺乏应有的应答性效果。

引起条件性耐药性的原因包括：微生物的生理状态（如静止期或繁殖期），处于静止期的细菌属于"持续存活者"，比较耐药，而繁殖期细菌则对药物较敏感，药物的相互作用，可能引起颉颃作用或药物灭活；感染部位细菌产生的酶也可能使药物失活，组织碎片或异物引起药物灭活，由于pH的降低或组织缺氧引起抗菌作用降低。这些都属于条件性耐药范畴。

耐药性也可以根据已掌握的机制进行分类，如耐药细胞系的选择、染色体的突变、噬菌体的传导和通过R-因子的获得。

依据细菌对抗菌药物产生耐药性的生化基础，可以对耐药性进一步分类，如通过生化酶的合成产生的耐药性，改变受体位点或酶的特异性，改变代谢途径、改变药物的载体转运系统、修饰药物穿透进入细胞的各种屏障等产生的耐药性。

细菌保护自己对抗抗菌药物的方式包括：①药物降解酶的合成增加，某些酶可能是细菌的基本组成部分，或者是在体内重新诱导产生新的酶，如青霉素类、头孢菌素类、氨基糖苷类、氯霉素；②细菌自身性溶解酶的生成缺损，细菌对药物产生了"耐受性"，如青霉素和头孢菌素；③靶向位点的特异性结构发生改变，致使如苯甲异噁唑青霉素、大环内酯类、林可霉素及链霉素的蛋白质抑制作用受阻；④降低药物与酶的亲和力，如甲氧苄啶（与细菌二氢叶酸还原酶的亲和力降低）；⑤诱导膜转运系统、清除抗生素，如四环素；⑥抑制或改变细菌细胞膜的传递系统，以防止抗菌药物进入菌体内，如氨基糖苷类；⑦利用替代的代谢途径，如磺胺类药，甲氧苄啶；⑧关键代谢中间体合成增加，如抗磺胺类的对氨基苯甲酸（PABA）；⑨形成含非常狭窄的膜水孔道的细胞壁，如铜绿假单胞菌可形成这种细胞壁，阻止抗菌药物的进入。

在上述所有这些情况中，耐药性的产生都涉及细菌蛋白质合成的改变或细菌体内酶的活性或生成量的变化。这种适应过程是由遗传学所决定的。

细菌有多种遗传结构（即染色体、转座子和质粒）能使它具有耐药性。在质粒、染色体和转座子中的整合子是基因捕获系统，通过整合子既可以利用染色体将发现的多重耐药基因盒进行传递，也可以通过质粒DNA进行传递，然后进行表达或进一步传递。

对抗菌药物通过染色体介导产生的耐药性取决于基因的突变。这种突变可能导致细菌对特定的抗菌药物产生耐药性。在这种情况下，抗菌药物仅仅是作为选择剂发挥作用，它允许产生耐药突变，经过一步的突变或连续的突变。基因突变的起源不依赖于药物的存在。突变细菌的代谢通常会发生紊乱，而且处于一种不利于繁殖的状态。在抗菌药物不存在时，这种突变菌株也常常随着时间的延长而消失。

质粒介导的耐药性（R-因子的获得或获得性的耐药性）较上述由染色体介导的耐药性的发生要复杂得多。质粒并不是细菌存活所必需的，但它能运载遗传因子，这些遗传因子可能引起细菌产生耐药性，也可能是细菌致病力所必需的。一个质粒可能含有20～500个基因，含有这些基因的质粒能够运载同种类抗菌药物（常见的为3～6种，已有记录达9种）的耐药性因子及特异性致病力因子。许多特异性质

粒被分离并得到鉴定。质粒从一个细菌迁移到另一个细菌中有3种可能的机制，即转化、转导和结合。在转化中，裸露的DNA是通过生长媒介从供体传递到受体。通过这种转运方式仅局限在少部分细菌范围内。在转导中，质粒的传递是由噬菌体介导的，它可以利用转化的分子结构，将DNA插入受体细菌。正常情况下，传递的是噬菌体DNA，然而在某些情况下，细菌某种DNA取代了正常噬菌体核酸排列顺序。噬菌体介导的转导常发生于某些革兰氏阳性菌（金黄色葡萄球菌最常见）和革兰氏阴性菌中。在接合中，DNA通过一个"桥"从供体中传递到受体，这个"桥"是通过细胞与细胞的直接接触而形成的。接合是基因传递最全面的形式，为了从根本上发生传递，供者必须有必要的表面附属物（性伞毛等）以形成"桥接"。这种性伞毛被质粒上的耐药性传递因子（RTF）所编码，被称之为接合性序列（相对于上述没有RTF非接合性质粒而言）。

自然条件下基因传递通常是通过接合来完成的。许多种细菌可作为接合传递的受体。耐药性可以通过这种方式，从动物肠道内正常腐生菌传递给病原菌。通过接合的形式传递耐药性，在巴氏杆菌和假单胞菌之间传递发生的可能性较小。一般来说，通过接合传递耐药性，在革兰氏阴性菌之间更为常见，而在革兰氏阳性菌之间却很少。这种接合允许许多种不相同的基因同时传递。因此，对于受不同生化途径传递的几种抗生素的耐药性，可以通过接合这一单一步骤同时获得。接合传递具有很强大的功效。这种方式使耐药基因传递到超级原菌中的可能性更大。

能够编码耐药性的基因序列，可以从质粒迁移到染色体上，然后又回到质粒中。这些耐药基因序列是可以易位转座的，所以又称为转座子。许多负责传递R-因子耐药性的转座子，也已经被分离和得到鉴定。

由质粒介导的耐药性与临床的关系主要涉及如下几点：①肠道感染，在感染中R-因子的贮主，可能是被肠道内腐生菌丛所携带；②使用低剂量的抗生素（如在饲料中加入亚治疗剂量的抗生素用于抗病促生长），可使R-因子在被饲喂的种群中的发生率增加；③不加选择地滥用抗生素，可导致在将来许多抗生素的药效逐渐消失。

下列指导原则可以减少细菌耐药性的产生：①对于某种感染，使用窄谱抗生素能够得到治疗控制，就不要使用广谱抗菌药物；②应定期查询和利用有关地方性感染及药物敏感性信息资料来选择药物品种；③在制订抗感染治疗的方案时，应尽可能选择对混合感染的病原都有杀灭作用的药物；④为了防止产生耐药性，进行联合用药时，应保证每一种药物的剂

量充足；⑤局部用药物时，应选择那些耐药性低的抗菌药物；⑥预防疾病用药时，应使用可以防止特异性病原微生物定植的抗菌药物或定植不久就能根除它们的抗菌药物；⑦应用抗生素应有明确的治疗用药指征，而且当用现有的抗菌药物有效时，应尽可能避免过度使用新的抗菌药物。

（七）临床兽医在用药时应注意微生物的耐药性

临床兽医在使用抗微生物药物时，涉及下列两个主要方面的问题。病原菌对现有的抗微生物药物不敏感和共生菌（通常是胃肠道微生物）对以后的抗微生物治疗产生耐药。对于第一种情况，可以通过选择适当的药物和剂量，保证具有足够的有效药物浓度作用于靶点，对于第二种情况，虽然对小动物的影响不大，但是最近二十年来，耐药性从共生菌传递到人类的风险在逐步增加，用于食用动物和伴侣动物的抗生素的敏感性降低，但是要对这些风险进行定量化测定还是比较困难的。食用动物使用抗生素，包括用抗生素作为促生长剂，对食用动物细菌耐药基因，传递到引起人类疾病的病原菌起着极大的作用。另外，在食品加工过程中，饲料污染了耐药性病原菌也应引起足够的重视。动物在屠宰加工过程中可能被耐药病原污染，随后不恰当的处理和烹调可能导致人感染发病。已有报道，在用氟喹诺酮类抗菌药物治疗禽细菌性感染时，会引起细菌耐药性产生。在给动物使用某种抗生素或某一类抗生素控制感染时，病原菌会产生耐药性，这种耐药性可能传递到引起人类疾病的病原菌中，从而导致使用某种或某一类药物控制人的感染性疾病无效。有时候，有些非致病性细菌可能对抗微生物药物产生耐药性，其耐药基因可能传递到人类肠道菌中，使人类致病菌产生耐药，最终导致使用抗微生物药物的治疗失败。

兽医在选择用于食用动物的化疗药物时，必须注意其潜在的耐药性。使用抗菌药物应遵循在建立了有效的兽医-畜主-患畜之间关系的范围内使用。药物的选择应在结合所有存在的资料信息（临床症状、体检资料、细菌分离培养及药敏试验等）的基础上。对病原应确诊，选择的药物最好是对病原有效，且其抗菌谱最窄的药物。为防止不恰当地使用抗生素，应加强对畜主的教育。

为了正确用药，兽医应对畜主进行积极教育和培训，内容包括处方用药的休药期、药物品种的选择、给药剂量和给药途径（可见抗微生物药物饲料添加剂）。

第十二节　抗蠕虫药

现在有许多高效、选择性好的抗蠕虫药物品种，但要获得最佳的临床治疗效果，减少耐药性的产生，用药时必须考虑寄生虫与宿主之间的关系，做到正确合理的用药。一般不得随意增大剂量或减少剂量。亚治疗剂量很可能降低治疗效果，并增加抗药性的选择压力。超剂量使用可能引起药物中毒。

绝大部分抗蠕虫药物的安全范围较大，对蠕虫的幼虫和成虫效果良好，也具有广谱的抗虫活性。但在使用任何抗蠕虫药物时，均要考虑到药物本身的效力、作用机制、药代动力学特性、宿主的特性（如术后食道沟反射现象）或寄生虫的特性（如在体内寄生的部位、休眠状态、是否产生了耐药性）等诸多因素。

常见的抗蠕虫药物包括如下几类：苯并咪唑类或普鲁苯并咪唑类前体物质、水杨酰苯胺和酚取代物、咪唑并噻唑类、四氢嘧啶类、有机磷酸酯类、大环内酯类。它们作为控制由蠕虫引起的感染的效果良好，但其耐药性也是值得关注的问题。

【作用机制】　作为抗蠕虫药物，必须对蠕虫有选择性毒性作用。通过下列两种方式可达到此目的。①选择性抑制寄生虫的重要代谢过程，而该过程对宿主来说并不重要或者不存在；②药物本身的药代动力学特征，使得寄生虫比宿主细胞处于更高浓度的抗蠕虫药物中。许多抗寄生虫药物的作用方式还不完全清楚。通常只对其作用位点及其作用的生化过程有所了解。寄生性蠕虫在宿主体内，通常必须寄生于一个适宜的摄食位置。吸虫和线虫必须自己摄取食物，并将食物在肠道消化，以维持机体能量的需要。这些过程都需要寄生虫神经肌肉的协同作用。虽然存在宿主的免疫反应，寄生虫也必须保持自己的内环境稳定。抗蠕虫药物作用的药理学基础，主要依赖于它们能干扰寄生虫细胞的完整性、神经肌肉协同作用或对抗宿主免疫的自我保护性机制，从而引起寄生虫饥饿、麻痹、崩解或被排出宿主体外。

1. 细胞的完整性　有几类抗蠕虫药物会破坏蠕虫细胞结构、完整性和代谢作用。

（1）微管蛋白聚合抑制剂　苯并咪唑类、普鲁苯并咪唑类前体物质（用后能在宿主体内代谢成为有活性的苯并咪唑类物质）。

（2）氧化磷酸化解偶联剂　水杨酰苯胺类及其酚类取代物；

（3）糖酵解代谢酶抑制剂　如氯舒隆（Clorsulon）。苯并咪唑类药物可抑制虫体微管蛋白的聚合，除此之外，还能抑制虫体的运输和能量代谢，从而导致微管功能丧失。这种继发作用对于杀蠕虫起着主要作用。苯并咪唑类药物能进行性耗竭虫体的能量储存，抑制虫体代谢产物的排泄和破坏虫体细胞保护机能。抗蠕虫药物的治疗效果与药物和寄生虫接触的时间成正比。由于本类药物都是作用于寄生虫同一受体蛋白－β－微管蛋白，因此，本类药物存在交叉耐药性。

现已证实，许多药物，特别是抗吸虫药水杨酰苯胺类及其酚类取代物，是氧化磷酸化过程的解偶联剂。这些药物作为质子体，使氢离子渗漏通过虫体线粒体内膜。能够抑制呼吸链电子传递，从而虫体ATP生成受阻。体内试验表明，许多抗吸虫药物对线虫线粒体敏感，这些抗吸虫药物并没有杀线虫作用。很明显，这是因为药物没有进入虫体所致。但血矛线虫属和仰口线虫属例外。

氯舒隆可被快速吸收进入血流，当肝片吸虫吸收了血浆中和与红细胞结合的药物时，由于糖的分解被抑制，细胞内能量耗竭，最后导致虫体死亡。

2. **神经肌肉协同作用**　抗蠕虫药物通过抑制兴奋性神经递质的降解或加强兴奋性样作用，导致虫体痉挛或麻痹，然后通过宿主肠道的蠕动，将肠道蠕虫排出体外。具体分类如下：

（1）胆碱酯酶抑制剂　有机磷酸酯类如蝇毒磷、育畜磷、敌敌畏、氯磷吡喃酮、萘肽磷、敌百虫。

（2）胆碱能激动剂　咪唑骈噻唑类如左旋咪唑、四咪唑；嘧啶类如甲噻吩嘧啶、噻嘧啶、间酚嘧啶。

（3）肌肉超极化作用药物　哌嗪。

（4）抑制性增强剂　大环内酯类如伊维菌素、爱比菌素、多拉菌素、莫西菌素、米贝霉素肟、依普菌素（艾普利诺菌素）、赛拉菌素。

有机酸酯类能够抑制多种酶，特别是乙酰胆碱酯酶，使虫体乙酰胆碱不能被水解，阻断虫体胆碱能神经的正常传递，结果造成痉挛性麻痹。动物机体与虫体对胆碱酯酶的敏感性不同。因此，动物宿主与虫体对有机酸酯类药物的敏感性存在种属差异。

咪唑并噻唑类药物是烟碱样乙酰胆碱受体的激动剂，具有良好的杀线虫作用。其抗蠕虫活性主要是神经节胆碱兴奋作用（拟胆碱样作用），该兴奋作用首先表现为线虫肌肉持续性收缩，然后表现为神经肌肉去极化阻断作用，最后造成虫体麻痹。六甲溴铵（hexamethonium）是一种神经节阻断剂，可抑制左旋咪唑的拟胆碱样作用。

哌嗪（piperazine）可使虫体细胞膜超极化，阻断寄生虫神经肌肉动作电位的传递，结果导致虫体松弛性麻痹。本品还能阻止蠕虫琥珀酸的产生，干扰虫体能量代谢，虫体能量耗竭，最后宿主通过胃肠蠕动将虫体排出体外。

大环内酯类抗寄生虫药物，主要是与线虫和节肢动物的神经细胞谷氨酸门控氯离子通道受体结合而发挥抗虫作用。与其受体结合后引起通道开放，使氯离子流动。不同亚型的氯离子通道，对大环内酯类存在敏感性差异，表达的位点也不相同。这可以解释，为什么大环内酯类药物在不同浓度条件下，对不同的肌肉系统产生麻痹作用的差异。大环内酯类药物可导致线虫咽喉、体壁和子宫肌肉的麻痹。虫体体壁肌肉的松弛性麻痹，对虫体排出体外至关重要，虽然本类药物对虫体咽喉肌肉更敏感。随着药物浓度的降低，虫体可能会恢复运动性，但是药物对咽喉的麻痹作用，以及所引起的摄食抑制作用，比体壁肌肉麻痹作用持续的时间更长。所有大环内酯类抗寄生虫药物，对绦虫和吸虫都无效，因为绦虫和吸虫缺乏一种谷氨酸氯离子门控通道的受体。

吡喹酮通过干扰虫体细胞内钙离子浓度，抑制绦虫吸盘的运动和功能而产生抗虫作用，体内试验表明，吡喹酮可诱导虫体产生痉挛性麻痹；因此，吡喹酮主要对神经肌肉协调起作用。

【**药代动力学**】　给宿主应用抗蠕虫药物后，通常药物首先被吸收进入血液循环，然后被转运到机体各个不同部位，包括肝脏。在肝脏，药物可能发生代谢，最后通过粪便和尿液被排出体外。抗蠕虫药物在整个动物机体内的过程比在外周血液循环中更为复杂，需要详细了解药物在宿主体内的动力学特征，药物的生物化学特性，药物分布到具体某一个房室的生理学特征。

许多蠕虫寄生在宿主肠壁或其黏膜中，有的则寄生在肝脏和肺脏中，为了达到有效驱虫作用，无论是胃肠道给药、注射给药或经皮给药，药物必须经过给药部位进入宿主体内。肠道寄生虫不仅能与在胃肠道未被吸收的药物接触，还能够与被吸收进入血液循环，再回到胃肠道的那一部分药物接触，这是许多苯并咪唑类药物发挥药效的一个重要特征。

苯并咪唑类药物的药动学、代谢与排泄速度、安全性特征等决定其休药期。休药期在不同的动物种属存在差别，并受给药途径和剂量的影响。抗蠕虫药主要在肝脏发生氧化和裂解代谢。

1. **苯并咪唑类与普鲁苯并咪唑类前体物质**　苯并咪唑类药物在内服给药后，吸收良好。但有几种药物例外，如阿苯达唑、奥芬达唑、三氯苯咪唑，它们在胃肠道吸收有限，其原因可能是这几种药物的水溶性较差，少量有限吸收一般发生较快，氟苯达唑的吸收发生在给药后2～7 h；阿苯达唑、芬苯达唑、奥芬达唑为6～30 h。其吸收时间的长短，主要依赖于种属的差异性。许多苯并咪唑类药物及代谢物，可以通过被动转运从血液中重新回到胃肠道，但是通过胆汁分泌到肠道是最重要的途径。

许多药物如非班太尔、苯硫脲酯、尼托比明等，是以苯并咪唑类药物前体的形式存在的。在体内必须经过代谢，才能转变成有直接生物活性的化合物。非班太尔可水解成活性代谢物芬苯达唑；尼托比明经还原、环化和氧化作用，生成阿苯达唑亚砜。苯并咪唑类亚砜如奥芬达亚砜和阿苯达唑亚砜与虫体β-微管蛋白的亲和力，比含硫的代谢物对蠕虫微管蛋白的亲和力高。

苯并咪唑类药物的代谢复杂，经过代谢后的药理活性也会发生变化。例如阿苯达唑能很快可逆性地被氧化成为阿苯达唑亚砜，亚砜会不可逆性地被氧化成阿苯达唑砜，砜的药理活性远不及其亚砜。同样芬苯达唑和奥芬达唑（芬苯达唑亚砜）在动物体内是可以互相转变的，但其氧化产物芬苯达唑砜的药理活性较低，并且不会被还原成其亚砜或含砜代谢物。

在反刍动物中，将苯并咪唑类药物投入到瘤胃中，绝大部分表现有临床驱虫活性。如果通过食道沟直接进入真胃，则可以缩短药物吸收的时间，增加从粪便排出到体外的速率，降低药效。例如，直接将奥芬达唑投入真胃，其对奥芬达唑耐药虫株捻转血矛线虫的有效性，从91%降低到45%。

2. 咪唑骈噻唑类 左旋咪唑水溶性好，在动物体内吸收和排泄迅速，且吸收不受给药途径或瘤胃旁径的影响。给牛皮下注射左旋咪唑后，不到1 h能达到峰值血药浓度。这些浓度能迅速下降；在24 h内，能消除90%，大部分是通过尿液排出到体外。

3. 四氢嘧啶类 猪和犬内服枸橼酸噻嘧啶后吸收良好，但反刍动物吸收较差。而双羟萘酸噻嘧啶由于水溶性差，在胃和小肠吸收较少，有利于大肠寄生虫的治疗，因此，适用于马和犬的驱虫。噻嘧啶在体内代谢快，犬使用后有40%药物被代谢，并很快通过尿液排出体外。部分原药（母药），主要在反刍动物体内，通过粪便排出体外。内服给药后，通常在4～6 h达到血药峰浓度。

甲噻嘧啶是噻嘧啶甲酯类衍生物。对反刍动物，甲噻嘧啶较噻嘧啶更为安全有效。绵羊内服后能很快从小肠前部吸收进入血液循环，并很快到达肝脏发生代谢。在用药后96 h内，有17%的药物被代谢，并通过尿液排出体外。

4. 大环内酯类 大环内酯类抗寄生虫药物的一个重要理化特性是其具有疏水性。无论何种途径给药，本类药物都可吸收进入全身血液循环，并在体内广泛分布，在脂肪组织中蓄积。药物在肝脏中的残留最高，残留时间长，反映了肝脏是本类药物清除的主要靶组织。由于该类药物的脂溶性较好（当然，药物的亲脂性存在差异），可分布到血管分布较少的深部组织或脂肪组织。药物从脂肪贮库中释放出来后，

代谢也慢，这样就大大延长了本类药物在外周血浆中的残存时间。已证实，伊维菌素是除乙酰氨基阿维菌素外的最弱的亲脂性大环内酯类。莫西菌素的亲脂性约为伊维菌素的100倍，多拉菌素的亲脂性比莫西菌素稍差，但比伊维菌素和乙酰氨基阿维菌素要强。

伊维菌素是首个投入市场的大环内酯类抗寄生虫药物，已对其药代动力学进行了广泛深入的研究。静脉注射给药后，根据动物种属，其消除半衰期为32～178 h，（存在明显的种属差异性）。猪按300 μg/kg注射给药，而牛使用200 μg/kg给药注射后，在猪体内的血药峰浓度（C_{max}）和药时曲线下面积（AUC）只有牛的1/3。皮下和静脉注射伊维菌素后，其消除半衰期一致。伊维菌素从注射部位吸收进入血液循环较慢，药时曲线延长。在牛外周血浆中药物峰浓度推迟到给药后96 h到达。猪和山羊注射伊维菌素后，其血药峰浓度和药时曲线下面积较牛、马和绵羊低，这可能是因为伊维菌素在猪和山羊体内的代谢比其他动物快。

在反刍动物中，大环内酯类药物的动力学特征与苯并咪唑类药物相似。将药物投入到瘤胃中能够产生最大的驱虫作用。如果直接将药物投入到真胃中或经过食管沟进入真胃中，伊维菌素血药峰浓度和药时曲线下面积，比直接投入到瘤胃要低3～4倍，达峰时间由投入到瘤胃的23 h降低到投入真胃中的4 h。

从小肠末端的食糜中取样测得的伊维菌素的浓度较高，这表明，胆汁排泄是本类药物血浆清除的一个重要途径。胆汁排泄是苯并咪唑类药物血浆清除的一个重要途径。大环内酯类原型药物主要是通过粪便排出体外，其余部分（＜10%）通过尿液排泄。亲脂性强的大环内酯类药物还可通过乳汁分泌。

5. 水杨酰苯胺类及其酚取代物 通过肝脏和胆汁分泌对于抗吸虫属药物来说非常重要。水杨酰苯胺（如氯苯碘柳胺）对绵羊的抗吸虫作用主要取决于药物在血液中的存留时间，从而通过机体和清除率影响它们的转运。氯氰碘柳胺、氯苯碘柳胺和羟氯柳苯胺在绵羊体内有很长的消除半衰期，分别为14.5、16.6和6.4 d。半衰期较长与这3种药物和血浆蛋白的结合率高有关（＞99%）。给药后数周仍可从肝脏组织中检测出药物残留。因此，本类药物对于食用动物的休药期较长。羟氯柳苯胺与血浆蛋白结合，然后转运到肝脏，代谢成为具有抗寄生虫活性的葡萄糖醛酸结合物，在胆管中的浓度高，胆管是成年肝片吸虫寄生的主要部位。

肝脏实质中未成熟的肝片吸虫存在于肝脏细胞之间，其中抗蠕虫药物浓度极低，主要原因是本类药物

具有高的血浆蛋白结合率，限制了药物进入组织细胞中。随着肝片吸虫的生长，它们移行到整个肝脏组织，引起肝脏组织出血性病变，肝脏细胞被破坏，然后能与血浆蛋白结合的药物接触，当虫体到达胆管内时，与胆管中高浓度的抗吸虫药物接触引起死亡。这可解释为什么成熟肝片吸虫较未成熟肝片吸虫对药物更敏感。

粪便中的抗吸虫药及其代谢物的浓度比尿中的高，这表明本类药物主要通过胆汁排泄。地芬尼太（diamfenetide）主要在肠道代谢，到肝脏代谢成具有直接活性的代谢物，并能进入肝脏细胞中，发挥其良好的抗幼年肝片吸虫的活性。

了解抗蠕虫药物在主体内的药代动力学特性十分重要。如硝碘酚腈（nitroxynil）具有良好的抗牛和绵羊的肝片吸虫活性和抗捻转血矛线虫活性，但是经内服给药后，药物在瘤胃微生物作用下，使硝碘酚腈发生代谢而失活，因此，本品必须注射给药。

【休药期】 食用动物使用抗蠕虫药物后，绝大部分都需要一定的休药期，以保障人类食品安全。苯并咪唑类药物噻苯达唑内服后，吸收进入血液循环，并很快被代谢和排泄。而芬苯达唑、奥芬达唑和阿苯达唑内服给药吸收后，需要较长的时间从体内排泄，休药期为8~14 d，弃奶期为3~5 d。本类其他药物的休药期与上述药物大致相似。当然，静脉注射给药后的休药期更长。

某些抗吸虫药物的代谢速率和抗未成熟吸虫活性存在一定的关系。氯氰碘柳胺、氯苯碘柳胺和硝碘酚腈与血浆蛋白的结合，比羟氯柳苯胺更强，因此，在血液中残留的时间更长。这种较长时间的存留，与其抗未成熟肝片吸虫的较大活性密切相关，因此，其休药期也应延长：氯氰碘柳胺、氯苯碘柳胺和硝碘酚腈的休药期为21~77 d，羟氯柳苯胺的休药期为3~14 d。地芬尼太与血浆蛋白结合率低，活性代谢物消除快，所需休药期短。同样，本类药物的弃奶期范围也不同，氯氰碘柳胺和硝碘酚腈禁用于泌乳期动物，而羟氯柳苯胺的弃奶期仅为60 h。

左旋咪唑和甲噻吩嘧啶在体内很快被消除，因此，其休药期很短。通常不需要弃奶期或弃奶期很短。可是在某些国家，左旋咪唑禁用于其乳汁供人食用的泌乳期动物。

伊维菌素和多拉菌素可通过乳汁排出，不建议用于其乳汁供人消费的泌乳动物。大环内酯、伊维菌素、爱比菌素、多拉菌素和莫西菌素，都需要较长的休药期（35 d以上）。其具体休药期要根据其临床使用制剂的类型和地方方法规制订。由于莫西菌素经皮肤局部用药后，在乳汁中不能被检出，因此，许多国家规定无弃奶期。通过改变大环内酯类分子的化学结构，可以改变乳汁中的分配系数。因此，现已开发研制出一种新药依普菌素（艾普利诺菌素），其最大特点是给动物用药后，只有0.1%的药物经乳汁排出，因此泌乳动物使用本品不需要休药期。

【安全性】 大多数抗蠕虫药物的安全范围较宽，引起动物毒性作用的剂量较临床推荐剂量要高很多。苯并咪唑类药物的安全范围宽，是因为它们对寄生虫的β-微管蛋白的选择性亲和力较对哺乳动物组织的高。但这种选择性毒性作用对动物并不是绝对不存在的。某些抗蠕虫药对某些靶动物，可产生致畸或胚胎毒性作用。部分苯并咪唑类药物在动物的妊娠早期应禁止使用。

左旋咪唑的安全指数（SI）较窄，为4~6，驱肝片吸虫药物的安全指数为3~6。左旋咪唑对哺乳动物的毒性比苯并咪唑更常见，正常治疗剂量情况下，中毒症状并不常见。左旋咪唑对动物宿主的毒性作用表现为拟胆碱作用，包括唾液分泌增加、肌肉震颤、共济失调、排尿和排粪反射增加和呼吸衰竭。左旋咪唑中毒致死的直接原因是呼吸衰竭，硫酸阿托品可以缓解上述症状。左旋咪唑经皮下注射后可引起注射部位产生炎症，但通常是一过性的。如果左旋咪唑与其他抗胆碱能药（如有机磷酸酯）同时应用，其毒性会增加。

由于四氢嘧啶类从肠道吸收较差，所以其安全范围较宽。它们的不良反应（犬、猫表现为呕吐）也较少见。当与其他拟胆碱药物（如左旋咪唑，有机磷酸酯类）合用时，毒性增强。

有机磷酸酯类药物的安全范围较苯并咪唑类窄，在临床应用时，必须严格控制剂量。通常，有机磷酸酯类药物的毒性表现为相加作用，所以，应避免同时使用其他胆碱酯酶抑制剂。阿托品和解磷定（2-PAM）是有机磷酸酯类的特效解毒剂（参见有机磷酸酯）。有机磷酸酯类对人也有损害作用。由于有机磷酸酯类脂溶性较好，因此，很容易透过完整的皮肤被吸收到人体内。小动物使用有机磷酸酯类的喷剂、项圈和洗剂，由于内服、吸入和经皮吸收作用，能使幼畜明显受损。

大环内酯类药物的安全指数较高，一般不会引起哺乳动物出现不良反应。但犊牛与4月龄以下马驹，应禁用爱比菌素和莫西菌素，因为，该类药物的安全范围较窄。对健康宿主动物单次给予10倍的推荐治疗量，或多次给予3倍的推荐治疗量，均不会引起任何继发性不良反应。

哺乳动物对抗蠕虫药物的安全性，主要取决于血脑屏障中P-糖蛋白转运子的活性。某些动物由于缺乏P-糖蛋白，使阿维菌素、美贝霉素肟和其他类药物难以透过细胞膜。当缺乏p-糖蛋白的动物不能有效地将大环内酯类药物，从中枢神经系统泵出或有效处理这些药物时，其对全身生物利用度的净效应就会增加。一些药物（包括大环内酯类药物、抗肿瘤药物、阿片生物碱、乙酰丙嗪、地高辛和昂丹司琼）的这种再分布、代谢和排泄能力下降，造成许多使用安全剂量的动物发生中毒。已在一些Murray Grey牛和多品种犬中，发现中枢神经系统抑制病例，但首次在纯种或杂种柯利犬中发现这种CNS症状。大剂量服用抗蠕虫药，可观察到明显的神经症状（特异质反应），主要包括沉郁、肌肉无力、失明、昏迷甚至死亡。

因为水杨酰苯胺、酚取代物和芳香胺类药物（地芬尼太除外）都属于氧化磷酸化解偶联剂，其安全指数一般比其他驱虫药低。但按规定使用也是安全的。对一些营养状况差、代谢功能低下或寄生虫感染严重的动物，使用本类药物最常见的有害作用是严重的应激反应。按推荐剂量使用，可见轻度呼吸困难或粪便不成型。大剂量使用，可引起典型的氧化磷酸化解偶联症状，如失明、发热、惊厥和死亡。

【耐药性】 线虫和吸虫对抗蠕虫药物的耐药性已成为目前的一个主要问题。在临床实践中，寄生虫对抗寄生虫药物产生耐药性的速度，比细菌对抗菌药物产生耐药的速度要慢。然而，在过去的几十年中，具有新的化学结构的抗蠕虫药品种较少，使寄生虫对抗蠕虫药物的耐药性，已变得越来越广泛。临床上使用最广泛的抗蠕虫药物，包括苯并咪唑类、咪唑骈噻唑类和大环内酯类等3大类，在这几类药物中，所有化合物都以相同方式发挥作用。因此，寄生虫对某一种药物产生耐药性后，对于同类药物的其他种药也会产生耐药性，即存在交叉耐药现象。

在世界许多地区，小反刍动物中的线虫，特别是捻转血矛线虫，几乎对所有的广谱抗蠕虫药物，都已产生严重的耐药性。有关对所有主要抗蠕虫药物的多重耐药性的报道也日益增多。另外，也有关于绵羊和山羊的毛圆线虫属（*Trichostrongylus* spp.）、古柏线虫属（*Cooperia* spp.）和*Telodorsagia* spp.对抗寄生虫药物的耐药性报道。

马线虫（cyathostome）对苯并咪唑类药物耐药性很广泛。许多国家都已报道马副蛔虫对大环内酯类药物（伊维菌素和莫西菌素）的耐药性。曾偶尔报道盅口线虫对大环内酯类药物的耐药性，但仍未考虑其问题的严重性。

关于猪的有齿结节线虫对左旋咪唑、噻嘧啶和苯并咪唑类药的耐药性方面的报道还不太多。

近年来，在新西兰、南美洲和欧洲等地的一些农场，发生牛线虫对多种药物（苯并咪唑和大环内酯）产生多重耐药性的报道，而且这种耐药性趋势变得越来越广泛。有关牛线虫对抗蠕虫药的耐药性等问题尚不清楚。

寄生虫对药物产生一定程度的耐药性，需要虫体连续几代与同一类药物接触。已有证据表明，寄生虫体内也存在有特定抗寄生虫药物的耐药基因。耐药性的选择实际上较简单，对药物敏感的寄生虫能被杀死，而存有耐药基因的寄生虫则能存活。由于苯并咪唑类药物的作用机制相同，所以经常发现本类药物之间的交叉耐药现象。因为左旋咪唑与苯并咪唑类药物作用机制不相同，所以，对苯并咪唑类药物耐药的蠕虫，可使用左旋咪唑控制。虽然尚无证据表明，左旋咪唑和苯并咪唑类药物之间存在交叉耐药性，但并不意味着经常使用这两类抗蠕虫药物，蠕虫不会同时对这两类药物产生抗药性。线虫对左旋咪唑和噻嘧啶可产生交叉耐药性，这是因为它们的作用机制相似。某些线虫对推荐剂量的阿维菌素耐药时，使用推荐剂量的美贝霉素肟仍然有效。在同一类抗蠕虫药，即阿维菌素和美贝霉素之间也能产生交叉耐药性，继续使用上述药物可以产生选择性耐药性。

最近有研究证明，大环内酯类抗蠕虫药可作用于捻转血矛线虫和盘尾丝虫的β-微管蛋白，虽然详细的作用机制尚未报道。这提示，应用大环内酯类药物，可避免蠕虫对苯并咪唑类的耐药性，因为蠕虫对苯并咪唑类药物的耐药性，主要是由于选择单一的多态性所致。可是在大环内酯类药物临床应用之前，已有大量关于苯并咪唑药物耐药性的报道。在苯并咪唑类药物产生耐药性的地方，通常报道有对伊维菌素产生耐药的虫株。当联合使用或交替使用抗蠕虫药时，应考虑苯并咪唑类药物和大环内酯类药对寄生虫的遗传作用。

虫体对抗寄生虫药物的每一次接触都意味着产生耐药性选择性压力。因此，建议在生产管理中，要尽可能减少抗蠕虫药的使用频率。从理论上分析，轮换使用作用机制不同的药物，也可减慢抗蠕虫药物耐药性的产生。另外，为了减少耐药性，可以进行联合用药，联合使用的药物必须有效且具有不同的耐药机制。

为了获得更大的经济效益，在控制寄生虫病时，应重视饲养管理。在给全群动物制订治疗方案时，应考虑寄生虫的生物学、生态学和流行学特征，以及环境和气候。一些寄生虫学家建议，对只有少数动物表现出临床症状或生产性能下降的动物群体进行靶向选择性治疗而重复使用药物的治疗方案需进行修订。

一、苯并咪唑类

苯并咪唑类是治疗家畜体内线虫和吸虫感染的一大类药物，它们对绦虫也有一定的抗虫活性。然而，随着其耐药性的不断产生，以及越来越多的高效和使用方便的抗寄生虫药物的出现，使本类药物在反刍动物中的使用率日趋下降。本类药物的最大特点是具有广谱的抗线虫活性，有一定的杀虫卵作用及安全范围宽。常用的药物包括甲苯达唑（mebendazole）、氟苯达唑（flubendazole）、芬苯达唑（fenbendazole）、奥芬达唑（oxfendazole）、奥苯达唑（oxibendazole）、阿苯达唑（albendazole）、阿苯达唑亚砜（albendazole sulfoxide）、噻苯达唑（thiabendazole）、苯硫脲酯（thiophanate）、非班太尔（febantel）、萘托比胺（尼托比明，netobimin）和三氯苯达唑（triclabendazole）。萘托比胺、阿苯达唑和三氯苯达唑还具有良好的抗肝片吸虫活性；然而，与其他苯并咪唑类不同的是，三氯苯达唑没有抗线虫作用。因为本类药物难溶于水，其口服制剂多为混悬剂、糊剂和片剂。本类药物从胃肠道吸收的速率和程度，主要取决于动物的品种、剂量、剂型、溶解度，以及（反刍动物的）食道沟反射作用等因素。氟苯达唑也可作为口服乳剂，对猪和鸡进行饮水给药。

本类药物最有效的是那些半衰期最长的药物，如奥芬达唑、芬苯达唑、阿苯达唑和它们的前体药物，因为这些药物在动物体内代谢失活较慢。本类药物在血浆和胃肠道内的有效浓度维持时间长，对未成熟的和发育停止的线虫幼虫和成熟的线虫（包括肺线虫），均有良好的抗虫功效。

苯并咪唑类药物对反刍动物和马效果更佳，因为瘤胃和盲肠可以减慢药物的推进速度。苯并咪唑类药物的抗寄生虫效果与药物和虫体接触的时间长短有关，每隔12 h按全剂量重复内服给药2～3次可提高抗虫效果，即使是对耐药的虫株也一样。另外，减少饲料的摄入量，可减慢消化过程，从而提高苯并咪唑类药物的生物利用度。

在奥芬达唑，可能还有其他苯并咪唑类药物中，作用于寄生虫的主要是经胆汁排泄的药物代谢物，药物经小肠和大肠吸收后，进入肠肝循环。小肠黏膜中的蠕虫通过肝肠循环所接触的抗蠕虫药可能比自胃肠道中的药物更多。

1. 反刍动物　反刍动物内服苯并咪唑类药物，可以驱除胃肠道内主要成年蠕虫和多种不同时期的幼虫。药物在肝脏发生氧化和在胃肠道内发生还原的相对速率，在牛和绵羊之间存在差异。苯并咪唑类药物在牛体内的代谢和排泄，要比绵羊更为广泛。因此，

在绵羊体内苯并咪唑类药物的全身抗虫活性，要比牛强，而牛使用的剂量要比绵羊高。阿苯达唑、芬苯达唑、奥芬达唑和非班太尔，对抑制奥斯特线虫第四期幼虫很有效；但也有研究结果与此不一致的报道。也有报道，这些不溶性的苯并咪唑类药物对杀灭胎生网尾线虫有效。奥苯达唑、阿苯达唑和非班太尔对绵羊有一定的致畸作用，而芬苯达唑、甲苯达唑和奥苯达唑对绵羊则无致畸作用。在欧洲已有关于奥芬达唑用于牛瘤胃的脉冲控释剂，该控释剂在瘤胃内大约每3周释放750 mg和1 250 mg（相当于5～6次治疗剂量）奥芬达唑。在欧洲某些国家还有用于牛的芬苯达唑缓释剂，该缓释剂含有12 g芬苯达唑，在瘤胃内可连续释放140 d以上。在欧洲和Australasia*有供小反刍动物使用的阿苯达唑缓释胶囊，每个胶囊含有3.85 g阿苯达唑，每天释放36.7 mg，可连续释放105 d。苯并咪唑类缓释剂也是控制易感线虫的有效制剂，该缓释剂可预防对本类药物耐药的幼虫感染，但不能控制已发生的感染。

给牛和绵羊按10 mg/kg内服三氯苯达唑，可有效地控制寄生在肝脏实质中的未成熟肝片吸虫和胆管中的肝片吸虫成虫。使用20 mg/kg的阿苯达唑和萘托比胺对肝片吸虫成虫有效；其他苯并咪唑类药物及其前体药物对肝片吸虫功效甚微。一般来说，苯并咪唑类药物对未成熟虫体无效。只有三氯苯达唑可用于治疗急性肝片吸虫病。然而，在多个国家已有关于肝片吸虫对三氯苯达唑产生耐药性的报道。在美国，尚未批准三氯苯达唑用于反刍动物。

苯并咪唑类药物对绵羊和牛的莫尼茨绦虫有一定的效果。

2. 马　苯并咪唑类药物能有效地驱除（90%～100%）几乎所有马属动物的成熟圆线虫，但对第三期和第四期幼虫效果较差。对于肠道外移行的大型圆线虫和包埋于肠壁的小型圆线虫，需要高剂量多次给药才有效。由于马属动物盅口线虫（Cyathostome nematodes）对苯并咪唑类药物产生了广泛的耐药性，而限制了本类药物的应用。多次给药具有一定的优越性，因为苯并咪唑类药物对虫体的致死作用，是一个极慢的过程。因此，现在更多的使用方法是将药物投入到饲料中进行混饲给药。苯并咪唑类药物对马蛔虫和马韦氏类圆线虫的驱虫效果依此类药物的品种不同而异，按推荐剂量，任何苯并咪唑类药物对马尖尾线虫都有良好的驱虫效果。

3. 猪　苯并咪唑类如芬苯达唑、氟苯达唑对猪

---

* Australasia 是一个不明确的地理名词，一般指澳大利亚，新西兰及附近南太平洋诸岛，有时也泛指大洋洲和太平洋岛屿。——译者注

蛔虫成虫和各期幼虫都有良好的驱虫效果。苯并咪唑类对其他大部分猪线虫的驱虫效果也较好。

4. 犬与猫 甲苯咪唑、芬苯达唑、非班太尔、奥芬达唑、奥苯达唑和氟苯达唑都可用于驱除猫和犬的圆线虫、钩虫和绦虫。然而，治疗用药的疗程应为3 d。

5. 禽类 甲苯达唑、芬苯达唑和氟苯达唑能有效地驱除禽类胃肠道和呼吸道的线虫。

二、咪唑骈噻唑类

四咪唑是一种消旋混合物，其左旋体——左旋咪唑具有驱虫活性。常用于控制牛、绵羊、猪、山羊和禽类的线虫感染；对吸虫和绦虫无驱除效果。常规给药途径为内服和皮下注射，两种给药途径的使用效果相同。现已开发出用于牛的局部制剂。

左旋咪唑主要作用于线虫的神经系统，对虫卵无效。左旋咪唑具有广谱抗线虫作用，由于水溶性好，临床使用方便，安全范围宽，无致畸作用，因此，临床应用较成功。左旋咪唑的作用机制决定其抗寄生虫活性主要与血液浓度峰值有关，而不是药物浓度持续时间。左旋咪唑抗药性的产生似乎与虫体胆碱受体减少有关。当左旋咪唑使用剂量高于抗蠕虫活性剂量时，则有免疫增强作用，主要用于人，在其他动物的少数疾病中有使用。

1. 反刍动物 左旋咪唑应用于反刍动物的剂型有浇泼剂、注射剂和内服制剂，它对胃肠道成虫线虫、肺线虫和多种不同时期的幼虫，均有较高的驱虫作用。左旋咪唑对休眠幼虫如奥斯特线虫幼虫无效。在某些国家均已使用左旋咪唑缓释剂，每颗含左旋咪唑22.05 mg。在最初24 h释放左旋咪唑2.5 mg，剩余剂量在60 d内释放完毕。

2. 猪 给猪注射或内服左旋咪唑，对猪蛔虫成虫和未成熟幼虫均有效。除猪鞭虫（*Trichuris suis.*）外，左旋咪唑对所有其他猪线虫都有较高的驱虫效果。

3. 犬 在一些国家，左旋咪唑作为犬的口服制剂，用于治疗犬弓首蛔虫感染。

4. 家禽 在家禽，左旋咪唑主要用于蛔虫感染。由于其水溶性好，现已有家禽用饮水给药的内服制剂。

三、四氢嘧啶类

噻嘧啶是第一种用于绵羊的广谱抗胃肠线虫药，现在已被广泛应用于牛、马、犬、猫和猪。常用制剂有枸橼酸盐、酒石酸盐和双羟萘酸盐。

其水溶液对光敏感，易同分异构化，导致有效成分效价降低。因此，其混悬液应避免阳光直射。由于本品具有左旋咪唑样药理学作用，所以不推荐用于严重虚弱的动物。

噻嘧啶内服使用的制剂有混悬剂、糊剂、滴剂和片剂。噻嘧啶和甲噻嘧啶对寄生在肠腔，或其黏膜表面的成年线虫和幼虫都有效。

1. 反刍动物 酒石酸噻嘧啶属于广谱抗反刍动物线虫药物，但主要对成年胃肠线虫有效。

2. 马 噻嘧啶对蛔虫成虫，大、小圆线虫和蛲虫均有效。当剂量加倍时，对回肠叶状裸头绦虫（*Anoplocephala perfoliata*）有一定的驱虫作用。

3. 猪 酒石酸噻嘧啶在猪主要用于蛔虫和结节线虫病（*Oesophagostoum*）的治疗。

4. 犬与猫 双羟萘酸噻嘧啶对犬、猫常见胃肠线虫有效，但对鞭虫（whipworm）无效。间酚嘧啶（oxantel）是一种噻嘧啶的酚类同型物，与噻嘧啶制成复方驱虫制剂，可用于犬（和人），以增加驱鞭虫的活性。

四、大环内酯类

大环内酯类（包括阿维菌素类和美贝霉素肟）是链霉菌属（一类土壤微生物）的代谢产物或化学衍生物。市场上销售的阿维菌素类包括伊维菌素（ivermectin）、爱比菌素（abamectin，阿贝菌素）、多拉菌素（doramectin）、依普菌素（eprinomectin，艾普利诺菌素）和赛拉菌素（selamectin）。作为商品的美贝霉素类包括美贝霉素肟（milbemycin oxime）和莫西菌素（moxidectin）。大环内酯类抗寄生虫药物具有高效、广谱、用量低的特点。它们对多种未成熟线虫（包括蛰伏幼虫）和节肢动物都具有杀虫活性。已有文献报道，本类药物治疗各种宿主内寄生虫和外寄生虫病的虫种已超过300种。一次给药后，能维持较高的药效浓度，并且可控制宿主在相当长的时间内不发生新的线虫感染。

内服或非经肠道给予大环内酯类药物，吸收良好；但使用浇泼剂吸收差异较大。无论是哪一种途径给药，大环内酯类药物吸收后，在体内分布广泛，并且特别容易在脂肪组织中蓄积。然而，不同的给药途径和不同的制剂，都可影响药代动力学。动物机体状态可影响皮下注射给药后药物在体内的驻留时间。

无论采用哪种途径给药，在胃肠系统、肺脏和皮肤中，都能达到有效的药物浓度。但是，在一个隔室中，药代动力学隔室和药物/代谢物的定量和定性的有效性之间的关系是相当复杂的。例如，肠内容物可影响大环内酯类药物的吸收；给绵羊内服给药，摄食量和饲料的组成都会影响药物的吸收过程与消除过程。另外，在内服药物前，给动物禁食，可拓宽药物动力学模型，从而显著增加其驱虫效果。

（一）对环境的影响

在动物饲料中添加化学添加剂（如生产没有昆虫的肥料）早已引起人们的关注，对非靶粪便昆虫和粪便散布的影响是有关大环内酯的主要问题。市售的大环内酯类药物主要通过粪便进行排泄，而且对于栖息于粪便中的多种昆虫具有杀虫活性。

关于大环内酯类在环境中的转归和作用，已进行了深入的研究，其中，报道最多的是伊维菌素。粪便和土壤中的伊维菌素，其降解速率较慢，尤其在北半球的冬季，降解速度极慢，半衰期长达91～217 d。在夏季，暴露在户外土壤环境中的伊维菌素降解较快，半衰期仅为7～14 d。

虽然大环内酯类对一些水生微生物有很高的毒性作用，但本类药物与土壤结合紧密，减少了药物进入水中的量，从而降低了对水生微生物的毒性作用。大环内酯类对新鲜水藻类的毒副作用较小，基本上不影响植物的发育和生长。通常，双翅类（包括苍蝇和蚊）幼虫对伊维菌素和大环内酯类药物的敏感性，比鞘翅类（coleopteran）幼虫更高。但鞘翅类成虫通常不受粪便中残留的大环内酯类药物的影响，也许是由于它们接触大环内酯类残留物比其幼虫接触的少。总体来讲，市场销售的美贝霉素类药物，对蝇和甲虫类幼虫的损害作用要比阿维菌素类低。尚无证据表明，伊维菌素残留物能对蚯蚓的发育或存活有直接作用；但对其他食粪生物，特别是苍蝇和甲虫幼虫，伊维菌素对其具有抑制或杀灭作用。

如果使用大环内酯类的长效制剂或缓释剂，有干扰和破坏粪便中动物群生态的风险。但没有证据表明，对粪堆降解或牧场粪肥沉积有长期不良作用。在多数养殖系统中，绝大部分动物粪便中不含有大环内酯类药物，从而为栖息于粪便中的昆虫提供安全的栖息环境。因此，使用大环内酯类药物未必就会产生全球性或局部性的生态毒性。

（二）长效作用

动物单次使用阿维菌素类药物，对敏感线虫感染可提供一个长期有效的药物浓度。药物的长效性对治疗来说有很重要的临床意义。长效性可保证动物数周内不再重新感染某些线虫和节肢动物，也有助于控制病虫害对家畜的危害。已报道，不同的大环内酯类药物，对不同种的蠕虫的药效作用也有很大差异。已对牛的3种主要线虫，包括奥斯特线虫、古柏线虫和牛肺线虫，以及绵羊的捻转血矛线虫和*Telodorsagia circumcincta*线虫的长效作用做了比较研究。根据不同的大环内酯类药物及制剂，其药效持续时间也有差异，对奥氏奥斯特线虫为14～45 d，古柏线虫为0～35 d，网尾线虫属（*Dictyocaulus*）为21～42 d。内服莫西菌素后，药效持续时间为2～5周，这对于控制绵羊的血矛线虫病和*Telodorsagia circumcincta*感染，以及防止耐药性的产生具有特殊作用。

1. 牛　伊维菌素、依普菌素、爱比菌素、多拉菌素和莫西菌素等药物，常以内服、皮下注射和浇泼剂的形式临床应用于牛。皮下注射和内服剂量为0.2 mg/kg；而浇泼剂使用剂量为0.5 mg/kg。浇泼剂使用方便，但与内服和皮下注射相比较，其动物间存在较大差异。牛的刷拭行为对局部使用大环内酯类药物的血浆处置有很大影响。在经治疗和未经治疗牛中的亚治疗浓度，都可能产生耐药性。

一种以油为基质的伊维菌素长效制剂（规格：3.15%）于1998年在巴西申报并注册，现在拉丁美洲及非洲一些国家都有销售，皮下注射少量伊维菌素（1mL/50kg，相当于伊维菌素每千克体重630 μg/kg体重），可有效地治疗和预防控制牛的许多内、外寄生虫病。已研发出一种非肠道给药的莫西菌素长效制剂。该注射液（1mg/kg，耳根后部皮下注射）的基质为油，含10%莫西菌素，现已在拉丁美洲、澳大利亚和一些欧洲国家注册上市。对比试验数据表明，不同种动物应用莫西菌素长效制剂，其抗线虫感染的保护期为90～150 d。

大环内酯类药物对牛常见的各期线虫（包括被抑制的线虫）的有效率在98%以上。敏感性最低的虫种为古柏线虫和细颈线虫属（*Nematodirus* SPP.）。由于大环内酯类药物具有较强效能，并通过乳汁排出体外，因此，不推荐其用于奶制品供人消费的产奶动物。但依普菌素和莫西菌素浇泼剂在许多国家无弃奶期。

已开发出广泛有效的化学预防体系，以防止春季放牧犊牛的寄生虫性胃肠炎的暴发和控制寄生虫感染。已证明，在放牧季节的前半期间，对放牧犊牛定时使用大环内酯类抗寄生虫药物，能有效控制第一年放牧犊牛的胃肠道线虫感染，这在西欧一些国家已得到验证。由于饲养管理，牧场感染和气候条件的不同，很难确定哪一种预防措施更有效。但根据寄生虫流行病学特点进行药物预防应该是有益的。

2. 小反刍动物　伊维菌素、多拉菌素和莫西菌素等药物，常以内服、皮下注射和肌内注射的形式应用于小反刍动物。大环内酯类药物对绵羊和山羊体内的各期线虫（包括休眠线虫）都有较高的驱虫效果（＞98%）。可是，由于饲养管理上的问题，导致小反刍动物体内的线虫对大环内酯类药物产生了一定的耐药性，主要发生于南半球的一些国家和地区（见耐药性。）虽然刚开始按推荐剂量使用莫西菌素，能对一些耐伊维菌素的寄生虫株有效，但阿维菌素类和美贝霉素肟类药物之间存在交叉耐药，所以其效果也是暂时性的。内服莫西菌素后，对捻转血矛线虫和 Telodorsagia circumcincta 有很持久的驱虫作用，其药效可维持5周。现在绵羊养殖者已开始使用伊维菌素控释剂胶囊。其释药速度，在20～40kg的绵羊，为每日0.8 mg伊维菌素，41～80 kg绵羊为每日1.6 mg，持续释药时间达到100 d。

3. **猪** 按每千克体重0.3 mg皮下注射伊维菌素和多拉菌素，或每日将伊维菌素按每千克体重0.1 mg拌料，连续给药7 d，可治疗一些常见的猪寄生虫的成虫和各期幼虫感染，包括肾蠕虫。但猪鞭虫感染的治疗效果只有80%。

4. **马** 在大环内酯类中，只有伊维菌素和莫西菌素用于马属动物。其剂量为：伊维菌素，0.2 mg/kg；莫西菌素0.4 mg/kg。伊维菌素和莫西菌素对马属动物线虫的成虫和移行各期幼虫（包括大型类圆线虫和小型类圆线虫），以及节肢动物（胃蝇属），都具有广谱的杀虫活性。关于这两种药物的疗效差异的唯一报道是，在治疗剂量条件下，伊维菌素对休眠期和黏膜内发育期的盅口线虫效果不显著，而莫西菌素对胃蝇属作用较弱。给马使用莫西菌素后，其体内循环中的药物浓度持续时间较长，可使马在2～3周内不感染盅口线虫的幼虫。由于耐药性的原因，一般不选择伊维菌素和莫西菌素治疗马副蛔虫感染。

5. **犬与猫** 伊维菌素、赛拉菌素、莫西菌素和米贝霉素肟可用于预防犬心丝虫病和控制犬胃肠道圆线虫感染。按其他动物使用的剂量用药，许多犬的寄生虫对伊维菌素都很敏感，驱虫效果良好；然而，由于一些犬用此剂量会产生严重的不良反应，因此，仅给犬按每千克体重6 μg内服伊维菌素，每间隔1个月服用1次，即可预防犬恶丝虫病的发生。高剂量（＞每千克体重100 μg）服用伊维菌素，能使一些柯利犬或个别其他品种犬产生不良反应。内服0.5 mg/kg的美贝霉素肟，可预防犬恶丝虫感染和治疗犬钩虫、蛔虫和鞭虫病。按3 μg/kg内服莫西菌素，也可以预防犬的心丝虫病。美贝霉素肟和莫西菌素对犬的安全性，包括对大环内酯类的敏感性，都与伊维菌素很相似。

赛拉菌素（属于阿维菌素单糖苷类）和莫西菌素有体表使用的制剂，当按推荐剂量使用时，赛拉菌素和莫西菌素都具有抗体内外、寄生虫作用，对常见的肠道线虫（包括弓首蛔虫）、心丝虫和外寄生虫（蚤、虱和螨）都有驱虫作用。

6. **其他动物** 伊维菌素和其他阿维菌素类或米贝霉素类药物，还广泛作为各种野生宠物（包括雪貂、兔、啮齿动物、鸟类和爬行类）的抗寄生虫药物。虽然这些药物的抗寄生虫活性，最初是通过实验动物试验所得到的，用于啮齿动物和外来宠物都属于标签外用药，其治疗方案往往是通过临床经验来制订的，并没有做严格的对照试验。

五、水杨酰苯胺类及其酚取代物与芳香酰胺类

本类药物包括水杨酰苯胺类：溴硫柳酰胺（brotianide）、氯碘酰胺（clioxanide）、氯生太尔（closantel，氯氰碘柳胺）、氯硝柳胺（niclosamide）、羟氯柳苯胺（oxyclozanide）和雷复尼特（氯苯碘柳胺，rafoxanide）；酚取代物：硫双二氯酚（bithionol）、二碘基硝酚（disophenol）、六氯酚（hexachlorophene）、硝氯酚（niclofolan）、双硝氯酚（menichlopholan）和硝碘酚腈（nitroxynil）；芳香酰胺类：地芬尼太（diamphenethide）。所有这些药物均对肝片吸虫成虫有效。现已被广泛用于绵羊和牛的吸虫病和血矛线虫病。地芬尼太对绵羊肝片吸虫幼年阶段虫体有效，但对肝片吸虫成虫活性降低。水杨酰苯胺及酚取代物对未成熟吸虫的驱虫效能较低，主要原因是这些药物与血浆蛋白高度结合。然而，本类药物中的绝大多数对牛和绵羊体内6周龄的吸虫都有驱虫功效，主要是因为这些药物在血液中的浓度较高，在血液中存留的时间也较长，吸虫由于吸食血液而死亡。除硝碘酚腈采用皮下注射外，本类其他药物都可通过内服给药。

氯硝柳胺可通过内服给药，治疗犬的绦虫感染（犬复孔绦虫和其他绦虫）。

六、吡喹酮与依西太尔

吡喹酮（praziquantel）和依西太尔（epsiprantel）化学结构相似，两者在较低剂量条件下，仍对绦虫寄生虫有较好效果，但对线虫无效。吡喹酮在胃肠道吸收快而完全。药物在犬体内被吸收后，分布到各个器官；随黏膜和胆汁再次进入肠腔。吡喹酮在肝脏能迅速羟基化，生成无活性的产物，通过胆汁而分泌。本类药物具有较宽的安全范围。

吡喹酮内服后，对反刍动物绦虫（如莫尼茨绦虫），马绦虫（如叶状裸头绦虫），犬、猫和禽类绦虫感染均有较高驱虫效果。犬和猫内服（5 mg/kg）或皮下注射（5.8 mg/kg）或浇泼（猫12 mg/kg）吡喹酮，均对犬复孔绦虫及其他绦虫属和棘球蚴属（成虫和幼虫）有100%的驱虫效果。按40 mg/kg剂量使用吡喹酮，对驱除牛（和人）的血吸虫感染均有效。

依西太尔（按5 mg/kg）可驱除犬、猫的一些常见绦虫，包括成虫细粒棘球绦虫。

七、其他类抗蠕虫药

哌嗪（piperazine）内服后能通过胃肠道被迅速吸收，并在用药后30 min，就可从尿液中检测到哌嗪碱。在用药后1~8 h，大部分药物通过尿液排泄，24 h内可完全排出。哌嗪对不同动物和人的蛔虫都有较大驱虫效果。哌嗪的安全范围也很广。

乙胺嗪（diethylcarbamazine）是哌嗪的一种衍生物，该药能通过干扰虫体神经功能，使线虫麻痹。在过去，本药被广泛用于犬心丝虫的预防。在整个蚊虫季节，每天内服乙胺嗪可预防其显性感染。在给犬服用乙胺嗪前，应首先驱除心丝虫成虫和微丝蚴，以免引起致死性反应。乙胺嗪还用于潜伏期的牛肺线虫病的治疗（见肺线虫感染），但该药对成年线虫驱虫效果相对差些。常规使用乙胺嗪的方法为，每日肌内注射22mg/kg，连续3d，但据报道，一次注射44mg/kg乙胺嗪，可较好地改善临床症状。

氯舒隆（clorsulon）是一种碘胺类药物，有供内服使用的混悬液制剂，主要用于驱除绵羊和牛的肝片吸虫，也可与伊维菌素组成复方制剂，采用皮下注射，驱除牛的寄生虫。氯舒隆在血浆中可与蛋白质结合，当其结合物被肝片吸虫吸入后，则可抑制糖酵解途径的一些酶。氯舒隆安全范围较大，在澳大利亚等一些国家已被批准用于泌乳奶牛，但其在欧美还尚未被批准使用。

丁萘脒（bunamidine）是一种抗绦虫药物，主要用于小动物，空腹给药效果最佳。丁萘脒在肝脏吸收和代谢后，其代谢产物能对宿主肠道内绦虫有驱除作用。本品对肠道内绦虫有驱杀作用。丁萘脒的不良反应主要是呕吐和轻度腹泻，犬在给药后应避免过度兴奋和运动。

硝硫氰酯（nitroscanate）类似于替代酚，具有解偶联氧化磷酸化的作用。主要用于驱除寄生于小动物中的弓首蛔虫属、弓蛔虫属、绦虫属、复孔绦虫属、钩虫属、弯口线虫属和棘球绦虫。给药后动物偶尔会发生呕吐反应。

许多有机磷酸盐类可用作抗蠕虫药物；可是由于其毒性较大，对幼虫效果较差，安全范围窄，通过粪便排泄对环境造成污染，其使用率逐渐减少。敌敌畏主要作为马，猪、犬和猫的一种驱虫剂；敌百虫主要用于驱除马体内的狂蝇蛆、蛔虫和蛲虫；而蝇毒磷（coumaphos）、育畜磷（crufomate）、氯磷吡喃酮（haloxon）和萘磷（naphthalophos）主要用于反刍动物的驱虫。由于敌敌畏的挥发性强，是一种特有的具有多种用途的有机磷酸盐，可与增型剂配伍制成乙烯树脂胶丸，当胶丸通过胃肠道时，敌敌畏从胶丸中缓慢释放出来，这样可驱除整个胃肠道蠕虫。敌敌畏胶丸剂对驱除猪胃肠内主要的线虫成虫特别有效，是首次用于猪的一种广谱驱线虫药。但对驱除移行线虫幼虫的活性较差或几乎没有活性。

八、新型抗蠕虫药

N-甲醛-24元环辛烷缩肽类（cyclic octadepsipeptides）：本类药物的研究始于20世纪90年代初。PF1022A是埃莫赛德（emodepside）的母药，来自真菌无孢菌类（Mycelia sterilia）的天然次级代谢产物。埃莫赛德是通过PF1022A人工半合成的衍生物，对多种胃肠道线虫有效。现已明确埃莫赛德的作用方式是，它可与线虫突触前的蛛毒素受体结合。最近的研究表明，埃莫赛德第二个作用靶点是钙激活钾离子通道（SL01）。与这些受体相互作用，导致线虫的咽和体壁肌肉产生弛缓性麻痹。在一些国家，已有埃莫赛德与吡喹酮组成的复方制剂投入市场，主要用于绦虫感染，按3 mg/kg用药，可驱除猫体内的蛔虫和钩虫。

氨基乙腈衍生物（AAD）：AAD是一类低分子质量化合物，在氨基乙腈核上含有不同的芳香族羟基。研究发现，AAD具有抗蠕虫活性。其作用机制独特，AAD为一类人工合成药物，对驱除胃肠线虫有较高效果，其中包括对广谱驱虫药耐药的分离虫株。本类药物可特异性干扰虫体ACR23烟碱样乙酰胆碱受体（N受体）亚单位，ACR23属于线虫特异性DEG-3亚家族。药效试验表明，内服monepantel（2.5mg/kg）可有效控制反刍动物线虫成虫和第四期幼虫感染，也能有效控制对目前已上市的其他广谱抗蠕虫药耐药虫株的感染。Monepantel已作为绵羊的一种驱虫药，在新西兰注册上市。

（操继跃 译　陈品 一校　丁伯良 二校　田文儒 三校）

第十三节　抗菌药物

一、β-内酰胺类抗生素

本类药物是指其化学结构中含有β-内酰胺环的一类抗生素。包括基本结构由母核6-氨基青霉烷酸（6-APA）组成的青霉素类、单环β-内酰胺类、碳青霉烯类和由母核7-氨基头孢烷酸（7-ACA）组成的头孢菌素类，青霉素类与头孢菌素类的主要差别是后者对β-内酰胺酶较为耐受。

【抗菌活性】

1. 作用方式　β-内酰胺类通过干扰转肽酶而破坏细菌细胞壁的合成，由于转肽酶的作用，使多糖肽链之间形成交叉连接。这些酶与一组存在于革兰氏阳性菌和革兰氏阴性菌中的蛋白有关，该蛋白称为青霉素结合蛋白（PBP）。在细菌细胞生长过程中，当肽多糖形成时，自溶素不断地裂解晶格，为新的肽链提供受体位点。细菌正常的生长，依赖于细胞壁沉积作用与自体溶解之间的平衡。当β-内酰胺与PBP相互作用并抑制合成酶时，形成缺损的细胞壁，致使细胞异常拉长，形成原生质球或渗透性溶解。在足够浓度条件下，β-内酰胺类一般能起杀菌作用。但在低于最小抑菌浓度（MIC）时，β-内酰胺抗生素确实对细菌的结构和功能产生了残余药效，从而促进吞噬作用。

β-内酰胺抗生素对已形成的细菌细胞壁没有什么影响，甚至敏感的病原体必须处于活跃的繁殖或生长阶段。β-内酰胺对呈对数生长阶段的细菌抗菌活性最强。在微酸性环境中（pH 5.5～6.5），其抗菌活性会有所增加，这可能是增强了对膜的通透性所致。

β-内酰类抗生素的药效，与血浆或组织中药物浓度，高于感染微生物的MIC值所持续的时间有关。一般来说，在一个给药周期内，药物浓度高于MIC的时间，至少应达到给药间隔时间的1/4～2/3。

2. 细菌耐药性　只有那些具有细胞壁的微生物，才对β-内酰胺类抗生素的作用敏感。在此范围内的细菌中，已确认β-内酰胺类的耐药性，并已形成多种类型。

3. 通透性屏障　革兰氏阳性菌的荚膜可阻碍物质穿过细胞质膜，但很少限制细胞壁抑制剂的扩散。在革兰氏阴性菌的外膜上，具有一种限制性的筛滤机制，可以降低几种抗生素的穿透能力。不同种的革兰氏阴性菌对β-内酰胺抗生素呈现不同的通透性屏障。这些屏障降低了抗生素与膜相关结合蛋白的结合。例如，流感嗜血杆菌的通透性屏障易被β-内酰胺抗生素穿过，而大肠埃希菌对这类抗生素的通过表现出很强的阻碍，大多数β-内酰胺类要穿透进入铜绿假单胞菌都比较困难。青霉素类、氨基青霉素类、第一代和第二代头孢菌素类也不能穿透铜绿假单胞菌的外膜。与溢出蛋白有关的微孔蛋白，也可将已成功穿透革兰氏阴性菌脂多糖包裹层的β-内酰胺类排出细胞外。

β-内酰胺类（青霉素类、头孢菌素类及β-内酰胺酶抑制剂）的化学性质、浓度梯度对它们穿透细菌并与细胞质膜表面上的靶位点的结合会产生很大影响，这些都增大了不同种类青霉素抗菌谱之间的差异。β-内酰胺类常与其他抗生素联合使用，这可破坏细胞膜的完整性，以加速β-内酰胺类进入细菌体内。通常认为，控制穿透性的遗传位点是在染色体上，但也可能是在质粒上特定的基因。

4. 特异性的细菌结合蛋白　β-内酰胺抗菌剂的耐药性，可通过改变这些药物的PBP靶点而获得。关键性PBP的亲和力的丧失或减弱，可导致细菌对青霉素的耐药性明显上升。葡萄球菌的PBP-2发生改变，可使其对所有的β-内酰胺产生耐药性。

5. L型细菌　当原生质球（不完整的细胞壁）或原生质体（缺乏细胞壁）产生时，耐药性的表现型即可出现。这些所谓的"L-型"必须处于高渗环境中（如肾髓质）才能存活，否则它们将溶解。这种类型的耐药性，其临床意义还不清楚。

6. 休眠微生物　在微生物群体中，有少数的细菌始终处于休眠状态。β-内酰胺类抗生素仅对处于生长期的细菌有作用，而处于静止期的细菌不受影响甚至可持续存活。这些"持续存活者"在抗生素被消除后，仍然可以正常生长。

7. 耐受性　当用细胞壁合成的抑制剂处理分离出的某些细菌时，细菌生长常处于抑制状态，但在通常浓度下不会发生溶解。这些"耐受"病原体往往缺乏产生和利用自溶酶的能力，在β-内酰胺类抗生素存在的情况下也能存活。临床上，当发生耐受菌引起的严重感染时，可通过氨基糖苷类与β-内酰胺抗生素的协同作用，来防止这种感染的复发及治疗的失败。

8. β-内酰胺酶（青霉素酶）的耐药性　青霉素类和其他β-内酰胺类抗生素，最重要的耐药机制是酶的灭活作用。至少有6种主要的β-内酰胺酶，能够裂解β-内酰胺环，进而使药物失活。β-内酰胺酶可由革兰氏阳性菌（金黄色葡萄球菌、表皮葡萄球菌）和革兰氏阴性菌产生（后者可以产生6种β-内酰胺酶中的其中5种）。一些酶专门对抗青霉素类，而另一些酶则主要对抗头孢菌素类，还有几种酶都能水解这两类抗生素。β-内酰胺酶的类型和浓度，也是根据细菌种类的不同而具有特异性的。革兰氏阳性菌的β-内酰胺酶，通常以胞外酶的形式分泌到外界环境中，它可以大量产生，由质粒介导（单一决定簇），通常为诱导性（极少是结构性），它不能进行自身传递（主要靠转导），而且主要对抗青霉素类药物。葡萄球菌是能很快产生β-内酰胺酶耐药性的主要革兰氏阳性菌。革兰氏阴性菌产生的β-内酰胺酶通常是异源的（作用范围广），常存在于胞质周围的间隙中，产生的量较少，通常是细菌的基本组成部分（很少是诱导产生的），可进行自身传递（结合机制），对青霉素类和头孢菌素类均有作用。能够产生β-内酰胺酶，并具有耐药性的革兰氏阴性菌，主要有埃希菌、嗜血杆菌、克雷伯菌、巴氏杆菌、变形杆菌、假单胞菌和沙门氏菌；上述菌株中的某些细菌可能需要较长时间才能产生耐药性。能够抵抗β-内酰胺酶的新型广谱头孢菌素，可被近年来新出现的广谱β-内酰胺酶所降解，特别是大肠埃希菌、克雷伯菌和变形杆菌。在实验室常规培养和进行药敏试验时不会产生这些酶，从而导致细菌对药物的敏感。

由β-内酰胺酶所诱导的耐药性是很普遍的。兽医临床所分离的细菌中，50%～60%的葡萄球菌和40%～70%的大肠埃希菌均对青霉素G耐药；从伴侣动物和农畜中分离出的大肠埃希菌，有15%～40%也可对氨苄青霉素耐药。

（一）青霉素类

青霉素类是最早使用的抗菌药物之一，可根据化学结构的不同对其进行分类（即青霉素类、单β-内酰胺类、碳青霉烯类）；也可按抗菌谱进行分类（窄谱青霉素、广谱青霉素和超广谱青霉素）；按来源不同可分为天然青霉素、半合成青霉素和人工合成青霉素；也可按其对β-内酰胺酶的敏感性进行分类。通过改变药物的结构，可拓宽其抗菌谱、提高对β-内酰胺酶的稳定性，或使其具备更有利于发挥疗效的临床药理学特点。

【根据抗菌谱进行分类】所有的青霉素类药物对缺乏细菌壁的微生物，如支原体、衣原体等，均无效。

1. **对β-内酰胺酶敏感的窄谱青霉素类** 这类药物包括以各种剂型存在的天然青霉素G（苄甲青霉素）和几种生物合成的、用于口服的耐酸青霉素［如青霉素V（苯氧甲基青霉素）和苯氧乙基青霉素］。这类青霉素对大多数革兰氏阳性菌和少数革兰氏阴性菌和厌氧菌有效，但它们容易被β-内酰胺酶（青霉素酶）水解。

2. **耐β-内酰胺酶的窄谱青霉素类** 通过在青霉素核上的取代（6-氨基青霉烷酸），这组药物或多或少能对抗各种β-内酰胺酶的作用，此酶由耐药的革兰氏阳性菌产生，尤其是金黄色葡萄球菌。但该类青霉素对抗革兰氏阳性菌的活性不如青霉素G，而且对几乎所有的革兰氏阴性菌都无活性。这组中的耐酸青霉素（用于口服的），包括异噁唑类青霉素，如苯唑青霉素、邻氯青霉素、双氯青霉素和氟氯青霉素。甲氧苯青霉素和乙氧萘青霉素可作为注射用制剂。替莫西林是一种半合成的青霉素，对β-内酰胺酶稳定，而且对除假单胞菌外的几乎所有被分离的革兰氏阴性菌均有作用。

3. **对β-内酰胺酶敏感的广谱青霉素类** 该类青霉素均为半合成品，对多种革兰氏阳性菌和革兰氏阴性菌均有作用。但它们易被β-内酰胺酶（由许多细菌产生）破坏。这类的许多种药物都是耐酸的，而

且既可内服也可经非肠道给药。在兽医方面应用的药物中，氨基青霉素类，如氨苄青霉素和羟氨苄青霉素，是人们最为熟悉的。几种可在胃肠道内吸收更完全的氨苄青霉素前体也属于这类药物（如海他西林、匹胺青霉素、酞氨苄青霉素）。氮䓬脒青霉素对抗革兰氏阳性菌的活性比氨苄青霉素低，但它对许多不产生β-内酰胺酶的肠道病原菌（变形杆菌除外）具有较高的活性。

4. **对β-内酰胺酶敏感的、抗菌谱扩大的广谱青霉素类** 在某些情况下，几种半合成的广谱青霉素也可对抗铜绿假单胞菌、一些变形杆菌，甚至克雷伯菌、志贺氏菌和肠杆菌。这类药物包括羧基青霉素类（如羧苄青霉素、耐酸的羧苄青霉素茚满酯和羧噻吩青霉素）、脲基青霉素类（苯咪唑青霉素和磺唑氨苄青霉素），以及哌嗪青霉素类（氧哌嗪青霉素）。

5. **抑制β-内酰胺酶的广谱青霉素类** 几种天然存在的和半合成的化合物，能抑制由耐青霉素的细菌所产生的许多β-内酰胺酶的活性。当这些化合物与广谱青霉素联合使用时，可产生明显的协同作用，因为有活性的青霉素受到保护而免遭酶的水解，所以能充分对抗许多原先耐药的细菌。这类新的化学治疗方法的例子包括棒酸强化的羟氨苄青霉素和羧噻吩青霉素，以及舒巴坦强化的氨苄青霉素。

6. **碳青霉烯类** 亚胺培南和美罗培南对多数细菌均有较强的作用。亚胺培南是由链霉菌（*Streptomyces cattleya*）的发酵产物衍生而得的一种抗生素。氨曲南（单环β-内酰胺类）与其他β-内酰胺类药物在结构上有所不同，其第二个环没融合到β-内酰胺环上。

【一般特性】青霉素类不稳定，对热、光、pH过高或过低、重金属、氧化剂和还原剂都较敏感。青霉素在水溶液中常分解失效，因此青霉素的注射液宜现配现用。青霉素是一类弱有机酸，难溶于水，其水或油的悬浮液或水溶性盐常用于非肠道给药。例如青霉素G的钠盐或钾盐是易溶于水的，可从注射部位迅速被吸收，而微悬液中的有机酯类，如普鲁卡因青霉素G或苄星青霉素G，则需在1～3 d（甚至更长时间）内逐渐被吸收。含有3个结晶水的半合成青霉素与母体化合物相比，具有更好的水溶性，而且常被用于非肠道和口服给药。

青霉素类含有一个β-内酰胺环，当被β-内酰胺酶（青霉素酶）裂解时，产生青霉素裂解酸，这些衍生物是无活性的，但可作为青霉素过敏性的抗原因子发挥作用。通过生物合成或半合成的方法，对6-氨基青霉烷酸进行化学修饰，可产生一大批用于临床的青霉素类。这些药物在抗菌谱、药代动力学特性及

对微生物酶降解的敏感性方面均存在差异。

抗菌谱 青霉素G及其同类口服药（如青霉素V）对需氧和厌氧的革兰氏阳性菌都具有活性，并且除了几种细菌（嗜血杆菌、奈瑟氏菌及除脆弱拟杆菌之外的拟杆菌）之外，这些药物在通常浓度下对革兰氏阴性菌是无活性的。通常在体外对青霉素G敏感的细菌，有链球菌、对青霉素敏感的葡萄球菌、化脓隐秘杆菌、梭状芽孢杆菌、猪丹毒杆菌、绵羊放线菌、犬钩端螺旋体、炭疽芽孢杆菌、结节梭形杆菌和诺卡氏菌。

耐β-内酰胺酶的半合成青霉素类药物，如苯唑青霉素、邻氯青霉素、氟氯青霉素和乙氧萘青霉素，不但具有与上述那些药物相似的抗菌谱（尽管通常情况下MIC较高），而且还能抵抗许多能产生β-内酰胺酶的葡萄球菌（特别是金黄色葡萄球菌和表皮葡萄球菌）。

大量的革兰氏阳性菌和革兰氏阴性菌（不包括产生β-内酰胺酶的菌株）对半合成的广谱青霉素（氨苄青霉素和羟氨苄青霉素）比较敏感。敏感的细菌属包括葡萄球菌属、链球菌属、棒状杆菌属、梭状芽孢杆菌属、埃希菌属、克雷伯菌属、志贺氏菌属、沙门氏菌属、变形杆菌属和巴氏杆菌属。当细菌的耐药性普遍存在时，将β-内酰胺酶的抑制剂与广谱青霉素类药物联用，可显著扩大对抗革兰氏阳性菌和革兰氏阴性菌的抗菌谱，并增强抗菌效果。棒酸强化的羟氨苄青霉素就是这种协同关系的一种成功的例子。

抗假单胞菌和其他广谱青霉素类药物对大多数的青霉素敏感菌均有效。这些敏感菌通常对β-内酰胺酶有一定的耐药性，而且时常可对抗一种或更多种特异的耐青霉素病原菌。常见的一些例子包括，应用羧苄青霉素、羧噻吩青霉素和氧哌嗪青霉素对抗铜绿假单胞菌和部分变形杆菌，应用氧哌嗪青霉素对抗铜绿假单胞菌、几种志贺氏菌和变形杆菌，以及一些柠檬酸杆菌和肠杆菌。粪链球菌通常对这些新的广谱青霉素类耐药。亚胺培南和美罗培南对β-内酰胺酶有一定抵抗力。它们的抗菌谱包括许多需氧和厌氧菌，如假单胞菌、链球菌、肠球菌、葡萄球菌和李斯特菌。包括脆弱拟杆菌在内的厌氧菌对其高度敏感。

【药代动力学特性】 许多青霉素类药物的动力学过程相差较大。下面重点介绍一些一般规律性特征及其独特之处。

1．吸收 大多数水溶液中的青霉素类可以迅速地从非肠道部位吸收。当青霉素的无机盐悬浮于植物油赋形剂中，或用少量溶解的有机盐（如普鲁卡因青霉素G和苄星青霉素G）经非肠道途径给药时会出现吸收延迟。虽然吸收延迟可延长血浆和组织药物浓度

的维持时间，但峰浓度却不足以达到抗菌所需的浓度，除非MIC值很低。青霉素G的有机酸盐不能经静脉注射给药。只有少数青霉素类耐酸，可按标准剂量通过内服给药。不同种类的青霉素类，在胃肠道上段部位吸收的量和速率方面有很大差异。青霉素V在内服时必须加大剂量。尽管食物可阻碍氨苄青霉素的吸收，但口服氨基类青霉素，仍可以达到生物有效度。羧苄西林茚酸盐可以内服，但仅在尿液中可达到生物有效浓度。青霉素类药物口服后，其血清浓度通常在2 h内达峰。青霉素类药物也可经子宫灌注后被吸收。

2．分布 青霉素类药物吸收后可广泛分布于体液和组织中。虽然一些药物能很好地穿透组织，但分布容积还是显示了细胞外的隔室化。通常在肝脏、胆汁、肾脏、小肠、肌肉和肺脏中可发现不同青霉素的药物浓度，但在灌注较差的部位，如眼角膜、支气管分泌物、软骨和骨中，药物浓度较低。青霉素G的二乙氨基盐可在肺脏组织中产生特别高的浓度。通常，青霉素类不易穿过正常的血-脑屏障、胎盘屏障、乳腺屏障或前列腺屏障，但在大剂量使用或有炎症时则可穿过上述屏障。有些青霉素类还能渗透到非慢性脓肿、胸腔、腹腔和滑膜液中。青霉素类与血浆蛋白的结合是可逆的和疏松的。这种结合的程度由于特定的青霉素及其浓度不同而有所不同，例如，氨苄青霉素的蛋白结合率约为20%，而邻氯青霉素可能约为80%。妊娠可使分布容积升高，这将导致药物浓度降低。

3．生物转化 青霉素类一般以原形药物排出，但也有部分药物以未知的机制进行代谢转化（通常被代谢的药物小于20%），所形成的青霉素裂解酸衍生物有成为过敏原的趋势。

4．排泄 60%～90%的注射药物可在短时间内（6 h内可排泄90%的青霉素G）随尿排泄，这导致了尿中药物浓度很高。约20%的肾排泄是通过肾小球的滤过作用，约80%通过肾小管的分泌作用，这一分泌过程可被丙磺舒及其他弱有机酸抑制（为了延长体内的有效浓度）。无尿症可使青霉素G的半衰期由正常的30 min延长到10 h。胆汁也可能是半合成广谱青霉素的一种主要的排泄途径。一般认为，新生仔畜青霉素的清除率要比成年动物低得多。青霉素也可通过乳汁排泄，尽管在正常的乳房中仅有痕量青霉素存在，但可持续长达90 h。子宫内灌注青霉素后，在乳汁中也可发现青霉素的残留。

5．药代动力学数值 表19-28列出了一些青霉素类药物在几种动物中的部分药代动力学数值。由于年龄和疾病的原因，对剂量做了一些必要的调整。除严重的肾脏疾病外，从安全角度考虑，无须对一些β-内酰胺的剂量进行调整。

表19-28　青霉素类药物的消除、分布和清除率

青霉素	动物种类	消除半衰期（min）	分布容积（mL/kg）	清除率[mL/(kg·min)]
青霉素G	犬	30	156	3.6
	马	38	301	5.5
氨苄青霉素	犬	48	270	3.9
羟氨苄青霉素	牛	84	493	4.0
羧噻吩青霉素	犬	48	347	4.9
羧苄青霉素	牛	122	330	5.5

表19-29　青霉素类药物的使用剂量

青霉素	剂量、给药途径和用药次数
青霉素G钠	10 000~20 000 IU/kg，静脉注射或肌内注射，每日4次
青霉素G钾	25 000 IU/kg，口服，每日4次
普鲁卡因青霉素G	10 000~30 000 IU/kg，肌内注射，或皮下注射，每日1~2次
苄星青霉素G	10 000~40 000 IU/kg，肌内注射（马），皮下注射（牛），每48~72 h1次
青霉素V	15 000 IU/kg 或8~10 mg/kg，口服，每日3次
邻氯青霉素	10~25 mg/kg，肌内注射或口服，每日4次
氨苄青霉素	5~10 mg/kg，静脉注射、肌内注射或皮下注射，每日2~3次
羟氨苄青霉素	10~25 mg/kg，口服，每日2~4次
	4~10 mg/kg，肌内注射，每日1~2次
	10~20 mg/kg，口服，犬：每日2次，猫：每日1~2次
羧苄青霉素钠	10~20 mg/kg，静脉注射或肌内注射，每日2~3次
棒酸钾：羟氨苄青霉素（1：4）	10~20 mg/kg（羟氨苄青霉素）和2.5~5 mg/kg（棒酸），口服，每日2次
丙磺舒（延长血浆半衰期短的或价格高的青霉素类的血药浓度）	1~2 mg/1 000 IU 青霉素G（犬），口服，每日4次
羟氨苄青霉素-克拉维酸	10~20 mg/kg，口服，每日2~3次
亚胺培南	1~7 mg/kg，静脉注射或肌内注射，每日3~4次
美罗培南	12~24 mg/kg，静脉注射或皮下注射，每日3~4次
羧噻吩青霉素	40~110 mg/kg，肌内注射或静脉注射，每6~8 h1次

【适应证和剂量】　青霉素类药物常用于治疗或预防敏感细菌引起的局部和全身感染。有几种急性传染病综合征特别适宜用青霉素治疗。由于青霉素类药物与其他抗菌药物联合使用可产生协同作用，故常作为联合治疗的一部分。青霉素类也局部用于眼、耳及皮肤；也可经乳房内给药，用于治疗或预防牛乳房炎。

一些青霉素类药物的使用剂量见表19-29。可根据动物个体的需要，调整给药剂量和用药次数。

【特殊的临床问题】

1. **不良反应与毒性**　器官毒性较少见。过敏反应（特别是牛）主要包括皮肤反应、血管性水肿、药物热、血清病、脉管炎、嗜酸性粒细胞增多及过敏症。已确认，青霉素之间存在交叉过敏。鞘内给药可导致惊厥。豚鼠、灰鼠、鸟、蛇及乌龟对普鲁卡因青霉素比较敏感。应用广谱青霉素可导致双重感染，口服氨苄青霉素后可导致胃肠功能紊乱。在静脉注射青霉素G钾时应小心谨慎，尤其是当高钾血症出现时更应注意。青霉素G的钠盐也可给充血性心力衰竭患畜造成钠的负荷。

2. **相互作用**　水杨酸盐、保泰松、磺胺类药及其他弱酸性药物，可阻碍青霉素经肾小管的分泌。肠道内活性的青霉素类，通过抑制肠道菌丛参与的维生素的合成，而增强抗凝剂的作用。食物可阻碍氨苄青霉素的吸收。β-内酰胺类药物可与氨基糖苷类药物发生化学作用，应避免在体外将这些药物混合。氨苄青霉素和青霉素G与许多其他药物及溶液存在配伍禁忌，应严禁混合。

3. **对实验室检验的影响**　根据所用青霉素种类的不同，实验室检测结果会发生变化。碱性磷酸酶、谷草转氨酶、谷丙转氨酶和嗜酸性粒细胞数升高。使用青霉素治疗后，也可导致库姆斯试验呈假阳性。尿糖和尿蛋白的结果也可能呈阳性。马使用普鲁卡因青霉素几日后，尿中可检出普鲁卡因；赛马竞赛前的停药时间可能需延长至6 d。

4. **休药期和弃奶期**　食品动物的休药期及弃奶期的规章要求，在不同国家是有差异的。必须严格遵守相关的法规，防止食物中的药物残留及对公共卫生造成的危害。表19-30所列的时间选择仅作为一般指导原则应用。

表19-30　青霉素类药物的休药期和弃奶期[a]

青霉素	动物种类	休药期（d）	弃奶期（d）
普鲁卡因青霉素G	牛	10（按标签剂量使用）30（20 000 IU/kg，每日2次）	3
	绵羊	9	
	猪	7	
苄星青霉素G	牛	30	
氨苄青霉素	牛	6	
	反刍前的犊牛	15	
羟氨苄青霉素	牛	30	2

a. 均为肌内注射给药。

（二）头孢菌素类与头霉素类

头孢菌素类和与之密切相关的头霉素类，在许多方面与青霉素类相似，具有共同的药理学特征。

【分类】 头孢菌素类包括头霉素类。早期的头孢菌素主要在药代动力学特性方面有差异。头孢菌素可分为1～4代；最新几代的头孢菌素对β-内酰胺的受损更具抵抗力，而且抗菌谱更广。它们也可根据抗菌谱、对β-内酰胺酶的敏感性，以及是否可口服给药进行分类。

1. 第一代头孢菌素 这组包括头孢噻吩（美国已不再销售）、头孢菌素Ⅱ、头孢匹啉、头孢唑啉、头孢氨苄、头孢拉定和头孢羟氨苄。本组头孢菌素对许多革兰氏阳性菌通常具有较强活性，而对革兰氏阴性菌的活性一般。它们对头孢菌素酶比较敏感，但它们不能像青霉素那样有效对抗厌氧菌。

2. 第二代头孢菌素 这组包括头孢羟唑、头孢西丁（一种头霉素）、头孢替安、头孢氯氨苄、头孢氨呋肟和头孢雷特。本类药物对革兰氏阳性菌和革兰氏阴性菌均有活性。而且它们比较能耐受β-内酰胺酶。它们对肠球菌、铜绿假单胞菌（除 Cefoxicin 外）、放线菌（*Actinobacter* spp.）和许多专性厌氧菌（除 Cefoxicin 外）无明显效果。

3. 第三代和第四代头孢菌素 第三代头孢菌素包括头孢噻肟、头孢曲松钠、头孢磺啶、头孢氨噻肟、头孢哌酮、羟羧氧酰胺菌素（不是一种真正的头孢菌素）、头孢泊肟（用于犬）和头孢维星（用于犬和猫）。头孢吡肟属第四代头孢菌素，第三代和第四代头孢菌素的抗菌谱差异较大，在使用前需进行药敏试验。多数头孢菌素对革兰氏阳性菌只具有中等强度的活性，而对革兰氏阴性菌有较强的作用，如假单胞菌、变形杆菌、肠球菌和柠檬酸杆菌等。头孢菌素通常对β-内酰胺酶有较强的耐受性，但细菌可通过产生作用于第三代和第四代头孢菌素的广谱β-内酰胺酶而产生耐受性。第三代和第四代头孢菌素能够穿过血脑屏障，时常用于治疗敏感菌引起的细菌性脑膜炎。头孢噻呋特别适用于牛的支气管肺炎，特别是由溶血性曼氏杆菌或多杀性巴氏杆菌引起的支气管肺炎。

【一般特性】 尽管头孢菌素类对pH和温度变化更稳定一些，但它们的理化特性与青霉素类药物很相似。头孢菌素是由7-氨基头孢烷酸衍生而来的弱酸。它们既可以游离碱形式口服给药（如果是耐酸的），又可以其钠盐的水溶液进行非肠道给药（头孢噻吩的钠盐含钠量为2.4 mEq/g）。头孢菌素也含有对β-内酰胺酶（头孢菌素酶）水解作用敏感的β-内酰胺环。这些β-内酰胺酶可能破坏青霉素，也可能不破坏青霉素。半合成方法造成的7-氨基头孢烷酸环改变及侧链的取代，已在抗菌谱、β-内酰胺酶敏感性和药代动力学的过程方面，使头孢菌素之间产生了差异。

【抗菌活性】

1. 细菌耐药性 细菌对头孢菌素的耐药机制已在β-内酰胺一节述及。头孢菌素通常对由金黄色葡萄球菌等革兰氏阳性菌的质粒，所介导产生的β-内酰胺酶较为稳定。由革兰氏阴性菌产生的几种诱导β-内酰胺酶，可被质粒或染色体所介导，并可水解青霉素类和头孢菌素类（交叉耐药性）。第二代头孢菌素、特别是第三代头孢菌素，对革兰氏阴性菌产生的β-内酰胺酶有更高的稳定性。

2. 抗菌谱 第一代头孢菌素通常对大多数革兰氏阳性需氧球菌、部分革兰氏阴性菌，如大肠埃希菌、变形杆菌、克雷伯菌、沙门氏菌、志贺氏菌和肠杆菌有效。头孢唑啉对大肠埃希菌的作用强于头孢力辛（先锋霉素Ⅳ）。第二代头孢菌素对革兰氏阴性菌有较强活性，但对革兰氏阳性菌的活性有所减弱。而头孢西丁例外，它对革兰氏阳性菌和假单胞菌都有明显作用。第三代和第四代头孢菌素之间难以鉴别。一些头孢菌素（如头孢氨噻肟和头孢他啶）对包括铜绿假单胞菌在内的革兰氏阴性菌有广泛的抗菌活性。头孢噻呋属第三代头孢菌素，对革兰氏阴性菌的抗菌谱与第一代头孢菌素很相似。然而，与第一代头孢菌素不同的是，头孢噻呋对葡萄球菌的效力尚未确定。头孢泊肟和头孢维星对中间葡萄球菌特别有效，同时对革兰氏阴性细菌如大肠埃希菌、克雷伯菌和变形杆菌也有较好的抗菌活性。最新一代的头孢菌素对除脆弱拟杆菌以外的厌氧菌均有抗菌活性，脆弱拟杆菌仅对某些头孢菌素（例如头孢西丁）较为敏感。尽管头孢菌素对广谱的β-内酰胺酶有一定敏感性，但头孢菌素类的最新成员对β-内酰胺酶具有更高的耐受性。

【药代动力学特性】 有关头孢菌素在动物体内代谢的资料并不太多。

1. 吸收 仅有几种头孢菌素是耐酸的，可经口服给药（例如头孢氨苄、头孢拉定、头孢羟氨苄、头孢泊肟、头孢氯氨苄）。上述药物口服后吸收良好，生物利用度75%～90%。其他药物既可静脉注射，也可肌内注射，血浆药物浓度约在注射后30 min达到峰值。在食品动物的耳根部注射头孢噻呋缓释剂，可延长其作用时间。

2. 分布 头孢菌素分布于大多数体液和组织中，包括肾脏、肺脏、关节、骨、软组织和胆道，通常其分布容积不到0.3 L/kg。然而，标准头孢菌素的一个显著特征是，它不能有效透入脑脊液，甚至在炎症时也如此。头孢菌素是中枢神经系统p-糖蛋白外排泵的底物。第三代头孢菌素（如羟羧氧酰胺菌素）可有效渗透到脑脊液。头孢菌素类药物的血浆蛋白结合程度是有差异的（例如头孢羟氨苄的血浆蛋白结合率为20%，头孢唑啉为80%）。头孢维星与蛋白质的高度结合率（犬为90%，猫为99%）可使其消除半衰期延长（犬和猫的半衰期分别为5.5 d和6.9 d）。组织渗出液中的药物浓度，对中间葡萄球菌和大肠埃希菌的最小抑菌浓度（MIC_{90}）可长达14 d。

3. 生物转化 几种头孢菌素（例如头孢噻吩、头孢匹林、头孢噻呋、头孢乙氰和头孢噻肟）可被有效地去乙酰化，这主要发生在肝脏，也可发生于其他组织。除头孢噻呋外，去乙酰化的一些衍生物的抗菌活性都较低。头孢噻呋经中代谢后可生成几种有活性的代谢产物，可显著提高其抗菌效力。在其他头孢菌素中，几乎没有一种能够代谢到任何可估计的程度。

4. 排泄 大多数头孢菌素包括头孢泊肟和头孢维星，主要通过肾脏排泄。尽管肾小球滤过作用在某些情况下（头孢氨苄和头孢唑啉）是重要的，但主要还是由肾小管分泌。当肾脏功能衰竭时应降低药物使用剂量。新型头孢菌素（如头孢哌酮）经胆汁排出较为明显。除头孢噻呋、头孢泊肟和头孢维星外，其他的β-内酰胺抗生素的有效血药浓度通常仅能维持6~8 h。

5. 药代动力学数值 头孢菌素的血浆半衰期通常为0.5~2 h，但也有例外（如头孢维星）。第三代头孢菌素在人体内的血浆半衰期较长，但在动物体内的情况则有所不同，不同动物之间差异较大。表19-31所列的头孢菌素类的某些药代动力学数值，当可作为一种指导。当存在肝脏、肾脏疾病时，常需进行剂量调整。

表19-31 头孢菌素的消除、分布与清除率

头孢菌素	动物种类	消除半衰期（min）	分布容积（mL/kg）	清除率[mL/(kg·min)]
头孢唑啉	马	45	188	5.5
头孢氨噻肟	绵羊	25	134	9.0
头孢泊肟	犬	300	150	–
头孢维星	犬	5.5 d	90	–
头孢氨苄	犬	84	–	–
头孢羟氨苄	犬	120	–	–
	猫	150~180	–	–
头孢噻呋	牛	约360	–	–

【适应证和剂量】 第一代头孢菌素类药物，可被有效用于治疗由葡萄球菌（如内服头孢氨苄治疗皮炎）等引起的感染，或预防外科手术后的感染（如头孢唑啉）。但其效力随着耐甲氧西林等耐药菌株的出现而降低。头孢噻呋已被批准用于由巴氏杆菌所引起的牛呼吸系统疾病及犬尿道感染。不推荐使用头孢噻呋治疗犬的软组织感染，因其合适的剂量和安全性尚未得到有效评估。犬可内服头孢泊肟，犬和猫可皮下注射头孢维星。头孢菌素可用于治疗由耐其他常用抗生素的细菌所引起的软组织感染。外科手术前1 h静脉注射头孢唑林可预防细菌感染。头孢菌素穿透组织和体液的能力比青霉素还强（对大多数头孢菌素而言，脑脊液是个例外），所以在治疗骨髓炎、前列腺炎和关节炎时，它们通常是有效的。口服头孢菌素对治疗尿路感染，通常也是有效的，但铜绿假单胞菌引起的尿路感染除外。苄星头孢吡硫用于干奶期牛的治疗，头孢吡硫钠可用于治疗乳房炎。

部分头孢菌素的常规剂量选择见表19-32。给药剂量和给药次数应根据个别动物的需要进行调整。

表19-32 头孢菌素的给药剂量

头孢菌素	剂量、给药途径和给药次数
头孢氨苄	20~60 mg/kg，口服，每日2~3次
头孢匹林	30 mg/kg，肌内注射或静脉注射，每4~6 h 1次
头孢唑啉	20~25 mg/kg，肌内注射或静脉注射，每日3~4次
头孢泊肟	8 mg/kg，皮下注射，每14 d 1次
头孢维星	5~10 mg/kg，口服，每日1~2次
头孢氨苄	10~30 mg/kg，口服，每日3~4次
头孢羟氨苄	22 mg/kg，口服，每日2次
头孢噻呋	1.1~2.2 mg/kg，肌内注射，每日1次

a. 除头孢噻呋用于牛外，其他均用于小动物。

【特殊的临床问题】

1. 不良反应和毒性 已批准的头孢菌素类相对来说是无毒的。肌内注射时可出现疼痛，反复静脉注射可致局部发生静脉炎。偶见恶心、呕吐和腹泻等症状。已发现几种类型的过敏反应，尤其是在有青霉素交叉过敏症病史的动物中。由于使用头孢菌素，可能会出现双重感染，而且假单胞菌或念珠菌很可能是条件致病菌。

2. 相互作用 除与弱碱性的氨基糖苷类可混合外，头孢菌素与头霉素制剂在体外的配伍禁忌是很常见的。潜在的药代动力学相互作用与青霉素类很相似。

3. 对实验室检验的影响 由于使用头孢菌素，一些实验室的测定结果可能会发生变化。碱性磷酸酶、血清谷草转氨酶、血清谷丙转氨酶、乳酸脱氢酶和血尿素氮可能升高。库姆斯试验和尿糖化验也可能呈假阳性。高钠血症可能是由各种头孢菌素的钠盐所引起。

4. 休药期和弃奶期 尽管对于大多数头孢菌素而言，延长的组织中药物残留是不能预知的，但由于大多数国家尚未批准头孢菌素用于食品动物，所以缺乏休药期的相关数据（表19-33）。唯独头孢噻呋例外，它的休药期依产品不同而异。

表19-33 头孢菌素的休药期和弃奶期

头孢菌素	休药期	弃奶期
头孢噻呋	2~16 d，根据配方而定	
头孢匹啉钠（乳房内注入）	屠宰前4 d	4 d
苄星头孢匹啉（弃乳期牛的治疗）	最后1次输注后42 d	产犊后3 d（奶不能食用）

二、氨基糖苷类抗生素（氨基环醇类）

这是一类具有相似的化学结构、抗菌活性、药理学和毒性特点的杀菌性抗菌药物。

【分类】

1. 窄谱氨基糖苷类 这组包括链霉素和双氢链霉素。主要对抗需氧的革兰氏阴性菌。

2. 广谱氨基糖苷类 新霉素、弗氏霉丝素（新霉素B）、巴龙霉素（巴母霉素）和卡那霉素的抗菌谱比链霉素的宽，通常包括几种革兰氏阳性菌及多种革兰氏阴性需氧菌。庆大霉素、妥布霉素、丁胺卡那霉素（由卡那霉素合成）、西梭霉素和乙基西梭霉素，都是广谱氨基糖苷类药物，它们具有包括抵抗铜绿假单胞菌在内的抗菌谱。

3. 其他氨基糖苷类抗生素 阿普拉霉素的化学结构与典型的氨基糖苷类药物有些区别，但根据其结构相似的程度也能将它归为这类药物。壮观霉素的结构比较特殊，但其作用机制与抗菌谱与其他氨基苷类药物很相似。

【一般特性】 从化学结构上看，氨基糖苷类抗生素以氨基环醇基团为特征，在糖苷键上的氨基环醇环连接着氨基糖。由于分子中取代位置的微小差异，因而存在着几种类型的单氨基糖苷。如庆大霉素是庆大霉素C_1和C_2的复合物，而新霉素是新霉素B、新霉素C和硫酸新霉素的混合物。氨基团使这类抗生素具有碱性，而且糖组成部分上的羟基基团使这类抗生素的水溶性高，脂溶性低。如果这些羟基被去除（如妥布霉素），其抗菌活性显著增强。各种氨基糖苷类在抗菌谱、耐药方式和毒性方面的较小差异，是由于在基本环结构上的取代不同造成的。氨基糖苷类药物非常稳定。当一种氨基糖苷类药物的水溶性较差时，它通常以硫酸盐的形式被用于口服或非肠道给药。

【抗菌活性】

1. 作用方式 氨基糖苷类对抗快速繁殖的病原微生物非常有效，它通过几种机制，影响并最终消灭细菌。氨基糖苷类只需要与细菌短暂接触即可杀死它们。氨基糖苷类的主要作用位点是与膜相关的细菌核糖体，它们通过该核糖体干扰蛋白质的合成。为了到达核糖体，药物首先必须穿过覆盖革兰氏阴性菌的脂多糖、细菌细胞壁，然后才能穿过细胞膜。由于本类药物具有极性，因而需要一种特异的转运过程。

首要步骤是浓度依赖性的，带阳离子的氨基糖苷类药物与细胞膜上的阴离子成分相结合。随后的步骤是能量依赖性的，将高电荷的极性阳离子氨基糖苷类转运并通过细胞膜，最后与核糖体相互作用。这种转运的动力，可能来自于细胞膜的跨膜电位。如果能量来源于细胞的有氧代谢过程，则转运效率更高。在无氧环境下，氨基糖苷类药物的作用将受到抑制。

这些机制的几种特征是具有临床意义的：①氨基糖苷类的抗菌活性依赖于细胞外抗生素的有效浓度。②厌氧菌和诱导的突变株，因缺乏适当的转运系统而对氨基糖苷类耐药。③由于低氧的压力，在缺氧的组织中，药物向细菌内的转移减少。④位于脂多糖、细胞壁或细胞膜上的二价阳离子（如Ca^{2+}、Mg^{2+}），可与药物分子中的阴离子相结合而促进氨基糖苷类的排除，干扰药物向细菌内的转运。⑤碱性环境可促进氨基糖苷类的被动跨膜转运，低pH可使膜的耐药性提高100倍。⑥渗透压的改变也可影响氨基糖苷类的吸收。⑦某些氨基糖苷类与其他药物相比，其转运效率更高，因此它们趋向于具有更强的抗菌活性。⑧氨基糖苷类在与β-内酰胺类抗生素（青霉素和头孢菌素）联合使用时可产生协同作用。β-内酰胺化合物引起的细胞壁受损，可增加细菌对氨基糖苷类的摄取，这是因为细胞壁的损伤能使药物更易接近细菌的细胞膜。

氨基糖苷类在细胞内的作用位点是核糖体，主要与核糖体的30S亚基（也可与50S亚基）发生不可逆性结合。在亲和力和结合程度方面，氨基糖苷类之间存在着一些差异。影响蛋白质合成的许多步骤也有所不同。壮观霉素与其他杀菌药物相比，缺乏产生误读mRNA的功能，而且通常不具备杀菌力。在低浓度下，所有的氨基糖苷类可能仅有抑菌作用。

氨基糖苷类对细菌的细胞膜也产生影响。在药物转运过程的最后阶段，细菌细胞膜的功能完整性受到影响，并且高浓度的氨基糖苷类可产生非特异性的细胞膜毒性，甚至引起细菌细胞溶解。

当血浆峰值或组织中药物浓度超过最小抑菌浓度10～12倍时，氨基糖苷类抗菌效力会明显增强。每日1次给药可以增强药效和安全性。

2. 细菌耐药性 氨基糖苷类抗生素的几种耐药机制已被阐明。这些可能是质粒或染色体介导所致。

跨膜转运受损是一种非质粒介导固有的耐药机制，由于转动过程是主动的和耗氧的过程，所以在厌氧环境下，一些厌氧菌（如脆弱拟杆菌和产气荚膜梭菌）更易耐受氨基糖苷类。在缺氧环境下，兼性厌氧菌（例如肠杆菌和金黄色葡萄球菌）对氨基糖苷类更具耐药性。当细菌暴露于亚致死量的氨基糖苷类抗生素中时，可产生转运受损导致的耐药性。这些例子包括铜绿假单胞菌对链霉素的耐药性、肠球菌对低浓度氨基糖苷类的耐药性和粪链球菌对庆大霉素的耐药性。

受损的核蛋白体结合不是临床上重要的耐药类型。这些例子包括大肠埃希菌中单一步骤的突变，可阻止链霉素与核蛋白体的结合。相同的机制已在铜绿假单胞菌中得到阐述。

氨基糖苷类抗生素酶的改变既可能是质粒编码，也可能是染色体介导。在革兰氏阳性菌和革兰氏阴性菌中均发现有酶的存在。这些酶有3种主要类型，每一类型又分为几种亚型：乙酰化酶（乙酰转移酶）、腺苷酸化酶（核苷酸基转移酶）和磷酸化酶（磷酸转移酶）。每种氨基糖苷类对特异性酶的敏感性存在差异；虽然交叉耐药性比较常见，但敏感性的形式也有一些差异。通过化学修饰可以使氨基糖苷类更为稳定，从而降低酶受损的敏感性。例如，对卡那霉素进行化学修饰，所产生的丁胺卡那霉素就更能耐受酶的水解。

其他几种耐药机制包括：①增加二价离子浓度（尤其是Ca^{2+}、Mg^{2+}）；②铜绿假单胞菌外膜蛋白（H_1）突变体的大量产生，导致其对庆大霉素的耐药性；③较低的pH（如酸性尿液或脓肿），能增强对高浓度氨基糖苷类的耐药性。

3. 抗菌谱 链霉素和双氢链霉素（美国已不再销售）的抗菌谱较窄，因此细菌对它们的耐药性已愈来愈明显。但部分葡萄球菌和许多革兰氏阴性菌仍然是敏感的，其中包括牛放线杆菌、巴氏杆菌、大肠埃希菌、沙门氏菌、胎儿弯曲杆菌、钩端螺旋体和布鲁氏菌。结核分支杆菌对链霉素也是敏感的。

新霉素、新霉素B和卡那霉素的抗菌谱较宽，它们在临床上主要用于对抗革兰氏阴性菌，包括大肠埃希菌、沙门氏菌、克雷伯菌、肠杆菌、变形杆菌和不动杆菌。能对抗铜绿假单胞菌的广谱氨基糖苷类（庆

大霉素、妥布霉素、丁胺卡那霉素、西梭霉素和乙基西梭霉素）通常对许多需氧菌也有较高活性。厌氧菌和真菌不会受到氨基糖苷类的明显影响；链球菌通常仅具有中等敏感性，甚至能耐药。

【药代动力学特性】 大多数氨基糖苷类药物的药物动力学特性是相似的。

1. 吸收 正常的胃肠道对氨基糖苷类吸收较差（一般低于10%）。然而新生仔畜、肠炎或其他病理变化，可增强药物的渗透性而明显增加药物的吸收。当肾脏衰竭时可因药物蓄积而达到中毒浓度。氨基糖苷类可缓慢静脉推注或皮下及肌内注射。肌内注射部位的吸收快速而完全（吸收度超过90%），但患严重低血压的动物除外。血液浓度通常在肌内注射后30～90 min内达到峰值。皮下注射后的吸收可能较缓慢。腹腔注射后的吸收迅速而且量大，并可产生严重的副作用。应严禁连续静脉滴注等短间隔的给药方式。每日1次的给药方式是比较安全的。子宫内反复灌注（尤其是在子宫内膜炎时）后，氨基糖苷类的血清浓度可达到杀菌水平。

2. 分布 因为氨基糖苷类在生理性pH条件下具有极性，所以限制其分布到细胞外液，使其渗透到大多数组织中的能力也明显下降。但肾皮质和内耳的内淋巴除外（氨基糖苷类均在这两部位蓄积）。细胞外液约占体重的25%，但该体积可发生实质性改变，从而导致氨基糖苷类的浓度间接性地按比例发生改变。例如，因脱水和革兰氏阴性菌引起的脓毒症，均可造成细胞外液的体积缩小；而在发生充血性心力衰竭或腹水后，可使氨基糖苷类的分布容积升高，而使药物浓度降低。新生仔畜具有一个较大的、与体重相关的细胞外液空间，所以其药物浓度相对较低。氨基糖苷类与血浆蛋白的结合率较低（通常不超过20%）。它们在滑膜液、胸膜液、甚至腹膜液中，均能达到治疗浓度，尤其在炎症出现时。然而在脑脊液、泪液、乳汁、肠液或前列腺分泌物中，氨基糖苷类不能达到有效浓度。多种动物的胎儿组织和羊水中氨基糖苷类的浓度非常低。

3. 生物转化、排泄与药代动力学数值 氨基糖苷类在体内不进行代谢，它们通过肾小球滤过作用，以原形随尿液排出，肌内注射后在24 h内，80%～90%的药物可从尿液回收。经肾小球滤过的氨基糖苷类以不同的比例，在近曲小管刷状缘和细尿管袢上被吸收，结合后再被转运到细胞内并隔离在溶酶体，然后又重新分布到胞液中。过量的蓄积（主要在肾脏皮质）可导致特异的肾小管细胞坏死。肾小球滤过率在各种动物之间的差异较大，而新生仔畜的滤过率一般较低，这也是新生驹和幼犬对氨基糖苷类更为

敏感的原因。

氨基糖苷类的消除取决于肾小球滤过率的变化，而这又与心血管及肾脏功能、年龄、分布容积、发热和其他几种因素有关。半衰期也会直接发生改变，并与细胞外液腔的体积成正比。氨基糖苷类的血浆半衰期相对较短（食肉动物约为1 h，草食动物为2～3 h）。消除动力学通常符合三室模型，表示有一个"深"隔室。注入体内的药物，约有90%在β消除相，以原形经肾脏排泄。剩余部分或γ相需延长一段时间后被排泄，这可能是抗生素从肾脏细胞内的结合位点逐步释放造成的（终末消除半衰期通常为20～200 h）。表19-34列出了两种典型的氨基糖苷类药物的药代动力学数值，当由于年龄或肾脏功能不全而需调整剂量时，这些数值可作为依据。为了调整氨基糖苷类的给药方案，最好的方法是监测血浆药物浓度。

表19-34　氨基糖苷类的消除、分布与清除率

氨基糖苷类	动物种类	消除半衰期（min）	分布容积（mL/kg）	清除率[mL/(kg·min)]
庆大霉素	犬	75	335	3.10
	马	110	190	1.23
	马驹	200	300	1.04
丁胺卡那霉素	犬	60	300	3.50
	马	45	207	0.75
	绵羊	115	200	0.70

【适应证和剂量】　尽管氨基糖苷类药物具有肾脏毒性，但还是常用于控制敏感需氧菌（通常是革兰氏阴性菌）所引起的局部和全身性感染。有几种氨基糖苷类可局部用于耳和眼，也可通过子宫内灌注治疗子宫内膜炎，偶尔也可经乳房灌注治疗乳房炎。

表19-35列出部分氨基糖苷类药物的常规剂量选择，给药剂量和给药次数应根据个别动物的需要进行调整。

表19-35　氨基糖苷类药物的使用剂量

药　物	剂量、给药途径和给药次数
庆大霉素	6～12 mg/kg，肌内注射或皮下注射，每日1次
卡那霉素	25～30 mg/kg，肌内注射或皮下注射，每日1次
链霉素/双氢链霉素	15～25 mg/kg，肌内注射或皮下注射，每日1次
丁胺卡那霉素	15～22 mg/kg，肌内注射或皮下注射，每日1次
乙基西梭霉素	6～12 mg/kg，肌内注射或皮下注射，每日1次
新霉素	15 mg/kg，口服，每日1～2次 每个乳区0.5～1.0 g，乳房内注入，每日1次

若进行监控，则需取2个点（1个峰值，另一个点为4 h后）。如果只取一个样确定安全性，表明是低谷浓度（在下次给药前）。低谷浓度通常低于2 μg/mL。高于峰浓度的时间需达到1.5～2 h，峰浓度为致病菌MIC的10～12倍。在肾功能检测时，用峰浓度和可测的低谷浓度（不一定可测）指示半衰期，如果是静脉注射可计算清除率，当血浆肌酐值升高时，肾脏功能衰竭可按表19-36的一般原则进行调整。

表19-36　肾脏功能衰竭时氨基糖苷类药物的剂量调整方案

血浆肌酐（mg/dL）	剂量和给药间隔
<1	全剂量，按正常间隔给药
2	全剂量，按正常间隔2倍给药
3	全剂量，按正常间隔3倍给药
4	剂量减半，按正常间隔2倍给药 全剂量，按正常间隔4倍给药
>5	禁用氨基糖苷类药物

当新生仔畜（特别是幼犬和马驹）及肥胖动物肾脏功能衰竭时，给药间隔应延长。新生仔畜或幼龄动物的分布容积比成年动物大，应增加给药剂量；对于患水肿、胸腔积液和腹水的动物，如果它们的肾脏功能未受损，则也应增加给药剂量。

【特殊的临床问题】

1. 不良反应与毒性　据报道，耳毒性、神经肌肉阻断和肾脏毒性是最常见的；随着所用氨基糖苷类的种类和剂量的不同，这些副作用也有差异，但所有的氨基糖苷类都具有潜在的毒性。应特别关注肾脏毒性，由于急性肾小管坏死并伴有继发性间质损害，很可能引发肾功能衰竭。氨基糖苷类可在近曲小管上皮细胞内蓄积，它们被溶酶体隔离，并与核糖体、线粒体及其他细胞内成分相互作用，从而引起细胞损伤。离子化程度越高（即更多的胺基和更低的pH），主动摄取就越强。氨基糖苷类持续存在于血浆中，使尿液感染肾小管上皮细胞而导致肾脏毒性，建议在下次给药前，可适当降低血药浓度（通常为1～2 μg/mL）而减少肾脏毒性。常可见非少尿性肾脏衰竭，如果未伤及基底膜，这种损伤则是可逆的，但恢复的时间可能较长。

治疗期间应监测肾脏功能，然而，一旦检测到肾脏毒性后，仍缺乏足够灵敏的指标可以阻止损伤的继续发展。氨基糖苷类造成的肾脏毒性的临床表现包括尿频、尿渗透性降低、酶尿、蛋白尿、管型尿和排钠增加。随后尿素氮和肌酐浓度可能升高。肾脏毒性的早期症状能在3～5 d内被发现，更明显的症状则在7～10 d内出现。一些容易造成氨基糖苷肾中毒的因素，包括年龄［幼龄动物（特别是新生马驹）和老龄动物较敏感］、肾脏功能受损、总剂量、治疗持续时间、脱水和血容量过低、酸尿、酸中毒、低镁血症、严重的败血症或内毒素血症，联合使用速尿，以及暴露于其他潜在的肾脏毒性物质（如甲氧氟烷、两性霉素B、氯氨铂及某些头孢菌素类）。当肾脏功能不全时，应通过延长给药间隔时间（而不是降低剂量）来减轻肾脏毒性。早晨给药可减少药物对昼行动物的毒性。

可通过充足的饮水、碱化尿液、每日1次给药、早晨给药和避免使用肾脏活性的药物（如非类固醇消炎药和利尿药），来降低氨基糖苷类引起肾脏毒性的风险。

氨基糖苷类药物可致耳毒性，引起听觉和前庭机能障碍。前庭损伤可致眼球震颤、共济失调和翻正反射消失。虽然可出现生理性的代偿，但这种损害往往是不可逆的。猫最易发生前庭功能障碍，但在治疗浓度下一般不会出现。只有在鼓膜完整的情况下，氨基糖苷类药物才可以局部用于耳。听力障碍提示耳柯替器官出现永久性损伤和发生毛细胞脱落。高频听力丧失后便会出现耳聋，如果所用的剂量足够低或时间不是太长，则不会完全丧失听力。依靠听力工作的犬（如导盲犬）应禁止使用氨基糖苷类抗生素。除了在肾脏毒性中提到的那些因素，还有一些危险因素容易引起氨基糖苷类对前庭和耳蜗的损伤，其中包括原先就存在听觉和前庭的损害，原先治疗使用过有潜在耳毒性的药物。庆大霉素、西梭霉素、新霉素发生耳毒性的可能性最大，而乙基西梭霉素发生耳毒性的可能性最小。

当氨基糖苷类的给药剂量导致较高血药浓度时，可因神经肌肉阻断而出现肌无力和呼吸停止。当与其他神经肌肉阻断剂或吸入性麻醉药联合使用时可增强上述作用。神经肌肉阻断作用由强到弱依次为新霉素、卡那霉素、丁胺卡那霉素、庆大霉素和妥布霉素。这种作用在多数情况下是钙离子的螯合作用及竞争性抑制突触前膜乙酰胆碱的释放造成的（不同的氨基糖苷类之间存在着一些差异）。葡萄糖酸钙可以颉颃这种阻断作用，新斯的明可使阻断稍微减弱一些。

快速静脉注射后偶尔可见中枢神经系统的功能紊乱，表现为惊厥或衰竭。其他副作用还包括在局部用药或内服时所致的双重感染；新生仔畜口服药物后，由于肠绒毛功能的衰减而引起吸障碍综合征，偶尔发生过敏反应、接触性皮炎、心血管衰退，以及一些白细胞功能的抑制（如中性粒细胞迁移和趋化，高浓度下的杀菌活性）。

2.　相互作用　当氨基糖苷类与其他有潜在肾脏毒性的药物合并使用时，可使肾脏毒性明显增强。当

给予氨基糖苷类的同时，又给予骨骼肌松弛剂及吸入性麻醉药时，更有可能发生神经肌肉的阻断。作用于髓袢的利尿剂特别是速尿，可增强氨基糖苷类的耳毒性。当被氟烷麻醉的动物使用氨基糖苷类时，可使心血管的衰退进一步恶化。发生肾衰时，高浓度的羧苄青霉素、羧噻吩青霉素和氧哌嗪青霉素，都能使体内、外的氨基糖苷类药物灭活。

3.　对实验室检验的影响　血液尿素氮、血清肌酐、血清转氨酶和碱性磷酸酶可能升高，蛋白尿是一种很有意义的实验室检查指标。

4.　休药期与弃奶期　食品动物的休药期和弃奶期是由各国的管理机构所制订。这些规定必须严格遵守，以防止食物中出现药物残留及其对公共卫生造成危害。表19-37所列的一般时间规定，仅作为氨基糖苷类药物的一般指导原则。

表19-37　氨基糖苷类药物的休药期和弃奶期

给药途径	休药期（d）
口服	20～30（新生仔猪为3 d）
非肠道	100～200（新生仔猪40 d）。通常食品动物禁用
乳房内灌注	2～3[a]（通常食品动物禁用）

a. 弃奶期。

其他氨基环醇类抗生素

阿布拉霉素用于控制革兰氏阴性菌的感染，尤其是犊牛和仔猪的大肠埃希菌和沙门氏菌感染。对变形杆菌、克雷伯菌、密螺旋体、支原体也有活性。氨基糖苷类药物几乎没有交叉耐药性，其质粒介导的耐药性尚待进一步证实。阿布拉霉素口服后吸收较差（不到10%）。它可快速地从非肠道注射部位被吸收。肌内注射后1～2 h内，血浆药物浓度可达峰值。阿布拉霉素被吸收后仅能分布在细胞外液，并以原型随尿液被排泄（4 d内可排出95%）。犊牛的消除半衰期为4～5 h。阿布拉霉素对猫也有毒性，但对其他大多数种类动物是安全的（采用3～6倍推荐口服剂量很少产生毒性）。口服剂量为20～40 mg/kg，每日1次，连用5 d。非肠道给药剂量为20 mg/kg，每日2次。猪与犊牛（在欧洲）口服后的休药期为28 d。

壮观霉素的化学结构与氨基糖苷类抗生素不同，但它也能与细菌的核糖体结合并干扰蛋白质的合成。然而，这种作用是抑菌的而不是杀菌的。R因子编码的酶能使壮观霉素失活，但与核糖体结合减少所致的突变耐药性更为常见。壮观霉素对几株链球菌、大部分革兰氏阴性菌和支原体均有抗菌活性，但大多数衣原体对壮观霉素是耐药的。壮观霉素在胃肠道吸收较差，但肌内

注射后吸收迅速，并且血药浓度在给药后1 h内达到峰值。与氨基糖苷类一样，壮观霉素的组织穿透能力也相当差，主要分布于细胞外液。壮观霉素的代谢转化比较有限，在24~48 h内从尿中可回收到80%的原形药物。大约75%的药物在4 h内可通过肾小球滤过作用被排除。据报道，在常规剂量下尚未见主要的毒性反应。可按20 mg/kg口服，每日2次；或5~10 mg/kg肌内注射，每日2次。猪的休药期通常约为3周。

三、喹诺酮类抗生素

喹诺酮羧酸衍生物是一类人工合成的抗菌剂。采用萘啶酸及其同类物噁喹酸治疗尿路感染已有多年的历史，氟甲喹已在多个国家被成功用于控制家畜肠道感染。近年来，通过改变各种4-喹诺酮环的结构，已生产出许多广谱抗菌剂。

【分类】 喹诺酮类或4-喹诺酮类药物，是从几种密切相关的、具有某些共同特性的环状结构中衍生而来。常见的分类及几种临床应用实例见表19-38。

表19-38 喹诺酮类药物的分类

喹诺酮羧酸	恩诺沙星、诺氟沙星、环丙沙星、奥比沙星、培氟沙星、达氟沙星、二氟沙星、马波沙星、罗素沙星、acrosoxacin、噁喹酸
1，5-二氮杂萘羧酸	依诺沙星、萘啶酸
1，2-二氮杂萘羧酸	西诺沙星
吡啶嘧啶羧酸	吡哌酸、吡咯酸
喹嗪羧酸	氧氟沙星、氟甲喹

【一般特性】 在各种环结构的差异中，喹诺酮类具有许多共同的功能基团，它们对于抗菌活性是必不可少的。例如，喹诺酮环3位上的羧基，4位上的氧（因此称为4-喹诺酮），已确认，对DNA旋转酶的结合位点具有活性。另外，各种改变产生的化合物，在物理、化学、药代动力学及抗菌方面均有不同的特性。例如，与第1位上氮相连的侧链可影响其药效。用更大的基团（如环丙沙星及相似药物的环丙基）取代1位的乙基可以拓宽药物的抗菌谱。氟在6位的取代，可增强药物对革兰氏阳性菌的活性，而哌嗪环在7位的取代，可增强药物对细菌（包括铜绿假单胞菌）的穿透力。哌嗪环发生取代（氧氟沙星及其左旋异构体左氧氟沙星、司帕沙星）可提高药物对革兰氏阳性菌的穿透力，氧原子在8位的取代，可增强对厌氧菌的活性（如司帕沙星、普拉沙星、莫西沙星）。若取代基是甲氧基而不是卤素，则可降低药物的光敏毒性。

喹诺酮类为酸碱兼性药物，除少数例外，在pH

6~8时该类药物难溶于水。在浓缩的酸性尿液中，一些喹诺酮类药物可形成针状结晶，这种现象在临床上还未见报道。用于口服或非肠道给药的各种喹诺酮类的液体配方，通常都含有游离的可溶性盐的稳定水溶液，固体制剂（例如片剂、胶囊或丸剂）含有的活性成分为甘氨酸三甲内盐，偶尔为盐酸盐。

【抗菌活性】

1．作用方式 喹诺酮类可抑制细菌的拓扑异构酶（包括拓扑异构酶Ⅱ和拓扑异构酶Ⅳ），此酶也称为DNA旋转酶。DNA旋转酶可以将DNA双螺旋结构解开，并与染色体结构域结合形成RNA核。超螺旋上有些短暂的缺口，在DNA聚合酶通过后需及时补上。当DNA旋转酶受到喹诺酮类抑制时，超螺旋变形，结果导致DNA空间排列的破坏。哺乳动物的拓扑异构酶与细菌的拓扑异构酶存在根本的差异，而且不易受喹诺酮类的抑制。喹诺酮类药物通常为杀菌性抗菌药，敏感菌在最佳浓度的新型氟喹诺酮类药物中暴露20 min，即可失去生存能力。较为典型的例子是，受影响细菌的周围细胞质消失，随后细胞溶解，受损细菌成为"形骸细胞"。

喹诺酮类药物对许多细菌能产生抗菌后效应，主要是革兰氏阴性菌（如大肠埃希菌、肺炎克雷伯氏菌、铜绿假单胞菌），此作用可持续4~8 h。

喹诺酮类理想的杀菌浓度通常为0.1~10 μg/mL，在较高浓度下杀菌效果反而下降。这种不常见的双相效应，被认为是由于当喹诺酮类的浓度较高时，RNA合成受到抑制所致。氟喹诺酮类的杀菌效力，取决于血浆药物浓度（一般都超过感染菌MIC10~12倍）。

氟喹诺酮类在非常低的浓度下也具有明显的抗菌活性，但对某些细菌的作用呈双相性（如大肠埃希菌）。某些细菌对喹诺酮类非常敏感［MIC<（0.01~0.5）μg/mL)]，但有些细菌的MIC非常高（>64 μg/mL）。自20世纪90年代初喹诺酮类药物被批准上市以来，该类药物对铜绿假单胞菌和链球菌的最小抑菌浓度呈上升趋势。

2．细菌的耐药性 细菌通过染色体突变所引起的对氟喹诺酮类的耐药性比较少见，尚未发现质粒介导的耐药性。已确认，细菌的耐药性呈递增趋势，因此，必须根据细菌培养和药敏试验选择药物。一般来说，在一些密切相关的喹诺酮类药物之间，确实会出现交叉耐药性。

喹诺酮类药物主要作用于革兰氏阴性菌的DNA旋转酶，由旋转酶A亚基发生突变所致的耐药性比旋转酶B亚基突变更为常见。革兰氏阳性菌的主要靶标为拓扑异构酶Ⅳ，细菌通过DNA旋转酶的改变而对喹诺酮类产生耐药性。可通过耐药性试验来选择药物。较高浓度的耐药性（3~4倍MIC）通常能反映出二级突变作用，可致拓扑异构酶的氨基酸序列发生变化。新型喹诺酮类药物吉米沙星（gemifloxacin）、曲伐沙星（trovafloxacin）、加替沙星（gatifloxacin）、普拉沙星（pradofloxacin）可同时作用于DNA旋转酶和拓扑异构酶，这样可降低细菌的耐药性。

另一种耐药机制是药物通过增加泵外排和降低微孔蛋白的联合作用，减少细胞内药物含量。突变株的毒力一般不会降低。

3. **抗菌谱**　氟喹诺酮类药物对多数革兰氏阴性菌与革兰氏阳性需氧菌有抗菌活性。它们对所有肠道病原菌及几种细胞内病原菌都有较高活性，例如布鲁氏菌。喹诺酮类对支原体和衣原体也有明显的活性。专性厌氧菌对多数喹诺酮类是耐药的，多数肠球菌的D型链球菌（粪链球菌和粪渣链球菌）也是如此。

老一代的喹诺酮类（例如萘啶酸和噁喹酸）和非氟化的喹诺酮类，例如西诺沙星（cinoxacin）仅有一种中度扩展的革兰氏阴性抗菌谱，最新的第三代和第四代氟化喹诺酮类以有效的厌氧抗菌谱为特征。

已证实，喹诺酮类与β-内酰胺类、氨基糖苷类、克林霉素和甲硝唑在体外具有协同作用。

【**药代动力学特性**】　对于少数喹诺酮类药物在家畜中的应用已有了一定程度的研究，这些药物之间存在着明显的药代动力学差异。由于这类药物的理化特性明显，因而药代动力学差异是可以预料到的。以下阐述的观点仅供参考。

1. **吸收**　尽管恩诺沙星和环丙沙星可静脉注射、肌内注射和皮下注射，但一般都采用口服给予喹诺酮类药物。肌内注射或皮下注射后吸收迅速，口服给药后，血药浓度一般在1~3 h内达到峰值，多数喹诺酮类（环丙沙星除外）的生物利用度常超过80%，但在具有功能性前胃的反刍动物中，喹诺酮类的生物利用度仅为0~20%。食物的存在可推迟药物在单胃动物体内的吸收。犬口服环丙沙星后的生物利用度变化较大，可低至40%；猫的生物利用度仅为0~20%。

2. **分布**　喹诺酮类药物可快速完全地穿透所有组织，但少数例外（如西诺沙星）。已发现，在肾脏、肝脏和胆汁中的药物浓度特别高，而该类药物在前列腺液、骨、子宫内膜和脑脊液中的浓度也很较高。多数喹诺酮类药物能穿过胎盘屏障。大多数喹诺酮类药物的表观分布容积也很大。各种药物的血浆蛋白结合率也极不相同，例如诺氟沙星约为10%，而萘啶酸可超过90%。氟化的喹诺酮类药物可蓄积在具有吞噬功能的白细胞内。

3. **生物转化**　部分喹诺酮类药物以原型被排出（如氧氟沙星）；有些喹诺酮类药物则被部分代谢（如

西诺沙星、环丙沙星、恩诺沙星）；而少数药物则被完全降解（例如罗索沙星和培氟沙星）。有些代谢产物有时具有抗菌活性，例如恩诺沙星脱乙基后形成环丙沙星。生物转化的特性是：Ⅰ相反应可产生许多初级代谢产物（有些喹诺酮类的初级代谢产物可达6种），它们仍保持着某些抗菌作用。进而发生的是与葡萄糖醛酸的结合，随后被排出体外。

4. **排泄**　大多数喹诺酮类药物经肾排泄，包括肾小球的滤过和肾小管的分泌。给药后24 h内药物在尿液中均可达到较高的浓度，并在浓缩的酸性尿液中可形成结晶。其临床意义尚不清楚。当肾脏功能衰竭时，药物的清除受阻，需降低用药剂量。母体药物及结合物可经胆汁排泄，在某些情况下，这是一种重要的消除途径（例如环丙沙星、马波沙星、二氟沙星、培氟沙星、萘啶酸）。喹诺酮类药物在泌乳动物的奶中可达到较高浓度并可维持一段时间。

5. **应注意的药代动力学问题**　血浆半衰期在各种动物之间及不同类型的喹诺酮类药物之间有很大差异，通常为3~6 h，但有些药物的半衰期较长（如培氟沙星在人体内的半衰期为10 h）。血浆药物浓度通常与给药剂量呈正比。口服给药后的血浆药物浓度稍微低些，但其浓度与皮下注射后的血浆浓度差异不大，口服与非肠道给药的消除方式也很相似。

【**适应证与剂量**】　喹诺酮类药物可用于治疗敏感微生物所致的局部和全身的感染，尤其对深部感染和细胞内的病原体有较强的抗菌活性。已成功地用于治疗呼吸道、消化道、泌尿道和皮肤的感染，以及细菌性前列腺炎、脑膜脑炎、脊髓炎和关节炎。

表19-39列出部分喹诺酮类药物常规剂量的选择。给药剂量和给药次数应根据个别动物的需要进行调整。

表19-39　喹诺酮类药物的使用剂量[a]

喹诺酮类	动物种类	剂量、给药途径与给药次数
萘啶酸	猫、犬	3 mg/kg，口服，每日4次
恩诺沙星	猫	5 mg/kg，口服，每日1~2次
	犬	5~20 mg/kg，口服，每日1~2次
		2.5 mg/kg，皮下注射，注射1次后改为口服
	肉牛（不是小牛或奶牛）	7.5~12.5 mg/kg，皮下注射，1次
		2.5~5 mg/kg，皮下注射，每日1次
	猪	2.5~5 mg/kg，口服或肌内注射，每日1次
	反刍前犊牛	2.5~5 mg/kg，口服或皮下注射，每日1次
马波沙星	猫、犬	2.75~5.5 mg/kg，口服，每日1次
二氟沙星	犬	5~10 mg/kg，口服，每日1次
奥比沙星	猫、犬	2.5~7.5 mg/kg，口服，每日1次

a. 对食品生产的动物使用超出标签用量的氟喹诺酮类在美国是被禁止的。

【特殊的临床问题】

1. 不良反应与毒性 虽然老的喹诺酮类药物（萘啶酸和恶喹酸）的副作用较常见，但新型喹诺酮类药物似乎有更好的耐受性。然而，该类药物的一些副作用限制了其在某些动物中的使用。喹诺酮类药物可引起猫急性视网膜退行性变性，其中恩诺沙星危险性最大，而马波沙星危险性最小。具体机制尚不清楚。喹诺酮类药物有神经毒性的趋势，在高剂量使用时可引起惊厥。氟喹诺酮很少引起呕吐与腹泻。已报道，人可发生皮肤反应和感光过敏，但发生率较低。溶血性贫血也时有发生。在妊娠期，不论在多长时间内给予大剂量喹诺酮类药物，都可能导致胚胎死亡和母体毒性。处于生长期的犬，长时间给予高剂量喹诺酮类药物，可使其软骨损伤而致永久性的跛行，所以对幼龄动物应避免过量使用喹诺酮类药物。关于喹诺酮类药物在马中的应用，尚未进行广泛的研究，但有一些指征表明，在承受重量的关节上，软骨可能受到损伤。

2. 相互作用 相互作用的可能性尚不明确。抗酸药可能干扰喹诺酮类药物在胃肠道的吸收。如果与呋喃妥因联合治疗尿道感染，则呋喃妥因可破坏喹诺酮类的药效。喹诺酮类确实能抑制茶碱的生物转化，并导致持续时间延长，血药浓度达到中毒水平。

【对实验室检验的影响】 血清谷草转氨酶、谷丙转氨酶、碱性磷酸酶和血液尿素氮可能升高。尿液分析可见尿中出现针状结晶。

四、磺胺类药物及磺胺类药物联合用药

磺胺类药物是一类古老的、在兽医临床广为使用的抗菌药物，主要是因为其成本较低，且对某些常见的细菌病有较好的治疗效果。磺胺类药物与特异的二氨基嘧啶类联合使用产生的协同作用，可比单独使用磺胺类药物更为有效。

【分类】 根据磺胺类药物的适应证及其对机体作用时间的长短，可将磺胺类药物及磺胺类衍生物分成几种类型。

1. 标准用磺胺类药物 在许多种动物中，可根据该类药物的不同，按每日1～4次给药，用于控制敏感菌所致的全身感染。在某些情况下，如果磺胺类药在被治疗的动物体内消除缓慢，则可减少给药次数。这类药物包括磺胺噻唑、磺胺二甲嘧啶、磺胺甲嘧啶、磺胺嘧啶、磺胺吡啶、磺胺溴甲嘧啶、磺胺乙氧哒嗪、磺胺甲氧哒嗪、磺胺二甲氧嘧啶和磺胺氯哒嗪。

2. 用于尿道感染的易溶性磺胺类药物 少数极易溶于水的磺胺类药物，例如磺胺异恶唑和磺胺异二甲嘧啶，可很快以原型从尿道排泄（可在24 h内排出90%以上）；由于此原因，在临床上主要用于治疗尿道感染。

3. 用于肠道感染的难溶性磺胺类药物 某些磺胺类药物的衍生物，如磺胺脒，是非常难溶的，所以不能被胃肠道吸收（低于5%）。酞磺胺噻唑和琥珀酰磺胺噻唑，可在胃肠道的下端被细菌水解，随后释放出具有抗菌活性的磺胺噻唑。柳氮磺胺吡啶也可在大肠内被水解为磺胺吡啶和5-氨基水杨酸（一种消炎药），该药可用于治疗犬的溃疡性结肠炎。

4. 增效磺胺类药物 当某些二氨基嘧啶类与磺胺类药联合使用时，可相继阻断细菌四氢叶酸的合成，最终杀死细菌。磺胺类药物与乙胺嘧啶联合使用，可以治疗原虫疾病，如利什曼病和弓形虫病（见增效磺胺类药物）。

5. 局部外用磺胺类药物 有几种磺胺类药物可局部外用。磺胺醋酰的药效不是很高，但偶尔也用于治疗眼部感染。氨苄磺胺和磺胺嘧啶银可用于烧伤伤口，预防革兰氏阴性菌和革兰氏阳性菌的侵入。磺胺噻唑粉剂也可治疗烧伤伤口。

【一般特性】 磺胺类药物是氨苯磺胺的衍生物。所有衍生物都具有相同的中心核，各种功能基团被加到中心核的酰胺基上，或中心核的氨基上发生各种各样的取代。通过这些变化而产生的化合物在物理、化学、药理及抗菌方面具有不同的特性。虽然磺胺类药物是酸碱兼性的，但它们一般都表现为弱的有机酸，而且在碱性环境下的溶解度比在酸性环境下的更高。磺胺药的pKa在4.8～8.6是有利于治疗的。水溶性的钠盐或二钠盐可用于非肠道给药。这种溶液呈强碱性且不稳定，当加入多离子电解液时容易析出沉淀。在磺胺类的复方制剂中（如磺胺嘧啶类），每一种药物都显示出其自身的溶解性；因此，在总浓度相同的情况下，复方磺胺比单一的磺胺具有更强的水溶性。这是临床上使用三联磺胺药的依据。除磺胺嘧啶类（磺胺二甲嘧啶、磺胺甲嘧啶、磺胺嘧啶）外，N-4乙酰化磺胺类的水溶性要低于非乙酰化型。这与磺胺结晶尿症的产生有关。很难溶解的磺胺类药物（酞酰磺胺噻唑和琥珀酰磺胺噻唑）可在胃肠道腔内长时间存留，被称为"肠活性"磺胺类药。

【抗菌活性】

1. 作用方式 磺胺类药物在结构上与对氨基苯甲酸（PABA）相似，在PABA进入二氢叶酸（叶酸）的合成过程时，磺胺类可竞争性抑制酶参与的步骤。二氢叶酸是合成四氢叶酸（亚叶酸）的前体物质，四氢叶酸是参与细胞内单碳代谢的辅酶的基本成分。磺胺类药物作为PABA的抗代谢产物，能以复杂的方式阻断几种酶。这些酶对于嘌呤碱的生物起源、去氧尿苷转变为胸苷、蛋氨酸和甘氨酸，以及甲酰基甲二磺酰基-转移RNA的生物合成是必需的。这些酶的阻断可抑制蛋白质的合成，破坏代谢过程，并且抑制那些不能利用叶酸盐的细菌的生长和繁殖。尽管在尿中出现高浓度时，有明显的杀菌作用，但磺胺类药物主要产生抑菌作用。

磺胺类药物对病原微生物快速繁殖的急性感染的早期阶段是最有效的。但它们对处于静息状态的细菌无抗菌作用。典型的例子是，在磺胺的治疗效果明显出现前，存在一个滞后期。因为细菌可以利用原已贮存的叶酸、亚叶酸、嘌呤、胸腺嘧啶和氨基酸，所以出现了这种滞后期。一旦上述贮备的物质被耗尽，便会产生抑菌作用。当PABA浓度升高或磺胺类的浓度降至酶的抑制浓度以下时，细菌的生长便可重新开始。鉴于磺胺类药物的抑菌特性，细胞和体液的有效防御机制是该类药物治疗成功的关键。

尽管所有磺胺类药物都具有相同的作用机制，但在抗菌活性、药代动力学过程、甚至通常浓度下的抗菌谱方面均存在明显差异。这些差异是由于磺胺类药物之间的理化特性的不同所引起的。

过量的PABA、叶酸、胸腺嘧啶、嘌呤、蛋氨酸、血浆、血液、白蛋白、组织自溶产物和内源性蛋白降解产物，均可从根本上降低磺胺类药物的抑菌效果。

2．细菌耐药性 染色体和R-因子介导的磺胺类药的耐药性，都是由于磺胺类药与变型的二氢叶酸合成酶的亲和力降低所引起的。由于磺胺类药物通过竞争性方式产生作用，所以过量的PABA可解除磺胺对二氢叶酸合成酶的抑制作用。磺胺类药物之间出现交叉耐药性较为常见。耐药性确实会逐渐产生，而且普遍存在于许多动物群体中。在肠道革兰氏阴性菌中，由质粒所介导的磺胺类耐药性通常与氨苄青霉素和四环素类药物的耐药性相关联。

3．抗菌谱 所有磺胺类药物的抗菌谱通常都是相同的。磺胺类药物可抑制革兰氏阳性菌与革兰氏阴性菌、诺卡霉菌、放线菌和一些原虫（如球虫和弓形虫）。活性更强的磺胺药，其抗菌谱可包括几种链球菌、葡萄球菌、沙门氏菌、巴氏杆菌，甚至大肠埃希菌。假单胞菌、克雷伯菌、变形杆菌、梭状芽孢杆菌和钩端螺旋体，通常具有很强的耐药性，立克次体、支原体和大多数衣原体也具有耐药性。

【药代动力学特性】 在不同种类的动物中，许多磺胺类药物的药代动力学过程之间存在着明显的差异。用于人类治疗的磺胺类药被分为短效、中效和长效3种类型，将这种标准分类方法用于兽医方面通常

是不合适的，因为在磺胺类药的处置和消除方面，存在着动物种间的差异性。

1．吸收 磺胺类药物可通过口服、静脉注射、腹腔注射、肌内注射、子宫内灌注或局部外用等方式给药，这取决于特定的制剂。除治疗肠道感染的难于被吸收的磺胺类之外，大多数都可相当迅速而完全地被单胃动物的胃肠道吸收。磺胺类药在瘤、网胃内吸收较慢，尤其在反刍停滞的情况下更为明显。磺胺类药的治疗剂量通常是用于口服给药的，但急性的危及生命的感染除外，此时可采用静脉内输注以尽快地达到足以产生治疗效果的血药浓度。在饮水或饲料中经常加入磺胺药，这是为了治疗或提高饲料转化率。少数易溶于水的药物可通过肌内注射（如磺胺二甲氧嘧啶钠）或腹腔注射（能发生对腹膜的一些刺激）。在非肠道给药的部位吸收较快。通常，就常规的非肠道给药而言，磺胺溶液的碱性太强。

2．分布 磺胺类药物可分布于机体所有组织。分布方式取决于磺胺的离子化状态、特定组织的血管分布情况、针对磺胺扩散的特殊屏障的存在，以及药物的血浆蛋白结合率。游离的磺胺药可自由扩散。由于磺胺药可在较大程度或较小程度上与血浆蛋白结合，所以在胸膜液、腹膜液、滑膜液和泪液中的药物浓度为血药浓度的50%～90%。磺胺嘧啶的血浆蛋白结合率达90%甚至更高。肾脏中的药物浓度高于血浆药物浓度，而且在皮肤、肝脏和肺脏中的药物浓度稍低于相应的血浆药物浓度。肌肉与骨中的药物浓度约为血药浓度的50%，脑脊液中的药物浓度为血液浓度的20%～80%，这取决于特定的磺胺药。脂肪组织中的药物浓度较低。非肠道给药后，在空肠和结肠的内容物中发现有磺胺二甲嘧啶，其浓度与血中浓度相同。磺胺药也可被动扩散进入乳汁；尽管药物浓度不足以控制感染，但在乳汁中仍可检测到磺胺的残留。

3．生物转化 磺胺类药物通常可进行广泛代谢，主要通过几种氧化途径、乙酰化及与硫酸盐或葡萄糖醛酸结合。在这点上，动物种间差异是明显的。磺胺类药物的乙酰化、羟基化及结合产物的抗菌活性很低。除磺胺嘧啶外，乙酰化（犬较少发生）可降低大多数磺胺类药物的溶解性。而羟基化及一些结合类型使其不太可能在尿中沉淀。

4．排泄 大多数磺胺药主要随尿液排泄。其次随胆汁、粪便、乳汁与汗液排泄。肾小球的滤过作用、肾小管的主动分泌及肾小管的重吸收，都是药物经肾排泄的主要过程。各种磺胺药及其代谢物固有的脂溶性及尿的pH，能影响部分的重吸收。尿液pH、肾脏清除率、各种磺胺药及其代谢物的浓度和溶解性，决定着溶解是否过量及是否出现结晶性沉淀。通

过碱化尿液，增加饮水量，降低在肾脏功能不全时的给药剂量及使用三联磺胺或磺胺-二氨基嘧啶类复方制剂，可以防止溶解过量及出现结晶沉淀。

5. 应注意的药代动力学问题 在动物中不同磺胺药的药代动力学数值之间存在着很大差异，将一种动物的数值外推到另一种动物是不恰当的；例如磺胺嘧啶的血浆半衰期在牛为10.1 h，而在猪却为2.9 h。推荐的给药剂量和给药次数，反映了这种消除动力学上的差异。

【适应证与剂量】 磺胺药常被用于治疗或预防急性的全身感染或局部感染。采用磺胺药治疗的疾病综合征包括放线杆菌病、球虫病、乳房炎、子宫炎、大肠埃希菌病、蹄皮炎、多发性关节炎、呼吸道感染和弓形虫病。

在疾病早期给予磺胺药，其效果更佳。对于慢性感染、特别是当伴有大量渗出物或组织碎片时，磺胺药是无效的。在严重感染时，应静脉注射初始剂量的药物，以缩短剂量与效应间的滞后期。为使磺胺药保持较长的消除半衰期，应加倍初始剂量。在治疗期间，应提供充足的饮水，并监测尿液排出量。一般情况下，1个疗程不应超过7 d。如果72 h内获得了明显的疗效，应继续治疗48 h，以防止复发及耐药性的出现。动物具备完整的免疫应答能力，是磺胺药治疗成功的重要条件。

表19-40列出部分磺胺类药物常规剂量的选择。给药剂量和给药次数应根据个别动物的需要进行调整。

表19-40　磺胺类药物的使用剂量

磺胺类药物	动物种类	剂量、给药途径和给药次数
磺胺噻唑	马	66 mg/kg，口服，每日3次
	牛、绵羊、猪	66 mg/kg，口服，每4 h 1次
磺胺二甲嘧啶	牛	220 mg/kg，口服或静脉注射，每日1次（初始剂量，维持量减半）
磺胺嘧啶	所有动物	50 mg/kg，口服，每日2次
磺胺二甲氧嘧啶	所有动物	55 mg/kg，口服，每日1次（初始剂量，维持量减半）
磺胺乙氧哒嗪	牛	55 mg/kg，口服，每日1次
	猪	110 mg/kg，口服，每日1次（初始剂量，维持量减半）
磺胺吡啶	牛	132 mg/kg，口服，每日2次（初始剂量，维持量减半）
琥珀酰磺胺噻唑	所有动物	160 mg/kg，口服，每日2次（初始剂量，维持量减半）

【特殊的临床问题】

1. 不良反应与毒性 磺胺类药物的不良反应可能是由过敏反应或直接毒性作用引起的。过敏反应包括荨麻疹、血管性水肿、过敏、皮疹、药物热、多发性关节炎、溶血性贫血和粒细胞缺乏。伴有血尿的结晶尿症，甚至肾小管阻塞，这在兽医临床上并不常见。静脉注射速度过快或剂量过高，均可出现急性毒性。临床表现包括肌肉无力、共济失调、失明和虚弱。当胃肠道内的磺胺药浓度高到可影响正常微生物菌群平衡和维生素B合成时，除了可致恶心和呕吐外，还可发生胃肠功能紊乱。磺胺类药物可抑制反刍动物微生物菌群的细胞溶解功能，但此作用通常是一过性的（除非达到过高的浓度）。据报道，长期治疗后可出现一些不良反应，包括骨髓抑制（再生障碍性贫血、粒细胞减少症和血小板减少症）、肝炎和黄疸、周围神经炎、脊髓和外周神经的髓磷脂变性、感光过敏、口炎、结膜炎和干性角膜炎。轻度的滤泡性甲状腺增生可能与在敏感动物中（例如犬）长期使用磺胺有关，而且犬大剂量使用磺胺药后，还可出现可逆性甲状腺功能减退。有几种磺胺药还可引起产蛋下降和生长减慢。局部外用磺胺药，还可延缓未感染伤口的愈合。

2. 相互作用 磺胺溶液与含有钙离子或其他多价离子的液体，以及许多其他制剂是不相容的。磺胺药可被其他亲和力更高的酸性药物，从其血浆蛋白位点上置换出。抗酸药容易抑制胃肠道对磺胺药的吸收。碱化尿液可促进磺胺药的排泄，但尿的酸化又可增加出现结晶尿的风险。一些磺胺药可作为微粒体酶的抑制剂，当与苯妥英等药物联合使用时，可出现中毒症状。

3. 对实验室检验的影响 胆红素、尿素氮、磺溴酞、嗜酸性粒细胞、高铁血红蛋白、谷草转氨酶和谷丙转氨酶可能升高。血小板、红细胞和白细胞数通常降低。尿液检查可见颜色、葡萄糖、卟啉和尿胆素原出现异常。也可出现磺胺结晶。

4. 休药期与弃奶期 食品动物的休药期和弃奶期是由各国的管理机构所制订。这些规定必须严格遵守，以防止出现食物中的药物残留及对公共卫生造成危害。在美国，禁止使用（包括奶牛）某些磺胺类药物。表19-41所列的休药期和弃奶期仅作为一般指导。

表19-41　磺胺类药物的休药期和弃奶期

磺胺类药物	动物种类	休药期（d）	弃奶期（h）
磺胺二甲嘧啶	牛	10[a]	96
	猪	14	
磺胺溴二甲嘧啶	牛	10	96
三联磺胺溶液[b]	牛	10	96
磺胺间二甲氧嘧啶	牛	7	60

a. 缓释制剂的休药期为28 d。

b. 8%磺胺二甲嘧啶钠+8%磺胺吡啶钠+8%磺胺噻唑钠。

增效磺胺类药物

二氨基嘧啶类药物（甲氧苄啶、甲氧苄氨嘧啶、奥美普林、阿地普林、乙胺嘧啶）在细菌和原虫中，对二氢叶酸还原酶的抑制作用，比在哺乳动物细胞中的更有效。当单独使用这些药物时，对细菌并不特别有效，而且耐药性产生很快。然而，当与磺胺药联合使用时，细菌的酶系统受到连续的阻断，可产生明显的杀菌效果。常见的增效磺胺制剂包括甲氧苄啶-磺胺嘧啶（复方磺胺嘧啶）、甲氧苄啶-磺胺甲基异噁唑（复方增效磺胺）、三甲氧苄胺嘧啶-磺胺邻二甲氧嘧啶（复方磺胺多辛）和奥美普林-磺胺间二甲氧嘧啶。

【一般特性】 甲氧苄啶和奥美普林属于碱性药物，它们容易在较强的酸性环境如酸性尿液、乳汁和瘤胃液中蓄积。

【抗菌特性】 在敏感的细菌中，磺胺药可阻断二氢叶酸的合成，与特定的二氨基嘧啶合用，能抑制顺序中的下一个酶（二氢叶酸还原酶），从而阻止四氢叶酸（亚叶酸）的形成。DNA的合成必须有亚叶酸参与。在通常情况下，这种连续的阻断所产生的是杀菌作用，而不是抑菌作用，但胸苷存在时，只有明显的抑菌作用，因为胸苷可防止阻断发生。

甲氧苄啶或奥美普林与磺胺药的复方制剂，在体外的最佳比例取决于微生物的类型，通常约为1:20。然而，由于考虑到药代动力学特点，商品化的制剂采用1:5的比例。

细菌对甲氧苄啶容易产生耐药性，但对复方制剂产生的耐药性要慢得多。耐药性可具有2种类型：突变的耐药性，细菌转变成依赖外源的亚叶酸和胸苷；质粒介导的耐药性，是以酶的修饰为基础。

【抗菌谱】 磺胺类-二氨基嘧啶复合制剂对革兰氏阳性菌和革兰氏阴性菌均有活性，包括放线菌、波氏杆菌、梭状芽孢杆菌、棒状杆菌、梭形杆菌、嗜血杆菌、克雷伯菌、巴氏杆菌、变形杆菌、沙门氏菌、志贺氏菌、弯曲杆菌，以及大肠埃希菌、链球菌和葡萄球菌。某些链球菌的菌株仅中度敏感，布鲁氏菌、丹毒丝菌、诺卡霉菌和莫拉菌也是如此。抗菌谱中不包括假单胞菌或分支杆菌。缺乏细胞壁的细菌通常不敏感。

【药代动力学特性】 甲氧苄啶在口服给药后迅速被吸收（血浆药物浓度，在2~4 h内达到峰值），但反刍动物除外，甲氧苄啶在瘤、网胃内存留，并进行一定程度的微生物降解。

该药在非肠道注射部位容易被吸收；1 h内即可达到有效抗菌浓度，给药后约4 h达到峰值。甲氧苄啶可广泛分布至机体各组织和体液。组织中的药物浓度通常高于相应的血浆药物浓度，特别是在肺脏、肝脏和肾脏。30%~60%的甲氧苄啶可与血浆蛋白结合。虽然有一种观点认为，肝脏的生物转化至少在反刍动物中是广泛的，但甲氧苄啶代谢转化的程度还未明确。多数情况下，超过50%的药物以原形经肾排泄，但并非在所有种类的动物中都如此。甲氧苄啶主要经肾小球的滤过和肾小管分泌进行排泄。粪便中也能排出一定量的药物。乳中的药物浓度通常比血浆中的药物浓度高1~3.5倍。多种动物的甲氧苄啶的血浆半衰期很长；有效浓度的维持时间可超过12 h，因此，给药间隔通常为12~24 h。甲氧苄啶在绵羊体内的消除速率要比在单胃动物体内的低得多。奥美普林的消除速率似乎要慢得多。

【给药剂量】 表19-42列出了增效磺胺类药物常规剂量的选择。给药剂量和给药次数应根据个别动物的需要进行调整。

表19-42 增效磺胺类药物的使用剂量

复方磺胺	剂量、给药途径和给药次数
甲氧苄啶+磺胺嘧啶	15~60 mg/kg，口服、静脉注射或肌内注射，每日1次
奥美普林+磺胺二甲氧嘧啶	55 mg/kg，口服，每日1次（初始量，维持量减半）

【不良反应与毒性】 尽管磺胺组分的不良反应仍然会出现，但由增效磺胺所致的不良反应很罕见。按10倍推荐剂量使用甲氧苄啶，仍未见不良反应。以较高剂量的甲氧嘧啶延长治疗，可因亚叶酸的合成受阻而致血细胞在生成时出现成熟缺陷。增补亚叶酸容易使这种作用逆转。

【休药期和弃奶期】 食品动物的休药期和弃奶期是由各国的管理机构所制订。这些规定必须严格遵守，以防止出现食物中的药物残留及其对公共卫生造成的危害。表19-43所列的休药期，仅作为一般指导原则。

表19-43 增效磺胺药的休药期和弃奶期

复方磺胺	休药期（d）	弃奶期（d）
甲氧苄啶+磺胺嘧啶	3	7
甲氧苄啶+磺胺邻二甲氧嘧啶	5（口服）；28（非肠道）	

五、四环素类抗生素

四环素类是一类抗菌特性相似的广谱抗菌药，但就它们的抗菌谱和药代动力学处置过程而言，各种药物之间还存在一定差异。

【分类】 共有三种天然存在的四环素类药物（土霉素、金霉素和去甲金霉素）及几种用半合成法衍生而来的四环素类药物（四环素、咯利四环素、甲烯土霉素、米诺四环素、强力霉素、赖氨甲四环素等）。按消除时间的长短，可将四环素类进一步分为短效四环素类（四环素、土霉素、金霉素）、中效四环素类（去甲金霉素和甲烯土霉素）及长效四环素类（强力霉素和米诺四环素）。

【一般特性】 所有四环素类衍生物均为淡黄色的晶体，并且是酸碱兼性物质，在水溶液中可与酸或碱结合成盐。在紫外光下可发出特征性荧光。除强力霉素外，最常见的盐是盐酸盐。四环素的干粉较稳定，但它在水溶液中，特别在较高pH范围内（7~8.5）不稳定。用于非肠道给药的制剂需要严格配制，常用丙二醇或聚乙烯吡咯烷酮及附加的分散剂，以提供稳定的溶液。四环素类能与二价和三价金属离子，如 Ca^{2+}、Mg^{2+}、Al^{3+} 和 Fe^{2+} 形成难溶于水的螯合物。强力霉素与米诺四环素的脂溶性最大，对诸如金黄色葡萄球菌等细菌的穿透力比其他四环素类药物的穿透力更强。四环素类对治疗与细菌外被多糖有关的齿龈疾病非常有效。

【抗菌活性】

1. 作用方式 四环素类的抗菌活性所涉及的精确位点还未明确，这些抗生素可与细菌30S核糖体可逆性结合，并通过几种机制抑制蛋白质合成。主要是氨基乙酰-转移RNA与信使RNA-核糖体复合物上的受体位点的结合似乎受到破坏。尽管由于较高的药物浓度而使细菌细胞更加敏感，但这种效果在哺乳动物的细胞中也是明显的。当四环素类进入细菌时，一部分药物通过扩散作用，另一部分药物通过一种能量依赖的载体介导系统，以便在敏感细菌中达到较高浓度。四环素类通常为抑菌性抗生素，而且一种应答的宿主防御系统是其成功应用四环素的基础。在高浓度条件下（如尿液中），四环素能成为杀菌性药物，这是因为细菌似乎丧失了胞浆膜功能的完整性。四环素能更有效地对抗繁殖中的细菌，并在pH为6.0~6.5时，它们的抗菌活性更强。

2. 细菌耐药性 细菌对四环素类的耐药性，几乎全部基于药物对原先敏感细菌的穿透能力的降低。主要有两种耐药形式：①在突变菌株中，细菌对药物的摄取受到破坏，使之丧失必要的转运系统；②质粒介导的耐药物，或使细菌减少了对四环素的吸收，或使四环素主动地从细菌细胞中流出。决定这些性能的基因组可通过转导（如在金黄色葡萄球菌中），也可通过结合（如在许多肠杆菌中）而发生传递。以多步方式形成的耐药性产生较慢，但

由于低浓度四环素的广泛使用，使这种耐药性十分普遍。

3. 抗菌谱 所有四环素类的活性基本上是相同的，而且抗菌谱也很相似，主要包括需氧的和厌氧的革兰氏阳性菌和革兰氏阴性菌、支原体、立克次体、衣原体，甚至一些原虫（阿米巴虫）。铜绿假单胞菌、变形杆菌、沙雷氏菌、克雷伯菌和隐秘杆菌通常是耐药的，许多致病性大肠埃希菌也是如此。尽管四环素类之间存在一般的交叉耐药性，但强力霉素和米诺四环素通常对葡萄球菌更有效。

【药代动力学特性】

1. 吸收 采用常规口服剂量给药后，四环素类主要在小肠上段被吸收，2~4 h内可达有效血药浓度。碳酸氢钠、氢氧化铝、氢氧化镁、铁、钙盐和（除脂溶性的强力霉素和米诺四环素外）奶及奶制品，能破坏四环素类在胃肠道的吸收。要达到四环素类的治疗浓度，对于反刍动物不应该口服给药：因为药物的吸收较差，而且能抑制瘤胃微生物区系的活性。经过缓冲液特殊处理后的四环素类溶液，可肌内注射或静脉注射。通过化学控制方法（尤其是载体和高含量镁的选择），可使土霉素在肌内注射部位的吸收被延迟，从而产生一种长效作用。四环素类可在注射部位引起组织坏死，其残留物在注射部位可持续数周。四环素类也可通过子宫和乳房被吸收，但血药浓度较低。

2. 分布 四环素类在体内分布迅速且广泛，特别是非肠道给药后。四环素类能进入几乎所有的组织和体液；在肾脏、肝脏、胆汁、肺脏、脾脏和骨中可达较高浓度。在浆膜液、滑液、脑脊液、腹水、前列腺液和玻璃体液中的浓度较低。脂溶性较强的四环素类（如强力霉素和米诺四环素）容易穿过血脑屏障等组织，脑脊液中的药物浓度约为血浆药物浓度的30%。四环素类也可进入唾液及眼泪中。因为四环素类易与钙离子螯合（强力霉素较少发生），所以它们能不可逆地沉积于正在生长的骨中，以及幼畜未长出牙的牙齿质和牙釉质中，如果经过胎盘的通路出现时，四环素类甚至可以进入胎儿体内（见下述"特殊的临床问题"）。用这种方式螯合的药物无药理学活性。由于上述特性，使它们可作为正在生长或增生的骨组织的标记物。四环素类药物与血浆蛋白结合率的差异较大（例如，土霉素为30%，四环素为60%，强力霉素为90%）。

3. 生物转化 四环素类在大多数家畜中的生物转化似乎是有限的，通常约1/3的药物以原形排出体外。吡甲四环素可代谢为四环素。强力霉素和米诺四环素，能比其他四环素类更广泛地进行生物转化（高

达40%的给药剂量）。

4. 排泄 四环素类通过肾脏（肾小球滤过）和胃肠道（经胆汁和直接随粪排出）排泄。尽管一些因素可影响肾脏排除，这些因素包括动物年龄、给药途径、尿液pH、肾小球滤过率、肾脏疾病和所用的特殊四环素，但一般有50%～80%的药物可从尿中回收。肠道（胆汁）的药物排除始终是明显的，常见的为10%～20%，甚至在非肠道给药时；对于强力霉素及其代谢物和米诺四环素来说，这是主要的排泄途径。四环素类也可通过乳汁进行排泄；非肠道给药后6 h，乳汁中的药物浓度可达峰值，并在给药后48 h，乳汁中仍有微量药物存在。乳汁中的药物浓度一般可达到血药浓度的50%～60%，而且当患乳房炎时，乳汁的药物浓度会更高。

5. 药代动力学数值 四环素类的血浆半衰期为6～12 h，甚至更长，这取决于动物年龄（不到1月龄的幼畜消除慢）、疾病和四环素药物本身（表19-44）。在大动物中，每日按标准剂量注射药物，通常足以维持有效抑菌浓度。当肌内注射长效土霉素时，一般可使血药浓度高于0.5 µg/mL的时间长达72 h。四环素类通常口服给药，每日2～3次（强力霉素和米诺四环素则为每日1～2次）。

表19-44 四环素类的消除、分布与清除率

四环素类	动物种类	消除半衰期(h)	分布容积（mL/kg）	清除率 [mL/(kg·min)]
土霉素	犬	6	3 000	4.23
	犊牛（<3月龄）	10～13	1 500～2 400	3.45
	牛	7～10	800～1 000	3.33
	马	8～10	1 100	2.89
米诺四环素	犬	7	2 000	3.21

【适应证与剂量】 四环素类常用于治疗全身与局部的感染。一般的器官感染包括支气管肺炎、细菌性肠炎、尿道感染、胆管炎、子宫炎、乳房炎、前列腺炎和脓性皮肤。特殊的疾病包括牛传染性角膜结膜炎、衣原体病、心水病、边虫病、放线菌病、放线杆菌病、诺卡菌病（米诺四环素特别适用）、埃利希体病（强力霉素特别适用）、附红细胞体病和血巴尔通氏体病。米诺四环素和强力霉素通常对金黄色葡萄球菌的耐药株也有一定的抗菌活性。

四环素类除用于抗菌化学治疗外，还可用作其他用途。四环素类可添加到动物饲料中，作为生长促进剂。由于四环素类与骨、牙齿和坏死组织的亲和力，它们可通过荧光对肿瘤进行描绘。一旦发生过量的水潴留，可用去甲金霉素抑制抗利尿激素的作用，去甲金霉素还可用于"牵张"新生马驹的指屈肌腱。

表19-45列出了部分四环素类药物常规剂量的选择。给药剂量和给药次数应根据个别动物的需要进行调整。

表19-45 四环素类药物的使用剂量

四环素类	动物种类	给药剂量、给药途径和给药次数
四环素	猫、犬	7 mg/kg，肌内注射或静脉注射，每日2次
		20 mg/kg，口服，每日3次
土霉素	猫、犬	7 mg/kg，肌内注射或静脉注射，每日2次
		20 mg/kg，口服，每日3次
	牛、绵羊、猪	5～10 mg/kg，肌内注射或静脉注射，每日1次
	犊牛、马驹、羔羊、仔猪	10～20 mg/kg，口服，每日2～3次
	马	5 mg/kg，静脉注射，每日1～2次
强力霉素	犬	5～10 mg/kg，口服，每日1次 5 mg/kg，静脉注射，每日1次

【特殊的临床问题】

1. 不良反应与毒性 因为使用四环素类可产生各种不同的反应，必须小心谨慎。当使用广谱抗生素时，总有可能产生非敏感性病原菌如真菌、酵母菌和耐药细菌引起的双重感染。口服或非肠道给予广谱抗生素后引起的双重感染，可导致胃肠功能紊乱；当局部应用广谱抗生素时（如用于耳）所引起的双重感染可造成"持续感染"。马属动物使用四环素后，可发生严重的甚至致命的腹泻，特别是当马受到严重的应激或病情危急时。

反刍动物大剂量口服四环素类，可严重破坏瘤、网胃中微生物区系的活性，最终导致淤积。单胃动物肠内微生物区系的消除，可使大肠内B族维生素和维生素K的合成及有效性明显减少。在长期治疗中，补充维生素是一种有效的预防措施。

四环素能与牙齿和骨中的钙发生螯合，四环素与这些组织结合，抑制钙化（例如发育不全的牙釉质），形成黄色至褐色牙斑。在四环素浓度极高时，骨折的愈合过程将受到破坏。

快速静脉注射四环素类，可致血压过低和突然虚脱。尽管涉及丙二醇溶媒本身产生的抑制作用，但这似乎与四环素类螯合钙离子的能力有关。可通过缓慢

输注药物（＞5 min）或治疗前静脉注射葡萄糖酸钙，可避免上述的不良反应。

　　静脉注射未经稀释的乙二醇制剂，可引起血管内溶血，结果导致血红蛋白尿及其他可能的反应，例如血压过低、共济失调和中枢神经系统的抑制。

　　因为四环素类可干扰宿主细胞内的蛋白质合成，所以它趋向于分解代谢，由此可预料到血液尿素氮的升高。四环素类与糖皮质激素联合使用，通常导致体重明显下降，特别在一些厌食的动物中。

　　已报道，在孕妇及其他妊娠动物中，使用大剂量的四环素可致肝毒性作用，死亡率较高。四环素类也有潜在的肾脏毒性，在肾脏功能不全时应禁用（强力霉素除外）。已报道，患败血症和内毒素血症的牛使用高剂量土霉素，可引起致命的肾衰。使用过期的四环素类，可导致急性肾小管肾病。

　　注射部位的肿胀、坏死和黄染几乎是不可避免的。在使用去甲金霉素及其他同类药物的病人中，可出现光毒性皮炎，但这种反应在其他动物中较少见。过敏反应确有发生，例如猫可出现"药物热"反应，通常伴有呕吐、腹泻、沉郁、食欲不振和嗜酸性粒细胞增多。

　　当感染部位的四环素类处于高浓度时，它们能抑制白细胞的趋化性和吞噬作用。这明显地阻碍了正常的宿主防御机制。治疗方案中加入糖皮质激素，将破坏免疫活性甚至其他功能。

　　猫口服强力霉素片剂可致食道糜烂，倘若随后服用5 mL强力霉素，可使病情减轻。

　　2. 相互作用　奶及奶制品（对强力霉素和米诺四环素影响较小）、抗酸剂、白陶土及铁剂，可减少四环素类在胃肠道的吸收。当被输液稀释或暴露于紫外线时，四环素类可逐渐丧失活性。B族维生素，尤其是核黄素，在输液过程中可促进这种活性的丧失。四环素类也可与林格氏液中的钙离子结合。

　　甲氧氟烷麻醉剂在与四环素联合使用时可产生肾脏毒性。微粒体酶诱导剂如苯巴比妥和苯妥英，可使米诺四环素和强力霉素的血浆半衰期缩短。除米诺四环素和强力霉素外，食物可延缓四环素类在胃肠道的吸收。四环素类在碱性尿液中活性较低，尿液的酸化可提高它们的抗菌效果。

　　强力霉素可致胃肠功能失调，此药可与食物同服以减轻这一反应。

　　3. 对实验室检验的影响　四环素类可使淀粉酶、血液尿素氮、磺溴酞、嗜酸性粒细胞数、谷草转氨酶、谷丙转氨酶升高。四环素类与利尿剂联合使用，通常与血液尿素氮显著升高有关。胆固醇、葡萄糖、钾和凝血酶原时间可下降，尿糖检验也可能出现

假阳性。

　　4. 休药期和弃奶期　食品动物的休药期和弃奶期是由各国的管理机构所制订的。这些规定必须严格遵守，以防止出现食物中的药物残留及其对公共卫生造成的危害。表19-46所列的休药期，仅作为一般指导原则。

表19-46　四环素类药物的休药期和弃奶期

四环素类	动物种类	休药期（d）
土霉素[a]	牛	15~22
	猪	22
	禽	5
土霉素（长效制剂）[a]	牛	28
金霉素	牛	10
	猪	1~7

a. 不能用于泌乳牛。

六、氯霉素及同类药物

　　氯霉素是一种高效、稳定的广谱抗生素。然而，氯霉素固有的一些特性，使之必须谨慎用于伴侣动物，一些国家（包括美国和加拿大）已率先禁止在食品动物中使用氯霉素。

　　【分类】　氯霉素是一种独特的抗菌剂；然而，由于它可引起人的血液恶病质，现已开发出两种相关的药物。甲砜霉素抗菌活性较低，但比氯霉素安全；氟苯尼考，一种甲砜霉素的衍生物，在体外对许多致病菌株的活性比氯霉素更强。氟苯尼考已被批准用于治疗牛病。

　　【一般特性】　氯霉素是一种结构较简单、带有苦味的中性硝基苯衍生物。它的脂溶性较强，可以游离碱或以酯的形式应用（例如用于口服给药的味道适中的棕榈酸酯和用于非肠道注射的水溶性琥珀酸钠）。假如pH低于9.0，则氯霉素是一种相对稳定的化合物，并且在煮沸情况下也不受影响。氯霉素的硝基被甲基磺酰基取代，形成甲砜霉素和氟苯尼考；后者还含有1个氟分子。这些结构的改变提高了抗菌活性、降低了毒性，而且氟苯尼考中的氟分子还可降低细菌的破坏作用。

　　【抗菌活性】

　　1. 作用方式　氯霉素及其同类物，通过与70S核糖体的50S亚基结合及破坏肽基转移酶的活性，而抑制细菌蛋白质的合成。氨基酰-tRNA与肽基转移酶活性位点的结合也可受到阻碍。氯霉素的作用通常是抑菌性的，但在高浓度下，氯霉素对某些细菌的作用可能是杀菌性的。氯霉素在原核核糖体和真核核糖体

（线粒体）上，都能抑制蛋白质的合成。

2. 细菌耐药性 细菌对氯霉素的耐药性产生较慢，而且采用一步方式。在临床分离的细菌中，虽然也可能有其他灭活酶参与，但耐药性一般是由质粒介导的，并且是由于氯霉素乙酰转移酶的产生造成的。在耐药的革兰氏阴性菌中，氯霉素乙酰转移酶是自身固有的酶，而在革兰氏阳性菌中，该酶则是诱导酶。在铜绿假单胞菌及变形杆菌和克雷伯菌的菌株中，其耐药性也不是由酶所引起的，而是由染色体和质粒介导的诱导通透性阻断所致。细菌对氯霉素的耐药性，时常与其对四环素、红霉素、链霉素、氨苄青霉素和其他抗生素的耐药性一起产生。

3. 抗菌谱 许多种革兰氏阳性菌和革兰氏阴性菌、脆弱拟杆菌等几种厌氧菌，以及立克次体和衣原体，对氯霉素都是敏感的。应特别值得注意的是，氯霉素能克服许多沙门氏菌及大多数铜绿假单胞菌菌株的耐药性。氟苯尼考也是一种广谱抗菌药物。

【药代动力学特性】

1. 吸收 当非反刍动物口服氯霉素碱时，该药可在胃肠道上段被迅速吸收。血液浓度一般在给药后1～3 h达峰值。由于瘤胃微生物区系容易还原硝基，所以氯霉素在瘤、网胃中被灭活而不能有效地被吸收。大酯类型的氯霉素需要被酯酶水解，以释放出可被胃肠道吸收的抗生素；因此，当使用棕榈酸酯和其他酯类制剂时，氯霉素的全身作用会出现延迟。已经发现，口服给药会出现药物之间的差异性。虽然那些抑制胃肠蠕动的药物能影响吸收，但食物和肠道保护剂不会干扰氯霉素的吸收。氟苯尼考口服后吸收迅速，尽管乳汁可影响其吸收。

氯霉素琥珀酸钠可供肌内注射或静脉注射。但是它在体内需水解，因为只有游离的氯霉素碱才具有活性。由于动物个体和种间差异，这种水解反应的动力学可能是缓慢和不完全的。氯霉素碱本身在肌内注射部位的吸收是非常有限的。例如在马中，按50 g/kg肌内注射后6～8 h，血中药物才能达到5 mg/mL的治疗浓度。腹腔注射氯霉素碱后也可被吸收。氟苯尼考作为一种注射液可供肌内注射。

2. 分布 血浆中40%～60%的氯霉素可与白蛋白发生可逆性结合，游离的氯霉素可自由扩散至几乎所有组织（包括脑）；肾脏、肝脏和胆汁中的浓度最高。许多体液如脑脊液和眼房水中也能达到较高的浓度（约为血浆浓度的50%）。乳汁中的浓度约为血药浓度的50%，但当发生乳房炎时可能更高些。所有种类的动物都会发生经胎盘扩散药物，胎儿体内的药物浓度约为母体的75%。氯霉素在正常的滑液中不能达到有效浓度，但在发生脓毒性关节炎时却能达到。

对于氯霉素广泛的体内分布而言，血-前列腺屏障是一个例外，在发炎的前列腺中，氯霉素的浓度几乎低至零。脓肿中的氯霉素浓度可达到血清峰浓度的15%～20%。氟苯尼考也可穿透机体的大多数组织，但对脑脊液及眼房水的穿透力不及氯霉素，氟苯尼考可进入泌乳牛的乳中。

3. 生物转化 与许多其他抗菌剂不同，氯霉素可进行广泛的肝脏代谢。尽管有一些硝基还原和其他Ⅰ相反应发生，但游离的氯霉素主要通过与葡萄糖醛酸结合而进行生物转化。给予氯霉素琥珀酸钠后，尿中产物主要为非水解的琥珀酸钠和葡萄糖醛酸；仅有5%～15%似乎是有生物活性的氯霉素。

有关氯霉素的生物转化，存在着一些临床问题。在猫中，特异的遗传性的缺乏葡糖醛酸转移酶的活性，使氯霉素在猫中的血浆半衰期比在其他种类动物的长得多（例如猫为5.1 h，小型马为54 min），因此给药剂量需要进行适当的调整。幼龄动物常缺乏完善的微粒体酶功能，许多种幼龄动物（不到4周龄）氯霉素的血浆半衰期要比成年动物的长得多。但马驹似乎例外。肝脏疾病也可阻碍氯霉素进行正常的代谢降解，使有活性的抗生素在体内蓄积。

4. 排泄 氯霉素主要通过肾脏进行排泄。游离的氯霉素和氯霉素琥珀酸钠可通过肾小球滤过（5%～10%），而葡萄糖醛酸代谢物通过肾小管的分泌被排除（90%～95%）。只有5%～15%以有活性的原型药物形式从尿中排出。胆汁途径在氯霉素的排泄中也起着一定作用，但肠肝循环通常是明显的，一般仅有少量氯霉素随粪便排出。在草食动物中，肠肝循环可在某种程度上延长血药浓度的持续时间。

5. 药代动力学数值 氯霉素的血浆半衰期在各种动物之间是不同的，在某些种类的动物中主要取决于其年龄。特有的分布容积一般能反映药物在组织内的广泛分布（表19-47）。应根据动物种类和年龄，对给药剂量和用药次数进行调整。氟苯尼考主要通过肾脏进行排泄。

表19-47 **氯霉素与氟苯尼考的消除与分布**

药物	动物种类	消除半衰期（h）	分布容积（mL/kg）
氯霉素	猫	5.1	2 360
	犬	4.2	1 700
	犊牛	5.0	1 080
	（<1周龄）		
	牛	3.0	1 580
	马	0.9	950
氟苯尼考	牛	18.3	700

【适应证与剂量】 氯霉素可用于治疗全身与局部

感染。氯霉素对慢性呼吸道感染、细菌性脑膜脑炎、脑脓肿、眼炎和眼内感染、蹄皮炎、皮肤感染和外耳炎都有效。氯霉素特别适用于治疗沙门氏菌病和拟杆菌败血症。尽管有活性的抗生素在尿液中的浓度相当低，但氯霉素通常能成功地治疗尿道感染。在这些情况下，向感染部位血原性输送氯霉素，可起到一定作用。氟苯尼考已被批准用于牛呼吸性疾病。

表19-48列出了氯霉素和氟苯尼考的常用剂量。应根据动物个体情况，对剂量和给药次数进行调整。

表19-48　氯霉素与氟苯考的使用剂量

药物	动物种类	剂量、给药途径和给药次数
氯霉素	猫	45~60 mg/kg，口服、静脉注射或肌内注射，每日2次
	犬	45~60 mg/kg，口服、静脉注射或肌内注射，每日3~4次
	马	50 mg/kg，口服，每日3~4次，或静脉注射，每2~4 h 1次
氟苯尼考	牛	20 mg/kg，肌内注射，48 h后重复给药1次

【特殊的临床问题】

1. 不良反应与毒性　氯霉素（不是氟苯尼考）在人类可产生两种不同的骨髓抑制综合征。第一种类型以非再生性贫血为特征（可能伴随出现或不出现血小板减少或白细胞减少），血浆铁升高，骨髓细胞减少，胚细胞和淋巴细胞胞质空泡化，红细胞系和髓细胞样前体的成熟停止。这种抑制是剂量依赖性的，且是可逆的。在猫中，每日按50 mg/kg的剂量，连用3周，能产生与人相似的反应。每日给犬使用高剂量的氯霉素（225 mg/kg），可出现轻度的血液学反应。在敏感的新生动物身上给予标准成年动物剂量的氯霉素，也可出现这种恶血质。这种毒性作用可能与快速繁殖的细胞中，mRNA和蛋白质合成受到干扰有关。

第二种类型的骨髓抑制更为严重。它通常表现为不可逆性再生障碍性贫血，一般与剂量无关，通常在停药后发生。外周血表现为各类血细胞减少，并且骨髓可能再生不良或再生障碍。一般情况下，出血倾向和继发感染也是明显的。发病率为1:25 000~40 000。再生障碍性贫血可能是与硝基有关的有毒中间体造成的，甲砜霉素和氟苯尼考因不含硝基，所以不引起再生障碍性贫血，实际观察也证明了这种理论。由于食品动物组织中的药物残留有可能诱发人的再生障碍性贫血，所以美国和其他几个国家已禁止在食品动物中使用氯霉素。人们已认识到，在犬和猫中发现的一种氯霉素的过敏反应，实则为再生障碍性贫血。

所有非反刍动物口服氯霉素后，都会发生胃肠功能紊乱。新生犊牛使用氯霉素后，可出现吸收不良综合征，这与小肠上皮细胞的超微结构和功能的变化有关。用氯霉素治疗猫，用药超过1周，即可出现厌食和沉郁症状。

因为氯霉素可抑制免疫记忆细胞的功能，所以不应该给正在使用这种抗生素的动物接种疫苗。由于氯霉素具有抑制蛋白质合成的能力，所以在伤口表面的过度使用，可延迟愈合。

当氯霉素用于雄性和雌性大鼠时，均可影响其性腺的结构和功能。在大动物中，不良体征通常都与丙二醇制剂有关，当静脉内快速输注这种制剂时，可造成虚脱、溶血和死亡。

尽管上述与氯霉素相关的副作用是严重的，但如果避免过量使用，将疗程限制在1周内，降低新生动物和肝脏功能受损动物的用药量，而且原先不存在骨髓抑制，则氯霉素还是比较安全的。

2. 相互作用　氯霉素是一种有效的、非竞争性的微粒体酶抑制剂，它能延长许多合并使用的药物的作用时间。如果反复给药，很可能出现弗兰克中毒反应。这样的药物包括戊巴比妥、可待因、苯巴比妥、苯妥英、非类固醇消炎药和香豆素类。

氯霉素与磺胺甲氧哒嗪联合使用，可致肝脏损伤。氯霉素也能延迟由铁制剂、叶酸和维生素B$_{12}$造成的贫血反应。它可干扰多种杀菌性药物的作用，如青霉素类、头孢菌素类和氨基糖苷类，在多数情况下，不宜与这些药物合并使用。氯霉素琥珀酸钠的水溶液在给药前，不宜与其他制剂混合，因为配伍禁忌的发生率较高。

氯霉素不应与能和50S核糖体亚单位结合的其他抗菌剂（如大环内酯类和林可霉素类）同时使用。

3. 对实验室检验的影响　氯霉素可致碱性磷酸酶含量升高，前凝血酶时间延长。也可使白细胞和血小板数降低。在极端情况下贫血很明显。尿糖检验可能呈假阳性。

4. 休药期和弃奶期　包括美国在内的多个国家，均禁止在食品动物中使用氯霉素；而另一些国家，休药期也各不相同，最长的可达2周。氟苯尼考的休药期为28 d。不到20月龄的奶牛、小肉牛、不到1月龄的犊牛或哺乳犊牛，均不宜使用氟苯尼考。

七、大环内酯类抗生素

大环内酯类抗生素在其结构中具有一个典型的大内酯环，并对革兰氏阳性菌的作用比对革兰氏阴性菌更有效。它们也能对抗支原体和某些立克次体（见多烯大环内酯抗生素）。

【分类】根据内酯环的大小，可将大环内酯类分为3类：12元环类尚无用于临床。红霉素和相近的夹竹桃霉素，以及三乙酰夹竹桃霉素属于14元环类。阿奇霉素和加米霉素为15元环类。16元环类中用于临床的主要有螺旋霉素、交沙霉素、泰乐菌素和替米考星（由泰乐菌素合成而得）。泰拉霉素含3个氨基环结构，将其归为三胺类。

【一般特性】大环内酯类实际上是由密切相关的抗生素所组成的一种复杂混合物，这些抗生素在环结构中、氨基糖和中性糖中不同碳原子上的化学取代方面是有差异的。例如，红霉素中主要是红霉素A，但制剂中也可能包括红霉素B、C、D和E。大环内酯类抗生素为无色的晶体物质。它们含有二甲基氨基团，使其具有碱性。虽然它们难溶于水，但能溶于多种极性的有机溶剂中。在碱性（pH大于10.0）和酸性（对于红霉素pH大于4.0）环境中，大环内酯类通常均会失去活性。多种功能基团使它们可进行大量的化学反应。稳定性更强的酯类，常被用于药物制剂——例如乙酰化物、乳糖醛酸酯、琥珀酸酯、丙酸酯及硬脂酸酯。

【抗菌活性】

1. 作用方式 所有大环内酯类的抗菌机制基本相同。它们通过与核糖体上50S亚基可逆性的结合，干扰蛋白质的合成。它们似乎在供体位点上结合，从而阻止移位，而移位是保持肽链增长所必需的。这种作用基本上被限于快速分裂的细菌和支原体内。大环内酯类为抑菌性抗生素，但在高浓度下却有杀菌活性。在较高pH（7.8～8.0）范围内，大环内酯类的活性可明显增强。

2. 细菌耐药性 革兰氏阳性菌对大环内酯类的耐药性，是由于核糖体结构改变及大环内酯类亲和力的丧失所造成的。耐药性可能是固有的，或是质粒介导的，也可能是结构性的，或是诱导性的；耐药性可能迅速产生（红霉素），或缓慢产生（泰乐菌素）。已报道大环内酯类之间的交叉耐药性。革兰氏阴性菌很可能是耐药的，因为大环内酯类难于穿透它们的细胞壁。但有少数例外，即没有细胞壁的革兰氏阴性菌有时也很敏感。

3. 抗菌谱 大环内酯类对多数需氧和厌氧的革兰氏阳性菌有效，但在效能和抗菌活性方面存在很大差异。一般情况下，大环内酯类不能有效对抗革兰氏阴性菌，但巴氏杆菌、嗜血杆菌和奈瑟氏菌的某些菌株对大环内酯类仍很敏感。替米考星、加米霉素和泰拉霉素为广谱药物，对溶血性曼氏杆菌、多杀性巴氏杆菌及前面所提及的革兰氏阴性菌均有作用；脆弱拟杆菌菌株对大环内酯类是中度敏感的。大环内酯类对

非典型的分支杆菌、分支杆菌、支原体、衣原体和立克次体有效，但对原虫或真菌无效。与头孢羟唑（抗脆弱拟杆菌）、氨苄青霉素（抗星形诺卡霉素）和利福平（抗马红球菌）在体外可产生协同作用。

【药代动力学特性】

1. 吸收 大环内酯类若未被胃酸破坏，则容易在胃肠道被吸收。口服制剂常为肠衣包被，或为稳定的盐类或酯类（如硬脂酸酯、乳糖醛酸酯、葡庚糖酸酯、丙酸酯和琥珀酸乙酯）。尽管由于食物的存在，吸收方式可能是不规则的，而且取决于所使用的盐或酯，但在多数情况下，血浆浓度在给药后1～2 h达峰值。反刍动物的瘤、网胃的吸收常出现延迟或不稳定。红霉素和泰乐菌素也可肌内注射或静脉注射。替米考星、加米霉素和泰拉霉素可皮下注射。注射后吸收迅速，但注射部位可发生疼痛和肿胀。

2. 分布 大环内酯类可广泛分布于机体组织，而且组织中的药物浓度与血药的药物浓度相似，在某些情况下甚至更高一些。它们实际上能在许多细胞内蓄积，包括巨噬细胞，细胞内浓度可能为血浆浓度的20倍或更高。这是一些大环内酯类（如替米考星）给药间隔长的原因所在。对于螺旋霉素，即使血浆中的浓度相当低，但组织中的浓度仍可保持特别高的水平。大环内酯类容易集中于脾脏、肝脏、肾脏，尤其是肺脏。它们可以进入胸水和腹水，但不能进入脑脊液（除非发生脑膜发炎，否则仅为血浆浓度的2%～13%）。大环内酯类可集中在胆汁和乳汁中。所给药物的75%以上与血浆蛋白结合，它们主要与α_1-酸性糖蛋白结合，而不是与白蛋白结合。

3. 生物转化 大环丙酯类的代谢灭活通常是广泛的，但相对比例取决于给药途径与特定的抗生素。口服红霉素后，其80%的剂量经代谢灭活，而泰乐菌素则以活性形式被消除。

4. 排泄 大环内酯类抗生素及其代谢产物主要经胆汁排泄（＞60%），并经常进行肠肝循环。尿的清除较缓慢、可变（通常＜10%），但在非肠道给药时，它可能是一个更重要的消除途径。乳汁中大环内酯类的浓度通常比血浆中的浓度高几倍，尤其在发生乳房炎时。

5. 药代动力学 大环内酯类以较高的生物利用度为特征。它们的血浆半衰期通常为1～3 h，表观分布容积为1 000～2 500 mL/kg，表明其广泛的组织分布。猫体内组织之间的血浆半衰期明显不同，在某些组织中可长达72 h，但阿奇霉素除外。有效血药抑菌浓度在口服给药后大约可维持8 h，在肌内注射后，可维持12～24 h。通常，口服给药次数为每日2～3次，非肠道给药为每日1～2次。

【适应证和剂量】 大环内酯类可用于治疗全身和局部感染。它们可作为青霉素类的替代药，用于治疗链球菌和葡萄球菌的感染。一般的适应证包括上呼吸道感染、支气管肺炎、细菌性肠炎、子宫炎、脓性皮炎、尿道感染、关节炎等。用于治疗乳房炎的配方也有效，其优点是弃奶期短。替米考星、加米霉素和泰拉霉素，已被批准用于治疗由溶血性曼氏杆菌、多杀性巴氏杆菌和睡眠嗜血杆菌所引起的牛呼吸性疾病。

表19-49列出了部分大环内酯类常规剂量的选择。给药剂量和给药次数应根据个别动物的需要进行调整。

表19-49　大环内酯类的使用剂量

大环内酯类	动物种类	剂量、给药途径和给药次数
红霉素	牛	8～15 mg/kg，肌内注射，每日1～2次
	猫	15 mg/kg，口服，每日3次
	马驹	25 mg/kg，肌内注射，每日3次
泰乐菌素	牛	10～20 mg/kg，肌内注射，每日1～2次
	猪	10 mg/kg，肌内注射，每日1～2次 7～10 mg/kg，口服，每日3次
	猫	10 mg/kg，肌内注射，每日2次
替米考星	牛	10 mg/kg，皮下注射，1次给药
泰拉霉素	牛	2.5 mg/kg，皮下注射，1次给药
	猪	2.5 mg/kg，肌内注射，1次给药
加米霉素	牛	6 mg/kg，皮下注射，1次给药

【特殊的临床问题】

1. 不良反应与毒性 尽管在注射部位可能出现疼痛和肿胀，但大多数大环内酯类的毒性和副作用并不常见（替米考星除外）。过敏反应偶尔发生。红霉素丙酸酯可能有肝脏毒性，并能引起胆汁淤积；它也可诱发呕吐和腹泻，特别在高剂量给药时。马对大环内酯类较敏感，可出现胃肠功能紊乱，严重者甚至可死亡。泰乐菌素可引起猪直肠黏膜水肿，直肠轻微突出并伴有腹泻，肛门周围出现红斑和瘙痒。犬在急性心肌缺血时，按每日5 mg/kg给药后，可促发室性心动过速和纤维颤动。替米考星具有心脏毒性（心动过速和心收缩力减弱）。该药禁用于猪，不能被标签外使用。牛静脉注射替米考星后可发生死亡，已有因意外接触替米考星而致人死亡的案例。

2. 相互作用 尽管这种潜在的相互作用，在体内的重要性还不清楚，但大环内酯类抗生素不应与林可霉素合用，因为它们可竞争相同的50S核糖体的结合位点。酸性环境能抑制大环内酯类的抗菌活性。用于非肠道给药的大环内酯类制剂与许多其他药物制剂存在配伍禁忌。红霉素和三乙酰竹桃霉素是微粒体酶的抑制剂，可抑制某些药物的代谢。

3. 对实验室检验的影响 碱性磷酸酶、胆红素、磺溴酞钠、总白细胞数、嗜酸性粒细胞数、谷草转氨酶和谷丙转氨酶升高，胆固醇含量可能下降。

4. 休药期和弃奶期 休药期和弃奶期是由各国的管理机构所制订。这些规定必须严格遵守，以防止出现食物中的药物残留及其对公共卫生造成的危害。表19-50所列的休药期，仅作为一般指导原则。替米考星的休药期长达28 d，不宜用于除成年牛以外的任何动物（不能用于超过20月龄的奶牛）。

表19-50　大环内酯类的休药期和弃奶期

大环内酯类	动物种类	休药期（d）	弃奶期（h）
红霉素	牛	14	36～72
	猪	7	
泰乐菌素	牛	21	96
	猪	14	
替米考星	牛	28	0
泰拉霉素	牛	18	
	猪	5	
加米霉素	牛	63[a]	

a. 为欧盟规定的休药期。美国和加拿大规定的休药期分别为35 d和49 d。

八、林可酰胺类抗生素

【一般特性】 林可酰胺类是含有一个氨基酸与一个含硫辛糖的衍生物。它们为单碱，以盐的形式更为稳定（盐酸盐和磷酸盐）。

【抗菌活性】

1. 作用方式 林可霉素和克林霉素专门与细菌核糖体的50S亚基结合，并抑制蛋白质合成。林可酰胺类、大环内酯类和氯霉素虽然结构不同，但都作用于相同的位点。林可酰胺类是抑菌的还是杀菌的，这取决于药物浓度。在碱性pH时，它们的活性升高。

2. 细菌耐药性 林可酰胺类的耐药性出现较慢，可能是染色体突变的结果。在脆弱拟杆菌的菌株中已发现质粒介导的耐药性。这种耐药性可能是由于50S核糖体亚基的改变而引起的。与其他抗生素的交叉耐药性在体外已经显示出来，但在体内与红霉素没有交叉耐药性。

3. 抗菌谱 林可霉素对需氧病原菌的抗菌谱较窄，但对厌氧菌的抗菌谱却相当宽。克林霉素是一种活性更强的类似物，它在药代动力学方式上与林可霉素有些不同。林可酰胺类可抑制许多革兰氏阳性球菌，但大多数革兰氏阴性菌是耐药的，许多支原体也如此。拟杆菌及其他厌氧菌通常也很敏感。艰难梭菌菌株似乎经常是耐药的。

【药代动力学特性】

1．吸收　林可霉素在胃肠道的吸收不完全，特别是在饲喂后不久就给药时；血浆药物浓度在给药后2～4 h内达峰值。肌内注射部位吸收良好；血浆药物浓度在给药后1～2 h内达峰值。克林霉素口服后，约有90%的药物可被吸收，其有效血浆浓度可比林可霉素达到得更快。其吸收并不因食物的摄取而受到更大的影响。克林霉素棕榈酸酯主要用于口服，而克林霉素磷酸盐主要用于肌内注射；后者的血浆浓度可在给药后1～3 h达峰值。

2．分布　林可酰胺类广泛分布于许多体液和组织中，包括骨，但当发生脑膜炎时，脑脊液中仍不能达到有效浓度。林可酰胺类可扩散进入多种动物的胎盘。约90%的克林霉素与血浆蛋白结合。林可酰胺类也能在多形核白细胞和肺泡巨噬细胞内蓄积，其浓度可超过血浆浓度的50倍。克林霉素也能穿透与牙垢有关的糖被膜。

3．生物转化　在口服给药后，约50%的林可霉素和80%～90%的克林霉素在肝脏内进行代谢。代谢产物常保持活性。肝脏疾病可破坏林可酰胺类的生物转化。

4．排泄　该类药原形及一些代谢产物可经胆汁和尿液排泄。两者之比取决于给药途径。粪便中的药物可以较高的浓度停留数天，并可抑制大肠内敏感微生物的生长，抑制作用可长达2周。乳汁也是一种重要的排泄途径。

5．药代动力学　林可酰胺类的消除半衰期常大于3 h，表观分布容积大于1 L/kg。通常的给药方法为每日2次。克林霉素在犬的消除半衰期为3.9 h，表观分布容积为1.4 L/kg。

【适应证和剂量】　林可酰胺类适用于敏感的革兰氏阳性菌引起的感染（特别是链球菌和葡萄球菌）和厌氧病原菌引起的感染。表19-51列出了部分林可酰胺类常规剂量的选择。给药剂量和给药次数应根据个别动物的需要进行调整。

表19-51　林可酰胺类的使用剂量

林可酰胺类	动物种类	剂量、给药途径和给药次数
林可霉素	牛	10 mg/kg，肌内注射，每日2次
	猪	10 mg/kg，肌内注射，每日2次 按7 mg/kg混入饲料中
	犬	20 mg/kg，口服，每日1次
	猫	10 mg/kg，肌内注射，每日2次 25 mg/kg，每日2次
克林霉素	犬、猫	5～10 mg/kg，口服，每日2次

【特殊的临床问题】

1．不良反应与毒性　已报道，林可酰胺类无严重的器官毒性，但确实发生过胃肠功能紊乱。克林霉素引起的伪膜性小肠、结肠炎（由产毒艰难梭菌引起），是在人类发生的一种严重的不良反应。林可酰胺类应禁用于马，因可产生严重的、甚至致命的结肠炎。在高浓度时，可能发生骨骼肌麻痹。偶见过敏反应。不应在新生动物中使用林可酰胺类，因为它们对药物的代谢能力有限。

2．相互作用　当林可酰胺类与麻醉剂和骨骼肌松弛剂联合用时，可加强对神经肌肉的作用效果。白陶土-果胶可阻碍林可酰胺类在胃肠道的吸收。林可酰胺类不应与杀菌剂或大环内酯类联合使用。

3．对实验室检验的影响　碱性磷酸酶、谷草转氨酶和谷丙转氨酶的活性可能升高。

4．休药期　一些国家规定，猪的休药期为2 d。

九、其他抗菌药物

许多抗菌药物由于各种不同的目的被定期使用。以下讨论其中的几种抗菌药物。

（一）多黏菌素类

在这类多肽抗生素中，多黏菌素B和多黏菌素E或黏菌素，是局部和口服给药时最常用的。甲磺酸黏菌素是用于非肠道给药的抗敌素类的一种药物。多黏菌素类是杀菌性的；它们能与细菌细胞膜上的磷脂发生强烈的相互作用，并从根本上破坏它们的通透性和功能。多黏菌素类对革兰氏阴性菌比对革兰氏阳性菌更有效。它们相当窄的抗菌谱为对包括肠杆菌、克雷伯菌、巴氏杆菌、波氏杆菌、志贺氏菌和大肠埃希菌等有效。大多数变形杆菌对其不敏感。尽管认为细菌对多黏菌素具有固有耐药性，但临床上细菌的耐药性并不常见，且为染色体依赖性的。当多黏菌素与增效磺胺类、四环素类和某些其他抗菌剂联合使用时，可产生协同作用；它们可降低体液中内毒素的活性，而且对内毒素血症的治疗也很有效。二价离子、不饱和脂肪酸和季胺化合物，可抑制多黏菌素的抗菌活性。

多黏菌素类口服或局部给药后不易被吸收；非肠道给药后2 h，血浆药物浓度可达峰值。血浆药物浓度通常较低，这是因为多黏菌素类可与细胞膜及组织碎片和脓性渗出物结合。多黏菌素类多以降解产物形式经肾脏排除，血浆半衰期为3～6 h。多黏菌素类具有明显的肾脏毒性和神经毒性，高剂量时可出现神经肌肉阻断作用。也可出现注射部位剧烈疼痛和过敏反应。多黏菌素B是一种有效的组胺释放剂。非肠道给予多黏菌素类的主要适应证是，对其他药物耐受的革兰氏阴性菌或假单胞菌引起的危及生命的感染。多黏菌素通过口服也被用于治疗敏感的肠道感染。可缓慢静脉注射进行抗内毒素的治疗。局部应用更为多见，如用于治疗外耳炎。

多黏菌素类的推荐剂量有很大差异。常规口服剂量为20 000 U/kg，每日2次；肌内注射，5 000 U/kg，每日2次；乳室内灌注，50 000～100 000 U；牛子宫内灌注100 000 U。静脉注射多黏菌素类较危险。

（二）杆菌肽

杆菌肽是一类具有分支的、环形10肽类抗生素。杆菌肽A是这类药物中活性最强的，也是商品化杆菌肽制剂的主要成分。这些制剂既可局部应用又可口服。本类药物为杀菌性抗生素。它们干扰细胞膜的功能，通过阻止肽聚糖链的形成，抑制细胞壁的形成，也可抑制蛋白质的合成。杀菌活性需要二价离子如锌离子的参与。

杆菌肽的抗菌谱与青霉素G相似，主要作用于革兰氏阳性菌和少数革兰氏阴性菌及某些螺旋体。大多数革兰氏阴性菌对本品不敏感，这可能是由于药物缺乏通过细胞外膜的穿透力。耐药性较少见。杆菌肽常与新霉素和多黏菌素联合使用，以拓宽抗菌谱。

杆菌肽在胃肠道的吸收不明显，因严重的肾脏毒性而不适宜全身给药。然而，杆菌肽可局部应用，其中有用于伤口的粉剂和软膏，皮肤用制剂，用于眼和耳的软膏，也可作为促进猪或家禽生长的饲料添加剂。对因艰难梭状芽孢杆菌的细胞毒素引起的伪膜性结肠炎，可采用杆菌肽（口服）来替代万古霉素进行治疗。杆菌肽的过敏反应偶尔发生。

（三）万古霉素

万古霉素是一种能与细菌细胞壁上肽聚糖前体结合的复杂糖肽类药物。可阻止细胞壁的合成，对分裂期的细菌产生快速杀菌作用。万古霉素对革兰氏阳性菌有效，但对革兰氏阴性菌无效，因为其体积较大而使药物不易穿透其细胞。细菌对万古霉素的耐药性不易产生。万古霉素可广泛分布于体内。主要以活性形式通过肾脏进行排泄；当肾脏功能不全时可出现药物明显蓄积。犬的血浆半衰期为2～3 h。非肠道应用万古霉素的唯一适应证，是耐甲氧西林金葡菌引起的严重感染。尽管口服万古霉素难以被吸收，但仍可用于治疗由艰难梭菌引起的小肠、结肠炎。可能出现发热反应和注射部位的血栓性静脉炎（由于组织刺激）。过敏反应不常见。在过去，经常发生耳毒性和肾脏毒性，但现在已很少发生，这是因为现今的制剂中杂质极少。

（四）新生霉素钠

新生霉素是一种窄谱抗生素，它可能是抑菌的或在高浓度下是杀菌的。它主要对抗革兰阳性菌，但也对抗少数革兰氏阴性菌。与四环素类合用时可产生协同作用。多种细菌对新生霉素可产生耐药性。在使用这种抗生素后，经常发生不良反应。目前，它的主要用途是与其他药物合用以治疗牛的乳房炎。

（五）富马酸硫黏菌素

硫黏菌素可对抗革兰氏阳性菌、支原体、厌氧菌和猪痢疾密螺旋体。也可在临床上有效治疗猪痢疾及支原体关节炎。硫黏菌素口服后吸收良好。使用剂量为8.8 mg/kg，每日1次，连用3～5 d，可在饲料或饮水中给药。在治疗猪支原体肺炎时，非肠道给药剂量为15 mg/kg。在家禽中，硫黏菌素可干扰莫能菌素和盐霉素的代谢，但若这些药物被一起服用，会产生毒性作用。但一般情况下，硫黏菌素的副作用很少见。

（六）利福霉素（利福平）

几种天然利福霉素的半合成衍生物（利福霉素SV、利福平和利福酰胺）已被作为广谱抗生素使用。利福霉素通过与敏感的DNA依赖性RNA聚合酶的亚单位结合，干扰细菌RNA的合成。利福霉素能对抗革兰氏阳性菌、某些分支杆菌、少数革兰氏阴性菌（主要是球菌，杆菌多耐药）、部分厌氧菌和衣原体。在高浓度下，也能对抗一些病毒。真菌和酵母菌的感染对单一的利福霉素是耐药的，但与抗真菌药（如两性霉素B）合用时，则对这些感染是有效的。利福霉素的耐药性可通过"一步"方式快速产生。鉴于此，它们常与其他抗菌药物如青霉素类、红霉素、双氯苯咪唑和两性霉素B联合使用。

利福平在人类主要用于结核病的治疗。利福平也可用于控制由马红球菌引起的马驹肺炎。因为利福平能在很大程度上穿透组织及细胞，所以它们对细胞内的生物特别有效。利福平容易被胃肠道吸收但不完全（约40%），口服后2～4 h内血浆浓度达到峰值。将药物混入饲料内给药，可减少或延缓其吸收。利福平也可通过肌内注射或静脉注射。75%～80%的利福平能与血浆蛋白结合。利福平脂溶性高，可广泛分布于组织和体液中。利福平在体内被生物转化成几种代谢物，其中有些还具有活性，主要通过胆汁排泄（在人类用于治疗胆管炎），尿中的排泄程度较低。母体药物与其主要代谢产物（去乙酰利福平）的肠肝循环是经常发生的。利福平的消除半衰期是剂量依赖性的：马和犬的半衰期分别约为6 h和8 h。在治疗的最初2周内，由于肝微粒体酶的诱导作用，可使血浆半衰期进行性缩短40%；相反，肝脏功能不全会使血浆半衰期延长。

通常机体对利福平有较好的耐受性，而且很少产生副作用。在人类，已有胃肠功能紊乱和肝脏功能异常（黄疸）的报道。利福平也能引起过敏反应，而且当采用间歇性给药时，可能出现肾衰的后果。也会发生局部的、可逆的淋巴细胞的免疫抑制。尿液、粪便、唾液、痰、汗液和泪液常被利福平及其代谢物染成橘红色。给马静脉注射利福平后，可出现中枢神经系统抑制及暂时性的食欲减退。利福平对马的剂量范围为10～25 mg/kg，口服或非肠道给药，每日1次。

（七）硝基呋喃类

硝基呋喃类是人工合成的广谱的化学治疗药物；它们可对抗革兰氏阳性菌和革兰氏阴性菌，包括沙门氏菌、贾第鞭毛虫、毛滴虫、阿米巴虫及某些球虫。但与其他抗菌的化学治疗药物相比，它们的效能并不太大。硝基呋喃类可抑制许多微生物的酶系，包括那些参与碳水化合物代谢的酶系，而且它们也能阻断转译的起始。但它们基本的作用机制尚未完全明确。它们的主要作用是抑菌性的，但在高浓度时可产生杀菌作用。它们在酸性环境中（就呋喃妥英的活性而言，最佳pH为5.5）具有较强活性。耐药突变株很少见，而且临床耐药性产生缓慢。在硝基呋喃类自身之间有完全的交叉耐药性，但与其他任何抗菌剂均无交叉耐药性。

由于硝基呋喃类水溶性低，主要用于口服或局部用药。硝基呋喃类均不能产生全身的效果。它们根本不能在胃肠道被吸收或被迅速消除，以致仅能在尿中达到抑菌浓度。过量使用硝基呋喃类衍生物，可出现中毒症状，主要包括中枢神经系统症状（兴奋、震颤、抽搐、外周神经炎）、胃肠功能紊乱、体重下降及精子的生成受到抑制。各种不同的过敏反应也会发生。某些硝基呋喃类还可致癌，其应用前景堪忧。

1. 呋喃妥因 可用于治疗敏感细菌引起的尿道感染，如大肠埃希菌、金黄色葡萄球菌、化脓性链球菌和产气杆菌。变形杆菌、铜绿假单胞菌和粪链球菌通常是耐药的。呋喃妥因口服后可被迅速、完全地吸收（大晶体的吸收慢），并迅速通过肾脏被排除，主要靠肾小管的分泌（约40%以原型分泌）。血清药物浓度较低，少量未结合的药物可扩散到组织中。血浆半衰期仅为20 min左右。呋喃妥因可在尿中积聚。当尿液pH约为5.0时，药物可处于无沉淀的过饱和状态，并发挥最大的抗菌作用。呋喃妥因既可口服，也可经非肠道给药。犬和猫的剂量为4.4 mg/kg，口服，每日3次，连用4～10 d。在常规剂量下副作用并不常见，但可出现恶心、呕吐和腹泻，也可见中枢神经系统紊乱，多发性神经病是发生于人的一种严重不良反应。肾脏功能障碍的动物易发生多发性神经炎。过敏反应的各种症状也能出现。据报道，幼龄动物偶尔会出现牙齿变黄。

2. 呋喃西林 微溶于水，但总体上，它在作用机制、抗菌谱、效能及理化特性方面与呋喃妥因是一致的。它的主要适应证包括牛乳房炎、牛子宫炎和伤口的治疗。但脓汁、血液和乳汁能减弱抗菌活性。呋喃西林也可用作饲料添加剂（0.05%），控制肠道内菌和球虫感染。呋喃西林在猪的休药期为5 d。

3. 呋喃唑酮 是一种具有广泛抗菌活性的呋喃类药物，可对抗梭状芽孢杆菌、沙门氏菌、志贺氏菌、葡萄球菌、链球菌和大肠埃希菌。也可对抗艾美耳球虫和组织滴虫。一般采用口服可治疗肠道感染，也可局部外用。犊牛对呋喃唑酮的常规口服剂量为10～12 mg/kg，每日2次，连用5～7 d。用于治疗小型犊牛（如娟姗牛）时应避免超量使用，以免出现神经毒性；症状包括头部震颤、共济失调、视觉功能损伤和抽搐。

4. 其他硝基呋喃类 硝呋氨氧脒与呋喃唑酮一样，可用于控制犊牛细菌性肠炎。硝呋哒嗪只能作为抗菌剂局部外用。呋喃他酮既可口服预防肠道感染，又可直接注入乳头治疗乳房炎。

（八）硝基咪唑类

5-硝基咪唑类是一类既能对抗原虫，又能对抗细菌的药物。能对抗毛滴虫和阿米巴虫的硝基咪唑类包括甲硝达唑、磺甲硝咪唑、硝唑吗啉、氟硝达唑和洛硝达唑。甲硝达唑和硝唑吗啉可有效治疗贾第鞭毛虫病，而二甲硝咪唑、异丙硝达唑和洛硝达唑能控制家禽的组织滴虫病。部分硝基咪唑类具有抗锥虫病的活性。甲硝达唑、洛硝达唑和其他硝基咪唑类能对抗厌氧菌。甲硝达唑是研究最多的硝基咪唑化合物，并作为这类药物的代表被详细讨论。美国严禁本类药物标签外用于食品动物。

甲硝达唑 用甲硝达唑治疗牛毛滴虫病、贾第鞭毛虫病和阿米巴原虫病已有多年历史。甲硝达唑可对抗专性厌氧菌。它不能对抗兼性厌氧菌、专性需氧菌，或者除胎儿弯曲杆菌之外的微量需氧菌。在口服或经非经肠道给药后容易达到的血清药物浓度下，甲硝达唑可对抗脆弱拟杆菌、黑素拟杆菌、梭杆菌、产气荚膜梭状芽孢杆菌和其他梭状芽孢杆菌。甲硝达唑对非芽孢构成的革兰氏阳性杆菌如放线菌、丙酸杆菌、双歧杆菌和真杆菌的活性较弱。甲硝达唑对抗革兰氏阳性球菌如消化链球菌和消化球菌的活性也有点低，但敏感性较低的菌株通常不是专性厌氧菌。

当甲硝达唑的浓度等于或略高于最小抑菌浓度时，可产生杀菌作用。具体的作用方式尚不明确，但可能是药物进入敏感的生物体后，首先被还原，然后与DNA相结合，导致DNA双螺旋结构受损，进而损害DNA的功能。似乎只有敏感的生物体（细菌或原虫）才能代谢该药。

甲硝达唑的药代动力学方式一般与高脂溶性的碱性药物相似。它容易被胃肠道吸收，但吸收程度是可变的（生物利用度为60%～100%），血清药物浓度在1～2 h内达峰值，并广泛分布于全身组织中。甲硝达唑可穿过血脑屏障，在脓肿或脓胸液中也可达到治疗浓度。仅有少量的甲硝达唑能与血浆蛋白结合。甲硝达唑的生物转化相当广泛，其母体药物与代谢产物可通过肾脏和胆汁进行排泄。该药的消除半衰期在犬和马中，分别为约4.5 h和1.5～3.3 h。

甲硝达唑的主要临床适应证包括特殊的原虫感染（如阿米巴原虫病、毛滴虫病、贾第鞭毛虫病和小袋纤毛虫病）及厌氧菌感染（可在腹部脓肿、腹膜炎、脓胸、生殖道感染、牙周炎、中耳炎、骨膜炎、关节炎和脑膜炎，以及坏死组织中出现的感染）的治疗。甲硝达唑已被成功用于预防结肠手术后的感染。硝基咪唑类也可用作放射致敏剂，而且甲硝达唑已作为放射治疗实体肿瘤的辅助药物而被应用。

与甲硝达唑有关的副作用并不常见。高剂量的甲硝达唑可致犬的神经毒性，如颤抖、肌肉痉挛、共济失调甚至出现抽搐。已报道，可出现可逆性的骨髓抑制。虽然仍缺乏致癌和致突变的足够证据，但甲硝达唑不应在妊娠动物中使用，尤其在妊娠的头3个月。甲硝达唑可使尿液变成红棕色。

甲硝达唑用于犬的推荐剂量为：对于厌氧菌感染，首先口服44 mg/kg，随后改为22 mg/kg，每日4次；对于贾第鞭毛病，为25 mg/kg，每日2次；治疗毛滴虫病，口服66 mg/kg，每日1次。疗程一般为5～7 d。一般均有口服或静脉注射用制剂。

（九）羟基喹啉类

8-羟基喹啉类是一组合成的化合物，它们具有抗细菌、抗真菌和抗原虫的活性。本类的代表性药物有氯碘喹啉、双碘喹啉、溴羟喹啉和羟基喹啉。因为它们在胃肠道没有任何程度的吸收，所以在兽医方面的主要用途是，治疗由细菌或原虫（如贾第鞭毛虫）引起的肠道感染。羟基喹啉类也可用于由细菌或真菌引起的局部皮肤感染。长期使用羟基喹啉类，可能出现潜在的神经毒性。体重为455 kg的马，其口服剂量为10 g，每日1次，停药前需减量。

第十四节　抗真菌药

可侵袭动物的致病性真菌为真核生物，通常以菌丝状的霉菌（菌丝体）或细胞内的酵母等两种形式存在。真菌的生物体以侵袭力和毒力都较低为特征。组织坏死、环境潮湿和免疫抑制均可诱发真菌感染。真菌感染主要为浅表性（如皮肤真菌病）或全身性感染（如芽生菌病、隐球菌病、组织胞浆菌病、球孢子菌病等）。还有些双态性真菌，在宿主体内以酵母样形式生长，而在体外室温条件下则为霉菌样，如球孢子菌、组织胞浆菌和鼻孢子菌等，它们均生长于宿主细胞内。

真菌细胞壁坚硬，富含甲壳素，与多糖组成屏障可阻碍药物进入。细胞膜含有麦角固醇类固醇物质，能影响其有效性与潜在的耐药性。隐球菌和孢子丝菌可产生一种质膜外衣或黏液层，将细胞包裹起来，使细胞聚集并黏附在一起。

多种因素都可引起抗真菌治疗的失败或复发。多数抗真菌剂为抑制真菌剂，清除真菌的感染主要依赖于宿主反应。某些生物体，特别是浅表性病原体和全身条件性生物体，对抗真菌剂均有耐药性。在某些情况下，部分治疗失败都是因为抗真菌剂对感染组织（特别是中枢神经系统和骨组织）或被包裹的真菌的穿透能力差。抗真菌药的毒性也是导致治疗失败的原因之一。因为抗真菌药的靶向生物体和宿主细胞均为真核细胞，所以真菌生物体的细胞靶位与宿主细胞的结构相似。在临床症状已消除，但真菌感染尚未被彻底清除时，一旦中断治疗也会导致治疗失败。临床治愈之后应继续进行治疗。

真菌引起的局部感染可发生于皮肤和附属器官或一些黏膜（口腔黏膜、胃肠道黏膜、瘤胃黏膜和生殖道黏膜）。外耳道和眼角膜也可被条件性病原体（酵母或真菌）侵袭。具有局部抗真菌活性的抗真菌药可用于治疗这些局部感染。

在世界某些地区，已发现了多种严重的全身性真菌疾病（见真菌感染）。在人类，抗真菌药已很大地降低了全身性真菌疾病引起的早期死亡。治疗这些疾病的药物的选择范围相对较窄。

一、多烯大环内酯类抗生素

多烯类抗真菌抗生素是从多种放线菌中分离得到的，但用于兽医临床的只有两性霉素B、制霉菌素和纳他霉素（多马霉素）。多烯类难溶于水和常见的有机溶剂。它们可溶于二甲基甲酰胺和二甲基亚砜等强极性有机溶剂。两性霉素与脱氧胆酸盐结合后，可溶于5%葡萄糖溶液（微胶粒悬浮液）。这种胶状制剂可用于静脉注射。多烯类在水、酸性或碱性介质中很不稳定，但在干燥的环境中，即便有热和光的存在，它们也能无限期地保持稳定。应该用新鲜制备的水溶性悬浮液（在冰箱内可放置1周）进行非肠道给药（用5%葡萄糖稀释）。两性霉素B也可制成脂质体和碱性脂质制剂，以提高其安全性而不影响其活性。

【抗真菌活性】

1. 作用方式 多烯类可与真菌细胞的磷脂固醇膜的固醇成分相结合，形成的复合物可诱导膜的物理变化。多烯大环内酯类与真菌细胞膜上不同固醇的亲和力，受结合键的数量和药物分子大小的影响。两性霉素B，由于具有较强的亲和力，所以能与真菌细胞膜中的主要固醇（麦角固醇）结合，而不是与宿主细胞的胆固醇结合。膜功能的破坏能使钾离子从真菌细胞内流出，而使氢离子流入，从而导致内部的酸化及酶功能障碍。糖及氨基酸最终也会从被捕获的真菌细胞中漏出。在常用剂量下，多烯类抑制真菌的效应非常明显。当药物浓度较高及周围介质中的pH在6.0～7.3时，可产生杀真菌作用而不是抑制真菌作用。

除了对敏感的酵母菌及真菌的直接作用外，还有证据表明，两性霉素B也可作为免疫增强剂（体液免疫和细胞免疫）发挥作用，从而提高宿主对真菌感染的抵抗力。

2. 真菌的耐药性 无论在临床上还是在体外，真菌对多烯大环内酯类较少产生耐药性。耐药性产生缓慢，而且耐药水平不高，甚至在延长治疗后也是如此。

3. 抗真菌谱 多烯类抗生素具有广谱的抗真菌活性，抗菌范围可从酵母菌到丝状真菌，从腐生真菌到致病真菌，但各种真菌之间及各菌株之间，在敏感性方面差异较大。它们对皮肤真菌无效。体外的敏感性（耐药的与高度敏感的）与临床的应答反应之间并没有良好的相关性，这表明宿主的因素也起着一定的作用。许多藻类和原虫（利什曼原虫、锥虫、毛滴虫、内阿米巴虫）对多烯类是敏感的，但这些化合物对细菌、放线菌、病毒或动物细胞并无明显活性。两性霉素B对酵母菌（例如假丝酵母、红酵母、新型隐球菌）、双态真菌（例如荚膜组织胞浆菌、皮炎芽生菌、粗球孢子菌）、皮肤真菌（例如毛癣菌、小孢子菌和表皮癣菌等）和霉菌非常有效。尽管该药并不总是有效，但它已被成功地用于治疗扩散的孢子丝菌病、腐霉菌病和接合菌病。制霉菌素的主要用途是治疗黏膜、皮肤的念珠菌病，但它对其他酵母菌及真菌也有效。虽然纳他霉素主要用于念珠菌病、毛滴虫病和真菌性角膜炎的局部治疗，但它的抗真菌活性与制霉菌素相似。

【药代动力学特性】

1. 吸收 多烯大环内酯类抗生素在胃肠道吸收较差。两性霉素B通常采用静脉注射或局部给药，偶尔也经表面、鞘内或眼内给药。制霉菌素和纳他霉素主要用于局部。口服制霉菌素可以治疗肠道念珠菌病。局部给药部位吸收非常少。

2. 分布 两性霉素B静脉注射后可广泛分布于体内。两性霉素B与机体细胞膜上的胆固醇密切相关，它可被缓慢释放进入血液循环中。它对脑脊液、唾液、眼房水、玻璃体液和血液透析液的穿透力一般较弱。两性霉素B与血浆脂蛋白可高度（结合率约95%）。

3. 生物转化与排泄 每日以原型从尿中排泄的两性霉素B，约占每日给药总量的5%。在2周内约20%的药物可从尿中回收。肝胆系统的排泄占排出过程20%～30%。对于剩余的两性霉素B，其代谢过程及结果还是未知的。

4. 药代动力学 两性霉素B具有双相消除方式。初始相持续24 h，在此过程中，药物浓度迅速下降（血浆中下降70%，尿中下降50%）。第二相的消除半衰期为15 d，在此期间，血药浓度下降非常缓慢。两性霉素B通常经静脉注射，每间隔48～72 h注射1次，直到达到总的累积剂量。

【适应证和剂量】 两性霉素B主要用于治疗全身的真菌感染。尽管两性霉素B能引起肾脏毒性（见下述），但因其有效性，仍是一种常用的抗真菌剂。制霉菌素主要适用于治疗黏膜、皮肤（皮肤、口咽部和阴道）或肠道的念珠菌病；纳他霉素主要用于治疗真菌性角膜炎。

表19-52列出了多烯大环内酯类抗生素的常用剂量。给药剂量和给药次数应根据个别动物的需要进行调整。

表19-52 多烯大环内酯类抗生素的使用剂量

多烯大环内酯类	给药剂量、给药途径和给药次数
两性霉素B（5%的葡萄糖中含药浓度为0.1 mg/mL）	0.1～1 mg/kg，缓慢静脉注射，每周3次，总剂量：4～11 mg/kg
两性霉素B，脂质体	1～3 mg/kg，隔日注射1次，或每周3次，总剂量：12～24 mg/kg
制霉菌素	口服50 000～150 000 U，每日3次（犬）
多马霉素（5%的滴眼液）	每次1滴（滴入眼内），每1～2 h滴1次

【特殊的临床问题】

1. 不良反应与毒性 口服给予制霉菌素能引起厌食和胃肠紊乱。静脉注射两性霉素B也有潜在危害，但主要的问题是肾脏毒性。在静脉内给药的15 min内，肾动脉会出现收缩并持续4～6 h。这会导致肾血流量及肾小球的滤过作用下降。由于两性霉素B能与远侧肾小管膜中的胆固醇结合，从而使这些细胞的通透性发生变化，导致尿频、烦渴、浓缩功能障碍、酸化等异常现象。最终的结果是远侧肾小管酸中毒综合征。代谢性酸中毒能引起骨的缓冲作用，过量的钙释放入血液循环，最后由于远侧肾小管的酸性环境中发生钙的沉淀，导致肾钙质沉着。几乎每一个用两性霉素B治疗的动物，都会遭受一定程度的肾脏损害，这种损害可能是永久性的，这取决于总的累积量。

两性霉素B还能引起许多其他副作用，包括厌食、恶心、呕吐、过敏反应、药物热、正常红细胞性贫血、心律失常甚至心跳停止、肝脏功能障碍、中枢神经系统症状及注射部位的血栓性静脉炎。

采取下列措施可减少两性霉素B在治疗时出现严重副作用的发生率。治疗前使用止吐药和抗组胺药可避免出现恶心、呕吐和过敏反应。静脉注射皮质类固醇也能限制严重的过敏反应。每剂两性霉素B中加入甘露醇（静脉注射1 g/kg）和碳酸氢钠（每日静脉注射或口服2 mEq/kg）可有助于防止酸化、代谢性酸中毒和氮质血症；但其临床使用效果尚未得到证实。给犬使用肌丙抗增压素（静脉注射每分钟6～12 μg/kg）和多巴胺（静脉注射每分钟7 μg/kg），可预防由两性霉素B所引起的少尿和氮质血症。在给予两性霉素B之前，静脉输液或给予速尿，可防止肾血流量和肾小球滤过率的明显下降。由两性霉素B与脂质或脂质载体（尤其是脂质体）混合所得的新型制剂，具有较高的安全性和更持久的抗真菌效力。

2．相互作用 两性霉素B可与其他抗菌剂联合使用以产生协同作用。这通常可以减少两性霉素B的总剂量并缩短疗程。这样的例子包括5-氟胞嘧啶与两性霉素B联合使用，治疗隐球菌性脑膜炎；米诺四环素与两性霉素B联合使用，治疗球孢子菌病；咪唑类与两性霉素B联合使用，治疗几种全身性真菌感染。利福平也可增强两性霉素B的抗真菌活性。

在使用两性霉素B治疗期间，不宜使用氨基糖苷类（肾脏毒性）、洋地黄类药物（增强毒性）、箭毒制剂（神经肌肉的阻断）、盐皮质激素类（低钾血症）、噻嗪类利尿药（低钾血症，低钠血症）、抗肿瘤药物（细胞毒性）和环孢菌素（肾脏毒性）。

3．对实验室检验的影响 血浆胆红素、肌酸激酶（CK）、谷草转氨酶（AST）、谷丙转氨酶（ALT）、血清尿素氮（BUN）和嗜酸性粒细胞数升高。血钾和血小板数下降，尿蛋白升高。

二、咪唑类

咪唑类药物具有抗细菌、抗真菌、抗原虫和抗蠕虫的活性。有几种独特的苯咪唑类药物在治疗上是很有效的抗真菌剂，它们的抗菌谱较宽，可对抗能引起表面或全身感染的酵母菌和丝状真菌。抗蠕虫的噻苯咪唑也是一种具有抗真菌特性的咪唑类药物。克霉唑、咪康唑、益康唑、酮康唑、伊曲康唑和氟康唑，是本类药物中临床应用最为重要的几种药物。

除氟康唑外，咪唑类药物的水溶性都较差，但可溶于氯仿、丙二醇和乙氧基化蓖麻油（此制剂用于静脉注射，但犬使用很危险）等有机溶剂中。咪唑类药物为二元的弱碱性药物，侧链结构的改变决定着药物的抗真菌活性及毒性程度。

【抗真菌活性】

1．作用方式 麦角固醇是真菌的主要的细胞固醇，咪唑类药物通过阻断麦角固醇的合成（羊毛甾醇的去乙基化受到抑制），而改变敏感酵母菌和真菌的细胞膜的通透性。其他酶系统也受到破坏，如合成脂肪酸所需要的那些酶。由于药物使氧化酶和过氧化酶的活性发生变化，因而在细胞内会产生中毒浓度的过氧化氢。结果造成细胞膜及细胞器的破坏及细胞死亡。尽管一些药物可破坏宿主中的某些类固醇和药物代谢酶的合成，但咪唑类药物并不影响宿主细胞的胆固醇。由于咪唑类药物能破坏合成，故其效应的产生极为缓慢。

2．真菌的耐药性 在不同的酵母菌及真菌菌株之间，对咪唑类药物的敏感性差异较大，但天然的和获得的耐药性似乎并不普遍。

3．抗菌谱 抗真菌的咪唑类也都有一定的抗细菌作用，但它们很少用于此目的。咪康唑具有较宽的抗真菌谱，能对抗兽医方面的许多真菌和酵母菌。敏感的真菌包括皮炎芽生菌、巴西芽生菌、荚膜组织胞浆菌、念珠菌、粗球孢子菌、新型隐球菌和烟曲霉。部分曲霉和马杜拉分枝菌仅处于敏感范围的边缘。

酮康唑的抗真菌谱与咪康唑的相似，但它能更有效地对抗粗球孢子菌和某些其他的酵母菌和真菌。伊曲康唑和氟康唑为抗真菌咪唑类中活性最强的药物。它们的抗真菌谱包括两态真菌和皮肤真菌。它们对某些曲霉病（60%～70%）和皮肤孢子丝菌病也有效。克霉唑和益康唑用于治疗浅表真菌病（皮肤真菌病和念珠菌病）；益康唑也能治疗眼部的真菌病。噻苯咪唑对曲霉和青霉有效，但它已被作用更强的咪唑类所取代，伏立康唑已被批准用于治疗人的曲霉感染，但对其他真菌也非常有效。

【药代动力学特性】

1．吸收与分布 咪唑类在胃肠道可迅速被吸收，但有时吸收不太规律；口服后2 h内血药浓度达到峰值。除氟康唑外，口服后其他咪唑类后，其生物利用率几乎达100%。除氟康唑外，其他咪唑类在酸性环境下才能被溶解，胃内的酸度降低可减少该药口服后的生物有效度。咪唑类与饲料同服可提高药物的吸收率，但对这类报道是有争议的。

咪唑类能广泛分布于体内，在唾液、乳汁和耳垢中均可检测到药物。除氟康唑的血浆浓度可达50%～90%外，其他咪唑类难以穿透脑脊液。大多数咪唑类（除氟康唑外）与血液循环中的蛋白（主要是白蛋白）结合率高达95%以上。咪唑类在肝脏、肾上腺、肺脏和肾脏中的浓度最高。

2．**生物转化与排泄** 肝脏代谢是主要的排泄途径。酮康唑及许多其他的咪唑类通过多种氧化途径进行代谢，口服后仅有2%～4%的药物以原型随尿排泄。伊曲康唑代谢后可明显地生成一种具有抗菌活性的代谢产物。胆汁途径是主要的排泄途径（80%以上），约20%的代谢物随尿排出。氟康唑在人体内以原型从尿中排泄（90%或以上）。尚未评估有关伊立康唑在动物体内的动力学资料。

3．**药代动力学** 酮康唑的消除速率似乎依赖于给药剂量，即剂量越大，消除半衰期越长。该药的动力学过程也存在两相消除方式，给药后的最初1～2 h内是快速消除相，随后是6～9 h的缓慢下降过程。酮康唑通常每日给药2次。伊曲康唑的半衰期较长（猫可达48 h），所以每日用药1～2次即可。由于半衰期长和作用机制（影响真菌细胞膜的合成）的原因，伊曲康唑产生效应的时间比作用迅速的一些药物（如两性霉素B）来得慢。

【**适应证和剂量**】 咪唑类常用于治疗全身性真菌疾病，包括用灰黄霉素治疗无效的皮肤真菌病，犬马拉色霉菌感染，动物不能耐受或经碘化钠治疗无效的曲霉菌病和孢子丝菌病的治疗。对于严重真菌感染的强烈推荐联合使用两性霉素B。在咪唑类中，氟康唑最适合于穿透机体各组织。伊曲康唑和氟康唑通常更适宜治疗曲霉病和孢子丝菌病等全身性的真菌感染。一些咪唑类（克霉唑、咪康唑、益康唑）可用于治疗局部皮肤真菌病。噻苯咪唑也可作为耳部酵母菌感染的治疗制剂。

恩康唑是一种可局部治疗皮肤真菌病和曲霉病的咪唑类药物。在猫、犬、牛、马和鸡使用是安全的，常配成0.2%的溶液治疗真菌性皮肤感染。将恩康唑注入患曲霉病的犬鼻中隔，可起到治疗和预防真菌病的复发。将恩康唑局部用于犬和猫的毛发，仅用2个疗程（而不是4～8个疗程）即可抑制真菌生长，必要时可联合使用其他抗真菌药物。

表19-53列出部分抗真菌咪唑类的常用剂量。给药剂量和给药次数，应根据动物个体的需要进行调整。

表19-53 咪唑类药物的使用剂量

咪唑类	给药剂量、给药途径和给药次数
恩康唑	10 mg/kg（5～10mL），每日2次，连用7～14 d
氟康唑	5～10 mg/kg，口服，每日1～2次
伊曲康唑	5～10 mg/kg，口服，每日1～2次
酮康唑	5～20 mg/kg，口服，每日2次（犬）
噻苯咪唑	44 mg/kg，口服，每日1次或22 mg/kg，口服，每日2次

【**特殊的临床问题**】

1．**不良反应与毒性** 口服咪唑类药物后产生的副作用很少，但可出现恶心、呕吐和肝脏功能障碍，尤其是酮康唑。已有报道，可改变睾酮与皮质醇的代谢，并使肾上腺对促肾上腺皮质激素的应答性减弱。犬使用酮康唑后可发生繁殖障碍。伊立康唑用于人后，可出现包括视觉障碍等许多副作用。

2．**相互作用** 咪唑类可与两性霉素B或5-氟胞嘧啶联合使用，以增强其抗真菌活性。咪唑类与西咪替丁、雷尼替丁、抗胆碱药或胃的抗酸剂合用，会使其吸收受到抑制（除氟康唑外）。利福平可因微粒体酶的诱导，而使具有活性的酮康唑血清浓度降低。酮康唑与灰黄霉素同时使用，会增加肝脏毒性的危险性。通常，咪唑类特别是酮康唑，可抑制一些药物的代谢，若同时使用，则会使血药浓度高于预期值。咪唑类是p-糖蛋白转运蛋白的底物，它们可与其他底物相竞争而使其浓度升高。

3．**对实验室检验的影响** 谷草转氨酶（SGOT）、谷丙转氨酶（SGPT）、血浆胆红素和血浆血胆固醇升高，肾上腺的应答性发生改变。

三、氟胞嘧啶

氟胞嘧啶（5-氟胞嘧啶）是一种与氟尿嘧啶相关的氟化嘧啶，氟尿嘧啶最初是作为抗肿瘤制剂研发出来的。氟胞嘧啶需储存在避光的密封容器中。输注用的溶液不稳定，需保存在15～20 ℃下。通常以胶囊口服给药。

【**抗真菌活性**】

1．**作用方式** 氟胞嘧啶在真菌细胞中，通过胞嘧啶脱氢酶，被转化为氟尿嘧啶，继而干扰RNA和蛋白质的合成。氟尿嘧啶可被代谢成5-氟去氧尿苷酸（胸苷酸合成酶的一种抑制剂）。随后DNA的合成也受阻。哺乳动物的细胞不能将大量的氟胞嘧啶转化为氟尿嘧啶，所以在通常剂量下不会受到影响。

2．**真菌的耐药性** 真菌对氟胞嘧啶的耐药性能迅速产生，甚至在治疗过程中也可能出现；这限制了其单独治疗真菌感染的作用。耐药机制还未完全明确。

3. 抗真菌谱 以下为通常对氟胞嘧啶敏感的主要真菌：新型隐球菌、白色念珠菌、其他念珠菌、光滑球拟酵母、申克孢子丝菌、曲霉和着色芽生菌病的病原（瓶霉属、分支孢子霉）。其他能引起全身性真菌病的真菌，对氟胞嘧啶是耐药的。

【药代动力学特性】

1. 吸收与分布 氟胞嘧啶可被胃肠道迅速而完全地吸收，在已经用了几天药的动物中，血浆药物浓度在1～2h内可达峰值。该药可广泛分布于体内，分布容积接近体内水的总体积。氟胞嘧啶能最低限度地与血浆蛋白结合。它对体液如脑脊液、滑膜液和眼房水具有良好的穿透力。

2. 生物转化与排泄 口服给药后，几乎所有的氟胞嘧啶（85%～95%）都以原型排泄，主要通过肾小球的滤过作用（>80%）。氟胞嘧啶的清除率约与肌酐相等。当发生肾衰时，氟胞嘧啶的消除受到明显破坏。

3. 药代动力学 肾功能正常时，氟胞嘧啶的血浆半衰期通常为2～4h，但由于少尿可延长至200h（原文可能有误——译者注）。50～100μg/mL的血清浓度一般处于治疗浓度范围内。

【适应证与剂量】 氟胞嘧啶最常见的适应证包括隐球菌性脑膜炎（常与两性霉素B合用，约30%的分离菌株在治疗期间产生耐药性）；念珠菌病（约90%的分离菌株通常是敏感的）；曲霉病（在药物浓度小于5μg/mL时，某些菌株是敏感的）；着色真菌病（某些菌株非常敏感）；孢子丝菌病（某些病例可能对该药的治疗有反应）。

犬和猫使用氟胞嘧啶的口服剂量分别为25～50mg/kg和30～40mg/kg，每日3～4次。必要时根据动物个体的情况对剂量及用药次数进行调整。当发生肾衰时需调整剂量，若有条件可对血清氟胞嘧啶的浓度进行监测。

【特殊的临床问题】

1. 不良反应与毒性 氟胞嘧啶一般能长时间保持耐受，但当血清药物浓度过高（>100μm/mL）时可出现毒性反应。包括胃肠症状（恶心、呕吐、腹泻）和可逆性的肝脏及血液学影响（肝酶升高、贫血、中性粒细胞减少、血小板减少）。犬可出现红斑性和脱发性皮炎，但停药后可消退。

2. 相互作用 两性霉素B与酮康唑之间存在着协同的抗真菌活性，合并用药可延缓氟胞嘧啶耐药菌株的出现。两性霉素B对肾脏的影响，可延长氟胞嘧啶的消除过程。如果氟胞嘧啶与免疫抑制剂联合使用，则使骨髓功能受到严重的抑制。

3. 对实验室检验的影响 碱性磷酸酶、SGOT、SGPT和其他肝脏漏出酶的活性升高。红细胞、白细胞和血小板数降低。

四、灰黄霉素

灰黄霉素是一种全身性抗真菌剂，可有效地对抗常见的皮肤真菌。它特别难溶于水，而且只能微溶于多数有机溶剂。灰黄霉素的颗粒大小由2.7μm（超微颗粒）至10μm（微颗粒）不等。

【抗真菌活性】

1. 作用方式 皮肤真菌通过一种能量依赖过程使灰黄霉素浓缩。该药通过干扰敏感皮肤真菌的集合微管，而破坏有丝分裂的纺锤体。这将导致多核真菌细胞的产生。灰黄霉素的作用也可能包括核酸合成的抑制及菌丝细胞壁物质的形成。最终使细胞发生变形、不规则的肿胀及菌丝呈螺旋形卷曲。灰黄霉素的作用是抑制真菌而不是杀死真菌，但对未成熟的活性细胞例外。

2. 真菌的耐药性 在体外，皮肤真菌能对灰黄霉素产生耐药性。

3. 抗真菌谱 灰黄霉素能对抗小孢子菌、表皮癣菌和毛癣菌。它对细菌（包括放线菌和诺卡霉菌），其他真菌或酵母菌无效果。

【药代动力学特性】

1. 吸收 口服后约4h血浆浓度达到峰值，但胃肠道的吸收可持续较长时间。由于受多种因素影响，因而吸收是易变的。灰黄霉素在胃肠道中的解离及溶解的速率限制着该药的生物利用度；因而，通常采用微型颗粒或超微型颗粒。高脂肪日粮、人造奶油或丙二醇，可明显促进灰黄霉素在胃肠的吸收，如采用微型颗粒制剂则更为适用，

2. 分布 口服给药后4～8h内，灰黄霉素可在角蛋白前体细胞内沉积。汗液及透过皮肤的液体丢失似乎对于灰黄霉素在角质层的传递起着重要作用。当这些细胞发生分化时，灰黄霉素仍保持结合状态，并持续存在于角蛋白中，使之抵抗真菌的侵袭。鉴于此，新生的毛发、指甲或角质将是无真菌感染的。当含有真菌的角蛋白脱落时，正常的皮肤和毛发将取代它。仅有少量的灰黄霉素能存留在体液或组织中。

3. 生物转化与药代动力学 根据动物种类的不同，10%～50%的灰黄霉素几乎全部以代谢物的形式随尿液排泄，其余的药物可在粪内停留4～5d。灰黄霉素在多种动物体内的消除半衰期约为24h，给药后48～72h内，可在皮肤的基底层检测到药物，在

6～12 d内，可在角质层的1/4处检测到药物，也可在2～19 d内，在角质层的中间部分检出药物。

【适应证和剂量】 灰黄霉素可用于治疗犬、猫、犊牛、马和其他家畜及野生动物的皮肤真菌感染。多数皮肤真菌对其敏感，但某些真菌比另一些真菌具有更强的耐药性。对于某些真菌，可能需要较高的剂量才能获得满意的控制效果。

表19-54列出灰黄霉素的常用剂量。给药剂量和给药次数，应根据动物个体的需要进行调整。

表19-54 灰黄霉素的使用剂量

动物种类	给药剂量、给药途径和给药次数
犬、猫	微型颗粒：10～30（最多130）mg/kg，口服，每日1次或分2～3次； 超微型颗粒：5～10（最多50）mg/kg，口服，每日1次
马、牛	5～10 mg/kg，口服，每日1次，连用3～6周，必要时可延长。

【特殊的临床问题】

1. 不良反应与毒性 灰黄霉素引起的不良反应较少见。但临床上确有恶心、呕吐和腹泻的发生。也有肝脏毒性的报道。肝脏功能受损的动物不应使用灰黄霉素，这是因为该药的生物转化降低并可达到中毒浓度。已报道猫的特异性中毒。因灰黄霉素易致胎儿畸形，现已被禁用于妊娠动物（尤其是母马和母猫）。

2. 相互作用 脂类能增强灰黄霉素在胃肠道的吸收。而巴比妥类能降低药物的吸收及抗真菌活性。灰黄霉素是一种微粒体酶的诱导剂，它能促进许多合用药物的生物转化。酮康唑与灰黄霉素合用可导致肝脏毒性。

3. 对实验室检验的影响 碱性磷酸酶、谷草转氨酶（AST）、谷丙转氨酶（ALP）的活性升高，也可检测到蛋白尿。

五、碘化物

碘化钠与碘化钾均被用于治疗某些细菌、放线菌和真菌的感染，但碘化钠更佳。碘化物在体内的抗真菌细胞作用还未被人们完全了解。碘化物容易被胃肠道吸收，且自由地分布于细胞外液和腺体的分泌物中。碘可在甲状腺中富集（为相应血药浓度的50倍），而它在唾液腺、泪腺、气管支气管腺中的浓度相当低。长期使用高剂量碘化物，可导致该类药物在体内的蓄积和碘中毒。

碘化物中毒的临床症状包括流泪、流涎、呼吸道分泌物增加、咳嗽、食欲不振、干鳞状皮肤和心动过速。据报道，猫可发生心肌病。宿主的防御系统出现障碍，如免疫球蛋白产生降低及白细胞吞噬能力减弱。碘化物中毒也可引起流产和不育。

碘化钠已成功地治疗皮肤或皮肤/淋巴结炎型孢子丝菌病；而用碘化物控制其他各种真菌感染的尝试仍没有确定的结果。

碘化钠（20%溶液）的给药剂量（口服，每日1次）为：犬，44 mg/kg；猫，22 mg/kg。马的使用剂量为每日125 mL 20%的碘化钠溶液，静脉注射，连用3 d，临床症状缓解后，每日1次口服30 g，连用30 d。用于牛的放射菌病和放线杆菌病，治疗剂量为66 mg/kg，缓慢静脉注射，每周1次。碘化钾不能采用静脉注射给药。

六、局部外用抗真菌药

许多具有抗真菌活性的药物被局部应用，或用于皮肤、耳和眼，或用于黏膜（颊膜、鼻黏膜和阴道黏膜），以控制表面的真菌感染。与灰黄霉素合用的全身疗法，有助于治疗皮肤真菌感染。给予抗真菌制剂前，应将感染部位的毛发剪掉并修剪趾甲，使受损部位完全暴露，对动物进行药浴也很有效。对感染动物进行隔离并限制其运动非常重要，特别是传染性的真菌感染。

常用的制剂类型包括溶液、洗剂、喷雾剂、粉剂、乳膏和皮肤用软膏，或用于阴道内的冲洗液、乳膏、片剂或栓剂。在这些制剂中，有效成分的浓度是可变的，它取决于特定药物的活性。

局部抗真菌药的临床效果是难以预测的。而许多有效药物的耐药性却是常见的。感染及再感染的传播，使控制表面感染的难度更大。坚持治疗是非常重要的环节。

一些局部抗真菌药已被成功地用于多种疾病，这些药物包括碘制剂（碘酊、碘化钾、碘伏），铜制剂（硫酸铜、环烷酸铜、铜迈克星），硫制剂（舒非仑、二硫化苯酰），酚类（苯酚、麝香草酚），脂肪酸与盐（丙酸盐、十一碳烯酸盐），有机酸（苯甲酸、水杨酸），染料类（结晶紫、酚品红），羟基喹啉类（氯碘喹啉），咪唑类（咪康唑、噻康唑、克霉唑、益康唑、噻苯咪唑），多烯类抗生素（两性霉素B、制霉菌素、多马霉素、杀念珠菌素、曲古霉素），丙烯胺类（萘替芬、特比萘芬），硫代氨基甲酸盐（托萘酯）及其他药物（吖啶琐辛、卤苯炔醚、环己吡酮乙醇胺、乙醇胺、双氯酚、双辛氢啶、氯酚甘油醚、三乙酸、多聚乙烯、阿莫罗芬）。

阿莫罗芬是一种用于治疗爪真菌病和皮肤真菌病

的局部外用抗真菌药。常被制成乳霜或指甲油。阿莫罗芬为吗啉的衍生物，可干扰真菌细胞膜的重要成分固醇的合成。已证明，该药在体外能对抗一些酵母菌、二形真菌、暗色孢属真菌和丝状真菌（皮炎芽生菌、念珠菌、荚膜组织胞浆菌、孢子丝菌、曲霉）。尽管阿莫罗芬在体外对真菌有作用，但在全身给药时却无活性，因此该药仅限于局部治疗体表的真菌感染。该药对动物真菌感染的治疗作用尚不清楚。

特比萘芬为丙烯胺类抗真菌药物，主要被制备成局部外用乳膏或片剂。它通过抑制角鲨烯环氧酶而降低麦角固醇的合成，主要用于治疗皮肤真菌感染（如毛癣菌、小孢子菌和曲霉）。托比萘芬也能对抗一些酵母菌（如芽生菌、隐球菌、申克孢子丝菌、组织胞浆菌、念珠菌和糠疹癣菌）。托比萘芬常与其他抗真菌药联合使用，以增强抗真菌活性。

（陈品 译 邱银生 一校 丁伯良 二校 田文儒 三校）

第十五节 消炎药

炎症是血管组织对损伤所产生的复杂病理反应。损伤可由各种刺激引起，包括热、化学或物理损伤、局部缺血、病原体、抗原-抗体反应及其他生物过程。组织受损后，愈合过程包括3个不同的阶段：炎症阶段、修复阶段和重塑阶段。炎症反应的预期结果是隔离、清除损伤源，以便受损组织修复及重建功能。修复阶段新生组织（如形成疤痕组织）的重塑可能要持续数月。

一、炎症的病理生理学

炎症的最初阶段由3个子阶段组成：急性、亚急性及慢性（增生期）。典型的急性阶段持续1～3 d，有5种典型的临床症状：热、红、肿、痛和机能障碍。亚急性阶段持续期从3～4 d至1个月，这与组织修复之前清洁期所需的时间是一致的。如果亚急性阶段不能在1个月内恢复，炎症开始转为慢性阶段，该阶段可以持续数月。此时，组织可能变性，在运动系统中，慢性炎症可导致组织撕裂。经过亚急性炎症期的重塑期，组织可修复和改善功能。

从机制上来看，急性阶段是损伤部位微循环受损的反应，最初，动脉瞬时收缩，随后释放化学介质使动脉平滑肌舒张，毛细血管扩张，渗出增加。毛细血管中富含蛋白质的液体进入组织间隙。渗出的液体包括多种血浆成分，如纤维蛋白原、激肽、补体及介导炎性反应的免疫球蛋白。

亚急性阶段的特征为吞噬细胞游走到受损部位。

此时，激活的内皮细胞释放黏附分子，受损血管中的白细胞、血小板及红细胞黏附于内皮细胞表面。分叶核白细胞如中性粒细胞最先迁移到受损部位。在过敏反应及寄生虫感染时，嗜碱性粒细胞和嗜酸性粒细胞增多。随着炎症继续，巨噬细胞增多、活化、游走至受损细胞或组织。如果此时刺激（病因）已经被清除，亚急性炎症便进入组织修复阶段。纤维蛋白溶解系统清除血凝块，受损组织再生或被成纤维细胞、胶原蛋白或内皮细胞代替。在重塑阶段，修复阶段合成的新胶原蛋白（主要为Ⅲ型胶原蛋白）逐步被Ⅰ型胶原蛋白所替代，以适应原有的组织。如果炎症转化为慢性，则组织进一步受损和（或）纤维化。

二、炎症的化学介质

炎症过程中所释放的化学介质会使炎症反应加剧和发生蔓延，（表19-55）。这些介质是可扩散的可溶性分子，它们可产生局部作用及全身作用。这些介质主要来自血浆，包括补体、补体衍生肽、激肽，经经典途径或补体旁路途径释放。补体衍生肽（C3a、C3b和C5a）可以增加血管的通透性，促进平滑肌收缩，激活白细胞和诱导肥大细胞脱颗粒。其中C5a是中性粒细胞和单核巨噬细胞的强趋化因子。激肽也是重要炎症介质，其中最重要的是缓激肽，它可增强血管通透性，使血管舒张，特别是它可激活磷脂酶A_2（PLA_2）促进花生四烯酸（AA）的释放。缓激肽也是疼痛反应中的主要介质。

由受损组织或白细胞所产生的其他介质也可游走至炎症部位。肥大细胞、血小板及嗜碱性粒细胞可释放血管活性胺——5-羟色胺和组胺。组胺能促进动脉扩张，增加毛细血管通透性，收缩非血管平滑肌，嗜酸性粒细胞趋化。组胺还能刺激疼痛感受器，使机体产生疼痛反应。补体C3a和C5a及中性粒细胞释放的溶酶体蛋白可刺激组胺的释放。组胺的活性是通过激活靶细胞中4种特异性受体（4种受体分别为H_1、H_2、H_3和H_4）中的某一种受体所介导的。大多数产生血管效应的组胺是由H_1受体所介导的，H_2受体也可介导某些血管效应，但它更重要的作用是促进胃液的分泌。H_3受体可能位于中枢神经系统，其作用尚不清楚。H_4受体存在于血细胞中，因此抗H_4候选药有望治疗与肥大细胞及嗜酸性粒细胞有关的炎症（过敏反应）。血清素（5-羟色胺）是存在于胃肠道及中枢神经系统的肥大细胞和血小板中与组胺类似的血管活性介质。血清素也能增加血管通透性，扩张毛细血管，促进非血管平滑肌收缩。在一些种属中如啮齿类及反刍动物，血清素也是体内最主要的血管活性胺。

表19-55　炎症介质的作用

作用	介质[a]
血管舒张，提高血管通透性	组胺，血清素，缓激肽，补体C3a，C5a，白三烯C4，白细胞三烯D4，前列腺素I$_2$，前列腺素E$_2$，前列腺素D$_2$，前列腺素F$_2$，激活的凝血因子Ⅻ，激肽原片段，血纤维蛋白肽
血管收缩	TXA$_2$，LTB$_4$，LTC$_4$，LTD$_4$，C5a
平滑肌收缩	C3a，C5a，组胺，LTB$_4$，LTC$_4$，LTD$_4$，TXA$_2$，血清素，PAF，缓激肽
肥大细胞脱粒	C5a，C3a
干细胞增殖	IL-3，G-CSF，GM-CSF，M-CSF
趋化作用	C5a，LTB$_4$，IL-8，PAF，5-HETE，组胺及其他
溶酶体颗粒释放	C5a，IL-8，PAF
吞噬作用	C3b，iC3b
血小板聚集	TXA$_2$，PAF
内皮细胞黏附	IL-1，TNF-α，LTB$_4$
肉芽肿形成	IL-1，TNF-α
疼痛	PGE$_2$，缓激肽，组胺，血清素
发热	IL-1，IL-6，TNF-α，PGE$_2$

a. C为补体；LT为白三烯；PG为前列腺素；TX为血栓素；PAF为血小板激活因子；IL为白细胞介素；CSF为集落刺激因子；HETE为羟基二十碳四烯酸；TNF为肿瘤坏死因子。

　　细胞因子包括白细胞介素1～10，肿瘤坏死因子α（TNF-α）及干扰素γ（INF-γ），它们主要由巨噬细胞和淋巴细胞产生，体内的其他类型细胞也可合成。细胞因子在炎症过程中的作用较复杂。这些多肽可调节其他细胞的活性和功能，以协调和控制炎症反应。其中最重要的2种细胞因子为白细胞介素1（IL-1）和TNF-α，可以动员、激活白细胞，促进B、T细胞增殖，提高自然杀伤细胞的细胞毒性，还参与内毒素的生物反应。IL-1、IL-6及TNF-α参与调节急性炎症反应及感染所伴随的发热，还可诱导机体出现系统临床症状包括嗜睡、食欲不振。在急性炎症反应阶段，白介素可刺激肝脏合成急性蛋白如补体成分、组织凝血酶、蛋白酶抑制剂和金属结合蛋白。细胞因子通过增加白细胞的细胞间Ca^{2+}浓度诱导白细胞产生PLA$_2$。集落刺激因子（GM-CSF、G-CSF和M-CSF）能促进集聚于骨髓的中性粒细胞、嗜酸性粒细胞及巨噬细胞增殖。在慢性炎症反应中，IL-1、IL-6及TNF-α可促进成纤维细胞及成骨细胞活化，以及胶原酶和基质降解酶等酶的释放，而这些酶则导致软骨及骨骼的吸收。研究发现，细胞因子能刺激滑膜细胞和软骨细胞释放致痛介质。

　　脂源性活性物质在炎症反应中具有重要的作用，主要用于新型消炎药物的研究。这些物质包括类花生酸类物质如前列腺素（PG）、前列腺环素、白三烯、血栓素A及化学修饰磷脂如血小板激活因子（PAF）。类花生酸类物质是由多种细胞包括激活的白细胞、肥大细胞和血小板等以20碳多不饱和脂肪酸为原料所合成的，因此它们在体内分布广泛。激素和其他炎性介质（TNF-α，缓激肽）通过直接激活PLA$_2$或间接通过增加细胞间Ca^{2+}浓度激活酶，刺激类花生酸类物质的合成。细胞膜受损可增加细胞间Ca^{2+}浓度。激活的PLA$_2$直接水解AA，通过2条酶途径中的其中1条途径进行快速代谢：即环氧合酶途径，生成PG和血栓素；或脂肪氧合酶途径生成白三烯。

　　脂肪酸环氧合酶（COX）能够促进AA的氧化形成环内过氧化PGG$_2$，PGG$_2$则转化为和其密切相关的PGH$_2$。PGG$_2$和PGH$_2$均不稳定，可以快速转化为各种前列腺素、血栓素A$_2$（TXA$_2$）及环前列腺素（PGI$_1$）。对大多数动物的血管床来讲，PGE$_1$、PGE$_2$及PGI$_1$是有效的动脉扩张剂，它们通过增加小静脉的通透性，提高其他介质的作用。其他PG包括PGF$_{2α}$和血栓素，能促进平滑肌及血管收缩。PG还可提高疼痛感受器的敏感性，激活疼痛介质如缓激肽和组胺，高浓度的PG可直接刺激神经末端的感受器。TXA$_2$是一种强效血小板激活剂，它参与血栓的形成。

　　5-脂氧合酶主要在血小板、白细胞及肺脏中被发现，它可水解AA生成不稳定的超氧化物，这些超氧化物随后转化为白三烯肽。白三烯B$_4$（LTB$_4$）和5-羟基廿碳四烯酸（5-HETE）是强烈的化学诱导剂，它们能刺激多形核白细胞游走。LTB$_4$也能刺激中性粒细胞、单核细胞及嗜酸性粒细胞产生细胞因子，促进C3b受体的表达。其他白三烯还能促进肥大细胞释放组胺和其他生物活性物质，促进支气管收缩和黏液分泌。对于某些动物，白三烯C$_4$和D$_4$促进支气管平滑肌收缩的作用强于组胺。

　　PAF也来源于细胞膜磷脂，通过PLA$_2$作用生成。由肥大细胞、血小板、中性粒细胞及嗜酸性粒细胞合成的PAF可诱导血小板聚集，刺激血小板释放血管活性胺和合成血栓素。PAF也可增加血管通透性，促进中性粒细胞集聚和脱颗粒。

　　自由基气体一氧化氮（NO）在炎症中的作用已被众所周知。NO是多种生理及病理生理过程中重要的细胞信号分子。少量的NO在维持静息血管张力、血管舒张、抗血小板集聚等方面发挥主要作用。某些细胞因子（TNF-α，IL-1）及其他炎症介质，可刺激机体产生大量NO。大量的NO是强效血管舒张剂，能促进巨噬细胞诱导的细胞毒性作用，在某些类型的关节炎中可能还会导致关节受损。

三、抗组胺药

已研发出能选择性地与组胺受体结合的抗组胺药。H₁受体阻断剂的作用，是对抗组胺所致毛细血管通透性的增加、疹块及水肿的形成。H₁受体阻断剂还可通过缓解支气管收缩和血管扩张，治疗速发型过敏反应。但H₁受体阻断剂对炎症性疾病及变态反应如遗传性过敏症几乎无效，因为这些疾病主要是由炎性介质引起的，而不是由组胺引起的。H₂受体阻断剂（现在是根据H₂受体的颉颃剂来分类，如甲氰咪胍和甲硝呋胺）通常用于对抗组胺引起的胃酸的分泌，消炎作用较弱。

四、皮质类固醇

两种类固醇类激素即盐皮质激素和糖皮质激素，都是以胆固醇为原料在肾上腺皮质部位合成的（见肾上腺）。

盐皮质激素（醛固酮）是维持体内电解质平衡的重要激素。盐皮质激素对非特异性靶细胞还有广泛的功能，包括促进伤口的愈合。此外，盐皮质激素缓慢或大量分泌（相对于血容量和钠盐的摄入量来说）也可引起未损伤组织的愈合反应，此时，需要用抗醛固酮药物来治疗，以防止心脏的重塑和纤维化。

糖皮质激素在碳水化合物、蛋白质和脂类物质代谢，免疫反应及应激反应中发挥重要作用，天然的糖皮质激素也具有一定的盐皮质激素活性，也可影响机体的体液和电解质平衡。

皮质激素是最常用的消炎药物，它的药理及生理作用非常广泛，应注意本类药物的滥用问题。皮质激素的药理和生理作用均是通过作用于相同的受体所产生的，所以其抑制和消炎作用非常强。这就可以解释为什么皮质激素的药理和生理作用是相关的，及大剂量的糖皮质激素对机体的物质代谢、激素分泌及免疫功能是不利的。

所有治疗用的皮质类固醇药物的结构均与氢化可的松相似，具有由21个碳原子所组成的甾体骨架。对这一结构经过选择性修饰，可改变其消炎活性、代谢产物、活性周期及其与蛋白质结合的亲和力。在合成皮质类固醇类药物时，在皮质醇C-1和C-2间引入双键，可以增加其糖皮质激素作用及消炎活性。这种结构的改变并不影响盐皮质激素的活性，但可提高糖皮质激素与盐皮质激素的效能比例，如脱氢皮质醇的活性约是氢化可的松的4～5倍。将21碳甾体骨架的第九位碳原子氟化，则能提高其糖皮质激素和盐皮质激素活性，如9α-氟皮质醇（氟氢可的松）和异氟泼尼龙。氟氢可的松（注射用醋酸氟氢可的松）盐皮质激素的作用是氢化可的松的125倍，而糖皮质激素的作用仅为皮质醇的10倍。因此，氟氢可的松在小动物作为专一性的盐皮质激素药物，用于治疗肾上腺皮质激素缺乏症。

异氟泼尼龙是牛常用的消炎药物，但由于其作用缺乏选择性，其盐皮质激素的作用可能会增加患严重低钾血症的风险。如果氟化衍生物的C-16被羟基（OH）或甲基（CH₃）替代，新的替代C-16复合物（如氟羟泼尼松龙、地塞米松、倍他米松）就没有盐皮质激素的作用，但仍保留糖皮质激素的消炎作用。C-16的替代物还赋予这些氟皮质激素另外一个作用，就是促进各种动物包括牛的分娩。在牛妊娠255 d后注射地塞米松和氟米松（短效制剂）可以诱导分娩，但这种诱导产犊往往具有很大的副作用，如牛胎衣不下。

注射用的肾上腺皮质激素常为酯类化合物。在其C-21用乙醇酯化可以决定其在水/脂的溶解性，控制其在体内的分布。肾上腺皮质激素用一元酸如乙酸酯化生成不溶于水的药物（如醋酸甲泼尼龙），可作为长效制剂用于肌内注射、皮下注射及关节内注射。其他不溶于水的酯类化合物有双醋酸酯、叔丁乙酸酯及三甲基乙酸盐。相反，由于二元酸的作用（甲基泼尼松龙琥珀酸酯钠），同一皮质激素被二元酸（如琥珀酸）酯化，则生成极易溶于水的酯化物。磷酸酯也极易溶于水。易溶的类固醇或酯化物作为静脉注射或肌内注射用药，常在危及生命时使用，如马气喘病和严重超敏反应等。酯类化合物也可口服，但其在消化道内易水解（胰酯酶可将其水解），水解生成的游离活性部分可被吸收。因此，这类药物通过胃肠外途径注射给药，可作为长效制剂使用，口服给药则作为短效制剂（如醋酸泼尼松龙）使用。

几乎所有类固醇酯化物都是没有活性的前体药物，需要水解释放其活性成分。酯酶或类酯酶水解类固醇酯化物的反应主要发生于肝脏（琥珀酸酯）及体液如血液、关节炎（醋酸酯）。因此，在局部注射时选择恰当的酯化物是至关重要的。酯化物水解仅生成部分活性物，如犬静脉注射甲基泼尼龙琥珀酸酯钠，水解生成的甲泼尼龙（活性基团）的生物利用度仅50%，在确定剂量时需要考虑这一情况。

C-11的酮基被羟基取代，可使肾上腺皮质类固醇结合于细胞内的受体，这种化合物也是药物的前体。可的松、强的松、甲泼尼龙都是氢化可的松的前药。这些前药在肝脏内经11-β羟化酶作用逆转为醇。由于这些前药的活性是通过肝脏代谢产生的，所以不能采取局部给药，也不建议用于肝功能不全的动物。据报道，泼尼松治疗马气喘病无效，这是因为它几乎不被吸收，体内没有生成其活性代谢产物泼尼松龙。相反，泼尼松龙的生物利用度高，推荐用于马属动物。

其他结构的改变可增加肾上腺皮质类固醇亲脂性，如在C-16和C-17间引入丙酮（如曲安缩松）。曲安缩松不是曲安西龙的前药，但可作为局部用药，或关节内注射治疗马的关节炎。肾上腺皮质类固醇的C-17（戊酸酯）酯化生成亲脂性复合物，这种复合物使用能提高局部与系统的效价比。其他方法可以获得糖皮质激素的活性，减少系统影响，这就是使用糖皮质激素的类似物，它们在局部被吸收后迅速失活。氟替卡松丙酸酯不是一种前药，但可直接用于治疗肺病。与此类似，二丙酸倍氯米松（一种前药）可在局部生成活性代谢产物（倍氯米松-17-单丙酸酯），进而释放具有微弱消炎活性的倍氯米松。

治疗用皮质类固醇类药物，根据糖皮质激素和盐皮质激素的相对作用（如对应药物浓度的相对药物活性，易于与其效力混淆）及其作用持续时间（表19-56）进行使用。具有很强糖皮质激素活性的复合物，也会强烈抑制下丘脑-垂体-肾上腺作用轴（Hypothalamic-pituitary-adrenal axis，HPAA）。

表19-56　常用的皮质类固醇的相对效力

化合物	相对糖皮质激素活性	相对盐皮质激素活性	作用持续时间（醇形式）[a]
氢化可的松	1	1	S
强的松	5	0.8	I
强的松龙	5	0.8	I
甲泼尼龙	5	0.5	I
氟氢可的松	10	125	I
异氟泼尼龙	25	25	L
去炎松	5	0	I
曲安缩松	30	0	L
地塞米松	25	0	L
倍他米松	25	0	L
氟米松	120	0	L

a. S为短效（12 h以下）；I为中效（12～24 h）；L为长效（48～72 h）。

【作用方式】 糖皮质激素通过多种途径抑制炎症过程。它们与靶组织细胞内的特殊受体蛋白作用，从而改变皮质类固醇效应基因的表达。存在于细胞浆的糖皮质激素受体与皮质类固醇配体结合形成激素-受体复合物，最终移位进入细胞核。这种复合物结合于特定的DNA序列并改变基因的表达。这种复合物也可诱导mRNA的转录，合成新的蛋白质。这些蛋白质包括被认可抑制PLA_{2a}的脂皮质蛋白，因此，可以阻断前列腺素、白三烯及PAF的合成。糖皮质激素也可抑制其他炎性介质的生成，包括通过COX激活的花生四烯酸的代谢物、细胞因子、白细胞介素、黏附分子及酶（如胶原酶）。

【生理及药理作用】 发现在外周组织及肝脏中，糖皮质激素在碳水化合物、蛋白质及脂质代谢等方面具有重要的作用。在外周组织，糖皮质激素刺激脂肪和蛋白质分解为甘油和氨基酸，而甘油和氨基酸则可异生为糖。因此，当动物肾上腺机能亢进时，由于释放大量糖皮质激素，可导致肌肉萎缩及脂肪在体内重新分配。在肝脏，糖皮质激素刺激肝脏糖的异生，促进肝脏合成和贮存糖原。一般认为，糖异生的激活是通过6-磷酸葡萄糖酶及磷酸烯醇式丙酮酸羧激酶的转录实现的。糖皮质激素也可降低外周组织如脂肪及乳腺组织对葡萄糖的摄取，从而增加血液葡萄糖浓度，肾上腺皮质类固醇的糖贫乏效应，是奶牛产奶量降低的主要机制。血糖浓度提高，则增加胰岛素的分泌。但是，糖皮质激素阻止了胰岛素对糖异生的抑制作用，使得外周组织产生胰岛素抵抗，进而导致高糖血症。

虽然氟化糖皮质激素（强的松龙和甲泼尼龙）不及盐皮质激素醛固酮效力强，但它们作用于肾脏同样可以调节机体水盐平衡，促进钾离子的排泄及钠离子的潴留。氟化皮质类固醇C-16被取代如地塞米松、曲安西龙，就没有盐皮质激素活性，而会发挥多尿/烦渴效应，这是由于它们抑制抗利尿激素的分泌及降低肾脏对ADH的敏感性。糖皮质激素能增加肾脏排泄，降低小肠对钙离子的吸收，进而导致体内储存的钙减少。糖皮质激素也可以抑制成骨细胞，而增加破骨细胞的活动，促进甲状旁腺素的分泌，从而影响骨骼的愈合。

糖皮质激素通过多种作用机制发挥消炎和免疫抑制作用。在稳态时，糖皮质激素有助于维持正常血管通透性及微循环，稳定细胞及溶酶体膜。但在急性炎症期，糖皮质激素则降低血管通透性，抑制多形核、淋巴细胞的移出及迁移至组织。糖皮质激素还可通过诱导正常淋巴细胞凋亡，抑制T、B淋巴细胞增殖，降低循环中嗜酸性粒细胞、嗜碱性粒细胞及单核细胞数目而抑制细胞免疫。糖皮质激素抑制中性粒细胞的迁移，促进骨髓释放成熟的中性粒细胞。在炎症组织，巨噬细胞和单核细胞的吞噬作用及毒性氧自由基的生成被抑制。在炎症的后期，糖皮质激素抑制成纤维细胞活性，降低组织纤维化及疤痕的生成，因此可导致伤口愈合减慢。

糖皮质激素可调节多种炎症化学介质包括前列腺素、白三烯、组胺、细胞因子、补体及PAF的合成和释放，也可抑制诱导性NO合酶及破坏软骨酶如胶原酶的合成。

糖皮质激素还影响其他激素。现今所用的糖皮质激素消炎药物，均抑制HPAA，长期使用皮质类固醇后停药，可能导致明显的不良反应。

【给药方法与药代动力学】 类固醇制剂可口服、注射及局部用药。许多类固醇制剂包括泼尼松、泼尼松龙、甲泼尼龙和地塞米松口服易吸收，一般用于治疗炎症，用药时间为1周至几周。其他制剂可注射给药。磷酸钠及琥珀酸盐极易溶于水，静脉注射可快速发挥作用，常用于休克治疗。其他注射剂包括不溶的酯化物如醋酸甲泼尼龙、醋酸去炎松在水中的溶解度较低。这些制剂的吸收缓慢，可能导致持续几周的消炎作用及对HPAA的抑制作用。肾上腺皮质激素制剂可用于局部或病灶区注射，这对于治疗皮肤、眼或耳的炎症是有效的。尽管还有一些争议，但糖皮质激素关节内注射可用于治疗人、动物，尤其是马的炎性关节病。在马，关节注射曲安缩松的效果优于醋酸甲泼尼龙。糖皮质激素局部注射吸收达到一定量则可抑制HPAA。

皮质类固醇吸收后的90%与血浆蛋白可逆性结合，血浆蛋白主要为球蛋白和白蛋白。在合成的皮质醇中只有泼尼松龙特异的与球蛋白结合。泼尼松龙可取代与球蛋白结合的皮质醇，这就可以解释静脉注射泼尼松龙后血浆皮质醇浓度迅速降低，也降低了与HPAA抑制的相关作用。其他合成的皮质类固醇主要与白蛋白结合，不与蛋白结合的部分发挥生理及药理作用，且穿过生理屏障如血-脑屏障或乳腺。一般来说，糖皮质激素在肝脏代谢，主要为降解和结合，形成水溶性衍生物，最终由肾脏排出。

【不良反应】 糖皮质激素的不良反应，是由于在控制炎症及免疫功能紊乱时，长期超生理剂量使用所引起的。长期注射糖皮质激素可能导致医源性库兴综合征，表现为多尿、烦渴、双侧对称性脱毛、易感染、外周性肌病、肌肉萎缩及体脂重新分布。糖皮质激素的糖异生作用和胰岛素抵抗效应，对患病动物可能突然诱发糖尿病或加重糖尿病。长期抑制HPAA可导致肾上腺萎缩，并最终导致医源性继发性、肾上腺功能减退。感染动物突然中断糖皮质激素治疗，可导致医源性阿狄森氏综合征，特征为嗜睡、衰弱、呕吐及腹泻，严重情况下可能导致循环性休克，甚至死亡。

糖皮质激素还可使肝脏细胞糖原沉积而引发肝脏肿大等疾病，刺激肝脏生成碱性磷酸酶的类固醇特异

同工酶。糖皮质激素还可使肠上皮细胞更新速度减慢，抑制胃肠道保护性因子前列腺素的分泌，由此而导致胃肠道溃疡。糖皮质激素还能增强非类固醇类消炎药（NSAID）的致溃疡作用。糖皮质激素能降低胶原酶的合成，从而使皮肤变薄，脆性增大，改变体液及电解质平衡，最终导致钠离子和体液的潴留及低钾血症。大剂量的糖皮质激素可导致或加剧马的蹄叶炎。人在使用糖皮质激素治疗时，会出现严重的情绪及行为的改变，这在其他动物也可见到。

糖皮质激素通过免疫抑制达到消炎目的，使用糖皮质激素后可增加感染的风险，或激活潜伏的感染。动物在使用糖皮质激素治疗炎症或免疫性疾病时，常常发生尿路感染。糖皮质激素还能减少关节软骨胶原及滑液的形成，从而引发脓毒性关节炎，所以关节内注射糖皮质激素必须使用严格无菌操作技术。

逐日减少糖皮质激素的给药剂量可减小长期（>2周）治疗所产生的不良反应。一旦利用中效类药物（如口服泼尼松或泼尼松龙）采用每日疗法控制了炎症，则应逐日减少给药剂量。

【应用】 短效可溶性皮质类固醇如琥珀酸酯，一般用于治疗感染性休克，但仍有争议。尽管其产品标签包括用于休克的辅助液体疗法，但糖皮质激素对出血性及心源性休克的作用还不清楚。糖皮质激素也常用于治疗脑水肿，虽然可以控制临床症状，但其有效性还有待考证。

糖皮质激素也常用于治疗过敏和炎症，如瘙痒性皮炎、过敏性肺炎及胃肠道疾病。当发生急性遗传性过敏症，或蚊虫的过敏性皮炎时，消炎剂量的糖皮质激素（泼尼松龙，0.5～1 mg/kg，每日1次）可以缓解瘙痒，防止皮肤的自我抓伤直至病因消除。同样剂量也可以治疗慢性过敏性支气管炎和猫的气喘病。短效糖皮质激素也用于治疗牛的急性呼吸窘迫综合征及马的慢性阻塞性肺病。糖皮质激素也用于治疗几种肌肉骨骼疾病包括骨关节炎、肌炎及免疫介导性关节炎。对于大多数炎症，糖皮质激素的治疗应结合对病因的处置。

五、非类固醇类消炎药

近来，使用非类固醇类消炎药（NSAID）治疗动物的疼痛越来越重要。NSAID可有效缓解疼痛和炎症，而不会产生免疫抑制和与糖皮质激素相关的代谢副作用。但是，在炎症治疗中要考虑NSAID的其他不良反应。

【作用方式】 总的来说，各种NSAID药物抑制AA的一步或几步代谢。与糖皮质激素通过多种途径抑制炎症不同，NSAID主要通过抑制环氧酶（COX）而减少PG的合成产生消炎作用。NSAID不抑制脂氧合酶（生

成白三烯）或其他炎性介质的生成，但替泊沙林（一种新开发的具有双重作用的NSAID）抑制脂氧合酶。

COX的2个亚型（COX-1和COX-2）的发现，可进一步理解NSAID的作用机制及其潜在的不良反应。机体所有的组织均可表达COX-1（如肠道和肾脏），COX-1能催化结构型PG的生成，而PG可调节机体各种生理效应，包括止血、胃肠道黏膜保护作用及肾源性低血压的保护作用。受损和炎症组织激活COX-2，COX-2能催化诱导型PG的生成，包括加剧炎症反应相关的PGE_2。COX-2还与体温调节及损伤的疼痛反应有关。因此，NSAID通过抑制COX-2产生解热、镇痛及消炎效应。NSAID在抑制COX-2的同时抑制COX-1，会导致许多副作用，包括胃溃疡和肾脏毒性。NSAID对每种COX同分异构体的抑制效力不同，对COX-2的抑制浓度低于对COX-1的抑制浓度的药物更安全。由此，就促进了选择性作用于COX-2的NSAID的药物概念的产生。尽管有不同种类的NSAID在人和动物抑制COX-1：COX-2的报道，解释这一比例要谨慎，因为这种比例的变化，很大程度上依赖于所用检测方法的专一性。NSAID对COX的选择性因动物种属不同而异，不能将人的COX选择性比例直接外推到其他动物。

总的说来，主要作用于COX-2的NSAID较少因抑制COX-1而产生不良反应。有报道犬的优选COX比例药物有克洛芬、美洛昔康、地拉考昔及菲罗考昔，而不适宜的COX比例药物有阿司匹林、保泰松和维达洛芬。对COX-1抑制弱的药物的胃肠道溃疡及血小板抑制作用较轻，但不能简单地认为COX-2抑制剂没有潜在风险。近来研究发现，体内各种器官包括大脑、脊髓、卵巢及肾脏可诱导产生COX-2。犬的肾脏髓袢及致密斑有COX-2的mRNA，说明COX-2在低血压的保护性反应中具有重要的作用。但最近的研究发现，犬的肾脏没有COX-2表达，这对其作用又产生了质疑。COX-2在人的胃肠道溃疡的愈合过程中也具有重要作用，现已明确COX-2抑制剂，能延长试验性溃疡的愈合时间。尽管COX-1的主要作用是维持内环境的相对稳定，但其在炎症中的作用更重要。

不同NSAID抑制COX的机制也不同。阿司匹林可使COX的1个丝氨酸残基发生不可逆性乙酰化，导致COX完全失活。因此，阿司匹林的作用维持时间取决于COX的转化率。阿司匹林用药后，血小板失活（7～10d），这是阿司匹林在止血方面的效应持续时间长的原因所在。不同于阿司匹林，大多数其他NSAID（包括阿司匹林的活性代谢物水杨酸）是COX的可逆性竞争抑制剂，它们的抑制时间主要是由药物的清除药代动力学所决定的。

【药理效应】 除对乙酰氨基酚（又名扑热息痛）外，所有NSAID都具有解热、镇痛及消炎作用。它们常被用于减轻犬、马骨关节炎相关的疼痛和炎症，及缓解马的疝痛、舟状骨病及蹄叶炎。NSAID在减轻伴侣动物手术痛方面的使用不断增多。总的说来，NSAID仅能缓解疼痛及炎症的症状，并不改变病理损伤过程。作为镇痛剂，它们不如阿片类药物有效，因此，只能轻度缓解疼痛。

作为解热药，NSAID可降低发热机体的体温。尽管发热对机体是有益的，但体温过高往往会产生副作用。NSAID抑制下丘脑的PGE_2活性，能减轻症状，提高食欲。在欧洲，NSAID常与抗生素联合使用，治疗牛急性呼吸系统疾病。NSAID还可通过解热和消炎降低发病率，阻止肺脏不可逆损伤的发展。

某些NSAID对软骨细胞的代谢影响已有研究。已发现NSAID包括阿司匹林、萘普生及布洛芬具有软骨毒性，因为它们抑制软骨蛋白聚糖的合成。卡洛芬和美洛昔康对软骨的代谢是无害的，或者说其作用依赖于剂量，它们可刺激软骨基质的生成。NSAID对软骨细胞代谢的有利及有害作用还不清楚。

NSAID在预防和治疗癌症方面变得越来越重要。人的流行病学研究显示，阿司匹林可显著降低结肠癌的发生。最新研究表明，NSAID对结肠癌的治疗作用是通过抑制COX-2，阻止许多肿瘤的恶化实现的。在兽药中，吡罗昔康可降低肿瘤如犬的移行细胞癌。现已证明，特异的COX-2抑制剂作为主要的或辅助治疗癌症的药物都是有用的。

【给药方法及药代动力学】 大多数NSAID是弱有机酸，口服易被吸收。但是，马及反刍动物采食后可影响部分NSAID（如保泰松、甲氯灭酸，氟尼辛葡甲胺）的口服吸收。这几种NSAID可通过静脉注射、肌内注射及皮下注射等途径肠外给药。某些注射制剂碱性较强，如果经血管外注射，则会导致组织坏死。NSAID被吸收后，绝大部分（高达99%）与血浆蛋白结合，仅有小部分未结合，可直接到达组织发挥作用。NSAID也与其他蛋白结合率高的化合物竞争结合位点，导致一些药物被置换，但是这种置换并不影响游离的药物浓度，所以不影响其疗效。

大多数NSAID在肝脏转化成无活性代谢产物后，通过肾小球滤过作用和肾小管分泌由肾脏或由胆汁排泄。动物种属不同，NSAID的生物转化及消除半衰期差异较大（某些种族，如比格犬，NSAID是COX-2的抑制剂），因此，不能从一种动物或一个动物推算另一动物的用药剂量。NSAID药物包括萘普生、依托度酸、甲氯芬那酸，在某些动物进入体内经肠肝循环最终排泄，所以，其消除半衰期延长。

【不良反应】 所有的NSAID都有不良反应，其中某些可能危及生命。许多NSAID的不良反应与剂量相关，且这种不良反应通常是可逆的，停药及加强护理可以缓解。

呕吐是最常见的不良反应。胃肠道溃疡是最常见的可危及动物生命的不良反应。结构型PG可调节胃黏膜血流，刺激碳酸氢盐及黏液的生成，从而保护胃肠道黏膜，而NSAID抑制结构型PG的产生而使胃肠道失去保护。一旦胃肠道碱性保护性屏障被破坏，胃酸就会进入黏膜损坏黏膜细胞及血管，最终导致胃炎及溃疡。NSAID是有机酸，尤其是阿司匹林，它可直接化学刺激胃肠黏膜。某些NSAID可经肠肝循环使其在胆汁中浓度增高，由此使肠道发生溃疡的机会增加。NSAID导致的胃肠道出血不明显，但这种出血会使机体发生缺铁性贫血，严重者出现呕吐、吐血及便血。马在出现口腔、舌或结肠溃疡的同时往往伴随疝痛、体重减轻或稀便等症状。

由于血小板功能受损，可能进一步导致胃肠道出血。NSAID通过形成强效凝聚剂TXA$_2$抑制血小板功能。抑制TXA$_2$能延长出血时间，对准备进行外科手术的动物，应做颊黏膜出血时间评估。已有报道，猫、犬和马长期使用NSAID治疗后出现血液病。猫的海因小体贫血、高铁血红蛋白症、肝脏衰竭或死亡往往与注射对乙酰氨基酚（扑热息痛）有关。已有报道骨髓病也与保泰松的用药有关。

长期使用NSAID引发的肾病在人很常见。肾脏功能不全的动物使用NSAID后可使病情恶化，甚至导致机体代偿失调。使用NSAID的动物，尤其是经麻醉或外科手术及发生疝痛的马，维持血流量和肾脏灌注至关重要。

人和动物因长期使用NSAID，发生肝病的情况较为常见。按常规使用NSAID，可导致肝脏的轻度变化，主要特征为无临床症状或无肝脏功能障碍而肝脏酶活性升高。在人（对乙酰氨基酚及其他药物）、犬（对乙酰氨基酚、卡洛芬、依托度酸）及马（保泰松）使用NSAID的特异性反应，与肝脏功能异常或肝脏衰竭有关的报道很少。但已有文献表明，使用NSAID能出现细胞病变（肝脏细胞受损，坏死）、胆汁阻塞及多种损伤的组织病理学变化。因此，肝病动物应谨慎使用NSAID。

（一）特异性的非类固醇消炎药

根据结构，大多数NSAID分为2类即羧酸和烯醇酸衍生物。烯醇酸亚类主要有吡唑酮类（保泰松）和昔康类（美洛昔康，吡罗昔康）。羧酸亚类包括水杨酸盐（阿司匹林）、丙酸（布洛芬、萘普生、卡洛芬、酮洛芬及维达洛芬）、邻氨基苯甲酸（托芬那和甲氯灭酸）、苯乙酸（对乙酰氨基酚）和氨基烟酸（氟尼辛）。较新的昔布类COX-2选择性抑制剂包括二芳基取代呋喃酮（罗非考昔）、二芳基取代吡唑（塞来考昔）和二芳基取代异恶唑（伐地考昔）等，这些药物均可用于人。地拉考昔、非罗考昔和罗贝考昔等3种NSAID考昔类药物已被用作兽药。

1. 阿司匹林　阿司匹林是到目前为止人类使用最广泛的消炎药物。阿司匹林作为兽药主要用于减轻由骨骼肌炎或骨关节炎引起的轻度至中度疼痛。水杨酸的乙酸酯，阿司匹林（乙酰水杨酸）有大丸剂（用于牛）、口服糊剂（用于马）、口服液（用于家禽）及片剂（用于犬）等不同制剂。用于人的肠溶剂不建议用于犬，这是因为胃排空延迟会导致血药浓度不稳定。阿司匹林经口服后，自胃及小肠前端被迅速吸收。阿司匹林经首过效应，在肝脏生成其主要活性代谢产物——水杨酸。此外，部分阿司匹林经体循环迅速水解为水杨酸，水杨酸的半衰期为15 min。口服阿司匹林后，水杨酸是体循环中的主要活性物质。阿司匹林主要抑制COX-1，而水杨酸对COX-1和COX-2均有抑制活性。阿司匹林可与COX-1酶活性中心附近的1个丝氨酸残基，通过乙酰化作用而发生不可逆性结合，所以阿司匹林抗凝血活性比消炎活性持续时间长。马单剂量使用阿司匹林20 mg/kg可延长出血达48 h。阿司匹林的药理作用依赖于其给药途径。阿司匹林作为血小板COX-1不可逆抑制剂（用于血栓治疗），静脉注射要比口服给药效果好，这是因为在同一剂量下静脉注射阿司匹林的血药浓度高。

吸收后的阿司匹林和水杨酸盐广泛分布于机体的大多数组织和体液，且可以穿过胎盘屏障。80%～90%的水杨酸盐与血浆蛋白结合。水杨酸盐在肝脏与葡萄糖醛酸结合代谢和清除，最后由肾脏排泄。猫因缺乏葡萄糖醛酸转移酶而对水杨酸盐代谢缓慢，如果超剂量使用阿司匹林，水杨酸盐代谢则达到饱和，血浆水杨酸盐清除为零级过程，呈现缓慢清除的动力学。水杨酸在猫的清除半衰期为40 h，而犬则只有7.5 h。

由于阿司匹林没有被批准兽用，确定有效剂量的疗效研究尚未开展。犬的推荐剂量为口服10～40 mg/kg，每日2～3次。阿司匹林的抗凝血作用已用于治疗马的蹄叶炎，剂量为口服10 mg/kg，每日1次。阿司匹林的抗血小板作用用于治疗猫的血栓性疾病，剂量为口服10 mg/kg，由于代谢期较长，每48 h用药1次。阿司匹林的不良反应较常见，且呈剂量依赖性。即使使用治疗剂量即25 mg/kg，普通阿司匹林也会导致犬的黏膜受损及溃疡，大剂量还可见呕吐和黑便。PGE$_1$类米索前列醇，可有效降低阿司匹林及其他NSAID所致的胃肠道溃疡发生率。大剂量服用阿司匹林，可导致各种动物水杨酸盐中毒，表现为严重的酸碱平衡紊乱、出血、癫痫发作、昏迷及死亡。

2. 对乙酰氨基酚 对乙酰氨基酚（扑热息痛）是对氨基酚的衍生物，具有退热和止痛作用，而消炎作用弱。对乙酰氨基酚不抑制中性粒细胞，不易引起溃疡，对血小板及出血时间也无影响。对乙酰氨基酚的药理作用与其他NSAID不同，因为对乙酰氨基酚对大脑的COX的抑制作用强于对外周的COX的抑制作用。研究表明，对乙酰氨基酚可能抑制COX-1的剪接变异体COX-3，但也有研究者对这一假设提出质疑。给犬口服对乙酰氨基酚，推荐剂量为10～15 mg/kg，每日3次。对乙酰氨基酚的不良反应呈剂量依赖性，包括精神沉郁、呕吐及高铁血红蛋白症等。由于猫缺乏葡萄糖醛酸转移酶，用药后可能出现溶血性贫血、肝小叶中央坏死，因此对乙酰氨基酚禁用于猫。

3. 保泰松 保泰松是最早批准用于马和犬的NSAID之一，它是吡唑酮衍生物，常用的制剂有片剂、糊剂、凝胶及注射剂。保泰松在马和犬的血浆半衰期为5～6 h，牛超过30 h。保泰松经口服给药可被饲料中的干草吸取，可降低其胃肠吸收及生物利用度。吸收后，保泰松绝大部分和血浆蛋白结合（马99%，牛93%）。保泰松在肝脏代谢为几种活性（羟基保泰松）及非活性代谢产物，最终随尿排泄。保泰松主要用于马蹄叶炎的治疗，初期采用注射，剂量为8.8 mg/kg，后期采取口服，剂量为2.2～4.4 mg/kg，每日2次。由于保泰松的治疗指数较窄，用药剂量应调整至维持疗效的最小剂量，以避免中毒。使用保泰松常见不良反应为胃肠道作用（如厌食）及精神沉郁，也可见口腔、胃、盲肠及右背结肠的溃疡。保泰松对马的致溃疡潜力，要高于氟尼辛葡甲胺和酮洛芬。犬的保泰松推荐剂量为口服3～7 mg/kg，每日3次。犬的出血性疾病、肝病、肾病及罕见的不可逆骨髓抑制病等都可能与使用保泰松有关。

4. 甲氯灭酸 苯甲酰亚氨类的NSAID，马的用药剂型为颗粒剂，犬为口服片剂。马的推荐剂量为2.2 mg/kg，每日1次，连用5～7 d，犬为1.1 mg/kg，每日1次，连用5～7 d。牛使用甲氯灭酸出现双相吸收模式，用药后30 min出现第一个峰浓度，第二个峰浓度出现在用药后4 h。甲氯灭酸在马的吸收迅速，但在用药前饲喂则会延长吸收时间。甲氯灭酸作用缓慢，用药后2～4 d才出现临床效应。甲氯灭酸可有效用于治疗慢性蹄叶炎，但其治疗指数低于其他NSAID。

5. 氟尼辛葡胺 在美国，烟酸衍生物氟尼辛葡甲胺的口服及注射制剂已被批准用于马，推荐剂量为1.1 mg/kg，静脉注射或内服，每日1次，连用5 d。氟尼辛葡甲胺内服或肌内注射后被快速吸收，体内清除半衰期短（2～3 h），主要通过肾脏排泄。氟尼辛葡甲胺可有效治疗与马腹痛有关的内脏痛，它也具有抗内毒素活性。马的推荐剂量为1.1 mg/kg，每日2次，或0.25 mg/kg，每日3次。氟尼辛葡甲胺对马的毒性不常见，但也可能会引起胃肠道溃疡和糜烂。尽管适应证没有标明，但氟尼辛也用于治疗牛的乳房炎和急性肺气肿。犬长期使用氟尼辛葡甲胺，可能会出现严重胃肠溃疡和肾脏损伤。犬用氟尼辛在美国还没有上市，但在欧洲和其他国家已被批准上市。

6. 卡洛芬 在美国已有芳基丙酸类NSAID的囊片和咀嚼片剂，在美国和欧洲还有注射剂。FDA已批准卡洛芬，用于治疗与骨关节炎有关的疼痛和炎症，及犬的软组织及外科矫形手术所致的急性疼痛。卡洛芬的推荐剂量为4.4 mg/kg，口服，每日1次，或分2次服用。在欧洲及其他国家，卡洛芬也用于牛及猫的短期治疗。犬口服生物利用度高（90%），用药后2～3 h达到血浆峰浓度，消除半衰期约为8 h。和其他NSAID相比，卡洛芬的绝大部分与蛋白质结合（99%），在肝脏生物转化为代谢产物，最终随粪、尿排出，某些代谢产物也会发生肠肝循环。卡洛芬的作用机制还不清楚。尽管卡洛芬对COX-2的选择性高于COX-1，但一般认为卡洛芬是COX的弱抑制剂。犬细胞系体外测定发现，卡洛芬对COX-2的选择性高达129倍，而犬全血体外测定对COX-2的选择性为7～17倍。马全血分析表明，卡洛芬对COX-2的选择性仅为1.6倍，猫科动物则大于5.5倍。卡洛芬的其他作用机制为抑制PA$_2$，这可能与其消炎作用有关。自从用作兽药以来，卡洛芬被广泛用于犬，其不良反应与其他NSAID类似（如犬用药1 000例，2例出现不良反应），约1/4不良反应表现为胃肠症状，如呕吐、腹泻及胃肠溃疡。和其他NSAID相比，肝脏、肾脏损伤少见，但有报道指出，犬出现以急性肝坏死为特征的异质性肝病。尽管品种易感性还不清楚，但卡洛芬用药后，约1/3发生肝病的是拉布拉多猎犬。和其他NSAID一样，在使用卡洛芬时要注意监测肝脏受损情况，尤其是老龄动物及易感品种动物更易伴发肝脏疾病，因此在用药时应仔细监测。

7. 酮洛芬 酮洛芬是丙酸的另一种衍生物，其马用的10%注射液已在美国和其他国家使用，欧洲和加拿大使用犬和猫的片剂和1%的注射液。酮洛芬推荐用于犬和猫的急性疼痛（超过5 d），用于治疗马骨关节炎引起的疼痛和炎症，及疝痛引起的内脏痛。犬和猫的推荐剂量为1 mg/kg，静脉注射或口服，每日1次，连用5 d，马的剂量为2.2 mg/kg，静脉注射，每日1次，连用5 d，牛的剂量为3 mg/kg，静脉注射或肌内注射，每日1次，连用1~3 d。酮洛芬是一种有效的COX和缓激肽抑制剂，它也是某些脂加氧酶抑制剂。它在缓解犬的整形及软组织外科手术的疼痛方面的有效性可与阿片媲美。内服后，酮洛芬被可快速吸收，猫和犬的终末半衰期为2~3 h。与其他NSAID一样，酮洛芬在肝脏代谢为无活性的代谢产物后由肾脏清除。酮洛芬的副作用同其他NSAID，主要包括胃肠不适，动物的肝、肾疾病等其他副作用也有报道。酮洛芬可抗血小板，所以在手术前后使用时要加强动物的护理。

8. 依托度酸 美国已批准吡喃羧酸类的NSAID药物依托度酸用于犬，它的允许剂量10~15 mg/kg，口服，每日1次，消除半衰期为8~12 h。依托度酸进入犬体内进行广泛的肠肝循环，然后被清除，其原型药物及代谢产物主要存在于肝脏和粪便中。尽管犬的全血体外分析发现其作用没有专一性，但体外研究表明，依托度酸对COX-2的抑制作用强于COX-1。依托度酸还可抑制巨噬细胞趋化性，因此，可用于治疗髋骨发育不良引起的蹄病。虽然在治疗剂量下，依托度酸引起胃肠溃疡的风险较低，但毒性研究发现，如使用3倍标签剂量则可致胃肠溃疡、呕吐及体重减轻。与其他NSAID类似，依托度酸用药后会出现胃肠、肝脏及肾脏不良反应。

9. 维达洛芬 维达洛芬是芳基烷酸衍生物，其凝胶制剂在欧洲已用于马和犬，注射剂用于马。维达洛芬用于治疗犬（0.5 mg/kg，每日1次）和马（1 mg/kg，每日2次）的与骨骼肌疾病有关的疼痛和炎症，及马疝痛（2 mg/kg，单次静脉注射）。服药后，维达洛芬被快速吸收，生物利用度高，但如果与饲料同喂，生物利用度可能降低。犬的终末消除半衰期为10~13 h，马为6~8 h。维达洛芬被在体内经过广泛的生物转化，生成的羟化代谢物随粪尿被排泄。

10. 美洛昔康 昔康类NSAID的美洛昔康口服糖浆和注射液已在欧洲和加拿大被批准用于猫、犬和牛，在美国被和加拿大也被批准用于人，在美国被批准用于犬。美洛昔康是前列腺素合成的有效抑制剂，常被用于治疗与骨骼肌疾病有关的急性和慢性炎症，及缓解术后疼痛。推荐的犬首次口服剂量为0.2 mg/kg，以后为0.1 mg/kg，每日1次。一旦用药见效，应将剂量逐步降低至最低剂量。美洛昔康对COX-1∶COX-2的抑制率表明，美洛昔康选择性抑制COX-2。体外犬全血测定表明，其对COX-2的

选择性达2.7~10倍。美洛昔康被吸收后，绝大部分（97%）与蛋白质结合，清除半衰期相对较长（12 h以上）。与其他非选择性NSAID相比，美洛昔康对胃肠道副作用较少，但对啮齿动物的研究发现，美洛昔康可导致软骨损伤。

11. 地拉考昔 地拉考昔是美国批准用于犬的首个考昔类NSAID药物，剂型为牛肉味咀嚼片。地拉考昔可抑制COX-2介导的PGE_2的生成。体外测定地拉考昔对犬克隆细胞COX-1∶COX-2抑制率表明，地拉考昔对COX-2的选择性为1 275倍，而体外犬全血测定为12~37倍。治疗和缓解由整形手术引起的术后疼痛和炎症，地拉考昔的剂量为3~4 mg/kg，口服，每日1次，连用7 d；治疗和缓解由骨关节炎引起的疼痛和炎症的剂量为1~2 mg/kg，口服，每日1次。地拉考昔被吸收后，90%以上与蛋白质结合，清除半衰期为3 h。

12. 非罗考昔 非罗考昔是考昔类NSAID，在美国和欧洲，已被批准用于治疗犬骨关节炎引起的疼痛和炎症，及软组织和整形手术引起的术后疼痛和炎症。在加拿大、澳大利亚及新西兰被批准在骨关节炎、软组织及整形手术时使用，剂型为咀嚼片。口服后，非罗考昔被快速吸收，经肝脏代谢清除，由肾脏排泄，消除半衰期为8 h，允许用药剂量为5 mg/kg，口服，每日1次。体外犬全血测定对COX-1∶COX-2抑制率表明，非罗考昔对COX-2选择性为384倍。与其他NSAID一样，非罗考昔被吸收后绝大部分（可达96%）与蛋白质结合。与其他非特异性NSAID相比，非罗考昔对胃肠道的副作用较小。

13. 替泊沙林 替泊沙林是环氧化酶（COX1和COX2）和5-脂氧合酶（LOX）的双重抑制剂，从作用机制来看，其LOX活性（减少白三烯生成）可减少不受COX同工酶抑制剂控制的炎症因子的生成。犬使用的替泊沙林剂型为口服片剂，首次剂量为20 mg/kg，维持剂量为10 mg/kg，每日1次。用药后，替泊沙林快速吸收，2~3 h可达血浆峰浓度，血浆消除半衰期短（2 h），但其可代谢为具有较长半衰期的羧基活性代谢物（替泊沙林咪唑酸）。替泊沙林及其活性代谢物的绝大部分与血浆蛋白结合（98%~99%）。替泊沙林常见的不良反应为胃肠不适（如20%的犬用药4周出现腹泻、呕吐症状）。

（二）其他非类固醇类消炎药

大多数处方和非处方NSAID均可用于人。但由于在代谢、效力及毒性等方面的种属差异，许多药物不推荐用于动物。例如，消炎痛对犬的胃肠道毒性较大，治疗剂量可导致胃肠溃疡、咯血及黑粪。吡罗昔康在犬经广泛的肠肝循环，可导致血浆消除半衰期延

长。吡罗昔康剂量0.3～1 mg/kg，每日1次，就能引起犬胃肠溃疡、出血、肾乳头坏死。

布洛芬是2-芳基丙酸衍生物，已作为消炎药用于犬，但犬比人对布洛芬更敏感，治疗剂量的布洛芬可导致犬呕吐、腹泻、胃肠出血及肾脏感染等不良反应，因此，布洛芬不推荐用于犬和猫。

奈普生已用于马，剂量为5～10 mg/kg，每日1～2次。奈普生的生物利用度比其他NSAID低（约50%），马的消除半衰期为5 h。可能由于奈普生进入犬体内经广泛肠肝循环，其消除半衰期为35～74 h，因此，犬的药代动力学具有种属特异性，由于半衰期的延长，犬对奈普生的毒副作用极其敏感。

考昔类药物包括塞来考昔和伐地考昔，可抑制COX-2，现已用作人药。临床研究发现，使用塞来考昔和伐地考昔后，病人的胃肠溃疡发生率显著低于使用萘普生的发生率。这些药物在动物上的应用还有待进一步研究。一项比格犬的塞来考昔药代动力学研究表明，塞来考昔在不同品种犬的消除半衰期不同。在这项研究中，比格犬的一个亚群对塞来考昔的代谢比其他亚群快，消除半衰期分别为2 h和18 h。迄今为止，这些药动学的数据还不能说明这些药物对动物是安全的，所以，这些药物不推荐作为兽药使用。

六、软骨保护剂

1. 多硫酸化氨基葡糖胺聚糖（PSGAG） 由牛气管软骨半合成的糖胺聚糖，由重复二糖单位聚合链组成。PSAGA的主要糖胺聚糖为硫酸软骨素。现已批准PSGAG用于犬肌内注射和马关节内注射，控制非传染性退行性或创伤性关节炎的相关症状。马的PSGAG推荐剂量为500 mg，肌内注射，每4 d用药1次，连用28 d，或250 mg，关节内注射，每周1次，连用5周；犬的推荐剂量为2 mg/0.454kg，肌内注射，每周2次，连用4周。PSGAG经肌内注射被吸收后进入全身循环，最终进入正常及受损软骨组织。PSGAG确切的作用机制还不清楚，但体外研究表明，PSGAG可抑制PGE_2和降解酶如基质降解酶、弹性蛋白酶、金属蛋白酶类等。PSGAG在体外也可促进透明质酸、蛋白聚糖及胶原蛋白的合成。PSGAG的毒性极小。PSGAG的化学结构与肝素类似，过量使用可抑制凝血，与阿司匹林同时使用会延长出血时间。化脓关节禁用PSGAG。

2. 戊聚硫钠（PPS） 一种多聚糖硫酸酯，是以植物山毛榉为原料半合成的多聚制剂。PPS的化学结构与肝素及黏多糖相似。口服PPS胶囊已被FDA批准用于治疗人的间质性膀胱炎，注射剂在澳大利亚及其他国家用于人、犬及马。PPS的作用机制还不清楚。PPS能刺激受损关节合成透明质酸和GAG，抑制蛋白

分解酶如金属蛋白酶，清除自由基。PPS也可降低细胞因子的活性。在犬骨关节炎模型中，肌内注射PPS能显著减轻软骨损伤。由于PPS结构与肝素相似，用药后可出现凝血障碍。

3. 透明质酸酶（以前叫透明质酸） 是葡萄糖醛酸和葡萄糖胺的多聚二糖，也是滑液及关节软骨的组成成分。在美国，从公鸡冠提取的透明质酸钠盐纯化片段，用于治疗马的骨关节炎。透明质酸酶可维持滑液黏性，且对活动关节有润滑作用。与其他软骨保护剂一样，透明质酸酶的作用机制还不清楚。但是，当机体发生骨关节炎时，滑液的黏弹性降低，关节内注射透明质酸酶，能增加关节的润滑作用。透明质酸酶在体内、外均可抑制PGE_2的合成，因此，可以抑制炎症及减轻疼痛。透明质酸临床常用于马，其副作用极小。

4. 铜锌过氧化物歧化酶 含有铜和锌的金属蛋白，体内浓度低。铜锌过氧化物歧化酶具有超氧化物歧化活性，可清除氧自由基。铜锌过氧化物歧化酶的注射剂，用于治疗马的软组织炎症及犬的骨关节炎。虽然铜锌过氧化物歧化酶可以肌内注射及皮下注射，但由于其分子质量大，通过其他途径很难吸收，所以，应关节内局部注射。虽然铜锌过氧化物歧化酶疗效慢（2～6周），但其关节内注射可有效治疗马的急性蹄病。铜锌过氧化物歧化酶的安全性还有待研究。

第十六节　抗肿瘤药

抗肿瘤化疗是小动物疾病治疗的主要组成部分，也是马、牛肿瘤病常用的治疗方法。抗肿瘤化疗的有效性，主要依赖于对肿瘤生物学基本原理的理解、药物的作用及毒性、用药的安全性。

1. 肿瘤生长和化疗反应 癌细胞和正常细胞之间的基本生化和遗传差异，是目前研究的活跃领域，但二者之间的差异还不清楚。似乎没有一个根据传统经验开发的抗肿瘤药物，是完全作用于癌细胞过程或某一成分。较新的疗法是药物作用于癌细胞的靶标或某一通路。但是，现在癌症的治疗仍用传统的化疗法。临床用药是将癌细胞某些特点作为药物作用的靶标，因此，药物作用具有一定的专一性。这些特点包括快速分裂和生长率，药物吸收速率的差异，特定药物对不同细胞的敏感性，恶性肿瘤细胞对激素的反应特性，如某些乳腺癌对雌激素的反应。

正常细胞的生长特点及生长周期，为抗肿瘤化疗的成功应用提供理论依据。S期DNA合成，M期开始有丝分裂及完成胞质分裂，G_0期为细胞周期的静止期或非增值期。肿瘤的倍增时间与细胞周期的长度及

生长分数有关（分裂细胞的比例）。根据对不同细胞周期的作用，可对抗肿瘤药物进行分类。最简单的理解是，非特异性细胞周期药，可将所有周期的细胞致死。随药量增加杀死细胞数迅速增加，剂量-反应曲线符合一级动力学过程。时相特异性药物特定地发挥致死作用或主要作用于细胞的一个周期，通常是S或M期，细胞分裂速度越快，药物越有效。细胞的G_0期很重要，但不作为化疗药作用的靶标，因为此时休眠肿瘤细胞会逃逸或纠正药物的作用。

2. 抗肿瘤化疗的原理 是否采用抗肿瘤化疗依赖于肿瘤类型、恶化阶段、动物体况及经济情况。化疗可作为手术和放疗的辅助手段，可在手术和放疗处理之前或者同时使用。化疗是手术和放疗前的新辅助疗法，它可通过缩小肿瘤、降低恶化及微转移损害来提高手术和放疗的疗效。癌症化疗的反应范围是从缓和（次级症状缓和，但不能延长存活时间）到完全缓和（临床上可观测到的肿瘤和所有恶化症状消失）。完全缓和的百分比和时间是化疗成功的标准。

化疗药的临床有效应用，取决于药物杀死肿瘤细胞的能力及对宿主细胞的毒性。由于化疗药物的治疗指数较窄，其用药剂量通常根据体表面积（BSA）而不是根据体重计算得出，但有证据表明，小型犬和猫最好依据体重给药，以避免超剂量用药，尤其注意主要毒性为抑制骨髓的药物，因为骨髓干细胞与BSA之间相关性较小，用药后或可导致造血毒性，而体重则与其毒性相关性较好。化疗药物的给药途径包括内服、静脉注射、皮下注射、肌内注射、局部用药、病灶内给药、囊内给药、鞘内注射及关节内注射。给药途径应根据具体药物而定，主要取决于药物的毒性、用药部位、肿瘤的类型及大小、动物体况。

化疗药物在使用时按不同时间采用不同的剂量，根据治疗方案采取特殊用药法。一个治疗方案可能会用1种甚至多达5、6种不同化疗药。选择适合的治疗方案应根据肿瘤类型、恶化的分级或程度、疾病的阶段、动物的体况及费用。临床医生对特定的肿瘤采取的治疗方案也不同，但是不论采取何种治疗方案，必须掌握每种治疗药的作用机制及毒性。

抗肿瘤药物联合使用有诸多益处。不同作用靶标或作用机制的药物联合使用，可提高对肿瘤的杀伤力。但如果各药物的不良反应不同，联合用药则比单一用药毒性更强。联合用药先使用细胞周期非特异性药物，其次使用时相特异性药物，这样初次用药可促进存活细胞的有丝分裂，使其对第二次用药更易感。联合用药的另一益处是降低了药物的耐受性。

抗肿瘤用药需特别关注以下几方面问题：评价动物生存质量、药物及营养支持、疼痛的控制及畜主的精神安慰。许多畜主选择对宠物进行肿瘤治疗，是因为其自身或家庭成员患过癌症。所以，他们讨论宠物的肿瘤可能更有发言权，应给畜主提供恰当的决策信息。

3. 抗肿瘤药物的耐药性 对抗肿瘤药物无反应或产生耐药性有几方面的原因。当药物浓度低于需要杀死靶细胞的浓度时出现药代动力学性耐受，这可能是由于药物的吸收速率、分布、生物转化及排泄发生改变。此外，流过肿瘤的血液不能提供足够的药物，导致治疗药物浓度不足，产生大量休眠细胞而对药物易感细胞数减少。细胞动力学耐受是肿瘤细胞没有被完全摧毁，这样产生休眠肿瘤细胞，药物剂量限制宿主的毒性或在治疗剂量不能100%杀死肿瘤细胞。药物的耐受性也会由肿瘤本身的生化机制，限制摄入药物的转运而产生，耐受性可改变靶受体或药物作用的关键酶，增加与抗肿瘤药物作用相反的正常代谢物浓度或导致遗传改变如保护基因的扩增或DNA修复模式的改变，耐受性药物越多，导致的耐受基因扩增和过表达就越多。这些基因编码的膜蛋白将各种结构上无关的抗肿瘤药物泵出细胞。细胞内药物浓度降低，则增加肿瘤的存活和耐受性。

4. 毒性模式 抗肿瘤药物主要作用于快速分化和生长的细胞，因此，会产生许多不良反应和毒性，包括骨髓抑制、胃肠不适及免疫抑制。毒性模式有急性或迟发性。使用一种安全有效药物或化疗后24 h内，可能会出现急性呕吐，这是因为药物直接刺激化学受体。几种药物包括多拉司琼、昂丹司琼及柠檬酸马罗吡坦，可以降低这种毒性。多拉司琼和昂丹司琼是血清素受体的颉颃剂，它们主要作用于大脑而抑制呕吐。柠檬酸马罗吡坦是FDA批准的治疗犬急性恶心或呕吐的口服或皮下注射药物。它们作用于外周和中枢呕吐通路而抑制呕吐，主要通过阻断神经激肽受体而抑制呕吐区激活。

口服止吐药能延迟胃肠道毒性反应，化疗后3～5 d出现呕吐。止吐药胃复安能直接颉颃中枢及外周的多巴胺受体。服用胃复安还有利于促进上消化道运动，而不刺激胃液、胆汁及胰液的分泌，这对长春新碱所继发犬的肠梗阻是有用的。人医肿瘤学常用神经缓激肽-1受体颉颃剂治疗迟发性呕吐，经研究发现，它们也可用于兽医肿瘤学。

药物的过敏反应也受到关注，必要时可用抗组胺药或皮质类固醇类激素治疗。对一些严重病例，可静脉注射肾上腺素。

其他的延迟毒性出现于抗肿瘤治疗的几天至几周。骨髓抑制是常见的迟发性毒性，由于会引起中性粒细胞减少导致感染风险增加，这种毒性可能会危及生命。不常见的毒性反应包括贫血和血小板减少引起的出血增加。

其他重要的延迟毒性有药物外渗引起的组织受损，毛囊受损引起的脱发，尤其是毛发连续生长的非脱落品种出现毛发脱落。繁殖期的动物还会出现精子生成及致畸作用等不良反应。化疗引起的口腔炎及溃疡性结肠炎在猫和犬极少见。

有效的抗肿瘤治疗中预防和处理药物的毒性是至关重要的。可避免使用以前治疗的数据已确认禁忌证的药物。导致特殊器官损伤的几种抗肿瘤药物不应使用，例如，阿霉素不能用于犬，它能损伤左心室而导致心脏功能紊乱；氯氨铂可损伤肾脏功能，动物、禁用。

当药物选定后，降低药物毒性的辅助与预防治疗是必要的。使用自由基抑制药右雷佐生，可避免阿霉素引起的潜在的心肌损伤。利尿剂应与肾脏毒性药物（如氯氨铂）联合使用。阿霉素和L-天冬酰胺酶可与抗组胺药联合用药。

利用重组产品可治疗抗肿瘤药物引起的骨髓抑制和免疫抑制。人（rhG-CSF）和犬（rcG-CSF）重组粒细胞集落刺激因子，能有效治疗化疗和放疗引起的血细胞减少。rcG-CSF可快速显著增加中性粒细胞数目，且可维持至用药结束，一旦停药，中性粒细胞数目立即下降。G-CSF可增加中性粒细胞的吞噬作用、超氧化物的产生及抗体依赖的细胞毒性。长期（超过2～3周）或重复使用人重组产品，可使猫、犬避免抗重组产品抗体的形成及靶细胞数目的下降。

预防性抗生素能降低癌症化疗病人的住院率和死亡率。这些药物有时也被用作兽药，来降低特殊化疗药物引起的血液病发生率或程度及非血液系统并发症。

5. 癌症治疗的生物反应调节剂 近年来，研究了许多癌症治疗的替代方法。居于首位是生物反应调节剂，它可提高宿主天然抗肿瘤防御机制。非特异性免疫调节器包括细菌或细菌细胞成分、乙酰化甘露聚糖、IL-2或IL-12、α-干扰素、左旋咪唑及西咪替丁，它们可不同程度的提高免疫反应、改善外科手术或抗肿瘤化疗的疗效。脂质体包裹的胞壁酰三肽磷脂酰乙醇胺，也许是兽药中研究最好的非特异性免疫调节剂，这种合成的细胞壁成分，可有效提高患脾血管肉瘤及骨肉瘤犬的存活时间。

另一类生物反应调节剂是NSAID，它们是非专一性或专一性COX-2抑制剂，分别是阿司匹林和吡罗昔康、地拉考昔和美洛昔康。许多肿瘤能过量表达COX-2，而这些药物能直接抑制COX-2酶活性。吡罗昔康在犬的应用研究最多，但较新的NSAID具有更强的COX-2抑制活性，可产生同等的或更高的疗效。这些药物能降低细胞增殖，增加凋亡，抑制肿瘤血管再生及调节免疫反应。这些药物的临床有效性，在犬的移行细胞癌及犬和猫的其他肿瘤治疗中已得到证实。

化疗的新型的或非传统的方法，就是采用节律用药或使用抗血管生成药，即每天连续内服低剂量药物。这种化疗方案可影响肿瘤的脉管系统及抗肿瘤免疫抑制，但对治疗本身无影响。初步的研究表明，这可能是常规化疗最大耐受剂量的很有前途的替代方法。这种低剂量化疗可使疾病维持稳定，且不良反应减小。

治疗性疫苗激活抗肿瘤免疫，已成为人医及兽医肿瘤学研究的目标。近来犬黑色素瘤疫苗的引入使其成为现实。人黑色素瘤形成的酶——酪氨酶疫苗已用于免疫反应。犬黑色素瘤细胞过表达的酪氨酸酶与外源性酪氨酸酶交互反应，使机体产生抗体及T细胞反应。初步研究表明，犬的晚期口腔恶性黑色素瘤经放疗后，或原发性肿瘤手术后，用疫苗治疗可延长其生存期。疫苗已获得USDA的许可。

另一研究的黑色素瘤疫苗，含有不能生长的犬黑色素瘤细胞，或含有多性能免疫细胞因子粒细胞-巨噬细胞克隆刺激因子（GM-CSF）基因表达普通黑色素瘤抗原（hgp-100）。疫苗治疗的目的是使机体产生抗肿瘤细胞免疫反应。

开发淋巴因子或细胞因子（如白细胞介素、干扰素及肿瘤坏因子）临床用于癌症病人治疗，已受到人们的青睐。这些免疫调节剂还未完全用于临床，主要还是其毒性之故。这些制剂在兽医中还不常使用。

近年来，医学肿瘤学开始采用黑色素瘤抗体被动免疫治疗。单克隆抗体可特异的与癌细胞抗原结合，因此，可通过免疫系统杀死结合抗体的癌细胞，或损伤肿瘤细胞的功能性通路。单克隆抗体也可以和其他抗肿瘤药物结合（如化疗药，放射性核素，或其他毒素），形成对癌细胞靶向释放细胞毒性的治疗，但不损伤正常组织。然而，这种疗法目前兽医中还未应用，可能是不同品种交叉而不产生作用。

除提高免疫识别，控制治疗疾病，这种新疗法有望开拓肿瘤细胞异常或过表达的特异性通路。肿瘤的生长中至关重要的是血管的发生，因为当肿瘤直径长至几毫米时必须有自身血管供应血液。已研究不同的药物，如血管生成抑制因子、凝血栓蛋白-1及基质金属蛋白酶抑制剂，但其疗效不同。尽管现在节拍鸡尾酒化疗已用于肿瘤的抗血管生成治疗，兽用的特异血管生成抑制剂还未商品化。

针对异常或失调癌症的特异通路已形成新的疗法，用于治疗人的各种癌症。这种靶向性的实例是酪氨酸激酶受体，它可调节肿瘤生长、发展及转移。Toceranib近来FDA批准用于治疗犬的复发性皮肤肥大细胞癌。它的主要作用是抑制酪氨酸激酶受体，该受体在约1/3的高等级肿瘤发生突变。由于Toceranib可影响多种酪氨酸激酶通路，因此，可用于多种类型肿瘤的治疗。

6. 抗肿瘤药物的安全处理 大多数抗肿瘤化疗药物具有潜在的毒性，如致突变、致畸及致癌。使用这些药物能通过不同途径损害人体健康或使其暴露于环境。常见的暴露是在混合时发生雾化而吸入或通过服用细胞毒性药物而摄入，也可能是由于从加压药物容器中，在退针时药物漏出或装药后的注射器暴露于空气中。容器间转移药物、打开装有药物的玻璃安瓿瓶，压碎或撕开内服药物等也可能使残留药物呈烟雾状散开。

避免药物雾化散布最好的方法，是在生物安全柜或生物罩中准备细胞毒性药物。建议在使用Ⅱ级A型垂直型外排空气层流罩。如果没有空气层流罩，药物应在人流量少、通风且无食物、饮料及烟草制品区准备。这个区域应配备药物配制所需的装备，包括一次性塑料袋、无粉乳胶手套、长袍过滤面罩。应预先考虑处理这一区域污染的药瓶、注射器、针头及手套，提供防破裂容器。通过使用化疗配药针或封闭干膜配药系统，能进一步降低吸入暴露的可能性。

另一潜在抗肿瘤药物暴露是皮肤吸收药物。这可能发生于准备或使用药物、清理药物准备区或处理使用某种细胞毒性药物动物的排泄物时。大多数这种类型的暴露可通过认真佩戴乳胶手套，仔细处理药物污染针头或导尿管而避免。将残留有药物的针头重新盖帽并不能避免偶然发生的自体接触药物。

如果食物、饮料及烟草制品在药物准备区、治疗区或治疗动物栏舍附近，可能不经意的接触到抗肿瘤药物。因此，任何机体可摄入的物质都应与这些区域相隔足够远，以避免这些药物可能造成的污染。

所有人应仔细处理抗肿瘤药物。育龄妇女尤其要谨慎，怀孕妇女不能处理抗肿瘤药物。

另一细胞毒性药物暴露，通常是忽视处理用药病人的体液及排泄物，处理这些潜在危险物的统一指南尚未发表。然而，可以采取简单措施将兽医和畜主的药物暴露降低到最低。化疗前应收集生物样品如血液、尿或组织。用药后采取防范措施的类型及时间，取决于用药途径及药物的消除半衰期。建议兽医工作人员和畜主让犬尽量在户外限定区域排泄粪便，而这一区域应尽量远离人群聚集区或儿童玩耍区。在清理垃圾箱和密封塑料袋的内容物时应戴面罩；清理尿、粪及呕吐物应戴一次性无粉手套。兽医应联系本地卫生机构和其他监管机构处理危险垃圾。

7. 抗肿瘤化疗药物的分类 根据生化作用机制，将传统的细胞毒性抗肿瘤药物分为以下几类：烷化剂、抗代谢、有丝分裂抑制剂、抗肿瘤抗生素、激素制剂等。下面讨论临床用于兽药的相关药物。这些药物的适应证、作用机理及毒性总结于表19-57。

表19-57 部分抗肿瘤药的作用机制、适应证及毒性

药　　物	作用机制	适　应　证	毒　　性
烷化剂			
环磷酰胺	经肝脏转化为活性代谢产物——烷基化DNA，烷基化导致DNA编码错误及DNA链交联	淋巴瘤，乳腺癌，恶性毒瘤，淋巴细胞白血病	恶心，呕吐（罕见），中度至严重骨髓抑制，无菌性、出血性膀胱炎
苯丙氨酸氮芥	DNA烷基化导致编码错误及DNA链交联	多种骨髓瘤	恶心，呕吐，厌食，中度骨髓抑制（猫可能会出现更严重的骨髓抑制）
苯丁酸氮芥	DNA烷基化导致编码错误及DNA链交联，慢作用烷化剂	慢性淋巴细胞白血病，小细胞淋巴瘤	恶心，呕吐，轻度至中度骨髓抑制
环己亚硝脲CCNU	DNA烷基化导致编码错误及DNA链交联，抑制DNA、RNA合成，与其他烷化剂没有交叉耐药性	淋巴瘤，肥大细胞瘤，组织细胞肉瘤，中枢神经系统肿瘤，多种骨髓瘤	恶心，呕吐，中度至严重骨髓抑制（延迟4～6周），肝脏细胞毒性，肾脏毒性及肺脏毒性
链尿霉素	抑制DNA合成，与胰腺β细胞亲和力高	胰岛瘤	严重潜在致命性肾脏毒性（如果不用利尿剂）及肝脏细胞毒性，恶心（急性和迟发性），呕吐，轻度骨髓抑制
氮烯咪胺（DTIC）	经肝脏生物转化为活性代谢物烷基DNA，抑制RNA合成	淋巴瘤，肉瘤	重度急性恶心，呕吐，静脉炎，中度骨髓抑制，肝脏细胞毒性，单例报道猫出现胸腔积液
异环磷酰胺	环磷酰胺类似物，经肝脏生物转化为活性代谢物烷基DNA，DNA烷基化导致编码错误及DNA链交联	各种肉瘤	恶心，呕吐，骨髓抑制，无菌性、出血性膀胱炎，有肾脏毒性可能

（续）

药　物	作用机制	适　应　证	毒　性
抗代谢剂			
氨甲蝶呤	抑制胸苷酸合成的辅助因子四氢叶酸合成所需的二氢叶酸还原酶，胸苷酸是DNA合成和修复必需的原料	淋巴瘤	恶心，呕吐，中度骨髓抑制，胃肠溃疡，肝脏细胞毒性，肺脏毒性
5-氟尿嘧啶	嘧啶类似物，干扰DNA合成，也可进入RNA产生毒性作用	癌（全身性）；皮肤癌（局部）	全身性：恶心，呕吐，中度骨髓抑制，神经毒性，胃肠溃疡，肝脏细胞毒性　局部：局部刺激性疼痛，色素沉着过度　不能用于猫（导致致命神经毒性）
阿糖胞苷	嘧啶类似物，混入DNA导致空间位阻，抑制DNA合成	淋巴瘤（包括CNS），白血病，对实体瘤无活性	恶心，呕吐，中度骨髓抑制，神经毒性，肝脏细胞毒性
吉西他滨	嘧啶类似物，混入DNA导致空间位阻，抑制DNA合成	对淋巴瘤作用有限，各种癌	轻度恶心，呕吐，轻度至中度骨髓抑制，肺脏毒性，肾脏毒性
抗肿瘤抗生素			
阿霉素	插入及结合于DNA，破坏DNA双螺旋和DNA模板，抑制DNA和RNA聚合酶，导致DNA拓扑异构酶Ⅱ介导的DNA断裂，产生自由基使DNA断裂及细胞膜损坏	淋巴瘤，白血病，多种骨髓瘤，骨肉瘤，血管肉瘤，各种其他肉瘤及癌	恶心，呕吐，中度骨髓抑制，出血性结肠炎，如果溢出会出现严重皮肤反应，红尿（不是血尿症），短期心电图变化及心律失常，肾脏毒性，过敏反应
米托蒽醌	拓扑异构酶Ⅱ介导的DNA链断裂，DNA聚集、氧化、链破坏	淋巴瘤，各种癌	恶心，呕吐，中度至严重骨髓抑制，腹泻，巩膜蓝斑，严重不良反应少于同类药物
博来霉素	糖肽类混合物，产生氧化自由基致DNA链断裂及破碎	癌	恶心，呕吐，骨髓抑制，发热，过敏反应包括过敏反应，色素沉着过度，皮肤溃疡，局限性肺炎，肺纤维化
更生霉素（放线菌素D）	插入及结合于DNA，破坏DNA双螺旋和DNA模板，抑制DNA和RNA聚合酶，导致DNA拓扑异构酶Ⅱ介导的DNA断裂，产生自由基致使DNA断裂及细胞膜损坏	淋巴瘤，各种肉瘤	恶心，呕吐，中度至严重骨髓抑制，静脉炎，如果外渗，出现严重组织反应
有丝分裂抑制剂			
长春碱	结合微管蛋白，致有丝分裂纺锤体破坏，细胞周期阻滞	淋巴瘤和白血病，肥大细胞瘤	轻度恶心，呕吐，严重骨髓抑制，大剂量引起神经毒性，抗利尿激素过量分泌
长春新碱	结合微管蛋白，致有丝分裂纺锤体破坏，细胞周期阻滞	淋巴瘤和白血病，传染性花柳瘤，各种肉瘤	轻度至中度恶心，呕吐，轻度缓解骨髓抑制，如果渗出，出现严重组织反应，渐增的外周神经病，便秘，麻痹性肠梗阻，抗利尿激素过量分泌
长春瑞滨	结合微管蛋白，致有丝分裂纺锤体破坏，细胞周期阻滞	原发性肺肿瘤，对肥大细胞瘤作用有限	轻度恶心，呕吐，骨髓抑制
其他抗肿瘤药物			
顺氯氨铂	与蛋白质及核酸反应，形成DNA链间交联，DNA与蛋白质交联，扰乱DNA合成	骨肉瘤，癌和间皮瘤	剧烈恶心，呕吐，轻度至中度骨髓抑制，如果不用利尿剂则致潜在的致命的肾脏毒性，过敏反应，耳毒性，外周神经病，高尿酸血症，高镁血症　不能用于猫（急性肺水肿）
卡铂	与蛋白质及核酸反应，形成DNA链间交联，DNA与蛋白质交联，扰乱DNA合成	骨肉瘤，癌	轻度恶心，呕吐，腹泻，中度至严重骨髓抑制
L-天冬酰胺酶	通过水解肿瘤细胞天冬酰胺抑制蛋白质合成	急性淋巴性白血病和淋巴瘤	超敏反应，重复用药后出现过敏反应，凝血参数改变，肝脏细胞毒性，胰腺炎（人类），潜在抑制免疫反应（B和T细胞）

（续）

药 物	作用机制	适 应 证	毒 性
米托坦邻对滴滴滴(o, p'DDD)	损坏肾上腺皮质束状带和网状带	垂体性肾上腺皮质机能亢进症，肾上腺皮质肿瘤的姑息疗法	恶心，呕吐，厌食，腹泻，肾上腺机能不全，中枢神经系统抑制，皮炎
羟基脲	通过损坏核糖核苷酸还原酶抑制核糖核苷酸转化为脱氧核糖核苷酸	真性红细胞增多症，粒性和嗜碱性粒细胞白血病，血小板增多症，脑膜瘤的研究	恶心，呕吐，轻度骨髓抑制，脱毛，爪脱落，排尿困难
甲基苄肼	机制不清，可能通过烷基化抑制DNA、RNA及蛋白质合成，	淋巴瘤，是MOPP化疗方案的一部分，脑瘤	恶心，呕吐，骨髓抑制，腹泻
激素			
泼尼松	破坏淋巴细胞，抑制淋巴细胞有丝分裂	淋巴瘤，肥大细胞瘤，多种骨髓瘤，脑瘤的姑息疗法	钠潴留，胃肠溃疡，蛋白质分解，肌肉萎缩，伤口愈合延迟，抑制下丘脑-垂体-肾上腺作用轴，免疫抑制

一、烷化剂

烷化剂形成的中间化合物能将烷基转移至DNA。烷基化能导致DNA编码错误、烷化片段不完全修复（导致DNA链被破坏或脱嘌呤作用）、DNA过度交联及在有丝分裂时DNA解链的抑制。多功能烷化剂能转移单烷基，通常导致DNA编码错误、DNA破坏或脱嘌呤作用。这些反应会引起细胞死亡、突变或癌变。典型的多功能烷化剂会引起DNA交联，抑制有丝分裂并最终导致细胞死亡。对一种烷化剂产生耐药性就意味着对其他同一类药物产生耐药性，可能是由于亲核物质生成增多而竞争烷化剂靶DNA的缘故。烷化剂渗入的降低及DNA修复系统活性的提高也是产生耐药性的机制。

个别烷化剂没有细胞周期特异性，根据化学结构分为亚类，即氮芥、乙烯亚胺、烷基磺酸盐、亚硝基脲及三氮烯衍生物。

1. 氮芥 最常用的烷化剂亚类是氮芥。盐酸氮芥是氮芥原型，已作为兽药与其他化疗药合用治疗淋巴瘤。其高度不稳定及作用时间极短的特点，使氮芥作为兽药存在一定局限性。氮芥衍生物通常用于治疗各种肿瘤，这些衍生物包括环磷酰胺、苯丁酸氮芥、苯丙氨酸氮芥。

环磷酰胺是氮芥的环磷酰胺衍生物，需通过肝脏细胞色素氧化体系代谢激活。环磷酰胺可内服或静脉注射，其主要毒性是骨髓抑制，其可引起白细胞减少，因此要限制剂量。烷化疗药中，环磷酰胺的骨髓抑制作用中对血小板影响相对较小。环磷酰胺的代谢物丙烯醛可引起膀胱上皮无菌性化学炎症即无菌出血性膀胱炎。预防这种毒性的关键是用药方法。环磷酰胺单剂量给药且与利尿剂如呋塞米在联合用药时会出现稀释效应。此外，环磷酰胺应上午给药，病人可以有一整天时间排尿，这样就最大程度减少丙烯醛与膀胱内壁的接触时间。已有无菌性膀胱炎症状的病人

应间断使用环磷酰胺。尽管症状具有自限性，但还是要考虑输液、NSAID及膀胱内给予DMSO等处理。美司钠是结合膀胱内环磷酰胺代谢物且使其失活的药物。当使用异环磷酰胺（环磷酰胺类似物）或高剂量环磷酰胺时，建议美司钠与利尿药联合用药。

苯丁酸氮芥是慢作用氮芥，可逐渐发挥作用，它常用于骨髓损伤的动物。苯丁酸氮芥虽然作用温和，但能导致骨髓抑制，建议在长期用药时定期监测。苯丁酸氮芥可口服，常用于治疗慢性、分化良好的癌症，对快速增殖的肿瘤多无效。

苯丙氨酸氮芥是氮芥L-苯丙氨酸的衍生物，给药途径为口服或静脉注射，作为兽药主要用于治疗多种骨髓瘤。

2. 其他烷化剂 其他亚类烷化剂作用有限，但具有特殊用途。噻替派（三胺硫磷）和乙烯亚胺联合用药治疗膀胱移行细胞癌，或腔内治疗胸腔和腹腔积液。白消安，烷基磺酸盐用于特异治疗慢性骨髓性白血病和真性红细胞增多症。链脲菌素是天然形成的亚硝脲，用于缓解恶性胰岛细胞肿瘤或胰岛素瘤。其他亚硝脲如双氯乙基亚硝脲和环己亚硝脲易穿过血脑屏障，用于治疗淋巴瘤（包括皮肤淋巴癌）、肥大细胞瘤、组织细胞肉瘤及中枢神经系统瘤。氮烯咪胺（DTIC）是三氮烯衍生物，可与阿霉素联合用药或单用，治疗犬复发性淋巴癌及软组织肉瘤。

替莫唑胺是口服氮烯咪胺的咪唑四嗪衍生物，是新型的化疗药物，它能进入脑脊液，且不需肝脏代谢激活。医学上用于顽固性恶性胶质瘤和黑色素瘤。兽医文献中报道用作DTIC的替代药。

二、抗代谢药

抗代谢药与正常细胞物质类似，能以中毒方式破坏正常代谢途径。常用的抗代谢药的3种亚类为叶酸、嘧啶及嘌呤类似物。

1. **叶酸类似物** 代表性叶酸类似物为氨甲蝶呤，是二氢叶酸还原酶的抑制剂，二氢叶酸还原酶催化叶酸生成四氢叶酸。四氢叶酸缺乏则中断了需要叶酸为辅酶的反应，因此扰乱了DNA和RNA的合成。氨甲蝶呤是作用于细胞S阶段特异药物，它必须跨膜转运，用药途径为口服、静脉注射、肌内注射及鞘内注射。氨甲蝶呤随尿排泄，当高剂量使用时可沉积于肾小管。亚叶酸用于疏通叶酸类似物引起的代谢阻塞，因此，可用于急救。由于肿瘤细胞不能有效转运亚叶酸，因此，急救中有一定的专一性。氨甲蝶呤产生抗药性是由于药物无法进入细胞、产物改变形式或二氢叶酸还原酶浓度增加。

2. **嘧啶类似物** 常用的嘧啶类似物有2种，即5-氟尿嘧啶和阿糖胞苷。5-氟尿嘧啶必须转化为5-氟2'-脱氧尿苷5'-磷酸活性形式，并结合于胸苷酸合酶，才能阻碍或抑制DNA和RNA的合成。现认为，该药特异性作用于细胞S期，它可经静脉注射，也可用于局部。经肝脏代谢后5-氟尿嘧啶易进入CSF。已报道犬偶有中枢神经系统反应。猫有严重的不可逆的神经毒性及突然死亡的报道。人的神经毒性与缺乏二氢嘧啶脱氢酶有关，但尚未有其他物种的研究。由于药物活性的降低或胸苷酸合酶的改变（不是抑制），5-氟尿嘧啶可产生耐药性。

阿糖胞苷（胞嘧啶阿拉伯糖苷）是2'-脱氧胞苷类似物，必须通过转化为5'单磷酸核苷酸才具有活性。核苷酸类似物AraCTP通过阿拉伯糖替代DNA分子中的脱氧核糖，抑制DNA的合成；阿糖胞苷也可抑制DNA修复酶。阿糖胞苷特异作用于S期，其作用是药物直接成比例地暴露于细胞，通常需要连续注射或重复注射。抑制AraCTP的转化或促进AraCTP可产生耐药性。

吉西他滨是另一种胞嘧啶核苷酸类似物，它与阿糖胞苷不同，可直接作用于实体瘤。吉西他滨需要载体转运进入细胞浆，并最终通过磷酸化作用激活。因此，不能以血清的药物水平来预测细胞内的浓度。通过模拟核苷酸需要嘧啶生物合成的多种酶及DNA修复。吉西他滨具有自我增强作用，并与其他药物尤其是烷化剂产生协同作用。吉西他滨曾用作放射敏化剂。

3. **嘌呤类似物** 2种嘌呤类似物即6-巯基嘌呤（6-MP）和6-巯基鸟嘌呤（6-TG）很少用作兽药。在人类，这两种药物偶然用于急性白血病或自身免疫性疾病。

三、有丝分裂抑制剂

1. **长春花生物碱** 长春花生物碱是来自于植物长春花的复杂大分子，其抗肿瘤的作用机制是能与细胞微管的主要成分微管蛋白结合。长春花生物碱抑制微管集合反应，促进微管的解体，有丝分裂纺锤体混乱，中期染色体解离。尽管抗微管蛋白作用与细胞骨架的维持及蛋白质转运有关，但长春花生物碱主要作用于M期。这一类有两种重要的药物即长春新碱和长春碱。这两种药物均可静脉注射，但如果注射在血管周围则会引起局部严重起疱。药物外渗会导致严重的组织反应及自我损伤。长春花生物碱主要在肝脏代谢，但也有部分以原形随尿排出。尽管长春花生物碱结构类似，对其中的一种药物产生耐药性并不意味着对这类所有药物会有耐药性。长春新碱因其有神经毒性而被限制使用，毒性包括慢性可逆的感觉运动性周围神经病和肌无力。相比之下，长春碱的剂量限制毒性仅表现骨髓抑制和白细胞减少症，在高剂量时才会出现神经毒性。

长春瑞滨是第二代半合成长春花生物碱，它是由长春碱衍生而来的，但具有广谱抗肿瘤作用。根据兽医文献报道的最新研究结果，长春瑞滨对犬的原发性肺及皮肤肥大细胞肿瘤有效。

2. **紫杉烷类** 紫杉醇和紫杉萜是分别从太平洋和欧洲紫杉树提取的抗微小管药。紫杉烷类能与微管蛋白亚基结合以提高微管聚合，抑制微管解聚，形成稳定的微管束破坏微管蛋白平衡，阻碍正常的细胞周期。医学上较多使用这些药物，兽医方面可用于治疗转移性骨肉瘤和乳腺癌。据报道，犬使用紫杉醇后出现骨髓抑制、过敏反应（可能与药物载体聚氧乙烯蓖麻油有关）及胃肠不适（腹泻、黏膜溃疡及呕吐）等不良反应。

四、抗肿瘤抗生素

抗肿瘤抗生素由链霉菌产生。这类药物中重要的药物有放线菌素D、阿霉素、米托蒽醌及博来霉素，不常用的药物有柔毛霉素、米粒霉素及丝裂霉素。

放线菌素A是首个从链霉菌分离的抗生素，随后分离的抗生素有放线菌素D。放线菌素D可与双链DNA结合以阻断RNA聚合酶的作用，从而阻止DNA转录。现认为放线菌素D无细胞周期特异性，可静脉注射，但它不能通过血脑屏障。由于细胞对药物的摄取降低，可对放线菌素D产生耐药性。放线菌素D有时可替代阿霉素，用于心脏功能障碍的犬或阿霉素过量引起心脏蓄积毒性的犬。

蒽环类抗生素尤其是阿霉素已成为重要的抗肿瘤抗生素。这类药物插入并结合于相邻DNA链的碱基对上，使DNA双螺旋展开，破坏DNA模板结构，抑制RNA、DNA聚合酶活性。现认为它可通过拓扑异构酶Ⅱ或游离自由基切断DNA。蒽环类抗生素的细胞间相互作用能导致半醌自由基的生成，从而调节过氧化氢及羟基自由基的生成。由于蒽环类抗生素作用与自由基的生成有关，所以，其作用无细胞周期特异性，但这类药物作用于细胞周期的S期可发挥最大作用。蒽醌类抗生素一般可静脉注射，如果注射在血管周围，可导致严重发疱及严重的迟发型静脉炎。使用自由基抑制剂右雷佐生，可限制药物外渗对组织损伤的进一步发展。蒽醌类抗生素可在肝脏代谢为各种低活性或无活性的代谢产物。

阿霉素的毒性表现为各种急性或慢性反应。急性反应包括超敏反应（非特异性组织胺的释放）、药物外渗损伤或暂时性心律失常。慢性毒性在犬表现比较明显，主要为蓄积性中毒，以及由于药物与心肌DNA结合及自由基损伤心肌细胞膜所造成的心脏毒性。心肌纤维特异性降低会导致充血性心力衰竭，且用洋地黄后无反应。由于心脏毒性作用与阿霉素血浆的峰浓度有关，建议缓慢静脉注射（时间超过15～30 min）以减少对心脏的损伤。可同时服用右雷佐生来预防阿霉素对心肌的损伤，剂量为10倍剂量的阿霉素。阿霉素的蓄积剂量可导致猫的肾脏毒性，应避免使用或使用前明确猫是否存在肾脏功能不全。

阿霉素的剂量限制性毒性包括严重骨髓抑制及胃肠不适。如果在化疗同时同时使用阿霉素，则会加剧化疗对机体的损伤，在使用时必须降低辐射的增敏作用和或药物的剂量。由于阿霉素具有严重的毒性作用，已开发出新型低心脏毒性药物用于人医。现已研究的有伊达比星和表柔比星，但这两种药物均未被用作兽药。

阿霉素聚乙二醇脂质体微囊又称为阿霉素盐酸脂质体注射液，现已用于人及动物。这种脂质体制剂可延长药物在循环中存留的时间，降低骨髓抑制及心脏毒性。犬的阿霉素脂质体剂量限制性毒性表现为皮肤反应即掌足红肿。猫的常规阿霉素或阿霉素脂质体剂量限制性毒性均为迟发型肾脏毒性。

米托蒽醌，即蒽二酮，也是蒽环类抗生素，可作为兽药治疗淋巴瘤和各种癌。米托蒽醌的作用机制与蒽环类抗生素类似，其副作用比阿霉素小，但骨髓抑制作用比阿霉素严重。

博来霉素是博来霉素糖肽混合物，与博来霉素糖肽相比仅末端胺基不同。这种糖肽的细胞毒性作用依赖于其剪切DNA链及形成DNA分子片段的能力，作用于细胞周期的G2期，因此，又称为G2和M期特异制剂。博来霉素也可作用于DNA修复酶。博来霉素可静脉注射或皮下注射，它不能通过血脑屏障，大部分经肾脏排泄。博来霉素骨髓抑制及免疫抑制的作用较小，偶见迟发型肺脏毒性。肺脏毒性是蓄积毒性，

最初可能为局限性肺炎，进而出现肺纤维化。对于患肺病的老龄动物，用药后肺脏并发症的危险性应予重视。

五、激素制剂

肿瘤的激素治疗通常采用糖皮质激素。糖皮质激素的抗肿瘤作用与破坏淋巴细胞有关。此外，它可抑制淋巴细胞有丝分裂、RNA和蛋白质合成。糖皮质激素无细胞周期特异性，在化疗方案中常用于其他药物之后。唯一缺陷是某一种糖皮质激素用药后会产生快速、典型的耐药性，往往会影响其他糖皮质激素的使用。治疗用糖皮质激素的毒性表现为消化道溃疡、葡萄糖耐受不良、烦渴、多尿、免疫抑制、胰腺炎、骨质减少、低钾血症、白内障及肌肉萎缩。泼尼松和强的松龙常与其他药物配合使用，治疗淋巴网状内皮细胞瘤。糖皮质激素易通过血脑屏障，因此，地塞米松、泼尼松及强的松龙可用于治疗白血病及中枢神经系统淋巴瘤。

糖皮质激素治疗癌症的其他有效作用包括改善食欲及情绪、抑制非传染性发热、降低肿瘤恶化（已明确诊断的肿瘤）的高钙血症、减轻脊髓及脑瘤引发的水肿。有证据表明，用泼尼松治疗某种淋巴瘤，可能会通过诱导MDR-1相关p-糖蛋白表达，增加肿瘤细胞对抗肿瘤化疗药物的耐药性。

六、其他抗肿瘤药

到目前为止，还有一些抗肿瘤药不属于任何类别，包括L-天冬酰胺酶、顺氯氨铂、米托坦邻对滴滴滴（o，p'DDD）、羟基脲、依托泊苷及甲基苄肼。

L-天冬酰胺酶是由大肠埃希菌分离的酶，它可催化天冬酰胺水解。由于肿瘤细胞很少表达天冬酰胺合成酶，因此不能合成天冬酰胺。抗肿瘤药物天冬酰胺酶能减少肿瘤细胞外源性天冬酰胺的供给，最终抑制蛋白质合成。蛋白质合成在细胞的G1期激活，因此，L-天冬酰胺酶是G1期特异药。天冬酰胺酶首选的给药途径为肌内注射和皮下注射。多次注射天冬酰胺酶会出现过敏反应，也会导致机体产生抗天冬酰胺酶抗体。动物在用药前使用抗组胺药，可预防这种急性毒性反应。抗天冬酰胺酶抗体的生成，也可解释为肿瘤产生了耐药性，肿瘤对天冬酰胺的需求也随之减少。另一相关药物培门冬酶，是由天门冬酰胺酶经1-甲基氧聚乙烯乙二醇共价修饰而来的。与天门冬酰胺酶相比，这种共价修饰药物很少出现过敏反应。

顺氯氨铂（顺式二胺二氯铂）的主要功能是双功能烷化剂，因其特殊结构而归于其他类别。它为铂离子络合2个氯离子及2个铵分子。顺氯氨铂可促进DNA

链内及链间交联，破坏DNA双螺旋结构，抑制DNA合成。顺氯氨铂无细胞周期特异性，可直接用于抗肿瘤及作为放疗增敏剂使用。顺氯氨铂给药途径为静脉注射，可与盐类利尿剂合并用药。顺氯氨铂排泄时间较长，用药后5d仍有50%的药物存留于体内。极端剂量限制致使肾小管近端坏死，具有延迟顺氯氨铂的副作用及包括耳中毒、中度骨髓抑制、外周神经病变、肾钾-镁流失等特性。顺氯氨铂可导致猫出现致命性肺水肿，因此这类动物禁用。

由于顺氯氨铂的极毒副作用，现已开发出卡铂及其他新一代衍生物。卡铂可作为骨肉瘤外科手术的辅助用药。与顺氯氨铂相比，卡铂的恶心、呕吐反应较小，且无肾脏毒性。但它具有骨髓抑制及剂量限制性毒性的中性粒细胞减少症。卡铂经肾脏排泄，最终会损伤猫或犬的肾脏功能，因此，需要调整剂量以避免过量中毒。现认为将卡铂用于猫是安全的。

米托坦邻对滴滴滴o，p'DDD，是杀虫剂DDT和DDD的衍生物，它能选择性破坏正常的和肿瘤肾上腺皮质细胞。米托坦可抑制促肾上腺皮质激素诱导类固醇的生成，从而导致肾上腺皮质内层萎缩。米托坦邻对滴滴滴可内服，几周内血浆中仍可检测到药物浓度。

羟基脲，是脲的单一羟化衍生物，常用于治疗真性红细胞增多症。羟基脲抑制核糖核苷二磷酸还原酶（RNDR），限制核苷转化为脱氧核苷酸，从而阻碍DNA合成。细胞在G_1-S界面被药物阻滞。耐药性的机制包括RNDR基因的扩增，或RNDR对羟基脲敏感性降低。动物使用羟基脲可导致趾爪脱落。

表鬼臼脂素是以曼德拉草为原料半合成的足叶草毒素糖苷。虽然这些毒素可结合微管蛋白，但其作用机制与损坏微管无关。相反，它们可刺激拓扑异构酶Ⅱ介导的DNA裂解。本类有2种药物，依托泊苷和替尼泊苷，前者主要用于治疗睾丸癌。

甲基苄肼被认为是具有烷化剂功能的药物，由于其作用机制还不清楚，故将它列入其他类抗肿瘤药物中。它通常用作MOPP治疗方案中的一种药物，这一方案的其他药物还包括氮芥、长春花新碱（商品名，长春碱）、甲基苄肼、泼尼松可治疗犬淋巴瘤。甲基苄肼在肝脏代谢、激活。胃肠道毒性和骨髓抑制主要与MOPP治疗方案有关。

七、辅助剂

辅助剂有时被用于兽医肿瘤的治疗，它们既可以提高化疗效果，又可维持患畜的健康。这类药物包括止吐药、预防性抗生素、COX-2抑制剂（NSAID）及各种止痛药。

双磷酸盐常用于兽医肿瘤的治疗，其作用包括治疗原发性骨瘤或骨转移及高钙血症的骨疼痛。双磷酸盐是直接抑制破骨细胞活性和骨吸收的一类药物。双磷酸盐除对破骨细胞具有抑制作用外，对某些癌细胞还能发挥直接的细胞毒性作用。这些作用包括诱导凋亡、抑制新的血管的生成及降低肿瘤细胞黏附于骨基质。

类视黄醇是一类与维生素A结构相关的化合物。在临床前研究中，全反式维甲酸（维甲酸）、13-顺维甲酸（异维甲酸）、芳香维甲酸酯及阿维A，对人及动物的致癌物诱发的癌前病变及恶性病变，均具有预防和治疗效果。异维甲酸和苯壬四烯酯对浅表性鳞状细胞癌和皮肤淋巴细胞瘤的疗效还初见端倪。维甲酸对人的急性早幼粒细胞白血病具有明显的治疗效果，其作用机制为调节细胞的增殖和分化。类视黄醇在诱导细胞分化及抑制增殖中，对不同人和动物的细胞系是有差异的。

八、犬淋巴瘤的治疗

淋巴瘤是犬常发的肿瘤，多采用化疗方法治疗。淋巴瘤也是猫和犬最常见的血癌，对化疗最为敏感。多数淋巴瘤的治疗方案是使用4种抗肿瘤药，即长春新碱、环磷酰胺、阿霉素及泼尼松。以这4种药为基础治疗方案，常缩写为CHOP［cyclophosphamide环磷酰胺，hydroxydaunorubicin羟基柔红霉素（阿霉素），oncovin长春碱（商品名长春新碱），prednisone泼尼松］（表19-58）。

表19-58 治疗犬淋巴瘤的多种化疗药（典型化疗方案）[a]

药 物	剂 量	用药时间
L-天冬酰胺酶	10 000 IU/m²，皮下注射	第1周
长春新碱	0.5~0.7 mg/m²，静脉注射	第1、3、6、8、11、13、16及18周
环磷酰胺	250 mg/m²，静脉注射或口服	第2、7、12及17周
阿霉素	犬体重大于10 kg，30 mg/m²，静脉注射；体重小于10 kg，1 mg/kg	第4、9、14及19周
泼尼松	2 mg/kg，口服，每日1次	第1周，1.5 mg/kg，口服，每日1次，连用7 d；随后，1 mg/kg，口服，每日1次，连用7 d；然后，0.5 mg/kg，口服，每日1次，连用7 d；停止用药

a. 此表提供一种典型的治疗方案；但发表的犬淋巴瘤治疗方案已近40种。

兽医肿瘤常用间断化疗方案而不是维持或连续化疗。犬的间断化疗和常规维持方案一样可减轻病情，延长存活时间，但并不是所有间断化疗在治疗结束时都能缓解病情。当出现淋巴瘤复发迹象时，应采用最初的化疗方案。研究表明，犬在肿瘤恶化时采取间断化疗比长期或维持化疗更易缓解病情，如果再治疗失败，应考虑采取补救方案。

其他淋巴瘤的治疗方案包括无阿霉素的联合疗法（COP）或单用阿霉素治疗（每3周用药1次）。这些方案一般具有良好耐受性，费用便宜且易于操作，但应考虑到其疗效不如CHOP方案。

CHOP方案也是猫淋巴瘤最常用的化疗方案。总的说来，猫的各种CHOP联合用药临床有效性的研究文献要比犬的研究文献少。

第十七节　防腐剂与消毒剂

防腐剂与消毒剂是局部使用的非选择性、抗感染的药物。它们不仅能减少微生物，使之降低到不影响公共安全（卫生处理）的水平，也可以杀灭微生物起到表面消毒的作用。总之，防腐剂是用在组织中来抑制或阻止微生物感染的。消毒剂是杀菌的化合物，通常用于非生物的表面。在有些情况下，一种化合物可能既是防腐剂又是消毒剂，这取决于化合物的浓度、暴露时间和病原体的数量等。为了达到最好的效果，根据不同的需要使用合适的浓度非常重要。"多多益善"的逻辑在这里不仅是不经济的，而且会产生毒性作用。

局部抗感染的药物主要在手术室用于手术部位、手术者、手术器械，以及手术服和手术室环境的消毒。消毒剂的其他用途主要是用于家庭和养殖环境、食品加工设施、水处理、公共卫生监督，或作为肥皂、乳头、乳品等消毒液的防腐剂等。防腐剂也可用于处理一些局部感染。但是，在多数情况下，全身性的化疗药物更加受青睐，因为它们通常对感染病灶的渗透性更好，而且与体液和感染部位的代谢产物接触后不容易失效。

理想状况下，防腐剂和消毒剂对于发病急、持续时间长的病症都应具有广谱和强效杀菌的作用。它们应该能够抵抗一系列环境因素的影响（比如pH、温度和湿度），而且在脓液、坏死组织、粪尿和其他有机物存在的情况下依然能够保持活性。高脂溶性和良好的扩散性能增强它们的作用。防腐剂绝对不能对宿主组织有毒性，不能削弱治疗效果。消毒剂应对用药部位无损伤。防腐剂和消毒剂不应有或少有恶臭味、颜色和有着色为，或者是很小。

大多数防腐剂和消毒剂通过使细胞内的蛋白质变性，细胞膜改变（通常通过膜脂的萃取），或者酶抑制来发挥它们的抗菌活性。

一、酸与碱

1．酸　H^+在pH $3\sim6$的情况下是抑菌的，在pH低于3的情况下是杀菌的。浓度在$0.1\sim1$ mol/L的强无机酸（HCl，H_2SO_4等）已被用作消毒剂。然而，它们的腐蚀性限制了它们的用途。未离子化的弱有机酸能穿透并破坏细菌细胞膜。酸也被用作食品防腐剂（如苯甲酸）、防腐剂（如硼酸、醋酸）、杀菌剂（如水杨酸，苯甲酸）、杀精子剂（如醋酸，乳酸）、和烧灼试剂（强无机酸）。

1%的醋酸可用于手术服消毒，0.25%的醋酸有抗菌作用，可用于尿道的冲洗。5%的醋酸对很多细菌具有杀灭作用并被用作治疗由假单胞菌、念珠菌、马拉色霉菌和曲霉菌引起的外耳炎。皮肤和隐藏部位被炭疽孢子感染后可以用2.5%的盐酸消毒。

2．碱　氢氧根离子同样具有抗菌活性。当pH大于9时，它能够抑制大多数细菌和很多病毒。氢氧化钠和氢氧化钙通常被用作消毒剂。它们的刺激性和腐蚀性的特点，往往限制了它们在组织中的应用。

2%的碱（含94%的氢氧化钠）热水溶液通常被用作消毒剂，杀灭许多常见病原体，例如引起禽霍乱和鸡白痢的病原菌。碱溶液具有强烈的腐蚀性，必须谨慎使用。

氧化钙，即石灰（熟石灰或生石灰），加水配成的石灰乳，都可作为消毒剂使用。

二、醇

直链脂肪族的醇具有杀菌作用。随着碳链的长度增加，直到己烷（6个碳），它们的作用会增强，但是水溶性会降低。抗菌作用与它们的脂溶性（破坏细菌细胞膜）和沉淀细胞质蛋白的能力相关。然而，醇类不能破坏细菌芽孢。乙醇和异丙醇是最常用的醇，它们常被配成浓度为30%～90%水溶液使用；70%的乙醇和50%的异丙醇效果最好。浓度越高效果越差。异丙醇由于其表面张力强于乙醇，因而具有更强的杀菌作用。外用酒精是一种醇的混合物，异丙醇是其主要成分，常被用作皮肤消毒剂和发红剂。以酒精为主要成分的洗手液或漱口水具有快速防腐的作用，能使患者的短暂性菌丛传播降到最小范围，减少医源性疾病。

三、双胍类

洗必太是本类中最常用的消毒剂，对大多数革兰氏阳性菌和某些革兰氏阴性菌都有杀灭作用，但对芽孢无效。0.1%的溶液能在15s内对金黄色葡萄球菌、大肠埃希菌和铜绿假单胞菌产生杀灭作用。但对其他革兰氏阴性菌、芽孢、真菌和大多数病毒的效果相对差一些。医院被假单胞菌属感染者，大多是使用了已被细菌污染的洗必太所致。洗必太可破坏敏感生物胞质膜。洗必太的活性不能被醇类、季铵化合物、碱性pH所影响或加强，但能被高浓度的有机物（如脓液、血液等）、硬水和与软木塞接触所抑制。不能与阴离子化合物（比如肥皂）配伍使用。

洗必太是最常用的一种外科和牙科的防腐剂。4%的葡萄糖酸洗必太乳液可用作皮肤清洗，含0.5%洗必太的70%异丙醇溶液是一种中性的防腐剂，含0.5%洗必太、70%异丙醇和润肤剂的混合物可用作洗手液，含洗必太的肥皂也有良好的残留活性，用作超长外科手术前的消毒具有明显的优势。洗必太-乙醇混合液的特殊优势在于它集醇的快速性与洗必太的持久性于一体。由于洗必太的防腐性和低毒性，已用于香波、软膏、皮肤和伤口清洁，乳头清洗和术前清洗消毒。1%的醋酸洗必太软膏常作为局部防腐剂，用于处理犬、猫和马的外伤感染。

四、氧化剂

1. 过氧化物　这些化合物通过释放游离氧，对大多数病原体具有短时间的杀菌作用，游离氧能不可逆的破坏细菌蛋白。大部分过氧化物对细菌芽孢无作用，当初生态氧与有机物质结合时就失去活性。

当过氧化氢溶液（3%）与受伤表面的过氧化氢酶和黏膜接触时会释放氧离子。产生的泡沫可以机械地将脓液和细胞碎片从伤口除去，对受感染组织的清创和除臭有很好的作用。然而，这种抗菌作用很短暂，由于它没有穿透性，因此只能用于皮肤浅表。虽然过氧化氢消毒剂作为防腐剂的作用是有限的，但用于水处理、食品加工设施、牙科和外科手术仪器的消毒等越来越多。

近期研发的加速过氧化氢（AHP）产品，混合有0.5%～2%过氧化氢阴离子、非离子型表面活性剂和稳定剂，有协同的广谱抗菌作用。它们在短时间接触后，能非常有效地对抗细菌、芽孢、分支杆菌、病毒和真菌。AHP对眼和皮肤无刺激性，同时能被生物降解，分解成水和氧，不会产生活性化学物质的残留。它们已作为近年医院和牙医门诊的首选消毒剂。AHP的唯一缺点是对软金属有损坏，比如含黄铜、铜、铝和探头的仪器。

过乙酸近期才被认可作为消毒剂和防腐剂，过乙酸抗菌谱广，不含有害物质过氧化氢，脂溶性好，不能被组织过氧化氢酶和过乙酸酶所失活。过氧乙酸已在畜禽肉品加工和乳品等食品工业企业广泛使用。当浓度为0.001%～0.003%时，能有效抵抗细菌、酵母菌、真菌和病毒，浓度为0.25%～0.5%时能杀灭芽孢。0.2%的过乙酸能抑制和减少重度污染创伤部位的微生物种群。

过硼酸钠用于防腐剂的溶液中，也用于口腔清洗，其作用方式是在通过降解为偏硼酸和过氧化氢时缓慢释放出氧。

过氧化苯甲酰缓慢释放出氧，作用与防腐剂相似，但具有皮肤刺激性。该制剂有去角质和抗皮脂溢作用，对治疗犬的脓皮病有很好的效果。

高锰酸钾具有广谱的抗菌作用，其缺点是紫色溶液容易粘到组织和衣物上。浓度为0.01%的高锰酸钾是很好的灭藻剂，1%浓度可作为灭病毒剂。但浓度大于1∶10 000时会刺激组织。溶液配制后久置会呈巧克力棕色而失去活性。

2. 卤素与含卤素化合物　碘和氯通常用作局部抗菌药物。它们的优势在于对原生质有很强的亲和力，能够氧化蛋白并干扰重要的代谢反应。

（1）碘　碘元素是一种广谱、高效的杀菌剂，对组织毒性作用低。浓度为50 mg/mL的碘溶液能够在1 min内杀死细菌，15 min内杀死芽孢。碘难溶于水但易溶于乙醇，这也增强了它的杀菌作用。

碘酊是含有2%的碘和2.4%的碘化钠（NaI）的50%的乙醇溶液，常被用作皮肤消毒剂。浓碘酊含7%的碘和5%碘化钾（KI）溶解在95%的乙醇中，比碘酊更有效但也具有更大的刺激性。碘溶液中含有2%的碘和2.4%的碘化钠，作为无刺激性消毒剂用于伤口和擦伤。强力碘溶液（复方碘溶液）为含5%的碘和10%碘化钾的水溶液。

（2）碘伏　是洗涤剂、润湿剂、增溶剂和其他载体（如聚维酮碘）的水溶性碘的混合物。作为抗菌剂能缓慢释放碘，被广泛用于皮肤消毒，特别是在手术前的皮肤消毒。无刺激性，不染色。碘伏对组织无毒，但对金属具有腐蚀性，能有效抵抗细菌、病毒和真菌，但对芽孢的效果相对较差。即使存在有机物，碘伏溶液在pH低于4的条件下仍能保持良好的抗菌活性，当失去活性时会改变颜色。

碘伏通常用磷酸来作为酸性介质，常用作乳头滴剂控制乳房炎或作为乳制品消毒剂，并作为常用的防腐剂或消毒剂，用于不同的皮肤和黏膜感染。

（3）氯　氯通过在水中形成未解离的次氯酸（HOCl）产生作用，在酸性至中性的pH条件下对大多数细菌、病毒、原生动物和真菌有很强的杀灭效果。在0.1 mg/mL浓度下对大多数微生物有效，但在有机物存在的情况下需要更高的浓度。在碱性条件下氯会发生电离，其渗透性降低从而降低其活性。氯具有很强的酸臭味，对皮肤和黏膜有刺激性。它被广泛应用于奶牛场、乳制品厂和牛奶房对水和器具的消毒（例如餐具、奶瓶、管道）。

无机氯化物包括次氯酸钠（漂白剂）。5%的次氯酸钠溶液暴露在光线下发生分解。2%～5%的次氯酸钠溶液可被用作消毒剂，当被稀释成更低浓度（0.5%）时可被用于冲洗化脓创。它能溶解血块和延迟凝血。次氯酸钙可用作消毒剂。

有机氯化物中含有与氮结合不紧密的氯，能缓慢释放而产生杀菌活性。该制剂刺激性较小而稳定，比次氯酸盐溶液使用更方便。

五、金属

二氯化汞是早期的抗菌剂之一，其后被刺激性较小、毒性较低的有机汞制剂所取代，例如，红汞、乙硫柳汞、硝甲酚汞、硝酸苯汞。中等浓度的有机汞通过巯基抑制细菌酶而达到抑菌效果。这种效果能被含硫化合物所逆转，如半胱氨酸或谷胱甘肽。汞对芽孢无效。汞作为防腐剂或消毒剂的使用已日趋减少，部分原因是由于其在环境中存在的持久性和潜在的污染。

银化合物具有腐蚀性、收敛性和抗菌作用。银离子通过与巯基、氨基、磷酸根和羧基的结合来沉淀蛋白质，以及干扰微生物细胞的代谢活性。

0.1%的银水溶液有杀菌作用，有轻度的刺激性。0.01%的银溶液能够抑菌。0.5%的银溶液能用作烧伤敷料，以减少感染和促进焦痂快速形成。胶体银能缓慢释放银离子，具有更持久的抑菌效果，对组织无刺激性，收敛性或腐蚀性很小。它们一般用作温和的消毒剂和眼用制剂。

六、酚类及其相关化合物

被用作杀菌剂或消毒剂的酚类化合物包括苯酚及其卤素和烷基取代产物，能使蛋白质变性并且通常具有一般原浆毒性。

苯酚（石炭酸）浓度为0.1%～1%时抑菌，1%～2%时能杀灭细菌和真菌，5%溶液能在48 h内杀死炭疽芽孢。在乙二胺四乙酸（EDTA）存在和气候温暖的情况下杀菌活性增强。在碱性介质中（离子化）、脂类、肥皂和低温等环境下活性降低。当浓度大于0.5%时发挥局部麻醉作用，而浓度为5%的溶液对组织具有强刺激性和腐蚀性。口服或大面积的皮肤给药，可引起全身毒性，主要表现为对中枢神经系统和心血管的影响，可能导致死亡。

苯酚在有机介质中具有良好的穿透力，主要用于设备或有机物质（例如，受污染的食物和排泄物）的消毒。由于其刺激性、腐蚀性和潜在的全身毒性，除了用于烧灼伤感染的部位（如新生仔畜肚脐的感染）外，不作为防腐剂。由于苯酚具有局部麻醉作用和抗菌性能，也可被用于皮肤瘙痒、蜇伤、咬伤和烫伤等，以减轻瘙痒和控制感染。

甲酚（甲苯基酸）是邻、间和对位甲酚和它们的同分异构体的混合物。甲酚为无色液体，当暴露于光和空气时，它变成粉红色，然后变为微黄色，最后变为暗褐色。2%的纯溶液或皂化甲酚"来苏儿"的热水溶液为常用的消毒剂，用于无机物的消毒。

六氯酚对许多革兰氏阳性菌（包括葡萄球菌）具有较强的抑菌作用，但只对少数革兰氏阴性菌有效。它广泛用于药用皂。每天频繁用六氯酚肥皂清洗，可使其残留于皮肤上，能够提供长时间的抑菌作用。用其他肥皂清洗，能够迅速去除这些残留物。皮肤反复接触高浓度的六氯酚可使其被充分吸收，导致大脑中的白质海绵体变性，致使神经紊乱。为防止神经毒性，含有超过0.75%六氯酚的产品可通过处方获得。意外口服六氯酚会导致急性中毒。

松焦油是一种黏性的黑褐色液体，主要用于蹄和角伤口包扎部位的消毒。松焦油中含有酚衍生物，具有抗菌活性。

氯二甲苯酚为广谱杀菌剂，对革兰氏阳性菌的活性比对革兰氏阴性菌强，在碱性条件下更为有效。与有机物质接触会降低其活性。链球菌比葡萄球菌更易感。对氯间二甲苯酚（PCMX）和二氯二甲酚（DCMX）是本类药中最常用的2种。DCMX比PCMX更具活性。氯二甲苯酚的浓溶液有刺激性并有难闻的气味。5%的PCMX溶液（溶剂如萜品醇、肥皂、酒精和水）与水（1∶4）用于皮肤消毒，稀释至1∶25～50可用于伤口清洗与子宫及阴道灌洗。与PCMX六氯酚混合，可扩大其抗菌谱，以防止革兰氏阴性菌污染。

七、还原剂

甲醛为气体，戊二醛在室温下为油状，均易溶于水。溶液对组织有刺激性或腐蚀性，对所有生物包括芽孢具有强大的杀菌能力。其溶液在有机物存在的情况下不会明显失去抗菌性能，并且对金属、油漆和织物无腐蚀性。两者都用作消毒剂。含有37%甲醛的福尔马林溶液与不同量的甲醇混合，能防止水溶液中的聚合反应。1%～10%甲醛溶液为常用的消毒剂。1%～2%的碱性溶液（pH 7.5～8.5）在70%的异丙醇中，比4%多聚甲醛具有更强的杀菌活性。它经常被用于消毒手术和内镜器械，以及塑料和橡胶装置。作为一种敏化剂，能够造成职业性接触性皮炎，以及对支气管和喉黏膜的刺激。

邻苯二甲醛（OPA）是最近被批准的芳香醛，与戊二醛相似，具有几个潜在优点。0.55%的溶液在较宽的pH范围内（3～9）有很好的稳定性，其毒性及对眼和鼻腔刺激也较小，有几乎难以被察觉的气味。OPA能与大多数材料兼容，包括柔性内镜。OPA的溶液比戊二醛对分支杆菌的作用更快，但杀芽孢的活性较小。OPA的一个潜在缺点是能将蛋白染成灰色（包括无保护的皮肤），所以必须谨慎使用。

二氧化硫为气体熏蒸剂，是在封闭的空间中通过燃烧硫产生的。为产生最大的杀菌作用，物体表面必须潮湿，这样才能使气体溶解在水中形成亚硫酸。酸的还原作用也可腐蚀金属、腐烂织物和漂白染料。

八、表面活性剂

表面活性剂能使水溶液的表面张力降低，主要用作润湿剂、洗涤剂、乳化剂、防腐剂和消毒剂。作为抗菌剂，表面活性剂能改变表面活性能。根据疏水基团在分子中的位置，表面活性剂可分为阴离子表面活性剂和阳离子表面活性剂。

1. 阴离子表面活性剂　肥皂是双极性的阴离子清洁剂，含有RCOONa/K，溶于水后离解成亲水的钾离子和钠离子，亲脂的脂肪酸离子。因为氢氧化钠和氢氧化钾是强碱（大多数脂肪酸为弱酸），大多数肥皂溶液呈碱性（pH 8～10），能够刺激敏感皮肤和黏膜组织。肥皂能乳化皮肤脂类分泌物并将其清除，同时一些脏污也随之被清除，脱落的上皮细胞和细菌也会被泡沫带走。肥皂中包含一些防腐剂能够增强其抗菌作用，比如六氯酚、酚类、碳酰苯胺或碘化钾。它们不能与阳离子表面活性剂配伍使用。

2. 阳离子表面活性剂　阳离子清洁剂是一系列烷基或烷基取代的季氨化合物（例如苯扎氯铵、苄索氯铵和西吡氯铵）含有离子化的卤素，例如溴、碘和氯。这些化合物的主要作用靶点在细胞膜，它们被吸收后能改变膜的渗透性。阳离子清洁剂可被多孔物质和纤维（例如布、纤维素海绵）吸附，使其作用减弱。它们能被阴离子物质灭活（如肥皂、蛋白质、脂肪酸和磷酸盐）。因此，当存在血液和组织碎片时其效果较差。它们对大多数细菌、部分真菌（包括酵母）和原生动物都有效，但对病毒和芽孢无效。浓度为1∶1 000～5 000的水溶液在碱性条件下具有良好的抗菌活性。当用于皮肤时，它们能形成一层膜，微生物能够在膜下存活，这也限制了它们作为防腐剂的应用。当浓度大于1%时对黏膜有害。

九、其他抗菌药物

最早报道染料有抗菌活性是在1913年。有趣的是，磺胺作为化疗药物也是在染料中被发现的。

偶氮染料（例如猩红和盐酸非那吡啶）在酸性溶液中活性最强，对革兰氏阴性菌的效果也很好。猩红常配制成5%的乳膏用于治疗疮、溃疡和伤口。非那吡啶常作为镇痛剂与磺胺混合，用于尿路感染。

吖啶染料（例如吖啶黄，二氨基吖啶和氨吖啶盐）对革兰氏阳性菌有较强活性。吖啶染料在碱性培养基中能增强活性，但可被次氯酸盐颉颃。浸渍的绷带、纱布和吖啶黄胶状物常被用来处理烧伤部位。

十、挥发性消毒剂

烷化剂例如甲醛、氧化乙烯和氧化丙烯是广谱的生物杀灭剂，能够抵抗细菌、病毒和真菌，包括芽孢。

氧化乙烯和氧化丙烯是高活性的气态熏蒸剂，用于动物饲料、人类食品、不能高压灭菌的外科医疗设备（例如内镜、手套、注射器、导管和植入设备等）和实验室仪器等。氧化乙烯和氧化丙烯均无腐蚀性。氧化乙烯的渗透性比氧化丙烯高，因此应用更广泛。在应用方面，氧化乙烯还与氟氯化碳或二氧化碳等气体混合，装入圆筒容器后出售。

其他消毒剂（如甲醛、二氧化硫和溴甲烷）由于具有毒性或腐蚀性已很少使用。

第十八节　抗病毒药物与生物反应调节剂

控制病毒性疾病的传统方法是研发有效的疫苗，但总是难以实施。抗病毒药物的作用目的是根除病毒，同时对宿主产生最小的副作用影响，并且阻止病毒的进一步入侵。然而，由于复制方式的差异，病毒比细菌在治疗上具有更大的挑战。

病毒由外面的蛋白外壳或衣壳包裹的核基因组核酸组成。有些病毒最外面还被一层脂蛋白膜或被膜所包围。病毒不能独立复制，如同细胞内的寄生虫。病毒利用宿主能量产生、蛋白合成、DNA或RNA的复制路径进行复制。病毒复制主要分为5个连续的步骤：穿透宿主细胞，拆卸，控制宿主蛋白和核酸合成来制造病毒成分，组装病毒蛋白，病毒释放。

攻击病毒合成过程的药物必须能穿透宿主细胞，因为病毒经常与细胞分裂同步进行，抑制病毒的药物同样也要抑制宿主的正常路径。鉴于这些原因，与抗菌药物相比，抗病毒药物以治疗范围狭窄为特征。肾脏毒性是抗病毒药物在人体的一种不良反应，病毒的潜伏作用使治疗变得更加复杂，例如，病毒将自身的基因组与宿主细胞的基因组重组，使得没有再次接触病毒的宿主可出现临床感染。体外敏感性试验必须依靠细胞培养，但该试验花费昂贵。更重要的是体外抑制试验不一定与治疗效果相关联。体外和体内试验的部分差异是由于有些药物需要激活（代谢）才能产生疗效。

只有少数抗病毒药物是比较安全的，而且仅对少数病毒病有效，其中大部分抗病毒药物已用于人类。仅有几种抗病毒药物已在动物中进行了研究，而且在兽医临床应用很少。人自身免疫缺陷病毒（HIV）和

猫感染HIV病毒的模型丰富了动物知识库。以下仅选取一些较为被认同的抗病毒药物进行简要讨论。

大多数抗病毒药物干扰病毒核酸的合成或调节。这些药物是核酸类似物，能干扰RNA和DNA的合成。其他作用机制还包括干扰病毒细胞黏附或脱壳。一些病毒包含独特的代谢途径，给药物提供了治疗的靶标。仅能抑制病毒某一复制过程的药物属病毒抑制剂，只能暂时阻止病毒的复制。因此，药物的有效作用取决于宿主足够的免疫反应。一些抗病毒药物可能会增强宿主的免疫系统。表19-59列出了一些常用抗病毒药物的剂量。

表19-59 抗病毒药物的给药剂量[a]

药 物	制 剂	用法用量	适 应 证
疱疹净	0.1%的滴眼液	局部，每5～6 h 1次，每次1滴，	
	0.5%的滴眼液	局部，每1～2 h 1次，每次1滴，	
三氟脲苷	1%的滴眼液	局部，头2 d每1～2 h 1次，每次1滴，之后每日3～8次	眼部疱疹病毒感染
阿糖腺苷	3%的滴眼液	软膏0.4～1cm，局部，每5～6 h 1次，每日3～6次	眼部疱疹病毒感染
	200 mg/mL用于注射的混悬液	静脉注射10～30 mg/kg，每日1次，12～24 h内输注完	
阿昔洛韦	200 mg的胶囊或片剂	200 mg，口服，每日4次，每4 h给药1次，或每日5次	猫疱疹病毒
	5%的皮肤软膏	涂抹于病变部位，每3 h 1次，每日6次	
	200 mg/5mL的混悬液	80 mg/kg（与花生酱混合），口服，每日1次共7～14d	禽帕切科（Pacheco）病
	500 mg/瓶装粉剂	250～500 mg/m²，静脉注射，每日3次，每次至少1 h注射完	
更昔洛韦	500 mg/瓶装粉剂	2～5，静脉注射，每日2～3次，	
三氮唑核苷		11 mg/kg，静脉注射，每日1次，连续7 d	易感病毒感染
	6 g/100mL瓶装粉剂	使用SPAC～2喷雾器，吸入，每日8～18 h 1次	
齐多夫定	10 mg/mL糖浆	5～20 mg/kg（猫），口服或皮下注射，每日2～3次	FIV，FeLV
	10 mg/mL注射液		
金刚烷胺	100 mg和500 mg胶囊	100 mg成年人，口服，每日1～2次	
	10 mg/mL糖浆	100 mg未成年人，口服，每日1次	
金刚乙胺		200～300 mg成年人，口服，每日1次	
干扰素 α-2	3×10⁶ IU/瓶	3×10⁶IU/成年人，皮下或肌内注射，每日1次；口服，每次0.5～5.0 U/kg，100 000 U/kg；皮下注射，每日1次；1U，口服，每日1次	FeLV相关的疾病 FeLV 食欲刺激剂
		15～30U，口服，肌内注射，皮下注射，每隔1周1次	FIP，FIV

a. CRI，控制输注速率；FeLV，猫白血病病毒；FIP，猫传染性腹膜炎；FIV，猫免疫缺陷病毒。

一、嘧啶核苷

很多嘧啶核苷（包括卤化的和非卤化）能有效抑制单纯疱疹病毒的复制，具有轻微的宿主细胞毒性。嘧啶核苷确切的作用机制表现为用胸苷替代嘧啶，产生缺陷的DNA分子。疱疹净对治疗角膜（角膜炎）及皮肤表面的疱疹病毒感染有很好的效果，但全身用药有毒性。

三氟脲苷，同样是脱氧胸苷的同系物，目前是治疗由疱疹病毒所引起的角膜炎的首选药物。其他抗病毒的嘧啶核苷尚未获得临床的足够重视。

二、嘌呤核苷

部分嘌呤核苷已被证实是有效的全身性抗病毒药物，代表性药物有2种。阿糖腺苷，或者叫araA，作

为局部用药用于眼部疱疹病毒，作为全身性用药用于疱疹脑炎及新生仔畜疱疹病毒感染。该药是一种腺苷的衍生物，可被细胞酶磷酸化成三磷酸腺苷，后者能够抑制人类和病毒的DNA聚合酶的活性，从而抑制DNA的合成。疱疹病毒的酶对阿糖腺苷的敏感性较宿主细胞酶高20倍。阿糖腺苷一般采用大容量液体静脉注射给药，进入血液然后很快失活。当血液中药物浓度较高时，可引起骨髓抑制和中枢神经系统的不良反应。也可将其制成滴眼液使用。

阿昔洛韦（无环鸟苷）主要是因其独特的作用机制，代表了新一代抗病毒药物。与宿主胸苷激酶相比，病毒诱导产生的胸苷激酶能更有效的将这种嘌呤核苷磷酸化。一旦被激活成三磷酸腺苷，与宿主DNA聚合酶相比，它是病毒DNA聚合酶更好的底物和更有效的抑制剂。与DNA聚合酶结合是不可逆的。一旦整合到病毒DNA，DNA链就会终止。

阿昔洛韦（丙磺舒能提高其安全性）是一种相对安全，并能抵抗各种DNA病毒，特别是疱疹病毒引起感染的有效药物。然而，其耐药性正在增强。阿昔洛韦不能根除潜在的感染。它能制成眼用软膏、局部用软膏和乳剂、静脉注射用制剂和各种内服制剂。它的前药脱氧阿昔洛韦较阿昔洛韦更易被胃肠道吸收。另一相似的嘌呤核苷同系物是更昔洛韦，是一种合成的鸟嘌呤，能有效抵抗人类的巨细胞病毒。其作用机制与阿昔洛韦相似。

三、利巴韦林

利巴韦林是一类合成的广谱三唑核苷（鸟苷类似物）抗病毒药物，在体内和体外对RNA病毒和DNA病毒均有活性。敏感病毒包括腺病毒、疱疹病毒、正黏病毒、副黏病毒、小核糖核酸病毒、弹状病毒、轮状病毒和反转录病毒。对利巴韦林耐药的病毒较少。利巴韦林的作用机制包括选择性地抑制与病毒相关的酶，抑制mRNA的加帽，抑制病毒多肽的合成。利巴韦林原形药物和代谢物均吸收良好，广泛分布，从肾脏和胆管消除，在人体的血浆半衰期为24 h。利巴韦林在家畜的安全范围较窄。毒性表现为厌食、体重减轻、骨髓抑制、贫血及胃肠功能紊乱。现已有局部用药、注射用药、口服制剂和气雾剂。作用效果与感染部位、治疗方法、动物年龄和感染病毒的剂量有关。关于利巴韦林对人流感病毒的研究目前还无定论。

四、齐多夫定（叠氮胸苷）

齐多夫定（叠氮胸苷，AZT）是一种胸苷的同系物。在病毒感染的细胞内，3-叠氮基基团被反转录病毒逆转录酶利用并整合进DNA转录，阻止病毒的复制。这种共享的机制抑制了RNA依赖的DNA多聚酶（逆转录酶）作用。这种酶能在病毒的RNA基因组整合进细胞基因组前，将其转变成双股的DNA。因为这些作用发生在复制的早期，药物对急性病毒感染的作用较强，而对慢性感染病毒的细胞作用较差。AZT的浓度达到能抑制逆转录酶的100倍的量时，对宿主细胞的α-DNA多聚酶才有抑制作用，因此，使用这种药物对宿主细胞是安全的。但是，低浓度的AZT对细胞的γ-DNA多聚酶有抑制作用。

低浓度齐多夫定对多种反转录病毒都有效。病毒对齐多夫定产生耐药主要是与点突变有关，可导致逆转录酶中发生氨基酸替代。长期使用齐多夫定，能加速病毒产生耐药性。耐药性同样表现出与CD_4细胞数和感染状态相关，停药一段时间后，病毒可恢复对齐多夫定的敏感性。

粒细胞减少和贫血是齐多夫定对人的主要不良反应。对于低CD_4淋巴细胞数、高剂量和长期使用会增加毒性风险。粒细胞集落刺激因子可提示粒细胞减少。在开始治疗时中枢神经系统的副作用也会同时发生。抑制粒细胞生长或肾脏排泄的药物，能增加骨髓抑制的风险，而且这种风险对猫可能更大。

猫单剂量给予齐多夫定25 mg/kg，其生物利用度为75%～100%，消除半衰期约为1.5 h，分布容积为0.82L/kg。静脉注射或口服AZT后，血药浓度高于0.19μg/kg（AZT对猫免疫缺陷病毒的50%有效药物浓度，EC_{50}）时间长达24 h以上。尽管该浓度高于对人类髓细胞抑制的浓度，但对猫的副作用仅表出短暂的焦躁、轻微的焦虑和溶血。

齐多夫定对猫白血病病毒感染的有效性研究（10～20 mg/kg，每日2次，连续42 d）显示，感染病毒后立即给予齐多夫定，能阻止逆转录病毒的感染，在感染之前给药也能减少病毒的复制。部分被感染猫的体内产生了血清中和抗体，并能抵抗病毒的侵袭。尽管病毒血症的水平比未给药的猫低，但在感染后28 d才给药治疗，并不能改善猫的病情。12只感染猫用AZT治疗40 d后，其中3只出现厌食、黄疸和呕吐，但AZT对未感染猫无毒性。AZT可引起亨氏体贫血。猫服用AZT后应进行CBC监测。

五、金刚烷胺

金刚烷胺和它的衍生物金刚乙胺是人工合成的抗病毒药物，在病毒复制的早期，当病毒附着在细胞受体时发挥作用。金刚烷胺能抑制或延迟病毒在转录前的脱壳。金刚烷胺也可干扰病毒mRNA转录的早期。金刚烷胺在常用浓度下能抑制A型和C型流感病毒、仙台病毒和伪狂犬病毒的不同病毒株的复制。在胃肠道基本被全部吸收，口服后近90%的药物在数日后以原型通过尿液排泄（人类数据）。目前临床上主要用于预防各种A型流感病毒株的感染。在人体发病后48 h内用药同样也能产生治疗作用。金刚烷胺和它的衍生物的给药途径通常有口服给药、皮下注射、腹腔注射或者喷雾。金刚烷胺几乎无不良反应，不良反应主要与中枢神经系统有关，在极高剂量时才兴奋中枢神经系统。

六、生物反应调节剂

细胞因子（主要是免疫细胞释放的多肽）调节细胞生长和分化、细胞凋亡、炎症、免疫和修复，对发病机制和疾病治疗有很重要的作用。WHO规定了细胞因子命名方法，提供了包含兽医感兴趣的细胞因子的命名系统。应用于伴侣动物的细胞因子有干扰素IFN、白细胞介素IL和造血生长因子。

大多数细胞因子是由被病毒、细菌和寄生虫感染所激活的细胞分泌的。产生细胞因子的时间一般很短，数小时至数天，在体循环中很少检测到细胞因子。几种细胞因子可能会产生同样的反应，一些细胞因子通常可被另一些细胞因子所调节（协同、颉颃或者相加作用）。作用过程通常存在级联效应。细胞因子的相互作用，源于结合具有高亲和力的细胞表面的受体和细胞内信号转导级联。细胞因子反应最终导致DNA结合蛋白的产生，从而影响基因的转录。

重组DNA技术使得一些细胞因子（主要是人类的）有商业化产品。按照惯例，在给重组产品命名时一般在细胞因子名称前加1个"r"字母，再加上细胞因子的来源（如rhIL表示重组的人源白细胞介素，rfeIFN表示重组的猫源干扰素）。因为细胞因子是保守的，重组的人源细胞因子通常在动物上有相似的效应。然而，由于给予的细胞因子的全身性浓度可影响细胞因子的级联反应，不良反应和毒性比较常见。合适的剂量是很关键的，例如，低浓度的干扰素可引起免疫激活，高浓度则会引起免疫抑制。除了rfeIFN－α（在猫）和rhIL-1（在犬）外，细胞因子在猫和犬的药物动力学参数还未被确定。目前的剂量都是通过经验推断而来的。

干扰素 由被病毒感染的细胞分泌。它们结合到其他细胞的受体上促使抗病毒蛋白的产生，保护细胞使之不被病毒感染。然而，干扰素也有抗病毒、抗肿瘤、抗寄生虫和免疫调节作用。

存在两类干扰素。一类包括α、ω、β干扰素，另一类包括γ干扰素。IFN－γ，IFN－α和IFN－ω都能由有核细胞产生。克隆的猫IFN－α cDNA和人源的IFN具有同样的药代动力学特性。IFN－β主要由成

纤维细胞产生，很多其他的细胞也能分泌。IFN－γ由激活的T细胞和自然杀伤细胞（NK）产生。犬的IFN－γ已经被描述，已有重组产品；猫的IFN－γ cDNA已经被克隆。干扰素可通过重组的方法或者培养的激活细胞进行大规模生产，产生天然的干扰素（标记为N）。天然干扰素的纯度相对低一些，可能含有多种干扰素或其他的细胞因子。

干扰素干扰病毒RNA和蛋白质合成，导致几分钟后产生抗病毒的作用，数小时后作用达到峰值。干扰素在兽药中的作用已得到肯定。IFN－γ通过刺激其他的干扰素的释放抑制抗病毒复制。研究显示，rh IFN－α对感染FeLV的猫有作用；然而，缺乏自然感染的对照试验。干扰素的使用剂量是每只猫为30IU rh IFN－α，口服，每日1次，连续用药7 d，间隔1周使用。其他重组和天然hIFN的合适剂量还未被确定，可能是不同的。干扰素也可由被细菌、真菌和一些原生动物感染的细胞分泌，它们促进机体的细胞内和细胞外的吞噬活性并将病原体杀灭。干扰素能诱发抗原递呈细胞，表达Ⅰ型和Ⅱ型主要组织相容性分子，从而促进抗原递呈。干扰素，尤其是IFN γ，也能影响T、B和NK细胞的功能，调节肿瘤细胞的原癌基因表达。干扰素抑制正常和癌变细胞的增殖，而且具有免疫调节作用。干扰素对几种人类癌症的治疗有效。目前，只有临床前的数据显示，干扰素有可能对患癌的动物有作用。

七、其他抗病毒药

一些药物品种被持续研究，主要是因为它们在体外试验有抗病毒作用。它们的潜在的临床作用在大多数情况下依然不明朗。包括缩氨硫脲类、胍类、苯并咪唑类、阿立酮、膦酰乙酸、利福霉素和其他抗生素，还有一些天然产品。

奥司他韦是一种前体药物，水解之后会产生羧基化代谢物，可抑制人类流感病毒的神经氨酸苷酶。成熟的流感病毒从宿主细胞表面的磷脂膜脱落，病毒会一直吸附在细胞上，直到神经氨酸苷酶已经从宿主细胞膜的唾液酸残基中切割下来。神经氨酸苷酶能使子代病毒分离和连续释放。水解或活化发生在胃肠道和肝脏。奥司他韦能够治疗犬的病毒感染（细小病毒和副流感病毒）。

第十九节　杀体外寄生虫药

一、用于大动物的杀体外寄生虫药

节肢动物寄生虫（体外寄生虫）是全世界导致牲畜产量减少的一个重要原因。除此之外，许多种节肢

动物还是动物和人类的很多疾病的媒介。为保障食品动物的健康、减少经济损失，通常需要使用各种药物来减少或杀灭体外寄生虫。选择和使用杀外寄生虫药物在很大程度上取决于养殖和管理经验，以及引起感染的寄生虫种类。准确鉴定寄生虫或者根据临床表现进行正确诊断，是选择合适的药物所必需的。药物可直接用于动物或者通过在养殖环境使用，以减少节肢动物的数量，而减少经济损失或对动物健康的影响。

那些永久寄生在皮肤的寄生虫，如虱子、跳蚤和螨虫，可通过给药直接对宿主进行控制。但有些能够穿透皮肤的疥螨，并不像那些寄生于皮肤表面的虱子、跳蚤等寄生虫，即使通过喷雾或涂擦给药也难以控制。尽管如此，只要这些专性寄生虫被根除了，就只有与其他被感染的动物直接接触才会被再次感染。

非永久性寄生虫（蜱、苍蝇等）很难被控制。只有很少一部分可以一次性治疗，其他宿主仍可供养这些寄生虫。一些蜱和螨在宿主身上停留的时间仅需足够采食即可，短的在30 min，长的达21 d。吸血蝇，如角蝇，可持续停留在牛的背部和腹部，1日内吸血达到20次。其他吸血蝇（如厩螫蝇和马蝇）和蚊子吃饱后就离开宿主去产卵。非吸血蝇，如牛蝇或者普通家蝇少有出现，但令人烦恼并且还可能传播疾病。绿头苍蝇的幼虫能寄生在绵羊或其他动物的皮肤或组织中，引起皮肤蝇蛆病。其他苍蝇的一些幼虫可在动物体内寄生数月，如绵羊和山羊鼻腔中的鼻蝇蚴，马胃中的胃蝇蚴，牛的椎管、背部或食管组织中的蛴螬或蜱蚴（参见蝇类）。

许多体外寄生虫的侵扰具有季节性和预见性，可预防性地使用杀体外寄生虫药物。例如，在温带国家苍蝇主要出现在春末到初秋，蜱在春天和秋天大量繁殖，虱子和螨出现在秋天和冬天的几个月。可针对寄生虫暴发高峰制订处置方案。

一些产品可用胃肠外给药和各种途径的局部用药，包括涂擦、喷雾、浇泼、滴入、撒粉和耳标。可根据靶标寄生虫和宿主来确定具体的给药方法（参见剂型和给药系统）。

（一）化学治疗药物

大部分杀体外寄生虫的药物都是神经毒素，作用于靶标寄生虫的神经系统。根据结构和作用方式，用于大动物的杀虫药可以分为以下几类：有机氯类、有机磷类、氨基甲酸酯类、除虫菊酯类、拟除虫菊酯类、大环内酯类（阿维菌素和美贝霉素）、甲脒类、昆虫生长调节剂和一些其他类化合物，包括增效剂（例如胡椒基丁醚）。也有一些化合物具有驱虫活性而不是杀虫活性，包括N-辛基-双环庚烯二甲酰亚胺（MGK-264）、丁氧基聚丙二醇、N，N-二乙基-3-甲基苯甲酰胺（DEET，以前叫N，N-二乙基间甲苯甲酰胺）。

1. 有机氯类　有机氯类化合物由于在环境中持久性残留，在世界大部分范围内已被禁止使用。然而，还有一些化合物具有良好的活性和较高的安全性，仍可作局部用药，包括林丹（六氯化苯）和甲氧滴滴涕。

有机氯杀虫药可分为3类：①氯化乙烷衍生物，如DDT（滴滴涕）、DDE（滴滴伊）和DDD（滴滴滴）；②环戊二烯类，包括氯丹、艾氏剂、狄氏剂、七氯、异狄氏剂和毒杀芬；③六氯环己烷类，如六氯苯（BHC），包括其γ-异构体林丹。

氯化乙烷衍生物通过阻断钠离子通道，抑制感觉运动神经纤维的钠电导，导致轴突膜复极延迟。这种情况下小的刺激就容易引起神经的重复放电，通常会导致在完全复极化的神经元产生动作电位。

环戊二烯类至少有两种作用方式：抑制γ-氨基丁酸（GABA），刺激Cl⁻流和干扰Ca^{2+}流。突触后电位的抑制结果，导致突触后膜的部分去极化状态和易于重复放电。林丹具有相似的作用方式已有报道，与GABA受体的印防己毒素侧链结合，抑制了具有GABA依赖性的Cl⁻流进入神经元。

DDT和BHC曾经被广泛用于控制蝇蛆病，但现在许多国家被更高效的环戊二烯类化合物取代，比如狄氏剂和艾氏剂。耐药性的产生和对环境的关注，在很大程度上导致了它们的退出。DDT和林丹曾经被广泛采用浸泡剂治疗绵羊疥癣，但现基本上被有机磷类化合物和拟除虫菊酯类所取代。

2. 有机磷酸盐和氨基甲酸酯　有机磷酸盐包括多种化合物，许多可以采用局部用药或耳标用药，用于预防控制寄生虫。尽管只有很少一部分现继续用于动物体的治疗，但在全世界范围内仍有很多可用于家畜的有机磷化合物。

有机磷酸盐是磷酸或者其硫代同系物的中性酯，能够抑制胆碱能突触和肌肉终端的乙酰胆碱酯酶（AChE）活性。当它与AChE结合时能引起酶的磷酸化。磷酸化的AChE不能分解突触后膜的乙酰胆碱，导致神经肌肉麻痹。酶的磷酸化程度能帮助检测有机磷农药的活性。这一过程是不可逆的，最终AchE被氧化和水解酶系统代谢。

有机磷酸盐对动物和人的毒性很大，导致AchE和其他胆碱酯酶的抑制。慢性毒性是由于神经毒酯酶的抑制，与一些特殊的化合物有关。这一酶的生理作用还未知，然而它的抑制作用能引起神经细胞膜结构的改变和传导速度降低，一些动物会出现后肢麻痹。

有机磷中毒一般用肟和阿托品治疗。

局部用的有机磷酸盐包括蝇毒磷、二嗪农、敌敌畏、氨磺磷、倍硫磷、马拉硫磷、敌百虫、司替罗磷、亚胺硫磷和异丙氧磷。耳标用药包括倍硫磷、毒死蜱和二嗪农，在很多国家都有应用。尽管不同化合物和剂型的效果有差别，但这些化合物对家畜蝇的幼虫、蝇、虱子、蜱和螨虫都有效。毒死蜱采用微囊化制剂的效果最好，有残留活性，安全性也好。二嗪农和强敌主要以浸泡剂使用，用于控制羊的痒螨病。在正确使用时两种药物都能消除螨虫。二嗪农比异丙氧磷有更长久的残留保护。在牛，很多化合物已通过浇淋、手喷、喷雾控制全身性的牛虻幼虫和虱子，或者采用浸泡控制蜱。

含有氯磷吡喃酮和敌百虫的产品可经口服给药，控制胃部的马蝇幼虫和马的蛔虫。

氨基甲酸酯类杀虫药与有机磷类相似，主要是抗胆碱酯酶。不同于有机磷类的是，它们能在不改变AChE的情况下具有自发的可逆性阻止。主要的氨基甲酸酯类药物有胺甲萘和残杀威。甲萘威对哺乳动物的毒性较低，但可能会致癌，通常与其他活性成分混合使用。

3. 除虫菊酯和合成的拟除虫菊酯类杀虫剂 除虫菊酯在很多国家都被广泛应用，剂型有浇淋剂、滴剂、喷雾剂和浸渍剂，能有效抵抗蝇、虱和蜱对家畜的叮咬和滋扰。氟氯苯菊酯和高顺式氯氰菊酯同样对螨虫有效，可用于羊疥癣的治疗。

天然的除虫菊酯是从除虫菊衍生而来的，除虫菊是从菊花中所提取的生物碱的混合物。来源于除虫菊花的除虫菊提取物，含有25%的除虫菊酯。除虫菊酯和拟除虫菊酯类杀虫剂是脂溶性分子，能被快速吸收、分布和排泄。它们能快效杀虫，但因其不稳定而残留活性很差。除虫菊酯Ⅰ是主要的杀灭成分，除虫菊酯Ⅱ能快速击倒昆虫。

合成的拟除虫菊酯是模拟天然的除虫菊酯分子合成的化合物。它们比天然的除虫菊酯的稳定性好、杀伤力更强。

除虫菊酯和合成的拟除虫菊酯类药物作用机制为干预寄生虫神经轴突的钠通道，导致复极化滞后和最终的麻痹。合成的拟除虫菊酯类药物被分成两类（Ⅰ型和Ⅱ型，取决于有没有氰基）。Ⅰ型作用方式（与DDT相似）包括干扰轴突的钠离子通道导致复极滞后和重复放电。Ⅱ型也是作用于钠离子通道但不造成重复放电。拟除虫菊酯的致死作用，主要是作用于外周和中枢神经，击倒效应可能仅由对外周神经的影响所产生。一些制剂含有的胡椒基丁醚，能抑制寄生虫体内的混合功能氧化酶、对除虫菊酯或拟除虫菊酯类

杀虫剂的降解而具增效作用。

拟除虫菊酯类杀虫剂对哺乳动物和禽类是安全的，但对鱼和水生无脊椎动物具有很强的毒性。拟除虫菊酯类对环境的影响已引起广泛关注，主要是水生环境，这也导致一些国家禁止绵羊使用拟除虫菊酯类杀虫剂进行药浴。

一些更普遍使用的拟除虫菊酯类杀虫剂包括生物丙烯菊酯、氯氰菊酯、溴氰菊酯、氰戊菊酯、氟氯苯菊酯、高效氯氟氰菊酯、苯醚菊酯和苄氯菊酯。合成的拟除虫菊酯类杀虫剂是按照药物的同分异构体来命名的，例如氯氰菊酯可能含有顺式或反式的同分异构体。因此，2.5%氯氰菊酯（顺式：反式=60：40）与1.25%氯氰菊酯（顺式：反式=80：20）等效。总之，顺式同分异构体比相应的反式同分异构体的活性更强。

4. 大环内酯类药物（阿维菌素和米尔贝霉素） 阿维菌素和结构相关的米尔贝霉素，分别由阿维链霉菌和氰基霉菌发酵产生，共同简称为大环内酯类。两者区别在于，内酯环的侧链取代基化学结构的不同，米尔贝霉素在内酯环的骨架上比阿维菌素少一个糖基。很多大环内酯类药物都已在动物中使用，包括阿维菌素、多拉菌素、乙酰氨基阿维菌素、伊维菌素和萨拉菌素；美贝莫西菌素和美贝霉素肟。这些化合物对线虫和节肢动物有广谱作用，通常被用作体外杀寄生虫药。

体外杀寄生虫活性变化较大，尤其是对体外寄生虫，主要取决于活性分子，产品剂型和使用方法。大环内酯类药物能通过口服给药、胃肠道外给药和局部给药（例如浇淋剂或点滴剂）。使用方法取决于宿主，在一定程度上也取决于靶标寄生虫。例如在牛，一些寄生虫可用口服的方式，也可以经注射或者通过浇淋剂的局部给药。与等量的用肠道给药的方式相比较，注射或浇淋对虱子（长颚虱属、血虱属和一些牛羽虱属）和纹皮蝇（血虱属和角蝇属）感染的效果更好。在绵羊，口服部分杀体外寄生虫药物对螨虫（羊螨）作用较弱，但采用胃肠道给药，其作用明显增强，同时还有保护和控制作用。

给药途径和产品剂型能影响药物的吸收、代谢和排泄速度，以及生物利用度和药代动力学参数。阿维菌素和美贝霉素脂溶性高，与其他药物的区别在于分子结构或构型有细微的修饰。通过给药，这些药物会存在于脂肪中并被缓慢释放、代谢和排泄。伊维菌素通过口服、皮下注射或者皮肤给药，其吸收较好，当通过皮下注射给药或皮肤给药时，其半衰期会延长。反刍动物的原型排泄物主要存在于粪便中，不到2%的药物通过尿液排泄。在牛，由于在瘤胃代谢，口服

伊维菌素后的吸收和生物利用度会下降。这些药物和脂肪的亲和力解释了它们在体内的滞留，也使得它们能具有抵御某些体内和体外寄生虫的超长保护期。由于半衰期的延长，在肉和奶中会检测到一定水平的残留，因此食品动物给药后需要一段时间的休药期。

阿维菌素和美贝霉素的作用机制还未被完全研究透彻。已确认，伊维菌素是通在线虫的2个或多个点作用于神经递质 γ-氨基丁酸，阻断兴奋性神经元的神经内刺激，导致肌肉松弛性麻痹。通过刺激神经末梢释放 γ-氨基丁酸，从而增强 γ-氨基丁酸对兴奋性神经元的突触后膜受体的结合。结合的增强也导致 Cl^- 流入细胞，而引起超极化。在哺乳动物，γ-氨基丁酸神经传导局限于中枢神经系统。由于治疗浓度的伊维菌素不能穿透哺乳动物的血脑屏障，因而不会影响哺乳动物的神经系统。最近的研究表明，伊维菌素能通过突触后膜或神经肌肉末端的谷氨酸门控 Cl^- 而发挥作用。

5. 甲脒类 双甲脒是唯一的用于杀外寄生虫的甲脒类药物。通过抑制单胺氧化酶和作为章真蛸胺受体激动剂起作用。单胺氧化酶在蜱和螨虫体内代谢胺神经递质，章真蛸胺可调节寄生虫肌肉强直收缩。双甲脒在哺乳动物的安全范围较宽，最常发生的不良反应是镇静，可能与双甲脒的激动剂活性对哺乳动物 α_2-受体有关。

双甲脒可用作喷雾剂或点滴剂杀灭家畜的螨虫、虱子和蜱虫。能有效控制猪虱和疥癣，对羊的痒螨病效果也很好。在牛主要采取涂擦、喷雾或者浇淋，用于控制单宿主和多宿主的蜱虫。在药浴时，加入氢氧化钙可增加双甲脒的稳定性，通过标准补充方法可维持对蜱虫的日常控制。一种替代方法是使用总量补充配方，在每周药浴前应补充足量的双甲脒。双甲脒禁用于马。

6. 氯代烟碱和多杀霉素 吡虫啉是氯代烟碱杀虫剂，是一种合成的尼古丁氯化衍生物。多杀霉素是土壤放线菌刺糖多胞菌的发酵产品。两种化合物都能结合寄生虫中枢神经系统的尼古丁乙酰胆碱受体（但是在不同的点），导致胆碱能传递的抑制、麻痹和死亡。多杀霉素已被很多国家研发用于控制羊的丽蝇和虱子。

7. 昆虫生长调节剂 昆虫生长调节剂在全世界被广泛应用，代表了一类较新型的昆虫控制剂。它们由一组化学物质组成，不能直接杀灭目标寄生虫，但能干扰其生长和发育。昆虫生长调节剂主要作用于寄生虫的未成熟阶段，不适合快速控制成虫数量。寄生虫有明显发病季节性，昆虫生长调节剂能作为预防用药。它们被广泛用于控制绵羊的丽蝇，但在其他家畜中使用较少。

根据作用机制可将昆虫生长调节剂分为几丁质合成抑制剂（苯甲酰苯基脲）、几丁质抑制剂（三嗪类/嘧啶衍生物）和保幼激素同系物。部分苯甲酰苯基脲已被用于控制体外寄生虫。几丁质是一种复杂的氨基多糖，是昆虫表皮的重要组成部分。在每一蜕皮阶段，它能通过单糖分子的聚合而形成。苯甲酰苯基脲准确的作用机制没有完全研究清楚，它们抑制几丁质合成但是对几丁质合成酶没有影响。有人认为是阻碍了几丁质链组合到微纤维中。昆虫幼虫阶段受到这些药物的影响，它们难以完成蜕皮并在蜕皮的过程中死亡。苯甲酰苯基脲通常对卵有影响。受药物作用的雌性成虫产卵后，能使化合物渗入到卵的养分内。虽然卵的发育过程正常，但新的幼虫不能孵化。苯甲酰苯基脲有广谱的抗昆虫作用，但对蜱虫和螨虫相对低效。而吡虫隆例外，其对蜱虫和一些螨虫仍有很好的活性。

苯甲酰苯基脲是高亲脂的药物，能滞留于宿主体内的脂肪中，然后缓慢的释放到血液，大部分以原型排泄。二氟脲和氟脲用于预防绵羊的丽蝇叮咬。二氟脲在很多国家作为可乳化的浓缩液，用于药浴或淋浴。二氟脲对第一阶段的幼虫比对第二阶段和第三阶段的更有效，因此推荐该药用于预防，可提供长达 12～14 周的保护。二氟脲也同样能控制主要寄生虫例如舌蝇。氟脲在很多国家作为一种抑制剂，控制牛的蜱虫感染。浇淋给药能长时间的对抗单宿主蜱虫的微小牛蜱。

三嗪和嘧啶类的衍生物是比较相似的抑制几丁质的化合物。它们的区别在于化学结构和作用模式，即它们能改变几丁质在表皮的沉淀，但不能干扰它的合成。

三嗪类衍生物-环丙氨嗪能有效抵抗寄生于绵羊和羔羊中的丽蝇，同样对马蝇和蚊子也有作用。按推荐剂量使用，环丙氨嗪对昆虫的叮咬仅具有很低的活性，因此只能作预防使用。丽蝇通常在被治疗绵羊的潮湿的羊毛上产卵。尽管幼虫能孵育，但小幼虫能很快与环丙氨嗪接触，从而阻止了其蜕变成二代幼虫。环丙氨嗪的浇淋效果与天气、羊毛长度，以及羊毛的干湿情况等因素无关。在单一的浇淋用药后，环丙氨嗪的药效可维持长达13周，如果采用药浴或淋浴，药效会持续更久。

灭蝇胺，一种嘧啶的衍生物，对抗双翅类昆虫幼虫活性很强，灭蝇胺浇淋剂在很多国家被用作控制绵羊的丽蝇，可提供长达20周的保护。

保幼激素类似物能模拟自然发生的保幼激素的活性，以防止其蜕变到成虫阶段。一旦幼虫发育完全，存在于昆虫的循环系统的酶类即可摧毁内源性保幼激素，促使幼虫发育到成虫阶段。保幼激素类似物能与保幼激素受体结合，但因为它们的结构不同，而不被昆虫酯酶所破坏。蜕变并进一步发育到成虫阶段的过程中止。甲氧普林是一种萜类化合物，对哺乳动物毒性非常低，它可模拟保幼昆虫激素，可将其混入饲料中控制牛的角蝇（黑角蝇属）。

8. 其他化合物 胡椒基丁醚是一种亚甲基二氧苯基化合物，作为增效添加剂被广泛用于控制节肢害虫。作为增效剂的胡椒基丁醚常与天然除虫菊酯联合使用。胡椒基丁醚的作用强度与其在混合物中所占比例的多少有关。如果胡椒基丁醚的比例增加，要杀死相同量的昆虫需要的天然除虫菊酯的量就要减少。其他拟除虫菊酯的杀虫活性，尤其是一些杀虫力强的制剂，在再添加胡椒基丁醚后，能使其药效更强。而人工合成除虫菊酯活性的增强通常不那么明显。

胡椒基丁醚可抑制一些节肢动物的微粒体酶系统，并有效抵抗一些螨虫。除了对哺乳动物有较低的毒性，并有长期安全记录外，胡椒基丁醚在环境中还能被迅速降解。

各种天然和人工合成的化合物产品常被用作驱虫剂。这些化合物包括瓜叶除虫菊酯、除虫菊素和茉莉菊酯（见除虫菊素和合成拟除虫菊酯）、香茅避蚊酮、大蒜油、MGK-264、丁氧聚丙二醇、避蚊胺和DMP（邻苯二甲酸二甲酯）。使用驱虫剂具有优势之处在于，立法和监管当局已对传统的杀虫剂使用严加控制。上述驱虫剂主要用于保护马使之不受吸血节肢昆虫侵袭，尤其是蠓。

杀虫剂还可用于杀灭有害昆虫的环境控制。昆虫外激素醋（Z）-9-胺硝唑可与一些制剂混合，以吸引一些昆虫到用药部位。

（二）其他控制方法

1. 生物控制 利用天然产生的生物病原体，例如线虫、细菌、真菌和病毒，可为治疗体外寄生虫提供一种非常有效的方法。磷绿杆菌已被用于预防绵羊的丽蝇叮咬和体外虱子。真菌病原体不等绿僵菌（*Metarhizium anisopliae*）也被研究用于控制家畜的蜱虫和牛羊的螨虫。

2. 离体控制 通常用信息化合物作诱饵，使用非回归诱捕和靶向（筛选），实现对节肢昆虫种类数量的控制，已被广泛认为对于蜱虫和苍蝇是有效的。离体控制的目的是，在昆虫离开宿主时吸引和杀灭适当数量的靶标寄生虫。这种方法已被用于根除螺旋锥蝇属，控制黑角蝇属。大量的雌性成虫被吸引和杀灭，而达到有效的数量控制，但要作为视觉和嗅觉的诱饵杀虫剂通常是不可能实现的。但对采采蝇（舌蝇

属）的控制例外，采用上述方法很容易控制，这是因为采采蝇这种寄生虫繁殖率较低，而高效诱饵和诱捕却很容易做到。在澳大利亚，一种用于诱捕绿蝇属寄生虫的非回归捕捉器已研发成功，现已作为商品投入市场。在南半球一些国家，已对这种捕捉和诱捕系统，控制蝇数量的能力，以及减少叮咬发生率等方法进行了研究，但得出的结果不同，虽然已有报道称，能将叮咬发生率减少到46%。

（三）安全性限制

必须警惕和遵循安全限制，防止对治疗动物带来毒性或者损伤。所有用于动物的有机磷酸盐都是乙酰胆碱酯酶抑制剂，它们不能与其他抑制剂同时使用，或者是在别的杀虫剂和化学药物治疗之前或之后几日使用。有机磷酸盐也不能用于年幼、患病、康复或应激状态的动物。

拟除虫菊酯类杀虫剂在大动物上使用是安全的，但在标签说明中应强调其预防作用，尤其是相关的废弃处理和生态毒理学作用。

一些杀寄生虫药物应在兽医指导下使用，其他杀寄生虫药物的使用，可通过药品供应商和药剂师的建议，直接用于临床治疗。通常，每个国家对药物的使用要求都是不同的。抗寄生虫药的标签说明都较详尽，主要内容包括对动物、人和环境的危害，不使用时如何储存，以及容器的处理。对于每种杀虫剂，使用和安全说明的信息源主要来自标签，必须严格遵守。

许多体外寄生虫药严禁在食品动物应用，以保证消费者购买的食品中不会有残留。为了人类消费的安全，这些限制要求动物用药后，经过一定的休药期才可屠宰，体外寄生虫药也严禁用于供人类消费奶制品的泌乳牛（羊）。产品标签和数据表都有严禁使用的特殊说明，包括休药期，必须严格遵守。

二、用于小动物的杀体外寄生虫药

跳蚤和蜱感染能造成犬和猫的主要健康问题，控制寄生虫也给宠物主人带来一定的经济负担。传统上来说，体外杀寄生虫药物有很多种，但是频繁更换药品，也给有效控制体外寄生虫带来一些困难。兽医是唯一有权解释宿主/寄生虫间关系，以及建议畜主选择最佳治疗方案的人员。然而，许多宠物主人一般都习惯在缺乏专业知识的超市或者宠物经营店购买杀灭跳蚤和蜱虫的药。近年来，随着新药不断研制成功，以及人们对虱和蜱流行病学的深入了解，宠物主人已改变了购药方式。兽医也应通晓杀虫剂的化学和给药系统的技术改进，并有责任对宠物主人进行专业指导。

（一）活性化学成分

如果不使用较为简短的名字而写出化学全称，有时命名很容易混淆［例如毒死蜱与o，o，－二乙基o－（3，5，6－三氯-2-吡啶）硫代磷酸］。使用化学商品名也能引起混淆（例如毒死蜱®和毒死蜱）。尽管大多数化学商品只含有一种活性成分，实际上含有两种或更多成分来提高药效或扩大活性范围的情况也是很常见的。应仔细阅读所有标签，便于了解活性成分和用途。

1. 大环内酯类 目前有2种大环内酯类药物被用于控制犬和猫的体内和体外寄生虫。一种为半合成的阿维菌素类药物赛拉菌素，另一种为半合成的美贝霉素类药物莫西菌素。尽管准确的作用方式还尚未完全被研究透彻，但已确信它们能结合到寄生虫神经系统的谷氨酸门控氯离子通道，增强它们的持久力，使氯离子被快速释放到神经细胞内，抑制寄生虫的神经活性并使其麻痹。近来研究表明，阿维菌素和美贝霉素的作用方式有一些不同，更进一步的研究正在进行。赛拉菌素是单一的活性成分，莫西菌素能与吡虫啉联合使用（见下述"新烟碱"）。二者都能局部用药，能通过皮肤被迅速吸收并经血液分布到全身。上述两种药物还有抗体内、外寄生虫的活性。

2. 胆碱酯酶抑制剂 两类化合物，即有机磷酸盐和氨基甲酸酯类，具有相同的作用机制——抑制乙酰胆碱酯酶。这种酶通常承担乙酰胆碱（神经递质）的降解。有机磷酸盐或氨基甲酸酯能使昆虫肌肉自发产生收缩，随后麻痹。有机磷酸盐与乙酰胆碱酯酶的结合较牢固和持久，倘若两者结合短暂，则与氨基甲酸酯的相互作用是可逆的。这些化合物因为有其作用持久和活性强等特点曾一时被广泛使用。然而，由于有机磷酸盐的安全范围很窄，持续使用会引起中毒，其使用率已呈下降趋势。当有机磷酸盐和氨基甲酸酯类用于控制跳蚤和蜱虫时，在治疗前应检测动物或者环境中是否用过胆碱酯酶抑制剂。用于小动物治疗的有机磷酸盐包括毒死蜱、敌敌畏、马拉硫磷、二嗪农、亚胺硫磷、倍硫磷、毒虫畏和赛灭磷。氨基甲酸酯类包括胺甲萘和残杀威。

3. 氯化烃类 由于氯化烃类能长久残留于环境中（尽管能使氯化烃类作用持久），因此这类化合物的使用已越来越少。林丹和甲氧滴滴锑仍偶有使用（见氯化烃类化合物）。

4. 新烟碱类 新烟碱类是一类新的杀虫剂，主要包括硝基胍、新尼古丁、氯代烟碱类，还有近来研制的氯烟碱基类。新烟碱类化合物都是通过天然尼古丁模拟而成的，目前在兽医领域使用的主要有3种化合物——呋虫胺、吡虫啉和烯啶虫胺。所有的新烟碱类化合物都是作为昆虫的突触后乙酰胆碱受体的激动剂而发挥作用的。由于抑制了胆碱能传导，而导致昆虫麻痹和死亡。吡虫啉是一种局部定点用产品，用于控制犬和猫的跳蚤，对虱子也有很好的作用。由于吡虫啉具有很强的残留活性，易溶于水，因此游泳或者经常洗澡可降低它的残留活性。口服片剂型烯啶虫胺能杀死犬和猫的跳蚤。烯啶虫胺进入体内能很快被吸收，犬和猫分别在1.2 h和0.6 h达到最高血药浓度。跳蚤在给药后20～30 min开始死亡，3～4 h全部死亡。这种药物能很快被消除，90%以上在24～48 h内主要以原型烯啶虫胺通过尿液排泄。尽管吡虫啉与烯啶虫胺属于同一类药物，但它们的作用机制却不同。吡虫啉具有麻痹作用，烯啶虫胺能使跳蚤在死前产生超兴奋作用。

新烟碱类杀虫剂的最新研制出的化合物是呋虫胺，已被确认为第三代新烟碱类杀虫剂。呋虫胺的结构很独特，是从乙酰胆碱分子（而不是尼古丁）衍生而来的。已指出，呋虫胺与吡虫啉和其他新烟碱类一样，不能结合到同一位点，但在神经突触中能结合到不同位点。烯啶虫胺以不同的配方作为犬猫的局部用药。猫的配方是将烯啶虫胺与昆虫生长调节剂吡丙醚混合，用于控制跳蚤。犬的药物配方中主要含吡丙醚和氯菊酯，标签已注明用于控制跳蚤、蜱虫和蚊子。

5. 甲脒类 这一小类杀螨虫药物的作用方式是与真蛸胺受体（在蜱螨亚纲中发现的一组很特殊的受体）结合。甲脒类中仅有双甲脒可作为杀螨虫剂，允许用于兽医临床。双甲脒主要用于控制蜱虫和螨虫。也可通过药浴控制犬的蠕形螨病和疥疮。一种浸渍双甲脒的颈圈（脖套）已投入市场，用于控制犬蜱虫。近来还研发出一种双甲脒点滴剂，用来控制犬的体外寄生虫。该产品是双甲脒与钠离子通道阻断剂氰氟虫腙（见缩氨基脲）的复方产品，具有双甲脒的抗蜱虫、螨虫、蠕螨病和疥癣的作用，同时具有氰氟虫腙的抗跳蚤和虱的活性。双甲脒严禁用于猫。

6. 昆虫生长调节剂 本类化合物能抑制未成熟期昆虫的发育，可分为拟保幼激素（昆虫生长调节剂）或者几丁质合成抑制剂（昆虫发育抑制剂）。蒙五—五、苯氧威和吡丙醚是结构相似的拟保幼激素。当这些化合物用于跳蚤幼虫或跳蚤幼虫周围的环境时，被幼虫吸收后发挥保幼激素样作用。保幼激素同系物结合到保幼激素受体位点，使幼虫不能完成变形过程而死亡。这些化合物同样有杀卵和杀胚胎的活性，在犬和猫局部用药可用于消灭跳蚤卵。被毛上的雌性跳蚤吸收保幼激素的同系物，后者可影响卵的发育。保幼激素能对抗广谱范围的昆虫，包括蚊子幼虫。烯虫酯作为杀幼虫剂，可有针对性控制蚊子传播的疾病。当户外使用保幼激素控制跳蚤时，应限制在跳蚤的栖息地，以避免对有益的昆虫产生负面影响。

氯芬奴隆，一种苯甲酰基苯基脲类化合物，能抑制几丁质的形成（N-乙酰基葡萄糖胺聚合物），几丁质是昆虫的一种主要的外骨骼成分。在每一次幼虫的蜕皮过程中，通过多聚酶进行再合成。氯芬奴隆能干扰几丁质的聚合和沉积，并在产卵时期或孵育之后杀灭发育中的幼虫。氯芬奴隆对犬和猫可口服给药，猫也可注射给药。寄生在给药动物中的雌性跳蚤不能产活卵或发育成幼虫。其他昆虫发育抑制剂如二氟脲（另一种几丁质抑制剂）和环丙氨嗪（一种脱皮干扰剂），对正在发育的跳蚤同样有很好的活性。昆虫生长调节剂和昆虫发育抑制剂可影响多种经过完全变形的昆虫，但对经过不完全变形的蜱虫和其他螨虫几乎没有活性。

7. 苯基吡唑类 本类化合物具有广谱杀虫和杀螨活性。氟虫腈是美国现今还在使用的苯基吡唑类中的唯一一种化合物。氟虫腈与昆虫神经系统的 γ-氨基丁酸和谷氨酸门控受体结合，抑制氯离子流入神经细胞，导致超兴奋性作用。氟虫腈是一种广谱杀虫药，对抗蚤、蜱虫、螨虫和虱子有明显的杀虫活性。在美国主要有3种剂型——酒精喷雾溶液、滴剂和与昆虫生长调节剂美索扑林混合的滴剂。氟虫腈脂力很强，能在皮脂腺中蓄积，在水中的溶解度很低，并对犬和猫都有较长的残留活性。

8. 除虫菊酯类和拟除虫菊酯类 本类化合物在神经膜中，能迅速干扰钠离子和钾离子的转运，引起自发的去极化，增加神经递质的分泌，阻断神经肌肉进而导致麻痹。因为这种作用是快速的，所以当昆虫没有完全麻痹时会很快恢复。协同胡椒基丁醚和N-辛基双环庚烯二羧基脒，能干扰昆虫的解毒机制，增强拟除虫菊酯的活性，天然的除虫菊酯是从除虫菊花中提取而来的，因其作用迅速、短促而出名，但它对犬和猫的毒性很低。

合成的拟除虫菊酯类为除虫菊酯类样化合物，通常具有较强的杀灭能力和残留效果，猫对其耐受性较差。一些拟除虫菊酯类如苄氯菊酯，对猫有很强的毒性。拟除虫菊酯类一般根据其发育代数进行分类，第一代拟除虫菊酯对光和热不稳定（例如丙烯菊酯），第二代拟除虫菊酯为对光较稳定的异构性混合物（例如氯氰菊酯、苄氯菊酯），第三代拟除虫菊酯为对光稳定、神经活性较强的异构体（例如 λ-氟氯氰菊酯、β-氟氯氰菊酯），第四代为非酯类拟除虫菊酯（例如羟菊酸、三氟醚菊酯和依芬普司）。

9. 缩氨基脲类 氰氟虫腙是近来本类化合物中

唯一用于兽医的一种药物。该化合物是从吡唑啉钠通道阻断剂中衍生而来的。吡唑啉杀虫剂能使昆虫麻痹，通过阻断电位依赖的钠离子通道，从而阻断神经活性。在猫，常用氰氟虫腙滴剂控制跳蚤。在犬，常用氰氟虫腙和双甲脒的混合物滴剂控制跳蚤、蜱虫、虱子和疥癣。

10. 多杀霉素类 多杀霉素类是一类新型的杀虫剂，是通过放线菌糖多刺（saccharopolyspora spinosa）发酵衍生而来的。从放线菌发酵过程中衍生得到的最丰富的2种产物是多杀霉素A和D，他们是多杀霉素的主要活性成分。多杀霉素用于控制各种昆虫包括苍蝇和跳蚤。多杀霉素有一种新的作用方式，主要靶向结合位点在烟碱乙酰胆碱受体上，这与其他杀虫剂如新烟碱类是有区别的。多杀霉素也可影响 λ-氨基丁酸受体的功能，并进一步发挥其杀虫活性。这些作用能引起昆虫神经系统的兴奋，导致肌肉不自主的收缩，极度衰竭伴有震颤，最终麻痹。多杀霉素对跳蚤成虫有30d的残留活性，该制剂还可制成嚼片供犬使用。多杀霉素以最低有效剂量被犬全身吸收后，跳蚤能很快发生死亡。

11. 驱虫剂 N，N-二乙基-甲苯酰胺（DEET，之前被称为N，N-二乙基-间甲苯甲酰胺）是目前应用最有效的人用驱虫剂。它属广谱的驱虫剂，对蚊子、吸血蝇、恙螨、跳蚤和蜱虫都非常有效。然而，DEET制剂的有效性对犬和猫还尚未被证明，安全问题也令人担忧，因为含有DEET的浓缩型配方，能导致宠物发生松弛、麻痹，引起肝脏疾病和癫病发作。

另一种驱虫剂，IR3535是一替代的B 氨基酸，其结构与天然的B丙氨酸相似。它对蜱虫、蚊子和苍蝇的驱虫活性与DEET相当。目前，宠物用DEET和IR3535驱虫剂均是参考人用的驱虫剂产品。合成的拟除虫菊酯类氯菊酯（见上述，一种接触性刺激剂），常被误认为是驱虫剂。氯菊酯是一种作用快速的接触性杀虫剂，能影响节肢动物的神经系统，常导致节肢动物的"毙命"。

12. 增效剂 增效剂一般认为是无毒性的也不能杀虫的制剂，但与杀虫剂联合使用却能增强它们的活性。它们主要用于促进除虫菊酯和拟除虫菊酯类杀虫剂的活性。增效剂能抑制细胞色素 P450-依赖的单加氧酶或者谷胱甘肽s-转运酶，以及昆虫组织微粒体产生的酶。它们能与氧化酶结合，正常分解杀虫剂，阻止酶降解毒性。胡椒基丁醚和N-双环二羧酸酰胺是常用的增效剂。

（二）靶标寄生虫的功效

由于特殊的配方和药物的生产技术，某些杀虫剂已被广泛地用作体外寄生虫的控制产品。特殊化合物的功效能因靶标种类不同而异，寄生虫的耐药性也在这些特殊位点产生，尤其是不当使用，例如剂量加倍或延长和重复使用药物。不能假设用同样的化合物即能控制蜱虫和跳蚤，应仔细阅读产品说明书。应注意选择对靶向寄生虫（涉及的是跳蚤、蜱虫或虱子，还是混合寄生虫）具有特效活性的化合物。

活性的持久性（即"毙命"或持续作用）应是选药时主要考虑的因素。一些产品会使寄生虫复苏，而其他的寄生虫复苏较慢，主要是由于寄生虫的再次感染率超过了杀死率，使定居于宿主上的寄生虫的数量不会马上减少。

现代杀寄生虫药物能有效控制跳蚤和蜱虫对伴侣动物的侵袭，但很重要的是对寄生虫生长周期及特殊药物的作用方式应有深刻的了解。通常，一些杀寄生虫药物不能有效控制寄生虫，主要与在环境中大量寄生虫的再感染、不正确的使用药物或者不切实际的期望有关。

（三）安全性

尽管LD_{50}的数据对杀虫剂产品的安全性和毒性是有帮助的，但LD_{50}的数值也并非对用于宠物的一些特殊杀虫剂的配方始终是最好的安全性指征。必须考虑产品的浓度（mg/mL）、应用剂量（mg或g/m²用于环境产品，μg或mg/kg用于局部）、给药途径（皮肤还是口服）、总的剂量和动物种类。在治疗期间，治疗后或意外采食等实际接触的风险，都应在评估这些关键点之后进行评价。

因为动物毒性可通过配方技术发生变化，所以活性成分对于产品安全性评价，也不是唯一的指标。许多商业化的产品在监管部门批准前，都经历了足够的安全性评估，由主管部门签署的标签是最好的信息来源。猫对很多杀虫剂都很敏感，在猫身上或周围使用这些杀虫剂时必须倍加小心。也应考虑到人类和环境的安全性，尤其是在某些场所使用时（例如，一些化合物可成为毒性较强的化合物；出于安全性考虑，可将药柜内过期的药品处理掉）。一些杀虫剂在草地上的应用是较安全的，但也不应一概而论，有的杀虫剂可能会引起动物的皮肤反应，甚至在有些品种或个别敏感的犬和猫中出现致命的反应。

（四）给药系统

使用方便是消费者选择杀虫剂的一个重要因素，尤其是控制跳蚤和蜱虫。常用的给药系统包括粉剂、气雾剂、喷剂、香波、洗液、滴剂、点滴剂、摩丝、注射液、口服片剂或口服液、药物项圈等。安全、高效和便于使用的新的点剂、新的注射和口服的应用方法也使得许多陈旧的使用技术遭到废弃。

第二十节 生长促进剂与生产增强剂

使饲料转化为高质量的人类可食性产品的效率明显增加，且对消费者的健康没有任何危害，是全球范围内所有养殖业者的重要目标。动物将饲料转化为肌肉、脂肪和骨骼的生理机制正在日益被阐明。目前，消费者担心的食品中的添加剂主要集中在动物安全、感官质量和消费食品的潜在健康威胁。

有很多方法可以用于改进动物饲料转化为肉品；两种最实用的方法是激素治疗和抗菌药物饲料添加剂。激素方法包括添加蛋白同化类固醇激素、使用生长激素（GH）或者胰岛素样生长因子（IGF-1）来提高内源性生长激素的水平，使用β-肾上腺素受体激动剂（β-AA）来优先促进营养素分配到肌肉中（表19-60）。抗菌药物饲料添加剂方法包括：①饲喂抗生素，减少宿主胃肠道内病原菌的数量；②使用化合物，通过其改变健康动物的瘤胃菌群数量，调整瘤胃发酵；③使用益生菌促进胃肠道的有益菌群。

近年来，对于动物生产中使用激素和抗菌药物饲料添加剂，在许多地区是有争议的，由于考虑到对人体可能造成的影响，有些地区已禁止使用激素和抗菌药物饲料添加剂（如欧盟）。

一、类固醇激素

通常，决定使用哪种类型激素的原则是，必须补充或代替动物治疗中所缺乏的特定激素。雌性动物能正常产生雌激素，所以对雌性动物给予雄性激素，例如群勃龙醋酸酯（TBA），即能获得较好的促生长效果。雌激素不能用于育种动物。

应严格遵守生产厂家的使用说明书，确保合适的注入方式和给药剂量。蛋白同化激素用作促生长时不能肌内注射。此外，未经相关的监管机构批准的类固醇激素，不能用于蛋白同化或其他用途。欧盟已禁止激素生长促进剂在肉品生产中的使用。已建立了严格的监管程序，以确保养殖生产者遵守相关规则。

（一）内源性类固醇

在食品动物中用于蛋白同化的类固醇化合物包括雌二醇、孕酮和睾酮。动物的性别和成熟度影响到它的生长率和体型结构。公牛的生长比阉公牛快8%～12%，而且饲料利用率高，能产生瘦肉型的胴体。公牛的优势在于其睾丸能产生类固醇（主要是睾酮，也有雌二醇，在反刍动物也能产生大量的蛋白同化激素）。睾酮是一种生理活性代谢物，能与肌肉的受体结合，并刺激氨基酸转化为蛋白，从而增加肌肉的含量而随之减少脂肪组织。另一方面，雌二醇通过刺激神经内分泌生长轴增加生长激素，调节IGF-1的生成和IGF-1结合蛋白对其的利用。天然产生的内源性类固醇口服没有活性，在血液中需要皮克级的雌二醇和纳克级浓度的睾酮维持生理作用，并能短暂的影响被治疗动物的性行为（表19-60）。

表19-60　作为生长促进剂的天然类固醇激素

激素	剂型[a]	剂　量	作用持续时间（d）	生长反应率	潜在的副作用
雌二醇	1丸剂	20 mgEB[b]+200 mg P4[c]（阉牛）	100~120	10%~15%	性行为短暂性增多
	2丸剂	20 mgEB+200 mg 丙酸睾酮（小母牛和淘汰母牛）	100~120	5%~15%	乳房发育
	3丸剂	10 mgEB+100 mg P4（肉用犊牛）	100~120	0~8%	
	4硅橡胶	45 mg雌二醇（阉牛）	365	10%~15%	性行为短暂性增多
	5硅橡胶	24 mg雌二醇（阉牛）	200	10%~15%	性行为短暂性增多
	6多聚乳酸	28 mg雌二醇（阉牛）	365	10%~15%	性行为短暂性增多
孕酮	见上述的1和3				
睾酮	见上述的2				

a. 为避免残留，植入物必须遵守标签上的说明，放在耳软骨和皮肤之间的皮下部位。
b. 苯甲酸雌二醇。
c. 孕酮。

1. 雌二醇　是反刍动物的一种有效的蛋白同化剂，有效血浓度为5~100 pg/mL。雌二醇的给药方式为耳部植入给药，制剂有压状片剂或硅橡胶植入剂。当雌二醇被制成压片剂时，一般加入另一种类固醇激素（通常是睾酮或者孕酮），与雌二醇的比例为10∶1。加入第二种类固醇的目的是降低类固醇的释放速度和延长植入后的有效期（100~120 d）。压状片剂激素在植入后的2~4 d释放较快（高于基础值的50~100倍），在之后的30~50 d开始缓慢释放（高于基础值的5~10倍）。到80~100 d后激素浓度逐渐减低，直到浓度和对照组动物无差异。

与雌二醇丸剂相比，雌二醇硅橡胶制剂能增加植入剂的有效时间。释放的方式包括在植入后短期内（2~5 d）增加血液中雌激素浓度，随后稳定而适量升高（高于基础值的5~10倍）。在植入后的有效期末，雌二醇的浓度会逐步下降到对照组动物的水平。

雌二醇能提高自身氮的沉积，在阉牛生长速度提高10%~20%，瘦肉率增加1%~3%，饲料转化率提高5%~8%。雌二醇在阉牛中能发挥最大优势，雌二醇对小母牛和肉用犊牛也有蛋白同化作用。雌二醇与雄性激素合用，能对羔羊发挥很大的蛋白同化作用。但对猪无蛋白同化作用。

2. 睾酮　睾酮是一种有效的蛋白同化剂，在外周循环中有较高的浓度（1~5 ng/mL）。睾酮不能用作家畜的蛋白同化剂，这是因为目前采用的给药途径，很难维持长时间（达100 d）有效的生理浓度。通常将睾酮丙酸盐与20 mg的苯甲酸雌二醇（EB）制成复方压制植入片；这种片剂的主要作用是缓慢降低雌二醇的释放速度。当血液中睾酮含量高时，能诱导雄性性行为（例如攻击和爬跨），但当使用耳部植入丸剂（1 ng/mL）时，却观察不到这种性行为。使用20 mg EB和200 mg孕酮与使用20 mg EB和200 mg睾酮丙酸，其性行为无明显差异。

3. 孕酮　孕酮对家畜无蛋白同化作用，其主要用途是减慢压制植入片雌二醇的释放速度。

（二）合成类固醇

由于合成类固醇具有相对轻微的雄性激素功能，以及几乎不会引起动物的异常行为（表19-61），现在已有许多国家将其投入商品化生产。商业合成的类固醇为雄激素（TBA）或孕激素（醋酸甲烯雌醇，MGA）。

表19-61　作为生长促进剂的合成类固醇激素[a]

激素	给药方法	剂　量	作用持续时间（d）	生长反应率	潜在的副作用
TBA	植入片	200 mg（小母牛和淘汰母牛）	60~90	5%~12%	
TBA+EB	植入片	200 mgTBA+28 mg EB（阉牛和小母牛）	90~120	10%~20%	性行为短暂性增多

（续）

激素	给药方法	剂　　量	作用持续时间（d）	生长反应率	潜在的副作用
TBA+EB	植入片	100 mgTBA+14 mg EB（阉牛）			
TBA+E	植入片	200 mgTBA+20 mg E（阉牛和小母牛）	90～120		
		120 mgTBA+24 mg E（阉牛）			
		140 mgTBA+14 mg E（小母牛）			
		80 mgTBA+16 mg E（阉牛）			
		80 mgTBA+8 mg E（小母牛）			
		40 mgTBA+8 mg E（阉牛，放牧的小母牛）			
TBA+E	植入片	200 mgTBA+40 mg E（阉牛）	200		
玉米赤霉醇	植入片	36 mg玉米赤霉醇	90～120	10%～15%	
		12 mg玉米赤霉醇			
MGA	饲料中添加	0.25～0.5 mg/d，口服	尽可能长时间饲喂	3%～10%	长时间给药后乳房发育加快

a. TBA 为群勃龙醋酸酯；EB 为 苯甲酸雌二醇；E 为 17β－雌二醇；MGA 为 醋酸甲烯雌醇。

除TBA外，合成的类固醇雄激素不常用作蛋白同化剂。TBA是目前唯一被允许用于牛生长促进的蛋白同化剂；在绵羊用的很少，在猪和马不允许使用。TBA有较弱的雄性激素作用，但比睾酮有更强的蛋白同化活性。对雄性动物没有明显的副作用。TBA自身在母牛和母羊体内有显著的蛋白同化作用，但在去势的雄性动物，当与雌激素联合使用时，它能表现出最大的反应。将含有140～300 mg的TBA制成植入压片，可用于小母牛和淘汰母牛，也可将雌激素与含有140～200 mg的TBA一起制成植入压片，联合使用或单独使用。

醋酸甲烯雌醇是一种口服的具有活性的合成孕酮。每头小母牛每日饲喂醋酸甲烯雌醇0.25～0.5 mg。能抑制育肥小母牛重复发情，提高增重率和饲料转化率（表19-61）。对妊娠期或切除卵巢的小母牛或阉牛没有作用。其作用模式是通过抑制促黄体素（LH）的脉冲频率而抑制可能出现的排卵。然而，大量的卵泡发育，能增加雌二醇和生长激素的浓度，从而促进生长。美仑孕酮在美国是被允许使用的，但在欧盟被禁用。

（三）合成的非类固醇类雌激素

2类主要的合成非类固醇类雌激素，已用作为食品动物的生长促进剂。因牵涉到残留和食品安全问题，许多国家已禁止1，2-二苯乙烯类雌激素（己烯雌酚和己雌酚）作为蛋白同化剂使用。

天然产生的雌二醇，玉米赤霉烯酮（由真菌镰刀菌属产生），促进了合成的蛋白同化剂玉米赤霉醇的研发。玉米赤霉醇是一种雌激素，对子宫的雌二醇受体有轻微的亲和力。动物生产中常使用玉米赤霉醇作皮下耳植入剂，牛的剂量为36 mg，绵羊为12 mg，活性持续期可达到90～120 d。玉米赤霉醇用于阉牛，可维持其氮的存留，生长率上升12%～15%，饲料转化率提高6%～10%。然而，小母牛对玉米赤霉醇的反应很低。玉米赤霉醇能提高雄激素（普遍的是TBA）的作用。

（四）在牛的应用

犊牛具有较强的将饲料转化为动物组织的能力。因此，它们对蛋白同化剂的反应是可变的。当给予3月龄去势小公牛玉米赤霉醇时，有0～10%的去势小公牛出现蛋白同化剂的反应，而给予TBA的则无明显反应。在一个集约化的肉用公牛场中，给1～2月龄小公牛植入雌激素，可抑制睾丸发育，并可减少小公牛的爬跨和攻击。有时采用这种植入法，能使5%～8%小公牛提高生长效果。如果使用压片植入法，每隔100 d重复压片植入是很必要的。

轻量级断奶小犊牛一旦限制使用蛋白同化剂，由于其较差的营养状况，能使增重明显下降。因此，如果断奶犊牛预期每日能增重0.5 kg以上，就应考虑使用蛋白同化剂。玉米赤霉醇、雌二醇和TBA可用于阉牛。后备乳用小母牛不能像断奶犊牛一样给予类固醇植入剂。

成年牛和老龄牛比犊牛或刚断奶牛有更高的和更一致的效应。这与年龄和营养水平有一定的相关性。压片型植入剂的有效期为90~120 d，应考虑在仲夏时期重新植入，以保证体重增长维持在每日0.5 kg以上。雌二醇硅橡胶植入剂的有效期，根据使用的剂量可达200~400 d。植入雌激素和雄激素后，日增重可提高20%~30%。

在营养水平高时，动物对生长促进剂的反应较好。饲料转化率升高，胴体瘦肉含量也增加。埋有植入剂的牛的体型得到一定改良，但不很明显。植入激素对背腰肌中大理石样斑纹的不利影响，可使屠宰前育肥牛的脂肪恒定降到最低点。

在阉牛，使用雄激素和雌激素的混合物是非常普遍的。植入药丸的有效期可达150 d。牛在70~100 d后应考虑重新植入，因为一段时间后植入药丸的药效会降低。

大样本的试验结果表明（每个牛圈饲养25头以上牛），小母牛联合使用雌二醇、TBA和MGA后效果最好。然而，小样本试验结果显示，单一使用MGA能导致增重和饲料转化率下降，以及眼肌面积减少和肥度增加。这些结果表明，尽管孕酮有"抗生长促进"作用，但可通过抑制发情，克服孕酮较小的负面生理影响。

一些研究将雌激素用于公牛，其生长率可提高2%~10%，但睾丸生长受抑，攻击和爬跨相应减少。这也使得公牛在农场很容易被驯化，屠宰后出现的"黑切"牛肉明显减少。其作用机制包括雌激素刺激垂体释放的LH和促卵泡素（FSH）减少，而雌激素对LH和FSH分泌有很强的负反馈作用。LH和FSH的减少导致睾丸缩小，睾酮水平下降，攻击行为也随之减弱。然而，睾酮分泌足以维持蛋白同化作用。因此，1~3月龄公牛就开始重复使用雌激素，可起到激素去势的效果，从而提高生长率。

（五）在马的应用

不提倡将蛋白同化剂用于马，因为其对马的生殖系统有不良反应。给予类固醇激素的雄激素同系物，能使公马的睾丸缩小。激素含量下降，尤其是LH、睾酮和抑制素，能对睾丸组织学和睾丸生精功能产生副作用，并短暂性降低精子产量和质量。比较常用的药物是19-去甲睾酮，用于治疗马的虚弱和贫血。现今，这些化合物已禁用于马，因长期或大剂量使用，能对生殖道功能产生严重的副作用。

（六）在其他动物中的应用

1. 猪 雌二醇、孕酮和玉米赤霉醇对猪的生长作用不一，但通常较低。TBA似乎能增加猪胴体的瘦肉含量。

2. 绵羊 对蛋白同化剂的反应与牛相似。最一致的反应是羔羊饲喂含优质精料的日粮后，预计日增重能提高10%~15%。蛋白同化类固醇不能用于留种的羔羊。同样，植入玉米赤霉醇后能影响公羔羊的睾丸发育，延迟初情期，降低母羊的排卵率。此外，从经济角度考虑，短期育肥期和部分生产系统的粗放特性，也妨碍生长促进剂在绵羊中的广泛使用。

3. 家禽 对雌激素的反应包括增加脂肪储备。然而，雄激素的作用与之相反。因此，使用蛋白同化剂无实际意义。

4. 鱼类 甲基睾酮能诱导虹鳟的性征颠倒，因而能促进生长和提高饲料转化率。

（七）可能的并发症

任何激素植入剂对垂体促性腺激素都有负反馈作用，从而减少LH和FSH分泌。因此，它们能影响动物初情期的开始和发情周期的规律性，也影响雌性动物的受孕率和雄性动物的睾丸发育（精子产量）。激素生长促进剂绝不能用于种用动物，也不宜用于一岁龄初情期前正在生长发育的纯种马，或者幼龄竞赛纯种公牛。投服TBA后能导致妊娠母牛难产，也能使雌性胎儿雄性化概率提高，以及犊牛的死亡率增加和随后泌乳期的产奶量下降。

雌激素植入剂在饲养场使用后的主要问题是爬跨行为和攻击性的短暂性增加，通常指的是慕雄狂综合征。然而，也有人认为，单独植入雌激素是不足以产生慕雄狂综合征的。慕雄狂综合征通常能影响饲养场公牛群中的2%~3%，但这种比率在夏末或秋初时能以双倍或三倍量的增加。一岁左右小公牛通常一旦离开草地牧场（通常在到达牧场时立即给予较高剂量的植入剂），日气温波动（白天热和晚上凉，群居活动转移到傍晚），满是灰尘的圈舍环境（夜间群居一起会加剧），饲喂发霉的玉米或干草，或者新鲜收割的青贮没有完全发酵等，上述这些原因都可导致慕雄狂综合征的发生。慕雄狂综合征通常在雌激素植入剂植入后持续1~10 d，然后减弱。然而，也有几例报道可持续4~10周。这些不可预见的不良行为的原因尚不清楚，可能是饲养不当和群居活动所致。这个问题通常在奶牛用作肉牛生产时更为严重。如果问题确实严重的话，应将慕雄狂公牛迁走，如果非常严重的话，应考虑除去植入剂，连续几日给予50~100 mg的孕酮油剂，抑制公牛的慕雄狂行为。

除慕雄狂综合征外，雌激素植入剂还可能会使未成熟的乳头增大。

（八）影响效应的因素

很多因素都会影响效应，包括动物的基因组成、营养水平、性别和年龄等。

从经济的角度考虑，动物应该至少达到日增重0.5 kg。植入剂在营养水平高、养殖环境好的动物中效果最好。植入剂仅能起辅助作用，而不能替代良好的饲养管理。所以，3~4月龄"育肥期"的牛使用植入剂是没有意义的，其效果会明显下降（根据卫生条件和日粮），但1岁左右牛使用植入剂则有良好的效果。

前次植入不影响动物对再埋植的反应，此外，一旦植入剂的作用终止，如果不改变饲料的话，增重率会恢复到植入前的水平。同样，早期植入使动物额外增重也可使在屠宰时胴体重量增加。

二、生长激素

最常被用于促进生长和生产的肽类是GH。生长激素的化学结构具有种属特异性，半衰期很短，只有20~30 min。因为在肠道、肝脏和肾脏的迅速消化和排泄，生长激素经口服没有活性，因此必须通过胃肠外途径给药。已开发出牛用缓释剂型（14~28 d），可避免每日注射给药。牛给予生长激素后，能提高生长速度（5%~10%）、饲料转化率和胴体瘦肥肉比。性别对牛几乎没有影响。脂肪存积相对较高的老龄牛对生长激素的反应差一些。效果优劣和营养水平之间存在相互作用，蛋白含量和特殊氨基酸组成，对达到最佳效果可能是很重要的。生长激素与雌激素植入剂可产生相加作用。生长激素能促进绵羊的生长和饲料转化率，但是对家禽没有这样的作用。重组生长激素对猪的作用显著，日增重可提高20%，饲料摄入量减少5%，饲料/增重比值降低20%。还发现使猪的瘦肉率提高10%，脂肪减少35%。每日给泌乳牛25 mg生长激素，产奶量可提高20%以上。一些国家已批准生长激素用于提高产奶量的商业化生产。

三、β-肾上腺素激动剂

截至2009年，美国有2种β-肾上腺素激动剂被允许用作育肥场牛的促生长剂：莱克多巴胺和齐帕特罗（Zilpaterol）。苯乙醇胺β-肾上腺素激动剂（β-AA）是化学机构与肾上腺素和去甲肾上腺素相似的化合物，具有旁分泌、神经递质和内分泌（激素）的作用。通过结构修饰和芳香环的取代，形成了一系列的β-AA化合物。β-AA与β-肾上腺素结合，根据受体激动后产生的生理反应不同，可将β-肾上腺受体分为β_1、β_2和β_3亚型。β_1-受体主要分布于心肌，β_2-受体主要分布于气管和骨骼肌，β_3-受体主要分布于棕色脂肪组织。一般而言，β-AA对受体的亚型有特异性，进而产生生理作用的特异性。然而，在大多数组织中有很多受体亚型，同一种组织中β_1和β_2-受体的比例决定最终的生理反应。肌肉和脂肪细胞主要分布β_2-受体。β-AA剂通过上调mRNA转录而导致肌肉的含量增加，蛋白合成增加，脂肪沉积减少而脂肪的含量下降。受体亚型的具体比例因组织和动物种属不同而异，从而对某一β-AA产生种属特异性反应。例如，现认为猪骨骼肌中β_1-受体比β_2-受体多，而反刍动物骨骼肌中β_2-受体比β_1-受体多。β-AA的生理活性取决于剂量、受体结合特异性、给药方式和吸收速度，以及在受试动物体内的代谢清除速度。

在食品动物生产中使用β-AA的主要目的是提高胴体瘦肉率。在牛和绵羊，体重增加、增重/饲料比和肌肉含量均提高10%~20%，脂肪含量降低7%~20%。猪和鸡的效果不明显，猪的效果比鸡的效果稍好。鸡的体重增加2%~4%，增重/饲料比稍微提高，而对猪却没有效果。鸡和猪的肌肉含量提高2%~4%，脂肪含量降低7%~8%。

不良反应与药物的给药方式、剂量和动物种类有关，但商业化使用的药物不良反应很小。这些产品口服有效。所使用的化合物的剂量水平影响反应，合适的剂量通常随不同产品的变化而变化。最一致的反应是增加瘦肉率，但是对肉品质量的影响与化合物的种类、剂量、给药时间和动物种类有关。已报道一些化合物能使牛肉的柔嫩度下降。欧盟禁止将β-受体激动剂用于促生长。一些国家在牛中非法使用克伦特罗，以及在家禽中使用某些β-AA的情况相当严重，需要监管当局保持警惕。这些化合物在毛发和眼组织中能长时间蓄积，在一些国家已将此法用于β-AA的筛选。

四、抗菌性饲料添加剂

维持动物的健康需要防止病原体的感染。此外，宿主菌群的特殊改变，能导致在瘤胃消化过程中产生的脂肪酸的比例改变，对动物生产有益。因此，健康动物在理想的营养条件下，饲喂一定的抗菌药物可提高生产效率。促生长的抗菌药物可分为离子载体类和非离子载体类抗生素。抗菌药物以低于治疗剂量的低浓度拌入饲料中给药。尽管一些抗菌药物在瘤胃发育成熟之前可用于小牛，一旦瘤胃发育成熟，就可以给予一定量的饲料添加剂。

通常用于家畜的抗菌促生长剂见表19-62。公畜和母畜使用抗菌药物对卵巢和睾丸的发育都没有不良反应，因为这些抗菌药吸收很少。与蛋白同化剂不同的是，它们不影响胴体的组成。抗菌药物主要与雌二醇、玉米赤霉醇或TBA联合使用，通常其作用都是相加的。

（一）离子载体抗生素

离子载体抗生素（如莫能菌素和拉沙洛菌素）能改变单价离子（钠和钾）和二价离子（钙）的跨生物细胞膜作用、改变瘤胃微生物菌群、减少乙酸和甲烷的产生、增加丙酸的产生和提高氮的利用率，增加干物质在反刍动物中的消化率。它们的主要作用是增加饲料转化率，同时也可使反刍动物在优质粗饲料为日粮的条件下提高其增长率。牛应用莫能菌素，增重可提高2%～10%（应用优质粗料日粮），饲料转化率提高3%～7%，饲料消耗量可下降6%。起初莫能菌素作为饲料添加剂仅用于反刍动物，现已扩展到食草动物。其他离子载体类也常有相同的效果。在日粮中离子载体抗生素的添加量范围为6～30 mg/kg。离子载体类常在肠道中被吸收，迅速在肝脏中代谢，然后经胆汁重新进入肠道。某些离子载体类还具有治疗效果（如预防反刍动物和家禽的球虫病）。

表19-62　抗菌性生长促进剂在畜牧生产中的潜在用途

化合物	类别	吸收	作用
班贝霉素	磷酸糖脂	无吸收	在家禽和牛中增加FCE[a]，促进生长
拉沙洛西钠	离子载体		在牛中增加FCE
莫能菌素钠	离子载体	吸收少	在牛和羔羊中增加FCE和DLWG[b]
盐霉素	离子载体		增加FCE和DLWG
维及霉素	肽类	无吸收	促进家禽生长
杆菌肽锌	肽类	无吸收	促进家禽生长

a. FCE，饲料转化率。
b. DLWG，日增重。

（二）非离子载体抗生素

在集约化养殖中，这些化合物能用于选择性改变动物微生物菌群以提高生产率，通过防止低水平的感染（特别在集约化饲养方式）来保持健康。磷酸糖脂类抗生素（如黄霉素）通过抑制一些革兰氏阳性肠道微生物和肽聚糖的形成来改变瘤胃的菌群，与离子载体抗生素产生类似的效果。具体化合物发挥其抗菌效果的途径不同。抗生素具有氮保留的功能，所以可以提高氨基酸的利用率。

在部分国家的肉鸡和育肥猪的饲料中含有抗菌生长促进剂。这些抗菌性生长促进剂也能以代乳品或补充精料的方式，用于犊牛、1岁左右的牛和育肥牛。抗生素通常可以提高2%～10%的生长率和3%～9%的

饲料转化率。对幼龄动物效果较明显，生产效果随着生产条件的优化（饲喂环境、良好的健康和卫生状况）而降低。相对于良好的生长率，对胴体成分的影响较小。

动物应用抗生素可使微生物产生耐药性，这种耐药性可传给人类，所以在食品动物生产中广泛应用抗菌药物饲料添加剂是一个关注焦点。已有间接的证据表明，应用亚治疗剂量的抗生素所产生的选择性压力，可导致微生物产生耐药性，这种耐药性可从动物性食品或接触经过治疗的动物或粪便传递给消费者。丹麦的一项研究表明，禁止使用抗生素作为饲料添加剂，能降低细菌的耐药性。鸡的整体死亡率没有受到影响，但每1 kg体重的饲料消耗有所增加。治疗用的抗生素有所增加，但抗生素的总用量显著下降。欧盟在2009年已禁止杆菌肽、卡巴氧、喹乙醇、泰乐菌素、维及霉素、阿维拉霉素、黄霉素、拉沙洛西钠、莫能菌素钠和盐霉素在饲料添加剂中的使用。

五、益生菌

益生菌能促进动物肠道菌群平衡的建立和发展。在正常微生物和病原微生物之间有一种微妙的平衡。这种平衡能被恶劣的饲养条件、疾病、刺激（如运输）所打破。通常情况下，产生乳酸的细菌对动物是有益的，某些酵母菌也是有益的。它们这种能够提高生长和促进健康的能力有以下一种或多种因素：阻碍肠道致病性大肠埃希菌的移植，改变胃肠道的吸收率，抑制细菌生长和影响肠道菌群平衡。益生菌饲料添加剂包括乳酸杆菌、链球菌的部分菌株，它们能改变存在于胃肠道系统的微生物种群（这对接受过治疗的动物是非常有益的）。也可应用单细胞酵母菌。生产效益不尽相同，并且，当改变应激式管理时，可导致肠道菌群平衡发生变化，这时更有可能效果明显。所以在某些情况下，它们能使胃肠道紊乱降到最低点，并有助于克服因断奶和运输带来的刺激。单细胞酵母菌在瘤胃发酵中具有明显的作用，可促进消化和提高饲料转化率。由于成年动物已经建立了良好的微生物菌群平衡，所以对饲养环境变化的敏感性差些，因而益生菌对成年动物的作用会下降。

第二十一节　疫苗与免疫疗法

机体的免疫防御系统通过产生保护性抗体或细胞介导的免疫（或者两者），对微生物侵袭产生反应。适当使用特异性微生物抗原，如疫苗，可激活机体对感染的有效的、长期的抵抗力。保守的微生物分子可刺激先天免疫反应的产生，这也能提高机体对感染的

抵抗力，在临床上将是有用的。

一、主动免疫

主动免疫与使用含有传染性病原体的抗原分子（或这些分子的基因）的疫苗有关。经过免疫接种的动物将产生获得性免疫应答，并形成对病原体的长期的、强大的免疫力。正确使用疫苗能有效控制疾病感染。决定疫苗可用或必须用的标准如下：首先，必须确定疾病发生的原因。虽然这似乎不言而喻，但在实际中总难以做到这一点。例如，尽管溶血性曼氏杆菌可从感染呼吸道疾病的牛肺中分离得到，但这些细菌并不是该综合征的唯一的原因，对原发性病毒性病原体的疫苗需要充分的保护。在一些重要的病毒性疾病（如马传染性贫血，猫传染性腹膜炎和水貂阿留申病）中，它们的抗体都对疾病的发展过程起到一定作用，因此，疫苗接种也可增加疾病的严重程度。

一种用于主动免疫的理想疫苗，应该能使免疫动物获得长期的、较强的免疫力，并且起效快。理想的疫苗不应产生不良反应，价廉，对热及遗传性稳定，并且应适合对生产动物的大规模的免疫接种。疫苗免疫产生的免疫应答应与自然感染加以区分，以便同时进行免疫和净化计划。疫苗接种并不总是一种有效的过程，有时也会出现不良反应。因此所有的疫苗接种，必须遵守使用者同意的原则。疫苗接种的风险不得超过由疾病本身造成的风险。

疫苗可含有活的或者灭活的病原体，或者是从这些病原体中纯化出来的成分。含有活病原体的疫苗能触发最好的保护性反应。灭活疫苗或纯化的抗原的免疫原性不及活疫苗。因为灭活的病原体在动物体内不能生长和传播，所以也不能以最佳的方式来刺激机体的免疫系统。相反，疫苗中的活病毒可感染机体的细胞并能生长，受感染的细胞能处理这种抗原，并触发由细胞毒性T细胞介导的免疫应答，即T_H1免疫应答。相反，灭活疫苗或纯化的抗原通常会刺激产生由抗体介导的免疫应答，即T_H2免疫应答，这种免疫应答对部分病原体不能产生最佳的保护效果。所以灭活疫苗或纯化的抗原一般都需要使用佐剂，以确保达到最佳效果。佐剂可引起局部炎症，多剂量或高剂量的抗原会增加产生过敏性反应的风险（见下述）。

灭活疫苗应尽可能接近活的病原体，化学灭活对抗原引起的变化较小。该方法使用的化合物包括甲醛、氧化乙烯、乙烯亚胺、乙酰乙烯亚胺和β-丙内酯。

（一）佐剂

为了最大限度地提高疫苗的有效性，通常会在疫苗中加一些佐剂，尤其是那些含有弱的抗原成分或纯化抗原的疫苗中。佐剂可提高机体对疫苗的反应和/或平衡/改变T_H1/T_H2免疫应答。它们能降低抗原的用量或免疫次数，还能够延长免疫记忆时间。一般认为佐剂发挥作用有3种机制。

贮存型佐剂能保护抗原避免其降解，通过在一段时间内持续释放少量的抗原，产生持久的免疫反应。贮存型佐剂包括一些铝盐，如氢氧化铝、磷酸铝、硫酸铝钾（明矾）及磷酸钙。含铝佐剂可促进局部的尿酸合成，从而有效地刺激Toll样受体。

其他的一些佐剂包含一些能有效地向抗原呈递细胞提供抗原的微粒，由此增强抗原呈递。免疫系统可以捕获和处理颗粒，如细菌或其他一些比可溶性抗原更有效的一些微生物。因此，包含到吞噬颗粒中的抗原较可溶状态的抗原更为有效。这些佐剂包含乳液、微粒、免疫刺激复合物（ISCOMs）和脂质体。所有这一切都是为了有效地给抗原呈递细胞提供抗原。

免疫刺激佐剂包括细胞因子产品和选择性刺激辅助细胞反应的一些分子，大多是复杂的扮演病原相关分子模型的微生物产物。因此，它们通过Toll样受体，激活树突状细胞和巨噬细胞，并刺激主要的细胞因子，如IL-1和IL-2的分泌。这些细胞因子反过来又促进辅助性T细胞的反应，并驱动和聚集获得性免疫反应。根据特异性的微生物产物，它们可以提高T_H1或T_H2反应。常用的微生物免疫增强剂包括脂多糖类（或它们的衍生物）；灭活厌氧棒状杆菌尤其是痤疮丙酸杆菌和百日咳杆菌；从皂荚树（皂皮树）树皮产生的皂苷（三萜苷）。以皂苷为基础的佐剂可以选择性的刺激T_H1活性。

通过微粒或贮存型佐剂与免疫刺激剂的结合，可以构建出非常有效的佐剂。

（二）疫苗种类

1. 亚单位疫苗 灭活疫苗成本相对低而易于生产，但它们含有许多对保护性免疫无作用的抗原，可能还含有毒成分。因此，鉴定、分离和纯化那些关键的保护性抗原是有利的，这些关键的保护性抗原本身可以作为疫苗使用。因此，用福尔马林灭活处理的纯化破伤风毒素（破伤风类毒素），可用于主动免疫预防破伤风。同样，可纯化致病大肠埃希菌的附件菌毛并将其混合进疫苗。抗菌毛抗体通过阻止细菌黏附在肠壁来保护动物。

2. 基因克隆疫苗 物理方法纯化特异性抗原的成本过高。在这种情况下，克隆它们的主要抗原和分离它们的DNA较为合适。该DNA可被插入到细菌或酵母中，从而表达这些保护性抗原。重组有机体被增殖，获得被插入基因编码的抗原，经纯化然后制成疫苗。直接抗E型大肠埃希菌肠毒素疫苗就是这种疫苗。这些亚单位疫苗具有抗原性和有效类毒素的功能。一种纯化的亚单位疫苗OspA，编码有伯氏疏螺旋体的基因，能有效预防犬的莱姆病。

在植物中也可克隆抗原基因，如传染性胃肠炎病毒和新城疫病毒已被成功完成。使用的植物包括烟草、土豆和玉米。在某些情况下，植物含有非常高的抗原浓度，动物可通过采食植物获得免疫。

3. 弱毒疫苗 含有活病原体的疫苗对被免疫动物有一定致病性（残留毒力）。活疫苗也有被有害病原体污染的危险性。在活疫苗的制备、储存和处理过程中必须特别小心，避免极端温度对微生物活力的影响。

出于安全考虑，病原体的毒力必须减弱，以便于复制，使其不再具有病原性。致弱的水平对于免疫成功与否很重要，但要做到这一点难度也较大。致弱不充分将导致毒力残留和发病（转化成强毒株）；致弱过度又会导致疫苗无效。必须进行严格的毒力返强试验，以确保致弱的稳定性。

致弱一般是使病原体适应不宜生长的条件。细菌的致弱是通过在不合适的条件下培养，病毒可通过在不能自然适应的种属中生长而致弱。比如，牛瘟疫苗病毒适合组织培养而生产出安全的疫苗。疫苗病毒也可通过在选择性的培养基上生长而致弱，如组织培养或鸡胚培养。犬瘟热、蓝舌病和狂犬病等疫苗制备均采用该方法。很多年来，持续的组织培养是最常用的致弱方法。

对于一些疾病，相关的病原体能适应另一种动物，并可产生一定的免疫力。例如麻疹病毒能预防犬瘟热，牛病毒性腹泻病毒能预防经典猪瘟。

偶尔，强毒力微生物也可用于疫苗接种，比如，用于预防绵羊传染性脓疱皮炎（orf）。

可用感染所形成的干燥结痂物质在羔羊大腿内侧接种，只对羔羊产生轻微的局部感染，从而获得有效的免疫。因为被免疫的动物可能会传播疾病，应将这些动物与未经免疫的动物分隔几周。

4. 基因缺失疫苗 通过持续组织培养致弱，被认为是一种最初的基因工程方法。预期的结果是获得一系列不会引起疾病的病原体。这可能难以完成，通常会有毒力返强的风险。分子遗传技术使其可以进行病原体基因的修饰，从而避免毒力返强。有意使与毒力有关的编码蛋白的基因缺失逐渐引起人们注意。基因缺失疫苗首次用于猪的伪狂犬疱疹病毒。这种方法是将胸苷激酶基因从病毒中剔除。疱疹病毒需要胸苷激酶呈潜伏状态。已被剔除的这种基因缺失病毒能感染神经元，但不能复制和引发疾病。

相同的基因操作同样被用于限制细菌在体内生长的能力。例如，一种修饰的活疫苗能得到链霉素依赖菌株溶血性曼氏杆菌和多杀性巴氏性杆菌。这些突变体在有链霉素存在的条件下才能生长。使用疫苗后，在无链霉素的情况下也会使细菌逐渐死亡，但细菌死亡是在刺激机体产生保护性免疫反应之后。

除此之外，可以通过改变抗原表达，使病毒能诱导区别于野毒株的抗体反应。这可作为一种区分免疫动物和野毒感染动物的方法（即DIVA）。

5. 病毒载体疫苗 目前，另一种生产高效活疫苗方法是将编码抗原蛋白的基因插入到一个无毒力的病毒"载体"中。这些疫苗通过重组技术制备，该方法为敲除载体的基因，用编码病原抗原蛋白的基因取代所缺失的基因。载体再被作为疫苗使用，当感染载体病毒时自身免疫细胞会产生插入基因的抗体。载体可被致弱，以免经免疫而脱落，或可出现宿主限制，这样它将不能在被免疫的组织中复制。对于在实验室中难以人工培养或危险性较大的病原体，将其制备成病毒载体疫苗是最合适的。

使用最广泛的病毒载体是痘病毒，比如鸡痘、金丝雀痘、牛痘和疱疹病毒。这些病毒有较大的能插入新基因的基因组。它们同样表达相对高水平的新抗原。在某些情况下，当高水平的母源抗体存在时，载体疫苗能诱导免疫反应。已研发出有效的病毒载体疫苗，从犬获得的金丝雀痘载体基因已被用于免疫犬，一种相似的编码狂犬病糖蛋白的载体基因，对预防犬和猫的狂犬病是很有效的。

抗西尼罗病毒的黄热病毒嵌合体是载体疫苗的创新例子。这种技术使用致弱的黄热疫苗株17D的衣壳和非结构基因，释放其他的黄病毒例如西尼罗病毒的囊膜基因。产生的病毒即黄病毒或西尼罗病毒嵌合体，该嵌合体比两种母源病毒中的任何一种都更安全。通过囊膜基因的靶向点突变，能使安全范围进一步扩大。

另一个例子是一种抗新城疫的疫苗。载体为鸡痘病毒，能整合新城疫的HA和F基因。它同样能产生抗鸡痘病毒的免疫力。

禽流感、马西尼罗病毒病及马流感、猫白血病和野生动物狂犬病等一些载体疫苗，已投入商品化生产。这些疫苗较安全、稳定，能在没有佐剂的情况下发挥作用。和基因缺失疫苗一样，可作为区分免疫动物和DIVA。载体疫苗都适合大量的免疫接种。田间试验数据表明，载体疫苗免疫力强，副作用小。

6. 多聚核苷酸（DNA）疫苗 动物也能通过注射编码外源抗原的DNA后被免疫。例如，编码病毒抗原的DNA能插入细菌质粒，该质粒是一段作为载体的环形DNA。当基因工程的质粒注入后，能被宿主细胞捕获，DNA转录为mRNA后转译成疫苗蛋白。

转染的宿主细胞因此表达疫苗蛋白与主要组织相容性的复合体I类分子，从而生成中和抗体和细胞毒性T细胞。

这类DNA疫苗已成功地用于预防马的西尼罗病毒感染。该方法已被用于禽流感、淋巴细胞脑膜炎、犬和猫的狂犬病、犬细小病毒、牛病毒性腹泻、猫免疫缺陷相关的综合征、猫白血病、狂犬病、流感、口蹄疫，牛疱疹病毒-1相关疾病和新城疫病毒等病毒疫苗的试验性生产。尽管理论上可产生与致弱疫苗相似的反应，对于在实验室中难以人工培养或危险性较大的病原体，将其制备成核酸疫苗是最合适的。一些DNA疫苗能在母源抗体效价水平非常高的情况下诱导免疫。用纯化的DNA免疫能使病毒抗原以其自然的方式存在，从而按病毒感染时抗原的方式合成。这与重组蛋白疫苗的应用相比，是一种很大的改进，这也证明了很难形成正确的构象蛋白。

虽然DNA疫苗有很多优点，但高额的研发成本使其难以迅速进入市场。

（三）疫苗的给予方式

1. 给予途径 最常用的给予方式是皮下注射或者肌内注射。这种方法适合于动物数量相对较少和一些全身免疫较重要的疾病。此外，兽医必须确保动物能获得合适的疫苗剂量。然而，局部免疫有时候比全身免疫更为重要，在此情况下，在微生物入侵的部位接种疫苗更合适。例如，鼻内接种疫苗，对预防牛鼻气管炎、猫鼻气管炎和杯状病毒感染、禽传染性支气管炎和新城疫非常有效。唯一不足的是，这项技术需要对动物逐个接种。

雾化的疫苗能使群体中的所有动物都可吸入，这对饲养量较大的养殖场有明显优势，雾化免疫最常用于家禽业。疫苗也可以通过饲料或饮水免疫，例如家禽新城疫和禽脑脊髓炎疫苗的免疫。鱼和虾可通过浸沾有抗原的溶剂进行免疫，主要通过鳃吸收。经皮吸收的无针注射法是一种新的免疫途径，能产生较强的免疫力。

联苗：考虑到很多疾病综合征的复杂性，或为了避免对动物多次注射引起的应激，经常在同一种疫苗内添加不同有效成分。例如，牛呼吸性疾病的复合疫苗对牛呼吸道合胞体病毒、牛传染性鼻气管炎病毒、牛病毒性腹泻病毒、3型副流感病毒和溶血性曼氏杆菌均有效。联苗省时、省力，也常用于犬和猫。

当不同抗原的混合物同时接种于动物体内时，它们可互相竞争。然而，生产者已经意识到这点，而对疫苗进行相应的改进。不同的疫苗决不能随意混合，因为某一种成分可能会控制和干扰其他成分的作用。

2. 免疫程序 虽然不可能为每一种疫苗制订精确的程序，但有些原则对所有主动免疫的方法是共有的。新生动物由母源抗体被动的保护，通常，在母源抗体减弱前不能接种疫苗。如果认为需要，为了在此阶段激活其免疫力，可在母体妊娠后期接种疫苗，并调整剂量使当初乳形成时抗体水平达到最高峰。当母源抗体存在时，能够保护新生动物以防止特异性病原体引起的疾病。然而，被动抗体效价呈指数下降。同时，这些母源抗体可降低到保护水平以下。当母源抗体存在时，灭活疫苗的保护性免疫效果欠佳。改良的活疫苗可诱导保护性的初次免疫应答和一些免疫记忆。由于母源抗体消失的确切时间无法预测，初生动物通常必须多次接种疫苗，以确保成功地进行免疫。

疫苗接种剂量的间隔取决于动物的免疫记忆。该记忆的持续时间取决于多种因素，如该抗原的性质、使用活的或死的抗原物质、使用的佐剂和给药的途径。有些疫苗可诱导动物的终生免疫，有些疫苗可能需要每2~3年加强免疫1次。甚至有些灭活的病毒疫苗，可以保护一些动物抵御疾病很多年。遗憾的是，免疫的最短持续时间难以准确估计。常规做法是给动物每年免疫接种，因为这种方法在管理上简单，其优点在于确保兽医师能经常接触到每个动物，同时也足以满足大多数疫苗的使用要求。

疫苗和个体动物的差异性使得保护性免疫的持续时间难以估算。最短和最长的保护期在一群动物内有很大的区别。不同疫苗在其组成上可能有明显差异，虽然所有疫苗在短期内都可诱导免疫力，但不能肯定具有相同长期的免疫力。能够保护大多数动物的最低免疫水平和能够保证保护所有动物的免疫水平之间存在很大差别。

兽医师在确定重复接种疫苗的次数时，必须评估疫苗对动物的相对风险和利益。应让畜主意识到，使用的疫苗必须具有相关监管部门批准的合格证。疫苗生产厂家应注明疫苗免疫的持续时间，并经各项数据证明疫苗免疫的最短持续时间。

依照疫苗的重要性，对疫苗进行评价是目前常见的做法。所有的动物都应接种疫苗，兽医工作者应通过适当的重复免疫接种，确保动物生命全过程中的免疫力。对动物采取非强制性（或非核心）的免疫，可使其免受散发的、轻微的或罕见的疾病危害，通常均在利大于弊的情况下使用。例如在美国，以下犬病通常包括犬瘟热、细小病毒病、腺病毒病和狂犬病必须强制免疫；非强制性免疫接种包括犬冠状病毒、副流感病毒病、败血波氏杆菌病、钩端螺旋体病和莱姆病。

3. 初免-加强策略 长期以来一直认为，加强免疫反应时使用的疫苗，要与首次给动物免疫时的疫苗完全一致，然而，还尚未理由解释为何在初次免疫和加强免疫时必须使用同一种疫苗。这种方法被称为初次免疫策略。在某些情况下，这可能会显著提高疫苗的有效性。初次免疫策略正在更广泛的研究尝试，如何提高DNA疫苗的有效性。联合免疫通常采用初次免疫用DNA疫苗和增强免疫用重组疫苗或重组蛋白抗原。

（四）疫苗失效

疫苗失效的原因有很多。在某些情况下，疫苗失效可能是由于所含的菌株或抗原与产生疾病的抗原不一致。在另一些情况下，也可能在生产时已经破坏了保护性抗原决定簇，或仅仅是抗原不足。疫苗失效相对是比较少见的，这可以通过使用有信誉的厂家的疫苗来避免。有效疫苗的免疫失败可能是由于错误的给药和储存。例如，活疫苗与抗菌药的同时使用、灭菌剂的残留量、注射器的化学消毒、皮肤上使用过多酒精消毒。给药途径也可影响疗效。当通过饮水或气雾给家禽或水貂免疫时，气雾可能无法均匀地分布在整个建筑内，或者一些动物可能没有饮到足够剂量的水。含氯的水也可灭活疫苗。如果动物疫苗接种前已潜伏感染，疫苗可能无效；预防接种已感染的疾病，通常也无保护作用。

免疫反应是一种生物过程，不可能对动物产生绝对的保护，同一群体中的不同个体之间的反应也是不同的。这是由于免疫反应受许多因素的影响，在随机群体中通常遵循正态分布：大多数动物的反应为平均值，极好的和极差的均为少数。有效的疫苗也可能无法保护那些反应不佳的动物，通过疫苗接种，使群体达到100%的保护率是很难的。免疫效果不明显的群体大小随疫苗和疾病的性质改变，并且在很大程度上取决于疾病的性质。由于高度传染性的疾病（如口蹄疫）的群体免疫力差，感染速度快，个体间高效的传递病毒，使得同群体的未免疫动物也传染疾病，同时也打乱了控制计划。如果一些珍贵或重要的动物（如伴侣动物或种畜）未获得免疫保护而被感染的话，问题将会变得非常严重。相反，传播率较低的疾病（如狂犬病），在群体中有60%～70%的动物受到免疫保护，就足以有效地阻止疾病的传播，从公共卫生的角度则是令人满意的。

初生动物接种失败的最主要原因，是在母源抗体存在的情况下疫苗不能诱导免疫。当免疫反应被抑制时疫苗接种也可能会失败，例如患有严重的寄生虫病或营养不良的动物（这些动物不应接种疫苗）。妊娠、过冷和过热、疲劳或营养不良等一些应激因素，都可减弱正常的免疫反应，可能是由于糖皮质激素的生成增加所致。

（五）不良反应

现代商业化生产的、经过批准上市的疫苗是非常安全的。然而，它们也并不总是无害的。最常见的疫苗风险包括毒力和残留毒性，这可能会导致注射部位的反应、精神沉郁、过敏性反应、免疫缺乏病（改良的活疫苗）和神经系统并发症，少数情况下也可能受其他活病原体的污染。例如牛病毒性腹泻疫苗可能携带损伤黏膜的病毒。灭活的革兰氏阴性菌疫苗，也可含有刺激白细胞介素-1释放、引起发热、引起白细胞减少和偶尔发生流产的细菌细胞壁组分。一般情况下，应尽量不给妊娠动物接种疫苗，除非不接种疫苗会使风险更大。已有报道，蓝舌病弱毒疫苗接种妊娠母羊，能引起羔羊先天性畸形。接种疫苗后产生的应激反应可足以激活潜伏感染。例如接种非洲马瘟疫苗后可激活马的疱疹病毒。另一种不良反应是在疫苗接种时出现的"针刺"的应激。如果在接种疫苗时动物强力挣扎，很可能会给接种者带来很大麻烦。有些疫苗和疫苗合剂会引起轻微的、短暂的免疫抑制。

如同任何抗原一样，疫苗除了潜在的毒性外，还可能引起过敏症。例如，任何疫苗，包括鸡胚或组织培养细胞中存在的抗原，都可能引起快速的过敏反应（I型超敏反应）。多次注射抗原更容易引起超敏反应，因此，在接种灭活疫苗时，常发生超敏反应。免疫复合物（III型）反应也是接种疫苗的另一种潜在危险。这些反应可引起剧烈的局部炎症反应或全身性的血管障碍，如过敏性紫癜。III型反应的一个例子是犬腺病毒1免疫接种引起的犬角膜混浊。延迟过敏反应（IV型）表现为在接种部位形成肉芽肿，这是由于使用贮存型佐剂所致的。猫的佐剂疫苗引起的一些慢性炎症反应，最终在注射部位都可形成纤维肉瘤。

（六）疫苗生产

在许多国家，政府都掌控生物制品的生产。通常，监管部门都要对疫苗生产企业的软件和硬件设施进行验收，检查合格后方可颁发生产许可证书。所有疫苗都必须经过安全性、纯度、效力和有效性检查。安全测试包括确认使用的生物体、疫苗未受其他病原污染，以及宿主和非宿主的安全毒性试验。由于疫苗中存在的生物体随着时间的推移而死亡，必须测定疫苗贮存后的有效性（稳定性）。虽然疫苗在合理保存条件下，过了有效期后可能仍然有效，但过期的疫苗严禁使用。

二、被动免疫

被动免疫涉及主动免疫后动物抗体的产生。这些抗体可以存贮（例如免疫球蛋白）及注射给易感动物后产生快速但短时的保护。母体通过胎盘或初乳转移给后代的母源抗体是天然的（也非常重要）的被动免疫。牛的炭疽病、犬的犬瘟热，猫的猫瘟都能产生免疫球蛋白。免疫球蛋白最重要的作用是抑制产毒微生物，如破伤风梭菌或C型产气荚膜梭菌。这些免疫球蛋白通常通过给青年马进行一系列免疫接种后获得。

检查免疫球蛋白制剂的效力可与国际生物标准比较，用国际单位（IU）表示。破伤风免疫球蛋白注射动物后，能预防破伤风感染。马和牛的免疫球蛋白的用量至少为1 500～3 000 IU，犊牛、绵羊、山羊、猪至少为500 IU，犬至少为250 IU。确切的剂量要根据组织损伤程度、伤口污染程度和受伤时间确定。一旦出现临床症状，破伤风免疫球蛋白的效果较差，除非剂量高达300 000 IU。

单克隆抗体 在一种正常的免疫应答中，抗体由许多不同的血液细胞群产生，因此称为多克隆。虽然所有这些抗体都能与特定的抗原相结合，但它们是一种非均质性的蛋白质合剂。同质性抗体可通过一种被称为杂交瘤的克隆细胞系产生，这些单克隆抗体是被动免疫的替代来源。目前，这些抗体主要来源于小鼠杂交瘤（由小鼠抗体组成），也可能是其他敏感动物的抗体。

单克隆抗体常被用于诊断疾病。因单克隆抗体具有同源性和特异性，所以它们能分辨出相关的致病性微生物，而用常规抗体是不可能做到的。例如，单克隆抗体能分辨从臭鼬、蝙蝠或犬中获得的狂犬病病毒。

三、非特异性免疫疗法

在某些情况下，需要增强动物免疫系统的活性。这可包括刺激正常的免疫反应来加强预防和治疗免疫抑制性疾病。已有几种不同类型的免疫刺激剂应用于兽医领域，它们常通过刺激一种或多种Toll样受体或相关的受体系统而发挥作用。

（邱银生 译 陈品 一校 丁伯良 二校 田文儒 三校）

第二十章　家禽
Poultry

第一节 循环系统疾病

一、血源性生物

禽类血液可能含有多种病原体，包括病毒、细菌、立克次体、原虫、微丝蚴，有时还有真菌。除了病毒以外，检查其他微生物可采用的方法有：通过显微镜对湿片、血沉棕黄层或血液涂片进行镜检；适宜的培养方法；或给易感禽继代接种血液等。显微镜下，有些病原体存在于血细胞内［疟原虫（Plasmodium）、血变原虫（Haemoproteus）、住白细胞原虫（Leucocytozoon）、类弓形虫（Atoxoplasma）、肝簇虫（Hepatozoon）、巴贝斯虫（Babesia）、埃及小体（Aegyptianella）］，而其他病原体（锥虫、微丝蚴、细菌、螺旋体）在血浆中呈游离状态。没有一种生物专门寄生在血液中；在组织中发现的寄生生物占大多数，且只有在其生命周期内的部分阶段出现在血液中。一些病原体，如微丝蚴和疟原虫，在不同时间出现寄生虫的数量或其发育阶段均呈周期性。在这种情况下，间隔一定时间进行多次涂片检查，可提高确诊的可能性。感染率的季节性变化与节肢动物媒介的活跃性有关。如果可能，组织细胞学检查也是辅助血液检查的有用方法。大多数血源性生物不常见，也不会引起临床疾病。然而，与未受感染的禽相比，虚弱或受伤的猛禽感染血源性原虫造成的死亡率较高，康复期更长。在对任何病禽进行临床检查和诊断时，应当进行血源性生物的常规检查。

如果可能，可采用禽血液直接制备薄血液涂片。血液抗凝剂、贮存和冷却可能会造成原生生物体变形，也可能污染人工制品。可用注射器和针头采集一小滴血液。将血液滴在一个洁净载玻片上刮成薄片。应当使用优质罗氏染液，其染色效果好、色调丰富（如姬姆萨染液）。在对于同一只禽血样品进行检查时，一张涂片应至少需要检查200个油镜视野区［约20 000个红细胞（red blood cell，RBC）］，多张涂片至少要检查100个油镜视野区。用低倍显微镜观察，很容易在涂片边缘发现住白细胞原虫和微丝蚴。

血浆或白细胞中的血源性生物主要集中在血沉棕黄层。在使用微量血细胞比容管时，在浓缩红细胞层之上和棕黄层之下采集。应当迅速采集带少量血液的边缘棕黄层，制成悬浮液，制备薄涂片。在检测菌血症、螺旋体和慢性住白细胞原虫（Leucocytozoon）、锥虫（Trypanosoma）、类弓形虫（Atoxoplasma）感染时，推荐使用血棕黄层染色检查。对血沉棕黄层，用暗视野或相差显微镜进行直接检查是一种极好的方法，可检查到数量极少的有运动力的生物，如螺旋体和微丝蚴。应当将血沉棕黄层和全血浆迅速涂抹在载玻片上，然后盖上盖玻片，轻轻按压以扩散棕黄层。在检查有运动力的生物时，应使用暗视野显微镜和弱光显微镜检查血沉棕黄层/全血浆交界处。

用继代接种方法可以对疟原虫（Plasmodium）感染进行确诊。使用同种禽或已知易感禽是最理想的，但不实用。在检测雀形目感染时，常使用金丝雀，火鸡对感染鸡形目禽的大多数疟原虫都易感。血液中的寄生虫在0 ℃（冰浴中）可保持活力的时间至少为7 d。首选接种途径是静脉注射，引起寄生虫血症的出现时间较早，但也可采用任何非肠道途径。如采用静脉接种，应对受体进行连续检查至少4周，每周2次；如采用其他途径接种，则检查时间应更长。对感染血液进行继代接种，可以检查螺旋体、埃及小体（Aegyptianella）和细菌；也可通过血培养来分离细菌。

要通过薄层血涂片对细胞内的血液原虫感染进行诊断，首先应确认怀疑的寄生虫既不是正常的，也不是人为的。然后应确定：宿主细胞及其是否正常或因变形而无法识别；是否存在有颜料颗粒（疟原虫色素）及是否发生裂殖生殖（表20-1）。要对属（或疟原虫的亚属）之外的生物进行鉴定很困难，临床诊断时一般也是不必要的。

表20-1 禽类血液中常见原生动物的特性

原生动物	宿主细胞	是否有颜色	是否在血液中裂殖生殖
疟原虫	红细胞	是	是
血变原虫	红细胞	是	否
住白细胞原虫	红细胞或白细胞；变形和增大常无法辨认	否	否
类弓形虫	白细胞；细胞核凹陷	否	否[a]
肝簇虫[b]	白细胞，大、呈长椭圆形	否	否
巴贝斯虫[b]	红细胞	否	否[c]

a. 急性感染可见有多细胞内寄生虫。
b. 不常见或罕见。
c. 巴贝斯虫呈梨形，也可呈V形、X形或扇形。

（一）埃及原虫病

埃及原虫病是由埃及小体，无形体科中的一种立克次体，引起的一种严重的、经蜱传播的热性病。已经描述的感染禽包括鸡、火鸡、珍珠鸡、鹌鹑、鸽、乌鸦、水禽、平胸鸟类、隼、小麻雀类和鹦鹉。鸡埃及原虫（A. pullorum）对鸡具有致病性。蜱可传播该病原体，尤其是锐缘蜱（Argas spp.）；通过接种血液可复制出该病。这种原虫常位于红细胞核的侧面，单个或多个存在，呈圆形、戒指状（0.5～4 μm）或不规则卵形小体。必须与疟原虫的滋养体和血变原虫的配子体进行鉴别。感染最常见于非洲、亚洲和欧洲的热带和亚热带地区；在得克萨斯州的野火鸡中也有感染的报道。

在流行地区，感染症状轻微或无症状。引进幼禽或其他易感禽的症状有羽毛蓬乱、厌食、低头缩颈、腹泻、发热。该病死亡率高。贫血，可导致右心衰竭和腹水，肝脏和脾脏肿大，肾脏肿大、变色，浆膜有针尖状出血点。锐缘蜱幼虫侵扰和疏螺旋体属（*Borrelia*）感染（见螺旋体病）常伴有该病。

四环素类抗生素，尤其是强力霉素，可有效控制该病，消除慢性感染禽体内的病原。控制蜱也是治疗该病的一种重要辅助措施。

（二）类弓形虫病

类弓形虫病又称等孢子球虫病、兰氏球虫病。类弓形虫的分类定位一直存在争论，现在认为，类弓形虫是与艾美虫科密切相关的等孢球虫属（*Isospora*）的成员之一。分子技术是将等孢球虫属与类弓形虫进行鉴别的必要手段。

在单核细胞内，目前认为是淋巴细胞内，类弓形虫是一种淡染、无色素、呈椭圆形的胞浆内小体。细胞内通常只含有一个寄生虫，但在发生严重急性感染时，可见到多个寄生虫。原虫可导致细胞核围绕虫体弯曲，呈现病原体位于细胞核凹陷的形态。雀形目的鸟都可发病，特别是金丝雀、雀、麻雀及椋鸟科鸟（燕八哥、八哥）。猛禽的感染病例极为罕见。家禽是否发病还不得而知。

类弓形虫有直接生活史，包括在肠道内和肠道外、全身性阶段。在肠道上皮细胞内及循环血液中的单核细胞内发生裂殖生殖。在肠上皮细胞内形成配子生殖和卵囊，卵囊随粪便排出。经粪便–口途径传播。

最常见的感染是非致病性的，幼鸟可见有重度寄生虫血症。易感鸟或体弱鸟的死亡率很高（高达80%以上），且死亡迅速，尤其是刚长出羽毛的雏鸟。类弓形虫感染可造成饲养管理复杂化，并威胁一些物种的成功繁育，如濒危的巴厘岛八哥。临床症状包括精神萎靡、腹泻和厌食。急性感染禽可见肝、脾明显肿大，常见有多灶性坏死。通过腹壁检查发现肝和胆囊肿大，尤其是在将腹壁用酒精浸湿后，这是雀形目鸟类黑斑病命名的基础。在血液和器官压片或吸出物中，可见有大量寄生虫感染的淋巴细胞，特别是在肝和脾。粪便中可见有近球形的卵囊。

老龄鸟的慢性感染难以诊断。虽然寄生虫数量有时较多，但在血液和组织中一般只有极少量寄生虫，且卵囊排泄呈间歇性。用光学显微镜，无法区分类弓形虫卵囊与等孢球虫卵囊，要确诊类弓形虫感染，必须先确认是全身性感染。首选样品是血沉棕黄层和组织涂片。阴性结果不应解释为无感染存在。可采用PCR方法，对血液、组织、粪便进行检测，但该方法对粪便标本的敏感性较差。PCR技术在确定群体发病率和流行率、疾病确诊以及评估治疗效果等方面是有用的。但是PCR不能用于确定鸟类无类弓形虫感染。一些慢性感染病例，由于出现大量大淋巴细胞浸润，这种细胞是寄生虫的宿主细胞，导致病鸟肝和脾出现持续性肿大。组织病理学方法难以发现和确认病原体，并可能被误诊为淋巴瘤。

使用妥曲珠利、磺胺氯达嗪、磺胺氯吡嗪，已经成功降低了死亡率，减少了卵囊排泄。但这些药物不可能根除禽体内的病原。良好的饲养管理，包括不同日龄的隔离和严格的清洁（尤其是每天在卵囊形成孢子之前进行的清洁），有助于控制该病。消毒剂对卵囊的作用不大。

（三）丝虫病

微丝蚴通常存在于野禽的血液中，家禽很少发病，只有东南亚的鸡和水禽可发生感染。在进口鹦鹉时，在外周血液中检查出微丝蚴是正常的，特别是进口的凤头鹦鹉。

在禽类发现有至少16种丝虫。这些丝虫都有间接生活史，吸血昆虫（如虱、蚊、螨）是其中间宿主。成虫在体腔内成熟，包括眼和脑室、呼吸系统、心血管系统或结缔组织，但存活期短；某些丝虫可引起特征性的皮下结节。相反，微丝蚴在皮肤和血液循环系统中可长期存活，且数量较多。血液涂片中可以观察到微丝蚴。但是，微量血细胞比容管获取的血沉棕黄层涂片，是一种更敏感的诊断方法。受应激刺激的个体，可发现有大量微丝蚴，但一般不会引发临床疾病或死亡。*Chandlerella*感染野生鸫鹛可能是例外，这是野生鹩哥大脑中常见的一种丝虫。寄生虫显然不会在鸫鹛体内产生微丝蚴。发病鸫鹛呈现中枢神经系统（CNS）症状。治疗可使用伊维菌素、芬苯哒唑、左旋咪唑，以及手术去除成年寄生虫等方法。

（四）血变原虫感染

血变原虫（*Haemoproteus* spp.）是禽类最常见的一种血液寄生虫，尤其是非家养禽。已经报道的禽种超过120种。鸽、白鸽、掠食禽类屡遭感染。野鸭、野鹌鹑和野火鸡常发现有血变原虫，但在商品群中很罕见，可能是因为其无脊椎动物媒介，库螨和虱蝇，有非常特殊的摄食生态。虽然偶尔报道有贫血、厌食、体重下降和精神沉郁等症状，但血变原虫对大多数禽类是非致病性的。试验性感染火鸡、番鸭可分别出现跛行、腹泻、厌食、精神沉郁，或跛行、呼吸困难和突然死亡。感染赛鸽（称为鸽疟疾）通常无症状，但由于感染其他疾病或饲养管理不当造成其性能不佳。

通过检查染色血液涂片，在成熟红细胞内观察到大的、着色配子体部分或完全环绕在其核周围，且没有取代核，据此可作出诊断。外周血液中观察不到裂殖子。有效的治疗方法知之甚少。抗疟药可减少寄生虫血症，但不能消灭寄生虫。氯喹、伯氨喹、阿的平和布帕伐醌等药已用于鸽的治疗。治疗猫头鹰可使用氯喹和伯氨喹，或氯喹和甲氟喹联合用药。对无症状禽不推荐进行治疗。控制无脊椎动物传播媒介的措施，如在禽舍设置纱窗，有助于防止传播和严重感染。

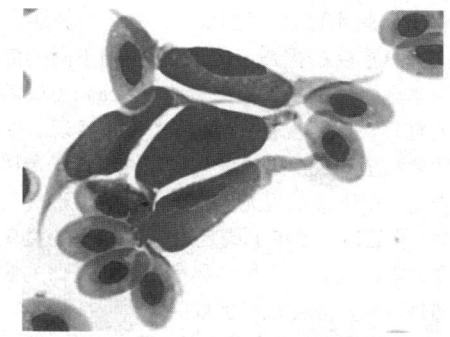

图20-1　红尾鹰（牙买加鵟）血液涂片，示
白细胞内原虫配子体
（由H.J.Barnes博士提供）

（五）住白细胞原虫病

最常见的住白细胞原虫（*Leucocytozoon*）感染是亚临床性的，但偶尔也可引起临床症状，甚至死亡。易感禽的死亡率可接近100%，由于寄生虫的种类和虫株、宿主种类、暴露的程度和其他因素不同，死亡率差异极大。鸡（亚洲、非洲）、火鸡（北美）、水禽（北美、欧洲）及世界各地的许多野鸟和捕获鸟，都有发生住白细胞原虫病急性暴发的报道。家禽的病原种类包括，水禽的西氏住白细胞原虫（*L. simondi*），火鸡的史氏住白细胞原虫（*L. smithi*）和鸡的卡氏住白细胞原虫（*L. caulleryi*）、沙氏住白细胞原虫（*L. sabrazesi*）、安氏住白细胞原虫（*L. andrewsi*）和休氏住白细胞原虫（*L. schoutedeni*）。在东南亚，卡氏住白细胞原虫具有高致病性，可引起鸡出现致死性出血性疾病。西氏住白细胞原虫可以导致鸭和鹅发生死亡。许多种住白细胞原虫可感染非家养禽（如猛禽的血液涂片常包含配子体）。寄生虫产生的抗红细胞因子可引起贫血，导致出现临床疾病和死亡，大量大配子体堵塞肺毛细血管，或寄生虫侵入重要组织（脑、心脏等）的血管内皮细胞，形成裂殖子，可导致血管阻塞和多灶性坏死。

4月底和5月初常会发生寄生虫血症病例数量突然增加（称为春季高潮），正好是在节肢动物媒介黑蝇［蚋属（*Simulium* spp.）］或蠓［库蠓属（*Culicoides* spp.）］的数量增多之前。在为提高产蛋量而控制光照时间时，感染西氏住白细胞原虫的康复鸭可出现复发。催乳激素浓度升高也可能是其发病原因。

当幼禽患有严重的寄生虫血症时，并且在节肢动物媒介黑蝇（蚋属）或蠓（库蠓属）数量最多时，急性病例的发生也会增多。外飞季节的幼禽和任何季节的老龄禽，都可出现亚急性或慢性疾病；寄生虫血症的发病率一般较低。对于幼龄易感禽，康复禽既是携带者，也是贮存宿主。

【临床表现、病理变化与诊断】　急性感染禽的症状为精神萎靡、贫血、白细胞增多、呼吸急促、食欲不振和排绿色稀便，并常出现中枢神经症状。蛋鸡感染卡氏住白细胞原虫可造成产蛋量下降。感染1周后症状明显，且并发寄生虫血症。有明显症状的鸡在7～10 d后死亡，也可康复，但会出现生长不良和产蛋量下降的后遗症。可见有出血、肝脏和脾脏肿大。在感染器官，肉眼可见的白色斑点是大裂殖子。

薄层血涂片检查，可在涂片边缘和尾部发现有配子体。如果通过观察到无色素颗粒及使宿主细胞（RBC和WBC）变形的大配子体，来辨认住白细胞原虫，常会造成无法鉴别。配子体有各种不同形状——有些呈细长状，且长末端尖锐，另外有些呈圆形。通过血清学可以检测出先前的感染。

【治疗与预防】　治疗一般是无效的。可采用预防性药物治疗，在饲料中联合添加乙胺嘧啶（1 mg/kg）和磺胺二甲氧嘧啶（10 mg/kg）可控制卡氏住白细胞原虫病；控制史氏住白细胞原虫病，可使用氯羟吡啶（0.012 5%～0.025%）。控制无脊椎动物媒介的措施是有帮助的。免疫接种可产生体液免疫反应，能为卡氏住白细胞原虫感染提供保护。奎纳克林盐酸盐或甲氧苄啶/磺胺甲基异噁唑溶液的治疗方案，可用于治疗猛禽；虽然能减少寄生虫血症，但不能清除感染。

（六）疟原虫感染

疟原虫（*Plasmodium* spp.）一般没有种属特异性，可感染世界大部分地区的各种家养及野生禽类。最常感染的是企鹅、猎鹰、金丝雀、猫头鹰、家禽、鸭和鸽。雀形目鸟常携带病原体但无症状。寒冷气候禽种（如企鹅、雪鸮、矛隼）特别易感。在亚洲和非洲，鸡疟原虫（*P. gallinaceum*）可感染鸡，地方品种的鸡死亡率低；但商品鸡死亡率可高达80%～90%。在亚洲、非洲和南美洲，近核疟原虫（*P. juxtanucleare*）可感染鸡，多数感染出现的症状轻微或无症状。在非洲，硬疟原虫（*P. durae*）不仅感染鸡，也可感染火鸡和鹑鸡，火鸡死亡率可达100%。在北美洲还没有家禽出现临床疟疾的报道，但至少有4种不同的疟原虫可感染本地野火鸡。鸟疟原虫（*P. relictum*）最常感染的禽是野鸟，已至少在360种鸟类中被发现。这也是造成猛禽和企鹅最常出现发病的原虫。蚊子传播可造成地方鸟或引进鸟出现无症状感染，也可造成引进鸟（如动物园企鹅、矛隼）或定居鸟（如夏威夷鸟类）出现致命性疾病。无脊椎动物宿主是嗜鸟血的蚊子，常见的是库蚊、脉毛蚊和伊蚊。

【临床表现、病理变化与诊断】 疟原虫感染可能无临床症状，也可造成以身体虚弱、倦怠乏力、呼吸困难、贫血、腹胀、右心肥大、眼出血、胆绿素尿和死亡为特征的疾病。严重贫血时，脑部或其他重要器官，因内皮细胞的红细胞外裂殖子引发毛细血管堵塞，可造成死亡。肝脏和脾脏明显肿大，并常见有变色（深褐色到黑色）。在未成熟和成熟红细胞内可发现有含裂殖子的着色寄生虫。有时在血小板和白细胞中可见有寄生虫。急性死亡鸟血液中的病原体可能极少或没有，但通过检查脑、肺、肝、脾的压片或触片，在毛细血管中可发现大量裂殖子。已有血清学和分子诊断方法，但尚未商业化应用。当寄生虫数量太少，在血液涂片中无法鉴别时，可使用血清学和PCR方法检测。

【治疗与预防】 对感染禽或禽群进行治疗的效果不确定。治疗期间和治疗后可能会出现持续性原虫血症或复发。最初感染的禽可能会对继发感染产生耐受性。避免与蚊子接触是一个重要的辅助措施。

没有市售或批准用于治疗家禽的抗疟疾药物。但是，在饲料中添加甲氧苄啶和磺胺喹噁啉混合物，给鸡连喂5 d，已证明可有效预防鸡疟原虫的试验性感染。对硬疟原虫的致病性与化学疗法试验研究表明，使用磺胺二甲氧嘧啶和磺胺氯达嗪联合治疗是有效的；在感染流行地区，建议用常山酮作为化学预防药物。

治疗笼养鸡和企鹅，可口服氯喹（10 mg/kg）和伯氨喹（0.3～1 mg/kg），随后6 h、24 h和48 h后口服氯喹（5 mg/kg）。鸣禽可用氯喹（250 mg/120 mL）饮水。葡萄汁或橙汁可掩盖氯喹的苦味。伯氨喹和氯喹联合应用进行治疗，效果优于单独使用氯喹，因为只有伯氨喹可有效控制组织裂殖子。氯喹能够抑制红细胞的裂殖子和配子体的活动。伯氨喹也能抑制红细胞配子体活动。分配给药时，重要的是要记住，一个500 mg的氯喹片含有300 mg的活性成分，一个26 mg伯氨喹片含有15 mg的活性成分。

在猛禽中，首次给药12 h、24 h和48 h后，重复口服甲氟喹（30 mg/kg）可以控制该病。同样，可以先口服氯喹（25 mg/kg）和伯氨喹（1.3 mg/kg）的组合药物，随后12 h、24 h和48 h后口服氯喹（15 mg/

kg）。在感染流行地区，每周用一次甲氟喹（30 mg/kg）已被成功地用于大猎鹰的化学药物预防。

通过捕获非洲黑足企鹅进行的DNA疫苗试验，已经能够有效减少寄生虫血症和临床疾病的发生。

（七）其他血源性生物

多种鸟都可发生锥虫感染，但很少引起临床疾病。与外周血涂片相比，器官涂片检查的检出率更高，特别是骨髓涂片，也可以进行培养。多种吸血昆虫中的任何一种都可能是其无脊椎动物宿主。治疗效果没有保证。

疏螺旋体是一种由蜱（锐缘蜱）携带的、可以导致全身性严重疾病的螺旋体。预防和治疗可使用四环素、青霉素，以及壁虱控制措施（见禽螺旋体病）。

巴贝斯虫很少见，不着染，呈梨状，是侵害鸟类红细胞的原虫。企鹅、猎鹰、鹤和几种其他禽类常发生自然感染。蜱是其无脊椎动物宿主。其特征性的分裂形态呈V形、X形或扇形。有关其重要性方面的知识、治疗以及控制方法都很有限。*B. shortti*仅出现在隼形目禽，已报道其是具有致病性的。另据报道，对感染猎鹰的治疗可采用双咪苯脲二丙酸酯，肌内注射2～3个剂量（5～13 mg/kg），间隔1周。

肝簇虫是很少在鸟类中发现的一种原虫。在白细胞中可产生较大的、无着染、末端呈圆形、细长状的配子体。配子体一般不位于细胞核的凹陷处，而类弓形虫呈椭圆形，并部分环绕在细胞核周围。其生活史未知，但可以确定隐喙蜱科蜱和跳蚤是肝簇虫感染燕子的中间宿主。也可能涉及硬蜱属（*Ixodes*）、螨和其他节肢动物。肝簇虫的致病性尚未可知。

其他孢子虫纲［如弓形虫（*Toxoplasma*）、肉孢子虫（*Sarcocystis*）］，以及消化道内常见的生物（如毛滴虫、球虫、组织滴虫），有时在血液中也可发现。后者也会引起肝脏产生病变（见滴虫病和组织滴虫病）。

二、鸡贫血病毒病

鸡贫血病毒病又称鸡传染性贫血、蓝翅病、贫血性皮炎综合征、出血性再生障碍性贫血综合征。

【病原、流行病学与发病机制】 鸡传染性贫血病毒（CAV）是直径为25 nm，单链，无囊膜的二十面体病毒，DNA基因组为环状，是圆环病毒科环状病毒属的唯一成员。基因组编码3个病毒蛋白（VP）。VP1是衣壳蛋白，但需要骨架蛋白VP2才能正常折叠。VP2还具有双重特异性蛋白磷酸酶（DSP）活性，基因变异可影响DSP活性，导致体内病毒复制能力减弱。VP3，又称为凋亡因子，是一种非结构蛋白，能引起感染细胞发生细胞凋亡。虽然已在日本鹌鹑中检测到抗体，但鸡传染性贫血病毒只感染鸡。经血清学和病毒分离证实，目前在世界上广泛存在该病毒。商品化养鸡的大多数国家都有本病的描述。

CAV的水平传播是经粪便-口腔途径，也可经呼吸道和羽毛囊传播。当血清学阴性母鸡受到感染时，可出现垂直传播，并一直持续到出现中和性抗体为止。感染种蛋孵出的雏鸡可发生病毒血症，使CAV由感染鸡迅速水平传播至母源抗体阴性的易感雏鸡。公鸡通过精液排毒是CAV垂直传播的另一个途径。建议在产蛋之前给血清学阴性鸡群接种疫苗，以防止垂直传播。

母源抗体阴性的雏鸡，在1～2周龄之前很容易感染和发病。相比之下，母源抗体阳性的雏鸡可避免发病，也可能会避免感染。雏鸡在大约1周龄时，开始出现疾病的年龄抵抗力，但不是针对感染。免疫抑制性病毒，如鸡传染性法氏囊病病毒、鸡马立克病病毒和禽网状内皮组织增生症病毒的并发感染，可以克服年龄抵抗力。

许多SPF鸡群在性发育期间或开产后，可产生抗CAV抗体。来源于CAV污染鸡胚或细胞培养的疫苗可能会造成病毒的传播。

给1日龄易感雏鸡肌内注射CAV，可在24 h内发生病毒血症。接种后35 d内，可从大部分器官和直肠内容物中再次分离到病毒。CAV的主要复制部位是骨髓的原始血细胞、胸腺皮质的前体T细胞以及脾脏的CD8细胞。病毒在骨髓的原始血细胞复制可引起贫血，而在其他两个部位的复制可造成免疫抑制。感染后21 d可检测到中和抗体，感染后约35 d临床症状消失，血液学和病理指标恢复正常。CAV感染对脾淋巴细胞增殖，以及脾细胞产生白细胞介素-2和干扰素的能力都有不利影响。感染可造成针对其他病原具有抗原特异性的细胞毒性T细胞数量显著减少。除导致T细胞损伤外，也会破坏巨噬细胞的功能和抗菌活性，如Fc受体的表达、吞噬功能。血清学阳性种肉鸡的后代，如发生CAV亚临床水平感染，可影响其经济性能。

【临床表现】　血清学阴性成年鸡发生感染，不会出现症状，也不会影响产蛋。但是，母源抗体阴性的雏鸡，如在1周龄前发生感染或垂直传播，在出壳或感染后12～17 d后可出现临床症状。雏鸡表现为厌食、精神萎靡、沉郁和皮肤苍白。依据病情，可出现红细胞压积（PCV）下降（雏鸡PCV≤27被定义为贫血），血涂片检查可见有贫血、白细胞减少或全血细胞减少。血液稀薄，血液凝固不良。死亡率差异较大，有继发性混合感染时死亡率可能很高。

【病理变化】　器官苍白；胸腺普遍萎缩，法氏囊变小。骨髓苍白或呈黄色。皮内或皮下，肌肉和其他器官可见有出血。组织病理学检查，在初级和次级淋巴器官可见有淋巴样细胞群缺损。骨髓粒细胞和红细胞区萎缩或再生不良。

【诊断】　依据病史、症状、眼观和组织病理学病变，可作出初步诊断。确诊需要从胸腺或骨髓中检测到病毒或病毒DNA。常用PCR和定量PCR技术来证实CAV的存在。也可采用病毒分离，但较为费时，且成本昂贵。分离CAV可将组织提取液经氯仿处理后，接种到MDCC-MSBI或MDCC-147细胞培养物（两者都来自马立克病肿瘤的淋巴母细胞系），也可接种到1日龄易感雏鸡或免疫功能低下（抗原和抗体阴性）的雏鸡。商品化ELISA试剂盒可用来检测CAV血清抗体，对开产前的血清学阴性的种鸡，也可用于疫苗免疫效果的监测。

【治疗与预防】　目前尚无特异性的治疗方法。抗生素可治疗继发性细菌感染。抗体阴性的种鸡可在开产前接种活疫苗。依照可获得疫苗的种类，可采用注射或饮水免疫方法。美国已经批准的一种疫苗，可用于7日龄以内的肉鸡；采用饮水免疫方法。在某些地区，通过将垫料转移至未感染的禽舍，将感染鸡的组织匀浆添加到饮水中，使父母代鸡群在开产前发生感染，血清学转阳，可降低蛋传的风险。但是，这些措施是非常危险的，不应再采用。由于CAV和其他免疫抑制性病毒之间有协同作用，因此控制后者也很重要。

三、壁间动脉瘤

壁间动脉瘤是火鸡的一种致命性疾病。其特征是快速生长禽突然发生死亡，血管系统的不同部位出现动脉瘤破裂，导致严重内出血。因背侧主动脉的发生频率高，故出现术语"主动脉破裂"。该病在北美洲、欧洲和以色列已有报道。大多数品种的火鸡易感，8～24周龄生长速度最快和最大的公火鸡最常发病；母火鸡也可发病，但发病率较低。

【病因】　病因尚不清楚。几种因素都可能造成致死性病例的发生。要造成火鸡发病，采用的饲养管理模式必须能使其快速生长，而且火鸡还必须具有遗传易感性。在快速增长期可出现长期性脂血症，最大死亡率期间通常会出现血压急剧升高，动脉粥样硬化部位出现夹层动脉瘤。摄取日粮的脂肪含量过高，或激素因素，如日粮中含有高浓度雌激素，可能会导致高脂血症。虽然β-氨基丙腈、山黧豆属香豌豆（*Lathyrus odoratus*）毒性物质能够引起该病，但没有证据表明，在自然条件下火鸡发生夹层动脉瘤与这种腈类或其他腈类有关。研究发现，公火鸡的赖氨酰氧化酶要比母火鸡低得多，这种酶来源于火鸡主动脉，作用于弹性蛋白和交联胶原蛋白。这可能是公火鸡发生自发性主动脉瘤的一种因素。

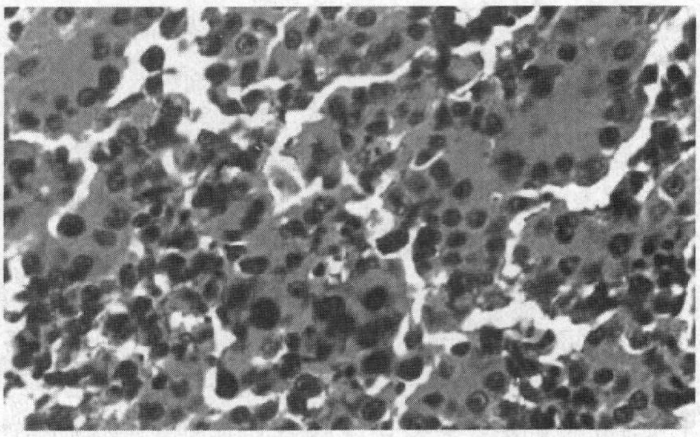

图20-2 包涵体肝炎，肉鸡肝细胞内的核内包含体（HE染色，40×）
（由Jean Sander博士提供）

【临床表现】 病禽无任何先兆症状而突然死亡，头颈部明显苍白。有时，饲养员能够观察到外表健康的鸡在几分钟内死亡。发病率一般不超过1%，但也可高达10%。当给公火鸡植入己烯雌酚时，发病率可高达20%。

【病理变化】 尸体明显贫血，在腹腔和肾脏或心包内可见有大量凝固的血块。在睾丸所在位置的主动脉腹壁侧或心房可出现破裂，仔细清洗血块可以很容易确定位置。破裂部位的主动脉管腔内可见有粘连的机化血栓。很难找到破裂的小血管。破裂部位几乎总有血管内膜增厚和巨大的纤维性斑块。血管内膜和中膜陷入深深的皱褶之中，并与外膜分离。通过染色，可发现增厚的内膜和纤维斑块中明显积累有脂肪。血管中膜的纤维呈退行性变化，伴有异嗜细胞和巨噬细胞浸润。

【诊断】 通过在快速生长公火鸡的体腔内（大动脉破裂）或心包内（心房破裂）发现大血凝块，可以作出诊断。该病应与高血压血管病鉴别，该病也常见于快速生长的火鸡。高血压血管病的主要病变是肺水肿和肾包膜下肾周出血。

【治疗、控制与预防】 没有已知的治疗措施。凝血剂和维生素K没有效果，因为凝血机制并没有缺陷。通过限制采食量或减少日粮能量水平来降低生长速度，有时可降低16～23周龄关键期的死亡率。在此期间不宜饲喂高脂肪日粮。一些研究表明，从4周龄开始到出栏，在每千克日粮中添加125～250 mg铜，可以减少主动脉破裂的发病率。

四、包涵体肝炎/心包积水综合征

禽类广泛存在有腺病毒。研究表明，健康家禽存在抗体，且已从正常禽分离到病毒。尽管其分布广泛，但多数腺病毒不会引起发病或只能引起轻微疾病；但是，也有一些可引起特异性临床症状。禽腺病毒（AAV）是鸡的两种重要已知疾病的病原体，这两种疾病是包涵体肝炎（IBH）和心包积水综合征（HP）。虽然在某些病例中都可分别观察到每种症状，但经常将这两种疾病视为一个整体。因此，已广泛使用肝炎/心包积水这一名称，用于描述这种病理状态。该综合征是青年鸡的一种急性疾病，伴有贫血、出血性紊乱和心包积液。在一些国家，该病是一种常见疾病，肉鸡受到严重影响，引起的死亡率也较高。

【病原、传播与发病机制】 该病的病原是禽腺病毒属（以前称为Ⅰ群）的禽腺病毒。AAV虽然有12个不同的血清型，但最常分离到的IBH/HP病毒属于血清型4和血清型8。在没有免疫抑制性病毒（如IBDV）和其他免疫抑制因子的作用下，AAV可引起发病。但是，与免疫抑制性病毒协同作用，如传染性法氏囊病和鸡贫血病毒（CAV），可引起更为严重的疾病。

水平传播和垂直传播在IBH/HP中发挥重要作用。感染AAV 血清型4和血清型8的种鸡，其后代可发生垂直传播。水平传播也得到了证实；青年鸡与感染IBH/HP的雏鸡发生接触，可引发极严重的IBH/HP，导致死亡。雏鸡和青年鸡都常会发病。某些AAV毒株感染会导致肝脏出现轻微病变；但是，如果鸡已经发生免疫抑制病毒（IBDV、CAV或MDV）感染，临床症状会更明显。

【临床表现、病理变化与诊断】 突然死亡常见于6周龄以下的鸡，最早发生在4日龄雏鸡。死亡率一般为2%～40%，特别是3周龄以下的鸡。但也出现过高达80%的死亡率。依据病毒致病力以及其他病毒或细菌感染，死亡率有所差异。如果鸡的免疫功能受到抑制，其他病原体（如细菌、真菌或病毒）常会引起疾病相关症状。

3～5周龄肉鸡群发生HP，可能不会表现特异性临床症状，但可见出现急性死亡、嗜睡、扎堆、羽毛蓬乱、黄色黏稠粪便。感染持续期通常为9～14 d，发病率10%～30%，日死亡率3%～5%。眼观病变可见心包积聚淡黄色渗出液，最多可达10 mL，全身瘀血，肝脏肿大、苍白、质脆。组织病理学病变；心脏出现心肌水肿、变性、坏死，以及单核细胞轻度浸润。肝脏可见有嗜碱性核内包含体。根据典型的显微病变一般可作出初步诊断，确诊需要从肝脏分离到腺病毒。采用血清学、限制性内切酶分析和PCR技术，可以对临床病例分离的腺病毒进行分类。这些信息可用于流行病学研究。

【治疗与预防】 与许多其他病毒病一样，该病无治疗方法。抗生素有助于防止继发性细菌感染。如有血液病或免疫抑制的证据，应禁用磺胺类药物。

美国没有市售的IBH/HP疫苗；但是在其他国家可

用活疫苗和灭活疫苗来控制该病。最常用于制备商品化AAV疫苗的血清型是4型和8型。采取严格生物安全措施的原种群，可使用自家灭活疫苗，以确保母源抗体从种群转移至其后代。澳大利亚已经研发出一种活苗，可通过饮水给10～14周龄种鸡进行免疫接种。在其他国家，包括墨西哥、巴基斯坦和秘鲁，灭活疫苗是种鸡和肉鸡的常规疫苗。对种鸡进行适当的免疫接种后，疫苗所产生的抗体可传递给后代，可避免野毒感染和临床疾病的发生。在肉种鸡没有腺病毒特异血清型的抗体时，或由于接种程序不当，造成相当数量的鸡未获得免疫，导致母源抗体传递不稳定时，应在10日龄之前对肉鸡进行疫苗接种。

五、火鸡肾周出血综合征

肾周出血综合征（PHS）又称高血压血管病、火鸡猝死综合征，是一种非传染性的心血管疾病，常发生在8～15周龄快速生长的公火鸡。其特征是突然死亡，肾周出血和肥大性心肌病。死亡率一般为0.5%～2%，但也可能更高；无发病率。快速生长的健康鸡群更易发病。

致病机制不详，但PHS显然与肺功能或高血压无关。最有可能的是心脏对运动产生的反应不充分或不适当，导致全身性血压下降和血管扩张，心律不齐以及突然死亡。心脏肥大引起的急性充血性心衰也可能是一种潜在因素。严重瘀血可能会引起肾出血；急性失血似乎不是致死的主要原因，因为肾周出血的程度变化不一，而且一般也都很轻微。

眼观病变有嗉囊和胃积食、脾脏肿大呈黑红色到粉红色，一侧或两侧肾周围出现不同程度的被膜下出血、全身性瘀血，有时可见有肺水肿并伴有出血。体况通常良好或极好。也可见有左心室肥大和心室内隔肥大。显微病变与眼观病变一致，包括肺充血和水肿，伴有肾静脉周围出血。发生PHS的火鸡，许多器官可见有内膜空泡化和中层增生，特别是肾脏、脾脏和肺脏的动脉和小动脉；在正常火鸡组织也可见有类似病变，但程度较轻。

根据病史、典型的眼观病变和无传染性因子可作出诊断。PHS与主动脉破裂和肉鸡猝死都有几个共同的特征。广泛性PHS的病变与主动脉破裂很像，同一鸡群可同时发生这两种疾病。

没有特异疗法。降低生长速度，减少运动，似乎可减少PHS的发生。利血平（按0.5 mg/kg添加在饲料中）可减少PHS，但阿司匹林（0.005%）或增加钙含量没有效果。利血平并未被列入饲料添加剂纲要，在火鸡饲料中不允许使用。提高舍内温度，以及递增或递减光照时间，也可减少PHS的发生。应尽量减少可能会增加心血管应激的活动（如转群、更换垫料、噪声），特别是在7～15周龄时。外界气温较低（13℃）、间歇性光照、未修剪脚趾，都可造成PHS死亡率升高。无论采取哪些预防性的管理措施，健康的商品公火鸡群都可能会发生PHS。

六、火鸡自发性心肌炎

青年火鸡的自发性心肌炎（圆心病）的特征是因心搏骤停而突然死亡。建议将该病称作火鸡自发性心肌炎，以便于与鸡圆心病相区别，后者是目前极为罕见的另外一种综合征。

火鸡自发性心肌炎的确切病因不详。但是，使用呋喃唑酮诱发火鸡肥大性心肌病的研究结果表明，膜的通透性发生改变可导致心肌衰竭。肌酸激酶、糖酵解、糖原、肌纤维、三羧酸循环酶、脂肪酸的氧化和可溶性蛋白均下降。肌质网的钙传输ATP酶活性增强。这种生化模式的变化与局部缺血是一致的，这在火鸡自发性心肌炎的发病机制中起着一定作用。

虽然大多数死亡发生在育雏期，但在整个生长期内，病鸡的心脏重量占体重的百分比是不断升高的。慢性心功能不全可造成生长速度下降，导致病鸡容易受到正常鸡群的攻击。存活至出栏日龄的发病火鸡，体重平均减少1.4 kg。该病的某些暴发可能与种蛋在孵化过程中，或雏鸡在从孵化室到育雏场运输过程中发生缺氧有关。没有循环风机的鸡舍通风不良，所形成的空气分层会引起类似的心脏损伤，饲养后期即可出现疾病症状。

自发性心肌炎造成的死亡大多出现在4周龄以内，2周龄时死亡率达到高峰。许多幼雏突然死亡，但有些表现为羽毛蓬乱、翅膀下垂、全身外观污秽。死前可出现呼吸困难、喘息。3周龄以后出现零星死亡。特征性的表现是，4周龄以内的病雏由于2个心室扩张导致心脏极度肥大、肺脏瘀血和肝脏肿大。有时可见有腹水、全身性水肿、肺水肿和心包积液。日龄较大的雏火鸡，除心室扩增外，还可见有心室明显肥大，造成心脏肥大。心脏的组织病理变化是非特异性的，包括瘀血、心肌细胞肌原纤维损伤和淋巴细胞局灶性浸润。

一般根据病史和眼观病变可作出诊断；虽然可以使用心电图（ECG），但并不实用。钠和多氯联苯或相关化合物也可造成类似综合征。

无有效的治疗方法。良好的育雏管理可减少死亡。应清除所有毒素。应检查孵化、运输和育雏早期的通风情况。

（于海霞 译　李自力 梁智选 一校　丁伯良 二校　崔恒敏 三校）

第二节 消化系统疾病

一、念珠菌病

念珠菌病（鹅口疮、嗉囊霉菌病、酸嗉症）是由白色念珠菌（*Candida albicans*）感染鸡和火鸡引起的一种消化道真菌病。常见于使用各种抗生素治疗之后，或在使用不卫生的饮水设备时。最常发生病变的部位是嗉囊，常见有黏膜增厚、白色、隆起的假膜。口腔和食管也可出现同样的病变。有时可见有浅表溃疡和坏死上皮脱落。精神萎靡、食欲不振也可能是唯一症状。通过眼观病变可作出初步诊断。确诊需要进行组织病理学检查和微生物培养。但是，由于从临床表现正常的禽经常能分离到酵母样真菌，因此单独使用培养方法不能对该病进行确诊。雏鸡和雏火鸡最易感。

改善卫生条件、尽量减少抗生素的使用有助于减少家禽念珠菌病的发病率。通过在饮水中添加1∶2 000稀释的硫酸铜，可预防或治疗念珠菌病，但其疗效尚有争议。在每千克饲料中添加制霉菌素220 mg，或饮水中添加制霉菌素（62.5～250 mg/L，同时按7.8～25 mg/L添加十二烷基硫酸钠），连用5 d，可有效治疗发病火鸡。

二、球虫病

球虫病是由顶复门艾美虫科的原虫引起的。在家禽，有许多种寄生虫都属于艾美耳球虫属，可寄生在肠道的不同部位。其感染发生快（4～7 d），特征是寄生虫在宿主细胞内增殖，肠黏膜出现广泛性损伤。家禽球虫有严格的宿主特异性，不同种球虫寄生在肠道的不同部位。家禽、舍饲猎禽和野鸟的球虫呈世界性分布（见隐孢子虫病）。

【病原】 家禽养殖场几乎普遍存在球虫，但只有当易感禽摄入大量孢子化卵囊后，才会发生临床疾病。临床感染禽和康复禽都可经粪便排出卵囊，造成饲料、灰尘、水、垫料和土壤发生污染。卵囊可经机械性载体（如设备、衣服、昆虫、农场工人和其他动物）传播。新鲜卵囊在形成孢子之前不具有感染性；在适宜条件下（21～32 ℃，适宜的湿度和氧气），该过程需要1～2 d。潜伏期为4～7 d。孢子化卵囊可长期存活，这取决于环境因素。卵囊对养殖场常用的一些消毒剂有抵抗力，但冷冻或高温条件可将其杀死（见球虫病）。

球虫的致病力受到宿主遗传因素、营养因素、并发病和球虫种类的影响。毒害艾美耳球虫（*Eimeria necatrix*）和柔嫩艾美耳球虫（*E. tenella*）对鸡的致病力最强，原因是这2种球虫可分别在小肠和盲肠的黏膜固有层及肠腺发生裂殖，并引起广泛性出血。多数球虫是在衬于绒毛的上皮细胞内发育。温和性、持续性感染，通常可产生保护性免疫力。免疫力通常与日龄无关，但由于接触感染较早，大龄鸡的抵抗力通常比幼鸡更强。

【临床表现】 症状初期为生长速度下降，后期出现大量明显发病鸡、病鸡严重腹泻和高死亡率。饲料采食量和饮水量下降。暴发该病时可造成体重下降、淘汰率升高、产蛋量下降和死亡率增加。某些种类的肠道球虫发生温和性感染，称为亚临床型，可造成羽毛褪色。严重感染后的存活禽，可在10～14 d恢复，但永远无法恢复原有的生产水平。

整个肠道几乎都可见病变，且常有独特的病变部位和表现，这有助于作出诊断。

（1）鸡 柔嫩艾美耳球虫（*E. tenella*）感染仅发生在盲肠，可通过在盲肠内有血液积聚和血便进行辨别。急性发病期存活的鸡，其盲肠内可见有盲肠栓，是由积聚的血凝块、组织碎片和卵囊组成。

毒害艾美耳球虫（*E. necatrix*）引起的病变主要在小肠前段和中段。浆膜表面常可见各种大小不等、呈圆形、明亮的或暗红色斑点混杂在一起的小白斑。这种现象有时被描述为"椒盐状"。如果在显微镜下观察到成簇的大裂殖子，出现白斑就可作为毒害艾美耳球虫的诊断依据。严重的病例，肠壁增厚，受感染部位可扩张到正常直径的2～2.5倍。肠腔内充满血液、黏液和液体。体液丢失可能会造成明显脱水。虽然损伤出现在小肠，但其生命史的有性期是在盲肠内完成的。毒害艾美耳球虫卵囊仅在盲肠中被发现。如果发生并发感染，主要病变部位会发现其他种类的球虫卵囊，可能会误导诊断医师。

堆形艾美耳球虫（*E. acervulina*）是最常见的球虫感染。病变包括小肠的上半段有无数肉眼可见的、发白的、呈椭圆形或横纹状的斑块，肉眼检查很容易辨别。鸡群的临床病程通常较长，可导致生长发育不良、淘汰率增加、死亡率略有增加。

布氏艾美耳球虫（*E. brunetti*）存在于小肠下段、直肠、盲肠和泄殖腔。当温和性感染时，黏膜苍白、受损，但散在病灶中可见有黏膜脱落，也可见黏膜增厚。当重度感染时，几乎整个小肠都出现凝固性坏死和黏膜脱落。

巨型艾美耳球虫（*E. maxima*）寄生在小肠，可导致小肠扩张和增厚；出现点状出血；有呈微红色、橙色或粉红色黏稠渗出物和液体。小肠中段表面可见许多白色的针尖状病灶，病变部位可见扩张和增厚。病变灶的卵囊和裂殖子（特别是大裂殖子）明显变大。

和缓艾美耳球虫（*E. mitis*）对小肠下段有致病性。

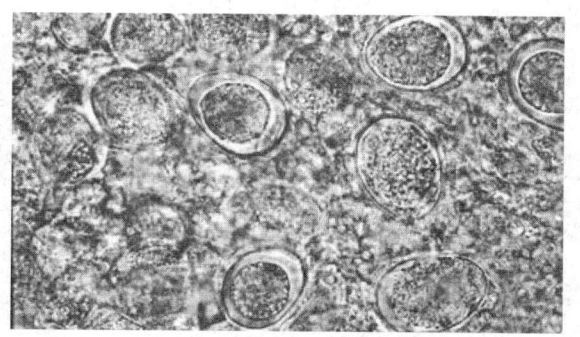

图20-3　来自小肠黏膜刮片的布氏艾美耳球虫卵囊（新甲
基蓝染色，100×）

（由Jean Sander博士提供）

病变不明显，但可能与轻度感染的布氏艾美耳球虫引
起的病变相似。通过发现与病变相关的圆形小卵囊，
可以将和缓艾美耳球虫与布氏艾美耳球虫相区别。

　　早熟艾美耳球虫（E.praecox）寄生在小肠上段，
不会引起明显病变，但可降低病禽的生长速度。感染
部位的卵囊比堆形艾美耳球虫大，且数量多。小肠内
容物可能呈水样。与其他球虫种类相比，早熟艾美耳
球虫的经济意义不大。

　　哈氏艾美耳球虫（E. hagani）和变位艾美耳球虫
（E. mivati）寄生在小肠前段。哈氏艾美耳球虫造成的
病变不明显，且无显著特征。但是，变位艾美耳球虫

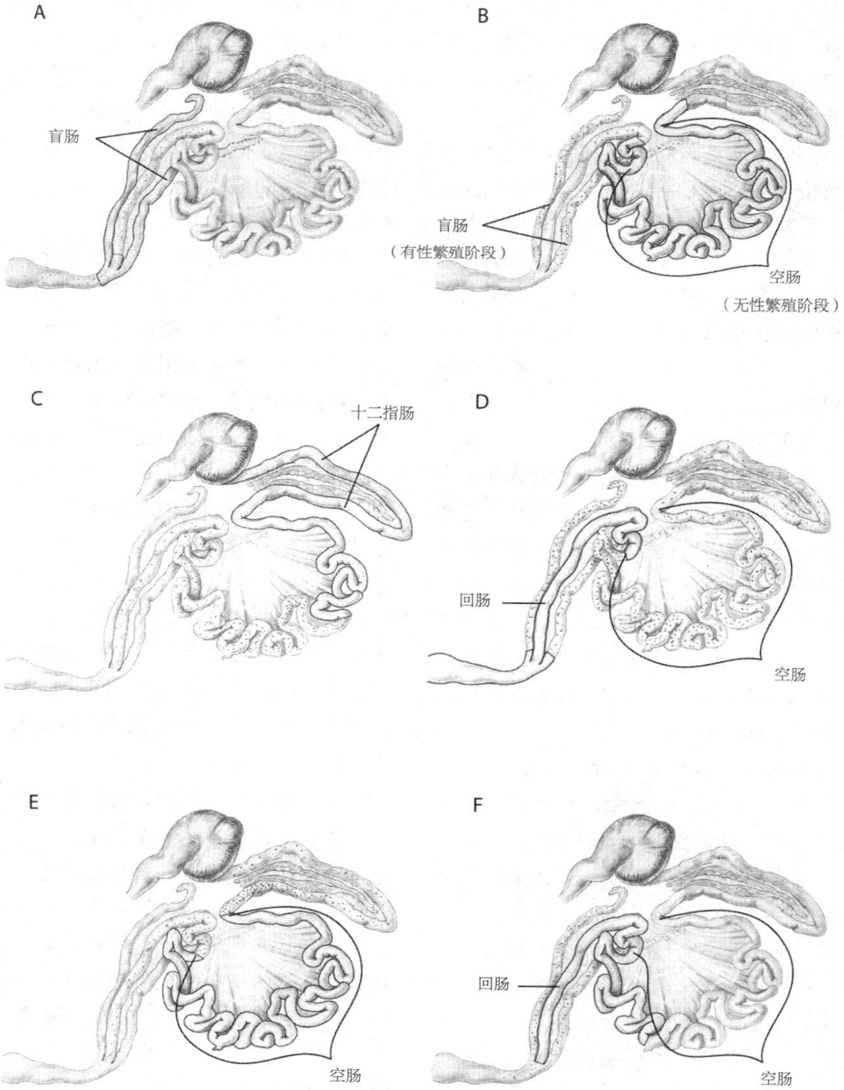

图20-4　家禽球虫病

A.柔嫩艾美耳球虫寄生部位　B.毒害艾美耳球虫寄生部位　C.堆形艾美耳球虫寄生部位　D.布氏艾美耳球虫寄生部位
E.巨型艾美耳球虫寄生部位　F.和缓艾美耳球虫寄生部位（由Gheorghe Constantinescu博士绘制）

（E. mivati）可引起与堆型艾美耳球虫相似的严重病理变化。当重度感染时，变位艾美耳球虫可引起绒毛脱落，导致十二指肠发红。一些人认为这两个虫种的来源不明，但在分子诊断方面的工作似乎支持其合理性。

（2）**火鸡** 在7种球虫中，有4种对火鸡有致病性：腺样艾美耳球虫（E. adenoeides）、分散艾美耳球虫（E. dispersa）、孔雀艾美耳球虫（E. gallopavonis）、小火鸡艾美耳球虫（E. meleagrimitis），无致病力的其余3种是：无害艾美耳球虫（E. innocua）、火鸡艾美耳球虫（E. meleagridis）和微圆艾美耳球虫（E. subrotunda）。卵囊从宿主体内被排出后1～2 d，形成孢子，潜伏期为4～6 d。

腺艾美耳球虫和孔雀艾美耳球虫可感染回肠下段、盲肠和直肠。这两种球虫往往会造成死亡。其发育阶段是在肠腺和绒毛的上皮细胞中。小肠病变部位出现扩张和肠壁增厚。在肠道厚厚的、呈乳糜状或干酪样的物质或排泄物中可能包含大量卵囊。小火鸡艾美耳球虫主要感染小肠上段和中段。寄生在黏膜固有层和深层组织，引起坏死性肠炎。分散艾美耳球虫感染小肠上部，并导致乳糜状和浆液性肠炎，遍及整个小肠，包括盲肠。大量的裂殖子和卵囊可引起病变。

感染火鸡群常见的症状有饲料消耗减少、体重迅速下降、精神萎靡、羽毛蓬乱和严重腹泻。常见有黏液样稀便。8周龄以上的雏火鸡很少出现临床感染。发病率和死亡率可能会很高。

（3）**猎禽** 中国环颈雉、石鸡和美洲鹌鹑是极受欢迎的猎禽，在与鸡相似的条件下大量饲养。这些鸟类因球虫病造成的损失常超过50%以上。野鸡最常见的球虫种类有雉艾美耳球虫（Eimeria phasiami）、科艾美耳球虫（Eimeria colchici）、十二指肠艾美耳球虫（Eimeria duodenalis）、Eimeria tetartooimia和温和艾美耳球虫（Eimeria pacifica）。石鸡仅有1种或2种球虫：凯福迪艾美耳球虫（Eimeria kofoidi），和可能发生的利吉奥内斯艾美耳球虫（Eimeria legionensis）。鹌鹑主要感染Eimeria lettyae。由于缺少研究，也无批准的产品，无法控制和预防这些球虫感染。

（4）**鸭** 已报道在野鸭和家鸭发现了大量特殊球虫，但一些描述的合理性值得怀疑。已经确认的有艾美耳属（Eimeria）、温扬属（Wenyonella）和泰泽属（Tyzzeria spp.）。毁灭泰泽球虫（T. perniciosa）是一种已知病原体，可引起小肠出现如气球样膨胀，并伴有黏膜出血或充满干酪样物质。也有描述艾美耳属球虫有致病性报道。在家鸭中，某些种类球虫是相对无致病性的。野鸭发病少见，但2～4周龄雏鸭可发生球虫的急剧暴发，发病率和死亡率可能较高。

（5）**鹅** 最著名的鹅球虫感染是截顶艾美耳球虫

（Eimeria truncata），可见有肾脏肿大，表面散布有界限模糊的黄白条纹和斑点。肾小管因含有大量卵囊和尿酸盐而发生扩张。死亡率可能较高。据报道，至少有其他5种艾美耳球虫属球虫可寄生在鹅小肠，但均不常见。

【**诊断**】 根据球虫在宿主体内的寄生部位、病理变化和卵囊大小，可以确定球虫种类。通过发现粪便和肠道刮出物中的卵囊，很容易证实球虫感染，但是卵囊数量与临床疾病的严重程度关系不大。疾病的严重程度，以及了解群体表现、发病率、日死亡率和采食量、生长速度、产蛋率等，对于诊断都是非常重要的。建议剖检多个新鲜尸体。毒害艾美耳球虫和柔嫩艾美耳球虫的典型病变具有诊断价值，但其他种类球虫难以确诊。将病变和其他症状，与诊断特征进行比较，可以合理准确地鉴别球虫种类。球虫的混合感染很常见。

如果在显微镜下发现卵囊、裂殖子或裂殖体，且有严重病理变化，即可作出球虫病的临床诊断。亚临床型球虫病的感染可能不重要，生产性能不佳也可能是由其他疾病造成。

【**控制**】 常用的管理方法不能防治感染。采用全程网上饲养家禽，可避免家禽与粪便接触，减少感染，在这种情况下，临床性球虫病很罕见。其他防治方法有接种疫苗或使用抗球虫药进行预防。

【**疫苗接种**】 自然感染后可产生种属特异性免疫力，这在很大程度上取决于感染程度和再感染的次数。保护性免疫力主要是一种T细胞应答反应。

商品化疫苗含低剂量的各种球虫的孢子化卵囊，可低剂量接种应用。先进的抗球虫疫苗应接种于1日龄雏鸡，在孵化室或养殖场均可。因为疫苗只能起到引入感染的作用，因此鸡群还会受到疫苗虫株后代的重复感染。多数商品化疫苗含有的活虫卵囊并不是致弱株。某些疫苗将球虫病的自限性特性作为其致弱的方式，但不是生物致弱。欧洲和南美洲销售的一些球虫疫苗是致弱虫株。

地面垫料饲养的蛋鸡和种鸡必须具有保护性免疫力。过去，曾经在生长早期给这些鸡使用亚剂量的抗球虫药物，期望通过与野生型球虫进行反复接触，持续产生免疫力。这种方法从来没有获得完全的成功，因为在实际条件下，无法控制影响球虫繁殖的所有因素。虽然保护这些禽类的首选方法一直是使用抗球虫药，但疫苗接种方法正在得到普及。采用更好的技术，以及生产用球虫株的选育，正在不断提高肉鸡疫苗接种的可行性。

预防和治疗鸡和火鸡球虫病，可使用的药物有多种（表20-2、表20-3）。所有生产厂家都会提供详细的使用说明，以帮助使用者遵守注册审批和管理等事项。

在饲料中添加抗球虫药，可以预防球虫病，避免亚急性感染造成的经济损失。首选的应当是预防性给药，因为在出现明显症状之前大多已经造成损失，而且药物也并不能完全阻止疾病暴发。由于受到饲料管理的限制，药物治疗通常是经饮水给药。有时可在饲料中添加抗生素和高浓度维生素A和维生素K，以提高康复比例、防止继发感染。

表20-2　家禽球虫病的预防性药物ª

药　　物	用量（饲料中的比例，%）		休药期（d）
	鸡	火鸡	
氨丙啉	0.012 5~0.025	0.012 5~0.250	0
氨丙啉+乙氧酰胺苯甲酯	（0.012 5~0.025）+（0.000 4~0.004）	–	0
克球酚或氯羟吡啶	0.012 5~0.025	–	0
癸氧喹酯	0.003	–	0
地克珠利	0.000 1	0.0001	0
硝苯酰胺（球痢灵）	0.004~0.012 5	0.012 5~0.018 75	0
氢溴酸常山酮	0.000 3	0.000 15~0.000 3	4~7
拉沙里菌素钠	0.007 5~0.012 5	0.007 5~0.012 5	3
马杜霉素铵	0.000 5~0.000 6	–	5
莫能菌酸钠	0.01~0.0121	0.006~0.01ᵇ	0
那拉霉素	0.006~0.008	–	0
那拉霉素+尼卡巴嗪	0.003~0.005（组合数）	–	5
尼卡巴嗪	0.012 5	–	4
盐酸氯苯胍	0.003 3	–	5
盐霉素钠	0.004 4~0.006 6	–	0
山杜霉素	0.002 5	–	0
磺胺二甲嘧啶+二甲氧基甲基苄氨嘧啶	0.012 5+0.007 5	0.006 25+0.003 75	5

a. 美国已经批准；从各种素材进行整理汇编，包括饲料添加剂汇编，经许可，米勒出版有限公司，2008年编制。在美国不允许使用抗球虫药，但在其他国家可以使用的，包括克拉珠利，一种氯羟吡啶和甲苄喹啉的混合制剂，以及各种离子载体与尼卡巴嗪的各种混合制剂。

b. 10周龄以内。

表20-3　鸡球虫病的治疗药物ª

药　　物	饲料或水	治疗浓度及持续时间	休药期（d）
氨丙啉	水	0.012%~0.024%，3~5 d；0.006%，1~2周	0
金霉素	饲料	0.022%+0.8%钙；不超过3周	0
土霉素	饲料	0.022%+（0.18%~0.55%）钙，不超过5 d	3
磺胺氯吡嗪钠一水化合物	水	0.03%，3 d	4
磺胺二甲氧哒嗪	水	0.05%，6 d	5
磺胺二甲嘧啶（磺胺甲嘧啶）	水	0.1%，2 d；0.05%，4 d	10
妥曲珠利	水	25 mg/kg，2 d	NAᵇ

a. 除曲珠利之外，其余药物美国已经批准。

b. 不适用。

连续使用抗球虫药可促进球虫耐药株的出现。可以使用各种方案，以延缓或阻止耐药性虫株的产生。例如，生产者可对不同鸡群使用一种抗球虫药物，每4~6个月更换为另外一种药物，或在同批出栏鸡整个饲养期间，反复交替更换抗球虫药（穿梭方案）。虽然各种不同方案几乎都不会使球虫药产生交叉耐药性，但普遍存在有对大多数药物的耐药性。可在实验室进行试验，以确定哪种药品对球虫最有效。"穿梭方案"是一种常用方法，即每群鸡按次序使用不同抗球虫药物（通常是在雏鸡料和中雏料之间更换）进行治疗，这有利于减缓耐药性的产生。在美国，FDA认为穿梭方案是超出标签使用规定的做法，但生产者可依据兽医的建议使用这种方案。

抗球虫药的作用可能是对球虫的抑制性，可抑制球虫在细胞内的生长，但停药后会继续发育；也可能是对球虫的杀灭性，可在球虫发育过程将其杀死。有些球虫杀灭药物，短期给药可抑制球虫，长期给药可杀死球虫。家禽生产中使用的大多数药物是球虫杀灭性药物。

在饲料中添加抗球虫药期间，可自然产生针对球虫的免疫力。但对37～44 d短期育成的肉鸡，作用不大。后备产蛋鸡获得自然免疫力非常重要，因为在停止使用抗球虫药后，很可能会长期暴露于球虫感染。产蛋鸡群和种鸡群使用抗球虫药，是期望产生接种感染，以防范急性暴发。

肉鸡在屠宰前通常要有3～7 d的休药期，以满足监管要求，降低生产成本。由于此时肉鸡对球虫的易感性不同，因此随着休药期的延长，暴发球虫病的风险也会上升。

密闭饲养的火鸡在8～10周龄之前，可以使用预防性的抗球虫药。该病在老龄鸡群中几乎不会暴发。

对抗球虫药的作用方式了解不多。以下描述了一些众所周知的作用方式。了解作用方式对于理解毒性和副作用是很重要的。

盐酸氨丙啉是硫胺素（维生素B_1）的颉颃剂。快速分裂的球虫需要大量维生素B_1。在饲料中添加盐酸氨丙啉达到最高建议剂量（125～250 mg/kg）时，其安全阈值大约是8:1。盐酸氨丙啉对某些艾美耳球虫属的作用效果较差，与叶酸颉颃剂、乙氧酰胺苯甲酯和磺胺喹噁啉联合应用后，扩大了其作用范围。目前，使用盐酸氨丙啉的主要方法，是在疾病暴发期间经饮水途径给药。

氯羟吡啶和喹啉（如癸氧喹酯，甲苄喹啉）是一种球虫抑制剂，通过抑制线粒体能量产生，来抑制早期发育的艾美耳属球虫。氯羟吡啶和喹啉抗虫谱广，联合应用可以起到协同作用。但过量使用可迅速产生耐药性。

叶酸颉颃剂包括磺胺类、2,4-二氨基嘧啶和乙氧酰胺苯甲酯。这些化合物是叶酸或氨基苯甲酸（PABA）的结构性颉颃剂，后者是叶酸的前体。（宿主不能合成叶酸，也不需要PABA）。球虫迅速合成核酸，说明PABA具有颉颃活性。虽然普遍存在有叶酸颉颃剂的耐药性，但在出现明显临床症状时，一般都采用饮水给药方式进行治疗。二甲氧苄氨嘧啶、奥美普林和乙胺嘧啶具有抗原虫二氢叶酸还原酶活性的作用。与磺胺类药物可产生协同作用，常用于该药的混合制剂。

氢溴酸常山酮与抗疟疾药物常山碱有关，可有效抑制大多数艾美耳种属球虫的无性繁殖。该药同时具有抑制球虫和杀死球虫的作用，但过量使用后可能会产生耐药性。

离子载体类药物（莫能菌素、盐霉素、拉沙里菌素、那拉菌素、马杜拉霉素和山杜霉素）可与各种离子形成化合物，主要是钠、钾和钙，并通过生物膜将这些离子转运至膜内。离子载体可作用于寄生虫的细胞外和细胞内生活期，尤其是在发育的早期、无性繁殖阶段。鸡球虫药物出现耐药性的速度缓慢，可能是由于这些发酵产物，作用于寄生虫的生化非特异性方式。最近的调查表明，药物的耐受性很普遍，但其仍然是抗球虫药中最重要的一类药物。

一些离子载体类药物在添加剂量超过建议剂量时，可能造成饲料消耗量下降。这主要是采食量下降造成的，但是饲料转化率的提高可以抵消生长速度减慢。

尼卡巴嗪是第一个真正有广谱活性的药物，自1955年以来已被普遍使用。虽然其作用机制尚不完全清楚，但主要是通过抑制与琥珀酸联结的烟酰胺腺嘌呤二核苷酸的还原作用和能量依赖性转氢酶活性，以及在ATP存在时积聚钙。尼卡巴嗪对产蛋鸡有毒性，可造成蛋黄呈斑驳样、产蛋量下降、褐色蛋壳变白。肉鸡要求的停药期为4 d。在炎热天气下用药，能使家禽的热应激风险加大。

硝基苯甲酰胺（如球痢灵）在球虫无性繁殖阶段发挥最大抗球虫活性。对柔嫩艾美耳球虫和毒害艾美耳球虫的效果有限，除非与其他药物联合应用。

氯苯胍，胍类化合物，不影响球虫在细胞内的初始发育，但可阻止成熟裂殖子的形成。该药短期使用具有抑制球虫作用，长期使用时具有杀球虫作用。在使用期间可能会产生耐药性。需要5 d的休药期，以消除禽肉中残留的药物所造成的不良味道。

硝苯胂酸是一种有机砷化合物。它具有明显的抗柔嫩艾美耳球虫的作用，与离子载体类药物联合使用，可提高对该种球虫的控制水平，也需要有休药期。

地克珠利和妥曲珠利是广谱抗球虫药，且非常有效。地克珠利最常用于预防，可在饲料中按1 mg/kg添加，而妥曲珠利主要用于治疗，经饮水给药。

三、火鸡冠状病毒性肠炎

冠状病毒性肠炎（蓝冠病、泥土热、传染性肠炎）是火鸡的一种以精神沉郁、厌食、腹泻和体重下降为特征的急性、高度接触性疾病。其死亡率高，尤其是雏火鸡。成年火鸡达不到增重目标，说明其具有重要的经济意义。病原体是火鸡冠状病毒（TCV），但通常会与其他肠道病毒、细菌、原虫混合感染，使临床症状更加复杂。

【流行病学】 已经证实，美国、加拿大、巴西、意大利、英国和澳大利亚的火鸡都有冠状病毒性肠炎。在美国的大多数火鸡饲养地区都有该病的报道。火鸡冠状病毒可感染所有日龄的火鸡，但临床疾病最常见于出生后前几周的雏火鸡。火鸡被认为是TCV唯一的自然宿主。

火鸡冠状病毒可通过感染火鸡的粪便排毒，并经摄入粪便和粪便污染物引起水平传播。临床疾病康复后的火鸡仍可经粪便排毒数周。在同一火鸡场的同群内或相邻火鸡场的群间发生的感染通常传播迅速。病毒可通过人员、机械、设备、运载工具和昆虫发生机械性传播。已证明，拟步虫幼虫和家蝇也是潜在的机械性传播媒介。野鸟、啮齿动物和犬也可起到机械性传播媒介的作用。没有证据显示TCV可经蛋传播；但通过被污染人员和物品如来源于感染场的蛋箱，雏火鸡在孵化室可能受到感染。

【临床表现】 突然出现临床症状，发病率一般较高。病禽表现精神沉郁、厌食、饮水量减少、水样腹泻、脱水、体温下降和体重减轻。粪便常呈绿色至褐色，水样，泡沫状，也可能含有黏液和尿酸盐。病鸡的死亡率升高、生长缓慢、饲料转化率降低。发病率一般接近100%，死亡率依据鸡的日龄、并发感染、饲养管理及天气条件，死亡率可能升高。

种鸡表现为产蛋量突然下降。蛋的品质也受到影响；感染母鸡所产蛋呈白色或白垩色，色素沉着不足。

【病理变化】 病变主要见于肠道和法氏囊。十二指肠和空肠一般颜色苍白，肠壁菲薄，松弛无力；盲肠内充盈气体和水样内容物。可见法氏囊萎缩。

显微病变包括肠道绒毛长度变短和隐窝深度增加，柱状上皮转化为立方上皮，并且这些细胞的微绒毛消失。杯状细胞数量减少，肠上皮细胞与固有层分离，且固有层内有异嗜细胞和淋巴细胞浸润。

法氏囊正常的假复层柱状上皮被复层鳞状上皮取代，在上皮细胞层内和层下可见有严重的异嗜细胞性炎症。

【诊断】 由于其他肠道病原体会引起火鸡出现类似的临床症状和病变，因此一般需要借助实验室方法才能作出诊断。实验室诊断方法有病毒分离、电镜观察、血清学试验，或检测肠道组织、法氏囊或肠道内容物中的病毒抗原或病毒RNA。用于诊断的首选临床样本是血清、肠道内容物和新鲜组织（肠道和法氏囊）；这些样本应始终冷藏保存（4℃下或冷冻）。冠状病毒性肠炎必须与其他肠道病毒、细菌和寄生虫感染相鉴别，包括由星状病毒、轮状病毒、呼肠孤病毒、沙门氏菌和隐孢子虫引起的疾病。

【预防与治疗】 预防是控制TCV的首选方法。无商品化疫苗可用。已经证明，感染火鸡在康复后，可通过粪便长期排毒；感染火鸡及其排泄的粪便和被粪便污染的物品，是其他易感火鸡的潜在感染源。多种物品都可携带感染火鸡的粪便，如衣服、靴子、设备、羽毛和车辆。其他潜在的媒介也可造成传播，如野鸟、啮齿动物、犬和苍蝇。必须采取生物安全措施，以避免通过可能污染的人、物品、动物和病媒昆虫和感染火鸡将TCV引入。

通过空舍，然后对鸡舍和设备进行彻底的清洗和消毒，可以清除污染鸡舍中的TCV。鸡舍在清洗和消毒后，至少应空舍3～4周。

目前尚无针对TCV肠炎的特异性疗法。已经证实，抗生素治疗可降低死亡率，但不能避免生长缓慢，这很可能是控制继发性细菌感染的结果。在饮水中添加葡萄糖、电解质或代乳品，未见任何有效作用。饲养管理措施可有效降低死亡率，包括提高育雏舍温度、避免饲养密度过高。

四、隐孢子虫病

隐孢子虫病是由隐孢子虫科，以及与艾美耳球虫属、等孢子球虫属、肉孢子虫属和弓形虫属相关的原虫（顶复门）引起的一种寄生虫病。迄今为止，认为隐孢子虫属（Cryptosporidium）有19个种，但研究表明，大多数仅仅是无宿主专一性的种。隐孢子虫可寄生在哺乳动物肠道内，但在禽常见于法氏囊和呼吸道。火鸡发生的隐孢子虫病比鸡更为严重，鹌鹑隐孢子虫病常是致命性的。

隐孢子虫的生活史与其他球虫相似，包括无性阶段和有性阶段，以产卵囊而告终。在宿主体内，卵囊可形成4种无孢子囊的孢子体。由于某些卵囊壁薄，且释放的孢子体（受胰蛋白酶/胆汁刺激后）可引起相邻组织发生再感染，因此其生活史不是自限性的（与其他球虫一样）。内源性周期短（4～7d），内源性阶段虫体小（4～7μm），寄生虫正好位于上皮细胞膜下。

已经在火鸡和鸡的鼻窦、气管、支气管、泄殖腔和法氏囊中发现有隐孢子虫。呼吸道发病可见有咳嗽、气喘、气囊炎，甚至死亡。肺呈灰色且湿润。症状可持续数周。

通过对法氏囊、泄殖腔和气管组织刮取物进行显微镜检查，可作出诊断。发现小卵囊（5μm）具有诊断价值，但很难看到。将肠道刮取物用饱和糖溶液集卵，然后用相差显微镜或干涉相衬显微镜进行检查，可提高可视性。

除隔离和良好的卫生外，尚未有令人满意的控制措施。已知的抗球虫药对隐孢子虫没有效果。与其他哺乳动物的隐孢子虫不同，禽类的隐孢子虫对人无感染性。

五、鸭病毒性肠炎

鸭病毒性肠炎（DVE）又称鸭瘟，是所有年龄的鸭、鹅和天鹅的一种急性、高度接触性传染病，以突然死亡、死亡率高（尤其是老龄鸭）以及内脏器官出血和坏死为特征。该病在欧洲、亚洲、北美洲和非洲的家养和野生水禽中都有报道，可造成养鸭场出现较小的或严重的经济损失，也可导致野生水禽出现散发性的、少量的甚至大批的死亡。在美国位于纽约长岛的鸭集中养殖区，因DVE造成的损失相当大。

鸭科成员（鸭、鹅和天鹅）是该病毒的自然宿主。对病毒的易感性有差异，番鸭最易感。然而，已有各类家鸭如北京鸭、康贝尔鸭、印度跑鸭和杂交鸭发生自然感染的报道。发生感染的日龄范围是从7日龄雏鸭至成年鸭。该病无人兽共患风险。

【病原与发病机制】 DVE的致病性因子是一种未分类的疱疹病毒（鸭科疱疹病毒1型）。该病毒野毒株的致病力差异很大，但所有毒株的免疫原性都相同。该病毒对脂溶剂和热（56 ℃，10 min）敏感。pH为5、6、10时，病毒效价显著降低；pH为3、11时迅速失活。

该病毒可造成血管损害，特别是小血管、静脉和毛细血管。可引起实质器官发生出血和退行性病变。近来发现，该病毒引起淋巴细胞的凋亡和坏死，可导致淋巴细胞减损，也可能导致免疫抑制。DVE造成的免疫抑制状态，也可以解释多杀性巴氏杆菌、鸭疫里默氏杆菌和大肠埃希菌引起的继发性感染，这在雏鸭DVE自然暴发时经常出现。

【流行病学与传播】 病毒主要是经感染鸭与易感鸭直接接触，或与污染的环境间接接触而发生传播；饮水似乎是病毒传播的一种自然途径。用感染组织经非肠道、鼻内或口腔接种均可试验性感染。野鸟被怀疑是携带者。康复禽可成为携带者，且周期性排毒。与其他疱疹病毒一样，DVE病毒具有潜伏性，三叉神经节似乎是病毒的潜伏部位。康复禽可能携带以潜伏形式存在的病毒，病毒重新激活可引起易感野鸭和家鸭暴发该病。

【临床表现】 潜伏期为3~7 d。最先出现的症状通常是突然发生持续性的高死亡率。依据所感染毒株的毒力，死亡率为5%~100%。成年鸭的死亡率较青年鸭的高，这进一步提高了该疾病的经济意义。死亡公鸭可出现阴茎脱垂。可见有畏光、食欲不振、极度口渴、精神沉郁、运动失调、流鼻涕、肛门污秽、水样或血性腹泻。病死成年鸭的肉色好。与此相反，雏鸭常表现有脱水、消瘦以及蓝喙和肛门血染。产蛋鸭群的产蛋量可出现大幅度下降。

【病理变化】 全身血管的损伤，可导致各种不同组织出血和体腔内出现游离血液。具有特征性的病变是心脏（外观呈"漆刷样"）、肝脏、胰脏、肠系膜和其他器官出现瘀斑或出血点。发病期间，口腔、食管、盲肠、直肠和泄殖腔等黏膜发现的特征性黏膜病变呈进行性。黄斑性出血最初发展为隆起的、浅黄色结痂斑块，接着凝集成绿色的表面结痂，最终可凝结成大的、斑块状白喉膜。食管黏膜的病变与其表面的皱褶纵向平行。肠道不同部位可见有环形出血带，这反映出肠相关淋巴组织坏死和出血。肠腔和肌胃多有血液充盈。肝脏肿大，呈浅铜色，表面散在有针尖大的出血点和白色坏死灶。胰脏可见有瘀斑和多灶性坏死。

所有淋巴器官都受损，脾脏大小正常或变小，也可能因瘀血而颜色变暗。胸腺叶有瘀斑，据报道，有些毒株可导致胸腺萎缩。法氏囊可出现严重充血或出血。在剖检时，在胸腔入口至颈部前1/3处附近的皮下组织，很容易发现有清亮的、黄色渗出液，并浸润皮下组织使其褪色。产蛋鸭可见有卵泡变形、变色、出血，腹腔内可见有卵黄破裂和出血。

显微镜检查，在胸腺、法氏囊、脾脏、食管、泄殖腔、肝脏、眼结膜和哈德氏腺（副泪腺）可见有嗜酸性核内包含体。有时在结膜、食管、法氏囊和泄殖腔上皮细胞内，可见有散在的胞浆内包含体。

【诊断】 依据病史和病变可作出初步诊断。确诊需要进行DVE病毒的分离或鉴定。从肝、脾、肾组织中分离病毒，可尝试采用各种细胞培养物（首选番鸭胚胎原代成纤维细胞或番鸭胚胎肝细胞培养物）、鸭胚或雏鸭。通过绒毛尿囊膜接种9~14日龄番鸭鸭胚，可以分离到病毒，但这种方法不如肌内接种1日龄雏鸭敏感。雏番鸭比白色北京鸭的雏鸭更易感。采用特异性抗血清进行中和试验，可对病毒进行鉴定。荧光抗体试验可证实DVE病毒蛋白。已经研发出使用DVE病毒特异性引物的PCR方法，是一种可用于检测感染鸭组织，或细胞培养物中DVE病毒DNA的快速检测方法。血清学试验对急性感染的诊断意义不大。

鉴别诊断包括鸭病毒性肝炎、巴氏杆菌病、坏死性肠炎和出血性肠炎、外伤、公鸭损伤以及各种中毒病。新城疫、禽流感和禽痘也可引起类似的病变，但发生在鸭的有关报道很罕见。出现该疫情后应向有关管理部门报告。

【预防、治疗与控制】 无特异性治疗方法。应避免接触野生、自由飞翔的水禽，以及与污染禽类或物品（自由流动的水源）发生直接或间接接触。有效的控制措施包括捕杀、将禽远离污染环境、清洁和消毒。预防的基础是，在无病环境下饲养易感禽或进行免疫接种。已经批准了一种鸡胚适应弱毒疫苗，可用于家鸭、动物园禽类，也可由私人养鸟者使用。2周龄以上的雏鸭，可经皮下或肌内注射0.5 mL。种鸭群每年应进行重复免疫接种。由于疫苗接种后可迅速产生保护力，因此在疫病暴发时可使用该疫苗。不允许用于野鸭。灭活疫苗的效果与弱毒活疫苗一样有效，但尚未进行大规模试验，目前也未得到批准。

六、六鞭原虫病

六鞭原虫病是火鸡、雉鸡、鹌鹑、鹧鸪和孔雀的一种急性卡他性肠炎。1～9周龄禽死亡率最高。鸡尚未见有自然感染。鸽子对另一种六鞭原虫——鸽六鞭原虫（ *H. columbae* ）易感。六鞭原虫病在北美地区很罕见。

【病原】　寄生在火鸡的致病原虫，火鸡六鞭原虫（ *Hexamita meleagridis* ），呈纺锤形，平均大小为8 μm×3 μm，有6根前鞭毛，2根后鞭毛。虽然在实验室培养基上培养尚未成功，但是可在鸡胚和火鸡胚尿囊腔中生长。可通过直接摄入污染粪便传播。在传播过程中，有包囊的六鞭原虫可能比游离鞭毛虫更重要。许多幸存者成为携带者，经粪便排出寄生虫。

【临床表现与病理变化】　非特异性症状包括水样腹泻、羽毛蓬乱、干枯，精神萎靡，体重迅速下降，但实际上禽仍可继续采食。禽可能死于抽搐。该病的特征是小肠（特别是十二指肠和空肠上段）呈球状扩张，内有水样内容物充盈。肠腺内含有大量火鸡六鞭原虫，通过其后鞭毛与上皮细胞粘连。

【诊断】　通过对十二指肠和空肠黏膜刮出物经显微镜检查发现有鞭毛虫，可作出诊断。六鞭原虫呈快速、突进式运动（与毛滴虫的急速运动相反）。为避免其他盲肠原虫污染仪器，应首先剖开十二指肠。将刮取物放置在一滴温暖（40 ℃）、等渗盐水溶液的载玻片上，可在死亡数小时的雏火鸡中发现有六鞭原虫存在。如发现10周龄以上禽仅有少量六鞭原虫，无诊断意义。

【预防与治疗】　由于许多禽都是携带者，种火鸡和雏火鸡应尽可能单独饲养，最好有单独的饲养员。应当在料槽和饮水器下放置铁丝网平台。野鸡和鹌鹑也可能是携带者。

目前尚无治疗六鞭原虫的有效方法，但使用土霉素（0.22%，添加在饲料中连喂2周）或金霉素（0.022%～0.044%，添加在饲料中连喂2周）可能有一些疗效。

七、坏死性肠炎

坏死性肠炎是一种急性肠毒血症。出现临床症状的时间通常很短，常见的唯一症状是死亡率突然增加。该病主要发生在垫料平养的肉鸡（2～5周龄）和火鸡（7～12周龄），但有时也可引起笼养商品蛋鸡发病。

【病原与发病机制】　病原体是一种革兰氏阳性、专性厌氧的产气荚膜梭菌（ *Clostridium perfringens* ）。分离细菌常用血液琼脂，在37 ℃厌氧条件下进行培养，可产生双环溶血。引起禽坏死性肠炎的主要有2种产气荚膜梭菌（ *C. perfringens* ），A型和C型。细菌产生的毒素可引起小肠损伤、肝脏病变和死亡。

产气荚膜梭菌是一种几乎无处不在的细菌，在土壤、灰尘、粪便、饲料和使用过的家禽垫料中，都很容易发现。该菌也是健康鸡和火鸡的肠道常在菌。在肠道菌群发生变化之后或当肠黏膜受损时（如球虫病、真菌毒素中毒、沙门氏菌病、蛔虫幼虫），常造成肠毒血症，引起临床症状。日粮中动物副产品（如鱼粉）、小麦、大麦、燕麦、黑麦含量高，可造成家禽易患该病。凡是能促进细菌过度生长，和毒素生成或减慢食物在小肠的通过速度的任何因素，均能促进坏死性肠炎的发生。

【临床表现与病理变化】　鸡群发生坏死性肠炎唯一最常见的症状是死亡率突然增加。但是，也常见有精神沉郁、羽毛逆立和腹泻。病变主要发生在空肠，可出现胀气、质地脆弱、含有棕色的恶臭液体。黏膜外观一般为呈淡棕色白喉样膜，通常被称为"土耳其毛巾"外观。整个小肠或小肠部分区域有假膜覆盖。该病在鸡群中一般可持续5～10 d，死亡率为2%～50%。

【诊断】　根据眼观病变以及黏膜刮取物涂片经革兰氏染色后，发现有大量革兰氏阳性杆菌，可作出初步诊断。组织学病变包括肠黏膜层厚度的1/3～1/2，出现凝固性坏死，在纤维性坏死碎片中见有大量短小、粗壮的杆状细菌。从肠道内容物中分离到大量的、可产生上述双环溶血性的产气荚膜梭菌，可以确诊。由于某些菌株并不产生这两种可引起溶血性特征的毒素，因此不应该将双环溶血作为鉴定产气荚膜梭

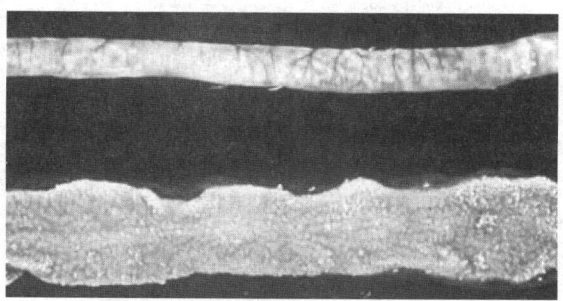

图20-5　肉鸡感染梭状芽孢杆菌，在小肠黏膜表面呈坏死性肠炎

（由Jean Sander博士提供）

菌的唯一标准。已有专门设计用于分离产气荚膜梭菌的培养基，对诊断很有用。

必须将坏死性肠炎与布氏艾美耳球虫和溃疡性肠炎引起的病变进行鉴别。单纯的球虫病，很少产生类似坏死性肠炎出现的急性或严重病变。鹑梭菌（*C. colinum*）引起的溃疡性肠炎，其病变部位通常是从小肠的远端部分（回肠）到盲肠，且几乎总见有肝坏死。

【预防、控制与治疗】 由于产气荚膜梭菌几乎无处不在，因此重要的是预防球虫病，尤其是堆形艾美耳球虫和巨型艾美耳球虫，以及改变可促进其生长的肠道微生物菌群。通过在饲料中添加抗生素就可以实现，如维吉尼霉素（每吨饲料20 g）、杆菌肽锌（每吨饲料50 g）和林可霉素（每吨饲料2 g）。添加抗球虫药物，特别是离子载体类药，一直非常有助于预防能引起坏死性肠炎发生的球虫病变。避免突然更换饲料，尽量减少日粮中鱼粉、小麦、大麦或黑麦的用量，也有助于预防坏死性肠炎。在必须使用大量小麦、大麦或黑麦时，通过在饲料中添加酶制剂，可减少坏死性肠炎的发病率。使用益生菌或竞争性排斥制剂，既可用于预防临床坏死性肠炎，也可用于治疗（可能是通过阻止产气荚膜梭菌繁殖）。

坏死性肠炎最常用的治疗方法是饮水给药，最常用的药物是杆菌肽锌（44～88 mg/L，5～7 d）、青霉素（330 000 IU/L，5 d）和林可霉素（14 mg/L，7 d）。治疗期间，每次都将以药物饮水作为唯一水源。应立即清除濒死禽，因为这些禽可能会引起中毒，也可能因同类相食而发生感染。

八、鸡、火鸡与野鸡的轮状病毒感染

轮状病毒感染的特征是幼禽发生肠炎和腹泻，但成年禽感染不表现临床症状。

禽轮状病毒包括有4个不同血清型（A~D）。A群轮状病毒与哺乳动物轮状病毒具有相同的群抗原。D群轮状病毒仅在禽类中存在。其他2个禽血清型与哺乳动物血清型的关系尚未确定。水平传播是以经口途径进行的。尚未报道可经蛋垂直传播。

感染后2～5 d，可见有腹泻（垫料潮湿）、精神沉郁、食欲下降或异常等早期症状。很快发生脱水，雏鸡的死亡率可高达30%～50%，但火鸡和鸡的死亡率较低。存活禽外表健康，但个体较正常禽要小。病理变化包括肠道扩张，肠内充满呈浅黄色、泡沫状、水样内容物。尸体常发干。死亡率各不相同，但通常是由脱水、衰弱或继发性细菌感染造成的。

早期如病禽出现腹泻和食欲不振，有时以死亡告终，表明可能有轮状病毒感染，但并不是特征性的。可采用负染电镜技术检查粪便或肠道内容物，直接检查或超速离心后检查。可观察到大量轮状病毒粒子，病毒粒子直径约70 nm、有双层核衣壳、外边缘更清晰，与呼肠孤病毒有明显的差别。在使用鸡胚肝细胞或雏鸡肾细胞进行病毒分离时，粪便样品必须先用胰蛋白酶进行处理。分离的轮状病毒多数属于血清型A群，但原代分离物一般不会引起细胞病变。接种后2～3 d，通过免疫荧光染色可证明有病毒存在。目前可采用RT-PCR方法检测肠道内容物中的病毒。

尚未有商品化疫苗问世。要控制传染，建议对污染禽舍进行彻底清洗和消毒。无特异性治疗方法。

九、毛滴虫病

家禽、家鸽、野鸽和鹰毛滴虫病大多数病例的特征是，喉部出现干酪样积聚，并常见有体重减轻。该病也被称为口疮、白喉，在鹰被称为口腔小疮。

【病原】 病原是禽毛滴虫（*Trichomonas gallinae*），一种可寄生在鼻腔、口腔、咽喉、食管和其他器官、有鞭毛的原生动物。与家禽相比，该病在家鸽和野鸽中的流行范围较为广泛，但也有鸡和火鸡严重暴发的报道。禽毛滴虫的部分虫株可引起家鸽和野鸽出现较高死亡率。当鹰采食感染鸟后可发病，常表现有肝脏病变，有时也有喉头病变。家鸽和野鸽可通过污染鸽乳，将疾病传播给其后代。污染的水可能是鸡和火鸡最主要的感染来源。

【临床表现】 该病发病迅速。当开始发病时，病禽口腔黏膜出现小的、淡黄色病灶。病灶迅速扩大并凝聚成团块，常完全堵塞食管，使病禽无法闭嘴。口腔积液增多。进一步发展，眼周围流出大量水样分泌物，可导致失明。病禽体重迅速减轻，衰弱，倦怠，有时在8～10 d死亡。当慢性感染时，病禽外表健康，但从咽喉的黏膜中可刮出毛滴虫。

【病理变化】 病禽体内充满干酪样坏死病灶。口腔和食管可见有大量坏死灶，可延伸到颅骨，有时可

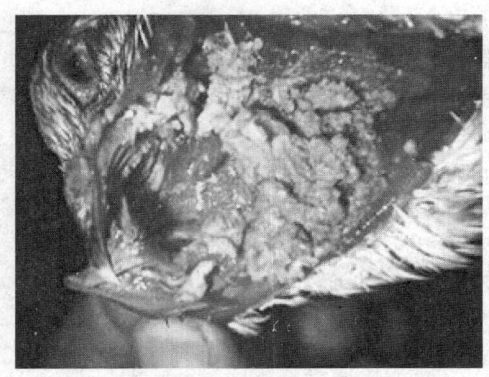

图20-6 患毛滴虫病鸽子的口腔
（由Jean Sander博士提供）

通过颈部周围组织侵入皮肤。在食管和嗉囊，病灶呈黄色、圆形突起，并带有中心呈圆锥形的干酪样结节，常被称为"黄纽扣"。嗉囊覆盖有呈淡黄色的白喉膜，可延伸到腺胃。肌胃和肠道无病变。最常见有病变的内脏器官是肝脏，从少量小的、黄色坏死灶到肝组织几乎完全都被干酪样坏死块取代。其他内脏器官的粘连和病变可能是肝脏病变的延伸造成的。

【诊断】　毛滴虫病的病变具有特征性，但并非其独有的；禽痘和其他感染也可见有类似病变。由于毛滴虫病与组织滴虫病引起的肝脏病变相似，因此经常相互混淆。在咽喉黏液或分泌物涂片中，用显微镜检查检出毛滴虫，可以确诊。用各种人工培养基可以很容易培养出毛滴虫，如0.2%吕氏干血清的林格氏液或2%鸽血清的等渗盐溶液。在37 ℃下生长良好。使用抗生素可减少细菌感染。

【控制】　由于在正常饲喂过程中，鸽的毛滴虫感染很容易从父母代传播给子代，所以应将慢性感染鸽与种鸽隔离开。感染毛滴虫弱毒株后康复的鸽，可为以后较强毒株的攻击提供一些保护。有效的治疗药物包括甲硝唑（60 mg/kg）、二甲硝咪唑（50 mg/kg，口服；或按0.05%饮水5～6 d）。在美国，没有批准将这些药物用于禽类，但是凭兽医处方可用于非食品用禽。

十、溃疡性肠炎

溃疡性肠炎（鹑病）是在山齿鹑（*Colinus virginianus*）首次确诊的。也可感染鸡、火鸡、雉鸡、松鸡和其他鹑鸡类鸟。鸽也有发生该病的报道。日本鹌鹑（*Coturnix coturnix japonica*）有抵抗力，因为只有在高度杂交群，才有发生试验性诱发病例的报道。在雄性和雌性鹌鹑的死亡率差异显著，表明其易感性是一种遗传性状。该病呈世界性分布，可呈急性或慢性感染。

【病原】　其病原是鹑梭菌（*Clostridium colinum*）。该菌为厌氧性、培养时需要丰富营养、革兰氏阳性、可形成芽孢、菌体稍弯的杆状细菌，大小为1 μm×（3～4）μm，芽孢位于菌体近末端、呈椭圆形。该病（在鸡）是一种与应激、球虫病、传染性法氏囊病和其他诱因相关的综合征。人工诱导鹌鹑的试验性发病，必须口服10^6个以上的活菌；当给鸡接种同样剂量时不会引起发病。

【流行病学】　患慢性溃疡性肠炎的禽或康复禽是病原携带者。通过觅食污染粪便的苍蝇或康复携带者，可引入感染。感染禽常通过粪便排菌。对这种高度接触性疾病最易感的是山齿鹑。大多数病例都发生在被捕获的山齿鹑，表明饲养管理对发病起到了重要作用。鹑梭菌可在禽舍内存活数月。

【发病机制】　经口服感染后，细菌吸附在小肠绒毛上，导致小肠和大肠上部发生肠炎和溃疡。细菌经

门静脉循环进入肝脏，产生坏死灶，随后融合，造成肝脏出现广泛性坏死。常出现脾梗死。病变组织涂片经染色后可见有杆状鹑梭菌。用小鼠进行的毒力试验未能成立，提示体内诱导毒素在致病机制中的作用，但尚未得到证实。

【临床表现】　对易感山齿鹑，在2～3 d即可出现无征兆的突然死亡或体重下降，死亡率高达100%。急性病变可见有十二指肠出血性肠炎。鸡及其他猎禽在发病时，病程并不严重，并伴有厌食。症状与球虫病相似：精神沉郁、倦怠并弓背、羽毛竖起、腹泻，有时排血样或水样白色稀便，特别是在病程长的鹌鹑。鸡可在2～3周康复，且死亡率很少超过10%。

【病理变化】　发病初期，最常见的病变是在小肠、盲肠和大肠上段，可见小而圆的溃疡，溃疡灶的周边有出血。随后小溃疡灶聚集并不断增大，甚至形成穿孔性溃疡，引起局灶性或弥散性腹膜炎。肠道内有出血，类似于球虫病。其主要病变是肝实质区出现特征性的黄色到灰色坏死点。脾脏可见有肿大、充血和坏死。

【诊断】　眼观病变包括肠道溃疡、肝脏出现呈黄色到灰色的坏死性病变，有助于诊断。肝脏和肠道病变组织涂片经革兰氏染色后可见有鹑梭菌。患菌血症的禽，在血液涂片和脾脏涂片中也可见有该菌。由于鸡可能同时发生溃疡性肠炎和球虫病，因此很难鉴别这两种疾病。坏死性肠炎和组织滴虫病也存在鉴别诊断问题，但溃疡性肠炎的肝脏病变有助于与这些疾病进行鉴别。用预先制备的鲜血葡萄糖-酵母马血浆培养基，在严格厌氧条件下进行培养，可从肝脏样本中分离到鹑梭菌。要准确诊断溃疡性肠炎，也可使用荧光抗体试验。

【预防、治疗与控制】　在饲料中按200 g/t添加杆菌肽锌，可以作为鹌鹑的预防用药。在饲料中添加链霉素（0.006%）可有效治疗该病。预防必须以良好的管理规范为基础（如避免将新引进家禽混入现有禽群中）。饲养密度高也是一种诱因。建议采用笼养方式来进行鹌鹑的繁育。应立即转移发病和死亡的鹌鹑。不同批次之间进行彻底清扫、控制舍内及周围的虫害也是很好的预防措施。

（刘长辉　译　李自力　梁智选　一校　丁伯良　二校　崔恒敏　三校）

第三节　全身性疾病

一、禽弯曲杆菌病

弯曲杆菌病是人的一种严重肠炎，因食用未煮熟的、被空肠弯曲杆菌（*Campylobacter jejuni*）污染的禽

肉而引起。空肠弯曲杆菌通常寄生在家禽、火鸡和水禽的肠道内,但寄生在成禽体内的弯曲杆菌通常是非致病性的。据报道,空肠弯曲杆菌的部分菌株能引起新生雏鸡和新生雏火鸡发生肠炎,甚至死亡;但给家禽接种空肠弯曲杆菌分离株,并没有复制出以前称为"家禽弧菌性肝炎"的症状,这不符合科赫法则。

商品禽和野鸟都是嗜热弯曲杆菌[空肠弯曲杆菌、结肠弯曲杆菌(C.coli)和红嘴鸥弯曲杆菌(C.lari)]和其他难以确定种属菌株的自然宿主。据估计,一半以上的商品肉鸡群和火鸡群都携带空肠弯曲杆菌。已经从包括鸠鸽亚目、家养的和野生的鸡形目和雁形目的多种禽类中分离到该菌。

已证明所有商品禽生产地区都有空肠弯曲杆菌。细菌分离培养不仅可以用于监测,同时也是实验室人员培养和鉴定弯曲杆菌(Campylobacter spp.)的手段。

【病原与流行病学】 空肠弯曲杆菌是禽源性食物污染的主要细菌。结肠弯曲杆菌和红嘴鸥弯曲杆菌也能从家禽肠道中分离到,也可造成食源性感染。

雏火鸡、雏鸡和雏鸭最主要的常见感染来源可能是环境污染。只要垫料的湿度超过10%且pH呈中性,其感染性就可持续很长时间。雏鸡和雏火鸡在感染后,会导致弯曲杆菌在体内定植,并终身排毒。污染的水源也能造成禽群感染,未经氯消毒的水库、河流或井水,也被认为是一种可能的污染来源。老鼠、野鸟和家蝇也能使禽群感染;污染了感染禽粪便的器具和鞋袜也是一种传播途径。空肠弯曲杆菌一旦污染环境,就会在禽群内迅速传播,并定居在大部分感染种禽、肉禽和产蛋禽体内。一些弯曲杆菌菌株可通过蛋壳表面或直接经卵巢垂直传播。从母鸡和公鸡生殖道可分离到该菌。

【临床表现】 很多雏鸡在早期虽然有弯曲杆菌定植,但并不表现出相关的临床症状和病变。从患小肠、结肠炎的人体分离的高致病分离株可引起雏鸡出现死亡。

【病理变化】 雏禽的眼观病变有空肠膨胀、广泛出血性肠炎,有些病例还可出现局灶性肝坏死。镜检可见回肠和盲肠黏膜水肿,在肠上皮细胞刷状边缘可见有空肠弯曲杆菌。也可见有黏膜下层单核细胞浸润和小肠绒毛萎缩,并伴有腔内黏液、红细胞以及单核细胞和多形核细胞的聚集。但由于攻毒试验经常不出现病变,因此尚不能确定这些病变是否能够代表雏鸡真实的临床综合征。

【诊断】 应采集粪便试子样本,然后置于卡-布(Cary-Blair)运送培养基上。当空肠弯曲杆菌含量比较少时,可使用半固体运动性培养基进行增菌培养,有利于细菌分离。弯曲杆菌可以在选择性培养基生长,该培养基含布氏基础琼脂和牛血,同时加入了7种抗生素,以抑制肠杆菌科细菌的过度生长。也可通过选择性过滤在血液琼脂培养;稀释后粪便样本中的细菌,可通过血液琼脂平皿上的滤器(0.45 μm孔径)。培养嗜热弯曲杆菌,需要在微需氧环境下(85%氮、10%二氧化碳和5%氧),42 ℃,培养48 h。有些菌株需要在富氢(5%)环境下培养。禽类不同种弯曲杆菌的显著特性是,氧化酶和过氧化氢酶阳性、吲哚阴性,且能还原亚硒酸盐。采用马尿酸水解试验可以鉴定嗜热菌种;由于空肠弯曲杆菌不断出现氟喹诺酮耐药菌株,使得萘啶酸敏感性试验的结果不可靠。可采用Penner或Lior血清型分型方法,对空肠弯曲杆菌进行核糖分型,也可用脉冲场凝胶分析来鉴别空肠弯曲杆菌的不同分离株。

【控制与预防】 在商品化养殖条件下,空肠弯曲杆菌并不是一种特殊病原,因此对禽群无需考虑治疗。如果认为空肠弯曲杆菌是伴侣禽饲养场或野禽的一种病原,可在饮水中添加红霉素等抗生素。鸡形目禽的使用剂量应为每日10~30 mg/kg,连用4 d;鹦形目禽和野禽的给药剂量为30~40 mg/kg。

预防商品禽弯曲杆菌病的基础是严格的生物安全措施,如在相邻批次间消毒禽舍、清除啮齿类动物和野鸟,以及消灭昆虫。使用2 mg/kg氯化消毒饮用水,采用"全进全出"的饲养方式,有可能够减少感染的机会。美国的商品化养殖,采用的是地面饲养模式和回收利用的垫料,因此难以预防控制空肠弯曲杆菌。很多新的控制方法,如使用竞争性抑制和疫苗,尚在深入调查研究之中。肉鸡和火鸡在屠宰前应禁食12 h,并对运输鸡笼和笼架进行彻底消毒,以减少粪便污染,降低空肠弯曲杆菌污染加工厂的可能性。

【人兽共患病风险】 空肠弯曲杆菌是消费者食源性肠炎的主要病原。在调查病例中,有50%以上的肠炎都与污染的生禽肉有关。这个问题在20世纪70年代中期就已得到公认,但随着分离和鉴定方法的改进,空肠弯曲杆菌的重要性更加突出。未经氯消毒的地下水、未经高温消毒的牛奶、腹泻的小宠物,以及污染的牛肉和猪肉产品,都与人感染有关。

对胴体进行彻底冲洗、采用对流式烫毛、避免使用浸入式冷却装置、安装先进的自动化设备以减少人工操作,可以减少空肠弯曲杆菌的污染。可使用化学消毒剂消灭空肠弯曲杆菌,如戊二醛(0.125%)、琥珀酸(3%)和有机化合物、乳酸和乙酸。

按1~3 kGy剂量使用伽马射线,能有效清除家禽胴体和产品中的空肠弯曲杆菌。用钴60射线和电子束进行辐射是一种成本效益较高的好方法,已被FAO联合委员会、国际原子能机构(IAEA)和世界卫生组织（WHO）认可。但是，辐射处理的食品并没有被广泛接受。现今，降低空肠弯曲杆菌感染人风险的唯一方法就是彻底煮熟禽产品，使其中心温度达到74 ℃并维持1 min。这种方法能够确保杀灭空肠弯曲杆菌。同时，在储藏、操作和加工时，都必须避免生禽肉和其他肉类污染加工食品、厨房台面和炊具。

二、禽衣原体病

禽衣原体病（鹦鹉病、鸟疫、鹦鹉热）是野禽和家禽的一种无明显症状的亚临床感染，也是急性、亚急性或慢性疾病，以呼吸系统、消化系统或全身性感染为特征。该病呈全球性分布，已确诊至少460种禽类感染此病，尤其是笼养禽（主要是鹦鹉）、群居性筑巢鸟类（白鹭、苍鹭）、走禽类、猛禽和家禽。在家禽中，火鸡、鸭和鸽通常最易感；鸡的感染不常见。该病在全球范围内造成严重经济损失，并且可感染接触病原的人。经常发生长期隐性感染，持续时间可达数月至数年，这被认为是衣原体-宿主的常态关系；在被调查的禽群中，有10%～30%呈血清学阳性。对一种禽会造成温和症状甚至无症状感染的同一菌株，却可引起其他种类禽发生严重的或致死性疾病。

【病原与流行病学】 1999年，该致病菌被重新命名为鹦鹉热亲衣原体（Chlamydophila psittaci），但是鹦鹉热亲衣原体感染引起的疾病仍然被称为禽衣原体病。鹦鹉热亲衣原体是一种专性细胞内寄生菌。亲衣原体的所有菌株拥有完全相同的特异性脂多糖抗原，而细胞壁的其他抗原成分有差异，这为血清学分型鉴定提供了基础。目前，已经确认了8个血清型；其中6个（A～F）能感染禽类，且与哺乳动物亲衣原体血清型有显著差异。每一个血清型都与某种禽类相关（表20-4）。血清型D对火鸡毒力较强，造成的致死率可达30%或更高。从野禽体内常能分离到血清型B和E。禽血清型可感染人和其他哺乳动物。

感染禽的呼吸道分泌物或粪便中含有原体，原体对干燥有抵抗力，在有机质（如垫料和粪便）的保护下，可保持感染性数月。空气中的颗粒和粉尘也能传播病原。当被吸入或者食入时，原体就会黏附在黏膜上皮细胞上，并通过胞吞作用进入细胞内。细胞胞质核内体中的原体能够抑制吞噬溶酶体的形成，并且分化为代谢活跃的无感染性的网状体，该网状体以二分裂形式分裂和繁殖，逐渐形成大量具有感染性且代谢活性不强的原生小体。新生的原生小体通过溶解作用从宿主细胞中被释放。典型的潜伏期一般为3～10 d，但是日龄较大禽或暴露剂量低的禽，潜伏期可达2个月。临床病程取决于宿主和细菌因素、暴露途径和剂量以及治疗。

鹦鹉热亲衣原体的来源可能有感染禽、无症状病原携带者、可垂直传播的感染母鸡、感染的哺乳动物和污染的环境。应激因素（如运输、拥挤、繁殖、天气寒冷或潮湿、换料或者饲料可利用率下降）以及合并感染，尤其是那些能造成免疫抑制的疾病，都可以激发隐性感染禽排菌，并引起临床症状复发。携带者常长期间歇性排出病菌。慢性感染禽的鼻腺中持续存在有鹦鹉热亲衣原体，这可能是一个重要的传染源。

【临床表现与病理变化】 临床症状和病变的严重程度取决于病原的毒力和禽的易感性；常见隐性感染。最常见的临床症状是流鼻涕和流泪、结膜炎、鼻窦炎、排黄绿色粪便、发热、呆滞、羽毛凌乱、虚弱无力、食欲下降、体重减轻等。依据感染器官和疾病严重程度的不同，临床病理学检查结果有所差异。最常见的血液病变是贫血和白细胞增多，并伴随着粒细胞和单核细胞增多。还可见有血浆胆汁酸、谷草转氨酶、乳酸脱氢酶和尿酸升高等。X线检查和腹腔镜检可见肝脾肿大、气囊增厚。急性病例的眼观病变，可见有浆液纤维蛋白性的多发性浆膜炎（气囊炎、心包炎、肝周炎、腹膜炎）、肺炎、肝脏肿大和脾脏肿大。肝脏和脾脏表面，可见有许多白色点状或斑状出血。这些并不是禽衣原体病的特征，因其他全身性细菌感染病例也可见有类似病变。肝脏和脾脏的多灶性坏死与多种类型细胞的小颗粒状、嗜碱性的胞浆内细菌包含体有关。有时也可见异嗜性粒细胞；肝窦和脾窦的单核细胞（巨噬细胞、淋巴细胞、浆细胞）增多。坏死是由于细胞溶解和血管损伤直接造成的。后者也能引起常见的浆液性纤维蛋白渗出液。慢性感染可见有脾脏和肝脏肿大且色泽变淡。未见坏死和细菌性包含体，但在这些禽可见有单核细胞应答。隐性感染禽，虽然经常排出鹦鹉热亲衣原体，但是一般没有任何病变。

表20-4 鹦鹉热亲衣原体的血清型与禽类之间的相互关系

禽类	A	B	C	D	E	F[a]
鹦鹉	+++[b]					+
鸽，白鸽	+	+++			+++	
水禽		+++	+			
火鸡	+	+	+	+++	+	
鸥，白鹭					+++	
走禽类					+++	
野鸟		+++			+++	

a. 极少分离到。

b. +++ ＝该禽种或禽群最常见的血清型；+ ＝该禽种或禽群不常见的血清型。

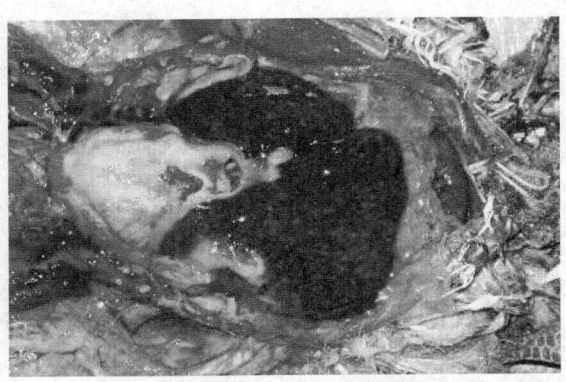

图20-7　急性衣原体病5周龄家鸽出现严重的纤维素性多
发性浆膜炎和坏死性肝炎
（由A.J.Van Wettere博士提供）

【诊断】　由于该病的临床症状多种多样且普遍存在隐性感染携带者，因此任何单一诊断方法都无法确诊。常使用检测病原或抗体的方法。通常，发病越急，感染性病原体数量越多，诊断也就越容易。对急性发病禽，根据临床症状，包括血液学、临床化学，以及放射学或眼观病变，足以作出初步诊断。

血清学检测和抗原检测方法相结合，尤其是PCR或细菌培养，是确诊衣原体病的一种实用诊断程序。在活禽中，细菌培养或PCR的最佳检测样本是鼻腔和泄殖腔棉拭子。要监测无临床症状禽的间歇性排毒情况，建议在3～5 d采集多份样本。

是否能检测到抗体依据所使用的检测方法以及感染水平与感染阶段而情况有所不同。单一血清样本的效价很难作出解释。在急性期和恢复期分别采集双份样本，抗体效价升高4倍才具有诊断价值，一个禽群中的多个样本如大多数抗体效价较高，足以作出确诊。血清学方法有直接补体结合试验和改良的直接补体结合试验、原体凝集试验、抗体ELISA和间接免疫荧光试验。原体凝集试验能检测IgM，可用于确定近期感染。补体结合试验比凝集试验更灵敏。治疗后，可能会持续存在高抗体效价，使评估及后续检测更加复杂。

抗原检测方法有免疫组化（如免疫荧光试验、免疫过氧化物酶试验）、ELISA和PCR。检测人沙眼衣原体的ELISA试剂盒已有市售，且比较便宜。但检测鹦鹉热亲衣原体的确切特异性和灵敏度通常还不清楚；这些试剂盒的特异性似乎很高，但是灵敏度稍低。ELISA检测试剂盒对临床发病禽最有用。PCR是灵敏度和特异性最高的检测方法，但由于缺少标准化的PCR引物，实验室所用方法也有差别，导致不同实验室的结果有差异。PCR的一个问题是由于很容易发生交叉污染而产生假阳性结果。也可以通过感染组织的压涂片来鉴定病原体。衣原体在姬姆萨染色下呈紫色，马基维洛染色和吉姆奈茨染色下呈红色。

在检测组织中细菌时，免疫组化一般要比上面提到的组织化学染色法更灵敏。

确诊需要进行鹦鹉热亲衣原体的分离和鉴定，应在有资质的实验室用鸡胚或细胞培养物（BGM，L929，Vero）进行。送检样本应为活禽的泄殖腔、鼻腔、口咽、结膜或粪便拭子，或死禽的组织（如肝脏、脾脏、浆膜）。冷冻、干燥、处理不当及某些运送培养基都会影响细菌的活力。首选方法是：低温冷藏；将样品放置在密封塑料袋或其他容器中；使用特殊缓冲液（SPG缓冲液），由蔗糖、磷酸盐和谷氨酸盐制备；最好是立即送检新鲜样本。应联系相关实验室，以得到样本送检指南。与其他容易诊断的疾病（如大肠埃希菌病、巴氏杆菌病、疱疹病毒感染和霉菌病）并发感染，可能会掩盖衣原体感染。实验室结果应与临床表现相一致。衣原体病必须与禽的其他呼吸系统疾病和全身性疾病相区别。

【预防与治疗】　衣原体病是一种应上报的疾病；只要适用，都应遵守地方政府的行政法规。目前尚无有效的疫苗可用。治疗可减少死亡和排毒，但不能依靠治疗清除隐性感染；有可能会再次发生排毒。四环素类抗生素（金霉素、土霉素、强力霉素）是可选用的抗生素。四环素类药物很少产生抗药性，但敏感性差，需要加大剂量的情况越来越多。四环素类药物是抑菌性的，只对生长期细菌有效，因此应延长治疗时间（2～8周，期间需要不断维持血液中的最低抑菌浓度）。当口服使用四环素类药物时，应降低日粮中的钙添加量（矿物质舔块、补充料、海螵鞘），以减少其对药物吸收的影响。

鸡群暴发该病并不是很常见。按400～750 g/t使用金霉素，治疗感染鸡群至少2周，可有效降低养殖场人员的潜在感染风险。在屠宰前2 d，必须使用未加药饲料代替加药饲料。

对进口宠物鸟，标准程序是在饲料中添加金霉素饲喂45 d（见衣原体病）。由于饲料本身适口性差，或需要添加大量抗生素以维持较高血药浓度，因此限制了该药的应用。强力霉素由于其吸收较好、与钙的亲和力较低、组织分布较均匀，且半衰期较其他四环素类药物更长，因此是目前首选的药物。与金霉素相比，在饲料或饮水中添加强力霉素，也能达到适宜的血药浓度，对肠道正常菌群的影响也较小。不同禽种的治疗剂量和治疗时间有所不同。有可能的话，应采用在特定禽种进行的对照试验所取得的治疗方案。

用于鹦鹉非胃肠道给药可靠的治疗方案，是使用一种特殊的静脉注射强力霉素制剂（Vibravenos^R；辉瑞），按75～100 mg/kg，肌内注射，每5～7 d 1次，连用4周，然后每5 d注射1次，至少2周。这种方案不适用于美国。其他强力霉素静脉或肌内注射制剂并没有相同的疗效。

长效土霉素，按10～20 mg/kg，皮下注射，每2～3 d1次，连用30 d，可维持足够的血药浓度，并能在24 h内消除排毒。但是注射部位经常发生局灶性坏死，限制了这种治疗方法的应用。最好在起始治疗阶段应用这种方法。

阿奇霉素和喹诺酮治疗人衣原体病有一定疗效，但在禽类尚未进行充分的评估。对急性感染禽进行辅助治疗能够促进恢复。

需要采取适宜的生物安全措施，以避免引入衣原体，控制在禽类中的传播。常用措施包括隔离检疫并检查所有新引进禽，避免与野鸟接触，实施交通管制，避免交叉感染，隔离并治疗病禽和接触禽，彻底清洗消毒养殖场和设备（最好采用以全进全出制为基础的小单元管理），提供洁净的饲料，记录所有禽只的转移情况，持续监视衣原体感染状况。

衣原体对温度很敏感（56 ℃下5 min内就会死亡），对大多数消毒剂也很敏感（如1∶1 000氯化季铵、1∶100漂白剂、70%酒精等），但对酸碱有抵抗力。在垫料和筑巢材料等有机物中，衣原体可存活数月之久。

【人兽共患病风险】　禽衣原体病是一种人兽共患病。人接触活禽或死禽消化道和呼吸道排出的气溶胶，或直接接触感染禽或组织，都会感染衣原体。人感染最常见的是因接触宠物鹦鹉引起的，甚至只是偶尔亲近某一只感染鸟。与禽有密切接触的人，如鸽友、兽医、农场主、野生动物康复人员、动物园饲养员以及屠宰场和加工厂雇员也都存在感染的风险。

部分人群，特别是孕妇和免疫功能低下的人，比其他人更易感。人的临床症状一般为呼吸系统症状，与流感症状类似，严重的出现全身性症状并伴有肺炎，可能出现脑炎。在检查活禽或死禽时，应采取防护措施（如佩戴防尘口罩或塑料面罩、手套，用去污性消毒剂浸湿羽毛以及有风扇排气装置的检查头罩），以避免直接接触。

三、禽肾炎病毒感染

禽肾炎病毒感染是鸡的一种接触性传染病，以肾脏损伤、内脏尿酸盐沉积、生长迟缓、生长障碍、营养吸收不良综合征和低死亡率（低于10%）为特征。7日龄以内的雏鸡多发，但4周龄雏鸡仍可见间质性肾炎。在世界范围内已广泛报道有该病。亚临床感染普遍存在，通过血清学调查已在SPF鸡群和火鸡中检出该病。

【病原与传播】　致病病毒为禽肾炎病毒（ANV，一种星状病毒）、类禽肾炎病毒和类肠道病毒（ELV）。不同毒株在致病力和抗原性上有差异。常通过直接或间接接触传播。间接证据表明可经蛋传播。给1日龄雏鸡经口接种病毒，可传播该病。发病的最初10 d，可连续从肾脏和粪便中分离到该病毒。

【临床表现】　临床症状多种多样，从无症状到出现生长障碍营养吸收不良综合征。肉鸡常出现腹泻和生长障碍。当刚出壳到7日龄内雏鸡暴发该病时，死亡率低于10%；剖检可见有肾脏病变和内脏尿酸盐沉积（雏鸡肾病）。

【病理变化】　尸体剖检可见有肾炎。肾脏通常都可见有眼观病变和显微病变。常见有肾肿大、苍白或有淡黄色斑点，并有大量尿酸盐沉积。组织学病变包括上皮细胞退化伴有粒细胞浸润、间质淋巴细胞浸润和中度纤维化。后期出现淋巴样滤泡。

某些ELV只能引起肠道病变，微绒毛刷状缘萎缩，严重的出现肠道上皮细胞完全脱落。

【诊断】　传染性支气管炎病毒的肾毒株也能引起间质性肾炎。因此在诊断肾炎时，必须进行病原分离。

通过将感染性材料（肾脏或直肠内容物）接种到SPF鸡胚卵黄囊中或鸡肾细胞上，可分离到ANV及其相关病毒。然而，很多ANV、类ANV和ELV的分离都比较困难。最好的检测方法是用电子显微镜检查粪便样本。用直接免疫荧光法检查肾脏切片，也是一种有用的诊断方法，能够与传染性支气管炎病毒进行快速鉴别。用RT-PCR技术可检测ANV基因。

血清学诊断可采用间接免疫荧光法、血清中和试验或ELISA。

【治疗与预防】　尚无有效治疗方法。一般的卫生预防措施是唯一可用的预防方法。

四、禽螺旋体病

禽螺旋体病（Avian Spirochetosis）又称禽疏螺旋体病，是一种能感染多种禽类的急性、发热性、败血性、细菌性疾病。

【病原、流行病学与传播】　致病体为鹅疏螺旋体（Borrelia anserina），是一种运动活跃的螺旋体，大小为（0.2～0.3）μm×（8～20）μm，由5～8个松散排列的螺旋组成。体外培养较困难。疏螺旋体属能在Barbour-Stoenner-Kelly培养基上生长，但传代12次后失去毒力。疏螺旋体可在鸭胚、鸡胚、雏鸭和雏鸡上繁殖。

螺旋体病最早出现在温带或热带地区，在这些地区同时发现有生物媒介。最常见的生物媒介是波斯锐缘蜱（Argas persicus），即"世界性"鸡蜱，但在不同地理区域的其他锐缘蜱也能传播该病。在美国西部，桑切斯锐缘蜱（*A.sanchezi*）是一种高效生物传播媒介。

已经证明，在很多地区存在不同免疫型和血清型的鹅疏螺旋体。由某一型感染恢复后，能产生坚强的免疫力，抵抗同源株的免疫力不少于1年，但是不能抵抗其他异型株。与一些人疏螺旋体病一样，禽鹅疏螺旋体的复发尚不清楚。任何再次感染都是由不同型引起的。

通常，感染的锐缘蜱每次采食都可以传播该病，且在整个幼蜱、若蜱和成蜱阶段一直维持感染力。蜱也可经卵传播，也就是说F₁代幼蜱即具有感染力。蜱即使吸食了鹅疏螺旋体的超免雏鸡的血液，或所吸食雏鸡即使其体内所含抗疏螺旋体有效治疗药物的血药浓度很高，仍然保持有感染力。其他媒介（虱子、蚊子、某些种类的蜱、非生物体），当在其叮咬器官被含有疏螺旋体的血液污染时，就能够机械性地将螺旋体传播给易感宿主。食入被螺旋体污染的胆汁样粪便、饲料或饮用水时，也可引起该病。被感染蜱叮咬后，潜伏期为3～12 d。

【临床表现】 脾显著肿大和表面有斑点是最具特征性的病变。不同毒力的螺旋体感染，症状差异很大，或者没有症状。主要症状有倦怠、沉郁、嗜睡、中度或重度震颤、渴欲增加。幼禽的症状比成禽更严重。疾病的最初阶段表现腹泻，常排黄色或绿色稀粪，且尿酸盐增多。病程1～2周。比较常见的是温和型菌株。然而，蜱寄生的很多地区，发病率可达100%，死亡率达33%～77%。蛋鸡或种鸡的产蛋率下降5%～10%，且有大量小蛋。

【病理变化】 脾脏肿大并带有点状或斑状出血，与雉鸡的大理石脾病没有差别。但蒙古雉鸡的症状却有比较大的差异，其脾脏变小而色泽苍白。有时可见肝脏肿大，有坏死点。肾脏可见肿大，色泽苍白。常见有绿色、卡他性肠炎。

【诊断】 依据血液中检查出疏螺旋体可作出诊断，可采用在暗视野显微镜下检查活力较强的螺旋体，或血液涂片经姬姆萨染色后检出染色的疏螺旋体。在幼禽，每个油镜视野中可见有大量的疏螺旋体，并可持续数日。成年禽，能检查到的疏螺旋体数量通常很少，检查难度大，甚至完全检查不到，且持续时间仅1～2 d。贫血较为常见，并导致幼稚红细胞的数量增多。

已描述了琼脂凝胶扩散试验和各种血清学检测方法，但由于在某些地区存在不同的血清型，这些检测方法尚有质疑。在病程晚期，特异性凝集素能够凝集螺旋体，进而形成更大的团块。随后凝集-溶解作用开始溶解团块，释放出螺旋体裂解产物，引起发热。在疏螺旋体从血流中消失后的1～3 d最常发生死亡。从

感染母鸡所产蛋的蛋黄中很容易检测到螺旋体抗体。

【治疗与控制】 许多种抗菌药都是有效的。最广泛使用的是青霉素衍生物，但链霉素、四环素和泰乐菌素也有疗效。如在每个油镜视野中检出的螺旋体数量少或不多时，就开始使用抗生素，则是完全有效的。但是，如果血流中已存在大量螺旋体，其裂解物的突然释放能造成比在未治疗时更高的死亡率。

控制措施必须直接针对生物传播媒介。值得注意的是，锐缘蜱的存活时间长，即使不吸血也具有长期存活的能力，传播螺旋体病的效率高，而且能够隐匿在杀虫剂有效范围之外的缝隙中。因此，控制锐缘蜱的难度较大。灭蜱和免疫相结合是最有效的控制方法。

免疫是一种非常成功的方法，仅次于消灭生物媒介，也是首选的控制方法。使用疏螺旋体地方菌株制备的菌苗已成功得到应用。将来自感染鹅疏螺旋体的血液、组织、胚胎或鸡蛋的裂解物材料，经福尔马林或石炭酸灭活后，可以制成冻干苗或液体苗。通常单纯蛋增殖的菌苗，一般应进行肌内注射1～2次。不同血清型之间几乎没有交叉保护力。自然感染康复禽通常可产生保护性免疫力。

五、大肠埃希菌病

大肠埃希菌病（大肠埃希菌性败血症、大肠埃希菌感染）表现为一种急性致死性败血症或亚急性的心包炎和气囊炎，是对家禽业有重大经济影响的一种常见全身性疾病，在全世界范围均有发生。

【病原与发病机制】 大肠埃希菌（*Escherichia coli*）是一种革兰氏阴性杆菌。在家禽和其他大多数动物的肠道内经常可发现；尽管大多数血清型是非致病性的，但还有少数血清型能造成非肠道感染。致病性菌株的血清型通常有O1、O2和O78，但有报道O11、O15、O18、O51、O115和O132血清型的大肠埃希菌分离株，也可引起蜂窝织炎和大肠埃希菌病。临床分离株的血清型多种多样，其中只有小部分属于O1、O2或O78血清型。事实上，有18%～29%的禽大肠埃希菌分离株都无法确定其血清型。因此单一血清型大肠埃希菌制备的菌苗，不能为造成感染的所有血清型提供完全保护力。毒力因素包括抗吞噬作用的能力、高效铁捕获系统的利用、抵抗血清杀灭的能力、大肠埃希菌素的产生和呼吸系统上皮细胞的黏附力。致病性大肠埃希菌通常无毒性、侵入力差，且无共同黏附素。

粪便污染可造成鸡舍环境中存在大量大肠埃希菌。通过感染或污染种蛋，可将致病性大肠埃希菌引入孵化室，但全身性感染通常是由于环境因素或传染

性病原引起的。支原体病、传染性支气管炎、新城疫、出血性肠炎和火鸡波氏杆菌病通常可引发大肠埃希菌病。恶劣的空气质量和其他环境应激因素也可诱发大肠埃希菌病。

当大量致病性大肠埃希菌经由呼吸道或肠道进入血液后，会引起全身性感染。菌血症可导致败血症和死亡，感染可扩散到浆膜表面、心囊膜、关节和其他器官。

【临床表现与病理变化】　该病没有特征性症状，依据年龄、感染器官和并发症不同，症状有差异。死于急性败血症的雏禽几乎没有病变，仅见有肝脏、脾脏肿大、充血和体腔积液。经败血症存活的禽，可出现亚急性脓性纤维素性气囊炎，心包炎，肝周炎，以及法氏囊和胸腺淋巴细胞减少（致病性沙门氏菌也会引起雏鸡出现类似病变）。虽然气囊炎是大肠埃希菌病的典型病变，但是目前尚不清楚是由呼吸系统原发性感染造成的，还是浆膜炎发生扩散引起的。偶见病变有肺炎、关节炎、骨髓炎、腹膜炎和输卵管炎。

【诊断】　与引起其他动物发病的致病性大肠埃希菌不同，禽大肠埃希菌分离株在5%绵羊血琼脂上通常不会引起溶血。如从新鲜尸体的心脏血液、肝脏、典型内脏病变部位分离到大肠埃希菌纯培养物，可表明是原发性或继发性大肠埃希菌病。应该考虑到感染的诱发因素和环境因素。通过非肠道途径接种雏鸡和雏火鸡，3 d内产生致死性败血症或典型病变，可以确定分离株的致病力。也可通过接种12日龄的鸡胚尿囊来测定其致病力。接种强毒株的鸡胚，眼观病变不仅有脑软化，而且还见有颅骨和皮肤出血。

【治疗与控制】　治疗方案包括尽力控制造成感染的诱因或环境因素，通过药敏试验指导抗生素的早期应用。虽然四环素类药物的疗效有时较好，但大多数分离株都对四环素、链霉素和磺胺类药物有耐药性。事实上，90%的临床分离株都对四环素类药物有耐药性，60%分离株对5种以上抗生素有耐药性。很多国家包括美国已经禁止使用氟喹诺酮。在种母鸡或雏鸡使用商品化菌苗，能够为抵抗同源大肠埃希菌感染提供部分保护力。

六、鸭病毒性肝炎

鸭病毒性肝炎是雏鸭的一种急性、高度接触性病毒病，其特征是潜伏期短、发病急、致死率高以及特征性的肝脏病变。该病对世界养鸭地区有重要经济意义。目前，已从患病雏鸭体内分离出3种不同的鸭肝炎病毒（DHV）。已报道过绿头鸭自然暴发DHV I 型感染；在雏鹅、雏火鸡、雏雉鸡、鹌鹑和珍珠鸡，已经复制出DHV I 型感染。已报道疣鼻栖鸭（俗称番

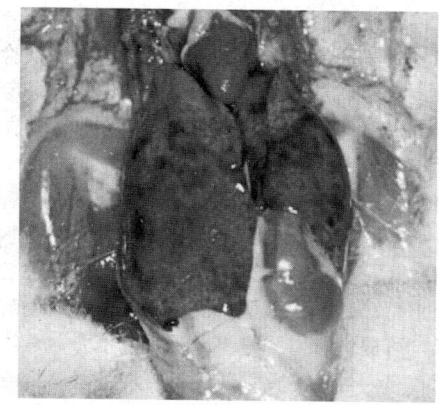

图20-8　10日龄以上雏鸭发生的 I 型病毒性
肝炎，示肝脏出血性病变
（由Peter R.Woolcock博士提供）

鸭）感染DHV I 型可引起胰腺炎和脑炎。引起雏鸭肝炎的病毒不应与鸭肝炎病毒B型相混淆，后者是成年鸭的一种嗜肝DNA病毒。

【病原】　最早描述的、流行最为广泛的、致病力最强的DHV I 型病毒，原先曾被认为是一种肠病毒，但现在认为是属于小核糖核酸病毒科一个尚未分类的成员。该病毒在鸡胚和鸭胚中很容易繁殖。它不产生血凝素。田间试验证明，DHV I 型不会经蛋传播。通过肠外或口服接种感染组织，可以试验性传播该病。

已经确认，与典型DHV I 型不同的病毒也是雏鸭发生肝炎的病原。DHV II 型被分类为一种星状病毒，且在实验室条件下很难繁殖；DHV III 型也是一种星状病毒，但是在抗原性上明显不同于DHV II 型，可在鸭胚胎（而非鸡胚）中繁殖。已经描述DHV I 型的特征性变异株，被称为DHV I a型和N-DHV。

【临床表现】　I 型的潜伏期为18～48 h。感染雏鸭出现昏睡、共济失调、阵发性划水、几分钟内死亡、特征性的角弓反张等症状。虽然成年鸭也可传染，但尚未发现7周龄以上鸭会出现临床症状。雏鸭的致死率可高达95%。实际上所有的死亡都发生在出现症状后1周内。

DHV II 型感染的临床病程与DHV I 型类似，且可发生在免疫过DHV I 型疫苗的雏鸭。DHV III 型感染也可发生于免疫过DHV I 型疫苗的雏鸭。DHV III 型感染的临床症状不严重，死亡率很少超过30%。

【病理变化】　全部3种类型DHV造成的病变相似。肝脏肿大，表面有出血点，直径达1 cm。脾脏也可见肿大并呈斑驳状。肾脏可见肿胀，血管充血。

【诊断】　通过病史和病变可作出初步诊断。发生突然、传播快速、病程短以及特征性的肝脏病变，都强烈提示鸭病毒性肝炎。 I 型病毒能够通过鸭胚、1

日龄雏鸭或鸭胚胎肝细胞进行分离，但用鸡胚分离不太容易。病毒鉴定可采用特异性抗血清中和试验，也可接种易感雏鸭或免疫雏鸭，采用RT-PCR鉴定Ⅰ型病毒。DHVⅡ型和DHVⅢ型病毒不能被Ⅰ型抗血清中和。

【预防与治疗】 预防措施主要是实施严格的隔离，特别在最初5周龄期间。应当避免接触野生水禽。据报道，鼠是该病毒的贮存宿主；因此应控制虫害。

用Ⅰ型、Ⅱ型和Ⅲ型病毒制备的弱毒活疫苗，免疫种鸭，可提供非胃肠道（母源）免疫力，有效降低雏鸭死亡率。可在种鸭颈部皮下接种Ⅰ型病毒疫苗，接种时间分别为16周、20周和24周龄，随后的整个产蛋期每12周接种1次。为使雏鸭获得被动保护力，建议进行3次免疫接种。

已经描述了一种DHVⅠ型灭活疫苗，这种灭活苗主要用于DHVⅠ型弱毒疫苗免疫后的种鸭。在开产前，肌内注射灭活疫苗1次，即可在整个产蛋期为子代雏鸭提供被动免疫。

也可用鸡胚源Ⅰ型弱毒疫苗对Ⅰ型病毒易感雏鸭（未免疫种鸭的子代）进行早期免疫接种。1日龄雏鸭可皮下注射或鸭掌刺种1次该苗。免疫后3～4 d雏鸭可迅速产生主动免疫力。

发病初期，颈部皮下注射用超免鸡所产蛋制备的抗Ⅰ型病毒抗体，是一种有效的群体治疗方法。

七、肠球菌病

全世界各种禽种都已报道有肠球菌病。肠球菌科（*Enterococcus spp.*）是家禽和其他禽类肠道中的正常微生物菌群；感染通常继发另一种疾病。肠球菌科感染可导致急性或亚急性（慢性）疾病。

【病原与流行病学】 肠球菌是一种无运动力、革兰氏阳性、过氧化氢酶阴性的球状细菌，在涂片染色中呈单一、成对或短链排列。从有临床发病禽类分离的肠球菌分离株有鸟肠球菌（*E.avium*）、坚忍肠球菌（*E.durans*）、粪肠球菌（*E.faecalis*）、屎肠球菌（*E.faecium*）和希拉肠球菌（*E.hirae*）。粪肠球菌能感染所有日龄禽，但对胚胎和幼禽有极大毁灭性影响。

传播途径有经口感染、气溶胶感染和伤口感染。感染可引起败血症。感染发展到亚急性或慢性阶段，可出现心内膜炎。有报道称，肠球菌感染幼禽可出现脑坏死和脑软化。虽然已报道肠球菌病可发生在各种禽类，但也应注意到某些肠球菌菌株具有促进生长、提高饲料转化率的有益作用，可作为益生菌使用。

【临床表现】 急性肠球菌病例的临床症状与败血症有关，症状有精神沉郁、昏睡、羽毛凌乱、腹泻和产蛋量下降。亚急性或慢性病例可出现精神不振、跛

行和头部震颤等。如治疗不及时，大多数病禽死亡。经蛋传播或经粪便污染孵化种蛋，可导致晚期胚胎死亡，出壳时未破壳雏鸡数量增多。

【病理变化】 急性肠球菌病的病变包括脾脏、肝脏、肾脏肿大和皮下组织充血。肝脏脾脏可见有多灶性呈白褐色相间的坏死灶。感染雏鸡或雏火鸡可见有脐炎和卵黄囊肿大。亚急性或慢性病例的病变有心包炎、肝周炎、气囊炎、关节炎和腱鞘炎、骨髓炎、心肌炎和心瓣膜炎。有的病禽心脏扩张、松弛，心肌有白点或出血点，并伴有所有内脏器官梗死。许多组织可见有局灶性肉芽肿，这是由于败血性栓塞所致的。在形成血栓的血管和坏死灶中很容易发现革兰氏阳性菌菌丛。

【诊断】 病史、临床症状、病变、血液或压片中检出肠球菌，都可提示有肠球菌感染。从病变部位分离到肠球菌，即可确诊。用血液琼脂很容易分离出肠球菌。鉴别诊断包括细菌性败血症，如葡萄球菌病、链球菌病、大肠埃希菌病、巴氏杆菌病和丹毒。

【治疗与预防】 已经用于治疗急性和亚急性感染的抗生素包括青霉素、红霉素、新生霉素、土霉素、金霉素或四环素。对临床发病早期的禽进行治疗，疗效良好，但是随着疾病进程，疗效有所降低。应采用药敏试验以确保使用最有效的抗生素。

由于肠球菌常继发于另一种疾病，因此在预防和控制时，应注意预防免疫抑制性疾病。另外，适当清洗并消毒设备可减少环境污染。

【人兽共患病风险】 速食禽产品的肠球菌污染比例很高，但尚未见有人食物中毒的报道。

八、丹毒

丹毒是由红斑丹毒丝菌（*Erysipelothrix rhusiopathiae*）感染引起的一种细菌性疾病。该病最常见的是败血症型，但也会发生荨麻疹型和心内膜炎型。红斑丹毒丝菌能感染大部分禽类和哺乳动物。已报道，家禽、野禽、捕获野鸟和哺乳动物均可感染该病。也有报道爬行动物和两栖动物可感染该病。也能从鱼表面黏液中分离出该菌，这可能是其他动物的传染源。从经济角度看，火鸡是禽类中最重要的感染宿主，但严重暴发通常发生在鸡、鸭和鹅。在哺乳动物中，猪是经济损失最大的品种。（见红斑丹毒丝菌感染）。

禽丹毒在世界各地都有发现，但仍被认为是一种零星散发的、地方流行性疾病。

【病原】 红斑丹毒丝菌是一种兼性厌氧菌。已经描述了另外2个基因种：扁桃体丹毒丝菌（*E. tonsillarum*）和最近发现的*E. inopinata*，但认为这两种对家禽都无致病性。从形态学上，无法将扁桃体丹毒

丝菌和E. inopinata与红斑丹毒丝菌相区分。红斑丹毒丝菌是革兰氏阳性菌但易脱色，尤其是老龄培养物。该菌无运动力，不产生芽孢，能产生未知毒素。无鞭毛，但已证明有荚膜。红斑丹毒丝菌的细胞形态呈多样性。从急性感染期组织新分离的细菌或光滑型菌落上的细菌，常呈细长或稍弯的小棒状，短链排列。老龄培养物或粗糙型菌落的细菌呈细丝状，很容易与丝菌混淆。在人工培养基上反复继代后更容易产生丝状形态。

红斑丹毒丝菌容易生长在含有多种动物血液或血清的常规培养基上。降低氧气浓度或将二氧化碳浓度提高到5%～10%，可促进其生长。最佳培养温度是35～37 ℃，最佳pH为7.4～7.8。

常规的实验室消毒剂很难杀灭红斑丹毒丝菌。该菌对干燥的抵抗力相当强，已证明烟熏和腌渍处理后仍然可存活。在垫料或土壤中的存活时间各不相同。感染的病原携带者可排菌，造成环境污染，使禽舍消毒难度加大。使用1∶1 000二氯化汞、0.5%氢氧化钠溶液、3.5%甲酚溶液、5%苯酚溶液或0.5%福尔马林可杀灭该菌。

虽然已经用琼脂凝胶扩散法鉴定出红斑丹毒丝菌有26个不同血清型，但随着扁桃体丹毒丝菌被确定为一个独立的种后，其中一些血清型已被归到扁桃体丹毒丝菌中。从家禽分离的红斑丹毒丝菌最常见的是血清型1、2和5。

【流行病学】　不同日龄家禽均可散发丹毒。不同性别和年龄的火鸡都易感。近来，一些证据表明火鸡可能有遗传相关性抵抗力。据报道，雄禽发病率较高，但并没有得到试验数据的支持。丹毒可影响雄禽的繁殖力，也可造成产品降级和加工损失。细菌可经皮肤伤口入侵或经黏膜入侵造成感染，如在人工授精过程中，采食污染饲料（特别是啄食感染尸体），也可经吸血昆虫引起机械性传播。已表明家禽红螨可携带该菌，可能是一种机械性传播媒介。争斗和相互啄食可造成损伤加重。

感染动物粪便中含有细菌，可污染土壤，并在适宜温度和pH条件下长期存活。气候的季节性变化也与疾病的发生有关，比如突然变冷和雨季。家禽及其他动物，可携带并排出病菌，但不表现任何临床症状。

未免疫禽群的发病率和死亡率可达40%～50%，但死亡率一般不超过15%。在免疫禽群中，部分禽会出现短暂性的精神不振，但很快恢复。免疫和未免疫禽的死亡率受病原毒力的影响。

不同血清型、化学结构或生化模式与败血症型、荨麻疹型和心内膜型丹毒的临床症状之间没有关联。

【临床表现】　丹毒主要是一种可引起突然死亡的急性传染病。在发病禽群中，有少数禽会出现嗜睡，但很容易唤醒；24 h内，少量禽会出现死亡。濒死时，一些病禽精神非常沉郁，步态不稳。慢性临床疾病在禽群中并不多见，但确有发生；感染禽可出现皮肤病变和膝关节肿胀。发生增生性心内膜炎的火鸡一般不表现临床症状便突然死亡。在人工授精4～5 d后，禽群不表现临床症状即突然死亡，应怀疑为丹毒。鸡的临床症状包括虚弱、精神不振、腹泻和突然死亡。产蛋鸡产蛋量显著下降。

【病理变化】　尸体剖检常见有全身皮肤发黑，或弥散性、大小不同的局灶性发黑。常见有肝脏和脾脏肿大，易碎，表面呈斑驳状。其他眼观病变有腹膜炎、心包炎、胃肠道卡他性渗出，也可见有大腿和心脏脂肪变性。

【诊断】　在肝脏、脾脏压片或心脏血液、骨髓涂片中发现有革兰氏阳性、多形态细长杆菌，可作出初步诊断。在部分腐败样本中，骨髓为首选组织样本。确诊需要进行红斑丹毒丝菌的分离和鉴定。鉴定可采用荧光抗体染色、PCR或小鼠保护试验；然而分离株必须是对小鼠有致病力的。已经描述了一种小鼠耳划痕模型，对培养混合物的鉴定特别有用。在试图进行再分离时必须小心谨慎，因为该菌形成的菌落只有针尖大小，很容易被忽略，或被其他快速生长细菌掩盖。在重新分离培养时，可使用高效选择性培养基。

大肠埃希菌、多杀巴氏杆菌、沙门氏菌感染和超急性新城疫，容易与败血症型丹毒相混淆。其他细菌或真菌也可引起荨麻疹和心内膜炎。非传染性的鉴别诊断包括中毒、拥挤造成的损伤或食肉动物伤害。

【治疗、控制与预防】　首选抗生素是速效青霉素，如青霉素钾或青霉素钠。一旦作出初步诊断，应立即按22 000 IU/kg肌内注射青霉素，同时全剂量注射丹毒菌苗。急性暴发时，应立即注射青霉素，但其用量可能超出标签的用量。当无法对每只鸡都注射时，饮用水中按395 000 IU/L添加青霉素，连用4～5 d，可减少损失。磺胺类药和口服土霉素无效；广谱抗生素，如红霉素，有疗效。在饲料或饮水中添加抗生素，只能用于采食和饮水正常的禽群，且效果可能并不明显。使用菌苗进行免疫接种，可保护禽群中尚未感染的禽。抗生素治疗和免疫接种不能消除带菌状态。丹毒对四环素的耐药性已有报道。

免疫接种可控制丹毒。已有可用于火鸡的灭活疫苗和弱毒疫苗，但只能使用经批准的可用于火鸡的疫苗。在肉用禽群使用菌苗是有效的，但免疫接种需要耗费大量人力。种鸡应在开产前每4周进行1次免疫。饮水免疫活疫苗，无需逐只操作，因此几乎不产生应激。

要控制禽丹毒，尤其是在流行地区，除了采取良好的管理措施，再无特殊方法。当疾病暴发后，应该对设备进行彻底消毒，并将死禽从禽舍中转移。

【人兽共患病风险】 红斑丹毒丝菌可感染人，引起的疾病被称为类丹毒。病原通常通过皮肤伤口进入体内，危险人群包括那些接触感染组织的人，如兽医、屠户和渔业人员。尚未见有人经口腔途径感染的报道。人的类丹毒也许是局部性或败血性感染。虽然极少见，但偶尔也是致命性的。

九、脂肪肝出血综合征

脂肪肝出血综合征（FLHS）最早报道于20世纪50年代，以肝脏脂肪含量过高并伴随不同程度出血为特征。饲喂高能量日粮的笼养禽几乎普遍存在该病，且在夏季最易发生。常见有肝脏肿大，呈油灰色，非常易碎并伴有不同程度出血。腹腔含有大量油脂。病禽鸡冠苍白，随后很可能出现产蛋量下降。卵巢机能，至少在发病初期，通常还处于活跃状态，产蛋相关的代谢和体能应激，可能是引起致命性出血的原因。

由于FLHS似乎仅发生在正能量平衡的禽，因此体重监测是一种很好的诊断方法。强制饲喂技术已经证明，发生FLHS是由于采食过度造成的，而非其他任何特殊营养物过剩，如脂肪或碳水化合物的过剩。用雌激素可试验性诱发蛋鸡，甚至公鸡发生该病。该试验支持了FLHS更容易发生于高产禽的观点，高产禽卵巢非常活跃，分泌的雌激素可能更多。给未成熟小母鸡注射睾酮，可引起其采食量增加和肝脏脂肪蓄积，但无脂肪肝病症发生。

由于其肝脏出血、肿大并充满脂肪，因此通过剖检很容易诊断FLHS。肝脏充满脂肪使得肝脏易碎，且肝小叶很难分离。肝脏呈淡黄色，虽然这些症状是特征性的，但并非FLHS特有，饲喂大量黄玉米的正常蛋鸡，肝脏也呈黄色。患有FLHS的鸡，肝脏的干物质中至少40%为脂肪。FLHS的严重程度可用肝脏出血计分法进行描述，通常分为1～5级，1级为无出血，2级为1～5出血，3级为6～15出血，4级为16～25出血，5级为大于25出血，5级为大量的、致命性的出血。

人们试图通过调整日粮，来预防或治疗脂肪肝出血综合征。用添加脂肪来替代碳水化合物，同时不提高日粮中的能量含量，这种方法似乎是有帮助的。这种调整可能表明肝脏几乎无需为蛋黄合成脂肪。使用其他谷物如小麦和大麦，替代玉米，也是有效的。但是，这种替代可能会降低日粮能量水平，也可能使添加脂肪成为维持同等能量水平的必需品，显然，这两种因素都能影响FLHS。据报道，饲喂各种不同副产品，如蒸馏酿酒的谷物和可溶物、鱼粉和苜蓿粉，可

降低FLHS发病率。尽管其作用方式尚不清楚，但添加硒也有一定作用。有报道称，饲喂螯合微量元素的蛋鸡，其脂肪肝的发病率，远远高于使用常规无机矿物质的蛋鸡。然而，随着常规无机矿物质在蛋鸡日粮的应用不断增多，FLHS的发病报道也不常见。也有报道，本病与支原体感染有关。

预防FLHS的最有效方法是，不给成年鸡饲喂能量过高的日粮。监测家禽体重，在可能发现问题时，采取补救措施，通过降低日粮能量水平或改变饲喂方式，限制能量摄入。日粮中的能量与蛋白比值增大，能加重FLHS。养殖场如有FLHS病史，应在日粮中添加至少0.3 mg/kg硒，维生素E最高可添加150 IU/kg，还可添加适量的抗氧化剂，如乙氧喹啉。

十、肉鸡猝死综合征

已报道，在全球大多数肉鸡高度密集的养殖地区，都有猝死综合征（猝跳病、急性死亡综合征、体况良好下死亡）发生。幼龄、健康、快速生长的肉鸡，常出现短暂的、致死性惊厥，翅膀剧烈煽动，而后突然死亡。很多患病肉鸡仅表现有"翻转"和背部着地的死亡姿势；60%～80%为公鸡。低密度饲养时，这种情况不常见或不易被发觉。

【病因与流行病学】 该病的病因尚不清楚，但可能是一种与碳水化合物代谢、乳酸中毒、细胞膜完整受损、细胞内电解质失衡有关的代谢病。最近的研究认为，该病与心律失常有关。现代肉鸡是依据生长速度和饲料转化率来选育的，具有易患心律失常的体质。一项研究发现，肉鸡心律失常的发病率（27%）明显高于来亨鸡（1%），但尚不清楚这种易病体质是由摄食引起的，还是遗传造成的。应激很可能是肉鸡心律失常的诱因，使其更易于死于心室纤维性震颤。快速生长健康肉鸡群中的发病率通常为0.5%～4%。

【临床表现】 肉鸡不表现前兆症状。感染鸡外表正常，可采食、争斗、行走或休息，但突然伸长脖颈，喘息或大声鸣叫，短暂性的翅膀剧烈扇动和划腿，此时常出现翻转，背部着地，最后突然死亡。也可见有病鸡以侧卧或胸部着地的姿势死亡。

在烤食用肉鸡中，猝死综合征最早可发生在3日龄，并可一直持续到10～12周龄。死亡高峰通常出现在12～28日龄之间，但死亡高峰最早还可出现在9日龄。如采用早期限制饲养，仅在28日龄以后出现高峰。在1～3 d内的日死亡率可达0.25%～0.5%。

【病理变化】 无特征性眼观病变。近来研究表明，病鸡的心肌细胞和心内膜浦肯野细胞，具有特征性显微病变，这有助于诊断。死鸡肌肉丰满，嗉囊空虚或部分充盈，肌胃中也有饲料。由于禽体型肥胖且

胃肠道充满食糜，因此腹部膨胀，表明是急性死亡。肌肉组织由于局灶性充血而呈红白相间的斑驳状，器官呈中度到严重充血。肝脏和肾脏可见小出血点。虽然心室发生收缩，但未见肥大，心房扩张并有血液充盈。肺充血并常见水肿，但死后肺水肿随时间加重。肉鸡死后几分钟内检查，并无明显肺水肿。由于病鸡直至死亡时，采食依然正常，因此胆囊变小或空虚。

【诊断】 在生长良好且外观健康的肉鸡群，如发现有从背部着地的姿势死亡，应当怀疑猝死综合征，除急性心包填塞、窒息和腹水综合征外，这种姿势在其他原因死亡的肉鸡极为罕见。在鸡舍内发现到处都有散的、营养良好的死鸡，呈侧卧或胸部着地姿势，也极有可能是该综合征造成的。即使没有明显的病理变化（如消化道充盈、心室收缩、心房扩张并有血液充盈、肺充血和水肿），也可以通过剖检诊断本病。显微镜下检查，心肌细胞和心内膜浦肯野细胞可见特征性病变，有助于确诊本病。病变细胞常见有胞质空泡化、嗜酸性粒细胞增多以及核固缩。

在澳大利亚，刚进入产蛋期的肉种鸡发生的所谓猝死综合征，是另一种疾病，据报道其是由于钾缺乏所引起。已报道，在北美洲，因环境温度高和血磷酸盐过少共同作用或急性低钙血症，也可造成类似的死亡。

造成火鸡猝死的原因，可能是窒息、主动脉破裂、局部（阻塞性）肉芽肿性肺炎以及伴有肺充血和肺水肿的肥大性心肌病、脾脏肿大和肾周出血。

【预防与控制】 通过减慢肉鸡的生长速度，特别是出壳后头3周，可使猝死综合征的发病率降至最低。通过控制营养摄入，来调节生长速度。可采用减少每日光照时间、降低日粮能量和蛋白质水平，或限制采食量来达到这一目的。

十一、禽霍乱

禽霍乱是一种可感染家禽和野鸟的、接触性、全球范围内发生的细菌性疾病。常以败血症形式突然发生，并伴有高发病率和高死亡率，但也常发生慢性和隐性感染。

【病原与传播】 其病原体多杀性巴氏杆菌（*Pasteurella multocida*）是一种革兰氏阴性、无运动力、有荚膜的棒状小杆菌，多次传代后可呈现多形性。多杀性巴氏杆菌被认为是单一物种，但其中也包括3个亚种，即多杀性巴氏杆菌多杀亚种（*P.multocida*）、多杀性巴氏杆菌败血亚种（*P.septica*）、多杀性巴氏杆菌杀禽亚种（*P.gallicida*）。多杀性巴氏杆菌多杀亚种是最常见的病原，但败血亚种和杀禽亚种也可引起禽霍乱样疾病。

经瑞氏染色后，新鲜分离培养物或组织中的菌体呈两极浓染。虽然多杀性巴氏杆菌能感染多种动物，但是从非禽类动物体内分离的菌株通常不会引起禽霍乱。由于引起禽霍乱的菌株免疫型（或血清型）较多，因而使用菌苗免疫无法进行普遍的预防。本菌对常规消毒剂、阳光、干燥和热都比较敏感。火鸡和水禽比鸡更易感，成年鸡比幼年禽易感，某些品种的鸡比其他鸡易感。

慢性感染禽和隐性感染的病原携带者可能是其主要传染源。野鸟可将病原体引入禽群，而哺乳动物（如啮齿动物、猪、犬和猫）也可携带感染。但是，其作为病原储藏宿主的作用尚未得到彻底调查。多杀性巴氏杆菌在禽群内及禽舍之间的传播，主要通过污染环境的病鸡口、鼻和结膜分泌物。另外，多杀性巴氏杆菌在环境的存活时间较长，足以通过污染鸡笼、饲料袋、鞋和其他器具造成传播。该病不经蛋传播。

【临床表现】 基于病程不同，临床症状变化较大。在急性禽霍乱，可见大量禽无先兆性突然死亡，这通常是疾病的第一征兆。死亡率通常迅速升高，在病程稍长的病例，可见有精神沉郁、厌食、口腔流黏液、羽毛蓬乱、腹泻和呼吸急促。火鸡常见有肺炎。

慢性禽霍乱，其症状和病变通常与胸骨黏液囊、肉垂、关节、腱鞘和脚垫的局部感染有关，由于纤维素性、脓性渗出物积聚，这些部位常发生肿胀。也可出现渗出性结膜炎和咽炎。脑膜、中耳和颅骨在发生感染时可导致病禽出现歪脖。

【病理变化】 超急性和急性病例可见的病变是原发性血管障碍。包括全身广泛性被动充血和瘀血，同时伴有肝脏和脾脏肿大。心外膜下和浆膜下常见有出血点和出血斑。常可见大量腹水和心包积液。另外，可见有急性卵巢炎和卵泡充血。在亚急性病例，整个肝脏和脾脏表面散在有大量小坏死点。

慢性禽霍乱，广泛分布有化脓性病变，常发生在呼吸道、结膜和头部相邻组织。慢性感染中很常见有干酪性关节炎、腹腔和输卵管的增生性炎症。火鸡和肉鸡也可出现纤维素性坏死性皮炎，包括靠近尾部的背部、腹部和胸部皮肤的表皮、皮下组织以及深层肌肉。家禽肺脏出现散在、单个的坏死灶，应怀疑为禽霍乱。

【诊断】 尽管病史、症状和病变有助于诊断，但确诊必须要进行多杀性巴氏杆菌的分离、特性分析和鉴定。初代分离培养可采用血琼脂、葡萄糖淀粉琼脂或胰蛋白胨大豆琼脂。添加5%的热灭活血清可促进细菌的分离。从发生超急性或急性禽霍乱的濒死鸡内脏中，很容易分离到多杀性巴氏杆菌，但是要从慢性禽霍乱鸡的脓性病变组织中分离细菌比较困难。在尸体剖检时，用急性禽霍乱病例的肺脏制成触片，经瑞氏或姬姆萨染色后镜检，可见有两极浓染的杆菌。另外，免疫荧光显微镜和原位杂交技术，已用于感染组织和渗出物中多杀性巴氏杆菌的鉴定。

PCR已经用于纯培养物、混合培养物及临床样品中多杀性巴氏杆菌的检测。该方法有助于鉴别禽群中的病原携带者。但是在PCR的特异性和敏感性有待提高。

血清学检测方法有全血凝集试验、血清平板凝集试验、琼脂凝胶扩散试验和ELISA。血清学检测可用于评价疫苗的免疫应答，但是用于诊断时价值有限。

许多细菌感染性疾病的眼观病变很难与禽霍乱相区分。大肠埃希菌（*Escherichia coli*）、沙门氏菌（*Salmonella enterica*）、鼻气管鸟杆菌（*Ornithobacterium rhinotracheale*）、红斑丹毒丝菌（*Erysipelothrix rhusiopathiae*）产生的病变很难与多杀性巴氏杆菌产生的病变相区分。

【预防】 预防的基础是良好的饲养管理，包括高水平的生物安全管理。养殖场必须清除啮齿动物、野鸟、宠物和其他可能携带多杀性巴氏杆菌的动物。佐剂菌苗已得到广泛应用，通常也是有效的，当发现多价菌苗无效时，推荐使用自家菌苗。也可使用弱毒疫苗，火鸡采用饮水免疫，鸡采用翼下刺种。这些活苗能够有效激发对不同血清型多杀性巴氏杆菌的免疫力。仅推荐用于健康鸡群。

【治疗】 许多药物能够降低禽霍乱的死亡率；但当停止治疗时，死亡率又开始上升，这说明治疗不能清除鸡群中的多杀性巴氏杆菌。要根除感染，必需清空鸡舍，并对鸡舍和器具进行清扫和消毒。然后应空舍几周。

最常使用的是磺胺类药物和抗生素；早期治疗和剂量充足非常重要。药敏试验有助于药物选择。在饲料或饮水中添加磺胺喹噁啉钠，通常可控制死亡，也可使用磺胺二甲基嘧啶和磺胺二甲氧嘧啶。由于磺胺类药物具有潜在毒性，因此应慎用于种禽。在饲料（0.04%）、饮水中添加或非肠道注射高浓度四环素也有疗效。近来已多次证明，在饮水中添加诺氟沙星对禽霍乱有效。然而，由于存在耐药性风险，很多国家禁止将喹诺酮类药物用于食用动物，包括家禽。青霉素对耐磺胺药的感染往往也有效。使用链霉素和双氢链霉素联合注射，对鸭有疗效。

十二、禽痘

（一）鸡与火鸡的禽痘

禽痘是鸡和火鸡的一种传播速度缓慢的病毒性疾病，其特征是皮肤增生性病变，进而形成结痂（皮肤

图20-9 肉种公鸡鸡痘，皮肤无毛部位的疤痕样病变
（由Jean Sander博士提供）

型），胃肠道和上呼吸道病变（白喉型）。致病毒株可引起内脏器官发生病变（全身型）。禽痘是世界范围内的疾病。

【病原与流行病学】 这种大DNA病毒（禽痘病毒科，禽痘病毒属）具有很强的抵抗力，在环境中可长期存活，尤其是在干燥结痂中。禽痘病毒基因组中的光裂合酶和A型包含体蛋白的基因可保护病毒免受环境的影响。野毒株和疫苗株在基因图谱中仅有很小的差别，但通过限制性内切酶分析和免疫印迹法，在某种程度上可鉴别这些毒株。近来，禽痘病毒疫苗株和野毒株的分子学分析已显示出一些明显差异。禽痘的病变中含有大量病毒，且可通过与损伤皮肤接触发生感染传播。禽舍中康复禽的皮肤病变（疤痕）可成为气溶胶感染的来源。蚊子和其他叮咬昆虫可作为机械传播媒介。当蚊子较多时，该病在鸡群中的传播速度快。当不同日龄鸡混群饲养时，病程通常较长，原因是病毒传播速度缓慢且总有易感禽存在。

【临床表现】 皮肤型禽痘的特征是鸡的多个无毛皮肤的表面、火鸡的头部和颈上部都出现结节状病变。有毛皮肤也可见有广泛性的病变。有些病例的病变主要局限于腿部和足部。最初腿、足表现微微隆起，渐渐变白，形成结节，不断扩大变成黄色，逐步发展为厚的、发黑的结痂。多处病变逐步扩散并融合成片。在同群鸡，常见有不同发展阶段的病变。鼻孔周围的局灶性病变，可造成大量分泌物流出。眼睑的皮下损伤可导致单眼或双眼完全闭合。仅有少数鸡同时也出现皮肤病变。有些鸡病变明显，能使鸡群的生产性能明显下降。

白喉型的病变主要发生在口腔、食管、咽、喉和

气管黏膜（水痘和禽白喉）。偶尔在一个或多个部位出现广泛性病变。干酪样斑块可紧紧黏附在喉部和口腔黏膜上，也会出现增生性斑块。口腔病变可影响采食。气管损伤可导致呼吸困难。鸡喉部和气管的病变，必须与鸡传染性喉气管炎引起的病变进行鉴别。由强毒株引起的全身性感染，内脏器官也可见有病变。

禽群的病程一般很长。蛋鸡群发生全身性感染，可引起产蛋量下降。通常只有皮肤性感染可引起较低或中等程度的死亡率，这些禽群在治愈后，一般可恢复到正常生产水平。白喉型和全身性感染的死亡率通常较高。

【诊断】　皮肤型感染常可出现特征性的眼观病变和显微病变。在仅出现轻微皮肤病变时，很难与打斗造成的伤痕相区分。感染组织经HE染色后，在显微镜下观察可见有嗜酸性包含体。使用荧光抗体和免疫组化方法（使用抗禽痘病毒抗原的抗体）也可检到细胞质包含体。病变组织触片经姬姆萨染色后，可检测到包含体中的原体。超薄病理切片经负染后在电镜下观察，可见典型疱疹病毒形态的病毒粒子。可采用接种鸡胚绒毛尿囊膜、易感禽或禽源细胞培养物的方法进行病毒分离。SPF鸡胚（9～12日龄）是病毒分离的首选材料，也是最方便的宿主。

通过限制片段长度多态性分析，可区分禽痘病毒的野毒株和疫苗株的基因图谱。这种方法主要用于比较关系密切的DNA基因组。然而，由于基因组较大，这种方法很难检测细微的差异。详细的遗传分析，可显示出疫苗株和引起免疫鸡群暴发的野毒株之间的基因差异。禽痘病毒疫苗株中包含有包括网状内皮组织增生病毒（REV）长末端重复序列的残基，而大多数野毒株基因组都包含REV的全长基因。

诊断也可使用基于禽痘病毒克隆化基因片段的核酸探针技术。该方法对鉴别白喉型禽痘（与气管有

关）和传染性喉气管炎非常有用。

使用特异性引物的PCR方法，可扩增基因组的不同长度DNA序列。这种方法可用于检测样本中的极少量病毒DNA。PCR已用于有效鉴别野毒株和疫苗株。

已经研发出2种鉴别不同禽痘病毒抗原的单克隆抗体。将这些单克隆抗体应用于免疫印迹试验，可以鉴别不同毒株。

已测定出禽痘病毒基因组的全长核苷酸序列。这对于比较其他禽痘病毒特定基因序列非常有用。

【预防与治疗】　禽痘流行地区，对鸡和火鸡应接种鸡胚疫苗或细胞疫苗。目前使用最广泛的疫苗是鸡痘病毒弱毒疫苗，以及具有高度免疫原性和低致病力的鸽痘病毒株。在高危地区，离出壳前几周可使用细胞疫苗进行首免，在12～16周龄时进行强免，通常可取得良好效果。免疫接种的时间取决于禽群健康状况、暴露程度和免疫方法。由于该病传播速度慢，因此在发病鸡不超过20%时进行免疫接种，可有效控制该病在感染鸡群的传播速度。被动免疫可干扰疫苗毒的增殖；近期已免疫接种或感染的鸡群，所产子代只能在其被动免疫水平降低后，再进行免疫接种。免疫后1周，应检查禽免疫接种部位是否出现肿大和疤痕（"反应"）。接种部位如果没有"反应"，说明疫苗失效、被动或获得性免疫无效或免疫接种不当，建议选用另一批疫苗进行补免。

自然感染或免疫接种的禽，能产生体液免疫或者细胞介导的免疫应答。通过ELISA或病毒中和试验，可检测体液免疫应答。

【人兽共患病风险】　禽痘病毒无人兽共患病风险。禽痘病毒可在不同禽种间发生增殖性感染，但不会在哺乳动物宿主间发生增殖性感染。因此，禽痘病毒已被用作哺乳动物病原体的基因表达载体，来研制安全重组疫苗。

（二）其他禽类的禽痘

许多野鸟和宠物鸟也可感染禽痘病毒。有些毒株仅感染同种宿主，而其他某些分离株可感染一种或多种其他宿主。由于缺乏大多数毒株的病毒基因信息，因此病毒分离通常根据宿主致病力和交叉保护力的研究结果。金丝雀痘病毒的基因组序列测序已经完成。金丝雀痘病毒感染通常很严重，致死率可达100%。病毒感染可引起皮肤型病变，同时也可造成全身性感染，组织学检查可见细胞质包含体。美国已开发出金丝雀的商品化疫苗。鹦鹉痘病毒感染也很严重，特别是蓝头亚马逊鹦鹉。鹦鹉痘病毒分离株，在抗原性上似乎与其他禽类痘病毒有差异。

在使用限制性核酸内切酶消化后，通过限制性酶切片段长度多态性分析比较其DNA，发现金丝雀

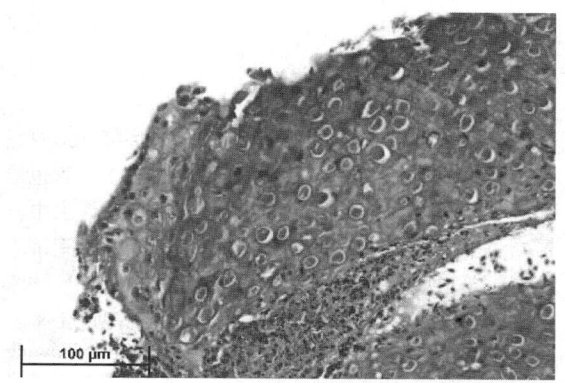

100 μm

图20-10　鸡痘病毒感染后的组织病理学，示胞浆内包含体

（由Deoki Tripathy博士提供）

痘病毒、八哥痘病毒和鹌鹑痘病毒的基因图谱与禽痘病毒存在显著差异。鹌鹑痘病毒与禽痘病毒有显著的抗原差异，但也存在一些交叉反应抗原，对禽痘病毒具有部分或无交叉保护力。认为痘病毒感染是濒临灭绝的夏威夷森林鸟的种群限制性因素。自夏威夷乌鸦（*Corvus hawaiiansis*）、夏威夷鹅（*Branta sandviensis*）、黄胸拟管舌鸟（*Loxiodes bailleui*）和白臀蜜鸟（*Himatione sanguinea*）分离的禽痘病毒相互之间存在差异，与禽痘病毒也不相同。类似的情况是，从圣第亚哥动物园的一只安第斯秃鹰（*Vultur gryphus*）分离的禽痘病毒，在抗原性、遗传学和生物学方面都不同于禽痘病毒。与禽痘病毒一样，这些病毒也适合作为外源基因的表达载体，可用于研发哺乳动物基因修饰病毒疫苗。目前有多种表达哺乳动物病原体的金丝雀痘病毒载体疫苗，并已经商品化。

十三、鹅细小病毒病

鹅细小病毒病（代尔塞病、鹅肝炎、小鹅瘟）是雏鹅和雏番鸭的一种高度接触性、致死性疾病。在欧洲和远东的主要养鹅国家都有鹅细小病毒病的报道，在这些国家该病具有重要经济意义。番鸭和许多杂交品种鸭还对另一种细小病毒易感。加利福尼亚的番鸭群暴发疫病时分离到这种番鸭细小病毒。在美国尚未检测到鹅细小病毒。

【病原】 鹅细小病毒是细小病毒科的一个成员，最近被证明与人依赖病毒属相关。鹅细小病毒，除与番鸭细小病毒具有密切关系之外，与其他禽类或哺乳动物细小病毒无相似性。原发感染后，病毒主要在肠壁复制，在经过短暂的病毒血症后，进入心脏、肝脏和其他器官。

【传播与流行病学】 感染禽经粪便排出大量病毒，直接或间接传播造成发病。疾病暴发通常开始于感染种鹅经蛋传播给易感雏鹅。有证据表明，亚临床感染的老龄鹅可能是病原携带者。在之前无该病的国家或地区出现鹅细小病毒病暴发时，感染种蛋通常是病毒的来源。血清学证据表明，欧洲的多种野鹅都存在有该病毒。尚未发现其他禽类带毒者或生物带毒者。

【临床表现】 根据日龄的不同，易感雏鹅和雏鸭的临床症状差异较大。1周龄之内的禽，病程发展快，伴随有厌食，在2～5 d内出现死亡。孵化室感染的雏禽，死亡率可达100%。日龄稍大的禽，病程较长，特征是鼻腔和眼有分泌物，大量白色腹泻，虚弱。眼睑和尾脂腺红肿。急性期幸存的雏禽表现有生长迟缓，羽毛脱落，皮肤发红，特别是背部皮肤。由于腹腔积液，雏禽常以企鹅状姿势站立。病毒对2～4周龄雏禽的致死率可达10%，但发病率可能更高。尽管成年禽可产生免疫应答，但是不表现任何临床症状。

【病理变化】 大体病变有舌头和口腔覆盖有纤维蛋白性假膜、肝周炎、心包炎、肺水肿、肝营养不良和卡他性肠炎。急性病例，心脏呈现特征性的心尖变圆，心肌苍白。显微病变主要是心肌细胞的明显变性，在感染的细胞核内形成考德里A型包含体。

【诊断】 依据特征性的临床过程、发病日龄、大体病变和组织学病变，可作出初步诊断。确诊可使用来自易感鹅和番鸭的细胞培养物或胚胎进行病毒分离。通过电镜检查感染的细胞培养物，使用特异性鹅细小病毒抗血清进行中和试验，都可用来确定细小病毒的存在。使用免疫荧光和PCR方法，直接检测感染禽组织中的抗原或病毒，也可确诊该病。用于鹅细小病毒的血清学检测方法，包括病毒中和试验、琼脂凝胶沉淀试验和ELISA。

虽然鹅细小病毒引起鹅和番鸭发病，但是番鸭也感染另外一种抗原性相关的细小病毒。这种病毒可引起番鸭出现严重的疾病，但不能造成鹅发病，可使用分子生物学方法进行检测和鉴别。鉴别诊断也应包括鸭病毒性肠炎（见鸭瘟），该病毒可感染各种水禽。鸭病毒性肝炎是雏鸭的一种致死性疾病，但不会引起鹅和番鸭发病。鸭疫里默氏杆菌（*Riemerella anatipestifer*）和多杀性巴氏杆菌（*Pasteurella multocida*）也可引起雏鹅和番鸭出现高死亡率，但是可通过细菌分离和鉴定进行鉴别。

【预防与治疗】 同时孵化的种蛋必须来源于已确认无鹅细小病毒的鹅群；很多暴发都是由于将不同来源种蛋同时孵化引起的。只从确保无鹅细小病毒病的国家进口种蛋。疫病暴发后存活的鹅不能作为种用。活苗和油乳剂灭活苗都可使用，并已广泛应用于疾病流行的国家。对种群进行免疫接种，可使其子代获得高水平的母源抗体。

十四、蠕虫病

已经证实，美国的野禽和家禽中约有100种蠕虫。线虫（蛔虫）数量最多，所造成的经济危害也最大。到目前为止，在商品禽中已发现的所有线虫中，最常见的是鸡蛔虫（*Ascaridia galli*）。大量的田间试验证明，自由放养禽的寄生虫感染很严重，因此预防感染或药物治疗等控制措施能增加体重，提高产蛋率。对全世界非笼养禽进行调查发现，感染率超过80%的情况并非罕见。

不同性别的线虫在形态上一般都有差异，如四棱属线虫（*Tetrameres* spp.）雄虫细长，妊娠的雌虫呈球形。不同种属的线虫在大小和形状上的差异也很大；蛔虫健壮且细长（可达116 mm）；毛细线虫较纤细、较长60 mm；其他线虫相对较短（2～12 mm）。

绦虫在大小上差异也很大。赖利属绦虫（*Raillietina spp.*）体长超过30 cm，而节片戴文绦虫（*Davainea proglottina*）通常小于4 mm。每个绦虫的节片都为雌雄同体。每只鸡或火鸡体内能够收集到上千条绦虫。

家禽常见线虫和绦虫的资料见表20-5。

【传播】 家禽的现代集约化养殖已经极大地减少了体内寄生虫感染的频率和种类，而以前散养禽和庭院鸡群的寄生虫感染非常普遍。然而，地面平养蛋鸡、种鸡、火鸡或笼养猎禽在饲养管理可能存在问题，仍可能发生严重的寄生虫病。影响因素包括使用不合格的组合垫料（可促进中间宿主的繁殖和感染

性虫卵的积聚）和寄生虫对治疗药物的耐药性等。由于特定无脊椎动物宿主的数量出现季节性和气候性增加，如春雨将大量蚯蚓带至表面，从而扩大了线虫的感染范围，如鸡异刺线虫和气管比翼线虫。一些线虫还与大量甲壳虫有关，这些甲壳虫是感染性虫卵的机械性载体。

某些线虫的生活史具有种属特异性，即摄入感染性虫卵或幼虫发生禽到禽传播的直接型生活史；有些为需要某种中间宿主（如昆虫、蜗牛和蛞蝓）的间接生活史。许多种属的线虫虫卵对低温和消毒剂具有抵抗力，但对热和干燥比较敏感。

鸡蛔虫的生活史简单且直接。在适宜条件下，粪便中的虫卵可在10～12 d内获得感染性。感染性虫卵在腺胃中摄食并孵化，幼虫在前9 d自由生活在十二

表20-5 家禽常见线虫

虫　种	宿　主	中间宿主或生活周期	感染器官	致病力
线虫				
鹅裂口线虫	鸭子、鹅、鸽	直接	肌胃	严重
迥异线虫	火鸡	直接	小肠	中度
禽蛔虫	鸡、火鸡、鸭、鹌鹑	直接	小肠	中度
膨尾毛细线虫	鸡、火鸡、鸭、猎鸟、鸽	蚯蚓	小肠	中度到严重
捻转毛细线虫	鸡、火鸡、鸭、猎鸟	蚯蚓或无	口、食管、嗉囊	严重
封闭毛细线虫	鸡、火鸡、鹅、鸽、鹌鹑	直接	小肠、盲肠	严重
钩状唇旋线虫	鸡、火鸡、猎鸟	蚱蜢、甲虫	肌胃	中度
Cyathostoma bronchialis	火鸡、鸭	直接或蚯蚓	气管	严重
鹌鹑奇异线虫	火鸡、猎鸟	蟑螂	腺胃	轻微
长鼻分咽线虫	鸡、火鸡、猎鸟、鸽	蛾	腺胃	中度到严重
嗉囊筒线虫	鸡、猎鸟	甲虫、蟑螂	嗉囊、腺胃、食管	轻微
鸡异刺线虫	鸡、火鸡、鸭、猎鸟	直接	盲肠	轻微但可以传递黑头病病原体
*Isolonche*异刺线虫	鹌鹑、鸭、野鸡	直接	盲肠	严重
四射鸟圆线虫	鸽、野鸽	直接	小肠	严重
曼氏尖旋线虫	鸡、火鸡、珍珠鸡、鹌鹑	蟑螂	眼	中度
鸟类圆线虫	鸡、火鸡、鹌鹑、鹅	直接	盲肠	中度
布氏锥尾线虫	鸡、火鸡、鸭、猎鸟	土蚋、蚱蜢、甲虫、蟑螂	盲肠	轻微
气管比翼线虫	鸡、火鸡、野鸡、鹌鹑	蚯蚓或无	气管	严重
美洲四棱线虫	鸡、火鸡、鸭、猎鸟、鸽	蚱蜢、蟑螂	腺胃	中度到严重
微细毛圆线虫	鸡、火鸡、鸭、猎鸟、鸽	直接	盲肠	严重
绦虫				
漏斗状带绦虫	鸡	家蝇	肠道上部	中度
节片戴文绦虫	鸡	蛞蝓，蜗牛	十二指肠	严重
光泽宫融绦虫	火鸡	蚱蜢	肠道	未知
有轮赖利绦虫	鸡	甲虫	十二指肠、空肠	轻度
棘沟赖利绦虫	鸡	蚂蚁	肠道下段	严重、有结节
四角赖利绦虫	鸡	蚂蚁	肠道下段	严重

指肠肠腔内。之后穿透黏膜并造成出血，第17～18天时返回肠腔，第28～30天时发育为成虫。由于早期幼虫很难被观察到，且可长期存活在肠道组织内，而肠腔内的成虫数量又极少，因此感染水平常常被低估。成虫的数量阻碍了幼虫的成熟，从而使得幼虫在肠道组织内长期存在，并引起病变。

鸡异刺线虫的生活史与鸡蛔虫相似。环颈雉鸡摄入的虫卵发育为繁殖虫卵的数量最多，其次是珍珠鸡和家养鸡。幼虫与盲肠组织有紧密联系，但极少出现真正的组织阶段。大部分成虫一般都发现在盲肠的盲端。蚯蚓可摄入盲肠线虫的虫卵，成为鸡的感染源。垫料甲虫也是一种机械性载体。

有些毛细线虫（*C.apillaria*）的传播是直接的（封闭毛细线虫，*C.obsignata*）；有些需要中间宿主（膨尾毛细线虫，*C.caudinflata*），如蚯蚓等；有些是直接或需要蚯蚓（扭转毛细线虫，*C.contorta*）。根据温度的不同，卵囊内的幼虫发育需要8～15 d。被终端宿主摄入后在20～26 d内达到成熟。

气管比翼线虫栖居于很多家禽和野禽的气管和肺中。通过摄入感染性虫卵或幼虫可直接造成感染，但严重的自然感染都与摄入运输宿主有关，如蚯蚓、蜗牛、甲虫和节肢动物（如苍蝇）等。很多线虫的幼虫可在单一脊椎动物体内形成包囊，并存活数年。尽管绦虫对笼养禽并不是一个大问题，但在野禽舍以及散养鸡、雉鸡、火鸡和孔雀却可造成严重的经济损失。支气管盅口线虫是鹅和鸭的绦虫。

曼氏尖旋尾线虫（*Oxyspirura mansoni*），即曼氏眼虫，其虫卵定居于眼内，通过鼻泪管进入咽部，经粪便被排出后，被苏里南蟑螂，即潜伏蟑螂（*Pycnoscelus surinamensis*）吞食、摄取。幼虫在蟑螂体内发育成感染性幼虫。当禽摄入被感染的中间宿主时，释放的幼虫移行并经食管进入口腔，然后经过鼻泪管进入眼，并在此完成其生活史。其他种属的昆虫

图20-11　肉鸡的小肠充满禽蛔虫
（由 Jean Sander博士提供）

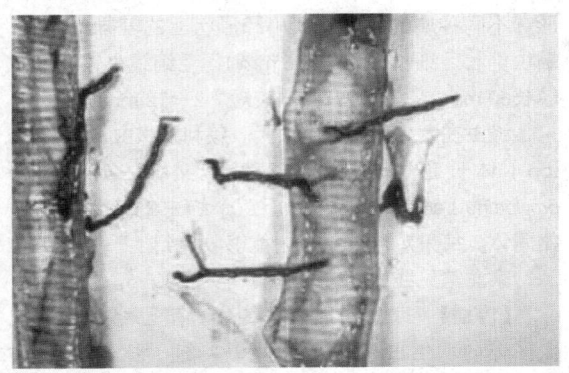

图20-12　气管腔内缠绕在一起的雄性和雌性绦虫（气管比翼线虫）
（由Jean Sander博士提供）

也可能是中间宿主。

绦虫需要一种中间宿主（如昆虫、甲壳动物、蚯蚓或蜗牛）。地面平养蛋鸡、种鸡和肉鸡，通过摄入污染垫料中繁殖的中间宿主，小型甲虫，可感染轮赖利绦虫（*R.cesticlus*）。半封闭舍笼养蛋鸡可通过摄入中间宿主，家蝇，感染漏斗状带绦虫（*Choanotaenia infundibulum*）。垫料甲虫也可能是笼养禽的中间宿主。

在一只家禽体内曾经发现超过3 000个的微小的鸡节片戴文绦虫（*Davainea proglottina*）。多个种属的蛞蝓和蜗牛都可能是中间宿主，在一只蛞蝓体内曾经发现超过1 500个感染性寄生虫。

【发病机制与临床表现】 蛔虫、异刺线虫和毛刺线虫分布广泛，可造成消瘦、呆滞、食欲减退和生长迟缓等非特异性症状，也可导致死亡。少量蛔虫可导致体重下降，而大量蛔虫则会阻塞肠道。蛔虫可通过泄殖腔移行到输卵管，覆盖在蛋壳上，之后在蛋内定殖（仅外观问题，并无公共卫生危害，在鸡蛋进入市场前通过仔细照蛋检查可将其剔除）。异形鸡蛔虫，即火鸡蛔虫，也可移行至消化道外，通过门静脉进入肝脏，引起肝脏出现肉芽肿。

鸡异刺线虫是一种较温和的寄生虫，但当数量多时可导致盲肠壁增厚、炎症或结节。异刺线虫感染也可造成盲肠和肝脏的肉芽肿。等矛异刺线虫（*Heterakis isolonche*）对雉鸡具有高度致病性，死亡率可达50%。鸡异刺线虫携带有火鸡组织滴虫，这是引起组织滴虫病的原生动物。

寄生在嗉囊和食管黏膜中的捻转毛细线虫（*C.contorta*）、小肠壁内的封闭毛细线虫（*C.obsignata*）可导致器官出现明显增厚和炎症。大量寄生这类丝状蠕虫的禽类，可出现虚弱、消瘦，甚至死亡。

绦虫感染最为严重的是青年鸡。在暴发早期就出现以突然死亡和蠕虫肺炎为特征的症状。随后出现气

喘、甩头、营养不良、消瘦和窒息等症状。尸检可见成熟绦虫堵塞气管腔、支气管和肺脏。也可见有呼吸道炎症。常见有血红色、雌性绦虫与明显较小的、色泽苍白的雄虫交配在一起，雄虫的头部深深嵌入宿主组织内。结合在一起的雌雄虫对呈Y字形或叉形。

曼氏尖旋尾线虫（*Oxyspirura mansoni*）是一种细长的线虫，长度为12～18 mm，常见于热带和亚热带鸡和其他禽的瞬膜下。可导致不同程度的炎症、流泪、角膜混浊和视力下降。

在其他的线虫中，鹅裂口线虫（*Amidostomum anseris*）可侵袭鹅和鸭的肌胃内壁，引起寄生部位褪色、坏死和脱落。长鼻分咽线虫（*Dispharynx nasuta*）可引起腺胃发生溃疡、增厚和软化，感染严重的鸡可出现死亡。美洲四棱线虫（*Tetrameres americana*）是一种鲜红色的线虫，在腺胃壁中可明显辨认，能引起腹泻、消瘦，感染严重时可引起死亡。微细毛圆线虫（*Trichostrongylus tenuis*）可导致盲肠发炎、体重减轻、贫血和死亡，特别是青年鸡。四射鸟圆线虫（*Ornithostrongylus quadriradiatus*）是一种吸血寄生虫，可导致鸽呕吐混有饲料的胆汁质液体，排绿色、黏液性稀便，肠道出血，消瘦，随后死亡。

大多数致病性绦虫都是在小肠被发现的，节头通常埋藏在黏膜中，常可引起轻度损伤。节片戴文绦虫（*Raillietina proglottina*）可引起体重减轻和产蛋量下降；棘盘瑞立绦虫（*R.echinobothrida*）可导致寄生虫附着部位出现肉芽肿（"结节虫病"）。

【诊断】　仅通过对单独收集的寄生虫进行准确鉴定，即可确诊；仔细和全面的病理剖检是诊断的基础。通过对寄生虫进行特征性鉴别，即可对鸡群的治疗和管理提出有效的建议。

【治疗与控制】　改善封闭式禽舍的管理水平和卫生条件，可减少禽体内的寄生虫数量。对散养禽，唯一方法是转移到新的饲养场地，但其产生的效益是短暂性的。空舍期间，应使用正式批准的杀虫剂喷撒土壤和垫料，可杀灭中间宿主，阻断寄生虫的生活史。当禽舍再次引进家禽时，应将不同品种和不同日龄的禽群隔离开，以避免传播寄生虫。垫料甲壳虫的迁移，可能会引起新舍或隔离很远的禽舍发生感染。

在美国经过批准的化学药物数量非常有限。由于法规变化频繁，因此在使用任何药物之前，都应核查其批准状况。FDA绿皮书和商品化饲料纲要（www.feedcompendium.com）收录了美国批准药品的清单。通过http://www.fda.gov/cvm/green_book/elecgbook.html，可找到绿皮书和目前的最新情况。

商品蛋禽或肉禽，只能使用经批准的药物。应严格遵照标签说明和推荐的使用剂量，并认真遵守停药期。

哌嗪类化合物相对无毒，且已被广泛应用于蛔虫病的治疗，因此在世界许多地区广泛存在耐药性。国际上有多种哌嗪盐类，但只有哌嗪半族有疗效，因此剂量应当按照每只鸡的活性哌嗪的毫克数来计算。由于只有浓度相对较高的药物才能杀死蠕虫，因此应当使禽在几个小时内完全摄入哌嗪类药物。用于鸡的单次剂量为每只50 mg（6周龄以下）或100 mg（6周龄及以上），也可按0.2%～0.4%添加到饲料中，或按0.1%～0.2%添加到饮水中；火鸡的使用剂量为每只100 mg（12周龄以下）或每只200 mg（12周龄及以上）。一些从业兽医建议，使用哌嗪后，在未添加药物的饮水中添加蜜糖，可诱发渗透性冲洗，理论上可以清除肠道内的所有残余蠕虫。屠宰前14 d必须停药。在美国禁止哌嗪用于人类食用的产蛋禽。

在美国已批准芬苯达唑可用于生长火鸡，饲料中的添加剂量为14.5 g/t（16 mg/kg），可作为唯一日粮连喂6 d，以清除迥异鸡蛔虫和鸡异刺线虫。对停药期没有要求。一项研究表明，该药可能对精子质量有负面影响。建议使用替代药物治疗公火鸡，并增加人工授精的精子数量和授精频率。

吩噻嗪可用于盲肠蠕虫的治疗，每日的使用剂量为每只鸡0.5 g，每只火鸡1 g。吩噻嗪（0.5%～0.56%）和哌嗪（0.11%）按1日的剂量添加在饮用水中，用于异刺线虫病和蛔虫病的治疗。美国已禁用这种药物组合。

在饲料中按0.05%添加噻苯咪唑，连喂2周，可用于治疗雉鸡的绦虫病；连续使用4 d有助于预防和控制感染。肉用动物的停药期规定为21 d。需要特别注意添加有膨润土的饲料。

在饲料中按8～12 g/t添加潮霉素B可用于控制鸡蛔虫、盲肠蠕虫和毛细线虫。需要的停药期为3 d。已广泛应用于预防异刺线虫病的方法是，在饲料中按0.004%添加蝇毒磷，连喂10～14 d；蛋鸡在饲料按0.003%添加蝇毒磷，连喂14 d。这种治疗方案不能用于8周龄以下鸡。在免疫接种后10 d内或有其他应激时也不能使用这种方法。饲养在污染垫料上或与感染禽有过接触的禽，应当进行二次给药治疗，且二次给药的剂量应与首次给药方案相同。首次给药与二次给药治疗之间应当有至少3周的间隔期。该药物是一种胆碱酯酶抑制剂。使用该药物进行治疗的禽，在治疗前和治疗后的3 d内，不应再接触其他胆碱酯酶抑制剂（药物、杀虫剂、农药或化学药品）。

治疗曼森眼虫病，先进行眼部局部麻醉，掀起瞬膜即可看见泪囊中的眼虫。在泪囊中滴入5%甲酚溶液（1～2滴），能够迅速杀死寄生虫。眼睛必须立即用无菌水进行冲洗，以便冲掉残骸和剩余药物。如果眼虫对眼睛的影响不是十分严重，治疗后48～72 h可恢复，视力也逐渐恢复。

已经报道有几种化合物可有效治疗线虫病，但在美国尚未批准用于家禽或其他禽类。四咪唑按40 mg/kg用于鸡，可清除鸡蛔虫、鸡异刺线虫和封闭毛细线虫。酒石酸噻吩嘧啶对鸡蛔虫疗效很好，对毛细线虫也有一些效果。25～30 mg/kg的左旋咪唑对迥异鸡蛔虫、鸡异刺线虫和封闭毛细线虫也有一定疗效；可按30～60 mg/kg添加在饮水中。鸽的胸部和腿部皮下注射1 mL 10%甲岩吡啶可清除毛细线虫，但注射必须小心，因为该药与皮肤接触会引起皮肤损伤。蝇毒磷可用于鹌鹑毛细线虫的驱除。哈洛克酮按25 mg/kg和50 mg/kg给药，或在饲料中按750 mg/kg添加，连喂5～7 d，对鸡和鹌鹑的毛细线虫均有良好效果。

芬苯达唑，按20 mg/kg连用3～4 d，可有效驱除雉鸡的绦虫；也有报道给鸽按30 mg/kg连用5 d，会产生不良反应。在饮水中按3.6 mg/kg添加四咪唑连用3 d可驱除绦虫。在绦虫幼虫在禽体内迁移期间对家禽进行治疗，尽管能破坏幼虫的迁移，但家禽也能产生对绦虫的免疫力。左旋咪唑的使用剂量为40 mg/kg，连喂2 d；或按2 g/gal*每月饮水给药1 d，对猎禽是一种有效的控制方法。据报道，对家禽使用安全剂量范围内的药物，对鹈鹕仍非常敏感。使用甲苯咪唑，按64 mg/kg预防性给药或按125 mg/kg进行治疗，对雏火鸡非常有效。给鸡按50 mg/kg，火鸡按20 mg/kg使用坎苯达唑，治疗3次，可有效控制疾病。据报道，一次口服阿苯达唑（按5 mg/kg）可有效控制鸡禽蛔虫、鸡异刺线虫和封闭毛细线虫。该药按20 mg/kg使用，也可有效治疗绦虫病。尚未公布上述药物的休药期。对火鸡使用硝苯肿酸，可有效降低迥异鸡蛔虫的繁殖力，减少体内蠕虫的数量。

已有一些关于其他线虫的试验性药物治疗的报道。使用坎苯达唑（60 mg/kg）、噻嘧啶（100 mg/kg）、维生素P（40 mg/kg）、甲苯咪唑（10 mg/kg，连用3 d）和芬苯达唑，可有效控制鹅裂口线虫。可使用坎苯达唑（30 mg/kg）、噻嘧啶（50 mg/kg）、噻苯哒唑（75 mg/kg）、甲苯咪唑（10 mg/kg，连用3 d）和维生素P（40 mg/kg）控制微小毛圆线虫（*Trichostrongylus tenuis*）。按推荐剂量使用对鸡具有一定效果，甲苯咪唑可治疗长鼻分咽线虫（*Dispharynx nasuta*）病，四咪唑治疗猴锥尾线虫（*Subulura brumpti*）病和禽类圆线虫（*Strongyloides avium*）病，哌嗪用于四棱线虫（*Tetrameres*）病的治疗。

家禽生产者应清楚认识到，要想治疗绦虫病，必须要清除头节、消灭作为再次感染来源的中间宿主，否则驱虫只能是一种短期性补救措施。保地诺（Butynorate）与哌嗪和吩噻嗪联合用作饲料添加剂或使用其单独的片剂，都有一些效果。其他有开发前景的试验性药物有苄氯酚和氯硝柳胺，但在美国还没有获得批准。

十五、出血性肠炎/大理石脾病

出血性肠炎是发生在4周龄及以上火鸡的一种急性的胃肠道疾病。其最急性型以精神沉郁和血痢为特征。死亡率可能很高，但由于广泛使用疫苗，因此极少出现高死亡率。大理石脾病是雉鸡的一种急性呼吸系统疾病，其特征是精神沉郁、脾脏肿大并呈斑驳状、肺脏充血甚至死亡。这两种疾病都是由类似病毒引起的。临床反应的种属特异性差别，被认为与过敏反应的靶器官不同以及病毒致病性的差异有关。在病毒诱发免疫抑制引起细菌继发感染之前，低致病性病毒感染任何一种宿主，通常都不会被察觉到。

在其他禽类，偶尔也会散发类似疾病，如鸡（大脾病）、珍珠鸡、孔雀和石鸡。

【病原与流行病学】 该病原体是一种无囊膜、十二面体DNA病毒，直径70～90 nm。是腺病毒科腺病毒属的一个成员。依据在宿主种类上的表现不同，该病毒有多种不同的致病型。在DNA水平上这些病毒稍有差异，但是在血清学上无法区分。

出血性肠炎和大理石脾病的地理分布广泛，在火鸡和雉鸡商品化养殖地区常呈地方性流行。通常经口感染，通过污染粪便的人或设备，病毒常被传播到以前未污染的禽舍。雏火鸡和3～4周龄雉鸡对感染有抵抗力，这与年龄有关，更常见的也可能是母源抗体的作用。在潮湿环境中（如垫料），病毒存活期远远超过禽的生理不应期。由于禽群的感染呈周期性，因此经粪便可排泄出大量的病毒，从而通过易感禽加速疾病的传播。出血性肠炎和大理石脾病的发病率都可高达100%。

【临床表现】 在商品化养殖条件下，出血性肠炎通常可感染6～12周龄火鸡，但最常见的是7～9周龄。高致病型造成的暴发，临床症状表现精神沉郁、皮肤苍白和血便。急性死亡率在1%～60%，2周内的平均死亡率为10%～15%。急性发病期后的存活禽，可出现一过性免疫抑制，这与病毒的淋巴嗜性、致淋巴细胞病变特性有关。这在继发性细菌感染中也能得到证明，例如病毒感染后10～14 d发生大肠埃希菌病。因此第2次死亡高峰可能超过第1次，当毒力稍弱的病毒引起暴发时，2次死亡高峰比临床症状更为明显。2次死亡常可持续2～4周，并常以细菌性的呼吸系统病变或败血症为特征，例如脓性纤维素性肺炎、

---

* 1gal=3.785 411 784L

图20-13 患出血性肠炎火鸡的肠腔出血
（由Jean Sander博士提供）

气囊炎、心包炎、腹膜炎、肝周炎、肝脏肿大和脾脏肿大。发生坏死性肠炎、球虫病，新城疫病毒、禽波氏杆菌（*Bordetella avium*）或鸡毒支原体（*Mycoplasma gallisepticum*）和滑液囊支原体（*M.synoviae*）的并发感染或先前感染，都能使疾病恶化。多种类似病原体之间的相互作用，都会影响使用出血性肠炎疫苗禽群的死亡率。

大理石脾病通常感染3～8月龄雏鸡。急性暴发常伴有肺充血和水肿，进而造成呼吸困难、窒息并最终突然死亡。死亡率一般为2%～3%，但最高可达15%。已注意到由免疫抑制导致的继发性细菌感染。

【病理变化】 发生出血性肠炎的濒死鸡或死禽，大体剖检可见有广泛性充血，近端小肠也可见有肠道内出血。禽除发生大面积出血之外，常见有脾脏肿大、质脆、并呈白色斑驳状。在现场剖检时，肠道出血的情况并不多见。十二指肠的组织学病变包括充血、出血和小肠上皮细胞坏死。这种特殊的病变，被认为是由病毒诱导的、细胞因子介导的过敏性反应引起，并确认火鸡的胃肠道是受侵害的靶器官。许多组织（肠道、肝脏和肺）的淋巴细胞和巨噬细胞中均可见有嗜碱性核内包含体，尤其是发生淋巴网状内皮细胞增生和淋巴细胞坏死的脾脏更为明显。在患出血性肠炎的康复火鸡中，其肾脏的肾小管上皮细胞中也可见核内包含体。

对患有大理石脾病的雏鸡进行组织学检查，常见有心房充盈、三级支气管内有纤维蛋白和红细胞，以及肺部的广泛性血管瘀血和坏死灶。与出血性肠炎一样，这种反应实质上也是过敏反应，雏鸡的肺脏是受侵害的靶器官。也可见有脾脏肿大，并伴有淋巴网状内皮细胞增生和淋巴细胞坏死，这是其特征性病变，因而被命名为大理石脾病。除胃肠道外，在很多组织中都可见嗜碱性或品红着色的核内包含体，同时脾脏的病毒含量最高。

【诊断】 通过临床症状和眼观病变，可对严重暴发的出血性肠炎或大理石脾病作出诊断。确诊可采用组织病理学方法，也可采用琼脂凝胶免疫扩散试验，确定脾脏中存在有血清沉淀性病毒。已经描述了PCR方法用于检测组织中的出血性肠炎病毒DNA，这也是实验室的一种常规方法。采用琼脂凝胶免疫扩散试验或ELISA，对急性期和康复期的血清（间隔3周）进行检测，可确定细菌性呼吸道疾病或败血症病例中，出血性肠炎或大理石脾病是否是其诱发因素，可作为初步诊断的依据。在火鸡，鉴别诊断包括大肠埃希菌病、巴氏杆菌病、副伤寒和丹毒。当淋巴网状内皮细胞增生作为主要的病变时，应考虑是网状内皮组织增生症或淋巴组织增生性疾病。在火鸡无脾脏病变但有胃肠道病变时，应考虑其他病毒性、细菌性、寄生虫和中毒性肠炎。在患有急性呼吸道病的雏鸡，鉴别诊断包括新城疫、禽流感，在封闭环境下饲养的禽还应考虑气态毒素。

【治疗、控制与预防】 对感染禽皮下注射0.5～1.0 mL康复禽的抗血清，可有效治疗和控制出血性肠炎的严重暴发。可以推断，类似的方法对雏鸡也有效。当继发细菌感染时，可使用抗生素进行治疗，如有条件，应根据当地大肠埃希菌分离株的药敏试验结果来选择药物。预防疾病不仅要有良好的生物安全措施，还要在4～5周龄进行饮水免疫。使用无毒菌株的商品化组织培养苗和脾脏粗制品苗进行免疫，可获得终身的保护。在制备脾脏粗制品苗前，应进行质量控制，如检测细菌、支原体和其他病毒。欧洲已研制出一种可预防火鸡出血性肠炎的亚单位疫苗。

火鸡使用的疫苗不能用于雏鸡，反之亦然，因为免疫一种禽的无毒株对另一种禽通常可能就是强毒。由于与其他因素（包括活苗）可能存在有相互作用，因此应当定期开展疾病监测，在将出血性肠炎和大理石脾病疫苗整合到禽群免疫计划中时要小心谨慎。根据经验，对已表现有临床症状或2周内进行过免疫接种的禽，就不应再使用疫苗。

十六、组织滴虫病

组织滴虫病（黑头病、传染性肠肝炎）是由原虫感染火鸡和鸡的盲肠进而感染肝脏而引起的，偶尔也发生在其他鸡形目禽。火鸡的大多数感染是致死性的，其他禽的死亡并不常见。

【病原】 火鸡组织滴虫（*Histomonas meleagridis*）是一种原生动物寄生虫，传播主要是通过寄生于盲肠的鸡异刺线虫卵而发生的，但有时也经与感染鸡接触而发生直接传播。通过直接接触，疫病在禽群间迅速传播。大部分鸡都寄生有这种线虫，而雌性和雄性成

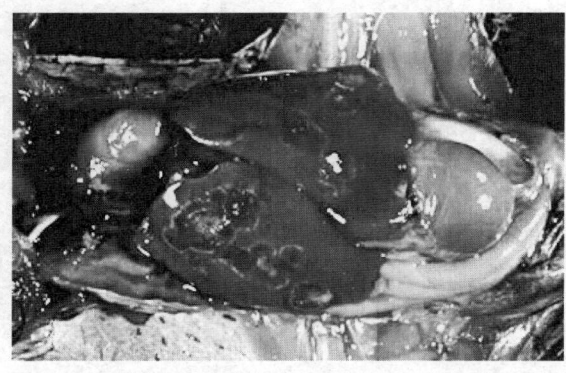

图20-14 感染组织滴虫火鸡的肝脏表面呈"牛眼"病变
（由Jean Sander博士提供）

虫均有组织滴虫寄生。3种蚯蚓可携带火鸡组织滴虫的鸡异刺线虫幼虫，造成鸡和火鸡发生感染。组织滴虫在异刺线虫卵中可长期存活，而线虫具有较强抵抗力，可在土壤中存活数年。当异刺线虫进入盲肠几天后，组织滴虫从异刺线虫幼虫中释放，并在盲肠组织中迅速繁殖。该滴虫迁移到黏膜下和肌层黏膜中，引起严重的广泛性坏死。组织滴虫通过血管系统或经腹膜腔，到达肝脏，肝脏表面很快出现圆形坏死性病变。组织滴虫可与其他肠道生物体（如细菌和球虫）发生相互作用，其完整的毒力也依赖于这些生物体。

一般认为，组织滴虫病主要感染火鸡，对鸡造成的损害很小。然而，在鸡群暴发时可引起高发病率、中度死亡率和较高淘汰率。鸡的肝脏病变不太严重，但常有细菌性继发感染。青年蛋鸡和种鸡的发病率特别高。蛋鸡群可恢复，并正常产蛋，但均匀度较差。感染的组织反应可在4周内消退，但感染禽在之后6周内仍为携带者。野鸡或猛禽、雉鸡、石鸡和山齿鹑都是火鸡的常见传染源。

【临床表现】 火鸡感染后7~12 d，出现明显临床症状，包括精神沉郁、翅膀下垂、羽毛蓬乱和黄色下痢。"黑头病"的名称起因含糊不清且容易产生误解。幼禽发病呈急性型，在出现临床症状后几日内就会死亡。日龄较大禽的发病持续时间稍长，可出现衰弱，最后死亡。

【病理变化】 主要病变在盲肠，表现为明显的炎性变化和溃疡，造成盲肠壁增厚。这些溃疡偶尔会侵蚀盲肠壁，引起腹膜炎并牵连其他器官。盲肠内有呈黄绿色、干酪样的渗出物，后期形成干酪样芯核。肝脏的眼观病变差异很大；火鸡可出现直径可达4 cm的病变，并波及所有器官。肝脏和盲肠的损伤都是示病性病变。但是，肝脏病变应与结核、白血病、禽毛滴虫病和真菌病的病变进行鉴别。其他器官如肾脏、法氏囊、脾脏和胰腺，也可出现病变。PCR研究表明，

在血液和大部分器官的组织中，无论是否有病变，都可检测到组织滴虫的核酸。组织病理学检查有助于疾病的鉴别诊断。

虽然组织滴虫可能紧密团聚在一起，看起来似乎是在细胞内，但它们寄生于细胞间。其细胞核明显小于宿主细胞核，且细胞质很少形成空泡。将从肝脏和盲肠病变部位采取的刮取物，放置在等渗盐水中，可直接进行显微镜检查。组织滴虫应与其他盲肠鞭毛虫进行鉴别。用已公布的PCR引物作分子学诊断是可行的。

【预防与治疗】 由于健康鸡和斗鸡常携带盲肠蠕虫媒介物，因此应避免火鸡与其他禽发生任何接触。野禽可污染火鸡场周围的土壤，因此工作人员可能将线虫卵带入场内，造成感染。由于鸡异刺线虫的虫卵可在土壤里存活数月甚至数年，因此不得在被鸡污染过的地面上饲养火鸡。火鸡群一旦暴发疾病，不需要媒介物也能迅速传播。

免疫接种不能控制组织滴虫病。感染后免疫反应缓慢，只能提供有限度的保护。大多数工作者已得出结论，用活苗免疫接种来预防该病是不现实的。皮下或腹腔注射灭活苗，能刺激其产生一些免疫力，但要在几周之内进行2~3次接种。还需要进行进一步研究，以确定可行的免疫方案。

现在还没有批准的药物可用于组织滴虫病的治疗。在饲料中添加一种药物（硝苯砷酸），可预防本病。硝苯砷酸按0.018 75%混合于饲料中，并连续饲喂。在大多数情况下，这种药物是有效的，但也有火鸡在用药后暴发疫病的报道。历年来，硝基咪唑类药物，如罗硝唑、异丙硝唑和二甲硝咪唑都被用于防治本病，且非常有效。其中一些药物可作为非食用禽的兽药处方药。经常使用苯并咪唑驱虫药，能减少异刺线虫携带感染的接触风险。

十七、传染性法氏囊病

【病原与传播】 传染性法氏囊病（甘保罗病）是由一种双RNA病毒（传染性法氏囊病病毒，IBDV）感染引起的，从法氏囊中最容易分离到该病毒，但也可从其他器官分离到。病毒随粪便被排出，并通过污染物在舍间传播。该病毒十分稳定，从鸡舍中很难被根除。

采集发病早期鸡的样本，接种8~11日龄无抗体鸡胚，可分离到IBDV。绒毛尿囊膜接种比尿囊腔接种更敏感。分离IBDV也可采用源自法氏囊的细胞培养物和已建立的禽源和哺乳动物源细胞系，可在鸡胚成纤维细胞分离到一些毒株。IBDV细胞适应株能够产生细胞病变，可用于血清学定量试验。已确认IBDV有2种血清型，二者之间的抗原差异很大。血清

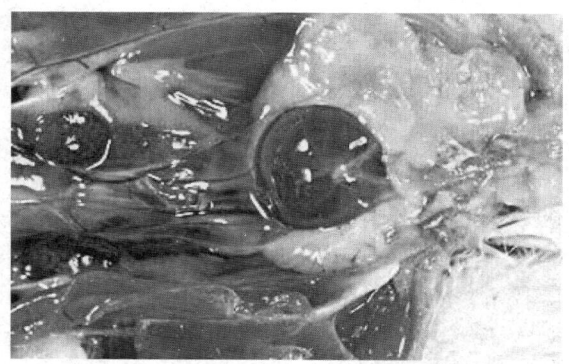

图20-15　感染传染性法氏囊病的鸡，法氏囊肿大、出血
（由Jean Sander博士提供）

型2能感染鸡和火鸡，但不会造成临床发病或免疫抑制。

已经鉴定出IBDV变异株与标准株存在着主要抗原的差异。

【临床表现】　传染性法氏囊病是一种高度接触性传染病，感染结果取决于鸡的日龄和品种以及病毒毒力。感染可呈亚临床型和临床型。3周龄之前的感染通常呈亚临床型。临床型感染最常见于3～6周龄鸡，但直至18周龄的来航鸡也曾出现过严重感染。

早期的亚临床感染可造成严重经济损失，因此也是最重要的疾病表现形式。该病可破坏法氏囊、胸腺和脾脏中的未成熟淋巴细胞，从而出现严重的、长期性免疫抑制。体液免疫（B细胞）应答受到的影响最严重；细胞介导（T细胞）的免疫应答受影响的程度较小。早期感染IBDV引起免疫抑制的鸡，对疫苗接种不能够产生良好的免疫应答，易发生由正常的非致病性的病毒和细菌引起的感染。IBDV感染常可造成常见病加重。变异毒株感染幼禽可引起亚临床感染，而早期感染，可造成严重的长期性免疫抑制和法氏囊萎缩。

在临床感染时，常于潜伏期3～4 d后突然发病。鸡表现有严重的虚脱、共济失调、水样下痢、羽毛脏乱、肛门周围污秽、啄肛和泄殖腔炎症。死亡率可达20%以上。在1周内即可康复，肉鸡增重延缓3～4 d。有母源抗体存在时可改变临床病程。病毒野毒株的毒力差异较大。在欧洲首次发现了可造成高发病率和高死亡率的超强（v）毒株。在东半球都有这类病毒的传播，1999年在南美检测到该类病毒。美国在2009年检测到该类病毒。

【病理变化】　大体剖检可见法氏囊肿大、水肿、呈淡黄色，偶尔出血，特别是死于该病的鸡。胸部、股部和腿部的肌肉常见充血和出血。IBDV感染后的康复鸡，由于法氏囊滤泡发生破坏且不能再生，而使法氏囊萎缩、变小。

【控制】　无治疗方法。对污染鸡场在空舍后进行严格的消毒，效果有限。可使用多种不同的低致病性的鸡胚苗或细胞苗，在1～21日龄时进行点眼、饮水或皮下注射。母源抗体对疫苗的免疫应答有干扰，使用毒力稍强的疫苗株可减少较高水平抗体的影响。

对于肉鸡群（以及一些商品蛋鸡），将育雏早期阶段的雏鸡母源抗体维持在较高水平，可减少早期感染以及随后出现的免疫抑制。种鸡群在生长期，应进行一次或多次免疫接种，首次可使用活苗免疫，开产前用油乳剂灭活苗再次免疫。可使用鸡胚、法氏囊组织或细胞培养制成的灭活苗。与活苗相比，灭活苗产生的抗体水平更高、更均匀，免疫期也更长。应使用病毒中和试验或ELISA等血清学定量检测方法，定期监测种鸡的抗体水平。如果母鸡的抗体水平下降，则应再次进行免疫接种，使其后代维持足够的免疫力。

十八、李斯特菌病

李斯特菌病是由单核细胞增生性李斯特菌（*Listeria monocytogenes*）感染引起的，呈全球分布。虽有许多种禽类都易感，但出现临床症状的很少见，常表现为败血症或局灶性脑炎。已被感染的禽类有家禽（鸡、火鸡、鹅和鸭）和观赏鸟（金丝雀和鹦鹉）。幼禽对该病更易感。成年禽多表现为急性败血症型，而幼禽更易发展为慢性型。

【病原与流行病学】　单核细胞增多性李斯特菌是一种革兰氏阳性、无芽孢的杆状细菌，染色涂片呈细长的丝状。单核细胞增多性李斯特菌在环境中普遍存在，且易定居在禽体内。通过摄入污染的鼻腔分泌物、粪便和土壤，造成传播。也可通过吸入和伤口污染造成感染。由于感染禽常不表现任何临床症状，因此成为禽类李斯特菌病的永久储存宿者，使李斯特菌在禽群内长期存在。该病常继发于其他疾病。

【临床表现】　李斯特菌病多为亚临床感染。鸡和火鸡对自然感染有一定的抵抗力。但是，如果确实发生感染，可见有败血症样症状，包括精神沉郁、倦怠和突然死亡。亚急性和慢性病例，可见有脑炎症状，并伴有斜颈、瘫痪和麻痹。

【病理变化】　病禽的心肌常见多灶性坏死，伴有充血、心包积液和心包炎。由于发生败血症，内脏器官常见肿大，并伴有坏死灶。慢性脑炎病例，一般没有眼观病变，显微镜下检查，可见小脑神经胶质细胞增多，中脑和髓质可见含革兰氏阳性菌形成的微小脓肿。

【诊断】　通过病史、临床症状、病变以及光镜观察到病变部位的细菌，可初步诊断为李斯特菌病。从感染禽的血液、肝脏、心脏、脾脏或脑中分离到单核细胞增多性李斯特菌，可确诊本病。由于感染组织中的细菌含量较少，因此用感染组织直接培养难以成功。但如将部分样品冷藏保存4～8周，每周进行继代培养，可明显提高单核细胞增多性李斯特菌的复苏率。

鉴别诊断包括大肠埃希菌病、巴氏杆菌病、丹毒等多种急性和慢性细菌病，以及速发嗜内脏型新城疫。

【治疗与控制】 单核细胞增多性李斯特菌对许多常用抗生素一般都有耐药性，治疗比较困难。按25 mg/kg口服四环素，每日1次，连续使用1周，对急性和亚急性疾病都有疗效。治疗对慢性型疾病通常无效。由于治疗难以奏效，因此最重要的是采取预防措施。严格的环境卫生措施和消毒程序，以及淘汰和隔离病禽，可降低鸡群中李斯特菌的流行程度。预防的重点应放在识别并清除传染源上。

【人兽共患病风险】 已报道，接触外表健康但已感染鸡的操作人员，可发生由单核细胞增多性李斯特菌引起的结膜炎。食用污染的禽肉和即食型禽产品，也可造成人的感染。

十九、吸收障碍综合征

吸收障碍综合征（矮小综合征、苍白鸡综合征）是一种以生长迟缓和皮肤色素沉着不足为特征的传染性疾病，主要发生在生长鸡，最常见于肉种鸡。火鸡也可发病；与雏火鸡肠炎死亡综合征相似。几乎所有集约化饲养家禽的国家，都已确定有该病发生。该病与多种不同的肠病毒有关，似乎是多因素的。饲养管理不当会加剧该病发生。

【病原与传播】 使用无菌肠道匀浆可以复制出该病，表明该病是由病毒引起的。肠病毒、细小病毒、星状病毒、杯状病毒和轮状病毒均与本病有关。已确认，肠病毒、杯状病毒和真菌毒素被认为是最有可能的病因。由于幼小的雏鸡能发生该病，因此病毒很可能是垂直传播的，但出壳后也可发生粪-口传播。饲料中真菌毒素的参与情况尚不完全清楚。

【临床表现】 1～3周龄肉仔鸡发病典型。其特征是生长不均匀，暂时性生长迟缓，长期性发育不全；皮肤，爪或喙部色素沉着不足；羽毛生长缓慢；羽毛断裂或扭曲（"直升机翅膀"）；粪便中见有未消化饲料；饲料转化率下降。发病初期常见有腹泻，也可见啄食粪便。其他症状包括跛行、骨营养不良和继发性脑软化。发病严重禽对饲料或管理措施的变化反应迟钝，一般在出栏前已被淘汰。禽群中的发病数量从少数几只到90%发病。

【病理变化】 由于特定病原体或相关的病原因子的组合，使得田间感染和试验性感染引起病变的严重

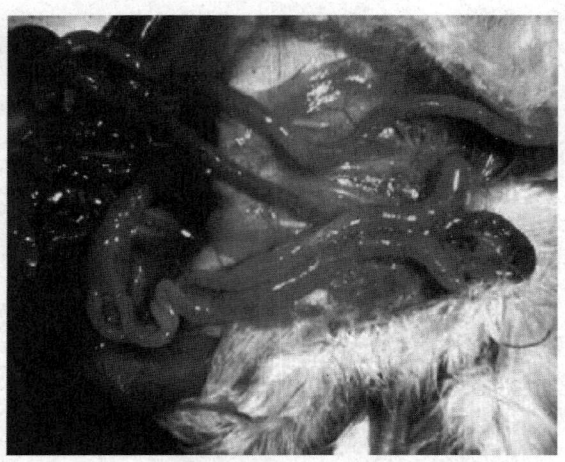

图20-16 吸收不良综合征引起的小肠肠壁菲薄且充满液体
（由Jean Sander博士提供）

程度和类型有差异。一般病变包括腺胃肿大、肌胃缩小、胰腺萎缩和小肠内有橘黄色黏液。镜下病变并不完全一致。有时可见有脑软化和佝偻病，推测可能是营养吸收不良和同化不良的结果。

【诊断】 通过临床症状和剖检病变可作出初步诊断。由于该病病因复杂，且在正常禽群中存在肠病毒，实验室检查往往难以确诊。即使没有特殊的病毒感染，鸡群管理不善（尤其是饲料和饮水供应以及温度控制不当）也可引起类似症状。

【预防与控制】 对严重感染禽尚无有效的治疗方法。肉鸡场良好的卫生条件，可减少多种感染性微生物引起的感染负担。父母代良好的营养和卫生，和避免并发病的发生都是有好处的。尚无预防营养吸收障碍综合征的疫苗。市售的一些呼肠孤病毒疫苗，可用于预防由呼肠孤病毒引起的生长迟缓。应定期分析饲料中的毒素，禁止给商品鸡饲喂毒素含量高的饲料。抗生素和维生素添加剂有助于疾病控制。

【人兽共患病风险】 尚未见营养吸收障碍综合征与人兽共患病风险有关的报道。

二十、支原体病

支原体（Mycoplasmas）是一种无细胞壁的细菌，直径0.2～0.8 μm，营养需求复杂，需要丰富的含血清培养基。在宿主体外仅可存活几天，对常用的消毒剂很敏感。

已从禽类宿主分离出多种支原体，其中最重要的有鸡败血支原体（M.gallisepticum）、艾奥瓦支原体（M.iowae）、火鸡支原体（M.meleagridis）和滑液支原体（M.synoviae）。每种支原体病都有其独特的流行病学特点和病理学特征。

（一）鸡败血支原体感染

鸡败血支原体感染（慢性呼吸道病、传染性鼻窦炎）在鸡常被称为慢性呼吸道病，在火鸡常称作传染性鼻窦炎。该病在全世界范围内的家禽都有发生，在寒冷季节尤为严重，可造成大型商品化家禽场的巨大经济损失。雉鸡、石鸡和孔雀也可感染，已报道鸽、鹌鹑、鸭、鹅和鹦鹉也可发病。雀形目鸟的抵抗力较强，但在美国，仍有鸡败血支原体引起野生朱雀（美洲家朱雀）结膜炎的自然暴发，尤其在该鸟分布较广的东部地区。

鸡败血支原体在禽支原体中致病力最强，但不同菌株的毒力差异很大。初代分离株需要使用含10%～15%血清的支原体培养基。应用种特异性抗体的免疫荧光法，可对琼脂培养基上的典型菌落进行鉴定。可用直接采自感染部位（后鼻孔、鼻窦、气管和气囊）的拭子或培养基上的培养物，通过PCR方法，检测鸡败血支原体DNA。

【传播、流行病学与发病机制】 在美国，由于采取国家家禽改良计划统一协调的控制程序，大多数商品化种鸡场已根除了鸡败血支原体，但在世界上某些地区，经蛋传播（卵巢传播）仍是主要传染来源。经蛋传播的发病率差别很大，产蛋期易感禽在感染后头2个月，传播率可达30%～40%。随后降至5%以下，直到产蛋期结束。开产前被感染的鸡，即使出现经蛋传播，其发病率也很低。在感染家禽中，感染的病原体可潜伏数天到数月，但当鸡群受到应激刺激时，通过气溶胶和呼吸道途径，可迅速发生横向传播，扩散至整个鸡群。由于家禽、人员或污染物从感染鸡群移动到易感鸡群，通过直接或间接接触，很容易造成群与群之间的传播。在美国，鸡败血支原体的潜在贮存宿主，包括庭院鸡群、多种日龄蛋鸡群和自由放养的鸣禽。要确保家禽不受鸡败血支原体的感染，采取良好的饲养管理和生物安全措施是必需的。在许多暴发病例中，其传染源仍不清楚。活疫苗免疫接种、病毒感染、寒冷天气、空气质量差或高密度饲养，都可能为感染、发病和传播创造有利条件。

上呼吸道上皮细胞最易感支原体，但在严重、急性病例中，下呼吸道也可发生感染。在慢性呼吸道病的发病机制及其严重程度方面，呼吸道病毒、大肠埃希菌和鸡败血支原体之间有明显的相互作用（多种微生物疾病）。家禽一旦发生感染，就可能终身带菌。

【临床表现】 感染鸡可能无明显表现，也可出现不同程度的呼吸窘迫，伴有轻微到明显的啰音、呼吸困难、咳嗽和喷嚏。当无并发症时，发病率高但死亡率低。可见流涕和眼周起泡。火鸡发病通常比鸡更严重，常见眼眶窦内肿胀。饲料转化率和增重下降。在加工过程中会废弃大批肉鸡和商品火鸡。产蛋鸡可能无法达到产蛋高峰，且全程产蛋率低于正常水平。

【病理变化】 发生无并发症的鸡败血支原体感染时，可出现较轻微的卡他性鼻窦炎、气管炎和气囊炎。常并发大肠埃希菌感染，出现严重的气囊壁增厚和浑浊，肉鸡还伴有渗出液蓄积、纤维素性脓性心包炎和肝周炎（特别是肉鸡）。火鸡可出现严重的黏液脓性鼻窦炎以及不同程度的气管炎和气囊炎。黏膜增厚、增生、坏死，并有炎性细胞浸润。黏膜下层可见淋巴滤泡病灶。

【诊断】 常用的监测方法为凝集试验和ELISA等血清学试验。由于可能出现非特异性的假阳性，特别是在接种油乳剂灭活疫苗或发生滑液支原体感染后，因此应使用凝集抑制试验作为确诊方法。对采集自眼眶下的鼻窦、鼻甲骨、后鼻孔、气管、气囊、肺脏或结膜样本，通过分离和鉴定或PCR方法，可确诊鸡败血支原体病。由于禽也能感染非致病性支原体，因此必须对分离物进行鉴定。应与大肠埃希菌感染、新城疫、禽流感和其他呼吸道病（如鸡传染性支气管炎）做鉴别诊断。

【治疗与控制】 大多数鸡败血支原体毒株对多种抗生素敏感，包括大环内酯类、四环素类、喹诺酮类及其他，但不包括青霉素类或作用于细胞壁的抗生素。泰乐菌素或四环素类常用于减少病原经蛋传播，或作为预防性药物，来预防肉鸡和火鸡的呼吸道病。抗生素可减轻临床症状和病变，但不能根除传染。食用动物抗生素使用的法规更新很快，应在使用前进行咨询。

美国和其他几个国家，已对种鸡和种火鸡群进行了鸡败血支原体的净化。最有效的控制程序是不采用凝集试验或ELISA来鉴别种禽，而是采取良好的生物安全措施，保持血清学阴性禽群。对价值较高的种鸡，可使用抗生素或加热的方法处理种蛋，以避免经蛋传播给下一代。用药并不是一种很好的长期控制方法，但对于治疗个别感染鸡群有一定价值。

在商品蛋鸡场中，将感染的不同日龄的蛋鸡全部或部分扑杀也是不可行的。很多国家都使用油乳剂灭活疫苗，这些疫苗可以避免产蛋量下降，但不能防止感染。美国已经批准了可在蛋鸡生长阶段使用的3种活苗（F株、ts-11株和6/85株），可为产蛋期提供保护，但只有经兽医准许才可使用。F株对鸡为低致病性，但对火鸡有特强致病力。免疫接种后的鸡成为F株的携带者（持续携带有F株），免疫力可持续整个产蛋期。活苗6/85株和ts-11株对非靶向性禽类都安全、有效，已被广泛用于商品蛋鸡。最近已有一种鸡败血支原体鸡痘病毒重组活苗问世。

（二）艾奥瓦支原体感染

艾奥瓦支原体（*Mycoplasma iowae*）最初被认为是低致病性的，可引起鸡和火鸡的气囊病变，也可使火鸡胚胎死亡和孵化率下降，是一种潜在的重要病原体。艾奥瓦支原体的不同毒株在抗原性和致病力上有较大差异。对1%胆酸盐有抵抗力，其富集培养基与用于其他禽支原体的培养基很相似，也适用于培养与分离。

在欧洲和北美洲，通过对种火鸡群进行全面净化，其感染率已明显下降。鸡感染艾奥瓦支原体相对较少，也有鹅感染的报道。火鸡可经蛋传播艾奥瓦支原体，常呈水平传播，但传播速度缓慢。

许多艾奥瓦支原体毒株对火鸡种蛋是致死性的。试验性接种鸡和火鸡，可产生气囊炎、生长缓慢、羽毛蓬乱和腿部病变。野外感染未见此类病变，可能是由于大多数感染禽，在出壳前就已经死亡。老龄禽的抵抗力似乎较高。

【临床表现、病理变化与诊断】 种火鸡群感染后不表现临床症状，仅见孵化率降低（通常降低2%～5%），胚胎常在孵化期最后10 d时发生死亡。很多鸡群的孵化率在1～2个月后恢复正常。

死亡火鸡胚胎可见水肿、充血、发育迟缓、绒毛呈结节状。对火鸡胚胎或1日龄雏火鸡进行攻毒，骨骼可出现多种畸形，如胫骨扭转、趾歪斜、软骨营养不良或跗关节软骨糜烂。羽毛发育不良。对1日龄雏鸡进行攻毒，可出现腱鞘炎和肌腱断裂。

火鸡的抗体应答明显减弱，尚无可靠的血清学检测方法。诊断可采用病原分离和鉴定，也可用PCR方法检测艾奥瓦支原体DNA。

【治疗与控制】 最好的控制方法是保持鸡群无艾奥瓦支原体感染，但由于血清学方法不可靠，因而难以控制本病。使用恩氟沙星溶液对孵化种蛋进行浸泡处理，可减少孵化率降低引起的损失。但是，许多国家已不再允许将这种抗生素用于食用动物。

（三）火鸡支原体感染

火鸡支原体（*M. meleagridis*）感染是在世界范围内广泛分布的、经蛋传播的一种火鸡疾病。感染鸡后代的主要病变是气囊炎。火鸡支原体是火鸡特有的一种病原体，在其呼吸道和生殖道常可发现该病原。许多种火鸡和商品火鸡群都已经净化了火鸡支原体。

【传播与发病机制】 主要经蛋传播而发生感染，其感染率高达30%～50%，在产蛋初期更高。火鸡支原体传播也与接触生殖器有关。早期感染在性成熟时常处于休眠状态。公火鸡的阴茎及其邻近组织受到感染，污染精液，由此感染母鸡阴道。母鸡的法氏囊持续保持感染状态，在初情期，当泄殖腔和阴道瓣膜发生破裂后，成为生殖道的传染源。感染可扩散到生殖系统，也可到达卵巢表面。当火鸡支原体感染生殖道后，经排卵掺入蛋内，从而造成较高的经蛋传播感染率。青年鸡群呼吸道感染，可引起鸡之间的水平传播，这也造成未感染鸡群发生疾病传播。孵化室也可发生传播。

火鸡支原体不同毒株的致病力有明显差异，引起的临床症状也变化多端，最为常见的是雏火鸡的气囊炎。雏火鸡出现发病率高、死亡率低的气囊炎，提示这是一种高度进化的宿主-寄生关系。火鸡支原体可引起歪颈和腿部畸形，但这种并发症的发病机制尚不清楚。在传染源被清除后1～3个月，自然感染母鸡的阴道才消除感染。然而，母鸡可能会被污染的精液再次感染。

【临床表现】 胚胎感染可导致孵化率下降、雏火鸡质量和增重率降低。雏火鸡在最初几周，常发生并发性应激（包括其他传染病），可引起相当高的死亡率。跗关节、关节组织、颈椎骨及邻近骨骼在早期快速生长阶段发生感染，可引起主要骨骼畸形，如歪颈和肘关节扭转。3～8周龄雏火鸡可出现啰音，并持续数周，没有高死亡率或严重生长障碍。

【病理变化】 1日龄雏火鸡表现胸气囊炎，并伴随不同程度的增厚、浑浊和干酪样渗出物。经3～4周，病变延伸到腹气囊。这些病变随着日龄的增长而减轻。仔火鸡和成年火鸡的气囊病变，可能与其他因素有关。全身性骨骼病变，以软骨营养不良或内翻畸形和骨短粗为特征。

母鸡的镜下病变为漏斗部、子宫和阴道的淋巴细胞灶性聚集。幼龄雏火鸡的气囊和肺脏可见炎性病变。

【诊断】 1日龄雏火鸡气囊炎的高发病率，提示有火鸡支原体感染。血清平板凝集试验和ELASA等血清学方法，可用于检测抗体。确诊通常采用凝集抑制试验、细菌分离鉴定方法，也可同时采用2种方法。近年来，已采用PCR方法，对活禽样本或尸体剖检样本，进行火鸡支原体DNA检测。应与鸡败血支原体、其他支原体及混合感染（多种微生物疾病）作出鉴别诊断。

【治疗与控制】 应从无火鸡支原体感染的种鸡群，引进火鸡种蛋或雏火鸡，可采用血清学监测，也可对啄壳蛋或淘汰雏进行气囊炎检测。人工授精用的精液必须无火鸡支原体。使用泰乐菌素或另外一种适宜抗生素对种蛋进行浸泡处理，可减少感染鸡群造成的传播。但在原种鸡群净化火鸡支原体时，一般不采用该方法，仅在多种日龄混合的种鸡群发生疫病暴发时使用。对1日龄雏火鸡皮下注射合适的抗生素，或在出壳后5～10 d进行饮水给药，可减少火鸡支原体引发的气囊炎，也可改善增重。

（四）滑液支原体感染

滑液支原体（*M. synoviae*）最初被认为是鸡和火鸡的一种急性或慢性疾病，可引起渗出性肌腱炎和滑膜囊炎；目前最常发生的是上呼吸道的亚临床感染。滑液支原体感染（传染性滑膜炎），也是一种与新城疫或传染性支气管炎有关的气囊炎并发症。主要发生于鸡和火鸡，但鸭、鹅、珍珠鸡、鹦鹉、雉鸡和鹌鹑也易感。在人工培养基上培养，须加入血清（最好是猪血清）和烟酰胺腺嘌呤二核苷酸（辅酶Ⅰ）。

【传播、流行病学与发病机制】　滑液支原体可经蛋传播（经卵巢传播），但其感染率低，孵出的部分后代可能并没有发生感染。易感种禽在感染后前1～2月，经蛋传播的发生率最高。经呼吸道引起的水平传播，与鸡败血支原体相似，但其传播速度通常更快。

滑液支原体分离株的致病性差异较大。与分离自滑液和滑液膜的菌株相比，分离自气囊炎病例的菌株，更易造成气囊炎病变。有些菌株可产生典型的滑膜炎症状。近年来，自然暴发鸡滑膜炎的病例较少见，可能与滑液支原体对呼吸道的适应性有关，但火鸡发生临床性滑膜炎较为常见。在美国，对种鸡和种火鸡，实施了国家家禽改良计划的控制程序，因此其商品家禽滑液支原体感染的发病率已大为减少。然而，多种日龄混合的蛋鸡群仍发生滑液支原体感染，并导致其生产能力下降。

【临床表现】　虽然呼吸系统感染的鸡可出现轻微的啰音，但一般观察不到症状。幼龄禽，特别是应激状态禽或有并发感染的禽，更易发病。传染性滑膜炎最常发生于4～6周龄鸡和10～12周龄火鸡。禽出现跛行，喜坐。发病较严重的禽，精神沉郁，聚集在料桶和饮水器周围。可见有肘关节和足垫肿大，偶尔可见胸骨黏液囊炎（胸部水疱）。发病率5%～15%，死亡率1%～10%。对产蛋量的影响较小，但也发生过产蛋量降低的情况。

【病理变化】　在呼吸道综合征中，当禽受到新城疫、传染性支气管炎或空气质量差等应激刺激时，可出现气囊炎。很多病例在1～2周后，气囊病变消退。在滑膜炎早期，肝脏肿大，有时呈绿色。脾脏肿大，肾脏肿大、苍白。几乎所有的滑液组织都出现黄灰色黏性渗出物；最常见于胸骨腔、跗关节和翅关节。在慢性病例中，滑液组织的渗出物凝结，呈橙色。

【诊断】　根据病变和临床症状可作出初步诊断，但确诊需要进行实验室诊断。应排除由跛行引起的骨骼畸形。该病还需与病毒性腱鞘炎和葡萄球菌病及其他细菌感染相鉴别。

可用血清平板凝集试验和ELISA检测感染鸡群，但可与鸡败血支原体出现交叉反应及其他非特异性反应。可通过凝集抑制试验或病原分离鉴定，确诊阳性反应禽。也可使用PCR，对活禽样本和尸检样品中的细菌DNA进行快速检测。滑液支原体的凝集试验可能不太适用于火鸡。

【治疗与控制】　国家家禽改良计划是对滑液支原体采取控制和血清学监测程序相结合的措施，类似于鸡败血支原体的控制。在美国，采取上述措施能使大多数原种鸡群和原种火鸡群的支原体病得到净化。在饲料中添加抗生素对预防滑膜炎有一定作用，但对治疗确诊病例并不是十分有效。患有气囊炎的鸡群，在对新城疫和传染性支气管炎疫苗出现呼吸道反应时，采用预防性抗生素治疗有一定的帮助。对种鸡群使用药物预防不能避免经蛋传播。一些国家已允许一种商品化的温度敏感活疫苗（WS-H）上市。

二十一、真菌毒素中毒

真菌毒素中毒是由真菌产生的毒素引起的一种疾病。家禽中毒常是因生长在谷物和饲料中的真菌引起的。目前已经确定的真菌毒素达数百种，其中大部分有致病性。真菌毒素具有累积性，也可与其他真菌毒素、传染性因子和营养缺乏产生协同作用。真菌毒素具有化学稳定性，且长期保持毒性（见真菌毒素中毒）。

家禽真菌毒素中毒的重要性可见一斑，多呈潜伏状态。针对真菌毒素采取的有效控制计划，可使家禽的增重、饲料转化率、色素沉着、产蛋率和繁殖力等指标得到改善，这些指标可间接作为真菌毒素对家禽生产性能影响的最佳监测指标。

1. **黄曲霉毒素中毒**　黄曲霉毒素是由黄曲霉（*Aspergillus flavus*）、寄生曲霉（*A. parasiticus*）和其他霉菌产生的，具有毒性和致癌性的代谢物。黄曲霉毒素主要侵害家禽肝脏，但也可影响免疫、消化和造血功能。黄曲霉毒素影响家禽增重、采食量、饲料转化率、色素沉着、肉品加工产量、产蛋量、公鸡与母鸡的繁殖力和孵化率。有些影响是由毒素直接造成的，而有些是间接引起的，如采食量下降。家禽对黄曲霉毒素的易感性各不相同，一般来讲，雏鸭、火鸡和雉鸡易感，而鸡、日本鹌鹑和珍珠鸡有一定抵抗力。

临床症状差异较大，由全身生长发育不良至高发病率和高死亡率。尸体剖检，可见的病变主要在肝脏，由于坏死和充血，造成肝脏发红，或由于脂肪聚积而使肝脏发黄。也可出现肝脏出血。慢性黄曲霉毒素中毒，肝脏出现萎缩，呈黄色到灰色。黄曲霉毒素具有致癌性，在自然病例中肿瘤形成很罕见，这可能是由于动物的存活时间不足以形成肿瘤。

2. **镰刀菌中毒**　镰刀菌属（*Fusarium*）可产生多

种对家禽有害的真菌毒素。单端孢烯真菌毒素，以T-2毒素和DAS毒素为代表，可引起腐蚀性和类放射性的疾病。脱氧雪腐镰刀菌烯醇（DON）和玉米赤霉烯酮对家禽相对无毒，但可引起猪发病。

由单端孢烯引起的家禽镰刀菌中毒，可造成食欲废绝、接触霉菌的口腔黏膜和局部皮肤出现腐蚀性病变、急性消化道病症以及骨髓和免疫系统损伤。病变包括口腔黏膜坏死和溃烂、肠道黏膜发红、肝脏出现斑点、脾脏及其他淋巴器官萎缩，以及内脏出血。蛋鸡产蛋量下降，伴有精神沉郁、侧卧、食欲废绝、鸡冠和肉髯苍白等。鸭和鹅的食管、腺胃和嗉囊可出现坏死和假膜性炎症。

其他镰刀菌真菌毒素可引起长骨生长不良。拟轮生镰刀菌（F.verticillioides），以前被称为串珠镰刀菌（F.moniliforme），产生的伏马毒素，可影响饲料转化率，但无特征性病变。串珠镰刀菌素也是由拟轮生镰刀菌产生的，对家禽具有心脏毒性和肾毒性。可引起未收获玉米发生穗腐病、谷粒腐败和根茎腐败的拟轮生镰刀菌，存在于贮存湿度较大的玉米粒中及其他外观良好的谷物中。

3. 赭曲霉毒素中毒　赭曲霉毒素对家禽毒性很大。这种肾毒性毒素主要是由谷物和饲料中的纯绿青霉（Penicillium viridicatum）和赭曲霉（Aspergillus ochraceus）所产生。赭曲霉毒素主要引起肾脏疾病，同时也可影响肝、免疫系统和骨髓。严重中毒可引起自主活动减少、蜷缩、体温降低、腹泻、体重迅速下降和死亡。中度中毒可影响增重、饲料转化率、色素沉积、胴体产量、产蛋量、受精率和孵化率。

4. 麦角中毒　毒性麦角生物碱是由侵害谷物的真菌，麦角菌属（Claviceps spp.）所产生。黑麦特别易受麦角生物碱影响，但也可影响小麦和其他主要谷物。真菌毒素在菌核内形成，菌核是一种明显可见、坚硬的，取代谷物组织的黑色菌丝团块。菌核内部为麦角生物碱，麦角生物碱可侵害神经系统，引起抽搐和感觉神经紊乱；也可侵害血管系统，引起血管收缩和肢体坏疽；并可侵害内分泌系统，影响脑垂体前叶的神经内分泌控制。

雏鸡由于末端血管收缩和缺血，导致脚趾褪色。日龄较大的鸡，血管收缩可引起鸡冠、肉髯、面部和眼睑出现萎缩和外形损伤。小腿及脚趾上部和侧面可出现囊泡和溃疡。产蛋鸡的饲料消耗和产蛋下降。

5. 橘霉素真菌毒素中毒　橘霉素由青霉（Penicillium）和曲霉（Aspergillus）所产生，是玉米、大米和其他谷物的一种自然污染物。橘霉素可引起多尿，导致水样下痢和体重减轻。剖检病变通常比较轻微，仅肾脏受损。

6. 卵孢霉素真菌毒素中毒　卵孢霉素是由毛壳菌（Chaetomium spp.）产生的一种真菌毒素，可引起家禽痛风和高死亡率。毛壳菌存在于饲料和谷物中，包括花生、大米和玉米。卵孢霉素真菌毒素中毒可引起内脏和关节痛风，这与肾功能受损和血浆尿酸盐浓度升高有关。鸡比火鸡对卵孢霉素更敏感。当发生中毒时，饮水量增加，粪便不成形而呈水样。

7. 环匹阿尼酸　这是黄曲霉（Aspergillus flavus）的一种代谢产物，是饲料和谷物中黄曲霉毒素的主要产物。环匹阿尼酸可引起鸡饲料转化率降低、体重减轻和死亡。腺胃、嗉囊、肝脏和脾脏出现病变。腺胃扩张，黏膜增厚，有时出现溃烂。

8. 杂色曲霉素　这是一种黄曲霉毒素的生物源性前体，具有肝毒性并可引起肝癌，但与黄曲霉毒素相比很少见。

【诊断】　当病史、症状和病变提示为饲料中毒时，应怀疑真菌毒素中毒。更换新一批饲料引起的真菌毒素中毒，可出现亚临床或短暂的疾病。在谷物和饲料原料品质较差的地区，以及在饲料储存不合标准或时间过长时，可发生慢性或间歇性中毒。生产性能下降是真菌毒素中毒的重要线索，因此纠正饲料管理方面的缺陷，可以改善指标。

确诊方法包括对特殊毒素进行检测和定量。由于家禽使用的饲料和原料用量大、消耗速度快，使其检测与定量都比较困难。由于一些诊断实验室，在检测真菌毒素的能力上差别较大，因此在送样前应提前联系条件较好的实验室。应送检饲料以及病禽或新死亡的禽。如怀疑真菌毒素中毒，在尸体剖检和实验室检测时，同时要对饲料进行分析。并发症对生产性能有不利影响，应当予以考虑。有时，怀疑真菌毒素中毒，但通过饲料分析也无法确诊。在这种情况下，进行全面的实验室检测，可以排除其他主要疾病。

应当合理采集饲料和原料样品并迅速送检分析。真菌毒素的形成可能局限在一批饲料或谷物中。从不同地点抽取多个样品，可提高确认真菌毒素形成区域（热点）的可能性。

应从饲料原料贮存地、饲料生产和运输、料塔和料桶等地采集样品。随着饲料从饲料厂运输到料盘中，真菌活性可能增强。可采集样品500 g，放置在不同容器中送检。应使用干净纸袋并正确标记。由于饲料和谷物在密封容器中可迅速变质，因此密封的塑料或玻璃容器仅适用于短期保存和运输。

【治疗】　应清除有毒饲料，更换为无霉菌毒素的饲料。应对并发病进行治疗，以缓解疾病的相互作用，同时必须要纠正不合标准的管理习惯。一些真菌毒素会增加维生素、矿物质（特别是硒）、蛋白质和脂肪的需要量，可通过饲料添加剂和饮水治疗进行补偿。在饲料中添加活性炭（消化道吸附作用），进行毒素的非特异性治疗，有一定效果，但对于较大规模养殖场并不实用。

【预防】　预防的重点应是使用无真菌毒素的饲料和原料，以及采取有效管理措施，防止饲料在运输和存储过程中发生霉菌生长和产生真菌毒素。定期检查饲料存储和供料系统，能发现饲料残余使霉菌活性增强和产生真菌毒素等问题。在料桶、饲料加工厂和储料塔内腐败变质、陈旧的饲料，可产生真菌毒素。通过清洗上述储料和加工饲料的设备可立即清除真菌毒素。极端温度可造成储料塔出现水分凝结，从而促进真菌毒素的生成。

禽舍内的通风系统不仅可降低相对湿度，也能降低适合霉菌生长和毒素形成的饲料湿度。在饲料中添加防真菌生长的抗真菌药物，对已产生的真菌毒素没有任何效果，但与其他饲料管理措施相结合，还是有一定作用的。有机酸（丙酸，500～1 500 mg/kg）是有效的抑制剂，但饲料原料的颗粒大小和某些原料的缓冲作用，可能会降低其效果。吸附剂化合物，如水合铝硅酸钠钙（HSCAS）能与黄曲霉毒素有效结合，并阻碍黄曲霉毒素的吸收。酯化葡甘露聚糖，是酿酒酵母（Saccharomyces cerevisiae）细胞壁的一种衍生物，能有效抵抗黄曲霉毒素B$_1$和赭曲霉素。酯化葡甘露聚糖通过与伏马菌素、玉米赤霉烯酮和T-2毒素结合，并降低其生物利用度，从而使其毒性降低。

二十二、肿瘤

家禽肿瘤，根据其致病因子是否已知，可划分为两大类：病毒引起的肿瘤和未知病因引起的肿瘤。家禽有3种具有重要经济意义的病毒性肿瘤疾病：由疱疹病毒所致的马立克病、由反转录病毒引起的禽白血病/肉瘤和网状内皮组织增生症。这些肿瘤性疾病因肿瘤导致死亡和生产性能下降，而造成严重的经济损失，但其中一些肿瘤性疾病，已成为肿瘤病研究的理想模型。

欧洲和以色列已经报道过一种火鸡极少发生的肿瘤，被称为淋巴组织增生症，它是由反转录病毒引起的，与禽白血病/肉瘤和网状内皮组织增生症病毒都有明显不同。由于火鸡淋巴组织增生症始终都只是零星发生，因此本章中不予讨论。

未知病因引起的肿瘤，可根据其形态学特征进行分类，包括多种良性肿瘤和恶性肿瘤。本章仅讨论这些肿瘤中的鳞状上皮细胞癌、多中心组织细胞增多症和腺癌。

（一）马立克病

鸡是马立克病病毒最重要的自然宿主，该病毒是一种与细胞紧密结合，且很容易传播的α疱疹病毒，具有丙型疱疹病毒的嗜淋巴细胞特性。鹌鹑可自然感染，火鸡可发生试验性感染。在法国、以色列和德国，已报道商品火鸡群严重的马立克病暴发，8～17周龄火鸡由肿瘤引起的死亡率高达40%～80%。在一些病例中，感染火鸡群常毗邻于肉鸡群。火鸡通常也可感染火鸡疱疹病毒，这是一株与马立克病病毒相关的无致病力毒株。其他鸟类和哺乳动物对疾病或感染有抵抗力。

马立克病是普遍存在的一种禽病，已经确认世界各地鸡群都有该病。除非是在严格的无特定病原体条件下饲养，否则所有鸡群都可能被感染。尽管感染鸡群不全都表现出明显临床症状，但亚临床症状所表现的增重率和产蛋率下降，已在经济上造成严重损失。

【病原】　已经确认，与细胞相关的疱疹病毒有3种血清型。鸡致病性分离株和非致病性分离株，分别被命名为血清1型和血清2型，火鸡的非致病性疱疹病毒被命名为血清3型。血清2型和3型以及致弱的血清1型，已经被用于制作疫苗。可采用特异性单克隆抗体反应，或采用生物学特性，如宿主范围、致病性、生长速度和蚀斑形态，进行血清型鉴定。国际病毒分类委员会，已将马立克病病毒的所有3种血清型，都归类到α疱疹病毒亚科下的马立克病毒属。当前，又进一步划分了致病性血清1型病毒的致病型，一般分为温和型（m）、强毒型（v）、超强毒型（vv）和超超强毒型（vv+）马立克病病毒毒株。

【传播与流行病学】　该病在鸡群中具有高度传染性，且容易传播。病毒在羽毛囊上皮细胞内成熟，成为完全有感染性的、带囊膜的病毒，并释放到周围环境中。病毒可在鸡舍垫料或灰尘中存活数月。感染鸡产生的灰尘和皮屑对传播有明显作用。一旦病毒进入鸡群，无论其免疫状态如何，都会在鸡群内迅速传播。感染鸡可长期持续带毒，是传染性病毒的来源。

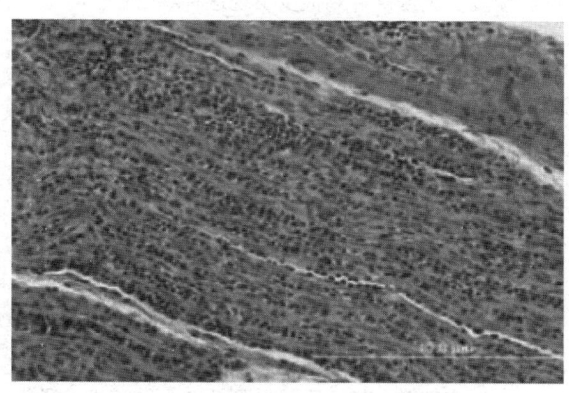

图20-17　马立克病患禽神经病变
（由Aly Fadly博士提供）

提前免疫能够减少但不能阻止感染性病毒的释放。与具有高度传染性的血清1型和2型病毒不同，火鸡疱疹病毒不易在鸡群中传播（虽然在其自然宿主火鸡上很容易传播）。致弱1型毒株，在鸡群中的传播能力有很大差异，高度致弱毒株无传播能力。马立克病病毒不能垂直传播。

【发病机制】 目前认为体内感染有4个阶段。①早期增殖性-限制性病毒感染，主要引起退化性病变；②潜伏性感染；③第二个细胞溶解性、增殖性-限制性感染阶段，同时伴有终身的免疫抑制；④增殖期，造成淋巴细胞发生非增殖性感染，有可能形成淋巴瘤。在血清1型强毒株感染后的几天内，B淋巴细胞可出现暂时的增殖性感染，以产生抗原为特征，并可引起细胞死亡。即使产生的病毒粒子极少，这也会被认为是增殖性-限制性感染。羽毛囊上皮细胞也可发生增殖感染，并形成有囊膜的病毒粒子。活化T细胞的潜伏性感染是鸡长期带毒的原因。虽然没有抗原表达，但通过将这类淋巴细胞与组织培养中的易感细胞进行共同培养，仍然可以分离到病毒。有致肿瘤性血清1型毒株潜伏感染的某些淋巴细胞，可出现肿瘤性转化。这种转化后的细胞，倘若避开了宿主免疫系统，就会出现增生，形成特征性的淋巴肿瘤。细胞介导和体液免疫应答两者都是直接针对病毒抗原的，其中细胞介导免疫可能是最重要的。

【临床表现】 根据毒株、病毒感染剂量、暴露时的日龄、母源抗体水平、宿主性别和遗传学，以及包括应激在内的多种环境因素的不同，马立克病在商品鸡群中的发病率差异较大。除了能造成淋巴肿瘤外，马立克病病毒还能引发其他明显的临床疾病综合征，包括暂时性瘫痪、早期死亡综合征、细胞溶解性感染、动脉粥样硬化和永久性神经系统疾病。典型发病鸡在死前仅表现有精神沉郁，但暂时性瘫痪综合征也与马立克病有关，病鸡在数天内都可出现运动失调，然后恢复。免疫接种鸡很少出现这种综合征。

【病理变化】 神经肿胀是发病禽最常见的眼观病变之一。各种外周神经出现肿胀和纹理消失，特别是迷走神经、臂神经和坐骨神经。多种器官，特别是肝脏、脾脏、生殖腺、心脏、肺脏、肾脏、肌肉和腺胃，可见有散在的或结节状淋巴瘤。在屠宰肉鸡时，脱毛后可见有羽毛囊肿大（常被称为皮肤型白血病），这也是造成废弃的原因。法氏囊很罕见有肿瘤，更常见的是萎缩。组织学检查，病变主要发生于小、中、大淋巴细胞，浆细胞和退行性大淋巴母细胞的混合群中。毋庸置疑，这些细胞群中包括肿瘤细胞和活性炎症细胞。如法氏囊受到感染，肿瘤细胞通常会出现在滤泡间的细胞区。

【诊断】 通常可根据各内脏出现神经肿胀和淋巴瘤进行诊断。法氏囊未出现肿瘤，有助于将该病与淋巴白血病相区别。另外，马立克病最早可出现在3周龄雏鸡，而淋巴白血病一般常见于14周龄以上鸡。网状内皮组织增生虽然不常发生，但很容易与马立克病混淆，因为这两种疾病都以神经肿胀和内脏出现T细胞淋巴瘤为特征。在根据典型的眼观病变作出诊断后，可通过组织学检查进行确诊，也可通过占主导的T细胞群验证诊断结果，还可用组织化学及PCR技术检测淋巴瘤中马立克病毒DNA。病毒载量和马立克病肿瘤之间存在定量关系，大多数带有肿瘤的鸡，病毒血症滴度也较高，PCR结果通常为阳性。因此，如果证实肿瘤细胞中的病毒、病毒DNA或病毒抗原含量较高，同时排除其他相关肿瘤病毒，足以对马立克病进行特异性诊断。另外，马立克病淋巴瘤内，一般都不会有同源细胞整合的禽反转录病毒或细胞致癌基因c-myc。

【控制】 疫苗接种是预防和控制马立克病的关键措施。通过采取严格的卫生消毒以减少和推迟暴露，以及培育基因抗性品种，可以提高疫苗效果。应用最广的疫苗是火鸡疱疹病毒疫苗。使用火鸡疱疹病毒和马立克病病毒血清2型SB-1株或301B/1株组成的双价疫苗，可为抗血清1型强毒株提供很好的保护。也可使用几种马立克病病毒血清1型弱毒疫苗；其中CVI988/Rispens毒株非常有效。对血清2型和3型之间的保护性有协同作用，能启示其他病毒混合毒株的试验性使用。由于疫苗接种是在出壳时进行，且需要1～2周才能产生有效免疫力，因此出壳后最初几天要尽量减少雏鸡与病毒的接触。

在孵化第18天，对胚胎进行疫苗接种也十分有效。现在，多采用自动化技术对胚胎进行免疫接种，并已广泛应用于商品肉鸡的免疫接种，这不但可降低人力成本，而且疫苗接种的准确性也更高。

要确保足够的接种剂量，关键是正确解冻和复融。由于细胞结合疫苗几乎不会被母源抗体中和，因此一般比非细胞疫苗更为有效。在典型条件下，疫苗效果一般可达到90%以上。随着马立克病疫苗问世，显著降低了由马立克病引起的肉鸡和蛋鸡的经济损失。但在个别鸡群或特定地区（比如德玛瓦半岛肉鸡产业区），该病仍然是一个严重的问题。在造成这些重大经济损失的诸多原因中，过早接触超强毒株是最主要的原因。已经表明，使用鸡痘病毒和火鸡疱疹病毒作为载体研发的试验性重组疫苗，能有效抵抗马立克病毒强毒的攻击。最近，已出现一种缺失Meq致癌基因的马立克病毒，能够对马立克病超超强毒株的攻击提供保护力。

（二）淋巴白血病

20世纪90年代，骨髓性白血病曾在肉鸡中广泛流行，但是淋巴白血病（禽白血病）已成为在自然条件下，鸡群白血病/肉瘤疾病群最常见的病型。国际病毒分类委员会将禽白血病/肉瘤群的病毒归类到反转录病毒科下的反转录病毒属。

这一类RNA病毒群的成员有类似的物理特性和分子特征，并共同具有种群特异性抗原。许多诊断方法都以检测白血病/肉瘤群病毒核内主要抗原为基础。淋巴白血病的自然感染只发生在鸡。在实验室条件下，白血病/肉瘤群中的某些病毒可感染其他禽类甚至哺乳动物，并产生肿瘤。实际上，除已经净化的SPF鸡以外，其他所有鸡群都感染有该病毒。肿瘤引起的死亡率为1%～2%，有时可高达20%，甚至更高。发生在大多数鸡群的亚临床感染，能造成多个生产性能指标下降，包括产蛋率和产品质量。实际上，许多商品化家禽育种公司的原种鸡群，尤其蛋种鸡，已经降低了该病的感染率。近年来，由于这种控制措施的推广，一些商品鸡群的感染已经很少，甚至得到净化。即使在严重感染的鸡群中，淋巴白血病肿瘤的发生率一般也很低（4%以下），且多呈阴性状态。已报道，当禽白血病病毒J亚群感染商品肉种鸡群时，可造成的周死亡率达1.5%以上。

【病原】　淋巴白血病是由禽反转录病毒的白血病/肉瘤群病毒中的某些成员引起的。引起鸡发生淋巴白血病的病毒常被称为禽白血病病毒，根据病毒囊膜糖蛋白的不同分为A、B、C、D和J亚群，这种糖蛋白决定了抗原性、病毒对同群或不同群的干扰模式以及宿主范围。西方国家流行最广的亚群是A和B。自从英格兰首次分离出J亚群禽白血病病毒以来，其他许多国家也从患鸡骨髓瘤（髓细胞瘤）的肉种鸡分离到该病毒。由整合到宿主细胞DNA上的病毒基因产生的非致癌性内源病毒，被定名为第6个亚群（E）。所有禽白血病病毒的野毒株都是致癌性的，但在致癌性和复制能力上有所不同。最近，从商品蛋鸡骨髓白血病的自然感染病例中，已经分离到一种有B亚群囊膜和J亚群长末端重复序列重组的禽白血病病毒。另一种A亚群囊膜和E亚群长末端重复序列重组的禽白血病病毒，已被证明是马立克病毒商品化疫苗的污染物。因此，在自然条件下，可出现禽白血病病毒两种不同亚群之间的重组，并可造成经济损失。

【传播与流行病学】　鸡是所有白血病/肉瘤病毒的自然宿主，除雉鸡、鹧鸪和鹌鹑外，其他禽类均未分离到这类病毒。母鸡可通过蛋白或蛋黄，或二者同时排泄禽白血病病毒，孵化开始后就可能发生感染。先天性感染的鸡不会产生中和抗体，且多为终生带

毒。鸡在出壳后的水平传播也是很重要的，尤其是在出壳后立即与大剂量病毒接触，如先天感染鸡的粪便或污染的疫苗。水平感染的鸡首先出现暂时性病毒血症，随后产生抗体。感染越早，越容易产生病毒耐受力、持续性病毒血症和肿瘤。可提高鸡水平感染易感性的其他因素包括，母源抗体缺乏以及存在有内源性反转录病毒，尤其是那些与晚羽性状（K）基因有关的病毒。虽然先天性感染比水平感染更容易产生肿瘤，但是水平感染鸡比先天性感染鸡更多。胚胎传染率通常为1%～10%；感染鸡群中的所有鸡实际上都是通过接触而感染的。先天感染，以及某些情况下的早期水平感染，能使鸡处于长期带毒状态，并将病毒或抗原排泄到环境或蛋内。后期感染（如在12～20周龄时进行接种）不会造成病毒排泄。

已经确认，成年鸡的禽白血病病毒有4种类型：①无病毒血症，无抗体（V-A-）；②无病毒血症，有抗体（V-A+）；③有病毒血症，有抗体（V+A+）；④有病毒血症，无抗体（V+A-）。未感染鸡群中的鸡和易感鸡群中有抗病基因的鸡属于V-A-。感染鸡群中的基因易感鸡属于其他三类中的一种。大多数是V-A+，通常V+A为极少数，不超过10%。大多数V+A-母鸡传播给子代的比例不同，但相对较高。

与其他病毒相比，该病毒并非高度接触性，很容易被消毒剂灭活。通过严格的卫生措施可降低或避免感染。净化后，采用标准化疾病控制和卫生措施，可以维持鸡群无病。公鸡在禽白血病病毒传播中的作用还不清楚。表面上，感染公鸡不影响子代的先天感染率，但可作为病毒携带者和接触源，或通过性传播而

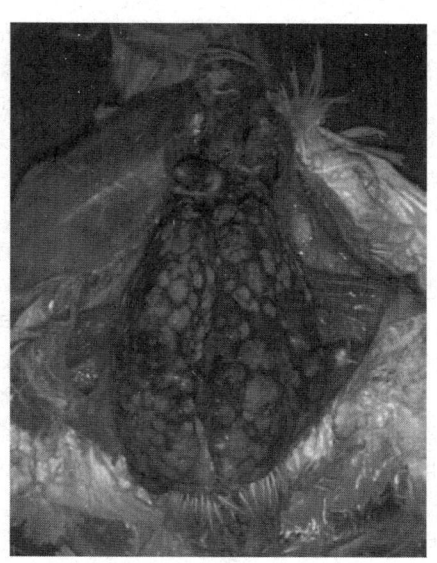

图20-18　淋巴白血病患鸡肝脏病变
（由Arun Pandiri博士提供）

感染其他鸡。

【发病机制】 淋巴白血病是一种法氏囊依赖性淋巴系统的克隆性恶性肿瘤。肿瘤转化常出现在正常法氏囊，最早常见于感染4~8周后。大约14周龄之前，通常检测不到肿瘤。在14周龄之前的鸡很少出现死亡，一般多出现在性成熟期前后。对5月龄以上的鸡，通过去除其法氏囊，也可预防肿瘤的发生。肿瘤几乎全部由B淋巴细胞组成，在大多数情况下，B淋巴细胞表面有IgM。至今还没有发现抗肿瘤免疫应答。除产生耐受性外，感染后一般都容易产生抗体。

鸡并发感染马立克病病毒血清2型，即常用的疫苗毒，可以强化淋巴白血病肿瘤的形成。这种强化作用不仅需要马立克病毒血清2型的免疫接种，还需要有遗传性易感鸡和淋巴白血病病毒的早期感染。因为商品鸡的大多数品系都有耐受性，且易感鸡群大部分已经净化了淋巴白血病病毒，因此目前并不认为这种强化作用是一个现实问题。

亚临床疾病综合征以产蛋率下降，但无肿瘤形成为特征，其经济损失比淋巴白血病引起的死亡更为严重。具有亚临床症状的鸡可将病毒或病毒抗原排入卵蛋白。其致病机制尚不清楚。

【临床表现与病理变化】 患有淋巴白血病的鸡几乎没有典型临床症状。表现的症状包括食欲不振、虚弱、腹泻、脱水和消瘦。感染鸡死前多呈现精神沉郁。触诊可发现法氏囊肿大，有时肝脏肿大。感染禽不一定出现肿瘤，但产蛋较少。

在肝脏、脾脏和法氏囊常见弥散性或结节状淋巴瘤，在肾脏、性腺和肠系膜也偶见淋巴瘤。已确认法氏囊出现肿瘤为示病性病变，但网状内皮组织增生病毒，也可引起法氏囊淋巴瘤。有时法氏囊肿瘤很小，只有仔细检查器官黏膜表面才能观察到。外周神经通常无明显肿胀，但在人工接种J亚群病毒后，可见有这种病变。显微镜下可见肿瘤细胞呈一致的、大淋巴母细胞。常见核分裂。

感染J亚群禽白血病病毒的肉用鸡，除常见的淋巴白血病，如骨髓细胞瘤，血管瘤和肾肿瘤，还会暴发其他肿瘤病。髓细胞组织增生和骨髓细胞瘤可引起头部、胸腔和小腿部位出现肿瘤。眼眶部位也可出现髓细胞瘤，造成出血和失明。皮肤上出现血管瘤，像血疱一样容易破裂出血。肾脏肿瘤会压迫坐骨神经而引起瘫痪。在由J亚群禽白血病病毒引起的髓细胞瘤病例中，显微镜下可在肝脏发现血管外和血管内有大量原粒细胞聚集，并出现细胞质内嗜酸性颗粒。

大多数白血病和肉瘤病毒还会引起非淋巴性肿瘤（包括肉瘤）、骨髓成红血细胞增多症、成髓细胞血症、髓细胞瘤、血管瘤、肾胚细胞瘤、骨硬化病和

其他相关肿瘤。肿瘤的属性和发病频率取决于病毒毒株、鸡的品种、日龄、感染剂量和感染途径。野外偶尔可见暴发某一种主要类型肿瘤。已在实验室全面研究了该群病毒中的劳斯肉瘤病毒。每一株病毒通常都引发一种主要的肿瘤疾病，且可根据致病机制进行区分。一些病毒（如劳斯肉瘤病毒和骨髓成红血细胞增多症病毒）包含病毒癌基因，这些基因有能力在很短的潜伏期后引发肿瘤，但是这种病毒在野外很少见。其他病毒自身不能复制，需要非缺陷型辅助病毒。最近几年证明，禽白血病病毒与"禽神经胶质瘤"有关，其特征为小脑发育不良和心肌炎。

【诊断】 因为禽白血病病毒广泛存在于鸡群，因此一些病毒检测试验（包括病毒分离、PCR及抗原抗体检测）对于诊断淋巴瘤等自然病例的效果有限，甚至无诊断价值。在缺乏外周神经病变时，具体有诊断意义的眼观病变有肝脏、脾脏、法氏囊出现肿瘤。14周龄以上鸡出现肿瘤。组织学检查，淋巴细胞形态一致、数量多，表面含有IgM和B细胞标记物。通过眼观病变和显微病变，可将该肿瘤病与马立克病肿瘤相鉴别，也可采用分子生物学技术，证明前病毒DNA序列已经特征性的克隆整合到肿瘤细胞基因组中，该基因组携带有相关断裂的原癌基因c-*myc*。除病毒检测法外，很难将淋巴白血病与网状内皮组织增生症病毒引起的B细胞淋巴瘤进行区分。已经研发出几种用于特异性检测的PCR引物，主要针对大多数禽白血病病毒分离株，特别是A和J亚群。针对内生性E亚群禽白血病病毒的其他特异性引物，也已被投入使用。PCR已用于检测特征性的禽白血病病毒株，包含禽商品化活毒疫苗。用于检测禽白血病病毒A、B和J亚群抗体的ELISA试剂盒，已形成商品投入市场。

【控制】 对原种禽群进行禽白血病病毒的净化，是控制鸡群禽白血病病毒感染和淋巴白血病的最有效方法。可使用针对感染性病毒的免疫酶分析方法或生物学方法，检测鸡蛋白蛋白中的病毒抗原，以评价种禽群的排毒情况。应废弃排毒母鸡所产的蛋，以降低其子代鸡群的感染水平。如果规模饲养小，比较容易鉴别未感染鸡群。这些控制措施仅适用于原种鸡群。在许多蛋鸡种群中，由于采取减少病毒感染的措施，已使淋巴白血病的死亡率明显下降，蛋鸡产蛋率也有一定升高；在一些肉用鸡群实施类似的控制措施，也同样获得了成功。一些育种场赞同采取全面净化措施（实际上已获成功），而有些育种场更愿意采取降低病毒感染水平的措施。某些品系鸡对病毒特定亚群的感染，具有特异的遗传抗病性。尽管遗传抗病性不可能替代降低病毒感染或净化，但最近已克隆出细胞受体基因，并开发出快速分子检测方法，用于病毒易感

性测定。迄今，通过接种疫苗预防肿瘤仍无太大希望。

（三）网状内皮组织增生症

网状内皮组织增生症是指由禽反转录病毒属的网状内皮组织增生症病毒，感染多种禽引起的一群病理综合征。网状内皮组织增生症的宿主范围比马立克病或禽白血病更广泛。鸡、火鸡、鸭、鹅和鹌鹑都可发生自然感染和发病；许多种鸟类也可感染。尽管一些哺乳动物的细胞培养物很易感，但哺乳动物似乎有一定抵抗力。

与普遍存在的马立克病毒和禽白血病病毒不同，网状内皮组织增生症病毒的分布范围较小，但其目前的分布比人们以前认为的更为广泛。血清学调查表明，包括美国在内的许多国家的鸡群和火鸡群都广泛流行网状内皮组织增生症病毒。

【病原】 网状内皮增生症病毒在免疫学、形态学和结构学上，不同于禽反转录属的白血病/肉瘤病毒群。国际病毒分类委员会最近已将网状内皮增生症病毒，归类为反转录科、慢病毒亚科、丙型反转录病毒属。尽管所有分离株都属于一个血清型，但通过单克隆抗体的中和试验和鉴别反应，已鉴定出网状内皮组织增生症病毒有3个亚型。分离株也可被分为非缺陷型或缺陷型。大多数野毒株似乎都属于非缺陷型，因为可在细胞培养物中复制但无致癌基因。一株独特的实验室毒株（T株）属于缺陷型，因为该病毒可在细胞培养物中复制且含有致癌基因v-rel，该基因可使试验接种鸡出现急性网状细胞瘤。这是网状内皮组织增生症名称的来源，但在野外并不常出现。

【传播与流行病学】 据记载，在鸡群和火鸡群中均可发生水平传播和垂直传播，但前者比后者更为重要。通过蚊子或其他吸血昆虫进行传播的可能性最大。已从垫料中分离到病毒。自然感染的火鸡群也曾出现较高比例的先天感染，但毕竟还是比较少见。使用被污染的疫苗偶尔也会造成该病的传播。但是在大多数情况下，10周龄以后血清转阳的鸡群一般不出现临床症状，其病毒也不会传给子代。试验条件下，可发生接触传播，但在环境中病毒既不具有高度接触性也很不稳定。已有文献记载，可将部分或完整的网状内皮组织增生症病毒，插入其他禽病毒，即鸡痘病毒和马立克病病毒基因组中。然而，这种插入网状内皮组织增生症病毒传播方面的重要性尚不明确。虽然受感染火鸡的精液中含有感染性病毒，但公火鸡在垂直传播中的作用尚不清楚。

【发病机制】 网状内皮组织增生症病毒的非缺陷型亚群可造成3种不同的综合征：非肿瘤性矮小综合征、急性肿瘤和导致B淋巴细胞和T淋巴细胞瘤的慢性肿瘤。1日龄雏鸡接种污染疫苗后，常在4～10周龄时可见有非肿瘤性矮小综合征，造成显著的经济损失。鸡、火鸡和鸭可试验性诱发慢性肿瘤，在潜伏期超过4个月后，鸡群可出现一种与淋巴白血病相同的病症。与淋巴白血病一样，这些肿瘤均由B细胞组成，为法氏囊依赖性且表面也有IgM。经6～8周潜伏期后出现的急性肿瘤，也可发生于鸡、火鸡、鸭和鹌鹑。鸡的这种肿瘤由T细胞组成，很容易与马立克病混淆。

【临床表现与病理变化】 矮小综合征以体重减轻、皮肤苍白、有时瘫痪和羽毛蓬乱（Nakanuke）为特征。死于肿瘤的鸡生前见有精神沉郁，有时可出现与矮小综合征相同的部分症状。

病变包括法氏囊和胸腺萎缩、神经肿大、贫血和羽毛蓬乱。其中，有诊断价值的为羽化异常，表现为羽小枝被挤压在很小一段羽干上。肝脏、脾脏、肠道和心脏常出现肿瘤。患慢性B淋巴细胞瘤的鸡，其法氏囊肿瘤与淋巴白血病很相似。鸡也可见有潜伏期稍短的非法氏囊淋巴瘤（T细胞），表面上其病变与马立克病相似。火鸡最主要的病变为肝脏肿大和肠道出现结节性病变，法氏囊很少出现肿瘤。无论其类型或宿主种类，肿瘤一般都由均一的、较大的淋巴网状内皮细胞组成。

【诊断】 由于网状内皮组织增生症病毒造成的病变多种多样，且与其他肿瘤非常类似，因此仅靠尸体剖检难以诊断。网状内皮组织增生症的诊断，不仅要出现典型眼观病变和显微病变，而且还需要证明存在有网状内皮组织增生症病毒。由于网状内皮组织增生症病毒，不如禽白血病病毒和马立克病病毒一样广泛分布，因此感染性病毒、病毒抗原和肿瘤细胞的前病毒DNA的存在，均具有诊断价值。神经病变一般不广泛，仅比马立克病含有更多的浆细胞，但对于其他病变，很难用组织学方法进行鉴别。矮小综合征很容易与其他病毒引起的免疫抑制性疾病混淆。除了用病毒研究方法（包括PCR）外，试验诱导的鸡慢性B淋巴细胞瘤不易与淋巴白血病相区分。同样，除了病毒研究方法外，鸡T细胞淋巴瘤也很难与马立克病区分。然而，含有克隆整合DNA前病毒的网状内皮细胞增生症病毒，诱导产生的B淋巴细胞瘤和T淋巴细胞瘤，通常与原癌基因c-myc有关，通过适当的分子学方法能够证明该基因的存在。通过组织学、病毒分离，以及在锰离子和镁离子存在的情况下，进行病毒相关反转录酶活性鉴定的方法，能够鉴别火鸡慢性淋巴瘤和火鸡淋巴组织增生症。可采用免疫细胞化学，单克隆抗体（细胞、肿瘤和病毒抗原）或分子杂交等技术，对禽病毒性淋巴瘤，包括网状内皮组织增生症，进行鉴别诊断。

【控制】 目前尚无有效控制措施。现已研发出一种试验性重组的鸡痘病毒疫苗。一些育种公司试图避免其原种鸡群出现血清转阳，以避免其子代在出口到某些国家时受到限制，但还没有开发出有效防止水平传播的可靠方法。通过清除潜在的具有传播性的母鸡，有可能根除垂直传播；在隔离条件下饲养子代鸡，可避免水平感染的发生。这些措施大多已成功用于鸡群禽白血病病毒的控制。如在具有特殊价值的种禽群（如濒临灭绝的奥氏角雉）中流行网状内皮组织增生症，则应考虑采用这种控制程序。

（四）不明病因的肿瘤

鸡群中有很多未知病原能引起肿瘤，最为常见的是表皮鳞状上皮细胞癌（禽角化棘皮瘤）、多发性组织细胞增多症、腺癌，但已无经济价值（但其经济价值性似乎有限）。

1. 禽角化棘皮瘤 一些肉鸡群中出现这些肿瘤的发病率相对较高。在屠宰时，一旦发现胴体出现上述病变即被废弃，而对病变不明显的鸡可继续进行分割。整个胴体被废弃将造成严重的经济损失。在加工分割过程中，可在其脱毛皮肤表面见到似火山口样疹块的典型病变。其致病病原尚未确定，且真正的肿瘤病变特性也未得到证实。这种肿瘤的传染性既未得到证实，也不能被排除。

2. 多发性组织细胞增多症 这种发生在幼龄肉鸡上的疾病，以同时出现脾脏肿大和肝脏肿大为特征。在脾脏、肝脏和肾脏可见有粟粒状、白色到黄色结节，大小为0.5~5 mm。显微镜下，纺锤形细胞结节弥散性扩散到动脉周围淋巴鞘。这些组织细胞含有长椭圆形、纺锤形或怪异形状的细胞核。其最终的病原尚未被确定。经检查发现，从自然发病肉鸡病变组织内提取的DNA，并不含有外源性的禽白血病/肉瘤群病毒、网状内皮组织增生症病毒或马立克病毒的特异性序列。已报道，在试验性感染禽白血病病毒J亚群的肉鸡中，出现了与该病变有些相似的疾病，被称为组织细胞肉瘤病。

3. 腺癌 在成年鸡群中，卵巢或输卵管的腺癌是相对普遍发生的肿瘤。这些肿瘤通常是以肠系膜或其他器官表面出现不同的、粟粒状的嵌入肿瘤为特征，常伴有腹水。这些肿瘤是否由病毒引起、是否具有传染性都尚不清楚。

二十三、新城疫与其他副黏病毒感染

（一）新城疫

新城疫（禽肺脑炎、野毒或速发型新城疫）是家禽和许多其他鸟类感染致病力强的新城疫病毒（NDV）引起的一种疾病。该病呈世界性分布，最初表现为一种急性呼吸系统疾病，但其主要临床症状是精神沉郁、神经症状和腹泻。其严重性取决于感染病毒的毒力和宿主的易感性。一旦暴发该病应立即上报，可引起贸易限制。

【病原与发病机制】 鸡新城疫病毒和禽副黏病毒1型（PMV-1）同义，是一种RNA病毒，也是9种已知血清型中最为重要的。通过鸡胚和雏鸡接种，可将新城疫病毒原始分离株分为3个不同毒力群，分别为：强毒株（速发型）、中等毒株（中发型）和低毒株（缓发型）。目前，将可造成新城疫且应上报的强毒株和中等毒株都归为新城疫病毒强毒（vNDV），而广泛用作活疫苗的缓发型毒株，即低毒力新城疫病毒（loNDV）无需上报。临床表现差异较大，由高发病率和高死亡率到隐性感染。感染的严重性取决于病毒毒力、宿主日龄、免疫状况和宿主的易感性。在家禽中，鸡的易感性最强，水禽最不易感。

【流行病学与传播】 在亚洲、非洲和南美、北美的一些国家，新城疫强毒株呈地方性流行。而其他一些国家（包括美国和加拿大）通过限制进口及扑杀感染禽进行净化，已无此强毒株流行和发病。鹦鹉、鸽子和进口鹦鹉，已成为家禽感染新城疫强毒的来源。家禽和野禽，特别是水禽，主要流行NDV低毒力毒株。家禽感染低毒力新城疫病毒，可造成生产性能下降。

感染禽可通过呼出的气体、呼吸道分泌物和粪便排毒。潜伏期、临床症状期也可排毒，恢复期的排毒时间长短不一，但排毒期有限。急性vNDV感染，临床发病期所产的蛋，以及尸体的所有部位都有病毒存在。鸡很容易通过气溶胶或摄入污染的水或饲料受到感染。感染鸡和其他家禽及野禽可能是NDV的传染源。病毒在禽群中传播的主要途径是，感染禽的移动，以及人员和污染器具的转移造成病毒传播，特别是感染禽粪便中的病毒。

【临床表现】 鸡接触气溶胶后，发病急，2~12 d（平均5 d）内整个鸡群出现症状。如果主要传播途径是粪-口途径，则传播速度较慢，特别是笼养鸡。幼禽最易感。临床症状取决于感染病毒对呼吸系统、消化系统或神经系统的嗜好。当感染低毒力毒株时，主要症状为张口呼吸、咳嗽、打喷嚏和啰音等呼吸道症状。在速发嗜神经型也可出现呼吸道症状，但主要表现颤抖、翅膀下垂和腿瘫痪、歪脖、转圈、阵发性痉挛和完全瘫痪等神经症状。鸽子的典型症状为神经症状并伴有腹泻，鹦鹉和野鸟最常见的也是神经症状。强毒型疾病，速发嗜内脏型新城疫的典型症状是呼吸道症状，伴随精神沉郁、带绿色水样下痢、头颈部组织水肿，但也可见有神经症状。还可观察到不同程度的精神沉郁和食欲不振。产蛋部分停止或完全停止。鸡蛋的色泽、形状或表面异常，以及蛋白呈水样。死亡率差异较大，在感染vNDV时可高达100%。

【病理变化】 通常仅在速发嗜内脏型新城疫病例中可见有明显的眼观病变。浆膜可见有出血点，腺胃黏膜和肠道浆膜及肠黏膜表面出血，尤其是淋巴集结，如盲肠扁桃体出现多灶性、坏死性出血斑。也可见脾脏坏死和出血以及胸腺周围水肿。与之相比，低毒力新城疫毒株感染禽的病变，仅局限于呼吸道充血和黏性渗出物，同时气囊混浊增厚。继发性细菌感染，可使呼吸道病变加重。

【诊断】 通过接种9~11日龄的鸡胚尿囊腔，可从感染禽的口咽部拭子或泄殖腔拭子或组织中分离到NDV。通过回收尿囊液中含有血凝性的病毒，并可被抗NDV血清抑制，或通过RT-PCR检测NDV RNA，可以确定感染。采用血凝抑制试验或ELISA，双份血清样品中NDV抗体效价升高，也可证明NDV感染。为确诊本病，需要对分离株进行鉴定，如vNDV，可通过脑内接种1日龄雏鸡的致死时间，脑内接种致病指数，或通过在融合蛋白（F）前体（FO）切割位点是否有特异性氨基酸基序进行。一些参考实验室常使用单克隆抗体检测抗原差异，应用核苷酸序列分析，比较不同暴发病例分离株之间的遗传差异，并确定其感染源。急性新城疫应与其他可引起高死亡率的疾病，如高致病性禽流感进行鉴别。

【预防】 一些疫苗可用于鸡、火鸡和鸽。广泛应用的缓发型活疫苗，主要是B1和LaSota株，经典的接种方式是通过饮水和喷雾进行群体免疫。也可通过鼻孔和结膜囊进行个体接种。健康鸡在出生后1~4 d即可进行免疫接种。然而，将免疫接种推迟到第2周或第3周可以避免母源抗体对主动免疫应答的干扰。如果存在有感染呼吸道的支原体、其他一些细菌和病毒，经喷雾免疫后，可能会与一些疫苗产生协同作用，加重疫苗的反应。

种鸡和蛋鸡在接种活疫苗后，可用油乳剂灭活疫苗进行加强免疫。在禁止使用活疫苗（如鸽）时，也可单独使用油乳剂灭活疫苗。在vNDV流行的一些国家，可以联合使用活疫苗和灭活疫苗。如果法规允许，也可在老龄禽中使用中等毒力活疫苗。重复免疫接种可以使鸡获得终身保护力，其接种频率在很大程度上取决于暴露的风险和感染野毒的毒力。

【人兽共患病风险】 新城疫病毒无论是致病力强的野毒还是活疫苗，都能引起人出现短暂的结膜炎，但这种情况主要局限于接触大量病毒的实验室工作人员和免疫接种人员。一些未接种过疫苗的家禽，在被运到屠宰厂加工分割时，能使从事摘取内脏工作的人

员感染NDV，而引起结膜炎。在饲养人员或家禽产品消费人群中尚无发生该病的报道。

（二）其他禽类副黏病毒感染

已报道，禽副黏病毒感染鸡群和火鸡群，可引起呼吸性疾病或产蛋量下降。

【病原与流行病学】 已知禽副黏病毒有9个血清型（PMV-1至PMV-9）。新城疫病毒（PMV-1）是这些血清型中最重要的家禽病原体，但是PMV-2、PMV-3、PMV-6和PMV-7有时也可引起鸡和火鸡发病。

已从野禽（主要是麻雀、笼养鹦鹉）体内分离出PMV-2。家禽感染主要是与野禽接触而引起的。传播到鸡和火鸡的途径尚不清楚。已从进口的野鸟和被捕获的其他鸟类中分离出PMV-3。鹦鹉似乎是主要宿主，但PMV-3可在被捕获的鹦鹉之间传播。尚未见从野鸟中分离到PMV-3的报道。火鸡之间的传播途径尚不清楚，禽群内传播速度通常很慢。

【临床表现】 PMV-2、PMV-3、PMV-6或PMV-7感染火鸡后，能引起轻微至严重的呼吸性疾病、产蛋量下降、孵化率和受精率下降以及白壳蛋数量增多。鸡感染PMV-2可出现轻微的呼吸性疾病，但当火鸡，特别是种火鸡感染PMV-2后，其症状最为严重。

【诊断】 根据临床症状大多可作出诊断，并通过血清学方法确诊。对8~10日龄鸡胚进行尿囊内接种，可从感染禽的气管或泄殖腔拭子或组织样品中，分离出PMV-2、PMV-3、PMV-6和PMV-7。使用单一血清型的特异性血清进行血凝抑制试验，可以确定病毒是否为PMV。然而，在血凝抑制试验中（在其他的血清学检测中也存在，如ELISA），PMV-1（新城疫病毒）和PMV-3存在交叉反应，从而造成免疫禽出现结果误判的问题。接种新城疫疫苗的禽类，如果随后发生PMV-3感染，这两种病毒的血凝抑制效价都会升高。

【预防与控制】 目前尚无PMV-2、PMV-6和PMV-7疫苗。PMV-3的油乳剂灭活疫苗已被用于种火鸡群。火鸡在开产前（通常20~24周龄）免疫接种2次，间隔4周。通过使用有防鸟设施的禽舍、实施良好的卫生和生物安全措施，可减少鸡群引入PMV-2或其他副黏病毒的风险。使用抗生素治疗继发性细菌感染，已经取得一定成功。PMV-3的传播速度似乎较慢。

【人兽共患病风险】 尚无人感染PMV-2到PMV-9病毒的报道。

二十四、脐炎

脐炎（脐病、"蔫雏病"、卵黄囊感染）是发生在雏鸡的一种以卵黄囊感染、常伴有脐孔闭合不完全为特征的疾病。该病虽具有感染性，但无接触传染

性，并与孵化温度或湿度控制不当以及孵化种蛋和孵化器的污染有关。在脐孔完全闭合之前，如果雏禽被放置在污染的运输箱内，就可能造成感染。

脐部可见发炎且无法愈合，腹部形成湿斑，可能见有结痂。混合感染很常见，常有条件致病菌（大肠埃希菌、葡萄球菌、假单胞菌和变形杆菌）侵入。当疾病暴发时常流行蛋白水解性细菌。卵黄吸收不良，并常出现高度充盈或含有凝固的卵黄物质，有广泛性的腹膜炎。也可见有胸骨周围部皮下组织水肿。直到死亡前数小时，发病雏鸡或雏火鸡一般都表现正常。病雏食欲和饮欲几乎废绝，并常见有严重的脱水。仅可见的症状为精神沉郁、垂头以及蜷缩在一起靠近热源处。从出壳开始即可出现死亡，一直持续到10~14日龄，雏鸡的死亡率可高达15%，雏火鸡死亡率可高达50%。在运输途中温度过低或过高都会加重死亡。卵黄发生持续性的感染，经常会导致雏鸡和雏火鸡增重速度下降。

没有特殊的治疗方法；抗生素的使用通常是基于流行的细菌种类而定的，但发病雏鸡或雏火鸡依然会死亡，而未感染禽用抗生素治疗也无效。通过对温度、湿度进行精确控制，以及孵化器的卫生消毒，可以预防该病。入孵种蛋应洁净且无裂缝。如有脏蛋入孵，则应与洁净种蛋隔离开。当需要清洗种蛋时，消毒洗涤剂必须按说明使用。清洗和漂洗的时间、温度和经常换水，与清洗剂的浓度，都同样至关重要。漂洗的水温应高于清洗的水温（应高于蛋内温度），但不应超过60 ℃。

不同孵化批次间，应对孵化器进行彻底清洗和消毒。如用甲醛进行熏蒸，应关闭通风口。每0.6 m³用40%甲醛溶液30 mL，也可用多聚甲醛（按厂家推荐的浓度），对孵化器或出雏器内部进行熏蒸。应对孵化器外部及其所在房间进行清洗和消毒，否则熏蒸后的孵化器很容易被污染。

二十五、中毒

一般来讲，禽类对中毒不如哺乳动物敏感，一些中毒病的发生，通常都是由于滥用饲料添加剂或未按药物标签说明所致。然而，还应考虑禽蛋和禽肉中毒物残留的可能性。凡使用任何潜在性毒物，必须严格遵守标签说明中的休药期（见毒理学）。

1. 黄曲霉毒素中毒 黄曲霉毒素中毒是现代家禽养殖中最常见的一种中毒病。饲料中的某些曲霉菌（Aspergillus）和青霉菌（Penicillium）可产生黄曲霉毒素。作物在田地生长或贮存期间，也可产生黄曲霉毒素。急性黄曲霉毒素中毒以食欲不振、运动失调、抽搐、角弓反张、精神沉郁和死亡为特征。急性黄曲霉

毒素中毒常见的眼观病变为肝脏变黄、肿大。所有禽类对黄曲霉毒素都易感；但鸭和火鸡最为敏感。

2. 氨中毒 氨气是通过潮湿垫料中大量繁殖的细菌代谢尿酸而产生的。高浓度氨气常发生在冬季，此时通常为保温而降低通风量且粪便湿度大。高浓度氨气（50~75 mL/L）会造成采食量下降和增重下降。当氨气浓度超过100 mL/L时，能造成眼角膜灼烧，导致失明。病禽常因找不到合适的饲料和饮水而死亡。

3. 肉毒中毒 肉毒梭菌（Clostridium botulinum）可产生多种外毒素，是已知最致命的毒素。在夏季氧气含量低的池塘和湖泊中，常发生鸭和鹅的肉毒梭菌中毒。水禽通过采食湖边死亡的无脊椎动物，或者采食中毒死亡鸭尸体上的蛆虫而摄入毒素。在没有及时清除死禽（包括雏鸡和肉鸡）时，其尸体也可成为毒素的来源。肉毒梭菌中毒的典型临床症状，为颈部肌肉麻痹或"垂颈病"。毒素也可引起腿、翅膀和眼睑麻痹。

4. 钙中毒 肉用雏鸡采食过量的钙可引起尿结石，伴有腹腔脏器和关节中尿酸盐沉积。雏鸡采食过量钙也会出现强直性惊厥。钙含量超过2%就能引起肉鸡出现这些病变。蛋鸡或肉用母鸡在开产前饲喂超过3%的钙，也能出现相同病变。

5. 一氧化碳中毒 一氧化碳中毒通常是由于雏鸡在运输途中，汽车排出的废气过多，或由于出雏器通风不良所致。如不及时提供新鲜空气，死亡率会很高。尸体解剖可见喙发绀，整个内脏器官尤其是肺脏，呈特征性的亮粉红色。可通过分光光度计检测血液进行确诊。

6. 决明子中毒 在玉米和大豆中经常可发现决明（Senna obtusifolia）种子。在其含量超过2%时，可造成肉鸡的采食量下降、体重减轻和饲料转化率升高，蛋鸡的产蛋率明显下降。无尸体剖检病变。

7. 铜中毒 硫酸铜的一次剂量如超过1 g就能致死。症状表现为水样腹泻和精神委顿。尸体剖检可见卡他性胃肠炎、肌胃内壁灼伤或糜烂，同时伴有整个肠道内呈绿色，有黏性渗出液。

8. 猪屎豆中毒 许多猪屎豆属的种子对鸡都是有毒的。其在饲料中的含量超过0.05%就会引起中毒。含量达到0.2%时，可造成增重明显下降；当含量达0.3%时可在18 d内引起死亡。病变包括腹水、肝脏肿胀或肝硬化和出血。鸡对毒素的抵抗力随日龄增加而提高。

9. 二嗪农中毒 二嗪农是一种有机磷杀虫剂，常用于控制鸡舍周围的多种昆虫。二嗪农不能用于鸡舍内。鸡摄入二嗪农晶体，可导致流泪、腹泻、呼吸困难和死亡。尸体剖检病变可见肺水肿、脂肪肝和严

重的肠炎。在嗉囊和肌胃内容物中常可发现二嗪农晶体。

10. 棉酚中毒 棉粕含有大量棉酚，可引起严重的心源性水肿，导致呼吸困难、衰弱和厌食。如饲喂蛋鸡，棉酚会导致蛋黄颜色变淡。

11. 拉沙洛菌素中毒 拉沙洛菌素是一种抗球虫药，由于其具有提高饮水量的作用，因此主要在夏季使用。当在其他季节使用时，应降低饲料中的盐含量，以避免水分流失过多和垫料潮湿的问题。但如果盐含量降低太多，会造成发育迟缓、跛行增多，肉鸡的特征性临床症状是用趾尖行走。这种临床综合征被称为拉沙洛菌素中毒，实际上是由于饲料中盐分过低所致。

12. 铅中毒 铅中毒通常是由油漆或果园喷洒药所引起。每千克体重中含有7.2 mg金属铅即可致死。症状为精神沉郁、食欲不振、消瘦、口渴和虚弱。中毒36 h内常可见有绿色粪便。如中毒进一步加剧，可出现翅膀下垂。幼龄禽在摄入后36 h内死亡。急性铅中毒可根据病史和在尸体剖检时，肌胃黏膜呈棕绿色，肠炎，肝脏和肾脏变性等病变作出诊断。慢性铅中毒常导致消瘦，肝脏和心脏萎缩。心包积水，胆囊增厚并充盈，肾脏常见尿酸盐沉积。在打猎密集的鸟类聚食场区，会发生野鸟摄入铅制子弹。鸭的肌胃中即使仅有几颗弹丸存留，也可使其致死。

13. 汞中毒 汞中毒由含汞消毒剂和杀真菌剂所引起，包括氯化汞（甘汞）和二氯汞（腐蚀性升汞）。临床症状为渐进性衰弱和运动失调。根据摄入量的不同，也可出现腹泻。汞的腐蚀作用可导致口腔和食管出现灰白色病灶，如果禽存活24 h以上，通常可形成溃疡。腺胃和肠也可见卡他性炎症，如摄入大量汞，这些器官可出现广泛性出血。肾脏苍白，散在有小的白色病灶。肝脏出现脂肪变性。

14. 莫能菌素中毒 在肉鸡中广泛应用这种离子载体抗球虫药。当其含量超过120 mg/kg时，可导致肉鸡采食量和增重下降；蛋鸡产蛋率降低。中毒症状包括双腿向后伸展的特征性瘫痪。如给幼龄火鸡更换为含莫能菌素的饲料，可引起死亡。病鸡表现为瘫痪，双腿向后伸展。尸体剖检未见病变。

15. 尼卡巴嗪中毒 这种抗球虫药适用于肉鸡。不应给蛋鸡使用，因为它能引起鸡蛋颜色变淡，降低孵化率（一旦停止使用尼卡巴嗪，即可恢复正常）。当鸡处于高温、高湿环境下，尼卡巴嗪也能降低其热耐受力。

16. 呋喃西林中毒 该药曾被用于治疗家禽的多种细菌性疾病，但是许多国家，包括美国，已经不再批准使用。按0.022%饲喂，可引起过度兴奋，表现为

飞窜、尖叫，并常向前摔倒。火鸡对呋喃西林比肉鸡更为敏感，可引起心脏扩张和腹水，按0.033%饲喂可导致死亡。

17. 3-硝基-4-羟基苯胂酸中毒 饲料中普遍添加该药物，可提高增重和饲料利用率，如果饲料搅拌不匀或添加量高于正常的2～3倍，则可引起病禽发出尖叫声和"鸭子般行走"的步态。鸡的给药剂量过高，常可引起颈部麻痹。临床症状一般在几分钟后消失。慢性中毒可引起肝内胆管炎。

18. 多氯化联苯（PCB）中毒 已报道，在鸡和火鸡的组织中，超过允许的5 mg/kg，禽蛋中超过允许的0.5 mg/kg，其脂肪中即有该药物的残留。PCB可降低产蛋率和孵化率，50 mg/kg的PCB可引起肉鸡肝硬化和腹水，母鸡出现产蛋和孵化率下降（见长效卤化芳香剂中毒）。

19. 丙烷中毒 鸡舍中常使用丙烷作燃料，为雏鸡提供热源。出壳第1周的雏鸡，常被圈在硬纸板围成的育雏围栏内，为其提供一个安全、温暖的环境。如果加热器有问题，丙烷气体就会泄露至育雏围栏内，取代比较轻的空气，导致雏鸡窒息。尸体剖检可见雏鸡肺脏充血和水肿，当将肺脏浸在福尔马林溶液中时肺脏将出现下沉。

20. 季铵类化合物中毒 季铵类化合物广泛用作消毒剂（见防腐剂与消毒剂）。火鸡非常敏感，150 mg/kg能够造成大量死亡。临床症状包括饮水减少、流涕、流泪、面部肿胀和呼吸困难。尸体剖检病变包括舌根和嘴角有干酪样溃疡。

21. 盐霉素中毒 盐霉素是肉鸡常用的一种抗球虫药。按照每吨饲料添加60 g是安全的。如将含有盐霉素的肉鸡饲料错误的用在蛋用雏鸡，就会发生中毒。临床症状包括腿部麻痹并向后伸展、采食量降低、产蛋和孵化率降低。蛋鸡饲料中的盐霉素含量超过10 g/t，就能引发如上症状。但尸体剖检未见病变。

22. 食盐中毒 鸡和火鸡日粮中推荐的食盐（氯化钠）添加量为0.5%，一般认为超过2%是危险的。雏鸡日粮中的含盐量高达8%也不会产生毒害作用，但雏火鸡日粮中含4%盐就会造成伤害，6%～8%可引起死亡。在饲料中添加2%食盐或在饮水中添加4 000 mg/L盐可造成幼龄鸭生长抑制，种鸭蛋受精率和孵化率下降。

已经加盐的日粮，如再加入含盐的蛋白质浓缩料（如鱼粉），或饲料中的食盐混合不均匀，都可使含盐量达到足够引起中毒的剂量。也有报道，因意外摄入岩盐或供给其他家畜的盐，导致个别禽发生中毒。剖检病变不具有诊断价值；常见有肠炎和腹水。水样

腹泻和垫料潮湿，常可提示食盐摄入量过多。幼禽睾丸水肿是食盐中毒的示病症状。

23. 硒中毒 饲料中硒含量超过5 mg/kg，就会引起孵化率下降，这是由于胚胎畸形，喙出现异常，不能破壳所致。一侧眼可能出现发育不全，趾部和翅膀也可出现畸形或发育不全。硒含量达到10 mg/kg，如蛋鸡日粮中的含硒谷物，可导致孵化率下降至0。刚进入产蛋期的青年母鸡比老龄鸡更为易感。

成年禽对饲料中硒的耐受性比猪、牛和马似乎要强，除孵化率下降外，不表现其他临床症状。雏鸡开食料中含8 mg/kg硒，则可引起其生长速度减缓，但4 mg/kg硒，则无明显影响。当日粮中硒含量低至2.5 mg/kg时，可导致肉和蛋的含硒量超过食品中法定允许的硒含量。在给蛋鸡补硒时，添加一些亚砷酸钠及其他有机砷化合物，可提高孵化率。

24. 磺胺喹噁啉中毒 磺胺类药物已被广泛用于家禽多种细菌病和原虫病的治疗。按0.25%饲喂磺胺喹噁啉，可引起严重的血细胞减少症。腿部、胸肌和几乎所有腹部器官都常见出血。骨髓苍白，血液凝固不良。在炎热天气，在饮水中添加磺胺喹噁啉，常会引起中毒。主要是由于气温升高，引起家禽饮水量迅速增加，而导致药物摄入过多。用维生素K治疗，通常可取得很好的效果。

25. 硫黄中毒 硫黄常被用于肉鸡舍，以提高生长速度和饲料转化率以及减少细菌病。在清除垫料后，可将硫黄撒到鸡舍地面上。如果鸡舍的铺设垫料量不足，雏鸡就会接触到硫黄，引起结膜炎和皮肤灼伤，特别是翅膀下和腿部。临床上，禽表现为怕冷、扎堆。在很多情况下，死亡是由于禽拥挤在一起，引起过热和窒息所致。当硫黄与湿气接触后，会形成硫酸而引起灼伤。

26. 福美双中毒 福美双常用于处理玉米种子。雏鸡的中毒剂量为40 mg/kg，雏鹅的为150 mg/kg，中毒可导致腿部变形和体重减轻。10 mg/kg可引起软壳蛋，40 mg/kg可导致产蛋率和孵化率下降。雏火鸡的耐受量可高达200 mg/kg。

27. 有毒脂肪 一种晶体状卤素已被鉴定为一些饲料中的有毒脂肪因子。可导致青年母鸡生长速度减缓、性成熟推迟和死亡率上升。孵化率下降。火鸡和鸭比鸡的敏感性低。中毒症状为羽毛蓬乱、精神不振及呼吸困难。病变包括腹水、心包积水、肝脏坏死、心外膜下出血和胆管增生。虽然不同来源饲料中的毒素含量不同，但是按0.25% ~ 0.5%饲喂35 ~ 150 d，即可产生典型病变。

二十六、鸭疫里默氏杆菌病

鸭疫里默氏杆菌（*Riemerella anatipestifer*）病（新鸭病、传染性浆膜炎、鸭疫巴氏杆菌病）是一种广泛传播的、接触感染性细菌病，主要感染幼鸭，火鸡和鹅很少感染。其他水禽、鸡和雉鸡偶尔也可感染。

【病原与传播】 鸭疫里默氏杆菌为革兰氏阴性菌，无芽孢，过氧化氢酶和氧化酶阳性，无运动力。可在营养丰富的培养基上于微需氧环境下生长。鸭疫里默氏杆菌几乎没有特征性的表型特性，因此需要采用多种方法进行分离和鉴定。确诊需要进行基因型鉴定。与多杀性巴氏杆菌（*Pasteurella multocida*）相似，鸭疫里默氏杆菌有多种免疫型（或血清型）。由于不同血清型之间无交叉保护，因此用菌苗进行全面预防的难度加大。

流行病学和发病机制尚不清楚。认为鸭是通过环境经呼吸道途径受感染的，也可通过受伤的脚蹼而感染。火鸡可通过伤口或在其他病原体破坏呼吸道上皮时，经呼吸道途径而受到感染。

【临床表现与病理变化】 通常在2 ~ 5 d潜伏期后出现临床症状。1 ~ 7周龄鸭常易发病，表现为流泪和流涕，轻度咳嗽和打喷嚏，头颈部震颤，运动失调。在典型病例中，发病雏鸭仰翻卧地，双腿呈划水状。可见生长发育迟缓。背后部或肛门周围也可见坏死性皮炎。最典型的病变是心包和肝脏表面有纤维素性渗出液。常见有纤维素性气囊炎，中枢神经系统感染，可引起纤维素性脑膜炎。肝脏、脾脏肿大。可见有肺炎。死亡率一般为2% ~ 50%。大部分发病鸭可发生黏液脓性或干酪性输卵管炎。由于多数种鸭停止产蛋，因此必须予以扑杀。

发病火鸡一般为5 ~ 15周龄，表现为呼吸困难、精神不振、弓背、跛行、歪颈。最明显的病变是纤维素性心包炎和心外膜炎。也可见有纤维素性肝周炎、气囊炎和化脓性滑膜炎。有时可见骨髓炎、脑膜炎和局灶性肺炎。死亡率5% ~ 60%，淘汰率3% ~ 13%。

【诊断】 根据典型的中枢神经系统症状、病理变化和细菌分离鉴定，可以作出诊断。其他疾病如大肠埃希菌病和衣原体病，也可产生类似病变。分离培养时推荐使用巧克力琼脂，也可用血液琼脂，置于烛罐中或5%二氧化碳条件下，37 ℃培养。最近还报道一种以PCR为基础的诊断方法。应对分离菌株进行血清型鉴定，以利于疫苗筛选和流行病学调查。平板凝集试验是诊断本病的一种快速、简便的方法。然而，由于单一菌株可能包含有多种抗原，因此除进行抗体效价测定外，一般只能使用经吸收处理的血清。可用生化特性试验，来鉴别引起鸭和火鸡发病的其他主要细菌，尤其是大肠埃希菌、多杀性巴氏杆菌、肠道沙门氏菌、鸭考诺尼尔菌、副鸡嗜血杆菌和禽波氏杆菌。组织压片检查，有助于确定是否存在衣原体。

【预防与控制】　精细化管理是控制感染的重要手段。必须采取高水平的生物安全措施。对不同鸭群进行清洁和消毒以及对不同日龄鸭群进行隔离，都是很重要的措施。在一些流行鸭疫里默氏杆菌病的鸭场，必须实施严格的卫生措施和扑杀病鸭，以消灭本病。

最近，已经有一种活菌苗可用于鸭，该菌苗包含鸭疫里默氏杆菌最常见的3种血清型。火鸡也可使用自家油乳剂灭活苗。初步治疗可采用青霉素与链霉素或者磺胺喹噁啉联合用药，但应进行抗生素敏感性试验。在饮水中添加恩诺沙星，对减少雏鸭死亡非常有效。但是，很多国家的现行法规禁止在生产用动物中使用喹诺酮类药物。

二十七、沙门氏菌病

沙门氏菌感染可分为无运动力血清型（鸡白痢沙门氏菌和鸡沙门氏菌）和有运动力的多种副伤寒沙门氏菌。美国USDA管理的国家家禽改良计划，所实施的检测和控制程序，使鸡白痢沙门氏菌和鸡沙门氏菌的发生率大幅度下降。过去曾将亚利桑那沙门氏菌单独分类，但现在已将其归类在副伤寒沙门氏菌属。除上述无运动力沙门氏菌外，家禽副伤寒沙门氏菌感染也比较普遍，且可能污染家禽产品，因此具有重要公共卫生意义。

鸡和火鸡对鸡白痢沙门氏菌和鸡沙门氏菌具有高度的宿主适应性。大约有2 400种非宿主适应性的沙门氏菌（副伤寒）能够传染几乎所有动物（见沙门氏菌病）。

（一）鸡白痢

【病原与传播】　鸡白痢沙门氏菌感染，通常可引起2～3周龄雏鸡和雏火鸡很高的死亡率（可能接近100%）。成年鸡的死亡率也很高，但通常无临床症状。鸡白痢的发生一度很普遍，如今多数商品鸡群中已经消灭了该病，但其他禽类（如珍珠鸡、鹌鹑、雉、麻雀、鹦鹉、金丝雀和红腹黑雀）仍有发生。哺乳动物极少发生感染，但也有一些试验性感染或自然病例的报道（黑猩猩、兔、豚鼠、毛丝鼠、猪、幼猫、狐狸、犬、猪、貂、奶牛和野鼠）。

该病能够垂直传播（经卵巢传播），但也能通过感染禽或被污染的饲料、水和垫料，发生直接或间接接触传播。经蛋传播或通过孵化器污染造成的感染，常可导致出壳头几日到2～3周龄内的雏鸡出现死亡。养殖场之间的传播都是由于生物安全措施不到位所致的。

【临床表现与病理变化】　雏鸡在出壳后不久，即可死于孵化器内。病鸡常聚集在热源周围，厌食，虚弱，肛门周围黏有白色粪便（腹泻）。存活鸡的个体较小，且常成为无症状带菌者，并伴有卵巢局部感染。患病母鸡所产的部分种蛋，经孵化后出壳的雏鸡可发生感染。

雏鸡病变通常有卵黄囊吸收不良，肝脏、脾脏、肺脏、心脏、肌胃和肠道可见典型的灰白色结节。有时盲肠内可见坚实的干酪样物（盲肠栓），肠道下端黏膜有斑状突起。偶尔出现明显的滑膜炎。成年带菌鸡通常无明显病变，但可能出现结节性心包炎、纤维素性腹膜炎或卵泡出血、萎缩退化，并伴有干酪样内容物。成年鸡慢性感染的病变与禽伤寒很难鉴别。

【诊断】　病理变化有一定诊断意义，但要确诊本病，必须进行鸡白痢沙门氏菌的分离、鉴定和血清学分型。成年鸡感染的诊断可采用血清学方法，但确诊要依据尸体剖检变化和细菌培养与分型。USDA主管的国家家禽改良计划已推荐了家禽沙门氏菌检测方法。

【治疗与控制】　建议不要通过治疗感染鸡来缓解长期带菌状况。对种鸡实施以日常血清学检测程序为基础的控制措施，以确保无感染发生。另外，还要通过管理和生物安全措施，以减少通过饲料、水、野鸟、啮齿动物、昆虫或人员引入鸡白痢沙门氏菌的机会。

（二）禽伤寒

【病原与流行病学】　禽伤寒的致病菌是鸡沙门氏菌。美国、加拿大和一些欧洲国家很少发生禽伤寒，但其他国家相对较多。虽然鸡沙门氏菌可经蛋传播，雏鸡和雏火鸡产生的病变与鸡白痢产生的病变相似，但该病更容易在生长鸡和成年鸡群之间传播。幼龄鸡的死亡率与鸡白痢相近，但成年鸡的死亡率可能要高一些。

【临床表现与病理变化】　雏鸡的临床症状和病变与鸡白痢的相似。成年鸡可出现黏膜苍白、脱水及腹泻。成年鸡的病变包括肝脏肿大、易碎并常染有胆汁，脾脏和肾脏有时可见坏死灶、肿大以及贫血和肠炎。

【诊断】　应通过鸡沙门氏菌的分离、鉴定和血清学分型来确诊（国家家禽改良计划检测程序）。

【治疗与控制】　治疗和控制措施与鸡白痢相同。迄今还尚未有美国批准的疫苗。其他一些国家有用鸡沙门氏菌的粗糙型菌株（9R）制成的菌苗（灭活或弱毒苗），但控制死亡率的效果有较大差异。最近，用鸡沙门氏菌外膜蛋白、突变菌株和毒力质粒敲除菌株制成的疫苗，对攻毒感染有保护性，具有良好的应用前景。用于鸡白痢的标准血清学检测方法，对检测禽伤寒同样有效。

（三）副伤寒

【病原】 任何一种无宿主适应性沙门氏菌都可引起副伤寒。这些沙门氏菌能够感染多种禽类、哺乳动物、爬虫和昆虫。副伤寒感染可经由家禽产品的污染和操作不当引起，因此具有重要的公共卫生意义。鼠伤寒沙门氏菌、肠炎沙门氏菌、肯塔基沙门氏菌和海德堡沙门氏菌是其中最常见的几种感染家禽的沙门氏菌。这几种沙门氏菌或菌株具有更强的致病性。其他一些（种属）沙门氏菌的流行，因地区和季节不同而有很大的差异。

水平传播常通过感染禽、污染的环境或感染的啮齿动物而发生。除肠炎沙门氏菌外，由感染种鸡传播到其子代的大多数血清型，主要经由蛋壳上污染的粪便引起。感染禽能保持带菌状态。

【临床表现与病理变化】 雏禽有时可出现临床症状，但并不常见。死亡通常发生在出壳后最初几周。该病的典型症状是精神沉郁、生长缓慢、虚弱、腹泻和脱水，但这些症状并非特征性的。

病变可见肝脏肿大伴有灶性坏死，卵黄吸收不良，肠炎伴有肠黏膜坏死以及盲肠栓。有时感染也可局限于眼或滑液组织。与此相反，由败血症引起的急性死亡不出现任何病变。为确诊本病须进行致病菌的分离、鉴定和血清学分型。血清学检测并不完全可靠。

【治疗与控制】 副伤寒的一般控制措施包括严格的孵化室卫生、对入孵种蛋进行熏蒸消毒、使用颗粒饲料、对鸡舍进行清洗和消毒、控制啮齿动物和使用竞争性排斥产品等。采用密闭式饲养，控制所有宠物、野鸟、啮齿动物，有助于避免引入感染。对抗生素的使用有很大争议。多种抗菌药物可以降低死亡率，但不能彻底清除感染，而且还会产生耐药性。可使用活疫苗或灭活疫苗进行免疫接种。免疫接种无法提供完全保护，应与其他控制措施结合，以减少沙门氏菌感染的发生。

肠炎沙门氏菌（副伤寒沙门氏菌的一种血清型）是食品安全的一个主要关注点，主要是蛋鸡业。商品蛋鸡的可能传染源包括感染的种鸡、污染的环境、感染的啮齿动物和污染饲料。从种鸡传播给子代主要通过污染的蛋壳，但与其他副伤寒沙门氏菌不同，也常发生经卵传播。现在，美国国家家禽改良计划（NPIP）已经纳入种鸡肠炎沙门氏菌的控制措施，包括感染鸡群的空舍、对青年母鸡舍和蛋鸡舍进行清洗和消毒、全面且先进的啮齿动物控制方案、使用竞争性排斥产品、免疫接种以及正确处理和冷藏种蛋。

二十八、葡萄球菌病

葡萄球菌病是由葡萄球菌感染包括家禽在内的多种不同禽类的一种细菌性疾病。该病在世界各地都有发生。金黄色葡萄球菌（*Staphylococcus aureus*）是葡萄球菌中最常见的分离株，但也有报道称，猪葡萄球菌（*S. hyicus*）也是雏火鸡脊髓炎的病原体。依据其感染部位和途径不同，葡萄球菌相关疾病有很大差异，可感染骨骼、关节、腱鞘、皮肤、胸骨囊、脐部和卵黄囊。

【病原】 金黄色葡萄球菌是一种革兰氏阳性、过氧化氢酶阳性的球状细菌，在染色抹片上呈葡萄串状。金黄色葡萄球菌是临床病例中最常见的分离株。大多数致病菌株都呈凝固酶阳性，但也有临床病例报告表明有凝固酶阴性的葡萄球菌，包括猪葡萄球菌、表皮葡萄球菌（*S. epidermidis*）和鸡葡萄球菌（*S. gallinarum*）。可使用噬菌体分型法鉴别不同的菌株。葡萄球菌毒素可增强菌株的致病力。

【传播、流行病学与发病机制】 由于葡萄球菌是正常皮肤和黏膜菌群的成员，因此很多感染都是由于创伤、黏膜损伤或两者同时存在而引起的。在孵化器内由于开放的脐部受到污染，也可发生感染。免疫功能不全的禽更容易发生葡萄球菌病。只要在宿主体内有金黄色葡萄球菌，该菌就会侵入最近关节的干骺端，出现骨髓炎并定居在关节内。有时细菌也可侵入血流，引起多种器官出现全身性感染。

【临床表现】 已有雏鸡和雏火鸡发生金黄色葡萄球菌脐炎，或卵黄囊感染的报道。其流行率取决于种鸡群和孵化环境中是否存在病原。如果脐部有葡萄球菌感染，则新出壳雏鸡就会发生脐部感染。当皮肤外伤继发葡萄球菌感染后，可出现坏疽性皮炎。免疫功能不全禽的坏疽性皮炎发病率更高。由于葡萄球菌存在于皮肤上，因此皮肤损伤也可导致局部脓肿，如趾部（禽掌炎）。最终，葡萄球菌可能会传播至全身，引起关节炎、滑膜炎、骨髓炎和心内膜炎。家禽的大多数葡萄球菌感染都会引起滑膜炎，最常见的临床症状是跛行。腿部的骨骼及其关节最易被感染。另外，败血症可导致肝脏呈绿色或出现多灶性坏死和肉芽肿。急性感染可见死亡率突然升高。

【病理变化】 发生脐炎的雏鸡，其脐部潮湿、发黑。病鸡常出现昏睡。与未感染卵黄囊相比，感染卵黄囊的残存时间更长，正常发育雏鸡的卵黄囊在出壳后第1周内即被完全吸收。感染卵黄的颜色异常（呈深绿色到棕色），呈面团样、黏稠，且有臭味。坏疽性皮炎常发生在免疫功能不全的鸡，多由金黄色葡萄球菌和腐败梭菌或大肠埃希菌混合感染引起。感染部位常出血并发出捻发声。最常见的是与败血症相关的病变。感染肌肉骨骼系统后，骨骼常出现黄色坏死灶，而病变关节有脓性渗出物。据报道，在加工厂屠宰时发现的一些患滑膜炎和骨髓炎的火鸡，其肝呈绿色。肝废弃的原因是败血症，肝有坏死点和肉芽肿。急性感染中，肝、脾、肾和其他内脏器官可见坏死和充血。已报道，在心脏瓣膜可见赘疣。

【诊断】 虽然有一些病变可提示葡萄球菌病，但确诊需要对病变组织抹片进行镜检，以及用血液琼脂平板进行细菌培养。鉴别诊断包括大肠埃希菌和多杀性巴氏杆菌，以及其他家禽败血性疾病。

【治疗与预防】 抗生素可有效治疗葡萄球菌病，但由于普遍存在抗药性，因此在用药之前应进行药敏试验。治疗葡萄球菌病的抗生素有青霉素、红霉素、林可霉素和大观霉素。由于伤口是葡萄球菌进入体内的主要途径，因此应尽量避免家禽受到各种损伤。垫料中的木头碎片、笼子上突出的铁丝、打斗或啄食都可能造成皮肤损伤及葡萄球菌病。由于对青年鸡和火鸡进行断喙和剪趾可能会引起葡萄球菌性败血症，因此确保设备的卫生有助于防止本病的发生。良好的垫料管理对控制足垫损伤、预防禽掌炎是很重要的。孵化室的卫生和良好的种蛋管理措施，对于减少脐部感染和脐炎也十分重要。

【人兽共患病风险】 金黄色葡萄球菌能引起人的食物中毒。已发现临床健康火鸡携带有产肠毒素的菌株，在处理和烹饪火鸡产品时，应采取适当预防措施。

二十九、链球菌病

世界各地的许多禽类都有链球菌病。该病有两种类型，即急性败血症型和慢性型。禽群死亡率可高达50%。由于链球菌是大多数禽类正常肠道和黏膜菌群的成员，因此链球菌感染常继发于其他疾病。

【病原与流行病学】 链球菌是一种无运动力、革兰氏阳性、过氧化氢酶阴性的球状细菌，在染色抹片中呈单个、成对或短链排列。通常与禽病有关的链球菌包括兽疫链球菌（ *S. trefococcus zooepidemicus*、鸡链球菌 *S.gallinarum* ）、牛链球菌（ *S.bovis* ）、停乳链球菌（ *S.dysgalactiae* ）、雏鸡链球菌（ *S.gallinaceus* ）和变形链球菌（ *S.mutans* ）。链球菌可引起急性败血症、关节感染、蜂窝织炎、骨髓炎和心内膜炎。可经口或气溶胶途径传播，也可经损伤的皮肤传播。

【临床表现】 链球菌感染有时是局部性的，有时呈败血性。亚急性或慢性感染可出现心内膜炎和跛行。兽疫链球菌感染的临床症状为典型的急性败血性感染，以及病禽嗜睡、卧地不起。蛋鸡发病后，可使产蛋率下降15%。鸽感染牛链球菌，可出现急性死亡，伴有跛行、食欲不振、腹泻以及不能飞翔。其他链球菌感染可见有急性纤维素性化脓性结膜炎。

【病理变化】 急性败血症型的病变包括脾脏肿大和肝脏肿大（有时散在有红褐色到白色坏死灶），以及肾脏肿大。皮下或心内膜可见浆液性渗出物。口及头部周围羽毛有时可见由口腔血液造成的血染。皮肤和皮下组织出现的蜂窝织炎与大肠埃希菌（ *Escherichia coli* ）和停乳链球菌（ *S. dysgalactiae* ）有关。

慢性链球菌感染可引起关节炎或腱鞘炎、骨髓炎、输卵管炎、心包炎、心肌炎和瓣膜心内膜炎。心脏瓣膜病变表现为瓣膜表面有黄白色或棕色小突起。许多组织都可见腐败栓引起的局灶性肉芽肿。镜检，很容易看到栓塞血管和坏死灶内有革兰氏阳性细菌菌落。

【诊断】 根据病史、临床症状、病变及感染组织的血液涂片或抹片中检出链球菌样细菌，可以作出链球菌病的初步诊断。确诊需要从病变中分离到链球菌。链球菌很容易在血液培养基上生长。

鉴别诊断包括其他的细菌性败血症，如葡萄球菌病、肠球菌病、大肠埃希菌病、巴氏杆菌病和丹毒。如在口腔见有血液，应考虑与传染性喉气管炎、巴氏杆菌病、禽流感和新城疫进行鉴别。

【预防与控制】 治疗急性和亚急性感染，可使用青霉素、红霉素、新霉素、氧四环素、金霉素和四环素等抗生素。对临床发病禽在感染早期治疗效果很好，但是随着疾病在禽群中的扩散，治疗效果下降。应进行药敏试验以选择合适的抗生素。

由于链球菌常继发于其他疾病，因此预防免疫抑制性疾病和免疫抑制性状况是很重要的。另外，皮肤损伤可能是链球菌侵入的途径，因此应尽量避免皮肤受到损伤。适当的清洗和消毒能减少环境感染来源。

三十、结核病

结核病是一种传播速度缓慢、肉芽肿性的慢性细菌病，以渐进性体重减轻为特征。所有禽类都易感，但程度不同，雉鸡似乎高度易感，而火鸡感染不常见。被捕获禽的结核病流行率比野禽更高。商品禽由于其生命周期短，且采用良好的养殖管理，因此不太可能发病（见结核和其他分支杆菌感染）。

【病原与流行病学】 最常见的病原体是禽分支杆菌（ *Mycobacteriu avium* ）；但也分离到日内瓦分支杆菌（ *M.genavense* ）。可采用血清学方法，对引起鸡和鸟发病的禽分支杆菌（血清型1、2和3）菌株，与其他无致病性菌株（血清型4~6、血清型8~11和血清型21~28）进行鉴别。从鹦鹉和金丝雀中，很少能分离到结核分支杆菌（ *M.tuberculosis* ）。禽分支杆菌的抵抗力很强；在土壤中的存活时间可长达4年，在3%盐酸溶液中的存活时间超过2 h，在4%氢氧化钠溶液中的存活时间可达30 min以上。

结核病可发生于世界各地，最常见于小型、庭院鸡群和动物园鸟类饲养场；幼禽发病很罕见。已发现，野鸟（如鹤、麻雀、欧椋鸟和猛禽）也可感染。鸸鹋和其他平胸类鸟也可发生结核病。

出现晚期病变的感染禽可经粪便排菌。病禽的尸体和内脏可引起捕食鸟和啄食禽发生感染。兔、猪和水貂也很容易受到感染。牛接触到被结核杆菌污染的粪便，可对牛分支杆菌纯蛋白衍生物（PPD）结核菌素和禽分支杆菌PPD结核菌素产生阳性反应。禽分支杆菌血清1型，不但常从患结核病的禽类中被分离到，而且也从患获得性免疫缺陷综合征的人体中被分离到。

【临床表现与诊断】 病禽通常在感染后期才出现临床症状，表现消瘦和呆滞，也可见跛行。病鸡的肝脏、脾脏、骨髓和肠道常见有大小不同的肉芽肿结节。一些野鸟可见肝脏和脾脏病变，而无肠道病变，但骨髓和小肠肠系膜可见小结节。病变不会发生钙化。

检测活禽可使用禽结核菌素，但对于没有肉髯的禽价值不大。如病变组织的涂片上出现大量的抗酸菌，可作出初步诊断。确诊需要采用分支杆菌检测方法。鉴定菌株可采用生化方法、血清凝集试验和DNA分析。

【控制】 化学药物治疗无效。商品鸡群由于周转期相对较短，再加上总体卫生条件的改善，已基本消除了这种曾经常发生的疾病。对感染鸡应进行销毁，对禽舍和用具要彻底清洁，并用甲酚（酚类）化合物消毒。对以土为地面的禽舍，应先清除表面几厘米厚的垫土，更换为从未饲养过家禽地区的新土。要遮挡鸡舍的门窗处，以避免野鸟进入。

动物园中的禽结核很难被消灭。新引进鸟应先检疫隔离2~3个月。由于平胸鸟类因出售而经常移动，且生命周期较长，因此已成为养殖人员对结核病感染的主要担忧。以特价购买的平胸鸟必须进行隔离，以避免结核病引入现有禽群。

三十一、火鸡病毒性肝炎

火鸡病毒性肝炎是5周龄雏火鸡常发的一种急性、高度接触性和亚临床性疾病。该病分布广泛，在某些地区很常见，发病率可高达100%。只在雏火鸡有死亡的报道，仅在4~8 d内的死亡率可达到25%。

【病原】 已报道，从有典型病变的雏火鸡分离到类小核糖核酸病毒，但其病原作用机制尚未得到最终确认。该致病性病毒的分类也未确定。从肝脏和多种其他组织，如胰腺、脾脏和肾脏以及粪便中，很容易分离出该病毒。但是从日龄较大的禽分离病毒难度很大。该病毒在5~7日龄鸡胚或火鸡胚的卵黄囊上很容易生长。病毒具有耐热性；对乙醚、苯酚和克辽林有抵抗力，但对福尔马林无抵抗力；对高pH敏感，对低pH不敏感。

【临床表现】 该病常呈亚临床性，只有在应激反应时才表现症状。病禽表现有发育不良、消瘦。发病率和死亡率随应激反应的程度不同而不同。5周龄以下雏火鸡，发病率达到100%，死亡率10%~25%。种火鸡群可表现有产蛋率、受精率和孵化率下降。

【病理变化】 大体病变主要集中在肝脏和胰脏。肝脏坏死灶直径可达1~3 mm，也可能出现融合。可见有出血和充血区，变性一般不明显。肝脏偶尔也会呈现广泛性的胆汁黄染。肝脏病变与一些细菌性感染很相像，尤其是沙门氏菌、多杀性巴氏杆菌或大肠埃希菌，与禽腺病毒Ⅰ群和Ⅱ群以及呼肠孤病毒感染也很类似。胰脏常呈现相对较大的、环状、灰色变性灶。亚临床型病例很少见有病变，肝脏很少见有明显出血和充血。3~4周内病变组织可恢复正常。

【诊断】 沙门氏菌和其他细菌感染引起的肝脏坏死灶，容易与病毒性肝炎相混淆。通过适宜的培养技术，可以鉴别细菌性感染。肝脏病变与组织滴虫病相似，但火鸡病毒性肝炎没有盲肠病变，这有助于鉴别这两种疾病。对于组织滴虫病，需要进行组织病理学检查或分别进行病原鉴别。

【控制】 目前该病没有治疗方法。细菌继发感染似乎并不重要，但如果有，则应针对特定病原进行治疗。虽然康复禽具有抵抗再次感染的能力，但是尚未检测到中和抗体。良好的卫生条件有利于预防病原体的传播。

三十二、家禽的杂症

（一）腹水综合征

腹水综合征又称肺动脉高压综合征。腹水是指非炎性组织漏出液积聚在腹腔内的一个或多个部位或其他可能部位。腹腔肝脏两侧、腹部或心包腔最常聚集有漏出液，其中可能含有黄色的蛋白凝块。造成腹水发生的原因可能是血压升高、血管损伤、组织渗透压升高、血管渗透压（通常是胶体渗透压）下降或者淋巴回流受阻。

腹水最常见的发生原因是右心室功能衰竭（RVF）或肝硬化引起的静脉系统血压升高。已有确凿证据表明，大多数病例都是由遗传性肺部动脉高血压引起的，进而发展为充血性心脏衰竭，多数病例最终发展成腹水症。

鸡最常发生肺部高血压，其发生频率仅次于由高原缺氧导致的红细胞增多症和血液黏度升高。该病的发生率也比钠中毒的红细胞刚性要少，也不常见肺脏有病变。低海拔环境下的肉鸡，代谢需氧量很高，发生腹水症的一般原因是肺脏毛细血管功能不足而引起的原发性或自发性肺脏高血压。

在家禽，肝脏损伤可能由黄曲霉毒素或其他植物毒素所引起，如猪屎豆。肉鸡的阻塞性胆管肝炎（由产气荚膜梭菌感染引起的）是引起肝脏损伤进而引起腹水的主要原因。在肉鸭和种鸭，肝脏淀粉样变性常可引起腹水。

【发病机制与流行病学】　肺脏高血压综合征是由于肺脏血流灌注量持续增加以满足身体氧需要，造成肺动脉血压升高而引起的。右心室血流量和血压过高可导致右心室壁扩张和肥大、瓣膜功能不足、右心功能衰竭和腹水。

禽的肺脏坚实，且位于胸腔内。毛细血管很难扩张，无法适应血流量的增加。随着肉鸡的生长，肺脏相对于体重的比例会降低，尤其是肌肉。在快速生长型肉鸡，血流量的增加会导致原发性肺动脉高压、伴有偶发性右心室衰竭的肺心病，以及腹水。诱发因素包括需氧量增加（如寒冷）、血液携氧能力降低（如酸中毒、一氧化碳）、血容量升高（如钠）、或干扰血液在肺脏流动（如可引起毛细血管变窄或堵塞的肺脏病变、红细胞刚性升高，或伴有血黏度升高的红细胞增多症）等，可引起鸡群暴发肺动脉高血压综合征，有时会出现腹水。

某些肉鸡群和许多公鸡群肺动脉高血压综合征的发病率可达2%以上，其他公鸡群偶尔可达15%～20%。右心室肥大是对负荷增加的反应，如果负荷持续过重最终会导致右心室功能衰竭。右心室壁肥大是由肺脏高血压直接导致的，右心室占整个心室质量的比例可以用来评估右心室的血压负荷。

【临床表现】　有时，幼龄肉鸡也会出现肺动脉高血压综合征，尤其当钠量升高或发生肺脏疾病（如曲霉菌病）时，死亡率在5周龄之后达到高峰。在出现右心室衰竭和腹水之前，无任何临床症状。临床发病鸡表现为发绀、腹部皮肤呈红色、末梢血管充血。随着右心功能衰竭的出现，发病肉鸡生长停滞，比同栏鸡的个体要小。但是生长速度过快是一个发病诱因，有时体型最大的鸡发病，公鸡的发病率比母鸡的要高。腹水可以造成呼吸频率加快，运动耐量降低。发病肉鸡常仰面倒地死亡。并不是所有死于肺动脉高血压综合征的肉鸡都会出现腹水。死亡可能毫无征兆而突然发生。

【病理变化】　大多数病变都是由右心室功能衰竭引起静脉血压升高而造成的。腹腔内可见有不同量的黄色清亮液体和纤维凝块。可见肝脏肿大、瘀血、质地坚硬，且外观不规则并伴有水肿，表面黏附有蛋白凝块。也可见有结节和皱缩，肝脏色泽变淡且被膜下可见有水肿和被膜增厚，或在被膜和内脏腹膜之间可见有时大时小的水泡。中度到明显的心包积液，偶见粘连性心包炎。也可见有右心室扩张和中度到明显的右心室壁肥大。在大多数病例中，右心房和腔静脉明显扩张。偶见有左心室变薄。肺脏出现明显瘀血和水肿。有时肠道无内容物。

【诊断】　由于腹水或右心室衰竭或肺动脉高压而突然死亡的肉鸡，可通过心脏肥大、右心室扩张增厚，或体腔积液和心包积水来进行鉴别。如出现右心室壁肥大或增厚，肉鸡可能是死于肺动脉高压综合征，即使体腔和心包内没有积液。

【控制】　通过降低生长速度或采食量，减少代谢需氧量，可以预防由肺动脉高压引起的腹水症。应当控制环境温度、湿度和通风量，以避免体热的过量流失，尤其是出壳后的早期阶段。通过消除相关的致病因素，可以预防其他因素（如钠、肺损伤和肝损伤等）引起的腹水症。海拔超过900 m的地区不适合饲养肉鸡，必须降低生长速度以避免死亡。高海拔地区还必须要精心做好防寒工作。研究表明，可以通过对肉鸡肺动脉高压及相关腹水症的抵抗力和易感性进行基因选育。

（二）胸部水疱

在正常情况下鸡和火鸡龙骨突起的前面都会有滑膜的黏液囊。在外伤和感染造成黏液囊发炎时，就会引起积液和渗出液聚集，形成直径1～3 cm的水疱。引起黏液囊创伤的原因包括羽毛生长不良、地面坚硬和腿部无力，这些都与躺卧时间过长有关。有些雏火鸡胸骨突出，增加了黏液囊受伤的可能性，但是当随着胸部肌肉生长和创伤的减少，病变即可恢复。引起胸骨黏液囊炎的感染性因素包括滑液囊支原体（*Mycoplasma synoviae*）、葡萄球菌（*Staphylococcus*）和巴氏杆菌（*Pasteurella* spp.）。

（三）胸部扣状溃疡

病变位置与胸部水疱位置相似。胸部表面出现硬痂以及肉芽肿，并可延伸到相邻皮下组织。其病原学尚不完全明确，但不同于引起胸部水疱的病因。当然，该病可能是化学灼伤引起的，原因是羽毛发育不良部位的皮肤与含有氨或毒素的潮湿垫料长期接触。

（四）啄癖

啄癖是鸡和火鸡的一种异常行为，大多数表现为啄肛或啄食头部、鸡冠、肉髯或脚趾等无毛皮肤。具体病因尚不确定，但是拥挤、光照强度过高和营养不均衡，与该病的发生有直接关系。另外，开产期过于肥胖的青年母鸡或产蛋期母鸡，在产蛋时或产蛋后可能会出现黏膜组织从肛门脱出的现象，这种红色组织会激发啄食。可诱发啄癖的其他因素有料槽空间不足、矿物质和维生素缺乏、皮肤受伤和没有及时清除死鸡。啄食不仅能引起鸡死亡，还可导致传染病（如丹毒）的传播和肉毒毒素中毒。

控制措施包括纠正或减少上述风险因素。需要对上喙的尖锐末端进行修剪，以减少啄食引起的皮肤外伤。在1日龄时，常将雏鸡的喙末端修剪到鼻孔处，成年鸡或火鸡在6～12周龄时进行重新断喙。应采用烧灼法止血。

（五）吸虫病

现代化舍饲家禽基本没有吸虫病，因为所有吸虫都需要蜗牛作为中间宿主，且常需要第3个无脊椎动物宿主。然而，在能够接触到蜗牛或其他宿主的庭院养殖禽和某些野鸟仍然存在这些寄生虫。放养式家禽接触此类寄生虫的机会可能较多。

巨睾前殖吸虫（*Prosthogonimus macrorchis*），是一种寄生在输卵管的吸虫，家禽在采食其第二宿主，即幼虫或成年蜻蜓中的感染性后期囊蚴幼虫后，就会受到感染。吸虫在法氏囊或没有功能性囊的鹑鸡类（如鸡、火鸡、雉）的输卵管内大约2周即可成熟。

鸭和其他具有法氏囊组织的鸟在发生轻微感染时，不表现临床症状。当鹑鸡输卵管发生严重感染时，可引起食欲不振、衰弱、体重减轻，泄殖腔排泄物呈石灰质样，以及产蛋下降，软壳蛋数量增加。病变从轻微炎症到输卵管扩张或撕裂，可导致死亡。通过粪便检查进行诊断不可靠，因为吸虫卵并非持续存在。在禽蛋中或尸体剖检时，在输卵管中都可能发现有吸虫成虫。

为了防止吸虫传播，必须禁止给禽类饲喂蜻蜓。治疗家禽感染，无有效且经批准使用的方法。四氯化碳作为一种常用药物，对鸡和其他禽类有极高的毒性。

鸟瘤吸虫（*Collyriclum faba*），是另一种鸟类常见的吸虫，可引起直径4～6 mm的皮下囊肿（通常含2条成虫），可出现在火鸡、鸡和其他禽类身体的任何部位，更常见于肛门附近。囊肿渗出的分泌物可吸引苍蝇，易诱发细菌感染。雏禽的临床症状表现为运动困难和食欲不振；重度感染可导致死亡。可通过外科手术去除该虫。生活史不详，可能与蜗牛和昆虫有关，如蜻蜓或蜉蝣。预防感染需要使家禽远离水生昆虫出没地区。

（六）嗉囊下垂

鸡群和火鸡群嗉囊下垂的发生率很低。嗉囊出现明显扩张，内含恶臭液体、饲料和垫料。饲料利用率下降，发病严重的鸡出现消瘦或瘦弱。为减少嗉囊内容物的污染，常在加工过程中将发病存活鸡淘汰或废弃。

其病原学尚不清楚，但已经发现火鸡有遗传性诱因。采食量、饮水量不稳定或过高可使其发病率升高。迷走神经的损害也被认为是其病因。目前尚无有效的治疗方法。

（七）尿酸盐沉积

禽类以尿酸盐形式排泄含氮废弃物，尿液中的尿酸盐以胶体形式被包裹在黏液中。肾功能不全可造成血液尿酸的清除率下降，引起血尿酸过多，不溶性物质沉积在肾或其他器官，导致尿酸盐沉淀或沉积（痛风）。尿酸盐沉积物呈白色、半固体状，应与黄色纤维素性或化脓性、炎性渗出物相区别，这种渗出物是由于滑膜炎、腹膜炎、肝周炎和心包炎等传染性病因而造成的。

1. 内脏尿酸盐沉积 发生在急性、进行性肾衰竭之后，也可能是慢性肾病的急性代偿机能障碍引起的。最常发生尿酸盐沉积的部位是心包膜、腹膜和肝被膜，偶尔也可见于关节的滑液膜表面和腱鞘。显微镜下，沉积的尿酸盐多呈羽毛状晶体物或嗜碱性细胞积聚，由于急性发作因此常无炎症变化。引起商品禽发生急性肾衰竭和内脏尿酸盐沉积的传染性病因包括传染性支气管炎病毒、禽肾炎病毒病和隐孢子虫病。非传染性病因包括脱水、非产蛋鸡采食含钙量超过3%的饲料、维生素A缺乏、尿石症及与肌肉毒素（如卵孢霉素）接触。其他禽类接触肾毒素（最常见的是氨基糖苷类抗生素或重金属）后，常会继发内脏尿酸盐沉积。

2. 关节尿酸盐沉积 不太常见，且发生于血清尿酸水平持续升高后。在趾和翅关节的滑液膜上发生尿酸盐沉积，造成尿酸盐晶体（痛风石）的慢性肉芽肿。具有尿酸代谢遗传缺陷或饲喂过量蛋白质的鸡，可见有关节尿酸盐沉积。

3. 尿石症 常发生在老龄产蛋鸡。其特征是一侧或双侧肾严重萎缩，输尿管扩张，常见管内结石或尿石，含有易碎的、呈白色、鹿角形尿酸钙。大多数病例都是由于给未产蛋母鸡饲喂高钙蛋鸡料、传染性支气管炎病毒感染或严重的维生素A缺乏症引起的。如果出现完全堵塞，可出现急性肾功能衰竭，内脏出现尿酸盐沉积，导致死亡。如果出现不完全阻塞或单侧阻塞，存活鸡可发生代偿性肾功能衰竭，也可出现关节尿酸盐沉积。

（刘莹 译 李自力 梁智选 一校 丁伯良 二校 崔恒敏 三校）

第四节 体被系统疾病

一、体外寄生虫

（一）臭虫

温带臭虫（*Cimex lectularius*）是温带和亚热带常

见的一种吸血寄生虫，可侵袭家禽、人类和其他大多数哺乳动物。虽然在现代化产蛋禽舍中极为罕见，但在种鸡舍和鸽棚可能会出现严重孳生。臭虫可以在2~6周或更长时间内完成生活史，因为其幼虫耐受饥饿的时间可长达约70 d，成虫可长达12个月。臭虫通常在夜间吸血。臭虫可在10 min内完成吸血，然后藏匿在缝隙中。家禽如受到大量的臭虫侵袭，可表现烦躁和贫血。由于在咬伤之后臭虫通过伤口注入唾液，因此家禽往往还表现有肿胀和瘙痒。臭虫侵扰的迹象包括在鸡蛋表面和产蛋箱内发现有臭虫粪便，胸部和腿部皮肤损伤，产蛋量下降和饲料消耗增加。

最有效的控制措施是彻底清洁禽舍，减少臭虫藏匿的地方，用有机磷酸酯类药物熏蒸禽舍，这种药物可长期滞留在宿主接触的表面。

（二）跳蚤

吸着蚤、鸡蚤（*Echidnophaga gallinacea*）是美洲热带和亚热带家禽的一种主要害虫。在家禽中，跳蚤是较为特别的，成年蚤是一种固着寄生虫，通常黏附在头部或肛门皮肤可达数天或数周。成年雌虫在产卵时用力将卵喷射至周围垫料。在含沙的、排水性良好的垫料中，尾蚴发育最好。成年跳蚤的宿主有鸡、火鸡、鸽、野鸡、鹌鹑、人类和许多其他哺乳动物。造成刺激、烦躁不安，并导致失血性贫血和死亡，尤其是对幼禽。咬伤眼睛周围会引起溃疡，导致失明。

西方鸡蚤或黑母鸡跳蚤、黑角叶蚤（*Ceratophyllus niger*），仅分布于美国太平洋沿岸地区。实际上这种跳蚤主要在粪便中繁殖，只是偶尔在禽体上采食。在美国广泛存在有欧洲鸡蚤、鸡角叶蚤（*C. gallinae*）。这种蚤在产蛋箱和垫料中繁殖，仅在禽体上采食。除了鸡，它侵扰其他许多禽类以及人和宠物。大量跳蚤侵扰可引起宿主消瘦和产蛋量下降。

最重要的控制措施是清除被污染的垫料，使用西维因、蝇毒磷或马拉硫磷喷洒垫料表面，杀死幼蚤。昆虫生长调节剂如烯虫酯也有效。可局部使用除虫菊酯控制吸着蚤。

（三）蠓与蚋

1. 蠓　库蠓属（*Culicoides* spp.）（蠓科），其吸食血液，并将血液寄生虫传播给禽，是加拿大的鸭和鹅以及北美的火鸡变形血原虫的传播媒介，也是东南亚和日本鸡住白细胞原虫（*Leucocytozoon*）的传播媒介。它们还可传播安哥拉蝇蛆（*Myialges anchora*）（表皮螨科）。咬伤处可连续3 d出现红肿和刺痒。蠓在黄昏或晚上叮咬采食，传统纱窗不能防止蠓。拟除虫菊酯类杀虫剂可以暂时控制蠓的繁殖。

2. 蚋　蚋（*Simulium* spp.）属蚋科，又称水牛蚋和

火鸡蚋，是吸血类昆虫，可将住白细胞原虫病传播给鸭、火鸡和其他禽类。在温带北部和近北极地区有大量蚋，热带也可见有许多种蚋。蚋多成群侵袭，直接或通过疾病传播引起体重下降、产蛋量下降、贫血和死亡。要控制蚋相当困难，因为它们在未成熟阶段仅存在于流水中，而这些地方离禽场常有一定的距离。在早春成虫出现之前，通过使用苏云金杆菌（*Bacillus thuringiensis israelensis*）可以控制幼虫。也可使用双硫磷、甲氧氯等化学杀幼虫剂。控制成虫应使用24目/2.54 cm或更小孔径的纱窗。然而，蚋很少进入禽舍。

3. 鸽虱蝇　卡纳尔鸽虱蝇（*Pseudolynchia canariensis*）（虱蝇科）是温带或热带地区鸽子的一种主要吸血寄生虫。可传播鸽血变原虫（*Haemoproteus*）和锥虫（*Trypanosoma*）等血液寄生虫，皮螨安哥拉蝇蛆（*Myialges anchora*）（表皮螨科）及鸽羽虱（*Columbicola columbae*）。鸽虱蝇可造成雏鸽出现重大病害。每隔20 d应清扫一次鸽舍，可用氯菊酯或溴氰菊酯粉喷撒雏鸽。

（四）禽蜱

波斯锐缘蜱（*Argas persicus*），广泛分布于热带和亚热带国家，是鹅疏螺旋体（*Borrelia anserina*）（禽螺旋体病）和引起禽发病的鸡埃及原虫（*Aegyptianella pullorum*）（埃及原虫病）的传播媒介。在美国，除波斯锐缘蜱（*Argas persicus*）外，波斯锐缘蜱群还包括微小锐缘蜱（*A.miniatus*）、桑切斯锐缘蜱（*A.sanchezi*）、辐状锐缘蜱（*A.radiatus*）。在温暖、干燥气候下，这些蜱在鸡舍内特别活跃。白天可看到各个不同阶段的蜱藏匿在缝隙中。禽体上可见到幼虫，因为它们要吸附并采血2~7 d。每天夜间，若虫和成虫吸血15~30 min。在达到成虫阶段前，若虫需要吸血和蜕皮数次。成虫反复吸血，最常见于翅膀下，雌虫每次吸血后产卵数量可高达500个。在无血液吸食时，成年雌蜱的存活时间可长达4年之久。

禽蜱可引起贫血（最严重的）、体重下降、精神沉郁、毒血症和虚弱无力、产蛋量下降。吸血部位的皮肤上可见有红点。因为蜱为夜行性，所以禽在栖息时表现出一些烦躁不安。虽然极少出现死亡，但产蛋量可能明显下降。

当清扫禽舍后，应使用西维因、蝇毒磷、马拉硫磷、苄氯菊酯、杀虫畏或杀虫畏与敌敌畏的混合物，对墙壁、天花板和各种缝隙进行彻底处理（用高压喷雾器）。应填死缝隙。

（五）虱

禽虱，属于食毛目，生活史约3周，通常以皮肤或羽毛制品上的碎屑为食。禽虱在宿主身上可存活数月，但离开宿主只能存活约1周。禽虱可藏匿在人和

其他哺乳动物身上，但只是暂时性的。

在集约化家禽饲养场，鸡和火鸡最常见的和经济上最重要的虱是雏鸡羽虱（*Menacanthus stramineus*），为一种鸡体虱，常见于胸部、肛门和腿部。雏鸡羽虱可刺破柔软羽毛的基部，或是啃咬羽毛基部皮肤，并吸食血液。不常侵袭鸡的有鸡羽虱（*Menopon gallinae*）（在羽毛杆上）、鸡长圆虱（*Lipeurus caponis*）（主要在翅膀羽毛上）、鸡头虱（*Cuclotogaster heterographus*）（主要在头部和颈部）、禽圆羽虱（*Goniocotes gallinae*）（很小，在绒毛内），以及鸡角羽虱（*Goniodes gigas*）（大的鸡虱）、鸡圆虱（*Goniodes dissimilis*）（褐色虱）、有角鸡体虱（*Menacanthus cornutus*）（体虱）、苍白鸡体虱（*Uchida pallidula*）（小体虱）或有齿角羽虱（*Oxylipeurus dentatus*）。可侵袭火鸡的有火鸡角虱（*Chelopistes meleagridis*）（大火鸡虱）、多菱形角羽虱（*Oxylipeurus polytrapezius*）（细长火鸡虱）。

当宿主之间发生密切接触时，虱可从一种禽传给另一种禽，因此具有宿主特异性的食毛目虱，一般也可侵袭其他家禽及笼养鸡。通过虱蝇（虱蝇科）的转运，虱有时也会传播给新的禽类宿主。鹅和天鹅的一些虱也是丝虫目线虫的传播媒介。

大量聚居的鸡体虱可以降低公鸡的繁殖力、母鸡的产蛋量和生长鸡的增重。皮肤受到刺激的部位也是继发细菌感染的部位。其他种类虱对成年禽的致病力不强，但对雏鸡是致命的。检查禽体，可以在皮肤或羽毛上看见虫卵或活动的虱子，特别是肛门周围和翅膀下。

大多数虱都是通过被污染设备（如鸡笼和蛋盘）或鸡形目鸟带入养殖场的。控制笼养鸡或火鸡虱的最好方法是喷洒除虫菊酯、胺甲萘、蝇毒磷、马拉硫磷或杀虫畏。将胺甲萘、蝇毒磷、马拉硫磷或杀虫畏粉喷撒在垫料上，很容易控制地面平养禽的虱子。杀虫剂不能杀灭虫卵，因此应在10 d后重复1次。

图20-19　鸡刺皮螨损伤皮肤
（由Dietrich Barth博士提供）

图20-20　肉种鸡肛门周围的森林禽刺螨及粪便
（由Jean Sander博士提供）

（六）螨

在鸡群的许多体外寄生虫中，造成经济损失最为严重的是皮刺螨科（鸡螨、北方鸡螨和热带鸡螨）和恙螨科（火鸡恙螨）的螨。

1. 鸡螨（红螨、栖架螨或禽螨）　鸡皮刺螨可侵袭鸡、火鸡、鸽、金丝雀和各种野鸟。虽然在现代化商品笼养蛋鸡舍中很罕见，但可见于种禽和小型禽群。鸡螨夜间采食，白天藏匿在鸡粪中、栖架上和禽舍的缝隙中，并产卵。在温暖的季节迅速大量繁殖，当天气冷时繁殖较慢；生活史仅1周即可完成。即使家禽被移出后6个月，禽舍仍具有感染性。

鸡螨及北方鸡螨和热带鸡螨的传播，是由驱散螨虫造成的，或通过与受侵袭禽、动物或无生命体直接接触而引起的。在集约化家禽养殖场，最常见的螨传播是通过诸如蛋盘、鸡筐或鸡笼等无生命体造成的，或是由在禽舍之间或鸡场之间移动的人员造成的。

无论鸡螨或北方禽螨，发生严重感染都可能降低公鸡的繁殖力、母禽的产蛋率及幼禽的增重；也可导致贫血和死亡。白天在禽舍中可发现鸡螨，特别是在缝隙中或栖架交接处，夜间可在禽体上发现鸡螨。

要避免螨虫群的形成，很重要的是确保购买的禽无螨虫，并采用良好的卫生措施。家禽一旦遭受侵袭，给鸡和垫料喷雾或喷撒胺甲萘、蝇毒磷、马拉硫磷、杀虫畏或除虫菊酯复合物，可达到控制效果。使用这类药物的地区，寄生虫应尚未对这些药物产生抗药性。在用杀螨剂喷撒治疗时，必须用足够的力量使药物能够渗透到肛门周围的羽毛。硫酸烟碱对螨虫是一种有效的熏蒸剂，但非常有害。除虫菊酯和增效醚在开始时很有效，但其杀虫力残效较差。要控制鸡螨，除了对鸡进行处理以外，还必须用高压喷雾器对禽舍内部和所有的螨虫藏匿处（如栖架、产蛋箱后部及缝隙中）进行彻底处理。当禽被全部移出后，可喷洒乐果和倍硫磷，用作禽舍的残效杀虫剂。使用伊维菌素（1.8～5.4 mg/kg）或莫西菌素（8 mg/kg）进行全身治疗，在短期内有效，但在大剂量应用时，不仅费用昂贵，而且使用剂量也接近中毒剂量，另外也需要重复给药。

2．普通恙螨 阿氏恙螨（*Trombicula alfreddugesi*）和其他恙螨种（秋螨、红臭虫），可侵袭禽、人和其他哺乳动物，以部分分解的皮肤细胞和淋巴液为食。严重时禽表现为精神委顿、拒食，可能死于饥饿和衰竭。在禽的腹部可发现单个的或群集的幼虫。剪短草坪并喷洒硫黄或马拉硫磷，有助于控制牧场的螨虫。

3．脱羽螨 春夏季节，鸡新膝螨（*Neocnemidocoptes gallinae*）可钻入鸡、雉鸡、鸽和鹅的羽轴基部的表皮内，引起强烈刺激和脱羽以及死亡。当螨虫钻入皮肤后可造成皮肤角化过度、皮肤病变和脚趾坏死。应隔离感染禽，并使用伊维菌素、马拉硫磷和西维因粉进行治疗。

4．羽螨 大多数羽螨都属于羽螨科，翅螨科和尾叶羽螨科。家禽可感染超过25种，包括肘梅氏螨（*Megninia cubitalis*）和关节梅氏螨（*M.ginglymura*），但在现代化禽场很罕见。羽螨几乎不会造成直接经济损失，但可能会由于营养不良，脱毛及皮炎而引起产蛋量下降。应使用除虫菊素和西维因粉喷撒受侵袭的禽，也可口服或局部应用伊维菌素。

5．北方羽螨 林禽刺螨（*Ornithonyssus sylviarum*）在美国是笼养蛋鸡和种鸡最重要的寄生虫，也是其他国家温带地区的一种严重寄生虫。在发现有火鸡恙螨的地区，火鸡的林禽刺螨是仅次于恙螨的另一种主要寄生虫。在其他很多种禽以及大鼠、小鼠和人中都有发现该螨的报道，但大量寄生仅见于禽。北方羽螨是一种专性吸血寄生虫，一般全部生活史（约1周）均在宿主身上。离开宿主后，依据温度和相对湿度，北方禽螨可存活2个月。在鸡蛋表面或当分开肛门周围的羽毛时可发现北方禽螨，患病部位皮肤出现增厚、

结痂、严重皲裂，且羽毛污秽。

从北方羽螨中，曾经分离出西方马脑炎病毒、圣路易斯脑炎、新城疫病毒以及禽痘病毒。但是北方羽螨并非这些病毒的重要传播媒介。临床症状和控制措施参见鸡螨。

6．鳞足螨 突变膝螨（*Knemidocoptes mutans*）是一种小型、呈球形的疥螨，常钻入腿部鳞片下的组织中。在现代化养禽场很少发生。多被发现于老龄禽，常出现因刺激和渗出导致腿部增粗、形成痂皮。趾部和腿部的鳞片突起，引起跛行。家禽停止采食，数月后可死亡。这种螨虫有时可侵袭鸡冠和肉髯。整个生活史均在皮肤内完成；可通过接触传播。只要不出现应激引发螨虫大量增殖，其潜伏期可能持续很长时间。

要控制鳞足螨，应淘汰或隔离病禽，经常清扫禽舍并喷洒药物，与鸡螨的控制措施相同。对病禽进行治疗，可使用伊维菌素、10%硫黄溶液或0.5%氟化钠进行口服或局部用药。

7．囊螨 住囊鸡雏螨（*Laminosioptes cysticola*），是一种鸡住囊螨，是鸡、火鸡和鸽的一种小型寄生虫，依据在皮下、肌肉、肺和腹部内脏见到直径为1～3 mm的呈白色至淡黄色干酪样钙化结节，常可作出诊断。在解剖镜下仔细观察鸡的皮肤及皮下组织，可发现螨虫。扑杀感染禽是最好的控制方法，但伊维菌素也可能有效。

8．囊禽刺螨 囊禽刺螨（*Ornithonyssus bursa*）广泛分布于世界温暖地区，在得克萨斯州、佛罗里达州、伊利诺伊州、印第安纳州、马里兰和纽约州均有报道。其生物学和习性与林禽刺螨很相似，但在产蛋箱中的产卵数量更多。宿主包括鸡、火鸡、鸭、鸽、麻雀、欧掠鸟、八哥和人。从囊禽刺螨中已分离出了西部马脑脊髓炎病毒，但并没有证据表明该螨会传播该病毒。

临床症状和控制措施可参见鸡螨。

9．火鸡恙螨 美洲新棒恙螨（*Neoschongastia americana*）幼虫可寄生于多种禽类。是横跨美国南部饲养于泥泞地面火鸡的一种主要夏季害虫。恙螨成群觅食8～15 d，家禽每个病变部位的聚集数量多达100个。每只火鸡可能有25～30个病变。单个病变部位的直径为3 mm，在屠宰加工时可造成明显的降级处理。要避免降级，在屠宰前必须进行至少4周的预防。

对火鸡喷雾或喷撒马拉硫磷或毒死蜱，可控制恙螨。现在很多火鸡饲养地区采用的预防方法是从散养转为密闭饲养，或使用遮阳棚。

（七）蚊

吸食禽血的蚊子通常属于库蚊属（*Culex*）、伊

图20-21 突变膝螨病皮肤病变
（由Dietrich Barth博士提供）

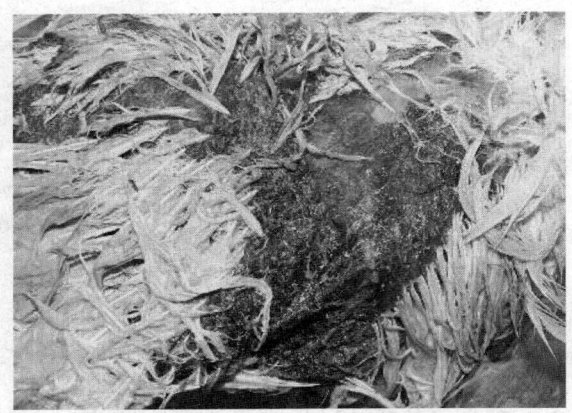

图20-22　梭菌感染引起坏疽性皮炎，示皮肤坏死灶和浆液性渗出物
（由Robert Porter博士提供）

蚊属（*Aedes*）或鳞蚊属（*Psorophora*）。大量蚊子侵袭可导致产蛋量下降或死亡。蚊子传播鸡疟原虫（*Plasmodium gallinaceum*）（鸡疟疾）、赫尔曼疟原虫（*P. hermansi*）（感染火鸡）及可引起禽疟疾发生的其他种类疟原虫。蚊子还可传播许多病毒，包括东方马脑脊髓炎和西方马脑脊髓炎、圣路易斯脑炎、禽痘和西尼罗病毒。西尼罗病毒从受感染禽传播至其他禽，主要由蚊子引起，在美国已经发现有超过110种禽类，包括鸡、火鸡、鸽、虎皮鹦鹉、澳洲鹦鹉、鸭、雀类和猛禽可感染西尼罗病毒（见西尼罗河病毒）。

最好的物理控制措施是清除蚊子繁殖的栖息地，可采用清空盛水容器、清除水池和水塘旁的杂草、抽干沼泽地的水和填平积水的洼地等方式。采用杀虫药物进行控制，可使用马拉硫磷、残杀威、氯菊酯、毒死蜱或双硫磷。昆虫生长调节剂如烯虫酯和除虫脲也有一定效果。采用微生物控制措施，可使用苏云金杆菌以色列亚种（*Bacillus thuringiensis israelensis*）。纱网可以阻止蚊子进入禽舍，墙面滞留的药物或在禽舍内进行药物喷雾也可有效控制蚊子。

二、坏疽性皮炎

坏疽性皮炎（坏死性皮炎、坏疽性蜂窝织炎、梭状芽孢杆菌性皮肤肌炎）一般以禽群死亡率突然升高，病禽翅膀、腿部、胸部和头部皮肤出现干性坏死为特征。此外，坏死皮肤下常可见到广泛性蜂窝织炎。世界各地均有发生，最常见于4～16周龄鸡，火鸡偶发。

【病原、传播与流行病学】　坏疽性皮炎的发生通常是由于皮肤伤口被一种或多种类型细菌感染而造成的，包括腐败梭菌（*Clostridium septicum*）、金黄色葡萄球菌（*Staphylococcus aureus*）和大肠埃希菌

（*Escherichia coli*）。一种以上细菌混合感染往往引起更为严重的症状。蜂窝织炎是由于细菌毒素释放引起皮下组织坏死造成的。败血症及其引起的毒血症可导致死亡。免疫抑制禽（如患传染性法氏囊病的禽）可能更容易发生坏疽性皮炎。

【临床表现】　坏疽性皮炎最先出现的症状是死亡率突然增加，总死亡率达10%～60%。病鸡精神沉郁，常卧地不起，在8～24 h内死亡。胸部、腹部、翅尖或腿部皮肤可见有红色到黑色、湿润的坏疽。常有羽毛或坏死组织脱落。在有梭状芽孢杆菌感染时，常见有因皮下及肌肉组织内有气泡而发出的捻发音。

【病理变化】　尸体剖检可见的病变是病禽的皮下有浆液性渗出物。值得注意的是肝、脾和肾等内脏器官肿大，也可能有梗死灶或坏死灶。由于病禽往往出现免疫力低下，因此常可见法氏囊萎缩。

【诊断】　依据禽群的发病史、临床症状和剖检结果，可对坏疽性皮炎作出初步诊断。通过坏死组织的组织病理学检查来证实致病菌的存在，可进行确诊。细菌培养可鉴定感染细菌的种属。坏疽性皮炎的鉴别诊断包括渗出性素质、禽痘和其他皮肤病。

【治疗与控制】　由于参与的细菌种类繁多，因此在细菌培养鉴定致病菌及测定药物敏感性之前，可优先选用一种广谱抗生素，如青霉素、红霉素或四环素类（如土霉素）。免疫抑制的禽更容易发生坏疽性皮炎，因此进行免疫接种（如传染性法氏囊病）可进一步提高对本病的临床保护力。可能导致皮肤损伤的任何因素（如创伤、垫料潮湿、啄羽和异食癖）都可以为细菌感染提供机会，因此应该注意消除这些因素。

【人兽共患病风险】　目前尚无已知的与坏疽性皮炎有关的人类健康风险因子。

（李颖　译　何启盖　梁智选　一校　丁伯良　二校　崔恒敏　三校）

第五节　肌肉骨骼系统疾病

一、骨骼系统疾病

现代家禽业的生产特性（如肉鸡的体重、产蛋鸡的产蛋量）对骨骼系统提出了很高的要求，营养不良或管理不当常会引发骨骼系统疾病。骨骼疾病可能是原发性传染病或非传染性疾病，在一个禽群中可同时出现这两类疾病。骨骼疾病可能会由于发生生物力学机能障碍而导致跛行，也可引起肉鸡出现生长不良、高淘汰率和高死亡率（由饥饿和脱水引起），以及胴体废弃和品质降级。产蛋鸡发生骨折可能是动物福利

不佳导致。在尸检前，应该对禽群进行评估，检查出现跛行的活禽，并提出有关禽群整体健康、垫料质量和管理等方面的建议。应采集血清样品，用于病毒和支原体的血清学检测。

（一）肉鸡的非传染性骨骼疾病

扭转畸形与角度（外翻足或内翻足）畸形：在症状明显的禽群中很常见有这类畸形。骨骼呈某种程度或几种组合的侧向、中间、前部或后部的弯曲。这些畸形也可呈现为骨骼长轴的扭转。畸形最常出现在肢体末端，包括侧面或中部偏斜，或外部扭转。畸形可能是禽在年龄较小时发生过佝偻病的后果。与佝偻病一样，骨骼矿化不足可促进骨骼畸形的发生，使畸形的发生率升高、严重程度增加。佝偻病可能与营养缺乏、肠道疾病或吸收不良有关。对容易发生畸形的品种，可通过限饲或控制光照程序，减缓生长速度，来减少畸形发生率。B族维生素缺乏和微量元素缺乏引起的软骨骨化不良，也可导致骨骼畸形。胫骨扭转已成为火鸡的一个主要疾病，但对来航鸡和珍珠鸡来说是一个小问题。

1. 脊椎病　脊椎畸形和/或前移（脊椎前移）较常见于胸椎，特别是第五胸椎或游离胸椎（禽类的第2～5胸椎愈合在一起，第1和第6胸椎游离——译者注）。最常见的畸形是脊椎前移，但在大多数肉鸡群发生率较低。该病可引起脊髓受压，导致后躯瘫痪。

2. 软骨骨化不良　软骨骨化不良是由于无血管的软骨块从生长面延伸到干骺端，也可归因于软骨细胞分化障碍，这就导致胫跗骨近端出现生长板局部增厚（胫骨软骨骨化不良），有时也会发生在跗跖骨近端。胫跗骨近端的病变常可造成胫跗骨向前弯曲，有时也可导致软骨塞以下部位发生骨折。影响软骨骨化不良的发生率和严重程度的因素包括遗传选育、饲料中钙磷比例、饲料中氯化物过量引起的代谢性酸中毒、酸碱平衡和真菌毒素。在现代肉鸡群中，日粮钙的临界性缺乏或者钙磷比例失衡可能是造成该病的原因。

3. 佝偻病　生长禽发生佝偻病的原因是钙或磷缺乏，或维生素D缺乏。吸收不良也可引起矿物质缺乏。在佝偻病中，骨骼矿化不足可导致长骨弯曲。亚临床性佝偻病极为普遍，仅见有生长板边缘增厚，并常引起肉鸡生产性能下降。骨骼灰化、评估钙磷含量，并与骨骼病理学相结合，都是实用的诊断方法。在佝偻病中，骨骼常有细菌感染。

4. 脚垫炎　跖部和趾部脚垫溃疡是肉鸡跛行的常见原因。造成该病的主要原因是垫料潮湿或垫料质量低劣，但即使垫料质量良好，生物素缺乏也会引起脚垫炎。脚垫溃疡可引起继发性感染，并与垫料凝结成块。

（二）种鸡的非传染性骨骼疾病

1. 骨质缺乏（骨质疏松症与骨软化）　骨质缺乏是骨质疏松症的结果，骨质疏松症是完全矿化骨骼和结构化骨骼的数量不足引起的。笼养蛋鸡疲劳征是产蛋鸡在鸡笼内发生瘫痪的一种综合征。禽的骨骼属骨质疏松型。胸骨常出现畸形和骨折，导致胸骨与脊椎结合处的肋骨发生内折。长骨和脊椎也常发生骨折。髓质骨也属骨软化性。发生该综合征的部分原因是缺乏运动和产蛋率高，但发生严重疾病则与钙、磷或维生素D缺乏有关。生长期对钙的需要量与产蛋前期和产蛋期有明显差异。能够缓慢释放矿物质的钙源如贝壳，预防效果似乎最好。

2. 肌腱断裂　肉种鸡群暴发肌腱断裂可能是由于管理问题或其他疾病造成的，这些问题（如采食空间不足、严重的球虫病感染、光照不足、饲养密度过高）可引起应激或关节和肌腱损伤。当开始产蛋后肌腱负荷持续增加，但由于此时肌腱尚未发育完全，可导致肌腱损伤。

（三）传染性骨骼疾病

凝固酶阳性的葡萄球菌（见葡萄球菌病）常可引起肉鸡发生骨骼和关节的细菌感染。滑液囊支原体（*Mycoplasma synoviae*）也可能会引起感染性骨骼疾病，可采用血清学方法监测。

肉鸡最常见的细菌感染出现在22日龄以上鸡的股骨近端和胫跗骨近端。股骨近端发生的这种疾病也被称为股骨头坏死。最近的报告指出，这是造成肉鸡跛行的最主要原因。病因学表明这与垂直传播的葡萄球菌有关，且常与免疫抑制性病毒发生混合感染（如传染性法氏囊病）。已经证明，窝外蛋是葡萄球菌的常见携带者，因此应尽量弃用。高水平的孵化室卫生能够降低这种风险。使用甲醛对孵化器进行熏蒸似乎也有帮助。另外，可采集孵化室的绒毛样品，以监测葡萄球菌的污染情况。

种鸡的关节和肌腱也可见有葡萄球菌感染。暴发通常是由于已发生的肌腱炎，又感染细菌而造成的。其他病史（如球虫病），常可造成种鸡出现葡萄球菌感染率升高。在某些病例中，也可分离到呼肠孤病毒，但这很有可能是加重已有疾病的机会病原。（见病毒性关节炎）。该病毒可经蛋传播。已经开发出针对该病的疫苗。

大肠埃希菌（*Escherichia coli*）常可引起肉鸡和火鸡暴发关节炎和骨髓炎。这些暴发可引起呼吸道疾病。在使用活苗免疫后的肉种鸡，从患关节炎的关节中已分离到多杀性巴氏杆菌（*Pasteurella multocida*）。沙门氏菌（*Salmonella* spp.）和念珠状链杆菌（*Streptobacillus moniliformis*）偶尔也可引起家禽关节炎。

抗生素对骨骼、关节的细菌性感染的疗效通常较差。使用抗生素可控制引起新发病例的菌血症，也可改善禽群的菌群结构。当禽只个体价值较高时，注射长效抗生素可使不严重病例得到康复。控制该病需要尽量减少传染源，降低群体易感性。

淀粉样变：广泛的淀粉样关节病主要是由粪肠球菌（*Enterococcus faecalis*）引起的，但并非所有菌株都会引起发病。临床病例仅偶尔可见，且最常出现在少数后备母鸡或肉种鸡的跗关节。原因归结为原先无菌状态的疫苗稀释液被粪肠球菌污染（如1日龄雏鸡注射马立克病疫苗）。

二、肌病

（一）深胸肌病

深胸肌病又称变性肌病、绿肌病。在这种肌病中，重型肉用禽（鸡、火鸡）的深胸肌（喙上肌）由于肌肉运动过度（劳累性肌病），发生变性、坏死和纤维素化。深胸肌的功能是提起翅膀，尽管现代肉禽深胸肌发育良好，但几乎不被使用。长时间拍打翅膀（如在装卸过程中，当跛禽利用翅膀协助移动或在背部着地时），会引起被致密筋膜包裹着的肌肉发生肿胀。肌肉肿胀造成供给肌肉营养的血管破裂，导致缺血、组织缺氧、肌肉坏死（骨筋膜间室综合征）。通过刺激深胸肌收缩能够人工诱导产生损伤，而且通过外科手术打开肌肉外包裹的筋膜鞘也可预防该病。

肌病可发生在单侧或双侧肌肉中心的1/3～2/3处。早期，相关肌肉苍白、肿大且水肿。后期，病变组织与周边有活力的肌肉边界清晰。最终，厚厚的纤维囊包裹着干燥、呈绿色、坏死的肌肉。通过在病变肌肉的胸部位置发现有凹陷，或在屠宰时进行透视检查，可对该病作出诊断。

已报道的鸡群发病率高达25%，但在24周龄前几

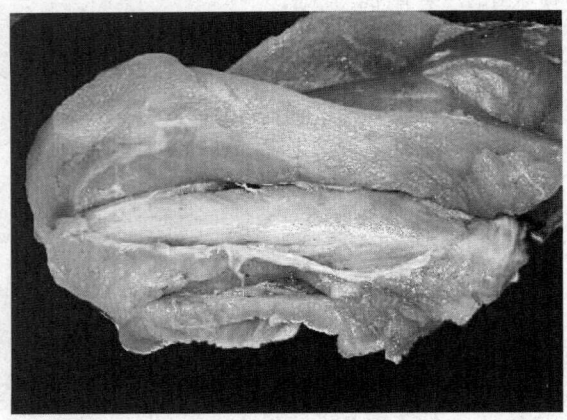

图20-23　深胸肌病
（由T.A.Abdul-Aziz博士提供）

乎没有发病。人工授精的种火鸡常发生深胸肌坏死。该病的临床症状通常不明显，主要损失是加工过程的降级和废弃。

减少该病的发生率，可通过对易感禽进行小心驱赶，避免翅膀过度拍打。也可以采用选择性育种的方法，由于该病具有遗传性，因此可作为一种长远方法。在日粮中添加硒、维生素E或甲硫氨酸，对该病的发生率无影响。

（二）疲劳性肌病

疲劳性肌病（捕捉性肌病）是由肌肉运动过度紧张引起的，且可被原先病情如硒缺乏刺激而发病。收缩过程中发生能量代谢不足或机械性应激，被认为是肌纤维退化的原因。

造成病变的原因可能是单一的（由于单个事件，如运输、捕捉或与火鸡腿水肿综合征一样的束缚性肌病），也可能是多种原因（复发性的或不间断的事件）。

早期眼观病变包括苍白，伴有水肿或血染渗出液。肌纤维出现肿胀、退化、坏死和矿化，伴有水肿、出血、异嗜细胞和巨噬细胞浸润。

动物园禽、野禽和长腿涉禽也易发捕捉性肌病。对有价值的个体禽只可尝试进行治疗，可能会有效果。治疗措施包括联合应用皮质类固醇、维生素E、硒、母液，以及强制饲喂，并与物理疗法相结合。

（三）机械诱导性肌病

重型禽由于出现跛行或腿部畸形而卧地不起，有时可造成缺血性坏死，且常出现在胸肌。大体剖检可见组织致密、苍白。组织病理学检查可见肌纤维肿胀、玻璃样变、坏死，外周伴有水肿、异嗜细胞和巨噬细胞浸润。

肉鸡发生腓肠肌腱断裂比较普遍，特别是在烤仔鸡和肉种鸡，火鸡比较罕见。断裂是由于之前已经损伤的肌腱（最普遍的是呼肠孤病毒和葡萄球菌病引起的肌腱炎）负荷过高引起的，也可能是自发性的。传染性肌腱炎可引起腱鞘内部和周围纤维增生，导致肌腱肿胀且软弱，这是由于强度正常、高密度的肌腱结缔组织被软弱、致密、不规则的组织代替而引起的。

也可出现肌腱和腱鞘粘连，限制了肌腱的活动范围。在已受损的肌腱上施加正常或过高重量，可导致部分或完全撕裂或断裂。一条腿肌腱断裂，压力就施加到另一条腿上，常导致两侧肌腱断裂。病禽表现为跛行或跗关节着地（匍匐）。在跗关节上方的腿后部常见有外伤造成的出血，呈红色、蓝色或绿色，导致病变部位（红腿、绿腿）在加工过程中被废弃。在跗关节上方，腿后部可触摸到断裂肌腱的坚硬肿块。

（四）轻微肌病

在其他方面正常的肉用禽常见有轻微肌病。病鸡

不表现临床症状，肌肉眼观正常，但显微镜下可见肌纤维轻度退化和肌纤维间积聚脂肪。肌原纤维上的单个病灶和散在多个病灶出现透明化和矿化。严重病例表现为部分肌纤维坏死、肌纤维间脂肪积聚和增生。该病的明确病因还没有确定，家禽病理学家已发现这种病变，但尚无文献记载。轻微肌病不是这种疾病确定的名称。

（五）营养性肌病

家禽、水禽和鸵鸟的营养性肌病是由维生素E和硒缺乏所导致的。但是硒缺乏是哺乳动物发生肌病最常见的主要原因。维生素E缺乏伴随含硫氨基酸缺乏，可引发4周龄内鸡出现营养性肌病。有报道称，鸭、火鸡和鸡的骨骼肌（特别是胸肌）、心脏和平滑肌（肌胃和肠道）曾出现这种病变。砷、锌、铜和其他金属与硒颉颃，接触这类金属可能加速该病的暴发。眼观病变可见病灶苍白或呈条纹状，与哺乳动物营养性肌病相似。组织学病变包括局灶性或广泛性的肌纤维肿胀、水肿、玻璃样变、矿化、变性、细胞溶解，并伴有巨噬细胞和异嗜细胞浸润。复发时，卫星细胞增殖造成的细胞过多现象十分显著。世界许多地区的鸡饲料都需要添加硒（0.1～0.4 mg/kg），以预防肌病。

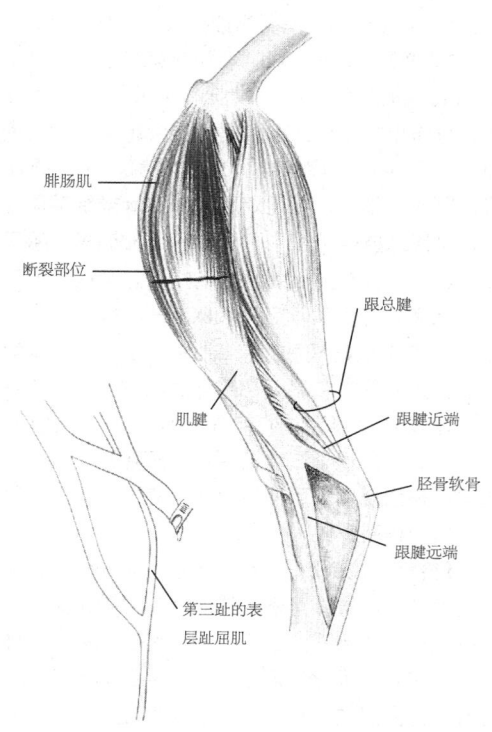

图20-24　火鸡的腓肠肌断裂
（由Gheorghe Constantinescu绘制）

（六）腓肠肌断裂

腓肠肌起于胫跗骨和膝盖骨组织的近端，附着于该部位的其他肌肉。火鸡的附着点在3个位置，小组织条带从肌肉内侧到胫骨髁外侧，主要肌肉的肌腱和跗关节的侧肌腱相交，与伸展跗关节及脚趾运动的肌腱相连接。肌肉薄而宽，覆盖腿前部和侧部。巨大的腱膜包裹着肌腱。当肌肉前表面出现1～2 cm横向伤口时，就会导致腱膜和肌肉断裂。常发生在骨化腱顶端的胫跗骨中部，骨化腱顶端有肌肉附着。肌腱断裂通常出现在10～14周龄火鸡，此时火鸡腿部肌腱僵硬，组织弹性低。

发病率似乎有不断升高的趋势。该病最常出现在母禽，禽群发病率可高达5%。在增重快、成熟早的火鸡，由于诸如反复跳跃等运动，可能会逐渐出现肌肉分离。出现这种肌肉病变表明可能发生过对抗性运动。病禽不表现跛行，但是出血可导致鸡腿前腹侧的皮下呈红色、蓝色和绿色。在加工时，要剔除病变部位。

（七）中毒性肌病

离子载体毒性可引起肌肉损伤，伴有共济失调、腿部无力、腹泻、呼吸困难、采食量和体重下降。也可出现生长迟滞。Ⅰ型（红肌或氧化）纤维最易感，腿部肌群病变最明显。心肌和肌胃肌肉也可出现病变。成年禽（鸡、火鸡、平胸类）以及先前未接触过离子载体类抗球虫药的禽，对该药更为敏感。该病的眼观和组织学病变，与营养性肌病相似。离子载体可促进阳离子通过细胞膜，造成离子平衡被破坏，促进细胞质内Ca^{2+}的积聚，导致细胞死亡。离子载体药物，如与泰妙菌素或红霉素合用，可使其中毒剂量更低。

望江南（草决明）中毒的临床症状和肌肉的眼观和组织学病变，与离子载体中毒相似。

（八）火鸡的运输性肌病

虽然运输性肌病（腿部水肿综合征）也发生在母鸡，但该病主要发生在体重较大的公火鸡，特别是在美国中西部的鸡群。禽的群体发病率大约为5%，群内个体发病率在2%～20%，偶尔也能达到70%。运输性肌病一般呈偶发，但多出现在秋季或早冬。在同一养殖场内相继不同的禽群，均曾出现高发病率。密闭养殖禽群的发病率可能比散养禽更高。

病因尚不明确，但是运输性肌病与体型和体重增大、运输到加工厂的时间延长、环境温度和腿部外翻畸形有关。发病机制不明，但是推测与疲劳性肌病相似。

通常仅有一条腿发病。未见外部创伤的证据。皮下水肿使皮肤苍白，几乎看不到羽毛囊，移动时肌肉表面的皮肤更容易滑动。有时出现捻发音。当水肿部位有出血时，呈黑色。切开病变，出现典型水肿的皮下组织厚度达数毫米，呈琥珀色，有时呈绿色，极少数情况下呈红色。无脓性渗出物，可与蜂窝织炎相鉴别。如发生出血，则内收肌常出现损伤。在加工过程中剔除病变腿部，造成胴体降级。显微镜下，可见有急性多灶性肌肉坏死，主要是内收肌。有时可见有亚急性或慢性病变，提示可能是疾病的早期阶段。从养殖场到加工厂的禽，其血清CK（肌酸激酶）显著升高。

促进腿部力量和改善腿形，以及能减少外伤的措施，都有助于降低发病率。补充维生素E也有效果。对外翻腿畸形高发病率的鸡群，应尽可能在就近的加工厂尽早屠宰。

三、病毒性关节炎

病毒性关节炎又称腱鞘炎、呼肠孤病毒性关节炎。商品禽群普遍存在有呼肠孤病毒感染。该病毒呈全球性分布，但不同地区的病毒毒力似乎有差异。大多数毒株是非致病性的，在肠道内存活，对机体无害，但有些毒株可引起包括吸收不良其他肠道紊乱、心包积液和偶发性的呼吸疾病等几种疾病。在多数情况下，呼肠孤病毒与疾病的相关性是不确定的，而一个例外就是病毒性关节炎或腱鞘炎，因为单独使用呼肠孤病毒感染禽即可试验性复制出该病。

病毒性关节炎可引起重型肉鸡出现严重跛行，蛋种鸡偶尔也会发生。虽然有时报道火鸡跛行与禽呼肠孤病毒有关，但试验证据无法确定火鸡对该病毒的易感性与鸡一样。已经从多种禽类（包括野禽）分离到呼肠孤病毒，可能存在有交叉感染，但鸭和鹅的呼肠孤病毒不同于鸡的呼肠孤病毒。

【病原与发病机制】 病毒性关节炎是由呼肠孤病毒引起的，该病毒是一种与哺乳动物呼肠孤病毒相关却又不同的RNA病毒。毒株的毒力不同，从能引起关节炎和有时引起死亡的毒株，到在肠道中正常存在的毒株。有关确定一株呼肠孤病毒是致病性还是非致病性的机理知之甚少。已知有多种抗原型，不同型之间也存在一些交叉保护力，但几乎都是不完全的。大多数感染是通过摄入引起的。病毒在肠道内复制后，可通过血流扩散至全身各个部位。致病性病毒定植于跗关节，引起关节炎。也可感染其他器官，如肝脏。

【传播与流行病学】 禽呼肠孤病毒可经蛋传播，因此感染种母鸡可将病毒传播给雏鸡。传播过程短暂，仅有一小部分雏鸡携带病毒。感染可通过粪-口途径传播给一部分同批出壳雏鸡。该病毒对灭活的抵抗力相当强，在鸡场内的材料中可存活数天或数周。传播媒介非常重要。

当病毒性关节炎严重暴发后，随后同一父母代种禽孵化的鸡群可出现发病率下降，这可能与经蛋传播率下降和母源抗体的产生有关。当通过自然途径暴露时，1日龄雏鸡比老龄鸡更易感。感染时鸡的日龄越小，发生疾病的可能性越大。

【临床表现】 病毒性关节炎常见于4~8周龄的肉用雏鸡，胫部和跗关节以上部位出现单侧或双侧肌腱肿胀。也可见于周龄更大的鸡，通常是在生产高峰期或高峰之后，可能是由于在性成熟期发生持续性病毒的再活化。病雏步态跟跄或不愿运动。最严重者常出现腓肠肌腱断裂，但趾屈肌腱有时也会发生，可见很多淘汰禽围在食槽和饮水器周围。发病最严重的禽无法康复，发病轻微的4~6周即可康复。许多禽可出现无症状感染。饲料转化率和增重率下降。死亡率2%~10%，发病率5%~50%。

【病理变化】 急性、暴发性感染偶见于雏鸡和胚胎，可见有心脏肥大、肝脏和脾脏肿大，并伴有坏死点。腿部肌腱周围出现明显水肿；跗关节滑液膜可见有点状出血，也常见有肌腱束的融合和钙化。可见有血凝块和出血，并伴有腓肠肌腱断裂。发病最严重的病例，胫跗骨远端的软骨可见有侵蚀的凹痕，伴有踝骨平化。组织学上，滑膜细胞可见有增生、肥大、淋巴细胞和巨噬细胞浸润。滑液内含有异嗜细胞和巨噬细胞。心脏的心肌纤维间始终都会有异嗜细胞和淋巴细胞浸润。

【诊断】 根据胫部肌腱和跗关节上部肌腱束出现单侧或双侧肿胀，以及肌腱和滑液出现上述炎性病变，可作出初步诊断。但是，应考虑引起跛行的其他原因，如滑液支原体或大肠埃希菌。使用原代鸡胚肾、肝或肺细胞，或用鸡胚经卵黄囊或绒毛尿囊膜接种，可以从感染关节中分离到呼肠孤病毒。鉴于呼肠孤病毒广泛存在无症状感染的情况，从肠道分离病毒没有意义。许多实验室采用PCR进行病毒鉴定，较病毒分离更为快速和敏感。ELISA是首选的血清学试验方法，大部分禽在感染初期都呈阳性。可使用病毒中和试验及对免疫鸡进行攻毒试验，来鉴别特异血清型。然而，血清学试验结果难以解释呼肠孤病毒感染普遍存在的观点。可使用病原培养方法，来鉴别支原体和其他细菌感染。

【治疗与控制】 无治疗方法。可使用活疫苗和灭活疫苗。母源抗体可避免雏鸡发生早期感染，也可减少或避免经蛋传播。由于该病可经蛋传播，且雏鸡的易感性较高，因此免疫接种的主要目的是确保父母代种群具有良好的免疫力。免疫程序应针对当地鸡群存在的病毒血清型。成年禽对自然感染有抵抗力。

【人兽共患病风险】 尚无与禽呼肠孤病毒感染相关人兽共患病的报道。

第六节　神经系统疾病

一、禽脑脊髓炎

禽脑脊髓炎（流行性震颤）是日本鹌鹑、火鸡、鸡和雉鸡的一种全球性、病毒性疾病，以头部、颈部和肢体出现共济失调和震颤为特征。雏鸭、鸽和珍珠鸡对试验性感染易感。病原是一种小核糖核酸病毒，主要经粪便排泄。该病毒在环境中非常稳定，在禽舍中可存活很长一段时间。世界各地均发现有该病毒，在某些地区几乎所有鸡群都被感染。性成熟后的禽首次接触该病毒时，可出现严重疾病。这会引起病毒的垂直传播，其子代在7～14日龄时可出现典型的"流行性震颤"症状。

【临床表现】　临床症状常见于7～10日龄，但在刚出壳或数周后也可出现症状。主要症状为步态摇晃、跗关节着地、瘫痪，甚至完全丧失运动能力。驱赶鸡后，肌肉震颤尤为明显，抓鸡时用手扣住禽的背部更便于发现病禽。发病率和死亡率取决于经蛋传播水平，平均为25%～50%。但是，如果在开产时母鸡有部分免疫力，则发病率和死亡率可能较低。其他症状有，在病毒血症期可出现一过性产蛋量下降和孵化率降低（胚胎后期出现死亡）。火鸡发病通常比鸡更为轻微。

2～3周龄后，禽对该病有抵抗力，但对感染无抵抗力。给大日龄鸡接种适应鸡胚的商品化疫苗，就不会出现与日龄相关的抵抗力。这可导致老龄鸡表现与发病雏鸡相似的典型中枢神经系统症状。

【病理变化】　无肉眼可见的神经系统病变。肌胃肌层中可见有淋巴细胞聚积，呈浅灰或苍白色点状。感染数周后的幸存者，可出现晶状体混浊。中枢神经系统的显微病变是大脑，特别是在脑干和脊髓前角细胞，出现神经元轴突型变性，或中央染色质溶解（"重影"细胞）。也可见有神经胶质细胞增生和淋巴细胞性管套。内脏显微病变包括肌胃、腺胃和心肌的肌肉组织出现淋巴样滤泡，胰腺可见有大量淋巴样滤泡。

【诊断】　必须与禽脑脊髓炎相鉴别的疾病有，禽脑软化（维生素E缺乏）、佝偻病、维生素B_1或维生素B_2缺乏症、新城疫、东方脑炎、马立克病，以及细菌、真菌（如曲霉菌）和支原体引起的脑脊髓炎。诊断主要根据病史、症状，以及大脑、脊髓、腺胃、肌胃和胰腺的组织学检查。确诊有时需要使用无禽脑脊髓炎的种蛋进行病毒分离。使用病毒中和或ELISA试验对双份血清样品进行血清学检测也很有意义。成年感染鸡很少见到显微病变，且很难被观察到。

【预防与治疗】　建议使用商品化活疫苗，免疫10～15周龄种母鸡，以预防病毒垂直传播给子代，并

为其提供抵抗该病的母源抗体。免疫接种商品蛋鸡群也是可取的，以避免出现一过性产蛋下降。发病雏鸡和雏火鸡几乎不能康复，通常都被销毁。广泛使用鸡痘和禽脑脊髓炎二联苗，进行翼下刺种。

该病不感染人或其他哺乳动物。

二、肉毒中毒

肉毒中毒（软颈病、西方鸭病）是摄入肉毒梭菌（*Clostridium botulinum*）外毒素或吸收消化道内产生的毒素（毒素感染）而引起的一种中毒病。1910—1997年，人们所知由肉毒梭菌中毒引起运动失控及随后发生颈部瘫痪而被淹死的水禽数量多达4 881 000只，主要是鸭。水禽肉毒中毒而引起的死亡，主要发生于欧洲、北美洲及澳大利亚、瑞典、丹麦、英国、新西兰、荷兰、日本、俄罗斯、阿根廷和巴西等28个国家和地区，更有人担心一些物种可能会濒临灭绝（见肉毒中毒）。

【病原】　肉毒梭菌是一种革兰氏阳性、可形成芽孢的厌氧菌，定居在土壤、海洋和淡水沉积物中。在家禽和野鸟的肠道内，肉鸡舍的垫料、饲料和饮水中，经常可发现有该菌。家禽中毒呈散发性，但在北美西部的水禽发生过大批死亡。家禽和水禽的暴发大部分都是C型毒素所造成的，A型和E型毒素中毒不很常见。

鸡、火鸡、鸭和雉鸡都曾发生过C型肉毒中毒。然而，在22个科117种野鸟中也都曾发现有该病。发生C型肉毒中毒的哺乳动物包括貂、雪貂、牛、猪、犬、马、实验啮齿动物及多种动物园动物。有报道称，给反刍动物饲喂污染C型肉毒梭菌芽孢的禽粪，可发生肉毒中毒。

【传播、流行病学与发病机制】　摄入有活性功能的毒素，经吸收进入血液，与神经末梢结合，阻断乙酰胆碱的释放，导致弛缓性肌肉麻痹。由于心脏和呼吸骤停导致死亡。

尸体剖检后，细菌从肠道中被释放出来，可在动物尸体内形成毒素。蛆从尸体组织摄取毒素，当被以蛆为食的家禽采食后，就成为神经毒素的来源。另外，如果尸体组织中毒素含量相当高，啄癖也可引起发病。其他来源的饲料也可引起庭院饲养的禽暴发该病。水禽在摄入有腐烂植物的水中的无脊椎动物死尸后，也可出现肉毒中毒。

据报道，垫料密集饲养的肉鸡可发生毒素感染性肉毒中毒。死亡率范围可从一群鸡中的几只到40%。消化道内形成毒素的条件并不十分清楚，因为在未曾暴发疾病的正常鸡体内也分离到肉毒梭菌。然而，有两起商品肉鸡群暴发C型肉毒中毒与饲料和水的铁含量高

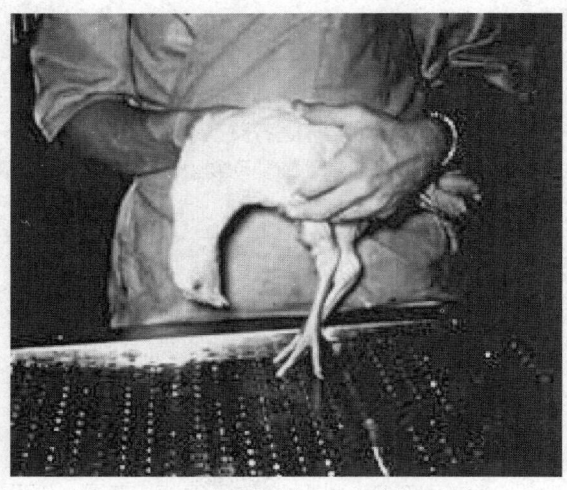

图20-25　肉毒梭菌中毒，患鸡全身麻痹
（由Jean Sander博士提供）

有关。铁可以促进肠道细菌的繁殖，包括肉毒梭菌。

【临床表现】　家禽和野禽的临床症状相似。腿、翅膀、颈和眼睑可见有松弛性麻痹。瘫痪从腿部开始，扩展到包括翅、颈和眼睑。"软颈病"是肉毒中毒的常用名，说明颈部出现瘫痪。患病水禽颈部瘫痪导致溺水。病鸡羽毛蓬乱。肉鸡的症状还可能包括腹泻、粪便稀软和尿酸盐沉积。

【病理变化】　无特征性的眼观病变。

【诊断】　在病鸡血清、肝组织匀浆，或嗉囊、胃肠道冲洗液中存在有C型毒素，可确诊本病。给小鼠注射这类组织样品，可引起瘫痪和死亡，而且可被特异性血清抑制。轻度中毒的唯一症状是腿部瘫痪，应与马立克病、药物中毒和化学品中毒或腿部骨骼疾病相鉴别。还应与水禽肉毒中毒，禽霍乱和化学品中毒，尤其是铅中毒相鉴别。

【治疗与预防】　病禽无需治疗即可恢复。已报道有很多种治疗方法，包括使用杆菌肽（每吨饲料添加100 g），或链霉素（每升水添加1 g），但效果并不完全一致。

在预防和控制暴发的过程中，很重要的一点是要收集和处理死禽，尤其是雉鸡和肉鸡群。控制苍蝇可以减少接触环境中蛆的风险。使用可有效杀灭芽孢菌的消毒剂进行清洗和消毒，可预防部分肉鸡群再次暴发该病。建议对禽舍周围进行消毒，因为禽舍外的芽孢，有可能被重新引入到禽舍内。可使用亚硫酸氢钠按0.005 kg/ m²对垫料进行处理，尽管并非总是有效的。在水禽暴发该病时，应将鸭从感染区和固定水位中转移出去。消除大型浅水区可以避免形成有利于植物腐烂和无脊椎动物死亡的环境条件。

使用C型肉毒梭菌菌苗类毒素，已经成功用于雉

鸡的主动免疫，但对商品鸡和野鸭并不经济。使用特异性抗毒素进行治疗效果很好，但不实用。

【人兽共患病风险】　C型肉毒中毒引起人兽共患病的可能性很小。人发生C型肉毒中毒仅有四起记录不完整的报道，但灵长类动物的病例时有发生。

三、病毒性脑炎

家禽及农场饲养野禽发生的脑炎可能是由几种不同虫媒病毒引起的。这些病毒包括东方马脑炎病毒（EEE）、西方马脑炎（WEE）病毒、高地J（HJ）病毒、以色列火鸡脑膜脑炎病毒和西尼罗病毒。术语"虫媒病毒"是节肢动物传播病毒的缩写，用来描述可在嗜血（吸血）节肢动物体内增殖，并通过叮咬脊椎动物宿主而导致感染的一类病毒。

1. 东方马脑炎　东方马脑炎是最常见的马病之一（见马病毒性脑脊髓炎），已经确认农场饲养雉鸡和石鸡多次暴发EEE。EEE在其他种类家禽（火鸡、鸭）、猎鸟和平胸鸟（鸸鹋）呈散发。EEE病毒主要分布在贯穿中美洲、加勒比海地区的北美洲东部，以及南美洲东部。在美国的密西西比河东部大部分州，以及美国路易斯安那州和得克萨斯州，都已经发现有EEE病毒；该病最常发生的地区是大西洋沿岸和墨西哥湾沿岸各州。欧洲和亚洲报道分离到的病毒并没有得到确认。

EEE通常在晚夏和秋天暴发，这是由于蚊虫媒介数量增多的缘故。黑尾赛蚊（Culiseta melanura）是主要的蚊虫媒介，可将病毒传播给家禽和猎禽。传播给哺乳类动物最有可能是由其他蚊科引起的，如伊蚊属（Aedes）和Coquillettia，这些都是以禽为食，并有叮咬哺乳类动物的习性。在其他许多种蚊也发现有该病毒。野鸟，主要是雀形目中体型较小的种，是EEE病毒的主要脊椎动物宿主。这些鸟极少发病，在传播周期中主要起着病毒维持和放大宿主的作用。

EEE病毒感染引起雉鸡发病，被认为最初是鸡群中的一只或多只鸡出现蚊虫传播感染而开始的，随后由于啄羽和啄癖造成该病在鸡群内蔓延。在平胸鸟中，病毒可经粪-口途径传播。

EEE病毒感染家禽和猎禽引起发病，通常归因于中枢神经系统感染，有时会涉及内脏。然而，EEE病毒也可引起内脏感染，很少或根本没有中枢神经系统感染。

雉鸡表现为行动失调、精神沉郁、下肢瘫痪、歪颈、震颤，死亡率高达80%。未见中枢神经系统的眼观病变，但显微病变可见有血管炎、点状坏死、神经元变性和脑膜炎等。

石鸡表现为精神沉郁、嗜睡，死亡率高

（30%～80%）。病鸡心脏常见有灰白色病灶，脾脏肿大、呈斑驳状。显微病变包括胶质细胞增生、卫星现象、大脑血管周围淋巴细胞浸润、心肌坏死并有淋巴细胞浸润。

火鸡感染EEE病毒后，可出现嗜睡、运动失调、进行性无力、腿和翅膀麻痹，死亡率低（＜5%）。已证实，EEE病毒也是引起火鸡产蛋量下降的原因之一。

雏鸭感染EEE病毒后出现麻痹性疾病，其特征是发病突然、后肢麻痹、瘫痪，感染群的死亡率在2%～60%。显微病变包括脊髓白质水肿、淋巴细胞性脑膜炎。

平胸鸟的主要症状为精神沉郁、出血性腹泻、呕吐，死亡率高（高达80%）。剖检后的主要病变表现为出血性肠炎。显微病变包括肝细胞和肠黏膜坏死。

2. 西方马脑炎　WEE病毒与EEE病毒有许多共同特征，但极少与禽病有关。WEE病毒被确定为火鸡脑炎和死亡率高的原因，感染火鸡出现嗜睡、震颤、腿部麻痹。WEE病毒也已被确定为火鸡产蛋量下降的原因之一。

WEE主要发生在美国和加拿大西部，中美洲和南美洲。在美国和加拿大，该病主要是由跗斑库蚊（*Culiseta tarsalis*）传播，该蚊常见于密西西比河以西。

3. 高地J病毒　HJ病毒是造成石鸡脑炎的主要原因。石鸡表现为嗜睡、羽毛蓬乱、俯卧死亡，并且死亡率极高。显微病变主要有非化脓性脑膜脑炎、心肌局灶性坏死。HJ病毒可引起火鸡产蛋量下降。仅在美国东部地区发现有该病毒。

4. 以色列火鸡脑膜脑炎　以色列火鸡脑膜脑炎仅在火鸡中被报道过。该病一般只发生在10周龄以上火鸡。具体传播媒介尚不清楚，但是从发病的季节和在同一鸡场的鸡群散在发病可以得到提示，它是由昆虫媒介传播的，最大的可能是蚊子和库蠓属（*Culicoides*）。发病火鸡表现为以渐进性麻痹和瘫痪为特征的神经功能障碍，死亡率差异较大。平均死亡率为15%～30%，也可高达80%。种母火鸡表现为产蛋量严重下降。发病火鸡的眼观病变为脾脏肿大或萎缩、卡他性肠炎和心肌炎。主要显微病变是以血管周围淋巴细胞浸润为特征的非化脓性脑膜脑炎和局灶性心肌坏死。

【诊断】　EEE、WEE、HJ病毒感染或以色列火鸡脑膜脑炎的确诊，都需要进行病毒分离和鉴定、用ELISA检测组织中的病毒抗原、用RT-PCR检测组织中的病毒RNA，也可使用血清学试验。病毒分离可通过接种新生小鼠、1日龄雏鸡、鸡胚或多种细胞培养。脑、脏脾、肝脏和血清是诊断的首选样本。

虫媒病毒感染必须与其他可引起家禽及野禽出现神经系统症状的疾病相鉴别，如新城疫病毒、禽脑脊髓炎病毒、肉毒中毒和李斯特菌。

【预防与控制】　采取措施以减少传播媒介数量是有效预防EEE、WEE、HJ病毒感染和以色列火鸡脑膜脑炎的最佳方法。这些措施包括通过改善环境或喷洒化学药物，以减少传播媒介的聚集地。如有可能，饲养易感禽的鸡场应远离湿地和传播媒介聚集地。

用于马属动物的EEE病毒福尔马林灭活疫苗，已被用于预防雉鸡EEE，但其有效性已受到质疑。东方马脑炎或东方和西方马脑炎二价疫苗，适用于5～6周龄鸡或育雏期后的鸡，按马剂量的1/10进行胸部肌内注射。

以色列火鸡脑膜脑炎也可通过接种疫苗来控制。通过将病毒在日本鹌鹑肾细胞上连续传代，已经制备出一种弱毒活疫苗。这种疫苗已被证明非常有效，且已有市售。

【人兽共患病风险】　EEE及WEE病毒是人兽共患病病原，可能会造成人出现严重疾病。这些病毒可引起神经系统症状，逐步发展为瘫痪、抽搐、昏迷和死亡。人感染EEE病毒，死亡率为50%～75%，幸存者往往有永久性神经系统后遗症。WEE病毒毒力相对较弱，病死率3%～7%。大多数感染是亚临床性的。人感染通常是由蚊虫叮咬引起的，实验室和临床获得性感染极为罕见。但是，在处理疑似感染禽或进行尸体剖检时，应当小心，以避免接触或飞沫暴露。

四、禽西尼罗病毒感染

见马病毒性脑脊髓炎。

西尼罗病毒是与圣路易脑炎/日本脑炎综合征有关的一种黄热病毒，于1937年从乌干达发热妇女血液中首次被分离到。1951年，首次认为该病毒是引起以色列人发生西尼罗热流行病的病原；在之后的大暴发中，老年患者可出现严重的脑膜炎症状。埃及在20世纪50年代进行的一系列野外调查，清晰地表明了蚊子在病毒传播中的作用。几乎与此同时，确定野鸟是该病毒的贮存宿主。几年后报道了马发生西尼罗热的病例。1997年在以色列幼龄鹅出现神经性麻痹时，才首次发现西尼罗病毒与家禽疾病有关。1999年8月该病才首次出现在西半球，当时美国东北部，尤其是纽约地区，野鸟和动物园鸟、马和人发生死亡。

【病原与流行病学】　在非洲、亚洲、欧洲和北美洲南部的许多国家，西尼罗病毒呈地方性流行。自2001年以来，有血清学证据表明，西尼罗病毒传播到拉丁美洲、加勒比海和南美洲。在部分这些国家的人群发生流行的情况不常见，有证据表明，病毒在非洲和欧洲之间传播是由候鸟迁徙引起的。大多数暴发出现在夏季，且一直持续到寒冷季节，此时蚊子活动减少，尤其是库蚊。

鹅是家禽中唯一已知的西尼罗病毒自然宿主。以色列暴发的绝大多病禽是5～9周龄，但3周龄雏鹅和11周龄鹅也受到感染。成年种禽不出现临床症状，但发现有中和抗体。WNV分离株可试验性诱发雏番鸭死亡，但不会引起雏鸡或雏火鸡死亡。虽然WNV不会引起鸡死亡，但能产生针对该病的抗体，可用作哨兵以监控WNV的存在。鸡和火鸡产生病毒血症的水平，都不足以感染蚊子或将病毒传播给其他动物。

【传播】 病毒传播的主要途径是蚊（主要是库蚊）叮咬。1999—2000年，在美国分离的大部分毒株来自于尖音库蚊（*C. pipiens*）和*C. restuans*。从北美洲的62种蚊中已经分离到WNV、检测到RNA或发现有抗体。在非洲和中东地区，常见传播媒介是单纹家蚊（*C. univittatus*）；在欧洲是尖音库蚊和凶小家蚊（*C. modestns*）。已经从至少10种蜱中分离到WNV。

【临床表现】 病鹅表现为不同程度的神经症状，从嗜睡到腿和翅膀瘫痪。被驱赶的病禽可勉强活动或无法活动。有明显的共济失调，有些病禽在试图站立起来时就会翻到在地。自然感染鹅表现为歪颈和角弓反张。已报道的死亡率为20%～60%，可能是由于病毒水平传播造成的。

【病理变化】 病理变化有心肌苍白，有时肾脏也苍白，以及脾脏肿大和肝脏肿大。脑膜血管充血。脑的显微病变包括血管周围淋巴细胞浸润和神经元变性。心肌可见有小坏死灶，但淋巴细胞浸润极少。

【诊断】 从瘫痪或死亡禽分离病毒的首选组织是大脑、脾脏和肾脏。可将组织匀浆接种到新生小鼠的大脑、鸡胚卵黄囊或Vero和蚊子的细胞系培养物上。也可采集脑组织样本或细胞培养物上清液提取RNA，用RT-PCR方法检测。也可现场采集蚊子和禽组织，用TaqMan方法进行快速分子诊断。福尔马林固定的石蜡包埋组织，特别是脑和肾脏，可采用免疫组织化学方法，以检验感染禽的病毒抗原。已经开发了数种虫媒病毒ELISA检测方法。

幼鹅的神经系统症状应与里氏杆菌感染引起的疾病相鉴别，特别是鸭疫里默氏杆菌。其他细菌包括解没食子酸链球菌（*Streptococcus gallolyticus*）、丹毒丝菌（*Erysipelothrix*）、李斯特菌（*Listeria*）、沙门氏菌（*Salmonella* spp.）。新城疫和禽流感等嗜神经病毒在鹅很罕见。离子载体类中毒可引起瘫痪。曲霉菌也可引起脑病变，肺脏出现干酪样结节。

【预防与控制】 控制蚊子是任何虫媒病毒病控制方法中的一个强制性措施。遗憾的是，由于蚊子能够飞行很远，也可通过主风传播到很远的距离，使得在农村环境下很难实施这种措施。在高密度饲养禽场附近的死水和类似昆虫繁殖地，应喷撒杀幼虫剂。禽舍应该安装防昆虫设施。由于很多虫媒病毒病是人兽共患病病原，因此通过与人类疾病监测机构合作有望获得更大成功。

鹅WNV的控制措施，仅限于给处于危险中的雏鹅注射疫苗，尤其是库蚊最多月份饲养的鹅。由于有诸如病毒水平传播等复杂因素的存在，因此应当对群体中所有的禽只进行免疫接种。雏鹅对病毒具有日龄相关易感性，因此应尽早进行免疫接种，最好在3周龄时。虽然北美洲还没有可供使用的商品化疫苗，但以色列已经开发了数种疫苗并已广泛应用于家鹅。甲醛灭活乳鼠脑源疫苗的实验室试验已经完成。给3周龄鹅接种单剂量疫苗，75%以上可获得保护力，间隔2周接种2个剂量，94%可获得保护力。免疫力持续时间可持续到12周龄。鸡胚源或Vero细胞制备的灭活疫苗，由于其抗原含量低，因此没有保护力。使用蚊子细胞多次传代后制备的弱毒苗，给雏鹅接种1个剂量，可产生抵抗脑内攻毒的免疫力。蚊子饲喂试验和毒力返强传代研究还有待完成。

（李秀梅 译 何启盖 梁智选 一校 丁伯良 二校 崔恒敏 三校）

第七节 生殖系统疾病

一、人工授精

人工授精（AI）技术被广泛应用于火鸡，以克服受精率低下的问题，这主要是由于火鸡体型大、肌肉发达而导致交配失败或性欲低下造成的。这是孵化种蛋生产过程中一个很严重且费用很高的问题。人工授精技术在商品鸡生产中并未得到广泛应用，但通常应用于专门的育种和研究领域。

通过按摩鸡或火鸡睾丸上方的腹部和背部，刺激交媾器勃起，进行采精。接着用一只手快速向前掀起尾部，同时用拇指和食指像挤奶一样从交媾器挤出精液。鸡对按摩刺激的射精反射要比火鸡更快、更容易。可以把精液收集到抽吸器（火鸡）内，也可使用小试管或任何杯状容器。火鸡精液量一般为0.35～0.5 mL，每毫升含60亿～80亿个精子；而鸡精液量是火鸡的1～2倍，但其浓度却只有火鸡的一半。通常先将采集的精液混合在一起，使用前再用稀释液进行稀释。

鸡或火鸡精液的储存时间超过1 h，其授精能力会下降。火鸡或鸡的精液可在液态冷藏（4℃）条件下进行运输，精子活力可维持6～12 h。火鸡精液通常进行短期保存，而对鸡精液一般不用保存。当使用液态冷藏超过1 h的火鸡精液时，必须用稀释液至少按1：1比例稀释，并轻轻搅拌（150 r/min）以加快氧化；而鸡精液应在稀释后冷藏，无需搅拌。鸡和火鸡精液也可以冷冻保存，但授精能力下降，仅用于专门的育种项目。在实验室条件下，给母鸡输入4亿～5亿个冻融后的精子，每间隔3 d输精1次，受精率可达到90%。

有数种商品化的精液稀释液可供应用，通常专门用于火鸡。使用稀释液可精确地控制输精剂量，也便于装入输精管内。如按照产品的使用说明操作，其效果可与使用未稀释的精液相媲美。火鸡精液经稀释后，每个输精剂量应含有3亿个活精子细胞。但是依据母火鸡的日龄不同，输精的精子数量可以从1.5亿～3亿个精子细胞不等。对鸡而言，稀释后精液的输精量应为1亿～2亿个精子细胞。生产者通常先测定精子密度，然后稀释到火鸡或鸡输精的适宜精子细胞数量。

在输精时，按压肛门周围的左侧腹部，使泄殖腔外翻，输卵管凸出，便于将输精管或塑料管插入到输卵管2.5 cm，输入适量精液。当输精管输出精液时，放松对肛门周围的按压，这样有助于母鸡将精子保留在阴道或输卵管内。使用未稀释的火鸡精液进行输精时，每次可输精量为0.025 mL（大约20亿个精子）高浓度精液，每间隔10～14 d输精1次，一般可获得最佳受精率。对鸡，由于精子浓度低，受精力持续时间短，需要使用0.05 mL未稀释的混合精液，每间隔7 d输精1次。母鸡出现蹲坐行为表明愿意接受交配，这是初次授精的时间。为获得最高的受精率，可在火鸡初产前进行授精，而对鸡来说没有必要。以后受精率会呈现下降的趋势，因此可通过增加授精频率或提高每次输精量的精液密度来进行调节。

二、生殖系统疾病

（一）右侧输卵管囊肿

母鸡退化的右侧输卵管常见有积液。腹腔囊肿充满清亮的液体，并黏附在泄殖腔右壁上。囊肿大小不同，从肉眼难以辨别到直径15～20 cm不等。鸡群感染传染性支气管炎病毒后，该病的发生率会升高。输卵管囊肿是尸体剖检时发现的一种病变，即使有，也不会影响鸡群的生产性能。

（二）次品蛋或畸形蛋

大多数砂壳蛋、血蛋、扁平蛋、软壳蛋或双壳蛋都是由于在前一次排卵后下一个卵泡（蛋黄）排出太快，导致蛋壳腺体部卵泡发生碰撞而造成的。在尸检时，在蛋壳腺囊内可见有2枚完整的鸡蛋。当第二枚鸡蛋与第一枚蛋接触时，由于施加了压力，造成矿化

模型受到影响。第一枚鸡蛋呈白垩状外观，而第二枚鸡蛋与第一枚接触的部位就呈扁平状（即扁平蛋）。蛋壳呈砂粒状或粗糙不平的鸡蛋，可能是由于在蛋壳腺内停留过久造成的。血斑蛋是由于在释放卵子时，卵带上的卵泡血管发生破裂造成的。肉斑蛋是由于某些卵泡膜或来自前一日的残余蛋清与正在形成的鸡蛋发生整合而形成的。

许多畸形蛋似乎并没有什么具体的原因，但是在产蛋期内，管理性的应激因素、操作粗暴、免疫接种都会使母鸡生产畸形蛋的比例增加。病毒性疾病，诸如传染性支气管炎、产蛋下降综合征和新城疫，可能造成大量软壳蛋的出现。

无蛋黄的小蛋是在输卵管膨大部由病变周围物质（残存的蛋清）形成的。蛋清含量少的小蛋和蛋壳有缺陷的小蛋，可能是由于输卵管膨大部上皮损伤或蛋壳腺损伤造成的。

极为罕见的是，通过阴道进入输卵管的外来物（如蛔虫）可能会整合到鸡蛋内。

（三）蛋阻留或输卵管阻塞

由于鸡蛋过大（如双黄蛋）或由于低钙血症、低钙血搐搦，或肛门或阴道以前发生创伤（通常是啄肛），堵塞了排卵，造成一枚完整的鸡蛋阻留在蛋壳腺或阴道内。在身体尚未发育成熟就进入产蛋期的母鸡或体重超重或肥胖的母鸡，这种情况的发生更为普遍。该病在春季和夏季更为常见，原因是光照强度和日照时间长对鸡的刺激增强，采食量迅速增加可加剧这种疾病。该病对宠物鸟是一种急症，但通常仅在剖检商品家禽时才能发现。当发生堵塞时，继续形成的鸡蛋内含有多层蛋清和蛋黄物质，输卵管变得很大。有些鸡蛋会逆流到腹腔，导致母鸡呈现企鹅样的姿态。

（四）卵性腹膜炎

卵性腹膜炎（卵黄性腹膜炎）以腹腔内脏周围出现纤维蛋白或类似煮熟的蛋清样物为特征，该病是造成产蛋鸡或种母鸡发生零星死亡的常见原因，但在某些鸡群可能是产蛋高峰前后死亡的主要原因，类似传染性疾病的表现。剖检后可作出诊断。腹膜炎是由于蛋清和大肠埃希菌从输卵管逆流到腹腔内造成的。如果该病发生率较高，应进行培养以鉴别巴氏杆菌感染（禽霍乱）和沙门氏菌感染。由大肠埃希菌感染引起的腹膜炎，使用抗生素治疗通常无效。加强生殖发育阶段（卵泡生长和成熟）的管理和饮水卫生，是预防该病发生的最好策略。

在肉用种鸡中，当母鸡体内的大卵泡数量过多时，就会产生产蛋不稳定和畸形蛋综合征（EODES）的问题。这种情况同时伴随有双黄蛋、输卵管下垂、体内产蛋或体内蛋的比例升高，常导致卵黄性腹膜炎

和死亡。对未达到目标体重的小母鸡不要过早进行光照刺激，同时遵循不同品种的体重和光照建议进行，可避免EODES的发生。体重超重的母鸡，产蛋不稳定的发生率较高，卵黄性腹膜炎造成的死亡率也较高。

（五）假产蛋鸡

这些母鸡排卵正常，但由于大肠埃希菌或鸡败血性支原体感染发生输卵管炎症，并导致堵塞，造成卵黄未被输卵管接纳，坠入腹腔内。卵黄在腹腔内被吸收。母鸡外表与正常产蛋鸡一样，但不产蛋。卵巢或输卵管发育不全与鸡在早期（1~2周龄）感染传染性支气管炎病毒有关。卵巢闭锁甚至萎缩是由严重应激、慢性传染病、采食不足、料槽空间不足及因饲料中有真菌毒素而拒绝采食造成的。

（六）低钙血症、猝死症、骨质疏松症或笼养蛋鸡疲劳症

小母鸡或产蛋鸡由于日粮钙、磷或维生素D_3不足，蛋壳在形成过程中出现低钙血症，导致猝死或出现瘫痪。这可能与产蛋率高及蛋壳形成动用骨质中的钙有关，此时的主要病变是骨质疏松症。在尸检时，在壳腺部可见有鸡蛋，且卵泡活跃、发育完全。无其他病变，但可见有髓质骨缺损。给瘫痪母鸡静脉注射钙有疗效，这有助于诊断。

骨质疏松症是高产鸡群发生死亡的主要原因。患骨质疏松症的母鸡，在尸检时可见有类似病变，卵泡可能会出现退化，输卵管内没有鸡蛋。患有骨质疏松症的母鸡，其胫骨易脆，髓质骨缺乏。如果母鸡没有发生腿或椎骨骨折，静脉注射钙可取得疗效。在日粮中添加大颗粒钙（石灰石、牡蛎壳）可能会有作用。因骨折而导致的高死亡率，常见于患骨质疏松症的鸡。这在板条式鸡舍养殖的肉用种母鸡中更为普遍，这是由于鸡在板条上飞上飞下时可能会造成损伤。对这些鸡进行尸检可见有卵泡破裂，说明发生了外伤。

近年，在高产肉用种母鸡出现了一种众所周知的疾病，被称为低钙血症或低钙血搐搦（瘫痪）。在早晨发生瘫痪和窒息死亡前数小时内出现喘息、耸翅和俯卧症状。认真尸检可发现，卵巢完全活跃，且在壳腺内有部分成形或完整的鸡蛋，但无其他病变。这说明在形成完整蛋壳的过程中，母鸡动用了血流中全部可利用钙。这种情况常见于体重参差不齐的鸡群，这是由于在产蛋鸡开产之前数周内饲喂高钙日粮，而且迅速增加光照时间和饲喂量可将该病带入产蛋期内造成的。通过提高鸡群体重均匀度、避免过多或过早提供高钙日粮和光照刺激等管理手段，可以防止低钙血症的发生。给每只母鸡饲喂5 g牡蛎壳（撒在饲料表面），连喂3 d，同时在饮水中添加维生素D_3，可降低母鸡的死亡率。暂停3 d后，再重复饲喂。在严重

时，应连续饲喂2~3周（喂3 d，停3 d）。饲喂推荐量的钙、采用大颗粒的钙质、适当的通风降温，有助于预防和减少该病的发生率。

在澳大利亚首次报道的一种猝死综合征也会造成鸡死亡，且在壳腺内有蛋滞留。有人认为该病是由于日粮中钾和磷处于临界水平，并最终导致心肌病引起的。

（七）产内生蛋的鸡

这种母鸡的腹腔内可见有部分成形或完整的鸡蛋。这种鸡蛋是通过输卵管逆向蠕动而进入腹腔的。如果这些鸡蛋无壳，则会由于内容物被部分或完全吸收而造成畸形蛋。经常可发现只有空的蛋壳膜。目前尚无控制和治疗方法。该病与排卵异常和畸形蛋综合征有关。

（八）不育症

因对公鸡管理不善而导致的不育症是很常见的。不育症的发生，可能是由于健康公鸡数量不足造成的，也可能是由于慢性病、采食量不足或饥饿（严格限饲）造成公鸡精子数量下降引起的。不过，由于卵泡是由卵巢释放出来的，肥胖母鸡如不能将精子有效输送到漏斗部，就会造成受精率下降。公鸡必须要控制母鸡，否则无法交配。对商品母火鸡进行人工授精时，必须使用当日从公火鸡采集的精液（见人工授精）。有些火鸡的不育症可能是由单性生殖造成的。在母鸡的输卵管内有宿主精子腺，活精子细胞可以留存3~4周。水禽具有退化的阴茎，偶尔报道公鸭有阴茎脱垂。无治疗方法。

（九）肿瘤

最常见的生殖系统肿瘤是输卵管腺癌。肿瘤细胞可以从肿瘤组织上脱落到输卵管内，进入腹腔。这些细胞可定植在卵巢、胰腺及其他脏器，并长出多个硬的黄色结节。这些结节可阻碍淋巴液回流，产生腹水。该病可随着日龄增加而增加，肿瘤通常是2岁以上鸡的主要死亡原因。发病母鸡在加工过程中被废弃。

阔韧带的平滑肌瘤是由一种雌激素诱发的平滑肌肥大症，属良性肿瘤，在尸检或加工时偶尔可见。

已经描述的卵巢和睾丸肿瘤有很多种。马立克病是导致卵巢肿瘤的一个常见原因。

（十）卵巢炎与卵巢退化

卵巢退化可导致游离的蛋黄坠落到腹腔内（卵黄性腹膜炎），该病极少造成死亡，除非卵黄物质通过气囊，进入到肺脏引起异物性肺炎。许多种急性病、创伤或强制换羽，都会造成卵黄游离。卵巢退化多是由于鸡的体重减轻、有意减少饲料、过度拥挤或饲槽空间不足引起的。传染病，如新城疫、禽霍乱、鸡白痢及禽流感，也是造成该病发生的原因。严重应激，

常伴有换羽、消瘦、脱水等，也会导致该病的发生。

（十一）输卵管脱垂

母鸡在产蛋时阴道外翻，通过泄殖腔将蛋排出。如果阴道受伤（如生产很大的鸡蛋）或母鸡肥胖，那么阴道不会立刻缩回，而短时间内暴露在外，可引起啄癖。当外露器官被其他母鸡啄食时，整个输卵管及相邻的肠道会被从腹腔内拉出（啄出）。啄癖就会引起肛门出血。还有一种情况是，母鸡阴道肿胀，不能缩回，持续脱垂（喷出），母鸡因休克而死亡。输卵管脱垂与光照刺激过强或过早、开产早（体重不足）、产大个蛋、双黄蛋及肥胖症有关。通过断喙、控制光照强度、维持适宜饲养密度、避免营养缺乏，可防止啄癖的发生。

（十二）输卵管炎

输卵管炎是输卵管的一种炎症，内含液体或干酪性渗出物。在青年母鸡中，该病多是由鸡败血性支原体、大肠埃希菌、沙门氏菌或巴氏杆菌（禽霍乱）感染造成的，最终导致产蛋量下降。这是在肉用母鸡和鸭加工过程中常见的一种病变。肉眼检查，输卵管炎很难与成年母鸡的输卵管阻塞进行鉴别。随着输卵管丧失功能，卵巢常出现萎缩。在剖检淘汰母鸡时一般可发现该病呈散发，除非发生传染性疾病。

（十三）性征颠倒

如果母鸡左侧正常的卵巢因感染而受到破坏，则退化的右侧器官会发育为类似睾丸的组织，母鸡可表现公鸡的特征。肾上腺或卵巢出现可产生睾丸素的肿瘤，也可造成患病母鸡出现公鸡的第二性征（鸡冠和肉髯）。

三、产蛋下降综合征

产蛋下降综合征（Egg drop syndrome，EDS）是一种以外表健康鸡产软壳蛋和无壳蛋为特征的传染病。除美国外，该病在世界各国均有发生。

【病原】　病原为腺病毒属腺病毒，广泛分布于野鸭和家鸭、鹅、黑鸭和鸸鹋（一种水鸟）。在银鸥、猫头鹰、鹳和天鹅也可检测到抗体。通过常规方法无法鉴别腺病毒群抗原，EDS病毒具有很强的凝集禽类红细胞的特性，有别于禽类的其他腺病毒。使用鸭胚、鸭源或鹅源细胞培养该病毒，可获得较高的毒价。该病毒在雏鸡肾细胞或鸡胚肝细胞中生长良好，但在鸡胚成纤维细胞中的滴度较低。该病毒不能在鸡胚或哺乳动物细胞中生长。

这种抵抗力强的病毒只有1种血清型，但至少有3个基因型：一种可引起经典的EDS，一种存在于英国的鸭中，另一种与澳大利亚的EDS有关。

【流行病学】　鸭、鹅是EDS病毒的自然宿主，该病在日本鹌鹑（*Coturnixcofurnix japonica*）中也有描述。在鸡中被公认有3种类型的疾病。经典EDS可能是由于用鸭胚胎成纤维细胞生产马立克病疫苗时发生污染造成的，后来该病毒适应了机体。当基础种鸡群感染后，病毒可通过鸡胚发生垂直传播。在达到性成熟之前，雏鸡体内的病毒一直保持潜伏状态，之后可通过鸡蛋和粪便排毒，并造成易感鸡发生接触性感染。由于该病毒可垂直传播，并在产蛋高峰时被激活，因此具有明显的品种和年龄易感性。不过，所有日龄和所有品种的鸡对该病毒都易感。重型肉用种鸡或褐壳蛋鸡往往表现最严重。

许多地区都报道了地方流行性EDS，来源于经典型，常出现在商品蛋鸡。鸡群在产蛋期的任何阶段都可受到感染。污染蛋盘是水平传播的主要途径，疾病暴发常与公用的鸡蛋包装站有关。

在密闭饲养的鸡群也发现有少量、零星散发的EDS。可能是由于与家养鸭或鹅发生接触造成的，更常见的是接触了被野鸟粪便污染的水而引起。风险在于引入疾病可造成地方流行。

该病水平传播的主要方式是通过被污染的鸡蛋而传播，粪便也具有传染性。人员和污染物，如鸡笼或车辆，也可传播病毒，注射疫苗和采血用针头也可传播。昆虫也有可能传播，但尚未被证实。

【发病机制】　水平传播或试验性感染后，病毒在鼻黏膜上呈低滴度生长。随后出现病毒血症，病毒在淋巴组织内复制，然后在输卵管内进行大约8 d的大量复制，特别是输卵管狭部蛋壳分泌腺区域。蛋壳也同时发生变化。病毒感染后8～18 d内所产蛋的内部和表面均含有病毒。输卵管腔内的大量渗出物富含病毒，继而污染粪便。与禽类的其他腺病毒不同，该病毒几乎不能在肠道上皮细胞上生长。

由感染种蛋孵出的雏鸡可排毒并产生抗体。更常见的是，该病毒长期处于潜伏状态，直到开产才产生抗体，此时病毒被重新激活，并在输卵管内生长，重复其循环过程。

【临床表现】　在无抗体的鸡群，首先出现的症状是有色鸡蛋的颜色变浅，紧接着是出现软壳蛋和无壳蛋。在蛋壳发生变化之前，鸡可能出现腹泻和短暂的呆滞。鸡往往会吃掉无壳蛋，因此如果没有找到蛋壳膜，就无法发现是否有鸡蛋。产蛋量下降10%～40%，这主要是由于无壳蛋造成的。在已发生病毒传播和部分有抗体（通常10%～20%）的鸡群，其产蛋量无法达到预期目标，认真检查可发现，这些鸡群正在发生一连串轻度的EDS。有抗体的鸡可减缓病毒的传播。

该病对入孵蛋的受精率或孵化率没有任何影响。

【病理变化】 主要病理变化发生在输卵管狭部蛋壳分泌腺内。表皮上皮细胞出现核内包含体和变性，并被鳞状细胞、立方细胞或未分化的柱状细胞所取代。黏膜出现中度到严重的炎性浸润。

【诊断】 经典EDS，健康鸡群在产蛋高峰时出现蛋壳质量低下，几乎就可以确诊该病。地方流行性或散发EDS可发生于任何日龄的产蛋鸡群。在笼养蛋鸡，该病的传播速度慢，临床症状可能被忽略，或觉察到产蛋量有小幅下降（2%～4%）。

依据鸡群不出现症状，可以将EDS与新城疫、流感病毒感染加以鉴别；通过在产蛋下降时或恰好在产蛋下降前蛋壳发生变化，以及传染性支气管炎有时可见有皱壳蛋和畸形蛋，可与传染性支气管炎相区别。

无论何时，只要未能达到产蛋高峰指标，都要考虑是不是发生EDS，但仅仅观察临床症状还不能为诊断提供足够的依据。通过接种鸭胚或鸭、鸡胚肝细胞，可进行病毒的分离。找出产畸形蛋的鸡很重要，但这很难，尤其是在垫料平养鸡。比较简单的方法是给无抗体母鸡饲喂已感染鸡蛋。当产出首枚畸形蛋时，可试着从母鸡输卵管狭部蛋壳分泌腺中分离病毒。

禽红细胞凝集抑制试验（产生的红细胞凝集素效价高）或ELISA是首选的血清学诊断方法。另外，确诊也可使用血清中和试验。也可用双向免疫扩散试验。如果分离到一株腺病毒，可以将该病毒归类为EDS。在挑选用于诊断的鸡时，尤其是笼养鸡，重要的是仅采集那些产感染鸡蛋的母鸡血。

【控制】 无治疗方法。应在原种鸡群消灭经典EDS。应对塑料蛋盘在使用前进行冲洗和消毒，可控制地方流行性EDS。通过将雏鸡与其他鸡隔离，特别是水禽，可以预防散发性EDS。常规的卫生预防措施必不可少，对可能污染的水，在饮用之前应使用氯制剂进行消毒。

可使用油佐剂灭活苗，如制备得当可控制该病。这些疫苗可减少但不能阻止排毒。这些疫苗应在鸡的生长阶段，通常是在14～18周龄时，进行接种，并可与其他疫苗，如新城疫疫苗联合应用。常将哨兵鸡与免疫鸡放在一起，以监测鸡群中该病毒的存在情况。哨兵鸡可能会出现血凝抑制试验抗体转阳。

第八节 呼吸系统疾病

一、气囊螨

气囊螨（*Kytodites nudus*）是一种世界分布的很小的螨虫，偶见于鸡、火鸡、雉鸡、鸽和野鸭的支气

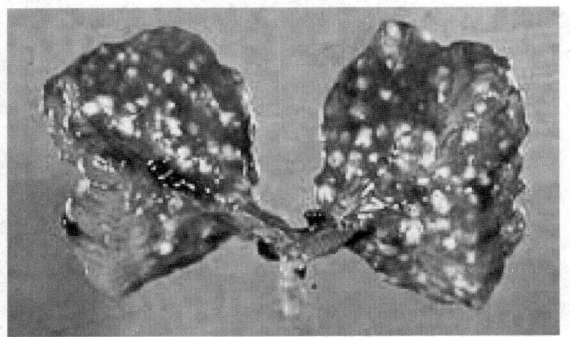

图20-26 曲霉菌感染患鸡肺脏的多灶性肉芽肿
（由Jean Sander博士提供）

管、肺脏、气囊及腹腔器官，呈小白斑。这类螨虫很容易通过咳嗽在鸡之间传播。在商品禽场中极少发现螨虫。螨虫的生命周期为14～21 d，包括1个幼虫期和2个蛹期。螨虫的感染程度不一，临床症状从无到虚弱、体重减轻、肺炎、腹膜炎、肺水肿及死亡。推荐的治疗药物包括伊维菌素（是一种近似于敌敌畏的杀虫剂，要放置在远离禽的地方）、局部用莫西克丁或除虫菊酯或增效醚喷洒剂。

二、曲霉菌病

曲霉菌病（育雏器肺炎、真菌性肺炎、肺霉菌病）是呼吸系统的一种常见病，多发生在鸡和火鸡、雏鸭、鸽、金丝雀、鹅、许多其他类野鸟及宠物鸟有时也可发生。在一些鸡场和火鸡场，常呈地方性流行；野鸟呈散发性，常只感染某个个体。严重暴发常见于7～40日龄禽（见哺乳动物曲霉病，以及笼养鸟）。

【病原与流行病学】 烟曲霉菌（*Aspergillus fumigatus*）是该病的常见致病菌。不过，其他多种曲霉菌属也可引发该病。雏鸡和雏火鸡在被污染的孵化器内进行孵化的过程中，或在含有霉菌的垫料上饲养时，吸入了大量的孢子，可出现很高的死亡率。日龄大的鸡受到感染主要是由于吸入污染的垫料、饲料及尘土飞扬的环境中含有孢子的粉尘所致。通常在屠宰前检查，发现肺脏病变后，饲养者才知道低估了出栏鸡群的发病率。

【临床表现与病理变化】 可见有呼吸困难、气喘、嗜睡和其他神经系统症状、食欲不振、消瘦、渴欲增加。6周龄以内的雏鸡或雏火鸡，肺脏最常受侵害。气囊炎是成年火鸡尸检废弃的首要原因。肺脏病变以直径从几毫米到几厘米呈奶油色的菌斑为特征；有时在气管内有肉眼可见的菌丝群。在鸣管、气囊、肝、肠道也可看到菌斑，有时可出现在脑内。火鸡最常见的是脑炎型。鸡和火鸡也见有眼型，眼角内见有

大的菌斑。

【诊断】　通过培养或对新鲜病料进行显微镜检查，可发现真菌。挑选一个菌斑置于适宜培养基上，一般可获得纯培养物。用真菌特殊染色法进行组织病理学检查，可发现含有菌丝体的肉芽肿。给3周龄的易感雏鸡经气囊注射分离物，可确定分离株的致病力。

鉴别诊断包括传染性支气管炎、新城疫、传染性喉气管炎、分支杆菌病、大肠埃希菌病、指霉属菌（Dactylaria）感染和营养性脑软化病。

【治疗与控制】　对病鸡进行治疗一般无效。如果能避免再次接触到霉菌，肺曲霉病可自然痊愈。孵化场严格遵守卫生规程可减少早期的暴发。污染严重的种蛋不能入孵，因为这些蛋可能发生爆裂并将孢子散播至整个出雏器内。应使用抑霉唑或甲醛，对污染的出雏器进行熏蒸消毒。避免使用霉变垫料或牧草，可预防成年鸡发生该病。洁净鸡舍应使用恩康唑喷洒或熏蒸消毒，所有的设备都应进行清洗和消毒。

三、禽流感

禽流感（AI，又称鸡瘟）病毒可感染家禽和宠物鸟、动物园饲养鸟和野鸟。AI病毒属于典型的低致病性（LP）病毒，可引起亚临床感染、呼吸道疾病或产蛋下降。不过，少数AI病毒可引起严重的全身性感染，并伴有很高的死亡率。过去，将这种高致病性（HP）禽流感称为鸡瘟。除了最近出现的欧亚系的H5N1高致病性禽流感病毒外，大多数野鸟的AI病毒感染为亚临床性。

【病原】　禽流感病毒属于正黏病毒A型，以核蛋白和基质内蛋白的抗原性相同为特征，血清学上通过琼脂凝胶免疫扩散试验（AGID）来鉴定。根据红细胞凝集抑制试验和神经氨酸酶抑制试验，将AI病毒进一步分别细分为16种血凝素（H1～H16）和9种神经氨酸酶（N1～H9）亚型。大多数的AI病毒（H1～H16亚型）都属于低致病性，但有些H5和H7型AI病毒对鸡、火鸡及鸡形目禽是高致病性的。

【流行病学与传播】　高致病性禽流感病毒分布在世界各地，从临床表现正常的海鸟和迁徙水鸟中经常可分离到。偶尔也能从进口宠物鸟和平胸类鸟分离到。村庄或庭院饲养鸡群及通过活禽市场出售的其他禽类可能存在病毒，但在发达国家饲养的大多数商品家禽没有AI病毒。HP病毒来源于某些LP H5和H7病毒的变异，可导致毁灭性流行。采用扑杀措施可迅速消灭HP病毒。

潜伏期差异极大，从几日到2周。鸡之间的传播是通过采食和吸入实现的。在自然和试验条件下，欧亚系一株高致病性的H5N1毒株，可使猫和犬受到感染。通过呼吸途径、采食感染鸡，或与感染鸡接触，均可造成试验性感染，但猫比犬更易感。家养宠物可能是鸡场之间的传播媒介，但其他AI病毒，包括其他的H5N1毒株，感染宠物的能力还尚不清楚。已进行试验性感染的其他哺乳动物包括猪、雪貂、兔、大鼠、豚鼠、小鼠、水貂及灵长类动物。鸡场之间的传播是由于生物安全措施落实不到位造成的，主要是通过感染家禽的运输，或设备及衣服等物品污染有粪便、呼吸道分泌物造成的。空气传播是近距离传播的主要途径。已证明，携带有欧亚系H5N1HP病毒的野鸟可引起近距离传播，但对于其他HP AI病毒不具有代表性。

【临床表现与病理变化】　临床症状、病情的严重程度及死亡率，依据AI病毒毒株和宿主不同而有很大差异。

（1）**低致病性AI病毒**　这类AI病毒可引起家禽出现典型的呼道吸症状，如打喷嚏、咳嗽、流涕、流泪及眶下窦肿胀。家鸭、鹌鹑和火鸡常见有鼻窦炎。呼吸道的典型病变包括气管和肺脏充血和炎症。产蛋鸡或种鸡的产蛋率或受精率下降，卵泡破裂（腹腔内可见有蛋黄）或退化、输卵管腔内有黏性分泌物，以及黏膜水肿。少数蛋鸡和种鸡可能有急性肾衰竭、内脏尿酸盐沉积（内脏痛风），如无继发性细菌感染或病毒感染或环境应激因素加剧，发病率和死亡率通常很低。

（2）**高致病性AI病毒**　即使没有继发性病原体，HP AI病毒也会引起鸡、火鸡和其他鸡形目家禽出现严重的全身性疾病，且死亡率很高。最急性病例，没有出现临床症状或大体病变即发生死亡。而在急性病例中，火鸡的头、冠、肉髯、肉垂（火鸡）发绀和水肿；胫部和脚由于皮下瘀血而表现出水肿和褪色；内脏器官和肌肉有点状出血；口腔和鼻腔分泌物含有血

图20-27　禽流感患鸡头部无毛处的皮肤坏疽（坏死）
（由David E.Swayne博士提供）

液。发病严重的鸡常见有绿色的稀便。经最急性感染而存活下来的鸡可出现CNS症状，表现为歪颈、角弓反张、运动失调、麻痹及翅膀下垂。显微镜下观察到的病变部位及严重程度差别很大，可能包括多种脏器、皮肤和中枢神经出现水肿、出血和实质细胞坏死。

【诊断】 从气管和泄殖腔拭子中，很容易分离到LP和HP AI病毒。许多内脏器官都可分离到HP AI病毒。AI病毒在鸡胚尿囊内生长良好，并可凝集红细胞。这种凝集反应不能被新城疫或其他副黏病毒抗血清抑制。通过以下方法可以对AI病毒进行鉴定：①用琼脂扩散试验（AGID）或其他适宜的免疫学测试方法，证明存在有A型流感的基质蛋白或核蛋白抗原；②用A型流感特异性RT-PCR方法，证明存在有病毒RNA。

低致病性AI必须与其他呼吸系统疾病或可引起产蛋下降的疾病进行鉴别，包括：①急性到亚急性的病毒性疾病，如传染性支气管炎、传染性喉气管炎、低致病性新城疫和由其他副黏病毒引起的感染；②细菌性疾病，如支原体病、传染性鼻炎、鼻气管鸟杆菌病、火鸡鼻炎和呼吸道型禽霍乱；③真菌性疾病，如曲霉病。高致病性AI必须与死亡率高的其他疾病相区别开来，诸如强毒型鸡新城疫、急性败血性禽霍乱、中暑及严重脱水。

【防治】 疫苗可预防临床症状和死亡。另外，接种过疫苗的鸡群，其呼吸道和消化道中病毒的复制和排毒可减少。使用自家病毒疫苗或由相同血凝素亚型AI病毒制备的疫苗，可提供特异性保护力。同源病毒神经氨酸酶抗原产生的抗体，可提供部分保护。目前，美国只批准了AI全病毒灭活苗和鸡痘重组AI-H5疫苗。使用任何许可的AI疫苗都要经地方兽医批准。另外，在美国使用H5和H7 AI疫苗需要USDA批准。使用广谱抗生素治疗LP病毒感染鸡群以控制继发性病原体，加上提高鸡舍温度，可降低发病率和死亡率。用抗病毒药物进行治疗既未获得批准，也不推荐使用。疑似疫情暴发应及时报告相应的管理机构。

【人兽共患病风险】 禽流感病毒对禽类有宿主适应性。人类可发生感染，通常是孤立的、罕见的病例。人感染的多数病例都源于受到欧亚系H5N1 HP AI病毒感染。1997年香港首次发生18个病例，到2009年中期亚洲和非洲累计发生人感染病例408例，其中240例是致死性的。人感染的主要风险因素是之前接触活的或死亡的感染家禽，但也有一些病例是由于食用未煮熟的禽产品、给野天鹅拔毛或与人感染病例发生密切接触而引起的。人H5N1病例最常见的症状是呼吸系统感染。2003年期间，荷兰发生的H7N7 HP AI病毒的人感染病例，其最常见的症状是结膜炎。

四、禽肺病毒病

禽肺病毒病又称火鸡鼻气管炎、肿头综合征。禽肺病毒（aMPV）可引起火鸡鼻气管炎（一种急性呼吸道疾病）。该病毒也可导致肉鸡和肉种鸡发生肿头综合征，蛋鸡出现产蛋量减少。20世纪70年代末期，在南非的火鸡中首次发现该病毒，并传播到除澳大利亚以外的世界所有家禽主要养殖地区。已发现aMPV不仅存在于鸡和火鸡中，也存在于雉鸡、珍珠鸡、番鸭。鹅、鸽及多数其他品种的鸭，似乎对该病有耐受性。流行病学研究提供了在野鸟中aMPV循环传播的证据。感染aMPV后通常继发性细菌感染，造成很大的经济损失。2001年首次分离到人肺病毒（hMPV），并将其归类为禽肺病毒属的一员。全基因组序列分析证明，hMPV基因组结构与aMPV相似。

【病原】 aMPV属副黏病毒科，肺病毒亚科的成员，包括肺病毒属（包括人和牛呼吸道合胞体病毒）和肺病毒属。目前，肺病毒属包括禽肺病毒和人肺病毒。

aMPV分离株可分为A～D亚型。可采用黏附糖蛋白（G蛋白）序列分析进行不同毒株亚型的分类。F蛋白序列系统发育分析结果表明，欧洲的A、B和D亚型彼此之间关系密切，与C亚型之间的关系较远。最近，在韩国的野鸡和法国的鸭中都分离鉴定出aMPV C亚型毒株。后者原先被报道为法国非A株和非B株，现在表明为与美国C亚型分离株不同的基因系谱。无论C亚型分离株之间的差别有多大，该亚型分离株的氨基酸序列与hMPV的同源性比其他欧洲A、B和D亚型的同源性要高。

【传播与流行病学】 aMPV的传播似乎取决于家禽饲养密度、卫生标准及生物安全。在禽群内或群之间，通过直接接触或与污染物的接触，可迅速发生水平传播。aMPV被认为具有高传染性。该病毒由于其囊膜特性，因此其从宿主被释放到环境中很快会被杀灭。由于aMPV感染上呼吸道，最可能的传播途径是空气传播，尤其是气溶胶传播。已从试验感染的SPF火鸡蛋中分离出肺病毒C亚型，但认为垂直传播很短暂，且其在病毒垂直传播方面所起的作用极小。

鸡感染后排毒时间似乎仅有几天。排毒期短说明在试验条件下没有潜伏期或带毒状况。有证据表明，aMPV在鸡场存活时间较长。恢复期鸡群在育肥期内有可能再次感染aMPV。

【临床表现】 aMPV可引起火鸡和鸡的上呼吸道发生急性、高度接触性感染。所有日龄鸡群均可发病，不过青年鸡似乎更易感。育肥火鸡的上呼吸道症状明显，而产蛋母鸡只有轻微的呼吸道症状，产蛋量下降，也可发生蛋品质下降。下呼吸道感染引起的咳嗽，可能会导致产蛋火鸡发生子宫脱垂。

青年火鸡典型的呼吸道症状包括浆液状或水样流涕、流泪，眼内含有泡沫样分泌物、结膜炎。随后的症状包括黏脓性混浊鼻液、鼻塞、眶下窦肿胀、有摩擦音、打喷嚏、咳嗽或气管啰音。这些呼吸系统的症状还伴随有萎靡不振、食欲低下和羽毛蓬乱。

潜伏期为3~7 d，在所有日龄鸡的发病率都可达100%。死亡率为1%~30%，依据鸡的日龄、体质及继发性感染情况不同而有差异。无继发性感染且体质好的鸡群，可在7~10 d内痊愈。不过，在继发性感染且管理不良的鸡群，病程会延长，并会因气囊炎、心包炎、肺炎和肝周炎而加重。

鸡和野鸡的感染情况并不十分清楚，不一定会出现临床症状。aMPV与鸡肿头综合征有关。其特征包括：眼下窦及其周围肿胀、眼中有泡沫样分泌物、流涕、斜颈及由于耳感染致角弓反张。典型情况是，尽管感染鸡群不足4%，但呼吸道症状可能很普遍。死亡率很少超过2%。在肉用种鸡和商品蛋鸡中，产蛋量和鸡蛋质量常受影响。

【病理变化】 眼观病变因感染过程，尤其是继发性的感染细菌不同而不同，感染后的4~10 d最为明显。试验性感染后引起的眼观病变是由鼻炎、气管炎、鼻窦炎、和气囊炎所导致的。病鸡可能无大体病变。在鼻腔、鼻甲骨、气管和眶下窦内可见有从浆液性到浑浊的黏液。在感染过程中，分泌的黏液从清亮和浆性液黏液，变成浑浊和脓性黏液。在上呼吸道和气囊，可见有黏膜肿胀、充血、黏液过多等非特异性的炎症症状。如有继发性细菌感染，呼吸道内可见大量的炎性分泌物。另外，还可见肺炎、心包炎、肝周炎及脾脏肿大和肝肿大。在产蛋火鸡的生殖道内，可见病变包括：卵黄性腹膜炎、卵巢和输卵管退化、输卵管内蛋壳膜皱褶、畸形蛋。在aMPV感染后的最初2 d，对上呼吸道包括二级支气管的显微镜观察可发现，绒毛缺损、腺体活性增强、充血及黏膜下层有轻微的单核细胞浸润。最明显的显微病变出现在黏膜或鼻甲骨上，这可能是最适宜显微评价和aMPV诊断的组织。在哈德氏腺和泪腺的间质组织及次级集合管周围，可见有淋巴细胞浸润和类淋巴卵泡结构。

【诊断】 在分离病毒时至关重要的是要采集早期发病鸡的上呼吸道样品。尤其对肉鸡，应在感染后的第6天之前采集样本。当在出现明显临床症状时，可能不会成功分离到aMPV。用于检测aMPV最适合的样品是气管和后鼻孔拭子。火鸡或鸡胚气管组织培养物，或1~2日龄雏鸡，对aMPV初代分离最敏感。接种7 d内或传代后，可能会出现纤毛停滞。经卵黄囊途径接种6~8日龄鸡胚或火鸡胚也可分离到病毒，病毒鉴定可采用电镜观察、病毒中和试验或分子技术。

细胞培养不能成功用于该病毒的初代分离。但是一旦分离到该病毒并已适应于上述培养方式，就会在多种禽类和哺乳类动物细胞培养物中生长良好。

已经研发出RT-PCR试验，并广泛用于临床样品的检测，特别是用于检测呼吸道拭子中的病毒。已构建完成一些套式RT-PCR方法，以鉴定病毒亚型、确定临床样品中的病毒。基于基因组序列的数据不断增加及测序技术的应用，通常可以对aMPV分离株进行详细的特性鉴定及分子鉴别。也已研发出抗原检测试验方法，包括免疫荧光以及用于固定和非固定组织的免疫过氧化物酶法。

由于aMPV的分离和鉴定很困难，已经研发出血清学方法用于检测商品鸡和火鸡的感染状况。现在已广泛使用多种商品化ELISA试剂盒，但也可使用其他技术，包括病毒中和试验和间接免疫荧光试验。应采集急性期和恢复期的血清样品进行分析。ELISA方法使用A亚型或B亚型毒株中的一种为抗原，由于两者之间存在交叉反应，因此可以同时检测到这两种亚型的抗体，但是要有效检测C亚型应使用同源抗原。采用的试验方法具有亚型特异性，对无交叉反应的其他亚型或新出现的aMPV毒株，可能会检测到部分或根本检测不到。

副黏病毒（特别是新城疫和副黏病毒3型）、传染性支气管炎病毒和流感病毒，可引起鸡和火鸡出现与aMPV感染非常相似的呼吸系统症状和产蛋量下降。可根据形态学、凝集试验及神经氨酸酶活性、分子特性，对这些病毒进行辨别。很多细菌和支原体引起的症状与aMPV产生的症状非常相似。这些病原体常以继发性机会性病原体的方式出现，掩盖了肺病毒的存在。

【防治】 良好的管理可有效降低感染的严重程度，特别是火鸡；尤其是良好的通风、饲养密度、温度控制、垫料质量、生物安全等措施对该病的预后有积极影响。也有报道，通过使用抗生素控制继发性细菌感染，可部分缓解该病的严重程度。

在该病呈地方流行性的国家，广泛使用活苗和灭活疫苗给鸡和火鸡进行免疫接种。母源抗体不能为aMPV感染提供保护。因此，出雏后应尽快制定首次免疫接种计划。关键是通过给所有鸡都注射适量的疫苗，使每个鸡场和鸡群都达到相同的免疫水平。

活疫苗既可刺激呼吸道局部免疫，也可产生全身性的免疫力，不同亚型之间也可能存在交叉保护。但是，活苗诱导的保护力持续时间短，尤其是对生长期的公火鸡。因此，习惯的做法是对火鸡进行重复免疫接种。不过，活疫苗株存在有转变为较高毒力变异株的风险。在蛋鸡和种鸡使用活苗进行基础免疫后，常使用aMPV灭活疫苗进行强化免疫。虽然单独使用灭活疫苗仅能产生针对aMPV感染的部分保护力，但通过采用基础免疫-强化免疫的结合，可获得的保护力最有效，免疫期也最长。这种程序包括使用弱毒苗进行反复的基础免疫接种，以及使用佐剂灭活疫苗进行强化免疫接种。试验结果显示，蛋内接种也可能是一种很有前途的方法，可诱导产生有效的、早期免疫应答。除弱毒苗和传统的灭活疫苗外，已设计出一些基因工程疫苗，并在实验室条件下进行了试验。这些疫苗可诱导产生部分保护力。

五、波氏杆菌病

禽波氏杆菌病（火鸡鼻炎、禽波氏杆菌鼻气管炎）是火鸡的一种高度传染性、急性上呼吸道疾病，以高发病率、低死亡率为特征。以前使用的名称包括：产碱杆菌鼻气管炎、腺病毒相关呼吸道疾病、急性呼吸疾病综合征和火鸡鼻气管炎。

虽然该病主要引起火鸡发病，但鹌鹑也易感，对鸡是一种机会感染病。上呼吸道损伤是诱发来航鸡出现症状的必需条件，这种损伤可能是由于较早暴露上呼吸道病疫苗引起的，如传染性支气管炎或新城疫病毒，也可能是受到环境刺激造成的，如氨气。

世界所有集约化饲养火鸡的地区，几乎都有波氏杆菌病发生。历史上，该病在局部地区发病严重，但在其他地区罕见或不明显。造成这种流行病学差异的原因至今尚不清楚。

【病原与发病机制】 病原是禽波氏杆菌（*Bordetella avium*），一种革兰氏阴性、不发酵、能运动需氧杆菌。该菌在营养丰富的肉汤培养基上生长时可形成丝状物。也可在多种不同的培养基上生长，包括麦康凯琼脂、博-金（Bordet-Gengou）琼脂、牛肉浸液液体培养基、胰蛋白酶大豆液体培养基、血液琼脂和心脑浸液液体培养基。典型禽波氏杆菌株产生的菌落微小（培养24 h后直径0.2～1 mm）、密集、透明、有光泽、呈珍珠样、边缘光滑。在实验室反复传代后，有些菌株可见有表面干燥、边缘呈锯齿状、不规则的粗糙菌落。粗糙菌落反映出禽波氏杆菌毒力因子完全被抑制，称为抗原性变异，属于无致病性菌株。

发病机制与禽波氏杆菌清除气管上皮细胞纤毛的能力有关。某些特定菌株可黏附在假复层纤毛柱状上皮上，并产生毒素，其中有些特性与其他波氏杆菌相似。致病性禽波氏杆菌的相关毒素和毒力因子有：不耐热毒素、气管细胞毒素、皮肤坏死毒素、骨毒素，以及与凝集素有关、也可能与菌毛有关的黏附因子。常见有气管软骨损伤，并伴有气管环变形、变色，这些被认为是由细胞毒素或骨毒素引起的。有些死亡是由于气管中黏液增多和气管塌陷引起窒息所致。与许多细菌感染一样，获取铁是禽波氏杆菌在宿主定植和传播的必需因素。毒力因子的表达受毒力基因位点的全面调控，该基因受有利于禽波氏杆菌发生抗原变异的环境条件的影响。

上呼吸道损伤可引起大肠埃希菌或其他病原菌的继发性感染，进一步加重病情。在很多病例中，单独感染禽波氏杆菌的火鸡4～6周即可痊愈，不会造成严重疾病。

【流行病学与传播】 青年火鸡的发病率一般为80%～100%。死亡率从无并发症时的零死亡到发生继发感染的40%以上。如果青年火鸡被禽波氏杆菌感染的同时，又被其他病原体感染（如大肠埃希菌、新城疫病毒）或火鸡舍内的环境条件较差，则死亡率会升高，病症会加重。波氏杆菌病是火鸡大肠埃希菌病的主要诱因。对该病的抵抗力与日龄相关，4～5周龄以上的火鸡对该病有很大耐受性，不会发生感染。

禽波氏杆菌具有高度接触性，通过直接接触很容易从被感染火鸡传播给易感禽。还可以通过被污染的饮水、饲料及垫料传播，其传染性可保持1～6个月。

【临床表现】 该病的症状通常出现在感染后7～10 d，包括鼻窦炎，按压鼻孔可见清涕流出。眼中流出泡沫样分泌物，呼吸有摩擦音或咳嗽，张口呼吸，呼吸困难，气管啰音和声音变化也是该病的特征。并发症可引起更严重的症状，包括气囊炎。

【病理变化】 病变主要出现在上呼吸道，包括鼻和气管有分泌物、软骨环塌陷、纤毛上皮渐进性消失。无并发症的病例，在出现症状后4～6周内气管上皮即可恢复正常。

在尸检时，患特征性波氏杆菌病的火鸡可见有流泪、鼻窦和气管黏液增多，很少扩散到气管的分叉点以下。在某些情况下，气管内层可见有轻微出血，

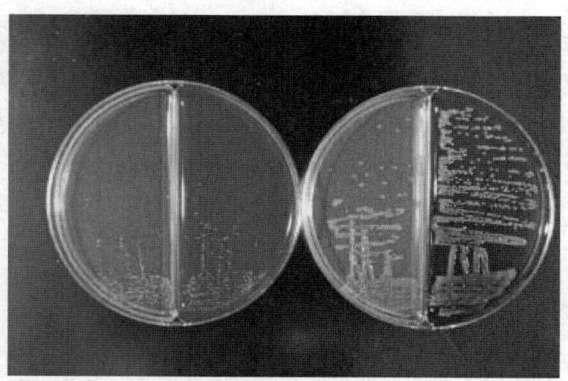

图20-28　麦康凯和血琼脂培养基培养的禽波氏杆菌和亨兹波氏杆菌的菌落形态

（由Mark W. Jackwood博士提供）

气管环常感觉变软。另外，有时可见气管的背/腹变平。只有在该病与另一个病原体合并感染时，才能见有肺炎和气囊炎。

【诊断】　通过用麦康凯琼脂分离禽波氏杆菌株，并通过标准化生化试验进行鉴定，可以对感染作出确诊。从气管上部分离的典型菌落为不发酵、微小、生长缓慢的菌落。最好从气管上部分离，从鼻窦样品分离的培养物，常出现其他快速繁殖细菌生长过度，如变形杆菌。

血清学也很重要，可使用微量凝集试验（检测IgM）和ELISA试验（检测IgG）。微量凝集试验可检测感染后约1周的特异性抗体。ELISA试验一般检测感染后2周以上的特异性抗体，这在检测母源抗体上有更多的优势。鉴定禽波氏杆菌也可以使用基于单克隆抗体的凝集试验和间接免疫荧光试验，以及PCR试验。

有时，从气管中也可分离到其他非发酵菌、支气管败血性波氏杆菌（B.bronchiseptica）和亨兹波氏杆菌（B.hinzii），必须与禽波氏杆菌相鉴别。通过在麦康凯琼脂上的生长情况和菌落形态，以及在最低营养基础培养基上无生长、脲酶反应阴性以及对豚鼠红细胞具有凝集特性，可对致病性禽波氏杆菌进行鉴别。禽波氏杆菌还可凝集鸡和火鸡的红细胞。

【治疗】　虽然禽波氏杆菌对抗生素高度易感，但通过喷雾、注射或饮水给药进行治疗尚未取得疗效。尽管血中抗菌药物浓度达到要求，但药物很难到达火鸡的气管上皮。质粒可携带链霉素、磺胺类药物和四环素的耐药性，这在禽波氏杆菌的某些菌株中也已经被发现。对继发性大肠埃希菌病，使用抗菌药物治疗可能有疗效。

【控制与预防】　由于火鸡日龄和接种途径不同，接种菌苗和温度敏感变异株活苗所产生的结果很混乱。通常3周龄以上火鸡对温度敏感株活苗有明显的阳性反应。对种火鸡进行免疫接种并不很广泛，传递给后代的免疫力一般来源于自然感染。

禽波氏杆菌很容易在鸡场之间传播。因此，预防措施应包括良好的生物安全措施。在自然暴发该病后，必须进行严格的清洗和消毒。大多数常用消毒剂都是有效的。

【人兽共患病风险】　禽波氏杆菌不会引起人发病，但是从家禽也可分离到一种与其关系密切相关的细菌，亨兹波氏杆菌可引起老年人或免疫力低下者发生败血症和菌血症。

六、传染性支气管炎

传染性支气管炎是鸡的一种以呼吸道症状为特征的急性、传播迅速的病毒性疾病，但有时也可造成种鸡和产蛋鸡发生产蛋量和蛋品质下降。其致病性病毒，传染性支气管炎病毒（IBV）的某些毒株具有肾致病性。这种毒株可引起间质性肾炎，引起较高的死亡率。传染性支气管炎对全世界商品鸡生产者具有非常重要的经济意义。

【病原与流行病学】　IBV是一种冠状病毒，分布于世界各地，有多种血清型。在一个地区可同时出现2个或2个以上的血清型。IBV可通过感染鸡的呼吸道分泌物和粪便排毒。这种高度接触性病毒可通过空气飞沫、摄入污染的饲料和饮水、接触污染的设备及饲养人员的衣物发生传播。自然感染鸡和接种IBV活毒疫苗的鸡，可发生间歇性排毒，并持续多周甚至数月。随着鸡体免疫力下降或感染不同血清型的病毒，蛋鸡和种鸡可出现周期性的病毒感染。

【临床表现】　一般来讲，在短暂的潜伏期后（18～48 h）就会出现症状。传播给其他鸡的速度很快，发病率几乎100%。该病的类型和严重程度取决于鸡的日龄和免疫力状况以及病毒毒力。青年鸡出现咳嗽、打喷嚏、气管罗音，持续10～14 d。可见流泪、呼吸困难，偶尔出现面部肿胀，特别是在鼻窦并发细菌感染时。在肉鸡，IBV是造成饲料转化率低、生长速度慢、肉品加工废弃率高的主要原因。大多数暴发的死亡率为5%，但是在继发性细菌感染造成原有呼吸道病毒感染进一步恶化时，死亡率较高。肾脏致病毒株可引起青年鸡发生间质性肾炎，死亡率很高（高达60%）。

蛋鸡产蛋率可下降5%～50%，而且多为畸形蛋、薄壳蛋及蛋内含有水样蛋清的蛋。大多数痊愈鸡的产蛋量和蛋品质一般可恢复到接近于正常的水平。

【病理变化】　呼吸道病变包括气管和支气管内有黏液样的分泌物，一般无出血。青年鸡气管内可见干酪样栓塞。气囊增厚、混浊。肉鸡继发细菌感染，尤

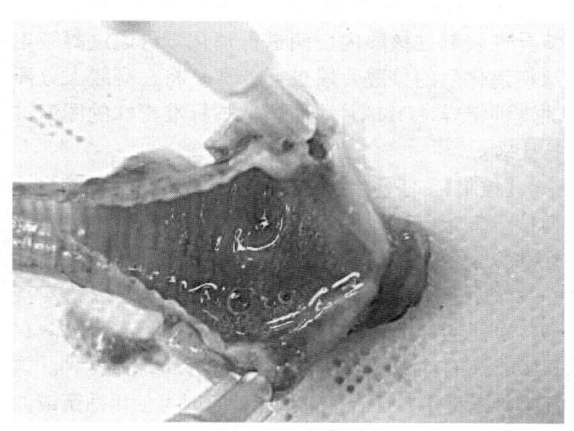

图20-29　气管内的大量黏液
（由Pedro Villegas博士提供）

其是大肠埃希菌感染，可出现干酪样气囊炎、肝周炎和心包炎。肾脏致病毒株可引起肾脏肿胀、苍白，伴有肾小管和输尿管内尿酸盐沉积和扩张。鸡的尿石病与病毒感染及某些饲料因素有关。

【诊断】 根据临床症状不能作出诊断，因为其症状与其他病原体引起呼吸系统轻微症状很相似，如新城疫、禽肺病毒、喉气管炎、支原体和传染性鼻炎。对有呼吸道症状和产蛋量下降发病史的鸡，可通过ELISA、血凝抑制试验或病毒中和试验出现血清学转阳或IBV抗体效价上升作出诊断。确诊一般可通过病毒的分离和鉴定。将气管、盲肠扁桃体和肾脏组织的无菌匀浆液，接种9～11日龄鸡胚，进行病毒分离。某些野毒的分离需要进行多次盲传。该病毒可引起胚胎发育不良、卷曲及中肾尿酸盐沉积，并有不同程度的死亡率。

由于该病毒抗原变异很大，因此应进行血清型鉴定。血清型的鉴定通常借助于已知的特异性鸡抗血清，采用病毒中和试验来进行。但病毒中和试验成本很高、费时、操作不方便，因此应用不是很广泛。已经研发出数个血清型特异性的单克隆抗体（MAb），可用于血清学分型。但是由于感染鸡组织中的病毒抗原含量少，因此将基于MAb的免疫组织化学方法直接用于检测组织中的病毒，被认为是不可靠的。对在鸡胚中经传代增殖后的病毒，最好使用MAb，在这种情况下，通过荧光免疫试验或免疫过氧化物酶染色法，可以检测到绒毛尿囊膜细胞中的病毒，也可用ELISA方法检测尿囊液中的病毒。

普遍采用病毒基因组序列分析的方法进行病毒血清型的鉴定。这种方法以RT-PCR方法为基础，使用特异性寡核苷酸引物，以扩增IBV基因DNA，通常是纤突糖蛋白基因中的S1片段。随后，将RT-PCR产物用于限制性酶切片段长度多态性分析（RFLP）或核苷酸序列分析，这是目前用于IBV毒株基因分型最常用的方法。在进行RFLP分析时，将RT-PCR产物用一组特异性限制性核酸内切酶进行消化，再通过凝胶电泳将消化后的核酸片段进行分离。将在凝胶上分离的这种特异性DNA片段图谱，与标准毒株的图谱进行比较。

【控制】 任何治疗方法都不能改变该病的病程，但抗生素治疗可以降低因继发感染而引起的死亡。在寒冷天气下，将舍内温度和伞状育雏器温度提高3～5 ℃，可降低死亡率。用弱毒疫苗进行免疫接种，可能会产生轻微的呼吸道症状。活苗用于1～14日龄雏鸡的首免，可通过喷雾、饮水或点眼接种。重复接种是常用方法。种鸡和蛋鸡有时可使用活苗或油佐剂灭活疫苗，以预防产蛋量下降。

已经确认的血清型很多，已报道一些新的或变异的血清型，给免疫和诊断带来问题。如有可能，应依据场内流行的血清型来选择疫苗。在美国使用最广泛的活苗包含有IBV马萨诸塞州株、康涅狄格州株和阿肯色州株。有些地区使用特定血清型变异株疫苗进行免疫接种。在澳大利亚和美国，因肾炎而引起的暴发和死亡与多个变异株有关。在免疫接种后的蛋鸡群，标准血清型和变异株血清型感染都可造成产蛋量下降。

七、传染性鼻炎

鸡传染性鼻炎是一种以流涕、打喷嚏和眼的下部肿胀为特征的急性呼吸道病。该病在世界各地均有发生。该病仅发生在鸡，已报道的鹌鹑和雉鸡也有相似的病症，但是由不同病原体引起的。

在发达国家如美国，该病主要发生在青年母鸡和产蛋鸡中，偶尔也发生在肉鸡。在美国，该病在加利福尼亚和东南部地区的商品鸡群最为流行，但美国东北部也曾发生过明显的暴发。在发展中国家，该病常见于3周龄的幼雏。生物安全措施落后、环境条件不良以及其他疾病的应激，可能是一些发展中国家发生传染性鼻炎的主要原因。该病无公共卫生意义。

【病原】 病原菌为副鸡禽杆菌［*Avibacterium*（*Haemophilus*）*paragallinarum*］，是一种革兰氏阴性菌，呈多形态、不运动、过氧化氢酶阴性、微需氧的杆菌，在体外培养需要烟酰胺腺嘌呤二核苷酸（V因子）。当与分泌V因子的葡萄球菌滋养菌落培养在血琼脂上时，生长在葡萄球菌菌落周围的露珠状菌落，呈卫星菌落现象。在南非和墨西哥，已分离到不依赖V因子的副鸡嗜血杆菌。最常用的血清学分型方法是Page系统，使用该方法可以将副鸡嗜血杆菌株分为3个血清型（A、B和C），与其免疫表型特异性相对应。

【流行病学与传播】 慢性病鸡或外表健康的带菌鸡是该病的贮存宿主。所有日龄的鸡均易感，但易感性随日龄的增加而提高。潜伏期1～3 d，病程一般为2～3周。在野外条件下，如并发其他疾病，如支原体病，病程会更长。

感染鸡群对未感染的鸡群始终都是个威胁。该病可通过直接接触、空气飞沫和被污染的饮水传播。在美国，许多商品化家禽养殖场采取"全进全出制"的管理模式，基本上消灭了传染性鼻炎。在不同日龄鸡群混养的鸡场，常持续发生该病。该病不能经蛋传播。已经采用分子技术来进行传染性鼻炎暴发的追溯，如限制性内切酶分析和核糖体分型技术。

【临床表现】 当病情最轻时，仅有的症状是萎靡不振、流清涕、偶尔有轻微的面部肿胀。当病情较重时，一侧或双侧眶下窦肿胀及周围组织水肿，造成一只或两只眼闭合。成年鸡，尤其是公鸡，水肿会延伸到下颌和肉髯。肿胀通常在10～14 d内减轻，但如出现继发性感染，肿胀会持续数月。根据感染程度，可出现不同程度的啰音。在阿根廷，已有报道该病出现了败血症型，很可能是由于并发感染所致的。青年母鸡的开产时间可能会延期，产蛋鸡的产蛋率大幅度下降。在该病的急性期，病鸡可出现腹泻、耗料量和饮水量下降。

【病理变化】　急性病例的病变可能仅限于眶下窦。鼻腔内有大量黏稠、呈浅灰色、半液状的渗出物。随着该病转为慢性或当有其他病原体感染时，窦内渗出物会凝结成块状，呈微黄色。其他病变包括结膜炎、气管炎、支气管炎和气囊炎，尤其在有其他病原体感染时。呼吸器官的组织病理学变化包括黏膜和腺上皮的崩解、增生，以及水肿，并伴有异嗜细胞、巨噬细胞、肥大细胞浸润。

【诊断】　从有迅速传播鼻炎史的鸡群中分离出革兰氏阴性、呈星状、过氧化氢酶阴性的细菌，具有诊断价值。过氧化氢酶试验是必不可少的，因为健康鸡和病鸡都存在有过氧化氢酶呈阳性的非致病性嗜血杆菌。即使发展中国家，都已研发出PCR方法，可用于活禽，并已被证明比培养更具优势。给易感鸡接种感染鸡鼻分泌物后出现典型症状，也是一种可靠的诊断方法。没有适宜的血清学方法，可采用的最佳方法是血凝抑制试验。面部和肉髯肿胀必须与禽霍乱引起的症状进行鉴别。必须考虑的其他疾病有支原体病、喉气管炎、新城疫、传染性支气管炎、禽流感、肿头综合征（鸟分支杆菌）和维生素A缺乏症。

尽管目前仅在南非和墨西哥发现有不依赖V因子的副鸡嗜血杆菌，但也必须考虑到该种细菌。在这种情况下，副鸡嗜血杆菌PCR是一种理想的诊断方法。

【控制与治疗】　预防是控制该病的唯一合理方法。管理完善及隔离措施严格的"全进全出"式养殖模式，是预防该病的最好办法。饲养者应进行自繁自养，也可从净化鸡群中引种。如在有传染性鼻炎史的鸡场饲养后备母鸡，接种菌苗有助于该病的预防和控制。可使用美国农业部批准的疫苗，各州也可使用州内自用的菌苗。其他许多国家也生产疫苗。由于血清型A、B和C之间没有交叉保护力，因此非常重要的是，使用的菌苗应含有拟接种鸡群已存在的血清型。免疫接种一般应在该鸡场常发生传染性鼻炎前的大约4周内完成。在疫苗接种后，用血凝抑制试验检测的抗体水平，似乎与保护性免疫力相关。在呈地方流行的地区，也可采用控制性地暴露活菌的方法对产蛋鸡进行免疫接种。

由于早期治疗是非常重要的，因此建议立即给予饮水加药，直到当可采用饲料加药时。红霉素和土霉素对控制该病通常有疗效。多种新一代抗生素（如氟喹诺酮类、大环内酯类）可有效抵抗鸡传染性鼻炎。各种磺胺、磺胺甲噁唑和其他药物的联合应用也有效。抗生素治疗效果的评估必须根据国家有关规定进行。当严重暴发时，抗生素治疗可以改善病情，但是停药后可能会复发。

如在感染场内培育或饲养青年母鸡，应当将药物预防与疫苗免疫接种联合应用。

八、传染性喉气管炎

传染性喉气管炎（ILT）是鸡和野鸡的一种急性、高度接触性、疱疹病毒感染症，其特征是严重呼吸困难、咳嗽和啰音。该病也呈亚急性，见有流涕、流泪、气管炎、结膜炎和轻度的啰音。美国的大部分集约化养禽的地区，以及其他许多国家，均有该病的报道。

【临床表现】　急性型，在自然感染后5～12 d出现气喘、咳嗽、发出咯咯声及伸颈呼吸。产蛋鸡的产蛋率有不同程度的下降。感染鸡食欲不振、不喜活动。嘴和喙黏有气管分泌的带血液体。死亡率不同，成鸡可达50%，多是因出血或分泌物阻塞气管造成的。一般在2周后症状消退，但咳嗽可持续1个月。低毒力毒株不会造成死亡或死亡极少，仅见有轻微的呼吸道症状和病变，产蛋量略有下降。

痊愈后，有些鸡可长期带毒，成为易感鸡的传染源。应激因素可激活潜伏性病毒。机械性传播也可引起感染。多次流行可追溯到使用污染鸡笼运输鸡，在牧场内铺设垫料也被认为与该病的流行有关。

【诊断】　急性型的特征是出现临床症状和气管内见有血液、黏液和黄色干酪样分泌物，或干酪样伪喉。光镜下，具有特征性的病变是脱落性、坏死性气管炎。亚急性型的特征是气管和喉管内有点状出血、结膜炎伴有流泪可作出初步诊断。当无并发症时，气囊一般无病变。通过发病早期气管上皮内发现有核内包含体，可以进行确诊；也可采用鸡胚、组织培养或鸡进行特定病毒的分离鉴定；或通过对已免疫和易感鸡进行眶下窦或肛门接种。病毒分离优先选用鸡胚。采用孵化鸡胚（9～12日龄）经绒毛尿囊膜接种样本。光镜下观察可见绒毛尿囊膜有细胞核内包含体。ILT必须与白喉型鸡痘相区别，尤其是气管病变。鸡痘病毒产生的是胞浆内包含体。

采用病毒基因组限制性内切酶分析方法，可以将野毒株与ILT病毒疫苗株进行比较。这种方法对于关系比较密切的DNA基因组和流行病学是很有用的。然而，使用这种方法对野毒株与疫苗株进行比较，其显著性差异可能不很明显。

PCR技术，利用特异性引物扩增ILT病毒基因组各种不同长度DNA片段，当样品细胞DNA中含有极少量病毒DNA时，该方法是非常有用的。使用限制性内切酶，对PCR产物进行限制性内切酶片段长度多态性分析或对PCR产物进行测序分析，常用于鉴别不同毒株。

【防治】 使鸡保持安静、降低粉尘浓度、使用温和化痰药、注意避免饲料和饮水的污染，可缓解症状。在该病散发地区和已确诊的鸡场，应当进行疫苗接种。

当该病暴发时，对成年鸡紧急接种疫苗可缩短病程。免疫接种最好使用弱毒苗。这些低毒力毒株，已经在鸡胚或鸡细胞中经过连续传代，可以用于点眼接种。喷雾免疫或饮水免疫等群体免疫接种方法，所产生的效果不稳定。在该病呈地方流行性的一些地区，肉鸡群的免疫接种必须在其幼龄时进行，但对4周龄以下雏鸡进行免疫接种可能无效。有些疫苗生产厂家推荐，在鸡接近性成熟时进行重复免疫接种。有几种新一代的ILT重组疫苗已有商业化生产，包括可表达ILT病毒基因的鸡痘病毒重组疫苗和火鸡疱疹病毒载体疫苗，可用于蛋内接种、皮下接种和翅下刺种。

九、鹌鹑支气管炎

鹌鹑支气管炎是北美鹑的一种自然发生的、高度接触性疾病，常可导致致命性呼吸系统疾病，野生和人工饲养的鹌鹑均可发生。该病主要对种用野禽具有较大的经济意义，呈世界性分布。在某些舍养鹌鹑养殖场，该病是一种严重的疾病，特别是不同日龄鹌鹑混养场。

病原为鹌鹑支气管炎病毒，属禽腺病毒I群血清1型，从急性发病鹌鹑的呼吸道很容易分离到该病毒。从粪便样品、肠道、肝脏也很容易分离到病毒，有时也可从法氏囊分离到。该病为高度接触性，可在不同日龄禽群间迅速传播。其他禽类，特别是鸡，也可能是病毒携带者。

临床症状有呼吸困难、咳嗽、打喷嚏、啰音、流涕或流泪。某些急性发病的老龄鹌鹑常可见稀松的水样腹泻。可见有结膜炎、不同程度的气管炎（气管可被黏液完全阻塞）、气囊炎、肝炎和肠道鼓气。感染鹌鹑的常见病变是肝内有多样呈白色、针尖状（3 mm）坏死灶，以及脾脏肿大、呈斑驳状。2周龄以内鹌鹑的死亡率可达100%，但4周龄以上鹌鹑的死亡率一般不到25%。

该病常是自限性的。已证明，试验性疫苗对预防鹌鹑支气管炎是无效的。无特异性治疗方法，但是将保温伞温度提高1.5～3℃，避免"扎堆"、避免老龄和幼龄鹌鹑之间及与其他家禽接触，都很有意义；严格隔离和卫生措施也同样重要。免疫力持续时间很长，可能是终身的，痊愈后鹌鹑可留作种用。新引进鹌鹑必须经30 d的检疫期，才能引入禽舍。

（冯四清 译 何启盖 梁智选 一校 丁伯良 二校 崔恒敏 三校）

第九节 营养与管理：家禽

一、营养需要

家禽能够快速有效地将饲料转换成食品。这种高效率的生产导致了营养需要相对较高。家禽需要其日粮中应含有至少38种浓度适当且营养均衡的营养物质。可知的最新数据是公布于《家禽营养需要》（国家研究委员会，1994）的营养需要值，应作为家禽营养的最小需要量。这些数据源于试验确定值，且经广泛审核后发布。确定一种营养物质需要量所使用的标准，包括家禽生长、饲料转化率、产蛋量、营养缺乏症的预防和家禽产品质量。该标准假定营养物质都以高生物活性形式存在，但并不包括安全限量。因此，应依照不同饲料原料中营养物质的生物利用度作出调整。由于采食量会依据环境温度或日粮能量含量、遗传品系、饲养条件（特别是环境卫生水平）以及疾病和真菌毒素等应激因素的存在而发生变化，因此应以这种变化为基础确定安全用量。

（一）水

水是一种基本营养物质。影响饮水量的因素有很多，包括环境温度、相对湿度、日粮中盐和蛋白质水平、家禽的生产能力（生长速度或产蛋率）以及个别禽肾脏对水的再吸收能力。因此，水的精确需要量差别很大。缺水12 h以上，会对幼禽的生长和产蛋鸡的产蛋量产生不良影响；缺水36 h以上，幼禽和成年禽的死亡率都会明显增加。必须随时保障供应清凉、干净且未被高浓度矿物质及其他潜在毒性物质污染的饮用水。

（二）能量需要与采食量

家禽的能量需要和饲料原料中的能量值都以千卡表示（1 kcal等于4.186 8 kJ）。饲料原料中的生物可利用能值，可使用2种不同的测量方法，即表观代谢能（AME_n）和真代谢能（TME_n）。表观代谢能是饲料总能减去体内滞留氮能矫正后的排泄总能。真代谢能的计算需要进一步的矫正，以便说明并非由饲料原料直接造成能量内源性损失，是一种更为实用的测量方法。许多原料的表观代谢能和真代谢能数值相近。但在某些原料，如羽毛粉、稻米、麦麸和玉米酒糟可溶性物质，这两个数值的差异很大。

家禽可在相当大的饲料能量水平范围内调整采食量，以满足其每日的能量需要。随着环境温度和身体活动量的变化，能量需要及其所影响的采食量也会出现相当大的变化。但家禽对氨基酸、维生素和矿物质的日需要量，不受这些因素的影响。下列各表中的营养需要量是以适宜温度环境下家禽的典型采食量为基础的，其日粮中含有特定能量值（如肉鸡为3 200 kcal/kg）。如果日粮能量水平较高，家禽采食量就会减少。所以，这种日粮必须含有较高水平的氨基酸、维生素和矿物质。因此，应根据需要量和实际采食量，调整日粮中的营养物质浓度，以提供适当的营养摄入量。

由于家禽具有为适应含不同能量水平的各种日粮，调节采食量的能力，因此本章表20-6至表20-15中所列出的能量值应当作为指导量，而非绝对需要量。

适宜的体重和脂肪沉积是青年母鸡获得最大产蛋量的重要因素。白来航鸡的多数品系体重相对较轻，在正常饲喂条件下不容易出现肥胖。对该品系的鸡，应按自由采食量正常供应。对褐壳蛋鸡，经常采取某种程度的限饲（约占自由采食的90%），以避免发生早熟性产蛋。肉鸡品系如自由采食则容易出现肥胖，因此应对肉用青年母鸡和肉种鸡实行限饲。在限饲时，必须适当提高饲料中氨基酸、维生素和矿物质含量，以预防营养缺乏症。

（三）氨基酸

与所有动物一样，家禽能够合成包含20种L-氨基酸的蛋白质。禽类因缺乏一些特殊酶而不能合成的氨基酸有9种：精氨酸、异亮氨酸、亮氨酸、赖氨酸、蛋氨酸、苯丙氨酸、苏氨酸、色氨酸和缬氨酸。家禽可以合成组氨酸、甘氨酸和脯氨酸，但合成量通常不能满足其新陈代谢的需要，需要从日粮中摄取。这12种氨基酸被称为必需氨基酸。酪氨酸和半胱氨酸可分别通过苯丙氨酸和蛋氨酸合成，由于在苯丙氨酸和蛋氨酸不足时必须从日粮中获取，因此被称为半必需氨基酸。日粮还必须提供充足的氮，以满足非必需氨基酸的合成。

（四）维生素

维生素A、维生素D、维生素E的需要量以国际单位（IU）表示。对于鸡来说，1 IU维生素A活性相当于0.3 μg纯视黄醇，0.344 μg视黄基乙酸或者0.6 μg β-胡萝卜素。但是，雏鸡不能有效利用β-胡萝卜素。

1 IU维生素D相当于0.025 μg胆钙化醇（维生素D_3）。家禽对麦角钙化醇（维生素D_2）的利用率不及维生素D_3的10%。

1 IU维生素E等于1 mg合成dl-α-生育酚乙酸酯。根据日粮中脂肪的类型和水平、硒和微量元素的水平，以及有无其他抗氧化剂，维生素E的需要量不同。当饲喂的日粮中含有过多的长链高度不饱和脂肪酸时，应大幅度提高维生素E的水平。

胆碱是体磷脂的重要组成部分，也是乙酰胆碱的

一部分和甲基供体的来源。育成鸡可利用甜菜碱作为甲基化剂。在实际应用的饲料原料中广泛存在甜菜碱，可作为胆碱的一种备用品，但不能完全替代日粮中的胆碱。

所有维生素最终都会被降解，而水、氧气、微量元素、高温和光照都会加速这一过程。为避免出现这种损失，常采用稳定的维生素制剂和较大的安全用量。在对饲料进行压粒、压片或长期贮存时，这种做法尤其正确。

（五）矿物质

植物性饲料原料中的大多数磷是以肌醇六磷酸络合形式存在的，不能被家禽吸收。因此，关键是应考虑有效磷水平，而不是总磷水平。适宜的钙营养是同时依据钙水平和钙与有效磷的比例而确定的。生长期的鸡，其钙与有效磷的比例大体上不应偏离2∶1。产蛋鸡对钙的需要量很高，并随着产蛋率和日龄的增长而增加。

（六）其他营养物质与添加剂

雏鸡需要38种营养物质、充足的代谢能水平和水。在某些情况下，禽的生长和发育还需要某些额外的营养物质。这些营养物质包括维生素C、吡咯喹啉醌和多种重金属。

家禽饲料中常添加非营养性的抗氧化剂，如乙氧喹，以保护维生素和不饱和脂肪酸。有时可添加少量抗生素（每千克饲料5～25 mg，依抗生素来确定）和大量铜（每千克饲料150 mg），以提高生长速度和饲料转化效率。在成本不过高时，常在家禽日粮中添加酶制剂，可提高日粮中磷、能量和蛋白质的生物利用度。在某些情况下，可使用植酸酶来减少排泄物中磷的排放量，以达到环保的要求。

二、饲养与管理实践

应通过针对某特定品系达到的适宜体重和发育等饲养目标的程度，来衡量饲养方案是否成功。生长和饲料表中列出了青年母鸡和火鸡达到一定体重时所需的营养及日龄数据。在评估家禽营养需要量时，表20-6至表20-15中的数据可用作指导。依据饲料中的营养物质含量、家禽的品种或品系、饲料的浪费量和环境温度，这些数据可能会出现相当大的差异。

饲养家禽的日粮多数是商品化全价混合日粮，即由饲料生产企业配制的，大多数企业雇佣了受过正规教育的营养专家。家禽饲料的配制与混合，需要原料采购、配方的试验验证、原料质量的实验室控制及计算机应用等方面的知识和经验。混合不合理可引起维生素和矿物质缺乏，不能为防范疾病提供保护，也可能会造成药物中毒。

饲料的物理形态可影响饲喂效果。用于育雏期和生长期家禽的多数饲料都被制成颗粒料或碎粒料。在制作颗粒料时，先将饲料用蒸汽进行处理，再通过大小适宜的模具压制成型，然后再用鼓风机对颗粒进行快速冷却和烘干。制作颗粒的加工条件（如使用膨化机而不是挤压机、暴露在高温环境下、使用软颗粒料）对颗粒料或颗粒料被压碎后生产的碎粒料的营养品质影响很大。

（一）饲养方法

如果不考虑其他因素，刚出壳的任何品种雏鸡的首选方案都应当是全价料的碎粒料。对于生长禽，特别是产蛋禽和种禽，也强烈推荐采用全价饲料。相对于粉料和谷料来讲，全价料的优点是饲喂简便、加药量准确、日粮营养平衡性好和饲料转换率高。

无论采用哪种饲养方法，在考虑饲喂补充钙、沙砾或全谷物时，都应该遵守饲料生产商或育种公司的建议。应当提供新鲜、清洁的饮水。

（二）免疫程序

肉鸡、肉种鸡、商品蛋鸡、火鸡、种鸭和商品鸭的推荐免疫程序见表20-16至表20-21。

（三）生长鸡的管理

用育雏围栏将加热式育雏器围在中间，使雏鸡靠近热源。在进雏时，育雏器下的地面温度应设置在29.4~32.2 ℃。随着雏鸡日龄的增加，育雏器的温度应每周降低2.8 ℃，直到降至21.1 ℃。在雏鸡1周龄时一般都要移动一次育雏围栏，使雏鸡有活动空间。应为食槽和饮水器提供足够的空间，并均匀摆放在围栏内。

开始时，应为每一群雏鸡铺设至少7.5 cm厚、干净、均匀的垫料。垫料应无霉菌；吸湿性好，无结块，无毒，尺寸大小应足以避免被雏鸡吃掉。开始育雏的前几天，雏鸡光照时间应为24 h，以后应减少光照时间。光照时间与光照强度都很重要。依据鸡舍是密闭式或开放式，光照程序差别很大，应遵照主要育种公司提供的类似环境下的建议。

表20-6　生长鸡的营养需要[a]

周龄	0~6周	6~12周	12~18周	18周至开产	周龄	0~6周	6~12周	12~18周	18周至开产
	白壳蛋鸡					褐壳蛋鸡			
体重（g）[b]	450	980	1 375	1 475	体重（g）[b]	500	1 100	1 500	1 600
蛋白质（%）	18	16	15	17	蛋白质（%）	17	15	14	16
精氨酸（%）	1.0	0.83	0.67	0.75	精氨酸（%）	0.94	0.78	0.62	0.72
赖氨酸（%）	0.85	0.60	0.45	0.52	赖氨酸（%）	0.80	0.56	0.42	0.49
蛋氨酸（%）	0.30	0.25	0.20	0.22	蛋氨酸（%）	0.28	0.23	0.19	0.21
蛋氨酸+胱氨酸（%）	0.62	0.52	0.42	0.47	蛋氨酸+胱氨酸（%）	0.59	0.49	0.39	0.44
苏氨酸（%）	0.68	0.57	0.37	0.47	苏氨酸（%）	0.64	0.53	0.35	0.44
色氨酸（%）	0.17	0.14	0.11	0.12	色氨酸（%）	0.16	0.13	0.10	0.11
钙（%）	0.90	0.80	0.80	2.00	钙（%）	0.90	0.80	0.80	1.8
有效磷（%）	0.40	0.35	0.30	0.32	有效磷（%）	0.40	0.35	0.30	0.35

a. 表中所列营养需要以日粮中的百分比表示。应对营养水平进行适当调整，以满足特定家禽品系的要求、采食量、体重和骨骼发育。

b. 每个阶段末的平均体重。

表20-7　不同采食量产蛋鸡的营养需要[a]

lb*（大约）/每日每100只鸡 1只鸡每日采食量	18 80	20 90	22 100	24 110	26 120	lb*（大约）/每日每100只鸡 1只鸡每日采食量	18 80	20 90	22 100	24 110	26 120
	白壳蛋鸡						褐壳蛋鸡				
蛋白质（%）	18.8	16.7	15.0	13.6	12.5	蛋白质（%）	22.5	20.0	18.0	16.4	15
精氨酸（%）	0.88	0.78	0.70	0.64	0.58	精氨酸（%）	1.06	0.94	0.85	0.77	0.71
赖氨酸（%）	0.86	0.77	0.69	0.63	0.58	赖氨酸（%）	1.05	0.93	0.84	0.76	0.7
蛋氨酸（%）	0.38	0.33	0.30	0.27	0.25	蛋氨酸（%）	0.45	0.40	0.36	0.33	0.3
蛋氨酸+胱氨酸（%）	0.73	0.64	0.58	0.53	0.48	蛋氨酸+胱氨酸（%）	0.89	0.79	0.71	0.65	0.59
苏氨酸（%）	0.59	0.52	0.47	0.43	0.39	苏氨酸（%）	0.71	0.63	0.57	0.52	0.48
色氨酸（%）	0.20	0.18	0.16	0.15	0.13	色氨酸（%）	0.24	0.21	0.19	0.17	0.16
钙（%）	4.12	3.67	3.30	3.00	2.75	钙（%）	5.00	4.44	4.00	3.64	3.33
有效磷（%）	0.31	0.28	0.25	0.23	0.21	有效磷（%）	0.38	0.33	0.30	0.27	0.25

a. 表中所列营养需要以日粮中的百分比表示。

---

* 1 lb=0.453 592 37 kg

表20-8　肉鸡的营养需要[a]

周龄[b]	0～3周	3～6周	6～8周
每千克日粮[c]代谢能（kcal）	3 200	3 200	3 200
粗蛋白[d]（%）	23.00	20.00	18.00
精氨酸（%）	1.25	1.10	1.00
甘氨酸+丝氨酸（%）	1.25	1.14	0.97
组氨酸（%）	0.35	0.32	0.27
异亮氨酸（%）	0.80	0.73	0.62
亮氨酸（%）	1.20	1.09	0.93
赖氨酸[e]（%）	1.10	1.00	0.85
蛋氨酸（%）	0.50	0.38	0.32
蛋氨酸+胱氨酸（%）	0.90	0.72	0.60
苯基丙氨酸（%）	0.72	0.65	0.56
苯基丙氨酸+酪氨酸（%）	1.34	1.22	1.04
脯氨酸（%）	0.60	0.55	0.46
苏氨酸（%）	0.80	0.74	0.68
色氨酸（%）	0.20	0.18	0.16
缬氨酸（%）	0.90	0.82	0.70

a. 表中所列营养需要以日粮中的百分比表示。

b. 表中0～3周、3～6周、6～8周阶段的营养需要，是以现有研究数据的获取时间顺序而列出的；但是，实际执行的营养需要常在其周龄阶段之前进行，也可以料重比数据为基础执行。

c. 为典型日粮能量水平。依据当地原料价格和供应情况，也可适当选用不同的能量值。

d. 肉鸡自身不需要粗蛋白。然而，应有足够的粗蛋白，以确保为合成非必需氨基酸提供充足的氮。粗蛋白的建议需要量来自于典型的玉米-豆粕日粮，在使用合成氨基酸时可降低其需要量。

e. 目前的研究显示，现代肉鸡的最大增重和生产效率需要的赖氨酸水平更高。

在饲养过程中饲养方式常与光照控制相结合一起影响家禽的成熟。在某些情况下，可在4～7日龄时对雏鸡进行断喙。环境控制舍的光照时间控制更精确；当光照较弱时，可断喙时间推迟到生长期末。

当需要时应驱除雏鸡体内和体外寄生虫。应进行免疫接种，以控制本地区的主要疾病。

许多青年母鸡是笼养的。笼具生产商一般都会提供有关温度、饲养密度和饲喂空间的详细说明。多数商品饲料都属于强化饲料，含有充足的营养物质，以满足笼养鸡的营养需要。

（四）产蛋鸡的管理

大多数青年母鸡都采取笼养方式，应在开产前至少1周转至笼内饲养。种鸡在从生长舍转到成鸡舍时，应至少有1周时间，以使其在开产应激前对新环境有所适应。在转舍时，必须重新断喙，移出淘汰鸡。

应根据鸡群和管理方式的不同，选用适当型号、规格和高度的料槽和饮水器。料槽过浅、过窄、无边或上边缘未进行凸缘处理，都可能会造成饲料严重浪费。饮水器分布不均或饮水空间不足，可造成采食量下降，从而导致生产性能降低。

表20-9　火鸡的蛋白质和氨基酸需要[a]

周龄	公: 0～4周 / 母: 0～4周	4～8周 / 4～8周	8～12周 / 8～11周	12～16周 / 11～14周	16～20周 / 14～17周	20～24周 / 17～20周	维持	种母鸡
能量基础 每千克日粮[c]代谢能（kcal）	2 800	2 900	3 000	3 100	3 200	3 300	2 900	2 900
蛋白质（%）	28.0	26	22	19	16.5	14	12	14
精氨酸（%）	1.6	1.4	1.1	0.9	0.75	0.6	0.5	0.6
甘氨酸+丝氨酸（%）	1.0	0.9	0.8	0.7	0.6	0.5	0.4	0.5
组氨酸（%）	0.58	0.5	0.4	0.3	0.25	0.2	0.2	0.3
异亮氨酸（%）	1.1	1.0	0.8	0.6	0.5	0.45	0.4	0.5
亮氨酸（%）	1.9	1.75	1.5	1.25	1.0	0.8	0.5	0.6
赖氨酸（%）	1.6	1.5	1.3	1.0	0.8	0.65	0.5	0.6
蛋氨酸（%）	0.55	0.45	0.4	0.35	0.25	0.2	0.2	0.2
蛋氨酸+胱氨酸（%）	1.05	0.95	0.8	0.65	0.55	0.45	0.4	0.4
苯基丙氨酸（%）	1.0	0.9	0.8	0.7	0.6	0.5	0.4	0.55

（续）

周龄	公: 0~4周 母: 0~4周	4~8周 4~8周	8~12周 8~11周	12~16周 11~14周	16~20周 14~17周	20~24周 17~20周	维持	种母鸡
能量基础 每千克日粮[c]代谢能（kcal）	2 800	2 900	3 000	3 100	3 200	3 300	2 900	2 900
苯基丙氨酸+酪氨酸（%）	1.8	1.6	1.2	1.0	0.9	0.9	0.8	1.0
苏氨酸（%）	1.0	0.95	0.8	0.75	0.6	0.5	0.4	0.45
色氨酸（%）	0.26	0.24	0.2	0.18	0.15	0.13	0.1	0.13
缬氨酸（%）	1.2	1.1	0.9	0.8	0.7	0.6	0.5	0.58

a. 表中所列营养需要以日粮中的百分比表示。

b. 为玉米-豆粕日粮的典型代谢能水平。在以其他饲料原料为主时，可适当选用的不同代谢能值。

表20-10　雉鸡的营养需要[a]

生长阶段	0~4周	4~8周	9~17周	产蛋期
能量基础 每千克日粮[c]代谢能（kcal）	2 800	2 800	2 700	2 800
蛋白质（%）	28	24	18	15
甘氨酸+丝氨酸（%）	1.8	1.55	1	0.5
赖氨酸（%）	1.5	1.40	0.8	0.68
蛋氨酸+胱氨酸（%）	1.0	0.93	0.6	0.6
亚油酸（%）	1	1	1	1
钙（%）	1.0	0.85	0.53	2.5
有效磷（%）	0.55	0.5	0.45	0.40
钠（%）	0.15	0.15	0.15	0.15
氯（%）	0.11	0.11	0.11	0.11
碘（mg）	0.3	0.3	0.3	0.3
核黄素（mg）	3.4	3.4	3.0	4.0
泛酸（mg）	10	10	10	16
烟酸（mg）	70	70	40	30
胆碱（mg）	1 430	1 300	1 000	1 000

a. 表中所列营养需要以日粮中的百分比或以mg/kg日粮的形式列出。未列出的值，可参考火鸡的营养需要（表20-9和表20-15）。

b. 为典型的日粮能量水平。

经许可，改编自《家禽的营养需要》，1994，美国国家科学院，国家科学院出版社，华盛顿特区。

经许可，改编自《家禽营养需要》，1994，美国国家科学院，国家科学院出版社，华盛顿特区。

1. 人工光照　青年母鸡在进入产蛋期后应逐渐增加光照时间，商品蛋鸡和种用蛋鸡在产蛋高峰期的光照都应达到每日14~16 h。料槽上方的光照强度至少应为10 lux；约等于每9 m²安装一个60 W的灯泡，灯的悬挂高度为鸡上方2.1 m。在产蛋期间，降低光照时间或光照强度可导致产蛋量下降。对于所有类型的笼养方式，与在每条通道中间上方安装大瓦数灯泡相比，采用较小瓦数灯泡且密集分布的方法，光照更为均匀。当采用多层式笼养时，灯泡应安装在距顶层笼具上方15~18 cm的位置。

2. 记录　成功的集约化家禽饲养应对鸡群所有活动进行详细记录，包括出雏日期、定期称重（以确保青年母鸡在进入产蛋期时达到理想体重）、光照程序、舍内温度、病史、用药和免疫日期、给料量和饲料种类（在计算饲料转化率时非常重要）和死亡率。

表20-11　鹌鹑的营养需要[a]

生长阶段	育雏期	生长期	繁育期
能量基础 每千克日粮[b]代谢能（kcal）	2 800	2 800	2 800
蛋白质（%）	26	20	24
甘氨酸+丝氨酸（%）	—	—	—
赖氨酸（%）	—	—	—
蛋氨酸+胱氨酸（%）	1.0	0.75	0.90
亚油酸（%）	1	1	1
钙（%）	0.65	0.65	2.4
有效磷（%）	0.45	0.30	0.7
钠（%）	0.15	0.15	0.15
氯（%）	0.11	0.11	0.11
碘（mg）	0.3	0.3	0.3
核黄素（mg）	3.8	3.0	4.0
泛酸（mg）	12	9	15
烟酸（mg）	30	30	20
胆碱（mg）	1 500	1 500	1 000

a. 表中所列营养需要以日粮中的百分比或以mg/kg日粮表示。未列出的值，请参考产蛋鸡的营养需要（表20-7）和来航鸡营养需要（表20-14）。

b. 为典型的日粮能量水平。

经允许，改编自《家禽营养需要》，1994，美国国家科学院，国家科学院出版社，华盛顿特区。

3. 地面空间、饲喂与饮水需要　产蛋禽通常终生笼养。虽然有些肉用种鸡也采用笼养的方式，但多数情况下都采用垫料平养或栏内饲养方式，围栏内2/3以上为漏缝地板。对于笼养青年母鸡，尽管几乎无法改变喂料和饮水空间，但必须进行定期检查，以确保饲料和饮水的持续供应。随着乳头式或杯状饮水器以及各种类型自动饲喂系统的成功应用，对饲喂和饮水空间难以提出明确的建议。应根据设备制造商和原育种场的建议，并通过细致观察和以往生产经验，确定最佳的地面空间、饲喂或饮水要求。蛋鸡、肉鸡的饲养空间要求可见表20-22和表20-23。具体情况应视鸡舍环境和不同类型的通风而定。

4. 每笼的蛋鸡数量 按表20-22和表20-23所示，每个蛋鸡笼一般饲养5～10只蛋鸡。理想数量是依据劳动力和成本等几项因素而确定的，当然最好由家禽生产者和管理者自己确定。

表20-12　北京鸭的营养需要[a]

生长阶段	育雏期 （0～2周）	生长期 （2～7周）	繁育期
能量基础 每千克日粮[b]代谢能（kcal）	2 900	3 000	2 900
蛋白质（%）	22	16	15
精氨酸（%）	1.1	1.0	—
赖氨酸（%）	0.9	0.65	0.6
蛋氨酸+胱氨酸（%）	0.7	0.55	0.5
钙（%）	0.65	0.6	2.75
有效磷（%）	0.40	0.30	0.30
钠（%）	0.15	0.15	0.15
氯（%）	0.12	0.12	0.12
镁（mg）	500	500	500
锰（mg）	50	?	?
锌（mg）	60	?	?
硒（mg）	0.2	?	?
维生素A（IU）	2 500	2 500	4 000
维生素D（IU）	400	400	900
维生素K（IU）	0.5	0.5	0.5
核黄素（mg）	4	4	4
泛酸（mg）	11	11	11
烟酸（mg）	55	55	55
吡哆醇（mg）	2.5	2.5	3.0

a. 表中所列营养需要以日粮中百分比或mg/kg表示。未列出的值，请参考肉鸡的营养需要（表22-8）。

b. 为典型的日粮能量水平。

经许可，改编自《家禽营养需要》，1994，美国国家科学院，国家学会出版社，华盛顿特区。

（五）有机生产实践

1. 有机家禽 根据家畜饲养标准，屠宰家禽要被指定为有机食品，则必须在出生后至少第2天就开始在有机管理条件下饲养。可以采取预防性管理措施，包括使用疫苗维持动物健康状况等。但是不允许使用任何促生长激素，也决不能使用抗生素。有机管理标准没有禁止生产者治疗患病和受伤家畜，但使用违禁药物治疗的家畜，不能作为有机食品出售。有机化饲养的所有家畜必须有接触户外的机会；只有在出于健康、安全或保护土壤和水质的情况下，才可以暂时性圈养。

带有"美国农业部有机食品"（"USDA organic"）标签的产品，必须遵守美国农业部国家有机标准。1990年，美国国会批准通过了《有机食品生产法》（Organic Foods Production Act），美国农业部于2002年制定了国家有机标准（National organic standards）。2002年至2005年间，有机蛋鸡和有机肉鸡的生产分别增加了130%和243%。2005年，美国有机蛋鸡群达到240万只母鸡，出栏的有机肉鸡为1 040万只，分别约占商品蛋鸡和肉鸡生产总量的0.8%和0.12%。

家禽生产者要想取得有机认证，第一步是选择一家第三方认证机构。美国农业部实时更新其许可的认证机构名单，所有这些机构都要遵守美国农业部国家有机标准（USDA national organic standards）。同时，生产者要向所选认证机构提交申请和有机体系方案（Organic System Plan，OSP）。对畜产品生产，其规划还应包括动物来源、饲喂措施、管理措施、健康保健、档案记录和产品标签等信息。随后，认证机构会审核OSP，如认为符合标准，由机构指派一名有资质的有机生产检查员到畜禽企业。检查员会对所提交的有机体系方案和该养殖场的实际情况进行详细评估，向生产者提供所发现情况的书面报告，并为认证机构准备一份报告。养殖场如符合美国农业部国家有机标准的所有规定，可以为其颁发有机认证证书。畜禽产品标签必须注明生产商和认证方（"经……有机认证"）双方的信息。食品包装上使用美国农业部有机认证印章是自愿的。有机生产证书要求对家禽养殖场进行年检。

表20-13　鹅的营养需要[a]

生长阶段	育雏期 （0～4周）	生长期 （4周后）	繁育期
能量基础 每千克日粮[b]代谢能（kcal）	2 900	3 000	2 900
蛋白质（%）	20	15	15
赖氨酸（%）	1.0	0.85	0.6
蛋氨酸+胱氨酸（%）	0.6	0.5	0.5
钙（%）	0.65	0.6	2.25
有效磷（%）	0.3	0.3	0.3
维生素A（IU）	1 500	1 500	4 000
维生素D（IU）	200	200	200
核黄素（mg）	3.8	2.5	4.0
泛酸（mg）	15	10	10
烟酸（mg）	65	35	20

a. 表中所列营养需要以日粮中的百分比或mg/kg日粮表示。未列出值，可参考肉鸡的营养需要（表20-8）。

b. 为典型的日粮能量水平。

经允许，改编自《家禽营养需要》，1994，美国国家科学院，国家学会出版社，华盛顿特区。

表20-14 来航鸡的亚油酸、矿物质及维生素需要[a]

类 别	0~6周	6~18周	18周至初产	蛋鸡	种鸡	类 别	0~6周	6~18周	18周至初产	蛋鸡	种鸡
亚油酸（%）	1.00	1.00	1.00	1.00	1.00	维生素D_3（IU）	200	200	300	300	300
钾（%）	0.25	0.25	0.25	0.15	0.15	维生素E（IU）	10	5	5	5	10
钠（%）	0.15	0.15	0.15	0.15	0.15	维生素K（IU）	0.5	0.5	0.5	0.5	1.0
氯（%）	0.15	0.15	0.15	0.13	0.13	核黄素（mg）	3.6	1.8	2.2	2.5	3.6
镁（mg）	600	500	400	500	500	泛酸（mg）	10	10	10	2	7
锰（mg）	60	30	30	20	20	烟酸（mg）	27	10	10	10	10
锌（mg）	40	35	35	35	45	维生素B_{12}（mg）	0.009	0.003	0.004	0.004	0.08
铁（mg）	80	60	60	45	60	胆碱（mg）	1 300	900	500	1 050	1 050
铜（mg）	5	4	4	?	?	生物素（mg）	0.15	0.1	0.1	0.1	0.1
碘（mg）	0.35	0.35	0.35	0.035	0.01	叶酸（mg）	0.55	0.25	0.25	0.25	0.35
硒（mg）	0.15	0.1	0.1	0.06	0.06	硫胺素（mg）	1.0	1.0	0.8	0.7	0.7
维生素A（IU）	1 500	1 500	1 500	3 000	3 000	吡哆醇（mg）	3	3	3	2.5	4.5

a. 表中所列营养需要以日粮中百分比或以mg/kg日粮的形式列出。假设平均饲料摄入量为每日110 g/只。

b. 为典型的日粮能量水平。

经允许，改编自《家禽营养需要》，1994，美国国家科学院，国家学会出版社，华盛顿特区。

表20-15 火鸡的亚油酸、矿物质及维生素需要[a]

周龄	公: 0~4周 母: 0~4周	4~8周 4~8周	8~12周 8~11周	12~16周 11~14周	16~20周 14~17周	20~24周 17~20周	商品火鸡	种母鸡
能量基础 每千克日粮[b]代谢能（kcal）	2 800	2 900	3 000	3 100	3 200	3 300	2 900	2 900
亚油酸（%）	1.0	1.0	0.8	0.8	0.8	0.8	0.8	1.1
钙（%）	1.2	1.0	0.85	0.75	0.65	0.55	0.5	2.25
有效磷（%）	0.6	0.5	0.42	0.38	0.32	0.28	0.25	0.35
钾（%）	0.7	0.6	0.5	0.5	0.4	0.4	0.4	0.6
钠（%）	0.17	0.15	0.12	0.12	0.12	0.12	0.12	0.12
氯（%）	0.15	0.14	0.14	0.12	0.12	0.12	0.12	0.12
镁（mg）	500	500	500	500	500	500	500	500
锰（mg）	60	60	60	60	60	60	60	60
锌（mg）	70	65	50	40	40	40	40	65
铁（mg）	80	60	60	60	50	50	50	60
铜（mg）	8	8	6	6	6	6	6	8
碘（mg）	0.4	0.4	0.4	0.4	0.4	0.4	0.4	0.4
硒（mg）	0.2	0.2	0.2	0.2	0.2	0.2	0.2	0.2
维生素A（IU）	5 000	5 000	5 000	5 000	5 000	5 000	5 000	5 000
维生素D_c（IU）	1 100	1 100	1 100	1 100	1 100	1 100	1 100	1 100
维生素E（IU）	12	12	10	10	10	10	10	25
维生素K（IU）	1.75	1.5	1.0	0.75	0.75	0.5	0.5	1.0
核黄素（mg）	4.0	3.6	3.0	3.0	2.5	2.5	2.5	4.0
泛酸（mg）	10	9	9	9	9	9	9	16
烟酸（mg）	60	60	50	50	40	40	40	40
维生素B_{12}（mg）	0.003	0.003	0.003	0.003	0.003	0.003	0.003	0.003

（续）

周龄	公：0~4周	4~8周	8~12周	12~16周	16~20周	20~24周		
	母：0~4周	4~8周	8~11周	11~14周	14~17周	17~20周	商品火鸡	种母鸡
能量基础 每千克日粮[b]代谢能（kcal）	2 800	2 900	3 000	3 100	3 200	3 300	2 900	2 900
胆碱（mg）	1 600	1 400	1 100	1 100	950	800	800	1 000
生物素（mg）	0.2	0.2	0.125	0.125	0.100	0.100	0.100	0.2
叶酸（mg）	1.0	1.0	0.8	0.8	0.7	0.7	0.7	1.0
硫胺素（mg）	2	2	2	2	2	2	2	2
吡哆醇（mg）	4.5	4.5	3.5	3.5	3.0	3.0	3.0	4.0

a. 表中所列营养需要以日粮中百分比或以mg/kg表示。

b. 为玉米-豆粕日粮典型的代谢能浓度。在以其他原料为主时，可适当选用不同的代谢能值。

c. 如日粮中钙及有效磷浓度与本表所列值相符，那么所列出的维生素D浓度可以满足营养需要。

经允许，改编自《家禽营养需要》，1994，美国国家科学院，国家学会出版社，华盛顿特区。

2. 动物产品声明与"纯天然"声明　美国农业部食品安全检验局（USDA Safety and Inspection Service，简称FSIS）允许使用动物产品声明及名词"纯天然"。FSIS允许肉及禽类产品标签上标记关于"动物产品声明"的申请（如肉及禽类产品的动物来源及如何饲养的真实情况说明）。在"有机"还没有成为被一致公认的定义的情况下，在肉及禽类产品标签上曾经长期使用动物产品声明替代"有机"。然而，生产者希望继续使用肉及禽类产品标签上的动物产品声明（如未添加激素、天然散养等）。为确保动物产品声明的准确性，FSIS体系对必要的支持性文件的评估已实施到位，如生产者宣誓书和饲养协议等，只要作出了这类请求，就可以继续使用动物产品声明。

只要产品不含有人工成分并至少符合FSIS政策055备忘录的最低要求，就可以使用"纯天然"一词。只要符合相关要求，"纯天然"一词可以与"由……（某认证主体）认证的有机食品"一起使用。目前，USDA正在对"天然养殖"的定义进行复审，并就这个问题广泛寻求和接受公众的意见。这可能改变目前对传统"天然养殖"的定义。

三、营养缺乏症

营养缺乏症的原因可能是日粮中缺乏某种营养物质、营养物质相互之间有不良作用，也可能是营养物质与特殊抗营养物质之间有相互作用。后一种情况很难诊断，原因是分析日粮发现其营养含量达到了研究所示的正常水平。微量营养物质常以预混料的形式被添加到日粮中，因此单一的营养缺乏症很罕见，更常见的是由多种单一代谢条件混合而引起的。在

多数情况下，只有获得日粮和管理、发病活禽的临床症状、剖检及组织分析等全面信息后，才能作出正确诊断。

通过分析，发现日粮中的一种或几种营养物质含量似乎刚好能满足要求，实际上可能已经存在某种程度的缺乏。应激（细菌、寄生虫或病毒感染，高温或低温，其他因素等）可能会干扰营养物质的吸收，也可造成需要量的增加。因此，一种毒素或微生物可能会造成日粮中含量充足的某一特定营养物质被破坏，也可能使家禽不能有效利用该营养物质。

（一）蛋白质、氨基酸及能量缺乏症

生长鸡的理想均衡蛋白质摄入量占日粮的18%~23%；雏鸡及山地猎禽的26%~30%；雏鸭及雏鹅的20%~22%。若日粮中蛋白质及氨基酸含量低于此标准，会导致禽类生长缓慢。即使日粮中的蛋白质含量达到推荐量，为获得满意的生长，还需要有充足且适当均衡的全部必需氨基酸。

各种氨基酸缺乏很少能产生特异性临床症状，但是当鸡缺乏精氨酸时会表现出一种特殊的杯型羽毛外观，青铜火鸡缺乏赖氨酸时翅膀上的一些羽毛可出现脱色。所有必需氨基酸缺乏都会导致生长发育缓慢，蛋重降低或产蛋量下降。如果日粮中缺乏蛋白质或某种氨基酸，家禽可能会消耗更多的饲料以缓解不足。其结果导致家禽饲料转化效率降低，摄入能量过高常常导致家禽肥胖。

只有在日粮中能量水平太低，使家禽没有体力采食到足够饲料，不能达到正常的能量摄入量时，才会出现能量缺乏。无论日粮中的能量水平如何，所有禽类都有消耗能量满足生长需要的惊人能力，假设即使在极端条件下家禽也有体力采食到足量饲料。能量缺

乏可引起家禽出现生长缓慢或排卵停止。作为能量来源，蛋白质和氨基酸将发生脱氨基反应，脂质也发生β-氧化反应。后一种情况可导致酮血症，常见于哺乳动物。

（二）矿物质缺乏症

1. 钙、磷失衡 即使日粮中含有充足的维生素D₃，生长雏禽的日粮中无论是缺钙或缺磷都可导致骨骼发育异常。钙缺乏或磷缺乏都可引起正常骨骼的钙化不足。佝偻病（软骨症）主要见于雏鸡，产蛋鸡发生钙缺乏可导致蛋壳质量下降和骨质疏松。这种骨结构的缺损可引起一种疾病，俗称笼养蛋鸡疲劳症。当动用骨骼中的钙来补充饲料性缺乏时，就会出现皮质骨侵蚀，使得骨骼无法负担母鸡的体重。

（1）**佝偻病** 佝偻病最常见于青年肉鸡；主要特征是骨质矿化不足。主要原因是细胞水平的钙缺乏，但日粮中钙、磷或维生素D₃缺乏或钙磷比例失衡也可引发该病。肉用雏鸡和雏火鸡在10～14日龄时可出现跛行。其骨骼呈橡皮状，胸腔扁平，脊骨上附着串珠状结节。患佝偻病的家禽可见有软骨基质紊乱，伴有不规则的血管渗透。佝偻病并非是由无法启动骨质矿化而造成的，而是由矿化过早引起的。常见有长骨末端变大，伴有骺板变宽。要确定佝偻病到底是钙、磷、维生素D₃缺乏，还是钙过量（可引起磷缺乏），需要分析血磷水平和甲状旁腺活性。

佝偻病的大多数自然病例，都被怀疑是由维生素D₃缺乏造成的。其原因可能是单纯的日粮性缺乏、维生素D₃添加剂活性不足，也可能是由于可降低维生素D₃吸收的其他因素造成的。通过添加适当量且活性足的维生素D₃添加剂，同时日粮配制能确保脂溶性物质的最佳利用率，就可以最有效地预防佝偻病的发生。日粮中钙与有效磷的平衡值必须正确。为此，对众所周知的那些钙磷含量不稳定的原料，应当慎用。近年来，25（OH）D₃已经非常广泛地被用作维生素D₃的部分替代物，据报道可大大降低佝偻病的发生率，特别是雏火鸡。在维生素D₃转化为其活性形式1，25（OH）D₃的第一步时，家禽肝脏中自然产生的代谢物与该物质相似。因此，在正常肝脏代谢受阻时（例如由真菌毒素或饲料中的其他"天然"毒素引起的）商品化25（OH）D₃是非常有用的。

（2）**胫骨发育不良（骨软骨病）** 骨软骨病的主要特征是在胫跗骨近端聚集非正常的软骨。该病可见于所有快速生长型肉禽，但最常见于肉鸡。该病症状出现较早，但多见于21～35日龄。病鸡不愿行走，在强制驱赶时，步态左右摇摆或僵硬。骨软骨病是由于胫跗骨生长板干骺端正常的血液供应遭到破坏而造成

的，这个部位营养供应的破坏，意味着不能发生正常的骨化过程。异常软骨是由严重变性、并伴有细胞质和细胞核皱缩的细胞组成的。

骨软骨病的确切病因仍然不明。通过遗传选育可以快速改变该病的发生率，这表明该病是受一种主要伴性隐性基因的影响。日粮电解质不平衡，以及氯化物含量特别高，似乎是引起多次自然暴发的主要原因。当日粮中的钙含量相对低于有效磷含量时，骨软骨病发病较多。治疗方法包括调整日粮的钙磷比例以及使日粮电解质达到平衡量约250 mEq/kg。调整日粮结构很少使病禽完全康复。通过控制生长速度可以预防骨软骨病。但是，当采用光照程序和限饲方案时，必须要考虑到降低生长速度产生的经济影响。

表20-16 肉鸡的免疫程序[a]

疫苗	日龄	免疫途径	疫苗种类
马立克病[b]	1	SC	火鸡疱疹病毒和SB-1
新城疫	1或14～21	喷雾 饮水或喷雾	B1 B1或LaSota
传染性支气管炎	1或14～21	喷雾 饮水或喷雾	马萨诸塞株 马萨诸塞株
传染性法氏囊病	14～21	饮水	中等毒力

a. 为典型免疫程序的示例。每一种程序都有很大不同，应考虑当地条件、疾病流行、疾病的严重程度和当地养殖者的选择习惯。

b. 美国的大多数商品肉鸡孵化场，采用马立克病疫苗对17～19日龄胚胎进行胚胎接种。

传染性法氏囊病疫苗（弱毒株）可与马立克病疫苗联合使用。康涅狄格株经常与马萨诸塞株联合应用。传染性支气管炎疫苗经常与新城疫疫苗联合使用。

其他支气管炎疫苗，如阿肯色99（Arkansas99）和佛罗里达88（Florida88）在一些地区也有应用。

可选择在14～21日龄进行免疫。新城疫/传染性支气管炎也常用一次饮水免疫方式。

（3）**笼养蛋鸡疲劳症** 笼养的高产蛋鸡在产蛋高峰期或高峰刚过后，有时由于椎骨出现骨折随后影响到脊髓，会出现瘫痪现象。骨折的原因是产生蛋壳需要大量钙源造成钙的严重流失。由于骨骼的髓质骨储备枯竭，鸡会动用皮质骨作为蛋壳的钙源。地面平养蛋鸡很少发生该病，表明笼养鸡活动少是该病的诱因。病鸡总是侧卧在鸡笼后部。瘫痪初期，鸡外表健康，输卵管内常有一枚硬壳蛋，卵巢也有活力。由

于病鸡无法接近饲料和水，发生饥饿和缺水而导致死亡。

如将病鸡移至地面平养，可以康复。通过确保母鸡在性成熟时达到合理的日龄体重，同时在开产前至少7 d开始给母鸡饲喂高钙日粮（最少4.0%的钙），可以避免出现高发生率的笼养蛋鸡疲劳症。笼养的老龄蛋鸡在从笼中转出及运输至加工地点的过程中，也容易发生骨折。现在还不清楚笼养蛋鸡疲劳症与骨折的关系。但是，即使不出现影响蛋壳质量等其他具有重要经济特性的不良影响，骨骼强度也没有得到实质性的改善。

日粮必须含有充足的钙和磷，才能避免缺乏症的发生。然而，生长期饲喂钙含量超过2.5%的日粮，可引起高发病率的肾病、内脏型痛风、输尿管尿酸钙沉积，有时甚至可造成高死亡率，特别是当存在传染性支气管炎病毒时。通过在饲料添加剂中添加约50%石灰石粗粉、50%石灰石细粉，可以提高蛋壳强度和骨骼强度。饲喂石灰石粗粉，可以在最急需时满足鸡的需要，也可使粗粉留存在嗉囊中，在此可持续性地吸收钙。如果在由于钙缺乏引起的瘫痪出现后，迅速开始补充易吸收的钙或磷酸钙添加剂，可取得良好效果。

表20-17　肉种鸡免疫程序[a]

生长阶段	疫　苗	免疫途径	疫苗种类
1日龄	马立克病	SC	火鸡疱疹病毒
6～7日龄	腱鞘炎	SC	活苗（弱毒）
14～21日龄	新城疫/传染性支气管炎	饮水	B1/Mass
14～28日龄	传染性法氏囊病	饮水	中等毒力毒株
4周龄	新城疫/传染性支气管炎	饮水或喷雾	B1/Mass
6～8周龄	腱鞘炎	SC	活苗（弱毒）
8～10周龄	传染性法氏囊病	饮水或喷雾	活苗
8～10周龄	新城疫/传染性支气管炎	饮水或喷雾	B1或LaSota/Mass
10～12周龄	脑脊髓炎	翼下刺种	活苗，鸡胚源
10～12周龄	禽痘	翼下刺种	弱毒苗
10～12周龄	鸡传染性贫血	翼下刺种	弱毒苗
10～12周龄	喉气管炎	点眼	弱毒苗
10～12周龄	腱鞘炎	非胃肠道	灭活苗
10～12周龄	禽霍乱	非胃肠道 或翼下刺种	灭活苗 活苗CU，PM-1或M9
12～14周龄	新城疫/传染性支气管炎	饮水或气雾	B1或LaSota/Mass
14～18周龄	禽霍乱	非胃肠道 或翼下刺种	灭活苗 活苗CU，PM-1或M9
16～18周龄	传染性法氏囊病	非胃肠道	灭活苗
16～18周龄	腱鞘炎	非胃肠道	灭活苗
16～18周龄	新城疫/传染性支气管炎	饮水或气雾	B1或LaSota/Mass
每60～90日龄或18周龄	新城疫/传染性支气管炎	非胃肠道	灭活苗

　a. 为典型免疫程序的示例。每一种程序的差异都很大，应考虑当地条件、疫病流行、疾病的严重程度和当地养殖者的选择习惯。
　　某些地区，SB-1或MDV301可与火鸡疱疹病毒联合使用。
　　禽霍乱和喉气管炎的免疫应根据当地需要而定。
　　其他鸡传染性支气管炎疫苗，如康涅狄格（Connecticut）、阿肯色99（Arkansas99）、佛罗里达88（Florida88）等在一些地区也有应用。

表20-18　商品蛋鸡的免疫程序[a]

生长阶段	疫苗	免疫途径	疫苗种类
1日龄	马立克病	SC	火鸡疱疹病毒和SB-1
14~21日龄	新城疫/传染性支气管炎	饮水	B1/Mass
14~21日龄	传染性法氏囊病	饮水	中等毒力毒株
5周龄	新城疫/传染性支气管炎	饮水或喷雾	B1/Mass
8~10周龄	新城疫/传染性支气管炎	饮水或喷雾	B1或LaSota/Mass
10~12周龄	脑脊髓炎	翼下刺种	活苗，鸡胚源
10~12周龄	禽痘	翼下刺种	弱毒苗
10~12周龄	喉气管炎	点眼	弱毒苗
10~14周龄或18周龄	鸡败血支原体[b]	点眼或喷雾	温和型活苗
		非胃肠道	灭活苗
12~14周龄	新城疫/传染性支气管炎	饮水或气雾	B1或LaSota/Mass
16~18周龄	新城疫/传染性支气管炎	饮水或气雾	B1或LaSota/Mass
每60~90日龄或18周龄	新城疫/传染性支气管炎	非胃肠道	灭活苗

a. 为典型免疫程序的示例。每一种程序的差异都很大，应考虑当地条件、疾病流行、疾病的严重程度和当地养殖者的选择习惯。

b. 鸡败血支原体疫苗，在美国某些州是被严格监管或禁止的。某些地区，SB-1或MDV301可与火鸡疱疹病毒疫苗联合使用。传染性法氏囊病、喉气管炎和禽痘的免疫应根据当地需要而定。其他鸡传染性支气管炎疫苗，如康涅狄格（Connecticut）、阿肯色99（Arkansas99）、佛罗里达88（Florida88）等在一些地区也有应用。鸡败血支原体和鸡嗜血杆菌（鼻炎）疫苗只能在某些地区受感染的、多日龄混养的鸡群中使用。

表20-19　火鸡的免疫程序[a]

周龄[b]	商品火鸡	种用母火鸡	种用公火鸡
2~3	ND[c] B1-B1[d]或LaSota，DW[e]或喷雾	ND，B1-B1或LaSota，DW或喷雾	ND，B1-B1或LaSota，DW或喷雾
4	出血性肠炎，DW	出血性肠炎，DW	出血性肠炎，DW
6	禽霍乱[f]，DW（活苗）或SC（灭活苗）	禽霍乱，DW（活苗）或SC（灭活苗）	禽霍乱，DW（活苗）或SC（灭活苗）
9~10	ND，LaSota，DW或喷雾	ND，LaSota，DW或喷雾	ND，LaSota，DW或喷雾
12	禽霍乱，DW（活苗）或SC（灭活苗）	禽霍乱，DW（活苗）或SC（灭活苗）	禽霍乱，DW（活苗）或SC（灭活苗）
15	ND，LaSota，DW或喷雾	ND，LaSota，DW或喷雾	ND，LaSota，DW或喷雾
18	—	禽霍乱，DW（活苗）或SC（灭活苗）	禽霍乱，DW（活苗）或SC（灭活苗）
21	—	ND，LaSota，DW或喷雾	ND，LaSota，DW或喷雾
24	—	禽霍乱，DW（活苗）或SC（灭活苗）	禽霍乱，DW（活苗）或SC（灭活苗）
26	—	丹毒，DW（活苗）或SC（灭活苗）痘，WW	丹毒，DW（活苗）或SC（灭活苗）痘，WW
28	—	ND，SC（灭活苗）禽霍乱，DW（活苗）或SC（灭活苗）脑脊髓炎，DW	ND，SC（灭活苗）禽霍乱，DW（活苗）或SC（灭活苗）脑脊髓炎，DW

a. 推荐用于常见所列疾病的生产地区。此外，如以往经验表明该地区有某种疫病流行，建议选用其他免疫程序。包括：火鸡博代氏菌病在1日龄时进行滴眼和饮水，14日龄时喷雾，或用菌；副黏病毒3型及A型流感（流行性HA亚型）在26~28周龄或40周龄时；丹毒——商品火鸡可应用活苗或灭活苗，种用火鸡可能需要进行重复免疫；沙门菌苗在24和28周龄。

b. 推荐的免疫周龄为接近数。

c. ND=新城疫。

d. 有呼吸道症状的鸡不能进行ND喷雾免疫；此情况下，可在该周龄时采用温和型B1-B1株疫苗进行饮水免疫。免疫时间取决于母源抗体水平。

e. DW=饮水免疫，WW=翼下刺种。

f. 禽霍乱活苗仅应用于健康鸡群。

表20-20 种鸭的免疫程序

生长阶段	疫苗	免疫途径	疫苗类型
1日龄	鸭疫里默氏杆菌	气雾	活疫苗[a]
10~14日龄	鸭疫里默氏杆菌	饮水	活疫苗[a]
3周龄	鸭疫里默氏杆菌	SC	灭活菌苗[b]
4周龄	鸭病毒性肝炎	SC	活疫苗[c]（1型）
4周龄	鸭病毒性肠炎	SC	活疫苗[c]
10和20周龄[d]	鸭疫里默氏杆菌	SC	灭活菌苗[b]
10和20周龄	鸭病毒性肝炎	SC	灭活苗（1型）

a. 一种含有鸭疫里默氏杆菌3种主要血清型（1型、2型和5型）的弱毒苗。

b. 一种含有鸭疫里默氏杆菌3种主要血清型（1型、2型和5型）的细胞悬液，经福尔马林灭活后的菌苗。灭活菌苗和灭活苗可采用颈部皮下注射。

c. 一种鸡胚源的弱毒活苗。

d. 北京白鸭种鸭常在24周龄时开始产蛋。产蛋可提前或推迟，种鸭应在开产前完成免疫，以保证其后代获得最佳母源免疫力。

表20-21 商品鸭的免疫程序

生长阶段	疫苗	免疫途径	疫苗种类
1日龄	鸭疫里默氏杆菌	气雾	活疫苗[a]
10~14日龄	鸭疫里默氏杆菌	饮水	活疫苗[a]
3周龄	鸭疫里默氏杆菌	SC	灭活菌苗[b]

a. 一种含有鸭疫里默氏杆菌3种主要血清型（1型、2型和5型）的弱毒苗。

b. 一种含有鸭疫里默氏杆菌3种主要血清型（1型、2型和5型）的细胞悬液，经福尔马林灭活后的菌苗，推荐用于该病呈地方流行或流行性的养殖场，进行预防性免疫。在证明有自然感染发生的地区，也可使用大肠埃希菌菌苗。鸭在屠宰前21 d内不得进行免疫接种。

表20-22 白来航蛋鸡的最小空间需要[a]

生长阶段	0~6周	7~17周	18周及以上	生长阶段	0~6周	7~17周	18周及以上
	笼养				垫料地面与板条地面平养		
每只鸡占地面积（m²）	0.016	0.03	0.04	每只鸡占地面积（m²）	0.045	0.09	0.09~1.4
直线式喂料器每只鸡空间不少于（cm）	5	6.35	7.6	直线式给料器每只鸡使用空间（cm）	2.5	5	8.9
饮水器				每100只鸡料盘数（直径38 cm，个）			
每个乳头的鸡只数	15	10	8	自由采食	3	4	5
每杯的鸡只数	25	15	12	限制饲喂	—	5	
每只鸡的水槽空间（cm）	2.5	2.5	5	饮水器			
				每个饮水器的鸡只数	100	50	25
				每只鸡的水槽使用空间（cm）	2.5	2.5	5

a. 白来航鸡和褐壳蛋鸡的需要不同。

表20-23 肉鸡的空间需要

生长阶段	占地面积	饲喂空间[a]	水杯或水槽[a]（每1 000只鸡）
1日龄开始	加热区0.46 m²育雏伞（每100只鸡）	10料盘/1 000只鸡（少量多次饲喂）	8
1周龄开始	每只鸡0.046 m²	每只鸡5 cm	20
8周龄开始	每只鸡0.09 m²	每只鸡10 cm	30
交配的成年鸡	全垫料：每只鸡0.28 m² 1/2~2/3板条地面：0.2 m²每只鸡	每只鸡10 cm	30（高温天气下为60）

a. 料槽和水槽空间的计算，应将槽的两边都计算在内。水槽空间（所有日龄）为每只鸡2.5 cm，但是在高温天气下对成年鸡应加倍。

2. 锰缺乏症 未成年鸡和火鸡的日粮中缺锰是导致骨短粗症、产薄壳蛋和成年鸡孵化率下降的原因之一（见钙磷失衡）。缺锰也可引起软骨营养障碍。

锰缺乏综合征最明显的症状是骨短粗症，其特征是胫骨、跗骨结合处变大、变形，胫骨末端和跗跖骨近端出现弯曲和扭曲，腿骨变粗、变短，腓肠肌腱从骨节中滑脱。钙和/或磷的摄入量增加可使病情加重，原因是可造成肠道内沉淀磷酸钙，减少了锰的吸收。蛋鸡常见的症状是产蛋量下降、孵化率明显降低和蛋壳变薄。

种鸡的日粮中缺锰可导致鸡胚发生软骨营养障碍。该病以腿部短粗和翅膀变短为特征。其他症状包括下喙出现不成比例地缩短导致其呈"鹦鹉嘴"，由于头骨向前膨出导致头部呈球状外观，水肿常发生在颈部寰枢关节上方并向后延伸，卵黄吸收不全导致腹部突出。也可见有生长速度减缓，绒毛和羽毛发育迟滞。患有锰缺乏症的鸡，由于内耳石发生损伤或缺失，呈特征性的观星姿势。

通过饲喂更多的锰，不能矫正畸形。假如日粮中没有过多量的钙和/或磷，通过饲喂含锰30～40 mg/kg的日粮，就可以完全修正锰缺乏对产蛋量的影响。

3. 铁与铜缺乏症 铁缺乏和铜缺乏两者都可以引起贫血。铁缺乏可引起严重贫血，伴有PCV下降。有色羽毛品系，也可出现羽毛色素沉积减少。家禽对红细胞合成的需要，优先于羽毛色素的新陈代谢，不过如果给予强化日粮，那么后续羽毛的生长就会正常。需要的铁不仅是用于红羽毛色素，众所周知这种羽毛含有铁，而且在色素沉积过程相关的酶系统中也起作用。日粮中含有4～8 μg/g赭曲霉素也能造成铁缺乏，以低色素性小红细胞性贫血为特征。黄曲霉毒素也可造成铁的吸收减少。

当饲喂的日粮中缺乏铜时，可造成2～4周龄雏鸡发生跛行。骨脆且易折断，骺软骨变厚，厚软骨血管分布明显减少。这些骨病变与维生素A缺乏引起鸡的病变相似。发生铜缺乏的鸡也可见共济失调和痉挛性瘫痪。

禽的铜缺乏症可导致主动脉破裂，特别是火鸡。铜缺乏造成主动脉出现生化机能障碍，有可能与无法合成链锁素有关，链锁素是弹性蛋白的交联前体。铜缺乏的弹性蛋白中赖氨酸含量是对照禽的3倍，说明赖氨酸没有与锁链素分子发生交联。在自然发生的鸡主动脉破裂中，许多鸡的肝铜含量小于10 mg/kg，而正常同龄鸡的铜含量应为15～30 mg/kg。高含量的硫酸盐、钼和抗坏血酸，可降低肝脏的铜含量。饲喂4-硝基苯砷酸的火鸡，主动脉破裂的发生率较高。饲喂更高水平的铜可以解决该问题，表明这种4-硝

基类物与铜形成物理性复合体。

4. 碘缺乏症 碘缺乏可导致甲状腺产生的甲状腺素减少，甲状腺素会持续刺激脑垂体前叶产生并释放大量促甲状旁腺素（TSH）。产生的大量激素可导致甲状腺增大，称为甲状腺肿。增大的腺体是由于甲状腺滤泡发生肥大和增生，从而增加了滤泡的分泌表面。

甲状腺活力不足或由于使用硫脲嘧啶或硫脲素造成甲状腺抑制，可导致母鸡停产和肥胖，也可导致不正常的羽毛变长、花边羽毛。使用甲状腺激素或碘化酪蛋白可以扭转对产蛋量的影响，也使蛋壳质量转为正常。鸡蛋内的碘含量主要受母鸡碘摄入量的影响。饲喂碘缺乏日粮的种鸡，其所产蛋可出现孵化率低和卵黄囊吸收延缓。菜籽饼和油菜籽粕含有少量的促甲状腺肿素，可导致青年鸡出现甲状腺肿大。在日粮中添加0.5 mg/kg碘，即可使家禽避免发生碘缺乏症。

5. 镁缺乏症 天然饲料原料富含镁，因此镁缺乏很少见，日粮中几乎不会添加镁。如果给刚出壳雏鸡饲喂不含镁的日粮，雏鸡只能存活几天。雏鸡缺镁可表现生长缓慢、昏睡、喘息。当受到惊吓时，病禽出现暂时性惊厥，随后发生昏迷，有时这种症状是短暂性的，但通常是致命的。日粮中的镁即使只是临界性缺乏，也会引起非常高的死亡率，但存活禽的生长可接近于正常禽。

蛋鸡日粮中缺镁可导致产蛋量迅速下降、低血镁症和骨骼中镁的大量流失。蛋的大小、蛋重、蛋黄及蛋壳中的镁含量都有降低。给产蛋母鸡日粮增加钙量可加重这些症状。镁在蛋壳形成过程中似乎发挥着核心作用，但是还不清楚是蛋壳结构需要，还是作为辅助因子与钙共同发生沉积。

对于大多数品种的鸡来说，镁需要量为500～600 mg/kg，通常饲喂天然成分饲料就可以达到这个水平。

6. 钾、钠与氯缺乏症 尽管钾、钠和氯化物的需要量已经明确，但是维持体内电解质平衡也是非常重要的。通常被称为电解质平衡或酸碱平衡，任何一种元素缺乏常可改变这种重要平衡，因为也会影响到渗透调节。

（1）单纯性缺乏 氯化物缺乏可引起共济失调，伴有典型的紧张不安，经常发生在受到突然的响声和惊吓时。低血钾症的主要症状是全身肌肉无力，特别是四肢无力、肠音虚弱伴有肠道扩张、心脏衰弱、呼吸肌衰弱并最终导致衰竭。在严重应激时易发生低血钾症。血浆蛋白质升高，在肾上腺皮质激素的影响下，肾脏将钾排泄到尿液中。病禽在适应应激的过程中，流向肌肉的血液逐渐增多，肌肉因此可以吸收更

多的钾。随着肝糖原的恢复，钾回流到肝脏中。

饲喂低蛋白、低钾日粮或发生饥饿的鸡可出现生长缓慢，不表现钾缺乏症症状。来自组织蛋白质代谢的钾补充了尿液流失的钾。尿液中钾与氮的比例相对稳定，并与肌肉中的比例一致。降解的组织同时释放组织氮和钾。

钠缺乏可造成渗透压下降和体内酸碱平衡的改变。心脏输出量和血压降低，血细胞比容增大，皮下组织弹性降低，肾上腺功能受损。这可导致血液尿酸水平升高，导致休克和死亡。雏鸡发生轻微的钠缺乏可引起发育迟缓、软骨病、角膜角质化、饲料利用率下降和血浆容量降低。产蛋鸡钠缺乏可导致产蛋量下降，生长缓慢，甚至发生啄癖。许多疾病可导致体内钠流失（如腹泻引起的经消化道流失、肾脏或肾上腺损伤造成的经尿液流失）。

（2）**电解质失衡**　电解质平衡公式为Na+K-Cl，用mEq/kg日粮表示。一般为250～300 mEq/kg时，是正常生理功能情况下理想的平衡水平。体内的缓冲体系会确保机体保持接近正常生理pH，避免出现电解质失衡。电解质的主要作用是维持体内水和离子的平衡。因此微量元素钾、钠和氯化物的需要不能只考虑单一元素，更为重要的是综合平衡。电解质平衡也被称为酸碱平衡，受3种因素的影响：日粮中这些电解质的平衡和比例、内源性酸生产、肾清除率。

在多数情况下，家禽会尽力维持体内阳离子与阴离子的平衡，也维持了生理pH的平衡。如果出现偏酸或偏碱的情况，新陈代谢会产生变化，以恢复到正常pH。由于调节机制必须维持最佳的细胞pH和渗透性，所以真正的电解质失衡很少发生。因此，将电解质平衡说成是为达到正常pH而发生的体内变化更为准确。在极端条件下，调节机制发生的这类变化，会对其他生理系统产生不利影响，产生或加强潜在性的衰弱情况。

电解质失衡可引起鸡发生多种代谢紊乱，最明显的是胫骨软骨症和蛋鸡呼吸性碱中毒。日粮的电解质平衡可以影响青年肉鸡的胫骨软骨症。许多因素可以引发胫骨生长板出现软骨塞的异常发育，但由于饲喂NH_4Cl类产品而引发的代谢性酸中毒，可显著增加该病的发生率。饲喂日粮中含有相对于钾来说过量的钠，再加上氯化物含量高，可使胫骨软骨症的发生更为频繁。

电解质的总体平衡始终都是很重要的，但在氯化物或硫含量过高时最为关键。当日粮中氯化物水平低时，经常对电解质平衡调节失去反应。然而，当氯化物水平过高时，关键是要调整日粮中的阳离子，以维持总体平衡。也可以采取适当减少氯化物的方法，尽

管鸡需要日粮中的氯化物含量为0.12%～0.15%，且只有在日粮氯化物水平不到0.12%时，才会出现缺乏症症状。因此，必须确保氯化物达到最低需要量，如在日粮中使用$NaHCO_3$替代NaCl时。

7. 硒缺乏症　生长鸡的硒缺乏可造成渗出性素质。早期症状（瘦弱、羽毛凌乱）常出现在5～11周龄。水肿导致皮肤湿疹，常见于腿和翅内侧表面。鸡的皮肤容易出现擦伤，患处常形成结痂。蛋鸡不常见有组织损害，但产蛋量、孵化率及饲料转化率均受到不利影响。

硒的代谢与维生素E的代谢紧密相关，在治疗缺乏症时既可用矿物质，也可用维生素。维生素E和硒都可以发挥抗氧化剂的作用，同样通过补充维生素E也可治疗一些硒相关性疾病。大多数国家已对日粮中硒添加量作出了规定，上限通常是0.3 mg/kg。

最常用的是亚硒酸钠和有机硒螯合物。可以在日粮中使用富硒土壤上生长的饲料原料，这是良好的硒源。鱼粉和干啤酒酵母也含硒。

8. 锌缺乏症　锌的需要和缺乏症症状受日粮原料的影响。当使用半纯化日粮时，即使锌添加量高达25～30 mg/kg也难以表现出反应，但使用实用的玉米-豆粕日粮，锌的需要量可增至60～80 mg/kg。锌需要量如此多变可能与日粮中植酸含量有关，因为这个配合基是一种强有力的锌螯合剂。如果在日粮中添加植酸酶，推测锌的需要量可能会降低。

青年鸡的锌缺乏症状包括生长迟缓、腿骨粗短和跗关节肿大、皮肤结垢（特别是足部）、羽毛发育不良、食欲不良，重症者可出现死亡。虽然缺锌可以引起母鸡产蛋量下降，但最明显的影响是在胚胎发育期。缺锌母鸡孵出的雏鸡表现为虚弱，无法站立、吃料和饮水。呼吸急促和呼吸困难。当受惊时症状加重，雏鸡常出现死亡。羽毛也可见有发育不良或卷曲。然而，主要的病变是骨骼发育严重受影响。锌缺乏的胚胎出现短肢畸形，脊椎弯曲，胸廓和腰椎变短、融合。常出现脚趾缺失，在特别严重时，胚胎没有下骨架或下肢。有些胚胎没有尾椎，偶尔可见有无眼或眼发育不全。

（三）维生素缺乏症

发生维生素缺乏最常见的原因，是因遗漏了将维生素预混料添加在家禽日粮中。因此可见到的症状多种多样，但首先出现问题的一般是B族维生素缺乏引发的。由于家禽体内可储存一些脂溶性维生素，因此脂溶性维生素缺乏引起家禽发病需要的时间较长。

治疗和预防需要依靠日粮的充足供给，通常使用明胶或淀粉制成的微胶囊，同时添加抗氧化剂。破坏饲料中维生素的因素有时间、温度和湿度。对大多

饲料，混合料即使储存2个月以上，其中的维生素效力也几乎不受影响。

1. 维生素A缺乏症 给成鸡饲喂缺乏维生素A饲料，需要2~5个月后才会出现缺乏症状，这主要取决于其肝脏的储藏能力。鸡逐渐表现出虚弱、消瘦和羽毛松乱的症状。产蛋量明显下降，孵化率降低，孵化蛋胚胎死亡率增高。随着产蛋量的下降，卵巢中可能出现闭锁卵泡，有些可见有出血。眼部也可见有水样分泌物。若持续缺乏，眼内可见有乳白色、干酪样物聚积，使鸡无法看见物体（干眼病）。在许多病例中，眼睛被损毁。

成鸡首先出现的病变常发生在消化道黏液腺。正常上皮细胞被角质化复层鳞状上皮细胞取代，这可造成坏死性分泌物，导致黏液腺导管阻塞。鼻道、口腔、食管和咽部可见有白色小脓疱，可蔓延至嗉囊。当黏膜破溃后，致病性微生物侵入组织引起二次感染。

依据种母鸡传递维生素A的水平不同，给1日龄雏鸡饲喂缺乏维生素A的饲料，7 d之内即可出现缺乏症状。但是，母源性维生素A储备充足的雏鸡，最长到7周时也不会出现缺乏症状。雏鸡的症状包括厌食、发育迟缓、倦怠、瘦弱、运动失调、消瘦和羽毛粗乱。当严重缺乏时可出现共济失调，与维生素E缺乏症状相似。脚趾和喙部的黄色素消失，鸡冠和肉髯苍白。眼部可见有干酪样分泌物，但很少发生干眼症，这是由于在眼发生病变前雏鸡一般已经死亡。在急性维生素A缺乏症中，死亡的重要原因多是感染。

青年鸡发生慢性维生素A缺乏症，食管黏膜可见有脓疱，呼吸道也可见有病变。肾脏苍白、尿酸沉积造成肾小管膨胀。过于严重的病例，输尿管内充满尿酸盐。血液中的尿酸水平从正常的约5 mg/100 mL升高至40 mg/100 mL。维生素A缺乏不会干扰尿酸的新陈代谢，但确实阻止了肾脏正常排泄尿酸。组织学检查可见有柱状纤毛上皮发生细胞质萎缩、纤毛缺失。

虽然雏鸡发生维生素A缺乏出现的运动失调与维生素E缺乏的症状相似，但是与当缺乏维生素E时，小脑出现浦肯野细胞变性相比，维生素A缺乏症的雏鸡脑部不会出现眼观病变。另外，维生素A缺乏出现共济失调的雏鸡，其肝脏内的维生素A含量极少或没有。

由于全球范围内广泛应用稳定化的维生素A干燥添加剂，因此不大可能发生缺乏症。但是，如果由于遗漏了添加维生素A或混合不匀而确实发生缺乏症，应饲喂正常推荐量的2倍，饲喂2周。干燥、稳定化的维生素A是饲料添加剂的首选。与经饲料给药相比，使用饮水给药通常可使病鸡迅速恢复。

2. 维生素D₃缺乏症 骨骼发育异常已经在钙磷失衡和镁缺乏部分进行了讨论。钙磷的正常吸收和代谢需要维生素D₃。即使日粮中含有充足的钙磷，维生素D₃缺乏仍可导致青年鸡出现佝偻病，蛋鸡出现骨质疏松症和蛋壳质量下降。

产蛋鸡饲喂缺乏维生素D₃的日粮，在2~3周内即可出现产蛋量明显下降，且依据缺乏的程度，几乎可立即导致蛋壳质量下降。饲喂未添加维生素D₃的玉米-豆粕型日粮，7 d之内蛋壳重量可出现显著降低，每日减轻约150 mg。添加剂质量稍差所造成的蛋壳质量下降不太明显，因此难以诊断，主要是因为测定全价饲料中的维生素D₃含量难度非常大。

与生产蛋壳质量差的鸡相比，生产蛋壳质量好的鸡其体内血浆1，25（OH）D₃含量显著升高。饲喂纯化的1，25（OH）D₃可促进较差蛋鸡的蛋壳质量，表明维生素D₃代谢可能存在有遗传性问题。

鸡维生素D₃缺乏的早期症状是生长缓慢和严重的软腿。喙和爪柔软易弯曲。鸡行走困难，走几步就以肘关节着地，蹲伏休息。在休息时经常左右摇摆，说明已失去平衡。羽毛发育不良，有色品种可见有羽毛异常成结。慢性维生素D₃缺乏症可出现明显的骨骼疾病。脊椎向下弯曲，胸骨向一边偏离。这种结构性变化造成胸腔狭窄，内脏器官相互挤压。雏鸡的特征性病变是脊椎结合部位的肋骨呈串珠状，并向下和向后弯曲。在胫骨骺和股骨骺可见有钙化不良。将劈开的骨骼浸入硝酸银溶液中，在白炽灯下观察数分钟，在软骨上可以很容易地看见钙化区。在易发病鸡的日粮中添加合成的1，25（OH）D₃，可以减少该病的发生。尽管效果有差异，但结果表明，一些腿部畸形可能是由维生素D₃代谢效率低造成的。

产蛋鸡的眼观病理学变化常局限在骨骼和甲状旁腺。骨骼变柔、易折，肋骨出现圆珠状结节。胸椎区的肋骨可出现自发性骨折。组织学检查可见有长骨钙化不足，伴有骨样组织形成过多和副甲状腺增大。

可在商品化饲料中添加足量的维生素D，其含量为正常推荐量的3倍，饲喂大约3周。治疗缺乏症时，推荐使用干燥的、稳定型维生素D₃。发生严重的真菌毒素中毒时，可在饮水中添加水溶性维生素，以达到正常日粮的供应量。

3. 维生素E缺乏症 维生素E缺乏引起雏鸡发生的3种主要疾病是脑软化症、渗出性素质和肌肉营养不良。这些疾病的发生取决于日粮和环境因素的不同。

如果日粮中维生素E含量低、未添加抗氧化剂或其含量不足或不稳定的不饱和脂肪含量高，商品鸡群就可发生脑软化症。发生渗出性素质，必然是日粮中维生素E和硒同时缺乏。雏鸡极为罕见的肌肉营养不良，必然是由日粮中同时缺乏含硫氨基酸和硒造成的。由于含硫氨基酸是生长必需的，因此在商品化养殖条件下发生的缺乏，一般不会造成渗出性素质和肌肉营养不良。在缺乏不太严重时，通过在日粮中补充大量维生素E，可以使渗出性素质和肌肉营养不良发生逆转。添加维生素E对脑软化症的疗效，取决于小脑的受损程度。

脑软化的典型症状是共济失调。原因是小脑的分子层和颗粒层内发生出血和水肿，伴有浦肯野细胞的固缩和最终消失，以及小脑小叶的分子层和颗粒层发生分离。由于小脑含有的维生素E水平较低，因此极易受脂质过氧化作用的影响。在预防脑软化症时，维生素E起着生物抗氧化剂的作用。这种功能对维生素E的定量需要，取决于日粮中的亚油酸和多元不饱和脂肪酸含量。长期以来，在维生素E含量低的日粮或无维生素E的纯化日粮中，添加抗氧化剂来预防雏鸡的脑软化症。添加维生素E日粮的母鸡所孵化出的雏鸡，也不易受脑部脂质过氧化作用的影响。这种抗氧化剂可预防脑软化症，但却不能预防鸡渗出性素质和肌肉营养不良，这一事实明确地证明，维生素E起到了抗氧化剂的作用。渗出性素质可引起毛细血管通透性显著增加，导致发生严重水肿。血液电泳图谱显示蛋白质含量下降，而渗出液的蛋白质电泳图与正常血清的电泳图相似。

维生素E与含硫氨基酸共同缺乏，可导致雏鸡在大约4周龄时出现严重的肌肉营养不良。其特征是肌肉纤维变性，常见于胸肌，有时也见于腿部肌肉。组织学检查显示呈岑克尔变性（Zenker's degeneration），伴有血管周围浸润，明显聚集有浸润的嗜酸细胞、淋巴细胞和组织细胞。在营养不良组织内出现这些细胞的聚集可导致溶酶体酶增加，这似乎起到了分解和清除营养不良变性产物的作用。日粮维生素E对肌肉营养不良的初步疗效研究表明，对于采用维生素E缺乏且蛋氨酸和半胱氨酸水平低的日粮饲喂的鸡，按每千克日粮添加1~5 mg硒可减少肌肉营养不良的发生，但不能完全预防该病。即使日粮中的维生素E含量低，使用硒就可以完全有效预防雏鸡的肌肉营养不良，但是单独使用硒对该病没有效果。

对雏鸡体内抗氧化剂、亚油酸、硒和含硫氨基酸的相互关系进行的研究表明，硒和维生素E在许多过程中发挥着支撑作用，其中一个是半胱氨酸代谢，其作用是预防肌肉营养不良的发生。谷胱甘肽过氧化物酶是可溶性的且位于细胞的液体部分，维生素E主要位于细胞膜疏水环境和脂质存储细胞内。维生素E和硒对细胞抗氧化物系统的作用呈重叠方式，这表明二者在预防缺乏症时共同发挥作用。

饲料中添加的油脂只应当是稳定的油脂。应当将适量的稳定化维生素E，与商品化抗氧化剂和高达0.3 mg/kg的硒联合应用。通过口服维生素E或添加到饲料中，如在早期进行治疗，可以使由维生素E缺乏引发的渗出性素质和肌肉营养不良症状得以恢复。每只鸡单次口服300 IU维生素E，可缓解症状。

4．维生素K缺乏症 血液凝固不良是维生素K缺乏的主要临床症状。当严重缺乏时，皮下出血和内出血有可能引起死亡。维生素K缺乏导致体内凝血酶原含量减少，青年鸡的血浆水平可下降至正常值的2%。因为刚出壳雏鸡体内的凝血酶原含量只有成年鸡的约40%，因此雏鸡更容易受日粮维生素K缺乏的影响。已经证实，维生素K可从受精卵携带至鸡蛋，并最终传递给出壳雏鸡，因此应对种鸡日粮进行充分强化。1日龄雏鸡发生出血性综合征是由于母鸡日粮中缺乏维生素K所致。维生素K的大量缺乏可导致凝血时间延长，以至于严重缺乏维生素K的鸡会因轻微擦伤或其他损伤引起失血过多而死亡。临界缺乏常会引起小的出血点。出血常见于胸、腿、翅膀、腹腔内部及肠的表面。雏鸡发生贫血，部分原因是出血，但也可能是由于骨髓发育不全所致。尽管血凝时间是检验维生素K缺乏的一个相当好的方法，但是通过测定凝血酶原时间获得的结果更为准确。发生严重缺乏症的雏鸡，其凝血酶原时间会从正常的17~20 s延长至5~6 min，甚至更长。发生维生素K缺乏的雏鸡，不会出现诸如猪维生素K缺乏所见到的心脏病变。

家禽维生素K缺乏症，可能与日粮维生素含量低、母体日粮的含量低、消化道合成程度、食粪癖的程度以及日粮中添加磺胺类药物或其他饲料添加剂有关。患球虫病的鸡，肠壁出现严重损伤，可引起出血过多。抗菌药物可以抑制维生素K在肠道内的合成，致使鸡完全依靠日粮补充维生素。家禽由于其消化道短，几乎没有在肠道合成维生素K。维生素K的合成发生于定植于消化道内的细菌中。然而，只有消化细菌细胞或食粪症才能对鸡有益处，这种维生素K存留在细菌细胞内。

每吨饲料添加1~4 mg甲萘醌，是预防维生素K缺乏的一种有效和普遍的做法。如果已经出现维生素K缺乏症状，添加量应加倍。一些应激因素（如球虫病和其他肠道寄生虫病）增加了对维生素K的需要。双香豆素、磺胺喹噁啉和华法令（灭鼠灵）是维生素K的代谢颉颃物。

5．维生素B₁₂缺乏症 维生素B₁₂是许多酶系统的基础成分，其大多数反应涉及甲基的转运和合成。维生素B₁₂最主要的功能在于核酸和蛋白质代谢，在碳水化合物和脂肪代谢中也起作用。

生长鸡发生维生素B₁₂缺乏，可导致增重和采食量下降，伴有羽毛发育不良和神经紊乱。虽然缺乏可导致骨短粗症，但这可能是由于日粮中缺乏作为甲基源的蛋氨酸、胆碱或甜菜碱而引起的继发效应。由于维生素B$_{12}$在甲基合成中起作用，因此可以缓解骨短粗症。维生素B$_{12}$缺乏引起家禽的其他症状有贫血、肌胃糜烂，以及心脏、肝脏、肾脏的脂肪浸润。蛋鸡似乎仍可维持其体重和产蛋量，但蛋重变轻。种鸡症状有孵化率锐减，但是出现这种症状可能需要数月之久。来源于维生素B$_{12}$缺乏母鸡的胚胎，可表现有广泛性出血、脂肪肝、脊髓中的有髓神经纤维数量很少，孵化第17天胚胎死亡率升高。

在垫料地面平养的鸡或使用动物源性饲料饲喂的鸡，发生维生素B$_{12}$缺乏的可能性很小。治疗方法包括将日粮中维生素B$_{12}$增至20 μg/g，连用1～2周。

6. 胆碱缺乏症　雏鸡和雏火鸡胆碱缺乏症的典型症状除生长缓慢外，还有骨短粗症。骨短粗症的第一特征是跗关节周围出现针尖大小的出血点和轻度肿胀，进而因跗骨扭转引起胫跗关节明显变平。由于跗骨继续扭转而变弯曲或呈弓形，造成不能与胫骨形成一条直线。当鸡出现此症状时，其腿部无法支撑自身体重。关节软骨移位，跟腱从脚髁滑脱。骨短粗症不是特征性的症状，很多营养缺乏症都能引发该症。

尽管给雏鸡饲喂缺乏胆碱的日粮容易导致胆碱缺乏症，但蛋鸡一般不容易发生缺乏。每克蛋全蛋粉含12～13 mg胆碱。较大鸡蛋约含170 mg胆碱，几乎全部存在于磷脂中。由此看来，蛋的生产需要大量的胆碱。尽管如此，即使持续给鸡饲喂基本不含胆碱的纯化日粮，蛋鸡也很难出现明显的胆碱缺乏症状。鸡蛋中的胆碱含量未出现下降，表明鸡可以合成。

若日粮中含有相当数量的豆粕、麦麸和次粉，则不可能出现胆碱缺乏。豆粕是胆碱的绝佳来源，而小麦副产品是甜菜碱的绝佳来源，可以发挥胆碱的甲基供体功能。其他胆碱的良好来源是酒精、鱼粉、肝粉、肉骨粉、酒糟粕和酵母。有许多种商品化胆碱添加剂可供使用，大多数的家禽饲料日常都添加有胆碱。

7. 烟酸（尼克酸）缺乏症　许多证据表明，家禽（包括雏鸡和火鸡胚胎）可合成烟酸，但是其合成速度过慢而无法满足最佳生长的需要。据称，鸡不会发生明显的烟酸缺乏症，除非是缺乏色氨酸（烟酸的一种前体）。

烟酸缺乏症的典型症状是皮肤和消化器官出现严重的代谢紊乱。早期症状表现为食欲废绝、生长缓慢、全身无力和腹泻。对于给肉鸡补充烟酸与生长和饲料利用率是否相关，迄今仍未搞清。但是，已经十分明确的是，雏鸡确实需要烟酸。烟酸缺乏可引起胫跗关节肿大、弓形腿、羽毛发育不良，以及头部、脚

部的皮肤炎。

雏鸡烟酸缺乏也可导致"黑舌病"。在2周龄时，舌、口腔、食管可见有明显炎症。烟酸缺乏的母鸡，体重减轻，产蛋量下降，孵化率明显降低。与鸡相比，火鸡、鸭、野鸡和幼鹅的烟酸缺乏症更为严重。其对烟酸的需要量更高，似乎与色氨酸转化成烟酸的效率较低有关。鸭和火鸡的烟酸缺乏症可出现严重的弓腿和跗关节肿大。烟酸缺乏引起的腿部症状，与锰和胆碱缺乏引起的骨短粗症的主要区别是，当烟酸缺乏时跟腱不会从脚髁滑脱。

通过饲喂每千克含有不低于30 mg烟酸的日粮，可预防雏鸡烟酸缺乏。然而，很多营养学家的推荐量是以上值的2～2.5倍。以每千克日粮55～70 mg的标准饲喂可以满足鸭、鹅和火鸡的烟酸需要。应确保家禽日粮中含有丰富的烟酸，以便使家禽无需通过色氨酸合成烟酸。

8. 泛酸缺乏症　泛酸是辅酶A的辅基，辅酶A是碳水化合物、脂肪和氨基酸代谢进行可逆乙酰化反应过程中的一种重要辅酶。其缺乏症状与家禽的全身性代谢有关。

泛酸缺乏症的主要病变表现在神经系统、肾上腺皮质和皮肤。缺乏可引起产蛋量下降，然而在此之前常出现孵化率明显下降。发生泛酸缺乏症的母鸡，其胚胎可出现皮下出血和严重水肿，同时大多数胚胎死亡出现于孵化后期。雏鸡首先出现的症状是生长减缓和饲料消耗下降，同时伴有羽毛发育不良、羽毛蓬乱和脆弱，以及发展迅速的皮炎。喙角和喙下部位病变最严重，且在脚部也可见有症状。当发病严重时，脚部皮肤角质化且脚掌处出现肉疣状隆凸物。脚部病变常会引起细菌感染。

在发生泛酸缺乏症时，肝脏内的泛酸含量下降，并伴有肝脏萎缩。颜色从浅黄色到土黄色。脊髓神经纤维出现髓磷脂变性。发生泛酸缺乏症的雏鸡，法氏囊和胸腺可见有淋巴细胞坏死，同时脾脏出现淋巴细胞缺损。雏鸡出现的脚部病变和羽毛发育不良，很难与生物素缺乏引起的症状相区分。泛酸缺乏引起的脚部皮炎首先出现在脚趾。与此相反，生物素缺乏主要影响脚垫且症状一般更为严重。除生长缓慢外，鸭不会表现出雏鸡和火鸡出现的其他常见症状，但死亡率非常高。

多数家禽日粮中都含有泛酸钙添加剂。有时饲喂基础日粮的雏鸡会出现皮肤鳞化，引起这种症状的确切原因尚不清楚。某些病例，在190 L饮水中添加2 g泛酸钙和0.5 g核黄素，几日后可收到良好效果。

9. 核黄素缺乏症　核黄素缺乏可影响许多组织，但一些主要神经的上皮细胞和髓鞘才是其主要靶器

官。生长鸡坐骨神经病变可造成"弯趾"性麻痹。产蛋量下降，核黄素缺乏的蛋不能正常孵化出壳。给雏鸡饲喂缺乏核黄素的日粮，其食欲增强但生长缓慢，瘦弱，且在第1～2周龄期间出现腹泻。患缺乏症的雏鸡不愿行走，在强行驱使下以跗关节着地行走，并伸展翅膀以维持身体平衡。腿部肌肉萎缩、松弛，皮肤干燥、粗糙。缺乏症后期，病鸡呈俯卧状，腿伸直，有时仰卧。核黄素缺乏症的主要特征是，坐骨神经和臂丛神经鞘出现显著肿大，坐骨神经病变最为显著。对病变神经进行组织学检查，髓鞘可见有退行性病变，在严重时压迫神经。这会造成持续性刺激，导致"弯趾"性麻痹。

母鸡核黄素缺乏症的症状是产蛋量下降，胚胎死亡率增高，肝脏肿大且脂肪含量升高。给母鸡饲喂缺乏核黄素的日粮，2周内即可出现孵化率下降，但当补充核黄素后可恢复到接近正常水平。病变胚胎的躯体短小，表现出典型的缺陷性"结节状"绒毛。这些胚胎神经系统出现的退行性病变，与雏鸡核黄素缺乏症表现的病变相同。

核黄素缺乏症状首先出现在孵化后10 d，胚胎出现低血糖症，且聚积有脂肪酸氧化的中间体。虽然核黄素缺乏可造成黄素依赖酶发生抑制，但其主要病变是由脂肪酸氧化不全造成的，而脂肪酸氧化对胚胎发育起决定性作用。一种常染色体隐性性状，阻碍了将核黄素传递给蛋所需核黄素结合蛋白的形成。即使母鸡外观正常，无论其核黄素含量多少，其所产蛋也不能孵化出壳。由于鸡蛋缺乏核黄素，使其蛋清失去了特有的黄色。实际上，已经使用蛋清颜色的分值来评估鸡体内核黄素含量。

饲喂核黄素部分缺乏日粮的雏鸡可自然康复，这表明随着年龄的增长，雏鸡对核黄素的需要量会迅速下降。在治疗雏鸡核黄素缺乏症时，100 µg的剂量是足够的，随后可在日粮中添加适量的核黄素。然而，如果脚趾弯曲时间很长，坐骨神经出现不可修复的损伤，那么再使用核黄素也不会有治疗效果。

多数日粮的核黄素含量高达10 mg/kg。在治疗雏鸡或雏火鸡时，可按100 µg剂量，使用2次，随后使用核黄素含量充足的饲料。

10．叶酸缺乏症　叶酸缺乏可引起巨红细胞（巨幼红细胞）性贫血和白细胞减少症。主要影响的是快速更新的组织，如上皮组织内层、胃肠道、表皮和骨髓，以及细胞生长和组织再生。

与其他动物相比，家禽似乎对叶酸缺乏更为易感。缺乏可导致羽毛发育不良、生长缓慢、贫血症状和骨短粗症。当出现贫血时，可见有鸡冠呈蜡白色，口腔黏膜苍白。红细胞磷酸核糖焦磷酸浓度升高，可

作为诊断雏鸡叶酸缺乏症的一种指标。也可出现肝实质损伤和糖原贮备减少。雏火鸡的症状与雏鸡相同，死亡率通常会更高，且会出现痉挛型颈部瘫痪，引起伸颈和颈部僵直。

雏鸡羽毛发育异常，出现羽轴脆弱。由于缺乏维生素，使得彩色羽品种的羽毛褪色。叶酸缺乏可导致产蛋量减少，种鸡的主要症状是胚胎死亡率升高，孵化率也大幅度降低，死亡常发生在孵化的最后几天里。胚胎出现喙畸形和胫跗骨弯曲。也可发生骨短粗症，但从组织学检查上，这种病变不同于胆碱或锰缺乏症的病变。叶酸缺乏症也可见有透明软骨的结构异常和骨化迟缓。已经表明，饲喂低含量叶酸日粮的雏鸡，提高日粮蛋白质含量可加重其骨短粗症的严重程度，这是由于尿酸合成需要的叶酸量增加所致。

通过在日粮中添加叶酸添加剂，确保其含量达到1 mg/kg，可预防家禽叶酸缺乏症。

11．生物素缺乏症　生物素缺乏症可导致脚部、喙周和眼周的皮肤发炎，与泛酸缺乏症相似。骨短粗症和脚垫皮炎也是其特征性症状。虽然典型的生物素缺乏症状很罕见，但对于商品家禽生产者来说发生脂肪肝和肾综合征（FLKS）更为重要。FLKS于1958年首次在丹麦被命名，但直到20世纪60年代才成为关注的重点，特别是在欧洲和澳大利亚。雏鸡约在3周龄时出现嗜睡和无法站立，继而在数小时内死亡。该病死亡率很低，一般在1%～2%，但也可达到20%～30%。尸体剖检可见肝脏和肾脏呈灰白色，且有脂肪蓄积。

该病常局限在饲喂小麦日粮的鸡，饲喂低脂高能型日粮出现的问题最多。使用大剂量维生素添加剂一般可改善症状，认为生物素是其病因。目前已知小麦中的生物素可利用率极低。高能日粮激发了鸡体在碳水化合物的代谢中对生物素的利用。发生FLKS的雏鸡，一定会出现低血糖，这强调了生物素在2个关键酶上的重要性：丙酮酸羧化酶和乙酰辅酶A羧化酶。乙酰辅酶A羧化酶优先利用了生物素，因此在生物素可利用率低且需要大量重新合成脂肪（高能低脂日粮）的情况下，丙酮酸羧化酶的活性就会受到严重损害。即使在这种失衡情况下，鸡仍然能够生长。然而，在不予饲喂或葡萄糖需要增加时，可出现低血糖症状，导致脂肪分解代谢，肝脏和肾脏出现特征性的脂肪蓄积。发生FLKS的鸡几乎不会出现经典生物素缺乏症的症状。

据报道，血浆中生物素水平低于100 ng/100 mL，可作为生物素缺乏症的标志。然而，目前的证据表明，血浆中生物素水平对鸡体内的生物素状态反应迟钝，肝脏和肾脏内的生物素水平是更为有效的标志。血浆中的丙酮酸羧化酶与日粮生物素浓度呈正相关，且其

稳定期要远远迟于家禽生长发育对生物素水平的反应。

胚胎对生物素水平也很敏感。在用缺乏生物素日粮饲喂母鸡时，其胚胎和刚出壳的雏鸡可出现先天性骨短粗症、共济失调和特征性骨骼畸形。胚胎畸形包括胫跗骨短和后屈、跗跖骨很短、翅短、颅骨短、肩胛骨前端短和弯曲。生物素缺乏的鸡胚也可见有并趾（第3和第4趾之间的蹼延长）。这种鸡胚表现为软骨营养不良，特征是体型变小、鹦鹉嘴、胫骨弯曲、跗跖骨短和扭转变形。

许多因素都可使生物素需要量增加，包括饲料脂肪的氧化酸败、肠道微生物竞争以及不能将生物素传递给刚出壳雏鸡或雏火鸡。在饲料中按150~200 mg/t添加生物素是一种好方法，特别是在使用小麦或小麦副产品时。

12. 吡哆醇（维生素B₆）缺乏症 维生素B₆缺乏可导致生长缓慢、皮炎和贫血。因为维生素的一个主要作用是蛋白质代谢，因此其缺乏可致氮贮留减少。日粮蛋白质利用率低，造成氮排泄量增加。可见有血清铁含量升高和铜含量下降，铁的利用率似乎可出现显著降低。所引起的贫血，可能是由于原卟啉类合成受阻引起的。贫血常见于鸭，很少见于鸡和火鸡。青年鸡在行走时双腿有神经性的运动，常出现痉挛性抽搐，导致死亡。在抽搐时，雏鸡无目的地奔跑，翅膀扇动并向下扑击。由吡哆醇缺乏症引起的剧烈运动，与脑软化症引起的症状有所不同。发生维生素B₆缺乏症的雏鸡可出现肌胃糜烂。使用含1%牛磺酸的日粮可预防肌胃糜烂，由此推断，当吡哆醇参与牛磺酸的合成，而且对肌胃的完整性起着重要作用。吡哆醇缺乏时，胶原成熟不完全，这表明维生素对维持结缔组织基质的完整性至关重要。吡哆醇慢性缺乏可导致骨短粗症，病鸡常出现一只腿跛行，且有一个或两个中趾向内弯曲。

成年鸡发生吡哆醇缺乏症，可出现食欲减退，导致产蛋量和孵化率下降。严重缺乏可引起卵巢、输卵管、鸡冠、肉髯和公鸡睾丸发生快速退化。维生素B₆缺乏的母鸡和公鸡，饲料采食量急剧下降。尽管一些母鸡可出现局部脱毛，但在提供正常日粮水平的吡哆醇后，2周内即可恢复正常产蛋量。

通过在日粮中按3~4 mg/kg添加吡哆醇，可以预防缺乏症。

13. 硫胺素缺乏症 鸡硫胺素缺乏症晚期表现为多发性神经炎，可能是由碳水化合物代谢形成的中间体造成的。大脑能量的直接来源是葡萄糖降解，而这一过程需要依靠硫胺素的生化反应。缺乏初期可见有嗜睡和头部震颤。饲喂缺乏硫胺素日粮的鸡，可见有食欲明显减退。家禽对神经肌肉性疾病也很敏感，导致消化减弱、全身无力、观星状和频繁惊厥。

饲喂缺乏硫胺素的日粮的成年鸡，大约3周后即可出现多发性神经炎。随着缺乏症的发展，鸡蹲坐在弯曲的双腿上，头向背后弯曲，呈观星姿势。颈前肌麻痹造成缩头的表现。此阶段过后不久，雏鸡无法站立或坐直，继而倒地，头部仍呈收缩状。硫胺素缺乏也可引起体温和呼吸频率下降。也可见有睾丸退化，心脏出现轻微萎缩。日粮中缺乏硫胺素的鸡很快表现出严重的厌食。病鸡食欲废绝，除非给予硫胺素，否则不再采食。如果发生严重的缺乏症，应进行强制饲喂或注射硫胺素，使鸡恢复采食。

硫胺素缺乏症最常见于使用加工不当的鱼粉，因为鱼粉中含有硫胺素酶。在此情况下，即使添加大量硫胺素也是无效的。一般日粮中，按4 mg/kg添加硫胺素添加剂可以预防缺乏症的发生。

（张盛南 译　何启盖　梁智选 一校　丁伯良 二校　崔恒敏 三校）

第二十一章 毒理学
Toxicology

第一节　毒理学概述

关于家禽中毒病可见中毒部分。

兽医毒理学涉及中毒和营养缺乏的评估、毒素的识别和鉴定、体内毒素的定量和中毒的治疗。近年来，全球有关发生三聚氰胺污染宠物和猪饲料的报道已经表明，兽医毒理学与当前的动物健康和食品安全密切相关。由于生产实践中中毒发生的频率很低，这对兽医毒理学是一个挑战。当中毒病暴发时，常危害大批动物，也可能涉及诉讼。兽医毒理学参考书籍有助于确保用于诊断的正确采样和送检。

有毒物质称之为毒物（toxicant或poison）。毒素（toxin）是描述生物源性毒物的专有名词（如毒液、植物毒素），偶尔使用冗长术语——生物毒素（biotoxin）。

中毒的同义词（toxicosis, poisoning, in-toxication）都是指由毒物引起的疾病。

毒力（toxicity，有时被误用为中毒）是指某种毒物产生某种毒害作用所需要的量。

急性中毒是指最初24 h内呈现的毒性作用。长时间（≥3个月）接触毒物所引起的毒性作用称为慢性中毒。亚急性和亚慢性中毒是指介于急性和慢性之间的中毒。

所有的毒性作用都根据剂量而定。某一剂量可能会引起觉察不到的作用、有治疗效果、中毒或致死。剂量常以每千克体重受试动物接受毒物的毫克数或微克数来表示，即 mg/kg或μg/kg。这些量的表示通常也适用于饲料、水、空气和组织中毒物的含量。

半数致死量（LD50）是指使50%试验动物死亡的剂量。这是估测毒物毒力的最常用的表示方法。其他预测致病性或致死性的术语还包括未观察到作用剂量（NOEL）、最大无毒剂量（MNTD）和最大耐受量或最小中毒量（MTD）。

一、毒物的吸收、分布、代谢与排泄

毒理学主要涉及毒物的吸收（absorption）、分布（distribution）、代谢（metabolism）和排泄（excretion），有时用其缩写ADMS表示。

1．毒物的吸收　毒物可通过消化道、皮肤、肺、眼、乳腺、子宫以及注射部位被吸收。毒物作用可能是局部的，但是毒物必须溶解吸收达到一定程度才能作用于细胞。影响吸收的主要因素是毒物的溶解度。不溶性盐类及离子化合物很难被吸收，而脂溶性物质一般很容易吸收，甚至可通过完整的皮肤吸收。例如，钡是有毒的，但由于硫酸钡很难吸收，因此可用于肠道的X线造影。

2．毒物在体内的分布　毒物通过血流，分布或转运到反应部位，包括"储存库"。肝脏接受门脉循环，是最常涉及的中毒（和解毒）器官。外源物质在何种组织内沉积与其是否存在受体位点有关。化合物分布的难易很大程度上取决于该物质的水溶性。极性或水溶性物质多从肾脏排泄，脂溶性化合物很可能通过胆汁排泄，并在脂肪中蓄积。在动物体内产生最大毒性作用的组织器官，即为靶器官，但其毒物含量不一定最高。例如，铅在骨组织中的含量最高，但骨组织既不是铅发挥效应的部位，也不是用于毒理学分析的可靠器官。了解毒物的转运特点，对于选择适宜分析的器官进行分析很有必要。

3．毒物代谢　机体内毒物代谢或生物转化是一种"解毒倾向"。在某些情况下，代谢转化而成的外源物质可能比母体化合物的毒性更大，此即"致死性合成"。如许多有机磷杀虫剂产生的代谢产物比母体化合物毒性大得多（如对硫磷转化成毒性更大的对氧磷）。

毒物代谢分两个阶段：第一阶段包括氧化、还原、水解等反应，这些反应是在肝酶的催化下进行的，通常将外源化合物转化成第二阶段反应所需的衍生物。第一阶段的产物通过极性溶解转化而被排出。第二阶段主要包括结合和合成反应。一般与葡萄糖苷酸、乙酰化产物结合及与甘氨酸结合。外源物质代谢很少发生单一的代谢途径。通常，一部分以原形排出，其余部分则以代谢产物排出或储存下来。不同动物的代谢机理差异很大，如猫缺乏葡萄糖醛酸转移酶，因而其结合解毒（如吗啡和酚类）的能力大为降低。某些情况下，后期对某些毒物的耐受性是由于早期与毒物接触而启动的酶诱导效应所致。

4．毒物的排泄　多数毒物及其代谢产物是从肾脏排泄的，也有一部分经消化道和乳汁排出。而许多带极性和大分子的化合物是通过胆汁排泄的，这些化合物经胆管从肝脏排出，又重新在肠道被吸收，就形成了肠肝循环。乳汁也是某些毒物的一种排泄途径。由于一些毒物可在食用动物中形成危害性残留，因此，排出率可能是主要的关心焦点。服用途径、剂量、动物状况等因素对排泄率都有很大影响。毒物在肾脏通过肾小球的滤过、肾小管的被动扩散和肾小管的主动分泌而被排出。肾脏因排泄外来物而受损，其受损部位有特异性，包括肾近曲小管、肾小球、髓质、肾乳头和肾袢。肾近曲小管是受毒物损伤最常见部位。

肾脏内含有重要的第一相酶细胞色素、前列腺素合成酶、前列腺素还原酶。肾脏内第一相酶细胞色素约是肝脏内水平的10%。肾脏中重要的第二相酶有尿苷二磷酸-葡糖醛酸转移酶（UGT）、磺基转移酶和谷胱甘肽-S-转移酶。

髓质和肾乳头是保泰松的靶点，肾曲小管是许多植物毒素的靶点，肾祥是氟化物的靶点，而肾小球则是免疫复合物的靶点。

某种化合物经代谢变化从器官或机体被排出，可用半衰期（指化合物在体内消除一半所需的时间）表示。清除率通常根据化合物的浓度而定。一室模型动力学是指每单位时间内化合物按恒定比率（如1/2）进行清除。代谢反应可决定清除率。零级动力学是指每单位时间内化合物按恒定的量进行清除。不同的体腔均有不同的清除率。二室模型动力学是指清除时间由快（如从中央室或血浆部分）而变慢（从外周室，如肝、肾或脂肪）

二、影响毒物活性的因素

中毒常取决于许多因素，而不只是毒物本身的毒性。接触毒物的有关因素、生物学或化学因素都能控制毒物的吸收、代谢和清除，从而影响临床结果。

1. 与接触毒物有关的因素 剂量是主要的关注因素，然而对此了解甚少。接触毒物的时间及频度是很重要的。接触毒物的途径影响着吸收、转运和代谢。接触毒物还与应激或食物摄入状态有关。例如，当胃排空时，摄入某些毒物就会发生呕吐，但如果胃呈半充盈状态，毒物就会停留在胃内并引起中毒。环境因素，如温度、湿度和气压，也可影响毒物摄入量，甚至毒物的产生。许多真菌毒素和有毒植物与季节和气候变化有关，如使动物局部缺血的麦角中毒更常见于寒冷季节，植物的硝酸盐含量受降水量的影响。

2. 生物因素 不同种属、品系的动物由于其吸收、代谢和清除功能不同，对某一特定毒物的反应也不同。不同品种动物功能的差异还可影响中毒的可能性，例如，有些动物不会呕吐，即使低剂量毒物也能引起中毒。

动物的年龄和个体大小是影响中毒的主要因素。幼龄动物未发育完善的微粒体酶系统，不能胜任对外源物质的代谢和转运。胞膜的通透性以及肝、肾的清除能力也与年龄、动物种类及其健康程度有关。通常，引起病理学变化所需要的毒物量与体重有关，但是随着体重的增加，某种化合物的毒力常与体重不成比例地增加（每单位体重）。体表面积与毒物剂量的关系可能更为密切。各种情况都没有固定不变的度量参数。

营养和日粮因素、激素和健康状况、器官病理、应激和性别都影响中毒。营养状况可直接影响毒物（通过改变其吸收）或间接地影响其代谢过程或受体

位点的有效性（铜-钼-硫酸盐的相互作用就是一个例证）。

3. 化学因素 毒物的化学性质决定其溶解性，后者又影响其吸收。非极性或脂溶性物质比极性或离子化物质更易被吸收。毒物载体也影响其吸收。不同的异构体包括旋光异构体其毒力不同（如"六六六"的 γ-异构体比其他异构体的毒性大）。

一些佐剂可改变活性成分的毒效，如胡椒基丁醚，可增强除虫菊酯的杀虫活性。结合剂、肠衣及持续释放剂都能影响活性成分的吸收。通常，吸收延缓，毒力则减弱。调味剂影响其适口性，所以也影响着毒物的摄入量。

三、中毒的诊断

与任何疾病一样，中毒诊断以病史、临床症状、病理损害、实验室检查以及生物检测等为依据。详尽的证据是有诊断价值的，必须加以关注，但绝不能取代全面的临床检查和尸体剖检。畜主的既往病史资料可能过分强调了显而易见的因素，却忽略了细微而重要的细节。"突然的死亡"实际常为"滞后的观察"。

有关资料和样品应该送交诊断实验室。完整的病史对于进行实验室检查程序是必须的，对诉讼情况也可能有价值。资料应该详细，如只说"有中枢神经系统症状"是不充分的，因为多数动物死前都表现出一些典型的中枢神经系统症状，应描述确切的临床症状。例如，有关资料应包括：①中毒发病和死亡动物的数量、年龄、体重以及发病率和死亡率的年度表；②临床症状、病程；③既往病史；④尸检所见的病理损害，摄入物的详细检查情况；⑤治疗反应（应该将药物列出，以免影响分析）；⑥有关因素，如饲料改变、水源、其他有关的治疗、饲料添加剂和杀虫剂的使用；⑦饲养设施（绘图或数码照片有助于诊断）、接触废弃物、机械等的描述；⑧如果动物迁移过，应了解其原先饲养场所处的位置。倘若有关于样品、数量或容器方面的问题，可与诊断实验室联系（见实验室样品的采集与送检）。

四、中毒的治疗

开始检查时，就有必要实施急救措施。除此之外，中毒的治疗应包括三个基本步骤：①阻止毒物的进一步吸收；②辅助/对症治疗；③特效解毒药物治疗。

1. 阻止毒物进一步吸收 局部体表毒物一般用肥皂水彻底清洗就可除去，必要时可剪去被毛。如果犬、猫、猪在采食毒物几小时内，催吐很有效。当动物缺乏吞咽反射、惊厥发作，或采食的物质为腐

蚀性毒物、挥发性烃类或石油馏出液时，或吸入性肺炎的濒死期，禁用催吐疗法。口服催吐剂有：吐根糖浆（犬口服10～20 mL）、双氧水（2 mL/kg，口服）。犬可用阿扑吗啡，经非肠道途径给药，剂量为0.05～0.1 mg/kg。

对昏迷和麻醉动物可用气管导管和大口径胃管洗胃。将动物头低至30°角，用灌洗液（水或盐水）按10 mL/kg，缓慢灌入胃内，然后导出，反复数次，直至返出的液体变清。为尽快清除胃肠道内毒物，有必要应用泻药和缓泻药。当洗胃不足以清除毒物（或反刍动物太慢时），有时必须实施胃或瘤胃切开术。

当一种毒物不能被物理方法清除时，口服某种物质可将其吸附并阻止其被消化道吸收。活性炭（1～2 g/kg）可有效地吸附多种化合物，当疑为中毒时，常选择活性炭作为吸附剂和解毒剂。

2. 辅助疗法 在毒物代谢和清除之前必须采取辅助治疗。该疗法依临床状况而定，包括控制抽搐发作、维持呼吸、治疗休克、纠正电解质失衡和体液的丢失，控制心机能障碍和缓解疼痛。

3. 特效解毒药 有些中毒可用特效解毒药解毒。一些解毒药与毒物形成复合物（如肟与有机磷杀虫剂结合，EDTA螯合铅），另有一些解毒药可阻断或竞争受体（如维生素K与香豆素抗凝血剂竞争受体），还有少数解毒药可影响毒物代谢（如亚硝酸盐和硫代硫酸盐释放出离子并与氰化物结合）。

第二节 藻类中毒

藻类中毒是一种急性、致死性疾病，常因饮用含高浓度有毒蓝绿藻（常称为蓝细菌）的娱乐场所或水产养殖的水而中毒。许多国家的家畜、宠物、野生动物、鸟类和鱼类发生的严重疾病，都与蓝细菌大量繁殖而形成水藻有关。

藻类中毒通常发生于水藻密集生长的温暖季节，并持续很长时间。许多中毒病都发生于动物饮用被蓝绿藻污染的新鲜水。且海洋动物、特别是海洋养殖的鱼和虾也发生此病。蓝绿藻的毒素由5种不同的化合物组成，统称为蓝藻毒素。

【病原、流行病学与中毒机制】 虽然藻类中毒大部分是由项圈藻属（Anabaena）、蓝针藻属（Aphanizomenon）、纳氏拟筒孢藻属（Cylindrospermopsis）、小球藻属（Microcystis）、节球藻属（Nodularis）、念珠藻属（Nostoc）、颤藻属（Oscillatoria）和浮颤藻属（Planktothrix）等引起的，但30余种蓝绿藻都与有毒的水藻有关（图21-1）。已从项圈藻属、蓝针藻属和浮颤藻中分离出神经毒生物碱（称为去毒毒素），从项

圈藻属、蓝针藻属和大林氏藻属（Lyngbya）中分离出蛤蚌毒素。从项圈藻属、小球藻属、念珠藻属和浮颤藻属中分离出七肽肝毒素。含盐的节球藻属能产生一种戊肽肝毒素，其结构和功能与小球藻毒素很相似。纳氏拟筒孢藻、项圈藻属、蓝针藻属、尖头藻属和Umezakia（属）藻类，都能产生一种毒性较大的肝毒生物碱——纳氏拟筒孢藻毒素（Cylindrospermopsin）。某些蓝绿藻，特别是项圈藻属，能产生神经毒素和肝毒素。如果有毒水藻含有这两种毒素，由于神经毒素作用（几分钟）比肝毒素作用（1至几小时）发生早，所以首先能观察到神经毒素引起的症状。

当大量的蓝绿藻密集漂浮，就可能发生严重的水藻中毒。温暖、阳光充足的气候和营养充分的水有助于水藻的大量生长。近年来，大量调查证明：全球气候变化形成了更早、更强和持续时间更长的温暖气候，从而导致水藻的大量生长。农牧业生产中的肥料和动物废弃物（粪尿）都为水藻大量生长提供了丰富的养分。大量水藻随风飘到家畜饮水处的下风口就易引起中毒。不同种属的动物对藻类的敏感性不同，如单胃动物对藻类的敏感性比反刍动物和禽类低。当水藻非常密集且毒素量很大时，动物采食很少量的藻类即可引起中毒。倘若水藻密度较低且毒素量很低时，动物采食几加仑才引起急性或致死性中毒。

根据接触的藻类不同，不同动物中毒的敏感性和症状也有差异。由肝毒肽和神经毒生物碱引起不同动物中毒的眼观和组织病理学损伤非常相似。由环状肽致肝毒症引起的死亡，通常与肝内出血和血容量减少性休克有关。此结果势必引起肝明显增重以及肝血红蛋白和铁含量明显增加，致使血液丧失而产生不可逆性休克。一些中毒动物可存活几小时，有的动物因高钾血症或低血糖症，可在几日至几周内因肝衰竭而死亡。

图21-1 此块蓝绿藻形成典型的大水藻，犹如一幅浓密的绿色油画
（由Wayne Carmichael博士提供）

动物摄入含有神经毒生物碱的蓝绿藻，常引起神经中毒症，均可在几分钟至几小时内，因呼吸衰竭而死亡。项圈藻属、蓝针藻属、颤藻属和浮颤藻属，可产生一种强有力的突触后胆碱能（烟碱的）兴奋剂，即引起去极化神经肌肉阻断的去毒毒素-a。项圈藻属能产生一种不可逆的有机磷胆碱酯酶抑制剂——去毒毒素-a（s）。项圈藻属、蓝针藻属、纳氏拟筒孢藻和大林氏藻属还能产生一种强有力的突触前钠道阻断剂——蛤蚌毒素。

【临床表现与病理变化】 微胞素中毒最早（15～30 min）表现为血清胆汁酸、碱性磷酸酶、谷氨酰转移酶和天门冬氨酸氨基转移酶含量增加，白细胞数上升和血凝时间延长。死亡可发生于几小时（通常在4～24 h内）至几日内。死前出现昏迷、肌肉震颤、划水状运动失调和呼吸困难，还可见水泻与血痢。眼观病变包括肝内出血引起的肝肿大。能在胃和胃肠道发现完整的、略呈绿色的蓝绿藻团块。在口、鼻、腿和蹄（足）部也可见略呈绿色的印迹。肝坏死由小叶中央扩展到门静脉周边，肝细胞分裂呈圆形。死后能在肺血管和肾脏内发现肝细胞分裂的碎片。神经中毒症动物的临床症状为，最初肌肉呈束状收缩，随后运动缓慢、腹式呼吸、发绀、惊厥，直至死亡。家禽中毒除上述症状外，还出现角弓反张。一些小动物死前常出现"跳跃运动"。急性中毒幸存的牛和马的暴露部位（鼻、耳和背部）出现感光过敏，并伴随脱毛和脱皮。

【诊断】 通过病史（近期接触蓝绿水藻）、中毒症状和尸体剖检，可作出初步诊断。并应尽快采集藻类样品做显微镜检查，以确定藻类的毒性，并做蓝绿藻毒素分析。不同种藻类有的有毒、有的无毒，仅用肉眼鉴定有毒藻类是不可能的。

蓝绿藻可用光镜检测，并通过形态学特点和计算1个标准体积水中的量进行鉴定。也可用采样和监测蓝绿藻的标准草案和有毒藻类鉴定的检索表。

一些实验室能够采用化学或生物学测定，分析蓝绿藻毒素。通常，动物生物鉴定（小鼠试验）主要根据动物存活时间和中毒症状来检测蓝绿藻毒素的存在。这些试验可提供毒性的最终指证，但他们不能用于水中化合物精确的定量测定或确定环境毒素水平。许多分析技术用于检测水中微胞素很管用。这些技术必须提供定量对照或者毒性当量因子。在这点上，最合适的方法是高效液相色谱法（HPLC）或高效液相色谱-质谱联用。这些方法只能进行浓度的估算，所以仅提供毒力的估计值。这主要是由于缺少关于蓝绿藻毒素的参考标准。从实验室培养物或水藻物质中提取的商业性标准物，有针对微胞素、节球藻素

（nodularin）、纳氏拟筒孢藻素、蛤蚌毒素的，也有人工合成的去毒毒素-a的标准物质。目前还没有去毒毒素-a（s）的商业性标准物。用免疫测定法也可确定藻类毒素的含量或者对其进行定量，包括在实验室和野外检测微胞素、节球藻素、纳氏拟筒孢藻素、蛤蚌毒素所制作的商业性ELISA试剂盒。

【治疗】 患病动物移离污染水源后，应置于避免阳光直射的地方。供给充足的饮水和优质饲料。因为毒素形成徒升剂量-反应曲线，故幸存动物有机会康复。对于尚未详细调查的蓝绿藻中毒，应用活性炭治疗效果较好。实验室研究表明，离子交换树脂，如消胆胺能用于吸收胃肠道的毒素。在口服微胞素前注射胆汁酸转运阻断剂，如环孢霉素A、利福霉素和水飞蓟素等对预防肝毒害性很有效。尚未发现治疗用颉颃药对去毒毒素-a、纳氏拟筒孢藻素或蛤蚌毒素有效，但阿托品与活性炭能降低抗胆碱酯酶去毒毒素-a（s）的毒蕈碱样作用。

【预防】 首先应将动物从污染的水源转移。倘若没有其他可饮用的水源，应将动物带至无蓝绿藻密集漂浮的背风的岸边饮水。有人曾努力尝试建立水面屏障（圆木或漂浮的塑料栅栏）以阻止蓝绿藻漂到岸边，但均未成功。将硫酸铜或其他含铜灭藻剂泼洒水中，可抑制藻类的生长。通常用0.2～0.4 mg/L硫酸铜处理，相当于45 460 L水加18～36 g硫酸铜。在发现水中漂浮蓝绿藻后，家畜（特别是绵羊）至少5 d内禁饮此水。硫酸铜最适用于预防藻类的形成，应注意让动物避开用灭藻剂处理和自然变质而死亡的含蓝绿藻细胞的水域，因为许多毒素仅在完整的蓝绿藻细胞破损后才在水中释放。

控制蓝绿藻生长的水域管理技术包括保持管理水域内的河水流动，分层排除和降低水库中沉积物养分释放的水混合技术，对专用供水池使用灭藻剂。灭藻剂能破坏细胞并释放细胞内的毒素。灭藻剂的使用应符合当地环境与化学品注册法规。在有多种排水渠的情况下，从不同深度选择性排水，能减少表面高度积聚的蓝绿藻细胞的进入。

水处理技术是一种非常合适的技术，它能有效地排除蓝绿藻细胞和蓝藻毒素（尤其是微胞素）。同其他蓝藻毒素一样，除非细胞溶解或破坏，较高比例的微胞素留在细胞内，能经常规的处理设备通过凝固和滤过排除毒素。含氧化剂（氯或臭氧）的蓝绿藻细胞，经水处理后能释放蓝藻毒素。由于没有消除溶解蓝藻毒素的随后步骤，因此不推荐使用氧化剂处理的做法。

微胞素很容易被一些氧化剂（如臭氧和氧）氧化，有效除去这些化合物，需要足够的接触时间和

控制pH，这对于保存完整细胞是相当困难的。微胞素、去毒毒素-a、纳氏拟筒孢藻素和一些蛤蚌毒素，可被颗粒状或粉状活性炭从溶液中吸附，此方法的有效性可通过监测水中蓝藻毒素确定。

第三节　氰化物中毒

氰化物能抑制细胞色素氧化酶，引起组织中毒性缺氧而导致动物死亡（见高粱中毒）。氢氰酸对许多动物的致死量约为2 mg/kg。

【病因】 氰化物存在于植物、杀虫消毒熏蒸剂、土壤消毒剂、肥料（如氰酰胺）农药/杀鼠剂（如氰氨化钙）和用于工业加工，如金矿、金属制品清洗、电镀物品以及胶片处理的各种氰盐中。宠物和其他非靶向性动物也能因接触氰化物而中毒。在发生事故和火灾时，私家车和公共交通工具（如飞机、客车、轿车）制造中使用的大量塑料化合物的燃烧和建筑工地施工，会产生致死量的氢氰酸气体。

中毒常因意外的、不恰当或蓄意使用或接触氰化物而发生。但多数情况是由于家畜采食了含生氰糖苷（苦杏仁苷）的植物而中毒，其中包括海韭菜（水毒冬草）、绒毛草、高粱属（乔森草、苏丹草、普通高粱等）、樱桃属（杏、桃、李、针樱桃、圆叶黑樱桃）、美洲接骨木（浆果）、梨属、苹果属、玉米和亚麻。多数情况下，氰苷来源于某些植物（桃）的籽（核）。桉树属植物作为观赏植物，与一些小动物的死亡有关。木薯的干根含有大量的氰化物，倘若烧煮不适并大量食入即可引起中毒。据报道，利马豆含有大量的氢氰酸。植物中的氰苷在β-糖苷酶的水解作用下，或当植物子房破损时（如冰冻、碾碎、嚼碎）就可释放出游离氢氰酸（HCN）。瘤胃内微生物可进一步使游离氢氰酸释放。

苹果和其他果树的叶子和籽实内含有氢氰酸糖苷，而果肉内没有或很少。通常高粱属饲草的叶子比其根茎含的氢氰酸多2~25倍，而籽实内没有。生长迅速的植物幼苗常含有高浓度的氢氰酸糖苷。大量使用含硝酸盐的肥料，特别是在土壤缺磷时，能使植物中的生氰糖苷含量升高。用叶型除莠剂（如2，4-D）喷洒生氰饲草植物时，几周后可使植物中的氢氰酸含量增加。

干旱侵袭的多叶植物的生氰糖苷含量减少很慢。干旱期间，生长缓慢的产氢氰酸的植物，是引起家畜中毒的常见原因。

霜冻植物可持续数天释放高浓度氢氰酸。植物枯萎后氢氰酸的释放减少，死亡植物含有较少的游离氢氰酸。当植物顶部受霜冻，根部长出新根系时，由于根系含有氢氰酸，此时家畜采食是很危险的。

反刍动物比单胃动物对氰化物敏感，牛比绵羊更敏感。据报道，海福特牛比其他品种的牛对氰化物敏感性差。

【临床表现】 中毒症状出现于采食后15~20 min到几小时内。动物开始表现兴奋、呼吸加快，很快出现呼吸困难、心动过速、多涎、多泪、无尿粪。猪可发生呕吐。常见肌肉自发性收缩，死前继续发展为全身性抽搐、摇晃挣扎和昏迷。黏膜呈鲜红色，最终变为青紫色，动物死于严重的窒息性痉挛。挣扎和呼吸停止后，心脏能持续跳动几分钟。全部症状持续30~45 min。出现症状后存活2 h以上的动物大多可恢复，除非从胃肠道持续吸收氰化物。已报道，犬的氰化物消除半衰期是19 h，需用4 d以上才能消除95%以上的氰化物，所以不及时治疗肯定预后不良。

【病理变化】 急性或最急性氰化物中毒，开始血液呈鲜樱桃红色，如尸检延迟则变为暗红色。血凝不良或完全不凝。开始黏膜呈桃红色，呼吸停止后呈青紫色。瘤胃臌气，打开时有苦杏仁气味。心脏可见濒死性出血；肝脏、浆膜表面、气管黏膜和肺脏有充血和出血变化；呼吸道内有泡沫。始终未见肉眼和组织学病理变化。

犬慢性接触亚致死量氰化物，可见中枢神经系统呈多发性变性和坏死，但类似的病理变化在家畜未见报道。

【诊断】 适当的病史资料、临床症状、尸检变化和瘤胃（胃）内容物或其他具有诊断价值的样品中氢氰酸的检测，均有助于氰化物中毒的确诊。用于氰化物分析的样品包括：可疑毒物来源（植物或其他）、瘤胃或胃内容物、肝素抗凝全血、肝脏和肌肉。死前全血最好，其他样品应尽快在死后不久采集，最好在4 h内。采集样品应密封于不透气的容器内冷冻或冷藏，及时送实验室检验。如果没有冷藏处，可将样品浸泡于1%~3%的氯化汞中保存。尿中硫氰化物检测，可揭示氰化物中毒的毒素含量变化。许多兽医师常用浸渍苦味酸的纸片来快速定性检测氰化物。

用含220 mg/kg以上氢氰酸的干草、青刈饲料、青贮或生长植物（湿重）作为动物饲料，是很危险的。用含低于100 mg/kg氢氰酸的饲草（湿重）饲喂动物是安全的。按干重进行分析可采用以下标准：饲料中（以干重计）氢氰酸含量大于750 mg/kg是危险的，500~700 mg/kg是可疑的，小于500 mg/kg是安全的。

通常，大部分动物血液中氰化物含量预计小于0.5 μg/mL。最小致死血浓度约为3.0 μg/mL或更低。肌肉中氰化物含量与血液中的几乎相同，但肝脏中氰化物含量要低于血液中含量。在犬，由于氰化物和铁离子结合后存在于红细胞中，因此全血中氰化物含量要比血清中高4～5倍。

鉴别诊断包括：硝酸盐/亚硝酸盐中毒，尿素、有机磷、氨基甲酸酯、氯代烃类杀虫剂和毒气（一氧化碳和硫化氢）中毒等，以及引起突然死亡的一些传染病和非传染病。

【治疗与防控】　必须及时进行治疗。治疗的目的是破坏氰化物-细胞色素氧化酶的结合键和释放细胞色素氧化酶，为细胞呼吸传递分子氧。亚硝酸钠能产生高铁血红蛋白，它能与氰化物结合，形成氰化高铁血红蛋白，并释放细胞色素氧化酶。氰化高铁血红蛋白在硫氰酸酶（硫代硫酸盐/氰化物硫转移酶）作用下，进一步与硫代硫酸盐反应，形成毒性较低的硫氰酸盐随尿排出。硫氰酸酶主要分布于肝、肾的线粒体基质，它能为饲草中少量的氰化物提供天然解毒作用。然而，严重中毒时，心脏和中枢神经系统就成为氰化物致死的主要靶器官。

静脉注射亚硝酸钠（10 g溶于100 mL蒸馏水或等渗盐水中）20 mg/kg，然后静脉注射20%硫代硫酸钠（≥500 mg/kg）。后者较安全，可重复使用。重复使用亚硝酸钠应慎重，必要时按10 mg/kg，每2～4 h使用1次。

在犬氰化物中毒治疗的一次研究中，按5 mg/kg肌内注射二甲氨基苯酚（DMAP）和盐酸羟胺（50 mg/kg），他们与亚硝酸盐和硫代硫酸盐一样具有解毒作用，然而，DMAP是一种有效的高铁血红蛋白诱导剂，需要随后静脉注射硫代硫酸钠，促使氰化物转化为硫氰酸盐，然后随尿排出。DMAP的副作用较严重，它能引起溶血、网状细胞增多和肾中毒。因此，DMAP的应用受到了限制。

其他较广泛应用于临床的解毒药还包括羟钴胺（维生素B_{12a}）、依地酸（EDTA）、3-巯基丙酮酸酯前体药物和α-酮戊二酸。近年来，羟钴胺已被FDA正式批准，在美国应用，其他药物尚待批准。

羟钴胺是氰钴胺（维生素B_{12}）前体分子，它与等摩尔基底中的氰化物结合，形成维生素B_{12}，从而可解除氰化物的毒性，是一种相对安全、效果较好的解毒药。曾用羟钴胺（150 mg/kg）治疗18只急性氰化物中毒的犬，所有的犬都抢救成功。主要缺点是费用太高。

双钴-EDTA能释放钴离子与氰离子反应，随后，稳定性很强的氰化物-钴复合物经肾排出。这种药物很有效且作用快，但据报道，该药对人有严重的副作用。

3-巯基丙酮酸盐的药物前体正在研发阶段，他们作为3-巯基丙酮酸盐酶/氰化物硫转移酶的一种底物，将氰化物转变成相对无毒的硫氰酸盐。这些药物前体对喂给氰化物的小鼠有保护作用，通过口服和非口服都有效。这些药物前体在接触氰化物前1 h，可作为预防药物，也可用于解毒治疗。

已研发的解毒药α-酮戊二酸，其分子结构能与氰化物进行亲核结合，而不能形成高铁血红蛋白。治疗前用此药能降低致死率，增加硫代硫酸钠的功效，但对于动物中毒后的功效尚未搞清。

单独静脉注射硫代硫酸钠（≥500 mg/kg），也是一种有效的解毒方法。牛可另外口服30 g硫代硫酸钠，以解除残留在瘤胃中的氢氰酸。输氧（特别对小动物）有助于提高亚硝酸盐或硫代硫酸盐的治疗效果。高压氧治疗（在＞1个绝对大气压下100%氧间歇性吸入）能在动脉血中产生高于正常的氧分压，并能明显增加血浆中溶氧量。氧-依赖的细胞代谢有利于提高毛细血管中的氧分压，并增强氧从毛细血管扩散至临界组织。活性炭不能有效吸附氰化物，因此不推荐其作为解毒药。

在治疗中应注意的是，所有氰化物解毒药本身都是有毒的。硝酸盐中毒与氢氰酸中毒的许多症状都很相似，注射亚硝酸钠引起的高铁血红蛋白症与亚硝酸盐中毒产生的高铁血红蛋白血症也一样。如对诊断有疑虑时，静脉注射美蓝4～22 mg/kg，有助于高铁血红蛋白的生成。由于美蓝既可充当电子的供体，又可充当电子的受体，所以美蓝可减少存在的多量高铁血红蛋白，而只有血红蛋白存在时，才能生成高铁血红蛋白（倘若确诊为氰化物中毒，则亚硝酸钠治疗最为有效）。

当牧草（如苏丹草和杂交苏丹高粱）长到38～46 cm、氢氰酸中毒危险性很小时方可放牧。饲用高粱长成到几英尺（1英尺=30.48 cm）高才可用于饲喂。动物在首次进入放牧地前，应先饲喂，因为饥饿动物常采食牧草太多太快，以至于不能解除瘤胃内释放的氢氰酸。据报道，清晨几个小时是氢氰酸释放的高峰，所以动物在放牧当天不要太早赶到新的草场。舔食砖（通常由食盐、微量元素和硫配以黏合剂压制成块状）有助于预防氢氰酸中毒。在环境恶劣的情况下（如干旱或霜冻），应仔细调整放牧方式。高粱再生苗是相当危险的，在这些嫩芽冷冻和枯萎后才能放牧。

将青草切碎，就可使家畜采食到茎和叶，从而减少因放牧挑食出现的问题。可提高割草的高度，以最大限度地降低含有再生苗的机会。

在晾晒等加工处理和制作青贮过程中，高粱干草和青贮通常能减少氢氰酸含量50%以上。游离氰化物经酶的活性被释放，并形成气体被排出。虽然经上述处理后，已很少发生中毒，但有时含量较高的氢氰酸仍可存留在已加工和制作的饲草中，尤其在收割前饲草中氰化物含量特别高时。经试验，干草在烘箱中烘烤4 d，仍未明显降低氰化物含量。因此，每当怀疑饲料中含高浓度氢氰酸时，应在饲喂前对可疑饲料进行分析。对含氢氰酸的饲料可用谷粒或其他优质牧草掺和使用，以降低氢氰酸含量，使最终加工后的饲料安全有效。

第四节　食品公害

一、鳄梨

哺乳动物和鸟类食入鳄梨（*Persea americana*）可引起心肌坏死和泌乳哺乳动物的无菌性乳房炎。牛、山羊、马、小鼠、兔、豚鼠、大鼠、绵羊、虎皮鹦鹉、金丝雀、澳洲鹦鹉、鸵鸟、鸡、火鸡和鱼类都对鳄梨敏感。其中笼养鸟更为敏感，而鸡和火鸡对鳄梨有较大抵抗力。曾有一则2只犬摄入鳄梨引起心肌受损的报道。

【病因】　动物采食鳄梨的果实、叶、茎和种子都可引起中毒，其中叶的毒性最强。危地马拉鳄梨最易引起动物中毒。

从鳄梨中提纯的有毒成分persin，按60～100 mg/kg给予泌乳小鼠，能引发乳房炎，超过100 mg/kg时，能引起心肌坏死。山羊采食鳄梨叶20 g/kg，能引起严重的乳房炎；而采食鳄梨叶30 g/kg，则导致心脏损伤。绵羊食入鳄梨叶25 g/kg，连续5 d，可发生急性心肌衰竭；食入鳄梨叶5.5 g/kg连续21 d，或食入鳄梨叶2.5 g/kg连续32 d，均可引起慢性心肌功能不全。虎皮鹦鹉食入1 g鳄梨果实，能引起兴奋不安和拔羽癖，采食8.7 g碾碎的鳄梨果实，能在48 h内死亡。

【中毒机制】　鳄梨引起泌乳哺乳动物乳腺上皮坏死和出血，引起禽类和哺乳动物心肌坏死。从鳄梨叶中分离的Persin所引起的损伤与自然病例报道的很相似。

【临床表现】　泌乳动物在接触鳄梨24 h内即可引起乳房炎，产奶量可下降75%。感染的乳腺坚实、肿大，产生水样、变质乳汁。在接触少量鳄梨时，可通过泌乳降低毒害作用，在一定程度上免受心肌受损。对非泌乳哺乳动物或摄入高剂量鳄梨时，即可在24～48 h内发生心肌功能不全，临床表现为呆滞、呼吸困难、皮下水肿、发绀、咳嗽、运动障碍，直至死亡。马可出现头部、舌和胸水肿。禽类表现呆滞、呼吸困难、厌食、颈部和胸部皮下水肿，直至死亡。

【病理变化】　乳腺水肿、发红，可见水样、变质乳汁。心机能不全动物，可见肺、肝充血，常伴随相关组织的皮下水肿。在腹腔、心包膜和胸腔内可见渗出液体，呈现肺水肿。心脏可能有苍白色条纹。乳腺的组织病理变化，包括分泌上皮变性和坏死、间质水肿和出血。心肌病理变化包括心肌纤维变性、坏死，在心室壁和心室间隔病变最明显；间质出血和/或水肿。在马，可见头部肌肉和舌呈对称性缺血性肌病以及腰脊髓缺血性脊髓软化。

【诊断】　根据接触病史和临床症状，可诊断鳄梨中毒。迄今，尚未有特异检测方法确诊本病。鉴别诊断包括其他因素引起的乳房炎（如传染病）和心肌疾病（包括离子载体中毒、紫杉中毒、维生素E/硒缺乏、棉酚中毒、夹竹桃引起的强心苷中毒、心肌病和传染性心肌炎）。

【治疗】　非类固醇消炎药和一些止痛药对治疗乳房炎有一定效果。一些利尿药，抗心律不齐药可能对治疗充血性心衰有效，但给家畜使用这些药物，从经济角度考虑还难以实行。

二、制面包的生面团

动物摄入酵母发酵的制面包的生面团，能造成物理和生物化学性危害，主要包括胃扩张、代谢性酸中毒和中枢神经系统抑制。虽然各种动物对其都很敏感，但犬由于其不加选择的采食习性，因而最易中毒。

【中毒机制】　胃内温暖、潮湿的环境作为一种有效的细菌培养器可将生面团反复发酵。膨胀的生面团能引起胃扩张，导致胃壁血管损害，出现与胃扩张/肠扭转相同的病症。随着胃扩张的发生，呼吸系统也受到损害。一些酵母发酵产物（包括乙醇）被吸收进入血流，导致动物酒醉和代谢性酸中毒。

【临床表现】　早期临床症状包括有欲呕感、腹部膨胀和精神沉郁。当发生乙醇中毒时，动物表现运动失调和精神混乱。最终出现中枢神经系统高度沉郁、虚弱、卧地不起、昏迷、体温过低或抽搐。死亡通常是由于乙醇的作用，并非胃扩张所致；但不能忽略生面团引起易感犬胃扩张/肠扭转的可能。

【诊断】　根据接触病史和临床症状可作出假定诊断。在一些制面包的发酵生面团中毒病例中，可发现血液中乙醇含量持续上升。鉴别诊断包括胃扩张/肠扭转、异物阻塞、乙二醇中毒和摄入其他中枢神经系统抑制剂（如吩噻嗪）。

【治疗】　对一些刚摄入发酵生面团但无症状的动物，可尝试采取催吐法。但是发酵生面团的黏性，给催吐带来一定难度。因此，对动物使用催吐法（人工诱导或自发）未成功时，可尝试洗胃法。胃内灌入冷水可减慢酵母发酵速度，并帮助排除生面团。在某些病例中，可采取外科手术除去生面团。出现乙醇中毒症状的动物，应使其保持安定，在排除生面团前，应纠正任何威胁生命的病症。酒精中毒可通过纠正酸碱紊乱加以处理，必要时应治疗心律不齐，保持正常体温。对有些病例可输液利尿，以加快乙醇排出。犬乙醇中毒后，可用育亨宾碱（0.1 mg/kg，静脉注射），使处于严重昏迷状态的犬尽快苏醒。

三、巧克力

巧克力中毒可引起严重危及生命的心律失常和中枢神经系统机能障碍。虽然许多种动物对巧克力都很敏感，但其中毒常见于犬。犬贪吃和不择食的采食习惯以及较易获得某些巧克力产品，是其中毒的主要因素。已有关于家畜采食可可豆副产品或动物食入可可果壳致死的报道。

【病因】 巧克力来源于可可属植物烤熟的种子，其有毒成分为甲基黄嘌呤可可碱（3，7-二甲基黄嘌呤）和咖啡因（1，3，7-三甲基黄嘌呤）。虽然巧克力中可可碱的含量是咖啡因的3～10倍，但这两种成分都能引起巧克力中毒的临床综合征。巧克力中甲基黄嘌呤的精确含量，因可可豆天然品种和巧克力产品不同而异。一般情况下，干可可粉的甲基黄嘌呤含量约为28.5 mg/g，不甜的巧克力产品（烘烤）中的含量为16 mg/g，半甜味和甜黑巧克力的含量为5.4～5.7 mg/g，而牛奶巧克力的含量为2.3 mg/g。白巧克力中的甲基黄嘌呤含量很低。可可豆壳中含有9.1 mg/g的甲基黄嘌呤。

据报道，咖啡因和可可碱的LD_{50}为100～200 mg/kg，但在剂量很低和个体对甲基黄嘌呤敏感的情况下，有时也可发生严重中毒，甚至引起死亡。通常，在犬摄入20 mg/kg时，可见轻微症状（呕吐、腹泻、烦渴）；摄入40～50 mg/kg时，可见心脏中毒症状；剂量大于或等于60 mg/kg时，可发生抽搐。牛奶巧克力对犬的致死量可能为62 g/kg。

【中毒机制】 可可碱和咖啡因很容易从胃肠道被吸收，并广泛分布于全身。他们常在肝脏代谢，并进行肠肝循环。甲基黄嘌呤以代谢产物和未改变的亲本化合物随尿排出。可可碱和咖啡因在犬体内的半衰期分别为17.5 h和4.5 h。

可可碱和咖啡因能竞争性抑制细胞腺苷受体，引起中枢神经系统兴奋、多尿和心动过速。甲基黄嘌呤也可通过增加细胞中钙的进入和通过横纹肌的肌内质网，抑制细胞内钙的螯合，使细胞内钙含量升高。这种效应增加了骨骼肌和心肌的强度和收缩力。甲基黄嘌呤可在中枢神经系统内与吩噻嗪受体竞争，并抑制磷酸二酯酶，使环腺苷酸含量升高。甲基黄嘌呤还可提高肾上腺素和去甲肾上腺素的循环水平。

【临床表现】 巧克力中毒的临床症状常在采食后6～12 h内出现。初期症状包括烦渴、呕吐、腹泻、腹部膨胀和不安。症状也可发展到机能亢进、多尿、共济失调、震颤和抽搐。严重者还可发生心动过速、室性期前收缩、呼吸急促、发绀、高血压、体温升高、心动过缓、血压过低或昏迷。在中毒后期，因心机能障碍而出现低钾血症。常因心律不齐、体温升高或呼吸衰竭而死亡。巧克力产品的高脂肪含量也可触发易感动物胰腺炎。

【病理变化】 死于巧克力中毒的动物，未见特异性病变。濒死前可见多种器官充血、出血。严重的心律不齐可导致肺水肿或肺充血。尸体剖检时可在消化道发现巧克力或可可豆壳。

【诊断】 本病的诊断主要根据接触病史和临床症状。应与苯丙胺中毒、麻黄/巴西可可（麻黄/咖啡因）中毒、假麻黄碱中毒、可卡因中毒和摄入抗组胺药、抗抑郁药或其他中枢神经系统兴奋药进行鉴别诊断。

【治疗】 治疗巧克力中毒，首先要使中毒动物保持安定。舒筋灵（50～220 mg/kg，缓慢静脉注射，24 h内不能超过330 mg/kg）或安定（0.5～2.0 mg/kg，缓慢静脉注射）可用于治疗震颤和/或轻度抽搐；巴比妥类药物可用于严重的抽搐。心律不齐可用心得安（0.02～0.06 mg/kg，缓慢静脉注射）或用美多心安（0.2～0.4 mg/kg，缓慢静脉注射）治心动过速，用阿托品（0.01～0.02 mg/kg）治心动过缓，利多卡因（1～2 mg/kg，静脉注射，随后每分钟按25～80 mg/kg灌注）可治疗顽固性室性心律不齐。利尿有助于稳定心血管功能，并促使甲基黄嘌呤随尿排出。

动物一旦安定下来或在中毒症状尚未出现（如在摄入1 h内）前，应采取排除毒物的措施。中毒初期可用阿朴吗啡或过氧化氢诱导呕吐；发生抽搐，可胃管投服镇静药。由于甲基黄嘌呤的肠肝循环作用，应采用活性炭（1～4 g/kg，口服），对于出现中毒症状的动物，应每隔12 h同剂量重复用药一次（用氯普胺控制呕吐，0.2～0.4 mg/kg，皮下或肌内注射，必要时，可每日使用4次）。

对中毒动物的其他治疗措施还包括体温调节，纠正酸碱和电解质异常，通过心电图监测心脏状况，导尿（甲基黄嘌呤及其代谢物能穿过膀胱壁被重吸收）。一些严重病例的临床症状可持续到72 h。

四、澳洲坚果

犬采食澳洲坚果（夏威夷果）后，能出现一种以呕吐、运动失调、虚弱、体温升高和抑郁为特征的非致死性综合征。据报道，犬是唯一发生过澳洲坚果中毒的动物。

【病因】 澳洲坚果主要有两种：一种为栽培于美国本土的光滑澳洲坚果（macadamia integrifolia），另一种为栽培于夏威夷及澳大利亚的粗糙澳洲坚果（macadamia tetraphylla）。澳洲坚果的中毒机制尚不清楚。犬在摄入澳洲坚果2.4 g/kg后出现中毒症状。犬摄入市售澳洲坚果的试验剂量达20 g/kg时，在12 h内出现临床症状；在48 h内未经治疗，临床表现恢复正常。

【临床表现】 犬在摄入澳洲坚果12 h内出现虚弱、沉郁、呕吐、运动失调、震颤和/或体温升高。在呕吐物或粪便中可发现澳洲坚果。据报道，对犬进行澳洲坚果饲喂试验，发现血清甘油三酯、脂酶和碱性磷酸酶轻度、短暂升高；但这些指标很快恢复到初始值。通常，症状在12～48 h内消除。

【诊断】 根据接触病史和临床症状可诊断本病。鉴别诊断包括乙二醇中毒、摄入降压药和一些传染病（如病毒性肠炎）。

【治疗】 对于近期摄入超过1～2 g/kg澳洲坚果的无症状犬，应诱导呕吐；对于大量摄入澳洲坚果的犬，使用活性炭可能有效。幸运的是，许多出现症状的犬，在没有任何特殊治疗情况下仍得以康复。对于严重中毒动物，可采用辅助疗法，如输液、给予止痛药或解热药。

五、葡萄或葡萄干

一些犬摄入葡萄或葡萄干能发生无尿性肾衰。至今，有病例报道的主要是犬；还有1只猫因摄入1杯有机葡萄干而发生肾衰的轶闻报道。迄今尚未搞清为何有的犬摄入葡萄或葡萄干不受影响，而有的犬摄入后却发生肾衰。尚未试验复制出该病。

【中毒机制】 本病的中毒机制尚不清楚。患犬在采食葡萄或葡萄干72 h内出现无尿性肾衰。使犬发生肾脏损伤的葡萄摄入量估计约为19 g/kg，葡萄干摄入量达3 g/kg时开始出现中毒症状。

【临床表现】 多数中毒犬在摄入葡萄或葡萄干6～12 h内出现呕吐和/或腹泻。其他症状包括呆滞、厌食、腹痛、虚弱、脱水、烦渴和战栗。血清肌酸酐含量上升，而血清尿素氮含量下降。在中毒24～72 h内表现少尿或无尿性肾衰。一旦发生无尿性肾衰，许多患犬会死亡或被安乐死。一些患犬的血糖、肝酶、胰酶、血钙或血磷含量短暂升高。

【诊断】 根据中毒病史和临床症状可诊断本病。应与其他因素引起的肾衰（如乙二醇、维生素D₃）进行鉴别诊断。

【治疗】 建议尽快限制犬采食葡萄干或葡萄。用3%过氧化氢（2 mL/kg，不超过45 mL）催吐，随后用活性炭。对于摄入量大的病例，或在采食葡萄或葡萄干12 h内自发呕吐和/或腹泻的病例，建议输液利尿48 h。在输液期间，应监测肾功能和体液平衡状况。对少尿的犬，可选用多巴胺（每分钟0.5～3 μg/kg，静脉注射）和/或速尿（2 mg/kg，静脉注射），刺激尿液生成。出现无尿的患犬，一般很难存活，除非采用腹膜透析或血液透析，即使这样预后仍须谨慎。

第五节　除草剂中毒

除草剂一般用于控制有害植物。这类化合物、特别是近年研制的有机合成的除草剂，大多对植物有很强的选择性，对哺乳动物毒性很低；而其他选择性差的化合物（如亚砷酸钠、三氧化二砷、氯酸钠、氨基磺酸铵、硼砂和许多其他化合物）以前曾大规模使用，对动物的毒性很强。

经除草剂处理的植被，除草剂用量适宜时，通常对动物（包括人）是无害的。特别是植被上的除草剂干燥后，仅有少量能发挥作用。过量使用除草剂，对草坪、粮食作物或其他植物常有明显的危害。

虽然多数除草剂残留少，但进入农业径流和饮用水则不可避免。如果食品动物大量接触某种除草剂时，应检测其是否存在残留。建议在植物使用除草剂前进行放牧或作为动物饲料。

许多动物发生中毒，都是由于不合理或粗心使用盛除草剂的容器，致使动物接触大量除草剂。如果合理使用除草剂，则除草剂中毒在兽医临床中就会很少见。除偶然情况外，只有当动物直接接触到除草剂，才有可能发生急性中毒。尽管经常发生急性胃肠道症状，但通常急性症状不能确诊本病。所有鉴别诊断，都应将动物突然发病或突然死亡所出现的症状排除在外。病史是非常关键的。在饲喂用除草剂喷雾草场的牧草或与草场毗邻的农作物，或直接接触除草剂后发病，均可初步诊断为除草剂中毒。通常，由于除草剂贮存在破损或未标记的容器内，因此很难确定除草剂的种类。从饲料来源附近容器中溢出难以辨认的液体，或有来自破损或毁坏的包装中的粉末，或与日粮中原料或添加剂混淆等，都有可能使动物接触到除草剂。一旦假定的化学源被鉴定，必须联系动物毒物控制中心，了解治疗方法、实验室检测甚至试验结果。

除草剂引起的慢性中毒病的诊断比较困难，应包括动物和动物饲料以及水源附近除草剂的使用情况，数周、数月甚至数年的动物生产性能或行为逐渐变化的情况。偶尔还涉及附近除草剂的加工和贮存。应采集毒物可能来源（污染的饲料和饮水）以及尸体剖检中毒动物的组织作残留分析。要成功地确定慢性除草剂中毒，可能需要数月甚至数年。

倘若怀疑除草剂中毒，处理的第一步是立即停止接触除草剂。在使动物安定下来进行辅助治疗之前，应使动物远离任何可能毒源。如果有生命危险征兆，一开始就应采取常规方法使动物保持安定。还可采用特异性解毒处理方法，这有助于确诊本病。如时间允许的话，应进行详细的病史调查。畜主应充分认识到说明真相的重要性，以便成功地确定中毒来源，例如，未经批准乱用除草剂或未妥当地贮存除草剂。

一、除草剂的毒性与管理

有200多种活性化合物可作为除草剂使用，他们中的一部分已被废弃或不再使用。对其中一些除草剂中毒的可能性已进行了评估。更多详细资料可从除草剂的标签和生产厂家、合作推广服务中心和毒物控制中心获取。关于除草剂的相关资料，例如，急性中毒剂量（半数致死量）、未观察到副作用的剂量、通过皮肤接触引起的半数致死量以及对皮肤与眼的刺激状况，都在表21-1"常见除草剂中毒"中列出。一些除草剂对家畜的比较毒性（包括中毒量和致死量），均在表21-2列出。这些资料仅供参考，因为除草剂的毒性可被化合物中其他成分（如杂质、表面活性剂、稳定剂、乳化剂）所改变。现已研发出许多对哺乳动物毒性较低的新型除草剂。然而，仍有一些除草剂对发育的胚胎有一定副作用。表21-3列出的是一些对实验动物有潜在致畸毒性的除草剂。

二、除草剂分类

（一）无机除草剂与有机砷

一些用作除草剂的化合物，如无机砷（亚砷酸钠、三氧化二砷）、有机砷（甲砷酸盐、甲砷酸）、氯酸钠、氨基磺酸铵、硼砂和许多其他化合物都在广泛使用。这些陈旧的除草剂无选择性，通常价格低廉，但毒性大，比新型除草剂具有更大的危害性。在一些发达国家，这些陈旧的除草剂大多已被禁止使用。

1. **砷剂** 由于可引起家畜死亡，在环境中长期存在，以及潜在的致癌性，用作除草剂的无机砷已大为减少。这类化合物按推荐方法使用亦可危害动物。反刍动物（包括鹿）很易被亚砷酸盐类污染的植物吸引，并舔食之。

易溶性有机砷被雨水从近期使用过该化合物的植物中冲洗下来，在水塘中富集，动物饮用池塘水而发生中毒。砷剂用作棉花的干燥剂和落叶剂，收获后用来喂牛的棉籽中就可能含有中毒剂量的砷。

有机砷除草剂引起的临床症状和病理变化与无机砷中毒相似。牛和绵羊的一次口服中毒剂量为22～55 mg/kg。连续几日小剂量口服也可引起中毒。

建议用二巯基丙醇（大动物3 mg/kg，小动物2.5～5 mg/kg，肌内注射，每4～6 h 1次）治疗。也可用硫代硫酸钠（牛，20～30 g溶于300 mL水中灌服；绵羊，使用该剂量的1/4）；但对其使用原理有待于进一步研究（见砷中毒）。

2. **氨基磺酸铵** 反刍动物不但可在一定程度上代谢这种物质，而且一些研究表明，适当应用氨基磺酸铵还有一定的增重效果。但牛和鹿采食施用过氨基磺酸铵的植物，可发生突然死亡。剂量较大时（＞1.5 g/kg）可引起反刍动物氨中毒。治疗可用大量水兑稀醋酸（食醋），以降低瘤胃的pH。

3. **硼砂** 用作除莠剂、杀虫剂和土壤杀菌剂。如果动物摄入中等剂量到大剂量（＞0.5 g/kg）硼砂可发生中毒。正确使用硼砂时未见中毒报道，但如果意外将硼砂混入家畜饲料中或将硼砂粉撒在户外灭蟑螂时，就可能发生硼砂中毒。急性硼砂中毒的主要症状包括腹泻、急性虚脱并可能发生惊厥。尚无有效解毒药，可用平衡电解质溶液输液，辅以支持疗法进行治疗。

4. **氯酸钠** 家畜氯酸盐中毒的许多病例，都是由于采食了用氯酸盐处理的植物和意外采食添加了氯酸盐的饲料（错当做食盐）所致。牛有时喜欢舔食用氯酸钠处理过的植物。但只有大量采食时才会发生中毒。最小致死量牛为1.1 g/kg，绵羊为1.54～2.86 g/kg，禽类为5.06 g/kg。摄入氯酸盐后，可导致红细胞溶解和血红蛋白转变成高铁血红蛋白。此时可频繁重复使用亚甲蓝（10 mg/kg）进行治疗，这是由于氯酸盐和亚硝酸盐不同，在血红蛋白转变成高铁血红蛋白的过程中，氯酸根离子没有失活，只要其存在于体内，就可无限制地产生高铁血红蛋白。输血可缓解因高铁血红蛋白引起的组织缺氧；静脉注射等渗盐水可促进氯酸根离子的排出；含有1%硫代硫酸钠的矿物油，能阻止单胃动物对氯酸盐的进一步吸收。

（二）有机除草剂

1. **酰替苯胺、乙酰胺与酰胺类化合物** 这些除草剂（敌稗、环草胺、clomiprop、地散磷、二甲吩草胺）都是植物生长调节剂，这组除草剂中有些毒性比其他更强。试验性敌稗中毒主要表现溶血、高铁血红蛋白血症和免疫毒性（见有机磷化合物，"地散磷"的讨论部分）。

2. **联吡啶类化合物与季胺盐除草剂** 联吡啶类

化合物（敌草快、百草枯）通过形成自由基，对中毒动物的组织产生毒性作用。组织接触后产生刺激性炎症，如接触近期喷洒该类药物的牧草可引起口腔病变。体外接触这些化合物能引起皮肤发炎、角膜浑浊，吸入也是很危险的。当饮水容器被此类化合物污染时，可引起动物和人的死亡。

百草枯和敌草快的作用机制有所不同，敌草快主要对胃肠道有毒害作用，中毒动物主要表现为厌食、胃炎、胃肠扩张以及因胃肠道积液引起的严重失水。个别严重感染患畜，常伴发肾脏损伤、中枢神经系统兴奋和惊厥等症状，肺脏病变并不常见。

百草枯被摄入后有两方面的毒性作用。即时效应包括兴奋、惊厥或抑郁、共济失调、胃炎及厌食，并可引起肾脏受损和呼吸困难。通过直接接触，能使眼、鼻和皮肤受到刺激，在数天至两周内，因脂质膜过氧化而导致肺损伤，致使 I 型肺泡上皮细胞受到破坏。表现为进行性呼吸困难，尸体剖检明显可见肺水肿、透明膜形成和肺泡纤维化。

尚无特效治疗方法。由于联吡啶类化合物吸收缓慢，建议给中毒动物大剂量口服吸附剂和泻药。应首选皂黏土或漂白土，活性炭也可以。维生素E或硒缺乏，组织谷胱苷肽过氧化酶活性降低，都可加重百草枯的毒性。因此，中毒早期用维生素E和硒辅助治疗可能是有效的。用甘露醇和速尿利尿，可加速毒物的排出。禁用输氧疗法和输液疗法。

3．氨基甲酸酯与硫代氨基甲酸盐化合物 这些除草剂（芽根灵、黄草灵、carboxazole、扑草灭、克草猛、野麦畏、灭草猛、苏达灭、杀草丹）都具中等毒力，但其使用含量较低，故正常使用不会发生中毒。大剂量的意外中毒能引起与杀虫剂氨基甲酸酯中毒相似的症状，表现食欲减退、精神沉郁、呼吸困难、流涎、腹泻、虚弱和抽搐。杀草丹（Thiobencarb）能引起新生幼畜和成年实验大鼠的中毒性神经疾病，它能使血脑屏障通透性升高。尚无合适的解毒药。建议采用辅助疗法和对症疗法。

4．芳香族/苯甲酸化合物 这类除草剂（草灭平、麦草畏和抑草生）对家畜的毒性很低，尚未见正常使用该类药物后发生中毒的报道。这类除草剂在环境中的残留和对野生动物的毒性也很低。其症状和病理变化与苯氧基酸衍生物中毒相似。尚无合适的解毒药。建议采用辅助疗法和对症疗法。

5．苯氧基酸衍生物 这些酸及其盐类和酯类（2，4-二氯苯氧基乙酸、茅草枯、2，4-滴丙酸、2，4，5-三氯苯氧基乙酸、2，4-滴丁酸、2-甲-4氯苯氧基乙酸、2-甲-4氯丁酸、2-甲-4氯丙酸和2，4，5-涕丙酸）都是最为常用的除草剂。上述除草剂除2，4，5-涕丙酸少有的毒性较大外，其他种类对动物基本无毒。当进行大剂量饲喂试验时，动物表现沉郁、厌食、体重减轻、全身紧张、肌肉无力（尤其是后肢）。牛大剂量使用该类除草剂，可干扰其瘤胃功能。犬可表现为肌肉强直、共济失调、后肢无力、呕吐、腹泻和代谢性酸中毒。2，4-二氯苯氧基乙酸和2，4，5-三氯苯氧基乙酸对犬的口服LD$_{50}$均为100～800 mg/kg。甚至这类化合物剂量高达2 g/kg时，在动物脂肪中也没有化合物残留。这类除草剂是植物生长调节剂，使用这类化合物可以增加一些有毒植物的适口性，同时可增加其硝酸盐和氰化物含量。

应禁用2，4，5-三氯苯氧基乙酸作为除草剂，因为在其工业级产品中发现有剧毒污染物二噁英（四氯二苯并-p-二噁英和六氯二苯-p二噁英）的存在。据认为，二噁英具有致癌、致突变、致畸、致胎儿毒性作用，并能引起繁殖障碍和其他毒性作用。虽然用加工手段减少了污染物含量，但该除草剂的使用仍受到限制。

通常采用对症疗法和辅助疗法。静脉输液能促使利尿，建议选用一些能恢复肝功能的吸附剂和药物。

6．二硝基苯酚类化合物 几种单一的二硝基苯酚取代物或作为盐类的二硝基苯酚、二硝甲酚、地乐酚和乐杀螨，对所有动物都有很强的毒性（LD$_{50}$为20～100 mg/kg）。如果动物在喷洒该类除草剂时被意外溅到，或立即采食用该类化合物喷雾过的牧草，会引起中毒。因为二硝基苯酚类化合物，很容易通过皮肤或肺脏被吸收。二硝基苯酚类除草剂可明显增加氧的消耗和减少糖原贮备。临床症状包括发热、呼吸困难、酸中毒、心动过速和抽搐，继而发生昏迷和死亡，并伴有快速尸僵。慢性二硝基苯酚中毒可引起动物白内障。牛和其他反刍动物中毒时，表现高铁血红蛋白血症、血管内溶血和低蛋白血症。该类化合物中毒还可引起皮肤、结膜或毛发黄染。

迄今，尚无二硝基苯酚类除草剂的有效解毒药。应注意给中毒动物降温和镇静，以防止体温过高。建议应用物理降温法（如冷水浴或用海绵擦拭，或将动物放于阴凉处）。不应使用硫酸阿托品、阿司匹林和解热药。静脉输注葡萄糖盐水，并配合利尿药和镇静药如安定（不能用巴比妥类药物）非常有效。应禁用吩噻嗪安定药。静脉注射大量碳酸氢钠（对食肉动物）、注射维生素A和输氧疗法等都比较有效。倘若毒素已被摄入，动物表现警觉，应使用催吐药；如动物处于抑制状态，应进行洗胃，并口服活性炭。

反刍动物发生高铁血红蛋白血症，在中毒的最初24～48 h，可用美蓝（2%～4%溶液，10 mg/kg，静脉注射，每日3次），另静脉注射抗坏血酸（5～10 mg/kg）

均有疗效。

7. 有机磷化合物　有机磷化合物如草甘磷、草铵磷和地散磷等，是一类广谱性、非选择性除草剂。草甘磷和草铵磷都以游离酸形式存在，但由于他们的溶解较慢，因此，市场上均以草甘磷的异丙胺或三甲基硫盐和草铵磷的铵盐出售。这类化合物毒性较低，被广泛作为除草剂使用，但对鱼类毒性较大。牛偏好喷洒此药5～7 d后的饲草，但该类药对牛毒性很小或几乎没有毒性。

犬和猫在接触用有机磷农药处理的杂草或青草后，会出现眼、皮肤和上呼吸道中毒症状。犬、猫接触刚用农药处理过的植物叶片时，可出现恶心、呕吐、蹒跚和后肢无力等症状。通常，停止接触后症状就可消失。可实施对症治疗。但由于这些化合物的配方中有表面活性剂——聚氧化乙烯胺，可导致溶血和胃肠炎、心血管和中枢神经系统症状。治疗措施包括洗净皮肤上的毒物，排出胃内容物并使动物保持安静。有关大量接触该类化合物而引起的急性中毒症状，可见"有机磷中毒"的论述。

地散磷作为植物生长调节剂，其对大鼠，口服LD_{50}为271～770 mg/kg;对犬的致死量大于200 mg/kg。最突出的临床症状是厌食，而其他症状与2，4-二氯苯氧基乙酸中毒相似。

8. 三唑并嘧啶化合物　三唑并嘧啶除草剂包括氯酯磺草胺（cloransulam-methyl）、双氯磺草胺（diclosulam）、florasulammethyl、唑嘧磺草胺（flumetsulam）和磺草唑胺（metosulam）。急性口服毒性很低。尚无有效解毒药。建议采用辅助疗法和对症疗法。

9. 脲与硫脲化合物　脲和硫脲（聚脲）化合物包括敌草隆（diuron）、伏草隆（fluometuron）、异丙隆（isoproturon）、利谷隆（linuron）、播土隆（buturon）、氯溴隆（chlorbromuron）、绿麦隆（chlortoluron）、枯草隆（chloroxuron）、枯莠隆（difenoxuron）、非草隆（fenuron）、灭草恒（methiuron）、秀谷隆（metobromuron）、甲氧隆（metoxuron）、灭草隆（monuron）、草不隆（neburon）、对氟隆（parafluron）、环草隆（siduron）、特丁噻草隆（tebuthiuron）、四氟隆（tetrafluron）和噻苯隆（thidiazuron）。在上述化合物中，敌草隆和伏草隆在美国最常使用。而在其他一些国家异丙隆最常使用。一般情况下，这些化合物毒性较低，在正常使用时不存在任何危害性（除特丁噻草隆可能有点危害外）。牛对一些聚脲除草剂比绵羊、猫和犬更为敏感。

该类化合物的中毒症状和病变与上述描述的苯氧乙酸类除草剂相似。取代脲类除草剂可诱导肝微粒体酶，从而改变其他异型生物质的代谢作用。在实验动物中已发现钙代谢和骨形态学的变化。据报道，豚鼠敌草隆中毒的恢复较快（72 h内），未见皮肤刺激或过敏症状。在重复处理后，血红蛋白量和红细胞数明显下降，而高铁血红蛋白量和白细胞数上升。组织病理学检查，可见脾脏内大量色素沉着（含铁血黄素）。绵羊利谷隆中毒可引起红细胞增多和白细胞增多症，并伴随低血红蛋白症和低蛋白血症、血尿、共济失调、肠炎、肝变性和肌营养不良。鸡利谷隆中毒常导致体重减轻、呼吸困难、发绀和腹泻。利谷隆对鱼类无毒性作用。

伏草隆比敌草隆毒性更低。绵羊中毒后可见精神沉郁、流涎、磨牙、咀嚼症、瞳孔散大、呼吸困难、运动失调和昏睡。组织病理学检查，可见脾脏红髓严重充血、白髓萎缩，淋巴细胞衰竭。异丙隆的大鼠急性LD_{50}与敌草隆的很接近。

怀疑聚脲类除草剂有致突变作用，但无致癌性。一般情况下，这类化合物（除绿谷隆、利谷隆和播土隆能致实验动物畸形外）不会引起动物的发育和生殖毒性。尚无有效的解毒药。建议采取辅助疗法和对症疗法。

10. 多环链烷酸与芳基氧苯氧丙酸类化合物　这类化合物主要有禾草灵（diclofop）、噁唑禾草灵（fenoxaprop）、噻唑禾草灵（fenthiaprop）、吡氟禾草灵（fluazifop）、吡氟氯禾灵（haloxyfop），除甲基合氯氟外（LD_{50}为～400 mg/kg），他们都有中、轻度毒性（对大鼠，急性口服LD_{50}为950 mg/kg～4 000 mg/kg或以上）。倘若通过皮肤接触，这些化合物毒性更大。兔皮肤接触禾草灵的LD_{50}仅为180 mg/kg。尚无有效的解毒药。建议采取辅助疗法和对症疗法。

11. 三嗪基磺酰脲与磺酰脲类化合物　这类除草剂包括绿黄隆（chlorsulfuron）、甲嘧磺隆（sulfometuron）、胺苯磺隆（ethametsulfuron）、氯嘧磺隆（chloremuron），他们的毒性较低。大鼠口服急性LD_{50}为4 000～5 000 mg/kg，兔皮肤接触急性LD_{50}约为2 000 mg/kg。尚无有效的解毒药。建议采取辅助疗法和对症疗法。

12. 三嗪类与三唑类化合物　三嗪类和三唑类化合物作为选择性除草剂被广泛应用。这些除草剂是光合作用的抑制剂，包括非对称性和对称性的三嗪类化合物。对称性的三嗪类化合物的范例为：①氯代-s-三嗪，包括西玛津（simazine）、阿特拉津（atrazine）、扑灭津（propazine）、草净津（cyanazine）；②硫代甲基-s-三嗪，包括莠灭净（ametryn）、扑草净（prometryn）、去草净（terbutryn）；③甲氧基-s-三嗪（扑灭通）。常使用的非对称性三嗪类化合物是赛克津（metribuzin）。

这些除草剂口服毒性较低，在正常使用情况下，除莠灭净和赛克津有低至中等毒性外，不会造成急性中毒。他们不会刺激皮肤或眼，也不会成为皮肤致敏物。但阿特拉津是皮肤致敏物，口服草净津能中毒。绵羊和牛对这些除草剂非常敏感。主要症状为厌食、体温下降、运动失调、兴奋、呼吸急促和过敏反应。西玛津常随乳分泌，所以已引起公共卫生领域的关注。阿特拉津对大鼠毒性较强，但对绵羊和牛的毒性要比西玛津弱得多。当培养的人类细胞接触到阿特拉津，其脾细胞会受损，但骨髓细胞没受到影响。阿特拉津能诱导肝微粒体酶，使其转变成N-烷基衍生物。与西玛津不同的是，阿特拉津不随乳汁分泌。尚无合适的解毒药。建议采取辅助疗法和对症疗法。

13．原卟啉原氧化酶抑制剂 原卟啉原氧化酶抑制剂为联苯醚或非联苯醚，如除草醚和恶草灵。在过去几年中，大量其他具有相同作用位点的非联苯醚氧化酶抑制剂（唑草酮carfentrazone、JV485和恶草酮oxadiargyl）已商品化投入市场。这些氧化酶抑制剂有少许毒性，但在正常使用情况下不大可能出现急性中毒。当动物口服该类化合物时，能使其体内卟啉含量升高，几日后，卟啉含量恢复到正常水平。尚无合适的解毒药。建议采取辅助疗法和对症疗法。

14．苯胺类化合物 这类化合物中最常用作除草剂的有甲草胺（alachlor）、乙草胺（acetochlor）、去草胺（butachlor）、异丙甲草胺（metolachlor）、毒草胺（propachlor）。给大鼠和犬服用低剂量苯胺类化合物，不会产生任何副作用；但犬长期接触该类化合物，有肝毒性并危害脾脏。已确认，由甲草胺引起的眼损伤对"长伊文思"大鼠是独特的，因为在其他品系的大鼠、小鼠或犬中，还未发现此症状。

与其他苯胺类化合物相比，毒草胺对眼的刺激更为严重，而对皮肤有轻微刺激。毒草胺能引起豚鼠皮肤过敏。高剂量毒草胺，能使大鼠胃幽门部的黏膜和突出的黏膜腺发生糜烂、溃疡和增生，并引起肝肿大和坏死。给犬饲喂适口性较差的日粮，能导致体重下降和食欲减退。尚无合适的解毒药。建议采取辅助疗法和对症疗法。

15．咪唑啉酮类 咪唑啉酮类除草剂包括咪唑烟酸（imazapyr）、咪草酸（imazamethabenzmethyl）、咪唑甲烟酸（imazapic）、咪唑乙烟酸（imazethapyr）、甲氧咪烟酸（imazamox）、咪唑喹啉酸（imazaquin）。这类化合物都是选择性广谱除草剂。用三种结构相似的咪唑啉酮类化合物（咪唑甲烟酸、咪唑喹啉酸和咪唑乙烟酸）进行1年的饲喂动物毒性试验，在此期间，能引起犬轻度至中等程度的骨骼肌病变和/或轻度贫血，但大鼠和兔未见繁殖性能方面的副作用和胎儿畸形。尚无合适的解毒药。建议采取辅助疗法和对症疗法。

16．其他类除草剂 除草定（bromacil）和特草定（terbacil）是常用的甲基尿嘧啶类化合物。除草定能引起动物中毒，尤其是绵羊，但尚未见自然中毒病例报道。腈类除草剂中碘苯腈和溴苯腈能解偶联和/或抑制氧化磷酸化作用。碘苯腈可能是由于其含碘的关系，能使大鼠甲状腺肿大。

农业生产中许多化合物被用作脱叶剂。例如，硫酸能破坏马铃薯茎叶，两种密切相关的三甲基硫代磷酸酯（脱叶磷和脱叶亚磷）能使棉花落叶。后者的显著特点是引起有机磷酸酯诱发的雌禽迟发性神经疾病。矮壮素（chlomequat）被用作果树的生长调节剂。实验动物表现的中毒症状表明，它是一种局部性胆碱能兴奋剂。

表21-1　常见除草剂中毒

化合物	大鼠急性口服LD$_{50}$	NOAEL^a（口服）	急性皮肤LD$_{50}$	家禽毒性/NOAEC^b	对鱼的毒性	皮肤和眼的刺激
乙草胺（Acetochlor）	2 148~2 950 mg/kg	1周岁犬每天12 mg/kg	兔4 166 mg/kg	LC$_{50}$ 5日龄美洲鹑和野鸭5 620 mg/kg	LC$_{50}$ 96 h虹鳟0.45 mg/L	皮肤：轻微 眼：轻微
三氟羧草醚（Aciflourfen）	1 300 mg/kg（雌性）	2周岁大鼠180 mg/kg	兔＞2 000 mg/kg	LC$_{50}$ 8日龄野鸭＞10 000 mg/kg	LC$_{50}$ 96 h虹鳟31 mg/L	皮肤：中度 眼：严重
丙烯醛（Acrolein）	29 mg/kg	13周龄大鼠150 mg/L（饮水）	兔231 mg/kg	LD$_{50}$（口服）美洲鹑19.0 mg/kg，野鸭9.1 mg/kg	LC$_{50}$ 24 h蓝鳃太阳鱼和虹鳟0.024 mg/L	皮肤：严重 眼：严重
草不绿（Alachlor）	930~1 200 mg/kg	90日龄犬每天＜200 mg/kg	兔13 300 mg/kg			皮肤：轻微

（续）

化合物	大鼠急性口服LD$_{50}$	NOAEL[a]（口服）	急性皮肤LD$_{50}$	家禽毒性/NOAEC[b]	对鱼的毒性	皮肤和眼的刺激
莠灭净（Ametryn）	1 009～1 405 mg/kg	繁殖大鼠50 mg/kg	兔2 020 mg/kg	LD$_{50}$（口服）禽 >2 250 mg/kg，LC$_{50}$ 5日龄禽 >5 620 mg/kg		皮肤发炎 豚鼠：敏感 眼：轻微
α-异丙甲草胺（α-Metolachlor）	2 675～2 952 mg/kg	90日龄犬每天 0.012 5 mg/kg	大鼠2 020 mg/kg	LC$_{50}$ 8日龄美洲鹑和野鸭 >10 000 mg/kg	LC$_{50}$ 96 h蓝鳃太阳鱼和虹鳟 3.9～10 mg/L	皮肤：轻微 眼：轻微
阿特拉津（Atrazine）	2 000～3 080 mg/kg	1岁犬150 mg/kg，2岁大鼠10 mg/kg	兔7 500 mg/kg	LC$_{50}$ 8日龄野鸭 >10 000 mg/kg（日粮）	LC$_{50}$ 96 h虹鳟8.8 mg/L	皮肤：轻微
杀草强（Amitrole）	4 080 mg/kg（雄性）	13周龄大鼠每天 1、2 mg/kg	大鼠 >5 000 mg/kg	LD$_{50}$野鸭 2 000 mg/kg		皮肤：轻微 眼：轻微
氨基磺酸铵（Ammonium sulfamate）	3 900 mg/kg	105日龄大鼠每天 10 000 mg/kg		LD$_{50}$北美鹑 3 000 mg/kg	LC$_{50}$ 48 h鲫1 000～2 000 mg/L	皮肤：无
甲基苯嘧磺隆（Bensulfron methyl）	>5 000 mg/kg	大鼠，犬，2岁 750 mg/kg（日粮）	大鼠 >2 000 mg/kg		LC$_{50}$ 96 h蓝鳃太阳鱼和虹鳟>150 mg/L	皮肤：无 眼：严重
地散磷（Bensulide[c]）	271～770 mg/kg	90日龄犬每天 12.5 mg/kg	兔3 950 mg/kg	LD$_{50}$ 3周龄美洲鹑50 mg/kg，孵化率较差	LC$_{50}$ 96 h蓝鳃太阳鱼 1.4 mg/L，虹鳟0.7 mg/L	眼：无
苯达松（Bentazon）	1 100 mg/kg（猫500 mg/kg）	90日龄大鼠每日 3.5 mg/kg，90日龄犬每日7.5 mg/kg	大鼠 >2 500 mg/kg	LD$_{50}$日本鹌鹑 720 mg/kg，野鸭 2 000 mg/kg	LC$_{50}$ 96 h蓝鳃太阳鱼 616 mg/L，虹鳟1 060 mg/L	轻微刺激
双草醚（Bispyribac sodium）		2岁大鼠每天 每日1.1 mg/kg（雄性）、1.4 mg/kg（雌性）		LC$_{50}$美洲鹑和野鸭 >5 620 mg/kg	LC$_{50}$ 96 h蓝鳃太阳鱼和虹鳟 >100 mg/L	皮肤：较小 眼：较小
硼砂（Borax）	2 000～6 000 mg/kg					
除草定（Bromacil）	5 200 mg/kg	大鼠、犬，2岁 每日250 mg/kg	兔 >5 000 mg/kg	LC$_{50}$ 8日龄美洲鹑和野鸭 >10 000 mg/kg	LC$_{50}$ 48 h蓝鳃太阳鱼 71 mg/L，虹鳟56 mg/L	皮肤：发炎 眼：发炎
溴苯腈（Bromoxynil）	190～779 mg/kg	90日龄大鼠每天 50 mg/kg	兔 >2 000 mg/kg	急性LD$_{50}$美洲鹑100 mg/kg，野鸭200 mg/kg	LC$_{50}$ 96 h虹鳟0.05 mg/L	皮肤：无 眼：无
去草胺（Butachlor[c]）	2 000～3 300 mg/kg	母兔和胎儿影响每天 50 mg/kg	大鼠 >13.3 g/kg			皮肤：无 眼：中度 豚鼠：皮肤敏感
苏达灭（Butylate[c]）	雄性5 431 mg/kg，雌性4 659 mg/kg	2岁大鼠每天20 mg/kg，1岁犬每天25 mg/kg	兔 >4 640 mg/kg	LC$_{50}$ 8日龄美洲鹑40 000 mg/kg，野鸭46 400 mg/kg（日粮）	LC$_{50}$ 96 h蓝鳃太阳鱼 6.9 mg/L，虹鳟4.2 mg/L	皮肤：中等 眼：轻微
唑草酮（Carfentrazone ethyl）	>5 000 mg/kg	2岁大鼠每天 雄性9 mg/kg、雌性3 mg/kg	大鼠 >5 000 mg/kg	LC$_{50}$美洲鹑和野鸭 >5 620 mg/kg	LC$_{50}$ 96 h蓝鳃太阳鱼 2.0 mg/L，虹鳟16 mg/L	皮肤：无至轻微 眼：最小

（续）

化合物	大鼠急性口服LD$_{50}$	NOAEL^a（口服）	急性皮肤LD$_{50}$	家禽毒性/NOAEC^b	对鱼的毒性	皮肤和眼的刺激
草灭平（Chloramben）	5 620 mg/kg		兔 > 3 160 mg/kg	LC$_{50}$ 8日龄野鸭 > 4 640 mg/kg	对鱼无毒性	皮肤：轻微 眼：轻微
绿麦隆（Chlorotoluron）	> 10 000 mg/kg				LC$_{50}$ 96 h 虹鳟 > 100 mg/L	
氯苯胺灵（Chlorpropham）	4 100 ~ 7 000 mg/kg	大鼠，犬，2岁，每天100 ~ 350 mg/kg		LD$_{50}$ 8日龄野鸭 > 2 000 mg/kg	LC$_{50}$ 48 h 蓝鳃太阳鱼 6.3 ~ 6.8 mg/L，虹鳟3 ~ 6 mg/L	皮肤：中度 眼：中等
氯磺隆（Chlorsulfuron）	雄性5 545 mg/kg，雌性6 293 mg/kg	2岁大鼠 100 mg/kg（日粮）	兔 > 3 400 mg/kg	LC$_{50}$ 8日龄野鸭 > 5 000 mg/kg	LC$_{50}$ 96 h 虹鳟 > 250 mg/L	皮肤：无 眼：轻微
敌草索（Chlorthal dimethyl）	3 000 ~ 12 000 mg/kg	2岁大鼠每天 < 50 mg/kg	兔 > 2 000 mg/kg	LD$_{50}$ 幼龄美洲鹑 5 500 mg/kg	对鱼无毒性	皮肤：无 眼：轻微
烯草酮（Clethodim）	雄性1 630 mg/kg，雌性1 360 mg/kg	1岁犬每天 > 1 mg/kg	兔 > 5 000 mg/kg	LC$_{50}$ 8日龄美洲鹑 4 270 mg/kg，野鸭3 978 mg/kg（日粮）	LC$_{50}$ 蓝鳃太阳鱼 13 mg/L，虹鳟18 mg/L	皮肤：无 眼：中等
炔草酯（Clodinafop propargyl）	雄性1 392 mg/kg，雌性2 271 mg/kg	90日龄犬每天 雄性0.346 mg/kg，雌性1.89 mg/kg	兔 > 2 000 mg/kg	LC$_{50}$ 禽 > 5 000 mg/kg	LC$_{50}$ 淡水鱼0.3 mg/L	皮肤：无 眼：轻微至严重
广灭灵（Clomazone）	雄性2 077 mg/kg，雌性1 369 mg/kg	1岁犬每天 < 2.5 mg/kg	兔 > 2 000 mg/kg	LD$_{50}$ 8日龄美洲鹑和野鸭 5 620 mg/kg（日粮）	LC$_{50}$ 96 h 蓝鳃太阳鱼 34 mg/L，虹鳟19 mg/L	皮肤：轻微 眼：中度
二氯吡啶酸（Clopyralid）	> 4 300 mg/kg	2岁大鼠每天50 mg/kg	兔 > 2 000 mg/kg	LC$_{50}$ 美洲鹑和野鸭 > 4 640 mg/kg（日粮）	LC$_{50}$ 96 h 蓝鳃太阳鱼 125 mg/L，虹鳟103.5 mg/L	皮肤：轻微 眼：严重
氯酯磺草胺（Cloransulam-methyl）	> 5 000 mg/kg	1岁犬每天 10 mg/kg	兔 > 2 000 mg/kg	LC$_{50}$ 5日龄美洲鹑和野鸭 > 5 620 mg/kg	LC$_{50}$ 96 h 蓝鳃太阳鱼 > 154 mg/L，虹鳟 > 86 mg/L	皮肤：无 眼：轻微
乙醇胺铜（Copperchelate）	498 mg/kg		兔 > 2 000 mg/kg	LC$_{50}$ 8日龄野鸭 > 1 000 mg/kg（日粮）	LC$_{50}$ 96 h 蓝鳃太阳鱼 1.2 ~ 7.5 mg/L，虹鳟 < 0.2 ~ 4 mg/L	皮肤：轻微 眼：中度
硫酸铜（Copper sulfate）	470 mg/kg		兔 > 8 000 mg/kg	LD$_{50}$ 口服野鸡1 000 mg/kg（日粮）	LC$_{50}$ 96 h 蓝鳃太阳鱼 4.4 ~ 7.3 mg/L，虹鳟0.135 mg/L	皮肤：中度 眼：严重
草净津（Cyanazine^d）	182 ~ 334 mg/kg	2岁犬每天 < 225 mg/kg	兔 > 2 000 mg/kg	LD$_{50}$ 美洲鹑 400 mg/kg，野鸭 > 2 000 mg/kg	LC$_{50}$ 96 h 蓝鳃太阳鱼 23 mg/L，虹鳟9 mg/L	皮肤：无 眼：轻微
草灭特（Cycloate）	2 000 ~ 3 190 mg/kg	犬每天240 mg/kg	兔 > 4 640 mg/kg	LC$_{50}$ 7日龄美洲鹑 > 56 000 mg/kg	LC$_{50}$ 96 h 虹鳟5.6 mg/L	皮肤：无 眼：无

（续）

化合物	大鼠急性口服LD$_{50}$	NOAEL^a（口服）	急性皮肤LD$_{50}$	家禽毒性/NOAEC^b	对鱼的毒性	皮肤和眼的刺激
氰氟草酯（Cyhalofopbutyl）	>5 000 mg/kg	犬每天雄性46.7 mg/kg，雌性45.9 mg/kg/d	兔>5 000 mg/kg		LC$_{50}$ 96 h 蓝鳃太阳鱼>99.2 mg/L，虹鳟>1.65 mg/L	皮肤：无眼：最小
茅草枯（Dalapon）	6 600～9 330 mg/kg				LC$_{50}$ 96 h鱼210～340 mg/L	
燕麦敌（Di-allate^d）	340～460 mg/kg				LC$_{50}$ 96 h鱼8.2 mg/L	
2，4-滴（2，4-D）	370～700 mg/kg	2岁大鼠每天50 mg/kg	兔>2 000 mg/kg	LC$_{50}$ 8日龄野鸭>4 640 mg/kg	LC$_{50}$ 96 h 蓝鳃太阳鱼>300 mg/L，虹鳟800 mg/L	皮肤：无眼：中度
2，4-滴二甲胺（2，4-D dimethylamine）	949～4 650 mg/kg	1岁犬每天1 mg/kg	兔>2 000 mg/kg	LC$_{50}$ 8日龄野鸭>5 600 mg/kg	LC$_{50}$ 96 h 蓝鳃太阳鱼524 mg/L，虹鳟250 mg/L	皮肤：最小眼：严重
2，4-滴异辛酯（2，4-D isooctyl ester）	500～700 mg/kg	1岁犬每天1 mg/kg	兔>2 000 mg/kg	同"2，4-二氯苯氧基乙酸"		皮肤：无眼：严重
棉隆（Dazomet）	雄性551～646 mg/kg，雌性335～562 mg/kg	2岁大鼠每天1.6 mg/kg	兔>2 000 mg/kg	LD$_{50}$ 美洲鹑415 mg/kg（日粮）	LC$_{50}$ 96 h 虹鳟0.16 mg/L，2.4～16.2 mg/L	皮肤：轻微眼：严重
麦草畏（Dicamba）	1 707 mg/kg	2岁大鼠每天125 mg/kg，2岁犬每天50 mg/kg	兔>2 000 mg/kg	LC$_{50}$ 8日龄北美鹑和野鸭>4 600 mg/kg	LC$_{50}$ 96 h 蓝鳃太阳鱼和虹鳟>1 000 mg/L	皮肤：中度眼：激烈
敌草腈（Dichlobenil）	>3 160 mg/kg	2岁大鼠>20 mg/kg（日粮），6月龄猪>50 mg/kg（日粮）	兔>1 350 mg/kg	LC$_{50}$ 8日龄野鸭>5 200 mg/kg	LC$_{50}$ 96 h 蓝鳃太阳鱼和虹鳟7 mg/L	皮肤：无眼：轻微至中度
2，4-滴丙酸（Dichlorprop or 2，4 DP）	雄性700 mg/kg，雌性500 mg/kg	大鼠4 mg/kg	小鼠1 400 mg/kg	LC$_{50}$ 旱地禽和水禽>1 000 mg/kg（日粮）	LC$_{50}$ 蓝鳃太阳鱼1.1 mg/L，虹鳟100～200 mg/L	皮肤：无眼：无
双氯磺草胺（Diclosulam）	>5 000 mg/kg	大鼠0.05 mg/kg	兔>2 000 mg/kg		LC$_{50}$ 多数敏感的水生鱼10～100 mg/L	皮肤：中等眼：中等
野燕枯（硫酸二甲酯）[Difenzoquat（methylsulfate）]	雄性617 mg/kg雌性373 mg/kg	1岁犬每天20 mg/kg	兔>2 000 mg/kg	LC$_{50}$ 8日龄北美鹑和野鸭4 640 mg/kg（日粮）	LC$_{50}$ 96 h 蓝鳃太阳鱼696 mg/L，虹鳟711 mg/L	皮肤：轻微眼：轻微
二氟吡隆（Diflufenzopyr）	1 600至>5 000 mg/kg	1岁犬每天雄性28 mg/kg、雌性26 mg/kg	兔>5 000 mg/kg	LC$_{50}$ 鸡和野鸭>5 620 mg/kg	LC$_{50}$ 蓝鳃太阳鱼135 mg/L，虹鳟106 mg/L	皮肤：非常轻微眼：轻微至次中度
二甲吩草胺（Dimethenamid）	429～1 293 mg/kg	1岁犬50～250 mg/kg（日粮）	兔>2 000 mg/kg	LC$_{50}$ 美洲鹑和野鸭>5 620 mg/kg（日粮）	LC$_{50}$ 蓝鳃太阳鱼6.4 mg/L，虹鳟2.6 mg/L	皮肤：轻微眼：中度

（续）

化合物	大鼠急性口服LD$_{50}$	NOAEL^a（口服）	急性皮肤LD$_{50}$	家禽毒性/NOAEC^b	对鱼的毒性	皮肤和眼的刺激
地乐消酚（Dinoterb）	25 mg/kg			LC$_{50}$ 鹌鹑3~5 mg/kg （日粮）	对鱼有毒	
敌草快（Diquat）	231~440 mg/kg	繁殖大鼠每天 1 mg/kg	兔 > 400 mg/kg	LC$_{50}$ 鹌鹑270~ 300 mg/kg（日粮）	LC$_{50}$ 鱼 80~210 mg/L	皮肤：无 眼：轻微
氟硫草定（Dithiopyr）	> 5 000 mg/kg	1周岁犬每天 < 0.5 mg/kg	兔 > 5 000 mg/kg	LC$_{50}$ 美洲鹑和野鸭 > 5 260 mg/kg （日粮）	LC$_{50}$ 蓝鳃太阳鱼 0.7 mg/L， 虹鳟0.5 mg/L	皮肤：轻微 眼：中度
敌草隆（Diuron）	3 400 mg/kg	2周岁犬25 mg/kg	大鼠 > 2 000 mg/kg	LC$_{50}$ 美洲鹑1 730 mg/kg， 野鸭 > 5 000 mg/kg （日粮）	LC$_{50}$ 蓝鳃太阳鱼 7.4 mg/L， 虹鳟4.3 mg/L	皮肤：无 眼：轻微
二硝基邻甲酚 （DNOC）	25~85 mg/kg	2岁大鼠每天 0.59 mg/kg	大鼠600~ 2 000 mg/kg， 兔1 000 mg/kg	LD$_{50}$ 日本鹌鹑 10~25 mg/kg	LC$_{50}$ 鱼 0.2~13 mg/L	皮肤：红斑 和水肿 眼：腐蚀 豚鼠：皮肤 过敏
扑草灭（EPTC）	1 630 mg/kg	90日龄犬 20 mg/kg	兔2 750~ 5 000 mg/kg	LC$_{50}$ 7日龄 美洲鹑 20 000 mg/kg （日粮）	LC$_{50}$ 蓝鳃太阳鱼 27 mg/L， 虹鳟19 mg/L	皮肤：轻微 眼：严重
乙丁烯氟灵 （Ethalfluralin）	大鼠 > 5 000 mg/kg， 犬和猫 > 200 mg/kg	90日龄大鼠和小鼠 68 mg/kg	兔 > 2 000 mg/kg	LC$_{50}$ 8日龄 美洲鹑和野鸭 > 5 000 mg/kg	LC$_{50}$ 蓝鳃太阳鱼 0.03~0.1 mg/L， 虹鳟0.037~ 0.136 mg/L	皮肤：轻微 至中度 眼：轻微
乙烯利（Ethephon）	1 600~4 229 mg/kg	2岁大鼠每天 375 mg/kg， 78周龄小鼠每天 4.5 mg/kg	兔 > 5 000 mg/kg	LC$_{50}$ 8日龄野鸭 > 10 000 mg/kg	LC$_{50}$ 96 h 蓝鳃太阳鱼 222~300 mg/L， 虹鳟 254~350 mg/L	皮肤：腐蚀 眼：腐蚀
精噁唑禾草灵 （Fenoxaprop^d）	雄性2 357 mg/kg， 雌性2 500 mg/kg	2岁犬每天 20.375 mg/kg	兔 > 1 000 mg/kg	LD$_{50}$ 日本鹌鹑 > 5 000 mg/kg	LC$_{50}$ 蓝鳃太阳鱼 3.3 mg/L， 虹鳟3.4 mg/L	皮肤：轻微 眼：严重的 非可逆性角 膜混浊
精噁唑禾草灵对乙基 ^{d} （Fenoxapropethyl^d）	4 430 mg/kg	2岁犬每天 0.9 mg/kg	大鼠 > 5 000 mg/kg	LC$_{50}$ 8日龄 美洲鹑和野鸭 5 620 mg/kg	LC$_{50}$ 蓝鳃太阳鱼 0.31 mg/L， 虹鳟0.46 mg/L	皮肤：轻微 眼：中度
麦草氟甲酯 （Flamprop-methyl）	1 210 mg/kg	2岁犬， 10 mg/kg/d	大鼠 > 294 mg/kg	LD$_{50}$ 美洲鹑 4 640 mg/kg， 野鸭 > 1 000 mg/kg	LC$_{50}$ 96 h 虹鳟4.7 mg/L	皮肤：无 眼：无
双氟磺草胺 （Florasulam）	> 6 000 mg/kg	1岁犬5 mg/kg/d	兔 > 2 000 mg/kg	LD$_{50}$ 14日龄日本鹌鹑 175 mg/kg	LC$_{50}$ 96 h 虹鳟 > 100 mg/L	皮肤：无 眼：无

（续）

化合物	大鼠急性口服LD$_{50}$	NOAEL^a（口服）	急性皮肤LD$_{50}$	家禽毒性/NOAEC^b	对鱼的毒性	皮肤和眼的刺激
精吡氟禾草灵（Fluazifop-p-butyl）	雄性3 680~4 096 mg/kg，雌性^{e}2 451~2 721 mg/kg	90日龄大鼠每天 > 10 mg/kg	兔 > 2 400 mg/kg	LD$_{50}$ 5日龄美洲鹑 > 4 659 mg/kg，野鸭 > 4 321 mg/kg	LC$_{50}$ 96 h 蓝鳃太阳鱼0.5 mg/L，虹鳟1.4 mg/L	皮肤：轻微 眼：中度
氟酮磺隆钠（Flucarbazone-sodium）	> 5 000 mg/kg	1岁犬每天35.9 mg/kg	大鼠 > 5 000 mg/kg	NOAEC（繁殖）野鸭每天233 mg/kg	NOAEL（慢性）虹鳟2.75 mg/L	皮肤：无 眼：最小
氟噻草胺（Flufenacet）	雄性1 617 mg/kg，雌性589 mg/kg	1岁犬每天1.29 mg/kg	大鼠 > 2 000 mg/kg	LC$_{50}$ 5日龄美洲鹑 > 5 317 mg/kg，野鸭 > 4 970 mg/kg	LC$_{50}$ 蓝鳃太阳鱼2.26~2.4 mg/L，虹鳟3.49~5.84 mg/L	皮肤：无 眼：最小
唑嘧磺草胺（Flumetsulam）	> 5 000 mg/kg		大鼠 > 2 000 mg/kg	LC$_{50}$ 野鸭 > 5 620 mg/kg	LC$_{50}$ 蓝鳃太阳鱼 > 300 mg/L，虹鳟 > 293 mg/L	皮肤：无 眼：轻微
氟胺草酸（Flumiclorac）	3 200至 > 5 000 mg/kg	1岁犬每天100 mg/kg	大鼠 > 2 000 mg/kg	LC$_{50}$ 野鸭 > 5 620 mg/kg	LC$_{50}$ 96 h 蓝鳃太阳鱼17.4 mg/L，虹鳟1.1 mg/L	皮肤：严重 眼：中度
伏草隆（Fluometuron）	> 8 000 mg/kg	103周龄大鼠每天125 mg/kg	大鼠 > 2 g/kg，兔10 g/kg		LC$_{50}$ 96 h 蓝鳃太阳鱼96 mg/L，虹鳟47 mg/L，鲫17 mg/L	
氟草烟（Fluroxypyr）	> 5 000 mg/kg	1岁犬每天150 mg/kg	大鼠 > 2 000 mg/kg	LC$_{50}$ 5日龄野鸭 > 5 000 mg/kg	LC$_{50}$ 96 h 蓝鳃太阳鱼14.3 mg/L，虹鳟13.4~100 mg/L	皮肤：无 眼：轻微
嗪草酸甲酯（Fluthiacet）	> 5 000 mg/kg	1岁犬每天雄性57.6 mg/kg，雌性30.3 mg/kg	大鼠 > 2 000 mg/kg	LC$_{50}$ 5日龄美洲鹑和野鸭 > 5 620 mg/kg	LC$_{50}$ 96 h 蓝鳃太阳鱼140 μg/L，虹鳟43 μg/L	皮肤：无 眼：最小
甲酰胺磺隆（Foramsulfuron）	> 3 881 mg/kg	2岁大鼠每天雄性849 mg/kg，雌性1 135 mg/kg	大鼠 > 5 000 mg/kg	LC$_{50}$ 美洲鹑和野鸭 > 5 000 mg/kg		皮肤：中度 眼：轻微
杀木膦（Fosamine ammonium）	24 000 mg/kg	90日龄大鼠1 000 mg/kg	兔 > 1 683 mg/kg	LD$_{50}$ 野鸭 > 10 000 mg/kg（日粮）	LC$_{50}$ 蓝鳃太阳鱼670 mg/L，虹鳟1 000 mg/L	皮肤：无 眼：中度至严重
草铵膦（Glufosinate）	1 510~2 030 mg/kg	1岁犬每天5 mg/kg	大鼠 > 1 390 mg/kg	LC$_{50}$ 5日龄日本鹌鹑 > 5 000 mg/kg	LC$_{50}$ 96 h 蓝鳃太阳鱼56~75 mg/L，虹鳟 > 26.7 mg/L	皮肤：轻微 眼：中度至严重

（续）

化合物	大鼠急性口服LD$_{50}$	NOAEL[a]（口服）	急性皮肤LD$_{50}$	家禽毒性/NOAEC[b]	对鱼的毒性	皮肤和眼的刺激
草甘膦（Glyphosate）	4 230～5 600 mg/kg	2岁犬每天 > 500 mg/kg	兔 > 5 000 mg/kg	LC$_{50}$ 8日龄美洲鹌和野鸭4 500 mg/kg（日粮）	LC$_{50}$ 96 h 蓝鳃太阳鱼120 mg/L，虹鳟86 mg/L	皮肤：无 眼：轻微至中度
氯吡嘧磺隆（Halosulfuron）	1 287 mg/kg	13周龄犬每天10 mg/kg	大鼠 > 5 000 mg/kg	LC$_{50}$ 5日龄美洲鹌和野鸭 > 5 620 mg/kg	LC$_{50}$ 96 h 蓝鳃太阳鱼 > 118 mg/L，虹鳟 > 131 mg/L	皮肤：轻微 眼：轻微
环嗪酮（Hexazinone）	1 690 mg/kg	2岁大鼠250 mg/kg（日粮）	兔 > 5 278 mg/kg	LC$_{50}$ 5～8日龄美洲鹌和野鸭 > 10 000 mg/kg（日粮）	LC$_{50}$ 96 h 蓝鳃太阳鱼370～420 mg/L，虹鳟320～420 mg/L	皮肤：无 眼：严重但可逆
咪草酸（Imazametha-benzmethyl）	> 5 000 mg/kg	1岁犬1 000 mg/kg	兔 > 2 000 mg/kg			皮肤：无 眼：轻微
咪唑喹啉酸（Imazaquin）	> 5 000 mg/kg	1岁犬1 000 mg/kg	兔 > 2 000 mg/kg			皮肤：轻微 眼：无
甲氧咪草烟（Imazamox）	> 5 000 mg/kg	1岁犬40 000 mg/kg	大鼠 > 4 000 mg/kg	LC$_{50}$ 野鸭 > 5 672 mg/kg	LC$_{50}$ 96 h 蓝鳃太阳鱼 > 119 mg/L，虹鳟 > 122 mg/L	皮肤：无 眼：无
甲基咪草烟（Imazapic）	> 5 000 mg/kg	1岁犬5 000 mg/kg	兔 > 2 000 mg/kg			皮肤：轻微 眼：中度
甲咪唑烟酸，咪唑烟酸，（Imazapyr）	> 5 000 mg/kg	1岁犬饲喂1 000 mg/kg，大鼠每天300 mg/kg（畸形学）	兔 > 2 000 mg/kg	LC$_{50}$ 8日龄美洲鹌和野鸭 > 5 000 mg/kg（日粮）	LC$_{50}$ 96 h 蓝鳃太阳鱼和虹鳟 > 100 mg/L	皮肤：轻微 眼：较严重
咪唑乙烟酸（Imazethapyr）	> 5 000 mg/kg	1岁犬每天25 mg/kg	兔 > 2 000 mg/kg	LD$_{50}$ 美洲鹌和野鸭 > 2 150 mg/kg（日粮）	LC$_{50}$ 96 h 蓝鳃太阳鱼420 mg/L，虹鳟340mg/L	皮肤：轻微 眼：刺激可逆
异丙隆（Isoproturon）	1 800～2 400 mg/kg	90日龄犬和2岁大鼠每天3 mg/kg	大鼠 > 3.2 g/kg		LC$_{50}$ 96 h 鲫193 mg/L，虹鳟240 mg/L	皮肤：无 眼：无
异噁唑草酮（Isoxaflutole）	> 5 000 mg/kg	1岁犬1 200 mg/kg	大鼠 > 2 000 mg/kg	LC$_{50}$ 5日龄美洲鹌和野鸭 > 4 255 mg/kg	LC$_{50}$ 96 h 蓝鳃太阳鱼 > 4.5 mg/L，虹鳟 > 1.7 mg/L	皮肤：最小 眼：最小
利谷隆（Linuron）	1 200～4 000 mg/kg	2岁犬每天6.25 mg/kg（观察到贫血）	兔 > 5 000 mg/kg	LC$_{50}$ 5～8日龄日本鹌鹑 > 5 000 mg/kg，野鸭3 083 mg/kg（日粮）	LC$_{50}$ 96 h 蓝鳃太阳鱼和虹鳟16 mg/L	皮肤：轻微 眼：中度
马来酰肼（Maleic hydrazide）	> 5 000 mg/kg（酸）> 6 950 mg/kg（钠盐）> 3 900 mg/kg（钾盐）	1岁犬25 mg/kg	兔 > 20 000 mg/kg	LD$_{50}$ 美洲鹌和野鸭 > 10 000 mg/kg	LC$_{50}$ 96 h 蓝鳃太阳鱼1 608 mg/L，虹鳟1 435 mg/L	皮肤：轻微 眼：严重

（续）

化合物	大鼠急性口服LD$_{50}$	NOAEL^a（口服）	急性皮肤LD$_{50}$	家禽毒性/NOAEC^b	对鱼的毒性	皮肤和眼的刺激
2-甲4-氯（MCPA）	700~1 160 mg/kg	7月龄大鼠每天100 mg/kg（增重下降）	兔3 400~4 800 mg/kg	LD$_{50}$美洲鹑377 mg/kg	LC$_{50}$ 96 h蓝鳃太阳鱼和虹鳟90 mg/L	皮肤：轻微眼：中度
2甲4氯丁酸（MCPB）	4 700 mg/kg	6月龄大鼠每天1.6 mg/kg	大鼠>2 000 mg/kg	LC$_{50}$ 8日龄美洲鹑和野鸭>5 000 mg/kg（日粮）	LC$_{50}$ 96 h蓝鳃太阳鱼14 mg/L，虹鳟4.3 mg/L	皮肤：中度眼：中度
2甲4氯丙酸（Mecoprop）	930~1 210 mg/kg	90日龄大鼠每天3.8 mg/kg，90日龄犬每天15 mg/kg	兔>900 mg/kg	LC$_{50}$美洲鹑和野鸭5 000~5 500 mg/kg（日粮）	LC$_{50}$ 96 h蓝鳃太阳鱼>100 mg/L，虹鳟124 mg/L	皮肤：轻微眼：强烈
硝草酮（Mesotrione）	>5 050 mg/kg		大鼠>5 050 mg/kg	LD$_{50}$美洲鹑>2 000 mg/kg，野鸭>5 200 mg/kg	LC$_{50}$ 96 h蓝鳃太阳鱼和虹鳟>120 mg/L	皮肤：轻微眼：中度
钠和异硫氰酸盐 [Metam（sodium and isothiocyanate）]	雄性1 800 mg/kg，雌性1 700 mg/kg，97 mg/kg（异硫氰酸盐）	65日龄大鼠每天（空气吸入法）0.045 mg/L，6 hr每周吸服5 d	兔10 000 mg/kg	LC$_{50}$美洲鹑>10 000 mg/kg，野鸭>5 000 mg/kg（日粮）	LC$_{50}$ 96 h蓝鳃太阳鱼0.047 mg/L，虹鳟0.029 mg/L	皮肤：腐蚀眼：腐蚀
溴甲烷（Methyl bromide）	急性LC50（吸入法）4.5 mg/kg空气	人的安全阈为0.065 mg/L（空气）			急性毒性蓝鳃太阳鱼11 mg/L	皮肤：严重眼：严重
甲基异硫氰酸盐（Methyl isothiocyanate）	82 mg/kg（雄性）	2岁犬10 mg/L（饮水）	兔，雌性202 mg/kg、雄性145 mg/kg	LC$_{50}$ 5日龄野鸭10 936 mg/kg	LC$_{50}$ 96 h蓝鳃太阳鱼0.13 mg/L，虹鳟0.37 mg/L	皮肤：腐蚀眼：严重
秀谷隆（Metobromuron）	2 450~2 500 mg/kg	2岁大鼠每天250 mg/kg，犬每天100 mg/kg	兔>2 000 mg/kg	LC$_{50}$ 8日龄美洲鹑>20 000 mg/kg，野鸭>4 640 mg/kg（日粮）	LC$_{50}$ 96 h蓝鳃太阳鱼4 mg/L，虹鳟3 mg/L	皮肤：中度眼：中度
异丙甲草胺（Metolachlor^c）	800~2 780 mg/kg	90日龄大鼠1 000 mg/kg，90日龄犬500 mg/kg	兔>5 000 mg/kg，大鼠>10 g/kg	LC$_{50}$ 5日龄美洲鹑和野鸭>10 000 mg/kg（日粮）	LC$_{50}$ 96 h蓝鳃太阳鱼15 mg/L，虹鳟3 mg/L	皮肤：无眼：无
磺草唑胺（Metosulam）	>5 000 mg/kg	1岁犬每天10 mg/kg	兔>2 000 mg/kg			皮肤：无眼：轻微
赛克津（Metribuzin）	1 090~2 300 mg/kg	2岁大鼠5 mg/kg，2岁犬2.5 mg/kg	大鼠和兔>20 000 mg/kg	LC$_{50}$ 5日龄美洲鹑和野鸭>4 000 mg/kg（日粮）	LC$_{50}$ 96 h蓝鳃太阳鱼80 mg/L，虹鳟64~76 mg/L	皮肤：无眼：无
敌草胺（Napropamide）	>5 000 mg/kg	13周龄犬<100 mg/kg	兔>46 400 mg/kg	LC$_{50}$ 5日龄美洲鹑>5 600 mg/kg，野鸭7 200 mg/kg（日粮）	LC$_{50}$ 96 h蓝鳃太阳鱼20~30 mg/L，虹鳟9~16 mg/L	皮肤：无眼：无

（续）

化合物	大鼠急性口服LD$_{50}$	NOAEL[a]（口服）	急性皮肤LD$_{50}$	家禽毒性/NOAEC[b]	对鱼的毒性	皮肤和眼的刺激
抑草生（Naptalam）	> 5 000 mg/kg 1 770 mg/kg（钠盐）	90日龄大鼠和犬，1 000 mg/kg（钠盐）	兔 > 20 000 mg/kg	LC$_{50}$ 8日龄美洲鹑5 600 mg/kg，野鸭> 10 000 mg/kg（日粮）	LC$_{50}$ 96 h蓝鳃太阳鱼354 mg/L，虹鳟76 mg/L	皮肤：轻微 眼：中度
烟嘧磺隆（Nicosulfuron）	小鼠 > 5 000 mg/kg	1岁龄犬雄性 > 5 000 mg/kg（日粮）	大鼠和兔> 2 000 mg/kg	LC$_{50}$美洲鹑和野鸭> 5 620 mg/kg（日粮）	LC$_{50}$ 96 h蓝鳃太阳鱼和虹鳟> 1 000 mg/L	皮肤：无 眼：中度
恶草灵（Oxadiazon）	> 5 000 mg/kg	2岁龄大鼠和犬100 mg/kg	兔 > 2 000 mg/kg	LC$_{50}$美洲鹑和野鸭> 5 620 mg/kg（日粮）	LC$_{50}$ 96 h蓝鳃太阳鱼12.5 mg/L，虹鳟2 mg/L	皮肤：中度 眼：轻微
乙氧氟草醚（Oxyfluorfen）	大鼠和犬 >5 000 mg/kg	2岁大鼠2.0 mg/kg，犬2.5 mg/kg	兔 > 5 000 mg/kg	LC$_{50}$美洲鹑> 5 000 mg/kg，野鸭> 4 000 mg/kg（日粮）	LC$_{50}$ 96 h蓝鳃太阳鱼0.2 mg/L，虹鳟0.41 mg/L	皮肤：无 眼：中度
Paraquat（dichloride）百草枯	150～283 mg/kg	2岁大鼠1.25 mg/kg，1岁犬0.45 mg/kg	大鼠> 2 000 mg/kg	LC$_{50}$ 5日龄美洲鹑981 mg/kg，野鸭4 048 mg/kg（日粮）	LC$_{50}$ 96 h虹鳟26 mg/L	皮肤：轻微 眼：中度
克草猛（Pebulate）	1 120 mg/kg	2岁大鼠15 mg/kg（日粮，眼损伤）	兔 > 4 640 mg/kg	LC$_{50}$美洲鹑和野鸭> 2 400 mg/kg（日粮）	LC$_{50}$ 96 h蓝鳃太阳鱼和虹鳟7.4 mg/L	皮肤：轻微 眼：轻微
二甲戊乐灵（Pendimethalin）	1 050至 >5 000 mg/kg	2岁犬每天12.5 mg/kg	兔 > 5 000 mg/kg	LC$_{50}$ 8日龄美洲鹑3 149 mg/kg，野鸭10 900 mg/kg（日粮）	LC$_{50}$ 96 h蓝鳃太阳鱼0.199 mg/L，虹鳟0.138 mg/L	皮肤：无 眼：轻微
Phenmedipham苯敌草	8 000 mg/kg	2岁犬 >1 000 mg/kg（日粮）	大鼠> 2 000 mg/kg，兔> 10 000 mg/kg	LC$_{50}$ 4日龄美洲鹑> 2 480 mg/kg（日粮）	LC$_{50}$ 96 h蓝鳃太阳鱼760 mg/L，LC$_{50}$ 21日龄虹鳟> 210 mg/L	皮肤：中度 眼：严重
毒莠定（Picloram）	5 000～8 200 mg/kg	2岁大鼠每天150 mg/kg	兔 > 4 000 mg/kg	LD$_{50}$ 8日龄美洲鹑> 2 500 mg/kg，野鸭> 500 mg/kg	LC$_{50}$ 96 h蓝鳃太阳鱼14.5 mg/L，虹鳟19.3 mg/L	皮肤：轻微 眼：中度
扑草净（Prometryn）	3 750～5 235 mg/kg	90日龄犬 < 200 mg/kg（日粮）	兔 > 2 000 mg/kg	LC$_{50}$ 5～7日龄美洲鹑和野鸭> 10 000 mg/kg（日粮）	LC$_{50}$ 96 h蓝鳃太阳鱼10 mg/L，虹鳟2.5～2.9 mg/L	皮肤：无 眼：轻微
敌稗（Propanil）	1 080至 >2 500 mg/kg	2岁犬 <85 mg/kg（日粮）	兔 > 5 000 mg/kg	LC$_{50}$ 8日龄美洲鹑2 861 mg/kg，野鸭5 627 mg/kg（日粮）	LC$_{50}$ 96 h蓝鳃太阳鱼2.3 mg/L，虹鳟4.6 mg/L	皮肤：中度 眼：严重

（续）

化合物	大鼠急性口服LD$_{50}$	NOAEL[a]（口服）	急性皮肤LD$_{50}$	家禽毒性/NOAEC[b]	对鱼的毒性	皮肤和眼的刺激
丙苯磺隆（Propoxy-carbazone）	>5 000 mg/kg	1岁犬 雄性258 mg/kg、雌性55.7 mg/kg	大鼠 >5 000 mg/kg			皮肤：轻微 眼：最小
拿草特（Propyzamide）	5 620~8 350 mg/kg	2岁犬> 7.5 mg/kg（日粮）	兔3 160 mg/kg	LC$_{50}$ 8日龄 美洲鹑和野鸭 >10 000 mg/kg（日粮）	LC$_{50}$ 96 h 蓝鳃太阳鱼 100 mg/L， 虹鳟72 mg/L	皮肤：轻微 眼：中度
杀草敏（Pyrazon）	3 030~3 600 mg/kg	2岁犬 1 500 mg/kg（日粮）	大鼠 >2 000 mg/kg		LC$_{50}$ 蓝鳃太阳鱼 40 mg/L	皮肤：轻微 眼：轻微
哒草特（Pyridate）	1 285~1 412 mg/kg	1岁犬每天 30 mg/kg	兔>2 000 mg/kg	LC$_{50}$ 8日龄 美洲鹑 >5 000 mg/kg（日粮）	LC$_{50}$ 96 h 虹鳟>1.2 mg/L	皮肤：无 眼：轻微
嘧硫草醚（Pyrithiobac-sodium）	4 000 mg/kg	大鼠（长期） 59 mg/kg	大鼠 >2 000 mg/kg	LC$_{50}$ 美洲鹑和野鸭 >6 300 mg/kg	LC$_{50}$ 96 h 蓝鳃太阳鱼 5.8 mg/L 虹鳟8.2 mg/L	皮肤：轻微 眼：中度
快杀稗（Quinclorac）	雄性3 060 mg/kg，雌性2 190 mg/kg	1岁犬每天 雄性142 mg/kg、雌性140 mg/kg	大鼠 >2 000 mg/kg	LD$_{50}$ 美洲鹑和野鸭 >5 000 mg/kg	LC$_{50}$ 96 h 蓝鳃太阳鱼和虹鳟 >100 mg/L	皮肤：发炎 眼：中度
精喹禾灵（Quizalofop-p-ethyl）	雄性1 210~1 670 mg/kg，雌性182~1 480 mg/kg	1岁犬每天 <10 mg/kg	大鼠、小鼠、兔 >10 000 mg/kg	LC$_{50}$ 8日龄 美洲鹑和野鸭 >5 000 mg/kg（日粮）	LC$_{50}$ 96 h 蓝鳃太阳鱼 0.46~2.8 mg/L,虹鳟 10.7 mg/L	皮肤：无 眼：轻微
玉嘧磺隆（Rimsulfuron）	>5 000 mg/kg	1岁犬 50 mg/kg（日粮）	兔>2 000 mg/kg	LD$_{50}$ 8日龄 美洲鹑 >5 620 mg/kg， 野鸭 >2 510 mg/kg（日粮）	LC$_{50}$ 96 h 蓝鳃太阳鱼 100 mg/L， 虹鳟32 mg/L	皮肤：轻微 眼：轻微
拿扑净（Sethoxydim）	雄性3 200 mg/kg，雌性2 676 mg/kg	1岁犬 雄性>8.86 mg/kg、雌性>9.41 mg/kg	大鼠和小鼠 >5 000 mg/kg	LC$_{50}$ 8日龄 美洲鹑和野鸭 >5 600 mg/kg（日粮）	LC$_{50}$ 96 h 蓝鳃太阳鱼和虹鳟> 1 000 mg/L	皮肤：无 眼：中度
环草隆（Siduron）	>7 500 mg/kg	2岁大鼠 500 mg/kg（日粮）	兔>5 500 mg/kg	LC$_{50}$ 美洲鹑和野鸭 >10 000 mg/kg	LC$_{50}$ 48 h 鲫18 mg/L	皮肤：轻微 眼：轻微
西玛津（Simazine）	>5 000 mg/kg	2岁大鼠每天 >5 mg/kg	兔 >10 200 mg/kg	LC$_{50}$ 8日龄美洲鹑 >5 260 mg/kg， 野鸭10 000 mg/kg（日粮）	LC$_{50}$ 96 h 蓝鳃太阳鱼和虹鳟 >100 mg/L	皮肤：无 眼：无
氯酸钠（Sodium chlorate）	1 200~7 000 mg/kg		兔>500 mg/kg		LC$_{50}$ 48 h 鱼1 000 mg/L	皮肤：中度 眼：中度
甲磺草胺（Sulfentrazone）	2 416~3 297 mg/kg	大鼠每天10 mg/kg（正在进行的口服研究）	大鼠 >5 000 mg/kg	LD$_{50}$ 美洲鹑和野鸭 >5 620 mg/kg	LC$_{50}$ 96 h 蓝鳃太阳鱼 93.8 mg/L， 虹鳟 >130 mg/L	皮肤：轻微 眼：中度

（续）

化合物	大鼠急性口服LD$_{50}$	NOAEL[a]（口服）	急性皮肤LD$_{50}$	家禽毒性/NOAEC[b]	对鱼的毒性	皮肤和眼的刺激
磺酰磺隆（Sulfosulfuron）	> 5 000 mg/kg	90日龄小鼠 7 000 mg/kg（日粮）	大鼠 > 5 000 mg/kg	LD$_{50}$ 美洲鹑和野鸭 5 620 mg/kg	LC$_{50}$ 96 h 虹鳟 > 97 mg/L	皮肤：轻微 眼：轻微
特丁噻草隆（Tebuthiuron）	644 mg/kg	1岁犬每天 > 25 mg/kg	兔 > 200 mg/kg	LD$_{50}$ 美洲鹑和野鸭 > 2 500 mg/kg	LC$_{50}$ 96 h 蓝鳃太阳鱼 112 mg/L，虹鳟144 mg/L	皮肤：轻微 眼：轻微
噻草啶（Thiazopyr）	> 5 000 mg/kg	1岁犬每天 0.8 mg/kg	大鼠 > 5 000 mg/kg	LD$_{50}$ 美洲鹑和野鸭 5 328 mg/kg	LC$_{50}$ 蓝鳃太阳鱼和 虹鳟3.5 mg/L	皮肤：轻微 眼：轻微
噻吩磺隆（Thifensulfuron-methyl）	> 5 000 mg/kg	大鼠，2岁龄 25 mg/kg（日粮）	兔 > 2 000 mg/kg	LC$_{50}$ 8日龄 美洲鹑和 野鸭 > 5 620 mg/kg	LC$_{50}$ 96 h 蓝鳃太阳鱼和 虹鳟100 mg/L	皮肤：无 眼：中度
苯草酮（Tralkoxydim）	雄性1 258 mg/kg，雌性934 mg/kg	大鼠（致畸胎药） 30 mg/kg	大鼠 > 2 000 mg/kg	LD$_{50}$ 野鸭 > 3 020 mg/kg	LC$_{50}$ 96 h 蓝鳃太阳鱼 > 6.1 mg/L，虹鳟>7.2 mg/L	皮肤：轻微 眼：轻微
野麦畏（Triallate）	800 ~ 2 165 mg/kg	2岁犬每天15 mg/kg（最高效能试验）	兔 > 8 200 mg/kg	LC$_{50}$ 8日龄 美洲鹑和 野鸭 > 5 000 mg/kg	LC$_{50}$ 96 h 蓝鳃太阳鱼 1.3 mg/L，虹鳟1.2 mg/L	皮肤：中度 眼：轻微
醚苯磺隆（Triasulfuron）	> 5 000 mg/kg	1岁犬每天 129 mg/kg	大鼠 > 2 000 mg/kg	LC$_{50}$ 8日龄 美洲鹑和 野鸭 > 5 000 mg/kg	LC$_{50}$ 96 h 蓝鳃太阳鱼和 虹鳟 > 100 mg/L	皮肤：无 眼：无
苯磺隆（Tribenuron-methyl）	> 5 000 mg/kg	1岁犬 875 mg/kg（日粮）	兔 > 2 000 mg/kg	LC$_{50}$ 美洲鹑和 野鸭 > 5 620 mg/kg	LC$_{50}$ 96 h 蓝鳃太阳鱼 760 mg/L，虹鳟730 mg/L	皮肤：无 眼：轻微至中度
三氯乙酸（Trichloracetic acid）	3 200 ~ 5 000 mg/kg		大鼠 > 2 000 mg/kg	LD$_{50}$ 鸡4 280 mg/kg	对鱼无毒性	皮肤：严重 眼：严重
绿草定（Triclopyr）	630 ~ 729 mg/kg	2岁大鼠每天 3.0 mg/kg	兔 > 2 000 mg/kg	LC$_{50}$ 8日龄 美洲鹑 2 935 mg/kg，野鸭 > 5 401 mg/kg（日粮）	LC$_{50}$ 96 h 蓝鳃太阳鱼 148 mg/L，虹鳟117 mg/L	皮肤：无 眼：轻微
氟乐灵（Trifluralin）	> 5 000 mg/kg	2岁犬每天 18.75 mg/kg	兔 > 2 000 mg/kg	LC$_{50}$ 8日龄 美洲鹑和 野鸭 > 5 000 mg/kg（日粮）	LC$_{50}$ 96 h 蓝鳃太阳鱼 0.05 ~ 0.07 mg/L，虹鳟0.02 ~ 0.06 mg/L	皮肤：无 眼：中度
灭草猛（Vernolate）	1 200 ~ 1 900 mg/kg	90日龄犬每天 > 38 mg/kg	兔 > 1 955 mg/kg	LC$_{50}$ 7日龄 美洲鹑 12 000 mg/kg（日粮）	LC$_{50}$ 96 h 蓝鳃太阳鱼 8.4 mg/L，虹鳟9.6 mg/L	皮肤：无 眼：无

a. 未观察到副作用的标准（水平），每日剂量或日粮中的浓度。

b. 未观察到副作用的浓度。

c. 液体。

d. 已不用或现行未注册。

e. 技术级化学制品。

表21-2　家畜除草剂口服中毒量（TD）和致死量（LD）

化合物	中毒量/致死量	家畜种类	剂量（mg/kg）
苯氧基酸衍生物			
苯氧基酸及其钠盐	半数致死量	鸡	547
		犬	100~800
	致死量	猪	500
		母鸡	380~765
	中毒量	猪	100
		犊牛	200
丁基乙二醇酯	中毒量	牛	250（3 d）
		绵羊	250（2 d）
胺盐	中毒量	牛	250（10 d）
		绵羊	250（10 d）
			500（7 d）
联吡啶基化合物或季铵			
百草枯	半数致死量	犬	25~50
		猫	35
		猴	50~70
		牛	35~50
		鸡	110~360
	致死量	绵羊	8~10
		猪	75
敌草快	半数致死量	犬	100~200
		猫	35 050
		牛	20~40
		鸡	200~400
脲和硫脲			
敌草隆	中毒量	牛	100（10 d）
	中毒量	绵羊	250或100（2 d）
		鸡	50（10 d）
利谷隆	中毒量	犬	100~200
		猫	35~50
		牛	20~40
		鸡	200~400
特丁噻草隆	半数致死量	猫	＞200
	中毒量		200
	半数致死量	犬	＞500
	中毒量		50/d（3个月）[a]
		鸡、鹌鹑、鸭	在剂量达500 mg/kg时，无死亡报道
原卟啉氧化酶抑制剂			
赛克津	半数致死量	猫	＞500
酰替苯胺、乙酰胺或酰胺化合物			
敌稗	半数致死量	犬	1 217
拿草特	半数致死量	犬	＞10 000
二硝基苯酚化合物			
二硝基邻甲酚	半数致死量	母鸡	26
		犬	50
		猪	50
		山羊	100

（续）

化合物	中毒量/致死量	家畜种类	剂量（mg/kg）
二硝基邻甲酚	中毒量	牛	2~50
		绵羊	20~50
	致死量	绵羊	25（5 d）
地乐酚	半数致死量	母鸡	26
	中毒量	牛	25（8 d）
		绵羊	25（10 d）
二硝基苯胺			
氟乐灵	半数致死量	犬	>2 000
除草定			
	中毒量	牛	250
		鸡	500（10 d）
		绵羊	50（10 d）或250（8 d）
氨基甲酸酯和硫代氨基甲酸酯化合物			
黄草灵	半数致死量	兔	>2 000
		鸡	>2 000
		犬	>5 000
燕麦敌	半数致死量	犬	510
	中毒量	鸡	150（10 d）或250（7 d）
		牛	25（5 d）或50（3 d）
		绵羊	25（5 d）或50（3 d）
苯敌草	半数致死量	犬	>4 000
	半数致死量	鸡	>3 000
苦酮酸衍生物			
毒莠定	半数致死量	牛	>750
		绵羊	>1 000

a. 曾报道食欲缺乏和体重下降。在特丁噻草隆的剂量达500 mg/kg（犬）时，无死亡报道。

表21-3　除草剂对实验动物的潜在毒性

化合物	毒性作用
莠去津（Atrizine）	卵巢活动周期紊乱，导致重复假孕（大鼠，高剂量）
播土隆（Buturon）	腭裂，胎儿死亡率增加（小鼠）
脱叶膦（Butiphos）	致畸（兔）
杀草敏（Chloridazon）	畸形
氯苯胺灵（Chlorpropham）	畸形或其他发育毒性（小鼠）
草净津（Cynazine）	畸形，如独眼和膈疝（兔）；大鼠骨骼变形
2，4-二氯苯氧基乙酸[a];2，4，5-三氯苯氧基乙酸[a] 单独或联合	畸形，如腭裂，肾盂积水性畸胎形成（小鼠、大鼠）
2，4-滴丙酸（Dichlorprop）	致畸（小鼠），影响产后行为（大鼠）
地乐酚（Dinoseb）[b]	多发性缺损（小鼠、兔）
地乐消酚（Dinoterb）	骨骼畸形（大鼠），骨骼、颌、头和内脏畸形（兔）
利谷隆（Linuron）	畸形（大鼠）
2甲4氯丙酸（Mecoprop）	畸形（仅小鼠）
绿谷隆（Monolinuron）	腭裂（小鼠）
2甲4氯MCPA[c]	畸胎形成和胚胎中毒（大鼠），致畸（小鼠）

（续）

化合物	毒性作用
扑草净（Prometryn）	头、四肢、尾缺损（大鼠）
扑草胺（Propachlor）	轻微致畸（大鼠）
除草醚（N itrofen）[b]	畸形（小鼠、大鼠、仓鼠）
2，4，5-涕丙酸Silvex	致畸（小鼠）
四氯二苯并-p-二噁英TCDD[a]	畸形/致畸（鸡、大鼠、小鼠、兔、豚鼠、仓鼠和猴的胎儿毒性）
灭草环（Tridiphane）	畸形，如腭裂（小鼠）；骨骼变形（大鼠）

a. 四氯二苯并-p-二噁英是一些除草剂如2，4-二氯苯氧基乙酸和2，4，5-三氯苯氧基乙酸生产过程中的常见污染物。

b. 已不用。

c. 2-甲基-4-氯苯氧乙酸。

第六节 家庭公害

参见杀鼠药中毒、人药毒性，对动物有害的植物和食品公害。

倘若伴侣动物接触到一些浓缩的或未稀释的家用化学品（如一些含醇类、漂白剂和腐蚀剂的产品），就有中毒的危险性，但偶尔接触正确使用的这些化合物，一般很少出现中毒现象。

一、醇类化合物中毒

醇类化合物中毒常导致代谢性酸中毒、体温过低和中枢神经系统受抑。各种动物都具有敏感性。

【病因】 乙醇、甲醇和异丙醇都是最容易引起伴侣动物中毒的一类醇类化合物。乙醇主要存在于各种含醇饮料、一些消毒酒精、药物配制和面包发酵面团中。甲醇最常见于挡风玻璃清洗液（挡风玻璃屏"防冻液"）。犬口服甲醇致死量为4～8 mL/kg，但在低剂量时就能出现明显的临床症状。异丙醇的毒性是乙醇的两倍，常见于一些消毒酒精和以醇类为基本成分的宠物跳蚤喷雾剂。犬口服异丙醇剂量超过0.5 mL/kg可导致明显的临床症状。

【中毒机制】 所有醇类化合物都能经胃肠道被迅速吸收，大部分能很好地经皮肤吸收；也常见于过量喷洒以醇类为基本成分的喷雾剂灭跳蚤而引起宠物中毒。在1.5～2 h内，醇类化合物在血浆中达高峰，并广泛分布于全身。他们在肝脏被代谢为乙醛（乙醇）、甲醛（甲醇）和丙酮（异丙醇），随后这些中间代谢产物被进一步转化成乙酸、甲酸和/或二氧化碳。在人和其他灵长类，因摄入甲醇而蓄积甲酸，导致视网膜和神经元受损；非灵长类能有效清除甲酸，因此，不会出现灵长类那样的失明和大脑坏死。醇类化合物以原形和代谢产物形式随尿排出体外。在犬，有50%以上的甲醇未经代谢，即可经肺脏排出体外。

醇类化合物也是胃肠刺激物，摄入后即可引起呕吐和流涎。醇类化合物及其代谢产物是强有力的中枢神经系统抑制剂，可影响神经系统内各种神经介质。一些代谢产物如乙醛，可促进儿茶酚胺的释放，从而影响心肌功能。酸性中间产物的形成导致代谢性酸中毒，母体化合物和代谢产物均能导致渗透压差增大。由于外周血管扩张，中枢神经系统抑制和体温调节机制的干扰，致使动物体温过低。醇类化合物导致丙酮酸减少，抑制了糖原异生而继发低血糖症。

【临床表现与诊断】 通常在摄入醇类化合物30～60 min内出现中毒症状，主要包括呕吐、腹泻、共济失调、精神混乱（似酒醉）、抑郁、震颤和呼吸困难。严重病例可发展到昏迷、低体温、抽搐、心动过缓和呼吸抑制。死亡通常由呼吸衰竭、低体温、低血糖和/或代谢性酸中毒所致。吸入呕吐物有可能继发异物性肺炎。

血醇含量测定有助于确诊醇类化合物中毒。

【治疗】 首先要保证有严重中毒症状动物的安定。要保持足够的通风，纠正心血管和酸碱异常。如果需要，可用安定（0.5～2 mg/kg，静脉注射）控制抽搐。对于无中毒症状动物，在摄入后最初20～40 min，采取催吐法可能有效。由于活性炭不能明显黏附短链醇类化合物，故不推荐使用。对于明显通过皮肤接触醇类化合物的动物，建议选用温和的洗发剂冲洗。辅助疗法包括体温调节和输液利尿，促进醇类排出。对于因醇中毒引起严重昏迷状态的病犬，有人曾用育亨宾碱（0.1 mg/kg，静脉注射）刺激呼吸功能。

二、含氯漂白剂中毒

接触未经稀释的含氯漂白剂，能引起消化道、皮肤及眼的刺激和溃疡，以及明显的呼吸刺激。各种动物都对含氯漂白剂较敏感。由于禽类肺部空气反向流动的解剖学和生理学特点，笼养鸡死于漂白剂和其他清洁剂烟雾（水汽）的危险性明显增加。

【病因】 含氯漂白剂主要用于家庭清洁剂和游泳池消毒。家用漂白剂含次氯酸钠3%～10%，pH为9.0（带有轻度刺激）至11.0以上（带有腐蚀性）。游泳池使用的消毒剂通常含锂、钙和次氯酸钠，其浓度达70%～80%或以上，pH可由酸性至碱性。宠物可因舔食盛有未稀释的漂白剂的容器，或饮用水桶内含有漂白剂的水，或在近期刚用漂白剂消毒过的水池内嬉水而中毒。

【中毒机制】 漂白剂产品的相对危害性取决于氯酸盐的浓度、pH和产品的稀释度。通常，次氯酸盐含量小于10%，属于轻度刺激剂；如果其pH大于11.0或小于3.5，碱或酸的腐蚀性损伤就可发生。按照标签说明，用水稀释的漂白剂，常能减轻这些产品的腐蚀性，成为温和的胃肠或眼的刺激物。次氯酸盐和氨的混合物能产生毒性较大的氯胺气，在接触后12～24 h内，可引起急性呼吸窘迫或迟发性肺水肿。

【临床表现与病理变化】 摄入稀释的或中性pH的家用漂白剂产品，一般很少引起呕吐、流涎、抑郁、厌食和/或腹泻。浓缩（＞10%）的漂白剂产品或pH大于11.0的产品，都可引起明显的胃肠腐蚀性损伤。摄入或吸入大量含氯漂白剂，偶尔导致高钠血症、高氯血症和/或代谢性酸中毒。急性吸入可导致咳嗽、喷嚏或恶心。除呼吸系统症状外，动物在接触到高浓度的含氯烟雾后12～24 h，还可出现肺水肿。眼接触漂白剂后可导致溢泪症、睑痉挛、眼睑水肿和/或角膜溃疡。皮肤接触漂白剂后可引起轻度皮肤刺激和皮毛漂白，还可发生口腔、皮肤和眼刺激或溃疡。呼吸系统病变包括气管炎、支气管炎、肺泡炎和肺水肿。

【治疗】 经口服中毒的，禁止催吐和使用活性炭；建议用牛奶或水稀释漂白剂。应控制任何自发性呕吐，还应监测胃肠发炎/溃疡状况（见腐蚀剂）。对于长时间呕吐引起电解质丢失或水合作用异常病例，采用输液疗法可能有效。对于由呼吸途径接触的动物，应将其转移到空气新鲜处，并调节其呼吸困难的症状。对于严重呼吸困难的动物，必须采取稳定措施，必要时须治疗肺水肿。对于严重皮肤接触漂白剂的，应用温和的洗发剂彻底冲洗。对于眼接触漂白剂的，应用生理盐水冲洗眼睛10～20 min，随后对角膜进行氟化荧光素染色，以检测角膜受损情况。

三、腐蚀剂中毒

酸性或碱性腐蚀剂都能引起明显的局部组织损伤，从而引起皮肤、角膜、口腔黏膜、食管和胃全层灼伤。各种动物对腐蚀剂都很敏感。厚皮毛对皮肤接触腐蚀剂可能有一定保护作用。

【病因】 腐蚀剂可分为酸性和碱性两种。酸性腐蚀剂包括防锈化合物、厕所清洁剂、清洁喷雾液、汽车用电池、游泳池清洁剂和腐蚀性化合物。碱性腐蚀剂包括下水道疏通液、自动洗碟机清洁剂、厕所清洁剂、散热器清洁剂和游泳池除藻剂。通常，碱性腐蚀剂pH大于11.0，就会造成明显的腐蚀性损伤。

【中毒机制】 酸性腐蚀剂能立即使组织发生凝固性坏死，接触部位有明显的疼痛感。碱性腐蚀剂能立即使组织发生穿透性液化坏死，由于与碱性腐蚀剂接触缺乏明显的不适感，可能会延长接触时间。鉴于这些原因，碱性腐蚀剂的灼伤程度比酸性腐蚀剂更为广泛和严重。碱性腐蚀剂从接触到明显表现出灼伤可持续12 h，而酸性腐蚀剂通常在接触后不久灼伤就很明显。碱性腐蚀剂造成食管灼伤较常见，缺乏明显的口腔灼伤不一定表明没有食管灼伤。食管全层溃疡使食物漏出到体腔，可引起胸膜炎或腹膜炎。食管灼伤还可在康复期间使食管狭窄，导致吞咽困难、食管扩张和吸入性肺炎。此外，虽然胃内容物可作为缓冲液来稀释腐蚀剂，但严重中毒时，胃溃疡甚至胃穿孔仍可发生。呼吸性接触腐蚀剂（特别是酸性腐蚀剂）可导致呼吸困难，气管和支气管炎或肺炎。皮肤或眼接触腐蚀剂可导致真皮或角膜严重的溃疡。

【临床表现与病理变化】 摄入腐蚀剂后出现的临床症状主要包括嘶叫、流涎、呆滞、烦渴、呕吐（有时带血）、腹痛、吞咽困难、咽部水肿、呼吸困难和口腔、食管及胃溃疡。一些严重病例，中毒后可很快发生休克。中毒器官的病变由乳白色至灰色，逐渐呈黑色而形成焦痂。在中毒数日内可发生坏死组织脱落。吸入腐蚀剂常继发呼吸困难、发绀和肺水肿。皮肤接触腐蚀剂可引起明显的灼伤，伴有局部疼痛、红斑和组织蜕皮。眼接触腐蚀剂可引起睑痉挛、流泪、眼睑水肿、结膜炎或角膜溃疡。皮肤、角膜和消化道黏膜的灼伤由轻度的溃疡，变成伴有大面积组织蜕皮的全层坏死。食管或胃的穿孔性溃疡，可继发腹膜炎或胸膜炎。呼吸系统的病变包括气管炎、支气管炎、肺炎、肺水肿或呛入性肺炎。

【治疗】 由于腐蚀剂作用迅速，在进行治疗前已经引起很多损伤。当动物出现呼吸困难、休克或严重的电解质异常时，首先要使动物安定下来。对口腔接触腐蚀剂不久的，应立刻用水或牛奶进行稀释处理。由于有使黏膜进一步接触腐蚀剂的危险性，所以决不能采用催吐方法。同样，由于可能使变薄的食管/胃壁穿孔，以及黏膜进一步接触腐蚀剂的危险性，绝对禁止洗胃。也禁用弱碱中和酸（或弱酸中和碱），因为放热反应能导致热灼伤。活性炭治疗本病无效，因为活性炭存在于受损的黏膜上，会阻碍伤口愈合。

应采用一般的辅助疗法，主要包括呼吸困难的检查、疼痛处理，必要时应用抗生素（如出现溃疡）和抗炎制剂。应在中毒后12 h内，用内镜检查食管和胃发生溃疡的情况，因为，此时组织损伤程度最明显可见。对于某些病例，应用皮质类固醇治疗严重食管黏膜损伤是有争议的。皮质类固醇能减轻炎症，并可减少食管狭窄的形成，但皮质类固醇也可抑制免疫系统，增加继发感染的敏感性。有明显的口腔和/或食管灼伤的动物，当其基本治愈后，可采用胃造口术管提供营养物质。

皮肤和眼接触腐蚀剂后，应用大量的水或生理盐水冲洗；眼应至少冲洗20 min，随后用荧光素染色。必要时也应进行皮肤或眼灼伤的一般性局部处理。

四、碱性电池中毒

摄入碱性电池能造成消化道腐蚀性损伤和异物阻塞。犬最常发。

【病因】 碱性电池存在于许多家用电子产品中，包括遥控器、助听器、玩具、钟表、电脑和计算器。大部分碱性干电池都用氢氧化钾或氢氧化钠来产生电流。镍-镉和锂电池也含有碱性物质。

【中毒机制】 电池中的碱性凝胶能引起接触组织的液化性坏死，导致深层穿透组织的灼伤。锂盘或"纽扣"电池可停留在食管并产生电流撞击食管壁，使其形成有穿孔危险的环状溃疡。一些电池外壳内还可能含有金属物，如锌或汞，造成异物阻塞；如果此异物较长时间存留在胃内，即可导致金属中毒。此外，一些小型电池（尤其是纽扣电池）被吸入时，可造成窒息的危险。

【临床表现与病理变化】 见腐蚀剂中碱性灼伤的讨论部分。异物阻塞可引起呕吐、厌食、腹部不适或里急后重。因电池吸入造成呼吸性阻塞的动物呈现急性呼吸困难和发绀。黏膜灼伤主要发生于口腔、食管，而胃较少见。食管穿孔可导致脓胸，而胃穿孔则引起急性失血和/或腹膜炎。

【诊断】 X线检查有助于确诊和进行电池的定位，但一些纽扣电池不能很好地在X线检查中显示。鉴别诊断包括胃肠或呼吸性异物，以及口腔、皮肤或眼的腐蚀剂。

【治疗】 对于未经任何咀嚼吞下完整电池的，可通过催吐排出。由于在呕吐时碱性凝胶能渗入口腔和食管黏膜，因此，如果电池外壳已破损，则不能进行催吐。当吞入纽扣电池后，每隔15 min用20 mL自来水处理，可使病情减轻，并可延迟电流导致的食管溃

疡的形成。根据动物个体大小、电池大小和电池破损情况，决定是否将电池从胃中排出。X线检查可确定电池外壳的位置。通常，已经通过幽门的电池将会顺利地通过肠道（大量增加饮食和明智地应用泻药可能会促进其通过）。在电池排出之前，连续的X线检查可确定电池的位置。在摄入48 h内，没有通过幽门的电池，不太可能自行排出，需采取外科手术或内镜取出电池。已经明显破损的电池应施行外科手术取出，以预防因碱性凝胶渗漏而引起的胃肠溃疡。怀疑电池外壳已经破损时，不建议使用内镜取出电池。对于怀疑口腔、食管或胃溃疡的病例的治疗与其他碱性腐蚀剂损伤的治疗相同（见腐蚀剂）。对于皮肤或眼接触碱性凝胶的，应采用自来水（皮肤）或生理盐水（眼）冲洗患区。应检查患病部位溃疡发生情况，必要时可采取局部治疗。

五、阳离子去污剂中毒

接触阳离子去污剂可导致局部腐蚀性组织损伤以及严重的全身作用。各种动物都很敏感。由于猫有理毛习性，增加了其口腔接触阳离子去污剂的危险性。

【病因】 阳离子去污剂存在于很多除藻剂、杀菌药（包括季铵化合物）、消毒剂、织物柔软剂（包括烘干机柔软剂）和液体百花香中。阳离子去污剂的浓度小于2%时，能使猫的口腔黏膜发生溃疡。

【中毒机制】 阳离子去污剂是一类局部性腐蚀剂，能引起与碱性腐蚀剂相似的症状（包括皮肤、眼和黏膜损伤）。此外，阳离子去污剂中毒还可导致全身性症状（包括中枢神经系统抑制和肺水肿）。这些全身症状的作用机制，迄今尚不清楚。

【临床表现与病理变化】 接触阳离子去污剂出现的中毒症状包括口腔溃疡、口炎、咽炎、流涎、舌肿大、精神沉郁、呕吐、腹部不适，在摄入阳离子去污剂6~12 h内，上呼吸道杂音增加。中毒动物常出现明显的发热，白细胞数上升。全身症状包括代谢性酸中毒、中枢神经系统抑制、低血压、昏迷、抽搐、肌无力、肌束震颤、衰竭和肺水肿，皮肤发炎、红斑、溃疡、触摸皮肤有疼痛感。眼接触阳离子去污剂后，能继发结膜炎、睑痉挛、眼睑水肿、流泪和角膜溃疡。病理变化包括胃肠、眼或皮肤发炎或溃疡。

【治疗】 出现全身症状的应采取对症治疗，如用安定（0.5~2.0 mg/kg，缓慢静脉注射）治疗抽搐，输液治疗低血压等。由于腐蚀性黏膜损伤，禁用催吐法和活性炭。对于经口接触不久的，可用牛奶或水稀释，还要监测口腔或食管灼伤情况。口腔灼伤的治疗与其他腐蚀剂损伤相同。对皮肤与眼接触的，应用微温水或生理盐水彻底冲洗受损部位，检查皮肤或眼的

刺激或溃疡。必要时对皮肤或眼灼伤进行局部处置。对于严重病例可使用一些止痛药。

六、去污剂、肥皂与洗发剂中毒

动物接触到含有阴离子和非离子型去污剂的产品，通常能引起轻微的胃肠刺激。各种动物对其都很敏感。

【病因】 一些软性去污剂、肥皂和洗发剂都含有阴离子和非离子型去污剂，这一类产品主要包括人和宠物的洗发剂、洗碗液、条状浴皂（含碱液的家用肥皂除外）、许多洗衣液以及许多家用的通用清洁剂。大多数产品的pH为中性，但有些产品的pH大于11.0（如电子洗碟机用洗涤剂），为碱性腐蚀剂，应按腐蚀剂处理方法进行。

【中毒机制】 阴离子和非离子型去污剂都是轻微刺激剂，许多去污剂的pH已被调整，使其降到最低的皮肤刺激性，但对眼和黏膜仍可能有刺激。这些制剂不是全身吸收，其毒性仅局限于眼、口腔或胃肠刺激，通常症状轻微。猫在理毛时接触未稀释的洗发剂或其他含月桂基硫酸钠的产品，可出现明显的呼吸系统受损，包括呼吸困难、支气管分泌物增多和轻度肺水肿。上述症状的确切机制尚不清楚，可能与去污剂干扰了正常的肺表面活性物质有关。

【临床表现】 恶心、呕吐和腹泻是最常见的症状。少数病例发生持续性呕吐或腹泻，继发脱水和电解质失衡。可发生轻度眼刺激，伴有流泪和睑痉挛。除轻微的局部刺激外，尚未见其他明显损伤。猫理毛时接触含月桂基硫酸钠的产品，在1～3 h内可产生湿性啰音、发绀和呼吸困难。

【治疗】 用牛奶或水稀释，可降低自发性呕吐的危险性。呕吐通常具有自限性，短期内限制食物和水有效果。对一些严重病例或胃较敏感的动物，可选用一些止吐药（如灭吐灵，0.2～0.4 mg/kg，口服，皮下注射或肌内注射，每日4次）。有时发生持续性呕吐或腹泻，需要采用输液治疗，纠正电解质或水合作用异常。对于眼接触的动物，可用微温水或生理盐水冲洗5 min，效果很好。对于呼吸系统受损的猫，建议补充氧和采取一般的辅助疗法。在24 h内许多病例的中毒症状都能被消除。

第七节　真菌毒素中毒

一、真菌毒素中毒概述

动物急性或慢性真菌毒素中毒，都是由于采食了被这些毒素污染的饲料或垫草，这些毒素是谷类、干草、稻草、牧草及其他一些饲料上的腐生或致植物病的真菌生长期间所产生。这些毒素是由特定霉菌所产生，是霉菌或其植物宿主在应激条件下产生的次级代谢产物。

真菌中毒病有如下特征：①可能不能立即确定病因；②不会从某个动物传染给另一个动物；③发病期间，使用药物或抗生素均疗效不佳；④疾病暴发呈季节性，因为特定的气候条件有利于真菌生长及毒素的产生；⑤发病与特定的饲料有关；⑥饲料检测时发现大量真菌，但并不意味着已经产生毒素。

真菌中毒病的确诊需要结合相关资料。单一检测真菌孢子甚至含量很高，也不足以确诊，因为真菌毒素尚未形成时，真菌孢子甚至霉菌生长照常存在。对诊断尤为重要的是，发生某种真菌中毒病，均有一种已知的真菌毒素（通常可在饲料或动物组织中检测到）所引起。

有时，饲料中可存在一种以上的真菌毒素，他们不同的毒素特征都可引起临床症状和病变，但这些症状和病变与采用提纯的、单体真菌毒素所进行的中毒试验结果并不一致。有一些真菌毒素具有免疫抑制性，可继发比原发病更严重的病毒、细菌或寄生虫病。

真菌毒素中毒以食欲减退、繁殖障碍或免疫抑制引起的感染性疾病为特征。必须通过临床症状、病史调查、检查生产记录和合适的诊断试验仔细进行鉴别诊断，排除其他疾病。

现行技术的目的是：①预防真菌毒素的产生；②使在谷物或饲料中已形成的毒素失效；③使毒素在胃肠道被吸附或失效。

在收割季节，检测可疑谷物；保持贮藏设施的清洁和干燥，使用酸性添加剂（如丙酸），以预防饲料库中的霉菌生长；有效排除青贮窖内空气和缩短加工饲料的贮藏时间等，都是为了预防真菌毒素的形成。酸性添加剂能控制霉菌生长，但不能破坏已形成的毒素。

迄今尚无真菌毒素的特效解毒药。可切断毒素来源（即发霉饲料），杜绝一切接触霉菌的途径。硅酸铝可有效预防某些真菌毒素（如黄曲霉毒素）的吸收。如为了节省开支，舍不得扔掉发霉的饲料，则可在饲喂之前与未发霉的饲料混合，以降低毒素浓度。这种处理方法应通过毒素分析进行监测，但可能得不到政府管理部门的认可。已知真菌毒素含量的饲料，可饲喂敏感性较低的动物品种。要记住的是，一些真菌毒素，如黄曲霉毒素，可引起无疾病动物的非法食品残留。当污染饲料与优质饲料掺在一起时，必须注意预防产毒素霉菌进一步生长。可采用彻底干燥或添加有机酸（如丙酸）的方法防止霉菌生长。

在全球发生的重要的家畜真菌中毒病见表21-4。

表21-4　家畜真菌毒素中毒

病　名	毒　素	真菌或霉菌	已报道地区	被污染的有毒饲料	中毒动物	症状和病变
黄曲霉毒素中毒	黄曲霉毒素	黄曲霉（*Aspergillus flavus*），寄生曲霉（*A.parasiticus*）	分布广泛（温带）	霉花生、大豆、棉籽、大米、高粱、玉米、其他谷类	所有家禽、猪、牛、绵羊、犬	对各种动物的主要影响是生长缓慢和肝毒症
色二孢霉病	未知	玉蜀黍色二孢（*Diplodia zeae*）	南非	霉玉米	牛、绵羊	神经系统紊乱，感冒和四肢不敏感。除去污染源后可康复
麦角中毒	麦角生物碱	紫色麦角菌（*Claviceps purpurea*）	分布广泛	许多牧草的种球，谷粒	牛、马、猪、禽	末梢性坏疽，后期妊娠受阻
	雀稗灵和雀稗素，震颤原	雀稗麦角菌（*C.paspadi*）灰色麦角菌（*C·cinerea*）	分布广泛	雀稗草的种球	牛、马、绵羊	急性震颤和共济失调。见雀稗蹒跚病
雌激素症和外阴阴道炎	玉米赤霉烯酮	镰刀菌属真菌，禾谷镰刀菌（*Fusarium graminearum*）、尤其是玉蜀黍赤霉（*Gibberella zeae*）	分布广泛	霉玉米和颗粒谷物饲料，未收割的玉米，玉米青贮，其他谷物	猪、牛、绵羊、禽	猪的外阴阴道炎、架子猪的乏情期或假妊娠、猪胚胎早期死亡、牛和绵羊雌激素综合征，鸡产蛋下降
面部湿疹（葚孢霉菌性面部湿疹）	葚孢菌素	纸鼓葚孢霉（*Pithomyces chartarum*）	分布广泛	垫草中的有毒孢子	绵羊、牛、牧场鹿	
羊茅蹄	麦角氨酸	*Neotyphodium coenophialum*（苇状羊茅草中的一种内生真菌）	美国、澳大利亚、新西兰、意大利	苇状羊茅	牛、马	跛行、体重下降、发热、畏热、肢端干性坏疽、无乳、胎膜增厚
镰刀菌中毒，猪呕吐与拒食症	非大环单端孢霉烯族化合物（脱氧雪腐镰刀菌烯醇、T-2毒素、双醋酸基藨草镰刀菌醇、许多其他的单端孢霉烯族化合物）	拟枝孢镰刀菌（*Fusarium sporotrichioides*），黄色镰刀菌（*F.culmorum*），禾谷镰刀菌（*F.graminearum*），雪腐镰刀菌（*F.nivale*），其他真菌	分布广泛（除脱氧雪腐镰刀菌烯醇外，主要分布于温带至寒带）	谷类作物，发霉粗饲料	猪、牛、马、禽	呕吐、拒食（脱氧雪腐镰刀菌烯醇）、食欲废绝和产奶量下降、腹泻、蹒跚、皮肤刺激、免疫抑制；除去被污染饲料（T-2毒素、双醋酸基藨草镰刀菌醇）后可康复
脑白质软化症	烟曲霉B₁	轮枝镰刀菌（*Fusarium verticilloides*）	埃及、美国、南非、希腊	霉玉米	马、其他马科动物、猪	取决于脑损伤程度和特殊部位
霉菌性肾病	见"赭曲霉毒素中毒"（下述）					
羽扇豆中毒（独特的生物碱中毒）	拟茎点霉素	细球果状拟茎点霉（*Phomopsis leptostromiformis*）	分布广泛	发霉种子、豆荚、残茬，由拟茎点霉茎枯萎病感染的几种羽扇豆秸秆	绵羊，偶尔马、猪	倦怠、食欲不振、昏呆、黄疸，肝明显受损。常致死
漆斑菌毒素中毒，半知真菌中毒病	大环单端孢霉烯族化合物（疣孢菌素A、杆孢菌素等）	疣孢漆斑菌（*Myrothecium verrucaria*），露湿漆斑菌（*M.roridum*）	欧洲东南部，前苏联地区	霉黑麦残茬，稿秆	绵羊、牛、马	急性表现腹泻、呼吸急迫、出血性胃肠炎、免疫抑制、死亡。慢性表现胃肠溃疡、生长发育不良、逐渐康复
	大环单端孢霉烯族化合物（异株菊树素）	疣孢漆斑菌（*Myrothecium verrucaria*）	巴西	含有毒素的异株菊树植物	牛、其他食草动物	胃肠道上皮细胞坏死

（续）

病 名	毒 素	真菌或霉菌	已报道地区	被污染的有毒饲料	中毒动物	症状和病变
赭曲霉毒素中毒	赭曲霉毒素，橘青霉素	赭曲霉（Aspergillus ochraceus）和其他曲霉、鲜绿青霉（Penicillium viridicatum）、橘青霉（P.citrinum）	分布广泛	霉大米、玉米、小麦	猪、禽	肾周水肿、肿大苍白、皮质囊肿，肾小管变性呈纤维化；免疫抑制、多尿和烦渴
震颤原性青霉病	青霉震颤毒素A	皮落青霉（Penicillium crustosum），圆弧青霉（P.cyclopium），普通青霉（P.commune）	分布广泛	谷粒、奶酪、水果、肉类、坚果类、冰箱食品、堆肥	牛、犬、马、绵羊	神经中毒症状包括持续性震颤、抽搐、兴奋性过高、共济失调。犬表现呕吐和中枢神经系统症状
震颤原性青霉病	娄地青霉素	娄地青霉（P.roqueforti）		上述以及青贮		
常年生黑麦草蹒跚病	毒麦震颤素	Neotyphodium Lolii（黑麦草中的一种内生真菌）	澳大利亚、新西兰、美国、欧洲	感染黑麦草的内寄生植物	绵羊、牛、马、鹿	震颤、共济失调、虚脱、惊厥性痉挛。见黑麦草蹒跚病
禽出血性综合征	可能是黄曲霉毒素和红青霉毒素	黄曲霉（Aspergillus flavus），棒曲霉（A.clavatus）、产紫青霉（Penicillium purpurogenum）、交链孢霉（Alternaria sp.）	美国	霉谷粒和粗粉	中雏（生长鸡）	抑郁、食欲缺乏，几乎无增重，肠广泛出血，有时出现再生障碍性贫血，死亡。见家禽真菌毒素中毒
肺水肿、肺气肿	4-甘薯黑斑霉醇	茄病镰刀菌（Fusarium solani）	美国	霉甘薯（红薯）	牛	急性肺水肿引起间质性肺气肿
猪肺水肿	烟曲霉毒素B₁和烟曲霉毒素B₂	轮枝镰刀菌（Fusarium verticilloides）和增生镰刀菌（F.proliferatum）	美国，南非	玉米	猪	急性小叶间肺水肿和引起缺氧和发绀的胸腔积水。存活猪可出现黄疸和慢性肝毒症
湿性皮炎综合征	豆荚丝核菌毒素（和苦马豆素）	豆荚丝核菌（Rhizoctonia leguminicola）	美国	作为饲草或干草食入后引起黑斑病的豆科植物（尤其是红三叶草）	绵羊、牛	流涎、瘤胃臌气、腹泻，有时死亡。通常，除去三叶草可康复
葡萄穗霉毒素中毒	大环单端孢霉烯族化合物（黑葡萄状穗霉毒素、杆孢菌素、疣孢菌素A）	黑葡萄穗霉（Stachybotrys atral alternans）	前苏联，欧洲东南部	发霉粗饲料其他污染饲料	马、牛、绵羊、猪	口炎和溃疡，食欲缺乏，白细胞减少，许多器官广泛出血，肠炎症和坏死，免疫抑制
草木樨中毒	双香豆素	青霉属（Penicillium）、毛霉属（Mucor）、曲霉属真菌（Aspergillus）	北美	草木樨	牛、马、绵羊	血凝病和出血
震颤原性共济失调综合征	青霉震颤毒素、疣孢青霉毒素、薯青霉毒素、烟曲霉震颤毒素、黄曲霉震颤毒素、娄地青霉素	皮落青霉（Penicillium crustosum）、软毛青霉（P.puberulum）、疣孢青霉（P.verruculosum）、娄地青霉（P.roqueforti）、黄曲霉（Aspergillus flavus）、烟曲霉（A.fumigatus）、棒曲霉（A.clavatus）和其他霉菌	美国，南非，其他一些国家	霉饲料	各种动物	震颤、呼吸急促、共济失调、虚脱、惊厥性痉挛。

（一）实验室分析用饲料的采样与送检

检测饲料真菌毒素的许多错误都是由于采样（或两次采样）而不是分析所致。样品应采集于不同阶段，在农作物生长阶段或运输、贮藏期间。采样尽可能在颗粒减小后（如脱壳或粉碎、研磨）和混合后不久（如收割、装货或粉碎、研磨）进行。最有效的取样方法为，从流动的谷物或饲料中按预定间隔时间，周期性少量取样。这些单个的样品应混在一起，彻底搅匀，随后可采取4.5 kg的子样品。

也可在谷物混合后不久进行抽样，但不太可靠，这是由于储藏设备中不同的微环境条件可以引起霉菌的量（体积）或真菌毒素的浓度不一样。已推荐的抽样方法是从5处取样，在谷堆外围开始，每隔30 cm取一个样本，加上谷堆中心的一个样本。这样做主要是针对2 m高的谷堆而言，因此，较高的谷堆应多采取一些样品，所取样品的总量应超过4.5 kg。

干燥样品更适于运输和贮藏，所取样品应在80~90℃下干燥3 h，使湿度降至12%～13%。若需做霉菌检查，则应在60℃条件下干燥6～12 h，以保持真菌的活力。

样品容器应适合样品的性质。对于干燥样品，应选用纸袋或布袋。除非谷物已彻底干燥，否则应避免使用塑料袋。塑料袋只适用于那些在运输或储存过程中，经冷藏、冷冻或用化药处理阻止霉菌生长的高湿度样品。一旦样品被冷却或冷冻后，再加热可引起凝结，促进霉菌生长。

（二）真菌毒素吸附剂

对污染饲料中的真菌毒素的吸附是一个活跃的研究领域。硅酸铝饲料添加剂可有效吸附黄曲霉毒素。然而，这一类吸附剂对其他真菌毒素几乎没有作用或作用有限。包括脱氧雪腐镰刀菌烯醇在内的单端孢霉烯族化合物不易被一般的饲料添加剂所吸附。硅酸铝吸附剂对黄曲霉毒素比较有效，但对单端孢霉烯族化合物效果不明显。在牛与家禽，钠质膨润土是黄曲霉毒素的一种有效吸附剂，但对单端孢霉烯族化合物和玉米赤霉烯酮却无效。聚合的葡甘露聚糖（GM）吸附剂对家禽生长具有保护作用，可使饲料中仅含有低至自然浓度的黄曲霉毒素、赭曲霉毒素、T-2毒素和玉米赤霉烯酮。当将葡甘露聚糖添加到已感染镰刀菌的日粮中，与对照组相比，能使仔猪死胎数下降。关于葡甘露聚糖吸附剂对反刍动物的效能，还尚未证实。消胆胺在体外是呋莫毒素和玉米赤霉烯酮的一种有效黏合剂，在动物试验中是呋莫毒素的有效黏合剂，但在牛上的作用尚不清楚。

二、黄曲霉毒素中毒

黄曲霉毒素是由黄曲霉和寄生曲霉的产毒株产生的。这些毒素是在花生、大豆、玉米及其他谷物生长和储藏过程中，当温度和湿度（通常日夜温度持续超过21℃时）特别适合于霉菌的生长时所产生的。哺乳动物和家禽的黄曲霉毒素中毒由于动物品种、性别、年龄、营养状况、摄入毒素的持续时间及日粮中毒素水平不同而表现出不同的中毒反应。早先公认的暴发性中毒病"霉玉米中毒""家禽出血综合征""曲霉中毒"，可能都是由黄曲霉毒素所引起的。

黄曲霉毒素中毒发生于全球许多地区，主要见于生长期家禽（尤其是小鸭、小火鸡）、青年猪、妊娠母猪、犊牛和犬。相对来说，成年牛、绵羊和山羊对急性中毒有一定的抵抗力，但如长期饲喂有毒饲料则较为敏感。试验证明，各种动物均表现一定程度的敏感性。饲料中黄曲霉毒素的耐受水平（以μg/kg计）为：幼年家禽不高于50，成年家禽不高于100；断奶猪不高于50，育肥猪不高于200；犊牛小于100或牛小于300。当日粮中黄曲霉毒素低至10～20 μg/kg时，仍有可测出的代谢产物（黄曲霉毒素M_1和M_2）分泌到乳汁中。因此，含有黄曲霉毒素的饲料不应饲喂奶牛。乳中黄曲霉毒素的允许值为0.05～0.5 μg/kg，当污染发生时必须咨询当地管理机构。

黄曲霉毒素在肝脏代谢后，形成环氧化物，与大分子物质尤其是核酸和核蛋白结合。他们的毒性作用包括由于核DNA的烷基化而引发的突变、致癌、致畸、蛋白质合成减少以及免疫抑制。蛋白质合成减少，又导致必需的代谢酶和促生长的结构蛋白生成减少。肝脏是主要的受损器官。高剂量的黄曲霉毒素可引起严重的肝细胞坏死。长期低剂量的毒性刺激，导致动物生长缓慢和肝脏肿大。

【临床表现】 急性暴发性病例，在短暂性食欲不振后，很快发生死亡。亚急性病例较常见，主要表现为发育不良、虚弱、厌食，也会发生突然死亡。通常，饲料中黄曲霉毒素含量大于1 000 μg/kg，就能发生急性黄曲霉毒素中毒。在中毒的同时常易伴发呼吸性传染病，而且用一般化学疗法无明显效果。当黄曲霉毒素含量较高（＞1 mg/kg）时，奶牛表现厌食、瘤胃蠕动减少。肝脏受损能导致凝血因子合成减少，引起急性与慢性出血。

【病理变化】 急性病例表现为广泛性的出血和黄疸。肝脏是主要的靶器官。镜检可见肝脏肿大，出现明显的脂肪蓄积和大片小叶中央坏死和出血。亚急性病例，肝脏的病变没有那么明显，但可见肝脏比正常稍肿大、硬度增加，可能有胆囊肿大。镜下观察可见肝脏门静脉周炎性反应和胆小管增生及纤维化，肝细胞及细胞核肿大（巨肝细胞症）。胃肠道黏膜表现消化腺萎缩及炎症。肾脏有时表现肾小管变性和再生。

长期饲喂低浓度的黄曲霉毒素可引起弥散性肝纤维化（肝硬变）和胆管癌或肝癌。

【诊断】 通过病史、尸体剖检和肝脏显微镜检查可以表明是肝毒性，但肝脏病变与狗舌草中毒有些相似。因此，必须确定饲料中黄曲霉毒素的存在及其浓度。急性黄曲霉毒素中毒动物的肝脏酶（碱性磷酸酶、天门冬氨酸氨基转移酶或丙氨酸氨基转移酶）活性、胆红素、血清胆汁酸升高，凝血酶原时间延长。慢性黄曲霉毒素中毒能引起低蛋白血症（包括白蛋白和球蛋白含量下降）。毒素的摄入量较高时，能在尿、肝、肾或泌乳动物的乳汁中检测到黄曲霉毒素M_1（黄曲霉毒素B_1的主要代谢产物）。在器官和乳制品中的黄曲霉毒素残留物，通常在停止接触后的1～3周内被排出。

【控制】 分批检测饲料中黄曲霉毒素的含量，可避免饲料污染。应对当地作物状况（干燥、遭受虫害）进行监测，预测黄曲霉毒素的产生。年幼的、刚断奶的、妊娠的和正在泌乳的动物应避免饲喂疑为有毒的饲料。使用未污染的饲料与污染的饲料混合饲喂，可能是防止中毒的一种方法。谷物氨化处理可以降低污染，但由于不能确定产生的副产品，仍不允许用于食用动物。

近来发现，水合铝硅酸钠钙（HSCAS）可降低黄曲霉毒素对猪和家禽的毒性作用。以每吨5 kg的量添加即可对日粮中的黄曲霉毒素有保护作用。水合铝硅酸钠钙可以减少约50%的黄曲霉毒素M_1，但不能消除饲喂黄曲霉毒素B_1的奶牛乳中的黄曲霉毒素M_1的残留。其他一些吸附剂（钠基膨润土、聚合葡甘露聚糖）对减少家禽和奶牛中低剂量黄曲霉毒素的残留有部分功效。

三、麦角中毒

麦角中毒是一种全球性的家畜疾病，它是由于长期食入寄生真菌麦角菌的菌核所引起的。麦角菌能够混入黑麦以及其他小粒谷物或饲料作物，如雀麦、蓝草、黑麦草的谷粒或种子。这种坚硬、黑色、细长的麦角菌菌核含有多种麦角生物碱，最主要的是麦角胺和麦角新碱。大多数动物均易感，牛、猪、绵羊、家禽常零星暴发。

【病因】 麦角可直接作用于小动脉的平滑肌，从而导致血管收缩，持续性毒素刺激可损害血管内皮。这些作用最初导致血流减少，由于血栓形成而引起肢体末端坏死，最终导致血流完全停滞。寒冷的环境常使肢体末端发生坏疽。此外，麦角有强有力的催产作用，还可引起中枢神经系统兴奋，继而抑制。麦角生物碱能抑制许多哺乳动物的脑垂体释放催乳素，致使妊娠后期乳腺发育不良和泌乳延迟，从而发生产后无乳症。近年来发现，麦角生物碱与暑病、呼吸困难和奶牛产奶量下降密切相关，并与苇状羊茅中毒所描述的"夏季综合征"非常相似。

【临床表现与病理变化】 牛麦角中毒可能是由于食入含有麦角的干草或谷物所致，偶尔也见于采食被麦角感染的牧草，当牛放牧时因采食而发病。首先表现跛行，可在初次采食后2～6周或更长时间出现此症状，这主要取决于麦角中生物碱的含量和饲料中麦角的数量。后肢跛行先于前肢，但是单肢的发病程度和肢体的发病数量取决于每日摄入麦角的量。体温、脉搏、呼吸频率均升高。牛麦角中毒常表现为流行性高热和唾液分泌过多（也见于苇状羊茅中毒）。

出现跛行的同时，伴有球节和系部肿胀、变软。1周以内，患部感觉丧失，在正常组织与患部边界会出现一条凹线，末梢部位发生干性坏疽。最终，一趾或双趾或前后肢的任何部位至飞节或膝盖蜕皮。同样，尾尖和耳尖也可出现坏死和脱落。暴露在外的皮肤，如乳头和乳房，呈现异常的苍白或贫血。一般不会发生流产。

尸体剖检中最一致的病变是在四肢的皮肤和皮下。腹线以上部位皮肤是正常的，晚期病例远端皮肤出现发绀和变硬。邻近坏死部位出现皮下出血和水肿。

猪食入污染了麦角的谷粒可导致采食量下降、增重减少，偶尔可见猪耳尖或尾尖坏死。如将麦角化谷物喂给妊娠母猪，会影响乳房发育，造成产后无乳，新生仔猪比正常的弱小，许多仔猪常因饥饿在几天内死亡。尚未发现其他临床症状和病变。

麦角中毒的绵羊，其临床症状与牛相似。此外绵羊还会出现口腔溃疡，尸体剖检可见明显的肠炎，患羊还会出现抽搐综合征。

【诊断】 根据在谷物、干草或牧草中发现真菌（麦角菌菌核），动物采食这些饲料后出现麦角中毒症状即可作出诊断。在可疑的粉碎谷粉中，可提取和发现麦角生物碱。200～600 μg/kg麦角生物碱即可引发临床症状，但这要根据谷粒中不同麦角生物碱的相对数量而定。

在冬季，牛采食感染了内生真菌的苇状羊茅而发生的羊茅蹄也可见跛行及蹄部、耳尖和尾尖蜕皮的相同症状和病理变化，据认为，麦角生物碱——麦角缬碱是内生真菌主要的有毒成分。在后备母猪和成年母猪中，经常发生的泌乳障碍，普遍认为与麦角生物碱无关，但必须与因麦角中毒而抑制催乳激素作鉴别诊断。

【控制】 立即换成无麦角日粮可控制麦角中毒。但对于妊娠后期母猪，即使排除麦角（分娩前1周内），仍无法制止无乳综合征。在放牧条件下，尤其在夏季易发麦角感染期间，经常放牧或进行牧场刈草，减少穗的产生有助于控制本病。即使谷物只含有少量的麦角，也不应喂给妊娠或泌乳母猪。

四、雌激素症与外阴阴道炎

雌激素症多指镰刀菌雌激素中毒。镰刀菌是极为常见的一种霉菌，经常污染生长的植物和储存的饲料。玉米、小麦和大麦最易被污染。在温和、潮湿的气候条件下，禾谷镰刀菌可产生玉米赤霉烯酮，它是一种二羟基苯甲酸内酯（RAL）。玉米赤霉烯酮（以前被称为F_2毒素）是一种效力很强的非类固醇类雌激素，是唯一已知的主要表现雌激素样作用的真菌毒素。玉米赤霉烯酮常与脱氧雪腐镰刀菌烯醇同时产生。根据这两种毒素的比率，主要表现食欲减退或繁殖障碍等症状，但脱氧雪腐镰刀菌烯醇的存在，可限制玉米赤霉烯酮的作用，从而降低其实际影响。

玉米赤霉烯酮能与17-β雌二醇受体结合，这一复合物再与DNA的雌二醇位点结合。特异的RNA合成能导致雌激素中毒症状。玉米赤霉烯酮是一种较弱的雌激素，它的效力要比雌二醇低2～4倍。玉米赤霉烯酮与RAL密切相关，作为一种同化剂广泛应用于牛。

玉米赤霉烯酮引起的雌激素中毒，临床主要表现发情前后母猪采食霉玉米后发生外阴阴道炎。偶尔也有奶牛、绵羊、鸡、火鸡玉米赤霉烯酮中毒零星暴发的报道。日粮中含高剂量（>20 mg/kg）的玉米赤霉烯酮，能引起牛和绵羊的不孕与不育，极高剂量的玉米赤霉烯酮还能危害家禽。

【病因】 已在新鲜或贮存的玉米、燕麦、大麦、小麦、高粱中，以及牛和猪的混合饲料和玉米青贮中检测出玉米赤霉烯酮，干草中极罕见。在温带气候条件下的牧草样品中，偶尔也可检测到玉米赤霉烯酮，其剂量足以导致放牧草食动物的繁殖障碍。

【临床表现】 临床表现不易与雌激素过多症相区别。青年母猪日粮中含有不到1 mg/kg的玉米赤霉烯酮，就能引起发情期生理和行为变化。玉米赤霉烯酮主要影响断奶和尚未发情的后备母猪，引起阴户充血和肿大、乳腺和子宫肥大；在严重病例中，偶见子宫脱出。对于经产母猪，中毒症状包括繁殖力下降、发情间隔期延长、产仔数下降、胎儿弱小，有可能出现胎儿吸收。有时可见经常性发情或假发情。

玉米赤霉烯酮还可通过抑制促卵泡素（FSH）的分泌和释放，阻止排卵期前卵泡成熟，引起性成熟母猪的繁殖毒性。对性成熟母猪繁殖功能的影响，取决于饲喂时间。在未配小母猪发情周期的第12～14天，饲喂3～10 mg/kg玉米赤霉烯酮，能引起黄体滞留，并使乏情期（假孕）延长至40～60 d。在妊娠早期（配种后7～10 d）饲喂不低于30 mg/kg玉米赤霉烯酮能阻止受精卵附植，并引起早期胚胎死亡。

牛日粮中玉米赤霉烯酮含量超过10 mg/kg时，就可引起乳用小母牛的繁殖机能障碍，但成年母牛可耐受到20 mg/kg。

小公猪和小公牛可表现不育，出现睾丸萎缩。但即使日粮中含200 mg/kg玉米赤霉烯酮，成年公猪也不受影响。

母羊表现繁殖性能（排卵率下降、受精卵数减少、发情持续期明显延长）下降以及流产和早产。

【病理变化】 猪的病理变化包括卵巢萎缩、卵泡闭锁、子宫水肿、子宫全层细胞肥大、变性的子宫内膜腺出现囊状物。乳腺表现为乳腺小管增生和上皮增生。子宫颈和阴道可见鳞状上皮化生。性成熟母猪中毒后，黄体滞留达40～70 d，出现假孕症状。

【诊断】 诊断主要依据畜群的繁殖力、临床症状和饲喂史。在尸检中应仔细检查繁殖器官，并对可疑饲料进行玉米赤霉烯酮的化学分析。

生物鉴定法：对未交配过的初情期前雌性小鼠，喂给被玉米赤霉烯酮污染的饲料或提取物，表现出雌激素的典型症状——子宫肥大和阴道角质化。

鉴别诊断包括生殖道感染和其他病因引起的繁殖力下降，如舍饲家畜日粮中有己烯雌酚。在放牧的食草动物，尤其是绵羊中，应充分考虑植物中的雌激素（例如，与一些地三叶草和红三叶草有关的异黄酮以及某些饲料如苜蓿中的香豆素）。

【控制】 除病情严重或为慢性感染外，家畜通常在停止食入玉米赤霉烯酮后1～4周内，即可恢复其繁殖性能，症状也会逐渐消失。经产母猪仍会保持8～10周的乏情期。

猪雌激素过多的管理包括立即更换谷物。通常，1周内症状即消失。对于动物的阴道脱或直肠脱和外生殖器受损，应对症治疗。对乏情期的性成熟母猪，可用前列腺素F_{2d}，一次10 mg或分两次（每次5 mg）剂量，持续数日，能治疗黄体滞留引起的乏情。给猪饲喂含25%苜蓿和苜蓿粉的日粮，能减少玉米赤霉烯酮的吸收，并促使其随粪便排出，但此方法不太实用。同样，饲喂活性炭可减少玉米赤霉烯酮的吸收和滞留，但一般认为这是不切实际的。将膨润土添加到污染的日粮中，对玉米赤霉烯酮通常是不起作用的。

五、面部湿疹

这里主要介绍葚孢霉菌性面部湿疹。本病是放牧家畜的一种真菌中毒病。主要表现为中毒性肝损伤，导致光过敏性皮炎。对于绵羊，面部是唯一易接触紫外线的部位，故取此常用名。本病最常发生于新西兰，也见于澳大利亚、法国、南非、南美一些国家，北美也有可能发生。不同年龄的绵羊、牛和驯养的鹿均可感染此病，但以幼畜最为严重。

【病因与中毒机制】 葚孢菌素是腐生性真菌纸鼓葚孢霉（Pithomyces chartarum）的次级代谢产物，纸皮司霉常生长于枯萎的牧草中。在温暖的雨季过后，炎热的夏季和秋季所特有的温暖的天气及高湿度，对真菌快速生长极为有利。通过观察天气变化和估测牧草中有毒孢子的数量即可预测疾病危险期，牧民也可提高警觉性。

葚孢菌素通过胆道系统分泌，引起组织坏死，从而导致严重的胆管炎和胆管周围炎。还可见胆道阻塞，使胆色素分泌受阻，从而导致黄疸。同样，胆汁中叶红素排泄障碍，也会导致感光过敏。

以前摄入的有毒孢子有增强效应，因此，连续摄入少量的孢子即可导致本病的严重暴发。

【临床表现、病理变化与诊断】 通常，摄入毒素后10~14 d，才表现出感光过敏和黄疸。动物常四处寻找阴凉处。即使短时间接触阳光，也能在无色素的皮肤上迅速产生光照性皮炎表现典型的红斑和水肿。在光照性皮炎出现后1周到几周内，动物受到严重损伤并引起死亡。

不管是否出现感光过敏，在所有中毒动物中均可见肝脏和胆管的特异性病变。在表现光照性皮炎的急性病例中，肝脏最初肿大，出现黄疸，肝小叶病变明显。随后，发生肝脏萎缩和明显的纤维变性。肝脏变形，在其表面出现较大的再生组织结节。在亚临床病例中，在正常轮廓下面肝脏发生大面积萎缩，使肝包膜变形和粗糙。通常，这些区域还伴有纤维变性和胆管增厚。胆囊黏膜出血或表面胆色素沉着的溃疡性糜烂，同时伴有局限性水肿。

根据临床症状和特征性的肝脏病变可确诊本病。在存活的动物中，高水平的肝脏酶可反映出肝脏受损的严重性。

【控制】 为减少采食枯萎牧草和有毒孢子，应避免短周期放牧。在危险期内应饲喂其他饲料，并促使三叶草在牧场旺盛生长，提供不利于腐生性真菌纸皮司霉生长和孢子形成的环境。

对草场应用杀真菌药苯并咪唑，能有效地阻抑纸皮司霉孢子的生长，从而降低牧草的毒性。对一个面积达6亩多的能放牧15头牛或100只绵羊的草场，应在仲夏喷洒噻苯咪唑混悬液，在预测真菌旺盛生长的危险期内，只能让动物在喷过药的牧场放牧。如果在喷药4 d内，24 h内降水量不到2.5 cm的情况下，其杀真菌药仍能保持药效；4 d以后，大雨对药效则不会有多大影响了，因为噻苯咪唑已被吸收到植物中。可维持牧草在6周内不会被污染。此后，应重复喷药，以确保在整个危险期内有保护作用。

如果给绵羊和牛饲喂足够量的锌，可保护牛羊免受葚孢菌素的影响。给牛羊补锌可通过灌服氧化锌悬浮液，也可在牧草上喷洒氧化锌或在饮水中添加硫酸锌。

可选择性培育出对葚孢菌素毒性作用具有天然抵抗力的绵羊。这种具有天然抵抗力的遗传特性是很高的。通过自然放牧，抵抗葚孢菌素的毒性，或使用低剂量葚孢菌素刺激种羔羊，目前已在种畜或商品化种群中，选育出能抵抗本病的种公羊。

六、苇状羊茅中毒
（一）羊茅草跛行

羊茅草跛行俗称羊茅蹄，同麦角中毒一样，都是由麦角生物碱，特别是高羊茅草中内生真菌产生的麦角缬碱所引起的。病畜开始一侧或两侧后肢出现跛行，后来发展到患肢的远端部出现坏死。除跛行外，尾巴和耳朵也会受到影响。除末端部分出现坏疽外，患畜还会表现体重减轻、弓背、皮毛粗糙。在牛中曾暴发过本病，相似的病变在绵羊中也有报道。

高羊茅是一种寒季型多年生牧草，广泛适应于各种土壤和气候条件。在澳大利亚和新西兰，它被栽种于河道边，以防止水土流失；它是美国中部和东部交界处的一种主要的牧草。在美国的肯塔基、田纳西、佛罗里达、加利福尼亚、科罗拉多、密苏里等州以及新西兰、澳大利亚和意大利都已有羊茅草跛行的报道。

致病的有毒物质麦角缬碱与麦角菌核产生的物质相似，都具有毒性作用。但麦角中毒并不是羊茅草跛行的病因。麦角中毒最易流行于夏末牧草成熟、形成种子穗的时节。而羊茅草跛行常发生于深秋和冬季，在牛，已通过饲喂不含种子穗和麦角的干羊茅草复制出此病。偶尔，在初夏产生的麦角化的苇状羊茅籽实，无意地被打包而导致麦角中毒或苇状羊茅中毒并发麦角中毒。

羊茅草跛行涉及有毒牧草中的两种真菌。在培养条件下，内生真菌（Neotyphodium coenophialum，支顶孢属）可合成麦角生物碱。有毒苇状羊茅中检测到的麦角生物碱——麦角缬碱，占所产生的麦角肽生物碱的90%。感染高羊茅的麦角缬碱含量为100~500 μg/kg，大于200 μg/kg即可视为中毒量。对其敏感性从强至弱依次为马、牛和绵羊。由于内生菌感染的苇状羊茅不能产生麦角缬碱，因此不会引起苇状羊茅中毒。牛体内90%以上的麦角缬碱的代谢产物能在尿中发现。动物从感染苇状羊茅的草场转移后，在48 h内，尿中麦角缬碱降至能检出浓度以下。

麦角缬碱是一种能引起多种生理性能异常的多巴胺D2受体兴奋剂。由于催乳激素的分泌受阻，导致马和猪的无乳症以及牛泌乳期缩短。多巴胺能引起孕酮和雌激素紊乱，常使牛早产和母马延长妊娠期导致所怀胎儿过大。最终，不足量的催乳激素能扰乱下丘脑体温调节中枢，当环境温度超过31℃时能引起中暑。

一些报道表明，随着苇状羊茅草的生长期增长和严重的干旱之后，羊茅草跛行发病率也随之上升。由于真菌感染水平差异以及同种真菌的高度变异性，不同品种的高羊茅的毒性也不相同（Kentucky-3l的毒性强于Fawn）。在一些Kentucky-3l苇状羊茅草中，还难以测出其感染浓度。应用高水平的氮可增强其毒性。牛的易感性因个体而异。

过低的环境温度可加重羊茅草跛行的病变。然而高温又会加重其中毒的严重程度，称为"流行性高热病"或"夏季综合征"。在这种情况下，一个牛群中相当数量的牛表现出唾液分泌过多和体温过高。苇状羊茅草中的毒素可能是一种血管收缩剂，作为一种α_2肾上腺素能激动剂作用于血管，它导致在高温时体温过高，而在低温环境中肢体末梢发凉。麦角菌（麦角生物碱）中毒为另一个发病原因。

蹄冠部出现红斑和肿胀，牛较敏感，体重减轻，可见"划水状"运动或挪步。略弓背，后肢系部出现突球可能是初始病征。可见进行性跛行、食欲缺乏、精神沉郁、四肢（首先是后肢）末梢发生干性坏疽。上述症状通常在秋季牲畜转到污染了苇状羊茅草的草场放牧后10～21 d内出现。霜冻期发病率上升。

控制本病的最好方法是剔除所有污染的牧草。

（二）夏季苇状羊茅中毒

这样温暖的季节条件会引起动物采食量下降、体重减轻或产奶量下降。在夏季，当牛、绵羊、马放牧采食或饲喂污染内生真菌（合瓶支顶孢霉）的高羊茅草料或种子时，就会发生中毒。中毒的严重程度因地而异、因时而异。

除生产性能下降外，在饲喂苇状羊茅草后1～2周内可出现其他症状，包括发热、呼吸急促、皮毛粗糙、血清中催乳激素含量下降、唾液分泌过多。动物常四处寻找潮湿的地方或阴凉处。也有动物中毒后繁殖性能下降的报道。马和牛常出现无乳症，患马出现胎盘增厚、分娩延迟、新生马驹体质虚弱。如果环境温度高于24℃，而且草地中施用了过多的氮肥时，则

会使病情加重。

治疗马的繁殖综合征，可口服多潘立酮（domperidone）1.1 mg/kg，每日2次，服用10～14 d。为了控制本病，必须杀灭有毒的高羊茅牧草，且重新种植不含内生真菌的牧草，必须管理污染的区域，避开高风险因素。应避免通过污染的种子使真菌从一种植物转移到另一种植物。在炎热季节尽量不要放牧，在高羊茅草场中可引入豆科牧草，刈割牧草以减少种子的形成，或饲喂一些别的饲料，有助于减轻发病的严重程度。在妊娠母马或母牛分娩前1个月，将他们迁移出污染草场，通常能防止分娩和泌乳的相关问题。一些特异的饲料添加剂可抵抗污染的干草。据报道，葡甘露聚糖的酵母细胞衍生物有助于防止毒素被牛吸收；另有报道，海藻产品能减轻有毒高羊茅草的免疫抑制作用（见腹部脂肪坏死症）。

七、伏马菌素中毒

伏马菌素与家畜的两种疾病有关，即马脑白质软化症和猪肺水肿。

（一）马脑白质软化症

该病是一种感染马、骡和驴的中枢神经系统的真菌中毒病。主要散发于北美、南美、南非、欧洲和中国。通常饲喂霉玉米几周后发病。

伏马菌素主要由轮孢镰刀菌（*Fusarium verticilloides*，以前认为是念珠镰刀菌，*Fusarium moniliforme*）和多誉镰刀菌（*Fusarium proliferatum*）产生。有助于产生伏马菌素的合适条件，包括生长期间干旱一段时间，随后在授粉和籽粒形成期间保持寒冷、潮湿的环境。上述镰刀菌能产生3种毒素，分别为伏马菌素B_1（FB_1）、B_2（FB_2）和B_3（FB_3）。已证明，FB_1和FB_2具有相似的毒性，而FB_3相对无毒。在马属动物和猪中已观察到中毒症状。

马属动物的中毒症状包括反应迟钝、昏睡、咽麻痹、失明、转圈、蹒跚和卧地不起。病程通常为1～2 d，但也可能短到几小时或长到几周。倘若肝受损，可出现黄疸。特征性病变为大脑白质呈液化性坏死。通常为一侧性坏死，但也可能表现为两侧不对称性坏死。一些患马还可出现与黄曲霉毒素中毒相似的肝坏死。马长期接触含8～10 mg/kg伏马菌素的日粮，就会发生马脑白质软化症。

（二）猪肺水肿

据报道，伏马菌素还可引起断奶猪或成年猪的急性流行病，主要病理特征为肺水肿和胸腔积液。猪肺水肿（PPE）是一种急性、致死性疾病，通常由肺动脉高压引起，伴随胸腔液体渗出，而导致间质性肺水肿和胸腔积液。当日粮中伏马菌素含量超过

100 mg/kg，并持续摄入3～6 d，猪就会出现急性肺水肿。通常，一群猪的发病率能超50%，发病猪的死亡率可达50%～100%。症状包括急性呼吸困难、黏膜发绀、虚弱、卧地不起，常在初次出现临床症状后24 h内死亡。患急性猪肺水肿存活下来的妊娠后期患病母猪，可在2～3 d内出现流产，可能是因胎儿缺氧引起。猪长期接触亚致死量的伏马菌素，可引起以生长迟缓、黄疸和血清胆固醇、胆红素、天门冬氨酸氨基转移酶、乳酸脱氢酶和γ-谷氨酰转移酶含量升高为特征的肝毒症。

关于猪肺水肿或肝中毒的生化作用机制，据称是由于伏马菌素能阻断许多种动物神经鞘脂类的合成。

（三）对其他动物的影响

一般都认为，牛、绵羊和家禽对伏马菌素的敏感性低于马和猪。牛和绵羊对伏马菌素的耐受量为100 mg/kg（稍有点毒性作用）。若日粮中伏马菌素含量达200 mg/kg，就会出现食欲不振、体重减轻和肝脏轻度受损。家禽日粮中伏马菌素含量超过200～400 mg/kg，也会出现食欲不振、体重减轻和骨骼发育异常。

【治疗】 对该病尚无有效治疗方法。不使用霉玉米是唯一的预防方法，但这难度很大，因为肉眼是很难辨清发霉玉米的，况且伏马菌素还可存在于混合饲料中，而且许多毒素还可存在于破碎、细小的籽粒中。因此，清洁和过筛玉米，能明显减少伏马菌素含量。凡怀疑含有伏马菌素的玉米，不应再喂马。已证明，用葡萄糖与伏马菌素结合，能减缓或消除猪伏马菌素中毒，但还未商品化。FDA推荐日粮中伏马菌素允许量（mg/kg）如下：马低于1，猪低于10，反刍动物低于30，家禽低于50，种用反刍动物和种禽低于15。

八、羽扇豆中毒

羽扇豆在家畜可引起两种不同的中毒病，即羽扇豆中毒和霉羽扇豆中毒。前者是由苦羽扇豆中的生物碱所引起的一种神经综合征；而后者是一种真菌中毒病，以肝脏损伤和黄疸为特征，主要由于饲喂甜羽扇豆而引起。羽扇豆中毒是澳大利亚和南非的一种重要疾病，新西兰和欧洲也有此病报道。在地中海区域，甜羽扇豆作为绵羊的一种饲料被广泛使用，也使用收割后的残存物直接饲喂绵羊。绵羊、偶尔牛和马会发生中毒，猪也比较易感。

【病因与中毒机制】 致病性真菌是引起拟茎点霉茎枯病的半壳孢样拟茎点霉，尤其在白色或黄色羽扇豆中，蓝羽扇豆对真菌有一定抵抗力。这种真菌可引起含有黑色基质物的线形茎下陷性损害，同时也会感染豆荚和种子。该真菌也是一种腐生菌，在适宜条件下在死亡的羽扇豆（如茎秆、豆荚、残株）中生长良好。特别在雨后，该真菌还可在污染的羽扇豆中产生次生代谢产物拟茎点霉毒素。

临床变化主要是由中毒性肝损伤所致，能引起细胞有丝分裂中期有丝分裂阻滞、细胞坏死、肝酶渗漏以及代谢和排泄功能丧失。

【临床表现、病理变化与诊断】 绵羊和牛的早期症状表现为食欲不振和精神委顿，随之表现厌食和黄疸，且经常发生酮病。牛表现流泪和流涎，绵羊表现感光过敏。在急性暴发期间，发病后2～14 d内可发生死亡。

急性病例，黄疸非常明显。肝脏肿大、呈橘黄色，脂肪变性。更多的慢性病例的临床表现在肝脏，呈青铜色或黄褐色、坚硬、萎缩且纤维化。在腹腔、胸腔、心包囊中可见大量渗出液。

根据饲喂发霉的羽扇豆以及临床症状和血清中肝酶水平升高，可以确诊羽扇豆中毒。

【控制】 应经常检查饲喂绵羊的羽扇豆饲料是否有特征性的黑斑真菌污染，特别在雨后。应提倡培育抗半壳孢样拟茎点霉的羽扇豆品种。通过口服补锌（≥0.5 g/d）可以保护绵羊免遭拟茎点霉毒素引起的肝损伤。

九、雀稗蹒跚症

本病是由于动物采食感染了雀稗麦角菌的雀稗牧草而导致的运动失调症。这种真菌的生活周期与麦角菌类似（见麦角中毒）这种秋天在种子穗里成熟的黄灰色麦角菌菌核呈圆形、粗糙，直径为2～4 mm。牛食入麦角菌菌核后最易引起神经症状，马和绵羊也为易感动物。经试验，豚鼠也可感染此病。其毒性不是由麦角生物碱引起的。目前认为，主要有毒成分是来自于麦角菌菌核硬粒的雀稗毒素（paspalinine）、雀稗麦角颤素A（paspalitrem A）和雀稗麦角颤素B（paspalitrem B）。

一次性接触大剂量毒素可出现中毒症状，并可持续数天。动物表现大片肌群连续性震颤、四肢痉挛和运动失调。如果动物试图跑动，会笨拙地跌倒在地。中毒动物表现好斗，难以接近和控制。长期接触毒物后，一旦停止接触，动物表现为完全麻痹。临床症状发作时间取决于种子穗感染的程度以及动物的采食习惯。试验证明，牛每日食入100 g麦角菌菌核，持续2 d以上，即会出现早期中毒症状。尽管成熟的麦角是有毒的，但只有当他们生长到又硬又黑阶段时才是最危险的。

给动物饲喂未污染雀稗麦角菌菌核的饲料，动物即可恢复。如给动物提供富有营养的饲料，则很少发病。应尽量避免动物到池塘或崎岖地带放牧，以防发生意外或溺死。修剪牧草，除去牧草上被污染的种子穗，可有效控制本病。

十、流涎素中毒

红三叶草可被豆类丝核菌（一种真菌）感染（黑斑病），尤其在潮湿、凉爽年份更易感染。其他豆科植物（白三叶草、杂三叶草、苜蓿）很少被感染。主要有毒成分流涎素是一种吲哚生物碱，存在于干草和青贮饲料中。马对流涎素高度敏感，但牛也有临床病例报道。在初次采食被污染的干草数小时内，就能出现大量流涎症状（流涎综合征）；其他症状还包括轻微流泪、腹泻、轻度臌气和尿频。发病率较高，但死亡不可预料，撤除污染的干草，即可在24~48 h内好转并恢复食欲。如果长时间接触，由豆荚丝核菌产生的另一种相关生物碱——苦马豆素可引起溶酶体贮存病，但它对流涎综合征的重要性还尚未证实。根据特征性临床症状和牧草上出现"黑斑"，可初步诊断本病。对牧草中的流涎素或苦马豆素菌进行化学分析，有助于确诊本病。虽然阿托品可防止大量流涎和胃肠道症状，但对流涎素中毒还尚无特效解毒药。必须让动物远离被污染的干草。要预防丝核菌感染三叶草的难度相当大。相对地，一些三叶草品种可能对黑斑病有一定抵抗力。减少使用红三叶草作为饲料或用其他饲料混合饲喂效果较好。

十一、单端孢霉烯族化合物中毒

【病因与症状】 单端孢霉烯族毒素是一组性质比较相似的次级代谢产物，是由一些不完整的、腐生的或植物致病真菌家族产生的，如镰刀菌属、单端孢霉属、漆斑菌属、头孢霉属、葡萄穗霉菌属、毛束草属、柱孢属和内腔单孢菌属（Verticimonosporium spp.）真菌。根据分子结构，单端孢霉烯族化合物分为非大环类（如脱氧雪腐镰刀菌烯醇或呕吐毒素、T-2毒素、二醋酸蔗草镰刀菌烯醇和其他）或大环类（黑葡萄穗霉毒素、杆孢菌素、疣孢菌素）。

单端孢霉烯族毒素在亚细胞水平、细胞水平、器官和系统水平上均有很高的毒性。他们能迅速地渗入细胞脂质双层，从而影响DNA、RNA和细胞器。该类毒素可通过作用于多聚核糖体，干扰蛋白质合成起始期，从而抑制蛋白质的合成。在亚细胞水平上，这些毒素可抑制蛋白质合成，并与疏基键进行共价结合。

单端孢霉烯族毒素对大多数细胞（包括肿瘤细胞）都具有细胞毒性，但他们不具有诱变性。单端孢霉烯族化合物（除脱氧雪腐镰刀菌烯醇外）的毒性是直接细胞毒性，常称其为拟辐射效应（如骨髓发育不良、胃肠炎、腹泻和出血）。由于毒素具有皮肤毒性，接触这些毒素后，能引起一种非特异的、急性的坏死过程，表皮和真皮有轻微炎症。在摄入单端孢霉烯族毒素后，会出现口炎、胃黏膜贲门部角化过度并形成溃疡以及胃肠道坏死。

通过任何途径给予亚致死剂量单端孢霉烯族毒素，对哺乳动物都具有高度免疫抑制作用；但长期饲喂含高浓度T-2毒素的饲料，似乎并不会引起潜在的病毒和细菌感染。单端孢霉烯族毒素的主要免疫抑制作用是通过抑制性T细胞来实现的，但这些毒素也能影响辅助性T细胞、B细胞和巨噬细胞的功能以及这些细胞之间的相互作用。

在有血小板减少症、内源性或外源性凝血途径受阻情况下，常发生出血性素质。而当凝血因子受到抑制、血小板减少、血小板功能受抑制或这些因素共同存在时，往往发生出血。

患畜的典型症状表现为拒食被污染的饲料，这一点限制了其他症状的出现。倘若没有其他食物可吃，动物只能勉强采食污染饲料，在一些病例中，会出现大量流涎和呕吐。过去认为，呕吐是由脱氧雪腐镰刀菌烯醇单独引起的，因此常称之为呕吐毒素。但单端孢霉烯族化合物中的其他毒素也可引起呕吐。

由脱氧雪腐镰刀菌烯醇引起的拒食症称之为"厌味症"。脱氧雪腐镰刀菌烯醇的主要影响是拒食；但在单端孢霉烯族化合物中毒时，很少见到上述描述的单一病因。这可能与5-羟色胺、多巴胺和5-羟吲哚乙酸的神经化学变化有关。呕吐毒素引起的拒食，在不同动物品种中有很大差异。在猪，脱氧雪腐镰刀菌烯醇可引起条件反射性厌味症，因此，建议将新的风味调料（如调味剂）添加到含有脱氧雪腐镰刀菌烯醇的饲料中，使猪能识别新的风味调料，并对新的味道也产生厌恶感。给猪饲喂未污染的饲料，通常在1~2 d内能使其恢复食欲。

在猪的日粮中加入低于1 mg/kg的呕吐毒素，就能引起采食量下降；如在日粮中加入10 mg/kg呕吐毒素，则可使其完全拒食。在日粮中加入10 mg/kg以上呕吐毒素，反刍动物仍照常采食，某些情况下，肉牛能耐受12~20 mg/kg的呕吐毒素。家禽能耐受100 mg/kg以上呕吐毒素。马的日粮中加入35~45 mg/kg以上呕吐毒素，仍未出现拒食或厌恶感等临床表现。长期拒食后引起的相关症状包括体重减轻、低蛋白血症和虚弱。没有可靠证据表明，呕吐毒素可引起家畜繁殖机能障碍。试验研究表明，脱氧雪腐镰刀菌烯醇可引起免疫抑制或免疫刺激作用，但需要进一步研究确定，在自然条件下脱氧雪腐镰刀菌烯醇是否对本病易感性有实际作用。

皮肤、黏膜刺激和胃肠炎是单端孢霉烯族化合物中毒症的另一类典型症状。同时也可能发生出血性素质，表现淋巴细胞减少症或全血细胞减少症的拟辐射性损伤（损害分裂细胞）。几乎各种动物均可发生轻瘫、抽搐和麻痹。终因低血压而死亡。通过管饲法，已复制出试验性单端孢霉烯族化合物中毒症的许多严重症状。实践证明，高浓度的单端孢霉烯族化合物常引起拒食，因此，中毒具有自限性。

由于单端孢霉烯族化合物的免疫抑制作用，继发性细菌、病毒和寄生虫感染可能掩饰了原发性损伤。淋巴器官也正常缩小，可能在尸检时很难找到。

迄今，许多非大环类的单端孢霉烯族化合物所引起的相关疾病，尚无特定的病名，常用镰刀菌中毒这个术语。现已使用的其他一些病名有牛霉玉米中毒、马豆荚中毒、猪的拒食和呕吐综合征。"肉鸡佝偻病"也被认为是由单端孢霉烯族化合物引起的。

现今，大环类单端孢霉烯族化合物所引起的相关疾病已有许多特定的病名。最著名的是马、牛、绵羊、猪和家禽的葡萄穗霉毒素中毒，该病由前苏联首次确诊，但在欧洲和南非也有发生。本病常引起皮肤和黏膜受损、泛白细胞减少症、神经症状和流产。在感染后2~12 d可出现死亡。

前苏联和新西兰已报道，漆斑菌毒素中毒和半知真菌中毒病。他们所表现出的临床症状类似于葡萄穗霉毒素中毒，但死亡发生在感染后1~5 d。

【诊断】 由于本病的临床症状不典型，或症状被继发性感染或继发性疾病所掩盖，所以诊断较困难。对饲料进行取样分析耗时费钱，但值得尝试。应急措施为仔细检查饲料是否长霉、颗粒饲料是否结块，以便用新饲料替换。更换饲料可迅速改善病情，并可为原来的饲料是否被污染提供依据。

【控制】 对症治疗和饲喂未被污染的饲料是最好的防治方法。经临床试验，类固醇类抗休克剂和抗感染剂，如甲基强的松龙、强的松龙、地塞米松，已成功地用于防治本病。家禽和牛对单端孢霉烯族化合物的耐受性强于猪。感染脱氧雪腐镰刀菌烯醇的患猪，一旦更换未污染的饲料，能很快恢复食欲。

第八节　人类药物毒性

一、非处方药毒性

无需医师开具处方的人用药或一些营养添加剂，称为非处方药（over-the-conter，OTC）。宠物能有意或无意地接触到非处方药。在畜主-病畜-兽医工作者三者之间，一定存在着兽医工作者向畜主推荐人用非处方药的情况。许多非处方药对动物的安全性尚未确定，因此，FDA不准许非处方药作为兽药使用。兽医工作者必须了解非处方药的潜在危险性，并就此与畜主沟通。

（一）感冒药与咳嗽药

1. 抗组胺类药物中毒 抗组胺类药是一类H1-受体颉颃剂，能缓解因组胺释放引起的过敏症状（包括瘙痒和过敏反应）。抗组胺类药也被用作镇静剂和止吐药。抗组胺类药可分不同类别，常分为第一代和第二代（非镇静剂）抗组胺类药。第一代抗组胺类药，因其胆碱能活性及能穿过血脑屏障的能力，可引起一些副作用。第二代抗组胺类药比第一代抗组胺类药更具疏脂性，不易通过血脑屏障，在治疗剂量下，无中枢神经系统和胆碱能作用。抗组胺类药常见于感冒、鼻炎和过敏的非处方药配方中。

（1）**扑尔敏** 是第一代丙胺衍生的抗组胺药。犬口服扑尔敏，吸收非常迅速和完全，药物血浆浓度在30~60 min内能达到峰值。扑尔敏能经受大量的首过代谢。扑尔敏及其代谢产物主要通过尿液排出体外。猫和犬的推荐量分别为1~2 mg和2~8 mg，口服，每日2~3次。据报道，小于1 mg/kg剂量，可引起精神沉郁和胃肠不适等轻微的临床症状。在摄入大量的扑尔敏后6 h内，可见共济失调、震颤、抑郁或机能亢进、体温过高和抽搐等明显的临床症状。

（2）**茶苯海明与苯海拉明** 是第一代乙醇胺衍生的抗组胺类药。茶苯海明主要用于犬、猫的止吐和预防晕动病。人口服苯海拉明吸收良好，但经肝脏首过代谢后，仅有40%~60%的药物到达体循环。乙醇胺衍生的抗组胺类药，在1~5 h内达到血浆浓度的峰值，消除半衰期为2.4~10 h不等。茶苯海明和苯海拉明对猫和犬的推荐剂量分别为4~8 mg/kg和2~4 mg/kg。据报道，通常在接触这些抗组胺类药1 h内，出现机能亢进或抑郁、流涎、呼吸急促和心动过速等最常见的症状。

（3）**盐酸异丙嗪** 是一种吩噻嗪的乙胺基衍生物，作为第一代抗组胺药，主要用于晕动病的治疗。异丙嗪进入体内后，广泛分布于机体组织，并容易穿过胎盘。过量异丙嗪可引起中枢神经系统抑制或兴奋。据报道，犬摄入1 mg/kg异丙嗪半小时后，即表现中枢神经系统抑制症状。

（4）**美克奈嗪** 是第一代哌嗪衍生的抗组胺药，常作为一种止吐药。在口服后2~3 h内出现血浆浓度的峰值。美克奈嗪主要以其代谢产物形式随尿排出体外，其血清半衰期为6 h。据一些病例报道，犬摄入小于33 mg/kg美克奈嗪，仅出现轻微的机能亢进或抑郁症状。

（5）**氯雷他定**　是一种三环类长效抗组胺药，具有选择性外周组胺H_1受体颉颃活性。口服氯雷他定，很容易被吸收，并能广泛地代谢为具有活性的代谢产物。大多数原药未发生变化即随尿液排出体外。人的平均消除半衰期为8.4 h。氯雷他定对实验动物的安全范围较大。大鼠和小鼠口服剂量达到5 g/kg，仍无死亡发生的报道。大鼠、小鼠和猴，每日服用10倍于人的药量，仍未观察到临床症状。

（6）**西替利嗪**　一种羟嗪的主要代谢产物，它是哌嗪衍生的非镇静类抗组胺药，现已列入非处方药。当西替利嗪以推荐剂量使用时，能选择性抑制外周H1受体，但没有明显的抗胆碱能或抗5-羟色胺作用。当犬出现瘙痒症状时，推荐剂量为1 mg/kg，口服，每日1～2次；猫为5 mg，口服，每日2次。犬和猫对西替利嗪有较高的耐受量。对小鼠和大鼠的最小致死量分别为237 mg/kg和562 mg/kg。不良反应包括呕吐、流涎、镇静、昏睡和偶尔机能亢进。

（7）**抗组胺类药物中毒的治疗**　抗组胺药中毒的治疗，主要为对症疗法和辅助疗法。仅对无症状动物可施行催吐法。对刚摄入抗组胺药的动物，可使用活性炭。应密切监测心血管功能和体温。安定可用于控制癫痫或癫痫类症状。建议用毒扁豆碱治疗人过量使用抗组胺药引起的中枢神经系统的抗胆碱能作用。但毒扁豆碱具有引起抽搐的危险性，现已限制使用。必要时应给予静脉输液。

2.　**美沙芬中毒**　美沙芬是一种非镇静的、不成瘾的阿片类镇咳药物。常见于许多感冒和咳嗽非处方药中。在以推荐剂量使用时，可提高咳嗽阈值。美沙芬能迅速经口吸收，并在肝脏转化成具有活性的代谢产物右啡烷。镇咳活性能持续3～12 h，这取决于药物配方。过量美沙芬能引起中枢神经和胃肠症状，如不安、幻觉、神经过敏、瞳孔散大、震颤、呕吐或腹泻。一些临床症状与血清素综合征（不安、神经过敏、战栗）相似。治疗主要采取辅助疗法。安定能用于控制一些中枢神经系统症状。吩噻嗪安定药（乙酰丙嗪或氯丙嗪）或赛庚啶能治疗血清素综合征。

（二）减充血剂

1.　**咪唑啉减充血剂**　一些咪唑啉衍生物——羟甲唑啉、丁苄唑啉、四氢唑啉和萘甲唑啉，都存在于局部外用的眼和鼻减充血剂非处方药中。咪唑啉减充血剂常被用作鼻和眼的局部外用血管收缩药，以暂时减轻因感冒、枯草热、上呼吸道过敏反应或窦炎引起的鼻充血。

咪唑啉为拟交感神经药，主要作用于α-肾上腺素受体，很少作用于β-肾上腺素受体。羟甲唑啉很容易经口吸收。单次给药后，从全身吸收的盐酸羟甲唑啉，对α-受体的作用可持续7 h。在人体内，其消除半衰期为5～8 h。咪唑啉原药可经肾脏（30%）和粪便（10%）被排出体外。

【**临床表现**】　犬的中毒症状包括呕吐、心动过缓、心律不齐、毛细血管再充盈差、低血压或高血压、气促喘息、上呼吸音增强、精神沉郁、虚弱、神经过敏、机能亢进或震颤。这些症状均在中毒后30 min至4 h内出现。通常，咪唑啉减充血剂中毒可影响胃肠、心肺和神经系统。

【**治疗**】　由于药物的快速吸收和临床症状的出现，施行排毒法是不现实的。应监测心率、心律以及血压，必要时可做心电图检查。如出现心动过缓，应给予静脉输液，同时静脉注射阿托品（0.02 mg/kg）；如出现中枢神经系统症状（如恐惧、震颤），可静脉注射安定（0.25～0.5 mg/kg）。必要时应评价和纠正血清电解质（即钾、钠、氯）。也可静脉注射0.1 mg/kg育亨宾碱（一种特殊的α2-肾上腺素能颉颃药），必要时每隔2～3 h重复1次。倘若育亨宾碱效果不好，可用阿替美唑（atipamezole）50 μg/kg，其中1/4静脉注射，其余肌内注射；如果疗效仍未改善，可在30～60 min内重复1次。

2.　**去氧肾上腺素**　去氧肾上腺素是一种α1-肾上腺素能受体兴奋剂，它作为OTC减充血剂，用于口腔药物配方、喷鼻药和眼药水中。由于明显的首过效应和单胺氧化酶在胃肠道和肝脏广泛的代谢作用，口腔生物利用度较差。去氧肾上腺素的半衰期为2～3 h。使用去氧肾上腺素会出现中枢神经系统兴奋、不安、神经过敏和高血压，但比使用假麻黄碱出现症状的频率低。本病与假麻黄碱中毒一样，主要采取对症疗法。

3.　**假麻黄碱与麻黄碱**　假麻黄碱是一种拟交感神经药，存在于天然麻黄属植物中。由于假麻黄碱可作为非法的苯丙胺的前体，在美国已有几个州限制使用假麻黄碱作为非处方药减充血剂。现已常用其他的减充血剂替代，如去氧肾上腺素。

假麻黄碱是麻黄碱的立体异构体，可形成氢氯化物或硫酸盐。麻黄碱和假麻黄碱都有α-和β-肾上腺素能兴奋剂作用。他们的药理学作用是由于直接刺激肾上腺素能受体和释放去甲肾上腺素所致。

人口服假麻黄碱，可迅速将其吸收。约在15～30 min开始出现中毒症状，在30～60 min内达高峰。在肝脏内常代谢不全，约90%药物经肾脏排出。在酸性尿中，肾脏能加速排泄。消除半衰期为2～21 h不等，这取决于尿液的pH。

【临床表现】 过量的假麻黄碱和麻黄碱产生的主要拟交感神经作用包括不安、机能亢进、瞳孔散大、心动过速、高血压、窦性心律失常、惊恐、震颤、头部上下晃动、躲藏和呕吐。动物接触5～6 mg/kg假麻黄碱和麻黄碱，可出现中毒症状；10～12 mg/kg可发生死亡。

【治疗】 假麻黄碱中毒的治疗包括去除污染物、控制中枢神经系统和心血管的影响以及辅助疗法。应催吐，随后使用活性炭和泻药。如果动物体况禁用催吐，可用气管内导管进行洗胃。可用乙酰丙嗪（0.05～1.0 mg/kg，肌内、静脉或皮下注射）、氯丙嗪（0.5～1.0 mg/kg，静脉注射）、苯巴比妥（3～4 mg/kg，静脉注射）和戊巴比妥控制机能亢进、神经过敏和抽搐。应避免使用安定，因它能使机能亢进更为严重。应谨慎使用吩噻嗪，因该药能降低抽搐阈值、降低血压和引起异乎寻常的行为变化。为控制心动过速，可用心得安0.02～0.04 mg/kg，静脉注射，必要时可重复注射；或用艾司洛尔（esmolol）0.2～0.5 mg/kg，缓慢静脉注射，或以每分钟25～200 μg/kg静脉输注。用氯化铵（50 mg/kg，口服，每日4次）或抗坏血酸（20～30 mg/kg，肌内或静脉注射，每日3次）酸化尿液，可加快假麻黄碱随尿排出。如给予氯化铵或抗坏血酸后，应检测酸碱状态。还应检查电解质、心率和心律以及血压。极度震颤或战栗能引起肌红蛋白尿，如发生此状况应做肾功能检查。中毒症状能持续1～4 d。尿中检查到假麻黄碱，可确诊本病。

（三）止痛药

1. 非类固醇类消炎药（Nonsteroidal Anti-inflammatory Drugs，NSAID） NSAID是世界各国人们最常用的一类药物。由于该类药物使用广泛，因而经常发生犬猫摄入人用NSAID后的急性中毒。布洛芬、阿司匹林和萘普生是宠物最常用的一类非类固醇类消炎药。

NSAID能抑制环氧化酶（也归类于前列腺素合成酶），阻断前列腺素的生成。据信，尽管NSAID有其他的作用机制，目前认为多数NSAID都通过抑制环氧化酶发挥作用。（见非类固醇类消炎药）。

（1）布洛芬 为2-（4-异丁苯）丙酸，主要用于动物和人的消炎、解热和镇痛。布洛芬经犬口服后可被快速吸收，血浆浓度在30 min至3 h内可达到峰值。食物能延缓布洛芬的吸收和血药浓度达到峰值。消除半衰期的平均时间为4.6 h。布洛芬在肝脏内被代谢为几种代谢产物，在24 h内主要随尿排出。主要代谢途径是通过与葡糖醛酸结合，有时先于氧化和羟基化作用。

犬用布洛芬的推荐剂量为5 mg/kg。但持续使用该药，可引起胃溃疡和胃穿孔。犬摄入布洛芬后，最常报道的中毒病变是胃肠发炎或溃疡、胃肠出血和肾受损。此外，还可见中枢神经系统抑制、低血压、共济失调、心脏机能不全和抽搐。布洛芬对犬的安全范围狭小。犬每日口服布洛芬8～16 mg/kg，连续30 d，可发生胃溃疡或糜烂，并伴有其他胃肠紊乱的临床症状。单一摄入布洛芬100～125 mg/kg能引起呕吐、腹泻、恶心、腹痛和厌食。摄入布洛芬175～300 mg/kg能引起肾衰。当摄入布洛芬大于400 mg/kg时，能见到一些中枢神经系统症状（即抽搐、共济失调、精神沉郁、昏迷）以及肾脏和胃肠症状。当摄入布洛芬大于600 mg/kg时，对犬具有潜在致死性。

猫对布洛芬也很敏感，其对布洛芬的中毒剂量仅为犬的一半。由于猫对葡糖醛酸结合能力有限，因而对布洛芬尤为敏感。摄入相同剂量时，布洛芬对雪貂的毒性比对犬的严重。雪貂布洛芬中毒的典型症状涉及中枢神经系统、胃肠和肾脏。

（2）阿司匹林 乙醋水杨酸、醋酸水杨酸酯为水杨酸类药的原型，是从苯酚中衍生出的一种弱酸。由于药物配方的差异，阿司匹林的口服生物利用度也不一致。阿司匹林通过抑制环氧化酶，降低前列腺素和血栓烷的合成。水杨酸也能解离线粒体氧化磷酸化作用和抑制特异性脱氢酶。由于血小板不能合成新的环氧化酶，致使血小板凝集受到影响。

在单胃动物中，阿司匹林能迅速地被胃和近端小肠吸收。吸收率取决于胃排空状况、药物分解率和胃pH。在摄入阿司匹林后0.5～3 h，水杨酸含量达到峰值。局部应用水杨酸能被全身吸收。阿司匹林通过酯酶主要在肝脏被水解成水杨酸，也可在胃肠黏膜、血浆、红细胞和关节液中被水解。水杨酸与50%～70%的蛋白质、尤其是白蛋白相结合。水杨酸易分布于细胞外液和肾、肝、肺及心脏。水杨酸通过肝与葡萄糖醛酸化物和甘氨酸轭合而被排出体外。在碱性尿中，肾清除率增强。不同品种动物间的水杨酸排出和生物转化有显著差异。在动物血浆中的半衰期为1～37.6 h不等。

阿司匹林中毒常以精神沉郁、发热、呼吸深而快、抽搐、呼吸性碱中毒、代谢性酸中毒、昏迷、胃发炎或溃疡、肝坏死和出血时间延长为特征。严重的阿司匹林中毒可发生抽搐，虽然其发病原因还不清楚。

由于猫缺乏葡萄糖醛酸转移酶，使阿司匹林排出体外的时间延长（在猫体内的半衰期为37.5 h）。猫每隔48 h给予25 mg/kg阿司匹林，持续4周，未出现中毒症状。给猫325 mg阿司匹林，每日2次，能使其死亡。

犬比猫更耐受阿司匹林，但持续使用阿司匹林能引起胃溃疡。定时给犬25 mg/kg阿司匹林，每日3次，两日后有50%犬出现黏膜糜烂。犬口服35 mg/kg阿司匹林，每日3次，在第30天有66%的犬出现胃溃疡。同样，犬口服50 mg/kg阿司匹林，每日2次，在5～6周后有43%的犬出现胃溃疡。犬急性摄入450～500 mg/kg阿司匹林，能引起胃肠紊乱、体温升高、疼痛、抽搐或昏迷。在阿司匹林中毒早期，因呼吸中枢兴奋可引起碱中毒，随后，常因阴离子裂隙增大而出现代谢性酸中毒。

（3）萘普生　一种丙酸衍生的NSAID，以酸或钠盐的形式作为非处方药。常用200～550 mg片剂、软胶囊或悬浮剂（125 mg/5 mL）。萘普生的结构和药理作用与卡布洛芬和布洛芬类似。在人和犬，主要用于消炎、镇痛和解热。

犬口服萘普生，吸收非常迅速，在0.5～3 h能达到血浆浓度峰值。据报道，犬的消除半衰期为34～72 h。萘普生的蛋白质结合能力非常高（＞99%）。在犬体内，萘普生主要经胆汁排出体外，而其他动物的主要排出途径是通过肾。因其大量进行肠肝循环，萘普生在犬体内的半衰期较长。

已有数例犬发生萘普生中毒的报道。犬口服5.6～11.1 mg/kg萘普生3～7 d，能引起带血黑粪、频繁呕吐、腹痛、穿孔性十二指肠溃疡、虚弱、蹒跚、黏膜苍白、再生性贫血、中性粒细胞核左移、血液尿素氮和肌酸酐含量升高以及总蛋白含量下降。据报道，单剂量口服萘普生35 mg/kg，能引起急性中毒。由于猫对葡糖醛酸轭合能力有限，因此对萘普生的毒性比犬更为敏感。

【治疗】　NSAID中毒的处置包括尽早去除接触的药物，保护胃肠道和肾脏以及采用辅助疗法。首先要采取催吐法，随后可选用活性炭和泻药。活性炭可在6～8 h内重复使用，以预防NSAID经肠肝循环而被重吸收。虽然应用一些H_2-受体颉颃药（雷尼替丁、法莫替丁、西咪替丁）不能预防胃肠溃疡，但却可用于治疗胃肠溃疡。奥美拉唑是一种能用于抑制胃酸分泌的质子泵抑制剂，犬口服0.5～1.0 mg/kg奥美拉唑，每日1次，可取代H_2阻断剂。硫糖铝（Sucralfate）（犬0.5～1 g口服，每日2～3次；猫0.25～0.5片口服，每日2～3次）与胃酸反应，能形成一种糊状复合物，与溃疡内蛋白结合，以防止黏膜进一步受损。因硫糖铝需要酸性环境，故至少需在使用H_2颉颃药前30 min给予硫糖铝。近年研究表明，米索前列醇（犬1～3 μg/kg口服，每日3次）与阿司匹林和NSAID同时应用，能预防胃肠溃疡。

如存在肾脏损伤可能，应静脉输液利尿。用碳酸氢钠碱化尿液，能使肾小管内水杨酸的离子分离，从而加速其排出体外。但应谨慎使用离子分离法。应检测基础肾功能，并在24、48和72 h予以核实。预后取决于动物摄入剂量和动物接受治疗的速度。

2. 乙酰氨基酚　乙酰氨基酚是一种合成的非阿片制剂的对氨基苯衍生物，广泛用于人的解热镇痛药。因其降低了患胃溃疡的危险性，大有取代水杨酸的趋势。

【中毒机制】　乙酰氨基酚能迅速地经胃肠道被吸收。通常在1 h内达到血浆浓度峰值，但可因缓释制剂而延长。乙酰氨基酚能均匀地分布于大多组织器官。蛋白结合率在5%～20%。乙酰氨基酚在大多数动物中的代谢涉及两种主要的结合途径，包括细胞色素代谢，伴随葡糖醛酸化或硫酸化。

猫对乙酰氨基酚中毒较敏感，因为他们缺乏葡糖醛酸基转移酶，难以将该药葡糖醛酸化。在猫体内，乙酰氨基酚主要通过硫酸化进行代谢；当该通路饱和时，就会产生有毒代谢物。对犬而言，除非乙酰氨基酚剂量超过100 mg/kg，否则一般不能观察到急性中毒症状。据报道，当犬摄入200 mg/kg乙酰氨基酚时，4条犬中有3条犬出现高铁血红蛋白血症的临床症状。低剂量重复接触乙酰氨基酚，也能引起中毒。猫摄入10～40 mg/kg乙酰氨基酚，就能发生中毒。

乙酰氨基酚中毒以高铁血红蛋白血症和肝毒性为特征，也可发生肾脏损伤。已报道，一些犬摄入乙酰氨基酚后出现急性角膜结膜炎。猫可在几小时内发生高铁血红蛋白血症，随后形成海恩茨氏小体。高铁血红蛋白血症能使黏膜变成棕褐色或泥土色，常伴随心动过速、呼吸深快、虚弱和呆滞。乙酰氨基酚中毒的其他临床症状包括精神沉郁、虚弱、强力呼吸、黄疸、呕吐、体温过低、面部或爪水肿、发绀、呼吸困难、肝坏死直至死亡。犬发生肝坏死比猫更为常见。犬通常在摄入乙酰氨基酚24～36 h后出现肝损伤。乙酰氨基酚中毒时，肝小叶中央坏死是肝坏死最常见的形式。

【治疗】　乙酰氨基酚中毒的处置方法包括尽早去除毒物、防治高铁血红蛋白血症和肝损伤以及辅助疗法。必要时可采取施墨（Schirmer）眼泪试验（确诊角膜结膜炎）。应尽早施行催吐法，同时服用活性炭及泻药。因为乙酰氨基酚要进行肠肝循环，活性炭可重复使用。

N-乙酰半胱氨酸（N-acetylcysteine，NAC）为一种含硫氨基酸，能减少肝受损范围，减轻高铁血红蛋白血症。NAC能提供羟基，直接与乙酰氨基酚代谢物结合，加速其排出体外。NAC还可作为谷胱甘肽前体。常用10%或20%溶液。速效剂量按140 mg/kg配成5%溶液，静脉注射或口服（用5%葡萄糖或灭菌水），随后的口服剂量为70 mg/kg，每日4次，共7 d，一些专家建议服用17 d。口服NAC能发生呕吐。NAC未标明可用于静脉注射，但可用0.2 μm抑菌滤器，缓慢静脉注射（超过15～20 min）。

应在24 h和48 h检查肝脏酶的变化。也应检查动物的高铁血红蛋白血症、海恩茨氏小体贫血和溶血状况。必要时应输液和输血。抗坏血酸（30 mg/kg，口服或注射，每日2～4次）可进一步降低高铁血红蛋白含量。甲腈咪呱为一种细胞色素抑制剂（5～10 mg/kg，口服，肌内注射或静脉注射），有助于减少有毒代谢物的形成并预防肝损伤。口服S-腺苷甲硫氨酸18 mg/kg 1～3个月，可作为控制犬、猫急性或慢性肝损伤的辅助性治疗。

（四）胃肠药

1. H2-受体颉颃药　H$_2$-受体颉颃药是组胺的结构类似物，常用于治疗胃肠溃疡、糜烂性胃炎、食管炎和胃逆流。他们作用于胃壁细胞的H$_2$受体，竞争性抑制组胺，在基础状态下和受到食物、氨基酸、五肽促胃液素、组胺和胰岛素的刺激下减少胃酸分泌。西咪替丁、法莫替丁、尼扎替丁、雷尼替丁都是这组H$_2$-受体颉颃药的典范，也常归属为H$_2$阻断剂。这些药物均能被迅速吸收，并在1～3 h内达到血浆浓度峰值。雷尼替丁广泛分布于全身。H$_2$阻断剂主要在肝脏被代谢。尼扎替丁、法莫替丁和雷尼替丁均以代谢产物和原药形式随尿排出体外，而西咪替丁随粪便排出体外。这类药的消除半衰期都很短（约2.2 h）。因西咪替丁可抑制肝微粒体酶系统，摄入H$_2$阻断剂可导致包括β阻断剂、钙道阻断剂、安定、甲硝唑和茶碱等药物的代谢降低。

H$_2$阻断剂具有广泛的安全范围，急性口服过量H$_2$阻断剂可引起一些轻微的症状，如呕吐、腹泻、食欲缺乏和口干。而静脉注射过量H$_2$阻断剂，则可出现严重的副作用，如震颤、低血压和心动过缓。法莫替丁对犬的最小致死量为大于2 g/kg（口服）和300 mg/kg（静脉注射）。犬单剂量口服800 mg/kg尼扎替丁不会致死。大多数H$_2$阻断剂中毒仅需做一些检测及辅助治疗即可。

2. 抗酸药　抗酸药常制成丸剂和液态制剂，常用于治疗胃肠紊乱。常用的抗酸药包括碳酸钙、氢氧化铝和氢氧化镁（镁乳）。这些抗酸药口服吸收较差。含钙和铝的抗酸药常引起便秘，而含镁的抗酸药常引起腹泻。一些产品同时含有铝和镁盐，以平衡其致便秘和致腹泻作用。急性单一摄入钙盐可引起短暂性高钙血症，但未必与明显的全身作用有关。在中毒后2～3 h内催吐，有助于预防严重的胃肠紊乱。

（五）复合维生素与铁

复合维生素的主要成分包括抗坏血酸（维生素C）、氰钴胺（维生素B$_{12}$）、叶酸、硫胺素（维生素B$_1$）、核黄素（维生素B$_2$）、烟酸（维生素B$_3$）、生物素、泛酸、吡哆醇（维生素B$_6$）、钙、磷、铁、镁、铜、锌和维生素A、维生素D和维生素E。在这些成分中，铁和维生素A、维生素D可引起明显的全身症状。伴侣动物急性摄入其他列出的成分能导致自限性的胃肠紊乱（如呕吐、腹泻、厌食、呆滞）。但宠物中毒较少发生。

复合维生素制剂都不同程度地含有铁。除特殊说明外，一般情况下，都是元素铁。不同的铁盐可含12%～48%元素铁。铁对胃肠黏膜有直接的腐蚀或刺激作用。它也是一种直接的线粒体毒物。当超出血清载铁能力时，游离铁沉积在肝脏损伤线粒体，导致门静脉周的肝细胞坏死。铁中毒症状常在6 h内发生。最初出现呕吐和腹泻（或带血），中毒后12～24 h可伴随血容量减少性休克、精神沉郁、发热、酸中毒和肝衰竭，在此期间，常有一个明显的恢复期。休克引起的肾衰可继发少尿和无尿。摄入大于20 mg/kg元素铁时，通常采用清除毒物和用一些胃肠保护药即可。摄入大于60 mg/kg元素铁时，必须进行治疗和监测。镁乳能与铁络合，减少胃肠道的吸收。血清铁含量和总铁结合力常在中毒后3 h进行检查，8～10 h复查。如果血清铁大于300 μg/dL或比总铁结合力强时，须进行螯合治疗法。去铁胺（40 mg/kg，肌内注射，每4～8 h一次）是一种特殊的铁螯合剂，在摄入后24 h内（在铁随血液分布到全身各组织前）最有效。其他应对症治疗。

虽然摄入大量鱼油或鱼肝油，可发生维生素A中毒，但很少发生急性复合维生素中毒。对于大多数动物而言，维生素A的中毒量是日常用量的10～1 000倍。猫对维生素A的需要量为10 000 IU/kg（日粮），即使日粮中维生素A的含量高达100 000 IU/kg，仍视为安全。犬对维生素A的需要量为 3 333 IU/kg（日粮），即使日粮中维生素A的含量高达333 300 IU/kg，仍视为安全。急性维生素A中毒的症状包括全身不适、厌食、恶心、脱皮、虚弱、震颤、惊厥、麻痹，直至死亡。

维生素D常见于许多钙添加剂中，主要帮助钙的吸收。许多维生素都含有胆钙化醇（维生素D$_3$）。进入体内后，胆钙化醇能在肝脏转化成25-羟基胆钙化醇（骨化二醇），随后在肾脏再转化成活性代谢产物1，25-二羟胆钙化醇（骨化三醇）。1 IU维生素D$_3$等于0.025 μg胆钙化醇。据报道，尽管犬口服维生素D$_3$的LD$_{50}$为88 mg/kg，但口服0.5 mg/kg胆骨钙化醇，即可见中毒症状。在大量接触维生素D 12 h内，可见呕吐、精神沉郁、多尿、烦渴和高磷酸盐血症，在24～48 h内出现高钙血症和急性肾衰。除肾衰外，肾脏、心脏和胃肠道可出现坏死病变和矿化作用。最初治疗应包括去除毒物和评价钙、磷、尿素氮和肌酸酐的基础值。应重复使用活性炭和泻药。如果中毒后出现明显的临床症状，应使用含盐利尿药和速尿、皮质类固醇以及磷酸盐黏合剂。对于对症治疗后仍维持高钙血症的，可选用特效药（鲑鱼）降钙素或帕米膦酸钠。由于骨化二醇的半衰期较长（16～30 d），需数天方能使血钙稳定。

（六）局部外用药

氧化锌：氧化锌软膏或乳膏常用作局部皮肤黏膜保护药、收敛药和杀菌剂。多数软膏都含有10%～40%氧化锌。急性摄入含氧化锌的产品，通常导致胃刺激（呕吐）和腹泻，但无血管内溶血及肝、肾受损。大量接触后2～4 h内出现症状。对呕吐的动物应采取对症疗法和辅助疗法。

（七）草药添加剂

1. 麻黄碱与咖啡因 几种市售用于补充能量的草药添加剂，都含有瓜拉拿泡林藤（*paullinia cupana*，一种天然咖啡因），和草麻黄（*ephedra sinica*，一种天然麻黄碱）。人使用含有咖啡因和麻黄碱的草药添加剂可发生急性肝炎、肾结石、过敏性心肌炎和突然死亡。犬意外摄入含咖啡因和麻黄碱的草药添加剂，几小时内就能引起严重的机能亢进、震颤、抽搐、呕吐、心动过速、体温过高和死亡。美国FDA已严禁使用含麻黄碱的添加剂。治疗见假麻黄碱和麻黄碱。

2. 5-羟色氨酸 据称，几种含5-羟色氨酸或加纳籽提取物的非处方药草药添加剂，能治疗精神沉郁、头疼、失眠和肥胖症。5-羟色氨酸能经口服被迅速吸收，并转化成血清素（5-羟色胺）。如5-羟色氨酸过量，靶细胞（胃肠、中枢神经系统、心血管和呼吸系统）上产生高浓度的血清素，能引起犬的血清素样综合征（如抽搐、抑郁、震颤、共济失调、呕吐、腹泻、发热、短暂失明和死亡）。摄入后4 h内出现临床症状，并持续至36 h。治疗包括尽早去除毒物、控制中枢神经系统症状（安定、巴比妥类药物、吩噻嗪类如乙酰丙嗪或氯丙嗪）、体温调节（冷水、风扇）、输液治疗和应用血清素颉颃剂治疗，例如，二苯环庚啶，按1.1 mg/kg口服或直肠灌注，每8 h一次或两次。

二、处方药毒性

宠物常通过多种途径摄入一些处方类药。兽医人员有时也会给动物开一些人用处方药。由于人用处方药的安全数据对一些动物品种并不适用，其作为兽用

尚未得到FDA批准，兽医人员不允许为动物开人用药物。畜主–病畜–兽医三者之间，一定存在兽医将人用处方药推荐给畜主的情况。

（一）心血管类药

参见心血管系统的药物治疗学。

1. 血管紧张肽酶（ACE）抑制剂 几种ACE抑制剂（如依那普利、卡托普利、赖诺普利、苯那普利）都用于治疗犬和猫的充血性心力衰竭。如急性ACE抑制剂使用过量，主要表现低血压。如果低血压严重，可继发肾损伤。在接触药物数小时内，即可出现中毒症状。药物中毒的其他临床症状包括呕吐、黏膜色泽异常、虚弱、心动过速或心动过缓。摄入后1～2 h内，应用活性炭并结合胃肠道内的药物治疗，效果很好。如果出现血压过低，应监测血压，同时以两倍于正常速率静脉输液；如出现严重或持续低血压，应检查肾功能。

2. 钙通道阻断剂 钙通道阻断剂（如硫氮卓酮、氨氯地平、硝苯地平、维拉帕米）通过阻断细胞膜上的钙离子通道，抑制胞外位点钙的运动。钙通道阻断剂使用过量最常见的症状为低血压、心动过缓、胃肠紊乱和心肌梗死。血压下降时，可发生反射性心动过速。

过量使用钙通道阻断剂引起急性中毒的处置方法包括纠正低血压和心脏节律紊乱。通常，如果在摄入钙通道阻断剂后2 h内没有出现临床症状，应采用催吐法。动物出现症状后实施催吐，会使迷走神经兴奋性增加和心动过缓更加严重。在摄入钙通道阻断剂后的最初几小时内，使用活性炭吸附尚未被胃肠道吸收的药物最为有效；如果一种缓速片被摄入，则应重复使用活性炭，每4～6 h 1次，共2～4次，效果更好。应根据血压、心率、心电图和血象，确定特殊治疗方法。建议静脉输液，应加入葡萄糖酸钙（10%溶液，按0.5～1.5 mL/kg，缓慢静脉注射），但须密切监测心电图。心动过缓可用阿托品（0.02～0.04 mg/kg）；倘若心电图表明房室传导阻滞，应使用异丙去甲肾上腺素。对于静脉输液不能纠正持续低血压的，应改用多巴胺（每分钟1～20 μg/kg）或多巴酚丁胺（每分钟2～20 μg/kg）连续静脉滴注。如药物治疗未见效而出现心脏传导紊乱，需临时启用心脏起搏器。钙通道阻断剂可与其他任何强心药相互作用，治疗心动过缓、低血压和心肌收缩力抑制等病症。

3. β阻断剂 这类药物（如萘心安、美多心安、氨酰心安、噻吗心安、艾司心安）与β-肾上腺素受体部位结合，从而竞争性抑制儿茶酚胺与其结合。过量药物的最常见症状为心动过缓和低血压，还可发生呼吸抑制、昏迷、抽搐、高钾血症和低血糖

症，也可能发生充血性心衰。因市场上无批准的兽用药，人用处方药正常使用时，也可出现明显的临床症状。

因药物吸收迅速，催吐仅可用于摄入药物1~2 h内无症状动物。如果动物摄入复合片剂、胶囊或缓释剂，应考虑使用活性炭。因缓释药丸能延缓中毒症状，故须持续监测心率和临床状况数小时。如已出现临床症状，应检测血液化学指标。应采用静脉输液治疗低血压，阿托品可治疗心动过缓。必要时，还可使用高血糖素或异丙去甲肾上腺素。如已确诊为高钾血症，可使用胰岛素，随后静脉注射葡萄糖，促使大量钾回流到细胞中。

4.苯丙醇胺 苯丙醇胺（PPA）是一种拟交感神经胺，主要用于治疗犬和猫的尿失禁。PPA能间接刺激α-和β-肾上腺素受体，引起去甲肾上腺素释放。PPA能经口服迅速被吸收，并分布到包括中枢神经系统在内的全身各组织中。PPA主要以原药形式经肾排出体外。过量PPA可导致中枢神经系统紊乱（不安、兴奋、神经过敏）和心血管症状（高血压或低血压、心动过速或心动过缓以及心血管性虚脱）。犬也能表现被毛逆立、呕吐、体温升高或下降以及瞳孔散大等症状。治疗包括尽早排毒，在摄入后几小时内，对无症状动物采用催吐法，随后使用活性炭。对于中枢神经系统紊乱和轻微高血压者，可选用乙酰丙嗪（0.02 mg/kg，静脉或肌内注射，必要时可重复注射）。如乙酰丙嗪降压失效，可尝试恒速输注硝普钠。为促进排泄，也应静脉输液。其他症状可对症治疗。

5.利尿药 口服利尿药包括噻嗪类（如氯噻嗪、双氢氯噻嗪）、袢利尿药（如速尿）和安体舒通（一种醛固酮颉颃药）以及三氨喋呤。可注射的渗透压性利尿药包括甘露醇和脲。过量使用利尿药最常见的症状包括呕吐、抑郁、多尿、烦渴和电解质失衡。电解质特别是钾，可在大量摄入利尿药后丢失。利尿药中毒的处置包括监测水化作用和电解质必要时予以校正。

（二）安定药、抗抑郁药、睡眠辅助药与抗惊厥药

参见神经系统药物治疗学部分。

1.吩噻嗪 这类药与γ-氨基丁酸（抑制性神经介质）受体结合，用于控制抽搐，也是一种抗焦虑药。安定在兽医领域广为人知，阿普唑仑、利眠宁、氯硝安定、氯羟安定、去甲羟基安定和三唑氯安定均为常规处方药。一般地，这类药都能被迅速和完全地吸收，属于亲脂类、蛋白结合率高的药物。主要通过葡萄糖醛酸化进行代谢，所以，猫可能对其副作用更

敏感。有几种药（如安定、安定羧酸）的代谢物具有活性，因此，症状持续期较长。

服用吩噻嗪类药物后，最常见的症状为中枢神经系统抑制、呼吸抑制、共济失调、虚弱、精神混乱、恶心和呕吐。在大剂量用药时，有些动物中枢神经系统还表现由抑郁（异常反应）转为兴奋，最终仍转为抑郁。其他常见症状有体温过低、低血压、心动过速、肌肉张力减退和减数分裂。一些猫在连续几日口服安定后，会出现急性肝衰竭症状。

如刚摄入吩噻嗪，且未出现临床症状，则应采用催吐法。倘若摄入量过大，应先洗胃，随后口服活性炭。患病动物应注意保暖和保持安静，密切监测呼吸和机体对刺激的反应性。静脉输液有助于维持血压。如出现严重的呼吸抑制，可给猫和犬缓慢静脉注射逆转剂氟马西尼（0.01 mg/kg）。氟马西尼的半衰期较短，所以需重复给药。鉴于吩噻嗪的异常反应，其不能用于控制中枢神经系统兴奋。乙酰丙嗪或巴比妥酸盐可用于控制早期中枢神经系统兴奋。

2.抗抑郁药 抗抑郁药可分成几个等级。该类药中几乎任何一种过量，都能导致血清素综合征（见下述）。

（1）选择性血清素再吸收抑制剂 这类抗抑郁药包括舍曲林、氟西汀、帕罗西汀和氟伏沙明。他们能阻断突触前膜的血清素受体的活性，对其他神经递质几乎没有作用。

（2）三环抗抑郁药 这类抗抑郁药（如阿米替林、氯丙咪嗪、去甲替林）常用作抗精神病药物。他们的结构与吩噻嗪很相似，都有相似的抗胆碱能、肾上腺素能和α-阻断剂特性。这些药物被吸收后，能广泛地与血浆蛋白结合，也能与组织及包括线粒体在内的细胞部位结合。环状抗抑郁药能阻断胺泵，终止神经元对去甲肾上腺素、血清素和多巴胺的再吸收。这些药物也呈现轻微的肾上腺素能阻断作用。与氯丙嗪和β-阻断剂类似，三环抗抑郁药通过非特异性膜的稳定作用，发挥他们的主要毒性。三环抗抑郁药也具有中枢和外周抗胆碱能活性和抗组胺作用。中毒临床症状包括中枢神经系统兴奋（不安、精神混乱、发热）、心律不齐、高血压、肌阵挛、眼球震颤、抽搐、代谢性酸中毒、尿潴留、口腔干燥、瞳孔散大和便秘。随后可发展成中枢神经系统抑制（昏睡）、共济失调、体温过低、呼吸抑制、发绀、低血压和昏迷。

（3）单胺氧化酶抑制剂 单胺氧化酶抑制剂是一类抗抑郁药，主要用于治疗人的非典型抑郁症。司来吉兰为一种单胺氧化酶-B抑制剂，主要用于治疗犬的库兴病和可认知的机能障碍（犬痴呆）。口服司来

吉兰可迅速被吸收。司来吉兰的代谢产物包括苯丙胺和甲基苯丙胺。该药在犬体内的半衰期为1 h。

（4）其他（非典型）抗抑郁药　这些抗抑郁药都有非选择性阻断受体作用，当选择性血清素再吸收抑制剂或三环抑郁药不起作用时，就应使用该类抗抑郁药，包括安非他酮、曲唑酮和米氮平。

【治疗】对于近期中毒且无症状表现的动物，应催吐。随后用活性炭（甚至在摄入后数小时）和泻药，如山梨醇或硫酸钠（应禁用硫酸镁，因它能加重中枢神经系统的抑制）。可用安定控制抽搐。必要时也应处理血清素综合征。应监测心率与心律，并治疗心律失常。阿托品因能加重三环抗抑郁药的抗胆碱能作用，不宜用于控制心动过缓。

血清素综合征：中毒症状常包括以下3个特点：精神状态异常（兴奋不安、神经过敏、肌阵挛、反射亢进、震颤、腹泻、运动失调）、心血管异常（心率和血压）和发热。重复或过量摄入抗抑郁药或兴奋药（如苯丙胺），能引起血清素水平升高。赛庚啶是一种血清素颉颃药，常用作治疗药物。仅以片剂形式服用，但能溶于少量的盐水，犬、猫分别按1.1 mg/kg和2 mg灌肠。如果初次剂量反应良好，但症状反复，应重复使用赛庚啶。吩噻嗪类，如乙酰丙嗪或氯丙嗪也有抗血管紧张素作用，并能用于控制机能亢进。苯二氮卓类，如安定可用于控制中枢神经系统所受的影响。

3. 巴比妥类药物　临床上可见长速效巴比妥类药物和短速效巴比妥类药物。长速效巴比妥类药物包括苯巴比妥、甲基苯巴比妥和去氧苯比妥，常用作抗惊厥药或镇静药。短速效巴比妥类药物（仲丁巴比妥、戊巴比妥、司可巴比妥）和超速效巴比妥类药物（硫戊巴比妥和硫喷妥）主要用于诱导麻醉和控制抽搐。巴比妥类药物均可经肠道迅速吸收，并在肝脏代谢；其代谢产物主要经肾脏排出体外。15 min至数小时内产生症状。长速效巴比妥类药物引起的中毒症状可持续数天。最常见的症状是镇静、共济失调、呼吸抑制、昏迷、反射消失、低血压和体温过低。

对近期中毒且无症状的动物，应采用催吐法。洗胃能清除胃内较多的药物。活性炭能迅速吸附巴比妥类药物；每4～6 h小剂量、重复给予活性炭，能进一步减轻机体负担。静脉输液能维持血压。需密切监测呼吸用力程度和呼吸效率，治疗时应配备呼吸器。必须保持正常体温。肺吸入是常见并发症。根据剂量状况，积极治疗常需48 h。

4. 睡眠辅助药　唑吡坦和扎来普隆是一类睡眠辅助药，其作用机制与吩噻嗪相同。这些药物产生中毒症状非常迅速（通常不到30 min），均具有较

短的半衰期。摄入睡眠辅助药后，镇静作用明显。0.22 mg/kg的低剂量，即可导致镇静和共济失调；0.6 mg/kg的低剂量作用于犬时，即可发生震颤、嘶叫和踱步。

对近期中毒且无症状表现的动物，可采取胃肠排毒法。如出现轻微症状，置宠物于安全、安静环境即可。如出现异常兴奋，应根据症状不同及其剧烈程度采取对症治疗。极度兴奋者可用乙酰丙嗪或其他吩噻嗪类药进行控制。使用安定可加重中枢神经系统抑制的症状。如中毒症状严重，可用氟吗西尼（0.01 mg/kg，静脉注射）。

5. 吩噻嗪类安定药　兽药中最常用的吩噻嗪类药有乙酰丙嗪、氯丙嗪和丙嗪。在家畜中，主要用作安定药、麻醉前用药、止吐药和治疗因过量使用苯丙胺、可卡因等特效药而造成的中枢神经系统紊乱。过量使用该类药最常见的症状为过于镇静、虚弱、共济失调、虚脱、行为改变、体温过低、低血压、心动过速和心动过缓。

治疗包括对症疗法和辅助疗法。由于中枢神经系统症状发生迅速，只有近期接触本药的动物可催吐，随后用活性炭和泻药。重复使用活性炭可能对治疗有帮助，特别是对大量摄入药物的动物。低血压应静脉输液。如静脉输液仍不能纠正低血压，可选用多巴胺。应监测体温、心率和血压，并采取对症疗法。

（三）肌肉松弛药

最常见的肌肉松弛药包括巴氯芬和环苯扎林。口服巴氯芬能迅速吸收。摄入该药约30 min至2 h后出现中毒症状。最常见的症状为嘶叫、流涎、呕吐、共济失调、虚弱、震颤、战栗、昏迷、抽搐、心动过缓、体温过低和血压异常。环苯扎林常用于急性肌肉痉挛，口服可被完全吸收，3～8 h后，血浆浓度达到峰值。肌肉松弛药在肝脏代谢，并进行肠肝循环。犬和猫常见症状为精神沉郁和共济失调。

过量摄入肌肉松弛药的治疗包括对症疗法和辅助疗法。近期接触肌肉松弛药且无临床症状的，可实施催吐，随后使用活性炭。必要时可提供呼吸支持（通风装置）。对躺卧或昏迷动物，应监测体温变化和肺吸入状况。安定可控制抽搐。赛庚啶（1.1 mg/kg，口服，每8 h 服用1或2次）对犬的嘶叫症状有疗效。必要时可静脉输液。

（四）局部外用药

宠物摄入过量局部外用药，常引起轻微胃肠炎。例如，摄入含皮质类固醇的乳剂或软膏，常引起轻度至中等程度的胃不适、烦渴和食欲亢进。并且，宠物摄入某些局部外用药，如5-氟尿嘧啶和钙泊三醇，即使低剂量也能致死。

1. 5-氟尿嘧啶 5-氟尿嘧啶常配成1%或5%软膏，还可配成1%、2%或5%局部外用液。该药常用于治疗人的皮肤癌和日光性角化病。宠物常因意外摄入5-氟尿嘧啶而造成中毒。犬、猫摄入5-氟尿嘧啶数小时内即可出现中毒症状。犬的最小致死量为20 mg/kg，但摄入低剂量（8.6 mg/kg）5-氟尿嘧啶，即可见中毒症状。最初症状包括严重呕吐，可发展到吐血和腹泻。有时还出现严重的震颤、共济失调和抽搐。在猫和犬体内，5-氟尿嘧啶可被转化成氟柠檬酸，从而干扰三羧酸循环，这可能是导致抽搐和共济失调的原因之一。通常，5-氟尿嘧啶可迅速破坏分裂细胞，危害胃肠道、肝、肾、中枢神经系统和骨髓。犬摄入5-氟尿嘧啶后的死亡率较高。

宠物5-氟尿嘧啶中毒的治疗，主要包括对症疗法和辅助疗法。如摄入5-氟尿嘧啶1 h内且无临床症状的，可实施催吐，随后使用活性炭和泻药；如果动物出现症状（如呕吐或抽搐），首先应使动物保持安定。为保护胃肠道，可用硫糖铝（大型犬1 g，小型犬0.5 g，口服，每日3次）和胃酸分泌抑制剂，如西咪替丁。安定最初可用于控制抽搐和震颤，但对严重病例无效，可使用其他抗抽搐药，如戊巴比妥（3～15 mg/kg，缓慢静脉注射）或苯巴比妥（3～30 mg/kg，缓慢静脉注射）。已表明，恒速输注安定或巴比妥类药物，能成功控制严重的抽搐。倘若此法不能控制中枢神经系统症状，可尝试气体麻醉剂（如异氟甲氧氟烷）和丙泊酚（4～6 mg/kg，静脉注射，或按每分钟0.6 mg/kg连续滴注）。必须静脉输液并监测体温。两周内，需监测电解质、血清生化指标（肝特异性酶和肾功能）和全血细胞计数。存活犬后期可呈现骨髓抑制。如果犬发生严重中性粒细胞减少症，皮下注射粒细胞集落刺激因子——非格司亭4～6 μg/kg，可能有效。

2. 钙泊三醇（Calcipotriene） 钙泊三醇主要用于治疗人的牛皮癣，常制成软膏或乳剂（0.005%或50 μg/g）。钙泊三醇是骨化三醇（1，25-二羟胆钙化醇）的一种新的结构同型物，是胆钙化醇（维生素D3）最具活性的代谢产物。犬意外摄入40～60 μg/kg钙泊三醇，会引起危及生命的高钙血症。临床症状常发生于摄入该药24～72 h内，主要表现食欲缺乏、呕吐、腹泻、多尿、烦渴、精神沉郁和虚弱。血清钙常在12～24 h内升高，并保持数周。同时伴随血磷、钙磷含量升高和软组织矿化。严重病例或未治疗病例，出现以尿素氮和肌酸酐含量升高为特征的急性肾衰、昏迷及死亡。

钙泊三醇中毒的治疗，主要包括一般排毒法（催吐、使用活性炭和泻药），在用鲑降钙素或不用鲑降钙素情况下，可用盐类利尿法，如速尿和皮质类固醇降低血钙浓度（见高钙血症的治疗）。对犬而言，同时使用帕米膦酸钠（1.3～2 mg/kg，盐水稀释，静脉输注，2 h以上）也是一种有效的辅助治疗。钙泊三醇中毒，通常需监测血钙、血磷、尿素氮和肌酸酐数天甚至数周。出现肾衰，需不间断地进行补液。

（五）非类固醇消炎药处方

非类固醇类消炎药（Nonsteroidal anti-inflammatory drugs，NSAID）中毒的常见副作用和治疗的一般性讨论，参见非类固醇消炎药。

1. 依托度酸（Etodolac） 依托度酸是一种吲哚乙酸衍生的NSAID，在犬中，主要用于治疗骨关节炎引起的疼痛和炎症。口服吸收迅速，在摄入2 h后，血清浓度达峰值。依托度酸主要通过胆汁排出体外。其消除半衰期为8～12 h。犬按推荐剂量（10～15 mg/kg，口服，每日1次），使用依托度酸1年，仍有较好的耐受性。多次摄入剂量40 mg/kg的依托度酸，可见中毒症状，如胃肠溃疡、呕吐、腹泻和体重减轻。曾有8只犬按80 mg/kg摄入依托度酸，其中6只犬因胃肠溃疡而死亡或濒死。

2. 美洛昔康（Meloxicam） 美洛昔康是一种烯醇酸衍生的NSAID，主要用于控制犬、猫疼痛和炎症。美洛昔康常配成5 mg/mL注射液和口服液。猫仅允许单次皮下注射0.3 mg/kg。犬的初次口服推荐量为0.2 mg/kg，随后为0.1 mg/kg。美洛昔康对犬的安全范围较宽。犬以0.1 mg/kg的剂量连续口服26周，仍有较好的耐受性。一些犬口服0.3 mg/kg或0.5 mg/kg美洛昔康，42 d后，呈现出与NSAID一致的临床症状（呕吐、腹泻、肾受损）。猫的安全范围较窄，超剂量口服（0.1～0.2 mg/kg），仅几日就出现副作用。

三、违禁药与毒品的毒性

宠物接触违禁药或毒品可能是意外的、故意的或蓄意的。毒品嗅探犬偶尔也会摄入这些化合物。由于这些药是非法的，一些畜主可能会提供一些错误的、不够完整的或误导的接触史。违禁药常与其他一些药物掺杂在一起，给诊断带来很大困难。

对于怀疑接触违禁药或毒品的病例，应收集动物所处环境、接触量和中毒症状出现的时间、症状类型、严重程度和持续时间等信息。这些信息有助于确定是否接触违禁药物。一旦发现违禁药，应打电话到当地警察局或动物/人类毒物控制中心，有关部门就能帮助鉴别违禁药。许多医院、急诊中心和一些兽医诊断实验室都有违禁药审查部门，可检查不同体液中违禁药品或其代谢产物。血液或尿液中检测到原药或其代谢物，都有助于可疑病例的确诊。兽医工作者应联系这些实验室，确定所需的样品类型与检测所需的时间。

药物检测盒有助于排除违禁药中毒的可疑病例。这些检测盒价廉、有效、便于操作。他们可检测尿中的药物代谢产物，并能检测最常见的违禁药或毒品，如苯丙胺、可卡因、大麻、鸦片制剂和巴比妥类药物。这些检测盒的敏感性和特异性可能各不相同。为得出最佳检测结果，需按照各试剂盒的说明严格操作。

（一）苯丙胺及其相关药物

苯丙胺及其衍生物是中枢神经系统和心血管系统兴奋药，常用于人的食欲抑制、发作性睡眠病、意识混乱、帕金森综合征和行为紊乱。一些常见的苯丙胺或相关药物，包括甲基苯异丙基苄胺、右旋苯异丙胺、苯异妥英、苯哌啶醋酸甲酯、芬特明苯丁胺、二乙胺苯丙酮、苯双甲吗啉、甲基苯丙胺和苯甲吗啉。苯丙胺在市面上出售时，常被称为"生死时速""安非他命药片"或"安非他命"。掺杂药通常有咖啡因、麻黄碱或N-去甲麻黄碱。

【药代动力学与毒性】　苯丙胺在胃肠道被迅速吸收，$1 \sim 2$ h内达血浆浓度峰值。缓释剂型吸收迟缓。苯丙胺的血浆半衰期取决于尿pH。尿pH呈碱性时，半衰期为$15 \sim 30$ h；尿pH呈酸性时，半衰期为$8 \sim 10$ h。大鼠和小鼠急性口服苯丙胺的LD_{50}为$10 \sim 30$ mg/kg。据报道，人摄入1.3 mg/kg甲基苯丙胺，能引起死亡。

【中毒机制】　苯丙胺能刺激去甲肾上腺素的释放，影响$\alpha-$和$\beta-$肾上腺素受体位点。苯丙胺也能刺激大脑皮质中枢、延髓呼吸中枢和网状激动系统，刺激释放儿茶酚胺。它还能通过增加释放和抑制重吸收以及代谢作用，使神经末梢的儿茶酚胺含量升高。在中枢神经系统受到影响的神经介质，主要有去甲肾上腺素、多巴胺和血清素。

【临床表现与诊断】　苯丙胺的中毒症状与可卡因中毒很相似，临床上很难鉴别。唯一区别是，苯丙胺的半衰期比可卡因长，其临床症状持续时间更长。苯丙胺中毒最常见的症状包括机能亢进、有攻击行为、体温过高、震颤、共济失调、心动过速、高血压、瞳孔散大、转圈、摇头，直至死亡。

本病的诊断同可卡因中毒（下述）的诊断，主要依靠畜主对接触史的了解。可从胃内容物和尿液中，检测到苯丙胺及相关药物或其代谢产物。只有在大量摄入苯丙胺时，才能在血浆中检测到该药。

【治疗】　推荐使用吩噻嗪来控制苯丙胺中毒引起的中枢神经系统症状（见可卡因中毒的治疗，下述）。必要时，可用其他抗惊厥药，如安定、巴比妥类药物或异氟烷。用氯化铵（每日$25 \sim 50$ mg/kg，口服，每日4次）或抗坏血酸（$20 \sim 30$ mg/kg，口服、皮下注射、肌内注射或静脉注射）酸化尿液，可加快苯丙胺随尿排出。然而，只有在监控机体酸碱状态时，才可采取此种处置方法。也可用赛庚啶（1.1 mg/kg，口服或直肠给药）$1 \sim 2$次（间隔$6 \sim 8$ h），治疗血清素综合征（精神混乱、肌肉僵硬、兴奋不安）。必要时，应监测心率和心律（见"可卡因治疗"，下述，"用阻断剂治疗心动过速"）、体温和电解质，并做相应治疗。

（二）可卡因

可卡因（苯甲酰-甲基爱康宁）碱是从古柯（*Erythroxylon coca*和*E. monogymnum*）叶中提取而得。可卡因毒品的常见代名词名字有coke、gold dust、stardust、snow、C、white girl、white lady、baseball和speedball（可卡因和海洛因）。古柯叶中的可卡因碱被加工成可卡因盐酸盐，然后，再加工形成可卡因碱或游离碱，可卡因碱无色、无味、透明和耐热。游离碱可卡因也称crack，rock或flake。可卡因到吸毒者手中前已被稀释数倍。黄嘌呤生物碱、局部麻醉药和减充血剂都是一些最常见的掺杂物。

可卡因是一种二类人用药。它被限制为口腔、喉和鼻腔黏膜的局部麻醉药。大多数情况下，可卡因被用作毒品。

【药物动力学与毒性】　可卡因可通过多种途径被吸收。口服可卡因后，在碱性环境（即肠道）下吸收良好。人口服该药约有20%可被吸收。可卡因的血浆半衰期为$0.9 \sim 2.8$ h。大量可卡因经肝脏和血浆胆碱酯酶代谢成非活性代谢产物，主要随尿液排出。给犬静脉注射可卡因盐酸化物，其急性LD_{50}为13 mg/kg；犬和猫的LD_{100}分别为12 mg/kg和15 mg/kg。犬口服可卡因的LD_{50}是静脉注射的$2 \sim 4$倍。

【中毒机制】　可卡因主要作用于植物神经系统的交感神经部分。它能阻断中枢神经系统对多巴胺和去甲肾上腺素的重吸收，导致欣快感、不安和运动活力增强。可卡因也能降低血清素及其代谢产物浓度。局部使用可卡因能引起小血管的收缩。可卡因中毒时的体温升高，可能是由于肌肉活动时产热增加或由于血管收缩使散热减少所致。

【临床表现与诊断】　可卡因中毒的特征为中枢神经系统兴奋、机能亢进、战栗、共济失调、气促喘息、不安、瞳孔散大、神经过敏、抽搐、心动过速、高血压、酸中毒或体温升高。中枢神经系统兴奋后，可出现中枢神经系统抑制和昏迷。死亡可能是由体温过高、心搏停止或呼吸停止所致。非特异性化学变化包括高血糖症、肌酸磷酸激酶及肝特异性酶活性升高。

根据接触病史和特有的临床症状，可诊断本病。在血浆、胃内容物或尿液中检出可卡因，可确诊本病。本病应与苯丙胺、假麻黄碱、麻黄碱、咖啡因、巧克力、多聚乙醛、士的宁、震颤原性真菌毒素、铅、烟碱、苄氯菊酯（猫）和其他农药中毒以及脑炎进行鉴别诊断。

【治疗】 治疗方法包括胃肠排毒，稳定中枢神经系统（CNS）和心血管作用，调节体温以及辅助疗法。出现临床症状的动物，在排毒前首先应保持安定。近期接触可卡因且无临床症状的，可催吐，随后用活性炭和泻药。如果动物的体况不宜实施催吐（如出现CNS症状或激烈的心动过速），可用气管内导管进行洗胃，以减少肺吸入的危险性。洗胃后，胃内应投放活性炭和泻药。

可用一种以上抗惊厥药控制CNS症状。安定可控制CNS兴奋的临床症状。然而，安定的药效短暂，须重复使用才能控制CNS兴奋。吩噻嗪类安定药，如乙酰丙嗪（0.05～1.0 mg/kg，静脉、肌内或皮下注射，必要时重复使用）或氯丙嗪（0.5～1.0 mg/kg，静脉或肌内注射）通常都能较好地控制CNS兴奋。因可降低抽搐阈值，须谨慎使用吩噻嗪类药。若吩噻嗪类药效果不好，可改用苯巴比妥或戊巴比妥（3～4 mg/kg，静脉注射）。如上述方法仍难控制CNS症状，采用气体麻醉剂如异氟甲氧氟烷或许有效。

应经常监测血压、心率与心律、心电图和体温，必要时进行治疗。心得安（0.02～0.06 mg/kg，静脉注射，每日3～4次）或其他β-阻断剂，如艾司洛尔（esmolol）（0.2～0.5 mg/kg，缓慢静脉注射，或每分钟25～200 μg/kg，恒速滴注），能控制心动过速。在CNS和心血管症状稳定后，应进行静脉输液，监测电解质和酸碱状况，必要时进行纠正。所有中毒症状都被控制或消失后，方可停止治疗和监测。

（三）摇头丸

摇头丸（MDMA或3，4-亚甲基-二氧基甲基苯丙胺）是一种半合成的、具有致幻性和苯丙胺样特性的、并对神经起显著作用的迷魂药物（毒贩对原药化合物进行了微小结构改变）。代名词包括Adam、XTC、E、Roll、X、或Love Drug。经典剂量为75～150 mg。MDMA可大量释放血清素，也能与血清素转运体（一种蛋白质）结合，以清除神经元突触中的血清素。该药的综合效应是增加了血清素和血清素能性作用。MDMA也可影响多巴胺和去甲肾上腺素。啮齿动物试验表明，MDMA能导致永久性血清素神经元损伤。

宠物MDMA中毒并不常见。通常因意外摄入MDMA（粉剂、片剂或胶囊）而急性中毒。摄入MDMA后30 min至2 h，出现临床症状，可表现拟交感神经作用（CNS兴奋、不安、机能亢进、踱步、体温过高、心动过速、血压高、抽搐；类似苯丙胺中毒）、镇静状态或幻觉（嘶叫、精神混乱、肌肉强直）。在人体内的半衰期为7.6～8.7 h。治疗与苯丙胺中毒相同。为治疗血清素能性作用（不安、肌肉强直、神经过敏），可尝试抗血清素能性药物，如赛庚啶（1.1 mg/kg，口服，在6～8 h内重复1次）。

（四）大麻

大麻（印度大麻）是干燥的多叶绿色大麻的花、叶、茎的切割或研磨混合物。几种大麻素都存在于植物树脂内，但δ-9-四氢大麻酚（delta-9-tetrahydrocannabinol，THC）被认为是最具活性并对神经起显著作用的主要制剂。THC在大麻中的含量为1%～8%。大麻脂是从开花植物的顶端提取的一种树脂，它在THC中的含量比大麻高。印度大麻的代名词包括pot、Mary Jane、hashish、weed、grass、THC、ganja、bhang和charas。提纯的THC可作为处方药，通用名为屈大麻酚。合成的大麻醇、大麻隆也可作为处方药。市售大麻或大麻脂可污染苯环己哌啶、二乙基麦角酰胺（LSD）或其他药物。

作为毒品，大麻通常被列为一类控制药物。大麻也常作为化疗病人的一种抗止吐药，它还能降低青光眼病人的眼内压。一些临床医生提倡用屈大麻酚作为食欲刺激剂，但这种药物引起的烦躁不安超过其食欲刺激功效。

【药代动力学与毒性】 大麻最常见的中毒途径是口服。摄入大麻后，THC经首过效应，通过肝微粒体羟基化作用和非微粒体氧化作用而被代谢。犬在中毒后30～90 min内出现临床症状，并可持续至72 h。THC具有高亲脂性，吸收后很容易分布到脑和其他脂肪组织。大鼠和小鼠口服纯THC的LD_{50}分别为666 mg/kg和482 mg/kg。然而，剂量低很多的大麻就可引起中毒。

【中毒机制】 THC主要作用于脑中一个独特的受体，并以大麻醇的形式影响中枢神经系统。大麻醇能加快去甲肾上腺素、多巴胺和血清素的形成。也能刺激多巴胺的释放，加快γ-氨基丁酸的周转。

【临床表现与诊断】 大麻中毒最常见的症状是精神沉郁、共济失调、心动过缓、体温过低、嘶叫、流涎、呕吐、腹泻、尿失禁、抽搐和昏迷。

根据接触病史和典型临床症状，可诊断本病。因为血浆中THC含量较低，所以在体液中难以检测到。医院内进行尿液检测或在接触早期使用大麻药物检测盒，有助于确诊本病。大麻中毒可与乙二醇（见防冻剂）或依维菌素中毒、低血糖症、吩噻嗪、巴比妥类药物或阿片药过量、椎间盘受损或头部创伤相混淆。

【治疗】　治疗主要采取辅助疗法。如果中毒是近期发生而且无禁忌症，应通过催吐和应用活性炭排毒。昏迷动物应作吸入性肺炎监测，并进行静脉输液，治疗体温过低，应预防坠积性水肿或褥疮性溃疡。安定可用于镇静，并可控制抽搐。治疗和监测须一直进行，直至所有临床症状消失并好转（犬约在72 h后好转）。

（五）阿片制剂

阿片制剂最初归从罂粟汁中提取的天然生物碱。罂粟汁含吗啡、可待因和其他几种生物碱。通常，阿片制剂归类于天然或合成药物，他们都有吗啡样作用或通过阿片受体的传递而起作用。根据结构，阿片制剂可分为5种类型。每一类都有一些常见化合物：①菲-吗啡、海洛因、氢化吗啡酮、氧吗啡酮、二氢可待因酮、可待因和氧可酮；②吗啡喃-环丁甲二羟吗喃；③二苯庚烷-美沙酮和丙氧酚；④苯基哌啶类-度冷丁、苯乙哌啶、芬太尼、氯苯哌酰胺和酚丙氢吡咯；⑤苯吗喃类-镇痛新和叔丁啡。其中广泛用作兽药的阿片制剂包括叔丁啡、芬太尼、氯苯哌酰胺（抗腹泻）和氢化吗啡酮。度冷丁已不再使用。

阿片制剂主要用于止痛。此外，他们也可用于止咳和止泻。偶尔，阿片制剂也用于手术前的镇静和麻醉补充剂。

【药代动力学与毒性】　口腔、直肠或非肠道给药，阿片制剂均能很好地被吸收。一些亲脂性阿片制剂也可通过鼻、口腔、呼吸（海洛因、芬太尼、叔丁啡）或经皮（芬太尼）等途径被吸收。一些阿片制剂，因口服时出现首过反应，使得生物利用率下降。阿片制剂通常在肝脏，经过轭合、水解、氧化、脱烃或葡糖醛酸作用而被代谢。因猫缺乏葡糖醛酸作用，所以，阿片制剂在猫中的半衰期可能被延长。阿片制剂被吸收后，能迅速进入血液，并贮存在肾、肝、脑、肺、脾、骨骼肌和胎盘组织中。阿片制剂的多数代谢产物均经肾脏排出体外。

动物对阿片制剂的毒性具有较高的可变性。犬皮下或静脉注射吗啡100～200 mg/kg，即可致死。可待因对成年人的预期致死量为7～14 mg/kg。2.5 mg二氢可待因酮，就可使幼儿死亡。

【中毒机制】　阿片制剂的影响与其在边缘系统、脊髓、丘脑、下丘脑、纹状体和中脑发现的阿片受体（μ，κ，δ，σ，ϵ）的相互作用有关。阿片制剂可能是这些受体的激动剂、颉颃剂或激动剂-颉颃剂混合体。激动剂能结合并激活受体，而颉颃剂能结合但不能激活受体。

【临床表现】　阿片类药主要危害中枢神经系统及呼吸、心血管和胃肠系统。常报道的中毒症状包括中枢神经系统抑制、嗜睡、共济失调、呕吐、抽搐、瞳孔缩小、昏迷、呼吸抑制、低血压、便秘，直至死亡。一些动物，尤其是猫、马、牛或猪表现中枢神经兴奋而非中枢神经抑制。

【诊断】　可根据接触病史和临床症状类型（中枢神经系统和呼吸抑制）诊断阿片中毒。血浆阿片含量测定通常无诊断意义。应用违禁药物检测盒（应按产品说明操作）测定尿液，可确诊阿片类药物中毒。阿片中毒应与防冻剂中毒及伊维菌素、吩噻嗪、巴比妥酸盐、大麻中毒和低血糖症等作鉴别诊断。

【治疗】　使用阿片颉颃药纳洛酮，能消除临床症状。不同动物的剂量是：犬和猫，0.002～0.04 mg/kg，静脉、肌内或皮下注射；兔和啮齿动物，0.01～0.1 mg/kg，皮下或腹腔注射；马，0.01～0.02 mg/kg，静脉注射。因纳洛酮作用时间比阿片制剂短，必要时应重复用药。如动物出现呼吸抑制时，需密切监测，如有必要可提供通气辅助疗法。对其他症状应采用对症疗法。安定或其他吩噻嗪类药能治疗一些烦躁不安症状（嘶叫、不安、兴奋）。赛庚啶（1.1 mg/kg，口服或经直肠）1或2次（间隔6～8 h），能治疗由阿片制剂引起的血清素样综合征（精神混乱、肌肉强直、不安）。

第九节　非蛋白氮中毒

非蛋白氮中毒（氨中毒）是摄入过多的脲或其他来源的非蛋白氮（NPN）常引起动物急性、进行性、高度致死性的中毒症。NPN不以多肽（可沉淀蛋白）的形式存在。不同来源的NPN对不同动物的毒性不同，但成年反刍动物最易感。摄入非蛋白氮后，NPN会发生水解并释放过多的氨（NH_3）进入胃肠道，NH_3被吸收后导致高氨血症。

【病因】　反刍动物通过瘤胃微生物区系，将NPN转化为氨，随后与碳水化合物衍生的酮酸结合，形成氨基酸。饲料中NPN的最主要来源是脲、尿酸盐和无水NH_3以及一些单胺或双胺的磷酸盐类。因饲料中脲的不稳定性，它通常被制成小丸，以防降解为NH_3。双缩脲是一种低毒性的NPN，使用频率已大大降低。天然蛋白质来源，如米壳、甜菜、柑橘、棉籽饼、稻草和其他一些低质量的牧草，可与无水氨混合，以补充家畜饲料中的可利用氮。酒精（乙醇）生产中的一些发酵副产品，也是NPN的来源，这些副产品常以液体形式作为饲料添加剂。提供给反刍动物的大多数非蛋白氮，是通过直接在预混饲料中添加干性补充物，或通过自由选择含有非蛋白氮的块状物或管形物，或者通过舔食含有非蛋白氮与糖浆结合的添加剂的水系统。突然将饲料中天然蛋白质更换成脲或其他NPN时，会发生NPN中毒。同时，家畜有时也会因饮入含胺盐和脲的液态化肥或吃入固态颗粒状化肥而发生中毒。

反刍动物对非蛋白氮最为敏感，这是由于反刍动物在50日龄以后，在瘤胃中即存在脲酶。适应性差的反刍动物，从日粮中摄入脲0.3～0.5 g／kg，即可产生副作用；摄入脲1～1.5 g／kg，即能致死。在马属动物盲肠中，脲酶活性通常为反刍动物瘤胃中的25%，因此马可以利用NPN作为饲料添加剂。然而马对脲较其他单胃动物更敏感，剂量大于4 g/kg，即可致死。0.3～0.5 g/kg的铵盐，对所有种类和所有年龄的家畜均有毒性作用；剂量超过1.5 g/kg，常能致死。猪和新生犊牛摄入脲以后，除表现短暂性多尿外，没有其他影响。据报道，野禽（银鸥）在饮入化肥污染了的水后可发生中毒。

家畜需要几日或几周，才能完全使瘤胃内微生物菌群，适应日粮中逐渐增加的脲或其他NPN；但当NPN从日粮中除去时，这种适应性可在1～3 d内很快消失。

低能量、高纤维的饲料通常容易发生非蛋白氮中毒。口感好的佐料（如液态糖蜜，或者通过凝集而形成的高蛋白块料）或保存不当的舔砖，均可导致摄入致死量的非蛋白氮。

牛采食氨含量高的干草、青贮、糖蜜和蛋白质舔砖后，能通过NH_3对水溶性碳水化合物（还原糖）的作用，形成4-甲基咪唑，引起相应的中枢神经系统紊乱。牛采食含4-甲基咪唑的日粮，会出现一种称为"牛疯狂征"的综合征，意指狂暴的异常行为。相应的中枢神经系统症状包括惊跑乱窜、耳颤搐、震颤、焦急不安、流涎和惊厥。哺乳犊牛中毒，是由于吮吸含有毒成分的乳汁所致。低质量的含氨饲料，没有足量的还原糖来形成4-甲基咪唑，可作为一种相对安全的含氮饲料饲喂动物。

反刍动物（牛和绵羊）意外摄入过量生大豆，也可引起相似症状。大豆含有高浓度的碳水化合物、蛋白质以及脲酶。过量食入即可引起急性碳水化合物发酵和大量氨释放，导致氨中毒和乳酸酸中毒。患畜因过食大豆可使瘤胃内积有灰色、熔岩样无定形团块。

【临床表现】 牛摄入脲20～60 min内出现临床症状，羊为30～90 min，马的时间长些。早期症状包括肌肉震颤（尤其是面部和耳部）、眼球突出、腹痛、口吐白沫、多尿、磨牙。震颤慢慢发展成为共济失调和虚弱。肺水肿导致唾液增多、呼吸困难、气喘。

马表现为压迫性头痛；随着病情发展，牛常出现急躁、暴怒、凶猛、好斗；绵羊常表现为精神沉郁。牛的早期症状为瘤胃弛缓，当中毒进一步发展时，瘤胃臌胀比较明显，可见有猛烈的挣扎吼叫。颈部脉搏跳动明显，严重抽搐、强直性惊厥。伴有凶猛、好斗异常行为的病牛，在体内通过大量氨反应，能产生一些4-甲基咪唑，释放NPN，并在瘤胃内有大量碳水化合物和还原糖。PCV、血清NH_3浓度、葡萄糖、乳酸盐、钾、磷、AST（SGOT）、ALT（SGPT）和BUN浓度通常显著升高。

动物濒死时，表现为黏膜发绀、呼吸困难、无尿和发热，血液pH由7.4下降到7.0。可能会出现反胃，特别是羊。过量NPN中毒易引起死亡，牛通常在2 h以内发生死亡，羊为4 h，马为3～12 h。存活者在12～24 h内完全康复，没有后遗症。

【病理变化】 因NPN中毒死亡的动物，尸体迅速臌胀和腐烂，无特征性病理变化。尚无NPN中毒后脑的肉眼病变，但可见组织病变，包括神经元变性、神经纤维网海绵状变性和软脑膜充血及出血。通常可见肺水肿、充血和出血斑。轻度支气管炎和卡他性胃肠炎也常有报道。气管和支气管内常可见吸入的瘤胃内容物，绵羊尤其常见。剖开瘤胃和盲肠，有时能闻到内容物中的氨味。刚死亡动物的瘤胃或盲肠内pH（≥7.5），提示NPN中毒。大多数情况下，动物死亡后瘤胃内pH能保持稳定数小时，但在NPN中毒时会不断升高。

【诊断】 氨或NPN中毒可根据症状、病理变化、急性发病史、日粮接触情况进行诊断。对生前和死后尸体样品的氨氮（NH_3-N）、可疑饲料及其他日粮来源中脲或NPN进行实验室分析，即可评估NPN中毒情况。氨氮分析的样品包括瘤胃-网胃液、血清、全血和尿。所有样品在采集后必须立即冷冻，在进行样品分析时才能解冻。瘤胃-网胃液可通过每100 mL样品中加入几滴饱和氯化汞溶液进行保存。

动物尸体在炎热环境下超过几小时或在温暖的环境中超过12 h，则会由于过多自溶而失去诊断价值。

测定生物样品中的脲量或NPN含量是无意义的，但应测定代表性饲料或其他饲料来源中的脲和NPN。检查饲料中脲值和NPN的意义，在于可以计算饲料中蛋白质的含量（1份蛋白＝0.36份脲，1份脲＝2.92份蛋白）以及估测NPN的总摄入量。

当血液、血清或眼球玻璃体液中氨氮浓度不低于2 mg/100 mL时，表示NPN摄入过量。在氨氮浓度达1 mg/100 mL时，常出现临床症状。在NPN中毒的大多数病例中，瘤胃-网胃液中的氨氮浓度均超过80 mg/100 mL，有时甚至高于200 mg/100 mL。给适应性强的反刍动物饲喂含大量豆科干草、豆饼、棉籽饼、亚麻籽饼、鱼粉或奶类副产品的饲料，瘤胃液中氨氮浓度接近60 mg/100 mL，但无明显的毒性作用。也应进行瘤胃–网胃液pH的检测，pH为7.5～8.0（死亡时）表明NPN中毒。

鉴别诊断包括：硝酸盐或亚硝酸盐中毒、氰化物中毒、有机磷/氨基甲酸酯中毒、过食生大豆、4-甲基咪唑中毒、铅中毒、氯化碳氢化合物中毒和毒气（一氧化碳、硫化氢、二氧化氮）中毒，急性传染病，非传染性疾病如脑病（脑白质软化、肝性脑病、脑脊髓软化症等），肠毒血症或瘤胃自体中毒，过食蛋白症、过食谷物症、瘤胃臌胀和肺腺瘤病。也应考虑由于低钙血症、低镁血症以及其他元素缺乏而引起的营养性或代谢性紊乱。

【治疗】　因牛行为狂暴，检查与治疗都比较困难。但那些斜卧或濒死的动物通常对治疗没有反应。

如有可能，应给中毒动物瘤胃灌注5%的乙酸/醋进行治疗，绵羊和山羊的剂量为0.5～2 L，牛为2～8 L。采集瘤胃、网胃液的分析样品，应在乙酸治疗前进行。建议同时灌注0～4℃冰水（成年牛为40 L，绵羊和山羊按比例减少）。乙酸能降低瘤胃pH，由不带电荷的氨转化成带电荷的铵离子（NH$_4^+$），从而阻止氨的进一步吸收；若中毒动物症状复发，则应给予重复治疗。乙酸可使肠道中残存的NH$_3$活性降低并快速形成乙酸铵，乙酸铵可被瘤胃内微生物菌群所利用而且不释放氨。冰水可降低瘤胃内温度并稀释反应介质，降低脲酶的活性。对于价值高的中毒动物，应以干草浆替代瘤胃内容物，也可从健康动物中移入一些瘤胃内容物作为接种物，以恢复瘤胃正常功能。应纠正瘤胃臌胀，可安装瘤胃套针以防复发。

尽管降低血压和使用α-肾上腺素阻断剂如麦角胺，有一定的治疗作用，但肺水肿仍难以治疗。

可采取辅助疗法，如静脉注射生理盐水，以防脱水；静脉注射钙糖和镁盐溶液，以缓解强直性抽搐。也可用戊巴比妥钠控制惊厥。

【防控】　在反刍动物日粮的颗粒饲料中，谷物中脲的添加浓度不应超过3%，不应超过总日粮的1%。此外，NPN的含量不应超过反刍动物日粮中总氮的1/3，一旦决定饲喂NPN，应让动物慢慢适应且持续饲喂；日粮中NPN含量应保持恒定，不应出现明显偏差；可给母牛每天不间断饲喂切成小方块的含NPN的饲料。应不惜任何代价避免日粮中NPN的暂时缺失。添加磷酸可控制过量消耗适口的液态添加剂，磷酸中1%的磷，可限制每头动物每日消耗液态添加剂约1 kg。尽管适应性强的成年牛可耐受脲每日1 g/kg，但安全剂量不应超过其一半。

第十节　煤焦油中毒

多种煤焦油衍生物都能引起动物急性或慢性中毒，根据成分不同，其临床症状有不同表现。主要表现为急性或慢性肝损害，伴有黄疸、腹水和贫血，甚至导致死亡。一些酚类化合物能引起肾小管损伤。据报道，加拿大、德国、爱尔兰、波兰和美国均发生过动物煤焦油沥青中毒。已有食用家畜和宠物煤焦油中毒的报道。

【病因】　蒸馏煤焦油可产生多种化合物，其中的三种化合物具有明显的毒性，煤酚（苯酚化合物）、粗制木榴油（由煤酚、重油和蒽组成）和沥青。煤焦油也产生于原油和木材。木榴油含有少量易挥发性液态和固态的芳香烃和一些酚类，他们常被用作木材保护剂。煤酚（主要为羟基甲苯）也可用作消毒剂。煤焦油和松焦油沥青呈黑褐色，无定形，煤焦油重蒸馏后产生多核碳氢残留物。动物接触煤焦油常常是由于直接啃咬和摄取其产品（并非混入食物和水中）所致。陶土飞靶、焦油纸、木榴油处理过的木材和以沥青为基础的地板都是其主要来源。

苯酚是煤焦油产品中最重要的毒物，常见于防腐剂、木榴油、杀菌药、清洁剂和消毒剂中。苯酚对大多数动物的口服急性LD$_{50}$为0.5 mg/kg。但猫例外，由于猫难以通过葡萄糖醛酸与外源化合物结合并排泄苯酚，因而对苯酚较敏感。苯酚经口或皮肤吸收后，蓄积于肝、肾，常引起肾小管坏死。

煤酚易经口和皮肤吸收。除猫外（猫对煤酚也很敏感），大多动物的口服致死量为100～200 mg/kg。据报道，母猪可在木榴油处理过的木制仔笼内产出死胎，仔猪即使存活也生长缓慢。煤焦油中毒，能降低母猪对维生素A的吸收。其他种类动物对煤焦油敏感性较差（如木榴油对犊牛的致死量为4 g/kg）。沥青主要用作陶土飞靶、铺路、绝缘、制作焦油纸、铺制屋顶以及涂布铁管和木制水槽的黏合剂。猪采食15 g含沥青泥靶，5 d内死亡。含1/3沥青水泥板的猪舍，可使猪的生长率降低25%。

【临床表现】　煤酚和苯酚类具有局部腐蚀性；可兴奋中枢神经系统，引起震颤和共济失调，抑制心脏功能，使血管塌陷。可见毛细血管损伤及肝、肾损伤。血管内溶血和肝脏受损，导致黄疸。动物中毒后15 min至几天内发生死亡。猪沥青中毒的最早病症是少数猪发生死亡，其他患猪表现精神沉郁、虚弱、共济失调、侧卧、黄疸、昏迷，最终死亡。有时还可继发贫血。其他相关症状包括母猪产出死胎和犊牛表皮角化病。

【病理变化】　煤酚和木榴油能引起接触性刺激和

非特异性肝、肾损伤。沥青中毒，可见肝脏明显肿大，呈弥漫性花斑外观；肝小叶周围有清晰明亮的彩带围绕，肝小叶中央区有大头针状深红点；肝小叶中央坏死，并充满血液和大量脱落细胞。也可见肾曲小管变性、坏死。血凝不良或不凝固。尸体黄染。腹腔内充满大量液体。

【诊断】 鉴别诊断包括：有毒植物中毒（猪屎豆、狗舌草、苍耳）、黄曲霉毒素中毒、呋莫毒素中毒、棉酚中毒、黄磷中毒和维生素E或硒缺乏。在胃肠道内发现陶土飞靶、焦油纸块或其他煤焦油物质，或在肝、肾、血清或尿液中检测到煤焦油产物，有助于确诊本病。生化指标包括血糖过低，血清肝酶、麝香草酚浊度、氯化物和磷升高。蛋白尿、血尿和尿液细胞及尿圆柱，可考虑煤焦油中毒引起肾脏损伤。

快速诊断可将1 mL尿液与0.1 mL 20%三氯化铁混合，如出现紫色，表明有苯酚存在，但最终确诊需依靠实验室诊断。

【治疗】 对症状明显动物尚无特效解毒药。刚口服中毒的，不建议进行催吐和洗胃，但活性炭和盐类泻药能降低煤焦油的吸收。畜主可用蛋清稀释和结合苯酚，以降低急性中毒症状。皮肤接触毒物的，可用甘油和液体洗洁精清洗，以减轻症状。对于有价值动物的休克、呼吸衰竭和酸中毒等症状，可采用辅助疗法。口服抗生素、维生素B、维生素E和高蛋白饲料，均有助于动物康复。

第十一节 乙二醇中毒

一、乙二醇中毒

所有动物对乙二醇都很敏感，但以犬和猫最易发生乙二醇中毒。本中毒病多半与摄入防冻液（含95%乙二醇）有关。95%的商品防冻液，用水稀释至50%，用于车辆冷却系统。防冻液用途广泛，带有甜味，最小致死量甚低，但人们缺乏中毒（即不适当的贮存和处理）的公共意识。此外，由于在寒冷气温下防冻液为仅存的液体，有可能被动物摄入。乙二醇的其他来源还包括用于太阳能和溜冰场制冷装置的热交换液，以及某些刹车液和变速器液。已报道，含乙二醇的局部外用产品，经皮肤吸收后可引起猫中毒。

因防冻液主要用于降低冰冻点和增加水箱内液体的沸点，所以乙二醇中毒常发生于温带或寒带气候条件下。乙二醇中毒具有季节性，大多中毒病例发生于更换防冻液的秋、冬及早春。

未经稀释乙二醇的最小致死量：猫为1.4 mL/kg，犬为4.4 mL/kg，家禽为7~8 mL/kg，牛为2~10 mL/kg

（幼龄动物可能更为敏感）。

【中毒机制】 乙二醇经胃肠道被迅速吸收。犬摄入乙二醇后3 h内，血液浓度达到峰值。50%乙二醇未发生变化，经肾脏排出；肝、肾经一系列氧化反应，将剩余的乙二醇进行代谢。乙二醇的有毒代谢产物能引起严重的代谢性酸中毒和肾小管上皮损伤。

乙二醇在体内的代谢包括两步主要的限速生物转化。首先乙二醇在乙醇脱氢酶的作用下，氧化成葡萄糖醛，后者很快代谢为乙醇酸。乙醇酸氧化为乙醛酸为第二步限速生物转化，它能使乙醛酸蓄积，从而引起酸中毒和肾脏中毒。乙醛酸能迅速代谢为甲酸、二氧化碳、甘氨酸、色氨酸和草酸盐。草酸盐不能进一步代谢，但可对肾小管上皮细胞产生毒性，并加重代谢性酸中毒。据认为，乙二醇引起的急性肾小管坏死，主要是由乙醇酸和草酸盐所致。草酸盐也能与钙结合形成可溶性复合物，由肾小球滤过排出。当肾小球滤过量增加而pH下降时，在肾小管腔中常形成草酸钙结晶（也可观察到机体血管壁外膜的少量草酸钙结晶）。

【临床表现】 临床症状与剂量和时间有关，可被分成非代谢性乙二醇引起的中毒症状和有毒代谢产物引起的中毒症状。临床症状出现迅速，类似于酒精（乙醇）中毒。犬和猫由于胃肠刺激而出现呕吐、烦渴、多尿和神经症状（中枢神经系统抑制、昏迷、共济失调、指关节贴地、屈反射和正位反射下降）。因口渴中枢的渗透性刺激而发生烦渴，又因渗透压性利尿和抗利尿激素释放减少而多尿。当中枢神经系统抑制严重时，犬猫饮水减少；如渗透压性利尿继续作用，会导致脱水。犬在摄入乙二醇12 h后，其中枢神经系统症状可出现短暂性恢复。

猫和犬常于12~24 h和36~72 h发生少尿性急性肾衰。症状包括呆滞、厌食、脱水、呕吐、腹泻、口腔溃疡、流涎、呼吸急促，可能出现抽搐或昏迷。肾脏肿胀，腹部触诊疼痛。

猪乙二醇中毒常表现为精神沉郁、虚弱、不愿运动、指关节贴地、后肢运动失调，还可出现颤抖、虚脱、腹部膨张、肺水肿，心音低沉是常见后遗症。禽类中毒可出现嗜睡、运动失调、呼吸困难、斜卧、斜颈、羽毛逆立、大汗淋漓，犹如"落汤鸡"。牛乙二醇中毒后可出现精神沉郁、呼吸急促、运动失调、后肢轻瘫或卧地不起。牛摄入大量乙二醇后，可引起鼻出血和血红蛋白尿。

【病理变化】 乙二醇中毒的特征性病变为：肾小管上皮坏死，在肾小管腔内出现草酸钙结晶。用偏振光镜观察，可见草酸钙结晶呈双折射。肺水肿和出血性胃肠炎是犬猫常见的继发性病变。猪和牛常表现肾和肾周水肿。猪还表现肺水肿，并在胸腔和腹腔积有棕褐色液体。家禽一般无眼观病理变化。

【诊断】　由于乙二醇中毒无特异性的全身症状，而且与其他类型的中枢神经系统疾病或损伤、胃肠炎、胰腺炎、酮尿性糖尿病以及由肾缺血或其他肾中毒引起的急性肾衰等相似，所以诊断很困难。倘若没有亲眼目睹动物摄入乙二醇，通常应根据病史、全身检查和实验室资料做出诊断。

犬和猫在摄入中毒量的乙二醇3 h内，表现代谢性酸中毒，阴离子裂隙增大，等渗酸性尿，明显的高渗血清。摄入乙二醇3 h内，血清渗透压可在正常（280～310 mOsm/kg）基础上升高100 mOsm/kg。渗透压差指测量值和计算值〔1.86（钠⁺+钾⁺）+葡萄糖/18+血液尿素氮/2.8+9〕间的差异。这种差异是由血清中渗透活性颗粒（如乙二醇）存在所致，而上述计算公式中不存在该因子。犬、猫分别在摄入乙二醇后不到3 h和6 h，即可观察到草酸钙结晶；一水草酸钙结晶（透明、呈六面体）比二水草酸钙结晶（马耳他十字形或信封形）更为常见。摄入乙二醇1～2 h后，可在血清和尿液中检出。商品化试剂盒的血清乙二醇检测限≥50 mg/dL。一些防冻制剂都含有荧光素，在伍氏灯下观察，呈黄绿色。尿液荧光法为定性辅助试验，主要用于人摄入乙二醇的疑似病例检测，该方法对兽医有借鉴作用。犬在摄入市售防冻液（含磷酸盐除锈剂）3 h内，出现高磷酸盐血症。高磷酸盐血症在乙二醇引起急性肾衰和氮血症之前消退，当动物出现氮血症时，高磷酸盐血症会再次发生。

【治疗】　通常治疗愈晚，预后愈差。本病的治疗原则是减少乙二醇的吸收，增加未经代谢的乙二醇的排除，防止乙二醇代谢，纠正代谢性酸中毒。摄入乙二醇后1～2 h内，应进行催吐或洗胃（或两者），随后给予活性炭和硫酸钠，能防止乙二醇的进一步吸收。一旦乙二醇被吸收，应补液纠正脱水，促进乙二醇及代谢产物从尿中排出。为防止乙二醇代谢，可通过直接灭活或竞争性抑制，降低乙醇脱氢酶活性。4-甲基吡唑（4-MP，甲吡唑）能使犬的乙醇脱氢酶失活，且没有乙醇的副作用，是一种治疗选择。4-MP〔5%溶液（50 mg/mL）〕按20 mg/kg，12 h和24 h时15 mg/kg，36 h时5 mg/kg。有市售4-甲基吡唑。

猫按犬的剂量使用4-甲基吡唑无效，常使用高剂量4-甲基吡唑（开始按125 mg/kg，随后在12 h、24 h和36 h时按31.3 mg/kg），或乙醇（一种乙醇脱氢酶的竞争性抑制剂）。推荐剂量为20%乙醇5 mL/kg，液体稀释后静脉注射，每次6 h以上，5个疗程；然后每次8 h以上，4个疗程。

与乙二醇代谢密切相关的代谢性酸中毒，可用碳酸氢钠加以纠正。公式0.3-（0.5×kg体重）×（24-血浆碳酸氢盐）用于确定剂量（碳酸氢盐的毫当量）。一半剂量应缓慢静脉注射，以防止过量，每4～6 h应检测血浆碳酸氢盐浓度1次。监测尿pH，有助于维持尿pH在7.0～7.5。伴有氮血症或少尿性急性肾衰的犬和猫，抑制乙醇脱氢酶几乎无效，因为几乎所有乙二醇都已被代谢。这些动物一般预后不良。治疗应补液，以纠正电解质和酸碱紊乱，如可能的话最好导尿。

二、丙二醇中毒

虽然丙二醇毒性比乙二醇小得多，但摄入丙二醇后，同样可出现类似于乙二醇的急性中毒症状。犬口服丙二醇的LD₅₀为9 mL/kg。猫在摄入含6%～12%丙二醇的日粮后，可形成亨氏小体，并导致红细胞存活率下降。丙二醇中毒的治疗主要采用辅助疗法，不推荐使用乙醇脱氢酶抑制剂。摄入丙二醇可导致乙二醇试剂盒结果呈现假阳性。

第十二节　硝酸盐与亚硝酸盐中毒

许多动物都易发生硝酸盐或亚硝酸盐中毒，但牛的易感性最高。反刍动物极易中毒是因为瘤胃内菌丛可将硝酸盐还原为氨和亚硝酸盐，而亚硝酸盐作为硝酸盐的中间代谢产物，其毒性为硝酸盐的10倍以上。马属动物盲肠中也可发生硝酸盐还原为亚硝酸盐的反应，但其强度不如反刍动物。青年猪肠道也存在微生物菌群，也可将硝酸盐还原为亚硝酸盐，但是成年单胃动物（除马属动物外）对硝酸盐中毒有一定抵抗力，这是因为这条还原途径受到年龄限制。

急性中毒的机制主要是由于形成了高铁血红蛋白（亚硝酸根离子与红细胞中的血红蛋白紧密结合，形成稳定的不能运输氧的高铁血红蛋白）而导致缺氧症。其次，亚硝酸根离子作用于血管平滑肌而使血管扩张，亚硝酸根离子还可改变代谢性蛋白酶。硝酸盐的摄入可直接刺激胃肠黏膜，从而产生腹痛和腹泻。

尽管经常发生急性中毒，但硝酸盐或亚硝酸盐中毒也可能是亚急性或慢性的，其症状包括生长发育障碍、产奶量下降、维生素A缺乏、微弱致甲状腺肿胀作用、流产和胎儿中毒，以及对感染的易感性增加。慢性硝酸盐中毒仍然是引起争论的问题，尚未见特有的症状，现有证据不支持奶牛产奶量下降是因日粮中过量的硝酸盐所致这一说法。

【病因】　硝酸盐和亚硝酸盐主要用于肉类的腌制和保存以及机油、防锈片剂、火药、炸药、化肥中。他们也可作为某些非传染性疾病（如氰化物中毒）的治疗药物。水土不服的家畜，尤其是一些饥饿动物，常因摄入含过量硝酸盐的植物而中毒。在饲养管理不当时，与非蛋白氮、莫能菌素和其他饲料成分的相互作用，能加剧家畜日粮中过量硝酸盐的毒性。

意外摄入化肥或其他化学物质，能引起硝酸盐中毒。化肥流失到池塘，引起池塘内硝酸盐含量升高，也是十分危险的；这些流失的化肥可污染一些浅滩和浅水井。虽然在美国地下水中硝酸盐浓度在不断升高，但井水很少是引起硝酸盐中毒的唯一原因。

被高浓度硝酸盐和大肠埃希菌明显污染的水域，在对家畜健康的危害性和降低生产性能方面，要比单一的硝酸盐或细菌感染严重得多。在寒冷季节，由于冷冻时的浓缩作用，使牲畜饮水器中残留水的硝酸盐含量增加，导致家畜硝酸盐中毒。

易于蓄积硝酸盐的作物包括谷类（尤其是燕麦、黍、黑麦）、玉米、向日葵和高粱。常含有高含量硝酸盐的杂草有野苋、藜属植物、蓟属植物、曼陀罗、地肤、蓼属植物、酸模属植物和阿剌伯高粱。无水氨和硝酸盐化肥以及自然界土壤中含氮过多，均可导致牧草中硝酸盐含量增高。

虽然在温湿气候下，植物生长迅速可以导致硝酸盐含量过高，但在一般情况下，植物中硝酸盐含量过高与潮湿天气和低温（13℃）有关。在干旱条件下，特别是植物未成熟时，植被含有高浓度硝酸盐。光照弱、阴天以及荫蔽，均可导致植物中硝酸盐含量增高。透气性好、pH低的土壤以及钼、硫、磷含量较低或缺乏的土壤，有可能增加植物对硝酸盐的摄取。而土壤中缺乏铜、钴、镁，则具有相反的作用。任何阻碍植物生长的因素，都会增加植物较低部位硝酸盐的蓄积。苯酸衍生的除草剂，如2，4-D和2，4，5-T（用于植物早期阶段蓄积硝酸盐），可促进植物生长和硝酸盐残留（10%～30%），使植物长得青绿葱茂，而且口感良好。

硝酸盐不是有选择地蓄积于植物果实和谷粒中，而主要蓄积在茎秆下部，茎秆上部和叶中含量较低。在合适的条件下（温度、湿度、微生物活力），植物中的硝酸盐可转化为亚硝酸盐。

【临床表现】 亚硝酸盐中毒的临床症状常突然出现，这是由于缺氧和低血压引起血管扩张所致。当高铁血红蛋白血症达30%～40%时，中毒的早期症状表现为心跳快而弱、体温下降、肌肉震颤、无力、共济失调。当高铁血红蛋白血症达50%时，可视黏膜很快变为棕色、发绀，呼吸困难、呼吸急促、惊恐不安和尿频是常见的症状。一些单胃动物，由于从非植物来源摄入过多硝酸盐，表现为流涎、呕吐、腹泻、腹痛、胃出血。中毒动物在没有任何病征的情况下，可

在1h之内因缺氧惊厥而突然死亡，或在经过12～24h或更长时间的临床病程后突然死亡。80%的急性致死性中毒都出现高铁血红蛋白血症。

某些情况下，动物连续几日至几周摄入含硝酸盐的牧草，才出现明显的副作用。一些动物，当呼吸困难缓解后，会发展成间质性肺气肿并产生呼吸障碍；大多在10～14d内完全康复。一些在摄入过量硝酸盐/亚硝酸盐后5～14d，出现高铁血红蛋白血症但仍存活的母牛，可出现流产和死胎。长期摄入过量硝酸盐，加上寒冷刺激和营养不良，均可导致怀孕肉牛发生"卧倒不起综合征"；最后突然倒地而死亡。

【病理变化】 通常，含高铁血红蛋白的血液为巧克力色，有时也可见到暗红色的血液。在浆膜表面可见针尖大小的出血点。死产犊牛出现腹水，硝酸盐中毒的围产期牛出现肺水肿和消化道出血。濒死或死后不久的动物组织，出现的深褐色变色不能用于确诊，应考虑引起高铁血红蛋白血症的其他因素。如尸检延迟，这种深褐色会因高铁血红蛋白转变为血红蛋白而消失。

【诊断】 通过对动物生前和死后剖检样品进行硝酸盐含量的实验室分析，可以判断硝酸盐中毒。尸检样品中的高硝酸盐和亚硝酸盐含量偶尔可测出，只能表明动物接触毒物，并不能表明中毒。血浆也只是生前检查的参考性项目，因为在采集血清过程中，会因血凝损失一些与血浆蛋白紧密联系的硝酸盐。全血中的亚硝酸盐在体外能与血红蛋白继续反应，因此，应立即离心样品分离血浆，以防止出现错误数据。中毒或流产动物的其他尸检样品还包括眼房水、胸腔积液、胎儿胃内容物和母畜尿液。除用于高铁血红蛋白分析的血液样品外，其余样品须冷冻，保存在洁净的塑料或玻璃容器中。瘤胃内容物中的硝酸盐含量并不能代表饲料中的硝酸盐含量，不建议用瘤胃内容物作为评估标准。

尸检样品（特别是泪液）受细菌污染后，在室温或更高温度下，硝酸盐可转化为亚硝酸盐；这类样品有可能出现亚硝酸盐含量异常升高，而硝酸盐含量明显减少。硝酸盐和亚硝酸盐通过脂多糖或其他细菌产物，刺激巨噬细胞内源性生物合成，可使其分析结果复杂化；取样时（尤其是胎儿）应尽量避免细菌感染。

除急性中毒外，单独进行高铁血红蛋白分析，并不能作为硝酸盐或亚硝酸盐中毒的可靠指标。因为在2h内，将有50%高铁血红蛋白转变为血红蛋白，分析高铁血红蛋白，并不能检出与亚硝酸盐反应而形成的非氧化型血红蛋白。对大多家畜而言，母体和围产期的血清、血浆、眼房水和其他体液中的硝酸盐和亚硝酸盐含量大于$20\ \mu g\ NO_3/mL$和大于$0.5\ \mu g\ NO_2/mL$，均

可提示硝酸盐或亚硝酸盐中毒。刚出生的健康犊牛的血浆中硝酸盐含量高达40 µgNO₃/mL，但排尿后其含量迅速降低。反刍动物急性中毒时，血浆或血清中（不到1/3在死后的眼房水中）硝酸盐和亚硝酸盐的含量，分别高达300 µgNO₃/mL和25～50 µgNO₂/mL。死后眼房水中硝酸盐的含量相对稳定，直至死后60 h都有诊断意义。血浆、血清和眼房水等样本采集后，在-20℃下其硝酸盐稳定性至少达1个月。

动物机体内硝酸盐和亚硝酸盐含量通常为低于10 µgNO₃/mL和低于0.2 µgNO₂/mL。当硝酸盐和亚硝酸盐含量分别为超过10 µgNO₃/mL、但低于20 µgNO₃/mL和超过0.2 µgNO₂/mL、但低于0.5 µgNO₂/mL时，可怀疑硝酸盐和亚硝酸盐中毒，但中毒持续时间、中毒程度或中毒原因未知。应考虑可能是巨噬细胞激活，对内源性硝酸盐或亚硝酸盐合成起到了一定作用。硝酸盐在肉牛、绵羊和矮马的生物半衰期分别为7.7、4.2和4.8 h，硝酸盐含量从硝酸盐中毒量降至正常值，其生物半衰期至少超过上述的5倍（24～36 h）。

母体过量接触硝酸盐和围产期眼房水中的平衡之间可能存在着潜伏期。眼房水以每小时0.1/m的速率分泌进入眼前房，硝酸盐和亚硝酸盐进入眼球也是这个机制。在眼房水和眼球玻璃体液之间的平衡主要靠被动扩散，而不是靠激活分泌，所以，在急性中毒后，眼球玻璃体液中的硝酸盐和亚硝酸盐含量相对低些。

硝酸盐的野外试验只能是初步诊断，必须经实验室的标准分析，才能确诊本病。二苯胺蓝（DPB）试验更适合于检查可疑牧草中是否存在硝酸盐。硝酸盐测试带（药浴杖）对于测定水源中硝酸盐的含量十分有效，这种方法也能用于检测血清、血浆、眼房水和尿中的硝酸盐和亚硝酸盐含量。

鉴别诊断包括由氰化物、脲、农药、毒气（如一氧化碳、硫化氢）、氯酸盐、苯胺染料、氨基苯酚或一些药物（如磺胺、非那西丁和醋氨酚）引起的中毒，以及传染病或非传染性疾病（如过食谷物、低钙血症、低镁血症、肺腺瘤病或肺气肿）和一些原因不明的突然死亡。

【治疗】 根据中毒严重程度，用1%美蓝溶液（用蒸馏水或等渗盐水稀释），按4～22 mg/kg缓慢静脉注射。如果初次注射疗效不佳，可在20～30 min之内低剂量重复注射。低剂量美蓝可应用于各种动物，只有反刍动物可以耐受较高剂量。如果在治疗期间又再次摄入硝酸盐，则应考虑每隔6～8 h重新注入美蓝。用冷水和抗菌素灌洗瘤胃可以阻止微生物作用产生的亚硝酸盐。

【预防】 动物可适应饲料中含有较高含量的硝酸盐，尤其是夏季放牧季节，可以采食苏丹蜀黍杂草。多次、少量饲喂含硝酸盐饲料有助于动物的适应。微量元素添加剂和平衡日粮，可预防因长期摄入过多硝酸盐而引起的营养/代谢紊乱。同时饲喂谷物和硝酸盐含量高的牧草可降低亚硝酸盐的产生。然而，当反刍动物日粮中已有高含量硝酸，如再拌入其他饲料添加剂/成分［包括非蛋白氮、一些离子载体（如莫能菌素）和其他生长促进剂］，必须小心谨慎。适当的饲养管理，应考虑到气候、水土等关键问题。饲料中硝酸盐含量大于1%硝酸盐干重（10 000 mg/kg NO₃），即可引起水土不服动物的急性中毒，因此，建议妊娠肉牛饲料中的硝酸盐含量不高于5 000 mg/kg NO₃（干重）。当饲料中NO₃达1 000 mg/kg（干重），能使饥饿母牛在1 h内因过食饲料而死亡，所以，硝酸盐的总摄入量是决定性因素。

硝酸盐含量高的牧草收割后，可作为青贮料，这种方法比干草或青刈饲料好；采用青贮法可降低牧草中50%的硝酸盐含量。在收获季节，可采取升高切割机顶部，有选择地留下那些危险性较大的牧草茎秆。

干草比新鲜的青刈饲料或带有相同硝酸盐含量的牧草更具危险性。加热有助于细菌将硝酸盐转变为亚硝酸盐。应避免喂饲硝酸盐含量高的干草、稻草和已发潮数天的草料，以及堆垛的青刈饲料。以圆柱形草捆露天储存高硝酸盐含量的牧草是相当危险的，因为一旦下雨或下雪，大量硝酸盐会蓄积在草捆的下1/3处。

用装过化肥的未洗净的容器中装水，会导致水中的硝酸盐含量特别高。未断奶幼畜，尤其是新生仔猪，对水中的硝酸盐更为敏感。

第十三节 五氯酚中毒

五氯酚可作为杀菌剂、软体动物杀灭剂、杀虫剂和木材防腐剂。但从1986年，美国已禁止其用作木材防腐剂。五氯酚注册的其他用途也逐渐被取消，现仅存工业用途注册登记，严禁农用和家用。五氯酚已被世界卫生组织列为高危险物质。

五氯酚可经皮肤接触和被肺吸收，它对皮肤和黏膜有较强的刺激性。一旦被吸收，它可通过胞内磷酸化解偶联作用而加强代谢。动物在含五氯酚木料制作的食槽采食后发生中毒，表现为流涎和口腔黏膜发炎。在圈舍、围栏或畜舍内，因五氯酚的蒸发或沥滤而引起动物中毒和死亡。中毒症状包括神经过敏、脉搏和呼吸加快、虚弱无力、肌肉震颤、发热和惊厥，直至死亡。慢性中毒可导致脂肪肝、肾病和体重减轻。据报道，当五氯酚污染垫草后，会引起肉鸡味觉丧失、鸡免疫应答受损、公猪繁殖力下降。

大量市售（技术级）五氯酚含少量毒性很强的杂质（二噁英和呋喃），如今生产五氯酚，应尽可能降低有毒成分浓度。五氯酚可在动物组织内残留。同样，大量六氯苯在动物组织中的代谢情况类似于五氯酚。尽管纯五氯酚不能增加大鼠和小鼠的肿瘤发生率，但其已被认为是一种致癌物和肿瘤促进剂。试验已证明，技术级五氯酚具有免疫毒性。必须谨慎应用五氯酚，尽量避免动物接触。

全血分析有助于五氯酚中毒的诊断；通常，根据症状和动物接近过用五氯酚处理过的木材制品等病史加以诊断。五氯酚的急性中毒剂量为27～350 mg/kg，大鼠胎儿未观察到作用的中毒剂量（NOEL）为10 mg/kg。

目前尚无特效解毒药。一旦发现中毒，应立即停止药物接触，冲洗中毒动物皮肤，口服活性炭，以及采取一些辅助疗法。应用凉水和清洁剂轻轻冲洗，不至于引起血管扩张和吸收加快。牛、猪、鸡一旦接触了商品级五氯酚处理过的木制品，即可使死亡率升高、生产能力下降和出现其他一些非特异性症状（见卤化芳香剂中毒）。一般不用解热药，如阿斯匹林和乙酰水杨酸。除排除毒源外，治疗应包括降低动物体温、输液、补充电解质和使用抗惊厥药物。

第十四节 石油产品中毒

摄入、吸入或皮肤接触石油、石油浓缩物、汽油、柴油、煤油、原油或其他碳氢化合物，均可导致家畜和野生动物中毒，偶尔发生死亡。犬猫在梳理被沾污的毛皮时可摄入一些石油产品。当这些石油产品留在敞开的容器里，犬可直接摄入这些产品。吸入石油产品可发生在使用或贮存这些产品的通风较差的地区。反刍动物因为口渴，出于好奇或寻找盐类和其他营养物质，或者饲料或饮水受到污染而摄入这些产品。1头牛一次可摄入十几升石油产品。

少量石油产品作为杀虫剂的载体，不会发生有害反应，但动物大量和长期接触石油产品则可引起严重反应。油管破裂、油箱漏油、油罐车出现事故以及装油容器敞开或渗漏等都是潜在的中毒因素。一些物理性质还能影响毒性。低分子量和较大的不饱和芳香性，能增加石油产品的挥发性。一些挥发性较强的低分子量碳氢化合物（如正己烷、汽油）以及一些芳香族碳氢化合物（苯、甲苯），由于具有较强的脂溶性，因而极易被吸收。经风化而失去大多数小分子量的易挥发成分的原油仍是很危险的。

原油和汽油都含有不同量的芳香烃（包括苯、甲苯、乙苯和二甲苯）。例如，美国汽油中苯的允许含量为2%，有些国家为5%。倘若动物大量摄入或吸入这些化合物，就能发生不同于其他烃组成的汽油产品的急性和慢性中毒。苯被动物大量摄入后就成为一种致癌物，且它有溶血毒素特性。大剂量甲苯能引起明显的神经症状。当大量的石油产品被动物吸收，并渗透到脑和外周神经后，就会出现中枢神经症状。通常，动物接触石油产品后很快发生中毒。

石油和石油衍生的烃之间成分的差异，可说明他们间不同的毒性作用。低黏度的混合物（如汽油、粗汽油、煤油）对肺组织具有较强的吸入危险性和刺激作用。汽油和粗汽油可引起呕吐，有吸入危险。但相对而言，汽油黏度比煤油强，因而不易被吸入，即使吸入也不会对肺组织造成明显损伤。老配方的润滑油和润滑脂中含有毒添加物或污染物（如铅），因而具有更大的危险性。

石油烃的毒力：分为很强毒力（口服LD_{50}小于20 mL/kg，如丙酮、二硫化碳）、中等毒力（口服LD_{50}小于10 mL/kg，如苯、柴油、异丙醇、甲苯和二甲苯）或有限毒力（口服LD_{50}大于10 mL/kg，如汽油、机油和松油）。根据煤油、粗汽油和汽油的相关含量，确定原油的毒力。新鲜原油（高含量汽油、粗汽油和煤油）为50 mL/kg，含硫原油（低馏分汽油、粗汽油和煤油）为75 mL/kg，动物接触这些原油1周，即可引起吸入性肺炎。

【临床表现】石油产品中毒可影响呼吸系统、胃肠道或皮肤系统以及中枢神经系统。许多中毒病例观察不到临床症状，但据报道，小动物中毒后表现口腔刺激、流涎和牙关紧闭，随后咳嗽、气哽和呕吐。摄取石油产品最严重的后果是，碳氢化合物吸入肺引起肺炎。在单胃动物呕吐或反刍动物嗳气时（瘤胃内容物），常可发生异物被吸入肺。肺损伤主要表现其挥发性、黏滞性和表面张力的有机结合。较强的挥发性能促进异物形成蒸汽被吸入肺和呼吸道，从而取代肺泡内氧。由于低黏滞性和表面张力的产物不断增加，加之这些产物渗入较小气道，再扩散到较大的肺表面区域，致使肺毒性加大。

急性瘤胃臌气不是一种常见病症，在动物摄入汽油或粗汽油等较强挥发性的烃后，很短时间内即引起死亡。中枢神经系统受损与吸入异物有关。中枢神经系统的症状可能是由低分子量脂肪烃的麻醉样作用和/或大脑缺氧引起的，这都起因于肺损伤或氧被挥发性较强的烃所取代。大剂量吸收一些化合物，能使心肌对内源性儿茶酚胺较为敏感。根据毒物的剂量和成分，动物可在24 h内开始出现厌食、瘤胃蠕动减弱和轻度精神沉郁，这些症状可持续3～14 d。在中毒数日后还可发生低血糖症。这些症状和体重下降，可能是无瘤胃臌气或未吸入石油产品的动物的唯一反应。一些动物中毒后，不但难以恢复正常的瘤胃功能，而且能发展成为慢性消耗性疾病。

在动物摄入石油产品几日后粪便可受到影响，当摄入煤油或轻烃时，粪便变干，而且成形；相反，摄入重烃混合物时，则可导致腹泻。在摄入石油产品两周后，仍可在粪便和瘤胃内容物中检出石油产品。在鼻镜部和唇部还可见到反胃和呕吐的石油产品。

中枢神经系统症状可归因于肺、皮肤或胃肠吸收烃以及脑缺氧，主要症状包括兴奋（与芳香族化合物——苯，甲苯有关）、精神沉郁（脂肪族或低分子量饱和烃）、战栗、头部震颤、明显视觉功能紊乱（有时与铅污染有关）和共济失调。急性肺炎和胸膜炎（咳嗽，呼吸加快、变浅，不愿运动，低头，虚弱无力，油状鼻液，脱水）均可发生于一些吸入大量挥发性混合物的动物，并在几天内死亡。动物吸入大量烃后表现为呼吸困难，不久死亡。PCV、Hb、BUN升高，表明轻度至中度血液浓缩，这与肺炎的发生、发展有关。中性粒细胞减少症、淋巴细胞减少症和嗜酸性粒细胞减少症均发生于疾病初期，随后表现为中性粒细胞增加。

还有一些关于石油产品中毒引起流产的轶事性报道。有关啮齿动物的一些试验数据已证明，石油产品中毒可导致胎儿数量下降且生长发育减慢。并且，对胎儿有影响的中毒剂量，也会极大地影响母体健康和体重。

【病理变化】　吸入性肺炎是动物尸体剖检中最常见的病理变化。若摄入汽油、粗汽油等大量挥发性石油产品，可见气管炎、胸膜炎和胸腔积水。肺部的病理变化通常为双侧性的，并且发生于尖叶、心叶、膈叶和间叶等。病变部位呈暗红色和实变，有时可见多个脓肿。在中毒后仍存活数月的牛中，可见囊状肺脓肿。皮肤病变在严重中毒后非常明显，主要包括皮肤发干、龟裂、起水疱。

【诊断】　在肺、瘤胃内容物和粪中可闻到烃气味。即使反刍动物摄入烃，4 d后在瘤胃内容物中也见不到这些石油产品。添加温水到胃肠道，可使石油产物聚集在胃肠内容物表面。但在胃肠道中发现石油产品，并不能作为中毒的诊断依据。如果没被吸入体内，大多数石油是低毒性的。胃肠内容物、肺、肝、肾等样品以及可疑病原，均应采样送检作化学分析，以检验烃在组织（尤其是肺）和胃肠内容物中存在的情况，以及确认组织和饲料中发现的烃，是否与可疑病原相符合。在尸检和样品运输过程中，必须仔细保存，以防交叉感染。应选择好的诊断实验室，要保证采样设备和运输容器完好无损，以防重要成分和污染物随蒸发流失。阳性分析结果以及参考临床和病理特征可基本确认本病。油田地区的诊断常因涉及其他毒物，例如，炸药，润滑脂和油管中的铅剂、砷剂，有机磷酸酯，腐蚀剂（酸或碱）以及盐水而变得复杂。

【治疗】　为抢救动物生命，可采用插入胃导管放气解除瘤胃臌胀。但使用套管针放气，有可能使油进入腹腔而导致腹膜炎。插入胃导管放气，会极大地增加异物呛入肺的危险性，必须十分小心。未出现瘤胃臌胀时，主要是防止异物呛入及缓和胃肠功能紊乱。通过瘤胃切开术排除瘤胃内容物，再更换健康的瘤胃内容物是比较安全的。瘤胃功能下降的一些慢性病例也可采用这种方法。若使用泻药，以盐水或山梨醇为宜，但尚无证据证明使用泻药能使预后良好。近来，已不再建议摄入石油后使用油类泻药。

建议小动物可偶尔使用活性炭。虽然活性炭不能有效吸附石油馏出液，但它能吸附添加剂和其他一些污染物。应尽量避免引起呕吐和异物吸入。小动物发生急性呼吸困难时，可采取补氧法和谨慎使用正压通风法（因存在肺部损伤）。应经常清洗通风装置，以除去挥发性烃。

动物中毒后有呼吸系统症状的，可用广谱抗生素治疗。烃被吸入后，能与瘤胃内容物混合，随后进入肺脏。烃进入体内后，若使用类固醇会进一步减少康复机会。对吸入性肺炎的治疗很少见效，往往预后不良。由于中毒后头几日不会出现吸入性肺炎症状，因此根据最初的临床症状判定预后，往往是错误的。

许多高分子量化合物通过消化道均不发生结构变化。许多石油烃具有较强的亲脂性，他们能在不同时间贮存脂类含量高的脂肪、神经组织和肝脏等组织中。吸收的化合物经代谢后形成一些有毒副产品（如苯、甲苯和正己烷）。虽然这些化合物不会长期存留在体内，但无人知晓这些化合物究竟能在组织中存留多久。如要作为食用动物，在动物屠宰前必须考虑潜在的组织残留。

由皮肤接触所引起的中毒或损伤，可用肥皂、轻度去污剂和大量冷水冲洗皮肤上的石油产物，但不要将皮肤擦伤。根据临床症状做进一步治疗，且主要局限于辅助疗法。

避免石油烃中毒的唯一方法是不让动物接触这些化合物，可通过合适的贮存方法，以及将周围一些石油设施用栅或篱围起来。

油田对牛健康与生产的危害：文献报道，生产商非常关心油田对牛健康和生产的影响。一些观察研究表明，牛接触到加工厂的含硫汽油和含硫化氢的天然气中的废气排放物，会导致繁殖障碍。近来仍有探究油田废气排放物对免疫系统影响的研究。

第十五节　长效卤代芳香剂中毒

重要的长效卤代烃（PHA）有多溴二苯醚（PBDE）、多氯二苯并-对-二噁英/二苯并呋喃（PCDD/F）、多氯联苯（PCB）、多溴联苯（PBB）、四溴双苯酚-A（TBBPA）、DDT和二氯苯氧氯酚（triclosan）。许多PHA都被归类于长效有机污染物，俗称长效有机化合物。除使家畜中毒外，PHA能在动物组织、尤其在体脂肪和肝脏被生物放大，并能被转移到胎儿。生物放大引出了令人高度关注的食品安全问题。生物放大是长效有机污染物蓄积在脂肪的过程。脂肪中的水平要高于日粮水平，PHA经乳汁（包括母乳）和蛋排出体外。

【病因】　PHA中毒见于室内环境污染，空气中PHA沉积于饲料，污水污泥排放到农田，工业事故，被污染的消费品（如除草剂和木材防腐剂）和饲料污染。动物和人主要通过饮食接触到PHA。饲喂含有PHA副产品的动物产品（包括脂肪和肝脏，食物链生物放大效应）是动物日粮中PHA的重要来源。经鉴定，团状黏土有PCDD污染，但污染的黏土已用于与动物日粮混合和饲料加工中，所以对日粮配方中所有组分的来源和含量须进行评估。例如，长效卤代烃的含量用于水产日粮中的鱼粉可比家禽和猪日粮中的鱼粉高2倍。人食谱中接触的PCB和PCCD/F主要来自于奶制品和鱼（包括农庄自养的鱼类）。一些地区奶酪中PHA的含量几乎接近鱼类中的PHA含量。

饲料污染PHA主要是因废弃物排泄和空气沉积。土壤能通过工业性活动，垃圾废物传播（如农田废弃物和散布的污水、污泥）而受到污染。农田里的污水、污泥是反刍动物和马日粮中PHA的重要来源。例如，散布有污水、污泥的土壤中的PCDD比原先土壤中的PCDD增加了50倍。据报道，污水、污泥中的PBDE的含量为1.1～2.3 mg/kg（干重），污水、污泥中最稳定的PBDE是五溴二苯醚。当土壤污染污水、污泥后，一般认为，饲草中的PCDD/F主要来自于污染的土壤。青贮牧草常比青贮玉米含更多的PCDD/F。饲草的外形可用于鉴定污水污泥来源和其他来源的PCDD/F。放牧会损耗土壤。饲养家畜和野生动物以及鸟类的食土癖，都会损耗土壤。如土壤吸收一样，牛或绵羊放牧，能分别消耗16%或30%干物质。反刍动物和马能接触到沉积在植被上的PHA。季节不同，空气中PHA的含量也不同，例如，空气中的PCDD/F含量，通常冬季比夏季高。一些PHA常为疏水性的，

有较低的气压，能吸收大量颗粒。这就使得这些化合物随尘土长期在空气中飘浮并广泛分布。

与人同居的犬猫在居室内都有可能接触到PHA。PBDE是一种同源体的化学混合物，可组成不同的配方，约有209种PBDE同源体。他们能污染室内空气，浮动在地毯和其他的合成纤维中，是房屋尘埃的一种成分。二氯苯氧氯酚为一种多氯羟基二苯醚，广泛用作广谱杀菌剂，是许多医药产品的主要组成成分。家用产品表面常被二氯苯氧氯酚浸渗，常见于切菜板、食品包装袋、冰箱衬垫，这些具有杀菌作用的表面活性剂还能消除各种气味。PHA可存在于犬粮和猫粮中。例如，日粮配方中所用的鱼肝油，其所含的PCDD/F通常比肉骨粉高两倍多。日本学者对猫犬的研究表明，日粮中的PHA被吸收后能沉积在一些组织中。PBDE常被添加到塑料制品、纺织品和电子设备中，作为火焰抑制剂。食物网中含量较低的溴化了的PBDE可较持久地存在于环境中，而含量较高的溴化了的PBDE，能通过生物群的脱溴化，形成含量较低的溴化了的PBDE。一些证据表明，PBDE能被转化成多溴二苯-对-二噁英（PBDD）和多溴二苯-对-呋喃（PBDF）。当含有PBDE的塑料制品被加热或燃烧时，就被转化成PBDD和PBDF。PBDD和PBDF对含氯类似物都有相似的毒性，并且能在脂肪组织中检测到。

【疾病传播与食品安全】　PHA是可被吸收的，能在机体脂肪和肝脏内被生物放大，随后转移到胎儿，经乳汁和蛋排出体外。食用动物能在食用性动物产品中传递PHA。PHA存在于已污染的动物脂肪和其他包括肉骨粉在内的动物产品中。所有摄入PHA的食用动物，都能发生中毒，且在体脂中有残留。

在一次母牛试验中发现，牛能吸收日粮中35%～88%的PBDE。除大多数疏水性的同源体外，转移到乳内的PBDE反映了脂肪组织内的含量。泌乳母牛接触到污染PBDE的日粮后，乳中PBDE含量与许多同源体吸收的PBDE含量基本相等。

在奶牛上进行的高溴联苯醚的研究，为高度溴化的联苯醚的转化情况提供了资料。母牛有可能接触到被PBDE、PCB和其他PHA污染的牧草所组成的日粮。

脂肪组织中的高溴联苯醚含量比乳脂肪中的含量高9～80倍。溴化程度越高，差异越大。对于接触环境中高度溴化的BDE的人来说，肉类消费有食品安全问题，而奶制品消费则没有。

绵羊研究提供了关于PHA转移到胎儿的一些试验数据。绵羊在有污水污泥污染的草地上放牧，母体和胎儿组织中沉积的PCB，在同源体之间有差异。例如，同源体101的含量在胎儿组织中明显增高，在母体和胎儿组织中发现的PBDE同源体为47和99，PBDE

同源体 99在母体组织中含量更高。

已在鸡和猪中研究了PHA的毒物动力学。鸡脂肪中PHA的生物放大因子（BMF）为7～35，猪的生物放大因子小于7～15。给母鸡饲喂含3.4 mg/kgPBDE和0.95 mg/kgPCDD的日粮，用来研究PBDE的毒物动力学。粪便中PBDE含量明显升高，并能持续两周，随后被排出而下降到0。两周后，占摄入量62% 的BDE-47被排出，这表明，消化道内PBDE进行了还原脱溴作用。蛋中PBDE的含量在5周内升高至24 μg/g脂肪，随后降至3 μg/g脂肪。估计腹部脂肪中PBDE的生物富集因子为0.7～2。

在虹鳟中进行的关于PCDD和PCDF从日粮转移到肌肉脂肪的研究表明，在饲养前13.5个月中，日粮中约30%PCDD和PCDF被转移到肌肉脂肪中。在19个月时，转移率在雄性虹鳟少量增加至34%，而在产卵的雌性虹鳟则降至27%。PCDD和PCDF蓄积的同源体特异模型还尚未确定。经过19个月的饲养，虹鳟肌肉脂肪中PCDD和PCDF的含量升高。

为确定生物放大因子，研究了食物链中8种PBDE同源体（IUPAC Nos.28、47、99、100、153、154、183和209）。研究了三种食物链：大山雀对雀鹰，小型啮齿动物（小林姬鼠和欧鼠平）对秃鹰（普通鵟）和小型啮齿动物对狐狸（红狐）。除BDE 28和209（低于定量水平），同源体在两种捕食鸟中被生物放大。在捕食鸟的食物链中，生物放大因子为2～34。在啮齿动物对狐狸的食物链中，未观察到生物放大效应。

【毒理学】　PHA有急性和慢性毒性之分，慢性作用能伴随终生。毒理作用一般包括免疫系统破坏、肝功受损和内分泌紊乱。家畜和野生动物不太可能接触同一类PHA。有关颉颃、添加、协同和加强的相互作用，迄今还不清楚。

毒物与芳香烃受体结合是PHA具有免疫毒性的主要原因。免疫毒性是一些PCB和TCDD/F同源体的敏感参数。全身免疫毒性作用致使动物自然抵抗传染病的能力减弱，形成肿瘤的危险性增大。用淋巴细胞进行获得性免疫方面的研究，是探讨PHA免疫毒性作用的最佳方法。给奶牛饲喂含PCB的青贮饲料，能明显增加乳房炎发病率和犊牛死亡率。雪橇犬摄入含有PCB、PBDE、DDT和其他氯代烃类污染物的日粮，或摄入天然污染的小须鲸鲸脂而接触到汞，细胞免疫反应均下降。

PHA能改变内分泌功能。据知，一些PHA对甲状腺内分泌有作用。PHA（如PCB）诱导了肝脏尿苷二磷酸葡萄糖醛酸基转移酶或磺基转移酶同工酶，增加了共轭甲状腺激素的胆汁排泄。PCB或其代谢产物能干扰三碘甲状腺氨酸（T_3）与核受体的结合。因为PCB减少了循环和脑中四碘甲状腺素（T_4）含量，所以在子宫内接触到PCB，能使脑脱碘酶含量升高，并可能是维持组织T_3含量的一种代偿性反应。已证明，四溴双苯酚A 能改变甲状腺激素受体。试验研究证明，PBDE能破坏小鼠和美洲隼的甲状腺功能。机制是通过羟基化的PBDE代谢产物，竞争性取代T_4与载体蛋白结合。对水貂的试验研究表明，甲状腺空泡形成增多，刚出生的小水貂细胞明显减小，因其母体曾口服接触过市售PBDE化合物。一些证据发现，人糖尿病的发生，可能与血清PCB和TCDD同源体含量有关。迄今尚不清楚，犬猫中是否有这种相关性。PHA对家畜内分泌功能的影响，还不能完全解释清楚。

PHA是类固醇激素兴奋剂和颉颃剂，能破坏机体内分泌平衡，改变代谢的调控。这些破坏能引起繁殖机能障碍。牛组织中关于PCB的研究表明，由于孕酮、雌二醇和睾酮的分泌，使促卵泡素和促黄体素对黄体、卵泡内颗粒层和卵泡膜细胞刺激作用下降。在牛子宫研究中表明，PCB能使子宫肌收缩力增强和子宫内膜前列腺素水平升高。PCB和PBB能使牛的妊娠期延长，但机制尚不清楚。已证明，高剂量二氯苯氧氯酚能引起内分泌紊乱和精子生成减少。雪橇犬摄入含有PCB，PBDE，DDT和其他氯代烃类污染物的小须鲸鲸脂，能增强肝脏中乙氧基-3-异吩唑酮-脱乙基酶（EROD）、环氧化物羟化酶的活力和睾酮代谢（形成6 β-、16 β-羟基睾酮和雄甾烯二酮）。在中止接触后，EROD的活性仍能持续10周以上。

一些PHA能改变子宫内激素功能。子宫接触PHA后，可能会改变以后的性功能。产前和产后接触PHA，由于内分泌机制紊乱，可能会改变乳腺发育和功能，并增加乳腺疾病的发生。山羊的子宫接触到PCB后，随年龄和性别不同而改变其腺嘌呤功能。山羊在初情期前的发育期间，皮质醇基础含量较低，这种作用在他们第一个配种季节期间均能维持。9月龄的公山羊在受到中等应激时，血浆皮质醇含量持续升高。

PHA能调控细胞色素和药物代谢中其他酶的活性。细胞色素活性的变化，能增加终毒物（包括致癌物）的形成。PHA可能是致癌物的促进剂。

【临床表现与病理变化】　鸡PHA中毒能引起产蛋量突然下降，蛋孵化率也随之下降；还可能观察到腹水和水肿以及运动失调。病理变化包括骨骼肌和心肌的退行性病变。

奶牛摄入污染了PHA的饲料，主要表现食欲缺乏、产奶量下降和排尿增多。配种4～6周的母牛容易发生早期胚胎死亡。妊娠后期母牛可能表现妊娠期延长，出现骨盆韧带的不随意性和犊牛畸形。可观察到血肿发展到脓肿的病变，母牛还可出现蹄角质生长过度和脱毛症。病理变化包括出血性肝炎、肝脏脂肪变性、肝脓肿、急性至慢性间质性肾炎和真胃溃疡。曾记录牛群饲喂青贮窖（用含PCB的密封剂密封）中的青贮饲料，或饲喂被PCB污染的青贮窖中的青贮饲料，均表现出与PCB相关的中毒症状，主要包括因乏情和受孕下降，使再配种间隔延长。一些牛还出现真胃炎症状，与创伤性网胃心包炎的临床症状类似。犊牛死亡率明显升高，犊牛传染病也明显增多，说明其有免疫抑制作用。存活犊牛体重下降。奶牛在饲喂青贮窖底部含大量PCB的青贮料后，产奶量明显下降。

将天然污染PHA的小须鲸鲸脂喂给雪橇犬，可见肾小球毛细血管壁和包曼氏基底膜弥漫性增厚，也可见肾小管玻璃样变和慢性间质性肾炎。

【诊断】 从体脂肪和肝脏中能检测到PHA。根据PHA含量的测定，结合接触病史、病理学和临床表现，可确诊本病。

【防治】 迄今尚无PHA中毒的有效治疗方法。建议采用辅助疗法。严禁给动物饲喂高含量PHA的饲料。应高度重视舍内环境、饲喂器皿和饲料来源，以防止接触PBDE。体脂肪中的PHA分泌到乳脂中，能增加其在新生畜体内的积存量。

第十六节　杀虫剂与杀螨剂毒性

杀虫剂是一类能预防、破坏、抵抗昆虫的化合物或混合化合物。同样地，杀螨剂是一类能除灭螨虫的化合物。有时，一种化合物能同时具有杀虫和杀螨作用。根据这些化合物的特性，可将他们归为四类：①有机磷酸盐类；②氨基甲酸酯类；③有机氯类；④除虫菊酯及拟除虫菊酯。由于这些化合物被广泛使用，已对非靶向性物种（包括人类、家畜和伴侣动物、野生动物及水生动物）的健康造成危害。大动物中毒经常是由于无意或意外使用上述化合物所致，而小动物（特别是犬）中毒常是蓄意预谋的。

按法规要求，农药标签必须严格限定其应用范围和使用方法，并说明其对动物的急性、慢性毒性以及在肉、奶及其他动物产品中的残留。由于标签内容变化能反映政府颁布的法规条例，所以每次购买农药时均需认真阅读标签说明。

动物每次接触，无论时间多短或剂量多小，均导致一些化合物被吸收并可能蓄积。多次短期的接触也可因累积作用而引起动物中毒。应采取一切措施，尽量减少人员接触这些化合物。措施包括：经常更换工作服，每次更换前应洗澡，有条件的还可使用防毒面具、雨具和农药难以透过的橡胶手套。防毒面具必须配备适当的过滤装置，因为普通的尘埃滤器，不能保护操作者避免有机磷杀虫剂烟雾的吸入。这些措施足以防止中毒。通常，过量接触氯化烃类杀虫剂是很难估测的，除非出现明显的中毒症状。

有机磷酸盐类和氨基甲酸酯类杀虫剂，能使神经组织突触和神经肌肉接头处及红细胞内乙酰胆碱酯酶失活而产生毒性。因此，有机磷酸盐类或氨基甲酸酯类杀虫剂抑制胆碱酯酶的特性可反映中毒程度（如果在中毒早期，可测定血液/红细胞内乙酰胆碱酯酶活性）。在人，通常是血清胆碱酯酶（即丁酰胆碱酯酶）首先被抑制，如红细胞-乙酰胆碱酯酶活性未见明显下降，表明近期接触了毒物，只是中度中毒。红细胞-乙酰胆碱酯酶活性受抑制，则表明为严重的急性中毒或慢性中毒（正常的胆碱酯酶值活性具有很大的个体差异，因此只有在同体对照的情况下才具有诊断意义）。

有机杀虫剂除了对人有危害，对鱼、野生动物以及家畜也有害。所用剂量不得超过推荐用量。最有效的预防措施是阻止漂浮物和污水进入邻近的农田、牧场、池塘、小河或用药区之外的其他地方。

已经明文制定上述农药对靶向动物的安全量和中毒量，必须按农药管理条例实施。已有兽医因不遵循标签说明及注意事项，未告诫畜主采取必要的措施而受到起诉。

理想的杀虫剂或杀螨剂应该高效，对人畜无害，在组织、蛋和奶中无残留。但仅有少数化合物符合上述要求。

有机杀虫（螨）剂中毒主要见于以下三种情况，即：①畜禽直接应用；②动物采食了为控制植物寄生虫而用农药处理过的饲料（草）；③意外接触。本文仅对经常危害家畜健康或在动物产品中有残留的一些杀虫（螨）剂进行讨论。

化学合成很难获得100%的目的产物。正常情况下，任何化合物无论是天然的、还是人工合成的，总含有一定比例的具有不同生物效应的结构相似的化合物。最好的例证是二氯二苯二氯乙烷（DDD）：P,P'—异构体是一种对多数哺乳动物低毒有效的杀虫剂；O, P'—异构体能引起人和犬的肾上腺坏死，被用于治疗某些肾上腺功能障碍。

通常，长期在高温条件下贮藏或盛于不满的容器内会引起化合物变质。但在贮藏期间，马拉硫磷能产生异马拉硫磷，其毒性比马拉硫磷强许多倍。除异马拉硫磷外，还能形成马拉硫磷的另两种杂质（马拉氧磷和三甲基二硫代磷酸酯），其毒性也比马拉硫磷大几倍。另一种有机磷杀虫剂稻丰散也能形成类似杂质，增强其毒性。化学药品须储存于原容器内，不得随意更换，否则有危险性。动物或人意外地接触这些农药，常导致灾难性后果。有些使用者未经许可，任意将几种农药混合使用，这是非常危险的，应予杜绝。例如，同时使用两种有机磷杀虫剂，可使马拉硫磷毒性增强上百倍。

许多能抑制胆碱酯酶的氨基甲酸酯类和有机磷杀虫剂（如西维因、敌敌畏、灭虫威、虫螨威、对氧磷、速灭磷、涕灭威和久效磷）都具有免疫毒性作用。白细胞介素 I 和白细胞介素 II 可反映巨噬细胞受损情况，而产生这一影响的杀虫剂含量是很低的，但仍能对动物的健康产生严重的危害。

一、氨基甲酸酯类杀虫剂

氨基甲酸酯类是氨基甲酸的酯类。氨基甲酸酯类不像有机磷酸盐，其化学结构并不复杂。目前，氨基甲酸酯类的使用量远远超过有机磷酸盐，因为氨基甲酸酯类比有机磷酸盐安全。

1. 涕灭威 大鼠口服LD_{50}为0.9 mg/kg，兔皮肤接触LD_{50}为5 mg/kg。犬经常发生蓄意中毒事件。

2. 西维因 大鼠口服LD_{50}为307 mg/kg，兔皮肤接触LD_{50}为2 000 mg/kg。2%的喷雾剂对犊牛无毒；皮肤接触时，4%的喷雾剂对成年牛无毒。

3. 呋喃丹 大鼠、犬、鸡、鸭、雉鸡、鹌鹑和野禽的口服LD_{50}分别为8、19、6.3、0.415、4.2、5.0和0.42 mg/kg。犬常因食入蓄意投毒的食物而中毒。牛和绵羊的最小中毒剂量为4.5 mg/kg，而致死量分别为18 mg/kg和9 mg/kg。牛和其他家畜经常发生意外中毒事件。猪饮用呋喃丹污染的水也可发生中毒。在非洲，一些野生动物的数量（包括鹿、狮和野禽）因蓄意使用呋喃丹而日趋下降。兔皮肤接触呋喃丹的LD_{50}为2 550 mg/kg。

4. 灭多虫 大鼠口服LD_{50}为17 mg/kg，兔皮肤接触LD_{50}为大于2 000 mg/kg。犬常因食入蓄意投毒的食物而中毒。据报道，牛采食喷洒该类化合物的饲草可发生中毒。

5. 残杀威 大鼠口服LD_{50}为95 mg/kg，山羊口服LD_{50}为大于800 mg/kg。兔皮肤接触LD_{50}为大于1 000 mg/kg。

【临床表现】 氨基甲酸酯杀虫剂的作用与有机磷酸盐相似，他们都能抑制神经突触和神经肌肉接头处的乙酰胆碱酯酶。这种抑制是可逆的，因为抑制键不能持久，因此在实验室检查血液乙酰胆碱酯酶的抑制常不明显。临床症状表现为流涎、胃肠蠕动过强、腹部疼痛性痉挛、呕吐、腹泻、多汗、呼吸困难、发绀、瞳孔缩小、横纹肌自发性收缩（严重时可发生强直、肌肉无力和麻痹）和痉挛。"SLUD"（流涎、流

泪、频尿和腹泻）这一首字母缩略语，描述了氨基甲酸酯中毒的全部临床特征。由于支气管收缩，导致气管、支气管分泌物增多和肺水肿，引起呼吸衰竭和缺氧而死亡。

【诊断】 诊断常依据氨基甲酸酯的接触病史和对阿托品的治疗反应。然而，如果不能提供氨基甲酸酯的中毒病史，且动物又表现胆碱能症状，并对阿托品有明显的阳性反应，则可认为是氨基甲酸酯或有机磷中毒，须测定红细胞或全血（活体动物）、或脑皮质（死亡动物）中的乙酰胆碱酯酶活性。酶活性被明显抑制（>50%）则可确诊。70%以上乙酰胆碱酯酶被抑制，通常有胆碱能兴奋症状。可用气相色谱联合质谱仪（气质联用仪）检测胃肠内容物中的氨基甲酸酯杀虫剂，有助于某一特定氨基甲酸酯杀虫剂的鉴定、确认和定量分析，并可与有机磷酸盐杀虫剂作鉴别诊断。

【治疗】 氨基甲酸酯中毒的治疗与有机磷中毒相似。硫酸阿托品很容易逆转胆碱酯酶的抑制作用。阿托品的建议使用剂量如下：犬和猫的有效剂量为0.2~2 mg/kg（必要时重复给药），非肠道给药，1/4剂量静脉注射，其余皮下注射（猫可用下限剂量）；牛、绵羊0.6~1.0 mg/kg，1/4剂量静脉注射，其余皮下注射，必要时重复给药；马、猪0.1~0.2 mg/kg，静脉注射，必要时重复给药。

解磷定（2-PAM）可用于治疗氨基甲酸酯中毒，但对它的作用仍有争议。如有机磷和氨基甲酸酯两者混合性中毒，选用解磷定可能有效。如果是有机磷中毒，有胆碱能过度兴奋症状，可使用解磷定。解磷定注射太快可引起动物死亡，因此，必须缓慢注射（用5%盐水稀释，注射10 min以上）。参见有机磷化合物。解磷定注射液须现配现用，因为陈旧溶液能产生氰化物。禁用吗啡和巴比妥类药物。

二、氯化烃类化合物

由于组织残留时间长，并有慢性毒性作用，这类化合物大部分已被禁用。现在允许使用于家畜及环境的只有林丹和甲氧滴滴涕。然而，近年来监测调查发现，51%的牛（主要来自科罗拉多州）能被检测到有氯化烃类杀虫剂（包括七氯、环氧七氯、林丹和氧化氯丹）的残留。

1. 艾氏剂 艾氏剂为强效杀虫剂，其毒性等级与狄氏剂相似。艾氏剂在美国已不再注册，但仍用于控制白蚁。大鼠口服LD_{50}为39 mg/kg，兔皮肤接触LD_{50}为65 mg/kg。

2. 六六六（BHC、HCH） 六六六由12%~45%的γ-异构体组成。它是大动物和犬的一种有效杀虫

剂，但对猫有很强的毒性（为控制猫体内寄生虫而用量过大）。只有 γ-异构体（γ-BHC，林丹）具有杀虫作用。其他异构体可在机体组织中长期蓄留，最好使用林丹（含大于99% γ-异构体）。大鼠口服林丹的LD$_{50}$为76 mg/kg，兔皮肤接触LD$_{50}$为500 mg/kg。目前，在美国禁止出售六六六（我国也已禁止使用六六六）。

体况良好的牛对林丹的耐受浓度为0.2%；但有应激反应、体质差的牛用0.075%的林丹喷洒或药浴就可发生中毒。马和猪能耐受0.2%～0.5%的林丹。通常绵羊和山羊能耐受0.5%的林丹。消瘦和泌乳可增加动物对林丹的敏感性，所以治疗这些动物时须谨慎。犊牛对林丹非常敏感，一次口服林丹的中毒剂量为4.4 mg/kg。给予绵羊22 mg/kg，就会出现轻微症状；给予100 mg/kg，就会引起死亡。成年牛的耐受量为13 mg/kg（无症状出现）。六六六在机体脂肪中蓄积，经乳汁排泄。

3．氯丹 氯丹在美国已不再注册作为杀虫剂。家畜通常因采食用氯丹处理的植物和意外地直接接触氯丹而中毒。犊牛的致死量为44 mg/kg，而成年牛的最小中毒量约为88 mg/kg。用含25 mg/kg氯丹的饲料连续喂牛56 d，脂肪中的氯丹含量可达19 mg/kg。新配制的浓度为0.25%的乳剂和悬浮液，用于犬是安全的，浓度高达5%的干粉对犬也是安全的。对犬按3 mg/kg氯丹进行2年的饲喂试验，结果未见不良反应。在氯丹处理过的地面饲养鸽子、来航鸡雏鸡和小母鸡1～2个月，无不良反应。大鼠口服氯丹的LD$_{50}$为283 mg/kg，兔皮肤接触LD$_{50}$为580 mg/kg。

4．狄氏剂 狄氏剂在美国不是一种被注册的农药。狄氏剂的残留限制了其应用，它是毒性最强的氯化烃杀虫剂之一。大鼠口服狄氏剂的LD$_{50}$为40 mg/kg，兔皮肤接触LD$_{50}$为65 mg/kg。奶犊牛的口服中毒量为8.8 mg/kg，耐受量为4.4 mg/kg。成年牛的耐受量为8.8 mg/kg，中毒量为22 mg/kg。猪的耐受量为22 mg/kg，中毒量为44 mg/kg。马的中毒量为22 mg/kg。狄氏剂抗虫害效果好、用量低，因而在其处理过的牧场放牧，不会引起家畜中毒。用含25 mg/kg狄氏剂的饲料连续饲喂牛和绵羊16周，除脂肪中有残留外，无其他毒害作用。有关法规规定，食用动物组织中的残留量为"零容忍"，所以对接触过狄氏剂的上市动物及产品应认真检疫。

狄氏剂的使用说明一般也适用于异狄氏剂。异狄氏剂是3种氯化环戊二烯杀虫剂中毒性最强的化合物。

5．硫丹 硫丹广泛应用于控制作物和果园中的昆虫和螨虫，它还大量地应用于西红柿。硫丹对哺乳动物毒性很大。大鼠口服硫丹的LD$_{50}$为18 mg/kg，兔皮肤接触LD$_{50}$为74 mg/kg。通常，牛硫丹中毒均为意外发生，而犬硫丹中毒却为蓄意投毒所致。

6．七氯 在美国，七氯现已不再注册为杀虫剂，也不推荐在家畜中使用。七氯在农业生产中用于控制地下白蚁。大鼠口服七氯的LD$_{50}$为40 mg/kg，兔皮肤接触LD$_{50}$为119 mg/kg。由于七氯对控制植物虫害非常有效，所以一些牧区会时常发生家畜七氯中毒事件。奶犊牛的耐受量为13 mg/kg，中毒量为22 mg/kg；绵羊的耐受量为22 mg/kg，中毒量为40 mg/kg。用含60 mg/kg七氯的饲料饲喂牛16周，除脂肪中有残留外，无其他不良影响。七氯在动物体内被转化为环氧七氯，并蓄积在脂肪中。因此，七氯的特异性分析往往产生阴性结果，而环氧化合物的分析则呈阳性。

7．甲氧滴滴涕 甲氧滴滴涕是一种最为安全的氯化烃类杀虫剂，也是目前美国仅有几种被注册的农药之一。大鼠口服甲氧滴滴涕的LD$_{50}$为5 000 mg/kg，兔皮肤接触LD$_{50}$为2 820 mg/kg。奶犊牛的耐受量为265 mg/kg，500 mg/kg引起轻度中毒。1 g/kg可引起犊牛严重中毒，而绵羊不受影响。每日给犬990 mg/kg甲氧滴滴涕，连续给药30 d，未出现中毒症状。用0.5%的甲氧滴滴涕，每隔3周给牛喷雾一次，连续6次，脂肪的残留量为2.4 mg/kg；用0.5%甲氧滴滴涕给牛喷雾1 d后，在乳汁中检测出约0.4 mg/L的甲氧滴滴涕。因此，甲氧滴滴涕不能用于产奶（人消费）动物的喷雾。用含25 mg/kg甲氧滴滴涕的日粮饲喂牛和绵羊112 d，未见甲氧滴滴涕残留。如按推荐量使用，脂肪中的甲氧滴滴涕不会超标。有应用于公园、果园和大田作物以及马和矮马的商品化甲氧滴滴涕。

许多报道表明，在实验动物试验中发现，甲氧滴滴涕能引起动物繁殖障碍，但在临床实践中未见此现象。

8．毒杀芬 毒杀芬在美国不再被注册。毒杀芬如按推荐量使用，是非常安全的，但当过量使用或过量采食时会引起中毒。大鼠口服毒杀芬的LD$_{50}$为40 mg/kg，兔皮肤接触LD$_{50}$为600 mg/kg。犬和猫对毒杀芬特别敏感。犊牛用1%毒杀芬喷雾可发生中毒，除禽类之外，其他家畜均可耐受1%或更高浓度的喷雾或药浴。雏鸡用0.1%乳剂药浴可发生中毒，0.5%药液喷雾火鸡也可引起中毒。毒杀芬为急性毒物，在动物组织中存留时间短。用4%药液喷雾成年牛可引起轻度中毒，8%则引起严重中毒。虽然0.5%通常是安全浓度，但用其乳剂药浴成年牛仍可引起中毒。这是由于乳剂开始分解，使得细小微滴互相融合形成大的药滴，而大的药滴易黏附在牛毛上，结果使最终浓度大大超过0.5%。8.8 mg/kg毒杀芬可引起犊牛死亡，而4.4 mg/kg不引起死亡。牛的最小中毒量约为33 mg/kg，绵羊为22～33 mg/kg。用0.5%毒杀芬给海福特牛，每隔两周喷雾1次，连续12次，脂肪中最大残留量为8 mg/kg。用含10 mg/kg毒杀芬的饲料喂牛30 d，未检测出毒杀芬在组织中的残留；给阉牛喂饲含100 mg/kg毒杀芬的饲料112 d，脂肪中仅有40 mg/kg残留（该残留在停止使用毒杀芬2个月后即可消除）。

【临床表现】 氯化烃类杀虫剂为中枢神经系统刺激剂，可引起多种症状，最明显的是神经肌肉震颤和抽搐，还可出现与其他中毒病和中枢神经系统感染一样的行为变化。体温常升高。中毒早期患畜通常表现警觉和恐惧，随后出现肌肉自发性收缩，这种变化开始于面部并向后蔓延直至全身肌肉。大剂量DDT、DDD、硫丹、林丹和甲氧滴滴涕中毒时，动物表现肌肉震颤或战栗，继而抽搐、死亡。其他氯化烃类化合物中毒，肌肉发生抽搐和痉挛，通常无震颤表现。痉挛可表现阵发性的（可持续几分钟至数小时）、强直性的或两者兼有；或表现间歇性，直至昏迷。尤其在温暖环境下，患畜表现痉挛的同时还伴有高热。

患畜还表现行为变化，例如，姿势异常，休息时以胸骨着地而臀部高翘，或将头低置于两前肢之间，一些动物头抵墙壁或篱笆站立，或持续的咀嚼运动。偶尔，个别中毒动物好斗，并攻击其他动物、人或运动物体。动物常发出嘶叫声。有些患畜还表现精神沉郁，对周围环境淡漠，饮食欲废绝；这些动物可能比狂暴、兴奋型动物存活时间长。患畜常分泌大量浓稠唾液，尿失禁。某些病例则兴奋与抑制交替出现，最初特别兴奋，随后则严重抑制。

某一时间观察到的症状严重程度并非准确的预后指标。某些动物仅出现1次痉挛症状即死亡，而另一些则在多次痉挛后逐渐康复。有些表现急性兴奋的动物，常伴有体温升高（＞41℃）。这些杀虫剂所引起的中毒症状有很好的提示作用，但不足以确诊。必须考虑其他毒物中毒和脑炎或脑膜炎等病例出现的类似症状。

由氯丹引起的禽类急性中毒症状，表现为神经性鸣叫、兴奋、跗关节着地或侧卧，在鼻腔中有黏液性分泌物。亚急性和慢性中毒症状表现为脱毛、脱水、冠发绀、体重下降和产蛋停止。

【病理变化】 突然死亡的病例只表现发绀。随中毒时间的延长，会出现较典型的病理变化。不同器官均发生充血（特别是肺、肝和肾脏）。死前发热的病例所有器官苍白。心脏呈收缩状态，心外膜有大小不一的出血点。心、肺病变可提示有最急性肺炎；如果中毒超过几小时，还可表现为肺水肿。气管和支气管内充满红色泡沫状液体。在许多病例中，脑、脊髓常充血和水肿，并伴有脑脊液增多。

【诊断】 为确诊毒杀芬中毒，应对脑、肝、肾、脂肪、胃或瘤胃内容物进行化学分析。如要鉴别诊断，还可对一些可疑样品进行分析。测定脑中杀虫剂含量对诊断最有用。应对存活动物的全血、血清和尿液进行分析，以评价整个畜群中其余动物的中毒情况。食用动物中毒时，如果不仅有明显症状的动物接触了毒物，须进行存活动物脂肪的活检，估测残留情况。

【治疗】 无特效解毒药，体外接触（喷雾、药浴、撒粉）毒物的动物，应用清洁剂和大量冷水彻底冲洗，但不能刺激皮肤（不能刷拭）。如摄入杀虫剂时，可进行洗胃和给以盐类泻药，禁用可消化性油类，如玉米油。优级矿物油加泻药可促进毒物从肠道排出。活性炭可有效地防止毒杀芬在胃肠道的吸收。

对兴奋型动物可使用镇静抗惊厥药物（巴比妥类药物或安定）进行治疗，如有可能，应消除环境中对动物有应激的因素（如噪声、触摸等）。对极度沉郁、厌食和脱水的动物，应静脉输液或胃管投服营养物质。口服活性炭悬浮液或在饲料中拌食活性炭，可减少残留。内服苯巴比妥（5 g/d）可促进残留物排除。

三、植物源性杀虫剂

传统概念认为，大多来源于植物的杀虫剂（如鱼藤属植物中的鱼藤酮和菊属植物或除虫菊属植物中的除虫菊酯）对动物是安全的。但硫酸烟碱是个例外，如不谨慎使用，会导致中毒。宠物摄入烟草产品（如卷烟、嚼烟）而中毒，家畜则通过摄入废弃的烟叶或被烟油污染的干草而中毒。动物烟草中毒后表现震颤、运动失调、恶心、呼吸紊乱、肌肉麻痹，最终昏迷至死亡。烟草中的尼古丁及相关生物碱，都能穿过胎盘而产生致畸作用。动物常因呼吸肌麻痹和心搏停止而死亡。尸体剖检可见瘤胃内容物中有部分残存的烟叶、茎。病变包括黏膜苍白、血液发暗、心脏及肺脏出血、脑充血。治疗包括鞣酸洗胃、口服活性炭、人工呼吸，治疗心搏停止和休克。轻度中毒动物可迅速康复和自愈。

1. 除虫菊酯类 除虫菊酯是一类密切相关的自然化合物，他们是除虫菊的活性成分。除虫菊酯是从除虫菊（*Chrysanthemum cinerariaefolium*）的花中提取的，作为有效杀虫剂已有多年。除虫菊酯主要影响钠离子通道，还可影响神经细胞的氯离子和钙离子通道。加入增效醚、增效菊（sesamex）、增效环等增效剂，可提高除虫菊酯的稳定性和效力，这主要通过抑制复合功能氧化酶（一种能破坏除虫菊的酶）来完成。但这类增效剂对哺乳动物有潜在的毒性。

2. 拟除虫菊酯类 这类化合物是天然除虫菊酯的人工合成衍生物，包括丙烯除虫菊酯、氟氯氰菊酯、三氟氯氰菊酯、氯氰菊酯、溴氰菊酯、氰戊菊酯、氟氯苯菊酯、氟胺氰菊酯、氯菊酯和胺菊酯。通常，这类化合物比天然除虫菊酯更有效，对哺乳动物的毒性更低。这类化合物通过皮肤吸收差，但人常因皮肤接触和吸入而发生变态反应。轻度和早期中毒动物常表现为多涎、呕吐、腹泻、轻微震颤、高度兴奋或沉郁。这些症状可与有机磷或氨基甲酸酯中毒相混淆。中毒严重的动物会出现体温过高或过低、呼吸困难、剧烈震颤、方向障碍、神经和肌肉麻痹以及抽搐，最终因呼吸衰竭而死亡。通常，动物在接触后几小时内出现症状。但出现症状的时间，根据皮肤吸收率及饲喂时间可发生改变。

通常，摄入经过稀释的除虫菊酯/拟除虫菊酯制剂，毋需治疗。因其主要危害在于其溶剂，禁忌催吐。可按2~8 g/kg服用活性炭悬浮液，然后给予盐类泻药（0.5 mg/kg硫酸镁或硫酸钠，配成10%的水溶液）。植物油脂可促进除虫菊酯的肠道吸收，应避免使用。如为皮肤接触，可用中性清洁剂和冷水洗浴。接触区域应温和擦洗，以免促进循环，增加皮肤吸收。对动物呼吸和心血管系统初始功能的评估十分重要。进一步治疗包括对症和辅助疗法。控制抽搐可用安定（0.2~2 mg/kg静脉注射）或舒筋灵（55~220 mg/kg，静脉注射，每分钟不超过200 mg）。当上述药物无效或作用时间太短时，可静脉注射苯巴比妥或戊巴比妥。

3. 右旋柠檬烯 右旋柠檬烯是从柑橘皮中提取的油类的一种主要成分。它主要用于控制猫跳蚤及其他病虫害。成年跳蚤及其卵对右旋柠檬烯最敏感，如与增效剂胡椒基丁醚联合使用，效果更好。以推荐剂量使用右旋柠檬烯是安全的，但提高5-10倍浓度用于喷雾或药浴时，会使动物中毒，主要表现为流涎、肌肉震颤、共济失调和轻度至重度的低体温症。配方中的胡椒基丁醚可能对猫有毒性。据报道，人接触右旋柠檬烯会产生过敏，并能增加皮肤对一些化合物的吸收。犬口服右旋柠檬烯能引起呕吐（半数有效量为1.6 mL/kg）。尚无解毒药。

四、有机磷酸盐

有机磷酸盐是磷或磷酸的衍生物。这类化合物已替代了禁用的有机氯类化合物，因而已成为动物中毒的主要原因。各种有机磷化合物的毒力、残留量和排泄等差异很大。为适应动植物保健的要求，目前已开发出多种对植物和动物有保护作用的有机磷农药，他们通常具有组织和环境残留少的优点。有些起初作为农药使用的有机磷化合物，也作驱虫药。主要有5种有机磷化合物，他们是敌敌畏、敌百虫、皮虫磷、萘酞磷和育畜磷。前两种化合物主要用于马、犬和猪的抗寄生虫感染；后三种用于抗反刍动物的寄生虫感染。

现在许多用作农药的有机磷酸盐（如马拉硫磷、毒死蜱等）并不是酯酶的强抑制剂，除非被肝脏微粒体氧化酶活化。这类农药通常毒性较低，动物中毒缓慢。有机磷的微胶囊剂型，活性物质缓慢释放，不仅能增加其药效的持久性，还使其毒性减弱，但其仍然存在毒性。

（一）有机磷杀虫剂

1. 甲基（或乙基）谷硫磷 口服最大无毒量，犊牛为0.44 mg/kg，成年牛和山羊为2.2 mg/kg，绵羊为4.8 mg/kg。大鼠口服谷硫磷的LD_{50}为5 mg/kg，兔皮肤接触LD_{50}为220 mg/kg。

2. 三硫磷 三硫磷主要用于果树的喷雾和通过药浴或喷雾杀灭绵羊绿头苍蝇、羊蜱蝇和虱。用0.05%或更高浓度的三硫磷水溶液喷雾不满2周龄的奶犊牛，可引起中毒。1%浓度可引起成年牛中毒。绵羊和山羊的口服中毒量为22 mg/kg，8 mg/kg口服不引起中毒。绵羊用0.1%三硫磷药浴，未见中毒症状。大鼠三硫磷的LD_{50}约为31 mg/kg，每日给药2.2 mg/kg，连续90 d，能引起中毒。用含32 mg/kg三硫磷的日粮，连续喂犬90 d，不引起犬中毒。含1%三硫磷的药粉，使用一次就能引起猫死亡。

3. 毒虫畏 用浓度不高于5%毒虫畏喷雾成年牛，能使其中毒；而给犊牛喷雾2%毒虫畏，就能引起中毒。所有年龄的牛最低口服中毒剂量约22 mg/kg。大鼠急性口服LD_{50}为12 mg/kg，兔皮肤接触LD_{50}为3 200 mg/kg。

4. 毒死蜱 山羊口服毒死蜱LD_{50}为500 mg/kg，大鼠为941 mg/kg。与犊牛相比，阉牛和母牛、公牛（特别是外来品种牛）对毒死蜱单次给药更敏感。与其他常用有机磷化合物相比，毒死蜱中毒症状通常出现的晚。

5. 蝇毒磷 蝇毒磷主要用于防治牛蝇蛆和许多其他外寄生虫，以及房屋等附属建筑物的杀虫处理。用于成年牛、马和猪的最大安全浓度为0.5%。对犊牛、各种年龄的绵羊和山羊喷雾时，浓度不能超过0.25%（0.5%即可致死）。1%浓度喷雾成年牛可表现轻度毒性。大鼠口服蝇毒磷的LD_{50}为13 mg/kg。

6. 丁烯磷 丁烯磷常作为一种喷雾剂或粉剂用于控制牛和猪的外寄生虫。丁烯磷毒性较弱，然而，婆罗门牛对丁烯磷的敏感性明显高于欧洲品种牛。成年牛（上述牛除外）、绵羊、山羊和猪均能耐受0.5%或更高浓度的丁烯磷喷雾。通常，1%的丁烯磷是安全的，虽然能使猪发生皮肤损伤。中毒剂量一般为2%左右，但婆罗门牛在0.144%~0.3%时就可发生中毒。

7．内吸磷 内吸磷作为一种全身性杀虫剂，用于杀灭吸血昆虫和螨虫。内吸磷主要用于叶面喷洒，有相对较长的残留期。内吸磷是内吸磷-O和内吸磷-S的合剂，对哺乳动物的毒性较大。山羊口服内吸磷的LD_{50}为8 mg/kg，大鼠为2 mg/kg；大鼠和兔皮肤接触LD_{50}为8 mg/kg。曾发生过一起数百头牛，在喷洒过内吸磷-O的棉花地附近放牧引起中毒的病例。内吸磷的相关类似物（甲基内吸磷-O和甲基内吸磷-S）也具有相同的杀虫作用，但其毒性比内吸磷低。

8．二嗪农 犊牛可耐受0.05%二嗪农的喷洒，但0.1%即可引起中毒。用0.1%二嗪农，隔周重复喷雾成年牛不引起中毒。犊牛口服二嗪农的耐受量为0.44 mg/kg，中毒为0.88 mg/kg。成年牛口服耐受量为8.8 mg/kg，中毒量为22 mg/kg。绵羊口服17.6 mg/kg，中毒量为26 mg/kg。大鼠口服二嗪农的LD_{50}为300 mg/kg，兔皮肤接触LD_{50}为379 mg/kg。

9．敌敌畏 敌敌畏广泛用于动植物。由于其代谢和排泄迅速，如按标签说明使用，动物肉、奶中不会有敌敌畏残留。敌敌畏具有中等毒力，犊牛的最小中毒剂量为10 mg/kg，马和绵羊为25 mg/kg。大鼠口服敌敌畏的LD_{50}为25 mg/kg，兔皮肤接触敌敌畏的LD_{50}为59 mg/kg。1%敌敌畏粉对牛无毒性。含有敌敌畏的灭蚤颈圈，可引起一些宠物的皮肤过敏。

10．乐果 乐果是一种全身性杀虫剂，但它也能通过接触杀死昆虫。奶犊牛口服乐果的最小中毒量约为48 mg/kg，而对1岁牛的致死量为22 mg/kg。每日给成年牛10 mg/kg乐果，连续5 d，其胆碱酯酶的活性降至正常值的20%，但没发生中毒。马口服中毒量为60~80 mg/kg。犊牛、成年牛和成年绵羊可耐受1%乐果的喷洒。大鼠口服乐果的LD_{50}为250 mg/kg，兔皮肤接触LD_{50}为400 mg/kg。

11．敌杀磷 敌杀磷是一种杀灭蜱的非全身性杀虫剂和杀螨剂。它是顺、反式异构体的混合物，其比例通常为1:2。顺式异构体比反式异构体更具毒性。敌杀磷广泛应用于动植物，代谢迅速，在肉中的残留不超过1mg/kg的法定允许量。一般用于动物的浓度为0.15%或更高些。犊牛最小中毒量为5 mg/kg。用0.5%敌杀磷喷洒牛和绵羊，或用0.25%敌杀磷喷洒山羊和猪，均无中毒发生。用0.1%敌杀磷喷洒犊牛和羔羊，通常是安全的。但用此浓度的两倍量，则可引起中毒症状。犊牛口服敌杀磷的致死量为8.8 mg/kg，4.4 mg/kg敌杀磷就能使犊牛中毒。因严重蜱感染而异常消瘦的牛比正常牛更易中毒。用敌杀磷药浴后2~4 d，脂肪

组织中达到最大残留量。达到最大浓度后，其消除半衰期约16 d。

12．乙拌磷 犊牛口服最大无毒量为0.88 mg/kg，成年牛和山羊为2.2 mg/kg，绵羊为4.8 mg/kg。成年牛由于采食收割之前喷洒过乙拌磷的牧草而中毒。大鼠口服乙拌磷的LD_{50}为2 mg/kg，兔皮肤接触LD_{50}为6 mg/kg。

13．苯硫磷（EPN） 苯硫磷是一种非全身性杀螨剂和杀虫剂，其结构与对硫磷相似。大鼠急性口服苯硫磷LD_{50}为8~36 mg/kg。10 mg/kg苯硫磷对成年牛和绵羊无毒。苯硫磷对犊牛最低口服中毒剂量为2.5 mg/kg，绵羊和1岁牛为25 mg/kg。用0.025%~0.05%苯硫磷喷洒犊牛是有毒的，而用0.25%苯硫磷则是致死的。犬口服苯硫磷剂量大于100 mg/kg仍不发生中毒。

14．氨磺磷 大鼠口服氨磺磷的LD_{50}为35 mg/kg，兔皮肤接触氨磺磷的LD_{50}为2 730 mg/kg。犊牛的最大无毒量为10 mg/kg，牛、绵羊、马的最大无毒量为50 mg/kg。一般情况下，婆罗门牛对氨磺磷的毒性特别敏感。该化合物对牛皮蝇幼虫很有效，但（所有杀蛆剂）必须严格遵循使用说明，尤其是使用时间，因为移行进体内的死亡幼虫会诱发不良反应。在一些病例中，将含有氨磺磷的物质倾倒在牛身上不久，鸟类（主要是喜鹊和知更鸟）发生了氨磺磷中毒。

15．杀螟硫磷 俗称杀螟松，是用于农业和园艺中的一种接触性杀虫剂。大鼠口服杀螟硫磷的LD_{50}为250 mg/kg，兔皮肤接触LD_{50}为1 300 mg/kg。当牛使用杀螟硫磷后，低浓度代谢物经乳、尿被排出。

16．倍硫磷 倍硫磷常用于控制牛皮蝇症和犬跳蚤。牛口服倍硫磷的最小中毒量为25 mg/kg，绵羊口服致死量为50 mg/kg。大鼠口服倍硫磷的LD_{50}为255 mg/kg，兔皮肤接触LD_{50}为330 mg/kg。

17．马拉硫磷 马拉硫磷具有选择毒性，是一种最安全的有机磷杀虫剂。它对昆虫毒性很大，但对哺乳动物毒性却很小。大鼠口服马拉硫磷的LD_{50}为885 mg/kg，兔皮肤接触LD_{50}为4 000 mg/kg。犊牛口服马拉硫磷急性中毒量为10~20 mg/kg，成年牛和绵羊为50~100 mg/kg。对6~9月龄犊水牛进行慢性毒性研究，每日口服0.5 mg/kg马拉硫磷，试验期为1年，结果生化指标无异常，也未见临床反应。当马拉硫磷剂量超过1 mg/kg，能使血液乙酰胆碱酯酶活性下降，一些肝酶（丙氨酸氨基转移酶和天门冬氨酸氨基转移酶）活性升高。马拉硫磷剂量达20 mg/kg，10 d后能出现中毒症状。犊水牛口服马拉硫磷的LD_{50}为53 mg/kg。用0.5%或1%马拉硫磷喷洒犊牛皮肤，未见明显的毒性反应；但用5%马拉硫磷喷洒犊牛皮肤，在75 h内出现死亡。对犊牛喷洒0.5%或1%马拉硫磷，

连续不能超过3 d。马拉硫磷随母牛乳汁排出。

18. 甲基对硫磷 甲基对硫磷比对硫磷毒性低。大鼠口服甲基对硫磷LD_{50}为9～25 mg/kg，兔皮肤接触LD_{50}为63 mg/kg。2.5 mg/kg甲基对硫磷对动物无毒性作用，但每日给予10 mg/kg甲基对硫磷，很快出现中毒症状。牛的致死量为100 mg/kg。甲基对硫磷随母牛乳汁排出。

19. 速灭磷 大鼠速灭磷的LD_{50}为3 mg/kg，兔皮肤接触LD_{50}为16 mg/kg。速灭磷常用于控制鸟类，因此，常引起非靶向性动物中毒。日粮中含有200 mg/kg速灭磷，对犬是致命的。

20. 二溴磷 二溴磷本质上是一种二溴化的敌敌畏，可作为一种接触性杀虫剂，起到杀虫作用。二溴磷具有广谱性杀虫作用，它的残留期较短，因此，对鱼类和野生动物的危害相对小些。大鼠口服二溴磷的LD_{50}为191 mg/kg，兔皮肤接触LD_{50}为390 mg/kg。

21. 矾吸磷 犊牛口服矾吸磷的最大无毒剂量为0.88 mg/kg，成年牛为2.2 mg/kg，绵羊和山羊为4.8 mg/kg。

22. 对硫磷 对硫磷广泛用于植物病虫害的防治，其毒性约为TEPP的一半（见下）。大鼠口服对硫磷的LD_{50}为3 mg/kg，兔皮肤接触LD_{50}为6.8 mg/kg。一些国家（美国除外）将其用作牛的药浴液和喷雾剂。许多人类杀虫剂中毒（职业性）病例，都与对硫磷及其降解产物有关。犊牛和牛的最小中毒剂量，分别为0.25～0.5 mg/kg和25～50 mg/kg。绵羊最小口服致死量为20 mg/kg，山羊为50 mg/kg。犬和猫的LD_{50}分别为23～35 mg/kg和15 mg/kg。给犊牛、绵羊和山羊的皮肤喷洒对硫磷，其致死量分别为0.02%、1%和1%。对硫磷广泛用于杀灭果园和菜园作物的蚊子和昆虫。由于用量少，通常对家畜不造成危害，但应防止意外接触。对硫磷在动物组织中无明显残留。

23. 甲拌磷 甲拌磷与内吸磷密切相关。它是一种全身性杀虫剂和杀螨剂。大鼠口服甲拌磷的LD_{50}为1.6 mg/kg，兔皮肤接触LD_{50}为2.5 mg/kg。犊牛口服甲拌磷的最小中毒量为0.25 mg/kg，绵羊为0.75 mg/kg，成年牛为1mg/kg。

24. 亚胺硫磷 亚胺硫磷是一种非全身性杀螨剂和杀虫剂。成年牛和犊牛的最小口服中毒量为25 mg/kg，绵羊为50 mg/kg。用0.5%亚胺硫磷溶液喷洒牛，无任何毒性作用；但1%亚胺硫磷溶液可引起中毒。亚胺硫磷不通过乳汁排出。

25. 皮蝇磷 皮蝇磷是一种口服效果极好的全身性杀虫剂。它对杀灭许多内、外寄生性节肢动物，包括牛皮蝇蛆、螺旋锥蝇和吸血虱都非常有效。皮蝇磷也可作为一种滞留喷洒剂，用于杀灭苍蝇、跳蚤和蟑螂。大鼠口服皮蝇磷的LD_{50}为1 250 mg/kg，兔皮肤接触LD_{50}为2 000 mg/kg。皮蝇磷的用量达132 mg/kg时，牛会产生轻微中毒症状，如果剂量增加到400 mg/kg以上时，会出现严重的中毒症状。绵羊最小中毒量为400 mg/kg。用高达2.5%的皮蝇磷喷洒于成年牛、奶犊牛或绵羊，仍不发生中毒。通常皮蝇磷中毒可分两个阶段，中毒早期动物变得非常虚弱，虽然运动正常，但精神不振。同时还可能伴有腹泻，粪便中混有血液。中毒后期出现流涎和呼吸困难。血液胆碱酯酶活性在中毒5～7 d后缓慢降低。皮蝇磷可在肉和乳中残留，故必须严格依据标签说明使用。中毒动物口服活性炭数日，有助于除去其体内残留。

26. 育畜磷 育畜磷可作为家畜的内吸性杀虫剂和触杀型杀虫剂，并具有一些驱蠕虫效能，毒性很低。奶犊牛口服44 mg/kg育畜磷就会引起中毒，成年牛则需88 mg/kg育畜磷才中毒。绵羊口服176 mg/kg育畜磷，可引起中度中毒；安哥拉山羊对育畜磷的敏感性为绵羊的两倍。猪的中毒量为11 mg/kg，马为44 mg/kg。多数家畜可耐受2%育畜磷的局部喷洒。

27. 双硫磷 双硫磷是一种杀灭蚊、蠓的杀虫剂。它对哺乳类动物毒性较低。大鼠口服双硫磷的LD_{50}为1g/kg（或更高），而皮肤接触LD_{50}为大于4 g/kg。据报道，牛每日接触双硫磷1～1.5 mg/kg，连续1年，能出现中毒症状并影响小母牛的繁殖力。

28. 特丁磷 特丁磷是一种用于杀灭玉米根虫的杀虫剂。大鼠口服特丁磷的LD_{50}为1.6 mg/kg。绵羊和牛的最小口服中毒量约为1.5 mg/kg。牛也有中毒病例的报道。小母牛的口服致死量为7.5 mg/kg。

29. 杀虫畏 杀虫畏对犬毒性较弱，慢性饲喂试验表明，杀虫畏的最低作用剂量（LEL）为每日50 mg/kg，未观察到的作用剂量（NOEL）为每日3.13 mg/kg。猪的最小中毒量为100 mg/kg。

30. 焦磷酸四乙酯（TEPP） TEPP是一种最具急性毒性的杀虫剂。虽然不用于动物，但偶尔也有意外中毒发生。据报道，29头牛（包括犊牛和成年牛）因意外喷洒了0.33%TEPP乳剂，40 min内全部死亡。

31. 敌百虫 敌百虫是一种用于家畜的全身性杀虫剂和驱虫药。它也可作为一种家畜杀螨药，绵羊的用量为每隔1周（不超过4周），按80 mg/kg投服，有驱螨效果。大鼠口服敌百虫的LD_{50}为630 mg/kg，兔皮肤接触LD_{50}为大于2 000 mg/kg。成年牛可耐受1%敌百虫的喷雾。奶犊牛口服耐受量为4.4 mg/kg，中毒量为8.8 mg/kg。成年牛、绵羊和马可耐受44 mg/kg敌百虫，而88 mg/kg则可引起中毒。给犬喂饲含1 000 mg/kg敌百虫的饲料4个月，无不良反应。犬口服75 mg/kg敌百虫，能产生不良的临床症状。敌百虫在体内代谢迅速。

【临床表现】　一般情况下，有机磷农药的安全范围很窄，剂量效应曲线陡直。动物有机磷中毒症状主要表现为胆碱能过度兴奋，包括三种类型：毒蕈碱样作用、烟碱样作用和中枢神经系统作用。①通常首先出现毒蕈碱样症状：包括唾液分泌增加、瞳孔缩小、尿濒、腹泻、呕吐、腹痛以及因支气管分泌物增多和支气管狭窄引起的呼吸困难。②烟碱样作用引起的症状包括：肌肉自发性收缩、肌肉无力。③中枢神经系统作用包括神经过敏、运动失调、惊恐和抽搐等症状。成年牛和绵羊多表现为极度沉郁。犬和猫通常由中枢神经兴奋逐渐发展为抽搐。某些有机磷杀虫剂（如胺基硫酸盐类化合物amidothioates）不易进入脑，所以中枢神经系统症状较轻微。中毒症状常在接触农药后数分钟至几小时内（有些病例还可推迟2 d以上）出现，中毒程度和病程主要受毒物剂量和接触途径的影响。急性中毒主要临床症状为呼吸窘迫和呼吸衰竭，最终死于呼吸肌麻痹。

【诊断】　血液和脑组织中的乙酰胆碱酯酶活性，是一项重要的诊断指标。然而，血液中乙酰胆碱酯酶活性降低与中毒程度并不一定相关，只有当脑组织中70%以上乙酰胆碱酯酶活性被抑制时，才表现临床症状，而且血液中的胆碱酯酶仅在大体上反映神经组织中的胆碱酯酶含量。影响中毒的关键是酶活性降低的程度和速度。因为有机磷化合物以原形形式在组织中存留的时间较短，所以中毒后的毒物分析结果可能为阴性。而氯代有机磷化合物在组织中的残留时间较长。由于其在酸性环境中较稳定，故应对冷冻的胃或瘤胃内容物进行农药分析。

【病理变化】　急性有机磷中毒动物一般无特异病变或根本无病理变化。有时可见肺脏水肿、充血和出血，肠和其他器官水肿等变化。存活1 d以上的动物表现为消瘦和脱水。

【治疗】　治疗有机磷中毒的药物分以下几类：①毒蕈碱受体阻断剂；②胆碱酯酶复活剂；③用催吐剂、泻药和吸附剂，减少进一步吸收。硫酸阿托品可有效地阻断有机磷的中枢和外周毒蕈碱受体，常用剂量为：犬和猫0.2～2 mg/kg（猫用下限剂量），每3～6 h用药1次，或按临床症状表现给药。马和猪0.1～0.2 mg/kg，静脉注射，必要时每10 min重复给药1次；牛和绵羊0.6～1 mg/kg，1/3静脉注射，其余肌内注射或皮下注射，必要时重复给药。当瞳孔散大、唾液分泌减少、动物显得警觉时，表明达到阿托品化。刚开始使用硫酸阿托品时，动物对其反应明显，重复治疗则反应减弱。应避免过度使用阿托品。阿托品不能缓解烟碱样作用，例如肌肉自发性收缩和肌肉麻

痹，所以，大剂量有机磷引起的死亡仍会发生。经试验表明，安定能减轻抽搐，并能提高非灵长类动物的存活率。应谨慎使用巴比妥类药物治疗抽搐，因为巴比妥类药物似乎有加强抗胆碱酯酶的作用。

一种改良的治疗方法是将阿托品和胆碱酯酶复活剂——肟类化合物2－吡啶醛肟甲氯化物（2-PAM，氯磷定）联合使用。解磷定的剂量为20～50 mg/kg，配成5%溶液，肌内注射或缓慢静脉注射（至少5～10 min），必要时重复用药，但剂量减半。静脉注射解磷定时必须非常缓慢，以避免肌肉骨骼麻痹和呼吸停止。随着中毒时间的延长，动物对胆碱酯酶复活剂的反应逐渐降低，所以应尽早用肟类化合物治疗（24～48 h内）。

应尽快排除动物体内毒物，如果是经皮肤接触，可以用清洁剂和清水（室温）冲洗动物，但不能刷拭皮肤。如是经口接触2 h内，可用催吐方法；如果动物呈抑制状态，禁用催吐方法。口服矿物油可减少农药在胃肠内的吸收。活性炭（1～2 g/kg，调成水悬浮液）灌服可吸附有机磷，并促使其随粪便排出。此法用于牛效果甚佳，因为牛从瘤胃内大量食糜中持续吸收有机磷，可延长其中毒。可能还需要进行人工呼吸或输氧。应避免使用吩噻嗪类镇静剂以及黄嘌呤兴奋药、茶碱和氨茶碱。接触有机磷类化合物后至少10 d内，禁止使用琥珀酰胆碱。

（二）中间综合征

已在人和动物（特别是犬和猫）中观察到，大剂量有机磷杀虫剂急性中毒引起的中间综合征（IMS）。据报道，能引起中间综合征的有机磷包括溴硫磷、毒死蜱、二嗪农、百治磷、乐果、乙拌磷、倍硫磷、马拉硫磷、脱叶亚磷、甲胺磷、甲基对硫磷、久效磷、氧化乐果、对硫磷、亚胺硫磷和敌百虫。中间综合征的临床特征为，中毒后24～96 h，动物头部运动神经、颈屈肌、面部、眼外、腭、颈、近端肢体和呼吸肌均出现急性麻痹和虚弱。中间综合征是一种同急性中毒和迟发性神经疾病不同的中毒临床表现。有明显的全身虚弱、深部腱反射迟钝、上睑下垂、复视等症状。根据不同的有机磷中毒，这些症状可持续几日或数周。神经-肌肉接头处出现缺损（乙酰胆碱酯酶活性和烟碱受体表达量下降），但有关中间综合征的确切作用机制尚不清楚。尽管乙酰胆碱酯酶受抑制，但没有肌肉自发性收缩和分泌过多症状。迄今，尚无特效疗法。可用硫酸阿托品和解磷定治疗，须持续数周。

五、三芳基磷酸酯迟发性神经毒性

多年来，三芳基磷酸酯（如磷酸三邻甲苯酯）一

直被用作阻燃剂、增塑剂、润滑剂和液压剂。这类化合物是较弱的胆碱酯酶抑制剂，但其可抑制脑和脊髓中的神经毒性酯酶（neurotoxic esterase，NTE），从而引起迟发性神经毒性。人和动物（多为牛）常因意外接触三芳基磷酸酯而中毒。某些有机磷杀虫剂（如PEN、溴苯磷等）也可引起迟发性神经毒性，但自然中毒病例很少见。迟发性神经毒性有关的病理变化，主要是因为神经毒性酯酶活性减弱，引起外周和脊髓运动径脱髓鞘所致。与迟发性神经毒性有关的临床表现，为肌肉无力和运动失调，进而发展为弛缓性麻痹。通常，动物接触到具有神经毒性的三芳基磷酸酯8～12 d后，才出现中毒症状。无特效解毒药。

六、农药增效剂

胡椒基丁醚作为一种增强剂或增效剂，应用于许多农药（包括氨基甲酸酯、有机磷、有机氯、除虫菊酯、拟除虫菊酯和柠檬烯）配方中。它能通过抑制多功能氧化酶，降低上述提及的农药在动物和昆虫体内的分解，使农药对昆虫和宿主产生较大毒性。体质虚弱的或对药物代谢能力较差的动物，通常对农药非常易感。然而，当同时接触增效醚时，在动物体内被激活的毒素通常显示较弱的毒性。这种增强或增效作用已在许多种动物（包括猫、犬、大鼠）和人中得到证实。西咪替丁是一种能通过阻断胃内H_2受体，降低胃酸分泌的药物，氯霉素有相同作用。

七、溶剂与乳化剂

多数液体杀虫剂的配制都需要溶剂和乳化剂。通常这些溶剂和乳化剂的毒性很低，但若为石油产品应考虑其毒性。直接使用杀虫剂时，必须高度乳化，液滴粒度的平均大小为5 μm（越小越好），以避免动物过量接触。治疗可参照石油产品中毒。

1. 丙酮 胃肠炎、昏迷和肝肾损伤是动物中毒的主要症状。治疗包括洗胃、输氧、并饲喂低脂肪饲料。根据症状表现给予辅助治疗。

2. 异丙醇 中毒症状包括胃肠疼痛、痉挛、呕吐、腹泻和中枢神经系统抑制（头晕、麻木、昏迷，最终死于呼吸麻痹）。肝、肾呈可逆性损伤，可伴有脱水和肺炎。治疗方法包括催吐、洗胃、灌服牛奶、输氧和人工呼吸等。

3. 甲醇 甲醇中毒的典型症状为恶心、呕吐、胃痛、反射高度兴奋、角弓反张、抽搐、瞳孔固定、急性外周性神经炎。大剂量甲醇可导致失明。其致病作用与甲醇本身及经氧化所产生的甲酸有关。治疗方法包括催吐（阿朴吗啡）、洗胃（4%的碳酸氢钠溶液）、导泻（盐类泻药）、输氧、静脉注射碳酸氢钠

和止痛等，但预后不良。长时间维持碱性内环境是治疗的关键。乙醇可抑制甲醇的氧化，因而可用作辅助性治疗药物。

八、硫黄与石灰-硫黄

硫黄与石灰-硫黄是两种最古老的杀虫剂。尽管在牛饲料中掺入大量硫黄，偶尔可引起中毒，实际上元素硫是没有毒性的。其中毒量尚不清楚，可能要超过4 g/kg。石灰-硫黄是硫化物的混合物，可引起兴奋、不安、起水疱，但很少致死。治疗包括排除残留物，局部使用温和的保护性软膏以及其他辅助疗法。

第十七节　多聚乙醛中毒

多聚乙醛是软体动物杀虫剂的活性成分，它主要在潮湿季节用于控制庭院一些作物中生长的鼻涕虫和蜗牛。在某种情况下，它也用于控制大鼠、鱼类、青蛙和水蛭。多聚乙醛也是一种神经毒物，多聚乙醛中毒可发生于多种家畜、野生动物和家禽。近年来，多聚乙醛中毒的发生在北美已日趋增多。

【病因与中毒机制】 多聚乙醛常以液体、粉剂、颗粒或饵剂（3.5%活性成分）形式，与麸皮混合制成薄片或小丸，以适合宠物和家畜的口味。除饵剂外，其他产品都含有10%多聚乙醛。为了减少饵剂的损失，某些产品中以比多聚乙醛毒性低的浓度，加入了砷或抑制胆碱酯酶的杀虫剂。所有动物对多聚乙醛中毒都敏感（致死量为100～300 mg/kg），犬与猫最常发生中毒（85 g饵剂能致一只14 kg犬中毒）。

多聚乙醛被摄入后，在胃酸作用下，一部分水解成乙醛而被吸收，余下的多聚乙醛经肠道被吸收。多聚乙醛中毒的临床症状发生时间有很大不同，这主要取决于胃内容物和胃排空速率。多聚乙醛随尿和胆汁分泌，进入肠肝循环。以前认为多聚乙醛中毒是由乙醛引起的，而现今认为是由其原形和代谢物所致。临床症状的出现，是由于脑组织中五羟色胺、去甲肾上腺素和-γ-氨基丁酸（GABA）含量下降，而单胺氧化酶活性升高所致。酶活性的改变与肌肉活力和中枢神经系统兴奋症状增强一致。多聚乙醛也能严重改变机体电解质和酸碱平衡。

【临床表现与病理变化】 所有哺乳动物的中毒症状都很相似。神经症状很明显，在摄入多聚乙醛1～2 h内即可出现。中毒初期症状包括严重的肌肉震颤、惊恐不安、运动失调和感觉过敏。中毒严重动物表现心动过速、体温升高和喘息，伴随眼球震颤、角弓反张和持续性强直性痉挛。猫的眼球震颤最为严重。神经症状比有类似症状的士的宁中毒持续时间更

长，但不因受刺激而加重症状。各种动物中毒后都出现呕吐、腹泻、多涎和呼吸困难，马还出现大汗淋漓。

由于动物的酸性代谢产物增多和肌肉活力增强，致使中枢神经系统抑制和呼吸加深加快，从而造成严重酸中毒。如果产品中含有氨基甲酸酯和有机磷，可出现胆碱样症状（尤其瞳孔收缩）和血液胆碱酯酶活性下降。大量接触多聚乙醛的动物，常在4～24 h内死于呼吸衰竭，存活的动物出现肾损伤和肝衰竭（3～4 d）。

尸体剖检，无特异病变，主要包括肝、肾和肺充血和水肿，以及肠道出血。

【诊断】　切开的胃或瘤胃可嗅到轻微的甲醛样气味。迅速冻结的胃内容物是分析多聚乙醛和乙醛的最好样品。乙醛能从组织中迅速消失，能在尿液、血液和肝脏中发现多聚乙醛的残留物（无乙醛残留物）。检测到多聚乙醛或乙醛，可确诊本病。

【治疗】　目前尚无多聚乙醛中毒的特效解毒药。对急性中毒的动物，通常不能使用催吐药（例如阿朴吗啡），因为多聚乙醛是一种胃刺激剂。建议用碳酸氢钠或牛奶洗胃。由于多聚乙醛的肠肝循环，使用活性炭和导泻是有效的。使用安定（2～5 mg/kg，静脉注射）能降低兴奋和抽搐；乙酰丙嗪也有很好疗效。只有当动物对其他镇静药反应不良时，才有必要使用巴比妥类药物（能与乙醛降解竞争）。严重中毒的动物，建议使用气体麻醉法。甲苯噻嗪加上乙酰丙嗪对马的治疗是有效的。活性炭（1～3 g/kg，必要时用乳酸钠或碳酸氢钠输液治疗），能减轻酸中毒。葡萄糖或硼葡萄糖酸钙常用于防止肝损伤。肌肉松弛药，如舒筋灵，有助于减轻肌肉活动和疼痛。发热严重者，建议用冷水冲洗。倘若体温升高和抽搐不严重，病程较长，通常预后良好，但须较长时间（直至4 d）积极治疗。

第十八节　砷中毒

普遍存在的元素砷（As）属于非金属或类金属，在元素周期表中属于第5族。常被称为金属砷，从毒理学角度，砷也被归入金属类。它常以几种类型存在于自然界中，并已有长期的不同用途的记载，包括用于动物的杀虫剂、木材防腐剂、除草剂，甚至作为药用。砷制剂常引起人和动物中毒。

砷中毒主要由几种不同类型的元素引起；类型决定了其毒性。砷常以As^{+3}和As^{+5}的无机砷和有机砷形式存在。亚砷酸盐（As^{+3}）比砷酸盐（As^{+5}）更具毒性。砷的毒性因不同因素而异，如砷的氧化状态、溶解度、动物的种类和中毒时间。因此，必须与苯肿饲料添加剂、其他无机及有机化合物产生的毒性作用进行鉴别。

一、无机砷制剂

三价砷制剂或亚砷酸盐较易溶解，因此，比五价砷或砷酸盐毒性更强。无机砷制剂主要包括三氧化二砷、五氧化二砷、砷酸钠（钾）、亚砷酸钠（钾）和砷酸铅及砷酸钙。亚砷酸钠对许多种动物的口服致死量为1～25 mg/kg。猫对砷制剂更敏感。砷酸盐对家畜的毒性比亚砷酸盐低5～10倍。由于现已较少将砷制剂用于农药、食蚁毒饵和木材防腐剂中，因此，中毒发生率大为减少。亚砷酸盐主要用于控制蜱的药浴液中。砷酸铅有时作为绵羊驱绦虫药。在美国，许多种砷制剂化合物已不再使用，但其他一些国家仍在使用中。

【毒物动力学与作用机制】　可溶型砷制剂口服后很容易被机体吸收。砷制剂被吸收后，大部分砷能与红细胞结合，随后分布在一些组织中，在肝、肾、心和肺中含量最高。在亚慢性或慢性中毒时，砷主要蓄积于皮肤、趾（爪）、蹄、汗腺和毛发中。被吸收的砷多数以无机砷或甲基化形式随尿排出体外。

砷中毒的作用机制随砷制剂的类型而变化。通常，富含氧化酶的一些组织（如胃肠道、肝、肾、肺、内皮和表皮），更容易受砷的侵害。三价无机砷和脂肪族有机砷类化合物，通过与巯基酶的互相作用而发挥其毒性作用，从而使细胞代谢受到破坏。砷酸盐能阻断氧化磷酸化作用。

【临床表现】　常为急性中毒，主要影响胃肠和心血管系统。砷对毛细血管有直接影响，能破坏微血管的完整性，引起血浆渗出、失血和血容量减少性休克。表现为剧烈水样腹泻，有时混有潜血，以严重的腹痛、脱水、虚弱、精神沉郁、弱脉和心血管性虚脱为特征。此类中毒发病较快，在几小时（或至24 h）内即可观察到中毒症状。根据摄入的砷量，病程可持续数小时至数日。在最急性中毒时，大多数动物突然死亡，个别动物死亡时无任何损伤。

【病理变化】　最急性砷中毒时，通常在胃肠道有一些损伤。可见胃肠黏膜（局部或弥漫性）发炎和变红，伴随水肿、血管破裂、上皮及皮下组织坏死。在反刍动物中，可见瓣胃的浆膜表面呈充血性"漆刷"样损伤，真胃黏膜充血。坏死严重可使胃、肠壁穿孔。胃肠道内容物呈液状，恶臭并混有血液，有时含有上皮组织碎片。肝脏、肾脏及其他内脏器官有弥漫性炎症。肝脏脂肪变性和坏死以及肾小管损伤。在皮肤接触砷的病例中，可见皮肤坏死、干燥或似皮革样。

【诊断】 通过化学测定组织（肝或肾）或胃内容物的砷含量可确诊本病。正常动物的肝、肾组织中含砷量很少超过0.1 mg/kg（湿重）；组织中砷含量超过3 mg/kg常发生砷中毒。在采食后最初24~48 h内，测定胃内容物中砷的含量是很有价值的。在中毒后几日内，尿砷含量较高。饮水中砷含量超过0.25 mg/kg，很易引发中毒，尤其是大动物的中毒。

【治疗】 接触毒物不久，无临床症状的动物，应进行催吐（可以催吐的动物），用活性炭（砷中毒中活性炭的功效仍有待确认）后用泻药，再口服胃肠保护剂，如白陶土－果胶（小动物在使用活性炭后1~2 h再口服），必要时可采用输液治疗。凡出现中毒症状的动物，应输液治疗，输血（如果需要）和使用二巯基丙醇（4~7 mg/kg，肌内注射，每日3次，连续2~3或直至康复）。对大动物可单独使用硫辛酸或 α－硫辛酸（50 mg/kg肌内注射，每日3次，配成20%溶液使用）或与二巯基丙醇联合使用（3 mg/kg，肌内注射，头2日，每4 h 1次；第3 d开始，每日4次；第10 d后，每日2次，直至康复）。对于大动物，单独使用二巯基丙醇的疗效还尚未确定。成年马和牛也可口服硫代硫酸钠，用量为20~30 g（溶于300 mL水中），绵羊和山羊可用此量的l/4。小动物可用二巯基丙醇（0.5~3 g配成20%溶液使用，静脉注射，可按30~40 mg/kg，每日2~3次，共3~4 d，直至康复）。已认为，二巯基丙醇的水溶性类似物——2，3-二巯基丙磺酸（DMPS）和二巯基琥珀酸（DMSA）毒性较低，口服效果较好。在人医已报道，D-青霉胺是一种很有效的砷螯合剂。该制剂安全范围很广，动物可口服10~50 mg/kg，每日3~4次，连用3~4 d。辅助疗法可能更有价值，尤其当心血管衰竭很危急时，应静脉输液，以恢复血容量和纠正脱水。在治疗期间，应监测肾、肝功能。

二、有机砷制剂

苯胂有机砷制剂比无机化合物或脂肪族化合物及其他芳香族有机化合物的毒性相对低些。

1. 脂肪族有机砷制剂 包括二甲胂酸和乙酰胂酸。这些化合物历来都作为大动物的兴奋剂，但现在已不常用。一些脂肪族砷制剂，例如甲基砷酸钠（MSMA）和甲基砷酸二钠（DSMA），偶尔还用作除草剂。反刍动物、尤其是牛，对MSMA和DSMA非常敏感。脂肪族有机砷制剂中毒，除了反刍动物的瘤胃和瓣胃黏膜坏死，以及瓣胃和真胃浆膜胶冻样水肿外，其他临床症状、病理变化和治疗方法与无机砷制剂中毒很相似。

2. 芳香族有机砷制剂 包括三价苯基有机化合物，例如，用于治疗犬心丝虫成虫的硫乙胂胺和新胂凡纳明，以及五价化合物，如苯胂酸及其盐类。自从引进美拉索明盐酸盐（melarsomine dihydrochloride）（见心丝虫病）后，硫乙胂胺和新胂凡纳明已不常用。

3. 苯胂化合物 广泛用作猪和家禽的饲料添加剂，可改善生产性能，并可治疗猪痢疾。这类化合物主要有3种：对氨基苯胂酸、硝酚砷酸和硝苯砷酸。

【病因】 猪或家禽日粮中加入过量的含砷添加剂，很易引起中毒。中毒程度和速度与砷剂量有关。在饲料中加入推荐量（100 mg/kg）的2~3倍时，几周后出现中毒症状；如果超过推荐量的10倍，中毒则在几日内发生。鸡对对氨基苯胂酸有一定的耐受性，但火鸡仅使用硝酚砷酸推荐量（50 mg/kg）的两倍，就能中毒。与其他苯胂化合物相比，硝酚砷酸对猪具有更大的毒性。

【临床表现与诊断】 猪中毒的最初症状是体重减轻，随后出现运动失调、后躯麻痹，最终四肢麻痹。动物依然清醒并保持良好的食欲。失明是对氨基苯胂酸中毒的特征性症状，而其他有机砷制剂无此症状。反刍动物的苯胂中毒症状与无机砷中毒很相似。通常，苯胂中毒无特异病变。通过组织病理学能观察到外周神经、下丘脑视束和视神经的脱髓鞘作用以及神经胶质增生。通过饲料分析，如存在高含量的苯胂，即可确诊本病。

猪苯胂中毒应与食盐中毒、杀虫剂中毒和伪狂犬病作鉴别诊断。牛砷中毒应与其他重金属中毒、杀虫剂中毒和一些传染病，如牛病毒性腹泻进行鉴别诊断。

【治疗与预后】 尚无特异性治疗方法，倘若在出现运动失调后2~3 d内，停喂含砷饲料，其神经损害是可逆的。但当出现麻痹时，神经损害是不可逆的。失明通常是不可逆的，但动物仍有食欲，若排除动物间争食现象，还能很好地保持增重。长期慢性中毒动物，则难以康复。

第十九节　铜中毒

世界大多数地区都有动物急性或慢性铜中毒发生。虽然其他动物对铜也敏感，但铜中毒最常见于绵羊。在不同品种的犬中，贝灵顿㹴对铜中毒有遗传敏感性，其与人威尔逊（Wilson's）病很相似。已报道，慢性铜中毒可发生于其他品种的犬，如西部高地白㹴、斯凯㹴、荷兰毛狮犬和杜宾犬。急性铜中毒常在偶然超量使用可溶性铜盐（这些超量铜盐可能存在于驱虫药、矿物质混合剂、配方不适当的饲料中）时发生。

改变铜代谢的许多因素都可通过促进铜的吸收和滞留而影响慢性铜中毒。日粮中低钼、低硫就是很好的例证。当绵羊长期采食过量的铜时，常发生原发性慢性铜中毒。贮存于肝脏的铜在大量释放前，这种慢性铜中毒一直呈亚临床症状。肝酶升高可提示早期中毒的危象。血铜突然增高引起脂类过氧化反应和血管内溶血。许多因素均可促使溶血，主要见于运输、装卸、气候条件、妊娠、泌乳、剧烈运动或营养物的变质程度。

植物源性和肝源性因素均可影响继发性慢性铜中毒。植物源性慢性铜中毒见于动物采食了植物，如地三叶草（*Trifolium subterraneum*），这种草能引起体内矿物质平衡失调，并导致过多的铜在体内滞留。含正常量的铜和低含量钼的植物是不具有肝毒性的。动物采食欧洲天芥菜或狗舌草属植物数月，即可引起慢性肝源性铜中毒。这些植物均含有肝毒生物碱，可使过多的铜在肝脏内滞留。犬患肝病，如慢性活动性肝炎，其主要临床症状与慢性铜中毒很相似，是由肝损伤以及过量铜滞留引起的。

绵羊和犊牛摄入20～100 mg/kg的铜，成年牛摄入200～800 mg/kg的铜，可引起急性铜中毒。当绵羊放牧于含铜15～20 mg/kg（干物质）和含钼较低的牧场，且每日食入3.5 mg/kg铜，就可发生慢性铜中毒。绵羊或骆驼科动物，采食了牛的饲料（含铜量较高）或饮用铜管输送的水，会发生铜中毒；牛和山羊对铜中毒比绵羊更有耐受性，所以在以上情况下不发生铜中毒。给犊牛或绵羊注射可溶性铜，可出现急性铜中毒临床症状，未见溶血危象。铜可按125～250 mg/kg用作猪的饲料添加剂，但高于250 mg/kg时与绵羊一样易中毒，其他一些因素（如高蛋白、高锌或高铁）具有一定的保护性。日粮中钼和硫含量过低，较易发生慢性铜中毒。铜钼或铜硫复合物在组织中生成减少，可使铜随尿或粪的排出减少。

【临床表现】　急性铜中毒引起以腹痛、腹泻、厌食、脱水和休克为特征的严重胃肠炎。如果动物未死于胃肠炎，3 d后则发生溶血和血红蛋白尿。慢性铜中毒临床症状突发与溶血危象有关。中毒动物表现出神沉郁、昏睡、虚弱、斜卧、瘤胃积食、厌食、口渴、呼吸困难、黏膜苍白、血红蛋白尿和黄疸等症状。在出现溶血危象的几天或几周前，ALT（SGPT）和AST（SGOT）等肝酶活性常升高。溶血危象期间，常伴有高铁血红蛋白血症、血红蛋白血症，并可见红细胞压积（PCV）和血液谷胱甘肽减少。在骆驼科动物，如羊驼或美洲驼，虽然仍有广泛性肝坏死，但未观察到溶血危象。中毒动物常在1～2 d内死亡。虽然中毒动物的死亡率通常超过75%，但群体发病率常低于5%。饲料问题被纠正后，动物的死亡还可持续数月。严重的肝功能不全是动物早期死亡的主要原因。急性中毒存活的动物，也可能死于随后的肾功能衰竭。慢性铜中毒时也可能发生感光过敏，这两个综合征共同点是都具有肝毒性。

【病理变化】　反刍动物急性铜中毒，引起严重的胃肠炎，并伴有真胃糜烂和溃疡。存活24 h以上的动物发生黄疸。慢性铜中毒以组织黄疸和高铁血红蛋白血症为特征。肝脏肿大、呈青铜色；尿呈葡萄酒色；脾肿大，其实质呈暗棕黑色，这些都是溶血现象的表现。肝脏肿大易碎，组织学变化为肝小叶中央及肾小管坏死。

【诊断】　食糜呈蓝绿色，粪便含铜量（8 000～10 000 mg/kg）和肾脏含铜量（>15 mg/kg湿重）升高，是急性铜中毒的明显标志。慢性铜中毒表现为溶血期间，血液和肝脏的铜含量升高。与正常的血铜含量1 μg/mL相比，血铜常升至5～20 μg/mL。中毒绵羊的肝铜含量可超过150 mg/kg（湿重）。为排除其他原因引起的溶血，必须检测组织中的铜含量。还应检测组织中钼的含量，以确诊其是原发性的还是继发性的慢性铜中毒。

【治疗与控制】　对铜中毒的治疗常常无效。急性铜中毒，可给以胃肠镇静剂和抗休克对症治疗。中毒早期，为加快铜的排出，可使用青霉胺（50 mg/kg，口服，每日1次，连用6 d）或使用维尔烯酸钙，有一定疗效。已证明，在溶血危象期间，使用维生素C（每只绵羊500 mg，皮下注射，每日1次）能减少对红细胞的氧化破坏。四硫钼酸铵（1.7 mg/kg，静脉注射，隔日注射1次，连用6 d）对防治铜中毒很有效。这种治疗方法能减少铜的吸收和加快铜的排出，但须谨慎使用，其休药期需10 d。每日口服钼酸铵（100 mg）和硫代硫酸钠（1 g），连用3周，可减少中毒羔羊的死亡。日粮中添加乙酸锌（250 mg/kg）有利于减少铜的吸收。根除有毒植物或使动物减少接触能引起植物源性或肝源性铜中毒的有毒植物，是最有效的预防方法。通过给牧场追肥（过磷酸钼或钼添加剂，70 g/15亩）或限制铜的摄入，可预防和控制慢性原发性或植物源性铜中毒。对高危绵羊群，可在其日粮中添加硫代硫酸钠，以防止或控制慢性铜中毒。

第二十节　氟化物中毒

氟化物中毒又称氟病。氟化物（Fluorides）广泛分布于环境中，来源于自然界的岩石和土壤或工业生产过程。人类饮用的自来水中氟含量已被调整到1 mg/L，以预防龋齿。动物日粮中含氟（fluorine）

量达1~2 mg/kg比较合适。饲料中（按干物质计）氟的最大耐受量因动物种属而异，牛、绵羊和马为40~50 mg/kg，而鸡为200 mg/kg。（fluoring和fluoride两个专业名词可互为替换）。

【病因】 大量有毒的氟化物自然存在于环境中，如一些磷酸岩（过磷酸盐来源于此）、部分来自脱氟磷酸盐和磷酸石灰石等。某些地区的深井饮用水或火山灰的含氟量很高。工业生产过程中产生的一些废物、化肥和一些矿物质添加剂是慢性氟中毒最常见的原因。一些化肥厂的含氟气体和尘埃、矿物质添加剂、金属矿藏（钢铁和铝）和搪瓷加工等，都可污染饲料作物。顺风污染范围可扩展到周边8~10 km。高氟土壤中生长的饲料作物的含氟量增加，是由于土壤微粒的机械污染所致，而植物吸收力对其影响很小。在配制日粮时，饲料级磷酸盐中氟的含量与磷的比例不应超过1%。根据品牌不同，1支100 g含氟牙膏可含有75~500 mg氟化钠。

氟化物的溶解性与其毒性密切相关。氟化物中氟化钠的毒性最强，而氟化钙毒性最弱。磷酸岩和许多冰晶石中的氟化物毒性居中。来自于工业烟尘或尘埃中的可溶性氟化物比磷酸岩中的氟化物的毒性更大。可溶性氟化物能被迅速地吸收；其中有一半被迅速排出，剩下的存留在骨和牙齿中。

大部分氟化物在高含量时能腐蚀组织。氟化物与Ca^{2+}、Mg^{2+}和Mn^{2+}结合，具有直接细胞毒性。在骨中，氟化物与钙结合，能取代羟基，从而增强骨的矿物质密度（主要是羟基磷灰石）。在牙齿发育阶段，摄入一定量的氟化物，牙釉质可溶性下降（有保护作用）。倘若摄入过量的氟化物，牙釉质变得更加致密（但脆弱、易碎）。此外，当过量的氟化物干扰细胞内钙代谢，损伤造釉细胞和成牙质细胞时，牙齿和骨骼就会矿物不良，从而导致氟骨症。

【临床表现】 因吸入含氟气体或摄入含氟杀鼠药或杀蛔虫药引起的急性氟中毒较少见。宠物、尤其是犬，口服一些清洁产品是相当危险的。氟化钠的致死量为5~10 mg/kg，低于1 mg/kg即可有毒性作用。氟化物（90 min即可吸收75%~90%）能使血清钙和血清镁含量下降。临床表现为胃肠炎、室性心动过速、心电图异常和神经症状，可在数小时内虚脱、死亡。

长期摄入氟化物引起的慢性氟中毒症状是相同的，与氟化物来源无关。由于氟化物含量太低，不能引起骨骼症状，但可引起发育期牙齿的牙釉质发生变化，导致白垩、斑驳、着色和磨损不齐。如果在牙齿发育之后接触氟化物，即使发生严重的氟骨症，牙齿仍保持正常。氟骨症导致骨吸收加快，外生骨疣和硬化。幼龄动物的骨骼处于代谢活跃和发育时期，最易

受到影响。中毒动物常发生跛行、采食和饮水减少、体重减轻。严重中毒牛，在后期由于关节骨刺和骨桥的形成，常以膝关节着地移行。当骨骼达到饱和状态时，软组织的"溢出"会引起血浆中的氟化物含量升高和以厌食、倦怠为主症的代谢紊乱。

【病理变化】 急性摄入氟化物引起的毒性作用，主要表现为肠道炎症和肺、肝、肾的退行性病变。在动物牙齿发育期间接触氟化物，可使牙齿有斑点，着色和过度磨损。牙齿受损动物一般都表现营养缺乏和健康状况不佳。在慢性病例中，所有年龄的动物，都表现以两侧对称性骨骼异常为特征的严重氟骨症；骨呈白垩状并伴有骨膜表面异常和皮质增厚；非常严重时，长骨外生骨疣。在牛，常可见到下颌骨、肋骨、掌骨和跖骨发生病变。

【诊断】 由于在体内消除很快，尿中氟化物含量具有时间依赖性。在知道摄入氟化物的情况下，血清钙和镁含量的测定对诊断很有帮助。氟中毒动物常被误诊为慢性无力性关节炎、骨质疏松、钙、磷或维生素D缺乏，并错将严重氟中毒病例的跛行归属于"意外事故"。牛牙齿中所见的非特异性着色，常易与早期氟中毒相混淆。确认氟化物中毒的标准为：①用化学分析方法确定饲料、尿、骨和牙齿中氟化物含量；②对幼龄动物牙齿的影响；③跛行，作为骨变化的结果；④全身体况表现为厌食、营养不良和恶病质。

家畜血浆中正常的含氟量为小于0.2 mg/L，尿中为1~8 mg/L，骨中（按干物质计）为200~600 mg/kg，牙齿中为200~500 mg/kg。尿氟含量大于15 mg/L，表明近期摄入过量氟化物，或可能已发生氟中毒。密质骨含氟量低于4 500 mg/kg时，不发生中毒。在牛中，当密质骨含氟量高于5 500 mg/kg、松质骨含氟量高于7 000 mg/kg时，即可发生中毒。但在其他一些动物中，中毒指标（即骨含氟量）可能低一些。氟化物含量测定必须结合病史、临床症状和病理变化。

【治疗与控制】 急性氟中毒动物，应静脉注射葡萄糖酸钙和口服氢氧化镁或牛奶，以便在氟被机体吸收前结合成氟化物。宠物主人应意识到人牙齿产品的潜在危险性。只有让动物远离污染区，才能控制慢性氟中毒。建议这些污染区域可引入一些生产周期相对短的动物，如猪、禽、育肥牛或绵羊。喂饲碳酸钙、氧化铝、硫酸铝、硅酸镁和硼，可减少氟化物的吸收，或促进氟化物的排出，因而能使慢性氟中毒得到一定程度的控制。迄今仍无治疗慢性氟中毒的有效方法。

第二十一节　新生仔猪铁中毒

新生仔猪皮下或肌内注射铁制剂引起的中毒偶有

发生，风险不大。有些仔猪在注射铁制剂后30 min至6 h内迅速死亡，另一些则可存活2~4 d（见非再生性贫血）。

新生仔猪铁中毒可分为三种类型。

第一种类型：注射部位的肌肉损伤，导致组织中的钾离子释放；血钾含量升高，干扰心脏功能。通常累及整窝仔猪，中毒仔猪可出现贫血、体质虚弱、站立困难、肌肉震颤，继而抽搐、呼吸困难。仔猪的注射部位肿胀。尸检发现皮肤和肌肉呈苍白色，注射部位水肿、呈棕黑色，骨骼肌、心肌呈蜡样变性，心脏出血，肝、肾坏死。

第二种类型（亚急性中毒）：过量的铁通过抑制巨噬细胞而阻断机体防御机能，从而增加动物感染的可能性。中毒2~4 d后死亡。仔猪易发生大肠埃希菌性肠炎，尸检可见到第一种类型的病变，但不很明显，肠炎是仔猪死亡的主要因素。

仔猪铁中毒的最重要诱因是母猪维生素E/硒缺乏。可能因母猪营养缺乏，导致仔猪出生后维生素E/硒缺乏，或因初乳不能提供足够量的营养，不能满足哺乳仔猪对抗氧化剂的需要。通过给母猪日粮中添加维生素E（50 IU/kg饲料）和硒（0.15 mg/kg饲料），能改善母猪体况和预防仔猪铁中毒。在妊娠后期注射维生素E/硒，也有助于预防仔猪铁中毒。

第三种类型：较为少见，中毒与钙过敏有关，注射铁制剂后，使钙大量流动（不管是否补充维生素D）。注射铁制剂后几日内，发生钙过敏，注射部位形成硬肿块。严重者可发生死亡，尸检可见机体其他部位发生钙化。

第二十二节　铅中毒

在兽医领域，犬和牛最常发生铅中毒。其他动物由于接触铅的可能性少，有选择性的采食习性或敏感性较低，因而很少发生铅中毒。在牛，许多中毒病例都与播种和收获时，机器用机油和电池废弃物处置不当有关。近年来，在许多国家，由于在汽油中不再使用四乙铅，使汽油引起的铅中毒病例已明显下降。铅的其他来源包括油漆、漆布、润滑油、铅砣、铅粒和冶炼厂附近或路边被污染的植物。在城市也能发生铅中毒，在旧房翻新时，用含铅油漆粉刷房屋，会使小动物和儿童发生铅中毒。

【中毒机制】　被机体吸收的铅首先进入血液和软组织，最终分布到骨中。吸收和滞留程度受到食物的影响，例如钙或铁含量。对于反刍动物，在网胃沉积的颗粒铅，能缓慢地溶解并释放大量的铅。铅对含巯基酶、红细胞的巯基量、抗氧化防御作用和富含线粒

体的一些组织，都有很大的影响，这些均导致临床综合征。除小脑出血和与毛细血管损伤有关的水肿外，铅还具有刺激作用、免疫抑制作用、配子毒性、致畸作用、肾毒性，并对造血系统也有毒性。

【临床表现】　急性铅中毒在幼龄动物中较常见，胃肠和神经系统表现明显的临床症状。牛在中毒后24~48 h内出现临床症状，主要表现运动失调、失明、流涎、眼睑痉挛性颤动、牙关紧闭、磨牙、肌肉震颤和抽搐。

亚急性铅中毒：常发生于绵羊或老龄牛，以食欲缺乏、瘤胃淤积、腹痛、呆滞和短暂性便秘为特征，常伴随腹泻、失明、前冲、磨牙、感觉过敏和共济失调。

慢性铅中毒：偶见于牛，可引起一种许多症状都类似于急性或亚急性铅中毒的综合征。吞咽反射障碍常导致吸入性肺炎。胚胎毒性和精液质量差可引起不育。

犬铅中毒：表现胃肠异常，包括厌食、腹痛、呕吐、腹泻或便秘。还可发生惊恐不安、歇斯底里地狂叫、牙关紧闭、流涎、失明、运动失调、肌肉痉挛、角弓反张和抽搐。一些犬还出现中枢神经系统抑制症。

马铅中毒：常以慢性综合征为特征，主要表现体重减轻、精神沉郁、虚弱、腹痛、腹泻、咽喉麻痹（喘鸣症），常因吞咽困难而导致吸入性肺炎。

在禽类，最明显的中毒症状为厌食、运动失调、体质衰弱、翅膀和腿软弱以及贫血。

【病理变化】　急性铅中毒死亡的动物很少有眼观病变。胃肠道内可发现机油、油漆或电池碎片。铅盐腐蚀作用常引起胃肠炎。在神经系统，可见大脑皮质水肿、充血，皮质脑回扁平。组织学检查，内皮细胞肿胀、皮质层状坏死、白质水肿。肾小管坏死和变性，并可见核内抗酸包涵体。羔羊可见骨质疏松症。发生胎盘炎和胎儿蓄积铅的，可引起流产。

【诊断】　不同组织中的铅含量，可用于评价过量铅蓄积状况，并可反映出中毒量或中毒时间、中毒的严重程度以及预后的判断和治疗效果。许多动物品种铅中毒诊断时，其血液、肝或肾皮质中的铅含量都比较一致，均分别达到0.35 mg/kg、10 mg/kg和10 mg/kg。

血液学异常包括贫血、红细胞大小不等症、异形红细胞症、多染红细胞比例增多、红细胞嗜碱性点彩、晚幼红细胞症和红细胞着色浅淡等，这些都与铅中毒有关，但不能确诊铅中毒。血液或尿中δ-氨基乙酰丙酸和游离红细胞原卟啉含量，是铅中毒的敏感指标，但不是临床疾病的可靠指标。X线检查有助于确定铅中毒的程度。

铅中毒能与其他一些引起神经或胃肠异常的疾病相混淆。在牛，容易混淆的疾病包括脑脊髓灰质软化、神经性球虫病、破伤风、维生素A缺乏、低血镁搐搦、丙酮血症、有机氯杀虫剂中毒、砷或汞中毒、脑脓肿或肿瘤形成、狂犬病、李斯特菌病和嗜血杆菌感染。

在犬，狂犬病、犬瘟热和肝炎的症状可能与铅中毒的症状很相似。

【治疗】 如组织损伤很广泛（尤其是神经系统），一般治疗效果不佳。对家畜，可静脉注射或皮下注射依地酸钠钙（Ca-EDTA）（每日110 mg/kg），每日2次，共3 d；2 d之后重复一次。犬也可用同样剂量，用5%葡萄糖溶液稀释，皮下注射，每日4次，共2～5 d。停用1周后，如果临床症状仍然存在，则需再治疗5 d。目前，市场上尚无批准的兽用Ca-EDTA产品。

硫胺素（每日2～4 mg/kg，皮下注射）能缓解临床症状和降低铅在组织中的沉积。硫胺素与Ca-EDTA结合使用，疗效最佳。

犬可按每日110 mg/kg口服D-青霉素胺，共2周，有一定疗效。但该药有不良副作用（呕吐与厌食），建议不要用于家畜。二巯基丁二酸（DMSA）是一种螯合剂，已证明其治疗犬铅中毒较有效（10 mg/kg，口服，每日3次，共10 d），该制剂也可用于家禽。与Ca-EDTA相比，DMSA副作用较小。

使用泻药如硫酸镁（400 mg/kg，口服）或采用瘤胃切开术，可除去胃肠道中的铅残留物。在牛摄入电池后，可尝试采用外科手术除去网胃中的颗粒状铅物质，但成功率甚低。巴比妥类药物或一些镇定药可控制抽搐。螯合治疗法结合抗氧化剂治疗，可控制急性铅中毒引起的氧化损伤。已证明，一些抗氧化剂如乙酰半胱氨酸（50 mg/kg，口服，每日1次）可与DMSA联合使用，效果良好。

母畜分娩时铅是如何进入乳内和食用动物屠宰前多少天停止用药等这些问题，在公共卫生界和动物管理部门均引起很大争议。牛摄入铅粒后，铅在血液中的半衰期常超过9周。通过定期检测血铅含量，已估算出休药期需1年以上。被确定为铅中毒的牛群，对所有有接触可能性的牛，都应做血铅含量测定。一小部分（但是很重要）无中毒症状牛的组织中，仍有超过食品安全标准的铅残留物。

第二十三节 汞中毒

汞常以有机和无机形式存在。由于一些商品化的汞化合物包括防腐剂（如红药水）、利尿药和杀真菌药已被其他制剂所取代，因此，汞中毒的可能性已明显下降。但由于含有大量汞和其他重金属的钮扣电池的广泛使用，造成动物摄入汞的危险性加大。动物有可能接触到捕食性动物肉品中的有机甲基汞而中毒。

1. 无机汞 无机汞包括汞的挥发性元素（用于体温计）和盐类（氯化汞〔升汞〕和氯化亚汞〔甘汞〕）。大钮扣电池和圆盘或薄片电池都含有汞。铅钮扣电池含有15%～50%氧化汞。摄入的无机汞吸收（10%～35%）较差，毒性相对低些。吸入的无机汞吸收较快，毒性较强，但较少见。

大剂量无机汞具有腐蚀性，能引起呕吐、腹泻和腹痛。严重病例还出现肾损伤，并伴有烦渴和无尿。慢性无机汞中毒较少见，主要影响中枢神经系统，与有机汞中毒很相似。由元素汞产生的汞蒸气，能引起腐蚀性支气管炎和间质性肺炎，若不发生死亡，则可出现神经症状。

2. 有机汞 无机汞被江、湖、河、海沉淀物中的微生物转化成有机烷基汞、甲基汞和乙基汞。食物链顶端动物（金枪鱼、鲑鱼、海豹、北极熊）的生物蓄积，使体内甲基汞含量比环境中还高。海洋生物能蓄积毒性最大的甲基汞，所以，应监测鱼类（尤其是较大和老龄动物）被污染的状况。已报道，给猫饲喂市售的猫食（金枪鱼）7～11个月，出现严重的神经功能紊乱。机体能使无机汞变成有机汞。

有机汞能通过所有途径很快被吸收，并生物蓄积于脑、肾和肌肉中。芳香基汞（如醋酸苯汞杀真菌药）毒性相对弱些，不易发生生物蓄积。动物有机汞中毒在经受较长的潜伏期（数周）后，能使中枢神经系统受刺激和运动异常。中毒症状包括失明、兴奋、行为和咀嚼异常、运动失调和抽搐。由于汞能影响细胞迁移和分化，所以在幼龄动物发育期间，神经系统特别容易受损。猫中毒后表现后肢僵硬、伸展过度、小脑性共济失调和震颤。汞也是一种致突变、致畸、致癌物，并具有胚胎毒性。鉴别诊断包括以震颤和运动失调为主要症状的一些疾病，如金属和杀虫剂中毒，因创伤引起的小脑损伤或猫细小病毒病。

【中毒机制】 在摄入无机汞后，其中毒的主要靶器官是胃肠道和肾脏。有机汞中毒主要影响中枢神经系统。摄入无机汞后能引起炎症和坏死，尤其在腺胃，并有肾小管损伤。肾小管损伤表现为细胞变性至广泛性坏死。有机汞中毒的神经变化主要发生于小脑及其皮质部。组织学病变包括神经元变性、大脑皮质灰质部形成血管套、小脑颗粒层萎缩和浦肯野细胞损伤。

【诊断】 实验室诊断时，必须与组织（尤其是全血、肾和脑）和饲料（＜1 mg/kg以干物质计）中正常的汞含量进行比较。尿汞含量最有助于确诊无机汞中毒，而血液中汞的含量最有助于确诊有机汞中毒。幼龄动物的汞含量轻微升高，即可帮助诊断。应根据汞含量测定结果，结合病史、临床症状和病理变化进行综合分析。

【治疗与控制】 催吐和使用活性炭（1～3 g/kg，口服）对降低汞的吸收非常有效。口服硫代硫酸钠（1 g/kg）以结合仍在肠道内的汞以及使用抗氧化剂，特别是维生素E都是很有益的。

对于急性口服汞中毒或检测到尿汞的动物，建议采用螯合治疗法。使用螯合剂二巯基丙醇（3 mg/kg，肌内注射，头2 d每4 h 1次，第3天每6 h 1次，以后10 d或直至完全恢复，均为每12 h 1次）非常有效。毒性相对低些的二巯基丙醇类似物——水溶性2，3二巯基丁二酸，可用作有机汞中毒的螯合剂。在肠道内无摄入的汞和肾功能良好状况下，可使用青霉胺（15～50 mg/kg，口服）。一旦出现神经症状则不可逆。

第二十四节　钼中毒

钼是一种能形成钼酶的必需微量营养元素，它对所有动物的健康至关重要。反刍动物从日粮中摄入过量钼，部分动物可引起继发性低铜症。大剂量摄入钼引起的钼中毒较罕见。反刍动物比非反刍动物对钼毒性更敏感。其他种类的动物对钼的抵抗力比牛和绵羊至少强10倍。

【病因】 铜、钼和无机硫的代谢作用及相互关系十分复杂，至今仍不完全清楚。事实表明，瘤胃中钼酸盐和硫化物相互反应生成硫代钼酸盐（包括一、二、三和四硫代钼酸盐）。铜与硫代钼酸盐（主要为三硫代钼酸盐和四硫代钼酸盐）在瘤胃发生反应，形成一种难以吸收的不溶性复合物。另外，硫代钼酸盐与铜结合成螯合物后，使其失去生物有效性而引起铜缺乏。鉴于此，四硫代钼酸盐被用于防治绵羊铜中毒。钼还对组织还原酶具有直接毒性，这也可解释为何严重中毒动物铜治疗效果较差。由于单胃动物缺乏细菌形成硫代钼酸盐的能力，因而对钼中毒的耐受性相对较强。

反刍动物对钼中毒的易感性取决于以下一些因素。①日粮中铜的含量和动物对铜的摄取量：随着铜含量和铜摄取量的下降，动物对钼毒性的耐受性下降；②日粮中无机硫的含量：日粮中高硫低铜时，情况更加严重。由于排出量下降，日粮中低硫可引起血钼含量升高；③钼的化学形式：生长期牧草中的水溶性钼毒性最强，而加工处理过的牧草中的钼毒性

下降；④存在某些含硫氨基酸；⑤动物的种类：牛对钼的耐受比绵羊差；⑥年龄：幼龄动物更为敏感；⑦季节：植物在春季开始蓄积钼，在秋季钼含量最高；⑧牧草的植物成分：豆科植物比其他植物能吸收更多的元素。

与铜缺乏有关的钼中毒，主要发生于一些泥炭土或腐殖土地区，这些地区的植物生长在工业污染（采矿和金属合金产品）引起的碱性沼泽地（如美国西部），上述地区还应用过量的含钼化肥以及石灰，增加了植物对钼的吸收。在牛的日粮中，铜与钼的最理想比例为6∶1，2∶1～3∶1为低界线；低于2∶1则能引起中毒。不管摄入多少铜，若日粮中钼的含量大于10 mg/kg即可导致中毒。若铜的含量低于5 mg/kg（以干重为基础），即使钼的含量低于1 mg/kg，可能也是危险的。混合饲料配方错误也时有发生。钼含量（钼酸钠）达1 000 mg/kg，会使牛生长缓慢；含量达2 000～4 000 mg/kg，40 d内能引起牛死亡。

【临床表现】 因铜代谢障碍引起钼中毒而出现的临床症状，大部分与单一铜缺乏产生的症状很相似。牛钼中毒以持续、严重的腹泻，排出液态的且充满气泡的粪便（泥炭性腹泻或钼中毒性腹泻）为特征。黑色动物的被毛褪色最为明显，特别在眼周围，像戴了一副"眼镜"。其他症状包括生长发育不良、贫血、消瘦、关节疼痛（跛行）、骨质疏松和繁殖力下降。对初产母牛的繁殖影响包括发情期延迟、发情期间体重减轻和受胎率下降。繁殖力易受到钼或硫钼酸盐作用的影响，而铜可作为一种间接的解毒剂。一些研究表明，低水平的钼可对某些代谢过程发挥直接作用，特别是繁殖力，与铜代谢改变无关。绵羊、尤其是幼羊，表现背部和腿呈僵直状，不愿抬腿（在澳大利亚称之为"地方性共济失调"）。由于结蹄组织和生长板发育缺损，造成关节和骨骼病变。动物在采食被钼污染的牧草后1～2周内，即出现中毒症状。

由大量钼引起的牛和绵羊急性中毒症状，与上述描述的铜缺乏引起的慢性中毒症状是不同的。牛在3 d内表现食欲不振，在中毒后1周内开始发生死亡，停止接触钼后病情仍可持续数月。动物出现昏睡，表现后肢运动失调，进一步可发展至前肢，大量流涎和排出稀少的黏液样粪便。钼对肝细胞和肾小管上皮细胞均有毒性，能引起大片肝坏死和肾病。

【诊断】 必须排除原发性铜缺乏。在钼中毒时，血液和组织中的低铜水平和牛铜缺乏产生的临床症状无相关性。在高钼地区，如在口服硫酸铜后几日内腹泻停止的话，即可作出钼中毒的初步诊断。如果排除其他因素引起的腹泻和生长发育不良（包括胃肠寄生虫），即可作出进一步诊断。如果血液或肝脏中钼和

铜的浓度异常，或者日粮中钼的摄入量相对高于铜，则可确诊钼中毒。

【预防与治疗】 钼经乳汁排出，乳中钼的含量取决于饲料中钼的含量。当动物远离钼源，钼能很快被排除。因为最低的组织滞留，所以中毒动物产品很快就可安全食用。日粮中掺入硫酸铜，能明显减轻严重的急性钼中毒的症状。铜-硫钼酸盐复合物能降低钼的生物利用度，而硫酸盐与肠及肾内的钼竞争，减少了钼的吸收，加快了钼的排出。在饲草中钼含量低于5 mg/kg的地区，使用1%的硫酸铜，可有效地控制钼中毒。如钼含量较高，使用2%的硫酸铜很奏效；而在钼含量非常高的少数地区，甚至可以使用高达5%的硫酸铜。在一些地区，由于各种原因，牛未能摄入矿物质添加剂，那么其身体所必需的铜，只能每周通过肠外途径进行补充，或者通过牧草追肥时补充。注射甘氨酸铜作为一种辅助治疗已应用成功。

第二十五节 食盐中毒

摄入过量的食盐（氯化钠，NaCl），能导致食盐中毒，也称为高钠血症或缺水性钠离子中毒。最后一个名称是描述最恰当的，既描述了结果（钠离子中毒），也描述了最常见的致病因素（水缺乏）。只要钠调节机制未受影响，且有新鲜饮水的话，一般不会发生食盐中毒。

实际上，世界各地的所有动物品种都有食盐中毒的报道。虽然食盐中毒历来以猪（最敏感动物）、牛和禽较为常见，但犬过量摄入食盐，引起急性中毒的报道已日趋增多。猪、马和牛口服食盐的急性致死量约为2.2 g/kg，犬约为4 g/kg。绵羊是最能抵抗食盐中毒的动物，其口服急性致死量为6 g/kg。

【病因】 通常，如果动物能喝到新鲜饮水，他们即可耐受高浓度的食盐或钠。食盐中毒常与饮水有直接关系，由于饮水器的机械故障、过于拥挤、掺入药物的水口感差、新的环境或冰冻的水源等诸因素，均能使动物明显减少或完全不饮水，从而加大食盐中毒的危险性。在猪和家禽日粮正常的情况下，完全限制饮水或摄入高盐日粮并中等程度限制饮水时，可发生严重中毒。泌乳牛和母猪对水的需求量较大，对食盐中毒的易感性增强，尤其在突然限制饮水的情况下。

日粮中加入高含量盐（达13%）常用于限制牛的采食量。缺乏盐的牛或不适应高盐日粮的牛，都能过量采食这些饲料，从而易于发生食盐中毒。错误的配方或混合饲料可能是食盐超量的祸根。用乳清作为一种饲料或作为湿饲料中的一种成分，都能增加钠盐的摄入。过量钠的来源还包括高盐地下水、盐水或海水。

鸡可耐受饮水中0.25%的钠，但限制饮水就易发生食盐中毒。湿饲料中含2%的食盐即可引起小鸭中毒。可能是因为禽类会采食更多的湿饲料，所以食盐含量高的湿饲料比干料更易引起中毒。

绵羊可耐受饮水中1%的食盐，但在1.5%时即可引起中毒。一般建议，各种家畜饮水中的总含盐量不应超过0.5%。

伴侣动物接触过量食盐的途径，包括把食盐用作催吐药（已不再推荐）和摄入不同的含盐材料（包括盐砖和含盐面团）。马很少发生食盐中毒，但在食盐摄入过多和突然限制饮水时，仍有可能发生中毒。

【临床表现】 猪食盐中毒，早期症状（很少见）表现为渴欲增加、瘙痒和便秘。中毒猪也可出现失明、耳聋和对周围环境淡漠的症状；进一步发展为饮、食欲废绝，对外界刺激极为敏感。患猪常无目的地游走、冲撞物体、转圈或以单个前肢或后肢为轴旋转。限制饮水1~5 d后，病猪间歇性抽搐，呈犬坐姿势，头部前后抽动。此后，病猪倒向一侧，呈阵挛性-强直性发作和角弓反张。最终，病猪一侧着地、四肢呈游泳状划动、昏迷，在数小时至48 h内死亡。

牛急性食盐中毒症状主要发生在胃肠道和中枢神经系统。包括流涎、渴欲增加、呕吐（反胃）、腹痛、腹泻，并伴随运动失调、转圈、失明、抽搐和局部麻痹。患牛有时还表现好斗和攻击行为。牛食盐中毒的后遗症为后肢拖地行走，更严重的病例，表现为球关节触地。

家禽和其他鸟类的临床症状包括渴欲增加、呼吸困难、从喙中流出液状分泌物、虚弱、腹泻和腿麻痹。

犬摄入过量食盐后在几小时内出现呕吐，临床症状可发展为腹泻、肌肉震颤和抽搐。

【病理变化】 尸体剖检可见胃呈不同程度的损伤，包括溃疡和出血。胃肠道内容物异常干燥。组织病理变化主要在脑部，包括大脑水肿和脑膜炎。在中毒的最初48 h，猪表现嗜酸性粒细胞减少症，在大脑皮质和毗连的脑膜可见嗜酸性粒细胞血管套、大脑水肿或坏死。中毒3~4 d后，嗜酸性粒细胞血管套通常不再存在。牛中毒后不出现嗜酸性粒细胞血管套，但可见骨骼肌水肿和心包积水。剖检鸡也可见到心包积水。各种动物急性食盐中毒病例，均未见眼观病变。

【诊断】 血清和脑脊髓液中钠离子浓度大于160 mEq/L，尤其是当脑脊髓液中钠离子浓度超过血清时，表明已发生食盐中毒。牛和猪脑内钠含量超过2 000 mg/kg（湿重）即可考虑食盐中毒。尚缺乏其他常见家畜脑内正常钠含量的数据，要解释脑内钠含量结果还较困难。根据特有病史、临床症状以及临床病理学、尸体剖检和饲料或水中钠含量分析等，可确诊食盐中毒。

猪食盐中毒应与杀虫剂中毒（有机氯、有机磷和氨基甲酸酯）、苯肿中毒和伪狂犬病作鉴别诊断。牛食盐中毒应与杀虫剂和铅中毒、脑灰质软化、低血镁性搐搦和神经型酮病作鉴别诊断。

【治疗】 食盐中毒尚无特效治疗方法。立即更换饲料或饮水是非常必要的。应给所有动物提供新鲜的饮水，开始少量多次饮水，以免加重临床症状。对于大动物，应限制饮水，每间隔1 h饮用占体重0.5%的新鲜水，直至完成正常的水合作用（通常需要数天）。严重中毒的动物，可通过胃管给水。不管是否治疗，中毒动物的死亡率可超过50%。对急性食盐中毒的小动物，最好在未出现临床症状前，让其尽快饮水，并仔细观察几小时，如果犬已摄入过量食盐，但还未出现中毒症状时，可应用催吐药。

所有中毒动物在治疗时，应使他们缓慢（至少2~3 d）恢复饮水和保持电解质平衡。迅速降低血钠浓度将会使血脑间渗透梯度升高，水大量进入脑内，可能会导致严重的大脑水肿。

在治疗个体动物时，首先应检测血钠含量。血钠水平应以每小时0.5~1.0 mEq/L的速率下降。建议静脉注射高渗溶液，减轻大脑水肿。静脉注射的高渗溶液，要接近动物的血钠浓度，或最初使用含170 mEq/L钠的溶液，随着血钠浓度的下降，临床症状也得到缓解。如怀疑大脑水肿，可选用甘露醇、地塞米松或二甲基亚砜。

第二十六节 硒中毒

硒是一种安全范围较窄的必需元素，日粮中需要的硒含量和有潜在毒性的硒含量之间只相差10~20倍。为防止硒缺乏症，如牛、绵羊的白肌病、猪的肝营养不良、鸡的渗出性素质，动物日粮中需要添加硒添加剂，使硒终浓度为0.2~0.3 mg/kg。多数家畜对硒的最大耐受量为2~5 mg/kg，但有人认为4~5 mg/kg就会抑制生长。

硒是25种以上含硒酶和硒蛋白的一种必需成分，其中最被公认的是机体抗氧化剂——谷胱甘肽过氧化物酶。硒中毒一般有3种毒性作用：①通过减少谷胱甘肽和S-腺苷甲硫氨酸的贮备，直接抑制细胞氧化/还原反应；②产生引起组织氧化损伤的自由基；③用硒/含硒氨基酸置换体内硫/含硫氨基酸。高含量的硒可抑制众多细胞的功能，从而导致急性全身性细胞毒性。用含硒氨基酸置换含硫氨基酸，能改变细胞成分

及酶的结构和功能，其主要原因是由于丧失了含硫基酸之间产生的二硫键。这些二硫键的丧失，能改变蛋白质的三维结构，潜在地导致酶活性下降。最常被改变的含硫氨基酸是甲硫氨酸和半胱氨酸，他们能分别被硒甲硫氨酸和硒半胱氨酸所置换。用含硒氨基酸取代这些氨基酸也能影响细胞分化和生长。一些形成角蛋白（生角质上皮细胞）和含硫角蛋白分子的细胞尤为易感。硒能使蹄和毛发变得脆弱，受到机械压力时很易断裂。

【病因】 所有不同品种动物对硒中毒都很敏感。但硒中毒最常见于食草动物，如牛、绵羊、马和其他可能采食含硒植物的食草动物。植物能蓄积土壤中高含量的硒，但土壤的pH和含水量，影响植物对硒的相对生物利用度。通常，生长在降水量较少（<50 cm）的碱性土壤中的植物，对硒的生物利用率最高。

硒富集植物是根据植物对硒的相对需要量和富集硒的能力进行分类的。专性指示植物生长，需要大量硒和高浓度硒（常达1 000~10 000 mg/kg）。专性指示植物主要包括黄芪属、*Stanleya*（属）、*Machaeranthera*（属）、*Oonopsis*（属）和*Xylorhiza*（属）植物。兼性指示植物能吸收和耐受土壤中（每千克植物富集微量至几千毫克硒）高含量硒，但他们的生长不需要硒。兼性指示植物主要包括紫菀属（*Aster*）、扁蓂花属（*Castilleja*）、胶草属（*Grindelia*）、滨藜属（*Atriplex*）、（*Gatierreaia*）和假柳穿鱼属（*Comandra*）植物。非富集性植物，如一些被动性吸收土壤中较低量硒的牧草，每千克植物可富集微量至几百毫克硒。

植物中可能存在大量硒的有机化合物和无机化合物。非富集植物主要含有硒甲硫氨酸，而指示植物则含有较多的硒酸盐和甲基代半胱氨酸。相比较而言，多数日粮添加剂是亚硒酸盐的形式，但添加硒甲硫氨酸愈来愈普遍。

硒中毒也可发生于猪、禽和其他种动物，主要是因采食含硒土壤生长的谷物，或更常见的是由于饲料配方错误。小动物（宠物）硒中毒较少见，但可以发生，主要是因摄入含硒洗发剂或补充硒的药片。已知有一些因素能改变硒毒性。通常，急性单剂量口服硒1~10 mg/kg，即可使多数动物死亡。非肠道给药的硒产品也有相当大的毒性，尤其对幼龄动物，硒剂量低于1 mg/kg，即可使仔猪、犊牛、羔羊和犬死亡。动物年龄越小对硒中毒越敏感，不同化学形式的硒化合物的相对毒性也有一些差异。

【诊断】 硒中毒临床症状的严重程度取决于中毒量和中毒时间。动物硒中毒有急性、亚急性或慢性。根据临床症状、尸体剖检和实验室检测动物日粮（饲

料、饲草、谷料或水）、血清、全血或组织（如肾、肝）中存在高含量的硒，即可确诊本病。日粮中硒超过5 mg/kg，长期接触30 d以上，即可产生轻微临床症状。硒含量达10～25 mg/kg，长期接触，可能会产生严重的临床症状。环境接触硒可能是饲草、饲料或水中的硒含量，而不是土壤中的硒含量，因为在土壤中，一些化学形态的硒不能被植物吸收，所以不会引起高含量硒中毒。

组织中硒含量可作为动物硒中毒的诊断依据。有机硒生物利用度较大，能较长时间滞留于组织中。因此，为阐明硒的确切含量，必须将接触时间，组织、全血或血清的采集，以及硒的化学类型等考虑进去。另外，有些动物硒浓度具有可变性。急性硒中毒时，血液和血清中硒含量通常高于3～4 mg/kg；慢性中毒时，一般高于1～2 mg/kg。急性病例中，肝脏硒常超过3～5 mg/kg；而慢性病例中，肝脏硒超过1.5 mg/kg。硒中毒动物的肾脏硒常超过1～5 mg/kg。慢性中毒时，毛发和蹄壁中硒超过1.5～5 mg/kg。动物呼吸时可闻到"大蒜"味，这一发现在急性中毒时较明显，但慢性中毒时也有。这种气味是因消除硒的通路中产生了容易挥发和呼出的甲基化硒代谢产物。

（一）慢性硒中毒

通常，当家畜采食含硒牧草和含5～50 mg/kg硒的谷物数周或数月时，可发生慢性硒中毒（碱病），长期接触高含量无机硒也能产生慢性硒中毒。植物中自然存在的含硒氨基酸，很易被吸收和嵌入蛋白中，并代替相应的含硫氨基酸（如硒代甲硫氨酸代替甲硫氨酸，或硒代半胱氨酸代替半胱氨酸）。迄今，文献有记载的慢性硒中毒有两种类型：碱病和失明蹒跚症。失明蹒跚症已不再被认为是由硒引起的，而是由于饮用高硫酸盐碱水和/或摄入高硫牧草，引起硫酸盐中毒。过量硫酸盐（超过日粮的1%）会引起脑灰质软化症和失明蹒跚症的经典症状。动物采食紫云英（黄芪属植物）所出现的临床症状与失明蹒跚症很相似。虽然紫云英含有较高含量的硒，但现有证据表明，是紫云英中的生物碱苦马豆素引起了"疯草中毒"，并表现出相似的临床症状。

【临床表现】 牛、绵羊和马的碱病已有报道。中毒动物表现迟钝、虚弱、厌食、跛行、异常消瘦、贫血和缺乏活力。另外，最具特异性的损伤是毛发和蹄的角蛋白受损。马中毒后最明显的临床表现为跛行。皮毛粗糙，鬃毛和尾部的长毛脱落，形成"短尾"和"竖立"鬃毛。角和蹄的异常生长和异常结构，导致环状峭和蹄冠带的蹄壁破裂。可见很长的畸形蹄。随后跛行并伴随关节软骨和骨骼退化。动物，尤其是绵羊和牛的繁殖力和繁殖性能下降。影响繁殖性能的日

粮中硒的含量低于引起碱病典型症状的硒含量。其他病变包括肝硬变、腹水和心肌坏死/瘢痕形成。

禽也可发生慢性硒中毒。高硒地区的禽蛋含硒量超过2.5 mg/kg，孵化率降低，常出现胚胎畸形。畸形形式包括足、腿发育不良，眼畸形，喙弯曲和羽毛缺乏光泽。美国加利福尼亚州南部（由于径流，湖水富集硒）的水禽存在上述问题。

动物硒中毒时血液化学指标也发生一些变化。包括凝血酶原活性下降，纤维蛋白原和谷胱甘肽含量减少以及血清碱性磷酸酶、ALT（SGPT）、AST（SGOT）和琥珀酸脱氢酶活性升高。

【治疗与控制】 硒中毒尚无特效疗法。首先应尽快去除毒源，对动物采取对症和辅助治疗。在日粮中添加一些能对抗和抑制硒毒性作用的物质，有助于降低硒中毒的危险性。高蛋白日粮、亚麻油饼、硫、砷、银、铜、镉和汞，都能降低硒对实验动物的毒性，但他们在临床上的作用是有限的。增补铜可减少硒中毒引起的繁殖性能下降。添加0.003 75%砷盐，可加快胆汁对硒的排泄，或用高蛋白日粮结合游离硒，此法被用于降低牛硒中毒的发病率，但总体上其功效还不太理想。慢性硒中毒动物的生长发育情况比同群动物差，甚至在停止接触后仍如此。

对高硒地区的牧草应定期进行检测，以评价其每年的风险状况。

（二）亚慢性硒中毒

给猪饲喂含硒量超过20～50 mg/kg的日粮3 d以上，能发生以神经异常为特征的亚慢性硒中毒。动物最初表现运动失调（或不协调），伴随前肢轻瘫，随后四肢麻痹。即使出现神经损伤，病猪仍能采食，表明这是一种非中枢介导的神经损伤。猪蹄断裂和生长减慢，与牛硒中毒症状相似。还可观察到脱毛症。母猪的受胎率下降，新生仔猪的死亡数增多。亚慢性中毒的病理变化包括病灶对称性脑脊髓软化，在颈脊髓和胸脊髓表现最明显。猪常因永久性瘫痪等并发症而死亡。蹄和毛发损伤与慢性硒中毒观察到的症状很相似，但从许多病例发现，其没有慢性硒中毒严重。亚慢性硒中毒的治疗与慢性硒中毒相似，但脊髓损伤通常是永久性的。

（三）急性硒中毒

因采食含硒植物或饲喂含硒量超过50 mg/kg的配错的日粮（根据动物种类、年龄和硒的化学类型，正常日粮的含硒量为1～10 mg/kg或更多）而发生急性口服硒中毒不太常见，但仍有牛、绵羊和猪硒中毒而引起较大损失的报道。因硒含量高的植物带有讨厌的气味，通常动物都能避开这些植物；但是，当牧草紧缺时，富硒植物就成为动物唯一可利用的食物。在一

些病例中，植物也可能没有明显的讨厌的气味。幼龄动物对急性非肠道硒中毒（剂量为0.2～0.5 mg/kg）最为敏感。临床症状不同于慢性硒中毒，主要以行为异常、呼吸困难、胃肠紊乱和突然死亡为特征。可能还表现明显的姿势异常和精神沉郁、厌食、步态不稳、腹泻、腹痛、脉搏和呼吸频率加快、流出泡沫性鼻液、湿性啰音和发绀。绵羊通常中毒症状不很明显，仅表现精神沉郁，突然死亡。多数死亡通常在采食或注射后几小时到2 d内发生。主要病变为肺水肿、肺充血、肺出血、肝坏死、心肌坏死、心肌出血，可能有肾坏死。

急性中毒时血液和血清硒含量常高于慢性中毒时。治疗以对症和辅助治疗为主。乙酰半胱氨酸对于提高谷胱甘肽水平可能是有效的。

第二十七节　锌中毒

锌是一种必需微量金属元素，在许多生物学过程中发挥重要作用。锌以多种形式普遍存在于自然界。动物摄入某些形式的锌后，能在胃内酸性环境中产生有毒锌盐。已有人及各种大动物、小动物、外来动物和野生动物发生锌中毒的记载。因宠物犬不加选择的采食习惯，并经常接触含锌物质，也常见锌中毒。锌的主要来源包括电池、汽车部件、油漆、氧化锌乳剂、草药添加剂、拉链、赛板部件、携带宠物的工具上的螺丝和螺帽，以及镀锌金属上的涂层如管子和炊具。最有名的锌的来源是吞入美国林肯便士引起锌中毒，自1983年以来，美国制造的所有便士均含有占重量97.5%的锌（每个硬币约含2 440 mg元素锌）。

【中毒机制】　在低pH的胃内能形成可溶性锌盐。这些锌盐在十二指肠被吸收后，迅速地分布于肝、肾、前列腺、肌肉、骨和胰腺。锌盐对组织有直接刺激和腐蚀作用，并能干扰其他一些离子，如铜、钙和铁的代谢，还能抑制红细胞生成及功能。关于锌发挥这些毒性作用的机制，还不完全清楚。据报道，锌盐急性中毒的半数致死量（LD_{50}）约为100 mg/kg。日粮中高含量锌（>2 000 mg/kg）能引起大动物的慢性锌中毒。

【临床表现与病理变化】　临床症状因锌中毒时间和中毒程度而异。中毒症状由厌食和呕吐，进一步发展到腹泻、昏睡、黄疸、休克、血管内溶血、血红蛋白尿、心律失常和抽搐。大动物表现体重和产奶量下降，据报道马驹表现骨骺增大并继发跛行。

主要组织病理变化包括肝小叶中央坏死，并伴随含铁血黄素沉着和空泡变性，肾小管坏死及血红蛋白管型，以及胰管坏死与小叶间脂肪纤维化。

【诊断】　通过X线检查，很易发现动物胃肠道内含锌异物形成的放射致密物（图21-2）。血常规、血液生化分析、尿分析和凝血状况的变化，反映了锌对不同器官系统的毒性程度。血象呈现典型的再生性溶血性贫血，以红细胞形态学变化（如球形红细胞增多症和海恩茨氏小体的形成）为特征。

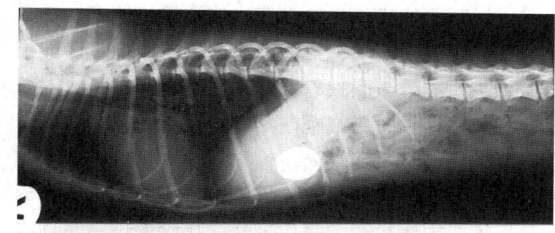
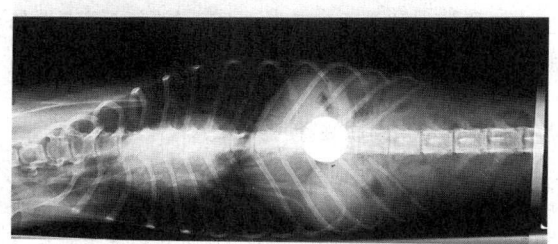

图21-2　幼龄小种犬的外侧和腹背侧X线检查，可见胃内异物——美国钱币
（由Ray Cahill博士提供）

锌能干扰酶（如谷胱甘肽还原酶），引起氧化损伤，从而影响红细胞脆性。出现应激、胰腺炎和再生性骨髓后，白细胞象常表现中性粒细胞增多。在肝损伤后，血清生化指标变化包括胆红素含量、转氨酶和碱性磷酸酶活性升高。

当锌蓄积于胰腺时，引起胰腺炎和胰腺坏死，使淀粉酶和脂酶活性升高。肾小球损伤和肾小管上皮坏死常引起血液尿素氮、肌酸酐、淀粉酶和尿蛋白含量升高。尿分析可鉴别血红蛋白尿和血尿；如存在血红蛋白尿，离心后尿颜色不透明。由于对凝血因子的合成或功能的毒性作用，导致前凝血酶时间和活化部分凝血酶时间延长。

动物锌中毒的血液学和临床表现，与动物间接免疫性溶血性贫血出现的变化相似。如果一开始误诊为自身免疫性疾病，将导致错误地使用免疫抑制性药物。在没有自身免疫性疾病的情况下，锌中毒时直接抗球蛋白（Coombs'）试验呈阳性。所以，鉴别锌中毒和间接免疫性溶血性贫血，采用直接抗球蛋白试验并不可靠。

通过测定血液或其他组织中的锌含量，可确诊锌中毒。犬和猫正常的血清锌含量为0.7～2 μg/mL。血清样品应放在绿色肝素管中或宝蓝色的微量元素管中送检。家畜唾液和毛发中锌含量定量测定方法尚未确定，由于锌通过肾排出易发生变化，所以，测定尿锌不可靠。

鉴别诊断应包括任何传染病、中毒病、间接免疫性疾病、肿瘤疾病、遗传性疾病或参照临床症状和实验室检查结果，与锌中毒病例相似的其他疾病。包括间接免疫性溶血性贫血、低磷血症、脾扭转、巴贝斯虫病、埃利希体病、心丝虫病、钩端螺旋体病、血巴尔通体病、猫白血病、血管肉瘤、淋巴肉瘤、磷酸果糖激酶或丙酮酸激酶缺乏和对乙酰氨基酚、萘、对二氯苯、葱属植物、铅或铜中毒。

【防治】 在采用输液、输氧和输血措施，使动物安定后，首要的是尽早排除锌的来源。经常需要采取外科手术或内镜检查。采用催吐法排除慢性中毒动物的胃内含锌异物常难以奏效，因为锌常黏附在胃黏膜上。

用平衡的晶体溶液利尿，能促使锌经肾脏排出，并可预防血红蛋白尿性肾病。

关于锌中毒病例是否需要用螯合剂治疗还有争议。一些动物锌中毒后，仅采用辅助疗法和排除毒源即可康复。螯合剂能加快锌的排出而促进康复，但令人担忧的是，螯合剂治疗可能实际上增加了肠道对锌的吸收。应用一些特异性化合物能实现螯合作用。依地酸钙钠（Ca-EDTA）能螯合锌，具体用量和用法为每日100 mg/kg，静脉注射或皮下注射，共3 d（常规稀释后，分4次注射），但这有可能加重锌诱导的肾毒性。虽然D-青霉胺和二巯基丙醇已被用于治疗动物锌中毒，但他们还未被正式批准使用。已报道的使用剂量，D-青霉胺为每日110 mg/kg，共7～14 d；二巯基丙醇为3～6 mg/kg，每日3次，共3～5 d。用这些制剂中的任何一种作为螯合剂治疗，都应慎重考虑后再使用，并应连续检测血清锌含量，以便确定合适的治疗时间。如对动物锌中毒早诊断、早治疗，结果通常是良好的。从环境中排除锌的来源，对预防本病的复发至关重要。

（丁伯良 译 刘宗平 袁燕 一校 崔恒敏 二校 田文儒 三校）

第二十八节　蕨中毒

欧洲蕨（*Pteridium aquilinum*）广泛分布于世界各地，由于其丰富的种类及亚种，其植株大小各不相同。欧洲蕨为多年生落叶植物，其叶在因霜冻或干旱脱落之前保持绿色，叶长0.5～4.5 m。欧洲蕨主要通过其密集的根扩散，在植物种群、特别是被焚烧或被破坏的植被中占优势地位。欧洲蕨分布在各种不同的地方，但其主要生长于半阴地、下水道以及开阔的林地（图21-3）。

动物蕨中毒因剂量、持续时间以及动物种类不同，临床症状有很大差异。

（一）地方性血尿

地方性血尿是蕨中毒的最常见症状，最常见于牛，羊次之。地方性血尿是以间歇性血尿和贫血为特征，中毒常发生于夏末，此时其他牧草匮乏，或者动物采食混有蕨的干草。动物长期采食蕨可导致蕨中毒，一般情况下，动物采食蕨几周至几年后才会出现地方性血尿症状。

初期，中毒牛虚弱、迅速消瘦及发热（41～43℃）。通常情况下，中毒牛还会出现呼吸困难及黏膜苍白。出血程度从较少的黏膜出血点到辐射状出血不等，有时粪便中可出现大的血块。凝血时间延长，昆虫叮咬或者小的抓伤也会长时间流血不止。

严重中毒时，可致动物死亡。尸体剖检可见广泛性出血或皮下出血，消化道溃疡，膀胱黏膜血管扩张，有小出血点或膀胱出现血管、纤维或上皮瘤。有报道牛或其他动物可发生上消化道肿瘤。常见肿瘤和出血的混合病灶，尽管对欧洲蕨的所有毒素并未研究透彻，但可肯定，地方性血尿主要是由欧洲蕨中原蕨苷（norsequiterpene，即糖苷）所引起；原蕨苷是一种潜在的放射性物质，可以造成骨髓损伤，并导致反刍动物尿道肿瘤。试验用欧洲蕨和原蕨苷均能复制出血综合征和尿道上皮肿瘤。高剂量攻毒几个月，便能复制出以出血为特征的急性中毒，这是由于原蕨苷造成了骨髓造血干细胞的类放射性损伤，从而导致骨髓巨核细胞减少，引起血小板发育不全（panhypoplasia）。白细胞象呈混合反应，初期单核细胞显著增多，随后粒细胞与血小板减少，晚期血小板显著减少、贫血和白细胞减少，伴发高γ-球蛋白血症，出现血尿或蛋白尿。中毒动物更易感染其他疾病

图21-3　欧洲蕨（*Pteridium aquilinum*）叶
（由Bryan Stegel-meier博士提供）

和自发性出血。

动物小剂量长时间采食蕨则更容易致癌。动物连续采食蕨数年，其毒性作用可蓄积；将动物转移出富蕨区域或草场后数周或数月，常出现蕨中毒临床症状。除家畜之外，蕨及原蕨苷对大鼠、小鼠、豚鼠、鹌鹑及埃及蟾蜍均有潜在的致癌作用。

中毒动物的尿液及乳汁中有原蕨苷存在，其乳汁可导致大鼠消化道肿瘤。研究者发现，牛乳头瘤病毒可促进原蕨苷引发的肿瘤的形成。然而，由于蕨引起的脊髓发育不良和免疫抑制增加了牛乳头瘤病毒感染的概率，其可能是继发感染。

（二）亮盲

亮盲或睁眼瞎是原蕨苷中毒较少见的症状，临床上表现为视网膜绒毡层反射过强，最常见于英格兰和威尔士部分地区的绵羊。中毒绵羊表现永久性失明，并保持特征性的警觉姿势，瞳孔对光反射减弱。严重病例，眼底检查显示：动脉和静脉血管狭窄，视网膜色素层苍白并有微细的裂纹和灰点。组织学检查表现为视网膜视杆、视锥以及外核层，尤其是视网膜绒毡层的部分严重萎缩。中毒动物通常还兼有蕨中毒的其他病变，如骨髓抑制、出血、免疫抑制以及尿道肿瘤。

（三）蕨蹒跚

单胃动物的蕨中毒首次发现于马，这些马采食了混有蕨的干草后出现了神经症状。马采食占饲草20%～25%的蕨3个月以上便会出现蕨蹒跚。中毒马临床表现为食欲下降、消瘦、运动失调，站立时四肢外展、低头拱背；强制运动时肌肉震颤。严重中毒者出现心动过速、心率失常，发病2～10 d出现抽搐、痉挛、角弓反张，最后死亡。马蕨中毒是由蕨中的硫胺素酶引起，类似于维生素B₁缺乏症，且大多数动物用硫胺素治疗效果良好。猪采食蕨后的硫胺素缺乏症状不明显，可能出现心力衰竭、食欲下降、消瘦，有的表现卧地、呼吸困难，或突然死亡。反刍动物的瘤胃能合成硫胺素，采食蕨后一般不发生硫胺素缺乏症。然而，澳大利亚绵羊采食欧洲蕨或碎米蕨后由于硫胺素代谢紊乱而导致脑灰质软化。

【治疗】首先停止采食蕨，但由于蕨中有毒成分的蓄积作用，家畜在转移出蕨中毒区域后数周仍可发病。急性中毒牛死亡率一般在90%以上，血小板计数是最好的早期诊断指标。

如果及早诊断，马的硫胺素缺乏治疗可获得较好的效果，建议注射硫胺素溶液，剂量为5 mg/kg，起初每3 h静脉注射1次，然后继续肌内注射几日，必要时，继续口服硫胺素1～2周。有些病例皮下注射硫胺素，每日100～200 mg，注射6 d，也能治愈。对于那些可能采食了蕨，但尚未出现临床症状的动物，也需要注射硫胺素，因为它们在转移至无蕨区域后几日可能发病。

抗生素可预防继发感染，输血或输血小板是治疗中毒牛比较有效的方法，但是需要大量的血（2～4 L）。尽管未经验证，但也可考虑用粒细胞集落刺激生物因子（GM-CSF，曾用于治疗人再生障碍性贫血）治疗。

【预防】蕨中毒，除硫胺素缺乏症，基本上无法治疗，但可通过防止动物采食蕨预防。动物通常会在牧草缺乏的情况下采食蕨，在夏末其他牧草枯萎时动物被迫采食蕨，也有些动物喜爱采食蕨的青嫩枝叶。通过加强草场管理，增加可食牧草的产量可以避免动物蕨中毒。实行有蕨草场和无蕨草场轮牧，轮牧周期为3周，也可降低蕨中毒病的发生。

通过减少在轮牧草场的放牧密度和牲畜踩踏减缓蕨生长速度，也可通过定期割除；如果草场条件允许的话，挖除蕨来降低蕨的生长密度。用除草剂、尤其是在割除后使用除草剂，是控制蕨生长的有效方法，常用的除草剂有黄草灵或草甘膦。近期研究发现，有些欧洲蕨种群含极少或不含原蕨苷，仍需要更多研究以确定这些种群，弄清其没有毒性的原因，从而预测或者降低蕨的毒性。

第二十九节　棉酚中毒

棉酚中毒是动物在采食含有游离棉酚的棉籽或棉籽副产品后出现的中毒病，通常为亚急性或慢性中毒；多为蓄积性中毒，有时为隐性中毒。中毒最常发生于家畜，特别是幼龄反刍动物和猪最易发生，成年反刍动物对棉酚的毒性作用有较强的抵抗力，但摄入饲料量多的高产奶牛或长时间摄入游离棉酚的奶山羊及其他成年反刍动物，也可以发生棉酚中毒。据报道，给犬饲喂棉籽或者用棉籽做窝，可引起犬的棉酚中毒。

【病因】棉酚是棉属植物（*Gossypium* spp.）中的主要色素，很可能是棉属植物中的主要有毒成分，其他多酚类色素还存在于棉花不同部位中的色素腺中。棉酚在棉籽中以与蛋白结合或游离两种形式存在，其中仅游离棉酚是有毒的。随棉属植物种类不同、环境条件如气候、土壤类型及肥料的不同，棉籽中棉酚的含量也不同，从微量到超过6%不等。棉酚存在于几乎所有品种的棉属植物中，除了一种稀有的"无色素腺"棉属植物变种。

棉籽可以用来生产食用油、饲料、短棉绒、棉籽壳。市售的棉籽饲料根据不同的用途，其蛋白含量在

50%～90%。棉籽和棉籽副产品被广泛用作动物饲料的蛋白质源料。精炼棉籽油的主要副产品是棉籽饼粕。棉籽饼粕越来越多地用于动物的饲料添加剂,棉籽壳中棉酚含量很低,被用作动物的粗饲料,补充动物的纤维摄入。

棉酚具有脂溶性,易被消化道吸收;棉酚很容易与氨基酸,尤其是赖氨酸结合,并可螯合铁离子。棉酚中毒的具体机制还不很清楚。棉酚可以与氨基酸形成Schiff氏碱性衍生物,再加上一些其他的蛋白与棉酚相互作用,使得很多氨基酸不能被机体利用。棉酚还影响机体中许多十分重要的酶促反应,从而干扰生物代谢过程,包括细胞对氧化应激的反应,从而阻止血红蛋白携带氧的释放。机体中大部分棉酚随粪便排出,通过轭合、代谢和尿液排出的棉酚较少。

所有动物对于棉酚都易感,但是单胃动物、幼龄反刍动物和禽类最为易感。棉酚在成年反刍动物瘤胃内与可消化性蛋白质形成结合棉酚而失去毒性,也不会被吸收;然而,在猪和仅有部分瘤胃功能的幼龄反刍动物体缺乏可消化性蛋白质。猪、豚鼠、兔对棉酚敏感,犬、猫次之。荷斯坦奶牛是牛中最易感的品种,山羊比牛易感,马对棉酚有一定的抵抗力,但仍需预防其中毒。一般长时间采食棉酚(数周或数月)才会引发中毒。

【临床表现】 中毒症状与棉酚对心血管系统、肝脏、肾脏、生殖系统或其他系统的损害相关。长期接触可引起心肌坏死而导致急性心力衰竭。同时,发生类似于高钾心力衰竭的心肌传导障碍可引起动物突然死亡,并且无眼观心脏损伤。肺脏损伤以及呼吸困难很可能是棉酚心脏毒性心力衰竭的继发反应。

肝脏毒性作用是由于酚化合物及其活性中间代谢产物对肝细胞或新陈代谢的直接损伤或干扰所致,心力衰竭也可继发肝脏坏死。棉酚可抑制肝脏谷胱甘肽-S-转移酶的活性,从而降低肝脏对其他外源性化合物的解毒作用。由于棉酚可螯合铁离子,使红细胞数量减少、脆性增加,携氧血红蛋白氧释放减少,血氧容量降低而导致贫血,血红蛋白、红细胞压积降低。

生殖系统的损伤是由于睾丸间质细胞中类固醇合成酶被抑制,雄性动物表现性欲降低、生精能力下降、精子活力降低或畸形(可能是可逆的)。精子数量减少、活性降低可能是因为精子中线粒体的损伤造成的,持续采食棉酚的公羊和公牛的生精能力下降可能是其生精上皮受到广泛的损伤,故在家畜育种中需警惕棉酚的存在。母畜则表现生理周期紊乱、妊娠母畜溶黄体作用紊乱以及胚胎毒性,其毒性机制可能是毒物对卵巢内分泌功能的影响以及对子宫或胚胎的直接毒性作用。禽类表现为蛋黄变绿色,蛋孵化率降低。很多非反刍动物、尤其是雌性动物,棉酚的抗生育作用及对生殖系统的毒性作用较其他毒性作用弱。

动物长时间过量摄入棉酚可出现生长迟缓、体重下降、虚弱、食欲减退以及对应激反应性增强。羊羔、犊牛可因心肌损伤而突然死亡,如果呈慢性经过,则表现为精神沉郁、食欲下降、呼吸困难。成年奶牛表现虚弱、精神沉郁、食欲减退、前胸部水肿、呼吸困难,且出现胃肠炎、血红蛋白尿以及繁殖障碍。单胃动物急性中毒可引起突然循环衰竭,亚急性中毒则心力衰竭继发肺水肿,贫血也是常见的后遗症。猪最明显的症状是呼吸极度困难、喘息。犬以心脏毒性为主,病情逐步恶化,可出现腹水;中毒犬烦渴、血液电解质失衡,最显著的症状是高钾血症,心电图明显异常。

【病理变化】 有些动物无明显眼观病变,但通常在胸腔、腹腔及心包积聚多量黄褐色至淡红色的含纤维蛋白块的液体。可见心脏扩张、心肌松软、苍白、出现条纹和斑点、心室扩张、心脏瓣膜水肿。骨骼肌苍白。肺脏充血,出现间质性水肿和小叶间水肿,气管中充满泡沫样物质。中毒动物呈全身性黄疸,肝脏肿大、充血、色不均一或呈金黄色、质脆,小叶间质增生。肾脏、脾脏及其他脏器充血,有时可见瘀斑,可见轻微的肾小管肾病。可出现血红蛋白尿,内脏黏膜可见水肿及充血。中毒犬心肌病变以局部或广泛粒状心肌变性以及肌纤维及其间质水肿为特征,心肌收缩功能极度异常导致右侧充血性心力衰竭,心脏无明显扩张,肺脏或肝脏病变轻微。

【诊断】 根据以下几方面可确诊本病:①病史。动物有长期采食棉籽或其副产品的病史;②临床症状。根据棉酚中毒的临床症状,尤其是突然死亡或慢性呼吸困难的症状,同一群不同种动物均出现中毒症状。③病理变化。病变与已报道的棉酚中毒症状相对应,且心肌、肝脏病变,体腔积液。④抗生素治疗无效。⑤饲料中含较高比例的游离棉酚。饲料成分分析需与病史、临床症状和尸检结果相结合。然而,与很多食物引起的中毒一样,待检食物可能已被采食完或无法进行成分分析。在猪或者小于4月龄的幼龄反刍动物饲料中,若游离棉酚含量大于100 mg/kg,则可支持确定诊断。成年反刍动物可以耐受较高含量的游离棉酚,但其饲料中游离棉酚含量仍应小于1 000 mg/kg,成年反刍动物长时间采食含400～600 mg/kg游离棉酚的饲料也可引起中毒。由于棉酚在瘤胃中与可消化性蛋白结合,瘤胃的功能是可变的。给成年奶山羊每日饲喂350～400 mg棉酚,使其饲料中含400 mg/kg游离棉酚,3个月后便可出现棉酚中毒。给青年公牛饲喂含1 500 mg/kg游离棉酚的棉酚浓缩液(每日每头8.2 g

游离棉酚）可使其精液质量下降（精子活力降低以及精子畸形）。给成年犬饲喂含26.6%（266 000 mg/kg）总棉酚和0.175%（1 750 mg/kg）的游离棉酚可导致其中毒，中毒时间不定。

棉酚可在肝、肾中蓄积，剖检时还应取肝肾进行成分分析。绵羊肝肾中棉酚（游离或结合棉酚）含量分别超过20 mg/kg和10 mg/kg，表示动物曾接触多量的棉酚。但目前仍缺乏动物组织中棉酚含量的背景值及中毒范围，故组织成分分析没有太大的临床诊断价值。

本病应与以下疾病进行鉴别诊断：心脏毒性的离子类抗生素（如莫能菌素、拉沙里菌素、沙利霉素、甲基盐霉素）、氨中毒、煤焦油中毒、营养或代谢性疾病（如硒、维生素E或铜缺乏）、传染性疾病、非传染性疾病（如肺腺瘤、肺气肿）、镰刀菌污染谷物引起的霉菌毒素中毒、有心脏毒性及其他有毒植物引起的中毒。具有心脏毒性的植物所致的中毒可能与棉酚中毒有相似的临床症状及病理变化，包括欧紫杉（*Taxus baccata*）、紫杉（*T cuspidata*）、月桂（*Kalmia* spp.）、杜鹃花（*Rhododendron* spp.）、欧洲夹竹桃（*Nerium oleander*）、黄花夹竹桃（*Thevetia peruviana*）、紫花洋地黄（*Digitalis purpurea*）、铃兰（*Convallaria majalis*）、夹竹桃（*Apocynum* spp.）、草决明（*Cassia occidentalis*）、欧洲蕨（*Pteridium aquilinum*）、皱叶泽兰（*Eupatorium rugosum*）、棋盘花属植物（*Zygadenus* spp.）、马缨丹（*Lantana camara*）、乌头（*Aconitum napellum*）以及马利筋属植物（*Asclepias* spp.）。

【治疗与防控】 本病尚无有效治疗方法。由于棉酚是慢性蓄积性中毒，吸附剂如活性炭和盐类泻剂对其几乎没有疗效。如果怀疑是棉酚中毒，应立即除去饲料中所有棉籽制品，但除去棉酚后4周内仍有严重中毒的动物死亡。动物恢复情况主要取决于其心脏损害的程度。由于中毒一般是慢性的，并且在确诊之前动物可能已经产生致命性病变，中毒动物大多预后不良。如果减少刺激并精心护理，动物轻度和中度的心肌损伤可能逐渐恢复。但在停止饲喂棉籽后数周内，中毒家畜仍表现为增重缓慢与对应激敏感等症状。辅助疗法包括给动物饲喂富含赖氨酸、蛋氨酸及脂溶性维生素的高品质饲料。硒或铜缺乏可能会加重棉酚中毒。

在任何动物饲料中加入棉酚时，都应谨慎。给牛饲喂高蛋白、氢氧化钙或铁盐对棉酚中毒有一定的保护作用，应让成年牛摄入大于或等于40%干物质的饲料，饲料中棉酚含量应控制在小于或等于1 000 mg/kg，因为1 500 mg/kg的棉酚便会引起贫血、生长缓慢或产奶量下降。饲料中棉酚含量大于100 mg/kg时即可引起猪和年轻反刍动物中毒。据报道，猪饲料中铁增加到400 mg/kg，禽饲料中铁增加到600 mg/kg，使铁离子与游离棉酚比率达到1：1~4：1时，就可有效防止中毒症状的出现及棉酚在组织中的残留。禽饲料中棉酚含量大于200 mg/kg时，即可发生中毒。

将棉籽产品加入饲料之前分析其成分，并将其作为饲养管理项目的一部分，是最好的预防方法。应用不含棉酚的饲料稀释含过量棉酚的饲料，以便使饲料中棉酚含量达到安全值。

在日常饮食中，人们应预防食入有棉酚残留的动物器官和肉类，这是一个重要的公共卫生问题。在没有完全弄清楚所有食用动物体内棉酚的药物动力学参数之前，不建议立即利用和食用那些接触过大量棉酚的幸存动物。只有在停止接触棉酚后生存超过1个月的动物，才可以认为是人类的安全"食源"。

第三十节 动物有毒植物中毒

一、室内植物与观赏植物中毒

室内植物是装饰房屋的重要组成部分；如果宠物经常咀嚼或采食这些植物，则可发生中毒（表21-5）。有毒植物控制中心调查得出，不到5岁的儿童摄入5%~10%有毒植物就相当于宠物的中毒量（但未见文献报道）。目前，还没有任何研究室做过室内植物的毒性研究。许多植物在离开了它们生长的自然环境后会影响到其毒性程度。此外，宠物的年龄、耐毒性、环境变化等因素也影响中毒的发生率。幼犬或小猫对室内植物非常好奇，经常咀嚼植物的各个部分。另外，各个年龄段的宠物（尤其是单独房间饲喂的宠物）如果独处或被关闭太久，都可能变得不耐烦或烦躁不安，这时宠物就会咀嚼室内植物作为消遣。再次，所有年龄段的宠物都会探索环境的变化，例如，家中放置潜在的有毒植物，宠物通常会咀嚼其叶片或成熟浆果。这些因素都会对动物的安全造成不同程度的影响。

二、北美温带牧区有毒植物中毒

有毒植物是造成畜牧业经济损失的主要原因之一（表21-6），当畜禽传染病增多、繁殖率下降的时候应该考虑这一点。有毒植物可通过多种途径影响动物，包括死亡、慢性病、体质衰弱、体重下降、流产、先天畸形、分娩间隔延长和光过敏等。除了这些很明显的损失外，还得考虑饲料损失，增加预防措施、劳动量和管理的费用以及影响饲料收获等。

表21-5 有毒室内植物和观赏植物

学名（科）	常用名	主要特征	注释、有毒成分及作用	治疗措施
Adenium obesum (Apocynaceae) 沙漠玫瑰（夹竹桃科）	沙漠玫瑰、沙漠杜鹃、天宝花	肉质灌木或小乔木。多年生的茎，肥厚多孔汁，单叶互生，倒卵形，深灰绿色。花园簇生，非常艳丽，花瓣红白粉相间，顶生。种子多有白色绒毛。植易种在干燥、向阳处	整株枝叶含心脏类固醇和强心苷。Na+/K+ ATP酶抑制剂，增加细胞内Ca²⁺浓度导致心肌兴奋、心动过缓、室性心动过速和心脏传导阻滞、高钾血症、腹痛、呕吐、厌食、胃呆	对症治疗
Agapanthus orientalis (Liliaceae) 百子莲（百合科）	非洲蓝百合、蓝非洲百合	植株在较大花盆内可长至约2米高。多年生草本、单叶基生、心形、狭长，叶脉较鲜明显、斑叶、花苞黄绿色	未知毒素，被认为是黏稠、辛辣。刺激性乳胶而非过敏原。在各部位尤其根茎内检测到有草酸钙晶体和其他不明物质。误食会致剧痛、局部黏膜刺激、流涎、舌喉肿胀、腹泻、呼吸困难。宠物有机会接触到往往源于咀嚼茎	对症治疗
Agave americana (Agavaceae) 龙舌兰（龙舌兰科）	世纪植物、美国芦荟	叶生宽大、肉质、长条披针状、褐色、叶缘和顶端有刺；圆锥花絮，大型，多分枝	植株大部分均含有草酸钙晶体；叶子和种子内含有皂甙和辛辣挥发油。动物采食会导致皮肤及口腔黏膜过敏及水肿	对症治疗
Aglaonema modestum (Araceae) 万年青（天南星科）	广东万年青、裂叶芋	叶基生、质硬、深灰绿色；小花白中带绿	整株均含有草酸钙晶体。动物采食后会导致口腔黏膜过敏和水肿	对症治疗
Aloe barbadensis (Liliaceae) 芦荟（百合科）	翠叶芦荟、库拉索芦荟	草本植物、叶呈披针形、肥厚多汁。茎单生，顶端着生管状黄色花朵小齿。边缘有利齿	叶子的汁液中含有蒽醌苷（芦荟苷、大黄素）和大黄酸，以嫩叶中的浓度更高。动物采食会导致剧烈、严重的腹泻和/或低血糖，多数情况下会伴有呕吐	对症治疗，可通过控制腹泻，防止体液流失来减缓症状
Brunfelsia pauciflora (Solanaceae) 大花鸳鸯茉莉（茄科）	鸳鸯茉莉	常绿灌木伴有小乔木、叶互生、无裂无齿、蜡质。冬季开花，花单生或簇生于枝顶，花艳丽芳香、花萼管状5浅裂，花瓣5个，花冠漏斗状。囊状浆果	花、叶、树皮和根中发现生物碱类成分（阿托品、东莨菪碱、山莨菪碱）。动物采食会表现出以动过速、口干、瞳孔放大、共济失调、抽搐、情绪抑郁、尿潴留、有时会出现昏迷（深度镇静）。未见导致死亡的报道	对于采食后表现严重和肌部的动物，治疗时推荐使用兴奋剂（呼吸和心脏的）配合支持疗法
Caladium spp. (Araceae) 彩叶芋（天南星科）	贝母、花叶叶贝母、盂芋	多年生草本植物，叶单生、心形、叶片薄、叶脉突显；黄绿色佛焰苞、茎基生	植株各部位尤其是根茎均含有草酸钙晶体和其他不知物。摄入会导致强烈的剧痛、局部黏膜刺激、口吐白沫、舌喉肿胀、腹泻、呼吸困难。宠物有机会接触到往往源于咀嚼茎	对症治疗
Cannabis sativa (Cannabaceae) 大麻（大麻科）	大麻、草锅大麻、印度大麻、大麻烟	一年生草本植物，种子繁育，高1.8米多。叶对生或互生、掌状全裂，5-7个裂片线状披针形；花，小朵、绿色，着生分枝顶端（雄花）或遍布整个枝条（雌花）；瘦果。仅联邦政府许可情况下，可以合法化栽培作纤维利用	成熟植物的叶、茎和花苞中包含四氢大麻酚（THC）和相关化合物。THC的浓度因不同植物品种（1%~6%）、部位（雌花含量最高）、工序（提取物可达28%）、特征、生长环境而异。大的致死剂量＞3g/kg。这种植物主要在家庭用于治疗癌症患者或非法的娱乐活动。宠物中毒（主要是犬）会表现共济失调、呕吐、瞳孔散大、长时间抑郁的、心动过速、心率、流涎、兴奋过度、震颤、低热、脑中枢神经系统调控功能严重受阻的时会导致死亡	将动物带离毒源，服用适量催吐药对抗四氢大麻酚（THC）。其次推荐口服鞣酸，活性炭和盐类泻药。对于毒害较重的动物推荐兴奋剂（心脏和呼吸），结合辅助治疗。慢慢恢复

（续）

学名（科）	常用名	主要特征	注释、有毒成分及作用	治疗措施
Capsicum annuum（Solanaceae）甜椒（茄科）	樱桃辣椒、红辣椒、观赏辣椒、辣椒	一年生灌木；茎直立有分枝，平滑，卵形，全缘；花白色。果实一般有各种颜色，形状和大小	成熟的果实和叶片中富含辣椒素（辣椒素）。加喂和东莨菪碱；动物误食后会刺激胃肠道，引起呕吐和腹泻。但一般不致命	对症治疗，可大量灌服凉水减轻刺激，局部用药或口服矿物油或植物油也会有所帮助。但很少使用局部麻醉剂
Chlorophytum spp.（Liliaceae）吊兰（百合科）	蜘蛛草、圣伯纳德百合、飞机草	草本植物，根状茎，茎略有光泽，肉质，狭长；叶间有黄色或绿色条纹；花茎细长，柔绵，茎上白色的小花可发育成离体新梢。通常生长于吊篮中	通常，以其较强的吸附力被广泛种植。宠物（尤其是猫）接触这些植物是通过攀爬或小的成熟茎叶落。在叶子和小植株中存在未知毒素。猫摄入几小时内出现呕吐、唾液分泌增多，干呕和暂时厌食症。无死亡和腹泻报告	对症治疗
Colchicum autumnale（Liliaceae, Colchicaceae）秋水仙（百合科/秋水仙科）	秋番红花、番红花、秋番红花、番红花、奇迹灯泡	备受欢迎的庭院植物，多年生草本，地下球卵形，包被有棕色膜或鳞片。叶大，披针形，基生，卵形，平滑，有棱纹，叶子长于春天，枯于开花前。秋季开花，花管状，单生，浅紫色或白色，蒴果卵圆形，富含种子	秋水仙富含秋水仙碱及相关生物碱类。这些生物碱的热稳定性很高，不受干燥的影响。秋水仙碱在试验中常被应用于遗传学调查，以及用于痛风的治疗。在机体内易累积，排泄速度很慢。哺乳动物的乳汁是其重要的排泄途径之一。在临床上，摄入秋水仙碱几小时内，中毒者常表现为口渴，呕吐和腹泻，呑咽困难，腹痛，严重的呕吐和腹泻，虚弱和休克，常死于呼吸系统衰竭	长期的临床病程主要归因于秋水仙碱缓慢的代谢。洗胃，辅助疗法以防止脱水和电解质失衡（液体疗法），还包括CNS、循环系统、呼吸系统干扰。止痛剂和阿托品主要用于治疗腹痛和腹泻
Convallaria majalis（Liliaceae）铃兰（百合科）	铃兰、百合花、五月花	多年生草本，根状茎细长匍匐生长，茎上无叶，总状花序，花附垂，偏向一侧，芳香，白色，钟形；叶2~3枚，基生，长约30cm，红色浆果。但很少发育成熟	叶、花粉中含有强心苷（铃兰苦苷、铃兰毒苷），为刺激性皂苷，花在水中可一直保持活性。潜期长短取决于剂量，胃肠症状（呕吐、发狂、腹泻、腹泻、心搏动不规则（心律不齐，A-V块）和死亡。急性胃肠炎、肠道炎、瘀斑性出血会穿孕整个中毒过程	净化肠道可洗胃；纠正心动过缓可应用阿托品；莫安英钠电解质失衡如高钾血症可用电解质疗法；动物中毒后对其进行心电图和血清钾监测很有必要
Cyclamen spp.（Primulaceae）仙客来（报春花科）	仙客来、流星花属	草本植物，根状茎或块茎繁殖。锯齿叶，有柄，心形，同一叶面深绿色伴有浅色斑纹；花茎直立，顶端开粉红色或白色蝴蝶状的花	在块状根茎中发现有皂苷成分，摄入后刺激胃肠道，从而促进消化系统的吸收和毒性。临床症状主要表现为厌食、腹泻，抽搐和痉挛。一些宠物在冬天很容易接触到这些植物（因二者同处室内）	对症治疗
Dieffenbachia spp.（Aracae）花叶万年青（天南星科）	万年青	植株高大，茎直立，无分枝，肉质；叶片着生于茎干上，叶片宽大，脉粗，鞘状叶柄，叶片上镶嵌有白色或黄色斑点	整株含草酸钙晶体和未知的有毒蛋白质（可能是白头翁素），包括皂化作用。动物摄入后引起剧烈疼痛、灼烧感，口腔和喉咙发炎，厌食，呕吐，腹泻，舌肿大、摇头，分泌唾液，呼吸受抑，呑咽困难。很少死亡	对症治疗
Digitalis purpurea（Scrophulariaceae）紫花洋地黄（地黄属）	毛地黄	两年生植物，茎叶有柄（下部有柄），向上渐小，短茎无柄），叶互生，有毛，卵形或长椭圆形。总状花序顶生，花冠管状（带）；有紫色，粉红色，红色，白色或黄色；蒴果	整株含有强心苷（洋地黄毒苷、洋地黄苷、地高辛及其他成分。皂苷，生物碱，生长不受干燥环境影响。动物误食后常表现急性胃肠痛，呕吐，腹泻常亡。尿频，不规则慢性心率，颤抖，抽搐或死亡	对症治疗

（续）

学名（科）	常用名	主要特征	注释、有毒成分及作用	治疗措施
Dracaena spp. (Agavaceae) 龙血树（龙舌兰科）	龙血树	枝叶繁茂的棕榈树，为室栽植物的一种，带状斑叶，细长，互生，无柄。多种品种的叶缘呈墨绿色，茎基部叶片易落，叶痕依稀可见，枝顶叶片会存留到植物成熟	叶中含有生物碱，皂苷、树脂。摄入后刺激胃肠道，导致呕吐和腹泻。没有临床病例报道	对症治疗，平衡体液和电解质
Euphorbia pulcherrima (Euphorbiaceae) 一品红（大戟科）	一品红、圣诞花、圣诞星	多年生灌木，有乳白色或白色树液。叶互生，有柄，脉纹明显，顶层叶片全缘或浅裂，有朱红、粉红或绿色，下部叶片为绿色。花小而不明显	乳白色的树液中含有毒物质，会刺激黏膜，引起流涎过度分泌和呕吐，一般不会死亡。毒性尚不明确，没有发现有毒的二萜类（巨大戟醇衍生物）	对症治疗，中毒后考虑洗胃，灌服活性炭和盐类写剂
Hyacinthus spp. (Liliaceae) 风信子属（百合科）	风信子、洋水仙、红风信、红风信子石	园林观赏植物，球茎繁殖（鳞茎酷似洋葱），春季开花。鳞茎秋天收获后储存起来，来年春天种植	在鳞茎内有大量的草酸钙晶体和生物碱（潜在毒性尚未定论），动物摄入有毒剂量时（或者是鳞茎）发生呕吐、腹泻，罕见死亡病例。鳞茎在储藏室存放时可能会被宠物误食	对症治疗
Ilex aquifolium (Aquifoliaceae) 枸骨叶冬青（冬青科）	英国冬青、欧洲冬青	常绿灌木，叶片革质，叶面光泽，刺齿，富含种子，有芳香味。浆果红色转黄色，互生，有柄	叶片、果实、种子中含大量皂苷和生物碱（可可碱）。三萜类化合物及未知化合物，此种未知的复合物，动物食有2个以上浆果即会出现滴痛、呕吐、腹泻等症状。少见死亡	对症治疗
Kalanchoe spp. (Crassulaceae) 伽蓝菜（景天科）	长寿花、气生植物	一年生或多年生草本植物，冬季开花，茎叶肥厚多汁，不耐寒。叶对生，有柄，肉质，全缘或有齿。伞状花序，花，亮红色，橙色或粉色。茎随着年数增长变长状	叶中富含强心苷。动物摄入有毒剂量数小时内出现抑郁，呼吸急促，磨牙，共济失调，麻痹，角弓反张（兔），甚至死亡（大鼠）	对症治疗，阿托品有效（兔）
Lilium longiflorum; L tigrinum (Liliaceae) 麝香百合（百合科）	复活节百合、喇叭形百合	球茎繁殖植物；叶互生或轮生，线性或披针形；蒴果，富含种子	整株有毒。猫在摄食后2~4 d出现肾功能衰竭。误食后12 h内出现呕吐，抑郁，食欲不振，肌酐，血清尿素氮，磷和钾水平升高。无其他动物中毒的报道	摄入后数小时内可用催吐剂，活性炭、盐类写剂。保健护理，尤其是在肝衰竭时更应注意，延迟治疗常常会导致不良后果
Narcissus spp. 水仙（石蒜科）	黄水仙	同风信子		
Persea americana 鳄梨（樟科）	酪梨、鳄梨	灌木植物，顶芽生长成较长的枝干，因其果实被广泛种植。常见3个栽培种（墨西哥种和西印度群岛种）。叶呈椭圆形，边缘光滑，互生，表面有纹理，深绿色。面深浅较轻薄。圆锥花序，卵形或梨形果实，外形厚实，坚韧，有光淡黄绿色、浅黄绿色、浅黄色。种子卵圆形，果肉黄色	地上部分（特别是叶）有毒性。据报道，主要有毒成分是单甘油醋毒素，可引起牛、马、羊、兔、金丝雀、鸵鸟和鱼中毒。在果实中提取出的精油可用于化妆美容。动物误食可导致非传染性的无乳症（牛、兔、山羊）。肺充血、心律失常，下颏水肿，呼吸窘迫，泛发性出血，皮下水肿，心包积液（心脏衰竭，甚至急性死亡（兔、笼鸟、山羊）。笼养鸟误食后，在24 h内出现临床症状，1~2 d之后死亡（通常在≥12 h后）出现临床症状	主要采用对症治疗与辅助疗法

（续）

学名（科）	常用名	主要特征	注释、有毒成分及作用	治疗措施
Philodendron spp. 喜林芋（天南星科）	喜林芋	攀援藤本植物，有气生根；叶（作为室内盆栽植物具有较强吸附过滤能力）硕大，鳞羽状、心形，叶片下垂；很少开花	整株植物含有大量的草酸钙晶体和末明确的蛋白质。动物吞食后刺激黏膜，导致疼痛，大量分泌唾液，口腔和喉黏膜水肿，呼吸困难和肾功能衰竭。猫属动物误食，表现兴奋、神经痉挛、抽搐和偶尔的脑炎	对症治疗
Phoradendron flavescens 黄美洲槲寄生（槲寄生生科）	槲寄生	多年生寄生灌木，寄主为落叶树木。四季常绿，具有高大的枝干和绿色的茎部。叶片椭圆形，对生。白色浆果，单一种子。一般在圣诞节前后移入室内种养	各部位均含有胺类物质（β-苯乙胺、乙酰胆碱、胆碱、酪胺）以及有毒蛋白（黏毒素）。动物摄取有毒剂量后数小时内出现呕吐，严重腹泻，瞳孔放大、呼吸急促困难、休克，甚至死于小血管衰竭	对症治疗
Rhododendron spp. 杜鹃花（杜鹃花科）	杜鹃花、杜鹃	常绿或落叶灌木。单叶互生，边缘光滑。花朵漏斗状、伞形和多色之分。蒴果囊状富含种子	植物各部位均含有慢木毒素，包括花粉和花蜜。摄入有毒剂量（1 g/kg）数小时内，出现分泌唾液、流泪、吸吐。腹泻，呼吸困难、肌肉无力、抽搐、昏迷，最终死亡。症状可能持续数日，但一般情况下毒素不会累积	对症治疗，可洗胃，建议应用活性炭，盐类泻剂，注射钙和抗生素，注意治疗或预防肺炎
Sansevieria spp. 虎尾兰（龙舌兰科）	虎尾兰、生日花	质硬多汁的室内盆栽植物。叶直立，狭长、柳叶刀状、扁平状或圆筒状、深绿色，沿着叶片边缘有黄色紫纹，在水平方向具有灰白边状纹络。总状花序或穗状花朵，多个黄色星状花朵	叶和花朵中含有溶血皂苷和有机酸。可引起动物呕吐，流涎、腹泻或溶血	对症治疗，使用液体与电解质
Schefflera spp. 伞形树（五加科）	伞树	速生常绿植物，叶掌状，有光泽，垂挂着像张开的雨伞。由子种类的不同，小叶随着植物的成熟变得更紧凑；叶脉明显；叶片边缘浅锯齿形	叶片中含有草酸。刺激动物黏膜，引起唾液分泌增加。厌食、呕吐，严重者导致腹泻	对症治疗
Solanum pseudocapsicum 冬珊瑚（茄科）	冬珊瑚	灌木。单叶，披针形，叶缘锯齿状。小星形白色花朵。浆果有光泽，成熟果实呈红色，内含许多色的种子	在叶片和果实中含有丰富的辣椒碱茄碱及相关生物碱。动物摄食后常出现厌食、腹痛、呕吐、出血性腹泻、唾液分泌、虚脱或嗜睡、呼吸困难、心动过缓、循环系统虚脱，瞳孔放大	对症治疗，建议洗胃，活性炭，电解质补液，抗惊厥药
Taxus spp. 紫杉（红豆杉科）	红豆杉	常绿乔木或小直灌木，叶互生针状，有光泽（表层），边缘光滑的（下表面）呈黑褐色或绿色，肉质，红色的假种皮包裹一个杯状，被一个种子	除了肉质假种皮外，植物富含生物碱（紫杉碱和麻黄素）、氰化物、挥发油。动物摄食后会出现紧张、颤抖、共济失调、呼吸困难、虚脱；心动过缓或心脏小肪停止活动。死后剖检可见有限的非典型病变，包括心脏右室空虚，心脏左室可见黑暗、煤焦油样血液	对症治疗，一旦临床症状出现，治疗往往徒劳。但阿托品具有一定疗效
Zamia pumila 南美苏铁（泽米铁科）	全缘叶泽米、佛罗里达竹米、小泽米、苏铁	类似棕榈植物，伴有地下肉茎，结性羽状茎，叶长约61 cm；球果包含有一个30.5 cm长有光泽的棕红色种子	叶、种子和茎中含有葡萄糖苷和具甲氧基偶氮甲醇（结肠靶向小鼠致癌物质）。动物摄取后导致肝、胃肠道紊乱和共济失调。临床表现持续呕吐、腹泻、腹痛、抑郁和肌肉痉挛。牛的特征性神经症状是足后躯麻痹	没有特效疗法；建议静脉输液与对症疗法

表21-6 北美温带有毒植物

危险季节	学名（拉丁文）	常用名	生长习性及分布地区	中毒动物	主要特征	有毒成分及作用	治疗措施
春，秋	Allamanda cathartica	软枝黄蝉花、黄蝉花、紫色黄蝉花	美国热带地区，室内装饰	绵羊，山羊，牛	多年生常绿灌木，攀援茎长。单叶轮生，全缘，革质。花大、艳丽，花冠粉色或黄色的花瓣。蒴果状，种子多数	整株植物含有生物碱 terpinoids（黄蝉花啶，黄蝉花醛，鸡蛋花苷和树叶和根内酯 qallamandin）。全株含有胃肠刺激物，少量的心脏毒素。动物采食后分泌大量唾液，反应无力，腹部绞痛，腹泻，脱水，电解质失衡，对心脏的毒性作用较轻，一般不会导致死亡。牛的致死量为30 g/kg（新鲜饲草）	辅助疗法，止泻剂
	Cicuta spp.	毒芹	遍布北美地区，喜潮湿环境	所有动物	花白色，伞状花序。节实茎内空，从根状茎中长出块状根	根茎基部，嫩叶里含有树脂状物质（毒芹素）。干燥后仍具有毒性。动物采食后很快出现临床症状，15～30 min死亡。瞳孔扩大，昏迷，死亡。人也会发生中毒	镇定剂控制痉挛和心跳加速，如果采食后2 h仍不死亡，则可能康复
	Hymenoxys odorata	苦膜菊	西南地区的路旁，湖床，洪涝地区和过度放牧区	绵羊，很少发生于黄牛	一年生或多年生草木，株高可达61 cm。顶部开黄花，叶片分裂成腺状裂片	新鲜或干枯的植物内均含有倍帕内酯。症状有流涎，呕吐，鼻孔流绿色分泌物，衰弱，厌食，腹痛。造成消化道坏死，异物性肺炎和肺衰	毒素会在动物体内累积，停止继续放收，防止过度放牧
	Hymenoxys richardsonii	多花膜菊	西部平坦山脚（海拔1 800～2 400 m）	绵羊，山羊，牛	多年生草本。叶亮绿色，分裂成腺状裂片	新鲜或干枯的植物内均含有倍帕内酯。症状有流涎，呕吐，鼻孔流绿色分泌物，衰弱，厌食，腹痛。造成消化道坏死，异物性肺炎和肺衰	毒素会在动物体内累积，停止继续放收，防止过度放牧
	Oxalis spp.	酢浆草、木酸模、黄花酢浆草	草本装饰植物，根状茎或球状茎生长在田野中或牧场，全世界分布	绵羊，很少发生于黄牛	一年生或多年生，掌状复叶，直立茎上生3片菱叶。聚伞或伞状花序，花序上。果实囊状，有很多种子。基部附膜状皮，蒴果	草酸含量较高，动物采食后出现急性，亚急性，慢性临床症状，包括由抑郁变兴奋，衰弱，呼吸困难而倒卧，昏迷。急性症状1～2 d死亡。慢性症状包括体重减轻，厌食，水肿，多尿。血浆氮和肌酸酐水平升高，尿浓缩，尿沉积中有草酸盐结晶，肾衰	静脉注射钙溶液，支持疗法促使小管再生
春	Zephyranthes atamasco	葱属，白花葱莲，雨百合，麝香百合，东方百合，黄棕百合	装饰植物，球茎繁殖，生长在矮树林和潮湿的草地	马，牛，宠物	基部长叶子，星形白花，凋谢时变为粉红色	在球茎叶中主要含菲啶（石蒜碱，多花水仙碱）和其他生物碱，花和叶中也含有。抗胆碱类作用（鼠发生抑制蛋白合成，减缓心跳速率，心脏病变），呕吐，过度流涎，血便（脱水，电解质失衡），癫痫，心脏功能改变，皮炎	促进皮肤症状的缓解；辅助疗法：止吐剂，止泻剂，恢复电解质平衡，很少致死
春	Baptisia spp.	假槐蓝、野槐蓝、黄棕蓝	美国东北部黏土，亚黏土，沙土的开阔林地	绵羊，山羊，牛	多年生草本植物，多分枝，单叶。小叶掌状，无柄或近柄。末端或腋生总状花序，花瓣多种颜色。豆科植物，有一到多个种子，晒干后植株呈黑灰色或紫灰色	含有喹诺里西啶生物碱，金雀花碱，吡啶生物碱的尼古丁样的生物碱。安那吉碱、野靛叶素和其他的尼古丁样的生物碱，能和尼古丁，毒蕈碱，乙酰胆碱受体结合。牛采食后引起严重腹泻，食欲下降，过度流涎，共济失调，震颤后倒植失调，震颤后死亡	将牲畜赶离毒源，对症治疗结合辅助疗法

（续）

危险季节	学名（拉丁文）	常用名	生长习性及分布地区	中毒动物	主要特征	有毒成分及作用	治疗措施
春天	Caesalpinia spp.	石莲子、灰云实	生长在美国西南部干旱地区及热带灌木林或热带雨林的低洼处；在温暖地区作为装饰物	牛、绵羊、可能还有马	多年生灌木或草本，与荆棘混生。茎直立或攀援。羽状复叶。末端生长总状花序，黄色、橙色或红色。豆荚卵形，有2个以上的种子	没食子丹宁（30%~50%），果实和花中含有植物凝集素；叶中有双帖类化合物 pulcherralpin和云实素。动物采食后数小时表现呕吐、不适、脱水，没有导致死亡的相关报道	辅助疗法。静注液体、电解质。止吐药、止泻药
	Nolina texana	旱叶草	西南部山坡、露天生长	绵羊、山羊、牛	多年生草本，有许多窄长叶片。茎大部分埋在地下，花枝上长小白色，簇生	茎、花、果实里含有肝毒素，中毒症状表现光敏感、厌食、眼、鼻分泌黄色物质，可致胃肠炎、肝肾功能衰竭	植物开花季节应避免牲畜进入长有该植物的地方，见感光过敏适口性差，只在干渴情况下才被采食
	Peganum harmala	欧骆驼蓬	西南部的干旱、半干旱地区	牛、绵羊、可能还有马	多年生草本植物，多分枝、多汁、多刺。叶金绿色、叶金裂、花单生、白色	种子、叶片、茎中，特别是种子里含有生物碱类物质，后腿无力、精神沉郁、过度流涎，体温不正常，胃肠炎，心脏和肝包膜下出血	
	Phytolacca americana	美洲商陆、十蕊商陆	东部土壤肥沃的地区，如开阔草地、牧场、垃圾堆	猪、牛、羊、马、人	多年生草本，高可达3 m，植株光滑，绿色。浆果深紫色，总状花序，下垂	所有部位均含有草酸、皂苷（商陆素）和生物碱（商陆碱），根生毒性较大。中毒症状有呕吐、腹痛、产奶量下降、油膏、最终呼吸困难而死亡。胃肠震荡，粘膜出血，肝脏发黑	保护消化道用油类物质，灌服稀醋酸，注射兴奋剂，贫血时可输血
	Quercus spp.	栎树	遍布北美，分布在大部分落叶林乔木树	所有放牧动物，尤其是牛	主要是落叶乔木，很少分布在灌木丛，技根顶部簇生2~4片叶	幼叶、嫩芽里含有丹宁酸。症状有厌食、瘤胃积食、便秘、粪接着是黑便、尿频、脉搏急促无力，甚至死亡。口鼻干燥，肾病变，胃肠炎	饲料里含有一半以上的栎树芽或幼叶。采食一段时间之后就会发病。对症治疗。口服反应氧液补血
	Sarcobatus vermiculatus	黑肉叶刺茎藜	西部干旱地区的盐碱地、海拔低的地方	绵羊、牛	高大的落叶灌木，茎多刺。叶肉质，互生，绕茎生长，花不明显	草酸盐（钠和钾盐）。临床症状为呼吸困难、衰弱，精神沉郁，有时流涎，胃肠道蠕动减缓，昏迷乃至死亡。瘤胃壁水肿、出血，腹水，肾水肿（肾小管坏死时扩张）	短时间大量采食会中毒，防止饥饿的性畜采食
	Xanthium spp.	苍耳	遍布于北美洲的田野，垃圾堆，池塘或是河流的沿岸	所有动物，尤其是猪	一年生草本，果实上有刺。果上端生有2爿，内2分室	种子和幼苗里均含有羧基苍术苷。症状有厌食、衰弱、呕吐、恶心、脉搏促无力、呼吸困难、肌肉痉挛、抽搐、消化道发炎、急性肝炎、肾炎	籽苗和谷物被其种子污染。灌服油脂有一定疗效。灌服油脂，肌内注射兴备剂
	Zygadenus spp.	棋盘花	遍布于北美洲的山脚放牧区及某些土质松软的草地和较湿的开阔林地	绵羊、牛、马	多年生草本，具鳞茎。茎干无分枝，茎部生长有扁平的草状叶片。总状成圆锥花序，花绿色、黄色或红色	各个部位均含有糖基生物碱、甾类生物碱和酯类作不协调。症状有流涎、呕吐、肌肉痉挛、伏卧、肌肉萎衰、脉搏急促无力、昏迷乃至死亡	种子毒性最大。叶片和茎干随植株成熟毒性消失。阿托品、硫酸盐和水防己苦毒素皮下注射有效

（续）

危险季节	学名（拉丁文）	常用名	生长习性及分布地区	中毒动物	主要特征	有毒成分及作用	治疗措施
春、夏	Aesculus spp.	七叶树	美国东部和加利福尼亚的森林和树林	所有采食动物	乔木或灌木。掌状复叶对生。种子大，棕色，上有较大种脐	各部位含糖苷、七叶苷、生物碱和皂苷，种子和叶片中含量较高。临床症状为虚弱、不协调、抽搐、瘫痪、消化道黏膜发炎	较嫩的根和种子特别有毒。使用兴奋剂或泻药有效
	Amianthium muscaetoxicum	蝇珊草、毒蝇草、毒蝇	美国东部森林、田野和酸性泥炭地	所有采食动物	多年生草本，具鳞茎。叶片基生，线形。总状花序，花白色排列紧实，花柄披短小的棕色苞片包裹	各部位含有类似棋盘花生物碱类物质。临床症状为流涎、呕吐、呼吸急促不均、衰弱，因呼吸衰竭而死亡	无有效的治疗措施，当牲畜到新牧场时中毒危险性很大
	Delphinium spp.	飞燕草	主要在美国西部，人工栽培或野生，通常见于开阔的山脚下、牧场或柳林中	所有采食动物，尤其是牛	一年生或多年生直立草本。总状花序，每朵花均有一短柄。多年生类型有块根，叶片掌状或者分为裂片	各部位均含有多环双帖生物碱类（如翠雀碱），鲜草和干草均有毒。临床症状为跨坐、弓背、反复跌倒、便秘、流涎、颤动、呕吐。最后因呼吸困难和心肌衰竭而死亡	幼嫩植株和种子特别有毒，随着植株成熟毒性变小
	Descurainia pinnata	羽叶播娘蒿	美国西南部干旱地区，在潮湿的年份大量生长	牛	一年生植物，株高达60~70cm。茎和叶片上上布满短毛，叶互生，多裂，呈羽状。长形总状花序，花较小，长有4个黄色或黄绿色花瓣。果实由2片心皮交合而成，内有2排蜡质种子	有毒成分尚不清楚，只有在采食相当长时间后才会中毒，出现部分或全部失明，舌和吞咽功能丧失，即"瘫痪舌"，坐立不安、头晕、消瘦、不治疗则死亡	胃管投服8~12L水，动物虚弱可补加营养物质，早期治疗、有望康复。芥类植物均能导致这类情况发生
	Lantana spp.	马缨丹	分布于美国南部地势较低的沿海平原和南加利福尼亚，野生或观赏	除马之外的所有采食动物	灌木，幼茎四棱状。叶对生。花簇生在最顶部，花黄色、粉红色或者红黄色。果实橙色或者红色，黑色浆果	各部位均含有三帖和其他尚不清楚的物质，尤其是叶片和绿色浆果。临床症状为厌食、黄疸、腹泻、光敏感。肝胃组织衰竭、肝肾损伤和心肌损伤常导致死亡	铲除牧场中的马缨丹。当动物采食后，使动物避开阳光源
	Senna obtusifolia	决明、钝叶决明、草决明	美国东部有引进种植，在玉米、大豆、高粱地中、荒地、栅栏行间、路边均有生长	所有采食动物，尤其是牛和家禽	一年生灌木，同S.occidentalis，通常生长在野地，区别特点包括：叶数量少，多圆形。荚果长，4粒以上。种子有光泽，棕色、菱形	中毒机制和S. occidentalis相似，临床症状也相似，但毒性稍轻	严重中毒的动物治疗无效，急救可减少经济损失。不耐热，留有的毒素是否会作为残留物持续存在尚不清楚。中毒动物的肉可供人食用

（续）

危险季节	学名（拉丁文）	常用名	生长习性及分布地区	中毒动物	主要特征	有毒成分及作用	治疗措施
夏、秋	Senna occidentalis	止血草、望江南	通常沿路路边、荒地和牧场有生长，美国东南部有引进种植	牛、马、鸡、山羊、绵羊、兔	一年生植物，高91 cm，有腺体，羽状复叶（8～12有腺体），卵圆形到披针形，末端对生，花黄色、腋生，或是短的总状花序，长、平、直目的轻度弯曲的荚果明显的种子。在荚果、种子、干饲草中，种子毒性最大	蒽醌类（大黄素糖苷类、羟甲基蒽醌）和植物凝集素（毒白蛋白）和生物碱，致胃肠功能障碍和肌肉变性。中毒动物不发热，腹泻，共济失调，污常咖啡色尿，斜卧但仍采食，死前短暂的警觉；CPK、异柠檬酸酶脱氢酶活性增加；时常出现高钾血症、肌红蛋白尿。临床症状为内侧底状段支气管和骨骼肌肌肉退化，可能由于高血钾性心衰竭而死亡	没有特殊的疗法，对症疗法和辅助疗法很有必要。主要症状与维生素E和硒缺乏症症状相似，盐皮质激素治疗可促进甲的排泄。把动物起离毒源，急救可减少经济损失
	Tetradymia spp.	马刷菊	西部干旱地区，山脚处和地势较高的沙漠、牧场及草丛中，小路旁	绵羊	灌木，春季开黄花。叶片银灰色，叶面多刺，脱落较早	含大量咬啮类食物质。中毒动物表现光过敏。大头病，毛发脱落，皮肤溃疡，症状为皮肤坏死或水肿，失明，二次感染，肝肾衰竭，有时发生流产	动物采食绿草后出现光过敏。应使动物远离植物和光源，抗组胺、局部抗生素和非肠道使用皮质类固醇有效。恢复缓缓，也可能不完全恢复
	Veratrum spp.	藜芦、假藜芦	遍布于北美的低湿林地、牧场和高山山谷	绵羊、牛	直立草本植物。遍身长叶，叶大而皱。花小，白色或绿色	植株内含甾类生物碱。症状有呕吐，过度流涎，心律不齐、心搏缓慢，肌肉无力，呼吸缓慢，瘫痪，昏迷。母羊采食加州藜芦之后出现先天性独眼畸形	使用呼吸与心律兴奋剂
	Acer rubrum	红花槭	东部的湿地和沼泽地	马	成熟时可以长成大树。叶对生，宽5～15 cm，每个叶片掌状裂成3个或5个裂片，整个叶片大致呈三角形，周围是粗糙的齿状。花为黄色到红色，果实呈一对各含一粒种子的翅形单元	萎蔫的叶片里含有未知的毒素。临床症状为高铁血红蛋白血症，海因茨小体状为高铁血红蛋白血症，血管内溶血，心动过速，黄疸，紫绀，血和尿呈棕色	不常见。高铁血红蛋白血症可以作为一个预后指标。输液、供氧及输血均有效，亚甲蓝疗法无效。维生素C治疗对恢复很有必要
	Apocynum spp.	茶叶花	遍布于北美的林地、路边、田野	所有动物	多年生草本，茎直立，多枝，葡匐生长的根中分泌有乳汁。叶对生。花顶部丛生，白色略带绿色。果实细长，双生，内有种子。种子外长满丝状毛	新鲜或枯树枝的叶片及茎干中有树脂及糖苷类，具有兴奋心脏的作用。中毒动物表现体温升高，厌食，脉搏增加，瞳孔放大，黏膜变色，四肢发冷，乃至死亡	建议静脉注射并使用胃保护剂

（续）

危险季节	学 名（拉丁文）	常用名	生长习性及分布地区	中毒动物	主要特征	有毒成分及作用	治疗措施
夏、秋	*Centaurea repens*	俄罗斯矢车菊、矢车菊、黄矢车菊	北美洲西部和美国中西部大部分地区的荒地、路旁、铁路、过度放牧区、耕地及灌溉牧场很少见	马	多年生植物，根较细，茎干直立。叶片羽状裂片全至全裂，叶上无刺，叶基部与下裂，茎相连处狭小，但不是叶柄，植株越上边的叶片长度越短，叶面少有绒毛或者光滑。花蓝色、粉红色或白色。每个果实长有一粒种子，种上有白色稍凸的肿脐	新鲜或干枯植株内含有不明生物碱类，中毒发作缓慢，但症状表现迅速，不能进食和饮水，站立时头下垂，严重者面部肿胀，头两天步态欠，无目标的行走或表现兴奋，然后逐渐安静下来，最后死于饥饿脱水以及肺炎	比黄星蓟毒性更大，但症状与后者相似，有人认为大剂量的阿托品有治疗效果，但事实并不理想，可采取安乐死
	Centaurea solstitialis	黄星蓟	西部大部分地区的荒地、路旁、牧场	马	一年生植物，叶上披有浓密的绒毛。花向外伸展，簇生于枝的顶端，数量多，黄色、下有刺	植株含有不明生物碱。症状为咀嚼症、唇扭曲、舌头痉挛，嘴唇张开，死于脱水，饥饿和肺炎	当没有其他饲草时，马会采食，因有毒素使消化时间延长。脑部黑质及苍白球呈液化性坏死，尚无治疗方法，可采取安乐死
	Eupatorium rugosum	白蛇根、皱叶泽兰	分布于东部森林、开阔地、荒地、特别是潮湿肥沃的土壤上	绵羊、牛、马	多年生草本，直立生长，单叶，对生，叶缘锯齿形。花小，白色，通常生在田地里	叶和茎中含有醇化合物，可以随奶汁排出，以累积。症状为体重下降，虚弱，便秘，散发出丙酮味，肝脏脂肪变性，1～3 d死亡	奶汁病或颤科。对处理，心脏及呼吸明显症状明显，运动后出现呼吸兴奋剂或者轻泻剂可能有效，将性蓄移离植株，弃去奶汁（对人有毒）
	Hypochaeris radicata	斑猫儿菊	源于地中海和南美，广泛分布于美国太平洋地区，美国东部或东南部	马	多年生草本，有黏液，无茎。单叶基生，锯齿状浅裂，每株植物1至数个亮黄色花	有毒成分未知；在干旱的年份，引起马出现神经症状的原因还没有被证明。跛行（小脑共济失调或骨骼屈曲或延迟，步态不稳，后踝屈曲或延迟，节突起，喉偏瘫，可能自然恢复但是也可能持续很久	安定药，镇静剂，美芬新和硫胺素（效果有待验证），腕关未变英治疗很有效，用巴氯芬治疗也很有效，外科治疗：指（趾）伸肌腱的骨盆肌，腱切断术也有效
	Oxytenia acerosa	毛果菊	西南部山脚下的干、碱性土壤以及长有灌木高的平原	牛、绵羊	高大的多年生草本，小叶狭细，许多枝头上长花（类似黄花）	有毒成分未知，所有的地上部分，无论是新鲜还是干枯的均有毒。症状为厌食，明显的精神沉郁、虚弱、昏迷，1～3 d毫无挣扎地死去	补给饲料或改变放牧场地

（续）

危险季节	学名（拉丁文）	常用名	生长习性及分布地区	中毒动物	主要特征	有毒成分及作用	治疗措施
夏、秋	Perilla frutescens	紫苏薄荷、白苏	从印度引进的装饰植物，后蔓延至北美东部的潮湿牧场、田野、路旁及荒地	主要毒害牛，对马和其他牲畜可能有毒性	一年生植物，自由分枝，方茎。叶片紫色或绿色，对生，叶缘粗糙呈锯齿状。花白色到紫色。折伤后散发浓烈的刺鼻气味	有毒成分未知；新鲜或干枯植物均含三种呋喃衍生物（紫苏酮、白苏烯酮、异白苏酮），采食后2~10 d出现呼吸困难、头低垂、懒于运动等症状，在挣扎中死去。主要病变包括肺气肿和水肿	临床症状比较严重时治疗无效，使用皮质类固醇、抗组胺、抗生素有一定效果，减少劳动、防止劳累和死亡
	Prosopis glandulosa	牧豆树、柔荑花腺牧豆树	西南部的干旱牧场、冲积地	主要危害牛，对山羊也有害，绵羊有抵抗力	落叶灌木或小乔木，树皮毛糙，或者有小沟，生有对刺。叶片分裂，豆荚较长，种子紧密	豆子里含不明成分有毒物质，导致动物慢性瘤胃迟缓，过度流涎，持续咀嚼，舌头部分瘫痪，面部肌肉震颤，下颌炎，变硬，胃肠炎，瘤胃鼓胀	长期采食，豆子里的高浓度糖分会改变瘤胃菌群系，抑制纤维素的消化利用和维生素B的合成
	Robinia pseudoacacia	洋槐、假金合欢	美国东部的开阔林地、路旁、黏土地最好	所有采食动物，尤其是马	落叶乔木或灌木，羽状复叶（多叶10片椭圆形到卵形的小叶），复叶互生，叶基部长有托叶刺。总状花序，花松散下垂。有芳香味。白色到乳白色、棕色荚果，内含4~8粒种子	整株植物均含有洋槐糖苷，某种凝血素和植物毒素，花是致毒主要原因。临床症状为腹泻，厌食，虚弱，瘫痪，瞳孔放大，脉搏微弱，死亡时间间较长，死检病变主要在消化道	可以使用兴奋剂和轻泻药，对症治疗
	Rumex crispus	酸模、皱叶酸模	常见于美国酸性、贫瘠、沙砾地，生长于潮湿的荒地、牧场、田地	牛、绵羊	多年生草本植物，直立生长，高90~120 cm。叶互生，披针形到椭圆形，边缘有波状皱褶，基部圆楔形，托叶鞘包茎。数量多，绿色，圆锥花序。果，有3棱；种子有光泽，棕色	叶片、茎，种子中有草酸和可溶性草酸盐。急性症状为低血钙，呼吸困难，颤，惊厥，斜卧，肾衰竭。慢性症状为肾纤维化，尿路结石化，出血，瘤胃、真胃和肠黏膜水肿，腹水，休克和出血性瘤胃炎可导致死亡	急性病情发展快，动物来不及治疗就死亡了。对症治疗和辅助疗法有效，将钙盐迅速静脉注射钙剂可矫正低血钙，给以石灰水以沉淀草酸盐可防止吸收，饲喂少量的干草以增强对草酸盐的耐受能力；不要让动物采食牧草或被草酸盐污染的干草
	Solanum spp	茄属、冬珊瑚、北美刺龙葵	北美洲各地均有分布，生长于篱笆行中、荒地、庄稼地或饲料草地	所有采食动物	果实小，成熟时黄色、红色或黑色，形状像西红柿，丛生于叶腋中长出的果枝上	叶、茎，未成熟的果实中均含有糖苷生物碱——茄碱。临床症状为急性胃肠炎、虚弱、过度流涎，呼吸困难、震颤，最后致死亡	可用毛果芸香碱或毒扁豆碱及胃肠保护剂。种子可能会污染谷物

（续）

危险季节	学名（拉丁文）	常用名	生长习性及分布地区	中毒动物	主要特征	有毒成分及作用	治疗措施
秋、冬	Allium cepa, A canadense	圆葱、加拿大蒜（栽培和野生）	在富饶的土地上生长或栽培，遍布美国	牛、马、绵羊、犬	二年生和多年生球状植物，洋葱气味，叶基部绿色，空心，圆柱状（A. cepa）亮绿色，扁平（A. canadense），花长于中空状硬上，顶生伞状花序，小花，果实分3室，室内有许多种子	毒物为N-丙基二硫化物，存在于植物的所有部位。动物接触几天后出现贫血，牛较长时间采食大量的芸苔中的有毒氨基酸（A. canadense）引起的中毒。N-丙基二硫酸化物会抑制RBC葡萄糖-6-磷酸脱氢酶，导致溶血和海因茨汶体变性。临床症状为血红蛋白尿、腹泻、食欲减退、黄疸、共济失调、虚脱，如果不及时治疗会死亡。据报道，家畜采食野生圆葱后会出现溶血性贫血。病变包括海因茨汶体贫血、肝肿大、苍白、坏死、肝脏肾和脾可见含铁血黄素	临床症状与S-半胱甲酯亚砜（一种少见的芸苔中的有毒氨基酸）引起的中毒相似。牛比马、犬易感染，大比绵羊、山羊易感。将动物赶离毒源，对治疗很有必要
	Daubentonia punicea	红紫田菁	美国东南部沿海平原栽培或见于荒地	所有采食动物	灌木，花橙色，沿轴方向长有4瓣	心肺过速、呼吸微弱、腹泻、死亡	种子有毒；将动物移离毒源；可以使用盐类泻剂
	Halogeton glomeratus	盐苴草	西部沙漠地、过度放牧区、冬季牧场、碱性土壤	绵羊、牛	一年生草本，叶肉质，横切面为圆形，腋生小花，果实有包叶	草酸、草酸盐。急性发作。临床症状为呼吸急促、衰弱、昏迷，乃至死亡。瘤胃壁水肿出血，肾脏肿大，肾和瘤胃壁上有草酸盐晶体	采食一定剂量短时间可引起中毒，随之饮水量增加
	Haplopappus heterophyllus	一枝黄花、暗黄花、异型叶单冠毛菊	西南部的干旱平原，绿洲、开阔林地及灌溉渠道两旁	牛、绵羊、马	多年生灌木，株高达0.7~1.4m，顶部生有许多黄花，叶互生，质硬	植株内含有苄基乙醇（白蛇根毒素）、树脂酸，最初用于饲喂哺乳幼龄和非泌乳动物。临床症状为不愿活动、颤抖、虚弱、便秘、躺卧、昏迷，甚至死亡	"乳毒病"，年幼牲畜禁食，乳汁对人有毒
	Juglans nigra	黑胡桃	源生于美国东部，现在东起东海岸，西到密执安，及中部大部分地区，南到德克萨斯和佐治亚	马	落叶乔木。羽状复叶互生（小叶丛生），呈披针形，叶缘锯齿状，中部小叶最大，果雌雄同株异花。坚果具有厚壳，到成熟时也不裂开，枝内含分成几室的髓	植株有胡桃醌，萘醌的酚衍生物。皮的黑胡桃毒性可减少20%。临床症状为癞于活动、衰弱、体温升高、脉搏和呼吸加快、腹搏有油声、踏行，四肢末端水肿，随着采食时间延长踏叶也加重	非致死性中毒，四肢末端水肿和跛行。即停止采食这种植物，治疗四肢水肿和跛行，24~28h逐渐恢复并无后遗症
	Melilotus officinalis and a alba	草木樨、黄花草木樨、白花草木樨	美国南部和北部的饲料作物，常分布于碱性土壤、路旁及荒地	主要见于牛，对马、绵羊也有危害	一年生或两年生草本，株高可达1~2m，叶片互生，羽状复叶，每张叶片由3片倒卵形小叶组成，叶缘锯齿状。总状花序，花黄色或白色；荚果小，内有一粒种子	见草木樨中毒	见草木樨中毒

（续）

危险季节	学名（拉丁文）	常用名	生长习性及分布地区	中毒动物	主要特征	有毒成分及作用	治疗措施
秋、冬	Notholaena sinuate cochisensis	苦米蕨、斗篷蕨	西南部干旱区石坡和裂缝中，主要生长在石灰性山地上	绵羊、山羊、牛	多年生直立常青植物，叶片深裂，干时有皱折，小叶宽紧近间，背面多折痕	一种未知有毒物质（乳汁中分泌），可导致神经综合征，共济失调，弓曲，颤抖，呼吸，脉搏加快。若得不到好好休息，会引起死亡	危险期避免长途行走，提供足够的饮水，出现症状后让动物马上休息
	Sesbania vesicaria	咖啡豆、田菁、路单利草、肿脐田菁	美国西南部沿海平原的开阔低洼地、废弃的庄稼地	所有放牧动物	一年植物，较高大。羽状叶片，溶裂，花黄色，豆荚扁平，两头尖细，内有2粒种子	绿色植株及种子里含有未知的有毒物质。反刍动物表现为出血性腹泻，脉搏快而乱，昏迷，死亡。病变包括胃和肠出血，血液呈黑色和油状	绿色种子毒性较强，立即将动物赶离毒源，常用的可靠的处理方法为使用盐类泻剂，瘤胃兴奋剂，静脉输液
	Sophora secundiflora	山桂树、侧花槐树	西南部的德克萨斯到墨西哥的山坡、峡谷及石灰性土壤上	牛、绵羊、山羊	常青灌木或小乔木，叶互生，深裂，革质。花天鹅绒蓝色，有香味。荚果较大，内有种子，有坚硬种壳	种子含有喹唑啉生物碱类，叶片中也可能有。临床症状为剧烈震颤，步态僵硬，运动中倒下，横卧，几分钟后才站起来，慢变变得活泼并开始进食	快速食入大量植物毒性不会累积，种子裂开后毒性较大
秋、冬、春	Melia azedarach	楝	西南部的篱笆行里、丛林、荒废地	猪、绵羊	小中型的落叶树木，果实乳白色或黄色，内有一个球状布满小沟的硬核，果实可发红色。苹果较小，大量食用可致醉	整个植株均含有多种生物碱和某种生物苷，果实毒性最大。结实发结，呕吐，便秘，结膜发红，脉博过速，呼吸困难，24 h内死亡	通常导致胃肠炎，有可能自行痊愈，可以使用镇静剂或肠胃保护剂
所有季节	Acacia berlandieri	美洲金合欢、美洲相思树	西南部的德克萨斯至墨西哥的半干旱地区	绵羊、山羊	落叶灌木或小乔木，叶片深裂，枝条茂密。花开于子枝条顶端，白色到黄色。苹果周围有厚的边缘	植株含有胺类及N-甲基-β-苯基-乙胺，可导致慢性中毒。临床症状为后躯共济失调（软腿病），异常兴奋，极度衰竭，仍保持警醒，后因饥饿衰弱而死亡	地区性主要被植被之一，具有较高的营养价值且大量分布而形成为绵羊的重要饲料资源，通过晒干可以除去毒素
	Agave lechuguilla	新墨西哥龙舌兰、莴苣龙舌兰	西南部较矮的石灰性山坡、干旱的山谷或峡谷	绵羊、山羊、牛，尤其是旱季	多年生植物，无茎。具有肥厚的肉质叶，叶片向尖方向渐变尖，叶缘为尖锐的锯齿状。较少开花，圆锥花序，生长在顶端	植物含有肝毒素（导致光过敏）及一种毒皂苷（导致流产），表现为亚急性症状，精神萎靡，厌食，黄疸，眼鼻分泌黄色物质，光过敏，昏迷，乃至死亡	在干旱期容易发生中毒。将牲畜赶离牧场，避光处休息。见感光过敏
	Agrostemma githago	麦仙翁	遍布北美洲，生长于杂草地、庄稼地和荒废地	所有放牧动物	一年生植物，冬季生长，叶片对生，上有很多白丝状绒毛，花紫色，种子黑色	种子里含有皂苷（瞿麦素）。急性中毒症状为严重水样腹泻，呕吐，虚弱，感觉迟钝，呼吸急促，血尿，乃至死亡	可以使用油及胃肠保护剂或稀醋酸中和毒素，必要时输血

（续）

危险季节	学　名（拉丁文）	常用名	生长习性及分布地区	中毒动物	主要特征	有毒成分及作用	治疗措施
所有季节	Asclepias spp.	马利筋	生长于干旱地区、荒废地、路边及河床	所有放牧动物	多年生直立草本，植物体内含乳状汁液，蒴果较长，蒴果内部的种子被有丝状毛	新鲜或干枯植株各部分均含有甾类糖苷及有毒树脂类物质。临床症状为步态蹒跚、强直痉挛、腹胀、呼吸困难、瞳孔散大、脉搏快而无力、昏迷死亡	可以使用镇静剂、缓泻剂及静脉输液
	Astragalus spp; Oxytropis spp.	黄芪、棘豆属、疯草	主要分布于西部地区	所有放牧动物	多年生草本，有茎或无茎，羽状复叶互生，豆科花	有毒成分为苦马豆素。临床症状为精神沉郁、消瘦、运动失调、毛发干枯、无光泽、流产、神经内脏细胞有空泡变性。牛在高海拔采食后出现充血性心力衰竭	避免采食这种植物，无论是鲜草还是干草均有毒
	Astragalus spp.	黄芪属	几乎所有地区	所有放牧动物	多年生草本，有茎或无茎，羽状复叶互生，豆科花	植株含有米赛草茅及其他硝基脂肪类化合物。临床状为后肢瘫痪、步态呆出、衰弱、被毛粗糙、肺气肿、急性死亡、脱髓鞘	在开花之前禁止采食
	Astragalus spp.	黄芪属	主要分布于西部及中西部含硒的地区	所有放牧动物	多年生草本，有茎或无茎，羽状复叶互生，豆科花	导致慢性硒中毒。临床症状为生长缓慢、不育、毛状脱蹄、四肢畸形、急性死亡	避免长时间采食（某些种可在体内积累硒），见硒中毒
	Baccharis spp.	酒神菊、分枝异株菊树、异株树、菊树	东部和西南部的开阔地带、潮湿地区尤为常见	牛	灌木，开有大量白花，叶片上有树脂状小点，向阳株生长	有毒成分尚不明确。急性发作，腹胀、步态蹒跚，颤栗，不安宁，心跳过速，呼吸加快，乃至死亡	幼嫩叶芽毒性最大，花和叶中毒素含量最高，没有特效疗法
	Brassica, Raphanus, Descurainia spp.	芥、水芹	遍布北美洲的田野、路边	牛、马、猪	一年生草本，花簇生于枝条顶端，黄色，种荚长而细	新鲜或干枯的种子和植株均含有葡萄糖苷（异硫氰酸盐、硫氰酸盐、亚硝酸盐）。急性或慢性中毒。临床症状为厌食、严重胃肠炎、瘫痪、光过敏、血尿	将牲畜赶离毒源，使用胃肠保护剂（矿物油）
	Cestrum diurnum, Cinoctumum	夜香树、昼开夜香树	在加利福尼亚开阔的树林和野地、佛罗里达和得克萨斯州的高尔夫海岸州	牛、马、犬	常绿灌木或高大灌木，对生、边缘整齐光滑，花白色、管状、簇生、芳香，果实绿白色到淡紫色（未成熟时），深紫色到黑色（成熟时）肉质浆果，内有几个黑色的小椭圆形的种子，落地后被鸟散播。叶长、花蕾，果实成熟时呈白色	阿托品类生物碱（果实）、皂苷类（果实和树液）、25-一羟胆钙化醇糖苷（主要是叶、茎、根）。尿病。慢性症状采食正常、体重下降、步态僵硬、持续的采食血症和高磷[酸盐]血症、钙质沉着症（主动脉、颈动脉、肺动脉、肾脏），甲状旁腺萎缩、甲状腺（C-细胞）肥大和骨钙化症	阻止动物采食，早期治疗有效但是花费很大。持续性的吸吐和腹泻会导致脱水、电解质失衡。减轻或阻止高钙血症（留类、利尿药、降钙素）有必要使用留类利尿药和螯合类持续治疗
	Conium ? maculatum	毒芹、芹叶钩吻	遍布北美洲的道路旁、潮湿的荒地	所有放牧动物	茎中空，上有紫色小点，叶片芹菜味，折伤后有芹菜味、花白色、伞状花序	整个植株含有哌啶生物碱（毒芹碱等），急性中毒症状为瞳孔扩大、虚弱、步态蹒跚，脉搏开始慢之后快而细弱，呼吸慢而不均，因呼吸衰竭而死亡，牛可致畸胎	肺肾蓄积毒芹碱，呼气及尿稀屎，可用盐类污利，鞣酸中和毒物碱，同时使用兴奋剂

（续）

危险季节	学名（拉丁文）	常用名	生长习性及分布地区	中毒动物	主要特征	有毒成分及作用	治疗措施
所有季节	Crotalaria spp.	猪屎豆	美国中部和东部的田野及路旁	所有采食动物	一年生或多年生豆科植物，单叶深裂，总状花序，花黄色，荚果不平，花柄基部苞叶，果实可长期留在树上，收获的谷物中常混有其种子	整个植株均含有双稠吡咯啶生物碱（野百合碱）及其他生物碱类，多慢性中毒。鸡表现腹泻，运动失调，苍白，羽毛紊乱不齐；马表现长膘瘦，转圈运动，黄疸；牛表现便血，黄疸，皮毛粗糙，水肿，虚弱，采食数周到数月后可能死亡	干、鲜草均有毒，毒素可在动物体内累积，尚无治疗方法
	Cynoglossum officinale	药用琉璃草	遍布于美国的荒地，路旁和牧场	牛、绵羊、马	一年生或两年生草本植物，株高达0.5~1.3 m，上被茸毛，总状花序，花蓝色或紫色，果实由4个多刺的扁平小坚果构成	双稠吡咯啶生物碱（0.6%~2.1%干物质）包括天芥菜平和刺凌德莫味，新鲜植物有一种怪味，能防止被采食；干后可采食；主要是毒害肝脏，慢性中毒；双稠吡咯啶生物碱（无活性）可被肝脏代谢为活性的中间产物——有毒性的吡咯（烷基化）。临床症状为厌食，精神沉郁，被毛粗乱，出血，里急后重，血便，共济失调，黄疸，可致死亡。肝小叶坏死，水肿，巨红细胞症，胆管增生，胞质明显空泡变性	明确干草的质量和来源，对症疗法和辅助疗法是较好的选择，中毒动物很少康复
	Datura stramonium	曼陀罗	遍布于北美洲肥沃的田野农场，牧场和荒地	所有采食动物	波扇形叶，花较大（10 cm），白色，管状，荚果多刺（5 cm长）	植株各部位均含有托烷类生物碱（阿托品、莨菪胺、天仙子胺），尤以种子含量最高。急性中毒症状为心跳，脉搏快而无力，瞳孔放大，口干，共济失调，抽搐，昏迷	整株，主要是干草和青贮饲料。没有可靠的诊断方法，瞳孔散大动物的尿可供分析；可使用呼吸和心脏兴奋剂（扁豆碱、毛果芸香碱、槟榔碱）
	Drymaria pachyphylla	厚叶苋莲豆	西南部地势较低地区或干旱地区的重碱黏土上及过度放牧地区	牛、绵羊、山羊	一年生匍匐生长的肉质植物，多分枝，叶对生，花小，白色	含有未知毒素。临床症状为腹泻，精神沉郁，昏迷，乃至死亡。病变包括胃肠炎，肝，肾，脾充血，心肌散点状出血	干草，雨后或夜晚最危险。应改善牧场质量，避免过度放牧
	Festuca arundinacea	苇状羊茅	一种粗糙的耐寒耐旱草类，分布于太平洋西北部地区，密苏里，肯塔基，美国南部牧场的主要毒草类之一	主要毒害牛和马	外形粗糙，一年生深根草类。叶片较宽，颜色深绿，具肋，上表面粗糙，叶鞘光滑，簇生	见苇状羊茅中毒	见苇状羊茅中毒
	Gelsemium sempervirens	常绿钩吻	东南部树林和丛林中	所有采食动物	攀缘或匍匐生长的藤蔓植物，叶片常青，全裂，对生，黄色管状花有浓香	植物各部位均含有生物碱（钩吻碱等，类似于钱子碱）。急性中毒中表现瞳孔扩大，虚弱，共济失调，抽搐，昏迷，48 h内死亡	无特效治疗方法，类似子马可以使用镇静剂和缓泻剂；家畜中毒出现歪脖症

（续）

危险季节	学 名（拉丁文）	常用名	生长习性及分布地区	中毒动物	主要特征	有毒成分及作用	治疗措施
所有季节	*Gutierrezia microcephala*	小头钟苞菊,金雀花草,芹叶钩吻	主要分布于西南部,广泛生长于干旱地区和沙漠	牛,绵羊,山羊,猪	多年生灌木,多分枝,具有树脂,顶部开黄花	有毒成分不明。急性中毒症状为厌食,精神萎靡,血尿,先瘤泻后便秘。牛误食会发生流产,伴误胎衣不下,死胎,早产及弱续	应增补口粮,但是不能彻底防止牛的流产
	Helenium hoopesii	西方堆心菊	西部的潮湿山坡及排水良好的山上及草地	绵羊,牛少见	多年生草本,叶互生,橙色的头状花序(类似向日葵)或黄色小朵	植株含有倍半萜内酯类物质(堆心菊素)。亚急性中毒(呕吐病)症状为精神沉郁,虚弱,步态僵硬,流涎,呕吐,消瘦,最终死亡	毒素可在体内累积,常导致肺炎。可将牲畜赶离毒源,短时间内恢复放牧有效
	Helenium microcephalum	小头堆心菊	南部潮湿地区	牛,绵羊,山羊	一年生直立草本,单茎基生,上部分枝,枝条长满纤细叶片。很小的头状花序,花盘淡红棕色,花边黄色	开花时含有倍半萜内酯(堆心菊素)。中毒症状为精神沉郁,步态僵硬,虚弱,流涎,呕吐	毒素可以积累,应将牲畜赶离有毒牧场,使用泻药有一定效果
	Hypericum perforatum	黑点叶金丝桃	遍布于北美的旱地,路边和牧场	绵羊,牛,马,山羊	多年生草本或基部木质化,叶对生,上有小点,花多,黄色,具有许多雄蕊。	植株含感光色素(金丝桃素)。亚急性中毒症状为光过敏,瘤痒,红斑,失明,高度过敏,乃至死亡	将动物赶离牧场,避光;胃肠道使用皮质固醇类,局部使用广谱抗生素
	Kalmia spp.	月桂属,狭叶山月桂	西北部及东部的繁茂湖湿森林,草地及酸性泥炭地	所有放牧动物,尤其是绵羊	木质化灌木,叶清光亮,叶片常绿,花粉红色到玫瑰色,十分美丽	植株均含有树脂类物质(梫木毒素)和一种糖苷(熊果苷)。急性中毒症状为共济失调,过度流涎,呕吐,腹痛,虚弱,肌肉痉挛,昏迷乃至死亡	尸体剖检可所见瘤胃里未消化饲料及肺中内含物可作为诊断指标。可使用缓泻剂,缓和剂、神经兴奋剂和阿托品治疗
	Kochia scoparia	地肤	遍及北美	牛	一年生植物,高达1.7 m,茎上多分枝,外形茂密,叶有柄,披针形,瘦小而扁平,果实有5个楔形的棱	植株内含生物碱类物质,也可蓄积硝酸盐和草酸盐。临床症状为光过敏,脑脊髓炎	收获后的青贮饲料为毒源。当出现光过敏时避光,脊髓炎可用维生素B治疗
	Ligustrum spp.	女贞	一种装饰植物,作为离色,可见于废弃的房址。离色处和地表	所有性畜	灌木,短柄,常绿或落叶。圆锥形花序,花很多。浆果呈黑色或暗蓝色,内有1~2粒种子,可以在整个冬天都挂在树上而不落	叶片和果实含有女贞素,女贞酮,紫丁香苷,紫丁香苷及其他物质,主要对胃肠造成刺激,导致腹泻,腹痛,共济失调,轻瘫,脉搏微弱无力,体温过低,抽搐,有的致死	对症和辅助治疗,防止脱水
	Lupinus spp.	羽扇豆	分布于北美的干旱潮湿土壤,路旁,田野及山上,中毒病主要发生在西部地区	绵羊,牛,马,山羊,猪	多年生植物,单叶掌状裂叶。花蓝色,白色,红色或者黄色,总状花序,着生于枝条顶端	新鲜或干燥种子内积累有喹啉生物碱类(已知20种)和一些哌啶生物碱。急性中毒症状为厌食,净扎,抽搐,因呼吸麻痹而死亡,有些品种出现畸胎	不要惊动中毒动物,当其开始康复时,应赶离毒源,无特效治疗方法,但存活者可以完全康复

（续）

危险季节	常用名	学名（拉丁文）	生长习性及分布地区	中毒动物	主要特征	有毒成分及作用	治疗措施
所有季节	南天竹、中国南天竹	Nandina domestica	美国南部，装饰植物	所有放牧动物，特别是反刍动物	常绿灌木，主茎多向上生，不分枝，可高达1~2.3 m。羽状两出或三出复叶互生，小叶几乎无柄，椭圆形到披针形，宽是长的一半，全缘，草质，呈金属胶蓝绿色，秋天时变为紫色。圆锥形花序，花小、白色，亮红色浆果，浆果可在树上度过秋冬	花序和果实内含有生氰糖苷，使氰释放而影响到细胞的呼吸作用（见氰化物中毒，第2550页），症状出现后1 h仍能存活者可完全康复	大多因急性中毒而不能有效治疗，可选用亚硝酸钠或硫代硫酸钠静脉注射，苦味酸盐检查可以作为判定毒性强弱的指标。参见氰化物中毒
	夹竹桃（欧洲夹竹桃）	Nerium oleander	南部地区，装饰植物	所有放牧动物	常青灌木或乔木，叶片轮生，下面有显眼的羽状叶脉。花艳丽，白色到深粉色	新鲜或干枯的植株根部均含有毛地黄毒苷类糖苷（夹竹桃苷）。急性中毒症状为严重胃肠炎，呕吐，腹泻，脉清次数增加，虚弱，乃至死亡	无特效治疗方法，据报道阿托品和莨菪碱共同使用有效
	石楠、红叶石楠、光叶石楠	Photinia fraseri, P.serrulata, P.glabra	美国南部，装饰植物（篱笆或布景用）	所有放牧动物，主要是反刍动物	常绿灌木，3.3~5 m高。叶互生，长卵形，锯齿缘，铜红色嫩叶2~4周后变为墨绿色。春天开很促眼的白色花，秋天结出鲜艳的红色浆果	见氰栽南天竹属	见氰栽南天竹属
	美国黄松、西部黄松	Pinus ponderosa	西部，一定海拔高度的洛杉矶山针叶林里	牛	高大乔木，高50~60 m。叶片3个一组，黄绿色，20~35 cm长。树皮较平，橙红色	植株含不明毒素，慢性中毒会发生流产、死胎或弱犊，阴部及乳房水肿胎衣不下	母畜妊娠后期采食松针，可能导致流产，应避免妊娠母牛接触毒源
	樱桃月桂	Prunus caroliniana	南部地区的树林里，篱笆行间	所有放牧动物	叶常绿、多刺、革质、柏枝折断后散发浓烈的樱桃皮味，果实黑色	萎蔫叶片、树皮和枝条内含有氢氰酸，最急性中毒状为呼吸困难，膨胀，步态蹒跚，抽搐，随之横卧而死，黏膜呈亮红色	见氰化物中毒
	野樱桃、桃树	Prunus spp.	荒地、篱笆行、树林，果园又干旱坡地	所有放牧动物，主要是牛和绵羊	高大灌木或乔木，花白色或淡粉红色，果实樱桃状或桃状，枝条折断后有浓烈气味	植株含有生氰糖苷（瘤胃内水解而成）。毒性状为先兴奋后沉郁，呼吸困难，共济失调，抽搐，横卧在地，窒息15 min后会导致死亡	黏膜呈暗亮粉色，血液亮红色，见氰化物中毒
	纸花	Psilostrophe spp.	西南部的开阔牧场	绵羊	多年生植株，茎直立生长，木质化，丛基部分枝，并有许多小的头状花序，花黄色	植株含有倍半萜内酯。临床症状为精神沉郁，共济失调，厌食，颤抖，流涎，咳嗽，脉搏呼吸快而不均	倍半萜会破坏瘤胃菌群，影响硫酸钠代谢，应补充含硫酸钠和高蛋白的日粮
	欧洲蕨	Pteridium aquilinum	干旱贫瘠土壤，开阔林地及沙质山脉山坡中	所有放牧动物	叶质地硬，革质，羽状3出复叶	见蕨中毒	见蕨中毒

（续）

危险季节	学名（拉丁文）	常用名	生长习性区分布地区	中毒动物	主要特征	有毒成分及作用	治疗措施
所有季节	Ricinus communis	蓖麻	南部地区栽培	所有放牧动物	叶片大，掌状圆裂。荚果上有刺，种子聚集形成蚕豆状，每个荚果里通常有3粒种子	全株含有蓖麻毒蛋白（种子含量较高），呈急性或慢性中毒（死亡或康复）。临床症状为剧烈腹痛、虚弱、流涎、震颤、共济失调	诊断依据：种子的存在，RBC凝集，血沉淀异性的检验。可使用特异性的抗血清，理想的解毒剂；镇静剂、槟榔碱、氢溴酸盐，随后用盐类泻污剂
	Senecio spp	千里光、狗舌草	主要分布于西部的草地上	牛、马，在美国对绵羊有一定毒性	多年生或一年生草本，头状花序，花黄色，其下轮生有花苞	新鲜或干枯植株均含有双稠吡咯啶生物碱，挥发油和氧化氮。较少发生急性中毒。临床症状为呆滞，无目的行走，脉搏加快，呼吸急促，虚弱，拉痢，死亡缓慢（几天或几个月后）。牛持续性里急后重引起直肠脱，马晚期出现神经症状。	早期诊断可采取肝活检。牛无症状时可采取肝功能检查。没有特效的治疗方法
	Sorghum halepense	阿剌伯高粱	南部地区一直到纽约和衣阿华的开阔田野上的树林及荒地	所有动物	比较粗糙的草类植物，根系发达。叶片中间有白色的叶脉。顶生圆锥花序	同普通高粱	同普通高粱
	Sorghum vulgare	高粱、苏丹草等	遍布北美，为饲料作物，野地有生长	所有动物	粗糙的草类，株高达2.7 m，花开于顶端，簇生	全株含有氢氰酸（干旱、践踏、冻害、再生苗，生长期含量高）。急性中毒症状为呼吸困难，膨胀，步态蹒跚，抽搐，死亡。血液红色（氰化物中毒）或5克力克丝力丝色（硝酸盐中毒）	干草不含氰，但仍含有硝酸盐（分析）。见氰化物中毒，第2550页，和硝酸盐与亚硝酸盐中毒
	Taxus spp.	紫杉	北美洲的大部分地区；日本紫杉和英国紫杉常为装饰物	所有放牧动物	多年生常绿灌木和乔木。树皮红棕色，具鳞片状裂痕。叶线形，1.5～2.5cm，在枝上两排生长，上表面暗绿色，下表面黄绿色，中肋明显。单性花，不显眼；果实是单生的硬种子，猩红色	树皮，叶片和种子里含有毒生物碱类。临床症状为呼吸困难，腹泻，呕吐，震颤，瞳孔扩大，虚弱，疲劳，虚脱，昏迷，心动过缓，循环障碍，可以很快状死亡	通常是因为有意或无意地用其枝条饲喂性畜而发生中毒。动物常常被发现已中毒死亡
	Triglochin spp.	箭草、水麦冬	盐沼泽地、潮湿的碱性土壤、湖岸	绵羊、牛	形态直立，叶较厚，总状花序，花不显眼，果实头部为球状	叶片中含有氢氰酸。临床症状为流涎，呼吸困难，先兴奋后沉郁，共济失调，横卧干地，抽搐，因缺氧而死亡	动物常被发现时已中毒死亡，见氰化物中毒

注：表中描述的有毒植物的照片可登陆网址http://www.merckvetmanual.com在线观看。

大多数有毒植物可归为两大类：第一类是牧场本身就有的，随着过度放牧逐渐增加；第二类是由于过度放牧或生态系统破坏之后入侵的。介于两者之间的是疯草和燕草，它们是牧区植物的一部分。在大多数的植物群落中都能发现有毒植物，所以应该在注意家畜采食的草场环境。

家畜中毒与其说是由于有毒植物的存在还不如说是由于管理或是放牧条件不良引起的。通常，动物中毒是因为饥饿或不正常采食。过度放牧、卡车及拖车的运输、圈养或把牲畜运到新的环境都会导致饥饿或行为习惯的改变，中毒时有发生。

不是所有的有毒植物适口性都很差，它们不仅仅局限于过度放牧的牧场。并且，不是所有的有毒植物都会杀死或损伤动物。一些有毒植物既是牧草又是有毒植物。例如，羽扇豆和羊脂树可以作为家畜的饲料，仅仅在采食过多过快时才会引起中毒。为了防止中毒，了解牧草变毒草的因素是很重要的。

确切判定有毒植物是很难的，了解有毒植物生长的特殊地区，准确了解植物以及植物引起家畜中毒的条件是十分重要的。若知道以下几点可做出准确的判断：①当地盛产或缺乏的植物种类（这些植物往往会使中毒复杂化或者产生综合征而使诊断困难）；②当地每一种有毒植物导致的中毒综合征；③每年容易发生中毒的时间；④近6～8个月的动物详细资料；⑤哪些管理及环境条件的变化会改变动物的采食习惯（如疯草病常需要额外的鉴定）。无论植物生长在什么阶段都应鉴定出有毒植物，尤其是鉴定出中毒动物胃内容物中的有毒植物是十分重要的。毒物的化学分析通常是无用的，而代谢指标的检测是有用的，在某些情况下剖检变化可作为重要参考依据。

第三十一节　有毒蘑菇

蘑菇是各种各样肉质肥厚的真菌子实体，分布于

图21-4 毒鹅膏
（由Cecil Brownie博士提供）

世界各地。他们从菌丝体中生出，以孢子作为生殖单位。真菌缺乏叶绿素，他们的营养需要是来自腐生的、寄生的和/或菌根中可利用的有机物。

通过摄食而发病。然而大多数蘑菇可安全食用，一些包含不同种类的次级代谢产物（环胜肽、甲基联氨、奥林素、毒蕈碱、鹅膏蕈氨酸和蝇蕈醇、裸盖菇素和某些未知物）的蘑菇可引起人和动物中毒甚至死亡。蘑菇品种中常引起人和动物中毒的是毒鹅膏菌（图21-4）。大多数的鹅膏菌属品种可以通过他们的典型物理特性来鉴别——菌幕（普遍的/局部的）、菌盖或菌伞（用尺度——总菌幕的残余部分）、菌褶（腮状，菌盖表面下的孢子承载结构）、孢子（生殖结构——白色到黑色和其他相关的颜色）、菌柄/茎（菌盖支持物）、菌环或环状物（菌盖下菌柄上部分菌膜的残迹）、菌托（在球茎的基部总菌幕的残迹）和菌丝体。其他有助于鉴别一些有毒蘑菇的物理特性见表21-7。

表21-7　一般有毒蘑菇的物理特性

名称（属/种）	菌帽/孢子颜色	栖息地	季 节	分布范围
毒蝇伞	棕红色到黄色/橘色/白色	地面-松树、云杉、桦树、白杨和栎树	秋季/冬季：6～11月	广泛，通常在东部和加利福尼亚
豹斑毒伞	带白色斑块的白色；边缘深色到黄棕色	针叶类树下地面上（花旗松）	秋季/冬季：6月，9～10月，11月至次年2月（加利福尼亚）	洛基山脉/西海岸；东部罕见
毒鹅膏菌	黄色/绿色或绿色/白色	针叶类树下地面上，阔叶树；桧状植物和栎树	秋季：晚9月至次年1月	麻省到弗吉尼亚，西到俄亥俄州；太平洋西北到加利福尼亚
鳞柄白鹅膏	白色/白色	地面；混合树；草地，靠近树	秋季：6月下旬至11月上旬	北美洲

（续）

名称（属/种）	菌帽/孢子颜色	栖息地	季 节	分布范围
绿褶菇	白色/绿色或浅灰白色	草地，牧草地，草甸，蘑菇圈	夏季：8~9月	弗罗里达到加利福尼亚，丹佛常见。纽约和新泽西有报道
杯伞属	白色/白色	地表	多年生	广泛分布于北美
奥莱丝丝膜菌	橙色/棕色	针叶树下地表	7~8月；9~10月（洛基山脉）北部	广泛分布于北美
盔孢伞属	棕色/铁锈色-棕色	地表-树林、腐败的针叶树和原木	秋季/春季：10~11月，5~6月	遍及北美
鹿花菌	棕色-锈色	针叶林下地表	春季：4月到6月上旬	遍及北美
丝盖伞属	棕色/亮锈色/橙色-棕色或灰-棕色	地表	秋季：5月~11月	广泛分布于北美
环柄菇属	白色带褐色鳞屑	地表针叶林、草地、落叶层、橡树和混合林	7~10月（密西西比-俄亥俄州），7~11月（弗罗里达州）、11月到次年2月（加利福尼亚）	遍及北美
卷边桩菇	棕色	地表：混合林树木上单一/多量（存在）	7~11月	广泛存在于北美
裸盖菇	棕色/棕色到紫色	地表/树木、粪便（牛、马）	全年	墨西哥湾沿岸
毒红菇	微红/白色到黄白色	单一/群落；在泥炭藓、过度腐败木头、针叶林或混合林中罕见	7~9月	北美广泛存在

　　观察动物在潜伏期和中毒时的临床症状，可以确定预后。潜伏期长者多预后不良（表21-8）。动物可能采食不同种类的蘑菇，因而短潜伏期并不总是预示非致死性。动物采食蘑菇后3 h内出现临床症状，但无生命威胁；而采食6 h以上出现临床症状者多危及生命。

　　蘑菇在环境中的突然出现和他们短期的寿命，加上许多动物的随意采食习惯，从而导致诊断困难。采食后观察临床症状的过程和持续时间决定治疗途径和预后。但确定摄食的时间较难。目前尚无特效解毒剂，治疗的主要方法是对症处理，必要时可进行蘑菇鉴定和有效的支持疗法。

表21-8　有毒蘑菇、潜伏期和靶器官

蘑　菇	毒　素	起效时间	器官/系统
摄食后潜伏期>6 h，威胁生命			
毒鹅膏菌；毒芹	环胜肽、α和β鹅膏蕈碱、毒蕈肽、毒伞素	6~24 h，很少>24 h	主要是肝脏，其次是肾脏
锥盖伞属	α和β鹅膏蕈碱	6~14 h，很少>24 h	主要是肝脏
丝膜菌属	食丝膜菌、奥林素	3~14 d（d/周）	主要是肾脏[a]
秋生盔孢伞；毒盔孢伞	α和β鹅膏蕈碱	6~24 h，很少>24 h	主要是肝脏
鹿花菌	甲基联氨	6~24 h	中枢神经系统
环柄菇属	α和β鹅膏蕈碱	6~14 h，很少>24 h	主要是肝脏
在摄食后潜伏期<3 h，没有生命危险			
毒蝇伞；豹斑毒伞	异噁唑：鹅膏蕈氨酸蝇蕈醇	30 min至2 h，4~24 h恢复	中枢神经系统
绿褶菇	未知	30 min至3 h，1~2 d恢复	胃肠道
角孢离褶伞；杯伞属；丝盖伞属	毒蝇碱	30 min至2 h，6~24 h恢复	自主神经系统
卷边桩菇	未知	1~3 h，2~4 d恢复	免疫系统

（续）

蘑 菇	毒 素	起效时间	器官/系统
裸盖菇属；锥盖伞属；桔黄裸伞；缘斑褶伞菇	裸盖菇素和脱磷酸光盖伞素	30～60 min 很少6 h	中枢神经系统
毒红菇	未知	30 min至3 h 1～2 d恢复	胃肠道

a. 无兽医病例报道。

一、动物摄入蘑菇后潜伏期不到3 h

（一）变色杯伞、杯伞属舟柄铁线莲和丝盖伞属

杯伞属是肉质肥厚、个体小、具有白色-棕色-灰色帽的蘑菇，附着的菌褶使茎干向下，有白色的孢子印（图21-5）。分布广泛，通常长在开放木头、公园和草坪的地表。

丝盖伞属是小的、棕色的蘑菇，生长于针叶林或宽叶树和橡木（菌根）。他们有一个带球状突起的帽，无环的柄，菌幕覆盖的不成熟的菌褶，无总菌幕的残余物，和一个亮锈色/橙色-棕色/或灰色-棕色的孢子印。

这些蘑菇中的毒素是毒蝇碱，一个很难被胃肠吸收的季铵盐氨基化合物，而且不能通过血脑屏障。因而它的胆碱能效应是次要的。吸收后可迅速分布于全身，经过尿液排泄。毒蝇碱在结构上类似于乙酰胆碱，是一种类胆碱的神经递质。然而乙酰胆碱/毒蝇碱受体复合物易受乙酰胆碱酯酶失活的影响，毒蝇碱/毒蝇碱受体复合物不受他们的影响。毒蝇碱与乙酰胆碱在胆碱能受体结合部位竞争，导致节后胆碱能纤维过度刺激和随之观察到的临床症状（胆碱能过度）。

【临床表现】 在摄食后30～120 min内，从轻微到过度的胆碱能刺激导致共济失调，呕吐，腹痛，分泌唾液，流泪，水样腹泻，瞳孔缩小，支气管狭窄，心动过缓，心率失常，低血压/高血压和休克。

【诊断】 诊断基于采食蘑菇的病史、对可疑蘑菇的鉴别和与其相一致的临床症状，应用相应的辅助疗法和阿托品治疗。对严重的胃肠炎病例检测体液和电解质状况，观察肝脏轮廓，可能有助于诊断。

【治疗】 采用辅助和对症疗法。在有生命危险的病例中，采用阿托品治疗（0.2～2.0 mg/kg，一部分给予静脉注射，剩余部分肌内注射或皮下注射），必要时重复使用，效果较好。但应用时应控制好剂量，避免出现阿托品样反应，如心动过速、呼吸困难、瞳孔散大、血糖生成停滞、行为改变和体温过高。

（二）毒蝇伞和豹斑毒伞

毒蝇伞具有带黄白色肉赘的橙红色的帽，菌褶稍有贴附，白色的孢子印，环形柄和球形的基部（杯状）。豹斑毒伞有一个带白斑的棕褐色到黄棕/深棕色帽，基部球状带环形柄，白色的孢子印。这两种蘑菇都分布在太平洋西北地区的针叶和落叶林中。

两种蘑菇中的毒素都是异噁唑衍生物——鹅膏蕈氨酸，结构类似于有刺激性的神经递质谷氨酸，后者脱羧基代谢物是毒蝇蕈醇，其立体化学结构类似于抑制性神经递质——γ-氨基丁酸（GABA）。他们都能通过血脑屏障，可导致中枢神经系统的功能性改变。据报道，鹅膏蕈氨酸的中毒剂量为30～60 mg，毒蝇蕈醇的中毒剂量是6 mg（摄食＞2个蘑菇）。

鹅膏蕈氨酸经过自发的脱羧（胃、肝和脑）形成一种GABA受体激动剂毒蝇蕈醇。他们都是γ-氨基丁酸的类似物，作用是低浓度的、非竞争性GABA抑制剂（抑制神经元的和神经胶质GABA的吸收），从而减少浦肯野细胞在小脑的抑制作用，增加脑5-羟色胺分泌，降低儿茶酚胺的水平。

【临床表现】 两种化合物被胃肠道迅速吸收。临床症状为心动过速、低血压、共济失调、癫痫、体温过高、呕吐、肌肉震颤、瞳孔放大、运动失调、机能亢进、角弓反张、呼吸抑制、昏迷和死亡，能够在摄食后30～120 min开始观察到，可持续24 h。

【诊断】 主要依据采食毒蘑菇病史、临床症状和治疗效果（对症及辅助疗法和特异性药物，如苯二氮）进行诊断。

图21-5 杯伞属
（由Cecil Brownie博士提供）

【治疗】 对症性和辅助性治疗包括维持电解质平衡（静脉输液），保持呼吸道通畅，频繁改变位置。癫痫性惊厥可用安定（0.5 mg/kg，静脉注射；根据需要可重复使用）、苯巴比妥钠（6 mg/kg，静脉注射）或者戊巴比妥钠（5～15 mg/kg，静脉注射）。苯二氮卓类和巴比妥类是GABA受体激动剂，能够加强中枢神经系统和呼吸抑制。毒蝇伞中毒蝇碱含量很低，但其抗胆碱能作用比胆碱能作用强。因此，阿托品疗法效果不明显。

（三）绿褶菇和毒红菇

绿褶菇的帽大、白褐色、卵圆形，凸出部位鼓起或扁平，有许多肉桂色或浅黄色鳞片。他们有独立的白色菌褶，绿色或灰橄榄色的孢子，柄上有环。普遍分布在美国中部和南部。毒红菇有一个微红的黏滑的帽，短的白色柄和菌褶，无菌幕，有一个白色到微黄白色孢子印。他们单独生长或群集生长，遍布美国。这些蘑菇中的毒素多样，已经发现许多未知的消化道刺激物，可能是高分子量的蛋白质。

【临床表现】 采食后0.5～3 h，临床症状变化明显，包括呕吐、血痢、腹痛、肌肉痉挛、肝损伤和循环障碍。虽然可在6～24 h内恢复，但由于继发性脱水及低血容量性休克、少尿和/或短暂升高的尿素氮，病程可能会延长甚至威胁生命，但少见死亡。

【诊断】 可根据病史和临床症状（胃肠炎、呕吐和血痢）初步诊断。除了脱水，无其他明显症状。如果能够得到蘑菇、菌褶（浅绿色）和孢子印（绿色）的颜色可用来区分绿褶菇。绿褶菇是对胃肠道刺激最强的蘑菇种类。

【治疗】 目前尚无特效解毒药。要处理好脱水和电解质紊乱，可以考虑用洗胃和活性炭疗法。在一些病例中镇痛药也有效果，但在给予扑热息痛时要注意它的肝毒性。吩噻嗪类与毒素相互作用，引起中枢神经系统症状、血糖升高。低血容量性休克的病例可用液体和血管加压药。应监测肝脏和肾脏的功能。

（四）裸盖菇、锥盖伞、橘黄裸伞和斑褶菇

裸盖菇是个体小、棕色、具有细长茎的蘑菇，遍及美国，普遍生长于潮湿地区的粪堆和施肥的草中，尤其在东南和西北地区（图21-6）。在某些地区，这种蘑菇呈蓝绿色，具有微黄、黏性到潮湿的带有棕色菌褶的帽子；柄上有一个稳固的环和一个糖色的孢子印。锥盖伞个体小且脆弱，有棕色的帽，棕色的菌褶，细长的柄中间有一个大环，孢子印为肉桂棕色；广泛分布于北美。橘黄裸伞是大的黄橙色蘑菇，有一个橙色到复古橙的孢子印；在木头、树桩或在埋有木头的地面上群集生长。斑褶菇有广泛的圆锥形到扁平的边缘深色带的帽，棕色的菌褶，多毛微红的柄，黑色的孢子印；广泛分布于北美。

这些蘑菇包含裸盖菇素和脱磷酸光盖伞素，他们都是类似于麦角酸和二乙基胺（LSD）的吲哚生物碱，具有致幻作用。裸盖菇素经过快速的脱磷酸作用（血浆、肾脏和肝脏），形成结构类似于血清素（在中枢和外周神经系统对5-羟色胺受体具有刺激性）的脱磷酸裸盖菇素。代谢物透过血脑屏障，在脑组织中蓄积。生长条件、地理位置、储存条件和蘑菇种类是影响毒素浓度的因素。据报道摄取5～6种冬菇会引起中毒。

【临床表现】 临床症状发生于采食后0.5～1 h内，很少延长到3 h。症状包括嘶叫声、攻击行为、眼球震颤、共济失调、心动过速、呕吐、尿失禁、呼吸困难、瞳孔放大、体弱、体温过高、轻微的高铁血红蛋白血症、致幻等。

【诊断】 根据摄取蘑菇的病史、对可疑蘑菇的鉴别和特征性的临床症状及对辅助和对症治疗的效果进行诊断。异噁唑诱导的毒性作用可引起动物昏迷，事实上脱磷酸裸盖菇素诱导的毒性恰恰相反；尽管已得到证实在尿液、血清和血液中可检测脱磷酸裸盖菇素和其葡萄糖苷酸代谢物，但临床上并未广泛利用。

【治疗】 对症和辅助疗法。可给予安定（0.5～1.0 mg/kg静脉注射，增加剂量5～10 mg至产生效果）或苯巴比妥（6 mg/kg至产生效果）。应检测体温，在

图21-6 裸盖种，注意触摸后菌柄的变色
（由Cecil Brownie博士提供）

一些病例中，为让动物保持安静有必要为动物提供一个黑暗的环境。

二、毒素：动物摄入蘑菇后潜伏期超过6 h

（一）毒鹅膏菌、毒芹、秋生盔孢伞、Gne-nenata、褐鳞环柄菇和锥盖伞属

这些蘑菇种类占已报道毒蘑菇的95%，他们遍及北美，并与橡树和桦木混生在一起。

毒鹅膏菌和毒芹拥有从橄榄色到绿色带有菌幕斑的帽，菌褶独立于柄上，有一个白色的孢子印，柄上有一个环（经常但并非总是含有），基部含有一个杯状物（菌托）或残余物。褐鳞环柄菇的特征类似于鹅膏菌属但没有菌托；他们有鳞状的帽，中间有球形凸起，柄上有一个可移动的环。秋生盔孢伞（秋季盔孢伞属），G.venenata和锥盖伞属(Filaris)有呈褐色的黏性的帽，微黄色的菌褶变成锈色，褐色的柄上有一个环；他们没有菌托，孢子印呈棕色到锈棕色。在北美，这些种类在完全腐烂的针叶和落叶原木中多产（图21-7）。

图21-7 秋生盔孢伞
（由Cecil Brownie博士提供）

这些蘑菇中含有的毒素包括环肽鹅膏毒素（二环八肽）、毒蕈肽和毒伞素（二环七肽）。鹅膏毒肽（α和β鹅膏蕈碱派生物）的毒性最强，但尚未在所有鹅膏菌属中发现。对动物的致死剂量估计是0.1 mg/kg（相当于毒鹅膏菌的1个帽中的浓度）。据报道，鹅膏毒素能够很好地通过口服而吸收，而毒蕈肽和毒伞素并不是这样。鹅膏蕈碱并不与蛋白结合，通过尿液（80%～90%）、粪便和胆汁（7%）排出。鹅膏毒肽结合到核RNA聚合酶-Ⅱ（转录阶段），从而阻止磷酸二酯酶复合物的形成和随后的RNA、DNA和蛋白质合成。高蛋白质合成细胞并不是最敏感的。鹅膏毒肽主要是肝毒性，但他们影响许多器官系统，导致血糖过低、血凝缺陷、甲状腺/甲状旁腺功能异常、肾衰竭和肠损伤（毒素的肠肝再循环）。

【临床表现】 主要有四个阶段：①潜伏期（采食后6～12 h）不表现临床症状；②消化道症状（采食后24 h）；③缓解（采食后72 h）阶段，动物恢复；④肝/肾损伤（采食后3～6 d）恢复或7～14 d死亡。报道的长潜伏期有诊断学意义。消化道症状包括开始呕吐，随后腹部不适，出现肝炎和胰腺炎，肝脏、血液学、心血管、内分泌、中枢神经系统和肾脏的病变。紧接着的缓解阶段，即暴发性的肝脏/肾脏阶段，采食3～4 d后表现出黄疸、低血糖和昏迷。肝脏和/或肾衰竭恢复或死亡（＞50%）发生于采食蘑菇7～14 d后。

【诊断】 根据蘑菇特征及临床症状可作出初步诊断。梅克斯纳检测（可疑蘑菇种类的实际时间和颜色强度—新鲜呕吐物）可为诊断提供依据。在消化道症状阶段，应注意动物血清甲状腺素含量降低，低血糖和/或胰岛素、降钙素和甲状旁腺素水平增加。在肝脏和肾脏损伤前，常规的血液学和血清化学指标变化不明显。因为毒素主要是肝毒性的，凝血因子Ⅴ的变化、纤维蛋白原和肾肝检测结果可辅助诊断。非临床病畜中可检测到尿液中的鹅膏菌素，他们同样在采食22 d后在肝肾样本中检测到。

【治疗】 目前尚无特效解毒剂。水飞蓟素/青霉素、西咪替丁、乙酰半胱氨酸或维生素C疗法，已在人体中获得成功，可以试用。辅助疗法（静脉输液、葡萄糖和抗生素）可缓解严重的肝肾损伤。早期治疗对挽救动物生命十分重要。随着肝肾损伤的加重，常预后不良。在采食后早期的24 h内用活性炭（1.0 g/kg与泻药）吸附鹅膏蕈碱有一定效果。

（二）鹿花菌

鹿花菌（Gyromitra esculenta）有一个短柄带有无菌褶，黄棕色到暗红色，深皱纹，蜂巢状的（不像真正中空的羊肚菌，也并未隔成空格）、鞍状的帽。遍布北美的针叶林地面。含有陀鹿花蕈素，摄食的部分被水解成N-甲基-N-甲酰肼（耗尽肝脏的细胞色素P-450）和甲基联氨（采食6～12 h，抑制中枢神经系统中磷酸吡哆醛辅酶和γ-氨基丁酸）。鹿花蕈素的浓度随着环境的改变而改变。

【临床表现】 摄入6～24 h，动物表现呕吐、水泻、腹部不适、抽搐和昏迷，高铁血红蛋白症和溶血性贫血，肝炎、黄疸、肾炎，最后死于肝肾损伤。

【治疗】 摄食后早期给予活性炭（1.0 g/kg）有一定效果。按需要给予静脉输液。静脉注射维生素B₆控制神经症状，在黏膜发绀和高铁血红蛋白的病例中使用亚甲蓝。要避免由于给予高剂量的维生素B₆引起的周围神经病变。由于可诱导肝性脑病，辅助疗法也很

重要。除了检测高铁血红蛋白的含量，同样要检测肝脏和肾脏的功能。

三、毒素：动物摄入蘑菇后潜伏期超过24 h

丝膜菌属

丝膜菌属（*Crainierensis*）蘑菇颜色多样，但大多数呈棕褐色的帽、柄和嫩菌褶，成熟的菌褶颜色呈橙锈色，孢子印是亮锈色/黄褐色/灰棕色但无糖色，柄可能有或没有环状的区域。

有毒成分为奥林素和奥来毒素，在化学上类似于杀草快（除草剂，联吡啶派生物）。长期采食中毒后，用薄层色谱法在肾活组织样品中可检测到奥来毒素，但在临床活动状态期间在尿液和/或血液中检测不到。据报道，采食3~10个帽就会致死。尚未见报道采食自生长于北美种类的蘑菇的病例。

【临床表现】 临床症状表现较晚（采食17 d后），主要包括厌食、呕吐、腹泻/便秘、胃炎、口渴和多尿，早期临床症状出现3~14 d后可进一步发展为少尿性肾衰竭。肾脏似乎是靶器官，损伤包括间质性肾炎、管状损伤和纤维化。肝脏损伤鲜见报道。在多数病例中，经过一段延长期（6个月）后有明显的改善。尽管如此，在一些病例中仍发生慢性肾损伤。

【诊断】 在潜伏期尿液检测显示尿液浓缩、血尿、蛋白质和红细胞管型，之后形成有蛋白质和少量管型的稀释尿。因此，有必要监测肾功能，在人群中肾脏病变需要较长的潜伏期。血液、尿液分析和肾功能检查有助于诊断。鉴别蘑菇可从能导致从过敏症到肾衰竭的卷边桩菇中区分丝膜菌属。

【治疗】 治疗应注重净化、蘑菇的鉴别（很难）和加强辅助疗法。应使用血液透析直到肾脏恢复功能。避免或限制戊巴比妥和/或速尿的使用，因为他们会增加肾毒性。

四、其他毒蘑菇

（一）枝瑚菌属

枝瑚菌属（*Ramaria flavo-brunnescens*）蘑菇仅仅发现于北美及澳大利亚、巴西、乌拉圭的桉树上。据报道，他们对反刍动物（牛和羊）有毒性。毒素是一种未知的挥发性化合物或发现于植物中能干扰含硫氨基酸结合的混合物。干燥后毒性降低。

【临床表现】 症状最早在采食后3 d内出现，但在出现症状到6 d后可表现厌食、腹泻、流涎、体温过高、抑郁、蹄冠充血、出血（眼前房）、口腔溃疡、改变角质形成（毛发/蹄损伤，类似于硒中毒）

和卧地不起等症状。可在3~15 d内死亡或康复。

【诊断】 这些蘑菇只生长于桉树间，所以与桉树关联的病史是关键。硒中毒及毒性反应导致类似的症状。临床症状的持续时间和结果有助于确诊。

【治疗】 治疗包括除去毒源、辅助疗法。恢复需要一段时间。

（二）卷边桩菇

卷边桩菇（*Paxillus involutus*）茹有一个干的或黏滑的褐色帽，反转的边缘和微黄的菌褶，杆棕色、光滑。孢子印是黏土棕色。卷边桩菇广泛分布于北美。在春季/秋季他们呈单个或附近几个或在混合林的木头上群集生长。所含毒素尚不清楚，但随着时间的推移会引起过敏，导致肾脏衰竭。

【临床表现】 在采食1~3 h后可出现呕吐，腹泻，心血管变化无规律，红细胞破坏明显。恢复通常需要2~4 d或更长的时间。

【诊断与治疗】 诊断基于对蘑菇的鉴别、临床症状和对辅助疗法的效果。治疗包括对症疗法和辅助性的措施。

第三十二节　双稠吡咯啶生物碱中毒

通常情况下，双稠吡咯啶生物碱能引起以肝功能衰竭为特征的慢性中毒性疾病，俗称狗舌草中毒。该类疾病可以由多种有毒植物引起，常见的属有千里光属、猪屎豆属、天芥菜属、麻迪菊属、蓝蓟属、琉璃草属和毛囊草属。这些植物主要生长在温带地区，但有些生长于热带或亚热带（如猪屎豆属植物）。狗舌草（*S. jacobea*）、千里光属植物（*S. riddellii*, *S. longilobus*）、洛苛草（*Crotalaria retusa*）以及黄黑草籽（*A. intermedia*）是引起该病的最常见的植物。

牛、马、鹿和猪是易感动物，绵羊和山羊的中毒剂量大约比牛高20倍。动物的易感性存在个体差异，生长期的动物最易感。

【病因与中毒机制】 植物中已经发现300多种毒性因子（含有双稠吡咯啶的生物碱），有些植物含有多种不同的毒性因子。狗舌草所含的千里光碱（jacobine），以及倒千里光碱（retrosine）、千里光菲啉（seneciphylline）和野百合碱（monocrotaline）也归类为双稠吡咯啶生物碱。

在正常情况下，草食类动物并不采食这些植物，但是在干旱条件下，动物不得不吃这些植物。当牧草茂盛时，有些动物可以将这些植物当做粗饲料食用。由这些植物做成的干草、青贮饲料和颗粒饲料也能引起动物中毒。在猪屎豆、麻迪菊属和天芥菜属植物，其成熟的种子也能引起马、牛、猪和家禽中毒。

有毒的生物碱在肝细胞中代谢，产生高活性的吡咯，吡咯能引起靶位点的细胞毒性作用，最常见的靶位点是肝细胞核。其他的靶位点可能还有肾和肺的上皮和血管组织。吡咯与DNA交联在一起，同时募集像肌动蛋白的核蛋白与DNA结合。这些分子生物学上的改变被认为是抗有丝分裂的，并可以作为双稠吡咯啶生物碱中毒的特征变化。

【临床表现】　在家畜中，急性中毒的特点是肝出血性坏死和内脏出血性猝死。急性中毒不常发生，因为这些植物的适口性差，很难使动物短时间内采食大量的有毒植物。慢性中毒较为常见，长期小剂量食用毒素使肝脏的病变更加典型。采食后几周或几个月内可能不表现临床症状，停止饲喂有毒植物几个月后反而出现临床症状。据推测，出现肝损伤可能是由于吸收了从死亡细胞中释放的有毒吡咯。绵羊肝脏过量蓄积铜可能会引起溶血（见铜中毒）。

马和牛中毒主要表现精神沉郁、食欲不振、反应迟钝、便秘或腹泻。牛中毒后期可能会出现里急后重、排血便以及直肠脱垂。临床症状可能有腹水和黄疸，牛和羊有时会出现间歇性光敏反应。有些动物会逐渐虚弱，不愿走动，或表现为肝性脑病，如头部低沉、打哈欠、漫无目的地游荡，甚至会出现狂暴的和攻击性的行为。有时也会出现异食癖。可能发生猝死、长时间的肝昏迷以及血液中高浓度的氨导致死亡。

双稠吡咯啶生物碱引起的罕见临床症状包括：矮马由于喉和咽麻痹导致吸气性呼吸困难，成年马由于间质性肺炎引起的呼吸困难以及猪的肾脏性疾病。

【病理变化】　急性病例肝脏可能肿大、出血、黄疸。慢性病例肝脏萎缩、纤维化、细结节状，通常由于纤维性增厚的囊肿导致表面苍白光滑。有些情况下肝脏有明显黄疸。胆囊病变常见水肿，严重肿胀，产生黏性胆汁。常见肠系膜及相关淋巴结水肿，也可能出现腹水。在某些情况下，腹部浆膜出现小出血点。

肝脏组织学变化最为典型。马和绵羊可观察到个别肝细胞的不可逆性肿胀，但在牛则不明显。牛通常存在明显的静脉周围纤维化，但是在马和绵羊上结果不一致。所有动物中毒的典型症状是肝小叶结缔组织增生。最明显的病变发生在肝脏，有时也能见到胆管增生。一些猪屎豆属植物能引起马的肺损伤，主要表现细支气管肺泡上皮细胞充血、间质纤维化、肺气肿。病猪表现为肾小管内壁细胞及肾小球上皮细胞肿胀。

【诊断】　对全血进行有毒代谢产物的化学分析，可以确定近期是否采食过这些有毒植物，但是这种方法依赖于吡咯在全血中的半衰期。已经报道用ELISA测定全血中双稠吡咯啶生物碱的密切相关物质，但是没有广泛应用。通常根据临床症状、参照生化指标的变化和接触史可初步诊断。当出现广泛的肝硬化时，会出现低蛋白血症和高球蛋白血症。某些血清学指标，如纤维蛋白原、胆红素、γ-谷氨酰转移酶和谷氨酸脱氢酶活性可能会增加。值得注意的是，这种疾病的性质可能会导致血清生化变化不明显。出现典型症状后，肝脏的活检通常是有用的。必须综合考虑，排除其他的肝毒素，如铜或黄曲霉毒素以及寄生虫感染，如慢性片形吸虫病，然后再作出诊断。通过剖检变化结合肝、肺和/或肾组织特征性的病理变化进行诊断，也可以检测肝吡咯代谢物。

【治疗与控制】　停止饲喂有毒植物。中毒症状明显的动物通常预后不良，无临床症状的动物病程可能加剧，并在数月内造成进一步经济损失。在动物日粮中含有高碳水化合物时，高蛋白质的摄入可能会导致临床症状。为保证预后，可能需要输液和光敏化的辅助治疗。

需要强调的是通过降低采食有毒植物可预防该病的进一步暴发。有人在生长有这些植物的地方饲养绵羊来控制这些植物，但这种做法存在风险，除非确定绵羊提前出栏。通过捕食飞蛾、跳甲、种蝇等对植物进行生物防控已经确定可行。在牧场上每年施用除草剂，控制狗舌草及相关毒草，效果令人满意，这种方法最好在春天使用，尤其是在制作干草和青贮饲料之前使用。

第三十三节　栎树中毒

大多数动物已遭受栎属植物中毒的影响，而牛和绵羊最为易感。在欧洲和北美发现的大多数种类的栎树都是有毒的（栎树芽中毒，橡子中毒）。临床症状发生于春天大量采食栎树嫩叶或在秋天大量采食绿色橡子3～7 d后。母畜在妊娠第2～3个月期间采食橡子可导致胎儿畸形和流产。有毒成分可能是焦性没食子酸、没食子单宁，多羟基酚类化合物，或它们在瘤胃微生物的作用下产生的代谢物，导致胃肠道和肾功能障碍。

【临床表现】　临床症状包括厌食，抑郁，消瘦，胸部水肿，脱水，瘤胃弛缓，里急后重，呼吸中有氨的气味，眼和鼻流出浆液性液体，多饮，多尿症，血尿，黄疸和伴有黏液的便秘和出血性腹泻。肾功能不全，在采食4～6 d后明显，可能以尿素氮和肌酸酐增加为特征，蛋白尿、糖尿、过高的胆红素尿、高磷血症、低血钙症和低比重的尿液。尸检可见肾脏苍白肿胀，肾周水肿，皮下水肿，腹水和胸膜积水。可见肠黏膜水肿和浆膜下层的瘀斑或瘀血性出血，瘤胃和食管溃疡。肝毒性特点是出现肝酶活性升高。

【诊断】 根据临床症状、尸体剖检、病史和肾脏的病理组织学检查（例如肾病）可以诊断。其他类似栎树中毒常见病包括西风古（苋属）中毒、氨基糖苷类抗生素中毒、草酸盐中毒、赭曲霉毒素中毒。

【治疗】 日粮中补充含10%～15%氢氧化钙的可口饲料（每头牛每日喂1 kg），可有效预防栎树或栎树叶中毒。如果在疾病过程的早期给予氢氧化钙、活性炭、促反刍药物和泻药［如矿物油（1 L/500 kg）、硫酸钠（1 kg/400 kg）或硫酸镁（450 g/400 kg）］可能有效。液体疗法用于纠正脱水和酸中毒，瘤胃微生物区系的移植可能是有效的。临床痊愈通常出现于60 d内，但肾功能不全者很难恢复。

第三十四节　黑麦草中毒

一、一年生黑麦草蹒跚病

在一年生黑麦草萌发和抽穗阶段的牧场放牧，无论家畜年龄大小，经常会发生致命的神经毒素中毒。每年11月份至次年3月份，在澳大利亚的西部和南部以及南非经常发生。在俄勒冈州，牛和马采食由拉氏杆菌（*Rathayibacter toxicus*）感染所致虫瘿的丛生型紫羊茅（Chewing's fescue），经常会出现相似症状。南非一年生黑麦草中的麦角碱引起牛中毒病暴发不应与黑麦草蹒跚病相混淆。

在澳大利亚，产生在虫瘿中的极为重要的棒头草毒素（corynetoxin）是由剪股颖粒线虫（*Anguina funesta*）诱导及拉氏杆菌（*R. toxicus*）增殖引起的。每年早春，在一年生黑麦草侵染牧场出现并持续存在感染细菌的虫瘿，在植物处于衰败期的毒性最强，因此在晚春和夏季，不会出现动物中毒。感染细菌的线虫传播到健康的一年生黑麦草牧场的速度十分缓慢。

棒头草毒素是毒性很强的糖脂，可抑制特异性的糖基化酶，可以消耗或降低必需糖蛋白的活性。试验证明，棒头草毒素消耗纤连蛋白并引发肝脏网状内皮系统的衰竭，使心血管和血管完整性降低，外周循环和氧气分布受损，衣霉素（tunicamycin）不可逆地下调γ-氨基丁酸A受体的表达，并能够引起体外培养神经元的死亡。因此，临床表现出的紊乱主要集中于神经系统。

在一年生黑麦草受到感染的毒性达到一定程度的牧场上放牧2～6 d后，常会暴发动物中毒。数小时之内或在症状出现的1周内，常有死亡发生。由一年生黑麦草的毒性所造成的死亡率通常在40%～50%，有

时会更高。症状常表现为颤抖、水肿、脑和肺的出血及肝肾的变性坏死。

根据颤抖、共济失调、僵直、应激时卧倒等特征性症状以及应激消失后又恢复正常可作出初步诊断。严重中毒时神经、肌肉痉挛，强迫运动或外界温度过高时常造成惊厥，详尽的病史和牧场牧草种类调查有助于区分由其他牧草，如多年生黑麦草、翦草属牧草、双穗雀稗麦角碱和其他牧草所造成的蹒跚病。

在澳大利亚，采食含有拉氏杆菌（*R. toxicus*）的线虫卵囊感染的类燕麦剪股颖（*Agrostis avenacea*）、长芒棒头草（*Polypogon monspellensis*）、*Ehrharta longiflora*所造成中毒的临床症状是相同的。这些病曾分别被称为大草原蹒跚病、斯图尔特牧场综合征和veldtgrass蹒跚病。尽管这些病是由相同细菌作用，但对这三种感染了携带有拉氏杆菌（*R. toxicus*）线虫属（*Anguina*）的牧草来说，与感染了A.funesta一年生黑麦草分别属于不同的种。感染A.funesta的一年生黑麦草的花序常没有异常表现，而感染其他线虫的花序则会出现不同症状。

用β-环化糊精（β-cyclodextrin）衍生物治疗衣霉素中毒试验绵羊，其成活率会显著提高。这些有确切疗效的物质为治疗采食一年生黑麦草中毒的绵羊提供了希望。通过早期观察并移至安全牧场能够减小因动物功能失调而造成的损失。一年生黑麦草牧场上，对虫瘿的鉴定存在困难，在澳大利亚南部，出现在种穗的细菌可以通过ELISA进行检测。有毒牧场的早期检测可促使农民及早割去种穗，并在毒性尚未达到中毒水平之前进行放牧。应该避免在牧草已经干了的有毒牧场放牧。秋天焚烧一年生黑麦草牧场可破环大多数由细菌繁殖的虫卵，以此来降低来年的毒性危险。

二、多年生黑麦草蹒跚病

在多年生黑麦草或其杂交种占优势种群的牧场上放牧，无论家畜处于哪个年龄段，只要是在晚春、夏季或秋季，都会发生中毒性神经症状。易感动物为绵羊、牛、马、圈养鹿、马鹿。在新西兰，神经中毒发病率很高，已经造成巨大的经济损失，扰乱了牧场的正常管理和运行。多年生黑麦草蹒跚病在北美及南美部分地区、欧洲和亚洲会偶尔发生。

引起震颤的神经毒素与黑麦草神经毒素有关，主要是黑麦草神经毒素B。感染内生真菌的多年生和杂种黑麦草会产生吲哚二帖生物碱。在温度较高的晚春季节，感染植物的真菌菌丝和黑麦草神经毒素B的量可达到毒性水平，而在寒冷季节又会降到安全水平以下。在感染植物的地上部分有菌丝出现，尤其在叶

鞘、花柄、种子中含量较高。感染植物不会出现病理变化，真菌也仅仅通过种子来传播。当贮存种子的外界环境温度、湿度较高时，真菌生存能力随之降低。因此，贮存两年之后的含有生存能力的真菌的种子是很少的。黑麦草神经毒素B是一种有效且强大的电导钙激活钾离子（BK）通道抑制剂。人们通常认为，所观察到的黑麦草神经毒素B中毒时的共济失调是由小脑的神经传导障碍所致，但没有具体的病理损伤来证明。*N. lolii*也会产麦角生缬氨酸（ergovaline），这种生物碱与牛毛草中毒病（fescue toxicosis）有关。在温度较高的季节，麦角生缬氨酸可以使动物的体温升高，包括热应激。在新西兰和澳大利亚，有麦角生缬氨酸抑制催乳素的产生、减少奶牛产奶量的资料记载。

临床症状会在发病后的几日内逐步发展。仔细观察发病动物，最早可见头部的微小肿瘤和点头运动。噪声、突然驾用、暴力牵拉，会加重头部症状并伴有忽动忽停运动。第一次牵拉时有不协调运步，跑动时的僵直与共济失调常导致躺卧时出现角弓反张、眼球震颤、僵直状的四肢伸展并出现不随意运动。较轻的病例在症状发作后很快停止，几分钟后恢复正常。如果再次强迫运动，症状会再次出现，热应激时症状会加重。

在畜群中，个体易感性差异较大，这种特征也会遗传。暴发时，发病率可达80%~90%，但死亡率很低，仅为0%~5%，偶尔死亡的情况仅限于动物在池塘、溪水边饮水溺亡，或采食及饮水困难时造成死亡。

中毒发生有严格的季节性，在以多年生黑麦草为主的牧场上，出现颤抖、共济失调的症状，很多还会出现衰竭，常预示中毒。对牧场植物组成进行调查，可排除一年生黑麦草中毒病和雀稗属蹒跚病的发生。两者症状和发生的季节与多年生黑麦草相似。草皮叶鞘显微镜检查可显示出内生真菌的感染程度。

由于转移和捕捉动物会加剧症状，对个别动物进行治疗通常也不切合实际。把动物转移至无毒草的牧场，动物可在1~2周内得以恢复。

由于内生真菌、黑麦草神经毒素、麦角生缬氨酸在黑麦草中的分布并不一致，对放牧情况进行有效管理，有助于减少或阻止中毒病的发生。在叶鞘和花序中黑麦草神经毒素、麦角生缬氨酸浓度较高，如果牧场不让动物过度采食叶鞘或在花期放牧，即使植株的内生真菌的含量较高，动物仍是安全的。鼓励在已有牧场种植其他牧草或豆科植物，可有效降低动物对有毒牧草的采食。

应使用没有或很少有内生真菌的黑麦草种子来建设新的安全牧场，其他可行的方法如选择贮存18~24个月的含有很少内生真菌的种子来建立无毒草的牧场。植物中的内生真菌有助于植物抵御许多昆虫的采食，因此，相比无内生真菌的牧场来说，有内生真菌的牧场对昆虫的耐受性更强。在新西兰，人工培育不产黑麦草神经毒素B内生真菌的特殊品系的黑麦草已成为可能。在这样的牧场未发现有黑麦草蹒跚病。产环氧微紫青霉素化合物的特殊品系（Neotyphodium）已培育成功，它提供了更加广泛的昆虫抗性，使得偶尔发生的黑麦草中毒得到解决。

第三十五节 高粱属植物中毒

高粱属植物中毒（苏丹草中毒）主要出现在美国西南部和澳大利亚。虽然有报道指出曾发现有绵羊和牛出现一些类似于高粱属植物中毒的症状，但高粱属中毒仍主要见于马。研究发现，高粱属植物的主要有毒成分为山黧豆腈，如β-氰丙氨酸、氰苷和硝酸盐。当采食苏丹杂草数周至数月后，马匹将出现高粱属植物中毒症状，且造成脊髓和小脑出现轴突退化和脊髓软化的症状（也可见氰化物中毒）。单独饲喂高粱属植物种子时，动物不出现相应的中毒症状。

发生高粱属植物中毒后，主要临床症状表现为后躯运动失调、膀胱炎、尿失禁（主要因膀胱炎引起）以及后肢脱毛（由尿灼伤引起）。其中，膀胱功能性障碍与脊髓损伤有关，后躯运动失调可能导致动物发生松弛性瘫痪，中毒马易出现流产或产出肌肉骨骼系统畸形的胎儿。虽然胎儿中毒极少发生，但是该现象由生殖过程中母畜的生理状况决定。饲喂含少量含氰类物质或限制家畜对高粱属植物的采食可降低该病的发生。饲料中添加硫黄是有益的。中毒马匹常因肾盂肾炎而死亡。可通过应用相应抗体来治疗中毒马匹，但当动物出现共济失调症状时，将很难恢复。

第三十六节 草木樨中毒

草木樨中毒是由于动物采食大量腐烂的草木樨属植物（黄花草木樨和白花草木樨）的干草或青贮饲料而引起的一种恶性出血性疾病。

【病因】 草木樨在腐烂过程中，无毒的香豆素转换为有毒的双香豆素（一种维生素K的颉颃剂和抗凝血剂）。任何易使草木樨腐烂的干草储存方法都可产生双香豆素。将草木樨捆成大捆放置，最外侧的草木樨中通常所含的双香豆素浓度最高。当饲喂数周有毒的干草或青贮饲料后，动物可出现低凝血酶原血症，这是由于双香豆素改变了动物机体合成凝血素的酶原，或者干扰了凝血因子Ⅶ和其他一些依赖维生素K的凝血因子（见止血紊乱）。牛每日摄入20～30 mg/kg的双香豆素，数周后就出现中毒症状。这种毒素可通过胎盘转运，影响新生胎儿。各种属的动物对双香豆素都具有易感性，但中毒主要见于牛，在羊、猪和马上很少发生。

【临床表现与病理变化】 所有临床症状都与因血液凝固不良引起的出血有关。动物出现临床症状的时间不同与中毒动物的年龄、草木樨中双香毒素含量以及摄入量有关。若饲料中所含的双香豆素含量极低或易变化，动物可能在食用数月后才会出现典型的临床症状。双香豆素中毒最早表现为一至数头动物发生死亡。早期临床症状表现为僵直或跛行，这是由于肌肉组织和关节出血所致。可观察到血肿、鼻出血或胃肠道出血。大出血、受伤后出血、外科手术或者分娩都可引起中毒动物发生死亡。如果没有出现出血症状，新生仔畜很少发生死亡。

【诊断】 动物草木樨中毒现象的发生是由于相对较长时间采食草木樨干草或青贮饲料所致，所以可根据相关临床症状、病理变化以及血液凝固时间明显延长或血浆中凝血因子数量减少等进行诊断。也可通过实验室方法，前凝血酶时间延长确定是否为凝血障碍。草木樨常引发群体中毒，而黑腿病、出血性败血病、欧洲蕨中毒以及再生障碍性贫血一般只在群体中的个别动物中见到，可据此将草木樨中毒与这些疾病进行鉴别。鉴别诊断杀鼠剂中毒主要是观察机体是否出现大面积出血现象。影响凝血因子或血小板（如甲型血支病）的先天或遗传性疾病，同样可引起机体出现大面积出血，但是发病率存在显著差异。

【治疗】 通过静脉注射未采食过草木樨的动物的全血，可快速治愈低凝血酶原血症、出血症以及贫血症。对于大动物治疗可能存在一些困难，因为每450 kg体重需注射2～10 L新鲜血液。所有出现临床症状的动物都可通过输血进行治疗，必要时可反复多次输血。此外，临床症状表现严重的，可通过胃肠外投服维生素K_1（植物甲萘醌）进行治疗。皮下注射或肌内注射可有效避免过敏反应；皮下注射维生素K_1的效果不及肌内注射维生素K_1效果好。一般推荐剂量为牛1 mg/kg，每日2～3次，服用2 d。维生素K_1的效果比维生素K_3（甲萘醌）的效果好，但价格昂贵。因为维生素K_1逆转双香豆素需要合成凝固蛋白，在数小时内即可使机体内环境的稳定性得到好转，24 h后使机体的凝血功能完全恢复。如果停止采食有毒草木樨，维生素K_1或输血都可以使轻微中毒的动物得以恢复。

【预防】 人工种植的草木樨中香豆素的含量极低，可安全食用。如果这些措施都不可行，那么唯一的方法就是禁止动物采食草木樨干草或青贮饲料。虽然人工培育的草木樨没有毒性，但可能存在肉眼观察不到的腐烂情况，这可能会对动物造成危害。交替饲喂可能含有双香豆素的草木樨干草和其他粗饲料（如苜蓿或豆科类干草）的混合物，可以避免较为严重的中毒症状出现。以7～10 d为一循环，饲喂草木樨干草，接着饲喂相同时间的其他粗饲料，可以防止中毒症状的出现，但是凝血时间不能完全得到改善。面临大出血风险的动物（如即将进行外科手术或即将分娩）至少应在手术或分娩2～3周前停止饲喂草木樨干草，4周或4周以上更佳。

第三十七节　斑蝥素中毒

在自然界中，斑蝥素存在于斑蝥科的甲壳虫体内。这些甲壳虫有200多种，且广泛分布于美国大陆。埃皮科塔属甲壳虫最常见，且与马属动物中毒有关。横带芫青甲壳虫在美国西南部相当普遍（图21-8）。黑色斑蝥已经引起伊利诺伊州马属动物中毒。斑蝥素是一种单一毒素，其浓度在斑蝥中差异很大。

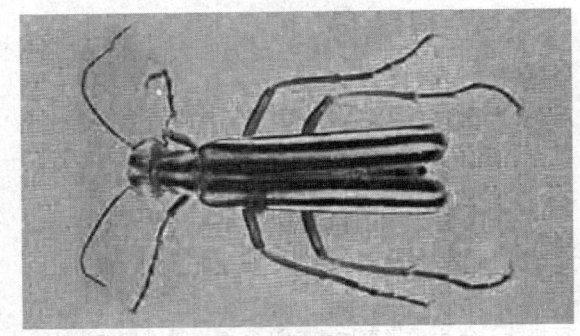

图21-8 条纹斑蝥
（由D. G. Schmitz博士提供）

斑蝥通常以各种杂草为食，偶尔也成群飞到紫花苜蓿地里。这些昆虫是群居性的并且可在大量成捆的干草中发现，一片紫花苜宿可能含有几百只斑蝥，动物中毒通常是采了紫花苜宿干草或被斑蝥污染的紫花苜宿副产品所致。

【中毒机制】 斑蝥素是一种无色、无味的化合物，易溶于各种有机溶剂，但微溶于水。它具有强刺激性，当皮肤和黏膜接触后能引起皮肤棘层松解和小水疱形成。经口摄入后，从胃肠道吸收并快速经由肾脏排泄。其最小致死口服剂量在马属动物尚未确定，但应低于1 mg/kg，即使4～6 g干斑蝥对马都是致命性的。斑蝥素的毒性在储存的干草中不会下降，斑螯素对人及牛、绵羊、山羊、犬、猫、兔与大鼠均有毒性。

【临床表现】 临床症状的严重性与摄入斑螯素的剂量有关。表现为轻度精神沉郁或不适，严重者出现疼痛、休克和死亡。典型症状与胃肠道和泌尿道刺激、内毒素血症和休克、低血钙症和心肌功能紊乱有关。症状开始和持续的时间从几小时到几日不等，临床常见症状为不同程度的腹痛、精神沉郁、食欲不振和频繁少量饮水或将口鼻浸入水中。一些马仅表现精神沉郁或频频排尿。通常情况下，尿液是正常的，也可见尿液呈淡红色或含血凝块。即使其他系统表现比较轻微，中毒马的一个显著特征是黏膜常常充血、呈褐色。其他症状包括出汗、毛细血管充盈时间延迟、心率和呼吸率增加、直肠温度升高等，偶见口腔糜烂、流涎、膈肌震颤、步态不稳、腹泻带血。马摄入大量毒素后可出现严重休克症状，几小时内即可死亡。

【诊断】 高效液相色谱法和气相色谱-质谱法是检测胃内容物或尿液斑螯素含量敏感和可靠的分析方法。尿液中斑螯素的浓度在3~4 d时可以忽略不计，因此分析尿液须尽早收集。显微镜观察中毒死亡马的胃内容物，可见斑螯的碎片，特别是看到有条纹的斑螯即可确诊。

特定的实验室检查有助于区别斑螯素中毒和其他原因引起的急腹症。血清钙浓度通常显著降低并且长时间维持低水平。血清镁浓度也显著降低，而血清肌酸激酶浓度通常在中毒后24 h内显著增加。急性中毒马，尿液相对密度明显降低（通常＜1.010）且有不同程度的血尿。通常含有大量蛋白但白细胞数量和纤维蛋白浓度正常。其他实验室异常可能包括血清尿素氮和肌酐轻度升高以及低蛋白血症。大多数急性中毒马表现高血糖。

【治疗】 本病无特效解毒药。但积极的对症疗法对于成功治疗是必要的。口服矿物油有助于胃肠道内容物的排除，必要时可重复给药。早期给予活性炭有一定效果。口服其他含有蒙脱石的吸附剂也有一定疗效，但效果尚未评估。钙和镁制剂的补充有助于延缓病情。其他对症疗法包括补充液体，使用镇痛药和利尿剂，维持血液正常pH和血清电解质浓度。中毒马如无并发症出现则预后良好。

【预防】 饲喂无斑螯的干草，干草在收割和打捆之前一定要仔细检查，确保其中未混有斑螯。如果发现待收割区域的草中有斑螯，应等大多数斑螯飞走后再收割。第一次收割的草几乎不含斑螯，因为在美国西南部斑螯幼虫越冬后作为亚成虫并且通常到5月或6月才出现。此外，干草收割是在斑螯成虫不再活动之后，所以最后收割的干草通常也是安全的。

第三十八节 蛇咬伤

北美毒蛇由两个科组成：①眼镜蛇或珊瑚蛇（珊瑚蛇属），②响尾蛇或蝮蛇（蝮蛇属）、水蝮蛇、美洲腹蛇。一般来说，在美国南部地区眼镜蛇的活动是受到限制的，而响尾蛇则广泛分布于欧洲大陆。由于响尾蛇分布更广泛，而且很少隐蔽，所以被响尾蛇咬到的概率要远高于眼镜蛇。在美国，咬伤或致死人和家畜的毒蛇中绝大多数都是响尾蛇。

眼镜蛇的毒牙很短，因此他们往往长时间缠住猎物并在"咬"时将毒液注入受害者体内。他们的毒液具有神经毒性，能够麻痹猎物的呼吸中枢。被眼镜蛇咬过后侥幸存活的动物，一般都会留有严重的后遗症。响尾蛇有较长的、铰链状、中空的毒牙，能够使其攻击猎物时释放毒液（自动），然后收回毒牙。据报道，在响尾蛇咬伤的许多病例中，并没有将大量的毒液注射到受害者体内，因此被称为"干咬"。虽然在一些响尾蛇种类的毒蛇（如莫哈韦的响尾蛇）毒液中存在神经毒性的成分，但响尾蛇的毒液是典型的血液毒性，具坏死性和抗凝血剂毒素。

致命的毒蛇咬伤多见于犬，因为犬的体积相对较小，按照进入体内的毒素的比例计算，即使是很小的毒蛇咬伤也可能是致命的。一般来说，犬和猫被咬到胸部或腹部后引起死亡的数量要远高于被咬到头部或四肢的致死数量。而马和牛很少因毒蛇咬伤后直接出现死亡的现象，但大部分可能咬到口鼻部、头部、颈部后因局部过度水肿引起呼吸困难而死亡。有时会发生严重的继发性损害，冠状带周围被咬伤的牲畜可能会出现蹄壳脱落。

毒蛇咬伤是一种非常紧急的情况。快速检测和适当的治疗是至关重要的。畜主不应该花费大量的时间进行急救，应保持动物安静，限制动物活动。应用冰块、冷敷或者喷雾，也可切开伤口抽吸毒液，并采取止血、电击、热敷等措施，没有任何效果者可能预后不良。

【诊断】 在许多情况下，蛇咬伤可被亲眼目睹，因此诊断没有问题。但是骨折、脓肿、蜘蛛毒液螯入，或对昆虫叮咬有过敏性反应都可能因诊断经验不足而与毒蛇咬伤相混淆。如果可能的话，死亡的蛇应随同被咬伤的动物一起被带来进行诊断，或应该避免蛇头组织的损坏，因为这可以作为蛇咬伤的鉴别。一些咬伤不会导致毒液的螯入，可能是由无毒蛇咬伤的。

响尾蛇咬伤的典型症状是严重的局部组织损伤，

并向周围扩散。在数分钟内，组织明显褪色、变黑，如果不阻止组织周围肿胀，血液可能从牙齿伤口渗出。当覆盖的被毛被剪去或分开时，表层上皮可能会随之脱落。被毛可能掩盖了典型的牙齿印记。有时只有一个牙印或多个囊肿存在。而眼镜蛇咬伤，疼痛和肿胀症状较轻微，全身性神经症状占主导地位。

【治疗】 应尽快采取强化治疗，因为在毒蛇咬伤后毒液会立即引起不可逆的损伤。应该立即剔除伤口处的被毛，应用杀菌香皂彻底清洗伤口。对于被响尾蛇咬伤的动物，应该频繁地用特殊的标记标出组织肿胀的边缘，以监测组织损伤的扩散速度。应该密切检测所有的蛇咬伤动物（受害者）临床症状发展情况，监测最小间隔期为24 h（响尾蛇）到48 h（眼镜蛇）。

响尾蛇咬伤后毒素螯入的治疗应该针对预防和控制休克，中和毒液，预防或控制凝血功能，最大限度地减少坏死，预防继发感染。任何犬或猫被响尾蛇螯入毒素后一般在24 h内均会出现毒蛇咬伤的迹象，需要强化治疗，最初应用静脉注射晶体液以避免出现低血压。在第一个24 h内，速效的皮质类固醇激素可能是有益的，以防止休克和组织损伤，将抗蛇毒血清过敏反应的可能性降到最低。建议监测棘形红细胞或凝血功能障碍的发展，因为这些往往是严重的毒蛇咬伤后毒素螯入的早期迹象。

目前有效的响尾蛇抗蛇毒血清的生产源自于绵羊血清，这种血清能够中和北美响尾蛇毒素。此抗蛇毒血清使用的是免疫球蛋白分子的Fab部分，因此在抗蛇毒的同时出现过敏性反应的风险较低，能够更快地重建中和的抗蛇毒血清，并且抗响尾蛇毒液的效果与马血清源抗体相当。虽然毒蛇咬伤后临床状况的改善可能会出现在咬伤后的24 h或以上，但是在被咬伤后6 h内应用抗蛇毒血清效果最好。对抗蛇毒血清发生过敏性反应的病例，应给予1∶1 000肾上腺素0.5～1.0 mL皮下注射。

抗蛇毒血清一般对响尾蛇咬伤所致的疼痛有明显的缓解作用，但根据需要，也可以使用阿片类镇痛剂来缓解疼痛。如果出现凝血功能障碍（血小板减少症、弥散性血管内出血等），应该进行包括应用血液替代品和肝素钠（小剂量5～10 U/kg或低剂量50～100 U/kg，皮下注射，每日3次）等适当的治疗。在血容量不足时，用血红蛋白glutamer-200（牛）或羟乙基淀粉可能会有帮助。但使用胶体治疗时应谨慎，因为胶体可能会从损坏的血管漏出并促使血液流出到组织间隙。

应给予广谱抗生素以防止伤口感染及其他继发感染。一些潜在的病原体，包括棒状杆菌、梭状芽孢杆菌、铜绿假单胞菌、金黄色葡萄球菌已经从响尾蛇的口中分离出来。持续使用抗生素进行治疗，直到所有的浅表病灶愈合为止。

此外也应考虑使用破伤风抗毒素进行预防，特别是对于马，还需使用其他一些辅助疗法（如万一有溶血或抗凝剂毒素时进行输血或血浆治疗）。在大多数情况下，手术切除局部组织是不切实际的而且也是无保障的。已报道严禁使用抗组胺药，但盐酸苯海拉明（10～50 mg，皮下注射或静脉注射）已被证明有助于安静烦躁不安的中毒动物，并能够使对抗蛇毒血清过敏反应的风险最小化。

被珊瑚蛇（银环蛇）咬伤的动物，可能需要辅助疗法（如静脉输液、辅助呼吸、抗惊厥药等）和抗蛇毒血清进行治疗，若有效果可使用北美银环蛇蛇毒血清（已于2009年停止生产）。与响尾蛇咬伤一样，需要应用广谱抗生素来减少伤口感染的风险。

【预后】 毒蛇咬伤的预后取决于毒蛇类型和种类、被咬的部位、受害者体格大小、毒液螯入程度以及咬伤后到达治疗机构之间的时间间隔。被眼镜蛇咬伤后幸存的动物一般能够完全康复，但响尾蛇咬伤后由于组织坏死（截肢、功能丧失等）会引起长期的后遗症，但也取决于咬伤的严重程度，以及咬伤后是否进行及时和有效的治疗。

第三十九节　蟾蜍中毒

犬和猫可经口摄入能引起中毒的多种蟾蜍，但发生的频率相对较低。中毒严重程度差别很大，这取决于接触的程度和蟾蜍的类型。所有蟾蜍都会产生毒液，但不同种类的蟾蜍其毒性不同，并且在同一地理位置的个别品种之间其毒性也存在明显差异。蟾酥（蟾蜍毒液）是一种防御机制，是由位于后背和眼睛后部的腺体及其他皮肤结构（包括疣）分泌的。皮肤中的腺体肌肉收缩能够快速释放出浓稠、乳白色且有强烈刺激性的物质，即毒液。毒素的许多成分包括蟾毒精类（具有洋地黄样作用）、儿茶酚胺和五羟色胺。在美国最毒的蟾蜍种类是巨头或海洋蟾蜍，马里努斯海蟾蜍是一种外来物种，生活在佛罗里达州、夏威夷和得克萨斯州。如果受害动物未经治疗，则死亡率达20%～100%，主要取决于毒液的毒性大小。

【临床表现与诊断】 蟾蜍毒素中毒在温暖或温和的天气最为常见。中毒症状差异很大，轻度表现局部症状，严重者抽搐甚至死亡。严重程度取决于宿主因素、中毒程度、接触毒源的时间以及蟾蜍的种类。可能是因为毒液具有强烈刺激性，所以在接触蟾蜍毒素后就立即出现局部症状（有时出现大量泡沫状流涎，有时伴随剧烈的头部震颤，前爪抓口部，干呕）。严重的病例呕吐是常见症状，在常见的土著蟾蜍中毒时，呕吐可能会持续几个小时，但中毒症状并没有进一步恶化。重度中毒（如马里努斯海蟾蜍）表现心律失常、呼吸困难、发绀、抽搐等。心脏和中枢神经系统受损可危及生命。

【治疗】　目前还无针对蟾蜍毒素的特效解毒药。治疗一般是最大限度地减少毒液吸收和控制相关临床症状的出现。蟾蜍毒素中毒的动物应置于有毒蟾蜍出没最少的地方，最简单的治疗是立即用大量的清水彻底冲洗口腔，并应防止吸入含有蟾酥（蟾蜍毒素）的唾液或水溶胶。阿托品可以减少唾液的量和吸入的危险。动物中毒严重就需要更广泛的治疗，应该鉴别是否出现心律失常，并使用标准治疗方案（另见心律失常）进行控制。如果出现缓慢性心律失常（心动过缓），应该考虑使用阿托品、多巴胺；若出现快速性心律失常（心率加快），应考虑使用利多卡因、苯妥英钠、普萘洛尔（心得安）或普鲁卡因酰胺盐酸盐进行治疗；若出现中枢神经系统兴奋，应该使用戊巴比妥钠麻醉、地西泮（安定）或两者的组合进行治疗。严禁使用硫戊巴比妥（硫美妥）、氟烷和其他形式的麻醉药，因为他们可能诱发动物的心室颤动。如果出现明显的发绀和呼吸困难，还需要输氧和进行人工呼吸。

第四十节　有毒节肢动物

有毒节肢动物引起的动物中毒比较罕见，而且难以诊断。从临床症状上可能怀疑蜘蛛中毒，但由于难以捕捉到有毒的节肢动物，能用证据证实的病例很少。

一、蜘蛛

在美国被具有医用价值的蜘蛛咬伤后，不引起特殊的疼痛，直到出现临床症状之前，很少怀疑是蜘蛛咬伤。蜘蛛不会呆在被咬动物附近很久，而动物被咬伤后需要一段时间（30 min至6 h）才出现临床症状。几乎所有的蜘蛛都是有毒的，但是很少能引起哺乳动物出现中毒症状，需要足够的量侵入皮肤以及足够的毒素或毒性才可致病。在美国能引起临床中毒症状的蜘蛛有两个属，即寡妇蜘蛛（寡妇蛛属）和褐色蜘蛛（主要是斜蚌属）。

（一）寡妇蜘蛛

寡妇蜘蛛只有在偶然与皮肤接触的情况下才叮咬动物。最常见的品种是黑寡妇蜘蛛（*Latrodectus mactans*），特点是腹部有红色沙漏状图形，在美国西部主要是西部寡妇（*L. hesperus*），而红色寡妇（*L. bishopi*）出现在南部，在佛罗里达州发现的是棕色寡妇（*L. geometricus*）。

寡妇属蜘蛛的毒液是毒性最强的生物毒素之一。其中最重要的是它的5或6种成分的视神经毒，他们能引起突出结节中神经递质去甲肾上腺素和乙酰胆碱的释放，直到神经递质耗尽为止。结果导致所有的大肌群出现以疼痛抽筋为主的临床症状。

除非目视判定被蜘蛛咬过，否则诊断必须依据临床症状，包括明显的焦虑不安或惊恐，快、浅、不规则的呼吸，休克，腹部僵硬或敏感，肌肉强直疼痛，有时伴随间歇性松弛（也可能发展到阵挛，最终导致呼吸麻痹）。也有出现轻度瘫痪的报道。

有种抗毒素（马源性）可以在市场上买到，但经证实一般被咬伤的都是高危个体（幼年动物或老年动物），对症治疗即可，但也需要结合其他治疗方法。据报道，静脉注射葡萄糖酸钙（人的通常用量为10%溶液10 mL）有一定疗效，为缓解疼痛和松弛肌肉，也可静脉注射地美露和吗啡。肌肉松弛剂和安定剂也是有益的，也应注射破伤风抗毒素。恢复时间较长，会出现持续数天的虚弱和局部麻痹。

（二）褐色蜘蛛

在美国斜蚌蜘蛛至少有10种，但褐色蜘蛛（*L. reclusa*）是最常见的，其毒性作用很典型。这些蜘蛛的头胸部、背部有明显的特征，呈小提琴状，但有些品种不明显或者缺乏这种特征。在美国西北部，有报道一种流浪汉蜘蛛（*Tegenaria agrestis*），可引起人临床上难以辨认的皮肤坏死，在其他动物上也可能有这种变化。褐色蜘蛛毒液具有收缩血管、形成血栓、溶血和致组织坏死的特性，它包括几种酶，其中有作用于细胞膜的磷脂酶。特征性表皮坏死的致病机制尚不清楚，但补体的激活、趋化因子和中性粒细胞的积聚会影响或扩大病理过程。

了解褐色蜘蛛的叮咬史有助于对该病的诊断，但这种情况很少。初步诊断可根据出现不连续的红肿和强烈瘙痒的皮肤病变，也可能有不规则瘀斑。在4~8 h内，在咬伤处形成水疱，有时红斑区域四周会变白，呈现"牛眼"状病变。中心区域有时会出现苍白或紫绀。囊疱可能恶化成溃疡，除非治疗及时，否则可能扩大并浸润到深层组织，如肌肉。有时水疱发生后紧接着出现脓疱，破裂后留下黑色焦痂，最后形成广泛和顽固的组织损伤，需要治疗数月才能痊愈。然而，医疗机构指出，并非所有的褐色蜘蛛咬伤都有严重的局部皮肤坏死的结果。

褐色蜘蛛咬伤有时候全身症状在3~4 d以后才出现，包括溶血、血小板减少和弥漫性血管内凝血，这些症状在表皮严重坏死的病例中更容易发生。棕斜蛛咬中毒可导致发热、呕吐、水肿、血红蛋白尿、溶血性贫血、肾功能衰竭和休克。

已知的蜘蛛咬伤早期治疗有效，但遗憾的是大多病例直到出现大面积的皮肤坏死时才认识到，而这个阶段的治疗收效甚微，但仍然有治疗价值。立即应用冰袋冷敷是有益的，如果及早使用皮质类固醇激素，可以稳定细胞膜和抑制趋化作用而防止皮肤坏死。皮质类固醇激素还能防止病变向全身发展。有人建议进行局部切除，但其效果令人怀疑。氨苯砜是常用作治疗麻风病的一种具有白细胞功能的抑制剂，被认为是当前治疗褐色蜘蛛咬伤的首选药。对于人，给药量为100 mg，每日2次，持续14～25 d。广谱抗生素可以预防继发性感染，而且还应进行破伤风的免疫预防。

（三）狼蛛

狼蛛（有许多种属）在美国和南美很常见，他们正越来越多地被作为家庭宠物而出现在世界各国。还有许多其他奇异的节肢动物，他们经常出现在异国情调的宠物商店。

狼蛛与其他家养宠物不应混为一谈。狼蛛腹部有许多绒毛（刚毛），被其当作一种抵御大型生物的防御机制而排出。如果这些绒毛与未受保护的皮肤接触，可能会使皮肤产生过敏反应。一定要小心不让这些绒毛进入眼睛，尤其是角膜，因为他们非常难以去除。此外，对狼蛛极易过敏的犬和猫来说，狼蛛毒液是致命的。因此，应该把狼蛛和犬猫分开喂养，否则犬和猫很容易受到伤害甚至导致死亡。

二、膜翅目昆虫

有许多有毒的膜翅目昆虫，如蜜蜂、黄蜂、大黄蜂、黄色胡蜂等，其中雌性工蜂腹部尖端有一个带刺的产卵管与成对的毒腺相连。蜜蜂具有倒钩刺器，蜜蜂蜇人后就会死亡，因为蜇针与腹部毒液囊相连会一起被拉出。马蜂、大黄蜂、黄色胡蜂具有不带倒钩的刺器，他们有能力多次刺伤攻击者。蜜蜂的毒液含有水解蛋白、肥大细胞脱颗粒肽、磷脂酶、透明质酸酶、血管活性胺和蜂毒明肽。

单个蜂的蜇伤会产生疼痛、肿胀、红斑、水肿、局部硬结，之后在蜇伤部位可能会产生瘙痒。在宠物身上过敏反应的发生率还不确定，如果在30 min内不出现严重的全身反应，过敏反应就不会出现。蜜蜂和马蜂蜇伤犬可以引起局部红肿、红斑和短暂性疼痛，犬被蜇伤时可能会发出叫声，然后在地上蹭自己的嘴和眼。皮肤反应通常迅速出现，而后自然消退。被反复蜇伤可能导致过敏反应，流涎、呕吐、腹泻、循环性虚脱、脸色苍白或发绀。

附带毒液的蜇针或产卵器（如果有的话）应该被移除。出现荨麻疹的病例，应该肌内注射肾上腺素。对过敏反应的病例，肾上腺素在犬和猫的剂量

为1∶1 000（0.1～0.5 mL），此剂量每10～20 min重复一次。静脉注射时，必须将其稀释至1∶10 000，注射0.5～1.0 mL，同时要监测心率、心脏节律和血压。静脉输液是为了防止血管萎陷，也应给予抗组胺药和皮质类固醇激素。另外，动物可能需要插管补充氧气。

（一）非洲蜂

非洲蜂又称杀手蜜蜂，这种在美国常见的蜜蜂是由欧洲殖民者带来的，因此，欧洲的蜜蜂品种就决定了北美和南美的蜜蜂品种。20世纪50年代，在巴西的实验室将非洲殖民地的蜜蜂与温驯的欧洲品种蜜蜂成功杂交，但是他们的后代却从实验室中逃脱。这些杂交后代的特点是对蜂巢的兴奋性和侵略性较强，并频繁分群。自从1957年顺利逃出后，这些"杀手蜜蜂"已传遍了南美的大部分地区，并通过中美洲和墨西哥传播到美国的南部地区。随着全球气候变化，他们的活动范围将继续向北扩展。

非洲蜂与欧洲蜂很难从形态上区分。他们的蜇刺行为主要是防御性的，例如，在觉察到种群受威胁时，这些蜜蜂习惯集体袭击，一旦开始，在其领地可能会导致成百上千蜜蜂的蜇刺，这些蜜蜂可能追逐被蜇伤者远达1 km。蜂巢常在暴露的地方被发现，如树枝、旧轮胎或箱子等家养宠物可能会接触到的地方。蜇伤一般发生在蜂巢附近，较小的宠物特别容易受到多次蜇刺的影响，因为他们相对自己的体重获得了较大剂量的毒液。毒液剂量累积到一定程度将是致命的。

动物接受大量毒液后会表现精神沉郁，通常会发热，可能会出现面瘫、共济失调、癫痫和神经症状。尿液可能呈深褐色或红色，粪便带血，还可能发现带血或深褐色的呕吐物。另可能会出现白细胞增多、血小板减少和弥漫性血管内凝血。尿液检查可显示肾小管酸性中毒的颗粒管型。动物可能发展成因急性肾小管坏死或大量毒液直接毒性作用引起的急性肾功能衰竭。犬还可能出现继发性免疫介导的溶血性贫血。

心脏监测仪、补充氧气、急救药物以及气管插管等必须随时备用。所有受到大量或者多次蜇伤的动物必须住院，接受积极的全天住院治疗，直到临床症状消失。

（二）火蚁叮咬与蜇刺

火蚁（入侵红火蚁和黑火蚁）并不是原产于北美洲，而是20世纪初才被引入美国。自从他们被引入以后，红火蚁（Solenopsis invicta）在美国南方的12个州开拓了超过1.25万 km²的领地，包含黑火蚁（S. richteri）在阿拉巴马州和密西西比州占领的一小片区域。火蚁攻击家畜和本地野生动物。火蚁用其蜷缩在身体腹部下面突出的下颌蜇伤受害者，它的蜇刺没有

倒钩，是一种进化的与毒腺相连的产卵管。它缩回自己的毒刺，身体旋转到一边，再次蜇刺，然后循环重复这种行为。不像蜜蜂、黄蜂和大黄蜂，火蚁注入毒液缓慢。在毒腺中的毒液耗尽之前，每只蚂蚁可以进行共20个连续蜇刺，约0.11 μL毒液。

火蚁蜇伤的典型反应是出现风团，通常在1 h内消退。被叮咬后立即出现疼痛和炎症，被叮咬部位出现突起，并发展成无菌性脓疱。这些脓疱有瘙痒感，并可能由于自身创伤而引起继发感染。局部产生红斑、硬结和极度瘙痒。局部水肿可能严重阻碍血液流向肢体。全身性或过敏性反应可能会在远离初始蜇伤的部位产生临床症状，包括荨麻疹、皮肤水肿、喉头水肿、支气管痉挛、血管萎陷甚至死亡。全身过敏反应造成的死亡发生在蜇刺之后的数分钟内，而毒液毒性造成的死亡发生在蜇刺24 h以后。

目前尚无预防或者解决火蚁蜇伤引起的局部反应的特效治疗方法，但对症治疗可能是有益的。局部反应可使用抗组胺药物，外用皮质类固醇，水或酒精外敷，冰以及外用的薄荷和樟脑进行治疗。洗温水澡可使犬症状减轻。局部反应较少发生，可应用抗组胺药、皮质类固醇激素、镇痛药和液体疗法进行治疗。用抗生素防止继发性感染。火蚁蜇伤引起的过敏反应处理方法类似于蜜蜂、马蜂和大黄蜂。

第四十一节　杀鼠药中毒

一些毒物常常被用来杀灭啮齿类动物。家畜、宠物和野生动物常常通过诱饵、中毒的啮齿动物或是蓄意投毒而接触到这些毒物。

（一）抗凝血杀鼠药

由于抗凝血类药物（华法令及其类似物）对所有的哺乳类及鸟类均具有潜在威胁，所以它最常引起宠物中毒。宠物和野生动物可能由于直接采食诱饵或间接采食中毒的啮齿类动物而中毒。家畜中毒是由于食用了被抗凝血类药物污染的饲料或恶意使用这些化学物质或用准备诱饵的容器来拌食。

所有的抗凝血类药物都含有碱性香豆素或茚二酮核（indanedione nucleus）。第一代的抗凝血类药物（华法令、杀鼠酮、克鼠灵、氯杀鼠灵、异戊茚和其他较少用的抗凝血药）需要大量食用才能产生毒性。第二代的抗凝血类药物（氯鼠酮、敌鼠）比第一代需要较少的剂量就能引起中毒，因此也对非靶向动物具有较大毒性。在单独饲喂后，第二代抗凝血类药物（溴敌鼠和溴敌灵）对非靶向动物（犬、猫、一些家畜）具有较高毒性。

抗凝血类药物和维生素K相颉颃，抗凝血类药物可以干扰肝脏中凝血蛋白（凝血因子I、II、VII、IX和X）的正常合成；因此，足够的量也不能将凝血酶原转变为凝血酶。潜伏期依物种、剂量、活性的不同而异。在潜伏期，原先存在的凝血因子被用光，新的产物有较长的生物半衰期，延长了作用，因而需要延长治疗时间。例如，在犬的血浆中华法令的半衰期是15 h，敌鼠的半衰期是5 d，溴敌隆的半衰期是6 d，预计在12～15 d时作用效果最好。溴鼠灵在血浆中持续存在24 d仍可以检测到。

临床症状通常表现为出血现象，包括贫血、血肿、黑粪、血胸、眼房前积血、鼻衄、咳血、血尿，通常也可见由于出血而导致的虚弱、共济失调、疝痛和呼吸急促，甚至在出血发生前能见到精神沉郁和厌食。

抗凝血类药物中毒通常依据动物对该毒性物质的接触病史而做出诊断。当出现大量出血包括弥漫性血管内凝血、先天性因子不足、假性血友病、血小板缺乏和艾利希体病时可诊断为其他的疾病。当凝血酶原、局部促凝血酶原激酶或凝血酶出现的时间延长，纤维蛋白原、纤维蛋白降解产物和血小板的数量增加时，可以提示发生抗凝血类药物中毒（图21-9）。维生素K_1的治疗效果很显著。

图21-9　抗凝血杀鼠药中毒，肠系膜出血
（由Frederick W. Oehme博士提供）

维生素K_1是解毒药。华法令中毒时的推荐剂量为0.25～2.5 mg/kg，可以用2.5～5 mg/kg，以防抗凝血类药物（敌鼠、溴敌鼠、溴鼠灵）的毒性持续存在。为了在身体的局部部位加快吸收，维生素K_1需要皮下注射（用最小的针头以防出血）。由于静脉注射维生素K_1可能会导致过敏，因此禁忌静脉注射维生素K_1。第1天后，需要每日口服相同剂量的维生素K_1。如果出血严重，需要以新鲜的或冰冻的血浆（9 mL/kg）或全血（20 mL/kg）来替换凝血因子和红细胞。对于第一代抗凝血药中毒用维生素K_1治疗1周即可；对于中间的和第二代抗凝血类药物或是未知抗凝血类药物类型的中毒，维生素K_1的治疗需要持续2～4周来延续其

作用。维生素K₁和含脂肪的饲料如罐装犬粮一起饲喂和单独口服维生素K₁相比，维生素K₁的生物利用度会提高4~5倍。

要监控抗凝血类药物的量，在停止治疗后，其值正常保持5~6 d。在治疗抗凝血类药物中毒时不必用维生素K₃作为补充食物。此外可采用一些辅助疗法，包括胸腔穿刺术（用来减轻由于血胸而导致的呼吸困难），如果需要应输氧。

（二）安妥（α-萘基硫脲）

安妥可引起胃的局部刺激。尽管不同物种所需要的剂量差异很大，但是所有动物食用安妥后，肺毛细血管的渗透性都会增加。和华法令的功能相比，安妥几乎要被淘汰。猪和犬偶尔中毒，反刍动物对安妥具有抵抗力。动物空腹摄入安妥后易呕吐。然而胃中的食物能减轻对呕吐的刺激，因此安妥更容易积累到致死量而引起动物死亡。中毒症状包括呕吐、流涎、咳嗽和呼吸困难，有些病畜有严重的肺水肿，出现湿啰音并且发绀。有些症状如虚弱、共济失调、速脉、缓脉、体温下降也可能出现。窒息死亡常发生在采食2~4 h后，如果动物能存活12 h则有可能逐渐恢复。

安妥中毒有明显病变，最显著的表现是肺水肿和胸腹腔积水。在一些病例中也可见气管黏膜充血、轻微至中度胃肠炎、肾显著充血和肝苍白斑。必须在24 h内对组织进行化学分析。

只有在呼吸困难不明显时才可以应用催吐药，当出现严重呼吸困难时预后不良。含有巯基的药物，如戊硫醇、硫代硫酸钠（10%溶液）和乙酰半胱氨酸有效。高压氧疗法、渗透利尿剂（如甘露醇）和阿托品（0.02~0.25 mg/kg）可以减轻肺水肿。

（三）溴杀灵（溴鼠胺）

溴杀灵是一种非抗凝血剂、单剂量的杀鼠剂，是一种神经毒素，表现在神经系统中的氧化磷酸化的解偶联作用。脑脊液压力升高会导致神经轴突的压力升高，神经传导的下降，麻痹和死亡。犬中毒剂量为1.67 mg/kg，致死剂量为2.5 mg/kg。

溴杀灵可以引起急性或慢性综合征。动物摄入量大于5 mg/kg，10 h后会出现明显症状，包括过度兴奋、肌肉震颤、癫痫大发作、后肢反射性亢进、神经系统抑制和死亡。在低剂量时，摄入24~86 h后会出现慢性症状。典型的综合症状包括呕吐、精神沉郁、共济失调、震颤和侧卧。如果是间断地摄入溴杀灵，临床症状都是可逆的。当出现脑水肿和后躯麻痹时可鉴定为溴杀灵中毒。

治疗应直接阻止毒物在肠道的吸收和减轻脑水肿。可用甘露醇作为渗透利尿剂，也可用激素治疗，但激素治疗犬的溴杀灵中毒效果不佳，用活性炭辅助

治疗可提高治愈率。

（四）胆骨钙化醇

这种杀鼠剂对非靶向动物的毒性很低而对鼠类的毒性较大。临床试验表明，含胆骨钙化醇的杀鼠剂可以对犬猫的身体健康造成威胁。胆骨钙化醇会引起血钙过高而导致全身软组织钙化、肾衰、心脏病变、高血压、神经系统抑郁和肠胃不适（图21-10）。

通常在摄入18~36 h后出现症状，包括精神沉郁、厌食、多尿和多饮。由于血钙含量升高，临床症状更为严重。血钙含量大于16 mg/dL不常见。胃肠道平滑肌的兴奋性降低并且表现出厌食、呕吐、便秘。吐血和出血性腹泻可能是由于胃肠道营养不良性钙化，不应误诊为抗凝血类药物中毒。血钙过高会直接导致肾浓缩能力下降。由于持续的高血钙，会出现肾结石进而导致进行性肾机能不全。

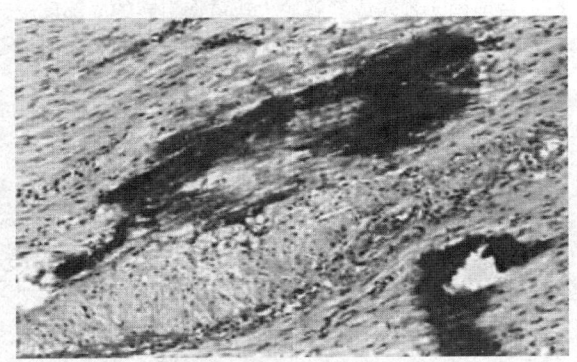

图21-10　胆钙化醇，组织病理学钙化
（由Frederick W. Oehme博士提供）

依据摄入史、临床症状和高血钙可作出诊断。但应排除其他导致高血钙的原因，如甲状腺机能亢进、正常羔羊的高血钙、肾旁高血钙、高蛋白血症和弥散性骨质疏松症。与高血钙相关的肉眼可见的病变包括斑驳肾脏和胃黏膜弥散性出血，在大静脉、肺、腹部脏器表面有粗糙突起的斑点。

治疗方法包括排空胃内容物，然后给以活性炭（2~8 g/kg的水溶液）治疗。应用0.9%的氯化钠溶液、速尿（起始量为5 mg/kg静脉注射，随后按每小时5 mg/kg的恒定速率静脉注射）和类固醇药物（强的松龙1~2 mg/kg，每月2次），速尿和强的松龙需要持续应用2~4周，并且在停止治疗后的24 h、48 h、2周时，应该检测血钙含量。此外，也可应用降钙素4~6 IU/kg来治疗，每2~3 h皮下注射1次，直至血钙含量稳定在小于12 mg/dL。一些严重病例可静脉注射钙螯合剂，如Na-EDTA，但是这种方法是试验性的，并且需要严密检测血钙以防血钙过高。如果已经应用2周以上的强的松龙，其量应逐渐减少，以防肾

上腺皮质功能不全。如果动物已经肾衰，应进行持续的腹膜透析。在动物经常能接触到胆骨钙化醇的情况下，都需要饲喂低钙含量的食物。

目前，一种骨吸收的特异性抑制剂帕米磷酸二钠，常用于治疗人的恶性出血和佩吉特病，有望作为治疗犬胆骨钙化醇中毒的药物。用帕米磷酸二钠的生理盐水溶液，以1.3~2.0 mg/kg缓慢静脉注射2~4 h以上。两次给药间隔4 d。帕米磷酸二钠盐有持续的抑制骨吸收的作用，因此需要限量给药。在最后一次注入帕米磷酸二钠盐后的第2天和第4天，应检测总的血钙和尿素氮的含量。

（五）磷

白色或黄色的磷对所有的家畜都有毒性，吸收后可造成局部腐蚀和肝脏毒性。虽然磷不被广泛用于杀鼠剂，但犬偶尔由于采食含有白磷的鞭炮而中毒。发病突然，早期症状包括呕吐、严重腹泻（通常出血）、腹痛、呼气有大蒜味。在采食后4 d通常可明显恢复，但是也可能出现额外急性肝损伤，症状包括出血、腹痛和黄疸。肝性脑病可引起惊厥和死亡。病变包括严重的胃肠炎、脂肪肝、多处脑出血、血液呈黑色柏油状且不凝固。组织和体液可能有磷光，并且胃内容物有蒜臭味，由于肝肾衰竭而导致死亡。

除非早治疗，否则预后不良。1%的硫酸铜是有效的催吐剂，并且会形成不能吸收的磷酸铜化合物。用0.01%~0.1%的高锰酸钾溶液或0.2%~0.4%的硫酸铜溶液洗胃必须用活性炭吸收，30 min后用盐类泻剂。任何含脂肪的食物在3~4 d甚至更长的时间都不能饲喂，因为脂肪有助于磷的吸收。矿物油可以分解并且阻止磷的吸收，推荐用于治疗磷中毒。

（六）红海葱

这类杀鼠剂中毒是因为植物海葱中的强心苷，通常限制其使用。因为鼠不能呕吐，所以红海葱对鼠的毒性很大。红海葱对家畜的适口性差，但是犬猫采食后通常会导致呕吐。家畜大量采食才会中毒，因此认为是比较安全的，但可引起犬、猫、猪中毒。症状包括呕吐、共济失调、感觉过敏，紧接着麻痹、抑郁或惊厥，心动过缓，心律失常，最后心搏停止。临床症状很少超过24~36 h。

治疗包括辅助方法和应用洗胃和盐类泻剂使胃肠道排空。间隔6~8 h皮下注射硫酸阿托品可阻止心搏停止，35 mg/kg、每日3次使用苯妥英钠可以抑制犬心律失常。

（七）氟乙酸钠（1080）与氟乙酰胺钠（1081）

1080是一种无色、无臭、无味、溶于水的化学物质，对所有动物包括人都具有较高毒性（0.1~8 mg/kg）。它仅限于商业用途。氟乙酸盐代谢为氟柠檬酸，氟柠檬酸可以抑制三羧酸循环——一种细胞产生能量所必须的机制。通过过度刺激神经系统引起惊厥而导致死亡，还可以影响心脏的功能，包括心肌抑制、心律失常、心室纤维性震颤和循环性虚脱。在犬主要影响中枢神经系统；而在马、绵羊、山羊、鸡以影响心脏为主；在猪和猫，两者均受影响。

摄入后潜伏期超过30 min，随后出现精神紧张和坐立不安。除犬和猪，所有动物都会出现显著的抑郁和衰弱。中毒动物迅速卧倒，并且脉搏微弱，低于正常的2~3倍，心力衰竭会导致死亡。通常犬和猪迅速发展为类似于士的宁中毒的强直性抽搐，一些动物表现为剧痛。猪出现明显呕吐；犬通常有粪尿失禁、狂跑。病情发展迅速，中毒动物在出现症状数小时死亡。表现明显临床症状的动物很少能恢复。剖检常见器官充血、发绀，心外膜出血、舒张期心脏停止跳动。

如果症状明显，通常不采用催吐药，可用洗胃和吸附（活性炭0.5 g/kg）的方法。如果临床症状十分严重则预后不良。可以用巴比妥类药物控制痉挛。一乙酸甘油酯作为氟乙酸盐的竞争性颉颃剂作用的效果不一致，推荐剂量为0.55 mL/ kg肌内注射，或加5份生理盐水静脉注射，每30 min注射1次，连注数小时。

由于摄入1080致死的鼠而发生二次中毒的危险非常高，美国已经限制1080和1081的使用。只有已投保的专业灭鼠者才可以购买1080，并且必须加入黑色染料以鉴别。

1081中毒引起的症状和1080中毒引起的症状相似，治疗方法相同。

（八）硫酸铊

这种杀鼠剂具有普遍的细胞毒性，可影响所有物种，已经被禁用。临床症状的发作通常会延迟1~3 d，尽管它对机体的所有系统都有影响，但是最显著的是胃肠、呼吸、体被和神经系统。临床症状包括胃肠炎（偶见出血）、腹痛、呼吸困难、失明、发热、结膜炎、齿龈炎、颤抖或抽搐。在发病4~5 d有明显恢复或是多次小剂量中毒后，转化为以斑秃、红疹、角化过度为特征的慢性病。剖检常常会发现一些组织坏死。

急性铊中毒的治疗包括应用催吐药，用1%碘化钠溶液洗胃，静脉注射10%的碘化钠。双硫腙（70 mg/kg口服，每日3次）是一种解毒剂，但是通常需在动物接触毒物24 h后再使用。与此同时，接下来14 d要用普鲁蓝的水悬浮液（100 mg/kg）来阻止铊的肠肝循环，并且加强其排泄。在对症治疗其腹泻和惊厥时要注意其体液和电解质平衡，营养物质的补充，防止继发感染并且做好护理。

（九）磷化锌与磷化铝

由于磷化锌中毒致死的老鼠常常死于户外，因此被广泛应用于农场和仓库。其毒性是由于其在胃的酸性条件下释放出磷化氢气体，这种气体可以直接刺激胃肠道并且导致心血管衰竭。中毒剂量大约为40 mg/kg，饱食动物发病迅速。临床症状包括呕吐、腹痛、无目的运动、嘶鸣，并伴有精神沉郁、呼吸困难和惊厥（类似于士的宁和氟乙酸盐中毒）。呼吸抑制常会导致死亡。在呕吐物和胃内容物中常常有乙炔气味，肺水肿和内脏充血很少见。常根据磷化锌的接触史、特征性的临床症状和检测胃内容物中的磷化锌来做出诊断。血、肝、肾中锌的含量可能增加。治疗包括辅助疗法、施用葡萄糖酸钙、用适当的液体来减轻酸中毒。建议口服5%碳酸氢钠（牛2~4 L）来中和胃酸。

第四十二节　士的宁中毒

士的宁是一种吲哚生物碱，源自印度马钱子树的种子。士的宁主要用作杀虫剂以控制大鼠、鼹鼠、地鼠和土狼。士的宁对大多数家畜有很高的毒性作用。在犬、牛、马和猪的口服LD$_{50}$为0.5~1 mg/kg，猫为2 mg/kg。士的宁作为一种限制使用的杀虫剂，在美国很多州已禁止销售。粮食中掺入或丸粒化的商业诱饵（通常 < 0.5%）通常被染成红色或绿色。严重的或偶然的士的宁中毒，在美国并不常见，本病主要发生于小动物，尤其是犬或猫，很少在家畜中发生。大多数中毒发生于非靶向动物摄入商业诱饵，而大型雄性犬更为常见。大多数中毒报道来自美国西部。

【中毒机制】　士的宁在酸性pH条件下被电离，然后迅速并完全在小肠被吸收。在肝脏的微粒体酶中被代谢。在血液、肝脏和肾脏中士的宁的浓度最高。士的宁及其代谢物经尿道排出。按照摄入的量和采取的治疗措施，大多数中毒剂量在24~48 h内被清除。

在脊髓和髓质中，士的宁在突触后神经位点竞争性和可逆性地抑制神经递质氨基乙酸。结果使运动神经元的未加抑制的反射刺激影响所有的横纹肌。由于伸肌肌肉相对比屈肌肌肉更有力，他们支配产生全身性的僵直和强直阵挛性发作。中毒动物多死于组织缺氧和衰竭。

【临床表现】　士的宁中毒的发生很快。经口摄取后，临床症状可在30~60 min内出现。胃中存在食物可延迟中毒的发生。早期症状很容易被忽视，主要表现恐惧、神经过敏、紧张和僵硬等症状。通常不发生呕吐。严重的强直性抽搐可能会不由自主地出

现，或可能由刺激引起，如触摸、声音或一种突然的亮光。一种极度的或强烈的伸肌强直可导致动物出现"锯木架"姿势。由于僵硬和抽搐引起的体温过高（40~41℃）通常在犬较为常见。强直性的抽搐可能会持续几秒到1 min。呼吸会随时停止。在抽搐期间可见松弛的间歇期，但随着病程的发展，出现的频率会减少。黏膜发绀，瞳孔放大。抽搐的频率增加，在抽搐期间衰竭和窒息最终引起死亡。如果不治疗，整个综合征可能只持续1~2 h。没有特征性的剖检病变。有时由于死亡前抽搐时间延长，可见心和肺濒死前出血和缺氧引起发绀充血。死于士的宁中毒的动物会迅速出现死后僵直。

【诊断】　士的宁中毒的试验性诊断通常基于摄入病史和临床症状。胃内容物、呕吐物、肝和肾中发现士的宁生物碱可确诊。如果采食1~2 d后分析，有时尿中可能检测不到士的宁；因此，应收集多种样本进行分析。偶尔中毒动物可能在胃中存在有未消化的掺入饲粮中的红色或绿色的士的宁诱饵。

士的宁中毒易与几种其他的遗传性癫痫类物质引起的中毒所混淆，如聚乙醛，遗传性颤动霉菌毒素（青霉震颤素a），有机氯、有机磷酸酯或氨基甲酸酯杀虫剂，含氟的醋酸盐（1080），磷化锌，尼古丁，4-氨基吡啶，或人用药物（三环抗抑郁药、5-氟尿嘧啶、甲硝唑、异烟肼）。急性的大片的肝坏死（肝性脑病）也可产生与士的宁中毒类似的症状。

【治疗】　士的宁中毒紧急，治疗应快速进行。治疗应采取排出毒物、控制抽搐、预防窒息和辅助疗法。控制抽搐，在试图排除毒物前应使有症状的动物保持安静。

毒物的排除包括诱导呕吐或洗胃，用活性炭吸附胃肠道残余毒饵。由于很快出现临床症状，大多数病例很少发生呕吐。如果毒物刚刚摄入，并且尚未出现临床症状，应该用3%过氧化氢1~2 mL/kg诱导呕吐（小动物和猪），口服，最大剂量为3汤匙，30 min后若还未呕吐，则需重复一次，阿卟吗啡（只用于犬）0.03 mg/kg静脉注射，或0.04 mg/kg肌内注射；或赛拉嗪（猫或犬）0.5~1 mg/kg，静脉注射或肌内注射。如果不能诱导呕吐，应该用温水洗胃。若动物已表现抽搐症状，首先应该进行麻醉（用戊巴比妥钠），洗胃之前应该在气管内插入导管。呕吐或洗胃后，服用活性炭小动物2~3 g/kg，大动物0.5~1 g/kg；并可用硫酸镁250 mg/kg，口服。

小动物发生抽搐时可用戊巴比妥钠，静脉注射至起效，必要时可重复注射。骨骼肌松弛药如美索巴莫100~200 mg/kg，静脉注射，可发挥很好的作用；若有必要可按需要重复，最大剂量每日

330 mg/kg。在大动物中，水合氯醛或赛拉嗪可用于控制抽搐。其他药物如愈创木酚甘油醚（5%，110 mg/kg）、安定和赛拉嗪已用于控制犬的抽搐并获得成功。丙泊酚3～6 mg/kg静脉注射，或每分钟0.1～0.6 mg/kg静脉注射，也可在犬或猫中用于控制抽搐。

严重中毒的犬应该插入管子，并进行人工呼吸。

用氯化铵进行尿道的酸化（100 mg/kg，每日2次，口服）可能对离子封闭和生物碱的尿道排泄有作用。应该静脉注射利尿剂，维持正常的肾脏功能。必要时治疗体温过高（风扇，凉浴）。应进行酸碱平衡的监控和纠正。

（路浩 译　王建华 一校　崔恒敏 二校　刘宗平 三校）

第二十二章　人兽共患病
Zoonoses

人兽共患病不仅给兽医人员，也给与公共卫生相关的所有职业带来挑战。在控制人兽共患病的计划中，兽医与公共卫生医生之间的合作是非常重要的因素。这种合作的成功典范率先是在丹麦、瑞典、芬兰、挪威等国，随后是在美国、加拿大和其他消灭牛结核病的国家。然而，遗憾的是，在发达国家已经得到控制的人兽共患病，如牛和猪的布鲁氏菌病、牛结核病、狂犬病等，在发展中国家仍然是主要问题。在一些地区，很多曾经消灭了的疾病仍会重新发生。新发现的人兽共患病病原不断出现，如亨德拉病毒和尼帕病毒。同时，很多其他人兽共患病仍持续发生，引起人们的关注。

一、病原与宿主种类

人兽共患病均可由细菌、病毒、真菌、寄生虫或朊病毒引起。这些病原更容易在相近物种之间传播，多数病原是哺乳动物的病原体。很多特定疾病可在人类和非人类的灵长类动物中发生。鸟类、爬虫类、两栖动物与无脊椎动物在感染病原后可成为传染源（表22-1）。在冷血动物/变温动物中发现的多数人兽共患病病原为寄生虫，但这些动物也可以携带引起人兽共患病的细菌和病毒，如沙门氏菌、西尼罗河病毒和机会性结核分支杆菌。人类是很多人兽共患病病原的偶见宿主，但某些病原体可同时具有人类和动物两种贮存宿主。在有些情况下，当人类疾病得到控制以后，动物源性传染源才被发现，如黄热病可在森林中的非人类灵长类动物中循环传播，同时也可在城镇人群中循环传播。人类越来越认识到野生动物可作为人兽共患病病原（包括那些曾经被认为只存在于家畜的病原）的贮存宿主。"反向"人兽共患病则由人类病原引起，并传播到动物，在某些情况下这些病原随后又感染人类，如引起人类结核病的结核分支杆菌能定殖于牛的乳房并经乳汁排菌（人类随后可被感染）。

在人类和动物中同时出现某种病原，并不一定说明这是明显的动物源性人兽共患病。有些疾病来自环境，但不能在动物和人类之间传播，它们只是在人类和动物中造成普通感染，例如组织胞浆菌病是由于动物吸入了土壤中真菌的小分生孢子所引起的，但是这种微生物在动物组织中的形态呈酵母样（组织胞浆菌病的病原为*H.capsulatum*，其形态为温度依赖型，在环境中为真菌样，在37℃的动物体内则类似酵母样——译者注）。某些微生物，如念珠菌，是健康人和动物的共生体，只有当宿主体质衰弱时才引起疾病。这些微生物虽然能够从动物传播到人类，但这种传播却没有流行病学上的意义。基因工程技术的使用迅速改变了人兽共患病方面的知识，例如无乳链球菌曾经被认为只来源于动物，目前在人群中也发现无乳链球菌，但多数与动物源性无乳链球菌完全不同。

二、在动物与人类之间的传播

人与动物的密切接触可造成人兽共患病病原的感染，通常是通过吸入、摄入或其他方式引起黏膜感染、皮肤破损，甚至在某些情况下能通过完整皮肤感染。微生物可来源于体液、分泌物、排泄物和病变组织。在剖检过程中，接触动物组织时不采取保护性措施通常会增加被感染的风险。偶尔可通过气溶胶传播，通常发生在密闭的空间中。污染物可传播某些病原，这种传播方式的可能性与病原在环境中持续存在有关。某些病原可通过摄入被污染的食物和水而引起传播，造成很多人的感染。经食物传播的人兽共患病病原的传染源包括未煮熟的肉类和其他动物组织，包括水产动物和无脊椎动物的组织、未经巴氏消毒的牛奶和奶制品及被污染的蔬菜。无论作为生物学传播媒介还是机械传播媒介，昆虫在传播某些病原中发挥重要的作用。

很多因素能影响人兽共患病发生的风险，这些因素包括宿主易感性、可能的传播途径、动物排出病原的数量和病原跨种传播的能力。一些病原如炭疽芽孢杆菌很容易感染人类，但其他病原却很少能引起人兽共患病。某些特定的职业和活动能显著增加暴露于该病原的概率。从事园艺或小孩游戏时接触土壤，意味着增加其感染土壤中暂时或永久性病原（如弓首蛔虫），或申克孢子丝菌的风险；兽医实践活动、农业生产及饲养宠物都有明显的风险，犬、猫、家畜和鸟类能将野生动物病原传播给与之密切接触的人群；动物可直接感染这些病原并可出现临床或亚临床症状，然后这些动物可作为感染病原的节肢动物（如蜱）的运输宿主。从非传统宠物中感染人兽共患病病原的概率相对较高，尤其是从野外捕获的动物。在美国暴发猴痘的过程中，该猴痘病毒是从作为宠物引进的非洲啮齿动物首先传播到草原土拨鼠，然后再传播到人类的。增加人类与野生动物更加密切接触的活动，如狩猎、钓鱼和野营等，均能导致人类暴露于野生动物携带的病原如土拉弗朗西斯菌、鼠疫耶尔森菌和钩端螺旋体，或暴露于以节肢动物为媒介所传播的病原如伯氏疏螺旋体和西尼罗病毒。特别是当狩猎者屠宰动物时可能会接触动物组织中的病原；逐渐流行的生态旅游使人类暴露于野生动物疾病。有些人兽共患病的流行则与人类某些活动有关，如吃生鱼、软体动物和腹足动物等。了解人们的业余爱好、职业活动、旅行或拥有的宠物，有时能对城镇中罕见人兽共患病的确诊提供帮助。

一旦某人发生了人兽共患病，有时可发生人与人之间的传播，这种风险因特定疾病种类、病原在人群中的传播能力和传播途径的不同而有所差别。在通常情况下，医务工作者及与之密切接触的家庭成员是高危人群，而一些疾病如鼠疫，在某些情况下能在人群中广泛传播。某些人兽共患病在偶尔接触时不能传播，但是可通过输血、器官移植或在子宫中从母体传播给胎儿。很多种特定病原，从包囊状态的寄生虫到潜伏感染的病毒，在器官中具有潜在的传播能力。在器官供体者中被控制得很好的病原却能在器官接受者中被再激活，因为后者使用了防止免疫排斥反应的药物而引起了免疫抑制反应；如果在献血时，血液中有病原体，输血则会使疾病突破正常屏障。疯牛病的病原体通常是由于动物摄入了带毒组织而在不同宿主之间传播，但也可经输血而发生感染。

三、免疫抑制的作用

人兽共患病的范围很广，包含从皮疹、易被误诊为人流感的、温和、自限性感染到严重危及生命的疾病。某些人兽共患病能影响健康人群，而其他疾病主要见于患有衰竭性疾病的个体及免疫力低下的其他情况。有些人兽共患病在健康人中仅出现温和症状或无症状，但对免疫力下降的人群是一种严重的疾病，可能出现异常的临床表现。在某些病例中，如果依靠血清学诊断方法，那么免疫抑制会延缓诊断。

原发性免疫功能低下，即先天性免疫功能低下，会影响体液免疫或细胞免疫，或者两者都受影响。一些先天性免疫功能低下会增加宿主对某一种类病原的易感性，而另外一些免疫功能低下可能造成机体抵抗力全面降低。有些免疫功能低下，除对某种疾病的易感性出现异常之外，一般不易被察觉，而有些从婴幼儿时期就很明显。继发性免疫功能低下是由能影响免疫系统的任何后天因素所造成的，这些因素包括脾脏切除术、影响代谢的疾病（如糖尿病）、引起广泛衰竭的疾病（如癌症）及一些感染（如疟疾和艾滋病）。某些疾病，如慢性肺病，影响了先天性防御（非特异性），增加动物对疾病的易感性。创伤和烧伤能降低皮肤阻挡病原入侵机体的能力，而留置导管和植入的医疗器材可引起外伤，因而容易造成病原感染。药物抑制免疫，可能是有目的的（如用于治疗自身免疫疾病或防止器官移植病人在体内发生排斥反应的药物），也可能是药物不良反应所致。在癌症化疗中使用的某些药物对免疫力具有强烈的抑制作用（见免疫疾病）。

机体生理状态也能影响免疫力。新生儿和儿童的免疫系统相对不成熟，而老年人的免疫系统却在逐步退化；妊娠会增加孕妇、胎儿或两者发生免疫力下降的风险，如戊型肝炎引起的死亡率在普通人群中约为1%，但在妊娠妇女却高达20%。其他病原如弓形虫，对胎儿造成严重损害，但对孕妇影响较小。

四、新发与再发人兽共患病

新发疾病是指在过去20年中发病率增加的疾病，或发病率在未来有可能增加的疾病，其中很多是人兽共患病。人兽共患病之所以发生是由于人类密切接触了动物宿主、动物组织、传播媒介和环境中的病原，也有可能是病原在家畜、野生动物和传播媒介中流行增加所致。很多目前新发和再发的人兽共患病能在野生动物中发现其贮存宿主和/或经食物传播。

引起疾病发生的因素包括人类改变居住地或行为，这些因素包括那些足以导致人们离开都市的社会动乱乃至仅仅是对食物喜好发生的简单改变。人类对用于凉拌的袋装生鲜蔬菜（西方国家超市中袋装的生鲜蔬菜，购回后往往直接用于制备凉拌菜，如沙拉——译者注）的喜爱，促进了O157：H7大肠埃希菌病的暴发。在公共卫生措施方面如卫生和免疫接种等的失误可促进疾病传播。改变土地使用格局会使贮存宿主的数量发生变化，增加动物发生感染的概率，或刺激病原的基因发生变异（如与其他菌株的重组），或使动物宿主、疾病传播媒介与人类的接触更加密切。虽然很多种蚊子能在森林深部栖息，但却更喜欢在森林周边繁衍，因此砍伐森林（砍伐能产生森林的新边界——译者注）会增加该物种（蚊子）的数量。自然栖息地的恶化及在人类居住地周围容易获得食物，促进野生动物迁徙到城郊。人口数量的增加导致人类与野生动物有更多接触的机会。气候的变化也是疾病新发的因素之一，尤其是经节肢动物传播的病原，如立克次体。日益温暖的气候不仅使媒介动物能在冬季中存活，而且延长疾病传播的时间。气候变化也可能更有利于一些非节肢动物传播的疾病，如雨量增加与某些地方瘟疫的暴发有关。

食品生产技术和产业的变化造成动物饲养密度增加、移动频繁和混群增多，有助于疾病的发生。动物长途运输使包括沙门氏菌在内的肠道病原菌更多地被排出体外。基因多样性的减少（如纯种——译者注）将使对某种疾病具有先天性抵抗力的动物种类消失殆尽。大规模农场和食品加工厂的建设，导致更多人暴露于食品污染源。人类、动物和货物的频繁流动导致疾病迅速扩散。以前曾引起少量动物或人发病但已经被灭绝的病毒，现在可短时间里找到许多易感宿主。SARS冠状病毒初次暴发后在几个月内传播到六大洲的30个国家。病原偶尔变得毒力更强或更适应于人类，或者发生了影响其传播方式的一些变化。自20世纪80年代以来，出现了毒力更强的西尼罗河病毒毒株，最近在北美出现了一种新的变异株，其在蚊子中的繁殖速度更快。

某些新发疾病的出现，不是因其更为常见，而是因为其更容易被识别和发现。越来越多疾病被发现，其原因是改进了诊断技术、鉴定特定病原时更多地使用实验室和临床医生更好地认识了疾病。之所以发现引起斑点热的立克次体，部分原因是使用了能加快病原鉴定的分子诊断技术。维多利亚湖马尔堡病病毒曾经被认为是罕见的、毒力较低的且与埃博拉病毒相关的病毒，但最近发现该病毒在20世纪80年代或更早时候曾引起非洲某矿场工人发生出血性疾病。1998—2000年，该病在刚果民主共和国呈现高致死性暴发，数百名居民受到影响，这种经蝙蝠传播疾病的特点才被发现。

人类对疾病易感性的增加使某些条件性病原突然出现或被人们发现。艾滋病的流行、器官移植计划的成功、先天性或继发免疫抑制病人存活率的增加，这些因素使免疫功能低下人群数量迅速增加。现代医学使人类的寿命更长，其中很多人患有慢性病。

五、治疗

治疗动物的人兽共患病或非人兽共患病的措施是相似的。但是，除非有其他优先考虑的情况，否则应该避免使用能延长人兽共患病病原排出时间的治疗手段，如对由沙门氏菌引起的并不复杂的腹泻病，不建议使用抗生素治疗。但是对携带人兽共患病病原的动物，即使是亚临床感染或者自限性感染，也应该给予治疗，以减少人类暴露于该病原的概率。在治疗人兽共患病期间，要采取措施防止人类发生感染。要从专业的角度判定患病动物应该保留在原来的环境还是被隔离在兽医院的病房中。要考虑的因素有：人类发生该病后潜在的严重性、家庭成员的易感性、医务工作者实施隔离护理的能力、消毒和环境卫生条件。如果治疗不能完全消灭病原，造成病原以潜伏感染或慢性、亚临床感染形式持续存在，此时通常要告知接受治疗的动物的主人。从人兽共患病的角度考虑，如果这可能是致死性人兽共患病，那么患病动物应被施以安乐死。

那些可能已感染人兽共患病的人，应该交给家庭医生以进行诊断和治疗。尤其是当该病罕见、通常无需做鉴别诊断时，家庭医生应该获得必要信息，以加快诊断。同时，清除病原是理想的结果，以防止病原在不同宿主中循环传播。当动物中出现应上报的人兽共患病（如狂犬病）时，应联系公共卫生部门。

六、预防

从动物性传染源中消灭其病原，可使人类获得保护，免受人兽共患病的危害。在一些国家，已经消灭了部分家畜疾病如牛与猪的布鲁氏菌病和牛结核，也显著降低了家禽沙门氏菌病的发生、流行。临床上采取免疫措施（如狂犬病）、控制跳蚤和蜱、定期检测肠道寄生虫或其他病原及控制家畜疾病的其他措施等，也会对人类起到保护作用。只有几种人类疾病可以使用的疫苗，控制节肢动物将减少媒介传播疾病的风险。

在食物制作过程中采取良好的消毒和卫生措施、消除食物交叉污染、在所需温度下煮熟动物源食品（包括无脊椎动物，如软体动物和腹足动物）、在食用前充分清洗蔬菜等措施，常能阻断经食物传播的人兽共患病。煮沸不能破坏朊蛋白，肉品检验和在动物源头清除病原仍然是降低感染此类病原风险的唯一途径。现代水处理程序清除了大多数经水传播的人兽共患病病原。当缺乏这些水处理设施时，应该采取将水煮沸、过滤或其他措施以清除病原。应尽量避免不慎摄入湖泊水或河水。随着诸如O157∶H7大肠埃希菌等病原流行的增加，人们日益关注农业中使用的受污染的灌溉水。将动物粪污堆肥后再排放到田间的措施，能降低粪污传播人兽共患病的风险。但粪便收集后消除污染的程序也十分关键。

环境源性疾病通常很难避免，但采取避免皮肤与土壤接触的措施，如在从事花园相关的工作时戴手套和避免吸入灰尘等，有助于预防这类疾病。

在与外表健康的动物接触时，良好的卫生措施（如洗手）非常重要。就餐前洗手尤为重要。在集贸市场、宠物园或者公众能够接触动物的场所，应提供洗手设施；不鼓励在饲养动物的地方进餐或喝饮料。严密监管5岁以下的儿童，因其免疫系统易受病原的攻击、自己无法达到卫生要求，也容易出现一些可能接触病原的举动，如舔舐脏物。目前，已经颁布了不同场所控制人兽共患病的具体方案。

在动物医院采取的保护措施有：建立隔离屏障（包括手套、保护性外衣及其他合适的个人保护装备等），良好的卫生、保健和消毒，正确处理感染性材料和隔离患有已知人兽共患病的动物等。如有可能，应使用抗菌皂或乙醇配制的消毒剂洗手，比普通肥皂更有效。

在免疫功能低下人群中预防人兽共患病：在为免疫功能低下的病人提供咨询和建议时，应使其既能认识罹患人兽共患病的风险，又能认识人类与动物之间的关系及伴侣动物对人类心理健康的益处。如果有人打算饲养宠物，那么家庭兽医要帮助他作出尽可能安全稳妥的决定。需要与其讨论的内容包括：给宠物饲喂生肉或鸡蛋的风险，防治犬采食垃圾或粪便，控制跳蚤和蜱的重要性，允许犬、猫捕猎的危险性。不允许宠物喝非饮用水，包括湖泊水或溪水、抽水马桶的水；脚爪应该保持短和圆滑，减少抓伤的风险；要避免可能出现咬伤和抓伤的粗野行为；定期彻底清洗动物笼具，防止对微生物起保护作用的碎屑出现堆积；建议病人尽量减少直接接触动物的排泄物，接触动物后要采取良好的卫生措施；每天要将猫沙盆清扫干净，最好是由免疫功能正常的家庭成员来进行，以降低发生弓形虫病的风险。清理鱼缸也可能感染海洋分支杆菌，因此最好由健康者来完成。由兽医对宠物进行有规律的检查是必要的，如定期检查肠道寄生虫和/或其他可能的人兽共患病病原等。当宠物发生腹泻或其他疾病时，必须立即诊断。

新购宠物必须由兽医检查，确保其不携带肠道寄生虫、螨虫、皮肤真菌或其他人兽共患病病原。健康无应激、来历清楚、没有暴露于高剂量病原环境的成年犬或猫，比幼猫或幼犬好些。免疫功能低下者要避免接触爬行动物、雏鸡和雏鸭，因为这些动物均可排出沙门氏菌；避免与流浪动物、野生动物、灵长类动物及发生腹泻或其他疾病的动物发生接触也尤为重要。同样要注意的是，要远离集贸市场、宠物园、农场、学校和类似环境中的动物；如果不可避免接触动物，要采取额外的防护措施。

兽医在给免疫力低下的病人开展有关人兽共患病发生的风险及采取各项措施降低风险等有关知识的教育中发挥重要作用。有教育意义的材料，如标语和手册，能提示免疫功能低下病人寻求有关建议，也可提醒妊娠妇女有关发生弓形虫病及其他人兽共患病的风险，或者用于提醒这些患者，兽医能在他们选择安全的宠物及有儿童的家庭在预防人兽共患病方面提供帮助。关于在动物医院中住院和康复出院动物的治疗过程中如何预防人兽共患病的指南已经颁布。

七、人兽共患病

表22-1中列出了细菌性、病毒性、真菌性和寄生虫性人兽共患病，并按照类型进行分组。其中，省略了很多已知的人兽共患病，包括罕见的人类疾病、主要存在于人类的病原、一些灵长类动物疾病、由鱼类和爬行动物毒素引起的疾病。这些表格旨在给出每种疾病的主要临床特征，更完整的信息应参阅新出版的医学教材或综述性文章。表中列出了疾病的临床症状，但多数病例为无症状感染，还给出了很多感染在健康个体中的死亡率指标。但当出现广泛病变、主要器官受到影响、继发感染及（或）病人发生免疫抑制等情况时，几乎都会出现死亡。死亡率高低通常受是否获得医学护理的影响，在拥有先进医疗条件的地方，死亡率较低。通过立即使用抗生素治疗，几乎可以消除某些高死亡率细菌性疾病的死亡风险。

如果某种疾病已知具有异常的临床表现或者该病在免疫功能低下病人中比较普遍或者很严重，那么这种情况已有记载。除这些疾病外，很多病原能在免疫功能低下病人中引起更加严重的疾病或者异常的临床表现。病原的地理分布信息可作为初步参考，但很多病原的准确分布范围尚未完全明确。病原微生物的分布范围也可出现扩大或在曾经广泛分布的地区中被消灭。

表22-1　全球人兽共患病[a]

疾病名称	致病性微生物	主要感染动物	已知的分布情况	可能传播给人的途径	人的临床症状
（一）细菌病					
放线菌病	牛放线菌和其他种类的放线菌是人兽共患性的，人的多数感染是由人常在放线菌引起的，尤其是伊氏放线菌	哺乳动物	全球性分布；在人极为罕见	可能的接触；放线菌病一般是由内源性菌群扩散而来的	肉芽肿、脓肿、皮肤病变；慢性支气管肺炎；类似肿瘤的腹部肿块；心内膜炎；败血症
炭疽	炭疽芽孢杆菌	主要发生在牛、绵羊、山羊、马、野生食草动物；实际上，所有哺乳动物和部分鸟类都易感	全球范围内均有发生，但呈点状分布；常见于非洲、亚洲、南美、中东和欧洲部分地区	接触性暴露（损伤的皮肤，通过昆虫叮咬过的机械传播，其他途径）；摄入（食源性），偶见有空气传播。早期症状因感染途径不同而有差异	皮肤溃疡性病变；中度至严重的胃肠炎、吐血、血便、腹水（腹部GI型）；喉咙疼痛、吞咽困难、发热、颈部肿大；口腔病变（口咽GI型）；肺炎；均可发展为败血症、脑膜炎；未治疗病例的死亡率可达5%~20%（皮肤接触）甚至100%（吸入感染）

（续）

疾病名称	致病性微生物	主要感染动物	已知的分布情况	可能传播给人的途径	人的临床症状
弓形杆菌感染	布氏弓形杆菌、嗜低温弓形杆菌、斯氏弓形杆菌，其他种也有可能	家禽、牛、猪、羊和马	全球性分布	饮用污染的水，也有人认为是经未煮熟的肉（尤其是禽肉）	胃肠炎、菌血症，主要见于有慢性病的人；健康儿童出现急性致死性呼吸道病、弥散性血管内凝血、肾衰（1例）。本病为新发病，临床表现尚不完全清楚
波氏杆菌病	支气管败血性波氏杆菌	犬、兔、猪、豚鼠和其他哺乳动物	全球性分布，人类少见	暴露于痰或唾液，气溶胶	鼻窦炎、气管炎、百日咳样疾病；肺炎和转移性疾病，常见于免疫功能低下的人
疏螺旋体病					
——莱姆病	广义上的伯氏疏螺旋体综合征（狭义的伯氏疏螺旋体，伽氏疏螺旋体，阿氏疏螺旋体，日本疏螺旋体）	野生啮齿动物，食虫类动物，刺猬，野兔，鹿及其他哺乳动物，鸟类	世界各地有蜱分布的地区	各类蜱叮咬	早期出现发热、头痛、萎靡不振和其他非特异性症状。多数病例有皮肤病变；可发展为关节炎、神经性或（和）心源性症状
——蜱媒回归热	麝鼩疏螺旋体，特里蜱疏螺旋体，西北美回归热螺旋体，伊朗疏螺旋体，西班牙疏螺旋体，其他种；一些种如达氏疏螺旋体是人的病原体，非人兽共患性	野生啮齿动物、食虫类动物，鸟类也有可能	非洲、亚洲、欧洲、美洲；不同地区的蜱种不同	蜱叮咬（主要是钝缘蜱种）	高热、心神不安、头痛、肌痛、寒冷；神经症状或可能发生流产；无症状期后出现复发，但症状通常较温和；死亡率为2%~5%
——南非蜱相关皮疹疾病	与*lonestari*疏螺旋体（*B. lonestari*）有关	鹿，鸟类也有可能	美国；大多数病例出现在东南部	蜱（美洲钝眼蜱）叮咬	与莱姆病相似
布鲁氏菌病	流产布鲁氏菌	奶牛、野牛、水牛、非洲水牛、麋鹿和骆驼；其他哺乳动物为偶然宿主	曾呈全球性分布，现已在一些国家或地区被消灭；但在某些无病地区的野生动物仍为贮存宿主	摄入（尤其是未经巴氏消毒的奶制品），与黏膜和破损皮肤接触；疫苗株M19	差异很大，从亚急性和波状热到败血症；早期常出现非特异性发热和出汗；如为慢性，可出现关节炎、脊髓炎、附睾炎、心内膜炎、神经性和其他症状；未治疗的致死率为5%
	马耳他布鲁氏菌	山羊、绵羊；其他哺乳动物为偶然宿主	亚洲、非洲、中东、墨西哥、中美洲和南美洲及欧洲的部分地区	摄入（尤其是未经巴氏消毒的奶制品），与黏膜和破损皮肤接触；rev-1疫苗株	差异很大，从亚急性和波状热到败血症；早期常出现非特异性发热和出汗；如为慢性，可出现关节炎、脊髓炎、附睾炎、心内膜炎、神经性和其他症状；未治疗的致死率为5%；该种对人具有高度致病性
	猪布鲁氏菌生物1~4型；在人尚无生物5型的报道	猪和野猪（1、2、3型），欧洲野兔（生物2型），驯鹿和北美驯鹿（生物4型）	生物1型和3型在全球养猪地区均有分布，除已消灭该病的北美和其他地区的国家之外；欧洲野猪有生物2型，北极则有生物4型	摄入，与黏膜和破损皮肤直接接触	差异很大，从亚急性和波状热到败血症；早期常出现非特异性发热和出汗；如为慢性，可出现关节炎、脊髓炎、附睾炎、心内膜炎、神经性和其他症状；未治疗的致死率为5%

（续）

疾病名称	致病性微生物	主要感染动物	已知的分布情况	可能传播给人的途径	人的临床症状
布鲁氏菌病	犬布鲁氏菌	家犬；野生犬科动物（包括狼）也有感染的证据	全球性分布，罕见于人	可能通过摄入或与黏膜和破损皮肤直接接触；密切接触时可发生传播	差异很大，从亚急性和波状热到败血症；早期常出现非特异性发热和出汗；如为慢性，可出现关节炎、脊髓炎、附睾炎、心内膜炎、神经性和其他症状；未治疗的致死率为5%
	海洋种布鲁氏菌；或有鳍动物布鲁氏菌和鲸布鲁氏菌（建议名称；分类地位未定）	海洋哺乳动物	大西洋、北极、太平洋和地中海	实验室暴露；其他感染源未知；在人类罕见或尚未确诊	头痛、疲倦、严重的鼻窦炎；神经型病例出现头痛和慢性神经症状；脊柱骨髓炎
弯曲杆菌肠炎	空肠弯曲杆菌、结肠弯曲杆菌，偶见其他种弯曲杆菌	奶牛、猪、家禽、犬、猫、其他哺乳动物、野鸟	全球性分布	食源性（尤其是未经巴氏消毒的牛奶）；水源性；与腹泻犬和猫等动物的接触	胃肠炎，常伴有萎靡不振、头痛、肌肉疼痛和关节疼痛；典型的自限性疾病，不常见包括败血症的其他症状
胎儿弯曲杆菌感染	胎儿弯曲杆菌	奶牛、绵羊、山羊	全球性分布	可能经直接接触或摄入；传播途径常不清楚；有些可能是内源性	条件性致病；败血症、脑炎、心内膜炎、脓肿，老人或免疫功能低下的人和婴儿可出现其他系统感染；孕妇可发生流产、早产；偶见有胃肠炎，有时伴有菌血症
二氧化碳噬纤维菌感染	犬咬二氧化碳嗜纤维菌	犬和猫	可能呈全球性分布	叮咬或抓伤	发热、局部感染乃至败血症；常见于免疫功能低下病人和老人
猫抓热	汉氏巴尔通体；克氏巴尔通体，也偶见有其他巴尔通体	猫和其他猫科动物；犬科动物、啮齿动物和其他体内有巴尔通体的动物	全球性分布	抓伤、叮咬、舔；暴露与穿透性污染物（如有刺铁丝网、蟹爪）	具有免疫活性的人可见有淋巴结病、发热、倦怠无力和皮疹，多为自限性，并发症不常见（心内膜炎、眼色素层炎、神经性疾病）；免疫抑制病人可见有菌血症、扩散性疾病、杆菌性血管瘤病
衣原体病（见鹦鹉热）	流产衣原体、猫衣原体	流产衣原体：山羊、绵羊、其他哺乳动物、绿海龟和蛇；猫衣原体：猫	猫衣原体为全球性分布；流产衣原体分布于大多数养羊地区（除澳大利亚和新西兰以外）	与动物接触；可通过与妊娠或流产反刍动物接触而感染流产衣原体	流产、败血症（流产衣原体）；心内膜炎、角结膜炎和肾小球肾炎（猫衣原体）
梭菌性疾病（见破伤风）	艰难梭菌；在动物中发现的部分核糖核酸型与人兽共患病有关	从一些犊牛和犬中发现的核糖核酸型与人的相似	全球性分布	可能是人兽共患病；接触或摄入污染的肉类	胃肠炎
	产气荚膜梭菌A型（最常见）、C型或D型	家养和野生动物，人	全球性分布	食源性（常见于A型）；非食源性肠道感染；伤口感染，通常为环境源性；衰竭病人可经胃肠道或泌尿道发生内源性感染	食源性胃肠炎，疾病经过迅速或呈自限性，但衰竭病人除外；非食物相关的肠道感染，长期腹泻，有时出现血便，常见于抗生素治疗后的老年人；危及生命的坏死性肠炎，通常见于体质衰弱者；气性坏疽，败血症；如不治疗，可出现致死性的坏死性肠炎、气性坏疽和败血症

（续）

疾病名称	致病性微生物	主要感染动物	已知的分布情况	可能传播给人的途径	人的临床症状
梭菌性疾病（见破伤风）	腐败梭菌；诺氏梭菌	家养或野生动物，人类	全球性分布	伤口感染，常为环境源性；体质衰弱者可经胃肠道或泌尿生殖道发生内源性感染	气性坏疽；发热，危及生命的坏死性肠炎，常见于体质衰弱者；败血症；如不治疗，可出现致死性的坏死性肠炎、气性坏疽和败血症
嗜皮菌病	刚果嗜皮菌	牛、马、鹿、绵羊、山羊及其他哺乳动物	全球性分布	通常是与病变部位发生直接接触；节肢动物媒介引起的机械性传播；也有可能经污染物传播	脓疱性脱落性皮炎
肠出血性大肠埃希菌感染	大肠埃希菌O157：H7；O157：H群，以及血清型O26，O103，O111，O145和其他的成员	特别是牛、绵羊；也可见于山羊、野牛、鹿、猪、其他哺乳动物、鸟类	全球性分布	摄入未煮熟的肉品（尤其是碎牛肉）；粪便污染的蔬菜和饮水；直接接触粪便和被污染的土壤	腹泻或出血性结肠炎；有15%的出血性结肠炎病人可发展为出血性尿毒综合征（HUS）；儿童HUS病死率为5%~10%、老人为50%
类丹毒	红斑丹毒丝菌	猪、绵羊、牛、啮齿动物、火鸡、鸽子、海洋哺乳动物；其他家畜和野生哺乳动物、鸟、爬行动物、鱼、软体动物、甲壳动物	全球性分布	与动物产品接触；经皮肤，多见于抓伤或刺伤后；被污染的土壤	蜂窝织炎，多为自限性，常发生于手；常见有指关节炎；心内膜炎；广泛性败血症、其他综合征不常见，多发于免疫功能低下者
鼻疽	鼻疽伯氏菌	马属动物、猫科动物；其他许多家养和野生哺乳动物也易感	中东、亚洲、非洲和南美洲	通过破损皮肤、黏膜，与感染动物、组织发生接触；摄入；吸入	黏膜或皮肤病变；肺炎和肺部脓肿；败血症；在许多器官有慢性脓肿、结节、溃疡，体重减轻，淋巴结病；致死率从20%（局部病变，经治疗）到95%以上（未经治疗的败血症）
鸡螺杆菌感染	鸡螺杆菌	家禽		怀疑与食用未煮熟的疑似病例家禽的产品有关	胃肠炎或腹泻、肝脏疾病
麻风病	麻风分支杆菌	犰狳；灵长类动物（罕见）	美国南部和墨西哥部分地区的犰狳；非洲的非灵长类动物，也可能有其他地区；在其他地区，人是贮存宿主	怀疑动物麻风病可传播至人，未确证	各种皮肤病变、感觉神经病变和功能下降、鼻黏膜病变；温和性、自限性到进行性损伤
钩端螺旋体病	钩端螺旋体属	家养和野生动物；贮存宿主包括啮齿动物、犬、牛、绵羊、猪、其他动物	全球性分布	职业暴露和娱乐活动暴露；尤其是皮肤黏膜与污染尿液、感染胎儿或生殖道液体发生接触；水源性和食源性	从无临床症状到严重的症状，有时出现双相热；初期出现非特异性发热、皮疹；第二期呈无菌性脑膜炎（非黄疸型，极少致死）或出现与肺脏或心脏有关的症状、出血、黄疸（肝脏）疾病、肾衰竭（黄疸型，致死率5%~15%）

（续）

疾病名称	致病性微生物	主要感染动物	已知的分布情况	可能传播给人的途径	人的临床症状
李斯特菌病	产单核细胞李斯特菌（主要的与疾病相关的最常见生物型是1/2a，1/2b，4b），伊凡诺夫李斯特菌（罕见）	多种哺乳动物、鸟类、鱼、甲壳动物	全球性分布	食源性，尤其是未经巴氏消毒的奶制品、生肉、生鱼、蔬菜和加工过程中污染的食品；摄入了被污染的水、土壤；与感染动物直接接触；医院和研究所内感染；新生动物的垂直传播	急性、自限性发热性胃肠炎或温和型流感样疾病；眼部疾病、结膜炎；孕期感染引起流产、早产或败血性婴儿；老年人、免疫功能低下者和婴儿的脑膜炎、脑膜脑炎和败血症；健康成年人处理感染胎儿后，可出现皮疹或脓疱疹，不一定出现发热、寒战
类鼻疽病（又称伪鼻疽）	伪鼻疽伯氏菌；（其他土壤相关的伯氏菌属，如北美的俄克拉荷马伯克霍尔德氏菌新种很少感染人）	山羊、绵羊和猪；偶见于其他陆生或水生动物；爬行动物、一些鸟类（包括鹦鹉）、热带鱼	亚洲、非洲、澳大利亚、南美、中东、加勒比海	伤口感染，吸入和摄入；病原体存在于土壤和地表水；多数病例为环境源性，但也可能从动物直接传播	与其他很多疾病相似；急性、局灶性感染，包括皮肤病变、蜂窝织炎、脓肿、角膜溃疡；肺部疾病、败血症、内脏器官脓肿；常见于免疫功能低下者；不同型的死亡率有差异，如不治疗，败血症的病死率超过90%
耐甲氧西林金黄色葡萄球菌（MRSA）感染	金黄色葡萄球菌	马、犬、猫和其他哺乳动物	全球性分布；很少发生人与动物之间相互传播	通常是直接接触，其他途径也有记载	机会致病；局部皮肤和软组织感染，侵袭性疾病包括败血症、毒素休克综合征；病死率与临床症状和是否找到敏感抗生素有关
两栖动物分支杆菌病	禽细胞内分支杆菌群体	多种哺乳动物，一些鸟类	全球性分布	环境因素，如水和/或土壤	软组织和骨骼感染；淋巴腺炎；肺疾病主要见于免疫功能低下者或之前已患肺病的人；能在免疫功能低下者中传播，尤其是艾滋病患者
	禽副结核分支杆菌	牛、绵羊、山羊、骆驼科动物，鹿和其他反刍动物；家兔和其他非反刍动物；鸦科动物	全球性分布	摄入；意外注射疫苗	摄入可引起节段性回肠炎；意外注射疫苗出现严重的局部反应
	除结核外的分支杆菌（包括猿分支杆菌、堪萨斯分支杆菌，蟾蜍分支杆菌、颈淋巴结炎分支杆菌、肖尔盖分支杆菌、意外分支杆菌、龟分支杆菌、海水分支杆菌、溃疡分支杆菌等）	牛，其他反刍动物；猪、猫、犬、树袋熊、其他哺乳动物、两栖动物、爬行动物、鱼	全球性分布；不同菌的分布不同	环境因素，如水源和/或土壤	与禽胞内分支菌群感染的症状相同
支原体感染	支原体属	家畜、非人类灵长类动物、海洋哺乳动物、猫、犬、啮齿动物和其他哺乳动物	全球性分布，罕见有人兽共患	直接接触；叮咬；伤口感染，包括意外接种	无症状携带；蜂窝织炎；包括呼吸系统疾病、脓毒性关节炎、败血症的其他症状，特别是在免疫功能低下者

（续）

疾病名称	致病性微生物	主要感染动物	已知的分布情况	可能传播给人的途径	人的临床症状
诺卡放线菌病	星形诺卡霉菌，巴西诺卡霉菌，肠鼠耳炎诺卡霉菌，皮疽诺卡霉菌，新诺卡霉菌和其他诺卡菌	牛、犬、猫、海洋哺乳动物、其他家养和野生动物；鱼	全球性分布，每个种的分布不同	环境暴露（吸入或创伤感染）；有可能经叮咬传播；抓伤	肺炎；皮肤病变，蜂窝织炎，脓肿，足分支杆菌病；扩散性疾病包括大脑脓肿；多见于免疫功能低下者
巴氏杆菌病	多杀性巴氏杆菌和其他种	许多种动物，主要是犬、猫和兔	全球性分布	伤口、抓伤和叮咬	伤口感染、蜂窝织炎、骨髓炎、脓毒性关节炎、败血症和脑膜炎
瘟疫	鼠疫耶尔森菌	啮齿动物（包括松鼠、草原土拨鼠和大鼠）是主要贮存宿主；猫和家兔；超过200种哺乳动物均易感	在北美、南美、亚洲、中东和非洲，呈点状分布	跳蚤叮咬、气溶胶、感染动物的处理（与破损皮肤和黏膜的接触）、叮咬或抓伤	发热性流感样综合征，伴有肿胀、剧痛的腹股沟腺炎；肺炎；腺鼠疫型和肺鼠疫型均可出现败血症；未治疗的死亡率为50%~60%（腺鼠疫，100%（肺鼠疫型）；早期治疗后的致死率低于5%
鹦鹉热和鸟疫	鹦鹉热亲衣原体	鹦鹉类（尤其是长尾小鹦鹉、澳洲鹦鹉）、鸽、火鸡、鸭、鹅和其他家养或野生鸟类	全球性分布	吸入呼吸道分泌物或干燥粪便	流感样发热性疾病，伴有可发展为肺炎的干咳、心内膜炎、心肌炎和脓肿；未治疗的致死率达15%~20%，治疗后的死亡率低于1%
鼠咬热	念珠状链杆菌	啮齿动物；犬、猫、雪貂可传播，可能由啮齿动物感染而来	全球性分布	咬伤和抓伤；处理或与啮齿动物的亲密接触，接触啮齿动物的尿液；可经水源或食源性传播；也有可能经气雾传播	发热，严重的肌肉疼痛和关节疼痛、头痛、皮疹、有时有消化道症状；并发症包括多发性关节炎、肝炎、心内膜炎、局部脓肿，如不治疗可发展为败血症；未治疗的总体致死率达10%~13%
	鼠咬热螺旋菌	啮齿动物；犬、猫、雪貂可传播，可能由啮齿动物感染而来	全球性分布，但病原体仅在亚洲常见	主要是咬伤和抓伤	同念珠状链杆菌，但比较顽固，感染部位常见溃疡性坏死；可复发；部分病例有明显的皮疹（比较大的紫色或红色的斑）；多发性关节炎罕见；未治疗的总体致死率达7%~10%
沙门氏菌病	沙门氏菌肠道亚种和邦戈尔沙门氏菌（2 500种以上的血清型）	禽、猪、牛、马、犬、猫、野生哺乳动物、野鸟、爬行动物、两栖动物和甲壳动物	全球性分布	食源性或经粪-口传播，一些病例是职业性或娱乐性感染	胃肠炎到败血症；也有可能呈局部感染；老龄人、幼儿或免疫功能低下者特别严重

（续）

疾病名称	致病性微生物	主要感染动物	已知的分布情况	可能传播给人的途径	人的临床症状
链球菌感染	链球菌属，包括猪链球菌、马链球菌兽疫亚种、犬链球菌和海豚链球菌	猪（猪链球菌）；马（马链球菌兽疫亚种）；犬和其他物种（犬链球菌）；和鱼（海豚链球菌）；偶见于其他动物	全球性分布	主要是摄入未经巴氏消毒的奶制品，猪肉；常通过破损皮肤发生直接接触；人的病原体，化脓链球菌，也可定居于牛乳房并经牛奶传播	咽炎、蜂窝织炎、肺炎、脑膜炎、关节炎、心内膜炎、链球菌毒素休克综合征、败血症
破伤风	破伤风杆菌	主要是草食动物，但是其他动物肠道可携带本菌	全球性分布	伤口感染和注射；多数病例源于土壤，但粪便也含有该微生物	肌肉痉挛与强直（尤其是面部肌肉）、抽搐、高死亡率；首先是局部变化，随后呈全身性变化。美国1947年该病致死率达90%，但有效治疗可显著降低致死率
结核	牛分支杆菌	牛、野牛、非洲水牛、鹿、负鼠、獾和捻角羚可能是贮存宿主；猪和其他许多哺乳动物可能是偶然宿主	曾经为全球性分布，但是在一些国家已经被消灭或罕见	摄入（未经巴氏消毒的奶制品，未煮熟的肉品包括野味），吸入，皮肤创伤处污染	皮肤病变、颈部淋巴结炎、肺部疾病；泌尿生殖道疾病；可影响骨骼、关节和脑膜；胃肠炎
土拉热	土拉弗朗西斯菌，A型毒力较强，B型毒力较弱	家兔、啮齿动物、猫、绵羊、其他哺乳动物、鸟类、爬行动物和鱼；野生动物也常见	A型分布于北美，B型分布于北美、欧洲和亚洲	与黏膜和破损皮肤接触；昆虫叮咬；刺伤；摄入污染的食物和饮水；吸入	发热、头痛、萎靡不振；溃疡性皮肤病变、咽炎、腺炎、结膜炎、胃肠炎、肺炎和败血症；未治疗时，致死率可达5%（局灶病变型）到35%（伤寒型）
弧菌病	副溶血性弧菌	海洋和江河的贝类动物，鱼	全球性分布	摄入；伤口感染	胃肠炎；痢疾（在某些地区尤为突出）；伤口感染，糖尿病人尤其严重；败血症，主要在免疫功能低下或有患有肝脏疾病者（败血症致死率达29%）
	创伤弧菌	海洋贝类、虾、对虾和鱼	全球性分布	摄入（常为生牡蛎）；处理宿主或水时经伤口感染	伤口感染从温和的、自限性病变、水疱至蜂窝织炎、肌炎；坏死性筋膜炎；胃肠炎；败血症多见于免疫功能不全或有肝脏疾病，以及其他衰竭疾病者（败血症的致死率超过50%）
	霍乱弧菌O1/O139（流行菌株）	牡蛎、螃蟹、虾、蚌类；多数病例来自于人感染	全球性分布；从罕见或无病到流行（在一些发展中国家）；美国墨西哥湾沿岸有一个贝壳类动物疫源地	摄入感染	中度到严重程度的泄泻、呕吐、脱水；严重病例如不治疗将会死亡，但治疗后死亡率很低

（续）

疾病名称	致病性微生物	主要感染动物	已知的分布情况	可能传播给人的途径	人的临床症状
弧菌病	霍乱弧菌，非O1/O139（非流行菌株）	牡蛎和其他海鲜	全球性分布	摄入感染；伤口感染	胃肠炎，常呈轻度和自限性；伤口感染；免疫抑制或肝脏有疾病者感染后常发生败血症（败血症致死率达47%~60%或更高）
耶尔森菌病	伪结核耶尔森菌	多种哺乳动物，包括猪、犬、猫、啮齿动物、野生哺乳动物、鸟和爬行动物	病原体可能呈全球性分布；人的病例多发生于欧洲和亚洲的温带地区	摄入水，食物（包括肉类尤其是猪肉、蔬菜）；粪-口传播，犬咬伤（罕见）	肠系膜腺炎、阑尾炎（疑似）、胃肠炎、发热、皮疹、咽炎，以及"草莓样舌"；发热，猩红热样皮疹和急性多发性关节炎；败血症（罕见），主要见于老人或者免疫功能低下者
	小结肠炎耶尔森菌；并非所有血清型都是致病性的	很多家养和野生哺乳动物；一些鸟类、爬行动物和两栖动物；人兽共患的血清型常见于猪、犬、猫	全球性分布	摄入	幼龄儿童胃肠炎伴有水样腹泻，血便不常见；年龄较大的儿童和青春期少年发生假性阑尾炎，成人发生结节性红斑，随后发生胃肠炎；关节炎，败血症

（二）立克次体病

疾病名称	致病性微生物	主要感染动物	已知的分布情况	可能传播给人的途径	人的临床症状
马粒细胞立克次体病	尤因埃利希体	犬，鹿也有可能	美国的东南部和中南部	蜱（包括美洲钝眼蜱）	几乎无病例记载；发热、头痛、萎靡不振、肌痛、恶心和呕吐；多数病人为免疫抑制
人单核细胞性埃利希体病	沙菲埃利希体	鹿、犬和其他犬科动物、山羊、狐猴，其他哺乳动物也可能是贮存宿主	全球性分布	蜱（包括美洲钝眼蜱）	无症状到非特异性发热性疾病、皮疹；可发展为长期发热、肾衰、呼吸窘迫、出血、心肌病、神经症状、多器官衰竭；死亡率约为3%（主要发生于免疫抑制者）
人粒细胞性边虫病（以前被称为人埃利希体病）	嗜吞噬无形体（以前被称为嗜吞噬细胞埃利希体和马埃利希体）	鹿、马属动物、犬、猫、美洲驼、牛、绵羊、山羊、非人类灵长类动物、啮齿动物、兔、其他哺乳动物；鸟	全球性分布	蜱（硬蜱属）叮咬	与人单核细胞立克次体病相似；免疫功能活跃者多无症状或症状轻微；皮疹不常见；据估计病死率小于1%
Q热（九里热）	伯氏柯克斯体	绵羊、奶牛、山羊、猫、犬、啮齿动物、其他哺乳动物、鸟类和蜱	全球性分布	主要经空气传播；接触胎盘、胎儿组织和动物分泌物；有时经摄入（未经巴氏消毒的奶制品）；经蜱感染可能罕见或不存在	发热性流感样疾病；非典型肺炎、肝炎，有时有心内膜炎；可能发生妊娠并发症；未治疗时的病死率为1%~2%
森里特苏热	森里特苏热新立克次体	尚未明确	日本、马来西亚，其他亚洲国家也可能存在		相对轻微，类似于传染性单核细胞增多症；发热、淋巴结病，肝脏、脾脏肿大引起的不适，厌食，有时畏寒、疲倦和肌肉疼痛

（续）

疾病名称	致病性微生物	主要感染动物	已知的分布情况	可能传播给人的途径	人的临床症状
立克次体引起的斑疹热					
——非洲蜱叮咬热	非洲立克次体	牛、山羊	非洲撒哈拉以南、西印度群岛	感染蜱叮咬（主要是希伯来花蜱、彩饰花蜱以及美丽花蜱，也可能是脱色扇头蜱）	多数病例为疼痛性局部淋巴结炎；多灶性焦痂；常见有发热；颈部肌肉疼痛；有时可见稀疏的皮疹或水样皮疹；似乎不出现死亡
——南欧斑疹热；蜱叮咬热；地中海斑疹热	康诺尔立克次体，其他种立克次体	犬、啮齿动物及其他动物	欧洲、亚洲、非洲和中东	感染蜱（通常是扇头蜱属或血蜱属），变形蜱叮咬	有时可见有焦痂；局部淋巴结炎；皮疹，常呈斑丘疹；不常见有危及生命的扩散性疾病或神经症状；未治疗时致死率为1%~2.5%
——跳蚤源性斑疹热；猫蚤斑疹伤寒	猫立克次体	不清楚；新发疾病	北美和南美、欧洲、亚洲、非洲；可能为全球性分布	跳蚤叮咬；与猫蚤、犬蚤和人蚤有密切关系	几乎没有临床病例的描述，但与其他斑疹热相似；焦痂、发热、皮疹；有些病例可涉及中枢神经系统
——昆士兰斑疹伤寒	澳大利亚立克次体	袋狸、啮齿动物，犬也有可能	澳大利亚	感染硬蜱叮咬	症状类似于南欧斑疹热；多数症状温和，伴有肾脏或肺脏并发症的严重扩散性疾病，可出现死亡
——立克次体痘	小蛛立克次体	小鼠、大鼠	美国、非洲、亚洲，乌克兰、克罗地亚、土耳其；偶见于南欧，中美洲罕见	感染鼠螨、拟刺脂螨叮咬	焦痂、发热；水疱性皮疹，与禽痘相似；自限性
——落基山斑疹热	立氏立克次体	家兔、田鼠、大鼠、负鼠、松鼠、金花鼠、其他小的哺乳动物和犬	西半球	感染蜱叮咬，尤其是变异革蜱、安氏革蜱（美国）；墨西哥和南美的扇头蜱和钝眼蜱属；也可源自破碎蜱	发热；呈广泛性瘀点样皮疹；有些有神经症状，肺脏症状、肾脏相关症状；败血症；坏疽；如不治疗，致死率为15%~30%，甚至更高
——蜱传淋巴结炎；革蜱-坏死-红斑-淋巴结病	斯洛伐克立克次体	尚未明确；野猪可能感染	欧洲到中亚	感染蜱叮咬，尤其是边缘革蜱、网纹革蜱	焦痂、局部淋巴结炎；叮咬部位局部脱毛；发热和皮疹不常见
——斑疹热群中的其他种蜱	帕克立克次体、西伯利亚立克次体、日本立克次体，霍氏立克次体，黑龙江立克次体，艾氏立克次体，其他立克次体	各种脊椎动物	全球性分布，不同种蜱的分布不同	硬蜱叮咬；不同种的特异性传播媒介不同	多数感染部位有焦痂；发热伴有头痛、肌肉疼痛，有时可见其他症状；皮疹；某些立克次体引起局部淋巴结炎；不同的立克次体引起的主要症状、并发症的风险和严重程度有所不同
立克次体引起的斑疹伤寒群					
——鼠斑疹伤寒；蚤传斑疹伤寒	斑疹伤寒立克次体（密苏里州立克次体）和相关种类	大鼠、猫、负鼠；其他种类动物也可能感染	全球性分布	感染鼠蚤，也可能是猫蚤	发热、剧烈头痛、皮疹、关节疼痛、咳嗽、厌食/呕吐；未治疗的致死率达4%

（续）

疾病名称	致病性微生物	主要感染动物	已知的分布情况	可能传播给人的途径	人的临床症状
——恙虫热；恙螨传斑疹伤寒	恙虫病东方体和其他立克次体	啮齿动物、食虫动物	亚洲、澳大利亚、太平洋西部岛屿，病例多集中在"斑疹伤寒岛"	感染恙螨幼虫叮咬	部分病例出现焦痂；皮疹、头痛、发热、疼痛性淋巴结炎、全身疼痛、间质性肺炎、急性肺炎，有时有神经症状或心脏并发症；温和乃至严重；康复期很长；未治疗时致死率为35%~50%
——斑疹伤寒	普氏立克次体	鼯鼠	美国东部	怀疑是松鼠虱或跳蚤	发热，头痛，肌肉疼痛，皮疹；有时有消化道症状；可能有败血症；与非人兽共患的伤寒相比，症状较温和，未治疗时致死率为20%~40%

（三）真菌病

疾病名称	致病性微生物	主要感染动物	已知的分布情况	可能传播给人的途径	人的临床症状
曲霉菌病；过敏性支气管肺曲霉菌病	曲霉菌属	鸟类和哺乳动物	全球性分布	环境性暴露（腐烂的蔬菜或谷物）；人和动物均常发，人兽共患意义不大	过敏性呼吸道症状，尤其在哮喘病人、囊性纤维化的病人；过敏性鼻窦炎；免疫功能低下者发生肺炎，可转移；慢性肺脏疾病可能伴有曲霉肿块
芽生菌病	皮炎芽生菌	犬、猫、马、海洋哺乳动物；其他哺乳动物	全球性均有发生，呈点状分布	环境性暴露最为常见（潮湿的土壤）；人与动物普遍感染；也有少量报道通过暴露动物传播	从急性到慢性的肺病；皮肤或骨骼坏死，脑膜炎、其他综合征，可转移；有时为致死性
球孢子菌病	粗球孢子菌	牛、绵羊、马、美洲驼、犬，其他多种哺乳动物	美国西南部、墨西哥、中美洲和南美洲；干旱和半干旱地区	主要是环境暴露（摄入分生孢子），包括真菌培养物；人与动物感染普遍。报道的一个罕见病例，发生于解剖扩散传播的马之后	健康人出现自限性、发热性、流感样疾病；咳嗽，胸痛，严重的、可危及生命的肺病或转移性感染，伴有皮肤或皮下病变，持续性的脑膜炎或骨髓炎，特别是免疫功能低下者
隐球菌病	新型隐球菌grubii变种，新型隐球菌neoformans变种，新型隐球菌gattii变种	鸟类（包含鸽和鹦鹉）；猫、其他哺乳动物	全球性分布	主要经环境暴露，尤其是鸽巢；通过摄入或皮肤；人与动物感染普遍；人兽共患病意义不大	健康人出现肺部肉芽瘤，常为自限性；皮肤病变；免疫功能低下者，最常出现中枢神经系统疾病，可转移
组织胞浆菌病	荚膜组织胞浆菌荚膜亚种	犬、猫、蝙蝠、牛、绵羊、马、其他多种家养和野生哺乳动物	全球性分布	主要经环境暴露，家禽或蝙蝠的粪便有利于该菌生长，人与动物普遍感染；人兽共患病意义不大	健康人感染出现流感样、发热疾病，常为自限性；皮肤病变；之前有肺病者常出现慢性肺病；在儿童、老人和免疫功能低下者，可转移
	杜氏荚膜组织胞浆菌duboisii变种	犬、猫、蝙蝠、牛、绵羊、马、其他多种家养和野生哺乳动物	非洲	主要经环境暴露，家禽或蝙蝠的粪便有利于该菌生长，人与动物普遍感染；人兽共患病意义不大	常见有皮肤和皮下病变，溶骨性病变，但可扩散
马拉色菌性皮炎	马拉色菌属	犬、猫，其他动物	全球性分布	暴露于有症状的动物；不认为皮肤上有正常数量的细菌会有风险	脱落性皮炎

（续）

疾病名称	致病性微生物	主要感染动物	已知的分布情况	可能传播给人的途径	人的临床症状
钱癣（皮肤真菌病）	小孢霉属和毛癣菌属	犬、猫、牛、绵羊、山羊、马、啮齿动物及其他动物	全球性分布	与动物皮肤和被毛、污染物直接接触	皮肤和被毛病变；常有痒感，免疫功能低下在人群中很少出现皮肤传播
孢子丝菌病	申克孢子丝菌	马、猫、其他哺乳动物、鸟	全球性分布	主要经蔬菜、木材、土壤等环境；经环境因素所致的刺穿伤接种（尖物、刺、叮咬、啄）；皮肤与病变部位接触，特别是猫；经摄入感染罕见	丘疹、脓疱、结节、溃疡性皮肤病变，可发生于淋巴引流之后；免疫功能低下者可见有扩散性疾病；吸入感染后可出现类似结核病的急性或慢性肺病，尤其是那些有潜伏性肺病者（但罕见）

（四）寄生虫病
1. 原虫病

疾病名称	致病性微生物	主要感染动物	已知的分布情况	可能传播给人的途径	人的临床症状
巴贝斯虫病	微小巴贝斯虫、德坎门巴贝斯虫（即以前的 WA-1）、其他虫种也有可能	啮齿动物、食虫动物和其他哺乳动物	微小巴贝斯虫为全球性分布；德坎门巴贝斯虫分布于亚洲、非洲和北美洲	感染巴贝斯虫的硬蜱叮咬	发热，肌肉疼痛，疲倦；中度到严重的溶血性贫血，免疫功能低下者和老人特别严重；可发展为周期性或慢性感染；与德坎门巴贝斯虫的共感染可使两种病都加重；少见死亡
	分离巴贝斯虫	牛；分离巴贝斯虫或相近的巴贝斯虫可感染驯鹿和其他哺乳动物	欧洲；北美洲也有可能	蜱（蓖子硬蜱）叮咬	通常见于脾切除病人；急性、严重出血；持续高热，头痛，肌肉疼痛，腹痛；有时出现消化道症状；休克和肾衰竭；疾病发展迅速；如有效治疗，致死率为40%，未治疗的患者常出现死亡
	牛巴贝斯虫；未确定的人兽共患病；过去的某些病例可能是由分离巴贝斯虫引起的	牛；水牛、非洲水牛，其他种的牛也可感染	非洲、亚洲、中美洲和南美洲、墨西哥、澳大利亚、欧洲部分地区	蜱（微小牛蜱、扇头蜱）叮咬	
结肠小袋纤毛虫病	结肠小袋绦虫和相关纤毛虫	猪、大鼠、非人类灵长动物和其他动物	全球性分布；发病率低	摄入感染，尤其是饮用被粪便污染的水	从无症状到出现黏液性血便；肠道出血和穿孔也有可能；非肠道的病例罕见
恰加斯病（美洲锥虫病）	美洲锥虫（克氏锥虫）	负鼠、兔形目动物、啮齿动物、犰狳、犬、猫、其他野生和家养哺乳动物	西半球，包括美国南部、墨西哥、中美洲和南美洲	创伤部位、擦伤部位和黏膜被猎蝽科昆虫粪便污染	急性病例——不规则发热，腺病，头痛，肌肉疼痛，肝脏、脾脏肿大，感染部位和眼睑肿胀；有些病例有心肌炎、脑炎；免疫功能低下者病情更严重；慢性病例（占病人的10%~30%）——心肌病，巨食管症，巨结肠症，还有其他类型；据报道，慢性病例的年死亡率为0.2%~19%（较高的死亡率来源于对仅包括心脏疾病病人的研究）

（续）

疾病名称	致病性微生物	主要感染动物	已知的分布情况	可能传播给人的途径	人的临床症状
隐孢子虫病	小球隐孢子虫；少数为犬隐孢子虫、猫隐孢子虫、火鸡隐孢子虫、鼠隐孢子虫及其他种类的隐孢子虫；（人隐孢子虫主要见于人）	牛和其他反刍动物（小球隐孢子虫），其他家养和野生哺乳动物、鸟类（火鸡隐孢子虫），爬行动物、鱼	全球性分布	粪-口感染；摄入被污染的水和食物；吸入	健康人表现为自限性胃肠炎；在免疫功能低下者可出现霍乱样症状并表现顽固性，伴有体重减轻、消瘦；胆囊炎；呼吸道症状，主要见于免疫抑制者
贾第鞭毛虫病	肠贾第鞭毛虫（也称兰伯氏贾第鞭毛虫）	许多家养和野生动物，包括犬、猫、反刍动物、海獭、箭猪	全球性分布	经饮入被污染的水或摄入被污染的食物（少见）；粪-口传播（经手或污染物）	胃肠炎，可能是顽固性的
利什曼原虫病					
——内脏型（黑热病）	婴儿利什曼原虫和其他种类	野生猫科动物、犬、猫、马和啮齿动物；在印度，人是主要贮存宿主	亚洲、南美洲、加勒比海、非洲、中东、地中海沿岸和北美洲	沙蝇（白蛉属、罗蛉属）叮咬	波浪热；肝脏、脾脏肿大；有时有咳嗽、腹泻、淋巴结炎、体重减轻，黏膜瘀点、出血，皮肤出现结节或黑变；各类血细胞减少症；未治疗的患者几乎全部死亡；治疗后的致死率为10%或更高
——皮肤和黏膜型	热带利什曼原虫群、巴西利什曼原虫群、墨西哥利什曼原虫群和其他利什曼原虫	犬科动物、马、猫、有袋目哺乳动物、树獭、野生哺乳动物、啮齿动物	地中海、亚洲、非洲、中东、墨西哥到南美洲和加勒比海	沙蝇（白蛉属、罗蛉属）叮咬	皮肤和/或黏膜出现丘疹、溃疡或结节；单个或多灶性病变；局部或弥散性；呈顽固性或复发性；免疫功能低下者可呈非典型性
疟疾（非人类灵长类疟疾）	包括诺尔斯（猕猴）疟原虫在内的至少20种疟原虫；并非所有疟原虫都导致人畜共患病	猴和猿	中美洲和南美洲、亚洲和非洲	按蚊叮咬	发热、寒战；有时可出现头痛、肌痛、萎靡不振、咳嗽、恶心、呕吐和其他症状；有些病例为致死性
微孢子虫病	微孢子虫目中的拜氏微孢子虫、兔脑炎微孢子虫（家兔脑胞内原虫）、肠微孢子虫、脑微孢子虫和其他微孢子虫	广泛分布于脊椎动物，包括灵长类动物、家兔、啮齿动物、犬、牛、猪、山羊、鸟和鱼；也可见于无脊椎动物	全球性分布	粪-口途径；直接接触；摄入被污染的食物和水，气溶胶，也可经媒介传播	角膜炎；急性腹泻（又称旅行者腹泻）；免疫功能不全者可出现慢性腹泻，并可出现弥散性到全身性、多变的症状
鼻孢子虫病	西伯鼻孢子虫，一些虫株可能有宿主特异性	马、牛、骡、犬、猫和鸟	全球性分布，在南亚和非洲呈地方流行性	环境暴露（贮存宿主尚未确定）	鼻腔和其他黏膜有积聚物和息肉；可导致鼻腔阻塞；伴有溶骨性病变或影响内脏的弥散性疾病罕见；皮肤和皮下病变也罕见
肉孢子虫病	猪-人肉孢子虫	人类和非人类灵长类动物是终末宿主，猪是中间宿主	全球性分布	摄入生猪肉	胃肠炎，症状常温和或无症状

（续）

疾病名称	致病性微生物	主要感染动物	已知的分布情况	可能传播给人的途径	人的临床症状
肉孢子虫病	人肉孢子虫	人和非人类灵长动物是终末宿主；牛是中间宿主	全球性分布	摄入生牛肉	胃肠炎，常表现为为轻微症状或无症状
	肉孢子虫	人是中间宿主；肉孢子属的虫种及其终末宿主常不明确	全球性分布；有症状的病例主要在亚洲，可能是由于该地区有终末宿主的分布	假定为摄入终末宿主粪便中的卵囊和孢囊	主要症状是肌炎，呈急性和自限性到慢性、中度严重性；也见咳嗽、关节疼痛、短暂而有痒感的皮疹、头痛、疲倦，有些病例可见淋巴结炎
弓形虫病	鼠弓形虫	猫科动物包括家猫，是终末宿主；鸟类和哺乳动物包括绵羊、山羊、猪和人，是中间宿主	全球性分布	摄入感染猫粪便中的卵囊（包括被污染的土壤、食物和水）或摄入未煮熟的肉或未经巴氏消毒的牛奶中的组织包囊	免疫活跃的未妊娠宿主出现淋巴结炎，或温和的、发热的流感样症状，或眼色素层炎；免疫功能低下者常很严重，伴有神经症状，脉络膜视网膜炎，心肌炎，肺炎，并可传播；胎儿感染可引起中枢神经系统病变或全身性感染；流产和死胎
锥虫病（非洲嗜睡病）	布氏锥虫；布氏罗得西亚锥虫是人兽共患的；布氏冈比亚锥虫主要感染人，但也可感染某些动物	布氏罗得西亚锥虫的贮存宿主包括牛、绵羊、羚羊、土狼、狮子和人；从其他哺乳动物也可分离到	非洲；撒哈拉沙漠以下地区多见	感染舌蝇（舌蝇属）叮咬	叮咬部位发生疼痛性下疳；间歇性发热，头痛，腺炎，皮疹，关节疼痛；神经症状如嗜睡，抽搐；可能出现心脏并发症；冈比亚病可持续数年；罗德西亚病可持续数周；未治疗时这两种病常为致死性

2. 吸虫病

疾病名称	致病性微生物	主要感染动物	已知的分布情况	可能传播给人的途径	人的临床症状
华支睾吸虫病	华支睾吸虫（中华肝吸虫）	犬、猫、猪、大鼠和其他哺乳动物是终末宿主；鱼（和蜗牛）是中间宿主	亚洲	摄入未煮熟的、感染包蚴的淡水鱼或对虾	胆囊炎症状、消化不良、腹泻和中度发热；与肝硬化、胰腺炎或胆管癌相关的慢性感染
双腔吸虫病	支双腔吸虫，少数为客双腔吸虫（矛形双腔吸虫）	反刍动物尤其是绵羊、山羊、牛和其他哺乳动物（偶蹄）是终末宿主；蜗牛和蚂蚁分别是第一期和第二期中间宿主	矛形双腔吸虫呈全球性分布；牛双腔吸虫分布于撒哈拉大沙漠的非洲南部	摄入感染蚂蚁	腹部不适，肠胃鼓气性消化不良；偶尔交替出现腹泻或便秘、呕吐和疼痛
棘口吸虫病	伊族棘口吸虫、圆圃棘口吸虫和其他棘口吸虫属；日本棘隙吸虫和棘口科的其他成员也可能是人兽共患的	猫、犬、啮齿动物、其他哺乳动物和鸟类（鸭、鹅和家禽）是终末宿主；鱼、水生贝壳类动物、蝌蚪和蜗牛为中间宿主	人的病例大多出现在亚洲和西太平洋；寄生虫广泛分布，包括欧洲和美洲	摄入未煮熟的鱼，贝壳，蜗牛或两栖动物（青蛙）	腹部不适；腹泻，尤其见于严重感染者；儿童可出现贫血和水肿

（续）

疾病名称	致病性微生物	主要感染动物	已知的分布情况	可能传播给人的途径	人的临床症状
片形吸虫病（又称肝蛭病）	肝片吸虫	牛、绵羊、水牛、马、兔和其他食草动物是终末宿主；蜗牛为中间宿主	全球性或近乎全球性分布；温带地区	摄入被污染的蔬菜，如西洋菜；或含有后囊蚴的水	胃肠炎、肝脏肿大、发热，可能有急性荨麻疹；慢性病例可出现胆绞痛和阻塞性黄疸；有时出现迷行迁移伴有肝外症状（肺部渗出物、脑膜炎、淋巴结炎、皮肤病变或皮下水肿
	大片吸虫	牛、水牛、山羊、绵羊、斑马和其他哺乳动物是终末宿主；蜗牛为中间宿主	主要在热带地区：如非洲、亚洲、中东和西太平洋	摄入被污染的蔬菜，如西洋菜；或含有后囊蚴的水	与肝片吸虫引起的片形吸虫病相似
姜片吸虫病	布氏姜片吸虫	猪和人是终末宿主；蜗牛为中间宿主	亚洲家猪饲养地区	摄入含后囊蚴的水生植物或被污染的水	通常无症状；胃肠炎，可能发生肠梗阻；面部、腹部和手足等部位可出现水肿
类腹盘吸虫病	人类腹盘吸虫；不确定人和猪携带的虫株是否相同	猪、人、非人类灵长类动物、啮齿动物和其他哺乳动物是终末宿主；蜗牛为中间宿主	亚洲（包括菲律宾）和非洲	可能经摄入水或水生植物	如果感染高载量的寄生虫可出现中等程度腹泻
异形吸虫病	异形吸虫属和其他异形科吸虫	猫、犬、狐狸、狼和吃鱼的鸟类是终末宿主；鱼（和蜗牛）为中间宿主	中东（特别是尼罗河三角洲）、土耳其和亚洲	摄入未煮熟的含有包蚴的鱼	黏液性腹泻，绞痛；可能会影响心脏和中枢神经系统
后殖吸虫病	横川后殖吸虫和其他后殖吸虫	猫、犬、大鼠、其他食鱼的哺乳动物和鹈鹕是终末宿主；鱼（和蜗牛）为中间宿主	亚洲、欧洲和西伯利亚	摄入未煮熟的含有包蚴的淡水鱼	黏液性腹泻，厌食，中度的上腹疼痛或腹部痉挛；如有高载量寄生虫，可出现吸收不良、体重下降
次睾吸虫病	联接次睾吸虫，加拿大肝吸虫	犬、狐狸、其他犬科动物、猫、浣熊、麝鼠、貂和其他吃鱼的哺乳动物是终末宿主；鱼类（和蜗牛）为中间宿主	北美洲；人感染罕见	摄入未煮熟的含有包蚴的淡水鱼	急性期可出现发热、腹部疼痛（主要是上腹疼痛）、厌食；慢性型的症状尚不清楚
隐孔吸虫病	鲑（毒）隐孔吸虫（又称住鲑小吸虫）	浣熊、狐狸、犬、猫、臭鼬、其他吃鱼的哺乳动物和鸟类是终末宿主；鲑（和蜗牛）为中间宿主	太平洋沿岸的北美地区，俄罗斯	摄入未煮熟的鱼或鱼卵	中度胃肠炎

（续）

疾病名称	致病性微生物	主要感染动物	已知的分布情况	可能传播给人的途径	人的临床症状
后睾吸虫病	猫后睾吸虫（猫肝吸虫）	猫、犬、狐狸、猪、海豹和其他食鱼的哺乳动物是终末宿主；鱼（和蜗牛）为中间宿主	欧洲、亚洲和西伯利亚	摄入未煮熟的含有包蚴的淡水鱼	急性、热性疾病，伴有关节疼痛、淋巴结炎、皮疹；在亚急性、慢性期出现化脓性胆管炎和肝脓肿；可能增加发生胆管癌的风险
	麝猫后睾吸虫（小肝吸虫）	犬、猫、大鼠、猪和吃鱼的哺乳动物是终末宿主；鱼（和蜗牛）为中间宿主	东南亚	摄入未煮熟的含有包蚴的淡水鱼	上腹疼痛、腹泻、发热，可能发生急性黄疸；慢性感染可导致肝硬化、胰腺炎，胆管癌高发
	伪猫对体吸虫	犬、猫、土狼和负鼠是终末宿主；鱼疑似为中间宿主	北美洲和南美洲	尚未完全确定，但可能摄入了中间宿主	
肺吸虫病	卫氏并殖吸虫、异盘并殖吸虫、非洲并殖吸虫、墨西哥并殖吸虫和其他吸虫	犬、猫、猪、野生食肉动物、土狼和其他哺乳动物是终末宿主；蜗牛和淡水甲壳类动物为中间宿主；野猪、绵羊、山羊、兔、鸟和其他哺乳动物是旁栖宿主	吸虫呈全球性分布（分布状况因种属不同而不同）；人感染的情况大多数出现在亚洲、非洲和热带美洲	摄入未煮熟的、感染的甲壳动物（螃蟹、龙虾）；或处理甲壳动物后被囊尾蚴污染的手或污染物；或未煮熟的旁栖宿主的肉，如野猪	寄生虫迁移至肺部可导致患者出现寒战、发热；类似结核的肺病；咳嗽、带血丝的痰；腹部型的病例出现腹部钝痛、压痛，可能出现腹泻；神经症状、游走性皮肤结节和其他器官的特异性症状不常见；吸虫种类不同，出现的主要症状不同
肠和肝的血吸虫病	日本裂体血吸虫	许多哺乳动物，包括牛、水牛、猪、犬、猫、鹿和啮齿动物，是终末宿主；蜗牛为中间宿主	中国、印度尼西亚和菲律宾	未破损皮肤被水中感染蜗牛的尾蚴穿透	急性型疾病（光钉螺热），特别是在首次感染后；发热，有时伴有咳嗽、腹泻、腹痛、肝脾肿大和/或荨麻疹；临床症状明显康复后可能会继发慢性肠道血吸虫病，伴有腹痛/不适腹泻，有时有血便；慢性肝脏血吸虫病伴有肝脾肿大，随后发生肝纤维化、腹水，门静脉高压伴有咯血和/或血便，门静脉分流伴有肺症状；异位寄生可引起抽搐、瘫痪、脑膜脑炎；肠道和肝病变发展迅速；可出现死亡
	曼氏裂体吸虫	人和非人类灵长类是主要贮存（终末）宿主；也可见于啮齿动物、食虫动物、牛和犬；蜗牛为中间宿主	非洲、中东、南美和加勒比海	未破损的皮肤被水中感染蜗牛的尾蚴穿透	有时为急性型；肠道和肝吸虫病的症状类似于日本血吸虫病，但病程稍缓慢；可能出现的并发症是肾小球性肾炎；移行至中枢神经系统的寄生虫可引起贯穿性脊髓炎；也引起伴有繁殖障碍的生殖道吸虫病；可能发生死亡

（续）

疾病名称	致病性微生物	主要感染动物	已知的分布情况	可能传播给人的途径	人的临床症状
肠和肝的血吸虫病	梅氏裂体吸虫	牛、绵羊、山羊、非洲大羚羊、牛羚、羚羊、水牛和其他哺乳动物是终末宿主；蜗牛为中间宿主	非洲南部	未破损皮肤被水中感染蜗牛的尾蚴穿透	肠道和肝血吸虫病；可导致死亡
	湄公河裂体吸虫	人是贮存（终末）宿主；也见于犬和猪；蜗牛为中间宿主	东南亚	未破损的皮肤被水中感染蜗牛的尾蚴穿透	未见急性型疾病或极罕见；肠道和肝吸虫病；可导致死亡
	间生裂体吸虫	牛、绵羊、羚羊、山羊、灵长类动物和大鼠是终末宿主；蜗牛为中间宿主	中非	未破损的皮肤被水中感染蜗牛的尾蚴穿透	只发生肠道吸虫病，症状温和/或无症状；偶见血便、腹泻
尿道血吸虫病	埃及裂体吸虫	人是主要的贮存（终末）宿主；偶尔感染非人类灵长类动物、猪、绵羊、啮齿动物和其他哺乳动物；蜗牛为中间宿主	非洲（包括马达加斯及毛里求斯）和中东	未破损的皮肤被水中感染蜗牛的尾蚴穿透	有时呈急性；慢性疾病——血尿、排尿困难和肾衰；膀胱壁、尿道和膀胱的钙化可引起膀胱癌；移行至中枢神经系统的寄生虫可能引起贯穿性脊髓炎；生殖道血吸虫病；可以导致死亡
尾蚴性皮炎	血吸虫属的血吸虫尾蚴（哺乳动物）；巨毕血吸虫属、毛毕吸虫属和澳毕吸虫属（鸟类）	鸟和哺乳动物是终末宿主；蜗牛为中间宿主	全球性分布	未破损的皮肤被淡水和海水中的感染蜗牛的尾蚴穿透	自限性荨麻疹、瘙痒和皮疹

3. 绦虫病

疾病名称	致病性微生物	主要感染动物	已知的分布情况	可能传播给人的途径	人的临床症状
伯特绦虫病	斯氏（类人猿）伯特绦虫，古巴伯特绦虫	非人类的灵长类动物是常见宿主；其他哺乳动物包括犬和人，也可感染	亚洲、南美洲和非洲；其他地区的引进灵长类动物也可发生	摄入的食物中的感染甲螨	多数病例无症状；腹痛、呕吐、腹泻、便秘和体重减轻
多头蚴病（脑包虫病）	多头绦虫	终末宿主是犬科动物；中间宿主是绵羊和其他食草动物	全球性散在分布	可能经水、蔬菜和土壤摄入猫粪便中的绦虫卵	无疼痛性的皮肤肿胀；可能涉及中枢神经系统（出现脑部广泛病变的症状）或眼部有幼虫
	连节绦虫	终末宿主是犬科动物；中间宿主是兔形目动物，有时是其他哺乳动物	非洲、欧洲和北美洲；罕见于人	可能经水、蔬菜和土壤摄入猫粪便中的绦虫卵	无疼痛性的皮肤肿胀；也可见有肌肉和腹膜肿胀；中枢神经系统可能受影响

（续）

疾病名称	致病性微生物	主要感染动物	已知的分布情况	可能传播给人的途径	人的临床症状
多头蚴病（脑包虫病）	布朗绦虫	终末宿主是犬科动物；中间宿主是沙鼠、野生啮齿动物，以及人	非洲	可能经水、蔬菜和土壤摄入猫粪便中的绦虫虫卵	最常见于皮下组织（肿胀）或眼
囊虫病（又称囊尾蚴病）（也可参见绦虫病）	猪带绦虫（有钩绦虫）	人是终末宿主；猪和其他哺乳动物为中间宿主；（人类既是中间宿主，又是终末宿主）	在生猪饲养地区呈世界性分布；大多数病例发生在非洲、亚洲、中美洲和南美洲	摄入虫卵（包含人肠道内成虫引起的自体感染）	死亡幼虫引起中枢神经系统炎症（感染多年才发生）可导致抽搐和其他中枢神经系统症状；在眼睛和心脏不常见
	肥头绦虫	狐狸、偶见其他犬科动物是终末宿主；啮齿类动物、食虫类，偶见其他哺乳动物是中间宿主	北美洲、欧洲和其他有狐狸存在的地区	摄入虫卵	极罕见；一个病例是发生在眼睛；一个病例是手臂上出现类似肿瘤样的病灶；一个病例是脊柱旁出现假性血肿并伴有局部出血
裂头绦虫病（鱼绦虫感染）	阔节裂头绦虫、太平洋裂头绦虫、枝形裂头绦虫和其他裂头绦虫	犬、熊、海豹、海狮、鸥科、其他食鱼的哺乳动物、鸟类是终末宿主；淡水或海水鱼（和桡足类）为中间宿主	全球性分布	摄入未煮熟的感染鱼	通常无症状；可引起轻度的腹部不适；有时有巨红细胞性贫血
复孔绦虫病（又称犬绦虫感染）	犬复孔绦虫	犬和猫是终末宿主；蚤为中间宿主	全球性分布	摄入犬或猫的跳蚤	常发于儿童；无症状或表现轻度的腹部不适；粪便中出现类似黄瓜种子样的节片
棘球蚴病（又称包虫病）	细粒棘球绦虫	犬、土狼和其他犬科动物是终末宿主；绵羊、猪、啮齿动物、鹿、麋和其他哺乳动物既是中间宿主，也是迷路（异常）宿主	全球性分布	摄入食物和水中的绦虫虫卵；从手到口；虫卵黏附于皮毛和手	引起器官的占位性病变，特别是肺脏和肝脏，也可见于其他器官，罕见于中枢神经系统；囊肿生长缓慢；如不治疗可导致死亡
	多房棘球绦虫	犬、猫、野生犬科动物和猫科动物是终末宿主；多种小型哺乳动物包括田鼠亚科啮齿动物，和食虫动物为中间宿主	北美洲（从加拿大到美国北部的州）、欧亚大陆的北部和中部	摄入食物和水中的绦虫虫卵；从手到口；虫卵黏附于皮毛和手	通常引起肝脏出现大范围病变，偶见于肺或中枢神经系统；初始病变可能转移到很多器官；非常严重，诊断后若不治疗，仅有29%的患者能存活10年，几乎没有或完全没有存活15年的患者

（续）

疾病名称	致病性微生物	主要感染动物	已知的分布情况	可能传播给人的途径	人的临床症状
棘球蚴病（又称包虫病）	少头棘球绦虫	野生猫科动物是终末宿主；刺豚鼠、无尾刺豚鼠和棘鼠为中间宿主	中美洲和南美洲；在人罕见	摄入食物和水中的绦虫卵；从手到口；虫卵黏附于皮毛和手	已经发生在多种内脏器官和眼睛
	沃格尔棘球绦虫	薮犬和犬是终末宿主；刺豚鼠、无尾刺豚鼠和非人类灵长类动物为中间宿主	中美洲和南美洲	摄入食物和水中的绦虫卵；从手到口；虫卵黏附于皮毛和手	常影响肝脏，可侵害邻近组织；晚期病例即使治疗，死亡率也很高（在一项调查中的死亡率为22%）
膜壳绦虫病	短膜壳绦虫（侏儒绦虫）；人感染的虫株大多为人体适应虫株，但也有可能是人兽共患性的	人类、非人类灵长类动物和啮齿动物是终末宿主；昆虫（包括跳蚤、面象虫和谷物甲虫）为中间宿主	全球性分布	意外摄入绦虫虫卵或被感染的昆虫；也可能为自体感染	主要见于儿童；最常见的是轻度腹部不适、食欲下降和过敏；可能有体重减轻、胃肠气胀、腹泻
	缩小膜壳绦虫（又称长膜壳绦虫、鼠型膜壳绦虫）	大鼠、小鼠是终末宿主；昆虫（包括跳蚤和谷物甲虫）为中间宿主	全球性分布	摄入食物中被感染的昆虫	轻度腹部症状，持续时间短
无头虫感染	马达加斯加绦虫	在非洲，啮齿动物和人类是终末宿主；在非洲以外的地区，人类可能是唯一宿主	非洲、东南亚、热带美洲	可能是摄入被感染的节肢动物	轻度腹部症状
瑞立绦虫感染	西岛瑞立绦虫，地美拉瑞立绦虫；还没有人类感染瑞立绦虫属的报道	啮齿动物和灵长类动物是西岛瑞立绦虫和地美拉瑞立绦虫的终末宿主；鸟类和哺乳动物是其他瑞立绦虫的宿主；节肢动物（包括蚂蚁）为中间宿主	地美拉瑞立绦虫病发生在热带美洲（人的病例主要在厄瓜多尔、古巴、圭亚那和洪都拉斯）；西里伯瑞立绦虫病发生在亚洲、澳大利亚和非洲	可能是摄入食物中的感染节肢动物	轻度不适，多为无症状感染；胃肠炎，可能还有其他症状；主要发生于儿童

（续）

疾病名称	致病性微生物	主要感染动物	已知的分布情况	可能传播给人的途径	人的临床症状
裂头蚴病	迭宫绦虫属（假叶目绦虫，第二幼虫期）	犬、猫、野生犬科动物和猫科动物是终末宿主；桡足类是第一中间宿主；灵长类动物、猪、黄鼬、啮齿动物、食虫类、其他哺乳动物、鸟、爬行动物、两栖动物和鱼是第二中间宿主	全球性分布；人的病例主要发生在泰国	摄入了剑水蚤（水中）或未煮熟的中间宿主；皮肤上覆盖污染物（如使用泥敷剂）	皮肤出现可移行的结节和瘙痒；结膜和眼睑病变；荨麻疹、疼痛性水肿；其他器官包括中枢神经系统也可受侵害
绦虫病					
——亚洲绦虫病	亚洲绦虫（又称亚洲无钩绦虫）	家猪和野猪、（偶尔）牛、山羊和猴子为中间宿主；人是终末宿主	亚洲东部和东南部、非洲	摄入未煮熟的动物产品，通常是内脏器官，如肝脏和肺脏	轻度腹部不适和排出节片样虫体；肛门瘙痒；当虫卵被摄入后，随后幼虫移行并转移疾病似乎不可能，但不能排除
——牛带绦虫	无钩绦虫	牛、水牛、美洲驼、驯鹿、骆驼、其他家养和野生反刍动物为中间宿主；人是终末宿主	全球性分布	摄入未煮熟的含有幼虫的肉	轻度腹部不适和排出节片样虫体；节片样虫体可移行至异常部位并引起症状；虫卵不能引起转移性疾病
——猪带绦虫病；囊虫病和神经性囊虫病	有钩绦虫	人是终末宿主；猪、其他哺乳类动物，包括人偶尔为中间宿主	见于养猪地区，呈全球性分布；大多数病例发生在非洲、亚洲、中美洲和南美洲	摄入未煮熟的含幼虫的猪肉，可引起绦虫病；摄入虫卵（包括肠道成虫的自体感染），可引起猪囊虫病	肠道内的成虫期（绦虫病）绦虫引起温和症状或无症状；囊虫病在数年中无症状，直到囊尾蚴死亡引起神经系统炎症（抽搐和其他中枢神经系统症状）或不常发生在眼睛和心脏
4. 线虫类病（蛔虫病）					
血管圆线虫病	哥斯达黎加管圆线虫	棉鼠和其他啮齿动物是终末宿主；蛞蝓是中间宿主	美洲北部、南部和加勒比海	意外摄入蛞蝓或被其排泄物污染的植物	腹部管圆线虫病；症状类似阑尾炎，特别是在儿童
	广州管圆线虫	啮齿动物（包括大鼠属和板齿鼠属）是终末宿主；蜗牛、蛞蝓和陆生涡虫是中间宿主；鱼、甲壳纲动物（蟹、虾、对虾）和两栖动物是旁栖宿主	全球性分布	摄入未煮熟的中间宿主、旁栖宿主，或被中间宿主排泄物污染的植物	嗜酸性粒细胞脑膜炎或脑膜脑炎，可影响脊髓；眼睛受侵害并有视力下降；有些见有腹部疼痛、瘙痒；多数病例相对温和且为自限性，但有时可发生死亡

（续）

疾病名称	致病性微生物	主要感染动物	已知的分布情况	可能传播给人的途径	人的临床症状
异尖线虫病	异尖线虫属，假新地线虫属	海洋哺乳动物（鲸目和鳍脚类动物）和食鱼鸟是终末宿主；鱼、甲壳纲动物和头足类软体动物为中间宿主或旁栖宿主	全球性分布，但许多病例发生在亚洲北部和欧洲西部	摄入未煮熟的海洋鱼类、鱿鱼和章鱼	胃肠炎伴有上腹部疼痛；与胃相比，其他部位少见；口咽部线虫可引起咯血、咳嗽；摄入活的或死的虫体可引起荨麻疹和其他过敏反应
毛细线虫病					
——肝毛细线虫病	肝毛细线虫属	啮齿动物，其他野生和家养哺乳动物	全球性散在点状分布	摄入土壤中孵化的虫卵	急性或亚急性肝炎，并出现大量的嗜酸性粒细胞增多症；从亚临床性到致死性
——肠毛细线虫病	菲律宾毛细线虫	水生鸟类和人可成为终末宿主；淡水鱼是中间宿主	菲律宾、泰国、东亚和中东	摄入未煮熟的感染鱼	肠道疾病伴有蛋白质丢失和吸收不良；腹泻，腹痛
——肺毛细线虫病	嗜气毛细线虫（又称嗜气优鞘线虫）	犬、猫和其他食肉动物	全球性分布；罕见于人	意外摄入土壤和食物中的感染性虫卵	发热、咳嗽、支气管痉挛、支气管炎和呼吸困难；与支气管癌相似
膨结线虫病（又称巨大肾内蠕虫感染）	肾膨结线虫	水貂、犬和其他食肉动物是终末宿主；环节动物类为中间宿主；青蛙和鱼是旁栖宿主	欧洲、亚洲、南美洲和北美洲；罕见	摄入了被感染鱼或青蛙的肝脏和肠系膜	肾绞痛、血尿、脓尿和输尿管梗阻
龙线虫病（几内亚虫感染）	麦地那龙线虫	人、非人类灵长类动物、家养和野生的食肉动物、马和牛是终末宿主；桡足类动物为中间宿主	亚洲（主要是印度次大陆）和非洲	摄入水中被感染的剑水蚤	到产幼虫之前（约1年）无症状；皮肤出现丘疹、水疱性病变乃至溃疡，溃疡在水中开放释放虫体；此时常出现过敏反应，并发生继发感染
丝虫病					
——恶丝虫病	犬恶丝虫	犬、猫、野生哺乳动物，尤其是食肉动物、鼬科和灵长类动物是终末宿主；蚊子为中间宿主	全球性分布	被感染蚊子叮咬	发热，急性咳嗽，引起肺脏的梗死或硬币样病变；常无症状；眼部很少受侵害
	细弱恶丝虫、匍行恶丝虫，可能还有其他恶丝虫	细弱恶丝虫（浣熊）；匍行恶丝虫（犬和猫）	细弱恶丝虫分布在北美；匍行恶丝虫分布在亚洲、欧洲和非洲	被感染的蚊子叮咬	皮下结节或黏膜下肿胀；有些具有游走性和/或疼痛；结膜下；也有可能定殖于内脏器官（主要是肺）

（续）

疾病名称	致病性微生物	主要感染动物	已知的分布情况	可能传播给人的途径	人的临床症状
——马来丝虫病	马来丝虫；亚周期型具有人兽共患性；周期型是人独有的	猫、野生猫科动物、鳞甲目、其他食肉动物和非人类灵长类动物	亚洲；亚周期型局限于马来西亚半岛、泰国，以及印度尼西亚、越南和菲律宾有沼泽森林的部分地区	被感染的蚊子叮咬，主要是曼蚊属	周期性、疼痛性淋巴腺炎，淋巴管炎，通常先出现疲倦、荨麻疹等前驱性疾病；可发展为象皮病，多见于腿部；过敏性症状伴有咳嗽、胸痛和哮喘，特别是在夜间
颚口线虫病	棘颚口线虫和其他颚口线虫属	犬、猫和野生食肉动物是终末宿主；桡足类、淡水鱼类、青蛙、蛇、鸡、蜗牛和猪为中间宿主	全球性分布；人的病例大多发生在亚洲；新发于墨西哥太平洋沿岸、厄瓜多尔、秘鲁和阿根廷	摄入未煮熟的鱼类、家禽或其他中间宿主，经饮水途径感染罕见	摄入后迅速出现发热、疲倦、胃肠炎、荨麻疹；数周或数年后皮肤出现游走性病变（中度肿胀，常有疼痛或发痒）；可侵害内脏、眼睛或中枢神经系统
筒线虫病	美丽筒线虫	反刍动物、家猪、野猪和其他哺乳动物是终末宿主；甲虫和蟑螂为中间宿主	全球性分布；罕见于人	摄入被感染的甲壳虫（可能在蔬菜上）可能吸入小型甲壳虫	口腔黏膜下寄生虫的移行可被感觉到；局部刺激；可能有咽炎、胃炎
皮肤幼虫移行症（见颚口线虫病）	巴西钩虫、犬钩虫和狭头钩虫	猫、犬和野生食肉动物	全球性分布；不同种的分布不同	与可刺穿皮肤的感染性幼虫接触，通常经土壤传播	奇痒，有锯齿状皮肤移行病变；丘疹、非特异性皮炎、水疱、脓疱；气喘，咳嗽，可出现荨麻疹；可能出现肌炎或眼睛病变；摄入犬钩虫后出现嗜酸性肠炎
	牛仰口线虫	牛	温带地区	与可刺穿皮肤的感染性幼虫接触，通常经土壤传播	奇痒，有锯齿状皮肤移行病变；丘疹、非特异性皮炎、水疱、脓疱；气喘，咳嗽，可出现荨麻疹；可能出现肌炎或眼睛病变；摄入犬钩虫后出现嗜酸性肠炎
	粪类圆线虫，及在动物中发现的其他类圆线虫	粪类圆线虫感染犬、猫和包括人类在内的灵长类动物；其他粪类圆线虫感染猪、绵羊、山羊、牛、马、浣熊及其他家养和野生哺乳动物	全球性分布，热带和亚热带地区较为常见	与可刺穿皮肤的感染性幼虫接触，经土壤或直接接触粪便传播；粪类圆线虫可能发生自体感染	皮肤型游走性幼虫症（线状的和锯齿状的荨麻疹炎症，通常发展迅速）；粪类圆线虫可在肠道内发育成熟，引起肠炎和其他症状
内脏型幼虫移行症（见管圆线虫病和异尖线虫病）	犬弓首蛔虫、猫弓首蛔虫，可能有其他种	犬及野生犬科动物（犬弓首蛔虫）和猫（猫弓首蛔虫）是终末宿主；许多其他动物可作旁栖宿主	全球性分布	摄入犬或猫粪便中被排泄的孵化卵囊；经土壤、饮水、食物和污染物传播	发热，哮喘性咳嗽，上腹部不适；在手足和躯体部出现结节性皮疹；在数月里疾病可能时好时坏；眼部受侵害的情况类似于眼癌（眼部游走性幼虫症）

（续）

疾病名称	致病性微生物	主要感染动物	已知的分布情况	可能传播给人的途径	人的临床症状
内脏型幼虫移行症（见管圆线虫病和异尖线虫病）	浣熊贝利蛔线虫	浣熊是终末宿主；犬可作为终末宿主或中间宿主；许多哺乳动物（包括人）及鸟类为中间宿主	北美洲、欧洲和日本	意外摄取土壤、水或粪便污染物中的孵化卵囊	出现非特异性症状包括发热，嗜睡；肝脏肿大，肺炎，寄生虫性脑膜脑炎（对婴儿和低龄儿童是致死性的），眼部疾病；其他综合征包括心脏病
结节线虫病，三齿线虫病	结节线虫属，缩小三齿线虫	灵长类动物（包括人）	非洲、亚洲和南美洲（巴西）	摄入土壤中的感染性幼虫，食物或水中更常见	腹痛（可能是右下腹部）和一个或多个聚集物，有时有轻度发热；可能有肠梗阻或脓肿；多发性结节型（较少见），伴有腹痛、持续腹泻、体重下降；网膜、肝和皮肤中的移行少见
类圆线虫病	粪类圆线虫（可能存在适应于犬及灵长类的粪类圆线虫；但犬源线虫几乎不能在人体中发育成熟）	粪类圆线虫感染犬、猫、狐狸和灵长类动物（包括人）	粪类圆线虫呈全球性分布；热带和亚热带气候下更为常见	与可刺穿皮肤的感染性幼虫接触，经土壤或直接接触粪便传播；可能有自体感染	健康人感染通常无症状；可能出现皮肤型游走性幼虫症（见游走性幼虫症）；部分病例表现为呼吸道症状（咳嗽乃至支气管肺炎），主要发生于老人和免疫功能低下者；腹痛，腹泻，有时伴有周期性荨麻疹，或斑丘疹；类圆线虫病可传播，神经性并发症，败血症，免疫功能低下者可发生死亡
	菲勒得（福氏）类圆线虫	灵长类动物（包括人）	非洲、亚洲，以及在其他地区捕获的灵长类动物	与可刺穿皮肤的感染性幼虫接触，经土壤或直接接触粪便传播；可能有自体感染	与腹痛和偶发性腹泻相关，但尚未完全研究清楚
吸吮线虫病（眼丝虫）	犬结膜吸吮线虫，加利福尼亚吸吮线虫，可能有罗德西吸吮线虫	终末宿主是犬及其他犬科动物、猫和兔（结膜吸吮线虫）；犬、野生哺乳动物，偶见于猫和羊（加利福尼亚吸吮线虫）；苍蝇是中间宿主	结膜吸吮线虫分布于亚洲和欧洲；加利福尼亚吸吮线虫分布于北美洲（美国西部）；罕见于人	苍蝇将幼虫排泄在结膜上	结膜炎；慢性病例出现角膜瘢痕、角膜浑浊

（续）

疾病名称	致病性微生物	主要感染动物	已知的分布情况	可能传播给人的途径	人的临床症状
旋毛虫病	旋毛虫及其亚种，本地旋毛虫，布氏旋毛虫，纳尔逊旋毛虫，伪旋毛虫，可能有其他种	主要贮存宿主可能是野生食肉动物（狐狸、獾、狼和山猫）、杂食动物（熊和野猪）；也见于任何肉食（或饲喂肉）的哺乳动物，包括家猪、啮齿动物、猫、犬、马和海洋哺乳动物；也见于鸟（伪旋毛虫）	全球性分布，尤其是靠近北极的地区；某些种只局限于特定区域	摄入未煮熟的含有活性包囊的猪肉、马肉、野味和及其他组织	有些病例出现胃肠炎；随后发热、头痛、严重肌痛、面部肿胀（尤其是眼睑）；可能出现眼睛肿胀，皮疹，瘙痒；肺炎，中枢神经系统和心脏可能受侵害；从不明显到致死性
毛圆线虫病	毛圆线虫属	牛、绵羊、其他家养及野生反刍动物，有时见于其他哺乳动物	全球性分布	摄入蔬菜中或被污染的水和土壤中的感染性幼虫	无症状或轻度胃肠炎
鞭虫病（鞭虫感染）	犬鞭虫，猪鞭虫及可能的其他鞭虫；鞭形鞭虫主要感染人，人兽共患感染不常见	犬鞭虫感染犬科动物；猪鞭虫感染家猪及野猪	全球性分布，尤其是在温暖、湿润的气候下	摄入植物性食物、水或土壤中的孵化卵囊	无症状或轻度到中度的胃肠炎；可能出现血便；犬鞭虫引起的幼虫移行症罕见

5. 棘头虫病

疾病名称	致病性微生物	主要感染动物	已知的分布情况	可能传播给人的途径	人的临床症状
巨吻棘头虫病	猪巨吻棘头虫及其他棘头虫	宿主根据虫种不同而异。终末宿主包括家猪及野猪、啮齿动物、麝鼠、北极熊、犬、海獭和其他陆生与海生哺乳动物；中间宿主是甲壳虫、蟑螂和甲壳纲动物；鱼是旁栖宿主	全球性分布	摄入感染的甲壳虫及其他中间宿主，或鱼	胃肠炎，可能导致肠穿孔或肠梗阻；有些感染病例无症状

6. 水蛭病（皮肤柔线虫蚴病）

疾病名称	致病性微生物	主要感染动物	已知的分布情况	可能传播给人的途径	人的临床症状
水蛭病（内脏型）	尼罗沼虾和其他水生蛭类	牛、水牛、其他家养和野生的哺乳动物，青蛙也有可能	非洲、亚洲、南欧和中东	饮用未过滤的水（生蛭进入鼻孔或口腔），在深水中行走（生蛭进入泌尿生殖道）	吸附于鼻咽部、咽部、食管，偶见于更深的呼吸道或泌尿生殖道中；在吸附的部位有压迫感和疼痛感；出血（如咯血、吐血、鼻出血、阴道出血）；贫血（可能较严重）；其他症状根据寄生部位而定，可能出现持续性头痛、咳嗽、呼吸困难、胸痛

（续）

疾病名称	致病性微生物	主要感染动物	已知的分布情况	可能传播给人的途径	人的临床症状
（五）虫媒疾病					
螨病（兽疥癣）	疥螨属、姬螯螨属、皮刺螨属及禽刺螨属的螨虫	哺乳动物及鸟类	全球性分布	与感染动物及其污染物接触	瘙痒性皮肤病变
蝇蛆病	嗜人锥蝇和蛆症金蝇（螺旋蛆蝇）	哺乳动物，鸟类很少见	嗜人锥蝇分布于南美洲、加勒比海地区；蛆症金蝇分布于亚洲、非洲，可能还有中东地区	苍蝇在宿主上产卵，幼虫穿越伤口（细小程度如同蜱叮咬造成的伤口大小一般）和黏膜	皮肤或皮下出现疼痛、瘙痒、发出臭味的伤口或结节，通常伴有浆液性分泌物；有些幼虫可寄生在腔室中，如鼻腔；幼虫可侵袭活组织，引起局部破坏（包括骨、眼、鼻窦和颅腔）；如未治疗可引起死亡
	嗜人瘤蝇，皮蛆瘤蝇罕见	哺乳动物	非洲和沙特阿拉伯	环境中的幼虫可穿透完整皮肤	入侵部位呈疖样肿胀；通常见于脚部
	黄蝇属	啮齿动物、兔形目动物，偶尔有其他哺乳动物	北美洲	蔬菜中的幼虫进入宿主的天然腔道或穿过完整皮肤	皮下疖样结节；爬行疹（不常见）；眼部病变；上呼吸道内罕见有幼虫
	人皮蝇（人肤蝇）	哺乳动物，一些鸟类	南美洲及中美洲，墨西哥	其他昆虫携带虫卵；当昆虫落在皮肤时，幼虫孵化并穿透哺乳动物皮肤	疖疮部位有非移行性幼虫；疼痛，剧烈瘙痒，有时有淋巴管炎或淋巴结炎；可侵入眼睑、眼窝、口腔，特别是在儿童
	胃蝇属（马胃蝇）	马属动物，其他哺乳动物偶见	全球性分布	意外暴露于幼虫	锯齿状、瘙痒性红色斑纹，类似于皮下幼虫移行症；罕见于胃部，伴有恶心和呕吐
	纹皮蝇、牛皮蝇（牛皮瘤）和其他皮蝇属	牛皮蝇及纹皮蝇主要感染牛，有时感染其他哺乳动物；其他皮蝇主要寄生于鹿、北美驯鹿或牦牛	北美洲、欧洲和亚洲；不同种的分布各异	宿主体表上寄生的虫卵，发育为幼虫后穿透皮肤	常见的是皮下型（缓慢移行的疖疮，时隐时现）或类似于皮肤幼虫移行症；眼内炎不常见；黑纹皮蝇也可以引起发热、肌肉疼痛、嗜酸性淋巴细胞症，有时引起呼吸道、心脏及神经系统疾病
	羊狂蝇和紫鼻狂蝇	羊狂蝇主要感染绵羊、山羊和其他哺乳动物；鼻狂蝇主要感染马属动物	羊狂蝇呈世界性分布；鼻狂蝇主要分布于亚洲、非洲和欧洲	幼虫存在于鼻孔、眼结膜，通常在口腔中发现成蝇	眼结膜型，伴有流泪，感觉到眼中存在异物，少见失明；鼻腔型则表现为局部疼痛、瘙痒、充血和头痛；也可见于咽部（炎症、呕吐和吞咽困难），耳部问题罕见；通常为自限性（除了幼虫在眼睛内之外），因为幼虫在人体的第一阶段后不能进一步发育
	警觉污蝇和黑须污蝇	警觉污蝇感染兔、貂、狐狸、犬和其他食肉动物；黑须污蝇感染绵羊、牛、其他哺乳动物、一些鸟类，特别是鹅	警觉污蝇分布于北美；黑须污蝇分布于欧洲（主要是地中海区域）、非洲北部和亚洲	幼虫寄生于宿主或其周边，穿透病变部位（两种病原体均可）或完整皮肤（警觉污蝇）和天然孔	警觉污蝇引起皮下脓肿、疖疮；已有报道，在皮肤、眼睛、阴户、耳部和口腔气管部位存在黑须污蝇

（续）

疾病名称	致病性微生物	主要感染动物	已知的分布情况	可能传播给人的途径	人的临床症状
舌形虫感染	蛇舌形虫（舌节状蠕虫）	蛇是终末宿主；啮齿动物和其他野生动物为中间宿主	非洲和亚洲	摄入被虫卵污染的水或蔬菜（虫卵来自于蛇的粪便和唾液）；未煮熟的蛇肉；处理蛇肉后被污染的手、污染物	通常无症状；大量寄生虫感染可引起多灶性脓肿、团块，或内脏器官的阻塞；症状与病变部位有关
	犬舌形虫	终末宿主是犬及其他犬科动物、猫科动物；中间宿主是食草动物，尤其是绵羊、山羊，兔形目动物、人	全球性分布	摄入被虫卵污染的水或蔬菜（虫卵来自终末宿主的粪便，唾液与鼻腔分泌液）；摄入未煮熟的中间宿主的肝脏或淋巴结内的幼虫	摄入虫卵——通常无症状；眼部或肺部的症状，腹部疼痛，黄疸，以及内脏器官受到侵害后出现的其他症状摄入幼虫——喉部敏感疼痛；鼻咽部水肿和充血可能引起呼吸困难和吞咽困难；最严重病例可能出现在过敏体质者
蜱媒麻痹	安氏革蜱、变异革蜱，有时为硬蜱属、血蜱属、扇头蜱属、锐缘蜱属蜱和璃眼蜱属	各种动物	全球性分布	蜱的黏附，特别是颈背部或沿着脊柱	体温升高，不断加重的松弛性瘫痪；可引起呼吸麻痹，以及感觉异常；去除蜱后症状消失，但康复缓慢；可能发生死亡
潜蚤感染	穿皮潜蚤（沙蚤、恙螨）	人、犬、猪和其他哺乳动物	非洲，中美洲和南美洲、加勒比海、南亚	皮肤与被污染的土壤接触	寄生虫穿透皮肤并钻入后，可引起散在的溃疡处周边出现疼痛和瘙痒，多发于脚部；可能是继发性感染

（六）病毒病

疾病名称	致病性微生物	主要感染动物	已知的分布情况	可能传播给人的途径	人的临床症状
凯萨努尔森林病毒感染	凯萨努尔森林病毒；可能是凯萨努尔森林病毒的一种变异株或毒株	绵羊、山羊和骆驼	主要在沙特阿拉伯；病毒可能存在于整个阿拉伯半岛	直接接触，包括经完整皮肤传播、摄入未经消毒的骆驼奶，蚊子叮咬	发热、头痛、肌痛、厌食和呕吐；脑炎和出血性症状；病死率25%
巴马哈森林病毒	巴马哈森林病毒（披膜病毒科，甲病毒属）	自然宿主未知；可在马和帚尾袋貂属动物体内繁殖	澳大利亚	蚊子叮咬；可能是环喙库蚊和伊蚊	与罗斯河病毒引起的疾病相似，但有少数病人病程更长
水牛痘病毒感染	痘苗病毒和水牛痘病毒（痘病毒科，正痘病毒属）	水牛和牛	印度次大陆（南亚）、埃及和印度尼西亚	皮肤与感染动物接触，常发生于挤奶过程中	皮肤痘主要见于手、面部、腿部和臀部；偶见淋巴结炎
加利福尼亚脑炎病毒（加利福尼亚血清群）感染	加利福尼亚脑炎病毒（布尼亚病毒科，正布尼亚病毒属）包括加利福尼亚株、拉克罗斯株、塔希纳株、因科株、詹姆斯敦峡谷株、莫洛湾株、北美野兔株、Chatanga株和其他毒株	许多野生和家养哺乳动物	北美洲、南美洲、欧洲、非洲和亚洲；很可能遍及世界各地；每一种毒株的分布不同	蚊子叮咬	不同毒株引起的症状与严重程度有所不同；北美株感染常见有流感样疾病，脑膜炎或脑炎
——拉克罗斯脑炎	加利福尼亚脑炎病毒拉克罗斯毒株（拉克罗斯病毒）	花鼠和松鼠是病毒增殖的主要宿主；家兔、狐狸和其他哺乳动物可被感染	北美洲	蚊子叮咬	很多病例有温和、流感样症状；脑膜炎或脑炎，也可伴有抽搐、瘫痪和局部神经症状；多数病例发生在儿童；脑炎的估计病死率为0.3%

（续）

疾病名称	致病性微生物	主要感染动物	已知的分布情况	可能传播给人的途径	人的临床症状
——塔希纳热	加利福尼亚脑炎病毒中塔希纳毒株（塔希纳病毒株）	野兔、家兔、啮齿动物，豪猪和其他哺乳动物	欧洲、亚洲和非洲	蚊子（库蚊）叮咬	流感样疾病，有时有胃肠道症状；有些呼吸道症状，包括支气管肺炎；可能出现脑膜炎；最常见于儿童；似乎不引起死亡
基孔肯尼雅病毒感染	基孔肯尼雅病毒（披膜病毒科，甲病毒属）	发生于非洲森林的灵长类动物中；该病毒被认为持续存在于亚洲人群中	东南亚和非洲	蚊子（尤其是伊蚊）叮咬	发热性疾病，可出现皮疹；明显的关节疼痛，尤其在小关节处，可持续数月；一些病例报道有心肌炎、神经症状和出血
科罗拉多蜱传热	科罗拉多蜱传热病毒（呼肠孤病毒科，科罗拉多蜱传热病毒属；鲑鱼河病毒可能是变异毒株）	啮齿动物（地松鼠、花栗鼠、大鼠）、豪猪、兔形目动物、鹿、麋鹿和其他哺乳动物	北美洲的落基山脉地区	蜱（巨头蜱）叮咬	发热性疾病，伴有头痛、肌痛、腹痛、眶后疼痛和其他症状；有些病例呈双相热或三相热；严重病例有时会出现神经症状、出血、心包炎、心肌炎、睾丸炎；病死率低
传染性脓疮（羊口疮）	羊传染性口疮病毒（痘病毒科，副痘病毒属）	绵羊、山羊、驼科动物、驯鹿、野生有蹄动物；罕见有犬的病例	全球性分布	职业性暴露，通过与破损皮肤接触传播	中间凹陷和溃疡性的丘疹，常见于手部；罕见有扩散；免疫抑制病人发生的大面积病变很难治疗
牛痘	牛痘病毒（痘病毒科，正痘病毒属）	啮齿动物为常见贮存宿主；也见于家猫和野猫中，偶见于牛和其他哺乳动物	欧洲和亚洲的部分地区	接触性暴露，经破损皮肤、叮咬、抓伤	小囊泡发展为脓疱、溃疡性结节和疤痕；单个或多灶性病变，多见于手部；局部腺炎和萎靡不振，有些有流感样症状；健康人的病变呈局部化；免疫功能低下者可发生全身性疾病，包括眼睛
克里米亚-刚果出血热	克里米亚-刚果出血热病毒（布尼亚病毒科，内罗毕病毒属）	牛、啮齿动物、绵羊、山羊、野兔、其他哺乳动物和一些鸟类	非洲、中东、中亚和东欧	蜱叮咬，尤其是璃眼蜱属，也有扇头蜱属、革蜱属以及其他的蜱；皮肤与动物或人的血液或组织或被压碎的蜱发生接触；摄入未经巴氏消毒的牛奶	发热、头痛、咽炎、腹部症状、瘀点、出血、肝炎；孕妇症状很严重；致死率为30%~50%
东方马脑脊髓炎	东方马脑脊髓炎病毒（披膜病毒科，甲病毒属）；北美变异株毒力强于南美变异株	鸟类是主要贮存宿主；临床病例发生在马，偶见于其他哺乳动物和鸟类；哺乳动物几乎总是其致死性的宿主	西半球	蚊子叮咬；黑尾脉毛蚊在维持病毒在鸟中循环很重要；很多属的病毒均可传播给人	非特异性的发热性疾病，随后出现严重的脑炎，尤其是感染北美变异株；在脑炎后常见神经性后遗症；北美洲变异毒株感染的致死率为30%~70%

（续）

疾病名称	致病性微生物	主要感染动物	已知的分布情况	可能传播给人的途径	人的临床症状
埃博拉出血热	扎伊尔型埃博拉病毒、苏丹型埃博拉病毒、象牙海岸型埃博拉病毒、本迪布焦型埃博拉病毒（纤丝病毒科，埃博拉病毒属）	蝙蝠是扎伊尔型埃博拉病毒的贮存宿主，也是其他埃博拉病毒的可疑贮存宿主；可感染灵长类、小羚羊，也可能感染其他哺乳动物	非洲	接触感染组织（尤其是非人类灵长类和小羚羊）；洞穴中的蝙蝠可传播该病	初期为非特异性发热性疾病；脱落性斑丘疹；出现症状后数天，可发生轻度到严重的出血倾向；死亡率36%~90%，不同毒株引起的死亡率有差异
脑心肌炎	脑心肌炎病毒（小RNA病毒科，心肌病毒属）	啮齿动物可能是贮存宿主；也可见于猪、灵长类、大象、其他哺乳动物以及野鸟	分布于全球各种动物；在人不常见	尚未确定	成人可发生发热，严重头痛，咽炎，颈部僵硬，腹痛，呕吐和反射能力下降，数日之内可康复；儿童可出现中枢神经系统症状，包括瘫痪
口蹄疫	口蹄疫病毒（小RNA病毒科，口蹄疫病毒属，病毒分为A型、O型、C型、南非1型、南非2型、南非3型、亚洲1型）	牛、猪、绵羊、山羊和其他偶蹄类动物（偶蹄目），其他目中的少数哺乳动物	亚洲、非洲、中东和南美洲	接触感染	人可携带病毒但通常无症状；伴有水疱病变的轻度流感样症状非常罕见
汉坦病毒病					
汉坦病毒性肺综合征	辛罗卜来株，河黑沟株，Muleshoe株，贝尤株，安德斯株，贝尔梅霍株，Choclo株，Araraquara株，Juquitiba株，Maciel和Castelo dos Sonhos株，其他种类的汉坦病毒（布尼亚病毒科，汉坦病毒属）	啮齿动物；每种病毒似乎都有其特定的某一种贮存宿主	北美洲和南美洲	啮齿动物分泌物和排泄物形成的气溶胶；接触破损皮肤和黏膜；啮齿动物咬伤	前驱期出现非特异性发热性疾病；随后发生呼吸衰竭、心脏异常；南美洲毒株感染可能发生出血；明显的肾脏疾病不常见；毒株不同死亡率也不同，但可达40%~60%
肾综合征出血热	汉坦病毒、杜布巴拉病毒、普马拉病毒、汉城病毒、其他类型的汉坦病毒（布尼亚病毒科，汉坦病毒属）	啮齿动物；每种病毒都有其特有的一种贮存宿主；但汉城病毒可由褐家鼠和大鼠两种宿主携带	欧洲、亚洲；汉城病毒呈全球性分布	啮齿动物分泌物和排泄物形成的气溶胶；接触破损皮肤和黏膜；啮齿动物咬伤	前驱期突然出现发热、头痛、背部疼痛、瘀点、胃肠道症状（可能是严重的）；随后发生血压过低，肾脏相关症状乃至肾衰，伴有少尿；部分病例出血；不同毒株引起的死亡率不同，可小于1%（普马拉毒株）或10%~15%（汉坦病毒）
亨得拉病毒感染	亨得拉病毒（副黏病毒科，亨尼病毒属）	果蝠是常见的贮存宿主；马可以被感染	澳大利亚	直接接触被感染的动物和被污染的组织	呼吸道感染，脑炎；几乎没有病例描述

（续）

疾病名称	致病性微生物	主要感染动物	已知的分布情况	可能传播给人的途径	人的临床症状
戊型肝炎	戊型肝炎病毒，哺乳动物分离株（肝脱氧核糖核酸病毒科，禽嗜肝病毒属）	人、猪、鹿和其他动物	全球性分布	粪-口传播；摄入生的或未煮熟的肉和肝脏；水源性	轻度，自限性肝炎到肝脏衰竭，妊娠期更严重；通常为急性，但在实质器官移植病人可能为慢性；普通人群的死亡率为1%，孕妇为20%
乙型疱疹病毒病	猕猴疱疹病毒1型（乙型疱疹病毒）（疱疹病毒科，单纯疱疹病毒属）	猕猴属动物（东半球地区的猕猴），感染后终身带毒；其他灵长类动物易感；细胞培养	全球性分布，可能常见，特别是在与猕猴亲缘关系密切的种群；罕见有人的病例	猴子咬伤和抓伤，皮肤和黏膜与被污染的唾液和分泌物接触	流感样症状；水疱性皮肤病变、疼痛、伤口周围搔痒；随后发生严重脑炎，伴有抽搐、瘫痪、昏迷；死亡率85%
流感病毒感染					
——禽流感	甲型流感病毒（正黏病毒科，甲型流感病毒属）；禽流感病毒；引起人兽共患病的禽源病毒通常是高致病性（HPAI）毒株	禽流感病毒存在于野生和家养鸟类；禽源HPAI病毒一般被发现于家禽，野鸟罕见；罕见于哺乳动物	全球性分布；许多发达国家已在家禽中消灭了HPAI禽流感病毒	一般是经由与感染动物接触进行传播；粪便中也含有禽源病毒	禽流感病毒可引起人的眼结膜炎，人流感样疾病，严重者出现多器官功能障碍，死亡；疾病的严重程度因流感病毒毒株不同而异
——猪流感	甲型流感病毒（正黏病毒科，甲型流感病毒属）；猪流感病毒	常见于猪；也可见于火鸡；可感染貂和白鼬	全球性分布	多见于与感染动物的接触；猪流感病毒可存在于猪呼吸道分泌物	似乎与人流感相似；不同病例的严重程度有差异
日本脑炎（日本乙型脑炎）	日本脑炎病毒（黄病毒科，黄病毒属）	猪、马；野鸟是亚临床维持宿主；其他哺乳动物、爬行动物和两栖动物可能呈无症状感染	亚洲、从日本到菲律宾的太平洋岛屿	蚊子（三带喙库蚊，其他库蚊属）叮咬；也可经破损皮肤和黏膜与被感染的组织直接接触而传播	发热、寒战、肌肉疼痛、严重头痛和胃肠道症状；可发展为严重的脑炎；脑炎幸存者经常出现神经性后遗症；死亡率15%~30%
凯萨努尔森林病	凯萨努尔森林病毒（黄病毒科，黄病毒属）	啮齿动物、鼩鼱和猴，可能有其他哺乳动物、鸟	印度	蜱（距刺血蜱）叮咬	发热、头痛、心动过缓、虚脱和手足剧痛；病程为双向性，症状较为缓和，随后出现出血症状（如，瘀斑、紫癜、瘀点、胃肠道出血和鼻出血）；部分病例出现脑膜脑炎；致死率2%~10%
拉沙热	拉沙病毒（沙粒样病毒科，沙粒样病毒属）	野生啮齿动物，常见于多乳鼠	非洲	与啮齿动物的排泄物、分泌物或组织接触	逐渐出现非特异性发热，最后出现胸痛、咳嗽、胃肠道症状、肝炎；头颈严重水肿，可出现血压过低/休克；胸腔积液，心包积液；出血性综合征不太常见；地方流行地区的总体死亡率1%；流行期间的病例死亡率可高达50%
跳跃病（又称绵羊脑脊髓炎）	跳跃病病毒（黄病毒科，黄病毒属）	绵羊、山羊、其他家养和野生哺乳动物、松鸡和雷鸡	英国、北爱尔兰和挪威；罕见	蜱（蓖麻硬蜱）叮咬；实验室气溶胶感染，皮肤创伤污染；可能会通过摄入牛奶而感染	双相热、流感样疾病，有时随后发生脑膜炎、脑膜脑炎、瘫痪，第二相发生关节疼痛；死亡不常见

（续）

疾病名称	致病性微生物	主要感染动物	已知的分布情况	可能传播给人的途径	人的临床症状
淋巴细胞性脉络丛脑膜炎	淋巴细胞性脉络丛脑膜炎病毒（沙粒样病毒科，沙粒样病毒属）	主要贮存宿主是家鼠；可在仓鼠种群中持续存在；也可感染豚鼠、毛丝鼠、大鼠、灵长类动物、一些其他哺乳动物	全球性分布	与宿主的分泌物和排泄物接触；叮咬	病程从轻度流感样疾病到第二相时有脑膜炎的双相热；可发生关节炎、腮腺炎和睾丸炎；可具有致畸性（中枢神经系统）或引起流产；免疫功能活跃者罕见有死亡
马堡出血热	维多利亚湖马堡病毒（纤丝病毒科，马堡病毒属）	蝙蝠是贮存宿主；灵长类动物可感染	非洲	与感染组织接触（尤其是灵长类动物）；可能会通过洞穴蝙蝠传播	最初出现非特异性发热；脱落性斑丘疹；肝炎；症状出现几天后可出现中度到重度的出血倾向；死亡率在20%~88%，差异与毒株有关
曼那角病毒感染	曼那角病毒（副黏病毒科）	果蝠是正常的贮存宿主；猪也可是贮存宿主	澳大利亚	据报道，人通过与被感染的组织、羊水和血液发生密切接触而感染	严重病例出现发热、剧烈疼痛、肌肉疼痛、淋巴炎、大量出汗、斑疹
假牛痘（又称伪牛痘）	假牛痘病毒（痘病毒科，副痘病毒属）	牛	全球性分布	与奶牛乳房或犊牛口腔病变发生皮肤接触（尤其是破损皮肤）；也可经污染物传播	皮肤发红，从斑疹到结节状；自限性
猴痘	猴痘病毒（痘病毒科，正痘病毒属）	类灵长类动物；冈比亚大鼠，其他非洲啮齿动物；草原犬鼠，其他宠物性啮齿动物，松鼠	西非和中非	与病变部位、血液或体液、与污染物接触；咬伤；气溶胶	天花样疾病；流感样症状，随后发生斑状丘疹，进一步发展为水疱、脓疱、结痂；明显的淋巴结炎；可能有呼吸道症状、脑炎；不同毒株引起的致死率差异很大，从低于1%到10%；免疫接种过天花的人群，症状较为温和
墨累山谷脑炎	墨累山谷脑炎（黄病毒科，黄病毒属）	野鸟	澳大利亚、新几内亚	蚊子（环喙库蚊）叮咬	99%以上为无症状感染；一旦发生，则可很严重；脑炎，常伴有神经性后遗症；有些病例出现脊髓炎，类似无力性瘫痪；致死率超过40%
新城疫	新城疫病毒/禽副黏病毒1型（副黏病毒科，禽腮腺炎病毒属）	家禽和野鸟	轻微毒力毒株（低毒力和中等毒力）呈全球性分布，高毒力毒株（强毒株）存在于亚洲、中东、非洲、中美洲、南美洲、墨西哥部分地区；美国的鸬鹚也有病毒存在	职业性暴露，常发生在接触大量病毒之后	高毒力毒株（强毒株）可引起自限性眼结膜炎，可能有其他症状

（续）

疾病名称	致病性微生物	主要感染动物	已知的分布情况	可能传播给人的途径	人的临床症状
南美洲出血热［阿根廷，玻利维亚，委内瑞拉和巴西出血热（HF）］	塔卡里伯病毒群中的沙粒病毒（沙粒病毒科，沙粒病毒属），鸠宁病毒（阿根廷出血热），马秋博病毒（玻利维亚出血热），瓜纳瑞托病毒（委内瑞拉出血热），萨比亚病毒（巴西出血热）；可能还有其他病毒	啮齿动物	美洲	啮齿动物的排泄物、分泌物和组织中含有病毒；吸入气溶胶化的病毒或与黏膜、破损皮肤直接接触	逐渐出现非特异性症状，包括肌肉疼痛、头痛和发热；可能形成出血点、瘀斑、流血、中枢神经系统症状、血压过低/休克；玻利维亚出血热的致死率为5%~30%，阿根廷出血热的致死率为15%~20%
尼帕病毒感染	尼帕病毒（副黏液病毒科，亨尼病毒属）	果蝠是正常贮存宿主；猪也可是宿主；偶尔也存在于其他哺乳动物（偶然宿主）	马来西亚，孟加拉国和印度北部；东南亚可能有病毒流行，但暴发可能集中在某些地区	与感染猪或被污染的组织直接接触；直接或间接（如污染的果汁）从果蝠传播到人	初期为流感样症状，伴有发热、头痛、肌肉疼痛，有时呕吐；脑膜炎；有时出现呼吸道症状，包括急性呼吸道应激综合征；败血症；严重病例可出现其他并发症；致死率为33%~75%
鄂木斯克出血热	鄂木斯克出血热病毒（黄病毒科，黄病毒属）	田鼠和麝鼠；也见于其他动物	西伯利亚	蜱（革蜱属）叮咬；与麝鼠的体液或尸体直接接触	双相热，伴有头痛、呕吐，在软腭上有丘疹和水疱，有时出血（鼻腔、齿龈、肺、子宫）；中枢神经系统疾病不常见；死亡率低于3%
狂犬病和狂犬病相关的感染	狂犬病病毒（弹状病毒科，狂犬病病毒属）和相关的狂犬病病毒属病毒，杜梅海格病毒、莫科拉病毒、澳大利亚蝙蝠狂犬病病毒、欧洲蝙蝠狂犬病病毒；可能还有其他病毒	野生和家养犬科动物、鼬、灵猫科、浣熊科和翼手目（蝙蝠）是重要贮存宿主；所有哺乳动物都易感；蝙蝠是杜梅海格病毒、澳大利亚蝙蝠狂犬病病毒和欧洲蝙蝠狂犬病病毒的贮存宿主；啮齿类动物和鼩鼱携带莫科拉病毒	狂犬病为全球性分布。但除澳大利亚、新西兰、英国、爱尔兰、斯堪的纳维亚半岛、冰岛、日本和中国台湾等地区外，很多小岛屿包括美国夏威夷州也没有分布	被患病动物咬伤；密闭环境中的气溶胶	咬伤部位感觉异常或疼痛；非特异性前驱期症状，如发热、肌肉疼痛、萎靡不振；意识改变逐步发展为感觉异常、轻瘫、抽搐和其他神经症状；存活者极为罕见
裂谷热	裂谷热病毒（布尼亚病毒科，黄病毒属）	绵羊、山羊、牛、水牛、骆驼和灵长类动物；松鼠和其他啮齿动物；幼犬和幼猫	非洲	蚊子（伊蚊属）叮咬；与被感染组织的接触	大多数病例出现流感样发热，并发症包括出血热，脑膜脑炎，或眼部疾病，并发症低于5%；死亡不常见
罗斯河病毒感染，罗斯河热	罗斯河病毒（披膜病毒科，甲病毒属）	小袋鼠和暗色斑纹鼠（黑鼠）可能是自然宿主；在流行期间，人和马可能是传染源	澳大利亚和南太平洋岛屿	蚊子（环喙库蚊，伊蚊属）叮咬	中度发热，关节疼痛，有时有关节炎，头痛，皮疹；小关节最易患病；关节痛，肌肉痛和嗜睡等症状可持续数月

（续）

疾病名称	致病性微生物	主要感染动物	已知的分布情况	可能传播给人的途径	人的临床症状
圣路易斯脑炎	圣路易斯脑炎病毒（黄病毒科，黄病毒属）	野鸟，家禽；病毒可在蝙蝠中维持	西半球	蚊子（跗斑库蚊、致倦库蚊、黑须库蚊）叮咬	流感样疾病，有时随后发生脑膜炎或脑炎、局部神经症状、排尿困难；老年人和患衰竭性疾病的人更严重；总体致死率为7%，但老年人更高
严重急性呼吸道综合征（SARS）	SARS冠状病毒（冠状病毒科，冠状病毒属）	蝙蝠可能是贮存宿主；也可感染果子狸、狸、猫、猪、雪貂、啮齿动物、灵长类动物和其他哺乳动物	中国和东南亚	黏膜被呼吸道飞沫或污染物中的病毒所污染；也有可能经气溶胶传播	发热、肌肉疼痛、头痛、腹泻、咳嗽；迅速恶化的病毒性肺炎；致死率15%
辛德毕斯病毒病	辛德毕斯病毒（披膜病毒科，甲病毒属）	鸟类（主要是雀形目）；也可被发现于啮齿动物和两栖类动物	东半球；罕见于人	蚊子叮咬；许多种都可传播	发热、关节炎、皮疹、明显的肌肉疼痛；有时有恶心、呕吐、轻度黄疸；关节疼痛可持续数月之久
塔纳痘	塔纳痘病毒（痘病毒科，亚塔痘病毒属）；亚巴样病毒可能是塔纳痘病毒的变种	灵长类动物	亚洲、非洲，以及猴子聚居地	通过破损皮肤直接接触；在非洲，蚊子被怀疑是传播媒介	发热、严重背痛、淋巴结炎，以及丘疹水疱性、瘙痒性病变，常见于四肢；皮肤出现超过1~2处病变的很少见
蜱媒脑炎（远东蜱媒脑炎、俄罗斯春夏脑炎、中欧蜱媒脑炎）	蜱媒脑炎病毒（TBEV）（黄病毒科，黄病毒属）；3个亚型：欧洲型（TBEV-Eu，毒力最低），西伯利亚型（TBEV-Sib）和远东型（TBEV-FE）	小型哺乳动物，特别是啮齿动物；山羊、绵羊、犬和其他哺乳动物；鸟类	欧亚大陆；TBEV-Eu主要分布于从欧洲到苏联；TBEV-FE主要分布于亚洲到苏联；TBEV-Sib主要分布于西伯利亚	蜱（主要是蓖子硬蜱，全沟森林硬蜱和其他种）叮咬，可通过摄入牛奶感染	常为双相热，初期伴有流感样发热；有时神经症状从轻度脑膜炎到严重脑炎；脊髓炎或松弛性脊髓灰质炎样瘫痪（常是手背、肩膀、头部提肌）；可能表现为慢性和进行型，尤其是感染TBEV-Sib；致死率低于2%（TBEV-Eu）；2%~3%（TBEV-Sib）；TBEV-FE致死率达20%~30%，可能是基于严重病例的结果
委内瑞拉马脑脊髓炎	委内瑞拉马脑脊髓炎病毒（披膜病毒科，甲病毒属）	啮齿动物，鸟类，马属动物，偶见于其他哺乳动物	西半球	蚊子（曼蚊、伊蚊、库蚊属）叮咬；暴露于感染的实验啮齿动物的气溶胶碎屑；实验室意外	多数出现非特异性发热；低于5%病例发展为脑炎，致死率10%（成人）~35%（儿童）
水疱性口炎	水疱性口炎印第安纳病毒，水疱性口炎新泽西病毒，水疱性阿拉戈斯病毒，可卡尔病毒（弹状病毒科，水疱病毒属）	猪、牛和马；偶见于南美骆驼属、绵羊和山羊；也见于啮齿动物；许多野生哺乳动物，尤其是蝙蝠，都有感染的血清学证据	北美洲和南美洲	与动物接触或在实验室感染；也可能昆虫叮咬，包括蚊子和螯蝇（白蛉属、罗蛉属和蚋）	常无症状；可发展成急性、发热流感样症状；口腔、咽部或感染部位（如手）可出现水疱；自限性

（续）

疾病名称	致病性微生物	主要感染动物	已知的分布情况	可能传播给人的途径	人的临床症状
韦塞尔斯布朗热	韦塞尔斯布朗热病毒（黄病毒科，黄病毒属）	绵羊；也可感染牛、狐猴、其他哺乳动物和鸟类	非洲南部和东南亚	蚊子（伊蚊属，也有可能其他）叮咬；也可通过接触污染物而感染	发热、头痛、肌肉疼痛和关节疼痛；有些病例出现皮肤过敏，有时有斑丘疹；自限性
西尼罗热和神经侵袭性疾病	西尼罗热病毒（黄病毒科，黄病毒属）	鸟类、马、其他哺乳动物、短吻鳄，可能有其他爬行类和两栖类动物	东半球和西半球	蚊子（主要是库蚊）叮咬；也可经处理被感染的鸟或爬行动物及其组织感染	非特异性发热，偶见有皮疹；部分病例发展为脑炎，脑膜炎，有时出现类似于脊髓灰质炎的急性松弛性瘫痪；老人和免疫功能低下者更严重；出现神经系统疾病的所有病人，其死亡率大约10%，但老人更高
西部马脑脊髓炎	西部马脑脊髓炎病毒（披盖病毒科，甲病毒属）	鸟类是贮存宿主，病毒也可在长耳大野兔中循环；马属动物和其他哺乳动物也是意外宿主；爬行类动物和两栖类动物中也可发现病毒	美国的西部和中部、加拿大和南美洲	蚊子（库蚊属）叮咬	婴儿和儿童出现非特异性发热，随后可能出现脑炎，成人不常见；致死率3%~4%
黄热病	黄热病病毒（黄病毒科，黄病毒属）；仅在丛林循环期才具有人兽共患性（人是城镇循环的宿主）	灵长类动物	南美洲和非洲	蚊子叮咬（南美的丛林传播主要是趋血蚊属和煞蚊属，在非洲的丛林传播主要是伊蚊属）	非特异性的、轻度到重度发热，随后20%~50%的病例发生肝衰竭和肾衰竭；严重病例有出血（如鼻出血、咯血、血便和子宫出血），并常见有黄疸；出血病例常为致死性

（七）朊病毒病

| 变异克-雅氏病 | 牛海绵状脑病朊病毒 | 牛是最重要的宿主；也可感染其他反刍动物、猫和其他猫科动物，以及狐猴 | 多数病例在英国，也见于其他国家 | 摄入牛产品，尤其是被中枢神经系统组织污染的产品 | 退行性神经紊乱，与散发性克雅氏病相似，但常见于青年病人，且病程发展更加迅速；常为致死性 |

a. 手册中省略了很多已证实的人兽共患病，包括一些相对罕见的虫媒病毒病和蠕虫病，以及由鱼和爬行动物引起的疾病。

b. 认为产肠毒素性、肠侵袭性、肠致病性和肠凝集性菌株是非人兽共患性的。

（何启盖 译　梁智选 一校　靳亚平 二校　崔恒敏 三校）

第二十三章　参考数值
Reference Guides

表23-1 直肠正常温度范围[a]

动物种类	摄氏温度（℃）	华氏温度（℉）
肉牛	36.7～39.1	98.0～102.4
奶牛	38.0～39.3	100.4～102.8
猫	38.1～39.2	100.5～102.5
鸡（白天）	40.6～43.0	105.0～109.4
犬	37.9～39.9	100.2～103.8
山羊	38.5～39.7	101.3～103.5
母马	37.3～38.2	99.1～100.8
种马	37.2～38.1	99.0～100.6
猪	38.7～39.8	101.6～103.6
兔	38.6～40.1	101.5～104.2
绵羊	38.3～39.9	100.9～103.8

a. 摘自 Robertshaw. D. ，温度调节和热环境，《家畜 Dukes 生理学》12版，康奈尔大学出版社，2004。

表23-2 静息心率[a]

动物种类	次/min（范围）
猫	120～140
雏鸡	350～450
成年鸡	250～300
奶牛	48～84
犬	70～120
大象	25～35
山羊	70～80
豚鼠	200～300
仓鼠	300～600
马	28～40
小鼠	450～750
公牛	36～60
猪	70～120
兔	180～350
大鼠	250～400
猕猴（麻醉状态）	160～330
绵羊	70～80

a. 摘自 Detweiler D.K. ，Erickson H.H.，心脏的调节，《家畜 Dukes 生理学》12版，康奈尔大学出版社，2004。

表23-3 静息呼吸速率[a]

动物种类	次/min（范围）
猫	16~40
奶牛	26~50
犬	18~34
马	10~14
猪	32~58
绵羊	16~34

a. 摘自Reece W.O.，哺乳动物呼吸，《家畜Dukes生理学》12版，康奈尔大学出版社，2004。

表23-4 尿量与尿相对密度[a]

动物种类	容积［mL/（kg·d）］	相对密度（范围）
猫	10~20	1.020~1.040
牛	17~45	1.030~1.045
犬	20~100	1.016~1.060
山羊	10~40	1.015~1.045
马	3~18	1.025~1.060
猪	5~30	1.010~1.050
绵羊	10~40	1.015~1.045

a. 摘自Reece W.O.，哺乳动物肾脏功能，《家畜Dukes生理学》12版，康奈尔大学出版社，2004。

表23-5 温度等值与换算

摄氏温度（℃）	℃=（℉-32）×5/9 ℉=（℃×9/5）+32	华氏温度（℉）
0	冰点	32
36.0		96.8
36.5		97.7
37.0		98.6
37.5		99.5
38.0		100.4
38.5		101.3
39.0		102.2
39.5		103.1
40.0		104.0
40.5		104.9
41.0		105.8
41.5		106.7
42.0		107.6
100	沸点	212

表23-6 血液学参考范围[a]

项目	美制单位	国际单位	犬	猫	牛	马	猪	绵羊	山羊	兔	马驼	越南垂腹猪	鸵鸟
红细胞比容(HCT)	%	$\times 10^{-2}$ L/L	35~57 (25~34)[b]	30~45 (24~34)[b]	24~46	27~43[c]	36~43 (26~35)[b]	27~45	22~38	33~50	29~39	37~51	32
血红蛋白(Hgb)	g/dL	$\times 10$ g/L	12~19	10~15	8~15	10~16	9~13	9~15	8~12	10~17	13~18	11~15	12
红细胞	$\times 10^6$ 个/µL	$\times 10^{12}$ 个/L	5.0~7.9	5.0~10.0	5.0~10.0	6.0~10.4	5~7	9~15	8~18	5~8	11~18	6~8	1.7
网状细胞	%	%	0~1.0	0~0.6	0		0~12	0	0				
红细胞平均体积	fL	fL	66~77	39~55	40~60	37~49	52~62	28~40	16~25	58~67	21~28	47~68	174
平均红细胞血红蛋白量	pg	pg	21.0~26.2	13~17	11~17	13.7~18.2	17~24	8~12	5.2~8	17~24	43~47	14~22	61
平均红细胞血红蛋白浓度	g/dL	$\times 10$ g/L	32.0~36.3	30~36	30~36	35.3~39.3	29~34	31~34	30~36	29~37	28~33	28~33	33
血小板	$\times 10^3$ 个/µL	$\times 10^9$ 个/L	211~621	300~800	100~800	117~256	200~500	250~750	300~600	250~650			
白细胞	$\times 10^3$ 个/µL	$\times 10^9$ 个/L	5.0~14.1	5.5~19.5	4.0~12.0	5.6~12.1	11~22	4~12	4~13	5~12.5	7.5~21.5	19~38	5.5
中性粒细胞(分叶核)	%	%	58~85	45~64	15~33	52~70	20~70	10~50	30~48	20~75	60~74	18~63	63[d]
	$\times 10^3$ 个/µL	$\times 10^9$ 个/L	2.9~12.0	2.5~12.5	0.6~4.0	2.9~8.5	2~15	0.7~6.0	1.2~7.2	1~9.4	4.6~16	3.3~24	3.4
中性粒细胞(杆状核)	%	%	0~3	0~2	0~2	0~1	0~4	0	罕见	0~1		0~1	
	$\times 10^3$ 个/µL	$\times 10^9$ 个/L	0~0.45	0~0.3	0~0.1	0~0.1	0~0.8			0~0.35		0~0.4	

（续）

项目	美制单位	国际单位	犬	猫	牛	马	猪	绵羊	山羊	兔	马驼	越南垂腹猪	鸵鸟
淋巴细胞	%	%	8~21	27~36	62~63	21~42	35~75	40~75	50~70	30~85	13~35	24~70	34
	×10³个/个/μL	×10⁹个/L	0.4~2.9	1.5~7.0	2.5~7.5	1.2~5.1	3.8~16.5	2~9	2~9	1.6~10.6	1~7.5	4.5~27	188
单核细胞	%	%	2~10	0~5	0~8	0~6	0~10	0~6	0~4	1~4	1~4	3~13	2.8
	×10³个/个/μL	×10⁹个/L	0.1~1.4	0~0.9	0~0.9	0~0.7	0~1	0~0.75	0~0.55	0.05~0.5	0.05~0.8	0.6~5.0	0.15
嗜酸性粒细胞	%	%	0~9	0~4	0~20	0~7	0~15	0~10	1~8	1~4	0~15	1~12	0.3
	×10³个/个/μL	×10⁹个/L	0~1.3	0~0.8	0~2.4	0~0.8	0~1.5	0~1	0.05~0.65	0.05~0.5	0~3.3	0.2~4.6	0.02
嗜碱性粒细胞	%	%	0~1	0~1	0~2	0~2	0~3	0~3	0~1	1~7	0~2	0	0.2
	×10³个/个/μL	×10⁹个/L	0~0.1	0~0.2	0~0.2	0~0.3	0~0.5	0~0.3	0~0.12	0.05~0.9	0~0.4	0~0.4	
髓样细胞/幼红细胞比例			0.75~2.5:1	0.6~3.9:1	0.3~1.8:1	0.5~1.5:1	1.2~2.2:1	0.8~1.7:1	0.7~1.0:1				
血浆蛋白[c]	g/dL	×10 g/L	6.0~7.5	6.0~7.5	6.0~8.0	6.0~8.5	6~8	6~7.5	6~7.75	5.4~8.3		5.4~8.5	
血浆纤维蛋白原[e]	g/dL	×10 g/L	0.15~0.3	0.15~0.3	0.1~0.6	0.1~0.4	0.2~0.4	0.1~0.5	0.1~0.4	0.2~0.4	0.1~0.4	0.1~0.4	

a. 部分摘自 Latimer K.S., Mahaffey E.A. 和 Prasse K.W., Duncan 和 Prasse's 兽医医学实验室，《临床病理学》4版，Wiley Blackwell 出版社，2003。不同实验室参考范围有所变化，本表适用于实验室常规推荐值。

b. 5～6周龄幼犬，幼猫；3～45日龄仔猪。

c. 幼驹和冷血型马（重挽马）偏低。

d. 嗜异性白细胞。

e. 幼龄动物偏低。

表23-7　血清生化指标[a]

测量	单位	犬	猫	牛	马	猪	绵羊	山羊	兔	马驼	越南垂腹猪	鸵鸟
丙氨酸氨基转移酶（ALT）	U/L	10~109	25~97	6.9~35	2.7~21	22~47	15~44	15~52	48~80		23~83	20
淀粉酶	U/L	226~1063	550~1458	41~98	47~188	44~88	140~270		167~315			
碱性磷酸酶（Alk phos）	U/L	1~114	0~45	18~153	70~227	41~176	27~156	61~283	4~16	30~780	35~563	32~98
天冬氨酸氨基转移酶（AST）	U/L	13~15	7~38	60~125	160~412	15~55	49~123	66~230	14~113	110~250	<109	131~486
肌酸激酶	U/L	52~368	69~214	0~350	60~330	66~489	7.7~101	16~48	218~2705	30~400		294
谷酰转移酶（GGT）	U/L	1.0~9.7	1.8~12	6~17.4	6~32	31~52	20~44	20~50	0~14	5~29	21~57	2.1
乳酸脱氢酶（LDH）	U/L	0~236	58~120	309~938	112~456	160~425	83~476	79~265	34~129			
山梨醇脱氢酶（SDH）	U/L	3.1~7.6	2.4~6.1	4.3~15.3	1~8	0.5~4.9	3.5~21	9.3~21		85~740		
重碳酸盐	mEq/L	17~24	17~24	20~30	24~30	18~27	20~27		16~38			
胆红素	mg/dL	0~0.3	0~0.1	0~1.6	0~3.2	0~0.5	0~0.5	0.1~0.2	0~0.7	0~0.1	<0.3	
钙	mg/dL	9.1~11.7	8.7~11.7	8.0~11.4	10.2~13.4	9.3~11.5	9.3~11.7	9.0~11.6	5.6~12.5	7.7~9.4	10.2~12.2	
氯化物	mEq/L	110~124	115~130	99~107	98~109	97~106	101~113	100~112	92~112	106~118	91~103	100
胆固醇	mg/dL	135~278	71~156	62~193	71~142	81~134	44~90	65~136	10~80			
肌酐	mg/dL	0.5~1.7	0.9~2.2	0.5~2.2	0.4~2.2	0.8~2.3	0.9~2.0	0.7~1.5	0.5~2.5	1.5~2.9	0.4~1.1	0.1~0.4
葡萄糖	mg/dL	76~119	60~120	40~100	62~134	66~116	44~81	48~76	75~155	90~140	68~155	245
镁	mg/dL	1.6~2.4	1.7~2.6	1.5~2.9	1.4~2.3	2.3~3.5	2.0~2.7	2.1~2.9			1.5~3.8	
磷	mg/dL	2.9~5.3	3.0~6.1	5.6~8.0	1.5~4.7	5.5~9.3	4.0~7.3	3.7~9.7	4.0~6.9	4.6~9.8	5.0~10.7	4.0~9.9
钾	mEq/L	3.9~5.1	3.7~6.1	3.6~4.9	2.9~4.6	4.4~6.5	4.3~6.3	3.8~5.7	3.6~6.9	4.3~5.6	3.9~5.9	3.0
蛋白质	g/dL	5.4~7.5	6.0~7.9	6.7~7.5	5.6~7.6	5.8~8.3	5.9~7.8	6.1~7.5	5.4~8.3	5.5~7.0	4.6~7.8	3.8
白蛋白	g/dL	2.3~3.1	2.8~3.9	2.5~3.8	2.6~4.1	2.3~4.0	2.7~3.7	2.3~3.6	2.4~4.6	3.5~4.4	3.1~4.3	1.8
球蛋白	g/dL	2.4~4.4	2.6~5.1	3.0~3.5	2.6~4.0	3.9~6.0	3.2~5.0	2.7~4.4	1.5~2.8	1.7~3.5	1.5~3.5	2.0
钠	mEq/L	142~152	146~156	136~144	128~142	139~153	142~160	137~152	131~155	147~158	134~150	147
尿素氮	mg/dL	8~28	19~34	10~25	11~27	8.2~25	10~26	13.26	13~29	13~32	10.8~47	1.1

美制单位

（续）

测量	单位	犬	猫	牛	马	猪	绵羊	山羊	兔	马驼	越南垂腹猪	陀鸟
重碳酸盐	mmol/L	17~24	17~24	20~30	24~30	18~27	20~27		16~38			
胆红素	mmol/L	0~5.1	0~1.7	0~27	0~55	0.3~8.2	0.7~8.6	1.7~4.3	0~12	1.7	5.0	
钙	mmol/L	2.3~2.9	2.2~2.9	2.0~2.8	2.5~3.3	2.3~2.9	2.3~2.9	2.3~2.9	1.4~3.1	2~2.4	2.5~3.1	2.7~3.5
氯化物	mmol/L	110~124	115~130	99~107	98~109	97~106	101~113	100~112	92~112	106~118	91~103	100
胆固醇	mmol/L	3.5~7.2	1.8~4.0	1.6~5.0	1.8~3.7	2.1~3.5	1.1~2.3	1.7~3.5	0.3~2.1			
肌氨酸酐	mmol/L	44~150	80~194	44~194	35~194	70~208	76~174	60~135	44~221	133~256	35~97	8.8~35
葡萄糖	mmol/L	4.2~6.6	3.3~6.7	2.2~5.6	3.4~7.4	3.7~6.4	2.4~4.5	2.7~4.2	4.1~8.5	5.0~7.7	3.8~8.5	14
镁	mmol/L	0.7~1.0	0.7~1.1	0.6~0.9	0.7~1.1	0.9~1.4	0.8~1.1	0.9~1.2			0.7~1.9	
磷	mmol/L	0.9~1.7	1.0~2.0	1.8~2.6	0.5~1.5	1.8~3.0	1.3~2.4	1.2~3.1	1.3~2.2	1.5~3.2	1.6~3.4	1.3~3.2
钾	mmol/L	3.9~5.1	3.7~6.1	3.6~4.9	2.9~4.6	4.4~6.5	4.3~6.3	3.8~5.7	3.6~6.9	4.3~5.6	3.9~5.9	3.0
蛋白质	g/L	54~75	60~79	67~75	56~76	58~83	59~78	61~75	54~83	55~70	46~78	38
白蛋白	g/L	23~31	28~39	25~38	26~41	23~40	27~37	23~36	24~46	35~44	31~43	18
球蛋白	g/L	24~44	26~51	30~35	26~40	39~60	32~50	27~44	15~28	17~35	15~35	20
钠	mmol/L	142~152	146~156	136~144	128~142	139~153	142~160	137~152	131~155	147~158	134~150	147
尿素氮	mmol/L	2.9~10.0	6.8~12.1	3.6~8.9	3.9~9.6	2.9~8.8	3.7~9.3	4.5~9.2	4.6~10.4	4.6~11.4	3.9~17	0.4

国际单位

a. 部分摘自 Latimer K.S., Mahaffey E.A.和 Prasse K.W., Duncan和Prasse's兽医学实验室,《临床病理学》4版 Wiley Blackwell出版社, 2003。不同实验室参考范围有所变化，本表选用实验室常规推荐值。

表23-8　临床化学国际单位换算[a]

测量	美制单位	换算系数（×）	国际单位
碱性磷酸酶	IU/L	1.0	U/L
丙氨酸氨基转移酶（ALT）	U/L	1.0	U/L
白蛋白	g/dL	10.0	g/L
氨（NH_3）	μg/dL	0.5872	μmol/L
淀粉酶	Somogyi units	1.85	U/L
天冬氨酸氨基转移酶（AST）	U/L	1.0	U/L
胆红素	mg/dL	17.10	μmol/L
钙	mg/dL	0.25	mmol/L
二氧化碳	mEq/L	1.0	mmol/L
氯化物	mEq/L	1.0	mmol/L
胆固醇	mg/dL	0.026	mmol/L
铜	μg/dL	0.16	μmol/L
皮质醇	μg/dL	27.6	nmol/L
肌酸激酶	IU/L	1.0	U/L
肌酐	mg/dL	88.40	μmol/L
纤维蛋白原	mg/dL	0.01	g/L
葡萄糖	mg/dL	0.055	mmol/L
结合铁	μg/dL	0.179	μmol/L
全铁	μg/dL	0.179	μmol/L
脂肪酶	IU/L Cherry-Crandall U	1 278	U/L U/L
镁	mEq/L	0.5	mmol/L
渗摩尔浓度	Osm/kg	1.0	mmol/L
磷	mg/dL	0.323	mmol/L
钾	mEq/L	1.0	mmol/L
总蛋白	g/dL	10.0	g/L
钠	mEq/L	1.0	mmol/L
甘油三酯	mg/dL	0.011	mmol/L
三碘甲腺原氨酸（T3）	μg/dL	15.6	nmol/L
甲状腺素（T4）	μg/dL	12.87	nmol/L
尿素氮	mg/dL	0.357	mmol/L
尿酸	mg/dL	0.059	mmol/L
尿蛋白/尿肌酐比值	g/g	0.113	g/mmol
木糖吸收耐受量	mg/dL	0.067	mmol/L

a. 摘自Meyer D.H.和Harvey J.W，《兽医实验医学》3版，2004。

表23-9 体表面积与体重换算[a]

犬				猫	
体重（kg）	体表面积（m²）	体重（kg）	体表面积（m²）	体重（kg）	体表面积（m²）
0.5	0.064	26	0.886	0.5	0.063
1.0	0.101	27	0.909	1.0	0.100
1.5	0.132	28	0.931	1.5	0.131
2.0	0.160	29	0.953	2.0	0.159
2.5	0.186	30	0.975	2.5	0.184
3.0	0.210	31	0.997	3.0	0.208
3.5	0.233	32	1.018	3.5	0.231
4.0	0.255	33	1.039	4.0	0.252
4.5	0.275	34	1.060	4.5	0.273
5	0.295	35	1.081	5.0	0.292
6	0.333	36	1.101	5.5	0.312
7	0.370	37	1.121	6.0	0.330
8	0.404	38	1.142	6.5	0.348
9	0.437	39	1.162	7.0	0.366
10	0.469	40	1.181	7.5	0.383
11	0.500	41	1.201	8.0	0.400
12	0.529	42	1.220	8.5	0.416
13	0.558	43	1.240	9.0	0.433
14	0.587	44	1.259	9.5	0.449
15	0.614	45	1.278	10.0	0.464
16	0.641	46	1.297		
17	0.668	47	1.315		
18	0.694	48	1.334		
19	0.719	49	1.352		
20	0.744	50	1.371		
21	0.769	51	1.389		
22	0.793	52	1.407		
23	0.817	53	1.425		
24	0.840	54	1.443		
25	0.864	55	1.461		

a. 体表面积（m²）=K×（体重克数$^{2/3}$）×10^{-4}。
  K=常数（犬：10.1；猫：10.0）。

表23-10 公制前缀符号

因子	前缀	符号	因子	前缀	符号
10^{18}	exa	E	10^{-1}	deci	d
10^{15}	peta	P	10^{-2}	centi	c
10^{12}	tera	T	10^{-3}	milli	m
10^{9}	giga	G	10^{-6}	micro	μ
10^{6}	mega	M	10^{-9}	nano	n
10^{3}	kilo	k	10^{-12}	pico	p
10^{2}	hecto	h	10^{-15}	femto	f
10	deka	da	10^{-18}	atto	a

表23-11 度量衡当量换算

长度	1 m=39.37 in	1 ft=30.48 cm
	1 yd=91.44 cm	1 in=2.54 cm
重量[a]	1 kg=2.205 lb	1 lb=0.454 kg
	1 g=0.035 oz	1 oz=28.35 g
	1 mg=0.015 grain	1 grain=64.8 mg
	1 ton=2000 lb	1 metric ton=1000 kg=2205 lb
容积		英制单位
	1 gal.=3.785 L	1 gal.=4.55 L
	1 quart=0.946 L	1 quart=1.136 L
	1 pint=473.2 mL	1 pint=568.26 mL
	1 oz=29.57 mL	
	1 tablespoon=15 mL	
	1 teaspoon=5 mL	

a. 指体重（在美国使用的共用测重系统），除非另有规定。

表23-12 百分率、百万分率与十亿分率换算

百万分率（ppm）	十亿分率（ppb）	百分率
0.001	1	0.000 000 1
0.01	10	0.000 001
0.1	100	0.000 01
1	1 000	0.000 1
10		0.001
100		0.01
1 000		0.1
10 000		1

其他换算方法: 1 mg/kg=1 ppm
1 g/t=1 ppm
100 g/t=100 ppm

表23-13　毫克–毫克当量换算与原子量^a

离子	原子量	化合价
氢（H）	1	1
碳（C）	12	4
氮（N）	14	3
氧（O）	16	2
钠（Na）	23	1
镁（Mg）	24	2
磷（P）[b]	31	3，5
氯（Cl）	35.5	1
钾（K）	39	1
钙（Ca）	40	2

a. 毫克当量（mEq）是经常使用的电解质度量单位。它表明化学活性或结合力，一种元素相对于1mg氢的活性。1毫克当量代表由1mg氢（1摩尔）或23mg钠，39mg钾等。

$$mEq/L = \frac{(mg/L) \times 化合价}{分子量}$$

$$mg/L = \frac{(mEq/L) \times 分子量}{化合价}$$

b. 如磷酸盐、无机磷。

（孙英峰 译　金天明 一校　丁伯良 二校　刘宗平 三校）

索引
（按汉语拼音排序）

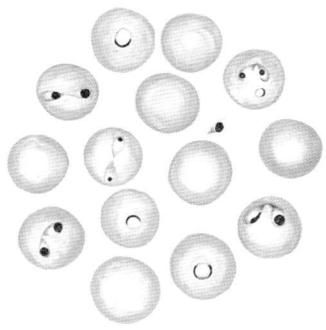

图1-2　牛巴贝斯原虫感染的红细胞（姬姆萨染色）

（由昆士兰州基础产业和渔业部门提供）

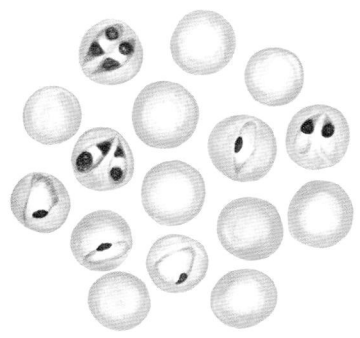

图1-3　双芽巴贝斯原虫感染的红细胞（姬姆萨染色）

注意大的单个虫体，这在牛巴贝斯原虫感染中少见。（由昆士兰州基础产业和渔业部门提供）

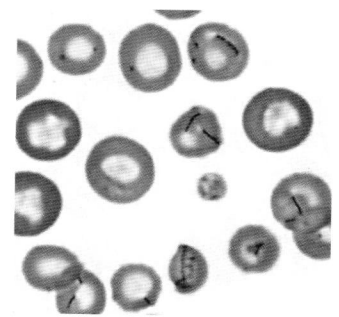

图1-4　感染犬亲血支原体的犬血液涂片

小的嗜碱性球菌单独或成链状附在红细胞表面。红细胞多染色性表明再生性贫血（罗氏染色）。（由Robin Allison博士提供）

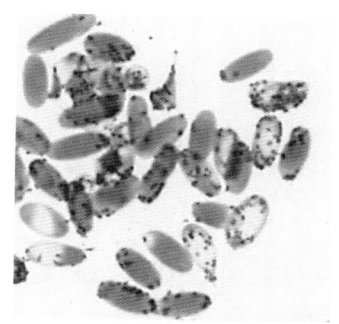

图1-5　感染附红细胞体的乌鸦血液涂片

可见大量小的嗜碱性球菌和环形生物体黏附在红细胞表面，少数游离在背景中（罗氏染色）。（由 Robin Allison博士提供）

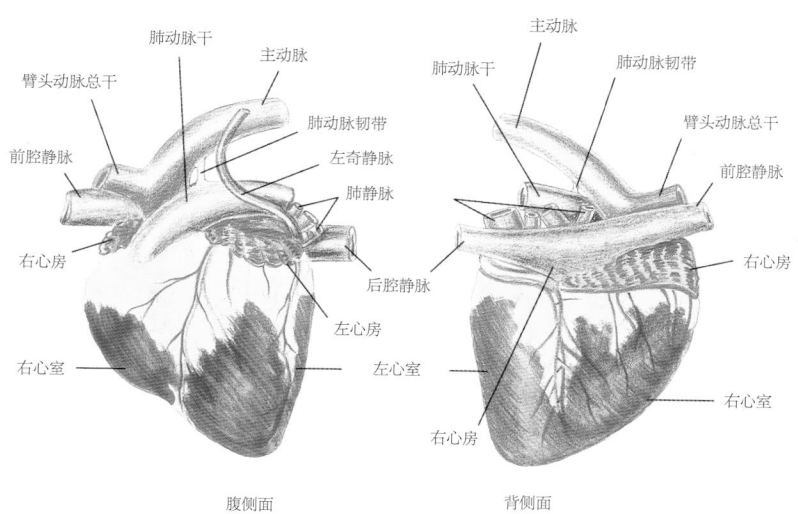

图1-6　牛正常心脏

（由 Gheorghe Constantinescu 博士绘制）

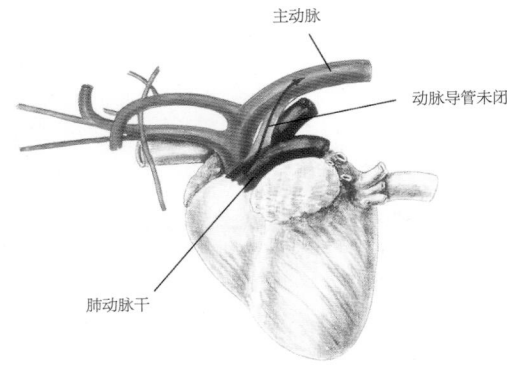

图1-7 犬动脉导管未闭

（由Gheorghe Constantinescu 博士绘制）

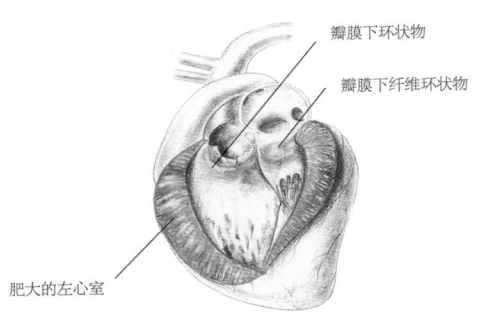

图1-8 犬主动脉狭窄（主动脉瓣下狭窄）

（由Gheorghe Constantinescu 博士绘制）

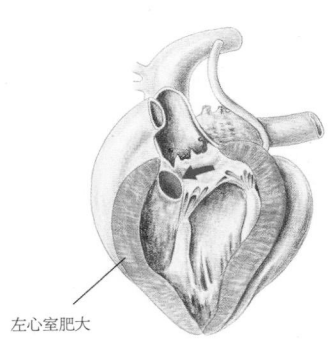

图1-9 小型猪心室间隔缺损（箭头所示）

（由Gheorghe Constantinescu博士绘制）

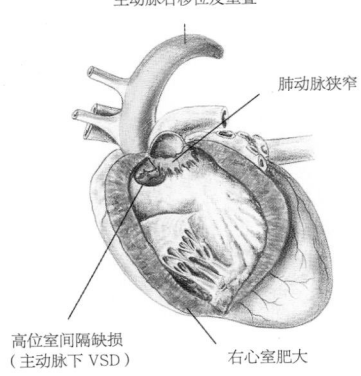

图1-10 猫法乐四联症

（由Gheorghe Constantinescu博士绘制）

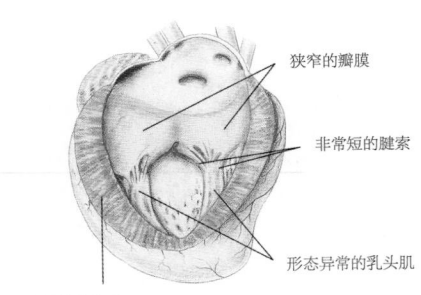

图1-11 犬二尖瓣缺损

（由Gheorghe Constantinescu博士绘制）

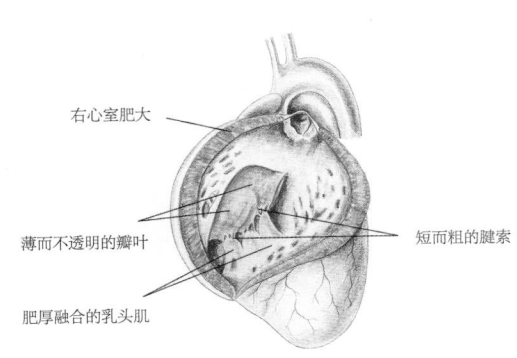

图1-12 犬三尖瓣缺损

（由Gheorghe Constantinescu博士绘制）

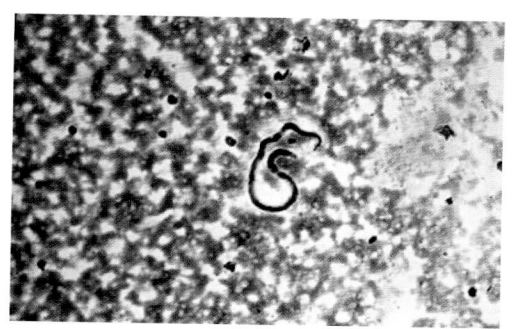

图1-13　犬恶丝虫微丝蚴血液涂片

（由梅里亚动物保健有限公司提供）

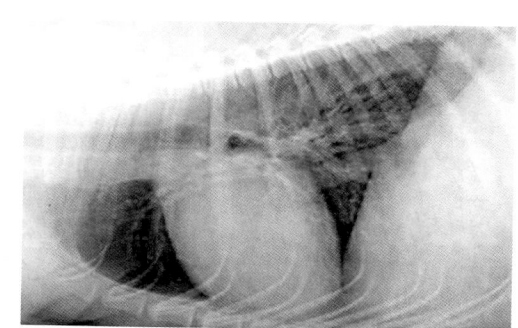

图1-14　5岁雄性德国牧羊犬心丝虫病

X线检查（侧面）可见轻微病变。（由佛罗里达大学提供）

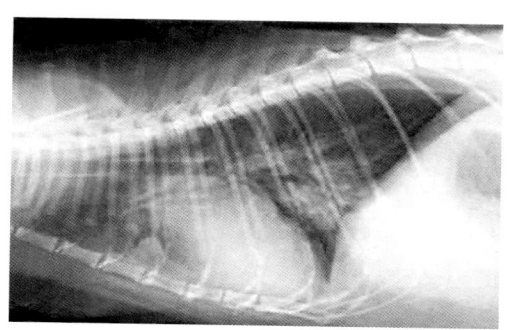

图1-15　猫心丝虫病，侧面

（由梅里亚动物保健有限公司提供）

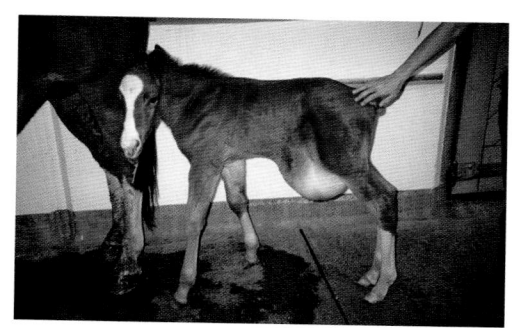

图2-1　新生马驹的腹壁疝

（由Sameeh M. Abutarbush博士提供）

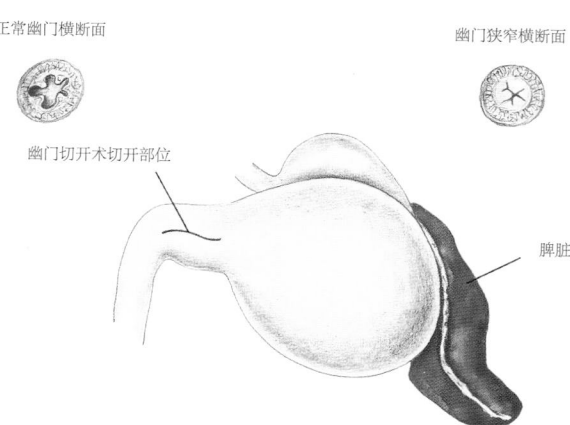

图2-2　幽门狭窄及幽门肌切开术位置

（由Gheorghe Constantinescu博士绘制）

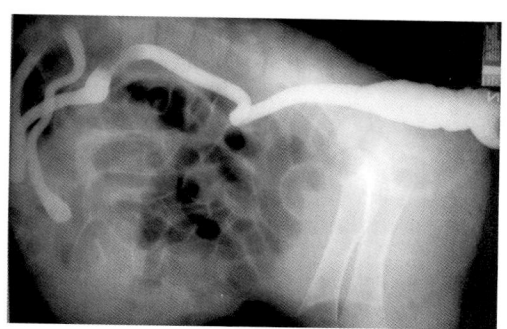

图2-3　犊牛结肠闭锁（直肠造影后X线片）

（由Sameeh M. Abutarbush博士提供）

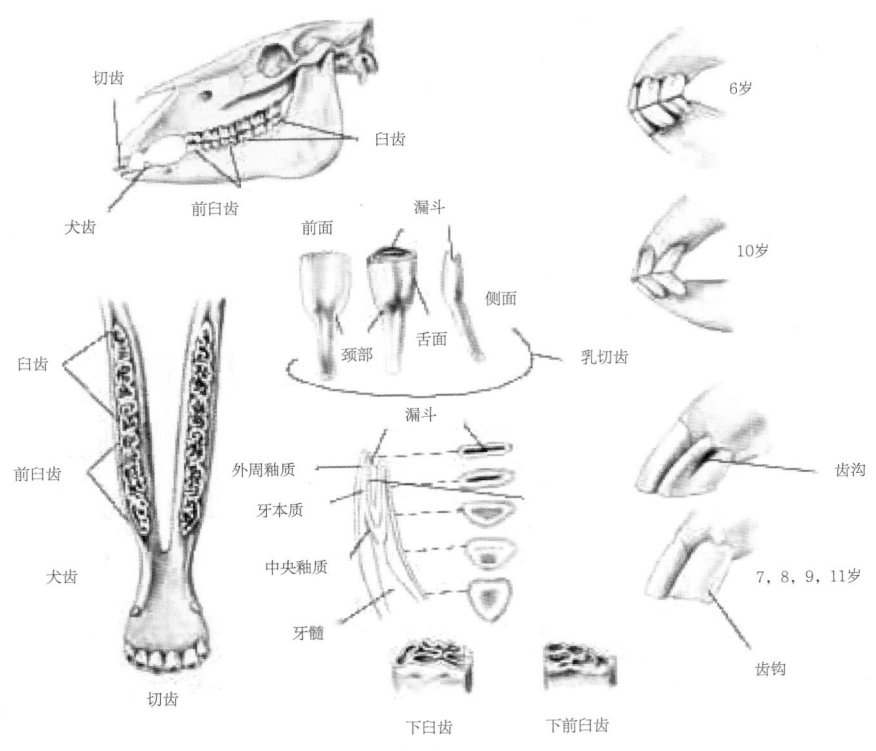

图2-4　马的齿式

（由 Gheorghe Constantinescu 博士绘制）

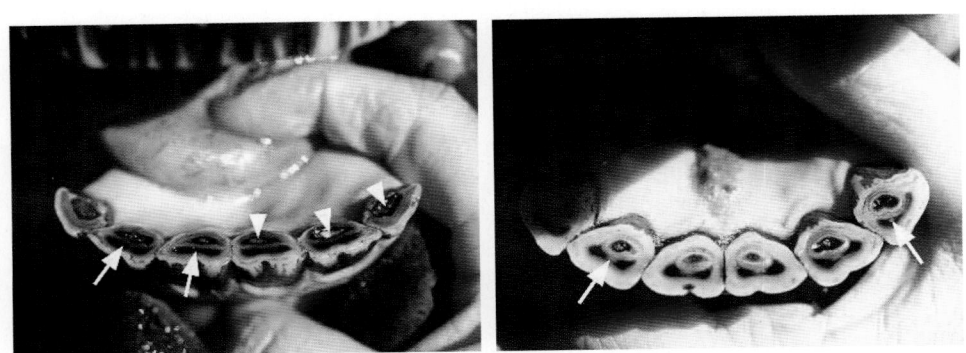

图2-5　马下切齿咬合面图

左图：6岁马下切齿咬合面图。牙星见于第一切齿和第二切齿（箭头），齿窝呈现大的椭圆形。切齿咬合面为椭圆形，齿弓的曲面呈半圆形。右图：12岁马下切齿咬合面图。齿星中央的白点清晰可见。齿窝变得更小、更狭窄。咬合面更接近三角形。（由Sofie Muylle 博士提供）

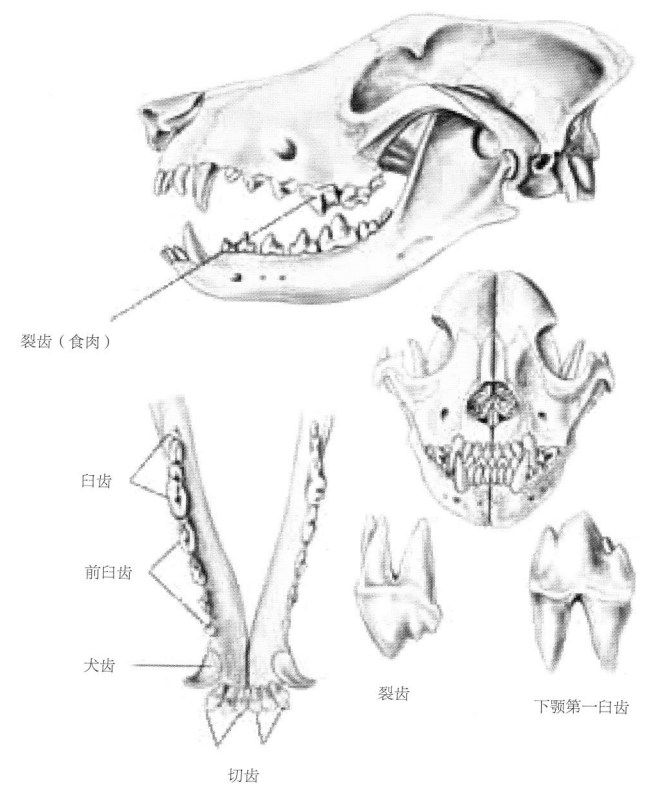

裂齿（食肉）

臼齿

前臼齿

犬齿

切齿

裂齿

下颌第一臼齿

图2-6　犬的牙齿

（由Gheorghe Constantinescu博士绘制）

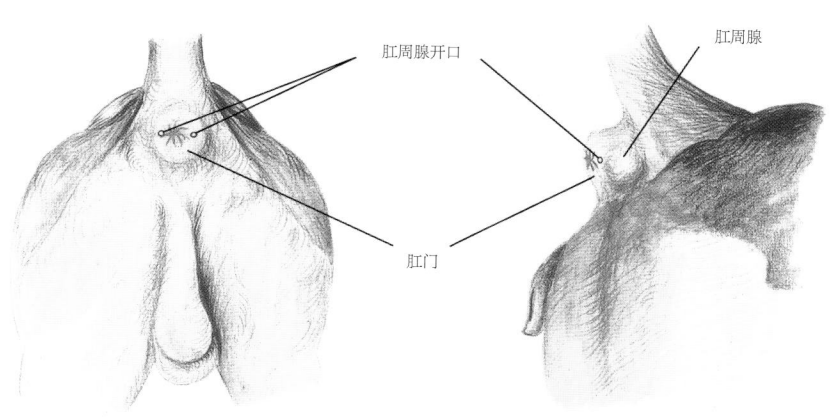

肛周腺开口

肛周腺

肛门

图2-7　犬肛周腺示意图

（由Gheorghe Constantinescu博士绘制）

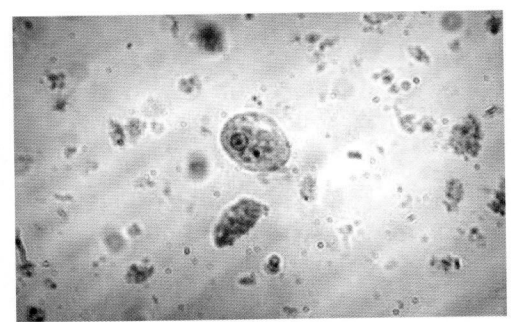

图2-8　溶组织阿米巴虫包囊（苏木素染色，1000×油镜）

（由Roger Klingenberg 博士提供）

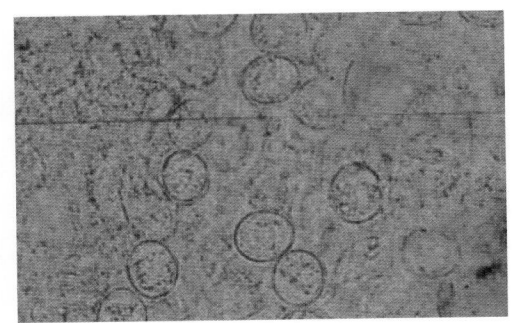

图2-9　犊牛粪便涂片中的艾美耳球虫卵囊

（由 Sameeh M. Abutarbush博士提供）

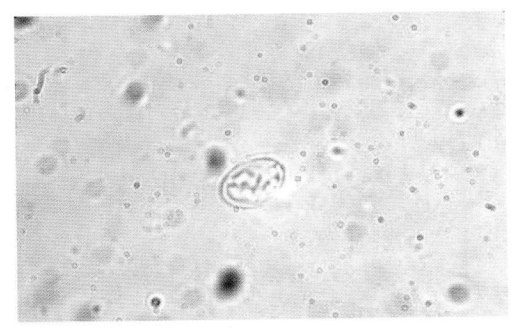

图2-10　一种亚洲锦蛇的贾第鞭毛虫孢囊（1 000×油浸法）

（由Roger Klingenberg博士提供）

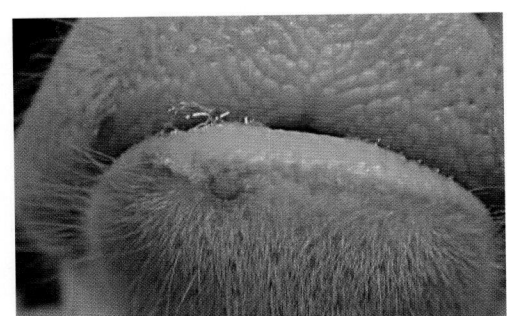

图2-11　牛乳头状口腔炎

（由Sameeh M.Abutarbush博士提供）

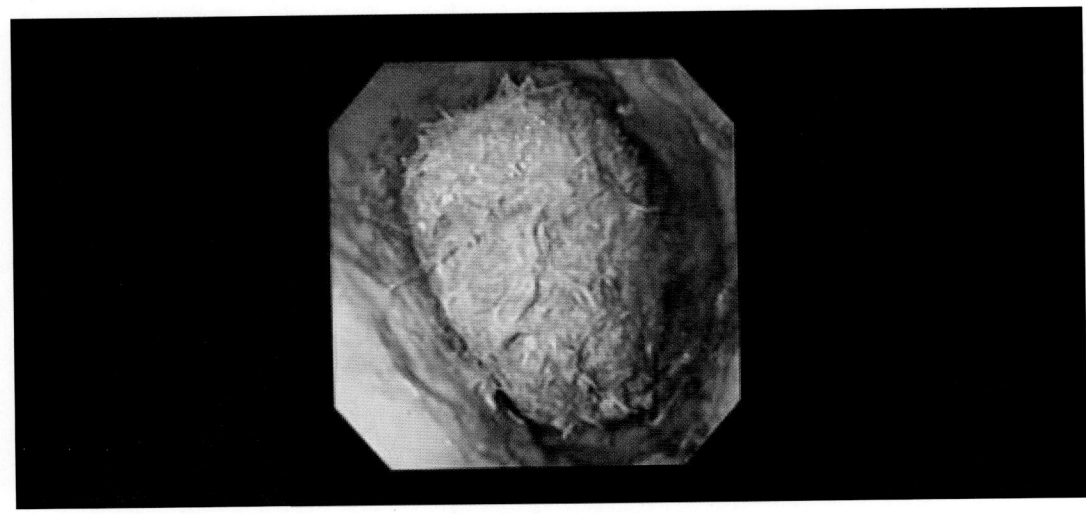

图2-12　咽后部的食道梗阻，内镜检查图

（由Sameeh M.Abutarbush博士提供）

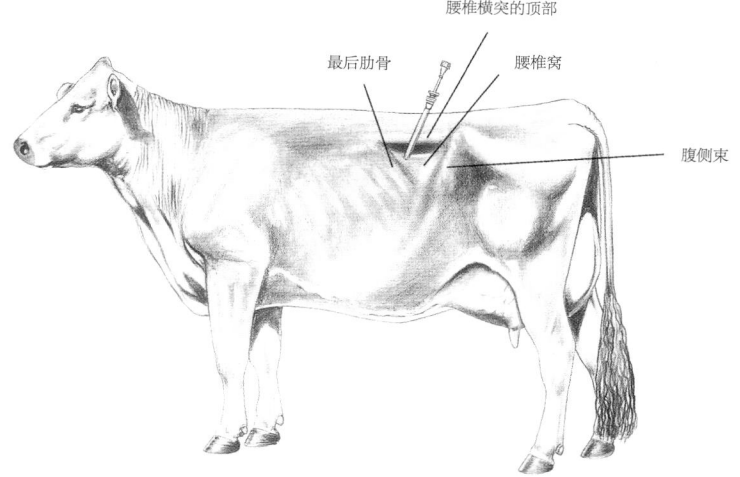

图2-13　母牛瘤胃插管术

（由Gheorghe Constantinescu博士绘制）

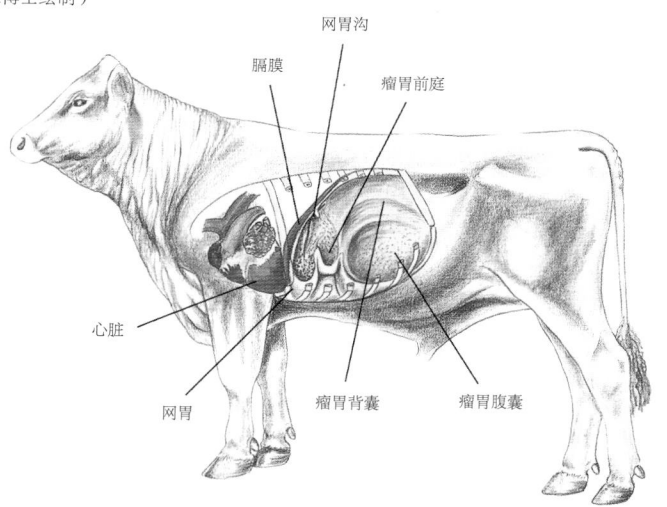

图2-14　大型反刍动物的网胃、膈膜和心脏/心包之间的关系

（由Gheorghe Constantinescu博士绘制）

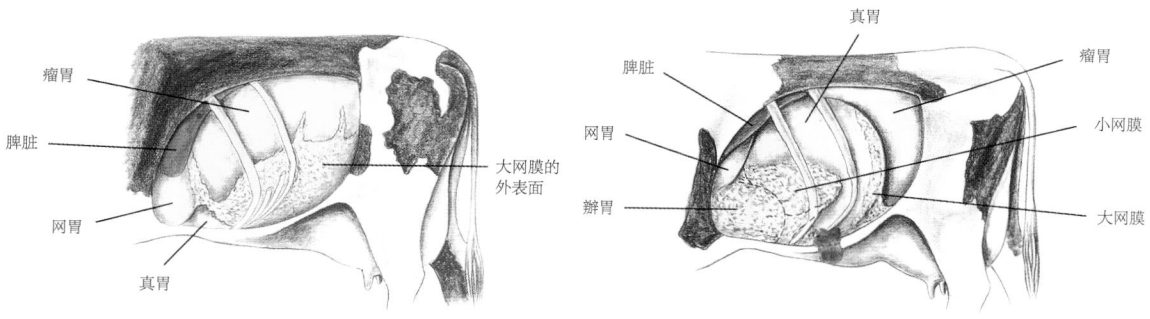

图2-15　A. 腹腔内脏正常局部解剖图　B. 真胃左侧移位图

（由Gheorghe Constantinescu博士绘制）（引自DeLahunta and Habel,《实用兽医解剖学》, 1986, 经W. B. Saunders许可使用）

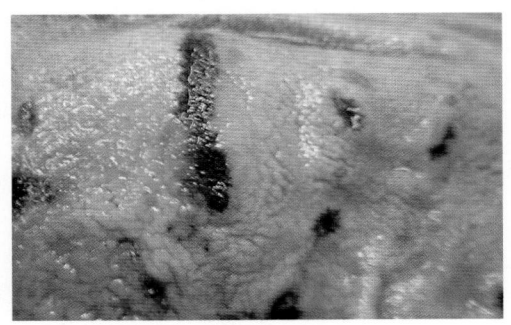

图2-16 真胃溃疡和损伤

（由Sameeh M. Abutarbush博士提供）

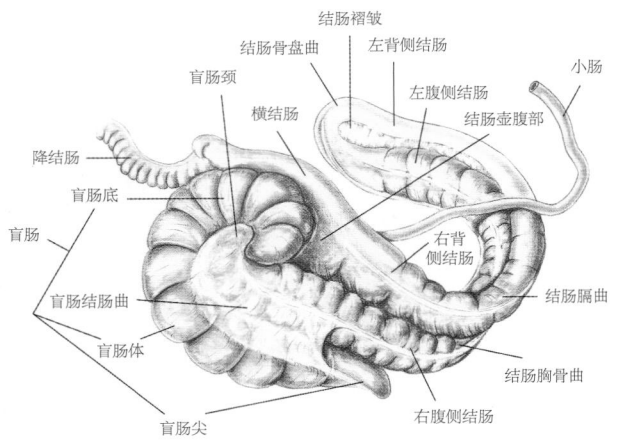

图2-17 马的大肠

（由Gheorghe Constantinescu博士绘制）

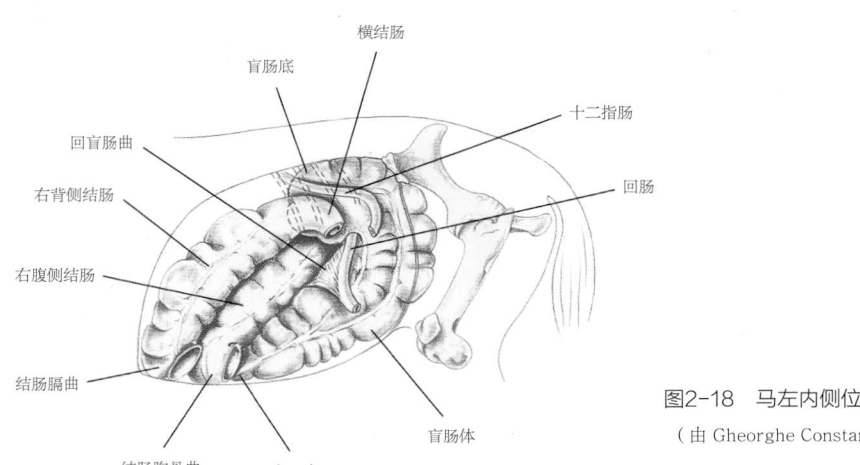

图2-18 马左内侧位盲肠和右结肠视图

（由 Gheorghe Constantinescu 博士绘制）

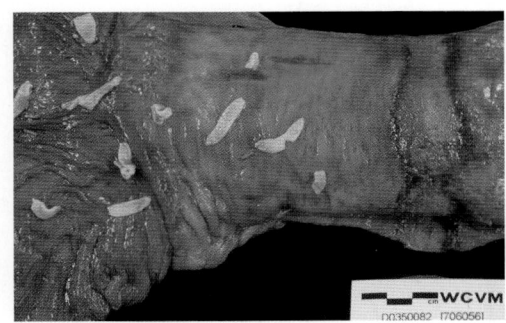

图2-19 马叶状裸头绦虫和回肠阻塞

（由Sameeh M. Abutarbush博士提供）

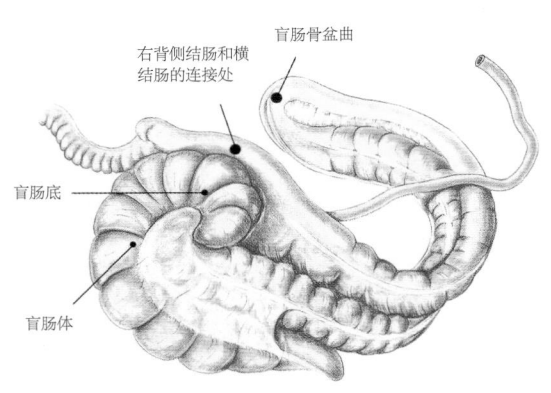

图2-20 马阻塞常发部位——盲肠和大肠（大点表示该
部位阻塞发生频率高）

（由Gheorghe Constantinescu博士绘制）

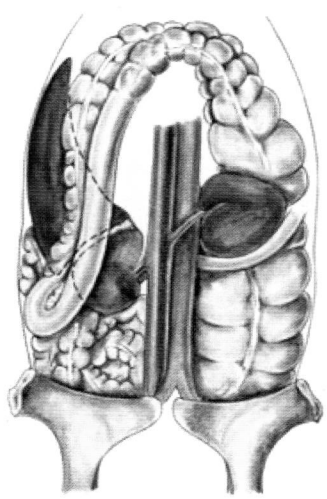

图2-21 结肠的左背侧变位（肾脾固定包埋术），马背面观

（由Gheorghe Constantinescu博士绘制）

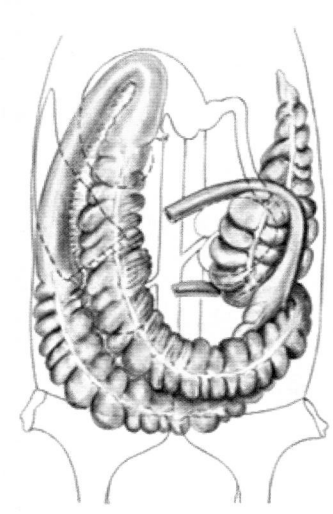

图2-22 结肠扭曲和扭转引起的右背侧变位，马背面观

（由Gheorghe Constantinescu博士绘制）

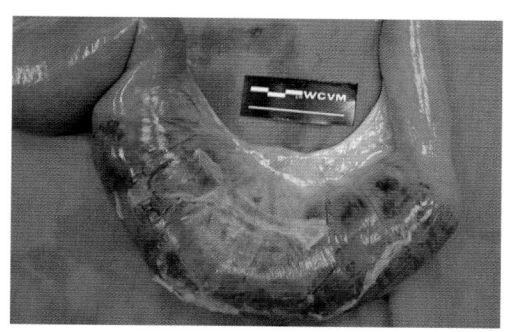

图2-23 空肠出血综合征

（由Sameeh M. Abutarbush博士提供）

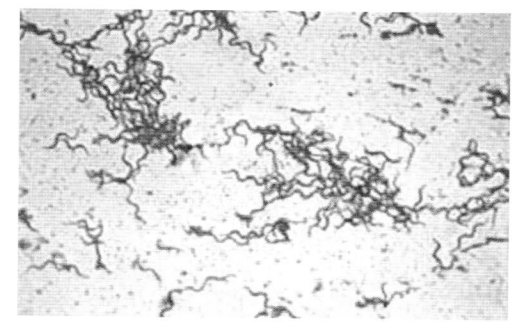

图2-24 短螺菌属（密螺旋体）痢疾密螺旋体

（由爱荷华州立大学Joann Kinyon提供）

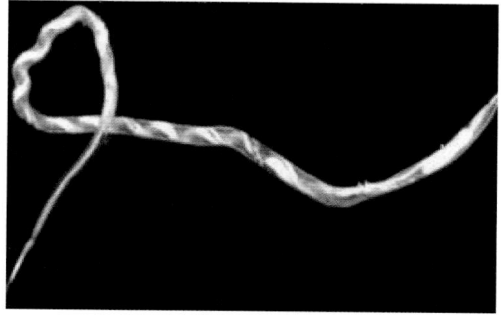

图2-25 帕莱斯（氏）血矛线虫，雌性成虫

（由 Dietrich Barth博士提供）

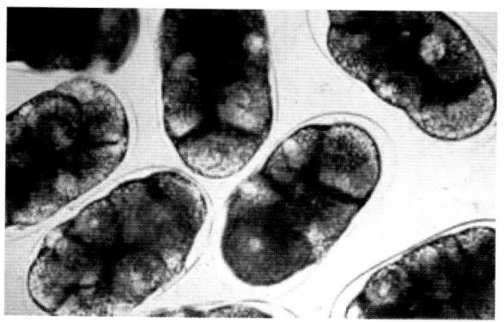

图2-26 牛仰口线虫卵

（由Dietrich Barth博士提供）

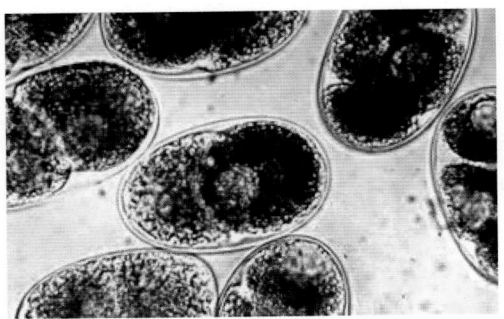

图2-27　辐射结节线虫卵

（由Dietrich Barth博士提供）

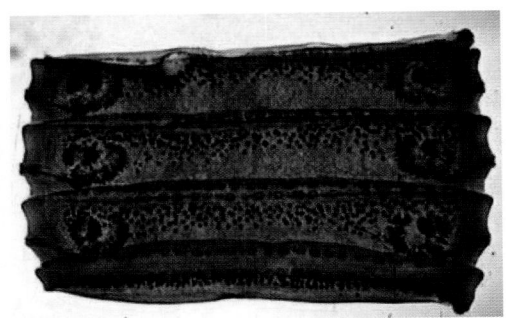

图2-28　扩展莫尼茨绦虫成熟节片

（由Dietrich Barth博士提供）

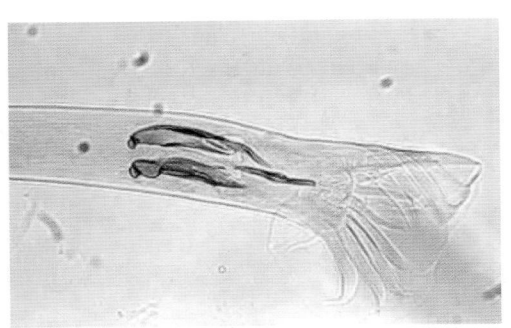

图2-29　艾克毛圆线虫前部

（由梅里亚动物保健有限公司提供）

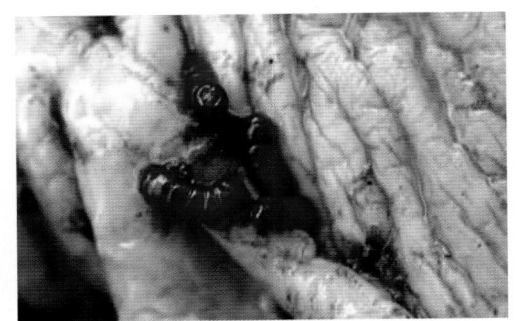

图2-30　马胃蝇，马胃

（由Dietrich Barth博士提供）

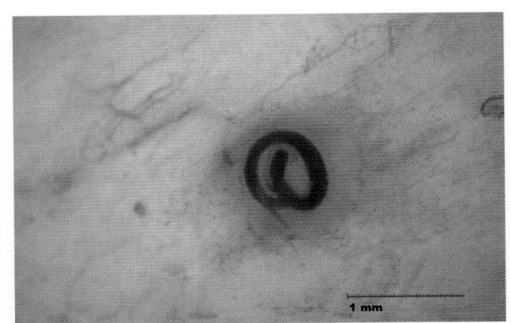

图2-31　马大结肠中具硬壳的杯口线虫幼虫

（由Sameeh M. Abutarbush博士提供）

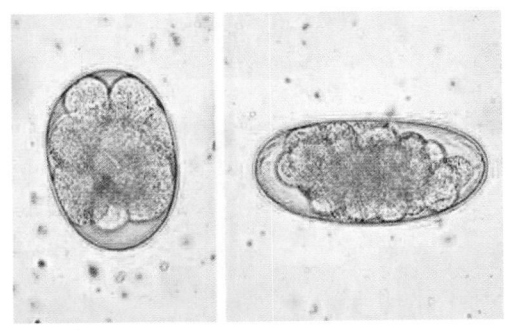

图2-32　小圆线虫卵（左）和大圆线虫卵（右），400×

（由Dietrich Barth博士提供）

图2-33 猪蛔虫，成年雄虫及雌虫

（由Dietrich Barth博士提供）

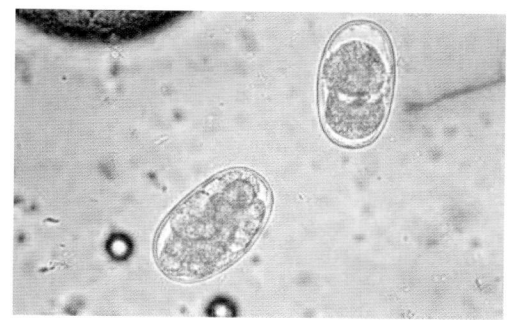

图2-34 结节线虫卵

（由Dietrich Barth博士提供）

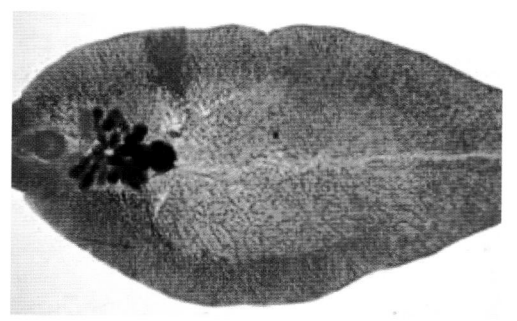

图2-35 肝片形吸虫，成虫，Corazza染色

（由Raffaele Roncalli博士提供）

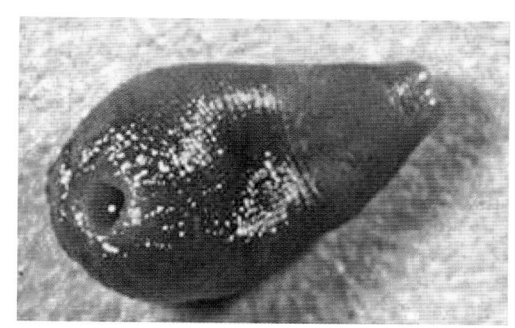

图2-36 鹿前后盘吸虫

（由Dietrich Barth博士提供）

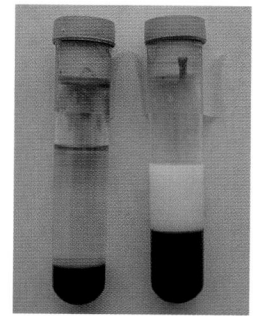

图2-37 高血脂症，患高血脂症马的血浆（右）

（由Sameeh M. Abutarbush博士提供）

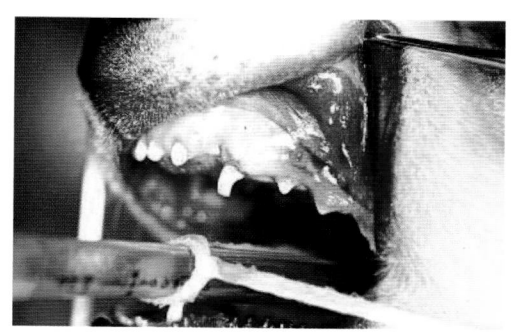

图2-38 齿龈脓肿

幼犬左上颌非永久性犬齿断裂，引起牙髓病、牙周炎、齿龈脓肿，注意在第一前白齿上部可见增生性、中心带瘘管的环状损伤。（由Gregg A. DuPont博士提供）

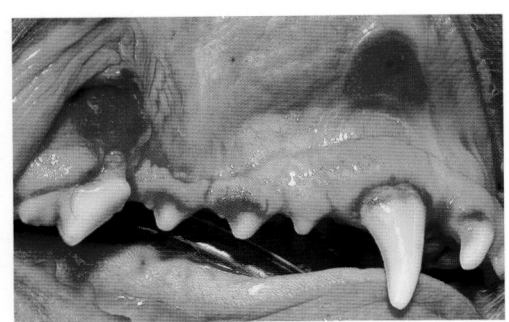

图2-39　慢性溃疡性口腔炎

在唇和颊与上犬齿和上前白齿接触的黏膜可见溃疡。（由Gregg A.DuPont博士提供）

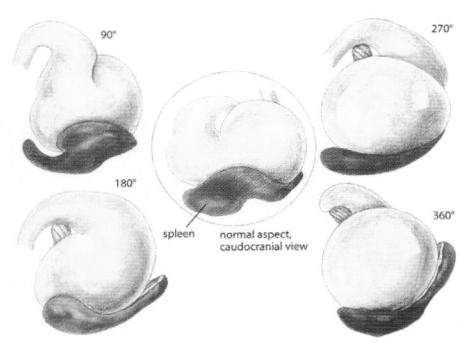

图2-40　犬胃气胀与胃扭转

（由 Gheorghe Constantinescu 博士绘制）

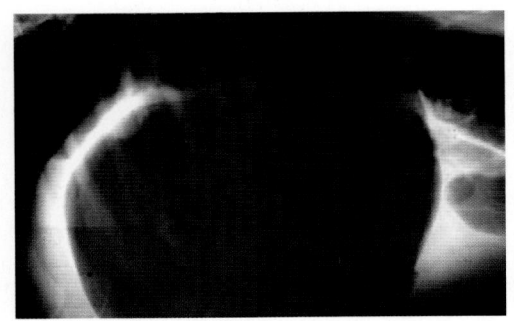

图2-41　3岁大丹犬胃扭转，右侧X线检查

（由Ronald Green博士提供）

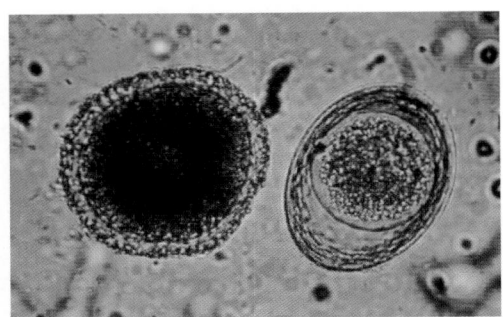

图2-42　蛔虫卵，狮弓蛔线虫（左）与猫弓蛔线虫（右）卵

（由安大略兽医学院Andrew Peregrine博士提供）

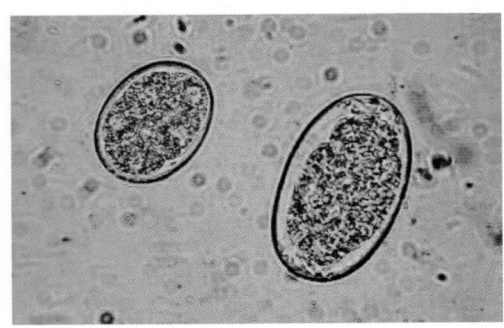

图2-43　钩虫卵，钩口科（左）与弯口（右）钩虫卵

（由安大略兽医学院Andrew Peregrine 博士提供）

图2-44　猫绦虫

（由安大略兽医学院Andrew Peregrine博士提供）

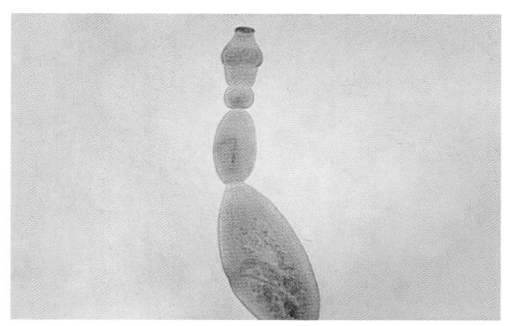

图2-45 细粒棘球绦虫

（由安大略兽医学院Andrew Peregrine博士提供）

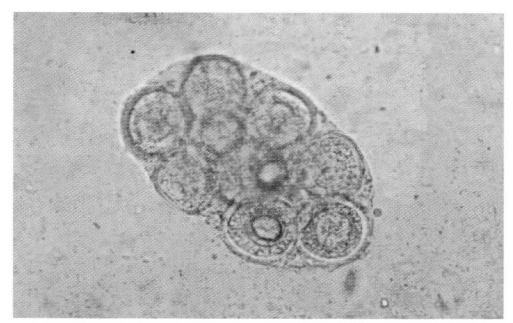

图2-46 复孔绦虫卵

（由安大略兽医学院Andrew Peregrine博士提供）

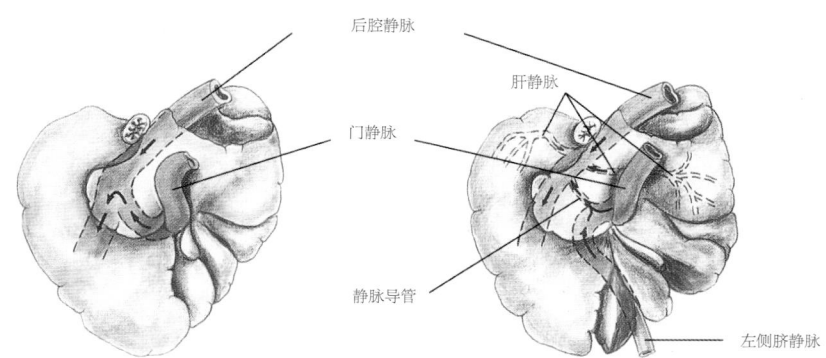

后腔静脉

肝静脉

门静脉

静脉导管

左侧脐静脉

图2-47 犬先天性门体分流

（由Gheorghe Constantinescu博士绘制）

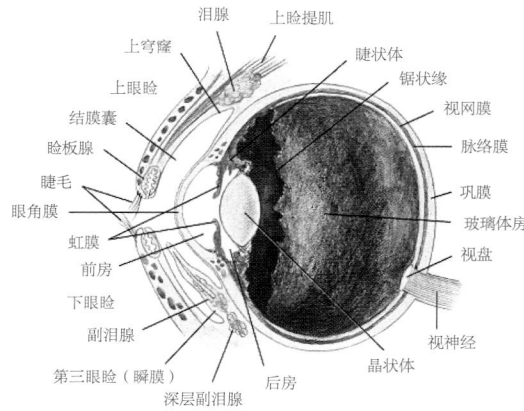

泪腺　上睑提肌

上穹窿

上眼睑

结膜囊

睑板腺

睫毛

眼角膜

虹膜

前房

下眼睑

副泪腺

第三眼睑（瞬膜）

深层副泪腺

睫状体

锯状缘

视网膜

脉络膜

巩膜

玻璃体房

视盘

视神经

晶状体

后房

图3-1 眼和眼睑，正中切面

（由Gheorghe Constantinescu博士绘制）

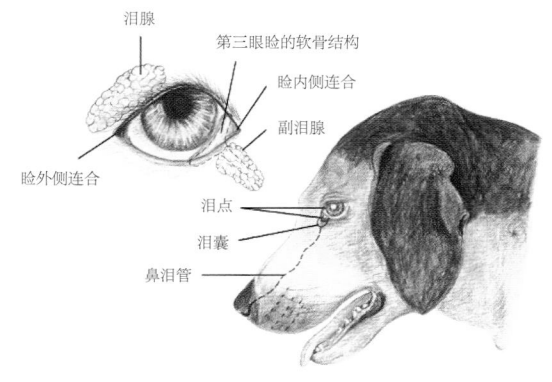

泪腺

第三眼睑的软骨结构

睑内侧连合

副泪腺

睑外侧连合

泪点

泪囊

鼻泪管

图3-2 泪器，犬

（由Gheorghe Constantinescu博士绘制）

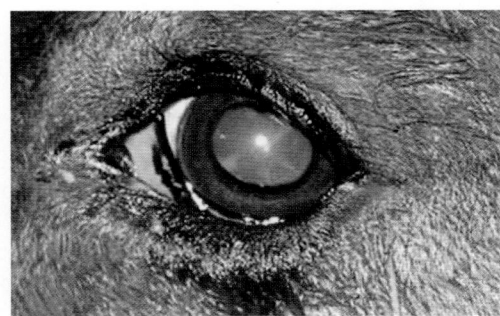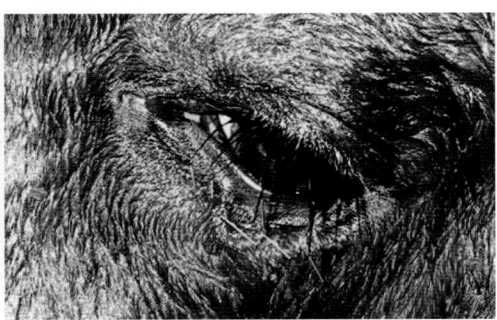

图3-3 马驹睑内翻的治疗前（左图）与治疗后（右图）

（由Sameeh M.Abutarbush博士提供）

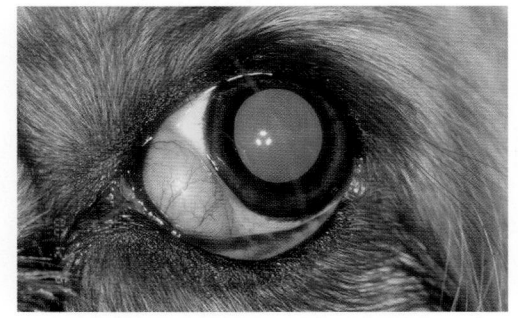

图3-4 犬的瞬膜腺（第三眼睑）发炎与脱出（"樱桃眼"）

（由 Kirk N. Gelatt博士提供）

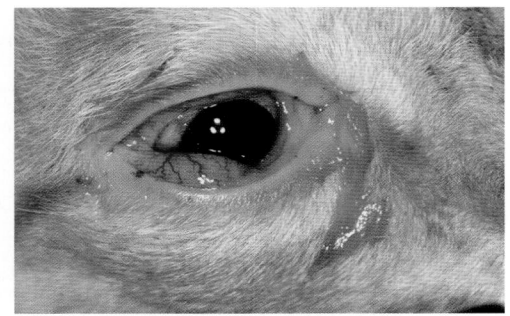

图3-5 由猫科 I 型疱疹病毒引起的猫结膜炎

（由Kirk N. Gelatt博士提供）

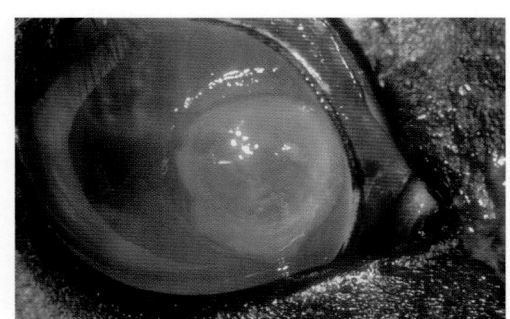

图3-6 软化的角膜溃疡，马

（由Kirk N. Gelatt博士提供）

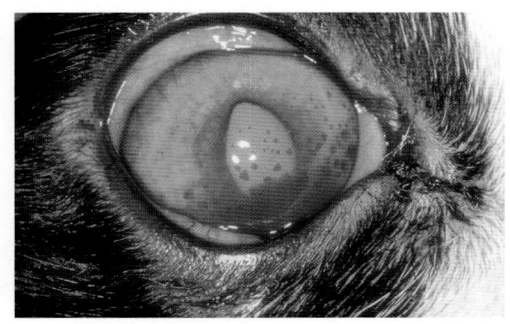

图3-7 前葡萄膜炎继发猫科传染性腹膜炎

（由Kirk N. Gelatt博士提供）

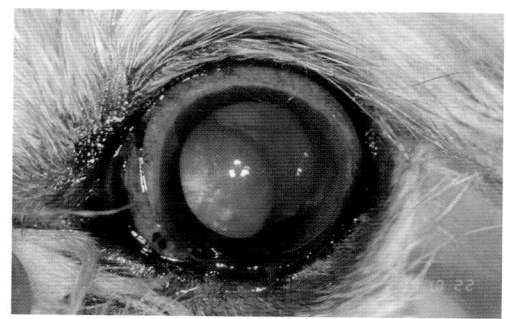

图3-8　犬慢性青光眼

患慢性青光眼的眼球经常脱出和形成白内障。（由 Kirk N.Gelatt 博士提供）

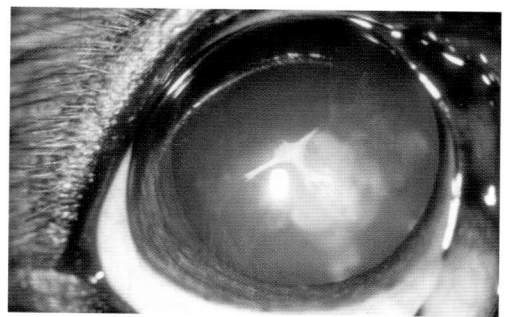

图3-9　白内障，美国可卡犬

（由Kirk N. Gelatt博士提供）

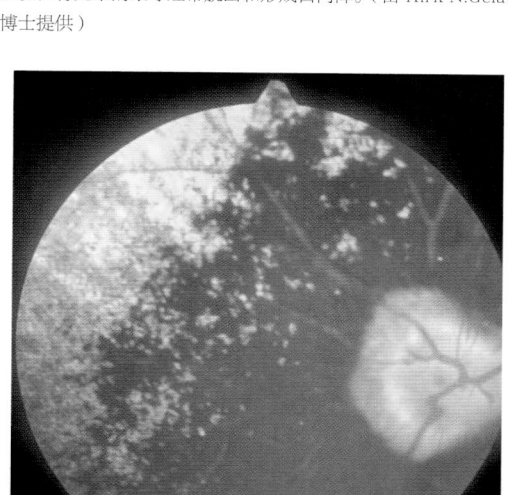

图3-10　犬渐进性视网膜萎缩，早期眼底病变

（由Kirk N. Gelatt博士提供）

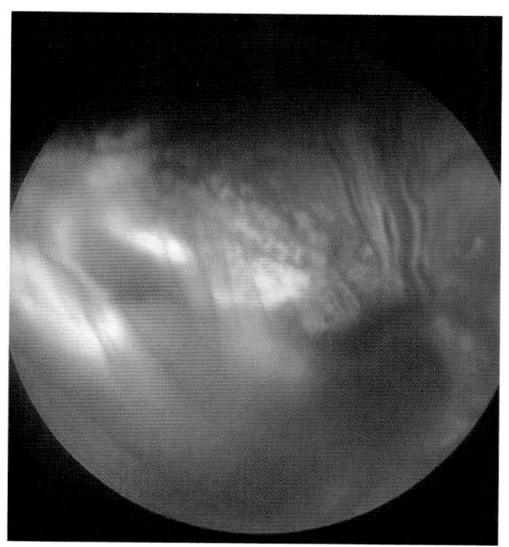

图3-11　牧羊犬幼犬的视神经盘侧面的早期视网膜脱离与出血，并伴有柯利犬先天性视神经异常

（由Kirk N. Gelatt博士提供）

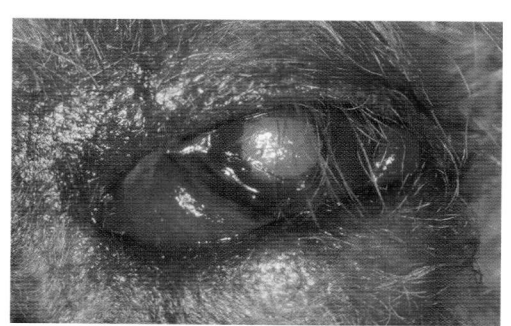

图3-12　犬眼眶蜂窝织炎

眼眶组织的扩张，挤压眼球与瞬膜并影响眨眼反射。（由Kirk N. Gelatt博士提供）

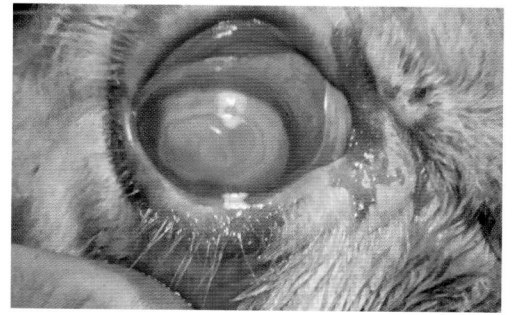

图3-13　牛传染性角膜结膜炎伴有角膜溃疡

（由Kirk N. Gelatt博士提供）

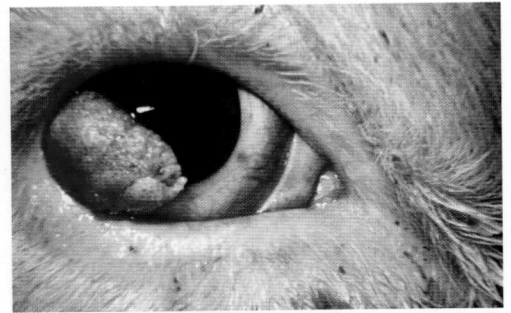

图3-14　牛鳞状细胞癌，角膜-结膜受损
（由Kirk N. Gelatt博士提供）

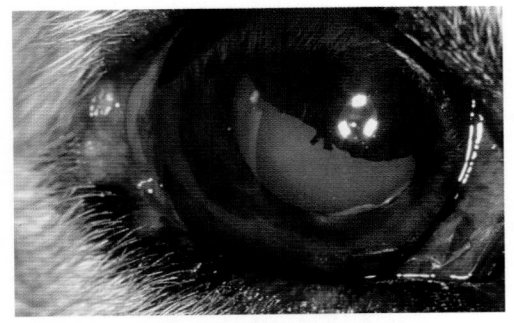

图3-15　犬虹膜睫状体黑色素瘤
（由Kirk N. Gelatt博士提供）

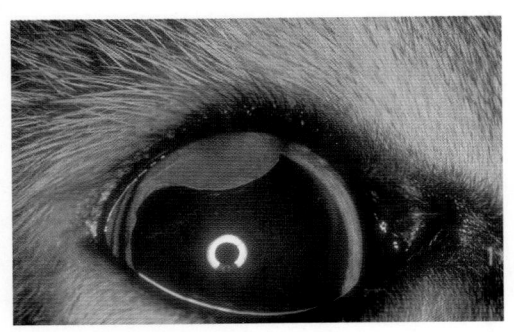

图3-16　猫淋巴肉瘤-白血病综合征，清晰的团块
（由Kirk N. Gelatt博士提供）

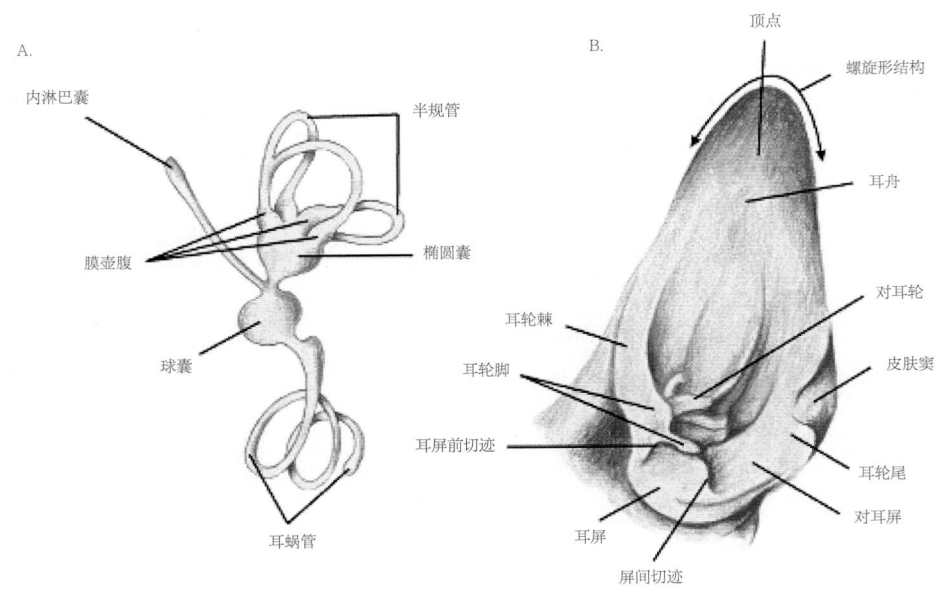

图3-17　A.膜迷路，内耳，犬　B.外耳，犬
（由Gheorghe Constantinescu博士绘制）

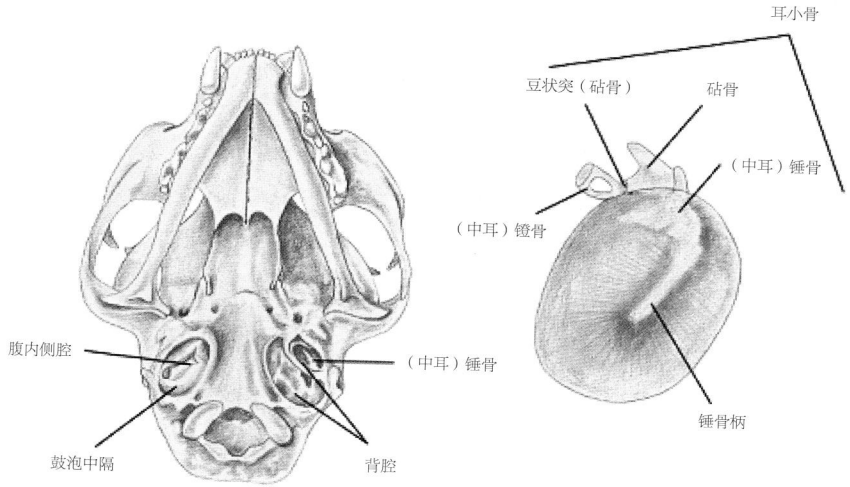

豆状突（砧骨）　砧骨　耳小骨

（中耳）镫骨　　　（中耳）锤骨

腹内侧腔

鼓泡中隔　　　　背腔　　　（中耳）锤骨　　锤骨柄

图3-18　鼓泡和鼓膜的深层结构, 猫

（由Gheorghe Constantinescu博士绘制）

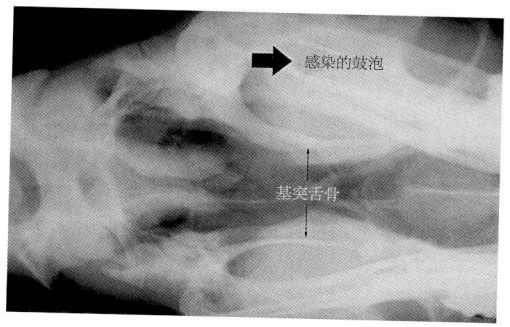

感染的鼓泡

基突舌骨

图3-19　中耳炎-内耳炎，马（X线片）

（由Sameeh M. Abutarbush博士提供）

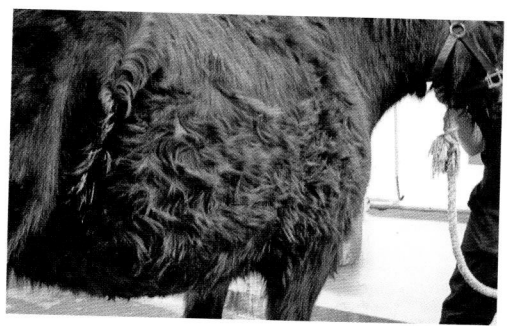

图4-1　库兴病多毛症

（由Sameeh M. Abutarbush博士提供）

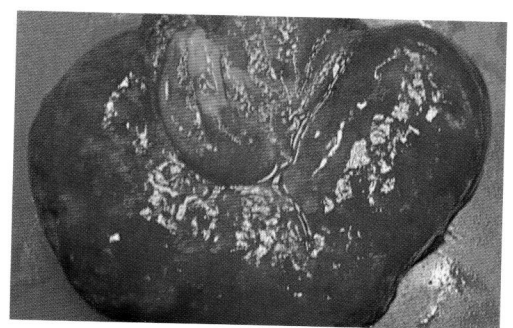

图5-1　感染马放线杆菌的马驹肾脏

（由Sameeh M. Abutarbush博士提供）

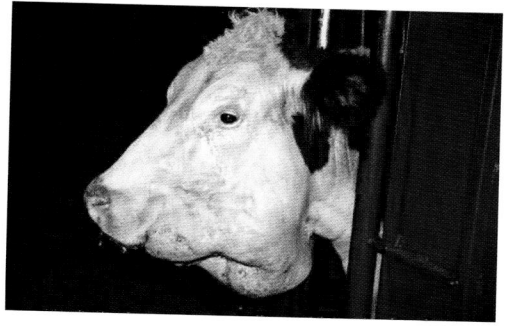

图5-2　放线菌病患牛

（由Geoffrey Smith博士提供）

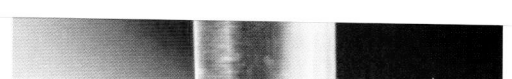

图5-14　里瓦尔塔氏（Rivalta's）试验检测FIP患猫阳性

（由Katrin Hartmann博士提供）

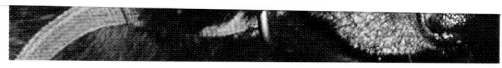

图5-15　利什曼原虫病患犬皮肤症状

（由Gad Baneth博士提供）

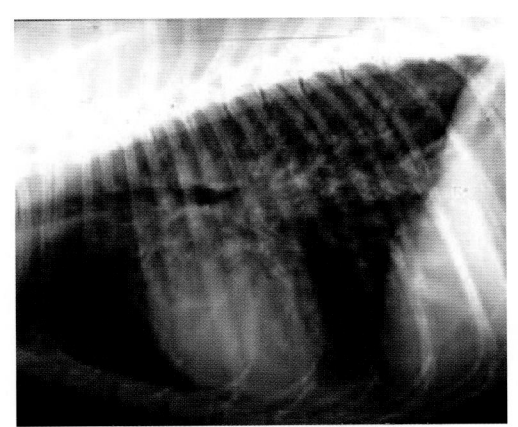

图6-1　过敏性支气管炎侧面X线片

（由Ronald Green博士提供）

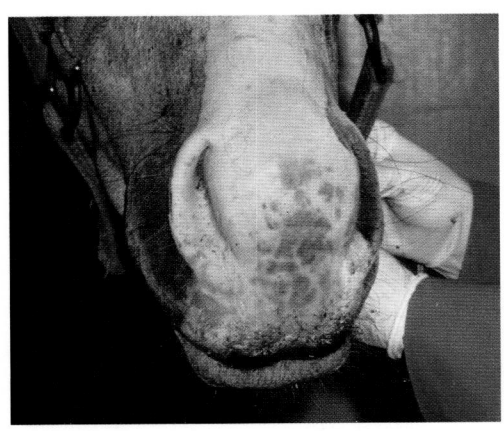

图6-2　出血性紫癜

（由Sameeh M. Abutarbush博士提供）

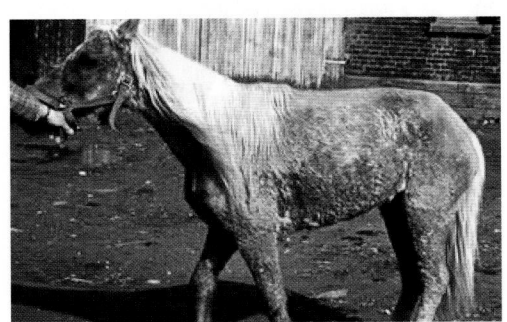

图7-2　马嗜皮菌病

（由Dietrich Barth博士提供）

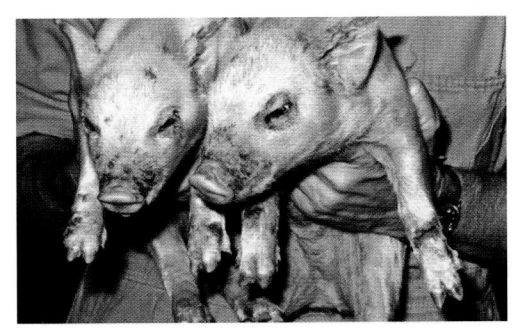

图7-3　哺乳仔猪亚急性渗出性表皮炎，感染面部、四肢及腹部

（由 Ranald D. A. Cameron博士提供）

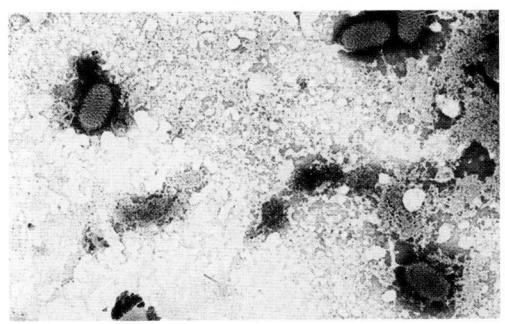

图7-4　假牛痘副牛痘病毒低倍电镜图

（由Paul Gibbs博士提供）

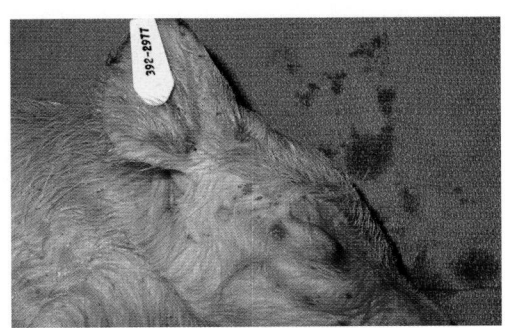

图7-5　猪痘感染小猪的轻微病变

（由Paul Gibbs博士提供）

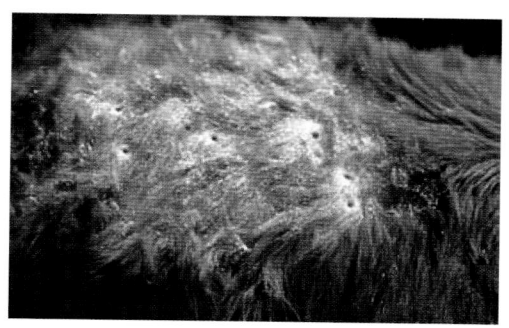

图7-6 牛感染牛皮蝇病变皮肤的瘤状隆起

（由Jack Lloyd 博士提供）

图7-7 猫蚤

（由梅里亚动物保健有限公司提供）

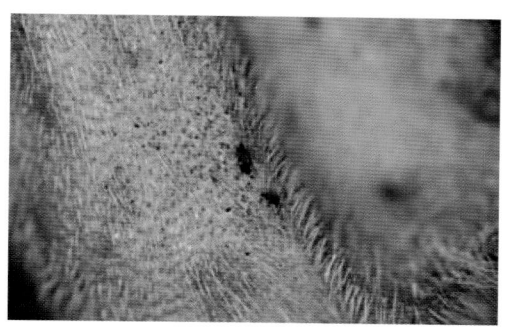

图7-8 一条犬发生蚤过敏性皮炎，表现脱落与红斑

（由梅里亚动物保健有限公司提供）

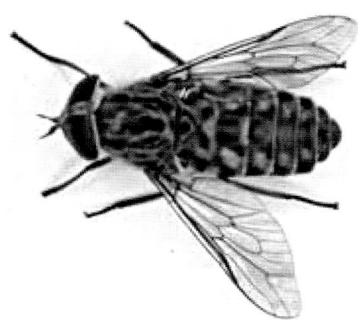

图7-9 马蝇

（由Dietrich Barth 博士提供）

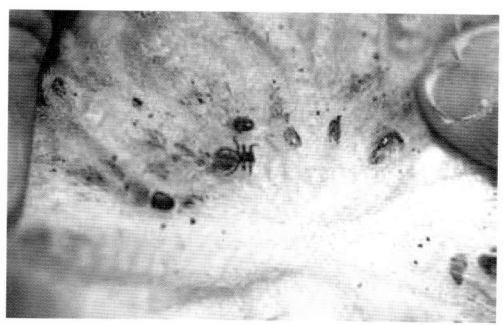

图7-10 绵羊体表寄生的绵羊蜱蝇

（由Dietrich Barth 博士提供）

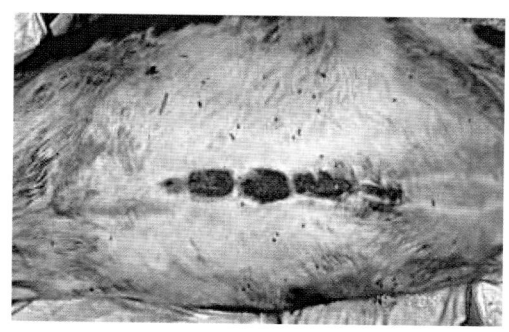

图7-11 冠丝虫性皮炎

（由Sameeh M. Abutarbush 博士提供）

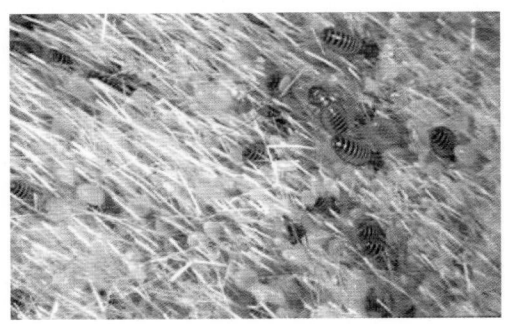

图7-12　牛皮肤上寄生的牛毛虱、牛虱

（由Dietrich Barth 博士提供）

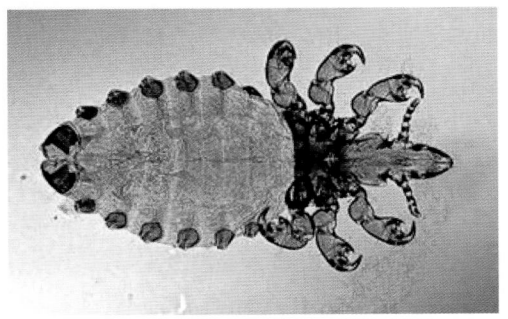

图7-13　马吸血虱

（由Dietrich Barth 博士提供）

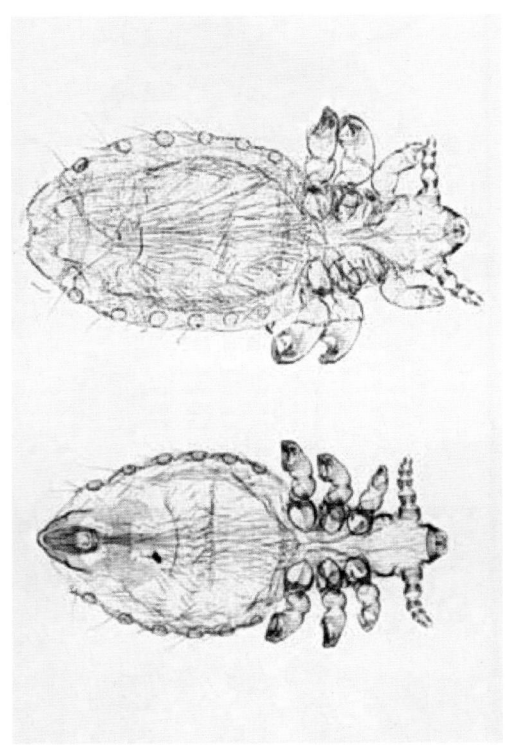

图7-14　犬吸血虱。上图为雌性，下图为雄性

（由Dietrich Barth 博士提供）

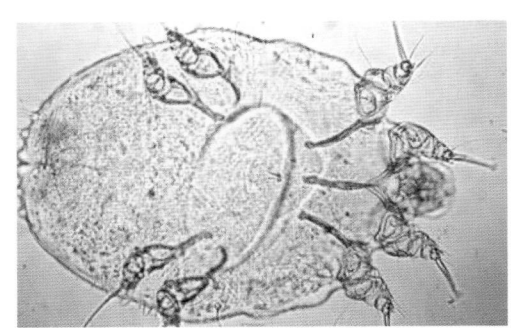

图7-15　牛疥螨，雌性

（由Dietrich Barth 博士提供）

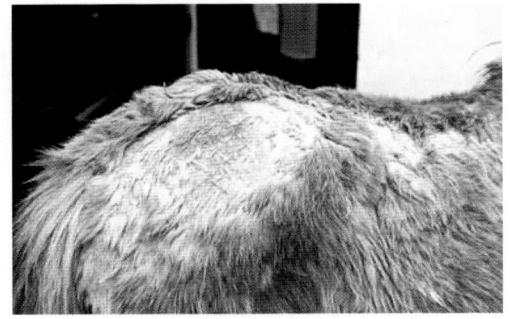

图7-16　马足螨

（由Dietrich Barth 博士提供）

图7-17 犬疥癣

（由Dietrich Barth 博士提供）

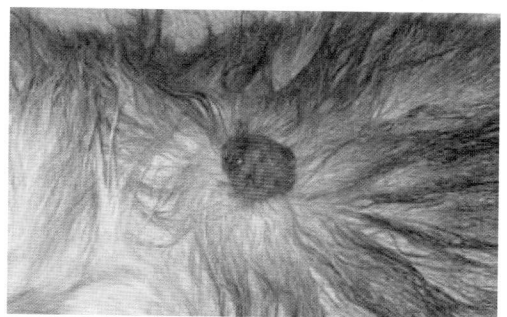

图7-19 猫基底细胞癌

（由Alice Villalobos博士提供）

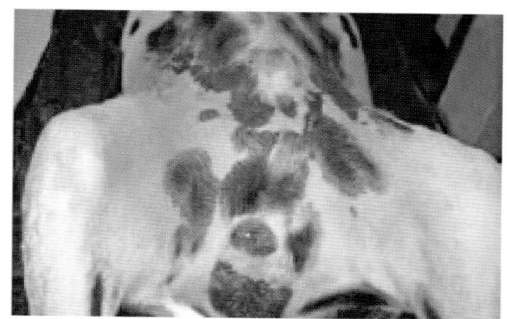

图7-20 光照引起白色皮肤犬的鳞状细胞癌

（由Alice Villalobos博士提供）

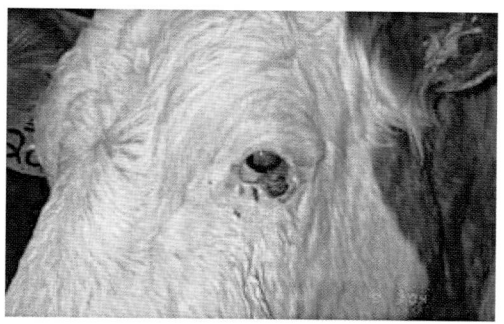

图7-21 牛鳞状细胞癌

（由Sameeh M. Abutarbush博士提供）

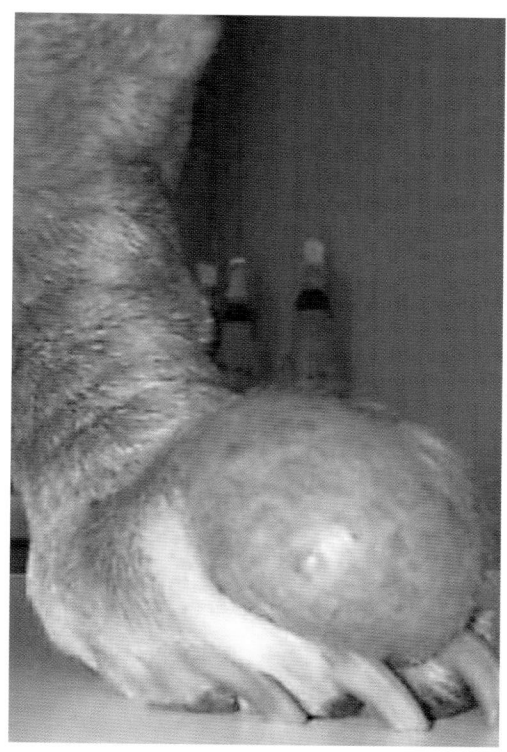

图7-22 巴吉度猎犬左后脚上的肥大细胞瘤

（由Alice Villalobos博士提供）

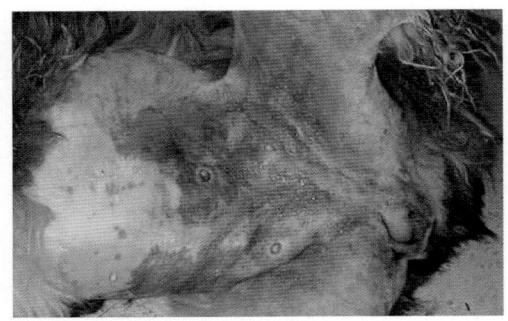

图7-23 犬炎性乳腺癌

恶性肿瘤侵害皮肤淋巴管。（由Alice Villalobos博士提供）

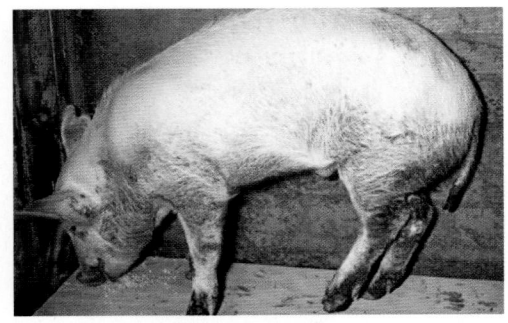

图7-24 猪典型腹下部、胸部、四肢和蹄部角化不全性损伤

（由Ranald D. A. Cameron博士提供）

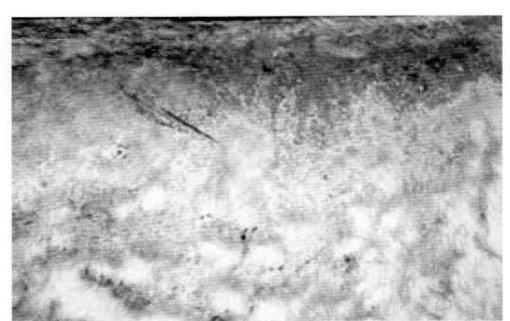

图7-25 牛感光过敏

（由Dietrich Barth博士提供）

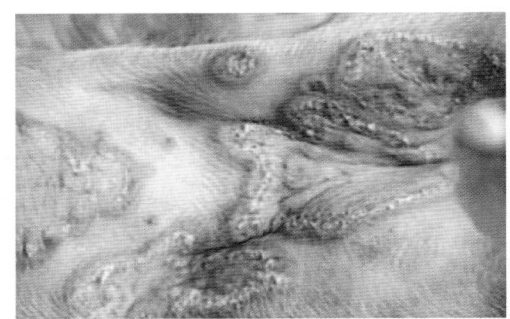

图7-26 哺乳仔猪腹侧部与后腿部玫瑰糠疹病变

注意凸起的、红色、环状病变，中心愈合部有干麦片状物，病灶环向外扩散。（由Ranald D. A. Cameron博士提供）

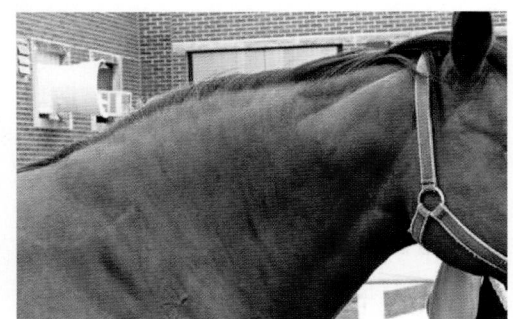

图8-1 马颈部因脂肪过多而肿胀

（由Janice Sojka博士提供）

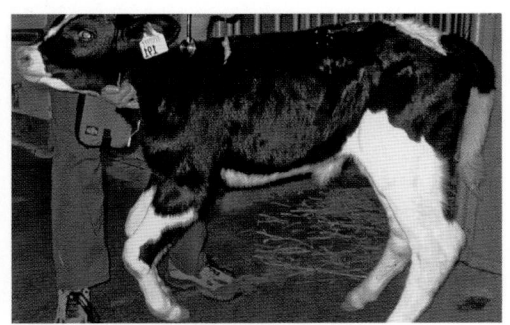

图9-1 犊牛屈肌腱挛缩

（由Sameeh M. Abutrabush 博士提供）

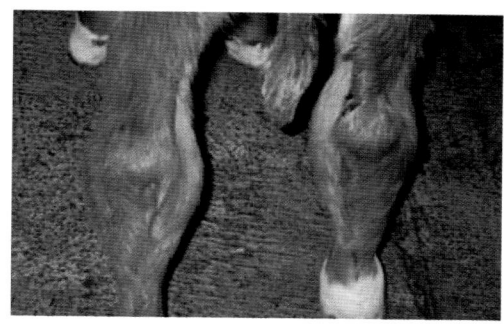

图9-2　犊牛脓毒性关节炎

（由Sameeh M. Abutarbush博士提供）

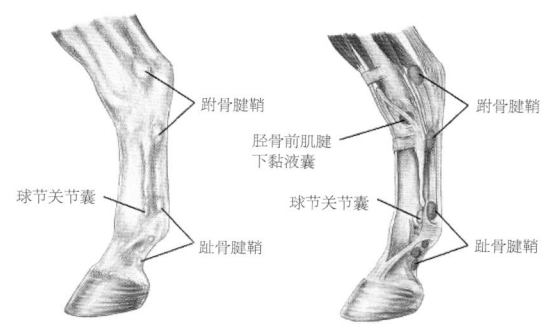

跗骨腱鞘

胫骨前肌腱
下黏液囊

球节关节囊

趾骨腱鞘

跗骨腱鞘

球节关节囊

趾骨腱鞘

图9-3　马趾深屈肌腱的跗骨与趾骨腱鞘

（由Gheorghe Constantinescu博士绘制）

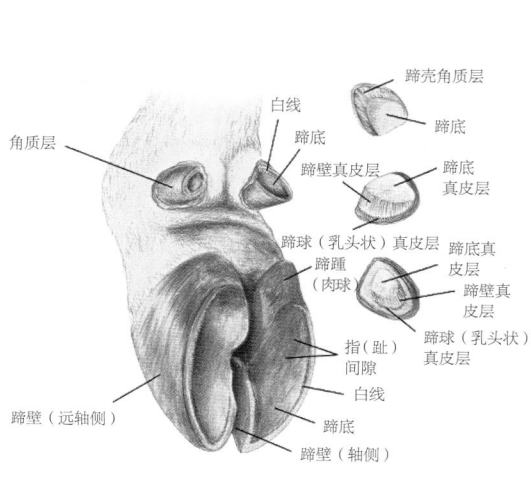

白线

蹄底

角质层

蹄壁真皮层

蹄球（乳头状）真皮层

蹄踵
蹄球
（肉球）

指（趾）
间隙

白线

蹄底

蹄壁（远轴侧）

蹄壁（轴侧）

蹄壳角质层

蹄底

蹄底
真皮层

蹄底真
皮层

蹄壁真
皮层

蹄球（乳头状）
真皮层

图9-4　大反刍动物蹄部（包括蹄壳）和悬蹄

（由Gheorghe Constantinescu博士绘制）

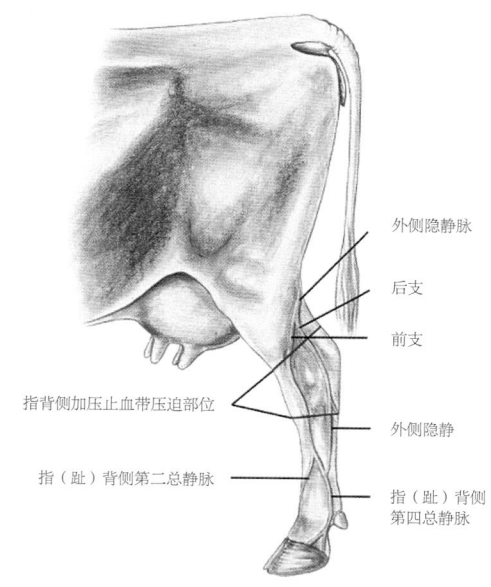

外侧隐静脉

后支

前支

外侧隐静

指（趾）背侧
第四总静脉

指背侧加压止血带压迫部位

指（趾）背侧第二总静脉

图9-5　牛下肢静脉局部麻醉示意图

（由Gheorghe Constantinescu博士绘制）

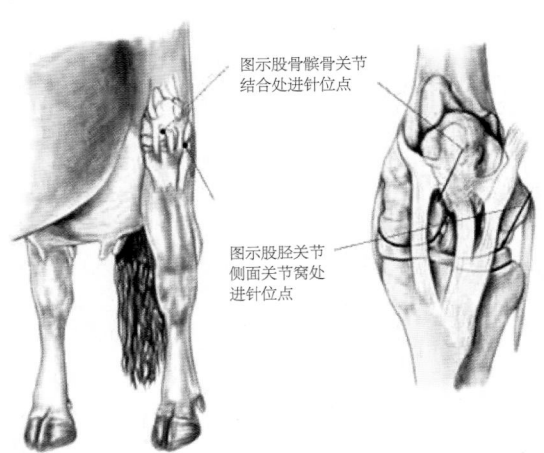

图9-6 牛膝关节关节镜和关节穿刺进针部位图

（由Gheorghe Constantinescu博士绘制）

图示股骨髌骨关节结合处进针位点

图示股胫关节侧面关节窝处进针位点

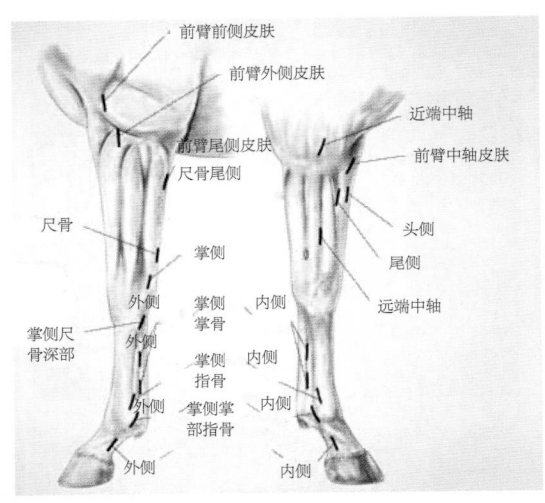

图9-7 马前肢神经传导麻醉图解

（由Gheorghe Constantinescu博士绘制）

前臂前侧皮肤

前臂外侧皮肤

近端中轴

前臂尾侧皮肤

尺骨尾侧

前臂中轴皮肤

头侧

尺骨

掌侧

尾侧

掌侧掌骨

远端中轴

外侧

内侧

掌侧尺骨深部

掌侧指骨

内侧

外侧

掌侧掌部指骨

内侧

外侧

内侧

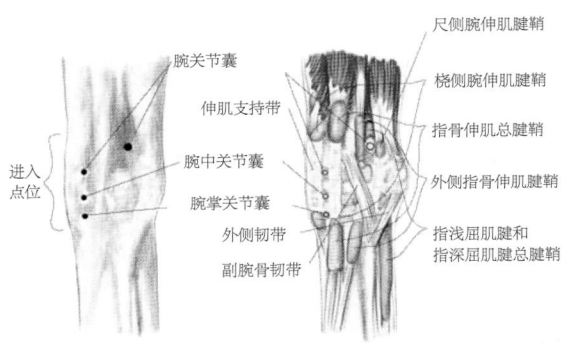

腕关节囊

伸肌支持带

进入点位

腕中关节囊

腕掌关节囊

外侧韧带

副腕骨韧带

尺侧腕伸肌腱鞘

桡侧腕伸肌腱鞘

指骨伸肌总腱鞘

外侧指骨伸肌腱鞘

指浅屈肌腱和指深屈肌腱总腱鞘

图9-8 马腕骨外侧内镜检查和关节穿刺术关节点位

（由Gheorghe Constantinescu博士绘制）

腓骨

腓骨尾侧皮肤

腓侧浅表和深部皮肤压力感受部位

前侧隐静脉

前侧

胫骨

跖骨背侧Ⅱ

内跖

外侧足底深部分支

跖骨背侧Ⅲ

内跖侧趾骨

外侧足底

内跖侧跖骨

跖骨外侧足底

趾部外侧足底

跖侧趾骨跖侧压力感受部位

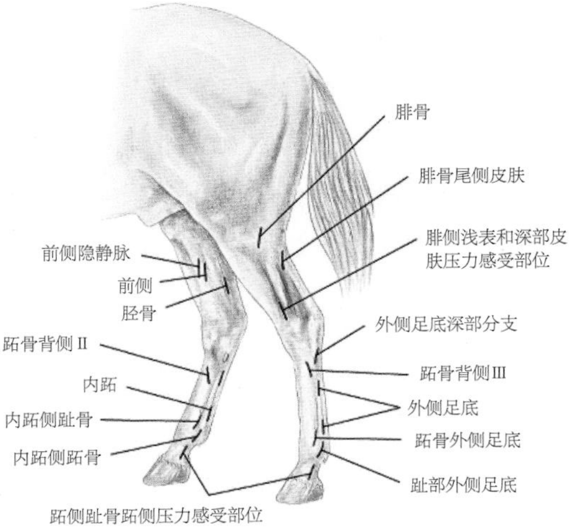

图9-9 马后肢神经传导麻醉图解

（由Gheorghe Constantinescu博士绘制）

侧位图

缘真皮

冠真皮

壁真皮

蹄底真皮

球根真皮

趾垫

楔状真皮（蹄叉）

腹侧图

蹄底真皮乳头

板层真皮末端

楔形真皮乳头

趾垫

壁真皮

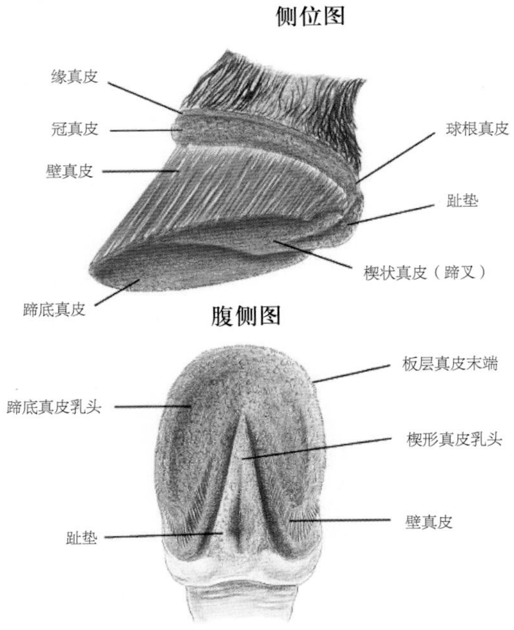

图9-10 马趾真皮

（由Gheorghe Constatinescu博士绘制）

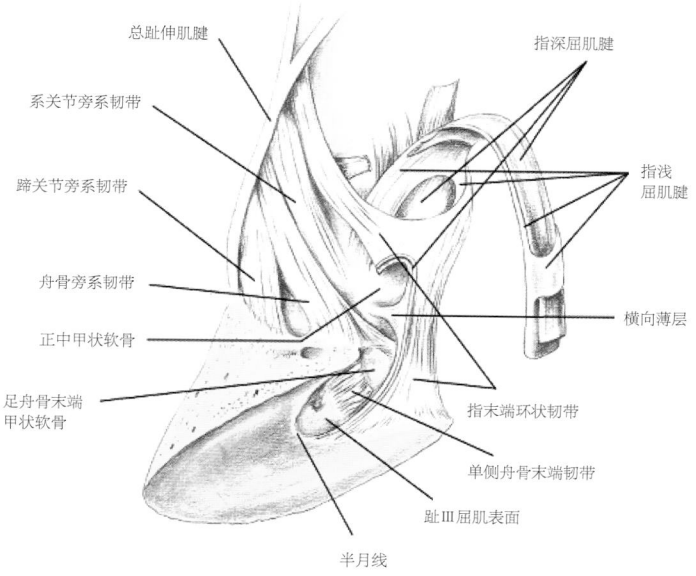

总趾伸肌腱

系关节旁系韧带

蹄关节旁系韧带

舟骨旁系韧带

正中甲状软骨

足舟骨末端甲状软骨

指深屈肌腱

指浅屈肌腱

横向薄层

指末端环状韧带

单侧舟骨末端韧带

趾Ⅲ屈肌表面

半月线

图9-11　马远端趾韧带和腱

（由Gheorghe Constantinescu博士绘制）

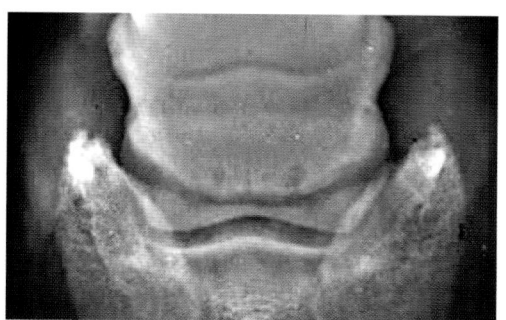

图9-12　马舟状骨病

（由Ronald Green博士提供）

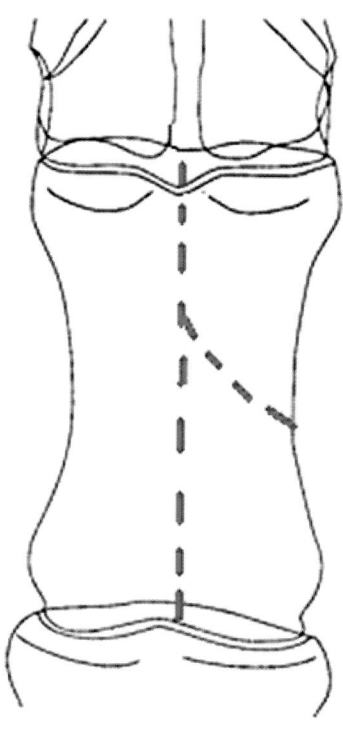

图9-15　白肌病的心肌病变

（由Sameeh M. Abutarbush博士提供）

图9-13　系骨骨折可由近端延续至远端，也可由系骨中央延伸至外侧皮质

（由Andrew Crawford博士绘制）

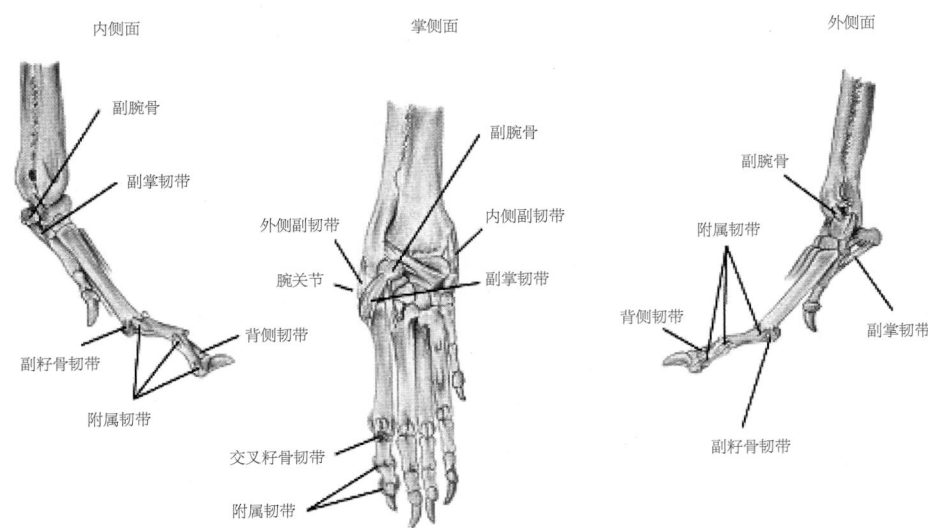

内侧面　　　　　掌侧面　　　　　外侧面

图9-20　犬前肢远端骨关节结构

（由Gheorghe Constantinescu博士绘制）

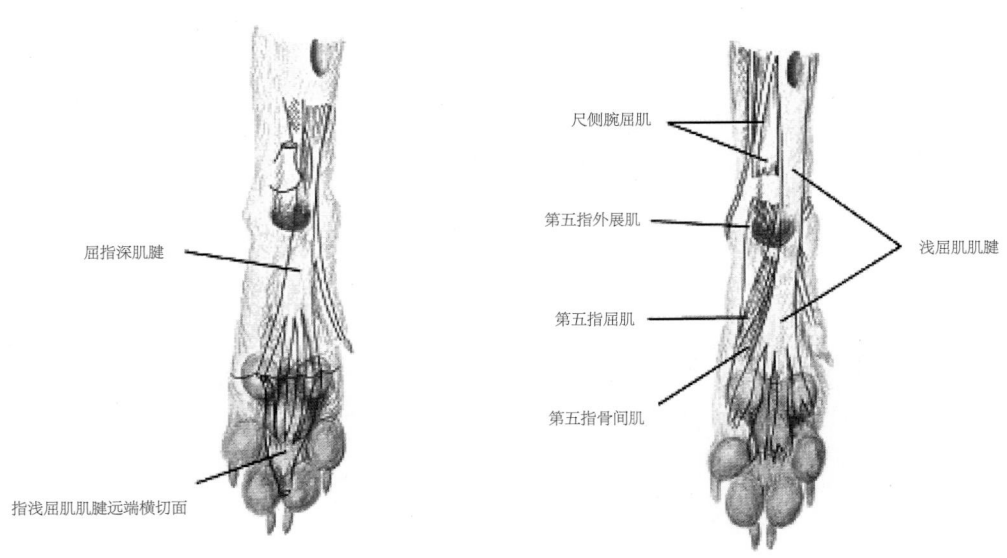

图9-21　犬爪掌侧肌肉和肌腱

（由Gheorghe Constantinescu博士绘制）

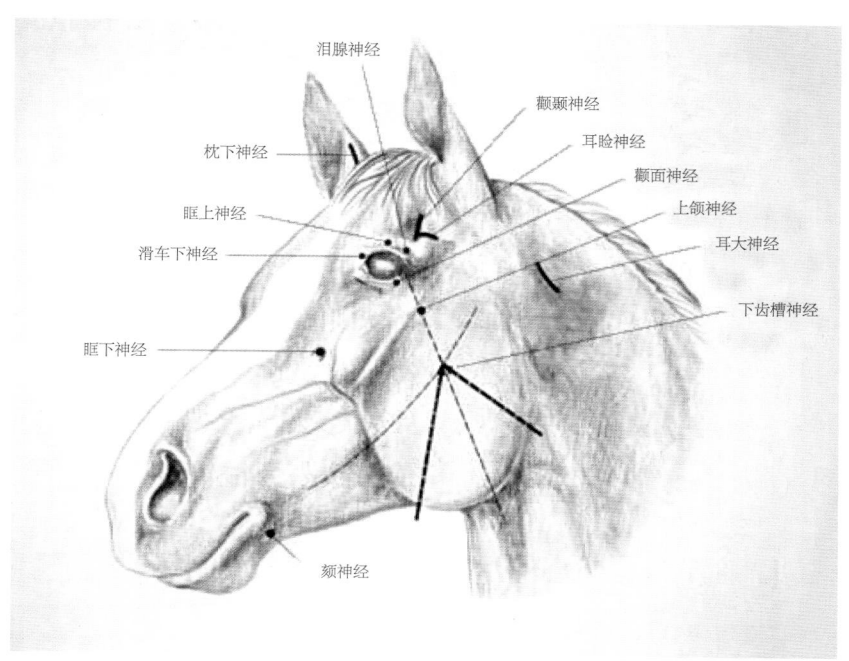

图10-1　易受神经传导阻滞影响的马头部神经

（由Gheorghe Constantinescu博士绘制）

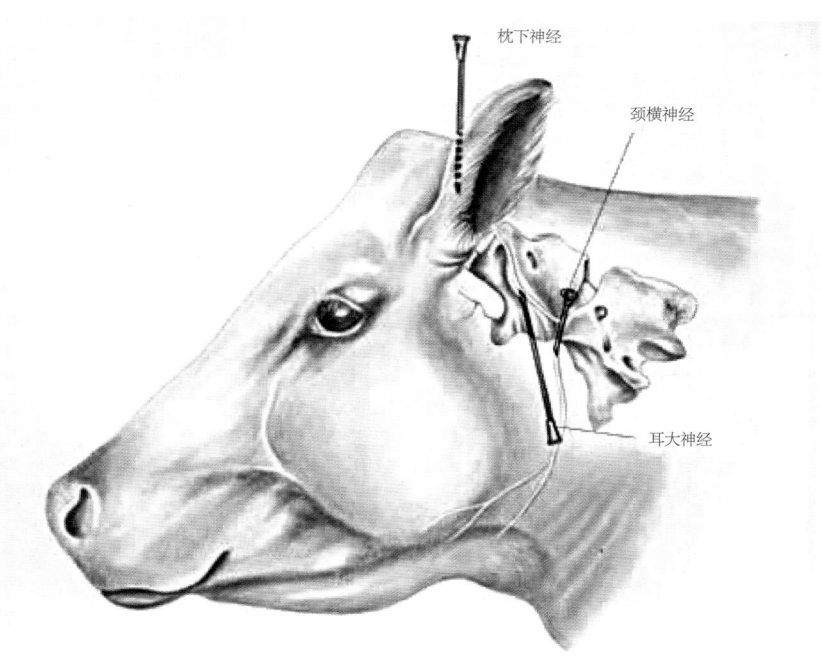

图10-2　易受神经传导阻滞影响的牛颈部脊髓神经

（由Gheorghe Constantinescu博士绘制）

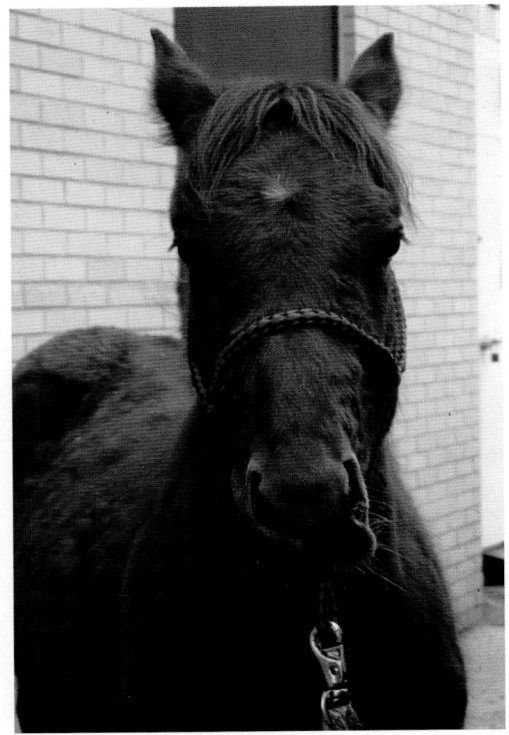

图10-6 马面部神经创伤

（由Sameeh M. Abutarbush博士提供）

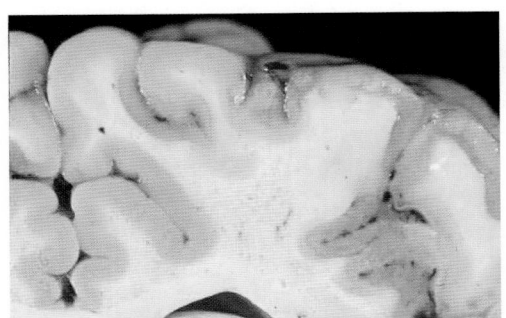

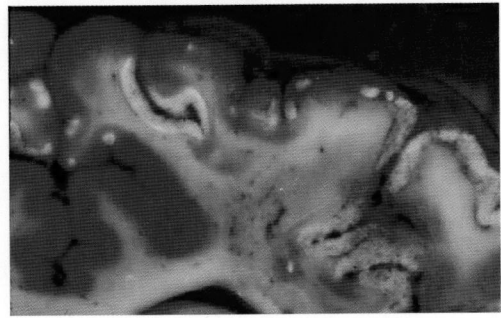

图10-11 育肥阉牛脑灰质软化的背侧顶叶皮层横切面

上图：在环境照明下的肉眼观察。皮层灰质感染部位呈黄色且轮廓不规则。下图：与上图相同的部分在紫外光（366 nm）下观察图像。皮层灰质感染部位及病灶，与相邻的正常皮层的深蓝色相比呈明亮的浅蓝色。（由Daniel H. Gould博士提供）

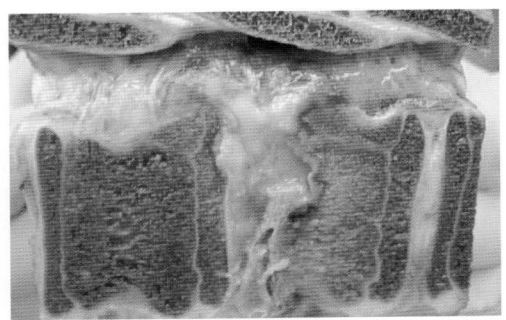

图10-8 脊椎体脓肿

（由Sameeh M. Abutarbush博士提供）

图10-10 患脑炎犊牛头侧转

（由Sameeh M. Abutarbush博士提供）

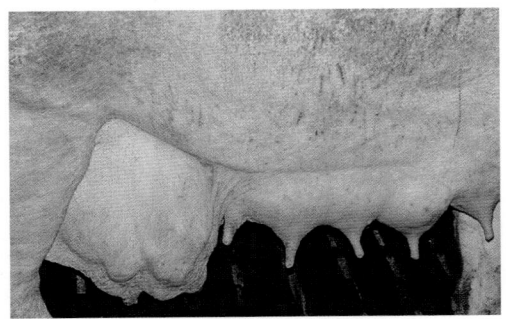

图11-1 猪单腺性乳房炎，局部视图

（由Guy-Pierre Martineau博士提供）

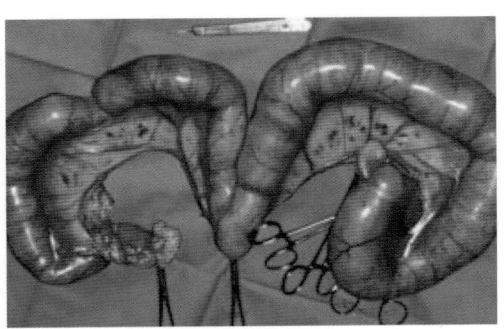

图11-2 从7岁龄金毛猎犬手术切除的积脓子宫，配种后4周，患犬曾出现厌食，阴道流出分泌物

（由Mushtaq Memon博士提供）

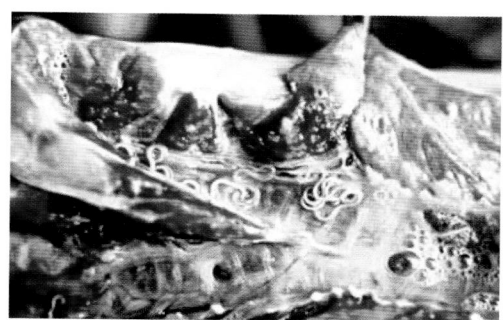

图12-2　牛肺线虫

（由 Dietrich Barth 博士提供）

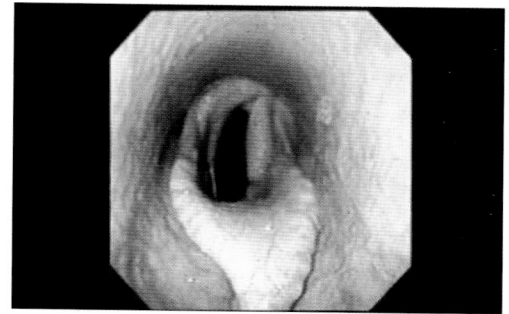

图12-4　马患左侧喉麻痹，在安静状态下，内镜下观察到四级麻痹的左侧杓状软骨

（由Bonnie R. Rush博士提供）

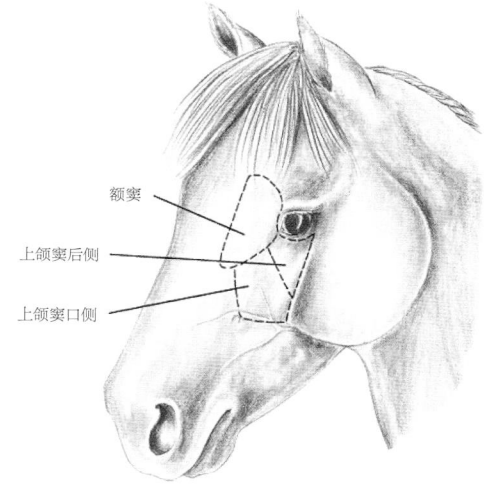

额窦

上颌窦后侧

上颌窦口侧

图12-5　马鼻旁窦

（由Georghe Constantinescu 博士绘制）

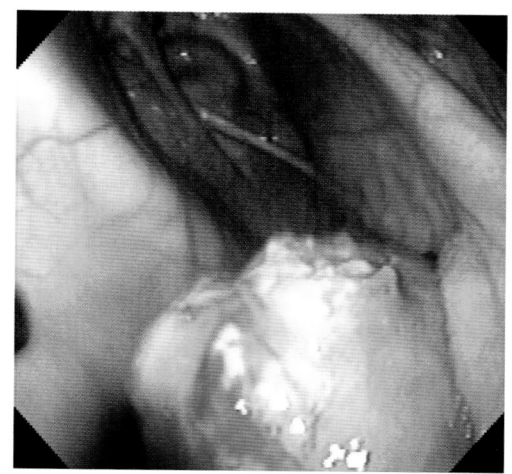

图12-6　咽后破裂的内镜影像，马链球菌通过右喉囊会厌前腔感染

（由Bonnie R. Rush 博士提供）

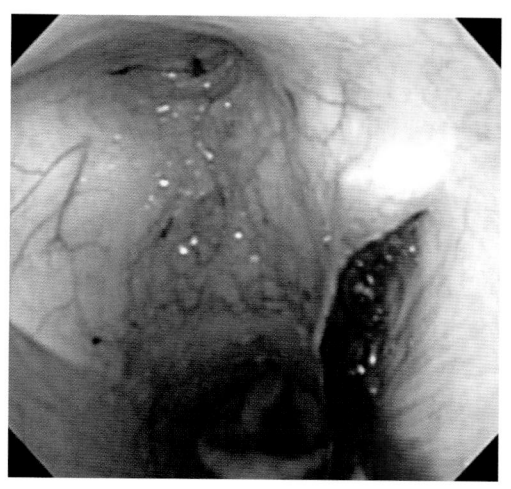

图12-7　喉囊真菌病内镜图像

（由Sameeh M. Abutarbush博士提供）

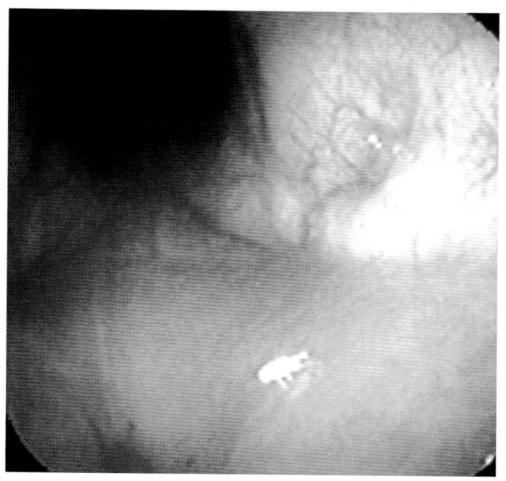

图12-8　鼻咽部螨虫的内镜检查图

（由Steven L. Marks 提供）

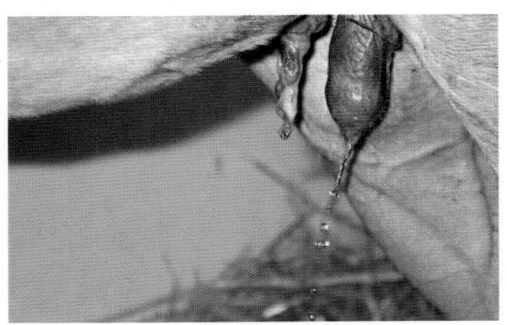

图13-1 马驹开放性脐尿管

（由Sameeh M. Abutarbush博士提供）

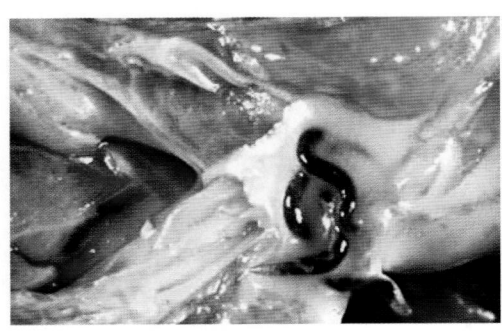

图13-2 迁移的猪肾蠕虫

（由梅里亚动物保健有限公司提供）

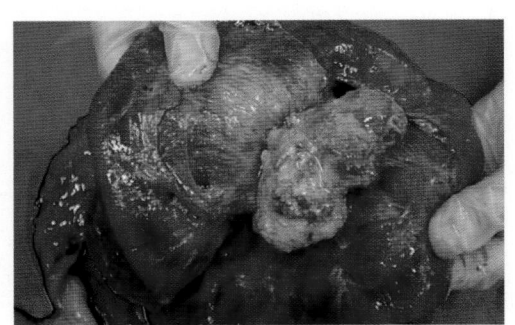

图13-3 马肾结石

（由Sameeh M. Abutarbush博士提供）

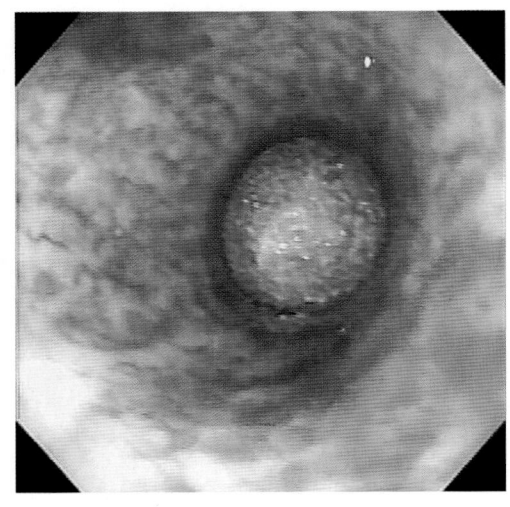

图13-4 公马尿石症（内镜）

（由Sameeh M. Abutarbush博士提供）

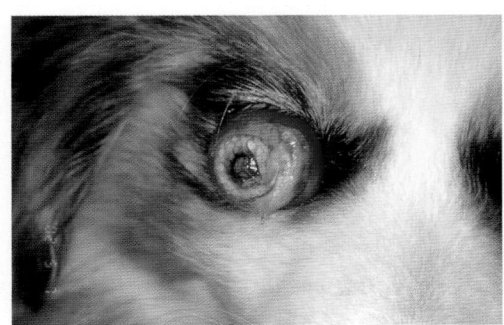

图16-1 犬外伤性眼球突出

（由Kirk N. Gelatt博士提供）

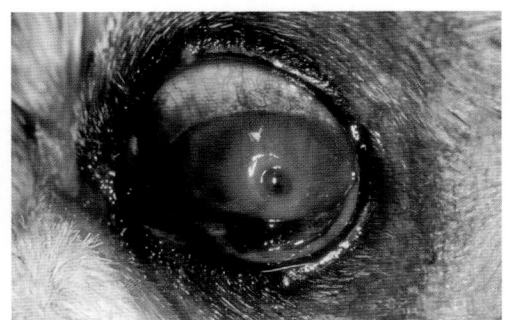

图16-2 短头犬因角膜后弹性层膨出及虹膜脱出引起深层基质角膜溃疡

（由Kirk N. Gelatt博士提供）

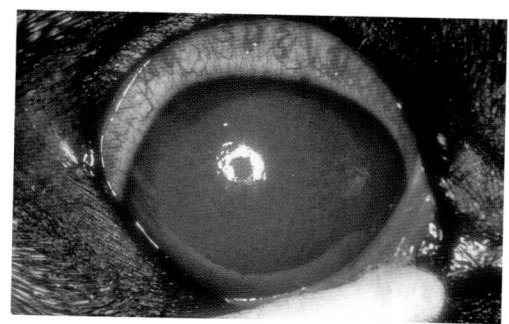

图16-3　充血或高眼压性青光眼的犬

结膜充血，瞳孔扩张，弥漫性角膜水肿不利于深部眼科检查。经压平式眼压计测定的眼压为55 mmHg。（由Kirk N. Gelatt博士提供）

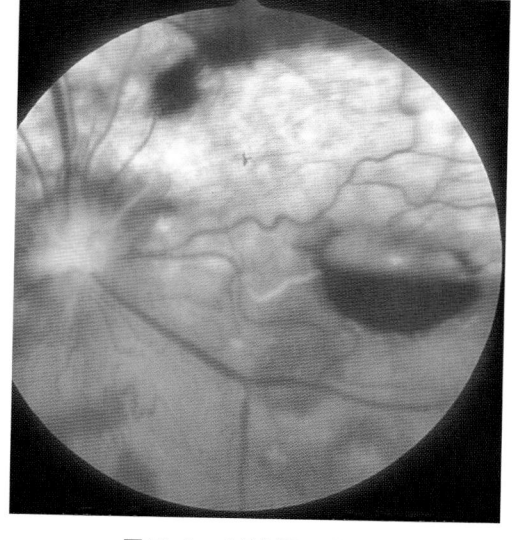

图16-4　犬单侧视网膜脱落

（由Kirk N. Gelatt博士提供）

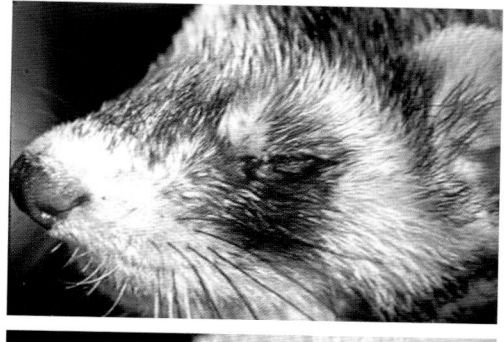

图17-1　雪貂犬瘟热病例

感染早期（约10 d）有结膜分泌物（上半图）。晚期具有标志性的结膜和鼻分泌物（下半图）。（由John Gorham博士提供）

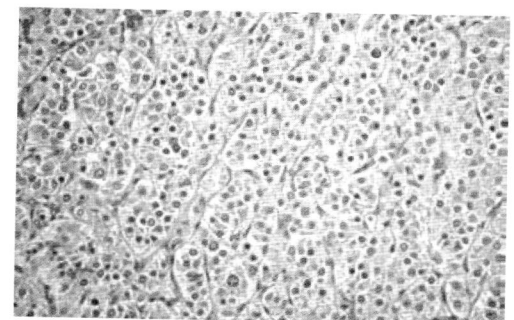

图17-2　雪貂胰岛细胞腺瘤（H&E染色，40×）

（由纽约动物医学中心提供）

图17-4 蓝鳃太阳鱼的典型红肿病变

（由Ruth Francis-Floyd博士提供）

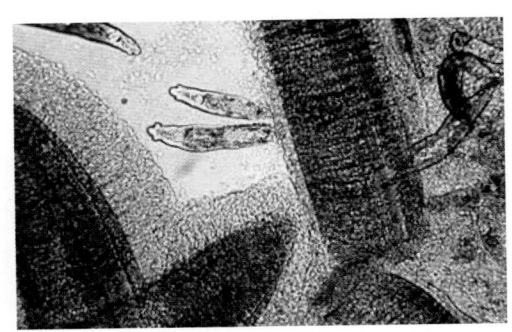

图17-5 鳃柄上单殖吸虫（指环虫）未染色的新鲜压片
（100×）

（由Ruth Francis-Floyd博士提供）

图17-6 银麒灯柱形病典型糜烂

（由Ruth Francis-Floyd博士提供）

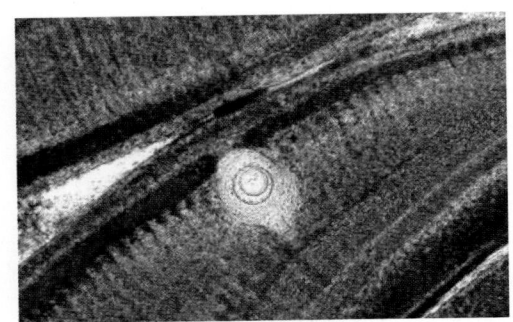

图17-7 未染色的鳃组织新鲜压片，示由分支杆菌感染
引起的全身性肉芽肿（100×）

（由 Ruth Francis-Floyd 博士提供）

图17-8 斑点叉尾出现与病毒病诊断一致的临床症状

（由Ruth Francis-Floyd博士提供）

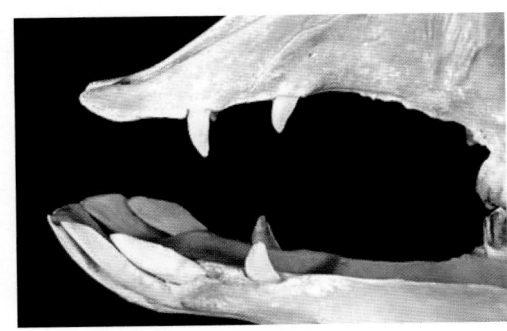

图17-9 马驼上、下颌骨

图中上颌齿示第三切齿和犬齿。下颌齿所示是I1~I4。马驼的
格斗齿是上颌第三切齿、上犬齿和下颌第四切齿（共6齿）。（由
Bradford B.Smith博士与Karen I.Timm博士提供）

左侧观

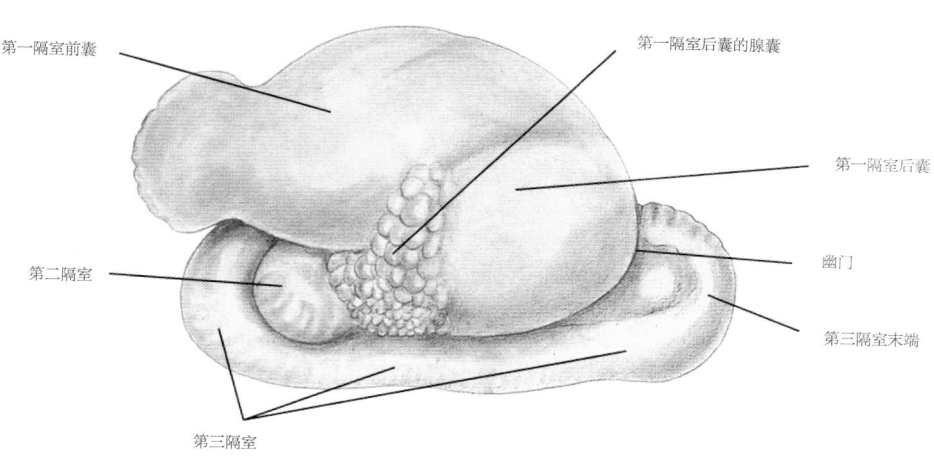

第一隔室前囊

第一隔室后囊的腺囊

第一隔室后囊

第二隔室

幽门

第三隔室末端

第三隔室

右侧观

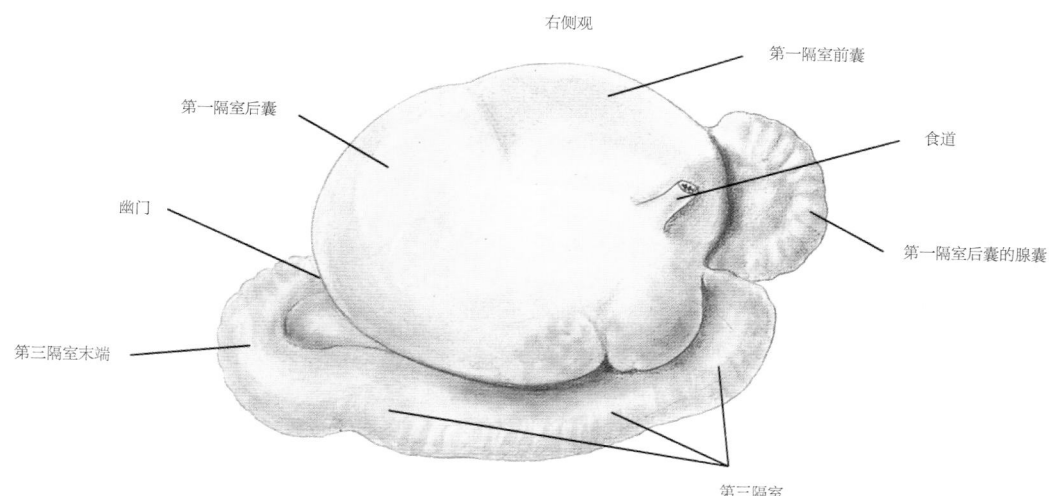

第一隔室后囊

第一隔室前囊

食道

幽门

第一隔室后囊的腺囊

第三隔室末端

第三隔室

图17-10　马驼胃

第一隔室是发酵室。注意腹侧腺囊有腺上皮。第二隔室的功能类似于反刍动物的网胃。（由Gheorghe Constantinescu博士绘制。经许可改编自《大动物应用解剖彩色图谱》，Hilary M. Clayton和Peter F. Flood，Mosby-Wolfe，1996年）

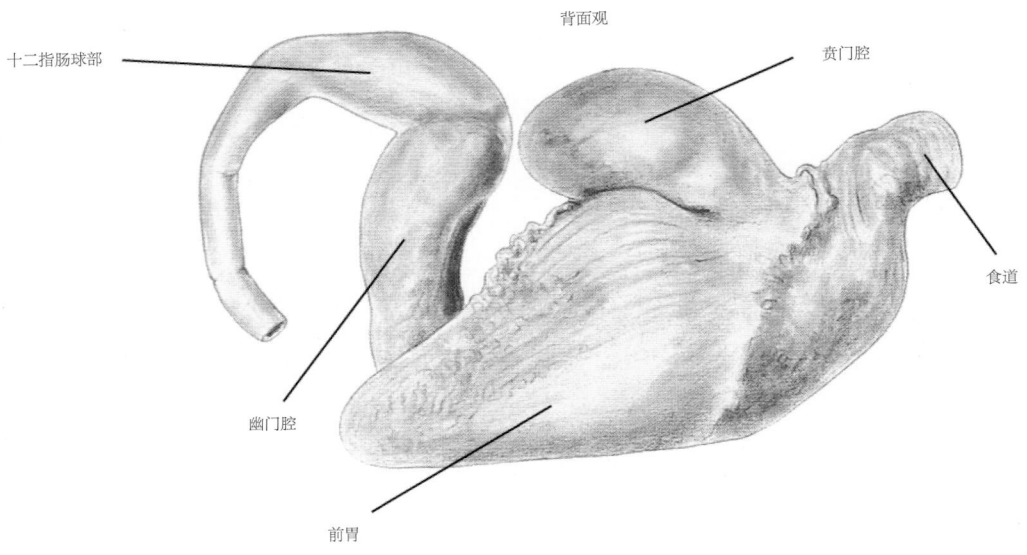

背面观

十二指肠球部

贲门腔

食道

幽门腔

前胃

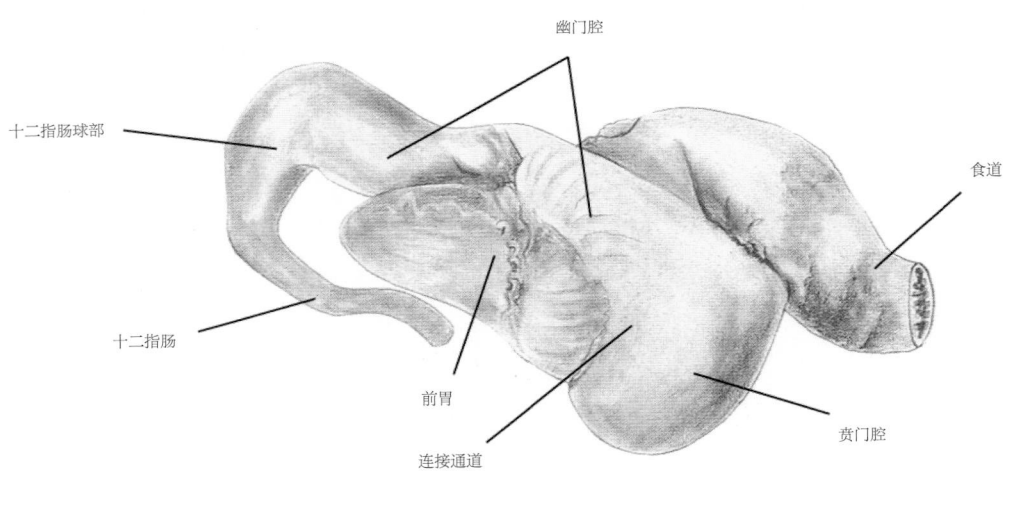

幽门腔

十二指肠球部

食道

十二指肠

前胃

连接通道

贲门腔

腹面观

图17-11　海豚胃

上图：背面观；下图：腹面观。由德克萨斯农业工程大学Raymond Tarpley博士提供幻灯片。（由Gheorghe Constantinescu博士绘制）

图17-12 飞旋海豚念珠菌病，喷水孔周围灰白色病变
（由Louise Bauck博士提供）

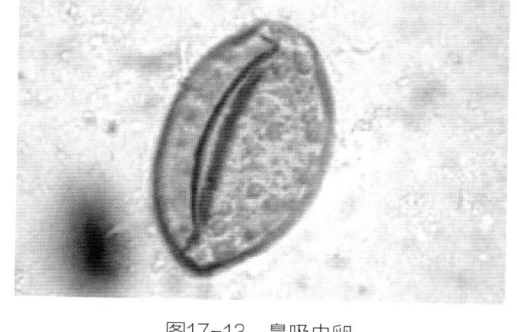

图17-13 鼻吸虫卵
（由James McBain博士提供）

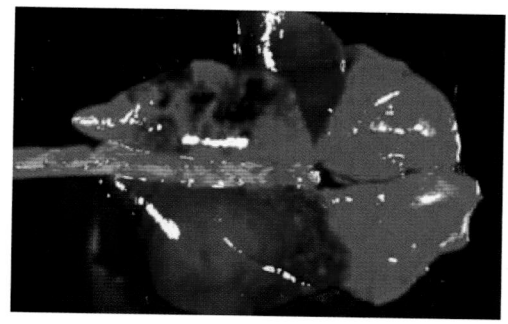

图17-14 水貂出血性肺炎

肺脏质地坚实、暗红，打开胸腔后肺脏回缩不良。（由John Gorham博士提供）

图17-15 左侧水貂的足垫肿胀及过度角质化，有时在犬瘟热发病后1～2周可见眼部病变
（由John Gorham博士提供）

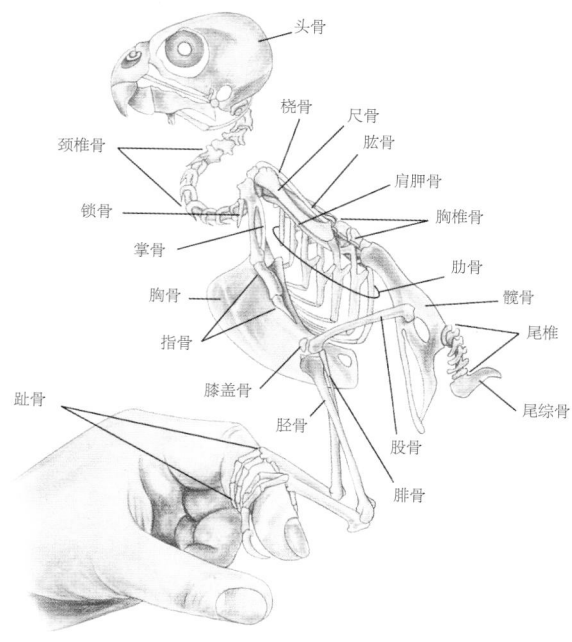

图17-16 澳洲长尾小鹦鹉骨骼
（由Gheorghe Constantinescu博士绘制）

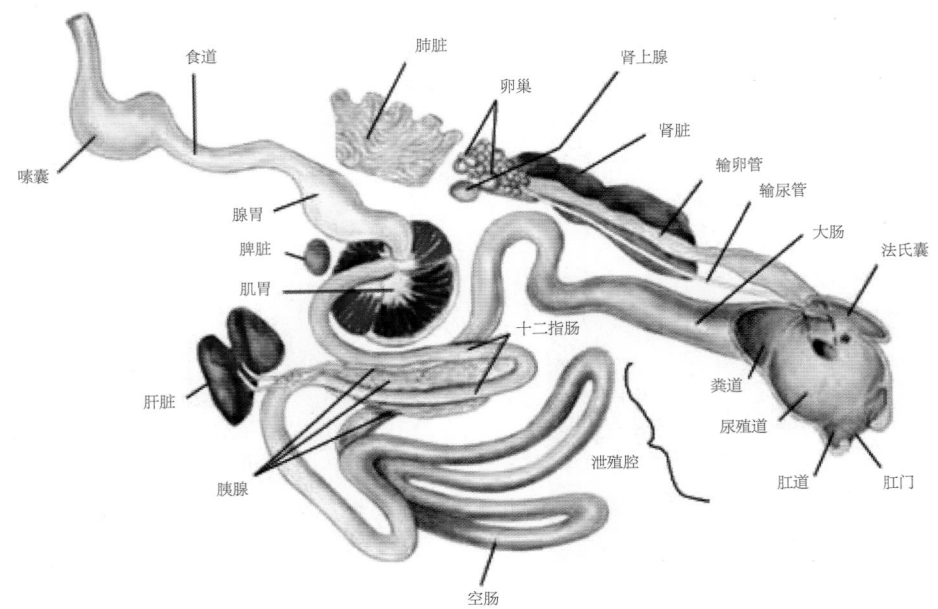

图17-17　澳洲长尾小鹦鹉内脏

（由Gheorghe Constantinescu博士绘制）

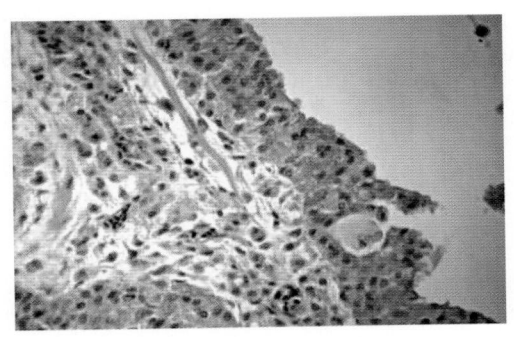

图17-18　金丝雀皮肤痘病，显示细胞质嗜酸性包含体
（布林体，Bollinger's bodies）

（由Katherine Quesenberry博士提供）

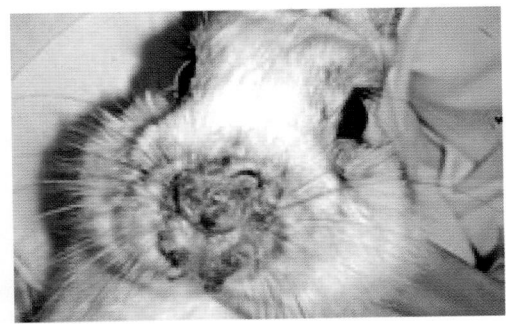

图17-19　典型兔密螺旋体（兔梅毒）感染，示鼻子区域
的皮肤病变

（由Katherine Quesenberry博士提供）

图17-20 兔痒螨，耳部明显损伤

（由Dietrich Barth博士提供）

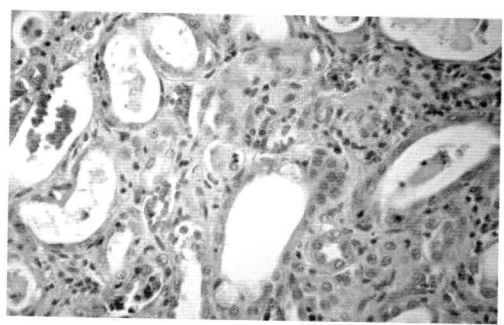

图17-21 兔肾小管上皮细胞内脑包内原虫细胞内囊肿

（HE染色，40×）

（由Tracy Bartick博士提供）

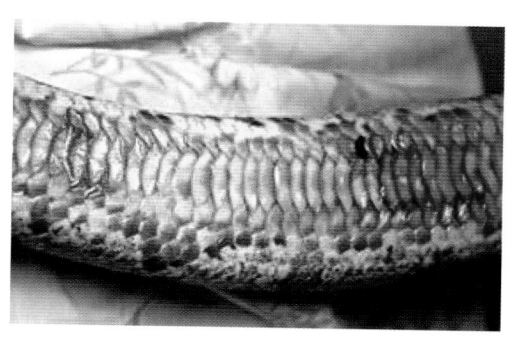

图17-22 球蟒溃疡性皮炎（鳞片腐烂，坏死性皮炎）

本病由内向外，而非普遍观点认为的由外向内发展，发病原因是免疫力下降后细菌入侵。（由Roger Klingenberg博士提供）

图17-23 眼睑下脓肿

常影响蛇视觉，其初发原因为残留的眼盖及其对眼睑的损伤。（由Roger Klingenberg博士提供）

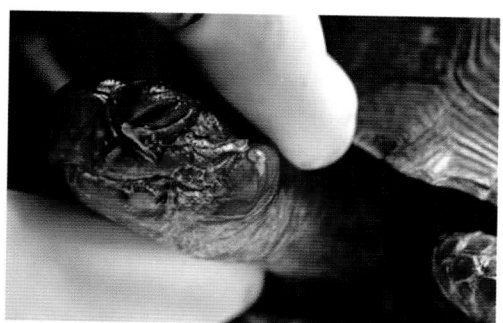

图17-24 海龟耳部脓肿引起的中耳感染

对箱龟而言，脓肿通常与维生素A缺乏有关。此箱龟正采用鼓膜切开引流排脓法治疗，随后用抗生素溶液冲洗。（由Roger Klingenberg博士提供）

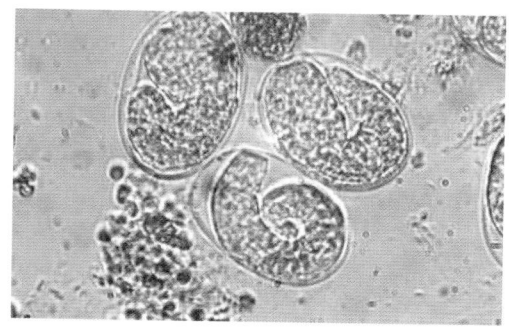

图17-25 分离自东帝汶大蟒蛇的杆线虫和类圆线虫的胚卵（400×）

如仔细观察，可见卵内的幼虫在游动。（由Roger Klingenberg博士提供）

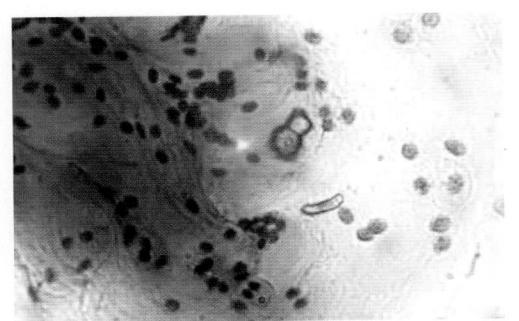

图17-26　热带稀树草原巨蜥的隐孢子虫卵囊（石炭酸品红/亮绿染色，100×）

（由Roger Klingenberg博士提供）

图17-27　吻突异常，常见于饲喂软料和过量蛋白质的圈养海龟

（由Roger Klingenberg博士提供）

图17-28　鬣蜥蜴继发性营养性甲状旁腺功能亢进症

下颚常表现为脱钙，弓形突出或缩短。长骨可同时表现出肿胀。（由Louise Bauck博士提供）

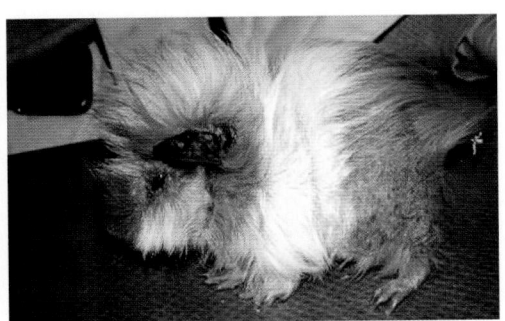

图17-29　疥螨严重感染的豚鼠极度虚弱、被毛粗乱

（由Katherine Quesenberry博士提供）

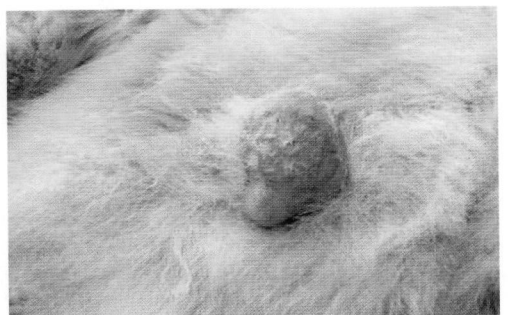

图17-30　老年红褐色袋鼯（小袋鼯鼠股薄肌）的恶性睾丸间质细胞瘤

（由Rosemary Booth博士提供）

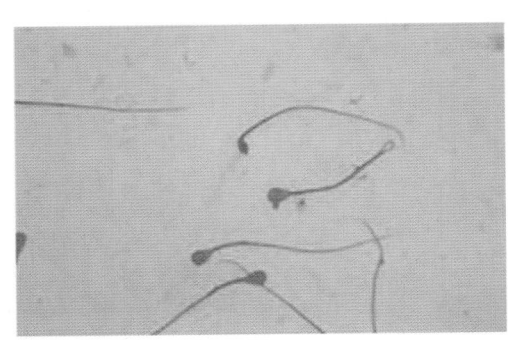

图18-1　犬精液：精子畸形

微头精子是主要的生理缺陷。（由Autumn P. Davidson博士提供）

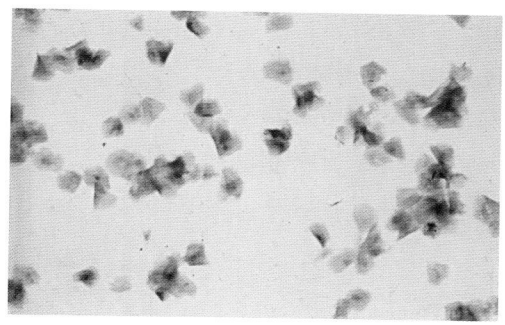

图18-2 发情犬阴道细胞学检查（表面或角化细胞）

（由Autumn P. Davidson博士提供）

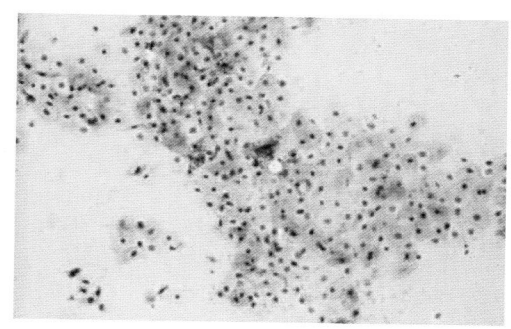

图18-3 间情期的中介层细胞与副基底层细胞

（由Autumn P. Davidson博士提供）

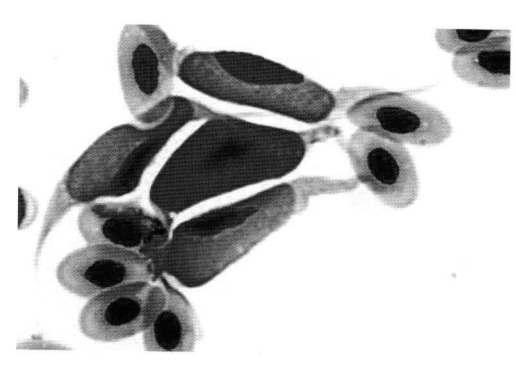

图20-1 红尾鹰（牙买加）血液涂片，示白细胞内原虫配子体

（由H.J.Barnes博士提供）

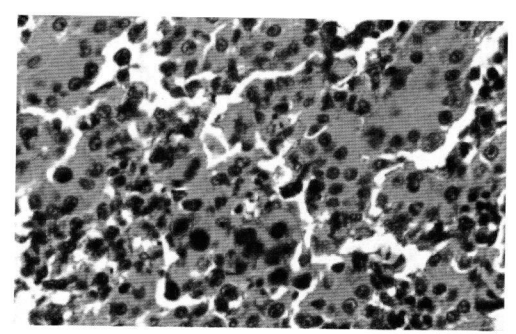

图20-2 包涵体肝炎，肉鸡肝细胞内的核内包含体（HE染色，40×）

（由Jean Sander博士提供）

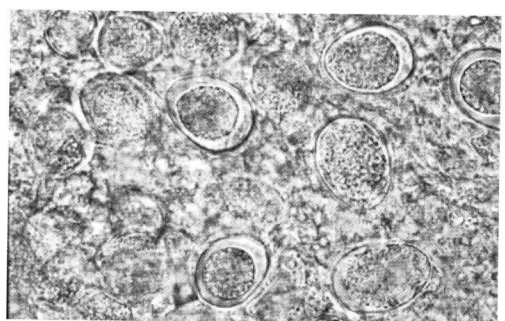

图20-3 来自小肠黏膜刮片的布氏艾美尔球虫卵囊（新甲基蓝染色，100×）

（由Jean Sander博士提供）

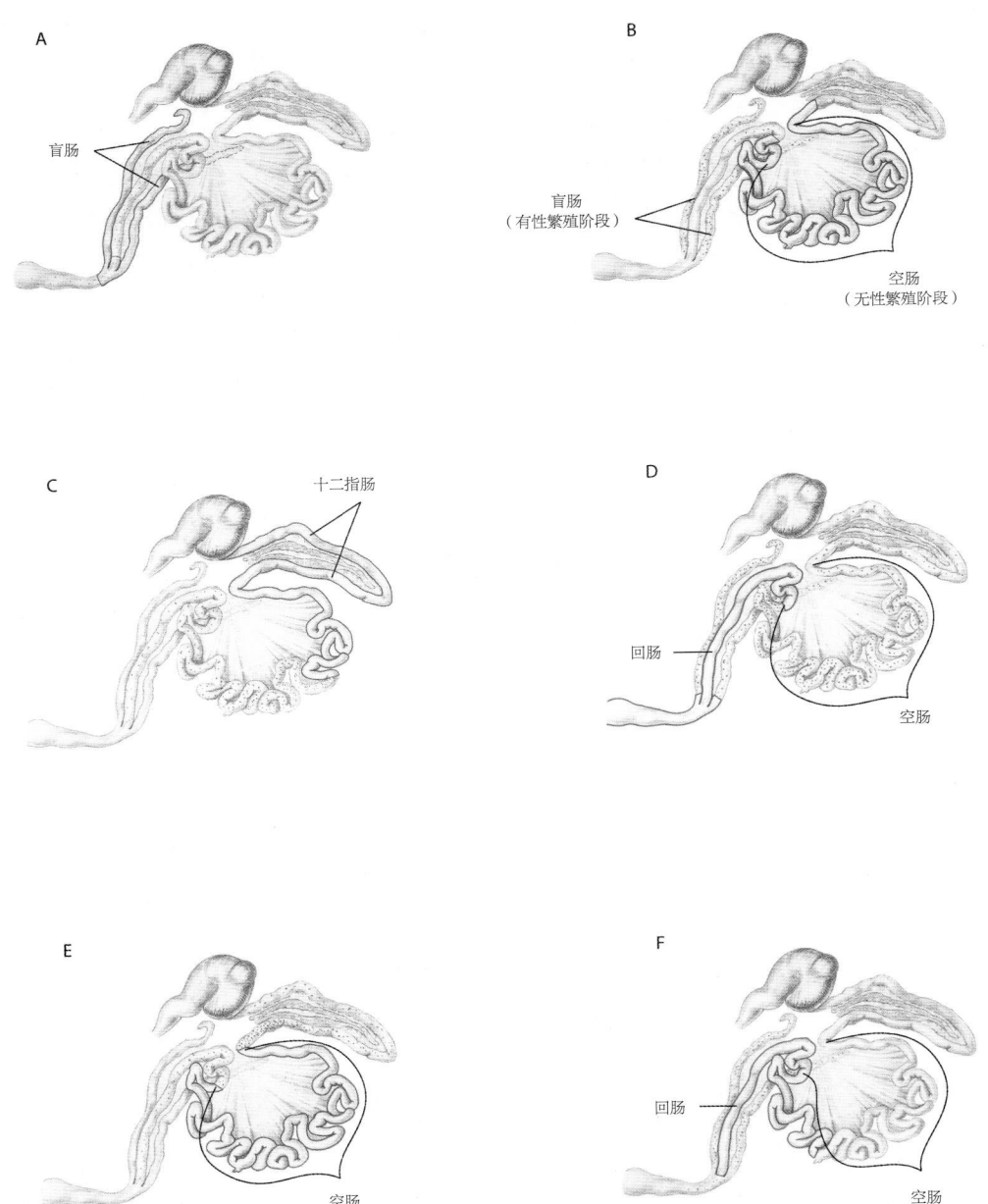

图20-4　家禽球虫病

A. 柔嫩艾美耳球虫寄生部位　B. 毒害艾美耳球虫寄生部位　C. 堆形艾美耳球虫寄生部位　D. 布氏艾美耳球虫寄生部位　E. 巨型艾美耳球虫寄生部位　F. 和缓艾美耳球虫寄生部位（由Gheorghe Constantinescu博士绘制）

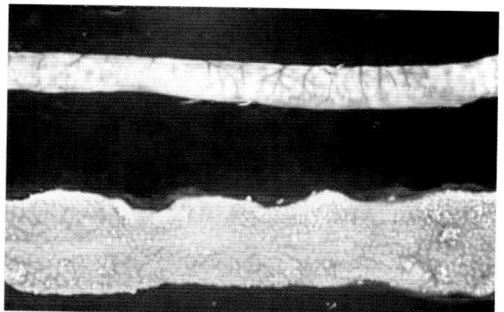

图20-5 肉鸡感染梭状芽孢杆菌，在小肠黏膜表面呈坏
死性肠炎

（由Jean Sander博士提供）

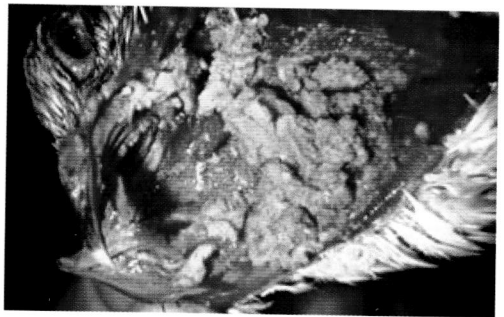

图20-6 患毛滴虫病鸽子的口腔

（由Jean Sander博士提供）

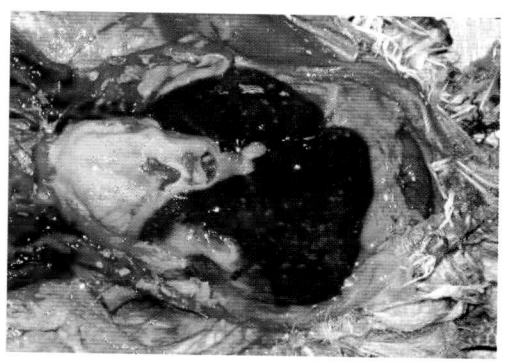

图20-7 急性衣原体病5周龄家鸽出现严重的纤维素性
多发性浆膜炎和坏死性肝炎

（由A.J.Van Wettere博士提供）

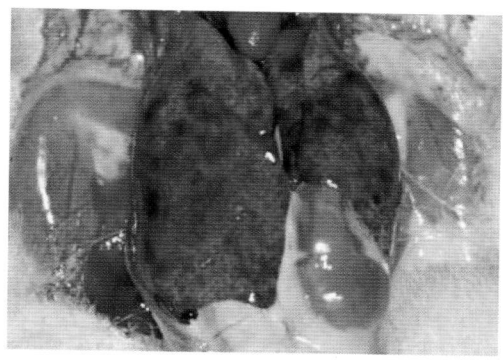

图20-8 10日龄以上雏鸭发生的Ⅰ型病毒性肝炎，示肝
脏出血性病变

（由Peter R.Woolcock博士提供）

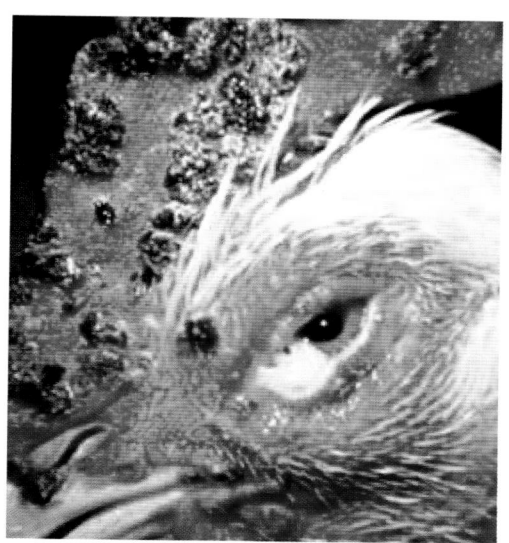

图20-9 肉种公鸡鸡痘，皮肤无毛部位的疤痕样病变

（由Jean Sander博士提供）

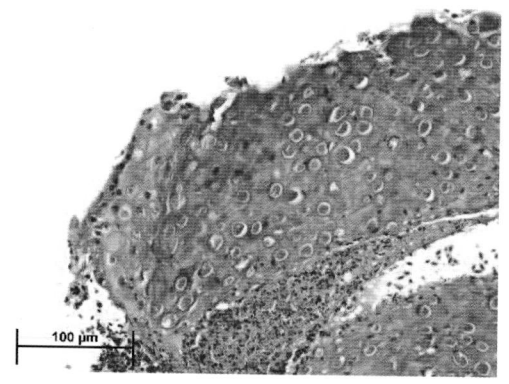

图20-10 鸡痘病毒感染后的组织病理学，示胞浆内包
含体

（由Deoki Tripathy博士提供）

图20-11 肉鸡的小肠充满禽蛔虫

（由 Jean Sander博士提供）

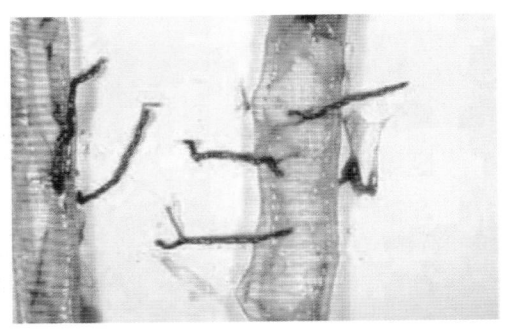

图20-12 气管腔内缠绕在一起的雄性和雌性绦虫（气管比翼线虫）

（由Jean Sander博士提供）

图20-13 患出血性肠炎火鸡的肠腔出血

（由 Jean Sander博士提供）

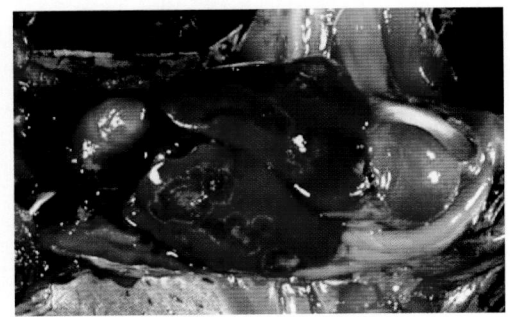

图20-14 感染组织滴虫火鸡的肝脏表面呈"牛眼"病变

（由Jean Sander博士提供）

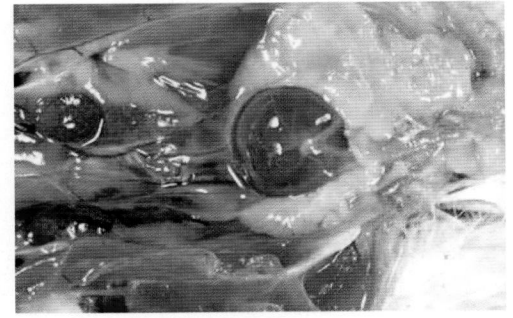

图20-15 感染传染性法氏囊病的鸡，法氏囊肿大、出血

（由Jean Sander博士提供）

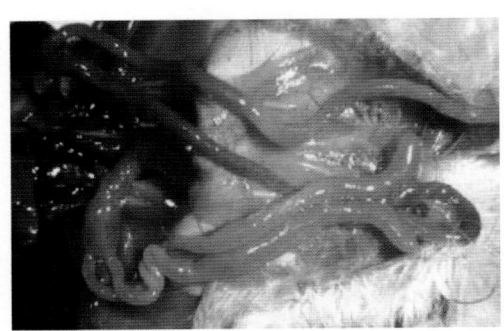

图20-16 吸收不良综合征引起的小肠肠壁菲薄且充满液体

（由Jean Sander博士提供）

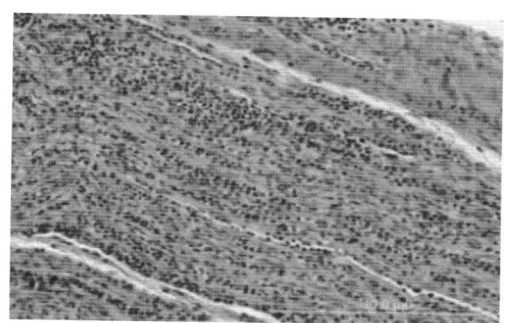

图20-17　马立克病患禽神经病变

（由Aly Fadly博士提供）

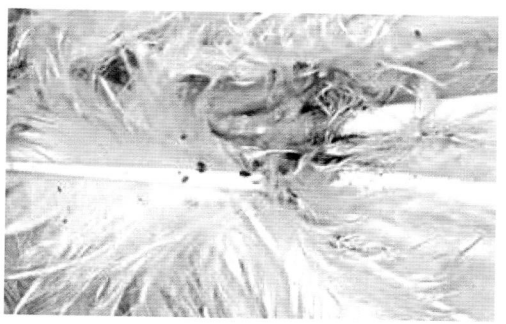

图20-19　鸡刺皮螨损伤皮肤

（由Dietrich Barth博士提供）

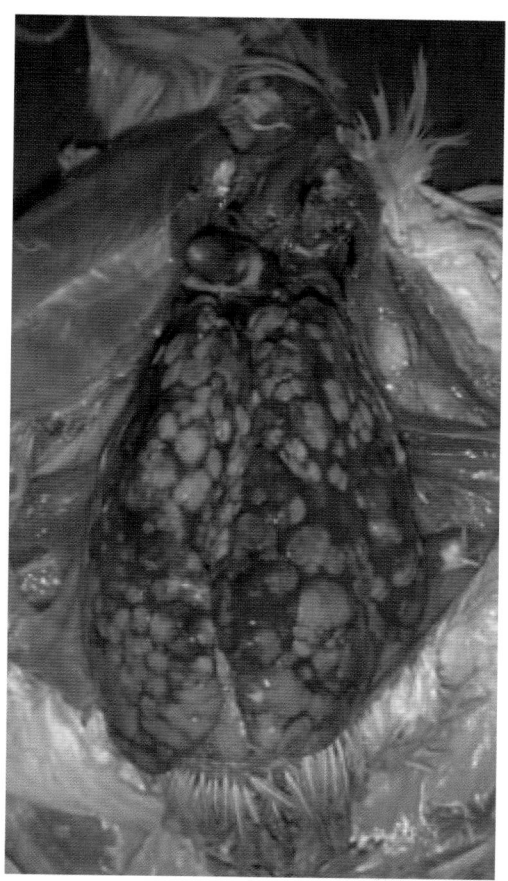

图20-18　淋巴白血病患鸡肝脏病变

（由Arun Pandiri博士提供）

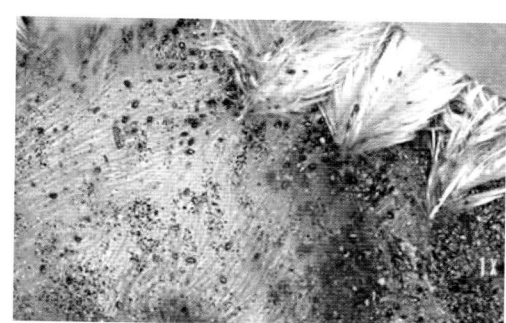

图20-20　肉种鸡肛门周围的森林禽刺螨及粪便

（由Jean Sander博士提供）

图20-21　突变膝螨病皮肤病变

（由Dietrich Barth博士提供）

图20-22 梭菌感染引起坏疽性皮炎，示皮肤坏死灶和浆液性渗出物

（由Robert Porter博士提供）

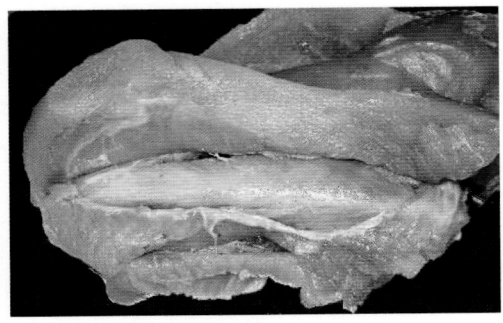

图20-23 深胸肌病

（由T.A.Abdul-Aziz博士提供）

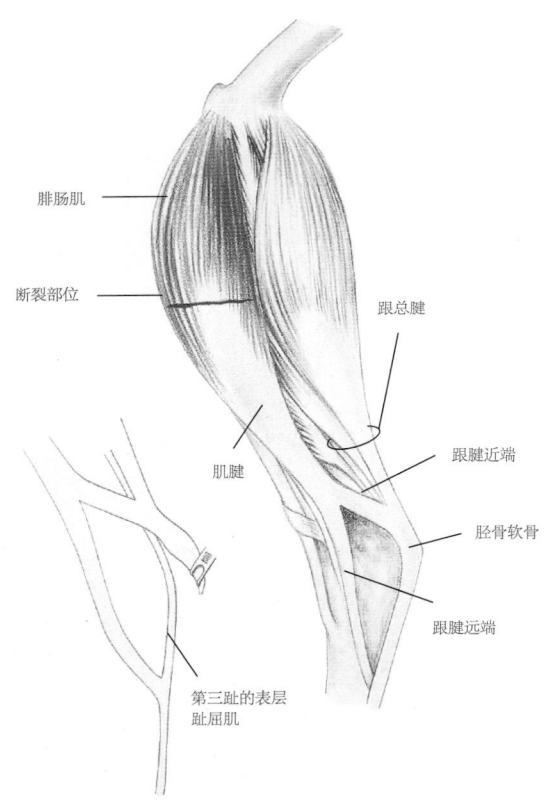

腓肠肌

断裂部位

跟总腱

肌腱

跟腱近端

胫骨软骨

跟腱远端

第三趾的表层趾屈肌

图20-24 火鸡的腓肠肌断裂

（由Gheorghe Constantinescu绘制）

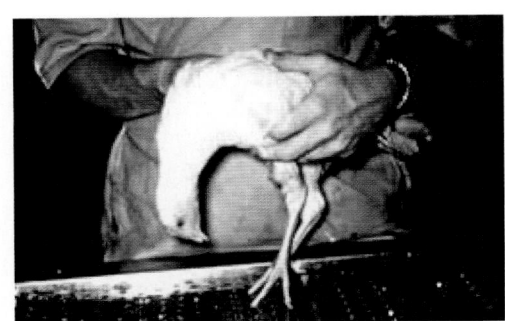

图20-25 肉毒梭菌中毒，患鸡全身麻痹

（由Jean Sander博士提供）

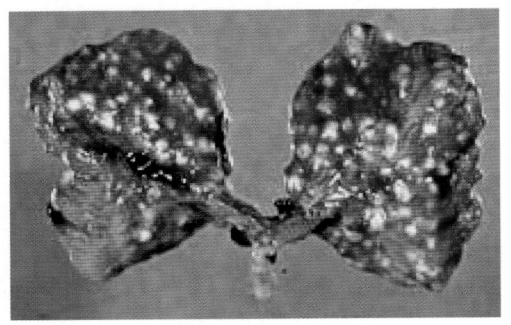

图20-26 曲霉菌感染患鸡肺脏的多灶性肉芽肿

（由Jean Sander博士提供）

图20-27 禽流感患鸡头部无毛处的皮肤坏疽（坏死）

（由David E.Swayne博士提供）

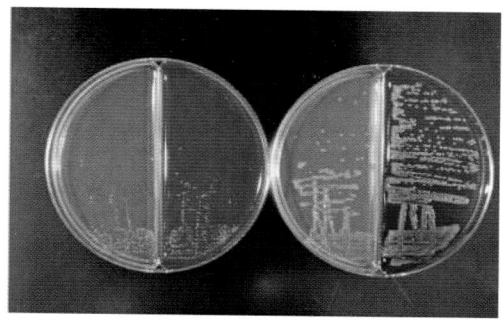

图20-28 麦康凯和血琼脂培养基培养的禽波氏杆菌和亨兹波氏杆菌的菌落形态

（由Mark W. Jackwood博士提供）

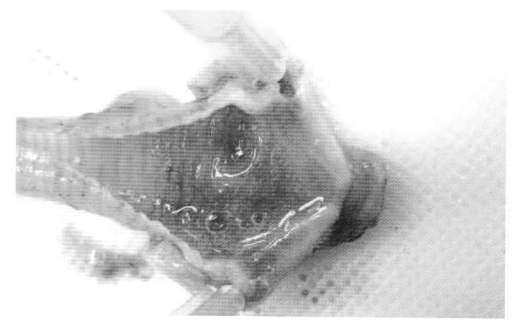

图20-29 气管内的大量黏液

（由Pedro Villegas博士提供）

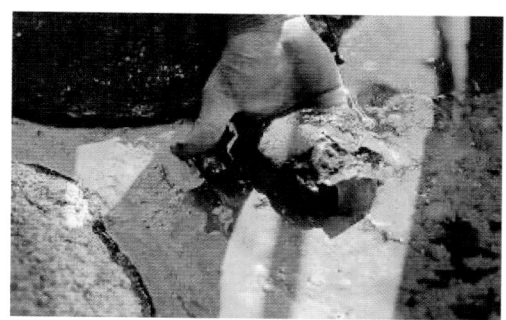

图21-1 此块蓝绿藻形成典型的大水藻，犹如一幅浓密的绿色油画

（由Wayne Carmichael博士提供）

图21-3 欧洲蕨（*Pteridium aquilinum*）叶

（由Bryan Stegel-meier博士提供）

图21-4 毒鹅膏

（由Cecil Brownie博士提供）

图21-5 杯伞属

（由Cecil Brownie博士提供）

图21-6 裸盖种，注意触摸后菌柄的变色

（由Cecil Brownie博士提供）

图21-7 秋生盔孢伞

（由Cecil Brownie博士提供）

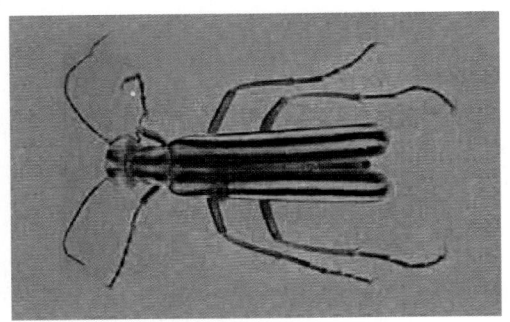

图21-8 条纹斑蝥

（由D. G. Schmitz博士提供）

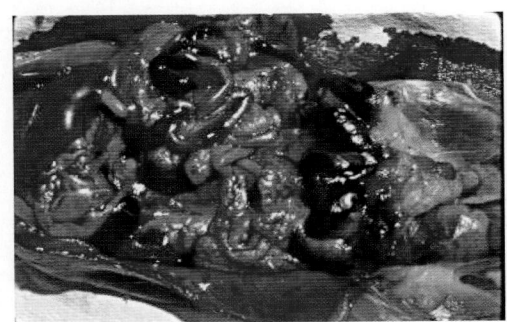

图21-9 抗凝血杀鼠药中毒，肠系膜出血

（由Frederick W. Oehme博士提供）

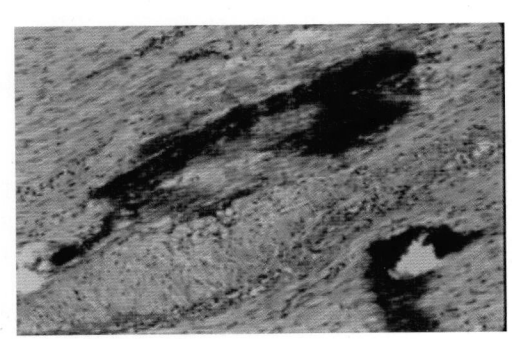

图21-10 胆钙化醇，组织病理学钙化

（由Frederick W. Oehme博士提供）